“十三五”国家重点图书出版规划项目

拉英汉昆虫学词典

Latin-English-Chinese Dictionary of Entomology

下卷 L-Z

彩万志　编著

by Dr. Cai Wanzhi

河南科学技术出版社
·郑州·

La Palma brimstone [*Gonepteryx palmae* Stamm] 拉岛钩粉蝶
lab 凝乳酶
labacoria 下唇膜 <下唇与头缘间的膜，或为下颚基膜>
Labanda 润皮夜蛾属
Labanda semipars (Walker) 内润皮夜蛾，暗绿窄翅瘤蛾，空润皮夜蛾
Labanda viridaloides Poole 绿润皮夜蛾
Labaninus 亚菱象甲属
Labaninus fukienensis (Voss) 福建亚菱象甲
Labaninus fukienensis eurypterus (Voss) 福建亚菱象甲宽翅亚种，闽象
Labaninus fukienensis fukienensis (Voss) 福建亚菱象甲指名亚种
Labaninus insulanus (Heller) 岛亚菱象甲，岛象甲
Labdia 离尖蛾属，唇尖蛾属
Labdia bitabulata Meyrick 双板离尖蛾，板离尖蛾
Labdia callistrepta Meyrick 丽纹离尖蛾，丽纹唇尖蛾
Labdia citracma (Meyrick) 白纹离尖蛾，橘离尖蛾
Labdia cyanodora Meyrick 绀色离尖蛾，绀色唇尖蛾
Labdia iolampra Meyrick 灯离尖蛾
Labdia molybdaula Meyrick 铅色离尖蛾，铅色唇尖蛾
Labdia niphosticta (Meyrick) 黑白离尖蛾，黑白尖蛾
Labdia pentachrysis (Meyrick) 五星离尖蛾
Labdia promacha (Meyrick) 剑纹离尖蛾，普离尖蛾
Labdia semicoccinea (Stainton) 橙红离尖蛾，半球离尖蛾，半球唇尖蛾
Labdia xylinaula Meyrick 棉离尖蛾，棉唇尖蛾
labeled atom 标记原子
labella [s. labellum] 唇瓣
labellar 唇瓣的
labelling 示踪，标记
labellum [pl. labella] 唇瓣
Labeninae 高腹姬蜂亚科
labia 1. [s. labium] 下唇；2. 气门瓣
Labia 姬螋属
Labia curvicauda (Motschulsky) 见 *Paralabella curvicauda*
Labia minor (Linnaeus) [lesser earwig, small earwig] 小姬螋，小螋螋，小副苔螋
labial 下唇的
labial ganglion 下唇神经节
labial gland 下唇腺
labial gutter [= gutter, labial groove] 下唇槽 <指双翅目蝇类喙的前壁内陷成的槽>
labial groove 见 labial gutter
labial kidney 下唇肾 <在弹尾目和缨尾目昆虫中，开口于下唇基部的管状腺体，被认为与排泄有关>
labial palp [= labial palpus] 下唇须
labial palpi [s. labial palpus] 下唇须
labial palpus [pl. labial palpi; = labial palp] 下唇须
labial plate 下唇片 <在许多水栖双翅目幼虫中，下唇退化成一骨化而往往是齿状的片>
labial segment 下唇节 <昆虫中以下唇为附肢的头部体节>
labial sulcus 下唇沟 <指前颏与颏之间的沟>
Labiales [= Labioidea] 姬螋总科
labiate [= labiatus] 有唇的
labiatus 见 labiate
labides [s. labis] 钩形突 <鳞翅目昆虫雄性外生殖器中的构造>
Labidocoris 钳猎蝽属
Labidocoris elegans Mayr 晦钳猎蝽
Labidocoris insignis Distant 显钳猎蝽
Labidocoris pectoralis (Stål) 亮钳猎蝽
Labidocoris tuberculatus Ambrose *et* Vennison 壮钳猎蝽
Labidolanguria 尖尾拟叩甲属
Labidolanguria apicata (Zia) 腹斑尖尾拟叩甲，端特拟叩甲
Labidolanguria sauteri (Fowler) 索氏尖尾拟叩甲，索肖特拟叩甲，索氏特大蕈甲
Labidostomis 钳肖叶甲属，钳叶甲属
Labidostomis altayensis 阿勒泰钳肖叶甲，阿勒泰钳叶甲
Labidostomis amurensis Heyder 东方钳肖叶甲，东方钳叶甲
Labidostomis arcuata Pic 弓形钳肖叶甲，弓形钳叶甲
Labidostomis bipunctata (Mannerheim) 二点钳肖叶甲，二点钳叶甲
Labidostomis centrisculpta Pic 中刻钳肖叶甲，中刻钳叶甲
Labidostomis cheni Lopatin 陈氏钳肖叶甲，陈氏钳叶甲
Labidostomis chinensis Lefèvre 中华钳肖叶甲，中华钳叶甲
Labidostomis crebrecollis Medvedev 厚脊钳肖叶甲，厚脊钳叶甲
Labidostomis orientalis Chûjô 东方钳肖叶甲，东方钳叶甲
Labidostomis pallidipennis (Gebler) 毛胸钳肖叶甲，毛胸钳叶甲
Labidostomis senicula Kraatz 葡萄钳肖叶甲，葡萄钳叶甲
Labidostomis shensiensis Gressitt *et* Kimoto 陕西钳肖叶甲，陕西钳叶甲
Labidostomis sibirica (Germar) 西伯钳肖叶甲，西伯利亚钳叶甲，北方钳叶甲
Labidostomis tridentata (Linnaeus) 三齿钳肖叶甲，三齿钳叶甲
Labidostomis ujgur Lopatin *et* Nesterova 新疆钳肖叶甲，新疆钳叶甲
Labidostomis urticarum Frivaldszkv 二点钳肖叶甲，二点钳叶甲，青海钳叶甲
Labidostomis warchatowskii Kantner 毛翅钳肖叶甲，毛翅钳叶甲
Labidoura [= Dermaptera, Dermapteroida, Dermatoptera, Dermoptera, Brachydermaptera, Euplekoptera, Euplexoptera, Euplectoptera, Placoda] 革翅目
Labidura 蠼螋属，球蠼螋属
Labidura herculeana (Fabricius) [Saint Helena earwig, Saint Helena giant earwig] 圣蠼螋
Labidura japonica (de Haan) [Japanese striped earwig, large Japanese earwig] 日本蠼螋
Labidura riparia (Pallas) [riparian earwig, shore earwig, striped

L

earwig, brown earwig, common brown earwig, giant earwig, tawny earwig] 溪岸蠼螋，蠼螋，堤岸蠼螋，红蠼螋，长脚蠼螋，河滩螋，河岸蠼螋，条纹蠼螋

Labidura ripara japonica (de Haan) 见 *Labidura japonica*

Labidurales [= Labiduroidea] 蠼螋总科

labidurid 1. [= labidurid earwig, striped earwig] 蠼螋 < 蠼螋科 Labiduridae 昆虫的通称 >；2. 蠼螋科的

labidurid earwig [= labidurid, striped earwig] 蠼螋

Labiduridae 蠼螋科，球蠼螋科

Labidurinae 蠼螋亚科

Labiduroidea 见 Labidurales

labiella [= hypopharynx] 舌

labiid 1. [= labiid earwig, little earwig, lesser earwig] 姬螋 < 姬螋科 Labiidae 昆虫的通称 >；2. 姬螋科的

labiid earwig [= labiid, little earwig, lesser earwig] 姬螋

Labiidae 姬螋科，铗螋科，小蠼螋科

Labiinae 姬螋亚科，姬苔螋亚科，铗螋亚科

labile gene 不稳定基因，易变基因

labile region 不稳定区，易变区

lability 不稳定性，易变性

labio-maxillary complex 下颚下唇复合体

Labiobaetis 唇四节蜉属

Labiobaetis ancoralis Shi *et* Tong 锚纹唇四节蜉

Labiobaetis atrebatinus (Eaton) 暗唇四节蜉

Labiobaetis atrebatinus atrebatinus (Eaton) 暗唇四节蜉指名亚种

Labiobaetis atrebatinus orientalis (Kluge) 暗唇四节蜉东方亚种

Labiobaetis diffundus (Müller-Liebenau) 异唇四节蜉

Labiobaetis molawinensis (Müller-Liebenau) 岛唇四节蜉

Labiobaetis morus (Chang *et* Yang) 同 *Labiobaetis atrebatinus orientalis*

Labiobaetis mustus (Kang *et* Yang) 六鳃唇四节蜉，六鳃拉比蜉

Labiobaetis numeratus (Müller-Liebenau) 斑背唇四节蜉

Labioidea 姬螋总科，铗螋总科

labiomaxillary 下唇下颚的

Labioproctus 唇绵蚧属

Labioproctus polei (Green) 柑橘唇绵蚧

labiosternite [= prementum, stipula, stipital region, pars stipitalis labii, eulabium, labiostipites] 前颏

labiostipites 见 labiosternite

labipalp [pl. labipalpi = labipalpus] 下唇须

labipalpi [s. labipalp, labipalpus] 下唇须

labipalpus [pl. labipalpi = labipalp] 下唇须

labis [pl. labides] 钩形突

labium [pl. labia] 下唇

labium superius [= labrum] 上唇

lablab bug [= bean plataspid, globular stink bug, kudzu bug, kudzu beetle, *Megacopta cribraria* (Fabricius)] 筛豆龟蝽，筛豆圆龟蝽，筛豆龟椿象，圆蝽

lablab plume-moth [= bottle gourd plume moth, white plume moth, *Sphenarches caffer* Zeller] 桃蝶羽蛾，桃羽蛾，卡萼羽蛾

Laboissierea 膨角跳甲属

Laboissierea sculpturata Pic 雕膨角跳甲

Labomimus 拟蚁甲属

Labomimus assingi Zhang, Li *et* Yin 阿氏拟蚁甲

Labomimus bannaus Yin *et* Li 版纳拟蚁甲

Labomimus chouwenii Zhang, Li *et* Yin 文一拟蚁甲

Labomimus cognatus Yin *et* Li 邻拟蚁甲

Labomimus consimilis Yin 近拟蚁甲

Labomimus dabashanus Yin *et* Li 大巴山拟蚁甲

Labomimus dilatatus Zhang, Li *et* Yin 扩拟蚁甲

Labomimus dulongensis Zhang, Li *et* Yin 独龙拟蚁甲

Labomimus fimbriatus Yin *et* Hlaváč 毛拟蚁甲

Labomimus howaichuni Zhang, Li *et* Yin 何氏拟蚁甲

Labomimus jiudingensis Yin *et* Nomura 九顶山拟蚁甲

Labomimus jizuensis Yin *et* Hlaváč 鸡足山拟蚁甲

Labomimus longnan Zhang, Li *et* Yin 陇南拟蚁甲

Labomimus maoershanus Yin *et* Li 猫儿山拟蚁甲

Labomimus maolan Zhang, Li *et* Yin 茂兰拟蚁甲

Labomimus medogensis Zhang, Li *et* Yin 墨脱拟蚁甲

Labomimus minshanus Zhang, Li *et* Yin 岷山拟蚁甲

Labomimus mirus Yin *et* Li 奇拟蚁甲

Labomimus niger Zhang, Li *et* Yin 黑拟蚁甲

Labomimus paratorus Yin *et* Li 类突拟蚁甲

Labomimus qiujianyuae Zhang, Li *et* Yin 见玥拟蚁甲

Labomimus quadratithorax Yin *et* Li 方胸拟蚁甲

Labomimus sarculus Yin *et* Li 耙拟蚁甲

Labomimus schuelkei Yin *et* Li 叙氏拟蚁甲，舒克氏拟蚁甲

Labomimus sichuanicus Hlaváč, Nomura *et* Zhou 四川拟蚁甲，川拟蚁甲

Labomimus simplicipalpus Yin *et* Hlaváč 小须拟蚁甲，须拟蚁甲

Labomimus tibialis(Yin *et* Li) 距胫拟蚁甲，胫拟蚁甲

Labomimus torticornis (Champion) 弯角拟蚁甲

Labomimus torus (Yin, Li *et* Zhao) 突拟蚁甲

Labomimus venustus (Yin *et* Li) 魅惑拟蚁甲

Labomimus vespertilio Yin *et* Li 蝠耳拟蚁甲，蝠拟蚁甲

Labomimus wuchaoi Zhang, Li *et* Yin 吴超拟蚁甲

Labomimus yue Zhang, Li *et* Yin 广东拟蚁甲

Labomimus yunnanicus Hlaváč, Nomura *et* Zhou 见 *Pselaphodes yunnanicus*

Labopidea allii Knight [onion plant bug] 葱盲蝽

Labops 拉盲蝽属

Labops burmeisteri Stål 布氏拉盲蝽

Labops hesperius Uhler [black grass bug] 黑拉盲蝽，黑草蝽

Labops nigripes Reuter 同 *Labops burmeisteri*

laboratory-bred 实验室繁育的

laboratory population 实验室种群，实验种群，室内种群

laboratory-rearing 实验室饲养，实验室饲养的

labra [s. labrum] 上唇

Labrador sulphur [*Colias nastes* Boisduval] 长斑豆粉蝶，纳豆粉蝶

Labrador tiger moth [*Grammia quenseli* (Paykull)] 白脉灯蛾，梗哦灯蛾 < 此种学名有误写为 *Grammia quenselii* (Paykull) 者 >

labral 上唇的

labral nerve 上唇神经

labral sulcus 上唇沟 < 指上唇与唇基间的沟 >

labral suture 上唇缝

Labranga duda (Staudinger) 见 *Euthalia duda*

Labranga durga (Moore) 见 *Bassarona durga*

labraria 前咽上后部，内唇 < 膜翅目昆虫中，属于一般昆虫的前咽上后部 (epigusta) 的显著紧折横叶 >

labraris 唇管 < 指膜翅目昆虫的中唇舌所构成的管 >

labrecula 后前咽唇 <膜翅目昆虫保护基咽入口的小横片>
labriaris skipper [*Heronia labriaris* (Butler)] 隆弄蝶
Labriocimbex 唇锤角叶蜂属
Labriocimbex pilosus Wei 多毛唇锤角叶蜂
Labriocimbex sinicus Yan *et* Wei 中国唇锤角叶蜂
labrofrontal lobe [= oesophageal lobe, tritocerebrum] 后脑
labrofrontal nerve 上唇额神经
Labrogomphus 猛春蜓属
Labrogomphus torvus Needham 凶猛春蜓
labrum [pl. labra; labium superius] 上唇
labrum-epipharynx 上内唇 <在双翅目刺吸昆虫中，由上唇 - 内唇形成的一根口针>
Laburrus 纤细叶蝉属，叉茎叶蝉属
Laburrus impictifrons (Boheman) 黑尾纤细叶蝉，黑尾叉茎叶蝉，叉突纤细叶蝉
Labus 小柄蜾蠃属，拉胡蜂属
Labus amoenus van der Vecht 可爱小柄蜾蠃，丽拉胡蜂
Labus angularis van der Vecht 角小柄蜾蠃，角拉胡蜂
Labus clypeatus van der Vecht 唇小柄蜾蠃，唇基拉胡蜂
Labus edentatus Li *et* Carpenter 无齿小柄蜾蠃，缺齿拉胡蜂
Labus exiguus (de Saussure) 短小柄蜾蠃，小拉胡蜂
Labus humbertianus de Saussure 锡兰小柄蜾蠃
Labus lofuensis Giordani Soika 罗浮小柄蜾蠃，罗浮拉胡蜂
Labus philippinensis Giordani Soika 菲小柄蜾蠃，菲拉胡蜂
Labus postpetiolatus Gusenleitner 柄小柄蜾蠃，柄拉胡蜂
Labus pusillus van der Vecht 小小柄蜾蠃，斑唇拉胡蜂
Labus robustus Li *et* Carpenter 粗小柄蜾蠃，粗柄拉胡蜂
Labus rufomaculatus van der Vecht 红斑小柄蜾蠃，红斑拉胡蜂
Labus sparsipunctus Li *et* Carpenter 离斑小柄蜾蠃，离斑拉胡蜂
Labus spiniger de Saussure 刺小柄蜾蠃，刺拉胡蜂
Labus sumatrensis Giordani Soika 苏门答腊小柄蜾蠃，苏门拉胡蜂
Labus vandervechti Giordani Soika 范氏小柄蜾蠃，范氏拉胡蜂
labyrinth 螺旋管
lac 紫胶
lac dye 紫胶染料
lac gland 胶腺 <某些介壳虫中分泌虫胶的腺体>
lac insect 1. [= kerriid scale, lac insect, kerriid] 胶蚧 <胶蚧科 Kerriidae 昆虫的通称>; 2. [= lac scale, Indian lac insect, *Kerria lacca* (Kerr)] 紫胶蚧，紫胶介壳虫，胶蚧，胶虫，紫胶虫
lac scale 见 lac insect
Lacanobia 安夜蛾属
Lacanobia aliena (Hübner) 异安夜蛾，异灰夜蛾
Lacanobia contigua (Denis *et* Schiffermüller) 桦安夜蛾，桦异灰夜蛾，桦灰夜蛾
Lacanobia contrastata (Bryk) 海安夜蛾，海异灰夜蛾，海灰夜蛾
Lacanobia dentata (Kononenko) 齿安夜蛾
Lacanobia mongolica Behounek 蒙安夜蛾
Lacanobia oleracea (Linnaeus) [tomato moth] 草安夜蛾，浊异灰夜蛾，番茄夜蛾
Lacanobia pisi (Linnaeus) 见 *Ceramica pisi*
Lacanobia splendens (Hübner) 华安夜蛾，华异灰夜蛾，华灰夜蛾
Lacanobia suasa (Denis *et* Schiffermüller) 俗安夜蛾，俗异灰夜蛾，俗灰夜蛾
Lacanobia thalassina (Hüfnagel) 同 *Lacanobia contrastata*
Lacanobia wlatinum (Hüfnagel) 锯灰夜蛾，安夜蛾，锯异灰夜蛾 <此种学名曾写为 *Lacanobia w-latinum* (Hüfnagel)>
Laccagathis 缺沟茧蜂属
Laccagathis formosana Watanabe 台湾缺沟茧蜂，台湾腊克茧蜂
laccaic acid 紫胶酸，虫漆酸
laccase 虫漆酶
Laccifer 胶蚧属
Laccifer chinensis (Mahdihassan) 中国胶蚧
Laccifer lacca (Kerr) 见 *Kerria lacca*
Laccifer ruralis Wang, Yao, Teiu *et* Liang 田胶蚧，粗糠柴原胶蚧
Lacciferidae [= Kerriidae] 胶蚧科，胶介壳虫科
Lacciferophaga yunnanea Zagulajev 滇紫胶白蛾
Laccobius 长节牙甲属
Laccobius argillaceus Sahlberg 白长节牙甲
Laccobius bedeli Sharp 贝长节牙甲
Laccobius biguttatus Gerhardt 二点长节牙甲
Laccobius binotatus d'Orchymont 二斑长节牙甲
Laccobius bipunctatus (Fabricius) 双刻长芽节牙甲，二刻长节牙甲
Laccobius cinereus Motschulsky 灰长节牙甲
Laccobius colon (Stephens) 黄褐长节牙甲
Laccobius cribratus Gentili 粗刻长节牙甲
Laccobius decorus (Gyllenhal) 美长节牙甲
Laccobius elegans Gentili 优美长节牙甲，丽长节牙甲
Laccobius exilis Gentili 纤长节牙甲
Laccobius exspectans Gentili 期长节牙甲
Laccobius florens Gentili 沙背长节芽甲，闪光长节牙甲
Laccobius formosus Gentili 台湾长节牙甲，台长节牙甲
Laccobius fragilis Nakane 弱长节牙甲
Laccobius gangeticus Gentili 恒河长节牙甲
Laccobius gracilis Motschulsky 细长节牙甲
Laccobius gracilis gracilis Motschulsky 细长节牙甲指名亚种，指名细长节牙甲
Laccobius gracilis orientalis Knisch 见 *Laccobius orientalis*
Laccobius hainanensis Jia, Gentili *et* Fikáček 海南长节牙甲
Laccobius hammondi Gentili 哈氏长节牙甲
Laccobius himalayanus Gentili 喜马拉雅长节牙甲，喜马长节牙甲
Laccobius hingstoni d'Orchymont 辛氏长节牙甲，网纹长节牙甲
Laccobius inopinus Gentili 膨茎长节牙甲，荫长节牙甲
Laccobius jaechi Gentili 杰氏长节牙甲
Laccobius motuoensis Jia, Chen *et* Fikáček 墨脱长节牙甲
Laccobius kashmirensis d'Orchymont 克什长节牙甲
Laccobius littoralis Sahlberg 同 *Laccobius cinereus*
Laccobius martini Jia, Song *et* Gentili 马氏长节牙甲
Laccobius minutus (Linnaeus) 小长节牙甲
Laccobius nepalensis Gentili 尼泊尔长节牙甲，尼长节牙甲
Laccobius nitidus Gentili 黑长节牙甲，亮长节牙甲
Laccobius nobilis Gentili 高贵长节牙甲，显长节牙甲
Laccobius orientalis Knisch 东方长节牙甲，东方细长节牙甲
Laccobius oscillans Sharp 东北长节牙甲
Laccobius pallidissimus Reitter 苍白长节牙甲，淡色长节牙甲
Laccobius patruelis Knisch 亲长节牙甲
Laccobius philipinus Gentili 菲长节牙甲

Laccobius politus Gentili 光滑长节牙甲，滑长节牙甲
Laccobius qinlingensis Jia, Gentili *et* Fikáček 秦岭长节牙甲
Laccobius rectus Sharp 直长节牙甲
Laccobius roseiceps Régimbart 玫瑰长节牙甲，红头长节牙甲
Laccobius simulans d'Orchymont 相似长节牙甲，仿长节牙甲
Laccobius sinicus Gentili 中华长节牙甲，华近滑长节牙甲
Laccobius striatulus (Fabricius) 条纹长节牙甲，纹长节牙甲
Laccobius sublaevis Sahlberg 蟾长节牙甲
Laccobius yinziweii Zhang *et* Jia 子为长节牙甲
Laccobius sublaevis sinicus Gentili 见 *Laccobius sinicus*
Laccobius tonkinensis Gentili 越南长节牙甲
Laccobius yunnanensis Gentili 云南长节牙甲
Laccobius ziguiensis Jia 秭归长节牙甲
Laccobius zugmayeri Knisch 黑斑长节牙甲，黑长节牙甲
Laccocorinae 沼潜蝽亚科，池潜蝽亚科
Lacconectus 窄缘龙虱属，泳龙虱属，橙色扁龙虱属
Lacconectus basalis Sharp 基窄缘龙虱，基泳龙虱，橙色扁龙虱
Lacconectus brancuccii Hájek, Zhao *et* Jia 布兰窄缘龙虱
Lacconectus formosanus (Kamiya) 台湾窄缘龙虱，台泳龙虱，台湾橙色扁龙虱
Lacconectus hainanensis Hendrich 海南窄缘龙虱
Lacconectus kubani Brancucci 库班窄缘龙虱
Lacconectus laccophiloides Zimmermann 拟粒窄缘龙虱，拟粒泳龙虱
Lacconectus maoyangensis Brancucci 毛阳窄缘龙虱
Laccophilinae 粒龙虱亚科
Laccophilus 粒龙虱属
Laccophilus biguttatus Kirby 双斑粒龙虱，二斑粒龙虱
Laccophilus chinensis Boheman 中国粒龙虱，中华粒龙虱
Laccophilus difficilis Sharp 圆眼粒龙虱，卵形粒龙虱
Laccophilus ellipticus Régimbart 短突粒龙虱
Laccophilus flexuosus Aubé 细线粒龙虱，曲纹粒龙虱
Laccophilus formosanus Takizawa 同 *Laccophilus flexuosus*
Laccophilus hyalinus (De Geer) 透明粒龙虱
Laccophilus interruptus (Panzer) 同 *Laccophilus hyalinus*
Laccophilus kempi Gschwendtner 肯粒龙虱
Laccophilus kempi holmeni Brancucci 肯粒龙虱霍氏亚种，霍氏粒龙虱
Laccophilus kempi kempi Gschwendtner 肯粒龙虱指名亚种
Laccophilus kobensis Sharp 神户粒龙虱，柯粒龙虱
Laccophilus lewisioides Brancucci 拟环斑粒龙虱
Laccophilus lewisius Sharp 环斑粒龙虱
Laccophilus medialis Sharp 宽边粒龙虱，中粒龙虱
Laccophilus minutus (Linnaeus) 单刻粒龙虱
Laccophilus parvulus Aubé 小粒龙虱
Laccophilus parvulus obtusus Sharp 小粒龙虱圆钝亚种，钝粒龙虱
Laccophilus parvulus parvulus Aubé 小粒龙虱指名亚种
Laccophilus pictus Laporte 斑翅粒龙虱
Laccophilus pictus coccinelloides Régimbart 斑翅粒龙虱似瓢亚种，斑翅池龙虱似瓢亚种
Laccophilus pictus pictus Laporte 斑翅粒龙虱指名亚种
Laccophilus poecilus Klug 杂色粒龙虱
Laccophilus ponticus Sharp 旁粒龙虱
Laccophilus sharpi Régimbart 夏普粒龙虱，双线粒龙虱，夏普氏粒龙虱
Laccophilus siamensis Sharp 泰国粒龙虱，暹罗粒龙虱
Laccophilus siamensis siamensis Sharp 泰国粒龙虱指名亚种
Laccophilus siamensis taiwanensis Brancucci 泰国粒龙虱台湾亚种，暹罗粒龙虱台湾亚种，台湾粒龙虱
Laccophilus transversalis Régimbart 横粒龙虱
Laccophilus tonkinensis Brancucci 越南粒龙虱
Laccophilus uniformis Motschulsky 单色粒龙虱，一致粒龙虱
Laccophilus vagelineatus Zimmermann 长斑粒龙虱，游粒龙虱
Laccophilus wittmeri Brancucci 维氏粒龙虱，威氏粒龙虱
Laccoporus 拉龙虱属，料龙虱属
Laccoporus nigritulus (Gschwendtner) 黑拉龙虱，黑料龙虱
Laccoporus viator Balfour-Browne 韦拉龙虱，韦料龙虱
Laccoptera 腊龟甲属，盾龟金花虫属
Laccoptera (Laccopteroidea) cheni Oewiętojańska 陈氏腊龟甲
Laccoptera (Laccopteroidea) fruhstorferi Spaeth 福氏腊龟甲
Laccoptera (Laccopteroidea) prominens Chen *et* Zia 高顶腊龟甲
Laccoptera (Laccopteroidea) tredecimpunctata (Fabricius) 十三斑腊龟甲
Laccoptera nepalensis Boheman 黑纹腊龟甲，黑纹龟金花虫，黑纹龟叶虫，尼甘薯腊龟甲
Laccoptera plagiograpta Maulik 条肩腊龟甲
Laccoptera prominens Chen *et* Zia 见 *Laccoptera* (*Laccopteroidea*) *prominens*
Laccoptera quadrimaculata (Thunberg) 甘薯腊龟甲，甘薯褐龟甲，甘薯大龟甲
Laccoptera quadrimaculata nepalensis Boheman 见 *Laccoptera nepalensis*
Laccoptera quadrimaculata quadrimaculata (Thunberg) 甘薯腊龟甲指名亚种，指名甘薯腊龟甲
Laccoptera (Sindiola) burmensis (Spaeth) 缅甸腊龟甲，缅甸双梳龟甲
Laccoptera (Sindiola) hospita Boheman 淡腹腊龟甲，淡腹双梳龟甲
Laccoptera (Sindiola) vigintisexnotata Boheman 廿六斑腊龟甲，廿六斑双梳龟甲
Laccoptera (Sindiolina) sedecimmaculata (Boheman) 十六斑腊龟甲
Laccoptera tredecimpunctata (Fabricius) 见 *Laccoptera* (*Laccopteroidea*) *tredecimpunctata*
Laccoptera yunnanica Spaeth 椭圆腊龟甲
laccose 紫胶糖
Laccotrephes 壮蝎蝽属，长蝎蝽属
Laccotrephes chinensis (Hoffmann) 华壮蝎蝽，中华长蝎蝽
Laccotrephes grieus (Guérin-Méneville) 灰壮蝎蝽，卵圆蝎蝽，灰红娘华
Laccotrephes grossus (Fabricius) 粗壮蝎蝽，粗长蝎蝽，台湾红娘华
Laccotrephes japonensis Scott [Japanese water scorpion] 日壮蝎蝽，日本长蝎蝽，日本红娘华
Laccotrephes kochlii Stål 同 *Laccotrephes grossus*
Laccotrephes maculatus (Fabricius) 斑壮蝎蝽，斑长蝎蝽，小红娘华
Laccotrephes pfeiferiae (Ferrari) 长壮蝎蝽，大红娘华
Laccotrephes robustus Stål 大壮蝎蝽，大长蝎蝽，硕长蝎蝽

Laccotrephes ruber (Linnaeus) 红长蝎蝽

Laccotrephes simulatus Montandon 华南壮蝎蝽，华南长蝎蝽

lace bug [= tingid bug, tingid] 网蝽，花边蝽，军配虫 < 网蝽科 Tingidae 昆虫的通称 >

lace lerp [= ironbark lace lerp, *Cardiaspina vittaformis* (Froggatt)] 花边木虱

lace-winged roadside skipper [*Amblyscirtes aesculapius* (Fabricius)] 网缎弄蝶

lacecapped caterpillar [= white-streaked prominent moth, *Oligocentria lignicolor* (Walker)] 二色寡中舟蛾

laced fritillary [= Australian fritillary, Indian fritillary, *Argyreus hyperbius* (Linnaeus)] 斐豹蛱蝶，黑端豹斑蝶，斐胥

lacer 裾状 < 意为在不规则边缘上具有宽而深凹痕的状态 >

Lacera 戟夜蛾属

Lacera alope (Cramer) 戟夜蛾

Lacera noctilio (Fabricius) 波戟夜蛾，诺戟夜蛾

Lacera procellosa Butler 斑戟夜蛾，斑戟裳蛾

lacewing 1. [= chrysopid fly, common lacewing, green lacewing, lacewing fly, chrysopid, aphis lion, golden-eye] 草蛉 < 草蛉科 Chrysopidae 昆虫的通称 >；2. 脉翅目昆虫

lacewing fly [= chrysopid fly, common lacewing, green lacewing, lacewing, chrysopid, aphis lion, golden-eye] 草蛉 < 草蛉科 Chrysopidae 昆虫的通称 >

Lacey's scrub hairstreak [= alea hairstreak, *Strymon alea* (Godman *et* Salvin)] 阿来螯灰蝶

Lachesilla 分蛄属，分啮虫属，姬啮虫属

Lachesilla crutifurcus Li 短叉分蛄

Lachesilla monocera Li 单角分蛄

Lachesilla pedicularia (Linnaeus) [cosmopolitan grain psocid] 六斑分蛄，广分蛄，广分啮虫，广谷啮虫

Lachesilla platycladae Li 侧柏小分蛄，侧柏小分啮虫

Lachesilla rhizophila Li 麦根分蛄

Lachesilla septenaria Li 七斑分蛄

Lachesilla ximaensis Li 喜马分蛄

lachesillid 1. [= lachesillid barklouse, fateful barklouse] 分蛄 < 分蛄科 Lachesillidae 昆虫的通称 >；2. 分蛄科的

lachesillid barklouse [= lachesillid, fateful barklouse] 分蛄

Lachesillidae 分蛄科，分啮虫科，姬啮虫科

Lachesillinae 分蛄亚科

Lachnabris 莱斑芫菁亚属

Lachneidae [= Lasiocampidae] 枯叶蛾科

lachnid 1. [= lachnid aphid] 大蚜 < 大蚜科 Lachnidae 昆虫的通称 >；2. 大蚜科的

lachnid aphid [= lachnid] 大蚜

Lachnidae 大蚜科

Lachniella 拟大蚜属

Lachniella costata Zetterstedt [picea frosted aphid] 云杉拟大蚜，云杉霜白蚜

Lachninae 大蚜亚科

Lachnocnema 毛足灰蝶属

Lachnocnema abyssinica Libert 阿毛足灰蝶

Lachnocnema albimacula Libert [Libert's large woolly legs] 白斑毛足灰蝶

Lachnocnema angolanus Libert 安哥拉毛足灰蝶

Lachnocnema bamptoni Libert 巴毛足灰蝶

Lachnocnema bibulus (Fabricius) [common woolly legs] 常毛足灰蝶

Lachnocnema brimo Karsch 斑毛足灰蝶

Lachnocnema brimoides Libert 类斑毛足灰蝶

Lachnocnema brunea Libert 布茹毛足灰蝶

Lachnocnema busoga Bethune-Baker 布毛足灰蝶

Lachnocnema camerunica d'Abrera 喀麦隆毛足灰蝶

Lachnocnema congoensis Libert 刚果毛足灰蝶

Lachnocnema disrupta Talbot [toothed white woolly legs] 齿毛足灰蝶

Lachnocnema divergens Gaede 叉毛足灰蝶

Lachnocnema dohertyi Libert 多毛足灰蝶

Lachnocnema ducarmei Libert 杜卡毛足灰蝶

Lachnocnema durbani Trimen [D'Urban's woolly legs] 杜毛足灰蝶

Lachnocnema emperamus (Snellen) [western woolly legs, common woolly legs] 帝毛足灰蝶

Lachnocnema exiguus Holland [white woolly legs] 小毛足灰蝶

Lachnocnema inexpectata Libert 奇毛足灰蝶

Lachnocnema intermedia Libert 间毛足灰蝶

Lachnocnema jacksoni Stempffer 杰毛足灰蝶

Lachnocnema jolyana Libert 娇毛足灰蝶

Lachnocnema katangae Libert 卡毛足灰蝶

Lachnocnema kiellandi Libert 尅毛足灰蝶

Lachnocnema laches (Fabricius) [southern pied woolly legs] 南毛足灰蝶

Lachnocnema luna Druce [Druce's large woolly legs] 露娜毛足灰蝶

Lachnocnema magma Aurivillius [large woolly legs] 灰毛足灰蝶

Lachnocnema makakensis Birker-Smith 马卡毛足灰蝶

Lachnocnema nigrocellularis Libert 黑室毛足灰蝶

Lachnocnema obscura Libert 褐毛足灰蝶

Lachnocnema overlaeti Libert 欧毛足灰蝶

Lachnocnema pseudobibulus Libert 拟毛足灰蝶

Lachnocnema regularis (Libert) [regular woolly legs] 平毛足灰蝶

Lachnocnema reutlingeri Holland [Reutlinger's large woolly legs] 卢毛足灰蝶

Lachnocnema riftensis Libert 瑞毛足灰蝶

Lachnocnema sosia Libert 骚毛足灰蝶

Lachnocnema tanzaniensis Libert 坦毛足灰蝶

Lachnocnema triangularis Libert 三角毛足灰蝶

Lachnocnema unicolor Libert 单色毛足灰蝶

Lachnocnema vuattouxi Libert [western woolly legs] 西毛足灰蝶

Lachnocrepis 盘步甲属，茸步甲属

Lachnocrepis japonica (Bates) 日本盘步甲，日茸步甲

Lachnocrepis prolixus (Bates) 长毛盘步甲，原茸步甲，原步卵步甲，水步甲

Lachnoderma 茸皮步甲属

Lachnoderma asperum Bates 糙茸皮步甲

Lachnoderma biguttatum Bates 双斑茸皮步甲

Lachnoderma chebaling Tian *et* Deuve 车八岭茸皮步甲

Lachnoderma cheni Tian *et* Deuve 陈氏茸皮步甲

Lachnoderma cinctum Macleay 带茸皮步甲

Lachnoderma confusum Tian *et* Deuve 混茸皮步甲

Lachnoderma foveolatum Sloane 窝茸皮步甲

Lachnoderma hirsutum (Bates) 见 *Dasiosoma hirsutum*
Lachnoderma metallicum Tian *et* Deuve 闪茸皮步甲
Lachnoderma nideki Louwerens 尼氏茸皮步甲
Lachnoderma philippinense Jedlička 菲茸皮步甲
Lachnoderma polybothris Louwerens 多毛茸皮步甲
Lachnoderma rufithorax Kirschenhofer 红胸茸皮步甲
Lachnoderma tricolor Andrewes 三色茸皮步甲
Lachnoderma vietnamense Kirschenhofer 越南茸皮步甲
Lachnoderma yingdeicum Tian *et* Deuve 英德茸皮步甲
Lachnodiopsis 栗粉蚧属，思粉蚧属，云粉蚧属
Lachnodiopsis humboldtiae (Green) 锡兰栗粉蚧
Lachnodiopsis szemaoensis Borchsenius 思茅栗粉蚧，思粉蚧，思茅云粉蚧
Lachnogya 掘甲属
Lachnogya squamosa Ménétriés 鳞掘甲
Lachnogyini 掘甲族
Lachnolebia 盆步甲属
Lachnolebia cribricollis (Morawitz) 筛毛盆步甲，筛毛勒步甲
Lachnoptera 茸翅蛱蝶属
Lachnoptera anticlia (Hübner) [western blotched leopard] 安茸翅蛱蝶
Lachnoptera ayresii Trimen [eastern blotched leopard] 鸭茸翅蛱蝶
Lachnoptera iole (Fabricius) 茸翅蛱蝶
Lachnopterus 毛翅天牛属
Lachnopterus auripenis (Newman) 毛翅天牛

Lachnopterus socius Gahan 黑胸毛翅天牛，黑胸山天牛，黑胸金翅天牛
Lachnosterna bidentata (Burmeister) 见 *Miridiba bidentata*
Lachnosterna kiotonensis (Brenske) 见 *Holotrichia kiotonensis*
Lachnosterna morosa (Waterhouse) 同 *Pedinotrichia parallela*
Lachnota henningi Fischer 亨茸毛鳃金龟甲
Lachnothorax 毛胸步甲属
Lachnothorax biguttata Motschulsky 二点毛胸步甲
Lachnus 大蚜属，栎大蚜属
Lachnus fici Takahashi 褐翅基大蚜，榕日本大蚜
Lachnus keteleeriae (Zhang) 见 *Cinara keteleeriae*
Lachnus laricicolus Matsumura 见 *Cinara laricicola*
Lachnus longirostris (Mordivilko) 橡细喙大蚜
Lachnus nigripes Takahashi 栎黑大蚜，台湾斑翅大蚜
Lachnus persicae Chlodkovsky 见 *Pterochlorus persicae*
Lachnus quercihabitans (Takahashi) 栲大蚜
Lachnus roboris (Linnaeus) [variegated oak aphid] 栎大蚜
Lachnus salignus (Gmelin) 见 *Tuberolachnus salignus*
Lachnus siniquercus Zhang 辽栎大蚜
Lachnus tatakaensis Takahashi 柳大蚜，立鹰大蚜
Lachnus tattakanensis Tao 同 *Lachnus tatakaensis*
Lachnus tropicalis (van der Goot) [large chestnut aphid, great chestnut aphid] 板栗大蚜，栎大蚜，栗大蚜，栗枝黑大蚜
Lachnus yunlongensis Zhang 云龙大蚜
Lacides 榕拟灯蛾属
Lacides ficus (Fabricius) 榕拟灯蛾，四点乌灯蛾，榕属拟灯蛾
Laciempista amseli Roesler 拉西螟
lacinarastra [= laciniafimbrium] 颚叶毛列 <指内颚叶的刚毛列>
lacinella 内颚侧片 <当内颚叶为二片时的侧片>
lacinia [pl. laciniae] 1. 内颚叶；2. 胸叉丝，胸叉内叶；3. 叶片
lacinia convoluta 卷喙 <指鳞翅目昆虫可卷于头下的喙>
lacinia coriaria 革质内颚叶
lacinia exterioris and interioris 内外颚叶 <下颚的内颚叶和外颚叶，在蚜虫中，指负唇须节和侧唇舌>
lacinia falcata 镰状内颚叶
lacinia mandibulae 上颚内叶 <指上颚内面或中间伸出的一个肉质或膜质突起>
lacinia mobilis 动颚叶 <如康虮属 *Campodea* 和后铗虮属 *Anajapyx* 中，邻近上颚端的板状小附器；在蜉蝣中，为位于臼齿面与切齿间的上颚小附器>
lacinia obtusa 钝内颚叶
laciniae [s. lacinia] 1. 内颚叶；2. 胸叉丝，胸叉内叶；3. 叶片
laciniafimbrium 见 lacinarastra
Laciniata 锯缘叶蝉属，齿缘叶蝉属
Laciniata lijianga Song *et* Li 丽江锯缘叶蝉，丽江齿缘叶蝉
Laciniodes 网尺蛾属
Laciniodes angustaria Xue 狭网尺蛾
Laciniodes conditaria (Leech) 隐网尺蛾，康白尺蛾
Laciniodes denigrata Warren 淡网尺蛾
Laciniodes denigrata abiens Wehrli 淡网尺蛾四川亚种，阿淡网尺蛾
Laciniodes denigrata denigrata Warren 淡网尺蛾指名亚种
Laciniodes denigrata ussuriensis Prout 淡网尺蛾乌苏里亚种，乌淡网尺蛾
Laciniodes electaria (Leech) 择网尺蛾，埃水尺蛾
Laciniodes plurilinearia (Moore) 网尺蛾
Laciniodes pseudoconditaria (Sterneck) 假隐网尺蛾，拟康白尺蛾
Laciniodes stenorhabda Wehrli 匀网尺蛾
Laciniodes umbratilis Yazaki *et* Wang 舞网尺蛾
Laciniodes umbrosus Inoue 荫网尺蛾，网斑波尺蛾
Laciniodes unistirpis (Butler) 单网尺蛾
Lacinipolia renigera (Stephens) [bristly cutworm] 硬毛夜蛾
lacinoidea 内颚中片 <当内颚叶为二片时的中片>
lackey [= lackey moth, European lackey moth, common lackey, common lackey moth, *Malacosoma neustria* (Linnaeus)] 广幕枯叶蛾，广天幕毛虫，天幕毛虫，脉幕枯叶蛾
lackey moth 见 lackey
Lacon 鳞叩甲属，沟胸叩甲属
Lacon acuminipennis Fairmaire 见 *Agrypnus acuminipennis*
Lacon altaicus (Candèze) 阿鳞叩甲，阿沟胸叩甲
Lacon anathesinus Candèze 见 *Agrypnus anathesinus*
Lacon atayal Kishii 泰雅鳞叩甲
Lacon bicolor Fleutiaux 二色鳞叩甲，二色沟胸叩甲，双色扁毛叩甲
Lacon binodulus Motschulsky 褐鳞叩甲，褐叩甲，褐沟胸叩甲
Lacon bipapulatus Candèze 见 *Agrypnus bipapulatus*
Lacon churakagi (Ôhira) 楚氏鳞叩甲
Lacon davidi Fairmaire 见 *Agrypnus davidi*
Lacon formosanus Bates 见 *Agrypnus formosanus*
Lacon judex Candèze 见 *Agrypnus judex*
Lacon kikuchii Miwa 红鳞叩甲，基沟胸叩甲，红扁毛叩甲
Lacon kintaroui Kishii 金鳞叩甲，肯沟胸叩甲
Lacon kushihige Kishii 酷鳞叩甲
Lacon maeklini (Candèze) 马鳞叩甲，马沟胸叩甲
Lacon mausoni Hayek 穆氏鳞叩甲

Lacon microcephalus (Motschulsky) 小头鳞叩甲，小头短沟叩甲

Lacon modestus (Boisduval) 雅鳞叩甲

Lacon musculus Candèze 见 *Agrypnus musculus*

Lacon obscurus Fleutiaux 昏鳞叩甲，昏沟胸叩甲，黑扁毛叩甲

Lacon parallelus (Lewis) 平行鳞叩甲，平行沟胸叩甲

Lacon puriensis Kishii 普鳞叩甲

Lacon ramatasenseni (Miwa) 凹头鳞叩甲，拉沟胸叩甲，凹头扁毛叩甲

Lacon rotundicollis Kishii *et* Jiang 凸胸鳞叩甲

Lacon rubripennis Fleutiaux 红翅鳞叩甲，红翅沟胸叩甲，红鞘扁毛叩甲

Lacon sachalinensis (Miwa) 库鳞叩甲，库沟胸叩甲

Lacon sakaguchii Miwa 见 *Agrypnus sakaguchii*

Lacon sanguineus (Candèze) 血红鳞叩甲，血红司叩甲

Lacon scrofa Candèze 见 *Agrypnus scrofa*

Lacon setiger Bates 见 *Agrypnus setiger*

Lacon sinensis Candèze 见 *Agrypnus sinensis*

Lacon taciturnus Candèze 见 *Agrypnus taciturnus*

Lacon taiwanus Miwa 见 *Agrypnus taiwanus*

Lacon truncatus Herbst 见 *Agrypnus truncatus*

Lacon tuberculipennis Miwa 见 *Agrypnus tuberculipennis*

Lacon uraiensis Miwa 见 *Agrypnus uraiensis*

Lacon variegatus Motschulsky 具斑鳞叩甲，具斑沟胸叩甲，具斑扁毛叩甲

Lacon yunnanus Fleutiaux 滇鳞叩甲，滇沟胸叩甲，云南扁毛叩甲

Lacosomidae [= Mimallonidae] 美钩蛾科，栎蛾科

lactamic acid 丙氨酸

lactase 乳糖酶

lactate dehydrogenase [= lactic acid dehydrogenase; abb. LDH] 乳酸脱氢酶

lactescent 泌乳的

lactic acid 乳酸

lactic acid dehydrogenase 见 lactate dehydrogenase

Lactica hanoiensis Chen 见 *Hermaeophaga hanoiensis*

Lactica perrauderi Allard 见 *Hermaeophaga perrauderi*

Lactistes 龟土蝽属

Lactistes falcolipes Hsiao 褐龟土蝽

Lactistes longirostris Hsiao 黑龟土蝽

lactobionic acid 乳糖酸

lactochrome [= lactoflavin(e)] 核黄素，乳黄素，维生素 B_2

lactoflavin(e) 见 lactochrome

lactone 内酯

lactose 乳糖

lactuca aphid [*Myzus lactucicola* Takahashi] 莴苣瘤蚜，莴苣瘤额蚜

lacuna [pl. lacunae] 1. 凹；2. 裂口；3. 空隙 <亦指翅芽发育过程中充血的空腔>

lacunae [s. lacuna] 1. 凹；2. 裂口；3. 空隙

Lacusa 兰璐蜡蝉属

Lacusa digitata Xing *et* Chen 指突兰璐蜡蝉

Lacusa producta Xing *et* Chen 突茎兰璐蜡蝉

Lacusa yunnanensis Chou *et* Huang 云南兰璐蜡蝉

Lacvietina 窝胸隐翅甲属

Lacvietina lii (Li, Tang *et* Zhu) 李氏窝胸隐翅甲

Lacvietina nabanhensis Chang, Li *et* Yin 纳板河窝胸隐翅甲

Lacvietina punctatissima (Hayashi) 刻点窝胸隐翅甲

Lacydes 眩灯蛾属

Lacydes spectabilis (Tauscher) 眩灯蛾

Lacydoides 拉灯蛾属

Lacydoides tibetensis Daniel 藏拉灯蛾

Ladakh banded apollo [*Parnassius stoliczkanus* Felder *et* Felder] 斯托绢蝶，史托绢蝶

Ladakh clouded yellow [*Colias ladakensis* Felder *et* Felder] 金豆粉蝶

Ladakh common copper [*Lycaena phlaeas baralacha* (Moore)] 红灰蝶高原亚种

Ladakh hawkmoth [*Hyles nervosa* (Rothschild *et* Jordan)] 拉达克白眉天蛾

Ladakh tortoiseshell [*Aglais ladakensis* (Moore)] 西藏麻蛱蝶，拉达克麻蛱蝶

ladder-marked longhorn beetle [*Saperda scalaris* (Linnaeus)] 白桦楔天牛，白桦梯楔天牛，白杨梯楔天牛

Ladoga glorifica (Fruhstorfer) 见 *Limenitis glorifica*

Ladshaphagus 软鳞跳小蜂属

Ladshaphagus cerococci Xu *et* He 壶蚧软鳞跳小蜂

lady beetle [= coccinellid, coccinellid beetle, ladybug, ladybird beetle, ladybird] 瓢虫，瓢甲 <瓢甲科 Coccinellidae 昆虫的通称>

ladybird [= coccinellid, coccinellid beetle, ladybug, lady beetle, ladybird beetle] 瓢虫，瓢甲

ladybird beetle 见 ladybird

ladybug 见 ladybird

Lady's maid [*Vanessula milca* (Hewitson)] 侏蛱蝶

Laelia 素毒蛾属

Laelia anamesa Collenette 黄素毒蛾

Laelia atestacea Hampson 褐素毒蛾

Laelia coenosa (Hübner) [reed tussock] 素毒蛾

Laelia coenosa candida Leech 素毒蛾肯迪亚种，肯素毒蛾

Laelia coenosa coenosa (Hübner) 素毒蛾指名亚种

Laelia coenosa paucipuncta Strand 素毒蛾少点亚种，少点素毒蛾

Laelia coenosa sangaica Moore [sedge tussock moth] 素毒蛾莎草亚种，莎草素毒蛾

Laelia coenosa sinensis Walker 素毒蛾中华亚种，华素毒蛾

Laelia costalis Matsumura 同 *Psalis pennatula*

Laelia exclamationis (Kollar) 斜眉七斑毒蛾，斜眉毒蛾

Laelia exclamationis exclamationis (Kollar) 斜眉七斑毒蛾指名亚种

Laelia exclamationis horishanella (Matsushita) 同 *Laelia exclamationis exclamationis*

Laelia formosana Strand 凹七斑毒蛾，七斑凹毒蛾

Laelia fracta Schaus 部素毒蛾

Laelia gigantea Butler 脂素毒蛾

Laelia horishanella (Matsushita) 同 *Laelia exclamationis*

Laelia lilacina Moore 紫素毒蛾

Laelia monoscola Collenette 瑕素毒蛾

Laelia ochripalpis Strand 赭须素毒蛾

Laelia pantana Collenette 竹素毒蛾

Laelia striata Wileman 纹素毒蛾，平七斑毒蛾，七斑平毒蛾

Laelia suffusa Walker 粉素毒蛾
Laelia umbrina (Moore) 烟素毒蛾
Laeliaena 勒平唇牙甲属
Laeliaena sparsa Sahlberg 斯勒平唇牙甲
laemobothriid 1. [= laemobothriid louse] 水鸟虱 < 水鸟虱科 Laemobothriidae 昆虫的通称 >; 2. 水鸟虱科的
laemobothriid louse [= laemobothriid] 水鸟虱
Laemobothriidae 水鸟虱科
Laemobothrion 水鸟虱属
Laemobothrion atrum (Nitzsch) 鸳水鸟虱
Laemobothrion chloropodis (Schrank) 黄脚水鸟虱
Laemobothrion maximum (Scopoli) 大水鸟虱
Laemobothrion tinnuncnli (Linnaeus) 红隼水鸟虱
Laemobothrion vulturis (Fabricius) 鹫水鸟虱
laemodipodiform 竹节形
Laemoglyptus 栉角花萤属，栉角菊虎属
Laemoglyptus atripes Pic 黑足栉角花萤，黑足栉角菊虎
Laemoglyptus bimaculatus Wittmer 二斑咽稚萤
Laemoglyptus chujoi Wittmer 中条氏栉角花萤，中条氏栉角菊虎，中条咽稚萤
Laemoglyptus fissiventris Fairmaire 裂腹咽稚萤
Laemoglyptus grandis Pic 华巍栉角花萤，华巍栉角菊虎，大咽稚萤
Laemoglyptus pingtungensis Wittmer 屏东栉角花萤，屏东栉角菊虎
Laemoglyptus rubrithorax (Pic) 红胸栉角花萤，红胸栉角菊虎，红胸德利花萤
Laemoglyptus sauteri (Pic) 梭德栉角花萤，梭德栉角菊虎，索稚萤
Laemoglyptus subspinosus Pic 疏毛栉角花萤，疏毛栉角菊虎，刺咽稚萤，刺西花萤
Laemoglyptus taihorinensis Wittmer 大林栉角花萤，大林栉角菊虎，嘉义咽稚萤
laemophloeid 1. [= laemophloeid beetle, lined flat bark beetle] 姬扁甲，扁谷盗 < 姬扁甲科 Laemophloeidae 昆虫的通称 >; 2. 姬扁甲科的
laemophloeid beetle [= laemophloeid, lined flat bark beetle] 姬扁甲，扁谷盗
Laemophloeidae 姬扁甲科，扁谷盗科 < 此科学名有误写为 Laemoploeidae 者 >
Laemophloeus 姬扁甲属，角胸扁谷盗属
Laemophloeus admotus (Grouvelle) 见 *Placonotus admotus*
Laemophloeus biguttatus (Say) 双斑姬扁甲
Laemophloeus ferrugineus (Stephens) 见 *Cryptolestes ferrugineus*
Laemophloeus formosianus Grouvelle 台湾姬扁甲，台角胸扁谷盗
Laemophloeus foveolatus Reitter 窝角姬扁甲，窝角胸扁谷盗
Laemophloeus humeralis Grouvelle 肩角姬扁甲，肩角胸扁谷盗
Laemophloeus minutus Olivier 同 *Cryptolestes pusillus*
Laemophloeus subtestaceus Grouvelle 见 *Placonotus subtestaceus*
Laemophloeus turcicus Grouvelle 见 *Cryptolestes turcicus*
Laemosaccidius alini Voss 见 *Magdalis alini*
Laemosaccodes 咽象甲属
Laemosaccodes nitidirostris Voss 亮喙咽象甲，亮喙咽象
Laemosaccodes similaris Voss 同 *Carcilia mesosternalis*
Laemostenus 狭咽步甲属，勒莫步甲属
Laemostenus picescens (Fairmaire) 见 *Pristosia picescens*
Laemostenus schreibersii (Küster) 沟翅狭咽步甲，沟翅勒莫步甲
Laemostenus sulcipennis Fairmaire 同 *Laemostenus schreibersii*
Laemostenus yunnanus Csiki 同 *Pristosia picescens*
Laemostenus zhamensis Zhu, Shi *et* Liang 樟木狭咽步甲
Laemostenus zhentangensis Zhu, Shi *et* Liang 陈塘狭咽步甲
Laemotmetus rhizophagoides (Walker) 隐颚米扁虫
Laena 莱甲属，勒伪叶甲属
Laena alesi Schawaller 阿雷莱甲
Laena alticola Blair 高山莱甲，高山勒伪叶甲
Laena amplofemura Wei *et* Ren 粗股莱甲
Laena anglofemura Wei *et* Ren 角股莱甲
Laena angulifemoralis Masumoto 宾川莱甲
Laena armidenta Wei *et* Ren 齿股莱甲
Laena baiorum Schawaller 白族莱甲
Laena baishuica Schawaller 白水莱甲
Laena baoshanica Schawaller 保山莱甲
Laena barkamica Schawaller 马尔康莱甲
Laena basumtsoica Schawaller 巴素莱甲
Laena becvari Schawaller 贝氏莱甲
Laena bifoveolata Reitter 二点莱甲，二窝勒伪叶甲
Laena bohrni Schawaller 波尔莱甲
Laena bowaica Schawaller 波瓦莱甲
Laena brendelli Schawaller 布伦莱甲
Laena businskyorum Schawaller 布辛莱甲
Laena ceratina Wei *et* Ren 锐突莱甲
Laena chiloriluxa Zhao *et* Ren 绿光莱甲
Laena chinensis Kaszab 中国莱甲，华勒伪叶甲
Laena cholanica Schawaller 雀儿山莱甲
Laena confusa Löbl *et* Schawaller 杂点莱甲
Laena cooteri Schawaller 库特莱甲
Laena cylindrica Schuster 长圆莱甲，筒勒伪叶甲
Laena dabashanica Schawaller 大巴山莱甲
Laena daliensis Masumoto *et* Yin 大理莱甲
Laena davidi Schawaller 大卫莱甲
Laena daxueica Schawaller 大雪山莱甲
Laena dentata Zhao *et* Ren 胫齿莱甲
Laena dentatocrassa Zhao *et* Ren 粗齿莱甲
Laena deqenica Schawaller 德钦莱甲
Laena diancangica Schawaller 点苍山莱甲
Laena dickorei Schawaller 迪克莱甲
Laena edentata Zhao *et* Ren 缺齿莱甲
Laena emeishana Masumoto 峨眉山莱甲
Laena fanjingshanana Ren *et* Hua 梵净山莱甲
Laena farkaci Schawaller 法卡莱甲
Laena fengileana Masumoto 沣河莱甲
Laena flatiforeheada Wei *et* Ren 平额莱甲
Laena flectotibia spnov 弯胫莱甲
Laena formaneki Schuster 福曼莱甲，福勒伪叶甲
Laena fouquei Schawaller 福昆莱甲
Laena ganzica Schawaller 甘孜莱甲
Laena gaoligongica Schawaller 高黎贡莱甲
Laena gigantea Schuster 大型莱甲，大勒伪叶甲
Laena gracilis Schuster 细长莱甲，丽勒伪叶甲

Laena guangxica Schawaller 广西莱甲
Laena guizhouica Schawaller 贵州莱甲
Laena gyalthangica Schawaller 香格里拉莱甲
Laena gyamdaica Schawaller 贡布莱甲
Laena habashanica Schawaller 哈巴山莱甲
Laena haigouica Schawaller 九寨沟莱甲
Laena hanzhongana Wei *et* Ren 汉中莱甲
Laena hongkongica Schawaller *et* Aston 香港莱甲
Laena heinzi Schawaller 海因莱甲
Laena hengduanica Schawaller 横断山莱甲
Laena hingstoni Schuster 辛斯莱甲，亨勒伪叶甲
Laena hlavaci Schawaller 武夷山莱甲
Laena houzhenzica Schawaller 厚畛子莱甲，太白山莱甲
Laena hubeica Schawaller 湖北莱甲
Laena janatai Schawaller 詹氏莱甲
Laena jiangxica Schawaller 江西莱甲
Laena jinpingica Schawaller 锦屏莱甲
Laena jizushana Masumoto 鸡足山莱甲
Laena kalabi Schawaller 卡拉莱甲
Laena kangdingica Schawaller 康定莱甲
Laena kubani Schawaller 库班莱甲
Laena langmusica Schawaller 郎木寺莱甲
Laena latitarsia Wei *et* Ren 宽跗莱甲
Laena leonhardi Schuster 伦哈莱甲
Laena liangi Zhao *et* Ren 梁氏莱甲
Laena lisuorum Schawaller 黎族莱甲
Laena longichaeta Wei *et* Ren 长毛莱甲
Laena ludingica Schawaller 泸定莱甲
Laena luguica Schawaller 泸沽莱甲
Laena luhuoica Schawaller 炉霍莱甲
Laena maowenica Schawaller 茂县莱甲
Laena michaeli Schawaller 米凯莱甲
Laena mirabilis Kaszab 奇特莱甲，稀勒伪叶甲
Laena motogana Zhao *et* Ren 墨脱莱甲
Laena moxica Schawaller 摩西莱甲
Laena mulica Schawaller 木里莱甲
Laena naxiorum Schawaller 纳西莱甲
Laena nujiangica Schawaller 怒江莱甲
Laena nyingchica Schawaller 林芝莱甲
Laena ovipennis Schuster 卵圆莱甲，卵翅勒伪叶甲
Laena paomaica Schawaller 跑马莱甲
Laena parallelocollis Schuster 平行莱甲，平行勒伪叶甲
Laena puetzi Schawaller 普茨莱甲
Laena punctulata Wei *et* Ren 小点莱甲
Laena qinlingica Schawaller 秦岭莱甲
Laena quadrata Zhao *et* Ren 方胸莱甲
Laena quadrifoveolata Wei *et* Ren 四凹莱甲
Laena quinquagesima Schawaller 宽翅莱甲
Laena safraneki Schawaller 萨费莱甲
Laena schuelkei Schawaller 舒尔莱甲
Laena schusteri (Heller) 舒斯特莱甲，舒裸拟步甲
Laena sehnali Schawaller 塞那莱甲
Laena septuagesima Schawaller 梯胸莱甲
Laena shaluica Schawaller 沙鲁莱甲
Laena smetanai Schawaller 斯么莱甲
Laena sufflofemora Wei *et* Ren 肿股莱甲
Laena tabanai Masumoto 塔巴莱甲
Laena tibetana Schuster 同 *Laena formaneki*
Laena tryznai Schawaller 特里莱甲
Laena tuntalica Schawaller 屯塔拉莱甲
Laena turnai Schawaller 特纳莱甲
Laena walkeri Schawaller *et* Aston 沃氏莱甲
Laena watanabei Masumoto *et* Yin 渡边莱甲，瓦氏莱甲
Laena wrasei Schawaller 乌拉莱甲
Laena xiaoi Masumot *et* Yin 同 *Laena daliensis*
Laena xuerensis Masumoto 雪人莱甲
Laena xueshanica Schawaller 雪山莱甲
Laena yajiangica Schawaller 雅江莱甲
Laena yasuakii Masumoto 杨氏莱甲
Laena yufengsi Masumoto 玉峰莱甲
Laena yulongica Schawaller 玉龙莱甲
Laena yunnanensis Masumoto *et* Yin 同 *Laena daliensis*
Laena yuzhuensis Masumoto *et* Yin 玉局莱甲
Laena zhengi Zhao *et* Ren 郑氏莱甲
Laena zogqenica Schawaller 竹庆莱甲
Laena zongdianica Schawaller 中甸莱甲
Laeosopis 浪灰蝶属
Laeosopis hoenei d'Abrera 褐浪灰蝶
Laeosopis roboris (Esper) [Spanish purple hairstreak] 浪灰蝶
laeotorma 左内唇根 <金龟子幼虫中，在内唇左后角上的一横骨环>

laertes prepona [= shaded-blue leafwing, *Prepona laertes* (Hübner)] 紫靴蛱蝶
Laetitia's forester [*Bebearia laetitia* Plötz] 喜悦舟蛱蝶
Laetosphecia 莱透翅蛾属
Laetosphecia brideliana Kallies *et* Arita 博莱透翅蛾
Laetosphecia variegata (Walker) 异莱透翅蛾
laevis [= levigate, levigatus, levis] 平滑的
Lagaroceras 长角秆蝇属，拉秆蝇属
Lagaroceras longicorne (Thomson) 长角秆蝇，长角拉秆蝇
Lagaroceras nigra Yang *et* Yang 黑长角秆蝇
Lagarotis 拉加姬蜂属
Lagarotis beijingensis Sheng, Sun *et* Li 京拉加姬蜂
Lagarotis ganica Sheng, Sun *et* Li 赣拉加姬蜂
Lagella 三齿突切叶蜂亚属
Lagenolobus 三纹象甲属
Lagenolobus sieversi Faust 北京三纹象甲，北京三纹象
Lagenopsyche 拉毛石蛾属
Lagenopsyche spirogyrae Müller 斯拉毛石蛾
Lagidina 隐斑叶蜂属，短足叶蜂属
Lagidina apicalis Wei *et* Nie 歪唇隐斑叶蜂
Lagidina formosana (Takeuchi) 蓬莱隐斑叶蜂，蓬莱短足叶蜂
Lagidina nigripes Wei *et* Nie 黑足小唇叶蜂
Lagidina nigrocollis Wei *et* Nie 黑肩隐斑叶蜂
Lagidina pieli (Takeuchi) 白唇隐斑叶蜂
Lagidina platycera (Marlatt) [violet sawfly] 紫隐斑叶蜂，短足叶蜂，平短足叶蜂
Lagidina platycera platycera (Marlatt) 紫隐斑叶蜂指名亚种
Lagidina platycera taiwana Malaise 紫隐斑叶蜂台湾亚种，台湾短足叶蜂，短足叶蜂台湾亚种

Lagidina sinensis Malaise 中华短足叶蜂
Lagidina taiwana Malaise 见 *Lagidina platycerus taiwana*
Lagium 长背叶蜂属
Lagium taiwana Malaise 台湾长背叶蜂
Lagoa crispata (Packard) 见 *Megalopyge crispata*
Lagoidae [= Megalopygidae] 绒蛾科
Lagoleptus 拉姬蜂属
Lagoleptus rugipectus Townes 皱拉姬蜂
Lagopoecus 雷鸟虱属
Lagopoecus affinis (Children) 邻雷鸟虱
Lagopoecus choui Liu 周氏雷鸟虱
Lagopoecus colchicus Emerson 雉鸡雷鸟虱
Lagopoecus crossoptiloni Liu 白马鸡雷鸟虱
Lagopoecus heterotypus (Megnin) 棕尾虹鸡雷鸟虱
Lagopoecus kozuii (Sugimoto) 科氏雷鸟虱
Lagopoecus lophophori Liu 绿尾虹雉雷鸟虱
Lagopoecus lyrurus Clay 黑琴鸡雷鸟虱
Lagopoecus meinertzhageni Clay 雪鹑雷鸟虱
Lagopoecus ovatus (Uchida) 雷鸟虱
Lagopoecus sinensis (Sugimoto) 鸡雷鸟虱，中华长角虱
Lagopoecus tetrastei Bechet 东北雷鸟虱
Lagopoecus tragopani Liu 角雉雷鸟虱
Lagoptera juno Dalman 果肖毛翅夜蛾，肖毛翅夜蛾
lagora eyemark [= lagora metalmark, *Leucochimona lagora* (Herrich-Schäffer)] 腊环眼蚬蝶
lagora metalmark 见 lagora eyemark
Lagria 伪叶甲属，拟金花虫属
Lagria annulipes Pic 同 *Lagria lameyi*
Lagria atriceps Borchmann 黑头伪叶甲
Lagria atripes Mulsant *et* Guillebeau 黑足伪叶甲
Lagria carinulata Fairmaire 突边伪叶甲，脊伪叶甲
Lagria chapaensis Pic 异色伪叶甲，恰伪叶甲
Lagria conspersa Reitter 斑伪叶甲，小斑伪叶甲
Lagria formosensis Borchmann 台湾伪叶甲，台伪叶甲，蓬莱拟金花虫
Lagria geniculata Seidlitz 同 *Lagria lameyi*
Lagria hirta (Linnaeus) 多毛伪叶甲，林氏伪叶甲
Lagria inaequalicollis Borchmann 不等伪叶甲
Lagria kikuchii Kôno 见 *Cerogria* (*Cerogria*) *kikuchii*
Lagria klapperichi Pic 克氏伪叶甲
Lagria kondoi Masumoto 小伪叶甲，康伪叶甲，大眼拟金花虫
Lagria lameyi Fairmaire 凸纹伪叶甲
Lagria malaisei Borchmann 玛伪叶甲，马伪叶甲
Lagria moutoni Pic 牟氏伪叶甲，莫伪叶甲
Lagria nigricollis Hope 黑胸伪叶甲
Lagria nigrosparsa (Pic) 见 *Cerogria nigrosparsa*
Lagria notabilis Lewis 显伪叶甲，珍伪叶甲，著角伪叶甲
Lagria oharai Masumoto 黑头伪叶甲，奥伪叶甲，毛伪叶甲，黑头拟金花虫
Lagria ophthalmica Fairmaire 眼伪叶甲
Lagria pachycera Fairmaire 见 *Cerogria pachycera*
Lagria pallidipennis Borchmann 黄翅伪叶甲
Lagria picea Brancsic 同 *Lagria nigricollis*
Lagria picta Borchmann 色伪叶甲，褐伪叶甲
Lagria rubella Borchmann 微红伪叶甲，红伪叶甲
Lagria rubiginea Fairmaire 锈色伪叶甲，锈伪叶甲，大伪叶虫
Lagria ruficollis (Hope) 见 *Bothynogria ruficollis*
Lagria rufipennis Marseul 红翅伪叶甲
Lagria rufiventris Pic 红腹伪叶甲
Lagria sakaii Masumoto 同 *Lagria scutellaris*
Lagria scutellaris Pic 盾伪叶甲，小拟金花虫
Lagria tibetana Blair 西藏伪叶甲，藏伪叶甲
Lagria tigrina Fairmaire 虎斑伪叶甲，虎纹伪叶甲
Lagria tristicula Fairmaire 暗黑伪叶甲，忧伪叶甲
Lagria unicolor Borchmann 单色伪叶甲，一色伪叶甲
Lagria ventralis Reitter 腹伪叶甲
Lagria villosa Fabricius 长毛伪叶甲
lagriid 1. [= lagriid beetle, long-jointed beetle] 伪叶甲 < 伪叶甲科 Lagriidae 昆虫的通称 >; 2. 伪叶甲科的
lagriid beetle [= lagriid, long-jointed beetle] 伪叶甲
Lagriidae 伪叶甲科
Lagriina 伪叶甲亚族
Lagriinae 伪叶甲亚科
Lagriini 伪叶甲族
Lagriocera feae Borchmann 见 *Xenocerogria feai*
Lagriocera nigrovittata Pic 见 *Xanthalia nigrovittata*
Lagriocera ruficollis Borchmann 见 *Xenocerogria ruficollis*
Lagriodema 坑伪叶甲属
Lagriodema unicolor Borchmann 一色坑伪叶甲，一色皮伪叶甲
Lagriodes serrifera Borchmann 见 *Xanthalia serrifera*
Lagriogonia 隅伪叶甲属
Lagriogonia humerosa Fairmaire 肩隅伪叶甲
lagus metalmark [= common setabis, northern setabis, *Setabis lagus* (Cramer)] 瑟蚬蝶
Lagynogaster 棒腹虫虻属，棒腹食虫虻属，扁头虫虻属，兔腹食虫虻属
Lagynogaster antennalis Hsia 江苏棒腹虫虻，江苏棒腹食虫虻，棒腹虫虻，触角扁头虫虻
Lagynogaster bicolor Shi 双色棒腹虫虻，双色棒腹食虫虻
Lagynogaster claripennis Hsia 亮翅棒腹虫虻，亮翅棒腹食虫虻，亮翅扁头虫虻
Lagynogaster dimidiata Hsia 天目棒腹虫虻，天目棒腹食虫虻，天目扁头食虫虻，半扁头虫虻
Lagynogaster fujianensis Shi 福建棒腹虫虻，福建棒腹食虫虻，黑纹扁头食虫虻，烟色扁头虫虻
Lagynogaster fuliginosa Hermann 黑纹棒腹虫虻，黑纹棒腹食虫虻，黑色食虫虻
Lagynogaster inscriptus Hermann 台湾棒腹虫虻，台湾棒腹食虫虻，刻扁头虫虻
Lagynogaster princeps (Osten Sacken) 浙江棒腹虫虻，浙江棒腹食虫虻，浙江扁头食虫虻，首扁头虫虻
Lagynogaster saetosus Zhang *et* Yang 多毛棒腹虫虻，多毛棒腹食虫虻
Lagynogaster sauteri Hermann 索氏棒腹虫虻，梭氏棒腹食虫虻，索氏扁头食虫虻，索氏扁头虫虻，索氏细腹虫虻，邵氏食虫虻
Lagynogaster suensoni (Frey) 苏氏棒腹虫虻，苏氏棒腹食虫虻，苏氏扁头食虫虻，苏氏扁头虫虻，苏氏细腹虫虻
Lagynogaster yunnanensis Zhang *et* Yang 云南棒腹虫虻，云南棒腹食虫虻

Lagynotomus assimulans (Distant) 同 *Niphe elongata*
Lagynotomus elongatus (Dallas) 见 *Niphe elongata*
Lahejia 拉肖叶甲属
Lahejia aenea (Chen) 铜色拉肖叶甲，铜色缺齿筒胸肖叶甲
Laingiococcus 钝粉蚧属
Laingiococcus painei (Laing) 椰子钝粉蚧
Laing's root mealybug [*Ripersiella poltavae* (Laing)] 乌克兰土粉蚧
laius metalmark [*Calociasma laius* (Godman *et* Salvin)] 拉美洛蚬蝶
Laius 莱囊花萤属
Laius bivittatus Wittmer 见 *Intybia bivittata*
Laius blaisei Pic 同 *Intybia duplex*
Laius erectodentatus Wittmer 直齿莱囊花萤，直齿因囊花萤
Laius eversi Hicker 见 *Intybia eversi*
Laius fenchihuensis Wittmer 奋起湖莱囊花萤
Laius flavicornis (Fabricius) 黄角莱囊花萤
Laius gressitti Wittmer 见 *Intybia gressitti*
Laius javanus Pic 同 *Laius pictus*
Laius kiesenwetteri Lewis 同 *Intybia histrio*
Laius klapperichi Hicker 柯莱囊花萤
Laius latefasciatus Pic 见 *Intybia latefasciata*
Laius lutaoensis Yoshitomi *et* Lee 兰屿莱囊花萤
Laius pici Miwa 皮氏莱囊花萤，皮莱囊花萤，皮拉拟花萤
Laius pictus Erichson 丽莱囊花萤
Laius plaius pici Miwa 见 *Laius pici*
Laius rubithorax Pic 红胸莱囊花萤
Laius rubrofasciatus Pic 见 *Intybia rubrofasciata*
Laius savioi Pic 见 *Intybia savioi*
Laius sexmaculatus Pic 同 *Laius pici*
Laius swatowensis Wittmer 见 *Intybia swatowensis*
Laius taiwanus Yoshitomi *et* Lee 台湾莱囊花萤，台湾岩礁拟花萤
Laius viridithorax Pic 见 *Intybia viridithorax*
lake fly [= chironomid fly, chironomid midge, chironomid, nonbiting midge] 摇蚊 < 摇蚊科 Chironomidae 昆虫的通称 >
Lakhonia 绒蝽属
Lakhonia nigripes Yang 玉色绒蝽，玉色膨蝽，玉色厚蝽
Lakshaphagus 软鳞跳小蜂属
Lakshaphagus cerococci Xu *et* He 壶蚧软鳞跳小蜂
Lalacidae 拉蜡蝉科
Lalokia 纵带实蝇属
Lalokia tetraspilota Hardy 纵带实蝇
lamaceratubae 细蜡管 < 大多数盾蚧臀板中的细长蜡管 >
Lamachus 侵姬蜂属
Lamachus dilatatus Sheng, Li *et* Sun 阔侵姬蜂
Lamachus gilpiniae Uchida 吉松叶蜂侵姬蜂
Lamachus nigrus Li, Sheng *et* Sun 黑侵姬蜂
Lamachus rufiabdominalis Li, Sheng *et* Sun 红腹侵姬蜂
Lamachus sheni Sheng *et* Sun 申氏侵姬蜂
Lamas' skipper [*Hylephila lamasi* MacNeill *et* Herrera] 拉马西火弄蝶
Lamasia 喇嘛蛱蝶属
Lamasia lyncides (Hewitson) 喇嘛蛱蝶
lambda-cyhalothrin 氯氟氰菊酯，高三氟氯氰菊酯，功夫菊酯
Lambdina 兰布达尺蛾属
Lambdina athasaria (Walker) 角鼓兰布达尺蛾
Lambdina fiscellaria (Guenée) [eastern hemlock looper, hemlock looper, hemlock spanworm, mournful thorn, western hemlock looper, oak looper, oakworm, western oak looper] 铁杉兰布达尺蠖，铁杉尺蠖
Lambdina fiscellaria fiscellaria (Guenée) 铁杉兰布达尺蠖指名亚种
Lambdina fiscellaria lugubrosa (Hulst) [western hemlock looper] 铁杉兰布达尺蛾西方亚种，西部铁杉尺蠖，西方铁杉尺蛾
Lambdina fiscellaria somniaria (Hulst) [western oak looper, Garry oak looper] 铁杉兰布达尺蛾美西亚种，美西栎尺蛾，西部栎尺蛾，栎兰布达尺蛾
Lambdina punctata (Hulst) 点兰布达尺蛾
Lambdina somniaria (Hulst) 见 *Lambdina fiscellaria somniaria*
Lambersaphis 朗伯毛蚜属
Lambersaphis pruinosae (Narzikulov) 杨朗伯毛蚜
Lambertiodes 朗卷蛾属
Lambertiodes harmonia (Meyrick) 聂拉木朗卷蛾
Lamborn's aslauga [*Aslauga lamborni* Bethune-Baker] 兰博维灰蝶
Lambula 浸苔蛾属
Lambula fuliginosa (Walker) 烟色浸苔蛾
lamella [pl. lamellae] 1. 叶，片；2. 瓣尖；3. 叶突
lamella antevaginalis 前阴片
lamella postvaginalis 后阴片
lamellae [s. lamella] 1. 叶，片；2. 瓣尖；3. 叶突
lamellar seta 叶毛
lamellate [= lamellatus, laminate, laminatus] 叶状的；鳃叶状的
lamellate antenna 鳃状角蛹，鳃叶状触角
lamellatus 见 lamellate
Lamellcossus terebra Schiffermüller 钻具木蠹蛾
lamelle 叶突 < 见于介壳虫中 >
lamellicorn 金龟子
Lamellicornia 鳃角类，鳃角组
Lamellidorsum 平背蚜蝇属
Lamellidorsum piliflavum Huo *et* Zheng 黄毛平背蚜蝇
Lamellidorsum pilinigrum Huo *et* Zheng 黑毛平背蚜蝇
lamelliform 鳃叶状；层形
Lamelligomphus 环尾春蜓属
Lamelligomphus annakarlorum Zhang, Yang *et* Cai 安娜环尾春蜓
Lamelligomphus biforceps (Sélys) 黄尾环尾春蜓
Lamelligomphus camelus (Martin) 驼峰环尾春蜓，驼钩尾春蜓
Lamelligomphus chaoi Zhu 赵氏环尾春蜓
Lamelligomphus choui Chao *et* Liu 周氏环尾春蜓
Lamelligomphus choui choui Chao *et* Liu 周氏环尾春蜓指名亚种
Lamelligomphus choui tienfuensis (Chao) 周氏环尾春蜓天府亚种
Lamelligomphus formosanus (Matsumura) 台湾环尾春蜓，钩尾春蜓
Lamelligomphus hainanensis (Chao) 海南环尾春蜓，海南钩尾春蜓
Lamelligomphus hanzhongensis Yang *et* Zhu 汉中环尾春蜓
Lamelligomphus hongkongensis Wilson 同 *Lamelligomphus hainanensis*
Lamelligomphus jiuquensis Liu 同 *Lamelligomphus formosanus*
Lamelligomphus laetus Yang *et* Davies 同 *Lamelligomphus biforceps*

Lamelligomphus motuoensis (Chao) 墨脱环尾春蜓
Lamelligomphus parvulus Zhou *et* Li 同 *Lamelligomphus biforceps*
Lamelligomphus ringens (Needham) 环纹环尾春蜓，环钩尾春蜓
Lamelligomphus risi (Fraser) 李氏环尾春蜓
Lamelligomphus trinus (Navás) 脊纹环尾春蜓
Lamelligomphus tutulus Liu *et* Chao 双髻环尾春蜓
Lamellocossus 鳃角木蠹蛾属
Lamellocossus colossus (Staudinger) 见 *Gobibatyr colossus*
Lamellocossus terebrus (Sciffermuller *et* Denis) 特鳃角木蠹蛾，特拉木蠹蛾
lamellocyte 叶状血细胞
Lamenia 拉袖蜡蝉属
Lamenia albinervis Matsumura 白脉拉袖蜡蝉
Lamenia hopponis Matsumura 台湾拉袖蜡蝉
Lamenia nigricans Matsumura 黑褐拉袖蜡蝉
Lamenia nitobei Matsumura 棕黄拉袖蜡蝉
Lamenia wanriana Matsumura 湾里拉袖蜡蝉
Lamennaisia 莱曼跳小蜂属
Lamennaisia ambigua Nees 混淆莱曼跳小蜂，疑莱曼跳小蜂
lamia metalmark [*Syrmatia lamia* Bates] 拉美燕尾蚬蝶
Lamia textor (Linnaeus) 沟胫天牛，粒翅天牛
Lamida 锄须丛螟属
Lamida moncusalis Walker 单锄须丛螟
Lamida obscura (Moore) 暗锄须丛螟
lamiid 1. [= lamiid beetle] 沟胫天牛 <沟胫天牛科 Lamiidae 昆虫的通称>; 2. 沟胫天牛科的
lamiid beetle [= lamiid] 沟胫天牛
Lamiidae 沟胫天牛科
Lamiinae 沟胫天牛亚科
Lamiini 沟胫天牛族
lamina [pl. laminae] 板，层
lamina analis [= supraanal plate, anal operculum, lamina supraanalis, supranalis] 肛上板
lamina externa [= paraglossa] 侧唇舌
lamina ganglionaris [= periopticon] 视叶神经节，视叶神经节层
lamina infra-analis 肛下板 <在蜻蜓稚虫中，包含肛门的圆褶壁中的侧腹片>
lamina interna [= ligula] 唇舌
lamina subgenitalis [= subgenital plate, hypandrium, hypoproct, subgenital lamina] 下生殖板，肛下板
lamina supraanalis 见 lamina analis
laminadens 口前齿板 <在双翅目昆虫中，具有拟齿 (falsadentes) 或口前齿的具齿板>
laminae [s. lamina] 板，层
laminate 见 lamellate
laminato-carinate 片脊的 <由薄片构成的脊突的>
Laminatopina 片突飞虱属
Laminatopina orientalis Qin *et* Zhang 东方片突飞虱
laminatus 见 lamellate
Laminicoccus 鳃粉蚧属
Laminicoccus cocois Williams 椰子鳃粉蚧
Laminicoccus pandani (Cockerell) 无脐鳃粉蚧
Laminicoccus pandanicola (Takahashi) 露兜鳃粉蚧
Laminicoccus vitiensis (Green *et* Laing) 斐济鳃粉蚧
laminitentorium 幕骨前板
Lamiodorcadion 拉伏天牛属
Lamiodorcadion annulipes Pic 环足拉伏天牛，拉伏天牛
Lamiodorcadion laosense Breuning 老挝拉伏天牛，拉伏天牛
Lamiodorcadion tuberosum Holzschuh 瘤拉伏天牛
Lamiomimus 粒翅天牛属，粒天牛属
Lamiomimus chinensis Breuning 中华粒翅天牛
Lamiomimus gottschei Kolbe 双带粒翅天牛，粒翅天牛
lamis beauty [= peach beauty, *Peria lamis* (Cramer)] 蚌蛱蝶
lamitendon 幕骨前板腱
Lammert's cycle 拉末脱循环
Lamoria adaptella (Walker) 谷螟
Lamoria anella (Denis *et* Schiffermüller) 大谷螟
Lamoria glaucalis Caradja 赤缘谷螟，蓝灰螟蛾，赤缘谷螟，蓝灰谷螟
Lamoria infumatella Hampson 茵谷螟
Lamoria inostentalis (Walker) 阴谷螟
Lamotteus 拉盗猎蝽属
Lamotteus ornatus Villiers 白纹拉盗猎蝽
LAMP [loop-mediated isothermal amplification 的缩写] 环介导等温扩增
Lamperos 黏拟步甲属
Lamperos elegantulus Lewis 丽黏拟步甲
lampethusa banner [*Epiphile lampethusa* Doubleday] 灯黄荫蛱蝶
Lampetis 等跗吉丁甲属，类亮吉丁甲属
Lampetis angentata (Mannerheim) 蓝褐等跗吉丁甲，蓝褐等跗吉丁
Lampetis viridicuprea Saunders 金绿等跗吉丁甲，金绿等跗吉丁，铜绿类亮吉丁甲，铜绿等跗吉丁
lampeto metalmark [*Caria lampeto* (Godman *et* Salvin)] 荧光咖蚬蝶
Lampides 亮灰蝶属
Lampides boeticus (Linnaeus) [pea blue, long-tailed blue, long-tailed pea-blue, bean butterfly] 亮灰蝶，豆波灰蝶，豆荚灰蝶，波纹灰蝶，波纹小灰蝶，曲斑灰蝶
lamplight altinote [*Altinote ozomene* (Godart)] 鸥黑珍蝶
Lamponia 亮弄蝶属
Lamponia lamponia (Hewitson) 亮弄蝶
Lampra 亮吉丁甲属，亮吉丁属
Lampra masudai Kôno 同 *Lampra vivata*
Lampra vivata (Lewis) [hinoki cypress borer] 丝亮吉丁甲，丝亮吉丁，丝柏吉丁
Lampridia vetustalis Strand 同 *Nacoleia charesalis*
Lampridius 凹缘叶蝉属，斑线叶蝉属
Lampridius spectabilis Distant 红纹凹缘叶蝉，斑线叶蝉
Lamprigera 扁萤属，亮萤属
Lamprigera alticola Dong *et* Li 高山扁萤
Lamprigera angustior (Fairmaire) 角扁萤，角亮萤
Lamprigera luquanensis Dong *et* Li 禄劝扁萤
Lamprigera magnapronotum Dong *et* Li 巨胸扁萤
Lamprigera minor (Olivier) 小扁萤
Lamprigera morator (Olivier) 扇窗扁萤
Lamprigera nepalensis (Hope) 尼泊尔扁萤
Lamprigera nitidicollis (Fairmaire) 光亮扁萤
Lamprigera scutatus (Fairmaire) 盾扁萤，盾亮萤
Lamprigera taimoshana Yiu 大帽山扁萤

Lamprigera yunnana (Fairmaire) 云南扁萤，滇亮萤
Lamprima 金锹甲属
Lamprima adolphinae (Gestro) 印尼金锹甲，印尼金锹形虫
Lamprima aenea Fabricius 太平洋金锹甲
Lamprima aurata Latreille [golden stag beetle] 澳洲金锹甲
Lamprima imberbis Carter 丽金锹甲
Lamprima insularis Macleay 岛金锹甲
Lampriminae 金锹甲亚科
Lamprocabera 皓尺蛾属
Lamprocabera candidaria Leech 皓尺蛾
Lamprocapsidea coffeae (China) 见 *Ruspoliella coffeae*
Lamproceps 亮头长蝽属
Lamproceps antennatus (Scott) 粗角亮头长蝽
Lamproceps bipunctatus (Bergroth) 双刻亮头长蝽
Lamprocheila 长吉丁甲属，长吉丁属，璃吉丁甲属，璃吉丁虫属
Lamprocheila maillei (Laporte *et* Gory) 脊长吉丁甲，脊琉璃吉丁甲，脊琉璃吉丁，脊长吉丁
Lamprocheila splendida Akiyama 绿长吉丁甲，绿长吉丁，姬琉璃吉丁甲，姬琉璃吉丁，姬琉璃吉丁虫
Lamprochromus 圆角长足虻属
Lamprochromus amabilis Parent 雅圆角长足虻，娇亮长足虻
Lamprocoris 亮盾蝽属
Lamprocoris formosanus (Matsumura) 台湾亮盾蝽
Lamprocoris lateralis (Guérin-Méneville) 红缘亮盾蝽
Lamprocoris roylii (Westwood) 亮盾蝽
Lamprocoris spiniger (Dallas) 角胸亮盾蝽
Lamprodema 线缘长蝽属
Lamprodema maurum (Fabricius) 斑膜线缘长蝽
Lamprodema minusculus Reuter 微小线缘长蝽
Lamprodema rufipes Reuter 红足线缘长蝽，红线缘长蝽
Lamprodila 斑吉丁甲属，斑吉丁属，黑星吉丁甲属，黑星吉丁虫属，金缘吉丁甲属
Lamprodila amurensis (Obenberger) 阿穆尔斑吉丁甲，阿穆尔斑吉丁
Lamprodila beauchenii (Fairmaire) 彼氏斑吉丁甲，彼氏斑吉丁
Lamprodila clermonti (Obenberger) 科氏斑吉丁甲，科氏斑吉丁，克氏黑星吉丁甲，克块斑吉丁
Lamprodila cupraria (Fairmaire) 铜绿斑吉丁甲，铜绿斑吉丁
Lamprodila cupreosplendens (Kerremans) 红棕斑吉丁甲，铜黑星吉丁甲，晕紫块斑吉丁
Lamprodila cupreosplendens cupreosplendens (Kerremans) 红棕斑吉丁甲指名亚种
Lamprodila cupreosplendens karremansi (Obenberger) 红棕斑吉丁甲柯氏亚种，红艳铜黑星吉丁虫
Lamprodila cupreosplendens miribella (Obenberger) 红棕斑吉丁甲米尔亚种，奇晕紫块斑吉丁
Lamprodila cupreosplendens oblierata (Descarpentries *et* Villiers) 红棕斑吉丁甲蚀纹亚种
Lamprodila cupreosplendens rodeti (Nonfried) 红棕斑吉丁甲容氏亚种
Lamprodila davidis (Fairmaire) 戴维斑吉丁甲，达黑星吉丁甲
Lamprodila davidis davidis (Fairmaire) 戴维斑吉丁甲指名亚种，东京湾黑星吉丁虫
Lamprodila davidis intermedia (Kurosawa) 戴维斑吉丁甲中纹亚种，达邦黑星吉丁虫
Lamprodila decipiens (Gebler) 迷斑吉丁甲，迷黑星吉丁甲
Lamprodila decipiens decipiens (Gebler) 迷斑吉丁甲指名亚种
Lamprodila decipiens kamikochiana (Obenberger) 迷斑吉丁甲上高地亚种，卡针斑吉丁
Lamprodila elongata (Kerremans) 长条斑吉丁甲，长条斑吉丁，长黑星吉丁甲，长块斑吉丁
Lamprodila formosana Hattori *et* Ong 宝岛斑吉丁甲，宝岛斑吉丁，蓬莱星吉丁甲，蓬莱黑星吉丁虫
Lamprodila hoschecki (Obenberger) 霍氏斑吉丁甲，霍氏斑吉丁，贺氏黑星吉丁甲，贺针斑吉丁
Lamprodila igneilimbata (Kurosawa) 红缘斑吉丁甲，红缘斑吉丁，红缘黑星吉丁甲，红缘黑星吉丁虫，焰块斑吉丁
Lamprodila kheili (Obenberger) 克氏斑吉丁甲，克氏斑吉丁，刻氏黑星吉丁甲，刻块斑吉丁
Lamprodila klapaleki (Obenberger) 克拉斑吉丁甲，克拉黑星吉丁甲，克拉块斑吉丁
Lamprodila kuerai (Bílý) 双带斑吉丁甲，双带斑吉丁
Lamprodila limbata (Gebler) 金缘斑吉丁甲，金缘斑吉丁，梨黑星吉丁甲，梨金缘吉丁，缘针斑吉丁
Lamprodila lukjanovitshi (Richter) 卢氏斑吉丁甲，卢氏斑吉丁
Lamprodila nipponensis (Kurosawa) 日本斑吉丁甲，日本黑星吉丁甲，宁兴块斑吉丁
Lamprodila nobilissima (Mannerheim) 优美斑吉丁甲，显黑星吉丁甲，显块斑吉丁，显针斑吉丁
Lamprodila nobilissima bellula (Lewis) 优美斑吉丁甲显纹亚种，美块斑吉丁
Lamprodila nobilissima nobilissima (Mannerheim) 优美斑吉丁甲指名亚种
Lamprodila perroti (Descarpentries *et* Villiers) 佩氏斑吉丁甲，佩氏斑吉丁
Lamprodila pretiosa (Mannerheim) 坚斑吉丁甲，坚斑吉丁，珍黑星吉丁甲，珍针斑吉丁
Lamprodila provostii (Fairmaire) 普氏斑吉丁甲，普氏斑吉丁，普氏黑星吉丁甲，普针斑吉丁
Lamprodila pseudovirgata (Ohmomo) 伪栎木斑吉丁甲，伪栎木斑吉丁，拟枝黑星吉丁甲
Lamprodila pulchra (Obenberger) 紫光斑吉丁甲，紫光斑吉丁，丽黑星吉丁甲，丽块斑吉丁
Lamprodila refulgens (Obenberger) 金紫斑吉丁甲，金紫斑吉丁，瑞黑星吉丁甲，瑞块斑吉丁
Lamprodila savioi (Pic) 萨维斑吉丁甲，萨维斑吉丁，萨氏黑星吉丁甲，萨块斑吉丁，萨针斑吉丁
Lamprodila shirozui (Ohmomo) 白水斑吉丁甲，莎若斑吉丁，白水黑星吉丁甲
Lamprodila subcoerulea (Kerremans) 淡蓝斑吉丁甲，淡蓝斑吉丁
Lamprodila suyfunensis (Obenberger) 苏伊斑吉丁甲，苏伊斑吉丁，东宁黑星吉丁甲
Lamprodila taiwania Hattori *et* Ong 台湾斑吉丁甲，台湾斑吉丁，大红缘黑星吉丁甲，大红缘黑星吉丁虫
Lamprodila tschitscherini (Semenov) 契氏斑吉丁甲，契氏斑吉丁，契氏黑星吉丁甲，契针斑吉丁
Lamprodila virgata (Motschulsky) 栎木斑吉丁甲，栎木斑吉丁，枝黑星吉丁甲，枝块斑吉丁

L

Lamprodila virgata beata (Obenberger) 同 *Lamprodila virgata virgata*
Lamprodila virgata virgata (Motschulsky) 栎木斑吉丁甲指名亚种
Lamprodila vivata (Lewis) 柳杉斑吉丁甲，柳杉斑吉丁，矫健黑星吉丁甲，矫健块斑吉丁
Lamprolabus 尖翅卷象甲属，尖翅卷象属
Lamprolabus bihastatus (Frivaldsky) [horned leaf-rolling weevil] 大尖翅卷象甲，大尖翅卷象，大尖齿象
Lamprolabus bispinosus (Gyllenhal) 双刺尖翅卷象甲，双刺尖翅卷象
Lamprolabus corallipes (Pascoe) 领尖翅卷象甲，领尖翅卷象
Lamprolenis 狼眼蝶属
Lamprolenis nitida Godman *et* Salvin 狼眼蝶
Lamprolonchaea 亮尖尾蝇属，兰尖尾蝇属，亮黑艳蝇属
Lamprolonchaea metatarsata (Kertész) 南洋亮尖尾蝇，南洋兰尖尾蝇，南洋亮黑艳蝇
Lamprolonchaea sinensis McAlpine 中华亮尖尾蝇，中国兰尖尾蝇
Lampromeloe 光亮短翅芫菁亚属
Lampromicra 亮金盾蝽属
Lampromicra miyakona (Matsumura) 八重山亮金盾蝽，八重山金盾椿象，冲绳金盾背椿象
Lampronadata 二星舟蛾属
Lampronadata cristata (Butler) 黄二星舟蛾
Lampronadata splendida (Oberthür) 银二星舟蛾，斯二星舟蛾
Lampronia 亮丝兰蛾属，穿孔蛾属
Lampronia fuscatella (Tengström) [birch bright, large birch bright moth] 桦亮丝兰蛾，桦大穿孔蛾
Lampronia oehlmanniella Treitschke [common leaf-cutter, Oehlmann's bright moth] 栗亮丝兰蛾，栗穿孔蛾
Lampronia rubiella (Bjerkand) [raspberry bud moth] 悬钩子亮丝兰蛾，悬钩子芽穿孔蛾
Lampronia tenuicornis (Stainton) 同 *Lampronia fuscatella*
Lamproniidae [= Prodoxidae] 丝兰蛾科
Lampronota 亮背姬蜂属
Lampronota mandschurica (Uchida) 东北亮背姬蜂
Lamprophaia 滥原螟属
Lamprophaia ablactalis (Walker) 阿滥原螟
Lamprophaia albifimbrialis (Walker) 白缘滥原螟
Lamprophaia mirabilis Caradja 迷滥原螟
Lamprophthalma 丽广口蝇属，壮扁口蝇属
Lamprophthalma rhomalea Hendel 壮丽广口蝇，丽壮扁口蝇
Lamproplax 亮长蝽属
Lamproplax membraneus Distant 膜亮长蝽
Lamproptera 燕凤蝶属
Lamproptera curia (Fabricius) [white dragontail] 白燕凤蝶，燕凤蝶，燕青凤蝶
Lamproptera curia curia (Fabricius) 燕凤蝶指名亚种，指名燕青凤蝶
Lamproptera curia magistralis (Fruhstorfer) 同 *Lamproptera curia curia*
Lamproptera curia waikeri Moore 燕凤蝶华南亚种，华南燕青凤蝶
Lamproptera meges (Zinkin-Sommer) [green dragontail, green dragontail swallowtail] 绿带燕凤蝶，绿带青凤蝶
Lamproptera meges meges (Zinkin-Sommer) 绿带燕凤蝶指名亚种
Lamproptera meges virescens (Butler) 绿带燕凤蝶翠绿亚种，翠绿绿带带凤蝶
Lamproptera paracuria Hu, Zhang *et* Cotton 白线燕凤蝶
Lampropteryx 丽翅尺蛾属，岚波尺蛾属
Lampropteryx albigirata (Kollar) 举剑丽翅尺蛾
Lampropteryx argentilineata (Moore) 云雾丽翅尺蛾
Lampropteryx argentilineata argentilineata (Moore) 云雾丽翅尺蛾指名亚种
Lampropteryx argentilineata nitidaria (Leech) 云雾丽翅尺蛾蜘网亚种，蜘网岚波尺蛾
Lampropteryx chalybearia (Moore) 犀丽翅尺蛾，印度岚波尺蛾，印度波尺蛾
Lampropteryx jameza (Butler) 吉丽翅尺蛾
Lampropteryx jameza jameza (Butler) 吉丽翅尺蛾指名亚种，指名吉丽翅尺蛾
Lampropteryx jameza viperata (Alphéraky) 吉丽翅尺蛾四川亚种，威吉丽翅尺蛾
Lampropteryx minna (Butler) 小丽翅尺蛾
Lampropteryx nishizawai Satô 玉丽翅尺蛾，玉丽翅岚波尺蛾
Lampropteryx producta Prout 叉丽翅尺蛾
Lampropteryx producta interponenda Warnecke 叉丽翅尺蛾青海亚种，间叉丽翅尺蛾
Lampropteryx producta producta Prout 叉丽翅尺蛾指名亚种，指名叉丽翅尺蛾
Lampropteryx rotundaria (Leech) 圆丽翅尺蛾，圆拉波尺蛾
Lampropteryx siderifera (Moore) 驯丽翅尺蛾
Lampropteryx suffumata (Denis *et* Schiffermüller) [water carpet] 肃丽翅尺蛾，肃巾尺蛾
Lampropteryx suffumata defumata (Stichel) 肃丽翅尺蛾淡色亚种，德肃巾尺蛾
Lampropteryx suffumata suffumata (Denis *et* Schiffermüller) 肃丽翅尺蛾指名亚种
Lampropteryx synthetica Prout 联丽翅尺蛾，齿纹岚波尺蛾
Lampropteryx szechuana Wehrli 四川丽翅尺蛾，川丽翅尺蛾
Lamproscatella 立眼水蝇属
Lamproscatella minuta krivosheina 小立眼水蝇
Lamproscatella minuta Zhou, Yang *et* Zhang 同 *Lamproscatella zhoui*
Lamproscatella sinica Mathis *et* Zuyin 中国立眼水蝇，中华琅水蝇
Lamproscatella tibetensis Mathis *et* Zuyin 西藏立眼水蝇，西藏琅水蝇
Lamproscatella zhoui Zhou, Yang *et* Zhang 细鬃立眼水蝇
Lamprosema 蚀叶野螟属
Lamprosema catenalis Wileman 卡蚀叶野螟
Lamprosema commixta (Butler) 见 *Nacoleia commixta*
Lamprosema diemenalis (Guenée) 见 *Omiodes diemenalis*
Lamprosema hoenei Caradja 贺蚀叶野螟
Lamprosema indicata (Fabricius) 见 *Omiodes indicata*
Lamprosema indistincta Warren 褐翅蚀叶野螟
Lamprosema invalidalis (South) 见 *Sylepta invalidalis*
Lamprosema lateritialis Hampson 红豆树蚀叶野螟
Lamprosema marionalis (Walker) 玛蚀叶野螟
Lamprosema misera (Butler) 同 *Omiodes poeonalis*
Lamprosema pallidinotalis (Hampson) 见 *Sylepta pallidinotalis*
Lamprosema pectinalis Hampson 栉蚀叶野螟

Lamprosema perstygialis (Hampson) 见 *Omiodes perstygialis*
Lamprosema poeonalis (Walker) 见 *Omiodes poeonalis*
Lamprosema sibirialis (Millière) 赫斑蚀叶野螟，西伯蚀叶野螟
Lamprosema subalbalis Hampson 近白蚀叶野螟
Lamprosema tristrialis (Bremer) 见 *Omiodes tristrialis*
Lamprosoma 隐肢叶甲属
Lamprosoma bicolor Kirby 二色隐肢叶甲
Lamprosoma amethystinum Perty 阿美隐肢叶甲
Lamprosomatidae 隐肢叶甲科，卵形叶甲科，兰普叶甲科
Lamprosomatinae 隐肢叶甲亚科
Lamprospilus 灯栏灰蝶属
Lamprospilus coelicolor (Butler *et* Druce) [Central American groundstreak] 中美灯栏灰蝶
Lamprospilus collucia (Hewitson) [two-toned groundstreak] 聚光灯栏灰蝶
Lamprospilus gaina (Hewitson) 盖纳灯栏灰蝶
Lamprospilus genius Geyer 灯栏灰蝶
Lamprosticta 明冬夜蛾属
Lamprosticta munda (Leech) 洁明冬夜蛾
Lamprotatus 丽金小蜂属
Lamprotatus acer Huang 尖齿丽金小蜂
Lamprotatus annularis (Walker) 长鞭丽金小蜂
Lamprotatus breviscapus Huang 短柄丽金小蜂
Lamprotatus furvus Huang 黑丽金小蜂
Lamprotatus longifuniculus Huang 长索丽金小蜂 < 此种学名有误写为 *Lamprotatus funiculus* Huang 者 >
Lamprotatus paurostigma Huang 小痣丽金小蜂
Lamprotatus villosicubitus Huang 闭室丽金小蜂
Lamprotes 边金翅夜蛾属
Lamprotes mikadina (Butler) 镶边金翅夜蛾
Lamprotettix 灯叶蝉属
Lamprotettix yunnanensis Dai, Shen *et* Zhang 云南灯叶蝉
Lamprothripa 美皮夜蛾属
Lamprothripa lactaria (Graeser) 见 *Nolathripa lactaria*
Lamprothripa orbifera (Hampson) 环美皮夜蛾
Lamprothripa scotia (Hampson) 斯美皮夜蛾
lamprus firetip [*Elbella lamprus* (Höpffer)] 亮礁弄蝶
Lamprystica 灯织蛾属
Lamprystica igneola Stringer 虎杖灯织蛾，虎杖雕蛾，虎杖兰雕蛾
Lamprystica purpurata Meyrick 紫灯织蛾，紫兰雕蛾
lampyrid 1. [= lampyrid beetle, firefly, lightning bug] 萤，萤火虫 < 萤科 Lampyridae 昆虫的通称 >；2. 萤科的
lampyrid beetle [= lampyrid, firefly, lightning bug] 萤，萤火虫
Lampyridae 萤科
Lampyris 萤属
Lampyris hummeli Pic 哈萤
Lampyris lobata (Motschulsky) 叶萤
Lampyris nocticula (Linnaeus) [common glowworm] 欧洲萤，夜萤，夜光萤
Lampyris platyptera Fairmaire 平翅萤
Lampyris watanabei Matsumura 同 *Diaphanes citrinus*
lana 腹毛 < 指有些鳞翅目昆虫腹部上的长毛 >
lanate [= lanatus] 被长卷毛的
lanatus 见 lanate
Lanca 矛猎蝽属
Lanca major Hsiao 大矛猎蝽
lance angle-wing katydid [*Microcentrum lanceolatum* Burmeister] 刀角翅螽
lance fly [= lonchaeid fly, lonchaeid] 尖尾蝇 < 尖尾蝇科 Lonchaeidae 昆虫的通称 >
lance-shaped plate 柳叶板
lanceolate cell 矛形室 < 即膜翅目昆虫中的第二臀室 >
lanceolate dagger moth [*Acronicta lanceolaria* Grote] 针剑纹夜蛾
lancet 口针
land shrimp [= rhaphidophorid camel cricket, cave weta, cave cricket, camelback cricket, camel cricket, spider cricket, crider, spricket, sand treader, rhaphidophorid] 驼螽 < 驼螽科 Rhaphidophoridae 昆虫的通称 >
landmark method 标点法
Landreva 兰蟋属
Landreva clara (Walker) 克拉兰蟋
Landrevinae 兰蟋亚科
Landrevini 兰蟋族
Lanecarus 三齿叩甲属
Lanecarus amianus (Miwa) 阿三齿叩甲，阿断尾叩甲
Lanecarus babai Kishii 马场三齿叩甲
Lanecarus lineatus Kishii 纹三齿叩甲
Lanecarus sinensis (Fleutiaux) 中华三齿叩甲，中华截额叩甲
Lanelater 皮叩甲属，长沟叩甲属
Lanelater aequalis (Candèze) 等胸皮叩甲，等长沟叩甲
Lanelater fuscipes (Fabricius) 褐长沟叩甲
Lanelater fuscus (Fabricius) 见 *Melanotus fuscus*
Lanelater fusiformis (Candèze) 舟形皮叩甲，舟形长沟叩甲
Lanelater pescadoriensis (Miwa) 台湾长沟叩甲，倍捷走叩甲
Lanelater politus (Candèze) 黑长沟叩甲
Langeberg skolly [*Thestor pictus* van Son] 丽秀灰蝶
Langia 锯翅天蛾属
Langia kunmingensis Zhao 同 *Langia zenzeroides*
Langia zenzeroides Moore [apple hawkmoth, giant hawk moth] 锯翅天蛾，曾锯齿天蛾
Langia zenzeroides formosana Clark 锯翅天蛾台湾亚种，台湾锯翅天蛾，锯翅天蛾，台曾锯齿天蛾
Langia zenzeroides kunmingensis Zhao 同 *Langia zenzeroides zenzeroides*
Langia zenzeroides nawaii Rothschild *et* Jordan 锯翅天蛾大降亚种，大降锯翅天蛾
Langia zenzeroides nina Mell 同 *Langia zenzeroides zenzeroides*
Langia zenzeroides szechuana Chu *et* Wang 同 *Langia zenzeroides zenzeroides*
Langia zenzeroides zenzeroides Moore 锯翅天蛾指名亚种
Lang's short-tailed blue [= common zebra blue, *Leptotes pirithous* (Linnaeus)] 褐细灰蝶
Languria 拟叩甲属
Languria cyanea Hope 见 *Languriophasma cyanea*
Languria lewisii Crotch 见 *Languriomorpha lewisii*
Languria mozardi Latreille [clover stem borer, clover stem erotylid] 三叶草拟叩甲，苜蓿拟叩甲
Languria yunnana Fairmaire 同 *Tetraphala collaris*
languriid 1. [= languriid beetle, lizard beetle] 拟叩甲，蜥甲 < 拟叩

甲科 Languriidae 昆虫的通称 >；2. 拟叩甲科的
languriid beetle [= languriid, lizard beetle] 拟叩甲，蜥甲
Languriidae 拟叩甲科，拟叩头科，拟叩头虫科
Languriinae 拟叩甲亚科
Languriomorpha 类拟叩甲属
Languriomorpha lewisii (Crotch) 刘氏类拟叩甲
Languriophasma 幽拟叩甲属
Languriophasma cyanea (Hope) 蓝幽拟叩甲
Lanhsia 阑拟步甲属，屿拟步行虫属
Lanhsia bucca Shibata 颊阑拟步甲，棕兰屿拟步行虫
lanigerin [= strobinin] 蚜橙素 < 该单词有误写为 lanigern 者 >
Lanka 突顶跳甲属
Lanka bicolor (Chûjô) 二色突顶跳甲，二色览萤叶甲
Lanka fulva (Chûjô) 褐突顶跳甲，褐览萤叶甲
Lanka laevigata (Chen *et* Wang) 光突顶跳甲，光览萤叶甲
Lanka minor (Chûjô) 小突顶跳甲，小览萤叶甲
Lanka nigra (Chûjô) 黑突顶跳甲，黑览萤叶甲
Lanka puncticolla Wang *et* Ge 栗褐突顶跳甲
Lanka regularia Wang *et* Ge 律点突顶跳甲
Lannapsyche 奇齿角石蛾属
Lannapsyche setschuana Malicky *et* Chantaramongkol 四川奇齿角石蛾
Lannin's buff [*Baliochila singularis* Stempffer *et* Bennett] 辛巴灰蝶
Lansdorf's crescent [*Eresia lansdorfi* Godart] 红带袖蛱蝶
Lanshu 兰屿扁蜡蝉属
Lanshu glochidionae Yang, Yang *et* Wilson 兰屿扁蜡蝉
lansiumamide 黄皮新肉桂酰胺
lantana bug [= greenhouse orthezia, jacaranda bug, Kew bug, lantana soft scale, Maui blight, greenhouse mealybug, croton bug, marsupial coccid, sugar-iced bug, *Insignorthezia insignis* (Browne)] 明印旌蚧，明旌蚧，橘旌蚧，显拟旌蚧
lantana defoliator moth [*Hypena laceratalis* Walker] 拉髯须夜蛾
lantana gall fly [*Eutreta xanthochaeta* Aldrich] 马缨丹瘿实蝇，马缨丹实蝇
lantana lace bug [*Teleonemia scrupulosa* Stål] 马缨丹网蝽
lantana leafminer [*Cremastobombycia lantanella* Busck] 马鞭草细蛾；马缨丹潜蝇 < 误 >
lantana plume moth [*Platyptilia pusillidactyla* (Walker)] 马缨丹片羽蛾，马缨丹羽蛾
lantana scrub hairstreak [= smaller lantana butterfly, lesser lantana butterfly, *Strymon bazochii* (Godart)] 小螯灰蝶
lantana seed fly [*Ophiomyia lantanae* (Froggatt)] 马缨丹蛇潜蝇，马缨丹籽潜蝇，马缨丹潜叶蝇，簇叶潜叶蝇
lantana soft scale [= greenhouse orthezia, jacaranda bug, Kew bug, lantana bug, Maui blight, greenhouse mealybug, croton bug, marsupial coccid, sugar-iced bug, *Insignorthezia insignis* (Browne)] 明印旌蚧，明旌蚧，橘旌蚧，显拟旌蚧
lantern fly [= peanut bug, peanut-headed lanternfly, alligator bug, Surinam lantern fly, *Fulgora laternaria* (Linnaeus)] 提灯蜡蝉，南美提灯虫，花生头龙眼鸡
lanternfly [= fulgorid planthopper, lanthorn fly, fulgorid] 蜡蝉 < 蜡蝉科 Fulgoridae 昆虫的通称 >
lanthorn fly 见 lanternfly
lanuginose [= lanuginosus, lanuginous] 被柔毛的
lanuginosus 见 lanuginose
lanuginous 见 lanuginose
lanugo 细毛
Laodamia 石斑螟属
Laodamia cupronigrella Caradja 铜黑绕野螟
Laodamia faecella (Zeller) 渣石斑螟
Laodamia similis Balinsky 似绕野螟
Laodelphax 灰飞虱属
Laodelphax striatellus (Fallén) [small brown planthopper, small brown rice planthopper] 灰飞虱，稻灰飞虱，小褐稻虱
Laodemonax forticornis Gressitt *et* Rondon 老刺虎天牛
Laodice untailed charaxes [*Charaxes lycurgus* (Fabricius)] 劳迪螯蛱蝶
Laogenia 老象甲属，老象属
Laogenia formosana Heller 台老象甲，台老象
laogonus skipper [*Telemiades laogonus* Hewitson] 罗电弄蝶
laoma spreadwing [*Potamanaxas laoma* (Hewitson)] 老河衬弄蝶
Laosa 劳氏亮大蚊亚属
Laosaphrodisium 寮柄天牛属
Laosaphrodisium amadori Bentanachs 阿玛多寮柄天牛
Laosepilysta flavolineata Breuning 短驴天牛
Laosolidia 膨茎叶蝉属
Laoterinaea flavovittata Breuning 老短刺天牛
Laoterthrona 类节飞虱属
Laoterthrona flavovittata Ding *et* Huang 黄条类节飞虱
Laoterthrona neonigrigena Kuoh 同 *Laoterthrona nigrigena*
Laoterthrona nigrigena (Matsumura *et* Ishihara) 黑颊类节飞虱
Laoterthrona testacea Ding *et* Tian 黄褐类节飞虱，淡褐类节飞虱
Laothoe 黄脉天蛾属
Laothoe amurensis (Staudinger) [aspen hawk-moth] 黄脉天蛾
Laothoe amurensis amurensis (Staudinger) 黄脉天蛾指名亚种
Laothoe amurensis sinica (Rothschild *et* Jordan) 黄脉天蛾中华亚种，华黄脉天蛾，中国天蛾
Laothoe austanti (Staudinger) [Maghreb poplar hawkmoth] 北非黄脉天蛾
Laothoe populeti (Bienert) 拟杨黄脉天蛾
Laothoe populi (Linnaeus) [poplar hawk moth] 杨黄脉天蛾
Laothoe sinica (Rothschild *et* Jordan) 见 *Laothoe amurensis sinica*
Laotzeus 老跳甲属
Laotzeus bicolor Wang 二色老跳甲
Laotzeus gracilicornis Chen 丽角老跳甲
Laotzeus niger Chen *et* Wang 黑老跳甲
Lapara bombycoides Walker 黄萤天蛾
laparostict 侧气门类 < 指气门位于背腹板间的连接膜上的鳃角类甲虫 >
Laphria 毛虫虻属，毛食虫虻属
Laphria alternans Wiedemann 轮转毛虫虻，轮转食虫虻
Laphria auricomata Hermann 金毛虫虻，金毛食虫虻，金昏毛虫虻，金发食虫虻
Laphria azurea Hermann 天蓝毛虫虻，蓝色食虫虻
Laphria basalis Hermann 基毛虫虻，基毛食虫虻，排湾食虫虻
Laphria caspica Hermann 甘肃毛虫虻，甘肃毛食虫虻，卡毛虫虻
Laphria chrysonota Hermann 金背毛虫虻，金背毛食虫虻，金点帕虫虻

Laphria chrysorhiza Hermann 金根毛虫虻，金根毛食虫虻，金根帕虫虻
Laphria chrysotelus Walker 金色毛虫虻，金色食虫虻，金刺帕虫虻
Laphria ephippium (Fabricius) 埃毛虫虻，埃毛食虫虻
Laphria formosana Matsumura 台湾毛虫虻，台湾毛食虫虻，美丽食虫虻
Laphria galathei Costa 铠毛虫虻，铠毛食虫虻
Laphria grossa Shi 巨毛虫虻，巨毛食虫虻
Laphria laterepunctata Macquart 牯岭毛虫虻，侧点毛虫虻，牯岭毛食虫虻，毛虫虻
Laphria lobifera Hermann 叶毛虫虻，叶毛食虫虻，四社食虫虻
Laphria mitsukurii Coquillett 河北毛虫虻，箕作毛虫虻，河北毛食虫虻，美氏毛虫虻
Laphria nitidula (Fabricius) 河南毛虫虻，亮毛虫虻，河南毛食虫虻
Laphria pyrrhothrix Hermann 红毛虫虻，红毛食虫虻，火红毛虫虻
Laphria remota Hermann 远毛虫虻，远毛食虫虻，广东食虫虻，远帕虫虻
Laphria rufa Roder 赤毛虫虻，红毛虫虻
Laphria taipinensis Matsumura 太平毛虫虻，太平毛食虫虻
Laphria vulcanus Wiedemann 火神食虫虻
Laphria vulpina Meigen 狐毛虫虻，狐毛食虫虻
Laphria xanthothrix Hermann 黄毛虫虻，黄毛食虫虻
Laphriinae 毛虫虻亚科，毛食虫虻亚科
Laphris 拟柱萤叶甲属，方胸萤金花虫属
Laphris apophysata Yang 宽突拟柱萤叶甲
Laphris collaris Yang 曲颈拟柱萤叶甲
Laphris emarginata Baly 斑刻拟柱萤叶甲
Laphris emarginata emarginata Baly 斑刻拟柱萤叶甲指名亚种
Laphris emarginata rufofulva (Chûjô) 斑刻拟柱萤叶甲橘红亚种，橘红方胸萤金花虫
Laphris magnipunctata Yang 粗刻拟柱萤叶甲
Laphris moganshana Yang 莫干山拟柱萤叶甲
Laphris sexplagiata Laboissiére 八斑拟柱萤叶甲，六斑拟柱萤叶甲
Laphris tricuspidata Yang 三尖拟柱萤叶甲
Laphygma exempta (Walker) 见 *Spodoptera exempta*
Laphygma exigua (Hübner) 见 *Spodoptera exigua*
Laphygma frugiperda Smith 见 *Spodoptera frugiperda*
Laphyragogus pictus Kohl 绣盗泥蜂
Laphystia pilamensis Hradsky 皮滨虫虻
Lapicixius 石菱蜡蝉属
Lapicixius decorus Ren, Yin *et* Dou 美丽石菱蜡蝉
Lapland fritillary [*Euphydryas iduna* (Dalman)] 伊堇蛱蝶
Lapland ringlet [*Erebia embla* (Thunberg)] 灰翅红眼蝶，恩红眼蝶
lappet [= apple lappet moth, *Gastropacha quercifolia* (Linnaeus)] 李褐枯叶蛾，李枯叶蛾，栎枯叶蛾，苹果大枯叶蛾，李嘎枯叶蛾
lappet moth 1. [= snout moth, eggar, lasiocampid, lasiocampid moth] 枯叶蛾 <枯叶蛾科 Lasiocampidae 昆虫的通称>; 2. [= American lappet moth, *Epicnaptera americana* (Harris)] 美国小枯叶蛾，美洲李枯叶蛾，美国垂片天幕毛虫
lapping mouthparts 舐吸式口器
Lappodiamesa 拉普摇蚊属
Lappodiamesa multiseta Makarchenko 多毛拉普摇蚊
Lappodiamesa vidua (Kieffer) 寡拉普摇蚊
Laprius 广蝽属
Laprius gastricus (Thunberg) 腹广蝽，中日广蝽
Laprius varicornis (Dallas) 广蝽
larch adelgid [= larch wooly adelgid, woolly larch aphid, *Adelges laricis* Vallot] 落叶松球蚜
larch aphid [= speckled larch aphid, *Cinara laricis* (Hartig)] 落叶松长足大蚜
larch bark beetle 1. [*Cryphalus laricis* Niijima] 桦梢小蠹; 2. [= large larch bark beetle, larger pine scolytid, larch ips, large larix bark beetle, *Ips cembrae* (Heer)] 落叶松齿小蠹，西欧八齿小蠹，落叶松八齿小蠹，大落叶松小蠹，欧洲落叶松八齿小蠹; 3. [= oblong bark beetle, *Ips subelongatus* (Motschulsky)] 落叶松八齿小蠹
larch bark moth [*Cydia zebeana* (Ratzeburg)] 松瘿小卷蛾，泽小卷蛾，松瘿皮小卷蛾
larch-boring argent [= larch shoot borer, larch shoot moth, *Argyresthia laevigatella* Herrich-Schäffer] 欧洲落叶松银蛾
larch bud gall midge [*Dasyneura laricis* (Loew)] 落叶松叶瘿蚊
larch bud moth [= Douglas fir cone moth, dingy larch bell moth, grey larch tortrix, gray larch moth, European grey larch moth, spruce tip moth, larch tortrix moth, Japanese Douglas-fir cone moth, *Zeiraphera griseana* (Hübner)] 松线小卷蛾，灰线小卷蛾，落叶松卷蛾，落叶松卷叶蛾
larch case-bearer [= western larch case-bearer, larch casebearer, larch leaf-miner, *Coleophora laricella* (Hübner)] 欧洲落叶松鞘蛾，落叶松鞘蛾
larch casebearer 见 larch case-bearer
larch caterpillar [= Siberian silk moth, Siberian moth, Siberian conifer silk moth, Siberian lasiocampid, Siberian spinning moth, *Dendrolimus sibiricus* Tschetverikov] 西伯利亚松毛虫，落叶松毛虫
larch cone adelgid [= spruce gall adelgid, *Adelges lariciatus* Patch] 美洲落叶松球蚜
larch cone maggot [*Hylemya laricicola* Karl] 落叶松球果种蝇
larch elm bark beetle [= greater ash bark beetle, large ash bark beetle, *Hylesinus crenatus* (Fabricius)] 白蜡大海小蠹，黑胸海小蠹
larch engraver [*Scolytus laricis* Blackman] 国外落叶松小蠹
larch hawk moth [= Asian pine hawkmoth, *Sphinx morio* (Rothschild *et* Jordan)] 森尾红节天蛾，松黑红节天蛾，松黑天蛾，莫品松黑天蛾
larch ips [= large larch bark beetle, larger pine scolytid, larch bark beetle, large larix bark beetle, *Ips cembrae* (Heer)] 落叶松齿小蠹，西欧八齿小蠹，落叶松八齿小蠹，大落叶松小蠹，欧洲落叶松八齿小蠹
larch leaf-miner 见 larch case-bearer
larch leafroller [*Spilonota eremitana* Moriuti] 落叶松白小卷蛾，松白小卷蛾
larch longhorn beetle [*Tetropium gabrieli* Weise] 落叶松断眼天牛
larch looper [= green larch looper, six-spotted angle, *Macaria sexmaculata* Packard] 落叶松玛尺蛾，落叶松绿庶尺蛾

larch pug moth [*Eupithecia annulata* (Hulst)] 环纹小花尺蛾

larch pyralid [= earhead caterpillar, *Cryptoblabes angustipennella* Ragonot] 狭羽落叶松隐斑螟

larch sawfly 1. [= large larch sawfly, *Pristiphora erichsonii* (Hartig)] 红环槌缘叶蜂，落叶松叶蜂，埃氏锉叶蜂；2. [= small larch sawfly, common sawfly, *Pristiphora laricis* (Hartig)] 落叶松槌缘叶蜂，落叶松锉叶蜂，小落叶松叶蜂

larch seed chalcid [= Japanese larch eurytomid, *Eurytoma laricis* Yano] 落叶松广肩小蜂

larch shoot borer 见 larch-boring argent

larch shoot moth 1. [*Argyresthia laricella* Kearfott] 美洲落叶松银蛾；2. [= larch-boring argent, larch shoot borer, *Argyresthia laevigatella* Herrich-Schäffer] 欧洲落叶松银蛾

larch thrips [= European larch thrips, *Thrips pini* (Uzel)] 落叶松带蓟马，松带蓟马

larch tortrix moth 见 larch bud moth

larch twist [= larch webworm, maple leaf roller, *Ptycholomoides aeriferana* (Herrich-Schäffer)] 落叶松卷蛾，槭卷蛾，槭卷叶蛾

larch webworm 见 larch twist

larch wooly adelgid 见 larch adelgid

Larche ringlet [*Erebia scipio* (Boisduval)] 鬼红眼蝶

larder beetle 1. [= dermestid, dermestid beetle, skin beetle, tallow beetle] 皮蠹 ＜皮蠹科 Dermestidae 昆虫的通称＞；2. [= bacon beetle, *Dermestes lardarius* Linnaeus] 火腿皮蠹

Lareiga 青腹姬蜂属

Lareiga abdominalis (Uchida) 腹青腹姬蜂，青腹姬蜂

Lareiga concava (Uchida) 凹青腹姬蜂，青腹姬蜂

Larentia abraxidia Hampson 见 *Rheumaptera abraxidia*

Larentia albostrigata Bremer 同 *Glaucorhoe unduliferaria*

Larentia chimakaleparia Oberthür 见 *Electrophaes chimakaleparia*

Larentia clavaria (Haworth) [mallow] 棒拉波尺蛾

Larentia comis Butler 见 *Pennithera comis*

Larentia confusaria Leech 见 *Rheumaptera confusaria*

Larentia conturbata Walker 见 *Cataclysme conturbata*

Larentia costinotaria Leech 见 *Gagitodes costinotaria*

Larentia defricata Püngeler 见 *Solitanea defricata*

Larentia erebearia Leech 见 *Coenotephria erebearia*

Larentia fastigata Püngeler 见 *Ecliptopera fastigata*

Larentia fractifasciaria Leech 见 *Gagitodes fractifasciaria*

Larentia hastata (Linnaeus) 见 *Rheumaptera hastata*

Larentia hastata chinensis Leech 见 *Rheumaptera chinensis*

Larentia homophana Hampson 见 *Coenotephria homophana*

Larentia intersectaria Leech 见 *Chartographa intersectaria*

Larentia mactata Felder *et* Rogenhofer 见 *Sibatania mactata*

Larentia neurbouaria Oberthür 见 *Pareulype neurbouaria*

Larentia nigrifasciaria Leech 见 *Rheumaptera nigrifasciaria*

Larentia niveiplaga Bastelberger 见 *Perizoma seriata niveiplaga*

Larentia nudaria Leech 见 *Rheumaptera alternata nudaria*

Larentia perplexaria Leech 见 *Coenotephria perplexaria*

Larentia plurilinearia Leech 见 *Cataclysme plurilinearia*

Larentia promiscuaria Leech 见 *Perizoma fulvimacula promiscuaria*

Larentia promptata Püngeler 见 *Perizoma promptata*

Larentia promulgata Püngeler 见 *Hydriomena promulgata*

Larentia rotundaria Leech 见 *Lampropteryx rotundaria*

Larentia saturata Guenée 见 *Xanthorhoe saturata*

Larentia sordidata Fabricius 同 *Hydriomena furcata*

Larentia tabulata Püngeler 见 *Thera tabulata*

Larentia tonchignearia Oberthür 见 *Photoscotosia tonchignearia*

Larentia torpidaria Leech 见 *Euphyia torpidaria*

Larentia variegata Moore 见 *Euphyia variegata*

larentiid 1. [= larentiid moth] 花尺蛾 < 花尺蛾科 Larentiidae 昆虫的通称 >；2. 花尺蛾科的

larentiid moth [= larentiid] 花尺蛾

Larentiidae 花尺蛾科，波尺蛾科

Larentiinae 花尺蛾亚科，波尺蛾亚科

Larentiini 花尺蛾族，波尺蛾族

Larerannis 拟花尺蛾属

Larerannis filipjevi Weherli 栎拟花尺蛾，栓皮栎波尺蛾

Larerannis montana Nakajima, Wu *et* Chang 深山拟花尺蛾，深山冬尺蛾

Larerannis orthogrammaria (Wehrli) 灰拟花尺蛾

Larerannis rubens Nakajima *et* Wang 红拟花尺蛾，璐波尺蛾

large acraea skipper [*Fresna cojo* Karsch] 考瑶菲弄蝶

large alciope acraea [*Acraea aurivillii* Staudinger] 奥丽珍蝶

large alder sawfly [*Cimbex connatus* Schrank] 桤木锤角叶蜂

large ash bark beetle [= larch elm bark beetle, greater ash bark beetle, *Hylesinus crenatus* (Fabricius)] 白蜡大海小蠹，黑胸海小蠹

large aspen pigmy moth [= virgin pigmy, *Ectoedemia argyropeza* (Zeller)] 青杨大外微蛾，青杨大微蛾

large aspen tortrix [*Choristoneura conflictana* (Walker)] 柳色卷蛾，大杨卷蛾，大杨卷叶蛾

large auger beetle [*Bostrychopsis jesuita* (Fabricius)] 澳洲小卷长蠹，澳洲大长蠹

large banded awl [*Hasora khoda* (Mabille)] 考达趾弄蝶

large banded grasshopper [*Arcyptera fusca* (Pallas)] 网翅蝗

large banded hawkmoth [*Elibia dolichus* (Westwood)] 大中线天蛾，中线天蛾，背线天蛾

large bee-fly [= dark-edged bee-fly, *Bombylius major* Linnaeus] 大蜂虻，大真蜂虻

large beech piercer [= beech moth, beech seed moth, smoky marbled piercer moth, *Cydia fagiglandana* (Zeller)] 山毛榉小卷蛾，山毛榉皮小卷蛾

large big-eyed bug [*Geocoris bullatus* (Say)] 大大眼长蝽，大眼大长蝽

large birch bright moth [= birch bright, *Lampronia fuscatella* (Tengström)] 桦亮丝兰蛾，桦大穿孔蛾

large birch pigmy [= small birch leafminer, *Ectoedemia occultella* (Linnaeus)] 桦外微蛾

large birch purple [*Eriocrania sangii* (Wood)] 大桦毛顶蛾

large black ant [= silky ant, *Formica fusca* Linnaeus] 丝光蚁，丝光褐蚁，丝光褐林蚁

large black chafer [= ochreceus cockchafer, dark cockchafer, *Pedinotrichia parallela* (Motschulsky)] 暗黑金龟子，大褐齿爪鳃金龟，暗黑齿爪鳃金龟甲，暗黑齿爪鳃金龟，褐金龟子，暗黑鳃金龟

large black cutworm [= dark grey cutworm, larger cabbage cutworm, giant cutworm, large cutworm, larger cutworm, *Agrotis tokionis* Butler] 大地老虎

large black liptena [*Liptena orubrum* (Holland)] 红圈琳灰蝶

large black longicorn [*Megasemum quadricostulatum* Kraatz] 隆纹大幽天牛，大幽天牛，大黑天牛

large black-spotted geometrid [*Percnia giraffata* (Guenée)] 柿匀点尺蛾，柿星尺蛾，柿星尺蠖，大斑尺蠖，柿叶尺蠖，柿豹尺蠖，柿大头虫，蛇头虫

large blackberry aphid [*Amphorophora rubi* (Kaltenbach)] 黑莓膨管蚜

large blue [*Maculinea arion* (Linnaeus)] 嘎霾灰蝶，霾灰蝶

large blue aslauga [*Aslauga bella* Bethune-Baker] 贝拉维灰蝶

large blue-banded bush brown [*Bicyclus hewitsonii* (Doumet)] 蔽眼蝶

large blue charaxes [= large blue emperor, divebomber charaxes, *Charaxes bohemani* Felder] 黑缘螯蛱蝶

large blue emperor 见 large blue charaxes

large bomolocha moth [*Hypena edictalis* Walker] 大髯须夜蛾

large branded swift [*Pelopidas subochracea* (Moore)] 近赭谷弄蝶

large bronze azure [= large brown azure, *Ogyris idmo* Hewitson] 旖澳灰蝶

large brown aphid [= brown sakhalin fir aphid, *Cinara abietinus* (Matsumura)] 枞褐长足大蚜，枞褐日本大蚜，大褐斑翅蚜

large brown azure [= large bronze azure, *Ogyris idmo* Hewitson] 旖澳灰蝶

large brown cicada 1. [*Graptopsaltria nigrofuscata* (Motschulsky)] 大褐蜩，黑胡蜩蝉；2. [= black cicada, Korean horse cicada, Korean blackish cicada, *Cryptotympana atrata* (Fabricius)] 黑蚱蝉，蚱蝉，红脉熊蝉，赤脉熊蝉

large brown cricket [= big head cricket, short-tail cricket, big brown cricket, Taiwan giant cricket, *Tarbinskiellus portentosus* (Liehtenstein)] 花生大蟋，华南大蟋，大蟋蟀，华南蟋蟀，台湾大蟋蟀

large brown hawkmoth 1. [= privet hawk moth, grey hawk moth, *Psilogramma menephron* (Cramer)] 霜天蛾，泡桐灰天蛾，梧桐天蛾，灰翅天蛾；2. [*Psilogramma discistriga* (Walker)] 大霜天蛾

large brown house-moth [= southern old lady moth, southern old lady, peacock moth, granny moth, southern moon moth, golden cloak moth, southern wattle moth, owl moth, *Dasypodia selenophora* Guenée] 南澳月夜蛾，澳金合欢篷夜蛾

large brown skipper [= three spot skipper, *Motasingha trimaculata* (Tepper)] 三斑猫弄蝶

large bulb fly [= narcissus bulb fly, greater bulb fly, large narcissus fly, *Merodon equestris* (Fabricius)] 水仙齿腿蚜蝇，水仙拟蜂蝇，水仙球蝇

large bush brown [*Bicyclus italus* (Hewitson)] 依塔蔽眼蝶

large cabbage butterfly [= large white butterfly, large white, large cabbage white, European cabbageworm, *Pieris brassicae* (Linnaeus)] 欧洲粉蝶，大菜粉蝶，大菜白蝶

large cabbage-heart caterpillar [= croci, cabbage cluster caterpillar, large cabbage moth, cabbage heart-centre caterpillar, cabbage head caterpillar, *Crocidolomia pavonana* (Fabricius)] 菜心喀罗螟

large cabbage moth 见 large cabbage-heart caterpillar

large cabbage white 见 large cabbage butterfly

large caddisfly [= phryganeid caddisfly, giant casemaker, phryganeid] 石蛾，大石蛾 <石蛾科 Phryganeidae 昆虫的通称>

large carder bee [= moss carder bee, *Bombus* (*Thoracobombus*) *muscorus* (Linnaeus)] 藓状熊蜂，苔状熊蜂 <此种学名有写为 *Bombus muscorum* (Linnaeus) 或 *Bombus* (*Thoracobombus*) *muscorum* (Linnaeus) 者>

large carpenter bee 木蜂，大木蜂 <木蜂属 *Xylocopa* 昆虫的通称>

large carrion beetle [= silphid beetle, burying beetle, carrion beetle, silphid, sexton beetle] 葬甲，埋葬甲 <葬甲科 Silphidae 昆虫的通称>

large castor [*Ariadne actisanes* Hewitson] 光束波蛱蝶

large chequered skipper [*Heteropterus morpheus* (Pallas)] 大链弄蝶，链弄蝶

large chestnut aphid [= great chestnut aphid, *Lachnus tropicalis* (van der Goot)] 板栗大蚜，栎大蚜，栗大蚜，栗枝黑大蚜

large chestnut weevil 1. [= larger chestnut weevil, *Curculio caryatrypes* (Boheman)] 大栗象甲，大栗实象；2. [*Curculio proboscideus* Fabricius] 栗实象甲

large chicken louse [= large hen louse, large poultry louse, *Goniodes gigas* (Taschenberg)] 大鸡圆鸟虱，大鸡圆虱，大圆鸟虱

large clouded knot-horn [= Eurasian sunflower moth, European sunflower moth, *Homoeosoma nebulellum* (Denis *et* Schiffermüller)] 云纹同斑螟，欧向日葵同斑螟，欧洲葵螟，欧洲向日葵螟，向日葵螟

large club sailer [*Neptis claude* Collins *et* Larsen] 大环蛱蝶

large copper [*Lycaena dispar* (Haworth)] 橙灰蝶，橙昙灰蝶

large cotton aphid [= melon aphid, cotton aphid, *Acyrthosiphon gossypii* Mordvilko] 棉无网长管蚜，棉长管蚜，大棉蚜

large corn borer [= corn stem borer, greater sugarcane borer, sorghum stem borer, stem corn borer, dura stem borer, maize borer, pink sugarcane borer, sugarcane pink borer, sorghum borer, pink corn borer, purple stem borer, durra stem borer, *Sesamia cretica* Lederer] 高粱蛀茎夜蛾

large cotton bollworm [= bordered straw, *Heliothis peltigera* (Denis *et* Schiffermüller)] 点实夜蛾，大棉铃虫，鼠尾草夜蛾

large cross vein [= posterior crossvein] 大横脉 <双翅目昆虫中，封闭中室的横脉 (m 和 M_3)>

large crow [*Euploea phaenareta* (Schaller)] 台南紫斑蝶

large cutworm 见 large black cutworm

large dagger [*Acronicta cuspis* (Hübner)] 尖剑纹夜蛾，库剑纹夜蛾

large darter [= southern large darter, *Telicota anisodesma* Lower] 淡色长标弄蝶

large death's-head hawkmoth [= death's head hawkmoth, death's head caterpillar, greater death's head hawkmoth, *Acherontia atropos* (Linnaeus)] 黑面形天蛾，赭带鬼脸天蛾

large diadoxus borer [= cypress pine jewel beetle, larger cypress pine jewel beetle, *Diadoxus scalaris* (Laporte *et* Geey)] 大松柏吉丁甲，大松柏吉丁

large dingy skipper [= dingy grass-skipper, dingy skipper, *Toxidia peron* (Latreille)] 陶弄蝶

large dots [*Micropentila adelgunda* Staudinger] 阿晓灰蝶

large duck louse [*Trinoton querquedulae* (Linnaeus)] 绿翅鸭巨羽虱，鸭巨毛虱

large earth bumblebee [= buff-tailed bumblebee, *Bombus* (*Bombus*) *terrestris* (Linnaeus)] 黄尾熊蜂，地熊蜂，短舌熊蜂

large elm bark beetle [= larger shothole borer, apple bark beetle, large fruit bark beetle, *Scolytus mali* (Bechstein)] 苹果小蠹，山楂小蠹，大苹荆胫小蠹，马六齿小蠹

large emerald [*Geometra papilionaria* (Linnaeus)] 蝶青尺蛾，淡青尺蛾，大白带绿尺蛾，帕绿尺蛾

large fairy hairstreak [*Hypolycaena antifaunus* Westwood] 黯旖灰蝶

large faun [*Faunis eumeus* (Drury)] 串珠环蝶，串珠蝶，橙色链珠环蝶

large flat [= large sprite, Christmas forester, *Celaenorrhinus mokeezi* (Wallengren)] 莫氏星弄蝶

large flat-head pine heartwood borer [= Virginia pine borer, sculptured pine borer, large flat-headed pine heartwood borer, larger flat-headed pine borer, western pine borer, *Chalcophora virginiensis* (Drury)] 大松吉丁甲，大脊吉丁甲，金大吉丁，大扁头星吉丁

large flat-headed pine heartwood borer 见 large flat-head pine heartwood borer

large footman [*Lithosia quadra* (Linnaeus)] 四点苔蛾，方土苔蛾

large forest bob [*Scobura cephaloides* (de Nicéville)] 长须弄蝶

large four-line blue [*Nacaduba pactolus* (Felder)] 金河娜灰蝶

large fruit bark beetle 见 large elm bark beetle

large fruit tree tortrix [*Archips podanus* (Scopoli)] 果树大黄卷蛾，黄尾喀小卷蛾，黄尾卷叶蛾，果黄卷蛾，亚麻黄卷蛾

large gamma phytometra [*Autographa macrogamma* (Eversmann)] 大丫纹夜蛾，大肖银纹夜蛾，大纹肖银纹夜蛾

large garden bumblebee [= ruderal bumblebee, *Bombus ruderatus* (Fabricius)] 大园熊蜂

large glasswing [= white mimic, *Ornipholidotos peucetia* (Hewitson)] 耳灰蝶

large globular scale [*Kermes vastus* Kuwana] 大红蚧，大绛蚧

large gold grasshopper [*Chrysochraon dispar* (Germar)] 绿洲蝗

large goldenfork [*Lethe goalpara* (Moore)] 高帕黛眼蝶

large grained moth [= larger grained moth, *Cerura menciana* Moore] 杨二尾舟蛾，杨双尾天社蛾，杨双尾舟蛾，双尾天社蛾，二尾柳天社蛾，柳二尾天社蛾，贴皮虫，杨二叉，二尾天社蛾，大双尾天社蛾，柳埃二尾舟蛾

large granular granulocyte 大颗粒粒血细胞

large grape plume-moth [*Platyptilia ignifera* Meyrick] 葡萄片羽蛾，葡萄大羽蛾，大葡萄羽蛾

large grass-yellow [= common grass yellow, *Eurema hecabe* (Linnaeus)] 宽边黄粉蝶，黄蝶，荷氏黄蝶，宽缘黄蝶

large green-banded blue [*Danis danis* (Cramer)] 唐灰蝶，吐斯灰蝶

large green forester [*Bebearia barombina* Staudinger] 白眉绿舟蛱蝶

large green-underwing [*Albulina galathea* (Blanchard)] 迦拉婀灰蝶

large green white-striped hawkmoth [= tomato hornworm, five-spotted hawk moth, *Manduca quinquemaculata* (Haworth)] 五点曼天蛾，番茄天蛾

large grey bean weevil [= large grey weevil, *Episomus lacerta* Fabricius] 合欢癞象甲，印蓝叶金合欢象甲，印蓝叶金合欢象

large grey weevil 见 large grey bean weevil

large grizzled skipper 1. [*Pyrgus alveus* Hübner] 北方花弄蝶；2. [= forest sandman, dromus grizzled skipper, *Spialia dromus* (Plötz)] 德罗饰弄蝶

large hairtail [*Anthene lemnos* (Hewitson)] 褐尖角灰蝶

large harvester [*Megalopalpus metaleucus* Karsch] 美娟灰蝶

large heath [= common ringlet, *Coenonympha tullia* (Müller)] 图珍眼蝶，吐珍眼蝶

large hedge blue [*Celastrina huegelii* (Moore)] 霍琉璃灰蝶，休璃灰蝶

large hen louse 见 large chicken louse

large hidden-moth weevil [*Catarrhinus septentrionalis* Roelofs] 大隐口象甲

large hopper [= robust hopper, *Platylesches robustus* Neave] 罗扁弄蝶

large intestine [= colon] 大肠

large ivy tortrix [*Lozotaenia forsterana* (Fabricius)] 二点卷蛾

large Japanese earwig [= Japanese striped earwig, *Labidura japonica* (de Haan)] 日本蠼螋

large keeled apollo [*Parnassius tianschanicus* Oberthür] 天山绢蝶

large lacewing [= polystoechotid giant lacewing, giant lacewing, polystoechotid] 美蛉 < 美蛉科 Polystoechotidae 昆虫的通称 >

large larch bark beetle [= larger pine scolytid, larch bark beetle, larch ips, large larix bark beetle, *Ips cembrae* (Heer)] 落叶松齿小蠹，西欧八齿小蠹，落叶松八齿小蠹，大落叶松小蠹，欧洲落叶松八齿小蠹

large larch sawfly [larch sawfly, *Pristiphora erichsonii* (Hartig)] 红环槌缘叶蜂，落叶松叶蜂，埃氏锉叶蜂

large larix bark beetle 见 large larch bark beetle

large leaf locust [*Cleandrus prasinus* Pictet *et* Saussrue] 橡胶大叶螽

large leaf sitter [*Gorgyra afikpo* Druce] 阿菲槁弄蝶

large-legged thrips 大足蓟马

large lurid glider [*Cymothoe hypatha* (Hewitson)] 土黄漪蛱蝶

large Madagascar babul blue [*Azanus sitalces* Mabille] 锡塔素灰蝶

large map [*Araschnia burejana* (Bremer)] 布网蜘蛱蝶

large marble [= creamy marblewing, *Euchloe ausonides* (Lucas)] 暗端粉蝶

large marbled bush brown [*Bicyclus mandanes* (Hewitson)] 曼丹蔽眼蝶

large meadow bite fly [= cattle biting fly, *Haematobosca stimulans* (Meigen)] 刺扰血喙蝇，扰血喙蝇，牛血蝇，刺扰血蝇，刺扰角蝇

large milkweed bug [*Oncopeltus fasciatus* (Dallas)] 大马利筋突角长蝽，大马利筋长蝽，乳草长蝽

large moonbeam [*Philiris diana* Waterhouse *et* Lyell] 靛菲灰蝶

large mottled shade [*Eana penziana* (Thunberg)] 景天山卷蛾

large narcissus fly 见 large bulb fly

large oak-apple gall [= oak apple gall, oak apple gall wasp, spongy oak apple gall wasp, *Amphibolips confluenta* (Harris)] 栎大苹瘿蜂

large oakblue [*Arhopala amantes* (Hewitson)] 大蓝娆灰蝶

large ochreous liptena [*Liptena flavicans* (Grose-Smith *et* Kirby)] 黄夹琳灰蝶

large orange acraea [= orange acraea, *Acraea anacreon* Trimen] 安娜珍蝶，东非珍蝶

large orange sprite [*Celaenorrhinus medetrina* Hewitson] 中三星弄蝶

large orange sulphur [= orange giant sulphur, *Phoebis agarithe* (Boisduval)] 橙菲粉蝶

large orange tip [= red tip, *Colotis antevippe* (Boisduval)] 安特珂粉蝶

large painted locust [*Schistocerca melanocera* (Stål)] 大沙漠蝗

large pale clothes moth [*Tinea pallescentella* Stainton] 大青谷蛾，大青衣蛾

large palm forester [*Bebearia cocalioides* Hecq] 大舟蛱蝶

large pathfinder [*Catuna angustatum* (Felder *et* Felder)] 安珂蛱蝶

large pathfinder skipper [*Pardaleodes tibullus* (Fabricius)] 诗人嵌弄蝶

large pear fruit rhynchites [*Rhynchites giganteus* Schöenherr] 大虎象甲，大虎象，南欧梨虎象

large pine aphid [= pine big aphid, *Cinara pinea* (Mordvilko)] 松长足大蚜，欧亚松蚜

large pine sawfly [= common pine sawfly, conifer sawfly, pine sawfly, *Diprion pini* (Linnaeus)] 欧洲赤松叶蜂，普通松叶蜂

large pine scolytid 见 large larch bark beetle

large pine weevil [= pine weevil, *Hylobius abietis* (Linnaeus)] 欧洲松树皮象甲，欧洲松树皮象

large poplar borer [= large poplar longhorn, large willow borer, large poplar longhorn beetle, poplar longhorn, *Saperda carcharias* (Linnaeus)] 山杨楔天牛，杨楔天牛，大青杨天牛

large poplar leaf beetle [= poplar leaf beetle, red poplar leaf beetle, *Chrysomela populi* Linnaeus] 杨叶甲

large poplar longhorn 见 large poplar borer

large poplar longhorn beetle 见 large poplar borer

large poultry louse 见 large chicken louse

large powderpost beetle [= bostrichid beetle, horned powderpost beetle, bamboo borer, lead cable borer, auger beetle, bostrichid, false powderpost beetle] 长蠹 < 长蠹科 Bostrichidae 昆虫的通称 >

large purple fritillary [= empress, *Sasakia charonda formosana* Shirôzu] 大紫蛱蝶台湾亚种，台大紫蛱蝶

large purplish gray [= grey pine looper, *Iridopsis vellivolata* (Hulst)] 松虹尺蛾，松阿娜尺蛾，松弯灰尺蛾

large raspberry aphid [= raspberry aphid, European large raspberry aphid, *Amphorophora idaei* Börner] 悬钩子膨管蚜，莓膨管蚜

large red-back sawfly [= wheat sawfly, *Dolerus ephippiatus* Smith] 大红麦叶蜂，大红背叶蜂

large red-belted clearwing [*Synanthedon culiciformis* (Linnaeus)] 蚊形兴透翅蛾

large red damselfly [*Pyrrhosoma nymphula* (Sulzer)] 大红蟌

large ringlet [*Erebia euryale* (Esper)] 苋红眼蝶，优红眼蝶

large roadside-skipper [*Amblyscirtes exoteria* (Herrich-Schäffer)] 长标缎弄蝶

large rose sawfly [*Arge ochropus* (Gmelin)] 大蔷薇三节叶蜂，大蔷薇叉角蜂

large salmon Arab [= salmon Arab, *Colotis fausta* (Oliver)] 黑边珂粉蝶，珐珂粉蝶

large saltmarsh conch [*Phalonidia affinitana* (Douglas)] 大褐纹卷蛾

large satyrid [*Ninguta schrenkii* (Ménétriés)] 宁眼蝶，舒氏眼蝶 < 此种学名有误写为 *Ninguta schrenckii* (Ménétriés) 与 *Ninguta schrenskii* (Ménétriés) 者 >

large scissor-bee [*Chelostoma florisomne* (Linnaeus)] 大裂爪蜂

large shield wasp [= slender bodied digger wasp, *Crabro cribrarius* (Linnaeus)] 斑盾方头泥蜂

large silver-spotted copper [*Trimenia argyroplaga* (Dickson)] 银斜曙灰蝶

large silverstripe [*Childrena childreni* (Gray)] 银豹蛱蝶，婴福蛱蝶，大豹蛱蝶

large size sericultural farming 大规模养蚕

large skipper [*Ochlodes sylvanus* (Esper)] 大赭弄蝶，林奥赭弄蝶

large snow flat [= pied flat, immaculate snow flat, suffused snow flat, *Tagiades gana* (Moore)] 白边裙弄蝶

large snow scale [= lychee bark scale, *Pseudaulacaspis major* (Cockerell)] 大白盾蚧

large sowthistle aphid [*Uroleucon sonchi* (Linnaeus)] 苣荬指网管蚜，苣荬指管蚜，苦苣指网管蚜

large spherical few-celled brochosome [abb. LFB] 少室大球形网粒体

large spherical multi-celled brochosome [abb. LMB] 多室大球形网粒体

large spot pied flat [*Coladenia hoenei* Evans] 花窗弄蝶

large-spot plain ace [*Thoressa hyrie* (de Nicéville)] 花角陀弄蝶

large spotted acraea [*Acraea zetes* (Linnaeus)] 红褐珍蝶

large sprite 1. [*Celaenorrhinus rutilans* Mabille] 红亮星弄蝶；2. [= large flat, Christmas forester, *Celaenorrhinus mokeezi* (Wallengren)] 莫氏星弄蝶

large spruce beetle [= great spruce bark beetle, European spruce beetle, *Dendroctonus micans* (Kugelann)] 云杉大小蠹，欧洲云杉小蠹

large spurwing [= death-mask spurwing, *Antigonus nearchus* (Latreille)] 侧尾铁锈弄蝶

large squaregill mayfly [= neoephemerid mayfly, neoephemerid] 新蜉 < 新蜉科 Neoephemeridae 昆虫的通称 >

large striped swordtail [*Graphium antheus* (Cramer)] 安泰青凤蝶，长尾青凤蝶，花青凤蝶

large swirled hawkmoth [= evergreen oak hornworm, *Marumba sperchius* (Ménétriés)] 栗六点天蛾，栗天蛾，后褐六点天蛾，菩提六点天蛾

large tabby [= grease moth, *Aglossa pinguinalis* (Linnaeus)] 品缟螟

large tawny wall [*Rhaphicera satrica* (Doubleday)] 黄网眼蝶

large thistle weevil [= sluggish weevil, *Cleonus pigra* (Scopoli)] 欧洲方喙象甲，欧洲方喙象

large three-ring [*Ypthima nareda* (Kollar)] 小矍眼蝶

large three-striped butterfly [*Neptis alwina* Bremer *et* Grey] 重环蛱蝶，梅蛱蝶

large tiger blue [*Hewitsonia boisduvalii* (Hewitson)] 海灰蝶，和灰蝶

large timberworm beetle [*Elateroides dermestoides* (Linnaeus)] 大叩筒蠹

large tolype moth [= velleda lappet moth, *Tolype velleda* (Stoll)] 灰驼枯叶蛾

large tortoiseshell [= blackleg tortoiseshell, *Nymphalis polychloros* (Linnaeus)] 榆蛱蝶，大龟壳红蛱蝶

large tree nymph [= paper kite, tree nymph, rice paper, wood nymph, white tree nymph, *Idea leuconoe* (Erichson)] 大帛斑蝶，大白斑蝶

large true forester [*Euphaedra sarcoptera* (Butler)] 大栎蛱蝶
large turkey louse [*Chelopistes meleagridis* (Linnaeus)] 火鸡角虱，大火鸡虱
large vagrant [*Nepheronia argia* (Fabricius)] 黑缘乃粉蝶
large variable diadem [= large variable eggfly, *Hypolimnas dinarcha* (Hewitson)] 戴娜斑蛱蝶
large variable eggfly 见 large variable diadem
large velvet bush brown [*Bicyclus sophrosyne* (Plötz)] 索孚蔽眼蝶
large velvety chafer [*Maladera renardi* (Bollion)] 赤褐玛绢金龟甲，赤褐玛绢金龟，大天鹅绒鳃金龟，仲山绢金龟
large wall brown [*Lasiommata maera* (Linnaeus)] 玛毛眼蝶，枚毛眼蝶
large walnut aphid [= walnut aphid, *Calaphis juglandis* (Goeze)] 核桃长角斑蚜，核桃大斑蚜
large weevil [*Hyposipalus gigas* (Fabricius)] 松大象甲，松大象
large western pine engraver [= emarginate ips, *Ips emarginatus* (LeConte)] 西黄松大齿小蠹
large white 见 large cabbage butterfly
large white butterfly 见 large cabbage butterfly
large white flat [*Satarupa gopala* Moore] 飒弄蝶，白腹大环型蝶
large white-headed leafhopper [*Oniella honesta* (Melicher)] 白头小板叶蝉，黑带小板叶蝉，蜀大叶蝉，大白头叶蝉
large white-spots [*Osmodes laronia* (Hewitson)] 坛弄蝶
large widow [*Torynesis magna* (van Son)] 大突眼蝶
large willow aphid [= giant willow aphid, *Tuberolachnus salignus* (Gmelin)] 柳瘤大蚜，柳大蚜，巨柳大蚜
large willow borer 见 large poplar borer
large willow sawfly [= willow sawfly, *Nematus salicis* (Linnaeus)] 白柳突瓣叶蜂，白柳大丝角叶蜂
large wood-nymph [= common wood-nymph, *Cercyonis pegala* (Fabricius)] 大双眼蝶，双眼蝶
large woolly legs [*Lachnocnema magma* Aurivillius] 灰毛足灰蝶
large yellow [*Citrinophila erastus* Hewitson] 黑缘黄粉灰蝶
large yellow grass-dart [= orange grassdart, *Taractrocera anisomorpha* (Lower)] 橙黄弄蝶
large yellow underwing moth [= common yellow underwing moth, *Noctua pronuba* (Linnaeus)] 模夜蛾，黄毛夜蛾
large yeoman [*Cirrochroa aoris* Doubleday] 大镰蛱蝶，镰蛱蝶，阿镰蛱蝶
larger angle-wing katydid [*Microcentrum incarnatum* (Stoll)] 大角翅螽
larger apple curculio [= apple curculio, *Anthonomus quadrigibbus* Say] 苹花象甲，苹果象甲，苹象甲
larger apple fruit moth [= apple white fruit moth, white fruit moth, eye-spotted bud moth, *Spilonota albicana* (Motschulsky)] 桃白小卷蛾，苹白小食心虫，苹果白小食心虫，白小食心虫，苹果白蠹蛾
larger apple leaf roller [= mountain-ash tortricid, *Choristoneura hebenstreitella* (Müller)] 大苹色卷蛾，大苹卷蛾，大苹卷叶蛾
larger ash bark beetle [*Hylesinus nobilis* Blandford] 大海小蠹，大梣小蠹
larger bamboo horned aphid [= bamboo woolly aphid, bamboo aphid, *Pseudoregma bambusicola* (Takahashi)] 居竹伪角蚜，竹茎扁蚜，笋大角蚜
larger black cockchafer [*Holotrichia diomphalia* (Bates)] 东北大黑鳃金龟甲，东北大黑鳃金龟，大黑金龟子，朝鲜齿爪鳃金龟，大黑鳃金龟
larger black flour beetle [*Cynaeus angustus* (LeConte)] 大黑粉盗，大黑拟步甲
larger boxelder leafroller [= boxelder leafroller, boxelder defoliator, *Archips negundanus* (Dyar)] 梣叶黄卷蛾
larger brown click-beetle [*Agriotes persimilis* Lewis] 大褐锥尾叩甲，大褐叩甲
larger brown skipper [*Zinaida pellucida* (Murray)] 透纹资弄蝶，透纹孔弄蝶，曲纹弄蝶
larger cabbage cutworm 见 large black cutworm
larger cabinet beetle [= mottled dermestid beetle, *Trogoderma inclusum* LeConte] 肾斑皮蠹
larger canna leafroller [= Brazilian skipper, canna butterfly, canna skipper, arrowroot butterfly, arrowroot leafroller, *Calpodes ethlius* (Stoll)] 巴西弄蝶，美人蕉卷叶弄蝶，美洲美人蕉弄蝶
larger chestnut weevil 见 large chestnut weevil
larger corn stalk borer [*Diatraea zeacolella* Dyar] 玉米大秆草螟
larger cutworm 见 large black cutworm
larger cypress pine jewel beetle 见 large diadoxus borer
larger elm bark beetle [= larger European elm bark beetle, *Scolytus scolytus* (Fabricius)] 欧洲榆小蠹，大榆棘胫小蠹，欧洲大榆小蠹
larger elm leaf beetle [*Monocesta coryli* (Say)] 榆大萤叶甲，大榆叶甲
larger European elm bark beetle 见 larger elm bark beetle
larger flat-headed pine borer 见 large flat-headed pine heartwood borer
larger grain borer [= greater grain borer, scania beetle, *Prostephanus truncatus* (Horn)] 大尖帽胸长蠹，大谷蠹，大谷长蠹
larger grained moth 见 large grained moth
larger green lacewing [= four-spotted chrysopa, *Chrysopa pallens* (Rambur)] 大草蛉，淡色草蛉，四星草蛉，柯草蛉
larger green weevil [= common leaf weevil, *Phyllobius pyri* (Linnaeus)] 梨树叶象甲，梨树叶象
larger lantana butterfly [= red-spotted hairstreak, pineapple caterpillar, *Tmolus echion* (Linnaeus)] 驼灰蝶，美洲菠萝小灰蝶
larger Mexican pine beetle [= Mexican pine beetle, Colorado pine beetle, *Dendroctonus approximatus* Dietz] 近墨大小蠹，墨西哥松大小蠹，墨西哥松棘胫小蠹
larger oraesia [*Calyptra lata* (Butler)] 平嘴壶夜蛾
larger pale booklouse [= book louse, *Trogium pulsatorium* (Linnaeus)] 淡色窃蛄，书虱，粉茶蛀虫，大淡色窃虫，弹窃蛄，书虱
larger pale curculio [*Sympiezomias velatus* (Chevrolat)] 大灰象甲，大灰象
larger peach aphid [= clematis aphid, *Myzus varians* Davidson] 黄药子瘤蚜，桃黄瘤额蚜，桃卷叶蚜，桃纵卷叶瘤蚜，铁线莲瘤额蚜
larger pine looper [*Cleora ribeata* Clerck] 大松霜尺蛾，大松尺蠖
larger pine scolytid 见 large larch bark beetle
larger pine shoot beetle [= common pine shoot beetle, pine shoot beetle, pine beetle, pine engraver, Japanese pith borer, Japanese pine engraver, larger pith borer, *Tomicus piniperda* (Linnaeus)] 纵坑切梢小蠹，大松小蠹

larger pine shoot borer [= new pine knot-horn, splendid knot-horn moth, Japanese pine tip moth, pine tip moth, maritime pine borer, *Dioryctria sylvestrella* (Ratzeburg)] 赤松梢斑螟，薛梢斑螟，松干螟

larger pith borer 见 larger pine shoot beetle

larger potato lady beetle [= twenty-eight-spotted ladybird, *Henosepilachna vigintioctomaculata* (Motschulsky)] 马铃薯瓢虫

larger refuse beetle [*Harpalus* (*Pseudoophonus*) *capito* Morawitz] 麦穗大头婪步甲，麦穗大头步甲，大头婪步甲，头奥佛步甲

larger rice crane fly [*Tipula longicauda* Matsumura] 大稻大蚊

larger roadside-skipper [*Amblyscirtes folia* Godman] 薄叶缎弄蝶

larger shothole borer 见 large elm bark beetle

larger silver-washed fritilary [*Argyronome ruslana lysippe* (Janson)] 红老豹蛱蝶大银纹亚种，大银纹蛱蝶，来红老豹蛱蝶

larger two-spotted leafhopper [*Epiacanthus stramineus* (Motschulsky)] 二点表刺叶蝉，大二点叶蝉

larger wax moth [= greater wax moth, *Galleria mellonella* (Linnaeus)] 大蜡螟，蜡螟

larger yellow ant [*Acanthomyops interjectus* (Mayr)] 大黄蚁

larger zigzag-marked leafhopper [*Metalimnus formosus* (Boheman)] 台湾间叶蝉，丽间叶蝉，台湾光叶蝉，大电光叶蝉

largest dart [*Paronymus ligorus* (Hewitson)] 大印弄蝶，印弄蝶

largid 1. [= largid bug, bordered plant bug] 大红蝽 <大红蝽科 Largidae 昆虫的通称>; 2. 大红蝽科的

largid bug [= largid, bordered plant bug] 大红蝽

Largidae 大红蝽科

Larginae 大红蝽亚科

Laricobius 拉伪郭公甲属

Laricobius erichsonii Rosenhauer 食蚜拉伪郭公甲；食蚜松瓢虫 <误>

Laricobius taiwanensis Yu *et* Montgomery 台湾拉伪郭公甲

Lariidae [= Mylabridae, Bruchidae] 豆象甲科，豆象科

Laringa 林蛱蝶属

Laringa castelnaui (Felder *et* Felder) 卡斯林蛱蝶

Laringa horsfieldii (Boisduval) [banded dandy] 林蛱蝶

Larinodontes 肥象甲亚属，肥象亚属

Larinodontes potanini (Faust) 见 *Larinus potanini*

Larinodontes variegatus (Kôno) 见 *Larinus variegatus*

Larinomesius 类肥象甲亚属，类肥象亚属

Larinomesius liliputanus (Faust) 见 *Larinus liliputanus*

Larinomesius ochroleucus (Capiomont) 见 *Larinus ochroleucus*

Larinopoda 腊灰蝶属

Larinopoda aspidos Druce [Nigerian pierid blue] 盾腊灰蝶

Larinopoda batesi Bethune-Baker 贝茨腊灰蝶

Larinopoda eurema Plötz [western pierid blue] 优腊灰蝶

Larinopoda lagyra Hewitson [white pierid blue] 蕾腊灰蝶

Larinopoda lircaea (Hewitson) [cream pierid blue] 腊灰蝶

Larinopoda spuma Druce 斯腊灰蝶

Larinopoda tera Hewitson 泰腊灰蝶

Larinus 菊花象甲属，菊花象属

Larinus curtus (Hochhut) [yellow starthistle flower weevil] 黄毛菊花象甲，黄毛菊花象

Larinus formosus Petri 三角菊花象甲，三角菊花象

Larinus griseopilosus Roelofs 灰毛菊花象甲，灰毛菊花象

Larinus kishidai Kôno 大菊花象甲，大菊花象

Larinus latissimus Roelofs 牛蒡菊花象甲，牛蒡菊花象

Larinus latissimus kuroiwai Kôno 牛蒡菊花象甲冲绳亚种

Larinus latissimus latissimus Roelofs 牛蒡菊花象甲指名亚种

Larinus liliputanus Faust 利菊花象甲，利类肥象

Larinus meleagris Petri 霉菊花象甲，霉菊花象

Larinus obtusus Gyllenhal [blunt knapweed flower weevil, knapweed seedhead weevil] 钝菊花象甲，钝菊花象

Larinus ochroleucus Capiomont 赭菊花象甲，赭类肥象

Larinus ovalis Roelofs 卵形菊花象甲，卵形菊花象

Larinus ovalis katoi Kôno 卵形菊花象甲台湾亚种

Larinus ovalis ovalis Roelofs 卵形菊花象甲指名亚种

Larinus potanini Faust 坡菊花象甲，坡菊花象，坡肥象

Larinus rivalis Faust 溪菊花象甲，溪菊花象

Larinus scabrirostris (Faldermann) 漏芦菊花象甲，漏芦菊花象，鳞喙隐象

Larinus sculpticollis Fairmaire 同 *Xanthochelus major*

Larinus variegatus Kôno 变异菊花象甲，变异肥象

Lariophagus 拉金小蜂属，娜金小蜂属

Lariophagus distinguendus (Förster) 米象拉金小蜂，米象娜金小蜂，米象金小蜂

Laris 腊麦蛾属

Laris collucata Omelko 腊麦蛾

larithmics 种群增长因素

Larithophilus 拉鸟虱属

Larithophilus brachycephalus (Giebel) 见 *Actornithophilus brachycephalus*

Larithophilus crassipes (Piaget) 同 *Actornithophilus piceus*

Larithophilus funebris (Kellogg) 同 *Actornithophilus piceus*

Larithophilus maurus (Nitzsch) 同 *Actornithophilus piceus*

larix engraver [= pattern engraver beetle, *Orthotomicus laricis* (Fabricius)] 边瘤小蠹，落叶松小蠹，古北区落叶松小蠹，华山松瘤小蠹

larkspur leafminer 1. [*Phytomyza aconita* Hendel] 乌头植潜蝇，乌头潜叶蝇；2. [*Phytomyza delphinivora* Spencer] 飞燕草植潜蝇，飞燕草潜叶蝇

Larmoria adaptella Walker 粗娑罗双种子螟蛾

Larnaca 蜡蟋螽属

Larnaca hainanica Li, Liu *et* Li 见 *Zalarnaca hainanica*

Larnaca sinica Li, Liu *et* Li 见 *Zalarnaca sinica*

Larra 小唇泥蜂属

Larra amplipennis (Smith) 红腹小唇泥蜂

Larra carbonaria (Smith) 黑小唇泥蜂

Larra coelestina (Smith) 香港小唇泥蜂

Larra fenchihuensis Tsuneki 刻臀小唇泥蜂

Larra luzonensis Rohwer 红腿小唇泥蜂

Larra obscurior Dalla Torre 晦小唇泥蜂

Larra polita (Smith) 滑小唇泥蜂

Larra polita luzonenensis Rohwer 滑小唇泥蜂红腿亚种，红腿滑小唇泥蜂，红腿小唇泥蜂 <此亚种学名有误写成 *Larra polita luzonensis* Rohwer 者>

Larra polita polita (Smith) 滑小唇泥蜂指名亚种

Larra similis (Mocsáry) 相似小唇泥蜂

Larra simillima (Smith) 黑尾小唇泥蜂

Larra sinensis (Mocsáry) 中华小唇泥蜂

larrid 1. [= larrid wasp] 小唇泥蜂，小唇沙蜂 <小唇泥蜂科 Larridae 昆虫的通称>；2. 小唇泥蜂科的

larrid wasp [= larrid] 小唇泥蜂，小唇沙蜂

Larridae 小唇泥蜂科，小唇沙蜂科

Larrinae 小唇泥蜂亚科

Larrini 小唇泥蜂族

Larroussius 劳蛉亚属

Larsen's epitolina [*Epitolina larseni* Libert] 拉皑灰蝶

Larsen's nymph [*Euriphene larseni* Hecq] 拉森幽蛱蝶

Larsia 拉粗腹摇蚊属

Larsia atrocincta (Goetghebuer) 黑斑拉粗腹摇蚊

Larsia decolorata (Malloch) 褪色拉粗腹摇蚊，褪色拉摇蚊

Larsia miyagasensis Niitsuma 麦拉粗腹摇蚊

Larsia reissi Sublette *et* Sasa 莱斯拉粗腹摇蚊

larva [pl. larvae] 幼虫

larva aculeata 多毛幼虫，毛虫

larva cornuta 具角幼虫

larva furcifera 具叉幼虫

larva therapy [= maggot debridement therapy (MDT), maggot therapy, larval therapy, larvae therapy] 蛆疗

larva ursina 毛蠋 <指多毛的鳞翅目幼虫>

larvacide [= larvicide] 杀幼虫剂，杀蚴剂

larvae [s. larva] 幼虫

larvae dipping method 幼虫浸渍法，浸虫法

larvae therapy 见 larva therapy

Larvaevoridae [= Tachinidae] 寄蝇科

larval 幼虫的

larval density 幼虫密度

larval density formula 幼虫密度公式

larval density index 幼虫密度指数

larval development 幼虫发育

larval duration 幼虫期，幼虫经过

larval growth 幼虫生长

larval gut 幼虫中肠

larval maturity 幼虫成熟度

larval mortality [= larval mortality rate] 幼虫死亡率

larval mortality rate 见 larval mortality

larval mo(u)lting 幼虫蜕皮

larval organ 幼虫器

larval pallicle 蚴蜕 <指介壳虫幼虫第一次脱去的蜕>

larval pedogenesis 幼虫幼体生殖

larval period 幼虫期

larval serum protein [abb. LSP] 幼虫血清蛋白

larval stage 幼虫期

larval survival [= larval survival rate] 幼虫存活率

larval survival rate 见 larval survival

larval therapy 见 larva therapy

larvapod 幼虫足 <指的是原足或腹足>

larvarium 幼虫巢

larvata [= larvated] 遮掩的 <常用于围蛹和被蛹>

larvated 见 larvata

larvicidal 杀幼虫的

larvicidal activity 杀幼虫活性

larvicidal effect 杀幼虫效果

larvicide 见 larvacide

larviform 幼虫形，蛆形

larvina [= maggot] 蛆 <双翅目昆虫幼虫之无显著头或足者>

larviparous 蚴生的 <生产活幼虫的，如某些双翅目昆虫>

larviposion 产蚴

larvipositor 产蚴器

larvule 婴蚴 <蜉蝣稚虫的早期，其呼吸系统、循环系统和神经系统尚未发育完成>

Lasaia 腊蚬蝶属

Lasaia aerugo Clench [glittering sapphire] 铜绿腊蚬蝶

Lasaia agesilas (Latreille) [black-patched metalmark, black-patched bluemark, shining-blue lasaia] 蓝腊蚬蝶

Lasaia arsis Staudinger [eyed bluemark, arsis metalmark] 埃腊蚬蝶

Lasaia cutisca Hall *et* Willmott [Ecuadorian bluemark] 厄瓜多尔腊蚬蝶

Lasaia kennethi Weeks [Kenneth's metalmark] 肯腊蚬蝶

Lasaia maria Clench [blue-gray lasaia, Maria metalmark] 马莉娅腊蚬蝶

Lasaia meris (Stoll) [variegated bluemark, variegated lasaia, meris metalmark] 腊蚬蝶

Lasaia moeros (Staudinger) [black-edged bluemark] 细纹腊蚬蝶

Lasaia narses Staudinger 奈斯腊蚬蝶

Lasaia oileus (Godman) [dark bluemark] 美腊蚬蝶

Lasaia pseudomeris (Clench) [pseudomeris metalmark, unspotted bluemark] 伪腊蚬蝶

Lasaia scotina Stichel 黑腊蚬蝶

Lasaia sessilis (Schaus) [gray lasaia, sessilis metalmark] 靴腊蚬蝶

Lasaia sula Staudinger [blue metalmark, blue lasaia] 舒来腊蚬蝶

lasciva sarota [= lascivious jewelmark, *Sarota lasciva* (Stichel)] 艳小尾蚬蝶，艳尾蚬蝶

lascivious jewelmark 见 lasciva sarota

Lasconotus subcostulatus Kraus 西方松大小蠹坚甲

lashed 具睫毛的 <指眼眶边缘有刚毛的>

Lasiacantha 刺网蝽属

Lasiacantha altimitrata (Takeya) 唇刺网蝽

Lasiacantha cuneata (Distant) 刺网蝽

Lasiacantha gracilis (Herrich-Schäffer) 丽刺网蝽

Lasiacantha haplophylli Golub 哈刺网蝽

Lasiacantha kaszabi Hoberlandt 卡氏刺网蝽

Lasiacantha mongolica Nonnaizab 同 *Lasiacantha kaszabi*

Lasianobia 拉西夜蛾属

Lasianobia decreta (Püngeler) 拉西夜蛾

Lasianobia lauta (Püngeler) 劳拉西夜蛾

Lasiestra 绒夜蛾属

Lasiestra deliciosa (Alphéraky) 霉灰绒夜蛾，篷夜蛾

Lasiestra dovrensis (Wocke) 见 *Lasionycta dovrensis*

Lasiestra montanoides Poole 见 *Lasionycta montanoides*

Lasiestra poliades Draudt 见 *Lasionycta poliades*

Lasiini 毛蚁族

Lasinus 毛蚁甲属

Lasinus chinensis Löbl 见 *Linan chinensis*

Lasinus orientalis Yin *et* Bekchiev 东方毛蚁甲

Lasinus sinicus Bekchiev, Hlaváč *et* Nomura 中华毛蚁甲

Lasiocampa 枯叶蛾属

Lasiocampa eversmanni (Eversmann) 艾雯枯叶蛾，艾蓬枯叶蛾
Lasiocampa medicaginis Borkhausen [medic egger] 圆翅枯叶蛾
Lasiocampa quercus (Linnaeus) [oak eggar] 橡枯叶蛾，栎枯叶蛾
Lasiocampa sordidior Rothsch 黄角枯叶蛾
Lasiocampa trifolii (Denis *et* Schiffermüller) [grass eggar] 三叶枯叶蛾
Lasiocampa vitellius Oberthür 威蓬枯叶蛾
lasiocampid 1. [= snout moth, lappet moth, eggar, lasiocampid moth] 枯叶蛾 <枯叶蛾科 Lasiocampidae 昆虫的通称>；2. 枯叶蛾科的
lasiocampid moth [= snout moth, lappet moth, eggar, lasiocampid] 枯叶蛾
Lasiocampidae [= Lachneidae] 枯叶蛾科
Lasiocampinae 枯叶蛾亚科
Lasiochaeta 多毛秆蝇属
Lasiochaeta bimaculata (Yang *et* Yang) 双斑多毛秆蝇，双斑黑鬃秆蝇
Lasiochaeta grandipunctata (Yang *et* Yang) 宽斑多毛秆蝇，宽斑黑鬃秆蝇
Lasiochaeta indistincta (Becker) 黑胸多毛秆蝇，显黑鬃秆蝇
Lasiochaeta jinghongensis (Yang *et* Yang) 景洪多毛秆蝇，景洪黑鬃秆蝇
Lasiochaeta kunmingensis (Yang *et* Yang) 昆明多毛秆蝇，昆明黑鬃秆蝇
Lasiochaeta lii (Yang *et* Yang) 李氏多毛秆蝇，李氏黑鬃秆蝇
Lasiochaeta longistriata (Yang *et* Yang) 长带多毛秆蝇，长带黑鬃秆蝇
Lasiochaeta menglaensis (Yang *et* Yang) 勐腊多毛秆蝇，勐腊黑鬃秆蝇
Lasiochaeta neimengguensis (Yang *et* Yang) 内蒙多毛秆蝇，内蒙黑鬃秆蝇
Lasiochaeta parca (Yang *et* Yang) 寡斑多毛秆蝇，寡斑黑鬃秆蝇
Lasiochaeta umbrosa (Becker) 荫影多毛秆蝇，荫黑鬃秆蝇
Lasiochaeta unlmaculata (Yang *et* Yang) 单斑多毛秆蝇，单斑黑鬃秆蝇
Lasiochaeta yunnanensis (Yang *et* Yang) 云南多毛秆蝇，云南黑鬃秆蝇
Lasiochalcidia 毛缘小蜂属
Lasiochalcidia igiliensis (Masi) 同 *Lasiochalcidia pubescens*
Lasiochalcidia pilosella (Cameron) 披绒毛缘小蜂
Lasiochalcidia pubescens (Klug) 多毛毛缘小蜂
Lasiochila 毛唇潜甲属，长筒铁甲虫属
Lasiochila anthracina Yu 黑毛唇潜甲
Lasiochila balli Uhmann 直缘毛唇潜甲
Lasiochila bicolor Pic 两色毛唇潜甲，长筒铁甲虫
Lasiochila cylindrica (Hope) 柱形毛唇潜甲
Lasiochila dimidiatipennis Chen *et* Yu 半鞘毛唇潜甲
Lasiochila estigmenoides Chen *et* Yu 云南毛唇潜甲
Lasiochila excavata (Baly) 涡胸毛唇潜甲
Lasiochila formosana Pic 同 *Lasiochila bicolor*
Lasiochila fukiena Gressitt 福建毛唇潜甲，福建岛屿毛唇潜甲
Lasiochila gestroi (Baly) 大毛唇潜甲
Lasiochila insulana Uhmann 同 *Lasiochila bicolor*
Lasiochila insulana fukiena Gressitt 见 *Lasiochila fukiena*
Lasiochila insulana insulana Uhmann 同 *Lasiochila bicolor*
Lasiochila latior Yu 膨翅毛唇潜甲
Lasiochila longipennis (Gestro) 长鞘毛唇潜甲
Lasiochila monticola Chen *et* Yu 山栖毛唇潜甲
lasiochilid 1. [= lasiochilid bug] 毛唇花蝽 <毛唇花蝽科 Lasiochilidae 的通称>；2. 毛唇花蝽科的
lasiochilid bug [= lasiochilid] 毛唇花蝽
Lasiochilidae 毛唇花蝽科
Lasiochiloides esakii Hiura 见 *Blaptostethoides esakii*
Lasiochilus 毛唇花蝽属
Lasiochilus japonicus Hiura 日本毛唇花蝽
Lasiochira 枯织蛾属
Lasiochira camaropa Meyrick 肯枯织蛾，肯蓬织蛾
Lasiochira xanthacma (Meyrick) 黄枯织蛾
Lasiodactylus 多毛露尾甲属
Lasiodactylus amplificator Hisamatsu 见 *Phenolia amplificator*
Lasiodactylus brunneus Perty 褐多毛露尾甲
Lasiodactylus centralis Cline 中多毛露尾甲
Lasiodactylus falini Cline 法氏多毛露尾甲
Lasiodactylus inaequalis Grouvelle 见 *Phenolia inaequalis*
Lasiodactylus kelleri Cline 柯氏多毛露尾甲
Lasiodactylus monticola Grouvelle 见 *Phenolia monticola*
Lasiodactylus pictus (MacLeay) 见 *Phenolia picta*
Lasiodera 蓬郭公甲属
Lasiodera rufipes (Klug) 赤足蓬郭公甲
Lasioderma 毛窃蠹属
Lasioderma formosanum Pic 台湾毛窃蠹
Lasioderma serricorne (Fabricius) [cigarette beetle, cigar beetle, tobacco beetle] 烟草甲，苦丁菜蛀虫，烟草窃蠹，烟草标本虫，番死虫，锯角毛窃蠹
Lasiognatha 毛颚小卷蛾属
Lasiognatha mormopa (Meyrick) 毛颚小卷蛾
Lasioglossum 淡脉隧蜂属，淡脉隧蜂亚属
Lasioglossum (***Acanthalictus***) ***dybowskii*** (Radoszkowski) 大黑淡脉隧蜂
Lasioglossum affine (Smith) 见 *Lasioglossum* (*Sphecogogastra*) *affine*
Lasioglossum agelastum Fan *et* Ebmer 见 *Lasioglossum* (*Lasioglossum*) *agelastum*
Lasioglossum albescens (Smith) 见 *Lasioglossum* (*Ctenonomia*) *albescens*
Lasioglossum apristum (Vachal) 见 *Lasioglossum* (*Sphecogogastra*) *apristum*
Lasioglossum calceatum (Scopoli) 见 *Lasioglossum* (*Sphecogogastra*) *calceatum*
Lasioglossum circularum Fan *et* Ebmer 见 *Lasioglossum* (*Lasioglossum*) *circularum*
Lasioglossum (***Ctenonomia***) ***albescens*** (Smith) 白带淡脉隧蜂，稀刻淡脉隧蜂
Lasioglossum (***Ctenonomia***) ***blakistoni*** Sakagami *et* Munakata 毛腿淡脉隧蜂
Lasioglossum (***Ctenonomia***) ***bouyssoui*** (Vachal) 黄淡脉隧蜂
Lasioglossum (***Ctenonomia***) ***compressum*** (Blüthgen) 扁淡脉隧蜂
Lasioglossum (***Ctenonomia***) ***feai*** (Vachal) 菲氏淡脉隧蜂
Lasioglossum (***Ctenonomia***) ***halictoides*** (Smith) 隧淡脉隧蜂
Lasioglossum (***Ctenonomia***) ***kumejimense*** (Matsumura *et* Uchida) 久米岛淡脉隧蜂

Lasioglossum (Ctenonomia) oppositum (Smith) 反淡脉隧蜂，对彩带蜂
Lasioglossum (Ctenonomia) scaphonotum (Strand) 船淡脉隧蜂，隆背隧蜂
Lasioglossum (Ctenonomia) sinicum (Blüthgen) 中华淡脉隧蜂，华隧蜂
Lasioglossum (Ctenonomia) splendidulum (Vachal) 耀淡脉隧蜂
Lasioglossum (Ctenonomia) taihorine (Strand) 台淡脉隧蜂
Lasioglossum (Ctenonomia) vagans (Smith) 褐足淡脉隧蜂，奇隧蜂
Lasioglossum (Ctenonomia) yakushimense Murao, Tadauchi *et* Amauchi 屋久岛淡脉隧蜂
Lasioglossum (Dialictus) alanum (Blüthgen) 艾伦淡脉隧蜂
Lasioglossum (Dialictus) angaricum (Cockerell) 红唇淡脉隧蜂
Lasioglossum (Dialictus) atroglaucum (Strand) 黑绿淡脉隧蜂，黑青隧蜂
Lasioglossum (Dialictus) callophrys Ebmer 丽淡脉隧蜂
Lasioglossum (Dialictus) centesimum (Blüthgen) 刺淡脉隧蜂
Lasioglossum (Dialictus) chinense (Dana Torre) 中国淡脉隧蜂
Lasioglossum (Dialictus) circe Ebmer 环淡脉隧蜂
Lasioglossum (Dialictus) lambatum Fan *et* Ebmer 舐淡脉隧蜂
Lasioglossum (Dialictus) leiosoma (Strand) 滑体淡脉隧蜂，来隧蜂
Lasioglossum (Dialictus) lissonotum (Noskiewicz) 滑背淡脉隧蜂
Lasioglossum (Dialictus) morio (Fabricius) 片淡脉隧蜂
Lasioglossum (Dialictus) moros Ebmer 钝淡脉隧蜂
Lasioglossum (Dialictus) mystaphium Ebmer 触淡脉隧蜂
Lasioglossum (Dialictus) pronotale Ebmer 弯踝淡脉隧蜂
Lasioglossum (Dialictus) pseudannulipes (Blüthgen) 拟环淡脉隧蜂
Lasioglossum (Dialictus) sanitarium (Blüthgen) 益康淡脉隧蜂
Lasioglossum (Dialictus) sauterum Fan *et* Ebmer 萨淡脉隧蜂
Lasioglossum (Dialictus) selma Ebmer 圆木淡脉隧蜂
Lasioglossum (Dialictus) sichuanense Fan *et* Ebmer 四川淡脉隧蜂
Lasioglossum (Dialictus) spinosum Ebmer 多刺淡脉隧蜂
Lasioglossum (Dialictus) subleiosoma (Blüthgen) 拟滑体淡脉隧蜂
Lasioglossum (Dialictus) submandibulare Niu 拟大颚淡脉隧蜂
Lasioglossum (Dialictus) subversicolum Fan *et* Ebmer 拟变色淡脉隧蜂
Lasioglossum (Dialictus) versicolum Fan *et* Ebmer 变色淡脉隧蜂
Lasioglossum (Dialictus) virideglaucum Ebmer *et* Sakagami 灰绿淡脉隧蜂
Lasioglossum (Dialictus) viridellum (Cockerell) 浅绿淡脉隧蜂，绿隧蜂
Lasioglossum (Dialictus) xizangense Fan *et* Ebmer 西藏淡脉隧蜂
Lasioglossum dybowskii (Radoszkowski) 见 *Lasioglossum* (*Acanthalictus*) *dybowskii*
Lasioglossum dynastes (Bingham) 见 *Lasioglossum* (*Lasioglossum*) *dynastes*
Lasioglossum eidmanni (Blutngen) 见 *Lasioglossum* (*Hemihalictus*) *eidmanni*
Lasioglossum eos Ember 见 *Lasioglossum* (*Lasioglossum*) *eos*
Lasioglossum (Evylaeus) cassioides Ebmer 盔淡脉隧蜂
Lasioglossum (Evylaeus) euryale Ebmer 宽淡脉隧蜂
Lasioglossum (Evylaeus) hoffmanni (Strand) 见 *Lasioglossum* (*Sphecogogastra*) *hoffmanni*
Lasioglossum (Evylaeus) kozlovi (Friese) 柯氏淡脉隧蜂
Lasioglossum (Evylaeus) laeviderme (Cockerell) 滑革淡脉隧蜂，光隧蜂
Lasioglossum (Evylaeus) luctuosum Ebmer 白边淡脉隧蜂
Lasioglossum (Evylaeus) macrurum (Cockerell) 卵腹淡脉隧蜂，玛隧蜂
Lasioglossum (Evylaeus) mandibulare (Morawitz) 颚淡脉隧蜂
Lasioglossum (Evylaeus) melli Ebmer 梅利淡脉隧蜂
Lasioglossum (Evylaeus) messoropse Ebmer 收获淡脉隧蜂
Lasioglossum (Evylaeus) metis Ebmer 巧淡脉隧蜂
Lasioglossum (Evylaeus) onocephalum Ebmer 驴淡脉隧蜂
Lasioglossum (Evylaeus) percrassiceps (Cockerell) 宽头淡脉隧蜂，纹隧蜂
Lasioglossum (Evylaeus) politum (Schenck) 方头淡脉隧蜂
Lasioglossum (Evylaeus) signicostatuloides (Strand) 斑肋淡脉隧蜂，纹缘隧蜂
Lasioglossum formosae (Strand) 见 *Lasioglossum* (*Lasioglossum*) *formosae*
Lasioglossum fulvicorne (Kirby) 见 *Lasioglossum* (*Sphecogogastra*) *fulvicorne*
Lasioglossum fulvicorne fulvicorne (Kirby) 见 *Lasioglossum* (*Sphecogogastra*) *fulvicorne fulvicorne*
Lasioglossum fulvicorne koshunocharis (Strand) 同 *Lasioglossum* (*Sphecogogastra*) *fulvicorne fulvicorne*
Lasioglossum (Hemihalictus) allodalum Ebmer *et* Sakagami 奇光淡脉隧蜂
Lasioglossum (Hemihalictus) amurense (Vachal) 阿穆尔淡脉隧蜂
Lasioglossum (Hemihalictus) eidmanni (Blüthgen) 红腹淡脉隧蜂
Lasioglossum (Hemihalictus) epicinctum (Strand) 色带淡脉隧蜂
Lasioglossum (Hemihalictus) epiphron Ebmer 埃氏淡脉隧蜂
Lasioglossum (Hemihalictus) eriphyle Ebmer 种系淡脉隧蜂
Lasioglossum (Hemihalictus) genotrigonum Zhang *et* Zhu 角颊淡脉隧蜂
Lasioglossum (Hemihalictus) glandon Ebmer 格兰登淡脉隧蜂
Lasioglossum (Hemihalictus) gorge Ebmer 峡谷淡脉隧蜂
Lasioglossum (Hemihalictus) huanghe Ebmer 黄河淡脉隧蜂
Lasioglossum (Hemihalictus) kankauchare (Strand) 圆刻淡脉隧蜂，干沟隧蜂
Lasioglossum (Hemihalictus) kiautschouense (Strand) 胶州淡脉隧蜂，胶州隧蜂
Lasioglossum (Hemihalictus) limbellum (Morawitz) 边淡脉隧蜂
Lasioglossum (Hemihalictus) lucidulum (Schenck) 明亮淡脉隧蜂
Lasioglossum (Hemihalictus) matianense (Blüthgen) 玛田淡脉隧蜂
Lasioglossum (Hemihalictus) melancholicum Ebmer 忧郁淡脉隧蜂
Lasioglossum (Hemihalictus) melanopus (Dalia Torre) 黑足淡脉隧蜂
Lasioglossum (Hemihalictus) micante Michener 小淡脉隧蜂，迷淡脉隧蜂，耀普隧蜂
Lasioglossum (Hemihalictus) orpheum (Nurse) 奥芬淡脉隧蜂
Lasioglossum (Hemihalictus) pallilomum (Strand) 震缘淡脉隧蜂，粗额淡脉隧蜂
Lasioglossum (Hemihalictus) pandrose Ebmer 曲玫淡脉隧蜂

Lasioglossum (Hemihalictus) pseudonigripes (Blüthgen) 拟黑足淡脉隧蜂
Lasioglossum (Hemihalictus) resplendens (Morawitz) 闪光淡脉隧蜂，闪光隧蜂
Lasioglossum (Hemihalictus) rufitarse (Zetterstedt) 红跗淡脉隧蜂
Lasioglossum (Hemihalictus) sakagamii Ebmer 坂上淡脉隧蜂，坂氏淡脉隧蜂
Lasioglossum (Hemihalictus) semiruginosum Zhang *et* Zhu 半皱淡脉隧蜂
Lasioglossum (Hemihalictus) simplicior (Cockerell) 简单淡脉隧蜂，简隧蜂
Lasioglossum (Hemihalictus) speculinum (Cockeren) 直沟淡脉隧蜂
Lasioglossum (Hemihalictus) subaenescens (Pérez) 拟铜被淡脉隧蜂
Lasioglossum (Hemihalictus) subfulgens Fan *et* Ebmer 拟闪光淡脉隧蜂
Lasioglossum (Hemihalictus) subsemilucens (Blüthgen) 近半透明淡脉隧蜂，近半隧蜂
Lasioglossum (Hemihalictus) taeniolellum (Vachal) 条纹淡脉隧蜂
Lasioglossum (Hemihalictus) trichorhinum (Cockerefl) 三喙淡脉隧蜂
Lasioglossum (Hemiharictus) tschakarense (Blüthgen) 柴卡尔淡脉隧蜂
Lasioglossum (Hemihalictus) villosulum (Kirby) 多毛淡脉隧蜂，多毛隧蜂
Lasioglossum (Hemihalictus) wichiosulum (Strand) 三唇淡脉隧蜂
Lasioglossum hoffmanni (Strand) 见 *Lasioglossum* (*Sphecogogastra*) *hoffmanni*
Lasioglossum kankauchare (Strand) 见 *Lasioglossum* (*Hemihalictus*) *kankauchare*
Lasioglossum kansuense (Blüthgen) 见 *Lasioglossum* (*Leuchalictus*) *kansuense*
Lasioglossum koreanum Ebmer 朝鲜淡脉隧蜂
Lasioglossum lambatum Fan *et* Ebmer 见 *Lasioglossum* (*Dialictus*) *lambatum*
Lasioglossum (Lasioglossum) acervolum Fan *et* Ebmer 同 *Lasioglossum* (*Lasioglossum*) *zeyanense*
Lasioglossum (Lasioglossum) aegyptiellum (Strand) 埃及淡脉隧蜂
Lasioglossum (Lasioglossum) agelastum Fan *et* Ebmer 群淡脉隧蜂
Lasioglossum (Lasioglossum) alinense (Cockerell) 翼淡脉隧蜂
Lasioglossum (Lasioglossum) belliatum Pesenko 靓淡脉隧蜂
Lasioglossum (Lasioglossum) charisterion Ebmer 纪念淡脉隧蜂
Lasioglossum (Lasioglossum) chloropus (Morawitz) 黄绿淡脉隧蜂
Lasioglossum (Lasioglossum) circularum Fan *et* Ebmer 圆淡脉隧蜂
Lasioglossum (Lasioglossum) claudia Ebmer 克劳迪娅淡脉隧蜂
Lasioglossum (Lasioglossum) denticolle (Morawitz) 小齿淡脉隧蜂
Lasioglossum (Lasioglossum) discum (Smith) 盘淡脉隧蜂
Lasioglossum (Lasioglossum) dynastes (Bingham) 印度淡脉隧蜂
Lasioglossum (Lasioglossum) eos Ebmer 东方淡脉隧蜂，曙淡脉隧蜂
Lasioglossum (Lasioglossum) excisum Ebmer 切淡脉隧蜂
Lasioglossum (Lasioglossum) flavohirtum Ebmer 黄毛淡脉隧蜂
Lasioglossum (Lasioglossum) formosae (Strand) 台湾淡脉隧蜂
Lasioglossum (Lasioglossum) hummeli (Blüthgen) 哈氏淡脉隧蜂
Lasioglossum (Lasioglossum) juitschinicum Ebmer 七月淡脉隧蜂
Lasioglossum (Lasioglossum) lisa Ebmer 丽莎淡脉隧蜂
Lasioglossum (Lasioglossum) margelanicum Ebmer 缘淡脉隧蜂
Lasioglossum (Lasioglossum) neimengense Zhang, Niu *et* Li 内蒙古淡脉隧蜂，内蒙淡脉隧蜂
Lasioglossum (Lasioglossum) niveocinctum (Blüthgen) 白脊淡脉隧蜂
Lasioglossum (Lasioglossum) ochreohirtum (Blüthgen) 褐毛淡脉隧蜂
Lasioglossum (Lasioglossum) phoebos Ebmer 净淡脉隧蜂，菲伯斯淡脉隧蜂
Lasioglossum (Lasioglossum) proximatum (Smith) 窄毛淡脉隧蜂，近隧蜂
Lasioglossum (Lasioglossum) quadrinotatum (Kirby) 四赫淡脉隧蜂
Lasioglossum (Lasioglossum) rostratum (Eversmann) 长头淡脉隧蜂
Lasioglossum (Lasioglossum) sakishima Ebmer *et* Maeta 先岛淡脉隧蜂，先岛隧蜂
Lasioglossum (Lasioglossum) scoteinum Ebmer 黑皂淡脉隧蜂
Lasioglossum (Lasioglossum) sexmaculatum (Schenck) 六斑淡脉隧蜂
Lasioglossum (Lasioglossum) spinodorsum Fan *et* Wu 刺背淡脉隧蜂
Lasioglossum (Lasioglossum) sutshanicum Pesenko 苏城淡脉隧蜂
Lasioglossum (Lasioglossum) tessaranotatum Ebmer 纵皱淡脉隧蜂
Lasioglossum (Lasioglossum) transruginosum Zhang, Niu *et* Zhu 横皱淡脉隧蜂
Lasioglossum (Lasioglossum) tungusicum Ebmer 通古淡脉隧蜂
Lasioglossum (Lasioglossum) upinense (Morawitz) 粗唇淡脉隧蜂，武平淡脉隧蜂，甘肃隧蜂
Lasioglossum (Lasioglossum) xanthopus (Kirby) 黄足淡脉隧蜂
Lasioglossum (Lasioglossum) zeyanense Pesenko 堆淡脉隧蜂
Lasioglossum (Leuchalictus) kansuense (Blüthgen) 甘肃淡脉隧蜂
Lasioglossum (Leuchalictus) leucozonium (Schrank) 具皱淡脉隧蜂
Lasioglossum (Leuchalictus) mutilum (Vachal) 革唇淡脉隧蜂
Lasioglossum (Leuchalictus) occidens (Smith) 西部淡脉隧蜂
Lasioglossum (Leuchalictus) okinawa Ebmer *et* Maeta 冲绳淡脉隧蜂
Lasioglossum (Leuchalictus) rachifer (Strand) 壁淡脉隧蜂，刺隧蜂
Lasioglossum (Leuchalictus) scitulum (Smith) 裁切淡脉隧蜂
Lasioglossum (Leuchalictus) subopacum (Smith) 尖肩淡脉隧蜂，尖肩隧蜂
Lasioglossum (Leuchalictus) zonulum (Smith) 宽带淡脉隧蜂
Lasioglossum malachurum (Kirby) 软淡脉隧蜂，软隧蜂
Lasioglossum marginatum (Brullé) 缘淡脉隧蜂，缘隧蜂
Lasioglossum micante Michener 见 *Lasioglossum* (*Hemihalictus*) *micante*
Lasioglossum minutuloides Ember 见 *Lasioglossum* (*Sphecogogastra*)

minutuloides

Lasioglossum montanum (Friese) 高山淡脉隧蜂

Lasioglossum neimengense Zhang, Niu *et* Li 见 *Lasioglossum (Lasioglossum) neimengense*

Lasioglossum nipponense (Hirashima) 见 *Lasioglossum (Sphecogogastra) nipponense*

Lasioglossum occidens (Smith) 见 *Lasioglossum (Leuchalictus) occidens*

Lasioglossum pallilomum (Strand) 见 *Lasioglossum (Hemihalictus) pallilomum*

Lasioglossum percrassiceps (Cockerell) 见 *Lasioglossum (Evylaeus) percrassiceps*

Lasioglossum phoebos Ember 见 *Lasioglossum (Lasioglossum) phoebos*

Lasioglossum politum (Schenck) 见 *Lasioglossum (Evylaeus) politum*

Lasioglossum politum pekingensis (Blüthgen) 同 *Lasioglossum politum*

Lasioglossum pseudospinodorsum Fan *et* Wu 同 *Lasioglossum (Lasioglossum) spinodorsum*

Lasioglossum rubsectum Fan *et* Ebmer 见 *Lasioglossum (Sphecogogastra) rubsectum*

Lasioglossum sakagamii Ember 见 *Lasioglossum (Hemihalictus) sakagamii*

Lasioglossum sakishima Ebmer *et* Maeta 见 *Lasioglossum (Lasioglossum) sakishima*

Lasioglossum satschauense (Blüthgen) 沙淡脉隧蜂

Lasioglossum satschauense mandschuricum Ember 沙淡脉隧蜂东北亚种，东北沙淡脉隧蜂

Lasioglossum satschauense satschauense (Blüthgen) 沙淡脉隧蜂指名亚种

Lasioglossum sauterum Fan *et* Ebmer 见 *Lasioglossum (Dialictus) sauterum*

Lasioglossum scitulum (Smith) 光盾淡脉隧蜂

Lasioglossum sexstrigatum (Schenck) 六纹淡脉隧蜂

Lasioglossum sichuanense Fan *et* Ebmer 见 *Lasioglossum (Dialictus) sichuanense*

Lasioglossum speculinum (Cockerell) 镜淡脉隧蜂

Lasioglossum (Sphecogogastra) aethiops (Blüthgen) 黑人淡脉隧蜂，埃塞隧蜂

Lasioglossum (Sphecogogastra) affine (Smith) 近淡脉隧蜂，亲淡脉隧蜂，邻隧蜂

Lasioglossum (Sphecogogastra) albipes (Fabricius) 白足淡脉隧蜂

Lasioglossum (Sphecogogastra) anthrax Ebmer 炭淡脉隧蜂

Lasioglossum (Sphecogogastra) apristum (Vachal) 无距淡脉隧蜂，阿淡脉隧蜂

Lasioglossum (Sphecogogastra) baleicum (Cockerell) 光滑淡脉隧蜂

Lasioglossum (Sphecogogastra) calcarium Ebmer 石灰淡脉隧蜂

Lasioglossum (Sphecogogastra) calceatum (Scopoli) 黄带淡脉隧蜂，黄带隧蜂

Lasioglossum (Sphecogogastra) caliginosum Murao, Ebmer *et* Tadauchi 暮光淡脉隧蜂

Lasioglossum (Sphecogogastra) clypeinitens Ebmer 光盾淡脉隧蜂

Lasioglossum (Sphecogogastra) elaiochromon Ebmer 橄榄淡脉隧蜂

Lasioglossum (Sphecogogastra) fulvicorne (Kirby) 黄角淡脉隧蜂

Lasioglossum (Sphecogogastra) fulvicorne fulvicorne (Kirby) 黄角淡脉隧蜂指名亚种

Lasioglossum (Sphecogogastra) fulvicorne koshunocharis (Kirby) 同 *Lasioglossum (Sphecogogastra) fulvicorne fulvicorne*

Lasioglossum (Sphecogogastra) hoffmanni (Strand) 霍氏淡脉隧蜂，白带淡脉隧蜂，贺氏隧蜂

Lasioglossum (Sphecogogastra) kryopetrosum Ebmer 皱顶淡脉隧蜂

Lasioglossum (Sphecogogastra) kulense (strand) 库淡脉隧蜂

Lasioglossum (Sphecogogastra) laevoides Ebmer 左淡脉隧蜂

Lasioglossum (Sphecogogastra) minutuloides Ebmer 微小淡脉隧蜂，小淡脉隧蜂

Lasioglossum (Sphecogogastra) nigriceps (Morawitz) 黑头淡脉隧蜂

Lasioglossum (Sphecogogastra) nipponense (Hirashima) 日本淡脉隧蜂，东瀛淡脉隧蜂，日本隧蜂

Lasioglossum (Sphecogogastra) nodicorne (Morawitz) 节角淡脉隧蜂，节角隧蜂

Lasioglossum (Sphecogogastra) olivaceum (Morawitz) 齐墩果淡脉隧蜂

Lasioglossum (Sphecogogastra) rhynchites (Morawitz) 喙淡脉隧蜂

Lasioglossum (Sphecogogastra) rubsectum Fan *et* Ebmer 红镰淡脉隧蜂

Lasioglossum (Sphecogogastra) semilaeve (Blüthgen) 半滑淡脉隧蜂

Lasioglossum (Sphecogogastra) setulosum (strand) 钝毛淡脉隧蜂

Lasioglossum (Sphecogogastra) sibiriacum (Blüthgen) 西伯利亚淡脉隧蜂

Lasioglossum (Sphecogogastra) subfratellum (Blüthgen) 拟弗拉泰淡脉隧蜂，拟亲隧蜂

Lasioglossum (Sphecogogastra) subfulvicorne (Blüthgen) 拟黄角淡脉隧蜂，棕角隧蜂

Lasioglossum (Sphecogogastra) subrubsectum Fan *et* Ebmer 拟红镰淡脉隧蜂

Lasioglossum (Sphecogogastra) suisharyonense (Strand) 水社淡脉隧蜂

Lasioglossum (Sphecogogastra) tyndarus Ebmer 延氏淡脉隧蜂

Lasioglossum (Sphecogogastra) vulsum (Vachal) 秃淡脉隧蜂

Lasioglossum spinodorsum Fan *et* Wu 见 *Lasioglossum (Lasioglossum) spinodorsum*

Lasioglossum subfulgens Fan *et* Ebmer 见 *Lasioglossum (Hemihalictus) subfulgens*

Lasioglossum subopacum (Smith) 见 *Lasioglossum (Leuchalictus) subopacum*

Lasioglossum subrubsectum Fan *et* Ebmer 见 *Lasioglossum (Sphecogogastra) subrubsectum*

Lasioglossum subversicolum Fan *et* Ebmer 见 *Lasioglossum (Dialictus) subversicolum*

Lasioglossum sutshanicum Pesenko 见 *Lasioglossum (Lasioglossum) sutshanicum*

Lasioglossum transruginosum Zhang, Niu *et* Zhu 见 *Lasioglossum (Lasioglossum) transruginosum*

Lasioglossum upinense (Morzwitz) 见 *Lasioglossum (Lasioglossum) upinense*

Lasioglossum vagans (Smith) 见 *Lasioglossum (Ctenonomia) vagans*

Lasioglossum versicolum Fan *et* Ebmer 见 *Lasioglossum* (*Dialictus*) *versicolum*
Lasioglossum wenchuanense Fan 汶川淡脉隧蜂
Lasioglossum xizangense Fan *et* Ebmer 见 *Lasioglossum* (*Dialictus*) *xizangense*
Lasioglossum yunnanense Fan *et* Wu 同 *Lasioglossum* (*Lasioglossum*) *spinodorsum*
Lasioglossum zonulum (Smith) 见 *Lasioglossum* (*Leuchalictus*) *zonulum*
Lasiognatha 毛颚小卷蛾属
Lasiognatha cellifera (Meyrick) 桐花树毛颚小卷蛾
Lasiognatha mormopa (Meyrick) 毛颚小卷蛾，拉昔卷蛾，圆纹卷蛾
Lasiohelea 蠛蠓属 <此属有作为铗蠓属 *Forcipomyia* 之亚属者>
Lasiohelea abdita Yu 隐秘蠛蠓
Lasiohelea aeschrodenta Yu *et* Liu 同 *Lasiohelea anabaenae*
Lasiohelea anabaenae (Chan *et* Saunders) 三地蠛蠓，三地铗蠓，安娜铗蠓
Lasiohelea bambusa Liu *et* Yu 竹林蠛蠓
Lasiohelea boophila (Lien) 好牛蠛蠓
Lasiohelea breviproboscа Yu 短喙蠛蠓
Lasiohelea caelomacula Liu, Yan *et* Liu 刻斑蠛蠓
Lasiohelea carolinensis Tokunaga 卡罗林蠛蠓
Lasiohelea collicola (Lien) 宜兰蠛蠓，五峰铗蠓
Lasiohelea cultella Yu *et* Xiang 犁形蠛蠓
Lasiohelea curvopenis Wang, Chen *et* Yu 弯茎蠛蠓
Lasiohelea daiani Wang, Huang *et* Yu 大安蠛蠓
Lasiohelea dandongensis Ding *et* Yu 丹东蠛蠓
Lasiohelea danxianensis Yu *et* Liu 儋县蠛蠓，儋县铗蠓
Lasiohelea diaoluoensis Yu *et* Liu 吊罗蠛蠓
Lasiohelea dirus Liu' Yan *et* Liu 粗大蠛蠓
Lasiohelea divergena Yu *et* Wen 扩散蠛蠓
Lasiohelea emeishana Yu *et* Liu 峨眉蠛蠓，峨眉铗蠓
Lasiohelea eminenta Yu 隆起蠛蠓
Lasiohelea fengyani Yu 冯炎蠛蠓
Lasiohelea gracilidenta Yu 细齿蠛蠓
Lasiohelea gramencola (Lien) 住草蠛蠓，住草铗蠓
Lasiohelea guangxiensis Lee 广西蠛蠓
Lasiohelea habros Liu, Chen *et* Yu 哈布蠛蠓
Lasiohelea hainana Liu, Yan *et* Liu 海南蠛蠓
Lasiohelea homalaie (Lien) 扁藓蠛蠓，扁藓铗蠓
Lasiohelea hortensis Yu *et* Liu 园圃蠛蠓
Lasiohelea hualuensis (Lien) 花露蠛蠓，华绿铗蠓
Lasiohelea humilavolita Yu *et* Liu 低飞蠛蠓，低飞铗蠓
Lasiohelea hygroecia Yu, Liang *et* Chen 潮湿蠛蠓
Lasiohelea interceda Yu 中间蠛蠓
Lasiohelea jinileei Yu 金李蠛蠓
Lasiohelea koba Yu 羚状蠛蠓
Lasiohelea labidentis Yu *et* Zhang 唇齿蠛蠓
Lasiohelea lanyuensis (Lien) 兰屿蠛蠓，兰屿铗蠓
Lasiohelea liubaensis Yu, Liu *et* Yan 留坝蠛蠓
Lasiohelea longicornis Tokunaga 长角蠛蠓
Lasiohelea lui Liu, Yan *et* Liu 陆氏蠛蠓
Lasiohelea lushana Yu *et* Wang 庐山蠛蠓
Lasiohelea megadentis (Lien) 大齿蠛蠓，巨齿铗蠓
Lasiohelea mengi Liu *et* Yu 孟氏蠛蠓
Lasiohelea mixta Yu *et* Liu 混杂蠛蠓
Lasiohelea multidentis Yu 多齿蠛蠓
Lasiohelea multisensora Yu 多感蠛蠓
Lasiohelea multispina He *et* Yu 多棘蠛蠓
Lasiohelea nanjingensis Yu *et* Wang 南京蠛蠓，南京铗蠓
Lasiohelea nemenosa Yu 林荫蠛蠓
Lasiohelea notialis Yu *et* Liu 同 *Lasiohelea taiwana*
Lasiohelea oreita Liu *et* Yu 山栖蠛蠓
Lasiohelea othneia Wang, Tan *et* Yu 新奇异蠛蠓
Lasiohelea oxyria Yu *et* Liu 尖锥蠛蠓
Lasiohelea paradoxa Liu *et* Yu 奇异蠛蠓
Lasiohelea parvitas Liu *et* Yu 细小蠛蠓
Lasiohelea paucidentis (Lien) 贫齿蠛蠓，贫齿铗蠓
Lasiohelea phototropia Yu *et* Zhang 趋光蠛蠓，趋光铗蠓
Lasiohelea propria (Chan *et* LeRoux) 特别蠛蠓，特别铗蠓
Lasiohelea pungobovis Yu *et* Liu 叮牛蠛蠓，叮牛铗蠓
Lasiohelea quinquedentis Yu *et* Zhou 五齿蠛蠓
Lasiohelea relicta Yu *et* Wen 孤独蠛蠓
Lasiohelea ripa Yu *et* Liu 小溪蠛蠓
Lasiohelea saxicola Lien 住岩铗蠓
Lasiohelea sibirica Buyanova 西伯利亚蠛蠓
Lasiohelea sirycta Yu *et* Liu 鹤吻蠛蠓
Lasiohelea taipei (Lien) 台北蠛蠓，台北铗蠓
Lasiohelea taiwana (Shiraki) 台湾蠛蠓，台湾铗蠓
Lasiohelea taoyuanensis (Lien) 桃园蠛蠓，桃源铗蠓
Lasiohelea tenuidentis Yu *et* Wirth 纤齿蠛蠓
Lasiohelea thyesta Yu, Chen *et* He 曲茎蠛蠓
Lasiohelea tibetana Yu 西藏蠛蠓
Lasiohelea tunchanga Wang *et* Yu 屯昌蠛蠓
Lasiohelea turgepeda Yu *et* Liu 肿足蠛蠓
Lasiohelea uncusidentis Liu, Yan *et* Liu 钩齿蠛蠓
Lasiohelea uncusipenis Yu *et* Zhang 钩茎蠛蠓
Lasiohelea velox Winnertz 迅捷蠛蠓
Lasiohelea virgula Yu *et* Wen 小枝蠛蠓，小枝铗蠓
Lasiohelea wanjungensis (Lien) 万荣蠛蠓，万群蠛蠓，万荣铗蠓
Lasiohelea wulai (Lien) 乌来蠛蠓，乌来铗蠓
Lasiohelea wuyiensis Shen *et* Yu 武夷蠛蠓
Lasiohelea wuzhishana Wang, Qi *et* Yu 五指山蠛蠓
Lasiohelea yui Liu, Yan *et* Liu 虞氏蠛蠓
Lasiohelea zhenbaodaoensis Yu *et* Liu 珍宝岛蠛蠓
Lasiohelea zonaphalla Yu *et* Liu 带茎蠛蠓，带胫铗蠓
Lasiolabops 鳞奇盲蝽属
Lasiolabops cosmopolites Schuh 广谱鳞奇盲蝽
Lasiomiris 毛盲蝽属
Lasiomiris albopilosus (Lethierry) 完带毛盲蝽
Lasiomiris picturatus Zheng 斑纹毛盲蝽
Lasiomiris purpurascens Zheng 紫褐毛盲蝽
Lasiomma 纤目花蝇属，球果花蝇属
Lasiomma anthomyinum (Róndani) 凹叶纤目花蝇，凹叶球果花蝇
Lasiomma anthomyioides Fan 拟花纤目花蝇，拟花球果花蝇，拟花柳花蝇
Lasiomma anthracinum (Czerny) 炭色纤目花蝇，炭色球果花蝇
Lasiomma baicalense Elberg 贝加尔纤目花蝇，贝加尔球果花蝇

Lasiomma concomitans (Pandellé) 鞍板纤目花蝇，鞍板球果花蝇
Lasiomma craspedodonta (Hsue) 缘齿纤目花蝇
Lasiomma ctenocnema (Hsue) 同 *Lasiomma tieshashanensis*
Lasiomma curtigena (Ringdahl) 短颊纤目花蝇，短颊球果花蝇
Lasiomma dasyommatum Zhong 密毛纤目花蝇
Lasiomma densisetibasis Feng 密鬃纤目花蝇
Lasiomma divergens Fan *et* Zhang 离叶纤目花蝇，离叶球果花蝇
Lasiomma graciliapicum Fan *et* Ge 瘦端纤目花蝇，瘦端球果花蝇
Lasiomma infrequens Ackland 稀纤目花蝇，稀球果花蝇
Lasiomma laricicola (Karl) 落叶松纤目花蝇，落叶松球果花蝇
Lasiomma latipennis (Zetterstedt) 宽翅纤目花蝇
Lasiomma longirostris (Stein) 见 *Egle longirostris*
Lasiomma luteoforceps Fan *et* Fang 黄尾纤目花蝇，黄尾球果花蝇
Lasiomma melania Ackland 黑胸纤目花蝇，黑胸球果花蝇
Lasiomma melania melaniola Fan 同 *Strobilomyia melania*
Lasiomma melaniola Fan 同 *Strobilomyia melania*
Lasiomma monticola Suh *et* Kwon 同 *Lasiomma tieshashanensis*
Lasiomma octoguttatum (Zetterstedt) 八方纤目花蝇，八方球果花蝇
Lasiomma pectinicrus Hennig 扭叶纤目花蝇，扭叶球果花蝇，栉球果花蝇
Lasiomma picipes (Meigen) 鹊足纤目花蝇，黑足纤目花蝇
Lasiomma pseudostylatum Wei 垂突纤目花蝇
Lasiomma replicatum (Huckett) 山纤目花蝇，山闪花蝇
Lasiomma strigilatum (Zetterstedt) 黑尾纤目花蝇，黑尾球果花蝇
Lasiomma tieshashanensis Xue 铁刹山纤目花蝇
Lasiommata 毛眼蝶属
Lasiommata adrastoides (Bienert) 红斑毛眼蝶
Lasiommata deidamia (Eversmann) 斗毛眼蝶
Lasiommata deidamia deidamia (Eversmann) 斗毛眼蝶指名亚种，指名斗毛眼蝶
Lasiommata deidamia erebina (Butler) 斗毛眼蝶艾瑞亚种，艾斗毛眼蝶
Lasiommata eversmanni (Eversmann) [yellow wall] 黄翅毛眼蝶
Lasiommata eversmanni cashmirensis (Moore) [Kashmir yellow wall] 黄翅毛眼蝶克什米尔亚种，克什黄翅毛眼蝶
Lasiommata eversmanni eversmanni (Eversmann) 黄翅毛眼蝶指名亚种
Lasiommata felix Warnecke [Arabian wall brown] 绯丽毛眼蝶
Lasiommata hefengana Chou *et* Zhang 和丰毛眼蝶
Lasiommata hindukushica Wyatt *et* Omoto 红环毛眼蝶
Lasiommata kasumi Yoshino 凯毛眼蝶
Lasiommata maderakal (Guérin-Méneville) 东非毛眼蝶
Lasiommata maera (Linnaues) [large wall brown] 玛毛眼蝶，枚毛眼蝶
Lasiommata maerula Felder 喜马拉雅毛眼蝶
Lasiommata majuscula (Leech) 大毛眼蝶
Lasiommata meadewaldoi (Rothschild) 北非毛眼蝶
Lasiommata megera (Linnaeus) [wall brown] 毛眼蝶
Lasiommata megera megera (Linnaeus) 毛眼蝶指名亚种
Lasiommata megera transcaspica (Staudinger) 毛眼蝶横枚亚种，横枚帕眼蝶
Lasiommata menava Moore [dark wall] 黑毛眼蝶
Lasiommata minuscula (Oberthür) 小毛眼蝶
Lasiommata paramegaera (Hübner) 帕拉毛眼蝶
Lasiommata petropolitana (Fabricius) [northern wall brown] 艳红毛眼蝶
Lasiommata petropolitana falcidia (Fruhstorfer) 艳红毛眼蝶珐斯亚种，珐希帕眼蝶
Lasiommata petropolitana petropolitana (Fabricius) 艳红毛眼蝶指名亚种
Lasiommata petropolitana sestia (Fruhstorfer) 艳红毛眼蝶赛斯亚种，塞希帕眼蝶
Lasiommata shakra Kollar [common wall] 双环毛眼蝶
Lasionycta 茸夜蛾属
Lasionycta altaica Hampson 阿茸夜蛾
Lasionycta bryoptera (Püngeler) 霉茸夜蛾
Lasionycta dovrensis (Wocke) 黑褐茸夜蛾，黑褐绒夜蛾，朵篷夜蛾
Lasionycta extrita (Staudinger) 灰茸夜蛾
Lasionycta hospita Bang-Haas 苏茸夜蛾
Lasionycta leucocycla (Staudinger) 暗茸夜蛾
Lasionycta leucocycla leucocycla (Staudinger) 暗茸夜蛾指名亚种
Lasionycta leucocycla moeschleri (Staudinger) 暗茸夜蛾莫氏亚种
Lasionycta lurida (Alphéraky) 绿黄茸夜蛾，亮茸夜蛾
Lasionycta montanoides (Poole) 罔茸夜蛾，罔篷夜蛾
Lasionycta nana (Hüfnagel) 宁茸夜蛾，纳茸夜蛾
Lasionycta orientalis (Alphéraky) 寒茸夜蛾，东方茸夜蛾
Lasionycta poliades (Draudt) 坡茸夜蛾，坡篷夜蛾
Lasionycta proxima (Hübner) 近灰茸夜蛾，近茸夜蛾
Lasionycta skraelingia (Herrich-Schäffer) 北欧茸夜蛾，斯茸夜蛾
Lasiopelta 毛盾蝇属
Lasiopelta flava Wei *et* Cao 黄色毛盾蝇
Lasiopelta longicornis (Stein) 长角毛盾蝇
Lasiopelta maculipennis Wei 斑翅毛盾蝇
Lasiopelta orientalis Malloch 东方毛盾蝇
Lasiopelta rufescenta Wei *et* Jiang 红棕毛盾蝇
Lasiophanes 显毛天牛属 *Cristaphanes* 的异名
Lasiophanes cristulatus Aurivillius 见 *Cristaphanes cristulatus*
Lasiophanes fulvescens Gressitt *et* Rondon 见 *Cristaphanes fulvescens*
Lasiophanes ruber Gressitt *et* Rondon 见 *Cristaphanes ruber*
Lasiophila 腊眼蝶属
Lasiophila circe Felder 大白斑腊眼蝶
Lasiophila cirta Felder *et* Felder 腊眼蝶
Lasiophila confusa Staudinger 混同腊眼蝶
Lasiophila gita Smart 黄褐腊眼蝶
Lasiophila orbifera Butler [fiery satyr, obifera satyr] 黑斑腊眼蝶
Lasiophila palades Hewitson 帕腊眼蝶
Lasiophila partheyne Hewitson [partheyne satyr] 侧带腊眼蝶
Lasiophila persepolis Hewitson 波腊眼蝶
Lasiophila phalaesia Hewitson 橙带腊眼蝶
Lasiophila piscina Thieme [piscina satyr] 鱼纹腊眼蝶
Lasiophila prosymna (Hewitson) 小白斑腊眼蝶
Lasiophila zapatoza (Westwood) 飒腊眼蝶
Lasiopinae 光水虻亚科
Lasiopogon 多毛虫虻属，多毛食虫虻属，毛钩食虫虻属
Lasiopogon eichingeri Hradsky 埃多毛虫虻
Lasiopogon gracilipes Bezzi 丽多毛虫虻，丽多毛食虫虻，甲仙

食虫虻
Lasiopogon solox Enderlein 台湾多毛虫虻，索多毛虫虻，台湾多毛食虫虻，南投食虫虻
Lasiops roederi Kowarz 同 *Lasiomma strigilatum*
Lasiopsis 拉西鳃金龟甲属，拉西鳃金龟属
Lasiopsis balgensis Murayama 巴拉西鳃金龟甲，巴拉西鳃金龟
Lasiopsis formosanus Niijima *et* Kinoshita 同 *Lasiopsis sahlbergi*
Lasiopsis lederi Reitter 同 *Brahmina agnella*
Lasiopsis manchuricus Murayama 东北拉西鳃金龟甲，东北拉西鳃金龟
Lasiopsis sahlbergi (Mannerheim) 萨拉西鳃金龟甲，萨拉西鳃金龟
Lasiopsylla rotundipennis (Froggatt) 圆翼毛木虱
Lasioptera 毛瘿蚊属，绵毛瘿蚊属
Lasioptera excavata Felt 凹毛瘿蚊，凹绵毛瘿蚊
Lasioptera populnea Wachtl [poplar gall midge] 杨毛瘿蚊，银白杨绵毛瘿蚊
Lasioptera rubi (Schrank) [blackberry stem gall midge] 悬钩子毛瘿蚊，悬钩子绵毛瘿蚊
Lasiopteryx coryli (Felt) 美洲榛绒毛皱褶瘿蚊
Lasioserica 毛绢鳃金龟甲属，毛绢鳃金龟属，四叶绒毛金龟属
Lasioserica antennalis Nomura 长角毛绢鳃金龟甲，触角毛绢鳃金龟，长角四叶绒毛金龟
Lasioserica fukiensis Frey 见 *Neoserica fukiensis*
Lasioserica nitida Kobayashi 光滑毛绢鳃金龟甲，光滑毛绢鳃金龟，大四叶绒毛金龟
Lasiosina 愈背秆蝇属
Lasiosina nigrolineata Liu *et* Yang 黑线愈背秆蝇
Lasiosina orientalis Nartshuk 东方愈背秆蝇
Lasiosina recurvata Liu *et* Yang 弯茎愈背秆蝇
Lasiotrichius 毛斑金龟甲属，毛斑金龟属
Lasiotrichius succinctus (Pallas) 短毛斑金龟甲，短毛斑金龟
Lasiotrichius succinctus formosanus Sawada 同 *Lasiotrichius succinctus shirozui*
Lasiotrichius succinctus hanaoi Sawada 短毛斑金龟甲花野亚种，汉短毛斑金龟
Lasiotrichius succinctus shirozui Sawada 短毛斑金龟甲白水亚种，希短毛斑金龟
Lasiotrichius succinctus succinctus (Pallas) 短毛斑金龟甲指名亚种
Lasiotropus 毛鳃金龟甲属
Lasiotropus poonensis Reitter 普毛鳃金龟甲，普毛鳃金龟
Lasiplexia 毡夜蛾属
Lasiplexia chalybeata (Walker) 铅色毡夜蛾
Lasiplexia cupreomicans Draudt 铜光毡夜蛾
Lasiplexia semirena Draudt 月纹毡夜蛾
Lasippa 蜡蛱蝶属
Lasippa bella Staudinger 美蜡蛱蝶
Lasippa ebusa (Felder *et* Felder) 艾布蜡蛱蝶
Lasippa heliodore (Fabricius) [Burmese lascar] 日光蜡蛱蝶
Lasippa heliodore heliodore (Fabricius) 日光蜡蛱蝶指名亚种，指名日光蜡蛱蝶
Lasippa illigera Eschscholtz 旖蜡蛱蝶
Lasippa illigerella Staudinger 小旖蜡蛱蝶
Lasippa monata (Weyenbergh) 摩纳蜡蛱蝶
Lasippa neriphus Hewitson 妮蜡蛱蝶
Lasippa pata (Moore) 帕蜡蛱蝶
Lasippa tiga (Moore) [Malayan lascar] 提蜡蛱蝶，第戛蜡蛱蝶
Lasippa viraja (Moore) [yellowback sailer] 味蜡蛱蝶
Lasippa viraja kanara Evans [Sahyadri yellowback sailer] 味蜡蛱蝶萨亚德里亚种
Lasippa viraja nar de Nicéville [Andaman yellowback sailer] 味蜡蛱蝶安岛亚种
Lasippa viraja viraja (Moore) 味蜡蛱蝶指名亚种，指名味蜡蛱蝶
Lasius 毛蚁属，毛山蚁属
Lasius alienus (Förster) [cornfield ant] 玉米毛蚁，玉米田蚁，玉米黑毛蚁
Lasius americanus Emery [cornfield ant] 美洲毛蚁，玉米黑田蚁
Lasius capitatus Kuznetsov-Ugamsky 皱毛蚁，皱毛山蚁
Lasius chinensis Seifert 中华毛蚁
Lasius claviger Roger 见 *Acanthomyops claviger*
Lasius coloratus Santschi 色毛蚁，色黑毛蚁
Lasius crispus Wilson 皱毛蚁，皱毛山蚁
Lasius flavus (Fabricius) [yellow meadow ant, mound ant] 黄毛蚁，黄土蚁
Lasius fuliginosus (Latreille) [jet ant, jet black ant, shining jet black ant, shining black wood ant, shining black ant, black odoreous ant] 亮毛蚁，黑草蚁
Lasius hayashi Yamauchi *et* Hayashida 林氏毛蚁，林间毛山蚁
Lasius himalayanus Forel 喜马拉雅毛蚁，喜马毛蚁

Lasius kabaki Seifert 卡氏毛蚁
Lasius longicirrus Chang *et* He 长须毛蚁
Lasius longipalpus Seifert 长角毛蚁
Lasius niger (Linnaeus) [common black ant, black garden ant] 黑毛蚁，普通黑蚁，黑褐毛蚁，黑褐毛山蚁
Lasius niger alienus (Förster) 见 *Lasius alienus*
Lasius niger alienus* var. *americanus Emery 见 *Lasius americanus*
Lasius niger coloratus Santschi 见 *Lasius coloratus*
Lasius niger niger (Linnaeus) 黑毛蚁指名亚种，指名黑毛蚁
Lasius sichuense Seifert 四川毛蚁
Lasius talpa Wilson 田鼠毛蚁，塔毛蚁，田鼠毛山蚁
Lasperesia pomonella (Linnaeus) 见 *Cydia pomonella*
Laspeyresia 皮小卷蛾属
Laspeyresia abietiella Matsumura 见 *Coenobiodes abietiella*
Laspeyresia anaranjada Miller [slash pine seedworm] 湿地松皮小卷蛾，湿地松小卷蛾，湿地松小卷叶蛾
Laspeyresia anticipans Meyrick 前圆皮小卷蛾
Laspeyresia biserialis Meyrick 见 *Grapholita biserialis*
Laspeyresia bracteatana (Fernald) [fir seed moth] 枞皮小卷蛾，冷杉籽蠹蛾
Laspeyresia caryana (Fitch) [hickory shuckworm] 胡桃皮小卷蛾，胡桃小蠹蛾
Laspeyresia cerasivora Matsumura 同 *Grapholita funebrana*
Laspeyresia conicolana Heylaerts 见 *Cydia conicolana*
Laspeyresia conoterma (Meyrick) 康皮小卷蛾，康条小卷蛾
Laspeyresia cupressana (Kearfott) [cypress bark moth] 柏皮小卷蛾
Laspeyresia cydia leucostoma Meyrick 见 *Cydia leucostoma*
Laspeyresia disperma Meyrick 栎皮小卷蛾
Laspeyresia ethelinda Meyrick 云杉皮小卷蛾
Laspeyresia fagiglandana Zeller 见 *Cydia fagiglandana*

Laspeyresia geministriata Walsingham 见 *Grapholita geministriata*

Laspeyresia grunertiana (Ratzeburg) 松皮小卷蛾

Laspeyresia heteropa Meyrick 异节皮小卷蛾

Laspeyresia illutana dahuricolana Kuznetzov 见 *Cydia illutana dahuricolana*

Laspeyresia ingeus Heinrich 长叶松皮小卷蛾

Laspeyresia jaculatrix Meyrick 跳皮小卷蛾

Laspeyresia koenigiana Fabricius 栾皮小卷蛾

Laspeyresia kurokoi Amsel 见 *Cydia kurokoi*

Laspeyresia leucostoma Meyrick 见 *Cydia leucostoma*

Laspeyresia mediocris Kuznetzov 见 *Cydia mediocris*

Laspeyresia molesta Busck 见 *Grapholita molesta*

Laspeyresia nigricana (Fabricius) 见 *Cydia nigricana*

Laspeyresia pentalychna Ostheder 见 *Cydia pentalychna*

Laspeyresia perfricta Meyrick 瘤皮小卷蛾

Laspeyresia piperana (Kearfott) 见 *Cydia piperana*

Laspeyresia pomonella (Linnaeus) 见 *Cydia pomonella*

Laspeyresia prunivora (Walsingham)] 见 *Grapholita prunivora*

Laspeyresia pseudotsugae Evans 似落叶松皮小卷蛾

Laspeyresia pulverula Meyrick 尘皮小卷蛾

Laspeyresia schistaceana (Snellen) 见 *Tetramoera schistaceana*

Laspeyresia splendana (Hübner) 栗皮小卷蛾，栗子小卷蛾，栎实小卷蛾，栎实卷叶蛾

Laspeyresia stirpicola Meyrick 灌皮小卷蛾

Laspeyresia strobilella Linnaeus 见 *Cydia strobilella*

Laspeyresia toreuta (Grote) 见 *Cydia toreuta*

Laspeyresia yasudai Oku 同 *Cydia laricicolana*

Laspeyresia youngana (Kearfott) 同 *Cydia strobilella*

Laspeyresia zebeana (Ratzeburg) 见 *Cydia zebeana*

Laspeyria 勒夜蛾属

Laspeyria flexula (Denis *et* Schiffermüller) 勒夜蛾

Laspeyria ruficeps (Walker) 赭灰勒夜蛾，粉勒夜蛾，粉拉裳蛾，赭灰裴夜蛾

Laspeyria subrosea (Butler) 亚勒夜蛾

Lassaba 白蛮尺蛾属，污雪尺蛾属，斑尺蛾属

Lassaba albidaria (Walker) 白蛮尺蛾，白菈尺蛾

Lassaba anepsia (Wehrli) 黄白蛮尺蛾

Lassaba brevipennis (Inoue) 条斑白蛮尺蛾，条斑污雪尺蛾，污雪条斑尺蛾

Lassaba contaminata Moore 康白蛮尺蛾

Lassaba hsuhonglini Fu *et* Satô 林氏白蛮尺蛾，林氏污雪尺蛾，胡菈尺蛾

Lassaba livida (Warren) 暗白蛮尺蛾

Lassaba parvalbidaria (Inoue) 双斑白蛮尺蛾，污雪尺蛾，双斑污雪尺蛾，污雪双斑尺蛾，K 纹污尺蛾，葩菈尺蛾

Lassaba pelia Wehrli 铅白蛮尺蛾

Lassaba tayulingensis (Satô) 双波白蛮尺蛾，污雪带纹尺蛾，双波污雪尺蛾，袍菈尺蛾

last feeding 停食，止桑 <家蚕的>

last larval instar 1. 末龄期；2. 五龄期 <家蚕的>

Last's albatross [*Appias lasti* (Grose-Smith)] 森林尖粉蝶

lasureus 暗蓝色

lasus metalmark [*Perophthalma lasus* (Westwood)] 莱斯帕蚬蝶

latacoria 侧膜 <即腹板与背板间的膜>

latadente [= lateral tooth] 侧齿突 <见于介壳虫中>

latadiscaloca 侧盘突域 <见于介壳虫中盘状突域上>

latagenacerore 侧臀蜡孔 <某些介壳虫中，前臀蜡孔和后臀蜡孔合成的蜡孔群>

latalla [pl. latallae] 侧膜片 <侧膜中的小骨化区域>

latallae [s. latalla] 侧膜片

latania scale [= quince scale, grape vine aspidiotus, palm scale, *Hemiberlesia lataniae* (Signoret)] 棕榈栉圆盾蚧，椰子栉圆盾介壳虫

latapectinae 侧齿状突 <见于介壳虫中>

latarima 舌间裂 <分隔中舌和侧舌的裂隙>

latasuture 侧缝 <指侧膜 (latacoria) 退化成的缝>

latatergum 背板侧褶

late autumn rearing [= later autumn rearing] 晚秋蚕饲育

late autumn rearing season [= later autumn rearing season] 晚秋蚕期

later autumn rearing 见 late autumn rearing

later autumn rearing season 见 late autumn rearing season

late diakinesis 晚终变期

late diplotene 晚双线期

late instar larva 高龄幼虫

late instar nymph 高龄若虫

late maturing 迟熟

late maturity gene 迟熟基因

late wheat shoot fly [*Phorbia genitalis* (Schnabl)] 裸踝草种蝇，春麦草种蝇，春麦蝇

latent development 发育潜伏期

latent disease 潜伏性疾病，隐性疾病

latent infection 潜伏性感染，潜伏侵染

latent learning 潜伏学习

latent period 潜伏期，潜育期

latent virus 潜伏病毒

later autumn rearing 晚秋蚕

later autumn rearing season 晚秋蚕期

later larval stage 壮蚕期

laterad 侧向

lateral 侧的；侧生的

lateral abdominal gill 侧腹鳃

lateral antepronotal 侧前胸背板鬃

lateral apodeme [= pleural ridge, endopleurite, entopleuron] 侧内骨，内侧板 <由侧片形成的胸节内褶>

lateral area 侧区

lateral bristle 腹侧鬃 <指双翅目昆虫腹节侧缘的刚毛>

lateral callis 侧臀厚带 <某些介壳虫在中臀厚带侧面的臀厚带>

lateral carina 侧隆线 <特别指直翅目昆虫头部和前胸背板侧面的隆起线>

lateral cerari 侧三角蜡孔 <在介壳虫中，除臀三角蜡孔以外的所有蜡孔>

lateral cervicale 侧颈片

lateral facial bristle 下颜侧鬃 <双翅目昆虫幼虫中，有时存在于头部两侧复眼下的鬃>

lateral filament 侧丝 <指某些水栖昆虫幼虫腹部两侧的丝状附器>

lateral fovea 头侧窝

lateral foveola 小头侧窝

lateral groove 侧沟

lateral integument 侧壁
lateral keel 1. 侧龙骨 < 指蜻蜓目昆虫腹部侧面的脊突 >；2. 侧蜡板，缘蜡板 < 在介壳虫中，同 lateral pilacerore>
lateral line 侧线 < 指有鞘的毛翅目幼虫腹部两侧的一条纵表皮细褶；鳞翅目昆虫幼虫中在亚背线与气门上线之间的线 >
lateral-lined sharpshooter [*Cuerna costalis* (Fabricius)] 侧纹钝头大叶蝉，北美大叶蝉
lateral lip 侧唇
lateral lobe 侧叶 < 在蜻蜓目昆虫中，指侧唇舌、负唇须节和须的部分；在直翅目昆虫中，指马鞍形前胸背板弯向两侧的部分；在膜翅目昆虫中，指中胸背板的盾侧片，同 scapula>
lateral longitudinal area 侧纵区
lateral longitudinal trunk [= lateral tracheal trunk] 侧纵干 < 指气管系统的 >
lateral muscle 侧肌
lateral nerve cord 侧神经索
lateral notch 侧缺切 < 在介壳虫中，指在叶突侧边的缺切 >
lateral ocellus 1. [= stemmata] 侧单眼 < 专指全变态类幼虫头部两侧成群的单眼 >；2. [= posterior ocellus] 后单眼，侧单眼 < 成虫头部 3 个单眼中位于后部的两个成对的单眼 >
lateral orbacerore 侧肛环蜡孔 < 介壳虫肛环蜡孔的外列 >
lateral oviduct [= oviductus lateralis] 侧输卵管
lateral penellipse 侧缺环 < 指仅在中间有一缺口的圆环状趾钩列 >
lateral pharyngeal gland 咽下腺，王浆腺，侧咽腺 < 见于蜜蜂中 >
lateral pilacarore [= lateral plate, circumferential lamella, marginal plate] 侧蜡板，缘蜡板，围板
lateral pit 侧坑
lateral plasma membrane 细胞侧膜
lateral plate 1. [= side plate] 侧板；2. [= lateral pilacarore, circumferential lamella, marginal plate] 侧蜡板，缘蜡板，围板
lateral postanals 肛后侧毛
lateral postscutellar plate 侧后小盾片
lateral ridge 侧脊
lateral scale 侧鳞突 < 专指瘿蜂科 Cynipidae 昆虫的产卵器侧突 >
lateral seta 1. 侧毛 < 在蜻蜓目昆虫中，指下唇须基节的刚毛 >；2. 侧刚毛 < 摇蚊的 >
lateral space 侧隙 < 指刺蛾幼虫两侧介于亚背脊与侧脊之间的空隙 >
lateral spinae 侧刺突 < 在气门裂的中刺突边的刺突 >
lateral spine 侧刺 < 在蜻蜓目昆虫中，为侧龙骨尾端的刺 >
lateral sulcus 侧沟
lateral thorn 侧棘 < 食蚜蝇幼虫伪头两侧的强大骨化弯钩 >
lateral tibial seta 胫侧毛
lateral tooth [= latadente] 侧齿突
lateral tracheal trunk 见 lateral longitudinal trunk
lateral tubercle 侧瘤
lateral view 侧面观，侧视
laterals 侧毛
lateres [s. lateris] 侧臀板缘 < 指介壳虫中构成臀板前缘的侧臀板边缘 >
Laterialis 棘红萤属
Laterialis **(*Laterialis*)** ***oculatus*** Nakane *et* Ohbayashi 赤翅棘红萤
Laterialis **(*Tricostaeptera*)** ***shirozui*** (Nakane) 红绒棘红萤

latericeous [= latericius, lateritious, lateritius] 砖红色
latericius 见 latericeous
lateris [pl. lateres] 侧臀板缘
laterite ochre [*Trapezites waterhousei* Mayo *et* Atkins] 瓦氏梯弄蝶
lateritious 见 latericeous
lateritius 见 latericeous
Laternaria candelaria Linnaeus 见 *Pyrops candelarius*
Laternaria chimara (Schumacher) 同 *Pyrops watanabei*
Laternaria lathburii (Kirby) 同 *Pyrops lathburii*
Laternaria subocellata (Guerin-Meneville) 见 *Pyrops oculatus subocellatus*
Laternaria watanabei (Matsumura) 见 *Pyrops watanabei*
latero-opisthosomal gland 末体侧腺
laterocervicalia 侧颈片
laterocoxal seta 基节侧毛
laterodorsal 侧背面的，侧背的
lateroglandularia 侧腺毛
Lateroligia 褐斑秀夜蛾属
Lateroligia ophiogramma (Esper) 褐斑秀夜蛾
lateropharyngeal 咽侧的
lateropleurite 侧侧片
lateroposterior flap 后侧瓣
lateropostnotum [= postalar bridge, postalaria, postalare] 翅后桥
laterosternal 侧腹的，侧腹片的
laterosternite 侧腹片
laterostigmatal 气门上的
laterotergal 背侧的
laterotergite [= paratergite] 侧背片 < 指背板的侧缘区 >
lateroventral 侧腹面的，侧腹的
lateroventral ambulatory appendage 腹侧步行器
lateroventral metathoracic carina 后胸侧腹隆线
lateroverted 侧移的
latescent 渐隐的
latest date of adult appear 羽化末见日
Latheticus 长头谷盗属
Latheticus oryzae Waterhouse [long-headed flour beetle] 长头谷盗，长头谷甲，长颈谷盗
Lathrecista 秘蜻属
Lathrecista asiatica (Fabricius) [Asiatic blood tail] 亚洲秘蜻，海神蜻蜓
lathridiid 1. [= lathridiid beetle, latridiid, latridiid beetle, minute brown scavenger beetle, minute brown fungus beetle, brown scavenger beetle] 薪甲 < 薪甲科 Latridiidae 昆虫的通称 >；2. 薪甲科的
lathridiid beetle [= lathridiid, latridiid, latridiid beetle, minute brown scavenger beetle, minute brown fungus beetle, brown scavenger beetle] 薪甲
Lathridiidae [= Latridiidae] 薪甲科，姬薪甲科，姬薪虫科
Lathridiinae [= Latridiinae] 薪甲亚科
Lathridius bergrothi Reitter 见 *Latridius bergrothi*
Lathridius chinensis Reitter 见 *Stephostethus chinensis*
Lathridius minutus (Linnaeus) 见 *Latridius minutus*
Lathridius pseudominutus (Strand) 见 *Latridius pseudominutus*
Lathridius rugicollis (Olivier) 见 *Stephostethus rugicollis*
Lathridius transversus Olivier 见 *Enicmus transversus*
Lathrobiina 隆线隐翅甲亚族

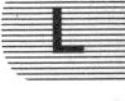

Lathrobiini 隆线隐翅甲族
Lathrobium 隆线隐翅甲属，隆线隐翅虫属
Lathrobium acutissimum Peng, Li *et* Zhao 锐缘隆线隐翅甲
Lathrobium agglutinatum Assing *et* Peng 合鞭隆线隐翅甲，合板隆线隐翅甲
Lathrobium ailaoshanense Watanabe *et* Xiao 哀牢山隆线隐翅甲
Lathrobium aizuorum Watanabe *et* Xiao 点苍山隆线隐翅甲
Lathrobium alesi Assing 阿里斯隆线隐翅甲
Lathrobium alishanum Assing 阿里山隆线隐翅甲
Lathrobium anmaicum Assing 鞍马山隆线隐翅甲
Lathrobium aokii Watanabe *et* Xiao 青木隆线隐翅甲
Lathrobium appendiculatum Assing 具突隆线隐翅甲
Lathrobium aquilinum Assing 鹰嘴突隆线隐翅甲
Lathrobium aspinosum Assing 无刺隆线隐翅甲
Lathrobium ayui Peng *et* Li 阿玉隆线隐翅甲，阿氏隆线隐翅甲
Lathrobium badagongense Peng *et* Li 八大公山隆线隐翅甲
Lathrobium baihualingense Watanabe *et* Xiao 百花岭隆线隐翅甲
Lathrobium baishanzuense Peng *et* Li 百山祖隆线隐翅甲
Lathrobium baiyunense Peng *et* Li 白云山隆线隐翅甲
Lathrobium bamianense Peng *et* Li 八面山隆线隐翅甲
Lathrobium barbiventre Assing 亮腹隆线隐翅甲
Lathrobium biapicale Assing 二端突隆线隐翅甲
Lathrobium bibaculatum Assing 双刺隆线隐翅甲，二棒隆线隐翅甲
Lathrobium bifidum Assing 二叉隆线隐翅甲

Lathrobium biforme Assing 二型隆线隐翅甲
Lathrobium bihastatum Assing 二矛隆线隐翅甲
Lathrobium bisinuatum Assing *et* Peng 二曲隆线隐翅甲
Lathrobium bispinigerum Assing 二刺隆线隐翅甲
Lathrobium blandum Peng *et* Li 刺囊隆线隐翅甲，迷人隆线隐翅甲
Lathrobium brevilobatum Assing 短叶隆线隐翅甲
Lathrobium brevisternale Assing 短腹板隆线隐翅甲
Lathrobium brevitergale Assing 短囊隆线隐翅虫，短背板隆线隐翅甲
Lathrobium chenae Peng *et* Li 陈氏隆线隐翅甲
Lathrobium chinense Bernhauer 同 *Lathrobium sinense*
Lathrobium concolor Motschulsky 一色隆线隐翅甲
Lathrobium conexum Assing *et* Peng 凸隆线隐翅甲
Lathrobium coniunctum Assing *et* Peng 合隆线隐翅甲
Lathrobium cooteri Watanabe 考氏隆线隐翅甲
Lathrobium cylindricum Bernhauer 柱隆线隐翅甲
Lathrobium dabeiense Watanabe *et* Xiao 点苍山隆线隐翅甲
Lathrobium daicongchaoi Peng *et* Li 戴氏隆线隐翅甲
Lathrobium daliense Watanabe *et* Xiao 大理隆线隐翅甲
Lathrobium damingense Peng *et* Li 大明山隆线隐翅甲
Lathrobium dayaoshanense Peng *et* Li 大瑶山隆线隐翅甲
Lathrobium depravatum Assing 凹隆线隐翅甲
Lathrobium dignum Sharp 赤翅隆线隐翅甲，狄隆线隐翅虫
Lathrobium celere Assing 贡嘎隆线隐翅甲
Lathrobium concameratum Assing 拱板隆线隐翅甲
Lathrobium cornigerum Assing 角隆线隐翅甲
Lathrobium crassispinosum Assing 粗刺隆线隐翅甲
Lathrobium curvispinosum Assing 弯刺隆线隐翅甲
Lathrobium declive Assing 斜缘隆线隐翅甲
Lathrobium detruncatum Assing 截板隆线隐翅甲
Lathrobium effeminatum Assing 弱雄征隆线隐翅甲
Lathrobium erlangense Peng *et* Li 二郎山隆线隐翅甲
Lathrobium excisissimum Assing 弯缘隆线隐翅甲
Lathrobium extraculum Assing 锥刺隆线隐翅甲，极隆线隐翅甲
Lathrobium falcatum Assing 镰突隆线隐翅甲
Lathrobium fanjingense Peng *et* Li 梵净山隆线隐翅甲
Lathrobium fengae Peng *et* Li 封氏隆线隐翅甲
Lathrobium fengyangense Peng *et* Li 凤阳山隆线隐翅甲
Lathrobium fissispinosum Assing 裂刺隆线隐翅甲
Lathrobium follitum Assing 袋隆线隐翅甲，屏东隆线隐翅甲
Lathrobium fortepunctatum Assing 粗点隆线隐翅甲
Lathrobium fujianense Peng *et* Li 福建隆线隐翅甲
Lathrobium fulvipenne (Gravenhorst) 黄褐隆线隐翅甲
Lathrobium fumingi Peng *et* Li 富民隆线隐翅甲
Lathrobium gansuense Assing 甘肃隆线隐翅甲
Lathrobium gladiatum Zheng 剑隆线隐翅甲
Lathrobium guangdongense Peng *et* Li 广东隆线隐翅甲
Lathrobium guizhouensis Chen, Li *et* Zhao 贵州隆线隐翅甲
Lathrobium gutianense Peng *et* Li 古田山隆线隐翅甲
Lathrobium hailuogouense Peng, Li *et* Zhao 海螺沟隆线隐翅甲
Lathrobium haoae Peng *et* Li 郝氏隆线隐翅甲
Lathrobium hastatum Assing *et* Peng 矛刺隆线隐翅甲
Lathrobium heteromorphum Chen, Li *et* Zhao 异形隆线隐翅甲
Lathrobium hongkongense Bernhauer 香港隆线隐翅甲
Lathrobium houhuanicum Assing 合欢山隆线隐翅甲
Lathrobium huaense Assing 华山隆线隐翅甲
Lathrobium hujiayaoi Peng *et* Li 胡氏隆线隐翅甲
Lathrobium hunanense Watanabe 湖南隆线隐翅甲
Lathrobium illustre Peng *et* Li 亮隆线隐翅甲，闪隆线隐翅甲
Lathrobium imadatei Watanabe *et* Luo 今立隆线隐翅甲
Lathrobium immanissimum Peng *et* Li 巨茎隆线隐翅甲，浅隆线隐翅甲
Lathrobium imminutum Assing 东灵山隆线隐翅甲
Lathrobium inflexum Assing 弯突隆线隐翅甲
Lathrobium involutum Assing 奇隆线隐翅甲，卷隆线隐翅甲
Lathrobium ishiianum Watanabe *et* Xiao 石井隆线隐翅甲
Lathrobium itohi Watanabe *et* Xiao 伊藤隆线隐翅甲
Lathrobium iunctum Assing *et* Peng 连隆线隐翅甲
Lathrobium jinfoicum Assing 金佛山隆线隐翅甲
Lathrobium jingyuetanicum Li *et* Chen 净月潭隆线隐翅甲
Lathrobium jinxiuense Peng *et* Li 金秀隆线隐翅甲
Lathrobium jinyuae Peng *et* Li 金玉隆线隐翅甲
Lathrobium jiulingense Peng *et* Li 九岭山隆线隐翅甲
Lathrobium jiulongshanense Peng *et* Li 九龙山隆线隐翅甲
Lathrobium jizushanense Watanabe *et* Xiao 鸡足山隆线隐翅甲
Lathrobium kishimotoi Watanabe 岸本隆线隐翅甲
Lathrobium kobense Sharp 柯隆线隐翅甲
Lathrobium kuan Peng *et* Li 宽隆线隐翅甲
Lathrobium kuntzeni Koch 孔隆线隐翅甲
Lathrobium labahense Peng, Li *et* Zhao 喇叭河隆线隐翅甲
Lathrobium leii Peng *et* Li 雷氏隆线隐翅甲
Lathrobium lentum Assing 短足隆线隐翅甲
Lathrobium lijiangense Watanabe *et* Xiao 丽江隆线隐翅甲
Lathrobium lingae Peng, Li *et* Zhao 凌氏隆线隐翅甲

Lathrobium liuae Peng, Li *et* Zhao 刘氏隆线隐翅甲
Lathrobium liyangense Peng *et* Li 栗洋隆线隐翅甲
Lathrobium lobrathiforme Assing 双线型隆线隐翅甲
Lathrobium lobrathioides Assing 类双隆线隐翅甲
Lathrobium longispinosum Assing 长刺隆线隐翅甲
Lathrobium longwangshanense Peng, Li *et* Zhao 龙王山隆线隐翅甲
Lathrobium lui Peng *et* Li 陆氏隆线隐翅甲
Lathrobium lunatum Assing 新月突隆线隐翅甲
Lathrobium mancum Assing *et* Peng 扭曲隆线隐翅甲
Lathrobium maoershanense Peng *et* Li 猫儿山隆线隐翅甲
Lathrobium mawenliae Peng *et* Li 马氏隆线隐翅甲
Lathrobium micangense Peng *et* Li 米仓山隆线隐翅甲
Lathrobium minicum Assing 岷山隆线隐翅甲
Lathrobium mu Peng *et* Li 小眼隆线隐翅甲
Lathrobium nannani Peng *et* Li 钩隆线隐翅甲，楠楠隆线隐翅甲
Lathrobium naxii Watanabe *et* Xiao 纳氏隆线隐翅甲
Lathrobium nenkaoicum Assing 能高山隆线隐翅甲，能高隆线隐翅甲
Lathrobium ningxiaense Peng *et* Li 宁夏隆线隐翅甲
Lathrobium obscurum Peng *et* Li 暗隆线隐翅甲
Lathrobium obstipum Peng *et* Li 斜毛隆线隐翅甲，弧凹隆线隐翅甲
Lathrobium parvitergale Assing 小背板隆线隐翅甲
Lathrobium pilosum Peng *et* Li 同 *Lathrobium zhui*
Lathrobium proprium Peng *et* Li 奇异隆线隐翅甲，奇隆线隐翅甲
Lathrobium radens Assing 丽隆线隐翅甲
Lathrobium rectispinosum Assing 直刺隆线隐翅甲
Lathrobium resectum Assing 切隆线隐翅甲
Lathrobium retrocarinatum Assing 弯脊隆线隐翅甲
Lathrobium rotundiceps Koch 见 *Lobrathium rotundiceps*
Lathrobium rougemonti Watanabe 罗氏隆线隐翅甲
Lathrobium sanqingense Peng *et* Li 三清山隆线隐翅甲
Lathrobium schuelkei Assing 舒氏隆线隐翅甲
Lathrobium semistriatum Scheerpeltz 半纹隆线隐翅甲
Lathrobium seriatum Sharp 同 *Pseudolathra lineata*
Lathrobium serrilobatum Assing 连刺隆线隐翅甲，齿叶隆线隐翅甲
Lathrobium shaanxiense Chen, Li *et* Zhao 陕西隆线隐翅甲
Lathrobium shaolaiense Watanabe 稍来山隆线隐翅甲，绍赖隆线隐翅甲
Lathrobium shengtangshanense Peng *et* Li 圣堂山隆线隐翅甲
Lathrobium sheni Peng *et* Li 沈氏隆线隐翅甲
Lathrobium shuguangi Peng *et* Li 凹缘隆线隐翅甲
Lathrobium shuheii Watanabe *et* Xiao 高黎贡隆线隐翅甲
Lathrobium sibynium Zheng 同 *Lathrobium longwangshanense*
Lathrobium sinense Herman 中华隆线隐翅甲，中国隆线隐翅甲，华隆线隐翅虫
Lathrobium sociabile Assing 社会隆线隐翅甲
Lathrobium songi Peng *et* Li 宋氏隆线隐翅甲
Lathrobium spinigerum Assing 刺隆线隐翅甲
Lathrobium taiwanense Watanabe 见 *Lobrathium taiwanense*
Lathrobium taiye Peng *et* Li 叶茎隆线隐翅甲
Lathrobium tamurai Watanabe *et* Luo 田村隆线隐翅甲
Lathrobium tangi Peng *et* Li 汤氏隆线隐翅甲
Lathrobium tarokoense Assing 太鲁阁隆线隐翅甲
Lathrobium tectiforme Assing 秦岭隆线隐翅甲
Lathrobium tianmushanense Watanabe 天目山隆线隐翅甲，天目隆线隐翅甲
Lathrobium trifidum Assing 三叶茎隆线隐翅甲，三叉隆线隐翅甲
Lathrobium tsuifengense Watanabe 翠峰隆线隐翅甲
Lathrobium uncum Peng, Li *et* Zhao 钩茎隆线隐翅甲，钩隆线隐翅甲
Lathrobium unicolor Kraatz 见 *Pseudolathra unicolor*
Lathrobium utriculatum Assing 囊茎隆线隐翅甲，囊隆线隐翅甲
Lathrobium varisternale Assing 变腹板隆线隐翅甲
Lathrobium ventricosum Assing 腹痕隆线隐翅甲
Lathrobium watanabei Schülke 渡边隆线隐翅甲
Lathrobium wuesthoffi Koch 伍氏隆线隐翅甲
Lathrobium wuyicum Assing 武夷隆线隐翅甲
Lathrobium xui Peng *et* Li 许氏隆线隐翅甲
Lathrobium yangshimuense Peng *et* Li 羊狮幕隆线隐翅甲
Lathrobium yani Peng *et* Li 严氏隆线隐翅甲
Lathrobium yaoluopingense Peng *et* Li 鹞落坪隆线隐翅甲
Lathrobium yasutoshii Watanabe 泰利隆线隐翅甲
Lathrobium yelense Peng *et* Li 冶勒隆线隐翅甲，栗子坪隆线隐翅甲
Lathrobium yinae Watanabe *et* Luo 尹氏隆线隐翅甲
Lathrobium yinziweii Peng *et* Li 殷氏隆线隐翅甲，殷子为隆线隐翅甲
Lathrobium yipingae Peng *et* Li 弯茎隆线隐翅甲
Lathrobium yui Peng *et* Li 余氏隆线隐翅甲
Lathrobium yulongense Peng *et* Li 玉龙隆线隐翅甲
Lathrobium yunnanum Watanabe *et* Xiao 云南隆线隐翅甲
Lathrobium zhaigei Peng, Li *et* Zhao 黔隆线隐翅甲
Lathrobium zhangdinghengi Peng, Li *et* Zhao 双片隆线隐翅甲，花坪隆线隐翅甲
Lathrobium zhangi Watanabe *et* Xiao 张氏隆线隐翅甲
Lathrobium zhaotiexiongi Peng *et* Li 赵氏隆线隐翅甲，赵铁雄隆线隐翅虫
Lathrobium zhui Peng *et* Li 朱氏隆线隐翅甲
Lathrobium zhujianqingi Peng *et* Li 叉茎隆线隐翅甲，广西线隐翅甲
Lathrobium zizhiense Peng *et* Li 自治隆线隐翅甲，滇隆线隐翅甲
Lathrolestes 邻凹姬蜂属
Lathrolestes kulingensis (Uchida) 牯岭邻凹姬蜂，牯岭齿足钩腹姬蜂
Lathrolestes nigrifacies (Uchida) 黑脸邻凹姬蜂
Lathromeris 纹翅赤眼蜂属
Lathromeris brevipenis Lou *et* Cong 短茎纹翅赤眼蜂
Lathromeris gracilicornis Lin 细角纹翅赤眼蜂
Lathromeris longipenis Lin 长茎纹翅赤眼蜂
Lathromeris tumiclavata Lin 锤棒纹翅赤眼蜂
Lathromeroidea 拟纹赤眼蜂属
Lathromeroidea latiscapa Liu *et* Li 同 *Lathromeroidea silvarum*
Lathromeroidea multidenta Hu, Lin *et* Kim 多齿拟纹赤眼蜂
Lathromeroidea nigra Girault 黑色拟纹赤眼蜂
Lathromeroidea silvarum Nowicki 森林拟纹赤眼蜂

Lathromeroidea trichoptera Lin 毛翅拟纹赤眼蜂
Lathromeromina 光胸赤眼蜂属
Lathromeromina transiseptata (Lin) 横带光胸赤眼蜂，横带多刺赤眼蜂
Lathromeromyia transiseptata Lin 横带多刺赤眼蜂见 *Lathromeromina transiseptata*
Lathromeromyia 多刺赤眼蜂属
Lathromeromyia dimorpha Hayat 二形多刺赤眼蜂
Lathromeromyia transiseptata Lin 横带多刺赤眼蜂
Lathrostizus 宽唇姬蜂属
Lathrostizus shenyangensis Xu *et* Sheng 沈阳宽唇姬蜂
Lathyrophthalmus 斑目蚜蝇亚属，斑目蚜蝇属
Lathyrophthalmus aeneus (Scopoli) 见 *Eristalinus aeneus*
Lathyrophthalmus ishigakiensis Shiraki 见 *Eristalinus ishigakiensis*
Lathyrophthalmus tarsalis (Macquart) 见 *Eristalinus tarsalis*
Lathyrophthalmus viridis (Coquillett) 见 *Eristalinus viridis*
Lathy's liptena [*Liptena submacula* Lathy] 隐斑琳灰蝶
Latiblattella 宽蠊属
Latiblattella vitrea (Brunner von Wattenwyl) 宽缘宽蠊，宽缘蜚蠊
Latiborophaga 阔蚤蝇属
Latiborophaga bathmis Liu 见 *Sinogodavaria bathmis*
Latibulus 隆侧姬蜂属
Latibulus bilacunitus Sheng *et* Xu 双沟隆侧姬蜂，隆侧姬蜂
Latibulus liaoningensis Sheng, Wang *et* Liu 辽宁隆侧姬蜂
Latibulus nigrinotum (Uchida) 黑背隆侧姬蜂，黑背黄带恩都姬蜂
Latibulus sonani He *et* Chen 楚南隆侧姬蜂
Latibulus tuberculatus Cushman 同 *Latibulus nigrinotum*
Laticlypenus 宽唇飞虱属
Laticlypenus tibetensis Hu *et* Ding 西藏宽唇飞虱
Laticorona 宽冠叶蝉属
Laticorona aequata Cai 等突宽冠叶蝉
Laticorona longa Cai 长突宽冠叶蝉
Latindia 纤蠊属，多恩拉丁蠊
Latindia castanea Brunner von Wattenwyl 褐纤蠊
Latindia dohrniana Saussure *et* Zehntner 多恩纤蠊，多恩拉丁蠊
Latindia mexicanus Saussure 墨西哥纤蠊
Latindiidae 纤蠊科
Latindiinae 纤蠊亚科，拉丁蠊亚科
Latirostrum 姗夜蛾属
Latirostrum bisacutum Hampson 姗夜蛾，珊裳蛾，拉第夜蛾
Latissus 拉瓢蜡蝉属
Latissus dilatatus (Fourcroy) 阔拉瓢蜡蝉
Latistria 阔条飞虱属
Latistria eupompe (Kirkaldy) 埃乌阔条飞虱，台湾阔条飞虱，优淡背飞虱
Latistria flavotestacea Kuoh 淡黄阔条飞虱
Latistria fuscipennis Huang *et* Ding 暗翅阔条飞虱
Latistria placitus (van Duzee) 普拉阔条飞虱
Latistria testacea Huang *et* Ding 黄褐阔条飞虱
Lativalvae 宽蛸属
Lativalvae albimaculata (Li) 白斑宽蛸
Latoia 非绿刺蛾属，绿刺蛾属
Latoia albipuncta (Hampson) 见 *Parasa albipuncta*
Latoia argentifascia Cai 见 *Parasa argentifascia*
Latoia argentilinea (Hampson) 见 *Parasa argentilinea*
Latoia bana Cai 见 *Parasa bana*
Latoia bicolor (Walker) 见 *Parasa bicolor*
Latoia canangae (Hering) 见 *Parasa canangae*
Latoia consocia (Walker) 见 *Parasa consocia*
Latoia convexa (Hering) 见 *Parasa convexa*
Latoia darma (Moore) 见 *Parasa darma*
Latoia dulcis (Hering) 见 *Parasa dulcis*
Latoia eupuncta Cai 见 *Parasa eupuncta*
Latoia feina Cai 见 *Parasa feina*
Latoia flavabdomena Cai 见 *Parasa flavabdomena*
Latoia grandis (Hering) 见 *Soteiragrandis*
Latoia hainana Cai 见 *Parasa hainana*
Latoia hilarata (Staudinger) 见 *Parasa hilarata*
Latoia jiana Cai 见 *Parasa jiana*
Latoia jina Cai 见 *Parasa jina*
Latoia lepida (Cramer) 见 *Parasa lepida*
Latoia liangdiana Cai 见 *Parasa liangdiana*
Latoia melli (Hering) 见 *Parasa melli*
Latoia mina Cai 见 *Parasa mina*
Latoia mutifascia Cai 见 *Parasa mutifascia*
Latoia notonecta (Hering) 见 *Parasa notonecta*
Latoia oryzae Cai 见 *Parasa oryzae*
Latoia ostia (Swinhoe) 见 *Soteira ostia*
Latoia parapuncta Cai 见 *Parasa parapuncta*
Latoia pastoralis (Butler) 见 *Parasa pastoralis*
Latoia prasina (Alphéraky) 见 *Soteira prasina*
Latoia pseudorepanda (Hering) 见 *Parasa pseudorepanda*
Latoia pseudostia Cai 见 *Parasa pseudostia*
Latoia repanda (Walker) 见 *Parasa repanda*
Latoia shaanxiensis Cai 见 *Soteira shaanxiensis*
Latoia shirakii (Kawada) 见 *Parasa shirakii*
Latoia sinica (Moore) 见 *Parasa sinica*
Latoia undulata Cai 见 *Parasa undulata*
Latoia xueshana Cai 见 *Parasa xueshana*
Latoia yana Cai 见 *Parasa yana*
Latoia zhudiana Cai 见 *Parasa zhudiana*
Latolaeva marginata (Grouvelle) 见 *Ancyrona marginata*
latonia skipper [*Cobalopsis latonia* Schaus] 暗古弄蝶
latrea skipper [*Potamanaxas latrea* Hewitson] 拉河衬弄蝶
Latreille's altinote [= orange-disked altinote, *Altinote stratonice* Latrielle] 半红黑珍蝶
Latreille's segment [= mediary segment, propodeum (pl. propodea 或 propodeums), propodium (pl. propodia), propodeon, median segment] 并胸腹节
Latreille's skipper [= marsh hottentot skipper, hottentot skipper, *Gegenes hottentota* (Latreille)] 霍吉弄蝶
latridiid 1. [= latridiid beetle, lathridiid beetle, lathridiid, minute brown scavenger beetle, minute brown fungus beetle, brown scavenger beetle] 薪甲 <薪甲科 Latridiidae 昆虫的通称>; 2. 薪甲科的
latridiid beetle [= latridiid, lathridiid beetle, lathridiid, minute brown scavenger beetle, minute brown fungus beetle, brown scavenger beetle] 薪甲
Latridiidae [= Lathridiidae] 薪甲科，姬薪甲科，姬薪虫科

Latridiinae [= Lathridiinae] 薪甲亚科

Latridius 薪甲属，波缘薪甲属 < 此属学名有误写为 *Lathridius* 者 >

Latridius bergrothi Reitter 四行薪甲

Latridius chinensis Reitter 见 *Stephostethus chinensis*

Latridius minutus (Linnaeus) [squarenosed fungus beetle, square-nosed fungus beetle] 湿薪甲，小龙骨薪甲，眼湿薪甲，方鼻薪甲，微拟眼薪甲

Latridius pseudominutus (Strand) 伪湿薪甲，湿薪甲

Latridius rugicollis (Olivier) 见 *Stephostethus rugicollis*

Latridius transversus Olivier 见 *Enicmus transversus*

latrine fly [*Fannia scalaris* (Fabricius)] 瘤胫厕蝇，灰腹厩蝇

Latrorhopalum 凹顶泥蜂亚属

lattice 晶格

lattice brown [*Kirinia roxelana* (Cramer)] 暗红多眼蝶

latticed [= cancellate, cancellatus] 格子状的

latticed heath [*Chiasmia clathrata* (Linnaeus)] 克奇尺蛾，克庶尺蛾

latus 侧部

latuscula 1. 小眼面；2. 背侧缝

Latuspina 二叉瘿蜂属

Latuspina acutissima Wang, Pujade-Villar *et* Guo 麻栎二叉瘿蜂

Latuspina manmiaoyangae Melika *et* Tang 杨氏二叉瘿蜂，杨氏三叉瘿蜂

Latuspina shaanxinensis Wang, Pujade-Villar *et* Guo 陕西二叉瘿蜂

Latuspina stirps (Monzen) 纹二叉瘿蜂

Latvijas Entomologs 拉脱维亚昆虫学报 < 期刊名 >

Latycephala 翘片叶蝉属

Latycephala decussata (Ge) 交突翘片叶蝉

Latycephala graminea (Ge) 浓绿翘片叶蝉

Latycephala laminata (Ge) 片突翘片叶蝉

Latycephala sanguineomarginata (Kouh) 血边翘片叶蝉，血边片头叶蝉

Latycephala tortilla (Ge) 扭突翘片叶蝉

Latycephala viridula (Kouh) 淡绿翘片叶蝉

laugher [= marbled tuffet moth, *Charadra deridens* (Guenée)] 灰笑夜蛾

laurel sphinx [*Sphinx kalmiae* Smith] 山月桂红节天牛

laurel swallowtail [= palamedes swallowtail, *Papilio palamedes* Drury] 黄斑豹凤蝶

laurelolus skipper [*Cymaenes laurelolus* (Schaus)] 酪鹿弄蝶

Laurentia 劳叶螟属 < 此属名有一个叶蜂科的次同名 >

Laurentia albivenella Hampson 白脉劳叶螟

Laurentia birmanica Malaise 见 *Aglaostigma birmanicum*

Laurentia pieli Takeuchi 见 *Aglaostigma pieli*

Laurentia ruficornis Malaise 见 *Aglaostigma ruficorne*

Laurentia sinica Takeuchi 见 *Aglaostigma sinicum*

Laurentia unicincta Malaise 见 *Aglaostigma unicinctum*

Lauriana 劳里飞虱属

Lauriana senticosa Ren *et* Qin 端刺劳里飞虱

lauric acid 月桂酸，十二酸

Laurion euchromioides (Walker) 见 *Pidorus euchromioides*

Laurion remota (Walker) 见 *Neochalcosia remota*

Laurion syfanicum Oberthür 见 *Erythroclelea syfanicum*

lausus hairstreak [*Thereus lausus* (Cramer)] 圣灰蝶

Lautitia elegantula Matsushita 见 *Acrocyrtidus elegantulus*

Lauxania 缟蝇属

Lauxania bistriata Kertész 见 *Homoneura* (*Homoneura*) *bistriata*

Lauxania curvinervis Thomson 见 *Steganopsis curvinervis*

Lauxania nigronotata Kertész 见 *Homoneura* (*Neohomoeura*) *nigronotata*

Lauxania paroeca Kertész 见 *Homoneura* (*Neohomoeura*) *paroeca*

Lauxania parviceps Kertész 同 *Homoneura* (*Drosomyia*) *picta*

Lauxania potanini (Czerny) 康定缟蝇

Lauxaniella 小缟蝇亚属，小缟蝇属

Lauxaniella tenuicornis Malloch 见 *Melanomyza* (*Lauxaniella*) *tenuicornis*

lauxaniid 1. [= lauxaniid fly] 缟蝇 < 缟蝇科 Lauxaniidae 昆虫的通称 >；2. 缟蝇科的

lauxaniid fly [= lauxaniid] 缟蝇

Lauxaniidae [= Sapromyzidae] 缟蝇科

Lauxaniinae 缟蝇亚科

Lauxanioidea 缟蝇总科

lavender count [*Euthalia cocytus* (Fabricius)] 黄裙翠蛱蝶，科玳蛱蝶，科苎麻赫蛱蝶

Laverna calephelis [*Calephelis laverna* (Godman *et* Salvin)] 腊细纹蚬蝶

Lavernidae [= Cosmopterygidae] 尖翅蛾科

Laviana skipper [= Laviana white-skipper, *Heliopetes laviana* (Hewitson)] 花缘白翅弄蝶

Laviana white-skipper 见 Laviana skipper

Lavinia glasswing [*Hypoleria lavinia* Hewitson] 拉维亮绡蝶

law of effective temperatura 有效积温法则

law of priority 优先律，先定名律

law of the periodic cycle 周期性循环定律

law of tolerance 忍受律

Lawana 络蛾蜡蝉属

Lawana conspersa (Walker) 褐点络蛾蜡蝉

Lawana imitata (Melichar) [elegant flatid planthopper, white moth bug, white moth planthopper] 紫络蛾蜡蝉，白蛾蜡蝉，白翅蜡蝉，青翅羽衣，白鸡

Lawana radiata Distant 射线络蛾蜡蝉

lawn armyworm [= paddy swarming caterpillar, rice swarming caterpillar, paddy armyworm, paddy cutworm, rice armyworm, grass armyworm, nutgrass armyworm, *Spodoptera mauritia* (Boisduval)] 灰翅夜蛾，灰翅贪夜蛾，眉纹夜蛾

lawn caterpillar [*Spodoptera abyssinia* Guenée] 阿灰翅夜蛾，阿贪夜蛾，小水稻叶夜蛾，小稻叶夜蛾，小叔叶夜蛾

lawn grass bagworm [*Pachythelia fuscescens* (Yazaki)] 草地袋蛾

lawn grass cutworm [*Spodoptera depravata* (Butler)] 淡剑灰翅夜蛾，淡剑贪夜蛾，淡剑袭夜蛾，淡剑夜蛾，小灰夜蛾

lawn webworm [*Ancylolomia japonica* Zeller] 稻巢草螟，日本稻巢草螟，稻巢螟，日本稻巢螟，稻筒巢螟，稻筒螟

Laxiareola 阔区姬蜂属

Laxiareola ochracea Sheng *et* Sun 褐阔区姬蜂

Laxita 莱蚬蝶属

Laxita ischaris (Godart) 伊莱蚬蝶

Laxita teneta (Hewitson) 莱蚬蝶

Laxita thuisto (Hewitson) 图莱蚬蝶

Layahima 雅蚁蛉属
Layahima chiangi Banks 澜沧雅蚁蛉，蒋拉蚁蛉
Layahima elegans (Banks) 美雅蚁蛉，线纹蚁蛉，丽努褐蛉
Layahima validum (Yang) 强雅蚁蛉
Layahima wuzhishanum (Yang) 五指山雅蚁蛉，五指山树蚁蛉
Layahima yangi Wan *et* Wang 杨氏雅蚁蛉
layman [*Amauris albimaculata* Butler] 白斑窗斑蝶
laza skipper [*Cymaenes laza* Mielke] 拉鹿弄蝶
Lazuli flash [*Rapala varuna lazulina* Moore] 燕灰蝶拉氏亚种
lazy mountain satyr [*Eretris subrufescens* (Grose-Smith)] 红晕饰眼蝶
LBA [long-branch attraction 的缩写] 长枝吸引
LC [lethal concentration 的缩写] 致死浓度
LC$_{50}$ [median lethal concentration 的缩写] 致死中浓度，半数致死浓度
LC$_{100}$ [absolute lethal concentration 的缩写] 绝对致死浓度
LD [lethal dose 的缩写] 致死剂量
LD$_{0}$ [= MTD, maximal tolerance dose 的缩写] 最大耐受剂量
LD$_{01}$ [= MLD, minimal lethal dose 的缩写] 最低致死剂量，最小致死剂量，最低致死量
LD$_{50}$ [= MLD, median lethal dose 的缩写] 致死中量，半数致死量，半数致死剂量
LD$_{50}$ ratio 相对毒力比值
LD$_{100}$ [absolute lethal dose 的缩写] 绝对致死剂量
LD-P line 剂量对数—机值回归线
LDH [lactate dehydrogenase 或 lactic acid dehydrogenase 的缩写] 乳酸脱氢酶
Le Cerf's white charaxes [*Charaxes lecerfi* Lathy] 乐鳌蛱蝶
Le Doux's glassy acraea [*Acraea endoscota* Le Doux] 非洲珍蝶
Le Gras' pierrot [*Tarucus legrasi* Stempffer] 莱藤灰蝶
lead cable borer [= bostrichid beetle, horned powderpost beetle, bamboo borer, large powderpost beetle, auger beetle, bostrichid, false powderpost beetle] 长蠹 < 长蠹科 Bostrichidae 昆虫的通称 >
leada skipper [*Carrhenes leada* (Butler)] 乐苍弄蝶
leadcable borer [*Scobicia declivis* (LeConte)] 坡面锉屑长蠹，干硬木长蠹，电缆长蠹
leaf beet pyralid [*Omiodes poeonalis* (Walker)] 黑褐蚀叶野螟，迷赫迪野螟，肩野螟，褐纹肩野螟，黑三纹卷螟，黑三纹卷叶螟，坡蚀叶野螟
leaf beetle [= chrysomelid beetle, chrysomelid] 叶甲 < 泛指叶甲科 Chrysomelidae 昆虫 >
leaf-blister sawfly [= eucalyptus leaf mining sawfly, leafblister sawfly, *Phylacteophaga eucalypti* Froggatt] 澳桉筒腹叶蜂
leaf blotch miner [= gracillariid moth, gracillariid] 细蛾 < 细蛾科 Gracillariidae 昆虫的通称 >
leaf blotch miner moth 1. [= brown oak slender, *Acrocercops brongniardella* (Fabricius)] 栎皮细蛾，茅屋顶皮细蛾；2. [= pale oak midget, Heeger's midget moth, *Phyllonorycter heegeriella* (Zeller)] 赫氏小潜细蛾，赫氏潜叶细蛾
leaf blue [= purple leaf blue, *Amblypodia anita* Hewitson] 紫昂灰蝶
leaf bug 1. [= mirid bug, mirid, plant bug, capsid] 盲蝽 < 盲蝽科昆虫的通称 >；2. [= phylliid, phylliid leaf insect, leaf insect, walking leaf, bug leaf] 叶䗛 < 叶䗛科 Phylliidae 昆虫的通称 >
leaf bunching currant aphid [= gooseberry aphid, gooseberry-willowherb aphid, *Aphis grossulariae* Kaltenbach] 醋栗蚜，茶藨子囊蚜
leaf butterfly 蛱蝶 < 属蛱蝶科 Nymphalidae>
leaf chafer [= white grub, chafer beetle, cock chafer, May beetle, June beetle, *Holotrichia serrata* (Fabricius)] 庭园蔗齿爪鳃金龟甲，庭园蔗齿爪鳃金龟
leaf crumpler [*Acrobasis indigenella* (Zeller)] 胡桃峰斑螟，胡桃皱叶螟
leaf-curl plum aphid [= leaf-curling plum aphid, plum aphid, peach leaf curl aphid, *Brachycaudus helichrysi* (Kaltenbach)] 李短尾蚜，桃短尾蚜，桃大尾蚜，光管舌尾蚜
leaf-curling plum aphid 见 leaf-curl plum aphid
leaf cutter 切叶蚁
leaf-cutting bee [= megachilid bee, leafcutting bee, leafcutter, megachilid] 切叶蜂 < 切叶蜂科 Megachilidae 昆虫的通称 >
leaf dip method [= leaf dipping method, leaf dipped method] 叶浸渍法，浸叶法，浸渍法 < 以 leaf dipping method 最为常用 >
leaf dipped method 见 leaf dip method
leaf dipping method 见 leaf dip method
leaf-disc choice method 叶碟法
leaf-eating lady beetle [*Henosepilachna chrysomelina* (Fabricius)] 胡麻裂臀瓢虫，胡麻瓢虫
leaf eating sphinx [= oleander hawk-moth, army green moth, *Daphnis nerii* (Linnaeus)] 夹竹桃白腰天蛾，夹竹桃天蛾，粉绿白腰天蛾
leaf-feeding nettle grub [*Thosea asigna* Eecke] 明脉扁刺蛾，一带一点刺蛾
leaf-footed bug 1. [= eastern leaf-footed bug, Florida leaf-footed bug, *Leptoglossus phyllopus* (Linnaeus)] 叶足喙缘蝽，叶足缘蝽；2. [= coreid bug, coreid, squash bug] 缘蝽 < 缘蝽科 Coreidae 昆虫的通称 >
leaf-footed plant bug [= passionvine bug, black leaf-footed bug, *Leptoglossus australis* (Fabricius)] 澳洲喙缘蝽，珐缘蝽
leaf gall 叶瘿
leaf insect [= phylliid, phylliid leaf insect, leaf bug, walking leaf, bug leaf] 叶䗛 < 叶䗛科 Phylliidae 昆虫的通称 >
leaf litter bark louse [= hemipsocid bark louse, hemipsocid] 半蛄 < 半蛄科 Hemipsocidae 昆虫的通称 >
leaf mantis [= hood mantis, shield mantis, hooded mantis, leafy mantis] 叶背螳 < 叶背螳属 *Choeradodis* 昆虫的通称 >
leaf margin miner beetle [*Argopistes oleae* Bryant] 油橄榄瓢跳甲，油橄榄潜叶甲
leaf miner 潜叶虫 < 泛指潜蛀叶肉的昆虫，包括双翅目的潜叶蝇、鳞翅目的潜蛾，等等 >
leaf miner fly [= agromyzid leafminer, agromyzid, leafminer fly, agromyzid fly, leafmining fly] 潜蝇，潜叶蝇
leaf mining 潜叶 (现象)
leaf-mining leaf beetle [= leafmining leaf beetle] 潜叶叶甲
leaf roller 卷叶虫 < 泛指有卷叶习性的昆虫，如卷叶蛾、卷叶螟等 >
leaf-rolling cricket [= gryllacridid cricket, raspy cricket, wolf cricket, gryllacridid] 蟋螽 < 蟋螽科 Gryllacrididae 昆虫的通称 >
leaf-rolling grasshopper 蟋螽 < 属蟋螽科 Gryllacrididae>
leaf-rolling rose sawfly [*Blennocampa pusilla* (Klug)] 蔷薇蔺叶蜂，蔷薇卷叶蜂，小蔺叶蜂

leaf-rolling sawfly [= pamphiliid sawfly, web-spinning sawfly, pamphiliid] 扁蜂，卷叶锯蜂，扁叶蜂 <扁蜂科 Pamphiliidae 昆虫的通称>

leaf-rolling tortrix [= grape leafroller, vine tortrix moth, long-palpi tortrix, *Sparganothis pilleriana* (Denis *et* Schiffermüller)] 葡萄长须卷蛾，葡萄长须卷叶蛾

leaf-rolling weevil [= attelabid, attelabid weevil] 卷象甲，卷象 <卷象甲科 Attelabidae 昆虫的通称>

leaf skeletonizer moth [= zygaenid moth, forester moth, smoky moth, burnet moth, zygaenid] 斑蛾 <斑蛾科 Zygaenidae 昆虫的通称>

leaf webber [= orange tortricid moth, *Loboschiza koenigiana* (Fabricius)] 苦楝小卷蛾，络播小卷蛾，柯岔小卷蛾

leafblister sawfly 见 leaf-blister sawfly

leafcurl ash aphid [= woolly ash aphid, *Prociphilus fraxinifolii* (Riley)] 洋白蜡卷叶绵蚜

leafcutter 见 leaf-cutting bee

leafcutter moth [= incurvariid moth, fairy moth, incurvariid] 穿孔蛾 <穿孔蛾科 Incurvariidae 昆虫的通称>

leafcutting bee 见 leaf-cutting bee

leafhopper [= cicadellid leafhopper, cicadellid, jassid] 大叶蝉，叶蝉，浮尘子 <大叶蝉科 Cicadellidae 昆虫的通称>

leafhopper assassin bug [*Zelus renardii* Kolenati] 叶蝉择猎蝽

leafminer [= leafmining insect] 潜叶虫，潜叶者 <泛指潜蛀叶肉的昆虫，如潜叶蝇、潜叶蛾、潜叶蜂等>

leafminer beetle [= leafmining beetle] 潜叶甲

leafminer fly [= leafmining fly, agromyzid] 潜叶蝇，潜蝇

leafminer moth 1. [= leafmining moth] 潜叶蛾，潜蛾；2. [= coconut flat moth, *Agonoxena argaula* Meyrick] 棕椰子蛾

leafmining 潜叶的

leafmining beetle 见 leafminer beetle

leafmining cherry sawfly [*Profenusa collaris* MacGillivary] 樱桃原潜叶蜂，樱桃潜叶蜂

leafmining fly 见 leaf miner fly

leafmining insect 见 leaf miner fly

leafmining leaf beetle 见 leaf-mining leaf beetle

leafmining moth 见 leafminer moth

leafmining sawfly [= sawfly leafminer] 潜叶叶蜂

leafroller moth [= tortricid moth, tortrix moth, tortricid] 卷蛾，卷叶蛾 <卷蛾科 Tortricidae 昆虫的通称>

leafroller weevil [= peach weevil, *Rhynchites bacchus* (Linnaeus)] 欧洲苹虎象甲，欧洲苹虎象，欧洲苹虎，梨虎象甲，梨实小象，巴虎象

leaftier [= leaftyer] 卷叶蛾（幼虫），缀叶蛾 <属卷蛾科 Tortricidae>

leaftyer 见 leaftier

leafwing [autumn leaf, Australian leafwing, *Doleschallia bisaltide* (Cramer)] 蠹叶蛱蝶

leafy mantis 见 leaf mantis

leanira checkerspot [*Thessalia leanira* (Felder *et* Felder)] 怡蛱蝶

leaproach [*Saltoblattella montistabularis* Bohn, Picker, Klass *et* Colville] 山跳蠊

learned behavio(u)r 后天行为

learning 学习

learning behavio(u)r 学习行为

least epeolus [*Epeolus minimus* (Robertson)] 小绒斑蜂

least skipper [*Ancyloxypha numitor* (Fabricius)] 橙弄蝶

least tiger [*Parantica pumila* (Boisduval)] 黄美绢斑蝶

leather beetle [= hide beetle, common hide beetle, *Dermestes maculatus* De Geer] 白腹皮蠹

leather-colored bird grasshopper [*Schistocerca alutacea* (Harris)] 皮色沙漠蝗

leather-winged beetle [= cantharid beetle, cantharid, soldier beetle, leatherwing] 花萤 <花萤科 Cantharidae 昆虫的通称>

leatherwing 见 leather-winged beetle

Lebadea 黎蛱蝶属

Lebadea alankara Horsfield 雅黎蛱蝶

Lebadea ismene (Doubleday) 伊黎蛱蝶

Lebadea martha (Fabricius) [knight] 黎蛱蝶

Lebadea martha martha (Fabricius) 黎蛱蝶指名亚种

Lebadea martha nebula Zhou, Zhang *et* Xie 黎蛱蝶雾翅亚种

Lebanese adonis blue [*Polyommatus syriacus* (Tutt)] 素眼灰蝶

Lebanese cedar shoot moth [*Syndemis cedricola* (Diakonoff)] 雪松综卷蛾

Lebanoculicoides 黎古蠓属，黎巴嫩古蠓属

Lebanoculicoides daheri Choufani, Azar *et* Nel 达氏黎古蠓

Lebasi's perisama [*Perisama lebasii* Guérin] 雷布美蛱蝶

Lebeda 大枯叶蛾属，大毛虫属

Lebeda metaspila (Walker) 拟大枯叶蛾，拟松大毛虫

Lebeda nobilis Walker 松大枯叶蛾，松大毛虫，大灰枯叶蛾，著大枯叶蛾，大毛虫

Lebeda nobilis nobilis Walker 松大枯叶蛾指名亚种

Lebeda nobilis sinina de Lajonquière 松大枯叶蛾中华亚种，油茶大枯叶蛾，油茶大毛虫，松大枯叶蛾油茶亚种，松大毛虫油茶亚种，华大毛虫

Lebeda trifascia (Walker) 三带大枯叶蛾

Lebena innocua (Butler) 见 *Nola innocua*

Lebena spreta (Butler) 同 *Nola pumila*

Lebia 莱步甲属，盆步甲属

Lebia aglaia Andrewes 四川莱步甲，四川盆步甲

Lebia andrewesi Jedlička 安莱步甲，安盆步甲

Lebia arisana Jedlička 阿里山莱步甲，阿里山盆步甲

Lebia bioculata Boheman 二斑莱步甲，二斑盆步甲

Lebia caligata Bates 卡里莱步甲，卡里盆步甲

Lebia callitrema Bates 丽莱步甲，丽盆步甲

Lebia calycophora Schmidt-Göbel 小纹莱步甲，小纹盆步甲

Lebia chinensis Boheman 华莱步甲，华盆步甲

Lebia chiponica Jedlička 祁莱步甲，祁盆步甲

Lebia chrysomyia Bates 金莱步甲，金盆步甲

Lebia coelestis Bates 大莱步甲，大盆步甲

Lebia comitata Bates 同 *Lebia calycophora*

Lebia cruxminor (Linnaeus) 十字莱步甲，克卢盆步甲

Lebia cuonaensis Yu 错那莱步甲，错那盆步甲

Lebia duplex Bates 杜莱步甲，杜盆步甲

Lebia fabriziobattonii Kirschenfer 法莱步甲，法盆步甲

Lebia fassatii Jedlička 珐莱步甲，珐萨盆步甲

Lebia formosana Jedlička 台湾莱步甲，台盆步甲

Lebia fukiensis Jedlička 福建莱步甲，闽盆步甲

Lebia fusca (Morawitz) 棕莱步甲，棕盆步甲

Lebia gansuensis Jedlička 甘肃莱步甲，甘肃盆步甲

Lebia grandis Hentz 红胸莱步甲

Lebia idae Bates 伊莱步甲，伊盆步甲

Lebia iolanthe Bates 腰莱步甲，腰盆步甲
Lebia klapperichi Jedlička 克氏莱步甲，克盆步甲
Lebia klickai Jedlička 克利莱步甲，克利盆步甲
Lebia levana Kirschenhofer 勒莱步甲，勒盆步甲
Lebia mirifica Jedlička 奇莱步甲，奇盆步甲
Lebia miwai Jedlička 三轮莱步甲，三轮盆步甲
Lebia monostigma Andrewes 单斑莱步甲，单斑盆步甲
Lebia mushai Jedlička 雾社莱步甲，雾社盆步甲
Lebia nantouensis Kirschenhofer 南投莱步甲，南投盆步甲
Lebia punctata Gebler 点莱步甲，点盆步甲
Lebia retrofasciata Motschulsky 弯带莱步甲，弯带盆步甲
Lebia roubali Jedlička 洛氏莱步甲，洛盆步甲
Lebia singaporensis Jedlička 新莱步甲，新盆步甲
Lebia stepaneki Jedlička 斯氏莱步甲，斯盆步甲
Lebia sterbai Jedlička 见 *Setolebia sterbai*
Lebia stichai Jedlička 斯第莱步甲，斯第盆步甲
Lebia susterai Jedlička 苏氏莱步甲，苏盆步甲
Lebia szetschuana Jedlička 同 *Lebia aglaia*
Lebia yunnana Jedlička 云南莱步甲，滇盆步甲
Lebidia 光鞘步甲属，勒比步甲属
Lebidia bimaculata (Jordan) 眼斑光鞘步甲
Lebidia bioculata Morawitz 双圈光鞘步甲，二眶勒比步甲
Lebidia formosana Kôno 台湾光鞘步甲，台勒比步甲
Lebidia octoguttata Morawitz 八点光鞘步甲，八点勒比步甲
Lebidromius despectus Jedlička 见 *Dromius despectus*
Lebidromius formosanus Jedlička 见 *Dromius formosanus*
Lebidromius fukiensis Jedlička 见 *Dromius fukiensis*
Lebidromius jureceki Jedlička 见 *Dromius jureceki*
Lebidromius kulti Jedlička 见 *Dromius kulti*
Lebidromius miwai Jedlička 见 *Dromius miwai*
Lebidromius prolixus (Bates) 见 *Dromius prolixus*
Lebidromius univestis Jedlička 见 *Dromius univestis*
Lebiina 莱步甲亚族
Lebiini 莱步甲族，壶步甲族
Lebinthini 雷蟋族
Lebinthus 雷蟋属
Lebinthus lanyuensis Oshiro 兰屿雷蟋
Lebinthus striolatus (Brunner von Wattenwyl) 细钩雷蟋
Lebinthus yaeyamensis Oshiro 八重山雷蟋
Lecaniidae [= Coccidae] 蚧科，介壳虫科，蜡蚧科
Lecaniococcus 伪软蚧属
Lecaniococcus ditispinosus Danzig 远东伪软蚧
Lecaniodiaspis circularis (Borchsehius) 见 *Lecanodiaspis circularis*
Lecaniodiaspis elongata Ferris 见 *Lecanodiaspis elongata*
Lecaniodiaspis mejestica Wang 见 *Lecanodiaspis mejestica*
Lecaniodiaspis pasaniae (Borchsenius) 见 *Lecanodiaspis pasaniae*
Lecaniodiaspis peni (Borchsenius) 见 *Lecanodiaspis peni*
Lecaniodiaspis quercus Cockerell 见 *Psoraleococcus quercus*
Lecaniodiaspis robiniae (Borchsenius) 见 *Lecanodiaspis robiniae*
Lecaniodiaspididae 见 Lecanodiaspididae
Lecaniodrosicha 坚绵蚧属，蜡履介壳虫属
Lecaniodrosicha lithocarpi Takahashi 台湾坚绵蚧，校力蜡履介壳虫，石栎长蛎盾蚧，石柯牡蛎盾蚧
Lecanium cerasorum Cockerell 见 *Eulecanium cerasorum*
Lecanium corni Bouché 见 *Parthenolecanium corni*
Lecanium discrepans Green 见 *Coccus discrepans*
Lecanium excrescens Ferris 见 *Eulecanium excrescens*
Lecanium fletcheri Cockerell 见 *Parthenolecanium fletcheri*
Lecanium glandi Kuwana 见 *Parthenolecanium glandi*
Lecanium horii Kuwana 见 *Nipponpulvinaria horii*
Lecanium kunoensis Kuwana 见 *Eulecanium kunoense*
Lecanium latioperculatum Green 见 *Coccus latioperculatus*
Lecanium nigrofasciatum Pergande 见 *Mesolecanium nigrofasciatum*
Lecanium nigrum Nietner 见 *Parasaissetia nigra*
Lecanium nishigaharae Kuwana 见 *Pulvinaria nishigaharae*
Lecanium persicae (Fabricius) 见 *Parthenolecanium persicae*
Lecanium prunastri (Fonscolombe) 见 *Sphaerolecanium prunastri*
Lecanium pulchrum Cockerell 同 *Parthenolecanium rufulum*
Lecanium quercifex Fitch 见 *Eulecanium quercifex*
Lecanium sansho Shinji 见 *Eulecanium sansho*
Lecanium viridis Green 见 *Coccus viridis*
lecanodiaspidid 1. [= lecanodiaspidid scale, false pit scale] 球链蚧，盘蚧，球链介壳虫 <球链蚧科 Lecanodiaspididae 昆虫的通称>；2. 球链蚧科的
lecanodiaspidid scale [= lecanodiaspidid, false pit scale] 球链蚧，盘蚧，球链介壳虫
Lecanodiaspididae 球链蚧科，盘蚧科，球链介壳虫科 <该科学名有误写为 Lecaniodiaspididae 者>
Lecanodiaspidinae 球链蚧亚科
Lecanodiaspis 球链蚧属，球链介壳虫属 <此属学名有误写为 *Lecaniodiaspis* 者>
Lecanodiaspis baculifera Leonardi 印尼球链蚧
Lecanodiaspis circularis (Borchsenius) 圆形球链蚧，圆盘蚧
Lecanodiaspis costata (Borchsenius) 见 *Psoraleococcus costatus*
Lecanodiaspis cremastogastri Takahashi 台湾球链蚧，台湾屑盘蚧
Lecanodiaspis elongata Ferris 长形球链蚧，长盘蚧
Lecanodiaspis foochowensis Takahashi 见 *Psoraleococcus foochowensis*
Lecanodiaspis greeni Takahashi 格氏球链蚧
Lecanodiaspis malaboda Green 豆蔻球链蚧
Lecanodiaspis mejestica Wang 贵球链蚧，贵盘蚧
Lecanodiaspis mimusopis Green 山榄球链蚧
Lecanodiaspis morrisoni Takahashi 摩氏球链蚧
Lecanodiaspis murphyi Lambdin 莫氏球链蚧
Lecanodiaspis pasaniae (Borchsenius) 柯树球链蚧，柯头盘蚧
Lecanodiaspis peni (Borchsenius) 昌都球链蚧，四川盘蚧
Lecanodiaspis prosopidis (Maskell) [common pit scale, common falsepit scale, persimmon scale] 柿球链蚧
Lecanodiaspis quercus Cockerell 见 *Psoraleococcus quercus*
Lecanodiaspis robiniae (Borchsenius) 刺槐球链蚧，春盘蚧
Lecanodiaspis sardoa Targioni-Tozzetti [Mediterranean pit scale] 欧洲球链蚧
Lecanodiaspis takagi Howell *et* Kosztarab 高木球链蚧
Lecanodiaspis tessalatus Cockerell *et* Quaintance 同 *Lecanodiaspis prosopidis*
Lecanodiaspis tingtunensis Borchsenius 昆明球链蚧
Lecanopsis 根裸蚧属，隐毡蜡蚧属，隐毡蚧属
Lecanopsis ceylonica Green 锡兰根裸蚧
Lecanopsis festucae Borchsenius 冰草根裸蚧，狐茅隐毡蜡蚧
Lecanopsis formicarum Newstead 蚁窝根裸蚧

Lecanopsis iridis Borchsenius 马兰根裸蚧
Lecanopsis sacchari Takahashi 甘蔗根裸蚧，蔗隐毡蜡蚧
Lecanopsis shutovae Borchsenius 远东根裸蚧
Lechrioderus imbellus Faust 荫长柄象甲，荫长柄象
Lechriolepis basirufa Strand 松斜叉枯叶蛾
Lechriolepis nephopyropa Tams 罗得西亚斜叉枯叶蛾
lecithin(e) 卵磷脂
Lecithocera 祝蛾属，卷麦蛾属，折角蛾属
Lecithocera aechmobola Meyrick 肘部祝蛾，依卷麦蛾
Lecithocera affinita Wu 邻祝蛾，邻平祝蛾
Lecithocera aitusana Park 高祝蛾，高平祝蛾
Lecithocera albisignis Meyrick 见 *Thubana albisignis*
Lecithocera altusana Park 高山祝蛾，高山卷麦蛾
Lecithocera ambona Wu *et* Liu 缘祝蛾，缘平祝蛾
Lecithocera amseli Gozmány 安氏祝蛾，阿卷麦蛾
Lecithocera anglijuxta Wu 犄环祝蛾
Lecithocera angustiella Park 窄瓣祝蛾，窄瓣平祝蛾，角祝蛾，角卷麦蛾
Lecithocera antisema Meyrick 见 *Torodora antisema*
Lecithocera asteria Wu 星祝蛾
Lecithocera atria Park 阔翅祝蛾
Lecithocera atricastana Park 褐祝蛾，褐平祝蛾，黑褐卷麦蛾
Lecithocera aulias Meyrick 半网祝蛾，半网平祝蛾，奥卷麦蛾
Lecithocera aulicousta Wu 雅祝蛾，雅平祝蛾
Lecithocera beijingensis Wu *et* Liu 北京祝蛾
Lecithocera bimaculata Park 双斑祝蛾，二斑卷麦蛾
Lecithocera callirrhabda Meyrick 见 *Opacoptera callirrhabda*
Lecithocera castanoma Wu 栗祝蛾
Lecithocera catacnepha Gozmány 黑祝蛾，黑平祝蛾，劣卷麦蛾
Lecithocera chartaca Wu *et* Liu 纸祝蛾，纸平祝蛾，淡祝蛾，淡卷麦蛾
Lecithocera chondria Wu 粒祝蛾
Lecithocera contorta Wu *et* Liu 槽突祝蛾
Lecithocera cuspidata Wu *et* Liu 尖祝蛾
Lecithocera didentata Wu *et* Liu 双齿祝蛾，双齿平祝蛾
Lecithocera dondavisi Park, Heppner *et* Bae 大卫祝蛾
Lecithocera ebenosa Wu 乌木祝蛾
Lecithocera eligmosa Wu *et* Liu 曲祝蛾，曲平祝蛾
Lecithocera erebosa Wu *et* Liu 冥祝蛾，冥平祝蛾
Lecithocera erecta Meyrick 竖祝蛾，竖平祝蛾，直卷麦蛾
Lecithocera eretma Wu *et* Liu 桨祝蛾
Lecithocera fascicula Park 带祝蛾，带平祝蛾，带卷麦蛾
Lecithocera fascinatrix Meyrick 迷祝蛾，迷平祝蛾，饰带祝蛾
Lecithocera formosana (Shiraki) 台湾祝蛾，台敏小卷蛾
Lecithocera fuscosa Park 黑翅祝蛾，褐卷麦蛾
Lecithocera gemma Wu *et* Liu 蕾祝蛾
Lecithocera glabrata Wu *et* Liu 光祝蛾，光卷麦蛾
Lecithocera glyptosema Meyrick 见 *Torodora glyptosema*
Lecithocera heconoma Meyrick 台祝蛾
Lecithocera hemiacma Meyrick 喜马祝蛾，半卷麦蛾
Lecithocera hiata Wu *et* Liu 裂突祝蛾
Lecithocera indigens Meyrick 靛蓝祝蛾，靛蓝卷麦蛾
Lecithocera insidians Meyrick 印度祝蛾，阴卷麦蛾
Lecithocera iodocarpha Gozmány 镰祝蛾，镰平祝蛾，约祝蛾，约卷麦蛾
Lecithocera jugalis Meyrick 轭祝蛾，轭平祝蛾，居卷麦蛾
Lecithocera laciniata Wu 细祝蛾，细平祝蛾
Lecithocera lacunara Wu *et* Liu 网板祝蛾，网板平祝蛾
Lecithocera latebrata Wu 潜祝蛾，潜平祝蛾
Lecithocera latiola Park 拉祝蛾，宽卷麦蛾
Lecithocera levirota Wu *et* Liu 安徽祝蛾
Lecithocera licnitha Wu *et* Liu 纵祝蛾，纵平祝蛾
Lecithocera longivalva Gozmány 长瓣祝蛾，长瓣卷麦蛾
Lecithocera lota Wu 莲祝蛾
Lecithocera macrotoma Meyrick 巨祝蛾，巨卷麦蛾
Lecithocera manesa Wu *et* Liu 杯祝蛾
Lecithocera megalopis Meyrick 大売祝蛾，枚卷麦蛾
Lecithocera mellifua Gozmány 蜜祝蛾，蜜卷麦蛾
Lecithocera meloda Wu *et* Liu 谐祝蛾
Lecithocera metacausta Meyrick 南方祝蛾，南方平祝蛾，后卷麦蛾
Lecithocera meyricki Gozmány 麦氏祝蛾，梅卷麦蛾
Lecithocera morphna Wu 暗祝蛾，暗平祝蛾
Lecithocera mylitacha Wu *et* Liu 石祝蛾，石平祝蛾
Lecithocera nitikoba Wu *et* Liu 光祝蛾
Lecithocera olinxana Wu *et* Liu 梨祝蛾，梨平祝蛾
Lecithocera ossicula Wu 革管祝蛾
Lecithocera palingensis Park 巴陵祝蛾，帕岭平祝蛾，巴棱卷麦蛾
Lecithocera palmata Wu *et* Liu 掌祝蛾，掌平祝蛾
Lecithocera paralevirota Park 邻安祝蛾，副卷麦蛾
Lecithocera paraulias Gozmány 管祝蛾，管平祝蛾，异卷麦蛾
Lecithocera parenthesis Gozmány 尼祝蛾，尼平祝蛾，弧卷麦蛾
Lecithocera partheopsis Meyrick 见 *Torodora parthenopis*
Lecithocera pelomorpha Meyrick 陶祝蛾，佩卷麦蛾
Lecithocera pepantica Meyrick 培祝蛾，培卷麦蛾
Lecithocera peracantha Gozmány 眼祝蛾，眼平祝蛾，沛卷麦蛾
Lecithocera petalana Wu *et* Liu 扁祝蛾
Lecithocera phaeodryas Meyrick 费祝蛾，费卷麦蛾
Lecithocera polioflava Gozmány 灰黄祝蛾，灰黄平祝蛾，坡卷麦蛾
Lecithocera protolyca Meyrick 狼祝蛾，原卷麦蛾
Lecithocera pulchella Park 美祝蛾，浅卷麦蛾
Lecithocera raphidica Gozmány 针祝蛾，拉卷麦蛾
Lecithocera rotundata Gozmány 圆祝蛾，圆平祝蛾，罗卷麦蛾
Lecithocera sabrata Wu *et* Liu 小褐祝蛾
Lecithocera serena Gozmány 色祝蛾，色卷麦蛾
Lecithocera shanpinensis Park 山平祝蛾
Lecithocera sigillata Gozmány 徽祝蛾，徽平祝蛾，饰卷麦蛾
Lecithocera simulatrix (Gozmány) 拟祝蛾，拟槐祝蛾，西刹谷蛾
Lecithocera spinivalva Wu 刺瓣祝蛾
Lecithocera squalida Gozmány 浊祝蛾，浊平祝蛾，鳞卷麦蛾
Lecithocera structurata Gozmány 合祝蛾，斯卷麦蛾
Lecithocera thaiheisana Park 太平祝蛾
Lecithocera theconoma Meyrick 特祝蛾
Lecithocera tienchiensis Park 天池祝蛾，天池平祝蛾
Lecithocera tricholoba Gozmány 毛叶祝蛾，毛叶平祝蛾，毛卷麦蛾
Lecithocera tridentata Wu *et* Liu 三齿祝蛾，三齿平祝蛾
Lecithocera tylobathra Meyrick 粗梗祝蛾，粗梗平祝蛾，第卷麦

蛾

lecithocerid 1. [= lecithocerid moth, long-horned moth] 祝蛾 < 祝蛾科 Lecithoceridae 昆虫的通称 >；2. 祝蛾科的

lecithocerid moth [= lecithocerid, long-horned moth] 祝蛾

Lecithoceridae 祝蛾科，卷麦蛾科，折角蛾科

Lecithocerinae 祝蛾亚科

Lecitholaxa 黄阔祝蛾属

Lecitholaxa adonia Wu 南林黄阔祝蛾

Lecitholaxa mesosura (Wu *et* Park) 中黄阔祝蛾

Lecitholaxa pogonikuma (Wu *et* Park) 珀黄阔祝蛾

Lecitholaxa thiodora (Meyrick) 晒黄阔祝蛾，黄阔祝蛾，晒卷麦蛾

Leclercqia 赖氏泥蜂属，勒泥蜂属

Leclercqia formosana Tsuneki 台湾赖氏泥蜂，台勒泥蜂

LeConte's sawfly [red-headed pine sawfly, *Neodiprion lecontei* (Fitch)] 红头新松叶蜂，松红头锯角叶蜂

LeConte's seedcorn beetle [= seedcorn beetle, *Stenolophus lecontei* (Chaudoir)] 玉米狭胸步甲，玉米籽粟褐步甲

lectin 血细胞凝集素，外源凝集素

lectotype 选模标本，选模

Lectotypella 赖小叶蝉属，选叶蝉属

Lectotypella albisoma (Matsumura) 台湾赖小叶蝉，白色选叶蝉，白色么叶蝉

leda ministreak [*Ministrymon leda* (Edwards)] 莱迷灰蝶

Ledaspis 丽盾蚧属

Ledaspis atalantiae (Takahashi) 台湾丽盾蚧

Ledeira 阔胸叶蝉属

Ledeira knighti Zhang 纳氏阔胸叶蝉

Ledereragrotis 莱狼夜蛾亚属

Ledra 耳叶蝉属

Ledra auditura Walker 窗冠耳叶蝉，窗耳叶蝉

Ledra aurita (Linnaeus) 耳叶蝉

Ledra bilobata Schumacher 双耳叶蝉

Ledra cordata Cai *et* Meng 心耳叶蝉

Ledra depravata Jacobi 见 *Paraconfucius depravatus*

Ledra fumata Kuoh 烟灰耳叶蝉

Ledra gutianshana Yang *et* Zhang 古田山耳叶蝉

Ledra hyalina Kouh *et* Cai 明冠耳叶蝉

Ledra imitatrix Jacobi 伊米耳叶蝉，拟带耳叶蝉

Ledra kosempoensis Shumacher 黄面耳叶蝉，甲仙耳叶蝉

Ledra lamella Kouh *et* Cai 片脊耳叶蝉

Ledra mutica Fabricius 钝尖耳叶蝉

Ledra nigra Ge 黑耳叶蝉

Ledra nigrolineata Kouh *et* Cai 黑纹耳叶蝉

Ledra orientalis Ôuchi 东方耳叶蝉

Ledra pallida Kouh *et* Cai 浅斑耳叶蝉

Ledra quadricarina Walker 四脊耳叶蝉

Ledra rubiginosa Ge 锈耳叶蝉

Ledra rubricans Ge 灰黑耳叶蝉

Ledra serrulata Fabricius 细齿耳叶蝉，带耳叶蝉

Ledra sternalis Jacobi 黑胸耳叶蝉，黑盾耳叶蝉

Ledra trigona Cai *et* Shen 三角耳叶蝉

Ledra tuberculata Kato 瘤突耳叶蝉

Ledra unicolor Walker 单色耳叶蝉

Ledra viridipennis Latreille 绿翅耳叶蝉

Ledridae 耳叶蝉科，耳蝉科

Ledrinae 耳叶蝉亚科

Ledrini 耳叶蝉族

Ledropsis 肖耳叶蝉属

Ledropsis adelungi Melichar 见 *Petalocephala adelungi*

Ledropsis cancroma White 瘤突肖耳叶蝉，坎可肖耳叶蝉，卡肖耳叶蝉

Ledropsis discolor (Uhler) 双色肖耳叶蝉

Ledropsis formosana Matsumura 见 *Petalocephala formosana*

Ledropsis horishana Matsumura 见 *Petalocephala horishana*

Ledropsis naso Walker 鼻突肖耳叶蝉

Ledropsis obligens (Walker) 黑肖耳叶蝉，肖耳叶蝉

Ledropsis quadrimaculata Matsumura 见 *Petalocephala quadrimaculata*

Ledropsis rubromaculata Laidlaw 红斑肖耳叶蝉

Ledropsis takasagona Kato 高砂肖耳叶蝉，塔克肖耳叶蝉，黄腹肖耳叶蝉

Ledropsis umbrata Cai *et* Kuoh 赭肖耳叶蝉

Ledropsis vittata Matsumura 见 *Petalocephala vittata*

Ledropsis wakabae Kato 若叶肖耳叶蝉，瓦肖耳叶蝉

Leechia 柄脉禾螟属

Leechia bilinealis South 双线柄脉禾螟

Leechia exquisitalis (Caradja) 艾克柄脉禾螟，艾克须歧野螟

Leechia sinuosalis South 波纹柄脉禾螟

leek leaf beetle [*Galeruca reichardti* Jacobson] 韭萤叶甲，韭叶甲，韭菜萤叶甲，愈纹萤叶甲，愈韭萤叶甲，蒜萤叶甲，脊萤叶甲

leek moth [= onion leaf miner, onion moth, *Acrolepiopsis assectella* (Zeller)] 葱阿邻菜蛾，葱邻菜蛾，葱谷蛾，葱蛾

leersia aphid [*Brachysiphoniella mantana* (van der Goot)] 游草梯管蚜，山梯管蚜，稻半蚜，禾粉蚜

Leeuwenia 毛管蓟马属

Leeuwenia arbastoae Reyes 眼鬃毛管蓟马

Leeuwenia caelatrix Karny 纹毛管蓟马

Leeuwenia coriacea (Bagnall) 革质毛管蓟马，革毛管蓟马

Leeuwenia flavicornata Zhang *et* Tong 黄角毛管蓟马

Leeuwenia gladiatrix Karny 刀毛管蓟马

Leeuwenia karnyi Ramakrishna 同 *Leeuwenia karnyiana*

Leeuwenia karnyiana Priesner 卡尼亚毛管蓟马，卡氏毛管蓟马

Leeuwenia pasanii (Mukaigawa) [castanopsis gall thrips] 帕氏毛管蓟马，栲树皮蓟马

Leeuwenia pugnatrix Priesner 斗毛管蓟马

Leeuwenia ramakrishnae (Ramakrishnnina) 同 *Leeuwenia karnyiana*

Leeuwenia taiwanensis Takahashi 台湾毛管蓟马，台毛管蓟马

Leeuwenia vorax Ananthakrishnan 吞食毛管蓟马，食毛管蓟马

Leeuweniini 毛管蓟马族

Lefèbvre's ringlet [*Erebia lefebvrei* (Boisduval)] 银点红眼蝶

Lefroyothrips 三鬃蓟马属

Lefroyothrips lefroyi (Bagnall) 褐三鬃蓟马，茶蓟马

Lefroyothrips maculicollis (Hood) 斑三鬃蓟马

Lefroyothrips mexicanus (Priesner) 墨三鬃蓟马

Lefroyothrips obscurus (Ananthakrishnan *et* Jagadish) 暗三鬃蓟马

Lefroyothrips pictus (Hood) 丽三鬃蓟马

Lefroyothrips theiphilus (Priesner) 西三鬃蓟马

Lefroyothrips tibialis (Crawford) 胫三鬃蓟马

left paramere 左抱握器，左抱器 <半翅目昆虫等>
leg 足，肢
leg disc 足盘，足芽 <形成足的成虫盘>
leg-fin 足鳍
leg socket 足窝
legal control 法规防治
Legnotus 边土蝽属
Legnotus breviguttulus Hsiao 同 *Adomerus rotundus*
Legnotus longiguttulus Hsiao 同 *Adomerus notatus*
Legnotus picipes (Fallén) 绣边土蝽
Legnotus rotundus Hsiao 见 *Adomerus rotundus*
Legnotus triguttulus (Motschulsky) 三点边土蝽
legnum 翅瓣缘 <即翅瓣的边缘>
legume blister beetle 1. [= bean blister beetle, *Epicauta gorhami* (Marseul)] 臬氏豆芫菁，豆芫菁，锯角豆芫菁；2. [= banded blister beetle, arhap blister beetle, orange banded blister beetle, *Mylabris pustulata* Thunberg] 豆斑芫菁，豆红带芫菁
legume bug [= western tarnished plant bug, western tarnished bug, *Lygus hesperus* Knight] 豆荚草盲蝽，西部牧草盲蝽，豆荚盲蝽
legume bud thrips [= flower bud thrips, bean flower thrips, *Megalurothrips sjostedti* (Trybom)] 花蕾大蓟马，斯氏大蓟马，丝带蓟马
legume leafminer [= serpentine leafminer, American serpentine leafminer, celery leafminer, chrysanthemum leaf miner, *Liriomyza trifolii* (Burgess)] 三叶草斑潜蝇，三叶斑潜蝇，三叶草斑潜蝇，非洲菊斑潜蝇
legume pod borer [= bean pod borer, soybean pod borer, stringbean pod borer, limabean pod borer, maruca pod borer, leguminous pod-borer, spotted pod borer, mung moth, mung bean moth, arhar pod borer, pyralid pod borer, *Maruca vitrata* (Fabricius)] 豆荚野螟，豆荚螟，豆野螟，豇豆荚螟
legume pod moth [= pea pod borer, limabean pod borer, gold-banded etiella moth, pulse pod borer moth, *Etiella zinckenella* (Treitschke)] 豆荚斑螟，豆荚螟
legume stink bug [= soybean stink bug, red-banded shield bug, *Piezodorus hybneri* (Gmelin)] 海壁蝽，壁蝽，小壁蝽，小黄蝽
legume weevil 豆象
legumelin 豆清蛋白
legumin 豆球蛋白
Leguminivora 豆食心虫属
Leguminivora glycinivorella (Matsumura) [soybean pod borer] 大豆食心虫，大豆钻心虫，大豆蛀荚蛾，蛀荚蛾，蛀荚虫，小红虫
leguminose rivula [*Rivula sericealis* (Scopoli)] 豆涓夜蛾，涓夜蛾，豆夜蛾
leguminous pod-borer 见 legume pod borer
Leia 滑菌蚊属
Leia aculeolusa Wu 针尾滑菌蚊
Leia alternans (Winnertz) 见 *Clastobasis alternans*
Leia ampulliforma Wu 长尾滑菌蚊
Leia bubaline Yu *et* Wu 浅黄滑菌蚊
Leia densisetosa Yu *et* Wu 密毛滑菌蚊
Leia diplechina Wu 双刺滑菌蚊
Leia fascipennis Meigen 羽状滑菌蚊，带翅勒菌蚊
Leia guangxiana Wu 广西滑菌蚊
Leia heilongjiangensis Yu *et* Wu 黑龙江滑菌蚊
Leia longwangshana Wu 龙王山滑菌蚊
Leia pilosa Okada 柔毛滑菌蚊，毛勒菌蚊
Leia ravida Wu 黄褐滑菌蚊
Leia robusticornis Yu *et* Wu 粗角滑菌蚊
Leia winthemi Lehmann 威氏滑菌蚊
Leia yangi Wu 杨氏滑菌蚊
Leicesteria 厉蚊亚属，里蚊亚属
Leichenini 扁土甲族
Leichenum 扁土甲属
Leichenum canaliculatum (Fabricius) 沟纹扁土甲，侧沟鳞土甲
Leichhardt's grasshopper [*Petasida ephippigera* White] 黑斑红锥头蝗
Leiinae 滑菌蚊亚科
Leila's glasswing [*Ithomia leila* Hewitson] 雷拉绡蝶
leimocolous 湿草地生的
Leioblacus 光滑茧蜂亚属
Leiochrinini 隐舌甲族
Leiochrinus 隐舌甲属，来拟步甲属
Leiochrinus bifurcatus Kaszab 双叉隐舌甲，二叉来拟步甲
Leiochrinus lutescens Westwood 浅黄隐舌甲，浅黄来拟步甲
Leiochrinus metallicus Schawaller 闪蓝隐舌甲
Leiochrinus nilgirianus Kaszab 尼尔隐舌甲
Leiochrinus satzumae Lewis 萨氏隐舌甲，萨来拟步甲
Leiochrinus sauteri Kaszab 大隐舌甲，大个隐舌甲，曹氏圆翅拟步行虫
Leiochrodes 裸舌甲属
Leiochrodes convexus Lewis 隆背裸舌甲，隆背球舌甲，凸裸舌甲，黑伪瓢拟步行虫，圆翅球拟步行虫
Leiochrodes coomani Pic 库氏裸舌甲，库裸舌甲
Leiochrodes discoidalis Westwood 狄裸舌甲
Leiochrodes emeicus Schawaller 峨眉裸舌甲
Leiochrodes formosanus Kaszab 蓬莱裸舌甲，蓬莱球舌甲，台岛裸舌甲，蓬莱黑球拟步行虫
Leiochrodes glabratus (Walker) 光滑裸舌甲，光滑球舌甲，广腿球拟步行虫
Leiochrodes himalayensis Kaszab 喜马裸舌甲
Leiochrodes lanceolatus Kaszab 矛形裸舌甲，柳叶裸舌甲
Leiochrodes nigronotatus Pic 暗色裸舌甲，黑背裸舌甲
Leiochrodes politus Kaszab 光亮裸舌甲，磨光裸舌甲
Leiochrodes sikkimensis Kaszab 锡金裸舌甲
Leiochrodes taiwanus Masumoto 台湾裸舌甲，台湾球舌甲，台裸舌甲
Leiochrodes tenebrosus Thomson 半球裸舌甲，半球佩拟步甲
Leiochrodes testaceicollis Kaszab 两色裸舌甲，黄褐球舌甲，黄褐裸舌甲
Leiocnemis chalciope Bates 见 *Amara chalciope*
Leiodes 球蕈甲属
Leiodes alexandrae Angelini *et* Švec 亚氏球蕈甲
Leiodes apicata Švec 红鞘球蕈甲
Leiodes becvari Angelini *et* Švec 贝氏球蕈甲
Leiodes bicolor (Schmidt) 二色球蕈甲
Leiodes chaffanjoni Portevin 沙氏球蕈甲，恰球蕈甲
Leiodes chinensis Angelini *et* Švec 中华球蕈甲

Leiodes curvidens Angelini *et* Švec 曲齿球蕈甲
Leiodes dilutipes (Sahlberg) 粗腿球蕈甲
Leiodes ferruginea (Fabricius) 锈球蕈甲
Leiodes jaroslavi Angelini *et* Švec 雅氏球蕈甲
Leiodes klapperichi Daffner 克氏球蕈甲，克球蕈甲
Leiodes lucens (Fairmaire) 亮球蕈甲
Leiodes nikodymi Švec 尼氏球蕈甲
Leiodes rufipes (Gebler) 红足球蕈甲
Leiodes snizeki Angelini *et* Švec 斯氏球蕈甲
Leiodes xinjiangensis Angelini *et* Švec 新疆球蕈甲
Leiodes yunnaninca Švec 云南球蕈甲
leiodid 1. [= round fungus beetle, leiodid beetle] 球蕈甲，圆蕈甲 <球蕈甲科 Leiodidae 昆虫的通称>；2. 球蕈甲科的
leiodid beetle [= round fungus beetle, leiodid] 球蕈甲，圆蕈甲
Leiodidae [= Anisotomidae, Leptodiridae, Camiaridae, Catopidae, Cholevidae, Colonidae] 球蕈甲科，圆蕈甲科，拟葬甲科，短葬甲科
Leiodinae 球蕈甲亚科
Leiodini 球蕈甲族
Leiodytes 点龙虱属，滑龙虱属，点刻龙虱属
Leiodytes frontalis (Sharp) 额点龙虱，额滑龙虱，扶桑点刻龙虱
Leiodytes gracilis (Gschwendtner) 丽点龙虱，丽滑龙虱
Leiodytes lanyuensis Wang, Satô *et* Yang 兰屿点龙虱，兰屿滑龙虱，兰屿点刻龙虱
Leiodytes perforatus (Sharp) 孔点龙虱，钻滑龙虱，大刻四节龙虱，大克厚唇龙虱，点刻龙虱
Leiomerus granicollis Pierce 见 *Coelosternus granicollis*
Leiometopon 僧夜蛾属
Leiometopon simyrides Staudinger 白刺僧夜蛾，僧夜蛾，白刺夜蛾，白刺毛虫
Leiophasma 润蛸属
Leiophasma yunnanense Chen *et* He 云南润蛸
Leiophora 粗芒寄蝇属
Leiophora innoxia (Meigen) 短颏粗芒寄蝇
Leiophron 毛室茧蜂属，毛室茧蜂亚属
Leiophron (***Euphoriana***) ***amplicaptis*** Chen, He *et* Ma 大头毛室茧蜂
Leiophron (***Euphoriana***) ***chengi*** Chen *et* van Achterberg 程氏毛室茧蜂
Leiophron (***Leiophron***) ***buonluoica*** (Belokobylskij) 狭翅毛室茧蜂
Leiophron (***Leiophron***) ***flavicorpus*** Chen *et* van Achterberg 黄体毛室茧蜂
Leiophron (***Leiophron***) ***ruficephalus*** Chen *et* van Achterberg 红头毛室茧蜂
Leiophron (***Leiophron***) ***subtilis*** Chen *et* van Achterberg 细毛室茧蜂
Leiophron (***Leiophron***) ***yichunensis*** Chen, He *et* Ma 伊春毛室茧蜂
Leiopsammodius 光沙蜉金龟甲属，光沙蜉金龟属
Leiopsammodius indicus (Harold) 印度光沙蜉金龟甲，印蛛蜉金龟
Leiopsammodius nomurai Masumoto 野村光沙蜉金龟甲，野村氏光沙蜉金龟
Leioptilus lienigianus (Zeller) 见 *Hellinsia lienigiana*
Leiopus 利天牛属
Leiopus albivittis Kraatz 白条利天牛
Leiopus (***Carinopus***) ***flavomaculatus*** Wallin, Kvamme *et* Lin 黄斑利天牛
Leiopus (***Carinopus***) ***holzschuhi*** Wallin, Kvamme *et* Lin 霍氏利天牛
Leiopus (***Carinopus***) ***multipunctellus*** Wallin, Kvamme *et* Lin 多刻利天牛
Leiopus (***Carinopus***) ***nigrofasciculosus*** Wallin, Kvamme *et* Lin 黑带利天牛
Leiopus (***Carinopus***) ***nigropunctatus*** Wallin, Kvamme *et* Lin 黑刻利天牛
Leiopus (***Carinopus***) ***ocellatus*** Wallin, Kvamme *et* Lin 眼斑利天牛
Leiopus guttatus Bates 斑利天牛
Leiopus shibatai Hayashi 台湾利天牛，柴田氏宽腿天牛
Leiopus stillatus (Bates) 点利天牛
Leiothorax 缢胸花萤属
Leiothorax atrosanguineus Švihla 同 *Stenothemus chinensis*
Leiponeura 聚大蚊亚属
Leipopleura 光双刺甲亚属
Leistotrophus 食蝇隐翅甲属
Leistotrophus versicolor (Gravenhorst) 拟蜂食蝇隐翅甲
Leistus 盗步甲属，来步甲属
Leistus angulicollis Fairmaire 角胸盗步甲，角来步甲
Leistus crassus Bates 粗盗步甲，粗来步甲
Leistus crenifer Tschitschérine 刻盗步甲，刻来步甲
Leistus cycloderus Tschitschérine 环盗步甲，环来步甲
Leistus gracilentus Tschitschérine 丽盗步甲，丽来步甲
Leistus gracillimus Tschitschérine 同 *Leistus gracilentus*
Leistus lesteri Allegro 莱氏盗步甲
Leistus niitakaensis Minowa 玉山盗步甲，尼来步甲
Leistus nokoensis Minowa 能高盗步甲，诺来步甲
Leistus nubicola Tschitschérine 努盗步甲，努来步甲
Leistus reflexus Semenow 翘盗步甲，转来步甲
Leistus smetanai Farkac 斯氏盗步甲，斯氏来步甲
Leistus taiwanensis Perrault 盗步甲，台来步甲
Leistus tschitscherini Semenow 祈氏盗步甲，祈来步甲
Leistus yunnanus Bänninger 云南盗步甲，滇来步甲
Lejogaster 亮腹蚜蝇属
Lejogaster metallina (Fabricius) 金亮腹蚜蝇
Lejogaster splendida (Meigen) 淡跗亮腹蚜蝇
Lejops 平管蚜蝇属，平蚜蝇属
Lejops lineatus (Fabricius) 线平管蚜蝇
Lejops transfugus (Linnaeus) 灰纹条胸蚜蝇
Lejops vittatus (Meigen) 条纹平管蚜蝇，条纹平蚜蝇，纹条胸蚜蝇
lek 求偶
lekking behaviour 求偶行为
Lelecella 累积蛱蝶属
Lelecella limenitoides (Oberthür) 累积蛱蝶
Lelecella limenitoides limenitoides (Oberthür) 累积蛱蝶指名亚种，指名累积蛱蝶
lelex mimic white [*Dismorphia lelex* (Hewitson)] 乐乐袖粉蝶
Lelia 弯角蝽属
Lelia concavaemargo Fan *et* Liu 凹缘弯角蝽
Lelia decempunctata (Motschulsky) [ten-spotted stink bug] 弯角蝽，十点蝽

Lelia octopunctata (Dallas) 八点弯角蝽
lema ranger [*Kedestes lema* Neave] 链肯弄蝶
Lema 合爪负泥虫属，合爪负泥虫亚属，细颈金花虫属
Lema adamsii Baly 四带合爪负泥虫，四带负泥虫
Lema armata Fabricius 体刺负泥虫
Lema becquarti Gressitt 二色合爪负泥虫
Lema bifoveipennis Pic 窝鞘合爪负泥虫
Lema bimaculaticeps Pic 横斑合爪负泥虫
Lema binormis Monrós 东方合爪负泥虫
Lema birmanica Jacoby 缅甸红合爪负泥虫
Lema bohemani Clark 香港合爪负泥虫
Lema bretinghami Baly 博氏合爪负泥虫
Lema burmaensis Jacoby 缅甸合爪负泥虫
Lema cardoni Jacoby 卡氏合爪负泥虫
Lema castaneithorax Pic 褐胸合爪负泥虫
Lema chujoi Gressitt *et* Kimoto 光顶合爪负泥虫，光顶负泥虫
Lema concinnipennis Baly 蓝合爪负泥虫，蓝负泥虫，黄腹蓝细颈金花虫
Lema coomani Pic 矮合爪负泥虫，矮细颈金花虫
Lema coromandeliana (Fabricius) 齿合爪负泥虫，齿负泥虫
Lema coronata Baly 红顶合爪负泥虫，红顶负泥虫，中刺细颈金花虫
Lema crioceroides Jacoby 短角合爪负泥虫，短角负泥虫
Lema cyanea Fabricius 平顶合爪负泥虫，深蓝细颈金花虫
Lema cyanella (Linnaeus) 粗点合爪负泥虫，小青负泥虫，大深蓝细颈金花虫
Lema daturaphila Kogan *et* Goeden [three-lined potato beetle] 三带合爪负泥虫，三带负泥虫
Lema decempunctata Gebler [ten-spotted lema] 枸杞合爪负泥虫，枸杞负泥虫
Lema decempunctata decempunctata Gebler 枸杞合爪负泥虫指名亚种
Lema decempunctata japonica Weise 枸杞合爪负泥虫日本亚种，十点负泥虫
Lema delicatula Baly 红带负泥虫，红带合爪负泥虫
Lema demongei Pic 红角合爪负泥虫
Lema diversa Baly 鸭跖草合爪负泥虫，鸭跖草负泥虫
Lema diversipes Pic 橙背合爪负泥虫，橙背细颈金花虫
Lema diversitarsis Pic 红尾合爪负泥虫
Lema djoui Gressitt 广州合爪负泥虫
Lema duplicata Gressitt 儋县合爪负泥虫
Lema esakii Chûjô 江崎合爪负泥虫
Lema externevittata Pic 外纹合爪负泥虫
Lema feae Jacoby 费合爪负泥虫
Lema femorata Guérin-Méneville 糙胸合爪负泥虫
Lema formosana Kuwayama 台湾合爪负泥虫
Lema forticornis Pic 粗角合爪负泥虫
Lema fortunei Baly 红胸合爪负泥虫，红胸负泥虫，蓝翅细颈金花虫
Lema fulvicornis Jacoby 褐角合爪负泥虫
Lema fulvula Lacordaire 黄合爪负泥虫
Lema gahani Jacoby 嘎氏合爪负泥虫
Lema gestroi Jacoby 格氏合爪负泥虫
Lema honorata Baly [dioscorea leaf beetle] 蓝翅合爪负泥虫，蓝翅负泥虫，拟变色细颈金花虫
Lema impressipennis Pic 平翅合爪负泥虫
Lema inconspicua Gressitt 黑唇合爪负泥虫
Lema indica Jacoby 印度合爪负泥虫
Lema infranigra Pic 薯蓣合爪负泥虫，薯蓣负泥虫
Lema jansoni Baly 简氏合爪负泥虫
Lema koshunensis Chûjô 高雄合爪负泥虫，恒春细颈金花虫
Lema lacertosa Lacordaire 褐足合爪负泥虫，褐足负泥虫，黑脚黄细颈金花虫
Lema lacordairei Baly 拉氏负泥虫，孟加拉合爪负泥虫
Lema lacosa Pic 平顶负泥虫
Lema lauta Gressitt *et* Kimoto 竹合爪负泥虫，竹负泥虫
Lema lewisii Baly 同 *Lema diversa*
Lema marginalis Gressitt 海南合爪负泥虫
Lema mouhoti Baly 泰国合爪负泥虫
Lema multimaculata Jacoby 多斑合爪负泥虫
Lema nigricollis Jacoby 黑合爪负泥虫
Lema nigrofrontalis Clark 黑额合爪负泥虫，黑额负泥虫
Lema nigrosignata Pic 斜斑合爪负泥虫
Lema nitobei Chûjô 宝岛合爪负泥虫
Lema paagai Chûjô 毛顶负泥虫
Lema palpalis Lacordaire 须合爪负泥虫
Lema pectoralis Baly 胸合爪负泥虫
Lema pectoralis unicolor Clark 见 *Lema unicolor*
Lema perplexa Baly 泼合爪负泥虫
Lema persicariae Chûjô 蓼合爪负泥虫
Lema phungi Pic 吊罗合爪负泥虫
Lema piceocastanea Gressitt *et* Kimoto 万县合爪负泥虫
Lema postrema Bates 同 *Lema fortunei*
Lema praeclara Clark 同 *Lema lacordairei*
Lema praeusta (Fabricius) 变色合爪负泥虫，变色细颈金花虫
Lema quadripunctata Olivier 四点合爪负泥虫，四点负泥虫
Lema rondoniana Kimoto *et* Gressitt 云南合爪负泥虫
Lema rufolineata Pic 直斑合爪负泥虫
Lema rufotestacea Clark 褐合爪负泥虫，褐负泥虫，黄细颈金花虫
Lema rugifrons Jacoby 同 *Oulema oryzae*
Lema scutellaris (Kraatz) 盾负泥虫，盾合爪负泥虫
Lema semifulva Jacoby 半褐负泥虫，半褐合爪负泥虫
Lema sikanga Gressitt 宝兴合爪负泥虫
Lema singularis Jacoby 印度合爪负泥虫
Lema solani Fabricius 蓝带合爪负泥虫，蓝带细颈金花虫
Lema spoliata Jacoby 掠合爪负泥虫
Lema stevensi Baly 斯氏合爪负泥虫
Lema szechuana Gressitt *et* Kimoto 四川合爪负泥虫
Lema takara Chûjô 宝合爪负泥虫
Lema trifasciata Jacoby 三纹合爪负泥虫
Lema trilineata (Olivier) 同 *Lema daturaphila*
Lema tristis (Herbst) 见 *Oulema tristis*
Lema trivittata Say 同 *Lema daturaphila*
Lema unicolor Clark 黑胫合爪负泥虫，黑胫负泥虫
Lema viridipennis Pic 绿翅合爪负泥虫
Lemba 舟形蝗属
Lemba bituberculata Yin *et* Liu 叉尾舟形蝗
Lemba daguanensis Huang 大关舟形蝗
Lemba guizhouensis Yin, Zhang *et* You 贵州舟形蝗

Lemba sichuanensis Ma, Guo *et* Li 四川舟形蝗
Lemba sinensis (Chang) 中华舟形蝗，中华卵翅蝗
Lemba viriditibia Niu *et* Zheng 绿胫舟形蝗
Lemba yunnana Ma *et* Zheng 云南舟形蝗
Lemini 合爪负泥虫族
lemmasterone 伏石蕨甾酮
Lemmer's pinion [*Lithophane lemmeri* Barnes *et* Benjamin] 雷氏石冬夜蛾
Lemnia 盘瓢虫属
Lemnia biplagiata (Swartz) 双带盘瓢虫，锚纹瓢虫
Lemnia biquadriguttata Jing 双四盘瓢虫
Lemnia bissellata (Mulsant) 十斑盘瓢虫
Lemnia brunniplagiata Jing 褐带盘瓢虫
Lemnia callinotata Jing 见 *Alloneda callinotata*
Lemnia circumusta (Mulsant) 红基盘瓢虫，红纹瓢虫
Lemnia circumvelata (Mulsant) 周缘盘瓢虫
Lemnia duvauceli (Mulsant) 九斑盘瓢虫
Lemnia henricae Mulsant 同 *Harmonia axyridis*
Lemnia inaequalis (Fabricius) 六斑盘瓢虫
Lemnia jianfengensis Jing 尖峰盘瓢虫
Lemnia loi (Sasaji) 见 *Coelophora loi*
Lemnia lushuiensis Jing 泸水盘瓢虫
Lemnia melanaria (Mulsant) 红颈盘瓢虫，红颈瓢虫
Lemnia saucia (Mulsant) 黄斑盘瓢虫，赤星瓢虫
lemolea harvester [= African apefly, *Spalgis lemolea* Druce] 莱熙灰蝶
lemon butterfly [= common lime swallowtail, lime swallowtail, lime butterfly, chequered swallowtail butterfly, common lime butterfly, small citrus butterfly, chequered swallowtail, dingy swallowtail, citrus swallowtail, *Papilio demoleus* Linnaeus] 达摩凤蝶，达摩翠凤蝶，无尾凤蝶，花凤蝶，黄花凤蝶，黄斑凤蝶，柠檬凤蝶
lemon clouded yellow [*Colias thrasibulus* Fruhstorfer] 勇豆粉蝶，西藏豆粉蝶，特拉豆粉蝶
lemon cuckoo bumble bee [*Bombus citrinus* (Smith)] 柠檬熊蜂
lemon emigrant [= lemon migrant, common emigrant, *Catopsilia pomona* (Fabricius)] 迁粉蝶，银纹淡黄蝶，铁刀木粉蝶，果神蝶，无纹淡黄蝶，淡黄蝶，浅纹淡黄粉蝶，迁飞粉蝶
lemon larva 1. 淡黄体色幼虫；2. 淡黄体色蚕
lemon migrant 见 lemon emigrant
lemon oily mutant 淡黄色油性突变体
lemon pansy [*Junonia lemonias* (Linnaeus)] 蛇眼蛱蝶
lemon peel scale [= oleander scale, ivy scale, aucuba scale, white scale, orchid scale, *Aspidiotus nerii* Bouché] 常春藤圆盾蚧，夹竹桃圆盾蚧，夹竹桃圆蚧
lemon tip [= lemon traveler, *Colotis subfasciatus* (Swainson)] 隐带珂粉蝶
lemon traveler 见 lemon tip
lemon tree borer [*Oemona hirta* (Fabricius)] 柠檬奥天牛
lemon wheat blossom midge [= wheat yellow blossom midge, wheat midge, yellow wheat blossom midge, grain gall midge, wheat blossom midge, yellow wheat gall midge, *Contarinia tritici* (Kirby)] 麦黄吸浆虫，麦黄康瘿蚊
lemon white [= greenish black-tip, *Euchloe charlonia* (Donzel)] 黑边端粉蝶
lemon-yellow larva 1. 黄体色幼虫；2. 黄体色蚕
Lemonia 勒蚬蛾属
Lemonia taraxaci (Denis *et* Schiffermüller) [autumn silkworm moth] 塔勒蚬蛾
Lemonias 林蚬蝶属
Lemonias agave (Godman *et* Salvin) 爱林蚬蝶
Lemonias caliginea (Butler) [Butler's metalmark] 凯丽林蚬蝶
Lemonias glaphyra (Westwood) 格林蚬蝶
Lemonias leucogonia Stichel 白角林蚬蝶
Lemonias pulchra (Lathy) 美林蚬蝶
Lemonias senta Hewitson 见 *Adelotypa senta*
Lemonias thara (Hewitson) 丛林蚬蝶
Lemonias zygia Hübner [zygia metalmark] 林蚬蝶
lemoniid 1. [= lemoniid moth] 蚬蛾 <蚬蛾科 Lemoniidae 昆虫的通称>；2. 蚬蛾科的
lemoniid moth [= lemoniid] 蚬蛾
Lemoniidae 蚬蛾科
Lemophagus 食泥甲姬蜂属
Lemophagus japonicus (Sonan) 负泥虫姬蜂
Lempke's gold spot [= Putnam's looper moth, rice semi-looper, *Plusia putnami* (Grote)] 稻金翅夜蛾，普氏弧翅夜蛾
Lemula 圆眼花天牛属
Lemula brunneipennis Shimomura 茶翅圆眼花天牛，棕圆眼花天牛，茶翅伪叶虫花天牛
Lemula coerulea Gressitt 黄腹圆眼花天牛
Lemula confusa Holzschuh 烦圆眼花天牛
Lemula crucifera Shimomura 棕翅圆眼花天牛，巴陵圆眼花天牛，十字伪叶虫花天牛
Lemula cyanipennis Hayashi 蓝翅圆眼花天牛，青翅伪叶虫花天牛
Lemula decipiens Bates 红翅圆眼花天牛
Lemula densepunctata Hayashi 密点圆眼花天牛
Lemula gorodinskii Holzschuh 戈氏圆眼花天牛
Lemula gorodinskii gorodinskii Holzschuh 戈氏圆眼花天牛指名亚种
Lemula gorodinskii henanica Holzschuh 戈氏圆眼花天牛河南亚种，河南戈氏圆眼花天牛
Lemula inaequalicollis Pic 闽圆眼天牛，闽圆眼花天牛
Lemula japonica Tamanuki 日圆眼花天牛
Lemula lata Holzschuh 侧圆眼花天牛
Lemula longipennis Shimomura 长翅圆眼花天牛
Lemula obscuripennis Shimomura 埔里圆眼花天牛
Lemula pilifera Holzschuh 毛圆眼花天牛
Lemula setigera Tamanuki *et* Mitono 沟胸圆眼花天牛，长毛圆眼花天牛，深毛伪叶虫花天牛
Lemula testaceipennis Gressitt 黄翅圆眼花天牛
Lemula viridipennis Holzschuh 绿翅圆眼花天牛
Lemurian Realm 马尔加什区
Lemyra 望灯蛾属，橙灯蛾属
Lemyra alikangensis (Strand) 三条望灯蛾，三条橙灯蛾，阿望灯蛾
Lemyra anormala (Daniel) 伪姬白望灯蛾，伪姬白坦灯蛾
Lemyra anormala anormala (Daniel) 伪姬白望灯蛾指名亚种
Lemyra anormala danieli Thomas 伪姬白望灯蛾丹尼亚种
Lemyra burmanica (Rothschild) 双带望灯蛾，双带污灯蛾，双带

坦灯蛾，缅污灯蛾
Lemyra costimacula (Leech) 缘斑望灯蛾，缘斑污灯蛾，缘斑晒灯蛾
Lemyra diluta Thomas 弱望灯蛾
Lemyra excelsa Thomas 相间望灯蛾
Lemyra fallaciosa (Matsumura) 褐望灯蛾，褐污灯蛾
Lemyra flammeola (Moore) [reddish tiger moth] 火焰望灯蛾，火焰污灯蛾，火焰坦灯蛾，红灯蛾
Lemyra flammeola flammeola (Moore) 火焰望灯蛾指名亚种
Lemyra flammeola hunana (Daniel) 火焰望灯蛾湖南亚种，湘弗污灯蛾
Lemyra flavalis (Moore) 金望灯蛾，金污灯蛾
Lemyra flaveola (Leech) 橙望灯蛾
Lemyra gloria Fang 荣望灯蛾
Lemyra heringi (Daniel) 异淡黄望灯蛾，异淡黄污灯蛾
Lemyra hyalina Fang 透黑望灯蛾，透黑污灯蛾
Lemyra hyalina hyalina Fang 透黑望灯蛾指名亚种
Lemyra hyalina nanlingica Dubatolov, Kishida *et* Wang 透黑望灯蛾南岭亚种
Lemyra imparilis (Butler) [mulberry tiger moth] 奇特望灯蛾，奇特污灯蛾，奇特坦灯蛾，暗点橙灯蛾，暗点灯蛾，桑斑灯蛾，桑斑雪灯蛾
Lemyra inaequalis (Butler) [cherry tiger moth] 隐纹望灯蛾，隐纹灯蛾，隐纹雪灯蛾
Lemyra infernalis (Butler) 漆黑望灯蛾，漆黑污灯蛾，异色橙灯蛾
Lemyra jankowskii (Oberthür) 淡黄望灯蛾，淡黄污灯蛾
Lemyra jankowskii jankowskii (Oberthür) 淡黄望灯蛾指名亚种
Lemyra jankowskii soror (Leech) 淡黄望灯蛾近亲亚种，索淡黄污灯蛾
Lemyra jiangxiensis (Fang) 赣黑望灯蛾，赣黑污灯蛾，赣黑坦灯蛾
Lemyra jiangxiensis fangae Dubatolov, Kishida *et* Wang 赣黑望灯蛾方氏亚种
Lemyra jiangxiensis jiangxiensis Fang 赣黑望灯蛾指名亚种
Lemyra kuangtungensis (Daniel) 粤望灯蛾，粤污灯蛾，粤坦灯蛾
Lemyra maculifascia (Walker) 斑带望灯蛾，斑带艳灯蛾
Lemyra melanosoma (Hampson) 棱角望灯蛾，白腹污灯蛾，白腹坦灯蛾
Lemyra melli (Daniel) 梅尔望灯蛾，梅望灯蛾，近日污灯蛾，梅污灯蛾
Lemyra melli melli (Daniel) 梅尔望灯蛾指名亚种，指名梅尔望灯蛾
Lemyra melli shensii (Daniel) 梅尔望灯蛾北方亚种，陕西梅污灯蛾
Lemyra moltrechti (Miyake) 寥点望灯蛾，寥点橙灯蛾
Lemyra multivittata (Moore) 多条望灯蛾，多条污灯蛾，多点污灯蛾
Lemyra neglecta (Rothschild) 白望灯蛾，白污灯蛾
Lemyra nigrescens (Rothschild) 深色望灯蛾
Lemyra nigricosta Thomsa 黑缘望灯蛾
Lemyra nigrifrons (Walker) 黑额望灯蛾
Lemyra obliquivitta (Moore) 斜线望灯蛾，斜线污灯蛾，斜线坦灯蛾
Lemyra phasma (Leech) 褐点望灯蛾，粉白灯蛾，褐点粉灯蛾，珐晒灯蛾
Lemyra pilosa (Rothschild) 茸望灯蛾
Lemyra pilosoides (Daniel) 柔望灯蛾，柔污灯蛾，毛污灯蛾
Lemyra proteus (de Joannis) 异艳望灯蛾，异艳灯蛾
Lemyra pseudoflammeoida (Fang) 拟火焰望灯蛾，拟焰望灯蛾
Lemyra punctilinea (Moore) 点线望灯蛾，斜带污灯蛾，点线红点污灯蛾
Lemyra rhodophila (Walker) 姬白望灯蛾
Lemyra rhodophilodes (Hampson) 类姬白望灯蛾，姬白橙灯蛾，姬白污灯蛾，桑雪灯蛾，桑通灯蛾
Lemyra rubidorsa (Moore) 背红望灯蛾
Lemyra rubrocollaris (Reich) 红领望灯蛾，红领通灯蛾
Lemyra sincera Fang 纯望灯蛾
Lemyra stigmata (Moore) 点望灯蛾，点污灯蛾
Lemyra stigmata aurantiaca (Rothschild) 点望灯蛾黄色亚种，金点望灯蛾
Lemyra stigmata stigmata (Moore) 点望灯蛾指名亚种，指名金点望灯蛾
Lemyra wernerthomasi Inoue 汤马士氏望灯蛾，汤马士氏橙灯蛾
Lemyra zhangmuna (Fang) 樟木望灯蛾，樟木污灯蛾
lena pierella [*Pierella lena* (Linnaeus)] 黧柔眼蝶，柔粉眼蝶
Lenarchus 多斑沼石蛾属
Lenarchus rectangulatus Mey *et* Yang 直角多斑沼石蛾
Lenarchus sinensis Yang *et* Leng 中华多斑沼石蛾
lencates metalmark [*Roeberella lencates* (Hewitson)] 林络蚬蝶
lenea clearwing [*Callithomia lenea* (Cramer)] 草毛斑绡蝶
lenetic 1. 静水的；2. 静水群落的
Lenisa eminipuncta (Haworth) 见 *Archanara eminipuncta*
Lenitovena pteropleuralis (Hendel) 见 *Acanthonevra pteropleuralis*
Lenitovena trigona (Matsumura) 见 *Acanthonevra trigona*
Leniwytsmania 羽虮属
Leniwytsmania orientalis (Silvestri) 东方羽虮
Leniwytsmania orientalis inferior (Silvestri) 东方羽虮下方亚种
Leniwytsmania orientalis orientalis (Silvestri) 东方羽虮指名亚种
lenocinium hemmark [= lenocinium metalmark, *Nymphidium lenocinium* (Schaus)] 林蛱蚬蝶
lenocinium metalmark 见 lenocinium hemmark
Lenodora 柔枯叶蛾属
Lenodora castanea (Hampson) 栗柔枯叶蛾
Lenodora oculata Zolotuhin 眼柔枯叶蛾
Lenomyia 边水虻属，软毛水虻属
Lenomyia glabra James 光边水虻
Lenomyia grandis James 大边水虻
Lenomyia honesta Kertész 实边水虻，荣林水虻，优雅水虻
Lenomyia lucens James 亮边水虻
Lenomyia pallipes James 淡足边水虻
Lenomyia similis James 类边水虻
lens 晶体 < 指眼的 >
lens-cylinder 晶体柱 < 指眼中由角膜和晶锥所组成的集光器 >
lenticular [= lenticulate, lenticulatus] 晶体状的
lenticulate 见 lenticular
lenticulatus 见 lenticular
lentigen layer [= corneagen layer] 角膜生成层
lentil weevil [*Bruchus lentis* Frölich] 小扁豆豆象甲，欧洲兵豆象，

林豆象

Lentireduvius 伦盗猎蝽属

Lentireduvius brasiliensis Cai *et* Taylor 巴西伦盗猎蝽

Lentistivalius 韧棒蚤属

Lentistivalius affinis Li 邻近韧棒蚤，邻近靭棒蚤

Lentistivalius ferinus (Rothschild) 野韧棒蚤，野靭棒蚤

Lentistivalius insoli (Traub) 异常韧棒蚤

Lentistivalius occidentayunnanus Li, Xie *et* Gong 滇西韧棒蚤，滇西靭棒蚤

lento skipper [*Lento lento* (Mabille)] 缓柔弄蝶

Lento 缓柔弄蝶属

Lento ferrago (Plötz) [ferrago skipper] 菲缓柔弄蝶

Lento hermione (Schaus) [hermione skipper] 褐缓柔弄蝶

Lento imerius (Plötz) [imerius skipper] 依缓柔弄蝶

Lento lento (Mabille) [lento skipper] 缓柔弄蝶

Lento lora Evans [lora skipper] 咯缓柔弄蝶

Lento lucto Evans [lucto skipper] 黑边缓柔弄蝶

Lento xanthina (Mabille) [xanthina skipper] 黄斑缓柔弄蝶

Lentocerus 优姬蜂属 *Euceros* 的异名

Lentocerus dentatus Dong 同 *Euceros pruinosus*

Lentocerus lijiangensis Dong 同 *Euceros sensibus*

lentulid 1. [= lentulid grasshopper] 缓蝗 < 缓蝗科 Lentulidae 昆虫的通称 >；2. 缓蝗科的

lentulid grasshopper [= lentulid] 缓蝗

Lentulidae 缓蝗科，小蛳蝗科

Leodonta 镂粉蝶属

Leodonta dysoni (Doubleday) 镂粉蝶

Leodonta marginata Schaus 缘镂粉蝶

Leodonta monticula Joicey *et* Talbot 山丘镂粉蝶

Leodonta tagaste (Felder *et* Felder) 条镂粉蝶

Leodonta tellane (Hewitson) 黄斑镂粉蝶

Leodonta zenobia (Felder *et* Felder) 线镂粉蝶

Leodonta zenobina (Höpffer) 丝镂粉蝶

Leona 狮弄蝶属

Leona leonora (Plötz) 狮弄蝶

Leona lissa (Evans) [lissa recluse] 莉萨狮弄蝶

Leona stohri Karsch 斯氏狮弄蝶

Leonard's skipper [*Hesperia leonardus* Harris] 白斑黄毡弄蝶

leonata satyr [*Drucina leonata* Butler] 尖眼蝶

Leontium virida Thomson 鲜绿狮天牛

Leontochroma 里卷蛾属

Leontochroma attenuatum Yasuda 同 *Leontochroma viridochraceum*

Leontochroma aurantiacum Walsingham 龙山里卷蛾，龙山卷蛾，橘狮卷蛾

Leontochroma lebetanum Walsingham 同 *Leontochroma suppurpuratum*

Leontochroma percornutum Diakonoff 巨齿里卷蛾，泼狮卷蛾

Leontochroma suppurpuratum Walsingham 眉里卷蛾，紫狮卷蛾

Leontochroma viridochraceum Walsingham 吉隆里卷蛾，吉隆卷蛾，绿狮卷蛾

leopard butterfly [= tawny silverline, Arab leopard, *Apharitis acamas* (Klug)] 阿富丽灰蝶，富丽灰蝶

leopard lacewing [*Cethosia cyane* (Drury)] 白带锯蛱蝶，白纹丽蛱蝶

leopard moth 1. [= cossid moth, cossid miller, carpenter miller, carpenter moth, carpenterworm moth, goat moth, cossid] 木蠹蛾 < 木蠹蛾科 Cossidae 昆虫的通称 >；2. [*Zeuzera pyrina* Linnaeus)] 梨豹蠹蛾，豹斑蠹蛾

Leopoldius 火眼蝇属

Leopoldius shansiensis (Chen) 山西火眼蝇

Leotichidae 印蝽科，蝙蝠椿象科

Peletier's sylph [*Lepella lepeletieri* (Latreille)] 肋弄蝶

Lepella 肋弄蝶属

Lepella lepeletieri (Latreille) [Peletier's sylph] 肋弄蝶

Leperina 勒谷盗属

Leperina cirrosa Pascoe 卷勒谷盗

Leperina regularis Groubelle 见 *Kolibacia regularis*

Leperina squamulosa (Gebler) 鳞勒谷盗

Leperisinus 梣小蠹属

Leperisinus aculeatus (Say) [eastern ash bark beetle] 明缝梣小蠹

Leperisinus californicus Swaine [olive bark beetle, western ash bark beetle] 加州梣小蠹

Leperisinus oregonus Blackman [Oregon ash bark beetle] 俄勒冈梣小蠹

Leperisinus varius Fabricius 见 *Hylesinus varius*

lepicerid 1. [= lepicerid beetle, toadlet beetle] 单跗甲 < 单跗甲科 Lepiceridae 昆虫的通称 >；2. 单跗甲科的

lepicerid beetle [= lepicerid, toadlet beetle] 单跗甲

Lepiceridae [= Cyathoceridae] 单跗甲科

Lepicerus 单跗甲属

Lepicerus inaequalis Motschulsky 皱单跗甲

Lepidarbela 勒拟木蠹蛾属

Lepidarbela baibarana (Matsumura) 拜勒拟木蠹蛾

Lepidarbela dea (Swinhoe) 见 *Squamura dea*

Lepidarbela discipuncta (Wileman) 见 *Squamura discipuncta*

Lepidarbelidae [= Metarbelidae, Teragridae, Arbelidae, Hollandiidae] 拟木蠹蛾科

Lepidiota 鳞鳃金龟甲属

Lepidiota bimaculata Saunderson 斑鳞鳃金龟甲，斑鳞鳃金龟

Lepidiota cratacea Niijima *et* Kinoshita 见 *Cyphochilus crataceus*

Lepidiota frenchi Blackburn 佛氏鳞鳃金龟甲

Lepidiota hirsuta Brenske 毛鳞鳃金龟甲，毛鳞鳃金龟

Lepidiota mashona Arrow 牡鳞鳃金龟甲

Lepidiota nana Sharp 见 *Dasylepida nana*

Lepidiota nonfriedi Brenske 农鳞鳃金龟

Lepidiota pinguis Burmeister 见 *Leucopholis pinguis*

Lepidiota praecellens Bates 原鳞鳃金龟

Lepidiota stigma (Fabricius) [sugarcane white grub] 痣鳞鳃金龟甲，痣鳞鳃金龟

Lepidiota tridens Sharp 三齿鳞鳃金龟甲，三齿鳞鳃金龟

Lepidocampa 鳞虮属

Lepidocampa polettii Silvestri 见 *Indjapyx polettii*

Lepidocampa takahashii Silvestri 高桥鳞虮，塔氏鳞虮

Lepidocampa weberi Oudemans 韦氏鳞虮

Lepidocampinae 鳞虮亚科

Lepidochlamidae 化蝶石蛾科

Lepidochlamus 化蝶石蛾属

Lepidochlamus nodosa Wang, Zhang, Engel, Sheng, Shih *et* Ren 似竹化蝶石蛾

Lepidochrysops 鳞灰蝶属

Lepidochrysops aethiopia (Bethune-Baker) 爱托鳞灰蝶

Lepidochrysops albilinea Tite 白纹鳞灰蝶
Lepidochrysops anerius (Hulstaert) 安路鳞灰蝶
Lepidochrysops ansorgi Tite 安琐鳞灰蝶
Lepidochrysops arabicus Gabriel 阿拉伯鳞灰蝶
Lepidochrysops asteris (Godart) [star blue, brilliant blue] 星鳞灰蝶
Lepidochrysops australis Tite [southern blue] 澳大利亚鳞灰蝶
Lepidochrysops azureus (Butler) 崖鳞灰蝶
Lepidochrysops bacchus Riley [Wineland blue] 蓝美鳞灰蝶
Lepidochrysops badhami van Son [Badham's blue] 巴美鳞灰蝶
Lepidochrysops balli Dickson [Ball's blue] 南非美鳞灰蝶
Lepidochrysops barnesi Pennington 巴鳞灰蝶
Lepidochrysops braueri Dickson [Brauer's blue] 布鳞灰蝶
Lepidochrysops budama van Someren 布达鳞灰蝶
Lepidochrysops butha Strand 布塔鳞灰蝶
Lepidochrysops caerulea Tite 恺露鳞灰蝶
Lepidochrysops carsoni (Butler) 开索鳞灰蝶
Lepidochrysops chala Kielland 茶鳞灰蝶
Lepidochrysops chloauges (Bethune-Baker) 绿鳞灰蝶
Lepidochrysops cinerea Bethune-Baker 喜纳鳞灰蝶
Lepidochrysops coaena Strand 科纳鳞灰蝶
Lepidochrysops coxii Pinhey 科西鳞灰蝶
Lepidochrysops cupreus (Neave) 铜鳞灰蝶
Lepidochrysops delicata Bethune-Baker 戴丽鳞灰蝶
Lepidochrysops desmondi Stempffer 纤细鳞灰蝶
Lepidochrysops dollmani Bethune-Baker 道鳞灰蝶
Lepidochrysops dolorosa (Trimen) 多鳞灰蝶
Lepidochrysops dukei Cottrell [Duke's blue] 杜凯鳞灰蝶
Lepidochrysops elgonae Stempffer 艾尔鳞灰蝶
Lepidochrysops flavisquamosa Tite 黄鳞灰蝶
Lepidochrysops fulvescens Tite 泛红鳞灰蝶
Lepidochrysops fumosus (Butler) 浮鳞灰蝶
Lepidochrysops gigantea (Trimen) 大斑鳞灰蝶
Lepidochrysops glandis Talbot 绀鳞灰蝶
Lepidochrysops glauca (Trimen) [silver blue] 银鳞灰蝶
Lepidochrysops grahami (Trimen) [Graham's blue] 戈莱鳞灰蝶
Lepidochrysops guichardi Gabriel 盖鳞灰蝶
Lepidochrysops hawkeri Talbot 赫鳞灰蝶
Lepidochrysops hypopolia (Trimen) 轻美鳞灰蝶
Lepidochrysops ignota (Trimen) [Zulu blue] 依鳞灰蝶
Lepidochrysops intermedia Bethune-Baker 中鳞灰蝶
Lepidochrysops inyangae Pinhey 旖鳞灰蝶
Lepidochrysops irvingi (Swanepoel) [Irving's blue] 伊鳞灰蝶
Lepidochrysops jacksoni van Someren 杰鳞灰蝶
Lepidochrysops jamesi Swanepoel [James's blue] 雅美鳞灰蝶
Lepidochrysops jansei van Someren 詹鳞灰蝶
Lepidochrysops jefferyi (Swierstra) [Jeffery's blue] 杰美鳞灰蝶
Lepidochrysops ketsi Cottrell [Ketsi blue] 凯特鳞灰蝶
Lepidochrysops kilimanjarensis Strand 乞力马扎罗鳞灰蝶
Lepidochrysops kitale Stempffer 珂鳞灰蝶
Lepidochrysops labwor van Someren 拉边鳞灰蝶
Lepidochrysops lerothodi (Trimen) [Lesotho blue] 莱罗鳞灰蝶
Lepidochrysops letsea (Trimen) [free state blue] 赖鳞灰蝶
Lepidochrysops leucon (Mabille) 白番鳞灰蝶
Lepidochrysops littoralis Swanepoel *et* Vári [coastal blue] 开普省美鳞灰蝶
Lepidochrysops loewensteini (Swanepoel) [Loewenstein's blue] 巴苏陀兰鳞灰蝶
Lepidochrysops longifalces Tite 长镰鳞灰蝶
Lepidochrysops lotana Swanepoel [lotana blue] 洛美鳞灰蝶
Lepidochrysops lukenia van Someren 陆鳞灰蝶
Lepidochrysops mashuna (Trimen) [monkey blue] 马碎鳞灰蝶
Lepidochrysops mcgregori Pennington [McGregor's blue] 穆鳞灰蝶
Lepidochrysops methymna (Trimen) 麦特鳞灰蝶
Lepidochrysops mpanda Tite 木攀鳞灰蝶
Lepidochrysops nacrescens Tite 娜鳞灰蝶
Lepidochrysops neavei Bethune-Baker 纳鳞灰蝶
Lepidochrysops negus (Felder) 奈鳞灰蝶
Lepidochrysops neogenus Bethune-Baker 新鳞灰蝶
Lepidochrysops nigeria Stempffer 尼日利亚鳞灰蝶
Lepidochrysops nigritia Tite 黑纹鳞灰蝶
Lepidochrysops nyika Tite 尼卡鳞灰蝶
Lepidochrysops oosthuizeni Swanepoel *et* Vári [Oosthuizen's blue] 非洲美鳞灰蝶
Lepidochrysops oreas Tite [Peninsula blue] 蓝斑鳞灰蝶
Lepidochrysops ortygia (Trimen) [koppie blue] 奥梯鳞灰蝶
Lepidochrysops outeniqua Swanepoel *et* Vári [outeniqua blue] 奥美鳞灰蝶
Lepidochrysops pampolis (Druce) 帕鳞灰蝶
Lepidochrysops parsimon (Fabricius) 鳞灰蝶
Lepidochrysops patricia (Trimen) [patrician blue] 淡紫鳞灰蝶

Lepidochrysops peculiaris (Rogenhofer) 罕奇鳞灰蝶
Lepidochrysops penningtoni Dickson [Pennington's blue] 彭美鳞灰蝶
Lepidochrysops pephredo (Trimen) [Escourt blue] 派美鳞灰蝶
Lepidochrysops plebeja (Butler) [twin-spot blue] 疑鳞灰蝶
Lepidochrysops polydialecta Bethune-Baker 多迪鳞灰蝶
Lepidochrysops poseidon Pringle [Baviannskloof blue] 波美鳞灰蝶
Lepidochrysops praeterita Swanepoel [Highveld blue] 普莱鳞灰蝶
Lepidochrysops pringle Dickson [Pringle's blue] 卜仁莱美鳞灰蝶
Lepidochrysops procera (Trimen) [Potchestroom blue] 前角鳞灰蝶
Lepidochrysops pterou Bethune-Baker 羽翼鳞灰蝶
Lepidochrysops puncticilia (Trimen) 斑点鳞灰蝶
Lepidochrysops quassi (Karsch) 奎鳞灰蝶
Lepidochrysops quickelbergei Swanepoel 魁美鳞灰蝶
Lepidochrysops reichnowi (Dewitz) 雷鳞灰蝶
Lepidochrysops rhodesensae Bethune-Baker 玫瑰鳞灰蝶
Lepidochrysops robertsoni Cottrell [Robertson's blue] 淡红鳞灰蝶
Lepidochrysops ruthica Pennington 鹿鳞灰蝶
Lepidochrysops skotios (Druce) 司鳞灰蝶
Lepidochrysops solwezii (Bethune-Baker) 梭尔鳞灰蝶
Lepidochrysops southeyae Pennington [Southey's blue] 素淡鳞灰蝶
Lepidochrysops stormsi (Robbe) 斯托鳞灰蝶
Lepidochrysops subvariegata Talbot 苏鳞灰蝶
Lepidochrysops swanepoeli Pennington [Swanepoel's blue] 矢美鳞灰蝶
Lepidochrysops swartbergensis Swanepoel [Swartberg blue] 斯瓦鳞灰蝶
Lepidochrysops synchrematiza Bethune-Baker 松鳞灰蝶

Lepidochrysops tantalus (Trimen) [king blue] 潭鳞灰蝶
Lepidochrysops titei Dickson [Tite's blue] 娣美鳞灰蝶
Lepidochrysops trimeni (Bethune-Baker) [Trimen's blue] 蒂鳞灰蝶
Lepidochrysops turlin Stempffer 涂鳞灰蝶
Lepidochrysops vansoni (Swanepoel) [van Son's blue] 范森鳞灰蝶
Lepidochrysops variabilis Cottrell [variable blue] 红幻鳞灰蝶
Lepidochrysops vera Tite 维拉鳞灰蝶
Lepidochrysops victori (Karsch) [Victor's blue] 维多利美鳞灰蝶
Lepidochrysops vinga Tite 纹鳞灰蝶
Lepidochrysops violetta Pinhey 小堇鳞灰蝶
Lepidochrysops wykehami Tite [Wykeham's blue] 威科哈姆鳞灰蝶
Lepidocyrtus 丽长䖴属
Lepidocyrtus caeruleicornis Bonet 湖北丽长䖴
Lepidocyrtus felipei Wang *et* Christiansen 菲氏丽长䖴
Lepidocyrtus fimetarius Gisin 上海丽长䖴
Lepidocyrtus hankowi Denis 汉口丽长䖴
Lepidocyrtus heterolepis (Yoshii) 香港丽长䖴
Lepidodelta 德夜蛾属
Lepidodelta intermedia (Bremer) 间纹德夜蛾，德夜蛾
Lepidogma 鳞丛螟属
Lepidogma atribasalis (Hampson) 黑基鳞丛螟
Lepidogma kiiensis Marumo 见 *Stericta kiiensis*
Lepidogma melanobasis Hampson 见 *Stericta melanobasis*
Lepidogma melanolopha Hampson 枚览鳞丛螟，黑叶沟须丛螟
Lepidogma tripartita (Wileman *et* South) 同 *Stericta melanobasis*
Lepidodens 鳞齿䖴属
Lepidodens hainanicus Zhang *et* Pan 海南鳞齿䖴
Lepidodens huadingensis Guo *et* Pan 华顶鳞齿䖴
Lepidodens nigrofasciatus Zhang *et* Pan 黑纹鳞齿䖴
Lepidodens similis Zhang *et* Pan 似鳞齿䖴
Lepidogryllus 鳞蟋属
Lepidogryllus siamensis (Chopard) 泰鳞蟋
Lepidohelea 丽蠓亚属，美蠓亚属
Lepidoneura 鳞脉丛螟属
Lepidoneura longipalpis (Swinhoe) 长须鳞脉丛螟，长须勒丛螟
Lepidophallus 异茎隐翅甲属，异茎隐翅虫属
Lepidophallus anhuensis Bordoni 见 *Megalinus anhuensis*
Lepidophallus cinnamomeus Zheng 见 *Megalinus cinnamomeus*
Lepidophallus coracinus Zheng 见 *Megalinus coracinus*
Lepidophallus flavoelytratus Bordoni 同 *Megalinus suffusus*
Lepidophallus japonicus (Sharp) 见 *Megalinus japonicus*
Lepidophallus metallicus (Fauvel) 见 *Megalinus metallicus*
Lepidophallus nanpingensis Zheng 南坪异茎隐翅甲，南坪异茎隐翅虫
Lepidophallus oculatus Bordoni 见 *Megalinus oculatus*
Lepidophallus suffusus (Sharp) 见 *Megalinus suffusus*
Lepidophallus zhenyuanensis Zheng 见 *Megalinus zhenyuanensis*
lepidopsocid 1. [= lepidopsocid barklouse, scaly-winged barklouse] 鳞蛄 < 鳞蛄科 Lepidopsocidae 昆虫的通称 >；2. 鳞蛄科的
lepidopsocid barklouse [= lepidopsocid, scaly-winged barklouse] 鳞蛄
Lepidopsocidae 鳞蛄科，鳞啮虫科
Lepidopsyche 杆袋蛾属 *Canephora* 的异名
Lepidopsyche asiatica Staudinger 见 *Canephora asiatica*
Lepidopsyche nigraplaga (Wilemman) 见 *Acanthopsyche nigraplaga*
Lepidoptera 鳞翅目
lepidopteral [= lepidopterous] 鳞翅目昆虫的，鳞翅类的
lepidopteran 1. [= lepidopteron, lepidopterous insect] 鳞翅目昆虫；2. 鳞翅目的，鳞翅目昆虫的
lepidopterin 鳞蝶呤
lepidopterist [= lepidopterologist] 鳞翅学家，鳞翅目昆虫学家
lepidopterofauna 鳞翅目区系
lepidopterological 鳞翅学的
lepidopterologist 见 lepidopterist
lepidopterology 鳞翅学，鳞翅类昆虫学
lepidopteron [= lepidopteran, lepidopterous insect] 鳞翅目昆虫
lepidopterous 见 lepidopteral
lepidopterous insect 见 lepidopteron
lepidopterous larva 鳞翅目幼虫
Lepidosaphes 蛎盾蚧属，牡蛎蚧属
Lepidosaphes abdominalis Takagi 木樨蛎盾蚧，木樨牡蛎蚧，木樨紫蛎盾蚧，锯胶牡蛎盾蚧
Lepidosaphes alnicola Borchsenius 阿蛎盾蚧，眼蛎盾蚧
Lepidosaphes beckii (Newman) [purple scale, mussel scale, citrus mussel scale, orange scale, comma scale, mussel purple scale] 紫蛎盾蚧，紫牡蛎蚧，紫牡蛎盾蚧，橘紫蛎蚧，紫蛎蚧，牡蛎盾介壳虫，橘紫蛎盾蚧，橘紫蛎盾介壳虫
Lepidosaphes bladhiae Takahashi 片状蛎盾蚧
Lepidosaphes camelliae Hoke [camellia scale, camellia parlatoria scale] 山茶蛎盾蚧，山茶蛎蚧，茶蛎盾蚧，茶牡蛎蚧，山茶长蛎盾蚧，山茶牡蛎盾蚧
Lepidosaphes celtis Kuwana [Japanese hackberry oystershell scale] 朴蛎盾蚧，朴蛎蚧
Lepidosaphes ceodes Kawai 东洋蛎盾蚧，东洋牡蛎盾蚧
Lepidosaphes chamaecyparidis Takagi *et* Kawai 侧柏蛎盾蚧，侧柏牡蛎盾蚧
Lepidosaphes chinensis Chamberlin [Chinese lepidosaphes scale, Chinese mussel scale] 中华蛎盾蚧，中华牡蛎蚧，中国牡蛎盾蚧，兰紫蛎盾蚧
Lepidosaphes citricola (Young *et* Hu) 柑橘蛎盾蚧，柑橘安盾蚧
Lepidosaphes citrina (Borchsenius) 橘叶蛎盾蚧，橘叶牡蛎盾蚧
Lepidosaphes conchiformis (Gmelin) [fig scale, fig oystershell scale, greater fig mussel scale, Mediterranean fig scale, pear oystershell scale, red oystershell scale, apple bark-louse, narrow fig scale] 沙枣蛎盾蚧，梨蛎盾蚧，梨牡蛎蚧，梅蛎盾蚧，梅牡蛎盾蚧，榕蛎蚧
Lepidosaphes coreana (Borchsenius) [Korean comma scale] 朝鲜蛎盾蚧，朝鲜牡蛎蚧，朝鲜癞蛎盾蚧
Lepidosaphes corni Takahashi 山茱萸蛎盾蚧，山茱萸牡蛎蚧，卫矛蛎盾蚧，卫仓茅长蛎盾蚧，株木牡蛎盾蚧
Lepidosaphes cupressi Borchsenius 桧柏蛎盾蚧，桧柏牡蛎盾蚧，柏牡蛎蚧，库蛎盾蚧，柏紫蛎盾蚧
Lepidosaphes cycadicola Kuwana 苏铁蛎盾蚧，苏铁蛎盾介壳虫
Lepidosaphes dorsalis Takagi *et* Kawai 冬青蛎盾蚧，冬青牡蛎盾蚧
Lepidosaphes euryae (Kuwana) 柃木蛎盾蚧，柃木癞蛎蚧，柃木癞蛎盾蚧，柃副长蛎盾蚧
Lepidosaphes foliicola Borchsenius 桧柏蛎盾蚧
Lepidosaphes garambiensis Takahashi 卧云蛎盾蚧，卧云牡蛎蚧，加若长蛎盾蚧，鹅卵鼻长蛎盾介壳虫，台湾牡蛎盾蚧

Lepidosaphes glaucae Takahashi 青冈蛎盾蚧，青冈牡蛎蚧，栎癞蛎盾蚧，栎副长蛎盾蚧

Lepidosaphes gloverii (Packard) [Glover scale, Glover's scale, citrus long scale, Glover's mussel scale, long mussel scale, long scale, mussel-shell scale] 长蛎盾蚧，橘长蛎蚧，柑橘长蛎蚧，长蛎蚧，葛氏蛎盾蚧，长牡蛎蚧，橘长蛎盾介壳虫，葛氏牡蛎盾蚧

Lepidosaphes japonica (Kuwana) [kusamaki scale] 日本蛎盾蚧，日本牡蛎蚧，草地蛎蚧，日本长蛎盾蚧，日本牡蛎盾蚧

Lepidosaphes juniperi Lindinger 桧叶蛎盾蚧，桧叶牡蛎盾蚧

Lepidosaphes junipericola (Tang) 刺柏蛎盾蚧，刺柏眼蛎蚧，刺柏眼蛎盾蚧

Lepidosaphes kamakurensis Kuwana 镰仓蛎盾蚧，日本蛎盾蚧，菝葜副长蛎盾蚧

Lepidosaphes keteleeriae Ferris 油杉蛎盾蚧，油杉牡蛎蚧，油杉副长蛎盾蚧

Lepidosaphes kuwacola Kuwana [mulberry oystershell scale] 桑蛎盾蚧，桑牡蛎盾蚧，桑蛎蚧，桑树眼蛎盾蚧

Lepidosaphes lasianthi (Green) 鸡树蛎盾蚧，鸡树牡蛎盾蚧

Lepidosaphes laterochitinosa Green 硬缘蛎盾蚧，侧骨牡蛎蚧，硬缘癞蛎盾蚧，侧坚副长蛎盾蚧，侧骨副蛎盾介壳虫

Lepidosaphes leei Takagi 冬青蛎盾蚧，冬青牡蛎蚧，冬青癞蛎盾蚧，李副长蛎盾蚧

Lepidosaphes lithocarpi Takahashi 柯树蛎盾蚧，柯树牡蛎蚧

Lepidosaphes lithocarpicola (Tang) 石柯蛎盾蚧，石柯眼蛎蚧，石柯眼蛎盾蚧

Lepidosaphes machili Maskell 同 *Lepidosaphes pinnaeformis*

Lepidosaphes malicola Borchsenius 苹果蛎盾蚧，苹果牡蛎蚧

Lepidosaphes maskelli (Cockerell) 同 *Lepidosaphes pallida*

Lepidosaphes meliae (Tang) 楝树蛎盾蚧，楝树癞蛎蚧，楝树癞蛎盾蚧

Lepidosaphes newsteadi (Šulc) [pine oystershell scale, Newstead's scale, Newstead scale, oyster-shell scale] 雪松蛎盾蚧，雪松牡蛎盾蚧，松针牡蛎盾蚧

Lepidosaphes nivalis Takagi 铁杉蛎盾蚧，铁杉牡蛎蚧，铁杉长蛎盾蚧，松柏牡蛎盾蚧

Lepidosaphes okitsuensis Kuwana [Japanese silver fir scale] 榧蛎盾蚧，榧牡蛎蚧，冷杉癞蛎盾蚧，杉副长蛎盾蚧

Lepidosaphes pallida (Maskell) [Maskell's scale, Maskell scale, paler oystershell scale] 淡色蛎盾蚧，长角灰蛎蚧，马氏长蛎盾蚧，花花柴长蛎盾蚧，橘牡蛎盾蚧

Lepidosaphes piceae (Tang) 云杉蛎盾蚧，云杉眼蛎蚧，云杉眼蛎盾蚧

Lepidosaphes pinea (Borchsenius) 松长蛎盾蚧，北朝牡蛎盾蚧

Lepidosaphes pineti Borchsenius 松小蛎盾蚧，松小牡蛎蚧，短七松长蛎盾蚧，北京牡蛎盾蚧

Lepidosaphes pini (Maskell) 松蛎盾蚧，松牡蛎蚧，长七松长蛎盾蚧，松牡蛎盾蚧

Lepidosaphes pinifolii (Borchsenius) 松针蛎盾蚧，松针眼蛎盾蚧

Lepidosaphes piniphila Borchsenius 京松蛎盾蚧，松针牡蛎蚧，京松癞蛎盾蚧，松副长蛎盾蚧

Lepidosaphes piniroxburghii (Takagi) 尼泊尔蛎盾蚧，尼泊尔眼蛎盾蚧

Lepidosaphes pinnaeformis (Borchsenius) [cymbidium scale, machilus oystershell, mussel scale] 兰蛎盾蚧，角眼牡蛎蚧，针型眼蛎盾蚧，兰真紫蛎盾蚧

Lepidosaphes piperis Green [pepper scale, pepper mussel scale] 胡椒蛎盾蚧，胡椒蛎蚧

Lepidosaphes pitysophila (Takagi) 柏蛎盾蚧，金松牡蛎蚧，松癞蛎盾蚧，台松副长蛎盾蚧

Lepidosaphes pseudomachili (Borchsenius) 拟兰蛎盾蚧，木兰牡蛎蚧，拟兰眼蛎盾蚧

Lepidosaphes pseudotsugae (Takahashi) 东瀛蛎盾蚧，日本眼蛎盾蚧

Lepidosaphes pyrorum Tang 梨蛎盾蚧，浙梨牡蛎蚧，梨牡蛎盾蚧

Lepidosaphes rubrovittata Cocketell [guava scale] 石榴蛎盾蚧，石榴牡蛎蚧，石榴牡蛎盾蚧

Lepidosaphes salicina Borchsenius [Far Eastern oystershell scale] 柳蛎盾蚧，柳牡蛎蚧

Lepidosaphes schimae Kawai 木荷蛎盾蚧，木荷牡蛎盾蚧

Lepidosaphes szetchwanensis (Borchsenius) 四川蛎盾蚧，四川副长蛎盾蚧

Lepidosaphes takahashii Borchsenius 高桥蛎盾蚧，高桥眼蛎盾蚧

Lepidosaphes takaoensis Takahashi 朴叶蛎盾蚧，高尾牡蛎蚧，高雄蛎盾介壳虫

Lepidosaphes tapleyi Williams 杧果蛎盾蚧，杧果蛎蚧

Lepidosaphes tokionis (Kuwana) [Tokyo scale, croton scale, croton mussel scale] 东京蛎盾蚧，东京牡蛎蚧，东京长蛎盾蚧，东京牡蛎盾蚧

Lepidosaphes tritubulatus Borchsenius 三管蛎盾蚧，三管牡蛎蚧，三管长蛎盾蚧，三管牡蛎盾蚧

Lepidosaphes tsugaedumosae (Takagi) 云南蛎盾蚧，铁杉眼蛎盾蚧

Lepidosaphes tubulorum Ferris [dark oystershell scale, tube scale] 乌桕蛎盾蚧，瘤额蛎盾蚧，东方蛎盾蚧，乌桕癞蛎盾蚧，乌桕癞蛎蚧，柿蛎蚧，茶牡蛎蚧，茶牡蛎盾蚧，瘤额牡蛎蚧，额瘤副蛎盾介壳虫

Lepidosaphes tubulorum Kuwana 同 *Lepidosaphes ussuriensis*

Lepidosaphes turanica Archangelskaya 沙枣蛎盾蚧，沙枣牡蛎蚧，沙枣牡蛎盾蚧

Lepidosaphes ulmi (Linnaeus) [oystershell scale, apple oystershell scale, mussel scale, apple mussel scale, appletree bark louse, butternut bark-louse, fig oystershell scale, fig scale, greater fig mussel scale, linden oystershell scale, Mediterranean fig scale, oyster-shell bark-louse, oyster-shell scale, pear oystershell scale, poplar oystershell scale, red oystershell scale, vine mussel scale] 榆蛎盾蚧，榆蛎蚧，苹蛎蚧，榆牡蛎蚧

Lepidosaphes ulmicola (Xu) 同 *Lepidosaphes coreana*

Lepidosaphes ussuriensis Borchsenius 乌苏里蛎盾蚧，乌苏里癞蛎盾蚧，乌苏癞蛎盾蚧

Lepidosaphes yamahoi Takahashi 山地蛎盾蚧，山保牡蛎蚧，屏东蛎盾介壳虫，山地癞蛎盾蚧

Lepidosaphes yanagicola Kuwana 杨蛎盾蚧，杨牡蛎蚧，杨长蛎盾蚧，槐牡蛎盾蚧

Lepidosaphes yoshimotoi Takagi 花柏蛎盾蚧，花柏牡蛎盾蚧，扁柏牡蛎蚧

Lepidosaphes zelkovae Takagi *et* Kawai 赭蛎盾蚧，榉牡蛎盾蚧

Lepidosaphes zhejiangensis Feng, Yuan *et* Zhang 浙江蛎盾蚧，浙江牡蛎蚧

Lepidostoma 鳞石蛾属
Lepidostoma acutum Yang *et* Weaver 尖锐鳞石蛾
Lepidostoma albardanum (Ulmer) 北鳞石蛾
Lepidostoma arcuatum (Hwang) 弓突鳞石蛾，弯茎条鳞石蛾，弧戈罗瘤石蛾
Lepidostoma bibrochatum Yang *et* Weaver 双齿鳞石蛾
Lepidostoma bifurcatum Yang *et* Weaver 二叉鳞石蛾
Lepidostoma bispinatum Yang *et* Weaver 二刺鳞石蛾
Lepidostoma brevibifidum Yang *et* Weaver 短双叉鳞石蛾
Lepidostoma brevipalpatum Yang *et* Weaver 短须鳞石蛾
Lepidostoma brueckmanni (Malicky *et* Chantaramongkol) 勃鳞石蛾
Lepidostoma buceran Yang *et* Weaver 角茎鳞石蛾，大突鳞石蛾
Lepidostoma cisflavum Yang *et* Weaver 近黄鳞石蛾
Lepidostoma cornigerum (Ulmer) 角鳞石蛾，角条鳞石蛾
Lepidostoma directum Yang *et* Weaver 直鳞石蛾
Lepidostoma djerkuanum (Martynov) 德鳞石蛾，德茎突鳞石蛾
Lepidostoma doligung (Malicky) 印鳞石蛾
Lepidostoma dolphinus Yang *et* Weaver 背突鳞石蛾
Lepidostoma dui Yang *et* Weaver 杜氏鳞石蛾
Lepidostoma ebenacanthum (Ito) 岛鳞石蛾
Lepidostoma elaphodes Yang *et* Weaver 似鹿鳞石蛾
Lepidostoma elongatum (Martynov) 长鳞石蛾
Lepidostoma fadahel Malicky 玹鳞石蛾
Lepidostoma flavum (Ulmer) 黄纹鳞石蛾，黄褐鳞石蛾，黄纹条鳞石蛾，黄戈罗瘤石蛾

Lepidostoma foliatum Yang *et* Weaver 多突鳞石蛾
Lepidostoma fui (Hwang) 傅氏鳞石蛾，福建茎突鳞石蛾
Lepidostoma huangi Yang *et* Weaver 黄氏鳞石蛾
Lepidostoma inerme (McLachlan) 无突鳞石蛾
Lepidostoma inops (Ulmer) 巨枝鳞石蛾，荫枚鳞石蛾
Lepidostoma longipalpatum Yang *et* Weaver 长颚须鳞石蛾
Lepidostoma longipilosum (Schmid) 长须鳞石蛾
Lepidostoma longispina (Huang) 长钩鳞石蛾，长钩茎突鳞石蛾
Lepidostoma lumellatum Yang *et* Weaver 扁茎突鳞石蛾
Lepidostoma maruth Malicky 内钩鳞石蛾
Lepidostoma multicavatum Yang *et* Weaver 多凹鳞石蛾
Lepidostoma opulentum (Ulmer) 美鳞石蛾，美枚鳞石蛾
Lepidostoma orientale (Tsuda) 东方鳞石蛾
Lepidostoma palmipes (Ito) 棕腿鳞石蛾
Lepidostoma propriopalpum (Hwang) 盂须鳞石蛾，盂须条鳞石蛾，普戈罗瘤石蛾
Lepidostoma qilini Weaver 其林鳞石蛾，毛须茎突鳞石蛾，长节毛脉鳞石蛾
Lepidostoma quadrispinum (Hsu *et* Chen) 四刺鳞石蛾，四棘长节石蛾
Lepidostoma recurvatum Yang *et* Weaver 折鳞石蛾
Lepidostoma seneca Malicky 丽鳞石蛾
Lepidostoma sichuanense Yang *et* Weaver 四川鳞石蛾
Lepidostoma sinuatum (Martynov) 波鳞石蛾，波戈罗瘤石蛾
Lepidostoma sonomax (Mosely) 斯鳞石蛾，斯茎突鳞石蛾
Lepidostoma subtortum Yang *et* Weaver 绞肢鳞石蛾
Lepidostoma surhamulatum Yang *et* Weaver 上钩鳞石蛾
Lepidostoma taichungense (Hsu *et* Chen) 台中鳞石蛾，台中长节石蛾
Lepidostoma taiwanense (Ito) 台湾鳞石蛾
Lepidostoma tanmounense (Hsu *et* Chen) 天母鳞石蛾，台北鳞石蛾，天母长节石蛾
Lepidostoma taurocorne Yang *et* Weaver 角鳞石蛾
Lepidostoma tiani Yang *et* Weaver 田氏鳞石蛾
Lepidostoma ulmeri (Martynov) 新疆鳞石蛾
Lepidostoma weirjeinense (Hsu et Chen) 唯金鳞石蛾，高雄鳞石蛾，唯金长节石蛾
Lepidostoma yunnanense Yang *et* Weaver 云南鳞石蛾
lepidostomatid 1. [= lepidostomatid caddisfly, scaly-mouth caddisfly] 鳞石蛾 < 鳞石蛾科 Lepidostomatidae 昆虫的通称 >；2. 鳞石蛾科的
lepidostomatid caddisfly [= lepidostomatid, scaly-mouth caddisfly] 鳞石蛾
Lepidostomatidae 鳞石蛾科
Lepidotarphius 鳞雕蛾属
Lepidotarphius perornatella (Walker) 银点鳞雕蛾，银点雕蛾，泼雕蛾
lepidotic 具细鳞的
Lepidotrigona 鳞无刺蜂属
Lepidotrigona terminata (Smith) 顶鳞无刺蜂，顶无刺蜂
Lepidotrigona ventralis (Smith) 黄纹鳞无刺蜂
Lepidozonates 鳞带祝蛾属
Lepidozonates viciniolus Park 鳞带祝蛾
Lepinotus 鳞蛄属
Lepinotus inquilinus Heyden 家鳞蛄，家啮虫
Lepinotus reticulatus Enderlein [reticulate-winged booklouse] 网翅鳞蛄，网翅书虱
lepis [= scale] 鳞片
Lepisiota 鳞山蚁属
Lepisiota capensis (Mayr) 湖南刺结蚁
Lepisiota pulchella (Forel) 稍美刺结蚁
Lepisiota rothneyi (Forel) 罗氏鳞山蚁，罗思尼氏斜结蚁，罗氏斜结蚁
Lepisiota rothneyi rothneyi (Forel) 罗氏鳞山蚁指名亚种
Lepisiota rothneyi taivanae (Forel) 罗氏鳞山蚁台湾亚种，台湾鳞山蚁，台湾鳞蚁，台罗氏斜结蚁
Lepisiota rothneyi watsonii (Forel) 罗氏鳞山蚁瓦氏亚种，瓦罗氏斜结蚁
Lepisiota rothneyi wroughtonii (Forel) 罗氏鳞山蚁骆氏亚种，骆氏鳞蚁，骆氏鳞山蚁，骆罗氏斜结蚁，鲁氏斜结蚁，罗夫顿斜结蚁
Lepisiota wroughtoni (Forel) 见 *Lepisiota rothneyi wroughtonii*
Lepisma 衣鱼属
Lepisma saccharina Linnaeus [silverfish, fishmoth, urban silverfish] 台湾衣鱼，普通衣鱼，西洋衣鱼，衣鱼
Lepismachilis 膜蛃属
Lepismachilis affinis Gaju, Bach *et* Molero 类膜蛃
lepismatid 1. [= lepismatid silverfish] 衣鱼 < 衣鱼科 Lepismatidae 昆虫的通称 >；2. 衣鱼科的
lepismatid silverfish [= lepismatid] 衣鱼
Lepismatidae 衣鱼科
Lepismatinae 衣鱼亚科
Lepismatoidea 衣鱼总科
lepismoid 衣鱼型

Lepispilus sulcicollis Boisduval 具沟鳞皮拟步甲
Lepium 毗鳞蛄属
Lepium enderleini Banks 安毗鳞蛄，恩氏叨啮虫
Lepolepis 勒鳞蛄属，勒啮虫属
Lepolepis ceylonica Enderlein 圆勒鳞蛄，锡兰勒啮虫
leporina dagger moth [= miller, miller moth, poplar dagger moth, *Acronicta leporina* (Linnaeus)] 剑纹夜蛾
Lepricornis 蕾蚬蝶属
Lepricornis atricolor Butler 无色蕾蚬蝶
Lepricornis bicolor (Godman *et* Salvin) 双色蕾蚬蝶
Lepricornis incerta (Staudinger) 云彩蕾蚬蝶
Lepricornis melanchroia Felder *et* Felder 黑纹蕾蚬蝶
Lepricornis ochrace Stichel 赭色蕾蚬蝶
Lepricornis radiosa Zikan 放射蕾蚬蝶
Lepricornis strigosus (Staudinger) 条纹蕾蚬蝶
Lepricornis teras Stichel 畸形蕾蚬蝶
leprieuri asterope [= Leprieur's glory, *Asterope leprieuri* (Feisthamel)] 乐星蛱蝶，褐色蓝蛱蝶，弧蓝蛱蝶
leprieuri tiger clearwing [*Hypothyris leprieuri* (Feisthamel)] 黎闩绡蝶
Leprieur's glory 见 leprieuri asterope
Leprocaulus attenuatus Pic 见 *Hexarhopalus attenuatus*
Lepropus 翠象甲属，翠象属
Lepropus aurovittatus Heller 金带翠象甲，金带翠象
Lepropus chinensis (Fairmaire) 中华翠象甲，中华翠象
Lepropus chrysochlorus Wiedemann 金黄翠象甲，金黄翠象
Lepropus flavovittatus Pascoe 黄条翠象甲，黄条翠象
Lepropus gestroi Marshall 橘边翠象甲，橘边翠象
Lepropus lateralis Fabricius 金边翠象甲，金边翠象
Leprosoma 糙蝽属
Leprosoma tuberculatum Jakovlev 瘤糙蝽
Leprostictopsylla 鳞斑木虱属
Leprostictopsylla jiuzhaiensis Li 九寨鳞斑木虱
leprous 具散鳞的
leps [lepidopterans 的缩写] 鳞翅目昆虫
Leptacinus 离叶隐翅甲属，瘦隐翅甲属
Leptacinus batychrus (Gyllenhal) 方头离叶隐翅甲，巴瘦隐翅甲
Leptacinus chinensis Cameron 同 *Leptacinus japonicus*
Leptacinus densus Bernhauer 同 *Medhiama paupera*
Leptacinus gracilis Fauvel 丽离叶隐翅甲，丽瘦隐翅甲
Leptacinus harbinensis Bordoni 奇囊离叶隐翅甲
Leptacinus japonicus Cameron 日本离叶隐翅甲，日本瘦隐翅甲
Leptacinus marshalli Bernhauer 马氏离叶隐翅甲，马瘦隐翅甲
Leptacinus parumpunctatus (Gyllenhal) 侧沟离叶隐翅甲，侧沟瘦隐翅甲
Leptacinus pusillus (Stephens) 弱离叶隐翅甲，弱瘦隐翅甲
Leptacoenites 细姬蜂属
Leptacoenites russatus Wang 红细姬蜂
Leptacrinae 长腹蝗亚科
Leptacris 长腹蝗属
Leptacris liyang (Tsai) 溧阳长腹蝗
Leptacris taeniata (Stål) 绿长腹蝗
Leptacris vittata (Fabricius) 白条长腹蝗
Leptagria 常盾隐翅甲属
Leptagria occulta (Pace) 红褐常盾隐翅甲
Leptagria salamannai (Pace) 丽常盾隐翅甲
Leptagria tranquillitatis (Pace) 沟胸常盾隐翅甲
Leptaleus 勒蚁形甲属
Leptaleus trigibber (Marseul) 勒蚁形甲
Leptalina 小弄蝶属
Leptalina ornatus Bremer 同 *Leptalina unicolor*
Leptalina unicolor (Bremer *et* Grey) [silver-striped skipper, silver-lined skipper] 银条小弄蝶，小弄蝶，银条弄蝶
Leptalina unicolor ornatus Bremer 同 *Leptalina unicolor unicolor*
Leptalina unicolor unicolor (Bremer *et* Grey) 银条小弄蝶指名亚种
Leptanilla 细蚁属
Leptanilla hunanensis Tang, Li *et* Chen 湖南细蚁
Leptanilla kunmingensis Xu *et* Zhang 昆明细蚁
Leptanilla taiwanensis Ogata, Terayama *et* Masuko 台湾细蚁
Leptanillinae 细蚁亚科
Leptanillini 细蚁族
Leptapoderidius nigroapicatus (Jekel) 见 *Leptapoderus (Leptapoderidius) nigroapicatus*
Leptapoderus 瘦卷象甲属，瘦卷象属
Leptapoderus atronitidus (Pic) 黑瘦卷象甲，黑亮卷象
Leptapoderus carbonicolor (Motschulsky) 胡枝子瘦卷象甲，胡枝子卷叶象
Leptapoderus (Leptapoderidius) nigroapicatus (Jekel) 黑尾瘦卷象甲，黑尾卷叶象甲，黑尾卷叶象，黑顶尖翅卷象，黑尾卷象甲，黑尾卷象

Leptapoderus (Leptapoderidius) sejugatus (Voss) 轭瘦卷象甲，轭尖翅卷象甲，轭卷象甲，轭卷象
Leptapoderus (Pseudoleptapoderus) friedrichi (Voss) 弗瘦卷象甲，弗卷象，福氏尖翅卷象甲
Leptapoderus thoracicus (Voss) 胸瘦卷象甲，胸瘦卷象，胸卷象
Leptarthra 勒萤叶甲属
Leptarthra grandipennis Fairmaire 见 *Meristoides grandipennis*
Leptarthra jayarami (Vazirani) 佳氏勒萤叶甲
Leptarthra nigropicta Fairmaire 白纹勒萤叶甲
Leptarthra pici Laboissière 皮氏勒萤叶甲
Leptarthra touzalini Laboissière 同 *Meristoides oberthuri*
Leptataspis 小盾沫蝉属
Leptataspis fulviceps (Dallas) 橘黄小盾沫蝉
Leptataspis fuscipennis (Saint-Fargeau *et* Serville) 黑翅小盾沫蝉，黑翅隆背沫蝉
Leptataspis kiangensis Lallemand 江西小盾沫蝉
Leptataspis lydia (Stål) 四齿小盾沫蝉，川瘤胸沫蝉
Leptataspis megamera (Butler) 同 *Leptataspis fulviceps*
Leptaulax 黄瘦黑蜣属
Leptaulax anipunctus (Zang) 同 *Leptaulax cyclotaenius*
Leptaulax bicolor Fabricius 锈黄瘦黑蜣
Leptaulax cyclotaenius Kuwert 暗瘦黑蜣
Leptaulax dentatus (Fabricius) 齿瘦黑蜣
Leptaulax formosanus Doesburg 小瘦黑蜣，小黑艳虫
Leptaulax interponendus Kuwert 同 *Leptaulax dentatus*
Leptelmis 缢溪泥甲属，隘胸长角泥虫属
Leptelmis brunnelineata Zhang, Su *et* Yang 褐线缢溪泥甲
Leptelmis flavicollis Bollow 黄缢溪泥甲
Leptelmis formosasa Nomura 台缢溪泥甲，蓬莱隘胸长角泥虫

Leptelmis gracilis Sharp 纤缢溪泥甲
Leptelmis gracilis gracilis Sharp 纤缢溪泥甲指名亚种
Leptelmis gracilis impubis Zhang *et* Ding 纤缢溪泥甲无毛亚种，无毛缢溪泥甲
Leptelmis guangxiana Zhang, Su *et* Yang 广西缢溪泥甲
Leptelmis obscura Deleve 暗缢溪泥甲
Leptelmis vittata Zhang, Su *et* Yang 条带缢溪泥甲
Leptepania 瘦萎鞘天牛属
Leptepania japonica (Hayashi) 日本瘦萎鞘天牛，日瘦萎鞘天牛
Leptepania kukuanana Chang 同 *Leptepania minuta*
Leptepania lantanensis Hayashi 香港瘦萎鞘天牛，港瘦萎鞘天牛
Leptepania longicollis (Heller) 长瘦萎鞘天牛
Leptepania minuta Gressitt 小瘦萎鞘天牛，姬短翅天牛，微小翅天牛
Leptepania okunevi Shabliovsky 蒙瘦萎鞘天牛
Leptepania sakaii Hayashi 酒井短翅天牛，兰屿瘦萎鞘天牛，酒井氏短翅天牛
Leptepistomion 瘦尺蛾属
Leptepistomion concinna (Warren) 齐瘦尺蛾，齐金星尺蛾
Lepteucosma 瘦花小卷蛾属
Lepteucosma huebnerianum (Koçak) 褐瘦花小卷蛾
Lepteucosma parki (Bae) 朴氏瘦花小卷蛾
Lepteucosma siamense (Kawabe) 泰国瘦花小卷蛾
Leptidae [= Rhagionidae] 鹬虻科
Leptidea 小粉蝶属 <该属有一个天牛科 Cerambycidae 昆虫的次同名>

Leptidea amurensis (Ménétriés) [northeast-Asian wood white] 突角小粉蝶
Leptidea amurensis amurensis (Ménétriés) 突角小粉蝶指名亚种
Leptidea amurensis emisinapis Verity 突角小粉蝶阿尔泰亚种，埃突角小粉蝶
Leptidea batangi Lorkovic 见 *Leptidea morsei batangi*
Leptidea bibremis Matsumura 同 *Leptidea sinapis*
Leptidea bizonata Matsumura 同 *Leptidea sinapis*
Leptidea brevipennis Mulsant 见 *Nathrius brevipennis*
Leptidea duponcheli (Staudinger) [eastern wood white] 杜波小粉蝶
Leptidea gigantea (Leech) 圆翅小粉蝶
Leptidea gigantea tsinlingi (Bang-Haas) 见 *Leptidea morsei tsinlingi*
Leptidea juvernica Williams [cryptic wood white] 隐小粉蝶
Leptidea lactea Lorkovic 乳色小粉蝶，来小粉蝶
Leptidea lactea lactea Lorkovic 乳色小粉蝶指名亚种
Leptidea lactea praelactea Lorkovic 乳色小粉蝶普来亚种，普来小粉蝶
Leptidea morsei Fenton [Fenton's wood white] 莫氏小粉蝶
Leptidea morsei batangi Lorkovic 莫氏小粉蝶巴氏亚种，巴塘小粉蝶
Leptidea morsei morsei Fenton 莫氏小粉蝶指名亚种
Leptidea morsei ommani Lorkovic 莫氏小粉蝶奥氏亚种，奥莫氏小粉蝶
Leptidea morsei sinensis (Butler) 见 *Leptidea sinapis sinensis*
Leptidea morsei tsinlingi (Bang-Haas) 莫氏小粉蝶秦岭亚种，秦岭圆翅小粉蝶
Leptidea praelactea Lorkovic 普小粉蝶，普来小粉蝶
Leptidea reali Reissinger [Real's wood white] 雷小粉蝶
Leptidea serrata Lee 锯纹小粉蝶
Leptidea sinapis (Linnaeus) [wood white] 条纹小粉蝶，小粉蝶，辛小粉蝶，辛白模粉蝶
Leptidea sinapis lathyrides Verity 条纹小粉蝶阿穆尔亚种，拉辛小粉蝶
Leptidea sinapis manchurica Matsumura 条纹小粉蝶东北亚种，东北辛小粉蝶
Leptidea sinapis melanoinspersa Verity 条纹小粉蝶黑纹亚种，黑辛小粉蝶
Leptidea sinapis sinapis (Linnaeus) 条纹小粉蝶指名亚种
Leptidea sinapis sinensis (Butler) 条纹小粉蝶中华亚种，华辛小粉蝶
Leptidea undularis (Hewitson) 波纹小粉蝶
Leptidea yunnanica Koiwaya 云南小粉蝶
leptiform [= campodeiform] 蛃型，蠋型
leptinid 1. [= leptinid beetle, mammal-nest beetle] 寄居甲 <寄居甲科 Leptinidae 昆虫的通称>; 2. 寄居甲科的
leptinid beetle [= leptinid, mammal-nest beetle] 寄居甲
Leptinidae 寄居甲科
Leptinotarsa 瘦跗叶甲属
Leptinotarsa decemlineata (Say) [Colorado potato beetle, Colorado beetle] 马铃薯叶甲，马铃薯甲虫，科罗拉多马铃薯甲虫，科罗拉多金花虫，蔬菜花斑虫
Leptinotarsa juncta (Germar) [false potato beetle] 伪马铃薯甲虫
Leptispa 卷叶甲属，小扁铁甲虫属
Leptispa abdominalis Baly 红腹卷叶甲
Leptispa abdominalis abdominalis Baly 红腹卷叶甲指名亚种，指名红腹卷叶铁甲
Leptispa abdominalis formosana Chûjô 红腹卷叶甲台湾亚种，台湾红腹卷叶铁甲
Leptispa abdominalis meridiana Chen *et* Yu 同 *Leptispa abdominalis abdominalis*
Leptispa allardi Baly 异色卷叶甲，异色卷叶铁甲
Leptispa atricolor Pic 见 *Ovotispa atricolor*
Leptispa bicolor Chûjô 同 *Leptispa miwai*
Leptispa collaris Chen *et* Yu 麻胸卷叶甲，麻胸卷叶铁甲
Leptispa formosana Chûjô 同 *Leptispa miwai*
Leptispa godwini Baly 同 *Leptispa collaris*
Leptispa impressa Uhmann 曲缘卷叶甲，曲缘卷叶铁甲
Leptispa longipennis (Gestro) 长鞘卷叶甲，长鞘卷叶铁甲，瘦铁甲
Leptispa magna Chen *et* Yu 大卷叶甲，大卷叶铁甲
Leptispa miwai Chûjô 涡胸卷叶甲，涡胸卷叶铁甲，三轮氏小扁铁甲虫
Leptispa miyamotoi Kimoto 宫本卷叶甲，麦氏卷叶甲
Leptispa parallela (Gestro) 平行卷叶甲
Leptispa parallela parallela (Gestro) 平行卷叶甲指名亚种
Leptispa parallela yunnana Chen *et* Yu 同 *Leptispa parallela parallela*
Leptispa pici Uhmann 广西卷叶甲，广西卷叶铁甲
Leptispa pygmae Baly 小卷叶甲，小卷叶铁甲
Leptispa viridis Gressitt 绿卷叶甲，绿卷叶铁甲
Leptispini 卷叶甲族
Leptobatopsis 细柄姬蜂属，叶螟细柄姬蜂属
Leptobatopsis annularis Sheng *et* Sun 环细柄姬蜂
Leptobatopsis appendiculata Momoi 具齿细柄姬蜂
Leptobatopsis atrosoma Chandra *et* Gupta 同 *Leptobatopsis nigrescens*

Leptobatopsis bicolor Cushman 两色细柄姬蜂
Leptobatopsis guanshanica Sheng *et* Sun 官山细柄姬蜂
Leptobatopsis indica (Cameron) 稻切叶螟细柄姬蜂
Leptobatopsis lepida (Cameron) 丽细柄姬蜂
Leptobatopsis maai Momoi 黄斑细柄姬蜂
Leptobatopsis mongolica (Meyer) 蒙古细柄姬蜂
Leptobatopsis nigra Cushman 黑细柄姬蜂
Leptobatopsis nigra immaculata Momoi 黑细柄姬蜂无斑亚种，无斑黑细柄姬蜂
Leptobatopsis nigra nigra Cushman 黑细柄姬蜂指名亚种
Leptobatopsis nigrescens Chao 全黑细柄姬蜂
Leptobatopsis nigricapitis Chandra *et* Gupta 黑头细柄姬蜂
Leptobatopsis planiscutellata (Enderlein) 平盾细柄姬蜂，平盾索氏姬蜂
Leptobatopsis quannanensis Sheng *et* Sun 全南细柄姬蜂
Leptobatopsis spilopus (Cameron) 斑细柄姬蜂
Leptobelini 矛角蝉族
Leptobelus 矛角蝉属
Leptobelus boreosinensis Yuan *et* Chou 中北矛角蝉
Leptobelus decurvatus Funkhouser 曲矛角蝉，矛角蝉
Leptobelus gazella (Fairmaire) 羚羊矛角蝉
Leptobelus hunanensis Yuan 湘显顶矛角蝉
Leptobelus phorapicis Yuan 显顶矛角蝉
Leptobelus sauteri Schumacher 撒矛角蝉，索氏矛角蝉
Leptobranchia 瘦蠓亚属
Leptocentrini 弧角蝉族
Leptocentrus 弧角蝉属
Leptocentrus albolineatus Funkhouser 白条弧角蝉
Leptocentrus arcuatus Funkhouser 拱弧角蝉，弓弧角蝉
Leptocentrus bajulans Distant 负重弧角蝉
Leptocentrus florifacialis Yuan 花面弧角蝉
Leptocentrus formosanus Matsumura 台湾弧角蝉，台湾负角蝉
Leptocentrus formosanus Kato 同 *Leptocentrus taiwanus*
Leptocentrus horizontalis Kato 地坪弧角蝉
Leptocentrus leucaspis (Walker) 白盾弧角蝉，油橄榄弧角蝉
Leptocentrus longispinus Distant 长刺弧角蝉
Leptocentrus orientalis Schumacher 东方弧角蝉
Leptocentrus taiwanus Kato 宝岛弧角蝉
Leptocentrus taurus (Fabricius) 金牛弧角蝉，广东弧角蝉
Leptocentrus terminalis (Walker) 端弧角蝉
Leptocentrus truncatoscutellus Yuan 截盾弧角蝉
Leptocera 雅小粪蝇属，瘦须小粪蝇属
Leptocera anguliprominens Su 角突雅小粪蝇
Leptocera angusta Su 窄突雅小粪蝇
Leptocera curvinervis (Stenhammar) 同 *Leptocera nigra*
Leptocera fontinalis (Fallén) 溪雅小粪蝇，毛瘦须小粪蝇
Leptocera guangxiensis Dong *et* Yang 广西雅小粪蝇
Leptocera lata Su 宽突雅小粪蝇
Leptocera longiseta Su 长鬃雅小粪蝇
Leptocera nigra Olivier 黑雅小粪蝇，黑瘦须小粪蝇
Leptocera nigrolimbata Duda 黑缘后小粪蝇，黑缘瘦须小粪蝇，黑缘大附蝇
Leptocera obunca Su 弯尾雅小粪蝇
Leptocera (***Opacifrons***) ***coxata*** (Stenhammar) 见 *Opacifrons coxata*
Leptocera (***Opacifrons***) ***dupliciseta*** Duda 见 *Opacifrons dupliciseta*
Leptocera parafluva (Duda) 微黄雅小粪蝇，微黄瘦须小粪蝇，微黄大附蝇
Leptocera paranigrolimbata Duda 伪黑缘雅小粪蝇，台北瘦须小粪蝇，台北大附蝇
Leptocera (***Rachispoda***) ***filiforceps*** (Duda) 见 *Rachispoda filiforceps*
Leptocera (***Rachispoda***) ***pseudoctisetosa*** (Duda) 见 *Rachispoda pseudoctisetosa*
Leptocera (***Rachispoda***) ***sauteri*** (Duda) 见 *Rachispoda sauteri*
Leptocera (***Rachispoda***) ***subtinctipennis*** (Brunetti) 见 *Rachispoda subtinctipennis*
Leptocera salatigae (de Meijere) 刺突雅小粪蝇
Leptocera spinisquama Su 鳞刺雅小粪蝇
Leptocera sterniloba Roháček 腹叶雅小粪蝇，腹叶瘦须小粪蝇
Leptocera truncata Su 截雅小粪蝇
Leptoceraea 细角缘蝽属
Leptoceraea granulosa Hsiao 同 *Leptoceraea viridis*
Leptoceraea viridis Jakovlev 细角缘蝽，细角姬缘蝽
Leptoceratidae 细角蝇科
leptocerid 1. [= leptocerid caddisfly, long-horned caddisfly] 长角石蛾 < 长角石蛾科 Leptoceridae 昆虫的通称 >; 2. 长角石蛾科的
leptocerid caddisfly [= leptocerid, long-horned caddisfly] 长角石蛾
Leptoceridae 长角石蛾科
Leptocerinae 长角石蛾亚科
Leptoceroidae 长角石蛾总科
Leptocerus 长角石蛾属
Leptocerus biwae (Tsuda) 双叉长角石蛾
Leptocerus dicopennis (Hwang) 双尾长角石蛾，狄瘦须长角石蛾
Leptocerus dingwuschanellus Ulmer 鼎湖山瘦须长角石蛾
Leptocerus pekingensis (Ulmer) 北京瘦须长角石蛾
Leptocerus sexprostatus Chen *et* Morce 原器长角石蛾
Leptocerus valvatus (Manynov) 瓣瘦须长角石蛾
Leptochilus 短小蜾蠃属，瘦胡蜂属
Leptochilus kozlovi Kurzenko 科氏短小蜾蠃，柯氏瘦胡蜂
Leptochilus (***Lionotulus***) ***habyrganus*** Kurzenko 哈比短小蜾蠃
Leptochilus (***Neoleptochilus***) ***tibetanus*** Giordani Soika 西藏短小蜾蠃
Leptochirini 方胸隐翅甲族
Leptochirus 方胸隐翅甲属
Leptochirus atkinsoni Fauvel 大黑方胸隐翅甲
Leptochirus davidis Fairmaire 达食木隐翅甲
Leptochirus laevis Laporte 小黑方胸隐翅甲
Leptochirus minutus Laporte 见 *Borolinus minutus*
Leptochirus quadridens Motschulsky 四齿方胸隐翅甲
Leptochroma 窄绿天牛属，细绿天牛属
Leptochroma lini Vives 林氏窄绿天牛
Leptochroma paralleloelongatum (Hayashi) 望洋窄绿天牛，望洋细绿天牛，细长绿天牛，南投长绿天牛
Leptochroma shanxianum Vives 陕西窄绿天牛
Leptocimbex 细锤角叶蜂属
Leptocimbex afoveata Wei *et* Yan 浅窝细锤角叶蜂
Leptocimbex allantiformis (Mocsáry) 腊肠细锤角叶蜂
Leptocimbex bicinctatus Wei 双环细锤角叶蜂
Leptocimbex brevivertexis Wei *et* Yan 短顶细锤角叶蜂
Leptocimbex concavicarina Wei *et* Yan 凹脊细锤角叶蜂
Leptocimbex constricta Wei *et* Nie 缩臀细锤角叶蜂

Leptocimbex divergens Wei *et* Deng 异细锤角叶蜂
Leptocimbex formosanus (Enslin) 台湾细锤角叶蜂，蓬莱细锤角叶蜂，统帅锤角叶蜂，台湾棒锤角叶蜂
Leptocimbex forsiusi Saini *et* Thind 黄颜细锤角叶蜂
Leptocimbex gracilenta (Mocsáry) 椭细锤角叶蜂
Leptocimbex grahami Malaise 格氏细锤角叶蜂
Leptocimbex konowi Mocsáry 柯氏细锤角叶蜂
Leptocimbex linealis Wei *et* Deng 纹细锤角叶蜂
Leptocimbex metallica Yan *et* Wei 蓝腹细锤角叶蜂
Leptocimbex mocsaryi Malaise 莫氏细锤角叶蜂
Leptocimbex nigropilosus Yan *et* Wei 黑毛细锤角叶蜂
Leptocimbex nigrotegularis Yan *et* Wei 黑肩细锤角叶蜂
Leptocimbex potanini Semenov 连突细锤角叶蜂，波氏细锤角叶蜂
Leptocimbex rufoniger Malaise 红黑细锤角叶蜂
Leptocimbex shennongjiaensis Yan, Wei *et* Deng 神农架细锤角叶蜂
Leptocimbex sinobirmanica Malaise 中缅细锤角叶蜂
Leptocimbex tenuicincta Malaise 窄带细锤角叶蜂
Leptocimbex tuberculata Malaise 断突细锤角叶蜂，瘤细锤角叶蜂
Leptocimbex venusta Semenov 川细锤角叶蜂
Leptocimbex zhongi Wei 愈节细锤角叶蜂
Leptocimbicina aurivena Bryk 见 *Paranthrene aurivena*
Leptocimex 细臭虫属
Leptocimex boueti Brumpt 包氏细臭虫，细臭虫
Leptocneria 细毒蛾属
Leptocneria reducta Walker [white cedar moth] 白雪松细毒蛾，澳洲白雪松毒蛾
Leptococcus 丽粉蚧属
Leptococcus sakai (Takahashi) 马来亚丽粉蚧
Leptoconopinae 细蠓亚科
Leptoconops 细蠓属，细蠓亚属，勒蠓属
Leptoconops altuneshanensis Yu *et* Shao 阿尔金山细蠓，内蒙细蠓
Leptoconops ascia Yu *et* Hui 小斧细蠓
Leptoconops auster Clastrier 南方细蠓
Leptoconops australiensis (Lee) 澳洲刺蠓
Leptoconops bailangenis Liu *et* Yu 白浪细蠓
Leptoconops beidaiheensis Liu *et* Yu 北戴河细蠓
Leptoconops bezzii (Noé) 疲竭细蠓，贝氏细蠓
Leptoconops biangulus Yu 二角细蠓
Leptoconops bidentatus Gutsevich 二齿细蠓
Leptoconops binangulus Yu 双钩细蠓
Leptoconops binisiculus Yu *et* Liu 双镰细蠓
Leptoconops borealis Gutsevich 北域细蠓
Leptoconops chenfui Yu *et* Xiang 经甫细蠓
Leptoconops chinensis Sun 中华细蠓
Leptoconops conulus Yu *et* Liu 圆锥细蠓
Leptoconops dicheres Liu *et* Yu 二裂细蠓
Leptoconops dunhuangensis Liu *et* Yu 敦煌细蠓
Leptoconops foulki Clastreir *et* Wirth 骚扰细蠓
Leptoconops fretus Yu *et* Zhan 海峡细蠓
Leptoconops fukangensis Chen, Ayiken *et* Yu 阜康细蠓
Leptoconops gallicus Clastrier 原鸡细蠓
Leptoconops geermuensis Liu *et* Yu 格尔木细蠓
Leptoconops helobius Ma *et* Yu 沼泽细蠓
Leptoconops hongkongensis Yu 香港细蠓
Leptoconops jizhangi Liu *et* Yu 纪璋细蠓
Leptoconops kerteszi Kieffer 古塞细蠓，科细蠓
Leptoconops kinmenensis Lien, Lin, Weng *et* Chin 金门细蠓
Leptoconops longicauda Yu 长尾细蠓
Leptoconops lucidus Gutsevich 明背细蠓，明背勒蠓
Leptoconops magnaclypeus Liu *et* Yu 大唇细蠓
Leptoconops mediterraneus Kieffer 内陆细蠓
Leptoconops menglaensis Liu *et* Yu 勐腊细蠓
Leptoconops monotheca Liu *et* Yu 单囊细蠓
Leptoconops nasiformus Liu *et* Yu 鼻状细蠓
Leptoconops ningxiaensis Liu *et* Yu 宁夏细蠓
Leptoconops noterophilous Yu *et* Liu 趋湿细蠓
Leptoconops popovi Dzhafarov 春勒细蠓，春勒蠓
Leptoconops qinghaiensis Liu, Zhang *et* Gong 青海细蠓
Leptoconops riparius Yu 溪岸细蠓
Leptoconops shangweni Yu *et* Xu 尚文细蠓
Leptoconops spinosifrons (Carter) 刺额刺蠓
Leptoconops taiwanensis Lien, Lin *et* Weng 台湾细蠓
Leptoconops tarimensis Yu 塔里木细蠓
Leptoconops tetratheca Liu *et* Yu 四囊细蠓
Leptoconops tibetensis Lee 西藏细蠓
Leptoconops triquetrus Yu *et* Lin 三突细蠓
Leptoconops tuotuohea Liu *et* Gong 沱沱河细朦
Leptoconops turkmenicus Molotova 土库细蠓，吐克曼细蠓
Leptoconops utriculus Liu *et* Yu 小囊细蠓
Leptoconops wehaiensis Yu *et* Xue 威海细蠓 < 此学名有误写为 *Leptoconops weihaiensis* Yu *et* Xue 者 >
Leptoconops yalongensis Yu *et* Wang 牙龙细蠓
Leptoconops yixini Liu 以新细蠓
Leptoconops yunhsienensis Yu 郧县细蠓
Leptoconops yunnanensis Lee 云南细蠓
Leptocoris 红姬缘蝽属
Leptocoris abdominalis (Fabricius) 大红姬缘蝽，大红缘蝽，大红姬缘椿象
Leptocoris augur (Fabricius) 小红姬缘蝽，小红缘蝽 < 此种学名有误写为 *Leptocoris angur* (Fabricius) 者 >
Leptocoris capitis (Hsiao) 凸头红姬缘蝽，凸头红缘蝽
Leptocoris dispar (Hsiao) 滇红姬缘蝽
Leptocoris rufomarginatus (Fabricius) 红缘红姬缘蝽
Leptocoris trivittatus (Say) [box elder bug] 槭红姬缘蝽，槭稻缘蝽，梣蛛缘蝽
Leptocorisa 稻缘蝽属
Leptocorisa acuta (Thunberg) [rice seed bug, rice bug, narrow rice bug, paddy bug, tropical rice bug, rice green coreid, Asian rice bug, paddy fly, rice sapper] 异稻缘蝽，大稻缘蝽，稻蛛缘蝽
Leptocorisa chinensis Dallas 中稻缘蝽，中国稻缘蝽
Leptocorisa costalis (Herrich-Schäffer) 边稻缘蝽
Leptocorisa lepida Breddin 小稻缘蝽
Leptocorisa nitidula Breddin 同 *Leptocorisa chinensis*
Leptocorisa oratoria (Fabricius) [rice ear bug, slender rice bug] 大稻缘蝽，稻蛛缘蝽，稻穗缘蝽
Leptocorisa rubrolineatus Barber [western boxelder bug] 西方稻缘

蝽，羽叶槭蛛缘蝽

Leptocorisa varicornis (Fabricius) 同 *Leptocorisa acuta*

Leptocorisini 稻缘蝽族

Leptocryptus 毛瘦隐姬蜂属

Leptocryptus pilosus Uchida 毛瘦隐姬蜂

Leptocryptus suishariensis Uchida 嘉义瘦隐姬蜂

Leptocybe invasa Fisher *et* LaSalle [blue gum chalcid, blue gum chalcid wasp, eucalyptus gall wasp] 桉树枝瘿姬小蜂

Leptocyclopodia 细环虱蝇属

Leptocyclopodia ferrari (Róndani) 费氏细环虱蝇，铁细环虱蝇，蝠勒蛛蝇

Leptodemus 薄翅长蝽属

Leptodemus minutus (Jakovlev) 小薄翅长蝽，小细长蝽

Leptodera ornatipennis (Serville) 见 *Leptoderes ornatipennis*

Leptoderes 细颈螽属

Leptoderes ornatipennis Serville 丽翅细颈螽

Leptodes 龙甲属

Leptodes chinensis Kaszab 见 *Leptodes* (*Leptodopsis*) *chinensis*

Leptodes insignis (Haag-Rutenberg) 见 *Leptodes* (*Leptodopsis*) *insignis*

Leptodes (***Leptodes***) ***reitteri*** Semenov 莱氏龙甲，雷氏龙甲

Leptodes (***Leptodes***) ***sulcicollis*** Reitter 沟胸龙甲，沟龙甲

Leptodes (***Leptodopsis***) ***brevicarina*** Ren 短脊龙甲

Leptodes (***Leptodopsis***) ***chinensis*** Kaszab 中华龙甲

Leptodes (***Leptodopsis***) ***insignis*** (Haag-Rutenberg) 独鳌龙甲

Leptodes (***Leptodopsis***) ***szekessyi*** Kaszab 谢氏龙甲，尖齿龙甲

Leptodes reitteri Semenov 见 *Leptodes* (*Leptodes*) *reitteri*

Leptodes sulcicollis Reitter 见 *Leptodes* (*Leptodes*) *sulcicollis*

Leptodes szekessyi Kaszab 见 *Leptodes* (*Leptodopsis*) *szekessyi*

Leptodialepis 狭鳞沟蛛蜂属，勒蛛属

Leptodialepis bipartitus (Peletier) 见 *Cyphononyx bipartitus*

Leptodialepis formosanus Tsuneki 同 *Cyphononyx bipartitus*

Leptodialepis nicevillei (Bingham) 尼氏狭鳞沟蛛蜂，尼氏勒蛛蜂

Leptodialepis praestabilis (Bingham) 普狭鳞沟蛛蜂

Leptodialepis sugiharai (Uchida) 杉原狭鳞沟蛛蜂

Leptodialepis zelotypus (Bingham) 藏狭鳞沟蛛蜂，藏萨蛛蜂

Leptodibolia 叉刺跳甲属

Leptodibolia cyanipennis Chen 蓝翅叉刺跳甲

Leptodini 龙甲族

leptodirid 1. [= leptodirid beetle, small carion beetle] 球蕈甲 <球蕈甲科 Leptodiridae 昆虫的通称>；2. 球蕈甲科的

leptodirid beetle [= leptodirid, small carion beetle] 球蕈甲

Leptodiridae [= Leiodidae, Camiaridae, Catopidae, Anisotomidae, Cholevidae, Colonidae] 球蕈甲科，圆蕈甲科，拟葬甲科，短葬甲科

Leptodrepana 细鞘茧蜂属

Leptodrepana brevicornis Chen *et* Huang 短角细鞘茧蜂

Leptodrepana saltuensis Shaw 林地细鞘茧蜂

Leptofoenidae 长腹小蜂科

Leptogaster 细腹虫虻属，细腹食虫虻属

Leptogaster appendiculata Hermann 附突细腹虫虻，附肢细腹虫虻，附突细腹食虫虻，港口食虫虻

Leptogaster augusta Hsia 尖细腹虫虻

Leptogaster basilaris Coquillett 基细腹虫虻，基细腹食虫虻，蜓腹食虫虻

Leptogaster bilobata Hermann 二叶细腹虫虻，二叶细腹食虫虻，毕罗食虫虻

Leptogaster coarctata Hermann 台岛细腹虫虻，台岛细腹食虫虻，直细腹虫虻，聚集食虫虻

Leptogaster crassipes Hsia 牯岭细腹虫虻，粗细腹虫虻，牯岭细腹食虫虻

Leptogaster curvivena Hsia 镇江细腹虫虻，弯脉细腹虫虻，镇江细腹食虫虻

Leptogaster formosana Enderlein 台湾细腹虫虻，台细腹虫虻，台湾细腹食虫虻，蓬莱食虫虻

Leptogaster furculata Hsia 端叉细腹虫虻，叉细腹虫虻，端叉细腹食虫虻

Leptogaster hopehensis Hsia 河北细腹虫虻，河北细腹食虫虻

Leptogaster koshunensis Oldroyd 恒春细腹虫虻，恒春食虫虻

Leptogaster laoshanensis Hsia 崂山细腹虫虻，崂山细腹食虫虻

Leptogaster longicauda Hermann 长尾细腹虫虻，长尾细腹食虫虻，长尾食虫虻

Leptogaster maculipennis Hsia 斑翅细腹虫虻，斑翅细腹食虫虻

Leptogaster nigra Hsia 黑细腹虫虻，黑细腹食虫虻

Leptogaster pilosella Hermann 毛细腹虫虻，毛细腹食虫虻，披毛食虫虻

Leptogaster sauteri Hermann 见 *Lagynogaster sauteri*

Leptogaster similis Hsia 褐肩细腹虫虻，褐肩细腹食虫虻，似细腹虫虻，雷同食虫虻

Leptogaster sinensis Hsia 江苏细腹虫虻，中华细腹虫虻，中华细腹食虫虻

Leptogaster spadix Hsia 褐细腹虫虻，江苏细腹食虫虻

Leptogaster spinulosa Hermann 刺细腹虫虻，棘细腹食虫虻

Leptogaster suensoni Frey 见 *Lagynogaster suensoni*

Leptogaster trimucronotata Hermann 三尖细腹虫虻，三尖斑细腹虫虻，三尖细腹食虫虻，三剑食虫虻

Leptogaster unihammata Hermann 单钩细腹虫虻，单钩细腹食虫虻，单钩食虫虻

leptogastrid 1. [= leptogastrid fly, grass fly] 细腹虫虻，拟盗虻 <细腹虫虻科 Leptogastridae 昆虫的通称>；2. 细腹虫虻科的

leptogastrid fly [= leptogastrid, grass fly] 细腹虫虻，拟盗虻

Leptogastridae 细腹虫虻科，拟盗虻科

Leptogastrinae 细腹虫虻亚科，细腹食虫虻亚科

Leptogenys 细颚猛蚁属，细猛蚁属，细颚针蚁属

Leptogenys binghamii Forel 宾氏细颚猛蚁

Leptogenys birmana Forel 缅甸细颚猛蚁，缅甸细猛蚁

Leptogenys chinensis (Mayr) 中华细颚猛蚁，中华细猛蚁，中华细颚蚁

Leptogenys confucii Forel 仲尼细颚猛蚁，仲尼细猛蚁，仲尼细颚蚁，孔子细颚猛蚁

Leptogenys crassicornis Emery 粗角细颚猛蚁

Leptogenys davydovi Karavaiev 达氏细颚猛蚁

Leptogenys diminuta (Smith) 条纹细颚猛蚁，条纹细猛蚁，小细颚蚁，小细颚针蚁

Leptogenys diminuta diminuta (Smith) 条纹细颚猛蚁指名亚种

Leptogenys diminuta laeviceps (Smith) 条纹细颚猛蚁光头亚种

Leptogenys elongata (Buckley) 长细颚猛蚁

Leptogenys falcigera Roger 镰轴细颚猛蚁

Leptogenys hezhouensis Zhou 贺州细颚猛蚁

Leptogenys hodgsoni Forel 霍氏细颚猛蚁，霍氏细猛蚁

Leptogenys huangdii Xu 同 *Leptogenys lucidula*

Leptogenys huapingensis Zhou 花坪细颚猛蚁
Leptogenys kitteli (Mayr) 基氏细颚猛蚁，基氏细猛蚁，吉梯细颚蚁，吉悌细颚针蚁
Leptogenys kitteli altisquamis Forel 基氏细颚猛蚁高结亚种，高结细颚猛蚁，鳞基氏细猛蚁
Leptogenys kitteli kitteli (Mayr) 基氏细颚猛蚁指名亚种
Leptogenys kitteli seimsseni Viehmeryer 基氏细颚猛蚁西氏亚种，西氏细颚猛蚁，福建细猛蚁
Leptogenys kraepelini Forel 克氏细颚猛蚁
Leptogenys kraepelini baccha Santschi 克氏细颚猛蚁巴氏亚种
Leptogenys kraepelini kraepelini Forel 克氏细颚猛蚁指名亚种
Leptogenys laeviterga Zhou, Chen, Chen, Zhou, Ban *et* Huang 亮结细颚猛蚁
Leptogenys laozii Xu 老子细颚猛蚁
Leptogenys lucidula Emery 光亮细颚猛蚁
Leptogenys mengzii Xu 孟子细颚猛蚁
Leptogenys minchini Forel 明氏细颚猛蚁，明氏细猛蚁，明卿氏细猛蚁
Leptogenys moelleri (Bingham) 穆氏细颚猛蚁
Leptogenys pangui Xu 盘古细颚猛蚁
Leptogenys peuqueti (André) 同 *Leptogenys minchini*
Leptogenys punctiventris (Mayr) 刻腹细颚猛蚁
Leptogenys rufida Zhou, Chen, Chen, Zhou, Ban *et* Huang 红细颚猛蚁
Leptogenys sonora Lattke 索诺拉细颚猛蚁

Leptogenys sterna Zhou 粗壮细颚猛蚁
Leptogenys sunzii Xu *et* He 孙子细颚猛蚁
Leptogenys yandii Xu *et* He 炎帝细颚猛蚁
Leptogenys yerburyi Forel 耶伯细颚猛蚁
Leptogenys zhuangzii Xu 庄子细颚猛蚁
Leptoglossus 喙缘蝽属
Leptoglossus absconditus Brailovsky *et* Barerra 隐喙缘蝽
Leptoglossus alatus (Walker) 丽喙缘蝽
Leptoglossus arenalensis Brailovsky *et* Barrera 厄喙缘蝽
Leptoglossus argentinus Bergroth 同 *Leptoglossus chilensis*
Leptoglossus ashmeadi Heidemann 阿喙缘蝽
Leptoglossus australis (Fabricius) [leaf-footed plant bug, passionvine bug, black leaf-footed bug] 澳洲喙缘蝽，珐缘蝽
Leptoglossus balteatus (Linnaeus) 巴喙缘蝽
Leptoglossus brevirostris Barber 短喙喙缘蝽
Leptoglossus caicosensis Brailovsky 凯岛喙缘蝽
Leptoglossus cartagoensis Brailovsky *et* Barrera 卡塔戈喙缘蝽
Leptoglossus chilensis (Spinola) 智利喙缘蝽
Leptoglossus cinctus (Herrich-Schäffer) 带喙缘蝽
Leptoglossus clypealis Heidemann 珂喙缘蝽
Leptoglossus concolor (Walker) 一色喙缘蝽
Leptoglossus confusus Alayo *et* Grillo 斑背喙缘蝽
Leptoglossus conspersus Stål 威喙缘蝽
Leptoglossus corculus (Say) 松籽喙缘蝽
Leptoglossus crassicornis (Dallas) 粗领喙缘蝽
Leptoglossus crestalis Brailovsky *et* Barrera 顶喙缘蝽
Leptoglossus dearmasi Alayo *et* Grillo 德喙缘蝽
Leptoglossus dentatus Berg 齿喙缘蝽
Leptoglossus dialeptos Brailovsky *et* Barrera 苍喙缘蝽
Leptoglossus digitiformis Brailovsky 指形喙缘蝽
Leptoglossus dilaticollis Guérin-Méneville 阔领喙缘蝽
Leptoglossus egeri Brailovsky 恩喙缘蝽
Leptoglossus fasciatus (Westwood) 横带喙缘蝽
Leptoglossus fasciolatus (Stål) 离斑喙缘蝽
Leptoglossus flavosignatus Blöte 黄斑喙缘蝽
Leptoglossus franckei Brailovsky 福喙缘蝽
Leptoglossus fulvicornis Westwood 黄角喙缘蝽
Leptoglossus gonagra (Fabricius) 角尖喙缘蝽
Leptoglossus grenadensis Allen 梯斑喙缘蝽
Leptoglossus harpagon (Fabricius) 斑股喙缘蝽
Leptoglossus hesperus Brailovsky *et* Couturier 圆肩喙缘蝽
Leptoglossus humeralis Allen 角肩喙缘蝽
Leptoglossus impensus Brailovsky 大喙缘蝽
Leptoglossus impictipennis Stål 褐翅喙缘蝽
Leptoglossus impictus (Stål) 齿缘喙缘蝽
Leptoglossus ingens (Mayr) 显胫喙缘蝽
Leptoglossus jacquelinae Brailovsky 佳喙缘蝽
Leptoglossus katiae Schaefer *et* Packauskas 卡喙缘蝽
Leptoglossus lambayaquinus Brailovsky *et* Barrera 拉喙缘蝽
Leptoglossus lineosus (Stål) 线喙缘蝽
Leptoglossus lonchoides Allen 棕榈喙缘蝽
Leptoglossus macrophyllus Stål 大叶喙缘蝽
Leptoglossus manausensis Brailovsky *et* Barrera 玛喙缘蝽
Leptoglossus membranaceus (Fabricius) 同 *Leptoglossus australis*
Leptoglossus neovexillatus Allen 阔胫喙缘蝽
Leptoglossus nigropearlei Yonke 黑点喙缘蝽
Leptoglossus occidentalis Heidemann [western conifer seed bug] 西针喙缘蝽
Leptoglossus oppositus (Say) 显喙缘蝽
Leptoglossus pallidivenosus Allen 淡喙缘蝽
Leptoglossus phyllopus (Linnaeus) [eastern leaf-footed bug, Florida leaf-footed bug, leaf-footed bug] 叶足喙缘蝽，叶足缘蝽
Leptoglossus polychromus Brailovsky 多变喙缘蝽
Leptoglossus quadricollis (Westwood) 方领喙缘蝽
Leptoglossus rubrescens (Walker) 红喙缘蝽
Leptoglossus sabanensis Brailovsky *et* Barrera 塞班喙缘蝽
Leptoglossus stigma (Herbst) 斑喙缘蝽
Leptoglossus subauratus Distant 弯斑喙缘蝽
Leptoglossus talamancanus Brailovsky *et* Barrera 指肩纹喙缘蝽
Leptoglossus tetranotatus Brailovsky *et* Barrera 四斑喙缘蝽
Leptoglossus usingeri Yonke 尤喙缘蝽
Leptoglossus venustus Alayo *et* Grillo 橘背喙缘蝽
Leptoglossus zonatus (Dallas) 黄带喙缘蝽
Leptogomphus 纤春蜓属
Leptogomphus celebratus Chao 欢庆纤春蜓
Leptogomphus divaricatus Chao 歧角纤春蜓
Leptogomphus elegans Lieftinck 优美纤春蜓
Leptogomphus elegans elegans Lieftinck 优美纤春蜓指名亚种
Leptogomphus elegans hongkongensis Asahina 见 *Leptogomphus hongkongensis*
Leptogomphus gestroi Sélys 尖尾纤春蜓，格氏纤春蜓
Leptogomphus hainanensis Chao 同 *Leptogomphus celebratus*
Leptogomphus hongkongensis Asahina [Hong Kong clubtail] 香港纤春蜓，香港优美纤春蜓
Leptogomphus intermedius Chao 居间纤春蜓

Leptogomphus perforatus Ris 圆腔纤春蜓
Leptogomphus sauteri Ris 苏氏纤春蜓，绍德春蜓
Leptogomphus sauteri formosanus Matsumura 苏氏纤春蜓台湾亚种，绍德春蜓嘉义亚种，台湾苏氏纤春蜓
Leptogomphus sauteri sauteri Ris 苏氏纤春蜓指名亚种，绍德春蜓恒春亚种，苏氏纤春蜓
Leptogomphus tamdaoensis Karube 三道纤春蜓
Leptogomphus uenoi Asahina 羚角纤春蜓
Leptogomphus unicornus (Needham) 独角纤春蜓，广西纤春蜓
Leptomantella 小丝螳属
Leptomantella albella (Burmeister) 缺色小丝螳，黑线小丝螳
Leptomantella hainanae Tinkham 海南小丝螳
Leptomantella indica Giglio-Tos 印度小丝螳
Leptomantella lactea (Saussure) 乳绿小丝螳
Leptomantella tonkinae Hebard 越南小丝螳
Leptomantella xizangensis Wang 西藏小丝螳
Leptomastidea 丽突跳小蜂属，拟细角跳小蜂属
Leptomastidea abnormis (Girault) 三带丽突跳小蜂
Leptomastidea bifasciata (Mayr) 二带丽突跳小蜂
Leptomastidea herbicola Trjapitzin 草居丽突跳小蜂，草居拟细角跳小蜂
Leptomastidea longicauda Xu 长尾丽突跳小蜂
Leptomastidea rubra Tachikawa 同 *Leptomastidea bifasciata*
Leptomastidea shafeei Hayat *et* Subba Rao 谢氏丽突跳小蜂，谢氏拟细角跳小蜂
Leptomastix 见丽扑跳小蜂属，丽扑跳小蜂属，长角跳小蜂属
Leptomastix dactylopii Howard 达氏见丽扑跳小蜂，粉蚧长角跳小蜂
Leptomastix tsukumiensis Tachikawa 津久见丽扑跳小蜂
Leptomesosa 瘦象天牛属
Leptomesosa cephalotes (Pic) 头瘦象天牛，瘦象天牛
Leptomesosa langana (Pic) 哈朗瘦象天牛
Leptomesosa minor Breuning 小瘦象天牛
Leptometopa 细叶蝇属，细稗秆蝇属
Leptometopa lacteipennis (Hendel) 白翅细叶蝇
Leptometopa latipes (Meigen) 扁足细叶蝇，宽足稗秆蝇
Leptometopa rufifrons Becker 红额细叶蝇
Leptomias 喜马象甲属，喜马象属，实球象属
Leptomias acuminatus Aslam 尖翅喜马象甲，尖翅喜马象
Leptomias acutus Aslam 尖角喜马象甲，尖角喜马象
Leptomias acutus acutus Aslam 尖角喜马象甲指名亚种
Leptomias acutus zayüensis Chao 尖角喜马象甲察隅亚种，察隅尖角喜马象
Leptomias aeneus Marshall 铜色喜马象甲，铜色喜马象
Leptomias alternans Chao 交隆喜马象甲，交隆喜马象
Leptomias amplicollis Chao 宽胸喜马象甲，宽胸喜马象
Leptomias amplifrons Chao 宽额喜马象甲，宽额喜马象
Leptomias aphelocnemius Aslam 阿费喜马象甲，阿费喜马象
Leptomias arcuatus Chen 弯胫喜马象甲，弯胫喜马象
Leptomias bicaudatus Chen 双尾喜马象甲，双尾喜马象
Leptomias bispiculatus Chen 双突喜马象甲，双突喜马象
Leptomias brevicornutus Chao 短角喜马象甲，短角喜马象
Leptomias chagyabensis Chao *et* Chen 察雅喜马象甲，察雅喜马象
Leptomias chaoi Chen 赵氏喜马象甲，赵氏喜马象
Leptomias chenae Alonso-Zarazaga *et* Ren 同 *Geotragus granulatus*
Leptomias clarus Chao 黑光喜马象甲，黑光喜马象
Leptomias clavicrus Marshall 黑喜马象甲，黑喜马象
Leptomias clavipes Faust 棒足喜马象甲，棒足喜马象
Leptomias crassus Chen 粗胸喜马象甲，粗胸喜马象
Leptomias crinitarsus Aslam 毛跗喜马象甲，毛跗喜马象
Leptomias damxungensis Chen 当雄喜马象甲，当雄喜马象
Leptomias dentatus Chen 见 *Odontomias dentatus*
Leptomias depressus Chao 扁喜马象甲，扁喜马象
Leptomias dicaris Chao 二线喜马象甲，二线喜马象
Leptomias elongatoides Chen 细条喜马象甲，细条喜马象
Leptomias elongitus Chao 细长喜马象甲，细长喜马象
Leptomias erectus Chao 立毛喜马象甲，立毛喜马象
Leptomias foveicollis (Voss) 四窝喜马象甲，四窝喜马象，窝土象
Leptomias foveolatus Chao 小窝喜马象甲，小窝喜马象
Leptomias gerensis Chen 噶尔喜马象甲，噶尔喜马象
Leptomias globicollis Aslam 拟球喜马象甲，拟球喜马象
Leptomias globosus Chen 球胸喜马象甲，球胸喜马象
Leptomias granulatus Chao 见 *Geotragus granulatus*
Leptomias griseus Chao 灰喜马象甲，灰喜马象
Leptomias hirsutus Chao 多毛喜马象甲，多毛喜马象
Leptomias huangi Chao 黄氏喜马象甲，黄氏喜马象
Leptomias humilis (Faust) 淡褐喜马象甲，淡褐喜马象，小球胸象

Leptomias impar Chao *et* Chen 异常喜马象甲，异常喜马象
Leptomias irrisus (Faust) 伊喜马象甲，伊喜马象
Leptomias kangmarensis Chao 康马喜马象甲，康马喜马象
Leptomias kindonwardi Marshall 漆黑喜马象甲，漆黑喜马象
Leptomias laoshanensis Chao 崂山喜马象甲，崂山喜马象
Leptomias laticnemius Aslam 宽喜马象甲，宽喜马象
Leptomias latus Chao 见 *Odontomias latus*
Leptomias lineatus Aslam 线条喜马象甲，线条喜马象
Leptomias longicollis Chao 长胸喜马象甲，长胸喜马象
Leptomias longisetosus Chao 长毛喜马象甲，长毛喜马象
Leptomias mainlingensis Chao 米林喜马象甲，米林喜马象
Leptomias mangkamensis Chao *et* Chen 芒康喜马象甲，芒康喜马象
Leptomias micans Chao 闪光喜马象甲，闪光喜马象
Leptomias microdentatus Chao *et* Chen 小齿喜马象甲，小齿喜马象
Leptomias midlineatus Chao 中条喜马象甲，中条喜马象
Leptomias moxiensis Chen 磨西喜马象甲，磨西喜马象
Leptomias niger Chen 亮黑喜马象甲，亮黑喜马象
Leptomias nigrolatus Chao *et* Chen 见 *Odontomias nigrolatus*
Leptomias nitor Chao 火花喜马象甲，火花喜马象
Leptomias nubilus Chen 灰蒙喜马象甲，灰蒙喜马象
Leptomias obconicus Chao 倒圆锥喜马象甲，倒圆锥喜马象
Leptomias ochrolineatus Chen 褐纹喜马象甲，褐纹喜马象
Leptomias odontocnemus Chao 见 *Odontomias odontocnemus*
Leptomias opacus Chao 磨光喜马象甲，磨光喜马象
Leptomias orbiculatus Chen 见 *Odontomias orbiculatus*
Leptomias pandus Chen 扁眼喜马象甲，扁眼喜马象
Leptomias parvilatus Chen 见 *Odontomias parvilatus*
Leptomias pinnatus Chen 羽鳞喜马象甲，羽鳞喜马象

Leptomias planocollis Chao 平喙喜马象甲，平喙喜马象
Leptomias planus Chen 平胸喜马象甲，平胸喜马象
Leptomias pusillus Chen 短胸喜马象甲，短胸喜马象
Leptomias qamdoensis Chao *et* Chen 昌都喜马象甲，昌都喜马象
Leptomias qomolangmaensis Chen 珠峰喜马象甲，珠峰喜马象
Leptomias ramosus Chen 中纹喜马象甲，中纹喜马象
Leptomias rubiginosus Chen 赤褐喜马象甲，赤褐喜马象
Leptomias sagaensis Chen 萨噶喜马象甲，萨噶喜马象
Leptomias schoenherri (Faust) 二窝喜马象甲，二窝喜马象
Leptomias semicircularis Chao 半圆喜马象甲，半圆喜马象
Leptomias seriatosetulus Voss 序毛喜马象甲，序毛喜马象
Leptomias siahus (Aslam) 坑沟喜马象甲，坑沟喜马象
Leptomias simulans Chao 拟隆线喜马象甲，拟隆线喜马象
Leptomias spiculatus Chen 洞喜马象甲，洞喜马象
Leptomias squamosetosus Chen 鳞毛喜马象甲，鳞毛喜马象
Leptomias strictus Chen 缩胸喜马象甲，缩胸喜马象
Leptomias subaeneus Chen 亚铜色喜马象甲，亚铜色喜马象
Leptomias sublongicollis Chen 拟长胸喜马象甲，拟长胸喜马象
Leptomias submidlineatus Chen 拟中条喜马象甲，拟中条喜马象
Leptomias subundulans Chen 拟波纹喜马象甲，拟波纹喜马象
Leptomias thibetanus (Faust) 西藏喜马象甲，西藏喜马象，藏异象
Leptomias transversicollis Voss 宽短喜马象甲，宽短喜马象
Leptomias trianguloplatus Chao 见 *Triangulomias trianguloplatus*
Leptomias triangulus Chao 三角喜马象甲，三角喜马象
Leptomias trilineatus Chao 三纹喜马象甲，三纹喜马象
Leptomias tsanghoensis Aslam 藏布喜马象甲，藏布喜马象
Leptomias tuberculatus Chao *et* Chen 小瘤喜马象甲，小瘤喜马象
Leptomias tuberosus Chen 瘤坡喜马象甲，瘤坡喜马象
Leptomias undulans Marshall 波纹喜马象甲，波纹喜马象
Leptomias uniseries Chen 毛列喜马象甲，毛列喜马象
Leptomias varians Chen 异色喜马象甲，异色喜马象
Leptomias verticalis Ren, Zhang *et* Song 直斜喜马象甲，直斜喜马象
Leptomias viridicantis Chen 绿鳞喜马象甲，绿鳞喜马象
Leptomias viridilinearis Chen 绿纹喜马象甲，绿纹喜马象
Leptomias waltoni Marshall 无齿喜马象甲，无齿喜马象
Leptomias wenchuanensis Chen 汶川喜马象甲，汶川喜马象
Leptomias yulongshanensis Chen 玉龙山喜马象甲，玉龙山喜马象
Leptomias zheduoshanensis Chen 折多山喜马象甲，折多山喜马象
Leptomicrodynerus 瘦蜾蠃属
Leptomicrodynerus tieshengi Giordani Soika 李瘦蜾蠃
Leptomiza 边尺蛾属
Leptomiza bilinearia (Leech) 同 *Paraleptomenes exaridaria*
Leptomiza calcearia (Walker) 紫边尺蛾，褐锯缘尺蛾，紫褐边尺蛾，卡累尺蛾
Leptomiza calcearia apoleuca Wehrli 紫边尺蛾阿珀亚种，阿紫边尺蛾
Leptomiza calcearia calcearia (Walker) 紫边尺蛾指名亚种
Leptomiza crenularia (Leech) 粉红边尺蛾，克月尺蛾
Leptomiza dentilineata Moore 齿线边尺蛾
Leptomiza festa Bastelberger 费边尺蛾
Leptomiza hepaticata (Swinhoe) 黑边尺蛾
Leptomiza prochlora Wehrli 原边尺蛾
Leptomydas 拟蜂虻属
Leptomydas gruenbergi Hermann 知本拟蜂虻，格拟虫虻
Leptomyrina 刺尾灰蝶属
Leptomyrina gorgias (Stoll) [common black-eye] 戈刺尾灰蝶
Leptomyrina henningi Dickson [Henning's black-eye] 亨尼刺尾灰蝶
Leptomyrina hirundo (Wallengren) [tailed black-eye] 褐刺尾灰蝶
Leptomyrina lara (Linnaeus) [Cape black-eye] 眼纹刺尾灰蝶
Leptomyrina phidias (Fabricius) 刺尾灰蝶
leptoneuroides satyr [*Cosmosatyrus leptoneuroides* Felder *et* Felder] 羸脉眼蝶
Leptonopteridae 翅木虱科
Leptonopterinae 翅木虱亚科
Leptopanorpa 长腹蝎蛉属，瘦蝎蛉属
Leptopanorpa brisi Navás 见 *Neopanorpa brisi*
Leptopanorpa charpentieri (Burmeister) 夏氏长腹蝎蛉，夏庞蒂埃长腹蝎蛉
Leptopanorpa cingulata (Enderlein) 短尾长腹蝎蛉
Leptopanorpa filicauda Lieftinck 细尾长腹蝎蛉
Leptopanorpa inconspicua Lieftinck 隐长腹蝎蛉
Leptopanorpa jacobsoni (van der Weele) 雅氏长腹蝎蛉
Leptopanorpa javanica (Westwood) 爪哇长腹蝎蛉，爪哇瘦蝎蛉
Leptopanorpa linyejiei Wang *et* Hua 林氏长腹蝎蛉
Leptopanorpa majapahita Wang *et* Hua 黑腹长腹蝎蛉
Leptopanorpa nematogaster (MacLachlan) 线腹长腹蝎蛉
Leptopanorpa peterseni Lieftinck 皮氏长腹蝎蛉
Leptopanorpa pi (van der Weele) 派纹长腹蝎蛉
Leptopanorpa robusta Lieftinck 壮长腹蝎蛉
Leptopanorpa saragana Lieftinck 萨长腹蝎蛉
Leptoperlidae 扇蜻科，扇石蝇科，小石蝇科
Leptopeza 裸芒舞虻属，瘦舞虻属，细舞虻属
Leptopeza biplagiata Bezzi 台湾裸芒舞虻，二纹瘦舞虻，双盗舞虻
Leptophion 细瘦姬蜂属
Leptophion maculipennis (Cameron) 斑翅细瘦姬蜂
Leptophion radiatus (Uchida) 辐射细瘦姬蜂，辐斯皮姬蜂
Leptophlebia 细裳蜉属
Leptophlebia duplex Navás 江西细裳蜉
Leptophlebia elongatula McLachlan 长细裳蜉
Leptophlebia simplex Navás 简单细裳蜉
Leptophlebia wui Ulmer 胡氏细裳蜉
leptophlebiid 1. [= leptophlebiid mayfly, prong-gilled mayfly] 细裳蜉 < 细裳蜉科 Leptophlebiidae 昆虫的通称 >；2. 细裳蜉科的
leptophlebiid mayfly [= leptophlebiid, prong-gilled mayfly] 细裳蜉
Leptophlebiidae 细裳蜉科，小裳蜉科，褐蜉科
Leptophlebiodea 细裳蜉总科
Leptophobia 黎粉蝶属
Leptophobia aripa (Boisduval) [common green-eyed white, mountain white] 阿黎粉蝶
Leptophobia caesia (Lucas) [bluish white] 黄裙黎粉蝶
Leptophobia cinerea (Hewitson) [cinerea white] 黄肩黎粉蝶
Leptophobia cinnia (Fruhstorfer) 朱黎粉蝶
Leptophobia diagurta Jörgensen 迪亚黎粉蝶

Leptophobia eleone (Doubleday) [silky wanderer, eleone white] 黎粉蝶
Leptophobia eleusis (Lucas) [eleusis white] 埃留黎粉蝶
Leptophobia ennia (Höpffer) 恩尼黎粉蝶
Leptophobia eucosma (Erschoff) 优黎粉蝶
Leptophobia euthemia Felder *et* Felder 悠黎粉蝶
Leptophobia flava Krüger 黄黎粉蝶
Leptophobia forsteri Baumann *et* Reissinger 福氏黎粉蝶
Leptophobia gonzaga Fruhstorfer [gonzaga white] 角黎粉蝶
Leptophobia nephthis Höpffer 云斑黎粉蝶
Leptophobia olympia (Felder *et* Felder) [Olympia white] 奥林黎粉蝶
Leptophobia penthica (Kollar) [penthica white] 黑缘黎粉蝶
Leptophobia philoma (Hewitson) 菲罗黎粉蝶
Leptophobia pinara (Felder *et* Felder) [pinara white] 槟榔黎粉蝶
Leptophobia smithii Kirby 黑角黄黎粉蝶
Leptophobia stamneta (Lucas) 斯达黎粉蝶
Leptophobia subargentea Butler 黑边黎粉蝶
Leptophobia tovaria (Felder *et* Felder) [tovaria white] 锚纹黎粉蝶
leptophragmata 薄膈 <甲虫在隐肾构造中，马氏管壁在与“围肾膜”接触处变薄而成为小窗状的构造>
Leptophthalmus 曲红蝽亚属，曲红蝽属
Leptophthalmus fuscomaculatus (Stål) 见 *Dysdercus fuscomaculatus*
Leptopilina 小环腹瘿蜂属
Leptopilina boulardi Barbotin, Carton *et* Keiner-Pillault 布拉迪小环腹瘿蜂
Leptopilina lasallei Buffington *et* Guerrieri 拉萨尔小环腹瘿蜂，拉萨尔环腹瘿蜂
Leptopimpla 瘦瘤姬蜂属
Leptopimpla longiventris (Cameron) 长腹瘦瘤姬蜂
Leptopinae 细足象甲亚科
Leptopius 宽背象甲属
Leptopius tribulus (Fabricius) [wattle pig weevil] 黑刺宽背象甲
leptopodid 1. [= leptopodid bug, spiny-legged bug] 细蝽，细足蝽 <细蝽科 Leptopodidae 昆虫的通称>；2. 细蝽科的
leptopodid bug [= leptopodid, spiny-legged bug] 细蝽，细足蝽
Leptopodidae 细蝽科，细足蝽科
Leptopodomorpha 细蝽次目，细蝽型
leptopodomorphan 细蝽次目的，细蝽型的
Leptopsalta admirabilis (Kato) 见 *Kosemia admirabilis*
Leptopsalta bifuscata (Liu) 见 *Kosemia chinensis*
Leptopsalta fuscoclavalis (Chen) 见 *Kosemia fuscoclavalis*
Leptopsalta radiator (Uhler) 见 *Kosemia radiator*
Leptopsalta yamashitai (Esaki *et* Ishihara) 见 *Kosemia yamashitai*
Leptopsalta yezoensis (Matsumura) 叶枝山蝉
Leptopsaltria 小蝉属
Leptopsaltria apicalis Matsumura 见 *Formosemia apicalis*
Leptopsaltria hoppoensis Matsumura 见 *Taiwanosemia hoppoensis*
Leptopsaltria samia (Walker) 陶小蝉，陶洁蝉
Leptopsaltria watanabei Matsumura 见 *Semia watanabei*
Leptopsaltriina 小蝉亚族
Leptopsilopa 瘦额水蝇属
Leptopsilopa pollinosa (Kertész) 粉尘瘦额水蝇
Leptopsylla 细蚤属
Leptopsylla ctenophora (Wagner) 栉细蚤
Leptopsylla lauta Rothschild 距细蚤
Leptopsylla nana Argyropulo 矮小细蚤
Leptopsylla nemorosa (Tiflov) 林野细蚤
Leptopsylla pavlovskii Ioff 多刺细蚤
Leptopsylla pectiniceps (Wagner) 栉头细蚤
Leptopsylla pectiniceps pectiniceps (Wagner) 栉头细蚤指名亚种
Leptopsylla pectiniceps ventrisinulata Chen, Zhang *et* Liu 栉头细蚤腹凹亚种，腹凹栉头细蚤
Leptopsylla segnis (Schönherr) 缓慢细蚤，盲蚤，懒栉叶蚤
Leptopsylla sexdentata (Wagner) 六齿细蚤
Leptopsylla sicistae (Tiflov *et* Kolpakova) 蹶鼠细蚤
leptopsyllid 1. [= leptopsyllid flea] 细蚤 <细蚤科 Leptopsyllidae 昆虫的通称>；2. 细蚤科的
leptopsyllid flea [= leptopsyllid] 细蚤
Leptopsyllidae 细蚤科
Leptopsyllinae 细蚤亚科
Leptopterna 圆额盲蝽属
Leptopterna albescens (Reuter) 淡色圆额盲蝽
Leptopterna dolabrata (Linnaeus) [meadow plant bug] 牧场圆额盲蝽，牧场盲蝽
Leptopterna ferrugata (Fallén) 黄褐圆额盲蝽，红盲蝽
Leptopterna griesheimae Wagner 锈圆额盲蝽
Leptopterna kerzhneri Vinokurov 克氏圆额盲蝽
Leptopterna magnospicula Lu *et* Tang 巨刺圆额盲蝽
Leptopterna xilingolana Jorigtoo *et* Nonnaizab 锡林圆额盲蝽
Leptopternis 细距蝗属
Leptopternis gracilis (Eversmann) 细距蝗
Leptopternis iliensis Uvarov 伊犁细距蝗
Leptopulvinaria 小绵蚧属
Leptopulvinaria elaeocarpi Kanda 杜英小绵蚧
Leptopus 细足蝽属
Leptopus riparius Hsiao 浅褐细足蝽，浅褐细脚椿象
Leptosciarella 细刺眼蕈蚊属
Leptosciarella dolichocorpa Rudzinski 长翼细刺眼蕈蚊，长细刺眼蕈蚊
Leptosciarella fanjingshana (Yang *et* Zhang) 梵净细刺眼蕈蚊
Leptosciarella furiosa Rudzinski 多毛细刺眼蕈蚊，叉细刺眼蕈蚊
Leptosciarella imberba Rudzinski 坠细刺眼蕈蚊，雨细刺眼蕈蚊
Leptosciarella ironica Rudzinski 钢铁细刺眼蕈蚊，高雄细刺眼蕈蚊
Leptosciarella nativa Rudzinski 土著细刺眼蕈蚊，台湾细刺眼蕈蚊
Leptosciarella neopalpa Rudzinski 近须细刺眼蕈蚊，新须细刺眼蕈蚊
Leptosciarella perturbata Rudzinski 躁细刺眼蕈蚊，南投细刺眼蕈蚊
Leptosciarella sinica (Yang *et* Zhang) 华细刺眼蕈蚊，华鬃眼蕈蚊
leptosema skipper [*Euphyes leptosema* (Mabille)] 瘦鼬弄蝶
Leptosemia 细蝉属
Leptosemia huasipana Chen 华西细蝉
Leptosemia sakaii (Matsumura) 南细蝉，细蝉
Leptosemia takanonis Matsumura 松村细蝉
Leptosia 纤粉蝶属
Leptosia alcesta (Stoll) [African wood white, flip flop] 艾瑟纤粉蝶
Leptosia bastini Hecq 巴氏纤粉蝶

Leptosia crokera (Macleay) 同 _Leptosia nina_
Leptosia hybrida Bernardi [hybrid wood white, hybrid spirit] 混杂纤粉蝶
Leptosia marginea (Mabille) [black-edged spirit] 黑纤粉蝶
Leptosia medusa (Cramer) [dainty spirit] 黑纹纤粉蝶
Leptosia nina (Fabricius) [psyche, black-spotted white] 纤粉蝶
Leptosia nina crokera (Macleay) 同 _Leptosia nina nina_
Leptosia nina nina (Fabricius) 纤粉蝶指名亚种，指名纤粉蝶
Leptosia nina niobe (Wallace) 纤粉蝶台湾亚种，黑点小粉蝶，黑点粉蝶，黑点白蝶，台湾纤粉蝶
Leptosia nupta (Butler) [immaculate wood white, petite wood white, immaculate spirit] 白纤粉蝶
Leptosia uganda Neustetter [opaque wood white, opaque spirit] 乌干达纤粉蝶
Leptosia velocissima Turati 敏捷纤粉蝶
Leptosia wigginsi Dixey 灰暗纤粉蝶
Leptosia xiphia (Fabricius) 同 _Leptosia nina_
Leptospathius 细柄腹茧蜂属
Leptospathius triangulifera Enderelin 三角细柄腹茧蜂
Leptostegna 叉脉尺蛾属
Leptostegna asiatica (Warren) 亚叉脉尺蛾
Leptostegna tenerata Christoph 娇叉脉尺蛾
Leptostiba 兰普隐翅甲属
Leptostiba alticola (Pace) 高居兰普隐翅甲
Leptostrangalia 细花天牛属，纤细花天牛属

Leptostrangalia nakamurai Hayashi 中村细花天牛，中村纤细花天牛，台湾细花天牛
Leptostrangalia shaanxiana Holzschuh 陕西细花天牛
Leptostylus praemorsus Fabricius 见 _Amniscus praemorsus_
Leptotambinia 瘦扁蜡蝉属
Leptotambinia viridinervis Kato 绿脉瘦扁蜡蝉
Leptotarsus 瘦腹大蚊属，细大蚊属
Leptotarsus (_Longurio_) _chaoianus_ (Alexander) 赵氏瘦腹大蚊，赵氏竿大蚊，赵氏龙大蚊
Leptotarsus (_Longurio_) _congestus_ (Alexander) 褐瘦腹大蚊，褐斑龙大蚊
Leptotarsus (_Longurio_) _fulvus_ (Edwards) 金黄瘦腹大蚊，金黄龙大蚊，棕色细大蚊，褐竿大蚊
Leptotarsus (_Longurio_) _hainanensis_ (Alexander) 海南瘦腹大蚊，海南竿大蚊，海南龙大蚊
Leptotarsus (_Longurio_) _hirsutistylus_ (Alexander) 毛刺瘦腹大蚊，毛刺竿大蚊，毛刺龙大蚊
Leptotarsus (_Longurio_) _quadriniger_ (Alexander) 四黑瘦腹大蚊，四黑竿大蚊，宽黑龙大蚊
Leptotarsus (_Longurio_) _rubriceps_ (Edwards) 红头瘦腹大蚊，红尾细大蚊，红须竿大蚊，红头龙大蚊
Leptotarsus (_Longurio_) _varicpes_ (Alexander) 异头瘦腹大蚊，大铗瘦腹大蚊，大铗细大蚊，弯须竿大蚊，异头龙大蚊
Leptoteratura 纤畸螽属，纤螽属
Leptoteratura albicornis (Motschulsky) 白角纤畸螽，白角纤螽
Leptoteratura digitata Yamasaki 日本纤畸螽，日本纤螽
Leptoteratura emarginata Liu 凹缘纤畸螽
Leptoteratura lamellata Mao _et_ Shi 片尾鼻畸螽
Leptoteratura omeiensis (Tinkham) 同 _Leptoteratura albicornis_
Leptoteratura raoani Gorochov 饶安纤畸螽
Leptoteratura taiwana Yamasaki 台湾纤畸螽，台湾纤螽
Leptoteratura triura Jin 角板纤畸螽
Leptotes 细灰蝶属
Leptotes adamsoni Collins _et_ Larsen [Adamson's zebra blue] 亚当细灰蝶
Leptotes babaulti (Stempffer) [Babault's zebra blue] 巴细灰蝶
Leptotes brevidentatus (Tite) [Tite's zebra blue] 短齿细灰蝶
Leptotes cassius (Cramer) [cassius blue, tropical striped blue] 雎白细灰蝶
Leptotes jeanneli (Stempffer) [Jeannel's blue] 杰细灰蝶
Leptotes marginalis (Aurivillius) [black-bordered zebra blue] 缘细灰蝶
Leptotes marina (Reakirt) [marine blue, striped blue] 马莉细灰蝶
Leptotes pirithous (Linnaeus) [lang's short-tailed blue, common zebra blue] 褐细灰蝶
Leptotes plinius (Fabricius) [zebra blue, plumbago blue] 细灰蝶，角灰蝶，角纹灰蝶，角纹小灰蝶
Leptotes pulcher (Murray) [beautiful zebra blue] 美细灰蝶
Leptotes theonus Lucas 指名细灰蝶
Leptotes trigemmatus Butler 三叉细灰蝶
Leptothelaira 瘦寄蝇属
Leptothelaira latistriata Shima 宽条瘦寄蝇
Leptothelaira longipennis Zhang, Wang _et_ Liu 长茎瘦寄蝇
Leptothelaira meridionalis Mesnil _et_ Shima 南方瘦寄蝇，长眉寄蝇
Leptothelaira orientalis Mesnil _et_ Shima 东方瘦寄蝇
Leptothorax 细胸蚁属，窄胸家蚁属
Leptothorax acervorus (Fabricius) 堆土细胸蚁，眼细胸蚁
Leptothorax argentipes Wheeler 见 _Temnothorax argentipes_
Leptothorax confucii (Forel) 仲尼细胸蚁，仲尼窄胸蚁，仲尼窄胸家蚁，孔氏细胸蚁
Leptothorax congruus Smith 见 _Temnothorax congruus_
Leptothorax congruus var. _eburneipes_ Wheeler 见 _Temnothorax eburneipes_
Leptothorax congruus var. _spinosior_ Forel 见 _Temnothorax spinosior_
Leptothorax congruus var. _wui_ Wheeler 见 _Temnothorax wui_
Leptothorax eburneipes Wheeler 见 _Temnothorax eburneipes_
Leptothorax galeatus Wheeler 同 _Temnothorax nassonovi_
Leptothorax hengshanensis Huang, Chen _et_ Zhou 衡山细胸蚁
Leptothorax kaszabi (Pisarski) 见 _Temnothorax kaszabi_
Leptothorax oceanicus (Kuznetsov-Ugamsky) 海洋细胸蚁
Leptothorax quadrispinosus taivanae Forel 见 _Leptothorax taivanae_
Leptothorax reduncus (Wang _et_ Wu) 弯细胸蚁，弯刺铺道蚁
Leptothorax spinosior Forel 见 _Temnothorax spinosior_
Leptothorax taivanae Forel 四刺细胸蚁，台四刺细胸蚁
Leptothorax taivanensis Wheeler 见 _Temnothorax taivanensis_
Leptothorax zhengi Zhou _et_ Chen 郑氏细胸蚁
Leptothrips 细蓟马属
Leptothrips mali (Fitch) [black hunter thrips] 黑细蓟马
Leptothyreus jakovlevi Bianchi 见 _Cnizocoris jakowlevi_
Leptothyreus potanini Bianchi 见 _Cnizocoris potanini_
Leptotrema 细陷反颚茧蜂属
Leptotrema dentifemur (Stelfox) 齿腿细陷反颚茧蜂，齿脚反颚茧蜂
Leptotrioza 瘦个木虱属，瘦叉木虱属

Leptotrioza tutcheriae Yang 石笔木瘦个木虱，乌皮茶瘦叉木虱
Leptotyphlinae 细隐翅甲亚科
Leptoxenus 脊胫天牛属
Leptoxenus bimaculata (Matsushita) 二斑脊胫天牛，双纹细领天牛，双纹优天牛，长足天牛
Leptoxenus ibidiiformis Bates 贝氏脊胫天牛，脊胫天牛，贝兹氏细领天牛，贝兹优天牛
Leptoxenus ornaticollis Gressitt *et* Rondon 老挝脊胫天牛
Leptoxyleborus 半坡小蠹属，横材小蠹属，细材小蠹属
Leptoxyleborus concisus (Blandford) 同 *Leptoxyleborus sordicaudus*
Leptoxyleborus machili (Niijima) 马氏半坡小蠹
Leptoxyleborus sordicaudus (Motschulsky) [fagaceae bark beetle] 中凹半坡小蠹，山毛榉横材小蠹，山毛榉小蠹，印澳横材小蠹，粗尾细材小蠹
Leptoypha 窄眼网蝽属
Leptoypha capitata (Jakovlev) 窄眼网蝽
Leptoypha minor McAtee [Arizona ash lace bug] 美梣窄眼网蝽
Leptoypha wuorentausi (Lindberg) 吴窄眼网蝽
Leptura 花天牛属
Leptura aethiops Poda 橡黑花天牛
Leptura aethiops adustipennis Solsky 橡黑花天牛黑胸亚种，黑胸橡黑花天牛
Leptura aethiops aethiops Poda 橡黑花天牛指名亚种，指名橡黑花天牛
Leptura aethiops longeantentennata (Pic) 橡黑花天牛长角亚种，长角橡黑花天牛
Leptura adami Hergovits 亚当花天牛
Leptura dembickyi Hergovits 德氏花天牛
Leptura alticola Gressitt 斜带花天牛
Leptura ambulatrix Gressitt 小黄斑花天牛
Leptura annularis Fabricius 曲纹花天牛
Leptura arcifera (Blanchard) 弧斑花天牛
Leptura arcuata Panzer 同 *Leptura annularis*
Leptura auratopilosa (Matsushita) 金绒花天牛，金毛花天牛，金毛四条花天牛
Leptura aurosericans Fairmaire 金丝花天牛
Leptura bifaciatus Müller 双带花天牛，新双带花天牛
Leptura christinae Pesarini, Rapuzzi *et* Sabbadini 克氏花天牛
Leptura circaocularis (Pic) 库页岛花天牛
Leptura clytoides Pesarini *et* Sabbadini 同 *Leptura semilunata*
Leptura coccinea (Mitono) 红背花天牛
Leptura dellabrunai Pesarini *et* Sabbadini 德拉花天牛
Leptura dimorpha Bates 滨海花天牛
Leptura duodecimguttata Fabricius 十二斑花天牛
Leptura duodecimguttata duodecimguttata Fabricius 十二斑花天牛指名亚种，指名十二斑花天牛
Leptura duodecimguttata rufoannulata (Pic) 十二斑花天牛红环亚种，蜀十二斑花天牛
Leptura femoralis (Motschulsky) 黄腿花天牛
Leptura fisheriana (Gressitt) 弱带花天牛
Leptura formosomontana (Kôno) 台湾花天牛，阿里山花天牛
Leptura formosomontana formosomontana (Kôno) 台湾花天牛指名亚种
Leptura formosomontana mesegakii (Kôno) 见 *Leptura mesegakii*
Leptura gibbosa Pesarini *et* Sabbadini 凸花天牛
Leptura gradatula Holzschuh 阶梯花天牛
Leptura grahamiana Gressitt 黑纹花天牛
Leptura guerryi Pic 格氏花天牛
Leptura inauraticollis Pic 四川花天牛
Leptura lavinia Gahan 拉维花天牛
Leptura linwenhsini Obayashi *et* Chou 文信花天牛
Leptura longeantennata Pic 长角花天牛
Leptura melanura Linnaeus 黑缝花天牛
Leptura meridiosinica Gressitt 南方花天牛
Leptura mesegakii (Kôno) 真濑垣花天牛，玉山花天牛
Leptura miaoi Wang *et* Zheng 见 *Grammoptera miaoi*
Leptura miniacea Gahan 小点花天牛，红背花天牛
Leptura muneaka (Mitono *et* Tamanuki) 红胸花天牛
Leptura mushana (Tamanuki) 粗点花天牛，雾社花天牛
Leptura nigripes De Geer 黑足花天牛
Leptura obliterata Haldeman 隐纹花天牛
Leptura obliterata obliterata Haldeman 隐纹花天牛指名亚种
Leptura obliterata vicaria Bates 隐纹花天牛双横带亚种，双横带花天牛
Leptura ochraceofasciata (Motschulsky) [four-striped flower longicorn] 黄纹花天牛，四纹花天牛
Leptura quadranglithoracica (Tamanuki) 同 *Leptura auratopilosa*
Leptura quadrifasciata Linnaeus 四纹花天牛，花天牛
Leptura quadrizona (Fairmaire) 愈带花天牛
Leptura reducipennis Pic 云南花天牛
Leptura regalis (Bates) 红腿花天牛
Leptura renardis Gebl 东北花天牛
Leptura rubripennis Pic 红翅花天牛
Leptura rufiventris Gebl 华中花天牛
Leptura semicornis Holzschuh 川花天牛
Leptura semilunata Gressitt 半环花天牛
Leptura spinipennis (Fairmaire) 刺尾花天牛
Leptura spinosula Pesarini *et* Sabbadini 刺花天牛
Leptura subregularis Pic 齐花天牛
Leptura taranan (Kôno) 红角花天牛，乌来花天牛
Leptura tatsienlua Gressitt 康定花天牛
Leptura tattakana (Kôno) 立鹰花天牛
Leptura thoracica Creutzer 异色花天牛
Leptura xanthoma Bates 赭肩花天牛
Leptura yulongshana Holzschuh 玉龙山花天牛
Leptura zonifera (Blanchard) 带花天牛
Lepturalia 类花天牛属
Lepturalia nigripes (De Geer) 黑足类花天牛，黑肖花天牛
Lepturga 宽翅网蝽属
Lepturga chinai Takeya 华宽翅网蝽，台肋网蝽
Lepturga gyirongensis Li 吉隆宽翅网蝽
Lepturinae 花天牛亚科
Lepturini 花天牛族
Lepturobosca 苍花天牛属
Lepturobosca virens (Linnaeus) 绿苍花天牛，缘毛博花天牛
Leptusa 溢胸隐翅甲属，乐隐翅甲属
Leptusa acuta Assing 见 *Leptusa* (*Aphairelepcusa*) *acuta*
Leptusa* (*Akratopisalia*) *cribrata Pace 黑尾溢胸隐翅甲，孔乐隐翅甲
Leptusa* (*Akratopisalia*) *limata Assing 微点溢胸隐翅甲

Leptusa (Akratopisalia) xianensis Pace 西安溢胸隐翅甲，西安乐隐翅甲
Leptusa anmashanensis Pace 见 *Leptusa (Aphaireleptusa) anmashanensis*
Leptusa (Anosiopisalia) nemoricultrix Pace 林居溢胸隐翅甲，林乐隐翅甲
Leptusa (Aphairelepcusa) acuta Assing 尖茎溢胸隐翅甲，锐乐隐翅甲
Leptusa (Aphaireleptusa) anmashanensis Pace 鞍马山溢胸隐翅甲，鞍马山乐隐翅甲
Leptusa (Aphaireleptusa) chinensis Pace 中华溢胸隐翅甲，中国乐隐翅甲
Leptusa (Aphaireleptusa) formidabilis Pace 短翅溢胸隐翅甲，蓬莱乐隐翅甲
Leptusa (Aphaireleptusa) gansuensis Pace 甘肃溢胸隐翅甲，甘肃乐隐翅甲
Leptusa (Aphaireleptusa) gonggamontis Pace 贡嘎溢胸隐翅甲，贡嘎山乐隐翅甲
Leptusa (Aphaireleptusa) semivolans Pace 糙点溢胸隐翅甲，半乐隐翅甲
Leptusa (Aphaireleptusa) tenchiensis Pace 天池溢胸隐翅甲，岛乐隐翅甲
Leptusa (Aphaireleptusa) xiahensis Pace 夏河溢胸隐翅甲，夏河乐隐翅甲
Leptusa (Aphaireleptusa) xuemontis Pace 雪山溢胸隐翅甲，雪山乐隐翅甲
Leptusa (Aphaireleptusa) yunnanensis Pace 云南溢胸隐翅甲，云南乐隐翅甲
Leptusa armatissima Assing 棘溢胸隐翅甲，棘乐隐翅甲
Leptusa centralis Pace 见 *Leptusa (Nesopisalia) centralis*
Leptusa centralis centralis Pace 见 *Leptusa (Nesopisalia) centralis centralis*
Leptusa centralis reposita Pace 见 *Leptusa (Nesopisalia) centralis reposita*
Leptusa centralis tarokensis Pace 见 *Leptusa (Nesopisalia) centralis tarokensis*
Leptusa centralis yushanensis Pace 见 *Leptusa (Nesopisalia) centralis yushanensis*
Leptusa chinensis Pace 见 *Leptusa (Aphaireleptusa) chinensis*
Leptusa (Chondrelytropisalia) proiecta Assing 突溢胸隐翅甲，突乐隐翅甲
Leptusa (Chondrelytropisalia) puella Pace 暗色溢胸隐翅甲，暗色乐隐翅甲
Leptusa (Chondrelytropisalia) quinqueimpressa Assing 五凹溢胸隐翅甲，五凹乐隐翅甲
Leptusa cribrata Pace 见 *Leptusa (Akratopisalia) cribrata*
Leptusa daxuemontis Pace 同 *Leptusa gonggamontis*
Leptusa (Drepanoleptusa) chengduensis Pace 成都溢胸隐翅甲，成都乐隐翅甲
Leptusa (Drepanoleptusa) discolor Assing 异色溢胸隐翅甲，异色乐隐翅甲
Leptusa (Drepanoleptusa) emplenotoides Assing 突茎溢胸隐翅甲
Leptusa (Drepanoleptusa) erlangensis Pace 二郎山溢胸隐翅甲，二郎山乐隐翅甲
Leptusa (Drepanoleptusa) pollicita Assing 拇指溢胸隐翅甲，拇指乐隐翅甲
Leptusa (Drepanoleptusa) puetzi Assing 普氏溢胸隐翅甲，普氏乐隐翅甲
Leptusa (Drepanoleptusa) rorata Pace 光翅溢胸隐翅甲，柔乐隐翅甲
Leptusa (Drepanoleptusa) rougemonti Pace 劳氏溢胸隐翅甲
Leptusa (Drepanoleptusa) sichuanensis Pace 四川溢胸隐翅甲，四川乐隐翅甲
Leptusa (Drepanoleptusa) stimulans Assing 锐突溢胸隐翅甲，锐突乐隐翅甲
Leptusa (Drepanoleptusa) taiwanensis Pace 台湾溢胸隐翅甲，台湾乐隐翅甲
Leptusa (Drepanoleptusa) wuyica Assing 武夷溢胸隐翅甲，武夷乐隐翅甲
Leptusa (Eospisalia) pingtungensis Pace 屏东溢胸隐翅甲，屏东乐隐翅甲
Leptusa formidabilis Pace 见 *Leptusa (Aphaireleptusa) formidabilis*
Leptusa gansuensis Pace 见 *Leptusa (Aphaireleptusa) gansuensis*
Leptusa ganzica Assing 甘孜溢胸隐翅甲，甘孜乐隐翅甲
Leptusa gonggamontis Pace 见 *Leptusa (Aphaireleptusa) gonggamontis*
Leptusa (Heterolepruse) hastata Assing 矛茎溢胸隐翅甲
Leptusa (Heteroleptusa) peregrina Pace 外来溢胸隐翅甲，奇乐隐翅甲
Leptusa (Homopisalia) taichungensis Pace 台中溢胸隐翅甲，台中乐隐翅甲
Leptusa jiudingensis Pace 九顶溢胸隐翅甲，九顶乐隐翅甲
Leptusa kaohsiungensis Pace 高雄溢胸隐翅甲，高雄乐隐翅甲
Leptusa (Kochliodepisalia) spirarum Pace 斑翅溢胸隐翅甲，旋乐隐翅甲
Leptusa nemoricultrix Pace 见 *Leptusa (Anosiopisalia) nemoricultrix*
Leptusa (Nesopisalia) centralis Pace 中域溢胸隐翅甲，中乐隐翅甲
Leptusa (Nesopisalia) centralis centralis Pace 中域溢胸隐翅甲指名亚种
Leptusa (Nesopisalia) centralis reposita Pace 中域溢胸隐翅甲雪山亚种，留溢胸隐翅甲
Leptusa (Nesopisalia) centralis tarokensis Pace 中域溢胸隐翅甲太鲁阁亚种，太鲁阁溢胸隐翅甲
Leptusa (Nesopisalia) centralis yushanensis Pace 中域溢胸隐翅甲玉山亚种，玉山溢胸隐翅甲
Leptusa peinantamontis Pace 山溢胸隐翅甲，山乐隐翅甲
Leptusa peregrina Pace 见 *Leptusa (Heteroleptusa) peregrina*
Leptusa pingtungensis Pace 见 *Leptusa (Eospisalia) pingtungensis*
Leptusa qinlingensis Pace 秦岭溢胸隐翅甲，秦岭乐隐翅甲
Leptusa rorata Pace 见 *Leptusa (Drepanoleptusa) rorata*
Leptusa semivolans Pace 见 *Leptusa (Aphaireleptusa) semivolans*
Leptusa shaanxiensis Pace 陕西溢胸隐翅甲，陕西乐隐翅甲
Leptusa spirarum Pace 见 *Leptusa (Kochliodepisalia) spirarum*
Leptusa (Stictopisalia) armeniaca Pace 阿溢胸隐翅甲，阿乐隐翅甲
Leptusa taichungensis Pace 见 *Leptusa (Homopisalia) taichungensis*
Leptusa taiwanensis Pace 见 *Leptusa (Drepanoleptusa) taiwanensis*
Leptusa tenchiensis Pace 见 *Leptusa (Aphaireleptusa) tenchiensis*
Leptusa tenuicornis Assing 细角溢胸隐翅甲，细角乐隐翅甲
Leptusa wolongensis Assing 卧龙溢胸隐翅甲，卧龙乐隐翅甲

Leptusa xiahensis Pace 见 *Leptusa* (*Aphaireleptusa*) *xiahensis*

Leptusa xianensis Pace 见 *Leptusa* (*Akratopisalia*) *xianensis*

Leptusa xuemontis Pace 见 *Leptusa* (*Aphaireleptusa*) *xuemontis*

Leptusa (***Yunnaleptusa***) ***cultellata*** Assing 刀状溢胸隐翅甲，刀状乐隐翅甲

Leptusa (***Yunnaleptusa***) ***hamulata*** Assing 小钩溢胸隐翅甲，小钩乐隐翅甲

Leptusa (***Yunnaleptusa***) ***parvibulbata*** Assing 小囊溢胸隐翅甲，小囊乐隐翅甲

Leptusa (***Yunnaleptusa***) ***yunnanensis*** Pace 见 *Leptusa* (*Aphaireleptusa*) *yunnanensis*

Leptusa (***Yunnaleptusa***) ***zhemomontis*** Assing 者摩山溢胸隐翅甲，者摩山乐隐翅甲

Leptynia xinganensis Chen *et* He 见 *Paraleiophasma xinganense*

Leptynoptera 翅瘦个木虱属，翅木虱属

Leptynoptera sulfurea Crawfrod 海棠果翅瘦个木虱，琼崖海棠木虱

Lepyrini 斜纹象甲族，斜纹象族

Lepyrodes geometralis (Guenée) 见 *Nausinoe geometralis*

Lepyronia 圆沫蝉属

Lepyronia angulata Lallemand *et* Synave 角圆沫蝉

Lepyronia bifasciata Liu 同 *Lepyronia okadae*

Lepyronia coleoptrata (Linnaeus) [coleopterous spittlebug] 鞘翅圆沫蝉，鞘圆沫蝉，鞘翅沫蝉 < 此学名有误写为 *Lepyronia coleopterata* (Linnaeus) 者 >

Lepyronia coleoptrata grossa Uhler 见 *Lepyronia grossa*

Lepyronia grossa Uhler 稻圆沫蝉，粗圆沫蝉，大鞘翅圆沫蝉

Lepyronia hananoi (Matsumura) 东北圆沫蝉，东北拟铲头沫蝉

Lepyronia nigroscutellatus (Matsumura) 山圆沫蝉，山卵沫蝉

Lepyronia okadae (Matsumura) 岗田圆沫蝉，斜带圆沫蝉

Lepyronia quadrangularis (Say) [diamondback spittlebug] 菱纹圆沫蝉，钻石背沫蝉，四角沫蝉

Lepyronia tsingtauana (Matsumura) 青岛圆沫蝉，青岛拟铲头沫蝉

Lepyropsis 隆颜沫蝉属

Lepyropsis bipunctata Metcalf *et* Horton 二点隆颜沫蝉

Lepyrus 斜纹象甲属，斜纹象属

Lepyrus chinganensis Zumpt 兴安斜纹象甲，兴安斜纹象

Lepyrus christophi Faust 黄鳞斜纹象甲，黄鳞斜纹象

Lepyrus griseus Melichar 灰斜纹象甲，灰斜纹象

Lepyrus japonicus Roelofs 波纹斜纹象甲，波纹斜纹象，杨黄星象

Lepyrus nebulosus Motschulsky 暗色斜纹象甲，暗色斜纹象，云斑斜纹象

Lepyrus nordenskioldi Faust 北斜纹象甲，北斜纹象

Lepyrus quadrinotatus Boheman 四斑斜纹象甲，四斑斜纹象

Lerema 影弄蝶属

Lerema accius (Smith) [clouded skipper] 云斑影弄蝶，影弄蝶

Lerema ancillaris Evans [plain skipper] 暗影弄蝶

Lerema lineosa Herrich-Schäffer 条影弄蝶

Lerema liris (Evans) [liris skipper] 丽影弄蝶

Lerema lochius Plötz 露影弄蝶

Lerema lumina (Herrich-Schäffer) [overcast skipper] 网影弄蝶

Lerema staurus (Mabille) 雕影弄蝶

Leria 勒日蝇属

Leria mongolica Gorodkov 蒙古勒日蝇

lerina blue skipper [*Pythonides lerina* (Hewitson)] 勒里娜牌弄蝶

Lerodea 鼠弄蝶属

Lerodea arabus (Edwards) [violet-clouded skipper] 灰鼠弄蝶

Lerodea dysaules Godman [olive-clouded skipper] 绿鼠弄蝶

Lerodea edata Plötz 埃达塔鼠弄蝶

Lerodea eufala (Edwards) [eufala skipper, rice leaffolder] 鼠弄蝶，美洲稻弄蝶

Lerodea gracia Dyar 格雷鼠弄蝶

lerp [= honey dew] 蜜露 < 尤其是木虱、介壳虫分泌的蜜露 >

lerp insect [= plant louse, psyllid, psyllose] 木虱 < 木虱类昆虫的通称 >

Lesagealtica 勒跳甲属

Lesagealtica affinis (Chen) 类勒跳甲，奥格跳甲

Lesagealtica flavicornis (Baly) 黄角勒跳甲，黄角奥格跳甲

Lesbia clouded yellow [*Colias lesbia* (Fabricius)] 篱笆豆粉蝶

Lesbia satyr [*Cissia lesbia* (Staudinger)] 莱岛细眼蝶

Leskia 莱寄蝇属

Leskia aurea (Fallén) 金黄莱寄蝇

Leskiini 莱寄蝇族

Lesneana 凹折跳甲属

Lesneana rufopicea Chen 红褐凹折跳甲

Lesotho blue [*Lepidochrysops lerothodi* (Trimen)] 莱罗鳞灰蝶

lespedeza webworm [*Tetralopha scortealis* (Lederer)] 胡枝子丛螟

less feeding period 少食期

less rich sailer [*Neptis nashona* Swinhoe] 基环蛱蝶

less-small midget moth [= broad-barred midget, *Phyllonorycter froelichiella* (Zeller)] 宽带小潜细蛾，小潜叶细蛾

lesser all-green leafroller [= four-lined leafroller moth, four-banded leafroller, *Argyrotaenia quadrifasciana* (Fernald)] 四纹带卷蛾

lesser angled castor [*Ariadne isaeus* (Wallace)] 伊莎波蛱蝶

lesser anglewing katydid [= angular-winged katydid, *Microcentrum retinerve* (Burmeister)] 小角翅螽，角翅螽，棱翅螽斯

lesser apple fruit borer [= Manchurian codling moth, Manchurian fruit moth, apple fruit moth, *Grapholita inopinata* (Heinrich)] 苹小食心虫，苹果小食心虫

lesser apple weevil [*Dereodus pollinosus* Redtenbacher] 苹代里象甲，苹小象甲，苹果小象甲

lesser appleworm [= plum moth, *Grapholita prunivora* (Walsingham)] 杏小食心虫，苹小食心虫

lesser armyworm [= beet armyworm, small mottled willow moth, *Spodoptera exigua* (Hübner)] 甜菜夜蛾，贪夜蛾，白菜褐夜蛾，甜菜斜纹夜蛾，小卡夜蛾

lesser aspen webworm [Meroptera pravella Grote] 北美索蜜野螟

lesser auger beetle [= oriental wood borer, *Heterobostrychus aequalis* (Waterhouse)] 双钩异翅长蠹，等异翅长蠹

lesser band dart [= detached dart, *Potanthus trachala* (Mabille)] 断纹黄室弄蝶

lesser banded hornet [*Vespa affinis* (Linnaeus)] 黄腰胡蜂，黄腰虎头蜂，大黄腰，黑尾虎头蜂，黄腰仔，三节仔，台湾虎头蜂，黄尾虎头蜂

lesser banded pine weevil [= small banded pine weevil, banded pine weevil, minor pine weevil, pine banded weevil, *Pissodes castaneus* (De Geer)] 带木蠹象甲，松脂象甲

lesser-banded themis forester [*Euphaedra exerrata* Hecq] 细纹栎蛱蝶

lesser batwing [*Atrophaneura aidoneus* (Doubleday)] 暖曙凤蝶

lesser belle [= European lesser belle, salix noctuid, *Colobochyla salicalis* (Denis *et* Schiffermüller)] 柳残夜蛾，残夜蛾

lesser black-letter dart moth [= spotted cutworm, black c-moth, setaceous hebrew character, *Xestia cnigrum* (Linnaeus)] 八字地老虎 <该种学名以前曾误拼写为 *Xestia c-nigrum* (Linnaeus) >

lesser blister beetle [*Hycleus cichorii* (Linnaeus)] 眼斑沟芫菁，西氏沟芫菁，眼斑芫菁，黄黑小斑蝥，横纹芫菁，横纹地胆，西氏短翅芫菁

lesser blue charaxes [*Charaxes numenes* (Hewitson)] 星螯蛱蝶

lesser brimstone [*Gonepteryx mahaguru* (Gistel)] 尖钩粉蝶

lesser bud moth [*Recurvaria nanella* (Hübner)] 嫩芽曲麦蛾，小芽麦蛾

lesser bulb fly 1. [= onion bulb fly, *Eumerus strigatus* (Fallén)] 洋葱平颜蚜蝇，洋葱平颜食蚜蝇，平颜蚜蝇，洋葱食蚜蝇；2. [*Eumerus funeralis* Meigen] 小平颜蚜蝇；3. [*Eumerus tuberculatus* Róndani] 疣腿平颜蚜蝇，疣腿平颜食蚜蝇，葱瘤食蚜蝇，瘤腿平颜蚜蝇

lesser canna leafroller [*Geshna cannalis* (Quaintance)] 昙华小卷叶螟，小美人蕉卷叶螟，小美人蕉卷螟

lesser capricorn beetle [*Cerambyx scopolii* Füsslins] 小黑天牛

lesser clouded yellow [*Colias chrysotheme* (Esper)] 镏金豆粉蝶

lesser clover leaf weevil [*Hypera nigrirostris* (Fabricius)] 小三叶草叶象甲，小三叶草叶象，小车轴草叶象甲，小车轴草叶象

lesser coconut spike moth [= coconut moth, *Batrachedra arenosella* (Walker)] 椰蛙蛾，椰尖翅蛾

lesser coconut weevil [= palm weevil borer, four-spotted coconut weevil, coconut flower weevil, *Diocalandra frumenti* (Fabricius)] 椰花二点象甲，弗二点象，椰花四星象甲

lesser cornstalk borer [*Elasmopalpus lignosellus* (Zeller)] 南美玉米苗斑螟，小玉米螟

lesser corpse fly [= sphaerocerid fly, small dung fly, sphaerocerid, lesser dung fly] 小粪蝇 <小粪蝇科 Sphaeroceridae 昆虫的通称>

lesser crepuscular skipper [*Gretna cylinda* (Hewitson)] 磙弄蝶

lesser darkie [= unicolored darkie, *Allotinus unicolor* Felder *et* Felder] 单色锉灰蝶

lesser dart [*Potanthus omaha* (Edwards)] 奥马黄室弄蝶，黄室弄蝶

lesser death's head hawkmoth [= eastern death's-head hawkmoth, bean sphinx moth, small death's head hawkmoth, death's head sphinx moth, bee robber, death's head hawkmoth, *Acherontia styx* Westwood] 芝麻面形天蛾，芝麻鬼脸天蛾，茄天蛾，小骷髅天蛾，后黄人面天蛾

lesser dried-fish beetle [*Dermestes carnivorus* Fabricius] 肉食皮蠹，小皮蠹

lesser dung fly 见 lesser corpse fly

lesser earwig 1. [= labiid earwig, little earwig, labiid] 姬螋 <姬螋科 Labiidae 昆虫的通称>；2. [= small earwig, *Labia minor* (Linnaeus)] 小姬螋，小蠼螋，小副苔螋；3. [= spongiphorid earwig, bark earwig, spongiphorid] 苔螋，海绵螋 <苔螋科 Spongiphoridae 昆虫的通称>

lesser emperor [*Anax parthenope* (Sélys)] 碧伟蜓，女神伟蜓

lesser emperor moth [= small emperor moth, emperor moth, *Saturnia pavonia* (Linnaeus)] 蔷薇目大蚕蛾，蔷薇大蚕蛾，四黑目天蚕

lesser eucalyptus longhorn [= eucalyptus borer, eucalyptus longhorned borer, yellow longicorn beetle, yellow phoracantha borer, *Phoracantha recurva* Newman] 桉黄嗜木天牛

lesser false fritillary [*Anetia briarea* (Godart)] 小福尔氏豹斑蝶

lesser fiery copper [*Lycaena thersamon* (Esper)] 昙梦灰蝶

lesser fig-tree blue [= scarce fig-tree blue, *Myrina dermaptera* (Wallengren)] 带宽尾灰蝶

lesser grain borer [= American wheat weevil, Australian wheat weevil, stored grain borer, *Rhyzopertha dominica* (Fabricius)] 谷蠹，米长蠹

lesser grain weevil [= rice weevil, small rice weevil, lesser rice weevil, *Sitophilus oryzae* (Linnaeus)] 米象，米象甲，小米象

lesser grand skipper [*Gamia shelleyi* (Sharpe)] 小嘉弄蝶，嘉弄蝶

lesser grapevine looper moth [*Eulithis diversilineata* (Hübner)] 小葡萄纹尺蛾

lesser grass blue [= common grass blue, lucerne blue, clover blue, bean blue, *Zizina otis* (Fabricius)] 毛眼灰蝶

lesser grass satyrid [= common evening brown, evening brown, green horned caterpillar, rice satyrid, *Melanitis leda* (Linnaeus)] 暮眼蝶，树荫蝶，暗褐稻眼蝶，稻暮眼蝶，伏地目蝶，树间蝶，珠衣蝶，普通昏眼蝶，日月蝶青虫，淡色树荫蝶，蛇目蝶，青虫，日月蝶

lesser green hawkmoth [*Cechetra minor* (Butler)] 小背线天蛾，背线天蛾，平背天蛾，平背线天蛾

lesser gull [*Cepora nadina* (Lucas)] 青园粉蝶，异色粉蝶

lesser horned skipper [= lesser horned swift, *Borbo lugens* (Höpffer)] 小角籼弄蝶

lesser horned swift 见 lesser horned skipper

lesser jay [*Graphium evemon* (Boisduval)] 南亚青凤蝶

lesser lantana butterfly [= lantana scrub hairstreak, smaller lantana butterfly, *Strymon bazochii* (Godart)] 小螯灰蝶

lesser lattice brown [= Iranian argus, *Esperarge climene* (Esper)] 缇眼蝶

lesser maple leafroller [*Acleris chalybeana* (Fernald)] 钢灰长翅卷蛾

lesser marbled fritillary [*Brenthis ino* (Rottemburg)] 伊诺小豹蛱蝶

lesser mealworm [= lesser mealworm beetle, *Alphitobius diaperinus* (Panzer)] 黑粉甲，黑粉虫，黑菌虫，小粉虫，暗黑菌虫，外米拟步行虫

lesser mealworm beetle 见 lesser mealworm

lesser migratory grasshopper [*Melanoplus mexicanus* (Saussure)] 墨西哥黑蝗，墨西哥蚱蜢

lesser millet skipper [= rice skipper, paddy hesperid, paddy skipper, small branded swift, dark small-branded swift, black branded swift, common branded swift, *Pelopidas mathias* (Fabricius)] 隐纹谷弄蝶，隐纹稻苞虫，玛稻弄蝶

lesser mime [*Chilasa epycides* (Hewitson)] 小黑斑凤蝶

lesser moth butterfly [*Euliphyra leucgana* Hewitson] 亮尤里灰蝶

lesser mountain ringlet [*Erebia melampus* (Füssly)] 小山红眼蝶

lesser mulberry pyralid [= lesser mulberry snout moth, mulberry pyralid moth, beautiful glyphodes moth, mulberry pyralid, mulberry moth, *Glyphodes pyloalis* Walker] 桑绢丝野螟，桑绢野螟，桑螟

lesser mulberry snout moth 见 lesser mulberry pyralid

lesser oak carpenter worm [= little carpenterworm moth, *Prionoxystus macmurtrei* (Guérin-Méneville)] 栎小木蠹蛾，小木蠹蛾

lesser oak-stump shot-hole borer [= northern cedar bark beetle, *Phloeosinus canadensis* Swaine] 雪松肤小蠹

lesser ocellar bristle [= postocellar] 小单眼鬃 < 见于双翅目昆虫 >

lesser ochreous dart [*Andronymus helles* Evans] 小昂弄蝶

lesser owl butterfly [= forest giant owl, *Caligo eurilochus* (Cramer)] 猫头鹰环蝶

lesser peachtree borer [*Synanthedon pictipes* (Grote *et* Robinson)] 桃兴透翅蛾，桃小透翅蛾

lesser pearl [*Sitochroa verticalis* (Linnaeus)] 尖双突野螟，尖锥额野螟，黄草地螟，黄草地网螟，黄草地野螟，黑麦黄野螟

lesser pepper weevil [= small pepper weevil, *Lophobaris piperis* Marshall] 胡椒蛀果象甲，胡椒果象甲

lesser pine shoot beetle [*Tomicus minor* (Hartig)] 横坑切梢小蠹

lesser pine weevil [= minute pine weevil, *Hylobitelus pinastri* (Gyllenhal)] 小松茎象甲，小松象甲

lesser pumpkin fly [= Ethiopian fruit fly, cucurbit fly, *Dacus ciliatus* (Loew)] 埃塞俄比亚寡鬃实蝇

lesser punch [*Dodona dipoea* Hewitson] 秃尾蚬蝶

lesser purple emperor [*Apatura ilia* (Denis *et* Schiffermüller)] 柳紫闪蛱蝶

lesser puss moth [= feline, *Cerura erminea* (Esper)] 小二尾舟蛾，杨二尾舟蛾

lesser red stink-bug [*Menida versicolor* (Gmelin)] 稻赤曼蝽，稻赤蝽，小赤蝽，稻赤曼椿象

lesser rice grasshopper [*Oxya intricata* (Stål)] 小稻蝗，稻蝗

lesser rice swift [= Beavan's swift, Bevan's rice swift, Bevan's swift, *Pseudoborbo bevani* (Moore)] 拟籼弄蝶，假禾弄蝶，小纹褐弄蝶，假籼弄蝶，拟秈弄蝶，伪禾弄蝶，倍稻弄蝶

lesser rice weevil 见 lesser grain weevil

lesser rock bush brown [*Bicyclus milyas* Hewitson] 细带蔽眼蝶

lesser rose aphid [*Myzaphis rosarum* (Kaltenbach)] 月季冠蚜，玫瑰冠蚜，小蔷薇蚜

lesser sedge scale [*Luzulaspis minima* Koteja *et* Howell] 小鲁丝蚧

lesser shothole borer [= fruit-tree pinhole borer, Saxesen ambrosia beetle, keyhole ambrosia beetle, cosmopolitan ambrosia beetle, common Eurasian ambrosia beetle, Asian ambrosia beetle, *Xyleborinus saxesenii* (Ratzeburg)] 小粒绒盾小蠹，小粒材小蠹，小沥材小蠹，小粒盾材小蠹

lesser snow scale [= cotton white scale, hibiscus snow scale, small snow scale, *Pinnaspis strachani* (Cooley)] 突叶并盾蚧，棉并盾蚧，山榄并盾介壳虫

lesser spotted fritillary [*Melitaea trivia* (Denis *et* Schiffermüller)] 提黄网蛱蝶

lesser-spotted pinion [= gulbrunt rovfly, *Cosmia affinis* (Linnaeus)] 联兜夜蛾

lesser striped flea beetle [= small striped flea beetle, turnip flea beetle, *Phyllotreta undulata* Kutschera] 波条菜跳甲，芜菁细条跳甲

lesser variable false acraea [*Pseudacraea rubrobasalis* Aurivillius] 红基伪珍蛱蝶

lesser wax moth [*Achroia grisella* (Fabricius)] 小蜡螟

lesser woodland grayling [*Hipparchia genava* (Fruhstorfer)] 虚带仁眼蝶

lesser zebra [*Paranticopsis macareus* (Godart)] 纹凤蝶

Lestes 丝蟌属

Lestes barbarus (Fabricius) [migrant spreadwing, shy emerald damselfly] 刀尾丝蟌

Lestes concinnus Hagen [dusky spreadwing] 整齐丝蟌，镶纹丝蟌，优美丝蟌

Lestes dorothea Fraser 多罗丝蟌

Lestes dryas Kirby 足尾丝蟌，北方丝蟌

Lestes elatus Hagen 高丝蟌

Lestes japonicus Sélys 日本丝蟌

Lestes macrostigma (Eversmann) [dark spreadwing] 大痣丝蟌

Lestes nodalis Sélys 蕾尾丝蟌，节丝蟌，平尾丝蟌

Lestes praemorsus Hagen [scalloped spreadwing, sapphire-eyed spreadwing] 舟尾丝蟌

Lestes praemorsus decipiens Kirby [crenulated spreadwing] 舟尾丝蟌隐纹亚种，隐纹丝蟌

Lestes praemorsus praemorsus Hagen 舟尾丝蟌指名亚种

Lestes sponsa (Hansemann) [emerald damselfly, common spreadwing] 桨尾丝蟌，莎草丝蟌，处女丝蟌，艳丽丝蟌

Lestes temporalis Sélys 蓝绿丝蟌，害梢丝蟌

Lestes umbrinus Sélys 锯尾丝蟌

Lestes virens (Charpentier) [small emerald damselfly, small spreadwing] 绿丝蟌

Lesteva 盗隐翅甲属

Lesteva alesi Rougemont 阿莱斯盗隐翅甲

Lesteva aureomontis Rougemont 金山盗隐翅甲

Lesteva brevimacula Ma *et* Li 小斑盗隐翅甲，短斑盗隐翅甲

Lesteva cala Ma, Li *et* Zhao 美姝盗隐翅甲

Lesteva chujoi Watanabe 中条盗隐翅甲

Lesteva concava Cheng, Li *et* Peng 凹盗隐翅甲

Lesteva cooteri Rougemont 库氏盗隐翅甲

Lesteva cordicollis Motschulsky 绳盗隐翅甲，心胸盗隐翅甲

Lesteva dabashanensis Rougemont 大巴山盗隐翅甲

Lesteva davidiana Rougemont 达盗隐翅甲

Lesteva elegantula Rougemont 丽盗隐翅甲

Lesteva elongata Cheng, Li *et* Peng 长盗隐翅甲

Lesteva erythra Ma, Li *et* Zhao 红缘盗隐翅甲，红盗隐翅甲

Lesteva fikaceki Shavrin 菲氏盗隐翅甲，费氏盗隐翅甲

Lesteva flavopuctata Rougemont 黄斑盗隐翅甲

Lesteva huabeiensis Rougemont 华北盗隐翅甲

Lesteva kargilensis Cameron 卡毛盗隐翅甲

Lesteva mollis Rougemont 柔盗隐翅甲

Lesteva nivalis Rougemont 雪盗隐翅甲

Lesteva obesa Cheng, Li *et* Peng 肥盗隐翅甲，壮盗隐翅甲

Lesteva ochra Li, Li *et* Zhao 黄盗隐翅甲

Lesteva pulcherrima Rougemont 艳盗隐翅甲，美丽盗隐翅甲

Lesteva rufimarginata Rougemont 红边盗隐翅甲

Lesteva rufopunctata Rougemont 红斑盗隐翅甲

Lesteva rufopunctata rufopunctata Rougemont 红斑盗隐翅甲指名亚种

Lesteva rufopunctata taiwanica Shavrin 红斑盗隐翅甲台湾亚种

Lesteva septemmaculata Rougemont 七斑盗隐翅甲

Lesteva smetanai Shavrin 斯氏盗隐翅甲

Lesteva submaculata Rougemont 亚斑盗隐翅甲，次斑盗隐翅甲

Lesteva yunnanicola Rougemont 云南盗隐翅甲

Lestica 盗方头泥蜂属

Lestica alacris (Bingham) 敏盗方头泥蜂，愉盗方头泥蜂 < 此种学名有误写为 Lestica alaceris (Bingham) 者 >

Lestica alata (Panzer) 弯角盗方头泥蜂，阿盗方头泥蜂

Lestica alata alata (Panzer) 弯角盗方头泥蜂指名亚种

Lestica alata basalis (Smith) 弯角盗方头泥蜂异基亚种

Lestica aurantiaca (Kohl) 锈腹盗方头泥蜂

Lestica breviantennata Yue *et* Li 短角盗方头泥蜂

Lestica camelus (Eversmann) 勺角盗方头泥蜂

Lestica clypeata (Schreber) 菱角盗方头泥蜂

Lestica collaris (Matsumura) 领盗方头泥蜂

Lestica collaris collaris (Matsumura) 领盗方头泥蜂指名亚种

Lestica collaris maculata Tsuneki 领盗方头泥蜂斑点亚种，斑领盗方头泥蜂

Lestica constricta Krombein 收腹盗方头泥蜂，缢方头泥蜂

Lestica formosana Tsuneki 台湾盗方头泥蜂，台盗方头泥蜂

Lestica fulvipes Tsuenki 黄足盗方头泥蜂，褐盗方头泥蜂

Lestica hentona Tsuneki 岛盗方头泥蜂

Lestica quadriceps (Bingham) 四头盗方头泥蜂

Lestica robustispinosa Yue *et* Ma 粗刺盗方头泥蜂

Lestica subterranea (Fabricius) 地盗方头泥蜂

Lestica subterranea ochotica (Morawitz) 地盗方头泥蜂华沙亚种，内蒙地盗方头泥蜂

Lestica subterranea subterranea (Fabricius) 地盗方头泥蜂指名亚种

Lesticus 劫步甲属，历步甲属

Lesticus ater Roux *et* Shi 乌劫步甲

Lesticus auricollis Tschitschérine 金胸劫步甲，紫历步甲

Lesticus auripennis Zhu, Shi *et* Laing 金鞘劫步甲

Lesticus bii Zhu, Shi *et* Laing 毕氏劫步甲

Lesticus chalcothorax (Chaudoir) 绿胸劫步甲，恰历步甲

Lesticus desgodinsi Tschitschérine 德历劫步甲，德历步甲

Lesticus deuvei Dubault *et* Roux 德夫劫步甲

Lesticus dubius Dubault, Lassalle *et* Roux 同 Lesticus solidus

Lesticus fukiensis Jedlička 福建劫步甲，闽历步甲

Lesticus magnus (Motschulsky) 大劫步甲，大历步甲

Lesticus perniger Roux *et* Shi 黑劫步甲

Lesticus praestans (Chaudoir) 立劫步甲，前历步甲

Lesticus rotundatus Roux *et* Shi 圆胸劫步甲

Lesticus sauteri Kuntzen 绍氏劫步甲，索历步甲

Lesticus solidus Roux *et* Shi 壮劫步甲

Lesticus taiwanicus Roux *et* Shi 台湾劫步甲，台湾历步甲

Lesticus tristis Roux *et* Shi 暗劫步甲

Lesticus violaceous Zhu, Shi *et* Laing 紫光劫步甲

Lesticus wrasei Dubault, Lassalle *et* Roux 弗氏劫步甲

Lesticus xiaodongi Zhu, Shi *et* Laing 晓东劫步甲

lestid 1. [= lestid damselfly, spreadwing, spread-winged damselfly] 丝蟌 < 丝蟌科 Lestidae 昆虫的通称 >；2. 丝蟌科的

lestid damselfly [= lestid, spreadwing, spread-winged damselfly] 丝蟌

Lestidae 丝蟌科

Lestiphorus 盗滑胸泥蜂属

Lestiphorus becquarti (Yasumatsu) 贝氏盗滑胸泥蜂

Lestiphorus densipunctatus (Yasumatsu) 密点盗滑胸泥蜂

Lestiphorus peregrinus (Yasumatsu) 奇盗滑胸泥蜂

Lestiphorus rugulosus Wu *et* Zhou 多皱盗滑胸泥蜂

lestobiosis 1. 蚁贼共生；2. 盗窃共生

Lestodiplosis 盗瘿蚊属

Lestodiplosis aprimiki Barnes 埃氏盗瘿蚊

Lestodiplosis crataegifolia Felt 山楂盗瘿蚊

Lestodiplosis florida Felt 佛罗里达盗瘿蚊

Lestodiplosis pentagona Jiang 桑盾蚧盗瘿蚊

Lestoidea 丝蟌总科，综蟌总科

Lestoideidae 拟丝蟌科

Lestomerus 隶盗猎蝽属，隶猎蝽属

Lestomerus affinis (Serville) 黑股隶盗猎蝽，黑股隶猎蝽

Lestomerus atrocyaneus Villiers 蓝胸隶盗猎蝽

Lestomerus barbarus (Miller) 狂隶盗猎蝽

Lestomerus bicolor (Distant) 二色隶盗猎蝽

Lestomerus dubius Villiers 疑隶盗猎蝽

Lestomerus femoralis Walker 红股隶盗猎蝽，红股隶猎蝽

Lestomerus flavipes Walker 黄足隶盗猎蝽

Lestomerus funebris Villiers 猛隶盗猎蝽

Lestomerus gigas Schouteden 巨隶盗猎蝽

Lestomerus glabratus Signoret 亮隶盗猎蝽，亮隶猎蝽

Lestomerus montivagus (Distant) 山隶盗猎蝽

Lestomerus noctis (Distant) 夜隶盗猎蝽

Lestomerus ochropus (Stål) 黄隶盗猎蝽

Lestomerus pallens (Miller) 苍隶盗猎蝽

Lestomerus parvulus Signoret 小隶盗猎蝽，小隶猎蝽

Lestomerus rendalli (Distant) 任隶盗猎蝽

Lestomerus sanctus (Fabricius) 圣隶盗猎蝽

Lestomerus spinipes (Serville) 脊隶盗猎蝽

Lestomerus vermiculatus Villiers 褐点隶盗猎蝽

Lestomerus vilhenai Villiers 维隶盗猎蝽

Lestomima flavostigma May 同 *Rhipidolestes truncatidens*

Lestranicus 赖灰蝶属

Lestranicus transpectus (Moore) [white-banded hedge blue] 白带赖灰蝶，赖灰蝶

Lestremia 树瘿蚊属

Lestremia cinerea Macquart 灰树瘿蚊

Lestremia leucophaea (Meigen) 褐树瘿蚊

Lestremiinae 树瘿蚊亚科

Lestrimelitta 盗蜜蜂属

Lestrimelitta limao (Smith) 巴西盗蜜蜂

lesueur skipper [*Tisias lesueur* Latreille] 莱氏迪喜弄蝶

Letaba 坚树蝽属

Letaba xizangana Ren 见 *Paloniella xizangana*

Letana 环螽属

Letana atomifera (Brunner von Wattenwyl) 微点环螽

Letana brachyptera Ingrisch 短翅环树螽

Letana despecta (Brunner von Wattenwyl) 德斯环螽，中国环树螽

Letana gracilis Ingrisch 瘦环螽，丽环树螽

Letana grandis Liu *et* Hsia 大环螽

Letana hemelytra Liu 半翅环螽

Letana inflata Brunner von Wattenwyl 胀环螽

Letana linearis Walker 黄边环螽

Letana melanotis Bey-Bienko 同 *Letana rubescens*

Letana rubescens (Stål) 赤褐环螽，赤褐环树螽

Letana sinumarginis Liu *et* Hsia 波缘环螽

Lethades 失姬蜂属
Lethades nigricoxis Sheng *et* Sun 黑基失姬蜂
Lethades ruficoxalis Sheng *et* Sun 褐基失姬蜂
Lethades wugongensis Sheng, Sun *et* Li 武功失姬蜂
Lethaeaster 波长蝽属
Lethaeaster maculatum Li *et* Bu 斑盾波长蝽
Lethaeastroides 雷长蝽属
Lethaeastroides sarawakensis Malipatil *et* Woodward 尖角雷长蝽
Lethaeastroides vooni Malipatil *et* Woodward 翁雷长蝽
Lethaeini 毛肩长蝽族
Lethaeus 原毛肩长蝽属
Lethaeus taprobanes Kirkaldy 褐原毛肩长蝽
lethal 致死的
lethal concentration [abb. LC] 致死浓度
lethal dose [abb. LD] 致死剂量
lethal factor 致死因素
lethal gene 致死基因
lethal mutation 致死突变
lethal radiation dose 致死辐射剂量
lethal range 致死范围
lethal synthesis 致死性合成
lethality 1. 致死率；2. 致命性；3. 致死现象；4. 致死作用
lethargic 昏睡的 < 指蛰伏不动的 >
Lethe 黛眼蝶属
Lethe albolineata (Poujade) 白条黛眼蝶
Lethe andersoni (Atkinson) 安徒生黛眼蝶
Lethe arete (Cramer) 白线黛眼蝶
Lethe argentata (Leech) 银线黛眼蝶
Lethe armanderia Oberthür 阿满黛眼蝶
Lethe armandina Oberthür [Chinese labyrinth] 中华黛眼蝶，阿氏黛眼蝶
Lethe armandii (Oberthür) 见 *Neope armandii*
Lethe armandii fusca (Leech) 见 *Neope armandii fusca*
Lethe atkinsonia (Hewitson) [small goldenfork] 小金斑黛眼蝶
Lethe baileyi South 贝利黛眼蝶，巴黛眼蝶，拜黛眼蝶
Lethe baladeva (Moore) [treble silverstripe] 西藏黛眼蝶
Lethe baoshana (Huang, Wu *et* Yuan) 宝山黛眼蝶
Lethe bhairava (Moore) [rusty forester] 帕拉黛眼蝶，布黛眼蝶
Lethe bipupilla Chou *et* Zhao 舜目黛眼蝶
Lethe bojonia Fruhstorfer 大深山黛眼蝶，淡纹荫蝶，淡竹眼蝶，波氏荫蝶，韦氏黑荫蝶，淡纹黛眼蝶，台湾小圈黛眼蝶
Lethe butleri Leech 圆翅黛眼蝶，巴坦眼蝶
Lethe butleri butleri Leech 圆翅黛眼蝶指名亚种，指名圆翅黛眼蝶
Lethe butleri kuatunensis Mell 圆翅黛眼蝶挂墩亚种，挂墩圆翅黛眼蝶
Lethe butleri lanaris Butler 见 *Lethe lanaris*
Lethe butleri periscelis (Fruhstorfer) 圆翅黛眼蝶台湾亚种，巴氏黛眼蝶，台湾黑荫蝶，布竹眼蝶，台湾拟黑荫蝶，台湾黛蝶，勃氏竹眼蝶，围圆翅黛眼蝶
Lethe butleri proxima Leech 见 *Lethe proxima*
Lethe calisto Calbula 同 *Lethe violaceopicta*
Lethe callipteris (Butler) [smaller bamboo satyrid] 姬黄斑黛眼蝶，竹小眼蝶，卡哈丽眼蝶
Lethe callipteris distincta Mell 见 *Lethe yantra distincta*
Lethe camilla Leech 卡米黛眼蝶，喀黛眼蝶
Lethe camilla privigna Leech 见 *Lethe privigna*
Lethe chandica (Moore) [angled red forester] 曲纹黛眼蝶，乌纹黛眼蝶
Lethe chandica chandica (Moore) 曲纹黛眼蝶指名亚种，指名曲纹黛眼蝶
Lethe chandica coelestis Leech 曲纹黛眼蝶中原亚种，中原曲纹黛眼蝶
Lethe chandica flanona Fruhstorfer 曲纹黛眼蝶云南亚种，云南曲纹黛眼蝶
Lethe chandica ratnacri Fruhstorfer 曲纹黛眼蝶台湾亚种，雌褐荫蝶，雌褐竹眼蝶，台湾曲纹黛眼蝶
Lethe chandica suvarna Fruhstorfer 曲纹黛眼蝶海南亚种，海南曲纹黛眼蝶
Lethe characters Sugiyama 茶黛眼蝶
Lethe christophi Leech 棕褐黛眼蝶
Lethe christophi christophi Leech 棕褐黛眼蝶指名亚种，指名棕褐黛眼蝶
Lethe christophi hanako Fruhstorfer 棕褐黛眼蝶深山亚种，柯氏黛眼蝶，深山荫蝶，深山竹眼蝶，单珠竹眼蝶，深山黛眼蝶，台湾棕褐黛眼蝶
Lethe clarissa Murayama 克拉黛眼蝶，克哈丽眼蝶
Lethe confusa Aurivillius [banded treebrown] 白带黛眼蝶，白带蝶，白带竹眼蝶
Lethe confusa apara Fruhstorfer 白带黛眼蝶中泰亚种，中泰白带黛眼蝶，阿波纹黛眼蝶
Lethe confusa confusa Aurivillius 白带黛眼蝶指名亚种
Lethe confusa fuhaica Lee 白带黛眼蝶佛海亚种，佛海白带黛眼蝶
Lethe confusa gambara Fruhstorfer 白带黛眼蝶甘波亚种，甘波纹黛眼蝶，甘黛眼蝶
Lethe consobrina Watkins 同 *Lethe hecate*
Lethe ctistans Butler 远点黛眼蝶
Lethe cybele Leech 圣母黛眼蝶
Lethe cyrene Leech 奇纹黛眼蝶
Lethe dakwania Tytler 达卡黛眼蝶
Lethe darena (Felder *et* Felder) 达兰黛眼蝶
Lethe daretis Hewitson 斯里兰卡黛眼蝶
Lethe dataensis Semper 达塔黛眼蝶
Lethe davidi (Oberthür) 同 *Lethe serbonis*
Lethe delila Staudinger 红裙黛眼蝶
Lethe diana (Butler) 苔娜黛眼蝶
Lethe diana australis Naritomi 苔娜黛眼蝶澳洲亚种，月神黛眼蝶，黑荫蝶，黛眼蝶，澳洲黑荫蝶，黛睫竹眼蝶
Lethe diana diana (Butler) 苔娜黛眼蝶指名亚种
Lethe distans Butler [scarce red forester] 稀珍黛眼蝶
Lethe diunaga Fruhstorfer 见 *Lethe syrcis diunaga*
Lethe dora Staudinger 蹈拉黛眼蝶
Lethe drypetis (Hewitson) [Tamil treebrown] 南亚黛眼蝶，德黛眼蝶
Lethe dura (Marshall) [scarce lilacfork] 黛眼蝶，幽眼蝶
Lethe dura dura (Marshall) 黛眼蝶指名亚种，指名黛眼蝶
Lethe dura moupinensis (Poujade) 马边黛眼蝶，宝兴素拉黛眼蝶
Lethe dura neoclides Fruhstorfer 黛眼蝶台湾亚种，大幽眼蝶，白尾黑荫蝶，淡尾竹眼蝶，白尾黛蝶，白尾荫眼蝶，新侨黛

L

眼蝶
Lethe dynaste Hewitson 森林黛眼蝶
Lethe dyrta (Felder *et* Felder) 同 *Lethe rohria*
Lethe dyrta daemoniaca Fruhstorfer 见 *Lethe rohria daemoniaca*
Lethe dyrta permagnis Fruhstorfer 见 *Lethe rohria permagnis*
Lethe elwesi Moore 埃氏黛眼蝶
Lethe emeica Murayama 峨眉黛眼蝶，峨眉西黛眼蝶
Lethe epimenides (Ménétriès) 见 *Kirinia epimenides*
Lethe europa (Fabricius) [bamboo treebrown] 长纹黛眼蝶
Lethe europa beroe (Cramer) 长纹黛眼蝶南方亚种，南方长纹黛眼蝶
Lethe europa europa (Fabricius) 长纹黛眼蝶指名亚种
Lethe europa malaya Corbet 长纹黛眼蝶马来亚种
Lethe europa niladana Fruhstorfer [Himalayan bamboo treebrown] 长纹黛眼蝶喜马亚种，西部长纹黛眼蝶
Lethe europa nudgara Fruhstorfer [Andaman bamboo treebrown] 长纹黛眼蝶安岛亚种
Lethe europa pavida Fruhstorfer 长纹黛眼蝶玉带亚种，玉带荫蝶，斜带黛眼蝶，竹目蝶，白带荫蝶，白条荫蝶，玉带竹眼蝶，白条黛眼蝶
Lethe europa tamuna de Nicéville [Nicobar bamboo treebrown] 长纹黛眼蝶尼岛亚种
Lethe gambara Fruhstorfer 见 *Lethe confusa gambara*
Lethe gemina Leech [Tytler's treebrown] 李斑黛眼蝶
Lethe gemina gemina Leech 李斑黛眼蝶指名亚种，指名李斑黛眼蝶
Lethe gemina hecate Leech 见 *Lethe hecate*
Lethe gemina zaitha Fruhstorfer 李斑黛眼蝶台湾亚种，峦斑黛眼蝶，阿里山褐荫蝶，黄褐双眼蝶，山地竹眼蝶，阿里山茶色日荫蝶，台湾李斑黛眼蝶
Lethe gesangdawai Huang 格桑黛眼蝶
Lethe goalpara (Moore) [large goldenfork] 高帕黛眼蝶
Lethe gracilis (Oberthür) 纤细黛眼蝶，丽黛眼蝶
Lethe gulnihal de Nicéville [dull forester] 固匿黛眼蝶
Lethe hayashii Koiwaya 鄂陕黛眼蝶
Lethe hecate Leech 线纹黛眼蝶，赫李斑黛眼蝶
Lethe helena Leech 宽带黛眼蝶
Lethe helle (Leech) 明带黛眼蝶
Lethe helle gregoryi Watkins 明带黛眼蝶四川亚种，四川明带黛眼蝶
Lethe helle helle (Leech) 明带黛眼蝶指名亚种
Lethe helle leei Zhao *et* Wang 见 *Lethe leei*
Lethe inomatai Koiway 四川黛眼蝶，殷黛眼蝶
Lethe insana (Kollar) [common forester] 深山黛眼蝶，伊莎黛眼蝶 <此种学名有误写为 *Lethe isana* (Kollar) 者>
Lethe insana baucis Leech 深山黛眼蝶宝琦亚种，宝琦黛眼蝶
Lethe insana brisanda de Nicéville 深山黛眼蝶云南亚种，云南深山黛眼蝶
Lethe insana caerulescens Mell 同 *Lethe insana insana*
Lethe insana formosana Fruhstorfer 深山黛眼蝶台湾亚种，深山玉带荫蝶，深山斜带竹眼蝶，深山竹眼蝶，深山白条荫蝶，深山白带荫蝶，台湾深山黛眼蝶
Lethe insana insana (Kollar) 深山黛眼蝶指名亚种
Lethe jalaurida (de Nicéville) [small silverfork] 小云斑黛眼蝶
Lethe jalaurida elwesi (Moore) 小云斑黛眼蝶艾氏亚种，艾小云斑黛眼蝶
Lethe jalaurida gelduba Fruhstorfer 小云斑黛眼蝶格度亚种，格小云斑黛眼蝶
Lethe jalaurida jalaurida (de Nicéville) 小云斑黛眼蝶指名亚种
Lethe kabrua Tytler [Manipur goldenfork] 金斑黛眼蝶
Lethe kansa (Moore) [bamboo forester] 甘萨黛眼蝶
Lethe kansa kansa (Moore) 甘萨黛眼蝶指名亚种，指名甘萨黛眼蝶
Lethe kansa vaga Fruhstorfer 甘萨黛眼蝶浪游亚种，浪游甘萨黛眼蝶
Lethe labyrinthea Leech 蟠纹黛眼蝶，拉哈丽眼蝶
Lethe lanaris Butler 直带黛眼蝶，蓝坦眼蝶，览圆翅黛眼蝶
Lethe lanaris conspicua Mell 直带黛眼蝶显著亚种，显直带黛眼蝶
Lethe lanaris lanaris Butler 直带黛眼蝶指名亚种
Lethe laodamia Leech 罗丹黛眼蝶
Lethe latiaris (Hewitson) [pale forester] 侧带黛眼蝶
Lethe latiaris latiaris (Hewitson) 侧带黛眼蝶指名亚种
Lethe latiaris lishadii Huang 侧带黛眼蝶云南亚种
Lethe latiaris perimela Fruhstorfer 侧带黛眼蝶单痣亚种
Lethe leei Zhao *et* Wang 丽黛眼蝶
Lethe liae Huang 李氏黛眼蝶
Lethe lisuae (Huang) 李苏黛眼蝶
Lethe liyufeii Huang 李宇飞黛眼蝶
Lethe luojiani Lang *et* Wang 罗箭黛眼蝶
Lethe luteofasciata (Poujade) 黄带黛眼蝶
Lethe maitrya de Nicéville [barred woodbrown] 迷纹黛眼蝶
Lethe maitrya maitrya de Nicéville 迷纹黛眼蝶指名亚种
Lethe maitrya thawgawa Tytler 迷纹黛眼蝶塔唔亚种，塔迷纹黛眼蝶
Lethe manthara (Felder *et* Felder) 南洋黛眼蝶
Lethe manzora (Poujade) 门左黛眼蝶，曼佐眼蝶
Lethe margaritae Elwes [Bhutan treebrown] 珍珠黛眼蝶，玛黛眼蝶
Lethe marginalis Motschulsky 边纹黛眼蝶
Lethe mataja Frushtorfer 马太黛眼蝶，台湾黛眼蝶，大玉带黑荫蝶，大斜带竹眼蝶，大白带黑荫蝶，大白带黛蝶，大白条黑荫蝶，黑眉竹眼蝶
Lethe mekara (Moore) [common red forester] 三楔黛眼蝶
Lethe mekara crijnana Fruhstorfer 三楔黛眼蝶云南亚种，云南三楔黛眼蝶
Lethe mekara mekara (Moore) 三楔黛眼蝶指名亚种
Lethe minerva (Fabricius) 米纹黛眼蝶
Lethe moelleri (Elwes) [Moeller's silverfork] 米勒黛眼蝶
Lethe monilifera Oberthür 珠连黛眼蝶
Lethe muirheadii (Felder *et* Felder) 见 *Neope muirheadii*
Lethe naga Doherty [Naga treebrown] 娜嘎黛眼蝶
Lethe naga naga Doherty 娜嘎黛眼蝶指名亚种
Lethe naga philemon Fruhstorfer 见 *Lethe philemon*
Lethe naias Leech 同 *Lethe satyrina*
Lethe neofasciata Lee 新带黛眼蝶，宽斑竹眼蝶
Lethe nicetas Hewitson [yellow woodbrown] 泥黄黛眼蝶
Lethe nicetella de Nicéville [small woodbrown] 优美黛眼蝶
Lethe nigrifascia Leech 黑带黛眼蝶
Lethe nigrifascia ebiana Lang 同 *Lethe nigrifascia fasciata*

Lethe nigrifascia fasciata Seitz 黑带黛眼蝶具纹亚种，纹黑带黛眼蝶
Lethe nigrifascia nigrifascia Leech 黑带黛眼蝶指名亚种
Lethe niitakana (Matsumura) 玉山黛眼蝶，玉山幽眼蝶，玉山荫蝶
Lethe nosei (Koiwaya) 野濑黛眼蝶
Lethe nujiangensis Yoshino 怒江黛眼蝶
Lethe ocellata (Poujade) [dismal mystic] 小圈黛眼蝶
Lethe ocellata bojonia Fruhstorfer 见 *Lethe bojonia*
Lethe ocellata mon Yoshino 小圈黛眼蝶越南亚种
Lethe ocellata ocellata (Poujade) 小圈黛眼蝶指名亚种，指名小圈黛眼蝶
Lethe oculatissima (Poujade) 八目黛眼蝶
Lethe perimede Staudinger 培丽黛眼蝶
Lethe philemon Fruhstorfer 腓利门黛眼蝶，菲纳黛眼蝶
Lethe privigna Leech 普里黛眼蝶，普喀黛眼蝶
Lethe procne (Leech) 彩斑黛眼蝶，原黛眼蝶，普辛眼蝶
Lethe proxima Leech 比目黛眼蝶，近坦眼蝶，近圆翅黛眼蝶
Lethe proxima baoxingensis Zhai *et* Zhang 比目黛眼蝶宝兴亚种
Lethe proxima proxima Leech 比目黛眼蝶指名亚种
Lethe pulaha Moore 显脉黛眼蝶
Lethe pulahina Evans 普拉欣黛眼蝶
Lethe ramadeva (de Nicéville) [single silverstripe] 银纹黛眼蝶
Lethe rohria (Fabricius) [common treebrown] 波纹黛眼蝶
Lethe rohria apara Fruhstorfer 见 *Lethe confusa apara*
Lethe rohria daemoniaca Fruhstorfer 波纹黛眼蝶玉带亚种，波纹玉带荫蝶，波纹竹眼蝶，角目蝶，波纹白带荫蝶，波纹白条荫蝶，波纹竹眼蝶，台湾波纹黛眼蝶，德戴黛眼蝶
Lethe rohria gambara Fruhstorfer 见 *Lethe confusa gambara*
Lethe rohria permagnis Fruhstorfer 波纹黛眼蝶西部亚种，西部波纹黛眼蝶，波戴黛眼蝶
Lethe rohria rohria (Fabricius) 波纹黛眼蝶指名亚种，指名罗黛眼蝶
Lethe sadona Evans 撒旦黛眼蝶
Lethe samio (Doubleday) 萨米黛眼蝶
Lethe satarnus Fruhstorfer 见 *Lethe verma satarnus*
Lethe satyavati de Nicéville 纱白黛眼蝶
Lethe satyrina Butler [pallid forester] 蛇神黛眼蝶，萨黛眼蝶
Lethe satyrina obscura Mell 蛇神黛眼蝶暗色亚种，暗萨黛眼蝶
Lethe satyrina satyrina Butler 蛇神黛眼蝶指名亚种
Lethe scanda (Moore) 蓝黛眼蝶
Lethe schrenkii Ménétriés 见 *Ninguta schrenkii*
Lethe serbonis (Hewitson) [brown forester] 华山黛眼蝶
Lethe serbonis davidi (Oberthür) 同 *Lethe serbonis serbonis*
Lethe serbonis serbonis (Hewitson) 华山黛眼蝶指名亚种
Lethe sicelides Grose-Smith 康定黛眼蝶
Lethe sicelis Hewitson 剑黛眼蝶
Lethe sicelis emeica Murayama 见 *Lethe emeica*
Lethe siderea Marshall [scarce woodbrown] 细黛眼蝶
Lethe siderea kanoi Esaki *et* Nomura 细黛眼蝶鹿野亚种，圆翅幽眼蝶，鹿野黑荫蝶，铁色竹眼蝶，鹿野黛蝶，细黛眼，中华细黛眼蝶
Lethe siderea siderea Marshall 细黛眼蝶指名亚种
Lethe sidonis (Hewitson) [common woodbrown] 西峒黛眼蝶，西辛眼蝶
Lethe sinorix (Hewitson) [tailed red forester] 尖尾黛眼蝶
Lethe sinorix kuangtungensis Mell 同 *Lethe sinorix sinorix*
Lethe sinorix lofaoshanensis Tinkham 同 *Lethe sinorix sinorix*
Lethe sinorix obscura Mell 尖尾黛眼蝶华东亚种，华东尖尾黛眼蝶
Lethe sinorix sinorix (Hewitson) 尖尾黛眼蝶指名亚种，指名尖尾黛眼蝶
Lethe sura (Doubleday) [lilacfork] 素拉黛眼蝶
Lethe sura moupinensis (Poujade) 见 *Lethe dura moupinensis*
Lethe sura sura (Doubleday) 素拉黛眼蝶指名亚种
Lethe syrcis (Hewitson) 连纹黛眼蝶
Lethe syrcis confluens Oberthür 同 *Lethe syrcis syrcis*
Lethe syrcis diunaga Fruhstorfer 连纹黛眼蝶越南亚种，狄连纹黛眼蝶，歹黛眼蝶
Lethe syrcis sikiangensis Mell 连纹黛眼蝶四川亚种，川连纹黛眼蝶
Lethe syrcis syrcis (Hewitson) 连纹黛眼蝶指名亚种，指名连纹黛眼蝶
Lethe tingeda Zhai *et* Zhang 浅色黛眼蝶
Lethe titania Leech 泰坦黛眼蝶
Lethe trimacula Leech 重瞳黛眼蝶
Lethe trimacula kuatunensis Mell 重瞳黛眼蝶挂墩亚种，挂墩三斑黛眼蝶
Lethe trimacula trimacula Leech 重瞳黛眼蝶指名亚种
Lethe tristigmata Elwes [spotted mystic] 三点黛眼蝶，三斑黛眼蝶
Lethe uemurai Sugiyama 厄黛眼蝶
Lethe umedai Koiwaya 华西黛眼蝶
Lethe unistgma Lee 同 *Lethe latiaris perimela*
Lethe verma (Kollar) [straight-banded treebrown] 玉带黛眼蝶
Lethe verma cintamani Fruhstorfer 玉带黛眼蝶台湾亚种，玉带黑荫蝶，斜带竹眼蝶，白带黑荫蝶，白带黛蝶，台湾玉带黛眼蝶
Lethe verma satarnus Fruhstorfer 玉带黛眼蝶先农亚种，先农玉带黛眼蝶，蛇神黛眼蝶
Lethe verma stenopa Fruhstorfer 玉带黛眼蝶窄眼亚种，窄眼玉带黛眼蝶
Lethe verma verma (Kollar) 玉带黛眼蝶指名亚种
Lethe vindhya (Felder *et* Felder) [black forester] 文娣黛眼蝶
Lethe vindhya ladesta Fruhstorfer 文娣黛眼蝶广东亚种，广东文娣黛眼蝶
Lethe vindhya vindhya (Felder *et* Felder) 文娣黛眼蝶指名亚种，指名文娣黛眼蝶
Lethe violaceopicta (Poujade) [Manipur woodbrown] 紫线黛眼蝶，紫辛眼蝶
Lethe violae Tsukada *et* Nishiyama 紫堇黛眼蝶
Lethe visrava (Moore) [white-edged woodbrown] 白裙黛眼蝶
Lethe wui Huang 吴氏黛眼蝶
Lethe yama (Moore) 见 *Neope yama*
Lethe yantra Fruhstorfer 妍黛眼蝶
Lethe yantra distincta Mell 妍黛眼蝶明显亚种，显妍黛眼蝶，显丽黛眼蝶
Lethe yantra yantra Fruhstorfer 妍黛眼蝶指名亚种，指名妍黛眼蝶
Lethe yunnana d'Abrera 云南黛眼蝶

Lethe yunnana bozanoi Huang 云南黛眼蝶鲍氏亚种
Lethe yunnana yunnana d'Abrera 云南黛眼蝶指名亚种
Lethe zhangi (Huang, Wu *et* Yuan) 同 *Lethe leei*
Lethocerinae 泐负蝽亚科，鳖蝽亚科
Lethocerus 泐负蝽属，鳖负蝽属，桂花蝉属，田鳖属
Lethocerus americanus (Leidy) [American giant water bug, Minnesota giant water bug, giant water bug] 美洲泐负蝽，美洲大负子蝽
Lethocerus deyrolli (Vuillefroy) [oriental giant water bug] 大泐负蝽，大鳖负蝽，大鳖蝽，大田鳖，大负子蝽，狄氏大田鳖，桂花负蝽，日本大田鳖
Lethocerus indicus (Peletier *et* Serville) 印泐负蝽，印鳖负蝽，桂花蝉，印田鳖蝽，印度大田鳖
Lethrini 笨粪金龟甲族，笨粪金龟族
Lethrus 笨粪金龟甲属，笨粪金龟属，大头粪金龟属
Lethrus apterus (Laxmann) 缺翅笨粪金龟甲，缺翅大头粪金龟，无翅大头粪金龟
Lethrus bituberculatus Ballion 二突笨粪金龟甲
Lethrus bituberculatus bituberculatus Ballion 二突笨粪金龟甲指名亚种
Lethrus bituberculatus impressifrons Ballion 二突笨粪金龟甲窄额亚种
Lethrus eous Semenov 同 *Lethrus bituberculatus impressifrons*
Lethrus gladiator Reitter 格笨粪金龟甲，格笨粪金龟
Lethrus karelini Gebler 卡笨粪金龟甲
Lethrus kuldshensis Lebeder 寇笨粪金龟甲
Lethrus potanini Jakovlev 波笨粪金龟甲，波笨粪金龟
Lethrus tshitsherini Semenov 窃笨粪金龟甲
Letitia 悦夙舟蛾亚属
Letogenes 恒织蛾属
Letogenes festalis Meyrick 雪恒织蛾
lettuce aphid 1. [*Nasonovia ribisnigri* (Mosley)] 莴苣衲长管蚜，莴苣蚜；2. [*Amphorophora oleraceae* van der Goot] 莴苣膨管蚜
lettuce fruit fly [*Trupanea amoena* Frauenfeld] 莴苣星斑实蝇，异斑特鲁实蝇，斜端星斑实蝇，莴苣踹实蝇
lettuce root aphid [= poplar gall aphid, *Pemphigus bursarius* (Linnaeus)] 囊柄瘿绵蚜，柄瘿绵蚜，莴苣根瘿绵蚜
lettuce shark [*Cucullia lactucae* (Denis *et* Schiffermüller)] 拉冬夜蛾
Letzuella 棒角跳甲属
Letzuella chinensis Döberl 中华棒角跳甲
Letzuella viridis Chen 云南棒角跳甲
Letzuella yonyonae Chen 蕴贞棒角跳甲
Leu [leucine 的缩写] 亮氨酸，白氨酸
leucadia longwing [*Heliconius leucadia* (Bates)] 白仙袖蝶
Leucanella 尖翅大蚕蛾属
Leucanella fusca (Walker) 褐尖翅大蚕蛾
Leucania 黏夜蛾属
Leucania albiradiosa Eversmann 见 *Mythimna albiradiosa*
Leucania aspersa Snellen 同 *Mythimna roseilinea*
Leucania bifasciata Moore 见 *Mythimna bifasciata*
Leucania binigrata (Warren) 双贯黏夜蛾，双黑黏夜蛾
Leucania celebensis (Tams) 苏黏夜蛾
Leucania comma (Linnaeus) [shoulder-striped wainscot] 广黏夜蛾，黏夜蛾
Leucania compta Moore 见 *Mythimna compta*
Leucania cryptargyrea Bethune-Baker 见 *Mythimna cryptargyrea*
Leucania cuneilinea Draudt 见 *Mythimna cuneilinea*
Leucania curvilinea Hampson 波曲黏夜蛾，曲线黏夜蛾，曲线内尤夜蛾，曲线秘夜蛾
Leucania decisissima Walker 见 *Mythimna decisissima*
Leucania dharma Moore 见 *Mythimna dharma*
Leucania distincta Moore 见 *Mythimna distincta*
Leucania duplicata Butler 重黏夜蛾
Leucania ferrilinea Leech 见 *Mythimna ferrilinea*
Leucania fraterna (Moore) 见 *Mythimna fraterna*
Leucania ignita (Hampson) 见 *Mythimna ignita*
Leucania inanis Oberthür 见 *Mythimna inanis*
Leucania incana (Snellen) 伊黏夜蛾
Leucania insecuta Walker 次黏夜蛾
Leucania insularis Butler 见 *Mythimna insularis*
Leucania irregularis (Walker) 差黏夜蛾，差秘夜蛾，差黏虫
Leucania l-album (Linnaeus) 见 *Mythimna lalbum*
Leucania laniata Hampson 同 *Mythimna dharma*
Leucania lineatipes Moore 见 *Mythimna lineatipes*
Leucania lineatissima (Warren) 同 *Mythimna consimilis*
Leucania loreyi (Duponchel) [cosmopolitan, false army worm, nightfeeding rice armyworm, Lorey army worm, Loreyi leaf worm, rice armyworm] 白点黏夜蛾，白点秘夜蛾，劳氏黏虫，劳氏秘夜蛾，劳氏光腹夜蛾，罗氏秘夜蛾
Leucania mesotrosta Püngeler 见 *Mythimna mesotrosta*
Leucania mesotrostella (Draudt) 同 *Mythimna mesotrosta*
Leucania mesotrostina (Draudt) 同 *Mythimna inanis*
Leucania modesta Moore 见 *Mythimna modesta*
Leucania nigristriga Hreblay, Legrain *et* Yoshimatsu 黑痣黏夜蛾
Leucania obscura (Moore) 见 *Mythimna obscura*
Leucania obsoleta (Hübner) [obscure wainscot] 合黏夜蛾，合秘夜蛾，混黏夜蛾，旧黏夜蛾
Leucania ossicolor (Warren) 同 *Mythimna modesta*
Leucania pallidior (Draudt) 见 *Analetia* (*Anapoma*) *pallidior*
Leucania percussa Butler 标黏夜蛾，黑线秘夜蛾，佩黏夜蛾
Leucania perirrorata (Warren) 见 *Mythimna perirrorata*
Leucania polysticha Turner 重列黏夜蛾
Leucania propensa (Püngeler) 垂黏夜蛾，普黏夜蛾
Leucania proxima Leech 见 *Mythimna proxima*
Leucania putrescens (Hübner) [Devonshire wainscot] 朽黏夜蛾
Leucania putrida Staudinger 同 *Leucania zeae*
Leucania roseilinea Walker [grain army worm] 淡脉黏夜蛾，淡脉秘夜蛾
Leucania roseorufa (Joannis) 绯红黏夜蛾
Leucania rubrisecta (Hampson) 见 *Mythimna rubrisecta*
Leucania rufistrigosa Moore 见 *Mythimna rufistrigosa*
Leucania rufotumata Draudt 同 *Mythimna cuneilinea*
Leucania semiusta Hampson 见 *Mythimna simplex semiusta*
Leucania separata Walker 见 *Mythimna separata*
Leucania simillima Walker 同纹黏夜蛾，同纹秘夜蛾，似黏夜蛾，似剑黏夜蛾
Leucania sinuosa Moore 见 *Mythimna sinuosa*
Leucania striatella (Draudt) 见 *Mythimna striatella*
Leucania substriata Yoshimatsu 亚纹黏夜蛾
Leucania tangala Felder *et* Rogenhofer 见 *Mythimna tangala*

Leucania tessellum (Draudt) 见 *Mythimna tessellum*
Leucania transversata (Draudt) 见 *Mythimna transversata*
Leucania undina (Draudt) 见 *Mythimna undina*
Leucania unipunta (Haworth) 见 *Mythimna unipunta*
Leucania velutina Eversmann 见 *Mythimna velutina*
Leucania venalba (Moore) [white vein armyworm] 白脉黏虫，白脉黏夜蛾，白脉秘夜蛾
Leucania yu Guenée 玉黏夜蛾，玉秘夜蛾
Leucania yunnana Chen 云黏夜蛾
Leucania zeae (Duponchel) 谷黏夜蛾
Leucaniini 黏夜蛾族 < 此族学名有误写为 Leucanini 者 >
Leucantigius 璐灰蝶属
Leucantigius atayalicus (Shirôzu *et* Murayama) 璐灰蝶，珑灰蝶，姬白灰蝶，姬白小灰蝶
Leucantigius atayalicus atayalicus (Shirôzu *et* Murayama) 璐灰蝶指名亚种，指名璐灰蝶
Leucapamea 云纹夜蛾属，亚秀夜蛾属
Leucapamea askoldis (Oberthür) 阿云纹夜蛾，亚秀夜蛾，白帕夜蛾
Leucapamea chienmingfui Ronkay *et* Ronkay 傅氏云纹夜蛾
Leucapamea feketeanyaka Zilli, Varga, Ronkay *et* Ronkay 白晕云纹夜蛾
Leucapamea formosensis Hampson 台湾云纹夜蛾
Leucapamea kawadai (Sugi) 川田云纹夜蛾，卡秀夜蛾
Leucapamea tsueyluana Chang 翠峦云纹夜蛾
leucaspis skipper [*Milanion leucaspis* (Mabille)] 白米兰弄蝶
Leucaspis 留片盾蚧属，白片盾介壳虫属
Leucaspis incisa Takagi 桢楠留片盾蚧，刻叶片盾介壳虫
Leucaspis japonica Cockerell 见 *Lopholeucaspis japonica*
Leucaspis knemion Hake 阿勒比松留片盾蚧
Leucaspis machili Takagi 润楠留片盾蚧，楠木白片盾介壳虫
Leucaspis vitis (Takahashi) 葡萄留片盾蚧，葡萄白片盾介壳虫
Leuchalictus 白淡脉隧蜂亚属
Leuciacria 芦粉蝶属
Leuciacria acuta Rothschild *et* Jordan 芦粉蝶
Leucidia 露粉蝶属
Leucidia brephos (Hübner) 灰露粉蝶
Leucidia elvina (Godart) 露粉蝶
Leucidia exigua Prittwitz 爱露粉蝶
Leucidia meculata d'Almeida 美露粉蝶
Leucidia pygmaea Prittwitz 臀露粉蝶
leucine [abb. Leu] 亮氨酸，白氨酸
Leucinodella agroterodes Strand 同 *Agrotera leucostola*
Leucinodes 白翅野螟属
Leucinodes apicalis Hampson 黑顶白翅野螟，端白翅野螟
Leucinodes orbonalis Guenée [eggplant fruit and shoot borer, brinjal fruit and shoot borer, eggplant borer, brinjal fruit borer, eggplant fruit borer] 茄白翅野螟，茄蛀螟
Leucinodes perlucidalis Caradja 泼白翅野螟
Leucoblepsis 窗钩蛾属
Leucoblepsis excisa Hampson 白景窗钩蛾，白景钩蛾，诶莱钩蛾
Leucoblepsis fenestraria (Moore) 单角窗钩蛾，六窗钩蛾，窗莱钩蛾
Leucoblepsis taiwanensis Buchsbaum *et* Miller 双角窗钩蛾，四窗钩蛾
Leucochimona 环眼蚬蝶属
Leucochimona aequatorialis (Seitz) 雅环眼蚬蝶
Leucochimona hyphaea (Cramer) [hyphea eyemark] 黑环眼蚬蝶 < 此种学名有误写为 *Leucochimona hyphaea* (Cramer) 者 >
Leucochimona iphias Stichel [iphias metalmark] 伊环眼蚬蝶
Leucochimona lagora (Herrich-Schäffer) [lagora metalmark, lagora eyemark] 腊环眼蚬蝶
Leucochimona lepida (Godman *et* Salvin) [satyr metalmark] 丽环眼蚬蝶
Leucochimona matisca (Hewitson) [matisca eyemark] 白环眼蚬蝶
Leucochimona philemon (Cramer) 环眼蚬蝶
Leucochimona vanessa (Fabricius) 瓦环眼蚬蝶
Leucochimona vestalis (Bates) [vestalis metalmark, vestalis eyemark] 维环眼蚬蝶
Leucochlaena 素冬夜蛾属
Leucochlaena muscosa (Staudinger) 穆冬夜蛾，暮素冬夜蛾
Leucochlaena oditis (Hübner) 素冬夜蛾，奥素冬夜蛾
Lencocraspedini 隐头隐翅甲族
Leucocraspedum 隐头隐翅甲属，屈头隐翅虫属 < 此属学名有误写为 *Leucocraspedium* 者 >
Leucocraspedum bicolor (Fenyes) 二色隐头隐翅甲
Leucocraspedum dilutum Bernhauer 黑腹隐头隐翅甲，黑腹屈头隐翅虫
Leucocraspedum dubium (Fenyes) 疑隐头隐翅甲
Leucocraspedum fasciatipennis (Pace) 斑翅隐头隐翅甲
Leucocraspedum minutum Bernhauer 小隐头隐翅甲，小屈头隐翅虫
Leucocraspedum pallidum Cameron 淡隐头隐翅甲，淡屈头隐翅虫
Leucocraspedum robustum Cameron 壮隐头隐翅甲，壮屈头隐翅虫
Leucocraspedum scorpio (Blackburn) 蝎隐头隐翅甲，蝎屈头隐翅虫
Leucocraspedum taiwanense Pace 台湾隐头隐翅甲
leucocyana bluewing [*Myscelia leucocyana* Felder] 白青鼠蛱蝶
leucocyte [= leukocyte] 白细胞，白血球
Leucodellus 苍白盲蝽属
Leucodellus albidus Reuter 苍白盲蝽，白盲蝽
Leucodellus pallescens (Zheng *et* Li) 拟苍白盲蝽
Leucodellus xizangensis Li *et* Liu 西藏苍白盲蝽
Leucodonta 白齿舟蛾属
Leucodonta bicoloria (Denis *et* Schiffermüller) [white prominent] 白齿舟蛾
Leucodrepana serratilinea Wileman *et* South 见 *Zusidava serratilinea*
leucogaster skipper [= whitened metron, *Metron leucogaster* (Godman)] 白纹金腹弄蝶
leucogyna stripestreak [*Arawacus leucogyna* (Felder *et* Felder)] 白崖灰蝶
leucokinin 蜚蠊肌激肽
Leucolopha 枯叶舟蛾属
Leucolopha singulus Schintlmeister *et* Fang 别枯叶舟蛾
Leucolopha sinica Chen *et* Wang 华枯叶舟蛾
Leucolopha undulifera Hampson 枯叶舟蛾
Leucoma 雪毒蛾属
Leucoma candida (Staudinger) [willow moth, white elm tussock

moth] 杨雪毒蛾，柳毒蛾

Leucoma chrysoscela (Collenette) 带跗雪毒蛾，金穴毒蛾

Leucoma clara (Walker) 银白毒蛾，亮卡拉毒蛾

Leucoma comma (Hutton) 见 *Arctornis comma*

Leucoma costalis (Moore) 黑檐雪毒蛾，黑簪雪毒蛾

Leucoma diaphora Collenette 见 *Carriola diaphora*

Leucoma flavosulphurea Erschoff 硫黄窗毒蛾

Leucoma horridula (Collenette) 点背雪毒蛾

Leucoma impressa Snellen 绣雪毒蛾

Leucoma melanoscela (Collenette) 黑跗雪毒蛾，黑穴毒蛾

Leucoma niveata (Walker) 黑额雪毒蛾

Leucoma ochripes (Moore) 黄跗雪毒蛾，赭卡拉毒蛾

Leucoma parallela (Collenette) 平雪毒蛾，平行穴毒蛾

Leucoma salicis (Linnaeus) [white satin moth, satin moth] 雪毒蛾，柳叶毒蛾，柳毒蛾，杨毒蛾

Leucoma sartus (Erschoff) 染雪毒蛾，灰毒蛾

Leucoma saturnioides (Snellen) 见 *Carriola saturnioides*

Leucoma seminsula Strand 见 *Carriola seminsula*

Leucoma sericea (Moore) 绢雪毒蛾，绢卡拉毒蛾

Leucoma submarginata (Walker) 亚缘窗毒蛾

Leucoma subvitrea Walker 见 *Kanchia subvitrea*

leucomelas skipper [*Hyalothyrus leucomelas* (Geyer)] 白黑骇弄蝶

Leucomelas 比夜蛾属

Leucomelas juvenilis (Bremer) 比夜蛾

Leucomiini 雪毒蛾族，白毒蛾族

L

Leucomyia 白麻蝇亚属，白麻蝇属

Leucomyia alba (Schiner) 见 *Sarcophaga* (*Leucomyia*) *alba*

Leucomyia cinerea (Fabricius) 同 *Sarcophaga* (*Leucomyia*) *alba*

Leucomyia dukoica Zhang *et* Chao 同 *Sarcophaga* (*Leucomyia*) *alba*

Leucomyiina 白麻蝇亚族

leucone skipper [*Nastra leucone* Godman] 白点污弄蝶

Leuconemacris 白纹蝗属

Leuconemacris asulcata Zheng 缺沟白纹蝗

Leuconemacris breviptera (Yin) 短翅白纹蝗

Leuconemacris daochengensis Zheng 稻城白纹蝗

Leuconemacris litangensis (Yin) 理塘白纹蝗

Leuconemacris longipennis Zheng 长翅白纹蝗

Leuconemacris microptera Zheng 小翅白纹蝗

Leuconemacris xiangchengensis Zheng 乡城白纹蝗

Leuconemacris xizangensis (Yin) 西藏白纹蝗，西藏跃度蝗

Leuconyctini 北美夜蛾族

Leucophaea maderae (Fabricius) 见 *Rhyparobia maderae*

leucophaea metalmark [*Adelotypa leucophaea* (Hübner)] 暗白悌蚬蝶

Leucophaea surinamensis (Linnaeus) 见 *Pycnoscelus surinamensis*

Leucophasia sinapis (Linnaeus) 见 *Leptidea sinapis*

Leucophenga 白果蝇属

Leucophenga abbreviata (de Meijere) 残脉白果蝇，灰身白果蝇

Leucophenga academica Máca *et* Lin 旧庄白果蝇

Leucophenga acutifoliacea Huang, Li *et* Chen 尖叶白果蝇

Leucophenga albiceps (de Meijere) 白头白果蝇

Leucophenga albiterga Huang, Li *et* Chen 白板白果蝇

Leucophenga albofasciata (Macquart) 白带白果蝇

Leucophenga angusta Okada 狭叶白果蝇，狭白果蝇

Leucophenga angustifoliacea Huang, Li *et* Chen 细叶白果蝇

Leucophenga apunctata Huang *et* Chen 缺斑白果蝇

Leucophenga arcuata Huang *et* Chen 弓叶白果蝇

Leucophenga argentata (de Meijere) 银色白果蝇

Leucophenga argentina de Meijere 银粉白果蝇

Leucophenga atrinervis Okada 黑肋白果蝇

Leucophenga atriventris Lin *et* Wheeler 宽腹白果蝇

Leucophenga baculifoliacea Huang, Li *et* Chen 杆叶白果蝇

Leucophenga bellula (Bergroth) 美丽白果蝇

Leucophenga bicuspidata Huang *et* Chen 双突白果蝇

Leucophenga bifasciata Duda 双条白果蝇，双束白果蝇

Leucophenga bifurcata Huang, Li *et* Chen 双叉白果蝇

Leucophenga brevifoliacea Huang *et* Chen 短叶白果蝇

Leucophenga brevivena Su, Lu *et* Chen 短脉白果蝇

Leucophenga concilia Okada 山纹白果蝇

Leucophenga confluens Duda 暗带白果蝇，康黑斑白果蝇

Leucophenga cornuta Huang, Li *et* Chen 角叶白果蝇

Leucophenga digmasoma Lin *et* Wheeler 箭盾白果蝇

Leucophenga euryphylla Huang *et* Chen 膨叶白果蝇

Leucophenga falcata Huang *et* Chen 镰叶白果蝇

Leucophenga fenchihuensis Okada 奋起湖白果蝇

Leucophenga flavicosta Duda 黄缘白果蝇，缘白果蝇，黄线白果蝇

Leucophenga formosa Okada 福美白果蝇，蓬莱白果蝇

Leucophenga fuscinotata Huang *et* Chen 褐肋白果蝇

Leucophenga fuscipennis Duda 褐茎白果蝇，暗翅白果蝇

Leucophenga fuscithorax Huang *et* Chen 褐胸白果蝇

Leucophenga fuscivena Huang *et* Chen 褐脉白果蝇

Leucophenga glabella Huang *et* Chen 缺毛白果蝇

Leucophenga hirsutina Huang *et* Chen 密毛白果蝇

Leucophenga hirticeps Huang, Li *et* Chen 毛头白果蝇

Leucophenga hirudinis Huang *et* Chen 蟥叶白果蝇

Leucophenga interrupta Duda 断带白果蝇，缘白翅白果蝇

Leucophenga jacobsoni Duda 珈可白果蝇

Leucophenga japonica Sidorenko 日本白果蝇

Leucophenga kurahashii Okada 仓桥白果蝇

Leucophenga latifrons Duda 宽额白果蝇，白额白果蝇

Leucophenga latifuscia Huang, Li *et* Chen 宽带白果蝇

Leucophenga limbipennis (de Meijere) 黑茎白果蝇，黑翅缘白果蝇

Leucophenga longipenis Huang *et* Chen 长茎白果蝇

Leucophenga maculata (Dufour) 黑斑白果蝇

Leucophenga maculata confluens Duda 见 *Leucophenga confluens*

Leucophenga maculata maculata (Dufour) 黑斑白果蝇指名亚种

Leucophenga magnipalpis Duda 大须白果蝇

Leucophenga meijerei Duda 迈氏白果蝇，麦氏白果蝇

Leucophenga multipunctata Chen *et* Aotsuka 多斑白果蝇

Leucophenga neointerrupta Fartyal *et* Toda 变斑白果蝇

Leucophenga nigrinervis Duda 黑脉白果蝇

Leucophenga nigripalpis Duda 黑须白果蝇

Leucophenga nigroscutellata Duda 黑盾白果蝇

Leucophenga orientalis Lin *et* Wheeler 东方白果蝇

Leucophenga ornata Wheeler 斑翅白果蝇，花饰白果蝇

Leucophenga pectinata Okada 梳翅白果蝇，梳齿白果蝇

Leucophenga pentapunctata Panigrahy *et* Gupta 五斑白果蝇

Leucophenga pinguifoliacea Huang, Li *et* Chen 粗叶白果蝇

Leucophenga piscifoliacea Huang *et* Chen 鱼叶白果蝇
Leucophenga quadricuspidata Huang *et* Chen 四刺白果蝇
Leucophenga quadrifurcata Huang, Li *et* Chen 四叉白果蝇
Leucophenga quadripunctata (de Meijere) 四斑白果蝇
Leucophenga quinquemaculipennis Okada 淡斑白果蝇，五翅斑白果蝇
Leucophenga rectifoliacea Huang *et* Chen 直叶白果蝇
Leucophenga rectinervis Okada 直脉白果蝇
Leucophenga regina Malloch 帝王白果蝇
Leucophenga retifoliacea Huang, Li *et* Chen 纹叶白果蝇
Leucophenga retihirta Huang, Li *et* Chen 纹毛白果蝇
Leucophenga rimbickana Singh *et* Gupta 裂叶白果蝇
Leucophenga saigusai Okada 三枝白果蝇
Leucophenga salatigae (de Meijere) 飒拉白果蝇
Leucophenga sculpta Chen *et* Toda 鳞纹白果蝇
Leucophenga securis Huang, Li *et* Chen 斧叶白果蝇
Leucophenga serrateifoliacea Huang *et* Chen 锯叶白果蝇
Leucophenga setipalpis Duda 毛须白果蝇，小须白果蝇
Leucophenga shillomgensis Dwivedi *et* Gupta 西隆白果蝇
Leucophenga sinupenis Huang, Li *et* Chen 弯茎白果蝇
Leucophenga sordida Duda 体黑白果蝇，灰黑白果蝇
Leucophenga spilossoma Lin *et* Wheeler 斑腹白果蝇
Leucophenga spinifera Okada 具刺白果蝇，棘腿白果蝇
Leucophenga striatipennis Okada 网纹白果蝇
Leucophenga subacutipennis Duda 亚尖翅白果蝇，粉斑白果蝇
Leucophenga subpollinosa (de Meijere) 亚粉白果蝇，亚粉斑白果蝇，尖翅白果蝇
Leucophenga subulata Huang *et* Chen 锥叶白果蝇
Leucophenga sujuanae Su, Lu *et* Chen 素娟白果蝇
Leucophenga taiwanensis Lin *et* Wheeler 台湾白果蝇
Leucophenga todai Sidorenko 户田白果蝇
Leucophenga tricuspidata Huang *et* Chen 三刺白果蝇
Leucophenga trivittata Okada 三条白果蝇
Leucophenga umbratula Duda 覆黑白果蝇
Leucophenga uncinata Huang *et* Chen 钩叶白果蝇
Leucophenga varinervis Duda 异脉白果蝇
Leucophenga villosa Huang, Li *et* Chen 多毛白果蝇
Leucophenga zhenfangae Su, Lu *et* Chen 振芳白果蝇
Leucophlebia 蔗天蛾属
Leucophlebia emittens Walker 埃甘蔗天蛾
Leucophlebia lineata Westwood 甘蔗天蛾，黄条天蛾，双黄带天蛾
Leucophlebia lineata brunnea Closs 甘蔗天蛾棕色亚种，棕甘蔗天蛾
Leucophlebia lineata lineata Westwood 甘蔗天蛾指名亚种
leucophlegma pixie [= cream-barred pixie, *Melanis leucophlegma* (Stichel)] 白黑蚬蝶
Leucopholis 白鳞鳃金龟甲属
Leucopholis brenskei Nonfried 布氏白鳞鳃金龟甲，布项鳃金龟
Leucopholis lateralis Brenske 同 *Leucopholis nummicudens*
Leucopholis nummicudens Newman 环串白鳞鳃金龟甲，环串白鳞鳃金龟
Leucopholis pinguis Burmeister 油脂白鳞鳃金龟甲，油脂白鳞鳃金龟
Leucopholis rorida (Fabricius) [dark brown may-beetle] 褐毛白鳞鳃金龟甲，灰鳞褐毛金龟
Leucopholis tristis Brenske 暗色白鳞鳃金龟甲
Leucophora 植蝇属
Leucophora amicula (Séguy) 合眶植蝇
Leucophora aurantifrons Fan *et* Zhong 橙额植蝇
Leucophora brevifrons (Stein) 短额植蝇
Leucophora brevifrons brevifrons (Stein) 短额植蝇指名亚种，指名短额植蝇
Leucophora brevifrons dasyprosterna Fan *et* Qian 见 *Leucophora dasyprosterna*
Leucophora cinerea Robineau-Desvoidy 灰白植蝇
Leucophora dasyprosterna Fan *et* Qian 毛胸短额植蝇
Leucophora dorsalis (Stein) 斑腹植蝇
Leucophora grisella Hennig 羽芒植蝇
Leucophora hangzhouensis Fan 杭州植蝇
Leucophora liaoningensis Zhang *et* Zhang 辽宁植蝇
Leucophora nudigrisella Fan 裸灰植蝇
Leucophora obtusa (Zetterstedt) 钝植蝇
Leucophora personata (Collin) 捂嘴植蝇
Leucophora piliocularis Feng 毛眼植蝇
Leucophora sericea Robineau-Desvoidy 鬃胸植蝇
Leucophora shanxiensis Fan *et* Wang 山西植蝇
Leucophora sociata (Meigen) 社栖植蝇
Leucophora sponsa (Meigen) 束植蝇
Leucophora tavastica (Tiensuu) 扫把植蝇
Leucophora triptolobos Wang *et* Xue 杵叶植蝇
Leucophora unilineata (Zetterstedt) 单纹植蝇
Leucophora unistriata (Zetterstedt) 单条植蝇
Leucophora xinjiangensis Xue *et* Zhang 新疆植蝇
Leucophora xizangensis Fan *et* Zhong 西藏植蝇
Leucophoropterini 奇盲蝽族
leucophrys metalmark [*Mesene leucophrys* Bates] 三色迷蚬蝶
Leucopinae 小斑腹蝇亚科
Leucopis 小斑腹蝇属，白蚜小蝇属
Leucopis annulipes Zetterstedt 狭抱小斑腹蝇，抱小斑腹蝇
Leucopis apicalis Malloch 台南齿小斑腹蝇，端翅铠蝇
Leucopis argentata Heeger 银白齿小斑腹蝇
Leucopis formosana Hennig 台湾小斑腹蝇，台湾蚜小蝇
Leucopis glyphinivora Tanasijtshuk 喙抱小斑腹蝇
Leucopis griseola (Fallén) 巨侧突小斑腹蝇
Leucopis ninae Tanasijtshuk 尼氏小斑腹蝇
Leucopis pallidolineata Tanasijtshuk 达格斯坦小斑腹蝇
Leucopis sordida Becker 西藏小斑腹蝇
leucoplast 白色体
leucoplastid 白色粒
Leucoplema 珠蛾属
Leucoplema dohertyi (Warren) [coffee leaf skeletonizer] 留脉珠蛾
Leucoptera 纹潜蛾属
Leucoptera coffeella (Guérin-Méneville) [coffee leafminer, coffee leaf-miner] 咖啡纹潜蛾，咖啡一点潜蛾
Leucoptera malifoliella (Costa) [pear leaf blister moth, ribbed apple leaf miner, apple leaf miner, silver wing leaf-mining moth] 旋纹潜蛾，旋纹潜叶蛾，旋纹条潜蛾
Leucoptera scitella Zeller 同 *Leucoptera malifoliella*
Leucoptera sinuella (Reutti) [Scotch bent-wing, inverness gold-dot

bentwing moth] 杨白纹潜蛾，杨白条潜蛾，杨白潜蛾，杨白潜叶蛾，白杨潜叶蛾，辛副潜蛾

Leucoptera sphenograpta Meyrick [shisham leaf-miner] 印度黄檀纹潜蛾

Leucoptera substrigata Meyrick 亚条潜蛾

Leucoptera susinella (Herrich-Schäffer) 同 *Leucoptera sinuella*

leucopterin [= leucopterine] 白蝶呤，无色蝶呤

leucopterine 见 leucopterin

Leucopterum 浅色盲蝽属

Leucopterum candidatum Reuter 黄浅色盲蝽

Leucorrhinia 白颜蜻属，白面蜻属

Leucorrhinia dubia (Vander Linden) [white-faced darter, small whiteface] 短斑白颜蜻，白面蜻

Leucorrhinia dubia dubia (Vander Linden) 短斑白颜蜻指名亚种

Leucorrhinia dubia orientalis Sélys 短斑白颜蜻东方亚种，东方黑小蜻

Leucorrhinia intermedia Bartenev 居间白颜蜻，居间黑小蜻

Leucorrhinia intermedia ijimae Asahina 居间白颜蜻日本亚种，日本黑小蜻

Leucorrhinia intermedia intermedia Bartenev 居间白颜蜻指名亚种

leucosia nymphidium [*Nymphidium leucosia* (Hübner)] 白血蛱蚬蝶

leucospid 1. [= leucospid wasp] 褶翅小蜂 < 褶翅小蜂科 Leucospidae 昆虫的通称 >；2. 褶翅小蜂科的

leucospid wasp [= leucospid] 褶翅小蜂

Leucospidae 褶翅小蜂科，背尾小蜂科 < 此科学名有误写为 Leucospididae 者 >

Leucospilapteryx 纹细蛾属

Leucospilapteryx omissella (Stainton) 纹细蛾

Leucospis 褶翅小蜂属

Leucospis aequidentata Ye, van Achterberg, Yue *et* Xu 齿褶翅小蜂

Leucospis aruera Walker 同 *Leucospis petiolata*

Leucospis aurantiaca Shestakov 红褶翅小蜂

Leucospis bakeri Crawford 巴氏褶翅小蜂

Leucospis exornata Walker 同 *Leucospis japonica*

Leucospis femoricincta Bouček 带股褶翅小蜂

Leucospis gigas Fabricius 大褶翅小蜂

Leucospis gonogastra Masi 同 *Leucospis bakeri*

Leucospis histrio Maindron 毛褶翅小蜂

Leucospis indiensis Weld 同 *Leucospis petiolata*

Leucospis intermedia Illiger 间褶翅小蜂

Leucospis japonica Walker 日本褶翅小蜂

Leucospis orientalis Weld 同 *Leucospis japonica*

Leucospis petiolata Fabricius 柄褶翅小蜂

Leucospis shaanxiensis Ye, van Achterberg, Yue *et* Xu 陕西褶翅小蜂

Leucospis sinensis Walker 中华褶翅小蜂

Leucospis yasumatsui Habu 安松褶翅小蜂

Leucostola 白带长足虻亚属，白带长足虻属

Leucostola vanoyei Parent 见 *Argyra vanoyei*

Leucostoma 淡喙寄蝇属

Leucostoma meridianum (Róndani) 南淡喙寄蝇

Leucostoma simplex (Fallén) 简淡喙寄蝇

Leucostomatini 亮寄蝇族

leucosulfakinin 蜚蠊硫激肽

Leucozona 白腰蚜蝇属，白腰食蚜蝇属

Leucozona flavimarginata Huo, Ren *et* Zheng 黄缘白腰蚜蝇

Leucozona lucorum (Linnaeus) 黑色白腰蚜蝇，黑色白腰食蚜蝇

Leucozona pruinosa Doczkal 普白腰蚜蝇，普白腰食蚜蝇

Leuctra 卷蜻属

Leuctra tergostyla Wu 背突卷蜻

leuctrid 1. [= leuctrid stonefly, rolled-winged stonefly, needlefly] 卷蜻 < 卷蜻科 Leuctridae 昆虫的通称 >；2. 卷蜻科的

leuctrid stonefly [= leuctrid, rolled-winged stonefly, needlefly] 卷蜻

Leuctridae 卷蜻科，卷石蝇科

leukocyte [= leucocyte] 白细胞，白血球

Leurocerus hongkongensis Subba Rao 香港全棒跳小蜂

Leurophasma 光蝻属

Leurophasma dolichocerca Bi 长尾光蝻

Levant bee hawkmoth [*Hemaris galunae* Eitschberger, Müller *et* Kravchenko] 嘎氏黑边天蛾

Levant hawk moth [*Theretra alecto* (Linnaeus)] 阿斜纹天蛾，后红斜纹天蛾，斜纹后红天蛾，红里斜纹天蛾

Levant house fly [= oriental house fly, *Musca domestica vicina* Macquart] 家蝇东方亚种，舍蝇，窄额家蝇，东方家蝇

Levantine hornet [= oriental hornet, *Vespa orientalis* Linnaeus] 东方胡蜂

Levantine skipper [*Thymelicus hyrax* (Lederer)] 西亚豹弄蝶

Levantine vernal copper [= Nogel's hairstreak, Anatolian vernal copper, *Tomares nogelii* (Herrich-Schäffer)] 点托灰蝶

levator [= levator muscle] 提肌

levator muscle 见 levator

levigate [= levigatus, laevis, levis] 平滑的

levigatus 见 levigate

Levina 晃弄蝶属

Levina levina (Plötz) 晃弄蝶

levis 见 levigate

Levu 勒袖蜡蝉属

Levu hopponis (Matsumura) 同 *Sumangala sufflava*

Levu matsumurae Muir 见 *Saccharodite matsumurae*

Levu penarius Yang *et* Wu 黑基勒袖蜡蝉

Levu toroensis (Matsumura) 见 *Saccharodite toroensis*

levuana moth [= coconut moth, *Levuana irridescens* Baker] 椰青红斑蛾

Levuana irridescens Baker [levuana moth, coconut moth] 椰青红斑蛾

Lewis earwig [*Anechura jewisi* Burmeister] 勒威斯氏张蠼螋

Lewis leafcut weevil [*Henicolabus lewisi* (Sharp)] 勒须喙卷象甲，勒威氏须喙卷象，勒威斯氏红黄象甲

Lewis round bark beetle [*Ambrosiodmus lewisi* (Blandford)] 瘤粒粗胸小蠹，刘栗小蠹，瘤粒材小蠹，路氏圆小蠹

Lewisister 脊额阎甲属，乐闫甲属

Lewisister excellens Bickhardt 脊额阎甲，美乐闫甲

lexer-marked clear-wing hawk moth [= humming-bird hawk moth, pellucid hawk moth, coffee hawk moth, *Cephonodes hylas* (Linnaeus)] 咖啡透翅天蛾，大透翅天蛾，透翅天蛾

Lexias 律蛱蝶属

Lexias acutipenna Chou *et* Li 尖翅律蛱蝶

Lexias aeetes (Hewitson) 艾提律蛱蝶

Lexias aegle Doherty 艾戈律蛱蝶
Lexias aeropa (Linnaeus) [orange-banded plane] 雀眼律蛱蝶
Lexias bandita Chou, Yuan *et* Zhang 白眉律蛱蝶
Lexias canescens (Butler) 卡奈律蛱蝶
Lexias cyanipardus (Butler) [great archduke] 蓝斑律蛱蝶，蓝豹律蛱蝶，青翠蛱蝶
Lexias cyanipardus cyanipardus (Butle) 蓝斑律蛱蝶指名亚种，指名蓝豹律蛱蝶
Lexias damalis Erichson 大码律蛱蝶
Lexias dirtea (Fabricius) [archduke] 黑角律蛱蝶，迪翠蛱蝶
Lexias dirtea dirtea (Fabricius) 黑角律蛱蝶指名亚种
Lexias dirtea eleanor (Fruhstorfer) 黑角律蛱蝶广东亚种，广东黑角律蛱蝶，艾迪翠蛱蝶
Lexias dirtea khasiana (Swinhoe) 见 *Lexias khasiana*
Lexias elna van de Poll 埃娜律蛱蝶
Lexias hikarugenzi Tsukada *et* Nishiyama 希凯律蛱蝶
Lexias khasiana (Swinhoe) 紫带律蛱蝶，云南黑角律蛱蝶，卡迪翠蛱蝶
Lexias panopus Felder *et* Felder 潘纳律蛱蝶
Lexias pardalis (Moore) [common archduke] 小豹律蛱蝶
Lexias pardalis dirteana (Corbet) 小豹律蛱蝶麻斑亚种，麻斑翠蛱蝶，麻斑绿蛱蝶
Lexias pardalis pardalis (Moore) 小豹律蛱蝶指名亚种，指名小豹律蛱蝶
Lexias perdix (Butler) 俳迪律蛱蝶
Lexias satrapes (Felder *et* Felder) 沙特律蛱蝶
LFB [large spherical few-celled brochosome 的缩写] 少室大球形网粒体
Liacos 利土蜂属
Liacos erythrosoma (Burmeister) 节利土蜂，红腹土蜂
Liacos erythrosoma chosensis (Uchida) 节利土蜂朝鲜亚种，朝鲜红腹土蜂
Liacos erythrosoma erythrosoma (Burmeister) 节利土蜂指名亚种
Liacos erythrosoma formosana (Micha) 节利土蜂台湾亚种，台红节利土蜂
Liancalus 联长足虻属，良长足虻属
Liancalus benedictus Becker 棕色联长足虻，善厘长足虻，降福长足虻
Liancalus lasius Wei *et* Liu 毛联长足虻
Liancalus maculosus Yang 多斑联长足虻
Liancalus shandonganus Yang 山东联长足虻
Liancalus sinensis Yang 中华联长足虻
Liangcoris 亮猎蝽属
Liangcoris yangae Zhao, Cai *et* Ren 杨氏亮猎蝽
Liaoacris 辽蝗属
Liaoacris ochropteris Zheng 黄翅辽蝗
Liaoella 廖金小蜂属
Liaoella alternativa Xiao *et* Huang 廖金小蜂
Liaopodisma 辽秃蝗属
Liaopodisma qianshanensis Zheng 千山辽秃蝗
Liaopodisma taichungensis Yin, Chen *et* Yin 台中辽秃蝗
Liaopodisma taiwanensis Yin, Chen *et* Yin 台湾辽秃蝗
Liaoxientulus 辽宁蚖属
Liaoxientulus xingchengensis Wu *et* Yin 兴城辽宁蚖
liassogomphid 1. [= liassogomphid dragonfly] 里阿斯春蜓 <里阿斯春蜓科 Liassogomphidae 昆虫的通称>; 2. 里阿斯春蜓科的
liassogomphid dragonfly [= liassogomphid] 里阿斯春蜓
Liassogomphidae 里阿斯春蜓科，里阿斯箭蜓科
Liatongus 利蜣螂属
Liatongus bucerus (Fairmaire) 布利蜣螂
Liatongus concavicollis (Fairmaire) 同 *Liatongus denticornis*
Liatongus davidi (Boucomont) 达利蜣螂
Liatongus denticornis (Fairmaire) 齿角利蜣螂
Liatongus endrodii Balthasar 恩利蜣螂
Liatongus fairmairei (Boucomont) 费利蜣螂
Liatongus gagatinus (Hope) 墨玉利蜣螂
Liatongus imitator Balthasar 仿利蜣螂
Liatongus medius (Fairmaire) 中利蜣螂，中单凹蜣螂
Liatongus phanaeoides (Westwood) 亮利蜣螂，单角蜣螂，凹背利蜣螂，有角粪球金龟
Liatongus pugionatus (Boheman) 普利蜣螂
Liatongus vertagus (Fabricius) 叉角利蜣螂
Liatongus vseteckai Balthasar 同 *Liatongus fairmairei*
Libanopsinae 黎姬蕈甲亚科
Libaviellus 龇猎蝽属
Libaviellus mjoebergi (Miller) 莫氏龇猎蝽
Libaviellus pusillus Miller 矮龇猎蝽
Libaviellus rubidus Dougherty 红龇猎蝽
Libavius 利猎蝽属
Libavius greeni Distant 格林利猎蝽
Libavius kandyensis (Distant) 康堤利猎蝽
Libavius tricolor Distant 三色利猎蝽
Libellaginidae [= Chlorocyphidae] 鼻蟌科，隼蟌科，鼓蟌科
Libellago 隼蟌属
Libellago lineata (Burmeister) 点斑隼蟌，脊纹鼓蟌，细溪蟌
Libelloides 丽蝶角蛉属
Libelloides macaronius (Scopoli) 斑翅丽蝶角蛉
Libelloides sibiricus (Eversmann) 黄花丽蝶角蛉，西伯利亚蝶角蛉，黄花蝶角蛉，黄坌蝶角蛉，东北蝶角蛉
Libelloides sibiricus chinensis (Weele) 黄花丽蝶角蛉中华亚种，中华黄花蝶角蛉
Libelloides sibiricus sibiricus (Eversmann) 黄花丽蝶角蛉指名亚种
Libellula 蜻属
Libellula albicauda Brauer 同 *Orthetrum albistylum*
Libellula angelina Sélys 低斑蜻
Libellula auripennis Burmeister [golden-winged skimmer] 金翅蜻
Libellula axilena Westwood [bar-winged skimmer] 棒翅蜻
Libellula basilinea McLachlan 高斑蜻
Libellula comanche Calvert [Comanche skimmer] 科曼奇蜻
Libellula composita (Hagen) [bleached skimmer] 淡色蜻
Libellula croceipennis Sélys [neon skimmer] 霓虹蜻
Libellula cyanea Fabricius [spangled skimmer] 灿蜻
Libellula depressa Linnaeus [broad-bodied chaser, broad-bodied darter] 基斑蜻，宽翅蜻蜓，扁蜻
Libellula flavida Rambur [yellow-sided skimmer] 黄侧蜻
Libellula forensis Hagen [eight-spotted skimmer] 八斑蜻
Libellula fulva Müller [scarce chaser] 珍蜻
Libellula incesta Hagen [slaty skimmer] 暗蜻
Libellula jesseana Williamson [purple skimmer] 紫蜻

Libellula luctuosa Burmeister [widow skimmer] 窗蜻
Libellula melli Schmidt 迷尔蜻，米尔蜻，基斑蜻，梅利蜻蜓，梅氏斑蜻
Libellula needhami Westfall [Needham's skimmer] 尼氏蜻
Libellula nodisticta Hagen [hoary skimmer] 灰蜻
Libellula petalura Brauer 同 *Orthetrum pruinosum*
Libellula pulchella Drury [twelve-spotted skimmer] 多斑蜻
Libellula quadrimaculata Linnaeus [four-spotted skimmer, four-spotted chaser] 小斑蜻，四点蜻蜓
Libellula saturata Uhler [flame skimmer] 焰蜻
Libellula semifasciata Burmeister [painted skimmer] 短带蜻
Libellula vibrans Fabricius [great blue skimmer] 大蓝蜻
libellulid 1. [= libellulid dragonfly, skimmer, common skimmer, percher] 蜻，蜻蜓 < 蜻科 Libellulidae 昆虫的通称 >; 2. 蜻科的
libellulid dragonfly [= libellulid, skimmer, common skimmer, percher] 蜻，蜻蜓
Libellulidae 蜻科，蜻蜓科
Libelluloidea 蜻总科
Liberian ginger white [*Oboronia liberiana* Stempffer] 利奥泊灰蝶
Libert's giant epitola [*Epitola uranoides* Libert] 非蛱灰蝶
Libert's large woolly legs [*Lachnocnema albimacula* Libert] 白斑毛足灰蝶
Libert's sailer [*Neptis liberti* Pierre *et* Pierre-Baltus] 利伯特环蛱蝶
libethris clearwing [*Greta libethris* (Felder *et* Felder)] 透明黑脉绡蝶

Libido 黎舟蛾属
Libido bipunctata (Okano) 双点黎舟蛾，二点拟纷舟蛾，双点潘舟蛾，四星黎新林舟蛾，双点新林舟蛾，二点新林舟蛾
Libido canus (Kobayashi *et* Wang) 卡黎舟蛾
Libido nue (Kishida *et* Kobayashi) 努黎舟蛾
Libido voluptuosa Bryk 黑点黎舟蛾，黑点新林舟蛾，沃新林舟蛾
Libiocoris 尖胸霜扁蝽属
Libiocoris heissi Bai, Yang *et* Cai 赫氏尖胸霜扁蝽
Libiocoris sinensis Bai, Yang *et* Cai 中华尖胸霜扁蝽
Libnetis 眼红萤属
Libnetis birmanensis Kleine 缅甸眼红萤
Libnetis chinensis Bocáková 中国眼红萤
Libnetis confucius Kazantsev 混眼红萤
Libnetis edentatus Bocáková 贵州眼红萤
Libnetis fodingshanensis Bocáková 佛顶山眼红萤
Libnetis leei Kazantsev *et* Yang 李氏眼红萤
Libnetis opacus Pic 暗黑眼红萤，荫厉泼红萤
Libnetis sauteri Kazantsev 梭德眼红萤
Libnetis sinica Kazantsev *et* Yang 中华眼红萤
Libnetis taiwanus Kazantsev 台湾眼红萤
Libnetis xilingensis Kazantsev 西陵眼红萤
Libnetis xunyangbanensis Bocáková 旬阳坝眼红萤
Libnetis yunnanensis Bocáková 云南眼红萤
Libnotes 亮大蚊属，亮大蚊亚属
Libnotes* (*Goniodineura*) *clitelligera Alexander 斜亮大蚊，爱力亮大蚊，鞍草大蚊
Libnotes* (*Goniodineura*) *hassenana (Alexander) 哈森亮大蚊，八仙亮大蚊，哈草大蚊
Libnotes* (*Goniodineura*) *imbellis (Alexander) 丑亮大蚊，白菊亮大蚊
Libnotes* (*Goniodineura*) *immetata (Alexander) 未亮大蚊，混沌亮大蚊，无界草大蚊
Libnotes* (*Goniodineura*) *lantauensis (Alexander) 大屿亮大蚊，香港草大蚊
Libnotes* (*Goniodineura*) *nigriceps (van der Wulp) 黑亮大蚊，黑葱亮大蚊
Libnotes* (*Goniodineura*) *perparvuloides (Alexander) 小亮大蚊，渺小亮大蚊，幼草大蚊
Libnotes* (*Goniodineura*) *viridula (Alexander) 绿亮大蚊，长青亮大蚊，绿拟沼大蚊
Libnotes* (*Gressittomyia*) *xenoptera (Alexander) 异亮大蚊
Libnotes* (*Laosa*) *chikunyangi Zhang *et* Yang 杨氏亮大蚊
Libnotes* (*Laosa*) *diphragma (Alexander) 双隔亮大蚊，篱草大蚊
Libnotes* (*Laosa*) *regalis Edwards 贵亮大蚊，豪厉大蚊，君王亮大蚊
Libnotes* (*Laosa*) *transversalis de Meijere 横亮大蚊，横斜亮大蚊
Libnotes* (*Libnotes*) *amatrix (Alexander) [citrus crane fly] 枳亮大蚊，枳沼大蚊，枳草大蚊
Libnotes* (*Libnotes*) *aptata (Alexander) 广亮大蚊，幻草大蚊
Libnotes* (*Libnotes*) *basistrigata (Alexander) 基纹亮大蚊
Libnotes* (*Libnotes*) *comissabunda (Alexander) 宴亮大蚊，喜草大蚊，饕珍亮大蚊
Libnotes* (*Libnotes*) *griseola (Alexander) 灰亮大蚊，灰草大蚊，灰色亮大蚊
Libnotes* (*Libnotes*) *limpida Edwards 透亮大蚊，晶莹亮大蚊
Libnotes* (*Libnotes*) *longistigma Alexander 长斑亮大蚊，长纹厉大蚊
Libnotes* (*Libnotes*) *nohirai (Alexander) [mulberry crane fly] 桑亮大蚊，桑草大蚊
Libnotes* (*Libnotes*) *pseudonohirai Men 拟亮大蚊
Libnotes* (*Libnotes*) *quinquecostata (Alexander) 五缘亮大蚊，五线拟草大蚊
Libnotes* (*Libnotes*) *recurvinervis (Alexander) 弯脉亮大蚊，曲脉草大蚊
Libnotes* (*Libnotes*) *sappho (Alexander) 萨福亮大蚊，萨草大蚊
Libnotes* (*Libnotes*) *subopaca Alexander 亚序亮大蚊，幽暗亮大蚊
Libnotes* (*Libnotes*) *tszi (Alexander) 慈氏亮大蚊
Libnotes* (*Libnotes*) *wanensis Men 皖亮大蚊
liborius spurwing [*Antigonus liborius* Plötz] 丽铁锈弄蝶
Libotrechus 荔盲步甲属
Libotrechus duanensis Lin *et* Tian 都安荔盲步甲
Libotrechus nishikawai Uéno 西川荔盲步甲
Libra 衡弄蝶属
Libra aligula (Schaus) [aligula skipper] 衡弄蝶
librita skipper [*Librita librita* (Plötz)] 利弄蝶
Librita 利弄蝶属
Librita heras Godman *et* Salvin [heras skipper] 赫拉利弄蝶
Librita librita (Plötz) [librita skipper] 利弄蝶
Librodor 利露尾甲属
Librodor japonicus (Motschulsky) 日利露尾甲
Liburnia kotonis Matsumura 见 *Delphacodes kotonis*
Libystica simplex Holland 尼日利亚喙夜蛾

Libythea 喙蝶属

Libythea ancoata Grose-Smith 马达加斯加喙蝶

Libythea celtis (Laicharting) [European beak, nettle-tree butterfly] 朴喙蝶

Libythea celtis celtis (Laicharting) 朴喙蝶指名亚种

Libythea celtis chinensis Fruhstorfer 朴喙蝶大陆亚种，大陆朴喙蝶

Libythea celtis formosana Fruhstorfer 朴喙蝶台湾亚种，喙蝶，长须蝶，台湾朴喙蝶，东方喙蝶，天狗蝶

Libythea celtis lepita Moore 见 *Libythea lepita*

Libythea cyniras Trimen 琦喙蝶

Libythea geoffroyi Godart [purple beak] 紫喙蝶，紫朴喙蝶 < 此种学名也有误写为 *Libythea geoffroy* Godart 者 >

Libythea geoffroyi geoffroyi Godart 紫喙蝶指名亚种

Libythea geoffroyi philippina Staudinger 紫喙蝶菲律宾亚种，紫长须蝶，紫天狗蝶，紫天爵蝶，菲紫朴喙蝶

Libythea labdaca Westwood 非洲喙蝶

Libythea lepita Moore [common beak] 丽喙蝶

Libythea lepita formosana Fruhstorfer 见 *Libythea celtis formosana*

Libythea lepita lepita Moore 丽喙蝶指名亚种

Libythea myrrha Godart [club beak] 棒纹喙蝶，棒纹朴喙蝶

Libythea myrrha myrrha Godart 棒纹喙蝶指名亚种

Libythea myrrha sanguinalis Fruhstorfer 棒纹喙蝶血斑亚种，血斑棒纹朴喙蝶

Libythea myrrha thira Fruhstorfer 同 *Libythea myrrha sanguinalis*

Libythea narina Godart [white-spotted beak] 花喙蝶

Libytheana 美喙蝶属

Libytheana bachmanii (Kirtland) 美喙蝶

Libytheana carinenta (Cramer) [American snout, common snout butterfly] 卡丽美喙蝶

Libytheana fulvescens (Lathy) [Dominican snout] 黄美喙蝶

Libytheana motya (Boisduval *et* LeConte) 魔提娅美喙蝶

Libytheana terena Godart 奇纹美喙蝶

libytheid 1. [= libytheid butterfly, snout butterfly] 喙蝶 < 喙蝶科 Libytheidae 昆虫的通称 >; 2. 喙蝶科的

libytheid butterfly [= libytheid, snout butterfly] 喙蝶

Libytheidae 喙蝶科

Libytheinae 喙蝶亚科

Libythina 凌蛱蝶属

Libythina cuvierii (Godart) 凌蛱蝶

Licaecilius 新单蝎属

Licaecilius mangshiensis (Li) 芒市新单蝎

Licaecilius triradiatus (Li) 三叉新单蝎

Liccana 旋茎舟蛾属

Liccana argyrosticta (Kiriakoff) 银纹旋茎舟蛾，银斑旋茎舟蛾

Liccana substraminea (Kiriakoff) 淡黄旋茎舟蛾，近草旋茎舟蛾

Liccana terminicana (Kiriakoff) 旋茎舟蛾

lice [s. louse] 虱

Licentius 雷通缘步甲亚属

lichee stink bug [= litchi stink bug, lychee stink bug, lychee giant stink bug, *Tessaratoma papillosa* (Drury)] 荔蝽，荔枝蝽，荔枝椿象，石背

lichen button [= sprinkled rough-wing moth, *Acleris literana* (Linnaeus)] 散斑长翅卷蛾

lichen grasshopper [= rock grasshopper, *Trimerotropis saxatilis* McNeill] 岩拟地衣蝗

lichen moth [= lithosiid, lithosiid moth, footman moth] 苔蛾 < 苔蛾科 Lithosiidae 昆虫的通称 >

lichenase 苔聚糖酶

Lichenomima 苔鼠蝎属

Lichenomima corniculata Li 小角苔鼠蝎

Lichenomima cylindra Li 锥突苔鼠蝎

Lichenomima elongata (Thornton) 长茎苔鼠蝎

Lichenomima excavata Li 凹突苔鼠蝎

Lichenomima gibbulosa Li 驼突苔鼠蝎

Lichenomima hamata Li 单钩苔鼠蝎，单钩苔鼠啮虫

Lichenomima hangzhouensis Li 杭州苔鼠蝎

Lichenomima harpeodes Li 钩茎苔鼠蝎

Lichenomima leucospila Li 白斑苔鼠蝎

Lichenomima orbiculata Li 圆痣苔鼠蝎

Lichenomima oxycera Li 角痣苔鼠蝎

Lichenomima tridens Li 三齿苔鼠蝎

Lichenomima unicornis Li 单角苔鼠蝎

Lichenomiminae 苔鼠蝎亚科

Lichenomimini 苔鼠蝎族

lichenophagous 食地衣的

Lichenophanes 地衣长蠹属，背斑长蠹属，蠹虫属

Lichenophanes arizonicus Fisher 亚利桑那地衣长蠹

Lichenophanes armiger (LeConte) 突缘地衣长蠹

Lichenophanes bicornis (Weber) 双角地衣长蠹

Lichenophanes californicus (Horn) 加州地衣长蠹

Lichenophanes carinipennis Lewis 斑翅地衣长蠹，斑翅背斑长蠹，斑翅长蠹，斑长蠹虫

Lichenophanes fasciculatus (Fall) 束毛地衣长蠹

Lichenophanes mutchleri Belkin 圆突地衣长蠹

Lichenophanes truncaticollis (LeConte) 平截地衣长蠹

Lichtensia 丽皑蚧属

Lichtensia orientalis (Reyne) 泰国丽皑蚧

Lichtensia viburni Signoret 欧洲丽皑蚧

Lichtwardtia 之脉长足虻属，峭壁长足虻属

Lichtwardtia dentalis Zhang, Masunaga *et* Yang 齿茎之脉长足虻

Lichtwardtia taiwanensis Zhang, Masunaga *et* Yang 台湾之脉长足虻

Lichtwardtia ziczac (Wiedemann) 之脉长足虻，曲折长足虻

Licinina 曲步甲亚族

Licinini 曲步甲族

licinus cobweb skipper [*Hesperia metea licinus* (Edwards)] 蜘蛛弄蝶北部亚种

Licinus 畸颚步甲属

Licinus mongolicus Reitter 蒙畸颚步甲，蒙里辛步甲

Licinus selosus Sahbere 毛畸颚步甲

licking mouthparts 舐吸式口器

Lidar formosanus Okamoto *et* Kuwayama 见 *Dilar formosanus*

Lidderdale's dawnfly [*Capila lidderdali* (Elwes)] 里氏大弄蝶

Lieinix 异形粉蝶属

Lieinix cinerascens (Salvin) [bluish mimic-white] 蓝裙异形粉蝶

Lieinix lala (Godman *et* Salvin) [dark mimic-white] 暗异形粉蝶

Lieinix neblina Maza *et* Maza [Guerrero mimic-white] 高里异形粉蝶

Lieinix nemesis (Latreille) [frosted mimic-white] 异形粉蝶，草异

形粉蝶

Lieinix viridifascia (Butler) [greenish mimic-white] 绿带异形粉蝶

life curve 生命曲线

life cycle 生命周期，生活周期

life expectancy 期望寿命，平均预期寿命，平均寿命

life form 生活型

life history 生活史

life history evolution 生活史进化

life history parameter 生活史参数

life history strategy 生活史对策

life history trait 生活史特征，生活史性状

life history trait value 生活史特征值，生活史性状值

life intensity 生命强度

life parameter 生命参数

life stage 1. 生活期；2. 虫态

life table 生命表

life table parameter 生命表参数

life zone 生物带

ligament 韧带

ligamento [= axillary cord, spiralis] 腋索

ligase chain reaction [abb. LCR] 连接酶链反应

ligase reaction detection [abb. LDR] 连接酶检测反应

ligated furrow bee [= ligated sweat bee, *Halictus ligatus* Say] 结隧蜂

ligated sweat bee 见 ligated furrow bee

ligation 结扎

ligature 结扎，结扎线

Ligdia 黧尺蛾属

Ligdia extratenebrosa (Wehrli) 埃黧尺蛾

Ligdia sinica Yang 中华黧尺蛾，中华黧尺蠖

Ligeriella 利格寄蝇属

Ligeriella aristata (Villeneuve) 钝芒利格寄蝇

light adaptation 光适应

light banded judy [*Abisara rogersi* (Druce)] 白尾褐蚬蝶

light birch pigmy moth [= drab birch pigmy, *Stigmella lapponica* (Wocke)] 桦灰痣微蛾，桦灰微蛾

light branded blue [*Uranothauma heritsia* Hewitson] 海天奇灰蝶

light brown apple moth [= Walker's euonymus twist moth, *Epiphyas postvittana* (Walker)] 苹淡褐卷蛾

light brown forester [*Bebearia zonara* Butler] 褐纹舟蛱蝶

light brown missile [*Meza elba* (Evans)] 浅褐媚弄蝶

light bush brown [*Bicyclus dorothea* (Cramer)] 紫晕蔽眼蝶

light-compass orientation 光罗盘定向 <指昆虫使身体与光源成一定角度的定向行为>

light defective cocoon 次茧 <家蚕的>

light disc 明带 <见于肌肉中>

light-eating stage 少食期，小食期

light feathered rustic [*Agrotis cinerea* (Denis *et* Schiffermüller)] 灰地夜蛾

light ginger white [*Oboronia pseudopunctatus* Strand] 伪斑奥泊灰蝶

light grey egg 浅灰色卵

light grey tortrix [*Cnephasia incertana* (Treitschke)] 浅灰云卷蛾

light intensity 光照强度

light knot grass [*Acronicta menyanthidis* Esper] 亮剑纹夜蛾

light orange underwing [*Archiearis notha* (Hübner)] 淡原尺蛾，淡锚尺蛾，锚尺蛾

light pygmy skipper [= dingy swift, Mediterranean skipper, *Gegenes nostrodamus* (Fabricius)] 暗吉弄蝶

light red acraea [*Acraea nohara* Boisduval] 弄珍蝶

light requirement 需光度

light skein 小绞丝

light-spotted skipper [= eight-spotted skipper, *Dalla octomaculata* (Godman)] 八斑达弄蝶

light straw ace [*Pithauria stramineipennis* Wood-Mason *et* de Nicéville] 槁翅琵弄蝶

light webbed ringlet [*Physcaeneura pione* Godman] 黄框波眼蝶

lighter symptom 较轻病症

lightning bug [= lampyrid beetle, firefly, lampyrid] 萤，萤火虫 <萤科 Lampyridae 昆虫的通称>

lightning charaxes [*Charaxes fulgurata* Aurivillius] 闪光螯蛱蝶

lightning cockroach [= lightning roach, bioluminescent roach, *Lucihormetica luckae* Vršanský, Fritzsche *et* Chorvát] 鲁克荧光蠊

lightning roach 见 lightning cockroach

ligilla skipperling [*Dalla ligilla* (Hewitson)] 利吉达弄蝶

lignicolous 1. 木栖的；2. 栖死木的

Lignispalta 丁夜蛾属

Lignispalta incertissima (Bethune-Baker) 丁夜蛾，里夜蛾

lignivorous 食木的

ligula [= lamina interna] 唇舌

Ligurotettix 贪蝗属

Ligurotettix coquilletti McNeill [desert clicker grasshopper, creosote bush grasshopper] 沙漠贪蝗

Ligustrinia 李叶木虱属

Ligustrinia herculeana (Loginova) 丁香李叶木虱

ligustrum globular treehopper [*Gargara ligustri* Matsumura] 女贞圆角蝉

ligustrum moth [*Brahmaea wallichii japonica* Butler] 枯球箩纹蛾日本亚种，女贞水蜡蛾，日球箩纹蛾

Ligyra 丽蜂虻属，明蜂虻属

Ligyra albiventris Macquart 白腹丽蜂虻

Ligyra audouinii (Macquart) 欧丽蜂虻

Ligyra chrysolampis (Jaennicke) 金丽蜂虻，金利蜂虻

Ligyra coleopterata Bezzi 鞘翅丽蜂虻

Ligyra combinata (Walker) 同盟丽蜂虻

Ligyra dammermani Evenhuis *et* Yukawa 尖明丽蜂虻

Ligyra doryca (Boisduval) 矛丽蜂虻，矛骇蜂虻

Ligyra fasciata Paramonov 带丽蜂虻

Ligyra flavofasciata (Macquart) 黄簇丽蜂虻

Ligyra formosana (Paramonov) 同 *Ligyra audouinii*

Ligyra fuscipennis (Macquart) 暴翅丽蜂虻

Ligyra galbinus Yang, Yao *et* Cui 黄磷丽蜂虻

Ligyra guangdonganus Yang, Yao *et* Cui 广东丽蜂虻

Ligyra incondita Yang, Yao *et* Cui 不均丽蜂虻

Ligyra latipennis (Paramonov) 宽翅丽蜂虻，侧翼丽蜂虻，宽翅蜂虻，宽翅东方骇蜂虻

Ligyra leukon Yang, Yao *et* Cui 白毛丽蜂虻

Ligyra melanoptera Bowden 黑翅丽蜂虻

Ligyra ochracea Bowden 褐丽蜂虻

Ligyra orientalis (Paramonov) 东方丽蜂虻，东洋蜂虻，东方骇蜂

虻
Ligyra orphnus Yang, Yao *et* Cui 暗翅丽蜂虻
Ligyra punctipennis (Macquart) 斑翅丽蜂虻
Ligyra satyrus (Fabricius) 萨陶丽蜂虻
Ligyra semialatus Yang, Yao *et* Cui 半暗丽蜂虻
Ligyra shirakii (Paramonov) 素木丽蜂虻, 白木丽蜂虻, 素木蜂虻, 素木骇蜂虻
Ligyra similis (Coquillett) 亮尾丽蜂虻
Ligyra sphinx (Fabricius) 奇丽蜂虻
Ligyra sumatrensis (de Meijere) 苏门丽蜂虻
Ligyra tantalus (Fabricius) 坦塔罗斯丽蜂虻，黑翅蜂虻
Ligyra zibrinus Yang, Yao *et* Cui 带斑丽蜂虻
Ligyra zonatus Yang, Yao *et* Cui 黑带丽蜂虻
Ligyrocoris 琴长蝽属
Ligyrocoris sylvestris (Linnaeus) 琴长蝽
Ligyrus rugiceps LeConte 见 *Euetheola rugiceps*
Liicoris 李氏蝽属
Liicoris tibetanus Zheng *et* Liu 西藏李氏蝽
Liistonotus 厘盲蝽属
Liistonotus melanostoma (Reuter) 黑唇厘盲蝽，川光盲蝽
Liistonotus xanthomelas Reuter 黄黑厘盲蝽，甘肃黑盲蝽
Lijiang big aphid [*Cinara orientalis lijiangensis* Zhang *et* Zhong] 东方长足大蚜丽江亚种，丽江长足大蚜
lila ruby-eye [*Carystoides lila* Evans] 里拉白梢弄蝶
lilac-banded euselasia [*Euselasia perisama* Hall *et* Lamas] 紫带优蚬蝶
lilac beauty 1. [*Apeira syringaria* (Linnaeus)] 管妖尺蛾; 2. [= lilac mother-of-pearl, *Salamis cacta* (Fabricius)] 仙人掌矩蛱蝶，塞拉矩蛱蝶
lilac borer [*Podosesia syringae* (Harris)] 紫丁香透翅蛾
lilac grass-skipper [= Doubleday's skipper, *Toxidia doubledayi* (Felder)] 圆斑陶弄蝶
lilac leafhopper [*Igutettix oculatus* (Lindberg)] 奥卡依古小叶蝉
lilac leafminer [= privet leafminer, common slender, confluent-barred slender moth, *Gracillaria syringella* (Fabricius)] 紫丁香细蛾，紫丁香丽细蛾，紫丁香花细蛾，紫丁香潜叶细蛾
lilac mother-of-pearl [= lilac beauty, *Salamis cacta* (Fabricius)] 仙人掌矩蛱蝶，塞拉矩蛱蝶
lilac oakblue [*Arhopala camdeo* (Moore)] 卡娆灰蝶
lilac pyralid [*Palpita nigropunctalis* (Bremer)] 白蜡绢须野螟，黑点颚须螟，紫丁香黑点螟，白蜡须野螟
lilac tip [= magenta tip, *Colotis celimene* (Lucas)] 紫襟珂粉蝶
lilacfork [*Lethe sura* (Doubleday)] 素拉黛眼蝶
lilacine bushbrown [*Mycalesis francisca* (Stoll)] 拟稻眉眼蝶
Lilioceris 分爪负泥虫属，长颈金花虫属
Lilioceris adonis (Baly) 丽分爪负泥虫，丽负泥虫
Lilioceris apicalis Yu 端分爪负泥虫
Lilioceris bechynei Medvedev 黑胸分爪负泥虫，黑胸负泥虫
Lilioceris biparticollis Pic 黑分爪负泥虫
Lilioceris cantonensis Heinze 广州分爪负泥虫
Lilioceris cheni Gressitt *et* Kimoto [air potato leaf beetle] 皱胸分爪负泥虫，皱胸负泥虫，陈氏长颈金花虫
Lilioceris consentanea (Lacordaire) 印支分爪负泥虫
Lilioceris coomani (Pic) 同 *Lilioceris egena*
Lilioceris cupreosuturalis (Gressitt) 峨眉分爪负泥虫
Lilioceris cyaneicollis (Pic) 红腹分爪负泥虫，赤翅长颈金花虫
Lilioceris dentifemoralis Long 齿腿分爪负泥虫
Lilioceris discrepens (Baly) 丹硕分爪负泥虫
Lilioceris dromedarius (Baly) 速分爪负泥虫
Lilioceris egena (Weise) 纤分爪负泥虫，纤负泥虫，黑腹长颈金花虫
Lilioceris flavipennis (Baly) 黄翅分爪负泥虫
Lilioceris formosana Heinze 高雄分爪负泥虫，蓬莱长颈金花虫
Lilioceris fouana (Pic) 滇分爪负泥虫
Lilioceris gibba (Baly) 驼分爪负泥虫，驼负泥虫
Lilioceris glabra Jacoby 光滑分爪负泥虫
Lilioceris grahami Gressitt *et* Kimoto 黄翅分爪负泥虫
Lilioceris gressitti Medvedev 昆明分爪负泥虫
Lilioceris hainanensis (Gressitt) 黄斑分爪负泥虫
Lilioceris impressa (Fabricius) 异分爪负泥虫，异负泥虫
Lilioceris inflaticornis Gressitt *et* Kimoto 同 *Lilioceris impressa*
Lilioceris iridescens (Pic) 虹彩分爪负泥虫
Lilioceris jakobi (White) 雅氏分爪负泥虫
Lilioceris jianfenglingensis Long 尖峰分爪负泥虫
Lilioceris klapperichi (Pic) 挂墩分爪负泥虫，克氏负泥虫
Lilioceris laosensis (Pic) 黑胸分爪负泥虫
Lilioceris lateritia (Baly) 红分爪负泥虫，红负泥虫
Lilioceris laticornis (Gressitt) 同 *Lilioceris impressa*
Lilioceris latior (Pic) 宽分爪负泥虫
Lilioceris lianzhouensis Long 连州分爪负泥虫，连州负泥虫
Lilioceris lilii (Scopoli) [scarlet lily beetle, red lily beetle, lily leaf beetle] 东北分爪负泥虫

Lilioceris luteohumeralis (Pic) 黄肩分爪负泥虫
Lilioceris maai Gressitt *et* Kimoto 同 *Lilioceris impressa*
Lilioceris major (Pic) 越南分爪负泥虫
Lilioceris malabarica (Jacoby) 马氏分爪负泥虫
Lilioceris merdigera (Linnaeus) [lily reddish leaf beetle] 隆顶分爪负泥虫，葱红叶甲，隆顶负泥虫
Lilioceris minima (Pic) 小分爪负泥虫，小负泥虫
Lilioceris miwai Chûjô 台湾分爪负泥虫，三轮氏长颈金花虫
Lilioceris neptis (Weise) 腹凸分爪负泥虫，菝葜长颈金花虫
Lilioceris neptis formosana Heinze 见 *Lilioceris formosana*
Lilioceris nigropectoralis (Pic) 滇赭胸分爪负泥虫，长角长颈金花虫
Lilioceris nigropectoralis nigropectoralis (Pic) 滇赭胸分爪负泥虫指名亚种
Lilioceris nigropectoralis ochracea (Gressitt) 滇赭胸分爪负泥虫暗褐亚种，赭胸分爪负泥虫
Lilioceris nobilis Medvedev 额突分爪负泥虫
Lilioceris pulchella (Baly) 美分爪负泥虫
Lilioceris quadripustulata (Fabricius) 四斑分爪负泥虫，四斑负泥虫
Lilioceris rondoni Kimoto *et* Gressitt 郎氏分爪负泥虫
Lilioceris ruficollis (Baly) 同 *Lilioceris sieversi*
Lilioceris ruficornis (Pic) 同 *Lilioceris impressa*
Lilioceris rufimembris (Pic) 光胸分爪负泥虫，光胸负泥虫
Lilioceris rufometallica (Pic) 钢蓝分爪负泥虫，钢蓝负泥虫
Lilioceris rugata (Baly) 黄长颈分爪负泥虫，黄长颈负泥虫
Lilioceris scapularis (Baly) 斑肩分爪负泥虫，斑肩负泥虫，橙肩分爪负泥虫

Lilioceris semicostata (Jacoby) 半隆分爪负泥虫
Lilioceris semimetallica Gressitt *et* Kimoto 柠分爪负泥虫
Lilioceris seminigra (Jacoby) 半黑分爪负泥虫
Lilioceris semipunctata (Fabricius) 半鞘分爪负泥虫，半鞘负泥虫
Lilioceris sieversi (Heyden) 红颈分爪负泥虫，红颈负泥虫
Lilioceris sinica (Heyden) 中华分爪负泥虫，中华负泥虫
Lilioceris subcostata (Pic) 同 *Lilioceris impressa*
Lilioceris subpolita (Motschulsky) 平滑分爪负泥虫
Lilioceris theana (Heyden) 景分爪负泥虫
Lilioceris thibetana (Pic) 西藏分爪负泥虫
Lilioceris triplagiata (Jacoby) 双斑分爪负泥虫，双斑负泥虫
Lilioceris unicolor (Hope) 单色分爪负泥虫
Lilioceris vietnamica Medvedev 越南分爪负泥虫
Lilioceris wagneri (Jacobson) 瓦氏分爪负泥虫
Lilioceris xinglongensis Long 兴隆分爪负泥虫
Lilioceris yuae Long 虞氏分爪负泥虫，虞氏负泥虫
Lilioceris yunnana (Weise) 云南分爪负泥虫，南分爪负泥虫
Lilly's skipper [*Choranthus lilliae* Bell] 利利潮弄蝶
lily aphid [= crescent-marked lily aphid, mottled arum aphid, arum aphid, primula aphid, *Neomyzus circumflexus* (Buckton)] 百合新瘤蚜，百合粗额蚜，百合新瘤额蚜，暗点白星海芋蚜，褐腹斑蚜，樱草瘤额蚜
lily borer [= lily leaf borer, crinum borer, kew arches, amaryllis borer, *Brithys crini* (Fabricius)] 毛健夜蛾，健夜蛾
lily bulb thrips [= lily thrips, *Liothrips vaneeckei* Priesner] 百合滑管蓟马，百合鳞茎滑蓟马，百合皮蓟马，百合滑蓟马，百合蓟马
lily leaf beetle 1. [= scarlet lily beetle, red lily beetle, *Lilioceris lilii* (Scopoli)] 东北分爪负泥虫；2. [*Sangariola punctatostriata* (Motschulsky)] 百合细角跳甲
lily leaf borer 见 lily borer
lily reddish leaf beetle [*Lilioceris merdigera* (Linnaeus)] 隆顶分爪负泥虫，葱红叶甲，隆顶负泥虫
lily thrips 见 lily bulb thrips
lily weevil [*Agasphaerops nigra* Horn] 百合黑象甲，百合黑象
limabean pod borer 1. [= bean pod borer, soybean pod borer, stringbean pod borer, legume pod borer, maruca pod borer, leguminous pod-borer, spotted pod borer, mung moth, mung bean moth, arhar pod borer, pyralid pod borer, *Maruca vitrata* (Fabricius)] 豆荚野螟，豆荚螟，豆野螟，豇豆荚螟；2. [= pea pod borer, gold-banded etiella moth, legume pod moth, pulse pod borer moth, *Etiella zinckenella* (Treitschke)] 豆荚斑螟，豆荚螟
limabean vine borer [*Monoptilota pergratialis* (Hulst)] 菜豆蛀茎螟
Limacocera 蛞刺蛾属，林刺蛾属
Limacocera hel Hering 阳蛞刺蛾，海拉林刺蛾，赫利刺蛾
limacodid 1. [= limacodid moth, limacodid caterpillar, slug moth, slug caterpillar moth, cup moth] 刺蛾 < 刺蛾科 Limacodidae 昆虫的通称 >；2. 刺蛾科的
limacodid caterpillar [= limacodid, limacodid moth, slug moth, slug caterpillar moth, cup moth] 刺蛾
limacodid moth 见 limacodid caterpillar
Limacodidae [= Cochlidiidae, Eucleidae, Heterogeneidae] 刺蛾科
Limacolasia 泥刺蛾属
Limacolasia dubiosa Hering 疑泥刺蛾，疑拟利刺蛾
Limacolasia hyalodesa Wu 透翅泥刺蛾
Limacolasia suffusca Solovyev *et* Witt 灰泥刺蛾
limaea blue skipper [*Pythonides limaea* (Hewitson)] 利马牌弄蝶
Limassolla 零叶蝉属
Limassolla auriculata Song *et* Li 索耳零叶蝉
Limassolla bielawskii Dworakowska 比氏零叶蝉
Limassolla diospyri Chou *et* Ma 柿零叶蝉
Limassolla discoloris Zhang *et* Chou 斑翅零叶蝉
Limassolla discreta Chou *et* Zhang 异零叶蝉
Limassolla dispunctata Chou *et* Ma 柿散零叶蝉
Limassolla dostali Dworakowska *et* Lauterer 道氏零叶蝉
Limassolla dworakowskae Chou *et* Ma 达华零叶蝉
Limassolla emmerichi Dworakowska 艾氏零叶蝉 < 此种学名有误写为 *Limassolla emmerichi* Dworakowska 者 >
Limassolla fasciata Zhang *et* Chou 带零叶蝉
Limassolla forcipata Song *et* Li 钳突零叶蝉
Limassolla galewskii Dworakowska 吉零叶蝉
Limassolla hebeiensis Cai, Liang *et* Wang 河北零叶蝉
Limassolla ishiharai Dworakowska 石原零叶蝉
Limassolla kakii Chou *et* Ma 柿小零叶蝉
Limassolla lanyua Chiang, Hsu *et* Knight 兰屿零叶蝉
Limassolla lingchuanensis Chou *et* Zhang 灵川零叶蝉
Limassolla multimacula Chiang, Lee *et* Knight 多斑零叶蝉
Limassolla multipunctata (Matsumura) 多点零叶蝉，多点斑叶蝉
Limassolla qianfoensis Song *et* Li 千佛零叶蝉
Limassolla rubrolimbata Zhang *et* Chou 红斑零叶蝉，红缘零叶蝉
Limassolla rutila Song *et* Li 红橙零叶蝉
Limassolla unica Zhang *et* Xiao 丽零叶蝉
Limassolla yingjianga Song *et* Li 盈江零叶蝉
Limassolla yunnanana Zhang *et* Chou 云南零叶蝉
limb basis [= coxopodite] 肢基节
limb borer 长蠹
Limbatochlamys 巨青尺蛾属
Limbatochlamys pararosthorni Han *et* Xue 异巨青尺蛾
Limbatochlamys parvisis Han *et* Xue 小巨青尺蛾
Limbatochlamys rosthorni Rothschild 中国巨青尺蛾
limber pine cone beetle [*Conophthorus flexilis* Hopkins] 柔松果小蠹
limbi [s. limbus] 1. 边缘；2. 边域 < 周缘；在蝉属 *Cicada* 昆虫中，指沿翅的外缘和后缘闭室后的区域 >
Limbobotys 边野螟属
Limbobotys foochowensis Munroe *et* Mutuura 福州边野螟
Limbobotys hainanensis Munroe *et* Mutuura 海南边野螟
Limbobotys limbolalis (Moore) 紫边野螟
limbus [pl. limbi] 1. 边缘；2. 边域
lime aphid [= lime leaf aphid, linden aphid, lime-tree aphid, common lime aphid, *Eucallipterus tiliae* (Linnaeus)] 椴真斑蚜
lime bent-wing [*Bucculatrix thoracella* (Thunberg)] 欧椴栎颊蛾，欧椴潜蛾，榆潜蛾，榆棱巢蛾
lime blue [*Chilades lajus* (Stoll)] 紫灰蝶
lime butterfly [= lime swallowtail, common lime butterfly, lemon butterfly, chequered swallowtail butterfly, common lime swallowtail, small citrus butterfly, chequered swallowtail, dingy swallowtail, citrus swallowtail, *Papilio demoleus* Linnaeus] 达摩凤蝶，达摩翠凤蝶，无尾凤蝶，花凤蝶，黄花凤蝶，黄斑凤蝶，

柠檬凤蝶

lime cosmet [= linden bark borer, Linnaeus's spangle-wing, cosmet, *Chrysoclista linneella* (Clerck)] 椴丽尖蛾，椴尖翅蛾

lime green sawfly [= green-legged sawfly, *Tenthredo mesomela* Linnaeus] 低突叶蜂，中黑叶蜂

lime hawk moth [*Mimas tiliae* (Linnaeus)] 椴天蛾

lime leaf aphid 见 lime aphid

lime leaf-nest aphid [= taro root aphid, *Patchiella reaumuri* (Kaltenbach)] 芋根绵蚜，芋根蚜，来檬树须瘿蚜 < 此种学名有误写为 *Patchiella reamuri* Kaltenbach 者 >

lime leaf-roll gall midge [= lime tree gall midge, linden gall midge, *Dasineura tiliae* (Schrank)] 欧椴叶瘿蚊

lime leaf-stalk gall midge [= lime tree gall midge, *Contarinia tiliarum* (Kieffer)] 椴浆瘿蚊，椴康瘿蚊

lime pigmy [*Stigmella tiliae* Frey] 菩提痣微蛾，菩提微蛾

lime shieldbug [= citrus green bug, citrus green stink bug, citrus stink bug, *Rhynchocoris humeralis* (Thunberg)] 橘棱蝽，棱蝽，橘大绿蝽，大绿蝽，角肩蝽，角肩椿象，肩蝽，长吻蝽，柃蝽，柑橘大绿椿象，水稻大绿蝽

lime swallowtail 见 lime butterfly

lime-tree aphid 见 lime aphid

lime tree gall midge 1. [= lime leaf-stalk gall midge, *Contarinia tiliarum* (Kieffer)] 椴浆瘿蚊，椴康瘿蚊；2. [= lime leaf-roll gall midge, linden gall midge, *Dasineura tiliae* (Schrank)] 欧椴叶瘿蚊；3. [*Physemocecis hartigi* (Liebel)] 欧椴丝绒瘿蚊

limenia scrub-hairstreak [*Strymon limenia* (Hewitson)] 黎螯灰蝶

Limenitidinae 线蛱蝶亚科

Limenitidini 线蛱蝶族

Limenitis 线蛱蝶属

Limenitis amphyssa Ménétriés 重眉线蛱蝶

Limenitis amphyssa amphyssa Ménétriés 重眉线蛱蝶指名亚种

Limenitis amphyssa chinensis Hall 重眉线蛱蝶中华亚种，华重眉线蛱蝶

Limenitis antonia Oberthür 同 *Neptis sankara*

Limenitis arboretum Oberthür 同 *Neptis pryeri*

Limenitis archippus (Cramer) 见 *Basilarchia archippus*

Limenitis armandia Oberthür 见 *Neptis armandia*

Limenitis arthemis (Drury) 见 *Basilarchia arthemis*

Limenitis astyanax Fabricius 绿线蛱蝶

Limenitis calidosa Moore 凯丽线蛱蝶

Limenitis camilla (Linnaeus) [white admiral, Eurasian white admiral] 隐线蛱蝶

Limenitis camilla camilla (Linnaeus) 隐线蛱蝶指名亚种

Limenitis camilla japonica (Ménétriés) 隐线蛱蝶日本亚种，白蛱蝶，日本隐线蛱蝶

Limenitis ciocolatina Poujade 巧克力线蛱蝶

Limenitis cleophas Oberthür 细线蛱蝶

Limenitis disjucta Leech 愁眉线蛱蝶

Limenitis doerriesi Staudinger 断眉线蛱蝶

Limenitis doerriesi doerriesi Staudinger 断眉线蛱蝶指名亚种，指名断眉线蛱蝶

Limenitis dubernardi Oberthür 蓝线蛱蝶

Limenitis elwesi Oberthür 艾维线蛱蝶

Limenitis glorifica Fruhstorfer [Honshu white admiral] 戈线蛱蝶，荣拉朵蛱蝶

Limenitis helmanni Lederer 扬眉线蛱蝶

Limenitis helmanni chosensis Matsumura 扬眉线蛱蝶韩国亚种

Limenitis helmanni duplicata Staudinger 扬眉线蛱蝶东北亚种，杜扬眉线蛱蝶，一线蛱蝶

Limenitis helmanni helmanni Lederer 扬眉线蛱蝶指名亚种，指名扬眉线蛱蝶

Limenitis helmanni meicunensis Yoshino 扬眉线蛱蝶华南亚种

Limenitis helmanni misuji Sugiyama 扬眉线蛱蝶华西亚种

Limenitis helmanni pryeri Moore 普扬眉线蛱蝶

Limenitis helmanni sichuanensis (Sugiyama) 扬眉线蛱蝶四川亚种

Limenitis helmanni wenpingae Huang 扬眉线蛱蝶云南亚种

Limenitis homeyeri Tancre 戟眉线蛱蝶

Limenitis homeyeri homeyeri Tancre 戟眉线蛱蝶指名亚种，指名戟眉线蛱蝶

Limenitis homeyeri meridionalis Hall 戟眉线蛱蝶南方亚种，南方戟眉线蛱蝶

Limenitis homeyeri venata Leech 戟眉线蛱蝶华西亚种，华西戟眉线蛱蝶

Limenitis houlberti Oberthür 霍线蛱蝶

Limenitis imitata Butler 伊姝线蛱蝶

Limenitis latefasciata Ménétriés 见 *Limenitis sydyi latefasciata*

Limenitis lepechini Erschoff 雷线蛱蝶

Limenitis lorquini Boisduval 见 *Basilarchia lorquini*

Limenitis misuji Sugiyama 美线蛱蝶

Limenitis moltrecthi Kardakoff 横眉线蛱蝶，莫异蛱蝶

Limenitis populi (Linnaeus) [poplar admiral] 红线蛱蝶

Limenitis populi eumenius Fruhstorfer 红线蛱蝶尤门亚种，尤红线蛱蝶

Limenitis populi kingana Matsumura 红线蛱蝶东北亚种，王红线蛱蝶

Limenitis populi populi (Linnaeus) 红线蛱蝶指名亚种

Limenitis populi szechwanica Myrayama 红线蛱蝶四川亚种，川红线蛱蝶

Limenitis populi ussuriensis Staudinger 红线蛱蝶乌苏里亚种，乌苏里红线蛱蝶

Limenitis prattii Leech 普眉线蛱蝶

Limenitis reducta (Staudinger) [southern white admiral] 棕黑线蛱蝶

Limenitis sinensium Oberthür 见 *Patsuia sinensium*

Limenitis sinensium cinereus Bang-Haas 见 *Patsuia sinensium cinereus*

Limenitis sinensium fulvus Bang-Haas 见 *Patsuia sinensium fulvus*

Limenitis sinensium lisu Yoshino 同 *Patsuia sinensium minor*

Limenitis sinensium minor Hall 见 *Patsuia sinensium minor*

Limenitis sinensium sengei Kotzhsch 见 *Patsuia sinensium sengei*

Limenitis sinensium sinensium Oberthür 见 *Patsuia sinensium sinensium*

Limenitis staudingeri Ribbe 斯氏线蛱蝶

Limenitis sulpitia (Cramer) 残锷线蛱蝶

Limenitis sulpitia sulpitia (Cramer) 残锷线蛱蝶指名亚种，指名残锷线蛱蝶

Limenitis sulpitia tricula (Fruhstorfer) 残锷线蛱蝶台湾亚种，残眉线蛱蝶，台湾星三线蝶，金银花三线蝶，台湾残锷线蛱蝶

Limenitis sumalia Moore 苏马线蛱蝶

Limenitis sydyi Lederer 折线蛱蝶

Limenitis sydyi latefasciata Ménétriés 折线蛱蝶宽带亚种，宽带线蛱蝶

Limenitis sydyi sydyi Lederer 折线蛱蝶指名亚种

Limenitis trivena Moore [Indian white admiral] 三纹线蛱蝶

Limenitis weidemeyerii Edwards 见 *Basilarchia weidemeyerii*

limiting combination 限制组合

limiting factor 限制因素

limiting surface 界面

Limnaecia 蒲尖蛾属，沼尖翅蛾属

Limnaecia compsasis Meyrick 赭纹蒲尖蛾，康沼尖翅蛾

Limnas chrysippus (Linnaeus) 见 *Danaus chrysippus*

Limnebius 沼平唇水龟甲属，沼平唇牙甲属

Limnebius clavatus Pu 棒沼平唇水龟甲，棒沼平唇牙甲

Limnebius kwangtungensis Pu 广东沼平唇水龟甲，粤沼平唇牙甲，广东水溼细牙虫

Limnebius kweichowensis Pu 贵州沼平唇水龟甲，黔沼平唇牙甲

Limnebius taiwanensis Jäch 台湾沼平唇水龟甲，台湾水溼细牙虫

Limnebius wui Pu 胡氏沼平唇水龟甲，胡沼平唇牙甲

Limnellia 沼泽水蝇属

Limnellia flavitarsis Zhang *et* Yang 黄跗沼泽水蝇

Limnellia lvchunensis Zhang *et* Yang 绿春沼泽水蝇

Limnellia maculipennis Malloch 斑翅沼泽水蝇

Limnellia stenhammari Zetterstedt 斯氏沼泽水蝇，斯特恩汉姆沼泽水蝇

limnephilid 1. [= limnephilid caddisfly, limnophilid, northern caddisfly] 沼石蛾 <沼石蛾科 Limnephilidae 昆虫的通称>; 2. 沼石蛾科的

limnephilid caddisfly [= limnephilid, limnophilid, northern caddisfly] 沼石蛾

Limnephilidae [= Limnophilidae] 沼石蛾科

Limnephiloidea 沼石蛾总科

Limnephilus 沼石蛾属 <此属学名曾写为 *Limnophilus*>

Limnephilus alienus Martynov 奇异沼石蛾

Limnephilus amurensis (Ulmer) 东北沼石蛾，东北石蛾，东北须沼石蛾

Limnephilus correptus (McLachlan) 稻黄沼石蛾，柯须沼石蛾

Limnephilus distinctus Tian *et* Yang 大须沼石蛾

Limnephilus externus Hagen 外须沼石蛾

Limnephilus flavastellus Banks 黄须沼石蛾

Limnephilus fuscovittatus Matsumura 褐条须沼石蛾

Limnephilus mandibulus Yang *et* Yang 颚肢沼石蛾

Limnephilus orientalis (Martynov) 东方沼石蛾，东方须沼石蛾

Limnephilus signifer Martynov 西须沼石蛾

Limnephilus stigma (Curtis) 痣须沼石蛾，稻斑沼石蛾

Limnephilus subfuscus (Ulmer) 近褐须沼石蛾

Limnephilus tricalcaratus (Mosely) 特须沼石蛾，毛星沼石蛾

Limnephilus zhejiangensis Leng *et* Yang 浙江沼石蛾

Limnerium homonae Sonan 见 *Campoplex homonae*

Limnerium sauteri Uchida 见 *Campoplex sauteri*

Limnia 利姆沼蝇属，泽沼蝇属

Limnia testacea Sack 褐黄利姆沼蝇，褐黄泽沼蝇，褐黄沼蝇

Limnia unguicornis (Scopoli) 角利姆沼蝇

limnichid 1. [= limnichid beetle, minute marsh-loving beetle] 泽甲，姬沼甲 <泽甲科 Limnichidae 昆虫的通称>; 2. 泽甲科的

limnichid beetle [= limnichid, minute marsh-loving beetle] 泽甲，姬沼甲

Limnichidae 泽甲科，姬沼甲科，沼丸甲科，微泥虫科，沼花甲科

Limnichus 泽甲属

Limnichus fulvopubens Pic 棕毛泽甲，棕毛沼丸甲

Limnichus lewisi Nakane 路氏泽甲

Limnobatidae [= Hydrometridae] 尺蝽科

Limnobia 拟沼大蚊属

Limnobia atridorsum Alexander 见 *Limonia atridorsum*

Limnobia esakii Alexander 见 *Limonia esakii*

Limnobia flavoterminalis Alexander 见 *Limonia flavoterminalis*

Limnobia nitobei Edwards 见 *Limonia nitobei*

Limnobia saltens Doleschall 见 *Dicranomyia* (*Euglochina*) *saltens*

Limnobia viridula Alexander 见 *Libnotes* (*Goniodineura*) *viridula*

limnobiid 1. [= limnobiid cranefly, limnobiid fly, limoniid, limoniid cranefly, limoniid fly] 沼大蚊 <沼大蚊科 Limnobiidae 昆虫的通称>; 2. 沼大蚊科的

limnobiid cranefly [= limnobiid fly, limnobiid] 沼大蚊

limnobiid fly 见 limnobiid cranefly

Limnobiidae [= Limoniidae] 沼大蚊科，亮大蚊科

limnocentropodid 1. [= limnocentropodid caddisfly] 准石蛾 <准石蛾科 Limnocentropodidae 昆虫的通称>; 2. 准石蛾科的

limnocentropodid caddisfly [= limnocentropodid] 准石蛾

Limnocentropodidae 准石蛾科

Limnocentropus 锚石蛾属

Limnocentropus arcuatus Yang *et* Morse 弓臂锚石蛾

Limnocentropus insolitus Ulmer 殊锚石蛾，殊沼刺石蛾

Limnoecia compsasis Meyrick 见 *Limnaecia compsasis*

Limnogonus 泽背黾蝽属

Limnogonus fossarum (Fabricius) 暗条泽背黾蝽

Limnogonus hungerfordi Anderson 台湾泽背黾蝽

Limnogonus nitidus (Mayr) 小泽背黾蝽

Limnogramma 沼泽丽蛉属

Limnogramma mira Ren 奇异沼泽丽蛉

Limnometra 沼黾蝽属

Limnometra femorata Mayr 股沼黾蝽

Limnometra matsudai (Miyamoto) 松田沼黾蝽，松田氏淡背黾蝽

Limnonabis 沼姬蝽亚属

limnophagous 食泥的

Limnophila 拟大蚊属，沼大蚊属

Limnophila (***Adelphomyia***) ***excelsa*** Alexander 见 *Adelphomyia excelsa*

Limnophila (***Adelphomyia***) ***ferocia*** Alexander 见 *Adelphomyia ferocia*

Limnophila (***Adelphomyia***) ***parallela*** Alexander 见 *Adelphomyia platystyla parallela*

Limnophila (***Adelphomyia***) ***platystyla*** Alexander 见 *Adelphomyia platystyla*

Limnophila (***Adelphomyia***) ***rantaizana*** Alexander 见 *Adelphomyia rantaizana*

Limnophila (***Brachylimnophlila***) ***inaequalis*** Alexander 见 *Dicranophragma* (*Brachylimnophila*) *inaequale*

Limnophila (***Brachylimnophlila***) ***nesonemoralis*** Alexander 见 *Dicranophragma* (*Dicranophragma*) *nesonemorale*

Limnophila carbonis Alexander 见 *Prionolabis carbonis*

Limnophila (***Dicranophragma***) ***dorsolineata*** Alexander 见 *Dicranophragma* (*Dicranophragma*) *dorsolineatum*

Limnophila* (*Dicranophragma*) *formosa Alexander 见 *Dicranophragma* (*Dicranophragma*) *formosa*

Limnophila* (*Dicranophragma*) *taiwanensis Alexander 见 *Dicranophragma* (*Dicranophragma*) *taiwanense*

Limnophila* (*Eloeophila*) *fascipennis (Brunetti) 见 *Eloeophila fascipennis*

Limnophila excelsa Alexander 见 *Adelphomyia excelsa*

Limnophila fokiensis Alexander 见 *Prionolabis fokiensis*

Limnophila formosa Alexander 见 *Dicranophragma* (*Dicranophragma*) *formosa*

Limnophila illustris Alexander 见 *Austrolimnophila* (*Austrolimnophila*) *illustris*

Limnophila laetithorax Alexander 见 *Dicranophragma* (*Dicranophragma*) *laetithorax*

Limnophila latinigra Alexander 见 *Eloeophila latinigra*

Limnophila melaleuca ignava Alexander 见 *Dicranophragma* (*Dicranophragma*) *melaleucum ignavum*

Limnophila nesonemoralis Alexander 见 *Dicranophragma* (*Dicranophragma*) *nesonemorale*

Limnophila nigronitida Edwards 见 *Prionolabis nigronitida*

Limnophila oritropha Alexander 见 *Prionolabis oritropha*

Limnophila paraprilina Alexander 见 *Eloeophila paraprilina*

Limnophila pilosula Alexander 见 *Prionolabis pilosula*

Limnophila platystyla Alexander 见 *Adelphomyia platystyla*

Limnophila* (*Prionolabis*) *harukonis Alexander 见 *Prionolabis harukonis*

Limnophila* (*Prionolabis*) *nigronitida Edwards 见 *Prionolabis nigronitida*

Limnophila* (*Prionolabis*) *oritropha Alexander 见 *Prionolabis oritropha*

Limnophila* (*Prionolabis*) *serridentata Alexander 见 *Prionolabis serridentata*

Limnophila rantaizana Alexander 见 *Adelphomyia rantaizana*

Limnophila reductana Alexander 见 *Adelphomyia reductana*

Limnophila similissima Alexander 见 *Eloeophila similissima*

Limnophila suensoni Alexander 见 *Eloeophila suensoni*

Limnophila varicornis Coquillett 异角拟大蚊，异角沼大蚊

limnophilid 1. [= limnephilid caddisfly, limnephilid, northern caddisfly] 沼石蛾 < 沼石蛾科 Limnephilidae 昆虫的通称 >; 2. 沼石蛾科的

Limnophilidae [= Limnephilidae] 沼石蛾科

Limnophilinae 拟大蚊亚科

limnophilus 1. 沼泽种类的；2. 沼泽种类

Limnophilus amurensis Ulmer 见 *Limnephilus amurensis*

Limnophilus correptus McLahlan 见 *Limnephilus correptus*

Limnophilus stigma Curtis 见 *Limnephilus stigma*

Limnophora 池蝇属

Limnophora adelosa Wei *et* Yang 匿池蝇

Limnophora albitarsis Stein 白跗池蝇

Limnophora albonigra Emden 白黑池蝇

Limnophora apicalis Zielke 端池蝇

Limnophora apicicerca Xiang *et* Xue 尖叶池蝇

Limnophora apiciseta Emden 端鬃池蝇

Limnophora argentata Emden 银池蝇

Limnophora argentifrons (Shinonaga *et* Kôno) 银额池蝇

Limnophora argentitriangula Xue *et* Wang 银三角池蝇

Limnophora asiatica Xue *et* Zhang 亚洲池蝇

Limnophora bannaensis Zhang, Xue *et* Wang 版纳池蝇

Limnophora beckeri (Stein) 黑额池蝇，贝克池蝇

Limnophora biprominens Zhang *et* Xue 双突池蝇

Limnophora breviceps Emden 短头池蝇

Limnophora brevispatula Xue, Bai *et* Dong 短匙池蝇

Limnophora breviventris Stein 短腹池蝇

Limnophora brunneisquama Mu *et* Zhang 棕瓣池蝇

Limnophora brunneitibia Tong, Xue *et* Wang 棕胫池蝇

Limnophora cinerifulva Feng 灰黄池蝇

Limnophora conica Stein 锥纹池蝇

Limnophora cothurnosurstyla Xue, Bai *et* Dong 靴侧叶池蝇

Limnophora cyclocerca Zhou *et* Xue 圆叶池蝇

Limnophora daduhea Feng 大渡河池蝇

Limnophora dyadocerca Xue, Bai *et* Dong 重叶池蝇，中叶池蝇

Limnophora emeishanica Feng 峨眉池蝇

Limnophora exigua (Wiedemann) 斑板池蝇

Limnophora fallax Stein 隐斑池蝇

Limnophora fallax fallax Stein 隐斑池蝇指名亚种

Limnophora fallax septentrionalis Xue 见 *Limnophora septentrionalis*

Limnophora fasciata Wu 带池蝇，带池秽蝇

Limnophora flavifrons Stein 黄额池蝇

Limnophora formosa Shinonaga *et* Huang 台湾池蝇

Limnophora furcicerca Xue *et* Liu 裂叶池蝇

Limnophora guizhouensis Zhou *et* Xue 同 *Limnophora pubiseta*

Limnophora himalayensis Brunetti 喜马池蝇

Limnophora interfrons Hsue 狭额池蝇，合眶池蝇

Limnophora latifrons Zhang *et* Xue 宽额池蝇

Limnophora latiorbitalis Hsue 宽眶池蝇

Limnophora leigongshana (Wei *et* Yang) 同 *Limnophora frigida*

Limnophora leptosternita Tong, Xue *et* Wang 瘦板池蝇

Limnophora leucocephala Feng 白头池蝇

Limnophora liparosa (Wei *et* Yang) 同 *Limnophora frigida*

Limnophora longispatula Xue *et* Tong 长匙池蝇

Limnophora longitarsis Xue, Bai *et* Dong 长跗池蝇

Limnophora mataiosa Wei *et* Yang 笨池蝇

Limnophora matutinusa Wei *et* Yang 晨池蝇

Limnophora melanocephala Shinonaga *et* Kôno 黑头池蝇

Limnophora minutifallax Lin *et* Xue 小隐斑池蝇

Limnophora mongolica Xue *et* Zhang 蒙古池蝇

Limnophora nigra Xue 黑池蝇

Limnophora nigrilineata Xue 黑纹池蝇

Limnophora nigripes (Robineau-Desvoidy) 黑足池蝇

Limnophora nigriscrupulosa Xiang *et* Xue 黑锐池蝇

Limnophora nigrisquama Tong, Xue *et* Wang 黑瓣池蝇

Limnophora nuditibia Xue, Bai *et* Dong 裸胫池蝇，裸茎池蝇

Limnophora orbitalis Stein 银眶池蝇

Limnophora oreosoacra Feng 山顶池蝇

Limnophora papulicerca Xue *et* Zhang 丘叶池蝇

Limnophora papulicerca pubertiseta Xue *et* Zhang 见 *Limnophora pubertiseta*

Limnophora parastylata Xue 侧突池蝇

Limnophora paratriangula Wei *et* Yang 类三角池蝇

Limnophora pollinifrons Stein 粉额池蝇

Limnophora procellaria (Walker) 裂叶池蝇，骚状池蝇

Limnophora prominens Stein 突出池蝇，突凸池蝇

Limnophora pubertiseta Xue *et* Zhang 壮鬃池蝇

Limnophora pubiseta Emden 阴鬃池蝇

Limnophora purgata Xue 净池蝇

Limnophora qiana (Wei *et* Yang) 同 *Limnophora frigida*

Limnophora reventa Feng 回归池蝇

Limnophora rufimana (Strobl) 绯跖池蝇

Limnophora scrupulosa (Zetterstedt) 锐池蝇

Limnophora septentrionalis Xue 北方池蝇

Limnophora setinerva Schnabl 鬃脉池蝇

Limnophora setinervoides Ma 类鬃脉池蝇

Limnophora spoliata Stein 掠池蝇，掠食池蝇

Limnophora subscrupulosa Zhang *et* Xue 肖锐池蝇

Limnophora surrecticerca Xue *et* Zhang 直叶池蝇

Limnophora suturalis Stein 缝池蝇，安平池蝇

Limnophora tibetana Xue *et* Zhang 西藏池蝇

Limnophora tigrina (Stein) 显斑池蝇

Limnophora triangula (Fallén) 三角池蝇

Limnophora veniseta Stein 脉鬃池蝇，爪哇池蝇

Limnophora virago Emden 坤池蝇

Limnophora virago recta Wei 同 *Limnophora virago virago*

Limnophora virago virago Emden 坤池蝇指名亚种

Limnophora ypocera Xue, Bai *et* Dong 亚叶池蝇

Limnophora yulongxueshanna Xue *et* Tong 玉龙雪山池蝇

Limnophora yunnanensis Xue *et* Tong 云南池蝇

Limnophyes 沼摇蚊属，池畔摇蚊属

Limnophyes aagaardi Sæther 长刺沼摇蚊

Limnophyes akangularius Sasa *et* Kamimura 利尻沼摇蚊

Limnophyes akannonus Sasa *et* Kamimura 屈斜沼摇蚊

Limnophyes akanundecimus Sasa *et* Kamimura 阿卡沼摇蚊

Limnophyes anderseni Sæther 安徒生沼摇蚊

Limnophyes asamanonus Sasa *et* Hirabayashi 浅间沼摇蚊

Limnophyes asquamatus Andersen 尖尾沼摇蚊

Limnophyes brachytomus (Kieffer) 圆钝沼摇蚊

Limnophyes bullus Wang *et* Sæther 具瘤沼摇蚊

Limnophyes cranstoni Sæther 克氏沼摇蚊

Limnophyes difficilis Brundin 低尾沼摇蚊

Limnophyes edwardsi Sæther 爱德华沼摇蚊

Limnophyes eltoni (Edwards) 爱托尼沼摇蚊

Limnophyes famigeheus Sasa 吴羽沼摇蚊

Limnophyes fujidecimus Sasa 富士沼摇蚊

Limnophyes fuscipygmus Tokunaga 同 *Limnophyes minimus*

Limnophyes gelasinus Sæther 朝鲜沼摇蚊

Limnophyes gurgicola (Edwards) 无凹沼摇蚊

Limnophyes habilis (Walker) 敏捷沼摇蚊

Limnophyes ikikeleus Sasa *et* Suzuki 长崎沼摇蚊

Limnophyes jokaoctavus Sasa *et* Ogata 黑部沼摇蚊

Limnophyes kaminovus Sasa *et* Hirabayashi 上高地沼摇蚊

Limnophyes magnus Chaudhuri, Sinharay *et* Gupta 大沼摇蚊

Limnophyes mikuriensis Sasa 立山町沼摇蚊

Limnophyes minerus Liu *et* Yan 无突沼摇蚊

Limnophyes minimus (Meigen) 微小沼摇蚊

Limnophyes natalensis (Kieffer) 纳塔沼摇蚊

Limnophyes nigripes Chaudhuri 黑足沼摇蚊

Limnophyes okhotensis Makarchenko *et* Makarchenko 鄂霍沼摇蚊

Limnophyes opimus Wang *et* Sæther 长棘沼摇蚊

Limnophyes orbicristatus Wang *et* Sæther 圆脊沼摇蚊

Limnophyes oyabegrandilobus Sasa, Kawai *et* Uéno 小矢部沼摇蚊

Limnophyes oyabehiematus Sasa, Kawai *et* Uéno 大美桥沼摇蚊

Limnophyes palleocestus Wang *et* Sæther 浅色沼摇蚊

Limnophyes pentaplastus (Kieffer) 五鬃沼摇蚊，五雕沼摇蚊

Limnophyes pseudopumilio Makarchenko *et* Makarchenko 宽圆沼摇蚊

Limnophyes pumilio (Holmgren) 多毛沼摇蚊

Limnophyes schnelli Sæther 塞利沼摇蚊

Limnophyes strobilifer Makarchenko *et* Makarchenko 锥沼摇蚊

Limnophyes subtilus Liu *et* Yan 细长沼摇蚊

Limnophyes tamakireides Sasa 奥多摩沼摇蚊

Limnophyes tamakitanaides Sasa 南浅川沼摇蚊

Limnophyes tamakiyoides Sasa 于坝沼摇蚊

Limnophyes transcaucasicus Tshernovskij 外高加索沼摇蚊

Limnophyes triangularis Wang 隆铗沼摇蚊

Limnophyes tusimofegeus (Sasa *et* Suzuki) 对马沼摇蚊

Limnophyes verpus Wang *et* Sæther 双尾沼摇蚊

Limnophyes vrangelensis Makarchenko *et* Makarchenko 弗兰格尔沼摇蚊

Limnophyes yakyabeus Sasa *et* Suzuki 大隅沼摇蚊

Limnophyes yakycedeus Sasa *et* Suzuki 屋久沼摇蚊

Limnophyes yakydeeus Sasa *et* Suzuki 鹿儿岛沼摇蚊

Limnoporus 褐黾蝽属

Limnoporus esakii (Miyamoto) 东亚褐黾蝽

Limnoporus rufuscutellatus (Latreille) 北方褐黾蝽

Limnospila 池秽蝇属

Limnospila albifrons (Zetterstedt) 白额池秽蝇

Limnospila echinata (Stein) 猥池秽蝇

Limois 丽蜡蝉属

Limois chagyabensis Chou *et* Lu 察雅丽蜡蝉

Limois emelianovi Oshanin 甘肃丽蜡蝉 < 此种学名有误写为 *Limois emeljanovi* Oshanin 者 >

Limois guangxiensis Chou *et* Wang 广西丽蜡蝉

Limois hunanensis Chou *et* Wang 湖南丽蜡蝉

Limois kikuchi Kato 东北丽蜡蝉

Limois pardalis Zhang 豹斑丽蜡蝉

Limois shanwangensis (Hong) 山旺丽蜡蝉

Limonia 沼大蚊属，亮大蚊属

Limonia acurostris Alexander 见 *Discobola acurostris*

Limonia alpestris Alexander 见 *Geranomyia alpestris*

Limonia amabilis Alexander 丽沼大蚊

Limonia amabilis amabilis Alexander 丽沼大蚊指名亚种

Limonia amabilis antistes Alexander 丽沼大蚊可爱亚种，爱沼大蚊，恩娇草大蚊

Limonia amatrix Alexander 见 *Libnotes* (*Libnotes*) *amatrix*

Limonia amplificata Alexander 见 *Dicranomyia* (*Dicranomyia*) *amplificata*

Limonia annulata (Linnaeus) 见 *Discobola annulata*

Limonia apicalis (Wiedemann) 见 *Thrypticomyia apicalis*

Limonia apicalis majuscula Alexander 见 *Thrypticomyia apicalis majuscula*

Limonia apicifasciata Alexander 见 *Geranomyia apicifasciata*
Limonia aptata Alexander 见 *Libnotes* (*Libnotes*) *aptata*
Limonia argentifera (de Meijere) 见 *Geranomyia argentifera*
Limonia argyrata Alexander 见 *Dicranomyia* (*Nealexandriaria*) *argyrata*
Limonia armorica Alexander 见 *Discobola armorica*
Limonia atayal Alexander 见 *Dicranomyia* (*Nealexandriaria*) *atayal*
Limonia atridorsum (Alexander) 黑背沼大蚊，黑背草大蚊，黑脊亮大蚊
Limonia atrisoma Alexander 暗沼大蚊，黑节草大蚊
Limonia (**Atypophthalmus**) **umbrata** (de Meijere) 见 *Atypophthalmus* (*Atypophthalmus*) *umbratus*
Limonia aurita Alexander 见 *Dicranomyia* (*Melanolimonia*) *aurita*
Limonia baileyana Alexander 见 *Dicranomyia* (*Dicranomyia*) *baileyana*
Limonia baileyi Edwards 见 *Dicranomyia* (*Dicranomyia*) *baileyi*
Limonia basispina Alexander 见 *Achyrolimonia basispina*
Limonia basistrigata Alexander 见 *Libnotes* (*Libnotes*) *basistrigata*
Limonia bicorniger Alexander 见 *Atypophthalmus* (*Microlimonia*) *bicorniger*
Limonia bifurcula Alexander 见 *Geranomyia bifurcula*
Limonia bryophila Alexander 见 *Dicranomyia* (*Pseudoglochina*) *bryophila*
Limonia calcarifera Alexander 灰沼大蚊
Limonia clitelligera Alexander 见 *Libnotes* (*Goniodineura*) *clitelligera*
Limonia comissabunda Alexander 见 *Libnotes* (*Libnotes*) *comissabunda*
Limonia commixta Alexander 见 *Dicranomyia* (*Dicranomyia*) *commixta*
Limonia consimilis Zetterstedt 见 *Dicranomyia* (*Dicranomyia*) *consimilis*
Limonia contrita Alexander 见 *Geranomyia contrita*
Limonia coxitalis Alexander 见 *Dicranomyia* (*Dicranomyia*) *coxitalis*
Limonia depauperata (Alexander) 见 *Dicranomyia* (*Dicranomyia*) *depauperata*
Limonia (**Dicranomyia**) **cingulifera** (Alexander) 见 *Dicranomyia* (*Dicranomyia*) *cingulifera*
Limonia (**Dicranomyia**) **convergens** (de Meijere) 见 *Dicranomyia* (*Dicranomyia*) *convergens*
Limonia (**Dicranomyia**) **depauperata** (Alexander) 见 *Dicranomyia* (*Dicranomyia*) *depauperata*
Limonia (**Dicranomyia**) **ebriola** Alexander 见 *Dicranomyia* (*Dicranomyia*) *ebriola*
Limonia (**Dicranomyia**) **frivola** (Alexander) 见 *Dicranomyia* (*Dicranomyia*) *frivola*
Limonia (**Dicranomyia**) **fullawayi** (Alexander) 见 *Dicranomyia* (*Dicranomyia*) *fullawayi*
Limonia (**Dicranomyia**) **inscita** Alexander 见 *Dicranomyia* (*Dicranomyia*) *inscita*
Limonia (**Dicranomyia**) **koxinga** Alexander 见 *Dicranomyia* (*Dicranomyia*) *koxinga*
Limonia (**Dicranomyia**) **montium** Alexander 见 *Dicranomyia* (*Dicranomyia*) *montium*
Limonia (**Dicranomyia**) **pleurilineata** (Riedel) 见 *Dicranomyia* (*Dicranomyia*) *pleurilineata*
Limonia (**Dicranomyia**) **puncticosta** (Brunetti) 见 *Dicranomyia* (*Dicranomyia*) *puncticosta*
Limonia (**Dicranomyia**) **punctulata** (de Meijere) 见 *Dicranomyia* (*Dicranomyia*) *punctulata*
Limonia (**Dicranomyia**) **shirakii** (Alexander) 见 *Dicranomyia* (*Dicranomyia*) *shirakii*
Limonia (**Dicranomyia**) **sordida** (Brunetti) 见 *Dicranomyia* (*Glochina*) *sordida*
Limonia (**Dicranomyia**) **subpunctulata** Alexander 见 *Dicranomyia* (*Dicranomyia*) *subpunctulata*
Limonia (**Dicranomyia**) **tattakae** Alexander 同 *Dicranomyia* (*Glochina*) *sordida*
Limonia (**Dicranomyia**) **tenuicula** Alexander 见 *Dicranomyia* (*Dicranomyia*) *tenuicula*
Limonia didyma Meigen 见 *Dicranomyia* (*Dicranomyia*) *didyma*
Limonia dignitosa Alexander 见 *Dicranomyia* (*Euglochina*) *dignitosa*
Limonia dilutissima Alexander 薄沼大蚊
Limonia dimelania Alexander 见 *Dicranomyia* (*Pseudoglochina*) *dimelania*
Limonia diphragma Alexander 见 *Libnotes* (*Laosa*) *diphragma*
Limonia (**Discobola**) **annulata** (Linnaeus) 见 *Discobola annulata*
Limonia (**Discobola**) **margarita** (Alexander) 见 *Discobola margarita*
Limonia (**Discobola**) **taivanella** Alexander 见 *Discobola taivanella*

Limonia ebriola Alexander 见 *Dicranomyia* (*Dicranomyia*) *ebriola*
Limonia egressa Alexander 见 *Atypophthalmus* (*Microlimonia*) *egressus*
Limonia esakii (Alexander) 江崎沼大蚊，艾氏沼大蚊，江崎亮大蚊，江崎草大蚊
Limonia (**Euglochina**) **curtivena** (Alexander) 见 *Dicranomyia* (*Euglochina*) *curtivena*
Limonia (**Euglochina**) **saltens** (Doleschall) 见 *Dicranomyia* (*Euglochina*) *saltens*
Limonia (**Eurhipidia**) **productina formosana** (Alexander) 见 *Rhipidia* (*Eurhipidia*) *formosana*
Limonia flavoterminalis (Alexander) 端黄沼大蚊，黄尾亮大蚊
Limonia formosana Alexander 见 *Rhipidia* (*Eurhipidia*) *formosana*
Limonia formosana expansimacula Alexander 见 *Rhipidia* (*Eurhipidia*) *expansimacula*
Limonia francki Alexander 见 *Dicranomyia* (*Dicranomyia*) *francki*
Limonia fraudulenta Alexander 伪沼大蚊，狡诈亮大蚊，狡草大蚊
Limonia fremida Alexander 见 *Geranomyia fremida*
Limonia fullawayi (Alexander) 见 *Dicranomyia* (*Dicranomyia*) *fullawayi*
Limonia garrula Alexander 见 *Rhipidia* (*Eurhipidia*) *garrula*
Limonia garrulloides Alexander 见 *Rhipidia* (*Eurhipidia*) *garruloides*
Limonia (**Geranomyia**) **alpestris** Alexander 见 *Geranomyia alpestris*
Limonia (**Geranomyia**) **apicifasciata** Alexander 见 *Geranomyia apicifasciata*
Limonia (**Geranomyia**) **argentifera** (de Meijere) 见 *Geranomyia argentifera*
Limonia (**Geranomyia**) **atrostriata** (Edwards) 见 *Geranomyia atrostriata*

Limonia (Geranomyia) montana (de Meijere) 见 *Geranomyia montana*
Limonia (Geranomyia) nitida (de Meijere) 见 *Geranomyia nitida*
Limonia (Geranomyia) pictorum Alexander 见 *Geranomyia pictorum*
Limonia (Geranomyia) septemnotata (Edwards) 见 *Geranomyia septemnotata*
Limonia (Geranomyia) unifilosa Alexander 见 *Geranomyia unifilosa*
Limonia (Goniodineura) clitelligera Alexander 见 *Libnotes (Goniodineura) clitelligera*
Limonia (Goniodineura) hassenana Alexander 见 *Libnotes (Goniodineura) hassenana*
Limonia (Goniodineura) imbellis Alexander 见 *Libnotes (Goniodineura) imbellis*
Limonia (Goniodineura) immetata Alexander 见 *Libnotes (Goniodineura) immetata*
Limonia (Goniodineura) nigriceps (van der Wulp) 见 *Libnotes (Goniodineura) nigriceps*
Limonia (Goniodineura) perparvuloides Alexander 见 *Libnotes (Goniodineura) perparvuloides*
Limonia (Goniodineura) viridula (Alexander) 见 *Libnotes (Goniodineura) viridula*
Limonia gracilirostris Alexander 见 *Dicranomyia (Dicranomyia) gracilirostris*
Limonia gracilispinosa Alexander 见 *Geranomyia gracilispinosa*
Limonia grahamiana Alexander 见 *Dicranomyia (Idiopyga) grahamiana*
Limonia griseola Alexander 见 *Libnotes (Libnotes) griseola*
Limonia hainaniana Alexander 见 *Dicranomyia (Dicranomyia) hainaniana*
Limonia hassenana Alexander 见 *Libnotes (Goniodineura) hassenana*
Limonia hostilis Alexander 敌沼大蚊，敌草大蚊
Limonia hypomelania Alexander 见 *Rhipidia (Rhipidia) hypomelania*
Limonia (Idioglochina) kotoshoensis (Alexander) 见 *Dicranomyia (Idioglochina) kotoshoensis*
Limonia imbellis Alexander 见 *Libnotes (Goniodineura) imbellis*
Limonia immetata Alexander 见 *Libnotes (Goniodineura) immetata*
Limonia improvisa Alexander 见 *Metalimnobia (Metalimnobia) improvisa*
Limonia inelegans Alexander 见 *Atypophthalmus (Microlimonia) inelegans*
Limonia innocens Brunetti 见 *Dicranomyia (Dicranomyia) innocens*
Limonia inscita Alexander 见 *Dicranomyia (Dicranomyia) inscita*
Limonia junctura Alexander 见 *Dicranomyia (Dicranomyia) junctura*
Limonia kansuensis Alexander 见 *Dicranomyia (Melanolimonia) kansuensis*
Limonia kashmirica (Edwards) 克什沼大蚊
Limonia kiangsiana Alexander 见 *Geranomyia kiangsiana*
Limonia kinensis Alexander 见 *Dicranomyia (Glochina) kinensis*
Limonia koxinga Alexander 见 *Dicranomyia (Dicranomyia) koxinga*
Limonia lackschewitziana Alexander 莱氏沼大蚊，拉氏草大蚊
Limonia lantauensis Alexander 见 *Libnotes (Goniodineura) lantauensis*
Limonia (Laosa) regalis (Edwards) 见 *Libnotes (Laosa) regalis*
Limonia (Laosa) transversalis (de Meijere) 见 *Libnotes (Laosa) transversalis*
Limonia lassa Alexander 见 *Dicranomyia (Dicranomyia) lassa*
Limonia laticellula Alexander 见 *Dicranomyia (Dicranomyia) laticellula*
Limonia lethe Alexander 见 *Dicranomyia (Dicranomyia) lethe*
Limonia (Libnotes) comissabunda Alexander 见 *Libnotes (Libnotes) comissabunda*
Limonia (Libnotes) griseola Alexander 见 *Libnotes (Libnotes) griseola*
Limonia (Libnotes) limpida (Edwards) 见 *Libnotes (Libnotes) limpida*
Limonia (Libnotes) longistigma (Alexander) 见 *Libnotes (Libnotes) longistigma*
Limonia (Libnotes) subopaca (Alexander) 见 *Libnotes (Libnotes) subopaca*
Limonia machidai (Alexander) 见 *Atypophthalmus (Microlimonia) machidai*
Limonia medexocha Ren *et* Yang 中突沼大蚊
Limonia melas Alexander 见 *Dicranomyia (Erostrata) melas*
Limonia monacantha Alexander 见 *Achyrolimonia monacantha*
Limonia monoctenia Alexander 见 *Rhipidia (Rhipidia) monoctenia*
Limonia monocycla Alexander 见 *Dicranomyia (Pseudoglochina) monocycla*
Limonia montium Alexander 见 *Dicranomyia (Dicranomyia) montium*
Limonia (Nealexandriaria) argyrata Alexander 见 *Dicranomyia (Nealexandriaria) argyrata*
Limonia (Nealexandriaria) atayal Alexander 见 *Dicranomyia (Nealexandriaria) atayal*
Limonia (Neolimonia) remissa Alexander 见 *Neolimonia remissa*
Limonia neonebulosa (Alexander) 见 *Achyrolimonia neonebulosa*
Limonia neopulchripennis Alexander 见 *Dicranomyia (Dicranomyia) neopulchripennis*
Limonia nitobei (Edwards) 新渡沼大蚊，尼托拜沼大蚊，新渡亮大蚊
Limonia nohirai (Alexander) 见 *Libnotes (Libnotes) nohirai*
Limonia nominata Alexander 诺沼大蚊，指名沼大蚊，诺草大蚊
Limonia obesistyla Alexander 见 *Geranomyia obesistyla*
Limonia omniflava Alexander 黄沼大蚊
Limonia pacifera Alexander 见 *Dicranomyia (Melanolimonia) pacifera*
Limonia pammelas (Alexander) 见 *Dicranomyia (Dicranomyia) pammelas*
Limonia paramorio Alexander 见 *Dicranomyia (Melanolimonia) paramorio*
Limonia penita Alexander 见 *Dicranomyia (Melanolimonia) penita*
Limonia perbeata Alexander 兴沼大蚊，愉草大蚊
Limonia pernigrina Alexander 黑沼大蚊，深黑草大蚊
Limonia perobtusa Alexander 见 *Dicranomyia (Glochina) perobtusa*
Limonia perparvuloides Alexander 见 *Libnotes (Goniodineura) perparvuloides*
Limonia pictorum Alexander 见 *Geranomyia pictorum*
Limonia poli Alexander 见 *Dicranomyia (Dicranomyia) poli*
Limonia propior Alexander 端肿沼大蚊，近草大蚊
Limonia protrusa Alexander 见 *Achyrolimonia protrusa*
Limonia prudentia Alexander 慎沼大蚊，智草大蚊

Limonia* (*Pseudoglochina*) *dimelania Alexander 见 *Dicranomyia* (*Pseudoglochina*) *dimelania*

Limonia* (*Pseudoglochina*) *monocycla Alexander 见 *Dicranomyia* (*Pseudoglochina*) *monocycla*

Limonia pulchra (de Meijere) 见 *Rhipidia* (*Rhipidia*) *pulchra*

Limonia pulchra septentrionis (Alexander) 见 *Rhipidia* (*Rhipidia*) *septentrionis*

Limonia quadrimaculata (Linnaeus) 见 *Metalimnobia* (*Metalimnobia*) *quadrimaculata*

Limonia quadrinotata (Meigen) 见 *Metalimnobia* (*Metalimnobia*) *quadrinotata*

Limonia quinquecostata Alexander 见 *Libnotes* (*Libnotes*) *quinquecostata*

Limonia radialis Alexander 见 *Geranomyia radialis*

Limonia rantaiensis Alexander 峦大沼大蚊，兰台沼大蚊，峦大亮大蚊，伦草大蚊

Limonia rectidens Alexander 见 *Dicranomyia* (*Dicranomyia*) *rectidens*

Limonia recurvinervis Alexander 见 *Libnotes* (*Libnotes*) *recurvinervis*

Limonia reductissima Alexander 见 *Dicranomyia* (*Dicranomyia*) *reductissima*

Limonia retrograda Alexander 见 *Dicranomyia* (*Idiopyga*) *retrograda*

Limonia rhinoceros Alexander 见 *Dicranomyia* (*Dicranomyia*) *rhinoceros*

Limonia sappho Alexander 见 *Libnotes* (*Libnotes*) *sappho*

Limonia* (*Sivalimnobia*) *alticola (Edwards) 见 *Dicranomyia* (*Sivalimnobia*) *alticola*

Limonia sjostedti Alexander 同 *Dicranomyia* (*Dicranomyia*) *incisurata*

Limonia sordida Brunetti 见 *Dicranomyia* (*Glochina*) *sordida*

Limonia sordidipennis Alexander 见 *Dicranomyia* (*Glochina*) *sordidipennis*

Limonia sparsiguttata Alexander 见 *Geranomyia sparsiguttata*

Limonia spectata Alexander 见 *Geranomyia spectata*

Limonia sternolobata Alexander 见 *Dicranomyia* (*Idiopyga*) *sternolobata*

Limonia subaurita Alexander 见 *Dicranomyia* (*Melanolimonia*) *subaurita*

Limonia subcosta Ren *et* Yang 缘脉沼大蚊

Limonia subhostilis Alexander 亚敌沼大蚊，仇敌亮大蚊

Limonia sublimis Alexander 见 *Dicranomyia* (*Dicranomyia*) *sublimis*

Limonia subpulchripennis Alexander 见 *Dicranomyia* (*Dicranomyia*) *subpulchripennis*

Limonia subpunctulata Alexander 见 *Dicranomyia* (*Dicranomyia*) *subpunctulata*

Limonia subradialis Alexander 见 *Geranomyia subradialis*

Limonia subtristoides Alexander 见 *Dicranomyia* (*Dicranomyia*) *subtristoides*

Limonia suensoniana Alexander 见 *Geranomyia suensoniana*

Limonia synempora Alexander 连沼大蚊，藏草大蚊

Limonia taivanella Alexander 见 *Discobola taivanella*

Limonia tenuicula Alexander 见 *Dicranomyia* (*Dicranomyia*) *tenuicula*

Limonia tenuifilamentosa Alexander 见 *Dicranomyia* (*Dicranomyia*) *tenuifilamentosa*

Limonia tenuispinosa Alexander 见 *Geranomyia tenuispinosa*

Limonia tessellatipennis Alexander 格翼沼大蚊，棋翅草大蚊

Limonia thanatos Alexander 塔纳沼大蚊

Limonia* (*Thrypticomyia*) *apicalis majuscula Alexander 见 *Thrypticomyia apicalis majuscula*

Limonia* (*Thrypticomyia*) *unisetosa Alexander 见 *Thrypticomyia unisetosa*

Limonia triarmata Alexander 见 *Rhipidia* (*Rhipidia*) *triarmata*

Limonia trispinula Alexander 见 *Dicranomyia* (*Dicranomyia*) *trispinula*

Limonia tristis Schummel 见 *Dicranomyia* (*Glochina*) *tristis*

Limonia tristoides Alexander 见 *Dicranomyia* (*Glochina*) *tristoides*

Limonia tseni Alexander 见 *Dicranomyia* (*Idiopyga*) *tseni*

Limonia tszi Alexander 见 *Libnotes* (*Libnotes*) *tszi*

Limonia tuta Alexander 卫沼大蚊，卫草大蚊，安谧亮大蚊

Limonia unibrunnea Alexander 见 *Dicranomyia* (*Nealexandriaria*) *unibrunnea*

Limonia unicinctifera Alexander 见 *Dicranomyia* (*Dicranomyia*) *unicinctifera*

Limonia unifilosa Alexander 见 *Geranomyia unifilosa*

Limonia unisetosa Alexander 见 *Thrypticomyia unisetosa*

Limonia veternosa Alexander 见 *Dicranomyia* (*Dicranomyia*) *veternosa*

Limonia xanthopteroides (Riedel) 见 *Metalimnobia* (*Metalimnobia*) *xanthopteroides*

Limonia xenoptera Alexander 见 *Libnotes* (*Gressittomyia*) *xenoptera*

Limonia yunnanica Edwards 见 *Metalimnobia* (*Metalimnobia*) *yunnanica*

limoniid 1. [= limnobiid cranefly, limnobiid fly, limnobiid, limoniid cranefly, limoniid fly] 沼大蚊 < 沼大蚊科 Limnobiidae 昆虫的通称 >；2. 沼大蚊科的

limoniid cranefly 见 limnobiid cranefly

limoniid fly 见 limnobiid cranefly

Limoniidae [= Limnobiidae] 沼大蚊科，亮大蚊科

Limoniinae 沼大蚊亚科

Limoniini 沼大蚊族

Limoniscus 梗叩甲属

Limoniscus kucerai Schimmel 库氏梗叩甲

Limoniscus nanshanensis Arimoto *et* Hiramatsu 南山梗叩甲

Limoniscus shaanxiensis Schimmel 陕西梗叩甲

Limoniscus vittatus (Candèze) 条梗叩甲，条亲叩甲，条纹凸胸叩甲

Limonius 凸胸叩甲属

Limonius agonus (Say) [eastern field wireworm] 东部凸胸叩甲，东部田金针虫

Limonius californicus (Mannerheim) [sugarbeet wireworm] 甜菜凸胸叩甲，甜菜叩甲，甜菜金针虫

Limonius canus LeConte [Pacific Coast wireworm] 太平洋岸凸胸叩甲，太平洋岸金针虫

Limonius infuscatus Motschulsky [western field wireworm] 烟褐凸胸叩甲，烟褐叩甲，田野暗金针虫

Limonius koltzei Reitter 见 *Cidnopus koltzei*

Limonius minutus (Linnaeus) 见 *Kibunea minutus*

Limonius parvulus (Panzer) 见 *Nothodes parvulus*

Limonius pilosus (Leske) 见 *Cidnopus pilosus*
Limonius quercus (Olivier) 见 *Pheletes quercus*
Limonius reitteri (Gurjeva) 见 *Tetralimonius reitteri*
Limonius subauratus LeConte [Columbia Basin wireworm] 哥伦布凸胸叩甲，哥伦布湾金针虫
Limonius vittatus Candèze 见 *Limoniscus vittatus*
limophagous 食泥的
Limosina 沼小粪蝇属
Limosina brevicostata Duda 窄腰沼小粪蝇，窄腰大附蝇
Limosina heteroneura Haliday 异尾沼小粪蝇，异尾大附蝇
Limosina rufa Duda 红沼小粪蝇，红色大附蝇
Limosininae 沼小粪蝇亚科
Limotettix 田叶蝉属
Limotettix albipennis Haupt 同 *Exitianus nanus*
Limotettix danmai Kuoh 淡脉田叶蝉
Limotettix flavopicta (Ishihara) 黄斑田叶蝉，黄斑蜀叶蝉，黄褐厚壁叶蝉
Limotettix kuwayamai Ishihara 桑山田叶蝉
Limotettix longiventris Sahlberg 长腹田叶蝉
Limotettix nigrifrons Haupt 黑颜田叶蝉
Limotettix ochrifrons Vilbaste 黄颜田叶蝉
Limotettix pallidus Knight 淡田叶蝉
Limotettix pictifacies Emeljanov 斑颜田叶蝉
Limotettix striola (Fallén) 黑带田叶蝉，条纹真顶带叶蝉
Limotettix unifasciatus Haupt 同 *Exitianus nanus*

Limotettix vaccinii (van Duzee) [blunt-nosed cranberry leafhopper] 酸果钝鼻田叶蝉，酸果钝鼻叶蝉
Limothrips 泥蓟马属
Limothrips angulicornis (Jablonowski) 棱角泥蓟马
Limothrips cerealium (Haliday) [grain thrips] 谷泥蓟马，禾蓟马
Limothrips denticornis Haliday [rye thrips] 齿角泥蓟马，黑麦蓟马
limulodid 1. [= limulodid beetle, horseshoe crab beetle] 泥沼甲 < 泥沼甲科 Limulodidae 昆虫的通称 >；2. 泥沼甲科的
limulodid beetle [= limulodid, horseshoe crab beetle] 泥沼甲
Limulodidae 泥沼甲科，鲎甲科
Limuriana apicalis Germar 端木蝉
lina mimic-white [= white mimic-white, *Enantia lina* (Herbst)] 白茵粉蝶
lina skipper [*Linka lina* (Plötz)] 线弄蝶
linaceratubae 线蜡管 < 指部分介壳虫中臀板内的细长蜡管 >
Linaeidea 里叶甲属
Linaeidea adamsi (Baly) 红胸里叶甲，埃里叶甲
Linaeidea aenea (Linnaeus) 铜绿里叶甲，赤杨斜板叶甲，赤杨金花虫
Linaeidea aeneipennis (Baly) 金绿里叶甲
Linaeidea formosana (Baly) 台湾里叶甲
Linaeidea maculicollis (Jcobay) 山桐子里叶甲，山桐子斜板叶甲，山桐子金花虫
Linaeidea nigripes (Kimoto) 黑足里叶甲，黑足斜板叶甲，黑脚缘翅金花虫
Linaeidea placida (Chen) 桤木里叶甲
Linan 安蚁甲属
Linan cardialis Hlaváč 心安蚁甲
Linan chinensis (Löbl) 中华安蚁甲，华多毛蚁甲
Linan fortunatus Yin *et* Li 幸运安蚁甲
Linan hainanicus Hlaváč 海南安蚁甲
Linan huapingensis Yin *et* Li 花坪安蚁甲
Linan hujiayaoi Yin *et* Li 胡氏安蚁甲
Linan inornatus Yin *et* Li 朴素安蚁甲
Linan megalobus Yin *et* Li 巨叶安蚁甲
Linan tendothorax Yin *et* Li 扩胸安蚁甲，胸安蚁甲
Linan uenoi Yin *et* Nomura 上野安蚁甲，上野氏安蚁甲
Linaphis 亚麻蚜属
Linaphis lini Zhang 亚麻蚜，亚麻十字蚜
Linaspis 拟林隆脊瘿蜂属
Linaspis angulata Lin 角拟林隆脊瘿蜂
linavertex [= parafrons] 线状头顶 < 头顶缩减成为在额与复眼间的细长区域 >
Linda 瘤筒天牛属
Linda annamensis Breuning 越瘤筒天牛
Linda annamensis annamensis Breuning 越瘤筒天牛指名亚种
Linda annamensis yunnanensis Breuning 越瘤筒天牛云南亚种，滇越瘤筒天牛
Linda annulicornis Matsushita 台湾瘤筒天牛，环纹黄胸苹果天牛，环须黄胸黑翅天牛
Linda apicalis Pic 黄尾瘤筒天牛
Linda apicalis apicalis Pic 黄尾瘤筒天牛指名亚种，指名黄尾瘤筒天牛
Linda apicalis yunnana Breuning 黄尾瘤筒天牛云南亚种，滇黄尾瘤筒天牛
Linda atricornis Pic 黑角瘤筒天牛
Linda bimaculicollis Breuning 双斑瘤筒天牛
Linda femorata (Chevrolat) 瘤筒天牛，粗腿苹果天牛
Linda fraterna (Chevrolat) 顶斑瘤筒天牛
Linda gracilicornis Pic 细角瘤筒天牛
Linda guerryi Pic 黑盾瘤筒天牛
Linda macilenta Gressitt 小瘤筒天牛
Linda major Gressitt 黄山瘤筒天牛
Linda nigroscutata (Fairmaire) 赤瘤筒天牛，黑盾瘤筒天牛
Linda nigroscutata ampliata Pu 赤瘤筒天牛广斑亚种，广斑赤瘤筒天牛
Linda nigroscutata nigroscutata (Fairmaire) 赤瘤筒天牛指名亚种
Linda pratti signaticornis Schwarzer 见 *Linda signaticornis*
Linda rubescens Fairmaire 橘红瘤筒天牛
Linda rubescens frontalis Pu 橘红瘤筒天牛粗额亚种，粗额橘红瘤筒天牛
Linda rubescens rubescens Fairmaire 橘红瘤筒天牛指名亚种，指名橘红瘤筒天牛
Linda semivittata Fairmaire 黑肩瘤筒天牛
Linda signaticornis Schwarzer 斑角瘤筒天牛，红胸黑翅苹果天牛，红胸黑翅天牛，红胸瘤筒天牛
Linda subannulata Breuning 环角瘤筒天牛
Linda subatricornis Lin *et* Yang 黑瘤瘤筒天牛，亚瘤筒天牛
Linda testacea (Saunders) 褐瘤筒天牛
Linda vitalisi Vuillet 簇毛瘤筒天牛
Linda zayuensis Pu 察隅瘤筒天牛
Linda's roadside-skipper [*Amblyscirtes linda* Freeman] 亮斑缎弄蝶
Lindbergicoris 板同蝽属

Lindbergicoris armifer (Lindberg) 板同蝽
Lindbergicoris difficilis (Liu) 滇板同蝽
Lindbergicoris discolor (Li) 素板同蝽
Lindbergicoris distinctus (Liu) 显板同蝽
Lindbergicoris elegans Zheng *et* Wang 秀板同蝽
Lindbergicoris elegantulus Zheng *et* Wang 俏板同蝽
Lindbergicoris forfex (Dallas) 见 *Acanthosoma forfex*
Lindbergicoris hastatus Liu *et* Ding 戟板同蝽
Lindbergicoris hochii (Yang) 绿板同蝽
Lindbergicoris nigrolineatus Liu *et* Ding 黑线板同蝽
Lindbergicoris pulchellus Zheng *et* Wang 丽板同蝽
Lindbergicoris robustus (Liu) 壮板同蝽
Lindbergicoris sanguiehumeralis (Liu) 红肩板同蝽
Lindbergicoris similis (Hsiao *et* Liu) 似剪板同蝽
Lindbergicoris sparsus Liu *et* Ding 散刻板同蝽
linden aphid [= lime leaf aphid, lime aphid, lime-tree aphid, common lime aphid, *Eucallipterus tiliae* (Linnaeus)] 椴真斑蚜
linden bark borer [= Linnaeus's spangle-wing, lime cosmet, cosmet, *Chrysoclista linneella* (Clerck)] 椴丽尖蛾，椴尖翅蛾
linden bark gall fly [*Agromyza tiliae* Coud] 椴枝潜蝇
linden borer [*Saperda vestita* Say] 椴六点楔天牛，菩提天牛
linden gall midge [= lime tree gall midge, lime leaf-roll gall midge, *Dasineura tiliae* (Schrank)] 欧椴叶瘿蚊
linden leaf beetle [= elm calligrapha, *Calligrapha scalaris* (LeConte)] 榆卡丽叶甲，美加椴卡丽叶甲，榆叶甲
linden looper [= basswood looper, winter moth, *Erannis tiliaria* (Harris)] 菩提松尺蛾，菩提尺蠖
linden oystershell scale [= oystershell scale, apple oystershell scale, mussel scale, apple mussel scale, appletree bark louse, butternut bark-louse, fig scale, fig oystershell scale, greater fig mussel scale, Mediterranean fig scale, oyster-shell bark-louse, oyster-shell scale, pear oystershell scale, poplar oystershell scale, red oystershell scale, vine mussel scale, *Lepidosaphes ulmi* (Linnaeus)] 榆蛎盾蚧，榆蛎蚧，苹蛎蚧，榆牡蛎蚧
linden pearl scale [*Xylococcus filiferus* Lôw] 椴树木珠蚧
linden wart gall midge [*Ceeidomyia verrucicola* Osten-Sacken] 疣瘿蚊
Lindeniinae 林春蜓亚科
Lindenius 椴方头泥蜂属
Lindenius albilabris (Fabricius) 毛足椴方头泥蜂
Lindenius albilabris albilabris (Fabricius) 毛足椴方头泥蜂指名亚种
Lindenius albilabris manchurianus Tsuneki 毛足椴方头泥蜂东北亚种，东北毛足椴方头泥蜂
Lindenius mesopleuralis (Morawitz) 侧缝椴方头泥蜂
Lindenius pallidicornis (Morawitz) 白角椴方头泥蜂，淡角椴方头泥蜂
Lindenius panzeri (van der Linden) 潘氏盗方头泥蜂，龙江椴方头泥蜂
Lindenius satschouanus Kohl 新疆椴方头泥蜂
Lindenius tingriensis Leclercq 定日椴方头泥蜂，西藏椴方头泥蜂
Lindingaspis 轮圆盾蚧属，林圆盾介壳虫属
Lindingaspis ferrisi McKenzie 费氏轮圆盾蚧，橘林圆盾介壳虫
Lindingaspis rossi (Maskell) [black araucaria scale, rose scale] 蔷薇轮圆盾蚧，夹竹桃林圆盾介壳虫，夹竹桃林圆盾蚧
Lindneromyia 林扁足蝇属
Lindneromyia argyrogyna (de Meijere) 弯钩林扁足蝇
Lindneromyia brunettii (Kessel *et* Clopton) 布氏林扁足蝇
Lindneromyia kandyi Chandler 短尾林扁足蝇
Lindneromyia kerteszi (Oldenberg) 克氏林扁足蝇
Lindneromyia sauteri (Oldenberg) 邵氏林扁足蝇
Lindneromyia waui Chandler 瓦氏林扁足蝇
Lindra 琳弄蝶属
Lindra simulina (Druce) 琳弄蝶
Lindsey's skipper [*Hesperia lindseyi* Holland] 林氏弄蝶
line 1. 系统，品系；2. 线
line breeding 品系繁殖
line cross 品系间杂交
line separation 系统分离
lineage 血统，系统，谱系
Lineana 线突叶蝉属
Lineana albipunctata Li *et* Xing 白点线突叶蝉
Lineana ductaedeagusa Li *et* Xing 管茎线突叶蝉
linear inheritance 单线遗传
linear migration 直线迁移，直线洄游
lineata metalmark [*Stalachtis lineata* (Guérin-Méneville)] 条纹滴蚬蝶
lined click beetle [*Agriotes lineatus* (Linnaeus)] 条纹锥尾叩甲，直条叩甲，具条叩甲
lined flat bark beetle 1. [= laemophloeid beetle, laemophloeid] 姬扁甲，扁谷盗 <姬扁甲科 Laemophloeidae 昆虫的通称>; 2. [*Cryptolestes pusilloides* (Steel *et* Howe)] 微扁谷盗
lined grass-yellow [= spotless grass yellow, *Eurema laeta* (Boisduval)] 尖角黄粉蝶，草黄粉蝶，方角小黄蝶
lined spittlebug [*Neophilaenus lineatus* (Linnaeus)] 线新长沫蝉，线沫蝉，具条沫蝉
lined stalk borer [= broken-lined brocade moth, *Mesapamea fractilinea* (Grote)] 断纹中秀夜蛾，禾皱纹夜蛾
Linella 线突叶蝉属
Linella albipunctata Li *et* Xing 白点线突叶蝉
Linella ductaedeagus Li *et* Xing 管茎线突叶蝉
linen phaloniid [= flax fruit borer, flax moth, flax leaf roller moth, *Cochylis epilinana* Duponchel] 亚麻纹卷蛾，亚麻小蠹蛾，胡麻细卷蛾，胡麻小蠹蛾，胡麻漏油虫
Lineopalpa 齿缘夜蛾属
Lineopalpa birena Holloway 双瞳齿缘夜蛾，林尼夜蛾
Linepithema 麻臭蚁属
Linepithema fuscum Mayr 暗麻臭蚁
Linepithema humile (Mayr) [Argentine ant] 小麻臭蚁，阿根廷蚁，阿根廷虹臭蚁，阿根廷蚂蚁
Linevitshia 李聂摇蚊属
Linevitshia prima Makarchenko 原始李聂摇蚊
Linevitshia yezoensis Endo 虾夷李聂摇蚊
Lingnania 岭猎蝽属
Lingnania braconiformis China 岭猎蝽
lingua [= hypopharynx, palate, hypistoma] 舌，下咽头，下咽 <一般与 tongue 同义；在膜翅目昆虫中，同 ligula，在鳞翅目及双翅目昆虫中，指下颚构造>
lingua spiralis 旋喙 <如鳞翅目昆虫中能卷的喙>

Linguacicada 舌蝉属
Linguacicada continuata (Distant) 舌蝉
linguacuta 侧舌前片 <指由侧舌片伸展出来的细长骨片>
lingual 舌的
lingual gland 舌腺 <啮虫中，在舌腹面上的一对骨化板，被称为舌腺，但无腺体作用，故为误称；虱目昆虫中，为一对与舌相联系的、有杆状柄的卵形板，疑有腺体作用>
linguatendon 舌腱 <指着生于侧舌前片的腱>
linguiform 舌形
Linguisaccus 镶纹绿尺蛾属
Linguisaccus minor Han, Galsworthy *et* Xue 小镶纹绿尺蛾
Linguisaccus subhyalinus (Warren) 镶纹绿尺蛾
lingula 唇舌
Linka 线弄蝶属
Linka lina (Plötz) [lina skipper] 线弄蝶
linkage 1. 连锁；2. 亲缘关系
linkage density 连接密度
linkage group 连锁群
linkage inheritance 连锁遗传
linkage map 连锁图
linkage of characters 性状连锁
linkage relation 连锁关系
linkage value 连锁价
links 连接数 <食物网中实际营养关系之和>
linna palm dart [*Telicota linna* Evans] 黑脉长标弄蝶
Linnaemya 短须寄蝇属
Linnaemya altaica Richter 阿尔泰短须寄蝇
Linnaemya ambigua Shima 疑短须寄蝇
Linnaemya atriventris (Malloch) 黑腹短须寄蝇
Linnaemya claripalla Chao *et* Shi 亮黑短须寄蝇
Linnaemya comta (Fallén) 饰额短须寄蝇
Linnaemya felis Mesnil 菲短须寄蝇
Linnaemya fissiglobula Pandellé 裂肛短须寄蝇
Linnaemya flavifemur Zhang 黄股短须寄蝇
Linnaemya flavimedia Zhao *et* Yuan 黄腰短须寄蝇
Linnaemya haemorrhoidalis (Fallén) 饰鬃短须寄蝇
Linnaemya hirtradia Chao *et* Shi 毛翅短须寄蝇
Linnaemya kanoi Shima 鹿野短须寄蝇，加纳短须寄蝇
Linnaemya lateralis (Townsend) 侧斑短须寄蝇，砖红寄蝇
Linnaemya linguicerca Chao *et* Shi 舌肛短须寄蝇
Linnaemya media Zimin 齿肛短须寄蝇
Linnaemya medogensis Chao *et* Zhou 墨脱短须寄蝇
Linnaemya microchaeta Zimin 微毛短须寄蝇
Linnaemya microchaetopsis Shima 毛径短须寄蝇，刺径短须寄蝇
Linnaemya nigricornis Chao 黑角短须寄蝇
Linnaemya olsufjevi Zimin 奥尔短须寄蝇，欧短须寄蝇
Linnaemya omega Zimin 峨眉短须寄蝇
Linnaemya pallidohirta Chao 淡毛短须寄蝇
Linnaemya paralongipalpis Chao 黄粉短须寄蝇
Linnaemya perinealis Pandellé 长肛短须寄蝇
Linnaemya picta (Meigen) 钩肛短须寄蝇
Linnaemya pullior Shima 雏短须寄蝇，暗短须寄蝇
Linnaemya rossica Zimin 俄罗斯短须寄蝇，罗斯短须寄蝇，俄短须寄蝇
Linnaemya ruficornis Chao 黄角短须寄蝇，红角短须寄蝇
Linnaemya scutellaris (Malloch) 折肛短须寄蝇
Linnaemya setifrons Zimin 鬃额短须寄蝇，毛额短须寄蝇
Linnaemya siamensis Shima 泰国短须寄蝇，赛短须寄蝇
Linnaemya smirnovi Zimin 斯米短须寄蝇
Linnaemya soror Zimin 索勒短须寄蝇
Linnaemya takanoi Mesnil 高野短须寄蝇
Linnaemya tessellans (Robineau-Desvoidy) 泰短须寄蝇
Linnaemya tuberocerca Chao *et* Shi 结肛短须寄蝇
Linnaemya vulpina (Fallén) 舞短须寄蝇
Linnaemya vulpinoides (Baranov) 拟舞短须寄蝇，狐狸寄蝇
Linnaemya zachvatkini Zimin 查禾短须寄蝇
Linnaemya zhangi Chao *et* Zhou 张氏短须寄蝇
Linnaemya zimini Chao 缘毛短须寄蝇
Linnaeus felt scale [*Eriococcus uvaeursi* (Linnaeus)] 乌凡西毡蚧
Linnaeus's spangle-wing [= linden bark borer, lime cosmet, cosmet, *Chrysoclista linneella* (Clerck)] 椴丽尖蛾，椴尖翅蛾
Linnavuoriana 林叶蝉属
Linnavuoriana decempunctata (Fallén) 十点林叶蝉
Linnavuoriana malicola (Zachvatkin) 柔尾林叶蝉
Linocerus 线杆蝻属
Linocerus gracilis Gray 丽线杆蝻，小杆蝻
Linoclostis 茶木蛾属
Linoclostis gonatias Meyrick 茶木蛾，茶堆砂蛀蛾，茶枝木掘蛾，茶食皮虫
Linoeucoila 林隆脊瘿蜂属
Linoeucoila armata Lin 食林隆脊瘿蜂
Linoeucoila brevicapillata Lin 短毛林隆脊瘿蜂
Linoeucoila brevicornis Lin 短角林隆脊瘿蜂
Linoeucoila caperata Lin 台岛林隆脊瘿蜂
Linoeucoila concava Lin 凹林隆脊瘿蜂
Linoeucoila huayana Qi, Liu, Li *et* Wang 华燕林匙胸瘿蜂
Linoeucoila laotudingzila Qi, Liu, Li *et* Wang 光林匙胸瘿蜂
Linoeucoila longicornis Lin 长角林隆脊瘿蜂
Linoeucoila polita Lin 平滑林隆脊瘿蜂
Linoeucoila rectangula Lin 直角林隆脊瘿蜂
Linoeucoila striata Lin 条纹林隆脊瘿蜂
Linoeucoila sungkangensis Lin 松岗林隆脊瘿蜂
Linoeucoila tsaoshanensis Lin 桃山林隆脊瘿蜂
Linoglossa 缩腰隐翅甲属
Linoglossa (Axinocolya) chinensis Pace 中华缩腰隐翅甲
Linoglossa (Linoglossa) hongkongensis Pace 香港缩腰隐翅甲
linognathid 1. [= linognathid louse] 颚虱 <颚虱科 Linognathidae 昆虫的通称>；2. 颚虱科的
linognathid louse [= linognathid] 颚虱
Linognathidae 颚虱科，毛虱科
Linognathoides 拟颚虱属
Linognathoides laeviusculus (Grube) 光滑拟颚虱
Linognathoides palaearctus (Olsoufiev) 古北拟颚虱
Linognathus 颚虱属，长颚虱属
Linognathus africanus Kellogg *et* Pain 非洲颚虱
Linognathus ovillus (Neumann) [long-nosed louse, sheep face louse, sheep sucking louse, sheep sucking body louse, bloodsucking body louse] 绵羊颚虱，羊盲虱
Linognathus pedalis (Osborn) [sheep foot louse] 足颚虱
Linognathus setosus (von Olfers) [canine sucking louse, dog sucking

louse] 棘颚虱，狗长颚虱
Linognathus stenopsis (Burmeister) [goat sucking louse] 狭颚虱，山羊长颚虱，山羊颚虱
Linognathus viruli (Linnaeus) [longnosed cattle louse] 牛颚虱，犊长颚虱
Linognathus vulpis Werneck 狐颚虱
linoleic acid [= linolic acid] 亚油酸
linolenic acid 亚麻酸
linolic acid 见 linoleic acid
Linomorpha 丽叶蜂属
Linomorpha flava (Takeuchi) 横斑丽叶蜂，纤丽叶蜂，黄林叶蜂
Linorbita 狭眶叶蜂属
Linorbita ungulica (Wei) 短齿狭眶叶蜂，近齿狭眶叶蜂
linthal bee [= white head] 白头蜂 < 一种被认为是因缺氧造成的蜂病 >
Linycus 林尼姬蜂属
Linycus gotoi Kusigemati 台湾林尼姬蜂
Liocapsus 寥盲蝽属
Liocapsus gotohi Yasunaga *et* Schwartz 高氏寥盲蝽
Liocapsus ochromelas Yasunaga *et* Schwartz 褐寥盲蝽
Lioceratina 革芦蜂亚属
Liochrysogaster 平金蚜蝇属
Liochrysogaster przewalskii Stackelberg 普平金蚜蝇，普黎蚜蝇
Liocleonus 白筒象甲属，白筒象属
Liocleonus clathratus (Olivier) 柽柳白筒象甲，柽柳白筒象
Liocola 滑花金龟甲亚属，滑花金龟甲属
Liocola brevitarsis (Lewis) 见 *Protaetia brevitarsis*
Liocola brevitarsis crassa Harold 同 *Protaetia brevitarsis brevitarsis*
Liocola brevitarsis fairmairei Kraatz 见 *Protaetia brevitarsis fairmairei*
Liocola brevitarsis seulensis Kolbe 见 *Protaetia brevitarsis seulensis*
Liocoridea melanostoma Reuter 见 *Liistonotus melanostoma*
Liocoridea mutabilis Reuter 同 *Chilocrates patulus*
Liocratus 宽突叶蝉属
Liocratus continuus Cai *et* Shen 黄栌宽突叶蝉
Liocratus nigrinervis Cai *et* Shen 黑脉宽突叶蝉
Liocratus nigripectus Cai *et* He 黑胸宽突叶蝉
Liocratus salicis Li, Cao *et* Li 柳宽突叶蝉
Liocratus sheni Xu *et* Cai 申氏宽突叶蝉
Liocrobyla 毛冠细蛾属
Liocrobyla desmodiella Kuroko 瓶瓣毛冠细蛾
Liocrobyla paraschista Meyrick 紫柳毛冠细蛾，紫柳细蛾
liodes hairtail [*Anthene liodes* (Hewitson)] 老尖角灰蝶
Liodessus 豹斑龙虱属
Liodessus megacephalus (Gschwendtner) 见 *Allodessus megacephalus*
Liodidae 球蕈甲科 Leiodidae 的异名 < 该科名有一个甲螨类的同名 >
Liodopria 滑鞘球蕈甲属
Liodopria taiwanensis Angelini *et* de Marzo 台湾滑鞘球蕈甲，台拟球蕈甲
Liodrosophila 曙果蝇属
Liodrosophila aerea Okada 黄铜曙果蝇
Liodrosophila anfuensis Chen *et* Toda 安福曙果蝇
Liodrosophila bicolor Okada 双色曙果蝇
Liodrosophila castanea Okada *et* Chung 栗色曙果蝇
Liodrosophila ceylonica Okada 锡兰曙果蝇
Liodrosophila ciliptipes Okada 尖毛曙果蝇
Liodrosophila dictenia Okada 双梳曙果蝇
Liodrosophila dimidiata Duda 分瓣曙果蝇
Liodrosophila fuscata Okada 暗红曙果蝇
Liodrosophila globosa Okada 圆身曙果蝇
Liodrosophila iophacanthusa Chen 簇刺曙果蝇
Liodrosophila kimurai Chen *et* Toda 木村曙果蝇
Liodrosophila nitida Duda 尖腹曙果蝇
Liodrosophila okadai Dwivedi *et* Gupta 冈田氏曙果蝇
Liodrosophila penispinosa Dwivedi *et* Gupta 毛曙果蝇
Liodrosophila quadrimaculata Okada 四点曙果蝇
Liodrosophila rufa Okada 红棕曙果蝇
Liodrosophila spinata Okada 锐突曙果蝇，有刺曙果蝇
Liodrosophila trichaetopennis Takada *et* Momma 三毛基曙果蝇
Liogaster 亮腹食蚜蝇属
Liogaster splendida (Meigen) 淡跗亮腹食蚜蝇
Liogenys 滑鳃金龟甲属，滑鳃金龟属
Liogenys rectangulus Frey 直角滑鳃金龟甲，直角滑鳃金龟
Liogenys rugosicollis Frey 皱滑鳃金龟甲，皱滑鳃金龟
Liogenys vicinus Frey 邻滑鳃金龟甲，邻滑鳃金龟
Liogluta 稀毛隐翅甲属
Liogluta attenuata Pace 淡翅稀毛隐翅甲
Liogluta biacusifera Pace 突茎稀毛隐翅甲
Liogluta caliginis Pace 暗棕稀毛隐翅甲
Liogluta ceraillita Pace 黄翅稀毛隐翅甲
Liogluta claripennis Pace 黑体褐翅稀毛隐翅甲
Liogluta dalijiaensis Pace 大李家稀毛隐翅甲
Liogluta gansuensis Pace 甘肃稀毛隐翅甲
Liogluta hezuoensis Pace 合作稀毛隐翅甲
Liogluta ignorata Pace 疑稀毛隐翅甲
Liogluta imitatrix Pace 仿稀毛隐翅甲
Liogluta infacunda Pace 狭茎稀毛隐翅甲
Liogluta inverecunda Pace 暗褐稀毛隐翅甲
Liogluta iperintroflexa Pace 曲囊稀毛隐翅甲
Liogluta kangdingensis Pace 康定稀毛隐翅甲
Liogluta lacustris Pace 湖稀毛隐翅甲
Liogluta langmusiensis Pace 郎木寺稀毛隐翅甲
Liogluta qinlingensis Pace 秦岭稀毛隐翅甲
Liogluta rhomboidalis Pace 菱茎稀毛隐翅甲
Liogluta sabdensis Pace 深褐稀毛隐翅甲
Liogluta serpentitheca Pace 宽囊稀毛隐翅甲
Liogluta sinensis Pace 中华稀毛隐翅甲
Liogluta taichungensis Pace 台中稀毛隐翅甲
Liogma 平烛大蚊属，滑大蚊属
Liogma brunneistigma Alexander 褐翅平烛大蚊，棕点滑大蚊
Liogma pectinicornis Alexander 栉角平烛大蚊，栉角滑大蚊，梳角滑大蚊
Liogma serraticornis Alexander 锯角平烛大蚊，锯角滑大蚊
Liogma simplicicornis Alexander 柱角平烛大蚊，简角滑大蚊
Lioholus metallescens Tschitschérine 闪略步甲
Liometopum 光胸臭蚁属
Liometopum minimum Zhou 小光胸臭蚁
Liometopum sinense Wheeler 中华光胸臭蚁

lion beetle [*Ulochaetes leoninus* LeConte] 狮蜂花天牛，蜂花天牛，狮天牛，猛天牛

lion swordtail [= giant swordtail, *Pathysa androcles* (Boisduval)] 长尾绿凤蝶

Lionedya 里昂步甲属

Lionedya mongolica (Motschulsky) 蒙里昂步甲

Liophloeothrips 滑皮管蓟马属

Liophloeothrips ablusus Ananthakrishnan 异滑皮管蓟马

Liophloeothrips succinctus Ananthakrishnan *et* Jagadish 短滑皮管蓟马，樟拟滑蓟马

Liophloeothrips vichitravarna (Ramakrishna) 滑皮管蓟马，枪弹木皮蓟马

Liopiophila 平酪蝇属

Liopiophila varipes (Meigen) 异色平酪蝇

Lioponera 粗角蚁属

Lioponera huode (Terayama) 火德粗角蚁

Lioponera parva Forel 见 *Cerapachys parva*

Lioproctia 缅麻蝇亚属，缅麻蝇属，亮麻蝇属

Lioproctia basiseta (Baranov) 见 *Sarcophaga* (*Lioproctia*) *basiseta*

Lioproctia beesoni (Senior-White) 见 *Sarcophaga* (*Lioproctia*) *beesoni*

Lioproctia glaueana Enderlein 见 *Sarcophaga* (*Lioproctia*) *glaueana*

Lioproctia pattoni (Senior-White) 见 *Sarcophaga* (*Lioproctia*) *pattoni*

Lioproctia prosballiina (Baranov) 见 *Sarcophaga* (*Lioproctia*) *prosballiina*

Lioproctia taiwanensis (Kôno *et* Lopes) 见 *Sarcophaga* (*Lioproctia*) *taiwanensis*

Lioptera 利奥步甲属

Lioptera erotyloides Bates 艾利奥步甲

liopterid 1. [= liopterid wasp] 光翅瘿蜂 <光翅瘿蜂科 Liopteridae 昆虫的通称>；2. 光翅瘿蜂科的

liopterid wasp [= liopterid] 光翅瘿蜂

Liopteridae 光翅瘿蜂科

Liopygia 滑臀麻蝇亚属，滑臀麻蝇属

Liopygia argyrostoma (Robinau-Desvoidy) 见 *Sarcophaga* (*Liopygia*) *argyrostoma*

Liopygia crassipalpis (Macquart) 见 *Sarcophaga* (*Liopygia*) *crassipalpis*

Liopygia ruficornis (Fabricius) 见 *Sarcophaga* (*Liopygia*) *ruficornis*

Liopygus 沟尾阎甲属

Liopygus andrewesi Lewis 沟尾阎甲

Liorhyssus 粟缘蝽属

Liorhyssus hyalinus (Fabricius) [hyaline grass bug] 粟缘蝽

Liosarcophaga 利麻蝇亚属，利麻蝇属，酱麻蝇属

Liosarcophaga aegyptica (Salem) 见 *Sarcophaga* (*Liosarcophaga*) *aegyptica*

Liosarcophaga angarosinica (Rohdendorf) 见 *Sarcophaga* (*Liosarcophaga*) *angarosinica*

Liosarcophaga brevicornis (Ho) 见 *Sarcophaga* (*Liosarcophaga*) *brevicornis*

Liosarcophaga dux (Thomson) 见 *Sarcophaga* (*Liosarcophaga*) *dux*

Liosarcophaga emdeni (Rohdendorf) 见 *Sarcophaga* (*Liosarcophaga*) *emdeni*

Liosarcophaga fedtshenkoi (Rohdendorf) 见 *Sarcophaga* (*Liosarcophaga*) *fedtshenkoi*

Liosarcophaga harpax (Pandellé) 见 *Sarcophaga* (*Liosarcophaga*) *harpax*

Liosarcophaga hinglungensis (Fan) 见 *Sarcophaga* (*Liosarcophaga*) *hinglungensis*

Liosarcophaga idmais (Séguy) 见 *Sarcophaga* (*Liosarcophaga*) *idmais*

Liosarcophaga jacobsoni (Rohdendorf) 见 *Sarcophaga* (*Liosarcophaga*) *jacobsoni*

Liosarcophaga jaroschevskyi (Rohdendorf) 见 *Sarcophaga* (*Liosarcophaga*) *jaroschevskyi*

Liosarcophaga kirgizica (Rohdendorf) 见 *Sarcophaga* (*Liosarcophaga*) *kirgizica*

Liosarcophaga kitaharai (Miyazaki) 见 *Sarcophaga* (*Liosarcophaga*) *kitaharai*

Liosarcophaga kobayashii (Hopri) 见 *Sarcophaga* (*Liosarcophaga*) *kobayashii*

Liosarcophaga liui (Ye *et* Zhang) 见 *Sarcophaga* (*Liosarcophaga*) *liui*

Liosarcophaga liukiuensis (Fan) 见 *Sarcophaga* (*Liosarcophaga*) *liukiuensis*

Liosarcophaga nanpingensis (Ye) 见 *Sarcophaga* (*Liosarcophaga*) *nanpingensis*

Liosarcophaga pleskei (Rohdendorf) 见 *Sarcophaga* (*Liosarcophaga*) *pleskei*

Liosarcophaga portschinskyi (Rohdendorf) 见 *Sarcophaga* (*Liosarcophaga*) *portschinskyi*

Liosarcophaga scopariiformi (Senior-White) 见 *Sarcophaga* (*Liosarcophaga*) *scopariiformi*

Liosarcophaga tuberosa (Pandellé) 见 *Sarcophaga* (*Liosarcophaga*) *tuberosa*

Liosilphoides flavomarginata (Shiraki) 见 *Dyakina flavomarginata*

Liosilphoides isomorpha (Walker) 见 *Malaccina isomorpha*

Liosomaphis 苞蚜属

Liosomaphis atra Hille Ris Lambers 黑苞蚜

Liosomaphis berberidis (Kaltenbach) [bearberry aphid, berberis aphid] 北美小檗苞蚜

Liosomaphis gansuensis Zhang, Chen, Zhong *et* Li 见 *Hyperomyzus gansuensis*

Liosomaphis himalayensis Basu 喜马拉雅苞蚜

Liosomaphis ornata Miyazaki 饰苞蚜

Liosomaphis rhododendrophila Zhang, Zhong *et* Zhang 见 *Chaetomyzus rhododendrophila*

Liostenogaster 平狭腹胡蜂属

Liostenogaster nitidipennis (de Saussure) 洁平狭腹胡蜂

Liothorax 滑金龟甲属

Liothorax kraatzi (Harold) 喀拉滑金龟甲，喀拉蜉金龟

Liothorax plagiatus (Linnaeus) 双条滑金龟甲，双条蜉金龟

Liothrips 滑管蓟马属，滑蓟马属

Liothrips adusticornis (Karny) 棕角滑管蓟马，闽滑蓟马

Liothrips bomiensis Han 波密滑管蓟马，波密滑蓟马

Liothrips bournierorum Han 胸鬃滑管蓟马

Liothrips brevitubus Karny 短管滑管蓟马，短管滑蓟马

Liothrips callosae Priesner 见 *Phenicothrips callosae*

Liothrips champakae (Ramakrishna *et* Margabandhu) 黄蓝滑管蓟马，黄蓝皮蓟马

Liothrips chinensis Han 中华滑管蓟马

Liothrips citricornis (Moulton) 黄角滑管蓟马，核桃滑蓟马

Liothrips claripennis (Karny) 亮翅滑管蓟马，亮翅榕管蓟马
Liothrips dayulingensis Wang *et* Lin 大禹岭滑管蓟马
Liothrips diwasabiae Han 异山嵛滑管蓟马
Liothrips elaeocarpi Priesner 杜英滑管蓟马
Liothrips eugeniae Priesner 见 *Phenicothrips eugeniae*
Liothrips fagraeae Priesner 灰莉滑管蓟马，灰莉滑蓟马
Liothrips floridensis (Watson) [camphor thrips] 佛罗里达滑管蓟马，佛州滑管蓟马，樟管滑蓟马，佛州樟蓟马
Liothrips fuscus (Steinweden *et* Moulton) 褐滑管蓟马，榆滑蓟马
Liothrips heptapleuricola (Takahashi) 侧滑管蓟马，台榕管蓟马
Liothrips heptapleurinus Priesner 鹅掌滑管蓟马，七侧滑管蓟马，台湾滑蓟马
Liothrips hsuae Wang *et* Lin 徐氏滑管蓟马
Liothrips hvadecensis Uzel 同 *Liothrips setinodis*
Liothrips infrequens Muraleedharan *et* Sen 稀滑管蓟马
Liothrips karnyi (Bagnall) [black pepper thrips, marginal gall thrips, pepper leaf gall thrips] 卡氏滑管蓟马，卡氏滑蓟马，胡椒管母蓟马，胡椒管雌蓟马
Liothrips kuwanai (Moulton) 桑名滑管蓟马，桑名滑蓟马
Liothrips kuwayamai (Moulton) 荚蒾滑管蓟马，荚蒾滑蓟马
Liothrips machili (Moulton) 见 *psephenothrips machili*
Liothrips malloti Moulton 同 *Liothrips brevitubus*
Liothrips mallotus flavicornis Moulton 同 *Liothrips brevitubus*
Liothrips mikaniae Priesner 微鬃滑管蓟马
Liothrips pictipes (Bagnall) 见 *Xylaplothrips pictipes*
Liothrips piperinus Priesner 胡椒滑管蓟马，长刺滑蓟马
Liothrips raoensis (Ramakrishna) 腰果滑管蓟马，腰果皮蓟马
Liothrips sanxiaensis Han 三峡滑管蓟马
Liothrips setinodis (Reuter) [camphor thrips] 赛滑管蓟马，赛提奴德斯滑管蓟马，鬃滑管蓟马，樟蓟马
Liothrips siamensis (Karny) 见 *Phenicothrips siamensis*
Liothrips sinarundinariae Han 箭竹滑管蓟马
Liothrips styracinus Priesner 安息滑管蓟马，安香滑管蓟马，安香滑蓟马
Liothrips takahashii (Moulton) 塔滑管蓟马，塔滑蓟马
Liothrips terminaliae Moulton 榄仁滑管蓟马，榄仁滑蓟马
Liothrips tractabilis Mound *et* Pereyra [pompom thrips] 绒球草滑管蓟马
Liothrips turkestanicus (John) 突厥滑管蓟马，突厥喙管蓟马
Liothrips vaneeckei Priesner [lily bulb thrips, lily thrips] 百合滑管蓟马，百合鳞茎滑蓟马，百合皮蓟马，百合滑蓟马，百合蓟马
Liothrips vitivorus (Priesner) 葡萄滑管蓟马，葡萄滑蓟马
Liothula omnivora Fereday 杂食滑袋蛾
Liothyrapis 短臀裸眼尖腹蜂亚属
Liotryphon 光瘤姬蜂属
Liotryphon crassiseta (Thomson) 毛光瘤姬蜂
Liotryphon laspeyresiae (Uchida) 卷蛾光瘤姬蜂
Liotryphon punctulatus (Ratzeburg) 点光瘤姬蜂
Liotryphon strobilellae (Linnaeus) 球果卷蛾光瘤姬蜂
Lipaleyrodes 唇粉虱属
Lipaleyrodes breyniae Singh 山漆茎唇粉虱
Lipaleyrodes emiliae Chen *et* Ko 台湾唇粉虱
Lipaphis 十蚜属，十字蚜属，伪菜蚜属
Lipaphis erysimi (Kaltenbach) [mustard aphid, turnip aphid, safflower aphid, wild crucifer aphid, mustard-turnip aphid] 芥十蚜，萝卜蚜，菜缢管蚜，菜蚜，伪菜蚜，芜菁明蚜
Lipaphis erysimi pseudobrassicae (Davis) 见 *Lipaphis pseudobrassicae*
Lipaphis pseudobrassicae (Davis) [turnip aphid, mustard aphid, India mustard aphid, false cabbage aphid] 萝卜蚜，萝卜十蚜，菜缢管蚜
Lipaphis ruderalis Börner 杂草十蚜，荒地十字蚜
Lipaphis unguibrevis Zhang 短角十蚜，短角十字蚜
Lipaphneus 脂灰蝶属
Lipaphneus aderna (Plötz) [bramble false hairstreak, blue silver speckle] 脂灰蝶
lipara buff [*Baliochila lipara* Stempffer *et* Bennett] 巴灰蝶
Lipararchis 利野螟属
Lipararchis tranquillalis (Lederer) 特利野螟，特诺达野螟
Liparidae [= Lymantriidae, Ocneriidae] 毒蛾科
Liparis fumida (Butler) 见 *Lymantria fumida*
Liparis monacha (Linnaeus) 见 *Lymantria monacha*
Liparopsis 润舟蛾属
Liparopsis formosana Wileman 东润舟蛾，台润舟蛾，中灰舟蛾
Liparopsis postalbida Hampson 后白润舟蛾，润舟蛾
Liparopsis postalbida postalbida Hampson 后白润舟蛾指名亚种，指名润舟蛾
Liparura 滑螋属
Liparura punctata Burr 滑螋，点光球螋
Liparura sinensis Chen 见 *Allodahlia sinensis*
lipase 脂酶
Lipernes 短须红萤属
Lipernes perspectus Waterhouse 桃红短须红萤，透厉泼红萤
Lipernes yunnanus Fairmaire 见 *Lycocerus yunnanus*
Lipeurus 长鸟虱属
Lipeurus baculus Nitzsch 同 *Columbicola columbae*
Lipeurus boonsongi Emerson *et* Elbel 鹧鸪长鸟虱
Lipeurus caponis (Linnaeus) [wing louse, chicken wing louse, poultry wing louse] 鸡长鸟虱，鸡翅长圆虱，原鸡长鸟虱
Lipeurus crinitus (Rudow) 金鸡长鸟虱
Lipeurus eurycnemis Taschenberg 棕尾虹雉长鸟虱
Lipeurus introductus Kellog 白鹇长鸟虱
Lipeurus keleri Clay 藏马鸡长鸟虱
Lipeurus maculosus Clay 雉鸡长鸟虱
Lipeurus numidae (Denny) [slender guinea louse] 珍珠鸡长鸟虱，珍珠鸡长圆虱
Lipeurus pavo Clay 绿孔雀长鸟虱
Liphoplus kanetataki (Matsumura) 见 *Ornebius kanetataki*
Liphyra 大灰蝶属
Liphyra brassolis Westwood [moth butterfly] 拟蛾大灰蝶
Liphyra castnia Strand 凯斯大灰蝶
Liphyra grandis Weymer 巨型大灰蝶
lipid 1. 脂类；2. 类脂
lipin 类脂物
Lipiniella 林摇蚊属
Lipiniella moderata Kalugina 马德林摇蚊
lipochrome 脂色素 <昆虫体内的一类脂溶性色素>
lipofuscin 脂褐质
Lipoglossa himalayana Martynov 见 *Glossosoma* (*Lipoglossa*) *himalayana*

lipoid 脂类；类脂，脂质
Lipolexis 长径蚜茧蜂属
Lipolexis chinensis Chen 同 *Lipolexis gracilis*
Lipolexis gracilis Förster 细长径蚜茧蜂，细蚜茧蜂
Lipolexis oregmae (Gahan) 伸长径蚜茧蜂
Lipolexis peregrinus Tomanović *et* Kocić 疑源长径蚜茧蜂
Lipolexis scutellaris Mackauer 黄芩长径蚜茧蜂
Lipolexis takadai Tomanović *et* Kocić 高田氏长径蚜茧蜂
Lipolexis wuyiensis Chen 甘蔗绵蚜茧蜂，武夷长径蚜茧蜂
lipolysis 脂解，脂解作用
lipolytic 脂解的，脂肪酶的
lipolytic coefficient 脂解系数
lipolytic enzyme 脂肪分解酶
Lipomelia 枯焦尺蛾属
Lipomelia subusta Warren 枯焦尺蛾
lipometabolism 脂肪代谢
Liponeuridae [= Blephariceridae, Blepharoceratidae, Asthenidae, Blepharoceridae] 网蚊科
lipophorin 载脂蛋白
lipophorin receptor [abb. LpR] 脂蛋白受体
Lipophychina 微小卷蛾亚族
lipopolysaccharide [abb. LPS] 脂多糖
lipoprotein 脂蛋白
Lipoptena 利虱蝇属
Lipoptena cervi (Linnaeus) [deer ked, deer fly, deer lousefly] 颈利虱蝇，鹿利虱蝇
Lipoptena grahami Bequaert 革氏利虱蝇，革利虱蝇
Lipoptena pauciseta Edwards 钩利虱蝇
Lipoptena pteropi Denny 帕特利虱蝇
Lipoptena sigma Maa 梅鹿利虱蝇，梅鹿虱蝇
Lipoptena traguli Feris *et* Cole 同 *Lipoptena pteropi*
Lipopteninae 利虱蝇亚科
Lipoptera [= Mallophaga] 食毛目
Liporrhopalum 丽榕小蜂属
Liporrhopalum gibbosae Hill 瘤丽榕小蜂
Liporrhopalum philippinensis Hill 菲丽榕小蜂
Liposcelidae 见 Liposcelididae
liposcelidid 1. [= liposcelidid booklouse, liposcelidid psocid] 虱啮 <虱啮科 Liposcelididae 昆虫的通称>；2. 虱啮科的
liposcelidid booklouse [= liposcelidid, liposcelidid psocid] 虱啮
liposcelidid psocid 见 liposcelidid booklouse
Liposcelididae [= Liposcelidae, Troctidae] 虱啮科，书虱科，粉啮科，粉啮虫科，土虱科
Liposcelidinae 虱啮亚科
Liposcelidoidea 虱啮总科
Liposcelis 虱啮属，粉啮属，粉啮虫属，书虱属
Liposcelis antennatoides Li *et* Li 角虱啮
Liposcelis badiaang Wang, Wang *et* Charles 褐虱啮
Liposcelis bostrychophila Badonnel 嗜卷虱啮，嗜卷书虱，谷粉茶蛀虫
Liposcelis bouilloni Badonnel 鲍氏虱啮
Liposcelis brunnea Motschulsky 暗褐虱啮，棕虱啮，暗褐书虱
Liposcelis corrodens (Heymons) 啮虱啮，啮书虱
Liposcelis capitisecta Wang, Wang *et* Charles 离首虱啮
Liposcelis decolor (Pearman) 无色虱啮，无色书虱
Liposcelis divinatorius (Müller) [cereal psocid, book louse] 家虱啮，家书虱
Liposcelis edaphica Lienhard 地虱啮
Liposcelis elegantis Li *et* Li 雅虱啮，雅书虱
Liposcelis entomophila (Enderlein) 喜虫虱啮，嗜虫书虱
Liposcelis fasciata (Enderlein) 带虱啮，带粉啮虫
Liposcelis jilinica Li *et* Li 吉林虱啮
Liposcelis laoshanensis Li *et* Li 崂山虱啮
Liposcelis mendax Pearman 虚伪虱啮，虚伪书虱
Liposcelis naturalis Li *et* Li 自然虱啮
Liposcelis nigritibia Li *et* Li 黑胫虱啮，黑胫书虱
Liposcelis paeta Pearman 小眼虱啮，眨虱啮，小眼书虱
Liposcelis pallens Badonnel 白虱啮，淡色虱啮
Liposcelis pearmani Lienhard 皮氏虱啮，皮氏书虱
Liposcelis rufa Broadhead 红虱啮，红书虱
Liposcelis rufiornata Li *et* Li 饰红虱啮
Liposcelis sculptilimacula Li *et* Li 雕纹虱啮，雕纹书虱 <此种学名有误写为 *Liposcelis sculptilis* 者>
Liposcelis simulanus Broadhead 拟虱啮，拟书虱
Liposcelis sinica Li *et* Li 中华虱啮
Liposcelis subfuscus Broadhead 暗虱啮，暗书虱
Liposcelis tricolor Badonnel 三色虱啮，三色书虱
Liposcelis yangi Li *et* Li 杨氏虱啮
Liposcelis yunnaniensis Li *et* Li 云南虱啮，云南书虱
Lipotactes 迟螽属
Lipotactes baishanzuensis Liu, Zhou *et* Bi 同 *Lipotactes truncatus*
Lipotactes dorsaspina Chang, Shi *et* Ran 背刺迟螽
Lipotactes laminus Shi *et* Li 片尾迟螽
Lipotactes maculatus Hebard 斑迟螽
Lipotactes sinicus (Bey-Bienko) 中华迟螽，中华黎螽
Lipotactes tripyrga Chang, Shi *et* Ran 三锥迟螽
Lipotactes truncatus Shi *et* Li 截尾迟螽
Lipotactes vietnamicus Gorochov 越南迟螽
Lipotriches 棒腹蜂属，棍棒隧蜂属
Lipotriches* (*Austronomia*) *capitata (Smith) 头棒腹蜂
Lipotriches* (*Austronomia*) *fruhstorferi (Pérez) 大胫板棒腹蜂
Lipotriches* (*Austronomia*) *notiomorpha (Otirashima) 小齿突棒腹蜂，小齿突彩带蜂
Lipotriches* (*Austronomia*) *takauensis (Friese) 塔克棒腹蜂，棍棒隧蜂，台岛彩带蜂
Lipotriches elongata (Friese) 长棒腹蜂
Lipotriches esakii (Hirashima) 同 *Lipotriches* (*Rhopalomelissa*) *ceratina*
Lipotriches montana (Ebmer) 同 *Lipotriches* (*Rhopalomelissa*) *ceratina*
Lipotriches nigra (Wu) 黑棒腹蜂
Lipotriches* (*Rhopalomelissa*) *burmica (Cockerell) 鳞棒腹蜂
Lipotriches* (*Rhopalomelissa*) *ceratina (Smith) 角棒腹蜂
Lipotriches* (*Rhopalomelissa*) *gracilis Pauly 细棒腹蜂
Lipotriches* (*Rhopalomelissa*) *minutula (Friese) 微小棒腹蜂
Lipotriches* (*Rhopalomelissa*) *modesta (Smith) 平静棒腹蜂
Lipotriches* (*Rhopalomelissa*) *pulchriventris (Cameron) 美腹棒腹蜂
Lipotriches* (*Rhopalomelissa*) *suisharyonis (Strand) 水社棒腹蜂
Lipotriches* (*Rhopalomelissa*) *yasumatsui (Hirashima) 安棒腹蜂

Lipotriches* (*Rhopalomelissa*) *yunnanensis (He *et* Wu) 云南棒腹蜂
Lipotriches takauensis (Friese) 见 *Lipotriches* (*Austronomia*) *takauensis*
Lipotriches zeae (Wu) 玉米棒腹蜂
Lippomanus 点花蝽属
Lippomanus hirsutus Distant 毛点花蝽
Lipromela 九行跳甲属
Lipromela decemmaculata Wang *et* Ge 十斑九行跳甲
Lipromela formosana Ohno 台湾九行跳甲
Lipromela pubipennis Chen *et* Wang 毛翅九行跳甲
Lipromima 方胸跳甲属，方胸叶蚤属
Lipromima confusa Medvedev 方胸跳甲
Lipromima fulvipes Chûjô 黄方胸跳甲
Lipromima minuta (Jacoby) 小方胸跳甲，小方胸叶蚤
Lipromorpha 束跳甲属
Lipromorpha alutacea Nadein 淡褐束跳甲
Lipromorpha costipennis Chen *et* Wang 隆翅束跳甲
Lipromorpha cyanea Chen *et* Wang 蓝翅束跳甲
Lipromorpha difficilis (Chen) 原束跳甲
Lipromorpha emarginata Chen *et* Wang 凹缘束跳甲
Lipromorpha marginata Wang 缘束跳甲
Lipromorpha meishanica Chen *et* Wang 眉山束跳甲
Lipromorpha melanoptera Chen *et* Wang 黑翅束跳甲
Lipromorpha montana Chûjô 山东束跳甲
Lipromorpha piceiventris Chen *et* Wang 黑腹束跳甲
Lipromorpha shirozui Kimoto 白水束跳甲，希束跳甲
Lipromorpha variabilis Scherer 多变束跳甲，多变束胸跳甲
Liprus 长跳甲属
Liprus geminatus Chen *et* Wang 双行长跳甲
Liprus hirtus Baly 见 *Pseudoliprus hirtus*
Liprus kurosawai Nakane 同 *Pseudoliprus kurosawai*
Liprus nuchalis Gressitt *et* Kimoto 毛颈长跳甲
Liprus punctatostriatus Motschulsky 律点长跳甲，点纹长跳甲
Lipsanus iniquus Marshall 罗得西亚脂滑象甲
Lipsotelus 尖顶小卷蛾属
Lipsotelus albifascies Walsingham 见 *Kennelia albifascies*
Lipsotelus anacanthus Diakonoff 安尖顶小卷蛾
Lipsotelus anacanthus anacanthus Diakonoff 安尖顶小卷蛾指名亚种
Lipsotelus anacanthus insulae Diakonoff 安尖顶小卷蛾岛屿亚种，阴安尖顶小卷蛾
Lipsotelus xylinanus (Kennel) 鼠李尖顶小卷蛾
Lipsothrix 脂大蚊属
Lipsothrix heitfeldi Alexander 哈特脂大蚊，赫氏利大蚊
Lipsothrix mirabilis Alexander 异脂大蚊，奇利大蚊
Lipsothrix pluto Alexander 普鲁托脂大蚊，富利大蚊，丰富肥大蚊
Lipsothrix taiwanica Alexander 台湾脂大蚊，台湾利大蚊，大武肥大蚊
Liptena 琳灰蝶属
Liptena albicans (Cator) [Cator's liptena] 白尾琳灰蝶
Liptena albomacula Hawker-Smith 白斑琳灰蝶
Liptena allaudi (Mabille) [Alluaud's liptena] 阿琳灰蝶
Liptena augusta Suffert [Suffert's liptena] 角琳灰蝶
Liptena bassae Bethune-Baker [Bassa liptena] 巴萨琳灰蝶
Liptena batesana Bethune-Baker [Bates' liptena] 贝茨琳灰蝶
Liptena bergeri Stempffer, Bennett *et* May 博格琳灰蝶
Liptena bia Larsen *et* Warren-Gash 毕琳灰蝶
Liptena boei Libert 博琳灰蝶
Liptena bolivari Kheil [Bolívar's liptena] 波利琳灰蝶
Liptena campimus (Holland) 卡木琳灰蝶
Liptena catalina (Grose-Smith *et* Kirby) [red-patch liptena] 线下琳灰蝶
Liptena confusa Aurivillius 拟琳灰蝶
Liptena congoana Hawker-Smith 康琳灰蝶
Liptena decempunctata Schultze 十斑琳灰蝶
Liptena decipiens (Kirby) [deceptive liptena] 带琳灰蝶
Liptena despecta (Holland) [small black liptena] 台斯琳灰蝶
Liptena durbania Bethune-Baker 杜琳灰蝶
Liptena eketi Bethune-Baker [small ochre liptena] 伊克琳灰蝶
Liptena eukrines (Druce) [untidy liptena] 优琳灰蝶
Liptena eukrinoides Talbot 优客琳灰蝶
Liptena evanescens (Kirby) [pink liptena] 埃瓦琳灰蝶
Liptena fatima (Kirby) [fatima liptena] 法蒂琳灰蝶
Liptena ferrymani (Grose-Smith *et* Kirby) [Ferryman's liptena] 费琳灰蝶
Liptena flavicans (Grose-Smith *et* Kirby) [large ochreous liptena] 黄夹琳灰蝶
Liptena fontainei Stempffer, Bennett *et* May 方琳灰蝶
Liptena fulvicans Hawker-Smith 福琳灰蝶
Liptena griveaudi Stempffer [Griveaud's liptena] 格琳灰蝶
Liptena hapale Talbot 哈琳灰蝶
Liptena helena (Druce) [red-spot false dots] 海琳灰蝶
Liptena homeyeri Dewitz 黄琳灰蝶
Liptena ideoides (Dewitz) 见 *Kakumia ideoides*
Liptena ilaro Stempffer, Bennett *et* May [ilaro liptena] 依拉琳灰蝶
Liptena ilma (Hewitson) 依马琳灰蝶
Liptena inframacula Hawker-Smith 尹琳灰蝶
Liptena intermedia Grünberg 间琳灰蝶
Liptena liberti Collins, Larsen *et* Rawlins 丽琳灰蝶
Liptena lloydi Collins *et* Larsen 劳琳灰蝶
Liptena lybia (Staudinger) 利比琳灰蝶
Liptena minziro Collins *et* Larsen 敏琳灰蝶
Liptena modesta (Kirby) [modest false dots] 端琳灰蝶
Liptena mwagensis Dufrane 麦琳灰蝶
Liptena nigromarginata Stempffer 黑缘琳灰蝶
Liptena nubifera (Druce) 努比琳灰蝶
Liptena occidentalis Bethune-Baker 西琳灰蝶
Liptena opaca (Kirby) [Kirby's liptena] 奥派琳灰蝶
Liptena orubrum (Holland) [large black liptena] 红圈琳灰蝶 <该种学名曾误写为 *Liptena o-rubrum* (Holland)>
Liptena otlauga (Grose-Smith *et* Kirby) 见 *Kakumia otlauga*
Liptena ouesso Stempffer, Bennett *et* May 奥琳灰蝶
Liptena perobscura (Druce) 帕罗琳灰蝶
Liptena praestans (Grose-Smith) 普莱琳灰蝶
Liptena priscilla Larsen [Obudu liptena] 奥布杜琳灰蝶
Liptena rochei Stempffer [Roche's liptena] 绕琳灰蝶
Liptena rubromacula Hawker-Smith 红斑琳灰蝶
Liptena sauberi Schultze 索伯琳灰蝶
Liptena septistrigata (Bethune-Baker) [seven-striped liptena] 七带

琳灰蝶
Liptena seyboui Warren-Gash *et* Larsen [Seybou's ochre liptena] 瑟琳灰蝶
Liptena similis (Kirby) [similar liptena] 细琳灰蝶
Liptena simplicia Möschler [simple liptena] 黑端白琳灰蝶
Liptena submacula Lathy [Lathy's liptena] 隐斑琳灰蝶
Liptena subsuffusa Hawker-Smith 苏琳灰蝶
Liptena subundularis (Staudinger) 萨琳灰蝶
Liptena subvariegata (Grose-Smith *et* Kirby) 素琳灰蝶
Liptena tiassale Stempffer [tiassale liptena] 媞琳灰蝶
Liptena titei Stempffer, Bennett *et* May [Tite's liptena] 蒂特琳灰蝶
Liptena tricolora (Bethune-Baker) 三色琳灰蝶
Liptena turbata (Kirby) 图琳灰蝶
Liptena undina (Grose-Smith *et* Kirby) 水神琳灰蝶
Liptena undularis Hewitson 琳灰蝶
Liptena xanthostola (Holland) [yellow liptena] 黄波琳灰蝶
Liptena yukadumae Schultze 同 *Liptena tricolora*
Liptenara 隶灰蝶属
Liptenara batesi Bethune-Baker 隶灰蝶
Liptenara hiendlmayri Dewitz 欣德隶灰蝶
Liptenara schoutedeni Hawker-Smith 斯科隶灰蝶
liquid fibroin 液态丝素
liquid sericin 液态丝胶
liquid silk 丝液
Liratepipsocus 脊上蛄属
Liratepipsocus jinghongicus Li 景洪脊上蛄
lirides banner [*Ectima lirides* Staudinger] 丽雅拟眼蛱蝶
Liriomyza 斑潜蝇属
Liriomyza artemisicola de Meijiere 蒿斑潜蝇
Liriomyza asterivora Sasakawa 星斑潜蝇，摘星斑潜蝇，昭和草斑潜蝇
Liriomyza borealis (Malloch) [jewelweed leafminer] 凤仙斑潜蝇
Liriomyza brassicae (Riley) [cabbage leafminer, crucifer leafminer, serpentine leafminer] 菜斑潜蝇，甘蓝斑潜蝇，白菜斑潜蝇，螺痕潜蝇
Liriomyza brunnifrons (Malloch) 棕额斑潜蝇，棕额眶潜蝇
Liriomyza bryoniae (Kaltenbach) [tomato leafminer, bryony leafminer, potato leaf miner] 番茄斑潜蝇，瓜斑潜蝇，西红柿斑潜蝇
Liriomyza cannabis Hendel [hemp leafminer] 大麻斑潜蝇
Liriomyza cepae (Hering) [stone leek leaf miner] 洋葱斑潜蝇，洋葱潜叶蝇，洋葱潜蝇
Liriomyza chinensis (Kato) [stone leek leafminer] 葱斑潜蝇，葱潜叶蝇，韭菜潜叶蝇，中华葱斑潜蝇
Liriomyza chinensis cepae (Hering) 见 *Liriomyza cepae*
Liriomyza chinensis chinensis (Kato) 葱斑潜蝇指名亚种
Liriomyza compositella Spencer 同 *Liriomyza pusilla*
Liriomyza congesta (Backer) [pea leafminer] 豌豆斑潜蝇
Liriomyza crucifericola Hering 蚕豆斑潜蝇
Liriomyza frontella (Malloch) 宽额斑潜蝇，黄额眶潜蝇
Liriomyza huidobrensis (Blanchard) [South American leafminer, pea leafminer, serpentine leafminer] 南美斑潜蝇，拉美豌豆斑潜蝇，拉美斑潜蝇，拉美甜菜斑潜蝇，惠斑潜蝇
Liriomyza katoi Sasakawa 加藤斑潜蝇，凯氏斑潜蝇，闽斑潜蝇
Liriomyza langei Frick 同 *Liriomyza huidobrensis*
Liriomyza litorea Shiao *et* Wu 海滨斑潜蝇
Liriomyza lutea (Meigen) 黄斑潜蝇
Liriomyza maai Sasakawa 马氏斑潜蝇，迈斑潜蝇
Liriomyza munda Frick 同 *Liriomyza sativae*
Liriomyza nipponallia Sasakawa 同 *Liriomyza bryoniae*
Liriomyza pictella (Thomson) [melon leaf miner, cotton leaf miner] 甜瓜斑潜蝇，甜瓜潜蝇
Liriomyza ptarmicae de Meijere 白芒斑潜蝇
Liriomyza pusilla (Meigen) 小斑潜蝇，紫菀斑潜蝇，小菊斑潜蝇
Liriomyza sativae Blanchard [vegetable leafminer] 美洲斑潜蝇，蔬菜斑潜蝇，苜蓿斑潜蝇
Liriomyza schmidti (Aldrich) 斯氏斑潜蝇
Liriomyza sonchi Hendel 苦苣斑潜蝇
Liriomyza strigata (Meigen) 线斑潜蝇
Liriomyza strumosa Sasakawa 膨大斑潜蝇，突斑潜蝇
Liriomyza subpusilla (Malloch) 微小斑潜蝇，月盾斑潜蝇，侏儒斑潜蝇
Liriomyza trifoliearum Spencer 黑背斑潜蝇
Liriomyza trifolii (Burgess) [American serpentine leafminer, celery leafminer, chrysanthemum leaf miner, serpentine leafminer, legume leafminer] 三叶草斑潜蝇，三叶斑潜蝇，非洲菊斑潜蝇
Liriomyza viticola (Sasakawa) 牡荆斑潜蝇，黄荆斑潜蝇
Liriomyza xanthocer (Czerny) 黑胸斑潜蝇
Liriomyza yasumatsui Sasakawa 黄顶斑潜蝇，黄额顶斑潜蝇，安松斑潜蝇
liriope scale [= aspidistra scale, Breasillian snow scale, fern scale, *Pinnaspis aspidistrae* (Signoret)] 百合并盾蚧，苏铁褐点并盾蚧，橘长盾蚧，蜘蛛抱蛋并盾介壳虫
Liriopeidae [= Ptychopteridae] 褶蚊科，细腰蚊科，细腰大蚊科
liris skipper [*Lerema liris* (Evans)] 丽影弄蝶
Liris 脊小唇泥蜂属
Liris albopilosa Tsuneki 白毛脊小唇泥蜂
Liris anthracina Kohl 暗脊小唇泥蜂
Liris aurulenta (Fabricius) 红足脊小唇泥蜂
Liris beata (Cameron) 贝脊小唇泥蜂
Liris deplanata (Kohl) 金毛脊小唇泥蜂
Liris deplanata binghami Tsuneki 金毛脊小唇泥蜂炳氏亚种，炳氏金毛脊小唇泥蜂
Liris deplanata deplanata (Kohl) 金毛脊小唇泥蜂指名亚种
Liris difficilis Tsuneki 台湾脊小唇泥蜂
Liris docilis (Smith) 矛脊小唇泥蜂
Liris ducalis (Smith) 黑足脊小唇泥蜂
Liris festinans (Smith) 匆脊小唇泥蜂
Liris festinans festinans (Smith) 匆脊小唇泥蜂指名亚种
Liris festinans japonica (Kohl) 见 *Liris japonica*
Liris fuscata (Tsuneki) 褐脊小唇泥蜂
Liris fuscinervus (Cameron) 滑臀脊小唇泥蜂，褐脉脊小唇泥蜂，光臀脊小唇泥蜂
Liris haemorrhoidalis (Fabricius) 红脊小唇泥蜂
Liris hanedai Tsuneki 亨氏脊小唇泥蜂
Liris jaculator (Smith) 佳脊小唇泥蜂
Liris japonica (Kohl) 日本脊小唇泥蜂，日本匆脊小唇泥蜂
Liris laboriosa (Smith) 辛脊小唇泥蜂
Liris larriformis (Williams) 拉脊小唇泥蜂
Liris larroides (Williams) 齿爪脊小唇泥蜂
Liris larroides larroides (Williams) 齿爪脊小唇泥蜂指名亚种

Liris larroides taiwanus (Tsuneki) 齿爪脊小唇泥蜂台湾亚种，台湾齿爪脊小唇泥蜂
Liris menkei Tsuneki 门氏脊小唇泥蜂
Liris nigra (Fabricius) 黑脊小唇泥蜂
Liris pitamawa (Rohwer) 光臀脊小唇泥蜂
Liris rohweri (Williams) 罗氏脊小唇泥蜂
Liris rohweri formosanus Tsuneki 罗氏脊小唇泥蜂台湾亚种，台罗氏脊小唇泥蜂
Liris rohweri rohweri (Williams) 罗氏脊小唇泥蜂指名亚种
Liris subtessellata (Smith) 红股脊小唇泥蜂，矛脊唇泥蜂
Liris surusumi Tsuneki 腹鬃脊小唇泥蜂
Liris tanoi Tsuneki 突唇脊小唇泥蜂
Liris vigilans (Smith) 香港脊小唇泥蜂
Liroetis 隶萤叶甲属
Liroetis abdominalis Baly 同 *Euliroetis ornata*
Liroetis aeneipennis Weise 绿翅隶萤叶甲，铜翅隶萤叶甲
Liroetis aeneoviridis Lopatin 铜绿隶萤叶甲
Liroetis alticola Jiang 超高隶萤叶甲
Liroetis apicalis Gressitt *et* Kimoto 端隶萤叶甲
Liroetis belousovi Lopatin 博氏隶萤叶甲
Liroetis ephippiata (Laboissière) 鞍隶萤叶甲
Liroetis flavipennis Bryant 黄腹隶萤叶甲，黄翅隶萤叶甲
Liroetis grandis Chen *et* Jiang 大隶萤叶甲
Liroetis humeralis Jiang 黄肩隶萤叶甲
Liroetis leechi Jacoby 莱克隶萤叶甲，李隶萤跳甲
Liroetis leycesteriae Jiang 来色木隶萤叶甲
Liroetis lonicernis Jiang 忍冬隶萤叶甲
Liroetis obliquevirgata Lopatin 斜纹隶萤叶甲
Liroetis octopunctata (Weise) 八斑隶萤叶甲，八点隶萤叶甲，八点米萤叶甲
Liroetis paragrandis Jiang 拟大隶萤叶甲
Liroetis prominensis Jiang 突眼隶萤叶甲
Liroetis reitteri (Pic) 雷隶萤叶甲
Liroetis sichuanensis Jiang 四川隶萤叶甲
Liroetis spinipes Ogloblin 刺隶萤叶甲
Liroetis tibetana Jiang 西藏隶萤叶甲
Liroetis tibialis Jiang 黑胫隶萤叶甲
Liroetis tiemushannis Jiang 天目山隶萤叶甲，天目隶萤叶甲
Liroetis unicolor Zhang *et* Yang 单色隶萤叶甲
Liroetis verticalis Jiang 黑顶隶萤叶甲
Liroetis violaceipennis Zhang *et* Yang 紫翅隶萤叶甲
Liroetis yulongis Jiang 玉龙隶萤叶甲
Liroetis zhongdianica Jiang 中甸隶萤叶甲
Lirometopum 冠螽属
Lirometopum coronatum Scudder [pitbull katydid, flat-headed katydid, flat-faced katydid] 斗牛冠螽
Lisarda 剑猎蝽属
Lisarda annulosa Stål 环斑剑猎蝽
Lisarda pilosa Hsiao 毛剑猎蝽
Lisarda rhypara Stål 晦纹剑猎蝽
Lisarda spinosa Hsiao 刺剑猎蝽
lisimon nymphidium [*Nymphidium lisimon* (Stoll)] 丽蛱蚬蝶
Lisogata 丽飞虱属
Lisogata zhejiangensis Ding 浙丽飞虱
Lispe 溜蝇属
Lispe alpinicola Zhong, Wu *et* Fan 高原螯溜蝇
Lispe apicalis Mik 端斑溜蝇，端溜蝇
Lispe appendibacula Xue *et* Zhang 赘棒溜蝇
Lispe aquamarina Shinonaga *et* Kôno 银头溜蝇，鳞溜蝇
Lispe argenteiceps Ma *et* Mou 同 *Lispe aquamarina*
Lispe assimilis Wiedemann 肖溜蝇，酷似溜蝇
Lispe bengalensis (Robineau-Desvoidy) 孟溜蝇
Lispe binotata Becker 二点溜蝇，港口溜蝇
Lispe bivittata Stein 双条溜蝇，双斑溜蝇
Lispe bivittata bivittata Stein 双条溜蝇指名亚种
Lispe bivittata subbivittata Mou 双条溜蝇类似亚种，拟双条溜蝇
Lispe brunnicosa (Becker) 棕蛛溜蝇
Lispe caesia Meigen 青灰溜蝇
Lispe caesia caesia Meigen 青灰溜蝇指名亚种
Lispe caesia microchaeta Séguy 青灰溜蝇微毛亚种
Lispe chui Shinonaga *et* Kôno 朱氏溜蝇，瞿氏溜蝇
Lispe cinifera Becker 长芒溜蝇
Lispe consanguinea Loew 吸溜蝇
Lispe cotidiana Snyder 梯斑溜蝇
Lispe elegantissima (Stackelberg) 华丽溜蝇，丽溜蝇
Lispe fanjingshanensis Wei 同 *Lispe sericipalpis*
Lispe flavicornis (Stein) 黄角溜蝇
Lispe flavinervis Becker 黄脉溜蝇
Lispe frigida Erichson 寒溜蝇
Lispe geniseta Stein 光彩溜蝇，鬃颊毛秽蝇
Lispe guizhouensis Wei 贵州溜蝇
Lispe hebeiensis Ma *et* Tian 河北溜蝇
Lispe hirsutipes Mou 毛胫溜蝇
Lispe kowarzi Becker 黄跖溜蝇
Lispe lanceoseta Wang *et* Fan 柳叶溜蝇
Lispe leigongshana Wei *et* Yang 雷公山溜蝇
Lispe leucospila (Wiedemann) 白点溜蝇
Lispe litorea (Fallén) 海滨溜蝇
Lispe loewi Ringdahl 缺鬃溜蝇
Lispe longicollis Meigen 长条溜蝇
Lispe longicornia Wei 长角溜蝇
Lispe melaleuca Loew 月纹溜蝇
Lispe monochaita Mou *et* Ma 单毛溜蝇
Lispe neimongola Tian *et* Ma 内蒙古溜蝇
Lispe neouliginosa Snyder 新湿溜蝇
Lispe odessae Becker 同 *Lispe caesia*
Lispe orientalis Wiedemann 东方溜蝇
Lispe pacifica Shinonaga *et* Pont 大洋溜蝇
Lispe patellitarsis Becker 盘跖溜蝇，蝶蚶溜蝇
Lispe pumila (Wiedemann) 短小溜蝇，侏溜蝇
Lispe pygmaea Fallén 瘦须溜蝇
Lispe quaerens (Villeneuve) 同 *Lispe sericipalpis*
Lispe septentrionalis Xue *et* Zhang 北方溜蝇
Lispe sericipalpis Stein 绢溜蝇，纤须溜蝇，天目溜蝇
Lispe sinica Henning 中华溜蝇
Lispe superciliosa Loew 毛跗溜蝇，超溜蝇
Lispe tarsocilica Xue *et* Zhang 饰附溜蝇
Lispe tentaculata (De Geer) 螯溜蝇
Lispe terastigma Schiner 四点溜蝇
Lispe tienmuensis Fan 同 *Lispe sericipalpis*

Lispe vittipennis Thomson 明翅溜蝇，香港溜蝇
Lispinus 筒隐翅甲属
Lispinus formosae Bernhauer 丽筒隐翅甲，丽长翅筒隐翅虫
Lispinus formosanus Cameron 台筒隐翅甲
Lispinus isolatus Cameron 等筒隐翅甲
Lispinus longipennis formosae Bernhauer 见 *Lispinus formosae*
Lispinus puncticollis (Bernhauer) 点筒隐翅甲
Lispinus quadrinotatus Fauvel 蠕纹筒隐翅甲
Lispocephala 溜头秽蝇属，利花蝇属
Lispocephala apertura (Xue *et* Zhang) 孔溜头秽蝇
Lispocephala apicaliseta Xue *et* Zhang 端鬃溜头秽蝇，端毛溜头秽蝇
Lispocephala apicihamata Xue *et* Zhang 端钩溜头秽蝇
Lispocephala applicatilobata Xue *et* Zhang 赘叶溜头秽蝇
Lispocephala arefacta (Wei *et* Yang) 干溜头秽蝇，干溜芒蝇
Lispocephala atrimaculata (Stein) 黑斑溜头秽蝇，黑斑溜芒蝇，达邦溜芒蝇
Lispocephala bomiensis Xue *et* Zhang 波密溜头秽蝇
Lispocephala boops (Thomson) 牛眼溜头秽蝇，牛眼溜芒蝇，波利花蝇，香港溜芒蝇，播普秽蝇
Lispocephala brachialis Róndani 短溜头秽蝇，短利花蝇
Lispocephala cothurnata Xue, Wang *et* Zhang 靴溜头秽蝇
Lispocephala curvilobata Xue *et* Zhang 曲叶溜头秽蝇
Lispocephala curvivesica (Xue, Feng *et* Liu) 曲膜溜头秽蝇，曲膜溜芒蝇

Lispocephala dynatophallus Xue *et* Zhang 壮阳溜头秽蝇
Lispocephala erythrocera (Robineau-Desvoidy) 红角溜头秽蝇，红角溜芒蝇
Lispocephala flavibasis (Stein) 黄基溜头秽蝇，黄基溜芒蝇
Lispocephala flaviscutella Xue *et* Zhang 黄盾溜头秽蝇
Lispocephala frigida (Feng *et* Xue) 寒溜头秽蝇，寒溜芒蝇
Lispocephala fuscitibia Ringdahl 褐胫溜头秽蝇，褐胫利花蝇
Lispocephala incisicauda Xue *et* Wang 截尾溜头秽蝇
Lispocephala kanmiyai Shinonaga *et* Huang 开米亚溜头秽蝇
Lispocephala kuankuoshuiensis Wei *et* Zhou 宽阔水溜头秽蝇，宽阔水溜芒蝇
Lispocephala leschenaultia Xue *et* Zhang 蝙蝠溜头秽蝇
Lispocephala longihirsuta Xue *et* Zhang 长毛溜头秽蝇，长毛溜芒蝇
Lispocephala longipenis Xue, Wang *et* Zhang 长茎溜头秽蝇，长茎溜芒蝇
Lispocephala mikii (Strobl) 钝叶溜头秽蝇，钝叶溜芒蝇
Lispocephala monochaitis Xue, Wang *et* Zhang 单鬃溜头秽蝇
Lispocephala mucronata Xue *et* Zhang 锐溜头秽蝇
Lispocephala nigriala Xue *et* Zhang 黑溜头秽蝇，黑溜芒蝇
Lispocephala nigrigeneris Xue *et* Zhang 黑颊溜头秽蝇，黑溜头秽蝇
Lispocephala obfuscatipennis (Xue) 暗翅溜头秽蝇，暗翅溜芒蝇
Lispocephala odonta Hsue 齿溜头秽蝇，齿溜芒蝇
Lispocephala orbiprotuberans (Xue *et* Yang) 球突溜头秽蝇，球突溜芒蝇
Lispocephala paradisea Zheng *et* Li 极乐溜头秽蝇
Lispocephala parciseta Xue *et* Zhang 少鬃溜头秽蝇
Lispocephala paulihamata (Xue, Feng *et* Liu) 小钩溜头秽蝇，小钩溜芒蝇
Lispocephala pecteniseta Xue, Wang *et* Zhang 羽芒溜头秽蝇
Lispocephala pectinata (Stein) 突额溜头秽蝇
Lispocephala pilimutinus Xue *et* Zhang 毛阳溜头秽蝇，毛茎溜头秽蝇
Lispocephala postifolifera (Feng *et* Xue) 后侧叶溜头秽蝇，后侧叶溜芒蝇
Lispocephala secura Ma 斧叶溜头秽蝇，塞溜头秽蝇，斧叶溜芒蝇
Lispocephala securisocialis (Xue, Feng *et* Liu) 伴斧溜头秽蝇，伴斧溜芒蝇
Lispocephala setilobata Xue *et* Zhang 毛板溜芒蝇
Lispocephala sichuanensis Xue *et* Feng 四川溜头秽蝇
Lispocephala spuria (Zetterstedt) 透翅溜头秽蝇，透翅溜芒蝇
Lispocephala steini Shinonaga *et* Huang 斯腾溜头秽蝇
Lispocephala subcurvilobata Xue *et* Zhang 拟曲叶溜头秽蝇
Lispocephala ungulitigris (Feng *et* Xue) 虎爪溜头秽蝇，虎爪溜芒蝇
Lispocephala unicolor (Stein) 单色溜头秽蝇，一色溜头秽蝇，单色溜芒蝇
Lispocephala valva Xue *et* Zhang 瓣溜头秽蝇
Lispocephala vernalis (Stein) 春溜头秽蝇，春溜芒蝇
lissa recluse [*Leona lissa* (Evans)] 莉萨狮弄蝶
Lissocephala 头滑果蝇属
Lissocephala bicolor (de Meijere) 黑腹头滑果蝇
Lissocephala bicoloroides Okada 拟头滑果蝇
Lissocephala metallescens (de Meijere) 光泽头滑果蝇
Lissocephala sabroskyi Wheeler *et* Takada 萨氏头滑果蝇
Lissocephala subbicolor Okada 双色头滑果蝇
Lissocnemis 利蛛蜂属
Lissocnemis irrasus (Kohl) 伊利蛛蜂
Lissocnemis niger Tsuneki 黑利蛛蜂
Lissodema 滑角甲属，滑树皮甲属
Lissodema uenoi Sasaji 上野滑角甲，尤滑树皮甲
Lissonota 缺沟姬蜂属
Lissonota albiannulata Sheng *et* Sun 白环缺沟姬蜂
Lissonota carbonaria Holmgren 碳缺沟姬蜂
Lissonota chinensis (Cushman) 中华缺沟姬蜂，中华阿斯姬蜂
Lissonota chosensis (Uchida) 朝鲜缺沟姬蜂
Lissonota clypeator (Gravenhorst) 唇缺沟姬蜂
Lissonota conflagrata Gravenhorst 火缺沟姬蜂
Lissonota densipuncta Sheng *et* Sun 密点缺沟姬蜂
Lissonota filiformis Sheng 丝缺沟姬蜂
Lissonota frontalis (Desvignes) 额缺沟姬蜂
Lissonota hama (Uchida) 钩斑缺沟姬蜂
Lissonota henanensis Sheng 河南缺沟姬蜂
Lissonota holcocerica Sheng 蠹蛾缺沟姬蜂
Lissonota jianica Sheng *et* Sun 吉安缺沟姬蜂
Lissonota kaiyuanensis Uchida 开原缺沟姬蜂
Lissonota lineolaris (Gmelin) 线缺沟姬蜂
Lissonota longispiracularis (Uchida) 长孔缺沟姬蜂
Lissonota longisulcata Sheng *et* Sun 纵凹缺沟姬蜂
Lissonota maculifronta Sheng *et* Sun 斑额缺沟姬蜂
Lissonota mandschurica (Uchida) 东北缺沟姬蜂
Lissonota nigripoda Sheng *et* Sun 黑足缺沟姬蜂
Lissonota oblongata Chandra *et* Gupta 长胸缺沟姬蜂
Lissonota otaruensis (Uchida) 小樽缺沟姬蜂

Lissonota pleuralis Brischke 侧缺沟姬蜂
Lissonota qilianica Sheng 祁连缺沟姬蜂
Lissonota rugitergia Sheng *et* Sun 皱背缺沟姬蜂
Lissonota sapinea Townes, Momoi *et* Townes 枞缺沟姬蜂
Lissonota serrulota Sheng 细齿缺沟姬蜂
Lissonota verticalis Sheng *et* Sun 垂顶缺沟姬蜂
Lissonota wuyiensis Sheng *et* Sun 武夷缺沟姬蜂
Lissonotini 缺沟姬蜂族
Lissonotocoris 滑背霜扁蝽属
Lissonotocoris membranaceus Usinger *et* Matsuda 膜滑背霜扁蝽
Lissorhoptrus 水象甲属，水象鼻虫属
Lissorhoptrus oryzophilus Kuschel [rice water weevil] 稻水象甲，稻象甲，稻根象甲，水稻水象鼻虫
Lissorhoptrus pseudoryzophilus Guan, Huang *et* Lu 伪稻水象甲，伪稻水象
Lissoscarta 拟蜂叶蝉属
Lissoscarta beckeri Mejdalani *et* Felix 贝氏拟蜂叶蝉
Lissoscarta schlingeri Young 舒氏拟蜂叶蝉
Lissosculpta 丽姬蜂属
Lissosculpta javanica (Cameron) 黄斑丽姬蜂
Lissosculpta okinawana (Uchida) 同 *Lissosculpta javanica*
Lissosterna 柔家蝇亚属
Lissotrachelini 滑蟋族
Lissotrachelus 滑蟋属
Lissotrachelus ferrugineonotatus Brunner von Wattenwyl 锈背滑蟋
Lista 彩丛螟属
Lista ficki (Christoph) 菲彩丛螟，费利斯螟，费克林螟
Lista haraldusalis (Walker) 长臂彩丛螟，黄纹丛螟
Lista insulsalis (Lederer) 岛彩丛螟，盈彩丛螟
Lista plinthochroa (West) 普彩丛螟
Lista rubiginetincta (Caradja) 同 *Lista insulsalis*
Lister's hairstreak [*Pamela dudgeonii* (de Nicéville)] 帕米灰蝶
Listrobyctiscus 隶卷象甲属
Listrobyctiscus patruelis (Voss) 亲隶卷象甲，亲隶卷象
Listroderes 里斯象甲属
Listroderes costirostris Schönherr [vegetable weevil, Australian tomato weevil, brown vegetable weevil, buff-colored tomato weevil, carrot weevil, dirt-colored weevil, turnip weevil, tobacco elephant-beetle] 蔬菜里斯象甲，蔬菜象甲，蔬菜象，菜里斯象甲，菜里斯象，番茄象甲，菜象甲
Listroderes costirostris obliquus (Klug) 同 *Listroderes costirostris*
Listroderes obliquus Klug 同 *Listroderes costirostris*
Listrodromini 灰蝶姬蜂族
Listrognatha 见 *Listrognathus*
Listrognatha brevicornis He *et* Chen 见 *Listrognathus brevicornis*
Listrognatha coreensis Uchida 见 *Listrognathus* (*Listrognathus*) *coreensis*
Listrognatha coreensis chinensis Kamath 见 *Listrognathus* (*Listrognathus*) *coreensis chinensis*
Listrognatha sauteri Uchida 见 *Listrognathus sauteri*
Listrognatha yunnanensis He *et* Chen 见 *Listrognathus yunnanensis*
Listrognathus 角额姬蜂属 <此属学名有写成 *Listrognatha* 者>
Listrognathus brevicornis He *et* Chen 短突角额姬蜂
Listrognathus coreensis Uchida 见 *Listrognathus* (*Listrognathus*) *coreensis*
Listrognathus coreensis chinensis Kamath 见 *Listrognathus* (*Listrognathus*) *coreensis chinensis*
Listrognathus* (*Fenestula*) *aequabilis Uchida 等角额姬蜂
Listrognathus* (*Listrognathus*) *coreensis Uchida 朝角额姬蜂
Listrognathus* (*Listrognathus*) *coreensis chinensis Kamath 朝角额姬蜂中华亚种，朝角额姬蜂，中华朝角额姬蜂
Listrognathus* (*Listrognathus*) *coreensis coreensis Uchida 朝角额姬蜂指名亚种
Listrognathus sauteri Uchida 索角额姬蜂
Listrognathus yunnanensis He *et* Chen 云南角额姬蜂
Listronotus oregonensis (LeConte) [carrot weevil] 胡萝卜象甲，萝卜象甲，胡萝卜象
Listropodia formosana Karaman 见 *Nycteribia formosana*
Listropodia wui Hsu 同 *Nycteribia allotopa*
Listroscelidinae 猎螽亚科
Lisubatrus 傈僳蚁甲属
Lisubatrus dongzhiweii Yin 董氏傈僳蚁甲
lisus hairstreak [*Theritas lisus* (Stoll)] 丽野灰蝶
litana skipper [*Vacerra litana* (Hewitson)] 利婉弄蝶
Litargus 利小蕈甲属
Litargus lewisi Reitter 路氏利小蕈甲，刘利小蕈甲
litchi borer [= koa seedworm, klu tortricid, koa seed moth, litchi moth, macadamia nut borer, macadamia nut moth, *Cryptophlebia illepida* (Butler)] 相思异形小卷蛾，柯阿小卷蛾，柯阿小卷叶蛾，伊条小卷蛾
litchi fruit borer [= litchi stem-end borer, *Conopomorpha sinensis* Bradley] 荔枝蒂细蛾，荔枝蒂蛀虫，爻纹细蛾，荔枝细蛾，荔枝蛀蒂虫，荔枝果实蛀虫，龙眼果实蛀虫，南风虫，中华细蛾
litchi fruit moth [= macadamia nut borer, *Cryptophlebia ombrodelta* (Lower)] 荔枝异形小卷蛾，荔枝小卷蛾，荔枝黑点褐卷叶蛾，粗脚姬卷叶蛾
litchi lantern fly [= Chinese lantern bug, *Pyrops candelaria* (Linnaeus)] 龙眼鸡，龙眼东方蜡蝉，华南灯蜡蝉
litchi moth 见 litchi borer
litchi stem-end borer 见 litchi fruit borer
litchi stink bug [= lychee stink bug, lichee stink bug, lychee giant stink bug, *Tessaratoma papillosa* (Drury)] 荔蝽，荔枝蝽，荔枝椿象，石背
Litchiomyia 荔枝瘿蚊属
Litchiomyia chinensis Yang *et* Luo 中国荔枝瘿蚊
literate [= literatus] 文饰的 <饰有似文字记号的>
literatus 见 literate
Lithacodia 俚夜蛾属 *Deltote* 的异名
Lithacodia albiclava Draudt 见 *Deltote albiclava*
Lithacodia atrata (Butler) 见 *Anterastria atrata*
Lithacodia confusa (Leech) 见 *Deltote confusa*
Lithacodia deceptoria (Scopoli) 见 *Deltote deceptoria*
Lithacodia digitalis Berio 见 *Deltote digitalis*
Lithacodia distinguenda (Staudinger) 见 *Protodeltote distinguenda*
Lithacodia externa Berio 见 *Deltote externa*
Lithacodia falsa (Butler) 见 *Deltote falsa*
Lithacodia fasciana (Linnaeus) 同 *Protodeltote pygarga*
Lithacodia fentoni (Butler) 见 *Erastroides fentoni*

Lithacodia gracilior Draudt 见 *Deltote gracilior*
Lithacodia macrouncina Berio 见 *Deltote macrouncina*
Lithacodia mandarina (Leech) 见 *Deltote mandarina*
Lithacodia martjanovi (Tschetverikov) 见 *Acontia martjanovi*
Lithacodia melanostigma (Hampson) 见 *Deltote melanostigma*
Lithacodia nemorum (Oberthür) 见 *Deltote nemorum*
Lithacodia nivata (Leech) 见 *Deltote nivata*
Lithacodia numisma (Staudinger) 见 *Deltote nemorum*
Lithacodia olivella Draudt 见 *Deltote olivella*
Lithacodia postivitta Wileman 见 *Deltote postivitta*
Lithacodia pygarga (Hüfnagel) 见 *Protodeltote pygarga*
Lithacodia quadriorbis Berio 见 *Deltote quadriorbis*
Lithacodia ruvida Berio 见 *Deltote ruvida*
Lithacodia senex (Butler) 见 *Deltote senex*
Lithacodia separata (Walker) 见 *Maliattha separata*
Lithacodia shansiensis Berio 同 *Deltote melaleuca*
Lithacodia squalida (Leech) 见 *Deltote squalida*
Lithacodia stygia (Butler) 见 *Deltote stygia*
Lithacodia subcoenia Wileman *et* South 见 *Deltote subcoenia*
Lithacodia superior Draudt 见 *Deltote superior*
Lithacodia taiwana Wileman 见 *Deltote taiwana*
Lithacodia trifurca Berio 见 *Deltote trifurca*
Lithacodia unguapicata Berio 见 *Deltote unguapicata*
Lithacodia vexillifera Berio 见 *Deltote vexillifera*
litharch sere [= lithosere] 石生演替系列
lithic 石生群落的
Lithina chlorosata Scopoli 见 *Petrophora chlorosata*
Lithina rippertaria (Duponchel) 见 *Digrammia rippertaria*
Lithina rippertaria flavularia (Püngeler) 见 *Digrammia rippertaria flavularia*
Lithinini 蕨尺蛾族
Lithinus 蕨象甲属
Lithinus rufopenicillus Fairmaire 暗蕨象甲
Lithinus sepidioides Fairmaire 毛蕨象甲
litho-rheotactic 趋岩趋流的
Lithoaphis 柯扁蚜属，虱蚜属
Lithoaphis lithocarpi (Takahashi) 台湾柯扁蚜，柯扁蚜，石栎虱蚜
Lithoaphis quercisucta Qiao, Guo *et* Zhang 见 *Neohormaphis quercisucta*
lithocarpus scale [*Kermes mutsuensis* Kuwana] 石果红蚧
Lithocharis 里隐翅甲属 <该属有一个鳞翅目昆虫的次同名>
Lithocharis cinereofusca Houlbert 见 *Euparyphasma albibasis cinereofusca*
Lithocharis erythroptera Gemminger *et* Harold 红鞘里隐翅甲
Lithocharis nigriceps Kraatz 黑头里隐翅甲，黑里隐翅虫，黑截头隐翅虫
Lithocharis obscura Sick 见 *Euparyphasma obscura*
Lithocharis ochracea (Gravenhorst) 赭里隐翅甲，赭截头隐翅虫
Lithocharis penicillata Cameron 同 *Lithocharis erythroptera*
Lithocharis uvida Kraatz 等齿里隐翅甲，尤截头隐翅虫
Lithocharis vilis Kraatz 卑里隐翅甲，卑截头隐翅虫
Lithochlaenius noguchii (Bates) 见 *Chlaenius noguchii*
lithochroa blue [= Waterhouse's hairstreak, *Jalmenus lithochroa* Waterhouse] 赭石佳灰蝶
Lithocolletidae [= Gracillariidae, Eucestidae, Ornichidae, Caloptiliadae] 细蛾科
Lithocolletis 潜叶细蛾属
Lithocolletis alnifoliella Hübner 同 *Phyllonorycter rajella*
Lithocolletis amyotella Duponchel 同 *Phyllonorycter muelleriella*
Lithocolletis anderidae Fletcher 见 *Phyllonorycter anderidae*
Lithocolletis cavella Zeller 见 *Phyllonorycter cavella*
Lithocolletis cincinnatiella (Chambers) 见 *Cameraria cincinnatiella*
Lithocolletis comparella Duponchel 见 *Phyllonorycter comparella*
Lithocolletis corylifoliella Haworth 见 *Phyllonorycter corylifoliella*
Lithocolletis distentella Zeller 见 *Phyllonorycter distentella*
Lithocolletis eophanes Meyrick 同 *Phyllonorycter iteina*
Lithocolletis faginella Zeller 同 *Phyllonorycter maestingella*
Lithocolletis froelichiella Zeller 见 *Phyllonorycter froelichiella*
Lithocolletis geniculella Ragonot 见 *Phyllonorycter geniculella*
Lithocolletis hamadryadella Clemens 见 *Cameraria hamadryadella*
Lithocolletis harrisella Linnaeus 见 *Phyllonorycter harrisella*
Lithocolletis heegeriella Zeller 见 *Phyllonorycter heegeriella*
Lithocolletis hortella (Fabricius) 同 *Phyllonorycter kuhlweiniella*
Lithocolletis iochrysis Meyrick 见 *Phyllonorycter iochrysis*
Lithocolletis iteina Meyrick 见 *Phyllonorycter iteina*
Lithocolletis kleemannella Fabricius 见 *Phyllonorycter kleemannella*
Lithocolletis lautella Zeller 见 *Phyllonorycter lautella*
Lithocolletis malivorella Matsumura 见 *Phyllonorycter malivorella*
Lithocolletis messaniella Zeller 见 *Phyllonorycter messaniella*
Lithocolletis pastorella Zeller 见 *Phyllonorycter pastorella*
Lithocolletis populifoliella Trietschke 见 *Phyllonorycter populifoliella*
Lithocolletis quercifoliella Zeller 见 *Phyllonorycter quercifoliella*
Lithocolletis ringoniella Matsumura 见 *Phyllonorycter ringoniella*
Lithocolletis roboris Zeller 见 *Phyllonorycter roboris*
Lithocolletis salicicolella Sircom 见 *Phyllonorycter salicicolella*
Lithocolletis salicifoliella Chambers 见 *Phyllonorycter salicifoliella*
Lithocolletis schreberella Fabricius 见 *Phyllonorycter schreberella*
Lithocolletis stettinensis Nicelli 见 *Phyllonorycter stettinensis*
Lithocolletis strigulatella Zeller 见 *Phyllonorycter strigulatella*
Lithocolletis tremuloidiella Braun 同 *Phyllonorycter apparella*
Lithocolletis triarcha Meyrick 见 *Phyllonorycter triarcha*
Lithocolletis triplacomis Meyrick 见 *Phyllonorycter triplacomis*
Lithocolletis tristrigella Haworth 见 *Phyllonorycter tristrigella*
Lithocolletis ulmifoliella Hübner 见 *Phyllonorycter ulmifoliella*
Lithocolletis viminetorum Stainton 见 *Phyllonorycter viminetora*
Lithocolletis viminiella Stainton 见 *Phyllonorycter viminiella*
Lithocolletis virgulata Meyrick 见 *Cameraria virgulata*
Lithodryas 石蛱蝶属
Lithodryas styx (Scudder) 石蛱蝶
Litholamprima 化石金锹甲属
Litholamprima longimana Nikolajev *et* Ren 长臂化石金锹甲
Litholamprima qizhihaoi Jiang, Cai, Engel, Li, Song *et* Chen 齐氏化石金锹甲
Litholomia 仿石冬夜蛾属
Litholomia pacifica (Kononenko) 北仿石冬夜蛾
Lithomoia 珂木冬夜蛾亚属，珂冬夜蛾属
Lithomoia solidaginis (Hübner) 见 *Xylena* (*Lithomoia*) *solidaginis*
Lithophane 石冬夜蛾属，果冬夜蛾属
Lithophane abita Brou *et* Lafontaine 北美石冬夜蛾

Lithophane adipel Benjamin 加石冬夜蛾
Lithophane antennata (Walker) [green fruit-worm] 绿果石夜蛾，绿果冬夜蛾，绿果夜蛾
Lithophane baileyi Grote 白氏石冬夜蛾
Lithophane bethunei (Grote *et* Robinson) 贝氏石冬夜蛾
Lithophane boogeri Troubridge 勃氏石冬夜蛾
Lithophane brachyptera (Staudinger) 短翅石冬夜蛾
Lithophane consocia (Borkhausen) [Softly's shoulder-knot, scarce conformist] 暗石冬夜蛾，李石冬夜蛾
Lithophane contenta Grote 安石冬夜蛾
Lithophane contra (Barnes *et* Benjamin) 比石冬夜蛾
Lithophane dailekhi Hreblay *et* Ronkay 戴氏石冬夜蛾
Lithophane dilatocula (Smith) 括石冬夜蛾
Lithophane disposita Morrison 序石冬夜蛾
Lithophane fagina Morrison 榉石冬夜蛾
Lithophane furcifera (Hüfnagel) [conformist] 叉石冬夜蛾
Lithophane georgii Grote 皋氏石冬夜蛾
Lithophane glauca Hreblay *et* Ronkay 淡绿石冬夜蛾
Lithophane grotei (Riley) 格氏石冬夜蛾
Lithophane innominata (Smith) [nameless pinion] 无名石冬夜蛾
Lithophane itata (Smith) 波纹石冬夜蛾
Lithophane jeffreyi Troubridge *et* Lafontaine 倢氏石冬夜蛾
Lithophane laceyi (Barnes *et* McDunnough) 拉氏石冬夜蛾
Lithophane lamda (Fabricius) [nonconformist] 欧洲石冬夜蛾
Lithophane laticinerea Grote [broad ashen pinion moth] 宽石冬夜蛾，宽果冬夜蛾
Lithophane laurentii Köhler 劳氏石冬夜蛾
Lithophane leautieri (Boisduval) [Blair's shoulder-knot] 布氏石冬夜蛾
Lithophane ledereri Staudinger 赖氏石冬夜蛾
Lithophane leeae Walsh 李氏石冬夜蛾
Lithophane lemmeri Barnes *et* Benjamin [Lemmer's pinion] 雷氏石冬夜蛾
Lithophane longior (Smith) 长石冬夜蛾
Lithophane merckii (Rambur) 默氏石冬夜蛾
Lithophane nagaii Sugi 纳氏石冬夜蛾
Lithophane nasar (Smith) 松石冬夜蛾
Lithophane oriunda Grote [immigrant pinion moth] 白缘石冬夜蛾
Lithophane ornitopus (Hüfnagel) [grey shoulder-knot] 深灰石冬夜蛾
Lithophane pacifica Kononenko 平石冬夜蛾
Lithophane patefacta (Walker) [dimorphic pinion moth] 二型石冬夜蛾
Lithophane petulca Grote [wanton pinion] 暴石冬夜蛾
Lithophane pexata Grote [plush-naped pinion] 毛颈石冬夜蛾
Lithophane plumbealis (Matsumura) 灰石冬夜蛾，石冬夜蛾，铅色石冬夜蛾
Lithophane ponderosa Troubridge *et* Lafontaine 威石冬夜蛾
Lithophane pruinosa (Butler) 霜石冬夜蛾，伪石冬夜蛾
Lithophane puella (Smith) 阴石冬夜蛾
Lithophane querquera Grote [shivering pinion] 碎斑石冬夜蛾
Lithophane remota Hreblay *et* Ronkay 远石冬夜蛾，遥石夜蛾
Lithophane rosinae (Püngeler) 柔石冬夜蛾，松香石冬夜蛾
Lithophane scottae Troubridge 斯氏石冬夜蛾
Lithophane semibrunnea (Haworth) [tawny pinion] 茶色石冬夜蛾
Lithophane semiusta Grote 半石冬夜蛾
Lithophane signosa (Walker) [signate pinion] 显石冬夜蛾
Lithophane socia (Hüfnagel) [pale pinion] 淡石冬夜蛾，石冬夜蛾，李石冬夜蛾
Lithophane subtilis Franclemont 雅石冬夜蛾
Lithophane tarda (Barnes *et* Benjamin) 美石冬夜蛾
Lithophane tephrina Franclemont 浅色石冬夜蛾
Lithophane tepida Grote 暖石冬夜蛾
Lithophane thaxteri Grote [Thaxter's pinion] 纹石冬夜蛾
Lithophane thujae Webster *et* Thomas [cedar pinion] 雪松石冬夜蛾
Lithophane torrida (Smith) 枯石冬夜蛾
Lithophane trimorpha Hreblay *et* Ronkay 三型石冬夜蛾，三型石夜蛾
Lithophane unimoda (Lintner) [dowdy pinion] 暗翅石冬夜蛾
Lithophane ustulata (Butler) 焦石冬夜蛾
Lithophane vanduzeei (Barnes) 范氏石冬夜蛾
Lithophane venusta (Leech) 丽石冬夜蛾，亮石冬夜蛾
Lithophane venusta venusta (Leech) 丽石冬夜蛾指名亚种
Lithophane venusta yazakii Yoshimoto 丽石冬夜蛾矢崎亚种，水青冬夜蛾，水青石夜蛾
Lithophane violascens Hreblay *et* Ronkay 猖石冬夜蛾
Lithophane viridipallens Grote [pale green pinion] 浅绿石冬夜蛾
Lithophilinae 四节瓢虫亚科
Lithophilini 四节瓢虫族
lithophilous 适石的，喜石的
Lithophilus 四节瓢虫属
Lithophilus kozlovi Barovshy 厚缘四节瓢虫
Lithophilus villosus Faldermann 多毛四节瓢虫
Lithopolia 狸夜蛾属
Lithopolia albistigma Hreblay *et* Ronkay 白斑狸夜蛾
Lithopolia confusa (Wileman) 黑狸夜蛾
Lithosaphonecrus 柯客瘿蜂属，石瘿蜂属，胸横刻瘿蜂属
Lithosaphonecrus arcoverticus Liu, Zhu *et* Pang 拱顶柯客瘿蜂
Lithosaphonecrus dakengi Tang *et* Pujade-Villar 达氏柯客瘿蜂，达氏石瘿蜂
Lithosaphonecrus decarinatus Liu, Zhu *et* Pang 光额柯客瘿蜂
Lithosaphonecrus edurus Fang, Melika *et* Tang 粗瘿柯客瘿蜂
Lithosaphonecrus formosanus Melika *et* Tang 台湾柯客瘿蜂，台湾石瘿蜂
Lithosaphonecrus huisuni Tang, Bozsó *et* Melika 孙氏柯客瘿蜂，孙氏石瘿蜂
Lithosaphonecrus puigdemonti Pujade-Villar 蒲氏柯客瘿蜂，蒲氏胸横刻瘿蜂
Lithosaphonecrus vietnamensis (Abe, Ide, Konishi *et* Ueno) 越南柯客瘿蜂
Lithosaphonecrus yunnani Tang, Bozsó *et* Melika 云南柯客瘿蜂，云南胸横刻瘿蜂
Lithosarctia 灯苔蛾属
Lithosarctia honei Daniel 霍灯苔蛾
Lithosarctia yalbulum (Oberthür) 白灯苔蛾，白遇灯蛾 <此种学名曾误写为 *Lithosarctia y-albulum* (Oberthür)>
lithosere [= litharch sere] 石生演替系列
Lithosia 苔蛾属
Lithosia likiangica (Daniel) 丽江苔蛾，丽江土苔蛾

L

Lithosia lungtanica Daniel 龙潭苔蛾，龙潭土苔蛾
Lithosia postmaculosa Matsumura 两色苔蛾，两色颚苔蛾
Lithosia quadra (Linnaeus) [large footman] 四点苔蛾，方土苔蛾
Lithosia subcosteola Druce 缘黄苔蛾
Lithosia tetragona Walker 见 *Thysanoptyx tetragona*
lithosiid 1. [= lithosiid moth, lichen moth, footman moth] 苔蛾 < 苔蛾科 Lithosiidae 昆虫的通称 >; 2. 苔蛾科的
lithosiid moth [= lithosiid, lichen moth, footman moth] 苔蛾
Lithosiidae 苔蛾科
Lithosiinae 苔蛾亚科
Lithosiini 苔蛾族
Lithostege 爪胫尺蛾属
Lithostege chaoticaria Alphéraky 赵爪胫尺蛾
Lithostege coassata (Hübner) 合爪胫尺蛾
Lithostege coassata coassata (Hübner) 合爪胫尺蛾指名亚种
Lithostege coassata mongolica Vojnits 合爪胫尺蛾蒙古亚种，蒙合爪胫尺蛾
Lithostege flavicornata Zeller 见 *Lithostege infuscata flavicornata*
Lithostege infuscata Evans 无斑爪胫尺蛾
Lithostege infuscata flavicornata Zeller 无斑爪胫尺蛾黄角亚种，黄角爪胫尺蛾
Lithostege infuscata infuscata Evans 无斑爪胫尺蛾指名亚种
Lithostege mesoleucata Püngeler 带爪胫尺蛾
Lithostege narynensis Prout 白爪胫尺蛾
Lithostege pallescens Staudinger 淡爪胫尺蛾
Lithostege staudingeri Erschoff 斯爪胫尺蛾
Lithostege usgentaria Christoph 斜纹爪胫尺蛾，乌爪胫尺蛾
Lithostege usgentaria ignorata Staudinger 斜纹爪胫尺蛾暗色亚种，伊乌爪胫尺蛾
Lithostege usgentaria usgentaria Christoph 斜纹爪胫尺蛾指名亚种
Lithostege verbosaria Xue 弥爪胫尺蛾
Lithotactis calligastra Meyrick 卡里举肢蛾
Lithurginae 刺胫蜂亚科
Lithurgini 刺胫蜂族
Lithurgus 刺胫蜂属
Lithurgus atratus Smith 黑刺胫蜂
Lithurgus collaris Smith 领刺胫蜂，白带切叶蜂
Lithurgus cornutus (Fabricius) 额突刺胫蜂
Lithurgus schauinslandi Alfken 邵氏刺胫蜂
Lithurgus xishuangense Wu 西双刺胫蜂
Litinga 缕蛱蝶属
Litinga cottini (Oberthür) 缕蛱蝶
Litinga cottini albata Watkins 缕蛱蝶云南亚种
Litinga cottini arayai (Yoshino) 缕蛱蝶四川亚种
Litinga cottini berchmansi (Kotsch) 缕蛱蝶贝氏亚种，贝缕蛱蝶
Litinga cottini cottini (Oberthür) 缕蛱蝶指名亚种
Litinga cottini sinensis (Bang-Haas) 缕蛱蝶中华亚种，华缕蛱蝶
Litinga cottini zhon (Yoshino) 缕蛱蝶西藏亚种
Litinga mimica (Poujade) 拟缕蛱蝶
Litobrenthia 石舞蛾属
Litobrenthia grammodes Diakonoff 草纹石舞蛾
Litobrenthia stephanephora Diakonoff 石舞蛾
Litobrenthia tetartodipla (Diakonoff) 四石舞蛾，四布雕翅蛾
Litocerus 均棒长角象甲属，均棒长角象属
Litocerus adelphus Wolfrum 亲均棒长角象甲，亲均棒长角象
Litocerus ambustus Wolfrum 恩均棒长角象甲，恩均棒长角象
Litocerus bicuspis Jordan 拜均棒长角象甲，拜均棒长角象
Litocerus communis Jordan 共均棒长角象甲
Litocerus communis communis Jordan 共均棒长角象甲指名亚种，指名共均棒长角象甲
Litocerus dysallus Jordan 歹均棒长角象甲，歹均棒长角象
Litocerus histrio Gyllenhal 希均棒长角象甲，希均棒长角象
Litocerus laxus (Sharp) 拉均棒长角象甲，拉均棒长角象
Litocerus propinquus Wolfrum 邻均棒长角象甲，邻均棒长角象
Litocerus securus (Boheman) 斧均棒长角象甲，斧均棒长角象
Litocerus sticticus Jordan 斑均棒长角象甲，斑均棒长角象
Litocerus tokarensis Shibata 托均棒长角象甲，托均棒长角象
Litocerus tokarensis ogasawaranus Shibata 托均棒长角象甲小笠原亚种
Litocerus tokarensis tokarensis Shibata 托均棒长角象甲指名亚种
Litocerus tokarensis yoshimii Shibata 托均棒长角象甲藤原亚种，约托均棒长角象
Litocerus tuberculatus Shibata 突均棒长角象甲，突均棒长角象
Litochila 里姬蜂属
Litochila carbonaria (Smith) 碳里姬蜂
Litochila flavipes Kaur 黄里姬蜂
Litochila guizhouensis He *et* Chen 贵州里姬蜂
Litochila jezonica (Uchida) 阶里姬蜂
Litochila nohirai (Uchida) 黄足里姬蜂
Litochila sinensis Kaur 中华里姬蜂
Litochrus 利姬花甲属
Litochrus championi Hetschko 张利姬花甲
Litocladius 利突摇蚊属
Litocladius liangae Lin, Qi *et* Wang 梁氏利突摇蚊
Litoglossa 亚光隐翅甲属
Litoglossa chinensis Pace 中华亚光隐翅甲
Litoligia 斑禾夜蛾属
Litoligia fodinae (Oberthür) 斗斑禾夜蛾，福禾夜蛾
Litomastix 同 *Copidosoma*
Litomastix dailinicus Liao 见 *Copidosoma dailinicus*
Litomastix heliothis Liao 见 *Copidosoma heliothis*
Litomastix maculata Ishii 同 *Copidosoma floridanum*
Litomastix peregrinus Mercet 见 *Copidosoma peregrinus*
Litosomini 小象甲族，侏象甲族，侏象族
Litostilbus 小姬花甲属
Litostilbus festivus (Motschulsky) 灿小姬花甲，灿姬花甲
Litotetothrips 率管蓟马属，值皮蓟马属
Litotetothrips hainanensis Feng *et* Guo 海南率管蓟马
Litotetothrips medangteja Kudô 黄胫率管蓟马
Litotetothrips pasaniae Kuroaswa 帕斯率管蓟马，苦槠值皮蓟马，栲树率值皮蓟马，缺缨率管蓟马
Litotetothrips rotundus (Moulton) 圆率管蓟马，樟值皮蓟马
Litotetothrips shoreae Mound 婆罗双率管蓟马
Litroscelinae 似织亚科
litter 1. 蚕沙，蚕渣；2. 枯败枝叶层
litter bug [= giant burrowing cockroach, Australian rhinoceros cockroach, *Macropanesthia rhinoceros* Saussure] 犀牛巨弯翅蠊，犀牛蟑螂，犀牛蜚蠊，澳洲犀牛蟑螂，巨型挖洞蟑螂
litter-cleaning 除沙 < 养蚕的 >

litter-cleaning machine 除沙机 <养蚕的>
litter-cleaning net 除沙网 <养蚕的>
littera skipper [*Clito littera* (Mabille)] 叶帜弄蝶
little 17-year cicada [*Magicicada septendecula* Alexander *et* Moore] 小秀蝉
little acraea [*Acraea axina* Westwood] 斧珍蝶
little ash beetle [*Acanthocnemus noricans* (Hope)] 黑热萤
little banded yeoman [*Paduca fasciata* (Felder *et* Felder)] 珀蛱蝶，琥珀蛱蝶，台东黄线蝶
little banner [*Nica flavilla* Hübner] 黄尼克蛱蝶
little bar [*Cigaritis brunnea* (Jackson)] 小席灰蝶
Little Barrier giant weta [= wetapunga giant weta, wetapunga, *Deinacrida heteracantha* White] 异刺巨沙螽
little bear moth [= brachodid moth, brachodid] 短翅蛾，短躯蛾 <短翅蛾科 Brachodidae 昆虫的通称>
little beech piercer [= Weir's piercer moth, *Strophedra weirana* Douglas] 韦氏曲小卷蛾
little black ant [= tiny black ant, *Monomorium minimum* (Buckley)] 小黑家蚁，小黑蚁
little blue [= small blue, *Cupido minimus* (Füssly)] 小枯灰蝶，枯灰蝶
little blue cattle louse [= small blue cattle louse, hairy cattle louse, tubercle-bearing louse, *Solenopotes capillatus* Enderlein] 侧管管虱，牛管虱，小短鼻牛虱，水牛盲虱
little blue dartlet [= azure dartlet, *Amphiallagma parvum* (Sélys)] 天蓝安蟌
little branded swift [= obscure branded swift, rice skipper, *Pelopidas agna* (Moore)] 南亚谷弄蝶，尖翅褐弄蝶，尖翅谷弄蝶，南亚稻苞虫，尖翅褐弄蝶
little carpenterworm moth [= lesser oak carpenter worm, *Prionoxystus macmurtrei* (Guérin-Méneville)] 栎小木蠹蛾，小木蠹蛾
little cerulean oakblue [*Arhopala ammonides* (Doherty)] 安娆灰蝶，娥俳灰蝶
little charax es [*Charaxes baumanni* Rogenhfer] 博曼螯蛱蝶
little commodore [*Junonia sophia* (Fabricius)] 沙菲眼蛱蝶
little conch [*Cochylis dubitana* (Hübner)] 小纹卷蛾
little earwig [= labiid earwig, lesser earwig, labiid] 姬螋 <姬螋科 Labiidae 昆虫的通称>
little epitola [*Epitola zelza* Hewitson] 佐蛱灰蝶
little false apollo [*Archon apollinaris* (Staudinger)] 阿波罗帅绢蝶
little fire ant [= electric ant, *Wasmannia auropunctata* (Roger)] 小瓦火蚁，小火蚁
little fritillary [*Melitaea asteria* Freyer] 小网蛱蝶，阿斯网蛱蝶
little glassywing [*Pompeius verna* (Edwards)] 黑庞弄蝶
little hairtail [*Anthene minima* (Trimen)] 小尖角灰蝶
little hickory aphid [= blackmargined aphid, blackmargined pecan aphid, black-margined aphid, black margined yellow pecan aphid, *Monellia caryella* (Fitch)] 黑缘平翅斑蚜，小山核桃平翅斑蚜，侧平翅斑蚜，黄蚜
little house fly [*Fannia canicularis* (Linnaeus)] 夏厕蝇，黄腹厕蝇，黄腹厩蝇，小毛厕蝇，小家蝇
little jaune [= tailed orange, *Eurema proterpia* (Fabricius)] 矩黄粉蝶
little mapwing 1. [*Cyrestis themire* Honrath] 黑缘丝蛱蝶；2. [= orange straight-line mapwing, *Cyrestis lutea* (Zinken)] 黄丝蛱蝶
little oak piercer [= dark silver-striped piercer moth, *Strophedra nitidana* (Fabricius)] 栎曲小卷蛾
little orange tip [= small orange tip, *Colotis etrida* Boisduval] 小橙角珂粉蝶
little oregon skipper [= mardon skipper, cascades skipper, *Polites mardon* (Edwards)] 橙斑玻弄蝶
little pine broader big aphid [*Cinara minoripinihabitans* Zhang] 小居松长足大蚜
little sailer 1. [*Neptis puella* Aurivillius] 小环蛱蝶；2. [*Dynamine ate* (Godman *et* Salvin)] 小八字纹权蛱蝶
little sulfur [= little yellow, little sulphur, *Eurema lisa* (Boisduval *et* LeConte)] 丽莎黄粉蝶
little sulphur 见 little sulfur
little tanmark [= lupina emesis, *Emesis lupina* (Godman *et* Salvin)] 陆螟蚬蝶
little tiger blue [= Balkan pierrot, *Tarucus balkanicus* (Freyer)] 巴尔干藤灰蝶
little-triangle kite-swallowtail [*Eurytides agaiari* (d'Almeida)] 阿白阔凤蝶
little underwing [*Catocala minuta* Edwards] 小裳夜蛾
little wife underwing [*Catocala muliercula* Guenée] 妇裳夜蛾
little wood satyr [*Megisto cymela* (Cramer)] 小蒙眼蝶，蒙眼蝶
little yellow 见 little sulfur
little yellow ant [*Plagiolepis alluaudi* Emery] 阿禄斜结蚁，阿禄斜蚁，阿禄斜山蚁
little yeoman [*Cirrochroa surya* Moore] 素雅辘蛱蝶
littler largest dart [*Paronymus xanthioides* (Holland)] 小印弄蝶
littlest nymph [*Euriphene goniogramma* Karsch] 角翅幽蛱蝶
littoralia 滨水类 <常指半翅目昆虫之生活于水滨者>
Littorimus 四节长泥甲属，四节泥虫属
Littorimus dilutissimus (Reitter) 见 *Augyles dilutissimus*
Littorimus holdhausi (Mamitza) 见 *Augyles holdhausi*
Littorimus manfredjaechi Mascagni 见 *Augyles manfredjaechi*
Littorimus sinensis (Grouvelle) 见 *Augyles sinensis*
Littorimus taiwanensis Mascagni 见 *Augyles taiwanensis*
litura [pl. liturae] 模糊点
Litura 李叶蝉属
Litura tripunctata (Li) 三斑李叶蝉，三斑菱纹叶蝉
liturae [s. litura] 模糊点
liturate [= lituratus] 具模糊点的
lituratus 见 liturate
liturgusid 1. [= liturgusid mantis, liturgusid mantid] 攀螳 <攀螳科 Liturgusidae 昆虫的通称>；2. 攀螳科的
liturgusid mantid [= liturgusid mantis, liturgusid] 攀螳
liturgusid mantis 见 liturgusid mantid
Liturgusidae 攀螳科
Liturgusinae 攀螳亚科，短螳螂亚科
Litus 大棒缨小蜂属
Litus argentinus (Ogloblin) 阿根廷大棒缨小蜂
Litus camptopterus Novicky 曲翅大棒缨小蜂
Litus cynipseus Haliday 短索大棒缨小蜂，假大棒缨小蜂
Litus distinctus Botoc 奇大棒缨小蜂
Liuaspis 刘链蚧属
Liuaspis sinensis Borchsenius 中华刘链蚧

Liucoccus 刘粉蚧亚属，刘粉蚧属，景粉蚧属
Liucoccus ehrhornioides Borchsenius 见 *Mirococcopsis ehrhornioides*
Liuopsylla 柳氏蚤属
Liuopsylla clavula Xie *et* Duan 杆形柳氏蚤
Liuopsylla conica Zhang, Wu *et* Liu 锥形柳氏蚤
liuopsyllid 1. [= liuopsyllid flea] 柳氏蚤 < 柳氏蚤科 Liuopsyllidae 昆虫的通称 >; 2. 柳氏蚤科的
liuopsyllid flea [= liuopsyllid] 柳氏蚤
Liuopsyllidae 柳氏蚤科
Liuopsyllinae 柳氏蚤亚科
Liusus 留隐翅甲属
Liusus hilleri (Weise) 希留隐翅甲
Liusus humeralis Matsumura 肩留隐翅甲
Liuyelis 短角蚁甲属
Liuyelis camponotophila Yin *et* Nomura 喜蚁短角蚁甲
Livasca 阔板叶蝉亚属
live insect 活虫
live specimen 活标本
Livia 扁木虱属
Livia circulilocula Li 圆室扁木虱
Livia keratocola Li 角凹扁木虱
Livia khaziensis Heslop-Harrison 灯芯草木虱
Livia latifasca Li 宽带扁木虱
Livia myriosticta Li 多斑扁木虱
Livia nigra Klimaszewski 同 *Livia khaziensis*
Livia obstipa Li 弧凹扁木虱
Livia pinicola Li 马尾松扁木虱
Livia rhyssoptera Li 皱翅扁木虱
livid slender moth [*Caloptilia falconipennella* (Hübner)] 栎青丽细蛾，栎青花细蛾
liviid 1. 扁木虱 < 扁木虱科 Liviidae 昆虫的通称 >; 2. 扁木虱科的
Liviidae 扁木虱科，平头木虱科
Liviinae 扁木虱亚科，平头木虱亚科
living-beech borer [*Goes pulverulentus* (Haldeman)] 山毛榉戈天牛
living-hickory borer [*Goes pulcher* (Haldeman)] 山核桃戈天牛
Livingstone's sailer [*Neptis livingstonei* Suffert] 利文斯敦环蛱蝶
Livipurpurata 兰紫姬蜂属
Livipurpurata dentiexserta Wang 齿突兰紫姬蜂
Livius daggerwing [*Marpesia livius* (Kirby)] 蓝灰凤蛱蝶
Lixinae 筒喙象甲亚科，筒喙象亚科，方喙象亚科
Lixini 筒喙象甲族，筒喙象族
Lixophaga 利索寄蝇属
Lixophaga cinctella (Mesnil) 小带利索寄蝇
Lixophaga cinerea Yang 灰利索寄蝇
Lixophaga diatraeae (Townsend) 螟蛾利索寄蝇
Lixophaga dyscerae Shi 象虫利索寄蝇，象甲利索寄蝇
Lixophaga fallax Mesnil 伪利索寄蝇
Lixophaga latigena Shima 宽颊利索寄蝇
Lixophaga parva Townsend 螟利索寄蝇
Lixophaga villeneuvei (Baranov) 维氏利索寄蝇，维氏纤芒寄蝇
Lixus 筒喙象甲属
Lixus acutipennis (Roelofs) 尖翅筒喙象甲，尖翅筒喙象
Lixus aethiops (Herbst) 埃塞筒喙象甲，埃塞筒喙象
Lixus akonis Kôno 甘蔗细象甲，阿珂筒喙象
Lixus amurensis Faust 黑龙江筒喙象甲，黑龙江筒喙象
Lixus antennatus Motschulsky 钝圆筒喙象甲，钝圆筒喙象
Lixus ascanii (Linnaeus) 雀斑筒喙象甲，雀斑筒喙象
Lixus auriculatus Sahlberg 耳状筒喙象甲，耳状筒喙象
Lixus brachyrrhinus Boheman 短铗筒喙象甲，短铗筒喙象
Lixus cleonoides Chittenden 楤筒喙象甲，楤筒喙象
Lixus concavus Say [rhubarb curculio] 大黄筒喙象甲，大黄象甲
Lixus depressipennis Roelofs 扁翅筒喙象甲，扁翅筒喙象
Lixus distortus Csiki 三带筒喙象甲，三带筒喙象
Lixus divaricatus Motschulsky 大筒喙象甲，大筒喙象
Lixus fairmairei Faust 锥喙筒喙象甲，锥喙筒喙象
Lixus formaneki Reitter 福氏筒喙象甲，福氏筒喙象
Lixus hauseri Voss 豪氏筒喙象甲，豪氏筒喙象
Lixus humerosus Voss 天目山筒喙象甲，天目山筒喙象
Lixus impressiventris Roelofs 扁腹筒喙象甲，扁腹筒喙象
Lixus kuatunensis Voss 挂墩筒喙象甲，挂墩筒喙象
Lixus lautus Voss 白条筒喙象甲，白条筒喙象
Lixus maculatus Roelofs 斑筒喙象甲，斑筒喙象
Lixus mandarinus Kôno 大陆筒喙象甲，大陆筒喙象
Lixus mandarinus fukienensis Voss 大陆筒喙象福建亚种，圆筒筒喙象甲，圆筒筒喙象
Lixus mandarinus mandarinus Kôno 大陆筒喙象指名亚种
Lixus moiwanus Kôno 长尖筒喙象甲，长尖筒喙象
Lixus obliquivittis Voss 斜纹筒喙象甲，斜纹筒喙象
Lixus ochraceus Boheman 油菜筒喙象甲，油菜筒喙象
Lixus rufitibialis Kôno 见 *Hypolixus rufitibialis*
Lixus scolymi Olivier 斯氏筒喙象甲，斯氏菊花象
Lixus subcuspidatus Voss 尖筒喙象甲，尖筒喙象
Lixus subtilis Boheman 甜菜筒喙象甲，甜菜筒喙象
Lixus vetula Fabricius 老筒喙象甲，老筒喙象
Lixus yunnanensis Voss 云南筒喙象甲，云南筒喙象
lizard barklouse [= caeciliusid bark louse, caeciliusid] 单蜥 < 单蜥科 Caeciliusidae 昆虫的通称 >
lizard beetle [= languriid beetle, languriid] 拟叩甲，蜥甲 < 拟叩甲科 Languriidae 昆虫的通称 >
LLIN [long-lasting insecticide-treated net 的缩写] 长效带药蚊帐
Llorente et luis [Exoplisia azuleja Callaghan, occidental metalmark] 西爻蚬蝶
LMB [large spherical multi-celled brochosome 的缩写] 多室大球形网粒体
LN [local interneuron 的缩写] 局域中间神经元
Lopaphus 股蝻属
Lopaphus micropterus Ho 微翅股蝻
Lopaphus shenglii Ho 胜利股蝻
loammi skipper [= southern dusted skipper, *Atrytonopsis loammi* (Whitney)] 白带墨弄蝶
lobation 叶状性
Lobatomixis hickerianus Wittmer 见 *Hypebaeus hickerianus*
Lobatomixis niger Wittmer 见 *Hypebaeus niger*
lobe [= lobus; pl. lobi] 叶，叶突
lobe of pronotum 前胸背板叶
lobed evening brown [= dusky evening brown, *Gnophodes chelys* (Fabricius)] 隐带钩眼蝶
lobed skipper [*Osphantes ogowena* (Mabille)] 多哥弄蝶

lobelet 小叶突
lobelia dagger moth [= greater oak dagger moth, *Acronicta lobeliae* Guenée] 橡剑纹夜蛾
Lobella 叶姚属
Lobella aphoruroides (Yoshii) 阿叶姚，阿罗叶姚
Lobella fusa Jiang, Wang *et* Xia 合叶姚
Lobella montana Deharveng *et* Weiner 山叶姚
Lobella nanjingensis Ma *et* Chen 南京叶姚
Lobella paraminuta Deharveng *et* Weiner 吉林叶姚
Loberus 叶大蕈甲属
Loberus marginicollis (Grouvelle) 缘叶大蕈甲，缘叶隐食甲，缘格隐食甲
Lobesia 花翅小卷蛾属
Lobesia aeolopa Meyrick 见 *Lobesia* (*Lobesia*) *aeolopa*
Lobesia ambigua Diakonoff 见 *Lobesia* (*Lobesia*) *ambigua*
Lobesia atsushii Bae 岛花翅小卷蛾
Lobesia bicinctana (Duponchel) 见 *Lobesia* (*Lobesia*) *bicinctana*
Lobesia botrana (Denis *et* Schiffermüller) [European grapevine moth, grape fruit moth, vine moth] 葡萄花翅小卷蛾，葡萄小卷蛾，葡萄小卷叶蛾，葡萄缀穗蛾
Lobesia coccophaga Falkovitsh 见 *Lobesia* (*Neolobesia*) *coccophaga*
Lobesia cunninghamiacola (Liu *et* Bai) 见 *Lobesia* (*Neodasyphora*) *cunninghamiacola*
Lobesia genialis Meyrick 见 *Lobesia* (*Lomaschiza*) *genialis*
Lobesia incystata Liu *et* Yang 见 *Lobesia* (*Lobesia*) *incystata*
Lobesia lithogonia Diakonoff 见 *Lobesia* (*Lobesia*) *lithogonia*
Lobesia* (*Lobesia*) *aeolopa Meyrick 榆花翅小卷蛾，黄斑小卷蛾，黄斑花翅小卷蛾
Lobesia* (*Lobesia*) *ambigua Diakonoff 桑花翅小卷蛾
Lobesia* (*Lobesia*) *bicinctana (Duponchel) 葱花翅小卷蛾，双带花翅小卷蛾
Lobesia* (*Lobesia*) *globosterigma Liu *et* Bae 球花翅小卷蛾
Lobesia* (*Lobesia*) *incystata Liu *et* Yang 云南油杉花翅小卷蛾
Lobesia* (*Lobesia*) *lithogonia Diakonoff 樱花翅小卷蛾，利花翅小卷蛾
Lobesia* (*Lobesia*) *longisterigma Liu *et* Bae 长花翅小卷蛾
Lobesia* (*Lobesia*) *macroptera Liu *et* Bae 巨花翅小卷蛾
Lobesia* (*Lobesia*) *pyriformis Bae *et* Park 梨花翅小卷蛾
Lobesia* (*Lobesia*) *reliquana (Hübner) 花翅小卷蛾
Lobesia* (*Lobesia*) *sutteri Diakonoff 印花翅小卷蛾
Lobesia* (*Lobesia*) *virulenta Bae *et* Komai 落叶松花翅小卷蛾
Lobesia* (*Lobesia*) *yasudai Bae *et* Komai 保花翅小卷蛾
Lobesia* (*Lomaschiza*) *genialis Meyrick 双突花翅小卷蛾，锦花翅小卷蛾
Lobesia* (*Lomaschiza*) *kurokoi Bae 黑花翅小卷蛾
Lobesia mechanodes (Meyrick) 桑芽花翅小卷蛾，桑芽小卷蛾
Lobesia monotana Diakonoff 单花翅小卷蛾
Lobesia* (*Neodasyphora*) *cunninghamiacola (Liu *et* Bai) 杉梢花翅小卷蛾，杉梢小卷蛾
Lobesia* (*Neolobesia*) *coccophaga Falkovitsh 忍冬花翅小卷蛾，柯花翅小卷蛾
Lobesia peplotoma Meyrick 佩花翅小卷蛾
Lobesia postica Bae 后花翅小卷蛾
Lobesia reliquana (Hübner) [oak marble] 花翅小卷蛾
Lobesia sutteri Diakonoff 苏花翅小卷蛾
Lobesia thlastopa Meyrick 斯花翅小卷蛾
Lobesia virulenta Bae *et* Komai 见 *Lobesia* (*Lobesia*) *virulenta*
Lobesiae 花翅小卷蛾亚族
lobi [s. lobe, lobus] 叶，叶突
Lobitermes 叶白蚁属
Lobitermes emei Gao, Zhu, Gong *et* Han 峨眉叶白蚁
Lobitermes nigrifrons Tsai *et* Chen 黑额叶白蚁，黑额树白蚁
loblolly pine mealybug [pine-feeding mealybug, *Oracella acuta* (Lobdell)] 湿地松粉蚧，火炬松粉蚧
loblolly pine sawfly [= Arkansas pine sawfly, *Neodiprion taedae linearis* Ross] 火炬松新松叶蜂阿肯色亚种，阿肯色新松叶蜂，火炬松锯角叶蜂
Lobocaecilius 劳叉蛄属
Lobocaecilius bifurcus Li 双叉劳叉蛄
Lobocaecilius perductivirgus Li 横带劳叉蛄
Lobocaecilius quadripartitus Li 四裂劳叉蛄，四裂劳蛄，四裂劳啮虫
Lobocentrus 齿瓣角蝉属
Lobocentrus triangularis Chou *et* Yuan 三角齿瓣角蝉
Lobocentrus zonatus Stål 带齿瓣角蝉，带叶角蝉，藤枝角蝉
Lobocla 带弄蝶属
Lobocla bifasciata (Bremer *et* Grey) 双带弄蝶
Lobocla bifasciata bifasciata (Bremer *et* Grey) 双带弄蝶指名亚种，指名双带弄蝶
Lobocla bifasciata kodairai Sonan 双带弄蝶白纹亚种，柯双带弄蝶，白纹弄蝶，带弄蝶，前黄弄蝶
Lobocla contracta (Leech) 束带弄蝶
Lobocla frater Oberthür 弗带弄蝶
Lobocla germana (Oberthür) 曲纹带弄蝶
Lobocla liliana (Atkinson) [marbled flat] 黄带弄蝶
Lobocla liliana ignatius Plötz [West Himalayan marbled flat] 黄带弄蝶西喜亚种
Lobocla liliana liliana (Atkinson) 黄带弄蝶指名亚种，指名黄带弄蝶
Lobocla nepos (Oberthür) 弓带弄蝶，内带弄蝶
Lobocla nepos nepos (Oberthür) 弓带弄蝶指名亚种
Lobocla nepos phyllis Hemming 弓带弄蝶食叶亚种
Lobocla proxima (Leech) 嵌带弄蝶，近优弄蝶
Lobocla quadripunctata Fan *et* Wang 四纹带弄蝶
Lobocla simplex (Leech) 简纹带弄蝶，简优弄蝶
Lobodera schusteri Reichardt 见 *Penthicus* (*Myladion*) *schusteri*
Lobodiplosis coccidarum Felt 同 *Diadiplosis coccidarum*
Lobogonia 角叶尺蛾属
Lobogonia aculeata Wileman 尖角叶尺蛾，尖尾角叶尺蛾
Lobogonia ambusta Warren 安角叶尺蛾
Lobogonia bilineata Wileman 双线角叶尺蛾
Lobogonia conspicuaria Leech 显角叶尺蛾
Lobogonia formosana (Bastelberger) 台湾角叶尺蛾，台湾四带尺蛾
Lobogonia parallelaria Leech 平行角叶尺蛾
Lobogonia pseudomacariata Poujade 伪玛角叶尺蛾，伪玛艾尔尺蛾
Lobogonia sphagnata Bastelberger 斯角叶尺蛾，散点角叶尺蛾
Lobogonia subfasciaria Wehrli 见 *Syzeuxis subfasciaria*
Lobogonodes 角尺蛾属

Lobogonodes complicata (Butler) 见 *Microlygris complicata*
Lobogonodes complicata complicata (Butler) 见 *Microlygris complicata complicata*
Lobogonodes complicata dactylotypa Prout 见 *Microlygris complicata dactylotypa*
Lobogonodes multistriata clasis Prout 见 *Microlygris multistriata clasis*
Lobogonodes permarmorata (Bastelberger) 大角尺蛾，白斑角尺蛾，白斑波尺蛾
Lobogonodes taiwana (Wileman *et* South) 台湾角尺蛾，台湾四线波尺蛾，台回纹尺蛾
Lobonyx 洛细花萤属
Lobonyx guerryi (Pic) 盖氏洛细花萤，够尤洛花萤
Loboparius 叶金龟甲属，叶颊蜉金龟亚属
Loboparius globulus (Harold) 小球叶金龟甲，小球蜉金龟
Lobophora 叶尺蛾属
Lobophora clypeata Yazaki *et* Huang 科叶尺蛾
Lobophora coartata Püngeler 见 *Nothocasis coartata*
Lobophora consobrinaria Leech 见 *Trichopterigia consobrinaria*
Lobophora grisearia Leech 见 *Trichopteryx grisearia*
Lobophora halteratta (Hüfnagel) 平衡叶尺蛾
Lobophora nivigerata Walker 雪叶尺蛾
Lobophora pulcherrima Swinhoe 见 *Trichopterigia pulcherrima*
Lobophora rufinotata Butler 见 *Trichopterigia rufinotata*
Lobophora terranea Butler 见 *Trichopteryx terranea*
Lobophora ustata Christoph 见 *Trichopteryx ustata*
Lobophora volitans Butler 见 *Esakiopteryx volitans*
Lobophoriini 叶尺蛾族，角叶尺蛾
Lobophorodes 拟叶尺蛾属
Lobophorodes odontodes Xue 锯拟叶尺蛾
Lobophorodes undulans Hampson 波纹拟叶尺蛾，波拟叶尺蛾
Lobopterella 红蠊属
Lobopterella dimidiatipes (Bolívar) 双斑红蠊，双斑红姬蠊
Lobopteromyia venae Felt 脉拟叶尺蛾
Loboscelidia 叶腿青蜂属
Loboscelidia artigena Lin 同 *Loboscelidia maai*
Loboscelidia asiana Kimsey 亚细亚叶腿青蜂
Loboscelidia guangxiensis Xu, Weng *et* He 广西叶腿青蜂
Loboscelidia hei Liu, Yao *et* Xu 何氏叶腿青蜂
Loboscelidia latigena Lin 同 *Loboscelidia maai*
Loboscelidia levigata Yao *et* Liu 平叶腿青蜂
Loboscelidia longivena Li *et* Xu 长脉叶腿青蜂
Loboscelidia maai (Lin) 马氏叶腿青蜂
Loboscelidia orbiculata Yao, Liu *et* Xu 圆头叶腿青蜂
Loboscelidia sinensis Kimsey 华叶腿青蜂
Loboscelidia striolata Yao, Liu *et* Liu 脊叶腿青蜂
Loboscelidia zengae Yao, Liu *et* Liu 曾氏叶腿青蜂
Loboscelidia zhejiangensis Yao, Liu *et* Xu 浙江叶腿青蜂
Loboschiza 楝小卷蛾属
Loboschiza koenigiana (Fabricius) [orange tortricid moth, leaf webber] 苦楝小卷蛾，络播小卷蛾，柯岔小卷蛾
Lobosmittia 洛施密摇蚊属
Lobosmittia takahashii (Tokunaga) 高桥洛施密摇蚊
Lobothorax altaicus (Gebler) 见 *Penthicus* (*Aulonolcus*) *altaicus*
Lobothorax altaicus sulcibasis Reitter 同 *Penthicus* (*Aulonolcus*) *altaicus*
Lobothorax cribellatus (Fairmaire) 见 *Penthicus* (*Aulonolcus*) *cribellatus*
Lobothorax netuschili Reitter 见 *Penthicus* (*Discotus*) *netuschili*
Lobothorax reitteri Csiki 见 *Penthicus reitteri*
Lobotrachelus 裂片象甲属，裂片象属
Lobotrachelus distinctus Voss 显裂片象甲，显裂片象
Lobotrachelus formosanus Morimoto 台湾裂片象甲，台湾裂片象
Lobotrachelus incallidus Boheman 桉裂片象甲，桉裂片象
Lobotrachelus laporteae Marshall 拉裂片象甲，拉裂片象
Lobotrachelus nudianalis Voss 裸裂片象甲，裸裂片象
Lobotrachelus parcus Marshall 少裂片象甲，少裂片象
Lobotrachelus subfasciatus (Motschulsky) 带裂片象甲，带裂片象
Lobrathium 双线隐翅甲属
Lobrathium ablectum Assing 离斑双线隐翅甲，游双线隐翅甲
Lobrathium anatinum Li *et* Li 鸭嘴茎双线隐翅甲，鸭嘴双线隐翅甲
Lobrathium bidigitatum Assing 叉茎双线隐翅甲，二突双线隐翅甲
Lobrathium bilobatum Assing 双叶双线隐翅甲，叶双线隐翅甲
Lobrathium bimaculatum Li Tang *et* Zhu 同 *Tetartopeus gracilentus*
Lobrathium bipeniculatum Assing 刷双线隐翅甲，二簇双线隐翅甲
Lobrathium bisagittatum Assing 箭纹双线隐翅甲，箭双线隐翅甲
Lobrathium bispinosum Assing 棘刺双线隐翅甲，刺突双线隐翅甲
Lobrathium coalitum Assing 合茎双线隐翅甲，合双线隐翅甲
Lobrathium configens Assing 棒针双线隐翅甲
Lobrathium cornutissimum Assing 角鞭双线隐翅甲，高雄双线隐翅甲
Lobrathium daxuense Assing 大雪山双线隐翅甲
Lobrathium demptum Assing 寡毛双线隐翅甲，降双线隐翅甲
Lobrathium diaoluoense Li *et* Li 吊罗山双线隐翅甲
Lobrathium digitatum Assing 指突双线隐翅甲，指双线隐翅甲
Lobrathium dufui Li *et* Li 杜甫双线隐翅甲，杜氏双线隐翅甲
Lobrathium duplehamatum Assing 南投双线隐翅甲
Lobrathium emeiense Zheng 峨眉双线隐翅甲
Lobrathium extensum Assing 直鞭双线隐翅甲
Lobrathium flexum Assing 曲茎双线隐翅甲
Lobrathium fuiscoguttatum Li, Dai *et* Li 暗双线隐翅甲
Lobrathium furcillatum Assing 叉鞭双线隐翅甲，叉双线隐翅甲
Lobrathium gladiatum Zheng 剑双线隐翅甲
Lobrathium hebeatum Zheng 钝双线隐翅甲
Lobrathium hongkongense (Bernhauer) 香港双线隐翅甲，香港隆线隐翅虫
Lobrathium kedian Peng *et* Li 点双线隐翅甲
Lobrathium kuanicum Assing 宽双线隐翅甲，关山双线隐翅甲
Lobrathium lirunyui Li *et* Li 李氏双线隐翅甲
Lobrathium luoxiaoense Li *et* Li 罗霄双线隐翅甲，罗霄山双线隐翅甲
Lobrathium nigripenne Assing 黑翅双线隐翅甲
Lobrathium partitum (Sharp) 帕双线隐翅甲
Lobrathium pedes Assing 足双线隐翅甲，花莲双线隐翅甲
Lobrathium pengi Li *et* Li 彭氏双线隐翅甲
Lobrathium penicillatum Assing 刷双线隐翅甲，簇双线隐翅甲
Lobrathium quadrum Li, Solodovnikov *et* Zhou 方双线隐翅甲
Lobrathium quyuani Li *et* Li 屈原双线隐翅甲

Lobrathium regulare (Sharp) 见 *Pseudolathra regularis*
Lobrathium rotundiceps (Koch) 圆双线隐翅甲，圆隆线隐翅虫
Lobrathium sibynium (Zheng) 同 *Lobrathium hongkongense*
Lobrathium smetanai Assing 斯氏双线隐翅甲
Lobrathium sororium Assing 拟突缘双线隐翅甲，近双线隐翅甲
Lobrathium spathulatum Assing 铲双线隐翅甲
Lobrathium spoliatum Assing 条双线隐翅甲，掠双线隐翅甲
Lobrathium stimulans Assing 突缘双线隐翅甲，激双线隐翅甲
Lobrathium taiwanense (Watanabe) 台湾双线隐翅甲，台湾隆线隐翅虫
Lobrathium taureum Assing 角茎双线隐翅甲，牛角双线隐翅甲
Lobrathium tortile Zheng 扭茎双线障翅虫，扭双线隐翅甲
Lobrathium tortuosum Li, Solodovnikov *et* Zhou 弧茎双线隐翅甲，弧双线隐翅甲
Lobrathium uncinatum Li *et* Li 钩双线隐翅甲
Lobrathium wui Zheng 同 *Tetartopeus gracilentus*
lobster caterpillar [= crab caterpillar, lobster moth, *Stauropus alternus* Walker] 龙眼蚁舟蛾，弓纹蚁舟蛾，南投天社蛾
lobster moth 1. [= lobster prominent, *Stauropus fagi* (Linnaeus)] 苹蚁舟蛾，苹果天社蛾，珐蚁舟蛾；2. [= crab caterpillar, lobster caterpillar, *Stauropus alternus* Walker] 龙眼蚁舟蛾，弓纹蚁舟蛾，南投天社蛾
lobster prominent [= lobster moth, *Stauropus fagi* (Linnaeus)] 苹蚁舟蛾，苹果天社蛾，珐蚁舟蛾
lobula 视内髓，小叶
lobula plate 小叶板，视内髓板
lobulate 具小叶的
lobule 叶突 < 在介壳虫中，同 lobe >
lobuli [s. lobulus; = alulae] 翅瓣
lobulus [pl. lobuli; = alula] 翅瓣
lobus [= lobe; pl. lobi] 叶，叶突
lobus inferior [= inferior lobe] 下叶；颚下叶
lobus maxilla [= galea, lobus superior, intermaxillaire, maxillary lobe] 外颚叶，下颚叶，下颚间片
lobus superior 见 lobus maxilla
local circuit neuron [= association neurone, internuncial neurone, relay neuron, connector neuron, intermediate neuron, interneuron] 联络神经元，联系神经元，跨节联系神经元，中间神经元
local control 局部防制，局部控制
local infection 局部侵染
local interneuron [abb. LN] 局域中间神经元
local mate competition 局域配偶竞争
local necrosis 局部坏死
local variety 地方种，土种，地方变种
Locastra 缀叶丛螟属
Locastra bryalis Joannis 布缀叶丛螟
Locastra crassipennis Walker 宽翅缀叶丛螟
Locastra elegans Butler 见 *Teliphasa elegans*
Locastra muscosalis (Walker) 缀叶丛螟
Locastra muscosalis bryalis Joannis 见 *Locastra bryalis*
Locastra nigrilineata Rong *et* Li 黑线缀叶丛螟
Locastra solivaga Rong *et* Li 细钩缀叶丛螟
Locastra subtrapezia Rong *et* Li 近梯缀叶丛螟
Locastra viridis Rong *et* Li 绿缀叶丛螟
Locharna 丛毒蛾属
Locharna epiperca Collenette 尾黑丛毒蛾
Locharna flavopica (Chao) 黄黑丛毒蛾，黄黑羽毒蛾
Locharna pica (Chao) 漆黑丛毒蛾，漆黑羽毒蛾
Locharna strigipennis Moore 细纹丛毒蛾，丛毒蛾，黄羽毒蛾，细纹黄毒蛾
Locharnini 带毒蛾族
Lochetica farta Townes 台湾洛克姬蜂
Locheutis 潜织蛾属
Locheutis jiangkouensis Wang 江口潜织蛾
Lochmaea 绿萤叶甲属
Lochmaea capreae (Linnaeus) [willow leaf beetle] 钟形绿萤叶甲，绿萤叶甲 < 此种学名有误写为 *Lochmaea caprea* (Linnaeus) 者 >
Lochmaea crataegi (Förster) 山楂绿萤叶甲，山楂萤叶甲
Lochmaea huanggangana (Yang *et* Wang) 黄岗钟萤叶甲
Lochmaea lesagei Kimoto 勒氏绿萤叶甲
Lochmaea smetanai Kimoto 斯氏绿萤叶甲
Lochmaeata 绿萤叶甲属 *Lochmaea* 的异名
Lochmaeata capreae (Linnaeus) 见 *Lochmaea capreae*
Lochmaeata huanggangana Yang *et* Wang 见 *Lochmaea huanggangana*
loci [s. locus] 位点，基因座位
lock-and-key hypothesis 锁钥学说
locking flange 锁突
locomotor [= locomotory] 运动的
locomotor activity rhythm 动作节律
locomotor mimicry 运动拟态
locomotory 见 locomotor
locus [pl. loci] 位点，基因座位
locust 1. 蝗虫，蝗；2. [= periodical cicada] 秀蝉，周期蝉 < 秀蝉属 *Magicicada* 昆虫的通称 >
locust bean moth [= carob moth, date moth, blunt-winged knot-horn, blunt-winged moth, pomegranate fruit moth, knot-horn moth, *Ectomyelois ceratoniae* (Zeller)] 刺槐荚螟，石榴螟，刺槐籽斑螟
locust borer 1. [= locust stem borer, locust borer beetle, locust tree borer, *Megacyllene robiniae* (Förster)] 刺槐黄带蜂天牛，刺槐天牛；2. [= carpenterworm, Robin's carpenterworm moth, carpenterworm moth, *Prionoxystus robiniae* (Peck)] 刺槐木蠹蛾，洋槐木蠹蛾，榆木蠹蛾
locust borer beetle [= locust borer, locust stem borer, locust tree borer, *Megacyllene robiniae* (Förster)] 刺槐黄带蜂天牛，刺槐天牛
locust clearwing [= western poplar clearwing, *Paranthrene robiniae* (Edwards)] 刺槐准透翅蛾
locust leaf miner [*Odontota dorsalis* (Thunberg)] 刺槐潜叶铁甲，刺槐铁甲，刺槐潜叶甲
locust leafroller [*Nephopterix subcaesiella* (Clemens)] 洋槐云斑螟，刺槐云翅斑螟，刺槐卷叶斑螟
Locust Newsletter 蝗虫通讯 < 期刊名 >
locust stem borer 见 locust borer beetle
locust tree borer 见 locust borer beetle
locust twig borer [*Ecdytolopha insiticiana* Zeller] 洋槐小卷蛾，刺槐小卷蛾，刺槐小卷叶蛾
Locusta 飞蝗属
Locusta migratoria (Linnaeus) [migratory locust] 飞蝗
Locusta migratoria capito (Saussure) [Madagascar locust] 马尔加

什飞蝗，飞蝗马岛亚种

Locusta migratoria cinerascens Fabricius 飞蝗地中海亚种，地中海飞蝗，灰蝗虫

Locusta migratoria manilensis (Meyen) [oriental migratory locust, Asiatic locust] 东亚飞蝗，亚洲飞蝗，飞蝗亚洲亚种

Locusta migratoria migratoria (Linnaeus) 飞蝗指名亚种，亚洲飞蝗

Locusta migratoria migratorioides (Reiche *et* Fairmaire) [African migratory locust, tropical migratory locust] 非洲飞蝗，飞蝗非洲亚种，热带飞蝗

Locusta migratoria tibetensis Chen [Tibetan migratory locust] 西藏飞蝗，飞蝗西藏亚种

locustamyosuppresin 蝗抑肌肽

locustamyotropin 蝗促肌肽

Locustana 拟飞蝗属

Locustana pardalina (Walker) [brown locust] 褐拟飞蝗，褐飞蝗

locustapyrokinin 蝗焦激肽

locustasulfakinin 蝗硫激肽

locustatachykinin 蝗速激肽

locusticide 灭蝗剂，杀蝗剂

Locustidae [= Acridiidae] 蝗科

Locustoidea [= Acridioidea] 蝗总科

Locustodea [= Acridodea] 蝗亚目

locustol 蝗呱酚

Loderus 麦叶蜂属 *Dolerus* 的异名

Loderus acidus MacGillivray 见 *Dolerus acidus*

Loderus acidus acidus MacGillivray 见 *Dolerus acidus acidus*

Loderus acidus mongolicus Muche 见 *Dolerus mongolicus*

Loderus apicalis Wei 见 *Dolerus apicalis*

Loderus coelicola Zhelochovtsev 见 *Dolerus coelicola*

Loderus eversmanni (Kirby) 见 *Dolerus eversmanni*

Loderus formosanus Rohwer 见 *Dolerus formosanus*

Loderus genucinctus (Zaddach) 见 *Dolerus genucinctus*

Loderus pratorum albifrons (Norton) 见 *Dolerus pratorus albifrons*

Loderus pratorum gilvipes Klug 见 *Dolerus gilvipes*

Loderus sadensis Takeuchi 见 *Dolerus sadensis*

Loderus vestigialis apricus (Norton) 见 *Dolerus apricus*

lodgepole cone beetle [*Conophthorus contortae* Hopkins] 卷松果小蠹，卷齿小蠹

lodgepole cone moth [*Eucosma rescissoriana* Heinrich] 扭叶松花小卷蛾

lodgepole needleminer [= lodgepole pine needleminer, *Coleotechnites milleri* (Busck)] 针叶鞘麦蛾，松针麦蛾，松针潜叶麦蛾，针叶曲麦蛾

lodgepole needletier [= jack pine tube moth, pine tube moth, *Argyrotaenia tabulana* Freeman] 短叶松带卷蛾

lodgepole pine beetle [*Dendroctonus murrayanae* Hopkins] 深沟大小蠹，松蛀孔小蠹，穆氏大小蠹

lodgepole pine needleminer 见 lodgepole needleminer

lodgepole-pine tip moth [= ponderosa pine tip moth, *Rhyacionia zozana* (Kearfott)] 西黄松梢小卷蛾

lodgepole sawfly [*Neodiprion burkei* Middleton] 贝克新松叶蜂，勃氏锯角叶蜂

lodgepole terminal weevil [*Pissodes terminalis* Hopping] 榛梢木蠹象甲，顶生松脂象甲，榛梢木蠹象

Lodiana acutistyla Li *et* Wang 见 *Olidiana acutistyla*

Lodiana alata Nielson 见 *Olidiana alata*

Lodiana bigemina Zhang 见 *Olidiana bigemina*

Lodiana biungulata Nielson 见 *Cladolidia biungulata*

Lodiana brevis (Walker) 见 *Olidiana brevis*

Lodiana brevisina Zhang 见 *Olidiana brevisina*

Lodiana brevissima Zhang 见 *Olidiana brevissima*

Lodiana cladopenis Zhang 见 *Cladolidia cladopenis*

Lodiana curvispinata Zhang 见 *Olidiana curvispinata*

Lodiana fasciculata Nielson 见 *Olidiana fasciculata*

Lodiana fissa Nielson 见 *Olidiana fissa*

Lodiana flavocostata Li *et* He 见 *Olidiana flavocostata*

Lodiana flavofascia Zhang 见 *Olidiana flavofascia*

Lodiana flavofasciana Li 见 *Olidiana flavofasciana*

Lodiana fringa Zhang 见 *Olidiana fringa*

Lodiana hainana Cai *et* He 同 *Olidiana flavofascia*

Lodiana halberta Li 见 *Olidiana halberta*

Lodiana hamularis Xu 见 *Olidiana hamularis*

Lodiana huangi Zhang 见 *Olidiana huangi*

Lodiana huangmina Li *et* Wang 见 *Olidiana huangmina*

Lodiana huoshanensis Zhang 见 *Olidiana huoshanensis*

Lodiana indica (Walker) 见 *Olidiana indica*

Lodiana kuohi Xu 见 *Olidiana kuohi*

Lodiana lamina Nielson 见 *Singillatus laminus*

Lodiana laminapellucida Zhang 见 *Olidiana laminapellucida*

Lodiana laminispinosa Zhang 见 *Olidiana laminispinosa*

Lodiana longilamina Zhang 见 *Calodia longilamina*

Lodiana mutabilis Nielson 见 *Olidiana mutabilis*

Lodiana nielsoni Zhang 见 *Tumidorus nielsoni*

Lodiana nigridorsum Cai *et* Shen 见 *Olidiana nigridorsa*

Lodiana nigrifaciana Li *et* Zhang 见 *Olidiana nigrifaciana*

Lodiana nigritibiana Li 见 *Olidiana nigritibiana*

Lodiana nocturna (Distant) 见 *Olidiana nocturna*

Lodiana pectinata Yang *et* Zhang 同 *Olidiana hamularis*

Lodiana pectiniformis Zhang 见 *Olidiana pectiniformis*

Lodiana perculta (Distant) 见 *Olidiana perculta*

Lodiana polyspinata Zhang 见 *Zhangolidia polyspinata*

Lodiana recurvata Nielson 见 *Olidiana recurvata*

Lodiana ritcheri Nielson 见 *Olidiana ritcheri*

Lodiana ritcheriina Zhang 见 *Olidiana ritcheriina*

Lodiana rufofasciana Li *et* Wang 见 *Olidiana rufofasciana*

Lodiana scopae Nielson 见 *Olidiana scopae*

Lodiana scutopunctata Zhang 见 *Calodia scutopunctata*

Lodiana signata Zhang 见 *Singillatus signatus*

Lodiana spiculata Nielson 见 *Zhangolidia spiculata*

Lodiana spina Zhang 见 *Olidiana spina*

Lodiana tongmaiensis Zhang 见 *Olidiana tongmaiensis*

Lodiana uniaristata Zhang 同 *Lodiana acutistyla*

Lodiana xanthopronotata Zhang 见 *Singillatus xanthopronotatus*

Lodiana zhengi Zhang 见 *Olidiana zhengi*

lodicule 鳞片

Loeblibatrus 拟苔蚁甲属

Loeblibatrus yunnanus Yi 云南拟苔蚁甲

Loeblites 长角苔甲属

Loeblites chinensis Zhou *et* Li 中华长角苔甲

Loeblites mastigicornis Franz 粗粒长角苔甲

Loensia 点麻蝎属
Loensia bannaensis Li 版纳点麻蝎
Loensia beijingensis Li 北京点麻蝎
Loensia bidens (Thornton) 二点麻蝎
Loensia bifurcata (Li) 二歧点麻蝎
Loensia binalis Li 双角点麻蝎
Loensia dolabrata (Li *et* Yang) 斧突点麻蝎
Loensia excrescens Li 肿瓣点麻蝎
Loensia falcata Li 镰瓣点麻蝎
Loensia folivalva Li 叶瓣点麻蝎
Loensia guangdongica (Li) 广东点麻蝎
Loensia hengshanica Li 恒山点麻蝎
Loensia infundibularis (Li) 斗形点麻蝎
Loensia media (Thornton) 中点麻蝎，点麻蝎
Loensia octogona Li 八角点麻蝎
Loensia pycnacantha Li 密齿点麻蝎
Loensia rectangula (Li) 矩瓣点麻蝎
Loensia scrobicularis (Li) 凹顶点麻蝎
Loensia spicata Li 钉突点麻蝎
Loensia spissa Li 密斑点麻蝎
Loensia stigmatoides (Li) 多斑点麻蝎
Loensia taeniana (Li *et* Yang) 带形点麻蝎
Loensia teretiuscula (Li *et* Yang) 锥形点麻蝎
Loepa 豹大蚕蛾属，豹天蚕蛾属，豹蚕蛾属，黄豹天蚕蛾属
Loepa anthera Jordan 藤豹大蚕蛾，藤豹王蛾
Loepa damartis Jordan 目豹大蚕蛾 <该种学名有误写为 *Loepa damaritis* Jordan 者>
Loepa damartis damartis Jordan 目豹大蚕蛾指名亚种
Loepa damartis szechwana Chu *et* Wang 同 *Loepa wlingana*
Loepa diffundata Naumann, Nässig *et* Löffler 异豹大蚕蛾
Loepa elongata Naumann, Löffler *et* Nässig 长豹大蚕蛾
Loepa formosensis Mell 台豹大蚕蛾，黄豹大蚕蛾，黄豹天蚕蛾
Loepa katinka (Westwood)[golden emperor moth] 黄豹大蚕蛾
Loepa katinka formsibia Bryk 同 *Loepa formosensis*
Loepa katinka katinka Westwood 黄豹大蚕蛾指名亚种
Loepa katinka sakaei Inoue 见 *Loepa sakaei*
Loepa katinka septentrionalis Mell 黄豹大蚕蛾北方亚种
Loepa kuangtungensis Mell 广东豹大蚕蛾，粤豹王蛾
Loepa melli Naumann, Löffler *et* Nässig 美豹大蚕蛾
Loepa microocellata Naumann *et* Kishida 微斑豹大蚕蛾，微斑豹王蛾
Loepa miranda Atkinson 迷豹大蚕蛾
Loepa miranda septentrionalis Mell 同 *Loepa wlingana*
Loepa miranda taipeishanis Mell 见 *Loepa taipeishanis*
Loepa miranda yunnana Mell 见 *Loepa yunnana*
Loepa mirandula Yen, Nässig, Naumann *et* Brechlin 大黄豹大蚕蛾，大黄豹天蚕蛾
Loepa oberthuri Leech 红豹大蚕蛾，豹大蚕蛾，豹纹大蚕蛾，豹天蚕蛾
Loepa obscuromarginata Naumann 锈豹大蚕蛾，锈豹王蛾
Loepa sakaei Inoue 荣豹大蚕蛾
Loepa septentrionalis Mell 同 *Loepa wlingana*
Loepa taipeishanis Mell 太白山豹大蚕蛾
Loepa wlingana Yang 雾灵山豹大蚕蛾，雾灵豹大蚕蛾，雾灵豹蚕蛾
Loepa yunnana Mell 滇迷豹大蚕蛾，滇豹大蚕蛾
Loepotethya 长毛花颈吉丁亚属
Loewenstein's blue [*Lepidochrysops loewensteini* (Swanepoel)] 巴苏陀兰鳞灰蝶
loft fly [= cluster fly, buckwheat fly, attic fly, common cluster fly, *Pollenia rudis* (Fabricius)] 粗野粉蝇，粉蝇
log-boring beetle [= brown steampunk beetle, *Trictenotoma childreni* Gray] 柴氏拟锹甲，柴尔三栉牛，缅三栉牛
log habitat 木材生境
Logadothrips 似称管蓟马属
Logadothrips karnyellus Priesner 卡氏似称管蓟马
Logania 陇灰蝶属
Logania distanti Semper [dark mottle] 迪斯陇灰蝶
Logania drucei Moulton 杜陇灰蝶
Logania hampsoni Fruhstorfer 哈陇灰蝶
Logania malayica Distant 陇灰蝶
Logania marmorata Moore [pale mottle] 麻陇灰蝶
Logania marmorata marmorata Moore 麻陇灰蝶指名亚种，指名麻陇灰蝶
Logania marmorata watsoniana de Nicéville 见 *Logania watsoniana*
Logania regina (Druce) [ronded mottle] 帝王陇灰蝶
Logania watsoniana de Nicéville 沃森陇灰蝶，瓦麻陇灰蝶
logistic growth 逻辑斯谛增长
logotype 后模标本 <指后来选定的属模标本>
Lohitini 巨红蝽族
Loki's fly [*Daptolestes illusiolautus* Robinson *et* Yeates] 洛基达虫虻
Lollius 璐汤瓢蜡蝉属
Lollius kuroiwae (Matsumura) 黑岩璐汤瓢蜡蝉，日本奥瓢蜡蝉
Lollius mirus (Chan *et* Yang) 水厄璐汤瓢蜡蝉，水厄瓢蜡蝉
Lollius yehyuensis (Cheng *et* Yang) 台东璐汤瓢蜡蝉
Loma hopper [*Platylesches rossii* Belcastro] 罗斯扁弄蝶
Loma nymph [*Euriphene lomaensis* Belcastro] 劳玛幽蛱蝶
Loma sailer [*Neptis loma* Condamin] 劳玛环蛱蝶
Lomamyia 角翅鳞蛉属
Lomamyia hamata (Walker) 褐角翅鳞蛉
Lomamyia latipennis Carpenter 宽翅角翅鳞蛉
Lomaspilis 缘点尺蛾属
Lomaspilis marginata (Linnaeus) [clouded border] 黑边缘点尺蛾
Lomaspilis marginata amurensis Beljaev *et* Vasilenko 同 *Lomaspilis marginata marginata*
Lomaspilis marginata marginata (Linnaeus) 黑边缘点尺蛾指名亚种
Lomatia 袍蜂虻属
Lomatia shanguii Yao, Li *et* Yang 山鬼袍蜂虻
Lomatiinae 袍蜂虻亚科
Lomatococcus 劳粉蚧属，缘管粉蚧属，南粉蚧属
Lomatococcus ficiphilus Borchsenius 榕树劳粉蚧，缘管粉蚧，南粉蚧
Lomechusa 喜蚁隐翅甲属，缘隐翅虫属，颚须隐翅甲
Lomechusa brevicornis Chen *et* Zhou 短角喜蚁隐翅甲
Lomechusa elegans Chen *et* Zhou 雅喜蚁隐翅甲
Lomechusa minor Reitter 见 *Lomechusoides minor*
Lomechusa mongolica Wasmann 见 *Lomechusoides mongolicus*
Lomechusa parva Chen *et* Zhou 小喜蚁隐翅甲

Lomechusa seticornis Chen *et* Zhou 毛角喜蚁隐翅甲
Lomechusa sibirica Motschulsky 西伯喜蚁隐翅甲
Lomechusa sinuata (Sharp) 曲喜蚁隐翅甲
Lomechusa yunnanensis Hlaváč 云南喜蚁隐翅甲
Lomechusini 喜蚁隐翅甲族，颚须隐翅甲族
Lomechusoides 类喜蚁隐翅甲属
Lomechusoides minor (Reitter) 小类喜蚁隐翅甲，小喜蚁隐翅虫
Lomechusoides mongolicus (Wasmann) 蒙类喜蚁隐翅甲，蒙喜蚁隐翅虫
Lomographa 褶尺蛾属，素尺蛾属
Lomographa anoxys (Wehrli) 安褶尺蛾，安素尺蛾，无纹素尺蛾
Lomographa bimaculata (Fabricius) [white pinion spotted] 二斑褶尺蛾，二斑巴尺蛾
Lomographa calcearia lungtanensis (Wehrli) 见 *Lomographa lungtanensis*
Lomographa chekidangensis (Wehrli) 浙江褶尺蛾
Lomographa claripennis Inoue 四点褶尺蛾，四点素尺蛾
Lomographa dalmataria altaica Wehrli 同 *Stegania dalmataria*
Lomographa deletaria hypotaenia Prout 同 *Peratostega deletaria*
Lomographa epixantha (Wehrli) 表褶尺蛾，埃巴尺蛾
Lomographa eximiaria (Oberthür) 埃褶尺蛾，埃苛来尺蛾
Lomographa griseola (Warren) 金边褶尺蛾
Lomographa guttulata Yazaki 排点褶尺蛾，排点素尺蛾，孤褶尺蛾
Lomographa hoenei Wehrli 见 *Heterostegane hoenei*
Lomographa hyriaria (Warren) 见 *Heterostegane hyriaria*
Lomographa inamata (Walker) 黄带褶尺蛾，阴褶尺蛾，黄带素尺蛾
Lomographa latifasciata Moore 宽带褶尺蛾
Lomographa lidjanga (Wehrli) 利简褶尺蛾，利简巴尺蛾
Lomographa lungtanensis (Wehrli) 无点褶尺蛾，无点素尺蛾，龙潭黄线褶尺蛾，灵赭线巴尺蛾
Lomographa margarita (Moore) 淡灰褶尺蛾，淡灰素尺蛾，缘褶尺蛾
Lomographa minax (Prout) 见 *Heterostegane minax*
Lomographa nanlingensis Yazaki *et* Wang 南岭褶尺蛾
Lomographa nigropunctaria (Leech) 黑点褶尺蛾，黑点巴尺蛾
Lomographa ochrilinea (Warren) 黄线褶尺蛾，赭线巴尺蛾
Lomographa ochrilinea lungtanensis (Wehrli) 见 *Lomographa lungtanensis*
Lomographa ochrilinea ochrilinea (Warren) 黄线褶尺蛾指名亚种
Lomographa perapicata (Wehrli) 合脉褶尺蛾，泼褶尺蛾，尖翅素尺蛾，泼巴尺蛾
Lomographa percnosticta Yazaki 黑顶褶尺蛾，黑顶斑素尺蛾
Lomographa platyleucata (Walker) 双带褶尺蛾，普巴尺蛾
Lomographa platyleucata marginata (Wileman) 双带褶尺蛾铅灰亚种，铅灰素尺蛾，双带素尺蛾，缘巴尺蛾
Lomographa platyleucata platyleucata (Walker) 双带褶尺蛾指名亚种
Lomographa poliotaeniata (Wehrli) 坡褶尺蛾，坡巴尺蛾
Lomographa polyalaria Oberthür 波褶尺蛾，多褶尺蛾
Lomographa rara Yazaki 大四点褶尺蛾，大四点素尺蛾
Lomographa simplicior (Butler) 简褶尺蛾
Lomographa subviridicata Yazaki *et* Wang 萨褶尺蛾
Lomographa temerata (Denis *et* Schiffermüller) [clouded silver] 日褶尺蛾，特巴尺蛾
Lomographa vulpina Yazaki *et* Wang 瓦褶尺蛾
Lomographa yueningi Yazaki *et* Wang 粤宁褶尺蛾
Lompobatang lady [*Vanessa buana* (Fruhstorfer)] 布红蛱蝶
Lonchaea 尖尾蝇属，黑尖尾蝇属，黑艳蝇属
Lonchaea biarmata MacGowan 双臂尖尾蝇
Lonchaea chinensis MacGowan 中华尖尾蝇
Lonchaea cyaneinitens Kertész 蔚蓝尖尾蝇，蔚蓝黑尖尾蝇，蔚蓝黑艳蝇
Lonchaea formosa MacGowan 宝岛尖尾蝇，台湾黑尖尾蝇
Lonchaea incisurata (Hennig) 卓溪尖尾蝇，卓溪黑尖尾蝇，英卡尖尾蝇，卓溪黑艳蝇
Lonchaea lambiana Bezzi 同 *Lonchaea minuta*
Lonchaea macrocercosa MacGowan 巨须尖尾蝇，巨须黑尖尾蝇
Lonchaea minuta de Meijere 微小尖尾蝇，微小黑尖尾蝇，微小黑艳蝇
Lonchaea taipinensis Matsumura 太平尖尾蝇，太平黑尖尾蝇
lonchaeid 1. [= lonchaeid fly, lance fly] 尖尾蝇 < 尖尾蝇科 Lonchaeidae 昆虫的通称 >；2. 尖尾蝇科的
lonchaeid fly [= lonchaeid, lance fly] 尖尾蝇
Lonchaeidae 尖尾蝇科，黑艳蝇科
Lonchaeinae 尖尾蝇亚科
Lonchaeoiidea 尖尾蝇总科
Lonchetron 矛尾金小蜂属
Lonchetron cyclorum Liao *et* Huang 圆铗矛尾金小蜂
Lonchodes 长足异蛸属
Lonchodes bicolor Brunner von Wattenwyl 见 *Phraortes bicolor*
Lonchodes bobaiensis (Chen) 博白长足异蛸，博白长肛棒蛸，博白短足异蛸
Lonchodes brevipes Gray 短腹长足异蛸，短腹长角棒蛸
Lonchodes chinensis Brunner von Wattenwyl 见 *Phraortes chinensis*
Lonchodes confucius Westwood 见 *Phraortes confucius*
Lonchodes gracicercatus (Chen *et* He) 细尾长足异蛸，细尾短足异蛸
Lonchodes guangdongensis (Chen *et* He) 广东长足异蛸，广东短足异蛸
Lonchodes hainanensis (Chen *et* He) 海南长足异蛸，海南短足异蛸
Lonchodes huapingensis (Bi *et* Li) 花坪长足异蛸，花坪短足异蛸
Lonchodes illepidus Brunner von Wattenwyl 同 *Phraortes elongatus*
Lonchodes jejunus (Brunner von Wattenwyl) [jejunus stick insect] 饥长足异蛸
Lonchodes nigriantennatus (Chen *et* He) 黑角长足异蛸，黑角短足异蛸
Lonchodes parvus (Chen *et* He) 小长足异蛸，小短足异蛸
Lonchodes paucigranulatus (Chen *et* Xu) 少粒长足异蛸，少粒短足异蛸
Lonchodes stomphax Westwood 见 *Phraortes stomphax*
Lonchodinae 长角棒蛸亚科
Lonchodini 长角棒蛸族
Lonchodryinus 矛螯蜂属
Lonchodryinus bimaculatus Xu *et* He 双斑矛螯蜂
Lonchodryinus cheni Xu *et* He 陈氏矛螯蜂
Lonchodryinus melaphelus Xu *et* He 同 *Lonchodryinus ruficornis*
Lonchodryinus niger He *et* Xu 同 *Lonchodryinus bimaculatus*

Lonchodryinus ruficornis (Dalman) 红角矛螯蜂
Lonchodryinus sinensis Olmi 中华矛螯蜂
Lonchodryinus verticis Xu *et* He 山顶矛螯蜂
Lonchoptera 尖翅蝇属，枪蝇属
Lonchoptera bifurcata (Fallén) 双叉尖翅蝇，二叉尖翅蝇
Lonchoptera bisetosa Dong *et* Yang 双鬃尖翅蝇
Lonchoptera caudala Yang 尾翼尖翅蝇
Lonchoptera caudexcavata Dong *et* Yang 凹尾尖翅蝇
Lonchoptera ciliosa Dong *et* Yang 纤毛尖翅蝇
Lonchoptera curvisetosa Dong *et* Yang 弯鬃尖翅蝇
Lonchoptera digitata Dong, Pang *et* Yang 指形尖翅蝇
Lonchoptera elinarae Anderson 膨突尖翅蝇
Lonchoptera excavata Yang *et* Chen 凹腿尖翅蝇
Lonchoptera gutianshana Yang 古田山尖翅蝇
Lonchoptera malaisei Anderson 马氏尖翅蝇，马来枪蝇
Lonchoptera melanosoma Yang 黑体尖翅蝇
Lonchoptera multiseta Dong *et* Yang 多鬃尖翅蝇
Lonchoptera nitidifrons Strbol 亮额尖翅蝇
Lonchoptera orientalis (Kertész) 东方尖翅蝇，东洋枪蝇
Lonchoptera pinlongshanesis Dong, Pang *et* Yang 平龙山尖翅蝇
Lonchoptera pipi Anderson 柱尾尖翅蝇
Lonchoptera shaanxiensis Dong, Pang *et* Yang 陕西尖翅蝇
Lonchoptera tarsulenta Yang 跗异尖翅蝇
Lonchoptera unicolor Dong, Pang *et* Yang 单色尖翅蝇
lonchopterid 1. [= lonchopterid fly, pointed-winged fly, spear-winged fly] 尖翅蝇 < 尖翅蝇科 Lonchopteridae 昆虫的通称 >；2. 尖翅蝇科的
lonchopterid fly [= lonchopterid, pointed-winged fly, spear-winged fly] 尖翅蝇
Lonchopteridae [= Musidoridae] 尖翅蝇科，枪蝇科
Lonchopteroidea 尖翅蝇总科
London midget [= plane leaf miner, *Phyllonorycter platani* (Staudinger)] 欧洲小潜细蛾
long arm bamboo snout beetle [= long armed snout beetle, *Cyrtotrachelus borealis* (Jordan)] 北方锥象甲，北方布氏弯颈象，北方罗氏象
long arm beetle [= euchirid beetle, euchirid] 臂金龟甲 < 臂金龟甲科 Euchiridae 昆虫的通称 >
long armed snout beetle 1. [= bamboo beetle, bamboo weevil, *Cyrtotrachelus dux* Boheman] 印巴缅牡竹象甲，印巴缅牡竹象；2. [= long arm bamboo snout beetle, *Cyrtotrachelus borealis* (Jordan)] 北方锥象甲，北方布氏弯颈象，北方罗氏象
long-banded ace 1. [= dark banded ace, *Halpe ormenes* (Plötz)] 奥酣弄蝶；2. [= banded ace, *Halpe zola* Evans] 左拉酣弄蝶
long-banded themis forester [*Euphaedra aureola* Kirby] 金栎蛱蝶
long beaked fungus gnat [= lygistorrhinid fly, lygistorrhinid] 丽菌蚊，澳蕈蚊 < 丽蕈蚊科 Lygistorrhinidae 昆虫的通称 >
long-bodied cranefly [= cylindrotomid crane fly, cylindrotomid] 烛大蚊，筒大蚊 < 烛大蚊科 Cylindrotomidae 昆虫的通称 >
long-branch attraction [abb. LBA] 长枝吸引
long-brand bushbrown [*Mycalesis visala* Moore] 锯缘眉眼蝶，韦眉眼蝶
long-branded blue crow [= mournful crow, *Euploea algea* (Godart)] 冷紫斑蝶
long brown scale 1. [= elongate coccus, long scale, *Coccus elongatus* (Signoret)] 长软蚧，长蚧，鱼藤蚧；2. [= long soft scale, *Coccus longulus* (Douglas)] 长椭圆软蚧，长椭圆软蜡蚧，长坚介壳虫
long dash skipper [*Polites mystic* (Edwards)] 暗斑玻弄蝶
long-day insect 长日照昆虫
long-distance dispersal 长距离传播
long-distance migration 长距离迁飞
long-headed flour beetle [*Latheticus oryzae* Waterhouse] 长头谷盗，长头谷甲，长颈谷盗
long-headed fly [= dolichopodid fly, dolichopodid, longlegged fly, long-legged fly, long headed fly] 长足虻 < 长足虻科 Dolichopodidae 昆虫的通称 >
long-headed grasshopper [conical-headed grasshopper, *Acrida turrita* (Linnaeus)] 塔螺剑角蝗，塔螺蚱蜢，尖头蚱蜢，塔剑角蝗
long-headed soft scale 1. [*Luzulaspis frontalis* Green] 额鲁丝蚧；2. [*Luzulaspis grandis* Borchsenius] 长头鲁丝蚧
long-horned bee [Eucera(Eucera)longicornis(linnaeus)] 长角长须蜂，长须蜂
long-horned beetle 天牛
long-horned caddisfly [= leptocerid caddisfly, leptocerid] 长角石蛾 < 长角石蛾科 Leptoceridae 昆虫的通称 >
long-horned flat-body [= oak skeletonizer moth, oak long-horned flat-body moth, *Carcina quercana* (Fabricius)] 橡织叶蛾
long-horned general [*Stratiomys longicornis* (Scopoli)] 长角水虻，长角多毛水虻
long-horned grasshopper [= tettigoniid grasshopper, katydid, bush cricket, tettigoniid] 螽斯 < 螽斯科 Tettigoniidae 昆虫的通称 >
long-horned leaf beetle 长角根叶甲
long-horned moth [= lecithocerid moth, lecithocerid] 祝蛾 < 祝蛾科 Lecithoceridae 昆虫的通称 >
long-horned rice bug [*Pachygrontha antennata* (Uhler)] 长须梭长蝽，稻长角长蝽
long horned skipper [= long horned swift, foolish swift, *Borbo fatuellus* (Höpffer)] 长角籼弄蝶
long horned swift 见 long horned skipper
long-horned white-spotted longicorn [*Paraglenea japonica* Tamanuki] 长角双脊天牛，长角白点天牛
long-jointed beetle [= lagriid beetle, lagriid] 伪叶甲 < 伪叶甲科 Lagriidae 昆虫的通称 >
long-lasting insecticide-treated net [abb. LLIN] 长效带药蚊帐
long-legged chafer [*Hoplia communis* Waterhouse] 黄绿单爪鳃金龟甲，黄绿单爪鳃金龟，油桐鳃角金龟，油桐黄绿鳃角金龟，黄单爪鳃金龟
long-legged fly [= dolichopodid fly, dolichopodid, longlegged fly, longheaded fly, long-headed fly] 长足虻 < 长足虻科 Dolichopodidae 昆虫的通称 >
long-lipped beetle [= telegeusid beetle, telegeusid] 邻萤，邻筒蠹 < 邻萤科 Telegeusidae 昆虫的通称 >
long mealybug [*Metadenopus festucae* Šulc] 羊茅美粉蚧，美粉蚧
long mussel scale [= Glover scale, citrus long scale, Glover's scale, Glover's mussel scale, long scale, mussel-shell scale, *Lepidosaphes gloverii* (Packard)] 长蛎盾蚧，橘长蛎蚧，柑橘长蛎蚧，长蛎蚧，葛氏蛎盾蚧，长牡蛎蚧，橘长蛎盾介壳虫，葛氏牡蛎盾蚧
long-necked click beetle [*Platynychus nothus* (Candèze)] 伪齿爪叩

甲，伪霸叩甲，诺长颈叩甲，长颈叩甲

long-necked snakefly [= raphidiopteron, raphidiopterous insect, raphidian, raphidiopteran, snakefly, serpentfly, camel-fly, camel neck fly] 蛇蛉 < 蛇蛉目 Raphidioptera 昆虫的通称 >

long-nosed louse [= sheep face louse, sheep sucking louse, sheep sucking body louse, bloodsucking body louse, *Linognathus ovillus* (Neumann)] 绵羊颚虱，羊盲虱

long-palpi tortrix [= grape leafroller, vine tortrix moth, leaf-rolling tortrix, *Sparganothis pilleriana* (Denis *et* Schiffermüller)] 葡萄长须卷蛾，葡萄长须卷叶蛾

long scale 1. [= Glover scale, citrus long scale, Glover's scale, Glover's mussel scale, long mussel scale, mussel-shell scale, *Lepidosaphes gloverii* (Packard)] 长蛎盾蚧，橘长蛎蚧，柑橘长蛎蚧，长蛎蚧，葛氏蛎盾蚧，长牡蛎蚧，橘长蛎盾介壳虫，葛氏牡蛎盾蚧；2. [= elongate coccus, long brown scale, *Coccus elongatus* (Signoret)] 长软蚧，长蚧，鱼藤蚧

long-snout leaf-rolling weevil [*Rhynchites plumbeus* Roelofs] 羽虎象甲，羽虎象，铅色卷叶象甲

long soft scale [= long brown scale, *Coccus longulus* (Douglas)] 长椭圆软蚧，长椭圆软蜡蚧，长坚介壳虫

long-spined acorn ant [*Temnothorax longispinosus* (Roger)] 显长刺痕胸家蚁

long-spotted skipper [*Hidari doesoena* Martin] 鹿寿弄蝶

long-streak midget [*Phyllonorycter salicicolella* (Sircom)] 长条栎小潜细蛾，柳长条栎潜叶细蛾

long-tailed admiral [*Antanartia schaeneia* (Trimen)] 纱赭蛱蝶

long-tailed aguna [*Aguna metophis* (Latreille)] 有尾尖角弄蝶

long-tailed blue [= pea blue, long-tailed pea-blue, bean butterfly, *Lampides boeticus* (Linnaeus)] 亮灰蝶，豆荚灰蝶，波纹灰蝶，豆波灰蝶，波纹小灰蝶，曲斑灰蝶

long-tailed burnet moth [= himantopterid moth, himantopterid] 带翅蛾 < 带翅蛾科 Himantopteridae 昆虫的通称 >

long-tailed dance fly [*Rhamphomyia longicauda* Loew] 长尾猎舞虻，长尾舞虻

long-tailed duskdarter [= brown dusk hawk, dingy duskflyer, *Zyxomma petiolatum* Rambur] 细腹开臀蜻，绿眼细腰蜻，纤腰蜻蜓，柄彩蜻

long-tailed flasher [*Astraptes megalurus* (Mabille)] 大蓝闪弄蝶

long-tailed greenish silk moth [= Indian moon moth, Indian luna moth, *Actias selene* (Hübner)] 印尾大蚕蛾，赤杨尾大蚕蛾，柳天蚕蛾，柳蚕，绿尾大蚕蛾，燕尾蛾，水青蛾，绿翅天蚕蛾，飘带蛾

long-tailed kite swallowtail [= Mexican kite swallowtail, *Eurytides epidaus* (Doubleday)] 伊青阔凤蝶

long-tailed line-blue [= common lineblue, *Prosotas nora* (Felder)] 娜拉波灰蝶，波普灰蝶，诺娜灰蝶

long-tailed mealybug [*Pseudococcus longispinus* (Targioni-Tozzetti)] 长尾粉蚧，长尾粉介壳虫

long-tailed metalmark [*Rhetus arcius* (Linnaeus)] 长尾松蚬蝶

long-tailed pea-blue 见 long-tailed blue

long-tailed sapphire [*Tanuetheira timon* (Fabricius)] 绿黑灰蝶

long-tailed skipper [= bean leafroller, *Urbanus proteus* (Linnaeus)] 长尾弄蝶 < 此种的中文名称曾误称为豆变形卷蛾与豆变形卷叶蛾 >

long terminal retrotransposon [abb. LTR] 长末端反转录转座子

long-toed water beetle [= dryopid beetle, dryopid] 泥甲 < 泥甲科 Dryopidae 昆虫的通称 >

long-wavelength rhodopsin [abb. LWRh] 长波视蛋白

long-winged dagger moth [*Acronicta longa* Guenée] 长翅剑纹夜蛾

long-winged greenstreak [= mountain greenstreak, *Cyanophrys longula* (Hewitson)] 长穹灰蝶

long-winged hedge blue [*Callenya lenya* (Evans)] 林玫灰蝶

long-winged orange acraea [*Acraea alalonga* (Henning *et* Henning)] 长翅橘珍蝶

long-winged pearl [*Anania lancealis* (Denis *et* Schiffermüller)] 矛纹棘趾野螟，矛纹云斑野螟，云斑野螟

long-winged rice grasshopper [*Oxya velox* (Fabricius)] 长翅稻蝗

long-winged shade [= omnivorous leaftier, strawberry fruitworm, *Cnephasia longana* (Haworth)] 长云卷蛾，杂食卷蛾，杂食云卷蛾，杂食卷叶蛾

long-winged skipper [= ocola skipper, *Panoquina ocola* (Edwards)] 鸥盘弄蝶

Longaletedes 蛀亮夜蛾属

Longaletedes elymi (Treitschke) 埃氏蛀亮夜蛾，蛀亮夜蛾，蛀茎亮夜蛾，埃浮特夜蛾

longan leaf-eating looper [= longan semi-looper, *Oxyodes scrobiculata* (Fabricius)] 佩夜蛾，佩裳蛾

longan psyllid [*Cornegenapsylla sinica* Yang *et* Li] 龙眼角颊木虱，茍木虱，龙眼木虱

longan scale [*Thysanofiorinia nephelii* (Maskell)] 荔枝缨蜕盾蚧，缨围盾介壳虫

longan semi-looper 见 longan leaf-eating looper

Longchuanacris 龙川蝗属

Longchuanacris guangxiensis Zheng *et* Ren 广西龙川蝗

Longchuanacris macrofurculus Zheng *et* Fu 巨尾片龙川蝗

longevity 寿命

Longgenacris 陇根蝗属

Longgenacris maculacarina You *et* Li 斑边陇根蝗

Longgenacris rufiantennus Zheng *et* Wei 红角陇根蝗

longheaded fly [= dolichopodid fly, dolichopodid, longlegged fly, long-legged fly, long-headed fly] 长足虻 < 长足虻科 Dolichopodidae 昆虫的通称 >

longhorn beetle [= longhorned beetle, longicorn, longicorn beetle, cerambycid, roundheaded wood borer, cerambycid beetle] 天牛 < 天牛科 Cerambycidae 昆虫的通称 >

longhorn stem borer [= mulberry longicorn beetle, mulberry longhorn beetle, brown mulberry longhorn, mulberry longicorn, jackfruit longhorn beetle, *Apriona germari* (Hope)] 桑粒肩天牛，粒肩天牛，桑天牛

longhorned beetle 见 longhorn beetle

longhorned green pasture grasshopper [= Caribbean meadow katydid, Surinam long-horned grasshopper, *Conocephalus cinereus* Thunberg] 苏里南草螽，苏里南螽斯

longhorned rice bug [*Pachygrontha antennata* (Uhler)] 长须梭长蝽，稻长角长蝽

longhorned white-spotted longicorn [*Paraglenea japonica* Tamanuli] 长角白点天牛

Longicauda 长尾叶蝉属

Longicauda trilineata Zhang *et* Wu 三带长尾叶蝉

Longicaudinus 拟长尾蚜属，长痣大蚜属

Longicaudinus corydalisicolus (Tao) 拟长尾蚜，长尾蚜

Longicaudus 长尾蚜属

Longicaudus montiroseus Qiao *et* Jiang 峨眉蔷薇长尾蚜

Longicaudus netubus (Zhang, Chen, Zhong *et* Li) 脱管长尾蚜，脱管蚜

Longicaudus trirhodus (Walker) [columbine aphid, water dropwort long-tailed aphid] 月季长尾蚜

Longicoccus 少粉蚧属 *Mirococcus* 的异名

Longicoccus affinis (Ter-Grigorian) 同 *Mirococcus clarus*

Longicoccus agropyri Wu 见 *Mirococcus agropyri*

Longicoccus ashtarakensis (Ter-Grigorian) 同 *Mirococcus clarus*

Longicoccus clarus (Borchsenius) 见 *Mirococcus clarus*

Longicoccus festucae (Koteja) 见 *Mirococcus festucae*

Longicoccus longiventris (Borchsenius) 见 *Mirococcus longiventris*

Longicoccus psammophilus (Koteja) 同 *Mirococcus clarus*

Longiconnecta 长索叶蝉属

Longiconnecta albula (Cai *et* Shen) 白翅长索叶蝉，白翅拟隐脉叶蝉，白翅小板叶蝉

Longiconnecta basimaculata (Wang *et* Li) 基斑长索叶蝉，基斑隐脉叶蝉

Longiconnecta flava (Cai *et* He) 黄色长索叶蝉

Longiconnecta marginalspota Li *et* Xing 斑缘长索叶蝉

longicorn 1. [= longhorned beetle, longhorn beetle, longicorn beetle, cerambycid, round-headed wood borer, cerambycid beetle] 天牛 < 天牛科 Cerambycidae 昆虫的通称 >；2. 有长角的

longicorn beetle 见 longhorn beetle

Longicornia 天牛类，长角类

Longicornus 长角叶蝉属

Longicornus biprocessus Fang *et* Xing 双突长角叶蝉

Longicornus brevispinus Fang *et* Xing 短突长角叶蝉

Longicornus flavipuncatus Li *et* Song 黄斑长角叶蝉

Longicornus furcatus Fang *et* Xing 叉突长角叶蝉

Longicornus grossus Gou *et* Xing 粗壮长角叶蝉

Longicornus longus Xing *et* Li 长干长角叶蝉

Longicornus yunnanensis Xing *et* Li 同 *Longicornus flavipuncatus*

Longiculcita vinaceella abstractella (Roesler) 见 *Aurana vinaceella abstractella*

Longifolia 长叶曲蛣亚属

Longignathia cornutella Roesler 见 *Euzophera cornutella*

Longiheada 长头叶蝉属

Longiheada scarleta Li, Li *et* Xing 猩红长头叶蝉

Longipalpus 长须天牛属，姬棕天牛属

Longipalpus apicalis (Pic) 老挝长须天牛

Longipalpus shigarorogi (Kôno) 兰屿长须天牛，兰屿姬棕天牛，兰屿饴色天牛

Longipalpus tahuensis Chang 大湖长须天牛，大湖姬棕天牛

Longipalpus wenhsini Niisato 文信长须天牛，文信姬棕天牛

Longipenis 长茎祝蛾属

Longipenis deltidius Wu 长茎祝蛾

Longipenis denavalvus Wang *et* Wang 齿瓣长茎祝蛾

Longipenis paradeladius Wang *et* Xiong 邻长茎祝蛾

longipennate 具长翅的

longipennis big aphid [*Cinara longipennis* (Matsumura)] 长针长足大蚜，冷杉大蚜

Longipennis 长茎祝蛾属

Longipennis dentivalvus Wang *et* Wang 齿长茎祝蛾

Longipternis 长距蝗属

Longipternis chayuensis Yin 察隅长距蝗

Longipternisoides 拟长距蝗属

Longipternisoides glabimarginis Zheng, Zhang, Yang *et* Wang 平缘拟长距蝗

Longistigma 长痣大蚜属，翅痣大蚜属

Longistigma caryae (Harris) [giant bark aphid] 山核桃长痣大蚜，树皮长痣大蚜

Longistigma liquidambarum (Takahashi) 枫香长痣大蚜，枫香长翅痣大蚜

Longistigma xizangensis Zhang 藏柳长痣大蚜

Longistyla 长叶蝉属

Longistyla viraktamathi Zhang *et* Webb 韦氏长叶蝉

Longitarsus 长跗跳甲属，长跗叶蚤属

Longitarsus alimorae Maulik 黑长跗跳甲

Longitarsus angusticollis Wang 狭胸长跗跳甲

Longitarsus aphthonoides Weise 刺长跗跳甲

Longitarsus arisanus Chûjô 阿里山长跗跳甲，阿里山长跗叶蚤

Longitarsus belgaumensis Jacoby 黑角长跗跳甲

Longitarsus bicoloriceps Chûjô 双色长跗叶蚤

Longitarsus bimaculatus (Baly) 双斑长跗跳甲

Longitarsus birmanicus Jacoby 缅甸长跗跳甲

Longitarsus boharti Kimoto 博氏长跗跳甲

Longitarsus brevicornis Chen 短角长跗跳甲

Longitarsus chujoi Csiki 中条长跗跳甲，黄角蓝长跗叶蚤

Longitarsus consobrinellus Chen 小红胸长跗跳甲

Longitarsus cyanipennis Bryant 蓝长跗跳甲，蓝翅长跗跳甲

Longitarsus dorsopictus Chen 黑缝长跗跳甲

Longitarsus femoratus Chen 同 *Longitarsus kutscherai*

Longitarsus flavicornis Chûjô 同 *Longitarsus chujoi*

Longitarsus formosanus Chûjô 台岛长跗跳甲

Longitarsus frontalis Chen 同 *Longitarsus hopeianus*

Longitarsus fuscorufus Döberl 褐红长跗跳甲

Longitarsus fuscus Chen 粗点长跗跳甲，梭形长跗跳甲

Longitarsus godmani Baly 郭长跗跳甲

Longitarsus gressitti Scherer 喜马长跗跳甲

Longitarsus hammondi Gruev 哈长跗跳甲

Longitarsus hedini Chen 苋菜长跗跳甲

Longitarsus hoberlandti Lopatin 郝氏长跗跳甲

Longitarsus hohuanshanus Kimoto 缺翅长跗跳甲，合欢山长跗叶蚤

Longitarsus holsaticus (Linnaeus) 霍长跗跳甲

Longitarsus hopeianus Chen 河北长跗跳甲

Longitarsus horni Chen 同 *Longitarsus waltherhorni*

Longitarsus hsienweni Chen 黑头长跗跳甲

Longitarsus ihai Chûjô 伊长跗跳甲

Longitarsus indigonaceus Lopatin 金绿长跗跳甲

Longitarsus ishikawai Kimoto 石川长跗跳甲，石川长跗叶蚤

Longitarsus jacobaeae (Waterhouse) 雅氏长跗跳甲

Longitarsus krishna Maulik 同 *Longitarsus alimorae*

Longitarsus kutscherai (Rye) 库氏长跗跳甲

Longitarsus kwangsiensis Chen 同 *Longitarsus longiseta*

Longitarsus laevicollis Wang 光颈长跗跳甲

L

Longitarsus lewisii (Baly) 同 *Longitarsus scutellaris*
Longitarsus litangana Wang 理塘长跗跳甲
Longitarsus lohita Maulik 洛长跗跳甲
Longitarsus longiseta Weise 长毛长跗跳甲
Longitarsus lycopi (Foudras) 黎氏长跗跳甲
Longitarsus manilensis Weise [crotalaria flea-beetle] 马尼拉小跳甲
Longitarsus montanus Wang 山长跗跳甲
Longitarsus morrisonus Chûjô 莫氏长跗跳甲
Longitarsus muralis Chen 山西长跗跳甲
Longitarsus nakanei Kimoto 中根长跗跳甲
Longitarsus nasturtii (Fabricius) 纳氏长跗跳甲
Longitarsus nigriceps Wang 同 *Longitarsus wangi*
Longitarsus nigripennis Motschulsky [pepper flea beetle, pepper beetle, pollu beetle] 胡椒长跗跳甲，胡椒蛀果跳甲
Longitarsus nipponensis Csiki 日本长跗跳甲
Longitarsus nitidus Jacoby 滑背长跗跳甲，亮长跗跳甲
Longitarsus nodulus Wang 结长跗跳甲
Longitarsus ochroleucus (Marsham) 褐长跗跳甲
Longitarsus orientalis Jacoby 东方长跗跳甲
Longitarsus paitanus Chen 宽纹长跗跳甲
Longitarsus piceorufus Chen 暗红长跗跳甲
Longitarsus pinfanus Chen 血红长跗跳甲
Longitarsus pubescens Weise 多毛长跗跳甲
Longitarsus pubipennis Chen *et* Wang 毛翅长跗跳甲
Longitarsus pulexoides Chen 蚤形长跗跳甲
Longitarsus puncticeps Chen 同 *Longitarsus rangoonensis*
Longitarsus rangoonensis Jacoby 麻头长跗跳甲，缅长跗跳甲
Longitarsus rubiginosus (Foudras) 赤褐长跗跳甲
Longitarsus rufotestaceus Chen 红背长跗跳甲
Longitarsus rugipunctata Wang 皱斑长跗跳甲
Longitarsus rugithorax Chen 皱胸长跗跳甲
Longitarsus scutellaris (Rey) [yellow minute leaf beetle] 盾长跗跳甲，黄小跳甲，车前长跗跳甲
Longitarsus shuteae Gruev 舒长跗跳甲
Longitarsus sinensis Chen 中华长跗跳甲
Longitarsus sjoestedti Chen 甘肃长跗跳甲
Longitarsus stramineus Weise 同 *Longitarsus scutellaris*
Longitarsus subniger Chen 同 *Longitarsus godmani*
Longitarsus subruber Chen 红长跗跳甲
Longitarsus succineus (Foudras) 细角长跗跳甲
Longitarsus szechuanicus Chen 四川长跗跳甲
Longitarsus taiwanicus Chen 台湾长跗跳甲
Longitarsus tibetanus Chen 西藏长跗跳甲
Longitarsus tsinicus Chen 陕西长跗跳甲
Longitarsus violentus Weise 长跗跳甲
Longitarsus waltherhorni Csiki 沃长跗跳甲
Longitarsus wangi Döberl 王氏长跗跳甲
Longitarsus warchalowskii Scherer 同 *Longitarsus indigonaceus*
Longitarsus weisei Guillebeau 魏氏长跗跳甲
Longitarsus yangsoensis Chen 阳朔长跗跳甲
Longitarsus zhamicus Chen *et* Wang 樟木长跗跳甲
Longitibia 长胫姬蜂属
Longitibia sinica He *et* Ye 中华长胫姬蜂
longitudinal vein 纵脉
Longiunguis 长鞭蚜属
Longiunguis sacchari (Zehntner) 见 *Melanaphis sacchari*
Longivalvus 瓣蛄属
Longivalvus dictyodromus Li 网纹瓣蛄
Longivalvus hyalospilus Li 明斑瓣蛄
Longivalvus lagenarius Li 长颈瓣蛄
Longivalvus pleuranthus Li 侧叶瓣蛄
Longivalvus radiatus Li 辐斑瓣蛄
Longivalvus shennongicus Li 神农瓣蛄
Longizonitis 长带芫菁属
Longizonitis semirubra (Pic) 半红长带芫菁，半红带栉芫菁，半带栉芫菁
longlegged fly [= dolichopodid fly, dolichopodid, long-legged fly, longheaded fly, long-headed fly] 长足虻
longnosed cattle louse [*Linognathus vituli* (Linnaeus)] 牛颚虱，犊长颚虱
Long's brownie [= Shan common mottle, *Miletus longeana* (de Nicéville)] 长云灰蝶
longtailed silk moth [*Actias aliena* (Butler)] 曲缘尾大蚕蛾，阿短尾大蚕蛾
Longtania 龙潭飞虱属
Longtania picea Ding 黑龙潭飞虱
Longurio 龙大蚊亚属，竿大蚊亚属，竿大蚊属
Longurio chaoianus Alexander 见 *Leptotarsus* (*Longurio*) *chaoianus*
Longurio fulvus Edwards 见 *Leptotarsus* (*Longurio*) *fulvus*
Longurio hainanensis Alexander 见 *Leptotarsus* (*Longurio*) *hainanensis*
Longurio hirsutistylus Alexander 见 *Leptotarsus* (*Longurio*) *hirsutistylus*
Longurio quadriniger Alexander 见 *Leptotarsus* (*Longurio*) *quadriniger*
Longurio rubriceps Edwards 见 *Leptotarsus* (*Longurio*) *rubriceps*
Longurio variceps Alexander 见 *Leptotarsus* (*Longurio*) *varicpes*
longwing [= heliconiid butterfly, heliconian, heliconiid] 袖蝶，长翅蝶 <袖蝶科 Heliconiidae (有作袖蛱蝶亚科 Heliconiinae) 昆虫的通称>
longwing dido [= scarce bamboo page, green heliconia, *Philaethria dido* (Linnaeus)] 绿袖蝶
Longzhouacris 龙州蝗属
Longzhouacris annulicornis Lu, Li *et* You 斑角龙州蝗
Longzhouacris brevipennis Li, Lu *et* You 短翅龙州蝗
Longzhouacris guizhouensis Zheng, Lin *et* Deng 贵州龙州蝗
Longzhouacris hainanensis Zheng *et* Liang 海南龙州蝗
Longzhouacris huanjiangensis Jiang *et* Zheng 环江龙州蝗
Longzhouacris jinxiuensis Li *et* Jin 金秀龙州蝗
Longzhouacris longipennis Huang *et* Xia 长翅龙州蝗
Longzhouacris miaoershanensis Fu, Zheng *et* Huang 苗儿山龙州蝗
Longzhouacris nankunshanensis Liang 南昆山龙州蝗
Longzhouacris rufipennis You *et* Bi 红翅龙州蝗
Longzhua 龙爪螽属
Longzhua loculata Gu, Béthoux *et* Ren 多室龙爪螽
lonicera long-horned aphid [*Trichosiphonaphis* (*Trichosiphonaphis*) *polygoniformosanus* (Takahashi)] 银花皱背蚜，金银花毛管蚜，毛平口管蚜
Lontalius 隆灰蝶属

Lontalius eltus (Eliot) 隆灰蝶
Lonyarbon 牙棒天牛属
Lonyarbon motuoensis Bi 墨脱狼牙棒天牛，狼牙棒天牛
loop 翅缰环 < 雄蛾前翅下面用以插入翅缰的环套，与 retinaculum 同义 >
loop-mediated isothermal amplification [abb. LAMP] 环介导等温扩增
looper 1. [= geometrid, geometrid moth, geometer, inchworm, measuring worm, cankerworm, spanworm, span-worm] 尺蠖，尺蛾 < 尺蛾科 Geometridae 昆虫的通称 >；2. 造桥虫 < 指行走似尺蠖幼虫的夜蛾总科幼虫 >
looplure 粉纹夜蛾性诱剂
loose eggs 散卵
loose eggs weighing instrument 散卵称量器 < 养蚕的 >
loose end 裂丝
loose shell cocoon 绵茧
loosening eggs 卵洗落，脱卵 < 家蚕的 >
loosestrife seed weevil [= loosestrife weevil, flower bud weevil, purple loosestrife flower weevil, *Nanophyes marmoratus* (Goeze)] 千屈菜橘象甲，千屈菜橘象
loosestrife weevil 见 loosestrife seed weevil
Lopaphus 股蝻属
Lopaphus micropterus Ho 微翅股蝻
Lopaphus shenglii Ho 胜利股蝻
Lopesohylemyia 种蝇属 *Hylemya* 的异名
Lopesohylemyia qinghaiensis Fan, Chen *et* Ma 见 *Hylemya qinghaiensis*
Lopezus 幻蚁蛉属
Lopezus fedtschenkoi (McLachlan) 飞幻蚁蛉
Lophanthophora 冠毛条蜂亚属
Lopharthrum 戴夜蛾属
Lopharthrum comprimens (Walker) 戴夜蛾
Lopheros 罗红萤属
Lopheros lineatus (Gorham) 线罗红萤
lophi [s. lophus] 冠突
Lophobaris piperis Marshall [lesser pepper weevil, small pepper weevil] 胡椒蛀果象甲，胡椒果象甲
Lophobates 缘黄尺蛾属
Lophobates corticea (Bastelberger) 喷沙褐缘黄尺蛾
Lophobates dichroplagia (Wehrli) 迪缘黄尺蛾，迪烙尺蛾
Lophobates inchoata (Prout) 褐缘黄尺蛾
Lophobates ochrolaria (Bastelberger) 大褐缘黄尺蛾，赭坡西尺蛾
Lophobates yazakii Satô *et* Wang 矢崎缘黄尺蛾，矢崎烙尺蛾
Lophocateres pusillus (Klug) 暹罗谷盗
Lophoceraomyia 簇角蚊亚属，角蚊亚属
lophocoronid 1. [= lophocoronid moth] 冠蛾 < 冠蛾科 Lophocoronidae 昆虫的通称 >；2. 冠蛾科的
lophocoronid moth [= lophocoronid] 冠蛾
Lophocoronidae 冠蛾科，冠顶蛾科，冠毛蛾科
Lophocoronoidea 冠蛾总科
Lophocosma 冠舟蛾属
Lophocosma amplificans Schintlmeister 台冠舟蛾，短臂冠舟蛾
Lophocosma atriplaga Staudinger 肖冠舟蛾，冠舟蛾
Lophocosma curvatum Gaede 同 *Lophocosma nigrilinea*
Lophocosma intermedia Kiriakoff 中介冠舟蛾，介冠舟蛾
Lophocosma nigrilinea (Leech) 弯臂冠舟蛾，黑线冠舟蛾
Lophocosma nigrilinea geniculatum (Matsumura) 弯臂冠舟蛾台湾亚种，膝黑线冠舟蛾，弯臂冠舟蛾
Lophocosma nigrilinea nigrilinea (Leech) 弯臂冠舟蛾指名亚种，指名黑线冠舟蛾
Lophocosma rectangula Yang 同 *Lophocosma intermedia*
Lophocosma recurvata Yang 同 *Lophocosma intermedia*
Lophocosma sarantuja Schintlmeister *et* Kinoshita 萨冠舟蛾
Lophocosma sarantuja amplificans Schintlmeister 见 *Lophocosma amplificans*
Lophocosma similis Yang 同 *Lophocosma atriplaga*
Lophodes sinistraria Guenée 东澳冠脊尺蛾
Lophodonta angulosa (Smith) 北美栎冠脊夜蛾
Lopholeucaspis 白片盾蚧属，长片盾介壳虫属
Lopholeucaspis cockerelli (Grandpre *et* De Charmoy) [Cockerell scale] 榆白片盾蚧
Lopholeucaspis hydrangeae (Takahashi) 同 *Lopholeucaspis japonica*
Lopholeucaspis japonica (Cockerell) [pear white scale, Japanese maple scale] 长白盾蚧，梨长白蚧，日本白片盾蚧，日本长片盾介壳虫
Lopholeucaspis massoniae Tang 松白片盾蚧
Lophomachia 癞绿尺蛾属
Lophomachia augustaria Oberthür 见 *Eucyclodes augustaria*
Lophomachia monbeigaria Oberthür 见 *Eucyclodes monbeigaria*
Lophomachia semialba Walker 见 *Eucyclodes semialba*
Lophomilia 微夜蛾属
Lophomilia diehli Kononenko *et* Behounek 迪氏微夜蛾
Lophomilia flaviplaga (Warren) 座黄微夜蛾，黄纹小冠夜蛾
Lophomilia nekrasovi Kononenko *et* Behounek 淡清微夜蛾
Lophomilia polybapta (Butler) 小冠微夜蛾，小冠夜蛾
Lophomilia speideli Sohn *et* Ronkay 斯氏微夜蛾
Lophomilia takao Sugi 日微夜蛾，塔小冠夜蛾
Lophomyidium 长喙蠓亚属，长喙亚属
Lophomyini 冠鼠蛄族
Lophomyrmex 冠胸切叶蚁属，背脊家蚁属
Lophomyrmex quadrispinosus (Jerdon) 四刺冠胸切叶蚁
Lophomyrmex taivanae Forel 台湾冠胸切叶蚁，台湾背脊蚁，台湾背脊家蚁
Lophomyus 冠鼠蛄属
Lophomyus bidigitatus Li 二指冠鼠蛄
Lophontosia 冠齿舟蛾属
Lophontosia boenischnorum Schintlmeister 波冠齿舟蛾
Lophontosia cuculus (Staudinger) 冠齿舟蛾
Lophontosia draesekei Bang-Haas 北京冠齿舟蛾
Lophontosia fusca Okano 棕冠齿舟蛾，褐冠齿舟蛾
Lophontosia margareta Schintlmeister 珍珠冠齿舟蛾，冠齿舟蛾
Lophontosia parki Tshistjakov *et* Kwon 朴氏冠齿舟蛾
Lophontosia sinensis (Moore) 中国冠齿舟蛾
Lophontosia uteae Schintlmeister 悠冠齿舟蛾
Lophonycta 罗福夜蛾属，兰纹夜蛾属
Lophonycta confusa (Leech) 交兰罗福夜蛾，罗福夜蛾，交兰洛夜蛾
Lophonycta neoconfusa Chang 新罗福夜蛾，新交兰纹夜蛾
Lophophelma 冠尺蛾属
Lophophelma calaurops (Prout) 美冠尺蛾，滨海垂缘尺蛾
Lophophelma costistrigaria (Moore) 缘冠尺蛾

Lophophelma erionoma (Swinhoe) 川冠尺蛾，埃冠尺蛾

Lophophelma erionoma erionoma (Swinhoe) 川冠尺蛾指名亚种

Lophophelma erionoma imitaria (Sterneck) 同 *Lophophelma erionoma subnubigosa*

Lophophelma erionoma kiangsiensis (Chu) 川冠尺蛾江西亚种，江西垂缘尺蛾

Lophophelma erionoma subnubigosa (Prout) 川冠尺蛾四川亚种，四川垂耳尺蛾

Lophophelma funebrosa (Warren) 索冠尺蛾，范垂缘尺蛾

Lophophelma iterans (Prout) 江浙冠尺蛾，浙江垂耳尺蛾，伊瞳尺蛾

Lophophelma iterans iterans (Prout) 江浙冠尺蛾指名亚种

Lophophelma iterans onerosus (Inoue) 江浙冠尺蛾台湾亚种，明线垂耳尺蛾

Lophophelma pingbiana (Chu) 屏边冠尺蛾，屏垂缘尺蛾

Lophophelma rubroviridata (Warren) 红绿冠尺蛾，红绿垂耳尺蛾，辨色瞳尺蛾

Lophophelma taiwana (Wileman) 台湾冠尺蛾，台湾垂耳尺蛾，台垂耳尺蛾

Lophophelma varicoloraria (Moore) 异色冠尺蛾，双线冠尺蛾，异色垂耳尺蛾

Lophophleps 异姬尺蛾属，波姬尺蛾属

Lophophleps auricruda (Butler) 黄带异姬尺蛾，黄带波姬尺蛾，黄带姬尺蛾

Lophophleps costiguttata (Warren) 三线异姬尺蛾，三线波姬尺蛾，三线姬尺蛾

Lophophleps informis (Warren) 中粗波姬尺蛾

Lophophleps purpurea Hampson 紫异姬尺蛾，拟三线波姬尺蛾

Lophophleps triangularis (Hampson) 三角异姬尺蛾

lophopid 1. [= lophopid planthopper] 璐蜡蝉 < 璐蜡蝉科 Lophopidae 昆虫的通称 >；2. 璐蜡蝉科的

lophopid planthopper [= lophopid] 璐蜡蝉

Lophopidae 璐蜡蝉科，短足蜡蝉科，粗脚飞虱科

Lophops 短足蜡蝉属，粗脚飞虱属

Lophops carinata (Kirby) 蔗短足蜡蝉，脊拟布菱蜡蝉，脊粗脚飞虱

Lophoptera 脊蕊夜蛾属

Lophoptera aleuca Hampson 齿脊蕊夜蛾，阿脊蕊夜蛾

Lophoptera anthyalus (Hampson) 安脊蕊夜蛾，暗脊蕊夜蛾

Lophoptera apirtha (Swinhoe) 铅脊蕊夜蛾，藏脊蕊夜蛾

Lophoptera coangulata Warren 凝脊蕊夜蛾，珂脊蕊夜蛾

Lophoptera hemithyris (Hampson) 半脊蕊夜蛾

Lophoptera hypenistis (Hampson) 白线脊蕊夜蛾，亥脊蕊夜蛾

Lophoptera illucida (Walker) 斜脊蕊夜蛾，多变脊蕊夜蛾

Lophoptera longipennis (Moore) 长翅脊蕊夜蛾，长翅蕊夜蛾，长翅脊蕊尾蛾

Lophoptera nama (Swinhoe) 褐背蕊翅夜蛾，轴脊蕊夜蛾，白纹窄蕊夜蛾，内基尔夜蛾

Lophoptera negretina (Hampson) 昏脊蕊夜蛾

Lophoptera pustulifera (Walker) 暗脊蕊夜蛾，普脊蕊夜蛾

Lophoptera quadrinotata (Walker) 背脊蕊夜蛾

Lophoptera smaragdipanii Holloway 绿纹脊蕊夜蛾，脊蕊夜蛾

Lophoptera squammigera Guenée 暗裙脊蕊夜蛾，鳞脊蕊夜蛾

Lophoptera tenuis (Moore) 波纹脊蕊夜蛾，尖脊蕊夜蛾

Lophoptera tripartita Swinhoe 歧脊蕊夜蛾，特脊蕊夜蛾

Lophoptera vittigera Walker 带纹脊蕊夜蛾

Lophopterygella 冠翅鼠蚳属

Lophopterygella bellula Li 丽冠翅鼠蚳

Lophopterygella camelina Enderlein 驼冠翅鼠蚳，驼洛啮虫

Lophopterygella lobata New *et* Thornton 叶冠翅鼠蚳

Lophopteryx camelina (Linnaeus) 同 *Ptilodon capucina*

Lophopteryx crenulata Hampson 见 *Ptilodontosia crenulata*

Lophopteryx mirabilior Oberthür 见 *Hagapteryx mirabilior*

Lophopteryx saturata Walker 见 *Ptilodon saturata*

Lophoruza 蝠夜蛾属

Lophoruza albicostalis (Leech) 白缘蝠夜蛾，半白蝠裳蛾

Lophoruza apiciplaga (Warren) 顶纹蝠夜蛾，端纹蝠夜蛾

Lophoruza lunifera (Moore) 月蝠夜蛾，明蝠裳蛾

Lophoruza pulcherrima (Butler) 美蝠夜蛾

Lophoruza vacillatrix Hampson 醉蝠夜蛾，瓦蝠夜蛾

Lophosceles 饰足蝇属

Lophosceles blaesomera (Feng) 曲股饰足蝇，曲股棘蝇

Lophosceles cinereiventris (Zetterstedt) 灰腹饰足蝇

Lophosceles frenatus (Holmgren) 缰饰足蝇

Lophosia 罗佛寄蝇属

Lophosia angusticauda (Townsend) 狭尾罗佛寄蝇，短尾寄蝇，狭尾拟利索寄蝇

Lophosia bicincta (Robineau-Desvoidy) 双带罗佛寄蝇

Lophosia caudalis Sun 红尾罗佛寄蝇

Lophosia excisa Tothill 隔罗佛寄蝇，隔离罗佛寄蝇，捣蛋寄蝇

Lophosia fasciata Meigen 条纹罗佛寄蝇

Lophosia flavicornis Sun 黄角罗佛寄蝇

Lophosia hamulata (Villeneuve) 钩罗佛寄蝇，钩状寄蝇

Lophosia hemydoides Townsend 同 *Lophosia hamulata*

Lophosia imbecilla Herting 缓罗佛寄蝇，迟缓罗佛寄蝇

Lophosia imbuta (Wiedemann) 湿地罗佛寄蝇

Lophosia jiangxiensis Sun 江西罗佛寄蝇

Lophosia lophosioides (Townsend) 双重罗佛寄蝇

Lophosia macropyga Herting 宽尾罗佛寄蝇

Lophosia marginata Sun 缘鬃罗佛寄蝇

Lophosia ocypterina (Villeneuve) 迅罗佛寄蝇，快飞罗佛寄蝇，快飞寄蝇，台倍寄蝇

Lophosia perpendicularis (Villeneuve) 悬罗佛寄蝇，垂罗佛寄蝇，普通寄蝇

Lophosia pulchra (Townsend) 丽罗佛寄蝇

Lophosia scutellata Sun 小盾罗佛寄蝇

Lophosia tianmushanica Sun 天目山罗佛寄蝇，天目罗佛寄蝇

Lophosiosoma 冠寄蝇属，拟罗佛寄蝇属

Lophosiosoma bicornis Mensil 双角冠寄蝇，双角拟罗佛寄蝇，双角寄蝇

Lophoteles 冠毛水虻属

Lophoteles cheesmanae James 奇冠毛水虻

Lophoteles dentata James 齿冠毛水虻

Lophoteles elongata James 长冠毛水虻

Lophoteles fascipennis Kertész 褐翅冠毛水虻

Lophoteles glabrifrons James 光角冠毛水虻

Lophoteles laticeps James 阔头冠毛水虻

Lophoteles latipennis James 阔翅冠毛水虻

Lophoteles pallidipennis Williston 淡翅冠毛水虻

Lophoteles plumata Woodley 羽冠毛水虻

Lophoteles vittata James 纹冠毛水虻

Lophotelinae 线角水虻亚科

Lophoterges 冠冬夜蛾属

Lophoterges fatua (Püngeler) 发冠冬夜蛾

Lophoterges fidia Draudt 费冠冬夜蛾

Lophoterges honei Draudt 涵冠冬夜蛾

Lophoterges millierei (Staudinger) 分纹冠冬夜蛾

Lophotyna 峨夜蛾属

Lophotyna albosignata (Moore) 峨夜蛾，白纹络夜蛾

Lophotyna hoenei Boursin 霍氏峨夜蛾，霍络夜蛾

lophus [pl. lophi] 冠突

Lophyra 簇虎甲属

Lophyra cancellata (Dejean) 肯簇虎甲

Lophyra cancellata borchmanni (Mandl) 肯簇虎甲波氏亚种，波肯簇虎甲

Lophyra cancellata cancellata (Dejean) 肯簇虎甲指名亚种，指名肯簇虎甲

Lophyra cancellata candei (Chevrolat) 肯簇虎甲肯氏亚种，垦肯簇虎甲

Lophyra cancellata subtilesculpta (Horn) 肯簇虎甲细纹亚种，细纹肯簇虎甲，小纹虎甲虫

Lophyra fuliginosa (Dejean) 烟簇虎甲

Lophyra histrio (Tschitschérine) 伊簇虎甲，伊斯虎甲

Lophyra lineifrons (Chaudoir) 纹额簇虎甲

Lophyra striolata (Illiger) 纹簇虎甲

Lophyra striolata dorsolineolata (Chevrolat) 纹簇虎甲纵纹亚种，纵纹虎甲虫，背线纹拟簇虎甲

Lophyra striolata striolata (Illiger) 纹簇虎甲指名亚种，指名纹拟簇虎甲

Lophyridae [= Diprionidae] 松叶蜂科，锯角叶蜂科

Lophyridia angulata (Fabricius) 见 *Cicindela angulata*

Lophyridia angulata devastata (Horn) 见 *Cicindela plumigera devastata*

Lophyridia brevipilosa brevipilosa (Horn) 见 *Cicindela brevipilosa brevipilosa*

Lophyridia brevipilosa klapperichi (Mandl) 同 *Cicindela brevipilosa*

Lophyridia funerea (MacLeay) 见 *Cicindela funerea*

Lophyridia funerea assimilis (Hope) 见 *Cicindela funerea assimilis*

Lophyridia funerea funerea (MacLeay) 见 *Cicindela funerea funerea*

Lophyridia littoralis (Fabricius) 见 *Cicindela littoralis*

Lophyridia littoralis conjunctaepustulata (Dokhtouroff) 见 *Cicindela littoralis conjunctaepustulata*

Lophyridia littoralis littoralis (Fabricius) 见 *Cicindela littoralis littoralis*

Lophyridia littoralis nemoralis (Olivier) 见 *Cicindela littoralis nemoralis*

Lophyridia littoralis peipingensis (Mandl) 见 *Cicindela littoralis peipingensis*

Lophyridia lunulata (Fabricius) 见 *Cicindela lunulata*

Lophyridia plumigera devastata (Horn) 见 *Cicindela plumigera devastata*

Lophyridia plumigera macrograptina (Acciavatti *et* Pearson) 见 *Cicindela plumigera macrograptina*

Lophyridia striolata dorsolineolata (Chevrolat) 见 *Lophyra striolata dorsolineolata*

Lophyridia striolata striolata (Illiger) 见 *Lophyra striolata striolata*

Lophyridia sumatrensis (Herbst) 同 *Cicindela angulata*

Lophyroplectus 饰骨姬蜂属

Lophyroplectus chinensis He *et* Chen 中华饰骨姬蜂

Lophyrotoma 毒筒腹叶蜂属

Lophyrotoma analis (Costa) [ironbark sawfly, dock sawfly, cattle poisoning sawfly] 铁皮桉毒筒腹叶蜂，毒牛叶蜂

Lophyrotoma interrupta (Klug) [cattle poisoning sawfly, green long-tailed sawfly] 黑尾毒筒腹叶蜂，桉毒筒腹叶蜂

lophyrotomin 筒腹叶蜂素

Lophyrus hakonensis Matsumura 见 *Gilpinia hakonensis*

Lopidea 考盲蝽属

Lopidea dakota Knight [caragana plant bug] 锦鸡儿考盲蝽，锦鸡儿盲蝽

Lopidea davisi Knight [phlox plant bug] 福禄考盲蝽，草夹竹桃盲蝽

Lopinga 链眼蝶属

Lopinga achine (Scopoli) [woodland brown] 黄环链眼蝶

Lopinga achine achine (Scopoli) 黄环链眼蝶指名亚种

Lopinga achine achinoides (Butler) 黄环链眼蝶东北亚种，东北黄环链眼蝶

Lopinga achine catena (Leech) 黄环链眼蝶西部亚种，西部黄环链眼蝶

Lopinga achine chosensis (Matsumura) 黄环链眼蝶韩国亚种

Lopinga achine jezoensis (Matsumura) 黄环链眼蝶虾夷亚种

Lopinga achine oniwakiensis Yazaki *et* Hiramoto 黄环链眼蝶北海道亚种

Lopinga deidamia (Eversmann) 暗翅链眼蝶，歹链眼蝶，斗毛眼蝶

Lopinga deidamia deidamia (Eversmann) 暗翅链眼蝶指名亚种

Lopinga deidamia erebina Butler 暗翅链眼蝶东北亚种

Lopinga deidamia interrupta (Fruhstorfer) 暗翅链眼蝶本州亚种

Lopinga deidamia kampuzana Yamazaki 暗翅链眼蝶四国亚种

Lopinga deidamia sachalinensis Matsumura 暗翅链眼蝶北海道亚种

Lopinga deidamia thyria (Fruhstorfer) 暗翅链眼蝶泰尔亚种，泰帕眼蝶

Lopinga dumetora (Oberthür) 丛林链眼蝶，杜帕眼蝶

Lopinga dumetora dumetora (Oberthür) 丛林链眼蝶指名亚种，指名丛林链眼蝶

Lopinga fulvescens (Alphéraky) 金色链眼蝶

Lopinga gerdae (Nordström) 格链眼蝶，格帕眼蝶

Lopinga nemorum (Oberthür) 小链眼蝶

Lopyronia 圆壳沫蝉属

loquat leafroller [*Patania balteata* (Fabricius)] 枇杷扇野螟，枇杷卷叶野螟，枇杷助野螟，枇杷螟

Loquat stink bug [*Agonoscelis nubilis* (Fabricius)] 云蝽，云椿象

lora [s. lorum] 1. 轴节间片 <下颚轴节连接亚颏的骨化带>；2. 亚颏 <同 submentum>；3. 喙基片 <某些双翅目昆虫中，屈折口器肌肉的角质突起，即下颚的负颚须节>；4. 舌侧片 <半翅目昆虫中，唇基和下颚叶间的小骨片；半翅目昆虫中，头侧叶外边复眼前的骨片>

lora skipper [*Lento lora* Evans] 咯缓柔弄蝶

Lord Howe Island stick insect [= tree lobster, *Dryococelus australis* (Montrouzier)] 澳岛蛸，豪勋爵岛竹节虫

Lordicassis 长龟甲亚属

Lordiphosa 拱背果蝇属
Lordiphosa acongruens (Zhang *et* Liang) 不对称拱背果蝇
Lordiphosa acutissima (Okada) 锐拱背果蝇，扁鼻果蝇
Lordiphosa alticola Hu, Watabe *et* Toda 见 *Dichaetophora alticola*
Lordiphosa antillaria (Okada) 羚角拱背果蝇，反里果蝇
Lordiphosa archoroides (Zhang) 锚形拱背果蝇
Lordiphosa baechlii Zhang 彼氏拱背果蝇
Lordiphosa biconvexa (Zhang *et* Liang) 双突拱背果蝇
Lordiphosa chaoi Hu *et* Toda 见 *Dichaetophora chaoi*
Lordiphosa chaolipinga (Okada) 交力坪拱背果蝇，交力坪果蝇
Lordiphosa clarofinis (Lee) 显斑拱背果蝇
Lordiphosa coei (Okada) 考氏拱背果蝇
Lordiphosa collinella (Okada) 科林氏拱背果蝇
Lordiphosa cultrata Zhang 刀形拱背果蝇
Lordiphosa cyanea (Okada) 蓝拱背果蝇
Lordiphosa denticeps (Okada *et* Sasakawa) 双齿拱背果蝇
Lordiphosa dentiformis Ma *et* Zhang 齿突拱背果蝇
Lordiphosa deqenensis Zhang 德钦拱背果蝇
Lordiphosa emeishanensis Hu *et* Toda 见 *Dichaetophora emeishanensis*
Lordiphosa eminens Quan *et* Zhang 突拱背果蝇
Lordiphosa facilis (Lin *et* Ting) 见 *Dichaetophora facilis*
Lordiphosa falsiramula Zhang 拟双叉拱背果蝇
Lordiphosa fenestrarum (Fallén) 窗拱背果蝇
Lordiphosa flava Zhang *et* Liang 黄拱背果蝇
Lordiphosa flexicauda (Okada) 翘腹拱背果蝇
Lordiphosa forcipata Zhang 钳拱背果蝇
Lordiphosa forcipis Ma *et* Zhang 螯拱背果蝇
Lordiphosa gruicollara Quan *et* Zhang 鹤颈拱背果蝇
Lordiphosa harpophallata Hu, Watabe *et* Toda 见 *Dichaetophora harpophallata*
Lordiphosa incidens Quan *et* Zhang 凹缘拱背果蝇
Lordiphosa kurokawai (Okada) 黑川拱背果蝇
Lordiphosa ludianensis Quan *et* Zhang 鲁甸拱背果蝇
Lordiphosa macai Zhang 玛氏拱背果蝇
Lordiphosa magnipectinata (Okada) 大梳拱背果蝇
Lordiphosa neokurokawai (Singh *et* Gupta) 新黑川拱背果蝇
Lordiphosa nigricolor (Strobl) 黑色拱背果蝇
Lordiphosa nigrifemur Quan *et* Zhang 黑腿拱背果蝇
Lordiphosa nigrovesca (Lin *et* Ting) 黑小板拱背果蝇，黑小板果蝇
Lordiphosa paradenticeps (Okada) 拟双齿拱背果蝇
Lordiphosa penicilla (Zhang) 毛拱背果蝇
Lordiphosa picea Zhang *et* Liang 黑拱背果蝇
Lordiphosa piliferous Quan *et* Zhang 具毛拱背果蝇
Lordiphosa pilosella Ma *et* Zhang 毛突拱背果蝇
Lordiphosa porrecta (Okada) 棕额拱背果蝇
Lordiphosa presuturalis Hu *et* Toda 见 *Dichaetophora presuturalis*
Lordiphosa protrusa (Zhang *et* Liang) 突弓拱背果蝇
Lordiphosa pseudocyanea Hu *et* Toda 见 *Dichaetophora pseudocyanea*
Lordiphosa pseudotenuicauda (Toda) 类细茎拱背果蝇
Lordiphosa ramipara (Zhang *et* Liang) 等枝拱背果蝇
Lordiphosa ramosissima (Zhang *et* Liang) 多枝拱背果蝇
Lordiphosa shennongjiana Hu *et* Toda 见 *Dichaetophora shennongjiana*
Lordiphosa shii Quan *et* Zhang 施氏拱背果蝇
Lordiphosa stackelbergi (Duda) 斯氏拱背果蝇，斯坦克氏拱背果蝇
Lordiphosa tenuicauda (Okada) 细茎拱背果蝇
Lordiphosa tripartita (Okada) 三裂拱背果蝇
Lordiphosa tsacasi Zhang 查氏拱背果蝇，蔡氏拱背果蝇
Lordiphosa vittata Zhang *et* Liang 条纹拱背果蝇，纹拱背果蝇
Lordiphosa yeren Hu *et* Toda 见 *Dichaetophora yeren*
Lordithon 蕈隐翅甲属，前弯隐翅甲属，蕈隐翅虫属
Lordithon bicolor (Gravenhorst) 双色蕈隐翅甲
Lordithon breviceps (Sharp) 短头蕈隐翅甲，短头前弯隐翅甲，短头蕈隐翅虫
Lordithon daviesi Semtana 黑蕈隐翅甲，戴氏前弯隐翅甲
Lordithon freyi (Bernhauer) 弗氏蕈隐翅甲，弗前弯隐翅甲
Lordithon irregularis (Weise) 点鞘蕈隐翅甲，殊前弯隐翅甲，点鞘蕈隐翅虫
Lordithon japonicus (Sharp) 东瀛蕈隐翅甲，东瀛前弯隐翅甲，日本蕈隐翅虫
Lordithon kawamurai (Bernhauer) 川村蕈隐翅甲，川村前弯隐翅甲，卡前弯隐翅虫
Lordithon lunulatus (Linnaeus) 梭形蕈隐翅甲，梭形前弯隐翅甲，梭形蕈隐翅虫
Lordithon niponensis (Cameron) 日本蕈隐翅甲，日前弯隐翅甲
Lordithon pallidiceps (Sharp) 棕头蕈隐翅甲，淡前弯隐翅甲
Lordithon praenobilis (Kraatz) 黑翅红腹蕈隐翅甲，黑鞘前弯隐翅甲，黑鞘蕈隐翅虫
Lordithon ruficeps Bernhauer 红头蕈隐翅甲，红前弯隐翅甲
Lordithon semirufus (Sharp) 半红蕈隐翅甲，半红前弯隐翅甲，棕褐蕈隐翅虫
Lordithon trimaculatus (Fabricius) 三斑蕈隐翅甲
Lordomyrma 毛切叶蚁属
Lordomyrma sinensis (Ma, Xu, Makio *et* DuBois) 中华毛切叶蚁
Lorelus 洛拟步甲属
Lorelus chinensis Kaszab 中华洛拟步甲，刻洛拟步甲
Lorelus crenulicolle (Gebien) 同 *Lorelus chinensis*
lorenzo red tab policeman [*Coeliades lorenzo* Evans] 劳竖翅弄蝶
Lorey army worm [= cosmopolitan, false army worm, nightfeeding rice armyworm, Loreyi leaf worm, rice armyworm, *Leucania loreyi* (Duponchel)] 白点黏夜蛾，白点秘夜蛾，劳氏黏虫，劳氏秘夜蛾，劳氏光腹夜蛾，罗氏秘夜蛾
Loreyi leaf worm 见 Lorey army worm
Loricera 鹦步甲属，铠步甲属
Loricera mirabilis Jedlička 迷鹦步甲
Loricera obsoleta Semenow 糊鹦步甲
Loricera ovipennis Semenow 卵翅鹦步甲，绵毛铠步甲
Loricera pilicornis (Fabricius) [hairy-horned springtail hunter] 毛角鹦步甲，广毛角步甲
Loricerinae 鹦步甲亚科，铠步甲亚科
Loristes 遮颜盲蝽属
Loristes decoratus (Reuter) [decorated plant bug] 遮颜盲蝽
Lorkovic's brassy ringlet [*Erebia calcaria* Lorkovic] 美丽红眼蝶
Lorquin's admiral [*Basilarchia lorquini* Boisduval] 落叶拟斑蛱蝶
Lorquin's blue [*Cupido lorquinii* (Herrich-Schäffer)] 洛枯灰蝶
Lorsch disease 洛氏病，金龟甲立克次病，金龟立克次病
loruhama eyemark [*Mesosemia loruhama* Hewitson] 蓝美眼蚬蝶
lorum [pl. lora] 1. 轴节间片；2. 亚颏；3. 喙基片；4. 舌侧片

Loryma 鹦螟属
Loryma recusata (Walker) 褐鹦螟，褐鹰螟
Losaria 锤尾凤蝶属
Losaria coon (Fabricius) [common clubtail] 锤尾凤蝶
Losaria coon coon (Fabricius) 锤尾凤蝶指名亚种
Losaria coon insperata (Joicey *et* Talbot) 锤尾凤蝶中国亚种，中国锤尾凤蝶
Losaria neptunus (Guérin-Méneville) [yellow-bodied clubtail, yellow clubtail] 锛锤尾凤蝶，红斑锤尾凤蝶
Losaria palu (Martin) [palu swallowtail] 帕卢锤尾凤蝶
Losaria rhodifer Butler [Andaman clubtail] 玫瑰锤尾凤蝶
Losbanosia 波袖蜡蝉属
Losbanosia hibarensis (Matsumura) 嵌边波袖蜡蝉
Losbanosia taivaniae Szwedo *et* Adamczewska 台湾波袖蜡蝉
Loscopia 耳秀夜蛾属，赭秀夜蛾属
Loscopia scotoptera (Esper) 暗翅耳秀夜蛾
Loscopia scotoptera insularis Zilli, Varga, Ronkay *et* Ronkay 暗翅耳秀夜蛾白晕亚种，白晕耳秀夜蛾
Loscopia scotoptera scotoptera (Esper) 暗翅耳秀夜蛾指名亚种
lost sister [*Adelpha salus* Hall] 撒鲁斯悌蛱蝶
lot separating 分批 < 家蚕的 >
lotana blue [*Lepidochrysops lotana* Swanepoel] 洛美鳞灰蝶
Lotaphora 洛尺蛾属
Lotaphora iridicolor (Butler) 虹洛尺蛾
Loteni brown [*Neita lotenia* (van Son)] 老馁眼蝶
Lotobia 梳小粪蝇属，珞小粪蝇属
Lotobia asiatica Hayashi *et* Papp 亚梳小粪蝇，亚洲珞小粪蝇
Lotongus 珞弄蝶属
Lotongus avesta (Hewitson) [yellow-band palmer, Malay yellowband palmer] 阿维珞弄蝶
Lotongus calathus (Hewitson) [white-tipped palmer] 白端珞弄蝶，指名珞弄蝶
Lotongus saralus (de Nicéville) [yellow-banded palmer, broken-band palmer] 珞弄蝶
Lotongus saralus chinensis Evans 珞弄蝶中华亚种，中华珞弄蝶
Lotongus saralus quinuepunctus Joicey *et* Talbot 珞弄蝶五斑亚种，五斑珞弄蝶
Lotongus saralus saralus (de Nicéville) 珞弄蝶指名亚种
Lotophila 异瘤小粪蝇属，亮小粪蝇属
Lotophila atra (Meigen) 角突异瘤小粪蝇，黑亮小粪蝇
Lotophila confusa Norrbom *et* Marshall 迷异瘤小粪蝇
lotus lily midge [*Stenochironomus nelumbus* (Tokunaga *et* Kuroda)] 莲花狭摇蚊，莲狭口摇蚊，莲藕潜叶摇蚊，莲潜叶摇蚊，莲窄摇蚊
lotus ruby-eye [*Perichares lotus* (Butler)] 花绿背弄蝶
Loudonta 镂舟蛾属
Loudonta dispar (Kiriakoff) 竹镂舟蛾
Louisiana angle-wing katydid [*Microcentrum louisianum* Hebard] 路角翅螽
Louisproutia 芦青尺蛾属
Louisproutia pallescens Wehrli 褪色芦青尺蛾
louse [pl. lice] 虱
louse fly 1. [= hippoboscid fly, hippoboscid, ked] 虱蝇 < 虱蝇科 Hippoboscidae 昆虫的通称 >；2. [= dog fly, dog louse fly, blind fly, *Hippobosca longipennis* Fabricius] 长翅虱蝇，长茎狗虱蝇，狗马虱蝇
lovebug [= March fly] 毛蚊 < 毛蚊科 Bibionidae 昆虫的通称 >
loving barklouse [= philotarsid barklouse, philotarsid] 美蛄，黑斑啮虫 < 美蛄科 Philotarsidae 昆虫的通称 >
low resistance 低抗
low temperature resistance 耐寒性
low toxicity 低毒
low-toxicity insecticide 低毒杀虫剂，低毒农药
lower 低的，低等的，低级的
lower face 下脸
lower field [= costal field] 前缘区
lower fronto-orbital bristle 下侧额鬃 < 双翅目昆虫额的下部，触角上方沿眼眶的鬃 >
lower jaw 下颚
lower lance-shaped plate 下柳叶板
lower lip 下唇
lower margin 下缘 < 在直翅目中常指复翅的前缘 >
lower radial vein 下径脉 < 鳞翅目中的 M_2 脉 >
lower sector of triangle 三角室下段脉 < 蜻蜓目中的 Cu_2 脉 >
lower squama 下腋瓣
lowest doubling time 最短倍增时间
lowest parasitism capacity 最低寄生能力
lowland branded blue [*Uranothauma falkensteini* Dewitz] 福天奇灰蝶
lowly suitable habitat 低适生区
Loxagrotis albicosta (Smith) 见 *Striacosta albicosta*
Loxaspilates 斜尺蛾属
Loxaspilates arrizanaria Bastelberger 带纹斜尺蛾，阿斜尺蛾，带纹尖黄尺蛾，阿里山崚尺蛾
Loxaspilates atrisquamata Hampson 多斑斜尺蛾
Loxaspilates biformata Inoue 双孔斜尺蛾，二型斜尺蛾，密斑尖黄尺蛾，密斑崚尺蛾
Loxaspilates densihastigera Inoue 密斜尺蛾，粗斑尖黄尺蛾
Loxaspilates diluta Wehrli 狄倍斜尺蛾
Loxaspilates duplicata Sterneck 双斜尺蛾，倍斜尺蛾
Loxaspilates fixseni (Alphéraky) 亚斜尺蛾，斜尺蛾
Loxaspilates formosanus Matsumura 艳斜尺蛾
Loxaspilates graeseri Prout 格斜尺蛾
Loxaspilates hastigera (Butler) 矛斜尺蛾，哈斜尺蛾
Loxaspilates imitata (Bastelberger) 摹斜尺蛾，褐斑尖黄尺蛾
Loxaspilates lutea Thienrry 黄斜尺蛾
Loxaspilates montuosa Inoue 点斑斜尺蛾，尖黄尺蛾
Loxaspilates nakajimai Inoue 黑斑斜尺蛾，纳斜尺蛾，点斑尖黄尺蛾，中岛崚尺蛾
Loxaspilates obliquaria (Moore) 尖翅斜尺蛾，斜纹斜尺蛾
Loxaspilates seriopuncta Hampson 丝光斜尺蛾
Loxaspilates stramineraria Leech 薄斜尺蛾
Loxaspilates tenuipicta Wehrli 尖纹斜尺蛾
Loxerebia 舜眼蝶属
Loxerebia albipuncta (Leech) 白点舜眼蝶，白点艳眼蝶，白瞳舜眼蝶
Loxerebia bocki Oberthür 多沮舜眼蝶
Loxerebia carola (Oberthür) 十目舜眼蝶
Loxerebia delavayi (Oberthür) 横波舜眼蝶，德赫眼蝶
Loxerebia dohertyi Evans 杜利舜眼蝶

Loxerebia gregoryi Watkins 格氏舜眼蝶，格林区舜眼蝶
Loxerebia innupta (South) 黄带舜眼蝶，暗色舜眼蝶，般舜眼蝶
Loxerebia lianhuanesis Li 双联舜眼蝶
Loxerebia loczyi (Frivaldsky) 罗克舜眼蝶，洛艳眼蝶
Loxerebia martyr Watkins 黑舜眼蝶，玛艳眼蝶
Loxerebia megalops Alphéraky 巨睛舜眼蝶
Loxerebia narasingha (Moore) 杂色舜眼蝶
Loxerebia phyllis (Leech) 丽舜眼蝶，叶舜眼蝶，叶艳眼蝶
Loxerebia phyllis gyala (Evans) 丽舜眼蝶盖亚亚种，盖叶艳眼蝶
Loxerebia phyllis phyllis (Leech) 丽舜眼蝶指名亚种
Loxerebia pratora (Oberthür) 草原舜眼蝶，普艳眼蝶
Loxerebia ruricola (Leech) 垂泪舜眼蝶
Loxerebia ruricola minorata (Goltz) 垂泪舜眼蝶敏依亚种，敏卢赫眼蝶
Loxerebia ruricola ruricola (Leech) 垂泪舜眼蝶指名亚种
Loxerebia rurigena (Leech) 圆睛舜眼蝶，卢瑞赫眼蝶，卢山眼蝶
Loxerebia saxicola (Oberthür) 白瞳舜眼蝶，萨舜眼蝶
Loxerebia seitzi Goltz 赛兹舜眼蝶，晒赫眼蝶
Loxerebia stoetzneriana Draeseke 斯舜眼蝶，斯林艳眼蝶
Loxerebia sylvicola (Oberthür) 林区舜眼蝶，林艳眼蝶
Loxerebia sylvicola gregoryi Watkins 见 *Loxerebia gregoryi*
Loxerebia sylvicola stoetzneriana Draeseke 见 *Loxerebia stoetzneriana*
Loxerebia sylvicola sylvicola (Oberthür) 林区舜眼蝶指名亚种
Loxerebia sylvicola yunnana Mell 林区舜眼蝶云南亚种，滇林艳眼蝶
Loxerebia ypthimoides (Oberthür) 云南舜眼蝶，伊舜眼蝶，伊叶艳眼蝶
Loxerebia zhongdianensis Li 中甸舜眼蝶
Loxilobus 斜叶蚱属
Loxilobus assamus Hancock 阿萨姆斜叶蚱
Loxilobus brunneri Günther 布氏斜叶蚱，布斜叶蚱
Loxilobus formosanus Gunthur 台湾斜叶蚱
Loxilobus prominenoculus Zheng *et* Li 突眼斜叶蚱
Loxioda 曲夜蛾属
Loxioda parva Sugi 斜线曲夜蛾，小曲夜蛾
Loxioda similis (Moore) 曲夜蛾
Loxoblemmus 棺头蟋属，扁头蟋属，头蟋蟀属
Loxoblemmus abotus Wang 岛棺头蟋
Loxoblemmus angulatus Bey-Bienko 同 *Loxoblemmus appendicularis*
Loxoblemmus aomoriensis Shiraki 小棺头蟋，青森扁头蟋
Loxoblemmus appendicularis Shiraki 附突棺头蟋，附突扁头蟋，阿扁头蟋蟀
Loxoblemmus applanatus Wang, Zheng *et* Wu 平突棺头蟋
Loxoblemmus arietulus Saussure 蛮棺头蟋，小公羊扁头蟋，蛮扁头蟋
Loxoblemmus brevipalpus Wang 短须棺头蟋
Loxoblemmus detectus (Serville) 窃棺头蟋，弓突扁头蟋
Loxoblemmus doenitzi Stein [Doenitz cricket] 多伊棺头蟋，大扁头蟋，棺头蟋蟀
Loxoblemmus equestris Saussure 石首棺头蟋，小扁头蟋
Loxoblemmus formosanus Shiraki 台湾棺头蟋，台湾扁头蟋
Loxoblemmus haani Saussure 哈氏扁头蟋，哈尼棺头蟋
Loxoblemmus intermedius Chopard 介棺头蟋，居间扁头蟋
Loxoblemmus jacobsoni Chopard 雅棺头蟋，贾氏扁头蟋
Loxoblemmus macrocephalus Chopard 巨首棺头蟋
Loxoblemmus monstrosus Stål 奇棺头蟋，奇扁头蟋
Loxoblemmus reticularus Liu, Yin *et* Liu 网膜棺头蟋
Loxoblemmus subangulatus Yang 近角棺头蟋
Loxoblemmus sylvestris Matsumura 林棺头蟋
Loxoblemmus taicoun Saussure 泰康棺头蟋，泰康扁头蟋
Loxoblemmus yaoshanensis 瑶山棺头蟋
Loxocephala 珞颜蜡蝉属
Loxocephala nebulata Chou *et* Huang 雾珞颜蜡蝉
Loxocephala neoretinata Chou *et* Huang 新网珞颜蜡蝉
Loxocephala perpunctata Jacobi 全斑珞颜蜡蝉
Loxocephala retinata Chou *et* Lu 网纹珞颜蜡蝉
Loxocephala rugosa Wang *et* Wang 褶皱珞颜蜡蝉
Loxocephala semimaculata Chou *et* Huang 半点珞颜蜡蝉，半斑珞颜蜡蝉
Loxocephala seropunctata Chou *et* Huang 列点珞颜蜡蝉
Loxocephala sinica Chou *et* Huang 中华珞颜蜡蝉，华珞颜蜡蝉
Loxocephala sinica sichuanensis Chou *et* Huang 中华珞颜蜡蝉四川亚种，四川华珞颜蜡蝉
Loxocephala sinica sinica Chou *et* Huang 中华珞颜蜡蝉指名亚种
Loxocephala unipunctata Chou *et* Huang 单点珞颜蜡蝉
Loxocera 长角茎蝇属，弯尾折翅蝇属
Loxocera chinensis Iwasa 中国长角茎蝇
Loxocera formosana Hennig 台湾长角茎蝇，台长角茎蝇，台湾折翅蝇
Loxocera (Loxocera) anulata Wang *et* Yang 环腹长角茎蝇
Loxocera (Loxocera) lunata Wang *et* Yang 新月长角茎蝇
Loxocera (Loxocera) pauciseta Wang *et* Yang 少鬃长角茎蝇
Loxocera (Loxocera) planivena Wang *et* Yang 平脉长角茎蝇
Loxocera (Loxocera) sinica Wang *et* Yang 中华长角茎蝇
Loxocera (Loxocera) triplagata Wang *et* Yang 三纹长角茎蝇
Loxocera (Loxocera) univittata Wang *et* Yang 单纹长角茎蝇
Loxocera (Loxocera) univittata galbocula Wang *et* Yang 单纹长角茎蝇黄眼亚种，黄眼单纹长角茎蝇
Loxocera (Loxocera) univittata univittata Wang *et* Yang 单纹长角茎蝇指名亚种
Loxocera maculipennis Hendel 斑翅长角茎蝇，斑翅折翅蝇
Loxocera omei Shatalkin 峨眉长角茎蝇
Loxofidonia taiwana Wileman 黑顶波尺蛾
Loxoneura 肘角广口蝇属
Loxoneura disjuncta Wang *et* Chen 离带肘角广口蝇
Loxoneura facialis Kertész 大斑肘角广口蝇，纹洛扁口蝇
Loxoneura formosae Kertész 台湾肘角广口蝇，台洛扁口蝇，蓬莱广口蝇
Loxoneura livida Hendel 三带肘角广口蝇
Loxoneura melliana Enderlein 福建肘角广口蝇，梅氏洛扁口蝇
Loxoneura ornata Brunetti 同 *Loxoneura facialis*
Loxoneura perilampoides Walker 周光肘角广口蝇，光亮肘角广口蝇
Loxoneura pictipennis Walker 花翅肘角广口蝇
Loxoneura tibetana Wang *et* Chen 西藏肘角广口蝇
Loxoneura yunnana Wang *et* Chen 云南肘角广口蝇
Loxopamea 白耳秀夜蛾属
Loxopamea rufus (Chang) 茶褐白耳秀夜蛾

L

Loxopsis 凸顶螽属

Loxopsis conocephala (de Haan) 锥头凸顶螽

Loxostege 锥额野螟属

Loxostege aeruginalis (Hübner) 艾锥额野螟

Loxostege anpingialis Strand 见 *Paliga anpingialis*

Loxostege commixtalis (Walker) [alfalfa webworm] 苜蓿锥额野螟，苜蓿网螟

Loxostege concoloralis Lederer 同色锥额野螟，同色弗来螟

Loxostege confusalis South 康锥额野螟

Loxostege decoloralis sinensis (Caradja) 见 *Thliptoceras sinense*

Loxostege deliblatica Szent-Ivány *et* Uhrik-Meszáros 黄绿锥额野螟

Loxostege diaphana (Caradja *et* Meyrick) 歹锥额野螟

Loxostege elutalis Zerny 埃锥额野螟

Loxostege formosibia (Strand) 台锥额野螟

Loxostege palealis Schiffermüller *et* Denis 伞锥额野螟

Loxostege rantalis (Guenée) 见 *Achyra rantalis*

Loxostege sticticalis (Linnaeus) [beet webworm, meadow moth, sugarbeet webworm] 草地螟，网锥额野螟，黄绿条螟，玛螟

Loxostege sulphuralis minor Caradja 同 *Loxostege deliblatica*

Loxostege turbidalis (Treitschke) 枯黄锥额野螟

Loxostege umbrosalis Warren 黄翅锥额野螟

Loxostege verticalis Linnaeus [sugarbeet webworm] 见 *Sitochroa verticalis*

Loxotephria 斜灰尺蛾属

Loxotephria convergens Warren 康斜灰尺蛾

Loxotephria elaiodes Wehrli 埃斜灰尺蛾

Loxotephria olivacea Warren 橄榄斜灰尺蛾，橄榄绿带尺蛾，榄斜尺蛾

Loxozyga eurynephes Meyrick 尤洛巢蛾

Loxura 鹿灰蝶属

Loxura atymnus (Stoll) [yamfly] 鹿灰蝶

Loxura atymnus atymnus (Stoll) 鹿灰蝶指名亚种

Loxura atymnus continentalis Fruhstorfer [continental yamfly] 鹿灰蝶陆地亚种，大陆鹿灰蝶

Loxura atymnus leminius Fruhstorfer 鹿灰蝶苏门亚种，勒鹿灰蝶

Loxura atymnus nicobarica Evans [Nicobar yamfly] 鹿灰蝶尼岛亚种

Loxura atymnus prabha Moore [Andaman yamfly] 鹿灰蝶安岛亚种

Loxura cassiopeia Distant [broad-bordered yamfly] 丝带鹿灰蝶

Loxura leminius Fruhstorfer 见 *Loxura atymnus leminius*

loxus blue skipper [= glorious blue-skipper, *Paches loxus* (Westwood)] 巴夏弄蝶

Lozogramma 络尺蛾属

Lozogramma imitata Bastelberger 伊络尺蛾

Lozotaenia 点卷蛾属

Lozotaenia capensana (Walker) [Cape roller, apple leafroller] 苹点卷蛾

Lozotaenia coniferana (Issiki) [oriental fir budworm] 松点卷蛾，东方杉点卷蛾，云杉大卷蛾，亢点卷蛾

Lozotaenia forsterana (Fabricius) [large ivy tortrix] 二点卷蛾

Lozotaenia kumatai Oku 森浩点卷蛾

Lozotaenia perapposita Razowski 巨尾点卷蛾，佩点卷蛾

Lozotaenioides formosana Frölich [beautiful twist moth] 台美赤松卷蛾

LpR [lipophorin receptor 的缩写] 脂蛋白受体

LPS [lipopolysaccharide 的缩写] 脂多糖

LSP [larval serum protein 的缩写] 幼虫血清蛋白

LT_{50} 1. [median lethal time (abb. MLT) 或 half lethal time 的缩写] 半数致死时间，致死中时，半致死时间；2. [half lethal temperature 的缩写] 半数致死温度

lubber grasshopper 1. [= eastern lubber grasshopper, southeastern lubber grasshopper, *Romalea microptera* (Palisot de Beauvois)] 东部小翅蜢，东方小翅蜢，东部小翅苯蝗；2. [= plains lubber, western lubber, plains lubber grasshopper, western lubber grasshopper, homesteader, *Brachystola magna* (Girard)] 魔蝗；3. [= romaleid grasshopper, romaleid] 小翅蜢 <小翅蜢科 Romaleidae 昆虫的通称 >

Lubricus 平触蛄属

Lubricus dayaoshanensis Li 大瑶山平触蛄

lucanid 1. [= lucanid beetle, stag beetle] 锹甲，锹形虫 < 锹甲科 Lucanidae 昆虫的通称 >；2. 锹甲科的

lucanid beetle [= lucanid , stag beetle] 锹甲，锹形虫

Lucanidae 锹甲科，锹形虫科

Lucaninae 锹甲亚科

Lucanus 锹甲属，深山锹甲属

Lucanus angusticornis Didier 弯叉锹甲，弯叉深山

Lucanus angusticornis angusticornis Didier 弯叉锹甲指名亚种

Lucanus angusticornis inclinatus Schenk 弯叉锹甲中国亚种，弯叉深山中国亚种

Lucanus atratus Hope 阿锹甲，阿深山锹甲，阿深山，黑伪锹甲

Lucanus boileavi Planet 波锹甲，波斑腿锹甲

Lucanus brivioi Zilioli 布氏锹甲，布氏深山锹甲，布氏深山

Lucanus cambodiensis Didier 柬锹甲

Lucanus cantori Hope 康拓锹甲，康拓深山锹甲，康拓深山，肯锹甲

Lucanus cenwanglaoshanus Huang *et* Chen 岑王老山锹甲，岑王老山深山锹甲

Lucanus cervus (Linnaeus) 欧洲锹甲

Lucanus cheni Huang 陈氏锹甲，陈氏深山锹甲，陈氏深山

Lucanus choui Huang *et* Chen 周氏锹甲，周氏深山

Lucanus datunensis Hashimoto 大屯锹甲，达锹甲，大屯姬深山锹形虫

Lucanus delavayi Fairmaire 黄鞘锹甲，黄鞘深山锹甲，黄鞘深山，德锹甲

Lucanus derani Nagai 黄毛锹甲，黄毛深山锹甲，黄毛深山

Lucanus derani derani Nagai 黄毛锹甲指名亚种，黄毛深山西部亚种

Lucanus derani fukinukiae Katsura *et* Giang 黄毛锹甲东部亚种，黄毛深山东部亚种

Lucanus didieri Planet 狄锹甲

Lucanus dirki Schenk 大理锹甲，大理深山

Lucanus dybowskyi Parry 迪氏锹甲

Lucanus dybowskyi dybowskyi Parry 迪氏锹甲指名亚种

Lucanus dybowskyi lhasaensis Schenk 迪氏锹甲四川亚种，斑股深山四川亚种

Lucanus elaphus Fabricius [giant stag beetle] 大锹甲，美洲深山锹甲

Lucanus fairmairei Planet 四川锹甲，四川深山，费锹甲
Lucanus ferriei Planet 见 *Lucanus maculifemoratus ferriei*
Lucanus formosanus Planet 拟台锹甲，台湾深山锹形虫
Lucanus formosus Didier 台锹甲，橙深山锹甲，橙深山
Lucanus fortunei Saunders 福运锹甲
Lucanus fryi Boileau 弗瑞锹甲，弗瑞深山
Lucanus fujianensis Schenk 微齿姬锹甲，微齿姬深山
Lucanus fujitai Katsura *et* Giang 北越锹甲，北越深山
Lucanus furcifer Arrow 同 *Lucanus thibetanus pseudosingularis*
Lucanus gennestieri Lacroix 同 *Lucanus thibetanus singularis*
Lucanus gracilis Albers 原锹甲
Lucanus hayashii Nagai 直颚锹甲，直颚深山锹甲，直颚深山
Lucanus hermani De Lisle 巨叉锹甲，巨叉深山锹甲，巨叉深山，赫锹甲
Lucanus hewenjiae Huang *et* Chen 何氏深山锹甲，何氏深山
Lucanus kanoi Kurosawa 神野锹甲，栗色深山锹形虫，鹿野深山锹形虫
Lucanus kanoi chuyunshanus Sakaino *et* Yu 神野锹甲出云山亚种，出云山小柿锹甲
Lucanus kanoi kanoi Kurosawa 神野锹甲指名亚种，指名神野锹甲
Lucanus kanoi ogakii Imanishi 神野锹甲黑足亚种，黑脚深山锹形虫
Lucanus kanoi piceus Kurosawa 神野锹甲黑色亚种，黑栗色深山锹形虫，墨神野锹甲，漆黑深山锹形虫
Lucanus kirchneri Zilioli 均齿锹甲，均齿深山锹甲，均齿深山
Lucanus klapperichi Bomans 克锹甲
Lucanus kraatzi Nagel 扩头锹甲，扩头深山锹甲，喀锹甲
Lucanus kurosawai Sakaino 黑泽锹甲，黑泽深山锹形虫，蓬莱深山锹形虫，毛栗色深山锹形虫
Lucanus laetus Arrow 见 *Lucanus parryi laetus*
Lucanus laminifer Waterhouse 拉叉锹甲，拉叉深山
Lucanus laminifer laminifer Waterhouse 拉叉锹甲指名亚种，指名片锹甲
Lucanus langi Huang, He *et* Shi 郎氏锹甲，郎氏深山
Lucanus lesnei (Planet) 烂锹甲，勒剪锹甲
Lucanus liupengyui Huang *et* Chen 刘鹏宇锹甲，刘鹏宇深山锹甲，刘鹏宇深山
Lucanus liuyei Huang *et* Chen 刘氏锹甲，刘氏深山
Lucanus ludivinae Boucher 路氏锹甲，路氏深山锹甲，路氏深山
Lucanus lunifer Hope 藏南锹甲，藏南深山锹甲，珑锹甲
Lucanus lunifer franciscae Lacroix 藏南锹甲东部亚种，藏南深山东部亚种
Lucanus lunifer lunifer Hope 藏南锹甲指名亚种，指名珑锹甲
Lucanus maculifemoratus Motschulsky 斑股锹甲
Lucanus maculifemoratus boileavi Planet 见 *Lucanus boileavi*
Lucanus maculifemoratus dybowskyi Parry 见 *Lucanus dybowskyi*
Lucanus maculifemoratus ferriei Planet 斑股锹甲菲氏亚种，菲锹甲
Lucanus maculifemoratus jilinensis Li 同 *Lucanus dybowskyi*
Lucanus maculifemoratus maculifemoratus Motschulsky 斑股锹甲指名亚种，指名斑腿锹甲
Lucanus maculifemoratus taiwanus Miwa 斑股锹甲台湾亚种，台斑腿锹甲，高砂深山锹形虫
Lucanus masumotoi Hirasawa *et* Akiyama 同 *Lucanus kanoi ogakii*
Lucanus mearesii Hope 金属锹甲，金属深山，迷锹甲
Lucanus mingyiae Huang 见 *Eolucanus mingyiae*
Lucanus miwai Kurosawa 三轮锹甲，黄脚深山锹形虫
Lucanus niu Wang, He, He *et* Zhou 牛锹甲，牛叉深山锹甲
Lucanus nobilis Didier 雅锹甲，雅深山锹
Lucanus nyishwini Nagai 双齿锹甲
Lucanus nyishwini bretschneideri Schenk 双齿锹甲墨脱亚种，双齿深山墨脱亚种
Lucanus nyishwini nyishwini Nagai 双齿锹甲指名亚种
Lucanus oberthuri Planet 同 *Lucanus parryi laetus*
Lucanus ogakii chuyunshanus Sakaino *et* Yu 见 *Lucanus kanoi chuyunshanus*
Lucanus pani Huang 见 *Eolucanus pani*
Lucanus parryi Boileau 帕瑞锹甲，帕瑞深山，帕锹甲
Lucanus parryi laetus Arrow 帕瑞锹甲喜悦亚种，悦锹甲
Lucanus parryi parryi Boileau 帕瑞锹甲指名亚种，帕瑞深山指名亚种
Lucanus planeti Planet 普叉锹甲，普叉深山，普锹甲
Lucanus planeti dayaoshanensis Schenk 普叉锹甲广西亚种，普叉深山广西亚种
Lucanus planeti planeti Planet 普叉锹甲指名亚种，普叉深山指名亚种
Lucanus prometheus (Boucher *et* Huang) 原锹甲，原伪锹甲
Lucanus prossi Zilioli 普氏深山锹甲，普氏深山
Lucanus pseudosingularis Didier *et* Séguy 见 *Lucanus thibetanus pseudosingularis*
Lucanus ritae Lacroix 同 *Lucanus datunensis*
Lucanus sericeus Didier 瑟锹甲，瑟深山锹甲，瑟深山
Lucanus swinhoei Parry 姬锹甲，姬深山，斯锹甲，姬深山锹形虫
Lucanus swinhoei continentalis Zilioli 姬深山锹甲大陆亚种，姬深山大陆亚种
Lucanus swinhoei swinhoei Parry 姬锹甲指名亚种
Lucanus szetschuanicus Hans 九峰锹甲，川锹甲
Lucanus thibetanus Planet 藏锹甲，藏深山锹甲，藏深山
Lucanus thibetanus furcifer Arrow 同 *Lucanus thibetanus pseudosingularis*
Lucanus thibetanus isaki Nagai 藏锹甲独龙江亚种，藏深山独龙江亚种
Lucanus thibetanus pseudosingularis Didier *et* Séguy 藏锹甲云南亚种，拟锹甲
Lucanus thibetanus singularis Planet 藏锹甲怒江亚种，藏深山怒江亚种
Lucanus thibetanus thibetanus Planet 藏锹甲指名亚种，指名藏锹甲
Lucanus villosus Hope 多毛锹甲
Lucanus wemckeni Schenk 鬼锹甲，鬼深山锹甲，鬼深山
Lucanus westermanni Hope *et* Westwood 魏锹甲
Lucanus wuyishanensis Schenk 武夷锹甲，武夷深山锹甲，武夷深山
Lucanus yulaoensis Lin 宇老锹甲，宇老深山锹形虫
Lucanus zenghuae Wang, He, He *et* Zhou 增华锹甲，增华深山锹甲
Lucanus zhanbishengi Wang *et* Zhu 詹氏锹甲，詹氏深山锹甲
Lucanus zhuxiangi Wang *et* Zhan 朱翔锹甲
lucaria skipper [*Charidia lucaria* (Hewitson)] 查里弄蝶

Lucas' ace [*Sovia lucasii* (Mabille)] 卢索弄蝶，索弄蝶，鲁酣弄蝶
Lucera bicoloripes Walker 同 *Mecopoda elongata*
Luceria 微鲁夜蛾属，微裳蛾属
Luceria fletcheri Inoue 露微鲁夜蛾，露微裳蛾
Luceria oculalis (Moore) 白线微鲁夜蛾，白线微裳蛾
lucerne aphid [= groundnut aphid, cowpea aphid, black legume aphid, peanut aphid, African bean aphid, bean aphid, black lucerne aphid, oriental pea aphid, *Aphis craccivora* Koch] 豆蚜，槐蚜，刺槐蚜，花生长毛蚜，花生蚜，棉黑蚜，刀豆黑蚜，乌苏黑蚜，苜蓿蚜，甘草蚜虫，蚕豆蚜
lucerne beetle [= alfalfa leaf beetle, *Colaspidema atrum* Olivier] 紫花苜蓿叶甲
lucerne blue [= lesser grass-blue, common grass blue, clover blue, bean blue, *Zizina otis* (Fabricius)] 毛眼灰蝶
lucerne earth flea [= lucerne flea, clover flea, clover springtail, green clover springtail, South Australian lucerne flea, *Sminthurus viridis* (Linnaeus)] 绿圆姚，绿圆跳虫
lucerne flea 见 lucerne earth flea
lucerne leaf roller [*Merophyas divulsana* (Walker)] 金钱松美小卷蛾，金钱松小卷蛾，辐射松洁卷蛾
lucerne leafcutter bee [= alfalfa leafcutter bee, alfalfa leafcutting bee, *Megachile* (*Eutricharaea*) *rotundata* (Fabricius)] 苜蓿切叶蜂
lucerne looper 1. [*Zermizinga indocilisaria* Walker] 荒地苜蓿尺蛾；2. [*Zermizinga sinuata* (Warren)] 澳苜蓿尺蛾
lucerne plant bug [= cotton mirid bug, alfalfa plant bug, *Adelphocoris lineolatus* (Geoze)] 苜蓿盲蝽
Lucernuta flaviventris Fairmaire 见 *Vesta flaviventris*
lucia azure [= boreal spring azure, *Celastrina lucia* (Kirby)] 莹琉璃灰蝶
lucia skipper [*Lucida lucia* (Capronnier)] 露弄蝶
Lucia 褐裙灰蝶属
Lucia limbaria (Swainson) [small copper, grassland copper, chequered copper] 褐裙灰蝶
lucianus metalmark [*Calospila lucianus* (Fabricius)] 亮霓蚬蝶
Lucida 露弄蝶属
Lucida lucia (Capronnier) [lucia skipper] 露弄蝶
lucidella elfin [*Sarangesa lucidella* (Mabille)] 明刷胫弄蝶
Lucidina 光萤属，锯角萤属
Lucidina accensa Gorham 阿光萤，卵翅锯角萤，叉爪锯角萤
Lucidina biplagiata (Motschulsky) 二纹光萤，北方锯角萤
Lucidina chinensis (Linnaeus) 见 *Abscondita chinensis*
Lucidina glaber (Kleine) 细身光萤，细身锯角萤，猬散片红萤
Lucidina klapperichi Pic 克光萤
Lucidina roseonotata Pic 玫斑光萤，赤腹锯角萤
Lucidina tonkinea Pic 越光萤
Lucidina vitalisi Pic 韦光萤，南华锯角萤
Lucidotopsis 拟光萤属
Lucidotopsis carinicollis (Fairmaire) 脊拟光萤
Lucidotopsis cruenticollis (Fairmaire) 染拟光萤
lucifer skipper [*Decinea lucifer* (Hübner)] 斑黛弄蝶
luciferase 萤光素酶，虫萤光素酶
luciferin 萤光素，虫萤光素
luciferous 发光的
lucifuge 避光
lucifugous 避光的
Lucihormetica 荧光蠊属
Lucihormetica luckae Vršanský, Fritzsche *et* Chorvát [lightning cockroach, lightning roach, bioluminescent roach] 鲁克荧光蠊
Lucihormetica verrucosa (Brunner von Wattenwyl) [warty glowspot cockroach] 瘤荧光蠊
Lucilia 绿蝇属
Lucilia ampullacea Villeneuve 壶绿蝇
Lucilia ampullacea ampullacea Villeneuve 壶绿蝇指名亚种
Lucilia ampullacea laoshanensis Quo 壶绿蝇崂山亚种，崂山壶绿蝇
Lucilia angustifrontata Ye 狭额绿蝇
Lucilia appendicifera Fan 瓣腹绿蝇
Lucilia bazini Séguy 南岭绿蝇
Lucilia bufonivora Moniez 蟾蜍绿蝇
Lucilia caesar (Linnaeus) [green bottle fly] 叉叶绿蝇
Lucilia chini Fan 秦氏绿蝇
Lucilia claviceps Bezzi 裸头绿蝇，锤头绿蝇
Lucilia cuprina (Wiedemann) [Australian sheep blowfly, bronze bottle fly, green bottle fly] 铜绿蝇，赤铜绿蝇
Lucilia cuprina cuprina (Wiedemann) 铜绿蝇指名亚种
Lucilia cuprina dorsalis Robineau-Desvoidy 铜绿蝇蛆症亚种，蛆症铜绿蝇
Lucilia hainanensis Fan 海南绿蝇
Lucilia illustris (Meigen) 亮绿蝇
Lucilia papuensis Macquart 巴布亚绿蝇，巴浦绿蝇
Lucilia pilosiventris Kramer 毛腹绿蝇
Lucilia porphyrina (Walker) 紫绿蝇，紫色绿蝇
Lucilia regalis (Meigen) 长叶绿蝇
Lucilia sericata (Meigen) [common green bottle fly, green bottle fly, European green blowfly, sheep green blowfly, sheep maggot fly] 丝光绿蝇，丝光铜绿蝇，绿瓶藻丽蝇
Lucilia shansiensis Fan 山西绿蝇
Lucilia shenyangensis Fan 沈阳绿蝇
Lucilia silvarum (Meigen) 林绿蝇
Lucilia sinensis Aubertin 中华绿蝇
Lucilia taiwanica Kurahashi *et* Kôno 台湾绿蝇
Lucilia taiyuanensis Chu 太原绿蝇
Luciliini 绿蝇族
Lucillella 莹蚬蝶属
Lucillella asterra Grese-Smith 星莹蚬蝶
Lucillella camissa (Hewitson) 莹蚬蝶
lucinda emesis [= slaty tanmark, lucinda metalmark, white-patched emesis, *Emesis lucinda* (Cramer)] 亮褐螟蚬蝶
lucinda metalmark 见 lucinda emesis
Lucinia 亮蛱蝶属
Lucinia cadma (Drury) [Jamaican banner] 珂亮蛱蝶
Lucinia sida Hübner [Caribbean banner] 亮蛱蝶
Luciola 黄萤属，熠萤属
Luciola anceyi Olivier 见 *Abscondita anceyi*
Luciola bourgeoisi Olivier 保黄萤
Luciola cerata Olivier 见 *Abscondita cerata*
Luciola chinensis (Linnaeus) 见 *Abscondita chinensis*
Luciola cingulata Olivier 围黄萤

Luciola costipennis Gorham 见 *Curtos costipennis*
Luciola cruciata Motschulsky [Japanese firefly, Genji firefly] 克鲁黄萤，源氏萤
Luciola curtithorax Pic 拟黄萤，拟纹萤
Luciola davidis Olivier 达黄萤
Luciola ficta Olivier 见 *Aquatica ficta*
Luciola filiformis Olivier 纹胸黄萤，丝黄萤，纹胸黑翅萤，纹萤
Luciola fissicollis Fairmaire 裂黄萤
Luciola flavida Hope 黄色黄萤
Luciola formosana Pic 同 *Luciola substriata*
Luciola fukiensis Pic 闽黄萤
Luciola gorhami Ritsema 哥黄萤
Luciola hydrophila Jeng, Lai *et* Yang 见 *Aquatica hydrophila*
Luciola impedita Olivier 殷黄萤
Luciola impolita Olivier 见 *Curtos impolitus*
Luciola japonica (Thunberg) 日黄萤
Luciola kagiana Matsumura 红胸黄萤，卡黄萤，红胸黑翅萤
Luciola klapperichi Pic 克黄萤，克亮红萤
Luciola lateralis Motschulsky 见 *Aquatica lateralis*
Luciola leii Fu *et* Ballantyne 见 *Aquatica leii*
Luciola limbalis Fairmaire 缘黄萤
Luciola mongolica Motschulsky 蒙黄萤
Luciola mundula Olivier 见 *Curtos mundulus*
Luciola ovalis Hope 见 *Asymmetricata ovalis*
Luciola parvula Kiesenwetter 小黄萤
Luciola pieli Pic 皮黄萤
Luciola roseicollis Pic 玫黄萤
Luciola satoi Jeng *et* Yang 佐藤黄萤，小红胸黑翅萤
Luciola stigmaticollis Fairmaire 痣黄萤
Luciola substriata Gorham 大黄萤，条背萤
Lucitanus punctatus Kirby 点刻相朴盲蝽
lucius metalmark [*Metacharis lucius* (Fabricius)] 亮黑纹蚬蝶
Lucobracon 宽口茧蜂亚属
lucto skipper [*Lento lucto* Evans] 黑边缓柔弄蝶
luda skipper [= frosted mimic-skipper, *Neoxeniades luda* Hewitson] 卢达新形弄蝶
Luda 芦飞虱属
Luda dianica Ding 滇芦飞虱
ludens skipper [*Ludens ludens* (Mabille)] 卢弄蝶
Ludens 卢弄蝶属
Ludens ludens (Mabille) [ludens skipper] 卢弄蝶
Ludens silvaticus (Hayward) [gray pug, silvaticus skipper] 灰卢弄蝶
Ludigenus 鲁叩甲属
Ludigenus politus (Candèze) 滑鲁叩甲
Ludioschema 双脊叩甲属
Ludioschema apayao (Kishii) 阿双脊叩甲
Ludioschema delauneyi (Fleutiaux) 德双脊叩甲，德长肩叩甲
Ludioschema dorsalis (Candèze) 黑背双脊叩甲，黑背长肩叩甲
Ludioschema marginicolle (Miwa) 缘双脊叩甲
Ludioschema massiei (Fleutiaux) 马双脊叩甲，马长肩叩甲
Ludioschema metallicum (Candèze) 灿双脊叩甲，灿长肩叩甲
Ludioschema minor (Fleutiaux) 小双脊叩甲，小长肩叩甲
Ludioschema nigripenne (Fleutiaux) 黑翅双脊叩甲，黑翅长肩叩甲
Ludioschema obscuripes (Gyllenhal) 暗足双脊叩甲，暗卢叩甲，暗足重脊叩甲
Ludioschema obscuripes formosanus (Miwa) 见 *Ludioschema vittiger formosanum*
Ludioschema okinawense (Miwa) 冲绳双脊叩甲
Ludioschema opacipenne (Kishii) 暗翅双脊叩甲
Ludioschema taikozanum (Miwa) 太鼓双脊叩甲
Ludioschema vittiger (Heyden) 暗带双脊叩甲，暗带重脊叩甲，条卢叩甲
Ludioschema vittiger formosanum (Miwa) 暗带双脊叩甲台湾亚种
Ludioschema vittiger fuscomarginatus (Lewis) 暗带双脊叩甲棕缘亚种，棕缘条长肩叩甲
Ludioschema vittiger vittiger (Heyden) 暗带双脊叩甲指名亚种
Ludioschema yushiroi Suzuki 勇双脊叩甲
Ludius pectinicornis Linnaeus 栉角叩甲
Ludius sihleticus Candèze 见 *Taiwanostethus sihleticus*
Ludius sinensis Candèze 见 *Nipponoelater sinensis*
Ludlow's Bhutan swallowtail [*Bhutanitis ludlowi* Gabriel] 不丹尾凤蝶
Ludovicius miricornis Parent 见 *Sybistroma miricornis*
Luea 吕氏叶蜂属
Luea sinica Wei 中华吕氏叶蜂
Luehder's recluse [*Caenides luehderi* (Plötz)] 卢氏勘弄蝶
Luehdorfia 虎凤蝶属
Luehdorfia bosniackii Bryk 波氏虎凤蝶
Luehdorfia chinensis Leech [Chinese luehdorfia, Chinese gifu butterfly] 中华虎凤蝶
Luehdorfia chinensis chinensis Leech 中华虎凤蝶指名亚种，指名中华虎凤蝶
Luehdorfia chinensis huashanensis Lee 中华虎凤蝶华山亚种，华山中华虎凤蝶
Luehdorfia chinensis leei Chou 同 *Luehdorfia chinensis huashanensis*
Luehdorfia choui Chou *et* Yuan [Chou's luehdorfia] 周氏虎凤蝶
Luehdorfia japonica Leech [Japanese luehdorfia, Gifu butterfly, Japanese tiger phoenix butterfly] 日本虎凤蝶，吉氏凤蝶，日虎凤蝶
Luehdorfia japonica formosana Rothschild 日本虎凤蝶台湾亚种，花凤蝶，岐阜凤蝶
Luehdorfia japonica japonica Leech 日本虎凤蝶指名亚种
Luehdorfia longicaudata Lee 长尾虎凤蝶
Luehdorfia meissneri Bryk 同 *Luehdorfia chinensis*
Luehdorfia puziloi (Erschoff) 虎凤蝶
Luehdorfia puziloi coreana Matsumura 虎凤蝶南韩亚种
Luehdorfia puziloi inexpecta Sheljuzhko [small gifu butterfly, small luehdorfia] 虎凤蝶本州亚种
Luehdorfia puziloi linjiangensis Lee 虎凤蝶临江亚种，临江虎凤蝶
Luehdorfia puziloi puziloi (Erschoff) 虎凤蝶指名亚种
Luehdorfia puziloi yessoensis Rothschild 虎凤蝶北海道亚种
Luehdorfia taibai Chou [Taibai luehdorfia] 太白虎凤蝶
lufenuron 虱螨脲
Lulworth skipper [*Thymelicus acteon* (Rottemburg)] 指名豹弄蝶
Luma 光水螟属
Luma ornatalis (Leech) 饰光水螟

Luma sericea Butler 丝光水螟
Lumaria 禄卷蛾属
Lumaria afrotropica Razowski 非洲禄卷蛾
Lumaria imperita (Meyrick) 突腹禄卷蛾，阴卷蛾
Lumaria minuta (Washingham) 宽腹禄卷蛾
Lumaria probolias (Meyrick) 东方禄卷蛾
Lumaria rhythmologa (Meyrick) 端齿禄卷蛾，来卷蛾
Lumaria zeteotoma Razowski 锯齿檬卷蛾，鲁卷蛾
Lumaria zeugmatovalva Razowski 褐禄卷蛾，轭鲁卷蛾
Lumaria zorotypa Razowski 滑禄卷蛾，佐鲁卷蛾
lumen [pl. lumina] 1. 腔；2. 腺腔
Lumicella 亮室叶蝉属
Lumicella rotundata Lu *et* Qin 圆亮室叶蝉
lumina [s. lumen] 1. 腔；2. 腺腔
luminescence 1. 萤光；2. 发光
luminous cloud [*Negeta luminosa* (Walker)] 光明鸮夜蛾，光明夜蛾
lumper 堆合分类者 <记述种或属时，仅承认显著或易见的特征，而排除斑纹或构造的细致色泽或不同特征者>
luna gypsy moth [*Lymantria lunata* Stoll] 纹翅毒蛾
luna moth [= American moon moth, *Actias luna* (Linnaeus)] 月尾大蚕蛾，月形天蚕蛾，月红天蚕蛾
Lunaceps 卢鸟虱属
Lunaceps actophilus (Kellogg *et* Chapman) 三趾鹬卢鸟虱
Lunaceps bicolor (Piaget) 同 *Lunaceps holophaeus*
Lunaceps dorsti Timmermann 红腹滨鹬卢鸟虱
Lunaceps falcinellus Timmermann 阔嘴鹬卢鸟虱
Lunaceps haematopi Timmermann 蛎鹬卢鸟虱
Lunaceps holophaeus Burmeister 凤头麦鸡鹬卢鸟虱
Lunaceps limosella Timmermann 斑尾塍鹬卢鸟虱
Lunaceps limosella limoase Bechet 同 *Lunaceps limosella limosella*
Lunaceps limosella limosella Timmermann 斑尾塍鹬卢鸟虱指名亚种
Lunaceps lissmanni Timmermann 李氏卢鸟虱
Lunaceps numenii (Denny) 白腰杓鹬卢鸟虱
Lunaceps numenii numenii (Denny) 白腰杓鹬卢鸟虱指名亚种
Lunaceps numenii phaeopi (Denny) 白腰杓鹬卢鸟虱中杓鹬亚种
Lunaceps rileyi Timmermann 小杓鹬卢鸟虱
Lunaceps trimaculatus (Piaget) 同 *Lunaceps numenii phaeopi*
lunar cycle 月运周期
Lunatipula 月大蚊亚属
Lunatissus 卢瓢蜡蝉属
Lunatissus brevis Che, Zhang *et* Wang 短卢瓢蜡蝉
Lunatissus longus Che, Zhang *et* Wang 长卢瓢蜡蝉
Lundlad's solution 伦氏液
lunula [pl. lunulae; = lunule, lunulet] 1. 新月片，新月形斑；2. 小新月形
lunulae [s. lunula] 新月片，新月形斑
lunule 见 lunula
lunulet 见 lunula
Luodianasca 罗甸叶蝉属
Luodianasca recurvata Qin *et* Zhang 弯罗甸叶蝉
Luoxiaotrechus 罗霄盲步甲属
Luoxiaotrechus deuvei Tian *et* Yin 德氏罗霄盲步甲
Luoxiaotrechus yini Tian *et* Huang 尹氏罗霄盲步甲
Lupa 罗夙舟蛾亚属
Luperina 陆夜蛾属
Luperina hedeni (Graeser) 见 *Resapamea hedeni*
Luperina zollikoferi (Freyer) 左陆夜蛾，锉陆夜蛾
Luperodes brunneus (Crotch) 见 *Calomicrus brunneus*
Luperodes haemodera Chen 见 *Atrachya haemodera*
Luperodes menetriesi (Faldermann) 见 *Atrachya menetriesi*
Luperodes nitidissimus Chûjô 见 *Atrachya nitidissimus*
Luperodes praeustus Motschulsky 同 *Atrachya menetriesi*
Luperomorpha 寡毛跳甲属，寡毛叶蚤属
Luperomorpha albofasicata Duvivier 白带寡毛跳甲
Luperomorpha antennata Chen 锯角寡毛跳甲，峨眉寡毛跳甲
Luperomorpha birmanica (Jacoby) 缅甸寡毛跳甲，横纹寡毛叶蚤
Luperomorpha boja Gressitt *et* Kimoto 黑缘寡毛跳甲，湖北寡毛跳甲
Luperomorpha cheni Wang *et* Ge 陈氏寡毛跳甲
Luperomorpha clypeata Wang 隆基寡毛跳甲
Luperomorpha collaris (Baly) 领寡毛跳甲
Luperomorpha costipennis Wang 脊鞘寡毛跳甲
Luperomorpha dilatata Wang 膨跗寡毛跳甲
Luperomorpha discoidea (Jacoby) 四川寡毛跳甲
Luperomorpha funesta (Baly) [mulberry flea beetle] 黑纹寡毛跳甲，桑黑跳甲，河北寡毛跳甲
Luperomorpha glabricollis Wang *et* Ge 光胸寡毛跳甲
Luperomorpha guangxiana Wang *et* Ge 广西寡毛跳甲
Luperomorpha hainana Wang *et* Ge 海南寡毛跳甲
Luperomorpha kurosawai Kimoto 黄头寡毛跳甲，南投寡毛跳甲
Luperomorpha lushuinensis Wang 泸水寡毛跳甲
Luperomorpha maculata Wang 斑翅寡毛跳甲
Luperomorpha metallica Chen 金色寡毛跳甲
Luperomorpha nigra Chen 同 *Luperomorpha collaris*
Luperomorpha nobilis Weise 棕头寡毛跳甲，红头寡毛跳甲
Luperomorpha pedicelis Wang *et* Ge 膨梗寡毛跳甲
Luperomorpha rubra Chen 棕红寡毛跳甲，红寡毛跳甲
Luperomorpha saigusai Kimoto 凹翅寡毛跳甲，台南寡毛跳甲
Luperomorpha sasajii Kimoto 黄斑寡毛跳甲，笹治寡毛跳甲，佐佐木寡毛叶蚤
Luperomorpha sibirica (Csiki) 葱黄寡毛跳甲
Luperomorpha similimetallica Wang *et* Ge 古铜寡毛跳甲
Luperomorpha suturalis Chen 同 *Luperomorpha sibirica*
Luperomorpha tenebrosa (Jacoby) [soybean flea beetle] 大豆寡毛跳甲
Luperomorpha viridis Wang 绿翅寡毛跳甲
Luperomorpha xanthodera (Fairmaire) 黄胸寡毛跳甲
Luperomorpha yunnanensis Kung *et* Chen 云南寡毛跳甲
Luperus 露萤叶甲属
Luperus aeneofuscus Weise 见 *Charaea aeneofuscum*
Luperus aenescens Weise 同 *Charaea grahami*
Luperus altaicus Mannerheim 见 *Scelolyperus altaicus*
Luperus anthracinus Ogloblin 同 *Luperus dmitrii*
Luperus biplagiatus Jacoby 湖北露萤叶甲
Luperus cavicollis Chen 凹领露萤叶甲
Luperus diadematus Ogloblin 见 *Charaea diadematum*
Luperus dmitrii Bezděk *et* Beenen 亮黑露萤叶甲

Luperus flavimanus Weise 异色露萤叶甲
Luperus ictericus Weise 见 *Charaea ictericum*
Luperus lineatus Weise 见 *Charaea lineatum*
Luperus lyperus (Sulzer) 丽露萤叶甲
Luperus minutus Joannis 见 *Charaea minutum*
Luperus nigriventris Ogloblin 见 *Charaea nigriventris*
Luperus pratti Jacoby 见 *Charaea pratti*
Luperus sauteri Chûjô 见 *Jolibrotica sauteri*
Luperus semiflavus Ogloblin 东北露萤叶甲
Luperus uenoi Kimoto 见 *Mandarella uenoi*
lupina emesis [= little tanmark, *Emesis lupina* (Godman *et* Salvin)] 陆螟蚬蝶
lupine blue [*Aricia lupini* (Boisduval)] 鲁宾爱灰蝶
Lupparia 璐螽属
Lupparia nodigera (Bey-Bienko) 刺板璐螽，露螽
Lupparia notulata (Stål) 见 *Balta notulata*
Lupparia picea Bey-Bienko 黑璐螽
Lupparia robusta Liu, Zhu, Dai *et* Wang 强壮璐螽
Lupparia silphoides (Bey-Bienko) 滇露螽
Lupparia valida (Bey-Bienko) 壮璐螽，壮露螽
Lupparia vilis (Brunner von Wattenwyl) 维丽斯璐螽，南亚露螽
Lupparia yunnanea (Bey-Bienko) 云南露螽
Lupropini 垫甲族
Luprops 垫甲属，小垫甲属，粗角拟步行虫属
Luprops aeneicolor (Fairmaire) 铜色垫甲

Luprops brancuccii Schawaller 布氏垫甲
Luprops cribrifuous (Marseul) 额筛垫甲，筛纹小垫甲，筛纹粗角拟步行虫
Luprops horni (Gebien) 霍氏垫甲，荷氏小垫甲，荷氏粗角拟步行虫
Luprops irregularis (Gebien) 台湾垫甲，台湾小垫甲，台湾粗角拟步行虫
Luprops kaszabi Schawaller 卡氏垫甲
Luprops luzonicus (Gebien) 吕宋垫甲，吕宋小垫甲，吕宋粗角拟步行虫
Luprops orientalis (Motschulsky) 东方垫甲，东方小垫甲，东方粗角拟步行虫
Luprops rugosissimus Kaszab 横纹垫甲
Luprops tristis (Fabricius) [rubber plantation litter beetle] 黑色垫甲，暗色小垫甲
Luprops yunnanus (Fairmaire) 云南垫甲
Luquetia 陆织蛾属
Luquetia largimacularis Wang *et* Zheng 大斑陆织蛾
Luquetia lobella (Denis *et* Schiffermüller) 叶陆织蛾
lurcher [= Australian lurcher, *Yoma sabina* (Cramer)] 瑶蛱蝶，黄带约蛱蝶
lure 诱芯，诱饵
lure gland 诱惑腺，引诱腺
lurid [= luridus] 蓝褐色
lurid glider [*Cymothoe lurida* (Butler)] 黄亮漪蛱蝶
luridus 见 lurid
Lushai Hill jezebel [*Delias belladonna lugens* Jordan] 艳妇斑粉蝶西藏亚种，卢倍拉斑粉蝶
Lusius 卢姬蜂属
Lusius apollos (Morley) 阿波罗卢姬蜂
Lusius gracilis Kusigemati 丽卢姬蜂
lustrous copper [*Lycaena cupreus* (Edwards)] 多点红灰蝶
Luteicenus 黄尾天牛属
Luteicenus atromaculatus (Pic) 黑斑黄尾天牛
Luteicenus cheni Holzschuh 陈氏黄尾天牛
Luteicenus magnificus Rapuzzi *et* Sama 大斑黄尾天牛
lutein 叶黄素
lutein epoxide 环氧叶黄素
luteolin 木樨草素
luteotestaceous 暗黄色
luteous [= luteus] 土色，褐黄色
lutescens [= lutescent] 土黄色的
lutescent 见 lutescens
luteus 见 luteous
lutose [= lutosus] 泥土的
lutosus 见 lutose
Lutridia exilis (Nitzsch) 水獭嚼虱
Lutzia 鲁蚊属，路蚊亚属
Lutzia fuscana (Wiedemann) 黄尾鲁蚊，黄尾家蚊，暗鲁蚊，褐尾库蚊
Lutzia halifaxii (Theobald) 海氏鲁蚊，海氏家蚊，贪食库蚊
Lutzia vorax Edwards 贪食鲁蚊
Lutzomyia 罗蛉属
Lutzomyia longipalpis (Lutz *et* Neiva) 长须罗蛉
Luxiaria 辉尺蛾属
Luxiaria acutaria (Snellen) 锐辉尺蛾
Luxiaria amasa (Butler) 黑带辉尺蛾，棕带辉尺蛾，褐烟钩尺蛾
Luxiaria amasa amasa (Butler) 黑带辉尺蛾指名亚种，指名黑带辉尺蛾
Luxiaria amasa fasciosa Moore 同 *Luxiaria amasa amasa*
Luxiaria consimilaria Leech 见 *Calletaera consimilaria*
Luxiaria contigaria Walker 同 *Luxiaria mitorrhaphes*
Luxiaria contigaria amasa (Butler) 见 *Luxiaria amasa*
Luxiaria costinota Inoue 点缘辉尺蛾，锯缘钩尺蛾
Luxiaria emphatica Prout 俄辉尺蛾
Luxiaria exclusa Walker 见 *Probithia exclusa*
Luxiaria heteroneurata Guenée 见 *Eutoea heteroneurata*
Luxiaria mitorrhaphes Prout 迷辉尺蛾，双斑钩尺蛾
Luxiaria mitorrhaphes mitorrhaphes Prout 迷辉尺蛾指名亚种，指名迷辉尺蛾
Luxiaria obliquata Moore 见 *Calletaera obliquata*
Luxiaria phyllosaria (Walker) 叶辉尺蛾
Luxiaria postvittata (Walker) 见 *Calletaera postvittata*
Luxiaria tephrosaria (Moore) 特辉尺蛾
Luzon peacock swallowtail [*Papilio chikae* Igarashi] 吕宋翠凤蝶
Luzonia 扁跗秆蝇属，吕宋秆蝇属
Luzonia incisa (de Meijere) 凹扁跗秆蝇，裂吕宋秆蝇
Luzonimyia 芦果蝇属，裸额果蝇属
Luzonimyia flavipedes Cao *et* Chen 黄足芦果蝇，黄足裸额果蝇
Luzonimyia hirsutina Gao *et* Chen 密鬃芦果蝇
Luzonimyia setocauda Gao *et* Chen 鬃尾芦果蝇
Luzonimyia stictogaster Cao *et* Chen 斑腹芦果蝇，斑腹吕宋果蝇，斑腹裸额果蝇
Luzonomyza 颊鬃缟蝇属
Luzonomyza gaimarii Shi *et* Yang 盖氏颊鬃缟蝇

Luzonomyza hirsuta Shi *et* Yang 多毛颊鬃缟蝇
Luzonomyza sinica Shatalkin 中华颊鬃缟蝇
Luzulaspis 鲁丝蚧属，长毡蚧属，狭毡蜡蚧属
Luzulaspis americana Koteja *et* Howell [grass soft scale] 草鲁丝蚧
Luzulaspis bisetosa Borchsenius 双毛鲁丝蚧
Luzulaspis borchsenii Rehacek 勃氏鲁丝蚧
Luzulaspis borealis Koteja *et* Howell 北方鲁丝蚧
Luzulaspis caricicola (Lindinger) [alpine sedge scale] 高山鲁丝蚧
Luzulaspis crassispina Borchsenius 云南鲁丝蚧，云南长毡蚧，云南狭长毡蚧，云南狭毡蜡蚧
Luzulaspis cunhii Balachowsky 郇氏鲁丝蚧
Luzulaspis dactylis Green [Green's soft scale] 格林鲁丝蚧
Luzulaspis frontalis Green [long-headed soft scale] 额鲁丝蚧
Luzulaspis grandis Borchsenius [long-headed soft scale] 长头鲁丝蚧
Luzulaspis intermedius Goux 间鲁丝蚧
Luzulaspis jahadiezi Balachowsky 佳鲁丝蚧
Luzulaspis luzulae (Dufour) [woodrush soft scale] 地梅鲁丝蚧
Luzulaspis kondarensis Borchsenius 中东鲁丝蚧
Luzulaspis kosztarabi Koteja *et* Kozár [Hungarian sedge scale] 匈鲁丝蚧
Luzulaspis kurilensis Danzig 岛鲁丝蚧
Luzulaspis macrospinus Savescu 巨刺鲁丝蚧
Luzulaspis minima Koteja *et* Howell [lesser sedge scale] 小鲁丝蚧
Luzulaspis montana Schmutterer 山鲁丝蚧
Luzulaspis nemorosa Koteja [Koteja's soft scale] 寇氏鲁丝蚧
Luzulaspis pieninica Koteja *et* Zak-Ogaza [sedge soft scale] 旧北鲁丝蚧
Luzulaspis rajae Kozár [Raja's soft scale] 珞佳鲁丝蚧
Luzulaspis saueri Lepage *et* Giannotti 萨氏鲁丝蚧
Luzulaspis scotica Goux [Scottish soft scale] 苏格兰鲁丝蚧
Luzulaspis spinulosa Lepage *et* Giannotti 刺鲁丝蚧
Luzulaspis takahashii Koteja 高桥鲁丝蚧
LWRh [long-wavelength rhodopsin 的缩写] 长波视蛋白
lybia longwing [= sharp-edged longwing, *Eueides lybia* (Fabricius)] 花佳袖蝶
lyca eighty-eight [= Aegina numberwing, *Callicore lyca* (Doubleday)] 七点图蛱蝶
Lycaeides 红珠灰蝶属
Lycaeides alaina Staudinger 爱红珠灰蝶
Lycaeides amandus Schneider 见 *Agrodiaetus amandus*
Lycaeides amandus amandus Schneider 见 *Agrodiaetus amandus amandus*
Lycaeides amandus amurensis Staudinger 见 *Agrodiaetus amandus amrurensis*
Lycaeides argyrognomon (Bergsträsser) [Reverdin's blue] 红珠灰蝶
Lycaeides argyrognomon aegina (Grum-Grshimailo) 同 *Agrodiaetus amandus amandus*
Lycaeides argyrognomon argyrognomon (Bergsträsser) 红珠灰蝶指名亚种
Lycaeides argyrognomon dschagatai (Grum-Grshimailo) 同 *Plebejus maracandica*
Lycaeides argyrognomon sifanica (Grum-Grshimailo) 红珠灰蝶四川亚种，川红珠灰蝶
Lycaeides cleobis (Bremer) 茄纹红珠灰蝶
Lycaeides cleobis cleobis (Bremer) 茄纹红珠灰蝶指名亚种
Lycaeides cleobis ongodai Tutt 茄纹红珠灰蝶西北亚种，昂纳灰蝶
Lycaeides cleodes qilianshanus (Murayama) 见 *Lycaeides subsolanus qilianshanus*
Lycaeides idas (Linnaeus) [idas blue, northern blue] 北美红珠灰蝶
Lycaeides melissa (Edwards) [melissa blue, orange-bordered blue] 苹果红珠灰蝶
Lycaeides pilgram Bálint *et* Johnson 毛红珠灰蝶
Lycaeides qinghaiensis Murayama 青海红珠灰蝶
Lycaeides subsolanus (Eversmann) 茄斑红珠灰蝶，索珠灰蝶，索红珠灰蝶
Lycaeides subsolanus iburiensis Butler 见 *Plebejus iburiensis*
Lycaeides subsolanus qilianshanus (Murayama) 茄斑红珠灰蝶祁连亚种，祁连索红珠灰蝶，祁连茄纹红珠灰蝶
Lycaeides subsolanus sifanica (Grum-Grshimailo) 茄斑红珠灰蝶四川亚种，川红珠灰蝶
Lycaeides subsolanus subsolanus (Eversmann) 茄斑红珠灰蝶指名亚种
Lycaeides subsolanus takagusiensis Murayama 茄斑红珠灰蝶北方亚种，褐红珠灰蝶北极亚种，塔索红珠灰蝶
Lycaena 灰蝶属
Lycaena abotti Holland 阿伯提灰蝶
Lycaena aeolus Wyatt 艾昙灰蝶
Lycaena alaica (Grum-Grshimailo) 阿拉灰蝶，阿拉昙梦灰蝶
Lycaena alaina Staudinger 见 *Cupido alaina*
Lycaena albocoerulea sauteri Fruhstorfer 见 *Udara albocaerulea sauteri*
Lycaena alpherakyi (Grum-Grshimailo) 阿昙灰蝶
Lycaena arcas Rottemburg 同 *Maculinea nausithous*
Lycaena argiolus crimissa Fruhstorfer 见 *Celastrina argiola crimissa*
Lycaena argus insularis Leach 见 *Plebejus argus insularis*
Lycaena asabinus Herrich-Schäffer 缘点昙灰蝶
Lycaena asabinus asabinus Herrich-Schäffer 缘点昙灰蝶指名亚种
Lycaena astrarche nazira (Moore) 见 *Aricia agestis nazira*
Lycaena astrarche sachalinensis Matsumura 见 *Aricia artaxerxes sachalinensis*
Lycaena baton (Bergsträsser) 见 *Pseudophilotes baton*
Lycaena baton cashmirensis (Moore) 见 *Pseudophilotes vicrama cashmirensis*
Lycaena baton vicrama (Moore) 见 *Pseudophilotes vicrama*
Lycaena berezowskii Grum-Grshimailo 贝灰蝶
Lycaena boldernarum Butle 紫砂灰蝶
Lycaena candens (Herrich-Schäffer) 坎地灰蝶
Lycaena caspius Lederer 卡斯灰蝶
Lycaena cimon altaiana (Tutt) 见 *Cyaniris semiargus altaianus*
Lycaena cimon amurensis (Tutt) 见 *Cyaniris semiargus amurensis*
Lycaena cimon annulata Elwes 见 *Eumedonia annulata*
Lycaena cimon fergana Tutt 见 *Cyaniris semiargus atra*
Lycaena clarki Dickson [eastern sorrel copper] 克莱灰蝶
Lycaena cnejus Fabricius 见 *Euchrysops cnejus*
Lycaena cupreus (Edwards) [lustrous copper] 多点红灰蝶
Lycaena cyane Eversmann 见 *Polyommatus cyaneus*
Lycaena cyane cyane Eversmann 青灰蝶指名亚种

Lycaena cyane deserticola Elwes 青灰蝶沙漠亚种，沙漠青灰蝶
Lycaena cyane maxima Bang-Haas 同 *Lycaena cyane cyane*
Lycaena cyane tarbagata Suschkin 青灰蝶塔城亚种，塔青灰蝶
Lycaena damone Eversmann 见 *Polyommatus damone*
Lycaena damone juldusa Staudinger 见 *Polyommatus juldusa*
Lycaena damone sibirica Staudinger 见 *Polyommatus damone sibirica*
Lycaena dis elunata Nordström 见 *Agriades dis elunatus*
Lycaena dis errans Riley 见 *Agriades errans*
Lycaena dispar (Haworth) [large copper] 橙灰蝶，橙昙灰蝶
Lycaena dispar auratus (Leech) 橙灰蝶华中亚种，华中昙灰蝶
Lycaena dispar borodowskyi (Grum-Grshimailo) 橙灰蝶博氏亚种，北橙昙灰蝶
Lycaena dispar dispar (Haworth) 橙灰蝶指名亚种
Lycaena donzelii Boisduval 同 *Aricia nicias*
Lycaena donzelii bittis Fruhstorfer 见 *Aricia nicias bittis*
Lycaena donzelii borsippa Fruhstorfer 见 *Aricia nicias borsippa*
Lycaena donzelii caerulea Courvoisier 见 *Aricia nicias caerulea*
Lycaena dux (Riley) 见 *Polyommatus dux*
Lycaena eros (Ochsenheimer) 见 *Polyommatus eros*
Lycaena eumedon sarykola Sheljuzhko 见 *Eumedonia eumedon sarykola*
Lycaena euphemus (Hübner) 同 *Maculinea teleius*
Lycaena euphemus aihona Matsumura 见 *Maculinea teleius aihona*
Lycaena euphemus hozanensis Matsumura 同 *Maculinea teleius chosensis*
Lycaena euphemus kazamota Druce 见 *Maculinea teleius kazamoto*
Lycaena evansii de Nicéville 埃文斯灰蝶
Lycaena feredayi (Bates) [glade copper] 黄斑沙灰蝶
Lycaena fergana torrouta Alphéraky 同 *Albulina fergana*
Lycaena galathea nycula (Moore) 见 *Albulina galathea nycula*
Lycaena gisela Püngeler 见 *Cupido gisela*
Lycaena happensis Matsumrua 见 *Cupido minimus happensis*
Lycaena hyrcana Neuburger 伊红灰蝶
Lycaena icarus (Rottemburg) 见 *Polyommatus icarus*
Lycaena insignis Sheljuzhko 殷灰蝶，殷平灰蝶
Lycaena irmae Bailey 旖迈灰蝶
Lycaena kefersteinii Gerhard 凯佛灰蝶
Lycaena kiyokoae Sakai 酷橙灰蝶
Lycaena kurdistanica Riley 库尔灰蝶
Lycaena lampon Lederer 灯红昙灰蝶
Lycaena lucifera Staudinger 见 *Plebejus lucifera*
Lycaena lucifera lucifuga Fruhstorfer 见 *Plebejus lucifera lucifuga*
Lycaena lucifera lucina Grum-Grshimailo 见 *Plebejus lucifera lucina*
Lycaena lucifera themis Grum-Grshimailo 见 *Plebejus themis*
Lycaena margelanica (Staudinger) 马夹灰蝶
Lycaena naruena Courvoisier 见 *Lycaena phlaeas naruena*
Lycaena naruena ongodai Tutt 见 *Lycaeides cleobis ongodai*
Lycaena nepete Fruhstorfer 见 *Maculinea arion nepete*
Lycaena ochimus Herrich-Schäffer 橙黄昙灰蝶
Lycaena opalina Poujade 同 *Pseudozizeeria maha*
Lycaena optilete kingana Matsumura 见 *Vacciniina optilete kingana*
Lycaena optilete shonis Matsumura 见 *Vacciniina optilete shonis*
Lycaena orbitulus (Esper) [greenish mountain blue] 绿昙灰蝶
Lycaena orbitulus major Evans 绿昙灰蝶大型亚种，主费勒灰蝶
Lycaena orbitulus maloyensis Ruhl 同 *Lycaena orbitulus orbitulus*
Lycaena orbitulus orbitulus (Esper) 绿昙灰蝶指名亚种
Lycaena orbitulus orbona Grum-Grshimailo 见 *Lycaena orbona*
Lycaena orbitulus pharis Fawcett 见 *Lycaena pharis*
Lycaena orbitulus tatsienluica Oberthür 绿昙灰蝶康定亚种，康定费勒灰蝶
Lycaena orbona Grum-Grshimailo 奥眶灰蝶
Lycaena orion jeholana Matsumura 见 *Scolitantides orion jeholana*
Lycaena orion jezoensis Matsumura 见 *Scolitantides orion jezoensis*
Lycaena orus (Cramer) [western sorrel copper] 小红灰蝶
Lycaena ouang (Oberthür) 噢旺灰蝶
Lycaena pandava Horsfield 见 *Chilades pandava*
Lycaena pang (Oberthür) 见 *Athamanthia pang*
Lycaena peninsulae insignis Sheljuzhko 见 *Lycaena insignis*
Lycaena peninsulae nepete Fruhstorfer 见 *Maculinea arion nepete*
Lycaena peninsulae philidor Fruhstorfer 同 *Maculinea cyanecula*
Lycaena peninsulae ussuriensis Sheljuzhko 见 *Maculinea arion ussuriensis*
Lycaena pharis Fawcett 珐灰蝶，珐费勒灰蝶
Lycaena pheretes (Hübner) 同 *Lycaena orbitulus*
Lycaena pheretes arcaseia Fruhstorfer 见 *Albulina arcaseia*
Lycaena pheretes asiatica Elwes 见 *Polyommatus lehanus asiaticus*
Lycaena pheretes major Evans 见 *Lycaena orbitulus major*
Lycaena pheretes maloyensis Ruhl 见 *Lycaena orbitulus maloyensis*
Lycaena pheretes pharis Fawcett 见 *Lycaena pharis*
Lycaena pheretes tatsienluica Oberthür 见 *Lycaena orbitulus tatsienluica*
Lycaena pheretiades caerulea Courvoisier 同 *Agriades pheretiades pheretiades*
Lycaena pheretiades pheres Staudinger 见 *Agriades pheretiades pheres*
Lycaena pheretiades philebus Fruhstorfer 同 *Agriades pheretiades pheretiades*
Lycaena pheretiades tekessana Alphéraky 见 *Agriades pheretiades tekessanus*
Lycaena phlaeas (Linnaeus) [small copper, common copper, American copper] 红灰蝶
Lycaena phlaeas baralacha (Moore) [Ladakh common copper] 红灰蝶高原亚种
Lycaena phlaeas chinensis (Felder) [Chinese common copper] 红灰蝶东北亚种，东北红灰蝶
Lycaena phlaeas daimio (Seitz) [Japanese copper butterfly] 红灰蝶千岛亚种，戴红灰蝶
Lycaena phlaeas flavens (Ford) [Tibetan common copper] 红灰蝶西藏亚种
Lycaena phlaeas indicus Evans [Kashmir common copper] 红灰蝶克什米尔亚种
Lycaena phlaeas naruena Courvoisier 红灰蝶纳茹亚种，纳灰蝶
Lycaena phlaeas phlaeas (Linnaeus) 红灰蝶指名亚种
Lycaena phlaeas stygianus (Butler) [Afgani common copper] 红灰蝶印度亚种
Lycaena phoebus (Blachier) [Moroccan copper] 橙红昙灰蝶
Lycaena phoenicurus Lederer 紫红灰蝶
Lycaena pulchra Murray 同 *Leptotes pulcher*
Lycaena putealis Matsumura 同 *Lycaeides subsolanus*
Lycaena rauparaha (Fereday) 娆葩灰蝶
Lycaena rubidus (Behr) 见 *Chalceria rubidus*
Lycaena rushanica Zhdanko 露紫红灰蝶

Lycaena salustius (Fabricius) [common copper] 沙灰蝶
Lycaena sarthus Staudinger 洒橙灰蝶
Lycaena semiargus annulata Elwes 见 *Cyaniris annulata*
Lycaena serica Grum-Grshimailo 同 *Plebejus pilgram*
Lycaena sogdiana Zhdanko 素紫红灰蝶
Lycaena solskyi Erschoff 梭尔灰蝶
Lycaena sosinomos Fruhstorfer 见 *Maculinea arion sosinomos*
Lycaena splendens Staudinger 丽昙灰蝶
Lycaena stoliczkana Felder 同 *Polyommatus stoliczkanus*
Lycaena stoliczkana arena Fawcett 见 *Polyommatus stoliczkanus arene*
Lycaena stoliczkana janetae (Evans) 见 *Polyommatus stoliczkanus janetae*
Lycaena sultan Staudinger 苏尔坦灰蝶
Lycaena susanus Swinhoe 素杉灰蝶
Lycaena thersamon (Esper) [lesser fiery copper] 昙梦灰蝶
Lycaena thersamon alaica (Grum-Grshimailo) 见 *Lycaena alaica*
Lycaena thersamon jiadengyuensis (Huang *et* Murayama) 昙梦灰蝶贾登峪亚种
Lycaena thersamon thersamon (Esper) 昙梦灰蝶指名亚种
Lycaena thersites orientis Sheljuzhko 见 *Polyommatus thersites orientis*
Lycaena thetis Klug [fiery copper, golden copper] 黑缘昙灰蝶
Lycaena thoe Guérin-Méneville 细纹紫灰蝶
Lycaena transiens Staudinger 特兰辛灰蝶
Lycaena uralensis fergana Tutt 同 *Cyaniris semiargus atra*
Lycaena violaceus Staudinger 紫罗兰红灰蝶
lycaenid 1. [= lycaenid butterfly, gossamer-winged butterfly] 灰蝶 < 灰蝶科 Lycaenidae 昆虫的通称 >；2. 灰蝶科的
lycaenid butterfly [= lycaenid, gossamer-winged butterfly] 灰蝶
Lycaenidae 灰蝶科
Lycaeninae 灰蝶亚科
Lycaenopsis 利灰蝶属
Lycaenopsis albidisca Moore 白纹利灰蝶
Lycaenopsis astynome Oberthür 见 *Celastrina morsheadi astynome*
Lycaenopsis binghami (Chapman) 见 *Notarthrinus binghami*
Lycaenopsis cardia (Felder) 见 *Udara cardia*
Lycaenopsis cardia cardia (Felder) 见 *Udara cardia cardia*
Lycaenopsis cardia dilectina Fruhstorfer 同 *Udara dilecta dilecta*
Lycaenopsis cardia dilectus (Moore) 见 *Udara dilecta*
Lycaenopsis cardia hainana Fruhstorfer 同 *Udara dilecta dilecta*
Lycaenopsis cardia hermonthis Fruhstorfer 同 *Udara dilecta dilecta*
Lycaenopsis coelestina kankonis Matsumura 同 *Celastrina oreas arisana*
Lycaenopsis filipjevi Riley 见 *Celastrina filipjevi*
Lycaenopsis haraldus (Fabricius) 利灰蝶
Lycaenopsis heringi (Kardakov) 见 *Celastrina heringi*
Lycaenopsis jynteana de Nicéville 珍利灰蝶
Lycaenopsis lanka (Moore) 毛利灰蝶
Lycaenopsis marginata de Nicéville 见 *Celatoxia marginata*
Lycaenopsis minima Evans [tiny hedge blue] 小利灰蝶
Lycaenopsis morsheadi (Evans) 见 *Celastrina morsheadi*
Lycaenopsis morsheadi gregoryi Watkinsan 同 *Celastrina morsheadi morsheadi*
Lycaenopsis nebulosa (Leech) 见 *Bothrinia nebulosa*
Lycaenopsis transpecta Moore 见 *Lestranicus transpectus*
Lycas 赉弄蝶属
Lycas argentea (Hewitson) [silver-studded ruby-eye, fantastic ruby-eye, silvered ruby-eye] 赉弄蝶
Lycas godarti Latreille [Godart ruby-eye] 戈氏赉弄蝶
Lycastris 长吻蚜蝇属，狼蚜蝇属
Lycastris albipes Walker 白足长吻蚜蝇
Lycastris austeni Brunetti 奥长吻蚜蝇
Lycastris cornuta Enderlein 角长吻蚜蝇，长吻蚜蝇，角来蚜蝇
Lycastris flavicrinis Cheng 亮毛长吻蚜蝇
Lycastris flaviscutatis Huo *et* Ren 黄盾长吻蚜蝇
Lycastris flavohirta Brunetti 黄毛长吻蚜蝇
Lycastris griseipennis Coe 灰翅长吻蚜蝇
Lycauges annularia Swinhoe 见 *Scopula annularia*
Lycauges defamataria (Walker) 同 *Scopula emissaria*
lychee bark scale [= large snow scale, *Pseudaulacaspis major* (Cockerell)] 大白盾蚧
lychee giant stink bug [= lychee stink bug, lichee stink bug, litchi stink bug, *Tessaratoma papillosa* (Drury)] 荔蝽，荔枝蝽，荔枝椿象，石背
lychee stink bug 见 lychee giant stink bug
lychnocolacid 1. 澜蝙 < 澜蝙科 Lychnocolacidae 昆虫的通称 >；2. 澜蝙科的
Lychnocolacidae 澜蝙科
Lychnocolax 澜蝙属
Lychnocolax chinensis Kifune *et* Hirashima 中国澜蝙
Lychnocolax orientalis Kifune 东方澜蝙
Lychnocolax ovatus Bohart 卵澜蝙
Lychnocolax similis Chaudhuri, Ghosh *et* Das Gupta 类澜蝙
Lychnocolax simplex Kifune *et* Hirashima 简澜蝙
Lychnocolax solomon Kifune *et* Hirashima 所罗门澜蝙
Lychnocolax vietnamicus Kifune *et* Hirashima 越南澜蝙
Lychnuchoides 拟青项弄蝶属
Lychnuchoides ozias Hewitson [ozias ruby-eye] 奥拟青项弄蝶
Lychnuchoides saptiae (Godman *et* Salvin) [golden-banded ruby-eye] 金带拟青项弄蝶，拟青项弄蝶
Lychnuchus 青项弄蝶属
Lychnuchus celsus (Fabricius) 塞青项弄蝶
Lychnuchus olenus Hübner 青项弄蝶
Lychnuris amplissima (Olivier) 见 *Pyrocoelia amplissima*
Lychnuris analis (Fabricius) 见 *Pyrocoelia analis*
Lychnuris atripennis (Lewis) 见 *Pyrocoelia atripennis*
Lychnuris atripes (Pic) 见 *Pyrocoelia atripes*
Lychnuris aurita (Motschulsky) 见 *Pyrocoelia aurita*
Lychnuris enervis (Olivier) 见 *Pyrocoelia enervis*
Lychnuris formosana (Olivier) 见 *Diaphanes formosana*
Lychnuris fumata (Fairmaire) 见 *Pyrocoelia fumata*
Lychnuris grandicollis (Fairmaire) 见 *Pyrocoelia grandicollis*
Lychnuris incostata (Pic) 见 *Pyrocoelia incostata*
Lychnuris lampyroides (Olivier) 见 *Diaphanes lampyroides*
Lychnuris moupinensis (Fairmaire) 见 *Pyrocoelia moupinensis*
Lychnuris pectoralis (Olivier) 见 *Pyrocoelia pectoralis*
Lychnuris pekinensis (Gorham) 见 *Pyrocoelia pekinensis*
Lychnuris praetexta (Olivier) 见 *Pyrocoelia praetexta*
Lychnuris pygidialis (Pic) 见 *Pyrocoelia pygidialis*
Lychnuris rufa (Olivier) 见 *Pyrocoelia rufa*

Lychnuris rufiventris (Motschulsky) 见 *Vesta rufiventris*
Lychnuris sanguiniventer (Olivier) 见 *Pyrocoelia sanguiniventer*
Lychnuris scutellaris (Pic) 见 *Pyrocoelia scutellaris*
Lychnuris signaticollis (Olivier) 见 *Pyrocoelia signaticollis*
Lychnuris sternalis (Bourgeois) 见 *Pyrocoelia sternalis*
Lychnuris thibetana (Olivier) 见 *Pyrocoelia thibetana*
Lychnuris tonkinensis (Olivier) 见 *Pyrocoelia tonkinensis*
Lychrosimorphus rotundipennis Breuning 拟尖天牛
Lychrosis 尖天牛亚属，尖天牛属
Lychrosis caballinus Gressitt 见 *Pterolophia caballina*
Lychrosis zebrinus (Pascoe) 见 *Pterolophia zebrina*
Lycia 狸尺蛾属
Lycia hirtaria Clerk [brindled beauty] 毛狸尺蛾
Lycia tortuosa Wileman 同 *Biston thoracicaria*
Lycia ursaria (Walker) [stout spanworm moth, bear, stout looper] 柳狸尺蛾
lycid 1. [= lycid beetle, net-winged beetle] 红萤 < 红萤科 Lycidae 昆虫的通称 >; 2. 红萤科的
lycid beetle [= lycid, net-winged beetle] 红萤
Lycidae 红萤科
Lycimna 立夜蛾属
Lycimna polymesata Walker 立夜蛾
lycimnia white flag [= common melwhite, primrose flag, *Melete lycimnia* (Cramer)] 指名酪粉蝶
Lycinae 红萤亚科
lycisca metalmark [*Riodina lycisca* (Hewitson)] 黄缘蚬蝶，指名蚬蝶
lycium fruit fly [*Neoceratitis asiatica* (Becker)] 枸杞奈实蝇，亚洲新腊实蝇，枸杞实蝇
Lyclene 来苔蛾属
Lyclene acteola (Swinhoe) 条纹来苔蛾，台条纹艳苔蛾，梯纹艳苔蛾，角艳苔蛾
Lyclene alikangiae (Swinhoe) 钩弧纹来苔蛾，关山艳苔蛾，钩弧纹艳苔蛾，阿艳苔蛾
Lyclene arcuata (Moore) 见 *Asura arcuata*
Lyclene carnea (Poujade) 见 *Asura carnea*
Lyclene dharma (Leech) 见 *Asura dharma*
Lyclene distributa (Walker) 核桃来苔蛾，核桃瘤蛾
Lyclene griseata (Leech) 见 *Asura griseata*
Lyclene mediobliqua Wu, Fu *et* Chang 斜带来苔蛾，中斜带艳苔蛾
Lyclene megala (Hampson) 见 *Asura megala*
Lyclene modesta (Leech) 见 *Asura modesta*
Lyclene nigrivena (Leech) 见 *Asura nigrivena*
Lyclene spectabilis (Tauscher) 见 *Lacydes spectabilis*
Lyclene strigipennis (Herrich-Schäffer) 纹翅来苔蛾，条翅艳苔蛾，长梯纹艳苔蛾，纹翅美苔蛾
Lyclene strigipennis sinica (Moore) 同 *Lyclene strigipennis*
Lyclene unipuncta (Leech) 见 *Asura unipuncta*
Lyclene unipuncta mienshanica (Daniel) 见 *Asura unipuncta mienshanica*
Lyclene wenchiyehi Wu, Fu *et* Chang 细条来苔蛾，细条斑深山艳苔蛾
Lyclene yimingcheni Wu, Fu *et* Chang 粗条来苔蛾，粗条斑深山艳苔蛾
lycoa legionnaire [*Acraea lycoa* Godart] 白斑褐珍蝶
Lycocerus 异花萤属，异菊虎属
Lycocerus aenescens (Fairmaire) 铜色拟足花萤
Lycocerus araticollis (Fairmaire) 耕异花萤，耕花萤，耕特花萤
Lycocerus arisanensis (Wittmer) 阿里山异花萤，阿里山阿森花萤，阿里山异菊虎
Lycocerus asperipennis (Fairmaire) 斑胸异花萤，糙翅花萤
Lycocerus atricolor (Pic, 1922) 黑异花萤，黑花萤
Lycocerus atricolor (Pic, 1938) 同 *Lycocerus borneoensis*
Lycocerus atronotatus (Pic) 黑斑异花萤，黑斑裂花萤
Lycocerus atroopacus (Pic) 暗黑异花萤，黑阿森花萤，暗黑异菊虎
Lycocerus atropygidialis (Pic) 黑臀异花萤
Lycocerus aurantiacus Hsiao *et* Okushima 橙胸黑异花萤，橙胸小黑异菊虎
Lycocerus bicoloripennis (Pic) 二色翅异花萤
Lycocerus bifurcates Yang *et* Yang 二叉异花萤
Lycocerus bilineatus (Wittmer) 双带异花萤
Lycocerus bipartitus (Wittmer) 双阂异花萤，双阂异菊虎，二部阿特花萤
Lycocerus borneoensis Yang *et* Yang 婆罗洲异花萤
Lycocerus caliginostus Gorham 暗异花萤
Lycocerus centrochinensis (Švihla) 华中异花萤
Lycocerus chosokeiensis (Pic) 橙艳异花萤，科阿森花萤，橙艳异菊虎
Lycocerus chujoi (Wittmer) 中条异花萤，中条异菊虎，中条阿特花萤
Lycocerus cinctiventris (Pic) 带腹异花萤，带腹阿森花萤
Lycocerus confossicollis (Fairmaire) 洼胸异花萤，康花萤
Lycocerus costulatus Wittmer 带棱异花萤，带棱异菊虎，肋赖花萤
Lycocerus dimidiaticrus (Fairmaire) 狄异花萤，狄拟足花萤，半花萤
Lycocerus elongaticollis (Pic) 长异花萤，长足花萤
Lycocerus elongatipes (Wittmer) 细身异花萤，长阿森花萤，细身异菊虎
Lycocerus evangelium Hsiao *et* Okushima 福音异花萤，福音小黑异菊虎
Lycocerus fairmairei Yang *et* Yang 费氏异花萤
Lycocerus flavimarginalis Okushima 黄边异花萤，黄边琉璃异菊虎
Lycocerus gibbicollis (Fairmaire) 凸异花萤，凸特花萤
Lycocerus gracilicornis Yang *et* Yang 细角异花萤
Lycocerus gracilitarsis (Pic) 纤跗异花萤，丽跗阿森花萤，纤跗异菊虎
Lycocerus gressitti (Wittmer) 嘉理思异花萤，嘉阿森花萤，嘉理思异菊虎
Lycocerus griseopubens (Pic) 灰毛异花萤
Lycocerus hanatanii (Okushima) 花谷异花萤，花谷氏异菊虎
Lycocerus hansi (Švihla) 汉斯异花萤，汉斯异菊虎，索花萤
Lycocerus hedini (Pic) 何氏异花萤
Lycocerus hickeri Pic 希赖花萤
Lycocerus hirsutus Pic 同 *Lycocerus limbatus*
Lycocerus hubeiensis Yang *et* Yang 湖北异花萤
Lycocerus inopaciceps (Pic) 黑头异花萤，阴花萤
Lycocerus japonicus (Kiesenwetter) 日本异花萤，日裂花萤
Lycocerus jelineki Švihla 黄异花萤，吉氏异花萤
Lycocerus jendeki Švihla 金氏异花萤

Lycocerus kintaroi Hsiao *et* Okushima 金太郎异花萤，金太郎小黑异菊虎
Lycocerus kiontochananus (Pic) 胶州异花萤，基花萤
Lycocerus kuatunensis (Wittmer) 广东异花萤
Lycocerus kubani (Švihla) 库氏异花萤
Lycocerus lalaensis (Wittmer) 拉拉山异花萤，拉阿森花萤，拉拉山异菊虎
Lycocerus limatus Kazantsev 同 *stenothemus limbatipennis*
Lycocerus limbatus Pic 缘赖花萤
Lycocerus longihirtus Yang *et* Yang 长毛异花萤
Lycocerus longipennis Pic 同 *Lycocerus limatus*
Lycocerus maculiceps (Wittmer) 斑桩异花萤，斑阿森花萤，斑桩异菊虎
Lycocerus maculithorax (Wittmer) 斑胸异花萤，斑胸异菊虎
Lycocerus malaisei (Wittmer) 马氏异花萤
Lycocerus masatakai Okushima 正孝异花萤，正孝琉璃异菊虎
Lycocerus metallescens (Gorham) 金艳异花萤，金艳异菊虎，闪花萤，闪阿特花萤
Lycocerus metalliceps Yang *et* Yang 闪头异花萤
Lycocerus metallicipennis (Fairmaire) 亮翅异花萤，亮翅特花萤，亮翅特姆花萤
Lycocerus minutonitidus (Wittmer) 小黑异花萤
Lycocerus moupinensis (Pic) 牟平异花萤，松潘花萤
Lycocerus multiimpressus (Wittmer) 同 *Lycocerus confossicollis*
Lycocerus nanpingensis (Wittmer) 南坪异花萤
Lycocerus nanshanensis (Wittmer) 南山异花萤，南山阿森花萤，南山异菊虎
Lycocerus napolovi Yang *et* Yang 那氏异花萤
Lycocerus nigratus Yang *et* Yang 黑体异花萤
Lycocerus nigriceps (Wittmer) 见 *stenothemus nigriceps*
Lycocerus nigricollis Wittmer 角须绯异花萤，角须绯异菊虎，黑赖花萤
Lycocerus nigricolor (Pic) 黑色异花萤
Lycocerus nigricolor (Wittmer) 同 *Lycocerus nigratus*
Lycocerus nigrigenus Yang *et* Yang 黑颊异花萤
Lycocerus nigripennis (Pic) 小青黑异花萤，小青黑异菊虎，黑翅马花萤
Lycocerus nigroapicis Yang *et* Yang 黑端异花萤
Lycocerus nigrobilineatus Pic 双黑线异花萤，双黑线赖花萤
Lycocerus nigroventricalis (Fairmaire) 黑腹异花萤，黑腹特花萤
Lycocerus notaticollis Pic 同 *Lycocerus limbatus*
Lycocerus obscurus Pic 褐异花萤
Lycocerus olivaceus (Wittmer) 橄榄异花萤
Lycocerus orientalis (Gorham) 东方异花萤
Lycocerus pallicolor (Wittmer) 见 *stenothemus pallicolor*
Lycocerus parameratus Yang *et* Yang 侧突异花萤
Lycocerus perroudi (Pic) 佩氏异花萤，佩花萤
Lycocerus pictus (Wittmer) 纹绘异花萤，纹绘异菊虎，纹阿特花萤
Lycocerus pieli Pic 见 *Fissocantharis pieli*
Lycocerus pilipes (Pic) 毛足异花萤，毛阿森花萤，毛足异菊虎，毛拟足花萤
Lycocerus plebejus (Kiesenwetter) 普异花萤
Lycocerus pluricostatus (Fairmaire) 多肋异花萤，多肋赖花萤，多肋特花萤
Lycocerus pubescens (Wittmer) 柔毫异花萤，柔毫异菊虎
Lycocerus pubicollis (Heyden) 红胸异花萤，柔毛花萤，柔毛赖花萤
Lycocerus purpureus Kazantsev 紫异花萤
Lycocerus quadrilineatus Yang *et* Yang 四纹异花萤
Lycocerus rhagonychiformis (Wittmer) 拟黑姬异花萤，拟黑姬异菊虎，拉阿特花萤
Lycocerus rubroniger Švihla 同 *Lycocerus obscurus*
Lycocerus ruficornis (Wittmer) 红角异花萤
Lycocerus russulus Okushima *et* Yang 绯色异花萤，绯色异菊虎
Lycocerus sanguineus (Wittmer) 血红异花萤，血红足花萤
Lycocerus sannenensis (Pic) 森异花萤，森坡花萤
Lycocerus satoi Okushima 佐藤异花萤，佐藤琉璃异菊虎
Lycocerus semiarcuatipes (Pic) 半弧异花萤，半弧足花萤
Lycocerus semicyaneus (Wittmer) 靛青异花萤，靛青异菊虎，半青阿特花萤
Lycocerus semiextensus (Wittmer) 半展异花萤
Lycocerus shimomurai (Wittmer) 下村氏异花萤，希阿森花萤，下村氏异菊虎
Lycocerus sichuanus Yang *et* Yang 四川异花萤
Lycocerus singulaticollis (Pic) 见 *Stenothemus singulaticollis*
Lycocerus subquadraticollis Pic 亚方赖花萤
Lycocerus suturalis (Pic) 缝异花萤，缝裂花萤
Lycocerus swampingana (Pic) 斯异花萤，斯花萤
Lycocerus tainanus (Pic) 台南异花萤，台阿森花萤，台南琉璃异菊虎，台花萤
Lycocerus taoyuanus (Wittmer) 桃园异花萤，桃源阿森花萤，桃园琉璃异菊虎
Lycocerus terricolus (Champion) 地异花萤，地坡花萤
Lycocerus testaceinubris (Pic) 拟黄褐异花萤，拟黄褐足花萤
Lycocerus testaceipes (Pic) 黄褐异花萤，黄褐足花萤
Lycocerus tibetanus Pic 同 *Lycocerus yunnanus*
Lycocerus tsuifengensis (Wittmer) 翠峰异花萤，翠峰异菊虎，翠峰阿特花萤
Lycocerus ueharaensis (Okushima) 上原异花萤
Lycocerus wangi (Švihla) 同 *Lycocerus asperipennis*
Lycocerus wenchuani Hsiao *et* Okushima 文泉异花萤，文泉异菊虎
Lycocerus wulaianus (Wittmer) 乌来异花萤，乌来阿森花萤，乌来异菊虎
Lycocerus yangi Hsiao *et* Okushima 平世异花萤，平世异菊虎
Lycocerus yitingi Hsiao *et* Okushima 奕霆异花萤，奕霆纹绘异菊虎
Lycocerus yunnanus (Fairmaire) 滇赖花萤，滇厉泼红萤
Lycogaster 狼钩腹蜂属
Lycogaster violaceipennis Chen 青翅狼钩腹蜂，紫翅来胃钩腹姬蜂
Lycogonalos 带钩腹蜂属 *Taeniogonalos* 的异名
Lycogonalos flavicincta Bischoff 见 *Taeniogonalos flavicincta*
Lycomorpha 萤灯蛾属
Lycomorpha pholus (Drury) [black and yellow lichen moth, smoky lichen moth] 二色萤灯蛾
lycopene 番茄红素
Lycoperdina 菌伪瓢虫属
Lycoperdina dux Gorham 达莱伪瓢虫

L

Lycoperdina koltzei Reitter 宽翅菌伪瓢虫
Lycoperdina maudarinea Gerstaecker 中斑菌伪瓢虫，大陆莱伪瓢虫
Lycoperdininae 音锉伪瓢虫亚科
Lycophantis 来巢蛾属
Lycophantis chalcoleuca Meyrick 台湾来巢蛾
Lycophantis elongata Moruiti 长来巢蛾
Lycophotia 烈夜蛾属
Lycophotia cissigma (Ménétriés) 顺标烈夜蛾
Lycophotia porphyrea (Denis *et* Schiffermüller) 烈夜蛾
Lycophotia praecox Linnaeus 见 *Actebia praecox*
Lycophotia simplicia Chen 简烈夜蛾
Lycoprogentes 焰红萤属
Lycoprogentes nigrostriatus Kleine 条黑焰红萤
Lycorea 袖斑蝶属
Lycorea ceres (Cramer) 中美长袖斑蝶，仙环斑蝶
Lycorea cleobaea (Godart) [tiger mimic queen] 珂袖斑蝶
Lycorea halia Hübner [tropical milkweed butterfly, tiger mimic queen] 虎纹袖斑蝶
Lycorea ilione (Cramer) [clearwing mimic queen] 多点袖斑蝶
Lycorea pasinuntia (Stoll) [pasinuntia mimic queen] 袖斑蝶
lycorias metalmark [= banner metalmark, fox-face lemmark, *Thisbe lycorias* (Hewitson)] 多白洁蚬蝶
Lycoriella 厉眼蕈蚊属，山黑翅蕈蚋属
Lycoriella abrevicaudata Yang, Zhang *et* Yang 异宽尾厉眼蕈蚊
Lycoriella anjiana Yang, Zhang *et* Yang 安吉厉眼蕈蚊
Lycoriella antrocola Yang *et* Zhang 洞居厉眼蕈蚊
Lycoriella baishanzuna Yang, Zhang *et* Yang 百山祖厉眼蕈蚊
Lycoriella basalihamata Yang *et* Zhang 基钩厉眼蕈蚊
Lycoriella bispinalis Yang *et* Zhang 双刺厉眼蕈蚊
Lycoriella brevicaudata Yang *et* Zhang 见 *Cratyna brevicaudata*
Lycoriella castanescens (Lengersdorf) 栗厉眼蕈蚊，低尾厉眼蕈蚊，栗色厉眼蕈蚊
Lycoriella caudulla Yang, Zhang *et* Yang 小尾厉眼蕈蚊
Lycoriella curvispinosa Yang, Zhang *et* Yang 弯刺厉眼蕈蚊
Lycoriella dipetala Yang, Zhang *et* Yang 双瓣厉眼蕈蚊
Lycoriella epleuroti Yang *et* Zhang 鄂菇厉眼蕈蚊
Lycoriella fanjingana Yang *et* Zhang 梵净厉眼蕈蚊
Lycoriella guadriseta Yang *et* Zhang 近四毛厉眼蕈蚊
Lycoriella haipleuroti Yang *et* Tan 海菇厉眼蕈蚊
Lycoriella huanggangshana Yang, Zhang *et* Yang 黄岗厉眼蕈蚊
Lycoriella hypacantha Yang, Zhang *et* Yang 下刺厉眼蕈蚊
Lycoriella ingenua (Dufour) 菇厉眼蕈蚊
Lycoriella isoacatha Yang, Zhang *et* Yang 等刺厉眼蕈蚊
Lycoriella jingpleuroti Yang *et* Zhang 京菇厉眼蕈蚊
Lycoriella jipleuroti Yang *et* Zhang 冀菇厉眼蕈蚊
Lycoriella lagenaria Yang, Zhang *et* Yang 瓶颈厉眼蕈蚊
Lycoriella longihamata Yang, Zhang *et* Yang 长钩厉眼蕈蚊
Lycoriella longirostris Yang, Zhang *et* Yang 同 *Mohrigia megalocornuta*
Lycoriella longisetae Yang, Zhang *et* Yang 长毛厉眼蕈蚊
Lycoriella longispina Yang *et* Zhang 见 *Corynoptera longispina*
Lycoriella longwangshana Yang, Zhang *et* Yang 龙王山厉眼蕈蚊
Lycoriella maxima Yang *et* Zhang 硕厉眼蕈蚊
Lycoriella neimongolana Zhang *et* Yang 内蒙厉眼蕈蚊
Lycoriella orthacantha Yang, Zhang *et* Yang 见 *Mohrigia orthacantha*
Lycoriella pammela (Edward) 暗厉眼菌蚊，全暗黑翅蕈蚋
Lycoriella pentamena Yang, Zhang *et* Yang 五刺厉眼蕈蚊
Lycoriella pleuroti Yang *et* Zhang 平菇厉眼蕈蚊
Lycoriella pseudolongihamata Yang, Zhang *et* Yang 拟长钩厉眼蕈蚊
Lycoriella quadriseta Yang *et* Zhang 四毛厉眼蕈蚊
Lycoriella rubustispina Yang, Zhang *et* Yang 粗刺厉眼蕈蚊
Lycoriella strangulata Yang, Zhang, Yang *et* Liu 缢胫厉眼蕈蚊
Lycoriella tetramera Yang, Zhang, Yang *et* Liu 四刺厉眼蕈蚊
Lycoriella tibetana Yang *et* Zhang 西藏厉眼蕈蚊
Lycoriella truncata Yang, Zhang *et* Yang 截形厉眼蕈蚊
Lycoriella unispina Yang *et* Zhang 独刺厉眼蕈蚊
Lycoriella wuhongi Yang, Zhang *et* Yang 吴鸿厉眼蕈蚊
Lycoriella yunpleuroti Yang *et* Zhang 云菇厉眼蕈蚊
Lycoriidae [= Sciaridae] 尖眼蕈蚊科
Lycorina 壕姬蜂属
Lycorina clypeatubercullа Wang 唇瘤壕姬蜂
Lycorina inareolata Wang 无室壕姬蜂
Lycorina nigra Sheng *et* Sun 黑壕姬蜂
Lycorina ornata Uchida *et* Momoi 卷蛾壕姬蜂
Lycorina spilonotae Chao 梢蛾壕姬蜂
Lycorina triangulifera Holmgren 三角壕姬蜂
Lycorininae 壕姬蜂亚科
Lycorma 斑衣蜡蝉属 <此属学名有误写为 *Licorma* 者>
Lycorma delicatula (White) [spotted lanternfly] 斑衣蜡蝉
Lycorma meliae Kato 黑斑衣蜡蝉，红翅蜡蝉
Lycorma olivacea Kato 榄斑衣蜡蝉，青黑蜡蝉
Lycorma punicea (Hope) 紫斑衣蜡蝉
lycortas skipper [*Orthos lycortas* Godman *et* Salvin] 莱直弄蝶
Lycostomus 吻红萤属，来可红萤属
Lycostomus aequalis Waterhouse 等吻红萤，等来可红萤，等赖红萤
Lycostomus atrimembris Pic 同 *Lycostomus nigripes*
Lycostomus crassus Kleine 长节吻红萤，厚赖红萤
Lycostomus davidi Fairmaire 达吻红萤，达来可红萤，达赖红萤
Lycostomus debilis (Waterhouse) 见 *Lyponia debilis*
Lycostomus decorus Kleine 喜马吻红萤
Lycostomus fifaensis Kazantsev 黑胫吻红萤
Lycostomus formosanus Pic 蓬莱吻红萤，台来可红萤
Lycostomus hedini Kleine 赫氏吻红萤，赫赖红萤
Lycostomus honestulus Kazantsev 类昂吻红萤
Lycostomus honestus (Bourgeois) 昂吻红萤，昂来可红萤
Lycostomus klapperichi Kleine 克吻红萤，克来可红萤
Lycostomus kwanshanensis Kazantsev 关山吻红萤
Lycostomus luridus Kleine 浅黄吻红萤，浅黄来可红萤
Lycostomus lushanensis Kazantsev 芦山吻红萤
Lycostomus modestus (Kiesenwetter) 雅吻红萤，来可红萤，红萤
Lycostomus moupinensis Bourgeois 松潘吻红萤，松潘来可红萤，松潘赖红萤
Lycostomus nathani Kazantsev 那氏吻红萤
Lycostomus nigripes (Fabricius) 黑足吻红萤
Lycostomus orientalis Kleine 同 *Lycostomus similis*
Lycostomus placidus Waterhouse 珠海吻红萤，柔莱可花萤，柔赖红萤
Lycostomus poilanei Kazantsev 庖氏吻红萤

Lycostomus porphyrophorus (Solsky) 赤缘吻红萤，红棕来可红萤
Lycostomus rubricinctus Fairmaire 红带吻红萤，红带赖红萤
Lycostomus rufocostatus Kleine 红缘吻红萤，红缘来可红萤
Lycostomus similis (Hope) 相似吻红萤，似来可红萤
Lycostomus stoetzneri Kleine 斯氏吻红萤，斯赖红萤
Lycostomus sublineatus Pic 线吻红萤，线来可红萤
Lycostomus tsinlingensis Kazantsev 秦岭吻红萤
Lycostomus villosus Kleine 多毛吻红萤，多毛来可红萤
lyctid 1. [= lyctid powder post beetle, lyctid beetle, powder post beetle] 粉蠹 < 粉蠹科 Lyctidae 昆虫的通称 >；2. 粉蠹科的
lyctid beetle [= lyctid powder post beetle, lyctid, powder post beetle] 粉蠹
lyctid powder post beetle 见 lyctid beetle
Lyctidae [= Xylotrogidae] 粉蠹科
Lyctinae 粉蠹亚科
Lyctini 粉蠹族
lyctocorid 1. [= lyctocorid bug, lyctocorid pirate bug] 细角花蝽 < 细角花蝽科 Lyctocoridae 昆虫的通称 >；2. 细角花蝽科的
lyctocorid bug [= lyctocorid, lyctocorid pirate bug] 细角花蝽
lyctocorid pirate bug 见 lyctocorid bug
Lyctocoridae 细角花蝽科
Lyctocorinae 细角花蝽亚科
Lyctocoris 细角花蝽属
Lyctocoris beneficus (Hiura) 东方细角花蝽，细角花蝽
Lyctocoris campestris (Fabricius) [field anthocorid] 田野细角花蝽，细角花蝽，田野花蝽
Lyctocoris hasegawai Hiura 暗色细角花蝽
Lyctocoris variegatus Péricart 斑翅细角花蝽
Lyctocoris zhangi Bu *et* Zheng 张氏细角花蝽
Lyctosoma parallelum Lewis 见 *Isoclerus parallelus*
Lyctoxylon 来粉蠹属
Lyctoxylon dentatum (Pascoe) 齿来粉蠹，齿粉蠹
Lyctoxylon japonum Reitter 日本来粉蠹，日本粉蠹，日来粉蠹
Lyctus 粉蠹属
Lyctus africanus Lesne 非洲粉蠹
Lyctus brunneus (Stephens) [brown powderpost beetle, brown lyctus beetle, Old World lyctus beetle, bamboo borer beetle] 褐粉蠹，欧洲竹粉蠹
Lyctus cavicollis LeConte [western lyctus beetle] 美西粉蠹
Lyctus linearis (Goeze) [European lyctus beetle, European powderpost beetle] 栎粉蠹，线粉蠹
Lyctus planicollis LeConte [southern lyctus beetle] 南方粉蠹，平颈粉蠹
Lyctus pubescens Panzer 毛粉蠹
Lyctus sinensis Lesne [Chinese powderpost beetle] 中华粉蠹
Lycurgus 莱古蝉属
Lycurgus sinensis Jacobi 同 *Kosemia mogannia*
Lycurgus subvittus (Walker) 条纹莱古蝉
Lycus 宽红萤属
Lycus aequalis (Waterhouse) 见 *Lycostomus aequalis*
Lycus crassus (Kleine) 见 *Lycostomus crassus*
Lycus davidi (Fairmaire) 见 *Lycostomus davidi*
Lycus hedini (Kleine) 见 *Lycostomus hedini*
Lycus melanurus Dalman [hook-winged net-winged beetle] 黑尾宽红萤
Lycus moupinensis (Fairmaire) 见 *Lycostomus moupinensis*
Lycus placidus Waterhouse 见 *Lycostomus placidus*
Lycus rubricinctus (Fairmaire) 见 *Lycostomus rubricinctus*
Lycus stoetzneri (Kleine) 见 *Lycostomus stoetzneri*
Lycus trabeatus (Guérin-Méneville) [tailed net-winged beetle] 尾片宽红萤
Lydella 厉寄蝇属
Lydella acellaris Chao *et* Shi 单翎厉寄蝇
Lydella grisescens Robineau-Desvoidy 玉米螟厉寄蝇
Lydella ripae (Brischke) 岸厉寄蝇
Lydella scirpophagae (Chao *et* Shi) 疣厉寄蝇，三化螟肿额寄蝇
Lydella stabulans (Meigen) 宿厉寄蝇，居厉寄蝇
Lydenburg opal [*Poecilmitis aethon* (Trimen)] 爱幻灰蝶
Lydidae [= Pamphiliidae] 卷叶锯蜂科
Lydulus 角绿芫菁属
Lydulus granulidorsis Semenov 粒背角绿芫菁
Lydus 齿爪绿芫菁属，齿绿芫菁属
Lydus quadrimaculatus (Tauscher) 四斑齿爪绿芫菁，二斑齿绿芫菁
Lyela 鲁眼蝶属
Lyela amirica Wyatt 阿米鲁眼蝶
Lyela macmahoni Swinhoe 同 *Lyela myops*
Lyela myops (Staudinger) 红鲁眼蝶
Lyell's swift [= common swift, *Pelopidas lyelli* (Rothschild)] 蕾氏谷弄蝶
lygaeid 1. [= lygaeid bug, seed bug] 长蝽 < 长蝽科 Lygaeidae 昆虫的通称 >；2. 长蝽科的
lygaeid bug [= lygaeid, seed bug] 长蝽
Lygaeidae 长蝽科
Lygaeinae 红长蝽亚科
Lygaeoidea 长蝽总科
Lygaeosoma 显脉长蝽属
Lygaeosoma bipunctata (Dallas) 二点显脉长蝽
Lygaeosoma chinense Winkler 中国显脉长蝽，新疆显脉长蝽
Lygaeosoma longulum Zou *et* Zheng 长显脉长蝽
Lygaeosoma pusillum (Dallas) 小显脉长蝽
Lygaeosoma reticulatum (Herrich-Schäffer) 同 *Lygaeosoma sardeum sardeum*
Lygaeosoma sardeum Spinola 萨显脉长蝽
Lygaeosoma sardeum erythropterum (Puton) 萨显脉长蝽红翅亚种
Lygaeosoma sardeum sardeum Spinola 萨显脉长蝽指名亚种
Lygaeosoma sibiricus Seidenstücker 异显脉长蝽
Lygaeosoma yunnanensis Zou *et* Zheng 云南显脉长蝽
Lygaeus 红长蝽属
Lygaeus concisus Walker 纤红长蝽
Lygaeus dohertyi Distant 红长蝽
Lygaeus equestris (Linnaeus) 横带红长蝽
Lygaeus fimbriatus (Dallas) 见 *Tropidothorax fimbriatus*
Lygaeus flavescens Winkler *et* Kerzhner 横断红长蝽，黄红长蝽
Lygaeus formosanus Shiraki 台红长蝽
Lygaeus hanseni Jakovlev 角红长蝽
Lygaeus kalmii Stål [small milkweed bug, common milkweed bug] 小红长蝽，小乳草长蝽

Lygaeus melanostolus (Kiritshenko) 荒漠红长蝽
Lygaeus murinus (Kiritshenko) 桃红长蝽
Lygaeus oreophilus (Kiritshenko) 拟方红长蝽，普红长蝽
Lygaeus potanini (Kiritshenko) 同 *Lygaeus oreophilus*
Lygaeus quadratomaculatus Kirby 方红长蝽，方斑红长蝽
Lygaeus simulans Deckert 拟横带红长蝽，仿红长蝽
Lygaeus sjostedi (Lindberg) 斯氏红长蝽
Lygaeus teraphoides Jakovlev 斑红长蝽 < 此种学名有误写为 *Lygaeus theraphoides* Jakovlev 者 >
Lygaeus vicarius Winkler *et* Kerzhner 拟红长蝽
Lygaeus wangi Zheng *et* Zou 王氏红长蝽
lygdamis mimic white [= catasticta mimic, *Dismorphia lygdamis* (Hewitson)] 丽达袖粉蝶
Lygephila 影夜蛾属
Lygephila craccae (Denis *et* Schiffermüller) 放影夜蛾，克影夜蛾
Lygephila dorsigera (Walker) 岛影夜蛾
Lygephila dubatolovi Fibiger, Kononenko *et* Nilsson 脉影夜蛾
Lygephila kishidai Kinoshita 岸田影夜蛾，岸田影裳蛾，基影夜蛾
Lygephila lubrica (Freyer) 平影夜蛾
Lygephila ludicra (Hübner) 艺影夜蛾，陆影夜蛾
Lygephila maxima (Bremer) 巨影夜蛾
Lygephila nigricostata (Graeser) 黑缘影夜蛾
Lygephila pastinum (Treitsehke) 锹影夜蛾，帕影夜蛾
Lygephila procax (Hübner) 黑缘影夜蛾
Lygephila recta (Bremer) 直影夜蛾
Lygephila viciae (Hübner) 蚕豆影夜蛾
Lygephila vulcanea (Butler) 焚影夜蛾
Lygephila yoshimotoi Kinoshita 吉本影夜蛾，约影夜蛾，吉本影裳蛾
Lygidea 低角盲蝽属
Lygidea illota (Stål) 低角盲蝽，莱盲蝽
Lygidea mendax Reuter [apple red bug, false red bug] 苹低角盲蝽，苹红盲蝽
Lygistorrhina 丽菌蚊属，澳蕈蚊属
Lygistorrhina chaoi Papp 赵氏丽菌蚊，赵氏澳蕈蚊
Lygistorrhininae 丽菌蚊亚科
lygistorrhinid 1. [= lygistorrhinid fly, long beaked fungus gnat] 丽菌蚊，澳蕈蚊 < 丽菌蚊科 Lygistorrhinidae 昆虫的通称 >; 2. 丽菌蚊科的
lygistorrhinid fly [= lygistorrhinid, long beaked fungus gnat] 丽菌蚊，澳蕈蚊
Lygistorrhinidae 丽菌蚊科，澳蕈蚊科
Lygniodes 盲裳夜蛾属
Lygniodes ciliata Moore 纤盲裳夜蛾
Lygniodes endoleucus (Guérin-Méneville) 内白盲裳夜蛾
Lygniodes hypoleuca Guenée 底白盲裳夜蛾，白缘幻影裳蛾
Lygocerus 丽分盾细蜂属
Lygocerus koebelei Ashmead 黄足丽分盾细蜂，黄足分盾细蜂，柯氏拉戈细蜂
Lygocerus ratzeburgi (Ashmead) 同 *Dendrocerus ramicornis*
Lygocorides 拟丽盲蝽属，拟丽盲蝽亚属
Lygocorides (Lygocorides) affinis (Lu *et* Zheng) 邻红唇拟丽盲蝽
Lygocorides (Ryukyulygus) rubricans Yasunaga 琉球拟丽盲蝽
Lygocoris 丽盲蝽属
Lygocoris angustus (Zheng *et* Wang) 见 *Apolygus angustus*
Lygocoris calliger Lu *et* Zheng 暗胝丽盲蝽
Lygocoris caryae (Knight) [hickory plant bug, hickory bug] 胡桃丽盲蝽，胡桃盲蝽
Lygocoris castaneus Zheng *et* Wang 见 *Apolygus castaneus*
Lygocoris chengi Lu *et* Zheng 程氏丽盲蝽
Lygocoris communis (Knight) [green apple bug, pear plant bug] 梨丽盲蝽，梨盲蝽
Lygocoris concinnus Wang *et* Zheng 见 *Apolygus concinnus*
Lygocoris contaminatus (Fallén) 见 *Neolygus contaminatus*
Lygocoris diffusomaculatus Lu *et* Zheng 晕斑丽盲蝽
Lygocoris dilutus Lu *et* Zheng 淡色丽盲蝽
Lygocoris discrepans (Reuter) 见 *Lygus discrepans*
Lygocoris elegans Zheng *et* Wang 见 *Apolygopsis elegans*
Lygocoris elongatulus Lu *et* Wang 修长丽盲蝽
Lygocoris emeia Zheng *et* Wang 见 *Apolygopsis emeia*
Lygocoris evonymi Zheng *et* Wang 陕西新丽盲蝽
Lygocoris ferrugineus Lu *et* Zheng 红褐丽盲蝽，锈褐丽盲蝽
Lygocoris fujianensis Wang *et* Zheng 同 *Apolygus pulchellus*
Lygocoris fuscoscutellatus (Reuter) 褐盾丽盲蝽
Lygocoris gansuensis Lu *et* Wang 甘肃丽盲蝽
Lygocoris glaucus (Hsiao) 皱胸丽盲蝽，绿苜蓿盲蝽
Lygocoris guangxiensis Lu *et* Zheng 广西丽盲蝽
Lygocoris hainanensis Zheng *et* Wang 见 *Apolygus hainanensis*
Lygocoris hilaris (Horváth) 见 *Apolygus hilaris*
Lygocoris honshuensis (Linnavuori) 本州丽盲蝽，本州新丽盲蝽
Lygocoris idoneus (Linnavuori) 东亚丽盲蝽
Lygocoris integricarinatus Lu *et* Zheng 完脊丽盲蝽
Lygocoris linnavuorii Lu *et* Zheng 林氏丽盲蝽
Lygocoris longipennis (Reuter) 长翅丽盲蝽，长翅草盲蝽
Lygocoris lucorum (Meyer-Dür) 见 *Apolygus lucorum*
Lygocoris (Lygocorides) affinis Lu *et* Zheng 见 *Lygocorides (Lygocorides) affinis*
Lygocoris maculiscutellatus Lu *et* Zheng 斑盾丽盲蝽
Lygocoris major Zheng *et* Wang 见 *Apolygus major*
Lygocoris marginatus Zheng *et* Wang 同 *Apolygus zhengianus*
Lygocoris mosaicus Zheng *et* Wang 见 *Apolygopsis mosaicus*
Lygocoris nigricans (Wang *et* Zheng) 见 *Apolygus nigricans*
Lygocoris nigritulus (Linnavouri) 见 *Apolygopsis nigritulus*
Lygocoris nigronasutus Stål 见 *Apolygus nigronasutus*
Lygocoris ornatus Zheng *et* Wang 见 *Apolygus ornatus*
Lygocoris pabulinus (Linnaeus) [common green capsid] 原丽盲蝽，原新丽盲蝽
Lygocoris pulchellus (Reuter) 见 *Apolygus pulchellus*
Lygocoris rubripes Jakovlev 红丽盲蝽，红新丽盲蝽
Lygocoris rufiscutellatus Lu *et* Zheng 红盾丽盲蝽
Lygocoris rufomedialis Lu *et* Zheng 中红丽盲蝽
Lygocoris rugosicollis (Reuter) 皱胸丽盲蝽，皱草盲蝽
Lygocoris sichuanicus Lu *et* Zheng 四川丽盲蝽
Lygocoris spinolae (Meyer-Dür) 见 *Apolygus spinolae*
Lygocoris striicornis (Reuter) 纹角丽盲蝽，纹草盲蝽
Lygocoris taivanus (Poppius) 台湾丽盲蝽，台湾草盲蝽
Lygocoris tiliicola Kulik 椴新丽盲蝽，椴丽盲蝽
Lygocoris triangulus Zheng *et* Wang 见 *Apolygus triangulus*
Lygocoris wangi Kerzhner *et* Schuh 见 *Apolygus wangi*

lygodium spider moth [*Siamusotima aranea* Solis *et* Yen] 蛛泰草螟，海金沙蛛蛾
Lygranoa cinerea Butler 见 *Chrioloba cinerea*
Lygranoa fusca Butler 见 *Heterophleps fusca*
Lygranoa grisearia Leech 见 *Heterophleps grisearia*
Lygranoa sinuosaria Leech 见 *Heterophleps sinuosaria*
Lygris albicinctata Püngeler 见 *Eulithis albicinctata*
Lygris albicinctata eminens Prout 见 *Eulithis eminens*
Lygris convergenata (Bremer) 见 *Eulithis convergenata*
Lygris diversilineata (Hübner) [grapevine looper] 葡萄蔓尺蠖
Lygris fabiolaria Oberthür 见 *Callabraxas fabiolaria*
Lygris flavomacularia (Leech) 见 *Gandaritis flavomacularia*
Lygris intersectaria (Leech) 见 *Chartographa intersectaria*
Lygris ludovicaria Oberthür 见 *Chartographa ludovicaria*
Lygris ludovicaria praemutans Prout 见 *Chartographa ludovicaria praemutans*
Lygris mellinata (Fabricius) 见 *Eulithis mellinata*
Lygris perspicuata Püngeler 见 *Eulithis perspicuata*
Lygris plurilineata Walker 见 *Callabraxas plurilineata*
Lygris pulcharia (Leech) 见 *Eulithis pulchraria*
Lygris taiwana Wielman *et* South 见 *Lobogonodes taiwana*
Lygris tertrivia Prout 见 *Eulithis tertrivia*
Lygris testata achatinellaria (Oberthür) 见 *Eulithis testata achatinellaria*
Lygropia 四点野螟属
Lygropia amplificata (Warren) 壶四点野螟
Lygropia amyntusalis (Walker) 阿四点野螟
Lygropia distorta (Moore) 狄四点野螟
Lygropia euryclealis (Walker) 优四点野螟，大卷叶野螟
Lygropia euryclealis euryclealis (Walker) 优四点野螟指名亚种
Lygropia euryclealis minutalis Caradja 同 *Lygropia euryclealis euryclealis*
Lygropia obrinusalis (Walker) 奥四点野螟
Lygropia obrinusalis teneralis Caradja 见 *Notarcha teneralis*
Lygropia quaternalis Zeller 同 *Notarcha aurolinealis*
Lygropia tripunctata (Fabricius) [sweetpotato leafroller] 甘薯四点野螟，甘薯卷叶螟
Lygrus 毛天牛属
Lygrus unicolor (Gressitt) 单色毛天牛，单毛天牛，来天牛
Lygurus 兔姬蜂属
Lygurus marjoriae Chiu 马氏兔姬蜂
Lygurus townesi Kasparyan 汤氏兔姬蜂
lygus acraea [*Acraea lygus* Druce] 路沟珍蝶
Lygus 草盲蝽属
Lygus adspersus (Schilling) 光翅草盲蝽，艾草盲蝽
Lygus adustus Jakovlev 见 *Apolygus adustus*
Lygus angustus Zheng *et* Wang 见 *Apolygus angustus*
Lygus bakeri Poppius 见 *Prolygus bakeri*
Lygus bianchii Reuter 同 *Orthops mutans*
Lygus biannulatus Poppius 见 *Apolygus biannulatus*
Lygus bipuncticollis Poppius 见 *Neolygus bipuncticollis*
Lygus cervinus (Herrich-Schäffer) 见 *Pinalitus cervinus*
Lygus clavicornis Reuter 见 *Heterolygus clavicornis*
Lygus clypealis Poppius 唇基草盲蝽
Lygus curvipes Zheng *et* Wang 见 *Apolygus curvipes*
Lygus dasypterus Reuter 见 *Castanopsides dasypterus*
Lygus disciger Poppius 见 *Neolygus disciger*
Lygus discrepans Reuter 棱额草盲蝽，内蒙新丽盲蝽
Lygus disponsi Linnavuori [Japanese tarnished plant bug] 日本草盲蝽
Lygus distinguendus Reuter 见 *Salignus distinguendus*
Lygus dracunculi Josifov 中亚草盲蝽
Lygus elegans Zheng *et* Wang 见 *Apolygopsis elegans*
Lygus emeia Zheng *et* Wang 见 *Apolygopsis emeia*
Lygus eous Poppius 见 *Apolygus eous*
Lygus fuhoshoensis Poppius 见 *Apolygus fuhoshoensis*
Lygus gemellatus (Herrich-Schäffer) 青绿草盲蝽，青草盲蝽
Lygus hesperus Knight [western tarnished plant bug, western tarnished bug, legume bug] 豆荚草盲蝽，西部牧草盲蝽，豆荚盲蝽
Lygus hsiaoi Zheng *et* Yu 萧氏草盲蝽
Lygus kalmii (Linnaeus) 见 *Orthops kalmii*
Lygus kirkaldyi Poppius 见 *Prolygus kirkaldyi*
Lygus kosempoensis Poppius 见 *Apolygus kosempoensis*
Lygus lineolaris (Palisot de Beauvois) [tarnished plant bug] 美国牧草盲蝽，美洲牧草盲蝽，牧草盲蝽
Lygus longipennis Reuter 见 *Lygocoris longipennis*
Lygus lucorum Meyer-Dür 见 *Apolygus lucorum*
Lygus macgillavrayi Poppius 玛氏草盲蝽
Lygus matsumurae Poppius 见 *Neolygus matsumurae*
Lygus mutans (Stål) 见 *Orthops mutans*
Lygus niger Poppius 见 *Prolygus niger*
Lygus nigriclavus Poppius 见 *Prolygus nigriclavus*
Lygus nigronasutus (Stål) 见 *Apolygus nigronasutus*
Lygus orientalis Aglyamzyanov 东方草盲蝽
Lygus oryzae Matsumura 见 *Tinginotopsis oryzae*
Lygus paradiscrepans Zheng *et* Yu 邻棱额草盲蝽，毛斑草盲蝽
Lygus picturatus Zheng *et* Wang 见 *Apolygopsis picturatus*
Lygus poluensis (Wagner) 狭长草盲蝽，拟丽盲蝽
Lygus potanini Reuter 见 *Castanopsides potanini*
Lygus pratensis (Linnaeus) [tarnished plant bug, common meadow bug, bishop bug, pasture mirid] 牧草盲蝽
Lygus pubescens Reuter 同 *Lygus rugulipennis*
Lygus pubescens Zheng *et* Wang 同 *Apolygus sinicus*
Lygus punctatus (Zetterstedt) 斑草盲蝽，疏点草盲蝽
Lygus renati Schwartz 雷氏草盲蝽
Lygus rubicundus (Fallén) 见 *Agnocoris rubicundus*
Lygus rugosicollis Reuter 见 *Lygocoris rugosicollis*
Lygus rugulipennis Poppius [bishop bug, European tarnished plant bug] 长毛草盲蝽
Lygus sacchari Matsumura 甘蔗草盲蝽
Lygus saundersi (Reuter) 东亚草盲蝽
Lygus sibiricus Aglyamzyanov 西伯利亚草盲蝽，西伯草盲蝽
Lygus signatus Zheng *et* Wang 同 *Apolygus wangi*
Lygus simonyi Reuter 见 *Taylorilygus simonyi*
Lygus striicornis Reuter 见 *Lygocoris striicornis*
Lygus szechuanensis Hsiao 同 *Chilocrates patulus*
Lygus tainanensis Poppius 见 *Prolygus tainanensis*
Lygus taivanus Poppius 见 *Lygocoris taivanus*
Lygus tibetanus Zheng *et* Yu 西藏草盲蝽
Lygus trivittulatus Reuter 见 *Heterolygus trivittulatus*
Lygus V-nigrum Poppius 见 *Neolygus vnigrus*

Lygus validicornis Reuter 见 *Heterolygus validicornis*
Lygus vandergooti China 范德草盲蝽，范氏草盲蝽
Lygus vanduzeei Knight 范氏草盲蝽
Lygus viridanus Motschulsky [tea green plant bug] 茶黄草盲蝽，茶黄绿盲蝽
Lygus vosseleri Poppius 见 *Taylorilygus vosseleri*
Lygus wagneri (Remane) 瓦氏草盲蝽
Lygus yunnananus Zheng *et* Wang 见 *Apolygopsis yunnananus*
Lymaenon 菱胸柄翅缨小蜂属
Lymaenon funiculus Aishan *et* Hu 白索菱胸柄翅缨小蜂，白索柄翅缨小蜂
Lymaenon ledongus Aishan *et* Hu 乐东菱胸柄翅缨小蜂，乐东柄翅缨小蜂
Lymaenon longicornis (Nees) 见 *Gonatocerus longicornis*
Lymaenon longitus Aishan *et* Hu 长尾菱胸柄翅缨小蜂，长尾柄翅缨小蜂
Lymaenon naiquanlini Aishan *et* Hu 林氏菱胸柄翅缨小蜂，林氏柄翅缨小蜂
Lymaenon radiculus Aishan *et* Hu 长角菱胸柄翅缨小蜂，长角柄翅缨小蜂
Lymaenon zhui Aishan *et* Hu 朱氏菱胸柄翅缨小蜂，朱氏柄翅缨小蜂
Lymanopoda 徕眼蝶属
Lymanopoda acraeida Butler [acraeid mimic satyr] 红带徕眼蝶
Lymanopoda affineola Staudinger 阿飞徕眼蝶
Lymanopoda albocincta Hewitson [white-banded mountain satyr] 白带徕眼蝶
Lymanopoda albofasciatus Röber 银带徕眼蝶
Lymanopoda albomaculata Hewitson [pearled mountain satyr] 白斑徕眼蝶
Lymanopoda altis Weymer 斜带徕眼蝶
Lymanopoda apulia Höpffer [apulia mountain satyr] 阿普徕眼蝶
Lymanopoda caeruleata Godman *et* Salvin 卡鲁徕眼蝶
Lymanopoda caudalis Rosenberg *et* Talbot 有尾徕眼蝶
Lymanopoda cinna Godman *et* Salvin [blue-stained satyr] 蓝条徕眼蝶
Lymanopoda eubagioides Butler [pale mountain satyr] 淡徕眼蝶
Lymanopoda euopis Godman *et* Salvin 游斑徕眼蝶
Lymanopoda excisa Weymer 赭徕眼蝶
Lymanopoda ferruginosa Butler [rusty mountain satyr] 锈色徕眼蝶
Lymanopoda galactea Staudinger 乳徕眼蝶
Lymanopoda huilana Weymer 辉徕眼蝶
Lymanopoda jonius Westwood 乔徕眼蝶
Lymanopoda labda Hewitson 云斑徕眼蝶
Lymanopoda labineta Hewitson 玉带徕眼蝶
Lymanopoda luttela Weeks 卢特徕眼蝶
Lymanopoda maletara Adams *et* Bernard 刺斑徕眼蝶
Lymanopoda marianna Staudinger 黄裙徕眼蝶
Lymanopoda maso Godman 卵斑徕眼蝶
Lymanopoda nevada Krüger 银条徕眼蝶
Lymanopoda nivea Staudinger 白徕眼蝶
Lymanopoda obsoleta (Westwood) [white-dusted mountain satyr, obsoleta satyr] 古色徕眼蝶
Lymanopoda palumba Theime 帕伦徕眼蝶
Lymanopoda panacea Hewitson 万能徕眼蝶
Lymanopoda pieridina Röber 蓝徕眼蝶
Lymanopoda samius Westwood 徕眼蝶
Lymanopoda staudingeri Förster 斯氏徕眼蝶
Lymanopoda translucida Weymer [golden mountain satyr] 金黄徕眼蝶
Lymanopoda venosa Butler 显脉徕眼蝶
Lymanopoda zigomala (Hewitson) 红斑徕眼蝶
Lymantor 毛点小蠹属
Lymantor coryli Perris 榛毛点小蠹
Lymantria 毒蛾属
Lymantria ampla Walker 紫薇毒蛾
Lymantria apicebrunnea Gaede 褐顶毒蛾
Lymantria apicebrunnea baibarana Matsumura 见 *Lymantria baibarana*
Lymantria argyrochroa Collenette 银纹毒蛾
Lymantria asoetria Hübner 阿索毒蛾
Lymantria aurora Butler 见 *Lymantria mathura aurora*
Lymantria baibarana Matsumura 同 *Lymantria sinica*
Lymantria bantaizana Matsumura 肘纹毒蛾
Lymantria (Beatria) hausensteini Schintlmeister 豪毒蛾
Lymantria bivittata (Moore) 汇毒蛾
Lymantria celebesa Collenette 绯毒蛾
Lymantria (Collenetria) fergusoni Schintlmeister 肥毒蛾
Lymantria (Collenetria) grisea Moore 瑰毒蛾，L 纹褐舞毒蛾
Lymantria (Collenetria) grisea grisea Moore 瑰毒蛾指名亚种
Lymantria (Collenetria) grisea kosemponis Strand 瑰毒蛾阁色亚种，阁毒蛾
Lymantria concolor Walker 络毒蛾
Lymantria concolor concolor Walker 络毒蛾指名亚种
Lymantria concolor horishana (Matsumura) 同 *Lymantria concolor concolor*
Lymantria concolor lacteipennis Collenette 络毒蛾褐翅亚种，拉络毒蛾
Lymantria dispar (Linnaeus) [gypsy moth, European gypsy moth, North American gypsy moth] 舞毒蛾，松针黄毒蛾，秋千毒蛾，杨树毒蛾，苹果毒蛾，柿毛虫
Lymantria dispar asiatica Vnukovskij [Asian gypsy moth] 舞毒蛾亚洲亚种，亚洲条毒蛾
Lymantria dispar dispar (Linnaeus) 舞毒蛾指名亚种
Lymantria dispar japonica (Motschulsky) 舞毒蛾日本亚种，日舞毒蛾
Lymantria dispar kolthoffi Bryk 舞毒蛾科氏亚种
Lymantria dispar koreibia Bryk 舞毒蛾朝鲜亚种
Lymantria dispar postalba Inoue 舞毒蛾后白亚种
Lymantria dispar sinica Moore 见 *Lymantria sinica*
Lymantria dispar tsushimensis Inoue 舞毒蛾对马亚种
Lymantria dispar umbrosa Butler 舞毒蛾暗色亚种
Lymantria dissoluta Swinhoe 见 *Lymantria (Lymantria) dissoluta*
Lymantria dissoluta asiatica Vnukovskij 见 *Lymantria dispar asiatica*
Lymantria elassa Collenette 剑毒蛾
Lymantria feminula Hampson 见 *Ilema feminula*
Lymantria formosana Matsumura 同 *Lymantria nebulosa*
Lymantria fumida Butler [red-belly tussock moth, fumida tussock moth] 烟毒蛾，红腹毒蛾
Lymantria fumida caliginosa Collenette 烟毒蛾暗色亚种，暗烟毒

蛾
Lymantria fumida fumida Butler 烟毒蛾指名亚种
Lymantria fumida sinica Moore 见 *Lymantria sinica*
Lymantria furva (Leech) 见 *Parocneria furva*
Lymantria furvinis Wang, Kishida *et* Wang 福毒蛾
Lymantria ganara Moore 庆毒蛾
Lymantria ganaroides Strand 更毒蛾
Lymantria grandis Walker 桂木毒蛾
Lymantria grisea Moore 见 *Lymantria* (*Collenetria*) *grisea*
Lymantria incerta Walker 榄仁树毒蛾
Lymantria iris Strand 同 *Lymantria serva*
Lymantria juglandis Chao 核桃毒蛾
Lymantria kosemponis Strand 同 *Lymantria nebulosa*
Lymantria lepcha Moore 东方毒蛾
Lymantria lunata Stoll [luna gypsy moth] 纹翅毒蛾
Lymantria* (*Lymantria*) *dissoluta Swinhoe 条毒蛾，川柏毒蛾
Lymantria* (*Lymantria*) *similis Moore 纭毒蛾
Lymantria marginata Walker 杧果毒蛾，黑边花毒蛾
Lymantria marginata nigra Moore 见 *Lymantria nigra*
Lymantria mathura Moore [pink gypsy moth, rosy gypsy moth, rosy Russian gypsy moth, pink moth] 栎毒蛾，枫首毒蛾，苹果大毒蛾，苹叶波纹毒蛾，栎舞毒蛾
Lymantria mathura aurora Butler [oak tussock moth] 栎毒蛾喜柏亚种，柏毒蛾，栎毒蛾
Lymantria mathura fusca Leech 同 *Lymantria mathura mathura*
Lymantria mathura mathura Moore 栎毒蛾指名亚种
Lymantria mathura subpallida Okano 栎毒蛾波斑亚种，波斑毒蛾，淡栎毒蛾
Lymantria melanopogon Strand 同 *Lymantria nebulosa*
Lymantria minomonis Matsumura 扇纹毒蛾
Lymantria monacha (Linnaeus) [nun moth, tussock moth, black arches moth, black arched tussock moth, spruce moth] 模毒蛾，松针毒蛾，僧尼毒蛾，油杉毒蛾，细纹络毒蛾
Lymantria monacha monacha (Linnaeus) 模毒蛾指名亚种
Lymantria monacha yunnanensis Collenette 模毒蛾云南亚种，滇栎毒蛾
Lymantria nebulosa Wileman 枫毒蛾，暗毒蛾
Lymantria nephrographa Turner 弧纹毒蛾
Lymantria nigra Moore 黑毒蛾，黑杧果毒蛾
Lymantria nigriplagiata Gaede 见 *Parocneria nigriplagiata*
Lymantria* (*Nyctria*) *mathura Moore 见 *Lymantria mathura*
Lymantria obfuscata Walker [apple hairy caterpillar] 苹舞毒蛾
Lymantria obsoleta Walker 同 *Lymantria serva*
Lymantria obsoleta iris Strand 同 *Lymantria serva*
Lymantria orestera Collenette 白尾毒蛾
Lymantria plumbalia Hampson 铅毒蛾
Lymantria polioptera Collenette 灰翅毒蛾
Lymantria* (*Porthetria*) *sehaeferi Schintlmeister 筛毒蛾
Lymantria pulverea Pogue 深山灰毒蛾
Lymantria punicea Chao 粉红毒蛾
Lymantria roseola Matsumura 瑰毒蛾
Lymantria semicincta Walker 橙点毒蛾
Lymantria serva Fabricius [serva tussock moth, ficus tussock moth, crescent-moon tussock moth, rainbow tussock moth] 虹毒蛾
Lymantria serva iris Strand 同 *Lymantria serva serva*
Lymantria serva serva Fabricius 虹毒蛾指名亚种
Lymantria servula Collenette 油杉毒蛾，榕舞毒蛾
Lymantria similis Moore 见 *Lymantria* (*Lymantria*) *similis*
Lymantria singapura Swinhoe 新加坡毒蛾
Lymantria sinica Butler 中华毒蛾，华舞毒蛾，冥毒蛾，华烟毒蛾
Lymantria sobrina Moore 适毒蛾
Lymantria stoetzneri Draeseke 同 *Parocneria furva*
Lymantria subrosea Swinhoe 泛红毒蛾
Lymantria sugii Kishida 杉氏毒蛾，杉氏络毒蛾
Lymantria superans Walker 同 *Lymantria concolor*
Lymantria todara Moore 阿萨姆毒蛾
Lymantria tortivalvula Chao 扭瓣毒蛾
Lymantria tricolor Chao 三色毒蛾
Lymantria umbrifera Wileman 枫毒蛾，L 纹灰毒蛾
Lymantria viola Swinhoe 珊毒蛾，红缘舞毒蛾
Lymantria xiaolingensis Chao 小岭毒蛾
Lymantria xylina Swinhoe [casuarina moth, casuarina tussock moth] 木毒蛾，相思叶毒蛾，前黑舞毒蛾，黑角舞蛾，相思树舞毒蛾
lymantriid 1. [= lymantriid moth, tussock, tussock moth] 毒蛾 < 毒蛾科 Lymantriidae 昆虫的通称 >; 2. 毒蛾科的
lymantriid moth [= lymantriid, tussock, tussock moth] 毒蛾
Lymantriidae [= Liparidae, Ocneriidae] 毒蛾科
Lymantriinae 毒蛾亚科
Lymantriini 毒蛾族
Lyme disease 莱姆病
lymexylid 1. [= lymexylid beetle, ship-timber beetle] 筒蠹 < 筒蠹科 Lymexylidae 昆虫的通称 >; 2. 筒蠹科的
lymexylid beetle [= lymexylid, ship-timber beetle] 筒蠹
Lymexylidae [= Lymexylonidae] 筒蠹科，筒蠹虫科
Lymexyloidea 筒蠹总科
Lymexylon 筒蠹属，筒蠹虫属
Lymexylon amamianum Kurosawa 安筒蠹
Lymexylon miyakei Nakane 三宅筒蠹，迷筒蠹
Lymexylonidae [= Lymexylidae] 筒蠹科，筒蠹虫科
Lymnadidae [= Danaidae] 斑蝶科
Lymnastis 莱姆步甲属
Lymnastis pilosus Bates 毛莱姆步甲
lymph 淋巴
lympharis morpho [*Morpho lympharis* Butler] 水闪蝶
lymphatic 淋巴的
lymphocyte 淋巴细胞
lymphoidocyte 淋巴样细胞
Lynchia 鹭虱蝇属，林虱蝇属
Lynchia* (*Ardmoeca*) *ardeae (Macquart) 苍鹭虱蝇，苍鹭依虱蝇
Lynchia* (*Ardmoeca*) *omnisetosa (Maa) 吐毛拟鹭虱蝇
Lynchia* (*Ardmoeca*) *schoutedeni Bequaert 黑拟鹭虱蝇
Lynchia exornaia (Speiser) 同 *Pseudolynchia canariensis*
Lynchia* (*Icosta*) *chalcolampra (Speiser) 斜附鹭虱蝇，斜附依虱蝇，斜附虱蝇
Lynchia* (*Icosta*) *fenestella (Maa) 翼窦鹭虱蝇，窗依虱蝇，翼窦虱蝇
Lynchia* (*Icosta*) *trita (Speiser) 五色鹭虱蝇，五色依虱蝇，五色虱蝇

Lynchia maura (Bigot) 同 *Pseudolynchia canariensis*

Lynchia* (*Ornithoponus*) *lonchurae (Maa) 文鸟鹭虱蝇，长依虱蝇，文鸟虱蝇

Lynchia* (*Ornithoponus*) *maquilingensis (Ferris) 竹鸡鹭虱蝇，竹鸡依虱蝇，竹鸡虱蝇

Lynchia* (*Ornithoponus*) *sensilis (Maa) 突拟鹭虱蝇，感依虱蝇

lyocytosis 溶泡作用 <一种细胞外的消化作用，它促成幼虫体内在吞噬作用中组织的破坏>

lyolysis 1. 液解（作用）；2. 溶剂解（作用）

Lyonetia 潜蛾属，莱氏蛾属

Lyonetia anthemopa Meyrick 安潜蛾

Lyonetia boehmeriella Kuroko 波潜蛾

Lyonetia clerkella (Linnaeus) [apple leaf-miner, Clerck's snowy bentwing moth, peach leafminer] 桃潜叶蛾，窄翅潜叶蛾，窄翅潜蛾，桃潜蛾

Lyonetia eriobotryae Wu, Xiao *et* Li 枇杷潜蛾

Lyonetia multimaculata Matsumura 见 *Parornix multimaculata*

Lyonetia prunifoliella (Hübner) [striped bent-wing, Japanese apple leaf miner] 银纹潜蛾

Lyonetia prunifoliella malinella Matsumura 银纹潜蛾日本亚种，日银纹潜蛾

Lyonetia prunifoliella prunifoliella (Hübner) 银纹潜蛾指名亚种

Lyonetia ringoniella Matsumura 同 *Lyonetia prunifoliella*

lyonetiid 1. [= lyonetiid moth] 潜蛾 <潜蛾科 Lyonetiidae 昆虫的通称>；2. 潜蛾科的

lyonetiid moth [= lyonetiid] 潜蛾

Lyonetiidae 潜蛾科，莱氏蛾科

Lyonet's gland 列氏腺 <家蚕及某些其他鳞翅目昆虫幼虫中，位于丝腺管并合处的泡状腺>

lyophil [= lyophile] 亲液物

lyophile 见 lyophil

lyophobe 疏液物

Lype 浅色石蛾属

Lyperogryllacris 胭蟋螽属

Lyperogryllacris maculipes (Walker) 斑腿胭蟋螽

Lypesthes 筒胸肖叶甲属，筒胸叶甲属，长颈猿金花虫属

Lypesthes ater (Motschulsky) 粉筒胸肖叶甲，粉筒胸叶甲

Lypesthes ater Pic 同 *Lypesthes basalis*

Lypesthes basalis Chen 云南筒胸叶甲

Lypesthes bisquamosus Chen 纹鞘筒胸肖叶甲

Lypesthes fulvus (Baly) 棕筒胸肖叶甲，粗毛筒胸叶甲，黄毛长颈猿金花虫

Lypesthes gracilicornis (Baly) 细角筒胸肖叶甲，香港筒胸叶甲，双毛长颈猿金花虫

Lypesthes itoi Chûjô 丝井疲叶甲

Lypesthes lewisii (Baly) 路易氏筒胸肖叶甲，凹缘筒胸叶甲

Lypesthes perelegans Gressitt *et* Kimoto 华美筒胸肖叶甲，鼎湖筒胸叶甲

Lypesthes phoebicola (Tan) 楠筒胸肖叶甲，楠鳞毛肖叶甲，楠鳞毛叶甲

Lypesthes piceus Gressitt *et* Kimoto 眼沟筒胸肖叶甲，吴川筒胸叶甲

Lypesthes sauteri (Chûjô) 同 *Lypesthes gracilicornis*

Lypesthes shirozui Kimoto 台湾筒胸肖叶甲，嘉义筒胸叶甲

Lypesthes sinensis Gressitt *et* Kimoto 中国筒胸肖叶甲，中华筒胸叶甲

Lypesthes subregularis (Pic) 棕毛筒胸肖叶甲，黄毛筒胸叶甲

Lypesthes sulcatifrons Gressitt *et* Kimoto 粉背筒胸肖叶甲，沟额筒胸叶甲

Lypesthes taiwanus Chûjô 同 *Lypesthes fulvus*

Lypesthes vittatus Zhou *et* Tan 白纹筒胸肖叶甲，白纹筒胸叶甲

Lypha 悲寄蝇属

Lypha dubia (Fallén) 疑悲寄蝇

Lyphia 赖拟步甲属

Lyphia formosana Masumoto 台赖拟步甲，细网俏拟步行虫

Lyphia instriata Pic 岛赖拟步甲

Lyplops 垫甲属

Lyplops shanghaicus Marseul 上海垫甲

Lyplops sinensis Marseul 中华垫甲

Lyplops yunnancus Fairmaire 云南垫甲

Lypnea 角腹跳甲属

Lypnea pubipennis Wang *et* Yang 毛翅角腹跳甲

Lyponia 窄胸红萤属

Lyponia brevicollis Bourgeois 短胸窄胸红萤，短姬红萤

Lyponia cangshanica Li, Bocák *et* Pang 苍山窄胸红萤

Lyponia debilis Waterhouse 弱窄胸红萤，弱姬红萤，弱来可红萤

Lyponia delicatula (Kiesenwetter) 同 *Lyponia kleinei*

Lyponia diversicornis Pic 同 *Ponyalis laticornis*

Lyponia dolosa Kleine 见 *Ponyalis dolosa*

Lyponia formosana Kleine 同 *Lyponia gestroi*

Lyponia fukiensis Bocák 见 *Ponyalis fukiensis*

Lyponia gestroi Pic 见 *Ponyalis gestroi*

Lyponia gracilis Bocák 见 *Ponyalis gracilis*

Lyponia guerryi Kleine 同 *Ponyalis laticornis*

Lyponia hainanensis Li, Bocák *et* Pang 海南窄胸红萤

Lyponia ishigakiana Nakane 见 *Ponyalis ishigakiana*

Lyponia klapperichi Bocák 见 *Ponyalis klapperichi*

Lyponia kleinei Nakane 黑胸窄胸红萤，克姬红萤

Lyponia muyuensis Li, Bocák *et* Pang 木鱼窄胸红萤

Lyponia nigrohumeralis Pic 见 *Ponyalis nigrohumeralis*

Lyponia palpalis Nakane 边褐窄胸红萤

Lyponia pieli Pic 同 *Lyponia debilis*

Lyponia pulchella Li, Bocák *et* Pang 丽窄胸红萤

Lyponia qinlingensis Li, Bocák *et* Pang 秦岭窄胸红萤

Lyponia quadricollis (Kiesenwetter) 见 *Ponyalis quadricollis*

Lyponia robusta Pic 同 *Ponyalis laticornis*

Lyponia shaanxiensis Kazantsev 陕西窄胸红萤

Lyponia sichuanensis Bocák 见 *Ponyalis sichuanensis*

Lyponia tianquanensis Li, Bocák *et* Pang 天泉窄胸红萤

Lyponia tryznai Bocák 见 *Ponyalis tryznai*

Lyprodascillus 怜花甲属

Lyprodascillus peritelus Zhang 精怜花甲

Lyprops 垫甲属

Lyprops cribriferons Marseul 筛额垫甲

Lyprops curticornis Pic 短角垫甲

Lyprops horni Gebien 霍垫甲

Lyprops indicus (Wiedemann) 印垫甲

Lyprops irregularis Gebien 伊垫甲

Lyprops luzonicus Gebien 吕宋垫甲

Lyprops orientalis (Motschulsky) 东方垫甲

Lyprops sinensis Marseul 同 *Lyprops orientalis*

Lyprops yunnanus Fairmaire 云南垫甲

lypusid 1. [= lypusid moth] 始袋蛾 < 始袋蛾科 Lypusidae 昆虫的通称 >；2. 始袋蛾科的

lypusid moth [= lypusid] 始袋蛾

Lypusidae 始袋蛾科，始蓑蛾科

lyra metalmark [*Lyropteryx lyra* (Saunders)] 七弦琴蚬蝶

Lyramorpha 叉尾荔蝽属

Lyramorpha rosea Westwood 玫叉尾荔蝽

lyrate [= lyriform] 琴形

lyre 吐丝管板 < 鳞翅目幼虫吐丝管的上壁或边缘 >

lyrifissure [= lyriform organ, lyriform fissure] 隙状器，琴形器，隙孔

lyriform 见 lyrate

lyriform fissure 见 lyrifissure

lyriform organ 见 lyrifissure

Lyriothemis 宽腹蜻属

Lyriothemis acigastra (Sélys) 西藏宽腹蜻

Lyriothemis bivittata (Rambur) 双纹宽腹蜻，双带宽腹蜻

Lyriothemis elegantissima Sélys 华丽宽腹蜻，广腹蜻蜓，台湾宽腹蜻

Lyriothemis flava Oguma 金黄宽腹蜻，黄宽腹蜻，树穴蜻蜓

Lyriothemis kameliyae Kompier 卡米宽腹靖

Lyriothemis pachygastra (Sélys) 闪绿宽腹蜻

Lyriothemis tricolor Ris 同 *Lyriothemis flava*

Lyristes 蟟蝉属

Lyristes altaiensis Schmidt 同 *Megatibicen resh*

Lyristes atrofasciatus (Kirkaldy) 同 *Auritibicen atrofasciatus*

Lyristes bihamatus (Motschulsky) 见 *Auritibicen bihamatus*

Lyristes chinensis (Distant) 见 *Kosemia chinensis*

Lyristes flammatus (Distant) 见 *Auritibicen flammatus*

Lyristes jai (Ôuchi) 见 *Auritibicen jai*

Lyristes japonicus (Kato) 见 *Auritibicen japonicus*

Lyristes katoi Liu 同 *Auritibicen jai*

Lyristes leechi (Distant) 见 *Auritibicen leechi*

Lyristes pekinensis (Haupt) 见 *Auritibicen pekinensis*

Lyristes pieris (Kirkaldy) 见 *Tibicen pieris*

Lyristes slocumi (Chen) 见 *Auritibicen slocumi*

Lyristes tsaopaonensis (Chen) 见 *Auritibicen tsaopaonensis*

Lyristes wui Schmidt 同 *Auritibicen jai*

Lyroda 琴完眼泥蜂属

Lyroda nigra (Cameron) 黑琴完眼泥蜂

Lyroda nigra nigra (Cameron) 黑琴完眼泥蜂指名亚种，琴完眼泥蜂黑色亚种

Lyroda nigra takasago Tsuneki 黑琴完眼泥蜂高砂亚种，台黑完眼泥蜂

Lyroda taiwana Tsuneki 见 *Lyroda venusta taiwana*

Lyroda venusta Bingham 丽琴完眼泥蜂

Lyroda venusta taiwana Tsuneki 丽琴完眼泥蜂台湾亚种，台湾琴完眼泥蜂

Lyroda venusta venusta Bingham 丽琴完眼泥蜂指名亚种

Lyronotum 利隆实蝇属

Lyronotum seriatum (de Meijere) 半翅利隆实蝇

Lyropteryx 琴蚬蝶属

Lyropteryx apollonia Westwood [Apollo metalmark, pink-dotted metalmark, pink dotted appollonia, blue-rayed metalmark] 阿波罗琴蚬蝶，礼花蚬蝶

Lyropteryx cleadas Druce 锯缘琴蚬蝶

Lyropteryx diadocis Stichel 大琴蚬蝶

Lyropteryx ingaretha Hewitson 红臀琴蚬蝶

Lyropteryx lyra (Saunders) [lyra metalmark] 七弦琴蚬蝶

Lyropteryx terpsichore (Westwood) 舞神琴蚬蝶

Lys [lysine 的缩写] 赖氨酸

lysander cattleheart [*Parides lysander* (Cramer)] 中斑番凤蝶

Lysandra nymph [*Euriphene lysandra* Stoll] 丽桑幽蛱蝶

Lysaphidus 前突蚜茧蜂属

Lysaphidus kunmingensis Wang *et* Dong 昆明前突蚜茧蜂

Lysaphidus matsuyamensis Takada 松山前突蚜茧蜂

lysias skipper [*Corticea lysias* (Plötz)] 莱郁弄蝶

Lysibia 折唇姬蜂属

Lysibia ceylonensis (Kerrich) 锡折唇姬蜂，斯折唇姬蜂

Lysibia nana (Gravenhorst) 小折唇姬蜂

lyside sulphur [*Kricogonia lyside* (Godart)] 历粉蝶

lysimnia tigerwing [= confused tigerwing, *Mechanitis lysimnia* (Fabricius)] 彩裙绡蝶

lysine [abb. Lys] 赖氨酸

Lysipatha 来谷蛾属

Lysipatha diaxantha Meyrick 第来谷蛾

Lysipatha zonosphaera Meyrick 台湾来谷蛾

Lysiphlebia 平突蚜茧蜂属

Lysiphlebia chrysanthemum Dong *et* Wang 菊平突蚜茧蜂

Lysiphlebia japonica (Ashmead) 棉平突蚜茧蜂，棉蚜平突蚜茧蜂，棉蚜茧蜂

Lysiphlebia jiangchuanensis Wang *et* Dong 江川平突蚜茧蜂

Lysiphlebia mirzai Shuja-Uddin 同 *Lysiphlebia japonica*

Lysiphlebia rugosa Starý *et* Schlinger 皱平突蚜茧蜂

Lysiphlebia sacchari Chen 同 *Lysiphlebia japonica*

Lysiphlebia youyangensis Wang *et* Dong 酉阳平突蚜茧蜂

Lysiphlebus 柄瘤蚜茧蜂属

Lysiphlebus ambiguus (Haliday) 可疑柄瘤蚜茧蜂

Lysiphlebus aphidiperdus (Róndani) 蚜灭柄瘤蚜茧蜂

Lysiphlebus confusus Tremblay *et* Eady 混合柄瘤蚜茧蜂

Lysiphlebus desertorum Starý 沙漠柄瘤蚜茧蜂

Lysiphlebus fabarum (Marshall) 豆柄瘤蚜茧蜂

Lysiphlebus japonicus Ashmead 日本柄瘤蚜茧蜂，棉蚜茧蜂

Lysiphlebus shaanxiensis Chou *et* Xiang 陕西柄瘤蚜茧蜂

Lysiphlebus testaceipes (Cresson) 茶足柄瘤蚜茧蜂

Lysiphlebus ussuriensis Kiriyak 乌苏里柄瘤蚜茧蜂

Lysiphlebus utahensis (Smith) 犹他柄瘤蚜茧蜂

lysippus metalmark [*Riodina lysippus* (Linnaeus)] 斜带蚬蝶

lysis 1. 溶胞作用；2. 溶菌作用

lysis mimic white [= dainty egg white, *Dismorphia lysis* (Hewitson)] 丽西袖粉蝶

Lysiterminae 软节茧蜂亚科

Lysitermini 软节茧蜂族

Lysmus 离溪蛉属

Lysmus oberthurinus (Navás) 欧博离溪蛉，奥溪蛉

Lysmus ogatai (Nakahara) 短翅离溪蛉，短翅翼蛉

Lysmus pallidius Yang 淡离溪蛉

Lysmus qingyuanus Yang 庆元离溪蛉

Lysmus victus Yang 胜利离溪蛉
Lysmus zanganus Yang 藏离溪蛉
lysosome 溶酶体
lysozyme 溶菌酶
Lyssa 来萨燕蛾属
Lyssa menoetius (Hopffer) 冥来萨燕蛾，冥大燕蛾，大燕蛾
Lyssa patroclus (Linnaeus) 巨来萨燕蛾，巨燕蛾，巨大燕蛾
Lyssa zampa (Butler) 赞来萨燕蛾，大燕蛾
Lystra lanata (Linnaeus) [Amazonian wax-tailed fulgorid, red dotted planthopper] 莱蜡蝉
Lystrus 来斯象甲属，来斯象属
Lystrus tibialis Kôno 胫来斯象甲，胫来斯象
Lyteba 棘锤角细蜂属
Lyteba bisulca (Nees von Esenbeck) 双畦棘锤角细蜂
Lythria 红尺蛾属
Lythria purpuraria (Linnaeus) 双线红尺蛾，紫回叶尺蛾
Lythria tricedista Prout 见 *Gandaritis tricedista*
Lytrosis 丽尺蛾属
Lytrosis unitaria (Herrich-Schäffer) [common lytrosis moth] 常丽尺蛾
Lytta 绿芫菁属
Lytta aeneiventris Haag-Rutenberg 黄胸绿芫菁，铜腹绿芫菁
Lytta antennalis (Marseul) 棒角绿芫菁，长角绿芫菁
Lytta badeni Haag-Rutenberg 见 *Epicauta badeni*
Lytta battoni Kaszab 巴顿绿芫菁
Lytta bieti Welleman 比特绿芫菁，比氏绿芫菁
Lytta brevicollis (Panzer) 见 *Meloe brevicollis*
Lytta caraganae (Pallas) 绿芫菁
Lytta chinensis Motschulsky 见 *Epicauta chinensis*
Lytta choui Wang, Wang *et* Ren 周氏绿芫菁
Lytta clematidis (Pallas) 白腹绿芫菁，赤角绿芫菁
Lytta corvinus (Marseul) 见 *Meloe corvinus*
Lytta elematidis Pallas 埃绿芫菁
Lytta fissicollis (Fairmaire) 沟胸绿芫菁
Lytta flaviventris (Ballion) 黄腹绿芫菁
Lytta grumi Semenov 红肩绿芫菁，短角绿芫菁
Lytta kryzhanovskyi Kaszab 克氏绿芫菁
Lytta kwanshiensis Maran 灌县绿芫菁，广西绿芫菁
Lytta luteovittata (Kraatz) 黄纹绿芫菁，绿纹绿芫菁
Lytta melanura (Hope) 端黑绿芫菁
Lytta nuttalli Say [Nuttall's blister beetle, Nuttall blister beetle] 纳氏绿芫菁，纳氏芫菁
Lytta phalerata (Pallas) 同 *Teratolytta dives*
Lytta proscarabaeus (Linnaeus) 见 *Meloe proscarabaeus*
Lytta roborowskyi Dokhtouroff 西藏绿芫菁
Lytta rubra Hope 红翅绿芫菁
Lytta rubrinotata Tan 红斑绿芫菁
Lytta satiata Escherich 华丽绿芫菁，萨提绿芫菁
Lytta sayi LeConte [Say blister beetle] 赛氏绿芫菁，佐井氏芫菁
Lytta selanderi Saha 赛兰绿芫菁，赛氏绿芫菁
Lytta sifanica Semenov 赤带绿芫菁，川绿芫菁，丝发绿芫菁
Lytta spissicornis (Fairmaire) 粗角绿芫菁，密点绿芫菁
Lytta suturella (Motschulsky) 绿边绿芫菁，纹缘绿芫菁
Lytta taliana Pic 大理绿芫菁，黄胸绿芫菁
Lytta thibetana Escherich 同 *Lytta roborowskyi*
Lytta togata Fisher von Waldheim 长带绿芫菁
Lytta vesicatoria (Linnaeus) [Spanish fly] 疱绿芫菁，西班牙绿芫菁，西班牙芫菁
Lytta vesicatoria togata Fisher von Waldheim 疱绿芫菁泡突亚种，泡突绿芫菁
Lytta vesicatoria vesicatoria (Linnaeus) 疱绿芫菁指名亚种
Lyttidae [= Meloidae, Melioidae] 芫菁科，地胆科
Lyttini 绿芫菁族
Lyubana 连褶金小蜂属
Lyubana liaoi Xiao *et* Huang 廖氏连褶金小蜂
Lyubana longa Xiao *et* Huang 长腹连褶金小蜂
Lyubana prolongata Xiao *et* Huang 长节连褶金小蜂
lyxose 来苏糖

M [vena media 的缩写] 中脉
Maabella 马氏蝠蝇属，马氏蝠虱蝇属
Maabella stomalata Hastriter *et* Sarahe 胃马氏蝠蝇，胃马氏蝠虱蝇
Maacoccus 脊纹蚧属，马介壳虫属
Maacoccus arundinariae (Green) 中纵脊纹蚧
Maacoccus bicruciatus (Green) 士字脊纹蚧，士字脊纹蜡蚧，月橘马介壳虫
Maacoccus cinnamomicolus (Takahashi) 双十脊纹蚧
Maacoccus piperis (Green) 廿字脊纹蚧
Maacoccus scolopiae (Takahashi) 三叉脊纹蚧，三叉脊纹蜡蚧，鲁花马介壳虫
Maacoccus watti (Green) 茶树脊纹蚧
Maaia terminata Gressitt 同 *Parapolytretus rugosus*
Maaserphus 马氏细蜂属
Maaserphus basalis Lin 基沟马氏细蜂，基马细蜂
Maaserphus brevicaudus Lin 短尾马氏细蜂，短尾马细蜂
Maaserphus carinatus He *et* Xu 强脊马氏细蜂
Maaserphus crassifemoratus He *et* Xu 粗腿马氏细蜂
Maaserphus flavitarsis He *et* Xu 黄跗马氏细蜂
Maaserphus fuscifemoratus He *et* Xu 褐腿马氏细蜂
Maaserphus fuscipes Lin 褐足马氏细蜂，褐马细蜂
Maaserphus gansuensis He *et* Xu 甘肃马氏细蜂
Maaserphus guangxiensis He *et* Xu 广西马氏细蜂
Maaserphus henanensis He *et* Xu 河南马氏细蜂
Maaserphus lii He *et* Xu 李氏马氏细蜂
Maaserphus longicaudus Lin 长尾马氏细蜂，长尾马细蜂
Maaserphus longitemple He *et* Xu 长颞马氏细蜂
Maaserphus montanus He *et* Xu 高山马氏细蜂
Maaserphus punctatus He *et* Xu 点马氏细蜂
Maaserphus striatus Lin 刻条马氏细蜂，纹马细蜂
Maaserphus sulculus He *et* Xu 沟花马氏细蜂
Maaserphus tani He *et* Xu 谭氏马氏细蜂
Maaserphus yunnanensis He *et* Xu 云南马氏细蜂
Mabille's bent-skipper [= theramenes skipper, *Camptopleura theramenes* Mabille] 凸翅弄蝶
Mabille's mylon [*Mylon illineatus* Mabille *et* Boullet] 伊利霾弄蝶
Mabille's red cymothoe [= western red glider, *Cymothoe mabillei* Overlaet] 马贝雷漪蛱蝶
Mabille's skipper [*Polites puxillius* (Mabille)] 璞玻弄蝶
Mabille's three-spot missile [*Meza mabillei* (Holland)] 迈氏媚弄蝶
Mabra 须水螟属
Mabra charonialis (Walker) 三环须水螟，三环须野螟，三环司挺螟，恰司挺螟，三环狭野螟
Mabra elephantophila Banziger 象须野螟
Mabra eryxalis (Walker) 烟须野螟
Mabra haematophaga Banziger 血须野螟
Mabra nigriscripta Swinhoe 黑须野螟，黑司廷螟
Mabuira 玛颖蜡蝉属
Mabuira constricta Chen, Yang *et* Wilson 见 *Catonidia constricta*
macadamia nut borer 1. [= litchi fruit moth, *Cryptophlebia ombrodelta* (Lower)] 荔枝异形小卷蛾，荔枝小卷蛾，荔枝黑点褐卷叶蛾，粗脚姬卷叶蛾；2. [= koa seedworm, klu tortricid, koa seed moth, litchi borer, litchi moth, macadamia nut moth, *Cryptophlebia illepida* (Butler)] 相思异形小卷蛾，柯阿小卷蛾，柯阿小卷叶蛾，伊条小卷蛾
macadamia nut moth 见 macadamia nut borer
Macaduma 漫苔蛾属
Macaduma tortricella Walker 漫苔蛾，蔓苔蛾
macaira skipper [= Turk's-cap white-skipper, *Heliopetes macaira* (Reakirt)] 矢纹白翅弄蝶
Macaldenia 玛夜蛾属
Macaldenia palumba (Guenée) 柚玛夜蛾，淡紫晕后白点裳蛾
Macalla 锄须丛螟属
Macalla albifurcalis Hampson 白叉锄须丛螟
Macalla baibarana Shibuya 台中锄须丛螟
Macalla carbonifera Meyrick 碳锄须丛螟
Macalla congenitalis Caradja 亢锄须丛螟
Macalla derogatella Walker 德锄须丛螟
Macalla derogatella derogatella Walker 德锄须丛螟指名亚种
Macalla derogatella scurtata Caradja 德锄须丛螟斯酷亚种，斯德锄须丛螟
Macalla dubiosalis Caradja 杜锄须丛螟
Macalla elatalis (Caradja) 艾锄须丛螟
Macalla formisibia Strand 同 *Teliphasa nubilosa*
Macalla hoenei Caradja 霍锄须丛螟
Macalla hupehensis Hampson 鄂锄须丛螟
Macalla hyponalis Hampson 下锄须丛螟
Macalla impurella Caradja 阴锄须丛螟
Macalla kwangtungialis Caradja 粤锄须丛螟
Macalla marginata Butler 麻楝锄须丛螟
Macalla melli Caradja 梅锄须丛螟
Macalla moncusalis Walker 见 *Lamida moncusalis*
Macalla nankingialis Caradja 南京锄须丛螟
Macalla nubilalis Hampson 努锄须丛螟
Macalla obliquilineata Shibuya 见 *Teliphasa obliquilineata*
Macalla pretiosalis Caradja 普锄须丛螟
Macalla pseudopinguinalis Caradja 伪锄须丛螟
Macalla ridiculalis Caradja 瑞锄须丛螟
Macalla shanghaiella Caradja 沪锄须丛螟
Macalla sordidalis proximalis Caradja 同 *Lamida obscura*
Macalla validalis Walker 瓦锄须丛螟
Macalla viridetincta Caradja 绿带锄须丛螟
Macalpinomyia 麦塔蝇属
Macalpinomyia jiewenae Li *et* Yeates 洁雯麦塔蝇
macaque louse [*Pedicinus obtusus* (Rudow)] 钝猴虱
Macaria 玛尺蛾属，斑尾尺蛾属

Macaria abydata Guenée [dot-lined angle] 双前玛尺蛾，双前斑尾尺蛾
Macaria acutaria Walker 小直带玛尺蛾，小直带斑尾尺蛾，小直带尾尺蛾
Macaria alternaria (Hübner) [sharp-angled peacock] 交替玛尺蛾
Macaria biparata Lederer 同 *Chiasmia saburraria*
Macaria cacularia Oberthür 见 *Semiothisa cacularia*
Macaria defixaria Walker 见 *Semiothisa defixaria*
Macaria divisaria Walker 见 *Antitrygodes divisaria*
Macaria elongaria Leech 同 *Semiothisa cacularia*
Macaria fuscaria (Leech) 褐玛尺蛾
Macaria immaculata (Sterneck) 见 *Semiothisa immaculata*
Macaria intermediaria Leech 见 *Semiothisa intermediaria*
Macaria intersectaria Leech 见 *Semiothisa intersectaria*
Macaria loricaria (Eversmann) [false Bruce spanworm, Eversmann's peacock] 杨柳玛尺蛾，杨柳尺蛾
Macaria monticolaria Leech 见 *Semiothisa monticolaria*
Macaria normata Alphéraky 见 *Semiothisa normata*
Macaria notata (Linnaeus) [peacock moth] 诺玛尺蛾
Macaria notata kirina Wehrli 诺玛尺蛾东方亚种，吉诺庶尺蛾
Macaria notata notata (Linnaeus) 诺玛尺蛾指名亚种
Macaria ornataria Leech 见 *Semiothisa ornataria*
Macaria pluviata (Fabricius) 见 *Semiothisa pluviata*
Macaria pluviata hebesata Walker 见 *Semiothisa hebesata*
Macaria pluviata proditaria (Bremer) 见 *Semiothisa proditaria*
Macaria pluviata sinicaria Walker 见 *Semiothisa sinicaria*
Macaria proximaria Leech 见 *Semiothisa proximaria*
M
Macaria richardsi (Prout) 见 *Semiothisa richardsi*
Macaria sexmaculata Packard [green larch looper, larch looper, six-spotted angle] 落叶松玛尺蛾，落叶松绿庶尺蛾
Macaria shanghaisaria Walker 上海玛尺蛾，沪庶尺蛾，上海奇尺蛾
Macaria sinicaria Walker 见 *Semiothisa sinicaria*
Macaria temeraria Swinhoe 见 *Oxymacaria temeraria*
Macaria vandervoordeni Prout 见 *Rikiosatoa vandervoordeni*
Macaria verecundaria Leech 见 *Semiothisa verecundaria*
Macariini 玛尺蛾族，截尾尺蛾族
macarius tufted skipper [*Nisoniades macarius* (Herrich-Schäffer)] 霓弄蝶
Maccevethus 玛缘蝽属
Maccevethus lineola (Fabricius) 玛缘蝽
Macchiatiella 蓼圈圆尾蚜属
Macchiatiella itadori (Shinji) [sacaline aphid, sanguisorba aphid] 蓼圈圆尾蚜，虎杖无尾蚜
Macchiatiella rhamni (Boyer de Fonscolombe) 鼠李蓼圈圆尾蚜，鼠李斗蚜
Macdunnoughia 银锭夜蛾属，银锭夜蛾亚属
Macdunnoughia confusa (Stephens) 瘦银锭夜蛾，康银锭夜蛾，亢肖银纹夜蛾
Macdunnoughia crassisigna (Warren) 银锭夜蛾，连纹夜蛾，云斑镁夜蛾
Macdunnoughia crassisigna crassisigna (Warren) 银锭夜蛾指名亚种
Macdunnoughia crassisigna xizangensis Chou *et* Lu 同 *Macdunnoughia crassisigna crassisigna*
Macdunnoughia hybrida Ronkay 拟瘦银锭夜蛾
Macdunnoughia monosigna Chou *et* Lu 单区银锭夜蛾
Macdunnoughia purissima (Butler) 淡银纹夜蛾，纯淡银夜蛾，普肖银纹夜蛾
Macdunnoughia tetragona (Walker) 连斑银锭夜蛾，连斑缤夜蛾，方淡银纹夜蛾
Macdunnoughia xizangensis Chou *et* Lu 同 *Macdunnoughia crassisigna*
Macedonian grayling [*Pseudochazara cingovskii* Gross] 辛氏寿眼蝶
Macellina 瘦蛸属，瘦枝蛸属
Macellina baishuijiangia Chen 见 *Baculum baishuijiangense*
Macellina caulodes (Rehn) 仿茎瘦蛸，仿茎瘦枝蛸
Macellina dentata (Stål) 齿瘦蛸，齿瘦枝蛸
Macellina digitata Chen *et* Wang 腹指瘦蛸，腹指瘦枝蛸
Macellina nigriseta Ho 黑毛瘦蛸
Macellina qizhouense Ho 七州瘦蛸
Macellina souchongia (Westwood) 索康瘦蛸，褐瘦枝蛸，索玛蛸
Macgregoromyia 叉纤足大蚊属，麦大蚊属
Macgregoromyia brevicula Alexander 短脉叉纤足大蚊，短麦大蚊
Macgregoromyia celestia Alexander 圆突叉纤足大蚊，青麦大蚊
Macgregoromyia flatusa Liu *et* Yang 平脊叉纤足大蚊
Macgregoromyia fohkienensis Alexander 福建叉纤足大蚊，闽麦大蚊
Macgregoromyia rectangularis Liu *et* Yang 垂脉叉纤足大蚊
Macgregoromyia szechwanensis Alexander 四川叉纤足大蚊，川麦大蚊
Macgregoromyia ternifoliusa Liu *et* Yang 三尾叉纤足大蚊
Machacha brown [*Pseudonympha machacha* Riley] 边纹仙眼蝶
Machacha opal [*Poecilmitis pelion* Pennington] 泥幻灰蝶
machaera eyemark [*Mesosemia machaera* Hewitson] 剑美眼蚬蝶
Machaerilaemus 玛鸟虱属
Machaerilaemus malleus (Burmeister) 家燕玛鸟虱
Machaeropsis taiwana Kato 见 *Hindola taiwana*
Machaeropteris 管谷蛾属，玛谷蛾属
Machaeropteris petalacma Meyrick 短管谷蛾，佩玛谷蛾
Machaerota 巢沫蝉属，棘蝉属
Machaerota choui Lu 周氏巢沫蝉，周氏棘蝉
Machaerota coomani Lallemand 考氏巢沫蝉
Machaerota coronata (Maa) 平冠巢沫蝉，闽柯沫蝉
Machaerota esakii Kato 江崎巢沫蝉
Machaerota formosana Kato 台湾巢沫蝉
Machaerota fukienicola Maa 福建巢沫蝉
Machaerota jiangxiensis Lu 江西巢沫蝉，江西棘蝉
Machaerota liangi Sun *et* Dai 梁氏巢沫蝉，梁氏棘沫蝉
Machaerota notoceras (Schmidt) 印尼巢沫蝉，印尼柯沫蝉
Machaerota planitiae Distant 棉巢沫蝉
Machaerota propria Hayashi 奇特巢沫蝉
Machaerota punctatonervosa Signoret 点脉巢沫蝉
Machaerota shaanxiensis Lu 陕西巢沫蝉，陕西棘蝉
Machaerota taiheisana (Matsumura) 太平山巢沫蝉，太平山阿昔沫蝉
Machaerota yunnanensis Lu 云南巢沫蝉
Machaerothrix 玛蛛蜂属
Machaerothrix coactifrons Haupt 额玛蛛蜂

Machaerothrix tsushimensis Yasumatsu 津岛玛蛛蜂

machaerotid 1. [= machaerotid spittle bug, machaerotid plant hopper, machaerotid froghopper, tube spittle bug, tube-making spittlebug] 巢沫蝉，棘沫蝉 <巢沫蝉科 Machaerotidae 昆虫的通称>; 2. 巢沫蝉科的

machaerotid froghopper [= machaerotid spittle bug, machaerotid plant hopper, machaerotid, tube spittle bug, tube-making spittlebug] 巢沫蝉，棘沫蝉

machaerotid plant hopper 见 machaerotid froghopper

machaerotid spittle bug 见 machaerotid froghopper

Machaerotidae 巢沫蝉科，棘沫蝉科

Machaerotinae 巢沫蝉亚科

Machaerotypus 脊角蝉属，拟沫角蝉属

Machaerotypus arisanus (Kato) 阿里山脊角蝉，阿里山红脊角蝉，阿里山耳角蝉

Machaerotypus camelliae Chou *et* Yuan 茶花红脊角蝉

Machaerotypus ishiharai Kato 石原脊角蝉

Machaerotypus mali Chou *et* Yuan 苹果红脊角蝉

Machaerotypus nodulus Li *et* Chen 结翅脊角蝉

Machaerotypus rubromarginatus Kato 小红脊角蝉

Machaerotypus rubronigris Funkhouser 二带红脊角蝉

Machaerotypus semirubronigris Yuan *et* Chou 半红脊角蝉

Machaerotypus sibiricus (Lethierry) [brown treehopper] 西伯利亚脊角蝉，褐拟沫角蝉，褐角蝉，西伯利亚耳角蝉

Machaerotypus stigmosus Li *et* Chen 斑翅脊角蝉

Machaerotypus taibaiensis Yuan 太白红脊角蝉

Machaerotypus yananensis Chou *et* Yuan 延安红脊角蝉

Machaomyia 尾叶实蝇属，马昭实蝇属，翅尾突实蝇属

Machaomyia caudata Hendel 华南尾叶实蝇，翅尾马昭实蝇，尾玛实蝇

Machaomyia persimilis (Hendel) 类尾叶实蝇，普西马昭实蝇，普西翅尾突实蝇

Machatothrips 战管蓟马属

Machatothrips antennatus (Bagnall) 角战管蓟马，触角战管蓟马

Machatothrips artocarpi Moulton 菠萝蜜战管蓟马

Machatothrips biuncinatus Bagnall 双刺战管蓟马

Machatothrips celosia Moulton 青葙战管蓟马

machequena acraea [*Acraea machequena* Grose-Smith] 美珍蝶

Machilaphis 楠叶蚜属，楠绵斑蚜属

Machilaphis machili (Takahashi) [machilus cottony aphid] 楠叶蚜，楠木绵蚜，马氏叶蚜

machilid 1. [= machilid bristletail, jumping bristiletail] 石蛃 <泛指石蛃科 Machilidae 昆虫>; 2. 石蛃科的

machilid bristletail [= machilid, jumping bristiletail] 石蛃

Machilidae 石蛃科，蛃科

Machilis 石蛃属

Machilis helleri Verhoeff 赫氏石蛃

Machiloidea 石蛃总科

machilus cottony aphid [*Machilaphis machili* (Takahashi)] 楠叶蚜，楠木绵蚜，马氏叶蚜

machilus oystershell [= cymbidium scale, mussel scale, *Lepidosaphes pinnaeformis* (Borchsenius)] 兰蛎盾蚧，角眼牡蛎蚧，针型眼蛎盾蚧，兰真紫蛎盾蚧

Machimia 刺织蛾属

Machimia guerneela Joannis 岛刺织蛾

Machimia tentoriferella Clemens 硬杂木刺织蛾

Machimus 圆突虫虻属，圆突食虫虻属，好战食虫虻属

Machimus albibarbis (Macquart) 白须圆突虫虻，白须食虫虻

Machimus asiaticus (Becker) 亚洲圆突虫虻，亚洲圆突食虫虻，亚洲蛮虫虻，亚洲食虫虻

Machimus aurentulus Becker 奥莲圆突虫虻，奥莲食虫虻

Machimus aurimystax (Bromley) 金鬃圆突虫虻，金鬃圆突食虫虻，金鬃蛮虫虻，奥虫虻

Machimus concinnus Loew 巧圆突虫虻，巧圆突食虫虻

Machimus excelsus Ricardo 见 *Trichomachimus excelsus*

Machimus gratiosus Loew 娇美圆突虫虻，娇美圆突食虫虻

Machimus impeditus (Becket) 台湾圆突虫虻，台湾圆突食虫虻，台湾蛮虫虻，崎曲食虫虻

Machimus nevadensis (Strobl) 内圆突虫虻，内圆突食虫虻

Machimus pubescens Ricardo 见 *Trichomachimus pubescens*

Machimus scutellaris (Coquillett) 前圆突虫虻，前黑食虫虻，盾五叉虫虻

Machimus setibarbis (Loew) 圆盾圆突虫虻，圆盾毛突食虫虻，毛须五叉虫虻

Machlopyga humana (Meyrick) 聂拉木卷蛾

mAChR [muscarinic acetylcholine receptor 的缩写] 蕈毒碱性受体

Machulkaia mirabilis Löbl 见 *Nipponobythus mirabilis*

Macken's dart [= Macken's skipper, *Acleros mackenii* (Trimen)] 麦氏白牙弄蝶

Macken's skipper 见 Macken's dart

Mackerrasomyia 麻蠓属

Mackerrasomyia pingxiangensis Yu 凭祥麻蠓

MacKinnon's swallowtail [*Papilio mackinnoni* Sharpe] 黄链德凤蝶

Mackwood's hairstreak [*Satyrium mackwoodi* (Evans)] 马克洒灰蝶，麦鳌灰蝶

Macleannan's skipper [*Parelbella macleannani* (Godman *et* Salvin)] 玛筹弄蝶，筹弄蝶

Macleay's long-armed chafer [*Cheirotonus macleayi* Hope] 麦彩臂金龟甲，麦彩臂金龟

Macleay's spectre [= giant prickly stick insect, spiny leaf insect, Australian walking stick, *Extatosoma tiaratum* (MacLeay)] 昆士兰桉蝻

Macleay's swallowtail [*Graphium macleayanus* (Leach)] 燕尾青凤蝶

MacNeill's skipper [*Poanes macneilli* Burns] 麦克袍弄蝶

MacNeill's sootywing [*Pholisora gracielae* MacNeill] 杂斑碎滴弄蝶

MacoGV [*Mamestra configurata granulovirus* 的缩写] 蓓带甘蓝夜蛾颗粒体病毒，蓓带夜蛾颗粒体病毒

macomo ranger [*Kedestes macomo* (Trimen)] 梅卡肯弄蝶

Maconellicoccus 曼粉蚧属

Maconellicoccus hirsutus (Green) [pink hibiscus mealybug, pink mealybug, hibiscus mealybug] 木槿曼粉蚧，木槿粉蚧，木槿粉虱 <误>，柯秀粉蚧，曼粉蚧，柯树曼粉蚧，柯曼粉蚧，桑粉介壳虫

Maconellicoccus multipori (Takahashi) 多孔曼粉蚧

Maconellicoccus pasaniae (Borchsenius) 同 *Maconellicoccus hirsutus*

MacoNPV [*Mamestra configurata nucleopolyhedrosis virus* 的缩写] 蓓带甘蓝夜蛾核型多角体病毒，蓓带夜蛾核型多角体病毒
Macotasa 玛苔蛾属
Macotasa nubecula (Moore) 云玛苔蛾
Macotasa orientalis (Hampson) 五点玛苔蛾，五点土苔蛾
Macotasa tortricoides (Walker) 卷玛苔蛾，卷土苔蛾
Macoun's arctic [= Canada arctic, *Oeneis macounii* (Edwards)] 赭黄酒眼蝶
Macquartia 叶甲寄蝇属
Macquartia chalconota (Meigen) 查尔叶甲寄蝇
Macquartia dispar (Fallén) 异叶甲寄蝇
Macquartia macularis Villeneuve 黑斑叶甲寄蝇
Macquartia nudigena Mesnil 裸颊叶甲寄蝇
Macquartia pubiceps (Zetterstedt) 毛肛叶甲寄蝇
Macquartia tenebricosa (Meigen) 阴叶甲寄蝇
Macquartia tessellum (Meigen) 斑腹叶甲寄蝇
Macquartia viridana Robineau-Desvoidy 威叶甲寄蝇
Macquartiini 叶甲寄蝇族
Macqueen's hairstreak [*Jalmenus pseudictinus* Kerr *et* Macqueen] 伪仪佳灰蝶
Macqueen's skipper [= bronze ochre, *Trapezites macqueeni* Kerr *et* Sands] 马克梯弄蝶
Macracanthopsis 角猎蝽属
Macracanthopsis nigripes Distant 黑足角猎蝽
Macracanthopsis nodipes Reuter 结股角猎蝽
macraner 大型雄蚁
Macratria 玛细颈甲属
Macratria basithorax Pic 基胸玛细颈甲
Macratria bicoloripes Pic 双色玛细颈甲
Macratria freyi Pic 弗玛细颈甲
Macratria griseosellata Fairmaire 灰玛细颈甲
Macratria griseosellata griseosellata Fairmaire 灰玛细颈甲指名亚种
Macratria griseosellata sauteri Pic 同 *Macratria griseosellata griseosellata*
Macratria nankinea Pic 南京玛细颈甲
Macratria rufescens Champion 红玛细颈甲
Macratria serialis Marseul 丝玛细颈甲
Macrauzata 大窗钩蛾属，窗翅钩蛾属
Macrauzata fenestraria (Moore) 窗大窗钩蛾
Macrauzata fenestraria fenestraria (Moore) 窗大窗钩蛾指名亚种
Macrauzata fenestraria insulata Inoue 窗大窗钩蛾台湾亚种，台湾窗翅钩蛾
Macrauzata maxima Inoue 巨大窗钩蛾，大窗钩蛾
Macrauzata maxima chinensis Inoue 大窗钩蛾中华亚种，中华大窗钩蛾
Macrauzata maxima maxima Inoue 大窗钩蛾指名亚种
Macrauzata minor Okano 台湾大窗钩蛾，小窗翅钩蛾
Macremphytus 大曲叶蜂属
Macremphytus crassicornis Wei 粗角大曲叶蜂
macrergate 大型工蚁
Macrima 异额萤叶甲属
Macrima armata Baly 黑突异额萤叶甲
Macrima aurantiaca (Laboissière) 橙色异额萤叶甲
Macrima bifida Yang 双裂异额萤叶甲
Macrima cornuta (Laboissière) 角异额萤叶甲
Macrima ferrugina Jiang 锈红异额萤叶甲
Macrima pallida (Laboissière) 灰异额萤叶甲
Macrima rubricata (Fairmaire) 片异额萤叶甲
Macrima straminea (Ogloblin) 草黄异额萤叶甲
Macrima yunnanensis (Laboissière) 云南异额萤叶甲
Macrini 马克姬蜂族
macro-caddisfly 大石蛾 <大石蛾科 Phryganeidae 昆虫的通称>
Macrobarasa 毛腹夜蛾属
Macrobarasa albibasis Wileman 白基硕夜蛾
Macrobarasa xantholopha (Hampson) 毛腹夜蛾，黄庞夜蛾，银帆瘤蛾
Macrobathra 迈尖蛾属
Macrobathra arneutis Meyrick 阿迈尖蛾
Macrobathra equestris Meyrick 宽带迈尖蛾
Macrobathra flavidus Qian *et* Liu 杉木迈尖蛾，杉木球果尖蛾，杉木球果织蛾
Macrobathra latipterophora Li *et* Wang 宽迈尖蛾
Macrobathra myrocoma Meyrick 梅迈尖蛾
Macrobathra nomaea Meyrick 四点迈尖蛾
Macrobathra notomitra Meyrick 显头迈尖蛾，显头长网织蛾
Macrobathra quercea Moriuti 栎迈尖蛾
Macrobrochis 网苔蛾属
Macrobrochis alba (Fang) 白闪网苔蛾
Macrobrochis albifascia (Fang) 白条网苔蛾，白条文灯蛾
Macrobrochis bicolor (Fang) 双色网苔蛾，双色华苔蛾
Macrobrochis fukiensis (Daniel) 蓝黑网苔蛾，蓝黑闪苔蛾，闽帕苔蛾
Macrobrochis gigas (Walker) 巨网苔蛾，巨斑苔蛾，巨网灯蛾
Macrobrochis gigas gigas (Walker) 巨网苔蛾指名亚种
Macrobrochis gigas metallica Mell 同 *Macrobrochis gigas gigas*
Macrobrochis immaculata Mell 无斑网苔蛾
Macrobrochis nigra (Daniel) 微闪网苔蛾，微闪苔蛾
Macrobrochis prasema (Moore) 深脉网苔蛾
Macrobrochis rubricollis (Linnaeus) 见 *Atolmis rubricollis*
Macrobrochis staudingeri (Alphéraky) 乌闪网苔蛾，斯帕苔蛾
Macrobrochis staudingeri formosana (Okano) 乌闪网苔蛾台湾亚种，台斯帕苔蛾，乌闪苔蛾
Macrobrochis staudingeri grisea (Okano) 同 *Macrobrochis staudingeri staudingeri*
Macrobrochis staudingeri staudingeri (Alphéraky) 乌闪网苔蛾指名亚种
Macrobrochis tibetensis (Fang) 西藏网苔蛾
Macrocamptus 大粉天牛属
Macrocamptus virgatus (Gahan) 白条大粉天牛
Macrocentrinae 长体茧蜂亚科
Macrocentrus 长体茧蜂属
Macrocentrus amploventralis He *et* Chen 阔腹长体茧蜂
Macrocentrus anjiensis He *et* Chen 安吉长体茧蜂
Macrocentrus apicalis He *et* Chen 端斑长体茧蜂
Macrocentrus archipsivorus He *et* Chen 云杉黄卷蛾长体茧蜂
Macrocentrus arcipetiolatus Lou *et* He 弓柄长体茧蜂
Macrocentrus austrinus He *et* Chen 南方长体茧蜂
Macrocentrus baishanzua He *et* Chen 百山祖长体茧蜂
Macrocentrus beijingensis Lou *et* He 北京长体茧蜂

Macrocentrus bicolor Curtis 两色长体茧蜂
Macrocentrus bimaculatus He *et* Chen 双斑长体茧蜂
Macrocentrus blandoides van Achterberg 拟滑长体茧蜂
Macrocentrus brevipalpis He *et* Chen 短须长体茧蜂
Macrocentrus camphoraphilus He *et* Chen 樟虫长体茧蜂
Macrocentrus choui He *et* Chen 周氏长体茧蜂
Macrocentrus chui Lou *et* He 祝氏长体茧蜂
Macrocentrus cingulum Brischke 腰带长体茧蜂
Macrocentrus cnapholocrocis He *et* Lou 纵卷叶螟长体茧蜂
Macrocentrus collaris (Spinola) 地老虎长体茧蜂
Macrocentrus concentralis He *et* Chen 同心长体茧蜂
Macrocentrus confusstriatus He *et* Chen 乱脊长体茧蜂
Macrocentrus coronaries Lou *et* He 环角长体茧蜂
Macrocentrus dushanensis He *et* Chen 独山长体茧蜂
Macrocentrus flavomaculatus Lou *et* He 黄斑长体茧蜂
Macrocentrus flavoorbitalis He *et* Chen 黄眶长体茧蜂 < 此种学名曾误写为 *Macrocentrus flavo-orbitalis* He *et* Chen >
Macrocentrus fossilipetiolatus Lou *et* He 漕柄长体茧蜂
Macrocentrus gigas Watanabe 巨长体茧蜂
Macrocentrus glabripleuralis Lou *et* He 光侧长体茧蜂
Macrocentrus glabritergitus He *et* Chen 光背长体茧蜂
Macrocentrus guangxiensis He *et* Chen 广西长体茧蜂
Macrocentrus guizhouensis Lou *et* He 贵州长体茧蜂
Macrocentrus gutianshanensis He *et* Chen 古田山长体茧蜂
Macrocentrus hangzhouensis He *et* Chen 杭州长体茧蜂
Macrocentrus hemistriolatus He *et* Chen 半条长体茧蜂
Macrocentrus hunanensis He *et* Lou 湖南长体茧蜂
Macrocentrus hungaricus Marshall 匈牙利长体茧蜂
Macrocentrus infirmus (Nees) 姣长体茧蜂
Macrocentrus jacobsoni Szépligeti 蔗螟长体茧蜂
Macrocentrus laevigatus He *et* Chen 光区长体茧蜂
Macrocentrus linearis (Nees) 螟虫长体茧蜂
Macrocentrus lishuiensis He *et* Chen 丽水长体茧蜂
Macrocentrus longistigmus He 长痣长体茧蜂
Macrocentrus maculistigmus He *et* Lou 斑痣长体茧蜂
Macrocentrus mainlingensis Wang 米林长体茧蜂
Macrocentrus marginator (Nees) 缘长体茧蜂
Macrocentrus melanogaster He *et* Chen 黑腹长体茧蜂
Macrocentrus nigricoxa He *et* Chen 黑基长体茧蜂
Macrocentrus nigrigenius van Achterberg 黑长体茧蜂
Macrocentrus obliquus He *et* Chen 斜脉长体茧蜂
Macrocentrus orientalis He *et* Chen 东洋长体茧蜂
Macrocentrus pallipes (Nees) 白足长体茧蜂
Macrocentrus parametriatesivorus He *et* Chen 茶梢尖蛾长体茧蜂
Macrocentrus parki van Achterberg 朴氏长体茧蜂
Macrocentrus pryeri Yang, Song *et* Cao 稍斑螟长体茧蜂
Macrocentrus qingyuanensis He *et* Chen 庆元长体茧蜂
Macrocentrus radiellanus He *et* Chen 喇径长体茧蜂
Macrocentrus resinellae (Linnaeus) 松小卷蛾长体茧蜂
Macrocentrus rugifacialis He *et* Chen 皱脸长体茧蜂
Macrocentrus sichuanensis He 四川长体茧蜂
Macrocentrus simingshanus Lou *et* He 四明山长体茧蜂
Macrocentrus sinensis He *et* Chen 中华长体茧蜂
Macrocentrus suni He *et* Chen 孙氏长体茧蜂
Macrocentrus theaphilus He *et* Chen 茶虫长体茧蜂
Macrocentrus thoracicus (Nees) 红胸长体茧蜂，纵卷叶螟长体茧蜂
Macrocentrus tianmushanus He *et* Chen 天目山长体茧蜂
Macrocentrus tritergitus He *et* Chen 三板长体茧蜂
Macrocentrus wangi He *et* Chen 汪氏长体茧蜂
Macrocentrus watanabei van Achterberg 渡边长体茧蜂
Macrocentrus xingshanensis He 兴山长体茧蜂
Macrocentrus yuanjiangensis He *et* Chen 沅江长体茧蜂
Macrocentrus zhangi He *et* Chen 张氏长体茧蜂
Macrocentrus zhejiangensis He *et* Chen 浙江长体茧蜂
Macrocephalidae [= Phymatidae] 瘤蝽科，螳蝽科，螳足蝽科 < 旧名 >
Macrocephalinae 螳瘤蝽亚科
Macrocera 长角菌蚊属
Macrocera alternata Brunetti 交互长角菌蚊
Macrocera arcuata Sasakawa 弓形长角菌蚊
Macrocera breviceps Sasakawa 伯长角菌蚊
Macrocera brunnea Brunetti 棕色长角菌蚊，棕长角菌蚊，棕扁脚蚊
Macrocera coxata Sasakawa 科长角菌蚊
Macrocera elegantula Coher 雅长角菌蚊
Macrocera ephemeraeformis Alexander 短形长角菌蚊
Macrocera immaculata Wu *et* Yang 无斑长角菌蚊
Macrocera inconspicua Brunetti 非显长角菌蚊
Macrocera lacustrina Coher 湖生长角菌蚊
Macrocera neobrunnea Wu *et* Yang 新长角菌蚊
Macrocera nepalensis Coher 尼长角菌蚊
Macrocera ornata Brunetti 多长角菌蚊
Macrocera propleuralis Edwards 前侧长角菌蚊
Macrocera simhanjangana Coher 辛汉长角菌蚊
Macrocera tawnia Wu 黄褐长角菌蚊
Macrocera vittata Meigen 带长角菌蚊
Macrocera wui Evenhuis 吴氏长角菌蚊
Macroceratidae [= Macroceridae] 长角菌蚊科，大角蕈蚊科
macrocerid 1. [= macrocerid fly] 长角菌蚊，大角蕈蚊 < 长角菌蚊科 Macroceridae 昆虫的通称 >；2. 长角菌蚊科的
macrocerid fly [= macrocerid] 长角菌蚊，大角蕈蚊
Macroceridae 见 Macroceratidae
Macrocerinae 长角菌蚊亚科
Macrocerini 长角菌蚊族
Macrocerococcus 麻粉蚧属，巨棘粉蚧属
Macrocerococcus borealis Borchsenius 见 *Puto borealis*
Macrocerococcus janetscheki (Balachowsky) 同 *Puto borealis*
Macrocerococcus kiritshenkoi Borchsenius 同 *Puto superbus*
Macrocerococcus kondarensis Borchsenius 见 *Puto kondarensis*
Macrocerococcus megriensis Borchsenius 见 *Puto megriensis*
Macrocerococcus superbus Leonardi 见 *Puto superbus*
Macrocerococcus tauricus Borchsenius 栎树麻粉蚧，华北巨棘粉蚧
macrochaeta [pl. macrochaetae] 大毛，长毫 < 常指双翅目昆虫体上分散的长鬃 >
macrochaetae [s. macrochaetae] 大毛，长毫
Macrochenus 鹿天牛属
Macrochenus assamensis Breuning 三条鹿天牛
Macrochenus guerini White 长颈鹿天牛

Macrochenus tonkinensis (Aurivillius) 白星鹿天牛
Macrochenus tonkinensis inarmata (Gressitt) 白星鹿天牛刺尾亚种，刺尾白星鹿天牛
Macrochenus tonkinensis tonkinensis (Aurivillius) 白星鹿天牛指名亚种，指名白星鹿天牛
Macrocheroea 巨红蝽属 <此属学名有误写为 *Macroceroea* 者>
Macrocheroea grandis (Gray) 巨红蝽
Macrochilus 大唇步甲属
Macrochilus asteriscus (White) 星大唇步甲
Macrochilus bensoni Hope 本氏大唇步甲
Macrochilus bicolor Andrewes 二色大唇步甲
Macrochilus binotatus Andrewes 双斑大唇步甲
Macrochilus chaudoiri Andrewes 绍大唇步甲
Macrochilus cheni Zhao *et* Tian 陈氏大唇步甲
Macrochilus deuvie Zhao *et* Tian 德氏大唇步甲
Macrochilus fuscipennis Zhao *et* Tian 褐翅大唇步甲
Macrochilus gigas Zhao *et* Tian 巨大唇步甲
Macrochilus immanis Andrewes 浅大唇步甲
Macrochilus impictus (Wiedemann) 素大唇步甲
Macrochilus macromaculatus Louwerens 大斑大唇步甲
Macrochilus niger Andrewes 黑大唇步甲
Macrochilus nigrotibialis Heller 黑胫大唇步甲
Macrochilus parvimaculatus Zhao *et* Tian 小斑大唇步甲
Macrochilus quadratus Zhao *et* Tian 方胸大唇步甲
Macrochilus sinuatilabris Zhao *et* Tian 波唇大唇步甲
Macrochilus solidipalpis Zhao *et* Tian 粗须大唇步甲
Macrochilus trimaculatus (Chaudoir) 同 *Macrochilus chaudoiri*
Macrochilus trimaculatus (Olivier) 同 *Macrochilus bensoni*
Macrochilus tripustulatus (Dejean) 三丘大唇步甲
Macrochilus vitalisi Andrewes 韦大唇步甲
Macrochirus 玛象甲属
Macrochirus longipes Lacordaire 长玛象甲，长玛象
Macrochlaenites costiger (Chaudoir) 见 *Chlaenius costiger*
Macrochthonia 土夜蛾属
Macrochthonia fervens Butler 土夜蛾
Macrocilix 铃钩蛾属，铃带钩蛾属
Macrocilix maia (Leech) 宽铃钩蛾，刺哑铃带钩蛾
Macrocilix maia maia (Leech) 宽铃钩蛾指名亚种，指名宽铃钩蛾
Macrocilix mysticata (Walker) 丁铃钩蛾，铃钩蛾
Macrocilix mysticata brevinotata Watson 丁铃钩蛾短斑亚种，短铃钩蛾
Macrocilix mysticata campana Chu *et* Wang 丁铃钩蛾钟形亚种，丁铃钩蛾
Macrocilix mysticata flavotincta Inoue 丁铃钩蛾黄带亚种，黄带铃钩蛾，哑铃带钩蛾
Macrocilix mysticata mysticata (Walker) 丁铃钩蛾指名亚种
Macrocilix mysticata watsoni Inoue 丁铃钩蛾瓦氏亚种，瓦铃钩蛾
Macrocilix nongloba Chu *et* Wang 异铃钩蛾
Macrocilix ophrysa Chu *et* Wang 眉铃钩蛾
Macrocilix orbiferata (Walker) 园铃钩蛾
Macrocilix qinlingensis Chou *et* Xiang 秦岭铃钩蛾，秦岭焦钩蛾
Macrocilix taiwana Wileman 台铃钩蛾
Macrocilix trinotata Chu *et* Wang 西藏铃钩蛾

M

Macrocixius 大菱蜡蝉属
Macrocixius emeljanovi Orosz 埃氏大菱蜡蝉
Macrocixius giganteus Matsumura 硕大菱蜡蝉
Macrocixius grossus Tsaur *et* Hsu 壮大菱蜡蝉
Macrocixius rarimaculatus Zhang *et* Chen 少斑大菱蜡蝉
Macrocixius unispinus Zhang *et* Chen 单突大菱蜡蝉
macroclimate 大气候
Macrocoma 漠肖叶甲属
Macrocoma affinis (Breit) 同 *Macrocoma himalayensis*
Macrocoma banghaasi (Breit) 同 *Macrocoma indica*
Macrocoma candens (Ancey) 非桉漠肖叶甲，非桉长毛叶甲
Macrocoma himalayensis (Jacoby) 喜马漠肖叶甲
Macrocoma indica (Baly) 印度漠肖叶甲
Macrocoma marquardti (Breit) 马氏漠肖叶甲，马依叶甲
Macroconops 巨眼蝇属
Macroconops helleri Kröber 环巨眼蝇
Macroconops sinensis Ôuchi 中华巨眼蝇
Macrocorynus 圆筒象甲属
Macrocorynus capito (Faust) 同 *Cyrtepistomus castaneus*
Macrocorynus chlorizans (Faust) 同 *Cyrtepistomus castaneus*
Macrocorynus commaculatus Voss 见 *Phyllolytus commaculatus*
Macrocorynus discoideus (Olivier) 红褐圆筒象甲，红褐圆筒象，狄尖筒象
Macrocorynus exoletus Voss 见 *Myllocerus exoletus*
Macrocorynus fallaciosus (Voss) 见 *Myllocerus fallaciosus*
Macrocorynus fortis (Reitter) 同 *Cyrtepistomus castaneus*
Macrocorynus hirsutus Morimoto 多毛圆筒象甲，多毛圆筒象
Macrocorynus obliquesignatus (Reitter) 同 *Corymacronus costulatus*
Macrocorynus plumbeus Formánek 褐斑圆筒象甲，褐斑圆筒象
Macrocorynus psittacinus (Redtenbacher) 见 *Phyllolytus psittacinus*
Macrocorynus subnubilis Voss 见 *Myllocerus subnubilis*
Macrodactylus angustatus (Palisot de Beauvois) [rose chafer] 蔷薇金龟甲，蔷薇金龟
Macrodactylus subspinosus (Fabricius) [rose chafer] 蔷薇刺鳃角金龟甲，蔷薇刺金龟
Macrodaruma 广瓢蜡蝉属
Macrodaruma pertinax Fennah 广瓢蜡蝉
Macrodarumoides 弘瓢蜡蝉属
Macrodarumoides petalinus Che, Zhang *et* Wang 瓣弘瓢蜡蝉
Macrodiplax 漭蜻属
Macrodiplax cora (Kaup) 高翔漭蜻，高翔蜻蜓，大双蜻
Macrodiplosis 粗铗瘿蚊属
Macrodiplosis dryobia (Loew) 同 *Macrodiplosis pustularis*
Macrodiplosis pustularis (Bremi) 栎粗铗瘿蚊
Macrodiplosis venae (Felt) 恩踵铗瘿蚊
Macrodiplosis volvens Kieffer 窄粗铗瘿蚊，栎窄钩瘿蚊
Macrodontia 大颚天牛属
Macrodontia cervicornis (Linnaeus) [sabertooth longhorn beetle, giant jawed sawyer] 长角大颚天牛，鹿角巨牙天牛，长夹大天牛，红长牙天牛，长牙天牛
Macrodorcas 莫锹甲属
Macrodorcas castaneus Bomans 同 *Dorcus sinensis*
Macrodorcas concolor Bomans 见 *Dorcus sinensis concolor*
Macrodorcas formosanus (Miwa) 见 *Dorcus curvidens formosanus*
Macrodorcas pseudaxis Didier 见 *Falcicornis pseudaxis*

Macrodorcas rectus (Motschulsky) 见 *Dorcus rectus*
Macrodorcas rectus rectus (Motschulsky) 见 *Dorcus rectus rectus*
Macrodorcas ruficrus De Lisle 见 *Falcicornis ruficrus*
Macrodorcas seguyi De Lisle 叉齿莫锹甲
Macrodorcas striatipennis Motschulsky 纹翅莫锹甲，纹翅阔颈锹甲
Macrodorcas taibaishanensis Schenk 太白山莫锹甲，太白山半刀锹甲
Macrodorcas yamadai Miwa 见 *Dorcus yamadai*
macroenvironment 大环境
Macroeubria 条背扁泥甲属，条背扁泥虫属
Macroeubria luei Lee, Yang *et* Satô 吕氏条背扁泥甲，吕氏条背扁泥虫
Macroeubria taiwana Lee, Yang *et* Satô 台湾条背扁泥甲，台湾条背扁泥虫
Macroeubria testacea Pic 黄褐条背扁泥甲，黄褐大花甲
Macrofukia habonis Matsumura 见 *Aphrophora habonis*
Macroglenes 大眼金小蜂属
Macroglenes paludum Graham 棒角大眼金小蜂
Macroglenes penetrans (Kirby) 稀毛大眼金小蜂
Macroglenes varicornis (Haliday) 多环大眼金小蜂
macroglobulin 巨球蛋白
Macroglossinae 长喙天蛾亚科
Macroglossini 长喙天蛾族
Macroglossum 长喙天蛾属
Macroglossum albigutta Rothschild *et* Jordan 白斑长喙天蛾
Macroglossum albolineata Clark 白线长喙天蛾
Macroglossum aquila Boisduval 截线长喙天蛾，利长喙天蛾
Macroglossum assimilis Swainson 类长喙天蛾
Macroglossum belia Hampson 同 *Macroglossum assimilis*
Macroglossum belis (Linnaeus) 淡纹长喙天蛾，淡黄带长喙天蛾，下红天蛾
Macroglossum bengalensis Boisduval 同 *Macroglossum assimilis*
Macroglossum bifasciata (Butler) 双带长喙天蛾
Macroglossum bombylans Boisduval [small black evening moth] 青背长喙天蛾，小黑天蛾，双带长喙天蛾
Macroglossum chui Pan *et* Han 同 *Macroglossum sitiene*
Macroglossum clemensi Cadiou 斜带长喙天蛾
Macroglossum corythus Walker 平带长喙天蛾，长喙天蛾
Macroglossum corythus corythus Walker 平带长喙天蛾指名亚种
Macroglossum corythus fulvicaudata Butler 平带长喙天蛾黄尾亚种
Macroglossum corythus fuscicauda Rothschild *et* Jordan 平带长喙天蛾褐尾亚种
Macroglossum corythus luteatum Butler 平带长喙天蛾黄纹亚种，长喙天蛾，黄纹长喙天蛾
Macroglossum corythus oceanicum (Rothschild *et* Jordan) 平带长喙天蛾海洋亚种
Macroglossum corythus platyxanthum Rothschild *et* Jordan 平带长喙天蛾宽黄亚种
Macroglossum corythus xanthurus Rothschild *et* Jordan 平带长喙天蛾黄色亚种
Macroglossum faro (Cramer) 法罗长喙天蛾，珐长喙天蛾
Macroglossum fringilla (Boisduval) 九节木长喙天蛾
Macroglossum fritzei Rothschild *et* Jordan 暗带长喙天蛾，弗长喙天蛾，佛瑞兹长喙天蛾
Macroglossum fukienensis Chu *et* Wang 同 *Macroglossum pyrrhosticta*
Macroglossum gilia Herrich-Schåffer 同 *Macroglossum assimilis*
Macroglossum heliophila (Boisduval) 九节木长喙天蛾，连带长喙天蛾，赫长喙天蛾
Macroglossum hunanensis Chu *et* Wang 湖南长喙天蛾
Macroglossum imperator Butler 滇长喙天蛾
Macroglossum insipida Butler [hermit hummingbird hawkmoth] 小长喙天蛾，微齿长喙天蛾
Macroglossum insipidia insipidia Butler 小长喙天蛾指名亚种，指名荫长喙天蛾
Macroglossum insipidia sinensis Mell 同 *Macroglossum insipidia insipidia*
Macroglossum lanyuana Chen 一裸名，后被命名为乌长喙天蛾陈氏亚种 *Macroglossum ungues cheni* Yen, Kitching *et* Tzen
Macroglossum mediovitta Rothschild *et* Jordan 玉带长喙天蛾，中条长喙天蛾
Macroglossum mitchelli Boisduval [grey-striped hummingbird hawkmoth] 米氏长喙天蛾，迷长喙天蛾 <此学名有误写为 *Macroglossum mitchellii* Boisduval 者>
Macroglossum mitchelli imperator Butler 伊迷长喙天蛾，背带长喙天蛾，背线长喙天蛾
Macroglossum mitchelli mitchelli Boisduval 米氏长喙天蛾指名亚种
Macroglossum neotroglodytus Kitching *et* Cadiou 突带长喙天蛾，灰纹长喙天蛾，小长喙天蛾，内长喙天蛾
Macroglossum nycteris Kollar [Himalayan hummingbird hawkmoth] 尼长喙天蛾
Macroglossum orientalis Butler 同 *Macroglossum sitiene*
Macroglossum passalus (Drury) [black-based hummingbird hawkmoth] 基黑长喙天蛾，石楠长喙天蛾，虎皮楠长喙天蛾，帕长喙天蛾
Macroglossum passalus passalus (Drury) 基黑长喙天蛾指名亚种，指名帕长喙天蛾
Macroglossum poecilum Rothschild *et* Jordan 坡长喙天蛾，叉带长喙天蛾，带长喙天蛾
Macroglossum pyrrhosticta (Butler) [burnt-spot hummingbird hawkmoth] 黑长喙天蛾，黄斑长喙天蛾
Macroglossum pyrrhosticta albifascia Mell 同 *Macroglossum pyrrhosticta pyrrhosticta*
Macroglossum pyrrhosticta ferrea Mell 同 *Macroglossum pyrrhosticta pyrrhosticta*
Macroglossum pyrrhosticta pyrrhosticta (Butler) 黄斑长喙天蛾指名亚种
Macroglossum rectifascia (Felder) 四川长喙天蛾，直带长喙天蛾
Macroglossum saga (Butler) 北京长喙天蛾，波斑长喙天蛾
Macroglossum semifasciata Hampson 半带长喙天蛾
Macroglossum sinica (Butler) 同 *Macroglossum sitiene*
Macroglossum sitiene (Walker) [crisp-banded hummingbird hawkmoth] 膝带长喙天蛾，弯带长喙天蛾，黑长喙天蛾，西长喙天蛾
Macroglossum stellatarum (Linnaeus) [hummingbird hawkmoth] 小豆长喙天蛾，小星天蛾，后黄长喙天蛾
Macroglossum sylvia Boisduval [obscure hummingbird hawkmoth] 木纹长喙天蛾，角斑长喙天蛾，角线长喙天蛾，林长喙天蛾
Macroglossum taxicolor Moore 同 *Macroglossum assimilis*

Macroglossum tristis Schaufuss 同 *Macroglossum bombylans*
Macroglossum troglodytus Boisduval 特洛长喙天蛾
Macroglossum ungues Rothschild *et* Jordan 乌长喙天蛾
Macroglossum ungues cheni Yen, Kitching *et* Tzen 乌长喙天蛾陈氏亚种，小斜带长喙天蛾，兰屿长喙天蛾，陈氏长喙天蛾
Macroglossum ungues ungues Rothschild *et* Jordan 乌长喙天蛾指名亚种
Macroglossum variegatum Rothschild *et* Jordan [variegated hummingbird hawkmoth] 斑腹长喙天蛾
Macroglossum vicinum Jordan [Jordan's hummingbird hawkmoth] 西藏长喙天蛾，威长喙天蛾
Macrogomphus 大春蜓属
Macrogomphus guilinensis Chao 桂林大春蜓
Macrogomphus matsukii Asahina 黄绿大春蜓
Macrogomphus montanus Sélys 山大春蜓
Macrogomphus quadratus Sélys 方斑大春蜓
Macrogomphus robustus (Sélys) 粗壮大春蜓
macrography 肉眼检查
macrogyne 大型雌蚁 <也包括蚁后>
macrohabitat 大生境，大生态环境
Macrohastina 大历尺蛾属
Macrohastina gemmifera (Moore) 红带大历尺蛾
Macrohomotoma 痣木虱属，卵痣木虱属
Macrohomotoma gladiata Kuwayama 剑卵痣木虱，榕大厚毛木虱，高背木虱
Macrohomotoma guangxiensis Li 广西痣木虱
Macrohomotoma hylocola Yang *et* Li 林痣木虱，亥大厚毛木虱
Macrohomotoma magna Yang *et* Li 大痣木虱，大厚毛木虱
Macrohomotoma minana Yang *et* Li 闽痣木虱，闽大厚毛木虱
Macrohomotoma robusta Yang 壮痣木虱，壮大厚毛木虱，白肉榕木虱
Macrohomotoma sinica Yang *et* Li 中华大厚毛木虱
Macrohomotoma striata Crawford 带痣木虱，纹大厚毛木虱
Macrohomotoma suijiangiensis Li 绥江痣木虱
Macrohomotoma viridis Yang *et* Li 绿痣木虱，绿大厚毛木虱
Macrohomotoma yunnana Yang *et* Li 云痣木虱，云南大厚毛木虱
Macrohomotomidae 痣木虱科
Macrohomotominae 痣木虱亚科
Macrohomotomini 痣木虱族
Macrohyliota 大锯谷甲属
Macrohyliota cryptolucidus Yoshida *et* Hirowatari 隐大锯谷甲
Macrohyliota sculptus Yoshida *et* Hirowatari 纹大锯谷甲
Macroilleis 大菌瓢虫属
Macroilleis hauseri (Mader) 白条大菌瓢虫，白条菌瓢虫，纵条黄瓢虫
Macrojugatae [= Hepialoidea] 蝙蝠蛾总科
Macrokangacris 大康蝗属
Macrokangacris luteoarmilla Yin 黄纹大康蝗
macrolabia 长尾螋
Macrolabis 客瘿蚊属
Macrolabis luceti Kieffer 吕氏客瘿蚊，客长铗瘿蚊
Macrolagria 大伪叶甲属
Macrolagria denticollis (Fairmaire) 齿胸大伪叶甲
Macrolagria fujisana Lewis 富士大伪叶甲
Macrolagria robusticeps (Lewis) 粗头大伪叶甲，壮大伪叶甲
Macrolepidoptera 大鳞翅类
Macroleptura 蜓尾花天牛属
Macroleptura mirabilis (Aurivillius) 奇形蜓尾花天牛
Macroleptura quadrizona (Fairmaire) 愈带蜓尾花天牛
Macroleptura thoracica (Creutzer) 异色蜓尾花天牛
Macrolinus 线黑蜣属
Macrolinus foveolatus Ma 窝线黑蜣
Macrolinus latipennis Percheron 椰椿线黑蜣，椰椿黑蜣
Macrolinus medogensis Zhang 墨脱线黑蜣
Macrolinus rotundifrons Kaup 圆额线黑蜣
Macrolonius 巨室盲蝽属
Macrolonius schenklingi (Poppius) 台湾巨室盲蝽，兴马盲蝽
Macrolophus 长颈盲蝽属，巨脊盲蝽属
Macrolophus caliginosus (Wagner) 暗巨长颈盲蝽，暗巨脊盲蝽
Macrolophus glaucescens Fieber 灰长颈盲蝽
Macrolophus pygmaeus (Rambur) [bright green mirid bug] 绿长颈盲蝽，绿巨脊盲蝽
Macrolycini 硕红萤族，大红萤族
Macrolycus 硕红萤属，大红萤属
Macrolycus aemulus Barowskii 争硕红萤，争栉角红萤
Macrolycus alishanus Nakane 高山硕红萤，阿栉角红萤
Macrolycus atronotatus Pic 黑背硕红萤，黑背栉角红萤
Macrolycus bocakorum Kazantsev 鲍氏硕红萤
Macrolycus crassicornis Nakane 粗角硕红萤，粗角栉角红萤
Macrolycus diversipennis Pic 见 *Dilophotes diversipennis*
Macrolycus dominator Kleine 统硕红萤，统栉角红萤，硕红萤
Macrolycus erythropterus Nakane 赤翅硕红萤，红翅栉角红萤
Macrolycus flabellatus (Motschulsky) 扇角硕红萤，栉角红萤，栉角大红萤
Macrolycus galinae Kazantsev 丝角硕红萤
Macrolycus gansuensis Kazantsev 甘肃硕红萤
Macrolycus inaequalis Pic 不等硕红萤，不等栉角红萤
Macrolycus laetus Nakane 深山硕红萤，喜栉角红萤
Macrolycus luteus Li, Bocák *et* Pang 黄硕红萤
Macrolycus mucronatus Li, Bocák *et* Pang 锐突硕红萤
Macrolycus multicostatus Kazantsev 多脊硕红萤
Macrolycus murzini Kazantsev 穆氏硕红萤
Macrolycus muyuensis Li, Bocák *et* Pang 木鱼硕红萤
Macrolycus quadrifidus Li, Bocák *et* Pang 四叉硕红萤
Macrolycus rubineus Li, Bocák *et* Pang 泛红硕红萤
Macrolycus shaanxiensis Kazantsev 陕西硕红萤
Macrolycus spinicollis Fairmaire 刺硕红萤，刺栉角红萤
Macrolycus taiwanus Nakane 台湾硕红萤，台栉角红萤
Macrolycus venustus Li, Bocák *et* Pang 橘色硕红萤
Macrolycus wrasei Kazantsev 瓦氏硕红萤
Macrolygus 硕丽盲蝽属
Macrolygus torreyae Zheng 香榧硕丽盲蝽
Macrolygus viridulus Yasunaga 绿硕丽盲蝽
Macromalon 长颊姬蜂属
Macromalon orientale Kerrich 东方长颊姬蜂
Macromelea 巨拟叩甲属
Macromelea longicornis (Wiedemann) 长角巨拟叩甲
macromere 大裂球，大分裂球 <指原始节肢动物胚胎发育中所形成的分裂细胞，其大者称为大裂球>

Macromeris 大蛛蜂属
Macromeris honesta Smith 荣大蛛蜂
Macromeris splendida Peletier 丽大蛛蜂
Macromeris violacea Peletier 紫大蛛蜂
Macromesus 小蠹长足金小蜂属
Macromesus brevicornis Yang 榆小蠹长足金小蜂
Macromesus cryphali Yang 松小蠹长足金小蜂
Macromesus huanglongnicus Yang 梢小蠹长足金小蜂
Macromesus persicae Yang 桃小蠹长足金小蜂
Macrometopia 大木蚜蝇属
Macrometopia atra Philippi 黑色大木蚜蝇，黑宽额蚜蝇
Macromia 大伪蜻属
Macromia amphigena Sélys 圆大伪蜻，河南大蜻
Macromia beijingensis Zhu *et* Chen 北京大伪蜻，北京弓蜻
Macromia berlandi Lieftinck 伯兰大伪蜻，广西大蜻，褐面弓蜓
Macromia calliope Ris 笛尾大伪蜻，华丽大伪蜻
Macromia cantonensis Tinkham 同 *Macromidia rapida*
Macromia chaiyaphumensis Hämäläinen 泰国大伪蜻
Macromia chui Asahina 同 *Macromia daimoji*
Macromia clio Ris 海神大伪蜻，台长足蜻，海神弓蜓，台长足大蜻
Macromia cupricincta Fraser 褐蓝大伪蜻
Macromia daimoji Okumura 大斑大伪蜻，耀沂大伪蜻，耀沂弓蜓
Macromia elegans Brauer 见 *Epophthalmia elegans*
Macromia flavocolorata Fraser 黄斑大伪蜻，黄色大蜻
Macromia fulgidifrons Wilson 亮面大伪蜻，烁大伪蜻
Macromia hamata Zhou 锤钩大伪蜻，钩大伪蜻
Macromia hamifera Lieftinck 同 *Macromia clio*
Macromia icterica Lieftinck 广东大伪蜻
Macromia katae Wilson 天使大伪蜻
Macromia kiautai Zhou, Wang, Shuai *et* Liu 克氏大伪蜻
Macromia macula Zhou, Wang, Shuai *et* Liu 斑点大伪蜻，斑大伪蜻
Macromia malleifera Lieftinck 福建大伪蜻，福建大蜻
Macromia manchurica Asahina 东北大伪蜻，黑龙江大伪蜻，东北大蜻
Macromia moorei Sélys 莫氏大伪蜻，莫氏大蜻
Macromia moorei malayana Laidlaw 莫氏大伪蜻马来亚种
Macromia moorei moorei Sélys 莫氏大伪蜻指名亚种
Macromia pinratani Asahina 品氏大伪蜻
Macromia pinratani pinratani Asahina 品氏大伪蜻指名亚种
Macromia pinratani vietnamica Asahina 品氏大伪蜻褐面亚种，褐面大伪蜻
Macromia septima Martin 沙天马大伪蜻
Macromia unca Wilson 弯钩大伪蜻，尤卡大伪蜻
Macromia urania Ris 天王大伪蜻，天王弓蜓，穹顶大蜻
Macromia vangviengensis Yokoi *et* Mitamura 万荣大伪蜻
Macromia yunnanensis Zhou, Luo, Hu *et* Wu 云南大伪蜻
Macromidae 同 Macromiidae
Macromidia 中伪蜻属，短足弓蜓属
Macromidia ellenae Wilson 伊中伪蜻
Macromidia genialis Laidlaw 黑尾中伪蜻
Macromidia hanzhouensis Zhou *et* Wei 同 *Macromidia kelloggi*
Macromidia ishidai Asahina 黄尾中伪蜻，易氏中伪蜻，黄尾弓蜓
Macromidia kelloggi Asahina 克氏中伪蜻，克氏大伪蜻
Macromidia rapida Martin 飓中伪蜻
Macromidia shiehae Jiang, Li *et* Yu 谢氏中伪蜻
macromiid 1. [= macromiid dragonfly, cruiser, skimmer] 大伪蜻，大蜻 < 大伪蜻科 Macromiidae 昆虫的通称 >；2. 大伪蜻科的
macromiid dragonfly [= macromiid, cruiser, skimmer] 大伪蜻，大蜻
Macromiidae 大伪蜻科，大蜻科
Macromotettix 大磨蚱属
Macromotettix brachynota Zheng 短背大磨蚱
Macromotettix convexa Deng, Zheng *et* Zhan 隆背大磨蚱
Macromotettix guangxiensis Deng, Zheng *et* Wei 广西大磨蚱
Macromotettix longipennis Zheng 长翅大磨蚱
Macromotettix longtanensis Zheng *et* Jiang 龙滩大磨蚱
Macromotettix luoxiaoshanensis Zheng *et* Fu 罗霄山大磨蚱
Macromotettix nigritibis Zheng *et* Fu 黑胫大磨蚱
Macromotettix nigritubercle Zheng *et* Jiang 同 *Macromotettix nigrituberculus*
Macromotettix nigrituberculus Zheng *et* Jiang 黑瘤大磨蚱 < 此学名曾被改为 *Macromotettix nigritubercle* Zheng *et* Jiang >
Macromotettix qinlingensis Zheng, Wei *et* Li 秦岭大磨蚱
Macromotettix serrifemoralis Zheng *et* Jiang 齿股大磨蚱
Macromotettix sokutsuensis Karny 台湾大磨蚱
Macromotettix tianlinensis Liang *et* Jiang 田林大磨蚱
Macromotettix tonkinensis Günthur 越北大磨蚱
Macromotettix torulosinota Zheng 瘤背大磨蚱
Macromotettix wangxiangtaiensis Zheng *et* Ou 望乡台大磨蚱
Macromotettix wuliangshana Zheng *et* Ou 无量山大磨蚱
Macromotettix xinganensis Zheng, Zhang *et* Dang 兴安大磨蚱
Macromotettix yaoshanensis Zheng *et* Jiang 瑶山大磨蚱
Macromotettixoides 拟大磨蚱属
Macromotettixoides aelytra (Zheng, Li *et* Shi) 缺翅拟大磨蚱，缺翅蟾蚱
Macromotettixoides badagongshanensis (Zheng) 八大公山拟大磨蚱，八大公山蟾蚱
Macromotettixoides brachynota Zheng *et* Shi 短背拟大磨蚱
Macromotettixoides cliva Zheng, Li, Wang *et* Niu 丘背拟大磨蚱
Macromotettixoides curvimarginus (Zheng *et* Xu) 凹缘拟大磨蚱，凹缘蟾蚱
Macromotettixoides hainanensis (Liang) 海南拟大磨蚱，海南蟾蚱
Macromotettixoides jiuwanshanensis Zheng, Wei *et* Jiang 九万山拟大磨蚱
Macromotettixoides lativertex Deng, Lei, Zheng, Li, Lin *et* Lin 宽顶拟大磨蚱
Macromotettixoides longling Deng 龙陵拟大磨蚱
Macromotettixoides parvula Zha *et* Wen 小拟大磨蚱
Macromotettixoides rugodorsalis Li *et* Mao 皱背拟大磨蚱
Macromotettixoides taiwanensis (Liang) 台湾拟大磨蚱，台湾蟾蚱
Macromotettixoides truncata Mao, Li *et* Han 截拟大磨蚱
Macromotettixoides tuberculata Mao, Li *et* Han 瘤拟大磨蚱
Macromotettixoides undulatifemura Deng, Zheng *et* Yang 波股拟大磨蚱

Macromotettixoides wufengensis Zheng, Wei *et* Li 五峰拟大磨蚱
Macromotettixoides wuyishana Zheng 武夷山拟大磨蚱
Macromotettixoides zhengi Deng 郑氏拟大磨蚱
Macromyzus 毛瓦韦蚜属
Macromyzus polypodicola (Takahashi) 单毛瓦韦蚜，长管瘤蚜
Macromyzus woodwardiae (Takahashi) 叉毛瓦韦蚜，虾子花长管瘤蚜
Macronaemia 小长瓢虫属
Macronaemia hauseri (Weise) 黑条长瓢虫，黑条小长瓢虫
Macronaemia paradoxa (Mader) 奇异长瓢虫，奇异小长瓢虫
Macronaemia yunnanensia Cao *et* Xiao 云南长瓢虫，云南小长瓢虫
Macronema 长角纹石蛾属 *Macrostemum* 的异名
Macronema brisi Navás 同 *Macrostemum indistinctum*
Macronema fenestratum (Albarda) 见 *Macrostemum fenestratum*
Macronema floridum (Navás) 见 *Macrostemum floridum*
Macronema formosicolum (Matsumura) 见 *Macrostemum formosicolum*
Macronema lautum MacLachlan 见 *Macrostemum lautum*
Macronema quinquefasciatum Martynov 见 *Pseudoleptonema quinquefasciatum*
Macronema quinquepunctatum Matsumura 见 *Macrostemum quinquepunctatum*
Macronema radiatum MacLachlan 见 *Macrostemum radiatum*
Macronema sepultum Hagen 见 *Macrostemum sepultum*
Macronematinae 长角纹石蛾亚科
Macronemurus 玛蚁蛉属
Macronemurus longisetus Yang 长毛玛蚁蛉
Macroneura 短翅旋小蜂属
Macroneura vesicularis (Retzius) 多食短翅旋小蜂
Macronoctua onusta (Grote) [iris borer] 鸢尾蠹夜蛾
Macronota 背花金龟甲属
Macronota bipunctata Schurhoff 同 *Euselates moupinensis*
Macronota biserratus Qiu, Xu *et* Chen 双齿背花金龟甲
Macronota coomani Bourgoin 高曼背花金龟甲
Macronota dianensis Qiu, Xu *et* Chen 滇背花金龟甲
Macronota flavofasciata Moser 黄带背花金龟甲
Macronota flavofasciata flavofasciata Moser 黄带背花金龟甲指名亚种
Macronota flavofasciata formosana (Moser) 黄带背花金龟甲台湾亚种，台湾黄带背花金龟，绒毛陷纹金龟
Macronota fulvoguttata Fairmaire 褐点背花金龟甲，褐点背花金龟
Macronota fulvopilosa (Fairmaire) 见 *Macronotops fulvopilosus*
Macronota fuscomaculata Niijima *et* Kinoshita 同 *Euselates tonkinensis formosana*
Macronota hopponus Niijima *et* Kinoshita 同 *Coilodera formosana*
Macronota kagiensis Niijima *et* Kinoshita 同 *Euselates proxima*
Macronota lata Bourgoin 同 *Taeniodera flavofasciata formosana*
Macronota lurida piloschana (Kriesche) 同 *Taeniodera flavofasciata formosana*
Macronota luteovaria Bourgoin 见 *Taeniodera luteovaria*
Macronota medogensis Qiu, Xu *et* Chen 墨脱花金龟甲
Macronota miksici Qiu, Xu *et* Chen 密氏花金龟甲
Macronota monaldaoi Kôno 同 *Taeniodera flavofasciata formosana*
Macronota moupinensis (Fairmaire) 见 *Euselates moupinensis*
Macronota nigricollis (Janson) 见 *Taeniodera nigricollis*
Macronota nigricolor Kôno 同 *Taeniodera viridula*
Macronota olivaceofusca Bourgoin 见 *Macronotops olivaceofuscus*
Macronota ornata (Saunders) 见 *Euselates ornata*
Macronota perraudieri (Fairmaire) 见 *Euselates perraudieri*
Macronota procera Bourgoin 同 *Euselates tonkinensis formosana*
Macronota proxima Bourgoin 见 *Euselates proxima*
Macronota quadrilineata Hope 四条背花金龟甲
Macronota reitteri Schurhoff 同 *Euselates moupinensis*
Macronota rufosquamosa (Fairmaire) 见 *Pleuronota rufosquamosa*
Macronota sanguinosa Motschulsky 见 *Euselates sanguinosa*
Macronota setipes Westwood 见 *Pseudoeuselates setipes*
Macronota shangaicus (Poll) 暗蓝背花金龟甲，暗蓝扁骚金龟
Macronota viridula Niijima *et* Kinoshita 见 *Taeniodera viridula*
Macronota whiteheadi (Waterhouse) 见 *Euselates whiteheadi*
Macronota zebraea (Fairmaire) 见 *Taeniodera zebraea*
Macronotops 陷纹金龟甲属
Macronotops fulvopilosus (Fairmaire) 褐毛陷纹金龟甲，褐毛背花金龟
Macronotops nigropubescens (Mikšić) 黑艳陷纹金龟甲，黑艳陷纹金龟，绒毛花金龟
Macronotops olivaceofuscus (Bourgoin) 榄褐陷纹金龟甲，榄褐背花金龟
Macronotops ovaliceps (Arrow) 卵头陷纹金龟甲
Macronotops sexmaculatus (Kraatz) 六斑陷纹金龟甲，六斑绒毛花金龟
Macronotops vuilleti Bourgoin 威氏陷纹金龟甲
macronucleocyte 大核血细胞
macronutrient 主要养分
Macronychia 巨爪麻蝇属，巨爪蝇属
Macronychia alpestris (Róndani) 棘丛巨爪麻蝇
Macronychia griseola (Fallén) 灰巨爪麻蝇，灰色巨爪蝇
Macronychia lemariei Jacentkovský 利氏巨爪麻蝇，勒巨爪麻蝇
Macronychia polyodon (Meigen) 坡巨爪麻蝇，多齿巨爪蝇
Macronychia striginervis (Zettersttedt) 蓛巨爪麻蝇
Macronychiinae 巨爪麻蝇亚科
Macropanesthia 巨弯翅蠊属
Macropanesthia rhinoceros Saussure [giant burrowing cockroach, Australian rhinoceros cockroach, litter bug] 犀牛巨弯翅蠊，犀牛蟑螂，犀牛蜚蠊，澳洲犀牛蟑螂，巨型挖洞蟑螂
Macropelecocera 大斧角蚜蝇属
Macropelecocera paradoxa Stackelberg 粗大斧角蚜蝇，奇巨蚜蝇
Macropelopia 大粗腹摇蚊属
Macropelopia decedens (Walker) 代大粗腹摇蚊，德大摇蚊
Macropelopia flavifrons (Johannsen) 黄额大粗腹摇蚊，黄额大摇蚊
Macropelopia galbina Wang, Cheng *et* Wang 黄大粗腹摇蚊
Macropelopia grandivolsella Wang, Cheng *et* Wang 大突大粗腹摇蚊
Macropelopia japonica Tokunaga 日本大粗腹摇蚊
Macropelopia nebulosa (Meigen) 杂色大粗腹摇蚊，奈大粗腹摇蚊
Macropelopia notata (Meigen) 诺大粗腹摇蚊，显大粗腹摇蚊
Macropelopia paranebulosa Fittkau 似奈大粗腹摇蚊

M

Macropelopia rotunda Wang, Cheng *et* Wang 圆大粗腹摇蚊
Macropes 巨股长蝽属
Macropes australis (Distant) 细巨股长蝽
Macropes bambusiphilus Zheng 同 *Macropes robustus*
Macropes complanus Gao *et* Bu 平叶巨股长蝽
Macropes dentipes Motschulsky 台湾巨股长蝽
Macropes dilutus Distant 前刺巨股长蝽
Macropes exilis Slater *et* Wilcox 暗脉巨股长蝽
Macropes fossor Bergroth 同 *Macropes major*
Macropes harringtonae Slater, Ashlock *et* Wilcox 小巨股长蝽
Macropes lobatus Slater, Ashlock *et* Wilcox 叶背巨股长蝽
Macropes maai Slater *et* Wilcox 黑脉巨股长蝽
Macropes major Matsumura 大巨股长蝽
Macropes monticolus Hsiao *et* Zheng 西藏巨股长蝽
Macropes obnubilus (Distant) [bamboo chinch bug] 瘤腹巨股长蝽，竹类巨股长蝽
Macropes peculiaris Gao *et* Bu 奇巨股长蝽
Macropes privus Distant 台湾巨股长蝽
Macropes pronotalis Distant 黄缢巨股长蝽
Macropes raja Distant 白胫巨股长蝽
Macropes robustus Zheng *et* Zou 粗壮巨股长蝽，竹巨股长蝽
Macropes sinicus Zheng *et* Zou 中华巨股长蝽
Macropes slateri Zheng *et* Wang 同 *Macropes robustus*
Macropes spinimanus Motschulsky 刺盾巨股长蝽
Macropes testaceus Gao *et* Bu 亮巨股长蝽
Macropes varipennis (Walker) 短喙巨股长蝽
Macropeza similis Johannsen 同 *Calyptopogon albitarsis*
macrophage migration inhibitory factor [abb. MIF] 巨噬细胞移动抑制因子
macrophagous 食大粒的
Macrophora accentifer (Olivier) [citrus trunk borer] 橘四点褐天牛
Macrophya 钩瓣叶蜂属，宽腹叶蜂属，大叶蜂属，巨叶蜂属
Macrophya abbreviata Takeuchi 黄唇钩瓣叶蜂，黄唇宽腹叶蜂，黄唇大叶蜂
Macrophya acuminiclypeus Zhang *et* Wei 尖唇钩瓣叶蜂
Macrophya acutiscutellaris Wei, Li *et* Heng 尖盾钩瓣叶蜂
Macrophya africana Forsius 非洲钩瓣叶蜂
Macrophya africana africana Forsius 阿非钩瓣叶蜂指名亚种
Macrophya africana megatlantica Lacourt 阿非钩瓣叶蜂大体亚种
Macrophya aguadoi Lacourt 阿瓜达钩瓣叶蜂
Macrophya alba MacGillivray 白板钩瓣叶蜂
Macrophya albannulata Wei *et* Nie 白环钩瓣叶蜂，白环宽腹叶蜂
Macrophya albicincta (Schrank) 浅环钩瓣叶蜂
Macrophya albipuncta (Fallén) 浅刻钩瓣叶蜂
Macrophya albitarsis Mocsáry 浅唇钩瓣叶蜂
Macrophya alboannulata Costa 淡环钩瓣叶蜂，白环钩瓣叶蜂
Macrophya albomaculata (Norton) 白斑钩瓣叶蜂
Macrophya allominutifossa Wei *et* Li 异碟钩瓣叶蜂
Macrophya andreasi Saini *et* Vasu 安氏钩瓣叶蜂
Macrophya annulata (Geoffroy) 方碟钩瓣叶蜂
Macrophya annulicornis Kônow 端环钩瓣叶蜂
Macrophya annulitibia Takeuchi 环胫钩瓣叶蜂
Macrophya apicalis (Smith) 白端钩瓣叶蜂
Macrophya bifasciata (Say) 白肩钩瓣叶蜂
Macrophya blanda (Fabricius) 黑转钩瓣叶蜂
Macrophya brancuccii Muche 布兰库钩瓣叶蜂
Macrophya brevicinctata Li, Liu *et* Wei 小环钩瓣叶蜂
Macrophya brevitheca Wei *et* Nie 同 *Macrophya pilotheca*
Macrophya bui Wei *et* Li 卜氏钩瓣叶蜂
Macrophya canescens Mallach 东陵钩瓣叶蜂，冀大叶蜂
Macrophya carbonaria Smith 接骨木钩瓣叶蜂，煤色大叶蜂
Macrophya carinthiaca (Klug) 拟浅刻钩瓣叶蜂
Macrophya cassandra Kirby 凹唇钩瓣叶蜂
Macrophya changbaina Li, Liu *et* Heng 长白钩瓣叶蜂
Macrophya cheni Li, Liu *et* Wei 陈氏钩瓣叶蜂
Macrophya cinctula (Norton) 暗翅钩瓣叶蜂，烟翅钩瓣叶蜂
Macrophya circulotibialis Li, Liu *et* Heng 环足钩瓣叶蜂，环胫钩瓣叶蜂
Macrophya cloudae Li, Liu *et* Wei 多彩钩瓣叶蜂
Macrophya coloritarsalina Wei *et* Li 花跗钩瓣叶蜂
Macrophya coloritibialis Li, Liu *et* Wei 花胫钩瓣叶蜂
Macrophya commixta Wei *et* Nie 混斑钩瓣叶蜂
Macrophya constrictila Wei *et* Chen 缩臀钩瓣叶蜂
Macrophya convexina Wei *et* Li 鼓胸钩瓣叶蜂
Macrophya convexiscutellaris Muche 鼓盾钩瓣叶蜂
Macrophya coxalis (Motschulsky) 深碟钩瓣叶蜂，深碟宽腹叶蜂，髋大叶蜂
Macrophya crassitarsalina Wei *et* Chen 肿跗钩瓣叶蜂
Macrophya crassula (Klug) 景天钩瓣叶蜂
Macrophya crassuliformis Forsius 列斑钩瓣叶蜂
Macrophya curvatisaeta Wei *et* Li 弯毛钩瓣叶蜂
Macrophya curvatitheca Li, Liu *et* Heng 弯鞘钩瓣叶蜂
Macrophya dabieshanica Wei *et* Xu 大别山钩瓣叶蜂
Macrophya depressina Wei 凹颜钩瓣叶蜂
Macrophya dibowskii Andre 迪氏钩瓣叶蜂
Macrophya diqingensis Li, Liu *et* Wei 迪庆钩瓣叶蜂
Macrophya diversipes (Schrank) 红股钩瓣叶蜂
Macrophya dolichogaster Wei *et* Ma 长腹钩瓣叶蜂，长腹宽腹叶蜂
Macrophya duodecimpunctata (Linnaeus) 多斑钩瓣叶蜂
Macrophya duodecimpunctata duodecimpunctata (Linnaeus) 多斑钩瓣叶蜂指名亚种
Macrophya duodecimpunctata sodalitia Mocsáry 多斑钩瓣叶蜂大碟亚种
Macrophya elegansoma Li, Liu *et* Wei 细体钩瓣叶蜂
Macrophya enslini Forsius 伊氏钩瓣叶蜂
Macrophya epinolineata Gibson 拟圆瓣钩瓣叶蜂
Macrophya epinota (Say) 圆瓣钩瓣叶蜂
Macrophya erythrocephalica Wei *et* Nie 红头钩瓣叶蜂
Macrophya erythrocnema Costa 红斑钩瓣叶蜂
Macrophya erythrogaster (Spinola) 赤腹钩瓣叶蜂，红腹钩瓣叶蜂
Macrophya esakii (Takeuchi) 江崎钩瓣叶蜂
Macrophya externa (Say) 方瓣钩瓣叶蜂
Macrophya falsifica Mocsáry 拟黄斑钩瓣叶蜂
Macrophya farannulata Wei 远环钩瓣叶蜂
Macrophya fascipennis Takeuchi 褐翅钩瓣叶蜂，斑带钩瓣叶蜂
Macrophya femorata Marlatt 斑股钩瓣叶蜂

Macrophya festana Ross 拟花头钩瓣叶蜂
Macrophya flactoserrula Wei *et* Chen 平刃钩瓣叶蜂
Macrophya flavicoxae (Norton) 黄基钩瓣叶蜂
Macrophya flavolineata (Norton) 黄条钩瓣叶蜂
Macrophya flavomaculata (Cameron) 黄斑钩瓣叶蜂，黄斑宽腹叶蜂，黄点大叶蜂
Macrophya flicta MacGillivray 黑盾钩瓣叶蜂
Macrophya formosa (Klug) 美丽钩瓣叶蜂
Macrophya formosana Rohwer 蓬莱钩瓣叶蜂，台湾钩瓣叶蜂，蓬莱宽腹叶蜂，蓬莱大叶蜂，蓬莱巨叶蜂，中国台湾钩瓣叶蜂
Macrophya forsiusi Takeuchi 弗氏钩瓣叶蜂
Macrophya fraxina Zhou *et* Huang 白蜡钩瓣叶蜂，白蜡宽腹叶蜂，白蜡大叶蜂
Macrophya fuliginea Norton 拟方瓣钩瓣叶蜂
Macrophya fulvostigmata Wei *et* Chen 淡痣钩瓣叶蜂
Macrophya fumator Norton 异色钩瓣叶蜂
Macrophya funiushana Wei 伏牛钩瓣叶蜂
Macrophya glaboclypea Wei *et* Nie 光唇钩瓣叶蜂
Macrophya glabrifrons Li, Liu *et* Wei 光额钩瓣叶蜂
Macrophya gongshana Li, Liu *et* Wei 贡山钩瓣叶蜂
Macrophya goniphora (Say) 褐腹钩瓣叶蜂
Macrophya gopeshwari Saini, Singh, Singh *et* Singh 高帕钩瓣叶蜂
Macrophya guanshanicus Li, Liu *et* Wei 官山钩瓣叶蜂
Macrophya hainanensis Wei *et* Nie 海南钩瓣叶蜂
Macrophya hamata Benson 镰瓣钩瓣叶蜂
Macrophya hamata caucasicola Muche 镰瓣钩瓣叶蜂俄罗斯亚种，镰瓣钩瓣叶蜂
Macrophya hamata hamata Benson 镰瓣钩瓣叶蜂指名亚种
Macrophya harai Shinohara *et* Li 原氏钩瓣叶蜂，哈氏钩瓣叶蜂
Macrophya harbina Li, Liu *et* Wei 哈尔滨钩瓣叶蜂
Macrophya hastulata Kônow 红腹钩瓣叶蜂
Macrophya hejunhuai Li, Liu *et* Wei 何氏钩瓣叶蜂
Macrophya hergovitsi Haris *et* Roller 老挝钩瓣叶蜂
Macrophya hispana Kônow 西班牙钩瓣叶蜂
Macrophya histrio Malaise 斑带钩瓣叶蜂
Macrophya histrioides Wei 密纹钩瓣叶蜂，密纹宽腹叶蜂，伊斯大叶蜂
Macrophya huangi Li *et* Wei 黄氏钩瓣叶蜂
Macrophya hyaloptera Wei *et* Nie 浅碟钩瓣叶蜂，浅碟宽腹叶蜂
Macrophya imitatoides Wei 白边钩瓣叶蜂
Macrophya imitator Takeuchi 密鞘钩瓣叶蜂
Macrophya incrassitarsalia Wei *et* Wu 粗跗钩瓣叶蜂，肿跗钩瓣叶蜂
Macrophya infumata Rohwer 异角钩瓣叶蜂
Macrophya infuscipennis Wei *et* Li 晕翅钩瓣叶蜂
Macrophya intermedia (Norton) 间钩瓣叶蜂
Macrophya jiangi Wei *et* Zhao 江氏钩瓣叶蜂
Macrophya jiaozhaoae Wei *et* Zhao 焦氏钩瓣叶蜂
Macrophya jiuzhaina Chin *et* Wei 九寨钩瓣叶蜂
Macrophya kaiweni Liu, Li *et* Wei 凯文钩瓣叶蜂
Macrophya kangdingensis Wei *et* Li 康定钩瓣叶蜂
Macrophya karakorumensis Forsius 喀喇钩瓣叶蜂
Macrophya kathmanduensis Haris 加德钩瓣叶蜂
Macrophya khasiana Saini, Bharti *et* Singh 卡西钩瓣叶蜂
Macrophya kisuji Togashi 本州钩瓣叶蜂
Macrophya kongosana Takeuchi 金刚山钩瓣叶蜂
Macrophya koreana Takeuchi 朝鲜钩瓣叶蜂，朝鲜宽腹叶蜂，朝鲜大叶蜂
Macrophya lalashanica Li, Liu *et* Wei 拉拉山钩瓣叶蜂
Macrophya langtangiensis Haris 郎唐钩瓣叶蜂
Macrophya latidentata Li, Liu *et* Wei 宽齿钩瓣叶蜂
Macrophya latimaculana Li, Dai *et* Wei 侧斑钩瓣叶蜂
Macrophya leucotarsalina Wei *et* Chen 白跗钩瓣叶蜂
Macrophya leucotrochanterata Wei *et* Li 白转钩瓣叶蜂
Macrophya leyii Chen *et* Wei 乐怡钩瓣叶蜂
Macrophya ligustri Wei *et* Huang 女贞钩瓣叶蜂，女贞宽腹叶蜂
Macrophya lineatana Rohwer 条斑钩瓣叶蜂
Macrophya linyangi Wei 林氏钩瓣叶蜂
Macrophya linzhiensis Wei *et* Li 林芝钩瓣叶蜂
Macrophya lishuii Li, Liu *et* Wei 丽水钩瓣叶蜂
Macrophya liufeii Li, Xie *et* Wei 刘飞钩瓣叶蜂，刘氏钩瓣叶蜂
Macrophya liui Wei *et* Li 刘氏钩瓣叶蜂
Macrophya liukiuana Takeuchi 琉球钩瓣叶蜂
Macrophya longipetiolata Wei *et* Zhong 长柄钩瓣叶蜂
Macrophya longitarsis Kônow 长跗钩瓣叶蜂
Macrophya ludingensis Li, Song *et* Wei 泸定钩瓣叶蜂
Macrophya macgillivrayi Gibson 麦氏钩瓣叶蜂
Macrophya maculicornis Cameron 纹角钩瓣叶蜂，斑角钩瓣叶蜂
Macrophya maculilabris Kônow 斑唇钩瓣叶蜂
Macrophya maculipennis Wei *et* Li 宽斑钩瓣叶蜂
Macrophya maculitibia Takeuchi 斑胫钩瓣叶蜂
Macrophya maculoclypeatina Wei *et* Nie 斑蓝钩瓣叶蜂
Macrophya maculoepimera Wei *et* Li 下斑钩瓣叶蜂
Macrophya maculotarsalina Wei *et* Liu 斑跗钩瓣叶蜂
Macrophya malaisei Takeuchi 玛氏钩瓣叶蜂，玛莱钩瓣叶蜂，玛莱宽腹叶蜂，浙大叶蜂
Macrophya malaisei kibunensis Takeuchi 玛氏钩瓣叶蜂贵船亚种，贵船钩瓣叶蜂
Macrophya malaisei malaisei Takeuchi 玛氏钩瓣叶蜂指名亚种
Macrophya manganens Saini, Bharti *et* Singh 曼甘钩瓣叶蜂
Macrophya marlatti Zhelochovtsev 马氏钩瓣叶蜂
Macrophya maroccana Muche 摩洛钩瓣叶蜂
Macrophya masneri Gibson 马斯内里钩瓣叶蜂
Macrophya masoni Gibson 梅森钩瓣叶蜂
Macrophya megapunctata Li, Liu *et* Wei 大刻钩瓣叶蜂
Macrophya melanoclypea Wei 暗唇钩瓣叶蜂
Macrophya melanolabria Wei 黑唇钩瓣叶蜂
Macrophya melanosomata Wei *et* Xin 黑体钩瓣叶蜂
Macrophya melanota Rohwer 黑背钩瓣叶蜂
Macrophya mensa Gibson 门萨钩瓣叶蜂
Macrophya micromaculata Wei *et* Nie 小斑钩瓣叶蜂
Macrophya mikagei Togashi 美景钩瓣叶蜂
Macrophya militaris (Klug) 暗跗钩瓣叶蜂
Macrophya minutifossa Wei *et* Nie 小碟钩瓣叶蜂，小碟宽腹叶蜂，钩瓣叶蜂
Macrophya minutiluna Wei *et* Chen 点斑钩瓣叶蜂
Macrophya minutissima Takeuchi 碎斑钩瓣叶蜂
Macrophya minutitheca Wei *et* Nie 小鞘钩瓣叶蜂
Macrophya mixta MacGillivray 细点钩瓣叶蜂

Macrophya monastirensis Pic 莫纳钩瓣叶蜂
Macrophya montana (Scopoli) 狭片钩瓣叶蜂
Macrophya montana arpaklena Ushinskij 狭片钩瓣叶蜂西亚亚种
Macrophya montana montana (Scopoli) 狭片钩瓣叶蜂指名亚种
Macrophya montana tegularis Kônow 狭片钩瓣叶蜂阿尔及利亚亚种
Macrophya naga Saini *et* Vasu 那加钩瓣叶蜂
Macrophya nemesis Muche 内姆钩瓣叶蜂
Macrophya nigra (Norton) 黑质钩瓣叶蜂
Macrophya nigrihistrio Li, Liu *et* Wei 黑脊钩瓣叶蜂
Macrophya nigrispuralina Wei 黑距钩瓣叶蜂
Macrophya nigristigma Rohwer 黑痣钩瓣叶蜂
Macrophya nigromaculata Wei *et* Li 斑转钩瓣叶蜂
Macrophya nigronepalensis Haris 黑尼钩瓣叶蜂
Macrophya nigroscapila Li, Liu *et* Wei 黑角钩瓣叶蜂
Macrophya nigrotibia Wei *et* Huang 黑胫钩瓣叶蜂
Macrophya nigrotrochanterata Liu, Li *et* Wei 暗转钩瓣叶蜂
Macrophya niuae Li, Liu *et* Wei 牛氏钩瓣叶蜂
Macrophya nizamii Ermolenko 扎米钩瓣叶蜂
Macrophya obesa Takeuchi 黑胖钩瓣叶蜂
Macrophya oedipus Benson 土耳其钩瓣叶蜂，肿跗钩瓣叶蜂
Macrophya oligomaculella Wei *et* Zhu 寡斑钩瓣叶蜂
Macrophya omeialpina Li, Jiang *et* Wei 峨眉钩瓣叶蜂
Macrophya opacifrontalis Li, Lei *et* Wei 糙额钩瓣叶蜂
Macrophya oregona Cresson 俄勒冈钩瓣叶蜂
Macrophya pannosa (Say) 粗刻钩瓣叶蜂
Macrophya parahistrioides Li, Liu *et* Wei 拟密纹钩瓣叶蜂
Macrophya paraminutifossa Wei *et* Nie 副碟钩瓣叶蜂
Macrophya parapompilina Wei *et* Nie 拟烟带钩瓣叶蜂，拟带钩瓣叶蜂
Macrophya parimitator Wei 长鞘钩瓣叶蜂
Macrophya parviserrula Chen *et* Wei 细瓣钩瓣叶蜂
Macrophya parvula Kônow 秋海棠钩瓣叶蜂
Macrophya pentanalia Wei *et* Chen 五斑钩瓣叶蜂
Macrophya phylacida Gibson 糙盾钩瓣叶蜂
Macrophya pilotheca Wei *et* Ma 缨鞘钩瓣叶蜂，缨鞘宽腹叶蜂
Macrophya planata (Mocsáry) 平盾钩瓣叶蜂
Macrophya planatoides Wei 洼颜钩瓣叶蜂，洼颜宽腹叶蜂
Macrophya pompilina Malaise 烟带钩瓣叶蜂，滇大叶蜂
Macrophya postica (Brolle) 橘斑钩瓣叶蜂
Macrophya postscutellaris Malaise 后盾钩瓣叶蜂，后盾大叶蜂
Macrophya potanini Jakovlev 波氏钩瓣叶蜂，波氏大叶蜂
Macrophya propinqua Harrington 五味子钩瓣叶蜂
Macrophya pseudoapicalis Li, Liu *et* Wei 拟白端钩瓣叶蜂
Macrophya pseudofemorata Li, Wang *et* Wei 伪斑股钩瓣叶蜂
Macrophya pseudoplanata Saini, Bharti *et* Singh 拟平盾钩瓣叶蜂
Macrophya pseudoshengi Liu, Li *et* Wei 拟盛氏钩瓣叶蜂
Macrophya pulchella (Klug) 双色钩瓣叶蜂
Macrophya pulchelliformis Rohwer 类双色钩瓣叶蜂
Macrophya punctata MacGillivray 点刻钩瓣叶蜂
Macrophya punctumalbum (Linnaeus) [privet sawfly] 白点钩瓣叶蜂，欧洲白蜡钩瓣叶蜂，欧洲白蜡宽腹叶蜂，欧洲白蜡大叶蜂
Macrophya qinlingium Li, Liu *et* Wei 秦岭钩瓣叶蜂
Macrophya quadriclypeata Wei *et* Nie 方凹钩瓣叶蜂
Macrophya recognata Zombori 红足钩瓣叶蜂
Macrophya regia Forsius 丽蓝钩瓣叶蜂，丽蓝宽腹叶蜂，八棱麻大叶蜂
Macrophya reni Li, Liu *et* Wei 任氏钩瓣叶蜂
Macrophya revertana Wei 反刻钩瓣叶蜂
Macrophya ribis (Schrank) 里比斯钩瓣叶蜂
Macrophya rohweri Forsius 罗氏钩瓣叶蜂
Macrophya rubitibia Wei *et* Chen 红胫钩瓣叶蜂
Macrophya ruficincta Kônow 红环钩瓣叶蜂
Macrophya rufipes (Linnaeus) 肿角钩瓣叶蜂
Macrophya rufipodus Saini, Bharti *et* Singh 黄足钩瓣叶蜂
Macrophya rufoclypeata Wei 红唇钩瓣叶蜂
Macrophya rufopicta Enslin 赤斑钩瓣叶蜂，红斑钩瓣叶蜂
Macrophya rugosifossa Li, Liu *et* Wei 糙碟钩瓣叶蜂
Macrophya sanguinolenta (Gmelin) 血红钩瓣叶蜂，血钩瓣叶蜂，血宽腹叶蜂，黑丽大叶蜂
Macrophya satoi Shinohara *et* Li 佐藤钩瓣叶蜂，萨氏钩瓣叶蜂
Macrophya semipunctata Li, Liu *et* Wei 半刻钩瓣叶蜂
Macrophya serratalineata Gibson 锯纹钩瓣叶蜂
Macrophya shangae Li, Liu *et* Wei 尚氏钩瓣叶蜂
Macrophya shengi Li *et* Chu 盛氏钩瓣叶蜂
Macrophya sheni Wei 申氏钩瓣叶蜂
Macrophya shennongjiana Wei *et* Zhao 神农架钩瓣叶蜂，神龙钩瓣叶蜂
Macrophya shii Wei 石氏钩瓣叶蜂
Macrophya sibirica Forsius 直脉钩瓣叶蜂
Macrophya simillima Rohwer 似钩瓣叶蜂
Macrophya slossonia MacGillivray 斯洛森钩瓣叶蜂
Macrophya smithi Gibson 史氏钩瓣叶蜂
Macrophya soror Jakovlev 刻额钩瓣叶蜂，弱刻钩瓣叶蜂，亲大叶蜂
Macrophya southa Li, Ji *et* Wei 南方钩瓣叶蜂
Macrophya spinoserrula Li, Liu *et* Wei 刺刃钩瓣叶蜂
Macrophya stigmaticalis Wei *et* Nie 黄痣钩瓣叶蜂
Macrophya succincta Cresson 接环钩瓣叶蜂
Macrophya superba Tischbein 花足钩瓣叶蜂
Macrophya tattakana Takeuchi 斑角钩瓣叶蜂，高山钩瓣叶蜂，高山宽腹叶蜂，高山大叶蜂，高山巨叶蜂
Macrophya tattakanoides Wei 刻盾钩瓣叶蜂
Macrophya tenella Mocsáry 淡股钩瓣叶蜂
Macrophya tenuisoma Li, Liu *et* Wei 窄体钩瓣叶蜂，细体钩瓣叶蜂
Macrophya tenuitarsalina Li, Liu *et* Wei 细跗钩瓣叶蜂
Macrophya teutona (Panzer) 红背钩瓣叶蜂
Macrophya tianquanensis Li, Liu *et* Wei 天全钩瓣叶蜂
Macrophya tibialis Mocsáry 淡胫钩瓣叶蜂
Macrophya tibiator Norton 白胫钩瓣叶蜂
Macrophya timida Smith 拟直脉钩瓣叶蜂
Macrophya togashii Yoshida *et* Shinohara 富氏钩瓣叶蜂
Macrophya tongi Wei *et* Ma 童氏钩瓣叶蜂，童氏宽腹叶蜂
Macrophya transcarinata Malaise 具脊钩瓣叶蜂，横脊大叶蜂
Macrophya transmaculata Li, Liu *et* Wei 横斑钩瓣叶蜂
Macrophya tricoloripes Mocsáry 三色钩瓣叶蜂
Macrophya trimicralba Wei 三斑钩瓣叶蜂
Macrophya tripidona Wei *et* Chen 横脊钩瓣叶蜂

Macrophya trisyllaba (Norton) 环腹钩瓣叶蜂

Macrophya typhanoptera Wei *et* Nie 烟翅钩瓣叶蜂

Macrophya vacillans Malaise 忍冬钩瓣叶蜂

Macrophya varia (Norton) 花头钩瓣叶蜂

Macrophya verticalis Kônow 直立钩瓣叶蜂，直钩瓣叶蜂，直宽腹叶蜂，直大叶蜂

Macrophya verticalis tonkinensis Malaise 直立钩瓣叶蜂黄柄亚种，黄柄钩瓣叶蜂

Macrophya verticalis verticalis Kônow 直立钩瓣叶蜂指名亚种

Macrophya vittata Mallach 糙板钩瓣叶蜂，条纹大叶蜂

Macrophya weni Wei 文氏钩瓣叶蜂

Macrophya wui Wei *et* Zhao 武氏钩瓣叶蜂

Macrophya xanthosoma Wei 宝石钩瓣叶蜂

Macrophya xiaoi Wei *et* Nie 肖蓝钩瓣叶蜂，肖蓝宽腹叶蜂

Macrophya xinan Li *et* Liu 西南钩瓣叶蜂

Macrophya yangi Wei *et* Zhu 杨氏钩瓣叶蜂

Macrophya yichangensis Li, Liu *et* Wei 宜昌钩瓣叶蜂

Macrophya zhaoae Wei 赵氏钩瓣叶蜂，赵氏宽腹叶蜂

Macrophya zhengi Wei 郑氏钩瓣叶蜂

Macrophya zhongi Wei *et* Chen 钟氏钩瓣叶蜂

Macrophya zhoui Wei *et* Li 周氏钩瓣叶蜂

Macrophya zhui Li, Liu *et* Wei 朱氏钩瓣叶蜂，朝阳钩瓣叶蜂

Macrophya zoe Kirby 佐伊钩瓣叶蜂

Macropidonia 显突花天牛属，大驼花天牛属

Macropidonia rufa (Kraatz) 红显突花天牛，红大驼花天牛

Macropidonia ruficollis Pic 红胸显突花天牛，红胸大驼花天牛

macropiratid 1. [= macropiratid moth] 单羽蛾 < 单羽蛾科 Macropiratidae 昆虫的通称 >; 2. 单羽蛾科的

macropiratid moth [= macropiratid] 单羽蛾

Macropiratidae 单羽蛾科

Macropis 宽痣蜂属，宽痣蜂亚属

Macropis dimidiata Yasumatsu *et* Hirashima 见 *Macropis* (*Macropis*) *dimidiata*

Macropis hedini Alfken 见 *Macropis* (*Sinomacropis*) *hedini*

Macropis immaculata Wu 见 *Macropis* (*Sinomacropis*) *immaculata*

Macropis kiangsuensis Wu 见 *Macropis* (*Macropis*) *kiangsuensis*

Macropis* (*Macropis*) *dimidiata Yasumatsu *et* Hirashima 中宽痣蜂

Macropis* (*Macropis*) *kiangsuensis Wu 江苏宽痣蜂

Macropis micheneri Wu 见 *Macropis* (*Sinomacropis*) *micheneri*

Macropis omeiensis Wu 见 *Macropis* (*Sinomacropis*) *omeiensis*

Macropis* (*Paramacropis*) *ussuriana (Popov) 乌苏里宽痣蜂

Macropis* (*Sinomacropis*) *hedini Alfken 斑宽痣蜂

Macropis* (*Sinomacropis*) *immaculata Wu 无斑宽痣蜂

Macropis* (*Sinomacropis*) *micheneri Wu 米氏宽痣蜂

Macropis* (*Sinomacropis*) *omeiensis Wu 峨眉宽痣蜂

Macropis ussuriana (Popov) 见 *Macropis* (*Paramacropis*) *ussuriana*

Macroplea 长跗水叶甲属

Macroplea japana Jacoby 长跗水叶甲

Macroplea piligera (Weis) 同 *Macroplea pubipennis*

Macroplea pubipennis (Reuter) 毛翅跗水叶甲

Macroplectra 织刺蛾属，须刺蛾属

Macroplectra gigantea Hering 巨须刺蛾

Macroplectra hamata Hering 钩织刺蛾，钩须刺蛾

Macroplectra nararia Moore [coconut slug caterpillar, fringed nettle grub] 滇织刺蛾，滇刺枣刺蛾

Macropodaphidinae 粗腿蚜亚科

Macropodaphis 粗腿蚜属

Macropodaphis dzhungarica Kadyrbekov 高山粗腿蚜

Macropodaphis paradoxa Zachvatkin *et* Aizenberg 奇异粗腿蚜

Macropodaphis tubituberculata Zhang *et* Zhang 管瘤粗腿蚜

macropore 大蜡孔 < 见于介壳虫中，同 oraceratuba>

Macroporicoccus 大盘毡蚧属

Macroporicoccus ulmi (Tang *et* Hao) 榆大盘毡蚧，榆毡蚧

Macropraonetha pterolophioides (Gressitt) 大柔天牛

Macroprionus 巨颚锯天牛属

Macroprionus heros (Semenov) 尖跗巨颚锯天牛，巨颚锯天牛，尖跗锯天牛

Macropsidae 广头叶蝉科

Macropsidius 短突叶蝉属

Macropsidius duuschulus Dlabola 双枝短突叶蝉

Macropsidius fukangensis (Li *et* Xu) 阜康短突叶蝉，阜康广头叶蝉

Macropsidius niger Matsumura 黑色短突叶蝉

Macropsinae 广头叶蝉亚科

Macropsis 广头叶蝉属，广头叶蝉亚属

Macropsis adusta Li, Dai *et* Li 见 *Macropsis* (*Macropsis*) *adusta*

Macropsis cannabis Wei *et* Cai 见 *Macropsis* (*Macropsis*) *cannabis*

Macropsis castaneus Li *et* Liang 见 *Macropsis* (*Macropsis*) *castanea*

Macropsis concavus Li *et* Xu 见 *Macropsis* (*Macropsis*) *concava*

Macropsis diminuta (Matsumura) 见 *Batracomorphus diminutus*

Macropsis emeiensis Li *et* Liang 见 *Macropsis* (*Macropsis*) *emeiensis*

Macropsis exteria Li, Dai *et* Li 见 *Macropsis* (*Macropsis*) *exteria*

Macropsis flavovirens Kuoh 见 *Macropsis* (*Spinomacropsis*) *flavovirens*

Macropsis formosana (Matsumura) 见 *Macropsis* (*Macropsis*) *formosana*

Macropsis fukangensis Li *et* Xu 见 *Macropsidius fukangensis*

Macropsis fuscinervis (Boheman) 见 *Macropsis* (*Macropsis*) *fuscinervis*

Macropsis gracilis Li *et* Liang 同 *Macropsis zizhongi*

Macropsis hainanensis Li, Dai *et* Li 见 *Macropsis* (*Macropsis*) *hainanensis*

Macropsis huangbana Li *et* Tishechkin 见 *Macropsis* (*Macropsis*) *huangbana*

Macropsis latiaedeagus Li, Dai *et* Li 见 *Macropsis* (*Macropsis*) *latiaedeagus*

Macropsis latiprocessa Li *et* Tishechkin 见 *Macropsis* (*Macropsis*) *latiprocessa*

Macropsis lijiangensis Li, Dai *et* Li 见 *Macropsis* (*Macropsis*) *lijiangensis*

Macropsis longiprocessa Li *et* Tishechkin 见 *Macropsis* (*Macropsis*) *longiprocessa*

Macropsis lusis Kuoh 见 *Macropsis* (*Macropsis*) *lusis*

Macropsis* (*Macropsis*) *adusta Li, Dai *et* Li 黑体广头叶蝉

Macropsis* (*Macropsis*) *ater Huang *et* Viraktamath 黑色广头叶蝉

Macropsis* (*Macropsis*) *brunnescens Vilbaste 褐色广头叶蝉

Macropsis* (*Macropsis*) *brunomaculata Huang *et* Viraktamath 棕斑广头叶蝉

Macropsis* (*Macropsis*) *calathiformis Dai, Li *et* Li 低孔广头叶蝉

Macropsis* (*Macropsis*) *cannabis Wei *et* Cai 大麻广头叶蝉

Macropsis* (*Macropsis*) *castanea Li *et* Liang 褐背广头叶蝉
Macropsis* (*Macropsis*) *cerea (Germar) 蜡黄广头叶蝉
Macropsis* (*Macropsis*) *concava Li *et* Xu 凹瓣广头叶蝉
Macropsis* (*Macropsis*) *costalis (Matsumura) 黄缘广头叶蝉
Macropsis* (*Macropsis*) *emeiensis Li *et* Liang 峨眉广头叶蝉
Macropsis* (*Macropsis*) *emeljanovi Dubovskiy 伊氏广头叶蝉
Macropsis* (*Macropsis*) *exteria Li, Dai *et* Li 外突广头叶蝉
Macropsis* (*Macropsis*) *firma Dmitriev 粗壮广头叶蝉
Macropsis* (*Macropsis*) *flavida Vilbaste 黄褐广头叶蝉
Macropsis* (*Macropsis*) *formosana (Matsumura) 台湾广头叶蝉
Macropsis* (*Macropsis*) *fuscinervis (Boheman) 棕体广头叶蝉，褐脉足叶蝉
Macropsis* (*Macropsis*) *hainanensis Li, Dai *et* Li 海南广头叶蝉
Macropsis* (*Macropsis*) *huangbana Li *et* Tishechkin 黄板广头叶蝉
Macropsis* (*Macropsis*) *illota (Horváth) 伊洛广头叶蝉
Macropsis* (*Macropsis*) *irenae Viraktamath 艾琳广头叶蝉
Macropsis* (*Macropsis*) *jozankeana (Matsumura) 乔氏广头叶蝉
Macropsis* (*Macropsis*) *latiaedeagus Li, Dai *et* Li 阔茎广头叶蝉
Macropsis* (*Macropsis*) *latiprocessa Li *et* Tishechkin 宽突广头叶蝉
Macropsis* (*Macropsis*) *lijiangensis Li, Dai *et* Li 丽江广头叶蝉
Macropsis* (*Macropsis*) *lizizhongi Dai *et* Li 李氏广头叶蝉
Macropsis* (*Macropsis*) *longiprocessa Li *et* Tishechkin 长突广头叶蝉
Macropsis* (*Macropsis*) *lusis Kuoh 绿色广头叶蝉，色广头叶蝉
Macropsis* (*Macropsis*) *matsumurana (China) 松村广头叶蝉，双带广头叶蝉
Macropsis* (*Macropsis*) *meifengensis Huang *et* Viraktamath 眉峰广头叶蝉
Macropsis* (*Macropsis*) *murina Tishetshkin 灰翅广头叶蝉
Macropsis* (*Macropsis*) *notata (Prohaska) 黑斑广头叶蝉，柳广头叶蝉
Macropsis* (*Macropsis*) *orientalis (Distant) 东方广头叶蝉
Macropsis* (*Macropsis*) *perpetua Tishetshkin 佩尔广头叶蝉
Macropsis* (*Macropsis*) *reni Li *et* Xu 任氏广头叶蝉
Macropsis* (*Macropsis*) *robusta Li, Dai *et* Li 粗壮广头叶蝉
Macropsis* (*Macropsis*) *rubrosternalis Kuoh 灰板广头叶蝉
Macropsis* (*Macropsis*) *scutellata (Boheman) 长盾广头叶蝉，盾足叶蝉
Macropsis* (*Macropsis*) *speculum Kuoh 透斑广头叶蝉
Macropsis* (*Macropsis*) *suspecta Tishetshkin 萨斯广头叶蝉
Macropsis* (*Macropsis*) *tuberculiformis Li, Dai *et* Li 瘤突广头叶蝉
Macropsis* (*Macropsis*) *warburgii Huang *et* Viraktamath 瓦氏广头叶蝉
Macropsis* (*Macropsis*) *zizhongi Li, Dai *et* Li 子忠氏广头叶蝉
Macropsis matsudanis Wei *et* Cai 同 *Macropsis* (*Macropsis*) *notata*
Macropsis matsumurana (China) 见 *Macropsis* (*Macropsis*) *matsumurana*
Macropsis melichari Oshanin 见 *Trocnadella melichari*
Macropsis notata (Prohaska) 见 *Macropsis* (*Macropsis*) *notata*
Macropsis pallidinota Kuoh 同 *Macropsis* (*Macropsis*) *matsumurana*
Macropsis prasina (Boheman) [green willow leafhopper] 柳绿广头叶蝉
Macropsis recurvus Kuoh 同 *Macropsis* (*Macropsis*) *flavida*
Macropsis reni Li *et* Xu 见 *Macropsis* (*Macropsis*) *reni*
Macropsis rinkihonis Matsumura 见 *Batracomorphus rinkihonis*
Macropsis robusta Li, Dai *et* Li 见 *Macropsis* (*Macropsis*) *robusta*
Macropsis salicis Li 同 *Macropsis* (*Macropsis*) *notata*
Macropsis* (*Spinomacropsis*) *flavovirens Kuoh 黄绿广头叶蝉
Macropsis stigmatica Matsumura 见 *Batracomorphus stigmaticus*
Macropsis trimaculata (Fitch) [plum leafhopper] 李广头叶蝉，李三点叶蝉
Macropsis tuberculiformis Li, Dai *et* Li 见 *Macropsis* (*Macropsis*) *tuberculiformis*
Macropsis wangi Li *et* Xu 同 *Macropsidius duuschulus*
Macropsis warburgii Huang 基斑广头叶蝉
Macropsis zizhongi Li, Dai *et* Li 细突广头叶蝉
macropsyllid 1. [= macropsyllid flea] 巨蚤 <巨蚤科 Macropsyllidae 昆虫的通称>；2. 巨蚤科的
macropsyllid flea [= macropsyllid] 巨蚤
Macropsyllidae 巨蚤科
macropteran [= macropterous] 大翅的
macropterous 见 macropteran
Macroptila 巨羽纹石蛾属
Macropulvinaria 大绵蚧属，巨绵蚧属，巨绵蜡蚧属
Macropulvinaria maxima (Green) 亚洲大绵蚧，巨绵蚧，平刺巨绵蜡蚧
Macrorchis 四鬃秽蝇属
Macrorchis meditata (Fallén) 长叶四鬃秽蝇
Macrorhabdium ruficolle Plavilstshikov 棒花天牛
Macrorhinarium ovagallis Tsai *et* Tang 同 *Kaburagia rhusicola*
Macrorhyncolus 基窝象甲属
Macrorrhyncha 玛菌蚊属
Macrorrhyncha fanjingana Wu *et* Yang 梵净玛菌蚊
Macrorrhyncha hengshana Wu *et* Yang 恒山玛菌蚊
Macrosaldula 大跳蝽属
Macrosaldula jakovleffi (Reuter) 雅氏大跳蝽
Macrosaldula miyamotoi Cobben 宫本氏大跳蝽
Macrosaldula mongolica Kiritshenko 蒙大跳蝽，蒙棘跳蝽
Macrosaldula oblonga (Stål) 长圆大跳蝽
Macrosaldula roborowskii (Jakovlev) 见 *Eremosaldula roborowskii*
Macrosargus 大水虻属
Macrosargus goliath Curran 哥氏大水虻
Macroscelesia 巨透翅蛾属，长足透翅蛾属
Macroscelesia formosana Arita *et* Gorbunov 台湾巨透翅蛾
Macroscelesia longipes (Moore) 长巨透翅蛾，长足透翅蛾
Macroscelesia perlucida Kallies *et* Arita 光巨透翅蛾，光长足透翅蛾
Macroscelesia vietnamica Arita *et* Gorbunov 越南巨透翅蛾，越南长足透翅蛾
Macroscytus 革土蝽属
Macroscytus aequalis (Walker) 不等革土蝽
Macroscytus badius (Walker) 华北革土蝽
Macroscytus brunneus (Fabricius) 棕革土蝽
Macroscytus confusus Lis 淆革土蝽
Macroscytus dominiqueae Lis 多氏革土蝽
Macroscytus fraterculus Horváth 北京革土蝽
Macroscytus gibbulus (Ellenrieder) 小革土蝽
Macroscytus japonensis Scott 日本革土蝽
Macroscytus javanus Mayr 爪哇革土蝽
Macroscytus nigroaeneus (Walker) 铜黑革土蝽，铜黑原土蝽

Macroscytus popovi Lis 波氏革土蝽
Macroscytus subaeneus (Dallas) 青革土蝽
Macroscytus sumatranus Lis 同 *Macroscytus gibbulus*
Macroscytus transversus Burmeister 横革土蝽
Macrosemia 大马蝉属，大蝉属
Macrosemia anhweiensis Ôuchi 安徽大马蝉，徽大马蝉
Macrosemia assamensis (Distant) 印度大马蝉，印度马蝉
Macrosemia diana (Distant) 日神大马蝉，闽川马蝉
Macrosemia divergens (Distant) 叉大马蝉，叉马蝉
Macrosemia juno (Distant) 川大马蝉，川马蝉
Macrosemia kareisana (Matsumura) 大马蝉，可礼大蝉
Macrosemia kiangsuensis Kato 江苏大马蝉
Macrosemia matsumurai (Kato) 松村大马蝉，蓬莱大蝉
Macrosemia pieli (Kato) 震旦大马蝉，皮氏马蝉，竹蝉，螂蝉，山蝉，金蝉
Macrosemia tonkiniana (Jacobi) 北部湾大马蝉，北部湾马蝉
Macrosemia umbrata (Distant) 暗斑大马蝉，暗斑马蝉
Macrosiagon 大西大花蚤属，西大花蚤属，无纹大花蚤属，巨噬蜂大花蚤属
Macrosiagon acutipennis Gressitt 同 *Macrosiagon pusillum*
Macrosiagon atronitidum Gressitt 同 *Macrosiagon pusillum*
Macrosiagon bifasciatum (Marseul) 双带大西大花蚤，双带大西花蚤
Macrosiagon bifasciatum bifasciatum (Marseul) 双带大西大花蚤指名亚种
Macrosiagon bifasciatum reductum Pic 同 *Macrosiagon bifasciatum bifasciatum*
Macrosiagon bipunctatum (Fabricius) 二点大西大花蚤，二点大西花蚤，斑纹大花蚤，双斑巨噬蜂大花蚤
Macrosiagon cyaniveste (Marseul) 同 *Macrosiagon pusillum*
Macrosiagon donceeli Pic 同 *Macrosiagon bifasciatum*
Macrosiagon ferrugineum (Fabricius) 台湾大西大花蚤，台湾大花蚤，赭色巨噬蜂大花蚤
Macrosiagon ferrugineum ferrugineum (Fabricius) 台湾大西大花蚤指名亚种
Macrosiagon ferrugineum flabellata (Fabricius) 同 *Macrosiagon ferrugineum ferrugineum*
Macrosiagon iwatai Kôno 同 *Macrosiagon nasutum*
Macrosiagon limbatum (Fabricius) 黑缘大西大花蚤，黑缘颚大花蚤
Macrosiagon nasutum (Thunberg) 无纹大西大花蚤，黑大西花蚤，无纹大花蚤，无纹巨噬蜂大花蚤
Macrosiagon obscuricolor Pic 同 *Macrosiagon nasutum*
Macrosiagon prescutellaris Pic 前盾大西大花蚤，前盾大西花蚤
Macrosiagon pusillum (Gerstaeker) 蓝大西大花蚤，蓝大西花蚤，雄黑大花蚤，雄黑巨噬蜂大花蚤
Macrosiagon spinicolle (Fairmaire) 锐胸大西大花蚤，斑胸大西花蚤，锐胸巨噬蜂大花蚤
Macrosiagon uninotaticolle Chûjô 同 *Macrosiagon spinicolle*
macrosilaus kite swallowtail [= five-striped kite-swallowtail, *Eurytides macrosilaus* (Gray)] 巨阔凤蝶
Macrosilis 巨荚花萤属，巨荚菊虎属
Macrosilis brevior Pic 短巨荚花萤，短巨荚菊虎，短大花萤
Macrosilis fortunei Pic 福氏巨荚花萤，福大花萤
Macrosilis laticollis (Boheman) 宽巨荚花萤，宽大花萤
Macrosiphinae 长管蚜亚科
Macrosiphoniella 小长管蚜属
Macrosiphoniella abrotani (Walker) 阿小长管蚜
Macrosiphoniella abrotani abrotani (Walker) 阿小长管蚜指名亚种
Macrosiphoniella abrotani chosoni Szelegiewicz 阿小长管蚜楚孙亚种，楚孙小长管蚜
Macrosiphoniella artemisiae (Boyer de Fonscolombe) 蒿小长管蚜
Macrosiphoniella aqua Zhang, Chen, Zhong *et* Jing 同 *Macrosiphoniella grandicauda*
Macrosiphoniella brevisiphona Zhang 短小长管蚜，管小长管蚜
Macrosiphoniella cayratiae Tseng *et* Tao 拉特小长管蚜
Macrosiphoniella dimidiata Börner 分小长管蚜
Macrosiphoniella erythraea Zhang *et* Qiao 红声小长管蚜
Macrosiphoniella flaviviridis Zhang 黄绿小长管蚜
Macrosiphoniella formosartemisiae Takahashi 丽蒿小长管蚜，蒿丽小长管蚜，中华艾草蚜
Macrosiphoniella fulvicola Shinji 同 *Macrosiphoniella yomogicola*
Macrosiphoniella grandicauda Takahashi *et* Moritsu 大尾小长管蚜
Macrosiphoniella hokkaidensis Miyazaki 北海道小长管蚜
Macrosiphoniella huaidensis Zhang 怀德小长管蚜
Macrosiphoniella jinghuali Zhang, Chen, Zhong *et* Li 同 *Macrosiphoniella oblonga*
Macrosiphoniella kikungshana Takahashi 鸡公山小长管蚜
Macrosiphoniella kuwayamai Takahashi 水蒿小长管蚜，桑山华管蚜
Macrosiphoniella lijiangensis Zhang 丽江小长管蚜
Macrosiphoniella myohyangsani Szelegiewicz 妙香山小长管蚜，蒿小长管蚜
Macrosiphoniella oblonga (Mordvilko) 椭圆小长管蚜，长小长管蚜
Macrosiphoniella physaliae Shinji 见 *Myzus physaliae*
Macrosiphoniella piceaphis (Zhang, Chen, Zhong *et* Li) 云杉小长管蚜，云杉网蚜
Macrosiphoniella pseudoartemisiae Shinji 伪蒿小长管蚜
Macrosiphoniella sanborni (Gillette) [chrysanthemum aphid] 菊小长管蚜，菊姬长管蚜，光褐菊蚜
Macrosiphoniella sensorinuda Zhang 同 *Macrosiphoniella lijiangensis*
Macrosiphoniella similioblonga Zhang 蒌蒿小长管蚜
Macrosiphoniella taesongsanensis Szelegiewicz 太松山小长管蚜
Macrosiphoniella tanacetarium (Kaltenbach) 艾菊小长管蚜
Macrosiphoniella yangi Takahashi 杨氏小长管蚜
Macrosiphoniella yomenae (Shinji) [Yomena aphid, hollyhock aphid] 鸡儿肠姬长管蚜，艾小长管蚜，妖小长管蚜，蜀葵姬长管蚜，马兰小长管蚜，大艾草蚜
Macrosiphoniella yomogicola (Matsumura) [mugwort long-horned aphid, Japanese chrysanthemum aphid] 菊艾小长管蚜，艾小姬长管蚜，栖艾小长管蚜，日本菊姬长管蚜
Macrosiphoniella yomogifoliae (Shinji) 同 *Macrosiphoniella yomenae*
Macrosiphoniella zayuensis Zhang 察隅小长管蚜
Macrosiphum 长管蚜属
Macrosiphum akebiae Shinji 木通长管蚜

Macrosiphum avenae (Fabricius) 见 *Sitobion avenae*
Macrosiphum cercidiphylli Matsumura 见 *Aulacorthum cercidiphylli*
Macrosiphum clematifoliae Shinji 铁线莲长管蚜，毛茛蚜
Macrosiphum cornifoliae Shinji 梾木长管蚜
Macrosiphum dirhodum (Walker) 见 *Metopolophium dirhodum*
Macrosiphum dismilaceti Zhang 菝葜长管蚜
Macrosiphum euphorbiae (Thomas) [potato aphid, tomato aphid, potato plant louse] 大戟长管蚜，马铃薯长管蚜，马铃薯蚜
Macrosiphum flavum Tao 黄长管蚜
Macrosiphum formosanum Takahashi 见 *Uroleucon formosanum*
Macrosiphum fragariae (Walker) 见 *Sitobion fragariae*
Macrosiphum gobonis Matsumura 见 *Uroleucon gobonis*
Macrosiphum granarium (Walker) 同 *Sitobion avenae*
Macrosiphum hagicola Matsumura 见 *Aulacorthum solani*
Macrosiphum ibarae Matsumura 蔷薇绿长管蚜
Macrosiphum kuricola Matsumura <该名为已裸名>
Macrosiphum lilii (Monell) [purple-spotted lily aphid] 百合紫斑长管蚜
Macrosiphum liriodendri (Monell) 见 *Illinoia liriodendri*
Macrosiphum malicola Matsumura [malva long-horned aphid] 锦葵长管蚜
Macrosiphum mordvikoi Miyazaki 白玫瑰长管蚜，毛氏长管蚜
Macrosiphum nipponicum Essig *et* Kuwana 见 *Aulacorthum nipponicum*
Macrosiphum rosae (Linnaeus) [rose aphid] 蔷薇长管蚜
Macrosiphum rosae rosae (Linnaeus) 蔷薇长管蚜指名亚种
Macrosiphum rosae vasiljevi Mordvilko 蔷薇长管蚜瓦氏亚种，瓦氏长管蚜
Macrosiphum rosivorum Zhang 见 *Sitobion rosivorum*
Macrosiphum rudbeckias (Fitch) 见 *Uroleucon rudbeckiae*
Macrosiphum scoliopi Essig 见 *Ericaphis scoliopi*
Macrosiphum smilaceti Takahashi 同 *Impatientinum impatiens*
Macrosiphum smilacifoliae Takahashi 见 *Sitobion smilacifolaie*
Macrosiphum solani (Kaltenbach) 见 *Aulacorthum solani*
Macrosiphum solanifolii Ashmead 同 *Macrosiphum euphorbiae*
Macrosiphum solidaginis (Fabricius) 见 *Uroleucon solidaginis*
Macrosiphum sorbi Matsumura 珍珠梅网管蚜，珍珠梅单网管蚜
Macrosiphum syringae Matsumura 见 *Aulacorthum syringae*
macrosomite 胚体节<指昆虫胚胎中胚带上的原始区域>
Macrosteles 二叉叶蝉属
Macrosteles abludens Anufriev 纹头二叉叶蝉
Macrosteles albicostalis Vilbaste 白缘二叉叶蝉
Macrosteles alpinus (Zetterstedt) 高山二叉叶蝉
Macrosteles bimaculatus Dai, Li *et* Chen 同 *Macrosteles lividus*
Macrosteles brochus Zhang *et* Lu 齿茎二叉叶蝉
Macrosteles brunneus Zhang *et* Lu 褐纹二叉叶蝉
Macrosteles choui Zhang *et* Lu 周氏二叉叶蝉
Macrosteles cristatus Ribaut 冠状二叉叶蝉
Macrosteles ehensis Zhang *et* Lu 新疆二叉叶蝉
Macrosteles falcatus Zhang *et* Lu 镰茎二叉叶蝉
Macrosteles fascifrons (Stål) [aster leafhopper, two-spotted leafhopper] 二点二叉叶蝉，二点叶蝉，紫菀叶蝉，二点浮尘子
Macrosteles fascifrons lindbergi Dlabola 见 *Macrosteles lindbergi*
Macrosteles flaveolus (Matsumura) 黄条二叉叶蝉
Macrosteles fuscinervis (Matsumura) 稻紫二叉叶蝉，稻紫叶蝉
Macrosteles gracilis Zhang *et* Lu 纤茎二叉叶蝉
Macrosteles guttatus (Matsumura) 黑色二叉叶蝉
Macrosteles harperatus Zhang *et* Lu 钩茎二叉叶蝉
Macrosteles heiseles Kuoh 同 *Macrosteles guttatus*
Macrosteles heitiacus Kuoh 黑条二叉叶蝉
Macrosteles huangxionis Kuoh 同 *Macrosteles heitiacus*
Macrosteles laevis (Ribaut) 旋叶二叉叶蝉
Macrosteles latiaedeagus Dai, Li *et* Chen 同 *Macrosteles cristatus*
Macrosteles lindbergi Dlabola 林氏二叉叶蝉
Macrosteles lividus (Edwards) 双斑二叉叶蝉
Macrosteles maculatus (Pruthi) 三点二叉叶蝉，三点叶蝉
Macrosteles nabiae Kwon 娜比二叉叶蝉
Macrosteles orientalis Vilbaste 同 *Macrosteles striifrons*
Macrosteles parastriifrons Zhang *et* Lu 类斑颜二叉叶蝉
Macrosteles purpureta Kuoh 菱紫二叉叶蝉，菱紫叶蝉
Macrosteles quadrimaculatus (Matsumura) [four-spotted leafhopper] 四点二叉叶蝉，四点叶蝉，四星叶蝉
Macrosteles quadripunctulatus (Kirschbaum) 四斑点二叉叶蝉，四斑点叶蝉
Macrosteles serrata Dai, Li *et* Xing 同 *Macrosteles striifrons*
Macrosteles sexnotatus (Fallén) 六点二叉叶蝉，六点叶蝉
Macrosteles sordidipennis (Stål) 细端二叉叶蝉
Macrosteles spinosus Kwon 刺茎二叉叶蝉
Macrosteles striifrons Anufriev 斑颜二叉叶蝉，曲纹二叉叶蝉，东方二叉叶蝉
Macrosteles symphorosus Yang 同 *Macrosteles viridigriseus*
Macrosteles tibetensis Dai, Li *et* Chen 西藏二叉叶蝉
Macrosteles viridigriseus (Edwards) 灰绿二叉叶蝉
Macrostelini 二叉叶蝉族
Macrostemum 长角纹石蛾属，长角石蛾属
Macrostemum centrotum (Navás) 中长角纹石蛾，中巨茎纹石蛾
Macrostemum ciliatum (Ulmer) 纤毛长角纹石蛾，纤毛巨茎纹石蛾
Macrostemum elegans (Ulmer) 丽长角纹石蛾，丽巨茎纹石蛾
Macrostemum fastosum (Walker) 横带长角纹石蛾，珐巨茎纹石蛾
Macrostemum fenestratum Albarda 窗长角纹石蛾，窗巨角纹石蛾
Macrostemum floridum Navás 花长角纹石蛾，花巨角纹石蛾
Macrostemum formosicolum (Matsumura) 条纹长角石蛾，台巨角纹石蛾
Macrostemum hospitum (MacLachlan) 疗长角纹石蛾，疗辐巨茎纹石蛾
Macrostemum indistinctum (Banks) 东方长角纹石蛾
Macrostemum lautum (MacLachlan) 劳长角纹石蛾，劳巨角纹石蛾
Macrostemum kissnandori Kiss 基氏长角纹石蛾
Macrostemum quinquepunctatum Matsumura 四纹长角纹石蛾，四纹长角石蛾，五点巨角纹石蛾
Macrostemum radiatum (MacLachlan) 透斑长角纹石蛾，辐巨角纹石蛾
Macrostemum radiatum hospitum MacLanchlan 见 *Macrostemum hospitum*
Macrostemum sepultum (Hagen) 藏长角纹石蛾，藏巨角纹石蛾
Macrostomion 大口茧蜂属

Macrostomion fuscinervum Chen *et* He 暗脉大口茧蜂
Macrostomion nadanum Chen *et* He 那大大口茧蜂
Macrostomion sumatranum (Enderlein) 苏门答腊大口茧蜂
Macrostylophora 大锥蚤属
Macrostylophora abazhouensis Liu, Liu *et* Zhai 阿坝州大锥蚤
Macrostylophora aerestesites Li, Chen *et* Wei 鼯鼠大锥蚤
Macrostylophora angustihamulus Li, Zhang *et* Zeng 细钩大锥蚤
Macrostylophora bispiniforma Li, Hsieh *et* Yang 二刺形大锥蚤
Macrostylophora bispiniforma bispiniforma Li, Hsieh *et* Yang 二刺形大锥蚤指名亚种
Macrostylophora bispiniforma gongshanensis Gong *et* Xie 二刺形大锥蚤贡山亚种，贡山二刺形大锥蚤
Macrostylophora congjiangensis Li *et* Huang 从江大锥蚤
Macrostylophora cuii Liu, Wu *et* Yu 同高大锥蚤，崔氏大锥蚤
Macrostylophora cuii cuii Liu, Wu *et* Yu 同高大锥蚤指名亚种，指名同高大锥蚤
Macrostylophora cuii jiangkouensis Li *et* Huang 同高大锥蚤江口亚种，崔氏大锥蚤江口亚种，江口同高大锥蚤
Macrostylophora euteles (Jordan *et* Rothschild) 无值大锥蚤
Macrostylophora exilia Li, Wang *et* Hsieh 纤小大锥蚤
Macrostylophora fulini Wu *et* Liu 福林大锥蚤
Macrostylophora furcata Shi, Liu *et* Wu 叉形大锥蚤
Macrostylophora gansuensis Zhang *et* Ma 甘肃大锥蚤
Macrostylophora hastata (Jordan *et* Rothschild) 矛形大锥蚤
Macrostylophora hastata hainanensis Liu *et* Pan 矛形大锥蚤海南亚种，海南矛形大锥蚤
Macrostylophora hastata hastata (Jordan *et* Rothschild) 矛形大锥蚤指名亚种
Macrostylophora hastata malayensis Traub 矛形大锥蚤马来亚种
Macrostylophora hastata menghaiensis Li, Wang *et* Hsieh 矛形大锥蚤勐海亚种，勐海矛形大锥蚤
Macrostylophora hastata nepali Traub 矛形大锥蚤尼泊尔亚种
Macrostylophora hastata sikkimensis (Jordan et Rothschild) 矛形大锥蚤锡金亚种
Macrostylophora hastata tonkinensis Jordan 矛形大锥蚤越南亚种
Macrostylophora hastata yunnanica Liu 矛形大锥蚤云南亚种，云南矛形大锥蚤
Macrostylophora hebeiensis Liu, Wu *et* Chang 河北大锥蚤
Macrostylophora hebeiensis hebeiensis Liu, Wu *et* Chang 河北大锥蚤指名亚种
Macrostylophora hebeiensis shennongjiaensis Liu *et* Ma 河北大锥蚤神农架亚种
Macrostylophora heishuiensis Li 黑水大锥蚤
Macrostylophora jingdongensis Li 景东大锥蚤
Macrostylophora liae Wang 李氏大锥蚤
Macrostylophora luchunensis Huang 绿春大锥蚤
Macrostylophora microcopa Li, Chen *et* Wei 微突大锥蚤
Macrostylophora muyuensis Liu *et* Wang 木鱼大锥蚤
Macrostylophora nandanensis Li, Zeng *et* Zeng 南丹大锥蚤
Macrostylophora paoshanensis Li *et* Yan 保山大锥蚤
Macrostylophora trispinosa (Liu) 三刺大锥蚤
macrosymbiont 大共生体
Macrotarrhus 大扁象甲属，大扁象属
Macrotarrhus altaicus Petri 阿大扁象甲，阿大扁象
Macrotarrhus chinensis Faust 华大扁象甲，华大扁象
Macrotarrhus cuprifer Petri 似铜大扁象甲，似铜大扁象
Macrotarrhus elongatus Petri 长大扁象甲，长大扁象
Macrotarrhus faldermanni Boheman 珐大扁象甲，珐大扁象
Macrotarrhus gebleri Gebler 格大扁象甲，格大扁象
Macrotarrhus gracilis Petri 丽大扁象甲，丽大扁象
Macrotarrhus hamianus Suvorov 哈大扁象甲，哈大扁象
Macrotarrhus hirtus Petri 毛大扁象甲，毛大扁象
Macrotarrhus inflatus Petri 胀大扁象甲，胀大扁象
Macrotarrhus mongolicus Faust 蒙大扁象甲，蒙大扁象
Macrotarrhus motschulskyi Boheman 莫大扁象甲，莫大扁象
Macrotarrhus ovalis Petri 卵圆大扁象甲，卵圆大扁象
Macrotarrhus validirostris Faust 壮喙大扁象甲，壮喙大扁象
Macrotarsipus 毛跗透翅蛾属
Macrotarsipus albipunctus Hampson 白斑毛跗透翅蛾
Macrotarsipus similis Arita *et* Gorbunov 东方毛跗透翅蛾
macrotaxonomy 大分类学，宏观分类学
Macroteleia 大美细蜂属
Macroteleia xui Hong *et* Chen 许氏大美细蜂
Macroteratura 大畸螽属
Macroteratura (***Macroteratura***) ***megafurcula*** (Tinkham) 巨叉大畸螽，巨叉畸螽，巨叉剑螽
Macroteratura (***Macroteratura***) ***sinica*** (Bey-Bienko) 中华大畸螽
Macroteratura (***Macroteratura***) ***thrinaca*** (Qiu *et* Shi) 三刺大畸螽，三刺畸螽
Macroteratura (***Stenoteratura***) ***bhutanica*** (Ingrisch) 不丹瘦畸螽，不丹畸螽
Macroteratura (***Stenoteratura***) ***janetscheki*** (Bey-Bienko) 简氏瘦畸螽，简氏畸螽
Macroteratura (***Stenoteratura***) ***kryzhanovskii*** (Bey-Bienko) 科氏瘦畸螽，克氏畸螽，克里剑螽
Macroteratura (***Stenoteratura***) ***yunnanea*** (Bey-Bienko) 云南瘦畸螽，云南畸螽，云南剑螽
Macrotermes 大白蚁属，大螱属
Macrotermes acrocephalus Ping 隆头大白蚁
Macrotermes annandalei (Silvestri) 土垄大白蚁
Macrotermes barneyi Light 黄翅大白蚁，大水蚁
Macrotermes bellicosus (Smeathman) 可可大白蚁
Macrotermes carbonarius Hagen 三叶橡胶大白蚁
Macrotermes choui Ping 周氏大白蚁，周氏大螱
Macrotermes constrictus Ping *et* Li 缢颏大白蚁
Macrotermes declivatus Zhu 箕头大白蚁
Macrotermes denticulatus Li *et* Ping 细齿大白蚁
Macrotermes falciger (Gerstäcker) 非桉楝大白蚁
Macrotermes goliath (Sjöstedt) 同 *Macrotermes falciger*
Macrotermes guangxiensis Han 广西大白蚁
Macrotermes hainanensis Li *et* Ping 海南大白蚁
Macrotermes incisus He *et* Qiu 凹缘大白蚁
Macrotermes jeanneli (Grasse) [African giant termite] 非洲大白蚁
Macrotermes jinghongensis Ping *et* Li 景洪大白蚁
Macrotermes latinotus Zhu *et* Luo 宽胸大白蚁
Macrotermes longiceps Li *et* Ping 长头大白蚁
Macrotermes longimentis Zhu *et* Luo 长颏大白蚁
Macrotermes luokengensis Lin *et* Shi 罗坑大白蚁
Macrotermes meidoensis Huang *et* Han 梅多大白蚁
Macrotermes menglongensis Han 勐龙大白蚁

Macrotermes natalensis (Haviland) 撒哈拉大白蚁

Macrotermes orthognathus Ping *et* Xu 直颚大白蚁

Macrotermes peritrimorphus Li *et* Xiao 近三型大白蚁

Macrotermes trapezoides Ping *et* Xu 梯头大白蚁

Macrotermes trimorphus Li *et* Ping 三型大白蚁

Macrotermes yunnanensis Han 云南大白蚁

Macrotermes zhejiangensis Ping *et* Dong 浙江大白蚁

Macrothripina 巨管蓟马亚族，大管蓟马亚族

Macrothrips 巨大管蓟马属

Macrothrips papuensis Bagnall 巴布亚巨大管蓟马

Macrothyatira 大波纹蛾属

Macrothyatira arizana (Wileman) 阿里山大波纹蛾，阿里山斑波纹蛾，阿里山波纹蛾

Macrothyatira arizana arizana (Wileman) 阿里山大波纹蛾指名亚种

Macrothyatira arizana diminuta (Houlbert) 阿里山大波纹蛾西南亚种，减波纹蛾

Macrothyatira conspicua (Leech) 瑞大波纹蛾，黄裙斑波纹蛾，清大波纹蛾，康波纹蛾

Macrothyatira fasciata (Houlbert) 带大波纹蛾

Macrothyatira fasciata fasciata (Houlbert) 带大波纹蛾指名亚种

Macrothyatira fasciata shansiensis Werny 同 *Macrothyatira fasciata fasciata*

Macrothyatira flavida (Butler) 大波纹蛾，黄大波纹蛾，离斑波纹蛾，黄波纹蛾

Macrothyatira flavida flavida (Butler) 大波纹蛾指名亚种

Macrothyatira flavida tapaischana (Sick) 大波纹蛾太白山亚种

Macrothyatira flavimargo (Leech) 缘大波纹蛾，黄波纹蛾

Macrothyatira labiata (Gaede) 唇大波纹蛾

Macrothyatira oblonga (Poujade) 长大波纹蛾，长波纹蛾

Macrothyatira stramineata (Warren) 禾大波纹蛾，草大波纹蛾，蚀波纹蛾

Macrothyatira stramineata likiangensis (Sick) 禾大波纹蛾丽江亚种

Macrothyatira stramineata stramineata (Warren) 禾大波纹蛾指名亚种

Macrothyatira subaureata (Sick) 金大波纹蛾

Macrothyatira subaureata danieli Werny 金大波纹蛾达尼亚种

Macrothyatira subaureata subaureata (Sick) 金大波纹蛾指名亚种

Macrothyatira transitans (Houlbert) 云大波纹蛾，哈波纹蛾

Macrothylacia 袋枯叶蛾属

Macrothylacia rubi (Linnaeus) 灰袋枯叶蛾

Macrotoma 密齿天牛属，巨颚天牛属

Macrotoma crenata (Fabricius) 双胝密齿天牛

Macrotoma fisheri Waterhouse 费氏密齿天牛，密齿天牛

Macrotoma fisheri fisheri Waterhouse 费氏密齿天牛指名亚种

Macrotoma fisheri formosae Gressitt 费氏密齿天牛台湾亚种，台湾密齿天牛，费氏巨颚天牛，刺缘大薄翅天牛

Macrotoma hainana Gressitt 海南密齿天牛

Macrotoma katoi Gressitt 见 *Anomophysis katoi*

Macrotoma lansbergei Lameere 兰氏密齿天牛

Macrotoma scutellaris Germar 松密齿天牛

Macrotoma spinosa (Fabricius) 齿尾密齿天牛

Macrotomini 密齿天牛族

Macrotomoxia 大片花蚤属

Macrotomoxia castanea Pic 栗大片花蚤

macrotrichia [pl. macrotrichiae] 长毛，刚毛 < 指翅面上较大的微毛 >

Macrotrichia 长毛叶蝉属

Macrotrichia deltata Zhang, Sun *et* Dai 德长毛叶蝉

Macrotrichia flavomarginata (Kuoh *et* Cai) 黄缘长毛叶蝉

Macrotrichia hamata Zhang, Sun *et* Dai 钩长毛叶蝉

macrotrichiae [s. macrotrichia] 长毛，刚毛

Macrotylus 大唇盲蝽属

Macrotylus mundulus (Stål) 结大唇盲蝽

Macrotylus zinovievi Kerzhner 赞氏大唇盲蝽

macroveliid 1. [= macroveliid bug, macroveliid shore bug] 大宽黾蝽 < 大宽黾蝽科 Macroveliidae 昆虫的通称 >; 2. 大宽黾蝽科的

macroveliid bug [= macroveliid, macroveliid shore bug] 大宽黾蝽

macroveliid shore bug 见 macroveliid bug

Macroveliidae 大宽黾蝽科

Macrovespa 大胡蜂属

Macrovespa crabro (Linnaeus) 见 *Vespa crabro*

Macrovespa crabro crabroniformis (Smith) 见 *Vespa crabro crabroniformis*

Macrovespa mongolica (André) 见 *Vespa simillima mongolica*

Macrozelima 硕木蚜蝇属

Macrozelima hervei (Shiraki) 赫尔硕木蚜蝇

MacSwain's skipper [*Hesperia uncas macswaini* MacNeill] 温卡斯弄蝶麦克亚种

MACT [medial antenno-cerebral tract 的缩写] 中触角 - 脑神经束

macula [pl. maculae] 1. 气门斑；2. 色斑 < 指较点为大而无定形的 >

macula lurer cocoon 黄斑茧 < 家蚕的 >

macula luter 黄斑

maculae [s. macula] 1. 气门斑；2. 色斑

Maculaphis 点蚜新亚属

macular epitola [*Epitola maculata* Hawker-Smith] 斑蛱灰蝶

macular fascia 点横带 < 即由点斑构成的横带 >

maculata skipper [*Justinia maculata* (Bell)] 斑贾斯廷弄蝶

maculate [= maculated, maculatus] 具斑的

maculate lancer [*Salanoemia sala* (Hewitson)] 劭弄蝶

maculated 见 maculate

maculated broad-winged planthopper [*Pochazia albomaculata* (Uhler)] 白斑宽广蜡蝉

maculated long-nosed planthopper [*Dictyophara maculata* Matsumura] 稻麦象蜡蝉，具斑长鼻蜡蝉

maculated lyonetid [*Parornix multimaculata* (Matsumura)] 多斑帕潜蛾，多斑丽细蛾，多斑潜蛾

maculation 斑纹

Maculatrioza 斑沙棘个木虱亚属

maculatus 见 maculate

Maculibracon 斑翅茧蜂属

Maculibracon hei Li, van Achterberg *et* Chen 何氏斑翅茧蜂

Maculibracon luteonervis Li, van Achterberg *et* Chen 黄脉斑翅茧蜂

Maculibracon simlaensis (Cameron) 西姆拉斑翅茧蜂

Maculicoccus 斑粉蚧属

Maculicoccus malaitensis (Cockerell) 筛孔斑粉蚧
Maculinea 霾灰蝶属
Maculinea alcon (Denis *et* Schiffermüller) [alcon blue, alcon large blue] 阿孔霾灰蝶
Maculinea alcon alcon (Denis *et* Schiffermüller) 阿孔霾灰蝶指名亚种
Maculinea alcon kondakovi (Kurentzov) 见 *Maculinea rebeli kondakovi*
Maculinea arion (Linnaeus) [large blue] 嘎霾灰蝶，霾灰蝶
Maculinea arion arion (Linnaeus) 嘎霾灰蝶指名亚种，指名霾灰蝶
Maculinea arion cyanecula (Eversmann) 见 *Maculinea cyanecula*
Maculinea arion nepete (Fruhstorfer) 嘎霾灰蝶甘肃亚种，内灰蝶，内平灰蝶
Maculinea arion philidor (Fruhstorfer) 同 *Maculinea cyanecula*
Maculinea arion sosinomos (Fruhstorfer) 嘎霾灰蝶索西亚种，索西灰蝶
Maculinea arion ussuriensis (Sheljuzhko) 嘎霾灰蝶乌苏里亚种，乌苏里霾灰蝶，乌平灰蝶
Maculinea arion xiaheana (Murayama) 嘎霾灰蝶夏河亚种
Maculinea arionides (Staudinger) [greater large blue] 大斑霾灰蝶
Maculinea arionides arionides (Staudinger) 大斑霾灰蝶指名亚种，指名大斑霾灰蝶
Maculinea arionides takamukui (Matsumura) 大斑霾灰蝶高向亚种，塔大斑霾灰蝶
Maculinea coelestis Alphéraky 见 *Caerulea coelestis*
Maculinea coelestis dubernardi Hemming 见 *Caerulea coelestis dubernardi*
Maculinea coeligena (Oberthür) 见 *Caerulea coeligena*
Maculinea coeligena pratti Hemming 见 *Caerulea coeligena pratti*
Maculinea cyanecula (Eversmann) 蓝底霾灰蝶，拟青霾灰蝶
Maculinea kurentzovi Sibatani, Saigusa *et* Hirowatari 库氏霾灰蝶
Maculinea nausithous (Bergsträsser) [dusky large blue] 曲斑霾灰蝶，曲斑暗色霾灰蝶
Maculinea rebeli (Hirschke) [mountain alcon blue] 秀丽霾灰蝶
Maculinea rebeli kondakovi (Kurentzov) 秀丽霾灰蝶远东亚种，远东霾灰蝶
Maculinea rebeli rebeli (Hirschke) 秀丽霾灰蝶指名亚种
Maculinea sinalcon Murayama 斑霾灰蝶
Maculinea teleius (Bergsträsser) [scarce large blue] 胡麻霾灰蝶
Maculinea teleius aihona (Matsumura) 胡麻霾灰蝶日本亚种，埃郁灰蝶
Maculinea teleius chosensis (Matsumura) 胡麻霾灰蝶韩国亚种
Maculinea teleius euphemia (Staudinger) 胡麻霾灰蝶东北亚种，东北胡麻霾灰蝶
Maculinea teleius hozanensis Matsumura 同 *Maculinea teleius chosensis*
Maculinea teleius kazamoto (Druce) 胡麻霾灰蝶风本亚种，卡郁灰蝶
Maculinea teleius sinalcon Murayama 胡麻霾灰蝶青海亚种
Maculinea teleius teleius (Bergsträsser) 胡麻霾灰蝶指名亚种
Maculinea xiaheana Murayama 夏霾灰蝶
Maculisclerotica 骨斑地谷蛾属
Maculisclerotica curvispinea Xiao *et* Li 弯刺骨斑地谷蛾
Maculisclerotica triangulidens Xiao *et* Li 三角骨斑地谷蛾
Maculisclerotica truncatidens Xiao *et* Li 截齿骨斑地谷蛾
Maculolachnus 斑大蚜属
Maculolachnus submaculus (Walker) [rose root aphid] 蔷薇斑大蚜，蔷薇根斑大蚜，蔷薇根蚜
Maculonomia 斑翅彩带蜂亚属
Maculosalia 斑腹寄蝇属
Maculosalia flavicercia Chao *et* Liu 黄肛斑腹寄蝇
Maculosalia grisa Chao *et* Liu 灰色斑腹寄蝇
maculose 具点的
Macusia 马库灰蝶属
Macusia satyroides (Hewitson) 萨马库灰蝶，马库灰蝶
Macutella 横脉乌叶蝉属
Macutella lutea Evans 黑横脉乌叶蝉
macylenza 起缩病 <家蚕的>
Madagascan emperor 1. [*Papilio morondavana* (Grose-Smith)] 马达加斯加翠凤蝶，摩罗花凤蝶；2. [= Madagascar bullseye moth, Suraka silk moth, *Antherina suraka* (Boisduval)] 马鹄目大蚕蛾
Madagascan flatid bug [= Madagascan flatid leaf-bug, *Phromnia rosea* (De Louise Jasper)] 玫卵翅蛾蜡蝉
Madagascan flatid leaf-bug 见 Madagascan flatid bug
Madagascan friar [*Amauris nossima* (Ward)] 马达加斯加窗斑蝶
Madagascan fruit fly [*Ceratitis malgassa* Munro] 马达加斯加小条实蝇
Madagascan moon moth 1. [= Malaysian moon moth, Indonesian moon moth, Asian comet moth, *Actias maenas* (Doubleday)] 大尾大蚕蛾；2. [= comet moth, *Argema mittrei* (Guérin-Méneville)] 马阿尔大蚕蛾，马达加斯加长尾大蚕蛾，彗星王蛾
Madagascan stick insect [= pink winged stick insect, pink wing stick insect, pink-winged phasmid, *Sipyloidea sipylus* (Westwood)] 棉管蝻，棉细颈杆蝻，棉杆竹节虫
Madagascan sunset moth [*Chrysiridia rhipheus* (Drury)] 马达加斯加燕蛾，马达加斯加日落蛾，马达加斯加金燕蛾，日落蛾
Madagascar bullseye moth [= Madagascan emperor, Suraka silk moth, *Antherina suraka* (Boisduval)] 马鹄目大蚕蛾
Madagascar diadem [*Hypolimnas dexithea* (Hewitson)] 锯纹白斑蛱蝶
Madagascar giant swallowtail [*Pharmacophagus antenor* (Drury)] 安蒂噬药凤蝶
Madagascar green-veined charaxes [*Charaxes antamboulou* Lucas] 中黄螯蛱蝶
Madagascar locust [*Locusta migratoria capito* (Saussure)] 马尔加什飞蝗，飞蝗马岛亚种
Madagascar migrant [*Catopsilia thauruma* (Reakirt)] 黄基迁粉蝶
Madagascar orange tip [*Colotis evanthe* Boisduval] 伊珂粉蝶
Madagascar Province 马达加斯加部
Madagascar red-tip [*Colotis guenei* Mabille] 鲑红珂粉蝶
Madagascar Region 马达加斯加区
Madagascaridia 马蚖属
Madagascaridia xizangensis Yin 西藏马蚖
Madasumma 玛玳蟋属
Madasumma assamensis Chopard 阿萨姆玛玳蟋
Madasumma hibinonis Matsumura 见 *Truljalia hibinonis*
Madates 纹蝽属
Madates heissi Rider 赫氏纹蝽

Madates limbata (Fabricius) 纹蝽
Madeira brimstone [*Gonepteryx maderensis* Felder] 马代拉钩粉蝶
Madeira cockroach [*Rhyparobia maderae* (Fabricius)] 马德拉污蠊，马得拉蜚蠊，污尖翅蠊
Madeiran grayling [*Hipparchia maderensis* (Bethune-Baker)] 玛仁眼蝶
Madeiran large white [*Pieris wollastoni* (Butler)] 马代拉粉蝶
Madeiran speckled wood [*Pararge xiphia* Fabricius] 星帕眼蝶
Madeleinea 蚂灰蝶属
Madeleinea bella (Bálint *et* Lamas) 美妇蚂灰蝶
Madeleinea carolityla (Bálint *et* Johnson) 卡罗蚂灰蝶
Madeleinea cobaltana (Bálint *et* Lamas) 科蚂灰蝶
Madeleinea colca (Bálint *et* Lamas) 蓝蚂灰蝶
Madeleinea gradoslamasi (Bálint *et* Johnson) 戈蚂灰蝶
Madeleinea huascarana (Bálint *et* Lamas) 花蚂灰蝶
Madeleinea koa Druce [puna chequered blue] 刺槐蚂灰蝶，洋槐蚂灰蝶
Madeleinea lea (Bálint *et* Johnson) 莱蚂灰蝶
Madeleinea lolita (Bálint) 络蚂灰蝶
Madeleinea ludicra Weymer 陆蚂灰蝶
Madeleinea moza Staudinger 蚂灰蝶
Madeleinea nodo (Bálint *et* Johnson) 素雅蚂灰蝶
Madeleinea odon (Bálint *et* Johnson) 奥蚂灰蝶
Madeleinea pacis Draudt 帕蚂灰蝶
Madeleinea pelorias Weymer 翠蚂灰蝶
Madeleinea sigal (Benyamini, Bálint *et* Johnson) 丝蚂灰蝶
Madeleinea tintarrona (Bálint *et* Johnson) 彩蚂灰蝶
Madeleinea vokoban (Bálint *et* Johnson) 亮蚂灰蝶
madius skipper [*Vehilius madius* Bell] 玛帏罩弄蝶
Madiza 平鬃叶蝇属
Madiza glabra Fallén 光秃平鬃叶蝇
Madiza lacteipennis Hendel 白羽平鬃叶蝇，白翅平鬃叶蝇，白翅稗秆蝇
Madizinae 平鬃叶蝇亚科
Madras ace [= Sahyadri orange ace, *Thoressa honorei* de Nicéville] 印度陀弄蝶
Madrasostes 球金龟甲属，球金龟属
Madrasostes suzukii Ochi, Tsai *et* Masumoto 铃木球金龟甲，铃木球金龟
Madrasostes taiwanense Ochi, Tsai *et* Masumoto 台湾球金龟甲，台湾球金龟
Madremyia saundersii (Williston) 云杉色卷蛾寄蝇
madreporiform body 石珊瑚状体 < 见于镣蚧科 Asterolecaniidae 中，同 cribri-form plates>
madrone butterfly [= madrone caterpillar, *Eucheira socialis* Westwood] 油粉蝶
madrone caterpillar 见 madrone butterfly
madrone shield bearer [*Coptodisca arbutiella* Busck] 金辉日蛾
madyes swallowtail [*Battus madyes* (Doubleday)] 美贝凤蝶
Maenas 艳叶夜蛾属 *Eudocima* 的异名
Maenas salaminia (Cramer) 见 *Eudocima salaminia*
maerianum 后胸支节 < 后胸腹面位于基节臼及整侧板后，用以支持后足的节 >
Maesaipsyche 美赛弓石蛾属
Maesaipsyche serrulata Sun *et* Yang 细齿美赛弓石蛾
Maessen's acraea mimic [*Mimacraea maesseni* Libert] 玛拟珍灰蝶
Maessen's acraea skipper [*Fresna maesseni* Miller] 玛菲弄蝶
Maessen's dusky dart [*Paracleros maesseni* Berger] 玛拟白牙弄蝶
Maessen's eresina [*Eresina maesseni* Stempffer] 迈厄灰蝶
Maessen's forest sylph [*Ceratrichia maesseni* Miller] 玛粉弄蝶
Maessen's ignoble bush brown [*Bicyclus maesseni* Condamin] 迈森蔽眼蝶
Maezous 玛蝶角蛉属
Maezous formosanus (Okamoto) 短腹玛蝶角蛉，短腹蝶角蛉，台苏蝶角蛉
Maezous fumialus (Wang *et* Sun) 烟翅玛蝶角蛉
Maezous fuscimarginatus (Wang *et* Sun) 褐边玛蝶角蛉
Maezous jianfenglinganus (Yang *et* Wang) 尖峰岭玛蝶角蛉，尖峰岭锯角蝶角蛉
Maezous umbrosus (Esben-Petersen) 狭翅玛蝶角蛉，狭翅蝶角蛉，等痣蝶角蛉
mafa sandman [*Spialia mafa* (Trimen)] 马弗饰弄蝶
Magadha 马颖蜡蝉属
Magadha basimaculata Long, Yang *et* Chen 基斑马颖蜡蝉
Magadha cervina Fennah 四川马颖蜡蝉
Magadha densimaculosa Long, Yang *et* Chen 密斑马颖蜡蝉
Magadha denticulata Fennah 见 *Semibetatropis denticulata*
Magadha eusordida Chen, Yang *et* Wilson 云斑马颖蜡蝉
Magadha fennahi Liang 芬氏马颖蜡蝉
Magadha flavisigna (Walker) 黄斑马颖蜡蝉，马颖蜡蝉
Magadha formosana Matsumura 台湾马颖蜡蝉
Magadha guangdongensis Chou *et* Wang 广东马颖蜡蝉
Magadha guangzhouensis Wang 广州马颖蜡蝉
Magadha gyirongensis Wang *et* Wang 吉隆马颖蜡蝉
Magadha intumescentia Long, Yang *et* Chen 膨带马颖蜡蝉
Magadha metasequoiae Fennah 水杉马颖蜡蝉
Magadha nebulosa Distant 暗马颖蜡蝉
Magadha pinnata Chen, Yang *et* Wilson 双突马颖蜡蝉
Magadha redunca Chen, Yang *et* Wilson 曲阳基马颖蜡蝉
Magadha semitransversa Chen, Yang *et* Wilson 横片马颖蜡蝉
Magadha shaanxiensis Chou *et* Wang 陕西马颖蜡蝉
Magadha taibaishanensis Wang 太白山马颖蜡蝉
Magadha wmaculata Chou *et* Wang 波斑马颖蜡蝉 < 此种学名曾误写为 *Magadha w-maculata* Chou *et* Wang >
Magadha wuyishanana Chou *et* Wang 武夷马颖蜡蝉
Magadha yadongensis Wang *et* Wang 亚东马颖蜡蝉
Magadha yangia Wang *et* Huang 杨氏马颖蜡蝉
Magdalena alpine [*Erebia magdalena* Strecker] 黑翅红眼蝶
magdalia skipper [*Choranthus magdalia* Herrich-Schäffer] 古巴潮弄蝶
Magdalis 大盾象甲属，大盾象属
Magdalis aenescens LeConte [bronze appletree weevil] 古铜大盾象甲，苹青铜象甲
Magdalis alini (Voss) 阿氏大盾象甲，阿氏拟咽象
Magdalis alutacea LeConte 淡褐大盾象甲，淡褐大盾象
Magdalis armicollis (Say) [red elm bark weevil] 红榆大盾象甲，榆皮红象甲

Magdalis austera Fall 厉大盾象甲，厉大盾象
Magdalis barbicornis (Latreille) [pear weevil, apple stem piercer] 梨切枝象甲，梨切枝象
Magdalis barbita (Say) [black elm bark weevil] 黑榆大盾象甲，榆黑象甲
Magdalis cuneiformis Horn 楔状大盾象甲，楔状大盾象
Magdalis gracilis LeConte 细大盾象甲，细大盾象
Magdalis himalayana Marshall 喜马拉雅大盾象甲，喜马拉雅大盾象
Magdalis hispoides LeConte 粗大盾象甲，粗大盾象
Magdalis inconspicua Horn 隐大盾象甲，隐大盾象
Magdalis lecontei Horn 莱氏大盾象甲，莱氏大盾象
Magdalis perforata Horn 具孔大盾象甲，具孔大盾象
Magdalis proxima Fall 前基大盾象甲，前基大盾象
Magdalis thoracicus Kôno *et* Morimoto 胸大盾象甲，胸大盾象
Magdalium 大青蜂属
Magdalium orchidense Kimsey 兰屿大青蜂
magellan birdwing [*Troides magellanus* (Felder *et* Felder)] 荧光裳凤蝶
magenta 品红色
magenta tip [= lilac tip, *Colotis celimene* (Lucas)] 紫襟珂粉蝶
maggot 蛆
maggot debridement therapy [abb. MDT; = maggot therapy, larval therapy, larva therapy, larvae therapy] 蛆疗
maggot-pierced cocoon 蝇蛆茧，蛆孔茧 <家蚕的>
maggot therapy 见 maggot debridement therapy (MDT)
Maghreb poplar hawkmoth [*Laothoe austanti* (Staudinger)] 北非黄脉天蛾
Magicicada 秀蝉属
Magicicada cassini (Fisher) 卡氏秀蝉
Magicicada septendecim (Linnaeus) [periodical cicada, Pharaoh cicada, 17 year locust] 晚秀蝉，十七年蝉
Magicicada septendecula Alexander *et* Moore [little 17-year cicada] 小秀蝉
Magicivena 奇脉虫属
Magicivena sticta Yang, Shih, Rasnitsyn, Ren *et* Gao 斑点奇脉虫
Magicivenidae 奇脉虫科
Maginicauda 魔尾麻蝇属
Maginicauda linjiangensis Wei 临江魔尾麻蝇
Magnaxyela 大长节叶蜂属
Magnaxyela rara Zheng, Chen, Zhang *et* Zhang 稀奇大长节叶蜂
magnetic-bead enrichment method 磁珠富集法
magnificent forester [*Euphaedra francina* (Godart)] 半绿栎蛱蝶
magnificent leafwing [*Coenophlebia archidona* (Hewitson)] 拟叶蛱蝶，始安蛱蝶
magnificent oakblue [*Arhopala anarte* (Hewitson)] 安娆灰蝶
magnificent skipper [*Phareas coeleste* Westwood] 黄裙弄蝶
Magnimyiolia 直颜实蝇属，马嘎尼实蝇属
Magnimyiolia convexifrons Chen 褐翅直颜实蝇，天目山马嘎尼实蝇，凸额头实蝇
Magnimyiolia disrupta Chen 间断直颜实蝇
Magnimyiolia hunana Wang 湖南直颜实蝇，湖南马嘎尼实蝇
Magnimyiolia interrupta Kwon 韩国直颜实蝇，韩国马嘎尼实蝇
Magnimyiolia jozana Shiraki 定山直颜实蝇，乔扎马嘎尼实蝇
Magnimyiolia media Ito 中直颜实蝇，麦迪亚马嘎尼实蝇
Magnimyiolia sigmoidea Ito 弯直颜实蝇，斯嘎摩马嘎尼实蝇
Magnimyiolia tengchongnica Chen 腾冲直颜实蝇
Magnimyiolia tibetana Chen *et* Wang 西藏直颜实蝇
Magnimyiolia trajecticia Ito 带直颜实蝇，特拉费马嘎尼实蝇
Magnimyiolia yunnanica Chen *et* Wang 云南直颜实蝇
Magnitarsijanus 大跗茎蜂属
Magnitarsijanus kashivorus (Yano *et* Satô) [oak shoot sawfly, evergreen oak shoot sawfly] 红盾大跗茎蜂，栎梢铗茎蜂，槲红茎蜂
Magnitarsijanus sinicus Liu, Niu *et* Wei 中华大跗茎蜂
magnolia marmorated aphid [*Calaphis magnoliae* Essig *et* Kuwana] 木莲长角斑蚜，木兰新丽蚜
magnolia scale [*Neolecanium cornuparvum* (Thro)] 美木兰坚蜡蚧，木莲蜡蚧
magnolia white scale [= false oleander scale, oleander scale, oyster scale, Fullaway oleander scale, mango scale, *Pseudaulacaspis cockerelli* (Cooley)] 考氏白盾蚧，考氏雪盾蚧，考氏拟轮蚧，椰子拟白轮盾介壳虫
Magnusantenna 巨角缘蝽属
Magnusantenna wuae Du *et* Chen 吴氏巨角缘蝽
magpie 1. [= magpie moth, currant moth, *Abraxas grossulariata* (Linnaeus)] 醋栗金星尺蛾，醋栗尺蠖，格金星尺蛾，栗斑尺蛾；2. [*Protoploea apatela* (Joicey *et* Talbot)] 鹊斑蝶
magpie crow [*Euploea radamantha* (Fabricius)] 白壁紫斑蝶
magpie moth 1. [= magpie, currant moth, *Abraxas grossulariata* (Linnaeus)] 醋栗金星尺蛾，醋栗尺蠖，格金星尺蛾，栗斑尺蛾；2. [= senecio moth, cineraria moth, *Nyctemera amica* (White)] 千里光蝶灯蛾；3. [= New Zealand magpie moth, *Nyctemera annulata* (Boisduval)] 环蝶灯蛾
Magusa 魔夜蛾
Magusa interrupta (Warren) 见 *Sasunaga interrupta*
Magusa tenebrosa (Moore) 见 *Sasunaga tenebrosa*
Magusa versicolora Saalmüller 尼日利亚奇魔夜蛾
Mahanta 枯刺蛾属
Mahanta kawadai Yoshimoto 川田枯刺蛾，川田氏枯刺蛾
Mahanta quadrilinea Moore 四线枯刺蛾，枯刺蛾
Mahanta tanyae Solovyev 祖娅枯刺蛾
Mahanta yoshimotoi Wang *et* Huang 吉本枯刺蛾
Mahanta zolotuhini Solovyev 梭氏枯刺蛾
maharaja apollo [*Parnassius maharaja* Avinoff] 马哈绢蝶
Mahasena 墨袋蛾属
Mahasena colona Sonan 褐袋蛾，褐墨袋蛾，褐蓑蛾
Mahasena hockingi Moore 哈墨袋蛾
Mahasena kotoensis Sonan 柯墨袋蛾
Mahasena nitobei Matsumura 泥墨袋蛾
Mahasena oolona Sonan 台湾墨袋蛾
Mahasena theivora Dudgion 茶墨袋蛾，茶蘑蓑蛾
Mahasena yuna Chao 燕墨袋蛾
Mahathala 玛灰蝶属，凹翅紫灰蝶属
Mahathala ameria (Hewitson) [falcate oak blue] 玛灰蝶
Mahathala ameria ameria (Hewitson) 玛灰蝶指名亚种
Mahathala ameria formosa Fruhstorfer 同 *Mahathala hainani*
Mahathala ameria hainani Bethune-Baker 见 *Mahathala hainani*
Mahathala ameria kiangana Talbot 玛灰蝶南方亚种，江玛灰蝶
Mahathala ariadeva Fruhstorfer [Malayan falcate oakblue] 阿里玛灰蝶，黑点玛灰蝶，婀玛灰蝶

Mahathala hainani Bethune-Baker 台湾玛灰蝶，凹翅紫灰蝶，贵灰蝶，玛灰蝶，凹翅紫小灰蝶，圆翅紫燕小灰蝶，凹翅紫燕小灰蝶
Mahathala gone Druce 角玛灰蝶
Mahencyrtus 玛赫跳小蜂属
Mahencyrtus comova Walker 柯木玛赫跳小蜂
maheta skipper [= northern silver ochre, *Trapezites maheta* (Hewitson)] 马哈梯弄蝶
Mahmutkashgaria 沟茎飞虱属
Mahmutkashgaria liboensis (Chen) 荔波沟茎飞虱
Mahmutkashgaria sulcatus (Ding) 沟茎飞虱
Mahoenui giant weta [*Deinacrida mahoenui* Gibbs] 马霍巨沙螽
mahogany collar borer [Dysceroides longiclavis (Marshall)] 长棒戴象甲，长棒齿喙象甲，长棒横沟象，大叶桃花心木象甲
mahogany shoot-borer 1. [= meliaceae shoot borer, *Hypsipyla grandella* (Zeller)] 桃花心楝斑螟，桃花心木斑螟；2. [= cedar tip moth, cedar shoot borer, meliaceae shoot borer, red cedar tip moth, *Hypsipyla robusta* (Moore)] 粗壮楝斑螟，柚木梢斑螟，麻楝蛀斑螟，桃花心木芽斑螟
maid-of-Kent beetle [*Emus hirtus* (Linnaeus)] 多毛隐翅甲，金毛熊隐翅虫
Maiestas 愈叶蝉属
Maiestas bilineata (Dash *et* Viraktamath) 双线愈叶蝉
Maiestas biproductus Xing *et* Li 双突愈叶蝉
Maiestas brevicula (Dash *et* Viraktamath) 短纹愈叶蝉
Maiestas crura Zhang *et* Duan 修愈叶蝉
Maiestas cultella Zhang *et* Duan 刀愈叶蝉
Maiestas dinghuensis Zhang *et* Duan 鼎湖愈叶蝉
Maiestas distinctus (Motschulsky) [marmorate broad-headed leafhopper] 纹愈叶蝉，杰纹显叶蝉，杰纹叶蝉，显托叶蝉，日杰出叶蝉，黑环角顶叶蝉，显脉木叶蝉，阔头木叶蝉
Maiestas dorsalis (Motschulsky) [zigzag leafhopper, zigzag rice leafhopper, zigzag-striped leafhopper, zig-zagged winged leafhopper, brown-banded rice leafhopper] 电光愈叶蝉，电光纹叶蝉，电光叶蝉
Maiestas glabra (Cai *et* Britton) 光板愈叶蝉，光板纹叶蝉
Maiestas heuksandoensis (Kwon *et* Lee) 黑山愈叶蝉，黑山纹叶蝉
Maiestas horvathi (Then) 丝愈叶蝉，丝纹叶蝉
Maiestas irisa Zhang *et* Duan 虹彩愈叶蝉
Maiestas irwini Duan, Dietrich *et* Zhang 伊氏愈叶蝉
Maiestas latifrons (Matsumura) 宽额愈叶蝉，宽额角顶叶蝉
Maiestas luodianensis Xing *et* Li 罗甸愈叶蝉
Maiestas maculatus (Singh-Pruthi) 斑愈叶蝉，斑三点叶蝉
Maiestas obongsanensis (Kwon *et* Lee) 五峰山愈叶蝉
Maiestas oryzae (Matsumura) [rice maculated leafhopper] 稻愈叶蝉，稻角顶叶蝉，稻斑叶蝉，稻纹叶蝉，稻叶蝉
Maiestas pararemigia Zhang *et* Duan 类丽愈叶蝉
Maiestas pileiformis Zhang *et* Duan 帽愈叶蝉
Maiestas remigia Zhang *et* Duan 丽愈叶蝉
Maiestas rostriformis Zhang *et* Duan 喙愈叶蝉
Maiestas samuelsoni (Knight) 萨氏愈叶蝉
Maiestas scalpella Zhang *et* Duan 针愈叶蝉
Maiestas schmidtgeni (Wagner) 黑环愈叶蝉，黑环纹叶蝉
Maiestas subviridis (Metcalf) 绿愈叶蝉
Maiestas tareni (Dash *et* Viraktamath) 塔氏愈叶蝉
Maiestas webbi Zhang *et* Duan 韦氏愈叶蝉
Maiestas xanthocephala (Dash *et* Viraktamath) 黄头愈叶蝉
Maiestas yangae Zhang *et* Duan 杨氏愈叶蝉
Maikona 迷虎蛾属
Maikona jezoensis Matsumura 北海道迷虎蛾，迷虎蛾
Maikona jezoensis yazakii Kishida 见 *Maikona yazakii*
Maikona nanlingensis Owada *et* Wang 南岭迷虎蛾
Maikona yazakii Kishida 矢崎迷虎蛾，雅迷虎蛾，迷虎蛾
Maillotia 梅蚊亚属
main sericultural region 主要养蚕地区
main tracheal trunk 纵走气管
Maindroniinae 光衣鱼亚科
Maira 棒喙虫虻属，棒喙食虫虻属，蟹形食虫虻属
Maira aenea (Fabricius) 古铜棒喙虫虻，古铜食虫虻
Maira aterrima Hermann 广州棒喙虫虻，广州棒喙食虫虻，最黑棒喙虫虻，黝黑食虫虻
Maira xizangensis Shi 西藏棒喙虫虻，西藏棒喙食虫虻
maize aphid [= corn leaf aphid, corn aphid, cereal leaf aphid, *Rhopalosiphum maidis* (Fitch)] 玉米叶蚜，玉米蚜，玉米缢管蚜，玉蜀黍蚜
maize billbug [*Sphenophorus maidis* Chittenden] 玉米尖隐喙象甲，玉米谷象，玉米长喙象甲
maize black thrips [= maize thrips, *Caliothrips striatopterus* (Kobus)] 纹翅巢针蓟马，玉米带巢蓟马，玉米白带蓟马，玉米白带黑蓟马
maize blossom beetle [= pineapple sap beetle, pineapple beetle, yellow shouldered souring beetle, *Urophorus humeralis* (Fabricius)] 隆肩尾露尾甲，肩优露尾甲，肩露尾甲，玉米花露尾甲，肩果露尾甲，隆肩露尾甲
maize borer [= corn stem borer, greater sugarcane borer, sorghum stem borer, stem corn borer, dura stem borer, large corn borer, pink sugarcane borer, sugarcane pink borer, sorghum borer, pink corn borer, purple stem borer, durra stem borer, *Sesamia cretica* Lederer] 高粱蛀茎夜蛾
maize budworm [= fall armyworm, fall armyworm moth, southern grass worm, southern grassworm, alfalfa worm, buckworm, budworm, corn budworm, corn leafworm, cotton leaf worm, daggy's corn worm, grass caterpillar, grass worm, overflow worm, rice caterpillar, southern armyworm, wheat cutworm, whorlworm, *Spodoptera frugiperda* (Smith)] 草地贪夜蛾，草地夜蛾，秋黏虫，草地黏虫，甜菜贪夜蛾
maize cobworm [= cotton bollworm, grain caterpillar, Old Wo rld bollworm, cornear worm, African bollworm, scarce bordered straw moth, northern budworm, gram pod borer, gram caterpillar, grain caterpillar, *Helicoverpa armigera* (Hübner)] 棉铃虫，棉铃实夜蛾
maize darkling beetle [= maize tenebrionid, *Pedinus femoralis* (Linnaeus)] 玉米扁足甲，玉米拟步甲
maize leaf caterpillar [= maize webworm, trapeze moth, *Cnaphalocrocis trapezalis* (Guenée)] 玉米卷叶野螟，杂粮刷须野螟
maize leafhopper 1. [*Cicadulina mbila* (Naudé)] 玉米拟点叶蝉，玉米叶蝉；2. [= corn leafhopper, *Dalbulus maidis* De Long] 玉米黄翅叶蝉

maize moth 1. [= Hawaiian beet webworm, Hawaiian beet webworm moth, beet webworm, beet webworm moth, small webworm, beet leaftier, spinach moth, *Spoladea recurvalis* (Fabricius)] 甜菜青野螟，甜菜白带野螟，夏威夷甜菜螟，甜菜白带螟，白带野螟；2. [= yellow peach moth, durian fruit borer, castor capsule borer, yellow peach borer, cone moth, castor seed caterpillar, castor borer, peach pyralid moth, Queensland bollworm, smaller maize borer, *Conogethes punctiferalis* (Guenée)] 桃蛀螟，桃多斑野螟，桃蛀野螟，桃蠹螟，桃实螟蛾，豹纹蛾，豹纹斑螟，桃斑螟，桃斑蛀螟

maize stalk borer 1. [= spotted stalk borer, maize stem borer, corn stem borer, sorghum stem borer, *Chilo partellus* (Swinhoe)] 斑禾草螟，玉米禾螟，禾草螟，蛀茎斑螟，高粱螟虫；2. [= African maize stalk borer, African stem borer, *Busseola fusca* (Fuller)] 玉米干夜蛾，玉米楷夜蛾，亚澳白裙夜蛾，非洲钻心虫

maize stem borer [= spotted stalk borer, maize stalk borer, corn stem borer, sorghum stem borer, *Chilo partellus* (Swinhoe)] 斑禾草螟，玉米禾螟，禾草螟，蛀茎斑螟，高粱螟虫

maize tassel beetle [*Megalognatha rufiventris* Baly] 黍色广背叶甲

maize tenebrionid [= maize darkling beetle, *Pedinus femoralis* (Linnaeus)] 玉米扁足甲，玉米拟步甲

maize thrips 见 maize black thrips

maize webworm 见 maize leaf caterpillar

maize weevil [= greater grain weevil, greater rice weevil, northern corn billbug, *Sitophilus zeamais* (Motschulsky)] 玉米象，玉米象甲

Majangella 苔螳属

Majangella moultoni Giglio-Tos 莫氏苔螳

Majanginae 突眼螳螂亚科

majestic green swallowtail [= peacock, green Buddah swallowtail, green swallowtail, *Papilio blumei* Boisduval] 蓝尾翠凤蝶，印尼碧凤蝶，爱神凤蝶

Majialandrevus 马甲幽兰蟋属

Majialandrevus dingguo He 定国马甲幽兰蟋

major 大型工蚁或工蜇

major character 主要特征，主要性状

major darkie [*Allotinus major* Felder *et* Felder] 大锉灰蝶

major gene 主基因

majority consensus cladogram 多数合意支序图

majority consensus tree 多数合意树，大多数一致树

Makiptyelus 玛巢沫蝉属

Makiptyelus dimorphus Maki 二型玛巢沫蝉，朴巢沫蝉，二型亨沫蝉

Makiptyelus fasciatus Kato 同 *Taihorina geisha*

makisterone 罗汉松甾酮

Makrena clearwing [*Oleria makrena* (Hewitson)] 透花油绡蝶

mala mandibularis 上颚磨面

mala maxilla 下颚叶 <当下颚仅有外颚叶或内颚叶者，或二者合并为一时，称下颚叶>

malabar banded peacock [*Papilio buddha* Westwood] 佛陀翠凤蝶

malabar banded swallowtail [*Papilio liomedon* Moore] 娄美凤蝶

malabar hedge hopper [*Baracus hampsoni* Elwes] 汉普巴弄蝶，汉普黧弄蝶

malabar raven [*Papilio dravidarum* Wood-Mason] 白箭美凤蝶

malabar rose [*Pachliopta pandiyana* Moore] 潘迪珠凤蝶

Malaccina 摩褶翅蠊属

Malaccina guilinensis Roth 同 *Malaccina isomorpha*

Malaccina isomorpha (Walker) 中华摩褶翅蠊，香港扁姬蠊

Malaccina sinica (Bey-Bienko) 同 *Malaccina isomorpha*

Malaccina varia (Bey-Bienko) 杂摩褶翅蠊

malachiid 1. [= malachiid beetle, soft-winged flower beetle, dasytid, dasytid beetle, melyrid, melyrid beetle] 拟花萤，囊花萤 <拟花萤科 Melyridae 昆虫的通称>；2. 拟花萤科的

malachiid beetle [= malachiid, soft-winged flower beetle, dasytid, dasytid beetle, melyrid, melyrid beetle] 拟花萤，囊花萤

Malachiidae [= Melyridae, Dasytidae] 拟花萤科，囊花萤科，囊毛萤科，耀夜萤科

Malachiinae 囊花萤亚科

Malachiini 囊花萤族

Malachiomimus 玛花萤属

Malachiomimus subunicolor Pic 一色玛花萤

malachite 1. [= synlestid damselfly, sylph, synlestid] 综蟌 <综蟌科 Synlestidae 昆虫的通称>；2. [*Victorina stelenes* (Linnaeus)] 绿帘维蛱蝶

Malachius 囊花萤属，耀夜萤属

Malachius aeneus (Linnaeus) [scarlet malachite beetle] 鲜红囊花萤

Malachius bicornutus Fairmaire 双角囊花萤

Malachius biimpressifrons Pic 见 *Anhomodactylus biimpressifrons*

Malachius davidi Pic 见 *Cordylepherus davidi*

Malachius faustus Erichson 浮囊花萤

Malachius fissipennis Wittmer 见 *Clanoptilus fissipennis*

Malachius lineaticollis Pic 纹领囊花萤，线囊花萤

Malachius moupinensis Pic 见 *Cordylepherus moupinensis*

Malachius pinguis Abeille 壮囊花萤

Malachius savioi Pic 见 *Clanoptilus savioi*

Malachius sinensis Abeille 见 *Clanoptilus sinensis*

Malachius sinuaticollis Pic 见 *Cyrtosus sinuaticollis*

Malachius sinuaticollis moutoni Pic 同 *Cyrtosus sinuaticollis*

Malachius strigicrus Fairmaire 见 *Haplomalachius strigicrus*

Malachius vaillanti Pic 见 *Cordylepherus vaillanti*

Malachius vandykei Wittmer 见 *Microlipus vandykei*

Malachius vitticollis Kiesenwetter 见 *Cyrtosus vitticollis*

Malachius xantholoma Kiesenwetter 见 *Cordylepherus xantholoma*

Malachius yunnanus Pic 滇囊花萤

Malachoherca 锦祝蛾属

Malachoherca ardensa Wu 锦祝蛾

malacia 软化症 <家蚕的>

malacosis 软化症 <家蚕的>

Malacosoma 幕枯叶蛾属，天幕毛虫属

Malacosoma americanum (Fabricius) [eastern tent caterpillar] 苹幕枯叶蛾，苹天幕毛虫，美洲天幕毛虫，东方天幕毛虫

Malacosoma autumnaria Yang 秋幕枯叶蛾，秋天幕毛虫

Malacosoma betula Hou 桦幕枯叶蛾，桦天幕毛虫

Malacosoma californicum (Packard) [western tent caterpillar] 加州幕枯叶蛾，加州天幕毛虫

Malacosoma californicum californicum (Packard) 加州幕枯叶蛾指名亚种

Malacosoma californicum lutescens (Neumoegen *et* Dyar) [prairie tent caterpillar] 加州幕枯叶蛾草原亚种，草原天幕毛虫

Malacosoma californicum pluviale (Dyar) [northern tent caterpillar] 加州幕枯叶蛾北部亚种，西加州天幕毛虫，西部天幕毛虫
Malacosoma castrensis (Linnaeus) [ground lackey] 暗双带幕枯叶蛾，双带幕枯叶蛾 <此种学名有误写为 *Malacosoma castrense* (Linnaeus) 者>
Malacosoma castrensis castrensis (Linnaeus) 暗双带幕枯叶蛾指名亚种，双带幕枯叶蛾
Malacosoma castrensis kirghisica (Staudinger) 暗双带幕枯叶蛾浅色亚种，浅双带幕枯叶蛾，双带天幕毛虫
Malacosoma castrensis thomalae Gaede 暗双带幕枯叶蛾天山亚种，索卡天幕毛虫
Malacosoma constrictum (Edwards) [Pacific tent caterpillar] 太平洋幕枯叶蛾，太平洋天幕毛虫
Malacosoma dentata Mell 棕色幕枯叶蛾，棕幕枯叶蛾，棕色天幕毛虫
Malacosoma disstria Hübner [forest tent caterpillar, forest tent caterpillar moth] 森林幕枯叶蛾，森林天幕毛虫
Malacosoma flavomarginata Poujade 黄缘天幕毛虫
Malacosoma formosana Matsumura 见 *Malacosoma neustria formosana*
Malacosoma incurvum (Edwards) [southwestern tent caterpillar, southwestern tent caterpillar moth] 西南幕枯叶蛾，西南天幕毛虫，弯曲天幕毛虫
Malacosoma indica (Walker) [Indian tent caterpillar] 印度幕枯叶蛾，印度天幕毛虫，西藏天幕毛虫
Malacosoma insignis de Lajonquière 高山幕枯叶蛾，高山天幕毛虫，阴天幕毛虫
Malacosoma kirghisica Staudinger 见 *Malacosoma castrensis kirghisica*
Malacosoma liupa Hou 留坝幕枯叶蛾，留坝天幕毛虫
Malacosoma lutescens (Neumoegen *et* Dyar) 见 *Malacosoma californicum lutescens*
Malacosoma lutescens nucleopolyhedrovirus 草原天幕毛虫核型多角体病毒
Malacosoma neustria (Linnaeus) [lackey, lackey moth, European lackey moth, common lackey, common lackey moth] 广幕枯叶蛾，广天幕毛虫，天幕毛虫，脉幕枯叶蛾
Malacosoma neustria formosana Matsumura 广幕枯叶蛾台湾亚种，台湾天幕枯叶蛾，台湾松毛虫，天幕枯叶蛾，台天幕毛虫
Malacosoma neustria neustria (Linnaeus) 广幕枯叶蛾指名亚种
Malacosoma neustria nucleopolyhedrovirus 广天幕毛虫核型多角体病毒，黄褐天幕毛虫核型多角体病毒
Malacosoma neustria testacea Motschulsky [Japanese tent caterpillar] 广幕枯叶蛾黄褐亚种，黄褐幕枯叶蛾，黄褐天幕毛虫，天幕毛虫，天幕枯叶蛾，带枯叶蛾，梅毛虫
Malacosoma parallela (Staudinger) 山地幕枯叶蛾，山地天幕毛虫
Malacosoma pluvialis Dyar 见 *Malacosoma californicum pluviale*
Malacosoma prima (Staudinger) 青春幕枯叶蛾，青春天幕毛虫
Malacosoma rectifascia de Lajonquière 绵山幕枯叶蛾，绵山天幕毛虫
Malacosoma tibetana Hou 同 *Malacosoma indica*
Malacosoma tigris (Dyar) [Sonoran tent caterpillar] 底格幕枯叶蛾，底格天幕毛虫，虎纹天幕毛虫
Malacuncina 展尺蛾属 *Menophra* 的异名
Malacuncina chionodes Wehrli 见 *Menophra chionodes*
Malacuncina jobaphes Wehrli 见 *Menophra jobaphes*
Malacuncina prouti (Sterneck) 见 *Menophra prouti*
Maladera 玛绢金龟甲属，玛绢金龟属，绒毛金龟属，绒金龟属
Maladera allonitens Ahrens, Fabrizi *et* Liu 异亮玛绢金龟甲
Maladera anhuiensis Ahrens, Fabrizi *et* Liu 安徽玛绢金龟甲
Maladera annamensis (Moser) 安南玛绢金龟甲，泰玛绢金龟，安南绒毛金龟
Maladera apicalis Ahrens, Fabrizi *et* Liu 尖突玛绢金龟甲
Maladera aptera Ahrens, Fabrizi *et* Liu 无后翅玛绢金龟甲
Maladera assamensis (Brenske) 同 *Maladera thomsoni*
Maladera aureola (Murayama) 滑胫玛绢金龟甲，滑胫玛绢金龟，宽胫玛绢金龟
Maladera baii Ahrens, Fabrizi *et* Liu 白氏玛绢金龟甲
Maladera baishaoensis Ahrens, Fabrizi *et* Liu 棕黄玛绢金龟甲
Maladera bansongchana Ahrens, Fabrizi *et* Liu 老挝玛绢金龟甲
Maladera baoxingensis Ahrens, Fabrizi *et* Liu 宝兴玛绢金龟甲
Maladera bawanglingana Ahrens, Fabrizi *et* Liu 霸王岭玛绢金龟甲
Maladera bawanglingensis Ahrens, Fabrizi *et* Liu 长突玛绢金龟甲
Maladera beibengensis Ahrens, Fabrizi *et* Liu 背崩玛绢金龟甲
Maladera beidouensis Ahrens, Fabrizi *et* Liu 北斗玛绢金龟甲
Maladera bikouensis Ahrens, Fabrizi *et* Liu 碧口玛绢金龟甲
Maladera botrytibia Nomura 球胫玛绢金龟甲，球胫玛绢金龟，胫毛绒毛金龟
Maladera breviclava Ahrens, Fabrizi *et* Liu 短节玛绢金龟甲
Maladera brevipilosa Kobayashi 同 *Serica formosana*
Maladera brunnea (Linnaeus) 见 *Serica brunnea*
Maladera brunnescens (Frey) 暗褐玛绢金龟甲，褐绢金龟
Maladera bubengensis Ahrens, Fabrizi *et* Liu 补蚌玛绢金龟甲
Maladera businskyorum Ahrens, Fabrizi *et* Liu 布氏玛绢金龟甲
Maladera cardoni (Brenske) 卡氏玛绢金龟甲
Maladera cariniceps (Moser) 脊头玛绢金龟甲
Maladera castanea (Arrow) 同 *Maladera formosae*
Maladera chenzhouana Ahrens, Fabrizi *et* Liu 郴州玛绢金龟甲
Maladera chinensis (Moser) 中华玛绢金龟甲，中华绢金龟甲，华绢金龟
Maladera cinnabarina Brenske 朱红玛绢金龟甲，朱红玛绢金龟
Maladera clypeata (Fairmaire) 唇玛绢金龟甲，唇土绢金龟甲，唇土绢金龟
Maladera constellata Ahrens, Fabrizi *et* Liu 等玛绢金龟甲
Maladera crenatotibialis Ahrens, Fabrizi *et* Liu 齿胫玛绢金龟甲
Maladera crenolatipes Ahrens, Fabrizi *et* Liu 齿列玛绢金龟甲
Maladera curvifemora Nomura 同 *Serica formosana*
Maladera daanensis Ahrens, Fabrizi *et* Liu 大安玛绢金龟甲
Maladera dadongshanica Ahrens, Fabrizi *et* Liu 大东山玛绢金龟甲
Maladera dahongshanica Ahrens, Fabrizi *et* Liu 大洪山玛绢金龟甲
Maladera dajuensis Ahrens, Fabrizi *et* Liu 大具玛绢金龟甲
Maladera danfengensis Ahrens, Fabrizi *et* Liu 丹凤玛绢金龟甲
Maladera dayaoshanica Ahrens, Fabrizi *et* Liu 大瑶山玛绢金龟甲
Maladera detersa (Erichson) 德玛绢金龟甲，德土绢金龟甲，德土绢金龟
Maladera diaolinensis Ahrens, Fabrizi *et* Liu 棕亮玛绢金龟甲

Maladera diversipes (Moser) 红棕玛绢金龟甲
Maladera drescheri (Moser) 德氏玛绢金龟甲
Maladera egregia (Arrow) 南玛绢金龟甲
Maladera emeifengensis Ahrens, Fabrizi *et* Liu 峨眉峰玛绢金龟甲
Maladera enigma Ahrens, Fabrizi *et* Liu 悬玛绢金龟甲
Maladera erlangshanica Ahrens, Fabrizi *et* Liu 二郎山玛绢金龟甲
Maladera eshanensis Ahrens, Fabrizi *et* Liu 峨山玛绢金龟甲
Maladera euphorbiae (Burmeister) 西北玛绢金龟甲
Maladera excisilabrata Ahrens, Fabrizi *et* Liu 凹唇玛绢金龟甲
Maladera exigua (Brenske) 上海玛绢金龟甲
Maladera exima (Arrow) 四斑玛绢金龟甲
Maladera fangana Ahrens, Fabrizi *et* Liu 深黑玛绢金龟甲
Maladera fangchengensis Ahrens, Fabrizi *et* Liu 防城玛绢金龟甲
Maladera fencli Ahrens, Fabrizi *et* Liu 芬氏玛绢金龟甲
Maladera fengyangshanica Ahrens, Fabrizi *et* Liu 凤阳山玛绢金龟甲
Maladera fereobscurata Ahrens, Fabrizi *et* Liu 近褐玛绢金龟甲
Maladera filigraniforceps Ahrens, Fabrizi *et* Liu 细突玛绢金龟甲
Maladera flammea (Brenske) 焰玛绢金龟甲，焰土绢金龟甲，焰土绢金龟
Maladera flavipennis Ahrens, Fabrizi *et* Liu 黄鞘玛绢金龟甲
Maladera formosae (Brenske) [Asiatic garden beetle] 台岛玛绢金龟甲，台岛玛绢金龟，台湾红绒毛金龟，台湾绒金龟
Maladera fuanensis Ahrens, Fabrizi *et* Liu 福安玛绢金龟甲
Maladera furcillata (Brenske) 同 *Maladera motschulskyi*
Maladera fusania (Murayama) 釜山玛绢金龟甲，福玛绢金龟，釜山绒毛金龟
Maladera fusca (Frey) 褐玛绢金龟甲，褐玛绢金龟，深褐绒毛金龟
Maladera fuscipes (Moser) 褐足玛绢金龟甲
Maladera futschauana (Brenske) 福州玛绢金龟甲
Maladera gansuensis (Miyake *et* Yamaya) 甘肃玛绢金龟甲
Maladera gibbiventris (Brenske) 驼玛绢金龟甲，驼玛绢金龟，隆腹绒毛金龟，隆腹蚂金龟
Maladera guangdongana Ahrens, Fabrizi *et* Liu 广东玛绢金龟甲
Maladera guanzhaishanica Ahrens, Fabrizi *et* Liu 冠豸山玛绢金龟甲
Maladera guanxianensis Ahrens, Fabrizi *et* Liu 灌县玛绢金龟甲
Maladera guangxiensis Ahrens, Fabrizi *et* Liu 广西玛绢金龟甲
Maladera guomenshanensis Ahrens, Fabrizi *et* Liu 密点玛绢金龟甲
Maladera guomenshanica Ahrens, Fabrizi *et* Liu 暗黄玛绢金龟甲
Maladera gusakovi Ahrens, Fabrizi *et* Liu 古氏玛绢金龟甲
Maladera haba Ahrens, Fabrizi *et* Liu 哈巴玛绢金龟甲
Maladera habashanensis Ahrens, Fabrizi *et* Liu 哈巴山玛绢金龟甲
Maladera hajeki Ahrens, Fabrizi *et* Liu 哈氏玛绢金龟甲
Maladera hansmalickyi Ahrens, Fabrizi *et* Liu 汉氏玛绢金龟甲
Maladera harmonica (Brenske) 关节玛绢金龟甲，关节土绢金龟甲，关节土绢金龟
Maladera hmong Ahrens 褐光玛绢金龟甲
Maladera holosericea (Scopoli) 全玛绢金龟甲，全玛绢金龟
Maladera hongkongica (Brenske) 香港玛绢金龟甲，香港玛绢金龟，香港绒毛金龟
Maladera hongyuanensis Ahrens, Fabrizi *et* Liu 红原玛绢金龟甲
Maladera houzhenziensis Ahrens, Fabrizi *et* Liu 厚畛子玛绢金龟甲
Maladera howdeni Ahrens 豪氏玛绢金龟甲
Maladera hsui Ahrens, Fabrizi *et* Liu 徐氏玛绢金龟甲
Maladera huanianensis Ahrens, Fabrizi *et* Liu 化念玛绢金龟甲
Maladera hubeiensis Ahrens, Fabrizi *et* Liu 湖北玛绢金龟甲
Maladera hui Ahrens, Fabrizi *et* Liu 胡氏玛绢金龟甲
Maladera hunanensis Ahrens, Fabrizi *et* Liu 湖南玛绢金龟甲
Maladera hunuguensis Ahrens, Fabrizi *et* Liu 棕鞘玛绢金龟甲
Maladera hutiaoensis Ahrens, Fabrizi *et* Liu 虎跳玛绢金龟甲
Maladera infuscata (Moser) 暗玛绢金龟甲，暗玛绢金龟，黑灰绒毛金龟
Maladera intermixta Blatch 间玛绢金龟甲，间玛绢金龟
Maladera invenusta (Moser) 殷玛绢金龟甲，殷玛绢金龟，宽腿绒毛金龟
Maladera jaintiaensis Ahrens *et* Fabrizi 疏毛玛绢金龟甲
Maladera japonica (Motschulsky) 日本玛绢金龟甲，日本玛绢金龟
Maladera jaroslavi Ahrens, Fabrizi *et* Liu 雅氏玛绢金龟甲
Maladera jatuai Ahrens, Fabrizi *et* Liu 加氏玛绢金龟甲
Maladera jiangi Ahrens, Fabrizi *et* Liu 紫红玛绢金龟甲
Maladera jingdongensis Ahrens, Fabrizi *et* Liu 景东玛绢金龟甲
Maladera jinggangshanica Ahrens, Fabrizi *et* Liu 井冈山玛绢金龟甲
Maladera jinghongensis Ahrens, Fabrizi *et* Liu 景洪玛绢金龟甲
Maladera jiucailingensis Ahrens, Fabrizi *et* Liu 韭菜岭玛绢金龟甲
Maladera jizuana Ahrens, Fabrizi *et* Liu 鸡足玛绢金龟甲
Maladera juntongi Ahrens, Fabrizi *et* Liu 郎氏玛绢金龟甲
Maladera juxianensis Ahrens, Fabrizi *et* Liu 淡黄玛绢金龟甲
Maladera kalawensis Ahrens, Fabrizi *et* Liu 细茎玛绢金龟甲
Maladera kobayashii Nomura 小林玛绢金龟甲，柯玛绢金龟，小林绒毛金龟
Maladera kreyenbergi (Moser) 克氏玛绢金龟甲，克玛绢金龟，巨头绒毛金龟
Maladera kryschanowskii Ahrens, Fabrizi *et* Liu 科氏玛绢金龟甲
Maladera kubeceki Ahrens, Fabrizi *et* Liu 库氏玛绢金龟甲
Maladera kubotai Kobayashi *et* Nomura 洼田玛绢金龟甲，库玛绢金龟，洼田绒毛金龟
Maladera kumei Kobayashi 久米玛绢金龟甲，库姆玛绢金龟，久米绒毛金龟
Maladera laboriosa (Brenske) 同 *Maladera lignicolor*
Maladera laocaiensis Ahrens, Fabrizi *et* Liu 老街玛绢金龟甲
Maladera levis (Frey) 勒玛绢金龟甲，勒玛绢金龟，角胸绒毛金龟
Maladera lianxianensis Ahrens, Fabrizi *et* Liu 连县玛绢金龟甲
Maladera liaochengensis Ahrens, Fabrizi *et* Liu 聊城玛绢金龟甲
Maladera lignicolor (Fairmaire) 木玛绢金龟甲，木土绢金龟甲，木土绢金龟
Maladera liotibia Nomura 同 *Maladera aureola*
Maladera liukueiensis Kobayashi 六龟玛绢金龟甲，六龟玛绢金龟，六龟绒毛金龟
Maladera liwenzhui Ahrens, Fabrizi *et* Liu 文柱玛绢金龟甲
Maladera longruiensis Ahrens, Fabrizi *et* Liu 陇瑞玛绢金龟甲
Maladera ludipennis Miyake, Yamaguchi *et* Aoki 同 *Maladera pallida*

Maladera lukjanovitschi (Medvedev) 卢氏玛绢金龟甲，卢氏绒金龟
Maladera luoxiangensis Ahrens, Fabrizi *et* Liu 玛绢金龟甲
Maladera lushanensis Ahrens, Fabrizi *et* Liu 庐山玛绢金龟甲
Maladera lushuiensis Ahrens, Fabrizi *et* Liu 泸水玛绢金龟甲
Maladera maedai Nomura 前田玛绢金龟甲，麦玛绢金龟，前田绒毛金龟
Maladera maguanensis Ahrens, Fabrizi *et* Liu 马关玛绢金龟甲
Maladera maoershana Ahrens, Fabrizi *et* Liu 猫儿山玛绢金龟甲
Maladera masumotoi Nomura 益本玛绢金龟甲，益本玛绢金龟，益本绒毛金龟
Maladera modestula (Brenske) 雅玛绢金龟甲
Maladera motschulskyi (Brenske) 莫氏玛绢金龟甲
Maladera mupingensis Ahrens, Fabrizi *et* Liu 红褐玛绢金龟甲
Maladera nabanensis Ahrens, Fabrizi *et* Liu 纳板玛绢金龟甲
Maladera nakamurai Miyake 六龟红绒毛金龟
Maladera nanlingensis Ahrens, Fabrizi *et* Liu 南岭玛绢金龟甲
Maladera nanpingensis Ahrens, Fabrizi *et* Liu 南屏玛绢金龟甲
Maladera nanshanchiana Nomura 南山溪玛绢金龟甲，南山溪玛绢金龟，南山绒毛金龟
Maladera nigrobrunnea (Moser) 黑棕玛绢金龟甲，黑棕绢金龟
Maladera nigrorubra (Brenske) 黑红玛绢金龟甲，黑淡红土绢金龟甲，黑淡红土绢金龟
Maladera ninglangensis Ahrens, Fabrizi *et* Liu 宁蒗玛绢金龟甲
Maladera nitens (Moser) 亮玛绢金龟甲
Maladera nomurai Hirasawa 野村玛绢金龟甲，野村绒毛金龟
Maladera nomurai hayashii Hirasawa 野村玛绢金龟甲林氏亚种，大野村绒毛金龟
Maladera nomurai nomurai Hirasawa 野村玛绢金龟甲指名亚种，野村绒毛金龟
Maladera obscurata (Moser) 黑褐玛绢金龟甲
Maladera opacifrons (Fairmaire) 暗额玛绢金龟甲，暗额玛绢金龟，缺艳绒毛金龟
Maladera opaciventris (Moser) 暗腹玛绢金龟甲
Maladera orientalis (Motschulsky) [oriental brown chafer, oriental bud chafer, smaller velvety chafer] 东方玛绢金龟甲，东方绢金龟，东方金龟子，东方金龟，黑绒金龟甲，黑绒金龟，黑绒金龟子，黑绒鳃金龟，黑绒鳃金龟甲，天鹅绒金龟子，黑桶金龟子，稻鳃角金龟，小天鹅绒鳃金龟，小天鹅绒鳃角金龟
Maladera ovatula (Fairmaire) 小阔胫玛绢金龟甲，小阔胫鳃金龟甲，小阔胫玛绢金龟，小阔胫鳃金龟
Maladera pallida (Burmeister) 淡色玛绢金龟甲，淡色绢金龟
Maladera panyuensis Ahrens, Fabrizi *et* Liu 番禺玛绢金龟甲
Maladera parabrunnescens Ahrens, Fabrizi *et* Liu 类暗褐玛绢金龟甲
Maladera paradetersa Ahrens, Fabrizi *et* Liu 类德玛绢金龟甲
Maladera paranitens Ahrens, Fabrizi *et* Liu 副亮玛绢金龟甲
Maladera paraserripes Ahrens, Fabrizi *et* Liu 类毛足玛绢金龟甲
Maladera parobscurata Ahrens, Fabrizi *et* Liu 类黑褐玛绢金龟甲
Maladera parva (Moser) 小玛绢金龟甲
Maladera peregoi Ahrens, Fabrizi *et* Liu 佩氏玛绢金龟甲
Maladera perniciosa (Brenske) 毁灭玛绢金龟甲，毁灭玛绢金龟
Maladera piceola (Moser) 暗棕玛绢金龟甲
Maladera piceorufa (Fairmaire) 同 *Maladera japonica*
Maladera pieli Ahrens, Fabrizi *et* Liu 皮氏玛绢金龟甲
Maladera pingchuanensis Ahrens, Fabrizi *et* Liu 平川玛绢金龟甲
Maladera planiuscula Nomura 见 *Eumaladera planiuscula*
Maladera pseudoconsularis Ahrens, Fabrizi *et* Liu 沧源玛绢金龟甲
Maladera pseudoegregia Ahrens, Fabrizi *et* Liu 类南玛绢金龟甲
Maladera pseudoexima Ahrens, Fabrizi *et* Liu 类四斑玛绢金龟甲
Maladera pseudofuscipes Ahrens, Fabrizi *et* Liu 类褐足玛绢金龟甲
Maladera pseudohongkongica Ahrens *et* Fabrizi 伪港玛绢金龟甲
Maladera pseudonitens Ahrens, Fabrizi *et* Liu 伪亮玛绢金龟甲
Maladera pseudosenta Ahrens, Fabrizi *et* Liu 类森玛绢金龟甲
Maladera pui Ahrens, Fabrizi *et* Liu 蒲氏玛绢金龟甲
Maladera punctulata (Frey) 刻点玛绢金龟甲
Maladera putaodiensis Ahrens, Fabrizi *et* Liu 宽脊玛绢金龟甲
Maladera qianqingtangensis Ahrens, Fabrizi *et* Liu 千顷塘玛绢金龟甲
Maladera queinneci Ahrens, Fabrizi *et* Liu 阙氏玛绢金龟甲
Maladera renardi (Bollion) [large velvety chafer] 赤褐玛绢金龟甲，赤褐玛绢金龟，大天鹅绒鳃金龟，仲山绢金龟
Maladera riberai Ahrens, Fabrizi *et* Liu 利氏玛绢金龟甲
Maladera robustula Ahrens, Fabrizi *et* Liu 壮玛绢金龟甲
Maladera rotunda (Arrow) 椭圆玛绢金龟甲
Maladera rubriventris Ahrens, Fabrizi *et* Liu 红腹玛绢金龟甲
Maladera rufodorsata (Fairmaire) 红背玛绢金龟甲
Maladera rufonitida Ahrens, Fabrizi *et* Liu 红亮玛绢金龟甲
Maladera rufopaca Ahrens, Fabrizi *et* Liu 暗红玛绢金龟甲
Maladera rufoplagiata (Fairmaire) 红纹玛绢金龟甲
Maladera rufotestacea (Moser) 赭褐玛绢金龟甲
Maladera saitoi (Niijima *et* Kinoshita) 佐藤玛绢金龟甲，佐藤绒毛金龟，斋藤土绢金龟
Maladera sanqingshanica Ahrens, Fabrizi *et* Liu 三清山玛绢金龟甲
Maladera sauteri (Moser) 索玛绢金龟甲，索玛绢金龟，曹德绒毛金龟
Maladera secreta (Brenske) 离玛绢金龟甲，离玛绢金龟
Maladera secreta horaiana Nomura 离玛绢金龟甲台湾亚种，贺锯玛绢金龟，台湾圆绒毛金龟
Maladera secreta secreta (Brenske) 离玛绢金龟甲指名亚种
Maladera senta (Brenske) 森玛绢金龟甲，森玛绢金龟，刺头绒毛金龟
Maladera sericella (Brenske) 刺茎玛绢金龟甲
Maladera serratiforceps Ahrens, Fabrizi *et* Liu 齿铗玛绢金龟甲
Maladera serripes (Moser) 毛足玛绢金龟甲
Maladera shaluishanica Ahrens, Fabrizi *et* Liu 沙鲁里玛绢金龟甲
Maladera shangraoensis Ahrens, Fabrizi *et* Liu 上饶玛绢金龟甲
Maladera shaowuensis Ahrens, Fabrizi *et* Liu 邵武玛绢金龟甲
Maladera shenglongi Ahrens, Fabrizi *et* Liu 胜龙玛绢金龟甲
Maladera shengqiaoae Ahrens, Fabrizi *et* Liu 胜巧玛绢金龟甲
Maladera shiniushanensis Ahrens, Fabrizi *et* Liu 石牛山玛绢金龟甲
Maladera shiruguanensis Ahrens, Fabrizi *et* Liu 石乳关玛绢金龟甲
Maladera shiwandashanensis Ahrens, Fabrizi *et* Liu 十万大山玛绢金龟甲
Maladera shoumanensis Ahrens, Fabrizi *et* Liu 大巴玛绢金龟甲

Maladera similis (Lewis) 见 *Serica similis*
Maladera siniaevi Ahrens 西藏玛绢金龟甲
Maladera sinica (Hope) 华夏玛绢金龟甲，华土绢金龟甲，华土绢金龟
Maladera sinobiloba Ahrens, Fabrizi *et* Liu 华二叶玛绢金龟甲
Maladera snizeki Ahrens, Fabrizi *et* Liu 斯氏玛绢金龟甲
Maladera songi Ahrens, Fabrizi *et* Liu 宋氏玛绢金龟甲
Maladera sontica (Brenske) 棕光玛绢金龟甲
Maladera spinifemorata Kobayashi 刺腿玛绢金龟甲，刺腿大绒毛金龟
Maladera spissigrada (Brenske) 东北玛绢金龟甲
Maladera straminea (Semenov) 草玛绢金龟甲，草土绢金龟甲，草土绢金龟
Maladera stridula (Brenske) 槽玛绢金龟甲，槽土绢金龟甲，槽土绢金龟
Maladera subrugata (Moser) 皱玛绢金龟甲，皱土绢金龟甲，皱土绢金龟
Maladera subtruncata (Fairmaire) 截玛绢金龟甲，截绢金龟
Maladera taienhsiangensis Kobayashi 天祥玛绢金龟甲，天祥绒毛金龟
Maladera taiwana Nomura 台湾玛绢金龟甲，台玛绢金龟，台湾姬绒毛金龟
Maladera taiyangheensis Ahrens, Fabrizi *et* Liu 太阳河玛绢金龟甲
Maladera taoyuanensis Kobayashi 桃园玛绢金龟甲，桃园玛绢金龟，桃园绒毛金龟
Maladera tengchongensis Ahrens, Fabrizi *et* Liu 腾冲玛绢金龟甲
Maladera thomsoni (Brenske) 汤氏玛绢金龟甲，汤氏头金龟甲
Maladera tiachiensis Ahrens, Fabrizi *et* Liu 天池玛绢金龟甲
Maladera tiammushanica Ahrens, Fabrizi *et* Liu 天目山玛绢金龟甲
Maladera tiani Ahrens, Fabrizi *et* Liu 田氏玛绢金龟甲
Maladera tianzhushanica Ahrens, Fabrizi *et* Liu 天柱山玛绢金龟甲
Maladera tibialis (Brenske) 粗胫玛绢金龟甲
Maladera tienchihna Kobayashi 天池玛绢金龟甲，台湾玛绢金龟，天池绒毛金龟
Maladera tongzhongensis Ahrens, Fabrizi *et* Liu 峒中玛绢金龟甲
Maladera tridentipes Nomura 三齿玛绢金龟甲，三齿玛绢金龟，三齿绒毛金龟
Maladera trifidiforceps Ahrens, Fabrizi *et* Liu 三突玛绢金龟甲
Maladera tristis LeConte 黯淡玛绢金龟甲，黯淡玛绢金龟
Maladera uncipenis Ahrens, Fabrizi *et* Liu 钩茎玛绢金龟甲
Maladera verticalis (Fairmaire) 阔胫玛绢金龟甲，阔胫鳃金龟甲，阔胫玛绢金龟，阔胫鳃金龟，阔胫赤绒金龟
Maladera vethi (Moser) 韦特玛绢金龟甲
Maladera wandingana Ahrens, Fabrizi *et* Liu 畹町玛绢金龟甲
Maladera weni Ahrens, Fabrizi *et* Liu 文氏玛绢金龟甲
Maladera wipfleri Ahrens, Fabrizi *et* Liu 威氏玛绢金龟甲
Maladera wulaoshanica Ahrens, Fabrizi *et* Liu 五老山玛绢金龟甲
Maladera wuliangshanensis Ahrens, Fabrizi *et* Liu 无量山玛绢金龟甲
Maladera wupingensis Ahrens, Fabrizi *et* Liu 武平玛绢金龟甲
Maladera xingkei Ahrens, Fabrizi *et* Liu 星科玛绢金龟甲
Maladera xingkeyangi Ahrens, Fabrizi *et* Liu 杨星科玛绢金龟甲
Maladera xinqiaoensis Ahrens, Fabrizi *et* Liu 新桥玛绢金龟甲
Maladera xuezhongi Ahrens, Fabrizi *et* Liu 学忠玛绢金龟甲
Maladera yakouensis Ahrens, Fabrizi *et* Liu 埡口玛绢金龟甲
Maladera yangi Ahrens, Fabrizi *et* Liu 杨氏玛绢金龟甲
Maladera yasutoshii Nomura 安利玛绢金龟甲，安利玛绢金龟，柴田绒毛金龟
Maladera yibini Ahrens, Fabrizi *et* Liu 义彬玛绢金龟甲
Maladera yipinglangensis Ahrens, Fabrizi *et* Liu 一平浪玛绢金龟甲
Maladera yongrenensis Ahrens, Fabrizi *et* Liu 永仁玛绢金龟甲
Maladera yunnanica Ahrens, Fabrizi *et* Liu 云南玛绢金龟甲
Maladera zhejiangensis Ahrens, Fabrizi *et* Liu 浙江玛绢金龟甲
Malagasy grass yellow [*Eurema floricola* Boisduval] 花黄粉蝶
Malagasy sailer [= barred false sailer, *Neptidopsis fulgurata* (Boisduval)] 闪光蛇纹蛱蝶
Malaicoccus 蚜粉蚧属
Malaicoccus formicarii Takahashi 蚁窝蚜粉蚧
Malaicoccus khooi Williams 邱氏蚜粉蚧
Malaicoccus moundi Williams 孟氏蚜粉蚧
Malaicoccus riouwensis Takahashi 琉球蚜粉蚧
Malaicoccus takahashii Williams 高桥蚜粉蚧
Malaise trap 马氏网，马来氏网
Malaisemyia 马来大蚊属
Malaisemyia foliacea Mao *et* Yang 奇叶马来大蚊
Malaiseum 玛伪叶甲属
Malaiseum singularis Borchmann 独玛伪叶甲
Malaisinia 饰翅实蝇属，马来实蝇属
Malaisinia pulcherrima Hering 宝饰翅实蝇，暗翅马来实蝇
Malaisius 正鳃金龟甲属
Malaisius fujianensis Zhang 见 *Dedalopterus fujianensis*
Malaisius intermedius Zhang 见 *Dedalopterus intermedius*
Malaisius melanodiscus Zhang 见 *Dedalopterus melanodiscus*
Malaisius pinae Zhang 同 *Dedalopterus signatus*
Malaisius siamensis Li *et* Yang 泰国正鳃金龟甲
Malaisius similis Li *et* Yang 似正鳃金龟甲
Malaisius yunnanus (Moser) 云南正鳃金龟甲，滇歪鳃金龟
Malala 盾网蝽属 *Gonycentrum* 的异名
Malala tuberculum Jing 见 *Gonycentrum tuberculum*
Malalasta schenklingi Poppius 见 *Macrolonius schenklingi*
Malang's fantasy [*Pseudaletis malangi* Collins *et* Larsen] 玛朗埔灰蝶
malar space 颚眼距 < 指膜翅目昆虫头部侧面由上颚基端至复眼下端间的区域 >
malar sulcus 颚眼沟
Malaraeus 瘴蚤属
Malaraeus andersoni (Rothschild) 安氏瘴蚤
Malaraeus andersoni andersoni (Rothschild) 安氏瘴蚤指名亚种
Malaraeus andersoni ioffi (Darskaya) 安氏瘴蚤圆棘亚种，圆棘安氏瘴蚤
Malaraeus penicilliger (Grube) 刷状瘴蚤
Malaraeus penicilliger angularis Tsai, Wu *et* Liu 刷状瘴蚤有角亚种，有角刷状瘴蚤
Malaraeus penicilliger penicilliger (Grube) 刷状瘴蚤指名亚种，指名刷状瘴蚤
Malaraeus penicilliger syrt Ioff 刷状瘴蚤塞特亚种，塞特刷状瘴

蚤

Malaraeus penicilliger vallis (Ioff) 刷状瘴蚤河谷亚种，河谷刷状瘴蚤

malaria 疟疾 <经按蚊叮咬传播的疟原虫引起的传染病>

malaria vector [= malarial vector] 疟疾媒介

malarial vector 见 malaria vector

malathion 马拉硫磷，马拉松

Malaxa 马来飞虱属

Malaxa aurunca Yang *et* Yang 同 *Malaxella flava*

Malaxa bakeri Muir 见 *Bambusiphaga bakeri*

Malaxa bispinata Muir 双刺马来飞虱

Malaxa delicata Ding *et* Yang 窈窕马来飞虱

Malaxa fusca Yang *et* Yang 暗马来飞虱，凤凰竹马来飞虱

Malaxa hamuliferum Li, Yang *et* Chen 钩茎马来飞虱

Malaxa herioca Yang 同 *Bambusiphaga fascia*

Malaxa hunanesis Chen 湖南马来飞虱

Malaxa javanensis Muir 爪哇马来飞虱

Malaxa semifusca Yang *et* Yang 半暗马来飞虱，半黑马来飞虱

Malaxa tricuspis Li, Yang *et* Chen 三突马来飞虱

malaxation 揉捏 <也指土蜂类咬和挟压所捕的昆虫使其麻痹之动作>

Malaxella 小头飞虱属

Malaxella flava Ding *et* Hu 黄小头飞虱

Malay baron [= powdered baron, *Euthalia monina* (Fabricius)] 暗斑翠蛱蝶

Malay birdwing [*Troides amphrysus* (Cramer)] 鸟翼裳凤蝶

Malay chestnut bob [= starry bob, *Iambrix stellifer* (Butler)] 射纹雅弄蝶

Malay cruiser [*Vindula dejone* (Erichson)] 台文蛱蝶，迪氏文蛱蝶，大红蛱蝶，长尾亮黄蛱蝶，木生红蛱蝶，文蛱蝶

Malay dartlet [*Oriens paragola* (de Nicéville *et* Martin)] 黄斑偶侣弄蝶，异偶侣弄蝶

Malay forest bob [*Scobura phiditia* (Hewitson)] 菲须弄蝶

Malay lacewing [*Cethosia hypsea* Doubleday] 花裙锯蛱蝶

Malay lancer [*Isma bononoides* (Druce)] 仿黑缨矛弄蝶

Malay palm bob [*Suastus everyx* (Mabille)] 艾维素弄蝶

Malay red harliquin [*Paralaxita damajanti* (Felder *et* Felder)] 指名暗蚬蝶

Malay staff sergeant [*Athyma reta* Moore] 网带蛱蝶

Malay tailed judy [*Abisara savitri* Felder *et* Felder] 萨维褐蚬蝶

Malay tiger [= swamp tiger, *Danaus affinis* (Fabricius)] 爱妃斑蝶

Malay viscount [*Tanaecia pelea* (Fabricius)] 箭纹玳蛱蝶

Malay yellowband palmer [= yellow-band palmer, *Lotongus avesta* (Hewitson)] 阿维珞弄蝶

Malay yeoman [*Cirrochroa emalea* (Guérin-Méneville)] 埃玛辘蛱蝶

Malaya disease 马来亚病 <指印度犀金龟的一种病毒病>

Malaya 钩蚊属，芋蚊属

Malaya genurostris Leicester 肘喙钩蚊，曲喙黑蚊

Malaya incomptas Ramalingam *et* Pillai 无纹钩蚊

Malaya jacobsoni (Edwards) 灰唇钩蚊，雅氏芋蚊

Malayamantis 彩螳属

Malayamantis bimaculata (Wang) 二斑彩螳

Malayamantis flava (Giglio-Tos) 黄彩螳

Malayan [*Megisba malaya* (Horsfield)] 美姬灰蝶

Malayan crow [*Euploea camaralzeman* Butler] 咖玛紫斑蝶

Malayan eggfly [= crow eggfly, *Hypolimnas anomala* (Wallace)] 端紫幻蛱蝶，八重山紫蛱蝶，落柱幻紫蛱蝶，畸纹紫斑蛱蝶，端紫蛱蝶，恒春紫蛱蝶

Malayan falcate oakblue [*Mahathala ariadeva* Fruhstorfer] 阿里玛灰蝶，黑点玛灰蝶，婀玛灰蝶

Malayan five ring [*Ypthima horsfieldii humei* Elwes *et* Edwards] 郝氏矍眼蝶马来亚种

Malayan jester [= common jester, *Symbrenthia hippoclus* (Cramer)] 希盛蛱蝶，盛蛱蝶

Malayan jungle nymph [= jungle nymph, Malaysian stick insect, Malayan wood nymph, *Heteropteryx dilatata* (Parkinson)] 宽异翅蝻

Malayan lascar [*Lasippa tiga* (Moore)] 提蜡蛱蝶，第戛蜡蛱蝶

Malayan narrow broad [*Sinthusa nasaka amba* Kirby] 娜生灰蝶马来亚种

Malayan nawab [*Polyura moori* (Distant)] 宽斑凤尾蛱蝶

Malayan oakblue [*Arhopala ammon* (Hewitson)] 阿蒙娆灰蝶，阿蒙俳灰蝶

Malayan owl [*Neorina lowii neophyta* (Fruhstorfer)] 黄斑凤眼蝶马来亚种

Malayan pale palm-dart [*Telicota colon stinga* Evans] 长标弄蝶马来亚种，马来长标弄蝶，热带红弄蝶，橙黄斑弄蝶

Malayan plum judy [*Abisara saturata kausambioides* de Nicéville *et* Martin] 梯翅褐蚬蝶马来亚种

Malayan Province 马来亚部

Malayan rice black bug [= rice black bug, black rice bug, black paddy bug, *Scotinophara coarctata* (Thunberg)] 褐黑蝽，马来亚稻黑蝽

Malayan rice seedling fly [= rice shoot fly, *Atherigona oryzae* Malloch] 稻芒蝇，稻斑芒蝇，马来亚稻芒蝇，马来亚稻芒角蝇，稻生芒蝇

Malayan ringlet [*Ragadia makuta* (Horsfield)] 玛玳眼蝶，指名玳眼蝶

Malayan snow flat [*Tagiades calligana* Butler] 美裙弄蝶

Malayan sunbeam [*Curetis santana malayica* (Felder *et* Felder)] 圣银灰蝶马来亚种，马散银灰蝶

Malayan swift [*Caltoris malaya* (Evans)] 马来珂弄蝶

Malayan wanderer [= common wanderer, *Pareronia valeria* (Cramer)] 缬草青粉蝶，绿青粉蝶，青粉蝶

Malayan white flat [*Seseria affinis* (Druce)] 阿非瑟弄蝶

Malayan wood nymph 见 Malayan jungle nymph

Malayan zebra [*Paranticopsis delessertii* (Guérin-Méneville)] 带纹凤蝶

Malayepipona 长片蜾蠃属

Malayepipona brunnea Bai, Chen *et* Li 棕长片蜾蠃

Malayepipona clypeata Nguyen *et* Carpenter 宽唇长片蜾蠃

Malayepipona flaviclypeata Bai, Chen *et* Li 黄唇长片蜾蠃

Malayepipona lamellata Bai, Chen *et* Li 薄片长片蜾蠃

Malayepipona maculosa Bai, Chen *et* Li 四斑长片蜾蠃

Malayepipona nigricans Bai, Chen *et* Li 黑斑长片蜾蠃

Malayepipona sparsipuncta Bai, Chen *et* Li 疏刻长片蜾蠃

Malayepipona triangula Bai, Chen *et* Li 三角长片蜾蠃

Malayocyptera 马来寄蝇亚属

Malaysian albatross [*Saletara liberia distanti* (Butler)] 沙粉蝶马

来亚种

Malaysian fruit fly [= solanum fruit fly, chili fruit fly, *Bactrocera* (*Bactrocera*) *latifrons* (Hendel)] 辣椒果实蝇，辣椒实蝇，三瓣寡毛实蝇，宽额寡鬃实蝇

Malaysian locust [= valanga grasshopper, Javanese grasshopper, tumeric grasshopper, black horn grasshopper, *Valanga nigricornis* (Burmeister)] 黑角瓦蝗，黑角刺胸蝗，东洋黑角蝗

Malaysian moon moth [= Indonesian moon moth, Madagascan moon moth, Asian comet moth, *Actias maenas* (Doubleday)] 大尾大蚕蛾

Malaysian orchid mantis [= orchid mantis, walking flower mantis, pink orchid mantis, *Hymenopus coronatus* (Olivier)] 兰花螳

Malaysian stick insect 见 Malayan jungle nymph

Malaysiocapritermes 马歪白蚁属

Malaysiocapritermes huananensis (Yu *et* Ping) 华南马歪白蚁，华南马扭白蚁

Malaysiocapritermes sinicus Li *et* Xiao 见 *Sinocapritermes sinicus*

Malaysiocapritermes zhangfengensis Zhu, Yang *et* Huang 章凤马歪白蚁

Malaza 妆弄蝶属

Malaza carmides (Hewitson) 妆弄蝶

Malaza empyreus (Mabille) 伊妆弄蝶

Malaza fastuosus (Mabille) 高傲妆弄蝶

Malchinomorphus 拟玛花萤属

Malchinomorphus longiceps Pic 长头拟玛花萤

malcid 1. [= malcid bug] 束长蝽 <束长蝽科 Malcidae 昆虫的通称>; 2. 束长蝽科的

malcid bug [= malcid] 束长蝽

Malcidae 束长蝽科

Malcinae 束长蝽亚科

Malcus 束长蝽属

Malcus arcuatus Zheng, Zou *et* Hsiao 弧叶束长蝽

Malcus auriculatus Štys 叶尾束长蝽

Malcus dentatus Štys 角胸束长蝽

Malcus denticulatus Zheng, Zou *et* Hsiao 齿肩束长蝽，刺肩束长蝽

Malcus elevatus Zheng, Zou *et* Hsiao 突肩束长蝽

Malcus elongatus Štys 狭长束长蝽

Malcus flavidipes Stål 黄足束长蝽

Malcus furcatus Štys 叉尾束长蝽

Malcus gibbus Zheng, Zou *et* Hsiao 隆肩束长蝽

Malcus idoneus Horváth 狭叶束长蝽

Malcus inconspicuus Štys 瓜束长蝽，瓜长蝽

Malcus indicus Štys 印度束长蝽

Malcus insularis Štys 台湾束长蝽

Malcus japonicus Ishihara *et* Hasegawa [mulberry bug] 日本束长蝽

Malcus nigrescens Štys 黑束长蝽

Malcus noduliferus Zheng, Zou *et* Hsiao 瘤突束长蝽

Malcus piceus Zheng, Zou *et* Hsiao 暗色束长蝽

Malcus setosus Štys 长棘束长蝽

Malcus similis Štys 滇束长蝽

Malcus sinicus Štys 中国束长蝽

Malcus subauriculatus Zheng, Zou *et* Hsiao 毛腹束长蝽

Malcus zhengi Wang *et* Bu 郑氏束长蝽

maldevelopment 发育不良

Maldonadocoris 马氏猎蝽属

Maldonadocoris annulipes Zhao, Yuan *et* Cai 环足马氏猎蝽

male 雄；雄虫

male accessory gland 雄性附腺，雄附腺

male accessory gland protein 雄性附腺蛋白

male adult 1. 雄虫；2. 雄蛾 <家蚕的>

male annihilation 雄虫灭绝

male cell 雄细胞

male copulatory organ 雄交配器

male genital chamber 雄生殖腔 <指第九腹板后陷入第九腹节内的节间膜腔>

male genital organ 雄生殖器

male genitalia 雄性外生殖器

male gonocyte 精原细胞

male larva 1. 雄性幼虫；2. 雄蚕 <家蚕的>

male moth 雄蛾

male nucleus 雄核

male parentage 父本

male pupa 雄蛹

male ratio 雄虫比例

male reproductive system 雄生殖系统

male sex-cell 雄生殖细胞

male silkworm 雄蚕

male silkworm rearing 雄蚕饲育

Malegia 缺齿筒胸肖叶甲属

Malegia aenea (Chen) 见 *Lahejia aenea*

Malegia brunnea Tan 棕缺齿筒胸肖叶甲

Malegia flavipes Chûjô 同 *Lahejia aenea*

Malegia olivacea Pic 橄榄缺齿筒胸肖叶甲

Malenia 玛袖蜡蝉属

Malenia fellea Yang *et* Wu 见 *Hauptenia fellea*

Malenia glutinosa Yang *et* Wu 见 *Hauptenia glutinosa*

Malenia idonea Yang *et* Wu 见 *Hauptenia idonea*

Malenia jacula Yang *et* Wu 见 *Hauptenia jacula*

Malenia magnifica Yang *et* Wu 见 *Hauptenia magnifica*

Malesiathrips 马来管蓟马属

Malesiathrips australis Mound 澳马来管蓟马

Malesiathrips guamensis Palmer *et* Mound 关岛马来管蓟马

Malesiathrips malayensis Palmer *et* Mound 马来管蓟马

Malesiathrips solomoni (Mound) 所马来管蓟马

Maleuterpes 褐象甲属

Maleuterpes dentipes Heller [citrus leaf weevil] 橘褐象甲

malformation 畸形

malformed cocoon 畸形茧

Maliangia geometriformis Berio 地枚黑夜蛾

Maliarpha 三突斑螟属

Maliarpha rosella (Hampson) 玫突斑螟，玫飒鲁螟

Maliarpha separatella Ragonot [African white stem borer, African white rice stem borer, white stem borer, white rice borer] 稻三突斑螟，稻粗角螟

Maliattha 瑙夜蛾属

Maliattha arefacta (Butler) 斜带瑙夜蛾，艾瑙夜蛾，阿枚黑夜蛾

Maliattha bella (Staudinger) 丽瑙夜蛾，倍枚黑夜蛾

Maliattha chalcogramma (Bryk) 绿瑙夜蛾，路瑙夜蛾

Maliattha khasanica Zolotarenko *et* Dubatolov 俄瑙夜蛾
Maliattha lattivita (Moore) 大斑瑙夜蛾，边俚夜蛾，边枚黑夜蛾
Maliattha melaleuca (Hampson) 见 *Deltote melaleuca*
Maliattha picata (Butler) 点瑙夜蛾
Maliattha picatina (Prout) 拟点瑙夜蛾
Maliattha plumbitincta Hampson 铅带枚黑夜蛾
Maliattha quadripartita (Walker) 斜带瑙夜蛾，四部枚黑夜蛾
Maliattha ritsemae (Snellen) 直带瑙夜蛾，蕊枚黑夜蛾
Maliattha rosacea (Leech) 桃红瑙夜蛾，染俚夜蛾，染枚黑夜蛾
Maliattha separata Walker 玲瑙夜蛾，分瑙夜蛾
Maliattha signifera (Walker) 标瑙夜蛾，标俚夜蛾，标枚黑夜蛾
Maliattha signifera rufigrisea Warren 标瑙夜蛾灰红亚种，灰红枚黑夜蛾
Maliattha signifera signifera (Walker) 标瑙夜蛾指名亚种
Maliattha subrosacea Ahn 拟桃红瑙夜蛾
Maliattha tegulata (Butler) 嵌瑙夜蛾，特枚黑夜蛾
Maliattha vialis (Moore) 路瑙夜蛾，路俚夜蛾，路枚黑夜蛾
Maliattha volodia Ronkay *et* Sohn 台湾瑙夜蛾
malic acid 苹果酸
malicious mealybug [*Peliococcus perfidiosus* Borchsenius] 烟草品粉蚧
malicious skipper [*Synapte malitiosa* (Herrich-Schäffer)] 黄带散弄蝶
malignant 恶性
maligned forester [*Bebearia maledicta* (Strand)] 诽谤舟蛱蝶
malindeva skipper [= two-spotted sedge-skipper, *Hesperilla malindeva* Lower] 麻帆弄蝶
mall fan-footed wave [*Idaea biselata* (Hüfnagel)] 拜波姬尺蛾，拜姬尺蛾
Mallachiella 玛叶蜂属
Mallachiella rufithorax Malaise 黑足玛叶蜂
Mallada 玛草蛉属，马草蛉属
Mallada anpingensis (Esben-Petersen) 台湾玛草蛉，安平通草蛉
Mallada aromaticus Yang *et* Yang 见 *Pseudomallada aromatica*
Mallada basalis (Walker) 黄玛草蛉，雌雄异态马草蛉，基玛草蛉，黄胸草蛉
Mallada boninensis (Okamoto) 同 *Mallada desjardinsi*
Mallada camptotropus Yang *et* Jiang 曲梁玛草蛉
Mallada choui (Yang *et* Yang) 见 *Pseudomallada choui*
Mallada clavatus Yang *et* Yang 棒玛草蛉
Mallada cognatella (Okamoto) 见 *Pseudomallada cognatella*
Mallada desjardinsi (Navás) 亚非玛草蛉
Mallada flavimaculus Yang *et* Yang 黄斑玛草蛉
Mallada formosana (Matsumura) 台湾玛草蛉，台湾叉草蛉
Mallada huashanensis Yang *et* Yang 见 *Pseudomallada huashanensis*
Mallada incurvus Yang *et* Yang 弯玛草蛉
Mallada isophyllus Yang *et* Yang 等叶玛草蛉
Mallada nanningensis Yang *et* Yang 南宁玛草蛉
Mallada nigrilabrum Yang *et* Yang 乌唇玛草蛉
Mallada perfectus (Banks) 完美玛草蛉，松柄白卵马草蛉
Mallada qinlingensis Yang *et* Yang 见 *Pseudomallada qinlingensis*
Mallada signata (Schneider) 纹玛草蛉
Mallada vernus Yang *et* Yang 见 *Pseudomallada verna*
Mallada viridianus Yang, Yang *et* Wang 绿玛草蛉
Mallada yangae Yang *et* Yang 杨氏玛草蛉
Mallarctus pandya (Moore) 见 *Eupterote pandya*
malleoli [s. malleolus; = halters, halteres, balancers, poisers] 棒翅，平衡棒
malleolus [pl. malleoli; = halter, haltere, balancer, poiser] 棒翅，平衡棒
Mallika 蓝叶蛱蝶属
Mallika jacksoni (Sharpe) [Jackson's leaf butterfly] 蓝叶蛱蝶
Mallochina 马蚤蝇属
Mallochina sauteri Brues 索氏马蚤蝇
Mallochohelea 绒蠓属，马蠓属
Mallochohelea albiclava (Kieffer) 白瘤绒蠓，白瘤马蠓，白锤递毛蠓
Mallochohelea yanana Yu *et* Wu 延安绒蠓
Mallochohelea yunnana Yu *et* Zou 云南绒蠓
Mallococcus 马络蚧属
Mallococcus sinensis (Maskell) 中华马络蚧，中华马络蜡蚧
Mallococcus vitecicola Young 蔓荆马络蚧，牡荆马络蜡蚧
Malloderma 白毛天牛属
Malloderma kuegleri Holzschuh 酷氏白毛天牛
Malloderma pascoei Lacordaire 白毛天牛
Malloderma pulchra Pic 丽白毛天牛
Mallodon downesi Hope 可可黑光天牛
Mallodrya 马洛齿胫甲属
Mallodrya subaenea Horn 棕褐马洛齿胫甲
Mallophaga 食毛亚目，食毛目
Malloscelis 毛腿沟蛛蜂属
Malloscelis formosus (Morawitz) 蓬莱毛腿沟蛛蜂，台萨蛛蜂
Malloscelis taiwanianus Tsuneki 台湾毛腿沟蛛蜂，台湾腿沟蛛蜂
Mallosia 黄毛天牛属
Mallosia (Micromallosia) theresae (Pic) 特蕾莎黄毛天牛
Mallota 毛管蚜蝇属，软毛蚜蝇属
Mallota abdominalis (Sack) 腹毛管蚜蝇，水社蚜蝇，腹绵蚜蝇
Mallota analis (Shiraki) 日本毛管蚜蝇
Mallota auricoma Sack 金毛管蚜蝇，丽绵蚜蝇
Mallota bellus (Li) 丽毛管蚜蝇
Mallota bicolor Sack 双色毛管蚜蝇，双色绵蚜蝇
Mallota bombiformis Li *et* Liu 类蜂毛管蚜蝇
Mallota curvigaster (Macquart) 见 *Tigridemyia curvigaster*
Mallota dimorpha (Shiraki) 离斑毛管蚜蝇，二型绵蚜蝇
Mallota eristaliformis Sack 管蚜蝇形绵蚜蝇
Mallota formosana Shiraki 台湾毛管蚜蝇，恒春蚜蝇，台绵蚜蝇
Mallota haemorrhoidalis Sack 血红毛管蚜蝇，双溪蚜蝇，血红绵蚜蝇
Mallota horishana Shiraki 埔里毛管蚜蝇，埔里蚜蝇，埔里绵蚜蝇
Mallota hysopia Vockeroth 亮黄毛管蚜蝇，芳香蚜蝇，海绵蚜蝇
Mallota inopinata Violovitsh 荫绵蚜蝇
Mallota matolla Knutson 拟毛管蚜蝇，马头蚜蝇，绒绵蚜蝇，东方伊蚜蝇
Mallota megilliformis (Fallén) 大毛管蚜蝇
Mallota nanjingensis Li *et* Liu 南京毛管蚜蝇
Mallota orientalis (Wiedemann) 东方毛管蚜蝇，东方蚜蝇
Mallota pseuditricolor Huo, Ren *et* Zheng 拟三色毛管蚜蝇
Mallota rossica Portschinsky 红盾毛管蚜蝇

Mallota sera Stackelberg 织毛管蚜蝇，织绵蚜蝇
Mallota sogdiana Stackelberg 索格毛管蚜蝇，索绵蚜蝇
Mallota takasagensis Matsumura 高砂毛管蚜蝇
Mallota tricolor Loew 三色毛管蚜蝇，三色绵蚜蝇
Mallota vilis (Wiedemann) 狭腹毛管蚜蝇，卑绵蚜蝇
Mallota viridiflavescentis Huo *et* Ren 黄绿毛管蚜蝇
mallow [*Larentia clavaria* (Haworth)] 棒拉波尺蛾
mallow groundling [= cotton stem moth, *Platyedra subcinerea* (Haworth)] 棉茎平麦蛾，棉茎麦蛾
mallow scrub hairstreak [*Strymon istapa* (Reakirt)] 伊斯螯灰蝶
mallow skipper [= plain marbled skipper, *Carcharodus alceae* (Esper)] 婀卡弄蝶
malonic acid 丙二酸
Malostenopsocus 毛狭蛄属，毛狭啮虫属
Malostenopsocus cubitalis (Thornton) 径毛狭蛄，径毛狭啮虫
Malostenopsocus expansus Li 阔唇毛狭蛄，阔唇毛狭啮虫
Malostenopsocus immaculatus Li 无斑毛狭蛄，无斑毛狭啮虫
Malostenopsocus intertextus Li 叉毛狭蛄，叉毛狭啮虫
Malostenopsocus mucronatus Li 凸顶毛狭蛄，凸顶毛狭啮虫
Malostenopsocus parallelinervius Li 平脉毛狭蛄，平脉毛狭啮虫
Malostenopsocus sulphurepterus Li 黄翅毛狭蛄，黄翅毛狭啮虫
Malostenopsocus yunnanicus Li 云南毛狭蛄，云南毛狭啮虫
Malpighia vittata (Meigen) 见 *Phoroctenia vittata*
Malpighian tube [= Malpighian tubule] 马尔皮基氏管
Malpighian tubule 见 Malpighian tube
maltase 麦芽糖酶
Malthacotricha glauca Becker 见 *Heterotropus glaucus*
Malthinellus 长鞘尖须花萤属，长鞘尖须菊虎属
Malthinellus crenulatomimus (Wittmer) 橙盾长鞘尖须花萤，橙楯长鞘尖须菊虎，脊马花萤
Malthinellus crenulatus (Wittmer) 褐盾长鞘尖须花萤，褐楯长鞘尖须菊虎，钝齿马花萤，钝齿蜡花萤
Malthinellus vandykei (Wittmer) 见 *Microlipus vandykei*
Malthininae 尖须花萤亚科，尖须菊虎亚科
Malthinini 尖须花萤族，尖须菊虎族
Malthinus 尖须花萤属，尖须菊虎属，马花萤属
Malthinus atripennis Pic 同 *Lycocerus nigripennis*
Malthinus crenulatomimus Wittmer 见 *Malthinellus crenulatomimus*
Malthinus crenulatus Wittmer 见 *Malthinellus crenulatus*
Malthinus fenchihuensis Wittmer 见 *Malthinus* (*Malthinus*) *fenchihuensis*
Malthinus inaequalithorax Pic 不等胸马花萤
Malthinus klapperichi Wittmer 克氏尖须花萤，克马花萤
Malthinus makiharai Wittmer 槙原尖须花萤，槙原花萤，麦马花萤
Malthinus* (*Malthinus*) *fenchihuensis Wittmer 奋起湖尖须花萤，奋起湖马花萤，奋起湖尖须菊虎
Malthinus* (*Malthinus*) *notsui Wittmer 野津氏尖须花萤，野津氏尖须菊虎，诺马花萤
Malthinus* (*Malthinus*) *ohbai Wittmer 大场氏尖须花萤，奥马花萤，大场氏尖须菊虎
Malthinus* (*Malthinus*) *palingensis Wittmer 巴棱尖须花萤，巴棱尖须菊虎
Malthinus* (*Malthinus*) *reductelineatus Pic 单线尖须花萤，单线尖须菊虎，缩线马花萤
Malthinus* (*Malthinus*) *shimomurai Wittmer 下村氏尖须花萤，下村氏尖须菊虎，希台马花萤
Malthinus* (*Malthinus*) *sinensis Pic 中华尖须花萤，华马花萤，中华尖须菊虎
Malthinus* (*Malthinus*) *ssulingensis Wittmer 四棱尖须花萤，四棱尖须菊虎
Malthinus* (*Malthinus*) *taiwanoniger Wittmer 台湾黑尖须花萤，台湾黑尖须菊虎，台黑马花萤
Malthinus* (*Malthinus*) *taiwanus Wittmer 台湾尖须花萤，台马花萤，台湾尖须菊虎
Malthinus* (*Malthinus*) *vixlimbatus Wittmer 缺缘尖须花萤，韦马花萤，缺缘尖须菊虎
Malthinus* (*Malthinus*) *yangmingensis Wittmer 阳明山尖须花萤，阳马花萤，阳明山尖须菊虎
Malthinus mimosinensis Wittmer 迷尖须花萤，迷马花萤
Malthinus nigripennis Pic 见 *Lycocerus nigripennis*
Malthinus notsui Wittmer 见 *Malthinus* (*Malthinus*) *notsui*
Malthinus ohbai Wittmer 见 *Malthinus* (*Malthinus*) *ohbai*
Malthinus palingensis Wittmer 见 *Malthinus* (*Malthinus*) *palingensis*
Malthinus planus Wittmer 平尖须花萤，平马花萤
Malthinus reductelineatus Pic 见 *Malthinus* (*Malthinus*) *reductelineatus*
Malthinus sauteri Pic 见 *Habronychus* (*Habronychus*) *sauteri*
Malthinus setulosus Wittmer 小刺尖须花萤，小刺马花萤
Malthinus shimomurai Wittmer 见 *Malthinus* (*Malthinus*) *shimomurai*
Malthinus sinensis Pic 见 *Malthinus* (*Malthinus*) *sinensis*
Malthinus ssulingensis Wittmer 见 *Malthinus* (*Malthinus*) *ssulingensis*
Malthinus taiwanoniger Wittmer 见 *Malthinus* (*Malthinus*) *taiwanoniger*
Malthinus taiwanus Wittmer 见 *Malthinus* (*Malthinus*) *taiwanus*
Malthinus taiwanus shimomurai Wittmer 见 *Malthinus* (*Malthinus*) *shimomurai*
Malthinus vixlimbatus Wittmer 见 *Malthinus* (*Malthinus*) *vixlimbatus*
Malthinus yangmingensis Wittmer 见 *Malthinus* (*Malthinus*) *yangmingensis*
Malthodes 小花萤属，小菊虎属，蜡花萤属
Malthodes brancuccii Wittmer 见 *Malthodes* (*Malthodes*) *brancuccii*
Malthodes cavicornis Wittmer 穴角小花萤，穴角蜡花萤
Malthodes crenulatus (Wittmer) 见 *Malthinellus crenulatus*
Malthodes fenchihuensis Wittmer 见 *Malthodes* (*Malthodes*) *fenchihuensis*
Malthodes guttatoapicalis Pic 端斑小花萤，端斑蜡花萤
Malthodes kuatunensis Wittmer 挂墩小花萤，挂墩蜡花萤
Malthodes licenti Pic lishi 李氏小花萤，李蜡花萤
Malthodes longipennis Fall 长翅小花萤，长翅蜡花萤
Malthodes makiharai Wittmer 见 *Malthodes* (*Malthodes*) *makiharai*
Malthodes* (*Malthodes*) *brancuccii Wittmer 布氏小花萤，布氏小菊虎，布蜡花萤
Malthodes* (*Malthodes*) *fenchihuensis Wittmer 奋起湖小花萤，奋起湖蜡花萤，奋起湖小菊虎
Malthodes* (*Malthodes*) *makiharai Wittmer 槙原氏小花萤，麦蜡花萤，槙原氏小菊虎
Malthodes* (*Malthodes*) *nantouensis Wittmer 南投小花萤，南投蜡花萤，南投小菊虎
Malthodes* (*Malthodes*) *nantouensis nantouensis Wittmer 南投小花萤指名亚种

Malthodes* (*Malthodes*) *nantouensis taoyuanus Wittmer 南投小花萤桃园亚种，桃园小花萤，桃南投蜡花萤，桃园小菊虎

Malthodes* (*Malthodes*) *niitakaensis Wittmer 新高小花萤，尼蜡花萤，新高小菊虎

Malthodes* (*Malthodes*) *taipehanus Wittmer 台北小花萤，台北蜡花萤，台北小菊虎

Malthodes* (*Malthodes*) *taiwanus Wittmer 台湾小花萤，台蜡花萤，台湾小菊虎

Malthodes nantouensis Wittmer 见 *Malthodes* (*Malthodes*) *nantouensis*

Malthodes nantouensis taoyuanus Wittmer 见 *Malthodes* (*Malthodes*) *nantouensis taoyuanus*

Malthodes niitakaensis Wittmer 见 *Malthodes* (*Malthodes*) *niitakaensis*

Malthodes niponicus Kiesebnwetter 见 *Caccodes niponicus*

Malthodes niponicus* var. *formosanus Pic 见 *Caccodes niponicus formosanus*

Malthodes prescutellaris Pic 前盾小花萤，前盾蜡花萤

Malthodes sinensis Pic 中华小花萤，华蜡花萤

Malthodes taipehanus Wittmer 见 *Malthodes* (*Malthodes*) *taipehanus*

Malthodes taiwanus Wittmer 见 *Malthodes* (*Malthodes*) *taiwanus*

Malthodes tungluanus Wittmer 桐小花萤，桐蜡花萤

Malthodini 小花萤族，小菊虎族

maltobiose [= maltose] 麦芽糖

maltose 见 maltobiose

Maltypus 姬花萤属，姬菊虎属

Maltypus ryukyuanus Wittmer 琉球姬花萤，琉球姬菊虎，琉球马太花萤

malva aphid [*Amphorophora malvicola* Shinji] 锦葵膨管蚜

malva long-horned aphid [*Macrosiphum malvicola* Matsumura] 锦葵长管蚜

Malvina purplewing [*Eunica malvina* Bates] 锦葵神蛱蝶

Mamba swordtail [= black swordtail, *Graphium colonna* (Ward)] 可罗青凤蝶

Mambili euphaedra [*Euphaedra mambili* Hecq] 玛栎蛱蝶

Mamestra 甘蓝夜蛾属

Mamestra albicolon egena Lederer 见 *Sideridis egena*

Mamestra brassicae (Linnaeus) [cabbage armyworm] 甘蓝夜蛾

Mamestra brassicae nuclear polyhedrosis virus [abb. MbNPV] 蓝夜蛾核型多角体病毒

Mamestra configurata Walker [bertha armyworm] 蓓带甘蓝夜蛾，蓓带夜蛾，披肩黏虫

Mamestra configurata granulovirus [abb. MacoGV] 蓓带甘蓝夜蛾颗粒体病毒，蓓带夜蛾颗粒体病毒

Mamestra configurata nucleopolyhedrosis virus [abb. MacoNPV] 蓓带甘蓝夜蛾核型多角体病毒，蓓带夜蛾核型多角体病毒

Mamestra illoba Butler 见 *Sarcopolia illoba*

Mamestra persicariae (Linnaeus) 见 *Melanchra persicariae*

Mamestra tayulingensis Yoshimoto 大禹岭甘蓝夜蛾

Mametia 曼氏蚧属

Mametia koebeli (Green) 乌桕曼氏蚧

mamilia eyemark [*Mesosemia mamilia* Hewitson] 曼美眼蚬蝶

mammal chewing louse [= trichodectid louse, trichodectid chewing louse, trichodectid] 兽鸟虱，嚼虱 < 兽鸟虱科 Trichodectidae 昆虫的通称 >

mammal-nest beetle [= leptinid beetle, leptinid] 寄居甲 < 寄居甲科 Leptinidae 昆虫的通称 >

mammiform 乳头形

Mammilla 钝刺盾蚧属

Mammilla jinzhaiensis Wu 金寨钝刺盾蚧

mammillate [= mammillated, mammillatus] 具乳头状突的

mammillated 见 mammillate

mammillatus 见 mammillate

mammoth scale [= giant scale, *Aspidoproctus maximus* Newstead] 大非绵蚧

mammoth wasp [*Megascolia maculata* (Drury)] 黄斑大土蜂

Mampava 实螟属

Mampava bipunctella Ragonot [foxtail millet webworm] 粟穗螟，粟实螟，粟缀螟，穗钻心虫，穗绵虫，裹黏虫

man-faced shield bug [= man-faced stink bug, *Catacanthus incarnatus* (Drury)] 红显蝽，始蝽，红显椿象，四斑显椿象，人面蝽，关公虫，橘色显蝽

man-faced stink bug 见 man-faced shield bug

Manado yellow tiger [*Parantica menadensis* (Moore)] 美纳绢斑蝶

Manargia 白眼蝶属

Manargia epimede (Staudinger) 华北白眼蝶

Manargia ganymedes Ruhl-Heyne 甘藏白眼蝶

Manargia halimede (Ménétriés) 白眼蝶

Manargia leda Leech 华西白眼蝶

Manargia lugens Honrath 黑纱白眼蝶

Manargia meridionalis Felder 曼丽白眼蝶

Manargia montana Leech 山地白眼蝶

Manargia russiae Esper 俄罗斯白眼蝶

Manataria 熳眼蝶属

Manataria hercyna (Hübner) [white-spotted satyr] 熳眼蝶

Manataria hyrnethia (Fruhstorfer) 海熳眼蝶

Manataria maculata (Höpffer) 白斑熳眼蝶

Manatha aethiops Hampson 烟褐阔囊袋蛾

Manchurian ash weevil [*Stereonychus thoracicus* Forst] 满洲里梣象甲，满洲里梣象

Manchurian catalpa shoot borer [*Sinomphisa plagialis* (Wileman)] 楸蠹野螟，楸蛀野螟

Manchurian codling moth [= lesser apple fruit borer, apple fruit moth, Manchurian fruit moth, *Grapholita inopinata* (Heinrich)] 苹小食心虫，苹果小食心虫

Manchurian fruit moth 见 Manchurian codling moth

Manchurian hawkmoth [*Marumba maacki* (Bremer)] 黄边六点天蛾

mancia eyemark [*Mesosemia mancia* Hewitson] 马奈美眼蚬蝶

Manda 曼隐翅甲属

Manda nearctica Moore 新北曼隐翅甲

Mandacaia bee [*Melipona quadrifasciata* Peletier] 四带麦蜂

mandacoria 上颚膜

Mandana emesis [= great emesis, great tanmark, variable emesis, *Emesis mandana* (Cramer)] 红螟蚬蝶

Mandarella 曼萤叶甲属

Mandarella flaviventris (Chen) 黄腹曼萤叶甲，黄腹瘦跳甲

Mandarella taiwanensis Medvedev 同 *Mandarella flaviventris*

Mandarella tsoui Lee, Tsai, Konstantinov *et* Yeh 曹氏曼萤叶甲

Mandarella uenoi (Kimoto) 台中曼萤叶甲，台中露萤叶甲

M

Mandarin blue [*Charana mandarina* (Hewitson)] 凤灰蝶

Mandarin grass yellow [*Eurema mandarinula* Holland] 曼达黄粉蝶

mandarine silkworm 桑蚕，野蚕

Mandarinia 丽眼蝶属

Mandarinia regalis (Leech) 蓝斑丽眼蝶，瑞眉眼蝶

Mandarinia regalis callotaenia Fruhstorfer 同 *Mandarinia regalis regalis*

Mandarinia regalis duchessa Fruhstorfer 同 *Mandarinia regalis regalis*

Mandarinia regalis obliqua Zhao 蓝斑丽眼蝶斜斑亚种

Mandarinia regalis regalis (Leech) 蓝斑丽眼蝶指名亚种，指名蓝斑眼蝶

Mandarinia uemurai Sugiyama 斜带丽眼蝶

Mandchurian larch cone fly [*Strobilomyia luteoforceps* (Fan *et* Fang)] 黄尾球果花蝇

mandible 上颚

mandible brush 上颚刷

mandibular 颚的；上颚的

mandibular ganglion 上颚神经节

mandibular gland 上颚腺

mandibular lever 上颚杆

mandibular nerve 上颚神经

mandibular palpus 上颚须 < 见于蜉蝣中，参阅 lacinia mobilis>

mandibular plate 上颚板

mandibular pouch 上颚囊 < 缨翅目中包含一根有功能的上颚的头部内陷 >

mandibular scar 上颚痕 < 指鞘翅目蛹中能脱落的上颚的支接处留下的圆形或卵形痕 >

mandibular sclerite 上颚片 < 在蝇类幼虫中，头咽骨的一部分形成一骨化很强并有一对口钩的骨片 >

mandibular scrobe 上颚槽 < 有些鞘翅目昆虫在上颚外边的宽深沟 >

mandibular segment 上颚节 < 头部以上颚为附肢的体节 >

mandibularia 上颚片

Mandibularia 颚天牛属

Mandibularia humeralis Cressitt 突肩颚天牛，肩突颚天牛

Mandibularia nigriceps Pic 红颚天牛

Mandibularia quadricolor Gressitt 长汀颚天牛，多彩巨颚天牛

mandibularis 上颚吸管 < 指蚤目中由上颚构成的吸管 >

Mandibulata 有颚类

mandibulate [= mandibulated, mandibulatus] 具颚的

mandibulate archaic moth [= micropterigid moth, mandibulate moth, micropterigid] 小翅蛾 < 小翅蛾科 Micropterigidae 昆虫的通称 >

mandibulate insect 咀嚼式口器昆虫

mandibulate moth 见 mandibulate archaic moth

mandibulate mouthpart [= chewing mouthpart, biting mouthpart] 咀嚼式口器

mandibulate soldier 大颚兵蜇 < 白蚁中，上颚异常发达的一种兵蜇 >

mandibulated 见 mandibulate

mandibulatus 见 mandibulate

mandibuliform [= mandibuliformis] 颚形

mandibuliformis 见 mandibuliform

Mandibulistichus 颚通缘步甲亚属

Mandinga forester [*Bebearia mandinga* Felder] 曼迪舟蛱蝶

mandogenal sulcus 颚颊沟

mandoris 咽间裂 < 前咽和后咽间的裂隙 >

Manduca 曼天蛾属

Manduca ochus (Klug) 长喙曼天蛾

Manduca quinquemaculata (Haworth) [tomato hornworm, five-spotted hawk moth, large green white-striped hawkmoth] 五点曼天蛾，番茄天蛾

Manduca sexta (Linnaeus) [tobacco hornworm, Carolina sphinx, six spotted hawk moth, six-spotted sphinx moth] 烟草天蛾，烟草曼天蛾

manducate 上颚的

manducation 咀嚼

Maneca 玛乃灰蝶属

Maneca bhotea (Moore) [slate royal] 玛乃灰蝶

Manerebia 赭眼蝶属

Manerebia cyclopina Staudinger 赭眼蝶

Manerebia inderena (Adams) [white-banded nymph] 白带赭眼蝶

Manerebia insulsa Hewitson 阴赭眼蝶

manfreda giant-skipper [*Stallingsia maculosa* (Freeman)] 巨大弄蝶

mangifera long-horned beetle [= artocarpus long-horned beetle, solandra long-horned beetle, tabeluia long-horned beetle, *Pterolophia bigibbera* (Newman)] 双突坡天牛，双瘤锈天牛，坡天牛

Mangina argus (Kollar) 胡麻斑红灯蛾，纹散灯蛾，纹散丽灯蛾，红丽灯蛾

mango aphid [= udo aphid, *Aphis odinae* van der Goot] 杧果蚜，杧果声蚜，乌桕蚜

mango bark beetle [*Hypocryphalus mangiferae* Stebbing] 杧果梢下小蠹

mango bark borer [*Plocaederus ruficornis* (Newman)] 红角皱胸天牛

mango blister midge 1. [= mango gall midge, *Erosomyia mangiferae* Felt] 杧果侵叶瘿蚊；2. [= mango shoot gall midge, *Rabdophaga mangiferae* Mani] 杧果柳瘿蚊，杧果梢瘿蚊

mango blossom gall midge [= mango blossom midge, *Dasineura mangiferae* Felt] 杧果叶瘿蚊

mango blossom midge 1. [*Dasineura amaramanjarae* Grover] 杧果花叶瘿蚊；2. [= mango blossom gall midge, *Dasineura mangiferae* Felt] 杧果叶瘿蚊

mango borer [*Chlorida festiva* (Linnaeus)] 杧果天牛

mango branch borer [*Rhytidodera simulans* (White)] 南亚脊胸天牛

mango flea beetle [*Altica coerulea* Olivier] 杧果跳甲，天蓝跳甲

mango flea weevil [= mango leaf weevil, mango leaf flea weevil, mango seed weevil, *Rhynchaenus mangiferae* Marshall] 杧果跳象甲，杧果跳象

mango fruit fly [= Marula fruit fly, Marula fly, *Ceratitis cosyra* (Walker)] 杧果小条实蝇，果小条实蝇

mango fruit-piercing moth [= common fruit-piercing moth, comma underwing, *Eudocima phalonia* (Linnaeus)] 凡艳叶夜蛾，落叶夜蛾，伐艳叶夜蛾

mango gall midge [= mango blister midge, *Erosomyia mangiferae*

Felt] 杧果侵叶瘿蚊

mango green shield scale [= cottony citrus scale, mango mealy scale, polygonal pulvinaria, *Pulvinaria polygonata* Cockerell] 多角绵蚧，多角绿绵蚧，卵绿绵蜡蚧，杧果绿绵蚧，柑橘网纹绵蚧，柑橘大绵介壳虫

mango grey scale [= vanda scale, vanda orchid scale, *Genaparlatoria pseudaspidiotus* (Lindinger)] 大戟齿片盾蚧

mango hopper 1. [= mango leafhopper, brown mango leafhopper, *Idioscopus nitidulus* (Walker)] 杧果扁喙叶蝉，杧果叶蝉，杧果褐叶蝉，杧果膨喙叶蝉，杧果短头叶蝉，杧果片角叶蝉，光扁喙叶蝉；2. [= mango leafhopper, *Idioscopus clypealis* (Lethierry)] 龙眼扁喙叶蝉，杧果绿叶蝉，膨喙叶蝉；3. [= mango leafhopper, *Idiocerus atkinsoni* Lethierry] 杧果片角叶蝉

mango leaf cutting weevil [*Deporaus marginatus* Pascoe] 杧果切叶象甲，杧果切叶象，杧果剪叶象甲，杧果剪叶象，切叶象甲，切叶虎

mango leaf flea weevil 见 mango flea weevil

mango leaf webber [= mango webworm, *Orthaga exvinacea* (Hampson)] 杧果瘤丛螟，杧果织叶螟

mango leaf weevil 见 mango flea weevil

mango leafhopper 1. [= mango hopper, brown mango leafhopper, *Idioscopus nitidulus* (Walker)] 杧果扁喙叶蝉，杧果叶蝉，杧果褐叶蝉，杧果膨喙叶蝉，杧果短头叶蝉，杧果片角叶蝉，光扁喙叶蝉；2. [= mango hopper, *Idioscopus clypealis* (Lethierry)] 龙眼扁喙叶蝉，杧果绿叶蝉，膨喙叶蝉；3. [= mango hopper, *Idiocerus atkinsoni* Lethierry] 杧果片角叶蝉

mango mealy bug 1. [*Drosicha mangiferae* (Green)] 杧果履绵蚧，杧果绵蚧；2. [= downey snow line mealy bug, rain tree wax scale, *Rastrococcus iceryoides* (Green)] 吹绵平刺粉蚧，吹绵垒粉蚧，吹绵梳粉蚧，平刺粉蚧

mango mealy scale 见 mango green shield scale

mango mealybug [= giant mango mealybug, monophlebus, *Drosicha stebbingii* (Green)] 史氏履绵蚧

mango nut borer [= mango pulp weevil, *Sternochetus frigidus* (Fabricius)] 蛀果杧果象甲，蛀果杧果象，杧果果肉象甲，杧果象鼻虫，果肉杧果象

mango nut weevil [= mango seed weevil, mango weevil, mango stone weevil, *Sternochetus mangiferae* (Fabricius)] 果实杧果象甲，杧果果核象甲，杧果隐喙象甲，印度果核杧果象，杧果核象甲，杧果种子象鼻虫

mango psyllid [= mango shoot gall louse, *Apsylla cistellata* (Buckton)] 杧果瘿小木虱

mango pulp borer 见 mango nut weevil

mango pulp weevil 见 mango nut weevil

mango scale 1. [= mango shield scale, mango soft scale, *Milviscutulus mangiferae* (Green)] 杧果原绵蚧，檬果原绵介壳虫，三角软蚧，孝杧果蚧；2. [= false oleander scale, oleander scale, oyster scale, Fullaway oleander scale, magnolia white scale, *Pseudaulacaspis cockerelli* (Cooley)] 考氏白盾蚧，考氏雪盾蚧，考氏拟轮蚧，椰子拟白轮盾介壳虫

mango seed weevil 1. [= mango weevil, mango stone weevil, mango nut weevil, *Sternochetus mangiferae* (Fabricius)] 果实杧果象甲，杧果果核象甲，杧果隐喙象甲，印度果核杧果象，杧果核象甲，杧果种子象鼻虫；2. [*Sternochetus olivieri* (Faust)] 果核杧果象甲，果核杧果象，杧果果实象甲，云南果核杧果象，杧果象甲，杧果象；3. [= mango leaf weevil, mango flea weevil, mango leaf flea weevil, *Rhynchaenus mangiferae* Marshall] 杧果跳象甲，杧果跳象

mango shield scale 1. [= mango soft scale, mango scale, *Milviscutulus mangiferae* (Green)] 杧果原绵蚧，檬果原绵介壳虫，三角软蚧，孝杧果蚧；2. [*Rastrococcus mangiferae* (Green)] 杧果平刺粉蚧，杧果垒粉蚧，杧果梳粉蚧，檬果平粉介壳虫

mango shoot borer 1. [*Chlumetia transversa* (Walker)] 杧果横线尾夜蛾，横带小尾夜蛾，横线尾夜蛾；2. [*Penicillaria jocosatrix* Guenée] 杧果重尾夜蛾，杧果夜蛾，重尾夜蛾

mango shoot gall louse 见 mango psyllid

mango shoot gall midge [= mango blister midge, *Rabdophaga mangiferae* Mani] 杧果柳瘿蚊，杧果梢瘿蚊

mango skipper [*Molo mango* (Guenée)] 莫洛弄蝶

mango soft scale [= mango shield scale, mango scale, *Milviscutulus mangiferae* (Green)] 杧果原绵蚧，檬果原绵介壳虫，三角软蚧，孝杧果蚧

mango stem borer 1. [= mango tree borer, jackfruit trunk borer, tropical fig borer, capricorn beetle, fig tree borer, *Batocera rufomaculata* (De Geer)] 赤斑白条天牛；2. [= Asian mango long-horned beetle, *Rhytidodera bowringii* White] 脊胸天牛

mango stink bug [= jasmine bug, *Antestiopsis cruciata* (Fabricius)] 十字拟丽蝽，十字丽蝽，茉莉蝽，格纹椿象，杧果蝽

mango stone weevil 见 mango nut weevil

mango thrips [= Mediterranean mango thrips, *Scirtothrips mangiferae* Priesner] 中东硬蓟马，杧果硬蓟马

mango tree borer 见 mango stem borer

mango webworm 见 mango leaf webber

mango weevil 见 mango nut weevil

mango whitefly [*Aleurocanthus mangiferae* Quaintance *et* Baker] 杧果刺粉虱，檬果刺粉虱

Mangocharis 红眼姬小蜂属

Mangocharis litchii Yang *et* Luo 荔枝瘿蚊红眼姬小蜂

mangold aphid [*Rhopalosiphoninus staphyleae* (Koch)] 荞麦囊管蚜

mangold flea beetle [= beet flea beetle, *Chaetocnema* (*Chaetocnema*) *puncticollis* (Motschulsky)] 甜菜凹胫跳甲

mangoura swallowtail [*Papilio mangoura* (Hewitson)] 蔓翠凤蝶

mangrove ant-blue [= Illidge's ant-blue, *Acrodipsas illidgei* (Waterhouse *et* Lyell)] 依散灰蝶

mangrove buckeye 1. [= smokey buckeye, West Indian buckeye, *Junonia evarete* (Cramer)] 烟色眼蛱蝶；2. [= tropical buckeye, *Junonia genoveva* (Cramer)] 育龄眼蛱蝶

mangrove jewel [*Hypochrysops epicurus* Miskin] 深山链灰蝶

mangrove skipper [*Phocides pigmalion* (Cramer)] 红树林蓝条弄蝶

mangrove tree nymph [*Idea leuconoe chersonesia* (Fruhstorfer)] 大帛斑蝶红树林亚种

Mangshia 芒市茧蜂属

Mangshia elongata van Achterberg *et* Chen 长体芒市茧蜂

Maniaspis 麦片盾蚧属

Maniaspis cinnamomum Tang 桂麦片盾蚧

Maniaspis incisa (Takagi) 桢楠麦片盾蚧

Maniaspis machili (Takagi) 樟片盾蚧

manica 围阳茎鞘，阳茎鞘 <鳞翅目昆虫中，阳茎的膜质鞘>

Manica charaxes [*Charaxes manica* Trimen] 袖螯蛱蝶
manicate [= manicatus] 具偃毛的 <意为似皮毛的，或被有不规则平复毛的>
manicatus 见 manicate
maniform [= maniformis] 手形的
maniformis 见 maniform
manioc stem borer [*Coelosternus granicollis* (Pierce)] 木薯蛀茎象甲
Maniola 莽眼蝶属
Maniola amardaea Lederer 见 *Hyponephele amardaea*
Maniola capella (Christoph) 见 *Hyponephele capella*
Maniola chia Thomson 希腊莽眼蝶
Maniola cypricola Graves 塞浦路斯莽眼蝶
Maniola halicarnassus Thomson 哈利莽眼蝶
Maniola jurtina (Linnaeus) [meadow brown] 莽眼蝶，棕眼蝶
Maniola megala (Oberthür) 巨莽眼蝶
Maniola narica (Hübner) 见 *Hyponephele narica*
Maniola nurag Ghiliani [Sardinian meadow brown] 撒丁莽眼蝶
Maniola telmessia (Zeller) [Turkish meadow brown] 土耳其莽眼蝶
Maniolidae [= Danaidae] 斑蝶科
Manipur ace [*Sovia malta* Evans] 曼索弄蝶
Manipur argus [= basal argus, *Callerebia suroia* Tytler] 大艳眼蝶
Manipur goldenfork [*Lethe kabrua* Tytler] 金斑黛眼蝶
Manipur jungle queen [*Stichophthalma sparta* de Nicéville] 赭色箭环蝶，斯箭环蝶
Manipur purple leaf blue [*Amblypodia anita gigantea* Tytler] 紫昂灰蝶曼尼普尔亚种
Manipur woodbrown [*Lethe violaceopicta* (Poujade)] 紫线黛眼蝶，紫辛眼蝶
Manipuria 长颈负泥虫属
Manipuria dohertyi Jacoby 多氏长颈负泥虫
Manipuria yuae Xu, Bi *et* Liang 虞氏长颈负泥虫
manis satyr [*Pedaliodes manis* (Felder *et* Felder)] 麻尼郦眼蝶
manitruncus [= manitrunk, prothorax, pereion, corselet, protothorax] 前胸
manitrunk 见 manitruncus
manna [= honey dew] 蜜露
manna mealybug [= manna scale, tamarisk manna scale, *Trabutina mannipara* (Hemprich *et* Ehrenberg)] 圣露柽粉蚧
manna scale 见 manna mealybug
mannan 甘露聚糖
Mannheimsia 曼蚤蝇属
Mannheimsia stylodactyla (Liu) 指突曼蚤蝇
Mannheimsia tianzena (Liu) 天则曼蚤蝇
mannitol 甘露醇，甘露糖醇
mannose [= seminose] 甘露糖
Manoa 马诺亚摇蚊属
Manoa xianjuensis Qi *et* Lin 仙居马诺亚摇蚊
Manoba 斑瘤蛾属，线苔蛾属
Manoba albiplagiata Rothschild 白纹斑瘤蛾
Manoba banghaasi (West) 邦氏斑瘤蛾
Manoba brunellus (Hampson) 见 *Meganola brunellus*
Manoba chirgwini Holloway 彻氏斑瘤蛾
Manoba fasciata (Hampson) 晕条斑瘤蛾
Manoba fractilinea (Snellen) 裂线苔蛾
Manoba javanica (van Eecke) 爪哇斑瘤蛾
Manoba jinghongensis Shao, Li *et* Han 见 *Meganola jinghongensis*
Manoba lativittata (Moore) 多斑瘤蛾
Manoba lilliptiana (Inoue) 点列斑瘤蛾
Manoba major (Hampson) 见 *Meganola major*
Manoba major major (Hampson) 见 *Meganola major major*
Manoba major takasago (Inoue) 见 *Meganola major takasago*
Manoba melancholica (Wleman *et* West) 黑郁斑瘤蛾，郁斑瘤蛾
Manoba melanomedia (Inoue) 中黑斑瘤蛾
Manoba melanota (Hampson) 黑斑瘤蛾
Manoba phaeochroa (Hampson) 昏暗斑瘤蛾
Manoba punctilineata (Hampson) 列斑瘤蛾
Manoba rectilinea (Snellen) 直裂线苔蛾
Manoba ronkaylaszloi László, Ronkay *et* Witt 荣氏斑瘤蛾
Manoba subfuscataria (Inoue) 拟带斑瘤蛾
Manoba subtribei Han *et* Li 亚族斑瘤蛾
Manoba suffusata (Wileman *et* West) 见 *Meganola suffusata*
Manoba tesselata (Hampson) 台斑瘤蛾
Manoba tristicta (Hampson) 郁斑瘤蛾，郁瘤蛾
Manobia 玛碧跳甲属
Manobia bimaculata Kimoto 双斑玛碧跳甲
Manobia castanea Chen 同 *Manobia cheni*
Manobia castanea Jacoby 赭玛碧跳甲
Manobia cheni Scherer 栗褐玛碧跳甲
Manobia coomani Chen 瑶山玛碧跳甲
Manobia formosana Chûjô 台湾玛碧跳甲
Manobia hayashii Kimoto 林氏玛碧跳甲
Manobia humeralis Kimoto 同 *Manobia inhumeralis*
Manobia inhumeralis Kimoto *et* Takizawa 肩玛碧跳甲
Manobia lewisi Jacoby 柳氏玛碧跳甲
Manobia nigrita Chûjô 黑玛碧跳甲
Manobia parvula (Baly) 小玛碧跳甲
Manobia piceipennis Chen 光胸玛碧跳甲
Manobia puncticollis Chen 刻点玛碧跳甲
Manobia shirozui Kimoto 白水碧跳甲
Manobia sinensis Gressitt *et* Kimoto 中华玛碧跳甲
Manobidia antennata Chen 见 *Bikasha antennata*
Manobidia intermedia Chen 见 *Bikasha intermedia*
Manobidia nipponica Chûjô 同 *Bikasha minuta*
Manobidia simplicithorax Chen 见 *Bikasha simplicithorax*
Manocoreus 曼缘蝽属
Manocoreus astinus Ren 秀曼缘蝽
Manocoreus grypidus Ren 钩曼缘蝽
Manocoreus marginatus Hsiao 边曼缘蝽
Manocoreus montanus Hsiao 川曼缘蝽，川边曼缘蝽
Manocoreus vulgaris Hsiao 闽曼缘蝽
Manocoreus yunnanensis Hsiao 云曼缘蝽，云南曼缘蝽
Manometabola [= Paurometabola] 渐变态类
manometer 气压计；测压计
Manothrips 宽蓟马属
Manothrips fortis Priesner 强宽蓟马
Mansa 曼姬蜂属
Mansa formosana Cushman 同 *Mansa minor*
Mansa fulvipennis (Cameron) 褐翅曼姬蜂
Mansa funerea Turner 两色曼姬蜂

Mansa longicauda Uchida 长尾曼姬蜂
Mansa minor (Szépligeti) 小曼姬蜂
Mansa petiolaris Uchida 柄曼姬蜂
Mansa pulchricornis Tosquinet 丽角曼姬蜂
Mansa tarsalis (Cameron) 黑跗曼姬蜂
Mansakia 五节扁蚜属 *Hamamelistes* 的异名
Mansakia betulina (Horváth) 见 *Hamamelistes betulinus*
Mansakia miyabei Matsumura 见 *Hamamelistes miyabei*
Mansakia shirakabae (Monzen) 同 *Hamamelistes betulinus*
Mansfield's three-tailed swallowtail [*Bhutanitis mansfieldi* (Riley)] 二尾凤蝶，二尾尾凤蝶，曼滇凤蝶
Mansonia 曼蚊属，妙蚊属
Mansonia annulifera (Theobald) 多环曼蚊
Mansonia aurites (Theobald) 金色曼蚊
Mansonia crassipes (van der Wulp) 粗腿曼蚊
Mansonia dives (Schiner) 三点曼蚊
Mansonia longipalpis Newstead *et* Thomas 同 *Orthopodomyia fascipes*
Mansonia longipalpis (van der Wulp) 同 *Mansonia dives*
Mansonia ochracea (Theobald) 黄色曼蚊
Mansonia richiardii (Ficalbi) 环跗曼蚊 < 此学名有误写为 *Mansonia richardii* (Ficalbi) 者 >
Mansonia uniformis (Theobald) 常型曼蚊，斑脚沼蚊
Mansoniella 曼盲蝽属
Mansoniella annulata Hu *et* Zheng 环曼盲蝽
Mansoniella cervivirga Lin 斑颈曼盲蝽，颈曼盲蝽
Mansoniella cinnamomi (Zheng *et* Liu) 樟曼盲蝽，樟颈盲蝽
Mansoniella cristata Hu *et* Zheng 脊曼盲蝽
Mansoniella elongata Hu *et* Zheng 狭长曼盲蝽
Mansoniella flava Hu *et* Zheng 黄翅曼盲蝽
Mansoniella formosana Lin 蓬莱曼盲蝽
Mansoniella juglandis Hu *et* Zheng 胡桃曼盲蝽
Mansoniella kungi Lin 龚曼盲蝽，龚氏曼盲蝽
Mansoniella rosacea Hu *et* Zheng 瑰环曼盲蝽
Mansoniella rubida Hu *et* Zheng 赤环曼盲蝽
Mansoniella rubistrigata Liu *et* Mu 红带曼盲蝽
Mansoniella sassafri (Zheng *et* Liu) 檫木曼盲蝽，檫木颈盲蝽
Mansoniella shihfanae Lin 诗凡曼盲蝽，饰曼盲蝽
Mansoniella wangi (Zheng *et* Li) 王氏曼盲蝽，王氏颈盲蝽
Mansoniella wuyishana Lin 武夷山曼盲蝽
Mansoniella yafanae Lin 雅凡曼盲蝽，雅曼盲蝽
Mansoniini 曼蚊族
Mansonioides 池蚊亚属
Mantichorula 宽漠王属
Mantichorula grandis Semenov 大宽漠王，宽漠王，大曼拟步甲
Mantichorula mongolica Schuster 内蒙宽漠王
Mantichorula semenowi Reitter 谢氏宽漠王
Manticora 大王虎甲属
Manticora latipennis Waterhouse 宽翅大王虎甲
mantid 1. [= mantis, mantodean, praying mantis, praying mantid, preying mantid, soothsayer] 螳螂 < 螳螂目 Mantodea 昆虫的通称 >; 2. 螳螂科的
mantid lacewing [= mantispid fly, mantis-fly, mantidfly, mantispid, false mantid] 螳蛉 < 螳蛉科 Mantispidae 昆虫的通称 >
Mantidae 螳螂科
mantidfly 见 mantid lacewing
mantidological 螳螂学的
mantidology 螳螂学
mantidologist 螳螂学家，螳螂学工作者，螳螂目工作者
Mantidophaga 螳折麻蝇属
Mantidophaga mixta (Rohdendorf) 虎齿螳折麻蝇，虎齿折麻蝇，杂折麻蝇
Mantinae 螳螂亚科 < 此亚科学名有误写为 Manteinae 者 >
mantinea metalmark [= brilliant greenmark, *Caria mantinea* Felder *et* Felder] 闪绿咖蚬蝶
mantis [= mantid, mantodean, praying mantis, praying mantid, preying mantid, soothsayer] 螳螂 < 螳螂目 Mantodea 昆虫的通称 >
mantis-fly 见 mantid lacewing
Mantis 螳属
Mantis religiosa (Linnaeus) [European mantid, European mantis] 薄翅螳，薄翅螳螂，合掌螳螂，欧洲螳螂
Mantis religiosa religiosa (Linnaeus) 薄翅螳指名亚种
Mantis religiosa sinica Bazyluk 薄翅螳中国亚种，中国薄翅螳
Mantispa 螳蛉属
Mantispa aphavexelte Aspöck *et* Aspöck 艾氏螳蛉
Mantispa azihuna (Stitz) 阿紫螳蛉，阿齐毛螳蛉
Mantispa brevistigma Yang 宽痣螳蛉
Mantispa deliciosa (Navis) 丽螳蛉，柔毛螳蛉
Mantispa formosana Okamoto 见 *Necyla formosana*
Mantispa indica Westwood 印度螳蛉，印毛螳蛉
Mantispa japonica McLachlan 日本螳蛉
Mantispa japonica diminuta Matsumura 日本螳蛉缩小亚种，缩日本螳蛉
Mantispa japonica japonica McLachlan 日本螳蛉指名亚种
Mantispa mandarina Navás 汉螳蛉，大陆螳蛉
Mantispa orientalis Esben-Petersen 见 *Necyla orientalis*
Mantispa radialis (Navás) 辐翅螳蛉，辐毛螳蛉
Mantispa styriaca (Poda) 斯提利亚螳蛉
Mantispa transversa (Stitz) 长胸螳蛉，横纹螳蛉
mantispid 1. [= mantispid fly, mantidfly, mantid lacewing, mantis-fly, false mantid] 螳蛉 < 螳蛉科 Mantispidae 昆虫的通称 >; 2. 螳蛉科的
mantispid fly 见 mantid lacewing
Mantispidae 螳蛉科
Mantispilla azihuna Stitz 见 *Mantispa azihuna*
Mantispilla deliciosa Navás 同 *Mantispa azihuna*
Mantispilla indica Westwood 见 *Mantispa indica*
Mantispilla nigra Stitz 同 *Necyla orientalis*
Mantispilla radialis Navás 见 *Mantispa radialis*
Mantispinae 螳蛉亚科
Mantitheus 芫天牛属
Mantitheus gracilis Pic 亮芫天牛
Mantitheus murzini Vives 穆氏芫天牛
Mantitheus pekinensis Fairmaire 北京芫天牛，芫天牛
Mantitheus taiguensis Wu *et* Jiang 太谷芫天牛
mantle cell 套细胞 < 昆虫眼中包围在网膜外面的角膜原细胞 >
mantled baskettail [*Epitheca semiaquea* (Burmeister)] 覆毛伪蜻
manto [= gladiator, gladiator bug, rock crawler, heelwalker, mantophasmid] 螳螩 < 螳螩目 Mantophasmitidea 昆虫的通称 >

Manto 曼托灰蝶属

Manto hypoleuca (Hewitson) [green imperial] 曼托灰蝶

Mantodea 螳螂目

mantodean 见 mantid

Mantoidea 螳总科，螳螂目

Mantoides 拟曼托灰蝶属

Mantoides gama (Distant) 拟曼托灰蝶

mantoidid 1.[= mantoidid mantis] 类螳 <类螳科 Mantoididae 昆虫的通称>；2. 类螳科的

mantoidid mantis [= mantoidid] 类螳

Mantoididae 类螳科

Mantophasma 螳蛸属

Mantophasma omatakoense Zompro *et* Adis 奥马塔科螳蛸

mantophasmid 见 manto

Mantophasmitidae 螳蛸目

Mantophasmitidae 螳蛸科

Mantura 曼跳甲属

Mantura bicoloripes Chen 二色曼跳甲

Mantura fulvipes Jacoby 褐曼跳甲

Mantura rustica (Linnaeus) 黄尾曼跳甲

mantus hemmark [= mantus metalmark, blue nymphidium, mantus nymphidium, *Nymphidium mantus* (Cramer)] 曼蛱蚬蝶

mantus metalmark 见 mantus hemmark

mantus nymphidium 见 mantus hemmark

manu perisama [= canoma perisama, *Perisama canoma* Druce] 卡纳美蛱蝶

manu skipper [*Alera manu* Mielke *et* Casagrande] 玛红基弄蝶

manubrium 1. 中腹突 <叩头虫中胸腹板向前伸嵌入前胸窝的突起>；2. 弹器基，极丝柄

Manuel's skipper [*Polygonus manueli* Bell *et* Comstock] 马氏尖臀弄蝶

manuka beetle [= manuka chafer, kekerewai manuka chafer, *Pyronota festiva* (Fabricius)] 麦卢卡树金龟甲，幼林派诺金龟甲

manuka blight scale [*Eriococcus orariensis* Hoy] 沃尔特囊毡蚧

manuka chafer 见 manuka beetle

manuka moth [= forest semilooper, *Declana floccosa* Walker] 卷毛大林尺蛾

manus 手 <过去曾用于前足跗节>

Manusciara breviuscula Yang, Zhang *et* Yang 见 *Prosciara breviuscula*

Manusciara quadridigitata Yang, Zhang *et* Yang 见 *Prosciara quadridigitata*

manuscript name 未刊名 <未正式发表的名字>

manx charaxes [= water charaxes, *Charaxes nichetes* Grose-Smith] 巢螯蛱蝶

many-banded daggerwing [*Marpesia chiron* (Fabricius)] 蚩龙凤蛱蝶

many-banded metalmark [*Exoplisia hypochalybe* (Felder *et* Felder)] 淡黑爻蚬蝶

many-banded skipper [*Timochares trifasciata* (Hewitson)] 三带汀弄蝶，汀弄蝶

many-banded sombermark [*Euselasia eucritus* (Hewitson)] 游客优蚬蝶

many-combed bug [= polyctenid, bat bug, polyctenid bug] 寄蝽 <寄蝽科 Polyctenidae 昆虫的通称>

many-plume moth [= alucitid] 翼蛾 <翼蛾科 Alucitidae 昆虫的通称>

many-spotted bolla [*Bolla litus* (Dyar)] 丽杂弄蝶

many-spotted ridens [*Ridens crison* Godman *et* Salvin] 克里松丽弄蝶

many-spotted skipperling 1. [*Piruna aea* (Dyar)] 艾亚璧弄蝶；2. [*Piruna cingo* Evans] 银斑璧弄蝶

many-tailed oakblue [*Thaduka multicaudata* Moore] 塔灰蝶，特莉维灰蝶

many-tufted bushbrown [*Mycalesis mystes* de Nicéville] 多簇眉眼蝶

Maosogata 茅飞虱属

Maosogata rottboelliae Ding 筒轴茅飞虱

map [= European map, map butterfly, *Araschnia levana* (Linnaeus)] 地中海蜘蛱蝶，丝网蜘蛱蝶，利蜘蛱蝶

map butterfly 见 map

maple bark beetle [*Xyloterus aceris* Nisijima] 槭木小蠹，槭小蠹

maple-basswood leafroller [*Cenopis pettitana* Röbertson] 美加椴卷蛾

maple black hairy aphid [= maple periphyllus aphid, *Periphyllus aceris* (Linnaeus)] 槭黑多态毛蚜，槭黑毛蚜

maple blight aphid [= woolly alder aphid, *Prociphilus tessellatus* (Fitch)] 赤杨卷叶绵蚜，美赤杨卷绵蚜，赤杨副卷叶绵蚜

maple borer [= maple callus borer, *Synanthedon acerni* (Clemens)] 槭兴透翅蛾，槭透翅蛾，槭蛀愈伤透翅蛾

maple button [= maple leaftier moth, maple leaftier, hairnet acleris moth, Forskal's button, *Acleris forsskaleana* (Linnaeus)] 双纹长翅卷蛾，枫弧翅卷蛾

maple callus borer 见 maple borer

maple cushion scale [= cottony maple leaf scale, cottony maple scale, maple leaf scale, *Pulvinaria acericola* (Walsh *et* Riley)] 槭叶绵蚧

maple dagger moth [*Acronicta pruinosa* (Guenée)] 霜剑纹夜蛾，胡颓子剑纹夜蛾，亚洲槭剑纹夜蛾

maple eyespot gall midge [= ocellate gall midge, maple gall midge, eye spot gall midge, maple leaf spot midge, maple leaf spot gall midge, *Acericecis ocellaris* (Osten-Sacken)] 深红槭瘿蚊，深红槭叶瘿蚊

maple false scale [= maple phenacoccus, woolly maple scale, *Phenacoccus acericola* King] 槭绵粉蚧

maple felt scale [*Eriococcus aceris* (Signoret)] 槭树枝毡蚧

maple gall midge 见 maple eyespot gall midge

maple hairy aphid [= sycamore periphyllus aphid, *Periphyllus acericola* (Walker)] 槭多态毛蚜

maple leaf beetle [*Pyrrhalta fuscipennis* (Jacoby)] 槭毛萤叶甲，槭叶甲

maple leaf roller [= larch twist, larch webworm, *Ptycholomoides aeriferana* (Herrich-Schäffer)] 落叶松卷蛾，槭卷蛾，槭卷叶蛾

maple leaf scale [= cottony maple leaf scale, cottony maple scale, maple cushion scale, *Pulvinaria acericola* (Walsh *et* Riley)] 槭叶绵蚧

maple leaf spot gall midge 见 maple eyespot gall midge

maple leaf spot midge 见 maple eyespot gall midge

maple leafcutter [*Paraclemensia acerifoliella* (Fitch)] 槭穿孔蛾，槭切叶穿孔蛾

maple leafhopper [*Japananus aceri* (Matsumura)] 槭锥顶叶蝉，槭锥头叶蝉，槭叶蝉

maple leaftier 见 maple button
maple leaftier moth 见 maple button
maple longicorn beetle [*Mecynippus pubicornis* Bates] 槭枚天牛，槭毛角天牛，毛角枚天牛
maple mealybug [*Mirococcus ostiaplurimus* (Kiritchenko)] 槭树少粉蚧，槭树济粉蚧
maple nepticula [= Norway maple seedminer, *Etainia sericopeza* (Zeller)] 槭埃微蛾，槭细蛾
maple periphyllus aphid 见 maple black hairy aphid
maple petiole borer [*Caulocampus acericaulis* (MacGillivray)] 糖槭蛀柄叶蜂，槭蛀柄叶蜂
maple phenacoccus 见 maple false scale
maple prominent moth [= saddled prominent caterpillar, saddled prominent moth, *Heterocampa guttivitta* (Walker)] 鞍斑美洲舟蛾，鞍形天社蛾，北美槭舟蛾
maple pyralid [*Etielloides curvellus* Shibuya] 槭类荚斑螟，槭野螟，曲拟荚斑螟
maple rhynchites [*Rhynchites motschulskyi* Lewis] 莫氏虎象甲，莫氏槭象甲
maple seed caterpillar [= maple twig borer moth, early proteoteras, maple tip moth, *Proteoteras aesculana* Riley] 槭普小卷蛾，槭籽小卷蛾
maple slender moth [= semi-barred slender moth, *Caloptilia semifascia* (Haworth)] 栓皮槭丽细蛾，栓皮槭花细蛾
maple spanworm moth [= notched-wing geometer, notch-wing moth, notched-wing moth, notch-winged geometer, *Ennomos magnaria* Guenée] 凹翅秋黄尺蛾，痕翅尺蛾
maple tip moth 见 maple seed caterpillar
maple tree pruner [= oak pruner, oak twig-pruner, twig pruner, southeastern gray twig pruner, apple-tree pruner, *Anelaphus villosus* (Fabricius)] 栎剪枝牡鹿天牛，多毛天牛
maple trumpet skeletonizer [*Epinotia aceriella* (Clemens)] 槭喇叭管叶小卷蛾，槭喇叭卷蛾，槭喇叭卷叶蛾
maple tussock moth [= Siberian white-toothed moth, *Dasychira albodentata* Bremer] 槭茸毒蛾，槭毒蛾
maple twig borer moth 见 maple seed caterpillar
maple twist moth [= forest twist, *Choristoneura diversana* (Hübner)] 异色卷蛾
maquech [*Zopherus chilensis* Gray] 智利幽甲
Maraces 马姬蜂属
Maraces flavobalteata Cameron 黄条马姬蜂
Maraces flavobalteata celebensis Heinrich 黄条马姬蜂印尼亚种
Maraces flavobalteata flavobalteata Cameron 黄条马姬蜂指名亚种
Maraces flavobalteata fulvipes (Cameron) 黄条马姬蜂褐足亚种，褐足黄条马姬蜂
Maraces flavobalteata luzonensis (Cushman) 黄条马姬蜂吕宋亚种
Maraces melli (Heinrich) 见 *Pseudomaraces melli*
Marapana 长吻夜蛾属
Marapana pulverata (Guenée) 长吻夜蛾
Marasmarcha 枯羽蛾属
Marasmarcha asiatica (Rebel) 亚洲玛拉羽蛾
Marasmarcha cinnamomea (Staudinger) 樟玛拉羽蛾
Marasmarcha colossa Caradja 柯玛拉羽蛾
Marasmarcha glycyrrihzavora Zheng *et* Qin 甘草枯羽蛾
Marasmarcha spinosa Meyrick 刺玛拉羽蛾
Marasmia 纵卷叶野螟属 *Cnaphalocrocis* 的异名
Marasmia bilinealis Hampson 见 *Cnaphalocrocis bilinealis*
Marasmia bilinealis intristalis Caradja 见 *Cnaphalocrocis intristalis*
Marasmia euryterminalis Hampson 见 *Cnaphalocrocis euryterminalis*
Marasmia exigua (Butler) 见 *Cnaphalocrocis exigua*
Marasmia latimarginalis Hampson 见 *Cnaphalocrocis latimarginalis*
Marasmia limbalis Wileman 见 *Cnaphalocrocis limbalis*
Marasmia patnalis Bradley 见 *Cnaphalocrocis patnalis*
Marasmia pauperalis Strand 见 *Cnaphalocrocis pauperalis*
Marasmia pilosa (Warren) 见 *Cnaphalocrocis pilosa*
Marasmia poeyalis (Boisduval) 见 *Cnaphalocrocis poeyalis*
Marasmia ruralis (Walker) 同 *Cnaphalocrocis poeyalis*
Marasmia trapezalis (Guenée) 见 *Cnaphalocrocis trapezalis*
Marasmia trebiusalis (Walker) 见 *Cnaphalocrocis trebiusalis*
Marasmia venilialis (Walker) 同 *Cnaphalocrocis poeyalis*
Marathon pixie [= orange-striped pixie, *Melanis marathon* Felder *et* Felder] 玛黑蚬蝶
Marathyssa 玛尾夜蛾属
Marathyssa cuneades Draudt 衡山玛尾夜蛾，玛拉夜蛾
Marava 玛苔螋属
Marava arachidis (Yersin) 云南玛苔螋
Marava nigrella (Dubrony) 暗玛苔螋，黑玛苔螋
marble dagger moth [*Acronicta marmorata* Smith] 石剑纹夜蛾
marble gall 云石瘿 <专指瘿蜂 *Cynips kollari* 的硬球形虫瘿>
marbled [= marmoratus, marmoraceous, marmorate, marmorated, variegated] 似大理石的，大理石状的
marbled carpet beetle [= buffalo carpet beetle, common carpet beetle, carpet beetle, *Anthrenus scrophulariae* (Linnaeus)] 红缘圆皮蠹，红缘皮蠹
marbled carpet moth [= common marbled carpet, willow looper, *Dysstroma truncata* (Hüfnagel)] 茎涤尺蛾，柳白腹尺蛾
marbled clover [= flax budworm, *Heliothis viriplaca* (Hüfnagel)] 苜蓿实夜蛾，苜蓿夜蛾，实夜蛾，亚麻实夜蛾，亚麻芽夜蛾
marbled coronet [*Hadena confusa* (Hüfnagel)] 斑盗夜蛾，亢盗夜蛾
marbled diving beetle [= sunburst diving beetle, spotted diving beetle, *Thermonectus marmoratus* (Gray)] 多斑温龙虱
marbled dog's-tooth tortrix [*Acleris maccana* (Treitschke)] 犬齿长翅卷蛾
marbled elf [*Eretis djaelaelae* (Wallengren)] 吉迩弄蝶
marbled flat [*Lobocla liliana* (Atkinson)] 黄带弄蝶
marbled fritillary [*Brenthis daphne* (Denis *et* Schiffermüller)] 小豹蛱蝶
marbled leafwing [= jazzy leafwing, silver-studded leafwing, *Hypna clytemnestra* (Cramer)] 钩翅蛱蝶
marbled line-blue [*Erysichton palmyra* (Felder)] 逸灰蝶
marbled map [*Cyrestis cocles* (Fabricius)] 八目丝蛱蝶，密纹丝蛱蝶，素榕蛱蝶
marbled orchard tortrix [= green budworm, green budworm moth, *Hedya nubiferana* (Haworth)] 云雾广翅小卷蛾，绿小卷蛾，绿小卷叶蛾
marbled ringlet [*Erebia montana* (Prunner)] 大理石红眼蝶
marbled skipper 1. [= green-marbled sandman, African marbled

skipper, *Gomalia elma* (Trimen)] 石弄蝶；2. [*Carcharodus lavatherae* (Esper)] 大理石卡弄蝶

marbled tuffet moth [= laugher, *Charadra deridens* (Guenée)] 灰笑夜蛾

marbled white 1. [*Melanargia galathea* (Linnaeus)] 加勒白眼蝶；2. [= Mexican marbled white, *Hesperocharis graphites* Bates] 双尾秀粉蝶

marbled white spot [*Protodeltote pygarga* (Hüfnagel)] 白臀俚夜蛾，臀原德夜蛾

marbled xenica [= common xenica, Klug's xenica, *Geitoneura klugii* (Guérin-Méneville)] 克氏结眼蝶，指名结眼蝶

marcescent 萎凋的

March beetle [= March chafer, *Melolontha afflicta* Ballion] 胖鳃金龟甲

March chafer 见 March beetle

March dagger moth [= March day moth, March tubic, March moth, *Diurnea fagella* (Denis *et* Schiffermüller)] 三月织蛾

March day moth 见 March dagger moth

March fly [= lovebug] 毛蚊 <毛蚊科 Bibionidae 昆虫的通称>

March moth 见 March dagger moth

March tubic 见 March dagger moth

Marchalina 孟绵蚧属

Marchalina caucasica Hadzibeyli 杉类孟绵蚧

Marchalina hellenica (Gennadius) 松类孟绵蚧

marchalinid 1. [= marchalinid scale] 孟绵蚧 <孟绵蚧科 Marchalinidae 昆虫的通称>；2. 孟绵蚧科的

marchalinid scale [= marchalinid] 孟绵蚧

Marchalinidae 孟绵蚧科

Marchalininae 孟绵蚧亚科

Marchal's andean white [= Marchal's white, *Hesperocharis marchalii* (Guérin-Méneville)] 马奇秀粉蝶

Marchal's white 见 Marchal's andean white

marciana skipper [*Milanion marciana* Godman *et* Salvin] 巴拿马米兰弄蝶

Marcius 锤缘蝽属

Marcius inermis Hsiao 缺刺锤缘蝽

Marcius longirostris Hsiao 五刺锤缘蝽

Marcius nigrospinosus Ren 黑刺锤缘蝽

Marcius ornatulus (Distant) 曲胫锤缘蝽，滇巴缘蝽

Marcius sichuananus Ren 四川锤缘蝽

Marcius subinermis Blöte 见 *Tuberculiformia subinermis*

Marcius trispinosus Hsiao 三刺锤缘蝽

marcus skipper [= peaceful fantastic-skipper, yellow fantastic-skipper, *Vettius marcus* (Fabricius)] 锤铂弄蝶

Mardara 月毒蛾属

Mardara albostriata Hampson 初月毒蛾

Mardara calligramma Walker 月毒蛾

Mardara irrorata Moore 圆月毒蛾

Mardara plagidotata (Walker) 蚀月毒蛾，蝶形毒蛾

Mardara yunnana Collenette 云月毒蛾

mardi gras cockroach [= Mitchell's diurnal cockroach, *Polyzosteria mitchelli* (Angas)] 米氏泽蠊

mardon skipper [= cascades skipper, little oregon skipper, *Polites mardon* (Edwards)] 橙斑玻弄蝶

Marela 茫弄蝶属

Marela tamyroides (Felder *et* Felder) [tamyroides skipper] 茫弄蝶

marganotum 背板侧脊 <分隔上背板和侧背板的细脊>

Margaretta metalmark [= zebra-tipped metalmark, *Mesene margaretta* (White)] 珠迷蚬蝶

Margarinotus 歧阎甲属，玛阎甲属

Margarinotus agnatus (Lewis) 见 *Margarinotus* (*Ptomister*) *agnatus*

Margarinotus* (*Asterister*) *curvicollis (Bickhardt) 完缝歧阎甲，弯玛阎甲

Margarinotus babai Ôhara 见 *Margarinotus* (*Ptomister*) *babai*

Margarinotus birmanus Lundgren 见 *Margarinotus* (*Grammostethus*) *birmanus*

Margarinotus boleti (Lewis) 见 *Margarinotus* (*Ptomister*) *boleti*

Margarinotus cadavericola (Bickhardt) 见 *Margarinotus* (*Ptomister*) *cadavericola*

Margarinotus curvicollis (Bickhardt) 见 *Margarinotus* (*Asterister*) *curvicollis*

Margarinotus* (*Eucalohister*) *bipustulatus (Schrank) 双斑歧阎甲

Margarinotus* (*Eucalohister*) *gratiosus (Mannerheim) 美斑歧阎甲，娇玛阎甲

Margarinotus formosanus Ôhara 见 *Margarinotus* (*Grammostethus*) *formosanus*

Margarinotus* (*Grammostethus*) *birmanus Lundgren 缅甸歧阎甲，缅甸玛阎甲

Margarinotus* (*Grammostethus*) *formosanus Ôhara 台湾歧阎甲，宝岛玛阎甲

Margarinotus* (*Grammostethus*) *fragosus (Lewis) 脆歧阎甲

Margarinotus* (*Grammostethus*) *impiger (Lewis) 勤歧阎甲

Margarinotus* (*Grammostethus*) *niponicus (Lewis) 日本歧阎甲，日玛阎甲

Margarinotus* (*Grammostethus*) *occidentalis (Lewis) 海西歧阎甲

Margarinotus* (*Grammostethus*) *schneideri Kapler 施氏歧阎甲

Margarinotus* (*Grammostethus*) *stercoriger (Marseul) 粪歧阎甲

Margarinotus* (*Grammostethus*) *taiwanus Mazur 台岛歧阎甲，台湾玛阎甲

Margarinotus gratiosus (Mannerheim) 见 *Margarinotus* (*Eucalohister*) *gratiosus*

Margarinotus hailar Wenzel 见 *Margarinotus* (*Ptomister*) *hailar*

Margarinotus incognitus (Marseul) 见 *Margarinotus* (*Ptomister*) *incognitus*

Margarinotus koenigi (Schmidt) 见 *Margarinotus* (*Paralister*) *koenigi*

Margarinotus koltzei (Schmidt) 见 *Margarinotus* (*Ptomister*) *koltzei*

Margarinotus multidents (Schmidt) 见 *Margarinotus* (*Ptomister*) *multidens*

Margarinotus niponicus (Lewis) 见 *Margarinotus* (*Grammostethus*) *niponicus*

Margarinotus obscurus (Kugelann) 见 *Margarinotus* (*Stenister*) *obscurus*

Margarinotus osawai Ôhara 见 *Margarinotus* (*Ptomister*) *osawai*

Margarinotus* (*Paralister*) *koenigi (Schmidt) 柯氏歧阎甲，柯玛阎甲

Margarinotus* (*Paralister*) *laevifossa (Schmidt) 中亚歧阎甲

Margarinotus* (*Paralister*) *oblongulus (Schmidt) 长圆歧阎甲

Margarinotus* (*Paralister*) *periphaerus Mazur 周歧阎甲，周玛阎甲

Margarinotus* (*Paralister*) *purpurascens (Herbst) 暗红歧阎甲

Margarinotus periphaerus Mazur 见 *Margarinotus* (*Paralister*) *purpurascens*

Margarinotus* (*Ptomister*) *agnatus (Lewis) 阿葛歧阎甲，阿玛阎甲

Margarinotus* (*Ptomister*) *arrosor (Bickhardt) 阿若歧阎甲

Margarinotus* (*Ptomister*) *babai Ôhara 康夫歧阎甲，马场玛阎甲

Margarinotus* (*Ptomister*) *boleti (Lewis) 博氏歧阎甲，波玛阎甲

Margarinotus* (*Ptomister*) *cadavericola (Bickhardt) 尸生歧阎甲，卡玛阎甲

Margarinotus* (*Ptomister*) *hailar Wenzel 海拉尔歧阎甲，亥玛阎甲

Margarinotus* (*Ptomister*) *incognitus (Marseul) 隐歧阎甲，荫玛阎甲

Margarinotus* (*Ptomister*) *koltzei (Schmidt) 科氏歧阎甲，科玛阎甲

Margarinotus* (*Ptomister*) *multidens (Schmidt) 多齿歧阎甲，多棘玛阎甲，多棘阎魔虫

Margarinotus* (*Ptomister*) *osawai Ôhara 大泽歧阎甲，大泽玛阎甲

Margarinotus* (*Ptomister*) *reichardti Kryzhanovskij *et* Reichardt 理氏歧阎甲

Margarinotus* (*Ptomister*) *striola (Sahlberg) 纹歧阎甲，纹玛阎甲

Margarinotus* (*Ptomister*) *striola striola (Sahlberg) 纹歧阎甲指名亚种

Margarinotus* (*Ptomister*) *striola succicola (Thomson) 纹歧阎甲细线亚种

Margarinotus* (*Ptomister*) *sutus (Lewis) 缝连歧阎甲

Margarinotus* (*Ptomister*) *tristriatus Wenzel 三线歧阎甲，毛纹玛阎甲

Margarinotus* (*Ptomister*) *wenzelisnus Kryzhanovskij *et* Reichardt 温氏歧阎甲

Margarinotus* (*Ptomister*) *weymarni Wenzel 魏氏歧阎甲，威玛阎甲

Margarinotus sodalis (Lewis) 同 *Margarinotus* (*Grammostethus*) *fragosus*

Margarinotus* (*Stenister*) *obscurus (Kugelann) 暗歧阎甲，暗玛阎甲

Margarinotus striola (Sahlberg) 见 *Margarinotus* (*Ptomister*) *striola*

Margarinotus taiwanus Mazur 见 *Margarinotus* (*Grammostethus*) *taiwanus*

Margarinotus tristriatus Wenzel 见 *Margarinotus* (*Ptomister*) *tristriatus*

Margarinotus weymarni Wenzel 见 *Margarinotus* (*Ptomister*) *weymarni*

margarita purplewing [*Eunica margarita* (Godart)] 珍珠神蛱蝶

Margarita's blue [= trident pencil-blue, *Candalides margarita* (Semper)] 珍珠坎灰蝶

Margarita's caper white [*Belenois margaritacea* Sharpe] 珍珠贝粉蝶

Margarita's copper [*Aloeides margaretae* Tite *et* Dickson] 珍珠乐灰蝶

Margarita's pierrot [= mountain pied pierrot, *Tuxentius margaritaceus* (Sharpe)] 珍珠图灰蝶

Margaritia sticticalis (Linnaeus) 见 *Loxostege sticticalis*

Margarodes 珠蚧属 < 该属有一个螟蛾科的同名 >

Margarodes basrahensis Jakubski 伊拉克珠蚧

Margarodes formicarum Guilding 蚁窝珠蚧

Margarodes nigropunctalis Bremer 见 *Palpita nigropunctalis*

margarodid 1. [= margarodid scale, ground pearl, cottony cushion scale, giant coccid, giant scale insect] 珠蚧 < 珠蚧科 Margarodidae 昆虫的通称 >; 2. 珠蚧科的

margarodid scale [= margarodid, ground pearl, cottony cushion scale, giant coccid, giant scale insect] 珠蚧

Margarodidae 珠蚧科，硕介壳虫科

Margarodinae 珠蚧亚科

Margaronia caesalis Walker 见 *Glyphodes caesalis*

Margaronia nigropunctalis (Bremer) 见 *Palpita nigropunctalis*

Margaronia perspectalis Walker 见 *Cydalima perspectalis*

Margaronia pryeri Butler 见 *Glyphodes pryeri*

Margaronia pyloalis (Walker) 见 *Glyphodes pyloalis*

Margaronia warrenalis Swinhoe 见 *Palpita warrenalis*

Margaropsecas margarethae Kiriakoff 玛舟蛾

margatergum 背板缘脊

Margattea 玛蠊属，土蠊属

Margattea angusta Wang, Li, Wang *et* Che 狭顶玛蠊

Margattea bisignata Bey-Bienko 双印玛蠊

Margattea ceylanica (Saussure) 锡兰玛蠊，滇玛姬蠊

Margattea concava Wang, Che *et* Wang 凹缘玛蠊

Margattea flexa Wang, Li, Wang *et* Che 翘玛蠊

Margattea furcata Liu *et* Zhou 岔突玛蠊

Margattea hemiptera Bey-Bienko 半翅玛蠊，半翅玛姬蠊

Margattea immaculata Liu *et* Zhou 无斑玛蠊

Margattea inconspicua Bey-Bienko 同 *Margattea punctulata*

Margattea inermis Bey-Bienko 赭马姬蠊

Margattea limbata Bey-Bienko 淡边玛蠊，缘玛姬蠊

Margattea mckittrickae Wang, Che *et* Wang 麦氏玛蠊，迈克玛蠊

Margattea multipunctata Wang, Che *et* Wang 多斑玛蠊

Margattea nimbata (Shelford) 雨点玛蠊

Margattea nimbata nimbata (Shelford) 雨点玛蠊指名亚种

Margattea nimbata shirakii (Princis) 雨点玛蠊素木亚种，素木玛蠊，素木土蠊

Margattea perspicillaris (Karny) 透胸玛蠊，台湾土蠊，台拟塞姬蠊

Margattea producta Wang, Che *et* Wang 突尾玛蠊

Margattea pseudolimbata Wang, Li, Wang *et* Che 拟淡边玛蠊

Margattea punctulata (Brunner von Wattenwyl) 细点玛蠊，刻点玛蠊，福建玛姬蠊

Margattea shirakii (Princis) 见 *Margattea nimbata shirakii*

Margattea speciosa Liu *et* Zhou 华丽玛蠊

Margattea spinifera Bey-Bienko 刺玛蠊，刺玛姬蠊

Margattea spinosa Wang, Li, Wang *et* Che 多刺玛蠊

Margattea submarginata Liu, Zhu, Dai *et* Wang 亚缘玛蠊

Margattea trispinosa (Bey-Bienko) 见 *Margattina trispina*

Margattina 刺玛蠊属，拟玛蠊属

Margattina trispina Bey-Bienko 三刺刺玛蠊，三刺拟玛姬蠊，三刺玛蠊

Margelana 宝夜蛾属

Margelana versicolor Staudinger 宝夜蛾

Margelycaena 锦灰蝶属

Margelycaena euphratica (Eckweiler) 锦灰蝶
margin [= margo] 缘
marginal 边缘的
marginal accessory vein 缘副脉
marginal area [= mediastinal area] 缘域
marginal bristle 腹缘鬃 < 双翅目昆虫中，着生于腹节后缘上的鬃 >
marginal cell 缘室
marginal cellule [= radial cellule] 缘小室，径小室
marginal field 前缘区 < 在复翅中，同 costal field>
marginal gall thrips [= black pepper thrips, pepper leaf gall thrips, *Liothrips karnyi* (Bagnall)] 卡氏滑管蓟马，卡氏滑蓟马，胡椒管母蓟马，胡椒管雌蓟马
marginal gland opening [= marginal lunar pore] 缘蜡孔 < 见于介壳虫中 >
marginal groove 缘沟
marginal lunar pore 见 marginal gland opening
marginal nervure [= marginal vein] 缘脉 < 在直翅目中为 C 脉；在膜翅目中为 R_3 脉；一般为形成缘室的翅脉 >
marginal plate [= lateral plate, lateral pilacarore, circumferential lamella] 侧蜡板，缘蜡板，围板
marginal pore 缘蜡孔
marginal scutellar [= marginal scutellar seta, marginal scutellar bristle] 小盾缘鬃 < 指双翅目昆虫小盾片缘上明显成行的大鬃 >
marginal scutellar bristle 见 marginal scutellar
marginal scutellar seta 见 marginal scutellar
marginal seta 缘毛 < 指介壳虫在凸缘上的缨刚毛 >
marginal vein 见 marginal nervure
marginalin 臀腺素
marginally suitable region 边缘适生区
marginate [= marginatus, margined] 具缘的
marginatus 见 marginate
margined 见 marginate
margined blister beetle [= ebony blister beetle, *Epicauta funebris* Horn] 具缘豆芫菁，具缘芫菁
margined flea beetle [= margined systena, cypress leaf beetle, *Systena marginalis* (Illiger)] 缘小跳甲
margined hedge blue [*Celatoxia marginata* (de Nicéville)] 韫玉灰蝶，白纹琉灰蝶，白纹琉璃小灰蝶，白纹瑠璃小灰蝶，白纹琉璃灰蝶
margined missile [*Meza leucophaea* (Holland)] 缘媚弄蝶
margined snouted whirligig [*Porrorhynchus* (*Porrorhynchus*) *marginatus* Laporte] 锯缘长唇豉甲，缘前口豉甲，缘隐盾豉甲
margined systena 见 margined flea beetle
Marginitermes hubbardi (Banks) 美缘木白蚁
Margites 缘天牛属
Margites auratonotatus Pic 金茸缘天牛，金斑缘天牛
Margites egenus (Pascoe) 金斑缘天牛
Margites fulvidus (Pascoe) 黄茸缘天牛
Margites grisescens (Pic) 灰缘天牛
Margites luteopubens Pic 橙斑缘天牛
Margites rufipennis (Pic) 老挝缘天牛
Margites singularis (Pic) 斜沟缘天牛
margo 见 margin
Maria metalmark [= blue-gray lasaia, *Lasaia maria* Clench] 马莉娅腊蚬蝶
Maria skipper [*Pheraeus maria* Steinhauser] 玛丽傅弄蝶
Mariana 玛瑞螟属
Mariana gaji Zaguljaev 玛瑞螟
Maria's firetip [*Elbella mariae* (Bell)] 玛丽礁弄蝶
Maria's skipper [*Choranthus maria* Minno] 玛丽潮弄蝶
Marie-Christine's striped forester [*Euphaedra mariaechristinae* Hecq *et* Joly] 玛丽栎蛱蝶
marieps emperor [*Charaxes marieps* van Someren *et* Jackson] 马利螯蛱蝶
Marietta 花翅蚜小蜂属
Marietta carnesi (Howard) 瘦柄花翅蚜小蜂，卡氏泼姬小蜂
Marietta leopardina Motschulsky 豹斑花翅蚜小蜂
Marietta picta (Andre) 豹纹花翅蚜小蜂
marijuana thrips [*Oxythrips cannabensis* Knechtel] 大麻敏蓟马
Marilia 滨齿角石蛾属，联脉齿角石蛾属
Marilia albofurca Schmid 浅叉滨齿角石蛾，浅叉联脉齿角石蛾
Marilia lata Ulmer 宽滨齿角石蛾，宽联脉齿角石蛾
Marilia parallela Hwang 直缘滨齿角石蛾，平行联脉齿角石蛾
Marilia simulans Forsslund 仿滨齿角石蛾，仿联脉齿角石蛾
Marina checkerspot [= red-spotted patch, *Chlosyne marina* (Geyer)] 麻利巢蛱蝶
marine blue [= striped blue, *Leptotes marina* (Reakirt)] 马莉细灰蝶
marine bottom community 海底群落
marine bug [= aepophilid bug, aepophilid] 滨蝽 < 滨蝽科 Aepophilidae 昆虫的通称 >
marine moss beetle [Ochthebius marinus (Paykull)] 广奥平唇牙甲
Marinemobiini 麻针蟋族
Marinemobius 麻针蟋属
Marinemobius asahinai (Yamasaki) 朝比奈麻针蟋，阿沙麻针蟋
Mariobezziinae 长颜蜂虻亚科
mariposa copper [*Epidemia mariposa* (Reakirt)] 美帘灰蝶
marisa eyemark [*Semomesia marisa* (Hewitson)] 马利纹眼蚬蝶
maritime earwig [= seaside earwig, *Anisolabis maritima* (Bonelli)] 海肥螋，滨海肥螋
maritime pine borer [= new pine knot-horn, splendid knot-horn moth, Japanese pine tip moth, pine tip moth, larger pine shoot borer, *Dioryctria sylvestrella* (Ratzeburg)] 赤松梢斑螟，薛梢斑螟，松干螟
maritza skipper [*Thoon maritza* Nicolay] 玛腾弄蝶
marius hairstreak [*Rekoa marius* (Lucas)] 玛露余灰蝶
MARK [mitogen-activated protein kinase 的缩写] 丝裂原活化蛋白激酶
marking 斑纹
marking behavio(u)r 标迹行为
marking pheromone 标记信息素
Marlatt scale [= red date scale, red date palm scale, date palm scale, *Phoenicococcus marlatti* Cockerell] 马氏战蚧，海枣管蚧
Marlatt whitefly [*Aleurolobus marlatti* (Quaintance)] 马氏三叶粉虱，马氏粉虱，马氏裂粉虱，麻拉特粉虱，马氏穴粉虱，黑粉虱
Marlattiella 长棒蚜小蜂属
Marlattiella prima Howard 长白蚧长棒蚜小蜂
Marlatt's larch sawfly [*Anoplonyx laricis* Marlatt] 马氏落叶松叶

蜂

marmalade fly [= black-banded hover fly, *Episyrphus balteatus* (De Geer)] 黑带蚜蝇，黑带食蚜蝇，中斑黑带食蚜蝇，佩带蚜蝇

Marmara 晶岩细蛾属

Marmara elotella (Busck) [apple barkminer] 苹晶岩细蛾，苹旋皮细蛾

Marmara fasciella Chambers [white pine barkminer moth, white pine barkminer] 横带晶岩细蛾

Marmessoidea 玛异蝤属

Marmessoidea bispina (Redtenbacher) 双刺玛异蝤

Marmessoidea casigneta (Westwood) 翅突玛异蝤

Marmessoidea chinensis Redtenbacher 见 *Trachythorax chinensis*

Marmessoidea guangdongensis Ho 广东玛异蝤

Marmessoidea hainanensis Ho 海南玛异蝤

Marmessoidea hainanensis hainanensis Ho 海南玛异蝤指名亚种

Marmessoidea hainanensis yinggelingensis Ho 海南玛异蝤鹦哥岭亚种

Marmessoidea wuzhishanensis Chen *et* Chen 见 *Sipyloidea wuzhishanensis*

marmoraceous [= marbled, marmorate, marmorated, marmoratus, variegated] 似大理石的，大理石状的

marmorate 见 marmoraceous

marmorate broad-headed leaf-hopper [*Maiestas distinctus* (Motschulsky)] 纹愈叶蝉，杰纹显叶蝉，杰纹叶蝉，显托叶蝉，日杰出叶蝉，黑环角顶叶蝉，显脉木叶蝉，阔头木叶蝉

marmorate leaf roller [= marmorated leaf roller, *Olethreutes hemiplaca* (Meyrick)] 半新小卷蛾，花条小卷蛾，花卷叶蛾

marmorated 见 marmoraceous

marmorated grasshopper [*Gastrimargus transversus* Thunberg] 稻黑褐车蝗，稻黑褐蝗

marmorated leaf roller 见 marmorate leaf roller

marmoratus 见 marmoraceous

Marmylaris 玛天牛属

Marmylaris buckleyi (Pascoe) 恒春玛天牛，巴克氏锈天牛

Maroga 玛木蛾属

Maroga melanostigma (Wallengren) [fruit tree borer, cherry borer] 杏玛木蛾，杏木蛾，樱桃堆砂蛀蛾

maroma ruby-eye [*Carystoides maroma* Möschler] 圭亚那白梢弄蝶

Marpesia 凤蛱蝶属

Marpesia alcibiades (Staudinger) 优雅凤蛱蝶

Marpesia berania (Hewitson) [amber daggerwing] 条纹凤蛱蝶

Marpesia catulus Felder 串珠凤蛱蝶

Marpesia chiron (Fabricius) [many-banded daggerwing] 蚩龙凤蛱蝶

Marpesia coresia (Godart) 半白衬凤蛱蝶

Marpesia corinna (Latreille) [Corinna daggerwing] 斜带凤蛱蝶

Marpesia corita (Westwood) [orange-banded daggerwing] 革凤蛱蝶，杏美人凤蛱蝶

Marpesia crethon (Fabricius) [Crethon daggerwing] 白垩凤蛱蝶

Marpesia egina Bates [Egina daggerwing] 疏星凤蛱蝶

Marpesia eleuchea Hübner [Antillean daggerwing] 凤蛱蝶

Marpesia furcula (Fabricius) [sunset daggerwing, glossy daggerwing, northern segregate] 火纹凤蛱蝶

Marpesia harmonia (Klug) [pale daggerwing, harmonia daggerwing] 和谐凤蛱蝶

Marpesia hermione (Felder) 风神凤蛱蝶

Marpesia iole (Drury) 三色凤蛱蝶

Marpesia livius (Kirby) [Livius daggerwing] 蓝灰凤蛱蝶

Marpesia marcella (Felder *et* Felder) [pansy daggerwing] 马采拉凤蛱蝶

Marpesia merops (Boisduval) [dappled daggerwing] 白星凤蛱蝶

Marpesia norica Hewitson 褐凤蛱蝶

Marpesia orsilochus (Fabricius) [Orsilochus daggerwing] 白条凤蛱蝶

Marpesia petreus (Cramer) [ruddy daggerwing, northern segregate] 剑尾凤蛱蝶

Marpesia themistocles (Fabricius) [Norica daggerwing] 合法凤蛱蝶

Marpesia tutelina (Hewitson) [Tutelina daggerwing] 图特凤蛱蝶

Marpesia zerynthia (Hübner) [waiter daggerwing] 召龙凤蛱蝶

Marpesiini 丝蛱蝶族

marsh 沼泽

marsh acraea [*Acraea rahira* Boisduval] 草原珍蝶

marsh beetle [= scirtid beetle, scirtid] 沼甲 <沼甲科 Scirtidae 昆虫的通称>

marsh blue [*Harpendyreus noquasa* (Trimen)] 纳泉灰蝶

marsh button [*Acleris lorquiniana* (Duponchel)] 沼泽长翅卷蛾

marsh carpet [*Gagitodes sagittata* (Fabricius)] 利剑铅尺蛾，箭普周尺蛾

marsh dagger [*Acronicta strigosa* (Denis *et* Schiffermüller)] 果剑纹夜蛾

marsh eyed brown [= eyed brown, *Satyrodes eurydice* (Linnaeus)] 纱眼蝶

marsh fly 1. [= sciomyzid fly, snail-killing fly, sciomyzid] 沼蝇 <沼蝇科 Sciomyzidae 昆虫的通称>; 2. [= dryomyzid, dryomyzid fly] 鳖蝇，圆头蝇 <圆头蝇科 Dryomyzidae 昆虫的通称>

marsh fritillary [*Euphydryas aurinia* (Rottemburg)] 金堇蛱蝶，奥伦网蛱蝶

marsh grass yellow [= pale grass yellow, *Eurema hapale* (Mabille)] 灰暗黄粉蝶

marsh hottentot skipper [= hottentot skipper, Latreille's skipper, *Gegenes hottentota* (Latreille)] 霍吉弄蝶

marsh marigold moth [*Micropterix calthella* (Linnaeus)] 驴蹄草小翅蛾

marsh meadow grasshopper [= meadow grasshopper, *Chorthippus curtipennis* (Harris)] 草地雏蝗

marsh mealybug [*Atrococcus paludinus* (Green)] 鹤虱黑粉蚧

marsh patroller [= eyed bush brown, *Henotesia perspicua* (Trimen)] 沼泽沃眼蝶

marsh ringlet [= swamp ringlet, *Ypthimomorpha itonia* (Hewitson)] 烁眼蝶

marsh swift [*Borbo micans* (Holland)] 湿地籼弄蝶

marsh sylph [*Metisella meninx* (Trimen)] 美麋弄蝶

marsh tiger hoverfly [= woolly-tailed marsh fly, woolly-tailed sun fly, *Helophilus hybridus* Loew] 杂色条胸蚜蝇，杂条胸蚜蝇

marsh treader [= hydrometrid bug, water measurer, hydrometrid] 尺蝽 <尺蝽科 Hydrometridae 昆虫的通称>

marsh weevil [= erirhinid weevil, erirhinid] 粗喙象甲 <粗喙象甲科 Erirhinidae 昆虫的通称>

Marshalliella orientalis Poppius 同 *Moissonia punctata*

Marshall's acraea mimic [= Marshall's false monarch, *Mimacraea marshalli* Trimen] 金斑拟珍灰蝶

Marshall's false monarch 见 Marshall's acraea mimic

Marshall's ghost skipper [= common phanus, *Phanus marshallii* Kirby] 马氏芳弄蝶

Marshall's highflier [*Aphnaeus marshalli* Neave] 马富妮灰蝶

Marshiella 心角茧蜂属

Marshiella binarius Chen *et* van Achterberg 双色心角茧蜂

Marshiella sinensis Chen *et* van Achterberg 中华心角茧蜂

Marshiella yifangia Li 艺芳心角茧蜂

Marsipiophora 包夜蛾属

Marsipiophora christophi (Erschov) 包夜蛾，克码夜蛾

Marsipococcus 双刺蚧属

Marsipococcus iceryoides (Green) 吹绵双刺蚧

Marsipococcus marsupialis (Green) 胡椒双刺蚧

Marsipococcus tripartitus (Green) 栗色双刺蚧

marsolia purplewing [*Eunica marsolia* (Godart)] 美莎神蛱蝶

marsupial coccid [= greenhouse orthezia, lantana bug, lantana soft scale, Kew bug, Maui blight, croton bug, greenhouse mealybug, jacaranda bug, sugar-iced bug, *Insignorthezia insignis* (Browne)] 明印旌蚧，明旌蚧，橘旌蚧，显拟旌蚧

marsupial louse [= trimenoponid louse, trimenoponid] 毛羽虱 < 毛羽虱科 Trimenoponidae 昆虫的通称 >

marsupium 卵袋 < 介壳虫中由臀板构成的携卵及幼虫期的袋 >

Marsyas hairstreak [= Cambridge blue, giant hairstreak, *Pseudolycaena marsyas* (Linnaeus)] 蓝伪灰蝶

Marsyas metalmark [*Caria marsyas* Godman] 马咖蚬蝶

Martania albofasciata (Moore) 见 *Perizoma albofasciata*

Martania denigrata Inoue 见 *Perizoma denigrata*

Martania obscurata (Bastelberger) 见 *Perizoma obscurata*

Martania seriata (Moore) 见 *Perizoma seriata*

Martania sugii (Inoue) 见 *Perizoma sugii*

Martania taiwana (Wileman) 见 *Perizoma taiwana*

Marthaleptura 春天牛属

Marthaleptura sequensi (Reitter) 中山春天牛

Marthaleptura scotodes (Bates) 华中春天牛

Marthamea armata Banks 见 *Agnetina armata*

Marthamea brunneicornis Klapálek 见 *Kamimuria brunneicornis*

Marthamea producta Klapálek 同 *Agnetina brevipennis*

Marthogryllacris 玛萨蟋螽属

Marthogryllacris* (*Borneogryllacris*) *bimaculata Li, Liu *et* Li 双斑婆蟋螽

Marthogryllacris* (*Borneogryllacris*) *elongata Li, Liu *et* Li 同 *Capnogryllacris axinis*

Marthogryllacris* (*Borneogryllacris*) *melanocrania (Karny) 黑颊婆蟋螽

Marthogryllacris* (*Borneogryllacris*) *nanlingensis Li, Liu *et* Li 南岭婆蟋螽

Marthogryllacris* (*Borneogryllacris*) *nigromarginata (Karny) 黑缘婆蟋螽

Marthogryllacris* (*Borneogryllacris*) *spinosa Li, Liu *et* Li 尖刺婆蟋螽

Marthogryllacris* (*Marthogryllacris*) *borealis (Gorochov) 越北玛蟋螽

Marthogryllacris* (*Marthogryllacris*) *martha (Griffini) 玛萨玛蟋螽

Marthogryllacris* (*Marthogryllacris*) *rufonotata Li, Liu *et* Li 红背玛萨蟋螽

martia metalmark [*Hypophylla martia* (Godman)] 马叶蚬蝶

martial scrub-hairstreak [*Strymon martialis* (Herrich-Schäffer)] 战神螯灰蝶

Martianus 洋菌甲属，洋虫属

Martianus dermestoides Chevrolat [drug darkling beetle] 洋虫，洋菌甲

Martinina 狩蝽属

Martinina ferruginea Hsiao *et* Cheng 见 *Arma ferruginea*

Martinina inexpectata (Schouteden) 深色狩蝽

Martin's blue [*Plebejus martini* (Allard)] 马提尼豆灰蝶

Martin's redeye [= small redeye, *Gangara sanguinocculus* (Martin)] 暗红椰弄蝶

Martin's skipper [*Hesperia pahaska martini* (MacNeill)] 黑边黄翅弄蝶马丁亚种

Martyr 钝颚步甲属

Martyr alter Semenov *et* Znojko 圆胸钝颚步甲，奥玛第步甲

Martyr praeteritorum Semenow *et* Znoiko 前钝颚步甲，前玛第步甲

Martyringa 仓织蛾属

Martyringa xeraula (Meyrick) 米仓织蛾

maruca pod borer [= bean pod borer, soybean pod borer, stringbean pod borer, limabean pod borer, legume pod borer, leguminous pod-borer, spotted pod borer, mung moth, mung bean moth, arhar pod borer, pyralid pod borer, *Maruca vitrata* (Fabricius)] 豆荚野螟，豆荚螟，豆野螟，豇豆荚螟

Maruca 豆荚野螟属

Maruca amboinalis (Felder *et* Rogenhofer) 细纹豆荚野螟，双豆荚野螟

Maruca testulalis (Geyer) 同 *Maruca vitrata*

Maruca vitrata (Fabricius) [bean pod borer, soybean pod borer, stringbean pod borer, limabean pod borer, maruca pod borer, legume pod borer, leguminous pod-borer, spotted pod borer, mung moth, mung bean moth, arhar pod borer, pyralid pod borer] 豆荚野螟，豆荚螟，豆野螟，豇豆荚螟

Marula fly [= mango fruit fly, Marula fruit fly, *Ceratitis cosyra* (Walker)] 杧果小条实蝇，果小条实蝇

Marula fruit fly 见 Marula fly

Marumba 六点天蛾属

Marumba cristata Butler [common striped hawkmoth] 克六点天蛾

Marumba cristata bukaiana Clark 克六点天蛾直翅亚种，直翅六点天蛾，楠六点天蛾，缺六点天蛾，布克六点天蛾

Marumba cristata cristata Butler 克六点天蛾指名亚种

Marumba cristata jodeides Mell 同 *Marumba cristata cristata*

Marumba cristata ochrea Mell 同 *Marumba cristata cristata*

Marumba dyras (Walker) [dull swirled hawkmoth] 椴六点天蛾，六点天蛾，后橙六点天蛾

Marumba dyras dyras (Walker) 椴六点天蛾指名亚种，指名椴六点天蛾

Marumba dyras javanica (Butler) 椴六点天蛾爪哇亚种

Marumba dryas plana Clark 同 *Marumba dyras dyras*

Marumba fujinensis Zhu *et* Wang 同 *Marumba saishiuana*

Marumba gaschkewitschii (Bremer *et* Grey) [peach hornworm, plum

hawkmoth] 枣桃六点天蛾 < 此种学名有误写为 *Marumba gaschkewitschi* (Bremer *et* Grey) 者 >
Marumba gaschkewitschii carstanjeni (Staudinger) 枣桃六点天蛾卡氏亚种，卡枣桃六点天蛾
Marumba gaschkewitschii complacens (Walker) 枣桃六点天蛾嗜梨亚种，梨六点天蛾，康枣桃六点天蛾
Marumba gaschkewitschii coreana Cark 同 *Marumba gaschkewitschii carstanjeni*
Marumba gaschkewitschii echephron (Boisduval) 桃六点天蛾，桃天蛾
Marumba gaschkewitschii fortis (Jordan) 同 *Marumba gaschkewitschii irata*
Marumba gaschkewitschii gaschkewitschi (Bremer *et* Grey) 枣桃六点天蛾指名亚种，指名枣桃六点天蛾
Marumba gaschkewitschii gressitti Clark 枣桃六点天蛾嘉氏亚种，桃红六点天蛾，桃六点天蛾，嘉枣桃六点天蛾
Marumba gaschkewitschii irata Joicey *et* Kaye 枣桃六点天蛾西藏亚种，伊枣桃六点天蛾
Marumba jankowskii (Oberthür) 菩提六点天蛾
Marumba maacki (Bremer) [Manchurian hawkmoth] 黄边六点天蛾
Marumba maacki maacki (Bremer) 黄边六点天蛾指名亚种
Marumba maacki ochreata Mell 黄边六点天蛾赭色亚种，赭黄边六点天蛾
Marumba michaelis (Oberthür) 同 *Marumba sperchius*
Marumba saishiuana Okamoto 韩六点天蛾
Marumba saishiuana formosana Matsumura 韩六点天蛾台湾亚种，台湾六点天蛾，枇杷六点天蛾，黑角六点天蛾，台塞六点天蛾，台枇杷六点天蛾
Marumba saishiuana saishiuana Okamoto 韩六点天蛾指名亚种
Marumba sinensis (Butler) 同 *Marumba dyras*
Marumba spectabilis (Butler) [rosy swirled hawkmoth, rosey swirled hawkmoth] 枇杷六点天蛾
Marumba spectabilis chinensis Mell 枇杷六点天蛾中华亚种，华枇杷六点天蛾
Marumba spectabilis formosana Matsumura 见 *Marumba saishiuana formosana*
Marumba spectabilis spectabilis (Butler) 枇杷六点天蛾指名亚种
Marumba sperchius (Ménétriés) [large swirled hawkmoth, evergreen oak hornworm] 栗六点天蛾，栗天蛾，后褐六点天蛾，菩提六点天蛾
Marumba sperchius handelii Mell 同 *Marumba sperchius sperchius*
Marumba sperchius horiana Clark 同 *Marumba sperchius sperchius*
Marumba sperchius sperchius (Ménétriés) 栗六点天蛾指名亚种
Marumba sperchius sumatranus Clark 栗六点天蛾苏门亚种
marvelous acraea [*Acraea mirabilis* Butler] 奇异珍蝶
Mary's giant-skipper [*Agathymus mariae* (Barnes *et* Benjamin)] 黄斑硕大弄蝶
masai blue [*Eicochrysops masai* (Bethune-Baker)] 马萨烟灰蝶
Masakimyia pustulae Yukawaa *et* Sunose [euonymus gall midge] 卫矛玛凯瘿蚊
Masalia 柔夜蛾属
Masalia cruentata (Moore) 红纹柔夜蛾，玛沙夜蛾
Masalia galathaea (Wallengren) 矛柔夜蛾，戛玛沙夜蛾
masarid 1. [= masarid wasp] 植食胡蜂 < 植食胡蜂科 Masaridae 昆虫的通称 >；2. 植食胡蜂科的
masarid wasp [= masarid] 植食胡蜂
Masaridae 植食胡蜂科
Masaridinae 大胡蜂亚科
masarygid 1. [= masarygid fly] 蚁穴蚜蝇 < 蚁穴蚜蝇科 Masarygidae 昆虫的通称 >；2. 蚁穴蚜蝇科的
masarygid fly [= masarygid] 蚁穴蚜蝇
Masarygidae 蚁穴蚜蝇科
Mascarene fruit fly [*Ceratitis catoirii* Guérin-Méneville] 马斯卡林小条实蝇
masculination 雄性化
Mashuna hairtail [*Anthene contrastata* Ungemach] 反纹尖角灰蝶
Mashuna ringlet [*Mashuna mashuna* (Trimen)] 玛眼蝶
Mashuna 玛眼蝶属
Mashuna mashuna (Trimen) [Mashuna ringlet] 玛眼蝶
Mashuna upemba Overlaet 优玛眼蝶
Masicera oculata Baranov 见 *Thecocarcelia oculata*
mask 脸盖 < 指蜻蜓稚虫中似面罩的下唇 >
masked hunter [*Reduvius personatus* (Linnaeus)] 伪装猎蝽，假装猎蝽，臭猎蝽，臭虫猎蝽
masked leafroller [= multiform leafroller moth, *Acleris flavivittana* (Clemens)] 多变长翅卷蛾
masked pupa [= pupa larvata] 隐蛹
masked scale [*Mycetaspis personatus* (Comstoek)] 假面头圆盾蚧
Maskell scale 1. [= paler oystershell scale, Maskell's scale, *Lepidosaphes pallida* (Maskell)] 淡色蛎盾蚧，长角灰蛎蚧，马氏长蛎盾蚧，花花柴长蛎盾蚧，橘牡蛎盾蚧；2. [= plumose scale, champaca scale, *Morganella longispina* (Morgan)] 长鬃圆盾蚧，长毛盾介壳虫
Maskellia globosa Fuller 桉球盾蚧
Maskell's scale [= paler oystershell scale, Maskell scale, *Lepidosaphes pallida* (Maskell)] 淡色蛎盾蚧，长角灰蛎蚧，马氏长蛎盾蚧，花花柴长蛎盾蚧，橘牡蛎盾蚧
Maslowskia 马斯灰蝶属
Maslowskia oreas (Leech) 马斯灰蝶
mason bee 壁蜂 < 壁蜂属 *Osmia* 昆虫的通称 >
mason wasp [= eumenid wasp, potter wasp, eumenid] 蜾蠃 < 蜾蠃科 Eumenidae 昆虫的通称 >
Masonaphis maxima (Mason) 见 *Illinoia maxima*
Mason's ace [= golden ace, *Thoressa masoni* (Moore)] 陀弄蝶
masote [= white peacock, *Anartia jatrophae* (Linnaeus)] 褐纹蛱蝶，素条蛱蝶
Masoura 昏眼蝶属
Masoura alaokola (Oberthür) 阿拉奥昏眼蝶
Masoura ankoma (Mabille) 安科马昏眼蝶
Masoura antahala (Ward) 隐斑昏眼蝶
Masoura benacus (Mabille) 横斑昏眼蝶
Masoura masoura (Hewitson) 昏眼蝶
mass 1. 质量；2. 块，堆；3. 大量；4. 群集 < 常指同种个体的高密度聚集 >
mass mortality 大量死亡
mass-outbreak 猖獗，大发生
mass pebrine moth inspection 集团蛾检查，多蛾混合检种
mass provisioning 莛饲 < 指独居蜜蜂及胡蜂类昆虫在巢室中为幼虫储备充足食料 >

mass rearing 大量饲养
mass selection 混合选择，集混合选择，集团选择
mass spectroscope 质谱仪
mass trapping 大量诱捕法
Massalongia aceris Rübsaamen 欧亚槭瘿蚊
Massalongia rubra (Kieffer) [birch gall midge] 欧洲白桦瘿蚊
Massepha 嗜野螟属
Massepha absolutalis Walker 纯嗜野螟
Massepha ambialis Hampson 安嗜野螟
Massepha rectangulalis Caradja 直角嗜野螟
Massicus 山天牛属，条纹山天牛属
Massicus fasciatus (Matsushita) 同 *Massicus trilineatus*
Massicus raddei (Blessig) [oak long-horned beetle, chestnut trunk borer] 栗山天牛，山天牛，栗天牛，深山天牛，栎天牛
Massicus suffusus Gressitt *et* Rondon 老挝山天牛
Massicus taiwanus Makihara *et* Niisato 台湾山天牛，台湾条纹山天牛
Massicus theresae (Pic) 见 *Neocerambyx theresae*
Massicus trilineatus (Pic) 三条山天牛，三线山天牛，单条深山天牛
Massicus trilineatus fasciatus (Matsushita) 同 *Massicus trilineatus trilineatus*
Massicus trilineatus trilineatus (Pic) 三条山天牛指名亚种，指名三线山天牛
Massicus venustus Pascoe 青梅山天牛
Massiea 玛肖叶甲属
Massiea chouioi (Chen) 周氏玛肖叶甲，周氏樟肖叶甲，四川樟叶甲
Massiea cinnamomi (Chen *et* Wang) 红胸玛肖叶甲，红胸樟肖叶甲，红胸樟叶甲
Massiea costata (Chen *et* Wang) 脊鞘玛肖叶甲，脊鞘樟肖叶甲，脊鞘樟叶甲
Massiea cribrata (Chen) 绿玛肖叶甲，绿樟肖叶甲，绿樟叶甲
Massiea cylindrica (Chûjô) 柱形玛肖叶甲，柱形樟肖叶甲，台湾樟叶甲，长筒猿金花虫
Massiea glabrata (Tan) 光玛肖叶甲，光樟肖叶甲，光樟叶甲
Massiea gracilis (Chen) 细玛肖叶甲，细樟肖叶甲，皱鞘樟叶甲
Massiea sangzhiensis (Tan) 桑植玛肖叶甲，桑植樟肖叶甲，桑植樟叶甲
Massiea splendida (Tan) 亮玛肖叶甲，亮樟肖叶甲，亮樟叶甲
Massilia sister [= Bates' sister, *Adelpha paraena* (Bates)] 球斑悌蛱蝶
Massilieurodes 麻粉虱属
Massilieurodes euryae (Takahashi) 柃木麻粉虱，柃粉虱，柃木粉虱
Massilieurodes fici (Takahashi) 榕麻粉虱，榕粉虱
Massilieurodes formosensis (Takahashi) 蓬莱麻粉虱，蓬莱粉虱
Massilieurodes monticola (Takahashi) 深山麻粉虱，山粉虱，深山粉虱
Massilieurodes multipori (Takahashi) 多孔麻粉虱，紫麻裸粉虱，多孔粉虱
Massilieurodes rarasana (Takahashi) 拉拉山麻粉虱，石栎裸粉虱，拉拉山粉虱
Massocephalus 玛索蝽属
Massocephalus maculatus Dallas 斑玛索蝽
Masson pine caterpillar [= Masson pine moth, *Dendrolimus punctatus* (Walker)] 马尾松毛虫，马尾松枯叶蛾
Masson pine moth 见 Masson pine caterpillar
mastacideid 1. [= mastacideid grasshopper] 马蜢 < 马蜢科 Mastacideidae 昆虫的通称 >；2. 马蜢科的
mastacideid grasshopper [= mastacideid] 马蜢
Mastacideidae 马蜢科
Mastacides 马蜢属
Mastacides pupaeformis Bolívar 淡色马蜢
Mastax 彩步甲属 < 该属名有一个直翅目昆虫的次同名，见 *Erianthus* >
Mastax brittoni Quentin 布彩步甲
Mastax formosana Dupuis 台彩步甲
Mastax guttata Westwood 见 *Erianthus guttatus*
Mastax latefasciata Liebke 侧带彩步甲
Mastax ochraceonotatum Pic 赭彩步甲
Mastax ornata Schmidt-Göbel 饰彩步甲
Mastax poecila Schaum 杂彩步甲
Mastax pulchella (Dejean) 丽彩步甲
Mastax thermarum (Steven) 大彩步甲
master gene 主宰基因
Master's skipper [= chequered sedge-skipper, *Hesperilla mastersi* Waterhouse] 卵斑帆弄蝶
Masthletinus 短翅蝽亚属，短翅蝽属
Masthletinus abbreviatus Reuter 见 *Sciocoris* (*Masthletinus*) *abbreviatus*
Masthletinus nigriventris Jakovlev 同 *Sciocoris* (*Masthletinus*) *abbreviatus*
masticate [v.] 咀嚼
mastication [n.] 咀嚼
masticatory 咀嚼的
mastigia [s. mastigium] 1. 尾突；2. 套叠鞭 < 某些鳞翅目幼虫中的套叠式尾器 >
Mastigitae 鞭苔甲超族
mastigium [pl. mastigia] 1. 尾突；2. 套叠鞭
Mastigomyia 脉胝长足虻属 *Teuchophorus* 的异名
Mastigomyia gratiosa Becker 见 *Teuchophorus gratiosus*
Mastigophorus bilineatus Wileman *et* South 见 *Cidariplura bilineata*
Mastogenius 直吉丁甲属，直吉丁属，玛吉丁甲属
Mastogenius insperatus Kurosawa 平胸直吉丁甲，平胸直吉丁，岛玛吉丁甲
Mastogenius taoi (Tôyama) 陶氏直吉丁甲，陶氏直吉丁
Mastotermes 澳白蚁属
Mastotermes darwiniensis Froggatt [Australian termite] 达尔文澳白蚁，澳洲白蚁
Mastotermes monostichus Zhao, Eggleton *et* Ren 单列澳白蚁
mastotermitid 1. [= mastotermitid termite] 澳白蚁 < 澳白蚁科 Mastotermitidae 昆虫的通称 >；2. 澳白蚁科的
mastotermitid termite [= mastotermitid] 澳白蚁
Mastotermitidae 澳白蚁科
Mastrina 搜姬蜂亚族
Mastrus 搜姬蜂属
Mastrus ineditus (Kokujev) 青海搜姬蜂，西藏亨姬蜂
Mastrus luicus Sheng, Sun *et* Li 鲁搜姬蜂
Masui bamboo scale [*Bambusaspis masuii* (Kuwana)] 日本竹链蚧，

真水氏竹镣蚧，墨竹斑链蚧
Masuria 浅槽隐翅甲属
Masuria* (*Masuria*) *daliensis Assing 大理浅槽隐翅甲
Masuria* (*Oncosomechusa*) *chinensis Pace 中华浅槽隐翅甲
Masuriini 浅槽隐翅甲族
Masuzonoblemus 玛行步甲属
Masuzonoblemus humeratus Uéno 肩玛行步甲
Masuzonoblemus tristis Uéno 特玛行步甲
mat grass pyralid [= shichito mat-grass pyralid, *Calamotropha shichito* (Marumo)] 毛髓草螟，席草苞螟
mat-rush pyralid [*Scirpophaga praelata* Scopoli] 荸荠白禾螟，无纹白野螟，无纹白螟，纯白禾螟
mat rush sawfly [*Eutomostethus juncivorus* Rohwer] 灯芯草真片叶蜂，灯芯草真片胸叶蜂
mat rush worm [= mottled marble, *Bactra furfurana* (Haworth)] 糠麸尖翅小卷蛾，尖翅小卷蛾
Mata 藏蝉属
Mata rama Distant 藏蝉
Matabele ant [*Megaponera analis* (Latreille)] 马塔巨猛蚁
Mataeomera 玛夜蛾属
Mataeomera biangulata (Wileman) 灰玛夜蛾，灰玛裳蛾
Mataeomera semialba (Hampson) 白玛夜蛾，白玛裳蛾
Mataeopsephus 六鳃扁泥甲属，六鳃扁泥虫属
Mataeopsephus coreanicus Delève 韩六鳃扁泥甲
Mataeopsephus dentatus Lee, Jaech *et* Satô 齿六鳃扁泥甲
Mataeopsephus esakii Nakane 江崎六鳃扁泥甲，江崎氏扁泥虫
Mataeopsephus minimus Lee, Jaech *et* Satô 小六鳃扁泥甲
Mataeopsephus nitidipennis Waterhouse 亮翅六鳃扁泥甲，亮翅马扁泥甲
Mataeopsephus quadribranchiae Lee, Jaech *et* Satô 岛六鳃扁泥甲，拟四鳃扁泥虫
Mataeopsephus sichuanensis Lee, Jaech *et* Satô 四川六鳃扁泥甲
Mataeopsephus taiwanicus Lee, Yang *et* Brown 台湾六鳃扁泥甲，台湾六鳃扁泥虫
Mataeopsephus vietnamensis Lee, Jaech *et* Satô 越南六鳃扁泥甲
Matapa 玛弄蝶属
Matapa aria (Moore) [common redeye, common branded redeye] 玛弄蝶
Matapa celsina Felder 塞玛弄蝶
Matapa cresta Evans [fringed redeye, darkbrand redeye] 羽玛弄蝶
Matapa deprivata de Jong [Burmese redeye] 德玛弄蝶
Matapa druna (Moore) [grey-branded redeye, greybrand redeye] 缓玛弄蝶
Matapa pseudosasivarna Lee 同 *Matapa sasivarna*
Matapa purpurascens Elwes *et* Edwards [purple branded redeye, purple redeye] 紫玛弄蝶
Matapa sasivarna (Moore) [green-based redeye, black-veined redeye, black-veined branded redeye] 绿玛弄蝶，萨玛弄蝶
Matashia mushana Matsumura 同 *Onthophagus yubarinus*
matchstick grasshopper [= eumastacid grasshopper,monkey grasshopper, eumastacid] 蜢，短角蝗 < 蜢科 Eumastacidae 昆虫的通称 >
mate [v.] 交配
maternal antidote 母体解毒剂
maternal care 母亲照顾 < 母亲照顾后代的行为 >
maternal cell 母细胞
maternal character 母本性状
maternal determination 母体决定
maternal effect 母体影响，母体效应
maternal effect dominant embryonic arrest [abb. Medea] 母体效应显性胚胎发育停滞基因
maternal effect gene 母体效应基因
maternal factor 母体因子
maternal form 母本类型
maternal gene 母体基因
maternal inheritance 母性遗传，母体遗传
maternal sex determination 母体性决定
Mathania 玛粉蝶属
Mathania agasicles Hewitson 阿杰玛粉蝶
Mathania aureomaculata Dognin 金斑玛粉蝶
Mathania esther Oberthür 玛粉蝶
Mathania gaujoni Poujade 波纹玛粉蝶
Mathania leucothea (Molina) 白玛粉蝶
Mather's brown-eye [= Mather's skipper, *Enosis matheri* Freeman] 玛并弄蝶
Mather's calephelis [*Calephelis matheri* McAlpine] 马瑟细纹蚬蝶
Mather's skipper 见 Mather's brown-eye
Mathew's groundstreak [*Electrostrymon mathewi* (Hewitson)] 马太电灰蝶
Matileola 麦丽菌蚊属
Matileola motuoensis Yang, Liu *et* Yang 墨脱麦丽菌蚊
Matileola sejilaensis Yang, Liu *et* Yang 色季拉麦丽菌蚊
Matileola similis Papp 黑翅麦丽菌蚊
Matileola yangi Papp 杨氏麦丽菌蚊
mating [n.; = copulation] 交配
mating behavio(u)r 交配行为
mating disruption 交配干扰，迷向法
mating flight [= nuptial flight] 婚飞，交尾飞行
mating frequency 交配次数
mating gland 交配腺 < 指雄性蜉蝣尾铗真皮细胞特化成的大型单细胞球状腺体 >
mating group 交配组
mating rate 交配率
mating spine 交配刺 < 指雌性蜉蝣用以交配时握持雄性外生殖器的圆锥形刺 >
mating within the same batch 同蛾区交配 < 家蚕的 >
matisca eyemark [*Leucochimona matisca* (Hewitson)] 白环眼蚬蝶
Mato Grosso locust [*Rhammatocerus schistocercoides* (Rehn)] 蓝胫拉剑角蝗
Matratinea 母地谷蛾属
Matratinea trilineata Xiao *et* Li 三母地谷蛾
matriarchal katydid [= predatory bush cricket, spiked magician, *Saga pedo* (Pallas)] 草原亚螽，窜螽
matrilinear inheritance 母系遗传
matrine 苦参碱
Matrioptila maculata (Tian *et* Li) 斑纹贯脉舌石蛾
matrix 1. 基质；2. 矩阵
matroclinal inheritance [= matroclinous inheritance] 偏母遗传
matroclinous hybrid 偏母杂种
matroclinous inheritance 见 matroclinal inheritance

matrocliny 偏母遗传
Matrona 单脉色蟌属，眉色蟌属
Matrona annina Zhang *et* Hämäläinen 安妮单脉色蟌，安娜单脉色蟌
Matrona basilaris Sélys 透顶单脉色蟌，透顶迷蟌，晕翅眉色蟌
Matrona basilaris basilaris Sélys 透顶单脉色蟌指名亚种，透顶眉蟌
Matrona basilaris japonica Förster 见 *Matrona japonica*
Matrona basilaris nigripectus Sélys 见 *Matrona nigripectus*
Matrona corephaea Hämäläinen, Yu *et* Zhang 褐单脉色蟌
Matrona cyanoptera Hämäläinen *et* Yeh 台湾单脉色蟌，白痣单脉色蟌，白痔眉色蟌，白痣珈蟌
Matrona japonica Förster 日本单脉色蟌，日本眉蟌
Matrona kricheldorffi Karsch 同 *Matrona basilaris*
Matrona mazu Yu, Xue *et* Hämäläinen 妈祖单脉色蟌
Matrona nigripectus Sélys 黑单脉色蟌，黑胸单脉色蟌，褐单脉色蟌，褐翅眉色蟌
Matrona oberthueri (McLachlan) 见 *Atrocalopteryx oberthueri*
Matrona oreades Hämäläinen, Yu *et* Zhang 神女单脉色蟌，黄翅迷蟌
matrone 配偶素
matsucoccid 1. [= matsucoccid scale, matsucoccid scale insect] 松干蚧 < 松干蚧科 Matsucoccidae 昆虫的通称 >; 2. 松干蚧科的
matsucoccid scale [= matsucoccid, matsucoccid scale insect] 松干蚧
matsucoccid scale insect 见 matsucoccid scale
Matsucoccidae 松干蚧科
Matsucoccus 松干蚧属
Matsucoccus acalyptus (Herbert) [pinyon needle scale, pinyon pine needle scale] 矮松松干蚧，棘松干蚧
Matsucoccus alabamae Morrison [Alabama pine scale] 阿拉巴马松干蚧，阿尔伯玛松干蚧
Matsucoccus bisetosus Morrison [ponderosa pine twig scale] 西黄松松干蚧
Matsucoccus boratynskii Bodenheimer *et* Neumark 苏联松干蚧
Matsucoccus californicus Morrison 加州松干蚧
Matsucoccus dahuriensis Hu *et* Hu 樟子松干蚧
Matsucoccus degeneratus Morrison 蜕变松干蚧
Matsucoccus eduli Morrison 埃氏松干蚧
Matsucoccus fasciculensis Herbert [needle fascicle scale] 针束松干蚧
Matsucoccus feytaudi Ducasse 地中海松干蚧
Matsucoccus gallicola Morrison [pine twig gall scale] 瘿栖松干蚧
Matsucoccus josephi Bodenheimer *et* Harpaz [Israeli pine bast scale] 以色列松干蚧
Matsucoccus koraiensis Young *et* Hu 海松干蚧
Matsucoccus liaoningensis Tang 辽宁松干蚧
Matsucoccus macrocicatrices Richards [white pine bast scale, white pine fungus scale, white pine scale] 美国白松松干蚧
Matsucoccus massonianae Young *et* Hu 马尾松松干蚧，马尾松干蚧
Matsucoccus matsumurae (Kuwana) [Japanese pine bast scale, pine bark scale] 日本松干蚧，松干蚧，赤松干蚧，黑松松干蚧，松干介壳虫，松虱
Matsucoccus monophyllae McKenzie 单叶松干蚧
Matsucoccus mugo Siewniak 德国松干蚧
Matsucoccus paucicicatrices Morrison [sugar pine scale, sugar pine matsucoccus] 糖松松干蚧
Matsucoccus pini Green 英国松干蚧
Matsucoccus resinosae Bean *et* Godwin [red pine scale] 红松干蚧，赤松松干蚧，美国赤松松干蚧，红松蚧
Matsucoccus secretus Morrison 泌松干蚧
Matsucoccus shennongjiaensis Young *et* Lu 神农架松干蚧，神农松干蚧
Matsucoccus sinensis Chen 中华松干蚧，中华松梢蚧，中华松针蚧
Matsucoccus vexillorum Morrison [prescott scale] 黄松松干蚧
Matsucoccus yunnanensis Ferris 云南松干蚧
Matsucoccus yunnansonsaus Young *et* Hu 松梢松干蚧，云南松梢蚧，云南松针蚧
Matsumoto mealybug [*Crisicoccus matsumotoi* (Shiraiwa)] 核桃皑粉蚧
Matsumuraeses 豆小卷蛾属
Matsumuraeses azukivora (Matsumura) 同 *Matsumuraeses phaseoli*
Matsumuraeses falcana (Walsingham) 川豆小卷蛾
Matsumuraeses felix Diakonoff 丽豆小卷蛾
Matsumuraeses phaseoli (Matsumura) [adzuki pod worm, soybean podworm, bean borer, soybean leafroller, adzuki bean podworm] 豆小卷蛾，豆小卷叶蛾，日豆小卷蛾，小豆小卷蛾
Matsumuraeses vicina Kuznetzov 邻豆小卷蛾，葛豆小卷蛾
Matsumuraiella 犸蛄属，松村啮虫属
Matsumuraiella auriformis Li 耳痣犸蛄
Matsumuraiella compressa Li 见 *Dasydemella compressa*
Matsumuraiella enderleini Banks 恩氏犸蛄，恩氏松村啮虫
Matsumuraiella guichengana Li 鬼城犸蛄
Matsumuraiella maculosa Li 多斑犸蛄
Matsumuraiella perducta Li 横带犸蛄
Matsumuraiella quadripunctata Li 四斑犸蛄
Matsumuraiella wangae Li 王氏犸蛄
Matsumuraja 指瘤蚜属，指角蚜属
Matsumuraja formosana Takahashi 台湾指瘤蚜，中华指角蚜
Matsumuraja polydactylota Zhang 多指瘤蚜
Matsumuraja rubi (Matsumura) [northern rubus aphid] 红松指瘤蚜，红松村蚜
Matsumuraja rubicola Takahashi 居悬钩子指瘤蚜，台湾指角蚜
Matsumuraja rubifoliae Takahashi [southern rubus aphid] 悬钩指瘤蚜，川康指角蚜，蔗指瘤蚜
Matsumurania 松本实蝇属
Matsumurania sapporensis (Matsumura) 札幌松本实蝇
Matsumurasca 松村叶蝉亚属
Matsumuratettix 针叶蝉属，融茎叶蝉属
Matsumuratettix hiroglyphicus (Matsumura) 细针叶蝉，网脉融茎叶蝉
Matsumurella 白脉叶蝉属，松村叶蝉属，马氏叶蝉属
Matsumurella curticauda Anufriev 短尾白脉叶蝉，短尾松村叶蝉，短板松村叶蝉
Matsumurella expansa Emeljanov 曲尾白脉叶蝉，双突松村叶蝉，胀松村叶蝉
Matsumurella kogotensis (Matsumura) [smaller network-marked leafhopper] 网白脉叶蝉，网松村叶蝉，小网眼叶蝉

Matsumurella longicauda Anufriev 长突白脉叶蝉，长尾松村叶蝉
Matsumurella minor Emeljanov 对突白脉叶蝉，对突松村叶蝉，单突白脉叶蝉
Matsumurella parallela Zhang *et* Dai 平行白脉叶蝉，平行马氏叶蝉
Matsumurella praesul (Horváth) 双叉白脉叶蝉，前松村叶蝉
Matsumurella protrudea Zhang *et* Dai 短叉白脉叶蝉
Matsumurella rurcata Cai *et* Wang 叉突白脉叶蝉，叉突松树叶蝉
Matsumurella singularis Cai *et* Wang 单突白脉叶蝉，单突松村叶蝉
Matsumurides 奇刺蛾属
Matsumurides bisuroides (Hering) 毕奇刺蛾，普勒冠刺蛾
Matsumurides lola (Swinhoe) 叶奇刺蛾
Matsumurides okinawanus (Matsumura) 冲绳奇刺蛾，冲绳松村刺蛾
Matsumurides thaumasta (Hering) 奇刺蛾
Matsumurina 网眼叶蝉属，松年叶蝉属，么叶蝉属
Matsumurina horna (Song *et* Li) 牛角网眼叶蝉，牛角高松叶蝉
Matsumurina jianfenga (Song *et* Li) 尖峰网眼叶蝉，尖峰高松叶蝉
Matsumurina kagina (Matsumura) 台湾网眼叶蝉，嘉义松年叶蝉，嘉义么叶蝉
Matsumurina longa Cao *et* Zhang 长索网眼叶蝉
Matsumurina longissima Yang *et* Zhang 长尾网眼叶蝉
Matsumurina macra (Kuoh) 大点网眼叶蝉，大点松年叶蝉，大点菱脊叶蝉
Matsumurina qini Yang *et* Zhang 秦氏网眼叶蝉
Matsumyia 松村蚜蝇属
Matsumyia bimaculata Huo *et* Ren 双斑松村蚜蝇
Matsumyia setosa (Shiraki) 粗毛松村蚜蝇
Matsumyia shirakii van der Goot 素木松村蚜蝇
Matsumyia trifasciata (Shiraki) 三带松村蚜蝇
Matsumyia zibaiensis Huo *et* Ren 紫柏松村蚜蝇
Matsutaroa 马仔灰蝶属
Matsutaroa iljai Hayashi, Schröder *et* Treadaway 马仔灰蝶
Mattinglyia 无鬃蚊亚属，墨蚊亚属
Mattiphus 玛蝽属
Mattiphus jaspideus (Herric-Schåffer) 贵州玛蝽
Mattiphus minutus Blöte 狭玛蝽
Mattiphus oblongus Dallas 见 *Asiarcha oblongus*
Mattiphus splendidus Distant 丽玛蝽，玛蝽
Mattiphus yunnanensis Zia 云南玛蝽
maturation 成熟 < 指性成熟，或生殖细胞达到能结合的状态 >
maturation division 成熟分裂，减数分裂
maturation factor 成熟因子
maturation period 成熟期 < 指昆虫性成熟至正常死亡的时期 >
maturation phase 成熟虫态
maturation pheromone 成熟信息素
maturation zone 成熟带 < 睾丸管中精细胞进行成熟分裂的部分 >
mature 成熟的
mature egg 成熟卵
mature larva [pl. mature larvae] 老熟幼虫
mature larvae [s. mature larva] 老熟幼虫
matured larva 1. 老熟幼虫；2. 熟蚕 < 家蚕的 >
matured larval stage 1. 老熟幼虫期；2. 熟蚕期 < 家蚕的 >
matured silkworm 熟蚕
maturing gene [= maturity gene] 成熟基因
maturity 成熟度
maturity gene 见 maturing gene
maturity index 成熟指数
Matuta guttigera (Uhler) 见 *Pagaronia guttigera*
Matutinus 背突飞虱属，条背飞虱属
Matutinus achates Fennah 南非背突飞虱，南非条背飞虱
Matutinus aculeatus Yang 同 *Opiconsiva heitensis*
Matutinus amyclas Fennah 阿背突飞虱，阿条背飞虱
Matutinus anacreon Fennah 阿娜背突飞虱，阿娜条背飞虱
Matutinus andraemon Fennah 刚果背突飞虱，刚果条背飞虱
Matutinus antares Fennah 坦桑背突飞虱，坦桑条背飞虱
Matutinus apollo Fennah 阿波罗背突飞虱，阿波罗条背飞虱
Matutinus baijis Kuoh 同 *Terthron albovittatum*
Matutinus cubanus Rodriguez-Leon, Novoa *et* Hidalgo-Gato 古巴背突飞虱，古巴条背飞虱
Matutinus erebus Fennah 阎王背突飞虱，阎王条背飞虱
Matutinus erinna Fennah 娥背突飞虱，娥条背飞虱
Matutinus fuscipennis (Muir) 褐翅背突飞虱，褐翅条背飞虱
Matutinus hylonome Fennah 许罗背突飞虱，许罗条背飞虱
Matutinus hyperion Fennah 太阳神背突飞虱，太阳神条背飞虱
Matutinus ion (Fennah) 马达背突飞虱，马达条背飞虱
Matutinus iphias Fennah 背突飞虱，伊菲条背飞虱
Matutinus lautipes (Stål) 伊菲背突飞虱，丽足条背飞虱
Matutinus ligea Fennah 苏丹背突飞虱，苏丹条背飞虱
Matutinus melichari (Kirkaldy) 梅氏背突飞虱，梅氏条背飞虱
Matutinus neovittacollis (Muir) 新背突飞虱，新条背飞虱
Matutinus occiomphale Asche 欧克背突飞虱，欧克条背飞虱
Matutinus omphale Fennah 埃塞背突飞虱，埃塞条背飞虱
Matutinus orestes Fennah 呕背突飞虱，呕条背飞虱
Matutinus orion Fennah 猎背突飞虱，猎条背飞虱
Matutinus pomonus (Fennah) 几内亚背突飞虱，几内亚条背飞虱
Matutinus putoni (Costa) 普氏背突飞虱，普氏条背飞虱
Matutinus tartareus (Fennah) 阴背突飞虱，阴条背飞虱
Matutinus typhae (Lindberg) 媞妃背突飞虱，媞妃条背飞虱
Matutinus vitticollis (Stål) 纹领背突飞虱，纹领条背飞虱
Matutinus yanchinus Kuoh 同 *Matutinus melichari*
Mau blue [*Euchrysops mauensis* Bethune-Baker] 毛棕灰蝶
Maua 矛蝉属
Maua albistigma (Walker) 白翅矛蝉
Maua fukienensis Liu 福建矛蝉
Maua quadrituberculata (Signoret) 方疣矛蝉
Maui blight [= greenhouse orthezia, jacaranda bug, lantana bug, lantana soft scale, Kew bug, greenhouse mealybug, croton bug, marsupial coccid, sugar-iced bug, *Insignorthezia insignis* (Browne)] 明印旌蚧，明旌蚧，橘旌蚧，显拟旌蚧
Mauia 贸长角象甲属
Mauia subnotata (Boheman) 斑贸长角象甲，斑贸长角象
Maurilia 摩夜蛾属
Maurilia iconica (Walker) 栗摩夜蛾，伊貌夜蛾
Maurilia phaea Hampson 榄仁树摩夜蛾
Mauritian friar [*Amauris phoedon* (Fabricius)] 毛里塔尼亚窗斑蝶
mauritius spotted cane borer [= spotted borer, spotted sugarcane

borer, cane moth borer, internodal borer, paddy stem borer, stalk moth borer, striped stalk borer, sugarcane internode borer, sugarcane stem borer, sugarcane stalk borer, *Chilo sacchariphagus* (Bojer)] 高粱条螟，蔗禾草螟，甘蔗条螟，高粱钻心虫，蔗条螟，蔗蛀点螟，斑点螟，甘蔗条螟虫，亚洲斑点茎螟

Maurodactylus 暗足盲蝽属

Maurodactylus albidus (Kolenati) 白色暗足盲蝽

mauroniscid 1. [= mauroniscid beetle] 毛花萤 < 毛花萤科 Mauroniscidae 昆虫的通称 >；2. 毛花萤科的

mauroniscid beetle [= mauroniscid] 毛花萤

Mauroniscidae 毛花萤科

Mauroniscus 毛花萤属

Mauroniscus maculatus Pic 灰绒毛花萤

Maurya 耳角蝉属

Maurya angulata Funkhouser 安耳角蝉

Maurya arisanus Kato 见 *Machaerotypus arisanus*

Maurya choui Yuan 周氏耳角蝉

Maurya decorata Funkhouser 饰结耳角蝉

Maurya denticula Funkhouser 齿耳角蝉

Maurya dreamonia Zeng 未来耳角蝉

Maurya kangdingensis Yuan 康定耳角蝉

Maurya neonodosa Yuan 新瘤耳角蝉

Maurya nodosa Funkhouser 结瘤耳角蝉

Maurya paradoxa (Lethierry) 奇瘤耳角蝉，瘤耳角蝉，奇耳角蝉

Maurya qinlingensis Yuan 秦岭耳角蝉

Maurya querci Yuan 栎耳角蝉

Maurya rotundidenticula Yuan 圆齿耳角蝉

Maurya sibiricus (Lethierry) 见 *Machaerotypus sibiricus*

Maurya verticicarinalis Yuan 脊顶耳角蝉

Mausaridaeus 长丽天牛属

Mausaridaeus argenteofasciatus (Pic) 银带长丽天牛

Mausaridaeus argenteus Gressitt *et* Rondon 银翅长丽天牛

Mausaridaeus diversinotatus (Pic) 银斑长丽天牛

mauve bolla [= spatulate sootywing, *Bolla eusebius* (Plötz)] 优杂弄蝶

mauve line-blue [*Petrelaea tombugensis* (Röber)] 托佩灰蝶

mauve scallopwing [*Staphylus ascalaphus* (Staudinger)] 贝弄蝶

mavors hairstreak [= deep-green hairstreak, *Theritas mavors* Hübner] 深绿野灰蝶，野灰蝶

maxacava [pl. maxacavae] 下颚窝

maxacavae [s. maxacava] 下颚窝

maxacoria 下颚膜

maxadentes 内颚叶齿

maxaponta 下颚桥 < 双翅目昆虫中，后颊间下颚和下唇的基部所构成的一个不能与头部其他部分区分的桥 >

maxatendons 下颚腱

Maxates 尖尾尺蛾属，锯翅青尺蛾属

Maxates acutigoniata (Inoue) 庐山尖尾尺蛾

Maxates acutissima (Walker) 丛尖尾尺蛾

Maxates acutissima acutissima (Walker) 丛尖尾尺蛾指名亚种

Maxates acutissima perplexata (Prout) 丛尖尾尺蛾海南亚种，泼榆绿木尖尾尺蛾

Maxates acyra (Prout) 谬尖尾尺蛾，阿无缰尺蛾

Maxates adaptaria (Prout) 鹊尖尾尺蛾

Maxates albistrigata (Warren) 麻尖尾尺蛾

Maxates ambigua (Butler) 疑尖尾尺蛾，锯波尖尾尺蛾

Maxates auspicata (Prout) 吉尖尾尺蛾

Maxates brachysoma (Prout) 短尖尾尺蛾

Maxates brevicaudata Galsworthy 小尖尾尺蛾

Maxates coelataria (Walker) 锯翅尖尾尺蛾，锯翅青尺蛾

Maxates coelataria coelataria (Walker) 锯翅尖尾尺蛾指名亚种

Maxates coelataria trychera Prout 同 *Maxates coelataria coelataria*

Maxates dissimulata (Walker) 小青尖尾尺蛾，青尖尾尺蛾

Maxates dysgenes (Prout) 斜尖尾尺蛾，歹尖尾尺蛾

Maxates extrambigua (Inoue) 巴陵尖尾尺蛾

Maxates flagellaria (Poujade) 鞭尖尾尺蛾，鞭毛绣腰尺蛾

Maxates glaucaria (Walker) 肖灰尖尾尺蛾，青锯翅青尺蛾，微尖尾尺蛾，肖尖尾尺蛾

Maxates goniaria (Felder *et* Rogenhofer) 榆绿木尖尾尺蛾

Maxates grandificaria (Graeser) 续尖尾尺蛾，波缘尖尾尺蛾

Maxates habra (Prout) 华尖尾尺蛾，哈尖尾尺蛾

Maxates hemitheoides (Prout) 绿尖尾尺蛾，半锯翅青尺蛾

Maxates illiturata (Walker) [peach greenish geometrid] 青尖尾尺蛾，桃绿尺蠖，尖尾尺蛾，褐缘尖尾尺蛾

Maxates iridescens (Warren) 易尖尾尺蛾

Maxates lactipuncta (Inoue) 黄星尖尾尺蛾

Maxates macariata (Walker) 悦尖尾尺蛾

Maxates microdonta (Inoue) 平波尖尾尺蛾

Maxates protrusa (Butler) 线尖尾尺蛾，红缘尖尾尺蛾

Maxates quadripunctata (Inoue) 隐纹尖尾尺蛾

Maxates rufolimbata (Inoue) 红脸尖尾尺蛾

Maxates saturatior (Prout) 丽尖尾尺蛾

Maxates sinuolata (Inoue) 齿纹尖尾尺蛾

Maxates submacularia (Leech) 斑尖尾尺蛾，俗尖尾尺蛾

Maxates subtaminata (Prout) 污尖尾尺蛾，塔尖尾尺蛾

Maxates szechwanensis (Chu) 四川尖尾尺蛾，四川突尾尺蛾

Maxates thetydaria (Guenée) 灰尖尾尺蛾， 绿带尖尾尺蛾，苔尖尾尺蛾

Maxates tibeta (Chu) 西藏尖尾尺蛾，藏锯翅青尺蛾

Maxates veninotata (Warren) 纹尖尾尺蛾

Maxates versicauda (Prout) 突缘尖尾尺蛾，威尖尾尺蛾

Maxates vinosifimbria (Prout) 缨尖尾尺蛾，纹尖尾尺蛾

MaxEnt [maximum entropy 的缩写] 1. 最大熵；2. 最大熵模型

maxilla [pl. maxillae] 下颚

maxilla setosa [pl. maxillae setosae] 毛下颚 < 有毛的下颚 >

maxillae [s. maxilla] 下颚

maxillae setosae [s. maxilla setosa] 毛下颚

maxillaria [pl. maxillariae] 下颚片 < 沿后颊正中缘的成对带状片 >

Maxillaria meretrix Staudinger 见 *Paramaxillaria meretrix*

maxillariae [s. maxillaria] 下颚片

maxillary 下颚的

maxillary ganglion 下颚神经节

maxillary gland 下颚腺

maxillary lever 下颚杆

maxillary lobe [= intermaxillaire, galea, lobus superior, lobus maxilla] 外颚叶，下颚叶，下颚间片

maxillary nerve [= nervi maxillarum] 下颚神经

maxillary palp [= maxillary palpus (pl. maxillary palpi), maxipalp, maxipalpus (pl. maxipalpi)] 下颚须

maxillary palpi [s. maxillary palpus; = maxillary palps, maxipalps,

maxipalpi (s. maxipalpus)] 下颚须
maxillary palpus [pl. maxillary palpi; = maxillary palp, maxipalp, maxipalpus (pl. maxipalpi)] 下颚须
maxillary plate 下颚板 <指半翅目昆虫中，在舌侧片后，其背面与头盖壁相连的骨片>
maxillary pleurite 下颚片 <指下颚节的后侧片与前侧片>
maxillary segment 下颚节
maxillary stylet 下颚口针
maxillary tendons 下颚腱 <即蝇类喙基 1/3 内的 1 对细杆>
maxillary tentacle 下颚触手 <在雌性丝兰蛾 *Pronuba yuccasella* 中，用以采集花粉的下颚具刺附器>
maxilliped 颚足，颚肢 <指甲壳类中第二下颚后的 3 对附肢>
Maxillithrips 颚管蓟马属
Maxillithrips arorai (Bhatti *et* Hattar) 阿氏颚管蓟马
maxillolabial 下颚下唇的
maxillulae 间叶
maximal forester [*Bebearia maximiana* (Staudinger)] 最大舟蛱蝶
maximal nonlethal dose 最大非致死量
maximal tolerance dose [abb. MTD, LD_0] 最大耐受剂量
maxime [= maximus] 最大的
Maximiliano's forest swift [*Melphina maximiliana* Belcastro *et* Larsen] 新美尔弄蝶
maximum developmental duration 最长发育历期
maximum effective temperature 最高有效温度
maximum entropy 最大熵
maximum entropy model [abb. MaxEnt]1. 最大熵；2. 最大熵模型
maximum fecundity 最高繁殖力
maximum intrinsic increase rate 最大内禀增长率
maximum likelihood [abb. ML] 最大似然法
maximum minimum thermometer 最高最低温度计
maximum net reproductive rate 最大净增殖率
maximum parsimony [abb. MP] 最大简约法
maximum predacious number 最大捕食量
maximum predation rate 最大捕食率
maximum retention ability [abb. R_m] 最大稳定持留量
maximus 见 maxime
maxipalp [= maxillary palp, maxillary palpus (pl. maxillary palpi), maxipalpus (pl. maxipalpi)] 下颚须
maxipalpi [s. maxipalpus; = maxillary palps, maxillary palpi (s. maxillary palpus), maxipalps] 下颚须
maxipalpus [pl. maxipalpi; = maxillary palp, maxillary palpus (pl. maxillary palpi), maxipalp] 下颚须
Maxudeinae 翼巢沫蝉亚科
May beetle 1. [*Anomala expansa* (Bates)] 宽角异丽金龟甲，膨翅异丽金龟甲，宽角异丽金龟，青铜金龟，台湾青铜金龟，大绿金龟，绿金龟，甘蔗金龟，青金龟；2. [= white grub, chafer beetle, cock chafer, June beetle, *Holotrichia serrata* (Fabricius)] 庭园蔗齿爪鳃金龟甲，庭园蔗齿爪鳃金龟；3. [= white grub cockchafer, white grub, May bug, common European cockchafer, common cockchafer, European cockchfer, June bug, *Melolontha melolontha* (Linnaeus)] 五月鳃金龟甲，五月金龟甲，五月金龟子，欧洲鳃金龟
May bug 见 May beetle
May disease 五月病 <蜜蜂的>
Mayan calephelis [*Calephelis maya* McAlpine] 麦细纹蚬蝶
Mayan crescent [*Castilia myia* (Hewitson)] 白条群蛱蝶
Maya's disease 马亚病 <金龟子的>
Maychly's test of sphericity 球对称检验
Mayetiola 喙瘿蚊属，黑森瘿蚊属
Mayetiola avenae (Marchal) [oak stem midge] 栎喙瘿蚊，栎茎瘿蚊
Mayetiola carpophaga (Tripp) [spruce seed midge] 白云杉喙瘿蚊，白云杉枝生瘿蚊
Mayetiola destructor (Say) [Hessian fly, barley midge] 黑森瘿蚊，小麦瘿蚊，小麦黑森瘿蚊，黑森蝇，黑森麦秆蝇，麦蝇蚊
Mayetiola piceae (Felt) [spruce gall midge] 云杉喙瘿蚊，云杉枝生瘿蚊
Mayetiola rigidae (Osten-Sacken) [willow beaked gall midge] 柳喙瘿蚊，柳硬瘿蚊
Mayetiola thujae (Hedlin) [red cedar cone midge] 崖柏喙瘿蚊，金钟柏枝生瘿蚊
Mayetiola ulmii (Beutenmüller) 见 *Janetiella ulmii*
mayfly 蜉蝣 <泛指蜉蝣目 Ephemerida 昆虫>
Mayrella formosana Hedicke 见 *Paramblynotus formosanus*
Mayrencyrtus 麦厄跳小蜂属
Mayrencyrtus longiscapus Xu 长柄麦厄跳小蜂
Mayrian furrow 梅氏沟 <指某些雄蚁中胸背板上的 Y 形沟>
Mayridia 玛丽跳小蜂属
Mayridia parva Wu *et* Xu 微小玛丽跳小蜂
Mayriella 塔形蚁属
Mayriella transfuga Baroni Urbani 斜塔形蚁
mazaeus tigerwing [*Mechanitis mazaeus* Hewitson] 带裙绡蝶
mazans scallopwing [= southern scalloped sootywing, *Staphylus mazans* (Reakirt)] 双带贝弄蝶
mazarine blue [*Polyommatus semiargus* (Rottemburg)] 酷眼灰蝶，酷灰蝶
Mazarredia 玛蚱属
Mazarredia arcusihumeralis Zheng, Li *et* Shi 弧肩玛蚱
Mazarredia bamaensis Deng, Zheng *et* Wei 巴马玛蚱
Mazarredia brachynota Zheng 短背玛蚱
Mazarredia cervina (Walker) 斜背玛蚱，斜中国玛蚱
Mazarredia convexa Deng, Zheng *et* Wei 隆背玛蚱
Mazarredia convexaoides Deng *et* Zheng 拟隆背玛蚱
Mazarredia curvimarginia Zheng 曲缘玛蚱
Mazarredia gongshanensis Zheng *et* Ou 贡山玛蚱
Mazarredia guangxiensis Zheng *et* Jiang 广西玛蚱
Mazarredia heishidingensis Zheng *et* Xie 黑石顶玛蚱
Mazarredia huanjiangensis Zheng *et* Jiang 环江玛蚱
Mazarredia hunanensis Zheng 湖南玛蚱
Mazarredia hupingshanensis Zheng 壶瓶山玛蚱
Mazarredia interrupta Zheng 断隆玛蚱
Mazarredia jiangxiensis Zheng *et* Shi 江西玛蚱
Mazarredia jinggangshanensis Zheng 井冈山玛蚱
Mazarredia jinxiuensis Zheng 金秀玛蚱
Mazarredia lativertex Deng *et* Zheng 宽顶玛蚱
Mazarredia lochengensis Zheng 罗城玛蚱
Mazarredia longipennioides Zheng *et* Ou 拟长翅玛蚱
Mazarredia longipennis Zheng 长翅玛蚱
Mazarredia longshengensis Zheng *et* Jiang 龙胜玛蚱

Mazarredia maoershanensis Zheng, Shi *et* Mao 猫儿山玛蚱
Mazarredia medogensis Zheng 墨脱玛蚱
Mazarredia nigripennis Deng, Zheng *et* Wei 黑翅玛蚱
Mazarredia nigritibia Zheng *et* Ou 黑胫玛蚱
Mazarredia parabrachynota Zheng *et* Ou 拟短背玛蚱
Mazarredia platynota Zheng *et* Ou 平背玛蚱
Mazarredia puzheheiensis Deng, Zheng *et* Wei 普者黑玛蚱
Mazarredia serrifemura Cao *et* Zheng 齿股玛蚱
Mazarredia shiwanshanensis Deng *et* Zheng 十万山玛蚱
Mazarredia strictivertex Deng, Zheng *et* Wei 狭顶玛蚱
Mazarredia torulosinota Zheng *et* Jiang 瘤背玛蚱
Mazarredia undulatimarginis Deng *et* Zheng 波缘玛蚱
Mazarredia xizangensis Zheng *et* Ou 西藏玛蚱
Mazia 麦蛱蝶属
Mazia amazonica Bates 麦蛱蝶
Mazia chinchipensis (Hayward) 琴麦蛱蝶
Mazia eucrasia (Zikan) 优麦蛱蝶
Mazia melini (Bryk) 梅林麦蛱蝶
Mazia metharmeoides (Fassl) 美麦蛱蝶
Mazia mirabilis (Hayward) 紫茉莉麦蛱蝶
Mazia rima (Hall) 边麦蛱蝶
Mazureus 马儒阎甲亚属
Mbashe River buff [*Deloneura immaculata* Trimen] 黛灰蝶
MbNPV [*Mamestra brassicae nuclear polyhedrosis virus* 的缩写] 蓝夜蛾核型多角体病毒
Mcclungia 木绡蝶属
Mcclungia salonina (Hewitson) 木绡蝶
McGregor's blue [*Lepidochrysops mcgregori* Pennington] 穆鳞灰蝶
McMaster's copper [*Aloeides macmasteri* Tite *et* Dickson] 马克乐灰蝶
McMaster's silver-spotted copper [*Trimenia macmasteri* (Dickson)] 马克曙灰蝶
MD [mitochondrial derivative 的缩写] 1. 副核；2. 线粒体基衍生物
MDMaxT [mean of daily maximum temperature 的缩写] 日最高温度
MDMinRH [mean of daily minimum relative humidity 的缩写] 日最低相对湿度
MDMinT [mean of daily minimum temperature 的缩写] 日最低温度
MDP [mean of daily precipitation 的缩写] 日均降雨量
MDRH [mean of daily relative humidity 的缩写] 日均相对湿度
MDS [mean of daily sunduration 的缩写] 平均日度
MDT 1. [maggot debridement therapy 的缩写；= maggot therapy, larval therapy, larva therapy, larvae therapy] 蛆疗；2. [mean of daily temperature 的缩写] 日均温度
MDW [mean of daily water vapor 的缩写] 日均水汽压
ME [microemulsion 的缩写] 微乳剂
meadow argus [*Junonia villida* (Fabricius)] 敏捷眼蛱蝶
meadow brown [*Maniola jurtina* (Linnaeus)] 莽眼蝶，棕眼蝶
meadow fritillary 1. [= European meadow fritillary, *Mellicta parthenoides* (Keferstein)] 童女蜜蛱蝶；2. [*Clossiana bellona* (Fabricius)] 北美珍蛱蝶
meadow froghopper [= meadow spittlebug, common froghopper, cuckoo spitinse, *Philaenus spumarius* (Linnaeus)] 草甸长沫蝉，长沫蝉，牧场沫蝉
meadow grasshopper 1. [*Pseudochorthippus parallelus* (Zetterstedt)] 平行拟皱蝗；2. [= marsh meadow grasshopper, *Chorthippus curtipennis* (Harris)] 草地雏蝗
meadow moth [= beet webworm, sugarbeet webworm, *Loxostege sticticalis* (Linnaeus)] 草地螟，网锥额野螟，黄绿条螟，玛螟
meadow plant bug [*Leptopterna dolabrata* (Linnaeus)] 牧场圆额盲蝽，牧场盲蝽
meadow rue owlet moth [= Canadian owlet moth, *Calyptra canadensis* Bethune] 加壶夜蛾
meadow spittlebug 见 meadow froghopper
meadow white [*Pontia helice* (Linnaeus)] 褐云粉蝶
Mead's sulphur [*Colias meadii* Edwards] 麦氏豆粉蝶
Mead's wood-nymph [= red-eyed wood-nymph, *Cercyonis meadii* (Edwards)] 红目双眼蝶
meal moth 1. 粉螟 (类)；2. [*Pyralis farinalis* (Linnaeus)] 紫斑谷螟，大斑粉螟，粉螟
mealworm [= yellow mealworm, yellow mealworm beetle, *Tenebrio molitor* Linnaeus] 黄粉甲，黄粉虫
mealworm moth [= Indian meal moth, cloaked knot-horn moth, pantry moth, weevil moth, flour moth, grain moth, *Plodia interpunctella* (Hübner)] 印度谷螟，印度谷斑螟，印度谷蛾，印度粉蛾，枣蚀心虫，封顶虫
mealy [= farinose] 如粉的
mealy apple aphid [= rosy apple aphid, bluebug, appletree aphid, *Dysaphis plantaginea* (Passerini)] 车前西圆尾蚜，苹粉红劣蚜，车前草蚜，苹果瘤蚜
mealy flatid [= northern flatid planthopper, *Anormenis septentrionalis* (Spinola)] 北方蛾蜡蝉
mealy grass root aphid [Aplonenra lentisci (Passerini)] 乳香平翅根蚜，乳香平翅绵蚜
mealy peach aphid [*Hyalopterus amygdali* (Blanchard)] 杏大尾蚜，桃粉大尾蚜，桃大尾蚜
mealy plum aphid [*Hyalopterus pruni* (Geoffroy)] 梅大尾蚜，李大尾蚜
mealybug [= pseudococcid mealybug, pseudococcid , pseudococcid scale, pseudococcid scale insect] 粉蚧，粉介壳虫 < 粉蚧科 Pseudococcidae 昆虫的通称 >
mealybug destroyer [= mealybug ladybird, *Cryptolaemus montrouzieri* Mulsant] 孟氏隐唇瓢虫，隐唇瓢虫
mealybug ladybird 见 mealybug destroyer
mean error 平均误差
mean generation time 平均世代历期，平均世代时间
mean nearest taxon distance 平均邻近分类阶元距离指数，平均邻近谱系距离指数
mean of daily maximum temperature [abb. MDMaxT] 日最高温度
mean of daily minimum relative humidity [abb. MDMinRH] 日最低相对湿度
mean of daily minimum temperature [abb. MDMinT] 日最低温度
mean of daily precipitation [abb. MDP] 日均降雨量
mean of daily relative humidity [abb. MDRH] 日均相对湿度
mean of daily sunduration [abb. MDS] 平均日度

mean of daily temperature [abb. MDT] 日均温度
mean of daily water vapor [abb. MDW] 日均水汽压
mean phylogenetic distance 平均谱系距离指数
mean relative growth rate [abb. MRGR] 日均体重增长率
mean relative humidity 平均相对湿度
mean temperature 平均温度
mean value 平均值
meander prepona [= three-toned prepona, *Archaeoprepona meander* (Cramer)] 美古靴蛱蝶
Meandrusa 钩凤蝶属
Meandrusa gyas (Westwood) [brown gorgon] 盖钩凤蝶
Meandrusa lachinus (Fruhstorfer) 西藏钩凤蝶
Meandrusa payeni (Boisduval) [yellow gorgon] 钩凤蝶
Meandrusa payeni evan (Doubleday) [Sikkim yellow gorgon] 钩凤蝶云南亚种，云南钩凤蝶
Meandrusa payeni hegylus (Jordan) 钩凤蝶海南亚种，海南钩凤蝶
Meandrusa payeni payeni (Boisduval) 钩凤蝶指名亚种
Meandrusa sciron (Leech) [brown gorgon] 褐钩凤蝶
Meandrusa sciron aribbas (Fruhstorfer) 褐钩凤蝶风伯亚种，风伯褐钩凤蝶
Meandrusa sciron sciron (Leech) 褐钩凤蝶指名亚种，指名褐钩凤蝶
measuring worm [= geometrid, geometrid moth, geometer, inchworm, looper, cankerworm, spanworm, span-worm] 尺蠖，尺蛾 < 尺蛾科 Geometridae 昆虫的通称 >
meatus 导管
mecaglossa 颏舌 < 指在蝎蛉中极退化的中唇舌和侧唇舌 >
Mecampsis 仲蛸属
Mecampsis changbaiensis Li 长白仲蛸
Mecampsis dolichosus Li 长茎仲蛸
Mecampsis latus Li 宽室仲蛸
Mecampsis magnificus Li 大瓣仲蛸
Mecampsis multimacularis Li 多斑仲蛸
Mecampsis nanyuensis (Li) 南岳仲蛸
Mecampsis ophiocephalus Li 蛇头仲蛸
Mecampsis septangulatus Li 七角仲蛸
Mecampsis undulatus Li 波曲仲蛸
Mecampsis unitus Li 联斑仲蛸
Mecaptera [= Mecoptera, Panorpatae] 长翅目
Mecas cineracea Casey 华中银天牛
Mecaspis 枚卡象甲属，枚卡象属
Mecaspis chinensis Zumpt 华枚卡象甲，华枚卡象
mechanical dissemination 机械传布
mechanical sense 机械感觉
mechanical vector 机械介体，机械媒介体
Mechanitis 裙绡蝶属
Mechanitis franis (Reakirt) 富裙绡蝶
Mechanitis isthmia Bates 红裙绡蝶
Mechanitis lycidice Bates 迷你裙绡蝶
Mechanitis lysimnia (Fabricius) [confused tigerwing, lysimnia tigerwing] 彩裙绡蝶
Mechanitis mantineus Hewitson 黄花裙绡蝶
Mechanitis mazaeus Hewitson [mazaeus tigerwing] 带裙绡蝶
Mechanitis menapis Hewitson [variable tigerwing, menapis tigerwing] 美纳裙绡蝶
Mechanitis menapis menapis Hewitson 美纳裙绡蝶指名亚种
Mechanitis menapis saturata Godman 美纳裙绡蝶红纹亚种
Mechanitis messenoides (Felder) 红袖裙绡蝶
Mechanitis nesaea (Hübner) 奈莎裙绡蝶
Mechanitis pannifera (Butler) 潘妮裙绡蝶
Mechanitis polymnia (Linnaeus) [distured tigerwing, orange-spotted tiger clearwing, common tiger, polymnia tigerwing] 裙绡蝶
mechanized sericulture 机械化养蚕
mechanoreceptor 机械感受器
Mechistocerus 枚基象甲属，枚基象属
Mechistocerus fukienensis Voss 闽枚基象甲，闽枚基象
Mechistocerus ochraceus Morimoto 赭枚基象甲，赭枚基象
Mechistocerus ruficornis Voss 红角枚基象甲，红角枚基象
Mechistocerus rugicollis (Roelofs) 见 *Monaulax rugicollis*
Mechistocerus subfumosus Voss 烟色枚基象甲，烟色枚基象
Mechistocerus taiwanus Heller 台湾枚基象甲，台湾枚基象
Mechistocerus thaiwanus Heller 宝岛枚基象甲，台枚基象
Mechoris cumulatus (Voss) 见 *Cyllorhynchites cumulatus*
Mechoris ursulus (Roelofs) 见 *Cyllorhynchites ursulus*
Mecidea 窄蝽属
Mecidea indica Dallsa 窄蝽
Mecistoneura 长脉木虱属
Mecistoneura junatovi (Loginova) 沙冬青长脉木虱
Mecistoscelidini 竹盲蝽族
Mecistoscelis 竹盲蝽属
Mecistoscelis scirtetoides Reuter [Taiwan bamboo mirid] 竹盲蝽，篁盲蝽
Meckelia 枚斑蝇属
Meckelia confluens Becker 聚枚斑蝇
Meckelia connexa Becker 联枚斑蝇
Meckelia griscicolle Becker 灰枚斑蝇
Meckelia splendens Becker 灿枚斑蝇
Meckelia zaidami Becker 扎打枚斑蝇
Mecocerus 腹凸长角象甲属，腹凸长角象属
Mecocerus gazella Gyllenhal 嘎腹凸长角象甲，嘎腹凸长角象
Mecocnemis 昧缘蝽属
Mecocnemis scutellaris Hsiao 昧缘蝽
Mecocorynus loripes Chevrolat [cashew weevil, cashew nut weevil] 槚如树长棒象甲
Mecodema 枚柯步甲属
Mecodema sculpturatum Blanchard 刻纹枚柯步甲
Mecodina 薄夜蛾属，薄裳蛾属
Mecodina albodentata (Swinhoe) 白齿薄夜蛾，白齿纹薄裳蛾
Mecodina ambigua Leech 疑薄夜蛾
Mecodina cineracea (Butler) 灰薄夜蛾，黯薄裳蛾
Mecodina costimacula Leech 缘斑薄夜蛾
Mecodina duplicata Leech 倍薄夜蛾
Mecodina externa Leech 外薄夜蛾
Mecodina inconspicua (Wileman *et* South) 隐薄夜蛾
Mecodina karapinensis Strand 交力坪薄夜蛾，卡薄夜蛾，交力坪薄裳蛾
Mecodina lankesteri (Leech) 中带薄夜蛾，览薄夜蛾，薄夜蛾
Mecodina nubiferalis (Leech) 云薄夜蛾，努薄夜蛾
Mecodina praecipua (Walker) 暗斑薄夜蛾，长角薄裳蛾

Mecodina subcostalis (Walker) 大斑薄夜蛾，亚前缘薄裳蛾
Mecodina subviolacea (Butler) 紫灰薄夜蛾，亚紫晕薄裳蛾
Mecomma 昧盲蝽属
Mecomma ambulans (Fallén) 广昧盲蝽
Mecomma capitatum Liu *et* Zheng 头昧盲蝽
Mecomma chinensis Reuter 华昧盲蝽
Mecomma opacum Liu *et* Zheng 暗昧盲蝽
Mecomma shaanxiensis Liu *et* Yamamoto 陕昧盲蝽
Meconematinae 蛩螽亚科
Meconematini 蛩螽族
Meconemopsis 拟蛩螽属
Meconemopsis paraquadrinotata Wang, Liu *et* Li 副四点拟蛩螽
Meconemopsis quadrinoata (Bey Bienko) 四点拟蛩螽
meconium 蛹便，蛾尿
meconium discharge 排便，排尿
Mecopoda 纺织娘属，点翅螽属
Mecopoda ampla Gorochov 宽纺织娘
Mecopoda angusta Gorochov 窄纺织娘
Mecopoda angusta angusta Gorochov 窄纺织娘指名亚种
Mecopoda angusta borealis Gorochov 窄纺织娘北方亚种
Mecopoda confracta Liu 断纺织娘
Mecopoda crescendo Liu 月纹纺织娘
Mecopoda dilatata Redtenbacher 阔纺织娘
Mecopoda dilatata basimaculata Gorochov 阔纺织娘基斑亚种
Mecopoda dilatata dilatata Redtenbacher 阔纺织娘指名亚种
Mecopoda divergens Redtenbacher 异纺织娘
Mecopoda elongata (Linnaeus) [cane long-horned locust] 纺织娘，蔗点翅螽，台湾骚蜇
Mecopoda fallax He 相似纺织娘
Mecopoda hainanensis He 海南纺织娘
Mecopoda himalaya Liu 喜马纺织娘
Mecopoda javana (Johnson) 爪哇纺织娘
Mecopoda kerinci Gorochov 柯氏纺织娘
Mecopoda macassariensis (de Haan) 马卡萨纺织娘
Mecopoda mahindai Heller 马氏纺织娘
Mecopoda mamorata He 云纹纺织娘 < 此种学名有误写为 *Mecopoda marmorata* He 者 >
Mecopoda minor Liu, Heller, Wang, Yang, Wu, Liu *et* Zhang 小纺织娘
Mecopoda niponensis (de Haan) 宽翅纺织娘，日本纺织娘
Mecopoda niponensis niponensis (de Haan) 宽翅纺织娘指名亚种
Mecopoda niponensis vietnamica Heller *et* Korsunovskaya 宽翅纺织娘越南亚种
Mecopoda paucidens Ingrisch, Su *et* Heller 寡齿纺织娘
Mecopoda prominens Gorochov 显纺织娘
Mecopoda shveri Gorochov 施氏纺织娘
Mecopoda sismondoi Heller 西氏纺织娘
Mecopoda stridulata Gorochov 摩擦纺织娘
Mecopoda stridulata latiuscula Gorochov 摩擦纺织娘宽颊亚种
Mecopoda stridulata stridulata Gorochov 摩擦纺织娘指名亚种
Mecopoda synconfracta Liu 广西纺织娘
Mecopoda tenebrosa (Walker) 瘤突纺织娘
Mecopoda tibetensis Liu 西藏纺织娘
Mecopoda yunnana Liu 云南纺织娘
Mecopodidae 纺织娘科
Mecopodinae 纺织娘亚科
Mecopodini 纺织娘族
Mecopomorphus 玫珂象甲属，玫珂象属
Mecopomorphus amurensis (Heyden) 玫珂象甲
Mecopomorphus griseus Hustache 灰玫珂象甲，灰玫珂象
Mecoprosopus 长头负泥虫属，长吻金花虫属
Mecoprosopus minor (Pic) 小长头负泥虫，长头负泥虫，长吻金花虫
Mecoptera [= Mecaptera, Panorpatae] 长翅目
Mecopterida 长翅亚群
Mecopus 长脚象甲属，长脚象属
Mecopus bispinosus (Weber) 双刺长脚象甲，长脚象甲，长脚象
Mecopus brevipsina Fairmaire 短刺长脚象
Mecopus davidis Fairmaire 达氏长脚象
Mecorhis 长虎象甲属
Mecorhis incertus (Voss) 疑长虎象甲，疑剪叶象
Mecorhis pilositessellata (Voss) 毛长虎象甲，毛棋虎象
Mecostethus 沼泽蝗属
Mecostethus angustatus Zhang 细沼泽蝗
Mecostethus grossus (Linnaeus) 大沼泽蝗，沼泽蝗
Mecostethus magister Rehn 黑尾沼泽蝗
Mecostethus parapleurus (Hagenbach) 草沼泽蝗
Mecostethus parapleurus parapleurus (Hagenbach) 草沼泽蝗指名亚种
Mecostethus parapleurus turanicus (Tarbensky) 草沼泽蝗长翅亚种，长翅草绿蝗
Mecostethus rufifemoralis Zheng *et* Shi 红股沼泽蝗
Mecotropis 灰斑长角象甲属，灰斑长角象属
Mecotropis kyushuensis (Nakane) 九州灰斑长角象甲，九州灰斑长角象，九州长角象
Mecotropis taiwanus Shibata 台湾灰斑长角象甲，台灰斑长角象
Mecotropis unoi Shibata 云野灰斑长角象甲，云野灰斑长角象
Mecyna 伸喙野螟属
Mecyna flavalis (Denis *et* Schiffermüller) 伸喙野螟，黄野螟
Mecyna gilvata Fabricius 黄伸喙野螟
Mecyna gracilis (Butler) 贯众伸喙野螟，丽野螟
Mecyna tapa (Strand) 台湾伸喙野螟
Mecyna tricolor (Butler) 杨芦伸喙野螟
Mecynippus 枚天牛属
Mecynippus ciliatus (Gahan) 缨角枚天牛
Mecynippus pubicornis Bates [maple longicorn beetle] 槭枚天牛，槭毛角天牛，毛角枚天牛
Mecynorhina 大花金龟甲属 < 此属学名有误写为 *Mecynorrhina* 者 >
Mecynorhina oberthuri Fairmaire 奥氏大花金龟甲
Mecynorhina torquata (Drury) 图大花金龟甲
Mecynorhina torquata torquata (Drury) 图大花金龟甲指名亚种
Mecynorhina torquata ugandensis Moser 图大花金龟甲乌干达亚种
Mecynotarsus 枚蚁形甲属
Mecynotarsus flavipes Pic 黄枚蚁形甲
Mecynotarsus minimus Marseul 小枚蚁形甲
Mecynotarsus quadrimaculatus Pic 四斑枚蚁形甲
Mecynotarsus sericellus Krekich-Strassoedo 丝枚蚁形甲
Mecynotarsus sinensis Heberdey 华枚蚁形甲

Mecynothrips 梅森管蓟马属，伸展管蓟马属
Mecynothrips kanoi (Takahashi) 鹿野梅森管蓟马，神井伸展管蓟马，奇菌蓟马，克利管蓟马
Mecynothrips minor Mound 小梅森管蓟马
Mecynothrips pugilator (Karny) 普梅森管蓟马，普利亚梅森管蓟马，拳伸展管蓟马，普奇菌蓟马
Mecynothrips simplex Bagnall 简梅森管蓟马，简伸展管蓟马
Mecynothrips snodgrassi Hood 斯梅森管蓟马，斯伸展管蓟马
Mecynothrips taiwanus Okajima 台湾梅森管蓟马，台湾伸展管蓟马，台湾奇菌蓟马
Mecyslobus 茎长足象甲属
Mecyslobus arcuatus Boheman 见 *Alcidodes arcuatus*
Mecyslobus roelofsi (Lewis) 见 *Tropideres roelofsi*
Mecysmoderes 伸长象甲属
Mecysmoderes ater Hustache 黑伸长象甲
Mecysmoderes consularis Pascoe 见 *Xenysmoderes consularis*
Mecysmoderes crucifer Voss 十字伸长象甲，十字伸长象
Mecysmoderes dilucidus Voss 狄伸长象甲，狄伸长象
Mecysmoderes frater Korotaev 亲伸长象甲，亲伸长象
Mecysmoderes fulvus Roelofs 褐黄伸长象甲，褐黄伸长象
Mecysmoderes kuatunensis Voss 挂墩伸长象甲，挂墩伸长象
Mecysmoderes longirostris Hustache 长喙伸长象甲，长喙伸长象
Mecysmoderes maculanigra Voss 黑斑伸长象甲，黑斑伸长象 < 此种学名曾误写为 *Mecysmoderes macula-nigra* Voss 者 >
Mecysmoderes sulcicollis Voss 沟伸长象甲，沟伸长象
Mecysmoderes tschungseni Voss 钟伸长象甲，钟伸长象
Mecysmoderes ustulatus Voss 赤褐伸长象甲，赤褐伸长象
Mecysolobus 枚塞象甲属
Mecysolobus kuatunensis Voss 同 *Merus nipponicus*
Mecysolobus nipponicus (Kôno) 见 *Merus nipponicus*
Mecysolobus piceus (Roelofs) 见 *Merus piceus*
Mecysolobus roelofsi (Lewis) 见 *Tropideres roelofsi*
Mecysolobus securus (Faust) 见 *Tropideres securus*
Mecysolobus takahashii (Kôno) 见 *Cylindralcides takahashii*
medacoria 侧背膜
medalaria [= anterior notal wing process] 前背翅突
medalifera [= posterior basalare, second parapteron] 后前上侧片
Medama 毛眼毒蛾属
Medama diplaga (Hampson) 毛眼毒蛾
Medama emeiensis Chao 峨眉毛眼毒蛾
Medaniaria 梅达螟属
Medaniaria kosemponella (Strand) 梅达螟
Medasina 蛮尺蛾属
Medasina albidaria Walker 白蛮尺蛾
Medasina albidaria albidaria Walker 白蛮尺蛾指名亚种，指名白蛮尺蛾
Medasina albidaria tapaica Wehrli 白蛮尺蛾太白亚种，塔白蛮尺蛾
Medasina amelina Wehrli 阿蛮尺蛾，阿康蛮尺蛾
Medasina anepsia Wehrli 安蛮尺蛾
Medasina basistrigaria (Moore) 凸翅蛮尺蛾
Medasina characta Wehrli 雕蛮尺蛾
Medasina contaminata Moore 康蛮尺蛾
Medasina contaminata amelina Wehrli 见 *Medasina amelina*
Medasina corticaria (Leech) 见 *Chorodna corticaria*
Medasina creataria (Guenée) 宏蛮尺蛾
Medasina differens Warren 花蛮尺蛾，歧蛮尺蛾，异挞尺蛾，歧夯尺蛾
Medasina firmilinea Prout 固蛮尺蛾
Medasina interruptaria Moore 间蛮尺蛾
Medasina lignyodes Wehrli 里蛮尺蛾
Medasina mauraria (Guenée) 皂蛮尺蛾
Medasina nigrofusca Wehrli 黑褐蛮尺蛾
Medasina parallela Prout 见 *Darisa parallela*
Medasina parallela missionaria Wehrli 见 *Darisa missionaria*
Medasina polychroia Wehrli 坡蛮尺蛾
Medasina quadrinotata Warren 方蛮尺蛾
Medasina scotosiaria Warren 斯蛮尺蛾
Medasina similis Moore 同蛮尺蛾
Medasina stolidaria (Leech) 斯朵蛮尺蛾，斯托霜尺蛾
Medasina stolidaria heliomena Wehrli 斯朵蛮尺蛾赫廖亚种，赫斯朵蛮尺蛾
Medasina stolidaria stolidaria (Leech) 斯朵蛮尺蛾指名亚种
Medasina strixaria Guenée 史蛮尺蛾
Medasina subdecorata Warren 亚蛮尺蛾
Medasina subpicaria Prout 雾蛮尺蛾
Medasina tayulingensis Satô 大禹岭蛮尺蛾
Medauroidea 类梅棒蛸属
Medauroidea extradentata (Brunner von Wattenwyl) [Vietnamese walking stick, Annam walking stick] 二突类梅蛸，两角竹节虫
Medauroidea nyalamensis (Chen, Shang *et* Pei) 聂拉木类梅棒蛸，聂拉木短肛蛸
Medauroidea politus (Chen *et* He) 光泽类梅棒蛸，光泽短肛蛸
Medauromorpha 梅型蛸属
Medauromorpha regina (Brunner von Wattenwyl) 刺角梅型蛸
Medea [maternal effect dominant embryonic arrest] 母体效应显性胚胎发育停滞基因
medea sylph [*Metisella medea* Evans] 女巫糜弄蝶
Medeobezzia 湿蠓属
Medeobezzia singularis Yu 见 *Neurobezzia singularis*
Medetera 聚脉长足虻属，畸长足虻属
Medetera abnormis Yang *et* Yang 异鬃聚脉长足虻
Medetera austroapicalis Bickel 南端聚脉长足虻
Medetera brevispina Yang *et* Saigusa 短刺聚脉长足虻
Medetera compressa Yang *et* Saigusa 扁跗聚脉长足虻
Medetera curvata Yang *et* Saigusa 弯突聚脉长足虻
Medetera evenhuisi Yang *et* Yang 伊文聚脉长足虻
Medetera gotohorum Masunaga *et* Saigusa 后藤聚脉长足虻
Medetera grisescens de Meijere 灰色聚脉长足虻，缅甸长足虻
Medetera latipennis Negrobov 斧突聚脉长足虻
Medetera longa Negrobov *et* Thuneberg 长聚脉长足虻，长尾长足虻
Medetera longicauda Becket 长尾聚脉长足虻
Medetera micacea Loew 云母聚脉长足虻
Medetera neixiangensis Yang *et* Saigusa 内乡聚脉长足虻
Medetera opaca de Meijere 影聚脉长足虻
Medetera platychira de Meijere 平足聚脉长足虻
Medetera plumbella Meigen 羽刺聚脉长足虻
Medetera tuberculata Negrobov 管状聚脉长足虻
Medetera vivida Becker 茎刺聚脉长足虻，活聚脉长足虻，活泼

M

长足虻

Medetera xizangensis Yang 西藏聚脉长足虻

Medetera yangi Zhu, Yang *et* Masunaga 杨氏聚脉长足虻

Medetera yunnanensis Yang *et* Saigusa 云南聚脉长足虻

Medetera zhejiangensis Yang *et* Yang 浙江聚脉长足虻

Medeterinae 聚脉长足虻亚科，非洲长足虻亚科

medfly [= Mediterranean fruit fly, *Ceratitis capitata* (Wiedemann)] 地中海实蝇，地中海小条实蝇，地中海蜡实蝇

Medhiama 凹尾隐翅甲属，莫隐翅甲属，中隐翅虫属

Medhiama formosana Bordoni 台湾凹尾隐翅甲，台湾莫隐翅甲，台湾中隐翅虫

Medhiama lanzhouensis Bordoni 黄翅凹尾隐翅甲

Medhiama liupanshanensis Zhou *et* Zhou 六盘山凹尾隐翅甲，六盘山莫隐翅甲

Medhiama paupera (Sharp) 瘦凹尾隐翅甲，瘦莫隐翅甲，瘦中隐翅虫

Medhiama shanica Bordoni 狭胸凹尾隐翅甲

Medhiama sichuanica Bordoni 暗黑凹尾隐翅甲

Medhiama tibetana Bordoni 西藏凹尾隐翅甲

media 1. 中脉 <abb. M>；2. [pl. mediae] 中型工蚁；3. [s. medium] 培养基；介体，介质

mediad 中向

mediae [s. media] 中型工蚁

medial 中间的

medial antenno-cerebral tract [abb. MACT] 中触角 - 脑神经束

medial cell [= median cell] 中室

medial cross vein [= median cross vein] 中横脉

medial humidity 平均湿度，中间湿度

medial shield 中板

medial temperature 平均温度，中位温度

mediale 中腋片 <指昆虫翅的第二腋片>

median antepronotal 中前胸背板鬃

median area 中域

median axis method [= median axis transformation] 中轴骨架法，中轴变换法

median axis transformation 见 median axis method

median carina 中隆线

median caudal filament [= median circus, pseudocercus, filum terminale] 尾丝 <= 中尾丝>

median cercus 中尾丝

median circus 见 median caudal filament

median cell 见 medial cell

median claw 中爪 <专指单一不成对的爪>

median cord 中索 <指昆虫胚胎中由外胚层分出的、铺在神经沟中的细胞链>

median cross vein 见 median cross vein

median effective concentration [= half maximal effective concentration, 50% effective concentration; abb. EC_{50}] 有效中浓度，半数有效浓度

median effective dose [abb. ED_{50}] 有效中量，半有效量

median effective time [abb. ET_{50}] 半有效时，有效中时

median fork 中脉叉 <指蜻蜓目昆虫中，中脉的分叉>

median fovea 中窝 <在膜翅目昆虫中，指位近额脊突腹缘的圆形或三角形凹陷；有时亦称触角窝 (antennal fovea)>

median foveola 中小窝 <直翅目昆虫两复眼间的小窝>

median furrow 中沟

median genuala 中膝毛

median incisura 中臀板切 <见于某些介壳虫中>

median infective concentration 感染中浓度，中间感染浓度

median inferior anal appendage [= inferior appendage] 下肛附器；下附器 <见于蜻蜓目昆虫中>

median inhibitory concentration [= half maximal inhibitory concentration; abb. IC_{50}] 抑制中浓度，半数抑制浓度

median knock-down concentration [abb. KC_{50}] 击倒中浓度

median knock-down dosage 见 median knock-down dose

median knock-down dose [= median knock-down dosage, abb. KD_{50}] 击倒中量

median knock-down time [abb. KT_{50}, MKDT] 击倒中时

median lamella [= dorsal plate] 中蜡片，背蜡板 <见于介壳虫中>

median lethal concentration [abb. LC_{50}] 致死中浓度，半数致死浓度

median lethal dose [abb. LD_{50}, MLD] 致死中量，半数致死量，半数致死剂量

median lethal time [abb. LT_{50}] 半数致死时间，致死中时，半致死时间

median line 中线

median lobe [= mesal lobe] 中叶突 <指介壳虫中在臀板切每边的叶突>

median lobe of labium 下唇中叶 <见于蜻蜓目中>

median longitudianl carinae 中纵隆线 <指膜翅目昆虫的后胸背板上，位于中央两边的隆线>

median nerve 中神经 <指由腹神经节发生在连索根间的不成对神经>

median nervule 中央脉

median nexus 中脉络 <指蚁蛉科 (Myrmelionidae) 昆虫翅中，连接 M_{1+2} 脉端与其每侧翅脉的邻近翅脉连接>

median notch [= mesal notch] 中缺切

median ocellus [= anterior ocellus, front ocellus, central ocellus] 中单眼，前单眼

median oviduct [= oviductus communis] 中输卵管

median plane 正中面 <将动物体划分成左右部分的竖面>

median plate 1. 中板；2. 中片

median plates of wingbase 翅基中片 <见 median plate>

median sector 中分脉 <中脉 (M) 之分脉；蜻蜓目中的 M_3>

median segment [= mediary segment, propodeum (pl. propodea 或 propodeums), propodium [pl. propodia], propodeon, Latreille's segment] 并胸腹节

median shade (或 line) 中荫线 <常指鳞翅目昆虫中，横经翅中部的线状斑>

median space 中区 <在鳞翅目昆虫中，指中线之间的区域；在蜻蜓目中，指肘室；或同 basilar space>

median spine 中刺突 <气门裂系列中部有 3 个以上刺时，其中较长的刺>

median superior anal appendage 中上肛附器 <蜻蜓目差翅亚目昆虫雄虫中，位于肛门上面属于第 11 腹节的附器>

median survival time [abb. ST_{50}] 存活中时

median suspensory ligament 中悬韧带 <两卵巢的韧带结合成一条为中悬韧带>

median suture 中缝 <指背片或腹片中线的纵缝>

median tibiala 中胫毛

median tolerated limit [abb. TLM] 半数耐受限量，中间耐药量，中间存活剂量

median trapping distance [abb. MTD_{50}] 诱杀中距离

median vein [abb. M] 中脉

mediary segment 见 median segment

mediastinal 纵中的

mediastinal area [= marginal area] 缘域

mediastinal vein 缘脉 < 常指直翅目及双翅目昆虫中的亚前缘脉 (Sc)；同双翅目昆虫中的辅脉 (auxilliary vein) >

mediator 介体

medic egger [*Lasiocampa medicaginis* Borkhausen] 圆翅枯叶蛾

Medical and Veterinary Entomology 医学和兽医昆虫学 < 期刊名 >

medical entomology 医学昆虫学

medical insect 医学昆虫

mediella [pl. mediellae] 中底片 < 与亚中片联系的翅底片 >

mediellae [s. mediella] 中底片

medifurca 中胸叉突

Medina 麦寄蝇属

Medina collaris (Fallén) 白瓣麦寄蝇，宽颜麦寄蝇

Medina fuscisquama Mesnil 褐瓣麦寄蝇

Medina luctuosa (Meigen) 卢麦寄蝇

Medina malayana (Townsend) 黑瓣麦寄蝇

Medina melania (Meigen) 暗黑麦寄蝇

Medina multispina (Herting) 多鬃麦寄蝇

Medina separata (Meigen) 离麦寄蝇

Mediococcus 垫粉蚧属

Mediococcus circumscriptus Kiritchenko 蓼树垫粉蚧

mediocubital 中肘脉

mediocubital cross vein 中肘横脉

mediotergite 中背片 < 指后小盾片的中部 >

medipectus [= mesosternum, peristethium, peristaethium, mesostethium, mesothethium] 中胸腹板

mediproboscis [= haustellum] 中喙

Mediterranean Atlantic Province 地中海大西洋部

Mediterranean black scale [= olive black-scale, olive scale, olive soft scale, citrus black scale, black scale, black olive scale, brown olive scale, *Saissetia oleae* (Bernard)] 橄榄黑盔蚧，榄珠蜡蚧，工脊硬介壳虫，工脊硬蚧，黑蜡蚧

Mediterranean brocade moth [= African cotton leafworm, cotton leafworm, Egyptian cotton leafworm, *Spodoptera littoralis* (Boisduval)] 棉灰翅夜蛾，海灰翅夜蛾，棉贪夜蛾，棉花近尺蠖夜蛾，棉叶夜蛾，埃及棉叶虫

Mediterranean burnet moth [= heterogynid moth, heterogynid] 丑妇蛾，蠋头蛾 < 丑妇蛾科 Heterogynidae 昆虫的通称 >

Mediterranean carnation leafroller [= carnation tortrix, carnation tortrix moth, European carnation tortrix, Mediterranean carnation tortrix, carnation twist moth, *Cacoecimorpha pronubana* (Hübner)] 荷兰石竹卷蛾

Mediterranean carnation tortrix 见 Mediterranean carnation leafroller

Mediterranean corn borer [= corn stalk borer, pink stalk borer, *Sesamia nonagrioides* (Lefebvre)] 中东蛀茎夜蛾，蛀茎夜蛾，农蛀茎夜蛾

Mediterranean cypress bark beetle [= small cypress bark beetle, small cyprus bark-beetle, *Phloeosinus aubei* (Perris)] 柏肤小蠹，柏木合场肤小蠹，柏木肤小蠹，侧柏小蠹

Mediterranean field cricket [= two-spotted cricket, southern field cricket, Vietnamese fighting cricket, black cricket, African field cricket, *Gryllus bimaculatus* De Geer] 双斑大蟋，双斑蟋，地中海蟋蟀，黄斑黑蟋蟀，咖啡两点蟋，甘蔗蟋

Mediterranean fig scale 1. [= fig scale, greater fig mussel scale, fig oystershell scale, pear oystershell scale, red oystershell scale, apple bark-louse, narrow fig scale, *Lepidosaphes conchiformis* (Gmelin)] 沙枣蛎盾蚧，梨蛎盾蚧，梨牡蛎蚧，梅蛎盾蚧，梅牡蛎盾蚧，榕蛎蚧；2. [= oystershell scale, apple oystershell scale, mussel scale, apple mussel scale, appletree bark louse, butternut bark-louse, fig scale, fig oystershell scale, greater fig mussel scale, linden oystershell scale, oyster-shell bark-louse, oyster-shell scale, pear oystershell scale, poplar oystershell scale, red oystershell scale, vine mussel scale, *Lepidosaphes ulmi* (Linnaeus)] 榆蛎盾蚧，榆蛎蚧，苹蛎蚧，榆牡蛎蚧

Mediterranean flour moth [= Indian flour moth, mill moth, *Ephestia kuehniella* (Zeller)] 地中海粉斑螟，地中海粉螟，地中海斑螟

Mediterranean fruit fly [= medfly, *Ceratitis capitata* (Wiedemann)] 地中海实蝇，地中海小条实蝇，地中海蜡实蝇

Mediterranean hairstreak [= Akbes hairstreak, *Tomares nesimachus* (Oberthür)] 奈斯托灰蝶

Mediterranean hawk-moth [*Hyles nicaea* (von Prunner)] 尼白眉天蛾

Mediterranean mango thrips [= mango thrips, *Scirtothrips mangiferae* Priesner] 中东硬蓟马，杧果硬蓟马

Mediterranean oak borer [*Xyleborus monographus* (Fabricius)] 单刻材小蠹

Mediterranean pierrot [= Mediterranean tiger blue, *Tarucus rosacea* (Austaut)] 多斑藤灰蝶

Mediterranean pine beetle [*Orthotomicus erosus* (Wollaston)] 松瘤小蠹，地中海区松小蠹

Mediterranean pine shoot beetle [= pine shoot beetle, Tomicus destruen slubllaston] 欧洲纵坑切梢小蠹

Mediterranean pit scale [*Lecanodiaspis sardoa* Targioni-Tozzetti] 欧洲球链蚧

Mediterranean scale 1. [= kermes insect, kermes, *Kermes ilicis* (Linnaeus)] 中东红蚧，红蚧；2. [= black parlatoria scale, citrus black scale, black parlatoria, citrus parlatoria, black scale, ebony scale, *Parlatoria ziziphi* (Lucas)] 黑点片盾蚧，黑片盾蚧，黑点蚧，黑片盾介壳虫；3. [= micrococcid scale, micrococcid] 微蚧 < 微蚧科 Micrococcidae 昆虫的通称 >

Mediterranean skipper [= dingy swift, light pygmy skipper, *Gegenes nostrodamus* (Fabricius)] 暗吉弄蝶

Mediterranean slant-faced grasshopper[= cone-headed grasshopper, common cone-headed grasshopper, nosed grasshopper, *Acrida ungarica* (Herbst)] 地中海剑角蝗，锥头蚱蜢，鼻蚱蜢，地中海斜面蚱蜢

Mediterranean spotted chafer [= white-spotted rose beetle, *Oxythyrea funesta* (Poda)] 臭杂花金龟甲，臭杂花金龟，斑尖孔花金龟

Mediterranean tamarisk beetle [*Diorhabda elongata* Brullé] 长粗角萤叶甲，地中海粗角萤叶甲，柽柳粗角萤叶甲

Mediterranean tiger blue 见 Mediterranean pierrot

Mediterranean wart-biter [= white-faced bush cricket, white-frons katydid, southern wartbiter, *Decticus albifrons* (Fabricius)] 白额

盾蚤，白额德克蚤，白额蚤

medithorax [= mesothorax, meditruncus, mesostethidium] 中胸

meditruncus 见 medithorax

medium [pl. media] 1. 培养基；2. 介体，介质

medium dagger moth [*Acronicta modica* Walker] 中剑纹夜蛾

medium green-banded swallowtail [*Papilio sosia* Rothschild *et* Jordan] 琐莎德凤蝶

medium temperature 中间温度

medium yellow [*Mimeresia tenera* Kirby] 苔娜靡灰蝶

mediventral line 腹中线

medley 1. 混合物；2. 混合饲料

Medo ace [*Sebastonyma medoensis* Lee] 墨脱异弄蝶，墨脱银弄蝶

Medogothripini 墨脱管蓟马族

Medogothrips 墨脱管蓟马属

Medogothrips reticulatus Han 网墨脱管蓟马，墨脱网管蓟马

Medon 截头隐翅甲属

Medon alesi Assing 阿勒斯截头隐翅甲

Medon alutacea (Casey) 同 *Lithocharis ochracea*

Medon brunniceps (Fairmaire) 同 *Lithocharis ochracea*

Medon confertus Sharp 康截头隐翅甲

Medon debilicornis (Wollaston) 见 *Hypomedon debilicornis*

Medon dimidiatus (Motschulsky) 同 *Charichirus chinensis*

Medon fastidiosa Fairmaire 同 *Lithocharis ochracea*

Medon lewisius Sharp 刘截头隐翅甲

Medon nigriceps (Kraatz) 见 *Lithocharis nigriceps*

Medon obliquus (Walker) 同 *Charichirus chinensis*

Medon ochracea (Gravenhorst) 见 *Lithocharis ochracea*

Medon penicillatus (Cameron) 同 *Lithocharis erythroptera*

Medon quadricollis (Casey) 同 *Lithocharis ochracea*

Medon rubricollis (Gravenhorst) 同 *Lithocharis ochracea*

Medon spectabilis (Kraatz) 同 *Charichirus chinensis*

Medon staphylinoides Kraatz 见 *Isocheilus staphylinoides*

Medon submaculatus Sharp 斑截头隐翅甲

Medon uvidus (Kraatz) 见 *Lithocharis uvida*

Medon vilis (Kraatz) 见 *Lithocharis vilis*

Medonina 尖尾隐翅甲亚族

medora mimic white [*Dismorphia medora* (Doubleday)] 凹翅黑黄袖粉蝶

medulla 髓，髓质 < 指神经节的中央部分 >

medulla externa [= epiopticon, external medullary mass] 视外髓，外髓

medulla interna [= opticon, internal medullary mass] 视内髓，内髓 < 指视叶中三个联系中心的最里面一个 >

medullary substance [= medullary tissue, neuropile, punctate substance] 髓质 < 神经节中部的神经纤维团 >

medullary tissue 见 medullary substance

Medythia 麦萤叶甲属，豆萤金花虫属

Medythia nigrobilineata (Motschulsky) [two-striped leaf beetle] 黑条麦萤叶甲，豆二条叶甲，大豆二条叶甲，二条金花虫，二条叶甲，二黑条叶甲，二条黄叶甲

Medythia siamensis Kimoto 泰国麦萤叶甲

Medythia suturalis (Motschulsky) 黑肩麦萤叶甲，缝长刺萤叶甲，黑条豆萤金花虫

Meek's graphium [*Graphium meeki* Rothschild] 麦克青凤蝶

meenoplid 1. [= meenoplid planthopper] 脉蜡蝉，粒脉蜡蝉，缟飞虱 < 脉蜡蝉科 Meenoplidae 昆虫的通称 >；2. 脉蜡蝉科的

meenoplid planthopper [= meenoplid] 脉蜡蝉，粒脉蜡蝉，缟飞虱

Meenoplidae 脉蜡蝉科，粒脉蜡蝉科，缟飞虱科

Meenoplinae 脉蜡蝉亚科

Megabatrus 巨蚁甲属

Megabatrus caviceps Löbl 陷首巨蚁甲，穴大蚁甲

Megabea 浙通缘步甲亚属

Megabeleses 巨基叶蜂属

Megabeleses crassitarsis Takeuchi 粗跗巨基叶蜂

Megabeleses fengyangshana Li, Liu *et* Wei 凤阳巨基叶蜂

Megabeleses liriodendrovorax Xiao 鹅掌楸巨基叶蜂，鹅掌楸巨刺叶蜂，鹅掌楸叶蜂 < 此种学名有误写为 *Megabeleses liriodendrovorox* Xiao 者 >

Megabeleses magnoliae Wei 木兰巨基叶蜂

Megabeleses tsurugiensis Togashi 鹤来巨基叶蜂

Megabeleses xiaoi Wei 萧氏巨基叶蜂

Megabelesesinae 巨基叶蜂亚科

Megabiston 槽尺蛾属

Megabiston plumosaria (Leech) [tea geometrid] 茶槽尺蛾，羽霾尺蛾

Megabombus 大熊蜂亚属，巨熊蜂亚属

Megabombus remotus Tkalců 见 *Bombus* (*Thoracobombus*) *remotus*

Megabothris 巨槽蚤属

Megabothris advenarius (Wagner) 新来巨槽蚤

Megabothris advenarius advenarius (Wagner) 指名新来巨槽蚤

Megabothris advenarius mantchuricus Dou *et* Ji 新来巨槽蚤东北亚种，东北新来巨槽蚤

Megabothris calcarifer (Wagner) 具刺巨槽蚤

Megabothris rectangulatus (Wahlgren) 直角巨槽蚤

Megabothris rhipisoides Li *et* Wang 扇形巨槽蚤

Megabothris sinensis Dou *et* Ji 中华巨槽蚤

Megabothris taiganus (Scalon) 泰加巨槽蚤

Megabranchiella 巨鳃蜉属

Megabranchiella longusa Phlai-ngam *et* Tungpairojwong 长巨鳃蜉

Megabranchiella scutulata Phlai-ngam *et* Tungpairojwong 菱巨鳃蜉

Megabruchidius 大锥胸豆象甲属，巨豆象甲属

Megabruchidius dorsalis (Fåhraeus) 皂角大锥胸豆象甲，皂角豆象，皂荚豆象，背巨豆象甲，背巨豆象

Megabruchidius tsinensis (Pic) 津巨豆象甲，津豆象

Megacampsomeris prismatica (Smith) 见 *Campsomeris* (*Megacampsomeris*) *prismatica*

Megacampsomeris schulthessi (Betrem) 见 *Campsomeris schulthessi*

Megacampsomeris stotzneri (Betrem) 见 *Campsomeris stotzneri*

Megacampsomeris uchidai (Betrem) 见 *Campsomeris* (*Megacampsomeris*) *uchidai*

Megacanthaspis 耙盾蚧属，巨刺盾介壳虫属

Megacanthaspis actinodaphnes Takagi 肉楠耙盾蚧

Megacanthaspis langtangana Takagi 桢楠耙盾蚧

Megacanthaspis leucaspis Takagi 台湾耙盾蚧，木姜子巨刺盾介壳虫

Megacanthaspis litseae Takagi 木姜耙盾蚧，木姜拟耙盾蚧

Megacanthaspis phoebia (Tang) 紫楠耙盾蚧，紫楠拟耙盾蚧

Megacanthaspis sinensis (Tang) 中国耙盾蚧
Megaceramis 亮舟蛾属
Megaceramis clara Kobayashi 明亮舟蛾，明舟蛾，卡亮舟蛾
Megaceramis clara clara Kobayashi 明亮舟蛾指名亚种，卡亮舟蛾指名亚种
Megaceramis clara lata Kobayashi 明亮舟蛾桂越亚种，卡亮舟蛾桂越亚种
Megaceramis lamprosticta Hampson 亮舟蛾，亮大舟蛾
Megaceramis opaca Kobayashi 影亮舟蛾
Megachile 切叶蜂属
Megachile abluta Cockerell 见 *Megachile* (*Eutricharaea*) *abluta*
Megachile albocristata Smith 白冠毛切叶蜂
Megachile (**Amegachile**) **alboplumula** Wu 白毛切叶蜂
Megachile (**Amegachile**) **bicolor** (Fabricius) 双色切叶蜂
Megachile (**Amegachile**) **bicolor bicolor** (Fabricius) 双色切叶蜂指名亚种
Megachile (**Amegachile**) **bicolor honei** Hedicke 双色切叶蜂西藏亚种
Megachile (**Amegachile**) **bicolor kagiana** (Cockerell) 双色切叶蜂嘉义亚种，双色切叶蜂卡吉亚种，卡双切叶蜂，键切叶蜂，卡切叶蜂
Megachile (**Amegachile**) **dimidiata** Smith 中切叶蜂
Megachile (**Amegachile**) **griseopicta** Radoszkowski 灰花切叶蜂
Megachile (**Amegachile**) **kagiana** Cockerell 见 *Megachile* (*Amegachile*) *bicolor kagiana*
Megachile (**Amegachile**) **mystacea** (Fabricius) 唇脊切叶蜂
Megachile (**Amegachile**) **placida** Smith 柔切叶蜂
Megachile (**Amegachile**) **sikkimi** Radoszkowski 锡金切叶蜂
Megachile (**Amegachile**) **strupigera** Cockerell 白斑切叶蜂
Megachile (**Amegachile**) **tarea** Cameron 塔切叶蜂
Megachile (**Amegachile**) **vulpina** Friese 狐红切叶蜂
Megachile angustistrigata Alfken 窄条切叶蜂，角纹切叶蜂
Megachile anthophila Strand 花切叶蜂，喜花切叶蜂
Megachile anthracina Smith 暗切叶蜂
Megachile appia Nurse 艾切叶蜂，埃切叶蜂
Megachile apposita Smith 茶切叶蜂
Megachile aspernata Cockerell 拒切叶蜂
Megachile aspernata var. auropubescens Strand 拒切叶蜂金毛变种，金毛拒切叶蜂
Megachile bellula Bingham 见 *Megachile* (*Creightonella*) *bellula*
Megachile bhavanae Bingham 黑足切叶蜂
Megachile bicolor (Fabricius) 见 *Megachile* (*Amegachile*) *bicolor*
Megachile bicolor bicolor (Fabricius) 见 *Megachile* (*Amegachile*) *bicolor bicolor*
Megachile bicolor kagiana (Cockerell) 见 *Megachile* (*Amegachile*) *bicolor kagiana*
Megachile bicolor taiwana Cockerell 同 *Megachile* (*Amegachile*) *bicolor kagiana*
Megachile caldwelli Cockerell 卡氏切叶蜂
Megachile (**Callomegachile**) **badia** Bingham 步切叶蜂
Megachile (**Callomegachile**) **disjuncta** (Fabricius) 小突切叶蜂
Megachile (**Callomegachile**) **disjunctiformis** Cockerell 拟小突切叶蜂，远石蜂
Megachile (**Callomegachile**) **faceta** Bingham 条切叶蜂
Megachile (**Callomegachile**) **faceta faceta** Bingham 条切叶蜂指名亚种
Megachile (**Callomegachile**) **faceta rufojugata** Cockerell 条切叶蜂褐肩亚种
Megachile (**Callomegachile**) **gigas** Wu 同 *Megachile* (*Callomegachile*) *parornata*
Megachile (**Callomegachile**) **monticola** Smith 丘切叶蜂，山石蜂
Megachile (**Callomegachile**) **parornata** Chatthanabun, Warrit *et* Ascher 拟细点切叶蜂
Megachile (**Callomegachile**) **rhyssalus** Wu 皱切叶蜂
Megachile (**Callomegachile**) **sculpturalis** Smith 粗切叶蜂
Megachile (**Callomegachile**) **sculpturalis nudicollis** Alfken 粗切叶蜂甘肃亚种
Megachile (**Callomegachile**) **sculpturalis sculpturalis** Smith 粗切叶蜂指名亚种
Megachile (**Callomegachile**) **umbripennis** Smith 暗足切叶蜂
Megachile centuncularis (Linnaeus) 圆切叶蜂
Megachile (**Chalicodoma**) **desertorum** Morawitz 沙漠切叶蜂，沙漠石蜂
Megachile (**Chalicodoma**) **desertorum desertorum** Morawitz 沙漠切叶蜂指名亚种
Megachile (**Chalicodoma**) **desertorum tsinanensis** (Cockerell) 沙漠切叶蜂济南亚种，沙漠石蜂济南亚种
Megachile (**Chalicodoma**) **guangxiense** Niu, Wu *et* Zhu 广西切叶蜂
Megachile (**Chelostomoda**) **crabipedes** Wu 蟹足切叶蜂
Megachile (**Chalicodoma**) **sinensis** (Wu) 中华切叶蜂，中华石蜂
Megachile (**Chelostomoda**) **nigroapicalis** Wu 黑顶切叶蜂
Megachile (**Chelostomoda**) **saphira** Cameron 显切叶蜂
Megachile (**Chelostomoda**) **spissula** Cockerell 细切叶蜂
Megachile chinensis Radoszkowsky 中国切叶蜂
Megachile circumcincta (Kirby) 见 *Megachile* (*Xanthosaurus*) *circumcincta*
Megachile concinna Smith [pale leafcutting bee] 灰切叶蜂
Megachile conjuncta Smith 见 *Megachile* (*Neocressoniella*) *conjuncta*
Megachile conjunctiformis Yasumatsu 平唇切叶蜂
Megachile crassepunctata Yasumatsu *et* Hirashima 重刻切叶蜂，粗点切叶蜂
Megachile (**Creightonella**) **bellula** Bingham 艳切叶蜂，丽切叶蜂
Megachile (**Creightonella**) **fervida** Smith 火切叶蜂
Megachile (**Creightonella**) **frontalis** (Fabricius) 额切叶蜂
Megachile (**Creightonella**) **hemimela** Cockerell 半蜜切叶蜂
Megachile (**Creightonella**) **sericans** Fonscol 丝切叶蜂
Megachile (**Creightonella**) **takoensis** Cockerell 达戈切叶蜂
Megachile (**Creightonella**) **takoensis albata** Hedicke 达戈切叶蜂浅毛亚种
Megachile (**Creightonella**) **takoensis takoensis** Cockerell 达戈切叶蜂指名亚种
Megachile desertorum Morawitz 见 *Megachile* (*Chalicodoma*) *desertorum*
Megachile dinura Cockerell 见 *Megachile* (*Pseudomegachile*) *dinura*
Megachile disjuncta (Fabricius) 小突切叶蜂
Megachile disjunctiformis Cockerell 拟小突切叶蜂
Megachile dolichotricha Cockerell 长毛切叶蜂

M

Megachile esakii Yasumatsu 江崎切叶蜂
Megachile (***Eumegachile***) ***bombycina*** Radoszkowski 虻切叶蜂
Megachile (***Eutricharaea***) ***abluta*** Cockerell 净切叶蜂
Megachile (***Eutricharaea***) ***albidula*** Alfken 白戎切叶蜂
Megachile (***Eutricharaea***) ***apicalis*** Spinola 顶切叶蜂
Megachile (***Eutricharaea***) ***argentata*** (Fabricius) 双斑切叶蜂
Megachile (***Eutricharaea***) ***conjunctiformis*** Yasumatsu 平唇切叶蜂
Megachile (***Eutricharaea***) ***dohrandti*** Morawitz 中亚切叶蜂
Megachile (***Eutricharaea***) ***dohrandti dohrandti*** Morawitz 中亚切叶蜂指名亚种
Megachile (***Eutricharaea***) ***dohrandti uzboica*** Popov 中亚切叶蜂伊亚种
Megachile (***Eutricharaea***) ***flavofasciata*** Wu 黄带切叶蜂
Megachile (***Eutricharaea***) ***gathela*** Cameron 葛切叶蜂
Megachile (***Eutricharaea***) ***gathela gathela*** Cameron 葛切叶蜂指名亚种
Megachile (***Eutricharaea***) ***gathela humida*** Cockerell 葛切叶蜂湿亚种
Megachile (***Eutricharaea***) ***laminopes*** Wu 片跗切叶蜂
Megachile (***Eutricharaea***) ***manchuriana*** Yasumatsu 北方切叶蜂
Megachile (***Eutricharaea***) ***rixator*** Cockerell 窄切叶蜂，争切叶蜂
Megachile (***Eutricharaea***) ***rixator rixator*** Cockerell 窄切叶蜂指名亚种
Megachile (***Eutricharaea***) ***rixator sakishimana*** Yasumatsu *et* Hirashima 窄切叶蜂先岛亚种，先岛争切叶蜂
Megachile (***Eutricharaea***) ***rotundata*** (Fabricius) [alfalfa leafcutter bee, alfalfa leafcutting bee, lucerne leafcutter bee] 苜蓿切叶蜂
Megachile (***Eutricharaea***) ***rubtzovi*** Cockerell 芦氏切叶蜂
Megachile (***Eutricharaea***) ***sauteri*** Hedicke 萨氏切叶蜂，萨切叶蜂
Megachile (***Eutricharaea***) ***subusta*** Cockerell 锥切叶蜂，拟乌切叶蜂
Megachile (***Eutricharaea***) ***terminata*** Morawitz 端切叶蜂
Megachile (***Eutricharaea***) ***tranquilla*** Yasumatsu 蔷薇切叶蜂
Megachile (***Eutricharaea***) ***tsingtauensis*** Strand 青岛切叶蜂
Megachile (***Eutricharaea***) ***valdezi*** Cockerell 长颚切叶蜂
Megachile faceta Bingham 条切叶蜂
Megachile faceta faceta Bingham 条切叶蜂指名亚种
Megachile faceta rufojugata Cockerell 条切叶蜂褐肩亚种，褐肩条切叶蜂
Megachile felderi Radoszkowsky 同 *Megachile monticola*
Megachile ferruginae Bingham 见 *Megachile* (*Pseudomegachile*) *ferruginae*
Megachile fervida Smith 见 *Megachile* (*Creightonella*) *fervida*
Megachile flavofasciata Wu 见 *Megachile* (*Eutricharaea*) *flavofasciata*
Megachile genalis Morawitz 颊切叶蜂
Megachile habropodoides Meade-Waldo 丽切叶蜂
Megachile humilis Smith 见 *Megachile* (*Megachile*) *humilis*
Megachile igniscopata Cockerell 黄刷切叶蜂，焰切叶蜂
Megachile kagiana (Cockerell) 见 *Megachile* (*Amegachile*) *bicolor kagiana*
Megachile kashgarensis Cockerell 喀什切叶蜂
Megachile kobensis Cockerell [Kobe leaf-cutting bee] 神户切叶蜂
Megachile koshunensis Strand 方斑切叶蜂，高雄切叶蜂
Megachile ladacensis Cockerell 拉达切叶蜂
Megachile (***Lagella***) ***hubeiense*** Wu 湖北切叶蜂
Megachile (***Lagella***) ***trizonata*** Wu 三带切叶蜂
Megachile (***Lagella***) ***velutina*** Smith 绒切叶蜂
Megachile lagopoda (Linnaeus) 见 *Megachile* (*Xanthosaurus*) *lagopoda*
Megachile lagopoda pieli Cockerell 见 *Megachile* (*Xanthosaurus*) *lagopoda pieli*
Megachile lagopoda tibetana Hedicke 见 *Megachile* (*Xanthosaurus*) *lagopoda tibetana*
Megachile lapponica Thomson 山切叶蜂
Megachile ligniseca (Kirby) 木巢切叶蜂
Megachile manchuriana Yasumatsu 东北切叶蜂
Megachile (***Megachile***) ***humilis*** Smith 低切叶蜂，短粗切叶蜂
Megachile (***Megella***) ***pseudomonticola*** Hedicke 拟丘切叶蜂
Megachile melanura Hedicke 黑切叶蜂
Megachile mongolica Morawitz 蒙古切叶蜂
Megachile monticola Smith 丘切叶蜂
Megachile montonii Gribodo 蒙托切叶蜂，芒切叶蜂
Megachile (***Neocressoniella***) ***conjuncta*** Smith 连切叶蜂，联切叶蜂
Megachile nigroscopula Wu 黑鳞切叶蜂
Megachile nipponica Cockerell [rose leafcutter] 日本切叶蜂，蔷薇切叶蜂，月季切叶蜂
Megachile nipponica nipponica Cockerell 日本切叶蜂指名亚种，指名日本切叶蜂
Megachile parietina (Geoffroy) [black mortar bee, black mud bee] 暗黑切叶蜂
Megachile penetrata Smith 三角唇基切叶蜂
Megachile perfervida Cockerell 宽唇切叶蜂
Megachile pilicrus Morawitz 毛切叶蜂
Megachile piliventris Morawitz 毛腹切叶蜂
Megachile (***Pseudomegachile***) ***derasa*** Gestaecker 黄鳞切叶蜂
Megachile (***Pseudomegachile***) ***dinura*** Cockerell 双叶切叶蜂
Megachile (***Pseudomegachile***) ***ericetorum*** Peletier 长青切叶蜂
Megachile (***Pseudomegachile***) ***eurycephala*** Wu 宽头切叶蜂
Megachile (***Pseudomegachile***) ***ferruginae*** Bingham 锈切叶蜂
Megachile (***Pseudomegachile***) ***flavipes*** Spinola 黄足切叶蜂
Megachile (***Pseudomegachile***) ***lanata*** (Fabricius) 柔毛切叶蜂
Megachile (***Pseudomegachile***) ***nigrofulva*** Hedicke 黄黑切叶蜂
Megachile (***Pseudomegachile***) ***nigropectoralis*** Wu 黑胸切叶蜂
Megachile (***Pseudomegachile***) ***rubripes*** Morawitz 红足切叶蜂
Megachile (***Pseudomegachile***) ***rupshuensis*** Cockerell 拟拉达切叶蜂
Megachile (***Pseudomegachile***) ***saussurei*** Radoszkowski 白鳞切叶蜂
Megachile (***Pseudomegachile***) ***sphenapis*** Wu 楔角切叶蜂
Megachile pseudomonticola Hedicke 见 *Megachile* (*Megella*) *pseudomonticola*
Megachile pyrenaica Peletier 黄跗切叶蜂，西西里石蜂
Megachile relata Smith 窄颊切叶蜂
Megachile remota Smith 见 *Megachile* (*Xanthosaurus*) *remota*
Megachile remotissima Cockerell 远切叶蜂
Megachile rhinoceros Mocsáry 锉须切叶蜂
Megachile rixator Cockerell 见 *Megachile* (*Eutricharaea*) *rixator*
Megachile rixator sakishimana Yasumatsu *et* Hirashima 见 *Megachile* (*Eutricharaea*) *rixator sakishimana*

Megachile rufescens (Pérez) 暗褐切叶蜂，灌木石蜂

Megachile rufovittata Cockerell 红圈切叶蜂，红条切叶蜂

Megachile rupshuensis Cockerell 见 *Megachile* (*Pseudomegachile*) *rupshuensis*

Megachile sauteri Hedicke 见 *Megachile* (*Eutricharaea*) *sauteri*

Megachile sculpturalis Smith 见 *Megachile* (*Callomegachile*) *sculpturalis*

Megachile sicula (Rossi) [tawny mining bee, Sicilian leaf-cutting bee] 红胸切叶蜂，红胸石蜂，高墙石蜂

Megachile spissula Cockerell 见 *Megachile* (*Chelostomoda*) *spissula*

Megachile strupigera Cockerell 斯切叶蜂

Megachile subtranquilla Yasumatsu 拟蔷薇切叶蜂

Megachile subusta Cockerell 见 *Megachile* (*Eutricharaea*) *subusta*

Megachile taiwanicola Yasumatsu *et* Hirashima 台湾切叶蜂

Megachile takaoensis Cockerell 见 *Megachile* (*Creightonella*) *takoensis*

Megachile tranquilla Cockerell 见 *Megachile* (*Eutricharaea*) *tranquilla*

Megachile tsingtauensis Strand 见 *Megachile* (*Eutricharaea*) *tsingtauensis*

Megachile tsurugensis Yasumatsu 楚切叶蜂

Megachile umbripennis Smith 暗足切叶蜂

Megachile velutina Smith 绒切叶蜂

Megachile vestita Smith 绒毛切叶蜂

Megachile vulpina Friese 内蒙切叶蜂

Megachile* (*Xanthosaurus*) *analis Nylander 尾切叶蜂

Megachile* (*Xanthosaurus*) *behavanae Bingham 英切叶蜂

Megachile* (*Xanthosaurus*) *circumcincta (Kirby) 圈切叶蜂，圆切叶蜂

Megachile* (*Xanthosaurus*) *circumcincta chinensis Wu 圈切叶蜂中国亚种

Megachile* (*Xanthosaurus*) *circumcincta circumcincta (Kirby) 圈切叶蜂指名亚种

Megachile* (*Xanthosaurus*) *dolichotricha Cockerell 长毛切叶蜂

Megachile* (*Xanthosaurus*) *habropodoides Meade-Waldo 丽切叶蜂

Megachile* (*Xanthosaurus*) *hei Wu 何氏切叶蜂

Megachile* (*Xanthosaurus*) *japonica Alfken [Japan leaf-cutting bee] 大和切叶蜂，日本切叶蜂，蔷薇切叶蜂

Megachile* (*Xanthosaurus*) *ladacensis Cockerell 拉达切叶蜂

Megachile* (*Xanthosaurus*) *lagopoda (Linnaeus) 小足切叶蜂

Megachile* (*Xanthosaurus*) *lagopoda lagopoda (Linnaeus) 小足切叶蜂指名亚种

Megachile* (*Xanthosaurus*) *lagopoda pieli Cockerell 小足切叶蜂皮氏亚种，皮氏小足切叶蜂

Megachile* (*Xanthosaurus*) *lagopoda tibetana Hedicke 小足切叶蜂西藏亚种，藏小足切叶蜂

Megachile* (*Xanthosaurus*) *maackii Radoszkowski 冒切叶蜂

Megachile* (*Xanthosaurus*) *maritima (Kirby) [coast leaf-cutter] 海切叶蜂

Megachile* (*Xanthosaurus*) *maritima manchurica Hedicke 海切叶蜂北方亚种

Megachile* (*Xanthosaurus*) *maritima maritima (Kirby) 海切叶蜂指名亚种

Megachile* (*Xanthosaurus*) *mongolica Morawitz 蒙古切叶蜂

Megachile* (*Xanthosaurus*) *nigroscopula Wu 黑毛刷切叶蜂

Megachile* (*Xanthosaurus*) *piliventris Morawitz 毛腹切叶蜂

Megachile* (*Xanthosaurus*) *plumatus Wu 羽毛切叶蜂

Megachile* (*Xanthosaurus*) *relata Smith 窄颊切叶蜂

Megachile* (*Xanthosaurus*) *remota Smith 淡翅切叶蜂

Megachile* (*Xanthosaurus*) *silvapis Wu 雨林切叶蜂

Megachile* (*Xanthosaurus*) *willughbiella (Kirby) 单齿切叶蜂

Megachile xanthothrix Yasumatsu *et* Hirashima 肖黄毛切叶蜂

megachilid 1. [= megachilid bee, leafcutting bee, leaf-cutting bee, leafcutter] 切叶蜂 < 切叶蜂科 Megachilidae 昆虫的通称 >; 2. 切叶蜂科的

megachilid bee [= megachilid, leafcutting bee, leaf-cutting lee, leafcutter] 切叶蜂

Megachilidae 切叶蜂科

Megachilinae 切叶蜂亚科

Megachilini 切叶蜂族

Megacoelum 沟顶盲蝽属

Megacoelum formosanum (Poppius) 大黑沟顶盲蝽

Megacoelum fuscescens Hsiao 同 *Megacoelum formosanum*

Megacoelum minutus (Poppius) 小沟顶盲蝽

Megacoelum pronotalis Zheng *et* Li 见 *Orientomiris pronotalis*

Megacoelum relatum Distant 见 *Adelphocorisella relatum*

Megaconema 大蛩螽属

Megaconema geniculata (Bey-Bienko) 黑膝大蛩螽，粒畸螽，黑膝剑螽

Megaconops 大蠓亚属

Megacopta 豆龟蝽属

Megacopta bicolor Hsiao *et* Jen 花豆龟蝽

Megacopta bituminata (Montandon) 双峰豆龟蝽

Megacopta caliginosa (Montandon) 暗豆龟蝽

Megacopta callosa (Yang) 斑疤豆龟蝽

Megacopta centronubila (Yang) 中云豆龟蝽

Megacopta centrosignatum (Yang) 中痣豆龟蝽

Megacopta cribraria (Fabricius) [bean plataspid, globular stink bug, kudzu bug, kudzu beetle, lablab bug] 筛豆龟蝽，筛豆圆龟蝽，筛豆龟椿象，圆蝽

Megacopta cribraria punctatissimum (Montandon) 见 *Megacopta punctatissima*

Megacopta cribriella Hsiao *et* Jen 小筛豆龟蝽

Megacopta cycloceps Hsiao *et* Jen 圆头豆龟蝽

Megacopta dinghushana Chen 鼎湖豆龟蝽

Megacopta distanti (Montandon) 狄豆龟蝽，锹星龟蝽

Megacopta fimbriata (Distant) 镶边豆龟蝽

Megacopta fimbrilla Li 缨豆龟蝽

Megacopta horvathi (Montandon) 和豆龟蝽

Megacopta hui (Yang) 胡豆龟蝽

Megacopta laeviventris Hsiao *et* Jen 光腹豆龟蝽

Megacopta liniola Hsiao *et* Jen 线背豆龟蝽

Megacopta lobata (Walker) 坎肩豆龟蝽，叶圆龟蝽

Megacopta majuscula Hsiao *et* Jen 巨豆龟蝽

Megacopta punctatissima (Montandon) [Japanese common plataspid stinkbug] 凹斑豆龟蝽

Megacopta rotunda Hsiao *et* Jen 圆豆龟蝽

Megacopta subsolitare (Yang) 小黄豆龟蝽

Megacopta tubercula Hsiao *et* Jen 突尾豆龟蝽

Megacopta verrucosa (Montandon) 天花豆龟蝽

Megacopta wnigrum (Varshney) 黑斑豆龟蝽，黑斑龟蝽 < 此种名

有误写为 *Megacopta w-nigrum* (Varshney) 者 >
Megacoris 大光猎蝽属
Megacoris gulosa (Stål) 红胸大光猎蝽
Megacorma 大茎天蛾属
Megacorma obliqua (Walker) [black-belted hawkmoth] 斜大茎天蛾，猿面天蛾
Megacrania 大头蛸属，大头竹节虫属
Megacrania tsudai Shiraki 津田氏大头蛸，津田氏大头竹节虫
Megacyllene 黄带蜂天牛属
Megacyllene antennata (White) [mesquite borer, cat's claw borer] 牧豆树黄带蜂天牛
Megacyllene caryae (Gahan) [painted hickory borer] 厚垫黄带蜂天牛，胡桃胭脂天牛
Megacyllene robiniae (Förster) [locust borer, locust stem borer, locust borer beetle, locust tree borer] 刺槐黄带蜂天牛，刺槐天牛
Megacyttarus 大猎舞虻亚属
Megadelphax 美伽飞虱属
Megadelphax bidentatus (Anufriev) 二齿大飞虱
Megadelphax cornigera (Kusnezov) 科尼美伽飞虱
Megadelphax kangauzi Anufriev 坎氏美伽飞虱
Megadineura 狭脉叶蜂属
Megadineura grandis Andre 斑角狭脉叶蜂
Megadineura leucotarsis Wei 白跗狭脉叶蜂
Megadineura rufocephala Wei 红头狭脉叶蜂
Megadysdercus 大棉红蝽亚属
Megafukia 巨沫蝉属，大尖胸沫蝉属
Megafukia gigas (Kato) 台湾巨沫蝉，台湾大尖胸沫蝉，大尖胸沫蝉
Megafukia maxima (Jacobi) 见 *Aphropsis maxima*
Megafukia nigrina (Jacobi) 见 *Aphropsis nigrina*
Megagnathos 巨颚阎甲属
Megagnathos lagardei Vienna *et* Ratto 巨颚阎甲
Megagraphydrus 格牙甲属
Megagraphydrus anhuianus Hebauer 见 *Agraphydrus anhuianus*
Megagraphydrus politus Hansen 见 *Agraphydrus politus*
Megagraphydrus puzhelongi Jia 见 *Agraphydrus puzhelongi*
Megaherpystis 黑脉小卷蛾属
Megaherpystis melanoneura (Meyrick) 黑脉小卷蛾
Megajanus 大茎蜂属
Megajanus longithecus Wei 长鞘大茎蜂
Megalanguria 大拟叩甲属
Megalanguria chinensis Mader 华大拟叩甲，中华粗拟叩甲
Megalanguria felix Arrow 橙腹大拟叩甲，多大拟叩甲
Megalanguria gravis Arrow 离斑大拟叩甲，重大拟叩甲
Megalanguria melancholica Arrow 连斑大拟叩甲
Megalanguria producta Arrow 黑带大拟叩甲，普大拟叩甲
Megaleas 巨弄蝶属
megaleas skipper [*Megaleas syrna* (Godman *et* Salvin)] 巨弄蝶
Megaleas syrna (Godman *et* Salvin) [megaleas skipper] 巨弄蝶
Megaleptura 大花天牛属
Megaleptura mirabilis Aurivillius 蜓尾大花天牛
Megaleptura thoracica Greutzer 异色大花天牛
Megalestes 绿综蟌属，洵蟌属
Megalestes chengi Chao 褐腹绿综蟌
Megalestes discus Wilson 盘绿综蟌
Megalestes distans Needham 褐尾绿综蟌
Megalestes haui Wilson *et* Reels 郝氏绿综蟌
Megalestes heros Needham 黄腹绿综蟌
Megalestes kurahashii Asahina 泰国绿综蟌
Megalestes maai Chen 大黄尾绿综蟌，黄尾绿综蟌，黄腹洵蟌
Megalestes major Sélys 大绿综蟌
Megalestes micans Needham 细腹绿综蟌
Megalestes omeiensis Chao 峨眉绿综蟌
Megalestes palaceus Zhou *et* Zhou 铲形绿综蟌，铲形大蟌
Megalestes riccii Navás 白尾绿综蟌，小黄尾绿综蟌，雷氏绿综蟌
Megalestes tuska Wilson *et* Reels 狼牙绿综蟌
Megaleuctra 广卷䗛属
Megalinus 阔隐翅甲属，大隐翅甲属，额沟隐翅虫属，齐茎隐翅甲属
Megalinus ailaoshanensis Zhou *et* Zhou 哀牢山阔隐翅甲
Megalinus anhuiensis (Bordoni) 安徽阔隐翅甲
Megalinus bicatellatus (Bordoni) 川南阔隐翅甲
Megalinus boki (Bordoni) 博氏阔隐翅甲
Megalinus cinnamomeus (Zheng) 桂色阔隐翅甲，桂色异茎隐翅虫
Megalinus coracinus (Zheng) 亮黑阔隐翅甲，亮黑异茎隐翅虫
Megalinus eremiticus Bordoni 隐阔隐翅甲
Megalinus flavus (Bordoni) 骊黄阔隐翅甲，骊黄阔隐翅虫
Megalinus hailuogouensis Bordoni 海螺沟阔隐翅甲
Megalinus hayashii (Bordoni) 小林阔隐翅甲
Megalinus hunanensis Bordoni 湖南阔隐翅甲
Megalinus japonicus (Sharp) 日本阔隐翅甲，日本阔隐翅虫，日本大隐翅甲，日异茎隐翅虫
Megalinus leishanensis (Bordoni) 雷山阔隐翅甲
Megalinus liupanshanensis Zhou *et* Zhou 六盘山阔隐翅甲，六盘山大隐翅甲
Megalinus metallicus (Fauvel) 闪阔隐翅甲，闪大隐翅甲，闪额沟隐翅虫，灿异茎隐翅虫，侧点腹片隐翅虫
Megalinus mirus (Bordoni) 奇阔隐翅甲
Megalinus montanicus (Bordoni) 山阔隐翅甲
Megalinus neolizipingensis (Bordoni) 新栗阔隐翅甲
Megalinus ningxiaensis Bordoni 宁夏阔隐翅甲，宁夏大隐翅甲
Megalinus nonvaricosus Zhou *et* Zhou 扁亮阔隐翅甲，扁亮大隐翅甲
Megalinus oculatus (Bordoni) 眼阔隐翅甲，眼异茎隐翅虫
Megalinus pandarum (Bordoni) 熊猫阔隐翅甲
Megalinus pervivagus (Bordoni) 透阔隐翅甲
Megalinus punctatissimus (Bordoni) 刻点阔隐翅甲
Megalinus ruficaudatus (Cameron) 红尾阔隐翅甲
Megalinus solidus Zhou *et* Zhou 坚阔隐翅甲
Megalinus solivagus Bordoni 独阔隐翅甲
Megalinus suffusus (Sharp) 萨阔隐翅甲，萨异茎隐翅虫，黄褐齐茎隐翅甲
Megalinus taipingensis (Bordoni) 太平阔隐翅甲
Megalinus tangi Bordoni 汤氏阔隐翅甲
Megalinus tibetanus Bordoni 西藏阔隐翅甲
Megalinus xinxing Bordoni 新兴阔隐翅甲
Megalinus zhenyuanensis (Zheng) 镇源阔隐翅甲，镇源异茎隐翅

虫，黑褐齐茎隐翅甲
Megalocaria 大瓢虫属
Megalocaria dilatata (Fabricius) 十斑大瓢虫
Megalocaria reichii (Mulsant) 雷氏大瓢虫
Megalocaria reichii pearsoni (Crotch) 雷氏大瓢虫萍斑亚种，萍斑大瓢虫
Megalocaria reichii reichii (Mulsant) 雷氏大瓢虫指名亚种
Megalocentrus 巨弧角蝉属
Megalocentrus quinquecarinalis Yuan 五脊巨弧角蝉
Megalocentrus sinensis Yuan 中华巨弧角蝉
Megalochlora mandarinaria Leech 同 *Geometra sponsaria*
Megalocoleus 隆唇盲蝽属
Megalocoleus chrysotrichus (Fieber) 黄绿隆唇盲蝽
Megalocolus 细尾小蜂属
Megalocolus chinensis Liu 中华细尾小蜂
Megalocryptes 闭尾蚧属
Megalocryptes buteae Takahashi 紫铆闭尾蚧
Megaloctena 硕夜蛾属，巨须裳蛾属
Megaloctena alpherakyi (Leech) 阿巨夜蛾
Megaloctena angulata Leech 角巨夜蛾
Megaloctena mandarina Leech 硕夜蛾，巨夜蛾，灰褐巨须裳蛾
Megaloctena punctilinea (Leech) 点线巨夜蛾
Megaloctena sordida (Leech) 污巨夜蛾
Megalodacne 莫蕈甲属，大均跗蕈甲属
Megalodacne asahinai Chûjô 阿莫蕈甲，阿大均跗蕈甲
Megalodacne bellula Lewis 波鲁莫蕈甲，贝大均跗蕈甲
Megalodacne chinensis Crotch 中国莫蕈甲，华大均跗蕈甲
Megalodacne luteoguttata Crotch 黄点莫蕈甲，黄点大均跗蕈甲
Megalodacne matsumurai Chûjô 松村莫蕈甲，松村大均跗蕈甲
Megalodacne miwai Chûjô 美莫蕈甲，三轮大均跗蕈甲
Megalodacne okunii Chûjô 阿国莫蕈甲，奥大均跗蕈甲
Megalodacne promensis Arrow 隆凸莫蕈甲
Megalodontes 广蜂属，广背叶蜂属
Megalodontes coreensis Takeu 朝鲜广蜂，朝鲜广背叶蜂，朝鲜扁蜂
Megalodontes nitidus Maa 辉胸广蜂，辉胸广背叶蜂
Megalodontes quinquecinctus Kirby 五带广蜂，五带广背叶蜂
Megalodontes sibiriensis Rohwer 见 *Megalodontes spiraeae siberiensis*
Megalodontes spiraeae (Klug) 旋纹广蜂，旋纹广背叶蜂
Megalodontes spiraeae siberiensis (Rohwer) 旋纹广蜂黑股亚种，黑股广蜂，西伯广背叶蜂
Megalodontes spiraeae spiraeae (Klug) 旋纹广蜂指名亚种
megalodontesid 1. [= megalodontesid sawfly] 广蜂，广背叶蜂 <广蜂科 Megalodontesidae 昆虫的通称>；2. 广蜂科的
megalodontesid sawfly [= megalodontesid] 广蜂，广背叶蜂
Megalodontesidae 广蜂科，广背叶蜂科，广背蜂科 <该科学名以前曾用 Megalodontidae，但后者被一类软体动物占先>
Megalodontesoidea 广蜂总科，广背蜂总科，广背叶蜂总科
Megalodontidae 见 Megalodontesidae
Megalodontoidea 见 Megalodontesoidea
Megalognatha 广背叶甲属
Megalognatha aenea Laboissière 紫铜广背叶甲
Megalognatha rufiventris Baly [maize tassel beetle] 黍色广背叶甲
Megalogomphus 硕春蜓属
Megalogomphus smithii (Sélys) 斯氏硕春蜓
Megalogomphus sommeri (Sélys) 萨默硕春蜓
Megalominae 广褐蛉亚科
Megalommum 副奇翅茧蜂属
Megalommum philippinense (Baker) 菲律宾奇翅茧蜂，菲埃茧蜂
Megalommum tibiale (Ashmead) 黑胫副奇翅茧蜂
Megalomus 广褐蛉属
Megalomus arytaenoideus Yang 勺突广褐蛉
Megalomus elephiscus Yang 若象广褐蛉
Megalomus formosanus Banks 台湾广褐蛉，台湾褐蛉
Megalomus fraternus Yang *et* Liu 友谊广褐蛉
Megalomus tibetanus Yang 西藏广褐蛉，姿藏广褐蛉
Megalomus yunnanus Yang 云南广褐蛉
Megalomya 角突姬蜂属
Megalomya emeishanensis He 峨眉角突姬蜂
Megalomya hepialivora He 蝙蛾角突姬蜂
Megalomya longiabdominalis Uchida 长腹角突姬蜂
Megalomya townesi He 汤氏角突姬蜂
Megalonotus 大胸长蝽属
Megalonotus antennatus (Schilling) 黄角大胸长蝽
Megalonotus chiragrus (Fabricius) 黑足大胸长蝽，黑胸巨长蝽
Megalopaederus 大毒隐翅甲亚属，大毒隐翅虫属
Megalopaederus alutithroax (Bernhauer) 见 *Paederus alutithroax*
Megalopaederus flavoterminatus (Cameron) 见 *Paederus flavoterminatus*
Megalopaederus formosanus (Adachi) 见 *Paederus formosanus*
Megalopaederus kosempoensis (Bernhauer) 见 *Paederus kosempoensis*
Megalopalpus 媚灰蝶属
Megalopalpus angulosus Grünberg [Grünberg's harvester] 角媚灰蝶
Megalopalpus metaleucus Karsch [large harvester] 美媚灰蝶
Megalopalpus simplex Röber [eastern harvester] 媚灰蝶
Megalopalpus zymna (Westwood) [common harvester] 黑端媚灰蝶
Megalophanes 壮袋蛾属
Megalophanes viciella (Denis *et* Schiffermüller) 维壮袋蛾
Megalophanes viciella detrita (Lederer) 维壮袋蛾衰弱亚种，德维袋蛾
Megalophanes viciella viciella (Denis *et* Schiffermüller) 维壮袋蛾指名亚种
Megalophasma 壮蝓属
Megalophasma granulata Bi 颗粒壮蝓
Megalopinus 突唇隐翅甲属，大翅隐翅虫属
Megalopinus helferi (Dormitzer) 汉氏突唇隐翅甲
Megalopinus hirashimai Naomi 平岛突唇隐翅甲
Megalopinus leilei Puthz 莱氏突唇隐翅甲
Megalopinus sexdentatus (Cameron) 六齿突唇隐翅甲
Megalopinus taiwanensis Puthz 台湾突唇隐翅甲，台湾大翅隐翅虫
Megalopinus tangi Puthz 汤氏突唇隐翅甲
megalopodid 1. [= megalopodid beetle, megalopodid leaf beetle] 距甲 <距甲科 Megalopodidae 昆虫的通称>；2. 距甲科的
megalopodid beetle [= megalopodid, megalopodid leaf beetle] 距甲
megalopodid leaf beetle 见 megalopodid beetle
Megalopodidae 距甲科，大肢叶甲科，大足叶甲科
Megalopodinae 距甲亚科

megalops skipper [*Cynea megalops* Godman *et* Salvin] 媚塞尼弄蝶

Megalopsidiinae 突唇隐翅甲亚科

Megaloptera 广翅目

megalopteran 1. [= megalopteron, megalopterous insect] 广翅目昆虫；2. 广翅亚目的，广翅目的

megalopterist [= megalopterologist] 广翅学家，广翅类昆虫工作者

megalopterological 广翅学的

megalopterologist 见 megalopterist

megalopterology 广翅学

megalopteron [= megalopteran, megalopterous insect] 广翅目昆虫

megalopterous insect 同 megalopteron

Megalopyge 绒蛾属

Megalopyge crispata (Packard) [black-waved flannel moth, crinkled flannel moth, white flannel moth] 皱绒蛾，皱缩绒蛾，果树绒蛾

Megalopyge opercularis (Smith) [southern flannel moth, puss caterpillar, asp, Italian asp, woolly slug, opossum bug, puss moth, tree asp, asp caterpillar] 美绒蛾，具盖绒蛾

megalopygid 1. [= megalopygid moth, flannel moth, crinkled flannel moth] 绒蛾 < 绒蛾科 Megalopygidae 昆虫的通称 >；2. 绒蛾科的

megalopygid moth [= megalopygid, flannel moth, crinkled flannel moth] 绒蛾

Megalopygidae [= Lagoidae] 绒蛾科

Megalorhipida 大羽蛾属

Megalorhipida leucodactyla (Fabricius) [spiderling plume moth] 白大羽蛾

Megalosmia 大壁蜂亚属

Megalothoracidae [= Neelidae] 短角䖴科，短角园䖴科，短角园跳虫科

Megalothorax 巨胸短䖴属，巨胸䖴属

Megalothorax minimus Wilem 微小巨胸短䖴，微小巨胸䖴

Megalothrips 巨管蓟马属

Megalothrips andrei Mound *et* Palmer 安巨管蓟马

Megalothrips bonannii Uzel 波巨管蓟马

Megalothrips curvidens Okajima 曲巨管蓟马

Megalothrips delmasi Bournier 德巨管蓟马

Megalothrips macropteryx Trybom 长翅巨管蓟马

Megalothrips niger Schmutz 黑巨管蓟马

Megalothrips picticornis Hood 丽角巨管蓟马

Megalothrips roundus Guo, Cao *et* Feng 圆巨管蓟马

Megalothrips schuhi Crawford 舒巨管蓟马

Megalothrips spinosus Hood 刺巨管蓟马

Megalotomus 长缘蝽属

Megalotomus acutulus Liu *et* Liu 尖长缘蝽

Megalotomus angulus (Hsiao) 角长缘蝽，角蛛缘蝽

Megalotomus castaneus Reuter 棕长缘蝽

Megalotomus costalis Stål 边长缘蝽

Megalotomus junceus (Scopoli) 黑长缘蝽

Megalotomus ornaticeps (Stål) 赭长缘蝽，橘长缘蝽

Megalotomus zaitzevi Kerzhner 黄长缘蝽

Megaloxantha 硕黄吉丁甲属

Megaloxantha bicolor (Fabricius) [cocoa tree borer, two-spot jewel beetle, metallic wood boring jewel beetle] 二色硕黄吉丁甲，二色硕黄吉丁，双色硕黄吉丁，双色金吉丁甲，可可蠹吉丁，二色卡托吉丁，可可吉丁

Megaloxantha bicolor bicolor (Fabricius) 二色硕黄吉丁甲指名亚种

Megaloxantha bicolor hainana Kurosawa 二色硕黄吉丁甲海南亚种，海南硕黄吉丁

Megaloxantha bicolor laodiana Yang *et* Xie 二色硕黄吉丁甲罗甸亚种，罗甸硕黄吉丁

Megaloxantha hainana Kurosawa 见 *Megaloxantha bicolor hainana*

Megaloxantha hainana Yang *et* Xie 同 *Megaloxantha bicolor hainana*

Megaloxantha luodiana Yang *et* Xie 见 *Megaloxantha bicolor luodiana*

Megalurothrips 大蓟马属，豆蓟马属

Megalurothrips basisetae Han *et* Cui 基毛大蓟马

Megalurothrips distalis (Karny) [peanut thrips] 端大蓟马，端带蓟马，花生蓟马，花生绿蓟马，端豆蓟马，花生端带蓟马，豆蓟马，紫云英蓟马，豆花蓟马

Megalurothrips equaletae Feng, Chao *et* Ma 等鬃大蓟马

Megalurothrips flaviflagellus Mirab-Balou M, Yang *et* Tong 黄鞭大蓟马

Megalurothrips formosae (Moulton) 台湾大蓟马，台湾豆蓟马

Megalurothrips grisbrunneus Feng, Chou *et* Li 见 *Taeniothrips grisbrunneus*

Megalurothrips guizhouensis Zhang, Feng *et* Zhang 贵州大蓟马

Megalurothrips haopingensis Feng, Chao *et* Ma 嵩坪大蓟马

Megalurothrips mucanae (Priesner) [Asian bean thrips] 亚洲大蓟马

Megalurothrips sjostedti (Trybom) [flower bud thrips, bean flower thrips, legume bud thrips] 花蕾大蓟马，斯氏大蓟马，丝带蓟马

Megalurothrips typicus Bagnall 模大蓟马，檬果豆蓟马

Megalurothrips usitatus (Bagnall) [Asian bean thrips, oriental bean flower thrips, bean flower thrips] 普通大蓟马，豆花蓟马，豆大蓟马

megalyrid 1. [= megalyrid wasp] 巨蜂，长尾姬蜂 < 巨蜂科 Megalyridae 昆虫的通称 >；2. 巨蜂科的

megalyrid wasp [= megalyrid] 巨蜂，长尾姬蜂

Megalyridae 巨蜂科，长尾姬蜂科

Megamareta 大叶蠊属

Megamareta pallidiola (Shiraki) 淡大叶蠊

Megamecus 大纤毛象甲属，大纤毛象属，纤毛象属

Megamecus dubius (Voss) 疑大纤毛象甲，疑绿象

Megamecus misellus (Heller) 弥大纤毛象甲，弥纤毛象

Megamecus urbanus (Gyllenhal) 黄褐大纤毛象甲，黄褐纤毛象

Megamelus 梯额飞虱属

Megamelus notula (Germar) 梯额飞虱，大眉飞虱

Megamelus scutellaris Berg 盾梯额飞虱

megamerinid 1. [= megamerinid fly, slender fly] 刺股蝇，细蝇 < 刺股蝇科 Megamerinidae 昆虫的通称 >；2. 刺股蝇科的

megamerinid fly [= megamerinid, slender fly] 刺股蝇，细蝇

Megamerinidae 刺股蝇科，细蝇科

Megametopon 铲尺蛾属

Megametopon piperatum Alphéraky 辣枚铲尺蛾

Meganda mandschuriana Oberthür 日本巨安瘤蛾

Meganephria 巨冬夜蛾属

Meganephria extensa (Butler) 伸巨冬夜蛾

Meganephria funesta (Leech) 升巨冬夜蛾，范巨冬夜蛾
Meganephria kononenkoi Poole 远东巨冬夜蛾
Meganephria tancrei (Graeser) 擁巨冬夜蛾
Meganephria weixleri Hreblay *et* Ronkay 韦氏巨冬夜蛾，韦氏巨夜蛾
Meganeura 巨脉蜻蜓属
Meganeura americana Carpenter 美洲巨脉蜻蜓
Meganeura monyi Brongniart 莫氏巨脉蜻蜓，巨脉蜻蜓
meganeurid 1. [= meganeurid dragonfly] 巨脉蜻蜓 <巨脉蜻蜓科 Meganeuridae 昆虫的通称 >； 2. 巨脉蜻蜓科的
meganeurid dragonfly [= meganeurid] 巨脉蜻蜓
Meganeuridae 巨脉蜻蜓科
Meganeuropsis 拟巨脉蜻蜓属
Meganeuropsis permiana Carpenter 二叠拟巨脉蜻蜓
Meganisoptera 巨差翅目，巨差翅亚目
Meganola 洛瘤蛾属，珞瘤蛾属
Meganola albiscripta László, Ronkay *et* Ronkay 白纹洛瘤蛾
Meganola albula (Denis *et* Schiffermüller) 褐白洛瘤蛾，阿洛瘤蛾
Meganola albula albula (Denis *et* Schiffermüller) 褐白洛瘤蛾指名亚种
Meganola albula formosana (Wileman *et* West) 褐白洛瘤蛾台湾亚种，台阿珞瘤蛾
Meganola albula mesotherma (Hampson) 褐白洛瘤蛾四川亚种
Meganola albula pacifica (Inoue) 阿洛瘤蛾太平亚种，太平阿珞瘤蛾
Meganola argentalis (Moore) 银洛瘤蛾
Meganola argentalis argentalis (Moore) 银洛瘤蛾指名亚种
Meganola argentalis taiwana (Wileman *et* South) 银洛瘤蛾台湾亚种
Meganola ascripta (Hampson) 淡条洛瘤蛾
Meganola basifascia (Inoue) 基洛瘤蛾
Meganola bicoloria László, Ronkay *et* Ronkay 二色洛瘤蛾
Meganola brechlini László, Ronkay *et* Ronkay 布氏洛瘤蛾
Meganola brunellus (Hampson) 褐洛瘤蛾
Meganola bryophilalis (Staudinger) 苔藓洛瘤蛾
Meganola calligrapha László, Ronkay *et* Witt 纹洛瘤蛾
Meganola cenwanga Hu, László, Ronkay *et* Wang 岑王洛瘤蛾
Meganola costalis (Staudinger) 缘洛瘤蛾
Meganola cuneifera (Walker) 铁锈洛瘤蛾
Meganola daminga Hu, Han *et* Wang 大明洛瘤蛾
Meganola discisignata (Hampson) 中纹洛瘤蛾
Meganola flexilineata (Wileman) 枇杷洛瘤蛾，枇杷瘤蛾，枇杷黄毛虫
Meganola flexuosa (Poujade) 晕洛瘤蛾，旋瘤蛾，弗点瘤蛾
Meganola fumosa (Butler) [black-striped roeselia] 烟洛瘤蛾
Meganola fuscimarginalis (Wileman) 褐缘洛瘤蛾，褐缘瘤蛾
Meganola gigantoides (Inoue) 威洛瘤蛾，威珞瘤蛾
Meganola gigantula (Staudinger) 同 *Meganola subgigas*
Meganola gigas (Butler) 斑洛瘤蛾
Meganola grisea (Reich) 灰洛瘤蛾
Meganola hoenei László, Ronkay *et* Ronkay 霍氏洛瘤蛾
Meganola indistincta (Hampson) 灰洛瘤蛾
Meganola izuensis (Inoue) 伊豆洛瘤蛾，伊珞瘤蛾
Meganola jinghongensis (Shao, Li *et* Han) 景洪洛瘤蛾
Meganola liaoningensis Han *et* Li 辽宁洛瘤蛾
Meganola maculata (Staudinger) 同 *Meganola gigas*
Meganola major (Hampson) 大洛瘤蛾，核桃瘤蛾
Meganola major major (Hampson) 大洛瘤蛾指名亚种
Meganola major phaea (Hampson) 大洛瘤蛾法呃亚种，费瘤蛾
Meganola major takasago (Inoue) 大洛瘤蛾高砂亚种
Meganola mediofascia (Inoue) 中带洛瘤蛾
Meganola mediofusca László, Ronkay *et* Witt 斑彩洛瘤蛾，中褐洛瘤蛾
Meganola mikabo (Inoue) 美洛瘤蛾
Meganola minor Dyar 小洛瘤蛾
Meganola nankunensis Hu, Han, László, Ronkay *et* Wang 南昆洛瘤蛾
Meganola nanlinga Hu, László, Ronkay *et* Wang 南岭洛瘤蛾
Meganola nitida (Hampson) 亮洛瘤蛾，裸洛瘤蛾
Meganola ohsunghwani László, Ronkay *et* Ronkay 霍氏洛瘤蛾
Meganola parki Oh 朴氏洛瘤蛾
Meganola pekarskyi László, Ronkay *et* Ronkay 同 *Meganola liaoningensis*
Meganola postmediana László, Ronkay *et* Ronkay 后中洛瘤蛾
Meganola pseudohypena Inoue 伪希洛瘤蛾，伪希珞瘤蛾
Meganola pulverata (Wileman *et* West) 黄洛瘤蛾
Meganola scriptoides Holloway 曲纹洛瘤蛾
Meganola shimekii (Inoue) 标氏洛瘤蛾，席氏洛瘤蛾
Meganola simplex (Wileman *et* West) 简洛瘤蛾，简瘤蛾
Meganola strigulosa (Staudinger) 短斑洛瘤蛾
Meganola subascripta Hu, László, Ronkay *et* Wang 拟淡条洛瘤蛾，浅斑洛瘤蛾
Meganola subgigas Inoue 巨洛瘤蛾，巨珞瘤蛾
Meganola subnitida László, Ronkay *et* Ronkay 拟亮洛瘤蛾
Meganola suffusata (Wileman *et* West) 弥洛瘤蛾
Meganola suisharyonensis (Strand) 水社寮洛瘤蛾
Meganola tesselata (Hampson) 见 *Manoba tesselata*
Meganola triangulalis (Leech) 三角洛瘤蛾，三角珞瘤蛾
Meganola tsinlinga László, Ronkay *et* Ronkay 秦岭洛瘤蛾
Meganola wangi Hu, Han, László, Ronkay *et* Wang 王氏洛瘤蛾
Meganola weixiensis Hu, Wang *et* Han 维西洛瘤蛾
Meganola wilbarka Hu, Han *et* Wang 薇洛瘤蛾
Meganola xui Hu, Wang *et* Han 徐氏洛瘤蛾
Meganola yanqinghui László, Ronkay *et* Ronkay 胡氏洛瘤蛾
Meganola zolotuhini László, Ronkay *et* Ronkay 卓洛瘤蛾
Meganoton 大背天蛾属
Meganoton analis (Felder) 见 *Notonagemia analis*
Meganoton analis analis (Felder) 见 *Notonagemia analis analis*
Meganoton analis gressitti Clark 见 *Notonagemia analis gressitti*
Meganoton analis scribae (Austaut) 见 *Notonagemia analis scribae*
Meganoton analis subalba Clark 同 *Notonagemia analis analis*
Meganoton increta Walker 泌大背天蛾
Meganoton nyctiphanes (Walker) 马鞭草大背天蛾
Meganoton rufescens Butler 红大背天蛾
Meganoton rufescens dracomontis Mell 红大背天蛾德拉亚种，德红大背天蛾
Meganoton rufescens philippinensis Clark 红大背天蛾菲律宾亚种
Meganoton rufescens rufescens Butler 红大背天蛾指名亚种
Meganoton rufescens severina (Miskin) 红大背天蛾澳洲亚种，

塞红大背天蛾
Meganoton yunnanfuana Clark 滇大背天蛾
Meganthribus 大长角象甲属
Meganthribus pupa Jordan 巴大长角象甲
Meganyctycia 么夜蛾属
Meganyctycia hanhuilini Ronkay, Ronkay, Gyulai *et* Hacker 韩么夜蛾
Megaodynerus 长背蜾蠃属
Megaodynerus bimaculus Bai, Chen *et* Li 双斑长背蜾蠃
Megaodynerus maximus Gusenleitner 大长背蜾蠃
Megapenthes 檐额叩甲属
Megapenthes azumai Arimoto 阿檐额叩甲
Megapenthes funebris Candèze 红鞘檐额叩甲
Megapenthes hummeli Fleutiaux 赫氏檐额叩甲
Megapenthes luteipes (Hope) 赤足檐额叩甲
Megapenthes oblongicollis (Miwa) 狭领檐额叩甲
Megapenthes octoguttatus Candèze 见 *Gamepenthes octoguttatus*
Megapenthes suturalis (Matsumura) 缝檐额叩甲
Megapenthes tattakensis (Ôhira) 台湾檐额叩甲，台湾断尾叩甲
Megapenthes tetricus Candèze 漓色檐额叩甲
Megapenthes yunnanensis (Schimmel) 滇檐额叩甲
Megapenthes yunnanus Schimmel 云南檐额叩甲
Megaphasma 巨棒䗛属
Megaphasma denticrus (Stål) [giant walkering stick] 具齿巨棒䗛
Megaphragma 缨翅赤眼蜂属
Megaphragma anomalifuniculi Yuan *et* Lou 异索缨翅赤眼蜂
Megaphragma decochaetum Lin 十毛缨翅赤眼蜂
Megaphragma deflectum Lin 斜棒缨翅赤眼蜂，斜索缨翅赤眼蜂
Megaphragma* (*Paramegaphragma*) *macrostigmum (Lin) 显痣缨翅赤眼蜂，显痣长缨赤眼蜂
Megaphragma* (*Paramegaphragma*) *stenopterum (Lin) 窄翅缨翅赤眼蜂，窄翅长缨赤眼蜂
Megaphragma polychaetum Lin 多毛缨翅赤眼蜂
Megaphthalma 大粪蝇属，大拟花蝇属
Megaphthalma longicornis (Hendel) 长角大粪蝇，长角拟花蝇
Megaphthalmoides 广粪蝇属
Megaphthalmoides nigroantennatus Ozerov 黑角广粪蝇
Megapis 大蜜蜂亚属，巨蜜蜂属
Megapis binghami (Cockerell) 烦巨蜜蜂
Megapis dorsata (Fabricius) 见 *Apis* (*Megapis*) *dorsata*
Megapis laboriosa (Smith) 同 *Apis* (*Megapis*) *dorsata*
Megaplectes 大姬蜂属
Megaplectes monticola (Gravenhorst) 山大姬蜂
Megaplectes monticola dentatus Uchida 山大姬蜂齿突亚种，齿大姬蜂
Megaplectes monticola monticola (Gravenhorst) 山大姬蜂指名亚种
Megapodagriidae 同 Megapodagrionidae
megapodagrionid 1. [= megapodagrionid damselfly, flatwing] 山蟌 <山蟌科 Megapodagrionidae 昆虫的通称>；2. 山蟌科的
megapodagrionid damselfly [= megapodagrionid, flatwing] 山蟌
Megapodagrionidae 山蟌科，蹒蟌科
Megaponera 巨猛蚁属
Megaponera analis (Latreille) [Matabele ant] 马塔巨猛蚁
Megaprosopini 宽颜寄蝇族
Megapulvinaria 大绵蜡蚧属，大绵介壳虫属
Megapulvinaria beihaiensis Wang *et* Feng 北海大绵蜡蚧
Megapulvinaria burkilli (Green) 布氏大绵蜡蚧
Megapulvinaria maskelli (Olliff) 马氏大绵蜡蚧
Megapulvinaria maxima (Green) [neem scale] 最大绵蜡蚧，大绵蜡蚧，最大绵蚧，棒缘大绵介壳虫
Megapulvinaria orientalis (Reyne) 东方大绵蜡蚧
Megapyga chinensis Spaeth 中华宽臀龟甲
Megarcys 枚蜻属
Megarcys ochracea (Klapálek) 赭枚蜻
Megarhinus formosensis Ogasawara 同 *Toxorhynchites aurifluus*
Megarhogas 大内茧蜂属
Megarhogas maculipennis Chen *et* He 斑翅大内茧蜂
Megarhogas perinae Watanabe 榕透翅毒蛾大内茧蜂
Megarhyssa 马尾姬蜂属
Megarhyssa arisana (Sonan) 阿里山马尾姬蜂
Megarhyssa bonbonsana (Sonan) 小林马尾姬蜂
Megarhyssa gloriosa (Matsumura) 黄星马尾姬蜂
Megarhyssa japonica Ashmead 同 *Megarhyssa praecellens*
Megarhyssa jezoensis (Matsumura) 北海道马尾姬蜂
Megarhyssa nortoni (Cresson) 诺顿马尾姬蜂
Megarhyssa perlata (Christ) 完马尾姬蜂
Megarhyssa praecellens (Tosquinet) 斑翅马尾姬蜂
Megarhyssa praecellens praecellens (Tosquinet) 斑翅马尾姬蜂指名亚种，斑翅马尾姬蜂
Megarhyssa praecellens superbiens (Morley) 斑翅马尾姬蜂骄亚种，骄斑翅马尾姬蜂
Megarhyssa superba (Schrank) 大马尾姬蜂
Megarhyssa taiwana Kamath *et* Gupta 台湾马尾姬蜂
Megarhyssa vagatoria (Fabricius) 黑跗马尾姬蜂
Megarrhamphus 梭蝽属
Megarrhamphus fuscus (Vollenhoven) 黑梭蝽
Megarrhamphus hastatus (Fabricius) [fusiform stink-bug] 梭蝽，梭形椿象
Megarrhamphus intermedius (Vollenhoven) 浙江梭蝽
Megarrhamphus limatus (Herrich-Schäffer) 宽梭蝽
Megarrhamphus tibialis Yang 四川梭蝽
Megarrhamphus truncatus (Westwood) 平尾梭蝽，大虾壳椿象
Megarthropsini 糙背隐翅甲族
Megarthrus 沟胸隐翅甲属，宽体隐翅甲属，宽体隐翅虫属
Megarthrus con Cuccodoro 柯沟胸隐翅甲，康宽体隐翅甲，康宽体隐翅虫
Megarthrus dentipes Bernhauer 齿足沟胸隐翅甲，齿足宽体隐翅甲，齿足宽体隐翅虫，齿宽体隐翅虫
Megarthrus festivus Cuccodoro 斜纹沟胸隐翅甲，多彩宽体隐翅甲，多彩宽体隐翅虫
Megarthrus flavolimbatus Cameron 黄缘沟胸隐翅甲，黄缘宽体隐翅甲，黄缘宽体隐翅虫
Megarthrus globulus Cuccodoro 圆沟胸隐翅甲，圆宽体隐翅甲，圆宽体隐翅虫
Megarthrus hemipterus Illiger 扳沟胸隐翅甲，扳翅宽体隐翅甲，扳翅宽体隐翅虫
Megarthrus japonicus Sharp 日本沟胸隐翅甲，日本宽体隐翅甲，日宽体隐翅虫
Megarthrus lisae Cuccodoro 莉莎沟胸隐翅甲，丽丝宽体隐翅甲，

丽丝宽体隐翅虫

Megarthrus magnificus Cuccodoro 丽沟胸隐翅甲，美宽体隐翅甲，美宽体隐翅虫

Megarthrus metanas Cuccodoro 暗黑沟胸隐翅甲，爱氏宽体隐翅甲，爱氏宽体隐翅虫

Megarthrus mirabilis Cuccodoro 奇斑沟胸隐翅甲，奇宽体隐翅甲，奇宽体隐翅虫

Megarthrus octopus Cuccodoro 叉胫沟胸隐翅甲，奇足宽体隐翅甲，奇足宽体隐翅虫

Megarthrus phoenix Cuccodoro 双斑沟胸隐翅甲，凤凰宽体隐翅甲，凤凰宽体隐翅虫

Megarthrus ping Cuccodoro 突胫沟胸隐翅甲，乒宽体隐翅甲，乒宽体隐翅虫

Megarthrus splendidus Cuccodoro 黄褐沟胸隐翅甲，丽宽体隐翅甲，丽宽体隐翅虫

Megarthrus tac Cuccodoro 头缝沟胸隐翅甲，短宽体隐翅甲，短宽体隐翅虫

Megarthrus taiwanus Cuccodoro 台湾沟胸隐翅甲，台湾宽体隐翅甲，台湾宽体隐翅虫

Megarthrus tic Cuccodoro 小黄沟胸隐翅甲，突宽体隐翅甲，突宽体隐翅虫

megarus hairstreak [= fruit borer caterpillar, pineapple dark butterfly, pineapple fruit borer, *Strymon megarus* (Godart)] 麦加拉螯灰蝶，菠萝褐灰蝶

Megascelidae 美洲叶甲科

Megascolia 大土蜂属

Megascolia maculata (Drury) [mammoth wasp] 黄斑大土蜂

Meiosimyza platycephala (Loew) 淡黄少纹缟蝇

Megasecoptera 魁翅目，巨古翅目，疏翅目

Megaselia 异蚤蝇属，异蚤蝇亚属

Megaselia aculeata (Schmitz) 毛丛异蚤蝇

Megaselia aemula (Brues) 阔跗异蚤蝇，宽跗异蚤蝇，英雌蚤蝇

Megaselia aequalis (Wood) 等背异蚤蝇

Megaselia agnata Schmitz 挨鬃异蚤蝇，阿异蚤蝇，羔羊蚤蝇

Megaselia albicaudata (Wood) 白尾异蚤蝇

Megaselia aliseta Borgmeier 倍毛异蚤蝇，八仙蚤蝇

Megaselia angustirostris Fang *et* Liu 狭喙异蚤蝇

Megaselia apifurtiva Liu 窃蜂异蚤蝇

Megaselia atriclava (Brues) 黑爪异蚤蝇，黑棍蚤蝇

Megaselia atrita (Brues) 黑角异蚤蝇，黑衣蚤蝇

Megaselia atrosericea Schmitz 暗须异蚤蝇

Megaselia barbulata (Wood) 须足异蚤蝇

Megaselia berndseni (Schmitz) 伯氏异蚤蝇

Megaselia bisetalis Fang *et* Liu 双鬃异蚤蝇

Megaselia bisticta Wang *et* Liu 双斑异蚤蝇

Megaselia brevicostalis (Wood) 短脉异蚤蝇

Megaselia breviuscula (Brues) 短尾异蚤蝇，安平蚤蝇

Megaselia brunnicans (Brues) 褐背异蚤蝇，棕色异蚤蝇，棕色蚤蝇

Megaselia campestris (Wood) 原野异蚤蝇

Megaselia chipensis (Brues) 知本异蚤蝇，知本蚤蝇，奇触毛蚤蝇

Megaselia citrinella Buck 柠黄异蚤蝇

Megaselia claggi Brues 克氏异蚤蝇

Megaselia coccyx Schmitz 耸尾异蚤蝇

Megaselia congrua Schmitz 类鬃异蚤蝇，康异蚤蝇，和谐蚤蝇

Megaselia corkerae Disney 柯氏异蚤蝇

Megaselia cornipalpis Fang *et* Liu 角须异蚤蝇

Megaselia curtifrons (Brues) 宽额异蚤蝇，短额蚤蝇，宽额触毛蚤蝇

Megaselia curtineura (Brues) 弯脉异蚤蝇，短腱蚤蝇

Megaselia curva (Brues) 弧脉异蚤蝇，曲异蚤蝇，弯曲蚤蝇，曲触毛蚤蝇

Megaselia dinacantha Borgmeier 长鬃异蚤蝇

Megaselia directa Brues 直脉异蚤蝇，直翅异蚤蝇

Megaselia divergens (Malloch) 离散异蚤蝇

Megaselia diversa (Wood) 分异蚤蝇

Megaselia eccoptomera Schmitz 柄足异蚤蝇

Megaselia fasciventris (Becker) 排湾异蚤蝇，排湾蚤蝇

Megaselia flava (Fallén) 黄色异蚤蝇，黄足异蚤蝇，趋黄蚤蝇

Megaselia formosana (Brues) 台湾异蚤蝇，台湾蚤蝇

Megaselia forntinervis Schmitz 台北异蚤蝇，台北蚤蝇

Megaselia fortinervis Schmitz 阔脉异蚤蝇

Megaselia fortipes Borgmeier 粗腿异蚤蝇，粗腿蚤蝇

Megaselia giraudii (Egger) 吉劳异蚤蝇，吉氏异蚤蝇

Megaselia grandipennis Borgmeier 巨翅异蚤蝇，大翅异蚤蝇，大翅蚤蝇

Megaselia grisaria Schmitz 灰翅异蚤蝇，灰异蚤蝇

Megaselia gotoi Disney 后藤异蚤蝇，高氏异蚤蝇

Megaselia hirtiventris (Wood) 鬃腹异蚤蝇

Megaselia intonsa Schmitz 膨角异蚤蝇

Megaselia involuta (Wood) 短管异蚤蝇

Megaselia labialis Brues 阔唇异蚤蝇

Megaselia lacunitarsalis Fang *et* Liu 凹跗异蚤蝇

Megaselia lacustris Borgmeier 湖泊异蚤蝇

Megaselia lanceolata (Brues) 纺锤异蚤蝇，小枪异蚤蝇，小枪蚤蝇

Megaselia lanceoseta Liu *et* Liu 柳叶异蚤蝇

Megaselia largifrontalis Schmitz 盛额异蚤蝇

Megaselia lateralis Schmitz 亮侧异蚤蝇，侧异蚤蝇，侧胸蚤蝇

Megaselia laticosta Schmitz 宽脉异蚤蝇，宽棱异蚤蝇，宽棱蚤蝇

Megaselia longiseta (Wood) 长毛异蚤蝇

Megaselia lutea (Meigen) 长跗异蚤蝇

Megaselia luteoides Schmitz 土黄异蚤蝇，黄异蚤蝇，淡黄蚤蝇

Megaselia malaisei Beyer 马莱异蚤蝇，马氏异蚤蝇

Megaselia manca (Brues) 无叉异蚤蝇

Megaselia matsutakei (Sasaki) 同 *Megaselia flava*

Megaselia meigeni (Becker) 迈根异蚤蝇

Megaselia meijerei (Brues) 迈耶异蚤蝇，迈氏异蚤蝇，麦氏蚤蝇

Megaselia meracula (Brues) 浅黄异蚤蝇，纯粹异蚤蝇，纯粹蚤蝇，枚触毛蚤蝇

Megaselia nana (Brues) 黑微异蚤蝇，侏儒异蚤蝇，侏儒蚤蝇，台触毛蚤蝇

Megaselia nigra (Meigen) 黑背异蚤蝇，黑异蚤蝇

Megaselia nigriceps (Loew) 黑头异蚤蝇

Megaselia obscuripennis (Wood) 卵须异蚤蝇

Megaselia ochracea (Brues) 赭色异蚤蝇，浅黄异蚤蝇，浅黄蚤蝇，赭触毛蚤蝇

Megaselia orbata Borgmeier 缺脉异蚤蝇

Megaselia pallidizona (Lundbeek) 淡背异蚤蝇
Megaselia palpella Beyer 棒须异蚤蝇
Megaselia parasitica (Shiraki) 寄生异蚤蝇，寄生蚤蝇，寄触毛蚤蝇
Megaselia pedicellata (Brues) 柄背异蚤蝇，短脚蚤蝇
Megaselia pennisetalis Fang *et* Liu 羽鬃异蚤蝇
Megaselia perplexa (Malloch) 微尾异蚤蝇
Megaselia picta (Lehmann) 暗翅异蚤蝇，彩色蚤蝇
Megaselia pleuralis (Wood) 短鬃异蚤蝇，列鬃异蚤蝇
Megaselia plurispinulosa (Zetterstedt) 多刺异蚤蝇
Megaselia politifrons Brues 额异蚤蝇，亮额异蚤蝇
Megaselia propinqua (Wood) 邻近异蚤蝇
Megaselia protarsalis Schmitz 暗跗异蚤蝇
Megaselia pumila (Meigen) 短毛异蚤蝇
Megaselia pusilla (Meigen) 微小异蚤蝇，微异蚤蝇
Megaselia pygmaea (Zetterstedt) 臀异蚤蝇，臀触毛蚤蝇
Megaselia recta (Brues) 直列异蚤蝇，直向异蚤蝇，直向蚤蝇，直触毛蚤蝇
Megaselia reversa Brues 多色异蚤蝇，狭背异蚤蝇
Megaselia rufa (Wood) 红异蚤蝇
Megaselia ruficornis (Meigen) 红角异蚤蝇
Megaselia rufipes (Meigen) 红足异蚤蝇
Megaselia sandhui Disney 桑氏异蚤蝇
Megaselia sauteri (Brues) 绍特异蚤蝇，邵氏异蚤蝇，邵氏蚤蝇，索氏触毛蚤蝇
Megaselia scabra Schmitz 糙额异蚤蝇，龉龃异蚤蝇，龉龃蚤蝇
Megaselia scalaris (Loew) 蛆症异蚤蝇，疽症异蚤蝇，梯触毛蚤蝇
Megaselia semota Beyer 变称异蚤蝇，隔离异蚤蝇，隔离蚤蝇
Megaselia setifurcana Liu 叉刺异蚤蝇
Megaselia sextohirta Beyer 鬃尾异蚤蝇
Megaselia shiyiluae Disney 陆氏异蚤蝇
Megaselia simplicior (Brues) 简约异蚤蝇，孤独异蚤蝇，孤独蚤蝇
Megaselia spiracularis Schmitz 东亚异蚤蝇，马来蚤蝇
Megaselia stigmatica (Schmitz) 巨气门异蚤蝇
Megaselia subfuscipes Schmitz 棕足异蚤蝇
Megaselia sulfurella Schmitz 磺角异蚤蝇，硫色异蚤蝇，硫黄蚤蝇
Megaselia tamilnaduensis Disney 泰纳异蚤蝇
Megaselia tarsocrassa Fang *et* Liu 膨跗异蚤蝇
Megaselia tecticauda Borgmeier 脊尾异蚤蝇
Megaselia termimycana Disney 蚁居异蚤蝇，肉菇异蚤蝇，肉菇蚤蝇 <此种学名有误写为 *Megaselia termitomycana* Disney 者>
Megaselia testaceicornis Borgmeier 赤角异蚤蝇，鳞角异蚤蝇，鳞角蚤蝇
Megaselia tibisetalis Fang 胫距异蚤蝇
Megaselia trimacula Fang *et* Liu 三斑异蚤蝇，斑翅异蚤蝇
Megaselia tritomegas Borgmeier 长背异蚤蝇
Megaselia trivialis (Brues) 寻常异蚤蝇，常异蚤蝇，平凡蚤蝇
Megaselia trochanterica Schmitz 转鬃异蚤蝇，转节异蚤蝇，圆山蚤蝇
Megaselia unicolor (Schmitz) 单色异蚤蝇
Megaselia valvata Schmitz 瓣尾异蚤蝇
Megaselia wuzhiensis Fang *et* Liu 五指异蚤蝇
Megaselia zonata (Zetterstedt) 环带异蚤蝇
Megasema 三角鲁夜蛾亚属
Megasemum 大幽天牛属，大黑天牛属
Megasemum asperum (LeConte) 凹凸大幽天牛，凹凸大黑天牛
Megasemum quadricostulatum Kraatz [large black longicorn] 隆纹大幽天牛，大幽天牛，大黑天牛
Megashachia 魁舟蛾属
Megashachia brunnea Tsai 棕魁舟蛾
Megashachia fulgurifera (Walker) 耀魁舟蛾，魁舟蛾
Megasoma 硕犀金龟甲属
Megasoma actaeon (Linnaeus) [Actaeon beetle] 亚硕犀金龟甲，亚克提恩大兜虫
Megasoma elephas (Fabricius) [elephant beetle] 象巨犀金龟甲，象巨犀金龟，毛象硕犀金龟甲，毛象硕犀金龟，毛象大兜虫，大象象兜虫
Megasoma metaspila Walker 见 *Lebeda metaspila*
Megaspilates 拟铲尺蛾属
Megaspilates mundataria (Stoll) 曼拟铲尺蛾，曼沙黄尺蛾，蔓沙黄尺蛾，蔓埃皮尺蛾
megaspilid 1. [= megaspilid wasp] 大痣细蜂 <大痣细蜂科 Megaspilidae 昆虫的通称>；2. 大痣细蜂科的
megaspilid wasp [= megaspilid] 大痣细蜂
Megaspilidae 大痣细蜂科
Megasternum 大腹板牙甲属
Megasternum concinnum (Marsham) 丽大腹板牙甲
Megastes 大暗斑螟属
Megastes grandalis Guenée [sweet potato stem borer, sweet potato moth borer] 甘薯暗斑螟
megastick 巨䗛
Megastigmus 大痣小蜂属
Megastigmus aculeatus (Swederus) [rose seed megastigmus, rose-hip chalcid, rose torymid] 蔷薇大痣小蜂
Megastigmus albifrons Walker [ponderosa pine seed chalcid, pine seed chalcid] 黄松大痣小蜂
Megastigmus albizziae Mukerji 合欢大痣小蜂，合欢大痣长尾小蜂
Megastigmus borriesi Crosby [abies torymid] 日本冷杉大痣小蜂
Megastigmus carinus Xu *et* He 横脊大痣小蜂，脊大痣小蜂
Megastigmus cellus Xu *et* He 开室大痣小蜂
Megastigmus cryptomeriae Yano [Japanese cedar seed chalcid, sugi torymid, cryptomeria torymid] 柳杉大痣小蜂，柳杉籽长尾小蜂 <此种学名有误写为 *Megastigmus crytomeriae* Yano 者>
Megastigmus cupressi Mathur [cypress seed fly] 柏木大痣小蜂
Megastigmus duclouxiana Roques *et* Pan 滇柏大痣小蜂，柏大痣小蜂，川大痣小蜂
Megastigmus ezomatsuanus Hussey *et* Kamijo 云杉大痣小蜂，新疆大痣小蜂
Megastigmus inamurae Yano 日本落叶松大痣小蜂
Megastigmus laricis Marcovitch 落叶松大痣小蜂
Megastigmus lasiocarpae Crosby 冷杉大痣小蜂，温哥华冷杉大痣小蜂
Megastigmus likiangensis Roques *et* Sun 丽江大痣小蜂
Megastigmus milleri Milliron 巨冷杉大痣小蜂
Megastigmus nipponicus Yasumatsu *et* Kamijo 日本大痣小蜂
Megastigmus piceae Rohwer [spruce seed chalcid] 云杉大痣小蜂

Megastigmus pictus (Förster) 落叶松大痣小蜂
Megastigmus pingii Roques *et* Sun 桧大痣小蜂
Megastigmus pinus Parfitt [fir seed chalcid, fir seed fly] 冷杉大痣小蜂
Megastigmus pseudomali Xu *et* He 拟海棠大痣小蜂，贵州大痣小蜂
Megastigmus pseudotsugaphilus Xu *et* He 黄杉大痣小蜂
Megastigmus rafni Hoffmeyer 白冷杉大痣小蜂，科罗拉多白冷杉大痣小蜂
Megastigmus rigidae Xu *et* He 杜松大痣小蜂
Megastigmus sabinae Xu *et* He 圆柏大痣小蜂
Megastigmus schimitscheki Novitsky [cedar seed chalcid, cedar seed fly] 雪松大痣小蜂，塞浦路斯雪松大痣小蜂
Megastigmus sichuanensis Doğanlar *et* Zheng 同 *Megastigmus zvimendeli*
Megastigmus sinensis Sheng 中华大痣小蜂
Megastigmus somaliensis Hussey 非洲圆柏大痣小蜂
Megastigmus specularis Walley [balsam fir seed chalcid, balsam fir seed fly] 胶冷杉大痣小蜂
Megastigmus spermotrophus Wachtl [Douglas-fir seed chalcid] 花旗松大痣小蜂，黄杉大痣小蜂
Megastigmus strobilobius Ratzeburg [spruce seed chalcid, spruce seed fly, fir seed fly] 云杉冷杉大痣小蜂
Megastigmus thuyopsis Yano [hiba torymid] 丝柏大痣小蜂，丝柏种小蜂
Megastigmus tsugae Crosby 铁杉大痣小蜂
Megastigmus zvimendeli Doğanlar *et* Hassan 兹氏大痣小蜂
Megastylus 大须姬蜂属
Megastylus flaviventris Sheng *et* Sun 黄腹大须姬蜂
Megastylus maculifacialis Sheng *et* Sun 斑颜大须姬蜂
Megastylus nigrithorax Sheng *et* Sun 黑胸大须姬蜂
Megasyrphus 硕蚜蝇属，硕食蚜蝇属
Megasyrphus alashanicus Peck 阿拉善硕蚜蝇，阿拉善硕食蚜蝇，阿拉善大蚜蝇
Megasyrphus chinensis He 中华硕蚜蝇，中华硕食蚜蝇，中华大蚜蝇
Megathoracipsylla 巨胸蚤属
Megathoracipsylla pentagonia Liu, Liu *et* Zhang 五角巨胸蚤
Megathripidae 大蓟马科
Megathrips 大管蓟马属，大蓟马属
Megathrips antennatus Guo, Feng *et* Duan 黑角大管蓟马，黑角大蓟马
Megathrips lativentris (Heeger) 网状大管蓟马，宽腹大蓟马
megathymid 1. [= megathymid skipper, megathymid butterfly, megathymid giant skipper] 大弄蝶 <大弄蝶科 Megathymidae 昆虫的通称>; 2. 大弄蝶科的
megathymid butterfly [= megathymid skipper, megathymid, megathymid giant skipper] 大弄蝶
megathymid giant skipper 见 megathymid butterfly
megathymid skipper 见 megathymid butterfly
Megathymidae 大弄蝶科
Megathymus 大弄蝶属
Megathymus beulahae Stallings *et* Turner [broad-banded giant-skipper] 宽带大弄蝶
Megathymus cofaqui (Strecker) [cofaqui giant-skipper] 钝角大弄蝶
Megathymus coloradensis Riley 科州大弄蝶
Megathymus harrisi Freeman 哈氏大弄蝶
Megathymus streckeri (Skinner) [Strecker's giant skipper] 黄白纹大弄蝶
Megathymus texanus Barnes *et* McDunnough 得州大弄蝶
Megathymus ursus Poling [Ursine giant-skipper] 熊大弄蝶
Megathymus yuccae (Boisduval *et* LeConte) [yucca giant-skipper] 大弄蝶
Megatibicen 大蛾蝉属
Megatibicen resh (Haldeman) 阿尔泰大蛾蝉，阿尔泰僚蝉
Megatoma 长棒皮蠹属
Megatoma conspersa Solskij 斑长棒皮蠹，红毛长皮蠹
Megatoma graeseri (Reitter) 格长棒皮蠹，四纹长皮蠹
Megatoma pubescens (Zetterstedt) 绒长棒皮蠹，柔毛长皮蠹
Megatominae 长棒皮蠹亚科，长皮蠹亚科
Megatomini 长棒皮蠹族，长皮蠹族
Megatomostethus 巨片叶蜂属，大片胸叶蜂属，大叶蜂属
Megatomostethus crassicornis (Rohwer) 粗角巨片叶蜂，粗角大片胸叶蜂，粗角大叶蜂
Megatomostethus maculatus Togashi 斑翅巨片叶蜂，斑翅大片胸叶蜂，斑翅大叶蜂
Megatomostethus maurus Rohwer 暗色巨片叶蜂，暗色大片胸叶蜂，暗色大叶蜂
Megatrachelus 星芫菁属，栉芫菁属，大芫菁属
Megatrachelus politus (Gebler) 光亮星芫菁，四星栉芫菁，滑大芫菁，滑希芫菁
Megatrachelus subpolitus (Reitter) 亚光亮星芫菁，亚栉芫菁，亚滑大芫菁
Megatrioza 巨胸木虱属
Megatrioza euginioides (Crawford) 见 *Trioza euginioides*
Megatrioza hirsuta Crawford 多毛巨胸木虱
Megatrioza malloticola Crawford 见 *Trioza malloticola*
Megatrioza vitiensis (Kirkaldy) 见 *Trioza vitiensis*
Megatropis 美袖蜡蝉属
Megatropis formosanus (Matsumura) 台湾美袖蜡蝉
Megatyrus 巨须蚁甲属，巨苔蚁甲属
Megatyrus menglianensis Hlaváč *et* Nomura 勐连巨须蚁甲，勐连巨苔蚁甲
Megatyrus schuelkei Yin *et* Li 叙氏巨须蚁甲，舒克氏巨苔蚁甲
Megatyrus tengchongensis Yin *et* Li 腾冲巨须蚁甲，腾冲巨苔蚁甲
Megauchenia 枚露尾甲属
Megauchenia angustata (Erichson) 狭枚露尾甲
Megauchenia quadricollis Reitter 方领枚露尾甲，方枚露尾甲
Megauchenia quadricollis quadricollis Reitter 方领枚露尾甲指名亚种
Megauchenia quadricollis rotundata Kirejtshuk 方领枚露尾甲台湾亚种
Megauchenia setipennis MacLeay 毛翅枚露尾甲
Megaxyela 巨棒蜂属，大长节叶蜂属
Megaxyela gigantea Mocsáry 巨棒蜂，巨大长节叶蜂
Megaxyela pulchra Blank, Shinohara *et* Sundukov 黑背巨棒蜂
Megella 长腹切叶蜂亚属
Meges 俫天牛属
Meges gravidus (Pascoe) 缝刺俫天牛，缝刺墨天牛

M

Meges tonkineus (Clermont) 北越俅天牛
Megeuptychia 美眼蝶属
Megeuptychia antonoe (Cramer) [Cramer's satyr] 美眼蝶
Megisba 美姬灰蝶属
Megisba malaya (Horsfield) [Malayan] 美姬灰蝶
Megisba malaya malaya (Horsfield) 美姬灰蝶指名亚种
Megisba malaya presbyter Fruhstorfer [Andaman Malayan] 美姬灰蝶安岛亚种
Megisba malaya sikkima Moore [variable Malayan] 美姬灰蝶锡金亚种，黑星灰蝶，台湾黑星小灰蝶，血桐黑星灰蝶，暗灰蝶，马来灰蝶，锡金美姬灰蝶
Megisba malaya thwaitesi (Moore) 美姬灰蝶斯氏亚种，斯美姬灰蝶
Megisba malaya volubilis Fruhstorfer 同 *Megisba malaya sikkima*
Megisba strongyle (Felder) [small pied blue] 斯美姬灰蝶
Megischus 大腿冠蜂属
Megischus alveolifer van Achterberg 印度大腿冠蜂
Megischus chaoi van Achterberg 赵氏大腿冠蜂
Megischus cinctus (Matsumura) 带大腿冠蜂
Megischus ducaloides van Achterberg 马来大腿冠蜂
Megischus ptosimae Chao 桃吉丁大腿冠蜂
Megischus ruficeps Chao 同 *Megischus chaoi*
Megischus ruficeps Saussure 同 *Megischus saussurei*
Megischus saussurei (Schulz) 红头大腿冠蜂
Megisto 蒙眼蝶属
Megisto cymela (Cramer) [little wood satyr] 小蒙眼蝶，蒙眼蝶
Megisto rubricata (Edwards) [red satyr] 红蒙眼蝶
Megisto viola Maynard [Viola's wood satyr] 紫堇蒙眼蝶
Megistocera 巨角大蚊属
Megistocera filipes (Fabricius) 丝足巨角大蚊
Megistocera filipes filipes (Fabricius) 丝足巨角大蚊指名亚种
Megistocera filipes fuscana (Weidemann) 丝足巨角大蚊暗色亚种
Megistophylla 大鳃金龟甲属，大鳃金龟属
Megistophylla andrewesi Mosr 安大鳃金龟甲，安大鳃金龟
Megistophylla formosana Wang *et* Li 蓬莱大鳃金龟甲，蓬莱脊头多鳃金龟
Megistophylla grandicornis (Fairmaire) 粗角大鳃金龟甲，粗角大鳃金龟
Megistophylla xitoui Li *et* Wang 溪头大鳃金龟甲，溪头脊头多鳃金龟
Megistostylus 大长足虻属
Megistostylus longicornis (Fabricius) 长角大长足虻，长角长足虻
Megobaralipton 薄刺柄天牛属，巨颚薄翅天牛属
Megobaralipton mandibulare (Fairmaire) 颚薄刺柄天牛，颚薄翅天牛，周氏巨颚薄翅天牛
Megobaralipton mandibulare choui Komiya *et* Drumont 颚薄刺柄天牛周氏亚种，周氏巨颚薄翅天牛台湾亚种
Megobaralipton mandibulare mandibulare (Fairmaire) 颚薄刺柄天牛指名亚种，周氏巨颚薄翅天牛指名亚种
Megophthalmidae [= Paropiidae] 凹颜叶蝉科
Megophthalmidia 梅菌蚊属
Megophthalmidia takagii Sasakawa 塔氏梅菌蚊
Megophthalminae 圆痕叶蝉亚科
Megophyra 巨黑蝇属
Megophyra biseta Ma *et* Cui 二鬃巨黑蝇
Megophyra fuscitibia Emden 褐胫巨黑蝇
Megophyra intraalaris Emden 翅内巨黑蝇
Megophyra mimimultisetosa Feng 拟多毛巨黑蝇
Megophyra multisetosa Shinonaga 多鬃巨黑蝇，多毛巨黑蝇
Megophyra nigritibia Feng *et* Ma 黑胫巨黑蝇
Megophyra pedanocerca Feng *et* Ma 短肛巨黑蝇
Megophyra penicillata Emden 毛股巨黑蝇，毛肢巨黑蝇
Megophyra shimianensis Feng 石棉巨黑蝇
Megophyra simplicipes Emden 简足巨黑蝇，简头巨黑蝇 <此种学名有误写为 *Megophyra simpliceps* Emden 者>
Megophyra subpenicillata Ma *et* Feng 亚毛股巨黑蝇，亚毛巨黑蝇
Megophyra volitanta Feng *et* Xu 翱巨黑蝇
Megopis 薄翅天牛属
Megopis baralipton mandibularis (Fairmaire) 见 *Megobaralipton mandibulare*
Megopis costipennis White 见 *Nepiodes costipennis*
Megopis formosana Matsushita 见 *Spinimegopis formosana*
Megopis formosana formosana Matsushita 见 *Spinimegopis formosana formosana*
Megopis formosana lanshuensis Hayashi 见 *Spinimegopis formosana lanhsuensis*
Megopis formosana nipponica Matsushita 见 *Spinimegopis nipponica*
Megopis guangxiensis Feng *et* Chen 见 *Spinimegopis guangxiensis*
Megopis guerryi Lameere 见 *Aegosoma guerryi*
Megopis lameerei (Boppe) 见 *Palaeomegopis lameerei*
Megopis lividipennis Lameere 见 *Spinimegopis lividipennis*
Megopis maculosa (Thomson) 见 *Baralipton maculosum*
Megopis mandibularis (Fairmaire) 见 *Megobaralipton mandibulare*
Megopis marginalis (Fabricius) 毛角薄翅天牛
Megopis nepalensis Hayashi 见 *Spinimegopis nepalensis*
Megopis nipponica Matsushita 刺胸薄翅天牛
Megopis perroti Fuchs 见 *Spinimegopis perroti*
Megopis pici Lameere 见 *Metaegosoma pici*
Megopis procera Passcoe 方胸薄翅天牛
Megopis sauteri Lameere 梯胸薄翅天牛
Megopis scabricornis Scopoli 见 *Aegosoma scabricorne*
Megopis severini Lameere 见 *Baralipton severini*
Megopis sinica (White) 见 *Aegosoma sinicum*
Megopis sinica hainanensis (Gahan) 见 *Aegosoma hainanense*
Megopis sinica ornaticollis (White) 见 *Aegosoma ornaticolle*
Megopis sulcipennis (White) 见 *Nepiodes sulcipennis*
Megopis tibialis White 见 *Spinimegopis tibialis*
Megopis validicornis Gressitt 粗角薄翅天牛
Megopisbaralipton mandubalaris (Fairmaire) 同 *Megobaralipton mandibulare*
Megopisbaralipton mandubalaris choui Komiya *et* Drumont 见 *Megobaralipton mandibulare choui*
Megoura 修尾蚜属
Megoura citricola (van der Goot) 见 *Sinomegoura citricola*
Megoura crassicauda Mordvilko [vetch aphid, bean aphid] 豌豆修尾蚜，蚕豆修尾蚜，粗尾修尾蚜，瘤突修尾蚜
Megoura japonica (Matsumura) 同 *Megoura crassicauda*
Megoura lespedezae (Essig *et* Kuwana) 胡枝子修尾蚜，黄荆蚜
Megoura viciae Backton [vetch aphid] 巢菜修尾蚜，蚕豆修尾蚜
Meguroleucon 大指蚜属

Meguroleucon longqishanense Zhang *et* Qiao 龙栖山大指蚜
Megymenum 瓜蝽属
Megymenum brevicorne (Fabricius) 短角瓜蝽，无刺瓜蝽
Megymenum gracilicorne Dallas 细角瓜蝽
Megymenum inerme (Herrich-Schäffer) 同 *Megymenum brevicorne*
Megymenum paralellum Vollenhoven 平行瓜蝽
Megymenum pratti Distant 普瓜蝽
Megymenum salebrosum Lis 萨瓜蝽
Megymenum severini Bergroth 斯氏瓜蝽
Megymenum spinosum (Burmeister) 刺瓜蝽
Megymenum tauriforme capitatum Yang 同 *Megymenum gracilicorne*
Megymenum tauriformis Distant 同 *Megymenum gracilicorne*
Mehria 梅麻蝇亚属，梅麻蝇属
Mehria nemoralis (Kramer) 见 *Sarcophaga* (*Mehria*) *nemoralis*
Mehria otiophalla (Fan *et* Chen) 见 *Sarcophaga* (*Kalshovenella*) *otiophalla*
Mehria recurvata (Chen *et* Yao) 见 *Sarcophaga* (*Myorhina*) *recurvata*
Meichihuo 眉尺蛾属
Meichihuo cihuai Yang 刺槐眉尺蛾，刺槐眉尺蠖，刺槐尺蠖
Meigenia 美根寄蝇属
Meigenia discolor Zetterstedt 同 *Meigenia dorsalis*
Meigenia dorsalis (Meigen) 杂色美根寄蝇
Meigenia fuscisquama Liu *et* Zhang 褐瓣美根寄蝇，棕瓣美根寄蝇
Meigenia grandigena (Pandellé) 宽颊美根寄蝇，大颊美根寄蝇，杂色美根寄蝇
Meigenia incana (Fallén) 灰白美根寄蝇
Meigenia majuscula (Róndani) 大型美根寄蝇，中型寄蝇
Meigenia mutabilis (Fallén) 暮美根寄蝇
Meigenia nigra Chao *et* Sun 黑美根寄蝇
Meigenia tridentata Mesnil 三齿美根寄蝇
Meigenia velutina Mesnil 丝绒美根寄蝇
Meijerella 环秆蝇属
Meijerella cavernae (de Meijere) 洞穴环秆蝇，洞穴秆蝇
Meijerella inaequalis (Becker) 黑瘤环秆蝇，异形秆蝇
Meilichius 美伪瓢甲属
Meilichius klapperichi Mader 克氏美伪瓢甲
Meilichius multimaculatus Sasaji 多斑美伪瓢甲
Meimuna 寒蝉属
Meimuna chekianga Kato 江南寒蝉，浙江寒蝉
Meimuna chekiangensis Chen 浙江寒蝉，浙寒蝉
Meimuna choui Lei 周氏寒蝉
Meimuna crassa (Distant) 毗瓣寒蝉，毗瓣蝉
Meimuna durga (Distant) 见 *Haphsa durga*
Meimuna gakokizana Matsumura 鹅公鬃山寒蝉，台湾寒蝉
Meimuna gamameda (Distant) 大腹寒蝉
Meimuna goshizana Matsumura 台湾山寒蝉，台岛寒蝉，五指山寒蝉
Meimuna infuscata Lei *et* Beuk 褐斑寒蝉
Meimuna ishigakia Kato 同 *Meimuna iwasakii*
Meimuna iwasakii Matsumura 琉球寒蝉，岩崎寒蝉，日本寒蝉
Meimuna kuroiwae Matsumura 黑岩寒蝉
Meimuna longipennis Kato 同 *Meimuna opalifera*
Meimuna microdon (Walker) 窄瓣寒蝉
Meimuna mongolica (Distant) 蒙古寒蝉
Meimuna multivocalis (Matsumura) 多音寒蝉，诸声寒蝉
Meimuna neomongolica Liu 新北寒蝉
Meimuna opalifera (Walker) [elongate cicada] 松寒蝉，黑蛁蟟，寒蝉
Meimuna silhetana (Distant) 岸寒蝉
Meimuna subviridissima Distant 中钩寒蝉
Meimuna tavoyana (Distant) 尖瓣寒蝉
Meimuna tripurasura (Distant) 寒蝉
Meimuna tsuchidai Kato 同 *Meimuna kuroiwae*
Meimuna uraina Kato 同 *Meimuna iwasakii*
Meiosimyza 少纹缟蝇属
Meiosimyza omei (Malloch) 峨眉少纹缟蝇
meiosis [= meiotic division, reduction division, reductional division] 减数分裂；成熟分裂
Meiothrips 长角管蓟马属
Meiothrips anmilipes (Bagnall) 环长角管蓟马
Meiothrips baishanzuensis Duan *et* Li 同 *Bactrothrips brevitubus*
Meiothrips fuscicrus Dang *et* Qiao 棕足长角管蓟马
Meiothrips kurosawai Okajima 黑泽明长角管蓟马
Meiothrips menoni Ananthakrishnan 长角管蓟马，减管蓟马
Meiothrips nepalensis Kudǒ *et* Ananthakrishnan 尼泊尔长角管蓟马
meiotic division 见 meiosis
Meishania 眉山跳甲属
Meishania bhutanensis Konstantinov, Ruan *et* Prathapan 不丹眉山跳甲
Meishania cangshanensis Konstantinov, Ruan *et* Prathapan 苍山眉山跳甲
Meishania flavipennis Konstantinov, Ruan *et* Prathapan 黄鞘眉山跳甲
Meishania fulvotigera Konstantinov, Ruan *et* Prathapan 黄背眉山跳甲
Meishania rufa Chen *et* Wang 红眉山跳甲
Meishania sichuanica Konstantinov, Ruan *et* Prathapan 四川眉山跳甲
Meitanaphis 小铁枣蚜属，湄潭蚜属
Meitanaphis elongallis Tsai *et* Tang 红小铁枣倍蚜，小铁枣倍蚜，红小铁枣蚜
Meitanaphis flavogallis Tang 黄小铁枣倍蚜，黄毛小铁枣倍蚜
Meitanaphis microgallis Xiang 米小铁枣蚜，米倍蚜
Meiyingia 美英天牛属
Meiyingia holzschuhi Liu *et* Wang 霍氏美英天牛
Meiyingia jinyunensis Li *et* Chen 缙云美英天牛
Meiyingia paradoxa Holzschuh 侧红美英天牛
MeJA [methyl jasmonate 的缩写] 茉莉酸甲酯
Meke's skipper [= dixie skipper, *Hesperia meskei* (Edwards)] 麦氏弄蝶
Mekongia gregoryi Uvarov 见 *Mekongiana gregoryi*
Mekongia kingdoni Uvarov 见 *Mekongiella kingdoni*
Mekongia wardi Uvarov 见 *Mekongiella wardi*
Mekongiana 湄公蝗属
Mekongiana gregoryi (Uvarov) 戈弓湄公蝗，格澜沧蝗，格湄公蝗
Mekongiana xiangchengensis Zheng, Huang *et* Zhou 乡城湄公蝗

Mekongiella 澜沧蝗属
Mekongiella kingdoni (Uvarov) 金澜沧蝗，金湄公蝗
Mekongiella pleurodilata Yin 扩胸澜沧蝗
Mekongiella rufitibia Yin 红胫澜沧蝗
Mekongiella wardi (Uvarov) 瓦澜沧蝗，瓦迪湄公蝗
Mekongiella xizangensis Yin 西藏澜沧蝗
Mekongiellinae 澜沧蝗亚科
Melagonina 黑隅舟蛾属，枚舟蛾属
Melagonina hoenei Gaede 霍氏黑隅舟蛾，黑隅舟蛾，霍枚舟蛾
Melaleucantha 黑白夜蛾属
Melaleucantha albibasis Draudt 白基黑白夜蛾
Melalgus 弥长蠹属
Melalgus batillus (Lesne) 锥弥长蠹
Melalgus confertus (LeConte) 密粒弥长蠹，大叶槭长蠹
Melalgus exesus (LeConte) 短脊弥长蠹
Melalgus megalops (Fall) 大眼弥长蠹
Melalgus plicatus (LeConte) 长脊弥长蠹
Melalopha anachoreta (Denis *et* Schiffermüller) 见 *Clostera anachoreta*
Melalopha fulgurita (Walker) 见 *Clostera fulgurita*
Melalophacharops 黑冠姬蜂属
Melalophacharops papilionis (Ashmead) 凤蝶黑冠姬蜂
Melalophacharops tuberculata (Uchida) 见 *Etha tuberculata*
Melamphaus 绒红蝽属
Melamphaus faber (Fabricius) 绒红蝽
Melamphaus rubrocinctus (Stål) 艳绒红蝽
Melampias 蜜眼蝶属
Melampias huebneri van Son [Boland brown] 蜜眼蝶
Melampsalta 蛸蝉属
Melampsalta chaharensis Kato 萨蛸蝉
Melampsalta cingulata Fabricius 柏蛸蝉
Melampsalta megerlei (Fieber) 同 *Cicadetta montana*
Melampsalta neocruentata Liu 新蛸蝉
Melampsalta rosacea Distant 见 *Ueana rosacea*
Melampsalta soulii (Distant) 云南蛸蝉，莫干蝉
Melampsalta wulsini Liu 同 *Cicadetta pieli*
Melanacanthus 迈缘蝽属
Melanacanthus marginatus (Hsiao) 迈缘蝽，密缘蝽
Melanaema 弥苔蛾属
Melanaema venata Butler 黑脉弥苔蛾，脉黑苔蛾
Melanagromyza 黑潜蝇属
Melanagromyza adsurgenis Wenn 沙大旺黑潜蝇
Melanagromyza albisquama (Malloch) 白瓣黑潜蝇，白鳞黑潜蝇
Melanagromyza alternata Spencer 暗腹黑潜蝇，漂泊黑潜蝇
Melanagromyza boehmeriae Wenn 苎麻黑潜蝇
Melanagromyza conspicua Spencer 见 *Ophiomyia conspicua*
Melanagromyza declinata Sasakawa 逆毛黑潜蝇
Melanagromyza dipetala Sasakawa 双黑潜蝇
Melanagromyza dolichostigma de Meijere 长气门黑潜蝇，长痣黑潜蝇
Melanagromyza fistula Sasakawa 管黑潜蝇
Melanagromyza koizumii Kato 豆尖潜蝇
Melanagromyza lasiops (Malloch) 毛腿黑潜蝇，披毛黑潜蝇
Melanagromyza malayensis Sasakawa 马来西亚黑潜蝇，马来黑潜蝇
Melanagromyza metallica (Thomson) 铜绿黑潜蝇，金色黑潜蝇
Melanagromyza obtusa (Malloch) 钝黑潜蝇
Melanagromyza oculata Sasakawa 毛斑眼黑潜蝇，毛斑黑潜蝇，慧眼黑潜蝇
Melanagromyza piliseta (Malloch) 毛芒黑潜蝇
Melanagromyza provecta (de Meijere) 毛角黑潜蝇
Melanagromyza pubescens Hendel 微毛黑潜蝇
Melanagromyza pulverulenta Sasakawa 粉黑潜蝇
Melanagromyza ricini de Meijere 蓖麻黑潜蝇，蓖麻蛇潜蝇，蓖麻潜叶蝇
Melanagromyza sauteri (Malloch) 长眶毛黑潜蝇，邵氏黑潜蝇
Melanagromyza sojae (Zehntner) [soybean stem fly, soybean stem miner, soya miner, soybean fly] 豆秆黑潜蝇，大豆黑潜蝇，大豆茎潜蝇
Melanagromyza specifica Spencer 拟铜绿黑潜蝇，澳洲黑潜蝇
Melanagromyza squamifera Sasakawa 鳞黑潜蝇
Melanagromyza subfusca (Malloch) 亚褐黑潜蝇，卑南黑潜蝇，显褐黑潜蝇
Melanagromyza subpubescens Sasakawa 亚微毛黑潜蝇
Melanagromyza tokunagai Sasakawa 见 *Japanagromyza tokunagai*
Melanagromyza viciae Wenn 蚕豆黑潜蝇
Melanalis 枚览螟属
Melanalis flavalis (Hampson) 黄枚览螟
Melanaphis 色蚜属
Melanaphis arthraxonophaga Zhang, Qiao *et* Zhang 荩草色蚜
Melanaphis arundinariae (Takahashi) 青篱竹色蚜，玉山竹蚜
Melanaphis bambusae (Fullaway) [bamboo aphid, reed aphid] 竹色蚜，竹粉蚜，竹蚜，竹红蚜
Melanaphis formosana (Takahashi) 同 *Melanaphis sacchari*
Melanaphis graminisucta Zhang 禾草色蚜
Melanaphis grossisiphonella Zhang, Qiao *et* Zhang 粗管小竹色蚜
Melanaphis meghalayensis Raychaudhuri *et* Banerjee 马加莱色蚜
Melanaphis meghalayensis bengalensis Raychaudhuri *et* Banerjee 马加莱色蚜孟加拉亚种，孟加拉马加莱色蚜
Melanaphis meghalayensis meghalayensis Raychaudhuri *et* Banerjee 马加莱色蚜指名亚种
Melanaphis pahanensis (Takahashi) 帕杭色蚜
Melanaphis pyraria (Passerini) [pear-grass aphid] 梨色蚜，梨草爪蚜，梨草蚜
Melanaphis pyrisucta Zhang *et* Qiao 吸梨色蚜
Melanaphis sacchari (Zehntner) [yellow sugarcane aphid, sugarcane aphid, sorghum aphid, green sugarcane aphid, cane aphid, dura asyl fly, grey aphid] 高粱蚜，甘蔗蚜，甘蔗黄蚜，蔗蚜，高粱黍蚜，长鞭蚜
Melanaphis siphonella (Essig *et* Kuwana) [smaller pear aphid] 小管色蚜，梨小长毛蚜，木瓜大尾蚜
Melanaphis zhanhuaensis Zhang, Qiao *et* Zhang 沾化色蚜
Melanargia 白眼蝶属
Melanargia arge (Sulzer) [Italian marbled white] 黑纹白眼蝶
Melanargia asiatica Oberthür *et* Houlbert 亚洲白眼蝶
Melanargia bioculata Sheljuzhko 双眶白眼蝶，双眶曼丽白眼蝶
Melanargia epimede Staudinger 华北白眼蝶，表黑纱白眼蝶
Melanargia evartianae Wagener 埃瓦白眼蝶
Melanargia galathea (Linnaeus) [marbled white] 加勒白眼蝶
Melanargia ganymedes Rühl Heyne 甘藏白眼蝶，甘藏眼蝶

M

Melanargia halimede Ménétriés 白眼蝶
Melanargia halimede halimede Ménétriés 白眼蝶指名亚种
Melanargia halimede mandjuriana Houlbert 同 *Melanargia halimede halimede*
Melanargia hylata (Ménétriés) 黄云白眼蝶
Melanargia ines (Hoffmannsegg) [Spanish marbled white] 西班牙白眼蝶
Melanargia japygia (Cyrillo) 贾白眼蝶
Melanargia japygia jalemus Fruhstorfer 同 *Melanargia japygia japygia*
Melanargia japygia japygia (Cyrillo) 贾白眼蝶指名亚种
Melanargia lachesis (Hübner) [Iberian marbled white] 白室白眼蝶
Melanargia larissa (Geyer) [Balkan marbled white] 白带白眼蝶
Melanargia leda Leech 华西白眼蝶
Melanargia lugens Honrath 黑纱白眼蝶
Melanargia lugens epimede Staudinger 见 *Melanargia epimede*
Melanargia meridionalis Felder *et* Felder 曼丽白眼蝶
Melanargia meridionalis bioculata Sheljuzhko 见 *Melanargia bioculata*
Melanargia meridionalis meridionalis Felder 曼丽白眼蝶指名亚种
Melanargia montana Leech 山地白眼蝶
Melanargia occitanica (Esper) [western marbled white] 西方白眼蝶
Melanargia parce Staudinger 节俭白眼蝶
Melanargia pherusa (Boisduval) 扉白眼蝶
Melanargia russiae (Esper) [Esper's marbled white] 俄罗斯白眼蝶，俄白眼蝶
Melanargia sulphurea Sheljuzhko 同 *Melanargia halimede*
Melanargia teneates (Ménétriés) 黑边白眼蝶
Melanargia titea Klug 小白眼蝶
Melanargia yalongensis Houlbert 雅白眼蝶
Melanaspis 黑圆盾蚧属，黑圆盾介壳虫属
Melanaspis bromiliae Leonardi 日黑圆盾蚧
Melanaspis obscura (Comstock) [obscure scale] 栎美盾蚧，晦暗圆蚧
Melanaspis smilacis (Comstock) [smilax scale, brown pineapple scale] 菝葜黑圆盾蚧，菝葜癞蛎盾蚧，菝葜黑圆盾介壳虫
Melanaspis tenebricosa (Comstock) [gloomy scale] 幽美盾蚧，暗圆蚧
Melanauster beryllinus Hope 铍栎黑天牛
Melanauster chinensis Förster 见 *Anoplophora chinensis*
melancholy metalmark [*Pheles melanchroia* (Felder *et* Felder)] 白带菲蚬蝶
Melanchra 乌夜蛾属
Melanchra persicariae (Linnaeus) [dot moth, beet caterpillar] 甜菜乌夜蛾，乌夜蛾，白肾灰夜蛾，甜菜甘蓝夜蛾，围灰夜蛾
Melanchra picta (Harris) [zebra caterpillar] 斑条乌夜蛾，斑条夜蛾，斑马纹夜蛾
Melanchra postalba Sugi 后乌夜蛾
Melandra pixie [*Melanis melander* (Stoll)] 黑蚬蝶
Melandrya 长朽木甲属
Melandrya aeneola Gusakov 阿长朽木甲
Melandrya camboides (Linnaeus) 步行长朽木甲
Melandrya coccinea (Lewis) 三沟长朽木甲，三沟长朽木虫，陷胸红长朽木虫
Melandrya gloriosa Lewis 丽长朽木甲
Melandrya harbata Fabricius 虬髯长朽木甲
Melandrya incostata Fairmaire 阴黑长朽木甲
Melandrya jaromiri Konvička 亚氏长朽木甲
Melandrya minshanensis Gusakov 岷山长朽木甲
Melandrya mongolica Solsky 蒙黑长朽木甲
Melandrya monstrum Gusakov 奇长朽木甲
Melandrya shimoyamai Hayashi 下山长朽木甲
melandryid 1. [= melandryid beetle, false darkling beetle] 长朽木甲，长朽木虫 <长朽木甲科 Melandryidae 昆虫的通称>；2. 长朽木甲科的
melandryid beetle [= melandryid, false darkling beetle] 长朽木甲，长朽木虫
Melandryidae 长朽木甲科，长朽木虫科
Meланeremus 黑荒蟋螽属，黑蟋螽属
Melaneremus bilobus Bey-Bienko 双叶黑荒蟋螽，二叶黑蟋螽
Melaneremus fruhstorferi (Griffini) 福氏黑荒蟋螽
Melaneremus fuscoterminatus (Brunner von Wattenwyl) 褐尾黑荒蟋螽，褐尾黑蟋螽
Melaneremus laticeps (Karny) 宽额黑荒蟋螽，广东黑蟋螽
Melaneros purus (Kleine) 见 *Plateros purus*
Melanesian rhinoceros beetle [*Scapanes australis* (Boisduval)] 美柄犀金龟甲
Melanesthes 漠土甲属，漠潜属
Melanesthes bielewskii Kaszab 毕氏漠土甲，毕氏漠潜
Melanesthes chinganica Reichardt 见 *Melanesthes* (*Lesbidana*) *chinganica*
Melanesthes ciliata Reitter 见 *Melanesthes* (*Melanesthes*) *ciliata*
Melanesthes conicus Kaszab 见 *Melanesthes* (*Melanesthes*) *conica*
Melanesthes csikii Kaszab 见 *Melanesthes* (*Mongolesthes*) *csikii*
Melanesthes davadshamsi Kaszab 见 *Melanesthes* (*Melanesthes*) *davadshamsi*
Melanesthes desertora Ren 见 *Melanesthes* (*Melanesthes*) *desertora*
Melanesthes faldermanni Mulsant *et* Rey 法氏漠土甲，法氏漠潜
Melanesthes fortidens (Reitter) 见 *Melanesthes* (*Myladanesthes*) *fortidens*
Melanesthes heydeni Csiki 见 *Melanesthes* (*Mongolesthes*) *heydeni*
Melanesthes jenseni Schuster 见 *Melanesthes* (*Melanesthes*) *jenseni*
Melanesthes jintaiensis Ren 见 *Melanesthes* (*Melanesthes*) *jintaiensis*
Melanesthes kazachstanica Kaszab 见 *Melanesthes* (*Lesbidana*) *kazachstanica*
Melanesthes* (*Lesbidana*) *chinganica Reichardt 尖角漠土甲，兴安漠潜，尖角漠土潜
Melanesthes* (*Lesbidana*) *kazachstanica Kaszab 哈萨克漠土甲，哈漠潜
Melanesthes* (*Lesbidana*) *simplex Reitter 圆角漠土甲，简漠潜
Melanesthes* (*Lesbidana*) *subcoriaria Reitter 亚脊漠土甲，革漠潜
Melanesthes lingwuensis Ren 灵武漠土甲，灵武漠潜
Melanesthes maowusuensis Ren 见 *Melanesthes* (*Melanesthes*) *maowusuensis*
Melanesthes maxima Ménétriés 见 *Melanesthes* (*Melanesthes*) *maxima*
Melanesthes* (*Melanesthes*) *ciliata Reitter 纤毛漠土甲，纤毛漠潜
Melanesthes* (*Melanesthes*) *conica Kaszab 尖尾漠土甲，尖尾漠潜
Melanesthes* (*Melanesthes*) *davadshamsi Kaszab 达氏漠土甲，达氏漠潜

M

Melanesthes (**Melanesthes**) ***desertora*** Ren 荒漠土甲，荒漠潜
Melanesthes (**Melanesthes**) ***dliata*** Reitter 纤毛漠土甲
Melanesthes (**Melanesthes**) ***exilidentada*** Ren 短齿漠土甲
Melanesthes (**Melanesthes**) ***jenseni*** Schuster 锦漠土甲，锦漠潜
Melanesthes (**Melanesthes**) ***jenseni jenseni*** Schuster 锦漠土甲指名亚种
Melanesthes (**Melanesthes**) ***jenseni meridionalis*** Kaszab 锦漠土甲蒙南亚种，蒙南漠土甲
Melanesthes (**Melanesthes**) ***jintaiensis*** Ren 景泰漠土甲，景泰漠潜
Melanesthes (**Melanesthes**) ***laticollis*** (Gebler) 宽漠土甲
Melanesthes (**Melanesthes**) ***maowusuensis*** Ren 毛乌素漠土甲，毛乌素漠潜
Melanesthes (**Melanesthes**) ***maxima*** Ménétriés 大漠土甲，最大漠潜
Melanesthes (**Melanesthes**) ***medvedevi*** Kaszab 梅氏漠土甲
Melanesthes (**Melanesthes**) ***mongolica*** Csiki 蒙古漠土甲
Melanesthes (**Melanesthes**) ***opaca*** Reitter 暗漠土甲，暗漠潜
Melanesthes (**Melanesthes**) ***psammophila*** Kaszab 沙地漠土甲
Melanesthes (**Melanesthes**) ***sibirica*** (Faldermann) 西伯利亚漠土甲，西伯漠潜
Melanesthes monatroides Reichardt 见 *Melanesthes* (*Opatronesthes*) *monatroides*
Melanesthes (**Mongolesthes**) ***csikii*** Kaszab 希氏漠土甲，希氏蒙漠潜，希氏漠潜
Melanesthes (**Mongolesthes**) ***heydeni*** Csiki 何氏漠土甲，赫漠潜
Melanesthes (**Mongolesthes**) ***heydeni australis*** Medvedev 何氏漠土甲南部亚种
Melanesthes (**Mongolesthes**) ***heydeni heydeni*** Csiki 何氏漠土甲指名亚种
Melanesthes (**Mongolesthes**) ***multidentatus*** Ren 多齿漠土甲
Melanesthes mongolica Csiki 蒙古漠土甲，蒙古漠潜
Melanesthes (**Myladanesthes**) ***fortidens*** (Reitter) 前齿漠土甲，壮漠潜
Melanesthes opaca Reitter 见 *Melanesthes* (*Melanesthes*) *opaca*
Melanesthes (**Opatronesthes**) ***gigas*** Ren *et* Yang 粗壮漠土甲
Melanesthes (**Opatronesthes**) ***granulates*** Ren *et* Yang 粒刻漠土甲
Melanesthes (**Opatronesthes**) ***monatroides*** Reichardt 莫那漠土甲，莽漠潜
Melanesthes (**Opatronesthes**) ***ningxiaensis*** Ren 宁夏漠土甲
Melanesthes (**Opatronesthes**) ***punctipennis*** Reitter 多刻漠土甲，点翅漠潜，多刻漠土潜
Melanesthes (**Opatronesthes**) ***rugipennis*** Reitter 多皱漠土甲，皱翅漠潜
Melanesthes (**Opatronesthes**) ***tuberculosa*** Reitter 多瘤漠土甲，瘤漠潜
Melanesthes punctipennis (Reitter) 见 *Melanesthes* (*Opatronesthes*) *punctipennis*
Melanesthes rugipennis Reitter 见 *Melanesthes* (*Opatronesthes*) *rugipennis*
Melanesthes sibirica (Faldermann) 见 *Melanesthes* (*Melanesthes*) *sibirica*
Melanesthes simplex Reitter 见 *Melanesthes* (*Lesbidana*) *simplex*
Melanesthes subcoriaria Reitter 见 *Melanesthes* (*Lesbidana*) *subcoriaria*
Melanesthes tuberculosa Reitter 见 *Melanesthes* (*Opatronesthes*) *tuberculosa*
Melanesthes unddentata Ren 波齿漠土甲，波齿漠潜
Melanetettix 斑带叶蝉属
Melanetettix mengyangensis Xing *et* Li 勐养斑带叶蝉
Melangyna 美蓝蚜蝇属，美蓝食蚜蝇属
Melangyna barbifrons (Fallén) 鬃额美蓝蚜蝇，亮盾美蓝食蚜蝇，亮盾美蓝蚜蝇
Melangyna cincta (Fallén) 狭颜美蓝蚜蝇，狭颜美蓝食蚜蝇，窄颊美蓝蚜蝇
Melangyna evittata Huo, Ren *et* Zheng 缺纹美蓝蚜蝇
Melangyna grandimaculata Huo, Ren *et* Zheng 大斑美蓝蚜蝇
Melangyna guttata (Fallén) 斑盾美蓝蚜蝇，斑盾美蓝食蚜蝇
Melangyna heilongjiangensis Huo *et* Ren 黑龙江美蓝蚜蝇，黑龙江美蓝食蚜蝇
Melangyna hwangi He *et* Li 黄氏美蓝蚜蝇，黄氏美蓝食蚜蝇
Melangyna labiatarum (Verrall) 唇美蓝蚜蝇，唇美蓝食蚜蝇，黄颊美蓝蚜蝇
Melangyna lasiophthalma (Zetterstedt) 暗颊美蓝蚜蝇，暗颊美蓝食蚜蝇，暗盾美蓝食蚜蝇
Melangyna qinlingensis Huo *et* Ren 秦岭美蓝蚜蝇
Melangyna umbellatarum (Fabricius) 伞形美蓝蚜蝇
Melangyna xiaowutaiensis Huo *et* Ren 小五台美蓝蚜蝇
Melaniacris 黑色蝗属
Melaniacris nigrimargicsis Zheng, Zhao *et* Dong 黑缘黑色蝗
melanic 黑色的
Melanichneumon 黑姬蜂属
Melanichneumon albipictus (Gravenhorst) 白斑黑姬蜂
Melanichneumon albipictus albipictus (Gravenhorst) 白斑黑姬蜂指名亚种
Melanichneumon albipictus sinicus Uchida 白斑黑姬蜂中华亚种，中国黑姬蜂，中国白绣黑姬蜂
Melanichneumon baibarensis Uchida 见 *Bystra baibarensis*
Melanichneumon kulingensis Uchida 牯岭黑姬蜂
Melanichneumon kurarensis Uchida 库里黑姬蜂
Melanichneumon lusukusensis Uchida 见 *Bystra lusukusensis*
Melanichneumon melanarius (Wesmael) 纯黑姬蜂
Melanichneumon spectabilis (Holmgren) 饰黑姬蜂，酷黑姬蜂
melanin(e) 黑色素
Melanippe abraxina Butler 见 *Xanthorhoe abraxina*
Melanippe lugens Oberthür 见 *Rheumaptera lugens*
Melanis 黑蚬蝶属
Melanis aegates (Hewitson) [aegates pixie] 闪黑蚬蝶
Melanis agimulata Stichel 阿吉黑蚬蝶
Melanis albugo Stichel 白化黑蚬蝶
Melanis alena Hewitson 阿兰黑蚬蝶
Melanis ambryllis Hewitson 阿木黑蚬蝶
Melanis araguaya Seitz 阿来黑蚬蝶
Melanis barca (Hewitson) 巴克黑蚬蝶
Melanis boyi Stichel 博伊黑蚬蝶
Melanis cephise (Ménétriés) [white-rayed pixie, white-rayed metalmark, white-tipped pixie, white-tipped metalmark] 红斑黑蚬蝶
Melanis cercopes (Hewitson) 角黑蚬蝶
Melanis chanon Butler 茶黑蚬蝶
Melanis cinaron (Felder *et* Felder) [unspotted pixie] 辛娜黑蚬蝶

Melanis corrina Zikan 珂黑蚬蝶
Melanis cremitaenia Strical 骨黑蚬蝶
Melanis critia Hewitson 葵黑蚬蝶
Melanis dilata Lathy 滴黑蚬蝶
Melanis electron (Fabricius) [electron metalmark, electron pixie, orange-barred pixie] 宅黑蚬蝶
Melanis hellapana Röber 海黑蚬蝶
Melanis herminee Zikan 风神黑蚬蝶
Melanis hillapana (Röber) 褐黑蚬蝶
Melanis hodia (Butler) 禾黑蚬蝶
Melanis iarbas (Fabricius) 雅黑蚬蝶
Melanis leucophlegma (Stichel) [leucophlegma pixie, cream-barred pixie] 白黑蚬蝶
Melanis leucophlegmoides Seitz 白斐黑蚬蝶
Melanis lidawina Zikan 丽达黑蚬蝶
Melanis lioba Zikan 丽奥黑蚬蝶
Melanis lycea Stichel 丽黑蚬蝶
Melanis marathon Felder *et* Felder [Marathon pixie, orange-striped pixie] 玛黑蚬蝶
Melanis melander (Stoll) [Melandra pixie] 黑蚬蝶
Melanis melaniee Stichel 玄黑蚬蝶
Melanis melliplaga Stichel 美蜜黑蚬蝶
Melanis opites Hewitson 奥黑蚬蝶
Melanis passiena Hewitson 帕桑黑蚬蝶
Melanis pixe (Boisduval) [red-bordered pixie, pixie] 红顶黑蚬蝶
Melanis promostriga Stichel 普罗黑蚬蝶
Melanis pulcherrima Herrich-Schäffer 最美黑蚬蝶
Melanis seleukia (Stichel) 色露黑蚬蝶
Melanis semiota Bates 半黑蚬蝶
Melanis smithae (Westwood) [Smith's pixie] 红腋黑蚬蝶
Melanis ubia Felder *et* Felder 雾巴黑蚬蝶
Melanis unxia Hewitson 晚霞黑蚬蝶
Melanis vidall Dogmin 维达黑蚬蝶
Melanis volusia Hewitson 沃黑蚬蝶
Melanis xarifa Hewitson 艾丽黑蚬蝶
Melanis xenia Hewitson 异乡黑蚬蝶
Melanis yeda Ziken 叶黑蚬蝶
melanism 黑化
melanistic 带黑色的
Melanitinae 暮眼蝶亚科
Melanitis 暮眼蝶属
Melanitis amabilis (Boisduval) 斜带暮眼蝶
Melanitis ansorgei Rothschild [blue evening brown] 蓝翅暮眼蝶
Melanitis aswa (Moore) 同 *Melanitis phedima bela*
Melanitis aswa tristis Felder 同 *Melanitis phedima bela*
Melanitis atrax Felder *et* Felder 蓝带暮眼蝶
Melanitis belinda Grose-Smith 贝琳达暮眼蝶
Melanitis boisduvalia Felder *et* Felder 宝暮眼蝶
Melanitis constantia (Cramer) 混色异形暮眼蝶
Melanitis ismene Cramer 见 *Melanitis leda ismene*
Melanitis leda (Linnaeus) [common evening brown, evening brown, green horned caterpillar, lesser grass satyrid, rice satyrid] 暮眼蝶，树荫蝶，暗褐稻眼蝶，稻暮眼蝶，伏地目蝶，树间蝶，珠衣蝶，普通昏眼蝶，日月蝶青虫，淡色树荫蝶，蛇目蝶，青虫，日月蝶
Melanitis leda determinata Butler 同 *Melanitis leda ismene*
Melanitis leda ismene Cramer [rice butterfly, rice greenhorned caterpillar, grain leaf butterfly, rice horn caterpillar, rice leaf butterfly, rice horned caterpillar, horned caterpillar] 稻眼蝶，暮眼蝶喜稻亚种，海南暮眼蝶
Melanitis leda leda (Linnaeus) 暮眼蝶指名亚种，指名暮眼蝶
Melanitis libya Distant [violet-eyed evening brown] 蓝眶暮眼蝶
Melanitis maculata Chou 污斑暮眼蝶
Melanitis muskata autumnalis Fruhstorfer 同 *Melanitis phedima phedima*
Melanitis phedima (Cramer) [dark evening brown] 睇暮眼蝶
Melanitis phedima autumnalis Fruhstorfer 同 *Melanitis phedima phedima*
Melanitis phedima bela Moore 华南睇暮眼蝶
Melanitis phedima muskata Fruhstorfer 同 *Melanitis phedima phedima*
Melanitis phedima phedima (Cramer) 睇暮眼蝶指名亚种
Melanitis phedima polishana Fruhstorfer 睇暮眼蝶台湾亚种，森林暮眼蝶，黑树荫蝶，黑稻眼蝶，黑目蝶，黑树间蝶，黑珠衣蝶，深色昏眼蝶，黑暮眼蝶，台湾睇暮眼蝶
Melanitis pyrrha Röber 红暮眼蝶
Melanitis velutina Felder *et* Felder 异面暮眼蝶
Melanitis zitenius (Herbst) [great evening brown] 黄带暮眼蝶
Melanius 光通缘步甲亚属
melanization 黑化，黑变作用
Melanobombus 方颊熊蜂亚属，黑熊蜂亚属
Melanocallis 黑丽蚜属
Melanocallis caryaefoliae (Davis) [black pecan aphid, black hickory-leaf aphid, pecan black aphid] 核桃黑丽蚜，核桃黑蚜，山核桃角斑蚜，胡桃黑蚜，黑色山核桃蚜虫，美国核桃黑蚜
Melanocallis fumipennellus (Fitch) 见 *Protopterocallis fumipennella*
Melanochaeta 黑鬃秆蝇属
Melanochaeta beijingensis Yang *et* Yang 见 *Gampsocera beijingensis*
Melanochaeta bimaculata Yang *et* Yang 见 *Lasiochaeta bimaculata*
Melanochaeta grandipunctata Yang *et* Yang 见 *Lasiochaeta grandipunctata*
Melanochaeta indistincta (Becker) 见 *Lasiochaeta indistincta*
Melanochaeta jinghongensis Yang *et* Yang 见 *Lasiochaeta jinghongensis*
Melanochaeta kunmingensis Yang *et* Yang 见 *Lasiochaeta kunmingensis*
Melanochaeta lii Yang *et* Yang 见 *Lasiochaeta lii*
Melanochaeta longistriata Yang *et* Yang 见 *Lasiochaeta longistriata*
Melanochaeta menglaensis Yang *et* Yang 见 *Lasiochaeta menglaensis*
Melanochaeta neimengguensis Yang *et* Yang 见 *Lasiochaeta neimengguensis*
Melanochaeta parca Yang *et* Yang 见 *Lasiochaeta parca*
Melanochaeta separata Yang *et* Yang 见 *Gampsocera separata*
Melanochaeta separata fujianensis Yang *et* Yang 见 *Gampsocera separata fujianensis*
Melanochaeta umbrosa (Becker) 见 *Lasiochaeta umbrosa*
Melanochaeta unimaculata Yang *et* Yang 见 *Lasiochaeta unimaculata*
Melanochaeta yunnanensis Yang *et* Yang 见 *Lasiochaeta yunnanensis*
Melanochaeta zhejiangensis Yang *et* Yang 见 *Gampsocera zhejiangensis*
melanochroic 暗色的
Melanococcus 暗粉蚧属，黑粉蚧属
Melanococcus albizziae (Maskell) [acacia mealybug] 合欢暗蚧属，

合欢黑粉蚧，黑粉蚧
Melanocoryphus 黑头长蝽属
Melanocoryphus kerzhneri Josifov 克黑头长蝽
Melanocoryphus superbus (Pollich) 见 *Horvathiolus superbus*
Melanocraspes fasciata Houlbert 见 *Mesothyatira fasciata*
Melanocraspes simplificata Houlbert 见 *Mesothyatira simplificata*
Melanocyma 波纹环蝶属
Melanocyma faunula (Westwood) [pallid faun] 波纹环蝶
melanocyte 黑素细胞
Melanodacus 黑离腹寡毛实蝇亚属
Melanodema 黑肤蝽属
Melanodema carbonarium Jakovlev 黑肤蝽
melanogenesis inhibitor 抑制剂，黑色素抑制剂
Melanographia 珞瘤蛾属
Melanographia flexilineata (Hampson) 枇杷珞瘤蛾，枇杷瘤蛾，黑珞瘤蛾
Melanogromyza schineri Giraud 见 *Hexomyza schineri*
Melanogryllus 黑蟋属
Melanogryllus bilineatus Yang *et* Yang 双线黑蟋
Melanogryllus desertus (Pallas) [desert cricket] 沙漠黑蟋，草原蟀
Melanolestes 黑盗猎蝽属
Melanolestes argentinus Berg 阿根廷黑盗猎蝽
Melanolestes degener (Walker) 多米尼加黑盗猎蝽
Melanolestes morio (Erichson) 怪黑盗猎蝽
Melanolestes picicornis (Stål) 阔黑盗猎蝽
Melanolestes picinus Stål 大黑盗猎蝽
Melanolestes picipes (Herrich-Schäffer) [black corsair, black May beetle-eater] 北美黑盗猎蝽，美黑突猎蝽
Melanolimonia 黑细大蚊亚属
Melanolophia imitata (Walker) [western carpet, green-striped forest looper] 绿条森林尺蛾
Melanolycaena 美乐灰蝶属
Melanolycaena altimontana Sibatani 高山美乐灰蝶
Melanolycaena thecloides Sibatani 鞘美乐灰蝶
Melanomyini 乌丽蝇族
Melanomyza 近缟蝇属
Melanomyza (Lauxaniella) tenuicornis (Malloch) 细角近缟蝇，窄角缟蝇
Melanopachycerina 黑长角缟蝇属
Melanopachycerina leucochaeta (de Meijere) 白毛黑长角缟蝇
Melanophara 墨蝽属
Melanophara dentata Haglund 墨蝽
Melanophila 梭吉丁甲属，梭吉丁属，木吉丁甲属，木吉丁属
Melanophila acuminata (De Geer) [black fire beetle] 尖尾梭吉丁甲，尖尾梭吉丁，松黑木吉丁甲，松黑吉丁，迹地吉丁
Melanophila californica van Dyke 见 *Phaenops californica*
Melanophila consputa LeConte [charcoal beetle] 煤色梭吉丁甲，煤色木吉丁甲，木炭吉丁
Melanophila decastigma Fabricius 见 *Trachypteris picta decastigma*
Melanophila drummondi (Kirby) 见 *Phaenops drummondi*
Melanophila fulvoguttata (Harris) 见 *Phaenops fulvoguttata*
Melanophila gentilis LeConte 见 *Phaenops gentilis*
Melanophila obscurata Lewis 同 *Melanophila acuminata*
Melanophila occidentalis Obenberger 偶梭吉丁甲，偶木吉丁甲
Melanophila picta (Pallas) 见 *Trachypteris picta*
Melanophila picta decastigma Fabricius 见 *Trachypteris picta decastigma*
Melanophila picta picta (Pallas) 见 *Trachypteris picta picta*
Melanophila piniedulis Burke 见 *Phaenops piniedulis*
Melanophilini 梭吉丁甲族，梭吉丁族，木吉丁甲族，黑吉丁甲族
melanophore 黑素细胞
Melanophthalma 长跗薪甲属
Melanophthalma americana (Mannerheim) 美长跗薪甲，美黑薪甲
Melanophthalma fuscula (Gyllenhal) 见 *Corticarina fuscula*
Melanophthalma similis Mika 类长跗薪甲
Melanophthalma sinica Johnson 同 *Melanophthalma transversalis*
Melanophthalma taurica (Mannerheim) 异长跗薪甲
Melanophthalma transversalis (Gyllenhal) 横长跗薪甲
Melanoplinae 黑蝗亚科
Melanoplus 黑蝗属
Melanoplus ablutus Scudder 涤黑蝗
Melanoplus adelogyrus Hubbell [Volusia grasshopper, St. Johns short-wing grasshopper] 沃卢斯亚黑蝗
Melanoplus alabamae Hebard 阿黑蝗
Melanoplus alexanderi Hilliard 亚历山大黑蝗
Melanoplus alpinus Scudder [alpine grasshopper] 高山黑蝗
Melanoplus angularis Little 角黑蝗
Melanoplus angustipennis (Dodge) [narrow-winged sand grasshopper, narrow-winged spur-throat grasshopper] 狭翅沙黑蝗
Melanoplus bivittatus (Say) [two-striped grasshopper] 双带黑蝗，双纹黑蝗，双带蚱蜢
Melanoplus borealis (Fieber) [northern spur-throat grasshopper] 北方黑蝗
Melanoplus bowditchi Scudder [sagebrush grasshopper] 蒿黑蝗
Melanoplus bruneri Scudder [Bruner's spur-throat grasshopper] 褐黑蝗
Melanoplus devastator Scudder [devastating grasshopper] 赤地黑蝗，赤地蚱蜢
Melanoplus differentialis (Thomas) [differential grasshopper] 长额负蝗，异黑蝗，殊种蝗
Melanoplus femurrubrum (De Geer) [red-legged grasshopper] 红足黑蝗，赤胫黑蝗，红股黑蝗，红足蝗，红腿蝗，赤腿蚱蜢
Melanoplus frigidus (Boheman) 北极黑蝗
Melanoplus mexicanus (Saussure) [lesser migratory grasshopper] 墨西哥黑蝗，墨西哥蚱蜢
Melanoplus packardii Scudder [Packard grasshopper, Packard's grasshopper] 帕氏黑蝗，帕氏蚱蜢
Melanoplus punctulatus (Scudder) 点黑蝗
Melanoplus rugglesi Gurney [Nevada sage grasshopper] 内州鼠尾草黑蝗，内州鼠尾草蚱蜢
Melanoplus sanguinipes (Fabricius) [migratory grasshopper] 迁飞黑蝗，血黑蝗，迁徙蝗，迁徙蚱蜢
Melanoplus spretus (Walsh) [Rocky Mountain locust, Rocky Mountain grasshopper] 落基山黑蝗，落矶山蝗，石栖黑蝗，落矶山蚱蜢
Melanopopillia 黑丽金龟甲属
Melanopopillia dinghuensis Lin 鼎湖黑丽金龟甲
Melanopopillia hainanensis Lin 海南黑丽金龟甲
Melanopopillia praefica (Machatschke) 华南黑丽金龟，普矛丽金龟甲

Melanopsacus 角胸长角象甲属
Melanopsacus kinke Morimoto 耿角胸长角象甲，耿角胸长角象
melanopsin 黑视蛋白
melanosis 黑化病
Melanosmia 黑壁蜂亚属
Melanosoma carbonaria Kröber 煤黑衣眼蝇
Melanostolus 弥长足虻属
Melanostolus kolomiezi Negrobov 科氏弥长足虻，科氏黑斑长足虻
Melanostolus nigricilius (Loew) 黑毛弥长足虻
Melanostoma 墨蚜蝇属，墨食蚜蝇属，黑喙蚜蝇属
Melanostoma abdominale Shiraki 无斑墨蚜蝇，掠捕蚜蝇，腹墨蚜蝇
Melanostoma aurantiaca (Becker) 橙斑墨蚜蝇
Melanostoma interruptum Matsumura 裂带墨蚜蝇
Melanostoma mellinum (Linnaeus) 方斑墨蚜蝇，斜斑墨食蚜蝇
Melanostoma orientale (Wiedemann) 东方墨蚜蝇，东洋蚜蝇
Melanostoma scalare (Fabricius) 梯斑墨蚜蝇，梯斑墨食蚜蝇，阶梯蚜蝇
Melanostoma tiantaiensis Huo *et* Zheng 天台墨蚜蝇，天台山墨蚜蝇
Melanostoma univitatum (Wiedemann) 直颜墨蚜蝇，罩纹蚜蝇
Melanostomini 墨蚜蝇族
Melanotelus 盾长蝽属
Melanotelus bipunctatus (Dallas) 二点盾长蝽
Melanotinae 梳爪叩甲亚科
Melanotini 梳爪叩甲族
Melanotrichia 黑毛石蛾属
Melanotrichia acclivopennis (Hwang) 凸翼黑毛石蛾，凸翼基翅剑石蛾
Melanotrichia hibuneana Tsuda 宽板黑毛石蛾
Melanotrichia taiwanensis Hsu *et* Chen 台湾黑毛石蛾
Melanotrichus 盐生合垫盲蝽亚属
Melanotrichus nigropilosus (Lindberg) 同 *Orthotylus* (*Melanotrichus*) *flavosparsus*
Melanotus 梳爪叩甲属
Melanotus amianus Kishii 阿梳爪叩甲
Melanotus annosus Candèze 褐角梳爪叩甲
Melanotus arctus Candèze 窄梳爪叩甲
Melanotus atayal Kishii *et* Platia 珑梳爪叩甲
Melanotus auberti Platia *et* Schimmel 奥氏梳爪叩甲
Melanotus babai Kishii 巴梳爪叩甲
Melanotus binaghii Platia *et* Schimmel 毕氏梳爪叩甲
Melanotus brunicornis Schwarz 暗角梳爪叩甲，褐体梳爪叩甲
Melanotus brunniopacus Kishii 褐色梳爪叩甲
Melanotus brunnipes Germar 褐足梳爪叩甲
Melanotus carbonarius Candèze 炭色梳爪叩甲
Melanotus caudex Lewis [sweetpotato wireworm] 褐纹梳爪叩甲，甘薯金针虫，褐纹金针虫，纹金针虫，褐梳爪叩甲
Melanotus cete Candèze 四特梳爪叩甲
Melanotus chengi Kishii 郑氏梳爪叩甲
Melanotus conicicollis Reitter 锥胸梳爪叩甲
Melanotus coomani Fleutiaux 考氏梳爪叩甲
Melanotus copiosus Fleutiaux 离梳爪叩甲
Melanotus crassicollis (Erichs) 粗胸梳爪叩甲，粗梳爪叩甲
Melanotus cribricollis (Faldermann) [bamboo wireworm] 筛胸梳爪叩甲，竹林金针虫
Melanotus depressicollis Fleutiaux 扁胸梳爪叩甲，痕梳爪叩甲
Melanotus ebeninus Candèze 乌色梳爪叩甲
Melanotus erythropygus Candèze [small flower click beetle] 小花梳爪叩甲，小花叩甲
Melanotus excelsus Platia *et* Schimmel 长鞘梳爪叩甲
Melanotus exiguus Fleutiaux 艾梳爪叩甲
Melanotus fissilis (Say) [common wireworm, dark-backed click beetle] 黑背梳爪叩甲，黑背叩甲
Melanotus fiumii Platia *et* Schimmel 华山梳爪叩甲
Melanotus fortnumi Candèze [sweetpotato wireworm] 红薯梳爪叩甲
Melanotus frequens (Miwa) 普通梳爪叩甲，红角梳爪叩甲
Melanotus fusciceps (Gyllenhal) 褐头梳爪叩甲，褐梳爪叩甲
Melanotus fuscus (Fabricius) 舟梳爪叩甲
Melanotus gracilipennis Kishii *et* Platia 窄翅梳爪叩甲
Melanotus gudenzii Platia *et* Schimmel 古氏梳爪叩甲
Melanotus hiekei Platia *et* Schimmel 希氏梳爪叩甲
Melanotus hirticornis (Herbst) 毛角梳爪叩甲
Melanotus horishanus (Miwa) 台湾梳爪叩甲
Melanotus hourai Kishii 霍氏梳爪叩甲，贺梳爪叩甲
Melanotus housaii Kishii 宝岛梳爪叩甲
Melanotus humilis Schwarz 短梳爪叩甲
Melanotus hunanensis Platia *et* Schimmel 湖南梳爪叩甲
Melanotus indosinensis Fleutiaux 同 *Melanotus coomani*
Melanotus invectitius Candèze 同 *Melanotus senilis senilis*
Melanotus juhaszae Platia *et* Schimmel 居梳爪叩甲
Melanotus kawakatsui Kishii 川胜梳爪叩甲
Melanotus kintaroui Kishii 金梳爪叩甲
Melanotus kirghizicus Dolin 吉梳爪叩甲
Melanotus kishii Platia 岸梳爪叩甲
Melanotus knizeki Platia 太行梳爪叩甲
Melanotus kolibaci Platia *et* Schimmel 冀北梳爪叩甲
Melanotus krali Platia *et* Schimmel 卡梳爪叩甲
Melanotus lameyi Fleutiaux 拉氏梳爪叩甲，拉梳爪叩甲
Melanotus legatus Candèze 筛头梳爪叩甲，角梳爪叩甲
Melanotus lehmanni Platia *et* Schimmel 莱氏梳爪叩甲
Melanotus liukueiensis Kishii 六龟梳爪叩甲
Melanotus lutaoanus Kishii 绿岛梳爪叩甲
Melanotus melanotoides (Miwa) 漆色梳爪叩甲
Melanotus melli Platia *et* Schimmel 米氏梳爪叩甲
Melanotus mongolicus Gurjeva 蒙古梳爪叩甲
Melanotus mouhoti Fleutiaux 莫梳爪叩甲
Melanotus nuceus Candèze 栗腹梳爪叩甲，赤腹梳爪叩甲
Melanotus oblongulus Kishii 长梳爪叩甲
Melanotus oregonensis (LeConte) [Oregon wireworm] 俄州梳爪叩甲，俄州叩甲，俄勒冈州叩甲
Melanotus phlogosus Candèze 弗梳爪叩甲
Melanotus pieli Platia *et* Schimmel 皮氏梳爪叩甲
Melanotus piger (Motschulsky) 苯梳爪叩甲
Melanotus pilosulus (Miwa) 疏毛梳爪叩甲
Melanotus pishanensis Kishii 壁山梳爪叩甲
Melanotus plutenkoi Platia 太白山梳爪叩甲
Melanotus propexus Candèze 旋毛梳爪叩甲

M

Melanotus pseudoarctus Platia *et* Schimmel 拟窄梳爪叩甲
Melanotus pseudolegatus Platia *et* Schimmel 拟筛头梳爪叩甲
Melanotus pseudoregalis Platia *et* Schimmel 拟伟头梳爪叩甲
Melanotus punctolineatus (Pelerin) [sandwich click beetle] 点纹梳爪叩甲
Melanotus regalis Candèze 蔗梳爪叩甲，瑞梳爪叩甲
Melanotus restrictus (Candèze) 黑梳爪叩甲
Melanotus rufiventris Miwa 红腹梳爪叩甲
Melanotus sciurus Candèze 长脊梳爪叩甲
Melanotus senilis Candèze [broad-thorax click beetle] 阔胸梳爪叩甲，阔胸叩甲
Melanotus senilis senilis Candèze 阔胸梳爪叩甲指名亚种
Melanotus senilis yakuinsulanus Kishii 阔胸梳爪叩甲屋久岛亚种
Melanotus shaanxianus Platia 陕西梳爪叩甲
Melanotus shinoharai Kishii *et* Platia 筱原梳爪叩甲
Melanotus splendidus Platia *et* Schimmel 华光头梳爪叩甲
Melanotus subspinosus Platia *et* Schimmel 亚棘梳爪叩甲
Melanotus suzukii Platia *et* Schimmel 铃木梳爪叩甲
Melanotus taiwanus Kishii 岛梳爪叩甲
Melanotus takaoanus Kishii 金泽梳爪叩甲
Melanotus takasago Kishii 高砂梳爪叩甲
Melanotus tamsuyensis Bates [sugarcane wireworm] 蔗梳爪叩甲，根梳爪叩甲
Melanotus tonkinensis Fleutiaux 越梳爪叩甲
Melanotus umber Bates 见 *Ectamenogonus umber*
Melanotus variabilis Platia *et* Schimmel 变色头梳爪叩甲
Melanotus venalis Candèze 脉鞘梳爪叩甲，脉梳爪叩甲
Melanotus ventralis Candèze 朱腹梳爪叩甲，桑梳爪叩甲
Melanotus villosus (Geoffroy) 毛梳爪叩甲
Melanotus vunum Kishii 伟梳爪叩甲
Melanotus yagianus Kishii 八木梳爪叩甲
Melanotus zhilongensis Platia *et* Schimmel 卧龙梳爪叩甲
Melanoxanthus 钝尾叩甲属
Melanoxanthus amianus Miwa 见 *Lanecarus amianus*
Melanoxanthus doriae Candèze 多氏钝尾叩甲
Melanoxanthus illustris Fleutiaux 斑翅钝尾叩甲，灿断尾叩甲
Melanoxanthus lienhuachihnus Arimoto 莲花池钝尾叩甲
Melanoxanthus luzonicus Fleutiaux 吕宋断尾叩甲
Melanoxanthus matsudai Arimoto 松田钝尾叩甲
Melanoxanthus melanocephalus (Fabricius) 黑头钝尾叩甲，黑头断尾叩甲
Melanoxanthus melanurus Candèze 黑端钝尾叩甲
Melanoxanthus montivagus Miwa 见 *Gamepenthes montivagus*
Melanoxanthus nigripennis Fleutiaux 黑翅断尾叩甲
Melanoxanthus taiwanus Arimoto 台湾钝尾叩甲
Melanoxanthus tattakensis Ôhira 见 *Megapenthes tattakensis*
Melanoxanthus yushiroi Suzuki 汤城钝尾叩甲
Melanozosteria 黑泽蠊属
Melanozosteria nitida (Brunner von Wattenwyl) [black cockroach, black wingless cockroach] 黑腰黑泽蠊，黑腰蠊，灿烂布蠊
Melanozosteria soror (Brunner von Wattenwyl) [white-edged wingless cockroach, white-margined cockroach] 黄边黑泽蠊，姐妹腰蠊，相似库蠊
Melanthaxia 直翅花纹吉丁甲亚属
Melipona marginata Peletier 黄缘麦蜂
Melanthia 黑岛尺蛾属
Melanthia catenaria (Moore) 链黑岛尺蛾
Melanthia catenaria catenaria (Moore) 链黑岛尺蛾指名亚种，指名链黑岛尺蛾
Melanthia catenaria clathrata (Warren) 链黑岛尺蛾格链亚种，克链黑岛尺蛾
Melanthia catenaria mesozona (Prout) 链黑岛尺蛾中链亚种，小串珠波尺蛾，中链黑岛尺蛾
Melanthia dentistrigata (Warren) 凸纹黑岛尺蛾
Melanthia exquisita (Warren) 五彩黑岛尺蛾
Melanthia postalbaria (Leech) 平纹黑岛尺蛾，后白巾尺蛾
Melanthia procellata (Denis *et* Schiffermüller) [pretty chalk carpet] 黑岛尺蛾
Melanthia procellata inexpectata (Warnecke) 黑岛尺蛾东北亚种，阴黑岛尺蛾
Melanthia procellata inquinata Butler [clematis looper] 黑岛尺蛾日本亚种，铁线莲尺蠖，茵黑岛尺蛾
Melanthia procellata procellata (Denis *et* Schiffermüller) 黑岛尺蛾指名亚种
Melanthia procellata szechuanensis (Wehrli) 黑岛尺蛾四川亚种，大串珠波尺蛾，川黑岛尺蛾
Melantho tigerwing [*Thyridia psidii* (Linnaeus)] 窗绡蝶
Melanthoides 拟黑叩甲属
Melanthoides partitus Candèze 帕拟黑叩甲
melanthripid 1. [= melanthripid thrips] 黑蓟马 < 黑蓟马科 Melanthripidae 昆虫的通称 >; 2. 黑蓟马科的
melanthripid thrips [= melanthripid] 黑蓟马
Melanthripidae 黑蓟马科 < 此科学名有误写为 Melanothripidae 者 >
Melanthripinae 黑蓟马亚科
Melanthrips 黑蓟马属
Melanthrips fuscus (Sulzer) 内凸黑蓟马
Melanthrips gracilicornis Maltback 同 *Melanthrips fuscus*
Melanthrips pallidior Priesner 基白黑蓟马
Melanthrips sudanensis Priesner 苏丹黑蓟马
Melanthrips trifasciatus Priesner 三带黑蓟马
Melanum 髭角秆蝇属
Melanum laterale (Haliday) 髭角秆蝇，黑背髭角秆蝇，髭黑秆蝇
melaphaea euselasia [*Euselasia melaphaea* (Hübner)] 墨纹优蚬蝶
Melaphidini 倍蚜族
Melaphis 棓蚜属
Melaphis chinensis Bell 见 *Schlechtendalia chinensis*
Melaphis internedius (Matsumura) 同 *Schlechtendalia chinensis*
Melaphis paitan Tsai *et* Tang 见 *Schlechtendalia peitan*
Melaphis rhois (Fitch) [staghorn sumac aphid, sumac gall aphid] 北美棓蚜，北美五倍子蚜
Melapia 拟三角夜蛾属
Melapia electaria (Butler) 选拟三角夜蛾，拟三角夜蛾
Melapia kishidai Sugi 奇拟三角夜蛾
Melasidae [= Eucnemidae] 隐唇叩甲科，隐唇叩头科，隐唇叩头甲科，伪叩头虫科
Melasina energa Meyrick 见 *Typhonia energa*
Melasina pinguis Meyrick 见 *Compsoctena pinguis*
Melasis 美隐唇叩甲属

Melasis sinensis Lucht 华美隐唇叩甲
Melasis tibialis Lucht 胫美隐唇叩甲
Melasoma populi (Linnaeus) 见 *Chrysomela populi*
Melasoma tremulae (Fabricius) 见 *Chrysomela tremulae*
Melasomida californica (Rogers) 见 *Plagiodera californica*
Melastrongygaster 黑寄蝇属
Melastrongygaster atrata Shima 暗黑寄蝇
Melastrongygaster chaoi Shima 赵氏黑寄蝇
Melastrongygaster fuscipennis Shima 褐翅黑寄蝇
Melaxumia 漠鳖甲属
Melaxumia angulosa (Gebler) 角漠鳖甲
Melcha 媚姬蜂属
Melcha albomaculata Cameron 白斑媚姬蜂
Melcha hyalinis Cameron 同 *Melcha albomaculata*
Melcha lemae Sonan 同 *Goryphus basilaris*
Melea 蜜条蜂亚属
Meleager's blue [*Polyommatus daphnis* (Denis *et* Schiffermüller)] 蓝蜜眼灰蝶
Melecta 毛斑蜂属，毛斑蜂亚属
Melecta luctuosa (Scopoli) [square-spotted mourning bee] 方斑毛斑蜂
Melecta* (*Melecta*) *chinensis Cockerell 中国毛斑蜂
Melecta* (*Melecta*) *duodecimmaculata (Rossi) 十二毛斑蜂
Melecta* (*Melecta*) *emodi Baker 喜马拉雅毛斑蜂
Melecta soederbomi Alfken 索氏毛斑蜂
melectid 1. [= melectid bee] 毛斑蜂，琉璃蜂 < 毛斑蜂科 Melectidae 昆虫的通称 >；2. 毛斑蜂科的
melectid bee [= melectid] 毛斑蜂，琉璃蜂
Melectidae 毛斑蜂科，琉璃蜂科
Melectini 毛斑蜂族
Melegena 缍腿瘦天牛属
Melegena cyanea Pascoe 蓝棒缍腿瘦天牛
Melegena diversipes Pic 红角缍腿瘦天牛
Melegena fulva Pu 褐锤腿瘦天牛
Meleoma 旱草蛉属
Meleoma dolicharthra (Navás) 蚜旱草蛉
Meleoma emuncta (Fitch) 抗蚁旱草蛉
Meleoma schwarzi (Banks) 施氏旱草蛉
Meleoma signoretti Fitch 泰加林南缘旱草蛉
Meleonoma 模尖蛾属
Meleonoma apicispinata Wang 端刺模尖蛾，端刺模织蛾
Meleonoma echinata Li 刺模尖蛾
Meleonoma facialis Li *et* Wang 面模尖蛾
Meleonoma foliata Li 叶模尖蛾
Meleonoma malacognatha Li *et* Wang 软颚模尖蛾
Meleonoma margisclerotica Wang 骨缘模尖蛾，骨缘模织蛾
Meleonoma pardalias Meyrick 帕枚谷蛾
Meleonoma polychaeta Li 毛模尖蛾
Melete 酪粉蝶属
Melete boliviana (Fruhstorfer) 玻利维亚酪粉蝶
Melete caesarea Fruhstorfer 恺撒酪粉蝶
Melete florinda (Butler) 花酪粉蝶
Melete isandra (Boisduval) 伊桑酪粉蝶
Melete laria (Felder *et* Felder) 拉丽亚酪粉蝶
Melete lenoris (Reakirt) 莱诺酪粉蝶
Melete leucadia Felder *et* Felder 白酪粉蝶
Melete leucanthe Felder *et* Felder 白花酪粉蝶
Melete lycimnia (Cramer) [common melwhite, primrose flag, lycimnia white flag] 指名酪粉蝶
Melete nigricosta (Joicey *et* Rosenberg) 黑脉酪粉蝶
Melete palaestra (Höpffer) 帕拉酪粉蝶
Melete pantopora (Hübner) 孔酪粉蝶
Melete peruviana (Lucas) 秘鲁酪粉蝶
Melete polyhymnia (Felder *et* Felder) 波丽酪粉蝶
Melete salacia Godart 酪粉蝶
melezitose [= melizitose] 松三糖
meliaceae shoot borer 1. [= mahogany shoot-borer, *Hypsipyla grandella* (Zeller)] 桃花心楝斑螟，桃花心木斑螟；2. [= cedar tip moth, cedar shoot borer, mahogany shoot-borer, red cedar tip moth, *Hypsipyla robusta* (Moore)] 粗壮楝斑螟，柚木梢斑螟，麻楝蛀斑螟，桃花心木芽斑螟
Meliana 媒夜蛾属
Meliana stenoptera Staudinger 狭翅媒夜蛾
melibiose 蜜二糖
meliboea duskywing [= scarce duskywing, *Anastrus meliboea* (Godman *et* Salvin)] 美安弄蝶
meliboeus swordtail [= redline doctor, *Ancyluris meliboeus* (Fabricius)] 弧曲蚬蝶
Meliboeus 缘吉丁甲属，缘吉丁属，枚吉丁甲属，细矮吉丁虫属
Meliboeus anticerugosus Obenberger 粗翅缘吉丁甲，粗翅缘吉丁，恩枚吉丁甲，恩脊胸吉丁
Meliboeus arrowi Bourgoin 箭头缘吉丁甲，箭头缘吉丁
Meliboeus aurofasciatus (Saunders) 金带缘吉丁甲，金带缘吉丁
Meliboeus belzebuth Obenberger 倍缘吉丁甲，倍枚吉丁甲，倍脊胸吉丁
Meliboeus bilyi (Ohmomo *et* Akiyama) 比利缘吉丁甲，比利缘吉丁，比利枚吉丁甲，比利细矮吉丁虫，比脊胸吉丁
Meliboeus birmicola Obenberger 蓝翅缘吉丁甲，蓝翅枚吉丁甲，蓝翅脊胸吉丁
Meliboeus chinensis Obenberger 中华缘吉丁甲，中华缘吉丁，华枚吉丁甲，华枚吉丁
Meliboeus convexithorax Obenberger 突胸缘吉丁甲，突胸缘吉丁，凸胸枚吉丁甲，凸胸脊胸吉丁
Meliboeus cupreomarginatus (Saunders) 金边缘吉丁甲，金边缘吉丁
Meliboeus cupricollis Saunders 见 *Nalanda cupricollis*
Meliboeus fokienicus Obenberger 福建缘吉丁甲，福建枚吉丁甲，闽脊胸吉丁
Meliboeus formosanus Obenberger 台湾缘吉丁甲，台湾缘吉丁，蓬莱枚吉丁甲，蓬莱细矮吉丁虫，台脊胸吉丁
Meliboeus hideoi (Ohmomo *et* Akiyama) 英生缘吉丁甲，秀氏缘吉丁，英生枚吉丁甲，英生氏细矮吉丁虫，稀脊胸吉丁
Meliboeus komiyai (Ohmomo *et* Akiyama) 小宫缘吉丁甲，小宫枚吉丁甲，小宫氏细矮吉丁虫，柯脊胸吉丁
Meliboeus kurosawanus (Ohmomo *et* Akiyama) 黑泽缘吉丁甲，黑泽枚吉丁甲，黑泽细矮吉丁虫，库脊胸吉丁
Meliboeus lagerstraemiae (Ohmomo *et* Akiyama) 突缘吉丁甲，突缘吉丁，宽胸枚吉丁甲，宽胸细矮吉丁虫，拉脊胸吉丁
Meliboeus mandarinus Obenberger 黑翅缘吉丁，黑翅缘吉丁
Meliboeus nigroscutellatus Obenberger 亮蓝缘吉丁甲，亮蓝缘吉丁，黑盾枚吉丁甲，黑盾脊胸吉丁

Meliboeus niisatoi (Ohmomo *et* Akiyama) 新里缘吉丁甲，新里枚吉丁甲，新里氏细矮吉丁虫，新里脊胸吉丁
Meliboeus ohbayashii (Kurosawa) 大林氏缘吉丁甲，大林氏缘吉丁
Meliboeus pentacallosus (Ohmomo *et* Akiyama) 锐纹缘吉丁甲，锐纹缘吉丁，瘤点枚吉丁甲，瘤点细矮吉丁虫，品脊胸吉丁
Meliboeus potanini Obenberger 珀氏缘吉丁甲，珀氏缘吉丁，泊氏枚吉丁甲，坡脊胸吉丁
Meliboeus primoriensis Alexeev 核桃缘吉丁甲，核桃缘吉丁
Meliboeus princeps Obenberger 紫色缘吉丁甲，紫色缘吉丁，主枚吉丁甲，主脊胸吉丁
Meliboeus purpureicollis Théry 紫缘吉丁甲，紫枚吉丁甲，紫脊胸吉丁
Meliboeus pygmaeolus Obenberger 臀缘吉丁甲，臀枚吉丁甲，臀脊胸吉丁
Meliboeus rutilicollis Obenberger 金胸缘吉丁甲
Meliboeus rutilicollis rutilicollis Obenberger 金胸缘吉丁甲指名亚种
Meliboeus rutilicollis ryukyuensis (Kurosawa) 金胸缘吉丁甲琉球亚种
Meliboeus semenoviellus Obenberger 铜绿缘吉丁甲，铜绿缘吉丁，薛枚吉丁甲，薛脊胸吉丁
Meliboeus shimomurai (Ohmomo *et* Akiyama) 深紫缘吉丁甲，深紫缘吉丁，下村枚吉丁甲，下村氏细矮吉丁虫，希脊胸吉丁
Meliboeus sinae Obenberger 华夏缘吉丁甲，华夏缘吉丁，中华枚吉丁甲，中华脊胸吉丁
Meliboeus solinghoanus Obenberger 尖头缘吉丁甲，尖头缘吉丁，索枚吉丁甲，索脊胸吉丁
Meliboeus suzukii (Ohmomo *et* Akiyama) 铃木缘吉丁甲，铃木缘吉丁，铃木枚吉丁甲，铃木氏细矮吉丁虫，苏脊胸吉丁
Meliboeus takashii (Ohmomo *et* Akiyama) 圈胸缘吉丁甲，圈胸缘吉丁，高桥枚吉丁甲，高桥氏细矮吉丁虫，塔脊胸吉丁
Meliboeus toyamai (Ohmomo *et* Akiyama) 富山缘吉丁甲，富山缘吉丁，富山枚吉丁甲，富山氏细矮吉丁虫，托脊胸吉丁
Meliboeus transverserugatus Obenberger 横纹缘吉丁甲，横纹缘吉丁，横皱枚吉丁甲，横皱脊胸吉丁
Meliboeus vitalisi Bourgoin 维塔利缘吉丁甲，维塔利缘吉丁
Meliboeus wenigi Obenberger 文氏缘吉丁甲，文氏缘吉丁
Meliboeus yunnanus Kerremans 云南缘吉丁甲，云南枚吉丁甲，滇脊胸吉丁
melicertes skipper [= melicertes spreadwing, *Potamanaxas melicertes* Godman *et* Salvin] 蜜河衬弄蝶
melicertes spreadwing 见 melicertes skipper
Melicharella 梅氏角蝉属
Melicharella inferna Emeljanov 梅氏角蝉
Melicharia 美蛾蜡蝉属
Melicharia huangi Chou *et* Lu 黄氏美蛾蜡蝉
Melichariella 梅氏叶蝉属
Melichariella formosana Matsumura 台湾梅氏叶蝉
Melicius 魅朽木象甲属
Melicius cylindrus (Boheman) 圆魅朽木象甲，圆魅朽木象
Melicius vossi (Osella) 沃氏魅朽木象甲，沃弗罗象
Melieria 蜜斑蝇属，密斑蝇属
Melieria cana (Loew) 卡那蜜斑蝇
Melieria immaculata Becker 矮斑蜜斑蝇，隐斑密斑蝇
Melieria laevipunctata Becker 同 *Melieria obscuripes*
Melieria latigenis Hendel 侧生蜜斑蝇
Melieria limpidipennis Becker 污羽蜜斑蝇，缘翅密斑蝇
Melieria obscuripes (Loew) 暗蜜斑蝇，褐足密斑蝇
Melieria occulta Becker 后蜜斑蝇，眼斑密斑蝇
Melieria omissa (Meigen) 松蜜斑蝇
Meligethes 菜花露尾甲属
Meligethes abditus Audisio, Jelínek *et* Cooter 远菜花露尾甲
Meligethes aeneus (Fabricius) 见 *Brassicogethes aeneus* <*Meligethes aeneus* (Fabricius) 有误写为 *Meligethes seneus* (Fabricius) 者>
Meligethes affinis Jelínek 邻菜花露尾甲
Meligethes alani Kirejtshuk 艾伦菜花露尾甲
Meligethes ancestor Kirejtshuk 安菜花露尾甲
Meligethes argentithorax Audisio, Sabatelli *et* Jelínek 银胸菜花露尾甲
Meligethes atratus (Olivier) 红足菜花露尾甲
Meligethes audisioi Jelínek 奥氏菜花露尾甲
Meligethes aurantirugosus Audisio, Sabatelli *et* Jelínek 毛鞘菜花露尾甲
Meligethes aureolineatus Audisio, Sabatelli *et* Jelínek 金线菜花露尾甲
Meligethes auricomus Rebmann 金菜花露尾甲
Meligethes aurifer Audisio, Sabatelli *et* Jelínek 金绒菜花露尾甲
Meligethes auripilis Reitter 金毛菜花露尾甲
Meligethes auropilosus Liu, Yang, Huang, Jelínek *et* Audisio 毛菜花露尾甲
Meligethes aurorugosus Liu, Yang, Huang, Jelínek *et* Audisio 皱菜花露尾甲
Meligethes binotatus Grouvelle 双斑菜花露尾甲
Meligethes bocaki Audisio *et* Jelínek 博氏菜花露尾甲
Meligethes bourdilloni Easton 鲍氏菜花露尾甲
Meligethes brassicogethoides Audisio, Sabatelli *et* Jelínek 长菜花露尾甲
Meligethes brevipilus Kirejtshuk 同 *Meligethes auripilis*
Meligethes castanescens Grouvelle 栗色菜花露尾甲
Meligethes chinensis Kirejtshuk 华菜花露尾甲
Meligethes chlorocupreus Audisio, Jelínek *et* Cooter 铜绿菜花露尾甲
Meligethes cinereoargenteus Audisio, Sabatelli *et* Jelínek 银灰菜花露尾甲
Meligethes circularis Sahlberg 圆菜花露尾甲
Meligethes clinei Audisio, Sabatelli *et* Jelínek 克氏菜花露尾甲
Meligethes conjungens Grouvelle 连菜花露尾甲
Meligethes coracinus Sturm 污黑菜花露尾甲
Meligethes cyaneus Easton 蓝菜花露尾甲
Meligethes denticulatus (Heer) 齿菜花露尾甲
Meligethes denticulatus denticulatus (Heer) 齿菜花露尾甲指名亚种
Meligethes denticulatus honshuensis Easton 同 *Meligethes denticulatus denticulatus*
Meligethes devillei Grouvelle 德氏菜花露尾甲
Meligethes difficilis (Heer) 异菜花露尾甲
Meligethes difficiloides Audisio, Jelínek *et* Cooter 类异菜花露尾甲
Meligethes dilutipes Easton 粗腿菜花露尾甲
Meligethes elytralis Audisio, Sabatelli *et* Jelínek 叶鞘菜花露尾甲

Meligethes ferrugineus Reitter 锈菜花露尾甲
Meligethes ferruginoides Audisio, Sabatelli *et* Jelínek 类锈菜花露尾甲
Meligethes flavicollis Reitter 黄胸菜花露尾甲，黄菜花露尾甲
Meligethes flavimanus Stephens 黄足菜花露尾甲
Meligethes gagathinus Erichson 大菜花露尾甲
Meligethes hammondi Kirejtshuk 优雅菜花露尾甲，哈菜花露尾甲
Meligethes henan Audisio, Sabatelli *et* Jelínek 河南菜花露尾甲
Meligethes honshuensis Easton 同 *Meligethes denticulatus*
Meligethes initialis Kirejtshuk 阴菜花露尾甲
Meligethes kasparyani Kirejtshuk 卡氏菜花露尾甲
Meligethes lloydi Easton 劳氏菜花露尾甲
Meligethes luteoornatus Audisio, Sabatelli *et* Jelínek 黄饰菜花露尾甲
Meligethes lutra Solsky 獭菜花露尾甲
Meligethes macrofemoratus Liu, Yang, Huang, Jelínek *et* Audisio 粗股菜花露尾甲
Meligethes marmota Audisio, Sabatelli *et* Jelínek 山地菜花露尾甲
Meligethes martes Audisio, Sabatelli *et* Jelínek 貂菜花露尾甲
Meligethes matronalis Audisio *et* Spornkraft 芥菜花露尾甲
Meligethes maurus Sturm 暗菜花露尾甲
Meligethes melleus Grouvelle 中亚菜花露尾甲
Meligethes merkli Kirejtshuk 默氏菜花露尾甲
Meligethes mikado Reitter 深山菜花露尾甲
Meligethes morosus Erichson 莫菜花露尾甲
Meligethes nakanei Easton 中根菜花露尾甲
Meligethes nepalensis Easton 尼菜花露尾甲
Meligethes nigroaeneus Audisio, Sabatelli *et* Jelínek 暗铜菜花露尾甲
Meligethes nitidicollis Reitter 滑菜花露尾甲
Meligethes nivalis Audisio, Sabatelli *et* Jelínek 高山菜花露尾甲
Meligethes occultus Audisio, Sabatelli *et* Jelínek 隐菜花露尾甲
Meligethes pallidoelytrorum Chen *et* Kirejtshuk 淡翅菜花露尾甲
Meligethes pectoralis Rebmann 胸菜花露尾甲
Meligethes pedicularius (Gyllenhal) 柄菜花露尾甲
Meligethes polyedricus Lin, Chen, Huang *et* Yang 角茎菜花露尾甲
Meligethes potanini Kirejtshuk 坡菜花露尾甲
Meligethes praetermissus Easton 普菜花露尾甲
Meligethes pseudochinensis Audisio, Sabatelli *et* Jelínek 类华菜花露尾甲
Meligethes pseudopectoralis Audisio, Sabatelli *et* Jelínek 类胸菜花露尾甲
Meligethes quadridens Förster 四齿菜花露尾甲
Meligethes reitteri Schilsky 雷氏菜花露尾甲
Meligethes sadanarii Hisamatsu 萨氏菜花露尾甲
Meligethes schuelkei Audisio, Sabatelli *et* Jelínek 舒氏菜花露尾甲
Meligethes scrobescens Chen, Lin, Huang *et* Yang 粗菜花露尾甲
Meligethes semenovi Kirejtshuk 谢氏菜花露尾甲
Meligethes serripes (Gyllenhal) 齿腿菜花露尾甲
Meligethes shirakii Hisamatsu 素木菜花露尾甲
Meligethes shirozui Hisamatsu 同 *Meligethes wagneri*
Meligethes simillimus Kirejtshuk 类菜花露尾甲
Meligethes simulator Audisio, Sabatelli *et* Jelínek 仿菜花露尾甲
Meligethes stenotarsus Audisio, Sabatelli *et* Jelínek 窄跗菜花露尾甲
Meligethes subater Kirejtshuk 黑菜花露尾甲
Meligethes subrugosus Gyllenhal 微皱菜花露尾甲
Meligethes sulcatus Brisout de Barneville 沟菜花露尾甲
Meligethes tilmani Easton 缇氏菜花露尾甲
Meligethes topali Kirejtshuk 陶氏菜花露尾甲
Meligethes torquatus Jelínek 台湾菜花露尾甲
Meligethes transmissus Kirejtshuk 特菜花露尾甲
Meligethes transmutatus Grouvelle 同 *Meligethes vulpes*
Meligethes tryznai Audisio, Sabatelli *et* Jelínek 特氏菜花露尾甲
Meligethes violaceus Reitter 紫菜花露尾甲
Meligethes viridescens (Fabricius) 泛绿菜花露尾甲
Meligethes volkovichi Audisio, Sabatelli *et* Jelínek 沃氏菜花露尾甲
Meligethes vulpes Solsky 狡菜花露尾甲
Meligethes wagneri Rebmann 瓦菜花露尾甲
Meligethes xenogynus Audisio, Sabatelli *et* Jelínek 黄褐菜花露尾甲
Meligethes yak Liu, Yang, Huang, Jelínek *et* Audisio 西藏菜花露尾甲
Meligethes zakharenkoi Kirejtshuk 同 *Meligethes shirakii*
Meligethinae 访花露尾甲亚科
Melinaea 苹绡蝶属
Melinaea comma Forbes 阔翅苹绡蝶
Melinaea ethra (Godart) 橙纹苹绡蝶
Melinaea lilis (Doubleday *et* Hewitson) [mimic tigerwing] 黑缘苹绡蝶
Melinaea ludovica (Cramer) 黄带苹绡蝶
Melinaea maelus Hewitson 花纹苹绡蝶
Melinaea maenius Hewitson 美妮苹绡蝶
Melinaea marsaeus (Hewitson) 美色苹绡蝶
Melinaea mediatrix (Weymer) 协和苹绡蝶
Melinaea menophilus (Hewitson) [Hewitson's tiger] 白条苹绡蝶
Melinaea messatis (Hewitson) 美莎苹绡蝶
Melinaea messenina (Felder) 美森苹绡蝶
Melinaea mnasias Hewitson 美诺苹绡蝶
Melinaea mneme (Linnaeus) 美女苹绡蝶
Melinaea mnemopsis Bergsträsser 美丽苹绡蝶
Melinaea mneophilus Hewitson 红裙苹绡蝶
Melinaea scylax (Salvin) [scylax tigerwing] 横纹苹绡蝶
Melinda 蜗蝇属
Melinda apicihamata Feng *et* Xue 端钩蜗蝇
Melinda cognata (Meigen) 宽叶蜗蝇
Melinda dasysternita Chen, Deng *et* Fan 见 *Nepalonesia dasysternita*
Melinda gentilis Robineau-Desvoidy 锥叶蜗蝇
Melinda gibbosa Chen, Deng *et* Fan 见 *Nepalonesia gibbosa*
Melinda gonggashanensis Chen *et* Fan 见 *Nepalonesia gonggashanensis*
Melinda io (Kurahashi) 钝叶蜗蝇
Melinda itoi Kôno 兰屿蜗蝇
Melinda maai Kurahashi 闽北蜗蝇
Melinda nigra (Kurahashi) 黑蜗蝇
Melinda nigrella Chen, Li *et* Zhang 见 *Nepalonesia nigrella*
Melinda nitidapex (Villeneuve) 彩端裸变蜗蝇，彩端裸变丽蝇
Melinda pusilla (Villeneuve) 白南蜗蝇，黄足裸变丽蝇
Melinda septentrionalis Xue 北方蜗蝇

Melinda sichuanica Qian *et* Feng 四川蜗蝇
Melinda tribulis (Villeneuve) 三尖蜗蝇，三尖裸变丽蝇
Melinda viridicyanea (Robineau-Desvoidy) [dark-palped melinda] 蓝绿蜗蝇，宽叶蜗蝇
Melinda yunnanensis Fan, Chen *et* Li 云南蜗蝇
Meliniella 拟缘花蝇属
Meliniella bisinuata (Tiensuu) 双曲拟缘花蝇
Meliniella griseifrons (Séguy) 凹凸拟缘花蝇
Meliniella spatuliforceps Fan *et* Chu 匙叶拟缘花蝇
melino metalmark [*Caria melon* Dyar] 美隆咖蚬蝶
Melinomyia 突头缟蝇属，粟缟蝇属
Melinomyia flava Kertész 黄突头缟蝇，黄粟缟蝇，黄色缟蝇，黄枚缟蝇
Melioidae [= Meloidae, Lyttidae] 芫菁科，地胆科
meliphagous [= meliphagus] 食蜜的
meliphagus 见 meliphagous
Melipona 麦蜂属
Melipona quadrifasciata Peletier [Mandacaia bee] 四带麦蜂
Meliponini 麦蜂族
Melisandra foveifrons Thomson 勿忘草叶蜂
Meliscaeva 狭腹蚜蝇属，狭腹食蚜蝇属，准带食蚜蝇属，蜂蚜蝇属
Meliscaeva abdominalis (Sack) 狭腹食蚜蝇，肚腹蚜蝇
Meliscaeva cinctella (Zetterstedt) 黄带狭腹蚜蝇，黄带狭腹食蚜蝇，束腰蚜蝇
Meliscaeva cinctella cinctella (Zetterstedt) 黄带狭腹蚜蝇指名亚种
Meliscaeva cinctella formosana (Shiraki) 同 *Meliscaeva cinctella cinctella*
Meliscaeva cinctella taiwana (Shiraki) 见 *Meliscaeva taiwana*
Meliscaeva latifasciata Huo, Ren *et* Zheng 宽带狭腹蚜蝇
Meliscaeva monticola (de Meijere) 高山狭腹蚜蝇，高山狭腹食蚜蝇，高山蚜蝇
Meliscaeva sonami (Shiraki) 索那米狭腹蚜蝇，狭顶蚜蝇，狭顶食蚜蝇，楚南蚜蝇，巢南蚜蝇
Meliscaeva splendida Huo, Ren *et* Zheng 丽狭腹蚜蝇
Meliscaeva strigifrons (de Meijere) 条额狭腹蚜蝇，条额狭腹食蚜蝇，猫鹰蚜蝇
Meliscaeva taiwana (Shiraki) 台湾狭腹蚜蝇，台湾蚜蝇
Melisomimas metallica Hampson 雨树斑蛾
melissa arctic [*Oeneis melissa* (Fabricius)] 淡酒眼蝶，枚酒眼蝶
melissa blue [= orange-bordered blue, *Lycaeides melissa* (Edwards)] 苹果红珠灰蝶
Melissa's skipper [*Choranthus melissa* Gali] 玫潮弄蝶
Melissoblaptes lolotialis Caradja 见 *Aphomia lolotialis*
Melissoblaptes melli Caradja *et* Meyrick 见 *Aphomia melli*
Melissoblaptes pygmaealis (Caradja) 见 *Aphomia pygmaealis*
Melissodes 长角蜜蜂属
Melissopus latiferreanus (Walsingham) [filbert worm] 榛小卷蛾，榛小卷叶蛾
Melitaea 网蛱蝶属
Melitaea abyssinica Oberthür 阿比网蛱蝶
Melitaea acraeina (Staudinger) 珠网蛱蝶
Melitaea aetherie Hübner [aetherie fritillary] 埃网蛱蝶
Melitaea agar Oberthür 菌网蛱蝶
Melitaea agar agar Oberthür 菌网蛱蝶指名亚种，指名菌网蛱蝶
Melitaea agar baileyi Watkins 同 *Melitaea agar agar*
Melitaea agar yunnanensis Belter 菌网蛱蝶云南亚种，滇菌网蛱蝶
Melitaea ala Staudinger 阿拉网蛱蝶，阿狄网蛱蝶
Melitaea albescens orientalis Belter 见 *Timelaea albescens orientalis*
Melitaea alraschid Higgins 阿莱网蛱蝶
Melitaea ambigua Ménétriés 褐网蛱蝶，褐蜜蛱蝶，东北黄蜜蛱蝶
Melitaea ambrisia Higgins 雅网蛱蝶
Melitaea amitabha Belter 安网蛱蝶
Melitaea amoenula Felder 美网蛱蝶
Melitaea arcesia Bremer [blackvein fritillary] 阿尔网蛱蝶，弓网蛱蝶，阿网蛱蝶
Melitaea arcesia arcesia Bremer 阿尔网蛱蝶指名亚种
Melitaea arcesia irma Higgins 同 *Melitaea arcesia arcesia*
Melitaea arcesia kansuensis Nordström 阿尔网蛱蝶甘肃亚种，甘肃兰网蛱蝶
Melitaea arcesia minor Elwes 阿尔网蛱蝶小型亚种，小阿网蛱蝶
Melitaea arcesia rucephala Fruhstorfer 阿尔网蛱蝶天山亚种，卢阿网蛱蝶
Melitaea arcesia schansiensis Belter 阿尔网蛱蝶山西亚种，山西阿网蛱蝶
Melitaea arcesia sikkimensis Moore 阿尔网蛱蝶锡金亚种，锡金辛网蛱蝶
Melitaea arduinna (Esper) [Freyer's fritillary] 阿顶网蛱蝶，阿都网蛱蝶
Melitaea arduinna avinovi Sheljuzhko 见 *Melitaea avinovi*
Melitaea ascelis (Fabricius) 带网蛱蝶
Melitaea asteria Freyer [little fritillary] 小网蛱蝶，阿斯网蛱蝶
Melitaea asterioidea Staudinger 星网蛱蝶
Melitaea athalia (Rottemburg) [heath fritillary] 啊网蛱蝶，狼蛱蝶，黄蜜蛱蝶
Melitaea athalia athalia (Rottemburg) 啊网蛱蝶指名亚种
Melitaea athalia bathilda Fruhstorfer 同 *Melitaea ambigua*
Melitaea athalia niphona Butler 同 *Melitaea ambigua*
Melitaea athalia tincta Fruhstorfer 啊网蛱蝶丽饰亚种，饰啊网蛱蝶
Melitaea athene Staudinger 阿任网蛱蝶
Melitaea aurelia Nickel 见 *Mellicta aurelia*
Melitaea aurinia (Rottenburg) 见 *Euphydryas aurinia*
Melitaea aurinia mandschurica Staudinger 见 *Euphydryas aurinia mandschurica*
Melitaea aurinia sibirica Staudinger 见 *Euphydryas aurinia sibirica*
Melitaea avinovi Sheljuzhko 阿文网蛱蝶，亚阿都网蛱蝶
Melitaea baicalensis Bremer 草地网蛱蝶
Melitaea balba Evans 巴网蛱蝶
Melitaea balbina Tytler 罢网蛱蝶
Melitaea balbita Moore 布网蛱蝶
Melitaea bellona Leech 兰网蛱蝶
Melitaea bellona bellona Leech 兰网蛱蝶指名亚种
Melitaea bellona kansuensis Nordström 见 *Melitaea arcesia kansuensis*
Melitaea bellonides Belter 倍网蛱蝶
Melitaea bellonides astromarginata Belter 倍网蛱蝶灰缘亚种，灰缘倍网蛱蝶
Melitaea bellonides bellonides Belter 倍网蛱蝶指名亚种

Melitaea casta (Kollar) 卡网蛱蝶
Melitaea chitralensis Moore 铠网蛱蝶
Melitaea cinxia (Linnaeus) [Glanville fritillary] 庆网蛱蝶，网蛱蝶
Melitaea cinxia cinxia (Linnaeus) 庆网蛱蝶指名亚种
Melitaea cinxia tschujaca Seitz 庆网蛱蝶西北亚种，楚庆网蛱蝶
Melitaea collina Lederer 胶网蛱蝶
Melitaea consulis Wiltshire 坤网蛱蝶
Melitaea danieli Achtelik 达网蛱蝶
Melitaea deione (Geyer) [Provençal fritillary] 普罗网蛱蝶
Melitaea deserticola Oberthür [desert fritillary] 戴网蛱蝶
Melitaea diamina (Lang) [false-heath fritillary] 帝网蛱蝶，网蛱蝶
Melitaea diamina diamina (Lang) 帝网蛱蝶指名亚种
Melitaea diamina protomedia Ménétriés 见 *Melitaea protomedia*
Melitaea diamina regama Fruhstorfer 帝网蛱蝶华中亚种，华中网蛱蝶
Melitaea didyma (Esper) [spotted fritillary, red-band fritillary] 狄网蛱蝶
Melitaea didyma ala Staudinger 见 *Melitaea ala*
Melitaea didyma altaica Grum-Grshimailo 狄网蛱蝶阿尔泰亚种，阿尔泰狄网蛱蝶
Melitaea didyma didyma (Esper) 狄网蛱蝶指名亚种
Melitaea didyma eupatides Fruhstorfer 见 *Melitaea didymoides eupatides*
Melitaea didyma ishkashima (Sheljuzhko) 狄网蛱蝶阿伊什亚种，伊狄网蛱蝶
Melitaea didyma latonigera Eversmann 狄网蛱蝶阿新疆亚种，拉狄网蛱蝶
Melitaea didyma mandschurica Seitz 同 *Melitaea didymoides*
Melitaea didyma nadezhdae Sheljuzhko 狄网蛱蝶阿纳氏亚种，纳狄网蛱蝶
Melitaea didyma nigra Balestre 狄网蛱蝶阿黑色亚种
Melitaea didyma occidentalis Staudinger 狄网蛱蝶阿北方亚种
Melitaea didyma orientalis Herrich-Schäffer 狄网蛱蝶阿东方亚种
Melitaea didyma regama Fruhstorfer 见 *Melitaea protomedia regama*
Melitaea didyma wardi Watkins 同 *Melitaea agar*
Melitaea didyma yugakuana Matsumura 见 *Melitaea didymoides yugakuana*
Melitaea didymina Staudinger 迪网蛱蝶
Melitaea didymoides Eversmann 斑网蛱蝶
Melitaea didymoides didymoides Eversmann 斑网蛱蝶指名亚种
Melitaea didymoides eupatides Fruhstorfer 斑网蛱蝶甘肃亚种，尤网蛱蝶
Melitaea didymoides latonia Grum-Grshimailo 斑网蛱蝶新藏亚种，新藏斑网蛱蝶
Melitaea didymoides pekinensis Seitz 斑网蛱蝶北京亚种，北京斑网蛱蝶
Melitaea didymoides yugakuana Matsumura 斑网蛱蝶东北亚种，郁狄网蛱蝶
Melitaea elisabethae Avinoff 艾丽网蛱蝶，艾网蛱蝶
Melitaea enarea Fruhstorfar 艾娜网蛱蝶
Melitaea eupatides Fruhstorfer 见 *Melitaea didymoides eupatides*
Melitaea expressa Grum-Grshimailo 艾斯网蛱蝶
Melitaea fergana Staudinger 佛网蛱蝶
Melitaea fumarata Achtelik 阜网蛱蝶
Melitaea gabrielae Achtelik 噶网蛱蝶
Melitaea gina Higgins 积网蛱蝶
Melitaea infernalis Grum-Grshimailo 印费网蛱蝶
Melitaea interrupta Kolenati 引网蛱蝶
Melitaea jeholana Matsumura 热网蛱蝶
Melitaea jezabel Oberthür 黑网蛱蝶，耶辛网蛱蝶
Melitaea jitka Weiss *et* Major 吉网蛱蝶
Melitaea kotshubeji Sheljuzhko 磕网蛱蝶
Melitaea latonigeyna Eversmann 腊网蛱蝶
Melitaea leechi Alphéraky 黎氏网蛱蝶，李网蛱蝶
Melitaea lunulata Staudinger 月网蛱蝶
Melitaea lutko Evans 黄网蛱蝶
Melitaea maracandica Staudinger 麻网蛱蝶
Melitaea mimetica Higgins 模网蛱蝶
Melitaea minerva Staudinger 波缘网蛱蝶，迷网蛱蝶
Melitaea montium Beher 山网蛱蝶
Melitaea nekkana Matsumura 内网蛱蝶
Melitaea ninae Sheljuzhko 尼奈网蛱蝶
Melitaea pallas Staudinger 颤网蛱蝶
Melitaea persea Kollar 排网蛱蝶
Melitaea phoebe (Denis *et* Schiffermüller) [knapweed fritillary] 褐斑网蛱蝶，紫网蛱蝶，缶网蛱蝶
Melitaea phoebe alini Belter 褐斑网蛱蝶阿氏亚种，阿缶网蛱蝶
Melitaea phoebe changaica Bang-Haas 褐斑网蛱蝶蒙古亚种，尚缶网蛱蝶
Melitaea phoebe mandarina Seitz 褐斑网蛱蝶大陆亚种，大陆缶网蛱蝶
Melitaea phoebe phoebe (Denis *et* Schiffermüller) 褐斑网蛱蝶指名亚种
Melitaea phoebe scotosia Butler 见 *Melitaea scotosia*
Melitaea protomedia Ménétriés 西北网蛱蝶
Melitaea protomedia protomedia Ménétriés 西北网蛱蝶指名亚种
Melitaea protomedia regama Fruhstorfer 西北网蛱蝶华南亚种，瑞狄网蛱蝶
Melitaea pseudoala Sheljuzhko 伪网蛱蝶
Melitaea qinghaiensis Chou, Yuan *et* Zhang 青海网蛱蝶
Melitaea robertsi Butler [baluchi fritillary] 罗伯逊网蛱蝶
Melitaea romanovi Grum-Grshimailo 罗网蛱蝶
Melitaea sarvistana Wiltshire 塞网蛱蝶
Melitaea saxatilis Christoff 岩网蛱蝶
Melitaea scotosia Butler 大网蛱蝶，斯缶网蛱蝶
Melitaea scotosia butleri Higgins 大网蛱蝶东北亚种，东北大网蛱蝶
Melitaea scotosia scotosia Butler 大网蛱蝶指名亚种
Melitaea sebastiani Achtelik 瑟网蛱蝶
Melitaea shandura Evans 伞网蛱蝶
Melitaea sibina Alphéraky 月牙网蛱蝶，西网蛱蝶
Melitaea sindura Moore 华网蛱蝶，辛网蛱蝶
Melitaea sindura jezabel Oberthür 见 *Melitaea jezabel*
Melitaea sindura sikkimensis Moore 见 *Melitaea arcesia sikkimensis*
Melitaea sindura sindura Moore 华网蛱蝶指名亚种，指名辛网蛱蝶
Melitaea sindura solona Alphéraky 见 *Melitaea solona*
Melitaea sindura tibetana Fawcett 同 *Melitaea arcesia sikkimensis*
Melitaea sindura variegata Staudinger 见 *Melitaea turanica variegata*
Melitaea sindura yunnana Watkins 同 *Melitaea jezabel*

Melitaea solona Alphéraky 锁网蛱蝶，索辛网蛱蝶
Melitaea sutschana Staudinger 密点网蛱蝶
Melitaea transcaucasica Turati 弹网蛱蝶
Melitaea trivia (Denis *et* Schiffermüller) [lesser spotted fritillary] 提黄网蛱蝶
Melitaea tsonkapa Belter 崇网蛱蝶
Melitaea turanica Staudinger 土网蛱蝶
Melitaea turanica turanica Staudinger 土网蛱蝶指名亚种
Melitaea turanica variegata Staudinger 土网蛱蝶变异亚种，异辛网蛱蝶
Melitaea turkmanica Higgins 图网蛱蝶
Melitaea vedica Nekrutenko 纬网蛱蝶
Melitaea wiltshirei Higgins 韦氏网蛱蝶
Melitaea yuenty Oberthür 圆翅网蛱蝶
Melitaea yuenty batangensis Belter 圆翅网蛱蝶巴塘亚种，巴塘圆翅网蛱蝶
Melitaea yuenty yuenty Oberthür 圆翅网蛱蝶指名亚种
Melitaeinae 网蛱蝶亚科
Melitara dentata (Grote) [blue cactus borer, cactus moth, North American cactus moth] 仙人掌蓝斑螟
Melitta 准蜂属，毛脚花蜂属
Melitta borealis Wu 同 *Melitta* (*Cilissa*) *sibirica*
Melitta changmuensis Wu 樟木准蜂
Melitta* (*Cilissa*) *ezoana Yasumatsu *et* Hirashima 北海道准蜂
Melitta* (*Cilissa*) *fulvescenta Wu 黄红准蜂
Melitta* (*Cilissa*) *harrietae (Bingham) 喜马拉雅准蜂
Melitta* (*Cilissa*) *heilangkiangensis Wu 黑龙江准蜂
Melitta* (*Cilissa*) *japonica Yasumatsu *et* Hirashima 日本准蜂
Melitta* (*Cilissa*) *mongolica Wu 蒙古准蜂
Melitta* (*Cilissa*) *montana Wu 山准蜂
Melitta* (*Cilissa*) *nigrabdominalis Wu 黑腹准蜂
Melitta* (*Cilissa*) *sibirica (Morawitz) 西伯利亚准蜂
Melitta* (*Cilissa*) *thoracica (Radoszkowski) 黄胸准蜂
Melitta* (*Cilissa*) *tomentosa Friese 绒准蜂，毛准蜂
Melitta fulvescenta Wu 见 *Melitta* (*Cilissa*) *fulvescenta*
Melitta harrietae (Bingham) 见 *Melitta* (*Cilissa*) *harrietae*
Melitta heilungkiangensis Wu 见 *Melitta* (*Cilissa*) *heilangkiangensis*
Melitta leporina (Panzer) 苜蓿准蜂
Melitta melanura (Nylander) 黑准蜂
Melitta mongolica Wu 见 *Melitta* (*Cilissa*) *mongolica*
Melitta montana Wu 见 *Melitta* (*Cilissa*) *montana*
Melitta nigrabdominalis Wu 见 *Melitta* (*Cilissa*) *nigrabdominalis*
Melitta pseudotibetensis Wu 同 *Melitta* (*Cilissa*) *harrietae*
Melitta quinghaiensis Wu 同 *Melitta* (*Cilissa*) *sibirica*
Melitta sibirica (Morawitz) 见 *Melitta* (*Cilissa*) *sibirica*
Melitta sinensis Wu 同 *Melitta* (*Cilissa*) *ezoana*
Melitta sinkiangensis Wu 同 *Melitta leporina*
Melitta taishanensis Wu 同 *Melitta* (*Cilissa*) *japonica*
Melitta thoracica (Radoszkowski) 见 *Melitta* (*Cilissa*) *thoracica*
Melitta tibetensis Wu 同 *Melitta* (*Cilissa*) *harrietae*
Melitta tomentosa Frison 见 *Melitta* (*Cilissa*) *tomentosa*
Melitta tricincta Kirby 三带准蜂
Melittia 毛足透翅蛾属
Melittia bombyliformis (Cramer) 墨脱毛足透翅蛾，蜂虻毛足透翅蛾
Melittia cristata Arita *et* Gorbunov 冠毛足透翅蛾
Melittia cucurbitae (Harris) [squash vine borer] 南瓜藤毛足透翅蛾，南瓜藤透翅蛾
Melittia distinctoides Arita *et* Gorbunov 黑肩毛足透翅蛾
Melittia eurytion (Westwood) 柃毛足透翅蛾，尤毛足透翅蛾，欧毛足透翅蛾
Melittia formosana Matsumura 台毛足透翅蛾
Melittia fulvipes Kallies *et* Arita 金毛足透翅蛾
Melittia gigantea Moore 巨毛足透翅蛾
Melittia humerosa Swinhoe 同 *Melittia gigantea*
Melittia indica Butler 印度毛足透翅蛾
Melittia inouei Arita *et* Yata 神农毛足透翅蛾，井上毛足透翅蛾
Melittia japona Hampson 日毛足透翅蛾
Melittia proxima Le Cerf 近毛足透翅蛾
Melittia sangaica Moore 申毛足透翅蛾，上海毛足透翅蛾，僧袈毛足透翅蛾
Melittia taiwanensis Arita *et* Gorbunov 宝岛毛足透翅蛾
Melittia tao Liang *et* Hsu 陶毛足透翅蛾
melittid 1. [= melittid bee] 准蜂，毛脚花蜂 < 准蜂科 Melittidae 昆虫的通称 >；2. 准蜂科的
melittid bee [= melittid] 准蜂，毛脚花蜂
Melittidae 准蜂科，毛脚花蜂科
melittin 蜂毒肽，蜂毒溶血肽
Melittinae 准蜂亚科
Melittomma 枚筒蠹属
Melittomma cribricolle (Fairmaire) 同 *Hylecoetus dermestoides*
Melittomma sericeum (Harris) [chestnut timberworm] 栗枚筒蠹，栗筒蠹
Melitturga 拟地蜂属
Melitturga clavicornis (Latreille) 棒角拟地蜂
Melitturga mongolica Alfken 蒙古拟地蜂
Melixanthus 齿爪叶甲属，齿爪筒金花虫属
Melixanthus adamsi Baly 广州齿爪叶甲
Melixanthus assamensis Jacoby 粗刻齿爪叶甲，印齿爪叶甲
Melixanthus bimaculicollis Baly 凹股齿爪叶甲，双斑齿爪叶甲
Melixanthus birmanicus (Jacoby) 水柳齿爪叶甲
Melixanthus colon (Suffrian) 见 *Cryptocephalus colon*
Melixanthus columnarius Tan *et* Pu 桂纹齿爪叶甲
Melixanthus conspicuus (Weise) 见 *Cryptocephalus conspicuus*
Melixanthus discoderus (Fairmaire) 见 *Cryptocephalus discoderus*
Melixanthus discoidalis (Jacoby) 见 *Cryptocephalus discoidalis*
Melixanthus formosensis Chûjô 台湾齿爪叶甲，蓬莱齿爪筒金花虫
Melixanthus inaequalis Tan 歧斑齿爪叶甲
Melixanthus innotaticollis Pic 淡胸齿爪叶甲
Melixanthus laboissierei Pic 拉齿爪叶甲
Melixanthus leucographus Weise 见 *Cryptocephalus leucographus*
Melixanthus lingnanensis (Gressitt) 见 *Cryptocephalus lingnanensis*
Melixanthus longiscapus Tan *et* Pu 长柄齿爪叶甲
Melixanthus luridus (Motschulsky) 无斑齿爪叶甲
Melixanthus menglaensis Duan, Wang *et* Zhou 勐腊齿爪叶甲
Melixanthus minimus Gressitt 小齿爪叶甲，海南齿爪叶甲
Melixanthus moupinensis (Gressitt) 凹股齿爪叶甲
Melixanthus placidus Baly 柔齿爪叶甲
Melixanthus puncticollis Lopatin 刻胸齿爪叶甲

Melixanthus rufiventris Pic 淡红齿爪叶甲
Melixanthus siamensis Jacoby 泰国齿爪叶甲
Melixanthus similibimaculicollis Duan, Wang *et* Zhou 似凹股齿爪叶甲
Melixanthus subsimulans (Chen) 涡盾齿爪叶甲
Melixanthus tubu (Chûjô) 黄胸齿爪叶甲，吐齿爪叶甲，黄胸齿爪筒金花虫
Melixanthus yajiangensis Tan 雅江齿爪叶甲
melizitose [= melezitose] 松三糖
mella skipper [*Anatrytone mella* (Godman)] 玫阿弄蝶
Mellana 眉弄蝶属
Mellana clavus (Erichson) 眉弄蝶
Mellana eulogius (Plötz) [common mellana] 颂眉弄蝶
Mellana gala Godman *et* Salvin 佳拉眉弄蝶
Mellana helva Möschler 柄眉弄蝶
Mellana mexicana (Bell) [Mexican mellana] 墨西哥眉弄蝶
Mellana perfida Möschler 卑眉弄蝶
Mellana villa Evans 庄园眉弄蝶
Mellesis apicalis Shiraki 同 *Dacus* (*Callantra*) *nummularius*
Mellia granulata Schmidt 同 *Nacolus tuberculatus*
Melliacris 梅荔蝗属
Melliacris sinensis Ramme 中华梅荔蝗，中华梅蝗
Mellicta 蜜蛱蝶属
Mellicta alatauica (Staudinger) 爱蜜蛱蝶
Mellicta ambigua (Ménétriés) 见 *Melitaea ambigua*
Mellicta asteria (Freyer) 星蜜蛱蝶
Mellicta athalia (Rottemburg) 见 *Melitaea athalia*
Mellicta athalia ambigua (Ménétriés) 见 *Melitaea ambigua*
Mellicta aurelia (Nickerl) [Nickerl's fritillary] 奥蜜蛱蝶，奥网蛱蝶
Mellicta britomartis (Assmann) [Assmann's fritillary] 布蜜蛱蝶
Mellicta deione (Geyer) 多蜜蛱蝶
Mellicta dictynna Esper 网纹蜜蛱蝶
Mellicta dictynna dictynna Esper 网纹蜜蛱蝶指名亚种
Mellicta dictynna erycina (Lederer) 网纹蜜蛱蝶中朝亚种，中朝网纹蜜蛱蝶
Mellicta menetriesi (Caradja) 梅蜜蛱蝶
Mellicta parthenoides (Keferstein) [European meadow fritillary, meadow fritillary] 童女蜜蛱蝶
Mellicta plotina (Bremer) 黑蜜蛱蝶
Mellicta rebeli Wnukovsky 雷蜜蛱蝶
Mellicta rubra Chou, Yuan, Yin, Zhang *et* Chen 红蜜蛱蝶
Mellicta varia (Meyer-Dür) 变幻蜜蛱蝶
mellifera 产蜜者
melliferous 产蜜的
Melligomphus 弯尾春蜓属
Melligomphus ardens (Needham) 双峰弯尾春蜓，光钩尾春蜓
Melligomphus cataractus Chao *et* Liu 瀑布弯尾春蜓
Melligomphus dolus (Needham) 罗城弯尾春蜓
Melligomphus guangdongensis (Chao) 广东弯尾春蜓，广东蛇蚊春蜓
Melligomphus ludens (Needham) 无峰弯尾春蜓
mellinid 1. [= mellinid wasp] 结柄泥蜂，捕蝇蜂 <结柄泥蜂科 Mellinidae 昆虫的通称>；2. 结柄泥蜂科的
mellinid wasp [= mellinid] 结柄泥蜂，捕蝇蜂
Mellinidae 结柄泥蜂科，捕蝇蜂科
Mellinus 结柄泥蜂属，捕蝇蜂属
Mellinus arvensis (Linnaeus) 黑角结柄泥蜂
Mellinus crabroneus (Thunberg) 黄角结柄泥蜂
Mellinus obscurus Handlirsch 褐结柄泥蜂
melliphagous 食蜜的
Mellipora 枚跳甲属
Mellipora shirozui Chûjô 台湾枚跳甲
mellisugous 吸蜜的
Mellomyia inops Ulmer 见 *Lepidostoma inops*
Mellomyia opulenta Ulmer 见 *Lepidostoma opulentum*
mellona sister [*Adelpha melona* Hewitson] 果链悌蛱蝶
Melluerinae 扁螳螂亚科
Melobasini 澳吉丁族甲，澳吉丁族
Melobasis 澳吉丁甲属，澳吉丁属，姬艳吉丁甲属，姬艳吉丁属
Melobasis taiwanensis Hattori *et* Ong 台湾澳吉丁甲，台湾澳吉丁，台湾姬艳吉丁甲，台湾姬艳吉丁 <此种学名有误写为 *Melobasis taiwania* Hattori *et* Ong 者>
Meloboris 治蠋姬蜂属
Meloboris collector (Thunberg) 山西治蠋姬蜂
Meloboris pictipes Kokujev 同 *Meloboris collector*
melocephalic 拟下口式的 <前向的下口式的>
Meloe 短翅芫菁属，地胆属
Meloe alashana Kaszab 阿拉善短翅芫菁，阿毛短翅芫菁
Meloe asperatus Tan 额窝短翅芫菁
Meloe auriculatus Marseul 耳角短翅芫菁，耳节短翅芫菁
Meloe autumnalis Olivier 细刻短翅芫菁
Meloe brevicollis Panzer 阔胸短翅芫菁，短翅芫菁
Meloe calida Pallas 见 *Mylabris calida*
Meloe centripubens Reitter 毛斑短翅芫菁，斑毛短翅芫菁
Meloe cicatricosus Leach 疤短翅芫菁，方瘤短翅芫菁
Meloe cichorii Linnaeus 见 *Hycleus cichorii*
Meloe coarctatus Motschulsky 密点短翅芫菁，紫短翅芫菁
Meloe corvinus Marseul [round-necked blister beetle] 圆胸短翅芫菁，圆颈短翅芫菁，圆颈绿芫菁，圆颈芫菁
Meloe elegantulus Semenov *et* Arnoldi 丽短翅芫菁，长短翅芫菁
Meloe erythrocnemus Pallas 红足沟短翅芫菁
Meloe formosensis Miwa 台湾短翅芫菁，台短翅芫菁，台湾地芫菁
Meloe franciscanus Van Dyke 蜂携芫菁
Meloe gracilior Fairmaire 纤细短翅芫菁，凸胸短翅芫菁，格短翅芫菁
Meloe lederi Reitter 雷氏胸短翅芫菁，勒短翅芫菁
Meloe lobatus Gebler 叶裂短翅芫菁，罗短翅芫菁
Meloe lobicollis Fairmaire 叶胸短翅芫菁，直胸短翅芫菁，叶短翅芫菁
Meloe longipennis Fairmaire 长茎短翅芫菁，长翅短翅芫菁
Meloe medogensis Tan 墨脱短翅芫菁
Meloe menoko Kôno 肾角短翅芫菁
Meloe modestus Fairmaire 隆背短翅芫菁
Meloe patellicornis Fairmaire 碟角短翅芫菁，帕短翅芫菁
Meloe poteli Fairmaire 波氏短翅芫菁，坡短翅芫菁
Meloe proscarabaeus Linnaeus 曲角短翅芫菁，曲角绿芫菁
Meloe scabrus Pan *et* Ren 粗糙短翅芫菁
Meloe semenowi Jakowlew 赛氏短翅芫菁

M

Meloe servulus Bates 双凹短翅芫菁，凹胸短翅芫菁，塞短翅芫菁
Meloe subcordicollis Fairmaire 心胸短翅芫菁
Meloe tarsalis Jakovlev 黄跗短翅芫菁
Meloe tuccius Rossi 皱短翅芫菁
Meloe variegatus Donovan [variegated oil beetle, speckled oil beetle] 斑驳短翅芫菁，斑杂短翅芫菁，杂亮短翅芫菁
Meloe variegatus mandzhuricus Pliginskij 斑杂短翅芫菁东北亚种，东北变短翅芫菁
Meloe variegatus variegatus Donovan 斑杂短翅芫菁指名亚种
Meloegonius 方胸短翅芫菁亚属
Meloehelea 刺甲蠓亚属
meloid 1. [= meloid beetle, blister beetle] 芫菁 <芫菁科 Meloidae 昆虫的通称>；2. 芫菁科的
meloid beetle [= meloid, blister beetle] 芫菁
meloid-mimicking jewel beetle [*Agelia petelii* (Gory)] 佩氏拟芫菁吉丁甲，拟芫菁吉丁
Meloidae [= Melioidae, Lyttidae] 芫菁科，地胆科
Meloimorpha 墨钟蟋属
Meloimorpha japonica (de Haan) [bell cricket, bell-ring cricket, gold bell] 日本墨钟蟋，日本钟蟋
Meloimorpha japonica japonica (de Haan) 日本墨钟蟋指名亚种
Meloimorpha japonica yunnanensis (Yin) 日本墨钟蟋云南亚种，云南钟蟋
Meloimorpha yunnanensis (Yin) 见 *Meloimorpha japonica yunnanensis*
Meloinae 芫菁亚科，地胆亚科
Meloini 短翅芫菁族
Melolontha 鳃金龟甲属
Melolontha afflicta Ballion [March chafer, March beetle] 胖鳃金龟甲
Melolontha albidiventris Fairmaire 同 *Tocama rubiginosa*
Melolontha albopruinosa Fairmaire 白霜鳃金龟甲，白霜鳃金龟
Melolontha chinensis (Guérin-Méneville) 中华鳃金龟甲，华胸突鳃金龟
Melolontha costata Nonfried 缘鳃金龟甲，缘鳃金龟
Melolontha costipennis Fairmaire 肋翅鳃金龟甲，肋翅鳃金龟
Melolontha cuprescens Blanchard 铜色鳃金龟甲，铜色鳃金龟
Melolontha davidis Fairmaire 达鳃金龟甲，达胸突鳃金龟
Melolontha formosana Yu, Kobayashi *et* Chu 见 *Tocama formosana*
Melolontha frater Arrow 弟兄鳃金龟甲，弟兄鳃金龟
Melolontha frater frater Arrow 弟兄鳃金龟甲指名亚种
Melolontha frater taiwana Nomura 同 *Melolontha taihokuensis*
Melolontha fuliginosa Fairmaire 见 *Exolontha fuliginosa*
Melolontha furcicauda Ancey 叉尾鳃金龟甲，叉尾鳃金龟
Melolontha hippocastani Fabricius [forest cockchafer, northern cockchafer, chestnut cockchafer, cockchafer] 大栗鳃金龟甲，大栗鳃金龟
Melolontha hippocastani hippocastani Fabricius 大栗鳃金龟甲指名亚种
Melolontha hippocastani mongolica Ménétriés 大栗鳃金龟甲蒙古亚种，蒙古大栗鳃金龟
Melolontha hualiensis Kobayashi *et* Chou 同 *Melolontha minima*
Melolontha incana (Motschulsky) 灰胸突鳃金龟甲，灰胸突鳃金龟
Melolontha indica Hope 印度鳃金龟甲
Melolontha insulana (Moser) 岛鳃金龟甲，岛鳃金龟，台湾粉吹金龟，岛胸突鳃金龟
Melolontha insulana taihokuensis Niijima *et* Kinoshita 见 *Melolontha taihokuensis*
Melolontha japonica Burmeister [Japanese cockchafer, frosted chafer] 日本鳃金龟甲，日本鳃金龟，日胸突鳃金龟
Melolontha javanica Keith *et* Li 爪哇鳃金龟甲
Melolontha laticauda Bates 见 *Exolontha laticauda*
Melolontha maculata (Chang) 斑鳃金龟甲，斑胸突鳃金龟
Melolontha mandarina Fairmaire 大陆鳃金龟甲，大陆胸突鳃金龟
Melolontha melolontha (Linnaeus) [white grub cockchafer, white grub, May beetle, common European cockchafer, common cockchafer, European cockchfer, June bug, May bug] 五月鳃金龟甲，五月金龟甲，五月金龟子，欧洲鳃金龟
Melolontha minima Kobayashi 最小鳃金龟甲，最小鳃金龟，矮粉吹金龟
Melolontha nepalensis (Hope) 尼鳃金龟甲，尼胸突鳃金龟
Melolontha nigrifrons Steven 见 *Adoretus nigrifrons*
Melolontha pectoralis Germar 胸纹鳃金龟甲，胸纹鳃金龟
Melolontha pseudofurcicauda Keith 类叉尾鳃金龟甲
Melolontha reichenbachi Keith 雷氏鳃金龟甲
Melolontha rubiginosa Fairmaire 见 *Tocama rubiginosa*
Melolontha rufocrassa Fairmaire 红厚鳃金龟甲，红厚鳃金龟
Melolontha satsumensis Niijima *et* Kinoshita [Satsuma frosted chafer] 鹿儿岛鳃金龟甲，鹿儿岛鳃角金龟
Melolontha sculpticollis Fairmaire 刻纹鳃金龟甲，刻纹鳃金龟
Melolontha setifera Li 毛鳃金龟甲
Melolontha shanghaiana (Brenske) 上海鳃金龟甲，沪胸突鳃金龟
Melolontha taihokuensis Niijima *et* Kinoshita 台北鳃金龟甲，台北大粉吹金龟
Melolontha tarimensis Semenov 塔里木鳃金龟甲，棉花金龟甲，塔里木鳃金龟，棉花金龟
Melolontha tenuicauda Fairmaire 尖尾鳃金龟甲，尖尾鳃金龟
Melolontha tricostata Brenske 三肋鳃金龟甲，三肋鳃金龟
Melolontha virescens (Brenske) 绿胸鳃金龟甲，绿胸突鳃金龟
Melolontha wushana Nomura 雾社鳃金龟甲，雾社鳃金龟，雾社粉吹金龟
melolonthid 1. [= melolonthid beetle] 鳃金龟甲，鳃金龟 <鳃金龟甲科 Melolonthidae 昆虫的通称>；2. 鳃金龟甲科的
melolonthid beetle [= melolonthid] 鳃金龟甲，鳃金龟
Melolonthidae 鳃金龟甲科，鳃角金龟科，鳃金龟科
Melolonthina 鳃金龟甲亚族，鳃金龟亚族
Melolonthinae 鳃金龟甲亚科，鳃角金龟亚科
Melolonthini 鳃金龟甲族，鳃金龟族
melolonthoid 蛴螬型
melon aphid 1. [= cotton aphid, *Aphis gossypii* Glover] 棉蚜，瓜蚜；2. [= large cotton aphid, cotton aphid, *Acyrthosiphon gossypii* Mordvilko] 棉无网长管蚜，棉长管蚜，大棉蚜
melon fly 1. [= melon fruit fly, *Bactrocera* (*Zeugodacus*) *cucurbitae* (Coquillett)] 瓜实蝇，瓜寡鬃实蝇，丝瓜镞实蝇；2. [= Baluchistan melon fly, Russian melon fly, melon fruit fly, *Carpomya paradalina* (Bigot)] 甜瓜咔实蝇，甜瓜迷实蝇，甜瓜实蝇，短脉咔实蝇；3. [= jointed pumpkin fly, *Dacus vertebratus* Bezzi]

西瓜寡鬃实蝇

melon fruit fly 1. [= melon fly, *Bactrocera* (*Zeugodacus*) *cucurbitae* (Coquillett)] 瓜实蝇，瓜寡鬃实蝇，丝瓜镞实蝇；2. [= Baluchistan melon fly, Russian melon fly, melon fly, *Carpomya paradalina* (Bigot)] 甜瓜咔实蝇，甜瓜迷实蝇，甜瓜实蝇，短脉咔实蝇

melon leaf miner [= cotton leaf miner, *Liriomyza pictella* (Thomson)] 甜瓜斑潜蝇，甜瓜潜蝇

melon mottled-skipper [*Codatractus melon* (Godman *et* Salvin)] 瓜纹铐弄蝶

melon thrips [= palm thrips, southern yellow thrips, *Thrips palmi* Karny] 棕榈蓟马，瓜蓟马，棕黄蓟马，南黄蓟马，节瓜蓟马

melonworm [*Diaphania hyalinata* (Linnaeus)] 甜瓜绢野螟，甜瓜野螟

Melophagus 蜱蝇属，虱蝇属

Melophagus ovinus (Linnaeus) [sheep ked] 羊蜱蝇，羊虱蝇，绵羊虱蝇

Melormenis 青翅蝉属

Melormenis infuscata (Stål) 桧青翅蝉

Melphina 美尔弄蝶属

Melphina evansi Berger 伊美尔弄蝶

Melphina flavina Lindsey *et* Miller [yellow forest swift] 黄美尔弄蝶

Melphina hulstaerti Berger 琥美尔弄蝶

Melphina malthina Hewitson [white-patch forest swift] 玛美尔弄蝶

Melphina maximiliana Belcastro *et* Larsen [Maximiliano's forest swift] 新美尔弄蝶

Melphina melphis (Holland) [peculiar forest swift] 美尔弄蝶

Melphina noctula (Druce) [brown forest swift] 褐美尔弄蝶

Melphina statira (Mabille) [white-spotted forest swift] 斯美尔弄蝶

Melphina statirides (Holland) [brown-margin forest swift] 暗边美尔弄蝶

Melphina tarace (Mabille) [scarce forest swift] 塔拉斯美尔弄蝶

Melphina unistriga (Holland) [common forest swift] 常美尔弄蝶

Melpiinae 毛足虻亚科

Melsheimer's sack bearer [*Cincinnus melsheimeri* (Harris)] 梅氏栎尺蛾，栎梅氏尺蛾

melting brood [= European foulbrood] 欧洲幼虫腐臭病，欧洲污仔病，溶仔病

Meltripata 黑纹蝗属

Meltripata chloronema Zheng 黄条黑纹蝗

Melusinidae [= Simuliidae] 蚋科

melyrid 1. [= melyrid beetle, soft-winged flower beetle, malachiid beetle, malachiid, dasytid, dasytid beetle] 拟花萤，囊花萤 <拟花萤科 Melyridae 昆虫的通称>；2. 拟花萤科的

melyrid beetle [= melyrid, soft-winged flower beetle, malachiid beetle, malachiid, dasytid, dasytid beetle] 拟花萤，囊花萤

Melyridae [= Dasytidae, Malachiidae] 拟花萤科，囊花萤科，囊毛萤科，耀夜萤科

Melyrodes 拟花萤属

Melyrodes basalis (LeConte) 锯胸拟花萤，锯胸新拟花萤

Melyroidea 拟芫菁蠊属

Melyroidea magnifica Shelford 大拟芫菁蠊

Melzerella 魅天牛属

Melzerella monnei Wappes *et* Lingafelter 莫纳魅天牛

membracid 1. [= membracid treehopper, membracid bug, treehopper, devilhopper] 角蝉 <角蝉科 Membracidae 昆虫的通称>；2. 角蝉科的

membracid bug [= membracid, membracid treehopper, treehopper, devilhopper] 角蝉

membracid treehopper 见 membracid bug

Membracidae 角蝉科

Membracinae 角蝉亚科

Membracis 角蝉属

Membracis foliata (Linnaeus) 片角蝉

Membracis foliatafasciata (De Geer) 白纹角蝉

Membracis mexicana Guérin-Méneville 黄纹角蝉

Membracoidea 角蝉总科

membrana [= membrane] 1. 膜；2. 膜区，膜片

membrana fenestrata 具孔膜 <指复眼中的基膜>

membrana retinens 围肠膜 <指鳞翅目 Lepidoptera 幼虫围绕直肠的膜>

Membranacea 膜小叶蝉属，膜瓣叶蝉属

Membranacea distincta Yu *et* Yang 显膜小叶蝉

Membranacea hubeiensis Yu *et* Yang 湖北膜小叶蝉

Membranacea plana Qin *et* Zhang 平膜小叶蝉

Membranacea stenoprocessa Yu *et* Yang 狭突膜小叶蝉

Membranacea unijugata Qin *et* Zhang 单片膜小叶蝉，单片膜瓣叶蝉

membranaceous [= membranaceus, membranous] 膜质的

membranaceus 见 membranaceous

Membranaria 双刺绵蚧属，双刺绵介壳虫属

Membranaria sacchari (Takahashi) 禾根双刺绵蚧，禾根双刺绵介壳虫

membrane 见 membrana

membrane filter 膜滤器

membrane part 膜部件

membrane potential 膜电位

membranization 膜化

Membranophalla 膜麻蝇属

Membranophalla membranocorporis (Sugiyama) 见 *Sarcophaga* (*Pterosarcophaga*) *membranocorporis*

membranous 见 membranaceous

membranous fold 膜褶

membranula [= membranule, anal membrane] 小膜，小膜瓣，臀膜

membranule 见 membranula

Memoirs of the American Entomological Institute 美国昆虫研究所记事 <期刊名>

Memoirs of the American Entomological Society 美国昆虫学会记事 <期刊名>

Memoirs of the Entomological Society of Canada 加拿大昆虫学会记事 <期刊名>

Memoirs of the Pacific Coast Entomological Society 太平洋海岸昆虫学会记事 <期刊名>

Memphis 尖蛱蝶属

Memphis acaudata Röber 无尾尖蛱蝶

Memphis alberta Druce 阿尔尖蛱蝶

Memphis ambrosia (Druce) 灵丹尖蛱蝶

Memphis anassa Felder 女士尖蛱蝶

Memphis anna Staudinger 橙斑尖蛱蝶
Memphis annetta Comstock 联斑尖蛱蝶
Memphis appias (Hübner) 垂珠尖蛱蝶
Memphis arachne (Cramer) 蛛尖蛱蝶
Memphis arginussa Hübner [mottled leafwing] 联珠尖蛱蝶
Memphis artacaena (Hewitson) [white-patched leafwing] 白斑尖蛱蝶
Memphis aulica (Röber) 珍贵尖蛱蝶
Memphis aureola (Bates) [aureola leafwing] 华丽尖蛱蝶
Memphis austrina Comstock 澳洲尖蛱蝶
Memphis basilia Cramer 基茸尖蛱蝶
Memphis beatrix (Druce) 祝福尖蛱蝶
Memphis bella Comstock 迷人尖蛱蝶
Memphis boliviana (Druce) 玻利维亚尖蛱蝶
Memphis catinka Druce 方裙尖蛱蝶
Memphis centralis (Röber) 中带尖蛱蝶
Memphis cerealia (Druce) 稷女尖蛱蝶
Memphis chaeronea (Felder *et* Felder) 环纹尖蛱蝶
Memphis chrysophana (Bates) 金尖蛱蝶
Memphis cicla Möschler 圈尖蛱蝶
Memphis cleomestra (Hewitson) 克莱尖蛱蝶
Memphis cluvia Höpffer 克鲁尖蛱蝶
Memphis dia Godman *et* Salvin [dia leafwing] 女神尖蛱蝶
Memphis echemus (Doubleday) 透红尖蛱蝶
Memphis elara (Godman *et* Salvin) 掾蓝尖蛱蝶
Memphis eleanora Comstock 伊利尖蛱蝶
Memphis elina Staudinger 爱林尖蛱蝶
Memphis eribotes (Fabricius) [eribotes leafwing] 彩尖蛱蝶
Memphis evelina Comstock 伊夫琳尖蛱蝶
Memphis falcata (Höpffer) 镰刀尖蛱蝶
Memphis ferderi Felder *et* Felder 费尔尖蛱蝶
Memphis florita (Druce) 花季尖蛱蝶
Memphis forreri (Godman *et* Salvin) [Forrer's leafwing] 福来尖蛱蝶
Memphis fumata Hall 烟尖蛱蝶
Memphis glauce (Felder *et* Felder) 银灰尖蛱蝶
Memphis glaucone (Felder *et* Felder) 银尖蛱蝶
Memphis grandis (Druce) 大尖蛱蝶
Memphis gudrun Niepelt 古丹尖蛱蝶
Memphis halice Godart [pear-winged leafwing] 海阔尖蛱蝶
Memphis hedemanni Felder [Hedemann's leafwing] 海德尖蛱蝶
Memphis herbacea (Butler *et* Druce) [herbacea leafwing] 草尖蛱蝶
Memphis hirta Weymer 赭尖蛱蝶
Memphis iphis (Latreille) 伊飞尖蛱蝶
Memphis kingi Miller *et* Nicolay 金氏尖蛱蝶
Memphis laertes (Cramer) 莱特尖蛱蝶
Memphis lankesteri (Hall) 伦凯尖蛱蝶
Memphis laura (Druce) 月桂尖蛱蝶
Memphis lemnos (Druce) 萍尖蛱蝶
Memphis leonida (Cramer) 狮尖蛱蝶
Memphis lineata (Salvin) 线尖蛱蝶
Memphis lorna Druce 饰边尖蛱蝶
Memphis lyceus (Druce) 狼尖蛱蝶
Memphis lynceus Röber 目敏尖蛱蝶
Memphis memphis Felder 霉菲尖蛱蝶
Memphis moeris Felder 古湖尖蛱蝶
Memphis morena Hall 摩来尖蛱蝶
Memphis moretta Druce 风度尖蛱蝶
Memphis morvus (Fabricius) 莫卢尖蛱蝶
Memphis nenia Druce 悲歌尖蛱蝶
Memphis nesea Godart 尼斯尖蛱蝶
Memphis nessus Latreille [superb leafwing, nessus leafwing] 双带尖蛱蝶
Memphis niedhoeferi (Rotger, Escalante *et* Corodnado) [wavy-edged leafwing] 尼东尖蛱蝶
Memphis nobilis Bates [noble leafwing] 光荣尖蛱蝶
Memphis octavius Fabricius 八目尖蛱蝶
Memphis oenomais (Boisduval) [edge leafwing] 酒尖蛱蝶
Memphis offa (Druce) 饼尖蛱蝶
Memphis orthesia (Godman *et* Salvin) [orthesia leafwing] 直尖蛱蝶
Memphis otrere Hübner 大缺尖蛱蝶
Memphis pasibula (Doubleday) 钩翅尖蛱蝶
Memphis perenna Godman *et* Salvin [Perenna leafwing] 四季尖蛱蝶
Memphis phantes (Höpffer) 显著尖蛱蝶
Memphis philumena (Doubleday) [streaky leafwing] 六线尖蛱蝶
Memphis phoebe Druce 福布尖蛱蝶
Memphis pithyusa (Felder) [pale-spotted leafwing] 背阴尖蛱蝶
Memphis polycarmes (Fabricius) 尖蛱蝶
Memphis polyxo (Druce) 衬霜尖蛱蝶
Memphis praxias Höpffer 圆翅尖蛱蝶，诗安蛱蝶
Memphis proserpina (Salvin) [proserpina leafwing, great leafwing] 冥后尖蛱蝶
Memphis pseudiphis Staudinger 伪伊飞尖蛱蝶
Memphis schausiana Godman *et* Salvin [great leafwing] 小石堡垒尖蛱蝶
Memphis tehuana (Hall) 黄褐尖蛱蝶
Memphis titan Felder *et* Felder 红云尖蛱蝶
Memphis vasilia Cramer 脉尖蛱蝶
Memphis verticordia Hübner 倒心纹尖蛱蝶
Memphis vicinia Staudinger 近缘尖蛱蝶
Memphis wellingi Miller *et* Miller [Welling's leafwing] 蓝绿尖蛱蝶
Memphis xenica (Bates) [orange-striped leafwing] 外地尖蛱蝶
Memphis xenippa Hall 宾尖蛱蝶
Memphis xenocles (Westwood) 客尖蛱蝶
Menacanthus 翎鸟虱属
Menacanthus abdominalis (Piaget) 鹌鹑翎鸟虱
Menacanthus agilis (Nitzsch) 赭红尾鸲翎鸟虱
Menacanthus alaudae (Schrank) 云雀翎鸟虱
Menacanthus andalus Spoler-Cruz 同 *Menacanthus pusillus*
Menacanthus brelihi Balat 同 *Menacanthus eurysternus*
Menacanthus camelinus (Nitzsch) 灰伯劳翎鸟虱
Menacanthus campestris Fedorenko 同 *Menacanthus pusillus*
Menacanthus cornutus (Schömmer) 角翎鸟虱
Menacanthus curuccae (Schrank) 白喉林莺翎鸟虱
Menacanthus elbeli Price 灰燕鵙翎鸟虱
Menacanthus eurysternus (Burmeister) 阔腹翎鸟虱
Menacanthus exilis (Nitzsch) 穗鸭翎鸟虱
Menacanthus fertilis (Nitzsch) 戴胜翎鸟虱

Menacanthus gonophaeus (Burmeister) 渡鸦翎鸟虱
Menacanthus himalayicus Ansari 同 *Menacanthus eurysternus*
Menacanthus hispanicus Spoler-Cruz 同 *Menacanthus pusillus*
Menacanthus longipalpis (Piaget) 长须翎鸟虱
Menacanthus mamola Ansari 斑背燕尾翎鸟虱
Menacanthus merisoui Eichler 星鸦翎鸟虱
Menacanthus mikadokiji (Uchida) 黑长尾雉翎鸟虱
Menacanthus mongolicus Mey 同 *Menacanthus alaudae*
Menacanthus monochromateus (Kellogg *et* Paine) 同 *Menacanthus eurysternus*
Menacanthus nogoma Uchida 红喉歌鸲翎鸟虱
Menacanthus numidae (Giebel) 闽翎鸟虱
Menacanthus orioli Blagoveshtshensky 金黄鹂翎鸟虱
Menacanthus pallidulus (Neumann) 原鸡翎鸟虱
Menacanthus pallipes (Piaget) 蓝胸鹑翎鸟虱
Menacanthus pici (Denny) 灰头啄木鸟翎鸟虱
Menacanthus pusillus (Nitzsch) 白鹡鸰翎鸟虱
Menacanthus sinuatus (Burmeister) 大山雀翎鸟虱
Menacanthus stiefeli Balat 同 *Menacanthus alaudae*
Menacanthus stramineus (Nitzsch) [chicken body louse] 雏鸡羽鸟虱，雏鸡羽虱，火鸡翎鸟虱
Menacanthus stubbei Mey 褐岩鹨翎鸟虱
Menacanthus tenuifrons Blagoveshtshensky 鹪鹩翎鸟虱
Menacanthus turkmenius Fedorenko *et* Kelilova 同 *Menacanthus eurysternus*
Menacanthus unicolor (Piaget) 鹧鸪翎鸟虱
Menaccarus 窄革蝽属
Menaccarus caii Luo *et* Vinokurov 彩氏窄革蝽
Menaforia 猛姬蜂属
Menaforia formosana (Szépligeti) 同 *Menaforia szepligetii*
Menaforia pilosa (Szépligeti) 毛猛姬蜂
Menaforia szepligetii (Uchida) 台湾猛姬蜂
menander metalmark [= shining-blue grayler, blue tharops butterfly, *Menander menander* (Stoll)] 媚蚬蝶
Menander 媚蚬蝶属
Menander aldasi Hall *et* Willmott [blue-dusted grayler] 黑斑蓝媚蚬蝶
Menander cicuta (Hewitson) 喜媚蚬蝶
Menander coruscans (Butler) 蓝媚蚬蝶
Menander elotho (Stichel) 艾罗媚蚬蝶
Menander felsina (Hewitson) 菲媚蚬蝶
Menander hebrus (Cramer) [festive grayler, hebrus metalmark] 蓝裙媚蚬蝶
Menander isthmica (Godman *et* Salvin) 伊斯媚蚬蝶
Menander laobotas (Hewitson) [three-spotted grayler, three-spotted metalmark] 老媚蚬蝶
Menander menander (Stoll) [shining-blue grayler, menander metalmark, blue tharops butterfly] 媚蚬蝶
Menander nitida (Butler) 条斑媚蚬蝶
Menander pretus (Cramer) [greenish grayler, Cramer's metalmark] 波媚蚬蝶
Menander purpurea (Godman *et* Salvin) 紫媚蚬蝶
Menander trotschi Godman *et* Salvin 特罗兹媚蚬蝶
menapis tigerwing [= variable tigerwing, *Mechanitis menapis* Hewitson] 美纳裙绡蝶
Mendacibombus 污熊蜂亚属，假熊蜂亚属
mendacious forest pierrot [*Taraka hamada mendesia* Fruhstorfer] 蚜灰蝶印度亚种
Mendelian inheritance 孟德尔式遗传
Mendelian's low of inheritance 孟德尔遗传定律
Mendelius 直沟阎甲属，敏阎甲
Mendelius tenuipes Lewis 细直沟阎甲，尖敏阎甲，尖尼阎甲
Mendis 曼猎蝽属
Mendis apicimaculata (Distant) 亮曼猎蝽
Mendis bicolor Distant 二色曼猎蝽
Mendis calva (Miller) 盖曼猎蝽
Mendis chinensis Distant 华曼猎蝽
Mendis conifacies (Distant) 锥头曼猎蝽
Mendis fuscipennis Stål 褐翅曼猎蝽
Mendis hainana Hsiao 海南曼猎蝽
Mendis maculipennis Miller 斑曼猎蝽
Mendis mjoebergi Miller 莫曼猎蝽
Mendis notata Miller 点曼猎蝽
Mendis pagdeni Miller 佩登曼猎蝽
Mendis rufus Hsiao *et* Ren 红曼猎蝽
Mendis seava Bredden 西曼猎蝽
Mendis semirufa (Stål) 对曼猎蝽
Mendis simplex Miller 简曼猎蝽
Mendis yunnana Hsiao *et* Ren 云南曼猎蝽
Menelaides 美凤蝶亚属
menelaus blue morpho [*Morpho menelaus* (Linnaeus)] 大蓝闪蝶，蓝月闪蝶
Menephilus 黑拟步甲属，黑拟步行虫属
Menephilus formosanus Masumoto 蓬莱黑拟步甲，蓬莱漆艳拟步行虫，台敏拟步甲
Menephilus medius Marseul 中华黑拟步甲，中华莫粉甲
Menephilus striatifrons (Fairmaire) 纹额黑拟步甲，纹额敏拟步甲
Menephilus taiwanus Masumoto 长角黑拟步甲，长角黑拟步行虫，台敏拟步甲
meneria metalmark [= red-barred amarynthis, orange-dotted metalmark, *Amarynthis meneria* (Cramer)] 红纹星蚬蝶
menes skipper [*Apaustus menes* Stoll] 朦弄蝶
Menesia 弱脊天牛属，纹黄天牛属
Menesia albifrons Heyden 白额弱脊天牛
Menesia flavotecta Heyden 黄斑弱脊天牛
Menesia glenioides Breuning 凹尾弱脊天牛
Menesia immaculipennis Breuning 隐斑弱脊天牛
Menesia laosensis Breuning 截尾弱脊天牛
Menesia matsudai Hayashi 黑姬弱脊天牛，台湾弱脊天牛，松田氏黄纹天牛，黑姬天牛
Menesia octoguttata Breuning 中山弱脊天牛，八点弱脊天牛
Menesia subcarinata Gressitt 利川弱脊天牛
Menesia sulphurata (Gebler) 培甘弱脊天牛，培甘天牛，胡桃纹黄天牛
Menesia sulphurata galathea (Thomson) 培甘弱脊天牛愈斑亚种，愈斑培甘弱脊天牛，愈斑弱脊天牛
Menesia sulphurata sulphurata (Gebler) 培甘弱脊天牛指名亚种，指名培甘弱脊天牛
Menesia vitiphaga Holzschuh 陕弱脊天牛

M

menestries skipper [*Paracarystus menestries* (Latreille)] 美银箔弄蝶
Menexenus 宽腹蛉属
Menexenus rotunginus Giglio-Tos 藏宽腹蛉
Mengdelphax 蒙飞虱属
Mengdelphax neimengensis Ding *et* Zhang 内蒙飞虱
mengeid 1. [= mengeid strepsipteran] 爪蝙 < 爪蝙科 Mengeidae 昆虫的通称 >；2. 爪蝙科的
mengeid strepsipteran [= mengeid] 爪蝙
Mengeidae 爪蝙科，爪捻翅科
Mengenilla 原蝙属，原捻翅虫属
Mengenilla moldrzyki Pohl, Niehuis, Gloyna, Misof *et* Beutel 莫氏原蝙
Mengenilla sinensis Miyamoto 中华原蝙，中华原捻翅虫
mengenillid 1. [= mengenillid strepsipteran] 原蝙< 原蝙科 Mengenillidae 昆虫的通称 >；2. 原蝙科的
mengenillid strepsipteran [= mengenillid] 原蝙
Mengenillida 原蝙亚目
Mengenillidae 原蝙科，原捻翅虫科，原捻翅科
Mengeoidea 爪蝙总科，爪捻翅虫总科，爪捻翅总科
Mengla tit [*Chliaria menglaensis* Wang] 勐腊蒲灰蝶
Menglacris 勐腊蝗属
Menglacris maculata Jiang *et* Zheng 斑腿勐腊蝗
Menida 曼蝽属
Menida atkinsoni Distant 笑曼蝽
Menida bengalensis (Westwood) 同 *Menida versicolor*
Menida disjecta (Uhler) 北曼蝽，香港润蝽
Menida formosa (Westwood) 黑斑曼蝽
Menida histrio (Fabricius) 同 *Menida versicolor*
Menida laosana Distant 老曼蝽
Menida lata Yang 宽曼蝽，宽曼椿象
Menida maculiscutellata Hsiao *et* Cheng 大斑曼蝽
Menida megaspila (Walker) 条斑曼蝽，黑腹曼蝽
Menida metallica Hsiao *et* Cheng 金绿曼蝽
Menida mosaica Zheng *et* Liu 斑驳曼蝽
Menida musiva (Jakovlev) 东北曼蝽
Menida ornata Kirkaldy 饰纹曼蝽
Menida pinicola Zheng *et* Liu 松曼蝽
Menida pundaluoyae Distant 香港曼蝽
Menida quadrimaculata Horváth 四斑曼蝽
Menida raja Distant 拉曼蝽
Menida schultheissi (Breddin) 舒氏曼蝽
Menida scotti Puton 北曼蝽
Menida speciose Zheng *et* Xiong 华美曼蝽
Menida szechuanensis Hsiao *et* Cheng 四川曼蝽
Menida varipennis (Westwood) 异曼蝽，异曼椿象
Menida versicolor (Gmelin) [lesser red stink-bug] 稻赤曼蝽，稻赤蝽，小赤蝽，稻赤曼椿象
Menida violacea Motschulsky 紫蓝曼蝽
Menida vitalisana Distant 黑角曼蝽，云南曼蝽
Menida wuyiensis Lin *et* Zhang 武夷曼蝽
menipo [*Mylon menippus* (Fabricius)] 麦尼霾弄蝶
Menippus 眉毛萤叶甲属，梅萤金花虫属
Menippus asahinai (Chûjô) 朝氏眉毛萤叶甲，朝氏梅萤金花虫，一色萤叶甲
Menippus beeneni Lee, Bezděk *et* Suenaga 宾氏眉毛萤叶甲
Menippus canellinus Fairmaire 同 *Menippus cervinus*
Menippus cervinus (Hope) 黄褐细毛萤叶甲
Menippus dimidiaticornis (Jacoby) 缩角眉毛萤叶甲，缩角毛萤叶甲，双角一色萤叶甲
Menippus gressitti Lee, Bezděk *et* Suenaga 嘉氏眉毛萤叶甲
Menippus hsuehleeae Lee, Bezděk *et* Suenaga 斑胸眉毛萤叶甲，斑胸梅萤金花虫
Menippus sericea (Weise) 褐眉毛萤叶甲，褐梅萤金花虫，浅凹毛萤叶甲
meniscoidal 新月形的，形似新月的
meniscus midge [= dixid midge, dixid midge fly, dixid fly, dixid] 细蚊 < 细蚊科 Dixidae 昆虫的通称 >
Menochilus 见 *Cheilomenes*
Menochilus quadriplagiata (Swartz) 同 *Cheilomenes sexmaculata*
Menochilus sexmaculata (Fabricius) 见 *Cheilomenes sexmaculata*
Menodora 囊冠网蝽亚属
Menognatha 同颚类 < 指昆虫中其成虫与幼虫均以上颚嚼食者，如直翅类昆虫等 >
Menophra 展尺蛾属，弭尺蛾属
Menophra anaplagiata Satô 茶褐展尺蛾，茶褐弭尺蛾
Menophra atrilineata (Butler) 桑展尺蛾，桑尺蛾
Menophra chionodes (Wehrli) 危娇展尺蛾，危尺蛾
Menophra conjunctaria Leech 连展尺蛾，连赫尺蛾
Menophra emaria Bremer 角顶展尺蛾，角顶尺蛾，埃赫尺蛾
Menophra dioxypages (Prout) 狄展尺蛾，狄赫尺蛾
Menophra grummi (Alphéraky) 格氏展尺蛾，格网角尺蛾，格赫尺蛾
Menophra harutai (Inoue) 哈氏展尺蛾，哈赫尺蛾
Menophra humeraria (Moore) 木理展尺蛾，木理弭尺蛾
Menophra jobaphes (Wehrli) 娇展尺蛾，娇耳尺蛾，约危尺蛾
Menophra mitsundoi Satô 灰展尺蛾，灰弭尺蛾
Menophra nakajimai Satô 黑带展尺蛾，黑带弭尺蛾，中岛弭尺蛾
Menophra ninguruana Wehrli 宁亚展尺蛾，宁亚网角尺蛾
Menophra nitidaria Sterneck 亮展尺蛾，亮赫尺蛾
Menophra prouti Sterneck 普展尺蛾，普赫尺蛾，普危尺蛾
Menophra punctilinearia Leech 点线展尺蛾，点线赫尺蛾
Menophra senilis (Butler) 森展尺蛾，森来网角尺蛾
Menophra sinoplagiata Satô *et* Wang 华展尺蛾，华耳尺蛾
Menophra subplagiata Walker 柑橘展尺蛾，柑橘尺蛾
Menophra subterminalis (Prom) 夙展尺蛾，夙耳尺蛾
Menophra taiwana (Wileman) 台湾展尺蛾，台湾小弭尺蛾，台湾弭尺蛾
Menophra tienmuensis (Wehrli) 天目展尺蛾，天目耳尺蛾
Menophra tsinlinga (Wehrli) 秦岭展尺蛾，秦岭网角尺蛾
Menophra tsinlinga fortis (Wehrli) 秦岭展尺蛾福尔亚种，福秦岭网角尺蛾
Menophra tsinlinga tienmuensis (Wehrli) 秦岭展尺蛾天目亚种，天目秦岭网角尺蛾
Menophra tsinlinga tsinlinga (Wehrli) 秦岭展尺蛾指名亚种
Menophra variegata Djakonov 变展尺蛾，变斯赫尺蛾
Menopon 鸡禽虱属，短角鸟虱属
Menopon albipes Giebel 白鸡禽虱
Menopon aurifasciatum Kellogg 见 *Fregatiella aurifasciata*

Menopon eurum Piaget 同 *Eidmanniella eurygaster*
Menopon gallinae (Linnaeus) [shaft louse] 白鹇鸡禽虱，鸡短角鸟虱，鸡羽虱，鸡虱
Menopon kuntzi Emerson *et* Stojanovich 灰胸竹鸡禽虱
Menopon pallens Clay 灰山鹑禽虱
Menopon spinulosum Giebel 灰孔雀雉禽虱
menoponid 1. [= menoponid louse, menoponid chewing louse] 短角鸟虱 < 短角鸟虱科 Menoponidae 昆虫的通称 >; 2. 短角鸟虱科的
menoponid chewing louse [= menoponid louse, menoponid] 短角鸟虱
menoponid louse 见 menoponid chewing louse
Menoponidae 短角鸟虱科
Menorhyncha 同喙类 < 指昆虫中其成虫与幼虫均以吮吸方式取食者，如半翅目 Hemiptera 昆虫等 >
menotaxis 1. 不全定向；2. 补偿趋激性；3. 恒向趋性
mentacoria 颏膜 < 指邻接下唇的颈膜 >
mental 颏的
mental seta 颏刚毛 < 指蜻蜓目 Odonata 昆虫中，生于颏内面的刚毛 >
mental suture [= mentasuture] 颏缝 < 即亚颏和外咽片间的线 >
mentasuture 见 mental suture
mentha semilooper 1. [= cabbage semilooper, beet semilooper, Asiatic common looper, *Autographa nigrisigna* (Walker)] 黑点丫纹夜蛾，黑点银纹夜蛾，黑点 Y 纹夜蛾，豌豆造桥虫，豌豆黏虫，豆步曲，黑点弧翅夜蛾，薄荷黑纹金斑蛾；2. [= three-spotted plusia, three-spotted phytometra, *Ctenoplusia agnata* (Staudinger)] 银纹梳夜蛾，银纹夜蛾，阿刺瓣夜蛾，三斑点金翅夜蛾，银纹弧翅夜蛾，豆银纹夜蛾，黑点银纹夜蛾，菜步曲，豆尺蠖
mentigerous 负颏的
mentotectum 颏盖
mentum [= subglossa] 颏 < 常用于蜻蜓目 Odonata 昆虫中 >
mentum seta 颏毛
Meoneura 蝇属
Meoneura obscurella (Fallén) 暗蝇
Meoticina 曼隐翅甲亚族
Mepachymerus 平胸秆蝇属
Mepachymerus elongatus Yang *et* Yang 长芒平胸秆蝇
Mepachymerus ensifer (Thomson) 剑平胸秆蝇，剑黄潜蝇
Mepachymerus grandis An *et* Yang 巨平胸秆蝇
Mepachymerus meridionalis An *et* Yang 南方平胸秆蝇
Mepachymerus necopinus Kanmiya 黑腿平胸秆蝇，尼平胸秆蝇
Mepachymerus (Steleocerellus) formosus (Becker) 见 *Ensiferella formosa*
Mepachymerus tianmushanensis An *et* Yang 天目山平胸秆蝇
Mepachymerus wui An *et* Yang 吴氏平胸秆蝇
Mepleres 脉叉蚳属，枚啮虫属
Mepleres limbatus (Enderlein) 边脉叉蚳，边枚蚳，边枚啮虫
Mepleres longicellus Li 长室脉叉蚳
Mepleres longitudinalis Li 纵带脉叉蚳
Mepleres ocellatus Li 眼斑脉叉蚳
Mepleres oresbius Li 山尾脉叉蚳
Mepleres parvicellus Li 小室脉叉蚳
Mepleres plenimacularis Li 多斑脉叉蚳
Mepleres proboscideus Li 象脉叉蚳
Mepleres procurrens Li 横带脉叉蚳
Mepleres sinicus (Li) 华脉叉蚳
Mepleres transversus (Banks) 宽脉叉蚳，宽枚啮虫
Mepleres ulterior Li 断斑脉叉蚳
Mepleres unitus Li 连斑脉叉蚳
Mepleres yunnanicus Li 云南脉叉蚳
mera [s. meron] 后基片 < 指基节基部的侧后关节区; 很多昆虫中，中胸和后胸基节的后部，基脊沟附近 >
Meracanthomyia 长缝实蝇属，默拉实蝇属，山黑长角实蝇属
Meracanthomyia arisana Shiraki 黄股长缝实蝇，阿里山默拉实蝇，阿里山媒实蝇，阿里山黑长角实蝇
Meracanthomyia intermedia Hardy 中间长缝实蝇，中间默拉实蝇
Meracanthomyia kotiensis Kapoor 黑股长缝实蝇，科提默拉实蝇
Meracanthomyia nigrofemorata Hardy 黑腿长缝实蝇，黑腿默拉实蝇
Meracanthomyia rufithorax Hardy 锈胸长缝实蝇，锈胸默拉实蝇
Meracanthomyia spenceri Hardy 斯氏长缝实蝇，斯潘塞默拉实蝇
Meragenia 大颊蛛蜂属
Meragenia obumbrata Haupt 见 *Poecilagenia obumbrata*
Meragenia procera Haupt 见 *Poecilagenia procera*
meral plate 基节后片
Meranoplini 盾胸切叶蚁族，突胸家蚁族
Meranoplus 盾胸切叶蚁属，突胸家蚁属
Meranoplus bicolor (Guérin-Méneville) 二色盾胸切叶蚁，双色突胸蚁，双色突胸家蚁
Meranoplus bicolor bicolor (Guérin-Méneville) 二色盾胸切叶蚁指名亚种
Meranoplus bicolor fuscescens Wheeler 二色盾胸切叶蚁棕色亚种，棕二色盾胸切叶蚁
Meranoplus bicolor lucidus Forel 二色盾胸切叶蚁黄色亚种，黄二色盾胸切叶蚁
Meranoplus laeviventris Emery 光滑盾胸切叶蚁
Merarius 离眼长角象甲属
mercaptan 硫醇
Mercetaspis 丝蛎盾蚧属
Mercetaspis arthrophyti Borchsenius 哈萨克丝蛎盾蚧
Mercetaspis calligoni (Borchsenius) 土库曼丝蛎盾蚧
merchant beetle [= merchant grain beetle, *Oryzaephilus mercator* (Fauvel)] 商锯谷盗，市场锯谷盗，大眼锯谷盗
merchant grain beetle 见 merchant beetle
mercurial skipper 1. [*Proteides mercurius* (Fabricius)] 橙头银光弄蝶；2. [*Theagenes albiplaga* (Felder *et* Felder)] 双色弄蝶
Mercury Islands tusked weta [= Middle Island tusked weta, *Motuweta isolata* Johns] 岛獠牙丑螽
merdivorous [= scatophagous] 食粪的
Mergui pointed lineblue [*Ionolyce helicon merguiana* Moore] 伊灰蝶缅甸亚种
Merhynchites bicolor (Fabricius) [rose curculio, rose snout beetle] 蔷薇美剪枝象甲，蔷薇剪枝象甲，蔷薇双色象甲
meriaeum 后胸曲板 < 指后足基节臼和整侧板后的弯形骨板；鞘翅目 Coleoptera 昆虫中为后胸腹板的后弯曲部分 >
merida skipperling [*Dalla merida* Evans] 美丽达弄蝶
Meridarchis 洁蛀果蛾属
Meridarchis bryonephela Meyrick 云洁蛀果蛾，洁蛀果蛾

Meridarchis concinna Meyrick 丽洁蛀果蛾
Meridarchis excisa (Walsingham) 断斑洁蛀果蛾
Meridarchis isodina Diakonoff 内蛀果蛾，伊洁蛀果蛾
Meridarchis jumboa Kawabe 岛洁蛀果蛾
Meridarchis longirostris (Hampson) 长喙洁蛀果蛾，长洁蛀果蛾，长喙佩瘤蛾
Meridarchis scyrodes Meyrick 蕾瓣洁蛀果蛾，蕾瓣蛀果蛾
Meridarchis trapeziella Zeller 梯洁蛀果蛾
Meridarchis wufengensis Li, Wang *et* Dong 五峰洁蛀果蛾
Meridemis 突卷蛾属
Meridemis bathymorpha Diakonoff 二齿突卷蛾
Meridemis furtiva Diakonoff 枚小卷蛾
Meridemis invalidana (Walker) 窄突卷蛾
Meridemis obraztsovi Rose *et* Singh Pooni 奥突卷蛾
Meridemis punjabensis Rose *et* Singh Pooni 旁突卷蛾
meridian duskywing [*Erynnis meridianus* Bell] 黑霉珠弄蝶
Meridian mellana [= Meridian's skipper, *Quasimellana meridiani* (Hayward)] 梅准弄蝶
Meridian's skipper 见 Meridian mellana
meridic 部分化学的 <指人工饲料>
meridic diet 半纯饲料
meridionalis hairstreak [= common thestius, *Thestius meridionalis* (Draudt)] 美环灰蝶
Merilia 长肢叶甲属
Merilia bipartita Tan *et* Wang 二色长肢叶甲
Meringodes 鬃天牛属
Meringodes solangeae Wappes *et* Lingafelter 美鬃天牛
Merinotus taiwanus Watanabe 见 *Nedinoschiza taiwana*
Merionoeda 半鞘天牛属
Merionoeda aglaospadix Gressitt *et* Rondon 红半鞘天牛
Merionoeda amabilis Jordan 娇半鞘天牛
Merionoeda atripes Gressitt *et* Rondon 赭半鞘天牛
Merionoeda baliosmerion Gressitt *et* Rondon 斑腿半鞘天牛
Merionoeda baoshana Chiang 保山半鞘天牛
Merionoeda caldwelli Gressitt 脊胸半鞘天牛
Merionoeda catoxelytra Gressitt *et* Rondon 黑胫半鞘天牛
Merionoeda distictipes Pic 越南半鞘天牛
Merionoeda formosana Heller 台半鞘天牛，蓬莱粗腿短翅天牛，台湾粗腿小翅天牛
Merionoeda formosana burkwalli Gressitt 台半鞘天牛海南亚种，琼台半鞘天牛
Merionoeda formosana formosana Heller 台半鞘天牛指名亚种，指名台半鞘天牛
Merionoeda formosana septentrionalis Tamu *et* Tsukamoto 台半鞘天牛肿腿亚种，肿腿台半鞘天牛
Merionoeda fusca Gressitt *et* Rondon 黑缘半鞘天牛
Merionoeda guerryi (Pic) 见 *Holangus guerryi*
Merionoeda hirsuta (Mitono *et* Nishimura) 簇毛半鞘天牛，毛脚宽短翅天牛
Merionoeda jeanvoinei Pic 河内半鞘天牛
Merionoeda klapperichi (Tippmann) 福建半鞘天牛
Merionoeda melanocephala Gressitt *et* Rondon 黑头半鞘天牛
Merionoeda melichroos Gressitt *et* Rondon 素腿半鞘天牛
Merionoeda neglecta Yokoi *et* Niisato 忽视半鞘天牛
Merionoeda nigrella Gressitt 黑背半鞘天牛
Merionoeda nigriceps White 西藏半鞘天牛
Merionoeda nigroapicalis Gressitt *et* Rondon 黑尾半鞘天牛
Merionoeda pilosa Gressitt *et* Rondon 长毛半鞘天牛
Merionoeda puella (Pascoe) 幼半鞘天牛
Merionoeda spadixelytra Gressitt *et* Rondon 老挝半鞘天牛
Merionoeda splendida Chiang 畸腿半鞘天牛
Merionoeda tosawai Kobayashi 南投半鞘天牛
Merionoeda uraiensis Kôno 黄背半鞘天牛，乌来粗腿短翅天牛，乌来粗腿小翅天牛
meris metalmark [= variegated lasaia, variegated bluemark, *Lasaia meris* (Stoll)] 腊蚬蝶
Merismus 麦瑞金小蜂属
Merismus megapterus Walker 菲麦瑞金小蜂
Merismus nitidus (Walker) 尼麦瑞金小蜂
Merista 同 *Meristata*
Merista dohrni (Baly) 见 *Meristata dohrni*
Merista maculata Bryant 见 *Paraspitiella maculata*
Merista pulunini Bryant 见 *Meristata pulunini*
Merista sexmaculata (Kollar *et* Redtenbacher) 见 *Meristata sexmaculata*
Merista trifasciata (Hope) 同 *Meristata spilota*
Meristata 大萤叶甲属
Meristata dohrni (Baly) 褐大萤叶甲
Meristata elongata (Jacoby) 长大萤叶甲，黄翅大萤叶甲
Meristata fallax (Harold) 黑斑大萤叶甲，中带大萤叶甲
Meristata fraternalis (Baly) 黑胸大萤叶甲，多点大萤叶甲
Meristata fraternalis fraternalis (Baly) 黑胸大萤叶甲指名亚种
Meristata fraternalis yunnanensis (Laboissière) 黑胸大萤叶甲云南亚种
Meristata pulunini (Bryant) 象牙大萤叶甲
Meristata quadrifasciata (Hope) 四带大萤叶甲
Meristata sexmaculata (Kollar *et* Redtenbacher) 六斑大萤叶甲
Meristata spilota (Hope) 黄腹大萤叶甲，毛大萤叶甲
Meristhus 脊盾叩甲属
Meristhus babai Kishii 马场脊盾叩甲
Meristhus quadripunctatus Candèze 瘤背脊盾叩甲，四点裂叩甲
Meristoides 拟大萤叶甲属，巨翅萤金花虫属
Meristoides grandipennis (Fairmaire) 黄腹拟大萤叶甲，红巨翅萤金花虫，大翅勒萤叶甲
Meristoides keani Laboissière 基拟大萤叶甲
Meristoides oberthuri (Jacoby) 三带拟大萤叶甲
Meristoides rugosa Lopatin 皱拟大萤叶甲
Meristoides vigintiguttata Ogloblin 四川拟大萤叶甲
Merisus 筒腹金小蜂属
Merisus splendidus Walker 亮丽筒腹金小蜂
Meritastis phasmatica Meyrick 见 *Amphicoecia phasmatica*
mermeria wood nymph [*Taygetis mermeria* (Cramer)] 尖翅棘眼蝶
Mermitelocerus 纹翅盲蝽属
Mermitelocerus annulipes Reuter 纹翅盲蝽，牟盲蝽
mermithaner 索寄生雄蚁 <被线虫寄生的雄蚁>
mermithergate 索寄生工蚁 <被线虫寄生的工蚁>
mermithogyne 索寄生雌蚁 <被线虫寄生的雌蚁或后蚁>
meroblastic division 1. 局部分裂，不全裂；2. 不全卵裂，局部卵裂
Merochlorops 台秆蝇属

Merochlorops campanulatus Liu, Nartshuk *et* Yang 铃须台秆蝇
Merochlorops ceylanicus (Duda) 锡兰台秆蝇
Merochlorops cinctus (de Meijere) 膨台秆蝇，带台秆蝇，胀台秆蝇，臃肿秆蝇
Merochlorops dimorphus Cherian 二型台秆蝇
Merochlorops flavipes (Malloch) 黄足台秆蝇
Merochlorops gigas (Becker) 巨型台秆蝇，巨台秆蝇，巨型秆蝇，棕色台秆蝇，浅黄秆蝇
Merochlorops lucens (de Meijere) 黑台秆蝇，光耀秆蝇
Merochlorops nigritibius Cherian 黑胫台秆蝇
Merochlorops ochracea (Becker) 棕色台秆蝇
Merochlorops punctifrons Nartshuk *et* Yang 斑额台秆蝇
merocoxa [= meron] 后基片
Merocrates 纹祝蛾属
Merocrates albistria Wu 白纹祝蛾
Merocratus 多色花纹吉丁甲亚属
merocrine 局部分泌的
merocrine secretion [= merocriny] 局部分泌
merocriny 见 merocrine secretion
Meroctena 短梳角野螟属
Meroctena tullalis (Walker) 短梳角野螟
Merodon 齿腿蚜蝇属，拟蜂蝇属
Merodon albifrons Meigen 白额齿腿蚜蝇
Merodon albonigrum Vujic, Radenkovic *et* Simic 二色齿腿蚜蝇
Merodon annulatus (Fabricius) 环齿腿蚜蝇
Merodon armipes Róndani 刺足齿腿蚜蝇
Merodon clavipes (Fabricius) 棒足齿腿蚜蝇
Merodon crypticus Marcos-García, Vujić *et* Mengual 隐齿腿蚜蝇
Merodon distinctus Palma 显齿腿蚜蝇
Merodon elegans Hurkmans 美齿腿蚜蝇
Merodon equestris (Fabricius) [narcissus bulb fly, greater bulb fly, large bulb fly, large narcissus fly] 水仙齿腿蚜蝇，水仙拟蜂蝇，水仙球蝇
Merodon flavus Sack 黄齿腿蚜蝇
Merodon geniculatus Strobl 粒齿腿蚜蝇
Merodon loewi van der Goot 洛齿腿蚜蝇
Merodon longicornis Sack 长角齿腿蚜蝇
Merodon longispinus Marcos-García, Vujić *et* Mengual 长刺齿腿蚜蝇
Merodon mariae Hurkmans 玛丽齿腿蚜蝇
Merodon micromegas (Hervé-Bazin) 小齿腿蚜蝇，微拟蜂蚜蝇
Merodon minutus Strobl 微齿腿蚜蝇
Merodon nigritarsis Róndani 黑跗齿腿蚜蝇
Merodon planiceps Loew 浅头齿腿蚜蝇
Merodon ruficornis Meigen 红角齿腿蚜蝇
Merodon rufimaculatum Huo, Ren *et* Zheng 红斑齿腿蚜蝇
Merodon rufipes Sack 红足齿腿蚜蝇
Merodon rufus Meigen 红齿腿蚜蝇
Merodon scutellaris Shiraki 黄盾齿腿蚜蝇
Merodon spinitarsis Paramonov 刺跗齿腿蚜蝇
Merodon splendens Hurkmans 丽齿腿蚜蝇
Merodon testaceoides Hurkmans 淡齿腿蚜蝇
Merodontina 齿腿虫虻属，齿腿食虫虻属
Merodontina jianfenglingensis Hua 尖峰岭齿腿虫虻，尖峰岭齿腿食虫虻
Merodontina nigripes Shi 黑足齿腿虫虻，黑足齿腿食虫虻
Merodontina obliquata Shi 斜齿腿虫虻，斜齿腿食虫虻
Merodontina rectidensa Shi 直齿腿虫虻，直齿腿食虫虻
Merodontina rufirostra Shi 红喙齿腿虫虻，红喙齿腿食虫虻
Merodontini 齿腿蚜蝇族
Merogomphus 长足春蜓属
Merogomphus chaoi Yang *et* Davies 赵氏长足春蜓
Merogomphus chui Asahina 同 *Merogomphus paviei*
Merogomphus lingyinensis Zhu *et* Wu 同 *Merogomphus paviei*
Merogomphus martini (Fraser) 马丁长足春蜓
Merogomphus paviei Martin 帕维长足春蜓，窄胸春蜓
Merogomphus pinratani (Hämäläinen) 泰国长足春蜓
Merogomphus tamdaoensis Karube 越南长足春蜓
Merogomphus torpens (Needham) 小长足春蜓
Merogomphus vandykei Needham 江浙长足春蜓，浙江长足春蜓
Merogomphus vespertinus Chao 四川长足春蜓，西部长足春蜓
merogony 卵片发育
Merohister 分阎甲属
Merohister jekeli (Marseul) 吉氏分阎甲，吉氏分阎虫
meroistic egg tube [= meroistic ovariole] 具滋卵巢管
meroistic ovariole 见 meroistic egg tube
Meroloba 缝花金龟甲属
Meroloba suturalis (Snellen) 丽缝花金龟甲，丽缝花金龟
Meromenopon 枚鸟虱属
Meromenopon incisum (Giebel) 蓝胸佛法僧枚鸟虱
Meromenopon merops Clay *et* Meinerzhagen 黄喉蜂虎枚鸟虱
Meromyza 麦秆蝇属
Meromyza acutata An *et* Yang 端尖麦秆蝇
Meromyza americana Fitch [wheat stem maggot] 美洲麦秆蝇
Meromyza congruens An *et* Yang 聚斑麦秆蝇
Meromyza gansuensis An *et* Yang 甘肃麦秆蝇
Meromyza hordei (Matsumura) 同 *Meromyza nigriventris*
Meromyza neimengensis An *et* Yang 内蒙麦秆蝇
Meromyza nigripes Duda 黑色麦秆蝇，黑麦秆蝇
Meromyza nigriventris Macquart 黑腹麦秆蝇
Meromyza nigrofasciata Hendel 黑带麦秆蝇
Meromyza ningxiaensis An *et* Yang 宁夏麦秆蝇
Meromyza pratorum Meigen 黄须麦秆蝇
Meromyza saltatrix (Linnaeus) [barley stem maggot, European wheat stem maggot, barley leaf maggot, wheat chloropid fly] 麦秆蝇，黄麦秆蝇，绿麦秆蝇，麦钻心虫，麦蛆
Meromyza wuyishanensis An *et* Yang 武夷山麦秆蝇
Meromyza yangi An *et* Yang 杨氏麦秆蝇
Meromyza zhuae An *et* Yang 朱氏麦秆蝇
meron [pl. mera; = merocoxa] 后基片 < 指基节基部的侧后关节区；很多昆虫中，指中胸和后胸基节的后部，基脊沟附近 >
meront 静止子；分裂体
Merope 美蝎蛉属
Merope tuber Newman 淡美蝎蛉
meropeid 1. [= meropeid scorpionfly, earwigfly, earwig scorpionfly, forcepfly] 美蝎蛉，螋蝎蛉 < 美蝎蛉科 Meropeidae 昆虫的通称 >; 2. 美蝎蛉科的
meropeid scorpionfly [= meropeid, earwigfly, earwig scorpionfly, forcepfly] 美蝎蛉，螋蝎蛉
Meropeidae 美蝎蛉科，螋蝎蛉科

M

Merophyas 美小卷蛾属

Merophyas divulsana (Walker) [lucerne leaf roller] 金钱松美小卷蛾，金钱松小卷蛾，辐射松洁卷蛾

Merophyas divulsana nucleopolyhedrovirus 金钱松小卷蛾核型多角体病毒

merophysid 1. [= merophysid beetle] 枚薪甲 < 枚薪甲科 Merophysidae 昆虫的通称 >; 2. 枚薪甲科的

merophysid beetle [= merophysid] 枚薪甲

Merophysidae 枚薪甲科

meroplankton 季节浮游生物

meropleura [s. meropleuron; = sternepimera (s. sternepimeron), hypoepimera (s. hypoepimeron), katepimera (s. katepimeron), infraepimera (s. infraepimeron), hypopleura (s. hypopleuron)] 下后侧片

meropleurite 后基侧片 < 基节的后基片和后侧片的下部形成的复合骨片 >

meropleuron [pl. meropleura; = sternepimeron (pl. sternepimera), hypoepimeron (pl. hypoepimera), katepimeron (pl. katepimera), infraepimeron (pl. infraepimera), hypopleuron (pl. hypopleura)] 下后侧片

Meroplius 并股鼓翅蝇属，嗜蜂鼓翅蝇属，乌艳细蝇属

Meroplius fasciculatus (Brunetti) 簇生并股鼓翅蝇，带嗜蜂鼓翅蝇，花束艳细蝇

Meroplius fukuharai (Iwasa) 福冈并股鼓翅蝇

Meroplius minutus (Wiedemann) 琐细并股鼓翅蝇，小嗜蜂鼓翅蝇，微小艳细蝇

Meroplius sauteri (de Meijere) 台湾并股鼓翅蝇，索氏嗜蜂鼓翅蝇，邵氏艳细蝇，索鼓翅蝇

Meroplius sydneyensis (Malloch) 悉尼并股鼓翅蝇

Meroplius stercorarius (Robineau-Desvoidy) 同 *Meroplius minutus*

Meropoecus 昧鸟虱属

Meropoecus caprai Conci 绿喉蜂虎昧鸟虱

Meropoecus meropis (Denny) 黄喉蜂虎昧鸟虱

Meropoecus smithi Emerson *et* Elbel 黑胸蜂虎昧鸟虱

Meroptera 索蜜野螟属

Meroptera pravella Grote [lesser aspen webworm] 北美索蜜野螟

Meroscinis dimidiata Becker 见 *Rhodesiella dimidiata*

Meroscinis elegantula Becker 见 *Rhodesiella elegantula*

Meroscinis sauteri Duda 见 *Rhodesiella sauteri*

merothripid 1. [= merothripid thrips] 大腿蓟马，珠角蓟马，食孢蓟马 < 大腿蓟马科 Merothripidae 昆虫的通称 >; 2. 大腿蓟马科的

merothripid thrips [=merothripid] 大腿蓟马，珠角蓟马，食孢蓟马

Merothripidae 大腿蓟马科，珠角蓟马科，食孢蓟马科

Merothripinae 大腿蓟马亚科

Merothripoidea 大腿蓟马总科

Merothrips 大腿蓟马属，食孢蓟马属

Merothrips brunneus Ward 褐大腿蓟马

Merothrips floridensis Watson 弗大腿蓟马

Merothrips fusciceps Hood *et* Williams 褐头大腿蓟马

Merothrips hawaiiensis Moulton 夏大腿蓟马

Merothrips indicus Bhatti *et* Ananthakrishnan 印度大腿蓟马，印度食孢蓟马

Merothrips laevis Hood 光滑大腿蓟马，无纹食孢蓟马

Merothrips morgani Hood 广东大腿蓟马

Merriam's life zone 梅瑞阿姆氏生物分布带

Merrifieldia 三裂羽蛾属

Merrifieldia tridactyla (Linnaeus) [western thyme plume] 百里香三裂羽蛾，三裂羽蛾

Mersin grayling [= Samos grayling, *Hipparchia mersina* (Staudinger)] 波臀仁眼蝶

mersolite 醋酸苯汞，赛力散

Meru protea butterfly [*Capys meruensis* Henning *et* Henning] 美锯缘灰蝶

Meru 瀑甲属

Meru phyllisae Spangler *et* Steiner [comb-clawed cascade beetle] 梳爪瀑甲

meruid 1. [= meruid beetle] 瀑甲<瀑甲科 Meruidae昆虫的通称>; 2. 瀑甲科的

meruid beetle [= meruid] 瀑甲

Meruidae 瀑甲科

Merus 梅象甲属

Merus erro (Pascoe) 乌桕梅象甲，乌桕长足象

Merus flavosignatus (Roelofs) 黄斑梅象甲，黄斑长足象

Merus konoi (Voss) 高野梅象甲，高野长足象

Merus nipponicus (Kôno) 日本梅象甲，日本枚塞象，挂墩长足象甲，挂墩长足象

Merus piceus (Roelofs) 黑褐梅象甲，黑褐长足象，褐枚塞象

Merus tristis (Haaf) 昏梅象甲，昏长足象

Merus unifasciatus Morimoto *et* Kojima 单带梅象甲，单带梅象

Merus yoshidai (Kôno) 吉田梅象甲，吉田梅象

Merycomyiinae 拟虻亚科

Merzomyia 梅实蝇属

Merzomyia licenti (Chen) 李氏梅实蝇，李氏伊实蝇

Mesa 枚钩土蜂属

Mesa alishana Tsuneki 阿里山枚钩土蜂

Mesa chiaiensis Tsuneki 恰枚钩土蜂

Mesa formosensis Tsuneki 台枚钩土蜂

Mesa kozlovi Gorbatovskij 柯氏枚钩土蜂

mesad 中向

mesadenia 中胚层附腺 < 指雄性生殖系统上附属于输精管的中胚层附腺 >

Mesaeschra 昏舟蛾属

Mesaeschra senescens Kiriakoff 昏舟蛾

Mesagroicus 长柄象甲属

Mesagroicus angustirostris Faust 甜菜长柄象甲

Mesagroicus fuscus Chen 暗褐长柄象甲

mesal 正中的

mesal callis 中臀厚带 < 介壳虫中，邻接正中面的臀厚带 >

mesal cerari 中三角蜡孔 < 介壳虫中，背面的单行三角蜡孔 >

mesal lobe [= median lobe] 中叶突

mesal margin 中缘 < 在介壳虫中，见 inner margin>

mesal notch [= median notch] 中缺切

mesal orbacerore 中肛环蜡孔 < 介壳虫中，围肛环的内行和中行的肛环蜡孔 >

mesal penellipse 侧缺环 < 鳞翅目 Lepidoptera 幼虫中仅侧边缺口的趾钩环 >

mesal plate [= wedge-shaped plate] 中蜡板，楔形板 < 某些介壳虫中，中胸、后胸及第一腹节背蜡板间中间的蜡板 >

Mesalcidodes trifidus (Pascoe) 见 *Sternuchopsis trifidus*
mesanepisternum 中胸上前侧片
Mesapamea 中秀夜蛾属，半途夜蛾属
Mesapamea concinnata Heinicke 美中秀夜蛾，麦点半途夜蛾
Mesapamea evidentis Heinicke 显中秀夜蛾，显半途夜蛾
Mesapamea fractilinea (Grote) [broken-lined brocade moth, lined stalk borer] 断纹中秀夜蛾，禾皱纹夜蛾
Mesapamea monotona Heinicke 单中秀夜蛾，单半途夜蛾
Mesapamea secalis (Linnaeus) [wheat spotted noctuid, common rustic moth] 麦中秀夜蛾
Mesaphorura 美土蛛属
Mesaphorura hylophila Rusek 林栖美土蛛
Mesaphorura krausbaueri (Börner) 克氏美土蛛
Mesaphorura pacifica Rusek 太平洋美土蛛
Mesaphorura pongei Rusek 彭氏美土蛛
Mesaphorura sylvatica (Rusek) 林美土蛛
Mesaphorura yosiii (Rusek) 吉井氏美土蛛，吉井氏土蛛
Mesapia 妹粉蝶属
Mesapia grayi Bang-Haas 见 *Mesapia peloria grayi*
Mesapia peloria (Hewitson) [Tibet blackvein] 妹粉蝶
Mesapia peloria grayi Bang-Haas 妹粉蝶甘肃亚种，四川妹粉蝶，格妹粉蝶
Mesapia peloria leechi Bang-Haas 妹粉蝶四川亚种，甘肃妹粉蝶
Mesapia peloria minima Huang 妹粉蝶西藏亚种
Mesapia peloria peloria (Hewitson) 妹粉蝶指名亚种
Mesapia peloria tibetensis D'Abrea 同 *Mesapia peloria peloria*
mesarch sere 中生演替系列
Mesargus 中癞叶蝉属
Mesargus albomaculatus (Li) 白斑中癞叶蝉，白斑癞叶蝉
Mesargus brevitus (Cai *et* Shen) 短室中癞叶蝉，短室癞叶蝉
Mesargus castaneus (Kuoh) 棕盾中癞叶蝉，棕盾癞叶蝉
Mesargus guttulinervis (Kato) 黑斑中癞叶蝉，黑斑癞叶蝉
Mesargus hei (Cai *et* Shen) 何氏中癞叶蝉，何氏癞叶蝉
Mesargus hirsutus (Li) 多毛中癞叶蝉，多毛癞叶蝉
Mesargus hybomus (Cai *et* Kuoh) 驼胸中癞叶蝉，驼胸癞叶蝉
Mesargus latus (Kato) 宽中癞叶蝉，宽癞叶蝉
Mesargus maculigenus (Kuoh) 斑颊中癞叶蝉，斑颊癞叶蝉
Mesargus naevius (Jacobi) 斑腿中癞叶蝉，斑腿癞叶蝉
Mesargus serratus (Li *et* Zhang) 齿缘中癞叶蝉，齿缘癞叶蝉
Mesargus spinapensis (Li *et* Zhang) 刺茎中癞叶蝉，刺茎癞叶蝉
mesarima 中舌裂 <分隔中唇舌的裂隙>
mesascutella 中小盾片中部
Mesasiobia 波球螋属
Mesasiobia hemixanthocara Semenov 黄波球螋，半黄美球螋
Mesasippus 迷沙蝗属
Mesasippus geophilus (Bey-Bienko) 地迷沙蝗
Mesasippus kozhevnikovi (Tarbinsky) 克迷沙蝗
Mesasippus kozhevnikovi iliensis Mishchenko 克迷沙蝗伊利亚种
Mesasippus kozhevnikovi kozhevnikovi (Tarbinsky) 克迷沙蝗指名亚种
Mesasippus kozhevnikovi robustus Mistsbenko 克迷沙蝗粗壮亚种，克迷沙蝗
Mesastrape 树尺蛾属
Mesastrape fulguraria (Walker) 细枝树尺蛾，树形尺蛾
Mescinia peruella Schaus [small Peruvian bollworm, Peruvian lesser bollworm, cotton boll-borer] 棉铃蛀螟
Mesechthistatus 箭尾天牛属，瘤叉尾天牛属
Mesechthistatus taniguchii (Seki) 黑带箭尾天牛
Mesechthistatus yamahoi (Mitono) 山保箭尾天牛，山保氏瘤叉尾天牛
Meselatus 迷榕小蜂属
Meselatus bicolor Chen 二色迷榕小蜂
Mesembrina 墨蝇属
Mesembrina aurocaudata Emden 金尾墨蝇
Mesembrina decipiens Loew 迷墨蝇
Mesembrina intermedia Zetterstedt 介墨蝇
Mesembrina magnifica Aldrich 壮墨蝇
Mesembrina magnifica Fang *et* Fan 同 *Mesembrina aurocaudata*
Mesembrina meridiana (Linnaeus) 南墨蝇
Mesembrina meridiana meridiana (Linnaeus) 南墨蝇指名亚种
Mesembrina meridiana nudiparafacia Fan 见 *Mesembrina nudiparafacia*
Mesembrina montana Zimin 山墨蝇
Mesembrina montana asternopleuralis Fan 山墨蝇裸侧亚种，裸侧山墨蝇
Mesembrina montana montana Zimin 山墨蝇指名亚种
Mesembrina mystacea (Linnaeus) 蜂墨蝇
Mesembrina nudiparafacia Fan 裸颧墨蝇，裸颧南墨蝇
Mesembrina resplendens Wahlberg 亮墨蝇
Mesembrina resplendens ciliimaculata Fan *et* Zheng 亮墨蝇毛斑亚种，毛斑亮墨蝇
Mesembrina resplendens resplendens Wahlberg 亮墨蝇指名亚种
Mesembrina tristis Aldrich 幽墨蝇
Mesembrinini 墨蝇族
Mesembrius 墨管蚜蝇属，粉颜蚜蝇属，梅生蚜蝇属
Mesembrius aduncatus Li 钩叶墨管蚜蝇，钩叶粉颜蚜蝇
Mesembrius albiceps Wulp 白颜墨管蚜蝇，白颜粉颜蚜蝇
Mesembrius amplintersitus Huo, Ren *et* Zheng 中宽墨管蚜蝇
Mesembrius bengalensis (Wiedemann) 斑腹墨管蚜蝇，斑腹粉颜蚜蝇，孟加拉墨管蚜蝇，孟加蚜蝇
Mesembrius flaviceps (Matsumura) 宽条墨管蚜蝇，宽条粉颜蚜蝇，黄颜墨管蚜蝇
Mesembrius formosanus Shiraki 台湾墨管蚜蝇，台湾粉颜蚜蝇，竹东蚜蝇
Mesembrius gracilifolius Li 细叶墨管蚜蝇，细叶粉颜蚜蝇
Mesembrius gracinterstatus Huo, Ren *et* Zheng 细条墨管蚜蝇
Mesembrius hainanensis Li 海南墨管蚜蝇，海南粉颜蚜蝇
Mesembrius longipenitus Li 长茎墨管蚜蝇，长茎粉颜蚜蝇
Mesembrius niger Shiraki 黑色墨管蚜蝇，黑色粉颜蚜蝇，黑墨管蚜蝇
Mesembrius nigrabdominus Huo, Ren *et* Zheng 黑腹墨管蚜蝇
Mesembrius niveiceps (de Meijere) 白墨管蚜蝇，白粉颜蚜蝇，白头墨管蚜蝇，白足蚜蝇
Mesembrius peregrinus (Loew) 奇异墨管蚜蝇，奇异粉颜蚜蝇
Mesembrius pseudiflaviceps Huo, Ren *et* Zheng 拟黄颜墨管蚜蝇
Mesembrius tuberosus Curran 瘤突墨管蚜蝇，瘤突粉颜蚜蝇
Mesembrius wulpi van der Goot 胡墨管蚜蝇，胡粉颜蚜蝇，乌氏蚜蝇，伍氏墨管蚜蝇
mesenchyma [= mesenchyme] 间质 <由联系疏松的细胞所构成的中胚层构造>

mesenchyme 见 mesenchyma
Mesene 迷蚬蝶属
Mesene bigemmis Stichel 大迷蚬蝶
Mesene bomilcar (Stoll) 波迷蚬蝶
Mesene boyi Stichel 博伊迷蚬蝶
Mesene celetes Bates 色来迷蚬蝶
Mesene croceella (Bates) [Guatemalan metalmark, croceella metalmark] 红迷蚬蝶
Mesene cyneas (Hewitson) [smooth-banded geomark] 黑边迷蚬蝶
Mesene discolor Stichel 双色迷蚬蝶
Mesene epalia (Godart) [red demon] 埃迷蚬蝶
Mesene epaphus (Stoll) [epaphus metalmark] 埃帕迷蚬蝶
Mesene fissurata Stichel 费迷蚬蝶
Mesene florus (Fabricius) 花迷蚬蝶
Mesene hya (Westwood) 华迷蚬蝶
Mesene hyale (Felder *et* Felder) 亮迷蚬蝶
Mesene icterias Stichel 黄迷蚬蝶
Mesene ineptus Stichel 伊迷蚬蝶
Mesene juanea Orfila 朱迷蚬蝶
Mesene leucophrys Bates [leucophrys metalmark] 三色迷蚬蝶
Mesene leucopus Godman *et* Salvin [white-legged geomark, white-legged metalmark] 白迷蚬蝶
Mesene margaretta (White) [zebra-tipped metalmark, Margaretta metalmark] 珠迷蚬蝶
Mesene martha Schaus 马尔迷蚬蝶
Mesene monostigma Erichson 单点迷蚬蝶
Mesene mulleola Stichel 穆迷蚬蝶
Mesene mygdon (Schaus) [red geomark] 暮迷蚬蝶
Mesene nepticula (Möschler) 奈迷蚬蝶
Mesene nola Herrich-Schäffer [geomark, nola metalmark] 诺拉迷蚬蝶
Mesene oriens Butler [oriens metalmark] 欧迷蚬蝶
Mesene pactolus Moschel 帕迷蚬蝶
Mesene phareus (Cramer) [cell-barred geomark, cell-barred metalmark, phareus metalmark] 黑边红迷蚬蝶
Mesene pullula Stichel 普露迷蚬蝶
Mesene pyrippe Hewitson [pyrippe metalmark] 梨纹迷蚬蝶
Mesene pyrrha Bates 火焰迷蚬蝶
Mesene sardonyx Stichel 红纹迷蚬蝶
Mesene silaris (Godman *et* Salvin) [yellow geomark, yellow metalmark] 细纹迷蚬蝶
Mesene simplex Bates 朴素迷蚬蝶
Mesene veleda Stichel 微迷蚬蝶
Mesene voriens Bates 涡迷蚬蝶
Mesenopsis 密蚬蝶属
Mesenopsis albivitta (Lathy) 白密蚬蝶
Mesenopsis briseis (Hewitson) 布里密蚬蝶
Mesenopsis bryaxis (Hewitson) [yellow-centered metalmark] 密蚬蝶
Mesenopsis melanochlora (Godman *et* Salvin) [orange-striped metalmark, diopterine geomark] 绿黑密蚬蝶
Mesenopsis pulchella Godman 美丽密蚬蝶
mesenteron [= ventriculus, midgut, mid-intestine, chylostomach, duodenum, chylific ventricle, stomach] 中肠，胃
mesenteron rudiment 中肠韧，中肠原基 <发生为中肠的内胚层细胞团，包括前中肠韧和后中肠韧>
mesentina sister [*Adelpha mesentina* (Cramer)] 悌蛱蝶
Mesentoria 中蝻属
Mesentoria acuticaudata Chen *et* He 尖尾中蝻
Mesentoria bifasciata Chen *et* He 双带中蝻
Mesentoria testacea Chen *et* He 褐纹中蝻
Mesentoria yanbianensis Chen *et* He 盐边中蝻
Mesentoria yuanmouensis Chen *et* He 元谋中蝻
mesepimeron 中胸后侧片
mesepisternum 中胸前侧片
Mesepora 叶扁蜡蝉属
Mesepora onukii (Matsumura) 叶扁蜡蝉
mesially 中间的
mesic [= mesophilus] 栖湿地的
Mesilla epeolus [*Epeolus mesillae* (Cockerell)] 梅氏绒斑蜂
mesinfraepisternum 中胸下前侧片
Mesoacidalia 镁蛱蝶属
Mesoacidalia clara (Blanchard) 镁蛱蝶，镁斑豹蛱蝶，亮中阿蛱蝶
Mesoacidalia clara clara (Blanchard) 镁蛱蝶指名亚种
Mesoacidalia clara neoclara Chou, Yuan, Yin, Zhang *et* Chen 镁蛱蝶新镁亚种，新镁蛱蝶
mesobiliverdin 中胆绿素
mesoblast [= mesoderm] 中胚层
mesoblastic 中胚层的
mesoblastic somite 中胚层节 <指昆虫胚胎中的中胚层分节>
Mesocacia 角象天牛属
Mesocacia multimaculata (Pic) 杂斑角象天牛
Mesocacia punctifasciata Gressitt 海南角象天牛
Mesocacia rugicollis Gressitt 皱胸角象天牛，皱胸象天牛
Mesocaeciliinae 中叉蛄亚科
Mesocaecilius 中叉蛄属，拟毛啮虫属
Mesocaecilius bellus Li 精美中叉蛄
Mesocaecilius decorosus Li 华美中叉蛄
Mesocaecilius elegans Li 丽中叉蛄
Mesocaecilius euryopterus Li 阔翅中叉蛄
Mesocaecilius lepidus Li 精致中叉蛄
Mesocaecilius quadrimaculatus Okamoto 四斑中叉蛄，四斑拟毛啮虫
Mesocallis 中斑蚜属
Mesocallis alnicola Ghosh 桤木中斑蚜
Mesocallis corylicola (Higuchi) 榛中斑蚜，榛副长斑蚜，榛翅斑蚜
Mesocallis pteleae Matsumura [corylus aphid] 榆橘中斑蚜
Mesocallis sawashibae (Matsumura) 鹅耳枥中斑蚜
Mesocallis yunnanensis (Zhang) 云南榛翅斑蚜
Mesocatops 中球蕈甲属
Mesocatops imitator (Schweiger) 伪中球蕈甲，伪大球蕈甲，伊枚拟葬甲
Mesocatops latitarsis Szyczakowski 宽跗中球蕈甲，宽跗枚拟葬甲
mesocephalic pillars 中头柱 <蜜蜂中构成头部前、后壁间支柱的一对斜骨化杆>
Mesochirozetes formosanus (Heller) 见 *Chirozetes formosanus*
Mesochorinae 菱室姬蜂亚科
Mesochorus 菱室姬蜂属
Mesochorus atricoxalis Kusigemati 黑基菱室姬蜂

Mesochorus brevicaudus Sheng 短尾菱室姬蜂

Mesochorus castaneus Uchida 栗色菱室姬蜂

Mesochorus chinensis Uchida 见 *Stictopisthus chinensis*

Mesochorus dentus Kusigemati 齿菱室姬蜂

Mesochorus discitergus (Say) 盘背菱室姬蜂

Mesochorus fulgurans Curtis 褐菱室姬蜂

Mesochorus fulvus Thomson 同 *Mesochorus fulgurans*

Mesochorus giberius (Thunberg) 吉菱室姬蜂

Mesochorus guanshanicus Sheng *et* Sun 官山菱室姬蜂

Mesochorus hashimotoi Kusigemati 桥本菱室姬蜂

Mesochorus ichneutese Uchida 依菱室姬蜂

Mesochorus instriatus Kusigemati 台岛菱室姬蜂

Mesochorus interstitialis Kusigemati 间菱室姬蜂

Mesochorus jihyetanus Kusigemati 吉菱室姬蜂

Mesochorus microbathros Kusigemati 微菱室姬蜂

Mesochorus monomaculatus Kusigemati 单斑菱室姬蜂

Mesochorus niger Kusigemati 黑菱室姬蜂

Mesochorus rubranotatus Kusigemati 红点菱室姬蜂

Mesochorus stigmatus Kusigemati 纹菱室姬蜂

Mesochorus taiwanensis Kusigemati 台湾菱室姬蜂

Mesochorus takizawai Kusigemati 多喜菱室姬蜂

Mesochorus tattakensis Uchida 塔菱室姬蜂

Mesochorus temporalis Thomson 暂菱室姬蜂

Mesochorus turgidus Kusigemati 胀菱室姬蜂

Mesochrysopa 蚁貌草蛉属

Mesochrysopa zitteli Handlirsch 德蚁貌草蛉

mesochrysopid 1. [= mesochrysopid lacewing] 中草蛉 < 中草蛉科 Mesochrysopidae 昆虫的通称 >；2. 中草蛉科的

mesochrysopid lacewing [= mesochrysopid] 中草蛉

Mesochrysopidae 中草蛉科

Mesoclistus 中闭姬蜂属

Mesoclistus aletaiensis Wang 阿勒太中闭姬蜂

Mesoclistus atuberculatus Wang 无瘤中闭姬蜂

Mesocomys 短角平腹小蜂属

Mesocomys albitarsis (Ashmead) 白跗短角平腹小蜂，白跗拟平腹小蜂

Mesocomys breviscapis Yao, Yang *et* Zhao 短柄短角平腹小蜂

Mesocomys orientalis Ferrière 松毛虫短角平腹小蜂

Mesocomys sinensis Yao, Yang *et* Zhao 中华短角平腹小蜂

Mesocomys superansi Yao, Yang *et* Zhao 落叶松毛虫短角平腹小蜂，落叶松短角平腹小蜂

Mesocomys trabalae Yao, Yang *et* Zhao 枯叶蛾短角平腹小蜂

mesocoria 中胸前膜

mesocoxa [pl. mesocoxae; = mid coxa, midcoxa] 中足基节

mesocoxae [s. mesocoxa; = mid coxae, midcoxae] 中足基节

mesocoxal 中足基节的

mesocoxal cavitiy 中足基节窝

Mesocrapex 梅朔夜蛾属

Mesocrapex punkikonis Matsumura 膨梅朔夜蛾，眉夜蛾

Mesocrina 均毛反颚茧蜂属

Mesocrina dalhousiensis (Sharma) 裂齿均毛反颚茧蜂，裂齿反颚茧蜂

Mesocrina indagatrix Förster 点基均毛反颚茧蜂，点基反颚茧蜂

Mesocrina licho Belokobylskij 暗均毛反颚茧蜂

mesocuticle 中表皮 < 由内表皮发生出外表皮过程中的中间阶段 >

Mesocynipinae 中光翅瘿蜂亚科

mesoderm 见 mesoblast

mesodermal tube 背血管

Mesodictenidia 宽奇栉大蚊亚属

Mesodina 圆弄蝶属

Mesodina aeluropis Meyrick [montane iris-skipper, aeluropis skipper] 隐斑圆弄蝶

Mesodina cyanophracta Lower [blue iris-skipper] 青圆弄蝶

Mesodina gracillima Edwards [northern iris-skipper] 格圆弄蝶

Mesodina halyzia (Hewitson) [eastern iris-skipper, halyzia skipper] 圆弄蝶

Mesodina hayi Edwards *et* Graham [narrow-winged iris-skipper] 海圆弄蝶

Mesodiomorus 中歹长尾小蜂属

Mesodiomorus compressus Strand 扁中歹长尾小蜂

mesodiscaloca [= discaloca, vaginal disc, vaginal areole, ventral scar, subcircular scar] 盘突域，中盘突域＜见于介壳虫中＞

mesodont [= amphiodont] 中颚型

Mesodonta takasagonis Matsumura 同 *Peridea oberthuri*

Mesodryinus 中螯蜂属

Mesodryinus barbarus Olmi 见 *Dryinus barbarus*

Mesodryinus orientalis Olmi 东方中螯蜂

mesoepisternum 中胸前侧片

Mesoereis 竖毛象天牛属，大星斑天牛属

Mesoereis bifasciata (Pic) 恒春竖毛象天牛，恒春大星斑天牛，阔带大胡麻天牛

Mesoereis horiana (Breuning *et* Ohbayashi) 琉球竖毛象天牛

Mesoereis koshunensis Matsushita 同 *Mesoereis bifasciata*

Mesoereis obscurus Matsushita 见 *Paragolsinda obscura*

Mesoereis yunnana Breuning 见 *Desisa yunnana*

mesofacial plate [= face] 颜

mesofurca 中胸叉骨，中叉骨

mesogenacerore 中臀蜡孔 < 介壳虫中，臀蜡孔 (genacerore) 的中群 >

Mesogona 贯夜蛾属

Mesogona divergens Butler 见 *Telorta divergens*

Mesogona oxalina (Hübner) 明贯夜蛾

mesogramma skipper [*Atalopedes mesogramma* (Latreille)] 金尘弄蝶

Mesographe 菜野螟属

Mesographe forficalis (Linnaeus) 见 *Evergestis forficalis*

mesohalobion 中盐性种

Mesohemerobius subacutus Nakahara 同 *Hemerobius cercodes*

Mesohomotoma 瘦木虱属，中尾突木虱属

Mesohomotoma camphorae Kuwayama 黄槿瘦木虱，黄槿木虱，樟中厚毛木虱

Mesohomotoma hibisci (Froggatt) 木槿瘦木虱，木槿中厚毛木虱

Mesohomotoma lineaticollis Enderlein 台湾瘦木虱，台湾中厚毛木虱

mesoionic insecticide 介离子类杀虫剂

Mesolabia 唇螋属

Mesolabia niitakaensis Shiraki 玉山唇螋，台中唇球螋

Mesolea pedestris Breddin 见 *Neosalica pedestris*

Mesolecanium 中球蚧属

Mesolecanium nigrofasciatum (Pergande) [terrapin scale] 黑斑中

球蚧，黑斑球蚧，泥龟蜡蚧
Mesoleiini 基凹姬蜂族
Mesoleius 基凹姬蜂属
Mesoleius aulicus (Gravenhorst) 深沟基凹姬蜂
Mesoleius faciator Kasparyan 颜基凹姬蜂
Mesoleius tenthredinis Morley 叶蜂基凹姬蜂
Mesoleius variegatus (Jurine) 多变基凹姬蜂
Mesoleptidea 长颚姬蜂属
Mesoleptidea cingulata (Gravenhorst) 带长颚姬蜂，辽宁厕蝇姬蜂
Mesoleptidea maculata Sheng, Sun *et* Li 斑长颚姬蜂
Mesoleptogaster 胫鬃虫虻属，胫鬃食虫虻属，小腹食虫虻属
Mesoleptogaster bicoloripes Hsia 二色胫鬃虫虻，二色胫鬃食虫虻
Mesoleptogaster gracilipes Hsia 丽胫鬃虫虻，丽胫鬃食虫虻，台湾胫鬃食虫虻，细足食虫虻
Mesoleptus 厕蝇姬蜂属
Mesoleptus cingulata Gravenhorst 见 *Mesoleptidea cingulata*
Mesoleptus laticinctus (Walker) 窄环厕蝇姬蜂
Mesoleptus sauteri Uchida 见 *Phobetes sauteri*
Mesoleptus taihorinensis Uchida 见 *Phobetes taihorinensis*
Mesoleuca 莓尺蛾属
Mesoleuca albicillata (Linnaeus) [beautiful carpet] 草莓尺蛾，白纡巾尺蛾
Mesoleuca albicillata albicillata (Linnaeus) 草莓尺蛾指名亚种，指名草莓尺蛾
Mesoleuca altera Bastelberger 见 *Protonebula altera*
Mesoleuca bimacularia (Leech) 双斑莓尺蛾，双斑草莓尺蛾
Mesoleuca costipannaria (Moore) 黑缘莓尺蛾，黑缘草莓尺蛾，小角斑波尺蛾
Mesoleuca mandshuricata (Bremer) 北莓尺蛾，北草莓尺蛾
Mesoleuca psydria Xue 虚莓尺蛾
Mesolia 麦草螟属，枚索螟属
Mesolia bipunctella Wileman *et* South 双纹麦草螟，二点枚索螟
Mesolia tenebrella Hampson 见 *Prionapteron tenebrellum*
Mesoligia 草禾夜蛾属
Mesoligia furuncula (Denis *et* Schiffermüller) 草禾夜蛾，浮禾夜蛾
Mesolycus atrorufus (Kiesenwetter) 杧果红萤，疲红萤
Mesomantispinae 中螳蛉亚科
Mesomelena 黑条蝇属
Mesomelena mesomelaena (Loew) 黑条蝇
Mesomelenina 黑条蝇亚族
mesomeros 中腹节 < 指鳞翅目 Lepidoptera 昆虫的第二至五腹节 >
Mesomorphus 毛土甲属，仓潜属
Mesomorphus birmanicus Kaszab 缅甸毛土甲，缅仓潜
Mesomorphus brevis Kaszab 宽大毛土甲，短仓潜
Mesomorphus feai Kaszab 弗氏毛土甲，费仓潜
Mesomorphus latiusculus Chatanay 宽褐毛土甲，宽仓潜
Mesomorphus rugulosus Chatanay 皱纹毛土甲，皱仓潜
Mesomorphus siamicus Kaszab 泰国毛土甲，印北毛土甲，泰仓潜
Mesomorphus villiger (Blanchard) 扁毛土甲，仓潜，毛扁足甲，隆背潜砂虫
meson 正中面
Mesonemoura 中叉䗛属
Mesonemoura aberransterga Du *et* Zhou 奇背中叉䗛
Mesonemoura flagellata (Wu) 鞭突中叉䗛，鞭毛叉䗛
Mesonemoura lii Zhu, Yang *et* Yang 李氏中叉䗛
Mesonemoura membranosa Du *et* Zhou 膜质中叉䗛
Mesonemoura multispira (Wu) 多旋中叉䗛
Mesonemoura nielamuensis Li *et* Yang 聂拉木中叉䗛
Mesonemoura sbordonii Fochetti *et* Sezzi 施氏中叉䗛
Mesonemoura spiroflagellata (Wu) 旋鞭中叉䗛
Mesonemoura tibetensis Zhu, Yang *et* Yang 西藏中叉䗛
Mesonemoura tritaenia Li *et* Yang 三带中叉䗛
Mesonemoura vaillanti (Navás) 叉叶中叉䗛，魏氏叉䗛
Mesonemoura yulongana Li *et* Yang 玉龙中叉䗛
Mesonemurus 双蚁蛉属
Mesonemurus guentheri Hölzel 格双蚁蛉
Mesonemurus mongolicus Hölzel 蒙双蚁蛉
Mesoneura 中脉叶蜂属，中索叶蜂属
Mesoneura opaca Klug 浊中脉叶蜂，浊中索叶蜂
Mesoneura sinica Wei 中华中脉叶蜂
Mesoneura truncatatheca Wei 钝鞘中脉叶蜂
mesonotal scutellum 中背小盾片
mesonotal shield 中背板
mesonotum [= mesotergum] 中胸背板
Mesopanorpodes 中蝎蛉属
Mesopanorpodes latus Sun *et* Hong 宽形中蝎蛉
Mesopanorpodes shaanxiensis Guo *et* Wang 陕西中蝎蛉
mesoparapteron 前小盾片 < 常用于蚊类中，同 prescutellum>
Mesoparopia 窄额叶蝉属
Mesoparopia fruhstorferi Matsumura 费窄额叶蝉
Mesoparopia nitobei Matsumura 黄斑窄额叶蝉
mesopede 中足
Mesoperla 中钮䗛属，中石蝇属
Mesoperla crucigera Klapálek 叉形中钮䗛，叉形中石蝇
Mesoperlina 中网䗛属
Mesoperlina ochracea Klapálek 黄褐中网䗛，赭中䗛
Mesoperlina potanini Klapálek 见 *Isoperla potanini*
Mesophadnus 梅索姬蜂属
Mesophadnus formosanus (Uchida) 台湾梅索姬蜂，台湾宽跗姬蜂
Mesophadnus formosanus effigiops Heinrich 台湾梅索姬蜂埃菲亚种，埃台梅索姬蜂
Mesophadnus formosanus formosanus (Uchida) 台湾梅索姬蜂指名亚种
Mesophadnus fukiensis Heinrich 福建梅索姬蜂
Mesophalera 间掌舟蛾属
Mesophalera ananai Schintlmeister 安间掌舟蛾
Mesophalera arnica Kishida *et* Kobayashi 阿间掌舟蛾，艾米间掌舟蛾
Mesophalera bruno Schintlmeister 步间掌舟蛾，褐绿间翅舟蛾，褐绿间掌舟蛾
Mesophalera cantiana (Schaus) 紫间掌舟蛾，肯间掌舟蛾，肯纷舟蛾
Mesophalera ferruginis (Kishida *et* Kobayashi) 褐间掌舟蛾，费间掌舟蛾
Mesophalera libera Schintlmeister 皮间掌舟蛾，丽间翅舟蛾，丽

霾舟蛾
Mesophalera lundbladi Kiriakoff 月间掌舟蛾，隆间掌舟蛾
Mesophalera mediopallens (Sugi) 中自间掌舟蛾
Mesophalera plagiviridis (Moore) 见 *Pseudofeneonia* (*Viridifentonia*) *plagiviridis*
Mesophalera sigmata (Butler) 竖线间掌舟蛾，间掌舟蛾，竖线舟蛾，弯掌舟蛾
Mesophalera sigmatoides Kiriakoff 曲间掌舟蛾，拟间掌舟蛾
Mesophalera speratus Schintlmeister 理想间掌舟蛾，希望间翅舟蛾，希望间掌舟蛾
mesophilus [= mesic] 栖湿地的
Mesophleps 荚麦蛾属
Mesophleps albilinella (Park) 白线荚麦蛾
Mesophleps sublutiana (Park) 刺槐荚麦蛾
mesophragma 1. 中悬骨 < 指后胸前盾片前面的悬骨 >; 2. 中膈 < 横纹肌纤维中带中央的一薄膈 >
Mesophthalma 中眼蚬蝶属
Mesophthalma idotea Westwood [idotea eyemark] 中眼蚬蝶
Mesoplecia 中生原毛蚊属
Mesoplecia anfracta Hao *et* Ren 弯曲中生原毛蚊
Mesoplecia antiqua Hao *et* Ren 古中生原毛蚊
Mesoplecia coadnata Hao *et* Ren 联合中生原毛蚊
mesopleura [s. mesopleuron] 中胸侧板，中侧片
mesopleural 中胸侧板的
mesopleural bristle 中侧鬃 < 在双翅目 Diptera 昆虫中，着生于由背侧缝与中胸侧沟所构成的角中的鬃 >
mesopleural row 中侧鬃行 < 双翅目 Diptera 昆虫中胸侧板后部的鬃行 >
mesopleural sulcus 中胸侧沟
mesopleuron [pl. mesopleura] 中胸侧板，中侧片
Mesopodagrion 凸尾山蟌属，山蟌属
Mesopodagrion tibetanum McLachlan 藏凸尾山蟌，藏山蟌
Mesopodagrion tibetanum australe Yu *et* Bu 藏凸尾山蟌南方亚种
Mesopodagrion tibetanum tibetanum McLachlan 藏凸尾山蟌指名亚种
Mesopodagrion yachowensis Chao 雅州凸尾山蟌
Mesopolobus 迈金小蜂属
Mesopolobus aequus (Walker) 等迈金小蜂
Mesopolobus agropyricola Rosen 隐迈金小蜂
Mesopolobus albitarsus (Walker) 白跗迈金小蜂
Mesopolobus amaenus (Walker) 哎姆迈金小蜂
Mesopolobus anogmoides Graham 毛翅迈金小蜂
Mesopolobus aspilus (Walker) 艾斯迈金小蜂
Mesopolobus beilingicus Sun *et* Xiao 赭腹迈金小蜂
Mesopolobus brevis Yang *et* Yao 鞘蛾短迈金小蜂
Mesopolobus changbaicus Xiao 长白迈金小蜂
Mesopolobus dailingensis Yang *et* Yao 带岭鞘蛾迈金小蜂
Mesopolobus equivenae Sun *et* Xiao 等脉迈金小蜂
Mesopolobus fasciiventris Westwood 异脉白角金小蜂
Mesopolobus keralensis Sureshan *et* Narendran 小迈金小蜂
Mesopolobus mesoeminulus Sun, Xiao *et* Xu 隆胸迈金小蜂
Mesopolobus mesolatus Sun, Xiao *et* Xu 宽胸迈金小蜂
Mesopolobus minutus Dzhanokmen 微小迈金小蜂 < 该种名有次同名 *Mesopolobus minutus* Sureshan *et* Narendran, 2002>
Mesopolobus mongolicus Yang 樟子松迈金小蜂
Mesopolobus nobilis (Walker) 显赫迈金小蜂
Mesopolobus prasinus (Walker) 派迈金小蜂
Mesopolobus rhabdophagae (Graham) 棒腹迈金小蜂
Mesopolobus semenis Askew 半月迈金小蜂
Mesopolobus subfumatus (Ratzeburg) 枯叶蛾迈金小蜂，松毛虫白角金小蜂，松毛虫迈金小蜂
Mesopolobus superansi Yang *et* Gu 松毛虫迈金小蜂
Mesopolobus tabatae (Ishii) 宽缘迈金小蜂，松毛虫白角金小蜂，白角盘小蜂，松毛虫宽缘金小蜂，松毛虫钝金小蜂
Mesopolobus teliformis (Walker) 珠角迈金小蜂
Mesopolobus tibialis (Westwood) 光胫迈金小蜂
Mesopolobus tongi Sun *et* Xiao 长缘迈金小蜂
Mesopolobus tortricidis Kamijo 卷蛾迈金小蜂
Mesopolobus typographi (Ruschka) 六齿小蠹迈金小蜂
Mesopotamian blue [*Polyommatus dama* (Staudinger)] 戴眼灰蝶
Mesoprionus 中锯天牛属
Mesoprionus asiaticus (Faldermann) 亚洲中锯天牛，中锯天牛，亚洲锯天牛
Mesopsestis 中波纹蛾属
Mesopsestis undosa Wileman 波中波纹蛾
mesopsocid 1. [= mesopsocid booklouse, middle barklouse] 羚蛄，斑蛄 < 羚蛄科 Mesopsocidae 昆虫的通称 >; 2. 羚蛄科的
mesopsocid booklouse [= mesopsocid, middle barklouse] 羚蛄，斑蛄
Mesopsocidae 羚蛄科，斑蛄科，斑啮虫科
Mesopsocus 羚蛄属，斑啮虫属
Mesopsocus brachyonematus Li 短脉羚蛄
Mesopsocus corniculatus Li 双角羚蛄
Mesopsocus curvimarginatus Li 波缘羚蛄
Mesopsocus dichotomus Li 二叉羚蛄
Mesopsocus hongkongensis Thornton 香港羚蛄，香港斑啮虫
Mesopsocus jiensis Li 冀羚蛄
Mesopsocus jinicus Li 晋羚蛄
Mesopsocus laricolus Li 落叶松羚蛄
Mesopsocus neimongolicus Li 内蒙古羚蛄
Mesopsocus nigrimaculatus Li 黑斑羚蛄
Mesopsocus phaeodematus Li 褐带羚蛄
Mesopsocus salignus Li 叶茎羚蛄
Mesopsocus stenopterus Li 狭翅羚蛄
Mesopsocus strongylotus Li 圆斑羚蛄
Mesopsylla 中蚤属
Mesopsylla anomala Liu, Tsai *et* Wu 异样中蚤
Mesopsylla eucta Dampf 真凶中蚤
Mesopsylla eucta afghana Jordan 真凶中蚤阿富汗亚种
Mesopsylla eucta eucta Dampf 真凶中蚤指名亚种
Mesopsylla eucta shikho Ioff 真凶中蚤精河亚种，精河真凶中蚤
Mesopsylla hebes Jordan *et* Rothschild 迟钝中蚤
Mesopsylla hebes hebes Jordan *et* Rothschild 迟钝中蚤指名亚种，指名迟钝中蚤
Mesopsylla lenis Jordan *et* Rothschild 软中蚤
Mesopsylla sagitta Yu, Ye *et* Liu 箭形中蚤
Mesopsylla tuschkan Wagner *et* Ioff 跳鼠中蚤
Mesopsylla tuschkan andruschkoi Argyropulo 跳鼠中蚤安氏亚种
Mesopsylla tuschkan tuschkan Wagner *et* Ioff 跳鼠中蚤指名亚种
Mesopteryx 半翅螳属
Mesopteryx alata Saussure 半翅螳

Mesopteryx platycephala (Stål) 平头半翅螳
Mesoptila melanolopha (Swinhoe) 千金藤温尺蛾
Mesoptyelus 中脊沫蝉属
Mesoptyelus arisanus Matsumura 阿里山中脊沫蝉，阿里山一带中脊沫蝉
Mesoptyelus auropilosus Kato 宽带中脊沫蝉
Mesoptyelus bifasciatus (Melichar) 二带中脊沫蝉
Mesoptyelus brevistriga (Walker) 华北中脊沫蝉
Mesoptyelus decoratus (Melichar) 丽中脊沫蝉，中脊沫蝉
Mesoptyelus fascialis Kato 一带中脊沫蝉
Mesoptyelus karenkonis Matsumura 三带中脊沫蝉，花莲港中脊沫蝉
Mesoptyelus nengyosanus Matsumura 中国中脊沫蝉
Mesoraphidia 中蛇蛉属
Mesoraphidia amoena Ren 美妙中蛇蛉
Mesoraphidia heteroneura Ren 异脉中蛇蛉
Mesoraphidia sinica Ren 中国中蛇蛉
mesoraphidiid 1. [= mesoraphidiid snakefly] 中蛇蛉 < 中蛇蛉科 Mesoraphidiidae 昆虫的通称 >；2. 中蛇蛉科的
mesoraphidiid snakefly [= mesoraphidiid] 中蛇蛉
Mesoraphidiidae 中蛇蛉科
Mesorhaga 孤脉长足虻属，中长足虻属
Mesorhaga albiflabellata Parent 白扇孤脉长足虻，白扇枚长足虻
Mesorhaga dispar Becker 异孤脉长足虻，异枚长足虻，高雄长足虻
Mesorhaga fujianensis Yang 福建孤脉长足虻
Mesorhaga gracilis Zhu *et* Yang 纤细孤脉长足虻
Mesorhaga grootaerti Yang 格氏孤脉长足虻
Mesorhaga guangxiensis Yang 广西孤脉长足虻
Mesorhaga longiseta Yang *et* Saigusa 长鬃孤脉长足虻
Mesorhaga palaearctica Negrobov 北方孤脉长足虻，古北枚长足虻
Mesorhaga septima Becker 第七孤脉长足虻，暗枚长足虻，府城长足虻
Mesorhaga setosa Zhu *et* Yang 多鬃孤脉长足虻
Mesorhaga stylata Becker 柱状孤脉长足虻，柱状长足虻，刺枚长足虻
Mesorhaga xizangensis Yang 西藏孤脉长足虻
Mesorhynchaglaea 中长喙夜蛾属
Mesorhynchaglaea tarokoensis Sugi 太鲁阁中长喙夜蛾
Mesorthocladius 中直突摇蚊亚属
Mesosa 象天牛属
Mesosa alternata Breuning 马来象天牛
Mesosa andrewsi Gressitt 西藏象天牛
Mesosa angusta Gressitt 齿带象天牛
Mesosa atrostigma Gressitt 黑点象天牛，黑点星斑天牛
Mesosa basinodosa Pic 大理象天牛
Mesosa bialbomaculata Breuning 白斑象天牛
Mesosa binigrovittata Breuning 双条象天牛，双点星斑天牛
Mesosa bipunctata Chiang 二斑象天牛
Mesosa chassoti Breuning 台湾象天牛，夏叟氏星斑天牛
Mesosa cheni Gressitt 白带象天牛
Mesosa curculionoides (Linnaeus) 肖象天牛
Mesosa enodata Holzschuh 雷山象天牛
Mesosa griseomarmorata Breuning 南宁象天牛
Mesosa guttigera Holzschuh 碎斑象天牛
Mesosa hirsuta Bates 密毛象天牛，毛象天牛
Mesosa indica Breuning 印度象天牛
Mesosa irrorata Gressitt 峦纹象天牛
Mesosa japonica Bates [white-marmorated broad longicorn] 日本象天牛，日本胡麻斑天牛，日本四点象天牛
Mesosa kojimai (Hayashi) 见 *Pachyosa kojimai*
Mesosa konoi Hayashi 见 *Agelasta konoi*
Mesosa kumei Takakuwa 见 *Agelasta kumei*
Mesosa kuntzeni Matsushita 灰带象天牛，台湾白条星斑天牛
Mesosa laosensis Breuning 同 *Agelasta catenatoides*
Mesosa latifasciata (White) 宽带象天牛，宽带星斑天牛
Mesosa latifasciatipennis Breuning 短象天牛
Mesosa longipennis Bates 四纹象天牛，三带象天牛
Mesosa maculifermorata Gressitt 斑腿象天牛
Mesosa marmorata Breuning *et* Itzinger 缅甸象天牛
Mesosa medioalbofasciata Breuning 中白带象天牛，白带星斑天牛
Mesosa mediofasciata Breuning 中带象天牛
Mesosa myops (Dalman) 四点象天牛
Mesosa myops japonica Bates 见 *Mesosa japonica*
Mesosa myops myops (Dalman) 四点象天牛指名亚种
Mesosa myops plotina Wang 四点象天牛黑色亚种，黑四点象天牛
Mesosa nebulosa (Fabricius) 褐棘象天牛，栎象天牛
Mesosa nigrofasciaticollis Breuning 波带象天牛
Mesosa perplexa Pascoe 见 *Agelasta perplexa*
Mesosa pieli Pic 牯岭象天牛
Mesosa postmarmorata Breuning 粒肩象天牛
Mesosa quadriplagiata Breuning 双带象天牛
Mesosa rondoni Breuning 郎氏象天牛
Mesosa rondoni paravariegata Breuning 郎氏象天牛隐带亚种，隐带象天牛
Mesosa rondoni rondoni Breuning 郎氏象天牛指名亚种
Mesosa rupta (Pascoe) 黑带象天牛，灰带象天牛
Mesosa seminevea Breuning 直毛象天牛
Mesosa sinica (Gressitt) 中华象天牛
Mesosa stictica Blanchard 异斑象天牛
Mesosa stictica rugosa Gressitt 异斑象天牛皱纹亚种，黔异斑象天牛
Mesosa stictica stictica Blanchard 异斑象天牛指名亚种，指名异斑象天牛
Mesosa subtenuefasciata Breuning 淡带象天牛
Mesosa tonkinea Breuning 越南象天牛
Mesosa undata (Fabricius) 南亚象天牛
Mesosa yunnana (Breuning) 云南象天牛
mesosaprobia 半污水生物
mesoscutellum 中胸小盾片
mesoscutum 中胸盾片
Mesosella 小象天牛属
Mesosella dispersa Pic 云南小象天牛，小象天牛
Mesosella kuraruana Matsushita 台湾小象天牛
Mesosella latefasciata Pic 宽带小象天牛
Mesosella simiola Bates [mulberry rusty longicorn] 桑小象天牛，桑二星锈天牛
Mesosemia 美眼蚬蝶属

Mesosemia acuta Hewitson 尖美眼蚬蝶
Mesosemia adida Hewitson 阿递美眼蚬蝶
Mesosemia ahava (Hewitson) 雅美眼蚬蝶
Mesosemia albipuncta (Schaus) [white-spotted eyed-metalmark] 白斑美眼蚬蝶
Mesosemia ama (Hewitson) 阿美眼蚬蝶
Mesosemia amaranthus Stichel 阿玛美眼蚬蝶
Mesosemia ancepc Stichel 安瑟美眼蚬蝶
Mesosemia antaerice (Hewitson) [antaerice eyemark] 安美眼蚬蝶
Mesosemia araeostyla Stichel 阿来美眼蚬蝶
Mesosemia asa Hewitson [deep-blue eyed-metalmark, asa metalmark] 纱美眼蚬蝶
Mesosemia bella Shalpe 靓丽美眼蚬蝶
Mesosemia blandina Stichel 布兰美眼蚬蝶
Mesosemia calypso Bates 彩美眼蚬蝶
Mesosemia carderi Druce 梳美眼蚬蝶
Mesosemia carissima (Bates) [blue-patched eyed-metalmark, carissima metalmark] 卡丽美眼蚬蝶
Mesosemia cecropia (Druce) [spying eyed-metalmark] 赛克美眼蚬蝶
Mesosemia chionodes Stichel 茶美眼蚬蝶
Mesosemia cippus Hewitson [cippus eyemark] 西美眼蚬蝶
Mesosemia coea Hübner 宽美眼蚬蝶
Mesosemia coelestis (Godman *et* Salvin) [pale-blue eyed-metalmark, coelestis eyemark] 空美眼蚬蝶
Mesosemia cyanira Stichel 青美眼蚬蝶
Mesosemia distituta Stichel 滴美眼蚬蝶
Mesosemia dulcis Stichel 妒美眼蚬蝶
Mesosemia ephyne (Cramer) 波美眼蚬蝶
Mesosemia epidius (Hewitson) 纹美眼蚬蝶
Mesosemia esperanza (Schaus) [esperanza eyed-metalmark] 爱美眼蚬蝶
Mesosemia eugenea Stichel 真美眼蚬蝶
Mesosemia eumene (Cramer) 优美眼蚬蝶
Mesosemia eurythmia Stichel 广美眼蚬蝶
Mesosemia gaudiolum (Bates) [gaudy eyed-metalmark] 高美眼蚬蝶
Mesosemia gemina Maza *et* Maza [turquoise eyed-metalmark] 双美眼蚬蝶
Mesosemia gertraudis Stichel 佳美眼蚬蝶
Mesosemia grandis (Druce) [giant eyed-metalmark] 大美眼蚬蝶
Mesosemia harveyi (DeVries *et* Hall) [Harvey's eyed-metalmark] 哈维美眼蚬蝶
Mesosemia hedwigis Stichel 赫美眼蚬蝶
Mesosemia hesperina (Butler) [hesperina eyed-metalmark, hesperina eyemark] 紫美眼蚬蝶
Mesosemia hypermegala (Stichel) [hiding eyed-metalmark] 双美眼蚬蝶
Mesosemia ibycus Hewitson 旖美眼蚬蝶
Mesosemia impedita Stichel 翼美眼蚬蝶
Mesosemia jeziela (Butler) 珍美眼蚬蝶
Mesosemia jucunda Stichel [jucunda eyemark] 珠美眼蚬蝶
Mesosemia judicialis Butler [judicialis eyemark] 审美眼蚬蝶
Mesosemia junta Stichel 尊美眼蚬蝶
Mesosemia lacernata Stichel 拉美眼蚬蝶
Mesosemia lamachus (Hewitson) [purple-washed eyed-metalmark, purple-washed eyemark] 腊美眼蚬蝶
Mesosemia lapillus Stichel 火山美眼蚬蝶
Mesosemia latizonata Butler 拉丁美眼蚬蝶
Mesosemia levis Stichel 莱维美眼蚬蝶
Mesosemia loruhama Hewitson [loruhama eyemark] 蓝美眼蚬蝶
Mesosemia luperea Stichel 露美眼蚬蝶
Mesosemia macella Hewitson 马塞美眼蚬蝶
Mesosemia machaera Hewitson [machaera eyemark] 剑美眼蚬蝶
Mesosemia macrina (Felder *et* Felder) 巨美眼蚬蝶
Mesosemia maeotis (Hewitson) 猫美眼蚬蝶
Mesosemia magete (Hewitson) 麻美眼蚬蝶
Mesosemia mamilia Hewitson [mamilia eyemark] 曼美眼蚬蝶
Mesosemia mancia Hewitson [mancia eyemark] 马奈美眼蚬蝶
Mesosemia materna Stichel 马太美眼蚬蝶
Mesosemia mathania Schaus 马坛美眼蚬蝶
Mesosemia mayi Rebillard 马依美眼蚬蝶
Mesosemia meedia Hewitson 美达美眼蚬蝶
Mesosemia mehida Hewitson 麦衣美眼蚬蝶
Mesosemia melaene (Hewitson) 黑美眼蚬蝶
Mesosemia melese Hewitson 媚美眼蚬蝶
Mesosemia melpia Hewitson 蜜美眼蚬蝶
Mesosemia menippus (Fabricius) 明目美眼蚬蝶
Mesosemia menoetes Hewitson 月纹美眼蚬蝶
Mesosemia mesoba Hewitson 中美眼蚬蝶
Mesosemia messeis (Hewitson) 麦塞美眼蚬蝶
Mesosemia methion Hewitson 梅美眼蚬蝶
Mesosemia metope (Hewitson) [metope eyemark] 麦拓美眼蚬蝶
Mesosemia metuana Felder [Metuana eyemark] 麦图美眼蚬蝶
Mesosemia metura Hewitson 霾美眼蚬蝶
Mesosemia mevania Hewitson 麦瓦美眼蚬蝶
Mesosemia minos Hewitson [minos eyemark] 迈诺斯美眼蚬蝶
Mesosemia modulata Stichel 魔美眼蚬蝶
Mesosemia mosera Hewitson 摩丝美眼蚬蝶
Mesosemia myonia Hewitson 妙纳美眼蚬蝶
Mesosemia myrmecias (Stichel) 蚁美眼蚬蝶
Mesosemia naiadella Stichel [naiadella eyemark] 娜美眼蚬蝶
Mesosemia nerine Stichel 奈丽美眼蚬蝶
Mesosemia nestl Hewitson 奈司美眼蚬蝶
Mesosemia nina (Herbst) 妮娜美眼蚬蝶
Mesosemia nora Stichel 诺拉美眼蚬蝶
Mesosemia nympharena Stichel 女神美眼蚬蝶
Mesosemia odice (Godart) 欧丁美眼蚬蝶
Mesosemia olivencia Bates [Olivencia eyemark] 绿美眼蚬蝶
Mesosemia orbona (Godman) 环美眼蚬蝶
Mesosemia ozora Hewitson 奥美眼蚬蝶
Mesosemia palatua Stichel 巴美眼蚬蝶
Mesosemia parishi Druce 帕美眼蚬蝶
Mesosemia phace Godman 豆美眼蚬蝶
Mesosemia philocles (Linnaeus) [philocles eyemark] 美眼蚬蝶
Mesosemia pinguillenta Stichel 萍美眼蚬蝶
Mesosemia praeculta Stichel 普美眼蚬蝶
Mesosemia putli Seitz 菩提美眼蚬蝶
Mesosemia reba Hewitson 弱美眼蚬蝶
Mesosemia rhodia (Godart) 玫瑰美眼蚬蝶

Mesosemia scotina Stichel 暗美眼蚬蝶
Mesosemia sibyllina Staudinger 巫美眼蚬蝶
Mesosemia sifia (Boisduval) 稀美眼蚬蝶
Mesosemia signata Stichel 点美眼蚬蝶
Mesosemia sinenia Stichel 辛美眼蚬蝶
Mesosemia steli Hewitson 星美眼蚬蝶
Mesosemia subtilis Stichel 苏美眼蚬蝶
Mesosemia suspiciosa Stichel 针美眼蚬蝶
Mesosemia sylvina Bates 林美眼蚬蝶
Mesosemia synnephis Stichel 喜美眼蚬蝶
Mesosemia telegone (Boisduval) [violet-washed eyed-metalmark, telegone eyemark] 端美眼蚬蝶
Mesosemia tenebricosa Hewitson 荫美眼蚬蝶
Mesosemia tenera Westwood 太美眼蚬蝶
Mesosemia thera Godman 野美眼蚬蝶
Mesosemia thetys Godman *et* Salvin 苔美眼蚬蝶
Mesosemia thyas Stichel 草美眼蚬蝶
Mesosemia thymetus (Cramer) 铁美眼蚬蝶
Mesosemia ulrica (Cramer) [ulrica eyemark] 曲美眼蚬蝶
Mesosemia veneris Butler 脉美眼蚬蝶
Mesosemia visenda Stichel 纬美眼蚬蝶
Mesosemia zanoa (Hewitson) 展美眼蚬蝶
Mesosemia zikla (Hewitson) 织美眼蚬蝶
Mesosemia zonalis (Godman *et* Salvin) [whitened eyed-metalmark, zonalis eyemark] 带美眼蚬蝶
Mesosemia zorea (Hewitson) 纯美眼蚬蝶
mesoseries 中行 < 鳞翅目 Lepidoptera 幼虫腹足趾钩排列成单行环者 >
M
Mesosini 象天牛族
Mesosmittia 肛脊摇蚊属
Mesosmittia absensis Kong, Liu *et* Wang 无棘肛脊摇蚊 < 该种学名在发表时中文摘要中拼写为 *Mesosmittia apsensis*>
Mesosmittia acutistyla Sæther 尖铗肛脊摇蚊
Mesosmittia brevis Kong, Liu *et* Wang 短肛脊摇蚊 < 该种学名在发表时中文摘要中拼写为 *Mesosmittia brevae* >
Mesosmittia dolichoptera Wang *et* Zheng 同 *Mesosmittia patrihortae*
Mesosmittia glabra Andersen *et* Mendes 光肛脊摇蚊
Mesosmittia gracilis Kong, Liu *et* Wang 纺锤肛脊摇蚊 < 该种学名在发表时中文摘要中拼写为 *Mesosmittia gracila* >
Mesosmittia hirta Andersen *et* Mendes 多毛肛脊摇蚊
Mesosmittia maculosa Lehmann 斑肛脊摇蚊
Mesosmittia patrihortae Sæther 侧毛肛脊摇蚊，帕肛脊摇蚊 < 此种学名有误写为 *Mesosmittia partrihortae* 者 >
Mesosmittia yunnanensis Wang *et* Zheng 同 *Mesosmittia patrihortae*
mesosoma [pl. mesosomata] 中躯
mesosomata [s. mesosoma] 中躯
mesospiracle 中胸气门
Mesostenina 裂跗姬蜂亚族
Mesosteninae 裂跗姬蜂亚科
Mesostenini 裂跗姬蜂族
Mesostenus 裂跗姬蜂属
Mesostenus kozlovi Kokujev 柯氏裂跗姬蜂
Mesostenus longus Sheng *et* Sun 长裂跗姬蜂
Mesostenus opacus Szépligeti 见 *Goryphus opacus*
Mesostenus roborowskii Kokujev 罗氏裂跗姬蜂
Mesostenus ruficoxis (Szépligeti) 红基裂跗姬蜂
Mesostenus subpentagonalis Uchida 五角裂跗姬蜂
Mesostenus takanoi Uchida 同 *Allophatnus fulvitergus*
Mesostenus transiens Szépligeti 同 *Goryphus basilaris*
mesosternal cavity 中胸腹窝 < 叩头虫前胸腹板刺所插入的窝 >
mesosternal epimera 中胸腹后侧片 < 鞘翅目 Coleoptera 昆虫中，分隔中胸腹板和后胸腹前侧片的狭片 >
mesosternal episterna 中胸腹前侧片 < 鞘翅目 Coleoptera 昆虫中，在中胸腹板的两边，在前缘和后侧片之间的骨片 >
mesosternal lobe 中胸小腹片 < 常用于直翅目 Orthoptera 昆虫中，同 mesosternellum>
mesosternellum 中胸小腹片
mesosternum [= peristaethium, peristethium, medipectus, mesostethium, mesothethium] 中胸腹板
mesostethidium [= meditruncus, medithorax, mesothorax] 中胸
mesostethium 见 mesostenum
mesostigma 中胸气门 < 常用于蜻蜓目 Odonata 中中胸的气门 >
mesostigmal plate 中胸气门片 < 蜻蜓目 Odonata 昆虫中，围绕中胸气门的小骨片 >
mesostigmata 中胸气门
mesosubscutella 中亚后小盾片 < 指后小盾片下面的中部 >
mesosulcus 中纵沟；中胸沟
mesotarsus 中足跗节
mesotergum [= mesonotum] 中胸背板
Mesotermitidae [= Rhinotermitidae] 犀白蚁科
Mesotettix 间叶蝉属
Mesotettix koshunensis Matsumura 恒春间叶蝉
Mesotettix shokaensis Matsumura 台岛间叶蝉
mesotherm 中温
mesothermal 中温性的
mesothermophilous 适温带的，喜温带的
mesothethium 见 mesostethium
Mesothes pulverulentus latior Pic 见 *Pseudomesothes pulverulentus latior*
Mesothes substriatus Pic 纹枚窃蠹
Mesothoracaphis 中胸蚜属
Mesothoracaphis rappardi (Hille Ris Lambers *et* Takahashi) 冉帕中胸蚜
mesothoracic 中胸的
mesothoracic leg [= middle leg, mesothorax leg, midleg] 中足
mesothoracic wing [= fore wing, anterior wing, ala anterior, front wing, forewing] 前翅
mesothoracotheca 中胸鞘 < 被盖在蛹中胸节上的壳 >
mesothorax [= meditruncus, medithorax, mesostethidium] 中胸
mesothorax leg 见 mesothoracic leg
Mesothrips 端宽管蓟马属
Mesothrips alluandi Vuillet 奥氏端宽管蓟马，润楠腿管蓟马
Mesothrips claripennis Moulton 亮腿端宽管蓟马，亮腿管蓟马
Mesothrips elaeocarpi Ananthakrishnan 杜英端宽管蓟马
Mesothrips jordani Zimmermann 榕端宽管蓟马，棘腿管蓟马
Mesothrips manii Ananthakrishnan 稀端宽管蓟马，宽腿管蓟马
Mesothrips memecylonicus Ananthakrishnan 谷木端宽管蓟马
Mesothrips moundi Ananthakrishnan 孟氏端宽管蓟马，榕腿管蓟马
Mesothrips orientalis Ananthakrishnan 东方端宽管蓟马
Mesothrips pyctes Karny 拳端宽管蓟马

Mesothrips vitis Ananthakrishnan 葡萄端宽管蓟马
Mesothyatira 中波纹蛾属
Mesothyatira fasciata (Houlbert) 带黑中波纹蛾，带黑波纹蛾
Mesothyatira simplificata (Houlbert) 中波纹蛾，简黑波纹蛾
Mesotrichia 间毛木蜂亚属
mesotrophic 中营养的 < 指沼地 >
Mesotype 小柄尺蛾属
Mesotype virgata (Hüfnagel) 小柄尺蛾，威中尺蛾
Mesovelia 水蝽属
Mesovelia horvathi Lundblad 霍氏水蝽
Mesovelia japonica Miyamoto 日本水蝽
Mesovelia miyamotoi Kerzhner 宫本水蝽
Mesovelia orientalis Kirkaldy 同 *Mesovelia vittigera*
Mesovelia vittigera Horváth 背条水蝽
mesoveliid 1. [= mesoveliid bug, water treader] 水蝽 < 水蝽科 Mesoveliidae 昆虫的通称 >；2. 水蝽科的
mesoveliid bug [= mesoveliid, water treader] 水蝽
Mesoveliidae 水蝽科
mesoxantha skipperling [*Dalla mesoxantha* (Plötz)] 中黄达弄蝶
Mesoxantha 中黄蛱蝶属
Mesoxantha ethosea (Drury) [Drury's delight] 中黄蛱蝶
Mesoxantha katera Stoneham 凯特中黄蛱蝶
Mesoxylion 细木长蠹属
Mesoxylion collaris (Erichson) 二色细木长蠹
mesquite borer [= cat's claw borer, *Megacyllene antennata* (White)] 牧豆树黄带蜂天牛
mesquite girdler [= mesquite twig girdler, *Oncideres rhodosticta* Bates] 牧豆树旋枝天牛
mesquite twig girdler 见 mesquite girdler
Messa 潜叶叶蜂属
Messa glaucopsis Kônow 中欧杨潜叶叶蜂
Messa hortulana Klug 欧洲黑杨潜叶叶蜂
Messa nana Klug [early birch leaf edgeminer] 欧桦潜叶叶蜂
Messa nigrotegula Wei 黑鳞丝潜叶叶蜂，黑鳞丝潜叶蜂
Messa populifoliella (Townsend) 杨柳潜叶叶蜂
Messa taianensis Xiao *et* Zhou 杨潜叶叶蜂
messenger RNA [简称 mRNA] 信使 RNA，信使核糖核酸
Messor 收获蚁属
Messor aciculatus (Smith) 针毛收获蚁
Messor aralocaspius Ruzsky 婀娜收获蚁
Messor barbarus (Linnaeus) [harvester ant] 茸毛收获蚁
Messor clivorum Ruzsky 褐色收获蚁
Messor desertora Song *et* He 同 *Messor desertus* < *Messor desertora* 之名为非正式发表的文稿名 >
Messor desertus Song *et* He 荒漠收获蚁，白刺收获蚁
Messor excurisionus Ruzsky 移动收获蚁
Messor inermis Kuznetsov-Ugamsky 无刺收获蚁
Messor infumatus Kuznetsov-Ugamsky 烟色收获蚁
Messor laboriosus Santschi 勤劳收获蚁
Messor minusculus Song *et* He 微颚齿收获蚁，无颚齿收获蚁
Messor nondentatus Song *et* He 同 *Messor minusculus* <*Messor nondentatus* 之名为非正式发表的文稿名 >
Messor orientalis (Emery) 东方收获蚁
Messor perantennatus Arnol'di 粗节收获蚁
Messor rufitarsis dariagus Santschi 同 *Messor structor*
Messor semirufus (Andre) 半红收获蚁，收获蚁
Messor striatellus Arnol'di 条纹收获蚁
Messor structor (Latreille) 工匠收获蚁
Messor subgracilinodis Arnol'di 亚细结收获蚁
Messor tartaricus Ruzsky 同 *Messor structor*
Messor valentinae Arnol'di 强壮收获蚁
mestor mylon [*Mylon mestor* Evans] 厄瓜多尔霾弄蝶
mestra glasswing [*Hyalyris mestra* (Höpffer)] 美透绡蝶
Mestra 玫蛱蝶属
Mestra amymone (Ménétriés) [northern mestra, common mestra] 爱玫蛱蝶
Mestra aurantia Weeks 金玫蛱蝶
Mestra bogotana Felder 波玫蛱蝶
Mestra cana (Erichson) 凯玫蛱蝶
Mestra dorcas (Fabricius) [Jamaican mestra] 道玫蛱蝶
Mestra hypermnestra Hübner 玫蛱蝶
Mestra latimargo Hall 腊玫蛱蝶
Mestra teleboas (Ménétriés) 端玫蛱蝶
mestracheon 气管围膜 < 见于昆虫发光器官 >
Mestus 隆膈飞虱属
Mestus tungpuensis Yang 东埔隆膈飞虱，东埔昧飞虱
Mesyatsia 中蟦属
Mesyatsia karakorum (Šámal) 月中蟦
Mesypochrysa 梅西草蛉属
Mesypochrysa latipennis Martynov 阔翅梅西草蛉
meta-anepisternum 后胸上前侧片
metabarcoding 宏条形码技术
Metabemisia 后伯粉虱属
Metabemisia filicis Mound 蕨后伯粉虱
metabiosis 后继共生
metablastic 外胚层的
Metablastothrix 次花角跳小蜂属
Metablastothrix isomorpha (Sugonjaev) 同型次花角跳小蜂
Metabletus cymindulus Bates 同 *Syntomus cymindulus*
metabola 变态类
metabolic 代谢的
metabolic activity 代谢活动
metabolic balance 代谢平衡
metabolic disturbance 代谢紊乱，代谢障碍
metabolic enzyme 代谢酶
metabolic equilibrium 代谢平衡
metabolic fingerprint 代谢指纹图谱
metabolic heat 代谢热
metabolic inhibitor 代谢抑制剂
metabolic pathway 代谢途径，中间代谢
metabolic process 代谢过程
metabolic products 代谢产物
metabolic regulation 代谢调节
metabolic resistance 代谢抗性
metabolic water 代谢水
metabolin [= metabolite] 代谢物
metabolism 代谢，新陈代谢，代谢作用
metabolite 见 metabolin
metabolome 代谢物组
metabolomic 代谢物组的
metabolomics 代谢物组学，代谢组学
metabolous 变态的

Metabolus 黄鳃金龟甲属，黄金龟属

Metabolus babai Kobayashi 见 *Pseudosymmachia babai*

Metabolus brevispinus Nomura 见 *Pseudosymmachia brevispina*

Metabolus callosiceps Frey 见 *Pseudosymmachia callosiceps*

Metabolus costatus Gu *et* Zhang 见 *Pseudosymmachia costata*

Metabolus excisus Frey 见 *Pseudosymmachia excisa*

Metabolus flavescens Brenske 见 *Pseudosymmachia flavescens*

Metabolus formosanus (Niijima *et* Kinoshita) 见 *Pseudosymmachia formosana*

Metabolus fukiensis Frey 见 *Pseudosymmachia fukiensis*

Metabolus glabrous Zhang 见 *Pseudosymmachia glabroa*

Metabolus longiusculus Zhang 见 *Pseudosymmachia longiuscula*

Metabolus manifestus Kobayashi 见 *Pseudosymmachia manifesta*

Metabolus manifestus nantauensis Kobayashi 见 *Pseudosymmachia manifesta nantauensis*

Metabolus montanus Kobayashi 见 *Pseudosymmachia montana*

Metabolus nitididorsis Kobayashi 见 *Pseudosymmachia nitididorsis*

Metabolus rugipennis Frey 见 *Sophrops rugipennis*

Metabolus similaris Zhang 见 *Pseudosymmachia similaris*

Metabolus similis Kobayashi 见 *Pseudosymmachia similis*

Metabolus tuberculifrons Nomura 见 *Pseudosymmachia tuberculifrons*

Metabolus tumidifrons Fairmaire 见 *Pseudosymmachia tumidifrons*

Metabolus wulaiensis Kobayashi 见 *Pseudosymmachia wulaiensis*

Metabolus yunnanensis Gu *et* Zhang 见 *Pseudosymmachia yunnanensis*

metabonome 见 metabolome

metabonomic 见 metabolomic

metabonomics 见 metabolomics

Metabraxas 后星尺蛾属

Metabraxas clerica Butler 中国后星尺蛾

Metabraxas clerica clerica Butler 中国后星尺蛾指名亚种，指名中国后星尺蛾

Metabraxas clerica inconfusa Warren 中国后星尺蛾长阳亚种，阴中国后星尺蛾

Metabraxas coryneta Swinhoe 白棒后星尺蛾

Metabraxas incompositaria Leech 荫后星尺蛾

Metabraxas luridaria Leech 见 *Percnia luridaria*

Metabraxas nigromarginaria Leech 黑缘后星尺蛾

Metabraxas parvula Wehrli 小后星尺蛾

Metabraxas rubrotincta Inoue 串后星尺蛾，串小星尺蛾

Metabraxas rufonotaria Leech 红点后星尺蛾

Metacanthinae 背跷蝽亚科

Metacanthus 背跷蝽属

Metacanthus acinctus Qi *et* Nonnaizab 无纹背跷蝽，无纹刺肋跷蝽

Metacanthus lineatus (Jakovlev) 内蒙背跷蝽，内蒙锥胁跷蝽

Metacanthus pulchellus Dallas 娇背跷蝽，娇背跷椿象，骄驼跷蝽，小丝椿象

metacephalon 下后头；后头区 <常用于双翅目 Diptera 昆虫中，指口后向上伸展至颈的区域>

Metacerocoma 后齿角芫菁亚属

Metaceronema 卷毛蚧属，卷毛毡蜡蚧属，瘤毡蚧属

Metaceronema japonica (Maskell) 日本卷毛蚧，日本卷毛毡蜡蚧，茶瘤毡蚧

metachandid 1. [= metachandid moth] 梯翅蛾 <梯翅蛾科 Metachandidae 昆虫的通称>；2. 梯翅蛾科的

metachandid moth [= metachandid] 梯翅蛾

Metachandidae 梯翅蛾科

Metacharis 黑纹蚬蝶属

Metacharis chia (Hübner) 茶黑纹蚬蝶

Metacharis cuparina Bates [cuparina metalmark] 枯黑纹蚬蝶

Metacharis exigua Bates 爱黑纹蚬蝶

Metacharis kanthocraspedom Stichel 坎塔黑纹蚬蝶

Metacharis lucius (Fabricius) [lucius metalmark] 亮黑纹蚬蝶

Metacharis melusina Staudinger 苹黑纹蚬蝶

Metacharis nigrella (Bates) 暗黑纹蚬蝶

Metacharis ptolomaeus (Fabricius) 黑纹蚬蝶

Metacharis regalis Butler [regal metalmark, regalis metalmark] 黄褐黑纹蚬蝶

Metacharis smalli Hall [Small's metalmark] 斯毛黑纹蚬蝶

Metacharis sylves Hewitson [confused metalmark] 树黑纹蚬蝶

Metacharis umbrata (Stichel) [shadowed metalmark] 荫下黑纹蚬蝶

Metacharis unicolor Godman *et* Salvin 单色黑纹蚬蝶

Metacharis victrix (Hewitson) [victrix metalmark, purple-sheened metalmark] 微克黑纹蚬蝶

Metachorischizus 脊唇姬蜂属

Metachorischizus melanotarsus Wang 黑跗脊唇姬蜂

Metachorischizus rufus (Cushman) 红脊唇姬蜂

Metachorischizus unicolor Uchida 单色脊唇姬蜂

Metachroma signata Motschulsky 见 *Pagria signata*

Metaclisa 后拟步甲属，黑艳回木虫属

Metaclisa atrocyanea (Lewis) 黑青后拟步甲

Metaclisa gracilis Chûjô 丽后拟步甲，黑艳卵回木虫

Metaclisa ornata Shibata 饰后拟步甲，细点黑艳回木虫

Metacnephia 后克蚋属，目克蚋属

Metacnephia brevicollare Chen *et* Zhang 短领后克蚋

Metacnephia edwardsiana (Rubtsov) 黑足后克蚋，黑足目克蚋

Metacnephia kirjanovae (Rubtsov) 克氏后克蚋，克氏畦克蚋

Metacnephia lui Chen *et* Yang 陆氏后克蚋

Metacnephia polyfilis Chen *et* Wen 多丝后克蚋

Metacolpodes 扁胫步甲属

Metacolpodes buchannani (Hope) 布氏扁胫步甲，布氏细胫步甲，布氏盘步甲

Metacolpodes rambouseki (Jedlička) 拉氏扁胫步甲

Metacolpodes superlita (Bates) 赣扁胫步甲

Metacolus 肿脉金小蜂属，后金小蜂属

Metacolus sinicus Yang 华肿脉金小蜂

Metacolus unifasciatus Förster 双斑肿脉金小蜂，单带后金小蜂

metacommunity 集合群落，复合群落

metacoria 后胸前膜

Metacosma 带小卷蛾属

Metacosma bispinalis Bai *et* Zhang 双刺带小卷蛾

Metacosma miratorana Kuznetzov 奇带小卷蛾

Metacosma trapezia Zhang *et* Li 梯形带小卷蛾

Metacosma triangulata Zhang *et* Li 三角带小卷蛾

Metacosmesis 异蛀果蛾属，后蛀果蛾属

Metacosmesis aelinopa Diakonoff 埃异蛀果蛾，埃后蛀果蛾

Metacosmesis laxeuta (Meyrick) 算盘子异蛀果蛾，丽后蛀果蛾，后蛀果蛾，石匠新月纹果蛀蛾

metacoxa [pl. metacoxae; = hind coxa, hindcoxa] 后足基节

metacoxacoria 后足基节膜

metacoxae [s. metacoxa; = hind coxae, hindcoxae] 后足基节

metacoxal 后足基节的
metacoxal cavitiy 后足基节窝
metacoxal plate 后基板 <指瓢虫科 Coccinellidae 昆虫第一腹节腹面包含于能见腹线以上的部分>
Metacrambus 后草螟属
Metacramhus carectellus (Zeller) 凯后草螟
Metacrocallis 亚美尺蛾属
Metacrocallis vernalis Beljaev 腹亚美尺蛾，亚美尺蛾
Metadelphax 梅塔飞虱属
Metadelphax bridwelli (Muir) 布里梅塔飞虱
Metadelphax propinqua (Fieber) 黑边梅塔飞虱，黑边黄脊飞虱
Metadelphax propinqua neopropinqua (Muir) 黑边梅塔飞虱新普亚种，黑边黄脊飞虱新亚种
Metadelphax propinqua propinqua (Fieber) 黑边梅塔飞虱指名亚种
Metadenopsis 藜粉蚧属
Metadenopsis ceratocarpi Matesova 琐琐藜粉蚧
Metadenopus 美粉蚧属
Metadenopus festucae Šulc [long mealybug] 羊茅美粉蚧，美粉蚧
Metadon 类巢穴蚜蝇属
Metadon brunneipennis (Huo, Ren *et* Zheng) 褐翅类巢穴蚜蝇，褐翅巢穴蚜蝇
Metadon pingliensis (Huo, Ren *et* Zheng) 平利类巢穴蚜蝇，平利巢穴蚜蝇
Metadon spuribifasciatus (Huo, Ren *et* Zheng) 拟二带类巢穴蚜蝇，拟二带巢穴蚜蝇
Metaegosoma 拟裸角天牛属
Metaegosoma pici (Lameere) 云南拟裸角天牛，皮氏拟裸角天牛，云南薄翅天牛
Metaemene 媚塔夜蛾属
Metaemene atrigutta (Walker) 姬媚塔夜蛾，姬胡麻斑裳蛾
Metaemene hampsoni Wileman 汉媚塔夜蛾，小点斑裳蛾
metaepisternum 后胸前侧片
Metaeuchromius 带草螟属
Metaeuchromius anacanthus Li *et* Li 无刺带草螟
Metaeuchromius changensis Schouten 长阳带草螟
Metaeuchromius circe Błeszyński 褐带草螟，西昧特螟
Metaeuchromius flavofascialis Park 金带草螟，黄带昧特螟
Metaeuchromius fulvusalis Song *et* Chen 黄色带草螟
Metaeuchromius grisalis Song *et* Chen 灰色带草螟
Metaeuchromius inflatus Schouten 膨基带草螟
Metaeuchromius singulispinalis Li *et* Li 孤刺带草螟
Metaeuchromius yuennanellus (Caradja) 见 *Chrysoteuchia yuennanella*
Metaeuchromius yuennanensis (Caradja) 云南带草螟，云昧特螟
Metaeuchromius yuennanensis tibetanus Błeszyński 云南带草螟西藏亚种，藏云昧特螟
Metaeuchromius yuennanensis yuennanensis (Caradja) 云南带草螟指名亚种
Metaforcipomyia 偏蠓亚属
metagenesis [= alternation of generations] 世代交替
metagenome 宏基因组
metagenomic 宏基因组的
metagenomic library 宏基因组文库
Metagerontia 后暮蝎属
Metagerontia tribulosa Li 三尖后暮蝎
metagnatha 易颚类 <昆虫中，其幼期嚼食，而成虫吸食者，如鳞翅目 Lepidoptera 昆虫等>
metagonia 臀角 <指翅的后角>
Metagrypa 钩尖蛾属，枚尖蛾属
Metagrypa tetrarrhyncha Meyrick 钩尖蛾，特枚尖蛾，特枚斯蛾
Metagyrinus 黄缘豉甲属，后豉甲属
Metagyrinus sinensis (Ochs) 中华黄缘豉甲，中华后豉甲，中华长盾豉甲
Metagyrinus vitalisi (Peschet) 维氏黄缘豉甲
Metahelea 伴蠓属
Metahelea bifasciata (Kieffer) 双带伴蠓
Metahemipsocus 后半蝎属
Metahemipsocus bellatulus Li 雅致后半蝎
Metahemipsocus bicuspidatus Li 双尖后半蝎
Metahemipsocus bimaculatus Li 二斑后半蝎
Metahemipsocus cunestus Li 楔角后半蝎
Metahemipsocus flabellatus Li 扇板后半蝎
Metahemipsocus guangxiensis Li 广西后半蝎
Metahemipsocus interaus Li 凹缘后半蝎
Metahemipsocus longicornis Li 长角后半蝎
Metahemipsocus octofarius Li 八字后半蝎
Metahemipsocus recurvicornis (Li) 弯角后半蝎
Metahemipsocus scitulus Li 丽后半蝎
Metahemipsocus spilopterus Li 斑翅后半蝎
Metahemipsocus tenuatus Li 细茎后半蝎
Metahemipsocus triangularis Li 三角后半蝎
Metahemipsocus trimerus Li 三峰后半蝎
Metahemipsocus vitellinus Li 黄斑后半蝎
Metahemipsocus yunnanicus Li 云南后半蝎
metainstar 后龄 <末龄幼虫的准备结茧阶段，参阅 proinstar>
metala [= hind wing, hindwing, metathoracic wing, secondary wing, second wing, secundarie wing, inferior wing, posterior wing, under wing, ala inferior, ala postica, ala posterior] 后翅
Metalimnobia 次沼大蚊属
Metalimnobia (***Metalimnobia***) ***bifasciata*** (Schrank) 双束次沼大蚊
Metalimnobia (***Metalimnobia***) ***improvisa*** (Alexander) 无预次沼大蚊，聚草大蚊
Metalimnobia (***Metalimnobia***) ***impubis*** Mao *et* Yang 无毛次沼大蚊
Metalimnobia (***Metalimnobia***) ***quadrimaculata*** (Linnaeus) 四斑次沼大蚊
Metalimnobia (***Metalimnobia***) ***quadrinotata*** (Meigen) 四显次沼大蚊，四点草大蚊
Metalimnobia (***Metalimnobia***) ***rectangularis*** Mao *et* Yang 直角次沼大蚊
Metalimnobia (***Metalimnobia***) ***tenua*** Savchenko 细次沼大蚊
Metalimnobia (***Metalimnobia***) ***xanthopteroides*** (Riedel) 黄翼次沼大蚊，类黄次沼大蚊，黄翅草大蚊
Metalimnobia (***Metalimnobia***) ***xanthopteroides adonis*** (Alexander) 黄翼次沼大蚊美丽亚种
Metalimnobia (***Metalimnobia***) ***xanthopteroides xanthopteroides*** (Riedel) 黄翼次沼大蚊指名亚种，类黄次沼大蚊指名亚种
Metalimnobia (***Metalimnobia***) ***yunnanica*** (Edwards) 云南次沼大蚊，云南草大蚊
Metalimnus 间叶蝉属，光叶蝉属
Metalimnus formosus (Boheman) [larger zigzag-marked leafhopper] 台湾间叶蝉，丽间叶蝉，台湾光叶蝉，大电光叶蝉
Metalimnus maoershanensis Xing *et* Li 帽儿山间叶蝉

Metalimnus steini (Fieber) 六斑间叶蝉，六斑光叶蝉
Metallactulus 姬扁锹甲属，姬扁锹属
Metallactulus parvulus (Hope) 姬扁锹甲，姬扁锹，小金锹甲
Metallaxis 玫尺蛾属
Metallaxis miniata Yazaki *et* Wang 小玫尺蛾
Metallaxis semiustus (Swinhoe) 半玫尺蛾，半金斑褐姬尺蛾
Metallea 金彩蝇属
Metallea notata Wulp 显斑金彩蝇
metallescens longtail [*Polythrix metallescens* (Mabille)] 褐尾弄蝶
metallic blue-green flea beetle [= cabbage stem flea beetle, hop flea beetle, *Psylliodes punctulatus* Melsheimer] 蛇麻蚤跳甲，蛇麻跳甲，大麻跳甲
metallic cerulean [*Jamides alecto* (Felder)] 素雅灰蝶
metallic green hairstreak [*Chrysozephyrus duma* (Hewitson)] 都金灰蝶
metallic hedge blue [*Callenya melaena* (Doherty)] 玫灰蝶
metallic pitch nodule moth [*Petrova metallica* (Busck)] 闪佩实小卷蛾，金属光实小卷蛾
metallic pony ant [= green-head ant, green ant, *Rhytidoponera metallica* (Smith)] 绿头皱猛蚁，热带绿头蚁
metallic shield bug 1. [= jewel bug] 盾蝽 < 盾蝽科昆虫 Scutelleridae 的通称 >
metallic wood borer [= buprestid, jewel beetle, buprestid beetle, metallic wood-boring beetle, flatheaded borer, flatheaded wood borer, flat-headed borer] 吉丁甲，吉丁虫 <吉丁甲科 Buprestidae 昆虫的通称>
metallic wood-boring beetle 1. [= buprestid, jewel beetle, buprestid beetle, metallic wood borer, flatheaded borer, flatheaded wood borer] 吉丁甲，吉丁虫；2. [= green metallic wood borer, *Buprestis confluenta* Say] 杨吉丁甲，杨吉丁；3. [*Agrilus cyanescens* (Ratzeburg)] 深蓝窄吉丁甲，青窄吉丁甲，青窄吉丁；4. [= peach capnodis, *Capnodis tenebrionis* (Linnaeus)] 黑扁吉丁甲，黑烟吉丁甲，黑烟吉丁，黑吉丁；5. [= giant metallic ceiba borer, *Euchroma gigantea* (Linnaeus)] 木棉帝吉丁甲，木棉帝吉丁；6. [*Anthaxia quadripunctata* (Linnaeus)] 方点花纹吉丁甲，松四点细纹吉丁甲，四点褐吉丁，松四点吉丁
metallic wood boring jewel beetle [= cocoa tree borer, two-spot jewel beetle, *Megaloxantha bicolor* (Fabricius)] 二色硕黄吉丁甲，二色硕黄吉丁，双色硕黄吉丁，双色金吉丁甲，可可蠹吉丁，二色卡托吉丁，可可吉丁
Metalliopsis 拟金彩蝇属
Metalliopsis ciliilunula (Fang *et* Fan) 毛眉拟金彩蝇
Metalliopsis erinacea (Fang *et* Fan) 猬叶拟金彩蝇
Metalliopsis inflata Fang *et* Fan 胖角拟金彩蝇
Metalliopsis producta (Fang *et* Fan) 长尾拟金彩蝇
Metalliopsis setosa Townsend 喜马拟金彩蝇
Metalloleptura 灿花天牛属，艳花天牛属
Metalloleptura rahoarei (Kôno) 蓝翅灿花天牛，酋王艳花天牛
Metalloleptura virescens (Aurivillius) 金绿花天牛
Metalloleptura virescens laosensis Gressitt *et* Rondon 金绿花天牛老挝亚种，老挝灿花天牛，老挝金绿花天牛
Metalloleptura virescens virescens (Aurivillius) 金绿花天牛指名亚种
Metalloleptura viridescens (Pic) 绿翅灿花天牛，灰毛灿花天牛，灰毛金绿花天牛
Metallolophia 豆纹尺蛾属
Metallolophia albescens Inoue 紫砂豆纹尺蛾，白条豆纹尺蛾
Metallolophia arenaria (Leech) 豆纹尺蛾，碎纹尺蛾，阿垂耳尺蛾
Metallolophia cuneataria Han *et* Xue 楔斑豆纹尺蛾
Metallolophia flavomaculata Han *et* Xue 黄斑豆纹尺蛾
Metallolophia inanularia Han *et* Xue 无环豆纹尺蛾
Metallolophia opalina (Warren) 玛瑙豆纹尺蛾，奥豆纹尺蛾
Metallolophia purpurivenata Han *et* Xue 紫脉豆纹尺蛾，紫豆纹尺蛾
Metallopeus alishanicus Shinohara 见 *Tenthredo alishanica*
Metallopeus coccinocerus (Wood) 见 *Tenthredo coccinocera*
Metallopeus cupreolus Malaise 见 *Tenthredo cupreola*
Metallopeus inermis Malaise 见 *Tenthredo inermis*
Metallopeus kurosawai Shinohara 见 *Tenthredo kurosawai*
Metallopeus sinensis Malaise 同 *Tenthredo tertia*
Metallopeus splendidus (Kônow) 见 *Tenthredo splendida*
Metallopeus sunae Wei *et* Zhang 孙氏金叶蜂，孙氏金蓝叶蜂
Metallophilus 断通缘步甲亚属
Metallotala 金齿叶蜂属
Metallotala chengi Wei 程氏金齿叶蜂
Metallus 昧潜叶蜂属
Metallus mai Wei 马氏昧潜叶蜂
Metallus minutus Wei 微小昧潜叶蜂
Metallus nigritarsus Wei 黑跗昧潜叶蜂
metallyticid 1. [= metallyticid mantis] 金螳< 金螳科 Metallyticidae 昆虫的通称 >；2. 金螳科的
metallyticid mantis [= metallyticid] 金螳
Metallyticidae 金螳科
Metallyticoidea 金螳总科
Metallyticus 金螳属
Metallyticus splendidus Westwood 华丽金螳
Metallyticus violaceus Burmeister [violet metalic praying mantis] 紫色金螳
metalmark [= riodinid butterfly, riodinid] 蚬蝶 < 蚬蝶科 Riodinidae 昆虫的通称 >
metalmark moth [= choreutid moth, choreutid] 舞蛾 < 舞蛾科 Choreutidae 昆虫的通称 >
metaloma 前翅内缘
Metalype 近蝶石蛾属
Metalype hubeiensis Qiu *et* Morse 湖北近蝶石蛾
Metalype shexianensis Qiu *et* Morse 歙县近蝶石蛾
Metalype truncata Qiu *et* Morse 截近蝶石蛾
Metalype uncatissima (Botosaneanu) 东北近蝶石蛾
Metamachilis 后蛃属
Metamachilis pieli Silvestri 皮氏后蛃，皮尔后蛃
Metamasius 蔗象甲属
Metamasius hemipterus (Linnaeus) [West Indian sugarcane root borer, West Indian cane weevil, West Indian sugarcane root weevil, rotten cane stalk borer] 西印度蔗象甲，西印度蔗象
Metamasius hemipterus sericeus (Olivier) 见 *Metamasius sericeus*
Metamasius ritchiei Marshall [pineapple weevil] 菠萝蔗象甲，菠萝黑象甲
Metamasius sericeus (Olivier) [silky cane weevil] 丝光蔗象甲，蔗丝光象甲
metamera [= metamere, somite, arthromere] 体节，节
metamere 见 metamera

metameric 分节的
metameric sacs [= osmeteria] 丫腺，臭丫腺
metamerism 分节（现象）
metameros 后腹节 < 指鳞翅目 Lepidoptera 昆虫的第六至八腹节 >
metamorphism 变化，变形，变态
metamorphoses [s. metamorphosis] 变态
metamorphosis [pl. metamorphoses] 变态
metamorphosis dimidio [= incomplete metamorphosis] 不完全变态，不全变态
metamorphosis hormone 变态激素
metamorphosis perfecta [= complete metamorphosis, perfect metamorphosis, holometabola] 完全变态，全变态
Metanarsia 后麦蛾属
Metanarsia modesta Staudinger 后麦蛾
Metanastria 尖枯叶蛾属，丫毛虫属
Metanastria albisparsa Wileman 见 *Pachypasoides albisparsa*
Metanastria ampla Walker 见 *Kunugia ampla*
Metanastria arizana Wileman 见 *Dendrolimus arizanus*
Metanastria asteria Zolotuhin 凹缘尖枯叶蛾
Metanastria brunnea Wileman 见 *Kunugia brunnea*
Metanastria capucina Zolotuhin *et* Witt 巾斑尖枯叶蛾
Metanastria gemella de Lajonquière 细斑尖枯叶蛾，鸡尖枯叶蛾，鸡尖丫毛虫
Metanastria hyrtaca (Cramer) 大斑尖枯叶蛾，大斑丫毛虫
Metanastria latipennis Walker 见 *Kunugia latipennis*
Metanastria terminalia Tsai *et* Hou 同 *Metanastria gemella*
Metanigrus 美脉蜡蝉属，阿脉蜡蝉属
Metanigrus chromus Lv *et* Chen 斑额美脉蜡蝉，斑额阿脉蜡蝉
Metanigrus gremius Lv *et* Chen 素美脉蜡蝉，素阿脉蜡蝉
Metanigrus guttatus Lv *et* Chen 斑翅美脉蜡蝉，斑翅阿脉蜡蝉
Metanigrus rotundatus Liu *et* Qin 钝头美脉蜡蝉，钝头阿脉蜡蝉
Metanigrus spinatus Lv, Chen *et* Bourgoin 单突美脉蜡蝉，单突阿脉蜡蝉
Metanigrus yami Tsaur, Yang *et* Wilson 晚美脉蜡蝉，蓝树阿脉蜡蝉，晚阿脉蜡蝉，台湾美丽蜡蝉
Metanipponaphis 后扁蚜属，颗瘤虱蚜属
Metanipponaphis cuspidatae (Essig *et* Kuwana) 大颗瘤后扁蚜，大颗瘤虱蚜，尖突后植蚜，柯栎胸蚜，大颗瘤伴扁蚜
Metanipponaphis globuli (Monzen) 球后扁蚜，球单体蚜
Metanipponaphis lithocarpicola (Takahashi) 石柯后扁蚜，小颗瘤虱蚜，石柯伴扁蚜
Metanipponaphis minuta (Yeh) 小后扁蚜，小门扁蚜，小单体蚜，微小门前氏扁蚜
Metanipponaphis rotunda Takahashi 圆结后扁蚜，圆结后植蚜
Metanipponaphis silverstrii (Takahashi) 栎叶后扁蚜，锡氏伴扁蚜
Metanoeus 微网红萤属
Metanoeus formosanus Pic 蓬莱微网红萤，台后红萤
Metanomeuta 褐巢蛾属
Metanomeuta fulvicrinis Meyrick 金冠褐巢蛾，褐后巢蛾
Metanomeuta spinisparsula Jin *et* Wang 疏刺褐巢蛾
Metanomeuta yuexiensis Jin *et* Wang 岳西褐巢蛾
metanotal 1. 后胸背板的；2. 后胸背板鬃
metanotal gland 后胸背腺 < 指树蟋 *Oecanthus* 雄虫后胸背板上一个深凹的大腺体 >
metanotal slopes 后背斜区 < 指双翅目昆虫的后胸背板两边或两斜边 (pleurotergites) 上的膨大区 >
metanotum [= metatergum, posterior pereion, postdorsulum, postdorsum] 后胸背板
metaparapteron 后小盾片 < 常用于蚁类中 >
metapede 后足
Metapelma 扁胫旋小蜂属
Metapelma beijingensis Yang 北京扁胫旋小蜂
Metapelma zhangi Yang 张氏扁胫旋小蜂
metaphase 中期
metaphragma 后悬骨
Metaphycus 阔柄跳小蜂属
Metaphycus albopleuralis (Ashmead) 纯黄阔柄跳小蜂
Metaphycus angustifrons Compere 窄额阔柄跳小蜂，台湾阔柄跳小蜂
Metaphycus annasor Guerrieri *et* Noyes 多孔阔柄跳小蜂
Metaphycus aretus Wang, Zheng *et* Zhang 阿土阔柄跳小蜂
Metaphycus claviger (Timberlake) 锤角阔柄跳小蜂
Metaphycus dispar (Mercet) 敌虱阔柄跳小蜂
Metaphycus ericeri Xu *et* Jiang 白蜡虫阔柄跳小蜂
Metaphycus eriococcus Dang *et* Wang 绒蚧阔柄跳小蜂
Metaphycus helvolus (Compere) 黄阔柄跳小蜂
Metaphycus insidiosus (Mercet) 软蚧阔柄跳小蜂
Metaphycus liaoi Zhang *et* Wu 廖氏阔柄跳小蜂
Metaphycus longifuniculus Li 长索阔柄跳小蜂
Metaphycus luonanensis Dang *et* Wang 洛南阔柄跳小蜂
Metaphycus nadius (Walker) 杨圆蚧阔柄跳小蜂
Metaphycus parasaissetiae Zhang *et* Huang 副珠蜡蚧阔柄跳小蜂
Metaphycus pulvinariae (Howard) 绵蚧阔柄跳小蜂
Metaphycus qinlingensis Dang *et* Wang 秦岭阔柄跳小蜂
Metaphycus roseus Zu 玫瑰阔柄跳小蜂
Metaphycus shaanxiensis Dang *et* Wang 陕西阔柄跳小蜂
Metaphycus tamakatakaigara Tachikawa 球蚧阔柄跳小蜂
Metaphycus zebratus (Mercet) 斑阔柄跳小蜂
metaplanta 跗节第二亚节
Metaplectrus 纹姬小蜂属
Metaplectrus politus Lin 滑纹姬小蜂
metapleura [s. metapleuron] 后胸侧板
metapleural bristle 后侧鬃 < 指一些双翅目昆虫后胸侧板上的扇状鬃列 >
metapleural sulcus 后胸侧沟
metapleuron [pl. metapleura] 后胸侧板
Metaplopoda grallaria Masi 同 *Neanastatus cinctiventris*
metapneustic 后气门式；后气门的
metapneustic respiratory system 后气门式呼吸系统
metapnystega 后盾片区 < 指后胸背板在后小盾片后的圆形区 >
Metapocyrtus 金球象甲属，后坡象甲属
Metapocyrtus immeritus (Boheman) 荫金球象甲，荫后坡象甲，荫后坡象
Metapocyrtus immeritus sabtangensis Schultze 见 *Metapocyrtus sabtangensis*
Metapocyrtus kashotonus Kôno 绿岛金球象甲，绿岛后坡象甲
Metapocyrtus sabtangensis Schultze 红足金球象甲，红足锈象鼻，锈球背象鼻虫，红足球背象鼻虫，兰屿锈象鼻虫
metapodeon 柄后腹 < 指膜翅目昆虫腹柄以后的腹部 >
Metapodistis perculta Diakonoff 见 *Carmentina perculta*
Metapone 后家蚁属，短腰家蚁属
Metapone sauteri Forel 邵氏后家蚁，邵氏短腰蚁，索氏枚蚁，

邵氏短腰家蚁

Metaponini 后家蚁族，短腰家蚁族

metapopulation 异质种群，集合种群

metapostscutellum 后胸后小盾片

Metapsylla 后木虱属

Metapsylla acaciae Yang *et* Li 相思后木虱，欢后木虱

Metapsylla granulosa Yu 粒后木虱

Metapsylla meliae Yang *et* Li 苦楝后木虱

Metapsyllinae 后木虱亚科

metapygidium 肛上板次节 <革翅目昆虫肛上板的第二节>

metarbelid 1. [= metarbelid moth, tropical carpenterworm moth] 拟木蠹蛾 <拟木蠹蛾科 Metarbelidae 昆虫的通称>；2. 拟木蠹蛾科的

metarbelid moth [= metarbelid, tropical carpenterworm moth] 拟木蠹蛾

Metarbelidae [= Arbelidae, Teragriidae, Hollandiidae, Lepidarbelidae] 拟木蠹蛾科

Metarhynchites 后齿颚象甲属

Metarhynchites schenklingi (Voss) 施氏后齿颚象甲，兴虎象甲，兴虎象

Metasalis 柳网蝽属，后燧网蝽属

Metasalis populi (Takeya) [willow lace bug] 杨柳网蝽，柳后燧网蝽，杨后燧网蝽，杨裸菊网蝽，檫树网蝽，娇膜肩网蝽

Metasambus 姆吉丁甲属，姆吉丁属，后吉丁甲属

Metasambus hoscheki (Obenberger) 赫氏姆吉丁甲，赫氏姆吉丁，贺后吉丁甲，贺后吉丁，贺小吉丁

Metasambus tonkinensis Descarpentries *et* Villiers 东京湾姆吉丁甲，东京湾姆吉丁

Metasambus weyeri (Kerramans) 韦氏姆吉丁甲，韦氏姆吉丁，威后吉丁甲，威后吉丁

Metaschalis 裂翅舟蛾属

Metaschalis disrupta (Moore) 裂翅舟蛾，狄后舟蛾

metascutellum 后胸小盾片

metascutum 后胸盾片

Metasequoiamiris 水杉盲蝽属

Metasequoiamiris carvalhoi Schwartz 卡氏水杉盲蝽

Metasequoiamiris mediovittatus Zheng 中黑水杉盲蝽

Metasequoiamiris schwartzi Zheng 施氏水杉盲蝽

Metasia 后螟属

Metasia coniotalis Hampson 亢后螟

Metasia hodiusalis Walker 荷后螟

Metasia masculina (Strand) 壮后螟

Metasia morbidalis South 莫后螟

Metasia paganalis South 帕后螟

Metasia vicanalis South 威后螟

metasoma 后躯

metasomal sternum 中躯腹板

Metaspidiotus machili (Takahashi) 见 *Octaspidiotus machili*

metaspiracle 后胸气门

metastases [s. metastasis] 次生肿瘤

metastasis [pl. metastases] 次生肿瘤

Metastenus 瓢虫金小蜂属 <该属有一个隐翅甲科虎隐翅甲属亚属的同名>

Metastenus concinnus Walker 规则瓢虫金小蜂

metasternal 后胸腹板的

metasternal epimera 后胸腹后侧片

metasternal episterna 后胸腹前侧片

metasternal wing 后胸腹板叶 <某些水生鞘翅目 Coleoptera 昆虫基节板上方的叶状扩张>

metasternellum 后胸小腹片

metasternum 后胸腹板，胸后板

metastethidium [= metathorax] 后胸

metastethium [= metasternum] 后胸腹板

metastigmata 后胸气门

metastoma 舌 <用于直翅目 Orthoptera 中，同 hypopharyx>

Metastrangalis 类华花天牛属，新细花天牛属

Metastrangalis albicornis (Tamanuki) 白角类华花天牛，白角新细花天牛

Metastrangalis chekianga (Gressitt) 见 *Parastrangalis chekianga*

Metastrangalis denticulata (Tamanuki) 见 *Parastrangalis denticulata*

Metastrangalis ochraceoventra (Gressitt) 赭腹类华花天牛，橙腹新细花天牛，黄腹花天牛

Metastrangalis plavilstshikoviana (Heyrovsky) 弧纹类华花天牛

Metastrangalis thibetana (Blanchard) 二点类华花天牛

Metastrangalis uenoi Chou *et* Ohbayashi 上野类华花天牛，上野新细花天牛

metastructure 次显微结构

metasulcus 后胸沟

Metasyrphus 后蚜蝇属，后食蚜蝇属

Metasyrphus confrater (Wiedemann) 宽腹后蚜蝇，宽腹后食蚜蝇，联谊蚜蝇

Metasyrphus corollae (Fabricius) 大灰后蚜蝇，大灰后食蚜蝇，大灰蚜蝇

Metasyrphus latifasciatus (Macquart) 宽带后蚜蝇，宽带后食蚜蝇

Metasyrphus luniger (Meigen) 月斑后蚜蝇，月斑后食蚜蝇

Metasyrphus nitens (Zetterstedt) 凹带后蚜蝇，凹带后食蚜蝇

metasystox [= methyl demeton, demeton methyl, methyl systox] 甲基 1059，甲基内吸磷

Metatachardia 翠胶蚧属

Metatachardia myricae Tang 杨梅翠胶蚧

metatarsus 基跗节，后跗节 <跗节中最基部的亚节，其大小或其他方面与其余亚节不同>

metatentoria [s. metatentorium] 幕骨腹臂 <即幕骨的后臂>

metatentorina [= gular pit, posterior tentorial pit, fenestra tentorii posterioris, fossa tentorii posterior, fovea tentorialis posterior] 后幕骨陷

metatentorium [pl. metatentoria] 幕骨腹臂

metatergum [= metanotum, posterior pereion, postdorsulum, postdorsum] 后胸背板

Metatermitidae [= Termitidae] 白蚁科

Metaterpna 异尺蛾属

Metaterpna batangensis Han *et* Stüning 巴塘异尺蛾

Metaterpna differens (Warren) 异尺蛾，异垂耳尺蛾

Metaterpna thyatiraria (Oberthür) 粉斑异尺蛾

metathetely 后成现象，晚熟现象 <正常变态中，唯翅芽的形成延迟，或退化，或成虫器官芽和生殖器官的发育受到抑制；为先成现象 (prothetely) 的对义词>

Metathoracaphis 后胸蚜属

Metathoracaphis isensis Sorin 伊势后胸蚜

metathoracic leg [= metathorax leg, hind leg] 后足

metathoracic scutum 后胸盾片

metathoracic wing [= hind wing, hindwing, under wing, secondary

wing, second wing, secundarie wing, inferior wing, posterior wing, metala, ala inferior, ala postica, ala posterior] 后翅
metathoracotheca 后胸鞘 <指覆盖于蛹的后胸节上的壳>
metathorax 见 metastethidium
metathorax leg 见 metathoracic leg
Metathrinca 叉木蛾属
Metathrinca argentea Wang, Zheng *et* Li 银叉木蛾
Metathrinca fopingensis Wang, Zheng *et* Li 佛坪叉木蛾
Metathrinca intacta (Meyrick) 阴叉木蛾，阴普木蛾
Metathrinca meihuashana Wang, Zheng *et* Li 梅花山叉木蛾
Metathrinca tsugensis (Kearfott) [hemlock xyloryctid] 铁杉叉木蛾，铁杉木蛾，楚叉木蛾，铁杉蛀蛾
metatranscriptome 宏转录组
Metatriozidinae 后个木虱亚科
Metatriozidus 后个木虱属
Metatriozidus baeoiconicus Li 小锥后个木虱
Metatriozidus beilschmiediae (Yang) 琼楠后个木虱
Metatriozidus berchemiae Li 勾儿茶后个木虱
Metatriozidus berchemimacula Li 斑勾儿茶后个木虱
Metatriozidus betulus (Li) 白桦后个木虱
Metatriozidus bicruris (Li) 二叉后个木虱
Metatriozidus bifasciaticeltis (Li *et* Yang) 二带朴后个木虱
Metatriozidus camphorae (Sasaki) 见 *Trioza camphorae*
Metatriozidus camphoricola (Li) 天竺桂后个木虱
Metatriozidus camplurigra (Li) 弯尾后个木虱
Metatriozidus celtisae (Yang) 朴后个木虱
Metatriozidus citroimpurus (Yang *et* Li) 柑橘后个木虱
Metatriozidus cochleatus Li 匙形后个木虱
Metatriozidus confragosus Li 糙头后个木虱
Metatriozidus conicigenitus (Li) 锥生后个木虱
Metatriozidus dentigenitus Li 齿生后个木虱
Metatriozidus dissecticapitus Li 裂头后个木虱
Metatriozidus eleagni (Scott) 沙枣绿后个木虱
Metatriozidus erythrina (Li *et* Yang) 黑头红后个木虱
Metatriozidus flaviscutatus (Li) 黄盾后个木虱
Metatriozidus furcellatus Li 叉突后个木虱
Metatriozidus fustiformis (Li) 棒突后个木虱
Metatriozidus grandicellus (Li) 大室后个木虱
Metatriozidus guipicircularis Li 桂皮后个木虱
Metatriozidus hamicaulus Li 钩茎后个木虱
Metatriozidus hangzhouicus (Li) 杭州后个木虱
Metatriozidus henananus Li 河南后个木虱
Metatriozidus ileicicola Li 构骨后个木虱
Metatriozidus ileicisuga Li 冬青后个木虱
Metatriozidus inflatus (Li) 大叶樟后个木虱
Metatriozidus inoptata (Fang *et* Yang) 润楠后个木虱
Metatriozidus jiuzhaigoicus Li 九寨后个木虱
Metatriozidus lineatus (Yang) 线后个木虱
Metatriozidus locularis (Li) 小室后个木虱
Metatriozidus longigenitus Li 长生后个木虱
Metatriozidus lyoniae Li 南蠋后个木虱
Metatriozidus kuwayamai (Enderlein) 桃榄后个木虱
Metatriozidus macrocephala (Li) 硕顶后个木虱
Metatriozidus macromalloti (Li *et* Yang) 粗糠柴大后个木虱
Metatriozidus macularicamphorae (Li) 樟斑后个木虱
Metatriozidus magnicamphorae (Li) 樟大后个木虱
Metatriozidus magnisetosa (Loginova) 沙枣后个木虱
Metatriozidus malleiprocerus Li 锤突后个木虱
Metatriozidus micromalloti (Li *et* Yang) 粗糠柴小后个木虱
Metatriozidus neolitseacola (Yang) 木姜子后个木虱
Metatriozidus pitiformis (Mathur) 菲野桐后个木虱
Metatriozidus pseudocinnamomi (Li) 拟阴香后个木虱
Metatriozidus qingchengshananus Li 青城山后个木虱
Metatriozidus quadrimaculatus (Yang) 四斑后个木虱
Metatriozidus scalprata (Li) 刀突后个木虱
Metatriozidus schimae (Li *et* Yang) 柯树后个木虱
Metatriozidus sola (Fang *et* Yang) 乌拉冬青后个木虱
Metatriozidus taeniatus Li 带形后个木虱
Metatriozidus tongshanicus Li 通山后个木虱
Metatriozidus triqueter Li 角肛后个木虱
Metatriozidus ustulativerticus (Li) 棕顶后个木虱
Metatriozidus xiangicamphorae (Li) 同 *Metatriozidus inflatus*
Metatriozidus zhongtiaoshanicus Li 中条山后个木虱
Metatropis 肩跷蝽属
Metatropis brevirostris Hsiao 光肩跷蝽
Metatropis denticollis Lindberg 齿肩跷蝽
Metatropis dispar Hsiao 异肩跷蝽
Metatropis gibbicollis Hsiao 突肩跷蝽
Metatropis longirostris Hsiao 圆肩跷蝽
Metatropis spinicollis Hsiao 锥肩跷蝽
metatype 后模标本，后模，次模标本 <由作者同模式标本比证过的标本，与模式标本无异，采集地点也相同>
metaunci [s. metauncus] 中爪形突 <见于鞘翅目 Coleoptera 昆虫>
metauncus [pl. metaunci] 中爪形突
Metaxyblatta 间蠊属
Metaxyblatta gancaoshanensis Hong 甘草山间蠊
metazona 沟后区 <直翅目 Orthoptera 昆虫前胸背面主沟后的部分>
Metcalfa 梅蛾蜡蝉属
Metcalfa pruinosa (Say) [citrus flatid planthopper] 橘梅蛾蜡蝉
Meteima 昧特尺蛾属
Meteima mediorufa (Bastelberger) 中红昧特尺蛾，虚纹黄尺蛾，中红觅尺蛾
Metelipsocus 涧沼蛄属
Metelipsocus qinghaiensis Li 青海涧沼蛄
Metendothenia 后黑小卷蛾属
Metendothenia atropunctana (Zetterstedt) 圆后黑小卷蛾，黑点枚廷卷蛾
Meteoridea 鳞跨茧蜂属
Meteoridea areolatus He *et* Ma 瓶区鳞跨茧蜂
Meteoridea chui He *et* Ma 祝氏鳞跨茧蜂
Meteoridea guangxiensis He *et* Ma 广西鳞跨茧蜂
Meteoridea hangzhouensis He *et* Ma 杭州鳞跨茧蜂
Meteoridea hunanensis He *et* Ma 湖南鳞跨茧蜂
Meteoridea hutsoni (Nixon) 棉卷叶螟鳞跨茧蜂，休氏鳞跨茧蜂
Meteoridea japonensis Shenefelt *et* Muesebeck 日本鳞跨茧蜂
Meteoridea jilinensis He *et* Ma 吉林鳞跨茧蜂
Meteorideinae 鳞跨茧蜂亚科
Meteorinae 悬茧蜂亚科，方室茧蜂亚科
Meteorini 悬茧蜂族
Meteorus 悬茧蜂属，方室茧蜂属
Meteorus abscissus Thomson 截悬茧蜂

Meteorus achterbergi Chen *et* Wu 阿克氏悬茧蜂
Meteorus affinis (Wesmael) 近悬茧蜂
Meteorus albifasciatus Maetô 白斑悬茧蜂
Meteorus albizonalis Maetô 同 *Meteorus zinaidae*
Meteorus albulus Wu *et* Chen 雪跗悬茧蜂
Meteorus angustatus Maetô 狭悬茧蜂
Meteorus aotouensis Chen *et* Wu 坳头悬茧蜂
Meteorus argostigmatus Wu *et* Chen 白痣悬茧蜂
Meteorus austini Wu *et* Chen 奥氏悬茧蜂
Meteorus breviantennatus Tobias 短角悬茧蜂
Meteorus breviatus Wu *et* Chen 短颊悬茧蜂
Meteorus brevicauda Thomson 短悬茧蜂
Meteorus brevifacierus Wu *et* Chen 短脸悬茧蜂
Meteorus buyunensis Wu *et* Chen 步云悬茧蜂
Meteorus camptolomae Watanabe 花布灯蛾悬茧蜂
Meteorus cespitator (Thunberg) 谷蛾悬茧蜂
Meteorus changbaishanicus Chen *et* Wu 长白山悬茧蜂
Meteorus cheni Wu 陈氏悬茧蜂
Meteorus chinensis (Holmgren) 同 *Meteorus rufus*
Meteorus cinctellus (Spinola) 长翅卷蛾悬茧蜂
Meteorus cis (Bouché) 木蕈甲悬茧蜂
Meteorus collectus Chen *et* Wu 窄缝悬茧蜂
Meteorus colon (Haliday) 肠悬茧蜂
Meteorus dasys Wu *et* Chen 毛唇悬茧蜂
Meteorus derocalamus Wu *et* Chen 长柄悬茧蜂
Meteorus dialeptosus Wu *et* Chen 显异悬茧蜂
Meteorus ejuncidus Wu *et* Chen 细痣悬茧蜂
Meteorus eminulus Wu *et* Chen 突眼悬茧蜂
Meteorus endoclytae Maetô 桉蝙蛾悬茧蜂
Meteorus enodis Wu *et* Chen 滑柄悬茧蜂
Meteorus erratus Chen *et* van Achterberg 异悬茧蜂
Meteorus exiguae Chen *et* Wu 甜菜夜蛾悬茧蜂
Meteorus filator (Haliday) 丝角悬茧蜂
Meteorus fischeri Chen *et* wu 费氏悬茧蜂
Meteorus fujianicus Wu *et* Chen 福建悬茧蜂
Meteorus graciliventris Muesebeck 细腹悬茧蜂
Meteorus gyrator (Thunberg) 黏虫悬茧蜂
Meteorus heliophilus Fisher 亮悬茧蜂，食夜蛾悬茧蜂
Meteorus hepiali Wang 蝠蛾悬茧蜂，辐蛾悬茧蜂
Meteorus hirsutipes Huddleston 毛足悬茧蜂
Meteorus honghuaensis Wu *et* Chen 红花悬茧蜂
Meteorus hubeiensis Chen *et* Wu 湖北悬茧蜂
Meteorus ictericus (Nees) 微黄悬茧蜂
Meteorus jezoensis Maetô 捷悬茧蜂
Meteorus jilinensis Wu *et* Chen 吉林悬茧蜂
Meteorus kurokoi Maetô 库氏悬茧蜂
Meteorus latus Wu *et* Chen 宽颊悬茧蜂
Meteorus leptokolosus Wu *et* Chen 细足悬茧蜂
Meteorus limbatus Maetô 缘悬茧蜂
Meteorus liontus Thomson 黑带尺蛾悬茧蜂
Meteorus longidens Chen *et* Wu 长齿悬茧蜂
Meteorus longidiastemus Wu *et* Chen 长距悬茧蜂
Meteorus longus Chen *et* Wu 长悬茧蜂
Meteorus marshi Wu *et* Chen 马氏悬茧蜂
Meteorus megalopsus Chen *et* Wu 巨眼悬茧蜂
Meteorus mongolicus Fahringer 同 *Meteorus brevicauda*
Meteorus morrisae Kittel 莫氏悬茧蜂
Meteorus narangae Sonan 螟蛉悬茧蜂
Meteorus orbitus Chen *et* Wu 圆颊悬茧蜂
Meteorus orientalis Wu *et* Chen 东方悬茧蜂
Meteorus pallicornis Chen *et* Wu 白角悬茧蜂
Meteorus pallipes (Wesmael) 白足悬茧蜂
Meteorus parafilator Wu *et* Chen 近丝悬茧蜂
Meteorus pendulus (Müller) 盾悬茧蜂，黏虫悬茧蜂
Meteorus petilus Wu *et* Chen 细柄悬茧蜂
Meteorus profligator (Haliday) 木蕈甲悬茧蜂
Meteorus prosnixoni Chen *et* Wu 普洛斯悬茧蜂
Meteorus pulchricornis (Wesmael) 斑痣悬茧蜂
Meteorus punctatus Wu *et* Chen 刻点悬茧蜂
Meteorus remotus Chen *et* Wu 离悬茧蜂
Meteorus rhytismus Wu *et* Chen 斑背悬茧蜂
Meteorus rubens (Nees) 伏虎悬茧蜂
Meteorus rufus (De Geer) 红悬茧蜂，单色悬茧蜂
Meteorus rugiclypeolus Chen *et* Wu 皱唇悬茧蜂
Meteorus rugifrontatus Chen *et* Wu 皱额悬茧蜂
Meteorus rugivultus Wu *et* Chen 皱颜悬茧蜂
Meteorus rugosus Maetô 皱悬茧蜂
Meteorus scutellator (Nees) 同 *Meteorus pendulus*
Meteorus shawi Chen *et* Wu 绍氏悬茧蜂
Meteorus sinicus Wu *et* Chen 中华悬茧蜂
Meteorus szechuanensis Fahringer 同 *Meteorus rubens*
Meteorus takenoi Maetô 塔克悬茧蜂
Meteorus tanycoleosus Wu *et* Chen 长鞘悬茧蜂
Meteorus tongmuensis Chen *et* Wu 桐木悬茧蜂
Meteorus transcaperatus Chen *et* Wu 横皱悬茧蜂
Meteorus tribulosus Wu *et* Chen 刺胫悬茧蜂
Meteorus turgidus Wu *et* Chen 突脸悬茧蜂
Meteorus unicolor (Wesmael) 同 *Meteorus rufus*
Meteorus versicolor (Wesmael) 虹彩悬茧蜂，虹彩茧蜂
Meteorus watanabei Maetô 渡边悬茧蜂
Meteorus whartoni Wu *et* Chen 华氏悬茧蜂
Meteorus wuyiensis Wu *et* Chen 武夷悬茧蜂
Meteorus yunnanicus Chen *et* Wu 云南悬茧蜂
Meteorus zhoui Chen *et* Wu 周氏悬茧蜂
Meteorus zinaidae Belokobylskij 白鞭悬茧蜂
metepimera [s. metepimeron; = pteropleura, anepimera, pteropleurites] 后胸后侧片
metepimeron [pl. metepimera; = pteropleuron, anepimeron, pteropleurite] 后胸后侧片
Metepipsocus 间上蛄属
Metepipsocus beijingicus Li 北京间上蛄
metepisternum 后胸前侧片
Meterioptera 异绵大蚊亚属
Metetra 玫特象甲属，玫特象属
Metetra esakii Morimoto 江崎玫特象甲，江崎玫特象
Metetra rufitarsis Voss 红跗玫特象甲，红跗玫特象
Meteugoa ochrivena (Hampson) 暗斑云苔蛾
Meteugoa ochrivena japonica Strand 暗斑云苔蛾日本亚种，两点云苔蛾
Meteugoa ochrivena ochrivena (Hampson) 暗斑云苔蛾指名亚种
Meteuproctis tomponis Matsumura 见 *Euproctis tomponis*
Meteutinopus 土象甲属，土象属

Meteutinopus mongolicus (Faust) 蒙古土象甲，蒙古土象
methamidophos 甲胺磷
methane 甲烷
methanol 甲醇
Metharmostis asaphaula Meyrick 木麻黄细蛾
Methion 蔑弄蝶属
Methion melas Godman [rusty skipper, rusty brown-skipper] 蔑弄蝶
methionine 蛋氨酸，甲硫氨酸
Methionopsis 乌弄蝶属
Methionopsis dolor Evans [dolor skipper] 忧伤乌弄蝶
Methionopsis ina (Plötz) [shade-perching skipper, ina brown-skipper, ina skipper] 伊娜乌弄蝶
Methionopsis modestus Godman 同 *Methionopsis ina*
Methionopsis purus Bell [purus skipper] 璞乌弄蝶
Methionopsis typhon Godman [typhon brown-skipper, typhon skipper] 堤丰乌弄蝶
Methistemistiba 常舌隐翅甲属
Methistemistiba zhejiangensis Pace 浙江常舌隐翅甲
Methocha 美钩土蜂属
Methocha alulacea Lin 阿鲁美钩土蜂
Methocha areolata Lin 隙美钩土蜂
Methocha cavipyga Lin 臂凹美钩土蜂
Methocha emarginata Lin 缘美钩土蜂
Methocha formosana Williams 蓬莱美钩土蜂
Methocha foveiventris Lin 窝腹美钩土蜂
Methocha maai Lin 马氏美钩土蜂
Methocha mandibularis Smith 颚美钩土蜂
Methocha plana Lin 坦美钩土蜂
Methocha priorrecta Lin 锯美钩土蜂
Methocha taiwanica Tsuneki 台美钩土蜂
Methocha taoi Lin 陶氏美钩土蜂
Methocha tricha Strand 特美钩土蜂
methocid 1. [= methocid wasp] 刺臀蚁蜂 < 刺臀蚁蜂科 Methocidae 昆虫的通称 >；2. 刺臀蚁蜂科的
methocid wasp [= methocid] 刺臀蚁蜂
Methocidae 刺臀蚁蜂科
method of aphid number ratio 蚜量比值法
methomyl 灭多威，灭多虫
Methona 透翅绡蝶属
Methona confusa Butler [giant glasswing] 浑似透翅绡蝶
Methona megisto Felder *et* Felder 大透翅绡蝶
Methona themisto (Hübner) 透翅绡蝶
Methone 黑框蚬蝶属
Methone cecilia (Cramer) [cecilia metalmark] 黑框蚬蝶
Methone chrysonmela Butler 金黑框蚬蝶
Methone magnarea (Seitz) 大黑框蚬蝶
methoxyfenozide 甲氧虫酰肼
methyl demeton [= metasystox, demeton methyl, methyl systox] 甲基 1059，甲基内吸磷
methyl eugenol 甲基丁香酚
methyl jasmonate [abb. MeJA] 茉莉酸甲酯
methyl oleate 油酸甲酯
methyl parathion 甲基对硫磷
methyl salicylate 水杨酸甲酯
methyl systox 见 methyl demeton
methylation 甲基化
methylene blue 次甲基蓝，美蓝，亚甲基蓝，亚甲蓝
methylene green 次甲基绿
Metialma 枚替象甲属，枚替象属
Metialma cordata Marshall 心枚替象甲，心枚替象
Metialma japonica Hustache 日枚替象甲，日枚替象
Metialma lauta Voss 美枚替象甲，美枚替象
Metialma mixta Voss 混枚替象甲，混枚替象
Metialma pusilla Roelofs 小枚替象甲，小枚替象
Metialma pusilla nigrirostris Voss 小枚替象甲黑喙亚种，黑喙小枚替象甲，黑喙小枚替象
Metialma pusilla pusilla Roelofs 小枚替象甲指名亚种
Metialma rufitarsis Voss 红跗枚替象甲，红跗枚替象
Metialma signifera Pascoe 西枚替象甲，西枚替象
Metialma varia Voss 异枚替象甲，异枚替象
Metialma vidua Voss 威枚替象甲，威枚替象
meticulose [= meticulosus] 焰状的 < 常用以指似火焰的有色斑纹 >
meticulosus 见 meticulose
Metidiocerus 凹缘叶蝉属
Metidiocerus impressifrons (Kirschbaum) [black-thorax leafhopper] 黑胸凹缘叶蝉，黑胸叶蝉
Metidiocerus poecilus (Herrich-Schäffer) 淡凹缘叶蝉
metinfraepisternum 后胸下前侧片
Metioche 斜蛉蟋属
Metioche bicolor (Stål) 双色斜蛉蟋
Metioche chamadara (Sugimoto) 查马斜蛉蟋
Metioche flavipes (Brunner von Wattenwyl) 黄足斜蛉蟋
Metioche haani (Saussure) 哈尼斜蛉蟋
Metioche insularis (Saussure) 见 *Metioche vittaticollis insularis*
Metioche japonicum (Ichikawa) 日本斜蛉蟋
Metioche kotoshoensis Shiraki 兰屿斜蛉蟋，斜蛉蟋
Metioche pallidicornis (Stål) 淡角斜蛉蟋
Metioche pallipes (Stål) 灰斜蛉蟋
Metioche vittaticollis (Stål) 条胸斜蛉蟋
Metioche vittaticollis insularis (Saussure) 条胸斜蛉蟋台湾亚种，台湾斜蛉蟋
Metioche vittaticollis vittaticollis (Stål) 条胸斜蛉蟋指名亚种
Metiochodes 哑蛉蟋属
Metiochodes acutiparamerus Li, He *et* Liu 尖肢哑蛉蟋
Metiochodes denticulatus Liu *et* Shi 细齿哑蛉蟋
Metiochodes flavescens Chopard 黄褐哑蛉蟋
Metiochodes gracilus Ma *et* Pan 弯曲哑蛉蟋
Metiochodes greeni (Chopard) 格氏哑蛉蟋
Metiochodes minor Li, He *et* Liu 小哑蛉蟋
Metiochodes tibeticus Li, He *et* Liu 藏哑蛉蟋
Metiochodes truncatus Li, He *et* Liu 截叶哑蛉蟋
Metipocregyes 深点天牛属
Metipocregyes affinis Breuning 短角深点天牛
Metipocregyes nodieri (Pic) 诺氏深点天牛
Metipocregyes rondoni Breuning 长角深点天牛
Metipocregyes wenhsini (Yamasako *et* Chou) 文信深点天牛，文信希缨天牛，文信伪须角天牛
Metipocregyes variabilis Yamasako *et* Lin 多样深点天牛
Metisella 糜弄蝶属
Metisella aegipan (Trimen) [mountain sylph] 山神糜弄蝶
Metisella formosus Butler [beautiful sylph] 福糜弄蝶
Metisella kakamega de Jong [kakamega sylph] 卡卡糜弄蝶

Metisella malgacha (Boisduval) [grassveld sylph] 玛珈麋弄蝶
Metisella medea Evans [medea sylph] 女巫麋弄蝶
Metisella meninx (Trimen) [marsh sylph] 美麋弄蝶
Metisella metis (Linnaeus) [gold spotted sylph] 麋弄蝶
Metisella midas Butler [midas sylph] 金黄麋弄蝶
Metisella orientalis (Aurivillius) 黄点麋弄蝶
Metisella perexcellens Butler 马拉维麋弄蝶
Metisella quadrisignatus (Butler) [four-spot sylph] 四斑麋弄蝶
Metisella syrinx (Trimen) [bamboo sylph] 斯麋弄蝶
Metisella trisignatus Neave [three-spot sylph] 三斑麋弄蝶
Metisella willemi (Wallengren) [netted sylph] 网麋弄蝶
Metochus 迅足长蝽属
Metochus abbreviatus Scott 短翅迅足长蝽
Metochus bengalensis (Dallas) 黑迅足长蝽
Metochus hainanensis Zheng 海南迅足长蝽
Metochus thoracicus Zheng 长胸迅足长蝽
Metochus uniguttatus (Thunberg) 一点迅足长蝽，一点长足长蝽
metochy 客牺 <客虫被容许在蚁巢中居住，并与蚁无利害关系>
Metoeca 灰草螟属，纹野螟属
Metoeca foedalis (Guenée) 污斑灰草螟，污斑灰野螟，污斑纹野螟，福水螟
Metoeca nymphulalis (Strand) 美灰草螟，美纹野螟
Metolinus 宽跗隐翅甲属
Metolinus guomen Bordoni 过门山宽跗隐翅甲
Metolinus lebu Bordoni 棕色宽跗隐翅甲
Metolinus manfei Bordoni 曼费宽附隐翅甲
Metolinus nabanhe Bordoni 纳板河宽跗隐翅甲
Metolinus notabilis Bordoni 黄肩宽跗隐翅甲
meton hairstreak [*Rekoa meton* (Cramer)] 余灰蝶
metonidia skipper [*Saturnus metonidia* (Schaus)] 美铅弄蝶
Metonymia 臭蝽属
Metonymia glandulosa (Wolff) 大臭蝽
Metonymia scabrata (Distant) 皱臭蝽
metope eyemark [*Mesosemia metope* (Hewitson)] 麦拓美眼蚬蝶
Metopheltes chinensis (Morley) 中华后欧姬蜂
Metopia 突额蜂麻蝇属，突额蝇属
Metopia argentata Macquart 双缨突额蜂麻蝇
Metopia argyrocephala (Meigen) 白头突额蜂麻蝇，银额突额蝇
Metopia auripulvera Chao *et* Zhang 金粉突额蜂麻蝇
Metopia campestris (Fallén) 平原突额蜂麻蝇
Metopia instruens Walker 印尼突额蜂麻蝇，印度尼西亚突额蝇
Metopia italiana Pape 意大利突额蜂麻蝇，意突额蜂麻蝇
Metopia nudibasis (Malloch) 裸基突额蜂麻蝇
Metopia pollenia Chao *et* Zhang 粉突额蜂麻蝇
Metopia sauteri (Townsend) 台湾突额蜂麻蝇，台湾突额蝇
Metopia sinensis Pape 中华突额蜂麻蝇，杭州突额蜂麻蝇
Metopia stackelbergi Rohdendorf 斯突额蜂麻蝇
Metopia suifenheensis Fan 绥芬河突额蜂麻蝇
Metopia tshernovae Rohdendorf 柴突额蜂麻蝇
Metopia yunnanica Chao *et* Zhang 云南突额蜂麻蝇
Metopia zenigoi Kurahashi 本州突额蜂麻蝇，曾突额蜂麻蝇
Metopiaina 突额蜂麻蝇亚族
Metopiaini 突额蜂麻蝇族
metopic suture [= coronal suture] 冠缝
metopidium 前胸斜面 <指角蝉科 Membracidae 昆虫前胸节的前斜面>
Metopiestes 枚品坚甲属
Metopiestes striolatus Grouvelle 纹枚品坚甲
metopiid 1. [= metopiid fly] 突额蝇 <突额蝇科 Metopiidae 昆虫的通称>；2. 突额蝇科的
metopiid fly [= metopiid] 突额蝇
Metopiidae 突额蝇科
Metopiinae 盾脸姬蜂亚科 <此亚科名有被误写为 Metopinae 者>
Metopina 裂蚤蝇属
Metopina disneyi Liu 迪氏裂蚤蝇
Metopina expansa Liu 膨腹裂蚤蝇
Metopina grandimitralis Yang *et* Wang 高帽裂蚤蝇，高帽盔蚤蝇
Metopina hamularis Liu 钩足裂蚤蝇
Metopina paucisetalis Liu 寡毛裂蚤蝇
Metopina rotundata Wang *et* Liu 圆背裂蚤蝇
Metopina sagittata Liu 矛片裂蚤蝇，矛叶裂蚤蝇
Metopininae 裂蚤蝇亚科，无翅蚤蝇亚科
Metopius 盾脸姬蜂属
Metopius baibaremis Uchida 见 *Metopius* (*Ceratopius*) *baibaremis*
Metopius browni Ashmead 见 *Metopius* (*Metopius*) *rufus browni*
Metopius* (*Ceratopius*) *baibaremis Uchida 眉原盾脸姬蜂
Metopius* (*Ceratopius*) *citratus (Geoffroy) 切盾脸姬蜂
Metopius* (*Ceratopius*) *citratus citratus (Geoffroy) 切盾脸姬蜂指名亚种
Metopius* (*Ceratopius*) *citratus pieli Uchida 切盾脸姬蜂皮氏亚种，江西盾脸姬蜂
Metopius* (*Ceratopius*) *citratus taiwanensis Chiu 切盾脸姬蜂台湾亚种，台湾切盾脸姬蜂
Metopius* (*Ceratopius*) *citratus trifasciatus Uchida 切盾脸姬蜂三带亚种，三切盾脸姬蜂
Metopius* (*Ceratopius*) *dissectorius (Panzer) 同 *Metopius* (*Ceratopius*) *citratus*
Metopius* (*Ceratopius*) *dissectorius taiwanensis Chiu 见 *Metopius* (*Ceratopius*) *citratus taiwanensis*
Metopius* (*Ceratopius*) *maruyamensis Uchida 圆盾脸姬蜂
Metopius* (*Ceratopius*) *metallicus Michener 金光盾脸姬蜂
Metopius coreanus Uchida 见 *Metopius* (*Peltastes*) *coreanus*
Metopius dissectorius taiwanensis Chiu 见 *Metopius* (*Ceratopius*) *citratus taiwanensis*
Metopius formosanus Clément 同 *Metopius* (*Metopius*) *rufus browni*
Metopius fuscolatus Chiu 见 *Metopius* (*Tylopius*) *fuscolatus*
Metopius gressitti Michener 格盾脸姬蜂，嘉氏盾脸姬蜂
Metopius metallicus Michener 见 *Metopius* (*Ceratopius*) *metallicus*
Metopius* (*Metopius*) *rufus Cameron 红盾脸姬蜂
Metopius* (*Metopius*) *rufus browni Ashmead 红盾脸姬蜂布朗亚种，斜纹夜蛾盾脸姬蜂，布氏盾脸姬蜂
Metopius* (*Metopius*) *rufus rufus Cameron 红盾脸姬蜂指名亚种，指名红盾脸姬蜂
Metopius oharai Kusigemati 见 *Metopius* (*Tylopius*) *oharai*
Metopius* (*Peltastes*) *arakawai Uchida 阿盾脸姬蜂
Metopius* (*Peltastes*) *coreanus Uchida 朝鲜盾脸姬蜂
Metopius purpureotinctus (Cameron) 紫盾脸姬蜂
Metopius quadrifasciatus Michener 四带盾脸姬蜂
Metopius rufus Cameron 见 *Metopius* (*Metopius*) *rufus*
Metopius rufus browni Ashmead 见 *Metopius* (*Metopius*) *rufus browni*
Metopius rufus rufus Cameron 见 *Metopius* (*Metopius*) *rufus rufus*

Metopius sinensis Smith 中华盾脸姬蜂
Metopius soror Chiu 见 *Metopius* (*Tylopius*) *soror*
Metopius tsingtauensis Clément 青岛盾脸姬蜂
Metopius* (*Tylopius*) *fuscolatus Chiu 褐翅盾脸姬蜂
Metopius* (*Tylopius*) *oharai Kusigemati 小原盾脸姬蜂
Metopius* (*Tylopius*) *soror Chiu 亲盾脸姬蜂
Metopius uchidai Michener 内田盾脸姬蜂
Metopius vandykei Michener 范盾脸姬蜂
metoplankton 阶段浮游生物
Metopodia 麦蜂麻蝇属
Metopodia grisea Brauer *et* Bergenstamm 同 *Metopodia pilicornis*
Metopodia pilicornis (Pandellé) 灰麦蜂麻蝇，毛角麦蜂麻蝇
Metopodiina 麦蜂麻蝇亚族
Metopodontus biplagiatus Westwood 见 *Prosopocoilus biplagiatus*
Metopodontus dubernardi Planet 见 *Prosopocoilus astacoides dubernardi*
Metopodontus suturalis Olivier 见 *Prosopocoilus suturalis*
Metopolophium 米无网蚜属
Metopolophium dirhodum (Walker) [rose-grain aphid, rose-grass aphid] 麦无网蚜，麦无网长管蚜，蔷薇谷蚜，蔷薇麦蚜
Metopolophium euryae (Takahashi) 柃木蚜，柃分享蚜
Metopolophium festucae (Theobald) [grass aphid] 草米无网蚜，草蚜
Metopolophium humulisuctum Zhang, Chen, Zhong *et* Li 同 *Rhodobium porosum*
Metopomintho sauteri Townsend 见 *Phyllomya sauteri*
Metopomyza 额潜蝇属，宽潜叶蝇属
Metopomyza taipingensis Shiao *et* Wu 台北额潜蝇，太平潜蝇
Metoponcus maximus Bernhauer 赤足巨隐翅甲
Metoponiinae 美托夜蛾亚科
Metopoplax 宽瘤长蝽属
Metopoplax origani (Kolenati) 源宽瘤长蝽，宽瘤长蝽
Metopoplectus 宽顶天牛属，红长角天牛属
Metopoplectus taiwanensis Gressitt 台湾宽顶天牛，姬枣红长角天牛
Metoposisyrops 厉寄蝇属 *Lydella* 的异名
Metoposisyrops scirpophagae Chao *et* Shi 见 *Lydella scirpophagae*
Metopostigma 额斑秆蝇属，枚秆蝇属
Metopostigma sauteri Becker 索氏额斑秆蝇，索氏枚秆蝇，印度秆蝇
Metopta 蚪目夜蛾属
Metopta rectifasciata (Ménétriés) 蚪目夜蛾
Metorthocheilus emarginatus (Hampson) 见 *Chundana emarginata*
Metriaeschra 心舟蛾属
Metriaeschra apatela Kiriakoff 幻心舟蛾，阿玫舟蛾
Metriaeschra apatela apatela Kiriakoff 幻心舟蛾指名亚种，指名阿玫舟蛾
Metriaeschra apatela elegans (Nakamura) 幻心舟蛾台湾亚种，丽阿玫舟蛾
Metriaeschra zhubajie Schintlmeister *et* Fang 戒心舟蛾
Metriaulacus 庸叩甲属
Metriaulacus badiipennis (Candèze) 巴庸叩甲
Metriaulacus formosanus Miwa 台庸叩甲
Metriocampa 美虮属
Metriocampa kuwayamai Silvestri 桑山美虮
Metriocampa matsumurai Silvestri 松村美虮
Metriocampa packardi Silvestri 帕氏美虮
Metriocampa sahi Silvestri 沙氏美虮
Metriocampa urumuqiensis Chou *et* Chen 乌鲁木齐美虮
Metriocampa wuyanlingensis Xie *et* Yang 乌岩岭美虮
Metriocnemus 中足摇蚊属
Metriocnemus aculeatus Chaudhuri *et* Bhattacharyay 细尖中足摇蚊
Metriocnemus acutus Sæther 锐中足摇蚊
Metriocnemus albipennis Kieffer *et* Kieffer 白翅中足摇蚊
Metriocnemus albolineatus (Meigen) 白线中足摇蚊
Metriocnemus amamianomalis Sasa 奄美中足摇蚊
Metriocnemus amurensis Makarchenko *et* Makarchenko 阿穆尔中足摇蚊
Metriocnemus argentinensis Kieffer 阿根廷中足摇蚊
Metriocnemus beringensis (Cranston *et* Oliver) 短肛中足摇蚊
Metriocnemus bilobatus Makarchenko *et* Makarchenko 双叶中足摇蚊
Metriocnemus brachyneura Malloch 短脉中足摇蚊
Metriocnemus brevicornis Kieffer 短角中足摇蚊
Metriocnemus brevitarsis Edwards 短跗中足摇蚊
Metriocnemus brusti Sæther 布鲁斯中足摇蚊
Metriocnemus calcaneum Li *et* Wang 跟状中足摇蚊
Metriocnemus calvescens Sæther 小卡中足摇蚊
Metriocnemus caudigus Sæther 茎梗中足摇蚊
Metriocnemus dentipalpus Sæther 齿须中足摇蚊
Metriocnemus eurynotus (Holmgren) 宽中足摇蚊
Metriocnemus fasciventris Edwards 褐腹中足摇蚊
Metriocnemus flaviceps Kieffer 红足中足摇蚊
Metriocnemus fuscipes (Meigen) 棕色中足摇蚊
Metriocnemus hirtipalpis Kieffer 毛须中足摇蚊
Metriocnemus intergerivus Sæther 中间中足摇蚊
Metriocnemus longicornis Kieffer 长角中足摇蚊
Metriocnemus longipalpus Sinharay *et* Chaudhuri 大须中足摇蚊
Metriocnemus oiraquintus Sasa 青森中足摇蚊
Metriocnemus picipes (Meigen) 长矩中足摇蚊
Metriocnemus rufiventris Kieffer *et* Thienemann 红腹中足摇蚊
Metriocnemus rufulus Makarchenko *et* Makarchenko 红棕中足摇蚊
Metriocnemus seiryumeneus Sasa, Suzuki *et* Sakai 链中足摇蚊
Metriocnemus shouclarus Sasa 对棘中足摇蚊
Metriocnemus sudgaimenus Sasa *et* Tanaka 水上町中足摇蚊
Metriocnemus tamaokui Sasa 多摩川中足摇蚊
Metriocnemus terrester Pagast 陆生中足摇蚊
Metriocnemus togaminor Sasa *et* Okazawa 融合中足摇蚊
Metriocnemus toganiger (Sasa *et* Okazawa) 黑中足摇蚊
Metriocnemus togapullus Sasa *et* Okazawa 无尖中足摇蚊
Metriocnemus tristellus Edwards 长须中足摇蚊
Metriocnemus unilinearis Chaudhuri *et* Bhattacharyay 一线中足摇蚊
Metriocnemus ursinus (Holmgren) 裸中足摇蚊
Metriocnemus wangi Sæther 王氏中足摇蚊
Metriogryllacris 姬蟋螽属
Metriogryllacris amitarum (Griffini) 黑背姬蟋螽
Metriogryllacris armata Bey-Bienko 见 *Furcilarnaca armata*
Metriogryllacris chirurga Bey-Beinko 见 *Furcilarnaca chirurga*
Metriogryllacris dicrana Bey-Bienko 见 *Microlarnaca dicrana*
Metriogryllacris fallax Liu, Bi *et* Zhang 见 *Furcilarnaca fallax*

Metriogryllacris forceps Bey-Bienko 见 *Furcilarnaca forceps*
Metriogryllacris permodesta (Griffini) 谦恭姬蟋螽，广东庸蟋螽
Metriogryllacris pulex (Karny) 见 *Furcilarnaca pulex*
Metriogryllacris tamdao Gorochov 谭道姬蟋螽
Metriona bicolor (Fabricius) 见 *Charidotella sexpunctata bicolor*
Metriona circumdata (Herbst) 见 *Cassida circumdata*
Metriona thais (Boheman) 同 *Cassida versicolor*
Metrionotus 枚肿腿蜂属
Metrionotus hongkongensis Mocsáry 香港枚肿腿蜂
Metrioptera 姬螽属 <该属名有一个舟蛾科的次同名>
Metrioptera bicolor (Philippi) 二色姬螽，二色短翅螽
Metrioptera bonneti (Bolívar) 邦内特姬螽，邦内短翅螽
Metrioptera brachyptera (Linnaeus) 短翅姬螽，直短翅螽
Metrioptera bruno (Schintlmeister) 见 *Mesophalera bruno*
Metrioptera engelhardti Uvarov 见 *Eobiana engelhardti*
Metrioptera hime Furukawa 同 *Eobiana engelhardti subtropica*
Metrioptera intermedia (Serville) 见 *Platycleis intermedia*
Metrioptera koreana Mori 同 *Uvarovites inflatus*
Metrioptera libera (Schintlmeister) 见 *Mesophalera libera*
Metrioptera montana (Kollar) 见 *Montana montana*
Metrioptera roeseli (Hagenbach) [Roesel's bush-cricket] 罗氏姬螽，欧洲丛林蝈蝈，罗氏短翅螽
Metrioptera speratus (Schintlmeister) 见 *Mesophalera speratus*
Metrioptera tianshanica Uvarov 见 *Montana tianshanica*
Metrioptera tomini (Pylnov) 见 *Montana tomini*
Metrioptera ussuriana Uvarov 乌苏里姬螽
Metrius 棱屁步甲属
Metrius contractus Eschscholtz 黑棱屁步甲
Metrocampa dehaliaria Wehrli 见 *Tanaoctenia dehaliaria*
Metrocampa parallela Wehrli 见 *Campaea parallela*
Metrocoris 涧黾蝽属，涧黾属，阔黾蝽属
Metrocoris acutus Chen *et* Nieser 尖齿涧黾蝽，尖齿涧黾
Metrocoris anderseni Chen *et* Nieser 安氏涧黾蝽
Metrocoris bilobatus Den Boer 二叶涧黾蝽，二叶涧黾
Metrocoris bui Chen *et* Zettel 卜氏涧黾蝽
Metrocoris cantonensis Chen *et* Nieser 广东涧黾蝽，广东涧黾
Metrocoris constrictus Chen *et* Nieser 缢缩涧黾蝽，缢缩涧黾
Metrocoris cylindricus Chen 筒涧黾蝽
Metrocoris dentifemoratus Chen *et* Nieser 异足涧黾蝽，异足涧黾
Metrocoris esakii Chen *et* Nieser 台湾涧黾蝽，台湾涧黾，阔黾蝽
Metrocoris genitalis Chen *et* Nieser 大尾涧黾蝽，大尾涧黾
Metrocoris hirtus Chen *et* Nieser 毛涧黾蝽，毛涧黾
Metrocoris hubeiensis Chen 湖北涧黾蝽
Metrocoris indicus Chen *et* Nieser 印涧黾蝽
Metrocoris lituratus (Stål) 伪齿涧黾蝽，伪齿涧黾
Metrocoris malayensis Chen *et* Nieser 马来涧黾蝽
Metrocoris nieseri Chen *et* Zettel 尼氏涧黾蝽
Metrocoris obscurus Chen *et* Nieser 大黑涧黾蝽，大黑涧黾
Metrocoris pilosus Chen *et* Nieser 多毛涧黾蝽
Metrocoris sichuanensis Chen *et* Nieser 四川涧黾蝽，四川涧黾
Metrocoris stranguloides Chen *et* Nieser 三齿涧黾蝽，三齿涧黾
Metrocoris tenuicornis Esaki 细角涧黾蝽
Metrocoris triangulatus Zettel *et* Chen 三角涧黾蝽
Metrocoris vietnamensis Tran *et* Zettel 越南涧黾蝽
Metrocoris xiei Chen 谢氏涧黾蝽
Metrodoridae 短翼蚱科，短翼菱蝗科
Metrodorinae 短翼蚱亚科
Metroma 弱脊飞虱属
Metroma achnatheri (Emeljanov) 芨芨草飞虱
Metromerus 伪星翅蝗属
Metromerus coelesyriensis (Giglio-Tos) 伪星翅蝗
Metromerus coelesyriensis angustata (Uvarov) 同 *Metromerus coelesyriensis coelesyriensis*
Metromerus coelesyriensis coelesyriensis (Giglio-Tos) 伪星翅蝗指名亚种
Metron 金腹弄蝶属
Metron chrysogastra (Butler) [orange-headed metron] 金腹弄蝶
Metron leucogaster (Godman) [whitened metron, leucogaster skipper] 白纹金腹弄蝶
Metron oropa Hewitson [Hewitson's metron] 奥罗帕金腹弄蝶
Metron zimra (Hewitson) [olive metron, zimra skipper] 黄褐金腹弄蝶
Metuana eyemark [*Mesosemia metuana* Felder] 麦图美眼蚬蝶
Metura elongata Saunders 长梅突蝘
Metylophorini 昧蛄族
Metylophorus 昧蛄属
Metylophorus bicornutus Li *et* Yang 双角昧蛄
Metylophorus brevantenninus Li *et* Yang 短角昧蛄
Metylophorus camptodontus Li *et* Yang 弯齿昧蛄
Metylophorus cantaminatus Li *et* Yang 污斑昧蛄
Metylophorus cyclotus Li 圆尾昧蛄
Metylophorus daedaleus Li 迷纹昧蛄
Metylophorus diplodurus Li 二尾昧蛄
Metylophorus dongbeicus Li 东北昧蛄
Metylophorus giganteus Li 大眼昧蛄
Metylophorus hengshanicus Li 恒山昧蛄
Metylophorus jinciensis Li 晋祠昧蛄
Metylophorus longicaudatus Li 长尾昧蛄
Metylophorus lushanensis Li 庐山昧蛄
Metylophorus marmoreus Li *et* Yang 云斑昧蛄
Metylophorus medicornutus Li 中角昧蛄
Metylophorus megistus Li 大昧蛄
Metylophorus nebulosus (Stephens) 雾昧蛄，雾昧啮虫
Metylophorus plebius Li 普通昧蛄
Metylophorus pleiotomus Li 多棘昧蛄
Metylophorus rotundatus Li 圆瓣昧蛄
Metylophorus tricornis Li 三角昧蛄
Metylophorus trivalvis Li 三瓣昧蛄
Metylophorus uncorneus Li 无角昧蛄
Metylophorus wui Li 吴氏昧蛄
Metylophorus wuyinicus Li *et* Yang 武夷昧蛄
Metylophorus xizangensis Li *et* Yang 西藏昧蛄
Metzneria 尖翅麦蛾属
Metzneria artificella (Herrich-Schäffer) 艺尖翅麦蛾
Metzneria ehikeella Gozmány 埃氏尖翅麦蛾，埃尖翅麦蛾
Metzneria inflammatella (Christoph) 黄尖翅麦蛾
Metzneria neuropterella (Zeller) [brown-veined neb] 网尖翅麦蛾
mevalonate pathway [abb. MVA] 甲羟戊酸途径
mevinphos 速灭磷，福斯金
Mexican anglewing [*Polygonia g-argenteum* Doubleday] 拐钩蛱蝶
Mexican arcas [= wavy-lined sunstreak, wavy-lined Mexican sunstreak, *Arcas cypria* (Geyer)] 彩虹灰蝶

Mexican azure [*Celastrina gozora* Boisduval] 荀琉璃灰蝶

Mexican bean beetle [*Epilachna varivestis* Mulsant] 豆食植瓢虫，墨西哥大豆瓢虫，墨西哥豆瓢虫

Mexican bean bruchid [= Mexican bean weevil, *Zabrotes subfasciatus* (Boheman)] 巴西宽颈豆象甲，巴西宽颈豆象，巴西豆象，亚带广颈豆象

Mexican bean weevil 见 Mexican bean bruchid

Mexican bed bug [= kissing bug, triatomine, conenose bug, triatomid] 锥猎蝽 < 锥猎蝽亚科 Triatominae 昆虫的通称 >

Mexican bluewing [= blue wing, MX bug, royal blue butterfly, *Myscelia ethusa* (Boisduval)] 白条蓝鼠蛱蝶

Mexican calephelis [*Calephelis mexicana* McAlpine] 墨西哥细纹蚬蝶

Mexican catone [= Guatemalan catone, *Catonephele mexicana* Jenkins *et* de la Maza] 墨西哥黑蛱蝶

Mexican cloudywing [= mountain cloudy wing, *Thorybes mexicana* (Herrich-Schäffer)] 墨西哥褐弄蝶

Mexican cochineal [= cochineal, carmine cochineal, cactus scale, *Dactylopius coccus* Costa] 墨西哥胭蚧，胭脂虫

Mexican corn rootworm [*Diabrotica virgifera zeae* Krysan *et* Smith] 玉米根萤叶甲墨西哥亚种，墨西哥玉米根虫

Mexican cotton boll weevil [= cotton boll weevil, boll weevil, *Anthonomus grandis* Boheman] 棉铃象甲，墨西哥棉铃象，墨西哥棉铃象甲，棉铃象虫

Mexican crescent [*Phyciodes pallescens* (Felder)] 墨西哥漆蛱蝶

Mexican cycadian [*Eumaeus toxea* (Godart)] 托美灰蝶

Mexican dartwhite [= pine white, *Catasticta nimbice* (Boisduval)] 彩粉蝶

Mexican eighty-eight [*Diaethria asteria* (Godman *et* Salvin)] 星涡蛱蝶

Mexican fritillary [*Euptoieta hegesia* (Cramer)] 黄翩蛱蝶

Mexican fruit fly [= Mexican orange maggot, *Anastrepha ludens* (Loew)] 墨西哥按实蝇，墨西哥橘实蝇

Mexican hoary edge [= desert cloudywing, *Achalarus casica* (Herrich-Schäffer)] 沙粒昏弄蝶

Mexican kite swallowtail [= long-tailed kite swallowtail, *Eurytides epidaus* (Doubleday)] 伊青阔凤蝶

Mexican leafroller [*Amorbia emigratella* Busck] 墨西哥西卷蛾，墨西哥卷叶蛾

Mexican longtail [*Polythrix mexicana* Freeman] 墨西哥褐尾弄蝶

Mexican longwing [= mountain longwing, *Heliconius hortense* Guérin-Méneville] 宽红袖蝶

Mexican M hairstreak [*Parrhasius moctezuma* (Clench)] 摩葩灰蝶

Mexican marbled white [= marbled white, *Hesperocharis graphites* Bates] 双尾秀粉蝶

Mexican mealybug [*Phenacoccus gossypii* Townsend *et* Cockerell] 墨西哥绵粉蚧，墨西哥粉蚧

Mexican mellana [*Mellana mexicana* (Bell)] 墨西哥眉弄蝶

Mexican metalmark 1. [*Emesis liodes* Godman *et* Salvin] 墨西哥螟蚬蝶；2. [= Dury's metalmark, *Apodemia duryi* (Edwards)] 墨西哥花蚬蝶；3. [= Sonoran metalmark, *Apodemia mejicanus* (Behr)] 索诺兰花蚬蝶

Mexican orange maggot 见 Mexican fruit fly

Mexican orange tip [*Anthocharis limonea* Butler] 草地襟粉蝶

Mexican pine beetle 1. [*Dendroctonus mexicanus* Hopkins] 墨西哥大小蠹；2. [= larger Mexican pine beetle, Colorado pine beetle, *Dendroctonus approximatus* Dietz] 近墨大小蠹，墨西哥松大小蠹，墨西哥松棘胫小蠹

Mexican pine-satyr [*Paramacera xicaque* (Reakirt)] 森眼蝶

Mexican rice borer [*Eoreuma loftini* (Dyar)] 劳氏忧禾螟，墨西哥稻螟，美国稻螟

Mexican ridens [*Ridens miltas* (Godman *et* Salvin)] 墨西哥丽弄蝶

Mexican ruby-eye [*Carystoides mexicana* Freeman] 美白梢弄蝶

Mexican silverspot [*Dione moneta* Hübner] 银纹袖蝶，神母袖蝶

Mexican sister [= band-celled sister, *Adelpha fessonia* (Hewitson)] 折白悌蛱蝶

Mexican sootywing [*Pholisora mejicana* (Reakirt)] 美碎滴弄蝶

Mexican telemiades [*Telemiades choricus* (Schaus)] 墨电弄蝶

Mexican tiger swallowtail [*Papilio alexiares* Höpffer] 墨西哥虎纹凤蝶

Mexican tortoiseshell [*Nymphalis cyanomelas* (Doubleday)] 青蓝蛱蝶

Mexican twig ant [= graceful twig ant, slender twig ant , elongated twig ant, *Pseudomyrmex gracilis* (Fabricius)] 细伪切叶蚁

Mexican umber skipper [*Poanes melane vitellina* (Herrich-Schäffer)] 棕袍弄蝶墨西哥亚种

Mexican underskipper [= Godman's skipper, *Zariaspes mythecus* (Godman)] 鞘彰弄蝶

Mexican yellow [*Eurema mexicana* (Boisduval)] 墨西哥黄粉蝶

Mexican zestusa [*Zestusa elwesi* Godman *et* Salvin] 艾氏赜弄蝶

Mexipsyche ditalon Tian *et* Li 见 *Hydropsyche ditalon*

Meza 媚弄蝶属

Meza banda (Evans) [dark three-spot missile] 暗媚弄蝶

Meza cybeutes (Holland) [drab three-spot missile] 西布媚弄蝶

Meza elba (Evans) [light brown missile] 浅褐媚弄蝶

Meza gardineri Collins *et* Larsen 噶媚弄蝶

Meza indusiata (Mabille) [snowy missile] 盖媚弄蝶

Meza larea (Neave) 拉雷媚弄蝶

Meza leucophaea (Holland) [margined missile] 缘媚弄蝶

Meza mabea (Holland) [dark brown missile] 暗褐媚弄蝶

Meza mabillei (Holland) [Mabille's three-spot missile] 迈氏媚弄蝶

Meza meza (Hewitson) [common missile] 常媚弄蝶，媚弄蝶

Meziini 鳞蛛甲族

Mezira 喙扁蝽属

Mezira albipennis (Fabricius) 同 *Brachyrhynchus membranaceus*

Mezira funebra Kormilev 见 *Brachyrhynchus funebrus*

Mezira guangxiensis Liu 广西喙扁蝽

Mezira hsiaoi Blöte 见 *Brachyrhynchus hsiaoi*

Mezira membranacea (Fabricius) 见 *Brachyrhynchus membranaceus*

Mezira membranacea orientalis (Laporte) 同 *Brachyrhynchus membranaceus*

Mezira montana Bergroth 山喙扁蝽

Mezira plana Hsiao 坦喙扁蝽

Mezira poriaicola Liu 见 *Brachyrhynchus poriaicolus*

Mezira pygmaea Hsiao 奇喙扁蝽

Mezira setosa Jakovlev 毛喙扁蝽

Mezira similis Hsiao 见 *Brachyrhynchus similis*

Mezira simulans Hsiao 拟奇喙扁蝽

Mezira sinensis Kormilev 安徽喙扁蝽，喙扁蝽

Mezira stysi Kormilev 刺喙扁蝽，江苏喙扁蝽

Mezira subtriangula Kormilev 见 *Brachyrhynchus subtriangulus*

Mezira taiwanica Kormilev 见 *Brachyrhynchus taiwanicus*
Mezira termitophlia Kormilev 蜇喙扁蝽，端喙扁蝽
Mezira thailandica Kormilev 见 *Brachyrhynchus thailandicus*
Mezira triangula (Bergroth) 见 *Brachyrhynchus triangulus*
Mezira verruculata Kiritshenko 异色喙扁蝽
Mezira yunnana Hsiao 滇喙扁蝽
Meziridae [= Dysodiidae] 短喙蝽科
Mezirinae 短喙扁蝽亚科
Mezium 鳞蛛甲属
Mezium affine Boieldieu 鳞蛛甲
Mezium americanum (Laporte de Castelnau) [American spider beetle, black spider beetle] 美洲鳞蛛甲，美洲蛛甲
Mezium impressicollis Pic 扁枚蛛甲
MFO [mixed function oxidase 的缩写] 多功能氧化酶
MH [= moulting hormone] 蜕皮激素
miaba skipper [*Cobalopsis miaba* (Schaus)] 褐古弄蝶
Miaenia 短跗天牛属
Miaenia binhana (Pic) 秉短跗天牛
Miaenia binhana binhana (Pic) 秉短跗天牛指名亚种
Miaenia binhana laterimaculata (Gressitt) 秉短跗天牛海南亚种，琼短跗天牛，海南秉短跗天牛
Miaenia botelensis (Gressitt) 台岛短跗天牛，红头刺胸琐天牛
Miaenia changi Kusama *et* Oda 张氏短跗天牛
Miaenia elongata Gressitt 利川短跗天牛
Miaenia fasciata (Matsushita) 带短跗天牛
Miaenia fasciata fasciata (Matsushita) 带短跗天牛指名亚种，指名带短跗天牛
Miaenia fasciata taiwanensis (Kusama *et* Oda) 带短跗天牛台湾亚种，台带短跗天牛
Miaenia granulicollis Gressitt 斑翅短跗天牛
Miaenia hongkongensis (Breuning) 香港短跗天牛，港短跗天牛
Miaenia laterimaculata Gressitt 海南短跗天牛
Miaenia rondoniana Breuning 老挝短跗天牛
Miaenia subfasciata Schwarzer 台湾短跗天牛，灰带刺胸琐天牛，台短跗天牛
Miahuatlan emesis [*Emesis arnacis* Stichel] 阿螟蚬蝶
Miami blue [= imperiled Miami blue, *Cyclargus thomasi* (Clench)] 斑凯灰蝶
Miamia 麋螽属
Miamia maimai Béthoux, Gu, Yue *et* Ren 隐脉麋螽
Miana bicoloria pallidior (Staudinger) 同 *Mesoligia furuncula*
Miaotrechus 苗穴步甲属
Miaotrechus heweii Tian, Chen *et* Ma 贺卫苗穴步甲
Miaotrechus mahua Tian, Chen *et* Ma 麻花苗穴步甲
Miaromima 曲玉瘤蛾属
Miaromima kobesi (Sugi) 柯氏曲玉瘤蛾，柯北氏曲玉瘤蛾
Miarus 迷亚象甲属，迷亚象属
Miarus longirostris mandschuricus Voss 同 *Cleopomiarus distinctus*
Miarus vestitus Roelofs 威迷亚象甲，威迷亚象
Miasa 弥象蜡蝉属
Miasa borneensis Song, Webb *et* Liang 婆罗弥象蜡蝉
Miasa dichotoma Zheng *et* Chen 二叉弥象蜡蝉
Miasa nigromaculata Song, Webb *et* Liang 黑斑弥象蜡蝉
Miasa trifoliusa Zheng *et* Chen 六叶弥象蜡蝉
Miasa wallacei Muir 华氏弥象蜡蝉
Miastor 幼瘿蚊属；迈草蛉属 <误>
Miastor hastatus Kieffer 同 *Miastor metraloas*
Miastor metraloas Meinert 首幼瘿蚊
mibu wormwood looper [*Phytommetra pulchrina* Haworth] 艾肖银纹夜蛾，艾草金翅夜蛾
Micadina 小异蝻属，小异竹节虫属
Micadina bilobata Liu *et* Cai 双叶小异蝻
Micadina brachyptera Liu *et* Cai 短翅小异蝻
Micadina brevioperculina Bi 短瓣小异蝻
Micadina conifera Chen *et* He 腹锥小异蝻
Micadina difficilis Günther 迪小异蝻，武夷小异蝻
Micadina fujianensis Liu *et* Cai 福建小异蝻
Micadina henanensis Bi *et* Wang 见 *Parasinophasma henanense*
Micadina involuta Günther 光泽小异蝻，曲臂小异蝻
Micadina phluctaenoides (Rehn) 准小异蝻
Micadina reni Ho 任氏小异蝻
Micadina sonani Shiraki 环尾小异蝻，索氏小异蝻，楚南氏小异竹节虫
Micadina yasumatsui Shiraki 雅小异蝻，圆瓣小异蝻，安松氏小异蝻
Micadina yingdensis Chen *et* He 英德小异蝻，英德跳蝻
Micadina zhejiangensis Chen *et* He 浙江小异蝻
Micandra 米茨灰蝶属
Micandra aegides (Felder *et* Felder) 艾米茨灰蝶
Micandra platyptera (Felder *et* Felder) [platyptera hairstreak] 普米茨灰蝶，米茨灰蝶
Micardia 嵌夜蛾属，微夜蛾属
Micardia argentata Butler 银微夜蛾
Micardia flaviplaga Warren 座黄嵌夜蛾，座黄微夜蛾
Micardia munda Leech 红带嵌夜蛾，曼微夜蛾
Micardia pulcherrima (Moore) 绿褐嵌夜蛾
Miccolamia 小沟胫天牛属，微瘤天牛属
Miccolamia albosetosa Gressitt 白毛小沟胫天牛，白毛微瘤天牛
Miccolamia bicristata Pesarini *et* Sabbadini 二脊小沟胫天牛，小沟胫天牛
Miccolamia castaneoverrucosa Hayashi 南投小沟胫天牛，褐微瘤天牛
Miccolamia coenosa Holzschuh 污小沟胫天牛
Miccolamia dracuncula Gressitt 峨眉小沟胫天牛
Miccolamia savioi Gressitt 江苏小沟胫天牛
Miccolamia tonsilis Holzschuh 扁桃小沟胫天牛
Miccolamia tuberculipennis Breuning 瘤翅小沟胫天牛
Miccotrogus picirostris (Fabricius) 见 *Tychius picirostris*
Michaelis constant 米氏常数
Michaelus 米奇灰蝶属
Michaelus hecate (Godman *et* Salvin) [hecate hairstreak] 海米奇灰蝶
Michaelus ira (Hewitson) [ira hairstreak] 蓝晕米奇灰蝶
Michaelus jebus (Godart) [variegated hairstreak] 珍米奇灰蝶
Michaelus thordesa (Hewitson) [thordesa hairstreak] 鞘米奇灰蝶
Michaelus vibidia (Hewitson) 米奇灰蝶
Michailocoris 米盲蝽属
Michailocoris brunneus Liu *et* Mu 暗褐米盲蝽
Michailocoris chinensis (Hsiao) 中国米盲蝽，中国米氏盲蝽，中华亚盲蝽，中华额突盲蝽
Michailocoris josifovi Štys 娇米盲蝽
Michailocoris triamaculosus Lin 三点米盲蝽

M

Michalowakiya 米氏小叶蝉属
Michalowakiya lutea Dworakowska 无纹米氏小叶蝉，黄米氏叶蝉
Michalowskiya 米氏小叶蝉属
Michalowskiya aurantiaca Kang *et* Zhang 橙色米氏小叶蝉
Michalowskiya biprocessa Kang *et* Zhang 双突米氏小叶蝉
Michalowskiya breviprocessa Kang *et* Zhang 短突米氏小叶蝉
Michalowskiya brownistriata Kang *et* Zhang 褐纹突米氏小叶蝉
Michalowskiya longiprocessa Kang *et* Zhang 长突米氏小叶蝉
Michalowskiya pedata Kang *et* Zhang 足突米氏小叶蝉
Michalowskiya sikkimensis Dworakowska 斯米氏小叶蝉
Michenerella 毡胫孔蜂亚属
Michotamia 簇芒虫虻属，簇芒食虫虻属，迷虫虻属，小食虫虻属
Michotamia assamensis Joseph *et* Parui 阿萨姆簇芒虫虻，阿萨姆簇芒食虫虻，阿迷虫虻
Michotamia aurata (Fabricius) 海南簇芒虫虻，海南簇芒食虫虻，金迷虫虻，佩金食虫虻
Michotamia nigra (de Meijere) 黑簇芒虫虻，黑迷虫虻
Michotamia nigra Scarbrough *et* Hill 同 *Michotamia subnigra*
Michotamia subnigra Zhang, Scarbrough *et* Yang 类黑簇芒虫虻，类黑迷虫虻
Michotamia yunnanensis Zhang, Scarbrough *et* Yang 云南簇芒虫虻，云南簇芒食虫虻，云南迷虫虻
Micistylus 小突飞虱属
Micistylus triprocerus Guo *et* Liang 三突小突飞虱
Mickelomyrme 米蚁蜂属
Mickelomyrme abnorma (Chen) 异米蚁蜂
Mickelomyrme athalia (Pagden) 枯米蚁蜂
Mickelomyrme bicristata (Chen) 二脊米蚁蜂
Mickelomyrme exacta (Smith) 尖米蚁蜂，确切小蚁蜂
Mickelomyrme hageni (Magretti) 哈氏米蚁蜂
Mickelomyrme ilanica (Tsuneki) 宜兰米蚁蜂
Mickelomyrme norna (Zavattari) 诺米蚁蜂
Micrabraxas 微布尺蛾属
Micrabraxas cupriscotia (Hampson) 库微布尺蛾，库霜尺蛾
Micrabraxas melanodonta (Hampson) 黑齿微布尺蛾，黑齿霜尺蛾
Micrabraxas nigromacularia Leech 黑斑微布尺蛾
Micrabraxas nigropunctaria Prout 黑点微布尺蛾，黑点刻微布尺蛾
Micrabraxas pongaria Oberthür 旁微布尺蛾
Micrabraxas punctigera nigropunctaria Prout 见 *Micrabraxas nigropunctaria*
Micracanthia 小跳蝽属
Micracanthia bergrothi (Jakovlev) 北氏小跳蝽
Micracanthia hasegawai (Cobben) 黄边小跳蝽，黄边沙跳蝽
Micracanthia ornatula (Reuter) 雅小跳蝽，小跳蝽，饰沙跳蝽
Micracis 毛柄小蠹属
Micracis swainei Blackman 杨梢干微小蠹
Micracosmeryx 微天蛾属
Micracosmeryx chaochauensis (Clark) 朝微天蛾，朝锤天蛾
Micracosmeryx macroglossoides Mell 大微天蛾
Micraglossa 小苔螟属
Micraglossa aureata Inoue 金灿小苔螟
Micraglossa beia Li, Li *et* Nuss 北小苔螟
Micraglossa flavidalis Hampson 硫黄小苔螟
Micraglossa manoi Sasaki 马氏小苔螟
Micraglossa michaelshafferi Li, Li *et* Nuss 迈克小苔螟
Micraglossa nana Li, Li *et* Nuss 南小苔螟
Micraglossa oenealis Hampson 艾妮小苔螟
Micraglossa scoparialis Warren 金黄小苔螟
Micraglossa straminealis (Hampson) 腹棘小苔螟
Micraglossa zhongguoensis Li, Li *et* Nuss 中国小苔螟
micralifera 小上侧片 <指位于后上侧片后的小骨片>
Micraloa 微缘灯蛾属
Micraloa lineola (Fabricius) 纹微缘灯蛾
Micrambe 微隐食甲属
Micrambe bimaculatus (Panzer) 二斑微隐食甲
Micrambe duclouxi (Grouvelle) 同 *Micrambe sinensis*
Micrambe micramboides (Reitter) 窄斑微隐食甲
Micrambe morula (Bruce) 模微隐食甲，模隐食甲
Micrambe nigricollis (Reitter) 黑胸微隐食甲，黑微隐食甲，黑胸隐食甲
Micrambe reverendus Lyubarsky 直缘微隐食甲
Micrambe schuelkei Esser 舒氏微隐食甲
Micrambe sinensis Grouvelle 华微隐食甲，中华隐食甲
Micrambe yunnanensis Esser 云南微隐食甲
Micrambe zhejiangensis Esser 浙江微隐食甲
Micramegilla 小无垫蜂亚属
micraner 小型雄蚁
Micranisa 小榕小蜂属
Micranisa degastris Chen 简腹小榕小蜂
Micrapate 小长蠹属
Micrapate ater (Lesne) 黑小长蠹
Micrapate bilobata Fisher 二叶小长蠹
Micrapate brasiliensis (Lesne) 巴西小长蠹
Micrapate cristicauda Casey 冠形小长蠹
Micrapate dinoderoides (Horn) 突尾小长蠹
Micrapate labialis Lesne 唇形小长蠹
Micrapate mexicana Fisher 墨西哥小长蠹
Micrapate scabrata (Erichson) 尖尾小长蠹
Micrapate simplicipennis (Lesne) 多毛小长蠹
Micrapate xyloperthoides (Jaequelin-Duval) 木小长蠹
Micraphis 蒿蚜属
Micraphis artimisiae (Takahashi) [smaller chrysanthemum aphid] 茵陈蒿蚜，菊小蚜，蒿小蚜
Micrapis 小蜜蜂亚属，小蜜蜂属
Micrapis andreniformis (Smith) 见 *Apis* (*Micrapis*) *andreniformis*
Micrapis florea (Fabricius) 见 *Apis* (*Micrapis*) *florea*
Micrarctia 小灯蛾属
Micrarctia batangi Daniel 同 *Sinowatsonia mussoti*
Micrarctia forsteri Daniel 见 *Sinoarctia forsteri*
Micrarctia glaphyra (Eversmann) 见 *Palearctia glaphyra*
Micrarctia glaphyra aksuensis Bang-Haas 见 *Palearctia glaphyra aksuensis*
Micrarctia glaphyra gratiosa Grum-Grshimailo 见 *Palearctia gratiosa*
Micrarctia hoenei Daniel 见 *Sinowatsonia hoenei*
Micrarctia hoenei alpicola Daniel 见 *Sinowatsonia hoenei alpicola*
Micrarctia hoenei hoenei Daniel 见 *Sinowatsonia hoenei hoenei*
Micrarctia kindermanni (Staudinger) 见 *Sibirarctia kindermanni*
Micrarctia kindermanni albovittata Rothschild 见 *Sibirarctia kindermanni albovittata*

Micrarctia kindermanni erschoffi (Alphéraky) 见 *Palearctia erschoffi*
Micrarctia kindermanni mongolica (Alphéraky) 见 *Centrarctia mongolica*
Micrarctia lochmatteri Reich 见 *Palearctia gratiosa lochmatteri*
Micrarctia trigona (Leech) 小灯蛾，三角蝶灯蛾，三角篱灯蛾
Micrarctia x-album (Oberthür) 见 *Murzinowatsonia x-album*
Micrasema 小短石蛾属
Micrasema carsiel Malicky 卡氏小短石蛾
Micrasema gabriel Malicky 加氏小短石蛾
Micrasema raaziel Malicky 拉氏小短石蛾
Micraspis 兼食瓢虫属
Micraspis allardi (Mulsant) 四斑兼食瓢虫
Micraspis chinensis (Mader) 中华兼食瓢虫
Micraspis discolor (Fabricius) 稻红瓢虫，橙瓢虫
Micraspis inops (Mulsant) 罕兼食瓢虫
Micraspis quichauensis (Hoàng) 葵州兼食瓢虫
Micraspis satoi Miyatake 黑胸兼食瓢虫
Micraspis taiwanensis Yu 台湾兼食瓢虫
Micraspis trilineata Weise 同 *Coccinella longifasciate*
Micraspis univittata (Hope) 黑条兼食瓢虫
Micraspis weisei (Rybakov) 中土兼食瓢虫，中土瓢虫
Micraspis yunnanensis Jing 云南兼食瓢虫
Micrempis 小舞虻属，微舞虻属
Micrempis fuscipes (Bezzi) 褐小舞虻，褐足微舞虻，褐足舞虻，棕哈舞虻
Micrelytrinae 微翅缘蝽亚科
Micrencaustes 瘦蕈甲属
Micrencaustes acridentata Li *et* Ren 锐齿瘦蕈甲
Micrencaustes biomaculata Meng, Ren *et* Li 二斑瘦蕈甲
Micrencaustes dehaanii (Castelnau) 德氏瘦蕈甲，全黑瘦蕈甲
Micrencaustes episcaphoides Heller 艾佛瘦蕈甲
Micrencaustes liturata (MacLeay) 讳点瘦蕈甲
Micrencaustes lunulata (MacLeay) 月瘦蕈甲，月微大蕈甲
Micrencaustes michioi Osawa *et* Chûjô 道夫瘦蕈甲，莫氏瘦蕈甲
Micrencaustes renshiae Meng, Ren *et* Li 任氏瘦蕈甲
Micrencaustes rotundimaculata Li, Zhao, Ren *et* Cheng 圆斑瘦蕈甲
Micrencaustes serratimaculata Li, Zhao, Ren *et* Cheng 齿斑瘦蕈甲
Micrencaustes taiwana Araki 台湾瘦蕈甲
Micrencaustes tricolor taiwanus Nakane 见 *Microsternus taiwanus*
Micrencaustes wunderlichi Heller 完美瘦蕈甲
Micrepitrix coomani Laboissière 见 *Orthaltica coomani*
Micrepitrix laboissierei Chen 见 *Orthaltica laboissierei*
Micrepitrix okinawana Kimoto *et* Gressitt 见 *Orthaltica okinawana*
Micrerethista 聆谷蛾属
Micrerethista denticulata Davis 齿聆谷蛾
micrergate [= microergate] 小型工蚁
Micrespera 小丝跳甲属
Micrespera castanea Chen *et* Wang 棕栗小丝跳甲
Micrispa 小脊甲属
Micrispa dentatithorax (Pic) 云南小脊甲
Micrispa yunnanica (Chen *et* Sun) 同 *Micrispa dentatithorax*
Micrisotoma 细等蛛属
Micrisotoma achromata Bellinger 白细等蛛，吉林微节蛛

micro bee fly [= mythicomyiid fly, mythicomyiid] 脉蜂虻 <脉蜂虻科 Mythicomyiidae 昆虫的通称>
micro-caddisfly 小石蛾 <属小石蛾科 Hydroptilidae>
Microacmaeodera 幺吉丁甲属
Microacmaeodera kucerai Volkovitsh 酷氏幺吉丁甲，酷氏幺吉丁
microassociation [= sociation] 小社会
microatmosphere 小气候
Microbasanus jureceki Pic 见 *Scaphidema jureceki*
microbe 微生物
Microbeidia 小长翅尺蛾属
Microbeidia epiphleba (Wehrli) 红小长翅尺蛾，背叶长翅尺蛾
Microbeidia rongaria (Oberthür) 灰小长翅尺蛾，朗长翅尺蛾
Microbelia 微网蛾属
Microbelia canidentalis (Swinhoe) 紫微网蛾，茄冬窗蛾
Microbelia intimalis (Moore) 阴微网蛾
microbial 微生物的
microbial control 微生物防治，微生物防治法
microbial insecticide 微生物杀虫剂
microbial persistence 微生物持续性
microbial pesticide 微生物杀虫剂，微生物农药
microbicide 杀微生物剂
microbiome 微生物组
microbiomic 微生物组的
microbiomics 微生物组学
microbioscope 微生物显微镜
microbiota [= microfauna] 微生物区系
Microblemus 微穴步甲属
Microblemus rieae Uéno 浙江微穴步甲
Microblepsis 微钩蛾属，褐钩蛾属，迷钩蛾属
Microblepsis acuminata (Leech) 尖微钩蛾
Microblepsis cupreogrisea (Hampson) 白横微钩蛾，白横迷钩蛾
Microblepsis leucosticta (Hampson) 白肩微钩蛾，白肩迷钩蛾
Microblepsis manleyi (Leech) 曼微钩蛾，姬网卑钩蛾
Microblepsis manleyi formosensis Inoue 曼微钩蛾台湾亚种，台曼微钩蛾，老叶儿钩蛾
Microblepsis manleyi manleyi (Leech) 曼微钩蛾指名亚种
Microblepsis manleyi prolatior (Watson) 曼微钩蛾普罗亚种，普姬网卑钩蛾
Microblepsis prunieolor (Moore) 普微钩蛾，普迷钩蛾
Microblepsis rugosa (Watson) 糙微钩蛾，橙角褐钩蛾
Microblepsis violacea (Butler) 紫微钩蛾，灰褐钩蛾
Microbracon 微茧蜂属
Microbracon chinensis (Szépligeti) 见 *Amyosoma chinensis*
Microbracon hebetor (Say) 见 *Habrobracon hebetor*
Microbracon hispae Viereck 见 *Scutibracon hispae*
Microbracon onukii Watanabe 大贯微茧蜂，奥微茧蜂
Microbregma emarginatum (Duftschmid) 云冷杉窃蠹
microcaddisfly [= hydroptilid caddisfly, hydroptilid , purse-case caddisfly] 小石蛾 <小石蛾科 Hydroptilidae 昆虫的通称>
Microcalcarifera 沃尺蛾属
Microcalcarifera fecunda (Swinhoe) 双峰沃尺蛾，双峰茶褐波尺蛾
Microcalcarifera obscura (Butler) 暗褐沃尺蛾
Microcalcarifera obscura obscura (Butler) 暗褐沃尺蛾指名亚种，指名暗褐沃尺蛾

Microcalicha 小盅尺蛾属
Microcalicha catotaeniaria (Poujade) 卡小盅尺蛾
Microcalicha delika (Swinhoe) 德小盅尺蛾
Microcalicha ferruginaria Satô *et* Wang 锈小盅尺蛾，锈宓尺蛾
Microcalicha fumosaria (Leech) 烟小盅尺蛾，伏宓尺蛾
Microcalicha fumosaria fulvifusa Satô 烟小盅尺蛾黄褐亚种，界内乌尺蛾，褐福迈尺蛾
Microcalicha fumosaria fumosaria (Leech) 烟小盅尺蛾指名亚种
Microcalicha fumosaria tchraparia (Oberthür) 烟小盅尺蛾契拉亚种，契霜尺蛾
Microcalicha insolitaria (Leech) 异小盅尺蛾，殊霜尺蛾
Microcalicha macrodelika Satô 拟灰斑小盅尺蛾
Microcalicha melanosticta (Hampson) 凸翅小盅尺蛾，金褐乌尺蛾，金褐尺蛾，美宓尺蛾
Microcalicha nigrescens (Warren) 黑小盅尺蛾
Microcalicha punctimarginaria (Leech) 点小盅尺蛾，点缘霜尺蛾
Microcalicha seitzi (Prout) 晒小盅尺蛾，晒霜尺蛾
Microcalicha stueningi Satô *et* Wang 斯小盅尺蛾，斯宓尺蛾
Microcameria pygmaea Ren 见 *Foochounus pygmaea*
Microcampa fulgens (Leech) 见 *Narosa fulgens*
Microcampa heringi West 赫微金蛾
Microcentrum 角翅螽属
Microcentrum angustatum Brunner von Wattenwyl [narrowed angle-wing katydid] 窄翅角翅螽
Microcentrum bicentenarium (Piza) 巴西角翅螽
Microcentrum californicum Hebard [California angle-wing katydid] 加州角翅螽
Microcentrum championi Saussure *et* Pictet [Champion angle-wing katydid] 查氏角翅螽
Microcentrum concisum Brunner von Wattenwyl 巴拿马角翅螽
Microcentrum costaricense Piza [Costa Rican angle-wing katydid] 哥角翅螽
Microcentrum gurupi (Piza) 辜氏角翅螽
Microcentrum incarnatum (Stoll) [larger angle-wing katydid] 大角翅螽
Microcentrum irregulare (Piza) [irregular angle-wing katydid] 奇角翅螽
Microcentrum lanceolatum Burmeister [lance angle-wing katydid] 刀角翅螽
Microcentrum latifrons Spooner [southwestern angle-wing katydid] 西南角翅螽
Microcentrum linki (Piza) 联氏角翅螽
Microcentrum louisianum Hebard [Louisiana angle-wing katydid] 路角翅螽
Microcentrum lucidum Brunner von Wattenwyl [bright angle-wing katydid] 亮角翅螽
Microcentrum malkini Piza 玛氏角翅螽
Microcentrum marginatum Brunner von Wattenwyl [bordered angle-wing katydid] 阔角翅螽
Microcentrum micromargaritiferum Piza [mini-pearl katydid] 珠角翅螽
Microcentrum minus Strohecker [Texas angle-wing katydid] 德州角翅螽
Microcentrum myrtifolium Saussure *et* Pictet [myrtle-leaf katydid] 叶角翅螽
Microcentrum nauticum Piza 船角翅螽
Microcentrum navigator Piza 航角翅螽
Microcentrum nigrolineatum Bruner [black-lined angle-wing katydid] 黑纹角翅螽
Microcentrum philammon Rehn 中美角翅螽
Microcentrum punctifrons Brunner von Wattenwyl 点额角翅螽
Microcentrum retinerve (Burmeister) [lesser anglewing katydid, angular-winged katydid] 小角翅螽，角翅螽，棱翅螽斯
Microcentrum rhombifolium (Saussrue) [greater angle-wing katydid, broadwing katydid, broad-winged katydid] 广翅螽，阔翅螽斯
Microcentrum securiferum Brunner von Wattenwyl 斧角翅螽
Microcentrum simplex Hebard 简角翅螽
Microcentrum stylatum Hebard 墨西哥角翅螽
Microcentrum suave Hebard [smooth angle-wing katydid] 钝角翅螽
Microcentrum surinamense Piza [Surinam angle-wing katydid] 拉美角翅螽
Microcentrum syntechnoides Rehn 美洲角翅螽
Microcentrum totonacum Saussure [Totonaca katydid] 托托角翅螽
Microcentrum triangulatum Brunner von Wattenwyl 三角角翅螽
Microcentrum veraguae Hebard [Varagua katydid] 绿角翅螽
Microcentrum w-signatum Piza 曲斑角翅螽
Microcephalops 小光头蝇属
Microcephalops subaeneus (Brunetti) 近铜小光头蝇
Microcephalothrips 小头蓟马属
Microcephalothrips abdominalis (Crawford) [composite thrips] 腹小头蓟马，菊小头蓟马，菊花蓟马
Microcephalothrips brevipalpis Ananthakrishnan 短须小头蓟马
Microcephalothrips chinensis Feng, Nan *et* Guo 中华小头蓟马
Microcephalothrips jigongshanensis Feng, Nan *et* Guo 鸡公山小头蓟马
Microcephalothrips sylvanus (Stannard) 林小头蓟马
Microcephalothrips yanglingensis Feng, Zhang *et* Sha 杨凌小头蓟马
Microceropsylla 小丽木虱属
Microceropsylla nigra (Crawford) 杧果小丽木虱，杧果微裂木虱，黑小头木虱
Microcerotermes 锯白蚁属
Microcerotermes bugnioni Holmgren 小锯白蚁
Microcerotermes burmanicus Ahmad 同 *Microcerotermes crassus*
Microcerotermes crassus Snyder 大锯白蚁
Microcerotermes distans (Haviland) 镰锯白蚁
Microcerotermes marilimbus Ping *et* Xu 海角锯白蚁
Microcerotermes parvus Haviland 柏锯白蚁
Microcerotermes periminutus Ping *et* Xu 微锯白蚁
Microcerotermes remotus Ping *et* Xu 天涯锯白蚁
Microcerotermes rhombinidus Ping *et* Xu 菱巢锯白蚁
Microcerotermes sabahensis Thapa 沙巴锯白蚁
microchaetae 小毫 < 为 macrochaetae 的对义词 >
Microchelonus 小甲腹茧蜂属
Microchelonus alternator Ji *et* Chen 夹色小甲腹茧蜂
Microchelonus amaculatus Chen *et* Ji 无斑小甲腹茧蜂
Microchelonus bimaculatus Ji *et* Chen 双斑小甲腹茧蜂
Microchelonus blackburni (Cameron) 马铃薯块茎蛾茧蜂
Microchelonus breviradis Chen *et* Ji 短径小甲腹茧蜂
Microchelonus chinensis (Zhang) 桃小甲腹茧蜂
Microchelonus chryspedes Ji *et* Chen 赤足小甲腹茧蜂
Microchelonus circulariforameni Chen *et* Ji 圆槽小甲腹茧蜂
Microchelonus compressor Ji *et* Chen 侧扁小甲腹茧蜂

Microchelonus concentralis Chen *et* Ji 同心小甲腹茧蜂
Microchelonus cratospilumi Ji *et* Chen 宽痣小甲腹茧蜂
Microchelonus daanyuanensis Chen *et* Ji 大安源小甲腹茧蜂
Microchelonus elongates Ji *et* Chen 细长小甲腹茧蜂
Microchelonus equalis Chen *et* Ji 等长小甲腹茧蜂
Microchelonus fujianensis Ji *et* Chen 福建小甲腹茧蜂
Microchelonus glabrifrons Chen *et* Ji 光额小甲腹茧蜂
Microchelonus gladiclypis Ji *et* Chen 光唇小甲腹茧蜂
Microchelonus graciflagellum Chen *et* Ji 细鞭小甲腹茧蜂
Microchelonus guadunensis Ji *et* Chen 挂墩小甲腹茧蜂
Microchelonus holisi Chen *et* Ji 圆孔小甲腹茧蜂
Microchelonus hubeiensis Ji *et* Chen 湖北小甲腹茧蜂
Microchelonus jilinensis Chen *et* Ji 吉林小甲腹茧蜂
Microchelonus jungi Chu 张氏小甲腹茧蜂
Microchelonus longidiastemus Ji *et* Chen 长距小甲腹茧蜂
Microchelonus longihair Chen *et* Ji 长毛小甲腹茧蜂
Microchelonus longipedicellus Ji *et* Chen 长梗小甲腹茧蜂
Microchelonus lunari Chen *et* Ji 新月小甲腹茧蜂
Microchelonus macrocorpus Ji *et* Chen 长体小甲腹茧蜂
Microchelonus mushana (Sonan) 木沙小甲腹茧蜂，雾社小甲腹茧蜂
Microchelonus nigricoxata (Sonan) 黑基小甲腹茧蜂
Microchelonus nigripalpis Chen *et* Ji 黑须小甲腹茧蜂
Microchelonus obliquis Ji *et* Chen 斜皱小甲腹茧蜂
Microchelonus pectinophorae Cushman 红铃虫小甲腹茧蜂，红铃虫甲腹茧蜂，栉小甲腹茧蜂，红铃麦蛾甲腹茧蜂，棉红铃虫甲腹茧蜂
Microchelonus plainifacis Chen *et* Ji 平脸小甲腹茧蜂
Microchelonus polycolor Ji *et* Chen 多色小甲腹茧蜂
Microchelonus rokkina (Sonan) 路溪小甲腹茧蜂，罗小甲腹茧蜂
Microchelonus rufosignata (Sonan) 红痣小甲腹茧蜂，红纹小甲腹茧蜂
Microchelonus sculptur Chen *et* Ji 网胸小甲腹茧蜂
Microchelonus sinuosa Ji *et* Chen 波曲小甲腹茧蜂
Microchelonus swellinervis Chen *et* Ji 肿脉小甲腹茧蜂
Microchelonus tabonus (Sonan) 台北小甲腹茧蜂，塔小甲腹茧蜂
Microchelonus tianchiensis Ji *et* Chen 天池小甲腹茧蜂
Microchilo 微禾草螟属
Microchilo eromenalis (Hampson) 埃微禾草螟，埃阿基野螟
Microchilo inouei Okano 井上微禾草螟，微禾草螟
Microchilo kawabei Inoue 河川微禾草螟，卡微禾草螟
Microchilo nigellus Sasaki 暗微禾草螟
Microchironomus 小摇蚊属
Microchironomus brochus Yan, Sæther, Ji *et* Wang 齿状小摇蚊
Microchironomus cavus Yan *et* Wang 凹陷小摇蚊
Microchironomus deribae (Freeman) 毛尖小摇蚊，德小摇蚊
Microchironomus lacteipennis (Kieffer) 白翅小摇蚊，白翅副摇蚊，白翅摇蚊，宽翅隐摇蚊
Microchironomus tabarui Sasa 田原小摇蚊，塔氏小摇蚊
Microchironomus tener (Kieffer) 软铗小摇蚊，柔小摇蚊
Microchironomus trisetifer (Hashimoto) 三毛小摇蚊
microchromosome 小染色体
Microchrysa 小丽水虻属
Microchrysa abdominalis James 腹小丽水虻
Microchrysa albisquama Enderlein 白瓣小丽水虻
Microchrysa albitarsis Brunetti 白跗小丽水虻
Microchrysa apicale (Matsumura) 同 *Microchrysa flaviventris*
Microchrysa bicolor (Wiedemann) 二色小丽水虻
Microchrysa flavicornis (Meigen) 黄角小丽水虻，黄角丽水虻
Microchrysa flaviventris (Wiedemann) 黄腹小丽水虻，黄小丽水虻，黄腹丽水虻
Microchrysa flaviventris shanghaiensis Ôuchi 见 *Microchrysa shanghaiensis*
Microchrysa flavomarginata de Meijere 黄缘小丽水虻
Microchrysa fuscistigma de Meijere 褐痣小丽水虻
Microchrysa japonica Nagatomi 日本小丽水虻
Microchrysa laodunensis Plesks 老墩小丽水虻，老丽水虻
Microchrysa latifrons (Williston) 宽额小丽水虻
Microchrysa mokanshanensis Ôuchi 莫干山小丽水虻，莫干山丽水虻
Microchrysa nigricoxa Lindner 黑基小丽水虻
Microchrysa nigrimacula Nagatomi 黑斑小丽水虻
Microchrysa nova Giglio-Tos 新小丽水虻
Microchrysa obscura (Bigot) 暗小丽水虻
Microchrysa obscuriventris McFadden 暗腹小丽水虻
Microchrysa polita (Linnaeus) 光滑小丽水虻，滑丽水虻
Microchrysa rozkosnyi Mason 若氏小丽水虻
Microchrysa shanghaiensis Ôuchi 上海小丽水虻，沪黄腹丽水虻
Microchrysa stigmatica Enderlein 痣小丽水虻
Microcleptocoris 小盗猎蝽属
Microcleptocoris depressus Villiers 凹痕盗小猎蝽
microclimate 小气候，微气候
microclimatology 小气候学
Microclusiaria 小腐木蝇亚属
micrococcid 1. [= micrococcid scale, Mediterranean scale] 微蚧 <微蚧科 Micrococcidae 昆虫的通称>；2. 微蚧科的
micrococcid scale [= micrococcid, Mediterranean scale] 微蚧
Micrococcidae 微蚧科
Micrococcinae 微蚧亚科，小毡蚧亚科
Micrococcopsis 小粉蚧属
Micrococcopsis shanxiensis Wu 山西小粉蚧
Micrococcus 微蚧属，小毡蚧属
Micrococcus longispinus Miller *et* Williams 长刺微蚧
Micrococcus silvestrii Leonardi 希氏微蚧，锡氏小毡蚧
Microconapion 小松果象甲属
Microconapion formosicola (Wagner) 台湾小松果象甲，台淡喙梨象
Microconema 小蛩螽属
Microconema clavata (Uvarov) 棒尾小蛩螽
Microconops 微蠓属
Microconops longipalpis Kieffer 长须微蠓
Microcopris 小蜣螂属
Microcopris propinquus (Felsche) 邻似小蜣螂，邻似蜣螂，邻似粪蜣螂，豆蜣螂，矮粪球金龟
Microcopris reflexus (Fabricius) 反折小蜣螂，反折蜣螂
Microcopris vitalisi (Gillet) 维氏小蜣螂
microcoria 小颈膜 <介壳虫中，小胸节或颈的膜>
microcosm 小宇宙
Microcosmodes flavopilosus (LaFerté-Sénectère) 见 *Microschemus flavopilosus*
Microcosmus 小丽步甲属
Microcosmus flavopilosus (LaFerté-Sénectère) 见 *Microschemus flavopilosus*
Microcrepis 喜山跳甲属

Microcrepis laevigata Wang *et* Ge 光背喜山跳甲
Microcriodes 小白条天牛属
Microcriodes sikkimensis Breuning 锡金小白条天牛
Microcriodes wuchaoi Bi *et* Lin 吴超小白条天牛
Microcrypticus 小隐甲属
Microcrypticus scriptipennis (Fairmaire) 同 *Microcrypticus ziczac*
Microcrypticus scriptus (Lewis) 字小隐甲，小隐甲
Microcrypticus ziczac (Motschulsky) 之带小隐甲
Microcrypticus ziczac nuristanicus Kaszab 之带小隐甲阿富汗亚种，努之带小隐甲
Microcrypticus ziczac ziczac (Motschulsky) 之带小隐甲指名亚种
Microcryptorhynchus 微隐象甲属
Microcryptorhynchus nipponicus Morimoto *et* Miyakawa 日微隐象甲，日微隐象
Microctonus 食甲茧蜂属
Microctonus aethiopoides Loan 埃塞食甲茧蜂
Microctonus brevicornis Chen *et* van Achterberg 短角食甲茧蜂
Microctonus cretus Chen *et* van Achterberg 冠食甲茧蜂
Microctonus dinghuensis Chen *et* van Achterberg 皱背食甲茧蜂
Microctonus galbus Chen *et* van Achterberg 黄食甲茧蜂
Microctonus longicornis Chen *et* van Achterberg 长角食甲茧蜂
Microctonus maae Chen *et* van Achterberg 马氏食甲茧蜂
Microctonus mesus Chen *et* van Achterberg 区食甲茧蜂
Microctonus neptunus Chen *et* van Achterberg 直瓣食甲茧蜂
Microctonus simulans Chen *et* van Achterberg 皱板食甲茧蜂
microcyte 小原血细胞
Microdebilissa 平翅天牛属
Microdebilissa argentifera (Holzschuh) 银毛平翅天牛，银毛锯翅天牛
Microdebilissa atricornis Pic 黑角平翅天牛，黑角尤天牛
Microdebilissa bipartita Pic 点胸平翅天牛
Microdebilissa simplicicollis Gressitt 棕锯平翅天牛
Microdebilissa testacea Matsushita 黄翅平翅天牛，褐黄尤天牛，棕细翅天牛，四眼缘翅天牛，黄褐尤天牛
Microdera 小鳖甲属，小胸鳖甲属
Microdera aciculata Reitter 见 *Microdera* (*Microdera*) *aciculata*
Microdera aurita (Reitter) 见 *Microdera* (*Microdera*) *aurita*
Microdera (***Dordanea***) ***duplicatipunctatus*** Ren 重点小鳖甲
Microdera (***Dordanea***) ***elegans*** (Reitter) 姬小鳖甲，姬小胸鳖甲
Microdera (***Dordanea***) ***globata*** (Faldermann) 球胸小鳖甲
Microdera (***Dordanea***) ***interrupta*** Reitter 间小鳖甲，简小鳖甲
Microdera (***Dordanea***) ***kanssuana*** Kaszab 甘肃小鳖甲
Microdera (***Dordanea***) ***kraatzi*** (Reitter) 克小鳖甲
Microdera (***Dordanea***) ***kraatzi alashanica*** Skopin 克小鳖甲阿拉善亚种，阿小鳖甲
Microdera (***Dordanea***) ***kraatzi kraatzi*** (Reitter) 克小鳖甲指名亚种
Microdera (***Dordanea***) ***lampabilis*** Ren 光亮小鳖甲
Microdera (***Dordanea***) ***luoshanica*** Ren 罗山小鳖甲
Microdera (***Dordanea***) ***ordossica*** Schuster 鄂小鳖甲
Microdera (***Dordanea***) ***promptipuncta*** Ren *et* Ba 显刻小鳖甲
Microdera (***Dordanea***) ***rotundithorax*** Ren 圆胸小鳖甲
Microdera (***Dordanea***) ***shenmuana*** Ren 神木小鳖甲
Microdera (***Dordanea***) ***subseriata*** Reitter 亚点小鳖甲
Microdera elegans (Reitter) 见 *Microdera* (*Dordanea*) *elegans*
Microdera gigas Medvedev 见 *Microdera* (*Microdera*) *gigas*
Microdera globata (Faldermann) 见 *Microdera* (*Dordanea*) *globata*
Microdera interrupta Reitter 见 *Microdera* (*Dordanea*) *interrupta*
Microdera kanssuana Kaszab 见 *Microdera* (*Dordanea*) *kanssuana*
Microdera kraatzi (Reitter) 见 *Microdera* (*Dordanea*) *kraatzi*
Microdera kraatzi alashanica Skopin 见 *Microdera* (*Dordanea*) *kraatzi alashanica*
Microdera laticollis Bates 见 *Microdera* (*Microdera*) *laticollis*
Microdera (***Falsomicrodera***) ***turkestanica*** Schuster 土小鳖甲
Microdera (***Microdera***) ***aciculata*** Reitter 粗纹小鳖甲
Microdera (***Microdera***) ***aurita*** (Reitter) 耳褶小鳖甲
Microdera (***Microdera***) ***balchaschensis*** Skopin 巴小鳖甲
Microdera (***Microdera***) ***gigas*** Medvedev 大小鳖甲，巨小鳖甲
Microdera (***Microdera***) ***grandipunctata*** Ren 粗点小鳖甲
Microdera (***Microdera***) ***habahensis*** Ren 哈小鳖甲
Microdera (***Microdera***) ***keramana*** Ren 克拉小鳖甲
Microdera (***Microdera***) ***laticollis*** Bates 宽颈小鳖甲
Microdera (***Microdera***) ***mongolica*** (Reitter) 蒙古小鳖甲，蒙古小胸鳖甲
Microdera (***Microdera***) ***mongolica kozlovi*** Kaszab 蒙古小鳖甲克氏亚种，克蒙小鳖甲
Microdera (***Microdera***) ***mongolica mongolica*** (Reitter) 蒙古小鳖甲指名亚种，指名蒙小鳖甲
Microdera (***Microdera***) ***obesitas*** Ren 粗壮小鳖甲
Microdera (***Microdera***) ***parvicollis*** Bates 短颈小鳖甲
Microdera (***Microdera***) ***pleuralis*** (Reitter) 侧小鳖甲
Microdera (***Microdera***) ***punctipennis*** Kaszab 锐刻小鳖甲
Microdera (***Microdera***) ***scyphiforma*** Ren *et* Ba 杯胸小鳖甲
Microdera (***Microdera***) ***shandanana*** Ren *et* Ba 山丹小鳖甲
Microdera (***Microdera***) ***strigiventris*** Reitter 条纹小鳖甲
Microdera (***Microdera***) ***xinjiangana*** Ren *et* Ba 新疆小鳖甲
Microdera mongolica Reitter 见 *Microdera* (*Microdera*) *mongolica*
Microdera mongolica kozlovi Kaszab 见 *Microdera* (*Microdera*) *mongolica kozlovi*
Microdera mongolica mongolica (Reitter) 见 *Microdera* (*Microdera*) *mongolica mongolica*
Microdera ordossica Schuster 见 *Microdera* (*Dordanea*) *ordossica*
Microdera parvicollis Bates 见 *Microdera* (*Microdera*) *parvicollis*
Microdera pleuralis (Reitter) 见 *Microdera* (*Microdera*) *pleuralis*
Microdera strigiventris Reitter 见 *Microdera* (*Microdera*) *strigiventris*
Microdera subseriata (Reitter) 见 *Microdera* (*Dordanea*) *subseriata*
Microdera turkestanica Schuster 见 *Microdera* (*Falsomicrodera*) *turkestanica*
microdetermination 微量测定
Microdeuterus 阔同蝽属
Microdeuterus hainanensis Liu 海南阔同蝽
Microdeuterus megacephalus (Herrich-Schäffer) 阔同蝽
Microdiplosis pongamiae Mani 水黄皮小双瘿蚊
Microdiprion 小松叶蜂属
Microdiprion disus (Smith) 迪萨小松叶蜂，双豚小松叶蜂
Microdiprion keteleeriafolius Xiao *et* Huang 油杉小松叶蜂
Microdiprion pallipes Fallén 灰腿小松叶蜂
microdissection 显微解剖
Microditoneces brevinotatus (Pic) 见 *Plateros brevinotatus*
Microditoneces formosanus Pic 同 *Plateros chinensis*
Microditoneces rubripennis Pic 同 *Plateros piceicornis*
Microditoneces tuberculatus Pic 同 *Plateros planatus*
Microdon 巢穴蚜蝇属，微蚜蝇属
Microdon apidiformis Brunetti 长巢穴蚜蝇
Microdon auricinctus Brunetti 金带巢穴蚜蝇，金带蚜蝇，金带

蚁穴蚜蝇
Microdon auricomus Coquillett 无刺巢穴蚜蝇
Microdon auroscutatus Curran 金盾巢穴蚜蝇
Microdon bellus Brunetti 丽巢穴蚜蝇
Microdon bicolor Sack 双色巢穴蚜蝇，安平蚜蝇，双色蚁穴蚜蝇
Microdon bifasciatus Matsumura 双带蚁穴蚜蝇
Microdon brunneipennis Huo, Ren *et* Zheng 见 *Metadon brunneipennis*
Microdon caeruleus Brunetti 小巢穴蚜蝇，深黑蚁穴蚜蝇
Microdon caeruleus caeruleus Brunetti 小巢穴蚜蝇指名亚种
Microdon caeruleus simplex Shiraki 小巢穴蚜蝇朴素亚种，碧绿朴素蚜蝇，简深黑蚁穴蚜蝇
Microdon chapini Hull 狭腹巢穴蚜蝇
Microdon flavipes Brunetti 黄足巢穴蚜蝇
Microdon formosanus Shiraki 台湾巢穴蚜蝇，台生蚜蝇，台湾蚁穴蚜蝇
Microdon fulvopubesces Brunetti 黄毛巢穴蚜蝇
Microdon fuscipennis (Macquart) 褐翅巢穴蚜蝇
Microdon globosus (Fabricius) 粉巢穴蚜蝇
Microdon ignotus Violovitsh 陌巢穴蚜蝇
Microdon japonicus Yano 日本巢穴蚜蝇
Microdon latifrons Loew 宽额巢穴蚜蝇，阔额巢穴蚜蝇
Microdon metallicus de Meijere 金巢穴蚜蝇
Microdon mutabilis (Linnaeus) 互惠巢穴蚜蝇
Microdon oitanus Shiraki 青铜巢穴蚜蝇
Microdon pallipennis Curran 淡翅巢穴蚜蝇
Microdon pingliensis Huo, Ren *et* Zheng 见 *Metadon pingliensis*
Microdon podomelainum Huo, Ren *et* Zheng 黑足巢穴蚜蝇
Microdon ruficaudus Brunetti 红尾巢穴蚜蝇，橙尾蚜蝇，红尾蚁穴蚜蝇
Microdon rufipes (Macquart) 红足巢穴蚜蝇
Microdon simplex Shiraki 简巢穴蚜蝇
Microdon spuribifasciatus Huo, Ren *et* Zheng 见 *Metadon spuribifasciatus*
Microdon stilboides Walker 亮巢穴蚜蝇，闪亮蚜蝇，耀蚁穴蚜蝇
Microdon taiwanus Matsumura 松村巢穴蚜蝇
Microdon trigonospilus Bezzi 角斑巢穴蚜蝇，三角斑蚁穴蚜蝇
Microdon viridis Townsend 翠绿巢穴蚜蝇
Microdontinae 巢穴蚜蝇亚科，蚁穴蚜蝇亚科
Microdontini 巢穴蚜蝇族
Microdrosophila 微果蝇属，小果蝇属
Microdrosophila acristata Okada 无冠微果蝇，无冠小果蝇
Microdrosophila basiprojecta Zhang 基突微果蝇
Microdrosophila bipartia Zhang 双裂微果蝇
Microdrosophila chuii Chen 垂珍微果蝇
Microdrosophila conda Zhang 穗微果蝇
Microdrosophila congesta (Zetterstedt) 棕带微果蝇，棕带小果蝇
Microdrosophila conica Okada 圆锥微果蝇，飞翔小果蝇
Microdrosophila cristata Okada 有冠微果蝇，有冠小果蝇
Microdrosophila cucullata Zhang 兜微果蝇
Microdrosophila curvula Zhang 弯板微果蝇
Microdrosophila dentata Zhang 齿微果蝇
Microdrosophila distincta Wheeler *et* Takada 长毛突微果蝇
Microdrosophila elongata Okada 长突微果蝇，细长小果蝇
Microdrosophila falciformis Chen *et* Toda 镰形微果蝇
Microdrosophila fuscata Okada 棕微果蝇，褐微果蝇
Microdrosophila honoghensis Zhang 红河微果蝇
Microdrosophila latifrons Okada 宽额微果蝇，额微果蝇
Microdrosophila luchunensis Zhang 绿春微果蝇
Microdrosophila maculata Okada 腹斑微果蝇
Microdrosophila magniflava Zhang 大黄微果蝇
Microdrosophila matsudairai Okada 松平微果蝇，松平氏微果蝇
Microdrosophila nigrispina Okada 黑刺微果蝇
Microdrosophila pectinata Okada 栉节微果蝇，栉节小果蝇
Microdrosophila pleurolineata Wheeler *et* Takada 二线微果蝇
Microdrosophila pseudopleurolineata Okada 拟二线微果蝇，拟二线小果蝇
Microdrosophila purpurata Okada 紫眼微果蝇
Microdrosophila sagittatusa Chen 矢状微果蝇
Microdrosophila setulosa Zhang 刚毛微果蝇
Microdrosophila spiciferipennis Zhang 毛茎微果蝇
Microdrosophila tabularis Zhang 板微果蝇
Microdrosophila tectifrons (de Meijere) 尾叶微果蝇，额顶小果蝇
Microdrosophila triaina Lu *et* Zhang 三叉微果蝇
Microdrosophila urashimae Okada 浦岛微果蝇，浦岛氏微果蝇，浦岛氏小果蝇
Microdrosophila vara Zhang 内折微果蝇
Microdus albifasciatus Watanabe 见 *Bassus albifasciatus*
Microdus conspicuus brunneus Fahringer 同 *Bassus conspicuus*
Microdus formosanus Watanabe 见 *Bassus formosanus*
Microdus glycinivorellae Watanabe 见 *Bassus glycinivorellae*
Microdus tumidulus Nees von Esenbeck 见 *Bassus tumidulus*
Microdus tumidulus rufus Fahringer 见 *Bassus tumidulus rufus*
Microdytes 微龙虱属，微泅龙虱属
Microdytes bistroemi Wewalka 比氏微龙虱
Microdytes hainanensis Wewalka 海南微龙虱
Microdytes lotteae Wewalka 洛微龙虱
Microdytes shunichii Satô 舒氏微龙虱
Microdytes sinensis Wewalka 中华微龙虱
Microdytes taiwanus Satô 台湾微龙虱，台微泅龙虱
Microdytes uenoi Satô 上野微龙虱，郁微泅龙虱，上野氏微龙虱
Microdytes wewalkai Bian *et* Ji 韦氏微龙虱
microecology 微生态学
microeffect multiple-gene 微效多基因
microemulsion [abb. ME] 微乳剂
microencapsulated 微囊化的
microencapsulation 微囊化，微型胶囊
Microentomology 微小昆虫学 < 期刊名 >
microenvironment 小环境
microenvironmental 小环境的
microergate [= micrergate] 小型工蚁
Microestola 小窄天牛属
Microestola flavolineata (Breuning) 黄线小窄天牛，黄线肖驴天牛
Microeubrianax subopacus Pic 见 *Sinopsephenoides subopacus*
Microeurybrachys 小红腿蜡蝉属
Microeurybrachys vitrifrons Mui 淡额小红腿蜡蝉
microfauna [= microbiota] 微生物区系
microfeeding 微量喂饲，微量饲食
Microflata sinensis Fennah 同 *Mimophantia carinata*
Microflata stictica Melichar 见 *Mimophantia stictica*
Microflata stictica sinensis Fennah 同 *Mimophantia carinata*
Microgaster 小腹茧蜂属
Microgaster albomarginatus Fahringer 白缘小腹茧蜂
Microgaster asramenes Nixon 三色小腹茧蜂
Microgaster biacus Xu *et* He 双刺小腹茧蜂

M

Microgaster breviterebrae Xu *et* He 短管小腹茧蜂
Microgaster campestris Tobias 原小腹茧蜂
Microgaster caris Nixon 卡小腹茧蜂
Microgaster discoidus Xu *et* He 盘脉小腹茧蜂
Microgaster ferrugineus Xu *et* He 红褐小腹茧蜂
Microgaster formosanus Matsumura 台湾小腹茧蜂
Microgaster globatus (Linnaeus) 球小腹茧蜂
Microgaster kuchihgensis Wilkinson 古晋小腹茧蜂
Microgaster longicalcar Xu *et* He 长距小腹茧蜂
Microgaster novicius Marshall 新小腹茧蜂
Microgaster obscuripennatus You *et* Xia 暗翅小腹茧蜂
Microgaster ostriniae Xu *et* He 玉米螟小腹茧蜂
Microgaster punctithorax Xu *et* He 刻胸小腹茧蜂
Microgaster ravus You *et* Zhou 黄褐小腹茧蜂
Microgaster ruralis Xu *et* He 大豆卷叶螟小腹茧蜂
Microgaster russata Haliday 稻螟小腹茧蜂
Microgaster shennongjiaensis Xu *et* He 神农架小腹茧蜂
Microgaster szelenyii Papp 赛氏小腹茧蜂
Microgaster taishana Xu, He *et* Chen 泰山小腹茧蜂
Microgaster tianmushana Xu, He *et* Chen 天目山小腹茧蜂
Microgaster zhaoi Xu *et* He 赵氏小腹茧蜂
Microgasterinae 见 Microgastrinae
Microgastrinae 小腹茧蜂亚科 < 该亚科学名有写成 Microgasterinae 者 >
Microgastrini 小腹茧蜂族
Microgioton 连腹牙甲属
Microgioton coomani d'Orchymont 库曼连腹牙甲
Microgomphus 小春蜓属
Microgomphus jurzitzai Karube 越南小春蜓
microgyne 小型雌蚁
microhabitat 小生境
Microhelea 小蠓亚属，微蠓亚属
Microichthyurus 微隐翅花萤属，微隐翅菊虎属
Microichthyurus apicipennis (Pic) 端翅微隐翅花萤，端翅伊拟花萤，端翅微隐翅菊虎
Microichthyurus haennii Brancucci 亨尼微隐翅花萤，亨尼微隐翅菊虎，赫迷花萤
Microichthyurus ilanensis Brancucci 兰阳微隐翅花萤，兰阳微隐翅菊虎，宜兰迷花萤
Microichthyurus satoi Brancucci 佐藤微隐翅花萤，佐藤微隐翅菊虎，萨迷花萤
Microichthyurus shimomurai Brancucci 下村微隐翅花萤，下村微隐翅菊虎，希迷花萤
microincutator 微量添毒器
microinjection 显微注射
microinjector 微量注射器
Microjugatae [= Micropterigoidea, Jugofrenatae] 小翅蛾总科
Microlamia laosensis Breuning 老挝小沟胫天牛
Microlanguria 微拟叩甲属，微大蕈甲属
Microlanguria jansoni (Crotch) 锦微拟叩甲，锦微大蕈甲
Microlarnaca 小蟋螽属
Microlarnaca dicrana (Bey-Bienko) 云南小蟋螽，云南庸蟋螽
Microlenecamptus 小粉天牛属，蛇纹天牛属
Microlenecamptus albonotatus Pic 白背小粉天牛
Microlenecamptus albonotatus albonotatus Pic 白背小粉天牛指名亚种
Microlenecamptus albonotatus flavosignatus Breuning 白背小粉天牛宽纹亚种，宽纹小粉天牛
Microlenecamptus albonotatus reductisignatus Breuning 白背小粉天牛老挝亚种，老挝小粉天牛，少点白斑小粉天牛
Microlenecamptus biocellatus (Schwarzer) 双环小粉天牛，蛇纹天牛，蛇目天牛
Microlenecamptus obsoletus (Fairmaire) 二点小粉天牛，苍蓝蛇纹天牛
Microlenecamptus signatus (Aurivillius) 大环小粉天牛
Microleon 斑刺蛾属
Microleon longipalpis Butler 黄锈斑刺蛾，翘须刺蛾
Microlepidoptera 小鳞翅类
Microleptes 小姬蜂属
Microleptes xinbinensis Sheng *et* Sun 新宾小姬蜂
Microleptinae 小姬蜂亚科
Microlera 细天牛属，菱天牛属
Microlera kanoi Hayashi 台湾细天牛，鹿野氏菱天牛
Microlera ptinoides Bates 细天牛
Microleroides 豪天牛属
Microleroides chinensis Breuning 中华豪天牛
Microleropsis rufimembris Gressitt 隆背天牛
Microlestes 小盗步甲属
Microlestes annamensis (Bates) 安南小盗步甲
Microlestes annamensis annamensis (Bates) 安南小盗步甲指名亚种
Microlestes annamensis formosanus 见 *Microlestes formosanus*
Microlestes formosanus Jedlička 台小盗步甲
Microlestes ignotus Mateu 伊小盗步甲
Microlestes yunnanicus Mateu 滇小盗步甲
microleucocyte 小型白细胞，小型白血球
Microlimonia 小平行大蚊亚属
Microlipus 小拟花萤属
Microlipus asiaticus Wittmer 亚洲小拟花萤，亚洲大拟花萤
Microlipus vandykei (Wittmer) 范氏小拟花萤，范拟马花萤，万囊花萤，范拟马花萤
Microlithosia 微苔蛾属
Microlithosia nanlingica Dubatolov, Kishida *et* Wang 南岭微苔蛾
Microlithosia shaowunica Daniel 微苔蛾，邵武微苔蛾
Microloba bella Butler 见 *Tyloptera bella*
Microloba bella ogatai Inoue 见 *Tyloptera bella ogatai*
Microlomalus vernalis (Lewis) 见 *Paromalus vernalis*
Microlophium 小微网蚜属
Microlophium carnosum (Buckton) [common nettle aphid, stinging nettle aphid, nettle aphid] 荨麻小无网蚜，荨麻蚜，荨麻小微网蚜
Microlophium rubiformosanum (Takahashi) 见 *Acyrthosiphon rubiformosanum*
Microloxia chlorissodes Prout 见 *Aoshakuna chlorissodes*
Microlygris 小纹尺蛾属
Microlygris complicata (Butler) 合小纹尺蛾
Microlygris complicata complicata (Butler) 合小纹尺蛾指名亚种
Microlygris complicata dactylotypa (Prout) 合小纹尺蛾台湾亚种，歹合小纹尺蛾，四线角尺蛾，四线波尺蛾，合小纹尺蛾台湾亚种
Microlygris multistriata (Butler) 眼点小纹尺蛾
Microlygris multistriata atherma (Prout) 眼点小纹尺蛾四川亚种，阿眼点小纹尺蛾
Microlygris multistriata clasis (Prout) 眼点小纹尺蛾北方亚种，克多纹角叶尺蛾
Microlygris multistriata multistriata (Butler) 眼点小纹尺蛾指名亚种

M

Microlypesthes 小筒胸叶甲属
Microlypesthes aeneus Chen 见 *Lahejia aenea*
micromalthid 1. [= micromalthid beetle, telephone-pole beetle] 复变甲，小筒蠹 <复变甲科 Micromalthidae 昆虫的通称>; 2. 复变甲科的
micromalthid beetle [= micromalthid, telephone-pole beetle] 复变甲，小筒蠹
Micromalthidae 复变甲科，小筒蠹科
Micromalthus 复变甲属
micromanipulation 显微操作术
micromanipulator 显微操纵器
Micromelalopha 小舟蛾属
Micromelalopha adrian Schintlmeister 强小舟蛾，阿小舟蛾
Micromelalopha albifrons Schintlmeister 白额小舟蛾
Micromelalopha baibarana Matsumura 干小舟蛾，白线纹小舟蛾，南投小舟蛾
Micromelalopha dorsimacula Kiriakoff 内斑小舟蛾，背斑小舟蛾
Micromelalopha flavomaculata Tshistjakov 见 *Micromelalopha vicina flavomaculata*
Micromelalopha haemorrhoidalis Kiriakoff 赭小舟蛾
Micromelalopha megaera Schintlmeister 美小舟蛾
Micromelalopha populivona Yang *et* Lee 同 *Micromelalopha sieversi*
Micromelalopha ralla Wu *et* Fang 细小舟蛾
Micromelalopha sieversi (Staudinger) 杨小舟蛾，杨褐天社蛾，小舟蛾
Micromelalopha simonovi Schintlmeister 西小舟蛾
Micromelalopha sitecta Schintlmeister 谷小舟蛾，西小舟蛾
Micromelalopha troglodyta (Graeser) 同 *Micromelalopha haemorrhoidalis*
Micromelalopha troglodytodes Kiriakoff 锯小舟蛾
Micromelalopha variata Wu *et* Fang 异小舟蛾
Micromelalopha vicina Kiriakoff 邻小舟蛾
Micromelalopha vicina flavomaculata Tshistjakov 邻小舟蛾黄斑亚种，黄斑小舟蛾
Micromelalopha vicina vicina Kiriakoff 邻小舟蛾指名亚种
micromelittophilae 小蜂媒花
Micromerus lineatus Burmeister 见 *Libellago lineata*
Micromini 小瘿蚊族
Micromorphus 小长足虻属
Micromorphus albipes (Zetterstedt) 淡色小长足虻
Micromorphus ellampus Wei 亮小长足虻
micromoth 小蛾
Micromulciber 小牧天牛属
Micromulciber gressitti (Tippmann) 嘉氏小牧天牛，嘉氏伪叉尾天牛
Micromulciber quadrisignatus Schwarzer 四纹小牧天牛，白星伪叉尾天牛，四条天牛
Micromus 脉褐蛉属
Micromus angulatus (Stephens) 角纹脉褐蛉，角伪脉褐蛉
Micromus benardi Navás 同 *Micromus timidus*
Micromus calidus Hagen 瑕脉褐蛉
Micromus confusus (Nakahara) 黄脉褐蛉，黄褐蛉
Micromus densimaculosus Yang *et* Liu 密斑脉褐蛉
Micromus formosanus (Krüger) 台湾脉褐蛉
Micromus igorotus Banks 乙果脉褐蛉，台湾脉褐蛉，伊伪脉褐蛉
Micromus kanoi (Nakahara) 同 *Micromus yunnanus*
Micromus kapuri (Nakahara) 印度脉褐蛉
Micromus linearis Hagen 点线脉褐蛉
Micromus maculatipes (Nakahara) 同 *Micromus calidus*
Micromus minusculus Monserrat 稚脉褐蛉
Micromus minutus Yang 同 *Micromus minusculus*
Micromus mirimaculatus Yang *et* Liu 奇斑脉褐蛉
Micromus multipunctatus Matsumura 同 *Micromus linearis*
Micromus myriostictus Yang 密点脉褐蛉
Micromus numerosus (Navás) 日本脉褐蛉
Micromus paganus (Linnaeus) 农脉褐蛉，乡脉褐蛉
Micromus pallidius (Yang) 淡脉褐蛉，淡异脉褐蛉
Micromus perelegans Tjeder 颇丽脉褐蛉，线脉褐蛉
Micromus pumilus Yang 小脉褐蛉
Micromus ramosus Navás 多支脉褐蛉
Micromus setulosus Zhao, Tian *et* Liu 多毛脉褐蛉
Micromus striolatus Yang 细纹脉褐蛉
Micromus tianmuanus (Yang *et* Liu) 天目脉褐蛉，天目连脉褐蛉
Micromus timidus Hagen 梯阶脉褐蛉，阶梯脉褐蛉，狭翅褐蛉
Micromus variegatus (Fabricius) 花斑脉褐蛉
Micromus xia Yang 同 *Micromus calidus*
Micromus yunnanus (Navás) 云南脉褐蛉，藏异脉褐蛉，滇弗蝶蛉，云南连脉褐蛉
Micromus zhaoi Yang 赵氏脉褐蛉
Micromya 小角瘿蚊属
Micromya brevisegmenta Mo 短节小角瘿蚊
Micromya fusongensis Mo 抚松小角瘿蚊
Micromya longicauda Mo 长尾小角瘿蚊
Micromya longispina Mo 长刺小角瘿蚊
Micromya lucorum Róndani 光小角瘿蚊
Micromya taurica Mamaev 中亚小角瘿蚊
Micromya transispina Mo 横刺小角瘿蚊
Micromyinae 小角瘿蚊亚科
micromyiophilae 小蝇媒花
Micromyzella 微小瘤蚜属
Micromyzella judenkoi (Carver) 犹太微小瘤蚜，朱登氏小瘤蚜
Micromyzodium 肖小瘤蚜属，真瘤蚜属 <该属名有误写为 *Micromyzodizum* 者>
Micromyzodium clinopodii minensis Zhang, Chen, Zhong *et* Li 同 *Chaetosiphon hirticorne*
Micromyzodium kuwakusae (Uye) 水蛇麻肖小瘤蚜，水蛇麻真瘤蚜
Micromyzodium nipponicum (Moritsu) 日本肖小瘤蚜，日本早蚜
Micromyzodium pileophaga (Zhang) 同 *Micromyzodium kuwakusae*
Micromyzodium polypodii Takahashi 蓼肖小瘤蚜，蓼肖真瘤蚜
Micromyzus 小瘤蚜属
Micromyzus alliumcepa Essig 同 *Neotoxoptera formosana*
Micromyzus diervillae (Matsumura) [Japanese snowflower aphid] 水晶花小瘤蚜，水晶花瘤额蚜
Micromyzus formosanus (Takahashi) 见 *Myzus formosanus*
Micromyzus fuscus Richards 同 *Neotoxoptera formosana*
Micromyzus hangzhouensis Zhang 算盘子小瘤蚜
Micromyzus judenkoi Carver 见 *Micromyzella judenkoi*
Micromyzus katoi (Takahashi) 水龙骨小瘤蚜，瓦韦蚜
Micromyzus violae (Pergande) 见 *Neotoxoptera violae*
Micronecta 小划蝽属，微划蝽属
Micronecta albifrons (Motschulsky) 额白小划蝽

Micronecta anatolica Lindberg 微小划蝽，微划蝽
Micronecta annandalei Horváth 同 *Micronecta scutellaris*
Micronecta compar Horváth 同 *Micronecta scutellaris*
Micronecta* (*Dichaetonecta*) *sahlbergii (Jakovlev) 萨棘小划蝽，沙氏微划蝽
Micronecta dione Distant 同 *Micronecta scutellaris*
Micronecta drepani Nieser 镰小划蝽
Micronecta erythra Nieser, Chen *et* Yang 红翅小划蝽
Micronecta formosana Matsumura 同 *Micronecta* (*Dichaetonecta*) *sahlbergi*
Micronecta grisea (Fieber) 格氏小划蝽
Micronecta guttata Matsumura 滴小划蝽，日本微划蝽
Micronecta guttatostriata Lundblad 森小划蝽
Micronecta hummeli Lundblad 哈氏小划蝽，哈氏微划蝽
Micronecta hungerfordi Chen 亨氏小划蝽，汉氏微划蝽
Micronecta jaczewskii Wróblewski 杰氏小划蝽
Micronecta janssoni Nieser, Chen *et* Yang 詹氏小划蝽
Micronecta lemnae Nieser 萍小划蝽
Micronecta lenticularis Chen 云小划蝽，扁豆微划蝽
Micronecta lobata Nieser, Chen *et* Yang 叶小划蝽
Micronecta matsumurai Miyamoto 松村小划蝽，松村微划蝽
Micronecta melanochroa Nieser, Chen *et* Yang 黑色小划蝽
Micronecta obtusa Yang 圆头小划蝽，台湾微划蝽
Micronecta orientalis Wróblewski 东方小划蝽，香港微划蝽
Micronecta ornitheia Nieser, Chen *et* Yang 鸟头小划蝽
Micronecta proba Distant 同 *Micronecta scutellaris*
Micronecta quadriseta Lundblad 同 *Micronecta sedula*
Micronecta quadristrigata Breddin 四纹小划蝽，四纹微划蝽
Micronecta sahlbergii (Jakovlev) 见 *Micronecta* (*Dichaetonecta*) *sahlbergii*
Micronecta scutellaris (Stål) 鳞小划蝽
Micronecta sedula Horváth 横纹小划蝽，横纹微划蝽
Micronecta siva (Kirkaldy) 折棘小划蝽，折棘微划蝽
Micronecta striata (Fieber) 上海微划蝽
Micronecta taibeiensis Chen 同 *Micronecta lenticularis*
Micronecta thyesta Distant 同 *Micronecta grisea*
Micronecta tuberculata Yang 结节小划蝽，瘤微划蝽
Micronecta unguiculata Yang 台东小划蝽，台东微划蝽
Micronecta wui Lundblad 北京小划蝽，北京微划蝽
Micronecta yui Chen 同 *Micronecta lenticularis*
micronectid 1. [= micronectid bug] 小划蝽 < 小划蝽科 Micronectidae 昆虫的通称 >; 2. 小划蝽科的
micronectid bug [= micronectid] 小划蝽
Micronectidae 小划蝽科
Micronectinae 小划蝽亚科
Micronemadus 微线球蕈甲属，线型球蕈甲属
Micronemadus pusillimus (Kraatz) 姬微线球蕈甲，姬线型球蕈甲，弱微线拟葬甲
Micronia 一点燕蛾属，燕蛾属
Micronia aculeata Guenée 一点燕蛾，类一点燕蛾，尖燕蛾
Micronia archilis Oberthür 见 *Pseudomicronia archilis*
Micronia sinuosa Warren 曲脉一点燕蛾
Micronia thibetaria (Poujade) 见 *Ditrigona obliquilinea thibetaria*
Micronidia 斑尾尺蛾属
Micronidia intermedia Yazaki 四点斑尾尺蛾，尾四斑白尺蛾，盈斑尾尺蛾
Micronidia unipuncta Warren 一点斑尾尺蛾
Microniinae 点燕蛾亚科
Micronoctua 小夜蛾属
Micronoctua occi Fibiger *et* Kononenko 见 *Parens occi*
Micronoctuini 小夜蛾族
micronucleoeyte 小核浆细胞，小核血细胞
Micropacha 紫枯叶蛾属
Micropacha* (*Micropacha*) *zojka Zolotuhin 褐紫枯叶蛾
Micropacha* (*Triolla*) *gejra Zolotuhin 吉紫枯叶蛾
Microparlatoria 细片盾蚧属
Microparlatoria fici (Takahashi) 榕树细片盾蚧
Microparlatoria itabicola (Kuwana) 日本细片盾蚧
Micropedinus 小扁足甲属
Micropedinus algae Lewis 阿小扁足甲
Micropedinus pallidipennis Lewis 灰小扁足甲，细条沙滩拟步行虫
Micropedinus pullulus (Boheman) 丘小扁足甲，丘粉甲，微琐潜砂虫
Micropelecotoides 栉爪大花蚤属，微长鞘大花蚤属
Micropelecotoides aurosericeus (Gressitt) 金丝栉爪大花蚤，金丝佩大花蚤
Micropelecotoides japonicus (Pic) 日本栉爪大花蚤，栉爪大花蚤，食木大花蚤，日微长鞘大花蚤
Micropentila 晓灰蝶属
Micropentila adelgitha (Hewitson) [common dots] 晓灰蝶
Micropentila adelgunda Staudinger [large dots] 阿晓灰蝶
Micropentila alberta Staudinger 白晓灰蝶
Micropentila bakotae Stempffer *et* Bennett 巴克晓灰蝶
Micropentila bitjeana Stempffer *et* Bennett 比特晓灰蝶
Micropentila brunnea Kirby [brown dots] 布鲁晓灰蝶
Micropentila bunyoro Stempffer *et* Bennett 博晓灰蝶
Micropentila catocala Strand 卡托晓灰蝶
Micropentila chercreti Stempffer *et* Bennett 彻晓灰蝶
Micropentila cingulum Druce 带晓灰蝶
Micropentila dorothea Bethune-Baker [Dorothea's dots] 多晓灰蝶
Micropentila flavopunctata Stempffer *et* Bennett [rare brown dots] 黄点晓灰蝶
Micropentila fontainei Stempffer *et* Bennett 丰晓灰蝶
Micropentila fulvula Hawker-Smith 黄晓灰蝶
Micropentila fuscula Grose-Smith [banded dots] 棕晓灰蝶
Micropentila gabunica Stempffer *et* Bennett 加蓬晓灰蝶
Micropentila jacksoni Talbot 杰克逊晓灰蝶
Micropentila katangana Stempffer *et* Bennett 加丹加晓灰蝶
Micropentila katerae Stempffer *et* Bennett 卡特晓灰蝶
Micropentila kelleana Stempffer *et* Bennett 克莱恩晓灰蝶
Micropentila mabangi Bethune-Baker [Sierra Leone dots] 马晓灰蝶
Micropentila mamfe Larsen [Ghana dots] 加纳晓灰蝶
Micropentila mpigi Stempffer *et* Bennett 木晓灰蝶
Micropentila nigeriana Stempffer *et* Bennett [Nigerian dots] 尼日利亚晓灰蝶
Micropentila ogojae Stempffer *et* Bennett [Ogoja dots] 奥晓灰蝶
Micropentila sankuru Stempffer *et* Bennett 桑库鲁晓灰蝶
Micropentila souanke Stempffer *et* Bennett 索晓灰蝶
Micropentila subplagata Bethune-Baker 斜下晓灰蝶
Micropentila triangularis Aurivillius 角斑晓灰蝶
Micropentila ugandae Hawker-Smith 乌干达晓灰蝶
Micropentila victoriae Stempffer *et* Bennett [Victoria dots] 维多利晓灰蝶

Micropentila villiersi Stempffer 维晓灰蝶

micropeplid 1. [= micropeplid beetle] 铠甲，短鞘甲 <铠甲科 Micropeplidae 昆虫的通称>；2. 铠甲科的

micropeplid beetle [= micropeplid] 铠甲，短鞘甲

Micropeplidae 铠甲科，短鞘甲科

Micropeplinae 铠甲亚科

Micropeplus 寡节隐翅甲属，寡节隐翅虫属，铠甲属，球角隐翅虫属

Micropeplus clypeatus Compbell 唇基寡节隐翅甲，唇基寡节隐翅虫，头角铠甲

Micropeplus fulvus Erichson 黄寡节隐翅甲，褐球角隐翅虫，黄铠甲

Micropeplus fulvus fulvus Erichson 黄寡节隐翅甲指名亚种

Micropeplus fulvus japonicus Sharp 黄寡节隐翅甲日本亚种，日本铠甲

Micropeplus laevipennis Eppelsheim 光翅寡节隐翅甲，光翅球角隐翅虫

Micropeplus liweiae Wang, Jiang *et* Zhu 立伟寡节隐翅甲，立伟铠甲

Micropeplus longipennis Kraatz 长翅寡节隐翅甲，长翅球角隐翅虫

Micropeplus nitidipennis Compbell 亮翅寡节隐翅甲，亮翅寡节隐翅虫，光滑铠甲

Micropeplus nuicornis Yang 独角寡节隐翅甲，独角铠甲

Micropeplus obscurus Compbell 褐寡节隐翅甲，褐寡节隐翅虫，双脊铠甲

Micropeplus parvulus Zheng, Yan *et* Li 小寡节隐翅甲

Micropeplus piankouensis Zheng, Yan *et* Li 片口寡节隐翅甲

Micropeplus shanghaiensis Li *et* Zhao 上海寡节隐翅甲，上海铠甲

Micropeplus sinuatus Compbell 曲寡节隐翅甲，曲寡节隐翅虫，曲脊铠甲

Micropeplus spinatus Compbell 刺寡节隐翅甲，刺寡节隐翅虫，奇茎铠甲

Micropeplus taiwanensis Compbell 台湾寡节隐翅甲，台湾寡节隐翅虫，台湾铠甲

Micropeplus xiaoae Zheng, Yan *et* Li 肖氏寡节隐翅甲，肖氏寡节隐翅虫

Micropeplus yushanensis Compbell 玉山寡节隐翅甲，玉山寡节隐翅虫，齐点铠甲

Microperla 小扁䗛属

Microperla geei Chu 吉氏小扁䗛

Microperla retroloba (Wu) 翘叶小扁䗛，叶同䗛

Microperlinae 小扁䗛亚科

Microperus 小材小蠹属，微小蠹属，微材小蠹属

Microperus alpha (Beeson) 山小材小蠹，山微小蠹

Microperus chrysophylli (Eggers) 橘胸小材小蠹，橘胸微小蠹

Microperus corporaali (Eggers) 长毛小材小蠹，长毛微小蠹

Microperus cruralis (Schedl) 显突小材小蠹，显突微小蠹

Microperus diversicolor (Eggers) 异色小材小蠹，异色微小蠹

Microperus fulvulus (Schedl) 黄褐小材小蠹，黄褐微小蠹

Microperus kadoyamaensis (Murayama) [Kadoyama xyleborus] 角山小材小蠹，角山微小蠹，角山材小蠹，角山小蠹，嘎材小蠹

Microperus kirishimanus (Murayama) 雾岛小材小蠹，雾岛微小蠹

Microperus latesalebrinus Smith, Beaver *et* Cognato 宽道小材小蠹，宽间微小蠹

Microperus minax Smith, Beaver *et* Cognato 危险小材小蠹，危险微小蠹

Microperus nudibrevis (Schedl) 光短小材小蠹，光短微小蠹

Microperus nugax (Schedl) 淡胸小材小蠹，淡胸微小蠹

Microperus perparvus (Sampson) 暗小材小蠹，小微小蠹，帕微小蠹，小刺小蠹，小微材小蠹

Microperus pometianus (Schedl) 短毛小材小蠹，短毛微小蠹

Microperus quercicola (Eggers) 暗褐小材小蠹，暗褐微小蠹

Microperus recidens (Sampson) 红褐小材小蠹，红褐微小蠹

Microperus sagmatus Smith, Beaver *et* Cognato 鞍鞘小材小蠹，鞍鞘微小蠹

Microperus undulatus (Sampson) 浅凹小材小蠹，浅凹鞘微小蠹

Micropeza 瘦足蝇属

Micropeza angustipennis Loew 窄羽瘦足蝇，尖翅瘦足蝇

Micropeza annulipes (Hendel) 环瘦足蝇

Micropeza cinerosa (Séguy) 灰瘦足蝇

Micropeza nitidicollis Becker 亮瘦足蝇

Micropeza tibetana (Hennig) 西藏瘦足蝇

micropezid 1. [= micropezid fly, stilt-legged fly, stit-legged fly] 瘦足蝇 <瘦足蝇科 Micropezidae 昆虫的通称>；2. 瘦足蝇科的

micropezid fly [= micropezid, stilt -legged fly, stit-legged fly] 瘦足蝇

Micropezidae [= Tylidae, Calobatidae] 瘦足蝇科，微脚蝇科，长瘦足蝇科

Micropezinae 瘦足蝇亚科

Micropezoidea 瘦足蝇总科

microphagous 食微生物的，食微粒的

microphagy 食微生物性

Microphalera 小掌舟蛾属

Microphalera alboaccentuata Oberthür 见 *Pheosiopsis* (*Oligaeschra*) *alboaccentuata*

Microphalera grisea Butler 灰小掌舟蛾，灰微舟蛾，断纹舟蛾

Microphalera grisea grisea Butler 灰小掌舟蛾指名亚种，指名灰微舟蛾

Microphalera grisea vladmurzini Schintlmeister 灰小掌舟蛾大陆亚种

Microphalera grisea yoshimotoi (Kishida) 灰小掌舟蛾台湾亚种，约灰微舟蛾

Microphor 小室舞虻属

Microphor sinensis Saigusa *et* Yang 中华小室舞虻

Microphorinae 小室舞虻亚科

Microphyllura 叶斑木虱属

Microphyllura longicellus Li 长室叶斑木虱

microphysid 1. [= microphysid bug, minute bladder bug] 驼蝽 <驼蝽科 Microphysidae 昆虫的通称>；2. 驼蝽科的

microphysid bug [= microphysid, minute bladder bug] 驼蝽

Microphysidae 驼蝽科

Microphytomyptera minuta Townsend 见 *Phytomyptera minuta*

micropilose 微毛

micropilose area 微毛区

microplankton 小型浮游生物

microplasmatoeyte 小浆细胞

Microplax 弧颊长蝽属

Microplax hissariensis Kiritshenko 斑翅弧颊长蝽，藏短颊长蝽

Microplax interruptus (Fieber) 弧颊长蝽

Microplax obscuripennis (Kiritshenko) 短弧颊长蝽，短颊长蝽

Microplitini 侧沟茧蜂族

Microplitis 侧沟茧蜂属
Microplitis albotibialis Telenga 白胫侧沟茧蜂
Microplitis amplitergius Xu *et* He 宽背侧沟茧蜂
Microplitis bicoloratus Xu *et* He 两色侧沟茧蜂
Microplitis borealis Xu *et* He 北方侧沟茧蜂
Microplitis choui Xu *et* He 周氏侧沟茧蜂
Microplitis chui Xu *et* He 祝氏侧沟茧蜂
Microplitis croceipes Cresson 红足侧沟茧蜂
Microplitis cubitellanus Xu *et* He 方室侧沟茧蜂
Microplitis helicoverpae Xu *et* He 棉铃虫侧沟茧蜂
Microplitis jiangsuensis Xu *et* He 江苏侧沟茧蜂
Microplitis leucaniae Xu *et* He 黏虫侧沟茧蜂
Microplitis longiradiusis Xu *et* He 长径侧沟茧蜂
Microplitis longwangshana Xu *et* He 龙王山侧沟茧蜂
Microplitis marshalli Kokujev 马氏侧沟茧蜂
Microplitis mediator (Haliday) 中红侧沟茧蜂
Microplitis nigrifemur Xu *et* He 黑腿侧沟茧蜂
Microplitis obscuripennatus Xu *et* He 暗翅侧沟茧蜂
Microplitis pallidipes Szépligeti 淡足侧沟茧蜂
Microplitis radicalis Wilkinson 见 *Snellenius radicalis*
Microplitis tadzhica Telenga 塔吉克侧沟茧蜂
Microplitis tuberculifer (Wesmael) 管侧沟茧蜂，瘤侧沟茧蜂
Microplitis varipes (Ruthe) 异色侧沟茧蜂
Microplitis vitellipedis Li, Tan *et* Song 黄足侧沟茧蜂
Microplitis zhaoi Xu *et* He 赵氏侧沟茧蜂
Micropodabrus 微双齿花萤属，微双齿菊虎属
Micropodabrus bicoloriceps (Wittmer) 见 *Fissocantharis bicoloriceps*
Micropodabrus bidifformis Wittmer 见 *Fissocantharis bidifformis*
Micropodabrus bothriderus (Fairmaire) 波微双齿花萤，波裂花萤
Micropodabrus brunneipennis Yang *et* Okushima 褐翅微双齿花萤
Micropodabrus buonloiensis Wittmer 见 *Fissocantharis buonloiensis*
Micropodabrus chujoi (Wittmer) 中条微双齿花萤，中条异角花萤，中条异角菊虎，中条堪花萤
Micropodabrus cicatricosus Wittmer 见 *Fissocantharis cicatricosa*
Micropodabrus crassicornis (Pic) 粗角微双齿花萤，粗角拟足花萤
Micropodabrus dromedarius (Champion) 德双齿花萤，德小足花萤，德拟足花萤
Micropodabrus fenchihuensis Wittmer 见 *Fissocantharis fenchihuensis*
Micropodabrus fissiformis Švihla 类菲微双齿花萤
Micropodabrus flavimembrus (Wittmer) 黄膜微双齿花萤，黄膜拟足花萤
Micropodabrus formosanus (Pic) 丽微双齿花萤，丽小足花萤
Micropodabrus formosanus (Wittmer) 同 *Fissocantharis denominata*
Micropodabrus fumidus (Champion) 烟微双齿花萤，烟小足花萤，烟拟足花萤
Micropodabrus gressitti (Wittmer) 见 *Fissocantharis gressitti*
Micropodabrus incrassatus Wittmer 厚微双齿花萤，厚小足花萤
Micropodabrus jendeki Švihla 金氏微双齿花萤
Micropodabrus kantnerorum Švihla 坎氏微双齿花萤
Micropodabrus kopetzi Švihla 柯氏微双齿花萤
Micropodabrus kurosawai Wittmer 见 *Fissocantharis kurosawai*
Micropodabrus laosensis Švihla 老挝微双齿花萤
Micropodabrus lineolatus (Pic) 线微双齿花萤，线小足花萤
Micropodabrus lishanensis Wittmer 见 *Fissocantharis lishanensis*
Micropodabrus liuchowensis Wittmer 见 *Fissocantharis liuchowensis*
Micropodabrus longiceps (Pic) 长头微双齿花萤，长头裂花萤
Micropodabrus mucronata (Wittmer) 岛微双齿花萤
Micropodabrus multicostata (Wittmer) 多棱微双齿花萤，多棱异角花萤，多棱异角菊虎，多缘堪花萤
Micropodabrus multiexcavatus Wittmer 见 *Fissocantharis multiexcavata*
Micropodabrus nantouensis Wittmer 见 *Fissocantharis nantouensis*
Micropodabrus nodicornis (Wittmer) 瘤须微双齿花萤，瘤须异角花萤，瘤须异角菊虎，节角堪花萤
Micropodabrus notatithorax (Pic) 斑胸微双齿花萤，斑胸拟足花萤
Micropodabrus novemexcavatus (Wittmer) 新微双齿花萤，新拟足花萤
Micropodabrus obscurior (Wittmer) 暗色微双齿花萤，暗色微双齿菊虎，暗小足花萤，暗拟足花萤
Micropodabrus pallidiceps (Pic) 淡头微双齿花萤，淡裂花萤
Micropodabrus pauloincrassatus (Wittmer) 寡微双齿花萤，寡拟足花萤
Micropodabrus piluchiensis Wittmer 见 *Fissocantharis piluchiensis*
Micropodabrus pingtungensis Wittmer 见 *Fissocantharis pingtungensis*
Micropodabrus pseudolongiceps Wittmer 伪长微双齿花萤，伪长小足花萤
Micropodabrus pseudonotatithorax Wittmer 伪斑胸微双齿花萤，伪斑胸小足花萤
Micropodabrus satoi Wittmer 见 *Fissocantharis satoi*
Micropodabrus semifumatoides Švihla 类半微双齿花萤
Micropodabrus semifumatus (Fairmaire) 半微双齿花萤，半烟拟足花萤
Micropodabrus shaanxiensis Wittme 同 *Fissocantharis kontumensis*
Micropodabrus similis (Wittmer) 似微双齿花萤，似拟足花萤
Micropodabrus simplicicornis Wittmer 同 *Fissocantharis formosana*
Micropodabrus sinensis Wittmer 见 *Fissocantharis sinensis*
Micropodabrus specialithorax (Pic) 特胸微双齿花萤，特胸花萤
Micropodabrus ssulingensis Wittmer 见 *Fissocantharis ssulingensis*
Micropodabrus tachulanensis Wittmer 见 *Fissocantharis tachulanensis*
Micropodabrus taipeianus Wittmer 见 *Fissocantharis taipeiana*
Micropodabrus taiwanus Wittmer 同 *Fissocantharis denominata*
Micropodabrus tridifformis Wittmer 见 *Fissocantharis tridifformis*
Micropodabrus uenoi Wittmer 见 *Fissocantharis uenoi*
Micropodabrus wittmeri Kazantsev 同 *Fissocantharis denominata*
Micropodabrus wittmeri Yang *et* Yang 同 *Fissocantharis walteri*
Micropodabrus yunnanus Wittmer 云南微双齿花萤，滇小足花萤
Micropodisma emeiensis Yin 见 *Pedopodisma emeiensis*
micropore 小蜡孔 < 见于介壳虫中 >
Microporus 小孔土蝽属
Microporus laticeps (Signoret) 宽头小孔土蝽，宽原土蝽
Microprosopini 瘦颜粪蝇族
Micropsectra 小突摇蚊属，小刺摇蚊属
Micropsectra apposita (Walker) 联小突摇蚊
Micropsectra aristata Pinder 尖小突摇蚊
Micropsectra atrofasciata (Kieffer) 黑带小突摇蚊
Micropsectra baishanzua Wang 百山祖小突摇蚊
Micropsectra bidentata (Goetghebuer) 双齿小突摇蚊，二齿小突摇蚊
Micropsectra borealis (Kieffer) 齿小突摇蚊
Micropsectra chuzeprima Sasa 等小突摇蚊
Micropsectra digitata Reiss 指小突摇蚊
Micropsectra junci (Meigen) 郡小突摇蚊
Micropsectra logana Johannsen 罗甘小突摇蚊，罗小突摇蚊

M

Micropsectra paucisetosa Wang *et* Zheng 弯指小突摇蚊
Micropsectra radialis Goetghebuer 辐小突摇蚊
Micropsectra taiwana (Tokunaga) 台湾小突摇蚊，台小突摇蚊，合欢摇蚊
Micropsectra tusimalemea Sasa *et* Suzuki 对马小突摇蚊
Micropsyche 渺灰蝶属
Micropsyche ariana Mattoni [Arian small blue] 渺灰蝶
micropteran [= micropterous] 小翅的
micropterigid 1. [= micropterigid moth, mandibulate archaic moth, mandibulate moth] 小翅蛾 <小翅蛾科 Micropterigidae 昆虫的通称>；2. 小翅蛾科的
micropterigid moth [= micropterigid, mandibulate archaic moth, mandibulate moth] 小翅蛾
Micropterigidae [= Eriocephalidae] 小翅蛾科 <此科学名有误写为 Micropterygidae 者>
Micropterigoidea [= Microjugatae, Jugofrenatae] 小翅蛾总科 <此总科学名有误写为 Micropterygoidea 者>
micropterism [= microptery] 小翅化
micropterous 见 micropteran
microptery 见 micropterism
Micropterygina [= Jugatae] 轭翅亚目
Micropterix 小翅蛾属 <此属学名有误写为 *Micropteryx* 者>
Micropterix calthella (Linnaeus) [marsh marigold moth] 驴蹄草小翅蛾
micropylar 卵孔的
micropyle 卵孔
Microrhagus 小隐唇叩甲属
Microrhagus klapperichi (Lucht) 克氏小隐唇叩甲，克栉角隐唇叩甲
Microrhagus ramosus Fleutiaux 壮小隐唇叩甲，栉角隐唇叩甲，萨壮叩甲
Microrhagus savioi (Fleutiaux) 萨氏小隐唇叩甲，萨隐唇叩甲
microRNA [abb. miRNA] 小 RNA，小分子 RNA，微 RNA，微小 RNA
Micrornebius 小须蟋属
Micrornebius hainanensis Yin 海南小须蟋
Micrornebius perrarus Yang *et* Yen 罕小须蟋 <该种学名有误写为 *Micronebius perrarus* Yang *et* Yen 者>
Microryctes 膜犀金龟甲属
Microryctes confinis Zhang 邻膜犀金龟甲
Microsandalus 壮胸盗猎蝽属
Microsandalus umbrosus Stål 暗壮胸盗猎蝽
Microsanta 小圣猎蝽属
Microsanta aliena (Miller) 异小圣猎蝽
Microsanta chaseni (Miller) 风小圣猎蝽
Microsanta foeda (Miller) 佛小圣猎蝽
Microsanta montana (Miller) 山小圣猎蝽
Microsanta pallens (Miller) 帕小圣猎蝽
Microsanta pusilla (Miller) 矮小圣猎蝽
Microsanta relata (Miller) 喙小圣猎蝽
Microsanta servula (Miller) 仆小圣猎蝽
Microsanta silvicola (Miller) 银小圣猎蝽
microsatellite 微卫星 <即简单重复序列 (single sequence repeat)>
microsatellite loci [s. microsatellite locus] 微卫星位点
microsatellite locus [pl. microsatellite loci] 微卫星位点
microsatellite marker 微卫星标记
Microschemus 小施步甲属
Microschemus flavopilosus (LaFerté-Sénectère) 黄斑小施步甲，黄斑小丽步甲
microscope 显微镜
microscopic structure 显微结构，显微组织
microscopy 显微镜技术
Microscydmus 微苔甲属
Microscydmus akauensis (Reitter) 阿猴微苔甲，阿尤苔甲
Microscydmus bicavatus Jaloszyński 双凹微苔甲
microsection 组织切片
Microserangium 刀角瓢虫属
Microserangium dactylicum Wang *et* Ren 指突刀角瓢虫
Microserangium deltoides Wang *et* Ren 三角刀角瓢虫
Microserangium erythrinum Wang *et* Ren 红刀角瓢虫
Microserangium fuscum Wang *et* Ren 暗褐刀角瓢虫
Microserangium glossoides Wang *et* Ren 舌刀角瓢虫
Microserangium hainanensis Miyatake 海南刀角瓢虫
Microserangium okinawense Miyatake 小刀角瓢虫，冲绳拟刀角瓢虫
Microserangium sababensis (Sasaji) 沙巴刀角瓢虫，沙巴拟刀角瓢虫
Microserangium semilunatum Wang *et* Ren 半月刀角瓢虫
Microserangium shennongensis Wang *et* Ren 神农刀角瓢虫
Microserangium shikokense Miyatake 四国刀角瓢虫
microsere 小演替系列
Microserica 微绢金龟甲属，微绒毛金龟属
Microserica bisignata Nomura 双纹微绢金龟甲，双纹微绢金龟，胸纹微绒毛金龟
Microserica fukiensis (Frey) 黑头微绢金龟甲，黑头微绒毛金龟，闽臀绢金龟甲，闽腹楔绢金龟
Microserica hainana (Brenske) 琼微绢金龟甲，琼微绢金龟，海南微毛鳃金龟
Microserica hiulca Brenske 希微绢金龟甲，希微绢金龟
Microserica inornata Nomura 见 *Microserica fukiensis*
Microserica mawi Arrow 见 *Anomalophylla mawi*
Microserica nigropicta (Fairmaire) 黑纹微绢金龟甲，黑纹微绢金龟，黑纹绢金龟
Microserica nikkonensis Brenske 同 *Gastroserica brevicornis*
Microserica nitidipyga Nomura 亮臀微绢金龟甲，亮臀微绢金龟，艳尾微绒毛金龟
Microserica opalina (Burmeister) 奥微绢金龟甲，奥微绢金龟
Microserica roeri Frey 罗微绢金龟甲，罗微绢金龟
Microserica sigillata Brenske 符微绢金龟甲，符微绢金龟
Microsetia heringi Kuroko 见 *Chrysoesthia heringi*
Microsoma 米寄蝇属
Microsoma exigua (Meigen) 小米寄蝇
microsomal mixed-function oxidase 微粒体多功能氧化酶，微粒体多功能氧化酶系
microsome 微粒子
microsomite 小体节 <胚胎中以后形成体节的小型胚体节>
Microsomus 长毛叶甲亚属
microstructure 微观结构，细微结构，显微结构
Microspathe 微竿象甲属
Microspathe fuliginosa Faust 烟色微竿象甲，烟色微竿象
Microsphecia 微卷蛾属
Microsphecia suisharyonis Strand 素微卷蛾
microsporidia [s. microsporidium] 微孢子虫
microsporidiosis 微孢子虫病，微粒子病

microsporidium [pl. microsporidia] 微孢子虫
microspur 微距
Microstenus 纵沟姬蜂属
Microstenus rufithorax Sheng, Li *et* Sun 褐胸纵沟姬蜂
Microsternus 小蕈甲属
Microsternus cribricollis (Gorham) 多孔小蕈甲
Microsternus perforatus (Lewis) 点缀小蕈甲
Microsternus taiwanus Chûjô 台湾小蕈甲，台微胸大蕈甲
Microsternus tricolor Lewis 三色小蕈甲
microstructure 微观结构，细微机构，显微结构
Microstylum 微芒虫虻属，微芒食虫虻属，微刺虫虻属，微突食虫虻属
Microstylum albolimbatum van der Wulp 白缘微芒虫虻，白缘微芒食虫虻，白缘微刺虫虻
Microstylum amoyense Bigot 厦门微芒虫虻，厦门微芒食虫虻，厦门微刺虫虻，厦门食虫虻
Microstylum bicolor Macquart 二色微芒虫虻，二色微芒食虫虻，二色微刺虫虻
Microstylum dux (Wiedemann) 帅微芒虫虻，微芒食虫虻，帅模虫虻
Microstylum fafner (Enderlein) 珐微芒虫虻，珐模虫虻
Microstylum flaviventre Macquart 黄腹微芒虫虻，黄腹微芒食虫虻，黄腹微刺虫虻
Microstylum oberthuerii van der Wulp 奥氏微芒虫虻，奥氏微芒食虫虻，奥氏微刺虫虻，西藏食虫虻，大琉璃食虫虻 < 此种学名有写成 *Microstylum oberthurii* van der Wulp 者 >
Microstylum sordidum (Walker) 污微芒虫虻，污微芒食虫虻
Microstylum spectrum (Wiedemann) 肖微芒虫虻，肖微芒食虫虻，像微刺虫虻，普通食虫虻
Microstylum trimelas (Walker) 粉微芒虫虻，粉微芒食虫虻，三黑微刺虫虻
Microstylum vulcan Bromley 中国微芒虫虻，中国微芒食虫虻，芜模虫虻
microsymbiote 微共生物 < 指小生物或微生物的共生性联系 >
Microtachycines 微疾灶螽属
Microtachycines elongatus Qin, Liu *et* Li 长板微疾灶螽
Microtachycines fallax Qin, Liu *et* Li 伪微疾灶螽
Microtachycines tamdaonensis Gorochov 越微疾灶螽
microtarsala 微跗毛
microtaxonomy 微观分类学，小分类学
Microtelopsis thibetana Koch 见 *Tetranosis thibetanus*
Microtendipes 倒毛摇蚊属
Microtendipes angustus Qi *et* Wang 狭窄倒毛摇蚊
Microtendipes brevissimus Qi, Shi, Lin *et* Wang 短小倒毛摇蚊
Microtendipes britteni (Edwards) 黄绿倒毛摇蚊
Microtendipes chloris (Meigen) 黑斑倒毛摇蚊
Microtendipes confines (Meigen) 科菲倒毛摇蚊，康倒毛摇蚊
Microtendipes famiefeus Sasa 法米倒毛摇蚊
Microtendipes globosus Qi, Li, Wang *et* Shao 圆倒毛摇蚊，球状倒毛摇蚊
Microtendipes pedellus (De Geer) 小足倒毛摇蚊
Microtendipes quasicaducus Qi *et* Wang 花翅倒毛摇蚊，方尾倒毛摇蚊
Microtendipes truncatus Kawai *et* Sasa 平截倒毛摇蚊
Microtendipes tuberosus Qi *et* Wang 具瘤倒毛摇蚊
Microtendipes yaanensis Qi *et* Wang 雅安倒毛摇蚊
Microtendipes zhamensis Qi *et* Wang 樟木倒毛摇蚊
Microtendipes zhejiangensis Qi, Lin *et* Wang 浙江倒毛摇蚊
Microtermes 蛮白蚁属
Microtermes dimorphes Tsai *et* Chen 小头蛮白蚁，小头小白蚁
Microtermes menglunensis Zhu *et* Huang 勐仑蛮白蚁
Microtermes pallidus Haviland 淡白小白蚁
Microterys 花翅跳小蜂属
Microterys africa (Girault) 非洲花翅跳小蜂
Microterys anyangensis Xu 安阳花翅跳小蜂
Microterys australicus Prinsloo 澳洲花翅跳小蜂
Microterys brachypterus (Mercet) 短翅花翅跳小蜂
Microterys breviventris Xu 短腹花翅跳小蜂
Microterys chalcostomus (Dalman) 铜绿花翅跳小蜂
Microterys choui Xu 周氏花翅跳小蜂
Microterys clauseni Compere 柯氏花翅跳小蜂，球蚧花翅跳小蜂
Microterys coffeae Singh *et* Hayat 咖啡花翅跳小蜂
Microterys crescocci Xu 盘蚧花翅跳小蜂
Microterys dichrous (Mercet) 双色花翅跳小蜂
Microterys didesmococci Shi, Si *et* Wang 球蚧花翅跳小蜂
Microterys dimorphus (Mercet) 二型花翅跳小蜂
Microterys ditaeniatus Huang 二带纹花翅跳小蜂，二带花翅跳小蜂
Microterys drosichaphagus Xu 草履蚧花翅跳小蜂
Microterys elegans Blanchard 秀丽花翅跳小蜂
Microterys ericeri Ishii 白蜡虫花翅跳小蜂
Microterys flavitibiaris Xu 黄胫花翅跳小蜂
Microterys flavus (Howard) 盾蚧花翅跳小蜂，软蚧花翅跳小蜂
Microterys fuscicornis (Howard) 褐角花翅跳小蜂
Microterys fuscipennis (Dalman) 褐翅花翅跳小蜂
Microterys gansuensis Xu 甘肃花翅跳小蜂
Microterys hei Xu 何氏花翅跳小蜂
Microterys hunanensis Xu *et* Shi 湖南花翅跳小蜂
Microterys indicus Subba Rao 印度花翅跳小蜂
Microterys intermedius Sugonjaev 间花翅跳小蜂
Microterys iranicus Japoshvili *et* Fallahzadeh 伊朗花翅跳小蜂
Microterys ishiii Tachikawa 石井花翅跳小蜂
Microterys japonicus Ashmead 日本花翅跳小蜂
Microterys jiamusiensis Xu 佳木斯花翅跳小蜂
Microterys kenyaensis Compere 肯尼亚花翅跳小蜂
Microterys kuwanai Ishii 桑名花翅跳小蜂
Microterys liaoi Xu 廖氏花翅跳小蜂
Microterys lii Xu 李氏花翅跳小蜂
Microterys longiclavatus Xu 长棒花翅跳小蜂
Microterys mercetii Masi 见 *Syrphophagus mercetii*
Microterys metaceronemae Xu 瘤毡蚧花翅跳小蜂
Microterys montinus (Packard) 山花翅跳小蜂
Microterys nietneri (Motschulsky) 聂特花翅跳小蜂
Microterys nuticaudatus Xu 露尾花翅跳小蜂
Microterys okitsuensis Compere 兴津花翅跳小蜂，冲津花翅跳小蜂
Microterys ovaliscape Xu 卵柄花翅跳小蜂
Microterys perlucidus Zu 透翅花翅跳小蜂
Microterys postmarginis Xu 后缘花翅跳小蜂
Microterys pseudocrescocci Xu 壶蚧花翅跳小蜂
Microterys pseudonietneri Xu 拟聂特花翅跳小蜂
Microterys psoraleococci Xu 球链蚧花翅跳小蜂
Microterys purpureiventris (Girault) 紫脉花翅跳小蜂
Microterys rufofulvus Ishii 红黄花翅跳小蜂
Microterys rufulus (Mercet) 红花翅跳小蜂
Microterys sasae Pilipyuk *et* Trjapitzin 飒花翅跳小蜂

Microterys shaanxiensis Xu 陕西花翅跳小蜂
Microterys sinicus Jiang 中华花翅跳小蜂
Microterys skotasmos Xu 暗色花翅跳小蜂
Microterys speciosus Ishii 美丽花翅跳小蜂，蜡蚧花翅跳小蜂
Microterys tarumiensis Tachikawa 垂水花翅跳小蜂
Microterys tenuifasciata Xu 窄条花翅跳小蜂
Microterys tenuifrons Xu 窄额花翅跳小蜂
Microterys tianchiensis Xu 天池花翅跳小蜂
Microterys tianshanicus Sugonjaev 天山花翅跳小蜂
Microterys tranusidelta Xu 明角花翅跳小蜂
Microterys tranusimarginis Xu 明缘花翅跳小蜂
Microterys tricoloricornis (De Stefani) 花角花翅跳小蜂
Microterys triguttatus Girault 三斑花翅跳小蜂
Microterys unicoloris Xu 匀色花翅跳小蜂
Microterys varicoloris Xu 异色花翅跳小蜂
Microterys yunnanensis Tan *et* Zheng 云南花翅跳小蜂
Microterys zhaoi Xu 赵氏花翅跳小蜂
Microtheca 小鞘叶甲属
Microtheca ochroloma Stål [yellow-margined leaf beetle] 黄缘小鞘叶甲，黄缘叶甲
Microthoraciidae 微胸虱科
Microthoracius 微胸虱属
Microthoracius cameli (Linnaeus) [camel sucking louse] 驼微胸虱
Microthoracius mazzai Werneck 玛氏微胸虱
Microthoracius minor Werneck 小微胸虱
Microthoracius praelongiceps (Neumann) [guanaco louse] 类长头微胸虱，羊驼虱
microthorax 1. 小胸 <蜻蜓目 Odonata 昆虫中，胸部前端的小分部>；2. 颈 <认为颈是一缩小的体节的说法>
Microthrix miserabilis Strand 见 *Elegia miserabilis*
Microthrix relictella Caradja 见 *Elegia relictella*
Microtia 小蛱蝶属
Microtia elva Bates [elf] 橙带小蛱蝶
microtibial seta [= microtibiala] 微胫毛
microtibiala 见 microtibial seta
microtopography 小地形
Microtriatoma 小锥猎蝽属
Microtriatoma borbai Lent *et* Wygodzinsky 博氏小锥猎蝽
Microtriatoma trinidadensis (Lent) 特立尼达小锥猎蝽
Microtribodes 微特象甲属
Microtribodes formosanus Morimoto 台微特象甲，台微特象
microtrichi 微刺
microtrichia [s. microtrichium; = fixed hairs, aculei] 微刺毛，翅刺 <某些昆虫翅面上的微小毛状构造，但无基部关节>
Microtrichia acutangularis Moser 见 *Sophrops acutangularis*
Microtrichia cephalotes (Burmeister) 见 *Sophrops cephalotes*
Microtrichia formosana Moser 见 *Sophrops formosana*
Microtrichia hainana Brenske 见 *Microserica hainana*
Microtrichia nigra (Redtenbacher) 同 *Sophrops planicollis*
Microtrichia pexicollis (Fairmaire) 见 *Sophrops pexicollis*
Microtrichia subrugata (Moser) 见 *Diplotaxis subrugata*
microtrichium [pl. microtrichia; = fixed hair, aculeus] 微刺毛，翅刺
microtubercle 微瘤
microtubule 微管 <指细胞内的>
Microtypinae 小模茧蜂亚科
Microtypus 小模茧蜂属
Microtypus algiricus Szépligeti 大眼小模茧蜂
Microtypus desertorum Shestakov 沙地小模茧蜂
Microtypus wesmaelii Ratzeburg 魏氏小模茧蜂
Microunguis 小爪扁蚜属
Microunguis depressus (Takahashi) 压小爪扁蚜
Microvelia 小宽肩蝽属，小宽黾蝽属，小宽肩蝽亚属
Microvelia diluta Distant 同 *Microvelia leveillei*
Microvelia douglasi Scott 道氏小宽黾蝽，道氏小宽黾蝽
Microvelia genitalis Lundblad 窄小宽肩蝽
Microvelia genitalis genitalis Lundblad 窄小宽肩蝽指名亚种
Microvelia genitalis iriomotensis Miyamoto 窄小宽肩蝽西表岛亚种
Microvelia horvathi Lundblad 荷氏小宽肩蝽，荷氏小宽黾蝽，菏氏小宽黾蝽
Microvelia kyushuensis Esaki *et* Miyamoto 琉球小宽肩蝽
Microvelia leveillei (Lethierry) 异淡色小宽肩蝽
Microvelia pygmaea (Dufour) 北京小宽肩蝽，北京小宽黾蝽
Microvelia reticulata (Burmeister) 网脉小宽肩蝽，网脉小宽黾蝽
Microveliinae 小宽黾蝽亚科，小宽肩蝽亚科
microvilli [s. microvillus] 1. 微绒毛；2. 微杆 <细胞的边缘构造>
microvillus [pl. microvilli] 1. 微绒毛；2. 微杆
microvitellogenin 微卵黄原蛋白
Microvonus 微坚甲属
Microvonus sauteri Grouvelle 索微坚甲
Microxyla 微木夜蛾属，榍夜蛾属
Microxyla confusa (Wileman) 台微木夜蛾，混榍夜蛾，榍夜蛾，孔谧夜蛾
Microxylorhiza 微蓑天牛属，矮纵条天牛属
Microxylorhiza matsudai Hayahsi 南投微蓑天牛，松田氏矮纵条天牛
Micrurapteryx 翼细蛾属
Micrurapteryx fumosella Kuznetzov *et* Tristan 翘须翼细蛾
Micrurapteryx gradatella (Herrich-Schäffer) 白头翼细蛾
Micrurapteryx sophorivora Kuznetzov *et* Tristan 短须翼细蛾
Micruria 爪突露尾甲亚属
Mictinae 巨缘蝽亚科
Mictiopsis 类侎缘蝽属
Mictiopsis curvipes Hsiao 曲足侎缘蝽，曲足类侎缘蝽
Mictis 侎缘蝽属
Mictis angusta Hsiao 狭侎缘蝽
Mictis falloui Reuter 北京侎缘蝽
Mictis fuscipes Hsiao 黑胫侎缘蝽
Mictis gallina Dallas 锐肩侎缘蝽
Mictis profana (Fabricius) [crusader bug] 鸟不宿侎缘蝽
Mictis serina Dallas 黄胫侎缘蝽
Mictis tenebrosa (Fabricius) 曲胫侎缘蝽
Mictis tuberosa Hsiao 突腹侎缘蝽
Mictris 皱缘弄蝶属
Mictris cambyses Hewitson 康比斯皱缘弄蝶
Mictris crispus (Herrich-Schäffer) [crispus skipper] 皱缘弄蝶
micturition 排尿
micythus skipper [*Morys micythus* (Godman)] 米斑颉弄蝶
mid coxa [pl. mid coxae; = mesocoxa, midcoxa] 中足基节
mid coxae [s. mid coxa; = mesocoxae, midcoxae] 中足基节
mid-domain effect 中域效应
mid-intestine [= ventriculus, midgut, mesenteron, chylostomach, duodenum, chylific ventricle, stomach] 中肠，胃
mid-midgut [= middle midgut] 中中肠

M

mid-ranged species 中域种
mid-stage 中期，盛食期 < 家蚕的 >
midas euselasia [*Euselasia midas* (Fabricius)] 万达斯优蚬蝶
midas opal [*Poecilmitis midas* Pennington] 迷幻灰蝶
midas skipper [= golden scarlet-eye, *Bungalotis midas* (Cramer)] 帮弄蝶
midas sylph [*Metisella midas* Butler] 金黄糜弄蝶
midcoxa [pl. midcoxae; = mesocoxa, mid coxa] 中足基节
midcoxae [s. midcoxa; = mesocoxae, mid coxae] 中足基节
midcranial ridge 颅中脊 < 指颅中沟的内脊 >
midcranial sulcus 颅中沟
middle apical area [= internal area] 内区，内域
middle barklouse [= mesopsocid booklouse, mesopsocid] 羚蝎，斑蝎 < 羚蝎科 Mesopsocidae 昆虫的通称 >
middle field [= discoidal field, discoidal area] 中区，中域
Middle Island tusked weta [= Mercury Islands tusked weta, *Motuweta isolata* Johns] 岛獠牙丑螽
middle larval stage 中蚕期，盛食蚕期
middle leg [= midleg, mesothoracic leg, mesothorax leg] 中足
middle lobe 中叶 < 见于直翅目 Orthoptera 昆虫中 >
middle midgut 见 mid-midgut
middle plate 1. 中段；2. 中板；3. 中片
middle pleural area 中侧区 < 指膜翅目 Hymenoptera 昆虫中，在侧隆线与胸侧隆线间三个区的中间区；或为第二胸侧区 >
middorsal thoracic carina 中背隆线 < 蜻蜓目 Odonata 昆虫中胸前侧片会合之处的隆起线 >
midgular suture 中外咽缝 < 指二外咽缝并合而成的单一中缝 >
midgut [= ventriculus, mid-intestine, mesenteron, chylostomach, duodenum, chylific ventricle, stomach] 中肠，胃
midgut cell 中肠细胞
midgut epithelial tissue 中肠上皮组织，中肠皮膜组织
midgut epithelium 中肠上皮细胞，中肠皮膜细胞
midgut hormone 中肠激素
midgut lumen 中肠腔
midgut-nuclear polyhedrosis 中肠核多角体病
midgut-nuclear polyhedrosisvirus 中肠核多角体病病毒
midgut polyhedrosis 中肠多角体病
mldgut tissue 中肠组织
midintestine [= midgut] 中肠
midleg 见 middle leg
Midoria 肖点叶蝉属
Midoria annulata Cai *et* Jiang 环突肖点叶蝉
Midoria bifurcata Cai *et* Kouh 叉茎肖点叶蝉
Midoria brunnea Cai *et* Kouh 褐尾肖点叶蝉，褐脉肖点叶蝉
Midoria capitata Kato 肖点叶蝉，显脉宽头叶蝉
Midoria denticulata Li *et* Li 齿茎肖点叶蝉，齿缘肖点叶蝉
Midoria deplanata Li *et* Li 顺突肖点叶蝉
Midoria ferruginea Cai *et* Kouh 锈褐肖点叶蝉
Midoria funebris (Jacobi) 暗褐肖点叶蝉
Midoria hamulata Li *et* Li 钩突肖点叶蝉
Midoria hastifera Li *et* Li 戟突肖点叶蝉
Midoria hei Cai *et* Jiang 何氏肖点叶蝉
Midoria huapingensis Li *et* Li 花坪肖点叶蝉
Midoria lamellata Li *et* Li 片突肖点叶蝉
Midoria torsiva Li *et* Li 扭突肖点叶蝉
Midoria zunyiensis Li *et* Li 遵义肖点叶蝉
midplate 中板 < 由胚带里层分化的 >
MIF [macrophage migration inhibitory factor 的缩写] 巨噬细胞移动抑制因子
Migneauxia 东方薪甲属
Migneauxia lederi Reitter 皮东方薪甲
Migneauxia orientalis Reitter 东方薪甲，东方迷薪甲
migrant 1. 迁移蚜；2. 迁移者；3. 迁移动物
migrant dart [*Andronymus gander* Evans] 看昂弄蝶
migrant hawker [*Aeshna mixta* Latreille] 混合蜓，混蜓
migrant spreadwing [= shy emerald damselfly, *Lestes barbarus* (Fabricius)] 刀尾丝蟌
migrarc 移栖圈
migration 迁移，迁飞；移栖
migration agent 迁移外因
migration mechanism 迁移机制
migrator 1. 迁移者，迁飞者；2. 迁飞性昆虫
migratory 迁移的，迁飞的
migratory aggregation 迁移性群集
migratory beekeeping 转地养蜂
migratory behavio(u)r 迁飞行为，迁移行为
migratory grasshopper [*Melanoplus sanguinipes* (Fabricius)] 迁飞黑蝗，血黑蝗，迁徙蝗，迁徙蚱蜢
migratory locust [*Locusta migratoria* (Linnaeus)] 飞蝗
migratory syndrome 迁飞综合征
miidera beetle [= Asian bombardier beetle, spotted brownish ground beetle, *Pheropsophus jessoensis* Morawitz] 耶屁步甲
mikado minute garden cricket [*Nemobius mikado* Shiraki] 米卡针蟋，小圆金铃，迷卡异针蟋
mikado pyralid [*Nephopterix mikadella* (Ragonot)] 帝云斑螟，帝野螟
mikado swallowtail [*Graphium doson albidus* (Nakahara)] 木兰青凤蝶日本亚种，白凤蝶
Mikado 黄缨甲属
Mikado japonicus Mathews 日本黄缨甲，黄缨甲
Mikia 密克寄蝇属，密寄蝇属，华丽寄蝇属
Mikia apicalis (Matsumura) 毛缘密克寄蝇，毛缘密寄蝇，祖窟寄蝇，端安寄蝇
Mikia choui Wang *et* Zhang 周氏密克寄蝇，周氏密寄蝇
Mikia japanica (Baranov) 日本密克寄蝇，日本密寄蝇
Mikia lampros (van der Wulp) 大黑密克寄蝇，大黑密寄蝇
Mikia nigribasicosta Chao *et* Zhou 同 *Mikia apicalis*
Mikia orientalis Chao *et* Zhou 东方密克寄蝇
Mikia patellipalpis (Mesnil) 棘须密克寄蝇，棘须密寄蝇
Mikia tepens (Walker) 华丽密克寄蝇，华丽密寄蝇，松毛虫华丽寄蝇，松毛虫密克寄蝇
Mikia yunnanica Chao *et* Zhou 云南密克寄蝇
Mikiola 佅瘿蚊属
Mikiola cristata Kieffer 具脊佅瘿蚊
Mikiola fagi (Hartig) [beech gall midge, beech pouch gall midge, beech leaf gall midge] 欧洲山毛榉佅瘿蚊
Mikiola orientalis Kieffer 东方佅瘿蚊
Mikomyia coryli (Kieffer) 欧洲榛佅瘿蚊
Milagros' tiger [*Parantica milagros* Schder *et* Treadaway] 采拉格罗绢斑蝶
Milania 米兰粪蝇属
Milania longiabdominum (Sun) 长腹米兰粪蝇
Milanion 米兰弄蝶属
Milanion cramba Evans [Peru bird-dropping skipper] 秘鲁米兰弄蝶

Milanion filumnus Mabille *et* Boullet 玻利维亚米兰弄蝶
Milanion hemes (Cramer) [hemes skipper] 米兰弄蝶
Milanion leucaspis (Mabille) [leucaspis skipper] 白米兰弄蝶
Milanion marciana Godman *et* Salvin [marciana skipper] 巴拿马米兰弄蝶
Milanion pilumnus (Mabille *et* Boullet) [common bird-dropping skipper, southern clipper, pilumnus skipper] 常米兰弄蝶
Milbert's tortoiseshell [= fire-rim tortoiseshell, *Aglais milberti* (Godart)] 北美麻蛱蝶
mild moderate dose 中等剂量
Mileewa 窗翅叶蝉属
Mileewa alara Yang *et* Li 翼枝窗翅叶蝉
Mileewa albovittata Chiang *et* Knight 白条窗翅叶蝉
Mileewa amplimacula Yang *et* Li 大斑窗翅叶蝉
Mileewa anchora Yang *et* Li 锚纹窗翅叶蝉
Mileewa bimaculata Cai *et* He 同 *Mileewa ponta*
Mileewa branchiuma Yang *et* Li 枝茎窗翅叶蝉
Mileewa choui Yang *et* Li 周氏窗翅叶蝉
Mileewa cockiheada Yang, Meng *et* Li 鸡头窗翅叶蝉
Mileewa coeomacula Meng *et* Yang 合斑窗翅叶蝉
Mileewa damingana Yang, Meng *et* Li 大明窗翅叶蝉
Mileewa decemspina Yang *et* Li 十刺窗翅叶蝉
Mileewa disclada Yang *et* Li 双枝窗翅叶蝉
Mileewa dorsimaculata (Melichar) 背斑窗翅叶蝉，黑尾窗翅叶蝉
Mileewa exsertocaputa Yang *et* Meng 突头窗翅叶蝉
Mileewa fanjingana Yang *et* Li 梵净窗翅叶蝉
Mileewa fusciovittata Yang 褐条窗翅叶蝉
Mileewa gaoligongana Yang *et* Li 高黎窗翅叶蝉
Mileewa harpa Yang *et* Li 见 *Ujna harpa*
Mileewa holomacula Yang *et* Li 全斑窗翅叶蝉
Mileewa houhensis Yang, Meng *et* He 后河窗翅叶蝉
Mileewa huapingana Meng *et* Yang 花坪窗翅叶蝉
Mileewa jianzhuensis Meng *et* Yang 箭竹窗翅叶蝉
Mileewa jinpingana Yang, Meng *et* Li 金平窗翅叶蝉
Mileewa lackimacula Yang, Meng *et* Li 无斑窗翅叶蝉
Mileewa lackstripa Yang *et* Li 无纹窗翅叶蝉
Mileewa lamellata Meng *et* Yang 片突窗翅叶蝉
Mileewa latistripa Yang, Meng *et* Li 宽条窗翅叶蝉
Mileewa longiseta Yang *et* Li 长毛窗翅叶蝉
Mileewa longistripa Yang *et* Li 长条窗翅叶蝉
Mileewa lynchi (Distant) 陵崎窗翅叶蝉，林奇窗翅叶蝉
Mileewa margheritae Distant 窗翅叶蝉
Mileewa medispina Yang, Meng *et* Li 中刺窗翅叶蝉
Mileewa mira Yang *et* Li 褐点窗翅叶蝉
Mileewa nantouensis Yang 南投窗翅叶蝉
Mileewa nigricauda Yang *et* Li 同 *Mileewa dorsimaculata*
Mileewa nigrimaculata Yang *et* Li 见 *Ujna nigrimaculata*
Mileewa nigroscens Yang *et* Meng 见 *Processina nigroscens*
Mileewa nii Yang, Meng *et* Li 倪氏窗翅叶蝉
Mileewa octospina Yang 八刺窗翅叶蝉
Mileewa papillata Yang *et* Li 乳突窗翅叶蝉
Mileewa polymorpha Yang *et* Li 多型窗翅叶蝉
Mileewa ponta Yang *et* Li 船茎窗翅叶蝉
Mileewa puerana Yang *et* Meng 见 *Ujna puerana*
Mileewa rufivena Cai *et* Kuoh 红脉窗翅叶蝉
Mileewa sharpa Yang 尖头窗翅叶蝉
Mileewa shirozui (Ishihara) 独斑窗翅叶蝉
Mileewa snakecephala Yang, Meng *et* Li 蛇头窗翅叶蝉
Mileewa tetraspina Yang 四刺窗翅叶蝉
Mileewa trispina Yang *et* Meng 三刺窗翅叶蝉
Mileewa ussurica Anufriev 乌苏窗翅叶蝉
Mileewa xiaofeiae Yang, Meng *et* He 晓飞窗翅叶蝉
Mileewa yangi Yang, Meng *et* He 杨氏窗翅叶蝉
Mileewa yigongana Yang 易贡窗翅叶蝉
Mileewa zhanae Yang, Meng *et* Li 詹氏窗翅叶蝉
Mileewa zhengi Yang *et* Li 张氏窗翅叶蝉
Mileewanini 窗翅叶蝉族
Milesia 迷蚜蝇属，小蚜蝇属
Milesia ammochrysus Séguy 同 *Milesia sinensis*
Milesia apsycta Séguy 闽小迷蚜蝇
Milesia atricorporis Yang *et* Cheng 同 *Milesia quantula*
Milesia balteata Kertész 玉带迷蚜蝇
Milesia cretosa Hippa 黄带迷蚜蝇
Milesia ferruginosa Brunetti 锈色迷蚜蝇，橙色迷蚜蝇，红迷蚜蝇
Milesia fissipennis Speiser 狭斑迷蚜蝇，裂翅蚜蝇，裂翅迷蚜蝇
Milesia fuscicosta (Bigot) 缘带迷蚜蝇，棕条迷蚜蝇
Milesia insignis Hippa 非凡迷蚜蝇
Milesia maai Hippa 马氏迷蚜蝇
Milesia maolana Yang *et* Cheng 同 *Milesia ferruginosa*
Milesia nigriventris He *et* Chu 黑腹迷蚜蝇
Milesia paucipunctata Yang *et* Cheng 寡斑迷蚜蝇
Milesia quantula Hippa 黑色迷蚜蝇
Milesia ruiliana Yang *et* Cheng 同 *Milesia cretosa*
Milesia sinensis Curran 中华迷蚜蝇
Milesia tachina Yang *et* Cheng 同 *Milesia cretosa*
Milesia turgidiverticis Yang *et* Cheng 同 *Milesia verticalis*
Milesia undulata Vollenhoven 波迷蚜蝇
Milesia variegata Brunetti 橘斑迷蚜蝇，纹背迷蚜蝇
Milesia verticalis Brunetti 隆顶迷蚜蝇
Milesia vesparia Shiraki 同 *Milesia verticalis*
Milesiina 迷蚜蝇亚族
Milesiinae 迷蚜蝇亚科，苹食蚜蝇亚科，苹蚜蝇亚科
Milesiini 迷蚜蝇族
Miletinae 云灰蝶亚科
Miletus 云灰蝶属
Miletus ancon (Doherty) [divided brownie] 安云灰蝶
Miletus archilochus (Fruhstorfer) 古云灰蝶
Miletus archilochus archilochus (Fruhstorfer) 古云灰蝶指名亚种，指名古云灰蝶
Miletus biggsii (Distant) [Bigg's brownie] 比云灰蝶
Miletus boisduvali Moore 布衣云灰蝶，播衣云灰蝶
Miletus boisduvali boisduvali Moore 布衣云灰蝶指名亚种，指名播衣云灰蝶
Miletus celinus Eliot 赛云灰蝶
Miletus cellarius (Fruhstorfer) 细云灰蝶
Miletus chinensis Felder [common mottle] 中华云灰蝶

Miletus chinensis assamensis Doherty [Assam common mottle] 中华云灰蝶阿萨姆亚种

Miletus chinensis chinensis Felder 中华云灰蝶指名亚种，指名中华云灰蝶

Miletus croton (Doherty) 科云灰蝶

Miletus croton corus Eliot 科云灰蝶缅甸亚种，柯科云灰蝶

Miletus croton croton (Doherty) 科云灰蝶指名亚种

Miletus drucei (Semper) [crenulate mottle] 德云灰蝶

Miletus gaesa (de Nicéville) 盖云灰蝶

Miletus gaetulus (de Nicéville) 珍云灰蝶

Miletus gallus (de Nicéville) 捷云灰蝶

Miletus gigantes (de Nicéville) 大云灰蝶

Miletus gopara (de Nicéville) 褐云灰蝶

Miletus heracleion (Doherty) 海云灰蝶

Miletus leos Guérin-Méneville 狮云灰蝶

Miletus longeana (de Nicéville) [Long's brownie, Shan common mottle] 长云灰蝶

Miletus mallus (Fruhstorfer) 羊毛云灰蝶

Miletus mallus mallus (Fruhstorfer) 羊毛云灰蝶指名亚种

Miletus mallus shanius (Evans) 羊毛云灰蝶海南亚种，海南羊毛云灰蝶

Miletus melanion Felder 黑云灰蝶

Miletus nymphis (Fruhstorfer) 凝云灰蝶

Miletus nymphis nymphis (Fruhstorfer) 凝云灰蝶指名亚种

Miletus nymphis porus Eliot 凝云灰蝶海南亚种，海南凝云灰蝶

Miletus petronius (Distant *et* Pryer) 俳云灰蝶

Miletus symethus (Cramer) [great brownie] 云灰蝶

Miletus valeus (Fruhstorfer) 瓦云灰蝶

Miletus zinckenii Felder *et* Felder 赞云灰蝶

milfoil moth [= watermilfoil moth, water veneer, *Acentria ephemerella* (Denis *et* Schiffermüller)] 蓍草水草螟

miliaris pit scale [*Bambusaspis miliaris* (Boisduval)] 热带竹链蚧，密竹斑链蚧，小米链蚧，扁竹链介壳虫

Milichia 叶蝇属

Milichia argyrata Hendel 圆叶蝇，银弥真叶蝇，银色稗秆蝇

Milichia pubescens Becker 柔毛叶蝇，短毛叶蝇，多毛稗秆蝇

Milichiella 凹痕叶蝇属，小稗秆蝇属

Milichiella arcuata (Loew) 弓凹痕叶蝇

Milichiella asiatica Brake 亚洲凹痕叶蝇

Milichiella bakeri Aldrich 贝克凹痕叶蝇，贝氏稗秆蝇

Milichiella formosae Brake 台湾凹痕叶蝇

Milichiella lacteipennis (Loew) 淡翅凹痕叶蝇，乳翅拟弥真叶蝇，广东稗秆蝇

Milichiella spinthera Hendel 针芒凹痕叶蝇，距拟弥真叶蝇，卑南稗秆蝇

milichiid fly 1. [= phyllomyzid fly, phyllomyzid, freeloader fly, jackal fly, filth fly] 叶蝇 < 叶蝇科 Milichiidae 昆虫的通称 >; 2. 叶蝇科的

Milichiidae [= Phyllomyzidae] 叶蝇科，真叶蝇科，稗秆蝇科

Milichiinae 叶蝇亚科，稗秆蝇亚科

Milichius 克弥伪瓢虫属

Milichius klapperichi Mader 克弥伪瓢虫

Milichius multimaculatus Sasaji 多斑克弥伪瓢虫

Milionia 蓝尺蛾属，金光尺蛾属

Milionia basalis Walker 橙带蓝尺蛾，松金光尺蛾，带金光尺蛾，橙带枝尺蛾，黄带枝尺蛾

Milionia basalis pryeri Druce 同 *Milionia basalis*

Milionia isodoxa Prout [millionaire moth] 南洋蓝尺蛾，南洋杉尺蛾

Milionia pryeri Druce 同 *Milionia basalis*

Milionia zonea Moore 同 *Milionia basalis*

Milionia zonea pryeri Druce 同 *Milionia basalis*

Milioniini 蓝尺蛾族

Militene bifidella Leech 见 *Acrobasis bifidella*

milk gland 乳腺 < 某些虱蝇科 Hippoboscidae 昆虫雌性生殖器官中分泌幼虫营养液的两对腺体 >

milky bean cupid [= desert blue, *Euchrysops nilotica* Aurivillius] 尼棕灰蝶

milky cerulean [*Jamides lacteata* de Nicéville] 酪雅灰蝶

milky disease 乳状菌病，乳白病，乳状病

milky glasswing [*Ithomia derasa* (Hewitson)] 迪桑绡蝶

milky ruby-eye [= aecas ruby-eye, aecas skipper, *Flaccilla aecas* (Stoll)] 弱弄蝶

milky scarce flat [*Calleagris lacteus* (Mabille)] 乳唤弄蝶

milkweed aphid [= gossypium aphid, oleander aphid, sweet pepper aphid, nerium aphid, *Aphis nerii* Boyer de Fonscolombe] 夹竹桃蚜，木棉蚜

milkweed assassin bug [*Zelus longipes* (Linnaeus)] 长足择猎蝽

milkweed butterfly 1. [= danaid butterfly, danaid] 斑蝶 < 斑蝶科 Danaidae 昆虫的通称 >; 2. 乳草斑蝶

milkweed tiger moth [= milkweed tussock moth, *Euchaetes egle* (Drury)] 乳草优目夜蛾

milkweed tussock moth 见 milkweed tiger moth

mill moth [= Mediterranean flour moth, Indian flour moth, *Ephestia kuehniella* (Zeller)] 地中海粉斑螟，地中海粉螟，地中海斑螟

Millar's buff [*Deloneura millari* Trimen] 米黛灰蝶

Millar's hairtail [*Anthene millari* (Trimen)] 迷尖角灰蝶

miller 1. 夜蛾 < 属于夜蛾科 Noctuidae> ; 2. [= miller moth, leporina dagger moth, poplar dagger moth, *Acronicta leporina* (Linnaeus)] 剑纹夜蛾

miller dagger moth [*Acronicta vulpina* Grote] 拟剑纹夜蛾，米勒剑纹夜蛾

miller moth [= miller, leporina dagger moth, poplar dagger moth, *Acronicta leporina* (Linnaeus)] 剑纹夜蛾

Milleria 繁锦斑蛾属，庄萤斑蛾属

Milleria adalifa (Doubleday) 黄繁锦斑蛾

Milleria adalifa adalifa (Doubleday) 黄繁锦斑蛾指名亚种

Milleria adalifa fuhoshonis Strand 黄繁锦斑蛾茅埔亚种，茅埔庄萤斑蛾

Milleria formosana (Matsumura) 蓬莱繁锦斑蛾，台锦斑蛾

Milleria formosana contradicta (Inoue) 蓬莱繁锦斑蛾相左亚种，蓬莱萤斑蛾，白带乌斑蛾

Milleria formosana formosana (Matsumura) 蓬莱繁锦斑蛾指名亚种

Milleria lingnami Mell 岭南繁锦斑蛾

Milleria litana (Druce) 繁锦斑蛾，黄繁斑蛾

Milleria okushimai Owada *et* Horie 奥岛繁锦斑蛾，奥繁斑蛾

M

Miller's leaf sitter [*Gorgyra bule* Miller] 米勒槁弄蝶
Millers' skipperling [*Piruna millerorum* Steinhauser] 米勒璧弄蝶
millet bug [*Agonoscelis versicolor* Fabricius] 小米云蝽
millet fly [= millet small mosquito, *Stenodiplosis panici* Plotnikov] 糜子狭瘿蚊，糜子种瘿蚊，糜子吸浆虫，黍瘿蚊，黍吸浆虫
millet head miner [= pearl millet head miner, *Heliocheilus albipunctella* (de Joannis)] 谷暗实夜蛾
millet skipper [= white branded swift, pale small-branded swift, *Pelopidas thrax* (Hübner)] 谷弄蝶
millet small mosquito 见 millet fly
millet stem fly [= millet stem maggot, *Atherigona biseta* Karl] 粟芒蝇，双毛芒蝇，粟斑芒蝇，粟秆蝇
millet stem maggot 见 millet stem fly
millionaire moth [*Milionia isodoxa* Prout] 南洋蓝尺蛾，南洋杉尺蛾
millipede assassin bug 光猎蝽
Millironia 米蛛姬蜂属
Millironia babai Kusigemati 马场米蛛姬蜂，巴米蛛姬蜂
Millironia chinensis He 中华米蛛姬蜂
Miltina 角萤叶甲属
Miltina dilatata Chapuis 膨角萤叶甲，膨角弥萤叶甲
Miltochrista 美苔蛾属
Miltochrista aberrans Butler 异美苔蛾
Miltochrista acerba Leech 见 *Stigmatophora acerba*
Miltochrista atuntseensis Daniel 阿墩美苔蛾
Miltochrista calamnia Butler 芦美苔蛾
Miltochrista callida Fang 丽美苔蛾
Miltochrista cardinalis Hampson 黑轴美苔蛾
Miltochrista carnea (Poujade) 见 *Asura carnea*
Miltochrista compar Fang 类后黑美苔蛾
Miltochrista conformis Fang 同美苔蛾
Miltochrista convexa Wileman 俏美苔蛾，联美苔蛾
Miltochrista cornicornutata Holloway 仿朱美苔蛾
Miltochrista cruciata (Walker) 十字美苔蛾
Miltochrista cuneonotata (Walker) 黄心美苔蛾
Miltochrista decussata Moore 横美苔蛾
Miltochrista defecta (Walker) 松美苔蛾
Miltochrista delicia (Swinhoe) 柔美苔蛾
Miltochrista delineata (Walker) 黑缘美苔蛾，放射美苔蛾
Miltochrista delineata chinensis (Felder *et* Felder) 同 *Miltochrista delineata delineata*
Miltochrista delineata delineata (Walker) 黑缘美苔蛾指名亚种
Miltochrista dclineata fuscescens Butler 同 *Miltochrista delineata delineata*
Miltochrista dentata Wileman 箭星美苔蛾
Miltochrista dentifascia Hampson 齿美苔蛾，齿带美苔蛾
Miltochrista dimidiata Fang 半黑美苔蛾
Miltochrista eccentropis Meyrick 中黄美苔蛾
Miltochrista excelsa Daniel 高美苔蛾
Miltochrista fasciata Leech 带美苔蛾
Miltochrista flexuosa Leech 曲美苔蛾
Miltochrista formosana Daniel 台湾美苔蛾，台黄边美苔蛾
Miltochrista fukiensis Daniel 夜美苔蛾
Miltochrista fuscozonata Inoue 褐带美苔蛾
Miltochrista gilva Daniel 微黄美苔蛾
Miltochrista gilveola Daniel 小黄斯美苔蛾
Miltochrista grandigilva Fang 巨黄美苔蛾
Miltochrista gratiosa (Guérin-Méneville) 见 *Barsine gratiosa*
Miltochrista gratiosa obsoleta Reich 同 *Barsine gratiosa*
Miltochrista gratiosa sauteri Strand 见 *Barsine sauteri*
Miltochrista gratiosa striata (Bremer *et* Grey) 见 *Miltochrista striata*
Miltochrista griseirufa Fang 灰红美苔蛾
Miltochrista guangxiensis Fang 桂美苔蛾
Miltochrista hololeuca Hampson 全白美苔蛾
Miltochrista honei Reich 霍美苔蛾
Miltochrista inscripta (Walker) 刻美苔蛾，阴之美苔蛾
Miltochrista irregularis Rothschild 见 *Asura irregularis*
Miltochrista jucunda Fang 愉美苔蛾
Miltochrista karenkensis Matsumura 康美苔蛾，花莲美苔蛾，卡美苔蛾
Miltochrista koshunica Strand 恒春美苔蛾
Miltochrista kuatunensis Daniel 挂墩美苔蛾
Miltochrista linga Moore 线美苔蛾
Miltochrista longaria Daniel 长美苔蛾
Miltochrista longstriga Fang 全轴美苔蛾
Miltochrista maculifascia Hampson 黑带美苔蛾
Miltochrista marginis Fang 红边美苔蛾
Miltochrista mesortha Hampson 中直美苔蛾
Miltochrista miniata (Förster) 小美苔蛾，美苔蛾
Miltochrista multistriata Hampson 繁纹美苔蛾
Miltochrista nigralba Hampson 暗白美苔蛾
Miltochrista nigrociliata Fang 毛黑美苔蛾
Miltochrista nigrovena Fang 黄黑脉美苔蛾
Miltochrista obscuripostica Dubatolov, Kishida *et* Wang 暗美苔蛾
Miltochrista obsoleta Reich 阴美苔蛾
Miltochrista orientalis Daniel 东方美苔蛾
Miltochrista pallida (Bremer) 黄边美苔蛾
Miltochrista pallida formosana Daniel 见 *Miltochrista formosana*
Miltochrista pallida pallida (Bremer) 黄边美苔蛾指名亚种
Miltochrista pallida tapaishanica Daniel 黄边美苔蛾太白亚种，太白黄边美苔蛾
Miltochrista pardalis Mell 见 *Asura pardalis*
Miltochrista peraffinis Fang 似异美苔蛾
Miltochrista perpallida Hampson 黄白美苔蛾
Miltochrista perpallida perpallida Hampson 黄白美苔蛾指名亚种
Miltochrista perpallida yuennanensis Daniel 黄白美苔蛾云南亚种，滇黄白美苔蛾
Miltochrista postnigra Hampson 后黑美苔蛾
Miltochrista prominens (Moore) 显美苔蛾
Miltochrista pulchra Butler 朱美苔蛾，跰美苔蛾，朱美苔蛾
Miltochrista punicea (Moore) 微红美苔蛾
Miltochrista radians (Moore) 射美苔蛾
Miltochrista rosacea (Bremer) 玫美苔蛾
Miltochrista rosacea rosacea (Bremer) 玫美苔蛾指名亚种
Miltochrista rosacea undulata Leech 同 *Miltochrista rosacea rosacea*

Miltochrista rubrata Reich 红黑脉美苔蛾
Miltochrista rufa Leech 见 *Heliosia rufa*
Miltochrista ruficollis Fang 红颈美苔蛾
Miltochrista sanguinea (Moore) 丹美苔蛾
Miltochrista sauteri Strand 见 *Barsine sauteri*
Miltochrista sinica Moore 同 *Lyclene strigipennis*
Miltochrista sinuata Fang 弯美苔蛾
Miltochrista specialis Fang 殊美苔蛾
Miltochrista spilosomoides (Moore) 斯美苔蛾
Miltochrista spilosomoides kulingensis Daniel 斯美苔蛾牯岭亚种，牯岭斯美苔蛾
Miltochrista spilosomoides spilosomoides (Moore) 斯美苔蛾指名亚种
Miltochrista striata (Bremer *et* Grey) 优美苔蛾，纹巴苔蛾，纹格美苔蛾
Miltochrista strigipennis Herrich-Schäffer 见 *Asura strigipennis*
Miltochrista strigivenata Hampson 黑丝美苔蛾
Miltochrista takamukui Matsumura 高向美苔蛾
Miltochrista tenella Fang 纤美苔蛾
Miltochrista terminifusca Daniel 端黑美苔蛾
Miltochrista tibeta Daniel 藏美苔蛾
Miltochrista tricolor Wileman 见 *Asura tricolor*
Miltochrista tridens Wileman 见 *Stigmatophora tridens*
Miltochrista tsinglingensis Daniel 秦岭美苔蛾
Miltochrista tuta Fang 安美苔蛾
Miltochrista variata Daniel 异变美苔蛾
Miltochrista ziczac (Walker) 之美苔蛾，拐弯美苔蛾
Miltochrista ziczac inscripta (Walker) 见 *Miltochrista inscripta*
Miltogramma 蜂麻蝇属
Miltogramma alashanica (Rohdendorf) 阿拉善蜂麻蝇
Miltogramma albifrons Chao *et* Zhang 白额蜂麻蝇
Miltogramma angustifrons (Townsend) 见 *Cylindrothecum angustifrons*
Miltogramma fidusa Wei *et* Yang 见 *Miltogrammidium fidusum*
Miltogramma asiaticum Rohdendorf 亚洲蜂麻蝇
Miltogramma bimaculatum Chao *et* Zhang 两斑蜂麻蝇
Miltogramma brevipilum Villeneuve 短毛蜂麻蝇
Miltogramma ibericum Villeneuve 见 *Cylindrothecum ibericum*
Miltogramma indigena Wei *et* Yang 见 *Miltogrammidium indigenum*
Miltogramma leigongshana Wei *et* Yang 见 *Miltogrammidium leigongshanum*
Miltogramma major (Rohdendorf) 首蜂麻蝇，大蜂麻蝇
Miltogramma maxima (Rohdendorf) 巨蜂麻蝇，最大蜂麻蝇
Miltogramma oestraceum (Fallén) 烈蜂麻蝇，伊蜂麻蝇
Miltogramma przhevalskyi (Rohdendorf) 普氏蜂麻蝇
Miltogramma punctatum Meigen 刺蜂麻蝇，点蜂麻蝇
Miltogramma rutilans Meigen 见 *Miltogrammidium rutilans*
Miltogramma taeniata Meigen 见 *Miltogrammidium taeniatum*
Miltogramma taeniatorufum Rohdendorf 纹蜂麻蝇，红带蜂麻蝇
Miltogramma testaceifrons (von Roser) 壳额蜂麻蝇
Miltogramma tibitum Chao *et* Zhang 同 *Miltogramma taeniata*
Miltogramma tsajdamica (Rohdendorf) 柴达木蜂麻蝇
Miltogramma turanicum Rohdendorf 见 *Miltogrammidium turanicum*
Miltogrammatinae 见 Miltogramminae
Miltogrammatini 蜂麻蝇族
Miltogrammatoides 拟蜂麻蝇属
Miltogrammatoides zimini Rohdendorf 济民拟蜂麻蝇
Miltogrammidium 狄蜂麻蝇属
Miltogrammidium fidusum (Wei *et* Yang) 实狄蜂麻蝇
Miltogrammidium indigenum (Wei *et* Yang) 本地狄蜂麻蝇
Miltogrammidium leigongshanum (Wei *et* Yang) 雷公山狄蜂麻蝇
Miltogrammidium rutilans (Meigen) 红角狄蜂麻蝇，红角蜂麻蝇
Miltogrammidium taeniatum (Meigen) 纹狄蜂麻蝇，西藏蜂麻蝇
Miltogrammidium turanicum (Rohdendorf) 鸣狄蜂麻蝇，吐蜂麻蝇
Miltogrammina 蜂麻蝇亚族
Miltogramminae 蜂麻蝇亚科
Miltomiges 旭弄蝶属
Miltomiges cinnamomea (Herrich-Schäffer) [reddish skipper] 旭弄蝶
Milu 弥姬蝽亚属
Milviscutulus 原绵蚧属，原绵介壳虫属
Milviscutulus mangiferae (Green) [mango shield scale, mango soft scale, mango scale] 杧果原绵蚧，檬果原绵介壳虫，三角软蚧，孝杧果蚧
Mimacraea 拟珍灰蝶属
Mimacraea angustata Schultze *et* Aurivillius 安沽拟珍灰蝶
Mimacraea apicalis Grose-Smith *et* Kirby [central acraea mimic] 端拟珍灰蝶
Mimacraea charmian Grose-Smith *et* Kirby [elongata acraea mimic] 茶拟珍灰蝶
Mimacraea costleyi Druce 科斯特拟珍灰蝶
Mimacraea darwinia Butler [common acraea mimic] 达尔文拟珍灰蝶
Mimacraea eltringhami Druce 埃拟珍灰蝶
Mimacraea gelinia Oberthür 吉利纳拟珍灰蝶
Mimacraea karschioides Carpenter *et* Jackson 喀什拟珍灰蝶
Mimacraea krausei Dewitz [Krause's acraea mimic] 考拟珍灰蝶
Mimacraea laeta Schultze 莱特拟珍灰蝶
Mimacraea landbecki Druce 兰德拟珍灰蝶
Mimacraea maesseni Libert [Maessen's acraea mimic] 玛拟珍灰蝶
Mimacraea mariae Dufrane 玛丽娅拟珍灰蝶
Mimacraea marshalli Trimen [Marshall's acraea mimic, Marshall's false monarch] 金斑拟珍灰蝶
Mimacraea neokoton Druce [Mount Selinda acraea mimic] 新拟珍灰蝶
Mimacraea neurata Holland [alciope acraea mimic] 显脉拟珍灰蝶
Mimacraea paragora Rebel 帕拟珍灰蝶
Mimacraea schmidti Schultze *et* Aurivillius 施密特拟珍灰蝶
Mimacraea skoptoles Druce 丝拟珍灰蝶
Mimacrotona 端角隐翅甲属
Mimacrotona taiwanensis Pace 台湾端角隐翅甲
Mimagathidini 拟窄径茧蜂族
Mimagitocera 窄角萤叶甲属
Mimagitocera flava (Jacoby) 黄窄角萤叶甲
Mimagria 拟野蝇属
Mimagria xiangchengensis (Chao *et* Zhang) 乡城拟野蝇，乡城野蝇
mimallonid 1. [= mimallonid moth, sack-bearer moth] 美钩蛾，栎蛾 < 美钩蛾科 Mimallonidae 昆虫的通称 >；2. 美钩蛾科的

mimallonid moth [= mimallonid, sack-bearer moth] 美钩蛾，栎蛾
Mimallonidae [= Lacosomidae] 美钩蛾科，栎蛾科
Mimanommatini 系蚁隐翅甲族
Mimapatelarthron laosense Breuning 老挝幻天牛
Mimarachnidae 拟蛛蜡蝉科
Mimas 钩翅天蛾属
Mimas christophi (Staudinger) [alder hawkmoth] 桤钩翅天蛾，钩翅天蛾，克钩翅天蛾
Mimas tiliae (Linnaeus) [lime hawk moth] 椴钩翅天蛾，椴天蛾
Mimas tiliae christophi (Staudinger) 见 *Mimas christophi*
mimas tufted skipper [Nisoniades mimas (Cramer)] 米玛霓弄蝶
Mimastra 米萤叶甲属，米萤金花虫属
Mimastra arcuata Baly 弧米萤叶甲
Mimastra bistrimaculata Medvedev 同 *Hoplasoma sexmaculatum*
Mimastra chennelli Baly 粗刻米萤叶甲
Mimastra costata Baly 见 *Haplosomoides costata*
Mimastra cyanura (Hope) [almond chrysomelid] 桑黄米萤叶甲，黄叶虫，桑蓝叶甲，角胸迷萤叶甲，桑黄迷萤叶甲，黄叶甲，蓝尾叶甲，蓝叶甲，桑黄叶甲
Mimastra davidis (Fairmaire) 大卫米萤叶甲
Mimastra gracilicornis Jacoby 丽角米萤叶甲
Mimastra gracilis Baly 长软米萤叶甲
Mimastra grahami Gressitt *et* Kimoto 黄跗米萤叶甲，黑条米萤叶甲
Mimastra guerryi Laboissière 叉斑米萤叶甲，铜纹米萤叶甲
Mimastra jacobyi Bezděk 雅氏米萤叶甲
Mimastra hsuehleeae Bezděk *et* Lee 黄缘米萤叶甲，黄缘米萤金花虫
Mimastra kremitovskyi Bezděk 克氏米萤叶甲
Mimastra latimana Allard 宽米萤叶甲
Mimastra limbata Baly 黄缘米萤叶甲
Mimastra longicornis (Allard) 长角米萤叶甲
Mimastra lunata (Kollar *et* Redtenbacher) 月米萤叶甲
Mimastra maai Gressitt *et* Kimoto 马氏米萤叶甲
Mimastra malvi Chen 褐跗米萤叶甲，粗点米萤叶甲
Mimastra modesta Fairmaire 四川米萤叶甲
Mimastra oblonga (Gyllenhal) 长米萤叶甲
Mimastra octopunctata Weise 见 *Liroetis octopunctata*
Mimastra procerula Zhang *et* Yang 微突米萤叶甲
Mimastra pygidialis Laboissière 臀米萤叶甲
Mimastra quadrinotata Gressitt *et* Kimoto 同 *Mimastra sexmaculata*
Mimastra quadripartita Baly 四分米萤叶甲
Mimastra sexmaculata (Hope) 六斑米萤叶甲
Mimastra soreli Baly 黑腹米萤叶甲
Mimastra unicitarsis Laboissière 同 *Mimastra chennelli*
Mimastracella 角胸萤叶甲属，裸胸萤金花虫属
Mimastracella bicolor Kimoto 二色角胸萤叶甲
Mimastracella brunnea Gressitt *et* Kimoto 同 *Sastroides lividus*
Mimastracella flavomarginata Takizawa 黄缘角胸萤叶甲，端黄裸胸萤金花虫
Mimastracella lateralis Chen 绿角角胸萤叶甲
Mimastracella ochracea Chen 赭色角胸萤叶甲
Mimastracella submetallica Gressitt *et* Kimoto 见 *Sastroides submetallicus*
Mimathlophorus 异距叶蜂属
Mimathlophorus planoscutellis Wei 平盾异距叶蜂
Mimathyma 迷蛱蝶属
Mimathyma ambica Kollar [Indian purple emperor] 环带迷蛱蝶
Mimathyma ambica ambica (Kollar) 环带迷蛱蝶指名亚种，指名环带迷蛱蝶
Mimathyma ambica miranda (Fruhstorfer) 环带迷蛱蝶云南亚种，云南环带迷蛱蝶
Mimathyma chevana (Moore) [sargeant emperor] 迷蛱蝶
Mimathyma chevana chevana (Moore) 迷蛱蝶指名亚种
Mimathyma chevana leechii (Moore) 迷蛱蝶李氏亚种，李迷蛱蝶
Mimathyma nycteis (Ménétriés) 夜迷蛱蝶
Mimathyma nycteis nycteis (Ménétriés) 夜迷蛱蝶指名亚种，指名夜迷蛱蝶
Mimathyma nycteis serica (Murayama) 夜迷蛱蝶西北亚种，西北夜迷蛱蝶
Mimathyma schrenckii (Ménétriés) [Schrenck's emperor] 白斑迷蛱蝶
Mimathyma schrenckii laeta (Oberthür) 白斑迷蛱蝶云南亚种，勒迷蛱蝶
Mimathyma schrenckii media (Oberthür) 白斑迷蛱蝶四川亚种，中迷蛱蝶
Mimathyma schrenckii schrenckii (Ménétriés) 白斑迷蛱蝶指名亚种
Mimatimura 脊翅天牛属
Mimatimura subferruginea (Gressitt) 锈脊翅天牛
Mimectatina 肖伸天牛属
Mimectatina divaricata (Bates) 红肖伸天牛，叉尾锈天牛
Mimectatina fukudai (Hayashi) 福田肖伸天牛，福氏肖伸天牛，福田氏锈天牛
Mimectatina iriei Hayashi 入江肖伸天牛，入江氏肖伸天牛，入江氏锈天牛
Mimectatina meridiana (Matsushita) 南方肖伸天牛，深褐锈天牛，焦茶锈天牛
Mimectatina meridiana meridiana (Matsushita) 南方肖伸天牛指名亚种，指名南方肖伸天牛
Mimectatina meridiana ohirai Breuning *et* Villiers 南方肖伸天牛太平亚种，太平南方肖伸天牛
Mimectatina murakamii Hayashi 村上肖伸天牛，村上氏锈天牛
Mimectatina truncatipennis (Pic) 截尾肖伸天牛
Mimegralla 缟瘦足蝇属，迷瘦足蝇属，仿微脚蝇属
Mimegralla albimana (Doleschall) 白跗缟瘦足蝇，阿迷瘦足蝇
Mimegralla albimana albimana (Doleschall) 白跗缟瘦足蝇指名亚种
Mimegralla albimana galbula (Osten Sacken) 同 *Mimegralla albimana albimana*
Mimegralla cedens (Walker) 岛缟瘦足蝇，瑟迷瘦足蝇
Mimegralla cedens cedens (Walker) 岛缟瘦足蝇指名亚种
Mimegralla cedens formosana (Czemy) 同 *Mimegralla cedens cedens*
Mimegralla choui (Li, Liu *et* Yang) 周氏缟瘦足蝇，周氏裸瘦足蝇
Mimegralla coeruleifrons (Macquart) 蓝额缟瘦足蝇，蓝额瘦足蝇
Mimegralla ecruis (Li, Liu *et* Yang) 浅褐缟瘦足蝇，浅褐裸瘦足蝇
Mimegralla rufipes (Macquart) 同 *Mimegralla coeruleifrons*

Mimegralla sinensis (Enderlein) 中华缟瘦足蝇，中华迷瘦足蝇，中华卡瘦足蝇
Mimegralla sinensis niveitarsis (Czerny) 同 *Mimegralla sinensis sinensis*
Mimegralla sinensis sinensis (Enderlein) 中华缟瘦足蝇指名亚种，中华微脚蝇
Mimela 彩丽金龟甲属，彩丽金龟属，艳金龟属
Mimela admixta Zhao 混彩丽金龟甲，混彩丽金龟
Mimela amabilis Arrow 小绿彩丽金龟甲，小绿彩丽金龟
Mimela anopunctata (Burmeister) 环斑彩丽金龟甲，环斑彩丽金龟，臀点异丽金龟
Mimela antiqua Ohaus 黄缘彩丽金龟甲，黄缘彩丽金龟
Mimela bicolor Hope 二色彩丽金龟甲，二色彩丽金龟
Mimela bidentata Lin 双齿彩丽金龟甲，双齿彩丽金龟
Mimela bifoveolata Lin 双靥彩丽金龟甲，双靥彩丽金龟
Mimela bimaculata Lin 双斑彩丽金龟甲，双斑彩丽金龟
Mimela cariniventris Lin 腹脊彩丽金龟甲，腹脊彩丽金龟
Mimela chinensis Kirby 华绿彩丽金龟甲，中华彩丽金龟
Mimela chrysoprasa Hope 金彩丽金龟甲，金彩丽金龟
Mimela confucius Hope 拱背彩丽金龟甲，拱背彩丽金龟
Mimela confucius confucius Hope 拱背彩丽金龟甲指名亚种，指名拱背彩丽金龟
Mimela confucius formosana Nomura *et* Kobayashi 拱背彩丽金龟甲台湾亚种，台拱背彩丽金龟，绿艳金龟
Mimela confucius ishigakiensis (Sawada) 拱背彩丽金龟甲石桓亚种，石桓彩丽金龟
Mimela confucius kurodai Nomura *et* Kobayashi 拱背彩丽金龟甲紫纹亚种，库拱背彩丽金龟，黑田艳金龟
Mimela costata (Hope) 缘彩丽金龟
Mimela cyanipes (Newman) 蓝足彩丽金龟甲，蓝足彩丽金龟
Mimela dalatocoerulea Prokofiev *et* Zorn 大叻彩丽金龟甲，大叻彩丽金龟
Mimela dehaani (Hope) 亮绿彩丽金龟甲，亮绿彩丽金龟
Mimela dentifera Lin 齿沟彩丽金龟甲，齿沟彩丽金龟
Mimela deretzi Paulian 绿背彩丽金龟甲，绿背彩丽金龟
Mimela despumata Ohaus 尖突彩丽金龟甲，尖突彩丽金龟
Mimela dulicissima Bates 同 *Mimela dehaani*
Mimela epipleurica Ohaus 隆缘彩丽金龟甲，隆缘彩丽金龟
Mimela excisifemorata Lin 曲股彩丽金龟甲，曲股彩丽金龟
Mimela excisipes Reitter 弯股彩丽金龟甲，弯股彩丽金龟，钝绿艳金龟
Mimela expansa Lin 同 *Mimela pyriformis*
Mimela ferreroi Sabatinelli 浅绿彩丽金龟甲
Mimela flavipes Lin 黄足彩丽金龟甲，黄足彩丽金龟
Mimela flavocincta Lin 黄裙彩丽金龟甲，黄裙彩丽金龟，黄缘艳金龟
Mimela flexuosa Lin 同 *Mimela confucius*
Mimela fukiensis Machatschke 闽绿彩丽金龟甲，闽绿彩丽金龟
Mimela fulgidivittata Blanchard 焰条彩丽金龟甲，焰条彩丽金龟
Mimela furvipes Lin 暗足彩丽金龟甲，暗足彩丽金龟
Mimela fusania Bates 釜沟彩丽金龟甲，釜沟彩丽金龟
Mimela fusciventris Lin 棕腹彩丽金龟甲，棕腹彩丽金龟
Mimela hauseri Ohaus 浅边彩丽金龟甲，黄边彩丽金龟
Mimela heterochropus Blanchard 抱端彩丽金龟甲，抱端彩丽金龟
Mimela hirtipyga Lin 毛臀彩丽金龟甲，毛臀彩丽金龟
Mimela holosericea (Fabricius) 粗绿彩丽金龟甲，粗绿彩丽金龟
Mimela horsfieldi Hope 紫带彩丽金龟甲，紫带彩丽金龟
Mimela ignicauda Bates 小台彩丽金龟甲，小台彩丽金龟，红尾艳金龟
Mimela ignistriata Lin 褐翅彩丽金龟甲，褐翅彩丽金龟
Mimela inscripta (Nonfried) 山斑彩丽金龟甲，山斑彩丽金龟
Mimela iris Lin 虹带彩丽金龟甲，虹带彩丽金龟
Mimela ishigakiensis (Sawada) 见 *Mimela confucius ishigakiensis*
Mimela ishigakiensis formosana Nomura *et* Kobayashi 见 *Mimela confucius formosana*
Mimela ishigakiensis kurodai Nomura *et* Kobayashi 见 *Mimela confucius kurodai*
Mimela kitanoi Miyake 同 *Mimela flavocincta*
Mimela klapperichi Machatschke 同 *Mimela sulcatula*
Mimela kuatuna Machatschke 见 *Anomala kuatuna*
Mimela laevicollis Lin 同 *Mimela heterochropus*
Mimela laevisutula Lin 同 *Mimela pectoralis*
Mimela latimarginata Zhao 宽缘彩丽金龟甲，宽缘彩丽金龟
Mimela linpingi Sabatinelli 林平彩丽金龟甲，林平彩丽金龟
Mimela luteipennis Motschulsky 黄翅彩丽金龟甲，黄翅彩丽金龟
Mimela malaisei Ohaus 黄臀彩丽金龟甲，黄臀彩丽金龟
Mimela malicolor Lin 苹绿彩丽金龟甲，苹绿彩丽金龟
Mimela mundissima Walker 洁彩丽金龟甲，洁彩丽金龟
Mimela nigritarsis Lin 黑跗彩丽金龟甲，黑跗彩丽金龟
Mimela nubeculata Lin 云翅彩丽金龟甲，云翅彩丽金龟
Mimela ohausi Arrow 丰色彩丽金龟甲，丰色彩丽金龟
Mimela opalina Ohaus 老绿彩丽金龟甲，老绿彩丽金龟
Mimela pachygastra Burmeister 厚腹彩丽金龟甲，厚腹彩丽金龟
Mimela parva Lin 小黑彩丽金龟甲，小黑彩丽金龟
Mimela passerinnii Hope 草绿彩丽金龟甲，草绿彩丽金龟
Mimela passerinnii diana Lin 草绿彩丽金龟甲云南亚种，滇草绿彩丽金龟
Mimela passerinnii mediana Lin 草绿彩丽金龟甲陕西亚种，陕草绿彩丽金龟甲，陕草绿彩丽金龟
Mimela passerinnii oblonga Arrow 草绿彩丽金龟甲异边亚种，边草绿彩丽金龟甲，边草彩丽金龟
Mimela passerinnii passerinnii Hope 草绿彩丽金龟甲指名亚种
Mimela passerinnii pomacea Bates 草绿彩丽金龟甲四川亚种，川草绿彩丽金龟甲，川草绿彩丽金龟
Mimela passerinnii taihaizana Sawada 草绿彩丽金龟甲台湾亚种，台草绿彩丽金龟甲，台草绿彩丽金龟，长毛艳金龟
Mimela passerinnii tienmusana Lin 草绿彩丽金龟甲浙江亚种，浙草绿彩丽金龟甲
Mimela pectoralis Blanchard 亮胸彩丽金龟甲，亮胸彩丽金龟
Mimela pekinensis (Heyden) 京绿彩丽金龟甲，京绿彩丽金龟，京异丽金龟，京副彩丽金龟
Mimela plicatulla Lin 黑斑彩丽金龟甲，黑斑彩丽金龟
Mimela pomicolor Ohaus 苹色彩丽金龟甲，苹色彩丽金龟
Mimela princeps Hope 宽腹彩丽金龟甲
Mimela prodigiosa Zhao 惊异彩丽金龟甲
Mimela punctulata Lin 细点彩丽金龟甲
Mimela pyriformis Arrow 角翅彩丽金龟甲
Mimela pyroscelis Hope 见 *Anomala pyroscelis*

Mimela rectangular Lin 方角彩丽金龟甲，方角彩丽金龟
Mimela repsimoides Ohaus 蓝胫彩丽金龟甲，蓝胫彩丽金龟
Mimela rubrivirgata Lin 绛带彩丽金龟甲，绛带彩丽金龟
Mimela rugicollis Lin 皱背彩丽金龟甲，皱背彩丽金龟
Mimela rugosopunctata (Fairmaire) 皱点彩丽金龟甲，皱点彩丽金龟
Mimela ruyuanensis Lin 乳源彩丽金龟甲，乳源彩丽金龟
Mimela sauteri Ohaus 亮盾彩丽金龟甲，亮盾彩丽金龟，曹德艳金龟
Mimela schneideri Ohaus 浅绿彩丽金龟甲，浅绿彩丽金龟
Mimela seminigra Ohaus 浅草彩丽金龟甲，浅草彩丽金龟
Mimela semirubra Zhao 半红彩丽金龟甲
Mimela sericicollis Ohaus 绢背彩丽金龟甲，绢背彩丽金龟
Mimela signaticollis Ohaus 多斑彩丽金龟甲，多斑彩丽金龟
Mimela specularis Ohaus 背沟彩丽金龟甲，背沟彩丽金龟
Mimela splendens (Gyllenhal) 墨绿彩丽金龟甲，墨绿彩丽金龟，亮绿彩丽金龟甲，艳金龟
Mimela splendens gaschkewitchi Motschulsky 同 *Mimela splendens splendens*
Mimela splendens lathamii Hope 同 *Mimela splendens splendens*
Mimela splendens splendens (Gyllenhal) 墨绿彩丽金龟甲指名亚种，指名墨绿彩丽金龟
Mimela sulcatula Ohaus 眼斑彩丽金龟甲，眼斑彩丽金龟
Mimela taiwana Sawada 台沟彩丽金龟甲，台沟彩丽金龟，台湾艳金龟
Mimela testacea Lin 褐臀彩丽金龟甲，褐臀彩丽金龟
Mimela testaceipes (Motschulsky) 紫绿彩丽金龟甲
Mimela testaceipes testaceipes (Motschulsky) 紫绿彩丽金龟甲指名亚种
Mimela testaceipes ussuriensis Medvedev 紫绿彩丽金龟甲褐足亚种，褐足彩丽金龟
Mimela testaceoviridis Blanchard 浅褐彩丽金龟甲，浅褐彩丽金龟，黄闪彩丽金龟甲，黄艳金龟
Mimela varichroma Zhao 变色彩丽金龟甲
Mimela vittaticollis Burmeister 背斑彩丽金龟甲，背斑彩丽金龟
Mimela xanthorrhoea Ohaus 靴端彩丽金龟甲，靴端彩丽金龟
Mimela xutholoma Lin 黄环彩丽金龟甲
Mimela yunnana Ohaus 云绿彩丽金龟甲，云彩丽金龟
Mimemodes 仿小扁甲属
Mimemodes carenifrons Grouvelle 头仿小扁甲
Mimemodes emmerichi Marder 厄氏仿小扁甲
Mimemodes monstrosus Reitter 怪头仿小扁甲，怪头扁甲
Mimemodes proximus Grouvelle 近仿小扁甲
Mimene 冥弄蝶属
Mimene albidiscus (Joicey *et* Talbot) 白饼冥弄蝶
Mimene atropatene (Fruhstorfer) [purple swift] 阿托冥弄蝶
Mimene basalis (Rothschild) 基冥弄蝶
Mimene lysima (Swinhoe) 莱冥弄蝶
Mimene miltias (Kirsch) 冥弄蝶
Mimera testaceovirides Blanchard 黄艳金龟甲
Mimerastria 米瘤蛾属
Mimerastria longiventris (Poujade) 见 *Evonima longiventris*
Mimerastria mandschuriana (Oberthür) 见 *Evonima mandschuriana*
Mimeresia 靡灰蝶属
Mimeresia benetti Jackson 贝氏靡灰蝶
Mimeresia cellularis (Kirby) [cellular harlequin] 泡靡灰蝶
Mimeresia debora (Kirby) [Debora's harlequin] 台靡灰蝶
Mimeresia dinora (Kirby) [red harlequin] 滴靡灰蝶
Mimeresia drucei (Stempffer) [Druce's harlequin] 德鲁斯靡灰蝶
Mimeresia favillacea (Grünberg) 珐靡灰蝶
Mimeresia issia Stempffer [Stempffer's harlequin] 伊莎靡灰蝶
Mimeresia libentina (Hewitson) [common harlequin] 靡灰蝶
Mimeresia moreelsi (Aurivillius) 莫氏靡灰蝶
Mimeresia moyambina (Bethune-Baker) [moyambina harlequin] 魔靡灰蝶
Mimeresia neavei (Joicey *et* Talbot) 彩靡灰蝶
Mimeresia russulus (Druce) 小红靡灰蝶
Mimeresia pseudocellularis Stempffer 拟泡靡灰蝶
Mimeresia semirufa (Grose-Smith) [eresine harlequin] 半红靡灰蝶
Mimeresia similis Kirby [similar yellow] 似靡灰蝶
Mimeresia tenera Kirby [medium yellow] 苔娜靡灰蝶
Mimeresia terias Joicey *et* Talbot 泰靡灰蝶
Mimeresia unipunctata Bethune-Baker 单点靡灰蝶
Mimesa 米短柄泥蜂属
Mimesa angulicollis (Tsuneki) 锤角米短柄泥蜂
Mimesa chinensis (Gussakovskij) 中华米短柄泥蜂
Mimesa concors (Gussakovskij) 青海米短柄泥蜂
Mimesa lutaria (Fabricius) 黄米短柄泥蜂
Mimesa mongolica Morawitz 内蒙米短柄泥蜂
Mimesa pekingensis (Tsuneki) 北京米短柄泥蜂
Mimesa punctipleuris (Gussakovskij) 侧点米短柄泥蜂
Mimesa quadridentata Ma, Li *et* Chen 四齿米短柄泥蜂
Mimesa sparsipunctulata Ma, Li *et* Chen 散点米短柄泥蜂
Mimesa vindobonensis Maidl 温米短柄泥蜂
mimesis [= mimicry] 拟态
Mimesisomera 觅舟蛾属
Mimesisomera aureobrunnea Bryk 银褐觅舟蛾，金棕弥舟蛾
Mimetebulea arctialis Munroe *et* Mutuura 条纹野螟
mimetic 拟态的
mimetic polymorphism 模拟多态
mimetic swallowtail [*Papilio cynorta* Fabricius] 赛诺达凤蝶，赛诺达德凤蝶
mimetic synoëkete 拟态客虫
Mimeuria 米根蚜属
Mimeuria graminiradicis Zhang 同 *Tetraneura* (*Tetraneurella*) *nigriabdominalis*
Mimeusemia 拟彩虎蛾属
Mimeusemia basalis (Walker) 异拟彩虎蛾，基拟彩虎蛾
Mimeusemia ceylonica Hampson 斑拟彩虎蛾
Mimeusemia persimilis Butler 拟彩虎蛾
Mimeusemia vilemani Hampson 韦氏拟彩虎蛾，四斑虎蛾，威拟彩虎蛾
Mimia 弥环弄蝶属
Mimia phidyle (Godman *et* Salvin) [phidyle skipper] 菲弥环弄蝶，弥环弄蝶
mimic 拟态者
mimic coloration 拟态色
mimic crescent [*Eresia pelonia* Hewitson] 泥袖蛱蝶
mimic death 假死

mimic eggfly [= common diadem, diadem, danaid eggfly, *Hypolimnas misippus* (Linnaeus)] 金斑蛱蝶，雌拟幻蛱蝶，拟阿檀斑蛱蝶，拟斑紫蛱蝶，雌红紫蛱蝶，马齿苋蛱蝶
mimic flat [*Abraximorpha davidii* (Mabille)] 白弄蝶
mimic gene 同效基因，拟态基因
mimic skipper [= canna skipper, *Quinta cannae* (Herrich-Schäffer)] 琨弄蝶
mimic tigerwing [*Melinaea lilis* (Doubleday *et* Hewitson)] 黑缘苹绡蝶
Mimicia 银纹螟属
Mimicia pseudolibatrix (Caradja) 泡桐银纹螟，眯迷螟，伪驼翅螟
Mimicia pseudolibatrix pseudolibatrix (Caradja) 泡桐银纹螟指名亚种
Mimicia pseudolibatrix taiwana Heppner 泡桐银纹螟台湾亚种
mimicry [= mimesis] 拟态
mimicry complex 拟态复合体
mimicry group 拟态团
mimicry ring 拟态环
mimicus skipper [*Hyalothyrus mimicus* Mabille *et* Boullet] 秘鲁骇弄蝶
Mimipodoryctes 小甲矛茧蜂属
Mimipodoryctes korotyaevi (Belokobylskij) 弘小甲矛茧蜂
Mimipodoryctes peregrinus (Belokobylskij) 异小甲矛茧蜂
Mimistena 窄天牛属，长毛天牛属
Mimistena biplagiatus Gahan 双斑窄天牛
Mimistena setigera (Schwarzer) 凤山窄天牛，凤山长毛天牛，长毛天牛
Mimnerminae 迷螽亚科
Mimocagosima ochreipennis Breuning 拟鹿岛天牛
Mimocastnia 拟蚬蝶属
Mimocastnia egeria Biedrman 埃拟蚬蝶
Mimocastnia rothschildi Seitz 拟蚬蝶
Mimochelidonium 小绿天牛属
Mimochelidonium sinense Bentanachs *et* Drouin 中华小绿天牛
Mimochroa 觅尺蛾属
Mimochroa albifrons (Moore) 白额觅尺蛾
Mimochroa olivescens (Wileman) 枯觅尺蛾，枯叶尺蛾，榄隐尺蛾
Mimocoelosterna 小腹天牛属
Mimocoelosterna hainanensis Breuning 海南小腹天牛
Mimocolliuris 拟细颈步甲属
Mimocolliuris insulana Habu 岛拟细颈步甲，日本长颈步甲
Mimocratotragus 蒜角天牛属
Mimocratotragus superbus Pic 红蒜角天牛
Mimodonta albicosta Matsumura 见 *Notodonta albicosta*
Mimoeuphira 米莫尤菲实蝇属
Mimoeuphira rubra Hardy 越南米莫尤菲实蝇
Mimoeuphranta 米莫实蝇属
Mimoeuphranta diaspora Hardy 散米莫实蝇
Mimognoma 拟显天牛属
Mimognoma szetschuanensis Breuning 蜀拟显天牛
Mimogonus 短跗隐翅甲属
Mimogonus microps (Sharp) 微短跗隐翅甲
Mimomyia 小蚊属，妙蚊属，小蚊亚属
Mimomyia chamberlaini Ludlow 詹氏小蚊，詹氏妙蚊，张氏费蚊
Mimomyia chamberlaini chamberlaini Ludlow 詹氏小蚊指名亚种
Mimomyia chamberlaini metallica (Leicester) 詹氏小蚊光泽亚种
Mimomyia fusca (Leicester) 棕色小蚊，灰色妙蚊
Mimomyia intermedia Barraud 中间小蚊
Mimomyia luzonensis (Ludlow) 吕宋小蚊，吕宋妙蚊，吕宋费蚊
Mimonemophas multimaculata Xie *et* Wang 见 *Anoplophora multimaculata*
Mimoniades 伶弄蝶属
Mimoniades baroni (Godman *et* Salvin) [Baron's skipper] 巴伶弄蝶
Mimoniades montra Evans [quadricolor skipper] 蒙伶弄蝶
Mimoniades nurscia (Swainson) [nursica skipper] 宽带伶弄蝶
Mimoniades ocyalus Hübner [ocyalus skipper] 伶弄蝶
Mimoniades sela (Hewitson) 希伶弄蝶
Mimoniades versicolor (Latreille) [versicolor skipper] 杂色伶弄蝶
Mimophantia 拟幻蛾蜡蝉属
Mimophantia carinata Jacobi 脊拟幻蛾蜡蝉，脊仿蛾蜡蝉
Mimophantia maritima Matsumura 阔翅拟幻蛾蜡蝉，阔翅褐蜡蝉，芒仿蛾蜡蝉
Mimophantia stictica (Melichar) 刺拟幻蛾蜡蝉，微蛾蜡蝉
Mimoplocia 肖纽天牛属，黄纹细锈天牛属
Mimoplocia notata (Newman) 台湾肖纽天牛，兰屿黄纹细锈天牛
Mimopodabrus 类拟足花萤属
Mimopodabrus bicoloripes (Wittmer) 二色类拟足花萤
Mimopodabrus diversefoveolatus Yang *et* Yang 变窝类拟足花萤
Mimopodabrus eduardi Švihla 埃氏类拟足花萤
Mimopodabrus lijiangensis (Wittmer) 丽江类拟足花萤
Mimopodabrus multidentatus Yang *et* Yang 多齿类拟足花萤
Mimopodabrus rectiangulatus Švihla 直角类拟足花萤
Mimopodabrus reductus Švihla 短突类拟足花萤
Mimopodabrus variablis Yang *et* Yang 变色类拟足花萤
Mimopodabrus yunnanus (Wittmer) 云南类拟足花萤
Mimopothyne 小窄天牛属 *Microestola* 的异名
Mimopothyne flavolineata Breuning 见 *Microestola flavolineata*
Mimopsestis 米波纹蛾属
Mimopsestis basalis (Wileman) 米波纹蛾，基渺波纹蛾
Mimopsestis basalis basalis (Wileman) 米波纹蛾指名亚种
Mimopsestis basalis sinensis László, Ronkay, Ronkay *et* Witt 米波纹蛾中国亚种
Mimopsestis circumdata Houlbert 见 *Toelgyfaloca circumdata*
Mimopsestis determinata Bryk 滴米波纹蛾，滴渺波纹蛾
Mimoptyelus 仿沫蝉属
Mimoptyelus takaosanus (Matsumura) 台仿沫蝉
Mimopydna 拟皮舟蛾亚属，拟皮舟蛾属
Mimopydna insignis (Leech) 见 *Besaia* (*Mimopydna*) *insignis*
Mimopydna kishidai (Schintlmeister) 岸田拟皮舟蛾，岸田氏拟皮舟蛾，波点舟蛾
Mimopydna pallida Butler 淡拟皮舟蛾
Mimopydna sikkima (Moore) 见 *Besaia* (*Mimopydna*) *sikkima*
Mimoreta horishana Matsumura 同 *Oreta griseotincta*
Mimorsidis 拟奥天牛属，深条天牛属
Mimorsidis lemoulti Breuning 拟奥天牛
Mimorsidis scutellatus Gressitt 福建拟奥天牛
Mimorsidis taiwanensis Hayashi 台湾拟奥天牛，台湾深条天牛，

台湾孔翅天牛
mimosa sapphire [*Iolaus mimosae* Trimen] 拟瑶灰蝶
mimosa skipper [*Cogia calchas* (Herrich-Schäffer)] 含羞草枯弄蝶
mimosa webworm [*Homadaula anisocentra* Meyrick] 含羞草雕蛾，合欢罗蛾，含羞草雕翅蛾，含羞草贺雕蛾
mimosa yellow [*Eurema nise* (Cramer)] 含羞草黄粉蝶
Mimoschinia rufofascialis (Stephens) [rufous-banded pyralid moth, barberpole caterpillar] 标棒红带螟
Mimoscolia dux (Wiedemann) 见 *Microstylum dux*
Mimoscolia fafner (Enderlein) 见 *Microstylum fafner*
Mimoscolia vulcan (Bromley) 见 *Microstylum vulcan*
Mimoserixia rondoni Breuning 肖小楔天牛
Mimoserropalpus 小长朽木甲属
Mimoserropalpus formosanus (Nomura) 台湾小长朽木甲
Mimosilpha 小平板蠊属
Mimosilpha disticha Bey-Bienko 同 *Mimosilpha gaudens*
Mimosilpha gaudens (Shelford) 愉快小平板蠊
Mimostrangalia 拟瘦花天牛属，拟细花天牛属
Mimostrangalia dulcis (Bates) 红胸拟瘦花天牛
Mimostrangalia kappanzanensis (Kôno) 黑角拟瘦花天牛，角板拟细花天牛，桦色细花天牛
Mimostrangalia kiangsiensis Hayashi *et* Villiers 江西拟瘦花天牛
Mimostrangalia kurosawai (Hayashi) 黑泽拟瘦花天牛，拟瘦花天牛，黑泽拟细花天牛，黑泽细花天牛
Mimostrangalia kurosonensis (Ohbayashi) 红鞘拟瘦花天牛
Mimostrangalia lateripicta (Fairmaire) 闽拟瘦花天牛，黑缘拟瘦花天牛
Mimostrangalia loimailia (Gressitt) 黑条拟瘦花天牛
Mimostrangalia longicornis (Gressitt) 长角拟瘦花天牛
Mimostrangalia longicornis longicornis (Gressitt) 长角拟瘦花天牛指名亚种
Mimostrangalia longicornis obscuricolor (Gressitt) 长角拟瘦花天牛黑斑亚种，黑斑拟瘦花天牛，黑斑长拟瘦花天牛
Mimostrangalia obscuricolor (Gressitt) 见 *Mimostrangalia longicornis obscuricolor*
Mimostrangalia vittaticollis (Pic) 条胸拟瘦花天牛
Mimostrangalia vittatipennis (Pic) 见 *Idiostrangalia vittatipennis*
Mimosybra latefasciata Breuning 白带短散天牛
Mimosybra melli Breuning 肖散天牛
Mimotettix 斑翅叶蝉属
Mimotettix albiguttatis Li *et* Wang 白星斑翅叶蝉
Mimotettix albomaculatus (Distant) 白斑斑翅叶蝉
Mimotettix apicalis Li *et* Wang 同 *Mimotettix curticeps*
Mimotettix articularis Xing *et* Li 附突斑翅叶蝉
Mimotettix curticeps Kwon *et* Lee 端黑斑翅叶蝉，短头斑翅叶蝉
Mimotettix distiflangentus Dai, Zhang *et* Webb 端齿斑翅叶蝉
Mimotettix fanjingensis (Li *et* Wang) 梵净斑翅叶蝉，梵净拟带叶蝉
Mimotettix hieroglyphicus (Distant) 香港斑翅叶蝉，香港带叶蝉
Mimotettix kawamurae Matsumura 黑纹斑翅叶蝉
Mimotettix multispinosus Wei *et* Xing 多刺斑翅叶蝉
Mimotettix sinuatus Wei *et* Xing 曲突斑翅叶蝉
Mimotettix slenderus (Li *et* Wang) 细纹斑翅叶蝉，细纹拟带叶蝉
Mimotettix spinosus Li *et* Xing 刺瓣斑翅叶蝉
Mimothestus 密缨天牛属
Mimothestus annulicornis Pic 樟密缨天牛
Mimothestus atricornis Pu 黑角密缨天牛
Mimothestus luteicornis Xie, Shi *et* Wang 同 *Mecynippus ciliatus*
Mimovitalisia tuberculata (Pic) 维天牛
Mimoxenoleoides fasciculata Breuning 拟小枝天牛
Mimoxylocopa 类木蜂亚属
Mimoxypoda 网腹隐翅甲属
Mimoxypoda chinensis Pace 中华网腹隐翅甲
Mimozethes 尖顶圆钩蛾属
Mimozethes angula Chu *et* Wang 尖顶圆钩蛾
Mimozethes argentilinearia (Leech) 银线尖顶圆钩蛾
Mimozethes lilacinaria (Leech) 里拉尖顶圆钩蛾，里拉圆钩蛾，里拉德蛱蛾
Mimozotale 肖粗点天牛属
Mimozotale longipennis (Pic) 云南肖粗点天牛
Mimula 米蝽属
Mimula dungana (Kiritshenko) 米蝽，仿蝽
Mimumesa 米木短柄泥蜂属
Mimumesa dahlbomi (Wesmael) 达氏米木短柄泥蜂
Mimumesa longicornis (Fox) 长角米泥蜂
Mimumesa scutiprotuberantis Ma, Li *et* Chen 隆胸米木短柄泥蜂
Mimumesa vanlithi (Tsuneki) 范氏米木短柄泥蜂
Mimumesa vanlithi meridionalis (Tsuneki) 范氏米木短柄泥蜂台湾亚种，台范米泥蜂
Mimumesa vanlithi vanlithi (Tsuneki) 范氏米木短柄泥蜂指名亚种
Mimus 迷拟纷舟蛾亚属
Minagenia 小颊蛛蜂属
Minagenia alticola Tsuneki 高山小颊蛛蜂
Minagenia granulosa Tsuneki 粒小颊蛛蜂
Minagenia pempuchiensis Tsuneki 本部溪小颊蛛蜂
Minagenia taiwana Tsuneki 台湾小颊蛛蜂
Mincopius 短头瓢蜡蝉属
Mincopius andamanensis Distant 安短头瓢蜡蝉
mindarid 1. [= mindarid aphid] 纩蚜 <纩蚜科 Mindaridae 昆虫的通称>；2. 纩蚜科的
mindarid aphid [= mindarid] 纩蚜
Mindaridae 纩蚜科
Mindarus 纩蚜属
Mindarus abietinus Koch [balsam twig aphid] 冷杉纩蚜，香脂冷杉纩蚜，凤仙花枝纩蚜
Mindarus abietinus abietinus Koch 冷杉纩蚜指名亚种
Mindarus abietinus triprimesensori Zhang *et* Qiao 冷杉纩蚜三圈亚种
Mindarus japonicus Takahashi 日本纩蚜
Mindarus keteleerifoliae Zhang 油杉纩蚜
Mindarus piceasuctus Zhang *et* Qiao 云杉纩蚜
Mindura 岷娜蜡蝉属
Mindura serena Melichar 内蒙岷娜蜡蝉
Mindura subfasciata Stål 亚带岷娜蜡蝉
Mindura subfasciata kotoshonis Matsumura 亚带岷娜蜡蝉兰屿亚种，兰屿岷娜蜡蝉
Mindura subfasciata subfasciata Stål 亚带岷娜蜡蝉指名亚种
mine 潜道
Miner bee [= andrenid, andrenid bee, mining bee, solitary bee,

digger bee] 地蜂，地花蜂 <地蜂科 Andrenidae 昆虫的通称>
Minettia 黑缟蝇属，茗缟蝇属，明缟蝇属
Minettia* (*Frendelia*) *bistrigata Shi, Li *et* Yang 双纹瘤黑缟蝇
Minettia* (*Frendelia*) *decussata Shi *et* Yang 聚瘤黑缟蝇
Minettia* (*Frendelia*) *fuscofasciata (Meijere) 棕带瘤黑缟蝇，棕带缟蝇
Minettia* (*Frendelia*) *hoozanensis Malloch 台瘤黑缟蝇，台茗缟蝇，凤凰山缟蝇
Minettia* (*Frendelia*) *hupingshanica Shi *et* Yang 壶瓶山瘤黑缟蝇
Minettia* (*Frendelia*) *longifurcata Shi *et* Yang 长叉瘤黑缟蝇
Minettia* (*Frendelia*) *longipennis (Fabricius) 长羽瘤黑缟蝇，长羽黑缟蝇，长翅茗缟蝇
Minettia* (*Frendelia*) *martineki Ceianu 马氏瘤黑缟蝇
Minettia* (*Frendelia*) *multisetosa (Kertész) 多毛瘤黑缟蝇，多毛黑缟蝇，多毛缟蝇
Minettia* (*Frendelia*) *nigritarsis Shatalkin 黑跗瘤黑缟蝇
Minettia* (*Frendelia*) *nigrohalterata Malloch 黑棒瘤黑缟蝇，黑柄黑缟蝇，黑棍缟蝇，黑柄茗缟蝇
Minettia* (*Frendelia*) *obscurata Shewell 褐瘤黑缟蝇
Minettia* (*Frendelia*) *philippinensis Malloch 菲瘤黑缟蝇
Minettia* (*Frendelia*) *quadrispinosa Malloch 四刺瘤黑缟蝇，四刺茗缟蝇，四刺缟蝇
Minettia* (*Frendelia*) *rufiventris (Macquart) 红腹瘤黑缟蝇，红腹缟蝇
Minettia* (*Frendelia*) *ryukyuensis Sasakawa 琉球黑缟蝇
Minettia* (*Frendelia*) *tubifera Malloch 管瘤黑缟蝇，管茗缟蝇，贝管缟蝇
Minettia* (*Frendelia*) *vockerothi Sasakawa 沃氏瘤黑缟蝇
Minettia hoozanensis Malloch 见 *Minettia* (*Frendelia*) *hoozanensis*
Minettia japonica Sasakawa 同 *Minettia* (*Minettiella*) *dolabriforma*
Minettia longipennis (Fabricius) 见 *Minettia* (*Frendelia*) *longipennis*
Minettia* (*Minettia*) *lupulina (Fabricius) 卢氏盾黑缟蝇，黑腹黑缟蝇
Minettia* (*Minettia*) *nigriventris (Czerny) 蓝粉黑缟蝇
Minettia* (*Minettiella*) *acrostichalis (Sasakawa *et* Kozanek) 顶亮黑缟蝇
Minettia* (*Minettiella*) *atratula (de Meijere) 黑亮黑缟蝇，黑衣黑缟蝇，黑衣缟蝇
Minettia* (*Minettiella*) *bawanglingensis Shi *et* Yang 霸王岭亮黑缟蝇
Minettia* (*Minettiella*) *clavata Shi *et* Yang 棒亮黑缟蝇
Minettia* (*Minettiella*) *dolabriforma (Sasakawa *et* Kozánek) 斧形亮黑缟蝇
Minettia* (*Minettiella*) *plurifurcata Shi *et* Yang 多叉亮黑缟蝇
Minettia* (*Minettiella*) *sasakawai Shi, Wang *et* Yang 世川亮黑缟蝇，川亮黑缟蝇
Minettia* (*Minettiella*) *spinosa Shi *et* Yang 刺亮黑缟蝇
Minettia* (*Minettiella*) *tianmushanensis Shi *et* Yang 天目山亮黑缟蝇
Minettia nigrohalterata Malloch 见 *Minettia* (*Frendelia*) *nigrohalterata*
Minettia* (*Plesiominettia*) *crassulata Shatalkin 厚近黑缟蝇
Minettia* (*Plesiominettia*) *flavoscutellata Shi, Gaimari *et* Yang 黄盾黑缟蝇
Minettia* (*Plesiominettia*) *longaciculifomis Shi, Gaimari *et* Yang 长针黑缟蝇
Minettia* (*Plesiominettia*) *longistylis Sasakawa 长背黑缟蝇
Minettia* (*Plesiominettia*) *nigrantennata Shi, Gaimari *et* Yang 角黑缟蝇，黑角黑缟蝇
Minettia* (*Plesiominettia*) *omei Shatalkin 峨眉近黑缟蝇
Minettia* (*Plesiominettia*) *tridentata Shi, Gaimari *et* Yang 三齿黑缟蝇
Minettia* (*Plesiominettia*) *zhejiangica Shi, Gaimari *et* Yang 浙江黑缟蝇
Minettia quadrispinosa (Malloch) 见 *Minettia* (*Frendelia*) *quadrispinosa*
Minettia* (*Scotominettia*) *austriaca Hennig 南方暗黑缟蝇
Minettia* (*Scotominettia*) *eoa Shatalkin 俄暗黑缟蝇
Minettia tubifera Malloch 见 *Minettia* (*Frendelia*) *tubifera*
Minettiella 亮黑缟蝇亚属
Minettiella elbergi Shatalkin 同 *Minettia* (*Minettiella*) *dolabriforma*
Minettioides 褐同脉缟蝇亚属
mingming cicada [*Oncotympana maculaticollis* (Motschulsky)] 鸣鸣蝉，昼鸣蝉，雷鸣蝉，蛁蟟，斑蝉
mini barcode 迷你条形码，微型 DNA 条形码
mini-pearl katydid [*Microcentrum micromargaritiferum* Piza] 珠角翅螽
Minialula 微翼小粪蝇属
Minialula poeciloptera Papp 斑翅微翼小粪蝇
miniate [= miniatus] 朱色，铅丹色
miniature ghost moth [= palaeosetid moth, palaeosetid] 古蝠蛾 <古蝠蛾科 Palaeosetidae 昆虫的通称>
miniatus 见 miniate
minibarcode 微条形码
minibarcoding 微条形码技术
minichromosome 微染色体，微小染色体，微型染色体
Minigrapta 小黑夜蛾属
Minigrapta basinigra (Sugi) 小黑夜蛾
Minilimosina 微小粪蝇属
Minilimosina* (*Allolimosina*) *alloneura (Richards) 异脉微小粪蝇
Minilimosina* (*Allolimosina*) *cerciseta Su 毛尾异小粪蝇
Minilimosina* (*Minilimosina*) *fungicola (Haliday) 菌微小粪蝇
Minilimosina* (*Minilimosina*) *luteola Su 黄腹微小粪蝇，黄腹索小粪蝇
Minilimosina* (*Minilimosina*) *parva (Malloch) 小微小粪蝇
Minilimosina* (*Minilimosina*) *quadrispinosa Su 四刺微小粪蝇
Minilimosina* (*Svarciella*) *archboldi Marshall 阿奇微小粪蝇，阿奇索小粪蝇
Minilimosina* (*Svarciella*) *cornigera Roháček *et* Marshall 犄刺微小粪蝇，犄刺索小粪蝇
Minilimosina* (*Svarciella*) *fanta Roháček *et* Marshall 翼微小粪蝇，翼索小粪蝇
Minilimosina* (*Svarciella*) *furculipexa Roháček *et* Marshall 梳微小粪蝇，梳索小粪蝇，岔突索小粪蝇
Minilimosina* (*Svarciella*) *furculisterna (Deeming) 岔腹微小粪蝇，岔腹索小粪蝇
Minilimosina* (*Svarciella*) *gracilenta Su 狭微小粪蝇，狭索小粪蝇
Minilimosina* (*Svarciella*) *linzhi Dong *et* Yang 林芝微小粪蝇，林芝索小粪蝇

Minilimosina* (*Svarciella*) *luteola Su 见 *Minilimosina* (*Minilimosina*) *luteola*

Minilimosina* (*Svarciella*) *obtusispina Su 圆头微小粪蝇，圆头索小粪蝇

Minilimosina* (*Svarciella*) *parafanta Su 伪翼索小粪蝇，类翼索小粪蝇

Minilimosina* (*Svarciella*) *tapiehella Su 大别山微小粪蝇，大别山索小粪蝇

Minilimosina* (*Svarciella*) *v-atrum (Villeneuve) 墨微小粪蝇，墨索小粪蝇

Minilimosina* (*Svarciella*) *vitripennis (Zetterstedt) 鞭微小粪蝇，鞭索小粪蝇

minimal buff [*Baliochila minima* (Hawker-Smith)] 小巴灰蝶

minimal leaf sitter [*Gorgyra minima* Holland] 小槁弄蝶

minimal lethal dose [abb. MLD, LD_{01}] 最低致死剂量，最小致死剂量，最低致死量

Minimaphaenops 小盲步甲属

Minimaphaenops lipsae Deuve 渝小盲步甲

Minimaphaenops senecali Deuve 塞氏小盲步甲

minimum developmental duration 最短发育历期

minimum effective dose 最低有效剂量

minimum effective temperature 最低有效温度

minimum fecundity 最低繁殖力

minimum growth temperature 最低生长温度

minimum lethal concentration [abb. MLC] 最小致死浓度

minimum light-absorption 最小受光量

minimum limit 最低限度

minimum viable population 最小存活种群

mining bee 见 miner bee

mining scale [= burrowing scale, *Howardia biclavis* (Comstock)] 双球霍盾蚧，可可霍盾蚧，奎宁盾蚧，双锤盾介壳虫，双锤盾蚧

Minipenetretus 小隘步甲属，小培步甲属

Minipenetretus quadraticollis (Bates) 方胸小隘步甲，方胸华培步甲，方小培步甲，方培尼步甲，方德尔步甲

Ministrymon 迷灰蝶属

Ministrymon arola (Hewitson) 雅迷灰蝶

Ministrymon azia Hewitson [gray ministreak] 灰迷灰蝶，迷灰蝶

Ministrymon clytie (Edwards) [clytie hairstreak, clytie ministreak] 珂迷灰蝶

Ministrymon fostera (Schaus) 佛迷灰蝶

Ministrymon janevicroy Glassberg [Vicroy's ministreak] 简迷灰蝶

Ministrymon leda (Edwards) [leda ministreak] 莱迷灰蝶

Ministrymon maevia (Godman *et* Salvin) 见 *Ministrymon clytie*

Ministrymon phrutus (Geyer) 浮迷灰蝶

Ministrymon sanguinalis (Burmeister) 血迷灰蝶

Ministrymon una (Hewitson) [una ministreak] 纯迷灰蝶

Ministrymon zilda Hewitson [square-spotted ministreak, zilda ministreak] 方斑迷灰蝶

Miniterpnosia 小宁蝉属

Miniterpnosia mega (Chou *et* Lei) 宽头小宁蝉

Minnesota giant water bug [= American giant water bug, giant water bug, *Lethocerus americanus* (Leidy)] 美洲泐负蝽，美洲大负子蝽

Minois 蛇眼蝶属

Minois aurata Oberthür 金色蛇眼蝶

Minois dryas (Scopoli) [dryad] 蛇眼蝶

Minois dryas bipunctatus (Motschulsky) 蛇眼蝶二点亚种，二点蛇眼蝶

Minois dryas dryas (Scopoli) 蛇眼蝶指名亚种

Minois dryas shaanxiensis Qian 蛇眼蝶陕西亚种

Minois nagasawae (Matsumura) 永泽蛇眼蝶，永泽蛇目蝶，永泽眼蝶，文宗蛇目蝶，合欢山蛇目蝶，纳眼蝶

Minois paupera (Alphéraky) 异点蛇眼蝶，寡蛇眼蝶，寡眼蝶

Minois paupera guangxiensis Chou, Yuan *et* Zhang 同 *Minois paupera paupera*

Minois paupera paupera (Alphéraky) 异点蛇眼蝶指名亚种

Minois undata Chou, Yuan *et* Zhang 同 *Satyrus ferula liupiuschani*

minor 1. 小型工蚁；2. 次要者，小者

minor gene 变更基因，修饰基因

minor pine weevil [= small banded pine weevil, banded pine weevil, lesser banded pine weevil, pine banded weevil, *Pissodes castaneus* (De Geer)] 带木蠹象甲，松脂象甲

minor sakhalia fir webworm [*Coenobiodes abietiella* (Matsumura)] 阿可卷蛾，小枞小蠹蛾

minor scallopwing [= speckled sootywing, *Staphylus minor* Schaus] 小贝弄蝶

minor symptom 次要症状

minos eyemark [*Mesosemia minos* Hewitson] 迈诺斯美眼蚬蝶

minos skipper [= Dyar's skipper, *Zenis minos* Latreille] 小憎弄蝶

Minota 米跳甲属

Minota chinensis Döberl 中华米跳甲

Minota medvedevi Döberl 梅氏米跳甲

Minota nigropicea (Baly) 黑褐米跳甲

Minota sichuanica Chen *et* Wang 四川米跳甲

Minotocyphus 敏蛛蜂属

Minotocyphus chinensis (Babiy) 中国敏蛛蜂，中国华蛛蜂

Minotocyphus formosanus Tsuneki 台湾敏蛛蜂

Minotocyphus tuberascens Wahis 突敏蛛蜂

minstrel bug [= Italian striped-bug, striped shield bug, *Graphosoma lineatum* (Linnaeus)] 意条蝽

mint aphid [*Ovatus crataegarius* (Walker)] 山楂圆瘤蚜，薄荷蚜

mint moth [= small purple-and-gold, small purple & gold, peppermint pyrausta, *Pyrausta aurata* (Scopoli)] 黄纹野螟，薄荷野螟，薄荷螟

mint rhizome worm [*Endothenia menthivora* (Oku)] 樟脑黑小卷蛾

mintha widow [*Torynesis mintha* (Geyer)] 突眼蝶

Minthea 鳞毛粉蠹属

Minthea reticulata Lesne 网鳞毛粉蠹

Minthea rugicollis (Walker) [hairy powder post beetle] 皱领鳞毛粉蠹，鳞毛粉蠹

Mintho 敏寄蝇属

Mintho rufiventris (Fallén) 红腹敏寄蝇

Minthoini 敏寄蝇族，污寄蝇族

Minucella 微室叶蝉属

Minucella divaricata Wei, Zhang *et* Webb 枝突微室叶蝉

Minucella leucomaculata (Li *et* Zhang) 对突微室叶蝉，白斑微室叶蝉，白斑小头叶蝉

Minutaleyrodes 微粉虱属

Minutaleyrodes minutus (Singh) 细微粉虱，微小瘤粉虱

Minutaleyrodes suishanus (Takahashi) 龙船花瘤粉虱，水社瘤粉虱

Minutargyrotoza 侧板卷蛾属

Minutargyrotoza calvicaput (Walsingham) 褐侧板卷蛾，卡次卷蛾

Minutargyrotoza minuta (Walsingham) 小侧板卷蛾

minute bamboo scale [*Bambusaspis minuta* (Takahashi)] 小型竹链蚧，小竹镣介壳虫，竹小链蚧，小竹镣蚧，小竹链介壳虫

minute bark beetle [= cerylonid, cerylonid beetle] 皮坚甲 < 皮坚甲科 Cerylonidae 昆虫的通称 >

minute beetle [= clambid beetle, fringe-winged beetle, clambid] 拳甲 < 拳甲科 Clambidae 昆虫的通称 >

minute black scavenger fly [= scatopsid fly, dung midge, scatopsid] 粪蚊，邻毛蚊，伪毛蚋 < 粪蚊科 Scatopsidae 昆虫的通称 >

minute bladder bug [= microphysid bug, microphysid] 驼蝽 < 驼蝽科 Microphysidae 昆虫的通称 >

minute bog beetle [= sphaeriusid beetle, sphaeriusid] 球甲，圆苔甲 < 球甲科 Sphaeriusidae 昆虫的通称 >

minute brown fungus beetle [= lathridiid, latridiid, latridiid beetle, minute brown scavenger beetle, brown scavenger beetle, lathridiid beetle] 薪甲 < 薪甲科 Latridiidae 昆虫的通称 >

minute brown scavenger beetle 见 minute brown fungus beetle

minute buff [*Teriomima micra* (Grose-Smith)] 小畸灰蝶

minute egg parasite 1. [= trichogrammatid wasp, trichogrammatid] 赤眼蜂，纹翅小蜂 < 眼蜂科 Trichogrammatidae 昆虫的通称 >; 2. [*Trichogramma minutum* Riley] 微小赤眼蜂，小纹翅卵蜂

minute fungus beetle [= corylophid beetle, minute hooded beetle, corylophid] 拟球甲 < 拟球甲科 Corylophidae 昆虫的通称 >

minute garden cricket [*Nemobius chibae* Shiraki] 小园针蟋，切培针蟋，淡褐金铃

minute hooded beetle 见 minute fungus beetle

minute marsh-loving beetle [= limnichid beetle, limnichid] 泽甲，姬沼甲 < 泽甲科 Limnichidae 昆虫的通称 >

minute moss beetle [= hydraenid beetle, hydraenid] 平唇水龟甲，平唇水龟虫，苔水龟 < 平唇水龟甲科 Hydraenidae 昆虫的通称 >

minute mud-loving beetle [= georissid beetle, georissid] 圆牙甲，圆泥甲 < 圆牙甲科 Georissidae 昆虫的通称 >

minute pine weevil [= lesser pine weevil, *Hylobitelus pinastri* (Gyllenhal)] 小松茎象甲，小松象甲

minute pirate bug 1. [= anthocorid, flower bug] 花蝽 < 泛指花蝽科 Anthocoridae 昆虫 >; 2. [*Orius tristicolor* (White)] 暗色小花蝽

minute pubescent skin beetle [*Trinodes hirtus* (Fabricius)] 小多毛皮蠹，小软毛皮蠹

minute structure 显微构造

minute tree-fungus beetle [= ciid beetle, ciid] 木蕈甲 < 木蕈甲科 Ciidae 昆虫的通称 >

minuten pin 微针

Minuticoris 小蝽属

Minuticoris brunneus Du, Yao *et* Ren 棕小蝽

minyas cycadian [*Eumaeus minijas* (Hübner)] 黑美灰蝶，美灰蝶

Minyctenopsyllus 小栉蚤属

Minyctenopsyllus triangularus Liu, Zhang *et* Wang 三角小栉蚤

Miobdelus 星点隐翅甲属，点隐翅甲属，点隐翅虫属，迷隐翅虫属

Miobdelus atricornis Smetana 黑角星点隐翅甲，黑角点隐翅虫

Miobdelus aureonotatus Srnetana 金斑星点隐翅甲，金印点隐翅甲

Miobdelus baoxingensis He *et* Zhou 宝兴星点隐翅甲，宝兴点隐翅甲

Miobdelus biseriatus Smetana 条腹星点隐翅甲，双系点隐翅甲

Miobdelus brevipennis Sharp 短翅星点隐翅甲，短翅迷隐翅虫

Miobdelus caelestis Smetana 斑腹星点隐翅甲，蓝天点隐翅甲

Miobdelus choui Smetana 周氏星点隐翅甲，周氏点隐翅甲，周氏迷隐翅虫

Miobdelus chrysanthemoides He *et* Zhou 金菊星点隐翅甲，金菊点隐翅甲

Miobdelus egregius Smetana 黑蓝星点隐翅甲，醒目点隐翅甲

Miobdelus eppelsheimi (Reitter) 易氏星点隐翅甲，艾氏点隐翅甲，艾腐隐翅甲，艾迅隐翅虫

Miobdelus gemellus Smetana 褐色星点隐翅甲，似点隐翅甲

Miobdelus gracilis Smetana 窄星点隐翅甲，细点隐翅甲

Miobdelus heinzi Smetana 汉斯星点隐翅甲，亨氏点隐翅甲

Miobdelus inornatus Smetana 无斑星点隐翅甲，简点隐翅甲

Miobdelus insignitus Smetana 奇星点隐翅甲，奇异点隐翅甲

Miobdelus insolens Smetana 异星点隐翅甲，骄傲点隐翅甲

Miobdelus insularis Smetana 岛星点隐翅甲，岛点隐翅甲，岛迷隐翅虫

Miobdelus insularis insularis Smetana 岛星点隐翅甲指名亚种

Miobdelus insularis kuai Smetana 岛星点隐翅甲凯氏亚种，凯氏星点隐翅甲

Miobdelus insularis tenchi Smetana 岛星点隐翅甲丁氏亚种

Miobdelus kitawakii Smetana 北胁星点隐翅甲，北胁点隐翅甲

Miobdelus kubani Smetana 库氏星点隐翅甲

Miobdelus lacustris Smetana 湖星点隐翅甲

Miobdelus morimotoi Hayashi 森本星点隐翅甲，森本点隐翅甲

Miobdelus opacus Smetana 暗色星点隐翅甲，晦点隐翅甲

Miobdelus purpurascens Smetana 淡紫星点隐翅甲，紫点隐翅甲

Miobdelus rufipes Smetana 红足星点隐翅甲，赤足点隐翅甲

Miobdelus taiwanensis Smetana 台湾星点隐翅甲，台湾迷隐翅虫

Miobdelus taiwanensis apicalis Smetana 台湾星点隐翅甲高山亚种，高山星点隐翅甲

Miobdelus taiwanensis taiwanensis Smetana 台湾星点隐翅甲指名亚种

Miobdelus tenuis Smetana 瘦星点隐翅甲，纤点隐翅甲

Miobdelus turnai Smetana 特氏星点隐翅甲

Miobdelus wangi He *et* Zhou 王氏星点隐翅甲，王氏点隐翅甲

Miobdelus wolongensis He *et* Zhou 卧龙星点隐翅甲，卧龙点隐翅甲

Miochira 瘦叶甲属

Miochira burmensis Medvedev 缅甸瘦叶甲

Miochira gracilis Lacordaire 细瘦叶甲，瘦叶甲

Miochira miyatakei (Kimoto *et* Gressitt) 宫武瘦叶甲

Miochira montana (Jacoby) 高原瘦叶甲

Miochira montana montana (Jacoby) 高原瘦叶甲指名亚种

Miochira montana tibetana (Pic) 高原瘦叶甲西藏亚种

Miochira tsinensis (Pic) 见 *Clytra tsinensis*

Miochira unifasciata Pic 单带瘦叶甲

Miochira variegata (Lefévre) 斑斓瘦叶甲

Miolispa 瘦锥象甲属，瘦锥象属

Miolispa crassifemoralis Kleine 粗腿瘦锥象甲，粗腿瘦锥象
Miolispa cruciata Senna 韧瘦锥象甲，韧瘦锥象
Miolispa discors Senna 盘瘦锥象甲，盘瘦锥象
Miomoptera 小翅目
Mionycha 小爪龟甲亚属
Miopanesthia 小圆翅蠊属
Miopanesthia sinica Bey-Bienko 中华小圆翅蠊
Miopteryginae 小翅螳螂亚科
Mioraphidia 小蛇蛉属
Mioscirtus 小跃蝗属
Mioscirtus wagneri (Kittary) 小跃蝗
Mioscirtus wagneri rogenhoferi (Saussrue) 长翅小跃蝗，小跃蝗长翅亚种
Mioscirtus wagneri wagneri (Eversmann) 小跃蝗指名亚种
Miostauropus 小蚁舟蛾属
Miostauropus mioides (Hampson) 小蚁舟蛾
Miphora 弥沫蝉属
Miphora arisanella Matsumura 阿里山弥沫蝉
Miphora taiwana Kato 台湾弥沫蝉，台湾尖胸沫蝉，台湾拟白带尖胸沫蝉
mira purplewing [= chlorochoa purplewing, *Eunica chlorochoa* Salvin] 绿神蛱蝶
Mira 奇异跳小蜂属
Mira bifasciata Xu 双带奇异跳小蜂
Mira latifronta Xu 宽额奇异跳小蜂
Miracinae 奇脉茧蜂亚科
Miraculum 奇枕蜢属
Miraculum mirificum Bolívar 异奇枕蜢
Miraja 奇弄蝶属
Miraja sylvia Evans 树林奇弄蝶
Miraja varians (Oberthür) 奇弄蝶
Miraleria 迷绡蝶属
Miraleria cymothoe (Hewitson) 迷绡蝶
Miraleria sylvella Hewitson 树迷绡蝶
Miramella 玛蝗属
Miramella changbaishanensis Gong, Zheng *et* Lian 长白山玛蝗
Miramella shirakii Tinkham 见 *Sinopodisma shirakii*
Miramella sinense Chang 中华玛蝗
Miramella solitaria (Ikonnikov) 散栖玛蝗，玛蝗
Miramella splendida Tinkham 见 *Sinopodisma splendida*
Miranda birdwing [*Troides miranda* (Butler)] 马来荧光裳凤蝶，紫裳凤蝶
Miranda sarota [= Miranda's jewelmark, *Sarota miranda* Brevignon] 佅小尾蚬蝶，佅尾蚬蝶
Miranda's jewelmark 见 Miranda sarota
Mirandicola 迷瘿蜂属
Mirandicola sericea (Thomson) 斯迷瘿蜂
Miranus 奇臀飞虱属
Miranus circus Chen *et* Ding 环鳞奇臀飞虱
Miranus kuohi Chen *et* Li 葛氏奇臀飞虱
Miranus serrulatus Dong *et* Qin 齿缘奇臀飞虱
Miranus spinaphallus Guo *et* Liang 刺茎奇臀飞虱
Miranus varians (Kuoh) 片刺奇臀飞虱，滇长突飞虱
Miraradus 异扁蝽属
Miraradus foliaceus Kormilev 叶异扁蝽
Miraradus mirabilis Bergroth 奇异扁蝽
Miraradus oervendetes Vásárhelyi 黄缘异扁蝽
Mirax 奇脉茧蜂属
Mirax feretus Papp *et* Chou 岛奇脉茧蜂
Mirax gonghenensis Chen, Wu *et* Chen 共和奇脉茧蜂
Mirax sinopticulae He *et* Chen 中华微蛾奇脉茧蜂
Mireditha 平肩肖叶甲属，平肩叶甲属
Mireditha ambigua Chen *et* Wang 疑平肩肖叶甲，疑平肩叶甲
Mireditha cribrata Tan 粗刻平肩肖叶甲，粗刻平肩叶甲
Mireditha flavomaculata Tan 黄斑平肩肖叶甲
Mireditha intermedia Tan 居间平肩肖叶甲
Mireditha nigra Chen 黑平肩肖叶甲，黑平肩叶甲
Mireditha ovulum (Weise) 圆平肩肖叶甲，圆平肩叶甲
Mireditha vittata Tan 黑纹平肩肖叶甲
Miresa 银纹刺蛾属
Miresa acallis Swinhoe 阿银纹刺蛾
Miresa albipuncta Herrich-Schäffer 白点银纹刺蛾
Miresa argentifera Walker 银色银纹刺蛾
Miresa argentifera argentifera Walker 银色银纹刺蛾指名亚种
Miresa argentifera kwangtungensis Hering 银色银纹刺蛾广东亚种，粤银色银纹刺蛾，迹银纹刺蛾，大豆刺蛾
Miresa banghaasi (Hering *et* Hopp) 迷银纹刺蛾，迷刺蛾
Miresa bracteata Butler 叶银纹刺蛾
Miresa dicrognatha Wu 叉颚银纹刺蛾
Miresa flavescens (Walker) 见 *Monema flavescens*
Miresa flavidorsalis (Staudinger) 见 *Narosoideus flavidorsalis*
Miresa flavidorsalis fuscicostalis Fixsen 见 *Narosoideus fuscicostalis*
Miresa fulgida Wileman 闪银纹刺蛾，中银纹刺蛾
Miresa inornata Walker 素银纹刺蛾，迹银纹刺蛾，大豆疵蛾
Miresa kwangtungensis Hering 见 *Miresa argentifera kwangtungensis*
Miresa nivaha Moore 尼银纹刺蛾
Miresa pallivitta Moore 淡条银纹刺蛾
Miresa sagitovae Solovyev 萨银纹刺蛾
Miresa urga Hering 线银纹刺蛾
Miresa vulpina Wileman 见 *Narosoideus vulpinus*
Miresina bang-haasi (Hering *et* Hopp) 见 *Chibiraga banghaasi*
Miriatroides 拟奇蚱属
Miriatroides quadrivertex Zheng *et* Jiang 方顶拟奇蚱
mirid 1. [= mirid bug, plant bug, capsid, leaf bug] 盲蝽 <盲蝽科 miridae 昆虫的通称>；2. 盲蝽科的
mirid bug [= mirid, plant bug, capsid, leaf bug] 盲蝽
Miridae [= Capsidae] 盲蝽科
Miridiba 脊鳃金甲属，脊头鳃金龟属，迷鳃金龟属
Miridiba bannaensis Gao *et* Fang 版纳脊鳃金龟甲
Miridiba bidentata (Burmeister) 二齿脊鳃金龟甲
Miridiba castanea (Waterhouse) 栗色脊鳃金龟甲，栗色齿爪鳃金龟
Miridiba ciliatipennis (Moser) 纤翅脊鳃金龟甲，纤翅齿爪鳃金龟
Miridiba formosana (Moser) 蓬莱脊鳃金龟甲，蓬莱脊头鳃金龟，台湾褐栗金龟，台脊鳃金龟，台迷鳃金龟，台齿爪金龟甲，台齿爪金龟，拟毛黄鳃金龟甲
Miridiba huesiotoi Li *et* Yang 火烧岛脊鳃金龟甲，火烧岛脊头鳃

金龟
Miridiba hybrida (Moser) 杂种脊鳃金龟甲，杂种齿爪鳃金龟
Miridiba imitatrix (Brenske) 仿脊鳃金龟甲，仿齿爪鳃金龟
Miridiba koreana Niijima *et* Kinoshita 朝脊鳃金龟甲，朝迷鳃金龟甲，朝迷鳃金龟
Miridiba kuatunensis Gao *et* Fang 挂墩脊鳃金龟甲
Miridiba kuraruana Nomura 垦丁脊鳃金龟甲，垦丁脊头鳃金龟，垦丁褐栗金龟，台岛迷鳃金龟
Miridiba obscura Itoh 褐脊鳃金龟甲
Miridiba sinensis (Hope) 中华脊鳃金龟甲，中华脊头鳃金龟，华褐栗金龟
Miridiba sus (Moser) 苏脊鳃金龟甲，苏齿爪鳃金龟甲，苏齿爪鳃金龟
Miridiba taipei Wang *et* Li 台北脊鳃金龟甲，台北脊头鳃金龟
Miridiba taoi Li *et* Wang 达脊鳃金龟甲，达悟脊头鳃金龟
Miridiba trichophora (Fairmaire) 毛黄脊鳃金龟甲，毛黄鳃金龟
Miridiba tuberculipennis (Moser) 瘤翅脊鳃金龟甲
Miridiba vestitus (Brenske) 饰脊鳃金龟甲，饰齿爪鳃金龟
Miridiba xingkei Gao *et* Fang 杨脊鳃金龟甲，杨脊鳃金龟
Miridiba youweii Gao *et* Fang 有为脊鳃金龟甲
Mirientomata [= Protura] 原尾目，蚣虫目
Mirigryllus 姬蟋属 *Modicogryllus* 的异名
Mirigryllus nigrus He 见 *Modicogryllus nigrus*
Mirina 奇桦蛾属，桦蛾属
Mirina christophi Staudinger 忍冬奇桦蛾，忍冬桦蛾
Mirina confucius Zolotuhin *et* Witt 孔子奇桦蛾，孔子桦蛾
Mirina fenzeli Mell 陇南奇桦蛾，陇南桦蛾
Mirina longnanensis Chen *et* Wang 同 *Mirina fenzeli*
Mirinae 盲蝽亚科
Mirini 盲蝽族
Miris ferrugatus Fallén 见 *Leptopterna ferrugata*
miRNA [microRNA 的缩写] 小 RNA，小分子 RNA，微 RNA，微小 RNA
Mirocapritermes 瘤白蚁属
Mirocapritermes connectens Holmgren 瘤白蚁
Mirocapritermes hsuchiafui Yu *et* Ping 云南瘤白蚁
Mirocapritermes jiangchengensis Yang, Zhu *et* Huang 江城瘤白蚁，江城瘤歪白蚁
Mirocauda 奇节飞虱属
Mirocauda albilineana Chen 白带奇节飞虱
Mirococcopsis 小粉蚧属
Mirococcopsis ammophila Bazarov *et* Nurmamatov 黄芩小粉蚧
Mirococcopsis brevipilosa Matesova 同 *Mirococcopsis ammophila*
Mirococcopsis cantonensis (Ferris) 广东小粉蚧
Mirococcopsis chinensis Tang 中国小粉蚧，中国微粉蚧
Mirococcopsis ehrhornioides (Borchsenius) 芦苇小粉蚧，芦苇刘粉蚧，景粉蚧，芦竹景粉蚧
Mirococcopsis longipilosa Matesova 长毛小粉蚧
Mirococcopsis orientalis (Maskell) 见 *Trionymus orientalis*
Mirococcopsis rubida Borchsenius 獐毛小粉蚧
Mirococcopsis salina Matesova 梭梭小粉蚧
Mirococcopsis stipae Borchsenius 见 *Volvicoccus stipae*
Mirococcopsis subalpina (Danzig) 毛刺小粉蚧
Mirococcopsis subterranea (Newstead) [Russian root mealybug, root mealybug] 中欧小粉蚧，中欧佳粉蚧
Mirococcopsis teberdae (Danzig) 梯比尔小粉蚧
Mirococcopsis trispinosus (Hall) 见 *Dysmicoccus trispinosus*
Mirococcus 少粉蚧属
Mirococcus agropyri (Wu) 冰草少粉蚧，冰草长粉蚧
Mirococcus clarus Borchsenius 苏联少粉蚧，苏联长粉蚧，亲缘长粉蚧，禾鞘长粉蚧
Mirococcus festucae Koteja [Kotej's mealybug] 羊茅少粉蚧，羊茅长粉蚧
Mirococcus fossor Danzig 双齿少粉蚧
Mirococcus inermis (Hall) [harmless mealybug] 藜根少粉蚧
Mirococcus leymicola Tang 赖草少粉蚧，赖革小粉蚧
Mirococcus longiventris Borchsenius 细腹少粉蚧，细腹长粉蚧
Mirococcus orientalis (Matesova) 东方少粉蚧
Mirococcus ostiaplurimus (Kiritchenko) [maple mealybug] 槭树少粉蚧，槭树济粉蚧
Mirococcus psammophilus Koteja 同 *Mirococcus clarus*
Mirococcus scoparicola Tang 油蒿少粉蚧，油蒿小粉蚧
Mirococcus sera (Borchsenius) 广州少粉蚧，瑞少粉蚧
Mirococcus sphaeroides Danzig 球形少粉蚧
Mirollia 奇螽属
Mirollia angusticerca Gorochov *et* Kang 狭尾奇螽
Mirollia bispina Shi, Chang *et* Chen 双刺奇螽
Mirollia bispinosa Gorochov *et* Kang 二刺奇螽
Mirollia composita Bey-Bienko 复合奇螽，菊奇螽
Mirollia deficientis Gorochov 缺点奇螽
Mirollia fallax Bey-Bienko 秋奇螽，云南奇螽
Mirollia formosana Shiraki 台湾奇螽
Mirollia hainani Gorochov *et* Kang 海南奇螽
Mirollia liui Bey-Bienko 刘氏奇螽
Mirollia multidentus Shi, Chang *et* Chen 多齿奇螽
Mirollia obscuripennis Liu 污翅奇螽
Mirollia rufonotata Mu, He *et* Wang 红点奇螽
Mirollia yunnani Gorochov *et* Kang 云南奇螽
Mirolliini 奇螽族
Mironasutitermes 奇象白蚁属
Mironasutitermes changningensis Gao *et* He 长宁奇象白蚁
Mironasutitermes heterodon Gao *et* He 异齿奇象白蚁
Mironasutitermes hsuchiafui (Yu *et* Ping) 云南奇象白蚁
Mironasutitermes huangshanensis Gao *et* Chen 黄山奇象白蚁，黄山奇象蛩
Mironasutitermes longwangshanensis Gao 龙王山奇象白蚁
Mironasutitermes shangchengensis (Wang *et* Li) 商城奇象白蚁
Mironasutitermes tianmuensis Gao *et* He 天目奇象白蚁
mirophthirid 1. [= mirophthirid louse] 欣奇虱 < 欣奇虱科 Mirophthiridae 昆虫的通称 >；2. 欣奇虱科的
mirophthirid louse [= mirophthirid] 欣奇虱
Mirophthiridae 欣奇虱科
Mirophthirus 欣奇虱属
Mirophthirus liae Chin 李氏欣奇虱
Miroslava 米粪蝇属
Miroslava jitkae Šifner 伊特卡米粪蝇
Miroslava montana Šifner 山林米粪蝇
Mirperus 密缘蝽属
Mirperus marginatus Hsiao 见 *Melanacanthus marginatus*
mirror 镜膜 < 见于蝉弦音器中 >

mirror-back caterpillar [= black rimmed prominent moth, fissured prominent, false-sphinx, *Pheosia rimosa* Packard] 杨剑舟蛾，龟裂剑舟蛾
mirror turtle ant [*Cephalotes specularis* Brandão Feitosa, Powell *et* Del-Claro] 镜龟蚁
Mirufens 断脉赤眼蜂属
Mirufens longitubatus Lin 长管断脉赤眼蜂
Mirufens platyopterae Lou, Cong *et* Yuan 宽翅断脉赤眼蜂
Mirufens scabricostatus Lin 粗脊断脉赤眼蜂
Mirufens shenyangensis Lou 沈阳断脉赤眼蜂
Mirufens tubipenis Lou, Cong *et* Yuan 筒茎断脉赤眼蜂
mirza blue [= pale babul blue, *Azanus mirza* (Plötz)] 弥素灰蝶
Misalina 迷网蛾属
Misalina decussata (Moore) 叉迷网蛾
Misalina decussata decussata (Moore) 叉迷网蛾指名亚种
Misalina decussata formosa Whalley 叉迷网蛾台湾亚种，迷网蛾
Miscana 柄大叶蝉属
Miscana biangula Yang *et* Zhang 双突柄大叶蝉
Miscanthicoccus 芒粉蚧属
Miscanthicoccus miscanthi (Takahashi) 台湾芒粉蚧，芒粉蚧，芒粉介壳虫
Miscellanea Entomologica 昆虫学集录 < 期刊名 >
Miscelus javanus Klug 爪哇迷步甲
Miscera 迷短翅蛾属
Miscera sauteri Kallies 索氏迷短翅蛾
mischievous bird grasshopper [*Schistocerca damnifica* (Saussure)] 恶沙漠蝗
Mischocyttarini 长腰胡蜂族
Mischocyttarus 长腰胡蜂属
Mischocyttarus drewseni (de Saussure) 德氏长腰胡蜂 < 此种学名有误写为 *Mischocyttarus drawseni* (de Saussure) 或 *Mischocyttarus drewsenii* (de Saussure) 者 >
Mischocyttarus flavitarsis (de Saussure) 黄跗长腰胡蜂
Mischoserphus 柄脉细蜂属
Mischoserphus liaoi He *et* Xu 廖公柄脉细蜂
Mischoserphus montanus He *et* Xu 高山柄脉细蜂
Mischoserphus pingbianensis He *et* Xu 屏边柄脉细蜂
Mischoserphus samurai (Pschorn-Walcher) 佐村柄脉细蜂
Mischoserphus sinensis He *et* Xu 中华柄脉细蜂
Miscocephus 柄腹茎蜂属
Miscocephus cyaneus Wei 蓝胸柄腹茎蜂
Miscogasteriella 类柄腹金小蜂属
Miscogasteriella flavipes (Masi) 黄足类柄腹金小蜂
Miscogasteriella nigricans (Masi) 黑类柄腹金小蜂
Miscogasteridae 柄腹小蜂科 < 此科学名有误写为 Miscogastridae 者 >
Miscogasterinae 柄腹金小蜂亚科
Miscogasterini 柄腹金小蜂族
miscophid 1. [= miscophid wasp] 完眼泥蜂 < 完眼泥蜂科 Miscophidae 昆虫的通称 >；2. 完眼泥蜂科的
miscophid wasp [= miscophid] 完眼泥蜂
Miscophidae 完眼泥蜂科
Miscophini 完眼泥蜂族
Miscophus eximius Gussakovskii 杰完眼泥蜂，杰梗泥蜂
Miscophus gegensumus Tsuneki 内蒙完眼泥蜂，内蒙梗泥蜂
Mishtshenkotettix 米蚱属
Mishtshenkotettix gibberosa Wang *et* Zheng 突背米蚱
Mishtshenkotettix tuberculata Zheng *et* Jiang 瘤米蚱
Misius 谬弄蝶属
Misius misius (Mabille) [misius skipper] 谬弄蝶
misius skipper [*Misius misius* (Mabille)] 谬弄蝶
Miskin's swift [= yellow-streaked swift, *Sabera dobboe* (Plötz)] 金条弄蝶
mismatch 误配，错配
mismatch distribution 误配分布，错配分布
Mismia 幂舟蛾属
Mismia impunctibasis Kiriakoff 基无点幂舟蛾
Misolampidius 窄亮轴甲属
Misolampidius clavicrus (Marseul) 棒窄亮轴甲，棒迷索拟步甲
Misolampidius shirozui Chûjô 见 *Paramisolampidius shirozui*
Misolampidius tentyrioides Li 东北窄亮轴甲
Misolampomorphus 弥拟步甲属
Misolampomorphus kochi Kaszab 柯弥拟步甲
Misolampomorphus reitteri (Pic) 雷弥拟步甲
Misool snouted whirligig [*Porrorhynchus* (*Rhomborhynchus*) *misoolensis* Ochs] 四王岛长唇豉甲，四王岛前口豉甲
Misospatha 迷瘿蚊属
Misospatha giraldii (Kieffer *et* Trotter) 基迷瘿蚊
Mispila 皱额天牛属
Mispila biplagiata (Gahan) 二斑皱额天牛，二斑壮天牛
Mispila curvilinea Pascoe 弧线皱额天牛
Mispila khamvengae Breuning 绒胸皱额天牛
Mispila nigrovittata Breuning 黑条皱额天牛
Mispila sonthianae Breuning 线纹皱额天牛
Mispila subtonkinea Breuning 长角皱额天牛
Mispila taoi Breuning 陶氏皱额天牛
Mispila tholana (Gressitt) 海南凸额天牛
Mispila tonkinea (Pic) 越皱额天牛，越南皱额天牛
Mispila tonkinea minuta (Pic) 越皱额天牛小型亚种，小越皱额天牛
Mispila tonkinea tonkinea (Pic) 越皱额天牛指名亚种，指名越皱额天牛
Misracoccus 密绵蚧属
Misracoccus assamensis Rao 阿萨密绵蚧
Misracoccus convexus (Morrison) 菲岛密绵蚧
Misracoccus xyliae (Ramakrishna Ayyar) 印度密绵蚧，黄檀龟履蚧，云龟履硕蚧
missible oil 乳油
missing haplotype 缺失单倍型
missing intermediate haplotype 缺失中间单倍型
missing silkworm 遗失蚕
Misthosima mutabilis Wolfrum 见 *Araecerus mutabilis*
Mistshenkoana 米须蟋属
Mitchella 米蚤属
Mitchella laxisinuata (Liu, Wu *et* Wu) 广窦米蚤，广窦米蝠蚤
Mitchella megatarsalia (Liu, Wu *et* Wu) 巨跗米蚤
Mitchella truncata (Liu, Wu *et* Wu) 截棘米蚤
Mitchellania 米氏球角蛾属
Mitchellania anshanensis Wu *et* Xie 鞍山米氏球角蛾
Mitchell's diurnal cockroach [= mardi gras cockroach, *Polyzosteria*

mitchelli (Angas)] 米氏泽蠊
Mitchell's marsh satyr [= Mitchell's satyr, *Neonympha mitchellii* French] 米氏环眼蝶
Mitchell's satyr 见 Mitchell's marsh satyr
mite sandman [*Spialia paula* (Higgins)] 保拉饰弄蝶
Mithras 线绕灰蝶属
Mithras nautes (Cramer) [nautes mithras] 娜线绕灰蝶，线绕灰蝶
mithrax duskywing [= slaty skipper, slaty duskywing, *Chiomara mithrax* (Möschler)] 蓝灰旗弄蝶，旗弄蝶
Mithuna 线苔蛾属
Mithuna arizana Wileman 双线苔蛾，阿四线苔蛾
Mithuna flavia Bucsek 黄线苔蛾
Mithuna fuscivena Hampson 暗脉线苔蛾
Mithuna quadriplaga Moore 四线苔蛾
Mitius 素蟋属
Mitius blennus (Saussure) 岛素蟋
Mitius flavipes (Chopard) 黄足素蟋
Mitius minor (Shiraki) 小素蟋
Mitius minutulus Yang *et* Yang 极小素蟋
Mitius splendens (Shiraki) 倩素蟋，灿姬蟋
Mitjaevia 米小叶蝉属
Mitjaevia aurantiaca (Mitjaev) 金橙米小叶蝉
Mitjaevia diana (Distant) 戴娜米小叶蝉
Mitjaevia korolevskayae Dworakowska 月芽米小叶蝉
Mitjaevia nanaoensis Chiang *et* Knight 南米小叶蝉，娜米小叶蝉
Mitjaevia protuberanta Song, Li *et* Xiong 突瓣米小叶蝉
Mitjaevia tappana Chiang *et* Knight 坛米小叶蝉，台湾米小叶蝉
Mitjaevia wangwushana Song, Li *et* Xiong 王屋山米小叶蝉
mitochondria [s. mitochondrium] 线粒体，粒线体
mitogen-activated protein kinase [abb. MARK] 丝裂原活化蛋白激酶
mitochondrial chromosome karyotype 线粒体染色体核型
mitochondrial derivative [abb. MD] 1. 副核；2. 线粒体基衍生物
mitochondrial genome [= mitogenome, mt genome] 线粒体基因组
mitochondriomics 线粒体组学
mitochondrium [pl. mitochondria] 线粒体，粒线体
mitogen-activated protein kinase[= abb. MARK] 丝裂原活化蛋白激酶
mitogenome 见 mitochondrial genome
mitogenomics 线粒体基因组学
Mitomorphus 腹突隐翅甲属
Mitomorphus formosae Bernhauer 台腹突隐翅甲
Mitomorphus indicus Kraatz 印腹突隐翅甲
Mitopeza 线纤足大蚊亚属
mitosis 有丝分裂
mitosoma 精子中体
Mitoura 敏灰蝶属
Mitoura barryi (Johnson) [Barry's hairstreak] 巴敏灰蝶
Mitoura byrnei (Johnson) 伯恩敏灰蝶
Mitoura dospassosi (Clench) 多敏灰蝶
Mitoura gryneus (Hübner) [olive hairstreak, juniper hairstreak] 阁敏灰蝶
Mitoura hesseli (Rawson *et* Ziegler) [Hessel's hairstreak] 赫氏敏灰蝶
Mitoura johnsoni (Skinner) [Johnson's hairstreak] 约翰逊敏灰蝶
Mitoura loki (Skinner) 洛克敏灰蝶
Mitoura muiri (Edwards) [Muir's hairstreak] 穆敏灰蝶
Mitoura nelsoni (Boisduval) 奈敏灰蝶
Mitoura rosneri (Johnson) [Rosner's hairstreak, cedar hairstreak] 罗敏灰蝶
Mitoura siva Edwards [siva hairstreak] 斯敏灰蝶
Mitoura smilacis Boisduval *et* Leconte 敏灰蝶
Mitoura spinetorum (Hewitson) [thicket hairstreak] 针敏灰蝶
Mitrococcus 僧蜡蚧属，锥蜡蚧属
Mitrococcus celsus Borchsenius 四川僧蜡蚧，峨眉锥蜡蚧，峨眉链蜡蚧
Mitroplatia 碧莫蝇属
Mitroplatia nivemaculata Fan, Fang *et* Yang 白斑碧莫蝇
Miwanus 双钩锹甲属，双钩锹属
Miwanus formosanus (Miwa) 双钩锹甲，双钩锹，台前锹甲，双钩锯锹形虫，扁齿锯锹形虫，薄翅锹形虫，台赫锹甲
Miwanus formosanus capricornus (Didier) 双钩锹甲越南亚种，双钩锹越南亚种
Miwanus formosanus formosanus (Miwa) 双钩锹甲指名亚种，双钩锹指名亚种，双钩锹台湾亚种
Miwanus formosanus kishidai (Fujita) 双钩锹甲广东亚种，双钩锹广东亚种
Mixaleyrodes 突褶粉虱属，杂粉虱属
Mixaleyrodes polypodicola Takahashi 多突褶粉虱
Mixaleyrodes polystichi Takahashi 黄精粉虱，耳蕨杂粉虱，混粉虱
Mixaspis 混片盾蚧属
Mixaspis bambusicola (Takahashi) 竹混片盾蚧，竹密盾介壳虫
mixed batches rearing 混合育 <家蚕的>
mixed function oxidase [abb. MFO] 多功能氧化酶
mixed infection 混合感染，混合侵染，混合传染
mixed inheritance 混合遗传
mixed population 混合种群
mixed punch [*Dodona ouida* Hewitson] 斜带缺尾蚬蝶
mixed rearing infection 混育传染 <家蚕的>
mixed-species competition 混种竞争
mixed vapourer [= common African tussock moth, *Orgyia mixta* Snellen] 非洲古毒蛾
Mixochlora 岔绿尺蛾属，三岔绿尺蛾属
Mixochlora vittata (Moore) 三岔绿尺蛾，三叉绿尺蛾，三岔镰翅绿尺蛾
Mixochlora vittata prasina (Butler) 三岔绿尺蛾葱绿亚种，葱三叉绿尺蛾
Mixochlora vittata vittata (Moore) 三岔绿尺蛾指名亚种
Mixocordylura longifacies Hendel 长颜迷粪蝇
Mixohelea ciliaticrus Kieffer 见 *Xenohelea ciliaticra*
mixotrophy 混合营养
Miyake lasiocampid [*Takanea miyakei* Wileman] 三宅刻缘枯叶蛾，三宅枯叶蛾，三宅氏枯叶蛾，三宅氏塔枯叶蛾
Miyakea 双带草螟属，迷雅螟属
Miyakea expansa (Butler) 展双带草螟，展迷雅螟，胀优螟
Miyakea lushanus (Inoue) 庐山双带草螟，庐山迷雅螟，庐山优螟
Miyakea raddeella (Caradja) 金双带草螟，拉迷雅螟
Miyakea zhengi Li *et* Li 郑氏双带草螟

Miyana 弭珍蝶属
Miyana meyeri (Kirsch) 弧裙弭珍蝶
Miyana moluccana (Felder) 弭珍蝶
Mizaldus 胝盾长蝽属
Mizaldus lewisi Distant 见 *Neomizaldus lewisi*
Mizococcus 圆粉蚧属，蔗根粉蚧属
Mizococcus sacchari Takahashi 甘蔗圆粉蚧，蔗根粉蚧，圆粉蚧，蔗根粉介壳虫
MKDT [median knock-down time 的缩写，= KT_{50}] 击倒中时
MLC [minimum lethal concentration 的缩写] 最小致死浓度
MLD 1. [= LD_{50}; median lethal dose 的缩写] 致死中量，半数致死量，半数致死剂量；2. [= LD_{01}; minimal lethal dose 的缩写] 最低致死剂量，最小致死剂量，最低致死量
Mnais 绿色蟌属
Mnais andersoni McLachlan 安氏绿色蟌，透翅绿色蟌
Mnais auripennis Needham 同 *Mnais tenuis*
Mnais costalis Sélys 棱脊绿色蟌
Mnais earnshawi Williamson 红痣绿色蟌
Mnais earnshawi earnshawi Williamson 红痣绿色蟌指名亚种
Mnais earnshawi thoracicus May 同 *Mnais earnshawi earnshawi*
Mnais gregoryi Fraser 黑带绿色蟌，亮翅绿色蟌，云南绿色蟌，中带绿色蟌
Mnais icteroptera Fraser 缅绿色蟌
Mnais maclachlani Fraser 同 *Mnais gregoryi*
Mnais mneme Ris 烟翅绿色蟌
Mnais pieli Navás 同 *Mnais tenuis*
Mnais pruinosa Sélys 条纹绿色蟌
Mnais semiopaca May 同 *Mnais gregoryi*
Mnais strigata Hagen 同 *Mnais pruinosa*
Mnais tenuis Oguma 黄翅绿色蟌，细胸珈蟌，瘦绿色蟌
Mnaseas 艳弄蝶属
Mnaseas bicolor (Mabille) [dull skipper, dull brown-skipper, bicolor skipper] 二色艳弄蝶，艳弄蝶
Mnasicles 莽弄蝶属
Mnasicles geta Godman [frosted brown-skipper, violet-frosted skipper] 紫莽弄蝶，莽弄蝶
Mnasicles hicetaon Godman [gray brown-skipper, gray skipper, hicetaon skipper] 喜塞莽弄蝶
Mnasilus 萌弄蝶属
Mnasilus allubitus (Butler) [Butler's skipper, allubitus skipper] 阿鲁萌弄蝶
Mnasilus penicillatus Godman 萌弄蝶
Mnasinous 描边弄蝶属
Mnasinous patage Godman [black-veined skipper] 描边弄蝶
Mnasitheus 梦弄蝶属
Mnasitheus cephoides Hayward [cephoides skipper] 色梦弄蝶
Mnasitheus chrysophis (Mabille) [chrysophrys skipper] 金梦弄蝶
Mnasitheus simpliciissima (Herrich-Schäffer) [strange-stigma skipper] 梦弄蝶
Mnasitheus nitra Evans [nitra skipper] 呢梦弄蝶
Mnemea laosensis Breuning 老挝长节天牛
Mnemonica auricyania (Walsingham) 见 *Dyseriocrania auricyania*
Mnemonica subpurpurella Haworth 见 *Dyseriocrania subpurpurella*
Mnemonica unimaculella Zetterstedt 见 *Eriocrania unimaculella*
Mnemosyne sinica Jacobi 见 *Oecleopsis sinicus*
Mnesampela privata Guenée [autumn gum moth] 蓝桉尺蛾
mnesarchaeid 1. [= mnesarchaeid moth, New Zealand primitive moth] 扇鳞蛾 < 扇鳞蛾科 Mnesarchaeidae 昆虫的通称 >；2. 扇鳞蛾科的
mnesarchaeid moth [= mnesarchaeid, New Zealand primitive moth] 扇鳞蛾
Mnesarchaeidae 扇鳞蛾科
Mnesibulus 阔胫蟋属
Mnesibulus bicolor (De Haan) 双色阔胫蟋
Mnesibulus okunii Shiraki 奥克阔胫蟋
Mnesiloba 珊瑚尺蛾属，波尺蛾属
Mnesiloba dentifascia (Hampson) 齿带珊瑚尺蛾，多型波尺蛾
Mnesiloba eupitheciata (Walker) 珊瑚尺蛾
Mnestheus 妙弄蝶属
Mnestheus ittona (Butler) [ittona skipper] 妙弄蝶
Mnestra's ringlet [*Erebia mnestra* (Hübner)] 黑黄红眼蝶
Mniotype 拟毛眼夜蛾属
Mniotype adusta (Esper) 焦拟毛眼夜蛾，燃盗夜蛾
Mniotype aulombardi Plante 灰拟毛眼夜蛾，灰昙夜蛾
Mniotype bathensis (Lutzau) 长白拟毛眼夜蛾
Mniotype dubiosa (Bang-Haas) 疑拟毛眼夜蛾
Mniotype dubiosa amitayus Volynkin *et* Han 疑拟毛眼夜蛾阿弥亚种
Mniotype dubiosa dubiosa (Bang-Haas) 疑拟毛眼夜蛾指名亚种
Mniotype krisztina Hreblay *et* L. Ronkay 西藏拟毛眼夜蛾
Mniotype lama (Staudinger) 拉拟毛眼夜蛾
Mniotype melanodonta (Hampson) 紫褐拟毛眼夜蛾，紫褐毛眼夜蛾，黑毛眼夜蛾
Mniotype satura (Denis *et* Schiffermüller) 樱拟毛眼夜蛾，樱毛眼夜蛾，满毛眼夜蛾
Mnuphorus semenovi Glazunov 西毋步甲
mobbing 聚扰
mobile 能动的
Moca 莫伊蛾属
Moca fungosa (Meyrick) 菌莫伊蛾，菌茶雕蛾
Mochtheroides 三齿步甲属
Mochtheroides klapperichi Jedlička 克氏三齿步甲
Mochtheroides tetraspilotus (MacLeay) 见 *Mochtherus tetraspilotus*
Mochtherus 齿颏步甲属
Mochtherus angulatus Schmidt- Göbel 同 *Dolichoctis rotundata*
Mochtherus luctuosus Putzeys 幸齿颏步甲，幸长唇步甲
Mochtherus obscurabasis Hunting *et* Yang 褐基齿颏步甲
Mochtherus rotundata Schmidt-Göbel 见 *Dolichoctis rotundata*
Mochtherus tetraspilotus (MacLeay) 四斑齿颏步甲，四斑长唇步甲，四毛三齿步甲
Mocis 毛胫夜蛾属
Mocis ancilla (Warren) 奚毛胫夜蛾
Mocis annetta (Butler) 懈毛胫夜蛾，波毛胫裳蛾
Mocis discios (Kollar) 黑斑毛胫夜蛾，狄毛胫夜蛾
Mocis dolosa (Butler) 奸毛胫夜蛾，中外斑毛胫裳蛾
Mocis electaria (Bremer) 跗毛胫夜蛾
Mocis frugalis (Fabricius) [sugarcane looper, brown semi-looper, rice brown semi-looper, grain semi-looper] 实毛胫夜蛾，毛跗夜蛾

Mocis laxa (Walker) 宽毛胫夜蛾
Mocis punctularis Hübner 同 *Mocis repanda*
Mocis repanda (Fabricius) [striped grass looper, Guinea grass moth, grass looper, grass semi looper] 草毛胫夜蛾
Mocis undata (Fabricius) [brown-striped semilooper] 毛胫夜蛾，毛胫裳蛾
mocker blue [= eastern bush blue, mocker bronze, *Cacyreus virilis* (Aurivillius)] 卫丁字灰蝶
mocker bronze 见 mocker blue
mocker swallowtail [= flying handkerchief, African swallowtail, *Papilio dardanus* Brown] 非洲白凤蝶，非洲白翠凤蝶
Mocquery's leaf sitter [*Gorgyra mocquerysii* Holland] 莫氏槁弄蝶
Mocuellus 黄绿叶蝉属
Mocuellus collinus (Bohemen) 平顶黄绿叶蝉，平顶叶蝉
Mocuellus* (*Falcitettix*) *minor (Vilbaste) 端突黄绿叶蝉
Mocuellus* (*Falcitettix*) *sibiricus (Linnavuori) 长突黄绿叶蝉
model 模型
model thoon [= moody skipper, modius skipper, *Thoon modius* (Mabille)] 模腾弄蝶，腾弄蝶
moderate 适度的
moderate feeding period 中食期
moderate humidity 适湿
moderate resistance 中抗
moderate suitable habitat 中适生区
moderate symptom 中等病症
moderate temperature 适温
moderately eating stage 中食期 < 家蚕的 >
modest bar [*Spindasis modestus* (Trimen)] 非洲银线灰蝶
modest false dots [*Liptena modesta* (Kirby)] 端琳灰蝶
modest sphinx [= poplar sphinx, big poplar sphinx, *Pachysphinx modesta* (Harris)] 杨柳大天蛾
modest sylph [*Astictopterus inornatus* (Trimen)] 素腌翅弄蝶
modest themis forester [*Euphaedra modesta* Hecq] 中栎蛱蝶
Modicogryllini 姬蟋族
Modicogryllus 姬蟋属
Modicogryllus arisanicus (Shiraki) 阿里山姬蟋，阿里山斗蟋
Modicogryllus bordigalensis (Latreille) 见 *Eumodicogryllus bordigalensis*
Modicogryllus bucharicus (Bey-Bienko) 布哈拉姬蟋，布哈拉悍蟋
Modicogryllus confirmatus (Walker) 曲脉姬蟋
Modicogryllus consobrinus (Saussure) 衣带姬蟋
Modicogryllus conspersus (Schaum) 台湾姬蟋，小斑蟋
Modicogryllus imbecillus (Saussure) 弱姬蟋
Modicogryllus latefasciatus (Chopard) 宽额姬蟋
Modicogryllus maculatus (Shiraki) 见 *Comidoblemmus maculatus*
Modicogryllus minor (Shiraki) 见 *Mitius minor*
Modicogryllus nigrivertex Kaltenbach 同 *Svercacheta siamensis*
Modicogryllus nigrus (He) 黑姬蟋
Modicogryllus ornatus (Shiraki) 丽姬蟋，丽斗蟋，甘蔗姬蟋
Modicogryllus rehni Chopard 见 *Comidoblemmus rehni*
Modicogryllus splendens (Shiraki) 见 *Mitius splendens*
modifiable factor 可改变因子
modification 饰变，变化，变异
modification enzyme 修饰酶
modified race 改良品种
modifier 1. 变更基因；2. 改良剂，调节剂
modifying gene 变更基因
modioliform 毂形 < 略似球形，但两端平截者 >
modius skipper 见 model thoon
modoc budworm [*Choristoneura viridis* Freeman] 栎色卷蛾
Moduza 穆蛱蝶属
Moduza jumaloni (Schröder) 珠穆蛱蝶
Moduza mata Moore 媚穆蛱蝶
Moduza neoprocris Chou, Yuan, Yin, Zhang *et* Chen 新穆蛱蝶
Moduza nuydai Shirôzu *et* Saigusa 奴穆蛱蝶
Moduza pintuyana Semper 松穆蛱蝶
Moduza procris (Cramer) [commander] 穆蛱蝶
Moduza procris procris (Cramer) 穆蛱蝶指名亚种，指名穆蛱蝶
Moduza thespias Semper 弱穆蛱蝶
Moduza urdaneta Felder *et* Felder 白带穆蛱蝶
Moechohecyra 拟污天牛属
Moechohecyra arctifera Wang *et* Jiang 弧斑拟污天牛
Moechohecyra indica Breuning 印度拟污天牛
Moechohecyra sumatrana Breuning 苏门拟污天牛
Moechohecyra verrucicollis Gahan 拟污天牛
Moechotypa 污天牛属，艳天牛属
Moechotypa adusta Pascoe 宽带污天牛
Moechotypa alboannulata Pic 白网污天牛
Moechotypa asiatica (Pic) 亚洲污天牛
Moechotypa coomani Pic 梯额污天牛
Moechotypa dalatensis Breuning 越南污天牛
Moechotypa delicatula (White) 树纹污天牛，阿萨姆艳天牛
Moechotypa diphysis (Pascoe) [oak longicorn beetle] 双簇污天牛，双簇天牛
Moechotypa formosana (Pic) 台湾污天牛，埔里艳天牛，台湾红斑天牛
Moechotypa nigricollis Wang *et* Jiang 斑胸污天牛
Moechotypa paraformosana Breuning 拟台湾污天牛，高山红斑天牛
Moechotypa semenovi Heyrovský 四川污天牛
Moechotypa suffusa (Pascoe) 红条污天牛
Moechotypa thoracica (White) 锥瘤污天牛，锥突污天牛
Moechotypa tuberculicollis Wang *et* Jiang 瘤胸污天牛
Moechotypa umbrosa Lacordaire 老挝污天牛
Moechotypa uniformis (Pic) 广西污天牛
Moeller's silverfork [*Lethe moelleri* (Elwes)] 米勒黛眼蝶
Moenas salpminia Fabricius 前黄木叶蛾
Moeris 糙弄蝶属
Moeris hyagnis Godman [Godman's skipper, hyagnis skipper] 黑纹糙弄蝶
Moeris moeris Möschler 莫里斯糙弄蝶
Moeris striga (Geyer) [flag skipper] 糙弄蝶
Moeris stroma Evans 覆糙弄蝶
Moeris submetallescens (Hayward) [submetallescens skipper] 褐糙弄蝶
Moeris vopiscus (Herrich-Schäffer) 沃皮糙弄蝶
Moeros 魔弄蝶属
Moeros moeros (Möschler) [Möschler's ruby-eye] 魔弄蝶
Mofidi's fritillary [*Brenthis mofidii* Wyatt] 莫氏小豹蛱蝶

Mogalodacne 莫蕈甲属

Mogalodacne bellula Lewis 波鲁莫蕈甲

Mogalodacne promensis Arrow 隆背莫蕈甲

Mogannia 草蝉属

Mogannia basalis Matsumura 明基草蝉，褐纹草蝉

Mogannia basalis basalis Matsumura 明基草蝉指名亚种

Mogannia basalis tienmushanensis Ôuchi 同 *Mogannia basalis basalis*

Mogannia chinensis Ôuchi 同 *Mogannia cyanea*

Mogannia chinensis Stål 同 *Mogannia nasalis*

Mogannia conica (Germar) 草蝉

Mogannia cyanea Walker 蓝草蝉，琉璃草蝉

Mogannia cyanea cyanea Walker 蓝草蝉指名亚种

Mogannia cyanea flavofascia Kato 同 *Mogannia cyanea cyanea*

Mogannia formosana Matsumura 台湾草蝉，黑翅草蝉

Mogannia hainana Shen, Lei *et* Yang 海南草蝉

Mogannia hebes (Walker) 绿草蝉，草蝉

Mogannia indigotea Distant 靛青草蝉

Mogannia janea Walker 同 *Mogannia hebes*

Mogannia kanoi Kato 同 *Mogannia formosana*

Mogannia kashotoensis Kato 同 *Mogannia formosana*

Mogannia kikowensis Ôuchi 同 *Mogannia nasalis*

Mogannia mandarina Distant 香港草蝉

Mogannia minuta Matsumura 小草蝉，小帽枯蝉，姬草蝉

Mogannia nasalis (White) 红缘草蝉

Mogannia nasalis fusca Liu 红缘草蝉褐色亚种

Mogannia nasalis fuscous Liu 同 *Mogannia nasalis fusca*

Mogannia nasalis nasalis (White) 红缘草蝉指名亚种

Mogannia rubricosta Matsumura 同 *Mogannia formosana*

Mogannia tienmushana Chen 同 *Mogannia cyanea*

mogoplistid 1. [= mogoplistid cricket, scaly cricket] 鳞蟋，钲蟋 < 鳞蟋科 Mogoplistidae 昆虫的通称 >；2. 鳞蟋科的

mogoplistid cricket [= mogoplistid, scaly cricket] 鳞蟋，钲蟋

Mogoplistidae 鳞蟋科，钲蟋科

Mogoplistinae 鳞蟋亚科，钲蟋亚科

Mogoplistini 鳞蟋族

Mohelnaspis 刺蛎蚧属，芒棘盾介壳虫属

Mohelnaspis graminicola (Takahashi) 五节刺蛎蚧，五节芒棘盾介壳虫，草雪盾蚧

Mohelnaspis vermiformis (Takahashi) 长刺蛎蚧

Mohrigia 摩眼蕈蚊属

Mohrigia angusta Xu *et* Huang 尖突摩眼蕈蚊

Mohrigia cirricoxalis Rudzinski 卷摩眼蕈蚊

Mohrigia composivera Rudzinski 复摩眼蕈蚊

Mohrigia cylindrata Xu *et* Huang 柱突摩眼蕈蚊

Mohrigia globulosa Xu *et* Huang 球突摩眼蕈蚊

Mohrigia hippai Menzel 海氏摩眼蕈蚊

Mohrigia infernosa Rudzinski 下摩眼蕈蚊

Mohrigia inflata Shi *et* Huang 膨突摩眼蕈蚊

Mohrigia insolenta Rudzinski 稀摩眼蕈蚊

Mohrigia megalocornuta (Mohrig *et* Menzel) 长角摩眼蕈蚊，台湾摩眼蕈蚊

Mohrigia notolobos Xu *et* Huang 背叶摩眼蕈蚊

Mohrigia orthacantha (Yang, Zhang *et* Yang) 直刺摩眼蕈蚊，直刺厉眼蕈蚊

Mohrigia ovoidea Xu *et* Huang 卵突摩眼蕈蚊

Mohrigia retarda Rudzinski 网弓摩眼蕈蚊，网摩眼蕈蚊

Mohrigia rhynchophysa (Yang, Zhang *et* Yang) 喙突摩眼蕈蚊，喙突狭眼蕈蚊

Mohrigia rusticana Rudzinski 乡摩眼蕈蚊

Mohrigia scrobiculata Xu *et* Huang 凹突摩眼蕈蚊

Mohrigia structura Rudzinski 瘤摩眼蕈蚊

Mohrigia subrhynchophysa Xu *et* Huang 近喙摩眼蕈蚊

Mohrigia truncatula Shi *et* Huang 截摩眼蕈蚊

Mohunia 痕叶蝉属

Mohunia bifasciana Li *et* Chen 双带痕叶蝉

Mohunia biguttata Wang *et* Li 双斑痕叶蝉

Mohunia introspina Chen *et* Yang 内突痕叶蝉

Mohunia notata Wang *et* Li 见 *Paramohunia notata*

Mohunia pyramida Li *et* Chen 见 *Neomohunia pyramida*

Mohunia ventrospina Chen *et* Li 腹突痕叶蝉

moiety 部分；半个

Moissonia 薄盲蝽属

Moissonia importunitas (Distant) 黄薄盲蝽

Moissonia novoguinensis (Schuh) 新几内亚薄盲蝽

Moissonia philippinensis (Schuh) 菲律宾薄盲蝽

Moissonia punctata (Fieber) 色斑薄盲蝽，点薄盲蝽

moist wood termite [= rhinotermitid termite, subterranean termite, rhinotermitid] 鼻白蚁，犀白蚁 < 鼻白蚁科 Rhinotermitidae 昆虫的通称 >

moisture 1. 湿度，湿气；2. 水分

moisture capacity 湿度

moisture content 含水量，含水率

Mojave dotted blue [*Euphilotes mojave* (Watson *et* Comstock)] 莫优灰蝶

Mojave giant-skipper [= Alliae giant-skipper, *Agathymus alliae* (Stallings *et* Turner)] 微红硕大弄蝶

Mojave sootywing [*Pholisora libya* (Scudder)] 白斑碎滴弄蝶

Mokrzeckia 绒茧蜂金小蜂属

Mokrzeckia abietis Kamijo 冷杉绒茧蜂金小蜂，冷杉绒茧金小蜂

Mokrzeckia menzeli Subba Rao 门氏绒茧蜂金小蜂，门氏绒茧金小蜂

Mokrzeckia orientalis Subba Rao 东方绒茧蜂金小蜂

Mokrzeckia picta Yang *et* Yao 凹胸绒茧蜂金小蜂

Mokrzeckia pini (Hartig) 绒茧蜂金小蜂，绒茧金小蜂

mola [= molar area] 臼齿；颚臼

Molaelaps 五节茧蜂属

Molaelaps fragilis Chen, Bai *et* Gu 稻苞虫五节茧蜂

Molanna 细翅石蛾属

Molanna falcata Ulmer 同 *Molanna moesta*

Molanna kunmingensis Hwang 昆明细翅石蛾

Molanna moesta Banks 暗褐细翅石蛾，莫细翅石蛾，叉枝细翅石蛾

molannid 1. [= molannid caddisfly, hood casemaker, hood casemaker caddisfly] 细翅石蛾 < 细翅石蛾科 Molannidae 昆虫的通称 >；2. 细翅石蛾科的

molannid caddisfly [= molannid, hood casemaker, hood casemaker caddisfly] 细翅石蛾

Molannidae 细翅石蛾科

Molannodes 拟细翅石蛾属，类细翅石蛾属

Molannodes epaphos Malicky 浙江拟细翅石蛾，爱帕类细翅石蛾
Molannodes ephialtes Malicky 多叶拟细翅石蛾，爱菲类细翅石蛾
molar area [= mola] 臼齿；颚臼
molar lobe 颚齿叶
mole beetle [*Hypocephalus armatus* Desmaret] 刺拟蝼蛄天牛
mole cricket [= gryllotalpid mole cricket, gryllotalpid] 蝼蛄 < 蝼蛄科 Gryllotalpidae 昆虫的通称 >
molecular 分子的
molecular biology 分子生物学
molecular ecology 分子生态学
molecular evolution 分子进化
molecular function 分子功能
molecular operational taxonomic unit [abb. MOTU] 分子分类运算单位，分子操作分类单位
molecular resistance 分子抗性
molecular scatology 分子粪便学
molecular systematics 分子系统学
molecular target 分子靶标
molecular transducer activity 分子传感器活性
Molipteryx 莫缘蝽属
Molipteryx fuliginosa (Uhler) [brown leaf-footed squash bug] 褐莫缘蝽，褐奇缘蝽
Molipteryx hardwickii (White) 哈莫缘蝽，哈奇缘蝽
Molipteryx lunata (Distant) 月肩莫缘蝽，月肩奇缘蝽，月赭缘蝽
Molla 牡弄蝶属
Molla molla Evans 模牡弄蝶，牡弄蝶
molla skipper [*Vacerra molla* Bell] 模婉弄蝶
Mollicoccus 缈粉蚧属
Mollicoccus guadalcanalanus Williams 南洋缈粉蚧
Mollitrichosiphum 声毛管蚜属，浓毛管蚜属
Mollitrichosiphum alni Ghosh, Ghosh *et* Raychaudhuri 桤木声毛管蚜，桤木浓毛管蚜
Mollitrichosiphum buddlejae Ghosh *et* Raychaudhuri 同 *Mollitrichosiphum nandii*
Mollitrichosiphum lithocarpi (Takahashi) 石柯声毛管蚜，石栎毛管蚜
Mollitrichosiphum luchuanum (Takahashi) 芦川声毛管蚜
Mollitrichosiphum montanum (van der Goot) 山声毛管蚜
Mollitrichosiphum nandii Basu 南声毛管蚜，醉鱼草声毛管蚜
Mollitrichosiphum nigrofasciatum (Maki) 黑带声毛管蚜，斑腹毛管蚜
Mollitrichosiphum nigrum Zhang *et* Qiao 黑声毛管蚜
Mollitrichosiphum niitakaensis (Takahashi) 玉山声毛管蚜，尼塔克声毛管蚜，玉山毛管蚜
Mollitrichosiphum rhusae Ghosh 漆树声毛管蚜
Mollitrichosiphum taiwanum (Takahashi) 台湾声毛管蚜，青风藤毛管蚜
Mollitrichosiphum tenuicorpum (Okajima) [slender hairy aphid] 瘦声毛管蚜，窄体声毛管蚜，细长毛管蚜，长毛毛管蚜
Mollitrichosiphum tumorisiphum Qiao *et* Jiang 水青冈声毛管蚜
Molo 莫洛弄蝶属
Molo calcarea (Schaus) [calcarea skipper] 咯莫洛弄蝶
Molo calcarea calcarea (Schaus) 咯莫洛弄蝶指名亚种
Molo calcarea ponda Evans [ponda skipper] 咯莫洛弄蝶黄斑亚种
Molo mango (Guenée) [mango skipper] 莫洛弄蝶
Molo nebrophone Schaus 内莫洛弄蝶
Molobratia 长喙虫虻属，长喙食虫虻属，磨食虫虻属
Molobratia chujoi Imazumi *et* Nagatomi 中条长喙虫虻，中条食虫虻
Molobratia japonica (Bigot) 日长喙虫虻，日本食虫虻
Molobratia pekinensis (Bigot) 北京长喙虫虻，北京长喙食虫虻
Molobratia purpuripennis (Matsumura) 紫翅长喙虫虻，紫羽食虫虻
Molobratia teutonus (Linnaeus) 中国长喙虫虻，中国长喙食虫虻，透长喙虫虻
molochina eurybia [= molochina underleaf, *Eurybia molochina* Stichel] 摩罗海蚬蝶
molochina underleaf 见 molochina eurybia
molomo copper [*Aloeides molomo* (Trimen)] 摩罗乐灰蝶
Molophilus 磨大蚊属，莫大蚊属，魔大蚊属
Molophilus albireo Alexander 黑棒磨大蚊，白磨大蚊，白莫大蚊
Molophilus albocostalis Alexander 白肋磨大蚊，白缘磨大蚊，白缘莫大蚊，白肋肥大蚊
Molophilus antares Alexander 峨眉磨大蚊，亮磨大蚊，亮莫大蚊
Molophilus aricola Alexander 阿里磨大蚊，优磨大蚊，优莫大蚊，阿里魔大蚊
Molophilus ariel Alexander 艾瑞磨大蚊，善磨大蚊，善莫大蚊
Molophilus arisanus Alexander 高山磨大蚊，阿里山磨大蚊，阿里山莫大蚊，高山魔大蚊
Molophilus bardus Alexander 须磨大蚊，笨磨大蚊，笨莫大蚊
Molophilus bilobalus Alexander 双叶磨大蚊，二叶磨大蚊，二叶莫大蚊
Molophilus costalis Edwards 肋磨大蚊，缘磨大蚊，缘莫大蚊，双肋魔大蚊
Molophilus crassulus Alexander 厚磨大蚊，厚莫大蚊
Molophilus cygnus Alexander 天鹅磨大蚊，塞磨大蚊，塞莫大蚊
Molophilus duplicatus Alexander 双磨大蚊，倍莫大蚊
Molophilus editus Alexander 巍峨磨大蚊，高磨大蚊，高莫大蚊，巍峨魔大蚊
Molophilus ephippiger Alexande 骑士磨大蚊，骑士魔大蚊
Molophilus furiosus Alexander 叉磨大蚊，狂磨大蚊，狂莫大蚊
Molophilus hoplostylus Alexander 木栅磨大蚊，木栅魔大蚊
Molophilus inimicus Alexander 伊米磨大蚊，敌磨大蚊，敌莫大蚊
Molophilus injustus Alexander 飞磨大蚊，过磨大蚊，过莫大蚊
Molophilus issikii Alexander 一色磨大蚊，一色莫大蚊，一色魔大蚊
Molophilus (Neolimnophila) alticola Alexander 见 *Neolimnophila alticola*
Molophilus nigripes Edwards 黑足磨大蚊，黑磨大蚊，黑莫大蚊，黑脚魔大蚊
Molophilus nigritarsis Alexander 黑跗磨大蚊，黑跗莫大蚊，黑跗魔大蚊
Molophilus nigritus Alexander 黑磨大蚊，台磨大蚊，台莫大蚊，黑色魔大蚊
Molophilus nigropolitus Alexander 亮黑磨大蚊，川磨大蚊，川莫大蚊
Molophilus nokonis Alexander 能高磨大蚊，诺磨大蚊，诺莫大蚊，

能高魔大蚊
Molophilus pallidibasis Alexander 大武磨大蚊，淡基磨大蚊，淡基莫大蚊，大武魔大蚊
Molophilus pictifemoratus Alexander 丽股磨大蚊，丽雌磨大蚊，纹股磨大蚊，纹腿莫大蚊
Molophilus spinosissimus Alexander 八仙磨大蚊，刺磨大蚊，刺莫大蚊，八仙魔大蚊
Molophilus tetragonus Alexander 四角磨大蚊，四角莫大蚊
Molophilus tseni Alexander 缇尼磨大蚊，曾氏磨大蚊，曾氏莫大蚊
Molophilus uniclavatus Alexander 棒磨大蚊，单棒磨大蚊，单棒莫大蚊
Molophilus velvetus Alexander 浙江磨大蚊，绒磨大蚊，绒莫大蚊
molops kite swallowtail [*Eurytides molops* (Rothschild *et* Jordan)] 摩罗阔凤蝶，美洲青凤蝶
Molorchini 短鞘天牛族
Molorchoepania 短萎鞘天牛属，丝角短翅天牛属
Molorchoepania simplexa (Matsushita) 锤腿短萎鞘天牛，凤山丝角短翅天牛
Molorchoepania viticola Holzschuh 陕短萎鞘天牛
Molorchus 短鞘天牛属
Molorchus aerifer (Holzschuh) 空短鞘天牛，空短翅天牛
Molorchus alashanicus Semenov *et* Plavilstshikov 隆线短鞘天牛
Molorchus aureomaculatus Gressitt *et* Rondon 老挝短鞘天牛
Molorchus changi Gressitt 太白短鞘天牛
Molorchus cupreoviridis Hayashi 铜绿短鞘天牛
Molorchus cyanescens Gressitt 钢蓝短鞘天牛
Molorchus fraudator Pesarini *et* Sabbadini 诈短鞘天牛
Molorchus fukiens Plavilstshikov 福建短鞘天牛
Molorchus heptapotamicus Plavilstshikov 新疆短鞘天牛
Molorchus insularis (White) 网胸短鞘天牛
Molorchus lampros (Holzschuh) 灯短鞘天牛，灯短翅天牛
Molorchus liui Gressitt 蔷薇短鞘天牛
Molorchus minimalis Gressitt *et* Rondon 见 *Budd hapania minimalis*
Molorchus minor (Linnaeus) 冷杉短鞘天牛
Molorchus pallidipennis (Heyden) 脊胸短鞘天牛
Molorchus plavilstshikovi Gressitt 点胸短鞘天牛
Molorchus rufostemabs Hayashi 红腹短鞘天牛
Molorchus rugatus (Holzschuh) 磨砂短鞘天牛
Molorchus semenovi Plavilstshikov 苹短鞘天牛
Molorchus semitaiwanus Hayashi 高雄短鞘天牛
Molorchus simplexus Matsushita 锤腿短鞘天牛
Molorchus smetanai Danilevsky 同 *Molorchus liui*
Molorchus subglabra (Gressitt) 黑翅短鞘天牛
Molorchus subplanus Gressitt 平胸短鞘天牛
Molorchus taiwanus Hayashi *et* Matsuda 台湾短鞘天牛
Molorchus terminatus (Holzschuh) 顶端短鞘天牛
Molorchus ussuriensis Plavilstshikov 乌苏里短鞘天牛
Molorchus versus (Holzschuh) 真短鞘天牛，真短翅天牛
Molorchus yui Hayashi 余氏短鞘天牛
Molostenopsocus 毛狭蛄属
Molostenopsocus expansus Li 阔唇毛狭蛄
Molostenopsocus immaculatus Li 无斑毛狭蛄
Molostenopsocus intertextus Li 叉毛狭蛄
Molostenopsocus mucronatus Li 凸顶毛狭蛄
Molostenopsocus parallelinervius Li 平脉毛狭蛄
Molostenopsocus plurifasciatus Li 带斑毛狭蛄
Molostenopsocus sulphurepterus Li 黄翅毛狭蛄
Molostenopsocus yunnanicus Li 云南毛狭蛄
molpe metalmark 1. [= Caicama metalmark, common lenmark, caucana metalmark, *Juditha caucana* (Stichel)] 卡拟蛱蚬蝶；2. [*Juditha molpe* (Hübner)] 摩尔拟蛱蚬蝶
molt 蜕皮
molted silkworm 起蚕
Moltena 融弄蝶属
Moltena fiara (Butler) [strelitzia night-fighter, banana-tree night-fighter] 融弄蝶
moltine 眠性
molting 蜕皮；就眠 <家蚕的>
molting fluid 蜕皮液
molting gland 蜕皮腺
molting hormone [= ecdysone, growth and differentiation hormone] 蜕皮激素，变态激素，蜕皮素，长化激素
molting larva 眠蚕 <家蚕的>
molting silkworm 眠蚕
molting stage 眠期 <家蚕的>
molting test 就眠率检定 <家蚕的>
moltinism 眠性现象 <家蚕的>
molula 胫股关节，胫腿关节
Molybdonycta 小剑纹夜蛾亚属
Molytinae 莫象甲亚科，莫象亚科，魔喙象亚科
Moma 缤夜蛾属
Moma abbreviata (Sugi) 简缤夜蛾
Moma alpium (Osbeck) [scarce merveille du jour] 缤夜蛾
Moma fulvicollis (Lattin) 黄颈缤夜蛾
Moma kolthoffi (Bryk) 白缤夜蛾
Moma murrhina Graeser 沐缤夜蛾
Moma tsushimana Sugi 广缤夜蛾，楚缤夜蛾
momi sawfly [*Gilpinia abieticola* (Dalla Torre)] 冷杉吉松叶蜂，冷杉叶蜂
Momisis 缨额天牛属
Momisis longicornis (Pic) 海南缨额天牛
Momisis longzhouensis Hua 龙州缨额天牛
Momisis submonticola Breuning 老挝缨额天牛
mompha moth [= momphid moth, momphid] 蒙蛾 <蒙蛾科 Momphidae 昆虫的通称>
Mompha 蒙蛾属
Mompha conturbatella (Hübner) [fireweed mompha moth] 康蒙蛾，康耻尖翅蛾
Mompha lychnopis Meyrick 黑蒙蛾，黑尖细蛾，黑耻尖翅蛾
momphid 1. [= momphid moth, mompha moth] 蒙蛾；2. 蒙蛾科的
momphid moth 见 mompha moth
Momphidae 蒙蛾科
Mona Island scrub-hairstreak [*Strymon amonensis* Smith, Johnson, Miller *et* McKenzie] 莫娜岛螯灰蝶
Monabris 单斑芫菁亚属
monacantha cochineal [*Dactylopius ceylonicus* (Green)] 锡兰胭蚧
Monacantha 僧小卷蛾属

Monacantha astula Diakonoff 游僧小卷蛾，茫卷蛾
Monacanthomyia 单刺水虻属
Monacanthomyia annandalei Brunetti 安氏单刺水虻
Monacanthomyia atronitens (Kertész) 黑亮单刺水虻，府城水虻，黑原水虻
Monacanthomyia becki James 贝克单刺水虻
Monacanthomyia nigrifemur (de Meijere) 黑股单刺水虻
Monacanthomyia robertsi James 罗单刺水虻
Monacanthomyia stigmata James 痣单刺水虻
monacha skipper [*Vettius monacha* (Plötz)] 模铂弄蝶
Monacidia 摩纳斯实蝇属
Monacidia suggrandis Ito 苏嘎拉摩纳斯实蝇
Monagonia 中爪脊甲属
Monagonia melanoptera Chen *et* Sun 黑鞘中爪脊甲
Monalocoris 薇盲蝽属
Monalocoris amamianus Yasunaga 大岛薇盲蝽
Monalocoris filicis (Linnaeus) 蕨微盲蝽，薇盲蝽
Monalocoris fulviscutellatus Hu *et* Zheng 黄盾薇盲蝽
Monalocoris nigris Carvalho 黑微盲蝽
Monalocoris nigroflavis Hu *et* Zheng 黑黄薇盲蝽
Monalocoris ochraceus Hu *et* Zheng 赭胸薇盲蝽
Monalocoris pallipes Carvalho 淡足微盲蝽
Monalocoris totanigrus Mu *et* Liu 均黑微盲蝽
Monaloniina 摩盲蝽亚族
Monanthia discoidalis (Jakovlev) 见 *Monosteira discoidalis*
Monanus 斑谷盗甲属，斑谷盗属
Monanus antennatus Grouvelle 触角斑谷盗甲
Monanus concinnulus (Walker) 丁字斑谷盗甲，丁字斑谷盗，T 形斑锯谷盗，T 形斑谷盗
Monanus discoidalis Grouvelle 盘斑谷盗甲，盘斑谷盗，狄斑谷盗
Monanus quadricollis Guérin-Méneville 见 *Cathartus quadricollis*
Monaphis 单斑蚜属
Monaphis antennata (Kaltenbach) 触角单斑蚜
monarch 1. [= monarch butterfly, wanderer, *Danaus plexippus* (Linnaeus)] 君主斑蝶，黑脉金斑蝶，帝王斑蝶，帝王蝶，普累克西普斑蝶，大桦斑蝶，褐脉棕斑蝶 < 该蝶为美国国蝶 >; 2. 斑蝶 (类) < 属斑蝶科 Danaidae>
MonarchBase 君主斑蝶数据库
monarch butterfly [= monarch, wanderer, *Danaus plexippus* (Linnaeus)] 君主斑蝶，黑脉金斑蝶，帝王斑蝶，帝王蝶，普累克西普斑蝶，大桦斑蝶，褐脉棕斑蝶
monarch false acraea [= false monarch, *Pseudacraea poggei* Dewitz] 环斑伪珍蛱蝶
Monardia 莫瘿蚊属
Monardia magnifica (Mamaev) 钝莫瘿蚊
Monardia modesta (Williston) 皱莫瘿蚊
Monardia toxicodendri (Felt) 毒木莫瘿蚊，毒木瘿蚊
Monardis 耳鞘叶蜂属
Monardis pedicula Wei *et* Wen 长柄耳鞘叶蜂
Monardis sinica Wei 中华耳鞘叶蜂
Monardis songyunae Wei 黄腹耳鞘叶蜂
monarsenous [= polygamous] 一雄多雌的
Monarthropalpus buxi (Laboulbène) [boxwood leafminer, box leaf mining midge, box midge] 黄杨潜叶瘿蚊，欧洲潜叶瘿蚊
Monarthrum 芳小蠹属
Monarthrum dentigerum (LeConte) 齿鞘芳小蠹
Monarthrum fasciatum (Say) [yellow-banded timber beetle] 黄斑芳小蠹，黑带芳小蠹
Monarthrum huachucae Wood 突鞘芳小蠹
Monarthrum mali (Fitch) [apple wood stainer] 苹果芳小蠹，马氏芳小蠹
Monarthrum parvum (Eggers) 四齿芳小蠹
Monarthrum scutellare (LeConte) [oak ambrosia beetle] 麻栎芳小蠹
monartus flat [*Celaenorrhinus monartus* (Plötz)] 莫纳星弄蝶
Monatrum 单土甲属
Monatrum csikii Kaszab 希氏单土甲
Monatrum horridum (Reitter) 粗背单土甲
Monatrum mongolicum Kaszab 蒙古单土甲
Monatrum prescotti (Faldermann) 普氏单土甲
Monatrum tuberculatum (Reitter) 瘤翅单土甲，瘤单土甲
Monatrum tuberculiferum (Reitter) 条脊单土甲
Monaulax 单象甲属
Monaulax rugicollis (Roelofs) 皱单象甲，皱枚基象
Monca 紫弄蝶属
Monca crispinus (Plötz) [violet-patched skipper] 紫斑紫弄蝶
Monca jera (Godman) [jera skipper] 杰紫弄蝶
Monca telata (Herrich-Schäffer) [telata skipper] 紫弄蝶
Monca tyrtaeus (Plötz) 缇紫弄蝶
Moncheca 梦螽属
Moncheca pretiosa Walker 翠腹梦螽
Monelata 单锤角细蜂属
Monelata incisipennis Huggert 凹翅单锤角细蜂
Monellia 平翅斑蚜属
Monellia caryella (Fitch) [blackmargined aphid, blackmargined pecan aphid, black-margined aphid, black margined yellow pecan aphid, little hickory aphid] 黑缘平翅斑蚜，小山核桃平翅斑蚜，侧平翅斑蚜，黄蚜
Monellia costalis (Fitch) 同 *Monellia caryella*
Monema 黄刺蛾属
Monema coralina Dudgeon 红翅黄刺蛾
Monema flavescens Walker [oriental moth] 黄刺蛾，黄银纹刺蛾
Monema flavescens flavescens Walker 黄刺蛾指名亚种
Monema flavescens rubriceps (Matsumura) 黄刺蛾台湾亚种，台湾黄刺蛾，露黄刺蛾，红头黄刺蛾
Monema melli Hering 同 *Monema flavescens*
Monema meyi Solovyev *et* Witt 梅氏黄刺蛾
Monema nigrans de Joannis 同 *Monema flavescens*
Monema rubriceps (Matsumura) 见 *Monema flavescens rubriceps*
Monema tanaognatha Wu *et* Pan 长颚突黄刺蛾
Monethe 莫尼蚬蝶属
Monethe albertus Felder *et* Felder [albertus metalmark, moth metalmark] 白晕莫尼蚬蝶
Monethe alphonsus (Fabricius) 莫尼蚬蝶
Monethe rudolphus Godman *et* Salvin 露多莫尼蚬蝶
mongo scale [= green top louse, green shield scale, guava mealy scale, green mealy scale, *Pulvinaria psidii* Maskell] 绿盾绵蚧，咖啡绿绵蚧，黄绿绵蚧，垫囊绿绵蜡蚧，刷毛绿绵蚧，垫囊绿绵蚧，黄绿绵介壳虫，柿绵蚧，囊绿绵蜡蚧

M

mongol [*Araschnia prorsoides* (Blanchard)] 直纹蜘蛱蝶
Mongoleon 蒙蚁蛉属
Mongoleon kaszabi Hölzel 卡蒙蚁蛉
Mongoleon modestus Hölzel 中蒙蚁蛉
Mongoleon pilosus Krivokhatsky 毛蒙蚁蛉
Mongolia mole cricket [= giant mole cricket, single-spined mole-cricket, one-spined mole cricket, *Gryllotalpa unispina* Saussure] 华北蝼蛄，单刺蝼蛄，大蝼蛄，蒙古蝼蛄
Mongolian hornet [*Vespa simillima mongolica* André] 相似胡蜂蒙古亚种，蒙古大胡蜂
Mongoliana 蒙瓢蜡蝉属
Mongoliana albimaculata Meng, Wang *et* Qin 白星蒙瓢蜡蝉
Mongoliana arcuata Meng, Wang *et* Qin 锐蒙瓢蜡蝉
Mongoliana bistriata Meng, Wang *et* Qin 双带蒙瓢蜡蝉
Mongoliana chilocorides (Walker) 蒙瓢蜡蝉
Mongoliana lanceolata Che, Wang *et* Chou 矛尖蒙瓢蜡蝉
Mongoliana latistriata Meng, Wang *et* Qin 宽带蒙瓢蜡蝉
Mongoliana naevia Che, Wang *et* Chou 褐斑蒙瓢蜡蝉
Mongoliana pianmaensis Chen, Zhang *et* Chang 片马蒙瓢蜡蝉
Mongoliana qiana Chen, Zhang *et* Chang 黔蒙瓢蜡蝉
Mongoliana recurrens (Butler) 逆蒙瓢蜡蝉
Mongoliana serrata Che, Wang *et* Chou 锯缘蒙瓢蜡蝉
Mongoliana signifer (Walker) 黑星蒙瓢蜡蝉
Mongoliana sinuata Che, Wang *et* Chou 曲纹蒙瓢蜡蝉
Mongoliana triangularis Che, Wang *et* Chou 三角蒙瓢蜡蝉
Mongolocampe 蒙古小蜂属
Mongolocampe zhaoningi Yang 兆宁蒙古小蜂
Mongolodectes 蒙螽属
Mongolodectes alashanicus Bey-Bienko 阿拉善蒙螽
Mongolodectes kiritshenkoi (Miram) 基氏蒙螽
Mongoloraphidia 蒙蛇蛉属
Mongoloraphidia abnormis Liu, Aspöck, Yang *et* Aspöck 奇刺蒙蛇蛉
Mongoloraphidia choui Aspöck, Aspöck *et* Yang 同 *Mongoloraphidia duomilia*
Mongoloraphidia duomilia (Yang) 双千蒙蛇蛉
Mongoloraphidia* (*Formosoraphidia*) *caelebs Aspöck, Aspöck *et* Rausch 独雄蒙蛇蛉
Mongoloraphidia* (*Formosoraphidia*) *curvata Liu, Aspöck, Hayashi *et* Aspöck 弯突蒙蛇蛉
Mongoloraphidia* (*Formosoraphidia*) *formosana (Okamoto) 宝岛蒙蛇蛉，蓬莱类蒙蛇蛉，台湾蛇蛉
Mongoloraphidia* (*Formosoraphidia*) *taiwanica Aspöck *et* Aspöck 台湾蒙蛇蛉，台湾蛇蛉
Mongoloraphidia lini Liu, Lyu, Aspöck *et* Aspöck 林氏蒙蛇蛉
Mongoloraphidia liupanshanica Liu, Aspöck, Yang *et* Aspöck 六盘山蒙蛇蛉
Mongoloraphidia xiyue (Yang *et* Chou) 西岳蒙蛇蛉，西岳蛇蛉
Mongoloraphidia yangi Liu, Aspöck, Yang *et* Aspöck 杨氏蒙蛇蛉
Mongolotettix 鸣蝗属
Mongolotettix angustiseptus Wan, Ren *et* Zhang 狭隔鸣蝗
Mongolotettix anomopterus (Caudell) 异翅鸣蝗
Mongolotettix chongqingensis Xie *et* Li 重庆鸣蝗
Mongolotettix japonicus (Bolívar) 日本鸣蝗
Mongolotettix japonicus japonicus (Bolívar) 日本鸣蝗指名亚种
Mongolotettix japonicus vittatus (Uvarov) 见 *Mongolotettix vittatus*
Mongolotettix qinghaiensis Yin 青海鸣蝗
Mongolotettix vittatus (Uvarov) 条纹鸣蝗
Mongolotmethis 蒙癞蝗属
Mongolotmethis gobiensis Bey-Bienko 戈壁蒙癞蝗
Mongolotmethis kozlovi Bey-Bienko 柯氏蒙癞蝗
Mongoma 蒙氏弯脉大蚊亚属
mongrelism 品种间杂交现象
monica hairstreak [*Theritas monica* (Hewitson)] 模野灰蝶
Monilapis 念珠隧蜂亚属
Monile 莫尼灰蝶属
Monile pluricauda Ungemach 莫尼灰蝶
moniliform 念珠形
moniliform antenna 念珠形触角
Monilobracon 念珠茧蜂属
Monilobracon longitudinalis Li, van Achterberg *et* Chen 纵条念珠茧蜂
Monilobracon marginatus Li, van Achterberg *et* Chen 白缘念珠茧蜂
Monilothripini 圈针蓟马族
Monilothrips 圈针蓟马属，直颈蓟马属
Monilothrips kempi Moulton 指圈针蓟马，翅毛直颈蓟马
Monilothrips montanus Jacot-Guillarmod 同 *Monilothrips kempi*
Monima gothica (Linnaeus) 见 *Orthosia gothica*
Monima gracilis Denis *et* Schiffermüller 见 *Orthosia gracilis*
Monima incerta Hüfnagel 见 *Orthosia incerta*
monitoring 监测
monitoring and forecasting model 监测预警模型
monitoring for resistance 抗药性监测
monitoring model 监测模型
monitoring technology 监测技术
monk [*Amauris tartarea* Mabille] 泰窗斑蝶
monk skipper [*Asbolis capucinus* (Lucas)] 隐弄蝶
monkey blue [*Lepidochrysops mashuna* (Trimen)] 马碎鳞灰蝶
monkey grasshopper [= eumastacid grasshopper, matchstick grasshopper, eumastacid] 蜢，短角蝗 < 蜢科 Eumastacidae 昆虫的通称 >
monkey moth [= eupterotid moth, eupterotid] 带蛾 < 带蛾科 Eupterotidae 昆虫的通称 >
monkey puzzle [*Rathinda amor* (Fabricius)] 豹纹灰蝶
monkey slug [= hag moth, *Phobetron pithecium* (Smith)] 褐巫刺蛾，褐棘毛刺蛾，猴形刺蛾
monkey swordtail [*Pathysa rhesus* (Boisduval)] 丽长尾绿凤蝶
monoamine oxidase 单胺氧化酶
monobasic 单基的，单种基的
Monobazus 基突叶蝉属，摩叶蝉属
Monobazus distinctus (Dsitant) 点翅基突叶蝉，显摩叶蝉
Monoblastus 单卵姬蜂属
Monoblastus chinensis Kaspyaryan 中华单卵姬蜂
Monoblastus fukiensis Kaspyaryan 福建单卵姬蜂
Monobolodes 宽带燕蛾属，宽带双尾蛾属
Monobolodes pernigrata (Warren) 圆翅宽带燕蛾，圆翅宽带双尾蛾，黑带双尾蛾
Monobolodes prunaria (Moore) 褐宽带燕蛾，褐宽带双尾蛾，普发燕蛾

Monobolodes simulans (Butler) 大褐宽带燕蛾，大褐宽带双尾蛾
Monocellicampa 单室叶蜂属
Monocellicampa pruni Wei 李单室叶蜂，李实蜂
Monocera 单角缟蝇属
Monocera cornuta Hendel 贝角单角缟蝇，贝角缟蝇，角芒缟蝇
Monoceromyia 柄角蚜蝇属，单蜡蚜蝇属
Monoceromyia annulata (Kertész) 无斑柄角蚜蝇，环纹蚜蝇，触角柄角蚜蝇
Monoceromyia brunnecorporalis Yang *et* Cheng 褐色柄角蚜蝇 <此种学名有误写为 *Monoceromyia brunnecorpora* Yang *et* Cheng 者>
Monoceromyia bubulici Yang *et* Cheng 牛郎柄角蚜蝇
Monoceromyia chusanensis Ôuchi 舟山柄角蚜蝇
Monoceromyia crocota Cheng 橘腹柄角蚜蝇
Monoceromyia fenestrata (Brunetti) 细小柄角蚜蝇
Monoceromyia guangxiana Yang *et* Cheng 广西柄角蚜蝇
Monoceromyia hervebazini Shannon 赫氏柄角蚜蝇，半毛柄角蚜蝇
Monoceromyia javana (Wiedemann) 爪哇柄角蚜蝇
Monoceromyia macrosticta Cheng *et* Huang 大斑柄角蚜蝇
Monoceromyia melanosoma Cheng 黑色柄角蚜蝇
Monoceromyia pleuralis (Coquillett) 侧斑柄角蚜蝇，侧柄角蚜蝇
Monoceromyia rufipetiolata Huo *et* Ren 红腹柄角蚜蝇
Monoceromyia similis (Kertész) 黑额柄角蚜蝇，酷肖蚜蝇，相似柄角蚜蝇
Monoceromyia tienmushanensis Ôuchi 天目山柄角蚜蝇，天目柄角蚜蝇
Monoceromyia tredecimpunctata (Brunetti) 黄斑柄角蚜蝇
Monoceromyia trinotata (de Meijere) 三斑柄角蚜蝇
Monoceromyia wiedemanni Shannon 黄肩柄角蚜蝇
Monoceromyia wui Shannon 胡氏柄角蚜蝇
Monoceromyia yentaushanensis Ôuchi 雁荡山柄角蚜蝇，雁荡柄角蚜蝇
Monocerotesa 蜡尺蛾属
Monocerotesa abraxides (Prout) 豹斑蜡尺蛾，豹斑刮纹尺蛾，阿奇尺蛾
Monocerotesa bifurca Satô *et* Wang 双叉蜡尺蛾，双叉刮尺蛾，三色蜡尺蛾
Monocerotesa coalescens (Bastelberger) 黑蜡尺蛾，黑刮纹尺蛾，愈斑小尺蛾，连埃尺蛾
Monocerotesa conjuncta (Wileman) 缘波蜡尺蛾，缘波刮纹尺蛾，缘波刮尺蛾，连鹿尺蛾
Monocerotesa flavescens Inoue 散斑蜡尺蛾，散斑刮纹尺蛾，散斑刮尺蛾
Monocerotesa leptogramma Wehrli 瘦芒尺蛾，瘦诺尺蛾
Monocerotesa lutearia Leech 黄芒尺蛾
Monocerotesa maoershana Satô *et* Wang 桂蜡尺蛾，桂刮尺蛾
Monocerotesa pygmaearia (Leech) 派蜡尺蛾，派奇尺蛾
Monocerotesa strigata (Warren) 纹蜡尺蛾，纹芒尺蛾
Monocerotesa trichroma Wehrli 三色蜡尺蛾，三色刮尺蛾，青蜡尺蛾，毛芒尺蛾
Monocerotesa unifasciata Inoue 单带刮纹尺蛾，单带刮尺蛾
Monocerotesa virgata (Wileman) 碎纹蜡尺蛾，刮纹尺蛾
Monocesta 榆大萤叶甲属
Monocesta coryli (Say) [larger elm leaf beetle] 榆大萤叶甲，大榆叶甲
Monochamini 墨天牛族
Monochamus 墨天牛属
Monochamus abruptus Holzschuh 突变墨天牛
Monochamus alboapicalis (Pic) 白尾墨天牛
Monochamus alternatus Hope [Japanese pine sawyer beetle, Japanese pine sawyer] 松墨天牛，松褐天牛，松天牛，松斑天牛
Monochamus basifossulatus Breuning 穴点墨天牛
Monochamus bimaculatus Gahan 二斑墨天牛，双纹长角天牛
Monochamus binigricollis Breuning 黑斑墨天牛
Monochamus centralis Duvivier 刺墨天牛
Monochamus clamator (LeConte) [spotted pine sawyer] 松褐斑墨天牛，松斑天牛
Monochamus convexicollis Gressitt 天目墨天牛，狭胸长角天牛
Monochamus dubius Gahan 红足墨天牛
Monochamus fascioguttatus Gressitt 黄带断墨天牛，八仙长角天牛，星带长须天牛
Monochamus foraminosus Holzschuh 小孔墨天牛
Monochamus foveatus Breuning 云南墨天牛
Monochamus fukiens Plavilstshikov 福建墨天牛
Monochamus galloprocincialis pistor (Germar) 高卢墨天牛皮氏亚种，樟子松墨天牛
Monochamus galloprovincialis (Olivier) [pine sawyer, pine sawyer beetle] 高卢墨天牛，樟子松墨天牛
Monochamus galloprovincialis galloprovincialis (Olivier) 高卢墨天牛指名亚种
Monochamus grandis Waterhouse [conifer sawyer] 巨墨天牛，中山墨天牛，松大天牛
Monochamus gravidus (Pascoe) 见 Meges gravidus
Monochamus guerryi Pic 蓝墨天牛
Monochamus guttulatus Gressitt 白星墨天牛
Monochamus impluviatus Motschulsky 密白点墨天牛，密星墨天牛，密点墨天牛
Monochamus impluviatus impluviatus Motschulsky 密白点墨天牛指名亚种
Monochamus impluviatus silvicola Wang 密白点墨天牛黄色亚种，黄密白点墨天牛
Monochamus itzingeri (Breuning) 印墨天牛，伊氏墨天牛
Monochamus kaszabi Heyrovský 台湾墨天牛，卡萨氏长角天牛，茶色双纹长须天牛
Monochamus latefasciatus Breuning 宽带墨天牛
Monochamus luteodispersus Pic 挂墩墨天牛
Monochamus maculosus Haldeman 同 *Monochamus clamator*
Monochamus marmorator Kirby [balsam fir sawyer] 香枞墨天牛，凤仙花枞天牛
Monochamus millegranus Bates 绿墨天牛
Monochamus nigromaculatus Gressitt 西藏墨天牛
Monochamus nitens Bates 白斑墨天牛
Monochamus notatus (Drury) [northeastern sawyer] 褐点墨天牛，显赫天牛
Monochamus notatus morgani Hopping 褐点墨天牛东北亚种，东北褐点墨天牛
Monochamus notatus notatus (Drury) 褐点墨天牛指名亚种
Monochamus obtusus Casey [obtuse sawyer] 钝角墨天牛
Monochamus oregonensis (LeConte) [Oregon fir sawyer] 冷杉墨

天牛，俄州枞天牛，俄勒冈州枞天牛
Monochamus rectus Holzschuh 直墨天牛
Monochamus rondoni Breuning 老挝墨天牛
Monochamus ruspator Fabricius 非洲墨天牛
Monochamus saltuarius (Gebler) 云杉花墨天牛
Monochamus sartor (Fabricius) 石纹墨天牛，云杉小墨天牛
Monochamus scabiosus Quedenfeldt 瘤疥墨天牛
Monochamus scutellatus (Say) [white-spotted sawyer, spruce sawyer] 白点墨天牛，黑松天牛
Monochamus semigranulatus Pic 黑带墨天牛
Monochamus sparsutus Fairmaire 麻斑墨天牛
Monochamus subfasciatus (Bates) 红角墨天牛
Monochamus subgranulipennis Bretuning 贵州墨天牛
Monochamus sutor (Linnaeus) 云杉小墨天牛
Monochamus taiheizanensis Mitono 黑绒带墨天牛，太平山长角天牛
Monochamus talianus Pic 斑腿墨天牛
Monochamus titillator (Fabricius) [southern pine sawyer] 南美松墨天牛，南部云杉天牛
Monochamus tonkinensis Breuning 樟墨天牛
Monochamus urussovii (Fisher von Waldheim) 云杉大墨天牛 <此种学名有误写为 *Monochamus urussovi* (Fisher von Waldheim) 者>
Monochroica 单色盲蝽属
Monochroica alashanensis Qi *et* Nonnaizab 阿拉善单色盲蝽
monochromatic 单色的
Monochrotogaster 摩花蝇属
Monochrotogaster atricornis Fan *et* Wu 黑角摩花蝇
Monochrotogaster rufifrons Fan *et* Chen 绯额摩花蝇
Monochrotogaster unicolor Ringdahl 单色摩花蝇
monocoitic species 单交种类
monocondylic 单接突的
monocondylic joint 单突关节
Monocrypta 单斑隐翅甲属
Monocrypta abdominalis (Motschulsky) 腹单斑隐翅甲
Monocrypta pectoralis (Sharp) 胸单斑隐翅甲
Monocrypta rufipennis (Motschulsky) 红翅单斑隐翅甲
Monocteniidae [= Brephidae] 小眼尺蛾科
Monocteninae 单栉松叶蜂亚科
Monoctenus 单栉松叶蜂属
Monoctenus itoi Okutani 柏木单栉松叶蜂
Monoctonus 下曲蚜茧蜂属
Monoctonus woodwardiae Starý *et* Schlinger 蕨下曲蚜茧蜂，巫德下曲蚜茧蜂
Monoculicoides 单囊蠓亚属
monocyclic 单周期的
monocyte 单核细胞
monodactyle [= monodactylus] 单爪的
monodactylus 见 monodactyle
Monodes conjugata (Moore) 会纹弧夜蛾
Monodiamesa 单寡角摇蚊属
Monodiamesa bathyphila (Kieffer) 深色单寡角摇蚊，巴芒摇蚊
Monodiamesa nitida (Kieffer) 尼基塔单寡角摇蚊
Monodiamesa tibetica Makarchenko, Wu *et* Wang 西藏单寡角摇蚊
Monodiamesa tuberculata Sæther 瘤单寡角摇蚊
monodomous 单巢的
Monodontides 穆灰蝶属
Monodontides argioloides (Rothschild) 阿穆灰蝶
Monodontides musina (Snellen) [Swinhoe's hedge blue] 穆灰蝶，牧璃灰蝶
Monodontocerus 单齿鳞蛾属
Monodontocerus leqingensis Sun *et* Liang 乐清单齿鳞蛾
Monodontomerus 齿腿长尾小蜂属
Monodontomerus aerus Walker 棕毒蛾齿腿长尾小蜂
Monodontomerus argentinus Brèthes 阿根廷齿腿长尾小蜂
Monodontomerus calcaratus Kamijo 长距齿腿长尾小蜂
Monodontomerus dentipes (Dalman) 黄柄齿腿长尾小蜂
Monodontomerus japonicus Ashmead 日本齿腿长尾小蜂
Monodontomerus lymantriae Narendran 舞毒蛾齿腿长尾小蜂
Monodontomerus minor (Ratzeburg) 小齿腿长尾小蜂，齿腿长尾小蜂
Monodontomerus obsoletus (Fabricius) 苹褐卷蛾齿腿长尾小蜂，苹褐卷蛾长尾小蜂
monoecious 雌雄同体
monoedid 1. [= monoedid beetle] 异跗甲 <异跗甲科 Monoedidae 昆虫的通称>；2. 异跗甲科的
monoedid beetle [= monoedid] 异跗甲
Monoedidae 异跗甲科
monoembryonic 单胚的
monoembryony 单胚生殖
monofilament 单丝
monogamous 单配的，一雌配一雄的
monogamy 单配生殖，单配偶，单配性
monogeneric 单属的
monogeneric family 单属科
monogenesis 1. 一元发生说；2. 无性生殖
monogenic dominant 单基因显性
monogynopaedium 母子共居
monogynous 单雌群的<意为仅一个雌虫能生殖的群体>
monogynous colony 单王群
Monohabronychus 单爪花萤亚属，单爪菊虎亚属
Monohelea 单蠓属
Monohelea hainanensis Liu *et* Yan 海南单蠓
Monohelea sinica Yu *et* Deng 中华单蠓
Monohelea wuzhishanensis Yu, Wang *et* Tan 五指山单蠓
Monohispa 钩铁甲属
Monohispa tuberculata (Gressitt) 瘤钩铁甲
monolayer 单层，单分子层
Monolepta 长跗萤叶甲属，长脚萤金花虫属
Monolepta aglaonemae Gressitt *et* Kimoto 万年青长跗萤叶甲
Monolepta alnivora Chen 桤木长跗萤叶甲
Monolepta amiana Chûjô 见 *Paleosepharia amianum*
Monolepta annamita Laboissière 红长跗萤叶甲
Monolepta arundinariae Gressitt *et* Kimoto 筒节长跗萤叶甲
Monolepta asahinai Chûjô 朝氏长跗萤叶甲
Monolepta babai Kimoto 粗纹长跗萤叶甲，马场长跗萤叶甲
Monolepta bicavipennis Chen 凹翅长跗萤叶甲
Monolepta brevipennis Chen 短翅长跗萤叶甲
Monolepta brittoni Gressitt *et* Kimoto 海南长跗萤叶甲
Monolepta capitata Chen 黑头长跗萤叶甲

Monolepta cavipennis Chen 双凹长跗萤叶甲
Monolepta cheni Beenen 草黄长跗萤叶甲
Monolepta chinkinyui Kimoto 清金长跗萤叶甲
Monolepta discalis Gressitt *et* Kimoto 昆明长跗萤叶甲
Monolepta epistomalis Laboissière 黑体长跗萤叶甲，甘肃长跗萤叶甲
Monolepta erythrocephala (Baly) [walnut blue beetle] 红头长跗萤叶甲，胡桃蓝叶甲，红头长刺萤叶甲
Monolepta eunicia Maulik 赤色长跗萤叶甲，尤长跗萤叶甲
Monolepta excavata Chûjô 见 *Paleosepharia excavata*
Monolepta flavovittata Chen 黄带长跗萤叶甲
Monolepta fokiensis Weise 见 *Atrachya fokiensis*
Monolepta formosana Chûjô 见 *Paleosepharia formosana*
Monolepta gracilipes Chûjô 黄长跗萤叶甲，黄长脚萤金花虫
Monolepta hieroglyphica (Motschulsky) [two-spotted leaf beetle, double-spotted leaf beetle] 双斑长跗萤叶甲，双斑萤叶甲，豆类双斑萤叶甲
Monolepta hieroglyphica biarcuata Weise 双斑长跗萤叶甲喜椰亚种，椰双斑长跗萤叶甲
Monolepta hieroglyphica hieroglyphica (Motschulsky) 双斑长跗萤叶甲指名亚种，指名双斑长跗萤叶甲
Monolepta hongkongense Kimoto 香港长跗萤叶甲
Monolepta horni Chûjô 粗角长跗萤叶甲，贺氏长跗萤叶甲
Monolepta hupehensis Gressitt *et* Kimoto 同 *Monolepta horni*
Monolepta jacobyi Weise 雅氏长跗萤叶甲
Monolepta kuroheri Kimoto 黑缘长跗萤叶甲，黑缘长脚萤金花虫，库氏长跗萤叶甲
Monolepta kwangtunga Gressitt *et* Kimoto 广东长跗萤叶甲
Monolepta lauta Gressitt *et* Kimoto 亮黄长跗萤叶甲，五指山长跗萤叶甲
Monolepta leechi Jacoby 长阳长跗萤叶甲
Monolepta liui Gressitt *et* Kimoto 刘氏长跗萤叶甲
Monolepta longicornis (Jacoby) 长角长跗萤叶甲
Monolepta longitarsoides Chûjô 小斑长跗萤叶甲，拟长脚萤金花虫
Monolepta lunata Gressitt *et* Kimoto 月斑长跗萤叶甲
Monolepta maana Gressitt *et* Kimoto 骏超长跗萤叶甲
Monolepta mandibularis Chûjô 褐长跗萤叶甲，褐长脚萤金花虫，宜兰长跗萤叶甲
Monolepta meihuai Lee, Tian *et* Staines 赤杨长跗萤叶甲，赤杨长脚萤金花虫
Monolepta meridionalis Gressitt *et* Kimoto 南方长跗萤叶甲
Monolepta minor Chûjô 小长跗萤叶甲，细长跗萤叶甲
Monolepta minutissima Chen 微长跗萤叶甲，广西长跗萤叶甲
Monolepta minutissima palliparva Gressitt *et* Kimoto 见 *Monolepta palliparva*
Monolepta mordelloides Chen 凸长跗萤叶甲
Monolepta nakanei Kimoto 中根长跗萤叶甲，中根长脚萤金花虫，嘉义长跗萤叶甲
Monolepta nantouensis Kimoto 见 *Paleosepharia nantouensis*
Monolepta occifluvis Gressitt *et* Kimoto 龙眼长跗萤叶甲，鼎湖长跗萤叶甲
Monolepta ongi Lee *et* Staines 兰屿长跗萤叶甲，兰屿长脚萤金花虫
Monolepta ovatula Chen 小黑长跗萤叶甲
Monolepta pallidula (Baly) 竹长跗萤叶甲
Monolepta palliparva Gressitt *et* Kimoto 小黄长跗萤叶甲，淡色长跗萤叶甲，淡色广西长跗萤叶甲
Monolepta parenthetica Gressitt *et* Kimoto 弧纹长跗萤叶甲，黄梅长跗萤叶甲
Monolepta parvezi Ashlam 巴氏长跗萤叶甲，帕长跗萤叶甲，巴氏长脚萤金花虫
Monolepta postfasciata Gressitt *et* Kimoto T 斑长跗萤叶甲
Monolepta quadricavata Chen 四洼长跗萤叶甲
Monolepta quadriguttata (Motschulsky) 四斑长跗萤叶甲，四斑长刺萤叶甲
Monolepta rufofulva Chûjô 红褐长跗萤叶甲，红褐长脚莹金花虫
Monolepta sasajii Kimoto 黄长跗萤叶甲，淡缘长跗萤叶甲
Monolepta sauteri Chûjô 绍德长跗萤叶甲，绍德长脚萤金花虫，黑缘长跗萤叶甲
Monolepta schereri Gressitt *et* Kimoto 舍氏长跗萤叶甲，利川长跗萤叶甲
Monolepta selmani Gressitt *et* Kimoto 端黑长跗萤叶甲，塞氏长跗萤叶甲
Monolepta semenovi Ogloblin 小圆长跗萤叶甲，黑角长跗萤叶甲
Monolepta sexlineata Chûjô 黑纹长跗萤叶甲
Monolepta shaowuensis Gressitt *et* Kimoto 邵武长跗萤叶甲
Monolepta signata (Olivier) [four-yellow-spotted leaf-beetle] 黄斑长跗萤叶甲，棉四点叶甲，四点黑翅叶甲，肩纹长脚萤金花虫
Monolepta spenceri Kimoto 三色长跗萤叶甲
Monolepta straminea Chen 同 *Monolepta cheni*
Monolepta subapicalis Gressitt *et* Kimoto 端褐长跗萤叶甲
Monolepta subflavipennis Kimoto 拟黄翅长跗萤叶甲，黄翅长跗萤叶甲
Monolepta sublata Gressitt *et* Kimoto 隆凸长跗萤叶甲
Monolepta subrubra Chen 截翅长跗萤叶甲
Monolepta takizawai Kimoto 滝沢长跗萤叶甲
Monolepta tsoui Lee 变色长跗萤叶甲，变色长脚萤金花虫
Monolepta wilcoxi Gressitt *et* Kimoto 韦氏长跗萤叶甲，红头长跗萤叶甲
Monolepta xanthodera Chen 黄胸长跗萤叶甲，小红长脚萤金花虫
Monolepta yama Gressitt *et* Kimoto 黑端长跗萤叶甲，西山长跗萤叶甲
Monolepta yaosanica Chen 金秀长跗萤叶甲
Monolepta yasumatsui Kimoto 见 *Paleosepharia yasumatsui*
Monolepta yunnanica Gressitt *et* Kimoto 云南长跗萤叶甲
Monolepta zonalis Gressitt *et* Kimoto 四带长跗萤叶甲
monomachid 1. [= monomachid wasp] 纤腹细蜂 < 纤腹细蜂科 Monomachidae 昆虫的通称 >; 2. 纤腹细蜂科的
monomachid wasp [= monomachid] 纤腹细蜂
Monomachidae 纤腹细蜂科
monomer 单体
monomeri 单跗节类
monomerous 单节的
Monomma 缩腿甲属，拟吉丁虫属
Monomma formosanum Pic 见 *Monomma glyphysternum formosanum*
Monomma glyphysternum Marseul 褐色缩腿甲
Monomma glyphysternum formosanum Pic 褐色缩腿甲台湾亚种，

台褐色缩腿甲，台缩腿甲

Monomma glyphysternum glyphysternum Marseul 褐色缩腿甲指名亚种

Monomma gressitti Freude 嘉缩腿甲

monommatid 1. [= monommatid beetle, monommid beetle] 缩腿甲，拟吉丁虫 <缩腿甲科 Monommatidae 昆虫的通称>；2. 缩腿甲科的

monommatid beetle [= monommatid, monommid beetle] 缩腿甲，拟吉丁虫

Monommatidae [= Monommidae] 缩腿甲科，拟吉丁虫科

monommid beetle 见 monommatid beetle

Monommidae [= Monommatidae] 缩腿甲科

monomolecular film 单分子膜

Monomorium 小家蚁属，单家蚁属

Monomorium bimaculatum Wheeler 二斑小家蚁

Monomorium chinense Santschi 中华小家蚁，中华单家蚁，中华微小家蚁

Monomorium destructor (Jerdon) [Singapore ant] 细纹小家蚁，破坏单家蚁

Monomorium dichroum Forel 二色小家蚁

Monomorium floricola (Jerdon) 异色小家蚁，花居单家蚁

Monomorium fossulatum Emery 开垦小家蚁，台湾小家蚁

Monomorium gracillimum (Smith) 同 *Monomorium destructor*

Monomorium hainanense Wu *et* Wang 海南小家蚁

Monomorium hiten Terayama 飞天小家蚁，飞天单家蚁

Monomorium impexum Wheeler 闽小家蚁

Monomorium intrudens Smith 入侵小家蚁，入侵单家蚁，黑腹小家蚁

Monomorium latinode Mayr 宽结小家蚁，广节单家蚁

Monomorium latinodoides Wheeler 拟宽结小家蚁

Monomorium mayri Forel 迈氏小家蚁

Monomorium minimum (Buckley) [little black ant, tiny black ant] 小黑家蚁，小黑蚁

Monomorium minutum Mayr 同 *Monomorium monomorium*

Monomorium minutum chinense Santschi 见 *Monomorium chinense*

Monomorium monomorium Bolton 微小家蚁

Monomorium nipponense Wheeler 日本小家蚁

Monomorium orientale Mayr 东方小家蚁

Monomorium pharaonis (Linnaeus) [Pharaoh ant, Pharaoh's ant] 小家蚁，小黄家蚁，厨蚁，法老蚁，小黄单家蚁

Monomorium sagei Forel 塞奇小家蚁

Monomorium sechellense Emery 开垦小家蚁，开垦单家蚁

Monomorium zhinu Terayama 织女单家蚁

monomorphic 单态的

monomorphic population 单态种群

monomorphism 单态性，单态现象

Mononeda quichauensis Hoàng 见 *Micraspis quichauensis*

Monontos 蒙姬蜂属

Monontos niphonicus Uchida 蒙姬蜂

Monontos ramellaris (Uchida) 拉蒙姬蜂

Monontos sauteri (Uchida) 索氏蒙姬蜂

mononucleotide 单核苷酸

Mononychidae [= Gelastocoridae, Nerthridae, Galgulidae] 蟾蝽科

Mononychus 单爪象甲属，单爪象属

Mononychus thompsoni Korotyaev 汤氏单爪象甲，汤单爪象

Mononychus vittatus Faldermann 条单爪象甲，条单爪象

Mononychus vulpeculus (Fabricius) [iris weevil] 鸢尾单爪象甲，鸢尾象甲

Mononyx grandicollis Germar 见 *Nerthra grandicollis*

monooxygenase 单加氧酶

monoparasitism 单寄生

Monopelopia 单粗腹摇蚊属

Monopelopia zhengi Lin 郑氏单粗腹摇蚊

Monopetalotaxis sinensis Hampson 见 *Bembecia sinensis*

Monophadnoides 叶刃叶蜂属

Monophadnoides geniculatus (Hartig) [raspberry sawfly] 悬钩子叶刃叶蜂，悬钩子叶蜂

Monophadnoides sinicus Wei 中华叶刃叶蜂

Monophadnus 胖蔺叶蜂属，短角叶蜂属

Monophadnus japonicas Mocsáry 同 *Monophadnus nigriceps*

Monophadnus nigriceps (Smith) 黑头胖蔺叶蜂

Monophadnus sinicus Wei 中华胖蔺叶蜂，中华短角叶蜂

Monophadnus taiwanus Togashi 台湾胖蔺叶蜂，台湾短角叶蜂，台湾蔺叶蜂

monophagous [= monophagus] 单食性的

monophagous insect 单食性昆虫

monophagous parasitism 1. 单食性寄生；2. 单主寄生

monophagus 见 monophagous

monophagy 单食性

monophasic 单相的

monophlebid 1. [= monophlebid scale, giant scale] 绵蚧 <绵蚧科 Monophlebidae 昆虫的通称>；2. 绵蚧科的

monophlebid scale [= monophlebid, giant scale] 绵蚧

Monophlebidae 绵蚧科

Monophlebidus 印绵蚧属

Monophlebinae 绵蚧亚科

Monophleboides 单绵蚧属

Monophleboides fuscipennis (Burmeister) 中亚单绵蚧

Monophleboides gymnocarpi (Hall) 埃及单绵蚧

monophlebus [= giant mango mealybug, mango mealybug, *Drosicha stebbingii* (Green)] 史氏履绵蚧

monophyletic 单系的

monophyletic group 单系群

Monophylla 单郭公甲属

Monophylla californica Fall 加州单郭公甲

Monophylla terminata (Say) 端节单郭公甲

monophylum 单系群

monophyly 单系，单系性

Monopis 斑谷蛾属，皮谷蛾属

Monopis artasyras Meyrick 阿斑谷蛾，阿莫谷蛾

Monopis flavidorsalis (Matsumura) 黄缘斑谷蛾，黄缘乌谷蛾

Monopis laevigella (Denis *et* Schiffermüller) 光斑谷蛾

Monopis longella (Walker) 长斑谷蛾，乌谷蛾

Monopis monachella (Hübner) [fur moth] 梯斑谷蛾，乌谷蛾，毛皮谷蛾，莽莫谷蛾，白斑乌谷蛾

Monopis pavlovskii Zagulyaev 巴斑谷蛾，巴莫谷蛾

Monopis rusticella (Clerck) [skin moth] 皮斑谷蛾，皮谷蛾

Monopis semorbiculata Xiao *et* Li 月斑谷蛾

Monopis trapezoides Petersen *et* Gaedike 镰斑谷蛾

Monopis zagulajevi Gaedike 赭斑谷蛾

monoploid 单倍体
monoploidy 单倍性
Monopsyllus 单蚤属
Monopsyllus anisus (Rothschild) 不等单蚤，横滨单蚤，安尼单蚤
Monopsyllus fengi Liu, Xie *et* Wang 冯氏单蚤
Monopsyllus forficus Cai *et* Wu 叉状单蚤
Monopsyllus hamutus Cai *et* Wu 钩状单蚤
Monopsyllus indages (Rothschild) 花鼠单蚤
Monopsyllus liae Zhang, Wu *et* Li 李氏单蚤
Monopsyllus paradoxus Scalon 怪单蚤
Monopsyllus scaloni (Vovchinskaya) 新月单蚤
Monopsyllus sciurorus (Schrank) 松鼠单蚤
Monopsyllus sciurorus asiaticus (Ioff) 松鼠单蚤亚洲亚种，亚洲松鼠单蚤
Monopsyllus sciurorus sciurorus (Schrank) 松鼠单蚤指名亚种
Monopsyllus toli (Wagner) 三角单蚤
Monoptilota pergratialis (Hulst) [limabean vine borer] 莱豆蛀茎螟
Monorbiseta 单小粪蝇属
Monorbiseta monorbiseta (Deeming) 单鬃单小粪蝇，单小粪蝇
Monorbiseta quadrispinula Su 四刺单小粪蝇
Monorthochaeta 摩纳赤眼蜂属
Monorthochaeta multiciliiatus (Lin) 见 *Densufens multiciliiatus*
Monorthochaeta nigra Blood 黑摩纳赤眼蜂
monosaccharide [= monosaccharose, monose] 单糖
monosaccharose 见 monosaccharide
monose 见 monosaccharide
monosexual 单性的
monosexual population 单性种群
Monosoma pulverata Retzius 桤木尘叶蜂
monospermic egg 单精受精卵
monospermy 单精受精
Monospinodelphax 单突飞虱属
Monospinodelphax dantur (Kuoh) 单突飞虱
Monosteira 小板网蝽属
Monosteira discoidalis (Jakovlev) 沙枣小板网蝽，沙枣芒网蝽
Monosteira unicostata (Mulsant *et* Rey) 小板网蝽
Monostola 蒙夜蛾属
Monostola asiatica Alphéraky 蒙夜蛾，亚洲蒙夜蛾
Monostola infans Alphéraky 荫蒙夜蛾
monosultap 杀虫单，杀虫丹
Monosynamma 多彩盲蝽属
Monosynamma aenescens Reuter 见 *Pherolepis aenescens*
Monosynamma bohemani (Fallén) 鲍氏多彩盲蝽，鲍氏顶窝盲蝽
Monosynamma maritima (Wagner) 宽圆多彩盲蝽
monotaxis 单趋性
monoterpene 单萜
monoterpenoid 类单萜
monothalamous gall 单室虫瘿
monothelious 一雌多雄的
monothely [= polyandry] 一雌多雄
Monotoma 球棒甲属，小扁甲属，出尾扁甲属
Monotoma bicolor Villa 二色球棒甲，双色小扁甲
Monotoma brevicollis Aubé 短胸球棒甲
Monotoma longicollis (Gyllenhal) 长胸球棒甲，长小扁甲
Monotoma picipes Herbst 黑足球棒甲，褐色小扁甲
Monotoma quadrifoveolata Aubé 四窝球棒甲，四凹小扁甲
monotomid 1. [= monotomid beetle, root-eating beetle] 球棒甲，小扁甲 < 球棒甲科 Monotomidae 昆虫的通称 >；2. 球棒甲科的
monotomid beetle [= monotomid, root-eating beetle] 球棒甲，小扁甲
Monotomidae 球棒甲科，小扁甲科，出尾扁甲科
Monotominae 球棒甲亚科
Monotomini 球棒甲族
Monotomus 单囊库蠓亚属
monotrocha 单转节类 < 指膜翅目 Hymenoptera 昆虫中转节为单节者 >
monotrochous 单转节的
monotrophic 单食性的，单食的
monotropic 单花采粉的
Monotrysia 单孔亚目
monotrysian type 单孔式
monotype 独模标本
monotypical genus 独模属，单型属 < 即根据单一种建立的属 >
monotypy 单型
monovoltin(e) 一化性
monovoltin(e) race 一化性品种
monovoltin(e) silkworm 一化性蚕
monovoltinism 一化性
monoxenous parasitism 单主寄生
monster 畸形
montagna mountain satyr [*Pedaliodes montagna* (Adams *et* Bernard)] 莽鄱眼蝶
Montagona 单琵甲属
Montagona asperula (Fairmaire) 粗糙单琵甲
Montagona pustulosa (Fairmaire) 疹突单琵甲
Montana 山短翅螽属
Montana montana (Kollar) 山短翅螽，山宽螽，山地灰翅螽
Montana tianshanica Uvarov 天山山短翅螽，天山短翅螽
Montana tomini (Pylnov) 内蒙山短翅螽，内蒙短翅螽
Montandoniola 透翅花蝽属
Montandoniola moraguesi (Puton) 黑纹透翅花蝽，黑纹花蝽
montane charaxes 1. [*Charaxes alpinus* van Someren *et* Jackson] 高山螯蛱蝶；2. [*Charaxes nyikensis* van Someren] 妮螯蛱蝶
montane crescent [= pine crescent, *Anthanassa sitalces* (Godman *et* Salvin)] 西塔花蛱蝶
montane false acraea [*Pseudacraea annakae* Knoop] 山伪珍蛱蝶
montane grass skipper [= mountain skipper, *Anisynta monticolae* (Olliff)] 白斑锯弄蝶
montane heath-blue [= mountain blue, *Neolucia hobartensis* (Miskin)] 奥新光灰蝶
montane honey bee [*Apis nuluensis* Tingek, Koeniger *et* Koeniger] 绿努蜜蜂，绿努蜂
montane iris-skipper [= aeluropis skipper, *Mesodina aeluropis* Meyrick] 隐斑圆弄蝶
montane longwing [= clysonymus longwing, *Heliconius clysonymus* Latreille] 箭斑袖蝶
montane ochre [= montane ochre skipper, *Trapezites phigalioides* Waterhouse] 拟非格梯弄蝶

montane ochre skipper 见 montane ochre
montane sedge-skipper [= mountain spotted skipper, *Oreisplanus perornata* (Kirby)] 山地金块弄蝶
montane sister [*Adelpha donysa* Hewitson] 齿纹悌蛱蝶
montane skipper [= mountain grass skipper, *Anisynta monticolae* (Olliff)] 白斑锯弄蝶
Montanorthops 山奥盲蝽亚属
Monterey pine aphid [= Monterey pine needle aphid, *Essigella californica* (Essig)] 加州埃蚜，加州高蚜
Monterey pine cone beetle [*Conophthorus radiatae* Hopkins] 坚松果小蠹，坚松齿小蠹
Monterey pine engraver [*Pseudips mexicanus* (Hopkins)] 墨西哥类齿小蠹，西黄松类齿小蠹，西黄松齿小蠹，墨西哥假齿小蠹
Monterey pine mealybug [*Dysmicoccus aciculus* Ferris] 辐射松灰粉蚧
Monterey pine midge [*Thecodiplosis piniradiatae* (Snow *et* Mills)] 西黄松鞘瘿蚊，西黄松盒瘿蚊
Monterey pine needle aphid 见 Monterey pine aphid
Monterey pine needleminer [*Argyresthia pilatella* Braun] 辐射松针银蛾
Monterey pine resin midge [*Cecidomyia resinicoloides* Williams] 硬松瘿蚊，坚松瘿蚊，辐射松瘿蚊
Monterey pine scale [*Physokermes insignicola* (Craw)] 紫杉苞蚧，坚松蜡蚧
Monterey pine shoot moth [*Exoteleia burkei* Keifer] 辐射松芽麦蛾
Monterey pine tip moth [*Rhyacionia pasadenana* (Kearfott)] 蒙地松梢小卷蛾
Monterey pine weevil [*Pissodes radiatae* Hopkins] 黄松木蠹象甲，坚松象甲
Montetinea 山地谷蛾属
Montetinea efflexa Xiao *et* Li 曲山地谷蛾
Montezuma's calephelis [*Calephelis montezuma* McAlpine] 山细纹蚬蝶
Montezuma's cattleheart [*Parides montezuma* (Westwood)] 红月番凤蝶
Montezumia burmanica Bingham 见 *Coeleumenes burmanicus*
Montezumia indica Saussure 见 *Pseudozumia indica*
Montezumia taiwana (Sonan) 见 *Pseudozumia taiwana*
Montezumia thoracica Sonan 同 *Coeleumenes burmanicus*
Montiludia 蒙特鲁实蝇属
Montiludia fucosa Ito 弗克沙蒙特鲁实蝇
Montiludia nemorivaga Ito 尼摩里蒙特鲁实蝇
Montisimulium 山蚋亚属
Montserrat fluted scale [*Crypticerya montserratensis* (Riley *et* Howard)] 蒙隐绵蚧
Montuosa 高原寄蝇属
Montuosa caura Chao *et* Zhou 西北高原寄蝇
Monura 单尾目
Monza 白垩弄蝶属
Monza alberti Holland [black grass skipper] 艾伯特白垩弄蝶
Monza cretacea (Snellen) [white-bodied grass skipper] 白垩弄蝶
Monza punctata Aurivillius 点斑白垩弄蝶
Monzenia 后扁蚜属 *Metanipponaphis* 的异名
Monzenia globuli (Monzen) 见 *Metanipponaphis globuli*
Monzenia minuta Yeh 见 *Metanipponaphis minuta*
Moodna ostrinella Clemens 多彩毛斑螟
moody skipper [= modius skipper, model thoon, *Thoon modius* (Mabille)] 模腾弄蝶，腾弄蝶
Mooi River opal [*Poecilmitis lycegenes* (Trimen)] 幻灰蝶
moon-marked skipper [*Atrytonopsis lunus* (Edwards)] 月斑墨弄蝶
moon satyr [*Pierella luna* (Fabricius)] 月亮柔眼蝶
Moonia 癞叶蝉属
Moonia albimaculata Distant 淡斑癞叶蝉，白斑毛大叶蝉
Moonia albomaculata Li 见 *Mesargus albomaculatus*
Moonia brevita Cai *et* Shen 见 *Mesargus brevitus*
Moonia castanea Kuoh 见 *Mesargus castaneus*
Moonia guttulinervis Kato 见 *Mesargus guttulinervis*
Moonia hei Cai *et* Shen 见 *Mesargus hei*
Moonia hirsuta Li 见 *Mesargus hirsutus*
Moonia hybomus Cai *et* Kuoh 见 *Mesargus hybomus*
Moonia lata Kato 见 *Mesargus latus*
Moonia maculigena Kuoh 见 *Mesargus maculigenus*
Moonia naevia Jacobi 见 *Mesargus naevius*
Moonia sancita Distant 赭色癞叶蝉
Moonia serrata Li *et* Zhang 见 *Mesargus serratus*
Moonia spinapensis Li *et* Zhang 见 *Mesargus spinapensis*
moonlight jewel [= blue jewel, *Hypochrysops delicia* Hewitson] 戴丽链灰蝶
Mooreana 毛脉弄蝶属
Mooreana boisduvali Mabille 博氏毛脉弄蝶
Mooreana princeps Semper 普林毛脉弄蝶
Mooreana trichoneura (Felder *et* Felder) [yellow flat] 毛脉弄蝶，毛脉裙弄蝶
Mooreana trichoneura multipunctata (Crowley) 毛脉弄蝶海南亚种，海南毛脉弄蝶，多点毛脉裙弄蝶
Mooreana trichoneura pralaya (Moore) 毛脉弄蝶越中亚种，越中毛脉弄蝶
Mooreana trichoneura trichoneura (Felder *et* Felder) 毛脉弄蝶指名亚种
Moore's ace [= bispot banded ace, *Halpe porus* (Mabille)] 双子酣弄蝶
Moore's bushbrown [*Mycalesis heri* Moore] 海丽眉眼蝶
Moore's cupid [= bicolor cupid, *Shijimia moorei* (Leech)] 山灰蝶，森灰蝶，台湾棋石小灰蝶，棋石灰蝶，棋石燕小灰蝶，莫欣灰蝶
moorland clouded yellow [= arctic sulphur, arctic sulfur, palaeno sulphur, pale arctic clouded yellow, *Colias palaeno* (Linnaeus)] 黑缘豆粉蝶，黑边青豆粉蝶
moorland hawker [= common hawker, sedge darner, *Aeshna juncea* (Linnaeus)] 峻蜓，天蓝蜓，灯芯草状蜓
moose face lily weevil [= red-spotted lily weevil, *Brachycerus ornatus* (Drury)] 红斑短角象甲，红斑百合象
Mopala 善弄蝶属
Mopala orma (Plötz) [orma] 善弄蝶
Moraba 莫蜢属
Moraba amiculae Sjöstedt 见 *Heide amiculi*
Moraba concolor Key 一色莫蜢
Moraba darwinensis Key 达尔文莫蜢

Moraba longiscapus Sjöstedt 长柄莫蜢

Moraba obscura Sjöstedt 暗莫蜢

Moraba serricornis Walker 丝角莫蜢

Moraba walkeri Key 沃氏莫蜢

morabid 1. [= morabid grasshopper] 莫蜢 < 莫蜢科 Morabidae 昆虫的通称 >；2. 莫蜢科的

morabid grasshopper [= morabid] 莫蜢

Morabidae 莫蜢科，澳枝蝗科

Morabinae 莫蜢亚科

Morabini 莫蜢族

Moranila 透基金小蜂属

Moranila californica (Howard) 加州透基金小蜂

Morant's orange [= Morant's skipper, *Parosmodes morantii* (Trimen)] 帕罗弄蝶

Morant's skipper 见 Morant's orange

Morawitzella 莫蜂属

Morawitzella nana (Morawitz) 小莫蜂，内蒙埃蜂

morbid drone-laying 产雄蜂病

morbid physiology 病理生理学

morbidity 发病率，致病率

Mordella 花蚤属

Mordella aculeata Linnaeus 尖花蚤

Mordella brachyura Mulsant 短花蚤

Mordella cuneiformis Ermisch 楔形花蚤

Mordella curticornis Ermisch 短角花蚤

Mordella guttatipennis Pic 斑翅花蚤

Mordella hananoi Nakane *et* Nomura 见 *Mordellaria hananoi*

Mordella holomelaena Apfelbeck 全黑花蚤

Mordella inouei Nomura 井上花蚤

Mordella kanoi Kôno 见 *Mordellaria kanoi*

Mordella kuatunensis Ermisch 挂墩花蚤

Mordella leucaspis Küster 白花蚤

Mordella longecaudata Fairmaire 长尾花蚤

Mordella micacea Pic 弥花蚤

Mordella mixta Fabricius 混花蚤

Mordella niveoscutellata Nakane *et* Nomura 白盾花蚤

Mordella ochrotricha Nomura 赭毛花蚤

Mordella perlata Sulzer 见 *Hoshihananomia perlata*

Mordella shirozui Nomura 白水花蚤

Mordella sinensis Pic 中华花蚤

Mordella taiwana Nakane *et* Nomura 台湾花蚤

Mordella tenuicauda Nomura 窄尾花蚤

Mordella tokejii Nomura 托氏花蚤

Mordella tonzalini Pic 妥查花蚤

Mordella truncatoptera Nomura 见 *Tomoxioda truncatoptera*

Mordella yami Nomura 雅花蚤

Mordellaria 类花蚤属

Mordellaria hananoi (Nakane *et* Nomura) 花野类花蚤

Mordellaria kanoi (Kôno) 鹿野类花蚤，卡氏花蚤

Mordellaria latior Nomura 宽类花蚤

mordellid 1. [= mordellid beetle, tumbling flower beetle] 花蚤 < 花蚤科 Mordellidae 昆虫的通称 >；2. 花蚤科的

mordellid beetle [= mordellid, tumbling flower beetle] 花蚤

Mordellidae 花蚤科

Mordellina 副花蚤属

Mordellina amamiensis (Nomura) 阿副花蚤

Mordellina atrofusca (Nomura) 黑褐副花蚤

Mordellina brunneotincta (Marseul) 棕带副花蚤

Mordellina callichroa (Tokeji) 卡副花蚤

Mordellina callichroa ami Nomura 卡副花蚤台湾亚种，阿卡副花蚤

Mordellina callichroa callichroa (Tokeji) 卡副花蚤指名亚种

Mordellina curteapicalis (Pic) 短端副花蚤

Mordellina gina Nomura 锦副花蚤

Mordellina gutianshana Fan *et* Yang 古田山小花蚤

Mordellina hirayamai (Kôno) 平山希副花蚤

Mordellina kaguyahime (Nomura *et* Kato) 辉副花蚤

Mordellina marginalis Nomura 缘副花蚤

Mordellina paiwana Nomura 排湾副花蚤

Mordellina pilosovittata (Nakane) 毛条副花蚤

Mordellina rufobrunnea (Ermisch) 红棕副花蚤，红棕姬花蚤

Mordellina rufohumeralis Nomura 红肩副花蚤

Mordellina signatella (Marseul) 斑副花蚤，斑姬花蚤

Mordellina tsutsuii (Nakane) 筒居副花蚤，楚副花蚤

Mordellina vidua (Nakane) 威副花蚤

Mordellinae 花蚤亚科

Mordellistena 姬花蚤属，花蚤属

Mordellistena arisana Nomura 同 *Falsomordellistena sauteri*

Mordellistena cannabisi Matsumura [hemp borer] 大麻姬花蚤，大麻花蚤，堪姬花蚤

Mordellistena comes Marseul 伴姬花蚤，大麻花蚤

Mordellistena kawasakii Nomura 见 *Glipostenoda kawasakii*

Mordellistena macrophthalma (Ermisch) 大姬花蚤

Mordellistena micans (Germar) 欧姬花蚤

Mordellistena miyamotoi Nakane 宫本姬花蚤，迷姬花蚤

Mordellistena mongolica Ermisch 蒙姬花蚤

Mordellistena morphyria Nomura 形姬花蚤

Mordellistena nigrofasciata Chûjô 黑带姬花蚤

Mordellistena parvula (Gyllenhal) 小姬花蚤

Mordellistena parvuliformis Stsñhegoleva-Barovskaja 向日葵姬花蚤

Mordellistena porphyria Nomura 坡姬花蚤

Mordellistena pseudotarsata Ermisch 伪姬花蚤

Mordellistena pumila (Gyllenhal) 麻姬花蚤

Mordellistena quadrisulcata Pic 四沟姬花蚤

Mordellistena rufobrunnea (Ermisch) 见 *Mordellina rufobrunnea*

Mordellistena signatella Marseul 见 *Mordellina signatella*

Mordellistena yangi Fan 杨氏姬花蚤

Mordellistena yanoi Nomura 见 *Mordellochroa yanoi*

Mordellistenini 姬花蚤族，花蚤族

Mordellistenoda 瘦花蚤属

Mordellistenoda aka (Kôno) 台湾瘦花蚤

Mordellistenoda fukiensis Ermisch 闽瘦花蚤

Mordellistenoda melana Fan *et* Yang 黑瘦花蚤，黑狭姬花蚤

Mordellochroa 异花蚤属

Mordellochroa shibatai Kiyoyama 柴田异花蚤，希异花蚤

Mordellochroa taiwana Kiyoyama 见 *Tolidostena taiwana*

Mordellochroa yanoi (Nomura) 矢野异花蚤，雅姬花蚤

Mordelloidea 花蚤总科

Mordwilkoja 莫蚜属

Mordwilkoja vagabunda (Walsh) [poplar vagabond aphid] 美国杨莫蚜，三角叶杨瘿蚜，杨游动莫氏蚜
more individuals hypothesis 多个体假说
Morellia 莫蝇属
Morellia aenescens Robineau-Desvoidy 曲胫莫蝇
Morellia asetosa Baranov 济州莫蝇
Morellia hainanensis Ni 海南莫蝇
Morellia hortensia (Wiedemann) 园莫蝇，圆形莫蝇
Morellia hortorum (Fallén) 林莫蝇
Morellia hortorum tibetana Fan 见 *Morellia tibetana*
Morellia latensispina Fang *et* Fan 隐刺莫蝇，隐齿莫蝇
Morellia nigridorsata Mou 黑背莫蝇
Morellia nigrisquama Malloch 黑瓣莫蝇，黑鬃莫蝇
Morellia podagrica (Loew) 瘤胫莫蝇
Morellia simplex (Loew) 简莫蝇
Morellia sinensis Ôuchi 中华莫蝇
Morellia sordidisquama Stein 污瓣莫蝇，污鬃莫蝇
Morellia suifenhensis Ni 绥芬河莫蝇
Morellia tibetana Fan 西藏莫蝇
Morelos calephelis [*Calephelis yautepequensis* Maza *et* Turrent] 瑶台细纹蚬蝶
Morelos skipper [*Paratrytone decepta* Miller *et* Miller] 莫棕色弄蝶
Moreobaris deplanata (Roelofs) 亲阿赛象甲，亲阿赛象
mores [s. mos] 生态种群 < 指一群生物的生理生活史十分一致，通常属于一个种，但也可能包括一个以上的种 >
morgane clearwing [= thick-tipped greta, rusty clearwing, *Greta morgane* (Geyer)] 莫尔黑脉绡蝶
Morganella 鬃圆盾蚧属
Morganella longispina (Morgan) [plumose scale, champaca scale, Maskell scale] 长鬃圆盾蚧，长毛盾介壳虫
Morgan's hawkmoth [= Morgan's sphinx moth, *Xanthopan morganii* (Walker)] 长喙黄斑天蛾，马岛长喙天蛾，非洲长喙天蛾，马达加斯加长喙天蛾
Morgan's scale [= dictyospermum scale, Spainish red scale, palm scale, western red scale, *Chrysomphalus dictyospermi* (Morgan)] 橙褐圆盾蚧，蔷薇轮蚧，橙圆金顶盾蚧，橙褐圆盾介壳虫
Morgan's sphinx moth 见 Morgan's hawkmoth
moricaud sikworm 暗色蚕
Moricella 樟叶蜂属
Moricella nigrita Wei 黑背樟叶蜂
Moricella rufonota Rohwer 红背樟叶蜂，樟叶蜂
Morimospasma 巨瘤天牛属
Morimospasma dalaolingense Xie, Zou *et* Wang 大老岭巨瘤天牛
Morimospasma granulatum Chiang 细粒巨瘤天牛
Morimospasma jiangi Xie, Zou *et* Wang 蒋氏岭巨瘤天牛
Morimospasma nitidituberculatus Hua 光瘤巨瘤天牛
Morimospasma paradoxum Ganglbauer 松巨瘤天牛
Morimospasma tuberculatum Breuning 粗粒巨瘤天牛
Morimotoidius 森胫步甲属，莫瑞步甲属
Morimotoidius cavicolus Wang, Pang *et* Tian 穴森胫步甲
Morimotoidius formosus Habu 台湾森胫步甲，台莫瑞步甲
Morimotoidius otuboi (Habu) 奥氏森胫步甲，奥莫瑞步甲
Morimotoidius zhushandong Pang *et* Tian 竹山洞森胫步甲
Morimus 模天牛属
Morimus assamensis Breuning 赭点模天牛
Morimus lethalis Thomson 黑斑模天牛
moringa hairy caterpillar [*Eupterote mollifera* (Walker)] 辣木黄带蛾
moringa leaf caterpillar [= moringa moth, *Noorda blitealis* (Walker)] 辣木汝达野螟，辣木瑙螟
moringa moth 见 moringa leaf caterpillar
Morinia 墨粉蝇属
Morinia piliparafacia Fan 毛颧墨粉蝇
Morinia proceripenisa Feng 长阳墨粉蝇
Morinowotome 摩实蝇属，摩里努实蝇属，森实蝇属
Morinowotome connexa Wang 狭带摩实蝇，连接摩里努实蝇
Morinowotome egregia (Ito) 异摩实蝇，埃格摩里努实蝇，优莫实蝇
Morinowotome flavonigra (Hendel) [mugwort fruit-fly] 弯带摩实蝇，黄暗摩里努实蝇，艾蓛实蝇，艾实蝇，黑黄苗利贾实蝇
Morinowotome minowai (Shiraki) 褐痣摩实蝇，米卢摩里努实蝇，蓑轮森实蝇
morio worm [= superworm, king worm, giant mealworm, zophobas, *Zophobas atratus* (Fabricius)] 大麦甲，大麦虫，麦皮虫，大黑甲
Morioka aphid [*Pterocallis* (*Reticallis*) *alnijaponicae* (Matsumura)] 赤杨翅斑蚜，赤杨斑蚜，森冈氏野蚜
Morion 傲步甲属
Morion japonicum (Bates) 日傲步甲
Morion orientalis Dejean 东方傲步甲
Morionia 黑斑蛾属
Morionia sciara Jordan 白纹黑斑蛾，小白纹黑斑蛾
Morishita's tiger [*Parantica hypowattan* Morishita] 交脉绢斑蝶，森下交脉绢斑蝶
Morison's cell inclusion 毛利孙氏细胞质包涵体 < 见于蜜蜂中，在后肠肠壁细胞内出现强喜碱细胞质包涵体，蜂表现出慢性麻痹症状 >
Moritziella 根瘤蚜属 *Phylloxera* 的异名
Moritziella castaneivora Miyazaki 见 *Phylloxera castaneivora*
Mormia 腐土毛蠓属
Mormia pectinata (Quate) 栉齿腐土毛蠓，栉齿腐土蛾蚋
Mormo 莫夜蛾属
Mormo muscivirens Butler 黑带莫夜蛾，牧莫夜蛾
Mormo nyctichroa (Hampson) 黄褐莫夜蛾，尼莫夜蛾
Mormo owadai Wu 台湾莫夜蛾
Mormo phaeochroa (Hampson) 暗莫夜蛾，费莫夜蛾
Mormo venata (Hampson) 脉莫夜蛾
Mormolyce 琴步甲属
Mormolyce borneensis Gestro 见 *Mormolyce phyllodes borneensis*
Mormolyce castelnaudi Deyrolle 卡氏琴步甲
Mormolyce hagenbachi Westwood 哈氏琴步甲
Mormolyce lineolata Fenzl 纹琴步甲
Mormolyce matejmiciaki Ďuriček *et* Klícha 马氏琴步甲
Mormolyce phyllodes Hagenbach [Javan fiddle beetle] 叶琴步甲，爪哇琴步甲
Mormolyce phyllodes borneensis Gestro 叶琴步甲婆罗洲亚种
Mormolyce phyllodes engeli Lieftinck *et* Wiebes 叶琴步甲恩氏亚种
Mormolyce phyllodes phyllodes Hagenbach 叶琴步甲指名亚种

Mormolyce quadraticollis Donckier 方领琴步甲
Mormolyce tridens Andrewes 三齿琴步甲
Mormon commun [common mormon, Kleiner mormon, common Mormon swallowtail, *Papilio polytes* Linnaeus] 玉带凤蝶，玉带美凤蝶，白带凤蝶，缟凤蝶
Mormon cricket [*Anabrus simplex* Haldeman] 摩门螽斯，摩门螽
Mormon fritillary [*Speyeria mormonia* (Boisduval)] 莫尔斑豹蛱蝶
Mormon metalmark [*Apodemia mormo* (Felder)] 花蚬蝶
Mormonia 刺裳夜蛾属
Mormonia abamita (Bremer *et* Grey) 晦刺裳夜蛾
Mormonia bella Butler 苹刺裳夜蛾
Mormonia dula (Bremer) 栎刺裳夜蛾
Mormonia dula carminea Mell 栎刺裳夜蛾卡米亚种，卡栎刺裳夜蛾
Mormonia dula dula (Bremer) 栎刺裳夜蛾指名亚种
Mormonia haitzi Bang-Haas 海刺裳夜蛾
Mormonia neonympha Esper 甘草刺裳夜蛾
Mormonia neonympha neonympha Esper 甘草刺裳夜蛾指名亚种
Mormonia neonympha variegata Warren 甘草刺裳夜蛾中亚亚种，变甘草刺裳夜蛾
Mormotomyia hirsuta Austen [frightful hairy fly, terrible hairy fly] 毛妖蝇
mormotomyiid 1. [= mormotomyiid fly] 妖蝇 < 妖蝇科 Mormotomyiidae 昆虫的通称 >; 2. 妖蝇科的
mormotomyiid fly [= mormotomyiid] 妖蝇
Mormotomyiidae 妖蝇科，黄毛蝇科
Mormotomyia 妖蝇属
morning glory leafminer [= bindweed leaf miner, sweet potato leaf miner, convolulus leaf miner, *Bedellia somnulentella* (Zeller)] 旋花潜蛾，旋花倍潜蛾，甘薯潜叶蛾
morning-glory plume moth [= T-moth, sweetpotato plume-moth, common plume moth, common brown plume moth, *Emmelina monodactyla* (Linnaeus)] 甘薯异羽蛾，甘薯羽蛾，甘薯灰褐羽蛾，甘薯褐齿羽蛾
morning glory sphinx [= convolvulus hawkmoth, Palaearctic sweet potato hornworm, sweet potato sphinx, sweet potato caterpillar, *Agrius convolvuli* (Linnaeus)] 甘薯天蛾，白薯天蛾，甘薯叶天蛾，旋花天蛾，虾壳天蛾，甘薯虾壳天蛾，粉腹天蛾
morning glory tufted skipper [*Pellicia dimidiata* Herrich-Schäffer] 半皮弄蝶，皮弄蝶
Moroccan copper [*Lycaena phoebus* (Blachier)] 橙红昙灰蝶
Moroccan hairstreak [*Tomares mauretanicus* (Lucas)] 斑托灰蝶
Moroccan locust [*Dociostaurus maroccanus* (Thunberg)] 摩洛哥戟纹蝗，摩洛哥剑纹蝗，摩洛哥蝗
Moroccan meadow brown [*Hyponephele maroccana* (Blachier)] 摩洛哥云眼蝶
Moroccan pearly heath [*Coenonympha arcanioides* (Pierret)] 摩洛哥珍眼蝶
Moroccan small skipper [*Thymelicus hamza* (Oberthür)] 摩洛哥豹弄蝶
Morocco orange tip [*Anthocharis belia* (Linnaeus)] 直襟粉蝶，贝莘粉蝶
Morochares 芒蛛蜂属
Morochares nigripennis Tsuneki 黑翅芒蛛蜂
Morophaga 魔谷蛾属
Morophaga bucephala (Snellen) 魔谷蛾，菌谷蛾，布芒谷蛾
Morophaga formosana Robinson 台湾魔谷蛾，台芒谷蛾
Moropsyche 长刺幻石蛾属
Moropsyche dawuensis Qiu 大悟长刺幻石蛾
Moropsychinae 长刺幻石蛾亚科
Morphna 壮光蠊属
Morphna amplipennis (Walker) 宽翅壮光蠊
Morophagoides 类魔谷蛾属 < 此属学名有误写为 *Morphophagoides* 者 >
Morophagoides moriutii Robinson [shiitake fungus moth] 森内类魔谷蛾
Morophagoides ussuriensis Caradja 乌苏里类魔谷蛾，乌苏里什叶谷蛾
Moropleurite 后基侧片 < 基节的后基片和后侧片的下部形成的复合骨片 >
Morops 魔蚋亚属
Morosaphycita 蝶斑螟属
Morosaphycita maculata (Staudinger) 眼斑蝶斑螟
Morose sailer [= savanna sailer, *Neptis morosa* Overlaet] 摩尔沙环蛱蝶
Moropsyche 长刺幻石蛾属
Moropsyche dawuensis Qiu 大悟长刺幻石蛾
Moropsychinae 长刺幻石蛾亚科
morph 型
morphid 1. [= morphid butterfly] 闪蝶 < 闪蝶科 Morphidae 昆虫的通称 >; 2. 闪蝶科的
morphid butterfly [= morphid] 闪蝶
Morphidae 闪蝶科 < 该科学名有误写为 Morphoidae 者 >
morpho 闪蝶
Morpho 闪蝶属
Morpho achillaena Hübner 阿齐闪蝶
Morpho achilles (Linnaeus) [achilles morpho] 双列闪蝶
Morpho adonis (Cramer) 阿东尼斯闪蝶
Morpho aega Hübner [aega morpho] 小蓝闪蝶
Morpho amathonte Deyrolle 三眼沙闪蝶
Morpho amphitrion Staudinger 星褐闪蝶
Morpho anaxibia (Esper) 美神闪蝶
Morpho aphrodite Le Moult *et* Real 爱神闪蝶
Morpho aurora Westwood [aurora morpho] 黎明闪蝶
Morpho briseis Felder 波丽闪蝶
Morpho cacica Staudinger 卡西美闪蝶
Morpho catenarius Perry 白闪蝶，肯特闪蝶
Morpho centralis Staudinger 新特闪蝶
Morpho cisseis Felder [cisseis morpho] 月神闪蝶
Morpho coelestis Butler 天青闪蝶
Morpho confusa Le Moult *et* Real 孔雀闪蝶
Morpho corydon Guenée 克里顿闪蝶
Morpho cypris Westwood [cypris morpho] 塞浦路斯闪蝶，蓝钻闪蝶
Morpho deidamia Hübner [deidamia morpho] 梦幻闪蝶，黄昏闪蝶
Morpho diana Dixey 戴娜闪蝶
Morpho didius Höpffer 欢乐女神闪蝶，巨乌闪蝶
Morpho electra Röber 琥珀闪蝶

Morpho epistrophus (Fabricius) [Epistrophus white morpho] 巴西白闪蝶
Morpho eros Staudinger 爱侣闪蝶
Morpho eugenia Deyrolle [Empress Eugénie morpho] 优哉闪蝶
Morpho godarti Guérin-Méneville 晶闪蝶
Morpho granadensis Felder 格拉纳达闪蝶
Morpho guaraunos Le Moult 瓜萎闪蝶
Morpho hecuba (Linnaeus) [sunset morpho] 太阳闪蝶
Morpho helena Staudinger [Helena blue morpho] 海伦娜闪蝶，光明女神闪蝶
Morpho helenor (Cramer) [helenor morpho] 海伦闪蝶
Morpho hercules (Dalman) [hercules morpho] 海阔闪蝶
Morpho hermione Röber 风神闪蝶
Morpho hyacinthus Butler 花仙闪蝶
Morpho justitiae Godman 正义闪蝶
Morpho laertes (Drury) 银白闪蝶
Morpho leontius Felder 狮闪蝶
Morpho luna Butler 大白闪蝶
Morpho lycanor Fruhstorfer 狼闪蝶
Morpho lympharis Butler [lympharis morpho] 水闪蝶
Morpho marcus Schaller 枯闪蝶
Morpho marinita Butler 海云闪蝶
Morpho mattogrossensis Talbot 美图闪蝶
Morpho melacheilus Staudinger 黑边闪蝶
Morpho menelaus (Linnaeus) [menelaus blue morpho] 大蓝闪蝶，蓝月闪蝶
Morpho micropthalmus Fruhstorfer 媚眼闪蝶
Morpho montezuma Guenée 山闪蝶
Morpho neoptolemus Wood 新族闪蝶
Morpho nestira Hübner 国王闪蝶，翠蓝闪蝶
Morpho nymphalis Le Moult *et* Real 淑女闪蝶
Morpho occidentalis Felder 西方蓝闪蝶
Morpho ockendeni Rothschild 花纹闪蝶
Morpho octavia Bates 八目闪蝶
Morpho papirius Höpffer 坡地闪蝶
Morpho parallela Le Moult *et* Real 平行闪蝶
Morpho patroclus Felder 兴族闪蝶
Morpho peleides Kollar [peleides blue morpho, common morpho, emperor, blue morpho butterfly] 黑框蓝闪蝶，蓓蕾闪蝶
Morpho peleus Röber 泥闪蝶
Morpho phanodeus Hewitson 大太阳闪蝶
Morpho polyphemus Doubleday *et* Hewitson [white morpho, polyphemus white morpho] 多音白闪蝶
Morpho portis Hübner 门亮闪蝶
Morpho pseudagamedes Weber 鸟形闪蝶
Morpho rhetenor (Cramer) [rhetenor blue morpho] 尖翅蓝闪蝶
Morpho rhodopteron Godman *et* Salvin 红翅闪蝶
Morpho richardus Fruhstorfer [Richard's morpho] 瑞彻闪蝶
Morpho rugitaeniata Fruhstorfer 皱纹闪蝶
Morpho schultzei Le Moult *et* Real 苏耳兹闪蝶
Morpho stoffeli Le Moult *et* Real 丛林闪蝶
Morpho sulkowskyi Kollar [Sulkowsky's morpho] 夜光闪蝶，苏氏闪蝶
Morpho taboga Le Moult *et* Real 瀑布闪蝶
Morpho telamon Röber 纽带闪蝶
Morpho telemachus (Linnaeus) 黑太阳闪蝶，褐藓闪蝶
Morpho terrestris Butler 大陆闪蝶
Morpho thamyris Felder 歌神闪蝶
Morpho theseus Deyrolle [theseus morpho] 花冠闪蝶
Morpho titei Le Moult *et* Real 提白闪蝶
Morpho tobagoensis Sheldon 托贝闪蝶
Morpho trojana Röber 特洛伊闪蝶
Morpho uraneis Bates 天蓝闪蝶
Morpho vitrea Butler 玻璃闪蝶
Morpho werneri Höpffer 维尼闪蝶
Morpho zephyritis Butler [zephyritis morpho] 西风闪蝶
Morphobyrrhulus 类丸甲属
Morphobyrrhulus shaanxianus (Fabbri) 陕西类丸甲
Morphodactyla 长跗步甲属，漠步甲属
Morphodactyla alticola (Bates) 同 *Morphodactyla potanini*
Morphodactyla coreica (Jedlička) 朝鲜长跗步甲
Morphodactyla kmecoi Lassalle 克氏长跗步甲
Morphodactyla pseudomorpha (Semenov) 伪长跗步甲，拟普托步甲，拟梳步甲，伪优步甲
Morphodactyla potanini Semenov 波氏长跗步甲，坡漠步甲
Morphodactyla sehnali Lassalle 泽氏长跗步甲
Morphodactyla yulongensis Lassalle 玉龙长跗步甲
morphodifferentiation 形态分化
morphogen 成形素，形态发生素，形态发生因子
morphogenesis 形态发生
morphogeny 形态发生适应学，适应学
Morphohaptoderus 霾通缘步甲亚属
Morphoidae 见 Morphidae
morphological 形态的，形态学的
morphological adaptation 形态适应
morphological change 形态变异
morphological character 形态特征
morphological differentiation 形态分化
morphological gap 形态间断
morphological species [= morphospecies] 形态学种，形态种
morphology 形态学
morphometrics 形态测量学
morphometry 形态测量，形态测量学
morphopathology 病理形态学，形态病理学
Morphopsis 闪环蝶属
Morphopsis albertisi Oberthür 闪环蝶
Morphopsis meeki Rothschild *et* Jordan 美闪环蝶
Morphopsis phippsi Joicye *et* Talbot 飞闪环蝶
Morphopsis ula Rothschild *et* Jordan 白斑闪环蝶
morphospecies 见 morphological species
Morphosphaera 榕萤叶甲属，球萤金花虫属
Morphosphaera albipennis Allard 淡鞘榕萤叶甲
Morphosphaera bimaculata Chûjô 二斑榕萤叶甲，榕二星萤金花虫
Morphosphaera cavaleriei Laboissière 红角榕萤叶甲
Morphosphaera chrysomeloides (Bates) 台湾一字榕萤叶甲，榕四星萤金花虫
Morphosphaera cincticollis Laboissière 纹领榕萤叶甲
Morphosphaera coerulea (Schönfeldt) 五点榕萤叶甲
Morphosphaera collaris Laboissière 褐腹榕萤叶甲

M

Morphosphaera gingkoae Gressitt *et* Kimoto 湖北榕萤叶甲
Morphosphaera gracilicornis Chen 四斑榕萤叶甲
Morphosphaera japonica (Hornstedt) 日榕萤叶甲
Morphosphaera metallescens Gressitt *et* Kimoto 红翅榕萤叶甲
Morphosphaera purpurea Laboissière 紫榕萤叶甲
Morphosphaera quadrinotata Chen 四点榕萤叶甲
Morphosphaera sodalis Chen 贵州榕萤叶甲
Morphosphaera viridipennis Laboissière 绿翅榕萤叶甲
Morphostenophanes 窄亮轴甲属，摩拟步甲属
Morphostenophanes aenescens Pic 铜色窄亮轴甲，铜摩拟步甲
Morphostenophanes aenescens aenescens Pic 铜色窄亮轴甲指名亚种
Morphostenophanes aenescens yelang Zhou 铜色窄亮轴甲夜郎亚种
Morphostenophanes atavus (Kaszab) 祖窄亮轴甲，阿窄亮轴甲，阿谱摩拟步甲
Morphostenophanes bannaensis Zhou 版纳窄亮轴甲
Morphostenophanes birmanicus (Kaszab) 南方窄亮轴甲
Morphostenophanes brevigaster Zhou 短腹窄亮轴甲
Morphostenophanes chongli Zhou 火神窄亮轴甲
Morphostenophanes chongli chongli Zhou 火神窄亮轴甲指名亚种
Morphostenophanes chongli glaber Zhou 火神窄亮轴甲黄连山亚种
Morphostenophanes crassus Zhou 胖窄亮轴甲
Morphostenophanes cuproviridis Gao *et* Ren 铜绿窄亮轴甲
Morphostenophanes curvitibialis Zhou 弯胫窄亮轴甲
Morphostenophanes elegantulus Masumoto *et* Bečvář 枣红窄亮轴甲
Morphostenophanes furvus Zhou 炭黑窄亮轴甲
Morphostenophanes furvus furvus Zhou 炭黑窄亮轴甲指名亚种
Morphostenophanes furvus weishanus Zhou 炭黑窄亮轴甲巍山亚种
Morphostenophanes gaoligongensis Zhou 高黎贡窄亮轴甲
Morphostenophanes iridescens Zhou 虹彩窄亮轴甲
Morphostenophanes jendeki Masumoto 金氏窄亮轴甲
Morphostenophanes jendeki jendeki Masumoto 金氏窄亮轴甲指名亚种
Morphostenophanes jendeki similis Masumoto 金氏窄亮轴甲鸡足山亚种
Morphostenophanes lincangensis Zhou 临沧窄亮轴甲
Morphostenophanes linglong Zhou 玲珑窄亮轴甲
Morphostenophanes luoxiaoshanus Zhou 罗霄山窄亮轴甲
Morphostenophanes metallicus Zhou 璀璨窄亮轴甲
Morphostenophanes minor Zhou 侏儒窄亮轴甲
Morphostenophanes papillatus Kaszab 瘤翅窄亮轴甲，淡摩拟步甲
Morphostenophanes planus Zhou 扁平窄亮轴甲
Morphostenophanes purpurascens Zhou 紫艳窄亮轴甲
Morphostenophanes sinicus Zhou 中华窄亮轴甲
Morphostenophanes tanikadoi Masumoto 谷角窄亮轴甲
Morphostenophanes tuberculatus Gao *et* Ren 小瘤窄亮轴甲，瘤突窄亮轴甲
Morphostenophanes vietnamicus (Kaszab) 越南窄亮轴甲
Morphostenophanes yunannus Zhou 滇中窄亮轴甲
morphotaxonomy 形态分类学
Morphotenaris 钩翅环蝶属
Morphotenaris schoenbergi (Fruhstorfer) 钩翅环蝶
morphotype 1. 形态型；2. 态模标本
Morrill lace bug [*Corythucha morrilli* Osborn *et* Drake] 莫氏方翅网蝽，墨里尼方翅网蝽
Morrison bumble bee [= Morrison's bumble bee, *Bombus morrisoni* Cresson] 莫里森熊蜂，莫氏熊蜂
Morrison's bumble bee 见 Morrison bumble bee
Morrison's mealybug [*Peliococcus morrisoni* (Kiritchenko)] 莫氏品粉蚧，莫氏刺粉蚧
Morrison's skipper [*Stinga morrisoni* (Edwards)] 瓷弄蝶
morsa saliana [*Saliana morsa* Evans] 茂颂弄蝶
mortality 死亡率
mortality curve 死亡率曲线
mortality rate 死亡率
mortality table 死亡表，死亡率表，生命表
mortarjoint casemaker [= odontocerid caddisfly, odontocerid] 齿角石蛾 < 齿角石蛾科 Odontoceridae 昆虫的通称 >
Mortonagrion 妹蟌属
Mortonagrion aborense (Laidlaw) 蓝尾妹蟌
Mortonagrion hirosei Asahina 广濑妹蟌，四斑细蟌
Mortonagrion selenion (Ris) 钩斑妹蟌，月斑妹蟌，小月摩蟌，月斑细蟌，莫蟌
Mortoniella 莫小石蛾属
Mortoniella maculata Tian *et* Li 斑莫小石蛾
morula 桑椹胚
Morvina 摹弄蝶属
Morvina morvus (Plötz) [morvus skipper] 模摹弄蝶，摹弄蝶
morvus skipper [*Morvina morvus* (Plötz)] 模摹弄蝶，摹弄蝶
Morys 颉弄蝶属
Morys cerdo Boisduval 啬多颉弄蝶
Morys compta (Butler) [rusty skipper, compta skipper] 伯爵颉弄蝶
Morys etelka Schaus 埃特颉弄蝶
Morys geisa (Möschler) [geisa skipper] 吉颉弄蝶
Morys lyde Godman [violet-studded skipper] 星斑颉弄蝶
Morys micythus (Godman) [micythus skipper] 米斑颉弄蝶
Morys valda Evans [valda skipper] 瓦尔达颉弄蝶
Morys valerius (Möschler) [happy skipper] 乐颉弄蝶，颉弄蝶
mos [pl. mores] 生态种群 < 指一群生物的生理生活史十分一致，通常属于一个种，但也可能包括一个以上的种 >
mosaic 1. [= dirce beauty, zebra mosaic, *Colobura dirce* (Linnaeus)] 黄肱蛱蝶；2. 嵌合体
mosaic control 镶嵌式防治
mosaic development 镶嵌发育，嵌合式发育
mosaic distribution 嵌纹分布
mosaic egg 镶嵌卵 < 卵从母体产出时对以后所发生的胚胎部分已无调整能力。在昆虫中，此类卵常含较多的原生质，胚带长，占卵的大部分，如家蝇卵 >
mosaic leafhopper [= Japanese leafhopper, apple leafhopper, apple marmorated leafhopper, *Orientus ishidae* (Matsumura)] 苹果东方叶蝉，苹斑东方叶蝉，苹斑叶蝉，苹果叶蝉，新东方叶蝉，狭头叶蝉，箭形暗小叶蝉
mosaic round sand beetle [*Omophron tessellatum* Say] 斑翅圆步甲

M

mosaic theory of vision 视觉的嵌象学说
Mosara 默夜蛾属
Mosara apicalis Walker 默夜蛾
Möschler's ruby-eye [*Moeros moeros* (Möschler)] 魔弄蝶
Moschoneura 麝粉蝶属
Moschoneura methymna (Godart) 麝粉蝶
Moschoneura pinthaeus (Linnaeus) [pinthous mimic white] 黄麝粉蝶
Moschusa 麝巨爪麻蝇亚属
Moseriana 莫花金龟甲属
Moseriana bimaculata (Moser) 双斑莫花金龟甲，双斑莫花金龟
Moseriana brevipilosa Ma 短毛莫花金龟甲，短毛莫花金龟
Moseriana longipilosa Ma 长毛莫花金龟甲，长毛莫花金龟
Moseriana nitida Ma 亮莫花金龟甲，亮莫花金龟
Moseriana rugulosa Ma 皱莫花金龟甲，皱莫花金龟
Mosillus 凹腹水蝇属
Mosillus asiaticus Mathis, Zatwarnicki *et* Krivosheina 角突凹腹水蝇
Mosillus subsultans (Fabricius) 短突凹腹水蝇，萨莫水蝇
Mosopia 莫须夜蛾属，毛须裳蛾属
Mosopia punctilinea (Wileman) 黑斑莫须夜蛾，黑斑毛须裳蛾，庞有夜蛾
Mosopia sordidum (Butler) 暗莫须夜蛾
Mosopia subnubila (Leech) 丝光莫须夜蛾，丝光毛须裳蛾，夙有夜蛾
Mosopia tenipunctum (Berio) 细斑莫须夜蛾，壬有夜蛾
mosquito [pl. mosquitoes 或 mosquitos; = culicid mosquito, culicid] 蚊，蚊子 < 蚊科 Culicidae 昆虫的通称 >
mosquito bug 刺盲蝽 < 刺盲蝽属 *Helopeltis* 昆虫的通称 >
mosquito eater [= elephant mosquito] 巨蚊 < 巨蚊属 *Toxorhynchites* 昆虫的通称 >
mosquito hawk [= crane fly, tipulid, daddy long-leg, tipulid fly] 大蚊 < 大蚊科 Tipulidae 昆虫的通称 >
Mosquito News 蚊虫新闻 < 期刊名 >
Mosquito Systematics 蚊虫系统学 < 期刊名 >
mosquito vector 蚊虫类媒介
moss beetle [= byrrhid beetle, byrrhid, pill beetle] 丸甲 < 丸甲科 Byrrhidae 昆虫的通称 >
moss bug [= peloridiid bug, beetle bug, peloridiid] 鞘喙蝉，鞘喙蝽 < 鞘喙蝽科或鞘喙蝉科 Peloridiidae 昆虫的通称 >
moss carder bee [= large carder bee, *Bombus* (*Thoracobombus*) *muscorus* (Linnaeus)] 藓状熊蜂，苔状熊蜂 < 此种学名有误写为 *Bombus muscorum* (Linnaeus) 或 *Bombus* (*Thoracobombus*) *muscorum* (Linnaeus) 者 >
moss fly [*Sciara pectoralis* Stæger] 沼泽眼蕈蚊，沼泽尖眼蕈蚊，胸甲黑翅蕈蚋
moss gall wasp [= rose bedeguar gall wasp, Robin's pin cushion gall wasp, mossy rose gall wasp, *Diplolepis rosae* (Linnaeus)] 玫瑰犁瘿蜂，蔷薇瘿蜂
moss mimic walking stick [*Trychopeplus laciniatus* (Westwood)] 锯齿拟苔蝽
Moss's elfin [= stonecrop elfin, Schryver's elfin, *Deciduphagus mossii* (Edwards)] 摩西斗灰蝶
mossy rose gall wasp 见 moss gall wasp
most parsimonious tree 最简约树
Mota 模特灰蝶属
Mota massyla (Hewitson) [saffron] 模特灰蝶
Motaga 莫小叶蝉属
Motaga rokfa Dworakowska 河内莫小叶蝉
Motasingha 猫弄蝶属
Motasingha dirphia (Hewitson) [dirphia skipper, western brown skipper] 西猫弄蝶，猫弄蝶
Motasingha trimaculata (Tepper) [three spot skipper, large brown skipper] 三斑猫弄蝶
moth 蛾
moth basket 蛾篓 < 养蚕的 >
moth butterfly [*Liphyra brassolis* Westwood] 拟蛾大灰蝶
moth cover 蛾圈，铅圈 < 养蚕的 >
moth emergence period 发蛾期
moth emergence size 发蛾量
moth fly [= psychodid fly, filter fly, sand fly, drain fly, sink fly, sewer fly, sewer gnat, psychodid] 蛾蠓，毛蠓，蛾蚋 < 蛾蠓科 Psychodidae 昆虫的通称 >
moth gathering 捉蛾 < 养蚕的 >
moth grinding machine 磨蛾机 < 养蚕的 >
moth lacewing [= ithonid lacewing, ithonid , moth-like lacewing, giant lacewing] 蛾蛉 < 蛾蛉科 Ithonidae 昆虫的通称 >
moth laying diapause eggs 产滞育卵的蛾 < 家蚕的 >
moth laying non-diapause eggs 产不滞育卵的蛾 < 家蚕的 >
moth-like lacewing 见 moth lacewing
moth metalmark [= albertus metalmark, *Monethe albertus* Felder *et* Felder] 白晕莫尼蚬蝶
moth midge 毛蠓 < 幼虫 >
moth preserving case 蛾箱 < 养蚕的 >
moth pupa earring 蛾蛹耳坠 < 一种手工艺品 >
moth selecting 选蛾 < 养蚕的 >
mother moth 母蛾
mother-of-pearl 矩蛱蝶 < 矩蛱蝶属 *Salamis* 昆虫的通称 >
mother-of-pearl blue [*Polyommatus nivescens* Keferstein] 雪眼灰蝶
mother of pearl moth [= bean webworm, *Patania ruralis* (Scopoli)] 豆扇野螟，豆卷叶野螟，豆肋膜野螟，荨麻大螟
Mother Shipton moth [*Callistege mi* (Clerck)] 欧夜蛾
mothicide 杀蛾剂
motif 基元
motor nerve 运动神经
motor nervous system 运动神经系统
motor neurocyte 运动神经细胞
motor neurone [= efferent neurone] 传出神经元，运动神经元
Motschulskyia 莫小叶蝉属，莫氏小叶蝉属
Motschulskyia motschulskyi Dworakowska 莫氏莫小叶蝉，莫氏小叶蝉，莫小叶蝉
Motschulskyia serrata (Matsumura) 锯纹莫小叶蝉
Motschulskyia* (*Woolongica*) *paijifa Chiang, Hsu *et* Knight 派莫小叶蝉
Motschulskyia* (*Woolongica*) *wui Chiang, Hsu *et* Knight 吴氏莫小叶蝉
mottle 斑点，斑块
mottled arum aphid [= crescent-marked lily aphid, lily aphid, arum aphid, primula aphid, *Neomyzus circumflexus* (Buckton)] 百合新

瘤蚜，百合粗额蚜，百合新瘤额蚜，暗点白星海芋蚜，褐腹斑蚜，樱草瘤额蚜

mottled beauty [*Alcis repandata* (Linnaeus)] 卷鹿尺蛾

mottled bolla [*Bolla clytius* (Godman *et* Salvin)] 斑驳杂弄蝶

mottled bomolocha moth [= variegated snout moth, *Hypena palparia* Walker] 杂色髯须夜蛾

mottled cup moth [= spitfire caterpillar, *Doratifera vulnerans* Lewin] 桉树通刺蛾

mottled dermestid beetle [= larger cabinet beetle, *Trogoderma inclusum* LeConte] 肾斑皮蠹

mottled duskywing [*Erynnis martialis* (Scudder)] 杂色珠弄蝶

mottled emigrant [= white migrant, *Catopsilia pyranthe* (Linnaeus)] 梨花迁粉蝶，细波迁粉蝶，水青粉蝶，决明粉蝶，江南粉蝶，波纹粉蝶，里波白蝶

mottled grain moth [= European grain moth, corn moth, *Nemapogon granella* (Linnaeus)] 欧洲丝谷蛾，欧谷蛾，谷蛾，欧洲谷蛾

mottled grass-skipper [= cynone skipper, *Anisynta cynone* (Hewitson)] 锯弄蝶

mottled gray beetle [= ribbed pine borer, greyish longicorn beetle, *Rhagium inquisitor* (Linnaeus)] 松皮花天牛，灰天牛，皮花天牛，松脊花天牛，松皮天牛

mottled-green nymph [= forest green butterfly, *Euryphura achlys* (Höpffer)] 阿翠肋蛱蝶

mottled leafwing 1. [= cyanea leafwing, *Polygrapha cyanea* (Godman *et* Salvin)] 多蛱蝶，犬安蛱蝶；2. [*Memphis arginussa* Hübner] 联珠尖蛱蝶

mottled longtail [*Typhedanus undulatus* (Hewitson)] 斑驳雀尾弄蝶

mottled marble [= mat rush worm, *Bactra furfurana* (Haworth)] 糠麸尖翅小卷蛾，尖翅小卷蛾

mottled pine weevil [= cypress bark weevil, *Aesiotes leucurus* Pascoe] 点纹皮象甲

mottled purple [*Eriocrania sparrmannella* (Bosc)] 斑毛顶蛾，金紫毛顶蛾

mottled red slender moth [*Caloptilia hemidactylella* (Denis *et* Schiffermüller)] 欧亚槭丽细蛾，欧亚槭花细蛾

mottled satyr [*Steroma modesta* Weymer] 优雅齿轮眼蝶

mottled scrub-hairstreak [= mulucha scrub hairstreak, *Strymon mulucha* (Hewitson)] 墨螯灰蝶

mottled shieldbug [*Rhaphigaster nebulosa* (Poda)] 沙枣润蝽，沙枣蝽

mottled tortoise beetle [*Deloyala guttata* (Olivier)] 斑驳龟甲，斑沟龟甲

mottled umber moth [*Erannis defoliaria* (Clerck)] 暗点松尺蛾，暗点赭尺蛾，灰裙尺蠖蛾，落叶松尺蛾

mottled willow borer [= poplar and willow borer, willow beetle, osier weevil, *Cryptorrhynchus lapathi* (Linnaeus)] 杨干隐喙象甲，杨干隐喙象，杨干象，柳小隐喙象甲，拉隐喙象

mottled yellow leaf-roller [= gum leaf-roller, *Heliocausta hemiteles* Meyrick] 桉伴织叶蛾

MOTU [molecular operational taxonomic unit 的缩写] 分子分类运算单位，分子操作分类单位

Motuweta 獠牙丑螽属

Motuweta isolata Johns [Mercury Islands tusked weta, Middle Island tusked weta] 岛獠牙丑螽

moula 胫节头

mould feeder 食菌昆虫

moult 1. [n.] 蜕；2. [v.] 蜕皮，脱皮

moulted silkworm 起蚕

moultine 眠性 < 家蚕的 >

moulting 1. 脱皮；2. 就眠 < 家蚕的 >

moulting character 眠性，就眠特性 < 家蚕的 >

moulting cycle 蜕皮周期

moulting fluid [= moulting liquid] 蜕皮液

moulting gland [= exuvial gland] 蜕皮腺

moulting hormone [abb. MH] 蜕皮激素

moulting larva 眠蚕 < 家蚕的 >

moulting liquid 见 moulting fluid

moulting silkworm 眠蚕

moulting stage 眠期 < 家蚕的 >

moultinism 眠性现象

mound ant [= yellow meadow ant, *Lasius flavus* (Fabricius)] 黄毛蚁，黄土蚁

mount cocooning frame 上蔟

Mount Selinda acraea mimic [*Mimacraea neokoton* Druce] 新拟珍灰蝶

mountain alcon blue [*Maculinea rebeli* (Hirschke)] 秀丽霾灰蝶

mountain alder striped xyleborus [*Heteroborips seriatus* (Blandford)] 毛列菌室小蠹，毛列材小蠹，山赤杨纹小蠹

mountain apollo [= apollofalter, apollo, *Parnassius apollo* (Linnaeus)] 阿波罗绢蝶

mountain argus [*Callerebia shallada* (Lang)] 山地艳眼蝶

mountain ash sawfly [*Pristiphora geniculata* (Hartig)] 深山槌缘叶蜂，深山锉叶蜂，深山梣叶蜂

mountain-ash tortricid [= larger apple leaf roller, *Choristoneura hebenstreitella* (Müller)] 大苹色卷蛾，大苹卷蛾，大苹卷叶蛾

mountain blue 1. [= ulysses, ulysses swallowtail, blue emperor, blue mountain swallowtail, blue mountain butterfly, *Papilio ulysses* Linnaeus] 英雄翠凤蝶，天堂凤蝶；2. [= montane heath-blue *Neolucia hobartensis* (Miskin)] 奥新光灰蝶

mountain bumblebee 1. [= bilberry bumblebee, blaeberry bumblebee, *Bombus monticola* Smith] 高山熊蜂；2. [= white-shouldered bumblebee, *Bombus appositus* Cresson] 山地熊蜂

mountain burnet [= Scotch burnet, *Zygaena exulans* (Hohenwarth)] 爱斑蛾

mountain checkered skipper [*Pyrgus xanthus* Edwards] 黄花弄蝶

mountain clouded yellow [*Colias phicomone* (Esper)] 菲云豆粉蝶

mountain cloudy wing [= Mexican cloudywing, *Thorybes mexicana* (Herrich-Schäffer)] 墨西哥褐弄蝶

mountain dappled white [*Euchloe simplonia* (Fryer)] 素端粉蝶

mountain epeolus [*Epeolus alpinus* Friese] 高山绒斑蜂

mountain fritillary 1. [*Boloria alaskensis* (Holland)] 山宝蛱蝶；2. [= napaea fritillary, *Boloria napaea* (Hoffmannsegg)] 洛神宝蛱蝶

mountain glider [*Cymothoe alticola* Libert *et* Collins] 山漪蛱蝶

mountain green streak [= long-winged greenstreak, *Cyanophrys longula* (Hewitson)] 长穹灰蝶

mountain green veined white [= dark veined white, *Pieris bryoniae* (Hübner)] 黑带粉蝶

mountain katydid [*Acripeza reticulata* Guérin-Méneville] 网纹山螽
mountain leafhopper [*Colladonus montanus* (van Duzee)] 深山叶蝉
mountain longwing [= Mexican longwing, *Heliconius hortense* Guérin-Méneville] 宽红袖蝶
mountain mahogany bark beetle [*Chaetophloeus heterodoxus* (Casey)] 高山褐小蠹
mountain mahogany hairstreak [*Satyrium tetra* (Edwards)] 四洒灰蝶
mountain mahogany looper [*Iridopsis clivinaria* (Guenée)] 灰虹尺蛾
mountain midge [= deuterophlebiid fly, deuterophlebiid] 拟网蚊 < 拟网蚊科 Deuterophlebiidae 昆虫的通称 >
mountain mimetic swallowtail [*Papilio plagiatus* Aurivillius] 白帘德凤蝶
mountain parnassian [= Rocky Mountain parnassian, *Parnassius smintheus* Doubleday] 田鼠绢蝶
mountain pearl charaxes [= pointed pearl charaxes, *Charaxes acuminatus* Thurau] 尖螯蛱蝶
mountain pied pierrot [= Margarita's pierrot, *Tuxentius margaritaceus* (Sharpe)] 珍珠图灰蝶
mountain pine beetle [= black hills beetle, Jeffrey pine beetle, *Dendroctonus ponderosae* Hopkins] 山松大小蠹，黑山大小蠹，中欧山松大小蠹，山松甲虫，西黄松大小蠹，中欧山松小蠹
mountain pine cone beetle [= ponderosa-pine cone beetle, western white pine cone beetle, *Conophthorus ponderosae* Hopkins] 黄松果小蠹，重松齿小蠹
mountain plasterer bee [*Colletes fulgidus* Swenk] 山分舌蜂
mountain pride [= table mountain beauty, *Aeropetes tulbaghia* (Linnaeus)] 大眼蝶
mountain ringlet [= small mountain ringlet, *Erebia epiphron* (Knoch)] 黑珠红眼蝶
mountain sailer [*Neptis occidentalis* Rothschild] 偶环蛱蝶
mountain scallopwing [*Staphylus vincula* (Plötz)] 温贝弄蝶
mountain silver-barred charaxes [*Charaxes tectonis* Jordan] 山螯蛱蝶
mountain skipper [*Hesperia leonardus montana* (Skinner)] 白斑黄毡弄蝶山地亚种
mountain skolly [*Thestor montanus* van Son] 高山秀灰蝶
mountain small white [*Pieris ergane* (Geyer)] 爱谷粉蝶
mountain spotted skipper [= montane sedge-skipper, *Oreisplanus perornata* (Kirby)] 山地金块弄蝶
mountain spotted yellow [*Colias palaeno aias* Fruhstorfer] 黑缘豆粉蝶深山亚种，深山星黄粉蝶，灯黑缘豆粉蝶
mountain stone weta [*Hemideina maori* (Pictet *et* Saussure)] 毛利半齿丑螽
mountain sylph [*Metisella aegipan* (Trimen)] 山神糜弄蝶
mountain tortoiseshell [*Aglais rizana* (Moore)] 山麻蛱蝶
mountain white 1. [= common green-eyed white, *Leptophobia aripa* (Boisduval)] 阿黎粉蝶；2. [*Aporia hippia japonica* Matsumura] 小檗绢粉蝶深山亚种，深山粉蝶
mountainous duskywing [*Erynnis montanus* (Bremer)] 深山珠弄蝶，山散弄蝶
mounting of premature larva 未熟蚕上蔟
mournful crow [= long-branded blue crow, *Euploea algea* (Godart)] 冷紫斑蝶
mournful duskywing [*Erynnis tristis* (Boisduval)] 橡暗珠弄蝶
mournful thorn [= eastern hemlock looper, hemlock looper, hemlock spanworm, western hemlock looper, oak looper, oakworm, western oak looper, *Lambdina fiscellaria* (Guenée)] 铁杉兰布达尺蛾，铁杉尺蠖
mourning cloak [= mourningcloak, mourning cloak butterfly, mourningcloak butterfly, camberwell beauty, spiny elm caterpillar, grand surprise, white petticoat, willow butterfly, *Nymphalis antiopa* (Linnaeus)] 黄缘蛱蝶，安弟奥培杨榆红蛱蝶，柳长吻蛱蝶，红边酱蛱蝶
mourning cloak butterfly 见 mourning cloak
mourningcloak 见 mourning cloak
mourningcloak butterfly 见 mourning cloak
mouse bot fly [*Cuterebra fontinella* Clark] 鼠疽蝇
mouse-like barklouse [= myopsocid barklouse, myopsocid] 鼠蛄，星蛄 < 鼠蛄科 Myopsocidae 昆虫的通称 >
moustique rutilant [= elephant mosquito, treehole predatory mosquito, *Toxorhynchites rutilus* (Coquillet)] 象巨蚊
mouth 口
mouth beard [= mystax] 口鬃 < 指食虫虻头前显著的毛簇 >
mouth cavity [= preoral cavity, extraoral cavity] 口腔，口前腔
mouth cone [= oraconaris] 口锥 < 指虱头端能伸缩的喙状管；缨翅目 Thysanoptera 昆虫中由上、下唇及外颚叶合并成的喙 >
mouth dilators [= dilatores buccales] 口腔开肌
mouth feeler [= palpus, palp] 须
mouth fork 口叉 < 指啮虫中邻近下颚并能伸出口外的一对细长刺状附器 >
mouth hook [= oral hook] 口钩 < 见于双翅目 Diptera 幼虫中 >
mouth parts [= instrumenta cibaria, trophi] 口器
mousy sombermark [= eucrates euselasia, *Euselasia eucrates* (Hewitson)] 彩优蚬蝶
movable digit 动趾
movable hook 活动钩
movable pteromopha 可动型翅形体
movement protein [abb. MP] 运动蛋白
Moyamba epitola [*Epitola moyambina* Bethune-Baker] 莫雅蛱灰蝶
moyambina harlequin [*Mimeresia moyambina* (Bethune-Baker)] 魔靡灰蝶
Mozambique bar [= Mozambique silverline, *Spindasis mozambica* Bertolini] 莫桑比克银线灰蝶
Mozambique silverline 见 Mozambique bar
MP [movement protein 的缩写] 运动蛋白
MRA [multivariate ratio analysis 的缩写] 多元比例分析
MRGR [mean relative growth rate 的缩写] 日均体重增长率
Mrs Raven flat [= Mrs Raven skipper, *Calleagris kobela* (Trimen)] 考波唤弄蝶
Mrs Raven skipper 见 Mrs Raven flat
MSCA [multivariate similarity clustering analysis 的缩写] 多元相似性聚类分析
mt genome [= mitochondrial genome, mitogenome] 线粒体基因组
Mt. McKinley alpine [*Erebia mackinleyensis* (Gunder)] 麦山红眼蝶

MTD [= LD_0, maximal tolerance dose 的缩写] 最大耐受剂量
MTD_{50} [median trapping distance 的缩写] 诱杀中距离
Mucha 慕夏鼓翅蝇属
Mucha liangi Li *et* Yang 梁氏慕夏鼓翅蝇
Mucha tzokotucha Ozerov 塔慕夏鼓翅蝇
Mucha yunnanensis Li *et* Yang 云南慕夏鼓翅蝇
Mucia 穆弄蝶属
Mucia thyia Godman 穆弄蝶
Mucia zygia (Plötz) [black-dotted skipper] 黑点穆弄蝶
Mucidus 霉蚊亚属
mucilaginous 胶质的
mucin 黏蛋白
muck 腐泥
mucoid 1. 类黏蛋白；2. 黏液样的
mucoprotein 黏蛋白
Mucoreohalictus 霉毛隧蜂亚属
mucoreous [= mucoreus] 有微毛的 < 外观似生霉的 >
mucoreus 见 mucoreous
mucous gland 黏液腺
mucro [pl. mucrones] 锐突，端节 < 如叩头虫前胸腹面的突起，被蛹的突刺，弹尾目 Collembola 昆虫的弹器基叉上的短端节 >
mucronate [= mucronatus] 具锐突的
mucronatus 见 mucronate
mucrones [s. mucro] 锐突，端节
mucus 黏液
mud dauber [= sphecid wasp, sand wasp, thread-waisted wasp, sphecid] 泥蜂，细腰蜂 < 泥蜂科 Sphecidae 昆虫的通称 >
mud-feather case-moth [= dark elm case-bearer, *Coleophora limosipennella* (Duponchel)] 泥鞘蛾
mud-pot wasp 蜾蠃
mud puddling behavio(u)r [= puddling behavio(u)r] 趋泥行为
Muellerianella 小褐飞虱属
Muellerianella brevipennis (Boheman) 短翅小褐飞虱
Muellerianella extrusa (Scott) 拟小褐飞虱，台湾穆飞虱
Muellerianella fairmairei Perris 法氏小褐飞虱，法氏牧勒蝉
Muesebeckiini 苗茧蜂族，苗氏茧蜂族
Mufetiella 东丽蝇属
Mufetiella grisescens (Villeneuve) 灰色东丽蝇
muga silk 琥珀蚕丝，蒙加丝
muga silkworm [*Antheraea assamensis* Helfer] 钩翅大目蚕蛾，钩翅大蚕，钩翅大蚕蛾，钩翅柞王蛾，琥珀蚕，阿萨姆蚕，姆珈蚕
mugwort bell [*Eucosma metzneriana* (Treitschke)] 艾花小卷蛾
mugwort cryptosiphum aphid [*Cryptosiphum artemisiae* Buckton] 艾蒿隐管蚜，艾隐管蚜，艾草短管蚜，艾环管蚜
mugwort flat-body [*Exaeretia allisella* Stainton] 斜斑矩织蛾，斜斑织蛾
mugwort fruit-fly [*Morinowotome flavonigra* (Hendel)] 弯带摩实蝇，黄暗摩里努实蝇，艾藐实蝇，艾实蝇，黑黄苗利贾实蝇
mugwort leaf beetle [*Chrysolina* (*Anopachys*) *aurichalcea* (Mannerheim)] 蒿金叶甲，艾叶甲，艾草铜金花虫，粗点山叶甲
mugwort leafhopper [*Cicadula artemisiae* Matsumura] 艾叶蝉
mugwort leafroller [*Cochylidia richteriana* (Fisher von Röslerstamm)] 尖瓣灰纹卷蛾，蒿细卷蛾，尖瓣灰纹蛾
mugwort long-horned aphid [= Japanese chrysanthemum aphid, *Macrosiphoniella yomogicola* (Matsumura)] 菊艾小长管蚜，艾小姬长管蚜，栖艾小长管蚜，日本菊姬长管蚜
mugwort looper [= giant looper, *Ascotis selenaria* (Denis *et* Schiffermüller)] 大造桥虫，棉大造桥虫，棉大尺蠖，塞霜尺蛾
mugwort powdery aphid [*Aphis kurosawai* Takahashi] 艾蚜，艾草蚜，艾粉蚜
Muiralevu 缪袖蜡蝉属
Muiralevu exotivus (Yang *et* Wu) 台湾缪袖蜡蝉，台湾福袖蜡蝉，南投角突袖蜡蝉
Muiralevu quadramaculatus (Muir) 四斑缪袖蜡蝉，四斑角突袖蜡蝉，四斑福袖蜡蝉
Muiredusa 缪蜡蝉属
Muiredusa brunnea (Muir) 棕缪蜡蝉，棕蔓蜡蝉，棕昔袖蜡蝉
Muiredusa ignota (Yeh *et* Wu) 深黄缪蜡蝉，深黄昔袖蜡蝉
Muiredusa littorea (Yeh *et* Yang) 黄足缪蜡蝉，黄足昔袖蜡蝉
Muirhead's labyrinth [*Neope muirheadii* (Felder *et* Felder)] 蒙链荫眼蝶，牧黛眼蝶
Muirodelphax 缪氏飞虱属
Muirodelphax atratus Vilbaste 亮黑缪氏飞虱，黑缪飞虱
Muirodelphax matsuyamensis (Ishihara) 见 *Ishiharodelphax matsuyamensis*
Muirodelphax nigrostriata (Kusnezov) 具条缪氏飞虱，黑纹缪飞虱
Muir's hairstreak [*Mitoura muiri* (Edwards)] 穆敏灰蝶
Mukaria 额垠叶蝉属
Mukaria albinotata Cai *et* Ge 白斑额垠叶蝉
Mukaria bambusana Li *et* Chen 竹额垠叶蝉
Mukaria flavida Cai *et* Kuoh 黄片额垠叶蝉
Mukaria hainanensis Yao, Yang *et* Chen 海南额垠叶蝉
Mukaria lii Yang *et* Chen 李氏额垠叶蝉
Mukaria maculata (Matsumura) 斑翅额垠叶蝉，斑异播叶蝉
Mukaria nigra Kuoh *et* Kuoh 黑额银叶蝉
Mukaria pallipes Li *et* Chen 白足额垠叶蝉
Mukaria penthimioides Distant 锡兰额垠叶蝉
Mukaria splendida Distant 亮黑额垠叶蝉
Mukaria testacea Chen, Liang *et* Li 黄褐额垠叶蝉
Mukaria yanheensis Chen, Yang *et* Li 沿河额垠叶蝉
Mukariinae 额垠叶蝉亚科
Mukariini 额垠叶蝉族
Mula 木袖蜡蝉属
Mula chushanensis Yang *et* Wu 祝山木袖蜡蝉
mulberry bagmoth [*Acanthopsyche nigraplaga* (Wileman)] 刺槐桉袋蛾，刺槐袋蛾，黑肩蓑蛾，桑黝袋蛾，桑蓑蛾，洋槐蓑蛾，墨鳞袋蛾
mulberry bagworm [= Asiatic mulberry bagworm, *Canephora asiatica* (Staudinger)] 桑杆袋蛾，亚洲桑蓑蛾，亚洲厚袋蛾，亚鳞袋蛾，云杉杆袋蛾，云杉杆蓑蛾
mulberry banded gall-midge [= banded mulberry midge, *Resseliella quadrifasciata* (Niwa)] 桑四斑雷瘿蚊，四斑雷瘿蚊，桑四带双瘿蚊，桑四带瘿蚊
mulberry bark beetle [= mulberry minute bark beetle, *Cryphalus exiguus* Blandford] 桑梢小蠹，桑小蠹，桑枝小蠹虫，黑蠹虫，桑小木蠹虫，桑黑小蠹

M

mulberry bark borer [*Parelaphidion incerum* (Newmann)] 桑副牡鹿天牛，北美桑牡鹿天牛

mulberry black gall-midge [= mulberry black midge, mulberry gall-midge, black mulberry bud midge, mulberry leaf-stalk midge, *Asphondylia morivorella* (Naito)] 桑波瘿蚊，桑阿斯瘿蚊，桑黑双瘿蚊，桑黑瘿蚊，桑双瘿蚊，桑瘿蚊

mulberry black midge 见 mulberry black gall-midge

mulberry borer 1. [*Apriona japonica* Thomson] 日本粒肩天牛，日本桑天牛；2. [= mulberry cerambycid, tiger longicorn beetle, *Xylotrechus chinensis* (Chevrolat)] 桑脊虎天牛，中华虎天牛，桑虎，桑虎天牛；3. [*Doraschema wildii* Uhler] 美桑枝天牛

mulberry bud weevil 桑象甲，桑象虫

mulberry bug [*Malcus japonicus* Ishihara *et* Hasegawa] 日本束长蝽

mulberry caltrop-marked leafhopper [= mulberry rhombic-marked-leafhopper, *Hishimonoides sellatiformis* Ishihara] 桑拟菱纹叶蝉，拟菱纹叶蝉，桑菱纹叶蝉，红头菱纹叶蝉

mulberry caterpillar [*Sarcopolia illoba* (Butler)] 红棕灰夜蛾，红棕萨珂夜蛾，萨珂夜蛾，桑紫褐夜蛾，桑夜盗虫，苜蓿紫夜蛾，桑甘蓝夜蛾

mulberry cerambycid [= mulberry borer, tiger longicorn beetle, *Xylotrechus chinensis* (Chevrolat)] 桑脊虎天牛，中华虎天牛，桑虎，桑虎天牛

mulberry clearwing moth [*Paradoxecia pieli* Lieu] 桑异透翅蛾，桑透翅蛾，桑蛀虫

mulberry cottony scale [= cottony mulberry scale, *Pulvinaria kuwacola* Kuwana] 桑树绵蚧，桑绵蚧，桑绵蜡蚧

mulberry curculio [= mulberry weevil, mulberry small weevil, *Baris deplanata* Roelofs] 桑船象甲，桑船象，桑象虫

mulberry flea beetle [*Luperomorpha funesta* (Baly)] 黑纹寡毛跳甲，桑黑跳甲，河北寡毛跳甲，桑虱

mulberry flower bug [*Orius sauteri* (Poppius)] 东亚小花蝽，桑小花蝽，姬花蝽

mulberry frosted longicorn 桑饰霜天牛

mulberry frosted weevil 桑饰霜象甲

mulberry gall-midge 见 mulberry black gall-midge

mulberry geometrid 桑尺蠖

mulberry giant mealybug [= mulberry louse, mulberry scale, *Drosicha contrahens* Walker] 桑树履绵蚧，桑虱，草履介壳虫，蚀芽虫，桑鳖，蒲鞋虫，乌龟虫，桑壁虱，桑臭虫

mulberry jumping plant louse [= mulberry sucker, mulberry psylla, mulberry psyllid, *Anomoneura mori* Schwarz] 桑异脉木虱，桑木虱

mulberry leaf beetle [= blue leaf beetle, *Fleutiauxia armata* (Baly)] 桑窝额萤叶甲，蓝叶虫

mulberry leaf roller 1. [*Olethreutes mori* (Matsumura)] 桑新小卷蛾，桑小卷蛾，桑卷蛾，桑卷叶蛾；2. [= mulberry leaf-webber, *Diaphania pulverulentalis* (Hampson)] 桑绒绢野螟，条纹绢野螟

mulberry leaf-stalk midge 见 mulberry black gall-midge

mulberry leaf-webber [= mulberry leaf roller, *Diaphania pulverulentalis* (Hampson)] 桑绒绢野螟，条纹绢野螟

mulberry leafminer [*Agromyza morivora* Sasakawa *et* Fukuhara] 桑潜蝇

mulberry lecanium [*Pulvinaria nishigaharae* (Kuwana)] 日本桑绵蚧，桑蜡蚧

mulberry lesser curculio [*Calomycterus obconicus* Chao] 棉小卵象甲，小卵象甲，桑小灰象甲，棉小卵象

mulberry longhorn beetle [= mulberry longicorn beetle, mulberry longicorn, brown mulberry longhorn, jackfruit longhorn beetle, longhorn stem borer, *Apriona germari* (Hope)] 桑粒肩天牛，粒肩天牛，桑天牛

mulberry longicorn 见 mulberry longicorn beetle

mulberry longicorn beetle 见 mulberry longhorn beetle

mulberry looper 1. [= mulberry spanworm, *Phthonandria atrilineata* (Butler)] 桑痕尺蛾，桑枝尺蛾，桑尺蠖；2. [*Apocheima cinerarius* (Erschoff)] 春尺蛾，沙枣尺蠖，桑灰尺蠖，榆尺蠖，柳尺蠖，桑树春尺蠖，胡杨春尺蠖；3. [*Apochima excavata* (Dyar)] 桑波褶翅尺蛾，桑褶翅尺蛾

mulberry louse 见 mulberry giant mealybug

mulberry minute bark beetle 见 mulberry bark beetle

mulberry moth 见 lesser mulberry pyralid

mulberry oystershell scale [*Lepidosaphes kuwacola* Kuwana] 桑蛎盾蚧，桑牡蛎盾蚧，桑蛎蚧，桑树眼蛎盾蚧

mulberry psylla 见 mulberry jumping plant louse

mulberry psyllid 见 mulberry jumping plant louse

mulberry pyralid 见 lesser mulberry pyralid

mulberry pyralid moth 见 lesser mulberry pyralid

mulberry rhombic-marked-leafhopper 见 mulberry caltrop-marked leafhopper

mulberry rusty longicorn [*Mesosella simiola* Bates] 桑小象天牛，桑二星锈天牛

mulberry scale 1. [= white peach scale, mulberry white scale, papaya scale, white mulberry scale, West Indian peach scale, *Pseudaulacaspis pentagona* (Tagioni-Tozzetti)] 桑白盾蚧，桑盾蚧，桃介壳虫，桑白蚧，桑介壳虫，桑拟轮蚧，桑拟白轮盾介壳虫，桃白介壳虫，桑蚧，梓白边蚧；2. [= mulberry giant mealybug, mulberry louse, *Drosicha contrahens* Walker] 桑树履绵蚧，桑虱，草履介壳虫，蚀芽虫，桑鳖，蒲鞋虫，乌龟虫，桑壁虱，桑臭虫

mulberry shoot gall-midge [*Diplosis mori* Yokoyama] 桑红双瘿蚊，桑橙双瘿蚊，桑橙瘿蚊

mulberry silk 桑蚕丝，家蚕丝

mulberry silkworm 桑蚕，家蚕，蚕

mulberry small tiger longicorn 小桑虎天牛

mulberry small weevil 见 mulberry curculio

mulberry spanworm [= mulberry looperr, *Phthonandria atrilineata* (Butler)] 桑痕尺蛾，桑枝尺蛾，桑尺蠖

mulberry spined looper [*Apochima juglansiaria* (Graeser)] 胡桃波褶翅尺蛾，胡桃褶翅尺蛾，桑刺尺蠖

mulberry sucker 见 mulberry jumping plant louse

mulberry summer leafbeetle [*Abirus fortunei* (Baly)] 桑皱鞘肖叶甲，桑皱鞘叶甲，桑皱鞘肖叶虫，桑皱翅辘金花虫，夏叶甲，桑夏叶虫，夏叶虫

mulberry thrips [*Pseudodendrothrips mori* (Niwa)] 桑伪棍蓟马，伪棍桑蓟马，桑蓟马

mulberry tiger moth [*Lemyra imparilis* (Butler)] 奇特望灯蛾，奇特污灯蛾，奇特坦灯，蛾暗点橙灯蛾，暗点灯蛾，桑斑灯蛾

mulberry tree froghopper [*Cosmoscarta bispecularis* (White)] 桑赤隆背沫蝉，桑沫蝉，带斑丽沫蝉

mulberry tussock moth [= yellow-tail, gold-tail moth, brown-tail moth, *Sphrageidus similis* (Füessly)] 黄尾环毒蛾，黄尾黄毒蛾，盗毒蛾，桑毒蛾，黄尾毒蛾，桑毛虫
mulberry urosema midge 桑树蚊
mulberry weevil 见 mulberry curculio
mulberry white caterpillar [*Rondotia menciana* Moore] 桑螨
mulberry white scale [= white peach scale, mulberry scale, papaya scale, white mulberry scale, West Indian peach scale, *Pseudaulacaspis pentagona* (Tagioni-Tozzetti)] 桑白盾蚧，桑盾蚧，桃介壳虫，桑白蚧，桑介壳虫，桑拟轮蚧，桑拟白轮盾介壳虫，桃白介壳虫，桑蚧，梓白边蚧
mulberry white weevil 桑灰毛象甲
mulberry whitefly 1. [*Tetraleurodes mori* (Quaince)] 桑四粉虱，桑粉虱；2. [*Bemisia shinanoensis* Kuwana] 四平桑粉虱；3. [*Aleuroplatus pectiniferus* Quaintance *et* Baker] 桑扁粉虱，梳扁粉虱，胶扁粉虱；4. [*Pealius mori* (Takahashi)] 白桑皮粉虱，桑粉虱，台湾桑粉虱，桑茎粉虱；5. [= bayberry whitefly, Japanese bayberry whitefly, tamarisk whitefly, myrica whitefly, *Parabemisia myricae* (Kuwana)] 杨梅类伯粉虱，杨梅粉虱，杨梅缘粉虱，柽柳粉虱，桑粉虱，桑虱，白虱
mulberry wild silkworm [= wild silkmoth, *Bombyx mandarina* (Moore)] 野蚕，野蚕蛾
mulberry wing [*Poanes massasoit* (Scudder)] 袍弄蝶
mulberry yellow tail moth [= xanthocamp tussok moth, *Sphrageidus similis xanthocampa* Dyar] 桑毒蛾，桑毛虫，黄尾白毒蛾，桑褐斑盗毒蛾，桑金毛虫，狗毛虫，黄毛黄毒蛾，桑褐斑毒蛾，金毛虫
Mulcticola 牧鸟虱属
Mulcticola deignani Emerson *et* Elbel 长尾液鹰牧鸟虱
Mulcticola hypoleuca (Denny) 欧夜鹰牧鸟虱
Mulgravea 暮果蝇属，大头果蝇属
Mulgravea asiatica (Okata) 东亚暮果蝇，亚洲暮果蝇，东亚大头果蝇
Mulgravea indersinghi (Takada *et* Momma) 印氏暮果蝇
mullein bug [= mllein plant bug, *Campylomma verbasci* (Meyer-Dür)] 显角微刺盲蝽
mullein plant bug 见 mllein bug
mullein thrips [*Haplothrips verbasci* (Osborn)] 毛蕊简管蓟马，毛蕊单管蓟马，毛蕊花蓟马
Müllerian association 缪勒氏社会 <指不同类别的动物，但色泽、气味相似，并生活在同一地点>
Müllerian mimicry 缪氏拟态，缪勒氏拟态，米勒拟态
Mullerister 穆勒阎甲属，缪阎甲属
Mullerister niponicus (Lewis) 日本穆勒阎甲，日巴缪阎甲，日巴肯阎甲
Mullerister tonkinensis (Cooman) 东京湾穆勒阎甲，越南巴肯阎甲
Muller's mellana [*Quasimellana mulleri* (Bell)] 穆氏准弄蝶
Müller's organ 缪氏器，缪勒氏器，米勒器 <为一群弦音器所形成的膨大器官，常着生于鼓膜下>
Müller's thread 缪氏丝，缪勒氏器 <指所有卵巢管的总端丝>
Mullins' skipperling [*Piruna mullinsi* Freeman] 穆壁弄蝶
Mulsanteus 刻角叩甲属
Mulsanteus anchastinus (Candèze) 栎刻角叩甲，栎毛细角叩甲
Mulsanteus foldvarii Platia *et* Schimmel 福氏刻角叩甲
Mulsanteus peregovitsi Platia *et* Schimmel 佩氏刻角叩甲
Mulsanteus rubuginosus (Ôhira) 红刻角叩甲
Mulsanteus shaanxiensis Schimmel *et* Tarnawski 陕西刻角叩甲
Mulsanteus shirozui (Ôhira) 希刻角叩甲，希马叩甲，瘦扁细角叩甲
Mulsantina 多须瓢虫属
Mulsantina picta (Randall) [painted lady beetle, painted ladybird, pine lady beetle, pine ladybird beetle] 松多须瓢虫
multi-lunar silkworm 褐圆蚕，多新月形蚕
multi-omics [= multiomics, integrative omics, panomics, pan-omics] 多组学，整合组学，泛组学
multi-species population 多种种群
multi-spot angle [*Ctenoptilum multiguttata* de Nicéville] 多斑梳翅弄蝶
multi-stars silkworm 多星纹蚕
multiarticulate [= multiarticulatus] 多节的
multiarticulatus 见 multiarticulate
multicapsid virus 多粒包埋型病毒
multicellular 多细胞的
multicellular organismal process 多细胞生物过程
multicellular process 多细胞突起
multichannel insect respirometer 多通道昆虫呼吸仪
multicicatrices fluted scale [= Colombian fluted scale, *Crypticerya multicicatrices* Kondo *et* Unruh] 多脊隐绵蚧
multicoitic species 多交种类
multicollinearity 多重共线性
multicolored Asian lady beetle [= Asian lady beetle, harlequin ladybird, *Harmonia axyridis* (Pallas)] 异色瓢虫
multicross 多交
multiform leafroller moth [= masked leafroller, *Acleris flavivittana* (Clemens)] 多变长翅卷蛾
Multiformis 多突叶蝉属
Multiformis longlingensis Li *et* Li 龙陵多突叶蝉
Multiformis nigrifacialis Li *et* Li 黑面多突叶蝉
Multiformis ramosus Li *et* Li 叉突多突叶蝉，叉片多突叶蝉
multigeneration 多代，多世代
multigenerational 多代的
multigenerational domestication 多代驯化
multigenic 多基因
multilayer 多分子层；多层
multilocular 多室的，多腔的
multilure 波纹小蠹诱剂
Multinervis 多脉叶蝉属
Multinervis guangxiensis Li *et* Li 广西多脉叶蝉
multinucleate 多核的
multiomics 见 multi-omics
multiordinal crochets 复序趾钩
multiparasitism 1. 多寄生；2. 共寄生
multipartite 多分的
multiple alleles 复等位基因复等位基因群
muluple allelomorph 复等位性状，复等位主要性状
multiple correlation 复相关
multiple cross 多重杂交
multiple embedded virus 多粒包埋型病毒
multiple gene 多基因，同义基因

multiple hybrid 复交杂种
multiple infection 多次感染，重复感染
multiple rearing 多回育，多次养蚕
multiple resistance 多种抗药性
multiple sex chromosome 复性染色体
multiplicate 多褶的
multiplicate eggs 重叠卵
multiplication 增殖
multiplication period 增殖期
multiploid 多倍体
multiploidy 多倍性
multipolar cell [= multipolar nerve cell] 多极神经细胞
multipolar nerve cell 见 multipolar cell
multipolar neuron(e) 多极神经元
Multiproductus 多突叶蝉属
Multiproductus complantus Xing *et* Li 扁突多突叶蝉
Multiproductus ramosus Xing, Dai *et* Li 枝茎多突叶蝉
multipupal cocoon 多蛹茧 < 家蚕的 >
multiserial band 多行带 < 指鳞翅目幼虫腹足趾钩排列成二横带 >
multiserial circle 多行环 < 指鳞翅目幼虫腹足趾钩排列成几个同心环 >
multisetiferous 多毛的
multispinous 多刺的
multistate 多态的
multistate character 多态特征，多态性状
multitrophic 多重营养的
multitrophic interaction 多重营养关系
multivesicular body [abb. MVB] 多囊泡体
multivariate ratio analysis [abb. MRA] 多元比例分析
multivariate similarity clustering analysis [abb. MSCA] 多元相似性聚类分析
multivariate similarity coefficient 多元相似性系数
Multivesicula 多泡土蛛属
Multivesicula zhengi Gao *et* Bu 郑氏多泡土蛛
multivoltin(e) 多化性；多化性的；多化的
multivoltin(e) nature 多化性
multivoltin(e) parasitic fly 多化性蚕蛆蝇
multivoltin(e) race 多化性品种
multivoltin(e) silkworm 多化性蚕
multivoltinism 多化性现象
mulucha scrub hairstreak [= mottled scrub-hairstreak, *Strymon mulucha* (Hewitson)] 墨螯灰蝶
mumia [= pupa] 蛹
mumia pseudonympha 动蛹
mummification 僵化，硬化
mummification rate 僵蚜率
mummy [= mummy aphid] 僵蚜 < 因寄生蜂等寄生而形成的木乃伊状死蚜，无寄生蜂羽化孔者，内多有发育中的寄生蜂幼虫或蛹 >
mummy aphid 见 mummy
Munamizoa 角花天牛属
Munamizoa changbaishanensis Gao, Meng *et* Yan 同 *Xestoleptura baeckmanni*
Munda 美黛蟋属
Munda javana (Saussure) 爪哇美黛蟋
Mundaria 孟吉丁甲属，孟吉丁属
Mundaria dessumi Descarpentries *et* Villiers 德氏孟吉丁甲，德氏孟吉丁
Mundaria harmandi (Théry) 哈氏孟吉丁甲
Mundaria postfasciata Obenberger 后带孟吉丁甲
Mundaria typica Kerremans 模孟吉丁甲
Mundopa 芒菱蜡蝉属
Mundopa kotoshonis Matsumura 宜兰芒菱蜡蝉
mung bean moth [= bean pod borer, soybean pod borer, stringbean pod borer, limabean pod borer, maruca pod borer, legume pod borer, leguminous pod-borer, spotted pod borer, mung moth, arhar pod borer, pyralid pod borer, *Maruca vitrata* (Fabricius)] 豆荚野螟，豆荚螟，豆野螟，豇豆荚螟
mung moth 见 mung bean moth
munga silkworm 琥珀蚕
Munina 蓦萤叶甲属
Munina blanchardi (Allard) 博士蓦萤叶甲
Munina donacioides Chen 蓦萤叶甲
Munina flavida Yang *et* Yao 黄胸蓦萤叶甲
Munis Entomology & Zoology 慕尼思昆虫与动物学报 < 期刊名 >
munite [= munitus] 被甲的
munitus 见 munite
Munro's felt scale [*Eriococcus munroi* (Boratynski)] 委陵菜毡蚧
Murgantia 炑蝽属
Murgantia histrionica (Hahn) [harlequin cabbage bug, calico bug, fire bug, harlequin bug] 卷心菜炑蝽，卷心菜斑色蝽，美洲菜蝽
muricate [= muricatus] 刺面的 < 指表面具有粗而不密的尖突的 >
muricatus 见 muricate
murine [= murinus] 鼠灰色
murinus 见 murine
murmidiid 1. [= murmidiid beetle] 邻坚甲，小圆甲 < 邻坚甲科 Murmidiidae 昆虫的通称 >; 2. 邻坚甲科的
murmidiid beetle [= murmidiid] 邻坚甲，小圆甲
Murmidiidae 邻坚甲科，小圆甲科
Murmidius 邻坚甲属，小圆甲属
Murmidius ovalis (Beck) 卵邻坚甲，卵小圆甲，小圆甲
Murmidius stoicus Hinton 红黑邻坚甲，斯邻坚甲，红黑小圆甲
Murphy's crow [*Euploea caespes* Ackery *et* Vane-Wright] 墨菲紫斑蝶
Murphythrips 马铃薯管蓟马属
Murphythrips legalis Mound *et* Palmer 马铃薯管蓟马
Murphy's metalmark [*Apodemia murphyi* Austin] 穆花蚬蝶
Murray's skolly [*Thestor murrayi* Swanepoel] 穆秀灰蝶
Murwareda menedemus (Oberthür) 见 *Polyura narcaea menedema*
Murwareda narcaeus Hewitson 见 *Polyura narcaea*
Murwareda posidonius Leech 见 *Polyura posidonia*
Murwareda rothschildi (Leech) 见 *Polyura eudamippus rothschildi*
Murwareda thibetana (Oberthür) 见 *Polyura narcaea thibetana*
Murzinowatsonia 穆瓦灯蛾属
Murzinowatsonia x-album (Oberthür) 爱斯穆瓦灯蛾，爱斯小灯蛾
musanga legionnaire [*Acraea pentapolis* Ward] 莹珍蝶
Musca 家蝇属
Musca albina Wiedemann 裸侧家蝇

Musca amita Hennig 肖秋家蝇
Musca asiatica Shinonaga *et* Kôno 亚洲家蝇
Musca autumnalis De Geer [face fly, autumn house-fly] 秋家蝇
Musca bezzii Patton *et* Cragg 北栖家蝇
Musca carnivora Fabricius 同 *Calliphora vomitoria*
Musca cassara Pont 亮家蝇
Musca chui Fan 同 *Musca planiceps*
Musca cingalaisina Bigot 同 *Musca planiceps*
Musca coerulea De Geer 同 *Calliphora vomitoria*
Musca conducens Walker 逐畜家蝇
Musca confiscata Speiser 带纹家蝇
Musca convexifrons Thomson 突额家蝇，舔血家蝇
Musca craggi Patton 扰家蝇
Musca crassirostris Stein 肥喙家蝇
Musca dasyops pilifacies Emden 见 *Musca pilifacies*
Musca domestica Linnaeus [housefly, house fly, common housefly] 家蝇，普通家蝇
Musca domestica domestica Linnaeus 家蝇指名亚种
Musca domestica nebulo Fabricius [common Indian housefly, Indian housefly] 家蝇暗色亚种，雾家蝇
Musca domestica vicina Macquart [Levant house fly, oriental house fly] 家蝇东方亚种，舍蝇，窄额家蝇，东方家蝇
Musca fletcheri Patton *et* Senior-White 牛耳家蝇
Musca formosana Malloch 台湾家蝇
Musca hervei Villeneuve 黑边家蝇
Musca hoi Fan 同 *Musea pilifacies*
Musca illingworthi Patton 异列家蝇，伊氏家蝇
Musca indica Awati 同 *Musca planiceps*
Musca inferior Stein 毛瓣家蝇，钩吻家蝇
Musca larvipara Portschinsky 孕幼家蝇
Musca lusoria Wiedemann 长突家蝇
Musca malaisei Emden 毛颧家蝇
Musca minimus Harris 同 *Calliphora vomitoria*
Musca nevilli Kleynhans 粗绒家蝇
Musca obscoena Eschscholtz 同 *Calliphora vomitoria*
Musca osiris Wiedemann 中亚家蝇
Musca pattoni Austen 鱼尸家蝇
Musca pilifacies Emden 毛堤家蝇，嘉义家蝇
Musca planiceps Wiedemann 平头家蝇
Musca pollinosa Stein 同 *Musca planiceps*
Musca santoshi Joseph *et* Parui 伪毛颧家蝇
Musca seniorwhitei Patton 牲家蝇
Musca sorbens Wiedemann [dog dung fly, bazaar fly] 二条家蝇，市蝇，山蝇
Musca tempestiva Fallén 骚家蝇
Musca tibetana Fan 西藏家蝇
Musca ventrosa Wiedemann 黄腹家蝇，翅腹家蝇
Musca vetustissima Walker [Australian bush fly, common bush fly] 窄额家蝇，狭额市蝇，澳洲灌木蝇，灌木丛蝇
Musca vitripennis Meigen 中亚家蝇
Musca* (*Viviparomusca*) *convexifrons Thomson 见 *Musca convexifrons*
Musca* (*Viviparomusca*) *fromosana Malloch 见 *Musca formosana*
Musca* (*Viviparomusca*) *illingworthi Patton 见 *Musca illingworthi*
Musca xanthomelaena Wiedemann 黄黑家蝇
Musca xanthomelas Wiedemann 同 *Musca xanthomelaena*

muscalure 家蝇性诱剂
muscardine 僵病，硬化病，白僵病
muscardine pupa 僵蛹
muscardine silkworm 僵蚕
muscarine 蝇蕈碱；蕈毒碱
muscarinic acetylcholine receptor [abb. mAChR] 蕈毒碱性受体
muscaronic receptor 蕈毒酮样受体
Muschampia 点弄蝶属
Muschampia antonia (Speyer) 宽带白点弄蝶
Muschampia cribrellum (Eversmann) [spinose skipper] 筛点弄蝶，克星点弄蝶，筛弄蝶
Muschampia cribrellum cribrellum (Eversmann) 筛点弄蝶指名亚种
Muschampia cribrellum obscurior (Staudinger) 筛点弄蝶昏暗亚种
Muschampia gigas (Bremer) 吉点弄蝶，巨点弄蝶
Muschampia kuenlunus (Grum-Grshimailo) 昆仑点弄蝶
Muschampia leuzeae (Oberthür) [Algerian grizzled skipper] 阿尔及利亚点弄蝶
Muschampia lutulenta (Grum-Grshimailo) 豆黄点弄蝶
Muschampia mohammed (Oberthür) [barbary skipper] 北非点弄蝶
Muschampia nobilis (Staudinger) 高贵点弄蝶
Muschampia nomas (Lederer) 诺玛斯点弄蝶
Muschampia plurimacula (Christoph) 多斑点弄蝶
Muschampia poggei (Lederer) 波氏点弄蝶
Muschampia prometheus (Grum-Grshimailo) 普点弄蝶，普罗点弄蝶，西藏稀点弄蝶
Muschampia proteus (Staudinger) 多变点弄蝶
Muschampia protheon (Rambur) 圣台点弄蝶
Muschampia proto Ochsenheimer [sage skipper] 点弄蝶
Muschampia staudingeri (Speyer) 稀点弄蝶
Muschampia tersa Evans 泰斯点弄蝶
Muschampia tessellum (Hübner) [tesselated skipper] 星点弄蝶
Muschampia tessellum dilutior (Rühl) 星点弄蝶新疆亚种，新疆稀点弄蝶
Muschampia tessellum nigricans (Mabille) 星点弄蝶黑色亚种
Muschampia tessellum tessellum (Hübner) 星点弄蝶指名亚种
Muschanella 粗喙目希象甲属，粗喙目希象属
Muschanella crassirostris Folwaczny 粗喙目希象甲，粗喙目希象
muscid 1. [= muscid fly, house fly, stable fly] 蝇，家蝇 <蝇科 Muscidae 昆虫的通称>；2. 蝇科的
muscid fly [= muscid, house fly, stable fly] 蝇，家蝇
Muscidae 蝇科，家蝇科
muscidian 蝇的
muscidiform 蛆型
Muscina 腐蝇属
Muscina angustifrons (Loew) 狭额腐蝇
Muscina assimilis (Fallén) 同 *Muscina levida*
Muscina baoxingensis Feng 宝兴腐蝇
Muscina japonica Shinonaga 日本腐蝇
Muscina levida (Harris) 肖腐蝇
Muscina longifascis Feng 长簇腐蝇
Muscina pascuorum (Meigen) 牧场腐蝇，场腐蝇
Muscina prolapsa (Harris) 胖腐蝇
Muscina stabulans (Fallén) [false stable fly] 厩腐蝇，大家蝇，畜

厩腐蝇
Muscinae 家蝇亚科
Muscini 家蝇族
muscle 肌肉，肌
muscle disk 肌盘
muscle fibre 肌纤维
muscle fibril 肌原纤维
muscle process 肌突
muscle twitch 肌肉痉挛
muscoid 蝇状的
Muscoidea 蝇总科，家蝇总科
muscular contraction 肌肉收缩
muscular layer 肌肉层
muscular tension [= muscular tone] 肌肉紧张
muscular tissue 肌肉组织
muscular tone 见 muscular tension
muscular twitch 肌肉痉挛
muscularis 鞘肌 < 指包围在昆虫消化道各部的肌肉鞘 >
musculated 具肌的
musculature 肌肉系统，肌序
musculi [s. musculus] 肌肉
musculi aductor 收肌
musculi compressor 压肌
musculi contractor 缩肌
musculi depressor 降肌
musculi dilatores spiraculorium 气门开肌
musculi dorsalis 背肌
musculi dorsalis externi 外背肌
musculi dorsalis externi laterales 侧外背肌
musculi dorsalis externi mediales 中外背肌
musculi dorsalis interni 内背肌
musculi dorsalis interni laterales 侧内背肌
musculi dorsalis interni mediales 中内背肌
musculi laterales 侧肌
musculi laterales externi 外侧肌
musculi laterales interior 侧横肌
musculi laterales interni 内侧肌
musculi longitudinalis sterni 腹纵肌
musculi longitudinalis tergi 背纵肌
musculi occlusores spiraculorum 气门闭肌
musculi paratergales 侧背肌
musculi spiraculorum 气门肌
musculi sterni 腹肌
musculi tergi 背肌
musculi transversales 横肌
musculi transversi dorsales 背横肌
musculi transversi ventrales 腹横肌
musculi ventrales 腹肌 < 指腹面的肌肉 >
musculi ventrales interni 内腹肌
musculi ventrales interni laterales 侧内腹肌
musculi ventrales interni mediales 中内腹肌
musculis antlia 喙肌 < 指鳞翅目昆虫中使喙卷曲的肌肉 >
musculus [pl. musculi] 肌肉
musculus abductor 展肌
musculus adductor 收肌
musculus alaris 心翼肌
musculus lateralis 侧肌
musculus sphincter 括约肌
musculus transversalis 横肌
musculus ventralis 腹肌
musculus viscerum 脏肌
museum beetle [*Anthrenus museorum* (Linnaeus)] 标本圆皮蠹，标本皮蠹
Musgraveia 卵荔蝽属
Musgraveia sulciventris (Stål) [bronze orange bug] 铜色卵荔蝽，橘青铜蝽
mushroom body [= pedunculated body, corpus pedunculatum, stalked body] 蕈状体，有柄体，蕈形体，蕈体，蘑菇体
mushroom fly 菌蚊，蕈蚊 < 泛指菌蚊科 Mycetophilidae 昆虫 >
mushroom-shaped gland 蕈形腺 < 雄性副生殖腺所形成的大型腺体 >
mushroom springtail [*Ceratophysella denticulata* (Bagnall)] 具齿泡角䖴，细齿䖴，齿泡角䖴
Musidoridae [= Lonchopteridae] 尖翅蝇科，枪蝇科
musivorous 食蝇的
musk beetle [*Aromia moschata* (Linnaeus)] 柳颈天牛，杨红颈天牛，柳麝香颈天牛，麝香天牛
Musotima 牧索螟属
Musotima colonalis Bremer 柯牧索螟
Musotima franckei Caradja 弗牧索螟
Musotima nubilalis South 努牧索螟
Musotima suffusalis Hampson 萨牧索螟
mussel purple scale [= purple scale, mussel scale, citrus mussel scale, orange scale, comma scale, *Lepidosaphes beckii* (Newman)] 紫蛎盾蚧，紫牡蛎蚧，紫牡蛎盾蚧，橘紫蛎蚧，紫蛎蚧，橘紫蛎盾蚧，牡蛎盾介壳虫，橘紫蛎盾介壳虫
mussel scale 1. [= fig oystershell scale, oystershell scale, apple oystershell scale, apple mussel scale, appletree bark louse, butternut bark-louse, fig scale, greater fig mussel scale, linden oystershell scale, Mediterranean fig scale, oyster-shell bark-louse, oyster-shell scale, pear oystershell scale, poplar oystershell scale, red oystershell scale, vine mussel scale, *Lepidosaphes ulmi* (Linnaeus)] 榆蛎盾蚧，榆蛎蚧，苹蛎蚧，榆牡蛎蚧；2. [= purple scale, mussel purple scale, citrus mussel scale, orange scale, comma scale, *Lepidosaphes beckii* (Newman)] 紫蛎盾蚧，紫牡蛎蚧，紫牡蛎盾蚧，橘紫蛎蚧，紫蛎蚧，橘紫蛎盾蚧，牡蛎盾介壳虫，橘紫蛎盾介壳虫；3. [= cymbidium scale, machilus oystershell, *Lepidosaphes pinnaeformis* (Borchsenius)] 兰蛎盾蚧，角眼牡蛎蚧，针型眼蛎盾蚧，兰真紫蛎盾蚧
mussel-shell scale [= Glover scale, citrus long scale, Glover's scale, Glover's mussel scale, long mussel scale, long scale, *Lepidosaphes gloverii* (Packard)] 长蛎盾蚧，橘长蛎蚧，柑橘长蛎蚧，长蛎蚧，葛氏蛎盾蚧，长牡蛎蚧，橘长蛎盾介壳虫，葛氏牡蛎盾蚧
Mussidia 黑脉斑螟属
Mussidia albipartalis Hampson 洁黑脉斑螟
Mussidia nigrivenella Ragonot 可可黑脉斑螟
Mussidia pectinicornella (Hampson) 岛黑脉斑螟
Mussoorie bush bob [*Pedesta masuriensis* (Moore)] 乌苏里徘弄蝶，徘弄蝶

Mussoorie walnut blue [*Chaetoprocta odata peilei* Förster] 柴灰蝶慕苏里亚种

mustard aphid 1. [= turnip aphid, safflower aphid, wild crucifer aphid, mustard-turnip aphid, *Lipaphis erysimi* (Kaltenbach)] 芥十蚜，萝卜蚜，菜缢管蚜，菜蚜，伪菜蚜，芜菁明蚜；2. [= turnip aphid, false cabbage aphid, India mustard aphid, *Lipaphis pseudobrassicae* (Davis)] 萝卜蚜，萝卜十蚜，菜缢管蚜

mustard beetle [= mustard leaf beetle, *Phaedon cochleariae* (Fabricius)] 拟辣根猿叶甲

mustard leaf beetle 见 mustard beetle

mustard sawfly [= dark-winged vegetable sawfly, black-winged cabbage sawfly, *Athalia proxima* (Klug)] 黑胫残青叶蜂，近基菜叶蜂，近菜叶蜂，蔬菜叶蜂，黑翅残青叶蜂，黑翅菜叶蜂

mustard-turnip aphid [= turnip aphid, safflower aphid, wild crucifer aphid, mustard aphid, *Lipaphis erysimi* (Kaltenbach)] 芥十蚜，萝卜蚜，菜缢管蚜，菜蚜，伪菜蚜，芜菁明蚜

muste skipper [*Decinea mustea* Freeman] 马斯特黛弄蝶

Mustilia 钩翅蚕蛾属

Mustilia falcipennis Walker 藏钩翅蚕蛾，钩翅藏蚕蛾，钩蚕蛾

Mustilia fusca Kishida 伏钩翅蚕蛾，伏钩蚕蛾

Mustilia gerontica West 杰钩翅蚕蛾，钩翅赭蚕蛾

Mustilia glabrata Yang 秃顶钩翅蚕蛾，秃顶钩蚕蛾

Mustilia hepatica Moore 一点钩翅蚕蛾，一点赭钩翅蚕蛾，赫帕钩蚕蛾

Mustilia semiravida Yang 半灰钩翅蚕蛾，半灰钩蚕蛾

Mustilia sphingiformis Moore 赭钩翅蚕蛾，钩翅赭蚕蛾，赭钩蚕蛾

Mustilia terminata Yang 顶瘤钩翅蚕蛾，顶瘤钩蚕蛾

Mustilia undulosa Yang *et* Mao 波纹钩翅蚕蛾，波纹钩蚕蛾

Mustilizans 穆蚕蛾属，如钩蚕蛾属

Mustilizans shennongi Yang *et* Mao 神农穆蚕蛾，神农如钩蚕蛾

musty cocoon 霉茧

musty dead egg 霉死卵

Mutabilicoccus 苗粉蚧属

Mutabilicoccus artocarpi Williams 面包树苗粉蚧

Mutabilicoccus simmondsi (Laing) 椰子苗粉蚧

mutable gene 易变基因

mutagen 诱变剂；诱变因素

mutagen matter 诱变物质

mutagenesis 诱变，诱发突变，突变形成

mutagenic factor 变异因子

mutagenicity 突变性

mutant 1. 突变体；2. 突变型

mutant character 突变性状

mutant line 突变系

mutation 突变

mutation breeding 诱变育种

mutation frequency 突变率，突变频率

mutation line 突变系

mutation rate 突变率

mutational range 突变范围

Mutatocoptops 异瘤象天牛属

Mutatocoptops alboapicalis Pic 曲带异瘤象天牛，曲带异瘤天牛

Mutatocoptops anancyloides (Schwarzer) 台湾异瘤象天牛，灰纹星斑天牛，灰斑胡麻天牛，台湾异瘤天牛

Mutatocoptops similis Breuning 工斑异瘤象天牛

mutator gene 增变基因

mute cicada 哑蝉

mute pine argent moth [= white pine ermine, European pine leaf miner, *Ocnerostoma piniariellum* Zeller] 油松巢蛾，吕奥巢蛾

muted hairstreak [= joya hairstreak, dog hairstreak, *Electrostrymon joya* (Druce)] 柔电灰蝶

muted serdis [*Serdis statius* (Plötz)] 香弄蝶

mutic [= muticus] 无刺的

mutici 无刺类 < 指蝗虫中无前胸腹板刺状突起的 >

muticus 见 mutic

mutilate [= mutilatus] 断残的

mutilatus 见 mutilate

Mutilla 蚁蜂属

Mutilla bicolor Pallas 见 *Dasylabris bicolor*

Mutilla crenata Radoszkowski 见 *Dasylabris crenata*

Mutilla desertorum Radoszkowski 见 *Dasylabris desertorum*

Mutilla erschoffii Sichel *et* Radoszkowski 皱头蚁蜂

Mutilla europaea Linnaeus [large velvet ant] 欧蚁蜂

Mutilla europaea europaea Linnaeus 欧蚁蜂指名亚种

Mutilla europaea mikado (Cameron) 见 *Mutilla mikado*

Mutilla mikado Cameron 日本蚁蜂，美牧蚁蜂

Mutilla panfilovi Lelej 潘氏牧蚁蜂

Mutilla rugiceps Moranitz 同 *Mutilla erschoffii*

mutillid 1. [= mutillid wasp, velvet ant] 蚁蜂 < 蚁蜂科 Mutillidae 昆虫的通称 >；2. 蚁蜂科的

mutillid wasp [= mutillid, velvet ant] 蚁蜂

Mutillidae 蚁蜂科，双刺蚁蜂科

Mutillinae 蚁蜂亚科

Mutillini 蚁蜂族

mutina hairstreak [*Tmolus mutina* (Hewitson)] 木琴驼灰蝶

muton 突变子

mutual attraction 相互吸引

mutual cross 交互杂交

mutual translocation 相互转位，相互易位

mutualism 互利共生，互惠共生，互惠

mutualistic 互惠的，共生的

mutualistic mimicry 共生性拟态

mutualistic plant protection [abb. MPP] 相生植保

mutualistic symbiosis 互惠共生

Mutusca 牧缘蝽属

Mutusca prolixa (Stål) 牧缘蝽

Mutuuraia 沟胫野螟属

Mutuuraia flavimacularis Zhang, Li *et* Song 黄斑沟胫野螟

Mutuuraia terrealis (Treitschke) 牧沟胫野螟，牧吐螟

MVA [mevalonate pathway 的缩写] 甲羟戊酸途径

MVB [multivesicular body 的缩写] 多囊泡体

MX bug [= blue wing, Mexican bluewing, royal blue butterfly, *Myscelia ethusa* (Boisduval)] 白条蓝鼠蛱蝶

Myagrus 拟星天牛属

Myagrus yagii Hayashi 八木氏拟星天牛，麻斑长须天牛

Myanmarese bushblue [= Burmese bushblue, *Arhopala birmana* (Moore)] 缅甸娆灰蝶，缅娆灰蝶，碧俳灰蝶

Myanmarese wizard [*Rhinopalpa polynice birmana* Fruhstorfer] 黑缘蛱蝶缅甸亚种

Myas 壮步甲属，迈步甲属
Myas asperipennis Habu 见 *Myas* (*Trigonognatha*) *asperipennis*
Myas (**Trigonognatha**) **andrewesi** (Jedlička) 安氏壮步甲，安氏艳步甲，安毛颚步甲
Myas (**Trigonognatha**) **asperipennis** Habu 星翅壮步甲，星翅迈步甲
Myas (**Trigonognatha**) **becvari** (Sciaky) 贝氏壮步甲，贝氏艳步甲
Myas (**Trigonognatha**) **bicolor** (Lassalle) 二色壮步甲
Myas (**Trigonognatha**) **birmanicus** (Lassalle) 缅甸壮步甲
Myas (**Trigonognatha**) **brancuccii** (Sciaky) 川壮步甲，川艳步甲
Myas (**Trigonognatha**) **cordicollis** (Sciaky *et* Wrase) 心胸壮步甲，心胸艳步甲
Myas (**Trigonognatha**) **coreanus** (Tschitschérine) 朝鲜壮步甲，朝鲜艳步甲
Myas (**Trigonognatha**) **delavayi** (Fairmaire) 德氏壮步甲，赖氏艳步甲，德毛颚步甲
Myas (**Trigonognatha**) **echarouxi** (Lassalle) 德钦壮步甲，德钦艳步甲
Myas (**Trigonognatha**) **eous** (Tschitschérine) 见 *Aristochroa eoa*
Myas (**Trigonognatha**) **fairmairei** (Sciaky) 高山壮步甲，高山艳步甲
Myas (**Trigonognatha**) **ferreroi** (Straneo) 黑壮步甲，黑艳步甲
Myas (**Trigonognatha**) **formosanus** (Jedlička) 台湾壮步甲，台湾艳步甲，台毛颚步甲
Myas (**Trigonognatha**) **hauseri** (Jedlička) 脊壮步甲，脊艳步甲，豪毛颚步甲
Myas (**Trigonognatha**) **hubeicus** (Facchini *et* Sciaky) 湖北壮步甲，湖北艳步甲
Myas (**Trigonognatha**) **jaechi** (Sciaky) 雅壮步甲，雅艳步甲
Myas (**Trigonognatha**) **kutsherai** (Sciaky *et* Wrase) 库氏壮步甲，库氏艳步甲
Myas (**Trigonognatha**) **latibasis** (Sciaky *et* Wrase) 宽胸壮步甲，宽胸艳步甲
Myas (**Trigonognatha**) **princeps** (Bates) 帝壮步甲，帝艳步甲，原毛颚步甲
Myas (**Trigonognatha**) **prunieri** (Lassalle) 普氏壮步甲，普氏艳步甲
Myas (**Trigonognatha**) **robustus** (Fairmaire) 粗壮步甲，壮毛颚步甲
Myas (**Trigonognatha**) **saueri** (Sciaky) 绍尔壮步甲，绍尔艳步甲
Myas (**Trigonognatha**) **schuetzei** (Sciaky *et* Wrase) 许氏壮步甲，许氏艳步甲
Myas (**Trigonognatha**) **smetanai** (Sciaky) 斯氏壮步甲，斯氏艳步甲
Myas (**Trigonognatha**) **straneoi** (Sciaky *et* Wrase) 陕壮步甲，陕艳步甲
Myas (**Trigonognatha**) **uenoi** Habu 上野壮步甲，上野艳步甲，尤迈步甲
Myas (**Trigonognatha**) **vignai** (Casale *et* Sciaky) 维氏壮步甲，维氏艳步甲
Myas (**Trigonognatha**) **viridis** (Tschitschérine) 绿鞘壮步甲，绿鞘艳步甲，绿毛颚步甲
Myas (**Trigonognatha**) **xichangensis** (Lassalle) 西昌壮步甲
Myas (**Trigonognatha**) **yunnanus** (Straneo) 云南壮步甲，云南艳步甲，滇毛颚步甲
Myas uenoi Habu 见 *Myas* (*Trigonognatha*) *uenoi*
Myathropa 毛眼管蚜蝇属，裸芒管蚜蝇属
Myathropa florea (Linnaeus) 艳毛眼管蚜蝇
Myathropa semenovi (Smimov) 薛氏毛眼管蚜蝇，薛氏裸芒管蚜蝇
Myatis 小刺甲属，迈拟步甲属
Myatis brevipilosum Meng *et* Ren 同 *Bioramix* (*Leipopleura*) *rubripes*
Myatis humeralis Bates 肩小刺甲，肩迈拟步甲
Myatis nagquana Meng *et* Ren 见 *Bioramix* (*Leipopleura*) *nagquana*
Myatis quadraticollis Bates 方小刺甲，方迈拟步甲
Myatis schaferi Kaszab 舍氏小刺甲，舍迈拟步甲
Myatis variabilis Bates 异小刺甲，异迈拟步甲
Mycalesis 眉眼蝶属
Mycalesis adamsoni Watson [Watson's bushbrown] 阿达眉眼蝶
Mycalesis adolphei (Guérin-Méneville) [redeye bushbrown] 红眼眉眼蝶
Mycalesis aethiops Butler 苍穹眉眼蝶
Mycalesis amoena Druce 阿毛眉眼蝶
Mycalesis anapita Moore 凹眉眼蝶
Mycalesis anaxias Hewitson [white-bar bushbrown] 君主眉眼蝶
Mycalesis anaxias aemate Fruhstorfer [Indo-Chinese white-bar bushbrown] 君主眉眼蝶印中亚种
Mycalesis anaxias anaxias Hewitson 君主眉眼蝶指名亚种，指名君主眉眼蝶
Mycalesis anaxioides Marshall *et* de Nicéville 无轴眉眼蝶
Mycalesis annamitica Fruhstorfer [Annam bushbrown] 越南眉眼蝶，安眉眼蝶
Mycalesis annamitica annamitica Fruhstorfer 越南眉眼蝶指名亚种，指名安眉眼蝶
Mycalesis annamitica watsoni Evans 越南眉眼蝶瓦氏亚种
Mycalesis arabella Fruhstorfer 阿拉贝眉眼蝶
Mycalesis aramis Hewitson 阿拉米眉眼蝶
Mycalesis barbara Grose-Smith 毛丛眉眼蝶
Mycalesis bazochii Guérin-Méneville 巴氏眉眼蝶
Mycalesis biformis Rothschild *et* Durrant 异形眉眼蝶
Mycalesis bisaya Felder *et* Felder 菲律宾眉眼蝶
Mycalesis bizonata Grose-Smith 双环眉眼蝶
Mycalesis cacodaemus Kirsch 恶魔眉眼蝶
Mycalesis deianira Hewitson 戴安眉眼蝶
Mycalesis deianirina Fruhstorfer 仿戴安眉眼蝶
Mycalesis dexamenus Hewitson 橙晕眉眼蝶
Mycalesis dinon Hewitson 地能眉眼蝶
Mycalesis discobolus Fruhstorfer 掷饼眉眼蝶
Mycalesis dohertyi Elwes 道荷眉眼蝶
Mycalesis drusia (Cramer) 同 *Mycalesis mineus*
Mycalesis drusillodes (Oberthür) 德眉眼蝶
Mycalesis duponcheli (Guérin-Méneville) 橙裙眉眼蝶
Mycalesis durga (Grose-Smith *et* Kirby) 杜格眉眼蝶
Mycalesis elia Grose-Smith 伊利亚眉眼蝶
Mycalesis erna Fruhstorfer 白臀眉眼蝶
Mycalesis evadne (Cramer) 埃娃德眉眼蝶
Mycalesis evansii Tytler [Tytler's bushbrown] 埃文眉眼蝶
Mycalesis evara Fruhstorfer 埃娃拉眉眼蝶
Mycalesis felderi Butler 费德眉眼蝶
Mycalesis francisca (Stoll) [lilacine bushbrown] 拟稻眉眼蝶

Mycalesis francisca albofasciata Tytler 拟稻眉眼蝶白带亚种
Mycalesis francisca arisana Sonan 拟稻眉眼蝶阿里亚种，阿里拟稻眉眼蝶
Mycalesis francisca formosana Fruhstorfer 拟稻眉眼蝶台湾亚种，眉眼蝶，小蛇目蝶，紫带眉眼蝶，台湾拟稻眉眼蝶
Mycalesis francisca francisca (Stoll) 拟稻眉眼蝶指名亚种，指名拟稻眉眼蝶
Mycalesis francisca magna Leech 同 *Mycalesis francisca francisca*
Mycalesis francisca pencillata Poujade 同 *Mycalesis francisca francisca*
Mycalesis francisca perdiccas Hewitson 拟稻眉眼蝶日本亚种，泼拟稻眉眼蝶
Mycalesis francisca sanatana Moore 拟稻眉眼蝶阿萨姆亚种
Mycalesis francisca ulia Fruhstorfer 拟稻眉眼蝶越南亚种
Mycalesis fuscum (Felder *et* Felder) 棕褐眉眼蝶
Mycalesis gotama Moore [Chinese bushbrown, rice satyrid] 稻眉眼蝶，稻黄褐眼蝶
Mycalesis gotama borealis Felder 同 *Mycalesis gotama gotama*
Mycalesis gotama charaka Moore 稻眉眼蝶大陆亚种
Mycalesis gotama gotama Moore 稻眉眼蝶指名亚种，指名稻眉眼蝶
Mycalesis gotama nanda Fruhstorfer 稻眉眼蝶台湾亚种，姬蛇目蝶，稻眼蝶，日月蝶，中华眉眼蝶，台湾稻眉眼蝶
Mycalesis gotama oculata (Moore) 同 *Mycalesis gotama charaka*
Mycalesis haasei Röber 橙带眉眼蝶
Mycalesis helena d'Abrera 白带眉眼蝶
Mycalesis heri Moore [Moore's bushbrown] 海丽眉眼蝶
Mycalesis horsfieldi (Moore) [Horsfield's bush brown] 霍氏眉眼蝶，贺眉眼蝶
Mycalesis horsfieldi hermana Fruhstorfer 霍氏眉眼蝶苏门亚种
Mycalesis horsfieldi horsfieldi (Moore) 霍氏眉眼蝶指名亚种
Mycalesis horsfieldi panthaka Fruhstorfer 见 *Mycalesis panthaka*
Mycalesis igilia Fruhstorfer [small long-brand bushbrown] 小长斑眉眼蝶
Mycalesis igoleta Felder *et* Felder 伊高眉眼蝶，伊果眉眼蝶
Mycalesis inga (Fruhstorfer) 英格眉眼蝶
Mycalesis intermedia (Moore) [intermediate bushbrown] 中介眉眼蝶
Mycalesis intermedia intermedia (Moore) 中介眉眼蝶指名亚种，指名中介眉眼蝶
Mycalesis ita Felder *et* Felder 伊塔眉眼蝶
Mycalesis itys Felder *et* Felder 伊泰眉眼蝶
Mycalesis janardana Moore 雅娜眉眼蝶
Mycalesis khasia Evans [palebrand bushbrown] 白斑眉眼蝶
Mycalesis lepcha (Moore) 珞巴眉眼蝶
Mycalesis lepcha kohimensis Tytler 珞巴眉眼蝶柯希亚种，柯希珞巴眉眼蝶
Mycalesis lepcha lepcha (Moore) 珞巴眉眼蝶指名亚种
Mycalesis lorna Grose-Smith 洛娜眉眼蝶
Mycalesis madjicosa Butler 浅稻眉眼蝶，玛眉眼蝶
Mycalesis mahadeva (Boisduval) 马哈眉眼蝶
Mycalesis maianeas Hewitson 黑裙眉眼蝶
Mycalesis malsarida Butler [plain bushbrown] 霾纱眉眼蝶
Mycalesis mamerta (Stoll) [blind-eye bushbrown] 大理石眉眼蝶
Mycalesis mamerta bethami (Moore) 大理石眉眼蝶贝氏亚种
Mycalesis mamerta davisoni (Moore) 大理石眉眼蝶达氏亚种
Mycalesis mamerta mamerta (Cramer) 大理石眉眼蝶指名亚种，指名大理石眉眼蝶
Mycalesis manii Doherty 马尼眉眼蝶
Mycalesis marginata (Moore) 缘眉眼蝶
Mycalesis maura Grose-Smith 串珠眉眼蝶
Mycalesis mercea Evans [Pachmarhi bushbrown] 美赛眉眼蝶
Mycalesis messene Hewitson 麦塞眉眼蝶
Mycalesis mestra Hewitson [white-edged bushbrown] 白缘眉眼蝶，中眉眼蝶，枚眉眼蝶
Mycalesis mineus (Linnaeus) [dark-branded bushbrown] 小眉眼蝶，圆翅单环蝶，圆翅眉眼蝶，日月蝶，圆翅单眼蛇目蝶，单环眉眼蝶
Mycalesis mineus macromalayana Fruhstorfer 小眉眼蝶大马亚种，大马小眉眼蝶
Mycalesis mineus mineus (Linnaeus) 小眉眼蝶指名亚种，指名小眉眼蝶
Mycalesis mineus nitobei Sonan 小眉眼蝶海南亚种，海南小眉眼蝶
Mycalesis mineus zonatus Matsumura 小眉眼蝶台湾亚种，区小眉眼蝶
Mycalesis misenus de Nicéville [salmon-branded bushbrown] 密纱眉眼蝶
Mycalesis misenus misenus de Nicéville 密纱眉眼蝶指名亚种
Mycalesis misenus obscurus Mell 密纱眉眼蝶暗色亚种
Mycalesis misenus serica Leech 密纱眉眼蝶华中亚种，华中密纱眉眼蝶
Mycalesis mnasicles Hewitson 木纳眉眼蝶
Mycalesis moorei Felder *et* Felder 莫氏眉眼蝶
Mycalesis mucia Hewitson 红基眉眼蝶
Mycalesis mynois Hewitson 鼠眉眼蝶
Mycalesis mystes de Nicéville [many-tufted bushbrown] 多簇眉眼蝶
Mycalesis nala Felder *et* Felder 纳拉眉眼蝶
Mycalesis neovisala Fruhstorfer 同 *Mycalesis intermedia*
Mycalesis nerida Grose-Smith 奈丽眉眼蝶
Mycalesis nicotia Hewitson [brighteye bushbrown] 烟眉眼蝶
Mycalesis oculus Marshall [red-disc bushbrown] 红斑眉眼蝶
Mycalesis ophthalmicus Westwood 明眉眼蝶
Mycalesis oroatis Hewitson 奥洛眉眼蝶
Mycalesis orseis Hewitson [purple bushbrown] 蓝色眉眼蝶
Mycalesis pandaea Höpffer 潘达眉眼蝶
Mycalesis panthaka Fruhstorfer 平顶眉眼蝶，品贺眉眼蝶
Mycalesis panthaka mucianus Fruhstorfer 平顶眉眼蝶泰越亚种，泰越眉眼蝶
Mycalesis panthaka panthaka Fruhstorfer 平顶眉眼蝶指名亚种，指名平顶眉眼蝶
Mycalesis patiana Eliot 橙斑眉眼蝶
Mycalesis patnia Moore [gladeye bushbrown] 沉瞳眉眼蝶
Mycalesis perdiccas Hewitson 同 *Mycalesis francisca*
Mycalesis perdiccas magna Leech 同 *Mycalesis francisca francisca*
Mycalesis periscelis Fruhstorfer 围眉眼蝶
Mycalesis perseoides (Moore) 小斐斯眉眼蝶，拟围眉眼蝶
Mycalesis perseus (Fabricius) [dingy bushbrown, common bushbrown] 裴斯眉眼蝶，培眉眼蝶
Mycalesis perseus blasius (Fabricius) 裴斯眉眼蝶曲斑亚种，曲斑

眉眼蝶，无纹蛇目蝶，小单环眉眼蝶，新目蝶，小单环眉眼蝶，曲纹眉眼蝶，布培眉眼蝶

Mycalesis perseus perseus (Fabricius) 裴斯眉眼蝶指名亚种，指名培眉眼蝶

Mycalesis perseus tabitha (Fabricius) 裴斯眉眼蝶塔比莎亚种，塔培眉眼蝶

Mycalesis phidon Hewitson 菲顿眉眼蝶

Mycalesis pitana Staudinger 琵它眉眼蝶

Mycalesis radza Moore 流星眉眼蝶

Mycalesis rama (Moore) 拉玛眉眼蝶

Mycalesis regalis Leech 见 *Mandarinia regalis*

Mycalesis sanatana* var. *coronensis Matsumura 同 *Mycalesis francisca francisca*

Mycalesis sangaica Butler [single ring bushbrown] 僧袈眉眼蝶

Mycalesis sangaica mara Fruhstorfer 僧袈眉眼蝶单环亚种，浅色眉眼蝶，单环蝶，单环眉眼蝶，单眼纹蛇目蝶，单眼蛇目蝶，黑睫眉眼蝶，玛僧袈眉眼蝶

Mycalesis sangaica parva Leech 僧袈眉眼蝶小型亚种，小僧袈眉眼蝶

Mycalesis sangaica rokkina Sonan 僧袈眉眼蝶洛克亚种，洛僧袈眉眼蝶

Mycalesis sangaica sangaica Butler 僧袈眉眼蝶指名亚种，指名僧袈眉眼蝶

Mycalesis shiva Boisduval 湿婆眉眼蝶

Mycalesis siamica Riley *et* Godfrey 夏姆眉眼蝶

Mycalesis sirius (Fabricius) [cedar bush-brown] 星眉眼蝶

Mycalesis splendens Mathew 煌眉眼蝶

Mycalesis suaveolens Wood-Mason [Wood-Mason's bushbrown] 圆翅眉眼蝶，苏眉眼蝶

Mycalesis suaveolens kagina Fruhstorfer 圆翅眉眼蝶台湾亚种，罕眉眼蝶，嘉义小蛇目蝶，散芳眉眼蝶，大眉眼蝶，卡苏眉眼蝶

Mycalesis suaveolens suaveolens Wood-Mason 圆翅眉眼蝶指名亚种

Mycalesis sudra Felder *et* Felder 苏达眉眼蝶

Mycalesis tagala Felder *et* Felder 塔加眉眼蝶

Mycalesis taxilides Fruhstorfer 塔希眉眼蝶

Mycalesis terminus (Fabricius) [orange bushbrown] 橙翅眉眼蝶

Mycalesis thyateira Fruhstorfer 泰雅眉眼蝶

Mycalesis tilmara Fruhstorfer 提玛眉眼蝶

Mycalesis transiens Fruhstorfer 穿眉眼蝶

Mycalesis treadawayi Schröder 特雷眉眼蝶

Mycalesis unica Leech 褐眉眼蝶

Mycalesis valeria Grose-Smith 颉眉眼蝶

Mycalesis valeriana Grose-Smith 仿颉眉眼蝶

Mycalesis visala Moore [long-brand bushbrown] 锯缘眉眼蝶，韦眉眼蝶

Mycalesis visala phamis Talbot *et* Corbet 锯缘眉眼蝶马来亚种

Mycalesis visala visala Moore 锯缘眉眼蝶指名亚种

Mycalesis visala zonata Matsumura 见 *Mycalesis zonata*

Mycalesis watsoni Evans 沃森眉眼蝶

Mycalesis wayewa Doherty 瓦耶眉眼蝶

Mycalesis zonata Matsumura [South China bushbrown] 切翅眉眼蝶，切翅单环蝶，截翅眉眼蝶，草目蝶，平顶眉眼蝶，剪翅单眼蛇目蝶，剪翅单环蝶，方角眉眼蝶

mycangial cavity 菌室

mycerina untailed charaxes [*Charaxes mycerina* (Godart)] 霉螯蛱蝶

Mycerinopsis 粗点天牛属

Mycerinopsis albomaculata (Breuning) 白斑粗点天牛，白斑散天牛，白斑矮天牛

Mycerinopsis albomaculata albomaculata (Breuning) 白斑粗点天牛指名亚种，白斑矮天牛

Mycerinopsis albomaculata formosana (Breuning) 白斑粗点天牛台湾亚种，白纹矮天牛

Mycerinopsis bioculata (Pic) 眼纹粗点天牛，眼纹矮天牛，双斑散天牛

Mycerinopsis bioculata bioculata (Pic) 眼纹粗点天牛指名亚种

Mycerinopsis bioculata quadrinotata (Schwarzer) 眼纹粗点天牛四点亚种，角纹矮天牛，四点双斑散天牛

Mycerinopsis botelensis (Breuning *et* Ohbayashi) 雅美粗点天牛，雅美矮天牛，台岛散天牛

Mycerinopsis flavostriata (Hayashi) 黄条粗点天牛，台湾绫纹散天牛，黄条丽纹矮天牛，绫纹小天牛，黄条琉球散天牛

Mycerinopsis kotoensis (Matsushita) 兰屿粗点天牛，兰屿矮天牛，兰屿散天牛

Mycerinopsis lineata (Gaban) 线纹粗点天牛

Mycerinopsis longipennis Pic 云南粗点天牛

Mycerinopsis maculiclunis (Matsushita) 凤山粗点天牛，凤山矮天牛，凤山散天牛

Mycerinopsis mimobaculina (Breuning) 蓬莱粗点天牛，蓬莱矮天牛，棒散天牛

Mycerinopsis miscanthivola (Makihara) 卢韦粗点天牛，卢韦矮天牛，芒散天牛

Mycerinopsis narai (Hayashi) 南山粗点天牛，南山矮天牛，奈良散天牛

Mycerinopsis parunicolor Breuning 老挝粗点天牛

Mycerinopsis pascoei (Lameere) 帕氏粗点天牛，网点散天牛

Mycerinopsis pascoei pascoei (Lameere) 帕氏粗点天牛指名亚种，指名网点散天牛

Mycerinopsis pascoei taiwanella (Gressitt) 帕氏粗点天牛台湾亚种，巴斯氏矮天牛，台湾小天牛，暗斑网点散天牛，台暗斑散天牛

Mycerinopsis posticalis (Pascoe) 后纹粗点天牛，后纹矮天牛，后纹小天牛，二点散天牛

Mycerinopsis punctatostriata (Bates) 棉粗点天牛，棉散天牛，棉蒴天牛，棉天牛

Mycerinopsis rondoniana (Breuning) 郎氏粗点天牛，隆氏矮天牛，郎氏散天牛

Mycerinopsis subunicolor Breuning 胫刺粗点天牛

Mycerinopsis unicolor (Pascoe) 一色粗点天牛

mycetaeid 1. [= mycetaeid beetle, mycetaeid fungus beetle] 微蕈甲，微小蕈甲 ＜微蕈甲科 Mycetaeidae 昆虫的通称＞；2. 微蕈甲科的

mycetaeid beetle [= mycetaeid, mycetaeid fungus beetle] 微蕈甲，微小蕈甲

mycetaeid fungus beetle 见 mycetaeid beetle

Mycetaeidae 微蕈甲科，微小蕈甲科

Mycetaspis 头圆盾蚧属

Mycetaspis personatus (Comstoek) [masked scale] 假面头圆盾蚧

mycethemia 菌血病 < 指循环血液内存在真菌或其某阶段所引起的疾病 >
Mycetina 蕈伪瓢虫属，菌伪瓢虫属，小型伪瓢甲属
Mycetina bistripunctata Mader 倍蕈伪瓢虫，倍菌伪瓢虫
Mycetina compacta Fairmaire 康蕈伪瓢虫，康菌伪瓢虫
Mycetina cyanescens Strohecker 蓝丽蕈伪瓢虫，青菌伪瓢虫
Mycetina emmerichi Mader 艾氏蕈伪瓢虫，艾菌伪瓢虫
Mycetina fulva Chûjô 棕褐蕈伪瓢虫，棕褐菌伪瓢虫，黄褐小型伪瓢甲
Mycetina humerosignata Nakane 肩斑蕈伪瓢虫，肩斑菌伪瓢虫，肩斑小型伪瓢甲
Mycetina maderi Strohecker 麦蕈伪瓢虫，麦菌伪瓢虫
Mycetina marginalis (Gebler) 缘蕈伪瓢虫
Mycetina rufipennis (Motschulsky) 红翅蕈伪瓢虫，红翅费伪瓢虫
Mycetina sasajii Strohecker 佐佐蕈伪瓢虫，萨菌伪瓢虫，佐佐氏小型伪瓢甲
Mycetina similis (Chûjô) 类蕈伪瓢虫，拟小型伪瓢甲，似费伪瓢虫
Mycetina superba Mader 超蕈伪瓢虫
Mycetina testaceitarsus (Pic) 四斑蕈伪瓢虫
Mycetobia 蕈栖蚊属
Mycetobia formosana Papp 台湾蕈栖蚊
Mycetobia pallipes Meigen 淡色蕈栖蚊，淡色蕈伪大蚊
mycetobiid 1. [= mycetobiid wood-gnat] 蕈栖蚊 < 蕈栖蚊科 Mycetobiidae 昆虫的通称 >；2. 蕈栖蚊科的
mycetobiid wood-gnat [= mycetobiid] 蕈栖蚊
Mycetobiidae 蕈栖蚊科
Mycetochara 菌朽木甲属
Mycetochara satanula Reitter 近圆菌朽木甲
mycetocole 栖菌动物
mycetocyte 含菌细胞
mycetome 含菌体
mycetometochy 蕈巢共生
mycetophagid 1. [= mycetophagid beetle, hairy fungus beetle] 小蕈甲 < 小蕈甲科 Mycetophagidae 昆虫的通称 >；2. 小蕈甲科的
mycetophagid beetle [= mycetophagid, hairy fungus beetle] 小蕈甲
Mycetophagidae [= Tritomidae] 小蕈甲科，小蕈虫科，食蕈甲科
Mycetophaginae 小蕈甲亚科
Mycetophagini 小蕈甲族
mycetophagous [= mycophagous] 菌食性的，食菌的
Mycetophagus 小蕈甲属，小蕈虫属
Mycetophagus antennatus (Reitter) 波纹小蕈甲，触小蕈甲
Mycetophagus ater (Reitter) 黑小蕈甲
Mycetophagus hillerianus Reitter 希小蕈甲
Mycetophagus quadraguttatus Müller [spotted hairy fungus beetle] 四点小蕈甲，四点蕈甲，斑毛小蕈甲
Mycetophagus sauteri Grouvelle 索小蕈甲
Mycetophila 菌蚊属，蕈蚊属，迈菌蚊属
Mycetophila abscondita Wu 隐藏菌蚊
Mycetophila absqua Wu *et* He 无斑菌蚊
Mycetophila aequilonga Wu *et* He 等长菌蚊
Mycetophila alberta Curran 艾尔菌蚊，阿菌蚊，阿迈菌蚊
Mycetophila angularisa Wu 角突菌蚊
Mycetophila annulara Wu *et* He 环状菌蚊
Mycetophila calvuscuta Wu *et* He 光盾菌蚊
Mycetophila caudatusacea Wu *et* He 类尾菌蚊
Mycetophila chandleri Wu 查氏菌蚊
Mycetophila chaoi Wu *et* He 赵氏菌蚊
Mycetophila clypeata Wu *et* He 圆盾菌蚊
Mycetophila coenosa Wu 普通菌蚊
Mycetophila curvicaudata Wu 弯尾菌蚊
Mycetophila dolichocenta Wu *et* He 长尾菌蚊
Mycetophila drepana Wu *et* He 镰状菌蚊
Mycetophila elegansa Wu 华美菌蚊
Mycetophila fortisa Wu 粗壮菌蚊
Mycetophila fungorum (De Geer) 菇状菌蚊，嗜菌菌蚊，嗜菌迈菌蚊
Mycetophila furvusa Wu 深色菌蚊
Mycetophila genuflexuosa Wu *et* He 膝弯菌蚊
Mycetophila glabra Wu *et* He 光滑菌蚊
Mycetophila grata Wu *et* He 雅致菌蚊
Mycetophila ichneumonea Say 姬形菌蚊，姬菌蚊，姬迈菌蚊
Mycetophila idonea Lastovka 适宜菌蚊，伊菌蚊，伊迈菌蚊
Mycetophila intortusa Wu *et* He 扭曲菌蚊
Mycetophila latichaeta Wu *et* He 宽毛菌蚊
Mycetophila lineola Meigen 线菌蚊，线蕈蚊
Mycetophila longwangshana Wu *et* He 龙王山菌蚊
Mycetophila meridionalisa Wu 南方菌蚊
Mycetophila oligodona Wu *et* He 少齿菌蚊
Mycetophila oratorila Wu *et* Yang 黑腹菌蚊
Mycetophila paradisa Wu *et* He 极乐菌蚊
Mycetophila perpauca Laštovka 稀见菌蚊，培菌蚊，培迈菌蚊
Mycetophila philomycesa Wu 喜菇菌蚊
Mycetophila prionoda Wu *et* He 似锯菌蚊
Mycetophila recta (Johannsen) 直小菌蚊，直菌蚊，直迈菌蚊
Mycetophila riparia Chandler 河边菌蚊
Mycetophila schistocauda Wu *et* Yang 裂尾菌蚊
Mycetophila scopata Wu *et* Yang 密毛菌蚊
Mycetophila scutata Wu *et* Yang 盾形菌蚊
Mycetophila senticosa Wu *et* Yang 多刺菌蚊
Mycetophila sheni Wu *et* Yang 申氏菌蚊
Mycetophila sicyoideusa Wu *et* Yang 葫形菌蚊
Mycetophila sigillata Dziedzicki 显著菌蚊，饰迈菌蚊
Mycetophila spatiosa Wu *et* Yang 宽广菌蚊
Mycetophila strobli Laštovka 斯氏菌蚊，斯氏迈菌蚊
Mycetophila stupposa Wu *et* Yang 长毛菌蚊
Mycetophila sylvatica Wu *et* Yang 林栖菌蚊
Mycetophila trinotata Staeger 三刺菌蚊，三点迈菌蚊
Mycetophila unguiculata Lundström 具爪菌蚊，爪菌蚊，爪迈菌蚊
Mycetophila vigena Wu *et* Yang 茂盛菌蚊
Mycetophila vittipes Zetterstedt 纵条菌蚊，条菌蚊，条迈菌蚊
mycetophilid 1. [= mycetophilid fly, mycetophilid fungus gnat, fungus gnat] 菌蚊，蕈蚊 < 菌蚊科 Mycetophilidae 昆虫的通称 >；2. 菌蚊科的
mycetophilid fly [= mycetophilid, mycetophilid fungus gnat, fungus gnat] 菌蚊，蕈蚊
mycetophilid fungus gnat 见 mycetophilid fly
Mycetophilidae [= Fungivoridae] 菌蚊科，蕈蚊科，蕈蚋科

Mycetophilinae 菌蚊亚科
Mycetophilini 菌蚊族
Mycetophiloidea 菌蚊总科，蕈蚊总科
Mycetoporini 眼脊隐翅甲族
Mycetoporus 寡毛隐翅甲属，菌隐翅甲属
Mycetoporus aequalis Thomson 等寡毛隐翅甲，等菌隐翅甲
Mycetoporus altaicus Luze 阿尔泰寡毛隐翅甲，阿尔泰菌隐翅甲
Mycetoporus bolitobioides Bernhauer 见 *Ischnosoma bolitobioides*
Mycetoporus discoidalis Sharp 见 *Ischnosoma discoidale*
Mycetoporus mandschuricus Bernhauer 见 *Ischnosoma mandschuricum*
Mycetoporus pachyraphis (Pandellé) 红胸寡毛隐翅甲
mychothenid 1. [= mychothenid beetle] 美薪甲 < 美薪甲科 Mychothenidae 昆虫的通称 >；2. 美薪甲科的
mychothenid beetle [= mychothenid] 美薪甲
Mychothenidae 美薪甲科
Mycodiplosis 锈菌瘿蚊属
Mycodiplosis cerasifolia (Felt) 桃红锈菌瘿蚊，桃红锯瘿蚊
Mycodiplosis clavula (Beutenmüller) 见 *Resseliella clavula*
Mycodiplosis corylifolia Felt 榛锈菌瘿蚊，榛锯瘿蚊
Mycodiplosis hemileiae Barnes 咖啡锈菌瘿蚊
Mycodrosophila 菇果蝇属
Mycodrosophila albicornis (de Meijere) 白角菇果蝇
Mycodrosophila ampularia Chen, Shao *et* Fan 瓶叶菇果蝇
Mycodrosophila arcuata Chen, Shao *et* Fan 同 *Mycodrosophila poecilogastra*
Mycodrosophila basalis Okada 翅基斑菇果蝇
Mycodrosophila biceps Kang, Lee *et* Bahng 双头菇果蝇
Mycodrosophila coralloides Chen, Shao *et* Fan 珊瑚菇果蝇
Mycodrosophila echinacea Chen, Shao *et* Fan 刺菇果蝇
Mycodrosophila erecta Okada 直菇果蝇
Mycodrosophila fumusala Lin *et* Ting 昏褶菇果蝇
Mycodrosophila gratiosa (de Meijere) 腹纹菇果蝇
Mycodrosophila huangshanensis Chen *et* Toda 黄山菇果蝇
Mycodrosophila japonica Okada 日本菇果蝇
Mycodrosophila koreana Lee *et* Takada 朝鲜菇果蝇
Mycodrosophila liliacea Chen *et* Okada 同 *Mycodrosophila koreana*
Mycodrosophila nigropleurata Takada *et* Momma 黑侧板菇果蝇
Mycodrosophila palmata Okada 手菇果蝇
Mycodrosophila pennihispidus Sundaran *et* Gupta 毛菇果蝇
Mycodrosophila planipalpis Kang, Lee *et* Bahng 扁须菇果蝇
Mycodrosophila poecilogastra (Loew) 杂腹菇果蝇
Mycodrosophila shikokuana Okada 四国菇果蝇
Mycodrosophila stylaria Chen *et* Okada 尖齿菇果蝇
Mycodrosophila subgratiosa Okada 亚腹纹菇果蝇
Mycodrosophila takachihonis Okada 高千穗菇果蝇
mycoid microsculpture 蕈状微饰纹 < 蝽类臭腺的 >
mycoinsecticide 真菌杀虫剂
Mycomya 真菌蚊属
Mycomya alpina Matile 高山真菌蚊，阿尔卑真菌蚊
Mycomya aureola Wu 华丽真菌蚊
Mycomya baotianmana Wu, Zheng *et* Xu 宝天曼真菌蚊
Mycomya byersi Väisänen 毕氏真菌蚊，拜氏真菌蚊
Mycomya changbaiana Yang *et* Wu 长白真菌蚊
Mycomya confusa Väisänen 康福真菌蚊，混真菌蚊
Mycomya copicusa Wu 习见真菌蚊
Mycomya danielae Matile 丹尼真菌蚊，丹真菌蚊
Mycomya dentalosa Yang *et* Wu 多齿真菌蚊
Mycomya dentata Fisher 尖齿真菌蚊，齿真菌蚊
Mycomya dictyophila Wu, Zheng *et* Xu 喜网真菌蚊
Mycomya edentata Wu 缺齿真菌蚊
Mycomya elegantula Wu *et* Yang 雅致真菌蚊
Mycomya fanjingana Yang *et* Wu 梵净真菌蚊
Mycomya ganglioneuse Wu, Zheng *et* Xu 芽突真菌蚊
Mycomya gansuana Wu *et* Yang 甘肃真菌蚊
Mycomya guandiana Wu *et* Yang 关帝真菌蚊
Mycomya guizhouana Yang *et* Wu 贵州真菌蚊
Mycomya gutianshana Wu *et* Yang 古田山真菌蚊
Mycomya hengshana Wu *et* Yang 恒山真菌蚊
Mycomya heydeni (Plassmann) 喙突真菌蚊，海真菌蚊
Mycomya lateriramata Yang *et* Wu 侧枝真菌蚊
Mycomya lintanana Wu *et* Yang 临潭真菌蚊，林谭真菌蚊
Mycomya longdeana Wu *et* Yang 隆德真菌蚊
Mycomya magna Wu *et* Yang 大真菌蚊
Mycomya maoershana Wu *et* Yang 猫儿山真菌蚊
Mycomya neimongana Wu *et* Yang 内蒙真菌蚊
Mycomya occultans (Winnertz) 隐真菌蚊，眼斑真菌蚊
Mycomya odontoda Yang *et* Wu 侧齿真菌蚊
Mycomya paradisa Wu 极乐真菌蚊
Mycomya permixta Väisänen 杂真菌蚊
Mycomya procurva Yang *et* Wu 弯肢真菌蚊
Mycomya qingchengana Wu *et* Yang 青城真菌蚊
Mycomya recurvata Wu 反曲真菌蚊
Mycomya rivalisa Wu 溪边真菌蚊
Mycomya shennongana Yang *et* Wu 神农架真菌蚊，神农真菌蚊
Mycomya shermani Garrett 谢氏真菌蚊，谢真菌蚊
Mycomya shermatoda Yang *et* Wu 似谢真菌蚊
Mycomya simulans Väisänen 拟真菌蚊，仿真菌蚊
Mycomya sinica Yang *et* Wu 中华真菌蚊
Mycomya strombuliforma Wu *et* Yang 扭突真菌蚊
Mycomya terana Wu *et* Yang 奇真菌蚊
Mycomya tricamata Wu *et* Yang 三枝真菌蚊
Mycomya vaisaneni Wu *et* Yang 菲氏真菌蚊
Mycomya wuorentausi Väisänen 沃真菌蚊，五真菌蚊
Mycomya wuyishana Yang *et* Wu 武夷真菌蚊
Mycomyinae 真菌蚊亚科
mycon hairstreak [*Theclopsis mycon* (Godman *et* Salvin)] 菌鞘灰蝶
mycone metalmark [= variable lenmark, rusty metalmark, *Synargis mycone* (Hewitson)] 木拟螟蚬蝶
Mycophaga 蕈泉蝇属
Mycophaga testacea (Gimmerthal) 壳蕈泉蝇
Mycophagini 蕈泉蝇族
mycophagous [= mycetophagous] 菌食性的，食菌的
Mycophila 菌瘿蚊属
Mycophila echinoidea Bu *et* Mo 大刺菌瘿蚊
Mycophila fungicola Felt 真菌瘿蚊，菇菌瘿蚊，菇瘿蚊
Mycophila longispina Bu *et* Mo 长刺菌瘿蚊
Mycophila speyeri (Barnes) 斯氏菌瘿蚊，斯枚瘿蚊
mycorrhiza 菌根
mycose 海藻糖

M

Mycteis 长喙长角象甲属

mycterid 1. [= mycterid beetle, palm and flower beetle] 绒皮甲，细树皮虫 < 绒皮甲科 Mycteridae 昆虫的通称 >；2. 绒皮甲科的

mycterid beetle [= mycterid, palm and flower beetle] 绒皮甲，细树皮虫

Mycteridae 绒皮甲科，细树皮虫科

Mycteristes 头花金龟甲属

Mycteristes khasiana Jordan 绿胸头花金龟甲，绿红头花金龟

Mycteristes microphyllus Wood-Mason 褐红头花金龟甲，褐红头花金龟

Mycteromyiella 喙寄蝇属

Mycteromyiella zhui Zhang *et* Zhao 祝氏喙寄蝇

Mycteroplus 鳄夜蛾属

Mycteroplus cornuta (Püngeler) 西鳄夜蛾

Mycteroplus puniceago (Boisduval) 鳄夜蛾，彭迈夜蛾

Mycteroplus sinicus Boursin 华鳄夜蛾，华迈夜蛾

Mycterothrips 喙蓟马属，双毛蓟马属

Mycterothrips acaciae Priesner 阿喙蓟马

Mycterothrips albidicornis (Knechtel) 白角喙蓟马

Mycterothrips albus (Moulton) 淡喙蓟马

Mycterothrips annulicornis (Uzel) 环角喙蓟马

Mycterothrips araliae (Takahashi) 双毛喙蓟马，木喙蓟马，双毛蓟马

Mycterothrips auratus Wang 金双毛喙蓟马，金双毛蓟马

Mycterothrips aureus (Moulton) 金黄喙蓟马

Mycterothrips betulae (Crawford) 桦树喙蓟马

Mycterothrips caudibrunneus Wang 褐尾双喙毛蓟马，褐腹双毛蓟马

Mycterothrips chaetogastra (Ramakrishna) 毛腹喙蓟马

Mycterothrips consociatus (Targioni-Tozzetti) 并喙蓟马

Mycterothrips desleyae Masumoto *et* Okajima 德喙蓟马

Mycterothrips egonoki Masumoto *et* Okajima 呃喙蓟马

Mycterothrips fasciatus Masumoto *et* Okajima 横带喙蓟马，带喙蓟马

Mycterothrips glycines (Okamoto) [oriental soybean thrips, soybean thrips] 豆喙蓟马，大豆奇菌蓟马，豆双毛蓟马

Mycterothrips grandis Masumoto *et* Okajima 大喙蓟马

Mycterothrips imbimbiachetae (Bournier) 伊喙蓟马

Mycterothrips japonicus Masumoto *et* Okajima 日喙蓟马

Mycterothrips laticauda Trybom 宽臀喙蓟马

Mycterothrips latus (Bagnall) 黄喙蓟马

Mycterothrips nilgiriensis (Ananthakrishnan) 褐腹双毛喙蓟马，印度喙蓟马

Mycterothrips ravidus Wang 同 *Mycterothrips nilgiriensis*

Mycterothrips ricini (Shumsher) 蓖麻喙蓟马

Mycterothrips salicis (Reuter) 柳喙蓟马

Mycterothrips setiventris (Bagnall) [common tea thrips] 毛腹喙蓟马，茶褐蓟马

Mycterothrips shihoae Masumoto *et* Okajima 矢野喙蓟马

Mycterothrips tschirkunae (Yakhontov) 茨喙蓟马

Mycterothrips yamagishii Masumoto *et* Okajima 山岸喙蓟马

Mycterus 绒皮甲属

Mycterus curculioides (Fabricius) 拟象绒皮甲

Myctus maculipunctus Semenov *et* Plavilstshikov 喙斑天牛

Mydaea 圆蝇属

Mydaea affinis Meade 拟美丽圆蝇，邻圆蝇

Mydaea ancilloides Xue 拟少毛圆蝇

Mydaea bideserta Xue *et* Wang 双圆蝇

Mydaea brevis Wei 短圆蝇

Mydaea breviscutellata Xue *et* Kuang 见 *Myospila breviscutellata*

Mydaea brunneipennis Wei 褐翅圆蝇

Mydaea corni (Scopoli) 小盾圆蝇

Mydaea discimana Malloch 同 *Mydaea affinis*

Mydaea discocerca Feng 圆尾圆蝇

Mydaea emeishanna Feng *et* Deng 峨眉山圆蝇

Mydaea franzosternita Xue *et* Tian 缨板圆蝇

Mydaea fuchaoi Xue *et* Tian 付超圆蝇

Mydaea ganshuensis (Ma *et* Wu) 甘肃圆蝇，甘肃棘蝇 < 此种学名有误写为 *Mydaea gansuensis* (Ma *et* Wu) 者 >

Mydaea glaucina Wei 蓝灰圆蝇

Mydaea gracilior Xue 瘦叶圆蝇

Mydaea jubiventera Feng *et* Deng 鬃腹圆蝇

Mydaea latielecta Xue 宽叶圆蝇

Mydaea laxidetrita Xue *et* Wang 宽屑圆蝇

Mydaea minor Ma *et* Wu 小圆蝇

Mydaea minutiglaucina Xue *et* Tian 小蓝圆蝇

Mydaea nigra Wei 黑圆蝇

Mydaea nigribasicosta Xue *et* Feng 黑鳞圆蝇

Mydaea nubila Stein 云圆蝇

Mydaea setifemur Ringdahl 鬃股圆蝇

Mydaea setifemur kongdinga Xue *et* Feng 鬃股圆蝇康定亚种，康定圆蝇

Mydaea setifemur setifemur Ringdahl 鬃股圆蝇指名亚种

Mydaea shuensis Feng 蜀圆蝇

Mydaea sinensis Ma *et* Cui 中华圆蝇

Mydaea sootryeni Ringdahl 三鬃圆蝇 < 该种学名曾写为 *Mydaea soot-ryeni* Ringdahl >

Mydaea subelecta Feng 次尖叶圆蝇

Mydaea tinctoscutaris Xue 饰盾圆蝇

Mydaea urbana (Meigen) 美丽圆蝇

Mydaeinae 圆蝇亚科

Mydaeini 圆蝇族

mydas fly [= mydid fly, mydid] 1. 拟虫虻，拟食虫虻 < 拟虫虻科 Mydidae 昆虫的通称 >；2. 拟虫虻科的

Mydasidae 见 Mydidae

mydid [= mydid fly, mydas fly] 拟虫虻，拟食虫虻

mydid fly 见 mydid

Mydidae 拟虫虻科，拟食虫虻科 < 此科学名有误写为 Mydaidae 和 Mydasidae 者 >

Mydoniidae 长蛲科，长跳虫科

Mydonioidea 长蛲总科，长跳虫总科

Mydonius 长蛲属 *Entomobrya* 的异名

Mydonius sauteri (Börner) 见 *Homidia sauteri*

Myelaphus 顶虫虻属

Myelaphus dispar (Loew) 异凸顶虫虻

Myelaphus jozanus Matsumura 约凸顶虫虻

myelin 髓磷脂

myelinated 有髓的 < 指神经纤维外有脂质组织的 >

Myeloborus amplus Blackman 阔髓小蠹

Myeloborus ramiperda Swaine 松髓小蠹
Myelois 髓斑螟属
Myelois ceratoniae Zeller 见 *Ectomyelois ceratoniae*
Myelois cribrella Hübner 同 *Myelois circumvoluta*
Myelois cribrumella Hübner 菊髓斑螟
Myelois circumvoluta (Hübner) [thistle ermine, burdock pyralid] 克髓斑螟，牛蒡筛螟
Myelois livens Caradja 利髓斑螟
Myelois pulverisnebulalis Caradja 内普髓斑螟 < 此种学名曾写为 *Myelois pulveris-nebulalis* Caradja >
Myelois rufofusellus Caradja 同 *Acrobasis obrutella*
Myelophilus piniperda (Linnaeus) 同 *Tomicus piniperda*
Myennis 迈斑蝇属
Myennis mandschurica Hering 东北迈斑蝇
Mygdonis 大侏缘蝽属
Mygdonis spinifera Hsiao 刺侏缘蝽
Mygnimia 侏蛛蜂属
Mygnimia flava (Fabricius) 黄侏蛛蜂，黄萨蛛蜂
Mygona 俊眼蝶属
Mygona chyprota (Grose-Smith) 西普俊眼蝶
Mygona irmina (Doubleday) 白斑俊眼蝶
Mygona orsedice Hewitson 尖钩俊眼蝶
Mygona paeania Hewitson 赞美俊眼蝶
Mygona prochyta (Hewitson) [prochyta satyr] 俊眼蝶
Mygona thamni (Staudinger) 暗边俊眼蝶
myiases [s. myiasis] 蝇蛆病，蝇蛆症，蛆虫病
myiasis [pl. myiases] 蝇蛆病，蝇蛆症，蛆虫病
myiasis fly [= fox maggot, gray flesh fly, *Wohlfahrtia vigil* (Walker)] 大灰污蝇，警污麻蝇
Myiocephalini 突眼茧蜂族
Myiocephalus 突眼茧蜂属
Myiocephalus boops (Wesmael) 牛突眼茧蜂
Myiocephalus cracentis Li 修长突眼茧蜂，美突眼茧蜂
Myiocephalus niger Fisher 暗黑突眼茧蜂
Myiocnema 迈蚜小蜂属
Myiocnema comperei Ashmead 康氏迈蚜小蜂
Myiodactylidae 广翅蛉科
Myiodaria 真蝇类，真蝇派
Myiolia abdominalis Zia 见 *Acidiella abdominalis*
Myiolia angustifascia Hering 见 *Flaviludia angustifascia*
Myiolia flavonigra Hendel 见 *Morinowotome flavonigra*
Myiolia formosana Shiraki 见 *Acidiella formosana*
Myiolia longipennis (Hendel) 见 *Acidiella longipennis*
Myiolia maculipennis Hendel 见 *Acidiella maculipennis*
Myiolia mushaensis Shiraki 见 *Feshyia mushaensis*
Myiolia rectangularis Munro 见 *Acidiella rectangularis*
Myiolia semipicta Zia 见 *Trypeta semipicta*
Myiomma 侏树盲蝽属，侏树蝽属
Myiomma altica Ren 高山侏树盲蝽，高山侏树蝽
Myiomma austroccidens Yasunaga,Yamada *et* Tsai 南方侏树盲蝽，澳侏树盲蝽
Myiomma choui Lin *et* Yang 周氏侏树盲蝽，周氏树蝽
Myiomma kentingense Yasunaga,Yamada *et* Tsai 垦丁侏树盲蝽，肯侏树盲蝽
Myiomma maculatum Akingbohungbe 斑侏树盲蝽
Myiomma minutum Miyamoto 小侏树盲蝽
Myiomma qinlingensis Qi 秦岭侏树盲蝽
Myiomma ussuriensis Ostapenko 乌苏里侏树盲蝽
Myiomma samuelsoni Miyamoto 山氏侏树盲蝽，山姆森树蝽
Myiomma zhengi Lin *et* Yang 郑氏侏树盲蝽，郑氏树蝽
Myiommini 树盲蝽族
Myiopardalis pardalina (Bigot) 见 *Carpomya paradalina*
Myiophanes 大蚊猎蝽属
Myiophanes tipulina Reuter 大蚊猎蝽
Myla 光缘蝽属
Myla concolor Dohrn 同 *Pseudomyla spinicollis*
Myla cornuta Hsioa 光缘蝽
Mylabridae [= Lariidae, Bruchidae] 豆象甲科，豆象科
Mylabrini 斑芫菁族
Mylabris 斑芫菁属，纹芫菁属，斑蝥属
Mylabris audouini Marseul 毯斑芫菁
Mylabris aulica Ménétriés 圆点斑芫菁
Mylabris axillaris Billberg 肩斑芫菁，腋斑芫青
Mylabris bistillata Tan 见 *Hycleus bistillatus*
Mylabris bivulnera (Pallas) 二点斑芫菁
Mylabris brevetarsalis Kaszab 见 *Hycleus brevetarsalis*
Mylabris calida (Pallas) 苹斑芫菁，敏短翅芫菁
Mylabris chinensis Linnaeus 见 *Callosobruchus chinensis*
Mylabris cichorii (Linnaeus) 见 *Hycleus cichorii*
Mylabris coerulescens Gebler 天蓝斑芫菁
Mylabris crocata (Pallas) 藏红花斑芫菁
Mylabris elegantissima Zubkov 沙丘斑芫菁
Mylabris fabricii Sumakov 法氏斑芫菁
Mylabris festiva (Pallas) 饰装斑芫菁
Mylabris frolovi Fisher von Waldheim 草原斑芫菁
Mylabris fuscicornis Drapiez 褐角斑芫菁
Mylabris geminata Fabricius 对生斑芫菁
Mylabris hauseri (Escherich) 豪瑟斑芫菁
Mylabris hingstoni Blair 见 *Mylabris* (*Pseudabris*) *hingstoni*
Mylabris hokumanensis Kôno 见 *Hycleus hokumanensis*
Mylabris impedita Heyden 断点斑芫菁
Mylabris intermedia Fisher von Waldheim 中间斑芫菁
Mylabris klugi Redtenbacher 克鲁斑芫菁
Mylabris koenigi (Dokhtouroff) 柯尼斑芫菁
Mylabris ledebouri Gebler 列氏斑芫菁
Mylabris longiventris Blair 见 *Mylabris* (*Pseudabris*) *longiventris*
Mylabris lucens Escherich 鲜亮斑芫菁
Mylabris macilenta Marseul 瘦斑芫菁
Mylabris magnoguttata (Heyden) 粗点斑芫菁
Mylabris mannerheimii Gebler 曼氏斑芫菁
Mylabris marginata Fisher von Waldheim 缘斑芫菁，边缘斑芫菁
Mylabris medioinsignata Pic 见 *Hycleus medioinsignatus*
Mylabris mongolica (Dokhturoff) 蒙古斑芫菁
Mylabris monozona Welleman 单纹斑芫菁
Mylabris ocellata (Pallas) 瞳点斑芫菁
Mylabris parvula Frivaldsky 见 *Hycleus parvulus*
Mylabris phalerata (Pallas) 见 *Hycleus phaleratus*
Mylabris posticalis (Dokhtouroff) 后侧斑芫菁
Mylabris przewalskyi Dokhtouroff 见 *Mylabris* (*Pseudabris*) *przewalskyi*

Mylabris* (*Pseudabris*) *brevipilosa (Pan *et* Bologna) 疏毛斑芫菁，疏毛伪斑芫菁
Mylabris* (*Pseudabris*) *hingstoni Blair 长角斑芫菁，长角伪斑芫菁
Mylabris* (*Pseudabris*) *latimaculata (Pan *et* Bologna) 宽纹斑芫菁，宽纹伪斑芫菁
Mylabris* (*Pseudabris*) *longiventris Blair 长腹斑芫菁，拟高原斑芫菁，拟高原伪斑芫菁
Mylabris* (*Pseudabris*) *przewalskyi (Dokhtouroff) 高原斑芫菁，高原伪斑芫菁
Mylabris* (*Pseudabris*) *regularis (Pan *et* Bologna) 匀点斑芫菁，匀点伪斑芫菁
Mylabris* (*Pseudabris*) *tigriodera (Fairmaire) 虎纹斑芫菁，虎纹伪斑芫菁，虎皮拟芫菁
Mylabris pulchella Faldermann 美斑芫菁
Mylabris pusilla Olivie 纤斑芫菁
Mylabris pustulata Thunberg [banded blister beetle, arhap blister beetle, orange banded blister beetle, legume blister beetle] 豆斑芫菁，豆红带芫菁
Mylabris quadripunctata (Linnaeus) 四点斑芫菁
Mylabris quadrisignata Fisher von Waldheim 四纹斑芫菁，四斑斑芫菁
Mylabris sairamensis Ballion 赛里木斑芫菁
Mylabris schoenherri Billberb 见 *Hycleus schoenherri*
Mylabris schoenherri pretiosa Kaszab 见 *Hycleus schoenherri pretiosus*
Mylabris schoenherri schonherri Billberb 见 *Hycleus schoenherri schoenherri*
Mylabris schrenkii Gebler 施氏斑芫菁
Mylabris sedecimpunctata Gebler 十六点斑芫菁
Mylabris sibirica Fisher von Waldheim 西北斑芫菁
Mylabris speciosa (Pallas) 丽斑芫菁，殊斑芫菁
Mylabris spinungula Pan, Wang *et* Ren 针爪斑芫菁
Mylabris splendidula (Pallas) 小斑芫菁，灿斑芫菁
Mylabris steppensis (Dokhtouroff) 干草原斑芫菁
Mylabris trifascis (Pallas) 三带斑芫菁
Mylabris undecimpunctata Fisher von Waldheim 十一点斑芫菁
Mylabris variabilis (Pallas) 变色斑芫菁
Myladina 方土甲属
Myladina lissonota Ren *et* Yang 光背方土甲
Myladina ordosana Reitter 见 *Eumylada ordosana*
Myladina potanini Reitter 见 *Eumylada potanini*
Myladina punctifera Reitter 见 *Eumylada punctifera*
Myladina unguiculina Reitter 长爪方土甲，爪米拟步甲
mylitta crescent [*Phyciodes mylitta* (Edwards)] 鼠漆蛱蝶
mylitta greenwing [= four-spotted sailor, *Dynamine postverta* (Cramer)] 四斑权蛱蝶
Myllaena 腹毛隐翅甲属，密隐翅甲属
Myllaena adesi Pace 阿氏腹毛隐翅甲
Myllaena bifurcata Pace 双叉腹毛隐翅甲
Myllaena chinoculata Pace 大胸腹毛隐翅甲
Myllaena hongkongiphila Pace 香港腹毛隐翅甲
Myllaena hubeiensis Pace 湖北腹毛隐翅甲
Myllaena insularis Fenyes 岛腹毛隐翅甲，岛密隐翅甲
Myllaena kunmingensis Pace 昆明腹毛隐翅甲
Myllaena meifengensis Pace 梅峰腹毛隐翅甲
Myllaena problematica Pace 疑腹毛隐翅甲
Myllaena salamannai Pace 萨氏腹毛隐翅甲
Myllaena speciosa Pace 丽腹毛隐翅甲
Myllaena tianmumontis Pace 天目腹毛隐翅甲
Myllaenini 腹毛隐翅甲族
Myllocerina 丽纹象甲族，弯象亚族
Myllocerinus 丽纹象甲属，丽纹象属
Myllocerinus aurolineatus (Voss) [tea weevil] 茶丽纹象甲，茶丽纹象，茶叶象甲，茶叶小象甲，茶象鼻虫，茶绿象甲虫，茶小绿象甲，小绿象甲虫，黑绿象甲虫，黑绿象虫，小绿象鼻虫，长角青象，长角青象虫，花鸡娘
Myllocerinus dubius Voss 疑丽纹象甲，疑丽纹象
Myllocerinus ochrolineatus Voss 赭丽纹象甲，赭丽纹象
Myllocerinus semenovi (Faust) 谢氏丽纹象甲，西高粱象
Myllocerinus viridilineatus Voss 绿线丽纹象甲，绿线丽纹象
Myllocerinus vossi (Lona) 淡绿丽纹象甲，淡缘丽纹象
Myllocerops 迈罗象甲属，迈罗象属
Myllocerops dissimilis Voss 见 *Phyllolytus dissimilis*
Myllocerops fortis Reitter 同 *Cyrtepistomus castaneus*
Myllocerops imbricatus Formánek 见 *Phyllolytus imbricatus*
Myllocerops inflata Voss 见 *Myllocerus inflata*
Myllocerops minutus Formánek 见 *Hyperstylus minutus*
Myllocerops obliquesignatus (Reitter) 同 *Corymacronus costulatus*
Myllocerops plumbeus Formánek 见 *Cyphicerus plumbeus*
Myllocerops psittacinus Redtenbacher 见 *Phyllolytus psittacinus*
Myllocerops setosus Formánek 见 *Hyperstylus setosus*
Myllocerops sordidus (Voss) 同 *Myllocerus neosordidus*
Myllocerops strigilata Voss 见 *Myllocerus strigilatus*
Myllocerops yunnanensis Voss 同 *Myllocerinus viridilineatus*
Myllocerus 尖筒象甲属，尖筒象甲属
Myllocerus alternans Voss 交替尖筒象甲，交替尖筒象
Myllocerus blandus Faust 平和尖筒象甲，平和尖筒象
Myllocerus brunneus Matsumura 棕尖筒象甲，棕尖筒象
Myllocerus canoixoides Kôno 肯尖筒象甲，肯尖筒象
Myllocerus cardoni Marshall 卡氏尖筒象甲，卡氏尖筒象
Myllocerus catechu Marshall 儿茶尖筒象甲，儿茶尖筒象
Myllocerus curvicornis Fabricius 曲角尖筒象甲，曲角尖筒象
Myllocerus cuspidaticollis Voss 同 *Neomyllocerus hedini*
Myllocerus discoideus (Olivier) 见 *Macrocorynus discoideus*
Myllocerus discolor Boheman 彩斑尖筒象甲，彩斑尖筒象
Myllocerus dohrni Faust 朵尖筒象甲，朵尖筒象
Myllocerus dorsatus Fabricius 背纹尖筒象甲，背纹尖筒象
Myllocerus durus Voss 硬尖筒象甲，硬尖筒象
Myllocerus exoletus (Voss) 短毛尖筒象甲，短毛圆筒象
Myllocerus fabricii Guérin-Méneville 纤微尖筒象甲，纤微尖筒象
Myllocerus fallaciosus (Voss) 宽带尖筒象甲，宽带圆筒象
Myllocerus foveicollis Voss 窝尖筒象甲，窝尖筒象
Myllocerus fumosus Faust 烟色尖筒象甲，烟色尖筒象
Myllocerus ginfushanensis Voss 金佛山尖筒象甲，金佛山尖筒象
Myllocerus griseus Roelofs 栗叶尖筒象甲，栗叶尖筒象
Myllocerus guttulus Matsumura 斑尖筒象甲，斑尖筒象
Myllocerus hedini (Marshall) 见 *Neomyllocerus hedini*
Myllocerus illitus Reitter 黑斑尖筒象甲，黑斑尖筒象
Myllocerus inflata (Voss) 胀尖筒象甲，胀迈罗象

Myllocerus inquietus Voss 阴尖筒象甲，阴尖筒象
Myllocerus laticornis Reitter 见 *Nothomyllocerus laticornis*
Myllocerus lefroyi Marshall 莱氏尖筒象甲，莱氏尖筒象
Myllocerus lineatocollis Boheman 纹状尖筒象甲，纹状尖筒象
Myllocerus neosordidus Ramamurthy *et* Ghai 长毛尖筒象甲，长毛尖筒象
Myllocerus pauculus Voss 寡尖筒象甲，寡尖筒象
Myllocerus pelidnus Voss 暗褐尖筒象甲，暗褐尖筒象
Myllocerus plutus Voss 普鲁尖筒象甲，普鲁尖筒象
Myllocerus pubescens Faust 柔毛尖筒象甲，柔毛尖筒象
Myllocerus pulchellus Formánek 丽尖筒象甲，丽尖筒象
Myllocerus rostralis Kôno 见 *Eusomidius rostralis*
Myllocerus sabulosus Marshall 多沙尖筒象甲，多沙尖筒象
Myllocerus scitus Voss 金绿尖筒象甲，金绿尖筒象
Myllocerus setosus Kôno 刚毛尖筒象甲，刚毛尖筒象
Myllocerus setulifer Desbrochers 小鬃尖筒象甲，小鬃尖筒象
Myllocerus severini Marshall 塞氏尖筒象甲，塞氏尖筒象
Myllocerus sordidus Voss 同 *Myllocerus neosordidus*
Myllocerus strigilatus (Voss) 条纹尖筒象甲，条纹迈罗象
Myllocerus subcruciatus Voss 十字尖筒象甲，十字尖筒象
Myllocerus subnubilis (Voss) 东北尖筒象甲，东北圆筒象
Myllocerus szetschuanus Voss 川尖筒象甲，川尖筒象
Myllocerus transmarinus Herbst 外侵尖筒象甲，外侵尖筒象
Myllocerus undecimpustulatus Faust 棉花尖筒象甲，棉花尖筒象
Myllocerus viridanus Fabricius 绿尖筒象甲，绿尖筒象
Myllocerus viridiornatus Voss 绿背尖筒象甲
Myllocerus vossi Lona 同 *Myllocerus viridiornatus*
Mylon 霾弄蝶属
Mylon ander Evans [narrow-winged mylon, ander mylon] 安德霾弄蝶
Mylon argonautarum Austin [Argonaut mylon] 阿高霾弄蝶
Mylon cajus Plötz [cryptic mylon] 暗白霾弄蝶
Mylon cristata Austin [Austin's mylon] 冠状霾弄蝶
Mylon extincta Mabille *et* Boullet [extincta mylon] 艾克霾弄蝶
Mylon illineatus Mabille *et* Boullet [Mabille's mylon] 伊利霾弄蝶
Mylon jason (Ehrmann) [Jason mylon, Jason's mylon] 詹森霾弄蝶
Mylon lassia (Hewitson) [bold mylon] 霾弄蝶
Mylon maimon (Fabricius) [common mylon, black-veined mylon] 黑脉霾弄蝶
Mylon melander (Cramer) 美兰德霾弄蝶
Mylon menippus (Fabricius) [menipo] 麦尼霾弄蝶
Mylon mestor Evans [mestor mylon] 厄瓜多尔霾弄蝶
Mylon orsa Evans [orsa mylon] 奥萨霾弄蝶
Mylon pelopidas (Fabricius) [pale mylon, dingy mylon] 派洛霾弄蝶
Mylon pulcherius Felder 美丽霾弄蝶
Mylon salvia Evans [Evans' mylon] 霾弄蝶
Mylon simplex Austin [unadorned mylon] 素朴霾弄蝶
mylotes cattleheart [= pink-checked cattleheart, *Parides eurimedes* (Stoll)] 尤里番凤蝶
Mylothrid pentila [*Pentila tachyroides* Dewitz] 塔盆灰蝶
Mylothris 迷粉蝶属
Mylothris aburi Larsen *et* Collins [savanna dotted border] 草原迷粉蝶
Mylothris agathina (Cramer) [eastern dotted border, common dotted border] 斑缘迷粉蝶
Mylothris alberici Dufrane 阿玻迷粉蝶
Mylothris alcuana Graunberg 阿库迷粉蝶
Mylothris aneria Hulstaert 安内迷粉蝶
Mylothris arabicus Gabriel 阿拉伯迷粉蝶
Mylothris asphodelus Butler 水仙迷粉蝶
Mylothris atewa Berger [atewa dotted border] 阿特瓦迷粉蝶
Mylothris bernice Hewitson 灰晕迷粉蝶
Mylothris carcassoni van Son [Carcasson's dotted border] 喀卡迷粉蝶
Mylothris celis Berger 塞利迷粉蝶
Mylothris chloris (Fabricius) [western dotted border, common dotted border] 黑裙边迷粉蝶，黄绿迷粉蝶
Mylothris citrina Aurivillius 柠檬黄迷粉蝶
Mylothris continua Aurivillius 珂迷粉蝶
Mylothris croceus Butler 黑点黄迷粉蝶
Mylothris dentatus Butler 齿迷粉蝶
Mylothris dimidiata Aurivillius [western sulphur dotted border] 秘迪迷粉蝶
Mylothris elodina Talbot 埃罗迷粉蝶
Mylothris fernandina Schultze 福南迷粉蝶
Mylothris flaviana Grose-Smith [yellow dotted border] 黄迷粉蝶
Mylothris flavicosta Rebel 黄脉迷粉蝶
Mylothris hilara Karsch [hilara dotted border] 希拉迷粉蝶
Mylothris humbloti (Oberthür) 灰暗迷粉蝶
Mylothris jacksoni Sharpe [Jackson's dotted border] 杰克逊迷粉蝶
Mylothris kiwuensis Grünberg 吉物迷粉蝶
Mylothris mafuga Berger 玛福佳迷粉蝶
Mylothris marginea Joicey *et* Talbot 云斑迷粉蝶
Mylothris mavunda Hancock *et* Heath 马万达迷粉蝶
Mylothris mortoni Blachier 摩顿迷粉蝶
Mylothris ngaziya (Oberthür) 橙晕迷粉蝶
Mylothris nubila Möschler 奴比迷粉蝶
Mylothris ochracea Aurivillius [ochreous dotted border] 黑边赭迷粉蝶
Mylothris phileris (Boisduval) 圆点迷粉蝶
Mylothris polychroma Berger 多彩迷粉蝶
Mylothris poppea (Cramer) [poppea dotted border] 葆迷粉蝶
Mylothris primulina Butler [primrose dotted border] 淡黄迷粉蝶
Mylothris rembina Plötz [smoky dotted border] 雷比迷粉蝶
Mylothris rhodope (Fabricius) [tropical dotted border, rhodope, common dotted border] 玫瑰迷粉蝶，白黄迷粉蝶
Mylothris ruandana Strand 卢旺达迷粉蝶
Mylothris rubricosta Mabille [eastern swamp dotted border, streaked dotted border] 红赭迷粉蝶
Mylothris rueppelli (Koch) [Rüppell's dotted border, twin dotted border] 橙基迷粉蝶
Mylothris sagala Grose-Smith [dusky dotted border] 箭纹迷粉蝶
Mylothris schoutedeni Berger 斯考迷粉蝶
Mylothris schumanni Suffert [Schumann's dotted border] 舒曼迷粉蝶
Mylothris similis Lathy 拟迷粉蝶
Mylothris sjostedti Aurivillius [Sjoestedt's dotted border] 黑角白迷粉蝶
Mylothris smithii Mabille 史密斯迷粉蝶，黄巾迷粉蝶
Mylothris spica Möschler [spica dotted border] 尖俏迷粉蝶

Mylothris splendens Le Cerf 圆斑迷粉蝶

Mylothris sulphurea (Aurivillius) [sulphur dotted border] 黄缘迷粉蝶

Mylothris superbus Kielland 红晕迷粉蝶

Mylothris trimenia Butler [Trimen's dotted border] 点缘黄白迷粉蝶

Mylothris xantholeuca (Hübner) 黄白迷粉蝶

Mylothris yulei Butler [Yule's dotted border] 尤氏迷粉蝶

Mymar 缨小蜂属

Mymar ermak Triapitsyn *et* Berezovskiy 密毛缨小蜂

Mymar maritimum Triapitsyn *et* Berezovskiy 半褐缨小蜂

Mymar pulchellum Curtis 丽缨小蜂，模式缨小蜂

Mymar regale Enock 华丽缨小蜂，东北缨小蜂

Mymar taprobanicum Ward 斯里兰卡缨小蜂

mymarid 1. [= mymarid wasp, fairy fly, fairy wasp] 缨小蜂，柄翅卵蜂，柄翅小蜂 < 缨小蜂科 Mymaridae 昆虫的通称 >；2. 缨小蜂科的

mymarid wasp [= mymarid, fairy fly, fairy wasp] 缨小蜂，柄翅卵蜂，柄翅小蜂

Mymaridae 缨小蜂科，柄翅卵蜂科，柄翅小蜂科

mymarommatid 1. [= mymarommatid wasp] 柄腹小蜂，柄腹柄翅小蜂，异卵蜂 < 柄腹小蜂科 Mymarommatidae 昆虫的通称 >；2. 柄腹小蜂科的

mymarommatid wasp [= mymarommatid] 柄腹小蜂，柄腹柄翅小蜂，异卵蜂

Mymarommatidae 柄腹小蜂科，柄腹柄翅小蜂科，异卵蜂科

Mymarothripidae 锤翅蓟马科

Mymarothripinae 锤翅蓟马亚科

Mymarothrips 扁角纹蓟马属

Mymarothrips bicolor Zur Strassen 二色扁角纹蓟马

Mymarothrips flavidonotus Tong *et* Zhang 黄脊扁角纹蓟马

Mymarothrips garuda Ramakrishna *et* Margabandhu 黄脊扁角纹蓟马

Mymeleotettix 蚁蝗属

Mymeleotettix angustiseptus Liu 狭隔蚁蝗

Mymeleotettix brachypterus Liu 短翅蚁蝗

Mymeleotettix longipennis Zhang 长翅蚁蝗

Mymeleotettix pallidus (Brunner von Wattenwyl) 荒漠蚁蝗

Mymeleotettix palpalis (Zubovsky) 宽须蚁蝗

myna ruby-eye [*Tisias myna* (Mabille)] 米娜迪喜弄蝶，迪喜弄蝶

Myndus 孟菱蜡蝉属

Myndus crudus van Duzee [American palm cixiid, palm cixiid] 棕榈孟菱蜡蝉，麦蜡蝉

Myndus kotoshonis Matsumura 兰屿孟菱蜡蝉，兰屿冥菱蜡蝉

Myndus ovatus Bll 卵圆孟菱蜡蝉

myneca satyr [*Cissia myncea* (Cramer)] 米娜细眼蝶

Mynes 拟蛱蝶属

Mynes doubledayi Wallace 杜伯拟蛱蝶

Mynes eucosmetus Godman *et* Salvin 诱昆拟蛱蝶

Mynes geoffroyi (Guérin-Méneville) [jezebel nymph, white nymph] 红斑拟蛱蝶

Mynes halli Joicey *et* Talbot 哈里拟蛱蝶

Mynes katharina Ribbe 卡特拟蛱蝶

Mynes plateni Staudinger 普莱拟蛱蝶

Mynes sestia Fruhstorfer 白翅拟蛱蝶

Mynes talboti Juriaane *et* Volbreda 鼹鼠拟蛱蝶

Mynes websteri Grose-Smith 斜带拟蛱蝶

Mynes woodfordi Godman *et* Salvin 伍德拟蛱蝶

myo-inositol 肌醇

myoalbumin 肌白蛋白

myoblast 成肌细胞

Myocalandra 迈象甲属

Myocalandra exarata (Boheman) 埃迈象甲，埃迈象

myocardium 心肌壁

Myodochini 缢胸长蝽族

Myodopsylla 耳蝠蚤属

Myodopsylla trisellis Jordan 三鞍耳蝠蚤

Myodris 迷树洞蝇亚属

myofibril 肌原纤维，肌细胞质纤维

myofibrilla [pl. myofibrillae] 肌原纤维

myofibrillae [s. myofibrilla] 肌原纤维

myofilament 肌原丝

myofilin 胃动素

myogen 肌浆蛋白

myoglobin 肌红蛋白

myoglyphides 颈肌切 < 颈部后缘中的肌肉缺切，主要见于鞘翅目 Coleoptera 中 >

myohaematin 肌色素，肌高铁血红素，肌羟高铁血红素

Myoleja 迈实蝇属，苗利贾实蝇属

Myoleja alboscutellata (Wulp) 白盾迈实蝇，白盾苗利贾实蝇

Myoleja andobana Hancock 安迈实蝇，安多苗利贾实蝇

Myoleja angusta Wang 见 *Philophylla angusta*

Myoleja angustifascia Hering 见 *Flaviludia angustifascia*

Myoleja bicuneata Hardy 双楔斑迈实蝇，双楔斑苗利贾实蝇

Myoleja bimaculata Hardy 双斑迈实蝇，双斑苗利贾实蝇

Myoleja boninensis (Ito) 日本迈实蝇，日本苗利贾实蝇

Myoleja chuanensis Wang 见 *Philophylla chuanensis*

Myoleja conjuncta (de Meijere) 连迈实蝇，康朱苗利贾实蝇

Myoleja connexa (Hendel) 见 *Philophylla connexa*

Myoleja discreta Wang 见 *Philophylla discreta*

Myoleja disjuncta Hardy 黑色迈实蝇，黑色苗利贾实蝇

Myoleja diversa Wang 见 *Philophylla diversa*

Myoleja erebia (Hering) 埃迈实蝇，埃蕾苗利贾实蝇

Myoleja flavonigra Hendel 见 *Morinowotome flavonigra*

Myoleja formosana Shiraki 见 *Acidiella formosana*

Myoleja fossata (Fabricius) 见 *Philophylla fossata*

Myoleja humeralis (Hendel) 见 *Philophylla humeralis*

Myoleja ismayi Hardy 伊氏迈实蝇，伊斯梅苗利贾实蝇

Myoleja longipennis (Hendel) 缅甸迈实蝇，缅甸苗利贾实蝇

Myoleja mailaka Hancock 迈拉卡迈实蝇，迈拉卡苗利贾实蝇

Myoleja mindanaoensis Hardy 棉兰老迈实蝇，棉兰老苗利贾实蝇

Myoleja montana Wang 山地迈实蝇，蒙塔拉苗利贾实蝇

Myoleja nigrescens (Shiraki) 见 *Philophylla nigrescens*

Myoleja nigripennis Hardy 黑翅迈实蝇，黑毛苗利贾实蝇

Myoleja nigroscutellata (Hering) 见 *Philophylla nigroscutellata*

Myoleja nitida Hardy 光迈实蝇，尼特苗利贾实蝇

Myoleja parallela (de Meijere) 平行迈实蝇，帕拉苗利贾实蝇

Myoleja perineta Hancock 东马达迈实蝇，东马达苗利贾实蝇

Myoleja propreincerta Hardy 普罗迈实蝇，普罗苗利贾实蝇

Myoleja quadrinota Hardy 方斑迈实蝇，方斑苗利贾实蝇

Myoleja radiata Hardy 见 *Philophylla radiata*
Myoleja ravida Hardy 见 *Philophylla ravida*
Myoleja reclusa Hardy 分离迈实蝇，分离苗利贾实蝇
Myoleja sandrangato Hancock 山迪迈实蝇，山迪苗利贾实蝇
Myoleja setigera Hardy 见 *Philophylla setigera*
Myoleja shirakii Hardy 白水迈实蝇，斯拉基苗利贾实蝇
Myoleja sinensis (Zia) 中华迈实蝇，华苗利贾实蝇
Myoleja superflucta (Enderlein) 见 *Philophylla superflucta*
Myoleja taylori (Malloch) 塔氏迈实蝇，塔罗苗利贾实蝇
Myoleja tsaratanana Hancock 特沙迈实蝇，特沙苗利贾实蝇
Myoleja unicuneata Hardy 单斑迈实蝇，单斑苗利贾实蝇
Myolepta 瘦黑蚜蝇属
Myolepta bimaculata Chu *et* He 双斑瘦黑蚜蝇
Myolepta sinica Chu *et* He 中华瘦黑蚜蝇
Myolepta vittata Chu *et* He 条背瘦黑蚜蝇
myology 肌学
Myopa 虻眼蝇属
Myopa buccata (Linnaeus) 颊虻眼蝇
Myopa curta Kröber 短虻眼蝇
Myopa dorsalis Fabricius 裸板虻眼蝇，背虻眼蝇
Myopa fasciata Meigen 裸脸虻眼蝇
Myopa pellucida Robineau-Desvoidy 欧洲虻眼蝇
Myopa picta Panzer 绣虻眼蝇
Myopa polystigma Róndani 毛虻眼蝇
Myopa sinensis Chen 唐虻眼蝇
Myopa tessellatipennis Motschulsky 纹虻眼蝇
Myopa testacea (Linnaeus) 砖虻眼蝇
Myopa variegata Meigen 网腹虻眼蝇
Myopa variegata asiatica Kröber 同 *Myopa variegata variegata*
Myopa variegata variegata Meigen 网腹虻眼蝇指名亚种
Myophthiria 雀虱蝇属
Myophthiria reduvioides Róndani 金丝雀虱蝇
Myopias nops Willey *et* Brown 台湾迈蚁
Myopina 广额花蝇属
Myopina myopina Wang 膨跗广额花蝇
Myopinae 短腹眼蝇亚科
Myopinini 广额花蝇族
Myopites 苗皮实蝇属
Myopites shirakii (Munro) 素木苗皮实蝇，素木优利实蝇
Myopitini 瘿实蝇族，苗皮实蝇族
myoplasm 肌质，肌浆
Myopopone 矛猛蚁属
Myopopone castanea (Smith) 红矛猛蚁
Myopothrips 胫齿管蓟马属
Myopothrips amazonicus Hood 亚胫齿管蓟马
Myopothrips symplocobius Priesner 胫齿管蓟马
Myopotta 迷眼蝇属
Myopotta pallipes (Wiedemann) 淡色迷眼蝇
myoprotein 肌蛋白
myopsocid 1. [= myopsocid barklouse, mouse-like barklouse] 鼠蛄，星蛄 < 鼠蛄科 Myopsocidae 昆虫的通称 >；2. 鼠蛄科的
myopsocid barklouse [= myopsocid, mouse-like barklouse] 鼠蛄，星蛄
Myopsocidae 鼠蛄科，星蛄科，星啮虫科
Myopsocinae 鼠蛄亚科
Myopsocus 鼠蛄属
Myopsocus yunnanicus Li 云南鼠蛄
Myorhina 细麻蝇亚属
Myosides 糙象甲
Myosides formosanus Morimoto *et* Lee 同 *Myosides marshalli*
Myosides marshalli (Heller) 台湾糙象甲，台湾糙象
Myosides morimotoi Borovec 森本糙象甲
myosin 肌凝蛋白，肌球蛋白
myosinogen 肌浆蛋白
Myosoma 蝇态茧蜂属
Myosoma longidorsata Chen *et* Yang 长背蝇态茧蜂
Myosomatoides 近蝇态茧蜂属
Myosomatoides quickei Chen *et* Yang 奎克近蝇态茧蜂
Myospila 妙蝇属
Myospila acrula Wei 弯端妙蝇
Myospila angustifrons (Malloch) 狭额妙蝇
Myospila apicaliciliola Xue *et* Tian 端毛妙蝇
Myospila argentata (Walker) 银额妙蝇，银色妙蝇
Myospila armata Snyder 武妙蝇
Myospila ateripraefemura Feng 黑前股妙蝇
Myospila basilara Wei 基妙蝇
Myospila bina (Wiedemann) 双色妙蝇，广东妙蝇
Myospila binoides Feng 拟双色妙蝇
Myospila boseica Feng 百色妙蝇
Myospila breviscutellata (Xue *et* Kuang) 短盾妙蝇，短盾圆蝇
Myospila bruma Feng 冬妙蝇
Myospila brunettiana (Enderlein) 布氏妙蝇
Myospila brunnea Feng 棕色妙蝇
Myospila brunneusa Wei 褐妙蝇
Myospila cetera Wei 余妙蝇
Myospila changzhenga Feng 长征妙蝇
Myospila elongata (Emden) 移妙蝇
Myospila emeishanensis Feng 峨眉妙蝇
Myospila femorata (Malloch) 黄股妙蝇，沙巴妙蝇
Myospila fengi Wei 冯氏妙蝇
Myospila flavibasis (Malloch) 黄基妙蝇，黄色妙蝇
Myospila flavibasisoides Wei 肖黄基妙蝇
Myospila flavihumera Feng 黄肩妙蝇
Myospila flavihumeroides Feng 类黄肩妙蝇
Myospila flavilauta Xue *et* Li 黄净妙蝇
Myospila flavilobulusa Wei 黄叶妙蝇
Myospila flavipedis Shinonaga *et* Huang 黄足妙蝇
Myospila flavipennis (Malloch) 黄翅妙蝇
Myospila frigora Qian *et* Feng 寒妙蝇
Myospila frigoroida Qian *et* Feng 类寒妙蝇
Myospila fuscicoxa (Li) 暗基妙蝇
Myospila fuscicoxoides Xue *et* Lin 拟暗基妙蝇
Myospila guangdonga Xue 广东妙蝇
Myospila hainanensis Xue 海南妙蝇
Myospila kangdingica Qian *et* Feng 康定妙蝇
Myospila laevis (Stein) 棕跗妙蝇，平滑妙蝇
Myospila lasiophthalma (Emden) 毛眼妙蝇
Myospila latifrons Wei 宽额妙蝇
Myospila lauta (Stein) 净妙蝇，华丽妙蝇
Myospila lautoides Feng 似净妙蝇

Myospila lenticeps (Thomson) 扁头妙蝇
Myospila longa Wei 长妙蝇
Myospila maoershanensis Xue *et* Tian 猫儿山妙蝇
Myospila meditabunda (Fabricius) 欧妙蝇
Myospila meditabunda angustifrons (Malloch) 见 *Myospila angustifrons*
Myospila meditabunda brunettiana (Enderlein) 见 *Myospila brunettiana*
Myospila meditabunda meditabunda (Fabricius) 欧妙蝇指名亚种
Myospila mimelongata Feng 仿移妙蝇
Myospila mingshanana Feng 名山妙蝇
Myospila nigrifemura Feng 黑股妙蝇
Myospila paralasiophthalma Wei 亚毛眼妙蝇
Myospila paratrochanterata Wei 亚转妙蝇
Myospila piliungulis Xue *et* Yang 毛爪妙蝇
Myospila piliungulisoides Wei 亚毛爪妙蝇
Myospila ponti Xue *et* Liu 庞特妙蝇
Myospila pudica (Stein) 怯妙蝇，寡毛妙蝇
Myospila ruficornica Wei 绯角妙蝇
Myospila rufomarginata (Malloch) 红缘妙蝇
Myospila setipennis (Malloch) 鬃翅妙蝇
Myospila sparsiseta (Stein) 少鬃妙蝇
Myospila subbruma Feng 亚冬妙蝇
Myospila subflavibasis Wei 亚黄基妙蝇
Myospila subflavipennis Xue *et* Tian 类黄翅妙蝇
Myospila subflavitibia Wei 亚黄胫妙蝇
Myospila sublauta Wei 亚净妙蝇
Myospila subtenax Xue 肖韧妙蝇
Myospila tenax (Stein) 束带妙蝇，香港妙蝇
Myospila tianmushanica Feng 天目妙蝇
Myospila trochanterata (Emden) 转妙蝇
Myospila vernata Feng 春妙蝇
Myospila vittata Wei 条妙蝇
Myospila xanthisma Shinonaga *et* Huang 黄体妙蝇
Myospila xuthosa Wei 黄褐妙蝇
myosuppressin 肌肉抑制素
myosuppressin peptide 肌红蛋白抑制肽
myotome 肌节，生肌节
Myrhessus 糙蜉金龟甲属
Myrhessus samurai (Balthasar) 五蒙糙蜉金龟甲，五蒙蜉金龟，萨皱蜉金龟
myrica whitefly [= bayberry whitefly, Japanese bayberry whitefly, tamarisk whitefly, mulberry whitefly, *Parabemisia myricae* (Kuwana)] 杨梅类伯粉虱，杨梅粉虱，杨梅缘粉虱，柽柳粉虱，桑粉虱，桑虱，白虱
Myricomyia pongamiae Mani 水黄皮瘿蚊
Myridae 有异议之词，可见于双翅目 Diptera 昆虫中的一科名（拟蜂虻科）、半翅目 Hemiptera 盲蝽科 Miridae 的异名、膜翅目 Hymenoptera 小蜂总科的一科名及辐鳍鱼纲 Actinopterygii 鳗鲡目 Anguilliformes 的一科名
Myrina 宽尾灰蝶属
Myrina dermaptera (Wallengren) [lesser fig-tree blue, scarce fig-tree blue] 带宽尾灰蝶
Myrina sharpie Bathune-Baker [Sharpe's fig tree blue] 沙宽尾灰蝶
Myrina silenus (Fabricius) [common fig-tree blue] 宽尾灰蝶
Myrina subornata Lathy [West African fig-tree blue, small fig blue] 苏宽尾灰蝶
Myrinia 敏弄蝶属
Myrinia myris (Mabille) [myris skipper] 敏弄蝶
Myrioblephara 毛角尺蛾属，繁尺蛾属
Myrioblephara bifiduncus Satô *et* Wang 叉繁尺蛾
Myrioblephara cilicornaria (Püngeler) 绿碎毛角尺蛾，绿碎纹繁尺蛾
Myrioblephara decoraria (Leech) 丽毛角尺蛾，丽霜尺蛾
Myrioblephara duplexa (Moore) 双弓毛角尺蛾
Myrioblephara duplexa duplexa (Moore) 双弓毛角尺蛾指名亚种
Myrioblephara duplexa eoduplexa (Wehrli) 双弓毛角尺蛾郁度亚种，郁倍霜尺蛾
Myrioblephara duplexa nigrilinearia (Leech) 双弓毛角尺蛾黑线亚种，黑线倍霜尺蛾
Myrioblephara embolochroma (Prout) 嵌毛角尺蛾
Myrioblephara fenchihuana Satô 奋起湖毛角尺蛾，奋起湖麦尺蛾，奋起湖繁尺蛾，奋起湖碎纹尺蛾
Myrioblephara guilinensis Satô *et* Wang 桂毛角尺蛾
Myrioblephara idaeoides (Moore) 依毛角尺蛾，依霜尺蛾
Myrioblephara idaeoides kiangsuensis (Wehrli) 见 *Myrioblephara kiangsuensis*
Myrioblephara kiangsuensis (Wehrli) 江苏毛角尺蛾，苏依霜尺蛾
Myrioblephara marmorata (Moore) 格毛角尺蛾
Myrioblephara nanlingensis Satô *et* Wang 南岭毛角尺蛾，南岭繁尺蛾
Myrioblephara semifascia Bastelberger 见 *Anectropis semifascia*
Myrioblephara simplaria (Swinhoe) 弯线毛角尺蛾，简繁尺蛾，弯线碎纹尺蛾
Myriochila 多虎甲属 <此属学名有误写为 *Myriochile* 者>
Myriochila atelesta (Chaudvoir) 阿多虎甲
Myriochila melancholica (Fabricius) 黑多虎甲
Myriochila orientalis (Dejean) 东方多虎甲
Myriochila sinica (Fleutiaux) 华多虎甲
Myriochila specularis (Chaudoir) 特多虎甲，散纹虎甲，镜面虎甲
Myriochila specularis specularis (Chaudoir) 特多虎甲指名亚种
Myriochila specularis suensoni (Mandl) 特多虎甲苏氏亚种，苏特多虎甲
Myriochila speculifera (Chevrolat) 小镜斑多虎甲，小镜斑虎甲虫
Myriochila speculifera speculifera (Chevrolat) 小镜斑多虎甲指名亚种
Myriochila speculifera suensoni (Mandl) 小镜斑多虎甲苏氏亚种，苏特多虎甲
Myriochila undulata (Dejean) 波多虎甲
myris skipper [*Myrinia myris* (Mabille)] 敏弄蝶
Myrmecaelurini 囊蚁族
Myrmecaelurus 囊蚁蛉属
Myrmecaelurus immanis (Walker) 见 *Myrmeleon immanis*
Myrmecaelurus ingradatus Yang 同 *Cueta sauteri*
Myrmecaelurus major McLachlan 大囊蚁蛉，首囊蚁蛉
Myrmecaelurus medialis (Navás) 同 *Myrmeleon immanis*
Myrmecaelurus nigrigradatus Yang 同 *Cueta sauteri*
Myrmecaelurus polyneurus Yang 同 *Cueta sauteri*
Myrmecaelurus saevus (Walker) 萨囊蚁蛉，色囊蚁蛉

Myrmecaelurus simplicis Krivokhatsky 见 *Nohoveus simplicis*
Myrmecaelurus vaillanti Navás 瓦囊蚁蛉
Myrmecaelurus zigan Aspöck, Aspöck *et* Hölzel 见 *Nohoveus zigan*
Myrmecina 切叶蚁属，黑艳家蚁属
Myrmecina asiatica Okido, Ogata *et* Hosoishi 亚洲切叶蚁
Myrmecina asthena Okido, Ogata *et* Hosoishi 弱切叶蚁
Myrmecina bamula Zhou, Huang *et* Ma 钩胸切叶蚁
Myrmecina graminicola (Latreille) 食草切叶蚁
Myrmecina graminicola graminicola (Latreille) 食草切叶蚁指名亚种
Myrmecina graminicola nipponica Wheeler 食草切叶蚁日本亚种，日食草切叶蚁
Myrmecina graminicola sinensis Wheeler 食草切叶蚁中国亚种，中食草切叶蚁
Myrmecina kaigong Terayama 开公切叶蚁，开公黑艳家蚁
Myrmecina pauca Huang, Huang *et* Zhou 少节切叶蚁
Myrmecina sauteri Forel 邵氏切叶蚁，邵氏黑艳蚁，索氏切叶蚁，邵氏黑艳家蚁
Myrmecina striata Emery 条纹切叶蚁
Myrmecina strigis Lin *et* Wu 切叶蚁，条纹黑艳家蚁
Myrmecina taiwana Terayama 台湾切叶蚁，台湾黑艳蚁，台湾黑艳家蚁
Myrmecinini 切叶蚁族，黑艳家蚁族
myrmecobromous 供蚁食的 < 常为植物 >
Myrmecocephalus 脊盾隐翅甲属，蚁头隐翅甲属
Myrmecocephalus alutipennis (Cameron) 细沟脊盾隐翅甲
Myrmecocephalus brevisulcus (Pace) 短沟脊盾隐翅甲
Myrmecocephalus concinna (Erichson) 齐背盾隐翅甲，齐蚁头隐翅甲
Myrmecocephalus dimidiata (Motschulsky) 密点背盾隐翅甲，分蚁头隐翅甲
Myrmecocephalus madurensis (Bernhauer) 枚背盾隐翅甲，马蚁头隐翅甲
Myrmecocephalus pallipennis (Cameron) 黄褐脊盾隐翅甲
Myrmecocephalus seminitens (Cameron) 暗尾脊盾隐翅甲
Myrmecocephalus simplex (Sharp) 简背盾隐翅甲，简蚁头隐翅甲
Myrmecocephalus taiwaelegans (Pace) 台丽脊盾隐翅甲
Myrmecocephalus xishanensis (Pace) 黄翅脊盾隐翅甲
Myrmecocephalus zhejiangensis (Pace) 浙江脊盾隐翅甲，浙江蚁头隐翅甲
myrmecochorous 蚁传布的
myrmecochory 蚁播
myrmecoclepty 蚁客共生
myrmecocole 栖蚁塚动物
Myrmecocystus 蜜罐蚁属
Myrmecocystus creightoni Snelling 克氏蜜罐蚁
Myrmecocystus mexicanus Wesmael 墨西哥蜜罐蚁
Myrmecocystus navajo Wheeler 纳瓦霍蜜罐蚁
Myrmecocystus placodops Forel 平胸蜜罐蚁，平眼蜜罐蚁
Myrmecocystus testaceus Emery 黄褐蜜罐蚁，甲壳蜜罐蚁
myrmecodomatia 植物蚁巢
myrmecolacid 1. [= myrmecolacid strepsipteran] 蚁蝙 < 蚁蝙科 Myrmecolacidae 昆虫的通称 >；2. 蚁蝙科的
myrmecolacid strepsipteran [= myrmecolacid] 蚁蝙
Myrmecolacidae 蚁蝙科，蚁捻翅科，钩捻翅虫科，蚁捻翅虫科
Myrmecolax 蚁蝙属
Myrmecolax arcuatus Lu *et* Liu 弓雄蚁蝙
Myrmecolax bifurcatus Kathirithamby 双叉蚁蝙
Myrmecolax malayensis Kathirithamby 马来蚁蝙
Myrmecolax pachygnathus Lu *et* Liu 宽须蚁蝙
myrmecological 蚁学的
Myrmecological News 蚁学新闻 < 期刊名 >
myrmecologist 蚁学家
myrmecology 蚁学
myrmecolous 栖蚁塚的
myrmecomorphy 拟蚁现象
Myrmecomyiinae 蚁扁口蝇亚科
myrmecophage 食蚁类 < 指捕蚁动物 (包括昆虫)，如蜘蛛类、蚁狮等，但不包括“食客” >
Myrmecophasma 蚁囊花萤属
Myrmecophasma fukiensis Evers 闽蚁囊花萤
Myrmecophila formosana Shiraki 同 *Myrmecophilus formosanus*
myrmecophile 1. 蚁塚动物；2. 蚁塚昆虫；3. 喜蚁昆虫
myrmecophilid 1. [= myrmecophilid cricket, ant-living cricket, ant cricket] 蚁蟋 < 蚁蟋科 Myrmecophilidae 昆虫的通称 >；2. 蚁蟋科的
myrmecophilid cricket [= myrmecophilid, ant-living cricket, ant cricket] 蚁蟋
Myrmecophilidae 蚁蟋科
Myrmecophilinae 蚁蟋亚科
Myrmecophilini 蚁蟋族
myrmecophilous 喜蚁的
myrmecophilous organ 诱蚁器，喜蚁器
Myrmecophilus 蚁蟋属
Myrmecophilus formosanus Shiraki 台湾蚁蟋
Myrmecophilus quadrispinus Perkins 四刺蚁蟋
Myrmecophilus sinicus Bey-Bienko 中华蚁蟋
myrmecophily 1. 喜蚁性；2. 诱蚁性 < 常为植物 >
myrmecophobic 拒蚁的，拒蚁植物的
myrmecophyte 蚁植物
Myrmecopora 蚁孔隐翅甲属
Myrmecopora chinensis Cameron 华蚁孔隐翅甲，华蚁孔隐翅虫
Myrmecopsis 蚁灯蛾属
Myrmecopsis strigosa (Druce) 淡端蚁灯蛾
Myrmecoptinus 蚁蛛甲属
Myrmecoptinus kuronis (Ohta) 库蚁蛛甲，库蛛甲
Myrmecoptinus sauteri (Pic) 绍德蚁蛛甲，索氏蛛甲
Myrmecoris 蚁盲蝽属
Myrmecoris gracilis (Sahlberg) 蚁盲蝽
Myrmecosepsis 蚁秆蝇属
Myrmecosepsis hystrix Kertész 豪猪蚁秆蝇，豪猪秆蝇
myrmecotrophic 蚁食的
myrmecoxene 蚁客；蚁真客
myrmecoxenous 供蚁食住的 < 常为植物 >
Myrmecozela dzhungarica Zaguljaev 准噶尔迈谷蛾
Myrmedoniina 蚁穴隐翅甲亚族
Myrmeleomastax pulvinella Yin 小垫蚁蜢
Myrmeleon 蚁蛉属
Myrmeleon aegyptiacus Rambur 见 *Creoleon aegyptiacus*
Myrmeleon alticola Miller *et* Stange 褐跗蚁蛉

Myrmeleon ambiguus Klapálek 同 *Myrmeleon immanis*
Myrmeleon asakurae Okamoto 见 *Hagenomyia asakurae*
Myrmeleon bilunis Hagen 同 *Deutoleon lineatus*
Myrmeleon bimaculatus Yang 双斑蚁蛉
Myrmeleon bore (Tjeder) 钩臀蚁蛉，播穴蚁蛉
Myrmeleon circulis Bao *et* Wang 环蚁蛉
Myrmeleon coalitus Yang 见 *Hagenomyia coalita*
Myrmeleon exigus Yang 同 *Myrmeleon bimaculatus*
Myrmeleon falcipennis Costa 同 *Creoleon aegyptiacus*
Myrmeleon ferrugineipennis Bao, Wang *et* Liu 锈翅蚁蛉
Myrmeleon formicalynx (Linnaeus) 同 *Myrmeleon fomicarius*
Myrmeleon fomicarius Linnaeus 泛蚁蛉，蚁穴蚁蛉，胸毛沙阱蚁蛉
Myrmeleon fuscus Yang 棕蚁蛉
Myrmeleon heppneri Miller *et* Stange 海氏蚁蛉
Myrmeleon immanis Walker 浅蚁蛉
Myrmeleon inclusa Walker 见 *Stiphroneura inclusa*
Myrmeleon innotatus Rambur 同 *Myrmeleon fomicarius*
Myrmeleon krempfi Navás 克瑞蚁蛉
Myrmeleon lineatus Fabricius 见 *Deutoleon lineatus*
Myrmeleon lineosa Rambur 见 *Cueta lineosa*
Myrmeleon littoralis Miller *et* Stange 胸纹蚁蛉
Myrmeleon medialis Navás 同 *Myrmeleon immanis*
Myrmeleon micans MacLachlan 见 *Baliga micans*
Myrmeleon murinus Klug 同 *Creoleon plumbeus*
Myrmeleon nekkacus Okamoto 内卡蚁蛉
Myrmeleon neutrus Fisher von Waldheim 同 *Myrmeleon fomicarius*
Myrmeleon nigricans Matsumura 见 *Distoleon nigricans*
Myrmeleon nigricans Okamoto 同 *Myrmeleon fomicarius*
Myrmeleon obscurus Rambur 褐蚁蛉
Myrmeleon ochraceopennis Nakahara 同 *Hagenomyia asakurae*
Myrmeleon ornatum Olivier 同 *Deutoleon lineatus*
Myrmeleon persimilis Miller *et* Stange 臀腋蚁蛉
Myrmeleon plumbeus Olivier 见 *Creoleon plumbeus*
Myrmeleon polyspilus Gerstaecker 见 *Euroleon polyspilus*
Myrmeleon procubitalis Navás 同 *Myrmeleon immanis*
Myrmeleon punctinervis Banks 沙阱蚁蛉，沙井蚁蛉，点脉穴蚁蛉
Myrmeleon sagax Walker 见 *Hagenomyia sagax*
Myrmeleon sibiricus Fisher von Waldheim 同 *Deutoleon lineatus*
Myrmeleon solers Walker 苏勒蚁蛉，索格蚁蛉
Myrmeleon submaculosus Rambur 同 *Creoleon aegyptiacus*
Myrmeleon tabidus Eversmann 同 *Creoleon plumbeus*
Myrmeleon taiwanensis Miller *et* Stange 台湾蚁蛉
Myrmeleon tenuipennis Rambur 窄翅蚁蛉
Myrmeleon trigonois Bao *et* Wang 角蚁蛉
Myrmeleon trivialis Gerstaecker 狭翅蚁蛉
Myrmeleon v-nigrum Rambur 同 *Creoleon aegyptiacus*
Myrmeleon wangi Miller *et* Stange 王氏蚁蛉
Myrmeleon wangxinlii Ábrahám 心丽蚁蛉
Myrmeleon zanganus Yang 同 *Myrmeleon trivialis*
Myrmeleoninae 蚁蛉亚科
myrmeleontid 1. [= myrmeleontid lacewing insect, ant lion, antlion, doodle bug, doodlebug] 蚁蛉 < 蚁蛉科 Myrmeleontidae 昆虫的通称 >; 2. 蚁蛉科的
myrmeleontid lacewing insect [= myrmeleontid, ant lion, antlion, doodle bug, doodlebug] 蚁蛉
Myrmeleontidae 蚁蛉科 < 该科学名有时被误写为 Myrmeleonidae >
Myrmeleontiformia 蚁蛉亚目
Myrmeleontinae 蚁蛉亚科
Myrmeleontini 蚁蛉族
Myrmeleontoidea 蚁蛉总科
Myrmeleotettix 蚁蝗属
Myrmeleotettix angustiseptus Liu 狭隔蚁蝗
Myrmeleotettix brachypterus Liu 短翅蚁蝗
Myrmeleotettix kunlunensis Huang 昆仑蚁蝗
Myrmeleotettix longipennis Zhang 长翅蚁蝗
Myrmeleotettix maculatus (Thunberg) 多斑箭须蚁蝗
Myrmeleotettix pallidus (Brunner von Wattenwyl) 荒漠蚁蝗
Myrmeleotettix palpalis (Zubowsky) 宽须蚁蝗
Myrmeleotettix pluridentis Liang 多齿蚁蝗
Myrmexocentrus 蚁型天牛属
Myrmexocentrus quadrimaculatus Hayashi 四纹蚁型天牛，稀斑蚁勾天牛
Myrmica 红蚁属，家蚁属
Myrmica aloba Forel 阿罗巴红蚁
Myrmica angulata Radchenko, Zhou *et* Elmes 曲柄红蚁
Myrmica angulinodis Ruzsky 角结红蚁
Myrmica arisana Wheeler 阿里山红蚁，阿里山家蚁
Myrmica bactriana Ruzsky 棒结红蚁
Myrmica cachmiriensis Forel 卡麦红蚁
Myrmica chinensis Viehmeyer 同 *Myrmica kotokui*
Myrmica curiosa Radchenko, Zhou *et* Elmes 稀奇红蚁
Myrmica deplanata Ruzsky 平伸红蚁
Myrmica dongi Chen, Zhou *et* Huang 董其昌红蚁
Myrmica draco Radchenko, Zhou *et* Elmes 龙红蚁
Myrmica eidmanni Menozzi 爱德曼红蚁
Myrmica excelsa Kupyanskaya 中华红蚁，高尚红蚁
Myrmica forcipata Karavajev 钳刺红蚁
Myrmica formosae Wheeler 同 *Myrmica pulchella*
Myrmica gallienii Bondroit 嘉氏红蚁，盖列尼红蚁
Myrmica helleri Viehmeyer 同 *Myrmica kotokui*
Myrmica heterorhytida Radchenko *et* Elmes 异皱红蚁
Myrmica hlavaci Radchenko *et* Elmes 哈氏红蚁
Myrmica huaii Chen, Zhou *et* Huang 怀素红蚁
Myrmica inezae Forel 伊内兹氏红蚁
Myrmica jessensis Forel 吉市红蚁
Myrmica koreana Elmes, Radchenko *et* Kim 韩国红蚁
Myrmica kotokui Forel 幸德红蚁
Myrmica kozlovi Ruzsky 柯氏红蚁
Myrmica kozlovi kozlovi Ruzsky 柯氏红蚁指名亚种
Myrmica kozlovi mekongi Ruzsky 同 *Myrmica kozlovi kozlovi*
Myrmica kozlovi subalpina Ruzsky 同 *Myrmica kozlovi kozlovi*
Myrmica kurokii Forel 黑木红蚁
Myrmica kurokii tipuna Santschi 同 *Myrmica arisana*
Myrmica limanica Arnoldi 里曼红蚁
Myrmica liui Chen, Zhou *et* Huang 柳公权氏红蚁
Myrmica lobicornis Nylander 弯角红蚁
Myrmica luteola Kupyanskaya 浅黄红蚁
Myrmica margaritae Emery 马氏红蚁，马格丽特氏红蚁，马格丽特红蚁，玛杨梅蚁

Myrmica margaritae formosae Wheeler 同 *Myrmica pulchella*
Myrmica margaritae margaritae Emery 马氏红蚁指名亚种
Myrmica margaritae pulchella Santschi 见 *Myrmica pulchella*
Myrmica mifui Chen, Zhou *et* Huang 米芾红蚁
Myrmica mirabilis Elmes *et* Radchenko 奇异红蚁，巨红蚁，巨家蚁
Myrmica mixta Radchenko *et* Elmes 混合红蚁
Myrmica multiplex Radchenko *et* Elmes 杂刻红蚁
Myrmica oui Chen, Zhou *et* Huang 欧阳询红蚁
Myrmica pararitae Radchenko *et* Elmes 拟丽塔红蚁
Myrmica phalacra Radchenko *et* Elmes 光头红蚁
Myrmica pleiorhytida Radchenko *et* Elmes 多皱红蚁
Myrmica poldii Radchenko *et* Rigato 波氏红蚁
Myrmica polyglypta Radchenko *et* Rigato 皱胸红蚁
Myrmica pulchella Santschi 娇媚红蚁，蓬莱家蚁，丽马氏红蚁，小美红蚁
Myrmica ritae Emery 丽塔红蚁
Myrmica rubra (Linnaeus) 小红蚁
Myrmica ruginodis Nylander 皱结红蚁，皱背红蚁
Myrmica rugosa Mayr 皱红蚁
Myrmica rupestris Forel 岩栖红蚁
Myrmica ruzskyana Radchenko *et* Elmes 鲁茨基红蚁
Myrmica sabuleti Meinert 沙地红蚁
Myrmica saposhnikovi Rusky 萨氏红蚁
Myrmica scabrinodis Nylander 粗结红蚁
Myrmica scabrinodis schencki Emery 见 *Myrmica schencki*
Myrmica schencki Emery 谢氏红蚁，欣氏糙背红蚁
Myrmica schulzi Radchenko *et* Elmes 舒氏红蚁，舒尔茨红蚁
Myrmica sculptiventris Radchenko *et* Elmes 刻腹红蚁
Myrmica serica Wheeler 丝红蚁，丝家蚁
Myrmica sinensis Radchenko, Zhou *et* Elmes 南方红蚁
Myrmica sinica Wu *et* Wang 同 *Myrmica excelsa*
Myrmica sinoschencki Radchenko *et* Elmes 中申红蚁
Myrmica smythiesii Forel 史氏红蚁，史密西红蚁
Myrmica smythiesii exigua Ruzsky 史氏红蚁短小亚种，短刺红蚁，埃史迈氏红蚁
Myrmica smythiesii smythiesii Forel 史氏红蚁指名亚种
Myrmica stangeana Ruzsky 立颊红蚁
Myrmica sulcinodis Nylander 纵沟红蚁
Myrmica taediosa Bolton 厌红蚁
Myrmica taibaiensis Wei, Zhou *et* Liu 太白红蚁
Myrmica tibetana Mayr 西藏红蚁
Myrmica tipuna Santschi 黄毛红蚁
Myrmica transsibirica Radchenko 西伯红蚁
Myrmica tulinae Elmes, Radchenko *et* Aktaç 图林红蚁
Myrmica urbanii Radchenko *et* Elmes 乌尔班红蚁
Myrmica vandeli Bondroit 封黛尔红蚁
Myrmica wangi Chen, Zhou *et* Huang 王羲之红蚁
Myrmica weii Radchenko *et* Zhou 魏氏红蚁
Myrmica wesmaeli Bondroit 威氏红蚁
Myrmica yani Chen, Zhou *et* Huang 颜真卿红蚁
Myrmica yunnanensis Radchenko *et* Elmes 云南红蚁
Myrmica zhengi Ma *et* Xu 同 *Myrmica luteola*
Myrmicaria 脊红蚁属
Myrmicaria brunnea Saunders 褐色脊红蚁
Myrmicinae 切叶蚁亚科，家蚁亚科
Myrmicini 红蚁族，家蚁族
Myrmicophila 梨蚁甲属
Myrmicophila motuoensis Yin 汤氏梨蚁甲
Myrmicophila tangliangi Yin *et* Li 汤氏梨蚁甲
Myrmilla 假蚁蜂属
Myrmilla propodealis Skorikov 普假蚁蜂，普梅蚁蜂
myrmosid 1. [= myrmosid wasp] 拟蚁蜂，节腹蚁蜂 < 拟蚁蜂科 Myrmosidae 昆虫的通称 >；2. 拟蚁蜂科的
myrmosid wasp [= myrmosid] 拟蚁蜂，节腹蚁蜂
Myrmosidae 拟蚁蜂科，节腹蚁蜂科
Myrmosinae 拟蚁蜂亚科
Myrmosini 拟蚁蜂族
Myrmus 迷缘蝽属
Myrmus calcaratus Reuter 异角迷缘蝽
Myrmus glabellus Horváth 细角迷缘蝽
Myrmus lateralis Hsiao 黄边迷缘蝽
Myrmus miriformis (Fallén) 甘肃迷缘蝽
Myrmus miriformis gracilis Lindberg 甘肃迷缘蝽短毛亚种，短毛迷缘蝽
Myrmus miriformis miriformis (Fallén) 甘肃迷缘蝽指名亚种
Myrochea 独蝽属
Myrochea gyirongnensis (Lin *et* Zhang) 吉隆独蝽，西藏朵蝽
Myrochea kershawi (Kirkaldy) 澳门独蝽，克氏朵蝽
myrrhina sailor [*Dynamine myrrhina* Doubleday] 没药权蛱蝶
Myrsidea 迷鸟虱属
Myrsidea abborrens (Zlotorzycka) 灰伯劳迷鸟虱
Myrsidea aegithali Blogovestshensky 银喉山雀迷鸟虱
Myrsidea anaspila (Nitzsch) 渡鸦迷鸟虱
Myrsidea anathorax (Nitzsch) 寒鸦迷鸟虱
Myrsidea assamensis Tandan 印噪鹛迷鸟虱
Myrsidea bakttitar (Ansari) 丽家鸦迷禽虱
Myrsidea bhutanensis Tandan 栗颈噪鹛迷鸟虱
Myrsidea branderi Zlotorzycka 同 *Myrsidea anathorax*
Myrsidea brunnea (Nitzsch) 星鸦迷鸟虱
Myrsidea carrikeri (Eichler) 雪鹀迷禽虱
Myrsidea chilchil Ansari 白喉噪鹛迷禽虱
Myrsidea clayae Klockenhoff 大嘴乌鸦迷鸟虱
Myrsidea cornicis (De Geer) 小嘴乌鸦迷鸟虱
Myrsidea cucullaris (Nitzsch) 紫翅椋鸟迷鸟虱
Myrsidea cyanopycae Uchida 灰喜鹊迷鸟虱
Myrsidea dauurica Klockenhoff 大乌里寒鸦迷鸟虱
Myrsidea dunkhunensis Ansari 白鹡鸰迷鸟虱
Myrsidea duplicata Tandan 红嘴钩嘴鹛迷鸟虱
Myrsidea erythrocephali Tandan 红头燥鹛迷禽虱
Myrsidea flavescens (Piaget) 八哥迷禽虱
Myrsidea franciscoloi Conci 河乌迷禽虱
Myrsidea indivisa (Nitzsch) 松鸦迷禽虱
Myrsidea insolita (Kellogg *et* Paine) 家鸦迷禽虱
Myrsidea interrupta (Osborn) 间迷禽虱
Myrsidea invadens (Kellogg *et* Chapman) 家八哥迷禽虱
Myrsidea latifrons (Carriker) 崖沙燕迷禽虱
Myrsidea longipecta (Uchida) 长胸迷禽虱
Myrsidea lyali Klockenhoff 苍头燕雀迷禽虱
Myrsidea lyallpurensis Ansari 同 *Myrsidea chilchil*
Myrsidea macraidoia Tandan 玛迷禽虱

Myrsidea major (Piaget) 同 *Myrsidea carrikeri*

Myrsidea malayensis Klockenhoff 马来迷禽虱

Myrsidea manipurensis Tandan 蓝翅噪鹛迷禽虱

Myrsidea monilegeri Tandan 小黑领噪鹛迷禽虱

Myrsidea nigra (Kellogg *et* Paine) 黑迷禽虱

Myrsidea orientalis Tandan 黑领噪鹛迷禽虱

Myrsidea patkaiensis Tandan 白冠噪鹛迷禽虱

Myrsidea penisularis Ansari 黑卷尾迷禽虱

Myrsidea picae (Linnaeus) 喜鹊迷禽虱

Myrsidea quadrifasciata (Piaget) 家麻雀迷禽虱

Myrsidea quadrimaculata (Carriker) 红交嘴雀迷禽虱

Myrsidea rustica (Giebel) 家燕迷禽虱

Myrsidea splendens Ansari 同 *Myrsidea bakttitar*

Myrsidea subdissimilis Uchida 白腹鹟迷禽虱

Myrsidea takayamai Uchida 灰山椒鸟迷禽虱

Myrsidea tibetana Klockenhoff *et* Schirmers 西藏渡鸦迷禽虱

Myrsidea trithorax (Piaget) 素木迷禽虱

Myrsidea troglodyti (Denny) 鹪鹩迷禽虱

Myrsidea urocissae (Uchida) 绿鹊迷禽虱

Myrson sailor [*Dynamine myrson* Doubleday] 黄萤权蛱蝶

Myrteta 皎尺蛾属

Myrteta angelica Butler 安皎尺蛾，澄尾斜带尺蛾

Myrteta argentaria Leech 黑星皎尺蛾

Myrteta interferenda Wehrli 间皎尺蛾，窄条麋尺蛾

Myrteta moupinaria Oberthür 牟平皎尺蛾，松潘皎尺蛾

Myrteta sericea (Butler) 聚线皎尺蛾

Myrteta sericea sericea (Butler) 聚线皎尺蛾指名亚种，指名聚线皎尺蛾

Myrteta sinensaria Leech 华皎尺蛾

Myrteta tinagmaria (Guenée) 清波皎尺蛾

Myrteta tinagmaria rubripunctata Wehrli 清波皎尺蛾红点亚种，红点清波皎尺蛾

Myrteta tinagmaria tinagmaria (Guenée) 清波皎尺蛾指名亚种，指名清波皎尺蛾

Myrteta tripunctaria Leech 三点皎尺蛾

myrtis metalmark [= dull setabis, *Setabis myrtis* (Westwood)] 米瑟蚬蝶

myrtle-leaf katydid [*Microcentrum myrtifolium* Saussure *et* Pictet] 叶角翅螽

mys euselasia [= variable euselasia, *Euselasia mys* (Herrich-Schäffer)] 木优蚬蝶

mys skipper [= spade-marked underskipper, *Zariaspes mys* (Hübner)] 铲斑彰弄蝶，彰弄蝶

Myscelia 鼠蛱蝶属

Myscelia antholia Godart 褐鼠蛱蝶

Myscelia capenas Hewitson [capenas bluewing] 白斑褐鼠蛱蝶

Myscelia cyananthe Felder *et* Felder [blackened bluewing] 蓝条黑鼠蛱蝶

Myscelia cyaniris Doubleday [blue wave, blue-banded purplewing, tropical blue wave, whitened bluewing, royal blue] 青鼠蛱蝶

Myscelia ethusa (Boisduval) [Mexican bluewing, MX bug, blue wing, royal blue butterfly] 白条蓝鼠蛱蝶

Myscelia leucocyana Felder [leucocyana bluewing] 白青鼠蛱蝶

Myscelia orsis (Drury) [orsis bluewing] 蓝云鼠蛱蝶

Myscelia pattenia Butler *et* Druce 耙鼠蛱蝶

Myscelia sophronia Godart 松鼠蛱蝶

Myscelus 白心弄蝶属

Myscelus amystis (Hewitson) 线纹白心弄蝶

Myscelus belti Godman *et* Salvin [Belt's myscelus] 红褐白心弄蝶

Myscelus epimachia (Herrich-Schäffer) 依白心弄蝶

Myscelus pardalina (Felder *et* Felder) 帕白心弄蝶

Myscelus pegasus Mabille 飞马白心弄蝶

Myscelus perissodora Dyar [Dyar's myscelus] 奇白心弄蝶

Myscelus phoronis (Hewitson) [phoronis myscelus] 白心弄蝶

Mysidioides 幂袖蜡蝉属

Mysidioides ariensis Muir 阿里幂袖蜡蝉

Mysidioides duellica Yang *et* Wu 云斑幂袖蜡蝉

Mysidioides infuscata Muir 暗色幂袖蜡蝉

Mysidioides maculata Muir 黑斑幂袖蜡蝉

Mysidioides nymphalba Yeh *et* Yang 若白幂袖蜡蝉

Mysidioides sapporoensis (Matsumura) 札幌幂袖蜡蝉

mysie cloudywing [*Codatractus mysie* (Dyar)] 圆翅铐弄蝶

Mysoria 尖蓝翅弄蝶属

Mysoria affinis (Herrich-Schäffer) [red-collared firetip] 阿非尖蓝翅弄蝶

Mysoria ambigua (Mabille *et* Boullet) [ambigua firetip] 混尖蓝翅弄蝶

Mysoria barcastus (Sepp) [barcastus firetip] 尖蓝翅弄蝶

Mystacanthophora 鳞毛条蜂亚属

Mystacides 须长角石蛾属，上突石蛾属

Mystacides dentatus Martynov 齿须长角石蛾，齿迈长角石蛾，棘齿上突石蛾

Mystacides elongatus Yamamoto *et* Ross 秀长须长角石蛾，长须长角石蛾，细长迈长角石蛾，长肢上突石蛾

Mystacides interjectus (Banks) 阴须长角石蛾，阴迈长角石蛾

Mystacides sibiricus Martynov 西伯须长角石蛾，西伯迈长角石蛾

Mystacides testaceus Navás 褐黄须长角石蛾，棕胸须长角石蛾，黄褐须长角石蛾

mystacine [= mystacinous] 有口毛的 < 指口或唇基上有缘毛的 >

mystacinous 见 mystacine

mystax 口鬃 < 见于双翅目 Diptera 昆虫，如食虫虻科 (Asilidae) 中，口上方及下颜下部的有毛区域 >

mystery armyworm [= African armyworm, black armyworm, nutgrass armyworm, true armyworm, hail worm, rain worm, *Spodoptera exempta* (Walker)] 非洲贪夜蛾，非洲黏虫，莎草黏虫

mystical euselasia [*Euselasia mystica* (Schaus)] 木斯优蚬蝶

Mystilus 篁盲蝽属

Mystilus priamus Distant 篁盲蝽，竹盲蝽

Mystrothrips 匙管蓟马属

Mystrothrips dammermani (Priesner) 齿匙管蓟马

Mystrothrips dilatus Mound 宽匙管蓟马

Mystrothrips flavidus Okajima 黄匙管蓟马

Mystrothrips japonicus (Bagnall) 日匙管蓟马

Mystrothrips longantennus Wang, Tong *et* Zhang 长角匙管蓟马

Mystrothrips nipponicus Okajima 岛匙管蓟马

Mythenteles 齐节蜂虻属，迷蜂虻属

Mythenteles asiatica (Evenhuis) 亚洲齐节蜂虻，亚洲迷蜂虻，亚洲迈蜂虻

Mythicomyia 脉蜂虻属

Mythicomyia asiatica Evenhuis 见 *Mythenteles asiatica*

mythicomyiid 1. [= mythicomyiid fly, micro bee fly] 脉蜂虻 < 脉蜂虻科 Mythicomyiidae 昆虫的通称 >; 2. 脉蜂虻科的

mythicomyiid fly [= mythicomyiid, micro bee fly] 脉蜂虻

Mythicomyiidae 脉蜂虻科
Mythicomyiinae 脉蜂虻亚科
Mythimna 秘夜蛾属，光腹夜蛾属
Mythimna albicosta (Moore) 见 *Analetia* (*Anapoma*) *albicosta*
Mythimna albiradiosa (Eversmann) 白辐秘夜蛾，白辐黏夜蛾
Mythimna albomarginata (Wileman *et* South) 白缘秘夜蛾，白边秘夜蛾
Mythimna albomarginata albomarginata (Wileman *et* South) 白缘秘夜蛾指名亚种
Mythimna albomarginata rubea Yoshimatsu 白缘秘夜蛾台湾亚种，白缘秘夜蛾
Mythimna albostriata Hreblay *et* Yoshimatsu 白纹秘夜蛾
Mythimna anthracoscelis Boursin 黑斑秘夜蛾，安秘夜蛾，安光腹夜蛾
Mythimna argentata Hreblay *et* Yoshimatsu 泛银秘夜蛾，银秘夜蛾
Mythimna argentea Yoshimatsu 中黑秘夜蛾，银秘夜蛾，银迷夜蛾
Mythimna arizanensis (Wileman) 阿里山秘夜蛾
Mythimna atrata Remm *et* Viidalep 黑脉秘夜蛾
Mythimna bani (Sugi) 黄褐秘夜蛾，番秘夜蛾
Mythimna bicolorata (Plante) 双色秘夜蛾
Mythimna bifasciata (Moore) 双纹秘夜蛾，双纹黏夜蛾，双带黏夜蛾
Mythimna binigrata (Warren) 双贯秘夜蛾，双贯黏夜蛾，双黑黏夜蛾
Mythimna bistrigata (Moore) 白颔秘夜蛾
Mythimna byssina (Swinhoe) 毕秘夜蛾
Mythimna celebensis (Tams) 瑟秘夜蛾
Mythimna changi (Sugi) 淡金秘夜蛾，张氏秘夜蛾
Mythimna chiangmai Hreblay *et* Yoshimatsu 清迈秘夜蛾
Mythimna chosenicola (Bryk) 朝鲜秘夜蛾，散秘夜蛾
Mythimna communis Yoshimatsu 普秘夜蛾
Mythimna compta (Moore) 间纹秘夜蛾，间纹黏夜蛾，白脉黏虫
Mythimna conigera (Denis et Schiffermüller) 角线秘夜蛾，角线研夜蛾，角线寡夜蛾
Mythimna consanguis (Guenée) 暗灰秘夜蛾
Mythimna consimilis (Moore) 点线秘夜蛾
Mythimna cryptargyrea (Bethune-Baker) 隐秘夜蛾，隐黏夜蛾
Mythimna cuneilinea (Draudt) 斜纹秘夜蛾，斜纹黏夜蛾，楔线黏夜蛾
Mythimna curvata Leech 曲纹秘夜蛾
Mythimna curvilinea (Hampson) 见 *Leucania curvilinea*
Mythimna decipiens Yoshimatsu 混同秘夜蛾
Mythimna decisissima (Walker) 十点秘夜蛾，金翅秘夜蛾，金翅黏夜蛾，十点黏夜蛾
Mythimna dharma (Moore) 德秘夜蛾，德黏夜蛾
Mythimna discilinea Draudt 铁线秘夜蛾
Mythimna distincta (Moore) 离秘夜蛾，离黏夜蛾，离寡夜蛾，迪秘夜蛾，迪迷夜蛾
Mythimna divergens Butler 曲线秘夜蛾，橘日秘夜蛾
Mythimna ensata Yoshimatsu 恩秘夜蛾
Mythimna epieixelus (Rothschild) 诗秘夜蛾，金长翅秘夜蛾，金长翅黏夜蛾，旭秘夜蛾
Mythimna exsanguis (Guenée) 中白带秘夜蛾，白后黏夜蛾，艾秘夜蛾
Mythimna ferrago (Fabricius) [clay] 紫红秘夜蛾
Mythimna ferrilinea (Leech) 黑线秘夜蛾，黑线黏夜蛾，铁线黏夜蛾
Mythimna flavostigma (Bremer) 黄斑秘夜蛾，黄斑研夜蛾，黄斑寡夜蛾
Mythimna foranea (Draudt) 黄缘秘夜蛾
Mythimna formosana (Butler) 宝岛秘夜蛾，美秘夜蛾
Mythimna formosicola Yoshimatsu 蓬莱秘夜蛾，宝岛秘夜蛾
Mythimna fraterna (Moore) 胞秘夜蛾，胞黏夜蛾，胞寡夜蛾
Mythimna furcifera (Moore) 横线秘夜蛾
Mythimna glaciata Yoshimatsu 冰秘夜蛾
Mythimna godavariensis (Yoshimoto) 尼秘夜蛾
Mythimna grandis Butler 宏秘夜蛾，大光腹夜蛾
Mythimna grata Hreblay 贯秘夜蛾
Mythimna guanyuana (Chang) 关原秘夜蛾
Mythimna hackeri Hreblay *et* Yoshimatsu 细纹秘夜蛾
Mythimna hamifera (Walker) 汉秘夜蛾，东方秘夜蛾
Mythimna hannemanni (Yoshimatsu) 花斑秘夜蛾，炙秘夜蛾
Mythimna hirashimai Yoshimatsu 平岛秘夜蛾
Mythimna honeyi (Yoshimatsu) 沟散纹秘夜蛾，沟散纹寡夜蛾，拟唳盗夜蛾
Mythimna ignifera Hreblay 焰秘夜蛾
Mythimna ignita (Hampson) 光秘夜蛾，光黏夜蛾
Mythimna ignorata Hreblay *et* Yoshimatsu 迷秘夜蛾
Mythimna impura (Hübner) [smoky wainscot] 污秘夜蛾，污研夜蛾，伊研夜蛾
Mythimna impura dungana (Walker) 污研秘蛾东嘎亚种，东伊研夜蛾
Mythimna impura impura (Hübner) 污秘夜蛾指名亚种
Mythimna inanis (Oberthür) 庸秘夜蛾，山地黏虫
Mythimna insularis (Butler) 洲秘夜蛾，洲黏夜蛾，洲黏虫，屿秘夜蛾
Mythimna intertexta (Chang) 金粗斑秘夜蛾
Mythimna intolerabilis Hreblay 疆秘夜蛾
Mythimna iodochra (Sugi) 异纹秘夜蛾
Mythimna irregularis (Walker) 见 *Leucania irregularis*
Mythimna kambaitiana (Berio) 缅秘夜蛾
Mythimna lalbum (Linnaeus) 白杖秘夜蛾，白杖研夜蛾，白杖黏夜蛾 < 此种学名曾写为 *Mythimna l-album* (Linnaeus)>
Mythimna languida (Walker) 惰秘夜蛾
Mythimna laxa Hreblay *et* Yoshimatsu 疏秘夜蛾
Mythimna legraini (Plante) 勒秘夜蛾
Mythimna lineatipes (Moore) 线秘夜蛾，线黏夜蛾
Mythimna lishana (Chang) 梨山秘夜蛾
Mythimna loreyi (Duponchel) *Leucania loreyi*
Mythimna lucida Yoshimatsu *et* Hreblay 亮秘夜蛾
Mythimna manopi Hreblay 漫秘夜蛾
Mythimna martoni Yoshimatsu *et* Legrain 见 *Analetia* (*Anapoma*) *martoni*
Mythimna melania (Staudinger) 黑边秘夜蛾
Mythimna mesotrosta (Püngeler) 间秘夜蛾，间黏夜蛾，间寡夜蛾
Mythimna modesta (Moore) 温秘夜蛾，温黏夜蛾
Mythimna monticola Sugi 深山秘夜蛾，独秘夜蛾
Mythimna moorei (Swinhoe) 慕秘夜蛾
Mythimna moriutii Yoshimatsu *et* Hreblay 莫秘夜蛾
Mythimna nainica (Moore) 奈秘夜蛾
Mythimna naumanni Yoshimatsu *et* Hreblay 瑙秘夜蛾
Mythimna nepos (Leech) 虚秘夜蛾
Mythimna nigrilinea (Leech) 黑纹秘夜蛾，暗线秘夜蛾，黑线迷夜蛾

Mythimna obscura (Moore) 晦秘夜蛾，晦黏夜蛾，暗黏夜蛾
Mythimna obsoleta (Hübner) 见 *Leucania obsoleta*
Mythimna opaca (Staudinger) 暗秘夜蛾
Mythimna pallens (Linnaeus) [common wainscot] 苍秘夜蛾，苍研夜蛾，模寡夜蛾，模研夜蛾
Mythimna pallidicosta (Hampson) 白缘秘夜蛾，淡缘拟黏夜蛾，白缘拟黏夜蛾，淡缘黏虫
Mythimna pallidior (Draudt) 见 *Analetia* (*Anapoma*) *pallidior*
Mythimna pastea (Hampson) 贴秘夜蛾
Mythimna pastearis (Draudt) 太白秘夜蛾
Mythimna percussa (Butler) 见 *Leucania percussa*
Mythimna perirrorata (Warren) 雾秘夜蛾，雾黏夜蛾，围黏夜蛾
Mythimna phlebitis (Pingeler) 脉秘夜蛾
Mythimna placida Butler 柔秘夜蛾，柔研夜蛾，柔寡夜蛾
Mythimna plantei Hreblay *et* Yoshimatsu 普氏秘夜蛾，普连特氏秘夜蛾，台秘夜蛾
Mythimna polysticha (Turner) 多斑秘夜蛾
Mythimna postica (Hampson) 见 *Analetia* (*Anapoma*) *postica*
Mythimna proxima (Leech) 白钩秘夜蛾，白钩黏夜蛾
Mythimna pudorina (Denis *et* Schiffermüller) 苇秘夜蛾，苇研夜蛾，善研夜蛾
Mythimna pulchra (Snellen) 艳秘夜蛾，芙髯秘夜蛾，芙髯金翅秘夜蛾
Mythimna purpurpatagis (Chang) 紫颔秘夜蛾，紫颔黏夜蛾
Mythimna radiata (Bremer) 辐秘夜蛾，辐研夜蛾
Mythimna reversa Moore) 回秘夜蛾
Mythimna roseilinea (Walker) 见 *Leucania roseilinea*
Mythimna rubida Hreblay, Legrain *et* Yoshimatsu 红秘夜蛾
Mythimna rubrisecta (Hampson) 赭秘夜蛾，赭黏夜蛾
Mythimna rudis (Moore) 雏秘夜蛾
Mythimna rufipennis Butler 红翅秘夜蛾，红秘夜蛾
Mythimna rufistrigosa (Moore) 赭黄秘夜蛾，赭黄黏夜蛾
Mythimna rushanensis Yoshimatsu 庐山秘夜蛾
Mythimna rutilitincta Hreblay *et* Yoshimatsu 赭红秘夜蛾
Mythimna salebrosa (Butler) 崎秘夜蛾，崎研夜蛾
Mythimna separata (Walker) [oriental armyworm, northern armyworm, southern armyworm, armyworm, rice armyworm, paddy armyworm, ear-cutting caterpillar, rice ear-cutting caterpillar] 黏虫，东方黏虫，分秘夜蛾，黏秘夜蛾
Mythimna sequax (Franclemont) [wheat armyworm] 小麦黏虫
Mythimna siamensis Hreblay 黄焰秘夜蛾
Mythimna sigma (Draudt) 符文秘夜蛾
Mythimna similissima Hreblay *et* Yoshimatsu 类线秘夜蛾
Mythimna simillima (Walker) 见 *Leucania simillima*
Mythimna simplex (Leech) 单秘夜蛾，简秘夜蛾，单研夜蛾，简研夜蛾，简寡夜蛾，单寡夜蛾
Mythimna simplex japonica Yoshimatsu 单秘夜蛾日本亚种
Mythimna simplex semiusta (Hampson) 单秘夜蛾赭点亚种，赭点黏夜蛾，塞黏夜蛾
Mythimna simplex simplex (Leech) 单秘夜蛾指名亚种
Mythimna sinensis Hampson 中华秘夜蛾，华光腹夜蛾
Mythimna sinuosa (Moore) 曲秘夜蛾，波秘夜蛾，曲黏夜蛾
Mythimna snelleni Hreblay 冥秘夜蛾，斯秘夜蛾
Mythimna speciosa (Yoshimatsu) 丽秘夜蛾
Mythimna stolida (Leech) 顿秘夜蛾
Mythimna striatella (Draudt) 弧线秘夜蛾，弧线黏夜蛾，纹黏夜蛾
Mythimna stueningi (Plante) 素秘夜蛾
Mythimna subplacida (Sugi) 散斑秘夜蛾，润秘夜蛾
Mythimna taiwana (Wileman) 台湾秘夜蛾
Mythimna tangala (Felder *et* Rogenhofer) 禽秘夜蛾，禽黏夜蛾，唐秘夜蛾
Mythimna tessellum (Draudt) 格秘夜蛾，格黏夜蛾，棋黏夜蛾
Mythimna thailandica Hreblay 泰秘夜蛾
Mythimna tibetensis Hreblay 西藏秘夜蛾，藏秘夜蛾
Mythimna transversata (Draudt) 棕点秘夜蛾，棕点黏夜蛾
Mythimna tricorna Hreblay, Legrain *et* Yoshimatsu 锥秘夜蛾
Mythimna tricuspis (Draudt) 戟秘夜蛾
Mythimna turca (Linnaeus) [double line] 秘夜蛾，光腹夜蛾
Mythimna undina (Draudt) 波秘夜蛾，波黏夜蛾，昂黏夜蛾
Mythimna unipuncta (Haworth) [true armyworm, rice cutworm, common armyworm, armyworm, armyworm moth, ear-cutting caterpillar, paddy cutworm, rice-climbing cutworm, white-speck, white-specked wainscot moth, wheat armyworm, aka common armyworm, Amcrican armyworm, American wainscot] 白点黏虫，一点黏虫，一星黏虫，美洲黏虫
Mythimna velutina (Eversmann) 绒秘夜蛾，绒黏夜蛾，寡夜蛾
Mythimna venalba (Moore) 见 *Leucania venalba*
Mythimna vitellina (Hübner) [delicate] 黄秘夜蛾
Mythimna yu (Guenée) 见 *Leucania yu*
Mythimna yuennana (Draudt) 滇秘夜蛾
mythra sister [*Adelpha mythra* (Godart)] 红联条悌蛱蝶
Mytilaspis 牡蛎盾蚧属
Mytilaspis abdominalis (Takagi) 见 *Lepidosaphes abdominalis*
Mytilaspis beckii (Newman) 见 *Lepidosaphes beckii*
Mytilaspis camelliae (Hoke) 见 *Lepidosaphes camelliae*
Mytilaspis ceodes (Kawai) 见 *Lepidosaphes ceodes*
Mytilaspis chamaecyparidis (Takagi *et* Kawai) 见 *Lepidosaphes chamaecyparidis*
Mytilaspis chinensis (Chamberlin) 见 *Lepidosaphes chinensis*
Mytilaspis citrina (Borchsenius) 见 *Lepidosaphes citrina*
Mytilaspis conchiformis (Gmelin) 见 *Lepidosaphes conchiformis*
Mytilaspis corni (Takahashi) 见 *Lepidosaphes corni*
Mytilaspis cupressi (Borchsenius) 见 *Lepidosaphes cupressi*
Mytilaspis dorsalis (Takagi *et* Kawai) 见 *Lepidosaphes dorsalis*
Mytilaspis garambiensis (Takahashi) 见 *Lepidosaphes garambiensis*
Mytilaspis gloverii (Packard) 见 *Lepidosaphes gloveri*
Mytilaspis japonica (Kuwana) 见 *Lepidosaphes japonica*
Mytilaspis juniperi (Lindinger) 见 *Lepidosaphes juniperi*
Mytilaspis lasianthi (Green) 见 *Lepidosaphes lasianthi*
Mytilaspis lithocarpi (Takahashi) 见 *Lecaniodrosicha lithocarpi*
Mytilaspis newsteadi (Šulc) 见 *Lepidosaphes newsteadi*
Mytilaspis nivalis (Takagi) 见 *Lepidosaphes nivalis*
Mytilaspis pallida (Maskell) 见 *Lepidosaphes pallida*
Mytilaspis pinea (Borchsenius) 见 *Lepidosaphes pinea*
Mytilaspis pineti (Borchsenius) 见 *Lepidosaphes pineti*
Mytilaspis pini (Maskell) 见 *Lepidosaphes pini*
Mytilaspis pyrorum (Tang) 见 *Lepidosaphes pyrorum*
Mytilaspis rubrovittatus (Cockerell) 见 *Lepidosaphes rubrovittata*
Mytilaspis schimae (Kawai) 见 *Lepidosaphes schimae*
Mytilaspis tokionis (Kuwana) 见 *Lepidosaphes tokionis*
Mytilaspis tritubulatus (Borchsenius) 见 *Lepidosaphes tritubulatus*
Mytilaspis turanica (Archangelskaya) 见 *Lepidosaphes turanica*
Mytilaspis yanagicola (Kuwana) 见 *Lepidosaphes yanagicola*
Mytilaspis yoshimotoi (Takagi) 见 *Lepidosaphes yoshimotoi*

Mytilaspis zelkovae (Takagi *et* Kawai) 见 *Lepidosaphes zelkovae*
mytiliform 蛎形
Myxexoristops 撵寄蝇属
Myxexoristops arctica (Zetterstedt) 北极撵寄蝇
Myxexoristops bicolor (Villeneuve) 双色撵寄蝇
Myxexoristops blondeli (Robineau-Desvoidy) 布朗撵寄蝇，扁尾撵寄蝇
Myxexoristops bonsdorffi (Zetterstedt) 波氏撵寄蝇
Myxexoristops hertingi Mesnil 何氏撵寄蝇
Myxexoristops stolida (Stein) 被撵寄蝇
myxiosis 黏液排泄
Myxophaga 藻食亚目
Myzakkaia 蓼蚜属
Myzakkaia niitakaensis (Takahashi) 玉山蓼蚜，乃塔开瘤开蚜
Myzaphis 冠蚜属
Myzaphis avariolosa David, Rajasinhg *et* Narayana 辽冠蚜
Myzaphis bucktoni Jacob 布克汤冠蚜
Myzaphis rosarum (Kaltenbach) [lesser rose aphid] 月季冠蚜，玫瑰冠蚜，小蔷薇蚜
Myzia 鹿瓢虫属 *Sospita* 的异名
Myzia bissexnotata (Jing) 见 *Sospita bissexnotata*
Myzia gebleri (Crotch) 见 *Sospita gebleri*
Myzia oblongoguttata (Linnaeus) 见 *Sospita oblongoguttata*
Myzia sexvittata (Kitano) 见 *Sospita sexvittata*
Myzinum 狭膨腹土蜂属
Myzocallidinae 角斑蚜亚科
Myzocallidini 角斑蚜族
Myzocallis 角斑蚜属
Myzocallis amblyopappos Zhang *et* Zhang 见 *Wanyucallis amblyopappos*
Myzocallis arundinariae Essig 见 *Takecallis arundinariae*
Myzocallis bambusifoliae Takahashi 同 *Takecallis arundinariae*
Myzocallis carpini (Koch) 鹅耳枥角斑蚜
Myzocallis caryaefoliae (Davis) 见 *Melanocallis caryaefoliae*
Myzocallis castanicola Baker 栗角斑蚜
Myzocallis coryli (Goeze) [hazel aphid, filbert aphid] 榛角斑蚜
Myzocallis formosanus Takahashi 见 *Cranaphis formosana*
Myzocallis fumipennellus (Fitch) 见 *Protopterocallis fumipennella*
Myzocallis kahawaluokalani Kirkaldy 见 *Sarucallis kahawaluokalani*
Myzocallis kashiwae Matsumura 见 *Tuberculatus* (*Orientuberculoides*) *kashiwae*
Myzocallis kuricola Matsumura 见 *Tuberculatus* (*Nippocallis*) *kuricola*
Myzocallis montana Higuchi 见 *Pterocallis montanus*
Myzocallis nigrosiphonaceus Zhang *et* Zhang 见 *Tuberculatus* (*Acanthocallis*) *nigrosiphonaceus*
Myzocallis quercicola (Matsumura) 见 *Tuberculatus* (*Acanthocallis*) *quercicola*
Myzocallis ulmifolii (Monell) 见 *Tinocallis ulmifolii*
Myzocallis yokoyamai Takahashi 见 *Tuberculatus* (*Orientuberculoides*) *yokoyamai*
Myzodium 奇瘤蚜属
Myzodium lutescens (Zhang *et* Qiao) 土黄奇瘤蚜，土黄真奇蚜
Myzosiphum 瘤网蚜属
Myzosiphum zayuense Zhang 察隅瘤网蚜
Myzus 瘤蚜属
Myzus ascalonicus Doncaster [shallot aphid] 冬葱瘤蚜，冬葱缢瘤蚜，冬葱瘤额蚜
Myzus asparagophagus Zhang, Chen, Zhong *et* Li 同 *Myzus persicae*
Myzus asteriae Shinji 紫菀瘤蚜
Myzus asterophaga Zhang, Chen, Zhong *et* Li 同 *Metopolophium dirhodum*
Myzus boehmeriae Takahashi 苎麻瘤蚜
Myzus cerasi (Fabricius) [black cherry aphid, cherry aphid, cherry blackfly] 樱桃瘤蚜，樱桃瘤额蚜，樱桃黑瘤额蚜，李瘤蚜
Myzus cerasi cerasi (Fabricius) 樱桃瘤蚜指名亚种
Myzus cerasi umefoliae (Shinji) 樱桃瘤蚜东方亚种
Myzus clematifoliae Shinji 同 *Myzus varians*
Myzus diervillae Matsumura 见 *Micromyzus diervillae*
Myzus dycei Carver 荨麻瘤蚜，荨麻蚜
Myzus formosanus Takahashi [stone leek aphid] 台湾瘤蚜，葱小瘤额蚜，蓼蚜
Myzus hemerocallis Takahashi 金针瘤蚜
Myzus higansakurae Monzen 见 *Tuberocephalus higansakurae*
Myzus indicus Basu *et* Raychaudhuri 印度瘤蚜
Myzus inuzakurae Shinji [prunus aphid] 李瘤蚜，李瘤额蚜
Myzus japonensis Miyazaki 日本瘤蚜
Myzus lactucicola Takahashi [lactuca aphid] 莴苣瘤蚜，莴苣瘤额蚜
Myzus lagerstroemiae Zhang, Chen, Zhong *et* Li 同 *Myzus persicae*
Myzus ligustri (Mosley) [privet aphid] 女贞瘤蚜，女贞瘤额蚜
Myzus mali Ferrari 同 *Dysaphis plantaginea*
Myzus malisuctus Matsumura 苹果瘤蚜
Myzus montanus Takahashi 见 *Taiwanomyzus montanus*
Myzus mumecola (Matsumura) [apricot aphid] 杏瘤蚜，梅瘤蚜，杏瘤额蚜
Myzus mushaensis Takahashi 雾社瘤蚜，穆沙瘤蚜，木厦瘤蚜，雾社樱蚜
Myzus ornatus Laing [ornate aphid, violet aphid] 堇菜瘤蚜，紫罗兰瘤蚜，紫罗兰瘤额蚜
Myzus papaverisucta Zhang, Chen, Zhong *et* Li 同 *Myzus persicae*
Myzus persicae (Sulzer) [green peach aphid, peach-potato aphid, spinach aphid, tobacco aphid] 桃蚜，桃赤蚜，烟蚜，菜蚜
Myzus physaliae (Shinji) [white-cherry gibbose aphid] 酸浆瘤蚜，酸浆瘤额蚜
Myzus pileae Takahashi 冰水花瘤蚜
Myzus polygoni (van der Goot) 见 *Trichosiphonaphis polygoni*
Myzus primurana Shiraki 同 *Neomyzus circumflexus*
Myzus prunisuctus Zhang 山樱桃瘤蚜
Myzus rosarum (Kaltenbach) [small green chrysanthemum aphid] 菊瘤蚜，菊瘤额蚜
Myzus sasakii Matsumura 见 *Tuberocephalus sasakii*
Myzus siegesbeckicola Strand 稀莶瘤蚜，猪屎草蚜
Myzus spinosula Essig *et* Kuwana 同 *Tuberocephalus sakurae*
Myzus stellariae Strand 鸡肠草瘤蚜，鸡肠草蚜，桃瘤蚜
Myzus tropicalis Takahashi 同 *Myzus varians*
Myzus tsengi Tao 同 *Tuberocephalus sasakii*
Myzus varians Davidson [larger peach aphid, clematis aphid] 黄药子瘤蚜，桃黄瘤额蚜，桃卷叶蚜，桃纵卷叶瘤蚜，铁线莲瘤额蚜
Myzus yamatonis Miyazaki 同 *Myzus siegesbeckicola*
Myzus yangi Takahashi 杨氏瘤蚜

N-**acetylglucosamine** *N*- 乙酰葡糖胺
n. g. [= n. gen., new genus (pl. new genera) 或 novum genus (pl. nova genus) 的缩写 ; = genus novum (pl. genus nova; abb. g. n., gen. nov.)] 新属
n. gen. 见 n. g.
n. sp. [novum species (pl. nova species) 或 new species 的缩写 ; = nov. sp.; species novum (pl. species nova; abb. sp. n., sp. nov.)] 新种
NβV [*Nudaurelia capensis beta virus* 与 *Nudarell β virus* 的缩写] 松天蛾 β 病毒
N_a [observed number of alleles 的缩写] 观测等位基因数，表观等位基因数
Naarda 那亚夜蛾属，纳达夜蛾属
Naarda blepharota (Strand) 布那亚夜蛾，布口夜蛾
Naarda cinerea Tóth *et* Ronkay 灰那亚夜蛾
Naarda digitata Tóth *et* Ronkay 点那亚夜蛾
Naarda maculifera (Staudinger) 褐圆那亚夜蛾，褐圆纳达夜蛾，基乃夜蛾
Naarda melistigma Tóth *et* Ronkay 痣那亚夜蛾
Naarda nigrissima Tóth *et* Ronkay 黑那亚夜蛾
Naarda ochronota Wileman 褐那亚夜蛾，那亚夜蛾
Naarda picata Tóth *et* Ronkay 纹那亚夜蛾
Naarda punctirena (Sugi) 斑那亚夜蛾
Naarda secreta Tóth *et* Ronkay 秘那亚夜蛾
Naarda spinivesica Tóth *et* Ronkay 刺那亚夜蛾
Naarda variegata Tóth *et* Ronkay 变那亚夜蛾
Nabicerus 短突叶蝉属
Nabicerus dentimus Xue *et* Zhang 多齿短突叶蝉，多齿扁突叶蝉
Nabicerus fuscescens Anufriev 黑唇短突叶蝉
Nabicula 捺姬蝽属，捺姬蝽亚属
Nabicula americolimbata (Carayon) 广捺姬蝽
Nabicula flavomarginata (Scholtz) 黄缘捺姬蝽，黄缘修姬蝽
Nabicula limbata (Dahlbom) 缘捺姬蝽
Nabicula lineata (Dahlbom) 长腹捺姬蝽
Nabicula nigrovittata (Sahlberg) 黑纹捺姬蝽
Nabicula sauteri (Poppius) 见 *Nabis sauteri*
Nabicula tesquora (Kerzhner) 远捺姬蝽
nabid 1. [= nabid bug, damsel bug] 姬蝽 < 姬蝽科 Nabidae 昆虫的通称 >; 2. 姬蝽科的
nabid bug [= nabid, damsel bug] 姬蝽
Nabidae 姬蝽科，拟猎蝽科
Nabinae 姬蝽亚科
Nabini 姬蝽族
Nabis 姬蝽属
Nabis alternatus Parshley [western damsel bug] 西部姬蝽，西部拟猎蝽
Nabis americoferus Carayon [common damsel bug] 普通姬蝽，普通拟猎蝽
Nabis apicalis Matsumura 小翅姬蝽
Nabis capsiformis Germar 窄姬蝽
Nabis christophi Dohrn 网姬蝽
Nabis consobrinus Bianchi 小金姬蝽
Nabis dis China 同 *Himacerus apterus*
Nabis feroides Remane 同 *Nabis punctatus*
Nabis feroides mimoferus Hsiao 见 *Nabis punctatus mimoferus*
Nabis ferus (Linnaeus) [field damsel bug] 原姬蝽
Nabis giganferus Hsiao 同 *Nabis nigrovittatus*
Nabis himalayensis Ren 喜马拉雅姬蝽
Nabis hsiaoi Kerzhner 纹斑姬蝽
Nabis intermendius Kerzhner 塞姬蝽
Nabis kinbergii Reuter 金氏姬蝽
Nabis lineatus Dahlbom 见 *Nabicula lineata*
Nabis longicollis Reuter 同 *Prostemma kiborti*
Nabis medogensis Ren 墨脱姬蝽
Nabis mimoferus Hsiao 见 *Nabis punctatus mimoferus*
Nabis nigrovittatus Ren 同 *Nabis hsiaoi*
Nabis nigrovittatus Sahlberg 大姬蝽
Nabis palifer Seidenstücker 淡色姬蝽
Nabis paliferus Hsiao 同 *Nabis stenoferus*
Nabis pallidus Fieber 见 *Aspilaspis pallidus*
Nabis potanini Bianchi 波姬蝽，波雷姬蝽
Nabis pseudoferus Remane 拟原姬蝽
Nabis pseudoferus chinensis Ren *et* Hsiao 拟原姬蝽中国亚种，中国拟原姬蝽
Nabis pseudoferus pseudoferus Remane 拟原姬蝽指名亚种
Nabis punctatus Costa 类原姬蝽
Nabis punctatus mimoferus Hsiao 类原姬蝽亚洲亚种，亚洲类姬蝽
Nabis punctatus punctatus Costa 类原姬蝽指名亚种
Nabis remanei Kerzhner 雷姬蝽，雷氏姬蝽
Nabis reuteri Jakovlev 北姬蝽
Nabis sauteri (Poppius) 台湾姬蝽，萨氏姬蝽，飒氏捺姬蝽
Nabis seidenstuckeri Remane 见 *Nabis sinoferus seidenstuckeri*
Nabis seidenstuckeri pamirensis Remane 同 *Nabis sinoferus sinoferus*
Nabis semiferus Hsiao 普姬蝽
Nabis sinoferus Hsiao 华姬蝽
Nabis sinoferus seidenstuckeri Remane 华姬蝽塞氏亚种
Nabis sinoferus sinoferus Hsiao 华姬蝽指名亚种
Nabis stenoferus Hsiao 暗色姬蝽
Nabis viridulus Spinola 见 *Aspilaspis viridulus*
Nabis wudingensis Ren 武定姬蝽
Nabis xinganensis Ren *et* Zheng 兴安姬蝽
Nabis yulongensis Ren *et* Liu 玉龙姬蝽
Nabokovia 钠灰蝶属
Nabokovia faga (Dognin) 钠灰蝶
Nabokov's satyr [*Cyllopsis pyracmon* (Butler)] 棕线宝石眼蝶
nabona skipper [*Niconiades nabona* Evans] 娜黄涅弄蝶
Nacaduba 娜灰蝶属
Nacaduba aluta (Druce) 见 *Prosotas aluta*
Nacaduba aluta coelistis Wood-Mason *et* de Nicéville 见 *Prosotas aluta coelestis*
Nacaduba angusta (Druce) [white lineblue] 安娜灰蝶

Nacaduba asaga Fruhstorfer 雅娜灰蝶
Nacaduba astarte Butler 爱神娜灰蝶
Nacaduba atrata (Horsfield) 同 *Nacaduba kurava*
Nacaduba atrata gythion Fruhstorfer 同 *Nacaduba beroe gythion*
Nacaduba berenice (Herrich-Schäffer) [rounded six-line blue, large purple line-blue] 百娜灰蝶
Nacaduba berenice berenice (Herrich-Schäffer) 百娜灰蝶指名亚种
Nacaduba berenice leei Hsu 百娜灰蝶李氏亚种，热带娜波灰蝶，热带波纹小灰蝶，娜灰蝶
Nacaduba berenice plumbeomicans (Wood-Mason *et* de Nicéville) 百娜灰蝶南部亚种，南部百娜灰蝶
Nacaduba beroe (Felder *et* Felder) [opaque six-line blue] 娜灰蝶，贝娜灰蝶
Nacaduba beroe asakusa Fruhstorfer 娜灰蝶南方亚种，南方娜波灰蝶，蓓波灰蝶，南方波纹小灰蝶，埔里社波纹小灰蝶，大黑波纹灰蝶，台湾贝娜灰蝶
Nacaduba beroe beroe (Felder *et* Felder) 娜灰蝶指名亚种
Nacaduba beroe gythion Fruhstorfer 娜灰蝶中印亚种，中印贝娜灰蝶
Nacaduba biocellata (Felder *et* Felder) [double-spotted line blue, two-spotted line-blue] 毕娜灰蝶
Nacaduba cajetani Tite 卡娜灰蝶，卡耶娜灰蝶
Nacaduba calauria (Felder) [dark Ceylon six-line blue] 金丽娜灰蝶，卡拉娜灰蝶
Nacaduba calauria calauria (Felder) 金丽娜灰蝶指名亚种
Nacaduba calauria malayica Corbet 金丽娜灰蝶马来亚种，马喀娜灰蝶
Nacaduba cladara Holland 枝娜灰蝶
Nacaduba cyanea (Cramer) [tailed green-banded line-blue, green-banded line-blue] 青娜灰蝶
Nacaduba deliana Snellen 带娜灰蝶
Nacaduba deplorans Butler 戴娜灰蝶
Nacaduba dubiosa Semper 见 *Prosotas dubiosa*
Nacaduba dyopa Herrich-Schäffer 道娜灰蝶
Nacaduba glauconia Snellen 银娜灰蝶
Nacaduba glenis Holland 格兰娜灰蝶
Nacaduba helicon (Felder) 见 *Ionolyce helicon*
Nacaduba hermus (Felder) [pale four-line blue] 贺娜灰蝶
Nacaduba hermus hermus (Felder) 贺娜灰蝶指名亚种
Nacaduba hermus nabo Fruhstorfer 贺娜灰蝶中印亚种，中印贺娜灰蝶，纳帕娜灰蝶
Nacaduba jiangi Gu *et* Wang 蒋氏娜灰蝶，宏娜灰蝶
Nacaduba kirtoni Eliot 珂娜灰蝶
Nacaduba kurava (Moore) [transparent six-line blue, white-banded line-blue] 古楼娜灰蝶
Nacaduba kurava euplea Fruhstorfer 古楼娜灰蝶华南亚种，华南娜灰蝶
Nacaduba kurava kurava (Moore) 古楼娜灰蝶指名亚种
Nacaduba kurava therasia Fruhstorfer 古楼娜灰蝶埔里亚种，大娜波灰蝶，埔里波纹小灰蝶，紫金牛波灰蝶，灌灰蝶，古楼娜灰蝶，黑波纹灰蝶，台湾娜灰蝶
Nacaduba lucana Tite 亮娜灰蝶
Nacaduba major Rothschild 大娜灰蝶
Nacaduba mallicollo Druce 毛娜灰蝶
Nacaduba mioswara Tite 妙娜灰蝶
Nacaduba nebulosa Druce 烟娜灰蝶
Nacaduba nora Felder 见 *Prosotas nora*
Nacaduba nora ardates Moore 见 *Prosotas nora ardates*
Nacaduba normani Eliot 诺娜灰蝶
Nacaduba novahebridensis Druce 新娜灰蝶
Nacaduba ollyetti Corbet 奥娜灰蝶
Nacaduba pactolus (Felder) [large four-line blue] 金河娜灰蝶
Nacaduba pactolus continentalis Fruhstorfer 金河娜灰蝶大陆亚种，大陆帕娜灰蝶
Nacaduba pactolus hainani Bethune-Baker 金河娜灰蝶海南亚种，暗色娜波灰蝶，黑波纹小灰蝶，黑波灰蝶，黑娜波灰蝶，海南帕娜灰蝶
Nacaduba pactolus pactolus (Felder) 金河娜灰蝶指名亚种
Nacaduba pavana (Horsfield) [small four-line blue] 孔雀娜灰蝶，帕娜灰蝶
Nacaduba pavana nabo Fruhstorfer 见 *Nacaduba hermus nabo*
Nacaduba pendleburyi Corbet 佩娜灰蝶
Nacaduba prominens (Moore) 指名娜灰蝶
Nacaduba ruficirca Tite 红娜灰蝶
Nacaduba russelli Tite 淡红娜灰蝶
Nacaduba sanaya Fruhstorfer 洒娜灰蝶
Nacaduba sericina Felder *et* Felder 丝娜灰蝶
Nacaduba sinhala Ormiston 辛娜灰蝶
Nacaduba solta Eliot 索娜灰蝶
Nacaduba subperusia (Snellen) 素娜灰蝶
Nacaduba sumbawa Tite 苏娜灰蝶
Nacaduba tristis Rothschild 三列娜灰蝶
Nacaduba ugiensis Druce 乌娜灰蝶
Nacaeus 纳隐翅甲属
Nacaeus impressicollis (Motschulsky) 平纳隐翅甲
Nacaeus impressicollis longulus (Sharp) 见 *Nacaeus longulus*
Nacaeus longulus (Sharp) 长平纳隐翅甲
Nacaeus robusticollis (Bernhauer) 壮纳隐翅甲
nacarat 洋红，胭脂红
Nacaura 娜草蛉属
Nacaura matsumurae (Okamoto) 松村娜草蛉，松村纳网蛉，大草蛉
Nacerda 纳拟天牛属
Nacerda coarctata croceiventris Motschulsky 见 *Anogcodes coarctata croceiventris*
Nacerda coarctata manciurica Magistretti 见 *Anogcodes coarctata manciurica*
Nacerda davidis Fairmaire 见 *Anogcodes davidis*
Nacerda melanura (Linnaeus) 见 *Nacerdes* (*Nacerdes*) *melanura*
Nacerda strangulata (Fairmaire) 见 *Indasclera strangulata*
Nacerdes 短毛拟天牛属，纳拟天牛属
Nacerdes akiyamai Švihla 见 *Nacerdes* (*Xanthochroa*) *akiyamai*
Nacerdes apicipennis Švihla 见 *Nacerdes* (*Xanthochroa*) *apicipennis*
Nacerdes baibarana (Kôno) 见 *Nacerdes* (*Xanthochroa*) *baibarana*
Nacerdes brendelli Švihla 见 *Nacerdes* (*Xanthochroa*) *brendelli*
Nacerdes hiromichii Švihla 见 *Nacerdes* (*Xanthochroa*) *hiromichii*
Nacerdes kantneri Švihla 见 *Nacerdes* (*Xanthochroa*) *kantneri*
Nacerdes melanura (Linnaeus) 见 *Nacerdes* (*Nacerdes*) *melanura*

Nacerdes mimoncomeroides Švihla 见 *Nacerdes* (*Xanthochroa*) *mimoncomeroides*
Nacerdes (***Nacerdes***) ***melanura*** (Linnaeus) [wharf borer] 黑股短毛拟天牛，码头拟天牛，码头蛀虫，黑尾拟天牛
Nacerdes taiwana (Kôno) 见 *Nacerdes* (*Xanthochroa*) *taiwana*
Nacerdes transfertalis Svihla 见 *Nacerdes* (*Xanthochroa*) *transfretalis*
Nacerdes (***Xanthochroa***) ***akiyamai*** (Švihla) 红足短毛拟天牛
Nacerdes (***Xanthochroa***) ***arcuata*** Tian, Ren *et* Li 拱茎短毛拟天牛
Nacerdes (***Xanthochroa***) ***atripennis*** (Pic) 灰色短毛拟天牛，黑翅黄拟天牛
Nacerdes (***Xanthochroa***) ***baibarana*** (Kôno) 绿腹短毛拟天牛，台中黄拟天牛
Nacerdes (***Xanthochroa***) ***becvari*** Švihla 红斑短毛拟天牛
Nacerdes (***Xanthochroa***) ***brendelli*** Švihla 布伦短毛拟天牛
Nacerdes (***Xanthochroa***) ***fujiana*** (Švihla) 福建短毛拟天牛
Nacerdes (***Xanthochroa***) ***fulvicrus*** (Fairmaire) 红腿短毛拟天牛，褐黄拟天牛
Nacerdes (***Xanthochroa***) ***guizhouensis*** Švihla 贵州短毛拟天牛
Nacerdes (***Xanthochroa***) ***hiromichii*** Švihla 烟角短毛拟天牛
Nacerdes (***Xanthochroa***) ***holzschuhi*** Švihla 暗翅短毛拟天牛
Nacerdes (***Xanthochroa***) ***kantneri*** Švihla 栗腹短毛拟天牛
Nacerdes (***Xanthochroa***) ***katoi*** (Kôno) 加藤短毛拟天牛，加藤拟天牛，斋藤黄拟天牛
Nacerdes (***Xanthochroa***) ***kubani*** (Švihla) 蓝绿短毛拟天牛
Nacerdes (***Xanthochroa***) ***ludmilae*** Švihla 棕翅短毛拟天牛
Nacerdes (***Xanthochroa***) ***mimoncomeroides*** Švihla 二色短毛拟天牛
Nacerdes (***Xanthochroa***) ***potanini*** (Gangbauer) 黑胸短毛拟天牛，坡黄拟天牛
Nacerdes (***Xanthochroa***) ***schneideri*** Švihla 纯黄短毛拟天牛
Nacerdes (***Xanthochroa***) ***subviolacea*** (Pic) 黄腹短毛拟天牛
Nacerdes (***Xanthochroa***) ***taiwana*** (Kôno) 台湾短毛拟天牛，台黄拟天牛
Nacerdes (***Xanthochroa***) ***transfretalis*** (Švihla) 横沟短毛拟天牛
Nacerdes (***Xanthochroa***) ***violaceonotata*** (Pic) 黄色短毛拟天牛
Nacerdes (***Xanthochroa***) ***wardi*** (Švihla) 沃迪短毛拟天牛
Nacerdes (***Xanthochroa***) ***waterhousei*** (Harold) 瓦特短毛拟天牛，渥黄拟天牛
Nacerdini 纳拟天牛族
nAChR [nicotinic acetylcholine receptor 的缩写] 烟碱受体，烟碱型乙酰胆碱受体
Nacmusius 纳瓢蜡蝉属
Nacmusius chelydinus Jacobi 见 *Cixiopsis chelydinus*
Nacna 孔雀夜蛾属，雀夜蛾属
Nacna malachites (Oberthür) 绿孔雀夜蛾
Nacna prasinaria (Walker) 色孔雀夜蛾
Nacna pulchripicta (Walker) 丽孔雀夜蛾，孔雀夜蛾
Nacna smaragdina (Draudt) 翠孔雀夜蛾，浅绿孔雀夜蛾
Nacna splendens (Moore) 灿孔雀夜蛾
naco high-redeye [*Zalomes naco* Steinhauser] 黄斑皂弄蝶
Nacoleia 网脉野螟属
Nacoleia biformis Butler 二型网脉野螟
Nacoleia charesalis (Walker) 镁网脉野螟
Nacoleia chrysorycta (Meyrick) 金网脉野螟
Nacoleia cinisalis Caradja 西网脉野螟
Nacoleia commixta (Butler) 黑点网脉野螟，黑点蚀叶野螟
Nacoleia diemenalis (Guenée) 见 *Omiodes diemenalis*
Nacoleia foedalis (Guenée) 污斑网脉野螟，污斑蚀叶野螟
Nacoleia immundalis South 伊网脉野螟
Nacoleia inouei Yamanaka 井上网脉野螟，阴网脉野螟
Nacoleia maculalis South 同 *Nacoleia sibirialis*
Nacoleia ochrimaculalis South 见 *Herpetogramma ochrimaculale*
Nacoleia octasema (Meyrick) [banana scab moth] 香蕉网脉野螟，香蕉螟蛾
Nacoleia satumalis South 萨茨玛网脉野螟，萨摩网脉野螟
Nacoleia sibirialis (Milliere) 西伯网脉野螟
Nacoleia tampiusalis (Walker) 塔网脉野螟
Nacolus 桨头叶蝉属
Nacolus assamensis (Distant) 同 *Nacolus tuberculatus*
Nacolus gavialis Jacobi 同 *Nacolus tuberculatus*
Nacolus sinensis (Ôuchi) 同 *Nacolus tuberculatus*
Nacolus tuberculatus (Walker) 瘤桨头叶蝉，桨头叶蝉
Nadagara 小尖尺蛾属
Nadagara subnubila Inoue 缘斑小尖尺蛾，亚那大尺蛾
Nadagara umbrifera Wileman 褐小尖尺蛾
Nadagara vagaia Walker 初雪小尖尺蛾
Nadasia amblycalymma (Tams) 尼日利亚桉枯叶蛾
Nadata 绿舟蛾属
Nadata cristata (Butler) 见 *Euhampsonia cristata*
Nadata gibbosa Abbott *et* Smith [white-dotted prominent, rough prominent, green oak caterpillar] 北美栎绿舟蛾
Nadata jibbosa (Smith) 北美槭绿舟蛾
Nadata splendida Oberthür 见 *Euhampsonia splendida*
Naddia 突颊隐翅甲属，方头隐翅甲属
Naddia atripes Bernhauer 粗足突颊隐翅甲，黑方头隐翅甲
Naddia chinensis Bernhauer 中华突颊隐翅甲，华方头隐翅甲
Naddia ishiharai Shibata 石原突颊隐翅甲，石原方头隐翅甲
Naddia monticola Shibata 山突颊隐翅甲，山方头隐翅甲
Naddia taiwanensis Shibata 台湾突颊隐翅甲，台方头隐翅甲
Nadezhdiella 褐天牛属
Nadezhdiella aurea Gressitt 桃褐天牛
Nadezhdiella cantori (Hope) [citrus trunk cerambycid] 橘褐天牛，褐天牛，皱胸山天牛，胸皱深山天牛
Nadezhdiella conica Chiang 同 *Nadezhdiella fulvopubens*
Nadezhdiella fulvopubens (Pic) 桃褐天牛
Naenaria 那姬蜂属
Naenaria ampingensis (Uchida) 台湾那姬蜂
Naenaria chinensis Uchida 中华那姬蜂
Naenaria grandiceps rufifemorata Uchida 见 *Naenaria rufifemorata*
Naenaria rufifemorata Uchida 红股那姬蜂，红腿大那姬蜂
Naenia 宽翅夜蛾属
Naenia contaminata (Walker) [rumex black cutworm] 褐宽翅夜蛾
Naenia typica (Linnaeus) [Gothic moth] 哥特宽翅夜蛾，果塔夜蛾
Naeogaeidae [= Hebridae] 膜蝽科，膜翅蝽科
Naevolus 痣弄蝶属
Naevolus orius (Mabille) [yellow-ringed skipper, orius skipper] 痣弄蝶
Naga bush bob [*Pedesta panda* Evans] 黑白徘弄蝶，倍佩弄蝶
Naga duke [*Euthalia khama* Alphéraky] 散斑翠蛱蝶，喀绿蛱蝶
Naga forest quaker [*Pithecops corvus correctus* Cowan] 黑丸灰蝶

那加亚种，中印黑丸灰蝶
Naga giant hopper [*Apostictopterus fuliginosus curiosa* Swinhoe] 窄翅弄蝶娜迦亚种
Naga hedge blue [*Oreolyce dohertyi* (Tytler)] 印度鸥灰蝶
Naga northern jungle queen [*Stichophthalma camadeva nagaensis* Rothschild] 青箭环蝶那加亚种
Naga rose windmill [*Byasa latreillei kabrua* (Tytler)] 纨裤麝凤蝶广西亚种，瑰丽麝凤蝶藏南亚种
Naga sapphire [*Heliophorus kohimensis* (Tytler)] 烤彩灰蝶
Naga shiny velvet bob [*Koruthaialos sindu monda* Evans] 新红标弄蝶娜迦亚种
Naga treebrown [*Lethe naga* Doherty] 娜嘎黛眼蝶
Naga white [*Talbotia naganum* (Moore)] 飞龙粉蝶，娜嘎菜粉蝶，那迦粉蝶，大粉蝶，大白蝶，大纹白粉蝶，钩纹白粉蝶，卡白粉蝶，纳嘎粉蝶
Nagaclovia 长铲头沫蝉属，那加沫蝉属
Nagaclovia formosana Matsumura 台湾长铲头沫蝉，长铲头沫蝉，台那加沫蝉
Nagaclovia piceipectus Matsumura 同 *Nagaclovia formosana*
Nagadeba 那加夜蛾属
Nagadeba indecoralis Walker 小那加夜蛾，小奈眉裳蛾
Nagadeba obenbergeri Strand 那加夜蛾
Nagafukia 纳贾沫蝉属
Nagafukia mushana Matsumura 雾社纳贾沫蝉
Naganoea albibasis (Chiang) 同 *Phalerodonta bombycina*
Naganoea manleyi Leech 见 *Phalerodonta manleyi*
Naganoella 娜夜蛾属，尺夜蛾属
Naganoella timandra (Alphéraky) 红娜夜蛾，红尺夜蛾
Nagathrips 突股蓟马属
Nagathrips crenulatus (Varatharajan *et* Singh) 红木突股蓟马
Nagao xyleborus [*Xyleborus nagaoensis* Murayama] 长尾材小蠹，长尾小蠹
Nagodopsis 透翅刺蛾属
Nagodopsis shirakiana Matsumura 鸟粪透翅刺蛾，鸟粪刺蛾，透翅刺蛾，素木纳刺蛾＜此种学名有误写为 *Nagadopsis shirakiana* Matsumura 者＞
Nagustoides 腹刺猎蝽属
Nagustoides lii Zhao, Cai *et* Ren 李氏腹刺猎蝽
Nahida 奈蚬蝶属
Nahida coenoides (Hewitson) 奈蚬蝶
Nahida ecuadorica (Strand) 厄瓜多尔奈蚬蝶
Nahida serena Stichel 色奈蚬蝶
Nahida trochois (Hewitson) 圆奈蚬蝶
Naiacoccus 蛇粉蚧属
Naiacoccus minor Green 同 *Trabutina serpentinus*
Naiacoccus serpentinus Green 见 *Trabutina serpentinus*
naiad 稚虫
naiadella eyemark [*Mesosemia naiadella* Stichel] 娜美眼蚬蝶
nail [= unguis] 爪
Nairobi eye beetle [= Nairobi fly, Nairobi rove beetle, Kenya fly, *Paederus eximius* Reiche] 东非毒隐翅甲，东非毒隐翅虫
Nairobi fly 1. [= Nairobi eye beetle, Nairobi rove beetle, Kenya fly, *Paederus eximius* Reiche] 东非毒隐翅甲，东非毒隐翅虫；2. [= Kenya fly, *Paederus sabaeus* Erichson] 洒毒隐翅甲，洒毒隐翅虫
Nairobi rove beetle 见 Nairobi eye beetle
nais metalmark [*Apodemia nais* (Edwards)] 豹花蚬蝶
Nakaharanus 纹翅叶蝉属
Nakaharanus bimaculatus Li 双斑纹翅叶蝉
Nakaharanus lii Wei *et* Xing 李氏纹翅叶蝉
Nakaharanus maculosus Kuoh 方斑纹翅叶蝉，葛纹翅叶蝉，纹翅叶蝉
Nakaharanus nakaharae (Matsumura) 中原纹翅叶蝉
Nakaharanus sagittarius Kwon *et* Lee 箭突纹翅叶蝉，箭纹翅叶蝉
Nakano longnosed planthopper [*Raivuna nakanonis* (Matsumura)] 中野彩象蜡蝉，中野象蜡蝉，中野尖头光蝉，中野长鼻蜡蝉
naked grass mealybug [*Heterococcus nudus* (Green)] 全北异粉蚧
naked pupa 裸蛹
Nakula 纳叶蝉属
Nakula multicolor Distant 彩纳叶蝉，多彩纳叶蝉
Nala 纳蠼螋属
Nala lividipes (Dufour) 纳蠼螋，山东纳螋，青黑球螋，纳螋
Nala nepalensis (Burr) 尼纳蠼螋，尼纳螋
Nalanda 脊胸吉丁甲属，脊胸吉丁属
Nalanda anticerugosa (Obenberger) 见 *Meliboeus anticerugosus*
Nalanda balthasari Obenberger 同 *Nalanda cupricollis*
Nalanda belzebuth (Obenberger) 见 *Meliboeus belzebuth*
Nalanda bilyi Ohmomo *et* Akiyama 见 *Meliboeus bilyi*
Nalanda birmicola (Obenberger) 见 *Meliboeus birmicola*
Nalanda buddhaica (Obenberger) 巴德脊胸吉丁甲，巴德脊胸吉丁
Nalanda convexithorax (Obenberger) 见 *Meliboeus convexithorax*
Nalanda cupricollis (Saunders) 铜领脊胸吉丁甲，铜领枚吉丁甲，蓝翅缘吉丁
Nalanda fokienicus Obenberger 见 *Meliboeus fokienicus*
Nalanda formosana (Obenberger) 见 *Meliboeus formosanus*
Nalanda hauserellus Obenberger 同 *Nalanda vitalisi*
Nalanda hideoi Ohmomo *et* Akiyama 见 *Meliboeus hideoi*
Nalanda komiyai Ohmomo *et* Akiyama 见 *Meliboeus komiyai*
Nalanda kurosawana Ohmomo *et* Akiyama 见 *Meliboeus kurosawanus*
Nalanda lagerstraemiae Ohmomo *et* Akiyama 见 *Meliboeus lagerstraemiae*
Nalanda mandarina (Obenberger) 大陆脊胸吉丁甲，大陆脊胸吉丁
Nalanda nigroscutellata (Obenberger) 见 *Meliboeus nigroscutellatus*
Nalanda niisatoi Ohmomo *et* Akiyama 见 *Meliboeus niisatoi*
Nalanda pentacullosa Ohmomo *et* Akiyama 见 *Meliboeus pentacallosus*
Nalanda potanini (Théry) 见 *Meliboeus potanini*
Nalanda princeps (Obenberger) 见 *Meliboeus princeps*
Nalanda purpureicollis (Théry) 见 *Meliboeus purpureicollis*
Nalanda pygmaeola (Obenberger) 见 *Meliboeus pygmaeolus*
Nalanda rutilicollis (Obenberger) 柳树脊胸吉丁甲，柳树脊胸吉丁
Nalanda rutilicollis formosana Obenberger 见 *Meliboeus formosanus*
Nalanda saundersi Kerremans 同 *Nalanda cupricollis*
Nalanda semenoviella (Théry) 见 *Meliboeus semenoviellus*
Nalanda shimomurai Ohmomo *et* Akiyama 见 *Meliboeus shimomurai*
Nalanda sinae (Obenberger) 见 *Meliboeus sinae*
Nalanda solinghoana (Obenberger) 见 *Meliboeus solinghoanus*
Nalanda suzukii Ohmomo *et* Akiyama 见 *Meliboeus suzukii*
Nalanda takashii Ohmomo *et* Akiyama 见 *Meliboeus takashii*

Nalanda toyamai Ohmomo *et* Akiyama 见 *Meliboeus toyamai*
Nalanda transverserugata (Obenberger) 见 *Meliboeus transverserugatus*
Nalanda vitalisi (Bourgoin) 韦氏脊胸吉丁甲
Nalanda wenigi (Obenberger) 文脊胸吉丁甲，文脊胸吉丁
Nalanda yunnana (Kerremans) 见 *Meliboeus yunnanus*
Nalassus 截唇基拟步甲属
Nalassus dongurii (Masumoto, Akita *et* Lee) 小壳斗截唇拟步甲，小壳斗缩颈拟步行虫
Nalassus elegantulus (Lewis) 丽截唇拟步甲，丽塔谷甲
Nalassus formosanus (Masumoto) 台湾截唇拟步甲，台塔谷甲，台湾缩颈拟步行虫
Nalassus* (*Helopocerodes*) *melchiades (Reitter) 新疆截唇基拟步甲
Nalassus merkli (Masumoto, Akita *et* Lee) 梅氏截唇拟步甲，梅克尔缩颈拟步行虫
Nalassus pekinensis (Fairmaire) 北京截唇基拟步甲，京筒拟步甲，京赫拟步甲
Nalassus pilushenmuus (Masumoto, Akita *et* Lee) 碧绿截唇拟步甲，碧绿缩颈拟步行虫
Nalassus xiaoxueshanus (Masumoto, Akita *et* Lee) 小雪山截唇拟步甲，小雪山缩颈拟步行虫
Nalassus yuanfengus (Masumoto, Akita *et* Lee) 鸢峰截唇拟步甲，鸢峰缩颈拟步行虫
Nalassus zoltani (Masumoto) 佐氏截唇拟步甲，佐塔谷甲，苏氏缩颈拟步行虫
Nalepa 那琵甲属，纳拟步甲属
Nalepa cylindracea (Reitter) 长圆那琵甲，筒纳拟步甲
Nalinae 纳蝼蝮亚科
Namaforda 名根蚜属
Namaforda marginata (Tao) 西昌名根蚜
Namaqua arrowhead [*Phasis clavum* Murray] 棒相灰蝶
Namaqua bar [*Spindasis namaqus* (Trimen)] 娜银线灰蝶
Namaqua dancer [= Namaqua sandman, *Alenia namaqua* Vári] 纳马亚伦弄蝶
Namaqua opal [*Poecilmitis aridus* Pennington] 阿玉幻灰蝶
Namaqua sandman 见 Namaqua dancer
Namaqua widow [*Tarsocera namaquensis* Vári] 纳马泡眼蝶
namatium 溪河群落
namatophilus 适溪河的，喜溪河的
Namatopogon 溪长角蛾属
Namatopogon taiwanella Kozlev 台湾溪长角蛾
nameless pinion [*Lithophane innominata* (Smith)] 无名石冬夜蛾
Namibian acraea [*Acraea hypoleuca* Trimen] 琥珀珍蝶
Namibian elfin [*Sarangesa gaerdesi* Evans] 盖刷胫弄蝶
Namsangia 南无僧叶蝉属，笏头叶蝉属
Namsangia armata (Melichar) 竹南无僧叶蝉，吉叶蝉
Namsangia bambusae Yang 同 *Namsangia armata*
Namsangia flavostriata Kuoh 同 *Namsangia armata*
Namsangia garialis Distant 匙南无僧叶蝉，匙笏头叶蝉
Namsangia lijiangana Yang, Li *et* Chiang 丽江南无僧叶蝉，丽笏头叶蝉
Namsangia lincangana Yang, Meng *et* Li 临沧南无僧叶蝉
Nanaguna 侏皮夜蛾属
Nanaguna breviuscula Walker 侏皮夜蛾
Nanaguna sordida Wileman 污侏皮夜蛾
Nanatka 透大叶蝉属
Nanatka albovitta Cai *et* Kuoh 白条透大叶蝉
Nanatka attenuata Dai *et* Zhang 渐细透大叶蝉
Nanatka baiyunana Cai *et* Shen 白云透大叶蝉
Nanatka castenea Cai *et* Kuoh 栗条透大叶蝉
Nanatka fuscula Cai *et* Kuoh 暗褐透大叶蝉
Nanatka huangae Yang, Meng *et* Li 黄氏透大叶蝉
Nanatka huzhuana Yang, Meng *et* Li 互助透大叶蝉
Nanatka nigrilinea Cai *et* Kuoh 黑条透大叶蝉
Nanatka pianmanana Yang, Meng *et* Li 片马透大叶蝉
Nanatka teluma Dai *et* Zhang 矛突透大叶蝉
Nanatka unica Cai *et* Kuoh 一色透大叶蝉
Nandidrug 楠迪叶蝉亚属
Nandidrug speciosum Distant 见 *Doratulina* (*Nandidrug*) *speciosum*
Nandidrug viridicans Distant 见 *Doratulina* (*Nandidrug*) *viridicans*
Nandigallia 南迪叶蝉属
Nandigallia matai Viraktamath 马塔南迪叶蝉
nanea skipper [*Thracides nanea* Hewitson] 娜獭弄蝶
Nanhuaphasma 达蝽属 *Dajaca* 的异名
Nanhuaphasma hamicercum Chen *et* He 同 *Dajaca napolovi*
Nanling playboy [*Deudorix nanlingensis* Wang *et* Fan] 南岭玳灰蝶
Nanling royal [*Tajuria nanlingana* Wang *et* Fan] 南岭双尾灰蝶
Nanlingozephyrus 南岭灰蝶属
Nanlingozephyrus bella (Hsu) 南岭灰蝶
Nanna 穗蝇属
Nanna armillatum (Zetterstedt) 欧梯牧草穗蝇
Nanna flavipes (Fallén) 黄穗蝇，梯牧草穗蝇
Nanna truncata Fan 青稞穗蝇
Nannoarctia 南灯蛾属
Nannoarctia integra (Walker) 整南灯蛾
Nannoarctia obliquifascia (Hampson) 斜带南灯蛾，斜带斑灯蛾，斜带篱灯蛾
Nannoarctia takanoi (Sonan) 高野南灯蛾
Nannoarctia tripartita (Walker) 拟斜带南灯蛾，特斑灯蛾
nannochoristid 1. [= nannochoristid scorpionfly] 小蝎蛉 < 小蝎蛉科 Nannochoristidae 昆虫的通称 >；2. 小蝎蛉科的
nannochoristid scorpionfly [= nannochoristid] 小蝎蛉
Nannochoristidae 小蝎蛉科
Nannophiopsis clara Needham 膨腹斑小蜻
Nannophya 红小蜻属
Nannophya pygmaea Rambur 侏红小蜻，小红蜻蜓
Nannophyopsis 斑小蜻属
Nannophyopsis clara (Needham) 膨腹斑小蜻，漆黑蜻蜓
Nannopygia 裂丝尾螋属
Nannopygia longqishanensis (Ma *et* Chen) 龙栖裂丝尾螋
Nannopygia nigriceps (Kirby) 黑裂丝尾螋，香港柱球螋
Nannopygia subangustatus (Steinmann) 深裂丝尾螋
nanocapsule 纳米微囊
Nanocladius 矮突摇蚊属，矮突摇蚊亚属
Nanocladius dichromus (Kieffer) 双色矮突摇蚊
Nanocladius* (*Nanocladius*) *balticus (Palmén) 栎矮突摇蚊
Nanocladius* (*Nanocladius*) *baltus Fu *et* Wang 黑带矮突摇蚊
Nanocladius* (*Nanocladius*) *bicolor (Zetterstedt) 二色矮突摇蚊
Nanocladius* (*Nanocladius*) *calvatus Fu *et* Wang 秃矮突摇蚊
Nanocladius* (*Nanocladius*) *crassicornus Sæther 厚角矮突摇蚊

Nanocladius* (*Nanocladius*) *distinctus (Malloch) 分割矮突摇蚊
Nanocladius* (*Nanocladius*) *jintuguardecima (Sasa) 神通矮突摇蚊
Nanocladius* (*Nanocladius*) *minimus Sæther 朱红矮突摇蚊
Nanocladius* (*Nanocladius*) *oyaberadiata Sasa, Kawai *et* Uéno 小矢部矮突摇蚊
Nanocladius* (*Nanocladius*) *palpideminutus Makarchenko *et* Makarchenko 短须矮突摇蚊
Nanocladius* (*Nanocladius*) *pubescens Makarchenko *et* Makarchenko 茸毛矮突摇蚊
Nanocladius* (*Nanocladius*) *rectinervis (Kieffer) 直脉矮突摇蚊
Nanocladius* (*Nanocladius*) *seiryufegea (Sasa, Suzuki *et* Sakai) 高知矮突摇蚊
Nanocladius* (*Nanocladius*) *spiniplelnus Sæther 丝矮突摇蚊
Nanocladius* (*Nanocladius*) *taiwanensis Fu *et* Wang 台湾矮突摇蚊
Nanocladius* (*Nanocladius*) *tamabicolor Sasa 塔马双色矮突摇蚊
Nanocladius* (*Nanocladius*) *tokuokasia (Sasa) 图库矮突摇蚊
Nanocladius* (*Nanocladius*) *trinus Fu *et* Wang 三色矮突摇蚊
Nanocladius* (*Plecopteracoluthus*) *asiaticus Hayashi 亚洲矮突摇蚊
Nanocladius vitellinus (Kieffer) 饰矮突摇蚊，饰纳摇蚊
nanodipersion [= nanosuspension] 纳米分散体
nanoemulsion 纳米乳
nanogel 纳米凝胶
Nanogonalos 钩腹蜂属
Nanogonalos mongolicus Popov 蒙古钩腹蜂
Nanogonalos taihorina Bischoff 台钩腹蜂，台小钩腹姬蜂
Nanohammus 柄棱天牛属，山白星天牛属
Nanohammus aberrans (Gahan) 肿角柄棱天牛，柄棱天牛
Nanohammus annulicornis (Pic) 截尾柄棱天牛
Nanohammus grangeri Breuning 小齿柄棱天牛
Nanohammus rondoni Breuning 郎氏柄棱天牛
Nanohammus rufescens Bates 红柄棱天牛
Nanohammus subfasciatus (Matsushita) 台湾柄棱天牛，拉拉山白星天牛
Nanohammus theresae (Pic) 老挝柄棱天牛
Nanohammus yunnana Wang *et* Jiang 云南柄棱天牛
nanoinsecticide 纳米杀虫剂
Nanola 棕瘤蛾属
Nanola hluchyi Laszlo, Ronkay *et* Witt 白斑棕瘤蛾
Nanola promelaena (Hampson) 黑棕瘤蛾，黑瘤蛾
Nanoleon 纳蚁蛉属
Nanoleon wangae Hu, Lu *et* Liu 王氏纳蚁蛉
Nanomantis 矮螳属
Nanomantis australis Saussure 南方矮螳
Nanomantis yunnanensis Wang 云南矮螳
nanomicelle 纳米胶束
nanopesticide 纳米杀虫剂，纳米农药
Nanophyes 橘象甲属，橘象属，球针嘴象鼻虫属
Nanophyes atrolineatus Pic 黑线橘梨象甲，黑线橘梨象
Nanophyes basilineatus Tournier 基线橘梨象甲，基线橘梨象
Nanophyes brevis Boheman 短橘象甲，短橘象
Nanophyes brevis brevis Boheman 短橘象甲指名亚种
Nanophyes brevis obscurus Zherikin 短橘象甲褐色亚种
Nanophyes chibizo Kôno 企橘梨象甲，企橘梨象
Nanophyes chinensis Faust 见 *Corimalia chinensis*
Nanophyes donckieri Pic 董橘梨象甲，董橘梨象
Nanophyes formosensis Kôno 见 *Zherikhinia formosensis*
Nanophyes kwangtsehensis Voss 光泽橘梨象甲，光泽橘梨象
Nanophyes marmoratus (Goeze) [loosestrife seed weevil, flower bud weevil, purple loosestrife flower weevil, loosestrife weevil] 千屈菜橘象甲，千屈菜橘象
Nanophyes miwai Kôno 见 *Pseudorobitis miwai*
Nanophyes nigriceps Boheman 黑头橘梨象甲，黑头橘梨象
Nanophyes plumbeus Motschulsky 羽橘梨象甲，羽橘梨象
Nanophyes proles Heller 普橘梨象甲，普橘梨象
Nanophyes rufipes Motschulsky 红橘梨象甲，红橘梨象
Nanophyes shaowuensis Voss 邵武橘梨象甲，邵武橘梨象
nanophyid 1. [= nanophyid beetle, nanophyid weevil] 橘象甲，橘象，球针嘴象鼻虫 < 橘象甲科 Nanophyidae 昆虫的通称 >; 2. 橘象甲科的
nanophyid beetle [= nanophyid, nanophyid weevil] 橘象甲，橘象，球针嘴象鼻虫
nanophyid weevil 见 nanophyid beetle
Nanophyidae 橘象甲科，橘象科，球针嘴象鼻虫科
Nanophyinae 橘象甲亚科，橘象亚科
Nanoplagia 小斑寄蝇属，小纹寄蝇属
Nanoplagia sinaica (Villeneuve) 西奈小斑寄蝇，华小纹寄蝇，西奈拟缘寄蝇
Nanopsocetae 纳蛄组
Nanoraphidia 纳蛇蛉属
Nanoraphidia electroburmica Engel 缅珀纳蛇蛉
Nanoraphidia lithographica Jepson, Coram *et* Jarzembowski 岩画纳蛇蛉
nanosphere 纳米微球
Nanostrangalia 小花天牛属，条细花天牛属
Nanostrangalia abdominalis (Pic) 挂墩小花天牛
Nanostrangalia atayal Chou *et* Ohbayashi 泰雅小花天牛，泰雅细花天牛
Nanostrangalia binhana (Pic) 黑腹小花天牛
Nanostrangalia binodula Holzschuh 双突小花天牛
Nanostrangalia chujoi (Mitono) 连纹小花天牛，中条细花天牛
Nanostrangalia comis Holzschuh 川小花天牛
Nanostrangalia emeishana Holzschuh 峨眉小花天牛
Nanostrangalia modicata Holzschuh 中等小花天牛
Nanostrangalia semichujoi Hayashi 拟连纹小花天牛，拟中条细花天牛，伪中条细花天牛
Nanostrangalia sternalis Holzschuh 沟腹小花天牛
Nanostrangalia tenuecornis Holzschuh 细角小花天牛
nanosuspension 见 nanodipersion
nanostructure 纳米结构
Nantucket pine tip moth [*Rhyacionia frustrana* (Comstock)] 美松梢小卷蛾，松梢卷蛾，松梢卷叶蛾
Napa skipper [*Ochlodes sylvanoides napa* (Edwards)] 森林赭弄蝶纳帕亚种
napaea fritillary [= mountain fritillary, *Boloria napaea* (Hoffmannsegg)] 洛神宝蛱蝶
Napaea 纳蚬蝶属 < 该属名有一个水蝇科 Ephydridae 的次同名 >
Napaea agroeca Stichel 田纳蚬蝶
Napaea ambratica Zikan 阿纳蚬蝶
Napaea beltiana (Bates) 贝纳蚬蝶

Napaea brunneipennis (Betes) 布纳蚬蝶
Napaea eucharila (Bates) [eucharila metalmark, white-stiched metalmark] 纳蚬蝶
Napaea formosana Cresson 见 *Parydra formosana*
Napaea inornata Becker 见 *Parydra inornata*
Napaea lucilia (Möschler) 荧光纳蚬蝶
Napaea melampis (Bates) 黑纳蚬蝶
Napaea merala (Thieme) 美纳蚬蝶
Napaea nepos (Fabricius) 白裙纳蚬蝶
Napaea paepercula Zikan 牌纳蚬蝶
Napaea phryxe (Felder *et* Felder) 福纳蚬蝶
Napaea sylva (Möschler) 树纳蚬蝶
Napaea theages (Godman *et* Salvin) [white-spotted metalmark] 草纳蚬蝶
Napaea umbra (Boisduval) [quilted metalmark] 阴纳蚬蝶
Napaea zikani Stichel 齐纳蚬蝶
Napaeinae 大口水蝇亚科
Napeocles 鸟蛱蝶属
Napeocles jucunda (Hübner) [great blue hookwing] 鸟蛱蝶
Napeogenes 娜绡蝶属
Napeogenes aethra (Hewitson) 埃娜绡蝶
Napeogenes apulia (Hewitson) 雅朴娜绡蝶
Napeogenes corena (Hewitson) 珂娜绡蝶
Napeogenes cranto (Felder) 柯兰娜绡蝶
Napeogenes crispina Hewitson 白娜绡蝶
Napeogenes cyrianassa (Doubleday) 娜绡蝶
Napeogenes flossina (Butler) 福娜绡蝶
Napeogenes glycera (Godman) 戈娜绡蝶
Napeogenes harbona (Hewitson) 海娜绡蝶
Napeogenes inachia (Hewitson) 银娜绡蝶
Napeogenes ithra (Hewitson) 伊娜绡蝶
Napeogenes larilla (Hewitson) 莱娜绡蝶
Napeogenes osuna (Hewitson) 奥娜绡蝶
Napeogenes peredia (Hewitson) 斑娜绡蝶
Napeogenes pharo (Felder) 飞娜绡蝶
Napeogenes pheranthes Bates 佛娜绡蝶
Napeogenes stella (Hewitson) [stella tigerwing] 星娜绡蝶
Napeogenes sulphurina (Bates) 黄娜绡蝶
Napeogenes sylphis (Guérin-Méneville) 喜娜绡蝶
Napeogenes thira (Guérin-Méneville) 梯娜绡蝶
Napeogenes tolosa (Hewitson) [tolosa tigerwing] 花娜绡蝶
Napeogenes verticilla (Hewitson) 涡娜绡蝶
Naphiellus 宽地长蝽属
Naphiellus irroratus (Jakovlev) 宽地长蝽
naphthalene 萘
Napialus 棒蝠蛾属
Napialus chenzhouensis Chu *et* Wang 郴州棒蝠蛾
Napialus chongqingensis Wu 重庆棒蝠蛾
Napialus hunanensis Chu *et* Wang 湖南棒蝠蛾
Napialus jiangxiensis Chu *et* Wang 江西棒蝠蛾
Napialus kulingi (Daniel) 牯岭棒蝠蛾，牯岭疖蝙蛾
Napocheima robiniae Chu 刺槐尺蛾
Napomyza 菁潜蝇属
Napomyza annulipes (Meigen) 环足菁潜蝇
Napomyza hirticornis Hendel 毛角菁潜蝇
Napomyza lateralis (Fallén) 菊菁潜蝇
Napomyza plumea Spencer 微毛菁潜蝇
Naranga 螟蛉夜蛾属
Naranga aenescens Moore [rice green caterpillar, green rice caterpillar, rice green semi-looper] 稻螟蛉夜蛾，稻螟蛉，红带黄夜蛾
Naranga diffusa (Walker) 螟蛉夜蛾，狄螟蛉夜蛾
Narangodes 纳夜蛾属，纳瘤蛾属
Narangodes argyrostrigatus Sugi 银带纳蛾，银带纳瘤蛾
Narangodes confluens Sugi 康纳夜蛾，康纳瘤蛾
Narangodes flavibasis Sugi 橘纳夜蛾，橘纳瘤蛾
Narangodes haemorranta Hampson 红纳夜蛾，拟螟蛉夜蛾
Naratettix 斑小叶蝉属，扁小叶蝉属
Naratettix fallax Matsumura 扁斑小叶蝉，扁小叶蝉
Naratettix koreanus Matsumura 朝鲜斑小叶蝉
Naratettix zini Dworakowska 津氏斑小叶蝉
Naratettix zonatus (Matsumura) [banded leafhopper] 菱纹斑小叶蝉，黑带缚住叶蝉，黑带叶蝉，黑带扁小叶蝉
Narathura agrata (de Nicéville) 见 *Arhopala agrata*
Narathura bazalus Hewitson 见 *Arhopala bazala*
Narathura bazalus turbata (Butler) 见 *Arhopala bazala turbata*
Narathura japonica kotoshona Sonan 同 *Arhopala japonica*
Narathura paramuta horishana (Matsumura) 见 *Arhopala paramuta horishana*
Narathura pseudocentaurus pirithous (Moore) 见 *Arhopala centaurus pirithous*
Narathura rama (Kollar) 见 *Arhopala rama*
Narathura rama ramosa Evans 见 *Arhopala rama ramosa*
Narayanella 毛足缨小蜂属
Narayanella pilipes (Subba Rao) 长基毛足缨小蜂，缅甸毛足缨小蜂
narbal hairstreak [*Olynthus narbal* (Stoll)] 娜奥仑灰蝶，奥仑灰蝶
Narberia tuberculata Boreli 见 *Eparchus tuberculatus*
Narbo 捷足长蝽属
Narbo nigricornis Zheng 褐色捷足长蝽
narcissus bulb fly [= greater bulb fly, large bulb fly, large narcissus fly, *Merodon equestris* (Fabricius)] 水仙齿腿蚜蝇，水仙拟蜂蝇，水仙球蝇
narcissus jewel [*Hypochrysops narcissus* (Fabricius)] 娜链灰蝶
Narcosius 娜弄蝶属
Narcosius nazaraeus Steinhauser [nazaraeus flasher] 拿娜弄蝶
Narcosius parisi (Williams) [Paris flasher] 娜弄蝶
Narcotica 纳科夜蛾属，缀白剑纹夜蛾属
Narcotica niveosparsa (Matsumura) 白纹纳科夜蛾，乜夜蛾，缀白剑纹夜蛾
narcotropism 向迷药性
Nargus 衲小葬甲属，臀球蕈甲属
Nargus* (*Eunargus*) *celli Wang, Růžička *et* Zhou 鲁衲小葬甲
Nargus* (*Eunargus*) *franki Perreau 弗氏衲小葬甲
Nargus* (*Eunargus*) *taiwanensis Perreau 台湾衲小葬甲，台湾臀球蕈甲
Narinosus 鼻瓢蜡蝉属，平鼻瓢蜡蝉属
Narinosus nativus Gnezdilov *et* Wilson 娜鼻瓢蜡蝉，鼻瓢蜡蝉
Narope 纳环蝶属

N

Narope albopunctum Stichel 白点纳环蝶
Narope anartes Hewitson 安纳环蝶
Narope cyllabarus Westwood 曲纳环蝶
Narope cyllarus Westwood 尾纳环蝶
Narope cyllastros Doubleday 纳环蝶
Narope minor Casagrande [small owl] 小纳环蝶
Narope nesope Hewitson 奈纳环蝶
Narope panniculus Stichel 潘妮纳环蝶
Narope sutor Stichel 酥纳环蝶
Narope syllabus Staudinger [Staudinger's owlet] 萨纳环蝶
Narope testaccus Godman *et* Salvin [brown owl] 黑纳环蝶
Naropina 奈环蝶属
Naropina pusilla (Röber) 奈环蝶
Narosa 眉刺蛾属
Narosa baibarana Matsumura 见 *Setora baibarana*
Narosa concinna Swinhoe 齐眉刺蛾
Narosa corusca Wileman 波眉刺蛾
Narosa corusca amamiana Kawazoe *et* Ogata 波眉刺蛾奄美亚种
Narosa corusca corusca Wileman 波眉刺蛾指名亚种，指名波眉刺蛾
Narosa doenia (Moore) 银眉刺蛾
Narosa edoensis Kawada 白眉刺蛾，樱桃白刺蛾
Narosa fulgens (Leech) 光眉刺蛾，褐点眉刺蛾，耀眉刺蛾，耀希刺蛾
Narosa ishidae Matsumura 同 *Narosa corusca*
Narosa kanshireana Matsumura 同 *Narosa fulgens*
Narosa nigricristata Hering 黑冠眉刺蛾
Narosa nigrisigna Wileman [black-striped stinging caterpillar] 黑眉刺蛾，荇眉刺蛾，黑纹白刺蛾，黑纹眉刺蛾，白眉刺蛾
Narosa nitobei Shiraki 新渡眉刺蛾
Narosa obscura Wileman 暗眉刺蛾
Narosa ochracea Hering 赭眉刺蛾
Narosa penicillata Strand 簇毛眉刺蛾
Narosa propolia Hampson 白斑眉刺蛾，齐眉刺蛾
Narosa pseudochracea Hering 拟赭眉刺蛾
Narosa pseudopropolia Wu *et* Fang 黄眉刺蛾
Narosa shinshana Matsumura 同 *Narosa corusca*
Narosa takamukui Matsumura 同 *Narosa corusca*
Narosoideus 娜刺蛾属
Narosoideus apicipennis Matsumura 同 *Narosoideus vulpinus*
Narosoideus flavidorsalis (Staudinger) [pear stinging caterpillar] 梨娜刺蛾
Narosoideus formosanus Matsumura 同 *Narosoideus vulpinus*
Narosoideus fuscicostalis (Fixsen) 黄娜刺蛾，褐黄背银纹刺蛾
Narosoideus inornata* ab. *formosicola Matsumura 同 *Narosoideus flavidorsalis*
Narosoideus morion Solovyev *et* Witt 黑晶娜刺蛾
Narosoideus vulpinus (Wileman) 狡娜刺蛾，狡银纹刺蛾，银灰带刺蛾
Narosoideus vulpinus aurisoma Matsumura 同 *Narosoideus vulpinus*
Narraga 奇脉尺蛾属
Narraga fasciolaria Hüfnagel 奇脉尺蛾
Narraga fasciolaria fasciolaria Hüfnagel 奇脉尺蛾指名亚种
Narraga fasciolaria fumipennis Prout 奇脉尺蛾褐翅亚种，褐翅带拿尺蛾

narrow-apex click beetle [*Melanotus invectitius* Candèze] 细尖梳爪叩甲，细尖叩甲
narrow-banded ace [*Halpe elana* Eliot] 羚酣弄蝶
narrow-banded crescent [= berenice crescent, *Telenassa berenice* Felder] 贝远蛱蝶
narrow-banded dartwhite [*Ctasticta flisa* Herrich-Schäffer] 弗力萨彩粉蝶
narrow-banded hawkmoth [*Neogurelca montana* (Rothschild *et* Jordan)] 山锥天蛾，山锤天蛾
narrow-banded red-eye [*Pteroteinon concaenira* Belcastro *et* Larsen] 狭带佬弄蝶
narrow-banded remella [= Guatemalan remella, *Remella duena* Evans] 杜娜染弄蝶
narrow-banded satyr [*Aulocera brahminus* (Blanchard)] 布林眼蝶，林眼蝶
narrow-banded shoemaker [*Prepona pylene* Hewitson] 绿靴蛱蝶
narrow banded-skipper [*Autochton longipennis* (Plötz)] 长翅幽弄蝶
narrow-banded swallowtail [*Papilio gallienus* Aurivillius] 鸡冠德凤蝶
narrow-banded velvet bob [= changeable velvet bob, *Koruthaialos rubecula* (Plötz)] 狭带红标弄蝶，红标弄蝶
narrow-banded yellowmark [*Baeotis prima* Bates] 第一苞蚬蝶
narrow bark louse [= stenopsocid bark louse, stenopsocid] 狭蝤 < 狭蝤科 Stenopsocidae 昆虫的通称 >
narrow-bordered bee hawk-moth [*Hemaris tityus* (Linnaeus)] 惕黑边天蛾
narrow-brand darter [*Telicota mesoptis* Lower] 麦斯长标弄蝶
narrow-brand grass-dart [= common dart, *Ocybadistes flavovittata* (Latreille)] 黄丫纹弄蝶
narrow-brand grass-skipper [= crocea skipper, *Neohesperilla croceus* (Miskin)] 窄带新弄蝶，新弄蝶
narrow breast silkworm 狭胸蚕
narrow broad [*Sinthusa nasaka* (Horsfield)] 娜生灰蝶
narrow brown pine aphid [= pine needle aphid, *Eulachnus rileyi* (Williams)] 瑞黎长大蚜，黑长大蚜
narrow fig scale [= fig scale, greater fig mussel scale, fig oystershell scale, Mediterranean fig scale, pear oystershell scale, red oystershell scale, apple bark-louse, *Lepidosaphes conchiformis* (Gmelin)] 沙枣蛎盾蚧，梨蛎盾蚧，梨牡蛎蚧，梅蛎盾蚧，梅牡蛎盾蚧，榕蛎蚧
narrow-line beauty [*Baeotus japetus* (Staudinger)] 橙斑抱突蛱蝶
narrow-margined yellow [*Citrinophila marginalis* Kirby] 玛粉灰蝶
narrow mealybug [= narrow scale, *Ferrisicoccus angustus* Ezzat *et* McConnell] 东亚费粉蚧，符粉蚧
narrow necked click beetle [= barley wireworm, *Agriotes subvittatus* Motschulsky] 细胸锥尾叩甲，细胸叩甲，细胸金针虫，条锥尾叩甲，大麦锥尾叩甲，大麦叩甲
narrow-necked grain beetle [*Anthicus floralis* (Linnaeus)] 谷窄颈蚁形甲，谷蚁形甲
narrow-ranged species 狭域种
narrow rice bug [= rice seed bug, rice sapper, paddy fly, Asian rice bug, tropical rice bug, rice bug, rice green coreid, paddy bug, *Leptocorisa acuta* (Thunberg)] 异稻缘蝽，大稻缘蝽，稻蛛缘蝽

narrow scale 见 narrow mealybug

narrow timber beetle [= colydiid beetle, cylindrical bark beetle, colydiid] 坚甲 < 坚甲科 Colydiidae 昆虫的通称 >

narrow-waisted bark beetle [= salpingid beetle, salpingid] 角甲 < 角甲科 Salpingidae 昆虫的通称 >

narrow-winged awl [= brown awl, *Badamia exclamationis* (Fabricius)] 尖翅弄蝶，长翅弄蝶，淡绿弄蝶，猿尾藤弄蝶，呐弄蝶淡，绿弄蝶，窄翅角纹弄蝶

narrow-winged damselfly [= coenagrionid damselfly, coenagrionid] 蟌 < 蟌科 Coenagrionidae 昆虫的通称 >

narrow-winged iris-skipper [*Mesodina hayi* Edwards *et* Graham] 海圆弄蝶

narrow-winged mantid [*Tenodera angustipennis* Saussure] 狭翅大刀螳，窄翅螳螂，狭翅大螳螂，朝鲜螳螂

narrow-winged metalmark [*Apodemia multiplaga* Schaus] 多纹花蚬蝶

narrow-winged mylon [= ander mylon, *Mylon ander* Evans] 安德霾弄蝶

narrow-winged pearl white [*Elodina padusa* (Hewitson)] 狭翅药粉蝶

narrow-winged pug [*Eupithecia nanata* Hübner] 狭翅小花尺蛾

narrow-winged sand grasshopper [= narrow-winged spur-throat grasshopper, *Melanoplus angustipennis* (Dodge)] 狭翅沙黑蝗

narrow-winged spur-throat grasshopper 见 narrow-winged sand grasshopper

narrow yellow-tipped prominent [= yellow-tipped prominent moth, quercus caterpillar, *Phalera assimilis* (Bremer *et* Grey)] 栎掌舟蛾，栎黄斑天社蛾，黄斑天社蛾，榆天社蛾，彩节天社蛾，麻栎毛虫，肖黄掌舟蛾，栎黄掌舟蛾，榆掌舟蛾，细黄端天社蛾，台掌舟蛾

narrowed angle-wing katydid [*Microcentrum angustatum* Brunner von Wattenwyl] 窄翅角翅螽

narrowspot lancer [*Isma feralia* (Hewitson)] 猛缨矛弄蝶

Narsetes 平背猎蝽属

Narsetes longinus Distant 平背猎蝽

Narsetes rufipennis Ren 红平背猎蝽

Narynia 纳伦蛾属

Narynia luanae Huang, Potapov *et* Gao 栾氏纳伦蛾

narva checkerspot [*Chlosyne narva* (Fabricius)] 娜巢蛱蝶

nasal bot fly [= deer nostril fly, *Cephenemyia auribarbis* (Meigen)] 鹿头狂蝇

nasal carina 鼻隆线 < 指蜉蝣中单眼前的纵脊，因侧面观似鼻而得名 >

nasal sulcus [= clypeal sulcus] 唇基沟

nasale 鼻突 < 额区前方中间的突起 >

Nasaltus 完折阎甲属

Nasaltus chinensis (Quensel) 中国完折阎甲，华厚阎甲，华坑阎甲

Nasaltus orientalis (Paykull) 东方完折阎甲，东方厚阎甲，东方邪阎甲

Nascioides 娜吉丁甲属

Nascioides enysi Sharp 恩氏娜吉丁甲，新西兰假山毛榉吉丁

Nascus 娜虎弄蝶属

Nascus broteas (Cramer) [broteas scarlet-eye] 玻娜虎弄蝶

Nascus caepio Herrich-Schäffer 凯娜虎弄蝶

Nascus cephise Hewitson 塞娜虎弄蝶

Nascus paulliniae (Sepp) [paulliniae scarlet-eye] 宝娜虎弄蝶

Nascus phintias Schaus [phintias scarlet-eye] 芬娜虎弄蝶

Nascus phocus (Cramer) [phocus scarlet-eye] 娜虎弄蝶

Nascus solon (Plötz) [solon scarlet-eye] 索伦娜虎弄蝶

Nasimyia 鼻水虻属

Nasimyia elongoverpa Yang *et* Tauser 长茎鼻水虻

Nasimyia eurytarsa Yang *et* Tauser 宽跗鼻水虻

Nasimyia megacephala Yang *et* Yang 大头鼻水虻

Nasimyia nigripennis Yang *et* Yang 同 *Nasimyia megacephala*

Nasimyia rozkosnyi Yang *et* Tauser 若氏鼻水虻

nasisi sapphire [= Zimbabwe yellow-banded sapphire, *Iolaus nasisii* (Riley)] 纳瑶灰蝶

naso 前突，鼻突

Nasocoris 鼓额盲蝽属

Nasocoris arngyrotrichus Reuter 银毛鼓额盲蝽

Nasonia 蝇蛹金小蜂属，集金小蜂属

Nasonia giraulti Darling 吉氏蝇蛹金小蜂，吉氏集金小蜂

Nasonia longicornis Darling 长角蝇蛹金小蜂，长角集金小蜂

Nasonia vitripennis (Walker) 蝇蛹金小蜂，丽蝇蛹集金小蜂

Nasonovia 衲长管蚜属

Nasonovia ribisnigri (Mosley) [lettuce aphid] 莴苣衲长管蚜，莴苣蚜

Nasopilotermes 棘象白蚁属

Nasopilotermes jiangxiensis (He) 江西棘象白蚁，江西象白蚁，江西棘白蚁

Nasoxiphia 鼻长颈树蜂属

Nasoxiphia jakovlevi (Semenov-Tiall-Shanskij *et* Gussakovskij) 贾氏鼻长颈树蜂

Nassanoff pheromone 那氏外激素

Nassonov's mealybug [= cypress tree mealybug, *Planococcus vovae* (Nasonov)] 桧松臀纹粉蚧，桧松奥粉蚧

Nassophasis 窄颈象甲属，窄颈象属

Nassophasis klapperichi Voss 克窄颈象甲，克窄颈象

Nassophasis subverrucosus Voss 瘤窄颈象甲，克窄颈象

Nastra 污弄蝶属

Nastra chao (Mabille) [dull brown job, chao skipper] 褐污弄蝶

Nastra ethologus Hayward 阿根廷污弄蝶

Nastra guianae (Lindsey) [guianae skipper] 谷污弄蝶

Nastra hoffmanni (Bell) 霍氏污弄蝶

Nastra julia (Freeman) [Julia's skipper] 灰斑污弄蝶

Nastra leucone Godman [leucone skipper] 白点污弄蝶

Nastra lherminieri (Latreille) 污弄蝶

Nastra neamathla (Skinner *et* Williams) [neamathla skipper] 泥污弄蝶

nasus 1. 鼻 < 指颜部前端的鼻状突起 >；2. 后唇基 < 指蜻蜓目 Odonata 昆虫中的唇基或其变化，或为唇基的上部，同 supraclypeus，postclypeus>

nasute [pl. nasuti；= nasutoid soidier] 长鼻兵螱 < 为长鼻螱亚科 Rhinotermitinae 所特有的一种兵螱型式 >

nasute gland 兵螱腺 < 兵螱用以产生保护性分泌物的腺体 >

Nasutitermes 象白蚁属

Nasutitermes anjiensis Gao *et* Guo 安吉象白蚁

Nasutitermes bannaensis Li 版纳象白蚁

Nasutitermes bulbus Tsai *et* Huang 胖头象白蚁

Nasutitermes cherraensis Roonwal *et* Chhotani 乞拉象白蚁
Nasutitermes cherraensis cherraensis Roonwal *et* Chhotani 乞拉象白蚁指名亚种
Nasutitermes cherraensis vallis Tsai *et* Huang 乞拉象白蚁山谷亚种，山谷象白蚁
Nasutitermes choui Ping *et* Xu 周氏象白蚁
Nasutitermes communis Tsai *et* Chen 圆头象白蚁
Nasutitermes curtinasus He 短鼻象白蚁
Nasutitermes deltocephalus Tsai *et* Chen 角头象白蚁
Nasutitermes dolichorhinos Ping *et* Xu 长鼻象白蚁
Nasutitermes dudgeoni Gao *et* Paul 香港象白蚁
Nasutitermes erectinasus Tsai *et* Chen 见 *Sinonasutitermes erectinasus*
Nasutitermes falciformis Ping *et* Xu 鹰鼻象白蚁
Nasutitermes fengkaiensis Li 封开象白蚁
Nasutitermes fulvus Tsai *et* Chen 栗色象白蚁
Nasutitermes gardneri Snyder 尖鼻象白蚁
Nasutitermes gardneriformis Xia, Gao, Pan *et* Tang 若尖象白蚁
Nasutitermes garoensis Roowal *et* Chotani 山地象白蚁
Nasutitermes grandinasus Tsai *et* Chen 见 *Sinonasutitermes grandinasus*
Nasutitermes guizhouensis Ping *et* Xu 贵州象白蚁，贵州象蛩
Nasutitermes havilandi (Desneux) 哈氏象白蚁
Nasutitermes hejiangensis Gao *et* Tian 合江象白蚁
Nasutitermes inclinasus Ping *et* Xu 倾鼻象白蚁，倾鼻象蛩
Nasutitermes jiangxiensis (He) 见 *Nasopilotermes jiangxiensis*
Nasutitermes kinoshitae (Hozawa) 木下象白蚁，木下白蚁
Nasutitermes mangshanensis Li 莽山象白蚁
Nasutitermes matangensiformis (Holmgren) 近马坦象白蚁
Nasutitermes matangensis (Haviland) 马坦象白蚁
Nasutitermes medoensis Tsai *et* Huang 墨脱象白蚁
Nasutitermes mirabilis Ping *et* Xu 奇鼻象白蚁
Nasutitermes moratus (Silvestri) 印度象白蚁
Nasutitermes obtusimandibulus Li 钝颚象白蚁
Nasutitermes orthonasus Tsai *et* Chen 直鼻象白蚁
Nasutitermes ovatus Fan 卵头象白蚁
Nasutitermes parafulvus Tsai *et* Chen 黄色象白蚁
Nasutitermes parvonasutus (Shiraki) 小象白蚁，天狗白蚁
Nasutitermes pingnanensis Li 屏南象白蚁
Nasutitermes planiusculus Ping *et* Xu 平圆象白蚁，平圆象蛩
Nasutitermes platycephalus Ping et Xu 见 *Sinonasutitermes platycephalus*
Nasutitermes qingjiensis Li 庆界象白蚁
Nasutitermes shangchengensis Wang *et* Li 商城象白蚁
Nasutitermes sinensis Gao *et* Tian 中华象白蚁
Nasutitermes sinuosus Tsai *et* Chen 丘额象白蚁
Nasutitermes subtibetanus Tsai *et* Huang 亚藏象白蚁
Nasutitermes subtibialis Fan 亚胫象白蚁
Nasutitermes takasagoensis (Shiraki) 高山象白蚁，高砂象白蚁，高砂白蚁
Nasutitermes tiantongensis Zhou *et* Xu 天童象白蚁
Nasutitermes tibetanus Tsai *et* Huang 西藏象白蚁
Nasutitermes tsaii Huang *et* Han 蔡氏象白蚁
nasutoid soidier [= nasute] 长鼻兵蛩
Natada arizana (Wileman) 见 *Hampsonella arizana*
Natada basifusca Kawada 同 *Aphendala cana*
Natada conjuncta (Walker) 见 *Phlossa conjuncta*
Natada furva Wileman 黑纳刺蛾
Natada velutina Kollar 天鹅绒刺蛾
Natalaspis 皤盾蚧属
Natalaspis formosana Takahashi 台湾皤盾蚧
Natal acraea [= Natal legionnaire, *Acraea natalica* Boisduval] 娜塔珍蝶
Natal babul blue [= Natal spotted blue, *Azanus natalensis* Trimen] 纳塔尔素灰蝶
Natal bar [= Natal barred blue, *Spindasis natalensis* (Westwood)] 纳塔尔银线灰蝶
Natal barred blue 见 Natal bar
Natal brown [*Coenyropsis natalii* (Boisduval)] 舞眼蝶
Natal fly [= Natal fruit fly, *Ceratitis rosa* Karsch] 纳塔耳小条实蝇，纳塔耳实蝇，纳塔尔实蝇，非洲蜡实蝇
Natal fruit fly 见 Natal fly
Natal legionnaire 见 Natal acraea
Natal opal [*Poecilmitis natalensis* van Son] 纳塔尔幻灰蝶
Natal pansy [*Junonia natalica* (Felder)] 娜眼蛱蝶
Natal rocksitter [*Durbania limbata* Trimen] 黎杜斑灰蝶
Natal spotted blue 见 natal babul blue
Natal yellow-banded sapphire [*Iolaus diametra* Karsch] 地瑶灰蝶
natality [= birth rate] 出生率
natant 浮游的
Natarsia 那塔摇蚊属
Natarsia baltimoreus (Macquart) 红那塔摇蚊
Natarsia miripes (Coquillett) 细足那塔摇蚊
Natarsia nugax (Walker) 纽加那塔摇蚊
Natarsia punctata (Fabricius) 斑点那塔摇蚊，斑那塔摇蚊
Natarsia qinlingica Cheng *et* Wang 秦岭那塔摇蚊
Natarsia tokunagai (Fittkau) 德永那塔摇蚊
natatorial [= natatorlous, natatory] 游泳的 < 常用于水生昆虫的游泳足 >
natatorial leg [= pedes natatorii, swimming leg] 游泳足
natatorlous 见 natatorial
natatory 见 natatorial
natatory lamellae 游泳板 < 指蚤蝼科 Tridactylidae 昆虫后足胫节的细长片状物 >
Nataxa flavescens Walker 黄澳蛾
Nathalis 娜粉蝶属
Nathalis iole Boisduval [dainty sulphur, dwarf yellow] 娜粉蝶
Nathalis planta Doubleday *et* Hewitson 黑矛娜粉蝶
Nathrius brevipennis (Mulsant) 缩鞘天牛
native budworm [= Australian bollworm, climbing cutworm, *Helicoverpa punctigera* (Wallengren)] 细点铃夜蛾，细点实夜蛾，澳洲棉铃虫，澳大利亚棉铃虫，斑实夜蛾，烟草夜蛾
native elm bark beetle [*Hylurgopinus rufipes* (Eichhoff)] 榆瘤干小蠹，榆绒根小蠹，美洲榆小蠹
native holly leafminer [*Phytomyza ilicicola* Loew] 土冬青植潜蝇，土冬青潜叶蝇，鸟不宿潜叶蝇
native species 本地种
Natricia ochracea Walker 赭纳螽
Natterer's longwing [*Heliconius nattereri* Felder] 娜袖蝶
Natula 真蛉蟋属，小黄蛉蟋属
Natula longipennis (Serville) 长翅真蛉蟋，长翅小黄蛉蟋

Natula matsuurai Sugimoto 松浦真蛉蟋，松浦氏小黄蛉蟋
Natula pravdini (Gorochov) 小真蛉蟋，普拉德黄蛉蟋，小黄蛉蟋，褐背小黄蛉，纳蟋
natural break 自然间断
natural classification 自然分类
natural control 自然控制
Natural Enemies of Insects 昆虫天敌 < 期刊名，现名 Journal of Environmental Entomology（环境昆虫学报）>
natural enemy 天敌，自然天敌
natural enemy ravine 天敌沟
natural host 天然寄主，天然宿主
natural population 自然种群
natural resistance 自然抗性
natural selection 自然选择
natural suppression 自然抑制
naturalization 顺化
naturalized process 顺化过程
nature reserve [= nature sanctuary] 自然保护区
nature sanctuary 见 natural reserve
Naubates 囟鸟虱属
Naubates damma Timmermann 白翅圆尾囟鸟虱
naucorid 1. [= naucorid bug, creeping water bug, saucer bug, water creeper, toe biter] 潜蝽，潜水蝽 < 潜蝽科 Naucoridae 昆虫的通称 >；2. 潜蝽科的
naucorid bug [= naucorid, creeping water bug, saucer bug, water creeper, toe biter] 潜蝽，潜水蝽
Naucoridae 潜蝽科，潜水蝽科
Naucorinae 潜蝽亚科
Naucoris 潜蝽属
Naucoris cimicoides Linnaeus 潜蝽
Naucoroidae 潜蝽总科
Naudarensia distanti Kiritschenko 藏挪长蝽
Naupactini 拿巴象甲族，拿巴象族
Nauphoeta 灰蠊属，庭蠊属
Nauphoeta cinerea (Olivier) 花斑灰蠊，灰色庭蠊
naupliiform larva [= cyclopoid larva] 剑水蚤型幼虫
nauplius crescent [= Peruvian crescent, *Eresia nauplius* (Linnaeus)] 娜袖蛱蝶
Naupoda 短舟足广口蝇属，纳扁口蝇属
Naupoda contracta Hendel 短舟足广口蝇，茅埔纳扁口蝇，茅埔广口蝇
Nausibius 船谷盗属
Nausibius clavicornis (Kugelann) 棒角船谷盗，棒角锯谷盗
Nausigastrinae 凹腹蚜蝇亚科
Nausinoe 叶野螟属，叶野螟蛾属
Nausinoe geometralis (Guenée) 茉莉叶野螟，茉莉叶螟，尺勒派螟
Nausinoe perspectata (Fabricius) 云纹叶野螟，云纹叶野螟蛾，珐兰螟
nautes mithras [*Mithras nautes* (Cramer)] 娜线绕灰蝶，线绕灰蝶
nautical borer [= oak cordwood borer, *Xylotrechus nauticus* (Mannerheim)] 栎捆材脊虎天牛
naval pansy [*Junonia touhilimasa* (Vuillot)] 多彩眼蛱蝶
Navasius albofrontatus (Yang *et* Yang) 见 *Pseudomallada albofrontata*
Navasius allochrous (Yang *et* Yang) 见 *Pseudomallada allochroma*
Navasius alviolatus Yang *et* Yang 见 *Pseudomallada alviolata*
Navasius ancistroideus Yang *et* Yang 见 *Pseudomallada ancistroidea*
Navasius brachychelus (Yang *et* Yang) 见 *Pseudomallada brachychela*
Navasius chaoi (Yang *et* Yang) 见 *Pseudomallada chaoi*
Navasius cordatus Wang *et* Yang 见 *Pseudomallada cordata*
Navasius decolor (Navás) 见 *Pseudomallada decolor*
Navasius diaphanus (Yang *et* Yang) 见 *Pseudomallada diaphana*
Navasius epunctatus Yang *et* Yang 见 *Pseudomallada epunctata*
Navasius estriatus (Yang *et* Yang) 见 *Pseudomallada estriata*
Navasius eumorphus (Yang *et* Yang) 见 *Pseudomallada eumorpha*
Navasius fanjinganus Yang *et* Wang 见 *Pseudomallada fanjingana*
Navasius flammefrontatus (Yang *et* Yang) 见 *Pseudomallada flammefrontata*
Navasius flexuosus Yang *et* Yang 见 *Pseudomallada flexuosa*
Navasius fujianus (Yang *et* Yang) 同 *Pseudomallada brachychela*
Navasius hainanus Yang *et* Yang 见 *Pseudomallada hainana*
Navasius hesperus Yang *et* Yang 见 *Pseudomallada hespera*
Navasius heudei (Navás) 见 *Pseudomallada heudei*
Navasius huashanensis (Yang *et* Yang) 见 *Pseudomallada huashanensis*
Navasius igneus Yang *et* Yang 见 *Pseudomallada ignea*
Navasius kiangsuensis (Navás) 见 *Pseudomallada kiangsuensis*
Navasius lophophorus Yuang *et* Yang 见 *Pseudomallada lophophora*
Navasius nigricornutus Yang *et* Yang 见 *Pseudomallada nigricornuta*
Navasius phantosulus Yang *et* Yang 见 *Pseudomallada phantosula*
Navasius pieli (Navás) 见 *Pseudomallada pieli*
Navasius sanus Yang *et* Yang 见 *Pseudomallada sana*
Navasius tridentatus Yang *et* Yang 见 *Pseudomallada tridentata*
Navasius turgidus Yang *et* Wang 见 *Brinckochrysa turgida*
Navasius yasumatsui (Kuwayama) 见 *Suarius yasumatsui*
Navasius yuxianensis Bian *et* Li 见 *Pseudomallada yuxianensis*
navel caterpillar 见 navel orangeworm
navel orangeworm [= navel caterpillar, *Amyelois transitella* (Walker)] 脐橙螟
navicula 舟形片 < 即似舟形的第四腋片，同 fourth axillary>
Navomorpha sulcata (Fabricius) 松沟锡天牛
navy eighty-eight [= faded eighty-eight, astala eighty-eight, *Diaethria astala* (Guérin-Méneville)] 蓝带涡蛱蝶
Nawa froopper [*Awafukia nawae* (Matsumura)] 柳亚沫蝉，名和卵沫蝉
Nawa globular scale [*Kermes nawae* (Kuwana)] 栗红蚧，栗绛蚧，栎红蚧
Naxa 贞尺蛾属
Naxa angustaria Leech 点贞尺蛾
Naxa contraria Leech 见 *Centronaxa contraria*
Naxa margaritaria Leech 见 *Centronaxa margaritaria*
Naxa montanaria Leech 见 *Centronaxa montanaria*
Naxa orthostigialis Warren 见 *Centronaxa orthostigialis*
Naxa seriaria (Motschulsky) [dotted white geometrid moth] 女贞尺蛾，丁香尺蛾
Naxa textilis Walker 纺贞尺蛾，空点尺蛾
naxia sister [= three-part sister, *Adelpha naxia* Felder] 那克斯悌蛱蝶
Naxidia 玷尺蛾属
Naxidia glaphyra Wehrli 小玷尺蛾

Naxidia hypocyrta Wehrli 白玷尺蛾
Naxidia irrorata (Moore) 弥玷尺蛾
Naxidia punctata (Butler) 点玷尺蛾，胡麻斑白波尺蛾
Naxidia roseni Wehrli 雾玷尺蛾
Naxipenetretus 纳西隘步甲属
Naxipenetretus sciakyi Zamotajlov 沙氏纳西隘步甲
Naxipenetretus trisetosus (Zamotajlov *et* Sciaky) 三毛纳西隘步甲
Naxipenetretus trisetosus dongba Zamotajlov 三毛纳西隘步甲东巴亚种
Naxipenetretus trisetosus shilinensis Zamotajlov 三毛纳西隘步甲石林亚种
Naxipenetretus trisetosus trisetosus (Zamotajlov *et* Sciaky) 三毛纳西隘步甲指名亚种
nayarit mellana [*Quasimellana nayana* (Bell)] 娜亚娜准弄蝶
nazaraeus flasher [*Narcosius nazaraeus* Steinhauser] 拿娜弄蝶
Nazeris 四齿隐翅甲属
Nazeris abbreviates Assing 短四齿隐翅甲
Nazeris aculeatus Assing 刺四齿隐翅甲
Nazeris acutus Assing 锐四齿隐翅甲
Nazeris aestivalis Ito 夏眠四齿隐翅甲，焰四齿隐翅虫
Nazeris affinis Ito 近四齿隐翅甲，类四齿隐翅虫
Nazeris alatus Hu *et* Li 翅四齿隐翅甲
Nazeris alesianus Assing 阿莱四齿隐翅甲
Nazeris alishanus Ito 阿里山四齿隐翅甲
Nazeris alpinus Watanabe *et* Xiao 高山四齿隐翅甲
Nazeris angulatus Assing 斜角四齿隐翅甲
Nazeris appendiculatus Assing 附四齿隐翅甲
Nazeris baihuanensis Watanabe *et* Xiao 百花四齿隐翅甲
Nazeris baishanzuensis Hu, Li *et* Zhao 百山祖四齿隐翅甲
Nazeris bangmaicus Assing 邦马山四齿隐翅甲
Nazeris baoxingensis Su *et* Zhou 宝兴四齿隐翅甲
Nazeris barbatus Assing 须四齿隐翅甲
Nazeris biacuminatus Hu *et* Qiao 利四齿隐翅甲
Nazeris bicornis Hu, Li *et* Zhao 双角四齿隐翅甲
Nazeris bihamatus Assing 双钩四齿隐翅甲
Nazeris bilamellatus Assing 板四齿隐翅甲
Nazeris bisinuosus Assing 曲四齿隐翅甲
Nazeris biwenxuani Hu *et* Li 毕氏四齿隐翅甲
Nazeris brevilobatus Assing 短喙四齿隐翅甲
Nazeris brunneus Hu, Zhao *et* Zhong 暗棕四齿隐翅甲
Nazeris bulbosus Assing 葱头四齿隐翅甲
Nazeris canaliculatus Zheng 沟四齿隐翅甲
Nazeris cangicus Assing 仓四齿隐翅甲
Nazeris caoi Hu, Li *et* Zhao 曹氏四齿隐翅甲
Nazeris centralis Ito 中四齿隐翅甲
Nazeris chenyanae Hu *et* Li 陈氏四齿隐翅甲
Nazeris chinensis Koch 中华四齿隐翅甲，中国四齿隐翅虫
Nazeris circumclusus Assing 框四齿隐翅甲
Nazeris clavator Assing 棍形四齿隐翅甲
Nazeris clavatus Assing 棒形四齿隐翅甲
Nazeris claviger Assing 棍棒四齿隐翅甲
Nazeris clavilobatus Assing 棍体四齿隐翅甲
Nazeris compressus Assing 密四齿隐翅甲
Nazeris conicus Assing 圆锥四齿隐翅甲
Nazeris constrictus Assing 缩四齿隐翅甲
Nazeris cornutus Assing 角四齿隐翅甲
Nazeris cultellatus Assing 刃四齿隐翅甲
Nazeris curvus Assing 弯四齿隐翅甲
Nazeris cuscutus Su *et* Zhou 兔首四齿隐翅甲
Nazeris custoditus Assing 自由四齿隐翅甲
Nazeris daliensis Watanabe *et* Xiao 大理四齿隐翅甲
Nazeris damingshanus Hu *et* Li 大明山四齿隐翅甲
Nazeris daweishanus Hu *et* Li 大围山四齿隐翅甲
Nazeris dayaoensis Hu *et* Li 大瑶四齿隐翅甲
Nazeris dilatatus Assing 阔四齿隐翅甲
Nazeris discissus Assing 割四齿隐翅甲
Nazeris divisus Hu *et* Li 双突四齿隐翅甲，分四齿隐翅甲
Nazeris emeianus Assing 峨眉四齿隐翅甲
Nazeris eminens Assing 突出四齿隐翅甲
Nazeris exilis Hu *et* Li 细四齿隐翅甲
Nazeris extensus Assing 展四齿隐翅甲
Nazeris femoralis Ito 肿四齿隐翅甲，腿四齿隐翅虫
Nazeris fibulatus Assing 夹四齿隐翅甲
Nazeris firmilobatus Assing 粗壮四齿隐翅甲
Nazeris fissus Assing 裂四齿隐翅甲
Nazeris foliaceus Zheng 叶四齿隐翅甲
Nazeris formidabilis Assing 光滑四齿隐翅甲
Nazeris formosanus Ito 蓬莱四齿隐翅甲
Nazeris foveatus Assing 凹四齿隐翅甲
Nazeris fujianensis Hu, Li *et* Zhao 福建四齿隐翅甲
Nazeris fulongensis Su *et* Zhou 扶隆四齿隐翅甲
Nazeris furcatus Hu, Li *et* Zhao 叉四齿隐翅甲
Nazeris gaoleii Hu, Luo *et* Li 高氏四齿隐翅甲
Nazeris giganteus Watanabe *et* Xiao 巨型四齿隐翅甲
Nazeris grandis Hu *et* Li 庞四齿隐翅甲
Nazeris guizhouensis Hu, Li *et* Zhao 贵州四齿隐翅甲
Nazeris gutianensis Hu *et* Li 古田四齿隐翅甲
Nazeris hailuogouensis Hu, Li *et* Zhao 海螺沟四齿隐翅甲
Nazeris hamulatus Assing 小钩四齿隐翅甲
Nazeris hastatus Assing 长矛四齿隐翅甲
Nazeris huanghaoi Hu *et* Li 黄氏四齿隐翅甲
Nazeris huanxipoensis Watanabe *et* Xiao 环西坡四齿隐翅甲
Nazeris huapingensis Hu *et* Li 花坪四齿隐翅甲
Nazeris iaculatus Assing 矛头四齿隐翅甲
Nazeris imitator Ito 模仿四齿隐翅甲，类四齿隐翅虫
Nazeris inaequalis Assing 异茎四齿隐虫，差异四齿隐翅虫
Nazeris infractus Assing 折四齿隐翅甲
Nazeris ishiianus Watanabe *et* Xiao 石井四齿隐翅甲
Nazeris jiaweii Hu, Hu, Liu *et* Li 佳伟四齿隐翅甲
Nazeris jiulongshanus Hu, Li *et* Zhao 九龙山四齿隐翅甲
Nazeris jizushanensis Watanabe *et* Xiao 鸡足山四齿隐翅甲
Nazeris lamellatus Assing 半膜四齿隐翅甲
Nazeris lantauensis Rougemont 大屿山四齿隐翅甲
Nazeris lanuginosus Assing 柔毛四齿隐翅甲
Nazeris latibasalis Assing 阔基四齿隐翅甲
Nazeris latilobatus Assing 阔舌四齿隐翅甲
Nazeris lijinweni Hu, Li *et* Zhao 李氏四齿隐翅甲
Nazeris lingulatus Hu *et* Li 舌四齿隐翅甲，舌型四齿隐翅虫
Nazeris longilobatus Assing 长四齿隐翅甲
Nazeris longilobus Hu *et* Li 长叶四齿隐翅甲，延长四齿隐翅虫

Nazeris luoi Hu *et* Li 罗氏四齿隐翅甲
Nazeris luojicus Assing 螺髻四齿隐翅甲
Nazeris luoxiaoshanus Hu *et* Li 罗霄四齿隐翅甲，罗霄山四齿隐翅虫
Nazeris lushanensis Su *et* Zhou 庐山四齿隐翅甲
Nazeris magnus Hu, Li *et* Zhao 大四齿隐翅甲，广四齿隐翅虫
Nazeris mahuanggouensis Su, Li *et* Zhou 蚂蟥沟四齿隐翅甲
Nazeris maoershanus Hu *et* Qiao 猫儿山四齿隐翅甲
Nazeris matsudai Ito 松田四齿隐翅甲，阳明四齿隐翅虫
Nazeris megalobus Hu *et* Li 巨叶四齿隐翅甲，健壮四齿隐翅虫
Nazeris megalocephalus Su *et* Zhou 硕头四齿隐翅甲
Nazeris meilicus Assing 梅里四齿隐翅甲
Nazeris micangicus Assing 米仓四齿隐翅甲
Nazeris minor Koch 小四齿隐翅甲，微四齿隐翅甲，次小四齿隐翅虫
Nazeris monticola Ito 珠四齿隐翅甲，山四齿隐翅虫
Nazeris motuensis Hu, Li *et* Zhao 墨脱四齿隐翅甲
Nazeris nabanhensis Hu, Li *et* Zhao 纳板河四齿隐翅甲
Nazeris nanlingensis Hu, Luo *et* Li 南岭四齿隐翅甲
Nazeris nannani Hu *et* Li 喃喃四齿隐翅甲，南四齿隐翅虫
Nazeris niutoushanus Hu, Li *et* Zhao 牛头山四齿隐翅甲
Nazeris nivimontis Assing 雪山四齿隐翅甲
Nazeris nomurai Watanabe *et* Xiao 诺四齿隐翅甲
Nazeris obtortus Assing 折弯四齿隐翅甲
Nazeris parabrunneus Hu, Li *et* Zhao 拟暗棕四齿隐翅甲，伪褐四齿隐翅虫
Nazeris paradivisus Hu *et* Li 拟双突四齿隐翅甲，分裂四齿隐翅虫
Nazeris parvincisus Assing 缺四齿隐翅甲
Nazeris pengzhongi Hu *et* Li 彭氏四齿隐翅甲
Nazeris peniculatus Assing 刷四齿隐翅甲
Nazeris persimilis Ito 波四齿隐翅甲，像四齿隐翅虫
Nazeris proiectus Assing 腹凸四齿隐翅甲，突出四齿隐翅虫
Nazeris prominens Hu *et* Li 突四齿隐翅甲，突起四齿隐翅虫
Nazeris puetzi Assing 普氏四齿隐翅甲
Nazeris pungens Assing 尖刺四齿隐翅甲
Nazeris qingchengensis Zheng 青城四齿隐翅甲
Nazeris qini Hu *et* Li 覃氏四齿隐翅甲
Nazeris rectus Assing 竖四齿隐翅甲
Nazeris reticulatus Assing 网状四齿隐翅甲
Nazeris robustus Ito 壮四齿隐翅甲
Nazeris rougemonti Ito 劳氏四齿隐翅甲，罗格四齿隐翅虫
Nazeris ruani Hu, Li *et* Zhao 阮氏四齿隐翅甲
Nazeris rubidus Hu, Luo *et* Li 红玉四齿隐翅甲
Nazeris rufus Hu *et* Li 红四齿隐翅甲
Nazeris rugosus Hu *et* Qiao 皱四齿隐翅甲
Nazeris sadanarii Hu *et* Li 定成四齿隐翅甲
Nazeris sagittifer Assing 箭头四齿隐翅甲
Nazeris schuelkei Assing 斯库四齿隐翅甲
Nazeris secatus Assing 隔四齿隐翅甲
Nazeris semifissus Assing 半分四齿隐翅甲
Nazeris shaanxiensis Hu *et* Li 陕西四齿隐翅甲
Nazeris shenshanjiai Hu, Li *et* Zhao 沈氏四齿隐翅甲
Nazeris silvestris Ito 林四齿隐翅甲
Nazeris simulans Ito 仿四齿隐翅甲
Nazeris smetanai Ito 斯氏四齿隐翅甲
Nazeris sociabilis Assing 友好四齿隐翅甲
Nazeris spiculatus Assing 带刺四齿隐翅甲
Nazeris subdentatus Assing 锯齿四齿隐翅甲
Nazeris taiwanus Ito 台湾四齿隐翅甲
Nazeris taiwanus hohuanus Ito 台湾四齿隐翅甲合欢亚种，合欢台湾四齿隐翅甲
Nazeris taiwanus taiwanus Ito 台湾四齿隐翅甲指名亚种
Nazeris tangi Hu, Li *et* Zhao 汤氏四齿隐翅甲
Nazeris tani Hu *et* Li 谭氏四齿隐翅甲
Nazeris tarandoides Su *et* Zhou 壮硕四齿隐翅甲
Nazeris tricuspis Assing 三裂四齿隐翅甲
Nazeris trifolius Ito 三叉四齿隐翅甲，三叶四齿隐翅虫
Nazeris trifurcatus Assing 三分四齿隐翅甲
Nazeris truncatus Zheng 平截四齿隐翅甲
Nazeris uenoi Ito 上野四齿隐翅甲
Nazeris vernalis Ito 春四齿隐翅甲，春化四齿隐翅虫
Nazeris vexillatus Assing 旗四齿隐翅甲
Nazeris virilis Assing 刚健四齿隐翅甲
Nazeris vuvanlieni Ito 武氏四齿隐翅甲
Nazeris wrasei Assing 瓦西四齿隐翅甲
Nazeris wuliangicus Assing 无量山四齿隐翅甲
Nazeris wuluozhenensis Su, Li *et* Zhou 乌罗四齿隐翅甲
Nazeris wuyiensis Hu, Zhao *et* Zhong 武夷四齿隐翅甲
Nazeris xiaobini Hu *et* Li 晓彬四齿隐翅甲
Nazeris xizangensis Hu *et* Li 西藏四齿隐翅甲
Nazeris xuwangi Hu, Li *et* Zhao 许氏四齿隐翅甲
Nazeris yandangensis Hu, Li *et* Zhao 雁荡山四齿隐翅甲
Nazeris yanyingae Hu, Li *et* Zhao 严氏四齿隐翅甲
Nazeris yanzhuqii Hu *et* Qiao 广西四齿隐翅甲
Nazeris yasutoshii Ito 利泰四齿隐翅甲
Nazeris yipingae Hu, Liu *et* Li 依萍四齿隐翅甲
Nazeris yulongicus Assing 玉龙四齿隐翅甲
Nazeris yuyimingi Hu *et* Qiao 余氏四齿隐翅甲
Nazeris zekani Hu *et* Li 泽侃四齿隐翅甲
Nazeris zhangi Watanabe *et* Xiao 昆明四齿隐翅甲
Nazeris zhangsujiongi Hu *et* Li 张氏四齿隐翅甲
Nazeris zhaotiexiongi Hu *et* Li 赵氏四齿隐翅甲
Nazeris zhemoicus Assing 者摩山四齿隐翅甲
Nazeris zhifeii Hu *et* Pan 志飞四齿隐翅甲
Nazeris zhouhaishengi Su, Li *et* Zhou 周海生四齿隐翅甲
Nazeris zhujianqingi Hu *et* Li 朱氏四齿隐翅甲
Nazeris zhujingwenae Hu, Li *et* Zhao 靖文四齿隐翅甲
Nazeris ziweii Hu *et* Li 子为四齿隐翅甲
N_e [effective number of alleles 的缩写] 有效等位基因数，等位基因有效值
Neacanista 拟棘天牛属
Neacanista shirakii (Mitono) 台湾拟棘天牛，素木氏宽腿天牛
Neacanista sparatis Wang *et* Jiang 麻斑拟棘天牛
Neacanista subspinosa Wang *et* Jiang 刺翅拟棘天牛
Neacanista tuberculipennis Gressitt 拟棘天牛
Neaera 尼寄蝇属
Neaera laticornis (Meigen) 宽角尼寄蝇
Neaera zhangi Wang *et* Zhang 张氏尼寄蝇
neaerea redring [= banded banner, *Pyrrhogyra neaerea* (Linnaeus)]

火蛱蝶
Neaerini 尼寄蝇族
neaeris duskywing [*Anastrus neaeris* (Möschler)] 黑灰安弄蝶
neala [= jugal region] 轭区，轭域
Nealexandriaria 非细大蚊亚属
Neallogaster 角臀大蜓属，角臀蜓属
Neallogaster annandalei (Fraser) 云南角臀大蜓，云南角臀蜓，安氏大蜓，安氏圆臀大蜓
Neallogaster choui Yang *et* Li 周氏角臀大蜓
Neallogaster hermionae (Fraser) 浅色角臀大蜓
Neallogaster jinensis (Zhu *et* Han) 晋角臀大蜓，晋大蜓
Neallogaster latifrons (Sélys) 褐面角臀大蜓，宽额角臀蜓
Neallogaster lunifera (Sélys) 月纹角臀大蜓，月纹大蜓，四川短痣大蜓
Neallogaster orientalis (Van Pelt)] 东方角臀大蜓，东方大蜓
Neallogaster pekinensis (Sélys) 北京角臀大蜓，北京角臀蜓，北京大蜓，北京短痣大蜓
neallotype 新性模标本 < 在新种原记述发表后所选与模式标本性别相反的标本 >
Nealsomyia 尼尔寄蝇属
Nealsomyia quadrimaculata Baranoff 同 *Nealsomyia rufella*
Nealsomyia rufella (Bezzi) 四斑尼尔寄蝇
neamathla skipper [*Nastra neamathla* (Skinner *et* Williams)] 泥污弄蝶
Neanadastus 异安拟叩甲属
Neanadastus gracilis Zia 细异安拟叩甲，丽尼拟叩甲
Neanastatus 长距旋小蜂属，拟旋小蜂属
Neanastatus cinctiventris Girault 稻瘿蚊长距旋小蜂，腹带长距旋小蜂
Neanastatus grallarius (Masi) 同 *Neanastatus cinctiventris*
Neanastatus orientalis Girault 东方长距旋小蜂
Neanastatus oryzae Ferriere 稻长距旋小蜂
Neanastatus trinotatus Girault 三重长距旋小蜂
Neanias 霓蟋螽属，新蟋螽属
Neanias atroterminatus Karny 黑尾霓蟋螽，黑尾新蟋螽
Neanias magnus Matsumura *et* Shiraki 大霓蟋螽，大新蟋螽
neanic 蛹的
Neanisentomon 新异蚖属
Neanisentomon guicum Zhang *et* Yin 桂新异蚖
Neanisentomon shaanicum Bu *et* Yi 陕新异蚖
Neanisentomon tienmunicum Yin 天目新异蚖
Neanisentomon yuenicum Zhang *et* Yin 粤新异蚖
Neanomoea approximata Hendel 见 *Anomoia approximata*
Neanomoea farinosa Hendel 见 *Philophylla farinosa*
Neanomoea nummi Munro 见 *Philophylla nummi*
Neanomoea rufescens Hendel 见 *Philophylla rufescens*
Neanura 长颚姚属
Neanura angustior Rusek 见 *Paleonura angustior*
Neanura chaotica (Yoshii) 见 *Sphaeronura chaotica*
Neanura curvituba Li 弯瘤长颚姚，弯瘤长颚跳虫
Neanura hypostoma (Denis) 云南长颚姚
Neanura kentingensis Lee *et* Kim 垦丁长颚姚
Neanura latior Rusek 广东长颚姚，拉提疣姚
Neanura rosea (Gervais) 台湾长颚姚
Neanura takoensis (Kinoshita) 达戈长颚姚
Neanura tumulosa Li 冢瘤长颚姚，冢瘤长颚跳虫
neanurid 1. [= neanurid collembolan, neanurid springtail, pudgy short-legged springtail] 疣姚 < 疣姚科 Neanuridae 昆虫的通称 >; 2. 疣姚科的
neanurid collembolan [= neanurid, neanurid springtail, pudgy short-legged springtail] 疣姚
neanurid springtail 见 neanurid collembolan
Neanuridae 疣姚科，疣跳虫科
Neanuroidea 疣姚总科
Nearctaphis 新熊蚜属
Nearctaphis bakeri (Cowen) [clover aphid, short-beaked clover aphid] 苜蓿新熊蚜，北美苜蓿圆尾蚜，车轴草圆尾蚜
Nearctic mud-dauber wasp [= blue mud dauber, blue mud wasp, *Chalybion californicum* (de Saussure)] 加州蓝泥蜂
Nearctic Realm 新北界
Nearctic Region 新北区
Nearcticorpus 新北小粪蝇属
Nearcticorpus palaearcticum Su 古新北小粪蝇
Nearctopsylla 新北蚤属
Nearctopsylla beklemischevi Ioff 刺短新北蚤
Nearctopsylla brevidigita Wu, Wang *et* Liu 短指新北蚤
Nearctopsylla ioffi Sychevskiy 刺长新北蚤
Nearctopsylla liupanshanensis Li, Wu *et* Liu 六盘山新北蚤
Nearctopsylla myospalaca Ma *et* Wang 鼢鼠新北蚤
Nearctopsylla xijiensis Wu, Chen *et* Li 西吉新北蚤
nearest taxon index 邻近分类阶元指数
Neartabanus 新乐扁蜻属
Neasura 纺苔蛾属
Neasura apicalis (Walker) 端纺苔蛾
Neasura gyochiana Matsumura 基纺苔蛾
Neasura hypophaeola Hampson 下纺苔蛾
Neasura melanopyga (Hampson) 橙纺苔蛾，黑尾黄苔蛾
Neasura nigroanalis Matsumura 黑尾纺苔蛾
Neasuroides 拟仿苔蛾属
Neasuroides asakurai Matsumura 阿拟仿苔蛾
Neasuroides simplicior Matsumura 简拟仿苔蛾
Neatractothrips 新锤管蓟马属
Neatractothrips macrurus (Okajima) 瘦新锤管蓟马，瘦锤管蓟马
Neatus 拟粉虫属
Neatus atronitens (Fairmaire) 小点拟粉虫
Neatus picipes* var. *subaequalis (Reitter) 见 *Neatus subaequalis*
Neatus subaequalis (Reitter) 大点拟粉虫
Neaveia 南灰蝶属
Neaveia lamborni Druce [pierine blue] 拉氏南灰蝶，南灰蝶
Neave's banded hopper [*Platylesches lamba* Neave] 纹扁弄蝶
Neave's banded judy [= Neave's judy, *Abisara neavei* Riley] 纳维褐蚬蝶
Neave's buff [*Baliochila neavei* Stempffer *et* Bennett] 奈巴灰蝶
Neave's judy 见 Neave's banded judy
Neave's sailer [*Neptis conspicua* Neave] 尖环蛱蝶
Neave's tiger mimic [*Cooksonia neavei* (Druce)] 粉库灰蝶
Neazonia 青蜡蝉属
Neazonia immature Szwedo 若窝青蜡蝉
Neazonia tripleta Szwedo 三联窝青蜡蝉
Neazoniidae 青蜡蝉科

Neboda negligens Navás 见 *Centroclisis negligens*
Nebria 心步甲属
Nebria alzonai Deuve *et* Ledoux 阿心步甲
Nebria biseriata Lutshnik 二列心步甲
Nebria chasli Fairmaire 恰心步甲
Nebria chinensis Bates 中华心步甲，华心步甲
Nebria coreica Solsky 革心步甲
Nebria dekraatzi Oberthür 德心步甲
Nebria formosana Habu 台心步甲
Nebria grombczewskii Semenow 格心步甲
Nebria gyllenhali (Schönherr) 同 *Nebria rufescens*
Nebria hiekei Shilenkov 希心步甲
Nebria himalayica Bates 喜马心步甲
Nebria koiwayai Ledoux *et* Roux 同 *Nebria nanshanica*
Nebria kozlowi Glasumov 可莰心步甲
Nebria kryzhanovskii Shilenkov 同 *Nebria limbigera*
Nebria limbigera Solsky 缘心步甲
Nebria livida (Linnaeus) 黄缘心步甲，黄缘心胸步甲，黄缘步甲，蓝心步甲
Nebria livida angulata Bänninger 黄缘心步甲具角亚种，角蓝心步甲
Nebria livida livida (Linnaeus) 蓝心步甲指名亚种，指名蓝心步甲
Nebria macrogona Bates 大角心步甲
Nebria nanshanica Shilenkov 南山心步甲
Nebria niitakana Kôno 玉山心步甲，尼心步甲
Nebria orestias Andrewes 山心步甲
Nebria pallidipes Breit 同 *Nebria himalayica*
Nebria pallipes Say [pale-legged gazelle beetle] 淡足心步甲
Nebria plagiata Bänninger 纹心步甲
Nebria polita Ledoux 滑心步甲
Nebria przewalskii Semenow 普心步甲
Nebria psammophila Solsky 普萨心步甲
Nebria psammophila sublivida Semenow 见 *Nebria sublivida*
Nebria pulcherrima Bates 丽心步甲
Nebria pulcherrima nitouensis Jedlička 丽心步甲四川亚种，尼丽心步甲
Nebria pulcherrima pulcherrima Bates 丽心步甲指名亚种，指名丽心步甲
Nebria roborowskii Semenow 罗心步甲
Nebria roborowskii orientalis Bänninger 罗心步甲东方亚种，东方罗心步甲
Nebria roborowskii roborowskii Semenow 罗心步甲指名亚种，指名罗心步甲
Nebria rufescens (Stroem) 红心步甲
Nebria saeviens Bates 瑟心步甲
Nebria semenoviana Shilenkov 西蒙心步甲
Nebria sifanica Semenow *et* Znoiko 西番心步甲
Nebria subaerea Breit 气心步甲
Nebria sublivida Semenow 蓝心步甲，蓝普萨心步甲
Nebria suensoni Shilenkov *et* Dostal 苏心步甲
Nebria superna Andrewes 高山心步甲
Nebria tetungi Shilenkov 特心步甲
Nebria uenoiana Habu 优心步甲
Nebria wutaishanensis Shilenkov 五台山心步甲
Nebria xanthacra Chaudoir 黄心步甲
Nebria yunnana Bänninger 云南心步甲
Nebria zayula Andrewes 察隅心步甲
Nebriinae 心步甲亚科
Nebriini 心步甲族
Nebrioporus 孔龙虱属，多斑龙虱属
Nebrioporus airumlus (Kilenati) 艾孔龙虱，埃多斑龙虱，对斑爪龙虱
Nebrioporus amurensis (Sharp) 同 *Nebrioporus airumlus*
Nebrioporus assimilis (Paykull) 似孔龙虱，似多斑龙虱
Nebrioporus brownei (Guinot) 布氏孔龙虱，布多斑龙虱
Nebrioporus formsater (Zaitzev) 福孔龙虱，福多斑龙虱
Nebrioporus formsater formsater (Zaitzev) 福孔龙虱指名亚种
Nebrioporus formaster jaechi Toledo 福孔龙虱杰氏亚种
Nebrioporus hostilis (Sharp) 细带孔龙虱，条纹多斑龙虱，条纹龙虱
Nebrioporus indicus (Sharp) 印度孔龙虱，印多斑龙虱
Nebrioporus laticollis (Zimmermann) 宽孔龙虱，宽多斑龙虱
Nebrioporus manii (Vazirani) 同 *Nebrioporus indicus*
Nebrioporus melanogrammus (Régimbart) 黑纹孔龙虱，黑纹多斑龙虱
Nebrioporus sichuanensis Hendrich *et* Mazzoldi 四川孔龙虱，四川多斑龙虱
Nechesia 纳蕊夜蛾属
Nechesia albodentata Walker 白齿纳蕊夜蛾，白齿蕊裳蛾
neck [= cervix, cervicum, crag] 颈
neck reflex 颈神经反射，颈反射
Necolio 可姬蜂属
Necolio concavus (Uchida) 凹尼可姬蜂
Necrobia 尸郭公甲属，隐跗郭公虫属，琉璃郭公虫属
Necrobia ruficollis (Fabricius) [red-shouldered ham beetle, red-necked bacon beetle, ham beetle] 赤颈尸郭公甲，赤颈郭公虫，赤颈隐跗郭公虫，双色琉璃郭公虫
Necrobia rufipes (De Geer) [red-legged ham beetle, copra beetle, ham beetle] 赤足尸郭公甲，赤足尸郭公虫，赤足郭公虫，红足郭公虫，赤足隐跗郭公虫
Necrobia violacea (Linnaeus) [cosmopolitan blue bone beetle, black-legged ham beetle] 紫缘隐跗郭公甲，蓝琉璃郭公虫，青蓝郭公虫
Necrobioides 内拟步甲属
Necrobioides bicolor Fairmaire 二色内拟步甲
Necrobioides kabakovi Kaszab 卡内拟步甲，卡氏拟步行虫
necrocoleopterophilous 埋葬虫媒的（植物）
Necrodes 尸葬甲属
Necrodes asiaticus Portevin 同 *Necrodes littoralis*
Necrodes littoralis (Linnaeus) 滨尸葬甲，海边粗腿葬甲，亚洲尸葬甲
Necrodes nigricornis Harold 黑角尸葬甲，黑角粗腿葬甲，粗腿葬甲，肥脚埋葬虫，黑角腐粗腿葬甲
necrophaga 食尸者
necrophagous [= necrophagus] 食尸的，尸食性的
necrophagus 见 necrophagous
Necrophila 丧葬甲属
Necrophila (***Calosilpha***) ***brunnicollis*** (Kraatz) 红胸丽葬甲，棕真葬甲，棕胝葬甲

N

Necrophila* (*Calosilpha*) *cyaneocephala (Portevin) 纶丽葬甲，青头真葬甲，红胸埋葬虫，青头扁葬甲
Necrophila* (*Calosilpha*) *cyaniventris (Motschulsky) 蓝腹丽葬甲
Necrophila* (*Calosilpha*) *ioptera (Kollar *et* Redtenbacher) 腹丽葬甲，覆葬甲
Necrophila* (*Deutosilpha*) *luciae Růžička *et* Schneider 细双脊葬甲
Necrophila* (*Eusilpha*) *andrewesi (Portevin) 安氏真葬甲，安真葬甲，安扁葬甲，扁尸甲
Necrophila* (*Eusilpha*) *cyaneocincta (Fairmaire) 蓝带真葬甲，青带真葬甲，覆葬甲，青带扁葬甲
Necrophila* (*Eusilpha*) *jakowlewi (Semenov) 亚氏真葬甲，贾扁葬甲，贾真葬甲
Necrophila* (*Eusilpha*) *jakowlewi jakowlewi (Semenov) 亚氏真葬甲指名亚种
Necrophila* (*Eusilpha*) *japonica (Motachulsky) 日本真葬甲，日真葬甲，大扁葬，大扁尸甲
Necrophila* (*Eusilpha*) *subcaudata (Fairmaire) 露尾真葬甲，尾真葬甲，近尾扁葬甲
Necrophila* (*Eusilpha*) *thibetana (Fairmaire) 西藏真葬甲，藏真葬甲，藏扁葬甲
Necrophila formosa (Laporte) 姝丧葬甲，姝真葬甲，四斑红胸埋葬虫
Necroscia 角臀蝽属
Necroscia flavescens (Chen *et* Wang) 黄色角臀蝽
Necroscia maculata (Chen *et* He) 斑角臀蝽
Necroscia notata (Chen *et* Zhang) 刺胸角臀蝽，刺胸阿异蝽
Necroscia ovata Chen *et* He 卵翅角臀蝽
Necroscia prasina (Burmeister) 红翅角臀蝽，红翅阿枝蝽
Necroscia sparaxes Westwood 见 *Trachythorax sparaxes*
Necrosciinae 长角枝蝽亚科
necrotic tissue 坏死组织
necrotize 1. 坏死；2. 形成坏疽
nectar plant [= bee plant, nectariferous plant, honey plant] 蜜源植物
nectariferous plant 见 nectar plant
nectarivore 食蜜类
necton 自游生物
nectopod 游泳肢
Necydalinae 膜花天牛亚科
Necydalis 膜花天牛属，细短翅天牛属
Necydalis aino Kusama 见 *Necydalis major aino*
Necydalis bicolor Pu 两色膜花天牛
Necydalis cavipennis LeConte 腔翅膜花天牛
Necydalis choui Niisato 周氏膜花天牛
Necydalis ebenina Bates 毛翅杨膜花天牛
Necydalis eoa Plavilstshikov 乌苏里膜花天牛
Necydalis esakii Miwa *et* Mitono 江崎膜花天牛，江崎细短翅天牛，江崎细小翅天牛
Necydalis formosanus Kôno 台湾膜花天牛，蓬莱细短翅天牛，台湾细小翅天牛
Necydalis hirayamai Ohbayashi 红柄膜花天牛，平山细短翅天牛
Necydalis hirayamai flava Niisato 红柄膜花天牛黄色亚种，黄红柄膜花天牛
Necydalis hirayamai hirayamai Ohbayashi 红柄膜花天牛指名亚种
Necydalis inermis Pu 缺脊膜花天牛
Necydalis laevicollis LeConte 滑膜花天牛
Necydalis lateralis Pic 点胸膜花天牛
Necydalis maculipennis Pu 斑翅膜花天牛
Necydalis major Linnaeus 柳膜花天牛
Necydalis major aino Kusama 柳膜花天牛台湾亚种，台柳膜花天牛，杨膜花天牛
Necydalis major major Linnaeus 柳膜花天牛指名亚种，指名柳膜花天牛
Necydalis marginipennis Gressitt 黑缘膜花天牛
Necydalis mizunumai Kusama 水沼膜花天牛，水沼细短翅天牛
Necydalis morio Kraatz 暗额膜花天牛
Necydalis moriyai Kusama 奄美膜花天牛
Necydalis nanshanensis Kusama 台岛膜花天牛，南山细短翅天牛，南山细小翅天牛
Necydalis nigra Pu 黑膜花天牛
Necydalis niisatoi Holzschuh 新里膜花天牛
Necydalis oblonga Niisato 长膜花天牛
Necydalis pacifica Plavilstshikov 沟胸膜花天牛
Necydalis pennata Lewis 光胸膜花天牛，似蜂细短翅天牛
Necydalis rufiabdominis Chen 红腹膜天牛，红膜花天牛
Necydalis sachalinensis Matsumura *et* Tamanuki 库页岛膜花天牛
Necydalis semenovi Plavilstshikov 黄腹膜花天牛
Necydalis sericella Ganglbauer 脊胸膜花天牛
Necydalis shinborii Takakuwa *et* Niisato 欣氏膜花天牛
Necydalis shinborii hainana Niisato *et* Yagi 欣氏膜花天牛海南亚种，琼欣氏膜花天牛
Necydalis shinborii shinborii Takakuwa *et* Niisato 欣氏膜花天牛指名亚种
Necydalis similis Pu 肖黑膜花天牛
Necydalis solida Bates 日本膜花天牛
Necydalis strnadi Holzschuh 异膜花天牛
Necydalis uenoi Niisato 川膜花天牛
Necydalis ussuriensis Plvilstshikov 黑腹膜花天牛
Necydalis xizangia Bi *et* Niisato 西藏膜花天牛
Necyla 简脉螳蛉属
Necyla formosana (Okamoto) 台湾简脉螳蛉
Necyla orientalis (Esben-Petersen) 东方简脉螳蛉，东方螳蛉
Necyria 绿带蚬蝶属
Necyria bellona Westwood [bellona metalmark] 绿带蚬蝶
Necyria beltiana (Hewitson) 三色绿带蚬蝶
Necyria duellona Westwood [white-dashed metalmark, duellona metalmark] 红斑绿带蚬蝶
Necyria incendiaria Thieme 荫绿带蚬蝶
Necyria ingaretha (Hewitson) 彩绿带蚬蝶
Necyria juturna Hewitson 竹绿带蚬蝶
Necyria larunda Godman *et* Salvpin 翠绿带蚬蝶
Necyria manco (Saunders) 红珠绿带蚬蝶
Necyria saundersi (Hewitson) 斜纹绿带蚬蝶
Necyria vetulonia Hewitson 红星绿带蚬蝶
Necyria westwoodi Höpffer 宽纹绿带蚬蝶
Necyria zaneta Hewitson 窄纹绿带蚬蝶
Nedina mirabilis Hoàng 见 *Protothea mirabilis*
Nedine 纳天牛属
Nedine longipes Thomson 斑背纳天牛，斑背天牛

Nedine sparatis Wang *et* Jiang 麻斑纳天牛
Nedine subspinosa Wang *et* Jiang 刺翅纳天牛
Nedinoschiza 幕穴茧蜂属
Nedinoschiza pinguis Papp 方头幕穴茧蜂
Nedinoschiza taiwana (Watanabe) 台湾幕穴茧蜂，台湾中脊茧蜂，台湾美茧蜂
Nedinoschiza tumidula Papp 肿颊幕穴茧蜂
Needham's skimmer [*Libellula needhami* Westfall] 尼氏蜻
needle-bending pine gall midge [= European pine-needle midge, pine gall midge, pine-needle gall midge, pine needle midge, *Cecidomyia baeri* Prell] 松瘿蚊
needle bug [= water stick insect] 螳蝎蝽 < 螳蝎蝽属 *Ranatra* 昆虫的通称 >
needle fascicle scale [*Matsucoccus fasciculensis* Herbert] 针束松干蚧
needle miner 穿孔蛾 < 属穿孔蛾科 Incuvariidae>
needle-nosed hop bug [= hop capsid, shy bug, *Calocoris fulvomaculatus* (De Geer)] 忽布卡丽盲蝽，忽布丽盲蝽
needle-shortening pine gall midge [*Thecodiplosis brachyntera* (Schwagrichen)] 中欧松鞘瘿蚊，中欧松盒瘿蚊
needle-tying moth [= green-headed leafroller, *Planotortrix excessana* (Walker)] 绿头扁卷蛾，绿头卷蛾，新西兰果树桉卷蛾
needlefly [= leuctrid stonefly, rolled-winged stonefly, leuctrid] 卷蜻 < 卷蜻科 Leuctridae 昆虫的通称 >
needlegrass mealybug [*Volvicoccus stipae* (Borchsenius)] 针茅窄粉蚧，针茅小粉蚧
neelid 1. [= neelid springtail] 短角蛾，短角园蛾 < 短角蛾科 Neelidae 昆虫的通称 >；2. 短角蛾科的
neelid springtail [= neelid] 短角蛾，短角园蛾
Neelidae [= Megalothoracidae] 短角蛾科，短角园蛾科，短角园跳虫科
Neelides 短蛾属
Neelides minutus (Folsom) 微小短蛾
Neelipleona 短角蛾目
Neelus 短角蛾属
Neelus murinus Folsom 鼠短角蛾
neem oil 印楝油
neem scale [*Megapulvinaria maxima* (Green)] 最大绵蜡蚧，大绵蜡蚧，最大绵蚧，棒缘大绵介壳虫
Neeucania curvilinea Hampson 见 *Leucania curvilinea*
Neeugoa 岭苔灯蛾属
Neeugoa kanshireiensis Wileman *et* South 关仔岭苔灯蛾，灰褐小苔蛾，堪内灯蛾
Nefateratura 叉畸螽属
Nefateratura bifurcata (Liu *et* Bi) 歧突叉畸螽，歧突剑螽
Negastriinae 小叩甲亚科
negative acceleration phase 负增进相
negative binomial distribution 负二项分布，嵌纹分布，聚集分布
negative control 阴性对照
negative correlation 负相关
negative cross resistance 负交互抗性
negative feedback 负反馈
negative geotropism 背地性
negative growth form 反生长型
negative phase 负性期
negative phototropism 负向光性
negative regulation of biological process 负向调节生物过程
negative selection 负选择
negative staining 负染，负染色
negative thermotropism 负向热性
negative tropism 负向性
Negeta 鸮夜蛾属
Negeta abbreviatoides Poole 同 *Urbona leucophaea*
Negeta luminosa (Walker) [luminous cloud] 光明鸮夜蛾，光明夜蛾
Negeta noloides Draudt 华鸮夜蛾，诺内格夜蛾
Negeta signata (Walker) 斑鸮夜蛾，鸮夜蛾，守护夜蛾，斑内格夜蛾，半白点斜带瘤蛾
Negha 尼盲蛇蛉属
Negha inflata (Hagen) 肿突尼盲蛇蛉
Negha longicornis (Albarda) 长角尼盲蛇蛉
Negha meridionalis Aspöck 南方尼盲蛇蛉
neglected eighty-eight [*Diaethria neglecta* Salvin] 轻涡蛱蝶
neglected sarota [*Sarota neglecta* Stichel] 志小尾蚬蝶，忘尾蚬蝶
Negritothripa 曲缘皮夜蛾属
Negritothripa hampsoni (Wileman) 曲缘皮夜蛾，内格里夜蛾
Negritothripa orbifera (Hampson) 环曲缘皮夜蛾，奥曲缘皮夜蛾
negro bug 1. [= thyreocorid bug, ebony bug, thyreocorid] 甲土蝽 < 甲土蝽科 Thyreocoridae 昆虫的通称 >；2. [= black bug, *Corimelaena pulicaria* (Germar)] 黑土蝽，甲土蝽，土蝽
Nehalennia 绿背蟌属
Nehalennia atrinuchalis (Sélys) 同 *Paracercion hieroglyphicum*
Nehalennia speciosa (Charpentier) 黑面绿背蟌
Nehemitropia 欠光隐翅甲属
Nehemitropia chinicola Pace 中华欠光隐翅甲
Nehemitropia lividipennis (Mannerheim) 淡翅欠光隐翅甲
Neichnea laticornis (Say) 小蠹侧角郭公甲
Neides 锥头跷蝽属
Neides lushanica Hsiao 锥头跷蝽
Neididae [= Berytidae] 跷蝽科，锤角蝽科
neighbor-joining 邻接法
Neiraga 艾刺蛾属，内刺蛾属
Neiraga baibarana Matsumura 台南艾刺蛾
Neita brown [*Neita neita* (Wallengren)] 馁眼蝶
Neita 馁眼蝶属
Neita durbani (Trimen) [D'Urban's brown] 杜班馁眼蝶
Neita extensa (Butler) [savanna brown] 爱馁眼蝶
Neita lotenia (van Son) [Loteni brown] 老馁眼蝶
Neita neita (Wallengren) [Neita brown] 馁眼蝶
Neita victoriae Aurivillius 维多利亚馁眼蝶
Nelees merzbacheri Navás 同 *Neuroleon nemausiensis nigriventris*
neleus skipper [*Hyalothyrus neleus* (Linnaeus)] 奈骇弄蝶
Nelia 旎眼蝶属
Nelia nemyroides (Blanchard) 旎眼蝶
Neliopisthus 隼姬蜂属
Neliopisthus elegans (Ruthe) 雅隼姬蜂，丽隼姬蜂
Neliopisthus inclivatus Sheng *et* Sun 斜隼姬蜂
Nelmanwaslus 异点隐翅甲属

Nelmanwaslus ornatus Smetana 毛斑异点隐翅甲
Nemacerota 花波纹蛾属
Nemacerota decorata (Sick) 小花波纹蛾，德多毛波纹蛾
Nemacerota griseobasalis (Sick) 灰花波纹蛾
Nemacerota igorkostjuki László, Ronkay, Ronkay *et* Witt 喜马花波纹蛾
Nemacerota inouei László, Ronkay, Ronkay *et* Witt 井花波纹蛾
Nemacerota mandibulata László, Ronkay, Ronkay *et* Witt 太白花波纹蛾
Nemacerota owadai László, Ronkay, Ronkay *et* Witt 秦岭花波纹蛾
Nemacerota pectinata (Houlbert) 梳花波纹蛾，栉散波纹蛾
Nemacerota sejilaa Pan, Ronkay, Ronkay *et* Han 色季拉花波纹蛾
Nemacerota speideli Saldaitis, Ivinskis *et* Borth 川西花波纹蛾
Nemacerota speideli severa Saldaitis, Ivinskis *et* Borth 川西花波纹蛾鹧鸪山亚种
Nemacerota speideli speideli Saldaitis, Ivinskis *et* Borth 川西花波纹蛾指名亚种
Nemacerota stueningi László, Ronkay, Ronkay *et* Witt 晕花波纹蛾
Nemacerota tancrei (Graeser) 带宽花波纹蛾
Nemacerota taurina László, Ronkay, Ronkay *et* Witt 陕花波纹蛾
Nemadus 线球蕈甲属
Nemapoda 细足鼓翅蝇属，细足艳细蝇属
Nemapoda pectinulata Loew 多栉细足鼓翅蝇，多栉艳细蝇
Nemapogon 丝谷蛾属
Nemapogon asyntacta (Meyrick) 横斑丝谷蛾
Nemapogon bidentata Xiao *et* Li 双齿丝谷蛾
Nemapogon cloacella (Haworth) [cork moth] 软木丝谷蛾，软木长角蛾
Nemapogon flabellata Xiao *et* Li 扇丝谷蛾
Nemapogon gerasimovi (Zagulajev) 菇丝谷蛾，灵芝谷蛾，杰风谷蛾
Nemapogon granella (Linnaeus) [European grain moth, corn moth, mottled grain moth] 欧洲丝谷蛾，欧谷蛾，谷蛾，欧洲谷蛾
Nemapogon inconditella (Lucas) 凌丝谷蛾
Nemapogon ningshanensis Xiao *et* Li 宁丝谷蛾
Nemapogon robusta Gaedike 白丝谷蛾
Nematinae 突瓣叶蜂亚科，丝角叶蜂亚科
Nematinus 尼丝角叶蜂属
Nematinus abdominalis Panzer 桤木尼丝角叶蜂
Nematinus acuminatus Thomson 桦黄黑尼丝角叶蜂
Nematinus caledonicus Cameron 中北欧桦尼丝角叶蜂
Nematinus luteus Panzer 欧洲桤木黄尼丝角叶蜂
Nematinus willigkiae Stein 中北欧桤木尼丝角叶蜂
Nematocampa filamentaria Guenée [filament bearer] 加黄杉尺蛾，花丝尺蠖
Nematocampa limbata (Haworth) 香脂冷杉尺蛾
Nematocentropus omeiensis Hwang 峨眉长距蛾
Nematocera [= Nemocera] 长角类，长角亚目，线角亚目
Nematoceropsis ibex Pleske 同 *Xylomya longicornis*
nematocerous 长角的
Nematodes 线隐唇叩甲属，细伪叩头虫属
Nematodes watanabei Hisamatsu 渡边线隐唇叩甲，细伪叩头虫
Nematopodius 长足姬蜂属，圆铗长足姬蜂属
Nematopodius (***Diapetus***) ***taiwanensis*** (Cushman) 台湾长足姬蜂，台湾圆铗长足姬蜂
Nematopodius helvolus Sheng *et* Sun 褐长足姬蜂
Nematopodius luteus (Cameron) 黄长足姬蜂
Nematopodius (***Microchorus***) ***mirabilis*** (Szépligeti) 奇长足姬蜂
Nematopodius mirabilis Szépligeti 见 *Nematopodius* (*Microchorus*) *mirabilis*
Nematopodius (***Nematopodius***) ***flavoguttatus*** Uchida 黄斑长足姬蜂
Nematopodius taiwanensis (Cushman) 见 *Nematopodius* (*Diapetus*) *taiwanensis*
Nematopogon 线长角蛾属
Nematopogon dorsigutellus (Erschoff) 背线长角蛾
Nematoproctus 线尾长足虻属
Nematoproctus caelebs Parent 雕纹线尾长足虻，雕线长足虻
Nematoproctus iulilamellatus Wei 茸叶线尾长足虻
Nematopsephus subopacus (Pic) 见 *Sinopsephenoides subopacus*
Nematus 突瓣叶蜂属，丝角叶蜂属
Nematus baii Liu, Li *et* Wei 白氏突瓣叶蜂
Nematus bergmanni Dahlbom 伯氏突瓣叶蜂，柳伯氏丝角叶蜂
Nematus bipartitus Peletier 中北欧突瓣叶蜂，中北欧柳丝角叶蜂
Nematus brevivalvis Thomson 短瓣突瓣叶蜂，桦短瓣丝角叶蜂
Nematus cadderensis Cameron 卡得突瓣叶蜂，桦卡得丝角叶蜂
Nematus capito Kônow 头状突瓣叶蜂，头状丝角叶蜂
Nematus coeruleocarpus Hartig 暗节突瓣叶蜂，暗节丝角叶蜂，暗节丝叶蜂
Nematus crassus (Fallén) 粗突瓣叶蜂，粗丝角叶蜂
Nematus dengi Wei 邓氏突瓣叶蜂，邓氏丝角叶蜂，突瓣叶蜂
Nematus dorsatus Cameron 苏格兰桦突瓣叶蜂，苏格兰桦丝角叶蜂
Nematus fagi Zaddach 山毛榉单食突瓣叶蜂，山毛榉单食丝角叶蜂
Nematus fahraei Thomson 山杨突瓣叶蜂，欧洲山杨丝角叶蜂
Nematus flavescens Stephens 黄突瓣叶蜂，欧柳黄丝角叶蜂
Nematus frenalis Thomson 绿突瓣叶蜂，柳绿丝角叶蜂
Nematus fuscomaculatus Förster 烟斑突瓣叶蜂，山杨烟斑丝角叶蜂
Nematus hei Wei *et* Niu 贺氏突瓣叶蜂
Nematus hequensis Xiao 河曲突瓣叶蜂，河曲丝角叶蜂，河曲丝叶蜂
Nematus hypoxanthus Förster 下黄突瓣叶蜂，下黄丝角叶蜂
Nematus jugicola Thomson 黑黄突瓣叶蜂，圆耳柳黑黄丝角叶蜂
Nematus leionotus Benson 英芬桦突瓣叶蜂，英芬桦丝角叶蜂
Nematus leucotrochrus Hartig 鹅莓突瓣叶蜂，鹅莓丝角叶蜂
Nematus limbatus Cresson 北美柳突瓣叶蜂，北美柳丝角叶蜂
Nematus melanaspis Hartig [gregarious poplar sawfly] 杨黑突瓣叶蜂，杨黑丝角叶蜂
Nematus melanocephalus Hartig 黑头突瓣叶蜂，柳黑头丝角叶蜂
Nematus miliaris (Panzer) 山毛榉突瓣叶蜂，山毛榉丝角叶蜂
Nematus nigricornis Peletier 黑角突瓣叶蜂，美西脂杨黑丝角叶蜂
Nematus nigriventris Curran 黑腹突瓣叶蜂，杨黑腹丝角叶蜂
Nematus oligospilus Förster 寡针突瓣叶蜂，柳寡针丝角叶蜂
Nematus papillosus (Retzius) 短须突瓣叶蜂
Nematus pavidus Peletier 桤木突瓣叶蜂，桤木丝角叶蜂
Nematus pieli Takeuchi 同 *Nematus trochanteratus*
Nematus polyspilus Förster 多针突瓣叶蜂，桤木多针丝角叶蜂

Nematus ponojense Hellen 亚柳突瓣叶蜂，欧北亚柳丝角叶蜂
Nematus prunivorous Xiao 突瓣叶蜂，杏丝角叶蜂
Nematus ribesii (Scopoli) [currant sawfly, currant worm, common gooseberry sawfly, gooseberry sawfly, gooseberry caterpillar, imported currantworm] 茶藨黄突瓣叶蜂，茶藨子黄丝角叶蜂，茶藨黄叶蜂
Nematus ruyanus Wei 绿柳突瓣叶蜂
Nematus salicis (Linnaeus) [large willow sawfly, willow sawfly] 白柳突瓣叶蜂，白柳大丝角叶蜂
Nematus sheni Wei 申氏突瓣叶蜂
Nematus tibialis Newman 刺槐突瓣叶蜂，刺槐丝角叶蜂
Nematus trilineatus Norton 北美刺槐突瓣叶蜂，北美刺槐丝角叶蜂
Nematus trochanteratus (Malaise) 转突瓣叶蜂，转丝角叶蜂，转柳叶蜂
Nematus umbratus Thomson 突瓣叶蜂，荫丝角叶蜂
Nematus ventralis Say [willow sawfly, yellow-spotted willow slug] 黄点突瓣叶蜂，柳黄点丝角叶蜂，柳叶蜂
Nematus vicinus Serville 杨丝突瓣叶蜂，杨丝叶蜂
Nematus viridescens Cameron 桦突瓣叶蜂，桦主绿丝角叶蜂
Nematus viridis Stephens 桦绿突瓣叶蜂，桦绿丝角叶蜂
Nematus wuyishanicus Wei 武夷山突瓣叶蜂
Nematus yokohamensis Kônow 横滨突瓣叶蜂，横滨丝角叶蜂
Nematus yuae Wei 余氏突瓣叶蜂
Nematus zhongi Liu, Li *et* Wei 钟氏突瓣叶蜂
Nemeobiidae [= Riodinidae, Erycinidae, Plebejidae] 蚬蝶科
Nemeobiinae 蚬蝶亚科
Nemeritis 呐姬蜂属
Nemeritis niger Sheng, Li *et* Sun 黑呐姬蜂
Nemeritis pilosa Sheng, Li *et* Sun 毛呐姬蜂
nemestrinid 1. [= nemestrinid fly, tangle-veined fly] 网翅虻，网虻，拟长吻虻 < 网翅虻科 Nemestrinidae 昆虫的通称 >；2. 网翅虻科的
nemestrinid fly [= nemestrinid, tangle-veined fly] 网翅虻，网虻，拟长吻虻
Nemestrinidae 网翅虻科，网虻科，拟长吻虻科
Nemestrinus 网翅虻属
Nemestrinus candicans Villeneuve 白亮网翅虻，白网虻
Nemestrinus chinganicus Paramonov 兴安岭网翅虻
Nemestrinus hirtus Lichtwardt 硬毛网翅虻
Nemestrinus kozlovi (Paramonov) 科氏网翅虻，柯氏头喙网虻
Nemestrinus lichtwardti Bequart 黎氏网翅虻
Nemestrinus marginatus (Loew) 缘网翅虻
Nemestrinus marginatus marginatus (Loew) 缘网翅虻指名亚种
Nemestrinus marginatus tarimensis Paramonov 同 *Nemestrinus marginatus marginatus*
Nemestrinus roseus Paramonov 玫网翅虻，瑞丽网翅虻，玫网虻
Nemestrinus ruficaudis (Lichtwardt) 红尾网翅虻
Nemestrinus simplex (Loew) 亮斑网翅虻
Nemestrinus sinensis Sack 中华网翅虻，中华网虻
Nemestrinus tarimensis Paramonov 同 *Nemestrinus marginatus*
nemetes sailer [*Neptis nemetes* Hewitson] 线环蛱蝶
Nemetor 细茎飞虱属
Nemetor nigrifactus Ding 黑细茎飞虱
Nemeurinus 奈梅实蝇属
Nemeurinus leuiocelis Ito 伦罗奈梅实蝇
Nemka 绒毛蚁蜂属，内蚁蜂属
Nemka chihpenchia Tsuneki 同 *Nemka wotani*
Nemka curvisquamata (Chen) 曲鳞绒毛蚁蜂，曲鳞内蚁蜂
Nemka limi (Chen) 林氏绒毛蚁蜂，林氏小蚁蜂，李内蚁蜂
Nemka limi limi (Chen) 林氏绒毛蚁蜂指名亚种，指名李内蚁蜂
Nemka limi nanhai (Chen) 同 *Nemka limi limi*
Nemka philippa (Nurse) 东方绒毛蚁蜂
Nemka taiwanensis (Mickel) 台湾绒毛蚁蜂，台内蚁蜂
Nemka viduata (Pallas) 缺绒毛蚁蜂，缺内蚁蜂
Nemka viduata bartholomaei (Radoszkowski) 绒毛蚁蜂巴氏亚种，巴缺内蚁蜂
Nemka viduata viduata (Pallas) 缺绒毛蚁蜂指名亚种
Nemka wotani (Zavattari) 奥丁绒毛蚁蜂，窝内蚁蜂
nemobiid 1. [= nemobiid cricket, nemobiid ground cricket] 针蟋 < 针蟋科 Nemobiidae 昆虫的通称 >；2. 针蟋科的
nemobiid cricket [= nemobiid, nemobiid ground cricket] 针蟋
nemobiid ground cricket 见 nemobiid cricket
Nemobiidae 针蟋科，地蟋蟀科
Nemobiinae 针蟋亚科，金铃子亚科
Nemobius 针蟋属
Nemobius albobasalis Shiraki 同 *Dianemobius furumagiensis*
Nemobius chibae Shiraki [minute garden cricket] 小园针蟋，切培针蟋，淡褐金铃
Nemobius mikado Shiraki [mikado minute garden cricket] 米卡针蟋，小园金铃，迷卡异针蟋
Nemobius nigrescens Shiraki 见 *Pteronemobius nigrescens*
Nemobius nigrofasciatus Matsumura 同 *Dianemobius fascipes*
Nemocera [= Nematocera] 长角类，长角亚目，线角亚目
Nemocestes 细带象甲属
Nemocestes incomptus (Horn) [woods weevil] 林木细带象甲，粗野木象甲
nemoglossata 线舌蜂 < 指蜜蜂类中具有似喙状者 >
Nemognathinae 栉芫菁亚科
Nemognathini 栉芫菁族
Nemolecanium 冷杉蚧属
Nemolecanium abietis Borchsenius 大冷杉蚧
Nemolecanium adventicium Borchsenius 小冷杉蚧
Nemolecanium aptii (Bodenheimer) 中亚冷杉蚧
Nemolecanium graniformis (Wunn) 三脊冷杉蚧
Nemoleontini 恩蚁蛉族
Nemomydas 蚬拟食虫虻属
Nemomydas gruenbergi Hermann 知本蚬拟食虫虻
nemonychid 1. [= nemonychid weevil, pine flower snout beetle] 毛象甲 < 毛象甲科 Nemonychidae 昆虫的通称 >；2. 毛象甲科的
nemonychid weevil [= nemonychid, pine flower snout beetle] 毛象甲
Nemonychidae [= Doydirhynchidae, Cimberidae, Rhinomaceridae] 毛象甲科，毛象虫科，毛象科
Nemophas 居天牛属
Nemophas subcylindricus Aurivillius 筒居天牛
Nemophas subterrubus Heller 红居天牛
Nemophas trifasciatus Heller 三带居天牛
Nemophora 带长角蛾属，拟长角蛾属
Nemophora ahenea Stringer 红带长角蛾，红长角蛾

Nemophora amurensis Alphéraky 大黄带长角蛾，大黄长角蛾，大黄拟长角蛾
Nemophora aritai Kozlov *et* Hirowatari 有田带长角蛾，有田氏长角蛾
Nemophora askoldella (Millière) 白带长角蛾，黑白长角蛾，黑白拟长角蛾
Nemophora assamensis Kozlov 阿萨姆带长角蛾
Nemophora augites (Meyrick) 奥带长角蛾，奥内长角蛾
Nemophora aurora Kozlov 直带长角蛾
Nemophora badioumbratella (Sauber) 巴带长角蛾，巴内长角蛾
Nemophora baibarana (Matsumura) 台中带长角蛾，台中内长角蛾
Nemophora chalcophyllis (Meyrick) 恰带长角蛾，恰内长角蛾
Nemophora chionella (Meyrick) 基带长角蛾，基内长角蛾
Nemophora chrysocharis (Caradja) 丽带长角蛾，丽内长角蛾
Nemophora decisella Walker 黄带长角蛾
Nemophora degeerella (Linnaeus) [yellow-barred long-horn] 黄斑带长角蛾
Nemophora diplophragma (Meyrick) 双带长角蛾，双内长角蛾
Nemophora divinia (Caradja) 递带长角蛾，递内长角蛾
Nemophora fluorites (Meyrick) 叉纹带长角蛾，叉纹长角蛾
Nemophora honei (Meyrick) 杭带长角蛾，杭内长角蛾
Nemophora issikii Kozlov *et* Hirowatari 歪带长角蛾，一色氏长角蛾
Nemophora lapikella Kozlov 暗带长角蛾
Nemophora limenites (Meyrick) 丽带长角蛾，黎内长角蛾
Nemophora magnifica Kozlov 断带长角蛾
Nemophora niphites (Meyrick) 尼带长角蛾，尼内长角蛾
Nemophora polychorda (Meyrick) 黄纹带长角蛾，黄纹长角蛾，多内长角蛾
Nemophora raddei (Rebel) 拉带长角蛾，拉氏拟长角蛾，驳纹长角蛾
Nemophora sakaii (Matsumura) 镶黄带长角蛾，佐内长角蛾
Nemophora servata (Meyrick) 塞带长角蛾，塞内长角蛾
Nemophora sinicella (Walker) 辛带长角蛾，辛内长角蛾
Nemophora staudingerella (Christoph) 小黄带长角蛾，小黄长角蛾，小黄拟长角蛾
Nemophora tanakai Hirowatari 田中带长角蛾，田中黄长角蛾
Nemophora tyriochrysa (Meyrick) 替带长角蛾，替内长角蛾
Nemophora uncella Kozlov 肘带长角蛾
Nemopistha 带旌蛉属，旌蛉属
Nemopistha sinica Yang 中华带旌蛉，中华旌蛉
Nemopoda 丝状鼓翅蝇属，线足鼓翅蝇属
Nemopoda mamaevi Ozerov 翅斑丝状鼓翅蝇
Nemopoda nitidula (Fallén) 露尾丝状鼓翅蝇
Nemopoda orientalis de Meijere 见 *Perochaeta orientalis*
Nemopoda pectinulata Loew 亮丝鼓翅蝇，栉线足鼓翅蝇
Nemoptera 旌蛉属
Nemoptera aegyptiaca Rambur 非洲旌蛉
Nemoptera sinuata Olivier 环纹旌蛉，环纹斑旌蛉，大燕斑旌蛉
nemopterid 1. [= nemopterid fly, thread-winged lacewing, spoon-winged lacewing, spoon-wing lacewing] 旌蛉＜旌蛉科 Nemopteridae 昆虫的通称＞；2. 旌蛉科的
nemopterid fly [= nemopterid, thread-winged lacewing, spoon-winged lacewing, spoon-wing lacewing] 旌蛉
Nemopteridae 旌蛉科，线蛉科
Nemopterinae 旌蛉亚科
Nemopteroidea 旌蛉总科，线蛉总科
Nemoraea 毛瓣寄蝇属
Nemoraea angustecarinata (Macquart) 双色毛瓣寄蝇
Nemoraea angustifrons Zhang *et* Zhao 狭额毛瓣寄蝇
Nemoraea bifurca (Chao *et* Shi) 双叉毛瓣寄蝇
Nemoraea bipartita Malloch 裂毛瓣寄蝇，二部毛瓣寄蝇
Nemoraea echinata Mesnil 刺毛瓣寄蝇，刺腹毛瓣寄蝇，刺腹艾寄蝇
Nemoraea fasciata (Chao *et* Shi) 条胸毛瓣寄蝇
Nemoraea fenestrata (Mesnil) 多孔毛瓣寄蝇
Nemoraea japanica (Baranov) 日本毛瓣寄蝇
Nemoraea javana (Brauer *et* Bergenstamm) 爪哇毛瓣寄蝇，毛瓣寄蝇
Nemoraea metallica Shima 金亮毛瓣寄蝇，金光毛瓣寄蝇，翠绿寄蝇
Nemoraea pellucida (Meigen) 透翅毛瓣寄蝇
Nemoraea sapporensis Kocha 萨毛瓣寄蝇，札幌毛瓣寄蝇
Nemoraea titan (Walker) 巨型毛瓣寄蝇
Nemoraea triangulata Villeneuve 三角毛瓣寄蝇
Nemoraeini 毛瓣寄蝇族
Nemoria 内莫尺蛾属
Nemoria arizonaria (Grote) 绿内莫尺蛾
Nemoria carnifrons Butler 脊额内莫尺蛾
Nemoria viridata Linnaeus 见 *Chlorissa viridata*
nemoricolous 林栖的
Nemoriini 彩青尺蛾族
Nemorilla 截尾寄蝇属
Nemorilla chrysopollinis Chao *et* Shi 金粉截尾寄蝇
Nemorilla floralis (Fallén) 花截尾寄蝇，横带截尾寄蝇
Nemorilla maculosa (Meigen) 双斑截尾寄蝇，多斑寄蝇
Nemorimyza 墨潜蝇属
Nemorimyza posticata (Meigen) 紫菀墨潜蝇
Nemorimyza xizangensis Chen *et* Wang 西藏墨潜蝇
Nemoromyia 林蠓属
Nemoromyia nemorosa Yu *et* Liu 见 *Palpomyia nemorosa*
Nemostira abnormipes Borchmann 同 *Anisostira rugipennis*
Nemostira cognata Borchmann 同 *Anisostira rugipennis*
Nemostira nigripes Pic 同 *Anisostira rugipennis*
Nemostira sinuatipes Pic 同 *Anisostira rugipennis*
Nemostira testaceithorax Pic 同 *Anisostira rugipennis*
Nemosturmia 小盾寄蝇属
Nemosturmia amoena Meigen 松毛虫小盾寄蝇
Nemosturmia winthemioides Mesnil 见 *Smidtia winthemioides*
Nemotelinae 线角水虻亚科
Nemotelus 线角水虻属
Nemotelus angustemarginatus Pleske 窄边线角水虻，锐缘内水虻
Nemotelus annulipes Pleske 环足线角水虻，环带线角水虻
Nemotelus bomynensis Pleske 鱼卡线角水虻，波内水虻
Nemotelus chilensis James 智利线角水虻
Nemotelus dissitus Cui, Zhang *et* Yang 离斑线角水虻
Nemotelus faciflavus Cui, Zhang *et* Yang 黄颜线角水虻
Nemotelus gobiensis Pleske 戈壁线角水虻

Nemotelus latemarginnatus Pleske 侧边线角水虻
Nemotelus lativentris Pleske 宽腹线角水虻，宽腹内水虻
Nemotelus mandshuricus Pleske 满洲里线角水虻，东北内水虻
Nemotelus mongolicus Pleske 蒙古线角水虻
Nemotelus nanshanicus Pleske 南山线角水虻，南山内水虻
Nemotelus nigrinus Fallén 黑线角水虻
Nemotelus personatus Pleske 面具线角水虻
Nemotelus przewalskii Pleske 普氏线角水虻
Nemotelus svenhedini Lindner 斯氏线角水虻
Nemotelus uliginosa (Linnaeus) 沼泽线角水虻
Nemotelus ventiflavus Cui, Zhang *et* Yang 黄腹线角水虻
Nemotelus xinjianganus Cui, Zhang *et* Yang 新疆线角水虻
Nemotha 龙头螳属，耀螳属
Nemotha metallica Westwood 光泽龙头螳，金色耀螳
Nemotha mirabilis Beier 奇异龙头螳
Nemotois augites Meyrick 见 *Nemophora augites*
Nemotois badioumbratella Sauber 见 *Nemophora badioumbratella*
Nemotois baibarana Matsumura 见 *Nemophora baibarana*
Nemotois chalcophyllis Meyrick 见 *Nemophora chalcophyllis*
Nemotois chionella Meyrick 见 *Nemophora chionella*
Nemotois chrysocharis Caradja 见 *Nemophora chrysocharis*
Nemotois diplophragma Meyrick 见 *Nemophora diplophragma*
Nemotois divinia Caradja 见 *Nemophora divinia*
Nemotois honei Meyrick 见 *Nemophora honei*
Nemotois limenites Meyrick 见 *Nemophora limenites*
Nemotois niphites Meyrick 见 *Nemophora niphites*
Nemotois polychroda Meyrick 见 *Nemophora polychroda*
Nemotois sakaii Matsumura 见 *Nemophora sakaii*
Nemotois servata Meyrick 见 *Nemophora servata*
Nemotois sinicella Walker 见 *Nemophora sinicella*
Nemotois tyriochrysa Meyrick 见 *Nemophora tyriochrysa*
Nemoura 叉䗛属，叉石蝇属，短尾石蝇属
Nemoura alticalcaneum Mo, Wang *et* Li 高脚叉䗛
Nemoura arlingtoni Wu 阿氏叉䗛，云南叉䗛
Nemoura atristrigata Li *et* Yang 黑刺叉䗛
Nemoura baiyunshana Li, Wang *et* Yang 白云山叉䗛
Nemoura basispina Li *et* Yang 基刺叉䗛
Nemoura bispinosa Kawai 见 *Illiesonemoura bispinosa*
Nemoura brevilobata (Klapálek) 短叶叉䗛，小叶短尾石蝇
Nemoura chui Wu 见 *Amphinemura chui*
Nemoura claassenia Wu 见 *Amphinemura claassenia*
Nemoura claviloba Wu 见 *Amphinemura claviloba*
Nemoura cochleocercia Wu 匙尾叉䗛，匙尾叉石蝇
Nemoura concava Li *et* Yang 凹缘叉䗛
Nemoura cornuloba Wu 见 *Amphinemura cornuloba*
Nemoura cryptocercia Wu 见 *Amphinemura cryptocercia*
Nemoura curvispina Wu 见 *Amphinemura curvispina*
Nemoura dentiloba Wu 见 *Amphinemura dentiloba*
Nemoura falciloba Wu 见 *Amphinemura falciloba*
Nemoura fililoba Wu 见 *Amphinemura fililoba*
Nemoura flagellata Wu 见 *Mesonemoura flagellata*
Nemoura floralis Li *et* Yang 花突叉䗛
Nemoura forcipiloba Wu 见 *Amphinemura forcipiloba*
Nemoura formosana Shimizu 台湾叉䗛，蓬莱短尾石蝇
Nemoura furcocauda Wu 叉尾叉䗛，叉尾叉石蝇
Nemoura furcostyla Wu 见 *Amphinemura furcostyla*
Nemoura ganeum Mo, Yang *et* Li 客栈叉䗛
Nemoura geei Wu 北京叉䗛，钩叶叉䗛，钩叶叉石蝇
Nemoura grandicauda Wu 见 *Sphaeronemoura grandicauda*
Nemoura guangdongensis Li *et* Yang 广东叉䗛
Nemoura hamistyla Wu 见 *Sphaeronemoura hamistyla*
Nemoura hangchowensis Chu 杭州叉䗛
Nemoura hastata Wu 见 *Amphinemura hastata*
Nemoura hugekootinlokorum Wang *et* Meng 胡古叉䗛
Nemoura janeti Wu 镰尾叉䗛，镰尾叉石蝇
Nemoura jilinensis Zhu *et* Yang 吉林叉䗛
Nemoura junhuae Li *et* Yang 张氏叉䗛
Nemoura kiangsiensis Wu 见 *Amphinemura kiangsiensis*
Nemoura klapperichi Sivec 凯氏叉䗛，中国叉䗛
Nemoura licenti Wu 见 *Amphinemura licenti*
Nemoura lixiana Chen 理县叉䗛
Nemoura macrolamellata Wu 见 *Indonemoura macrolamellata*
Nemoura magnispina Du *et* Zhou 同 *Nemoura atristrigata*
Nemoura manchuriana Uéno 东北叉䗛
Nemoura maoi Wu 见 *Amphinemura maoi*
Nemoura masuensis (Li *et* Yang) 麻粟叉䗛
Nemoura matangshanensis Wu 马当山叉䗛，马塘叉䗛
Nemoura meniscata Li *et* Yang 细钩叉䗛
Nemoura mesospina Li *et* Yang 胸突叉䗛
Nemoura miaofengshanensis Zhu *et* Yang 妙峰山叉䗛
Nemoura microcercia Wu 见 *Amphinemura microcercia*
Nemoura mokanshanensis Wu 见 *Amphinemura mokanshanensis*
Nemoura mucronata Li *et* Yang 尖突叉䗛
Nemoura multispina Wu 见 *Amphinemura multispina*
Nemoura multispira Wu 见 *Mesonemoura multispira*
Nemoura nankinensis Wu 南京叉䗛，南肯叉䗛
Nemoura needhamia Wu 歧尾叉䗛，歧尾叉石蝇，尾叉䗛
Nemoura nigritula Navás 同 *Amphinemura flavicollis*
Nemoura oculata Wang *et* Du 双目叉䗛
Nemoura papilla Okamoto 乳突叉䗛
Nemoura pekinensis Claaseen 同 *Nemoura geei*
Nemoura perforata Li *et* Yang 多孔叉䗛
Nemoura pieli Wu 见 *Amphinemura pieli*
Nemoura plutonis Banks 见 *Sphaeronemoura plutonis*
Nemoura rostroloba Wu 见 *Amphinemura rostroloba*
Nemoura rotundprojecta Du *et* Zhou 圆突叉䗛
Nemoura securigera Klapálek 斧状叉䗛，斧叉䗛
Nemoura sichuanensis Li *et* Yang 四川叉䗛
Nemoura sinensis Wu 见 *Amphinemura sinensis*
Nemoura spinosa Wu 多刺叉䗛，有棘叉䗛
Nemoura spiroflagellata Wu 见 *Mesonemoura spiroflagellata*
Nemoura stellata Li *et* Yang 盾形叉䗛
Nemoura taihangshana Wang, Li *et* Yang 太行山叉䗛
Nemoura tauripitis Mo, Li *et* Murányi 牛头叉䗛
Nemoura transsaerti Wu 见 *Amphinemura trassaerti*
Nemoura tridenticula Li, Wang *et* Yang 三齿叉䗛
Nemoura triramia Wu 见 *Amphinemura triramia*
Nemoura tuberostyla Wu 见 *Illiesonemoura tuberostyla*
Nemoura unihamata Wu 见 *Amphinemura unihamata*
Nemoura vaillanti Navás 见 *Mesonemoura vaillanti*

Nemoura wangi Li *et* Yang 王氏叉蜻
Nemoura yunnanensis Wu 云南叉蜻
nemourid 1. [= nemourid stonefly, spring stonefly, brown stonefly, thread-tailed stonefly] 叉蜻 < 叉蜻科 Nemouridae 昆虫的通称 >; 2. 叉蜻科的
nemourid stonefly [= nemourid, spring stonefly, brown stonefly, thread-tailed stonefly]
Nemouridae 叉蜻科，短尾石蝇科
Nemourinae 叉蜻亚科
Nemouroidea 叉蜻总科
Nemoxenus inducens (Walker) 见 *Atactogaster inducens*
Nemoxenus zebra Chevrolat 见 *Atactogaster zebra*
Nemus 果兜夜蛾亚属
Nenasa 妮杯瓢蜡蝉属
Nenasa obliqua Chan *et* Yang 斜妮杯瓢蜡蝉，斜带尼瓢蜡蝉
Nenus longulus Navás 同 *Micromus linearis*
Neoacanthococcus 新毡蚧属
Neoacanthococcus tamaricicola Borchsenius 柽柳新毡蚧
Neoacizzia 新羞木虱属
Neoacizzia albizzialis Li 金合欢新羞木虱
Neoacizzia albizzicola (Li *et* Yang) 楹树新羞木虱
Neoacizzia bicavata (Li *et* Yang) 双凹新羞木虱
Neoacizzia complana (Li *et* Yang) 扁头新羞木虱
Neoacizzia dalbergiae Li 黄檀新羞木虱
Neoacizzia danmingana (Li *et* Yang) 大鸣新羞木虱
Neoacizzia dealbotae (Li *et* Yang) 黑荆新羞木虱
Neoacizzia huangi Li 黄氏新羞木虱
Neoacizzia jamatonica (Kuwayama) [siris psylla] 合欢新羞木虱，东方木虱，合欢羞木虱
Neoacizzia kalkorae Li 山合欢新羞木虱
Neoacizzia sasakii (Miyatake) 东方新羞木虱，萨羞木虱
Neoacizzia spinosa (Mathur) 刺新羞木虱
Neoacizzia unioniseta Li 单毛新羞木虱
Neoacyrthosiphon 新光额蚜属
Neoacyrthosiphon holsti (Takahashi) 见 *Ericolophium holsti*
Neoacyrthosiphon podocarpi (Takahashi) 见 *Neophyllaphis podocarpi*
Neoacyrthosiphon* (*Pseudoacythosiphon*) *holsti (Takahashi) 见 *Ericolophium holsti*
Neoacyrthosiphon taiheisanum (Takahashi) 见 *Ericolophium taiheisanum*
Neoalardus 杆宽肩蝽属
Neoalardus typicus (Distant) 拟杆宽肩蝽
Neoalcathous 新网翅蜡蝉属，新蜡蝉属
Neoalcathous annamica Constant *et* Pham 安南新网翅蜡蝉
Neoalcathous huangshannana Wang *et* Huang 黄山新网翅蜡蝉，黄山新蜡蝉
Neoalcathous wuishanana Wang *et* Huang 武夷新网翅蜡蝉，武夷网翅蜡蝉，武夷山新蜡蝉
Neoalcis californiaria (Packard) [brown-lined looper] 黄杉褐线尺蛾
Neoaliturus 新阿叶蝉属
Neoaliturus fenestratus (Herrich-Schäffer) 斑新阿叶蝉
Neoaliturus hui (Chang) 胡氏新阿叶蝉
Neoaliturus tenellus (Baker) [beet leafhopper] 甜菜新阿叶蝉，甜菜叶蝉
Neoanalthes 新须野螟属
Neoanalthes nebulalis Yamanaka *et* Kirpichnikova 暗新须野螟
Neoanathamna 樟小卷蛾属
Neoanathamna cerinus Kawabe 樟小卷蛾，尼安卷蛾
Neoanathamna marmarocyma (Meyrick) 大樟小卷蛾，赫明卷蛾
Neoanathamna negligens Kwabe 细樟小卷蛾
Neoarctic Realm [= Neoarctic Region] 新北区，新北界
Neoarctic Region 见 Neoarctic Realm
Neoascia 小喙蚜蝇属
Neoascia dispar (Meigen) 净翅小喙蚜蝇，不等尼蚜蝇
Neoascia podagrica (Fabricius) 粗腿小喙蚜蝇
Neoasterodiaspis 新链蚧属，柞链蚧属
Neoasterodiaspis adjuncta (Russell) 长形新链蚧，长形柞链蚧
Neoasterodiaspis castaneae (Russell) [chestnut pit scale] 栗新链蚧，栗树柞链蚧，栗链蚧，栗新栎链蚧
Neoasterodiaspis horishae (Russell) 台湾新链蚧，石柯柞链蚧，栎链介壳虫
Neoasterodiaspis kunminensis Borchsenius 昆明新链蚧，昆明柞链蚧
Neoasterodiaspis nitida (Russell) 浙新链蚧，天台柞链蚧，亮链蚧
Neoasterodiaspis pasaniae (Kuwana *et* Cockerell) 黄新链蚧，日本柞链蚧，石栎链介壳虫
Neoasterodiaspis semisepulta (Russell) 泰国新链蚧，泰国柞链蚧
Neoasterodiaspis skanianae (Russell) 贵州新链蚧，贵州柞链蚧
Neoasterodiaspis szemaoensis Borchsenius 思茅新链蚧，思茅柞链蚧
Neoasterodiaspis yunnanensis Borchsenius 云南新链蚧，云南柞链蚧
Neobaculentulus 新巴蚖属
Neobaculentulus cipingensis Yin 茨坪新巴蚖
Neobaculentulus henanensis Yin 河南新巴蚖
Neobaculentulus izumi (Imadaté) 泉新巴蚖
Neobaetiella macani Müller-Liebenau 见 *Baetiella macani*
Neobalbis flavibasalis (Warren) 见 *Herochroma flavibasalis*
Neobalbis mansfieldi Prout 见 *Herochroma mansfieldi*
Neobarbara 云杉小卷蛾属
Neobarbara olivacea Liu *et* Nasu 青海云杉小卷蛾，青海云杉种子小卷蛾
Neobarrettia 新巴猎螽属
Neobarrettia spinosa (Caudell) [greater arid-land katydid, red eyed katydid, red eyed devil, giant Texas katydid] 红眼新巴猎螽，恶魔螽斯，红眼恶魔螽
Neobayerus 待猎蝽属
Neobayerus pusillus Miller 矮待猎蝽
Neobelocera 偏角飞虱属
Neobelocera asymmetrica Ding *et* Yang 偏角飞虱
Neobelocera hanyinensis Qin *et* Yuan 汉阴偏角飞虱
Neobelocera lanpingensis Chen 兰坪偏角飞虱
Neobelocera laterospina Chen *et* Liang 侧刺偏角飞虱
Neobelocera lii Hou *et* Chen 李氏偏角飞虱
Neobelocera zhejiangensis (Zhu) 浙江偏角飞虱
Neobetulaphis 新桦斑蚜属
Neobetulaphis alba Higuchi 白新桦斑蚜
Neobetulaphis hebeiensis (Zhang, Zhang *et* Zhong) 河北新桦斑蚜

Neobetulaphis pusilla Basu 裸新桦斑蚜
Neobiprocessa 新双突叶蝉属
Neobiprocessa obliquizonata (Li *et* Wang) 斜纹新双突叶蝉，斜纹双突叶蝉，斜纹拟隐脉叶蝉
Neobiprocessa specklea (Li, Li *et* Xing) 褐纹新双突叶蝉，褐纹双突叶蝉
Neobisnius 横线隐翅甲属，瘦隐翅甲属，尼隐翅甲属
Neobisnius chengkouensis Zheng 城口横线隐翅甲
Neobisnius formosae Cameron 台湾横线隐翅甲，台横线隐翅虫
Neobisnius inornatus (Sharp) 裸横线隐翅甲
Neobisnius nigripes Bernhauer 黑足横线隐翅甲
Neobisnius praelongus (Gemminger *et* Harold) 长窄横线隐翅甲，长尼隐翅虫
Neobisnius pumilus (Sharp) 黄足横线隐翅甲，小横线隐翅虫，黄翅瘦隐翅甲，小尼隐翅甲
Neoblacus 新蠢茧蜂属
Neoblaps huizensis Ren *et* Li 见 *Coelocnemodes huizensis*
Neoblaste 新蓓蛄属
Neoblaste ancistroides Li 弯钩新蓓蛄
Neoblaste fujianensis (Li *et* Yang) 福建新蓓蛄，闽新蓓蛄
Neoblaste octogona Li 八角新蓓蛄
Neoblaste ovalis Li 椭圆新蓓蛄
Neoblaste papillosa Thornton 乳突新蓓蛄
Neoblaste partibilis Li 裂突新蛄
Neoblaste pinicola Li 松栖新蓓蛄
Neoblaste rectangula Li 直角新蓓蛄
Neoblaste setosa Thornton 毛新蓓蛄
Neoblaste tricornis Li 三角新蓓蛄
Neoblaste umbonalis Li 圆突新蓓蛄
Neoblastobasis 新遮颜蛾属
Neoblastobasis biceratala (Park) 双角新遮颜蛾
Neoblastobasis decolor (Meyrick) 尼遮颜蛾
Neoblavia 鳞苔蛾属
Neoblavia scoteola Hampson 鳞苔蛾
Neoblepharipus 类毛足泥蜂亚属
Neoblemus 尼行步甲属
Neoblemus bedoci Jeannel 倍尼行步甲
Neoborus amoenus (Reuter) 见 *Tropidosteptes amoenus*
Neobrachida 长舌隐翅甲属
Neobrachida jiangsuensis Pace 江苏长舌隐翅甲
Neobrachida punctum Pace 点背长舌隐翅甲
Neobrachyceraea 纽眼蝇属，短角眼蝇属
Neobrachyceraea huangshangensis Ôuchi 黄山纽眼蝇，黄山墨纽眼蝇
Neobrachyceraea nigrita (Kröber) 暗纽眼蝇
Neobrachyceraea obscuripennis (Kröber) 墨纽眼蝇，暗翅眼蝇
Neobrachyceraea obscuripennis huangshangensis Ôuchi 见 *Neobrachyceraea huangshangensis*
Neobrachyceraea obscuripennis obscuripennis (Kröber) 墨纽眼蝇指名亚种
Neobrillia 新布摇蚊属
Neobrillia longistyla Kawai 长新布摇蚊
Neobuathra 新布姬蜂属
Neobuathra pinea Sheng *et* Sun 松新布姬蜂
Neocaecilius 新叉蛄属
Neocaecilius mangshiensis Li 见 *Licaecilius mangshiensis*
Neocaecilius qianshanensis Li 千山新叉蛄
Neocaecilius triradiatus Li 见 *Licaecilius triradiatus*
Neocalaphis 新丽蚜属
Neocalaphis magnoliae (Essig *et* Kuwama) 见 *Calaphis magnoliae*
Neocalyptis 圆卷蛾属
Neocalyptis affinisana (Walker) 角圆卷蛾，梅花山卷蛾，新卡卷蛾
Neocalyptis angustilineana (Walsingham) 截圆卷蛾
Neocalyptis insularis Diakonoff 岛圆卷蛾
Neocalyptis krzeminskii Razowski 长齿圆卷蛾
Neocalyptis lacernata (Yasuda) 宽圆卷蛾，卧龙卷蛾
Neocalyptis liratana (Christoph) 细圆卷蛾，九江卷蛾
Neocalyptis malaysiana Razowski 马来圆卷蛾，马莱圆瓣卷蛾
Neocalyptis morata Razowski 茂圆卷蛾，模新卡卷蛾
Neocalyptis nematodes (Meyrick) 菲圆卷蛾
Neocalyptis nexilis Razowski 南圆卷蛾，内新卡卷蛾
Neocalyptis owadai (Kawabe) 短圆卷蛾
Neocalyptis taiwana Razowski 长瓣圆卷蛾
Neocalyptis tricensa (Meyrick) 膨圆卷蛾
Neocarpia 同线菱蜡蝉属
Neocarpia bidentata Zhang *et* Chen 双齿同线菱蜡蝉
Neocarpia hamata Zhang *et* Chen 举钩同线菱蜡蝉
Neocarpia maai Tsaur *et* Hsu 马氏同线菱蜡蝉
Neocarpia okinawana Emeljanov *et* Hayashi 冲绳同线菱蜡蝉
Neocastniidae [= Tascinidae] 无喙蝶蛾科
Neocatolaccus mamezophagus Ishii *et* Nagsawa 同 *Anisopteromalus calandrae*
Neocentrobiella 毛角赤眼蜂属
Neocentrobiella danzhouensis Tian *et* Lin 儋州毛角赤眼蜂
Neocentrobiella longiungula Lin 长爪毛角赤眼蜂
Neocentrocnemis 新猎蝽属
Neocentrocnemis formosana (Matsumura) 台湾新猎蝽
Neocentrocnemis stali (Reuter) 横脊新猎蝽
Neocentrocnemis yunnana Hsiao 云南新猎蝽
Neocerambyx 肿角天牛属
Neocerambyx gracilipes Jacquot 丽肿角天牛
Neocerambyx grandis Gahan 铜色肿角天牛
Neocerambyx guangxiensis Li, Lu *et* Chen 同 *Neocerambyx katarinae*
Neocerambyx katarinae Holzschuh 卡氏肿角天牛
Neocerambyx mandarinus Gressitt 黑肿角天牛
Neocerambyx oenochrous (Fairmaire) 樱红肿角天牛
Neocerambyx paris (Wiedemann) 肿角天牛
Neocerambyx raddei Blessig [deep mountain longhorn beetle, oak longhorn beetle] 栗肿角天牛，松脊肿角天牛
Neocerambyx taiwanensis Hayashi 黄脚肿角天牛，红脚山天牛，大二色深山天牛
Neocerambyx theresae (Pic) 灰黄肿角天牛，伪山天牛，灰黄山天牛
Neocerambyx vitalisi Pic 锐柄肿角天牛
Neoceratina 旗尾芦蜂亚属
Neoceratina chinensis Wu 见 *Ceratina* (*Ceratina*) *chinensis*
Neoceratitis 奈实蝇属，新腊实蝇属
Neoceratitis asiatica (Becker) [lycium fruit fly] 枸杞奈实蝇，亚洲新腊实蝇，枸杞实蝇

Neoceratitis cyanescens (Bezzi) 番茄奈实蝇，番茄新腊实蝇
Neoceroplatus 新角菌蚊属
Neoceroplatus betaryiensis Falaschi, Johnson *et* Stevani 贝塔里新角菌蚊
Neocerura 新二尾舟蛾亚属，新二尾舟蛾属
Neocerura liturata (Walker) 见 *Cerura* (*Neocerura*) *liturata*
Neocerura wisei (Swinhoe) 同 *Cerura tattakana*
Neoceruraphis viburnicola (Gillette) 见 *Ceruraphis viburnicola*
Neochaetoidea 新鬃石蛾总科
Neochalcis 新小蜂属
Neochalcis breviceps (Masi) 短头新小蜂
Neochalcis daemonius Xiao, Chen *et* Zhou 达摩新小蜂
Neochalcis yoshiokai (Habu) 吉冈新小蜂，吉冈尼小蜂
Neochalcosia 新锦斑蛾属
Neochalcosia nanlingensis Owada, Horie *et* Wang 南岭新锦斑蛾，南岭新斑蛾
Neochalcosia remota (Walker) 白带新锦斑蛾，东亚新萤斑蛾，后白斑蛾，白带锦斑蛾，远桂斑蛾
Neochalcosia remota remota (Walker) 白带新锦斑蛾指名亚种
Neochalcosia remota yaeyamana (Matsumura) 白带新锦斑蛾日本亚种，日白带锦斑蛾
Neochauliodes 斑鱼蛉属
Neochauliodes acutatus Liu *et* Yang 尖端斑鱼蛉
Neochauliodes bachmanus Liu, Hayashi *et* Yang 白马斑鱼蛉
Neochauliodes bicuspidatus Liu *et* Yang 双齿斑鱼蛉
Neochauliodes bowringi (McLachlan) 缘点斑鱼蛉，波氏斑鱼蛉
Neochauliodes confusus Liu, Hayashi *et* Yang 迷斑鱼蛉，混斑鱼蛉
Neochauliodes digitiformis Liu *et* Yang 指突斑鱼蛉
Neochauliodes discretus Yang *et* Yang 同 *Neochauliodes fraternus*
Neochauliodes formosanus (Okamoto) 台湾斑鱼蛉
Neochauliodes fraternus (McLachlan) 污翅斑鱼蛉，碎斑鱼蛉，亲斑鱼蛉
Neochauliodes furcatus Yang *et* Yang 同 *Neochauliodes umbratus*
Neochauliodes fuscus Liu *et* Yang 褐翅斑鱼蛉
Neochauliodes griseus Yang *et* Yang 见 *Sinochauliodes griseus*
Neochauliodes guangxiensis Yang *et* Yang 广西斑鱼蛉
Neochauliodes guixianus Jiang, Wang *et* Liu 桂西斑鱼蛉
Neochauliodes jiangxiensis Yang *et* Yang 江西斑鱼蛉
Neochauliodes koreanus van der Weele 双色斑鱼蛉，朝鲜斑鱼蛉
Neochauliodes latus Yang 宽茎斑鱼蛉
Neochauliodes meridionalis van der Weele 南方斑鱼蛉，栉角鱼蛉
Neochauliodes moriutii Asahina 基点斑鱼蛉
Neochauliodes nigris Liu *et* Yang 黑头斑鱼蛉
Neochauliodes occidentalis van der Weele 西华斑鱼蛉，华西中华斑鱼蛉
Neochauliodes orientalis Yang *et* Yang 同 *Neochauliodes tonkinensis*
Neochauliodes parasparsus Liu *et* Yang 碎斑鱼蛉
Neochauliodes parcus Liu *et* Yang 寡斑鱼蛉
Neochauliodes pielinus Navás 舟山斑鱼蛉，皮斑鱼蛉
Neochauliodes punctatolosus Liu *et* Yang 散斑鱼蛉
Neochauliodes robustus Liu, Hayashi *et* Yang 粗茎斑鱼蛉
Neochauliodes rotundatus Tjeder 圆端斑鱼蛉，圆斑鱼蛉
Neochauliodes simplex (Walker) 简斑鱼蛉
Neochauliodes sinensis (Walker) 中华斑鱼蛉
Neochauliodes sinensis occidentalis Weele 见 *Neochauliodes occidentalis*
Neochauliodes sparsus Liu *et* Yang 小碎斑鱼蛉
Neochauliodes tamdaoensis Liu, Hayashi *et* Yang 三岛斑鱼蛉
Neochauliodes tonkinensis (van der Weele) 越南斑鱼蛉，东方斑鱼蛉
Neochauliodes triangulatus Tu *et* Liu 角突斑鱼蛉
Neochauliodes umbratus Kimmins 荫斑鱼蛉
Neochauliodes wuminganus Yang *et* Yang 武鸣斑鱼蛉
Neochauliodes yunnanensis Navás 同 *Neochauliodes tonkinensis*
Neochelonia 新客灯蛾属
Neochelonia bieti (Oberthür) 见 *Euleechia bieti*
Neochelonia bieti minshani Bang-Haas 见 *Euleechia bieti minschani*
Neochelonia hoenei Bang-Haas 见 *Euleechia bieti hoenei*
Neochelonia poultoni (Oberthür) 同 *Euleechia pratti*
Neochera 闪拟灯蛾属
Neochera dominia (Cramer) 铅闪拟灯蛾，闪拟灯蛾
Neochera dominia butleri Swinhoe 铅闪拟灯蛾布氏亚种
Neochera dominia dominia (Cramer) 铅闪拟灯蛾指名亚种
Neochera inops (Walker) 黄闪拟灯蛾
Neochera inops privata Walker 见 *Neochera privata*
Neochera privata Walker 始闪拟灯蛾，始黄闪拟灯蛾
Neocheritra 奈灰蝶属
Neocheritra amrita (Felder *et* Felder) [grand imperial, common grand imperial] 奈灰蝶
Neocheritra fabronia (Hewitson) [pale grand imperial] 珐奈灰蝶
Neocheritra gertrudes Schröder *et* Treadaway 哥特奈灰蝶
Neocheritra namoa de Nicéville 娜奈灰蝶
Neochiera 新拟灯蛾属
Neochiera dominia (Cramer) 泛白新拟灯蛾，泛白后辐拟灯蛾
Neochlamisus cribripennis (LeConte) 见 *Chlamisus cribripennis*
Neochromaphis 新黑斑蚜属
Neochromaphis carpinicola (Takahashi) [carpinus aphid, northern carpinus aphid] 鹅耳枥黑斑蚜，北鹅耳枥黑斑蚜
Neochromaphis coryli Takahashi 榛新黑斑蚜
Neochromaphis oblongisensoria (Qiao *et* Zhang) 同 *Neochromaphis coryli*
Neochrysocharis 新金姬小蜂属
Neochrysocharis formosa (Westwood) 美丽新金姬小蜂
Neochrysocharis punctiventris (Crawford) 点腹新金姬小蜂
Neochrysops grandis (Szilády) 见 *Chrysops grandis*
Neocladella 尼克跳小蜂属
Neocladella platicornis Xu 扁角尼克跳小蜂
Neocladoxena 新枝拟叩甲属，匿大蕈甲属，匿拟叩甲属
Neocladoxena hisamatsui Maeda 久松新枝拟叩甲，希匿大蕈甲，希匿拟叩甲
Neoclarkinella 近克氏茧蜂属
Neoclarkinella vitellinipes (You *et* Zhou) 黄足近克氏茧蜂
Neocleonus orientalis Chevrolat 见 *Atactogaster orientalis*
Neocleora betularia Warren 见 *Cleora betularia*
Neocleora herbuloti Fletcher 中非桉松尺蛾
Neocleora nigrisparsalis Janse 乌干达桉尺蛾
Neocleora tulbaghata Felder 肯尼亚桉尺蛾
Neoclerus 尼郭公甲属

Neoclerus ornatulus Lewis 饰尼郭公甲
Neoclerus quinquemaculatus Gorham 五斑尼郭公甲，五斑尼郭公虫
Neoclia 脊栉叶蜂属，栉齿叶蜂属，新闭蔺叶蜂属
Neoclia sinensis Malaise 中华脊栉叶蜂，中华栉齿叶蜂，中华新闭蔺叶蜂
Neoclytus 新荣天牛属
Neoclytus acuminatus (Fabricius) [red-headed ash borer] 梣红头新荣天牛，梣红头天牛，梣红天牛
Neoclytus caprea (Say) [banded ash borer] 梣条新荣天牛
Neoclytus conjunctus (LeConte) [western ash borer] 西部梣新荣天牛
Neocnemodon 转突蚜蝇属
Neocnemodon brevidens (Egger) 短齿转突蚜蝇，短齿赫氏蚜蝇
Neocnemodon vitripennis (Meigen) 见 *Heringia vitripennis*
neococcoid 新蚧
Neococcoidea 新蚧类
Neocoenorrhinus 新钳颚象甲属
Neocoenorrhinus assimilis (Roelofs) 类新钳颚象甲，类钳颚象
Neocoenorrhinus germanicus (Herbst) [strawberry rhynchites] 草莓新钳颚象甲，草莓芽虎象甲
Neocoenorrhinus interruptus (Voss) [willow curculio] 柳新钳颚象甲，柳象甲，柳象，离钳颚象
Neocoenyra 嫩眼蝶属
Neocoenyra bioculata Carcasson 毕奥嫩眼蝶
Neocoenyra cooksoni Druce 白睛嫩眼蝶
Neocoenyra duplex Butler 嫩眼蝶
Neocoenyra fulleborni Thurau 白斑嫩眼蝶
Neocoenyra gregorii Butler 格氏嫩眼蝶
Neocoenyra heckmanni Thurau 郝氏嫩眼蝶
Neocoenyra jordani Rebel 乔丹嫩眼蝶
Neocoenyra kivuensis Seydel 基伍嫩眼蝶
Neocoenyra masaica Carcasson 马萨伊嫩眼蝶
Neocoenyra parallelopupillata (Karsch) 帕嫩眼蝶
Neocoenyra petersi Kielland 黑暗嫩眼蝶
Neocoenyra pinheyi Carcasson 平氏嫩眼蝶
Neocoenyra rufilineata Butler 桃线嫩眼蝶
Neocoenyra ypthimoides Butler 矍形嫩眼蝶
Neocollyris 尼树虎甲属
Neocollyris albocyanescens (Horn) 青白尼树虎甲，青白长颈虎甲虫，青白树栖虎甲，青白丽虎甲
Neocollyris apicalis lundii (Crotch) 无翅尼树虎甲
Neocollyris aptera (Lund) 同 *Neocollyris apicalis lundii*
Neocollyris attenuata (Redtenbacher) 尖尼树虎甲，细胸树栖虎甲
Neocollyris aureofusca (Bates) 金棕尼树虎甲
Neocollyris aureofusca grandisubtilis (Horn) 见 *Neocollyris grandisubtilis*
Neocollyris auripennis auripennis (Horn) 金棕尼树虎甲指名亚种，指名金翅尼树虎甲
Neocollyris auripennis mannheimsi (Mandl) 见 *Neocollyris mannheimsi*
Neocollyris bicolor (Horn) 二色尼树虎甲，二色树栖虎甲
Neocollyris bipartita (Fleutiaux) 二部尼树虎甲，二部树栖虎甲
Neocollyris bonellii (Guérin-Méneville) 邦尼树虎甲
Neocollyris carinifrons (Horn) 脊额尼树虎甲
Neocollyris crassicornis (Dejean) 粗角尼树虎甲
Neocollyris cylindripennis Chaudoir 筒翅尼树虎甲
Neocollyris davidi Naviaux 大卫尼树虎甲
Neocollyris emargianta (Dejean) 咖啡尼树虎甲，咖啡树栖虎甲
Neocollyris formosana (Bates) 台尼树虎甲，台湾长颈虎甲虫
Neocollyris formosana rugosior (Horn) 见 *Neocollyris rugosior*
Neocollyris fruhstorferi (Horn) 弗尼树虎甲
Neocollyris fuscitarsis (Schmidt-Göbel) 缍尼树虎甲
Neocollyris grandisubtilis (Horn) 大尼树虎甲，大金棕尼树虎甲
Neocollyris linearis (Schmidt-Göbel) 线尼树虎甲
Neocollyris linearis linearis (Schmidt-Göbel) 线尼树虎甲指名亚种
Neocollyris linearis srnkai (Horn) 同 *Neocollyris linearis linearis*
Neocollyris loochooensis (Kôno) 琉球尼树虎甲，琉球树栖虎甲
Neocollyris mannheimsi (Mandl) 曼氏尼树虎甲，曼金翅尼树虎甲
Neocollyris moesta (Schmidt-Göbel) 适尼树虎甲
Neocollyris naviauxi Sawada *et* Wiesner 纳氏尼树虎甲
Neocollyris nodicollis Bates 见 *Pronyssa nodicollis*
Neocollyris obscurofemorata Mandl 紫艳尼树虎甲，紫艳长颈虎甲虫
Neocollyris orichalcina (Horn) 奥尼树虎甲
Neocollyris orichalcina orichalcina (Horn) 奥尼树虎甲指名亚种
Neocollyris orichalcina yunnana Naviaux 奥尼树虎甲云南亚种
Neocollyris panfilovi Naviaux 潘氏尼树虎甲
Neocollyris rosea Naviaux 玫尼树虎甲
Neocollyris rufipalpis (Chaudoir) 红须尼树虎甲
Neocollyris rugosior (Horn) 皱尼树虎甲，皱台拟树虎甲
Neocollyris saphyrina (Chaudoir) 萨尼树虎甲，黑胫树栖虎甲
Neocollyris saphyrina boysii (Chaudoir) 同 *Neocollyris saphyrina saphyrina*
Neocollyris saphyrina saphyrina (Chaudoir) 萨尼树虎甲指名亚种
Neocollyris sauteri (Horn) 见 *Protocollyris sauteri*
Neocollyris schereri Naviaux 施氏尼树虎甲
Neocollyris septentrionalis Naviaux 陕西尼树虎甲
Neocollyris sichuanensis Naviaux 四川尼树虎甲
Neocollyris signata (Horn) 标尼树虎甲
Neocollyris similis (Lense) 似尼树虎甲，福建咖啡树栖虎甲
Neocollyris sinica Naviaux 中华尼树虎甲
Neocollyris taiwanensis Naviaux 宝岛尼树虎甲，宝岛长颈虎甲虫
Neocollyris tricolor Naviaux 三色尼树虎甲
Neocollyris variicornis (Chaudoir) 变角尼树虎甲
Neocollyris variitarsis (Chaudoir) 变跗尼树虎甲
Neocolochelyna 镰瓣叶蜂属
Neocolochelyna (Curvatapenis) testaceoa (Wei) 棕褐镰瓣叶蜂
Neocolochelyna montana Kônow 锡金镰瓣叶蜂，锡金新龟叶蜂
Neocondeellum 新康蚖属
Neocondeellum brachytarsum (Yin) 短跗新康蚖
Neocondeellum chrysallis (Imadaté *et* Yin) 金色新康蚖
Neocondeellum dolichotarsum (Yin) 长跗新康蚖
Neocondeellum wuyanensis Yin *et* Imadaté 乌岩新康蚖
Neocondeellum yinae Zhang 尹氏新康蚖
Neoconon 宽突飞虱属
Neoconon incensa Yang 台湾宽突飞虱，宽突飞虱，台湾叶突飞虱

Neocoruna 角颊金小蜂属
Neocoruna sinica Huang *et* Liao 中国角颊金小蜂
Neocorymbas 新盔叶蜂属
Neocorymbas sinisca Wei *et* Ouyang 中华新盔叶蜂
Neocranaphis 新盔斑蚜属
Neocranaphis arundinariae (Takahashi) 青篱新盔斑蚜
Neocrepidodera 连瘤跳甲属
Neocrepidodera cheni (Gressitt *et* Kimoto) 陈氏连瘤跳甲，湖北方凹跳甲
Neocrepidodera chinensis (Gruev) 华连瘤跳甲，中华奥跳甲
Neocrepidodera convexa (Gressitt *et* Kimoto) 隆连瘤跳甲
Neocrepidodera fulva Kimoto 黄连瘤跳甲
Neocrepidodera hummeli (Chen) 肩连瘤跳甲
Neocrepidodera interpunctata (Motschulsky) 间点连瘤跳甲
Neocrepidodera konstantinovi Baselga 康氏连瘤跳甲
Neocrepidodera laevicollis (Jacoby) 里维连瘤跳甲，光裸连瘤跳甲
Neocrepidodera manobioides (Chen) 拟玛连瘤跳甲
Neocrepidodera minima (Gressitt *et* Kimoto) 小连瘤跳甲
Neocrepidodera motschulskii (Konstantinov) 莫氏连瘤跳甲
Neocrepidodera obscuritarsis (Motschulsky) 褐跗连瘤跳甲，模跗连瘤跳甲
Neocrepidodera oculata (Gressitt *et* Kimoto) 云南连瘤跳甲
Neocrepidodera resina (Gressitt *et* Kimoto) 脂连瘤跳甲
Neocrepidodera sublaevis (Motschulsky) 天山连瘤跳甲
Neocrepidodera taiwana (Kimoto) 台湾连瘤跳甲
Neocressoniella 顶切叶蜂亚属
Neoculex 新库蚊亚属
Neocurtilla hexadactyla (Perty) [northern mole cricket] 北方蝼蛄，六指蝼蛄
Neocyptera 匿寄蝇亚属
Neocyrtopsis 新刺膝螽属，新刺膝螽亚属
Neocyrtopsis (***Neocyrtposis***) ***fllax*** Wang *et* Liu 近似新刺膝螽
Neocyrtopsis (***Neocyrtposis***) ***variabilis*** (Xia *et* Lin) 杂色新刺膝螽
Neocyrtopsis (***Paraneocyrtopsis***) ***bilobata*** (Liu, Zhou *et* Bi) 双叶副新刺膝螽，双叶异饰肛螽
Neocyrtopsis (***Paraneocyrtopsis***) ***platycata*** (Shi *et* Zheng) 宽板副新刺膝螽，宽板异饰肛螽
Neocyrtopsis (***Paraneocyrtopsis***) ***yachowensis*** (Tinkham) 雅安副新刺膝螽，雅安异饰肛螽
Neocyrtopsis unicolor Wang, Liu *et* Li 素色新刺膝螽
Neocyrtoptyx 拟赛阿金小蜂属
Neocyrtoptyx exilis Xiao *et* Yan 纤拟赛阿金小蜂
Neocyrtoptyx shanghensis Xiao *et* Yan 商河拟赛阿金小蜂
Neodactria 新达草螟属
Neodactria caliginosella (Clemens) [corn root webworm, black grass-veneer] 玉米新达草螟，玉米根草螟
Neodartus 折缘叶蝉属
Neodartus acocephaloides Melichar 白斑折缘叶蝉
Neodartus mokanshanensis Ôuchi 斜冠折缘叶蝉，莫干山折缘叶蝉
Neodaruma 条波纹蛾属
Neodaruma tamanukii Matsumura 条波纹蛾
Neodecusa 新德隐翅甲属，新德隐翅虫属
Neodecusa formosae Cameron 台湾新德隐翅甲，台新德隐翅虫
Neodeporaus femoralis Kôno 见 *Deporaus femoralis*
Neodicranotropis 新叉飞虱属
Neodicranotropis shilinensis Ding 石林新叉飞虱
Neodicranotropis tungyaanensis Yang 东眼山新叉飞虱，台湾新额叉飞虱
Neodictya 新网翅沼蝇属
Neodictya jakovlevi Elberg 雅新网翅沼蝇
Neodihammus pici Breuning 拟锦天牛，白条拟锦天牛
Neodima 蜀叩甲属
Neodima belousovi Prosvirov *et* Kundrata 别氏蜀叩甲
Neodima cechovskyi Schimmel 切氏蜀叩甲
Neodima sichuanensis Schimmel *et* Platia 川蜀叩甲
Neodima yutangi Qiu 宇堂蜀叩甲
Neodiploconus melanopterus (Candèze) 见 *Priopus melanopterus*
Neodiploconus mirabilis (Fleutiaux) 见 *Priopus mirabilis*
Neodiploconus ornatus Candèze 见 *Priopus ornatus*
Neodiploconus pulchellus Fleutiaux 见 *Priopus pulchellus*
Neodiprion 新松叶蜂属
Neodiprion abbotii (Leach) 阿博特新松叶蜂
Neodiprion abietis (Harris) [balsam fir sawfly] 冷杉新松叶蜂，北美香脂冷杉新松叶蜂，冷杉锯角叶蜂
Neodiprion burkei Middleton [lodgepole sawfly] 贝克新松叶蜂，勃氏锯角叶蜂
Neodiprion chuxiongensis Xiao *et* Zhou 楚雄新松叶蜂
Neodiprion dailingensis Xiao *et* Zhou 带岭新松叶蜂
Neodiprion deleoni Ross 德氏新松叶蜂
Neodiprion demoides Ross 美国白皮松新松叶蜂
Neodiprion edulicolus Ross [pinyon sawfly, pinon sawfly, pinyon pine sawfly] 食松新松叶蜂
Neodiprion excitans Rohwer [black-headed pine sawfly] 黑头松新松叶蜂，松黑头锯节叶蜂
Neodiprion fengningensis Xiao *et* Zhou 同 *Neodiprion piceae*
Neodiprion gillettei (Rohwer) 吉勒特新松叶蜂
Neodiprion guangxiicus Xiao *et* Zhou 广西新松叶蜂
Neodiprion huizeensis Xiao *et* Zhou 会泽新松叶蜂
Neodiprion japonica Marlatt [pine green sawfly] 日本新松叶蜂，日本黑松叶蜂，松绿锯蜂
Neodiprion lecontei (Fitch) [red-headed pine sawfly, LeConte's sawfly] 红头新松叶蜂，松红头锯角叶蜂
Neodiprion merkeli Ross [slash pine sawfly] 湿地新松叶蜂，湿地松锯角叶蜂
Neodiprion mundus Rohwer 西黄松新松叶蜂
Neodiprion nanulus Schedl [red pine sawfly] 美加红松新松叶蜂，红松锯角叶蜂
Neodiprion piceae Xiao *et* Zhou 云杉新松叶蜂，丰宁新松叶蜂
Neodiprion pinerum (Norton) [white pine sawfly] 北美乔松新松叶蜂，白松锯角叶蜂
Neodiprion pratti Dyar [Virginia pine sawfly] 松黑头新松叶蜂
Neodiprion pratti banksianae Rohwer [jack pine sawfly] 松黑头新松叶蜂北美短叶亚种，北美短叶松黑头新松叶蜂，短叶松锯角叶蜂
Neodiprion pratti paradoxicus Ross 松黑头新松叶蜂刚松亚种，刚松新松叶蜂
Neodiprion pratti pratti Dyar 松黑头新松叶蜂指名亚种
Neodiprion rugifrons Middleton [brown-headed jack-pine sawfly,

red-headed jack pine sawfly] 北美短叶松红头新松叶蜂
Neodiprion scutellatus Rohwer 美黄杉新松叶蜂
Neodiprion sertifer (Geoffroy) [European pine sawfly] 欧洲新松叶蜂，松柏锯角叶蜂
Neodiprion swainei Middleton [Swaine jack pine sawfly] 史氏新松叶蜂，斯氏短叶松锯角叶蜂
Neodiprion taedae Ross 火炬松新松叶蜂，欧美火炬松新松叶蜂
Neodiprion taedae linearis Ross [loblolly pine sawfly, Arkansas pine sawfly] 火炬松新松叶蜂阿肯色亚种，阿肯色新松叶蜂，火炬松锯角叶蜂
Neodiprion taedae taedae Ross 火炬松新松叶蜂指名亚种
Neodiprion tsugae Middleton [hemlock sawfly] 香脂冷杉新松叶蜂，铁杉叶蜂
Neodiprion ventralis Ross 西黄松腹新松叶蜂
Neodiprion virginianus Rohwer [red-headed jack pine sawfly] 费吉尼亚新松叶蜂
Neodiprion wilsonae (Li *et* Guo) 云杉新松叶蜂
Neodiprion xiangyunicus Xiao *et* Zhou 祥云新松叶蜂
Neodiscodes 新盘跳小蜂属
Neodiscodes parvus Kerrich 微小新盘跳小蜂，小尼跳小蜂
Neodiscodes subbaraoi Kerrich 见 *Aenasius subbaraoi*
Neodolerus 新麦叶蜂属
Neodolerus affinis (Cameron) 华东新麦叶蜂，华东麦叶蜂
Neodolerus poecilomallosis (Wei) 丽毛新麦叶蜂，丽毛麦叶蜂
Neodolerus vulneraffis Wei 副新麦叶蜂，副麦叶蜂
Neodontocryptus 新沟姬蜂属
Neodontocryptus brillantus (Uchida) 壮新沟姬蜂
Neodownesia 新平脊甲属
Neodownesia rubra Gressitt 红新平脊甲，红扁潜甲
Neodrasterius 小头叩甲属
Neodrasterius kiyoyamai Kishii 清山小头叩甲
neodropterin [= neodrosopterin] 新果蝇蝶呤
neodrosopterin 见 neodropterin
Neodryinus 新螯蜂属
Neodryinus baishanzuensis Xu *et* He 百山祖新螯蜂
Neodryinus dolosus Olmi 诡新螯蜂
Neodryinus hishimonovorus Xu *et* He 同 *Gonatopus rufoniger*
Neodryinus isoneurus Xu *et* He 等脉新螯蜂
Neodryinus taiwanensis Olmi 台湾新螯蜂
Neodrymonia 新林舟蛾属，新林舟蛾亚属
Neodrymonia acuminata (Matsumura) 锐齿新林舟蛾
Neodrymonia aemuli Kobayashi *et* Kishida 埃新林舟蛾
Neodrymonia albinobasis Schintlmeister 白基新林舟蛾
Neodrymonia anna Schintlmeister 见 *Neodrymonia* (*Neodrymonia*) *anna*
Neodrymonia apicalis (Moore) 见 *Neodrymonia* (*Neodrymonia*) *apicalis*
Neodrymonia basalis (Moore) 见 *Neodrymonia* (*Neodrymonia*) *basalis*
Neodrymonia bipunctata (Okano) 见 *Libido bipunctata*
Neodrymonia brunnea (Moore) 褐新林舟蛾，褐带新林舟蛾
Neodrymonia comes Schintlmeister 见 *Neodrymonia* (*Neodrymonia*) *comes*
Neodrymonia coreana Matsumura 朝鲜新林舟蛾
Neodrymonia delia (Leech) 新林舟蛾
Neodrymonia deliana Gaede 德新林舟蛾
Neodrymonia elisabethae Holloway *et* Bender 伊新林舟蛾
Neodrymonia* (*Epistauropus*) *anmashanensis Kishida 鞍马山新林舟蛾，鞍马山端拟纷舟蛾
Neodrymonia* (*Epistauropus*) *terminalis (Kiriakoff) 端白新林舟蛾，端新林舟蛾
Neodrymonia* (*Epistauropus*) *terminalis anmashanensis Kishida 见 *Neodrymonia* (*Epistauropus*) *anmashanensis*
Neodrymonia* (*Epistauropus*) *terminalis terminalis (Kiriakoff) 端白新林舟蛾指名亚种
Neodrymonia ferruginis Kishida *et* Kobayash 见 *Mesophalera ferruginis*
Neodrymonia filix Schintlmeister 见 *Neodrymonia* (*Neodrymonia*) *filix*
Neodrymonia hirta Kobayashi *et* Kishida 希新林舟蛾，赫新林舟蛾
Neodrymonia hui Schintlmeister *et* Fang 见 *Neodrymonia* (*Neodrymonia*) *hui*
Neodrymonia ignicoruscens Galsworthy 见 *Neodrymonia* (*Neodrymonia*) *ignicoruscens*
Neodrymonia inevitabilis Schintlmeister 见 *Neodrymonia* (*Neodrymonia*) *inevitabilis*
Neodrymonia* (*Libido*) *voluptuosa (Bryk) 见 *Libido voluptuosa*
Neodrymonia marginalis (Matsumura) 见 *Neodrymonia* (*Neodrymonia*) *marginalis*
Neodrymonia mendax Schintlmeister 见 *Neodrymonia* (*Neodrymonia*) *mendax*
Neodrymonia moorei (Kirby) 见 *Neodrymonia* (*Neodrymonia*) *moorei*
Neodrymonia* (*Neodrymonia*) *anna Schintlmeister 安新林舟蛾
Neodrymonia* (*Neodrymonia*) *apicalis (Moore) 顶新林舟蛾，陀新林舟蛾
Neodrymonia* (*Neodrymonia*) *basalis (Moore) 黑带新林舟蛾，基新林舟蛾
Neodrymonia* (*Neodrymonia*) *basalis basalis (Moore) 黑带新林舟蛾指名亚种
Neodrymonia* (*Neodrymonia*) *basalis seriatopunctata (Matsumura) 见 *Neodrymonia* (*Neodrymonia*) *seriatopunctata*
Neodrymonia* (*Neodrymonia*) *comes Schintlmeister 半新林舟蛾，藕色新林舟蛾，中村氏拟纷舟蛾，康新林舟蛾
Neodrymonia* (*Neodrymonia*) *coreana Matsumura 朝鲜新林舟蛾，新林舟蛾
Neodrymonia* (*Neodrymonia*) *filix Schintlmeister 蕨新林舟蛾，费新林舟蛾
Neodrymonia* (*Neodrymonia*) *griseus Schintlmeister 灰新林舟蛾
Neodrymonia* (*Neodrymonia*) *hui Schintlmeister *et* Fang 卉新林舟蛾
Neodrymonia* (*Neodrymonia*) *ignicoruscens Galsworthy 火新林舟蛾
Neodrymonia* (*Neodrymonia*) *inevitabilis Schintlmeister 茵新林舟蛾，阴新林舟蛾
Neodrymonia* (*Neodrymonia*) *marginalis (Matsumura) 缘纹新林舟蛾，缘纹拟纷舟蛾，缘新林舟蛾
Neodrymonia* (*Neodrymonia*) *mendax Schintlmeister 门新林舟蛾，明新林舟蛾
Neodrymonia* (*Neodrymonia*) *moorei (Kirby) 莫新林舟蛾，摩新林舟蛾
Neodrymonia* (*Neodrymonia*) *moorei seriatopunctata (Matsumura) 见 *Neodrymonia* (*Neodrymonia*) *seriatopunctata*

Neodrymonia* (*Neodrymonia*) *seriatopunctata (Matsumura) 连点新林舟蛾，新月迥舟蛾，点列新林舟蛾
Neodrymonia* (*Neodrymonia*) *taipoensis Galsworthy 港新林舟蛾
Neodrymonia obliquiplaga (Moore) 斜带新林舟蛾
Neodrymonia okanoi Schintlmeister 见 *Neodrymonia* (*Pantherinus*) *okanoi*
Neodrymonia* (*Pantherinus*) *bipunctata (Okano) 见 *Libido bipunctata*
Neodrymonia* (*Pantherinus*) *okanoi Schintlmeister 冈野新林舟蛾，欧氏新林舟蛾，欧新林舟蛾
Neodrymonia pseudobasalis Schintlmeister 普新林舟蛾
Neodrymonia* (*Pugniphalera*) *rufa (Yang) 拳新林舟蛾，赤拳舟蛾
Neodrymonia rufa (Yang) 见 *Neodrymonia* (*Pugniphalera*) *rufa*
Neodrymonia seriatopunctata (Matsumura) 见 *Neodrymonia* (*Neodrymonia*) *seriatopunctata*
Neodrymonia sinica Kobayashi *et* Kishida 华新林舟蛾
Neodrymonia taiwana Kobayashi 台湾新林舟蛾
Neodrymonia terminalis (Kiriakoff) 见 *Neodrymonia* (*Epistauropus*) *terminalis*
Neodrymonia voluptuosa (Bryk) 见 *Libido voluptuosa*
Neodrymonia zuanwu Kobayashi *et* Wang 祝新林舟蛾
Neodurium 扁足瓢蜡蝉属
Neodurium digitiformum Ran *et* Liang 指扁足瓢蜡蝉
Neodurium duplicadigitum Zhang *et* Chen 双突扁足瓢蜡蝉
Neodurium fennahi Chang *et* Chen 芬纳扁足瓢蜡蝉
Neodurium flatidum Ran *et* Liang 平扁足瓢蜡蝉
Neodurium hamatum Wang *et* Wang 钩扁足瓢蜡蝉
Neodurium postfasciatum Fennah 扇扁足瓢蜡蝉，后带新瓢蜡蝉
Neodurium weiningense Zhang *et* Chen 威宁扁足瓢蜡蝉
Neodusmetia sangwani (Subba Rao) 东竹粉蚧跳小蜂，禾粉蚧跳小蜂
Neoemdenia 新寄蝇属
Neoemdenia mudanjiangensis Hou *et* Zhang 牡丹江新寄蝇
Neoempheria 新菌蚊属
Neoempheria acracanthia Wu *et* Yang 顶刺新菌蚊
Neoempheria beijingana Wu *et* Yang 北京新菌蚊
Neoempheria bimaculata (Roser) 双点新菌蚊，二斑新菌蚊
Neoempheria cyphia Wu *et* Yang 弯曲新菌蚊
Neoempheria echinata Wu *et* Yang 多刺新菌蚊
Neoempheria ferruginea (Brunetti) 锈色新菌蚊，红新菌蚊
Neoempheria fujiana Yang *et* Wu 福建新菌蚊
Neoempheria jilinana Wu *et* Yang 吉林新菌蚊
Neoempheria magna Wu *et* Yang 大新菌蚊
Neoempheria merogena Yang *et* Wu 分支新菌蚊
Neoempheria mirabila Wu *et* Yang 奇异新菌蚊
Neoempheria monticola Wu 山居新菌蚊
Neoempheria ornata Okada 多新菌蚊，饰新菌蚊
Neoempheria pervulgata Wu 普通新菌蚊
Neoempheria pictipennis (Haliday) 斑翅新菌蚊，纹翅新菌蚊
Neoempheria platycera Wu 扁角新菌蚊
Neoempheria pleurotivora Sasakawa 侧生新菌蚊，侧新菌蚊
Neoempheria proxima (Winnertz) 近新菌蚊
Neoempheria setulosa Wu 具毛新菌蚊
Neoempheria sinica Wu *et* Yang 中华新菌蚊
Neoempheria subulata Wu *et* Yang 锥形新菌蚊
Neoempheria tianmuana Wu *et* Yang 天目新菌蚊
Neoempheria triloba Wu *et* Yang 三叶新菌蚊
Neoempheria wangi Yang *et* Wu 汪氏新菌蚊
Neoempheria winnertzi Edwards 威氏新菌蚊，文氏新菌蚊
Neoencyclops cyanea (Tamanuki) 见 *Grammoptera cyanea*
neoephemerid 1. [= neoephemerid mayfly, large squaregill mayfly] 新蜉 <新蜉科 Neoephemeridae 昆虫的通称>；2. 新蜉科的
neoephemerid mayfly [= neoephemerid, large squaregill mayfly] 新蜉
Neoephemeridae 新蜉科
Neoepiscardia sinica Gaedike 见 *Edosa sinica*
Neoepitola 新蛱灰蝶属
Neoepitola barombiensis (Kirby) 新蛱灰蝶
Neoeryssamena 拟锦天牛属，野氏细条天牛属
Neoeryssamena mitonoana Hayashi 白条拟锦天牛，南投拟集天牛，水户野氏细条天牛
Neoerythromma 新红蟌属
Neoerythromma tinctipennis (McLachlan) 棕翅新红蟌
Neoeugnamptus 新霜象甲属，新霜象属
Neoeugnamptus amurensis (Faust) 黑龙江新霜象甲，黑龙江新霜象，黑龙江霜象甲，黑龙江吹霜象
Neoeugnamptus austrochinensis Legalov 华南新霜象甲，华南新霜象
Neoeugnamptus cangshanensis Legalov 苍山新霜象甲，苍山新霜象
Neoeugnamptus cyaneus Legalov 蓝新霜象甲，蓝新霜象
Neoeugnamptus dundai Legalov 短带新霜象甲，短带新霜象
Neoeugnamptus friedmani Legalov 福氏新霜象甲，福氏新霜象
Neoeugnamptus habashanensis Legalov 哈巴山新霜象甲，哈巴山新霜象
Neoeugnamptus hirsutus (Voss) 毛新霜象甲，毛新霜象
Neoeugnamptus instabilis (Voss) 荫新霜象甲，荫霜象甲，荫吹霜象
Neoeugnamptus konstantinovi Legalov 孔新霜象甲，孔新霜象
Neoeugnamptus laocaensis Legalov 老街新霜象甲，老街新霜象
Neoeugnamptus lijiangensis Legalov 丽江新霜象甲，丽江新霜象
Neoeugnamptus linanensis Legalov 临安新霜象甲，临安新霜象
Neoeugnamptus nepalicus Legalov 尼新霜象甲，尼新霜象
Neoeugnamptus panfilovi Legalov 潘氏新霜象甲，潘氏新霜象
Neoeugnamptus parvulus (Voss) 小新霜象甲，小霜象甲，小吹霜象
Neoeugnamptus potanini Legalov 普氏新霜象甲，普氏新霜象
Neoeugnamptus taihorinensis (Voss) 台北新霜象甲，台北霜象甲，台北吹霜象
Neoeugnamptus tarokoensis Legalov 太鲁阁新霜象甲，太鲁阁新霜象
Neofacydes 天蛾姬蜂属
Neofacydes flavibasalis (Uchida) 黄基天蛾姬蜂
Neofacydes nigroguttatus (Uchida) 黑点天蛾姬蜂
Neofacydes sinensis Heinrich 中华天蛾姬蜂
Neofilchneria 新费蜻属
Neofilchneria uncata (Kimmins) 钩突新费蜻，西藏费蜻
Neogaeic Realm 新界
neogallicolae-gallicolae 新虫瘿型 <指葡萄根瘤蚜中将为虫瘿型的干雌>
neogallicolae-radicolae 新根瘤型 <指葡萄根瘤蚜中移居到根部

后将成为根瘤型的干雌 >
Neogampsocleis 新钝头螽属
Neogampsocleis mokanshanensis (Caudell) 莫干山新钝头螽
neogeic 新世界的 < 即属于新大陆的 >
Neogergithoides 新瓢蜡蝉属
Neogergithoides tubercularis Sun, Meng *et* Wang 瘤新瓢蜡蝉
Neogerris 缘背黾蝽属
Neogerris parvulus (Stål) 小缘背黾蝽
Neogirdharia 新双色草螟属
Neogirdharia digitata Song *et* Chen 角新双色草螟
Neogirdharia jingdongensis Song *et* Chen 景东新双色草螟
Neogirdharia magnifica Song *et* Chen 巨型新双色草螟
Neogirdharia quadrilatera Song *et* Chen 方突新双色草螟
Neogirdharia rotunda Song *et* Chen 圆突新双色草螟
Neogirdharia spiculata Song *et* Chen 尖突新双色草螟
Neoglypsus opulentus Distant 见 *Dinorhynchus opulentus*
Neognamptodon 新塬腹茧蜂属
Neognamptodon laticauda Tan *et* van Achterberg 宽尾新塬腹茧蜂
Neogreenia 长珠蚧属
Neogreenia lonicera Wu *et* Nan 忍冬长珠蚧
Neogreenia osmanthus (Yang *et* Hu) 桂花长珠蚧
Neogreenia sophorica Wu 槐树长珠蚧
Neogreenia zeylanica (Green) 锡兰长珠蚧，木樨桑名蚧
Neogreenia zizyphi Tang 枣树长珠蚧
Neogria 新伪叶甲属
Neogria cyanipennis Borchmann 青翅新伪叶甲，青翅尼伪叶甲
Neogurelca 锥天蛾属
Neogurelca himachala (Butler) [crisp-banded hawkmoth] 喜马锥天蛾，喜马锤天蛾
Neogurelca himachala himachala (Butler) 喜马锥天蛾指名亚种
Neogurelca himachala sangaica (Butler) 喜马锥天蛾三角亚种，喜马锥天蛾，三角凹缘天蛾，三角锥天蛾，三角锤天蛾
Neogurelca hyas (Walker) [even-banded hawkmoth] 凹缘天蛾，圆角锥天蛾，团角锤天蛾
Neogurelca montana (Rothschild *et* Jordan) [narrow-banded hawkmoth] 山锥天蛾，山锤天蛾
Neohaematopinus 新血虱属
Neohaematopinus callosciuri Johnson 丽松鼠新血虱
Neohaematopinus chinensis Blagoveshtschensky 中华新血虱
Neohaematopinus elbeli Johnson 艾氏新血虱
Neohaematopinus laeviusculus (Grube) 光滑新血虱
Neohaematopinus menetensis Blagoveshtschensky 条纹松鼠新血虱，条纹新血虱
Neohaematopinus petauristae Ferris 鼯鼠新血虱
Neohaematopinus rupestis Chin 岩松鼠新血虱
Neohaematopinus setosus Chin 多毛新血虱
Neohapalothrix 新网蚊属
Neohapalothrix manschukuensis (Mannheims) 东北新网蚊
Neohaptoderus 林通缘步甲亚属，新哈步甲属
Neohaptoderus jureceki Jedlička 见 *Pterostichus jureceki*
Neohaptoderus komalus Jedlička 见 *Pterostichus komalus*
Neohaptoderus orestes Jedlička 见 *Pterostichus orestes*
Neoheegeria flavipes Moulton 见 *Dolichothrips flavipes*
Neoheegeria macarangai Moulton 见 *Dolichothrips macarangai*
Neohelota 新蜡斑甲属
Neohelota affinis (Ritsema) 邻新蜡斑甲
Neohelota attenuata (Ritsema) 角新蜡斑甲
Neohelota babai Lee *et* Satô 同 *Neohelota guttata*
Neohelota barclayi Lee *et* Votruba 巴氏新蜡斑甲
Neohelota boulei (Ritsema) 博氏新蜡斑甲，台湾大吸木甲
Neohelota brevis (Ritsema) 短新蜡斑甲
Neohelota cereopunctata (Lewis) 蜡点新蜡斑甲，蜡点蜡斑甲，林氏大吸木甲 < 此种学名曾写为 *Neohelota cereo-punctata* (Lewis) >
Neohelota chinensis (Mader) 华新蜡斑甲，华蜡斑甲
Neohelota chunlini Lee *et* Satô 同 *Neohelota elongata*
Neohelota cuccodoroi Lee *et* Votruba 库氏新蜡斑甲
Neohelota culta (Olliff) 酷新蜡斑甲
Neohelota curvipes (Oberthür) 曲足新蜡斑甲
Neohelota dohertyi (Ritsema) 多氏新蜡斑甲
Neohelota dubia (Ritsema) 疑新蜡斑甲
Neohelota durelii (Ritsema) 杜氏新蜡斑甲
Neohelota elongata (Ritsema) 春霖新蜡斑甲，春霖大吸木甲
Neohelota fryi (Ritsema) 福氏新蜡斑甲
Neohelota guerinii (Hope) 圭氏新蜡斑甲
Neohelota guttata (Ritsema) 马场新蜡斑甲，马场氏大吸木甲
Neohelota helleri (Ritsema) 海氏新蜡斑甲，海氏大吸木甲，赫蜡斑甲
Neohelota intermedia (Ritsema) 间新蜡斑甲
Neohelota laosensis Lee *et* Votruba 老挝新蜡斑甲
Neohelota lewisi (Ritsema) 刘氏新蜡斑甲，刘易斯大吸木甲，刘蜡斑甲
Neohelota lini Lee *et* Satô 同 *Neohelota cereopunctata*
Neohelota miwai Ohta 同 *Neohelota sonani*
Neohelota montana (Ohta) 山地新蜡斑甲，山地大吸木甲，山蜡斑甲
Neohelota ocellata (Ritsema) 眼新蜡斑甲
Neohelota pusilla (Oberthür) 拟台新蜡斑甲，拟台湾大吸木甲
Neohelota renati (Ritsema) 瑞新蜡斑甲，瑞蜡斑甲
Neohelota rotundata (Ritsema) 圆新蜡斑甲
Neohelota serratipennis (Ritsema) 锯翅新蜡斑甲
Neohelota similis Lee *et* Satô 同 *Neohelota pusilla*
Neohelota smetanai Lee *et* Votruba 斯氏新蜡斑甲
Neohelota sonani (Ohta) 同 *Neohelota lewisi*
Neohelota sumbawensis (Ritsema) 缅甸新蜡斑甲
Neohelota taiwana (Ohta) 同 *Neohelota boulei*
Neohelota tumaaka Ohta 同 *Neohelota helleri*
Neohelota valentinae Lee *et* Votruba 瓦氏新蜡斑甲
Neohelota vietnamensis Lee *et* Votruba 越南新蜡斑甲
Neohemisphaerius 新球瓢蜡蝉属
Neohemisphaerius flavus Meng, Qin *et* Wang 黄新球瓢蜡蝉
Neohemisphaerius guangxiensis Zhang, Chang *et* Wang 广西新球瓢蜡蝉
Neohemisphaerius wugangensis Chen, Zhang *et* Chang 武冈新球瓢蜡蝉
Neohemisphaerius yangi Chen, Zhang *et* Chang 杨氏新球瓢蜡蝉
Neohendecasis 新亨螟属
Neohendecasis apiciferalis (Walker) 端新亨螟
Neoheresiarches 内齿姬蜂属
Neoheresiarches albipilosus Uchida 白毛内齿姬蜂
Neohesperilla 新弄蝶属

Neohesperilla croceus (Miskin) [narrow-brand grass-skipper, crocea skipper] 窄带新弄蝶，新弄蝶
Neohesperilla senta (Miskin) [spotted grass-skipper, senta skipper] 星斑新弄蝶
Neohesperilla xanthomera (Meyrick *et* Lower) [yellow grass-skipper, xanthomera skipper] 黄新弄蝶
Neohesperilla xiphiphora (Lower) [sword-brand grass-skipper, xiphiphora skipper] 希菲新弄蝶
Neohipparchus 新青尺蛾属
Neohipparchus glaucochrista Prout 见 *Chloroglyphica glaucochrista*
Neohipparchus hypoleuca (Hampson) 银底新青尺蛾，下白绿尺蛾
Neohipparchus maculata (Warren) 斑新青尺蛾
Neohipparchus vallata (Butler) 双线新青尺蛾，黑尾绿尺蛾，黄缘绿尺蛾
Neohipparchus verjucodumnaria (Oberthür) 类叉新青尺蛾
Neohipparchus vervactoraria (Oberthür) 叉新青尺蛾，威绿尺蛾
Neohirasea 新棘蝓属
Neohirasea fenshuilingensis Ho 分水岭新棘蝓
Neohirasea guangdongensis Chen *et* He 广东新棘蝓
Neohirasea hongkongensis Brock *et* Seow-Choen 香港新棘蝓
Neohirasea hujiayaoi Ho 胡氏新棘蝓
Neohirasea hujiayaoi hujiayaoi Ho 胡氏新棘蝓指名亚种
Neohirasea hujiayaoi shengtangshanensis Ho 胡氏新棘蝓圣堂山亚种
Neohirasea japonica (de Haan) 日本新棘蝓，棘蝓
Neohirasea nanlingensis Ho 南岭新棘蝓
Neohirasea pengzhongi Ho 彭氏新棘蝓
Neohirasea unispina Ho 单刺新棘蝓
Neohirasea unispina parvula Ho 单刺新棘蝓短小亚种
Neohirasea unispina unispina Ho 单刺新棘蝓指名亚种
Neohirasea wangpengi Ho 王氏新棘蝓
Neohomoneura 新同脉缟蝇亚属
Neohormaphis 新扁蚜属
Neohormaphis quercisucta (Qiao, Guo *et* Zhang) 食栎新扁蚜，食栎柯扁蚜
Neohormaphis wuyiensis Qiao *et* Jiang 武夷新扁蚜
Neohydatothrips 新绢蓟马属，新板背蓟马属
Neohydatothrips annulipes (Hood) 环足新绢蓟马
Neohydatothrips chandrai Tyagi *et* Kumar 钱氏新绢蓟马
Neohydatothrips concavus Mirab-balou, Tong *et* Yang 凹新绢蓟马
Neohydatothrips epipactis (Kurosawa) 火烧兰新绢蓟马，火烧兰扁蓟马
Neohydatothrips flavicingulus Mirab-balou, Tong *et* Yang 黄带新绢蓟马
Neohydatothrips gracilicornis (Williams) 细角新绢蓟马
Neohydatothrips gracilipes (Hood) 纤细新绢蓟马，稚板背蓟马
Neohydatothrips luteolipes Mirab-balou, Tong *et* Yang 黄足新绢蓟马
Neohydatothrips medius Wang 棕色新绢蓟马，中板背蓟马
Neohydatothrips plynopygus (Karny) 浅脊新绢蓟马，均板背蓟马
Neohydatothrips samayunkur Kudô 萨满新绢蓟马，孔雀草板背蓟马
Neohydatothrips surrufus Wang 鲁弗斯新绢蓟马，陆板背蓟马
Neohydatothrips tabulifer (Priesner) 塔崩新绢蓟马，椭板背蓟马，坦丝蓟马
Neohydatothrips trypherus Han 雅新绢蓟马
Neohydatothrips xestosternitus (Han) 滑甲新绢蓟马，滑甲卡绢蓟马
Neohydnus 新郭公甲属
Neohydnus coomani Pic 库新郭公甲，库新郭公虫
Neohydnus formosanus Miyatake 台新郭公甲，台新郭公虫
Neohydnus latior Pic 宽新郭公甲，宽新郭公虫
Neohydnus shirozui Miyatake 白水新郭公甲，白水新郭公虫，希新郭公虫
Neohydnus sinensis Pic 华新郭公甲，华新郭公虫
Neohydrocoptus 新伪龙虱属，尼小粒龙虱属
Neohydrocoptus bivittis (Motschulsky) 双线新伪龙虱，双条尼小粒龙虱，双条亥斑龙虱
Neohydrocoptus rubescens (Clark) 褐背新伪龙虱
Neohydrophilus spinicollis (Eschscholtz) 见 *Hydrobiomorpha spinicollis*
Neohydrocoptus subvittulus (Motschulsky) 细纹新伪龙虱，亚条尼小粒龙虱，纵纹小粒龙虱，亚条亥斑龙虱
Neohypnus 新亥隐翅甲属
Neohypnus mandschuricus (Bernhauer) 东北新亥隐翅甲，东北腹片隐翅虫
Neoilliesiella 新长喙舞虻亚属
Neoitamus 弯顶毛虫虻属，弯顶毛食虫虻属，冠额虫虻属，急燥食虫虻属
Neoitamus angusticornis Loew 窄角弯顶毛虫虻，窄角弯顶毛食虫虻
Neoitamus aurifer Hermann 江苏弯顶毛虫虻，江苏弯顶毛食虫虻，金冠额虫虻，金沙食虫虻
Neoitamus cothurnatus (Meigen) 四川弯顶毛虫虻，四川弯顶毛食虫虻，柯冠额虫虻
Neoitamus cyaneocinctus (Pandellé) 灰弯顶毛虫虻，灰弯顶毛食虫虻
Neoitamus cyanurus (Loew) 蓝弯顶毛虫虻，蓝弯顶毛食虫虻，青冠额虫虻，蔚蓝食虫虻
Neoitamus dolichurus Becker 长弯顶毛虫虻，长弯顶毛食虫虻，长冠额虫虻，屏东食虫虻
Neoitamus fertilis Becker 胖弯顶毛虫虻，胖弯顶毛食虫虻，半冠额虫虻，丰满食虫虻
Neoitamus pediformis Becker 台湾弯顶毛虫虻，台湾弯顶毛食虫虻，足冠额虫虻，能高食虫虻
Neoitamus rubripes Hermann 红弯顶毛虫虻，红弯顶毛食虫虻，红冠额虫虻，朱脚食虫虻
Neoitamus rubrofemoratus Rieardo 红腿弯顶毛虫虻，红腿弯顶毛食虫虻，红腿冠额虫虻
Neoitamus socius (Loew) 伴弯顶毛虫虻，伴弯顶毛食虫虻
Neoitamus splendidus Oldenberg 灿弯顶毛虫虻，灿弯顶毛食虫虻，丽冠额虫虻
Neoitamus strigipes Becker 条纹弯顶毛虫虻，条纹弯顶毛食虫虻，台冠额虫虻，沟足食虫虻
Neoitamus zouhari Hradsky 佐氏弯顶毛虫虻，佐氏弯顶毛食虫虻，随原冠额虫虻
Neojurtina 秀蝽属
Neojurtina typica Distant 秀蝽
Neokaweckia 帽毡蚧属
Neokaweckia laeticoris (Tereznikova) 卡氏帽毡蚧
Neokaweckia rubra (Matesova) 红色帽毡蚧

N

Neokodaiana 梯额瓢蜡蝉属

Neokodaiana chihpenensis Yang 台湾梯额瓢蜡蝉，知本新柯瓢蜡蝉

Neokodaiana minensis Meng *et* Qin 福建梯额瓢蜡蝉

Neola semiaurata Walker 澳金合欢舟蛾

Neolamprima adolphinae Gestro 阿多夫锹甲

Neolanguria filiformis (Fabricius) 见 *Anadastus filiformis*

Neolaparus 瘤额虫虻属，瘤额食虫虻属，新臀食虫虻属

Neolaparus cerco (Walker) 香港瘤额虫虻，香港瘤额食虫虻，尾瘤额虫虻

Neolaparus volcatus (Walker) 火红瘤额虫虻，火红瘤额食虫虻，窝瘤额虫虻，香港食虫虻

Neolasioptera 新毛瘿蚊属

Neolasioptera crataevae Mani 印千斤藤新毛瘿蚊，印千斤藤瘿蚊

Neolasioptera murtfeldtiana Felt [sunflower seed midge] 向日葵新毛瘿蚊，向日葵籽瘿蚊

Neolecanium 坚蜡蚧属

Neolecanium cornuparvum (Thro) [magnolia scale] 美木兰坚蜡蚧，木莲蜡蚧

Neolema 新合爪负泥虫属

Neolema sexpunctata (Olivier) [six-spotted neolema] 六斑新合爪负泥虫

Neolepidopsocus 新鳞蛄属

Neolepidopsocus chinensis Li 中国新鳞蛄

Neolepidoptera 新鳞翅类 < 包括除小翅蛾科 Micropterygidae 以外的所有无功能上颚的鳞翅目昆虫 >

Neoleria aemula Séguy 争尼日蝇

Neolethaeus 毛肩长蝽属

Neolethaeus assamensis (Distant) 大黑毛肩长蝽

Neolethaeus dallasi (Scott) 东亚毛肩长蝽

Neolethaeus densus Li *et* Bu 点刻毛肩长蝽

Neolethaeus distinctus Li *et* Bu 异毛肩长蝽

Neolethaeus esakii (Hidaka) 小黑毛肩长蝽

Neolethaeus formosanus (Hidaka) 台湾毛肩长蝽

Neolethaeus maculacellus Li *et* Bu 黑环毛肩长蝽

Neolimnophila 新拟沼大蚊属，新喜沼大蚊属，新沼大蚊属

Neolimnophila alticola Alexander 台湾新拟沼大蚊，高山新喜沼大蚊，高山新沼大蚊，志良沼大蚊

Neolimnophila fuscinervis Edwards 棕新拟沼大蚊，棕脉新喜沼大蚊，棕脉新沼大蚊

Neolimnophila fuscocubitalis Alexander 棕翅新拟沼大蚊，棕肘新喜沼大蚊，棕肘新沼大蚊

Neolimnophila perreducta Alexander 湃新拟沼大蚊，缩新喜沼大蚊，缩新沼大蚊

Neolimnophila picturata Alexander 丽新拟沼大蚊，纹新喜沼大蚊，纹新沼大蚊

Neolimonia 新沼大蚊属

Neolimonia remissa (Alexander) 弯新沼大蚊，平和亮大蚊

neolinognathid 1. [= neolinognathid sucking louse] 新毛虱 < 新毛虱科 Neolinognathidae 昆虫的通称 >；2. 新毛虱科的

neolinognathid sucking louse [= neolinognathid] 新毛虱

Neolinognathidae 新毛虱科

Neolobophoridae 切缘螋科，尼奥螋科

Neoloboptera 新叶蠊属

Neoloboptera choui Che 周氏新叶蠊

Neoloboptera hololampra Bey-Bienko 短翅新叶蠊，全新叶翅蠊

Neoloboptera reesei Roth 塞新叶蠊

Neolosbanus 新蚁小蜂属

Neolosbanus laeviceps (Gahan) 光头新蚁小蜂

Neolosbanus palgravei (Girault) 帕氏新蚁小蜂

Neolosbanus purpureoventris (Cameron) 紫腹新蚁小蜂

Neolosbanus taiwanensis Heraty 台湾新蚁小蜂

Neolosbanus wusheanus Heraty 雾社新蚁小蜂

Neolosus 新络隐翅甲属

Neolosus brevipennis Fauvel 短翅新络隐翅甲

Neolosus cribripennis (Bernhauer) 筛翅新络隐翅甲

Neolosus densus (Bernhauer) 密新络隐翅甲

Neolosus formosae (Cameron) 台新络隐翅甲

Neolosus sparsipennis (Cameron) 稀毛新络隐翅甲

Neoloxotaenia 长梗秆蝇属，尼秆蝇属

Neoloxotaenia fasciata (de Meijere) 横带长梗秆蝇

Neoloxotaenia gracilis (de Meijere) 纤细长梗秆蝇，丽尼秆蝇，瘦弱秆蝇

Neolucanus 新锹甲属，圆翅锹形虫属

Neolucanus armatus Lacroix 刺新锹甲

Neolucanus aterrimus Reinrechi 同 *Neolucanus montanus*

Neolucanus baladeva (Hope) 巴新锹甲

Neolucanus brevis Boileau 短新锹甲

Neolucanus castanopterus Hope 亮红新锹甲

Neolucanus castanopterus castanopterus Hope 亮红新锹甲指名亚种，指名亮红新锹甲

Neolucanus castanopterus elongatulus Mollenkamp 同 *Neolucanus castanopterus castanopterus*

Neolucanus championi Parry 见 *Neolucanus sinicus championi*

Neolucanus diffusus Bomans 见 *Neolucanus pallescens diffusus*

Neolucanus doro Mizunuma 泥新锹甲，泥圆翅锹形虫

Neolucanus doro doro Mizunuma 泥新锹甲指名亚种

Neolucanus doro horaguchii Mizunuma 泥新锹甲洞口亚种，泥圆翅锹形虫洞口亚种

Neolucanus eugeniae Bomans 小新锹甲，小圆翅锹形虫

Neolucanus extremus Kriesche 同 *Neolucanus sinicus*

Neolucanus giganteus Pouillaude 巨新锹甲

Neolucanus hengshanensis Ichikawa *et* Fujita 同 *Neolucanus imitator*

Neolucanus imitator Kriesche 仿新锹甲

Neolucanus insularis Miwa 岛新锹甲

Neolucanus lama Leuthner 同 *Neolucanus baladeva*

Neolucanus lividus Didier 见 *Neolucanus nitidus lividus*

Neolucanus maximus Houlbert 最大新锹甲

Neolucanus maximus maximus Houlbert 最大新锹甲指名亚种

Neolucanus maximus vendli Dudich 最大新锹甲文氏亚种，文最大新锹甲，大圆翅锹形虫

Neolucanus montanus Kriedsche 山新锹甲

Neolucanus nitidus (Saunders) 亮新锹甲

Neolucanus nitidus lividus Didier 亮新锹甲蓝色亚种，蓝新锹甲

Neolucanus nitidus nitidus (Saunders) 亮新锹甲指名亚种，指名亮新锹甲

Neolucanus oberthuri Leuthner 见 *Neolucanus sinicus oberthuri*

Neolucanus pallescens Leuthner 淡色新锹甲

Neolucanus pallescens diffusus Bomans 淡色新锹甲暗色亚种，狄新锹甲

Neolucanus pallescens pallescens Leuthner 淡色新锹甲指名亚种
Neolucanus pallescens rutilans Bomans 淡色新锹甲红色亚种，红新锹甲
Neolucanus parryi Leuthner 缝斑新锹甲，帕新锹甲
Neolucanus peramatus Didier 佩新锹甲，中国大圆翅锹甲
Neolucanus robustus Boileau 壮新锹甲
Neolucanus rutilans Bomans 见 *Neolucanus pallescens rutilans*
Neolucanus shaanxiensis Schenk 陕西新锹甲
Neolucanus sinicus (Saunders) 中华新锹甲，华新锹甲
Neolucanus sinicus championi Parry 中华新锹甲小黑亚种，小黑新锹甲，黑圆翅锹形虫，张新锹甲
Neolucanus sinicus nosei Mizunuma 中华新锹甲诺斯亚种
Neolucanus sinicus oberthuri Leuthner 中华新锹甲奥氏亚种，奥新锹甲
Neolucanus sinicus sinicus (Saunders) 中华新锹甲指名亚种
Neolucanus sinicus taiwanus Mizunuma 中华新锹甲台湾亚种，中华圆翅锹形虫
Neolucanus spicatus Didier 尖新锹甲
Neolucanus swinhoei Bates 斯新锹甲，红圆翅锹形虫
Neolucanus taoi Kriesche 陶新锹甲
Neolucanus vendli Dudich 见 *Neolucanus maximus vendli*
Neolucanus vicinus Pouillaude 锐毗新锹甲
Neolucanus zebra Lacroix 柴新锹甲
Neolucia 新光灰蝶属
Neolucia agricola (Westwood) [fringed heath-blue] 新光灰蝶
Neolucia hobartensis (Miskin) [montane heath-blue, mountain blue] 奥新光灰蝶
Neolucia mathewi (Miskin) [dull heath-blue] 马新光灰蝶
Neolycaena 新灰蝶属
Neolycaena connae Evans 孔纳新灰蝶
Neolycaena davidi (Oberthür) 大卫新灰蝶
Neolycaena eckweileri Lukhtanov 沃新灰蝶
Neolycaena falkovitchi Zhdanko *et* Korshunov 福新灰蝶
Neolycaena iliensis (Grum-Grshimailo) 伊洲新灰蝶，伊犁新灰蝶
Neolycaena langi Huang 郎氏新灰蝶
Neolycaena pretiosa (Lang) 普新灰蝶，普华线灰蝶
Neolycaena rhymnus (Eversmann) 鼠李新灰蝶
Neolycaena sinensis (Alphéraky) 中华新灰蝶，华线灰蝶
Neolycaena tangutica (Grum-Grshimailo) 西藏新灰蝶，坦廷线灰蝶
Neolycaena tengstroemi (Erschoff) 白斑新灰蝶，阓新灰蝶
Neolycaena yiliensis (Huang *et* Murayama) 同 *Neolycaena sinensis*
Neolygus 新丽盲蝽属
Neolygus angustiverticis Lu *et* Zheng 狭顶新丽盲蝽
Neolygus bimaculatus (Lu *et* Zheng) 二斑新丽盲蝽
Neolygus bipuncticollis (Poppius) 条斑新丽盲蝽，二点草盲蝽
Neolygus bui Lu *et* Zheng 卜氏新丽盲蝽
Neolygus carvalhoi Lu *et* Zheng 卡氏新丽盲蝽
Neolygus chinensis (Lu *et* Yasunaga) 中华新丽盲蝽
Neolygus contaminatus (Fallén) 污新丽盲蝽，污丽盲蝽
Neolygus disciger (Poppius) 异斑新丽盲蝽，递草盲蝽
Neolygus elongatulus (Lu *et* Wang) 修长新丽盲蝽
Neolygus fanjingensis Zheng 梵净新丽盲蝽
Neolygus gansuensis (Lu *et* Wang) 甘肃新丽盲蝽
Neolygus hani Lu *et* Zheng 韩氏新丽盲蝽
Neolygus hebeiensis Lu *et* Zheng 河北新丽盲蝽
Neolygus honshuensis (Linnavuori) 本州新丽盲蝽
Neolygus invitus (Say) 嫩美榆盲蝽
Neolygus juglandis (Kerzhner) 胡桃新丽盲蝽
Neolygus keltoni (Lu *et* Zheng) 凯氏新丽盲蝽
Neolygus lativerticis (Lu) 宽顶新丽盲蝽
Neolygus liui Lu *et* Zheng 刘氏新丽盲蝽
Neolygus matsumurae (Poppius) 松村新丽盲蝽，松村草盲蝽
Neolygus meridionalis Lu *et* Zheng 南方新丽盲蝽
Neolygus monticola Lu *et* Zheng 山地新丽盲蝽
Neolygus nigroscutellaris Lu *et* Zheng 黑盾新丽盲蝽
Neolygus pictus Lu *et* Zheng 花斑新丽盲蝽
Neolygus renae Lu *et* Zheng 任氏新丽盲蝽
Neolygus rufilori (Lu *et* Zheng) 红颊新丽盲蝽
Neolygus rufostriatus Lu *et* Zheng 红纹新丽盲蝽
Neolygus salicicola (Lu *et* Zheng) 杨柳新丽盲蝽
Neolygus shennongensis Lu *et* Zheng 神农新丽盲蝽
Neolygus simillimus (Lu *et* Zheng) 峨眉新丽盲蝽
Neolygus subrufilori Lu *et* Zheng 拟红颊新丽盲蝽
Neolygus tilianus (Lu *et* Zheng) 拟椴新丽盲蝽
Neolygus tiliicola (Kulik) 椴新丽盲蝽
Neolygus vnigrus (Poppius) 锥斑新丽盲蝽，黑纹草盲蝽 < 该种学名曾写为 *Neolygus v-nigrum* (Poppius) >
Neolygus wuyiensis (Lu *et* Zheng) 武夷新丽盲蝽
Neolygus xizangensis (Lu *et* Zheng) 西藏新丽盲蝽
Neolygus yulongensis (Lu *et* Zheng) 玉龙新丽盲蝽
Neolygus zhengi (Lu *et* Yasunaga) 郑氏新丽盲蝽
Neolythria 格尺蛾属，辛来尺蛾属，尼尺蛾属
Neolythria abraxaria Alphéraky 阿格尺蛾，阿尼尺蛾
Neolythria abraxaria confinaria Leech 见 *Neolythria confinaria*
Neolythria candida Wehrli 肯格尺蛾，肯辛来尺蛾
Neolythria casta Wehrli 卡格尺蛾，卡辛来尺蛾
Neolythria confinaria Leech 康格尺蛾，康尼尺蛾，康阿尼尺蛾
Neolythria consimilaria Leech 类格尺蛾，康辛来尺蛾
Neolythria djrouchiaria Oberthür 雀格尺蛾，雀辛来尺蛾
Neolythria djrouchiaria montana Leech 见 *Neolythria montana*
Neolythria duplicata Wehrli 倍格尺蛾，倍辛来尺蛾，倍尖瓣辛来尺蛾
Neolythria flavifracta Wehrli 黄格尺蛾，黄辛来尺蛾
Neolythria latimarginata Wehrli 宽缘格尺蛾，宽缘辛来尺蛾
Neolythria maculosa Wehrli 斑格尺蛾，斑辛来尺蛾
Neolythria montana Leech 山格尺蛾，山雀辛来尺蛾
Neolythria nubiferaria Leech 努格尺蛾，努辛来尺蛾
Neolythria nubiferaria nubiferaria Leech 努格尺蛾指名亚种
Neolythria nubiferaria venulata Wehrli 见 *Neolythria venulata*
Neolythria oberthuri Leech 奥氏格尺蛾，奥辛来尺蛾
Neolythria perpunctata Beyer 泼格尺蛾，泼辛来尺蛾
Neolythria postmarginata Beyer 后缘格尺蛾，后缘辛来尺蛾
Neolythria svenhedini Djakonov 斯氏格尺蛾，史辛来尺蛾 < 此种学名曾写为 *Neolythria sven-hedini* Djakonov >
Neolythria tandjrinaria Oberthür 坦格尺蛾，坦辛来尺蛾
Neolythria tenuiarcuata Wehrli 尖瓣格尺蛾，尖瓣辛来尺蛾
Neolythria tenuiarcuata duplicata Wehrli 见 *Neolythria duplicata*
Neolythria venulata Wehrli 文格尺蛾，文辛来尺蛾，文努辛来尺蛾

Neomaenas 奴眼蝶属
Neomaenas edmondsii Butler 放射纹奴眼蝶
Neomaenas fractifascia (Butler) [fractifascia satyr] 腋带奴眼蝶
Neomaenas haknii Mabille 哈克尼奴眼蝶
Neomaenas janiroides (Blanchard) 佳妮奴眼蝶
Neomaenas monachos (Blanchard) 僧侣奴眼蝶
Neomaenas poliozona Felder 灰带奴眼蝶
Neomaenas reedi Butler 李德奴眼蝶
Neomaenas servilia Wallengren 奴眼蝶
Neomaenas thelxiope Reed 隐线奴眼蝶
Neomaenas tristis (Guérin-Méneville) 啼奴眼蝶
Neomaenas wallengrenii (Butler) [wallengrenii satyr] 斜带奴眼蝶
Neomaniola 绛眼蝶属
Neomaniola euripedes (Weymer) 绛眼蝶
Neomargarodes 新珠蚧属
Neomargarodes aristidae Borchsenius 三芒草新珠蚧
Neomargarodes chondrillae Archangelskaya 野菊新珠蚧
Neomargarodes cucurbitae Tang *et* Hao 瓜根新珠蚧，瓜类新珠蚧
Neomargarodes festucae Archangelskaya [grass pearl scale] 羊茅新珠蚧
Neomargarodes gossypii Yang 花生新珠蚧，棉新珠蚧，棉根新珠蚧
Neomargarodes niger (Green) 乌黑新珠蚧，新黑地珠蚧
Neomargarodes ramosus Jashenko 叉刺新珠蚧
Neomargarodes rutae Borchsenius 芸香新珠蚧
Neomargarodes setosus Borchsenius 长毛新珠蚧
Neomargarodes trabuti Marchal 地中海新珠蚧
Neomargarodes triodontus Jashenko 三齿新珠蚧
Neomaskellia 新马粉虱属
Neomaskellia andropogonis Corbett 须芒草新马粉虱
Neomaskellia bergii (Signoret) [sugarcane mealy-wing] 蔗新马粉虱，蔗斑翅粉虱，甘蔗粉虱，甘蔗伯氏粉虱
Neomaskellia hainanensis Chou *et* Yan 同 *Neomaskellia andropogonis*
Neomedetera 新聚脉长足虻属
Neomedetera membranacea Zhu, Yang *et* Grootaert 膜质新聚脉长足虻
Neomelaniconion 新黑蚊亚属，金蚊亚属
Neomerimnetes destructor Blackburn 辐射松苗叶象甲
Neometopina 棒突飞虱属
Neometopina penghuensis Yang 澎湖棒突飞虱，澎湖新眉飞虱
Neometopina spinosa Yang 刺棒突飞虱
Neominois 绦眼蝶属
Neominois carmen Warren, Austin, Llorente, Luis *et* Vargas [Joboni satyr] 卡绦眼蝶
Neominois dionysius Scudder 戴奥绦眼蝶
Neominois ridingsii (Edwards) [Riding's satyr] 绦眼蝶
Neominois wyomingo Scott 怀州绦眼蝶
Neomizaldus 新胝盾长蝽属
Neomizaldus lewisi (Distant) 刘氏新胝盾长蝽，胝盾长蝽
Neommatissus 尼扁蜡蝉属
Neommatissus basifuscus (Kato) 黑基尼扁蜡蝉
Neommatissus formosanus (Kato) 台湾尼扁蜡蝉
Neommatissus zanatus (Kato) 中带尼扁蜡蝉
Neomochtherus 鬃额虫虻属，鬃额食虫虻属，平胛食虫虻属，尼虫虻属
Neomochtherus alpimus (Meigen) 阿尔鬃额虫虻，阿尔鬃额食虫虻
Neomochtherus flavicornis (Ruthe) 黄角鬃额虫虻，黄角平胛食虫虻
Neomochtherus geniculatus (Meigen) 膝鬃额虫虻，膝平胛食虫虻
Neomochtherus hauseri Engel 豪氏鬃额虫虻，豪氏尼虫虻
Neomochtherus hungaricus Engel 匈鬃额虫虻，匈尼虫虻
Neomochtherus hungaricus distans Tsacas 匈鬃额虫虻远方亚种，远匈尼虫虻
Neomochtherus hungaricus hungaricus Engel 匈鬃额虫虻指名亚种
Neomochtherus hungaricus rossicus Engel 匈鬃额虫虻俄罗斯亚种，俄匈尼虫虻
Neomochtherus indianus (Ricardo) 印度鬃额虫虻，印度平胛食虫虻
Neomochtherus kaszabi Lehr 卡氏鬃额虫虻，卡氏平胛食虫虻
Neomochtherus kozlovi Lehr 柯氏鬃额虫虻，柯氏平胛食虫虻，柯氏尼虫虻
Neomochtherus pallipes (Meigen) 淡足鬃额虫虻，淡足尼虫虻
Neomochtherus psathyrus Tsacas 普鬃额虫虻，普尼虫虻
Neomochtherus sinensis (Ricardo) 中华鬃额虫虻，中华平胛食虫虻，中华尼虫虻
Neomochtherus stackelbergi Lehr 斯氏鬃额虫虻，斯氏尼虫虻
Neomochtherus stackelbergi orientalis Tsacas 斯氏鬃额虫虻东方亚种，东方斯氏尼虫虻
Neomochtherus stackelbergi stakelbergi Lehr 斯氏鬃额虫虻指名亚种
Neomochtherus trisignatus (Ricardo) 三斑鬃额虫虻，三斑平胛食虫虻
Neomohunia 新痕叶蝉属
Neomohunia longispina Luo, Yang *et* Chen 长突新痕叶蝉
Neomohunia pyramida (Li *et* Chen) 塔纹新痕叶蝉，塔纹痕叶蝉
Neomohunia sinuatipenis Luo, Yang *et* Chen 曲茎新痕叶蝉
Neomukaria 新额垠叶蝉属
Neomukaria wubania Yang, Chen *et* Li 五斑新额垠叶蝉，五斑竹额垠叶蝉
Neomyia 翠蝇属
Neomyia baoxinga Feng 宝兴翠蝇
Neomyia bristocercus (Ni) 鬃叶翠蝇
Neomyia claripennis (Malloch) 明翅翠蝇
Neomyia coeruleifrons (Macquart) 绿额翠蝇
Neomyia cornicina (Fabricius) 绿翠蝇
Neomyia diffidens (Walker) 羞怯翠蝇，赘鬃翠蝇
Neomyia fletcheri (Emden) 锡兰翠蝇，广西翠蝇
Neomyia gavisa (Walker) 紫翠蝇
Neomyia indica (Robineau-Desvoidy) 印度翠蝇
Neomyia laevifrons (Loew) 大洋翠蝇
Neomyia latifolia (Ni *et* Fan) 宽叶翠蝇
Neomyia lauta (Wiedemann) 黑斑翠蝇
Neomyia melania Feng 乌翠蝇
Neomyia mengi (Fan) 孟氏翠蝇
Neomyia nitelivirida Feng 亮绿翠蝇
Neomyia ruficornis (Shinonaga) 绯角翠蝇
Neomyia rufifacies (Ni) 绯颜翠蝇
Neomyia sichuanensis Feng 四川翠蝇

Neomyia timorensis (Robineau-Desvoidy) 蓝翠蝇
Neomyia viridescens (Robineau-Desvoidy) 四鬃翠蝇
Neomyia yunnanensis (Fan) 云南翠蝇
Neomyllocerus 鞍象甲属，鞍象属
Neomyllocerus hedini (Marshall) 赫氏鞍象甲，鞍象，赫高粱象，赫尖筒象，核桃鞍象，大粉绿象甲，蓝绿象甲，小粉绿象甲
Neomyoleja 新麦实蝇属
Neomyoleja chowi Tseng, Chu *et* Chen 周氏新麦实蝇
Neomyrina 白翅灰蝶属
Neomyrina nivea (Godman *et* Salvin) [white imperial butterfly] 长尾白翅灰蝶
Neomyzaphis abietinum (Walker) 见 *Elatobium abietinum*
Neomyzus 新瘤蚜属，新瘤蚜亚属
Neomyzus circumflexus (Buckton) [crescent-marked lily aphid, lily aphid, mottled arum aphid, arum aphid, primula aphid] 百合新瘤蚜，百合粗额蚜，百合新瘤额蚜，暗点白星海芋蚜，褐腹斑蚜，樱草瘤额蚜
Neomyzus convolvulicolus (Zhang) 旋花新瘤蚜，旋花粗额蚜
Neomyzus oligospinosus (Su *et* Qiao) 寡刺新瘤蚜，寡刺粗额蚜
Neomyzus taiwanus (Takahashi) 台湾新瘤蚜，台湾粗额蚜，桔梗蚜
neon cuckoo bee [*Thyreus nitidulus* (Fabricius)] 霓虹盾斑蜂，霓虹岩条蜂
neon skimmer [*Libellula croceipennis* Sélys] 霓虹蜻
neonatal 初孵的
neonate 1. [= neonate larva] 初孵幼虫；2. 初孵的
neonate larva [= neonate] 初孵幼虫
Neonectes 尼龙虱属
Neonectes babai Satô 巴尼龙虱，台湾彩斑龙虱
Neonectes natrix (Sharp) 泳尼龙虱
Neoneurinae 蚁茧蜂亚科
Neoneurini 蚁茧蜂族
Neoneuromus 齿蛉属
Neoneuromus coomani Lestage 库曼齿蛉
Neoneuromus fenestralis (McLachlan) 窗齿蛉，窗新脉鱼蛉
Neoneuromus ignobilis Navás 普通齿蛉，焰新脉鱼蛉
Neoneuromus indistinctus Liu, Hayashi *et* Yang 淡色齿蛉
Neoneuromus latratus (McLachlan) 盗齿蛉，盗新脉鱼蛉
Neoneuromus maclachlani (Weele) 麦克齿蛉，麦氏新脉鱼蛉
Neoneuromus maculatus Liu, Hayashi *et* Yang 多斑齿蛉
Neoneuromus niger Liu, Hayashi *et* Yang 暗黑齿蛉
Neoneuromus orientalis Liu *et* Yang 东方齿蛉
Neoneuromus sikkimmensis (van der Weele) 锡金齿蛉
Neoneuromus similis Liu, Hayashi *et* Yang 东华齿蛉
Neoneuromus tonkinensis (van der Weele) 截形齿蛉
Neoneuromus vanderweelei Liu, Hayashi *et* Yang 威利齿蛉
Neoneurus 蚁茧蜂属
Neoneurus clypeatus (Foerster) 唇蚁茧蜂
neonicotinoid insecticide 新烟碱类杀虫剂，新烟碱类农药
Neonippnaphis 新日扁蚜属
Neonipponaphis pustulosis Chen *et* Qiao 疱突新日扁蚜
Neonipponaphis shiiae Takahashi 锥新日扁蚜
Neonitocris princeps (Jordon) [coffee yellow-headed stem borer, yellow-headed coffee borer, flute-holing yellow-headed borer] 咖啡黄头细腰天牛，咖啡尾蛀甲
Neonympha 环眼蝶属
Neonympha areolatus (Smith) [Georgia satyr] 佐治亚环眼蝶，环眼蝶
Neonympha helicta (Hübner) [helicta satyr] 褐环眼蝶
Neonympha mitchellii French [Mitchell's satyr, Mitchell's marsh satyr] 米氏环眼蝶
Neonympha mitchellii francisci Parshall *et* Kral [Saint Francis' satyr] 米氏环眼蝶圣福亚种
Neonympha mitchellii mitchellii French 米氏环眼蝶指名亚种
Neopallodes 尼露尾甲属
Neopallodes hilleri Reitter 希氏尼露尾甲，希尼露尾甲
Neopallodes vicinus Grouvelle 威尼露尾甲
Neopalpa 新须麦蛾属
Neopalpa donaldtrumpi Nazari 特新须麦蛾
Neopanorpa 新蝎蛉属
Neopanorpa abstrusa Zhou *et* Wu 暗新蝎蛉
Neopanorpa anchoroides Zhou 锚形新蝎蛉
Neopanorpa apicata Navás 尖翅新蝎蛉，端新蝎蛉
Neopanorpa auriculata Zhou 耳状新蝎蛉
Neopanorpa banksi Carpenter 班氏新蝎蛉，班克斯新蝎蛉
Neopanorpa brevivalvae Chou *et* Wang 短瓣新蝎蛉
Neopanorpa brisi (Navás) 布里斯新蝎蛉，布瘦蝎蛉
Neopanorpa cangshanensis Zhou 苍山新蝎蛉
Neopanorpa cantonensis Cheng 广东新蝎蛉
Neopanorpa carpenteri Cheng 卡本特新蝎蛉，卡氏新蝎蛉，喀氏新蝎蛉
Neopanorpa cavaleriei Navás 卡氏新蝎蛉，卡莱新蝎蛉
Neopanorpa caveata Cheng 网翅新蝎蛉，火新蝎蛉
Neopanorpa chaohsiufui Zhou *et* Hu 修复新蝎蛉
Neopanorpa chaoi Cheng 赵氏新蝎蛉
Neopanorpa chaoi Zhou 同 *Neopanorpa chaohsiufui*
Neopanorpa chelata Carpenter 爪新蝎蛉，爪状新蝎蛉
Neopanorpa chillcotti Byers 契氏新蝎蛉，奇氏新蝎蛉
Neopanorpa choui Cheng 周氏新蝎蛉
Neopanorpa circularis Ju *et* Zhou 圆突新蝎蛉
Neopanorpa clara Chou *et* Wang 显斑新蝎蛉
Neopanorpa claripennis Carpenter 明翅新蝎蛉，洁翅新蝎蛉，亮翅新蝎蛉
Neopanorpa curva Zhou 曲瓣新蝎蛉
Neopanorpa cuspidata Byers 尖齿新蝎蛉
Neopanorpa diancangshanensis Wang *et* Hua 点苍山新蝎蛉
Neopanorpa dimidiata Navás 同 *Neopanorpa brisi*
Neopanorpa dispar Issiki *et* Cheng 差异新蝎蛉，异新蝎蛉，殊新蝎蛉，翅端新蝎蛉
Neopanorpa dubis Chou *et* Wang 疑似小新蝎蛉，疑似新蝎蛉
Neopanorpa fangxianga Zhou *et* Zhou 方祥新蝎蛉
Neopanorpa formosana (Navás) 台湾新蝎蛉，台新蝎蛉
Neopanorpa formosensis Navás 蓬莱新蝎蛉，拟台新蝎蛉
Neopanorpa furcata Zhou 叉状新蝎蛉
Neopanorpa gradana Cheng 梯状新蝎蛉，格新蝎蛉，小新蝎蛉
Neopanorpa gulinensis Zhou *et* Zhou 古蔺新蝎蛉
Neopanorpa hainanica Hua *et* Zhou 海南新蝎蛉
Neopanorpa harmandi (Navás) 哈氏新蝎蛉，哈曼德新蝎蛉
Neopanorpa hei Zhou *et* Fang 何氏新蝎蛉
Neopanorpa heii Cheng 郝氏新蝎蛉

Neopanorpa hualizhongi Hua *et* Zhou 华氏新蝎蛉
Neopanorpa huangshana Cheng 黄山新蝎蛉
Neopanorpa hunanensis Hua 湖南新蝎蛉
Neopanorpa hushengchangi Hua *et* Chou 胡氏新蝎蛉
Neopanorpa jigongshanensis Hua 鸡公山新蝎蛉
Neopanorpa jiulongensis Zhou 九龙新蝎蛉
Neopanorpa kmaculata Cheng K 纹新蝎蛉，K- 斑新蝎蛉 < 此种学名曾写为 *Neopanorpa k-maculata* Cheng >
Neopanorpa kwahgtsehi Cheng 光泽新蝎蛉
Neopanorpa lacunaris Navás 小孔新蝎蛉，沟新蝎蛉
Neopanorpa latipennis Cheng 宽翅新蝎蛉
Neopanorpa leigongshana Zhou *et* Zhou 雷公山新蝎蛉
Neopanorpa lichuanensis Cheng 利川新蝎蛉
Neopanorpa lifashengi Hua *et* Chou 李氏新蝎蛉
Neopanorpa linjiangensis Zhou 蔺江新蝎蛉
Neopanorpa lipingensis Cai *et* Hua 黎平新蝎蛉
Neopanorpa longiprocessa Hua *et* Chou 河南新蝎蛉
Neopanorpa longistipitata Wang *et* Hua 长杆新蝎蛉，新蝎蛉
Neopanorpa lui Chou *et* Ran 路氏新蝎蛉
Neopanorpa lungtausana Cheng 龙谭山新蝎蛉
Neopanorpa maai Cheng 马氏新蝎蛉
Neopanorpa magna Chou *et* Wang 同 *Neopanorpa hunanensis*
Neopanorpa magna Issiki 大新蝎蛉
Neopanorpa magnatitilana Wang *et* Hua 巨突新蝎蛉
Neopanorpa makii Issiki 后藤新蝎蛉，麦氏新蝎蛉，牧氏新蝎蛉
Neopanorpa mangshanensis Chou *et* Wang 莽山新蝎蛉
Neopanorpa maolanensis Zhou *et* Bao 茂兰新蝎蛉
Neopanorpa mayangensis Zhou *et* Zhou 麻阳新蝎蛉
Neopanorpa menghaiensis Zhou 勐海新蝎蛉
Neopanorpa minuta Chou *et* Wang 小新蝎蛉，微小新蝎蛉
Neopanorpa moganshanensis Zhou *et* Wu 莫干山新蝎蛉
Neopanorpa mokansana Cheng 莫山新蝎蛉，莫新蝎蛉
Neopanorpa montana Zhou *et* Hu 山地新蝎蛉
Neopanorpa mutabilis Cheng 异新蝎蛉，变新蝎蛉
Neopanorpa nielseni Byers 尼氏新蝎蛉，尼尔森新蝎蛉
Neopanorpa nigritis Carpenter 黑色新蝎蛉，黑新蝎蛉
Neopanorpa ophthalmica (Navás) 眼新蝎蛉，细纹新蝎蛉
Neopanorpa ovata Cheng 卵翅新蝎蛉，卵形新蝎蛉
Neopanorpa pallivalva Zhou 淡瓣新蝎蛉，折瓣新蝎蛉
Neopanorpa parva Carpenter 微新蝎蛉，小新蝎蛉
Neopanorpa pendula Qian *et* Zhou 垂齿新蝎蛉
Neopanorpa pielina Navás 璧尔新蝎蛉，皮氏新蝎蛉
Neopanorpa pilosa Carpenter 同 *Neopanorpa brisi*
Neopanorpa pulchra Carpenter 丽新蝎蛉
Neopanorpa puripennis Chou *et* Wang 净翅新蝎蛉
Neopanorpa quadristigma Wang *et* Hua 方痣新蝎蛉
Neopanorpa retina Chou *et* Li 网纹新蝎蛉
Neopanorpa sauteri (Esben-Petersen) 索氏新蝎蛉，索新蝎蛉，绍德新蝎蛉
Neopanorpa semiorbiculata Wang *et* Hua 半圆新蝎蛉
Neopanorpa setigera Wang *et* Hua 具毛新蝎蛉
Neopanorpa sheni Hua *et* Chou 申氏新蝎蛉
Neopanorpa siamensis Byers 泰国新蝎蛉
Neopanorpa similis Byers 同 *Neopanorpa simulans*
Neopanorpa simulans Byers 相似新蝎蛉
Neopanorpa spatulata Byers 刀瓣新蝎蛉
Neopanorpa taoi Cheng 陶氏新蝎蛉
Neopanorpa tengchongensis Zhou 腾冲新蝎蛉
Neopanorpa tenuis Zhou 狭瓣新蝎蛉
Neopanorpa tibetensis Hua *et* Chou 西藏新蝎蛉
Neopanorpa tienmushana Cheng 天目山新蝎蛉，天目新蝎蛉
Neopanorpa tienpingshana Chou *et* Wang 天平山新蝎蛉
Neopanorpa tincta Wang *et* Hua 染翅新蝎蛉
Neopanorpa translucida Cheng 透明新蝎蛉，横亮新蝎蛉
Neopanorpa triangulate Wang *et* Hua 三角新蝎蛉
Neopanorpa uncata Zhou 钩曲新蝎蛉
Neopanorpa uncinella Qian *et* Zhou 钩齿新蝎蛉
Neopanorpa validipennis Cheng 粗脉新蝎蛉，粗毛新蝎蛉，壮新蝎蛉
Neopanorpa varia Cheng 变新蝎蛉，变异新蝎蛉
Neopanorpa wangcaensis Zhou *et* Zhou 旺草镇新蝎蛉
Neopanorpa xishuiensis Zhou 习水新蝎蛉
Neopanorpa yingjiangensis Zhou 盈江新蝎蛉
Neopanorpa youngi Byers 杨氏新蝎蛉
Neoparacryptus 曲沟姬蜂属
Neoparacryptus formosanus (Uchida) 台湾曲钩姬蜂
Neoparacryptus orlentalls (Uchida) 东方曲沟姬蜂
Neoparlatoria 新片盾蚧属，栎片盾蚧属，新糠蚧属，新片盾介壳虫属
Neoparlatoria excisi Tang 栎新片盾蚧，栎片盾蚧，栎新糠蚧
Neoparlatoria formosana Takahashi 台湾新片盾蚧，台湾新糠蚧，长栎片盾蚧，台湾栎片盾蚧，台湾新片盾介壳虫
Neoparlatoria lithocarpi Takahashi 同 *Neoparlatoria formosana*
Neoparlatoria lithocarpicola Takahashi 圆新片盾蚧，柯群新片盾蚧，栎亦新糠蚧，圆栎片盾蚧，栎树新片盾介壳虫
Neoparlatoria maai Takagi 马氏新片盾蚧，马新糠蚧，马栎片盾蚧，马氏新片盾介壳虫
Neoparlatoria miyamotoi Takagi 宫本新片盾蚧，锥栗栎片盾蚧，栲新片盾介壳虫
Neoparlatoria wuiensis Tang 武义新片盾蚧，武义栎片盾蚧，武义新糠蚧，浙江栎片盾蚧，武夷栎片盾蚧
Neoparlatoria yunnanensis Young 云南新片盾蚧，云南栎片盾蚧
Neope 荫眼蝶属
Neope agrestis (Oberthür) 田园荫眼蝶
Neope agrestis agrestis (Oberthür) 田园荫眼蝶指名亚种
Neope agrestis* var. *albicans Leech 田园荫眼蝶淡色变种
Neope argestoides Murayama 云南荫眼蝶
Neope armandii (Oberthür) 阿芒荫眼蝶，阿芒眼蝶，阿黛眼蝶
Neope armandii armandii (Oberthür) 阿芒荫眼蝶指名亚种
Neope armandii fusca Leech 阿芒荫眼蝶棕色亚种，大陆阿芒眼蝶，棕阿黛眼蝶
Neope armandii lacticolora (Fruhstorfer) 见 *Neope lacticolora*
Neope bhadra (Moore) [tailed labyrinth] 帕德拉荫眼蝶
Neope bremeri (Felder *et* Felder) 布莱荫眼蝶
Neope bremeri bremeri (Felder *et* Felder) 布莱荫眼蝶指名亚种，指名布莱荫眼蝶
Neope bremeri stigmata Mell 布莱荫眼蝶具痣亚种，痣布莱荫眼蝶
Neope bremeri taiwana Matsumura 布莱荫眼蝶台湾亚种，布氏荫眼蝶，台湾黄斑荫蝶，美目链眼蝶，渡边黄斑荫蝶，渡边

N

链眼蝶，台湾布莱荫眼蝶
Neope chayuensis Huang 察隅荫眼蝶
Neope christi Oberthür 网纹荫眼蝶
Neope christi christi Oberthür 网纹荫眼蝶指名亚种，指名网纹荫眼蝶
Neope dejeani Oberthür 德祥荫眼蝶，祥荫眼蝶
Neope goschkevitschae (Ménétriés) 乡村荫眼蝶，郭荫眼蝶
Neope lacticolora Fruhstorfer 乳色荫眼蝶，白斑荫眼蝶，白色黄斑荫蝶，白斑链眼蝶，阿芒荫眼蝶，阿氏荫眼蝶
Neope muirheadii (Felder *et* Felder) [Muirhead's labyrinth] 蒙链荫眼蝶，牧黛眼蝶
Neope muirheadii felderi Leech 蒙链荫眼蝶华西亚种，华西蒙链荫眼蝶
Neope muirheadii menglaensis Li 蒙链荫眼蝶勐腊亚种
Neope muirheadii muirheadii (Felder *et* Felder) 蒙链荫眼蝶指名亚种，指名蒙链荫眼蝶
Neope muirheadii nagasawae Matsumura 蒙链荫眼蝶永泽亚种，褐翅荫眼蝶，永泽黄斑荫蝶，蒙链眼蝶，八目蝶，背黄斑荫蝶，黑点荫眼蝶，褐翅链眼蝶，台湾蒙链荫眼蝶
Neope muirheadii segonacia Oberthür 同 *Neope muirheadii muirheadii*
Neope muirheadii segonax Hewitson 同 *Neope muirheadii muirheadii*
Neope muirheadii yunnanensis Mell 蒙链荫眼蝶云南亚种，滇蒙链荫眼蝶
Neope niphonica Butler 金色荫眼蝶
Neope oberthueri Leech 奥荫眼蝶，奥眼蝶
Neope oberthueri oberthueri Leech 奥荫眼蝶指名亚种
Neope oberthueri yangbiensis Li 奥荫眼蝶漾濞亚种
Neope pulaha (Moore) 黄斑荫眼蝶
Neope pulaha brunnescens Mell 同 *Neope bremeri bremeri*
Neope pulaha didia Fruhstorfer 黄斑荫眼蝶台湾亚种，阿里山黄斑荫蝶，不丹链眼蝶，阿里山链眼蝶，台湾黄斑荫眼蝶
Neope pulaha emeinsis Li 黄斑荫眼蝶峨眉亚种
Neope pulaha pulaha (Moore) 黄斑荫眼蝶指名亚种
Neope pulaha ramosa Leech 见 *Neope ramosa*
Neope pulahina (Evans) 普拉荫眼蝶
Neope pulahoides (Moore) 黑斑荫眼蝶
Neope pulahoides xizangana Wang 同 *Neope pulaha pulaha*
Neope qinlingensis Xu *et* Niu 秦岭荫眼蝶
Neope ramosa Leech 中原荫眼蝶，中原黄斑荫眼蝶
Neope sagittata Wileman 箭荫眼蝶
Neope serica Leech 华西荫眼蝶，中原丝链荫眼蝶，丝链眼蝶
Neope shirozui Koiwaya 四川荫眼蝶，希荫眼蝶
Neope simulans Leech 拟网纹荫眼蝶，西荫眼蝶
Neope simulans binchuanensis Li 拟网纹荫眼蝶宾川亚种
Neope simulans simulans Leech 拟网纹荫眼蝶指名亚种
Neope xiangnanensis Wang, Li *et* Niu 湘南荫眼蝶
Neope yama (Moore) [dusky labyrinth] 丝链荫眼蝶，丝荫眼蝶，雅黛眼蝶
Neope yama buckleyi Talbot [West Himalayan dusky labyrinth] 丝链荫眼蝶西喜马亚种
Neope yama kinpingensis Lee 丝链荫眼蝶金平亚种，金平丝链荫眼蝶
Neope yama serica Leech 见 *Neope serica*
Neope yama yama (Moore) 丝链荫眼蝶指名亚种
Neope yama yamoides (Moore) 丝链荫眼蝶云南亚种，云南丝链荫眼蝶
Neopealius 新皮粉虱属
Neopealius rubi Takahashi 悬钩子新皮粉虱
Neopediasia 并脉草螟属
Neopediasia atrisquamalis (Hampson) 同 *Neopediasia mixtalis*
Neopediasia mixtalis (Walker) [dotted crambus] 三点并脉草螟，双黑带苞螟，点斑草螟，杂草螟
Neopeltoperla ishigakiensis Kawai 见 *Cryptoperla ishigakiensis*
Neopenthes 新叩甲属
Neopenthes horishanus (Miwa) 台岛新叩甲
Neoperla 新蜻属，新石蝇属
Neoperla affinis Zwick 类新蜻
Neoperla africana Klapálek 非洲新蜻
Neoperla alboguttata Zwick 白斑新蜻
Neoperla angulata (Walker) 角新蜻
Neoperla angusticollis Enderlein 角领新蜻
Neoperla angustilobata Zwick 角叶新蜻
Neoperla anjiensis Yang *et* Yang 安吉新蜻
Neoperla apicalis Enderlein 端新蜻
Neoperla baisha Kong *et* Li 白沙新蜻
Neoperla baishuijiangensis Du 白水江新蜻
Neoperla banksi (Illies) 庞氏新蜻
Neoperla baotianmana Li *et* Wang 宝天曼新蜻
Neoperla bicornua Wu 二角新蜻
Neoperla bicornuta Yang *et* Yang 双锥新蜻
Neoperla bicurvata Kong *et* Li 双曲新蜻
Neoperla bilineata Wu *et* Claassen 二条新蜻
Neoperla bilobata Zwick 二叶新蜻
Neoperla binodosa (Wu) 二结新蜻，二结近石蝇，二结近蜻
Neoperla biprojecta Du 双突新蜻
Neoperla bituberculata Du 双瘤新蜻，二瘤新蜻
Neoperla boliviensis Enderlein 见 *Anacroneuria boliviensis*
Neoperla breviscrotata Du 短囊新蜻
Neoperla brevistyla Li *et* Murányi 短突新蜻
Neoperla cameronis Zwick 喀麦隆新蜻
Neoperla cavaleriei (Navás) 卡氏新蜻，贾氏新石蝇，贵州疣蜻
Neoperla chebalinga Chen *et* Du 车八岭新蜻
Neoperla chui Wu *et* Claassen 朱氏新蜻
Neoperla coreensis Ra, Kim, Kang *et* Ham 朝鲜新蜻
Neoperla costalis (Klapálek) 缘脉新蜻，绿脉新石蝇
Neoperla curvispina Wu 弯刺新蜻
Neoperla dashahena Du 大沙河新蜻
Neoperla dentata Sivec 齿新蜻
Neoperla distincta Zwick 显新蜻
Neoperla divergens Zwick 异新蜻
Neoperla dorsispina Yang *et* Yang 脊刺新蜻
Neoperla duratubulata Du 硬管新蜻
Neoperla fanjingshana Yang *et* Yang 梵净山新蜻
Neoperla flagellata Li *et* Murányi 鞭突新蜻
Neoperla flavescens Chu 浅褐新蜻，浅黄新蜻，黄新蜻
Neoperla flexiscrotata Du 曲囊新蜻
Neoperla forcipata Yang *et* Yang 钳突新蜻
Neoperla formosana Okamoto 蓬莱新蜻，蓬莱新石蝇，台湾新蜻，台新蜻
Neoperla foveolata Klapálek 香港新蜻

Neoperla furcata Zwick 叉新蜻
Neoperla furcomaculata Kong *et* Li 叉斑新蜻
Neoperla furcostyla Li *et* Qin 叉突新蜻
Neoperla fuscipennis Navás 褐翅新蜻
Neoperla geniculata (Pictet) 粒新蜻
Neoperla guangxiensis Du *et* Sivec 广西新蜻
Neoperla guizhouensis Yang *et* Yang 贵州新蜻
Neoperla hainanensis Yang *et* Yang 海南新蜻
Neoperla han Stark 短叉新蜻，短叉新石蝇
Neoperla hatakeyamae Okamoto 畠山新蜻，韩氏新蜻
Neoperla henana Li, Wu *et* Zhang 河南新蜻
Neoperla hubeiensis Li *et* Wang 湖北新蜻
Neoperla ignacsiveci Li *et* Li 赛氏新蜻
Neoperla indica Klapálek 印度新蜻
Neoperla infuscata Wu 烟褐新蜻
Neoperla jigongshana Li *et* Li 鸡公山新蜻
Neoperla klapaleki Banks 克氏新蜻，克氏新石蝇
Neoperla latamaculata Du 大斑新蜻
Neoperla latispina Wang *et* Li 侧刺新蜻
Neoperla leigongshana Du *et* Wang 雷公山新蜻
Neoperla lihuae Li *et* Murányi 王氏新蜻
Neoperla lii Du 李氏新蜻
Neoperla limbatella Navás 有边新蜻
Neoperla longispina Wu 长刺新蜻
Neoperla longwangshana Yang *et* Yang 龙王山新蜻
Neoperla lui Du 路氏新蜻
Neoperla lushana Wu 庐山新蜻
Neoperla magisterchoui Du 师周新蜻，周氏新蜻
Neoperla maolanensis Yang *et* Yang 茂兰新蜻，茂兰新石蝇
Neoperla melanocephala Navás 黑首新蜻
Neoperla mesospina Li *et* Wang 中刺新蜻
Neoperla mesostyla Li *et* Wang 中突新蜻
Neoperla microtumida Wu *et* Claassen 小瘤新蜻，微胀新蜻
Neoperla minor Chu 小型新蜻，小新蜻
Neoperla mnong Stark 球突新蜻
Neoperla multidentata (Wu) 同 *Neoperla limbatella*
Neoperla multilobata Zwick 多叶新蜻
Neoperla nigra Sivec 黑新蜻
Neoperla nigriceps Banks 黑头新蜻
Neoperla nigromarginata Li *et* Zhang 黑缘新蜻
Neoperla niponensis (McLachlan) 日本新蜻
Neoperla obscura Zwick 褐新蜻
Neoperla obscurofulva (Wu) 深褐新蜻，黄褐新蜻
Neoperla pallicornis Banks 淡角新蜻
Neoperla perspicillata Zwick 显著新蜻
Neoperla qingyuanensis Yang *et* Yang 庆元新蜻
Neoperla qinlingensis Du 秦岭新蜻
Neoperla quadrata Wu *et* Claassen 方形新蜻，方形芒蜻
Neoperla rotunda Wu 圆形新蜻，圆新蜻
Neoperla sauteri Klapálek 索氏新蜻，邵氏新蜻，邵氏新石蝇
Neoperla signatalis Banks 暗斑新蜻，暗斑新石蝇
Neoperla similidella Li *et* Wang 刺囊新蜻
Neoperla similiflavescens Li *et* Zhang 似黄新蜻
Neoperla similiserecta Wang *et* Li 似直新蜻
Neoperla sinensis Chu 中华新蜻
Neoperla siveci Li *et* Li 同 *Neoperla ignacsiveci*
Neoperla tadpolata Li *et* Murányi 蝌蚪新蜻
Neoperla taibaina Du 太白新蜻
Neoperla taihorinensis (Klapálek) 大林新蜻，大甫林新石蝇
Neoperla taiwanica Sivec *et* Zwick 台湾新蜻，台湾新石蝇，宝岛新蜻
Neoperla tingwushanensis Wu 定武山新蜻，鼎湖山新蜻
Neoperla transversprojecta Du *et* Sivec 横突新蜻
Neoperla truncata Wu 平截新蜻，截形新蜻
Neoperla tuberculata Wu 瘤突新蜻，瘤新蜻
Neoperla uniformis Banks 单色新蜻，单色新石蝇
Neoperla wui Yang *et* Yang 胡氏新蜻
Neoperla xuansongae Li *et* Li 宋氏新蜻
Neoperla yangae Du 同 *Neoperla anjiensis*
Neoperla yanlii Li *et* Wang 李彦新蜻，李氏新蜻
Neoperla yao Stark 瑶族新蜻
Neoperla yaoshana Li, Wang *et* Lu 尧山新蜻
Neoperla yunnana Li *et* Wang 云南新蜻
Neoperlinae 新蜻亚科，新石蝇亚科
Neoperlini 新蜻族
Neoperlops 近蜻属，近石蝇属
Neoperlops binodosa Wu 见 *Neoperla binodosa*
Neoperlops cheni (Wu) 陈氏近蜻
Neoperlops gressitti Banks 嘉氏近蜻
Neoperlops obscuripennis Banks 暗翅近蜻
Neophacopteron 纽花木虱属
Neophacopteron euphoriae Yang 同 *Phacopteron sinicum*
Neophaedimus 背角花金龟甲属
Neophaedimus auzouxi Lucas 褐斑背角花金龟甲，褐斑背角花金龟
Neophaedimus castaneus Ma 同 *Neophaedimus auzouxi*
Neophaedon 新猿叶甲属
Neophaedon balangshanensis (Ge *et* Wang) 巴郎山新猿叶甲，八郎山猿叶甲
Neophaedon pusillus Ge *et* Daccordi 微新猿叶甲
Neophaedon sichuanicus Lopatin 四川新猿叶甲
Neophaloria 新亮蟋属
Neophaloria dianxiensis He 滇西新亮蟋
Neophasganophora 剑蜻属 *Agnetina* 的异名
Neophasganophora capitata (Pictet) 见 *Agnetina capitata*
Neophasganophora duplistyla Wu 见 *Agnetina duplistyla*
Neophasganophora gladiata Wu 见 *Agnetina gladiata*
Neophasganophora navasi Wu 见 *Agnetina navasi*
Neophasganophora quadrituberculata (Wu) 见 *Agnetina quadrituberculata*
Neophasganophora spinata Wu 见 *Agnetina spinata*
Neophasia 娆粉蝶属，松粉蝶属
Neophasia menapia (Felder *et* Felder) [pine white, pine butterfly] 娆粉蝶，美洲松粉蝶，松粉蝶
Neophasia terlooii Behr [Chiricahua white, Chiricahua pine white] 黑室娆粉蝶
Neopheosia 云舟蛾属
Neopheosia excurvata Hampson 柚木云舟蛾
Neopheosia fasciata (Moore) 云舟蛾
Neopheosia fasciata fasciata (Moore) 云舟蛾指名亚种

Neopheosia fasciata formosana Okano 云舟蛾台湾亚种，台云舟蛾
Neopheosia fasciata japonica Okano 云舟蛾日本亚种，日云舟蛾
Neopheosia pseudofasciata Zhang, Wang *et* Ma 璞云舟蛾
Neophilaenus 新长沫蝉属
Neophilaenus lineatus (Linnaeus) [lined spittlebug] 线新长沫蝉，线沫蝉，具条沫蝉
Neophilopterus 倪鸟虱属
Neophilopterus incompletus (Denny) 白鹳倪鸟虱
Neophilopterus tricolor (Burmeister) 黑鹳倪鸟虱
neophilus cattleheart [*Parides neophilus* (Geyer)] 新飞番凤蝶，新欢番凤蝶
Neophisis 新棘螽属
Neophisis kotoshoensis (Shiraki) 兰屿新棘螽，台湾新叶螽，兰屿印棘螽
Neophlebotomus 新蛉亚属
Neophryxe 新怯寄蝇属
Neophryxe basalis (Baranov) 见 *Phorcidella basalis*
Neophryxe exserticercus Liang *et* Zhao 隆肛新怯寄蝇
Neophryxe psychidis Townsend 筒须新怯寄蝇
Neophylax 叉突沼石蛾属
Neophylax albipunctatus (Martynov) 白斑叉突沼石蛾，白点哈沼石蛾
Neophylax fenestratus (Banks) 窗叉突沼石蛾，窗哈沼石蛾
Neophylax flavus Mey *et* Yang 黄褐叉突沼石蛾
Neophylax maculatus (Forsslund) 斑叉突沼石蛾，斑哈沼石蛾
Neophylax nigripunctatus Tian *et* Yang 黑斑叉突沼石蛾
Neophylax tenuicornis (Ulmer) 尖角叉突沼石蛾，尖角哈沼石蛾
Neophyllaphidinae 新叶蚜亚科
Neophyllaphis 新叶蚜属，新绵斑蚜属
Neophyllaphis araucariae Takahashi 南洋杉新叶蚜
Neophyllaphis brimblecombei Carver 淡尾新叶蚜，布里新叶蚜
Neophyllaphis burostris Qiao *et* Zhang 布喙新叶蚜
Neophyllaphis grobleri Eastop 格氏新叶蚜
Neophyllaphis nigrobrunnea Zhang, Zhang *et* Zhong 同 *Taiwanaphis decaspermi*
Neophyllaphis podocarpi Takahashi [kusamaki mealy aphid] 草地新叶蚜，罗汉松新叶蚜，罗汉松蚜，太平山杜鹃蚜
Neophyllomyza 新叶蝇属
Neophyllomyza acyglossa (Villeneuve) 舌须新叶蝇
Neophyllomyza clavipalpis Xi, Yang *et* Yin 棒须新叶蝇
Neophyllomyza lii Xi *et* Yang 李氏新叶蝇
Neophyllomyza luteipalpis Xi *et* Yang 黄须新叶蝇
Neophyllomyza motuoensis Xi, Yang *et* Yin 墨脱新叶蝇
Neophyllomyza obtusa Xi, Yang *et* Yin 钝新叶蝇
Neophyllomyza tibetensis Xi *et* Yang 西藏新叶蝇
Neophyllura 新叶木虱属
Neophyllura aurata Li 金黄新叶木虱
Neophysopus piercei (Moulton) 同 *Anaphothrips sudanensis*
Neophyta 新奇舟蛾属
Neophyta costalis (Moore) 明肩新奇舟蛾
Neophyta sikkima (Moore) 新奇舟蛾
Neopinnaspis 新并盾蚧属
Neopinnaspis harperi McKenzie [Harper scale] 哈勃新并盾蚧，新并蛎盾介壳虫
Neopinnaspis meduensis Borchsenius 同 *Neopinnaspis miduensis*
Neopinnaspis miduensis Borchsenius 弥渡新并盾蚧
Neopirates 新盗猎蝽属
Neopirates bicolor Liu *et* Cai 二色新盗猎蝽
Neopirates nyassae Miller 马拉维新盗猎蝽
Neopirates xanthothorax Liu *et* Cai 黄胸新盗猎蝽
Neopithecops 一点灰蝶属
Neopithecops lucifer (Röber) 光一点灰蝶
Neopithecops zalmora (Butler) [common quaker, quaker] 一点灰蝶，白灰蝶，黑点灰蝶，姬黑星小灰蝶，白斑黑星灰蝶，小斑里白灰蝶
Neopithecops zalmora andamanus Eliot *et* Kawazoé [Andaman common quaker] 一点灰蝶安岛亚种
Neopithecops zalmora dharma Moore [Sri Lankan common quaker] 一点灰蝶斯里兰卡亚种
Neopithecops zalmora dolona (Fruhstorfer) 一点灰蝶华南亚种，华南一点灰蝶
Neopithecops zalmora fedora (Fruhstorfer) 一点灰蝶台湾亚种，台湾一点灰蝶
Neopithecops zalmora zalmora (Butler) 一点灰蝶指名亚种，指名一点灰蝶
Neoplamius 缺翅拟步甲属，缺翅回木虫属
Neoplamius akiyamai Masumoto, Akita *et* Lee 秋山缺翅拟步甲，秋山缺翅回木虫
Neoplamius endoi Masumoto 远藤缺翅拟步甲，远藤缺翅回木虫，恩尼拟步甲
Neoplamius kusamai Masumoto, Akita *et* Lee 草间缺翅拟步甲，草间缺翅回木虫
Neoplamius oharai Masumoto, Akita *et* Lee 大原缺翅拟步甲，大原缺翅回木虫
Neoplamius yamasakoi Ando 山迫缺翅拟步甲，山迫缺翅回木虫
Neoplamius zoltani Masumoto 苏缺翅拟步甲，苏缺翅回木虫，佐尼拟步甲
neoplasm 瘤
Neoplatylecanium 新片蚧属，片蜡蚧属，片蚧属
Neoplatylecanium adersi (Newstead) 杧果新片蚧
Neoplatylecanium cinnamomi Takahashi 台湾新片蚧，樟片蜡蚧，樟片蚧，新扁硬介壳虫
Neoplectrus bicarinatus Ferrière 见 *Euplectromorpha bicarinatus*
Neoplectrus brevicalcar Lin 见 *Euplectromorpha brevicalcar*
Neoplectrus clavatus Lin 见 *Euplectromorpha clavatus*
Neoplectrus contingens Lin 见 *Euplectromorpha contingens*
Neoplectrus inaequalis Lin 见 *Euplectromorpha inaequalis*
Neoploca 新波纹蛾属
Neoploca arctipennis (Butler) 点狭新波纹蛾
Neoplocaederus 新皱胸天牛属
Neoplocaederus ferrugineus (Linnaeus) [cashew stem borer, cashew stem and root borer, cashew trunk and root borer, cashew borer] 槚如树新皱胸天牛，槚如树皱胸天牛
Neoplusia 富丽夜蛾属
Neoplusia acuta (Walker) 富丽夜蛾
Neopotamanthodes 新似河花蜉属
Neopotamanthodes lanchi Hsu 兰溪新似河花蜉，兰溪新河花蜉
Neopotamanthodes nanchangi (Hsu) 南昌新似河花蜉，南昌新河花蜉

Neopotamanthus 新河花蜉属
Neopotamanthus hunanensis You *et* Gui 见 *Rhoenanthus hunanensis*
Neopotamanthus youi Wu *et* You 见 *Rhoenanthus youi*
Neopotamia 隐小卷蛾属
Neopotamia cryptocosma Diakonoff 川隐小卷蛾，新坡卷蛾
Neopotamia cryptocosma cryptocosma Diakonoff 川隐小卷蛾指名亚种
Neopotamia cryptocosma taiwana Kawabe 川隐小卷蛾台湾亚种
Neopotamia divisa (Walsingham) 异隐小卷蛾，新河小卷蛾
Neopotamia formosa Kawabe 蓬莱隐小卷蛾
Neopotamia orophias (Meyrick) 脊隐小卷蛾
Neopotamia punctata Kawabe 斑隐小卷蛾
Neopotamia rubra Kawabe 红隐小卷蛾
Neopromachini 新棒蝓族
Neoproutista 新斑袖蜡蝉属
Neoproutista acutata Wu *et* Liang 尖突新斑袖蜡蝉
Neoproutista bisaccata Wu *et* Liang 二突新斑袖蜡蝉
Neoproutista furva Wu *et* Liang 黑背新斑袖蜡蝉
Neoproutista pseudoalbicosta (Muir) 白缘新斑袖蜡蝉，伪白缘新袖蜡蝉
Neoproutista pullata (Distant) 叉突新斑袖蜡蝉
Neoproutista spinellosa Wu *et* Liang 刺突新斑袖蜡蝉
neopseustid 1. [= neopseustid moth, archaic bell moth] 蛉蛾，新毛顶蛾 < 蛉蛾科 Neopseustidae 昆虫的通称 >；2. 蛉蛾科的
neopseustid moth [= neopseustid, archaic bell moth] 蛉蛾，新毛顶蛾
Neopseustidae 蛉蛾科，新毛顶蛾科，卵翅蛾科
Neopseustis 蛉蛾属，卵翅蛾属
Neopseustis bicornuta Davis 双角蛉蛾
Neopseustis fanjingshana Yang 梵净蛉蛾
Neopseustis meyricki Hering 台湾蛉蛾，台湾卵翅蛾
Neopseustis rectagnatha Liao, Chen *et* Huang 直颚突蛉蛾
Neopseustis sinensis Davis 中华蛉蛾
Neopsittaconirmus 鹦鹉新鸟虱属
Neopsittaconirmus lybartota (Ansari) 红领绿鹦鹉新鸟虱，红领绿鹦鹉赛鸟虱
Neopsittaconirmus palaeornis (Eichler) 大紫胸鹦鹉新鸟虱
Neopsylla 新蚤属
Neopsylla abagaitui Ioff 阿巴盖新蚤
Neopsylla acanthina Jordan *et* Rothschild 荆刺新蚤
Neopsylla affinis Li *et* Hsieh 相关新蚤
Neopsylla affinis affinis Li *et* Hsieh 相关新蚤指名亚种，指名相关新蚤
Neopsylla affinis deqinensis Xie *et* Li 相关新蚤德钦亚种，德钦相关新蚤
Neopsylla aliena Jordan *et* Rothschild 异种新蚤
Neopsylla angustimanubra Wu, Wu *et* Liu 细柄新蚤
Neopsylla anoma Rothschild 无规新蚤
Neopsylla bidentatiformis (Wagner) 二齿新蚤
Neopsylla biseta Li *et* Hsieh 二毫新蚤
Neopsylla clavelia Li *et* Wei 棒形新蚤
Neopsylla compar Jordan *et* Rothschild 类新蚤
Neopsylla constricta Jameson *et* Hsieh 缩新蚤，缩尾新蚤
Neopsylla democratica Wagner 指短新蚤
Neopsylla dispar Jordan 不同新蚤
Neopsylla dispar dispar Jordan 不同新蚤指名亚种，指名不同新蚤
Neopsylla dispar fukienensis Chao 不同新蚤福建亚种，福建不同新蚤
Neopsylla eleusina Li 绒鼠新蚤
Neopsylla fimbrita Li *et* Hsieh 穗状新蚤
Neopsylla galea Ioff 盔状新蚤
Neopsylla hongyangensis Li, Bai *et* Chen 红羊新蚤
Neopsylla honora Jordan 后棘新蚤
Neopsylla longisetosa Li *et* Hsieh 长鬃新蚤
Neopsylla mana Wagner 宽新蚤
Neopsylla megaloba Li 大叶新蚤
Neopsylla meridiana Tiflov *et* Kolpakova 子午新蚤
Neopsylla mustelae Jameson *et* Hsieh 鼬新蚤，黄鼬新蚤
Neopsylla nebula Jameson *et* Hsieh 暗新蚤，云雾新蚤
Neopsylla paranoma Li, Wang *et* Wang 副规新蚤
Neopsylla pleskei Ioff 近代新蚤
Neopsylla pleskei ariana Ioff 近代新蚤波状亚种，波状近代新蚤
Neopsylla pleskei orientalis Ioff *et* Argyropulo 近代新蚤东方亚种，东方近代新蚤
Neopsylla pleskei pleskei Ioff 近代新蚤指名亚种
Neopsylla pleskei rossica Ioff *et* Argyropulo 近代新蚤俄亚种，俄近代新蚤
Neopsylla schismatosa Li 裂新蚤
Neopsylla sellaris Wei *et* Chen 鞍新蚤
Neopsylla setosa (Wagner) 毛新蚤
Neopsylla setosa setosa (Wagner) 毛新蚤指名亚种，指名毛新蚤
Neopsylla siboi Ye *et* Yu 思博新蚤
Neopsylla specialis Jordan 特新蚤，特异新蚤
Neopsylla specialis dechingensis Hsieh *et* Yang 特新蚤德钦亚种，德钦特新蚤
Neopsylla specialis kweichowensis (Liao) 特新蚤贵州亚种，贵州特新蚤
Neopsylla specialis minpiensis Li *et* Wang 特新蚤闽北亚种，闽北特新蚤
Neopsylla specialis schismatosa Li 特新蚤裂亚种
Neopsylla specialis sichuanxizangensis Wu *et* Chen 特新蚤川藏亚种，川藏特新蚤
Neopsylla specialis specialis Jordan 特新蚤指名亚种，指名特新蚤
Neopsylla stenosinuata Wang 狭窦新蚤
Neopsylla stevensi Rothschild 斯氏新蚤
Neopsylla stevensi sichuanyunnana Wu *et* Wang 斯氏新蚤川滇亚种，川滇斯氏新蚤
Neopsylla stevensi stevensi Rothschild 斯氏新蚤指名亚种，指名斯氏新蚤
Neopsylla teratura Rothschild 曲棘新蚤
Neopsylla villa Wang, Wu *et* Liu 绒毛新蚤
Neopsyllinae 新蚤亚科
Neoptera 新翅类
neopteran 1. 新翅类昆虫；2. 新翅类昆虫的；3. 新翅类的
neopterin 新蝶呤
Neopterocomma 新粉毛蚜属
Neopterocomma populivorum Zhang 杨新粉毛蚜
neopterous 新翅类的

Neoptychodes trilineatus (Linnaeus) [three-lined fig tree borer, fig tree borer] 榕三线新褶天牛
Neopullus 毛瓢虫亚属
Neopulvinaria 新绵蚧属
Neopulvinaria imeretina Hadzibejli 葡萄新绵蚧
Neoquernaspis 新栎盾蚧属
Neoquernaspis beshearae Liu *et* Tippins 石柯新栎盾蚧
Neoquernaspis chiulungensis (Takagi) 九龙新栎盾蚧，九龙环并盾蚧
Neoquernaspis hainanensis (Hu) 海南新栎盾蚧，海南白盾蚧，海南拟雪盾蚧
Neoquernaspis howelli Liu *et* Tippins 贺氏新栎盾蚧
Neoquernaspis leptosipha Zeng 细管新栎盾蚧
Neoquernaspis lithocarpi (Takahashi) 台湾新栎盾蚧，新栎盾蚧，新栎盾介壳虫
Neoquernaspis nepalensis (Takagi) 尼泊尔新栎盾蚧
Neoquernaspis quercus (Hu) 栎新栎盾蚧，栎拟雪盾蚧
Neoquernaspis takagii Liu *et* Tippins 高木新栎盾蚧
Neoquernaspis tengjiensis (Hu) 滕街新栎盾蚧，腾街环并盾蚧
Neoquernaspis unciformis Jiang *et* Chen 钩新栎盾蚧，云南新栎盾蚧
Neoreta 山钩蛾属
Neoreta brunhyala (Shen *et* Chen) 褐新山钩蛾
Neoreta olga (Swinhoe) 缺刻新山钩蛾，缺刻山钩蛾
Neoreta purpureofascia (Wileman) 后凹新山钩蛾，后凹角钩蛾，凹角钩蛾
Neoreticulum 新网翅叶蝉属
Neoreticulum attenuatum Dai, Xing *et* Li 细突网翅叶蝉，尖新网翅叶蝉
Neoreticulum lanceolatum (Dai *et* Zhang) 矛新网翅叶蝉
Neoreticulum transvittatum (Dai, Li *et* Chen) 横带新网翅叶蝉，二叉叉突叶蝉，横带网翅叶蝉
Neoreticulum trispinosum (Dai *et* Zhang) 三刺新网翅叶蝉
Neorgyia 赭毒蛾属
Neorgyia ochracea Bethune-Baker 赭毒蛾
Neorhacodes enslini Ruschka 简脉姬蜂
Neorhacodinae 拟简脉姬蜂亚科
Neorhamnusium 拟拉花天牛属，刺胸花天牛属
Neorhamnusium melanocephalum Miroshnikov *et* Lin 黑头拟拉花天牛
Neorhamnusium rugosipenne (Pic) 皱鞘拟拉花天牛
Neorhamnusium shaanxiensis Miroshnikov *et* Lin 陕西拟拉花天牛
Neorhamnusium taiwanum Hayashi *et* Ando 台湾拟拉花天牛，台湾刺胸花天牛
Neorhamnusium wuchaoi Miroshnikov *et* Lin 吴超拟拉花天牛
Neorhinopsylla 象个木虱属
Neorhinopsylla ailaoshanana Li 哀牢山象个木虱
Neorhinopsylla beijingana Li 北京象个木虱
Neorhinopsylla changbaishanana Li 长白山象个木虱
Neorhinopsylla machilae (Li) 润楠象个木虱，润楠鼻个木虱
Neorhinopsylla shuiliensis (Yang) 水里象个木虱
Neorhinopsylla spatulata (Li) 匙肛象个木虱
Neorhinopsylla taibaishanana Li 见 *Trisetitrioza taibaishanana*
Neorhinopsylla taishanica (Li) 泰山象个木虱
Neorhinopsylla takahashii (Bosell) 千里光象个木虱，黄菀三毛叉木虱
Neorhinopsylla undalata Li 波缘象个木虱
Neorhodesiella 新锥秆蝇属
Neorhodesiella fedtshenkoi (Nartshuk) 费氏新锥秆蝇
Neorhodesiella finitima (Becker) 边界新锥秆蝇，边界锥秆蝇，边界秆蝇
Neorhodesiella guangxiensis Xu, Yang *et* Nartshuk 广西新锥秆蝇
Neorhodesiella serrata (Yang *et* Yang) 齿突新锥秆蝇，齿突锥秆蝇
Neorhodesiella yunnanensis (Yang *et* Yang) 云南新锥秆蝇，云南锥秆蝇
Neorhogas 新内茧蜂亚属
Neorhopalomyzus 新缢瘤蚜属
Neorhopalomyzus lonicericola (Takahashi) [Kuwayama aphid] 忍冬新缢瘤蚜，桑山氏膨管蚜
Neorina 凤眼蝶属
Neorina crishna (Westwood) 直带凤眼蝶
Neorina hilda Westwood [yellow owl] 黄凤眼蝶，指名凤眼蝶，希凤眼蝶
Neorina lowii (Doubleday) 黄斑凤眼蝶，窄翅凤眼蝶
Neorina lowii lowii (Doubleday) 黄斑凤眼蝶指名亚种
Neorina lowii neophyta (Fruhstorfer) [Malayan owl] 黄斑凤眼蝶马来亚种
Neorina neosinica Lee 新华凤眼蝶
Neorina patria Leech [white owl] 凤眼蝶
Neorina patria patria Leech 凤眼蝶指名亚种，指名凤眼蝶
Neorina patria westwoodi Moore 凤眼蝶中印亚种，威凤眼蝶
Neoripersia 禾粉蚧属，日粉蚧属
Neoripersia japonica (Kuwana) 日本禾粉蚧
Neoripersia miscanthicola (Takahashi) 台湾禾粉蚧，茅日粉蚧，芒新粉介壳虫
Neoripersia ogasawaresis (Kuwana) 小笠原禾粉蚧
Neoripersia yunnanensis (Borchsenius) 云南禾粉蚧
Neoris 弧目大蚕蛾属
Neoris haraldi Schawerda 弧目大蚕蛾
Neoris huttoni Moore 郝氏弧目大蚕蛾
Neoris huttoni huttoni Moore 郝氏弧目大蚕蛾指名亚种
Neoris huttoni shadulla Moore 郝氏弧目大蚕蛾暗色亚种
Neoris huttoni svenihedini Hering 同 *Neoris huttoni shadulla*
Neoris stoliczkana Felder 柳弧目大蚕蛾
Neorthacris acuticeps Bolívar 南印绿植被锥头蝗
Neorthaea coerulea Chen 见 *Euphitrea coerulea*
Neorthaea flavipes Chen 见 *Euphitrea flavipes*
Neorthaea gressitti Chûjô 见 *Euphitrea gressitti*
Neorthaea laboissiere Chen 见 *Euphitrea laboissiere*
Neorthaea micans (Baly) 见 *Euphitrea micans*
Neorthaea nisotroides Chen 见 *Euphitrea nisotroides*
Neorthaea piceicollis Chen 见 *Euphitrea piceicollis*
Neorthaea suturalis Chen 同 *Euphitrea signata*
Neorthophlebopsis 拟新直脉蝎蛉属
Neorthophlebopsis qishuiheensis Hong, Guo *et* Li 漆水河拟新直脉蝎蛉
Neorthrius 新曙郭公甲属
Neorthrius subscalaris (Pic) 梯新曙郭公甲，梯曙郭公虫

Neorthrius sulcatus (Pic) 沟新曙郭公甲，沟曙郭公虫
Neosaissetia 新盔蚧属
Neosaissetia laos (Takahashi) 老挝新盔蚧
Neosaissetia triangularum (Morrison) 三角新盔蚧
Neosaissetia tropicalis Tao *et* Wong 热带新盔蚧，热带新盔蜡蚧，台新硬介壳虫
Neosalica 侧尖荔蝽属
Neosalica nigrovittatda Distant 同 *Neosalica pedestris*
Neosalica pedestris (Breddin) 黑纹侧尖荔蝽，侧尖荔蝽，尼荔蝽
Neosalurnis 妮蛾蜡蝉属
Neosalurnis bonenda Medler 短刺妮蛾蜡蝉
Neosalurnis decalis Medler 窄妮饿蜡蝉
Neosalurnis gracilis (Melichar) 纤妮蛾蜡蝉，妮蛾蜡蝉
Neosalurnis insignis Medler 阔妮蛾蜡蝉
Neosalurnis insula Medler 海南妮蛾蜡蝉
Neosalurnis magnispinata Wang, Peng *et* Yuan 大刺妮蛾蜡蝉
Neosalurnis teralis Medler 特妮蛾蜡蝉
Neosantalus 新植阎甲属，新阎甲属
Neosantalus latitibius (Marseul) 新植阎甲，宽新阎甲
Neosarima 新萨瓢蜡蝉属，新卵瓢蜡蝉属
Neosarima curiosa Yang 枯新萨瓢蜡蝉，斑翅新卵瓢蜡蝉
Neosarima nigra Yang 黑新萨瓢蜡蝉，黑新卵瓢蜡蝉
Neosastrapada 新梭猎蝽属
Neosastrapada buitenzorgensis Miller 新梭猎蝽
Neosatyrus 新眼蝶属
Neosatyrus ambiorix Wallengren 新眼蝶
Neosatyrus humilis (Felder) 淡云新眼蝶
Neosatyrus minimus Wallengren 袖珍新眼蝶
Neoscadra 肿猎蝽属
Neoscadra annulicornis (Reuter) 紫肿猎蝽
Neoscadra ornata Miller 丽肿猎蝽
Neoscadra schultheissi (Breddin) 舒肿猎蝽
Neoscapteriscus 新掘蝼蛄属
Neoscapteriscus abbreviatus (Scudder) [shortwinged mole cricket] 短翅新掘蝼蛄，短翅掘蝼蛄
Neoscapteriscus borellii (Giglio-Tos) [southern mole cricket] 南美新掘蝼蛄，南美掘蝼蛄，南美蝼蛄，南方蝼蛄
Neoscapteriscus didactylus (Latreille) [West Indian mole cricket, changa, changa mole cricket, Puerto Rico mole cricket] 西印新掘蝼蛄，西印地安掘蝼蛄
Neoscapteriscus imitatus (Nickle *et* Castner) [imitator mole cricket] 类新掘蝼蛄，类掘蝼蛄
Neoscapteriscus vicinus (Scudder) [tawny mole cricket, West Indian mole cricket, changa] 黄褐新掘蝼蛄，黄褐掘蝼蛄，近邻蝼蛄，黄褐色蝼蛄
Neoschoenobia 新斯螟属
Neoschoenobia decoloralis Hampson 同 *Neoschoenobia testacealis*
Neoschoenobia testacealis Hampson [flower stalk-boring moth] 黄褐新斯螟
Neosclerus 大目隐翅甲属，新硬隐翅甲属
Neosclerus armatus Assing 刺大目隐翅甲，刺新硬隐翅甲
Neosclerus atsushii Shibata 笃志大目隐翅甲，笃志新硬隐翅甲
Neosclerus biaculeatus Assing 二刺大目隐翅甲，二刺新硬隐翅甲
Neosclerus bifidus Assing 双脊大目隐翅甲，二分新硬隐翅甲
Neosclerus brevispinosus Assing 短刺大目隐翅甲，短刺新硬隐翅甲
Neosclerus carinatus Assing 脊大目隐翅甲，脊新硬隐翅甲
Neosclerus configens Assing 剑脊大目隐翅甲，岛新硬隐翅甲
Neosclerus inarmatus Assing 无刺大目隐翅甲，无刺新硬隐翅甲
Neosclerus praeacutus Assing 暗黑大目隐翅甲
Neosclerus smetanai Assing 黑头大目隐翅甲，斯氏新硬隐翅甲
Neoserica 新绢金龟甲属，新绢金龟属
Neoserica bansongchana Ahrens, Fabrizi *et* Liu 老挝新绢金龟甲
Neoserica daweishanica Ahrens, Fabrizi *et* Liu 大围山新绢金龟甲
Neoserica fukiensis (Frey) 福建新绢金龟甲，福建毛绢鳃金龟
Neoserica gaoligongshanica Ahrens, Fabrizi *et* Liu 高黎贡山新绢金龟甲
Neoserica guangpingensis Ahrens, Fabrizi *et* Liu 红褐新绢金龟甲
Neoserica igori Ahrens, Fabrizi *et* Liu 伊氏新绢金龟甲
Neoserica jiulongensis Ahrens, Fabrizi *et* Liu 九龙新绢金龟甲
Neoserica macrophthalma Moser 见 *Trioserica macrophthalma*
Neoserica obscura (Blanchard) 暗新绢金龟甲，暗新绢金龟
Neoserica plurilamellata Ahrens, Fabrizi *et* Liu 多叶新绢金龟甲
Neoserica sapaensis Ahrens, Fabrizi *et* Liu 沙巴新绢金龟甲
Neoserica septemfoliata Moser 七片新绢金龟甲
Neoserica septemlamellata Brenske 七叶新绢金龟甲
Neoserica shibingensis Ahrens 施秉新绢金龟甲，施秉新绢金龟
Neoserica silvestris Brenske 林新绢金龟甲，林新绢金龟
Neoserica taipingensis Ahrens, Liu, Fabrizi *et* Yang 太平新绢金龟甲，太平新绢金龟
Neoserica takakuwai Ahrens, Fabrizi *et* Liu 高桑新绢金龟甲
Neoserica ursina (Brenske) 乌新绢金龟甲，乌新绢金龟，乌绢金龟
Neoserica weishanica Ahrens, Fabrizi *et* Liu 围山新绢金龟甲
Neoserica yanzigouensis Ahrens, Fabrizi *et* Liu 燕子沟新绢金龟甲
Neoserixia 拟小楔天牛属
Neoserixia delicata (Matsushita) 台湾拟小楔天牛，凤山细角天牛，台拟小楔天牛
Neoserixia infasciatus Gressitt 姬拟小楔天牛，姬长颈黄天牛
Neoserixia longicollis Gressitt 三带拟小楔天牛
Neoserixia longicollis infasciatus Gressitt 三带拟小楔天牛斑胸亚种，斑三带拟小楔天牛，斑胸三带拟小楔天牛
Neoserixia longicollis longicollis Gressitt 三带拟小楔天牛指名亚种，指名三带拟小楔天牛
Neoserixia pulchra Schwarzer 丽拟小楔天牛，港口黄天牛
Neoserixia pulchra continentalis Gressitt 丽拟小楔天牛广东亚种，广东丽拟小楔天牛
Neoserixia pulchra pulchra Schwarzer 丽拟小楔天牛指名亚种，指名丽拟小楔天牛
Neoserixia schwarzeri Gressitt 同 *Neoserixia delicata*
Neoseverinia 新塞毛石蛾属
Neoseverinia crassicornis (Ulmer) 粗角新塞毛石蛾，粗角塞毛石蛾
Neoshachia parabolica Matsumura 同 *Fentonia ocypete*
Neosigmasoma manglunensis Lu 同 *Sigmasoma chakratongi*
Neosilusa 切胸隐翅甲属，新犀隐翅虫属
Neosilusa ceylonica (Kraatz) 锡兰切胸隐翅甲，斯瘦舌隐翅虫，瘦舌隐翅虫
Neosilusa chinensis Bernhauer 中华切胸隐翅甲，华新犀隐翅虫，

华瘦舌隐翅虫
Neosilusa moultoni Cameron 莫氏切胸隐翅甲，莫氏新犀隐翅虫
Neosilusa taiwanensis Pace 台湾切胸隐翅甲，台湾新犀隐翅虫
Neosimmondsia 洋粉蚧属
Neosimmondsia esakii Takahashi 露兜树洋粉蚧
Neosimmondsia hirsuta Laing 椰子洋粉蚧
Neosirocalus 小堑象甲属，小堑象属
Neosirocalus albosuturalis Roelofs 白缝小堑象甲
Neosirocalus sinicus Voss 中国小堑象甲，中国小堑象
neosisten 新尼母 < 见于球蚜中，为孤雌生殖蚜之一型 >
Neosmerinthothrips 尼管蓟马属
Neosmerinthothrips formosensis Priesner 同 *Nesothrips brevicollis*
Neosmerinthothrips formosensis karnyi Priesner 见 *Nesothrips brevicollis karnyi*
neosomy 新体现象
Neosophira 新索菲实蝇属
Neosophira arcuosa (Walker) 阿尔库新索菲实蝇
Neosophira clavigera Hardy 克拉维新索菲实蝇
Neosophira distorta (Walker) 迪斯新索菲实蝇
Neosorius 新朔隐翅甲属
Neosorius rufipes (Motschulsky) 红新朔隐翅甲
Neososibia 新健蝓属
Neososibia brevispina Chen *et* He 短刺新健蝓
Neososibia guizhouensis Chen *et* Ran 贵州新健蝓
Neososibia jinxiuensis Chen *et* He 金秀新健蝓
Neospastis 尼木蛾属
Neospastis sinensis Bradley 华尼木蛾
Neostaccia 新舟猎蝽属
Neostaccia plebeja (Stål) 普新舟猎蝽
Neostatherotis 耐小卷蛾属
Neostatherotis angustata Luo *et* Yu 狭耐小卷蛾
Neostauropus alternus (Walker) 见 *Stauropus alternus*
Neostauropus basalis (Moore) 见 *Stauropus basalis*
Neostauropus lushanus (Okano) 见 *Stauropus sikkimensis lushanus*
Neostatherotis psilata Luo *et* Yu 滑耐小卷蛾
Neostempellina 新花托摇蚊属
Neostempellina quaternaria Guo *et* Wang 四叶新花托摇蚊
Neostibaropus formosanus Takado *et* Yanagihara 见 *Schiodtella formosana*
Neostromboceros 侧齿叶蜂属，裂爪叶蜂属
Neostromboceros albicalcar (Enderlein) 白距侧齿叶蜂
Neostromboceros albofemoratus Rohwer 白腿侧齿叶蜂，白腿裂爪叶蜂
Neostromboceros atrata Enslin 黑色侧齿叶蜂，黑色裂爪叶蜂
Neostromboceros basilineatus (Cameron) 高檐侧齿叶蜂
Neostromboceros caeruleiceps (Cameron) 宽颜侧齿叶蜂
Neostromboceros chalybeus (Kônow) 霞丽侧齿叶蜂
Neostromboceros circulofrons Wei 圆额侧齿叶蜂
Neostromboceros cogener (Kônow) 南方侧齿叶蜂，南方裂爪叶蜂
Neostromboceros dentiserrus Malaise 齿刃线缝叶蜂
Neostromboceros dolichocdlus Wei 长室侧齿叶蜂
Neostromboceros dubius Malaise 横窝侧齿叶蜂，疑裂爪叶蜂
Neostromboceros excellens Malaise 绮丽侧齿叶蜂，绮丽裂爪叶蜂
Neostromboceros formosanus (Enslin) 蓬莱侧齿叶蜂，绮丽裂爪叶蜂，蓬莱裂爪叶蜂
Neostromboceros fuscitarsis Takeuchi 暗跗侧齿叶蜂，暗跗裂爪叶蜂
Neostromboceros indobirmanus Malaise 印缅侧齿叶蜂，印缅裂爪叶蜂
Neostromboceros kagiensis Takeuchi 喀基侧齿叶蜂，喀基裂爪叶蜂
Neostromboceros laevis (Kônow) 兰丽侧齿叶蜂，滑裂爪叶蜂
Neostromboceros leucopoda Rohwer 白唇侧齿叶蜂，白足侧齿叶蜂，白足裂爪叶蜂
Neostromboceros liangae Wei 梁氏侧齿叶蜂
Neostromboceros minutus (Enderlein) 小侧齿叶蜂
Neostromboceros nigritarsis Wei 黑跗侧齿叶蜂
Neostromboceros nipponicus Takeuchi 日本侧齿叶蜂，日裂爪叶蜂
Neostromboceros perroti Malaise 佩氏侧齿叶蜂
Neostromboceros pseudodubius Wei 列毛侧齿叶蜂
Neostromboceros pseudosinuatus Wei 拟沟侧齿叶蜂
Neostromboceros punctatus (Konow) 细刻线缝叶蜂
Neostromboceros punctiorbita Wei *et* Xiao 糙眶侧齿叶蜂
Neostromboceros revetina Wei *et* Nie 反斑侧齿叶蜂
Neostromboceros rohweri Malaise 罗氏侧齿叶蜂，罗氏裂爪叶蜂
Neostromboceros rufithorax Malaise 红胸侧齿叶蜂，红胸裂爪叶蜂
Neostromboceros rugifrons Malaise 皱额侧齿叶蜂
Neostromboceros sauteri (Rohwer) 邵氏侧齿叶蜂，邵氏裂爪叶蜂
Neostromboceros sinanensis Takeuchi 细腹侧齿叶蜂，西安裂爪叶蜂
Neostromboceros sinuatus Malaise 沟腹侧齿叶蜂，弯裂爪叶蜂
Neostromboceros tegularis Malaise 白肩侧齿叶蜂
Neostromboceros tenuicornia Wei 细角侧齿叶蜂
Neostromboceros tonkinensis (Forsius) 同 *Neostromboceros leucopoda*
Neostromboceros zhousyi Wei *et* Liu 周氏侧齿叶蜂
Neostylopyga 斑蠊属
Neostylopyga rhombifolia (Stoll) 家屋斑蠊，脸谱斑蠊，斑蠊，家蠊，尼斑蠊
Neosybra 拟散天牛属
Neosybra costata (Matsushita) 台湾拟散天牛，隆条矮天牛，台湾毛突天牛
Neosybra cylindracea Breuning 点列拟散天牛
Neosybra flavovittipennis Breuning 黄条拟散天牛
Neosybra rotundipennis Breuning 圆尾拟散天牛
Neosybra sinuicosta Gressitt 弯脊拟散天牛，隆条矮天牛，波条矮天牛
Neotanna horishana (Kato) 同 *Tanna viridis*
Neotanna rantaizana Matsumura 同 *Tanna viridis*
Neotanna simultaneous Chen 见 *Tanna simultaneous*
Neotanna sinensis Ôuchi 见 *Tanna sinensis*
Neotanna tarowanensis Matsumura 同 *Tanna viridis*
Neotapirissus 新泰瓢蜡蝉属
Neotapirissus reticularis Meng *et* Wang 网新泰瓢蜡蝉
neoteinia [= neoteiny, neotenia] 幼态延续，幼态持续，幼态保持 < 成虫中仍保留有幼虫的性状 >

neoteinic 补充生殖型 < 指在白蚁社会中原生殖型丧失后而新发育的生殖型，该型常保留一些幼期特征 >
neoteiny 见 neoteinia
neotenia 见 neoteinia
Neoteretrius 新条阎甲亚属
Neotermes 新白蚁属
Neotermes amplilabralis Xu *et* Han 宽唇新白蚁
Neotermes angustigulus Han 细颏新白蚁
Neotermes binovatus Han 双凹新白蚁
Neotermes bosei Snyder 博氏新白蚁
Neotermes brachynotum Xu *et* Han 扁胸新白蚁
Neotermes dolichognathus Xu *et* Han 长颚新白蚁
Neotermes dubiocalcaratus Han 异距新白蚁
Neotermes fovefrons Xu *et* Han 洼额新白蚁
Neotermes fujianensis Ping 福建新白蚁
Neotermes greeni Desneux 格林新白蚁
Neotermes humilis Han 小新白蚁
Neotermes insularis (Walker) [ringant termite] 环纹新白蚁，环纹木白蚁
Neotermes jouteli Banks 焦氏新白蚁
Neotermes koshunensis (Shiraki) 恒春新白蚁，恒春白蚁
Neotermes longiceps Xu *et* Han 长头新白蚁
Neotermes miracapitalis Xu *et* Han 奇头新白蚁
Neotermes pingshanensis Tan *et* Peng 屏山新白蚁
Neotermes sphenocephalus Xu *et* Han 楔头新白蚁
Neotermes taishanensis Xu *et* Han 台山新白蚁
Neotermes tuberogulus Xu *et* Han 丘颏新白蚁
Neotermes undulatus Xu *et* Han 波颚新白蚁
Neotermes yunnanensis Xu *et* Han 云南新白蚁
Neoterthrona 腹突飞虱属
Neoterthrona recta Qin 直茎细突飞虱
Neoterthrona spinosa Yang 具刺腹突飞虱，刺新白背飞虱
Neoterthrona tubercularis Qin 具瘤细突飞虱
Neotetrastichus mimus Perkins 见 *Tetrastichus mimus*
Neotetricodes 拟额突瓢蜡蝉属，新额突瓢蜡蝉属
Neotetricodes clavatus Chen, Zhang *et* Chang 棒突拟瘤额瓢蜡蝉
Neotetricodes kuankuoshuiensis Zhang *et* Chen 宽阔水拟额突瓢蜡蝉，宽阔水新额突瓢蜡蝉
Neotetricodes longispinus Chang *et* Chen 长突拟瘤额瓢蜡蝉
Neotetricodes quadrilaminus Zhang *et* Chen 四瓣拟额突瓢蜡蝉，四瓣新额突瓢蜡蝉
Neotetricodes xiphoideus Chang *et* Chen 剑突拟瘤额瓢蜡蝉
Neothemara 新几实蝇属
Neothemara digressa Hardy 迪格里新几实蝇
Neothemara formosipennis (Walker) 弗莫新几实蝇
Neothemara trigonifera Hering 特里新几实蝇
Neothodelmus 长背猎蝽属
Neothodelmus yangminshengi China 长背猎蝽
Neothoracaphis 新胸蚜属，背虱蚜属
Neothoracaphis depressa (Takahashi) 衰新胸蚜，光背虱蚜
Neothoracaphis elongata (Takahashi) 长新胸蚜，长虱蚜
Neothoracaphis hangzhouensis Zhang 同 *Neothoracaphis yanonis*
Neothoracaphis quercicola (Takahashi) 居栎新胸蚜，网背虱蚜
Neothoracaphis saramaoensis (Takahashi) 萨拉马新胸蚜，色拉玛虱蚜
Neothoracaphis semicarpifolia Chen, Jiang *et* Qiao 高山栎新胸蚜
Neothoracaphis sutepensis (Takahashi) 素贴新胸蚜，苏台铺新胸蚜
Neothoracaphis tarakoensis (Takahashi) 太鲁阁新胸蚜，塔拉考新胸蚜，太鲁阁虱蚜
Neothoracaphis yanonis (Matsumura) [Yano distylium gall aphid] 蚊母新胸蚜，日亚新胸蚜，矢日本扁蚜，矢野二节棓蚜
Neothrinax 长片叶蜂属
Neothrinax flavipes (Takeuchi) 黄足长片叶蜂，黄足柄叶蜂
Neothrinax formosana Rohwer 蓬莱长片叶蜂，蓬莱蕨叶蜂，蓬莱新蕨叶蜂
Neothrinax formosula Wei *et* Xiao 美斑长片叶蜂
Neothrinax horni Forsius 荷氏长片叶蜂，荷氏柄叶蜂
Neothrinax leucopoda Rohwer 白足长片叶蜂，白足柄叶蜂
Neothrinax melanopoda Takeuchi 黑足长片叶蜂，黑足柄叶蜂
Neothrinax (Neothrinax) apicalis Wei 端白长片叶蜂
Neothrinax taiwana Malaise 雾社长片叶蜂，雾社柄叶蜂
Neothrinax xanthopoda Togashi 黑唇长片叶蜂，黑唇柄叶蜂
Neotituria 新角叶蝉属
Neotituria kongosana (Matsumura) 新角叶蝉，新角胸叶蝉，金刚角胸叶蝉
Neotogaria 网波纹蛾属
Neotogaria curvata (Sick) 曲网波纹蛾，曲尼波纹蛾
Neotogaria flammifera (Houlbert) 焰网波纹蛾，焰新波纹蛾，焰毛基波纹蛾
Neotogaria hoenei (Sick) 浩网波纹蛾，霍毛基波纹蛾
Neotogaria saitonis Matsumura 网波纹蛾，晒尼波纹蛾，基黑新波纹蛾
Neotogaria saitonis saitonis Matsumura 网波纹蛾指名亚种
Neotogaria saitonis sinjaevi László, Ronkay, Ronkay *et* Witt 网波纹蛾太白山亚种
Neotomostethus 新片胸叶蜂属，颊叶蜂属
Neotomostethus religiosa (Marlatt) 显颊新片胸叶蜂，显颊叶蜂
Neotomostethus secundus Rohwer 赤显颊新片胸叶蜂，赤显颊叶蜂
neotony 幼期性成熟，幼期性熟
Neotoxoptera 新弓翅蚜属，新声蚜属
Neotoxoptera formosana (Takahashi) [onion aphid] 葱蚜，葱韭蚜，台湾韭蚜
Neotoxoptera oliveri (Essig) 金燕花新弓蚜
Neotoxoptera sungkangensis Hsu 松岗新弓翅蚜，松岗岔蚜，松岗新弓蚜
Neotoxoptera violae (Perhande) [violet aphid] 堇新弓翅蚜，紫罗兰小瘤额蚜，堇菜蚜，芹菜新弓蚜
Neotoxoptera weigeliae Koo *et* Seo 朝鲜新弓蚜
Neotoxoscelus 隆吉丁甲属，隆吉丁属，新弓吉丁甲属
Neotoxoscelus kerzhneri (Alexeev) 柯氏隆吉丁甲，柯氏隆吉丁，克氏新弓吉丁甲
Neotoxoscelus kurosawai (Hattori) 黑泽隆吉丁甲，黑泽隆吉丁，拟栗新弓吉丁甲，拟栗吉丁虫，库弓吉丁
Neotoxoscelus luzonicus Fisher 吕宋隆吉丁甲，吕宋新弓吉丁甲
Neotoxoscelus ornatus Fisher 饰隆吉丁甲，饰新弓吉丁甲
Neotoxoscelus shirahatai (Kurosawa) 白幡新弓吉丁甲，希扩胫吉丁
Neotrachystola 泥糙天牛属

Neotrachystola maculipennis (Fairmaire) 斑翅泥糙天牛，泥糙天牛，尼糙天牛
Neotrachystola superciliata Pu 眉斑泥糙天牛
Neotrichiorhyssemus 新毛金龟甲属
Neotrichiorhyssemus kentingensis Masumoto, Ochi *et* Lan 垦丁新毛金龟甲
Neotrichophorus anchastinus (Candèze) 见 *Mulsanteus anchastinus*
Neotrichoporoides nyemitawus (Rohwer) 蝇尼啮小蜂
Neotrichoporoides viridimaculatus (Fullaway) 绿斑尼啮小蜂
Neotrichus 尼坚甲属
Neotrichus lanyuensis Sasaji 兰屿尼坚甲
neotrichy 新毛，增生毛
Neotrionymus 新粉蚧属
Neotrionymus incanus Wu 地梅新粉蚧
Neotrionymus monstatus Borchsenius 芦苇新粉蚧
Neotrioza 新个木虱属，新叉木虱属
Neotrioza gibbrulosa (Li) 驼突新个木虱
Neotrioza shuiliensis (Yang) 大叶楠新个木虱，大叶楠木虱
Neotrioza triozoptera (Crawford) 三叉新个木虱
Neotriozidae 新个木虱科
Neotriplax 新蕈甲属，尼大蕈甲属
Neotriplax arisana Miwa 阿里新蕈甲，阿里山尼大蕈甲
Neotriplax minima Li, Ren *et* Dong 迷你新蕈甲
Neotriplax miwai Nakane 美和新蕈甲，三轮尼大蕈甲
Neotriplax reitteri Mader 莱新蕈甲，莱尼大蕈甲
Neotriplax rubens (Hope) 红色新蕈甲，红佩大蕈甲
Neotrogaspidia 新驼盾蚁蜂属
Neotrogaspidia pustulata (Smith) 丘疹新驼盾蚁蜂，丘尼驼盾蚁蜂
Neotrogla 新热蛄属
Neotrogla brasiliensis Lienhard 巴西新热蛄
Neotrogla curvata Lienhard *et* Ferreira 洞穴新热蛄
Neotropic Region 见 Neotropical Region
neotropical brown stink bug [= neotropical stink bug, *Euschistus heros* (Fabricius)] 豆幽褐蝽
neotropical corn borer [*Diatraea lineolata* (Walker)] 新热带秆草螟，新热带玉米螟
Neotropical Entomology 新热带昆虫学 < 期刊名 >
Neotropical Realm 新热带界
Neotropical Region [= Neotropic Region] 新热带区
neotropical stink bug 见 neotropical brown stink bug
Neottiglossa 舌蝽属
Neottiglossa leporina (Herrich-Schäffer) 舌蝽
Neottiglossa pusilla (Gmelin) 小舌蝽
Neottiophilidae 巢蝇科
neotype 新模标本，新模 < 当全模标本损坏或遗失时，从补模标本 (plesiotype) 中选择一个来代表，即新模标本 >
Neotypus 新模姬蜂属
Neotypus flavipes Uchida 黄新模姬蜂
Neotypus nobilitator (Gravenhorst) 显新模姬蜂
Neotypus nobilitator nobilitator (Gravenhorst) 显新模姬蜂指名亚种
Neotypus nobilitator orientalis Uchida 显新模姬蜂东方亚种，东方新模姬蜂，东方显新模姬蜂
Neotypus taiwanus Uchida 台湾新模姬蜂，台湾模姬蜂
Neovalgus 新胖金龟甲属，新胖金龟属
Neovalgus formosanus Miyake 黄斑新胖金龟甲，台岛新胖金龟，黄斑扁花金龟
Neovalgus laetus (Arrow) 深新胖金龟甲，深克胖金龟甲，深克胖金龟
Neovalgus taiwanus (Sawada) 台湾新胖金龟甲，台湾新胖金龟，台湾大扁花金龟
Neovulturnus 新折缘叶蝉属
Neovulturnus maculosus Evans 斑新折缘叶蝉
Neovulturnus montanus (Evans) 山新折缘叶蝉
Neovulturnus pallidus Evans 淡新折缘叶蝉
Neovulturnus testacea (Kuoh) 茶新折缘叶蝉，砖红乌叶蝉
Neoxantha 半脊楔天牛属
Neoxantha amicta Pascoe 隐斑半脊楔天牛，隐斑半脊天牛
neoxanthin 新黄素
Neoxeniades 新形弄蝶属
Neoxeniades anchicayensis Steinhauser 安新形弄蝶
Neoxeniades bajula (Schaus) 巴新形弄蝶
Neoxeniades braesia (Hewitson) [braesia false flasher] 玻新形弄蝶
Neoxeniades cincia (Hewitson) [cincia false flasher] 兹新形弄蝶
Neoxeniades irena Evans 伊新形弄蝶
Neoxeniades luda Hewitson [frosted mimic-skipper, luda skipper] 卢达新形弄蝶
Neoxeniades molion Godman *et* Salvin [blue-based skipper, green-faced mimic-skipper] 魔龙新形弄蝶
Neoxeniades musarion Hayward 穆新形弄蝶，新形弄蝶
Neoxeniades myra Evans 咪新形弄蝶
Neoxeniades scipio (Fabricius) 斯新形弄蝶
Neoxeniades seron (Godman) [seron false flasher] 色新形弄蝶
Neoxeniades tropa Evans 特新形弄蝶
Neoxenicotela 腹突天牛属
Neoxenicotela mausoni Breuning 淡尾腹突天牛
Neoxizicus 新栖螽属
Neoxizicus longipennis Liu *et* Zhang 长翅新栖螽
Neoxorides 新凿姬蜂属
Neoxorides collaris (Gravenhorst) 颈新凿姬蜂
Neoxorides longiacer Sheng 锐新凿姬蜂
Neoxorides varipes (Holmgren) 变足新凿姬蜂
Neoxorides varipes niger Kasparyan 变足新凿姬蜂黑色亚种，黑新凿姬蜂
Neoxorides varipes varipes (Holmgren) 变足新凿姬蜂指名亚种
Neoxyletinus 新树窃蠹属
Neoxyletinus angustatus (Pic) 窄新树窃蠹，窄树窃蠹
Neoxyletinus tibetanus (Gottwald) 西藏新树窃蠹
Neozavrelia 肛齿摇蚊属
Neozavrelia fengchengensis Wang *et* Wang 凤城肛齿摇蚊
Neozavrelia lindvergi Reiss 林氏肛齿摇蚊
Neozavrelia longivolsella Guo *et* Wang 长附肛齿摇蚊
Neozavrelia oligomera Wang *et* Zheng 寡节肛齿摇蚊
Neozavrelia pilosa Guo *et* Wang 多毛肛齿摇蚊
Neozavrelia spina Guo *et* Wang 棘肛齿摇蚊
Neozavrelia tamanona (Sasa) 缩肛齿摇蚊
Neozephyrus 翠灰蝶属
Neozephyrus chinensis Howarth [Chinese green hairstreak] 中华翠灰蝶，华翠灰蝶

Neozephyrus coruscans (Leech) 闪光翠灰蝶
Neozephyrus coruscans coruscans (Leech) 闪光翠灰蝶指名亚种
Neozephyrus coruscans takasagoensis (Nire) 闪光翠灰蝶台湾亚种，台闪光翠灰蝶
Neozephyrus disparatus Horwarth 见 *Chrysozephyrus disparatus*
Neozephyrus disparatus pseudotaiwanus Howarth 见 *Chrysozephyrus disparatus pseudotaiwanus*
Neozephyrus dubernardi (Riley) 杜翠灰蝶，杜珂线灰蝶
Neozephyrus helenae Howarth 海伦翠灰蝶，海伦娜翠灰蝶
Neozephyrus japonicus (Murray) [Japanese green hairstreak] 日本翠灰蝶，翠灰蝶，日本桤翠灰蝶
Neozephyrus marginatus Howarth 见 *Chrysozephyrus marginatus*
Neozephyrus nigroapicalis Howarth 见 *Chrysozephyrus nigroapicalis*
Neozephyrus quercus (Linnaeus) 见 *Favonius quercus*
Neozephyrus sikongensis Murayama 同 *Chrysozephyrus smaragdinus*
Neozephyrus souleama angustimargo Howarth 见 *Chrysozephyrus souleana angustimargo*
Neozephyrus suroia Tytler 素翠灰蝶
Neozephyrus taiwanus (Wileman) 台湾翠灰蝶，台湾桤翠灰蝶，宽边绿小灰蝶，台湾绿灰蝶，高山绿小灰蝶，高砂绿小灰蝶
Neozephyrus tatsienluensis Murayama 见 *Chrysozephyrus tatsienluensis*
Neozephyrus taxila Bremer 见 *Favonius taxila*
Neozephyrus uedai Koiwaya 上田翠灰蝶
Neozephyrus yunnanensis Howarth 见 *Chrysozephyrus yunnanensis*
Neozirta 健猎蝽属
Neozirta annulipes China 同 *Neozirta eidmanni*
Neozirta eidmanni (Taueber) 环足健猎蝽，健猎蝽
Neozirta orientralis Distant 东方健猎蝽
Nepa 蝎蝽属
Nepa chinensis Hoffman 卵圆蝎蝽
Nepa cinerea Linnaeus 灰蝎蝽
Nepa hoffmanni Esaki 贺氏蝎蝽，霍氏蝎蝽，小蝎蝽
Nepal ringed argus [*Callerebia caeca* Watkins] 凯艳眼蝶
Nepal shield-backed bug [*Poecilocoris nepalensis* (Herrich-Schäffer)] 尼泊尔宽盾蝽，尼泊尔茶蝽
Nepal formosanus (Okamoto *et* Kuwayama) 见 *Dilar formosanus*
Nepal kanoi Nakahara 同 *Dilar taiwanensis*
Nepala 斜唇叶蜂属
Nepala incerta (Cameron) 黄带斜唇叶蜂
Nepalinus 尼隐翅甲属，尼隐翅虫属
Nepalinus densipennis (Bernhauer) 密翅尼隐翅甲，密翅腹片隐翅虫
Nepalinus parcipennis (Bernhauer) 帕尼隐翅甲，帕尼隐翅虫，帕腹片隐翅虫
Nepaliodes 角胸隐翅甲属
Nepaliodes solangelae Herman 红缘角胸隐翅甲
Nepaliseta 尼泊尔芒蝇属
Nepaliseta ashleyi (Barraclough) 艾什莉尼泊尔芒蝇
Nepaliseta mirabilis Barraclough 奇异尼泊尔芒蝇
Nepalogaleruca 尼萤叶甲属
Nepalogaleruca conformis Chen *et* Jiang 同貌尼萤叶甲
Nepalogaleruca elegans Kimoto 丽尼萤叶甲，尼泊尔萤叶甲
Nepalogaleruca nigriventris Chen *et* Jiang 黑腹尼萤叶甲
Nepalomyia 跗距长足虻属
Nepalomyia beijingensis Wang *et* Yang 北京跗距长足虻
Nepalomyia bidentata (Yang *et* Saigusa) 双齿跗距长足虻
Nepalomyia biseta Wang, Yang *et* Grootaert 双鬃跗距长足虻
Nepalomyia brevifurcata (Yang *et* Saigusa) 短叉跗距长足虻
Nepalomyia chinensis (Yang) 中华跗距长足虻
Nepalomyia crassata (Yang *et* Saigusa) 粗跗距长足虻
Nepalomyia daliensis (Yang *et* Saigusa) 大理跗距长足虻
Nepalomyia damingshanus Wang, Chen *et* Yang 大明山跗距长足虻
Nepalomyia daweishana (Yang *et* Saigusa) 大围山跗距长足虻
Nepalomyia dentata (Yang *et* Saigusa) 齿突跗距长足虻
Nepalomyia dongae Wang, Chen *et* Yang 董氏跗距长足虻
Nepalomyia effecta (Wei) 尽跗距长足虻
Nepalomyia emeiensis Wang, Yang *et* Grootaert 峨眉跗距长足虻
Nepalomyia fanjingensis (Wei) 梵净跗距长足虻
Nepalomyia flava (Yang *et* Saigusa) 黄角跗距长足虻
Nepalomyia fogangensis Wang, Yang *et* Grootaert 佛冈跗距长足虻
Nepalomyia furcata (Yang *et* Saigusa) 叉突跗距长足虻
Nepalomyia guangdongensis Wang, Yang *et* Grootaert 广东跗距长足虻
Nepalomyia guangxiensis Zhang *et* Yang 广西跗距长足虻
Nepalomyia hastata Wang, Yang *et* Grootaert 戟跗距长足虻
Nepalomyia henanensis (Yang, Yang *et* Li) 河南跗距长足虻
Nepalomyia henotica (Wei) 连跗距长足虻
Nepalomyia hiantula (Wei) 开跗距长足虻
Nepalomyia horvati Wang *et* Yang 霍氏跗距长足虻
Nepalomyia hui Wang *et* Yang 胡氏跗距长足虻
Nepalomyia jinshanensis Wang, Yang *et* Grootaert 金山跗距长足虻
Nepalomyia liui Wang, Yang *et* Grootaert 刘氏跗距长足虻
Nepalomyia longa (Yang *et* Saigusa) 长角跗距长足虻
Nepalomyia longiseta (Yang *et* Saigusa) 长鬃跗距长足虻
Nepalomyia lustrabilis (Wei) 显跗距长足虻
Nepalomyia luteipleurata (Yang *et* Saigusa) 黄侧跗距长足虻
Nepalomyia nantouensis Wang, Yang *et* Masunaga 南投跗距长足虻
Nepalomyia orientalis (Yang *et* Li) 东方跗距长足虻
Nepalomyia pallipes (Yang *et* Saigusa) 淡跗距长足虻
Nepalomyia pallipilosa (Yang *et* Saigusa) 白毛跗距长足虻
Nepalomyia pilifera (Yang *et* Saigusa) 多毛跗距长足虻
Nepalomyia pingbiana (Yang *et* Saigusa) 屏边跗距长足虻
Nepalomyia ruiliensis Wang *et* Yang 瑞丽跗距长足虻
Nepalomyia shennongjiaensis Wang, Chen *et* Yang 神农架跗距长足虻
Nepalomyia sichuanensis Wang, Yang *et* Grootaert 四川跗距长足虻
Nepalomyia siveci Wang *et* Yang 赛氏跗距长足虻
Nepalomyia spiniformis Zhang *et* Yang 刺跗距长足虻
Nepalomyia taiwanensis Wang *et* Yang 台湾跗距长足虻
Nepalomyia tianlinensis Zhang *et* Yang 田林跗距长足虻
Nepalomyia tianmushan (Yang) 天目山跗距长足虻
Nepalomyia trifurcata (Yang *et* Saigusa) 三叉跗距长足虻
Nepalomyia tuberculosa (Yang *et* Saigusa) 毛瘤跗距长足虻
Nepalomyia ventralis Wang, Yang *et* Grootaert 腹毛跗距长足虻
Nepalomyia xiaoyanae Wang, Chen *et* Yang 晓燕跗距长足虻

Nepalomyia xui Wang, Yang *et* Grootaert 许氏跗距长足虻
Nepalomyia yangi Wang, Yang *et* Grootaert 杨氏跗距长足虻
Nepalomyia yunnanensis (Yang *et* Saigusa) 云南跗距长足虻
Nepalomyia zengchengensis Wang, Yang *et* Grootaert 增城跗距长足虻
Nepalomyia zhangae Wang, Yang *et* Grootaert 张氏跗距长足虻
Nepalomyia zhouzhiensis (Yang *et* Saigusa) 周至跗距长足虻
Nepalonesia 尼蚓蝇属
Nepalonesia dasysternita (Chen, Deng *et* Fan) 毛腹尼蚓蝇，毛腹蜗蝇
Nepalonesia fanzidei Feng 范氏尼蚓蝇
Nepalonesia gibbosa (Chen, Deng *et* Fan) 驼叶尼蚓蝇，驼叶蜗蝇
Nepalonesia gonggashanensis (Chen *et* Fan) 贡嘎山尼蚓蝇，贡嘎山蜗蝇
Nepalonesia nigrella (Chen, Li *et* Zhang) 小黑尼蚓蝇，小黑蜗蝇
Nepalonesia pygialis Villeneuve 鳞尾尼蚓蝇
Nepalonesia ventrexcerta Feng *et* Fan 突腹尼蚓蝇
Nepalopolia 尼狸夜蛾属
Nepalopolia contaminata (Chang) 木理尼狸夜蛾，木理狸夜蛾
Nepalota 瘦茎隐翅甲属，尼隐翅甲属
Nepalota aptera Pace 无翅瘦茎隐翅甲，无翅尼隐翅甲
Nepalota chinensis Pace 中华瘦茎隐翅甲
Nepalota gansuensis Pace 甘肃瘦茎隐翅甲
Nepalota longearmata Pace 暗褐瘦茎隐翅甲，长尼隐翅甲
Nepalota mendax Pace 曼瘦茎隐翅甲，曼尼隐翅甲
Nepalota peinantensis Pace 佩南塔瘦茎隐翅甲，宝岛尼隐翅甲
Nepalota smetanai Pace 斯氏瘦茎隐翅甲
Nepalota taiwanensis Pace 台湾瘦茎隐翅甲，台湾尼隐翅甲
Nephantis serinopa Meyrick 同 *Opisina arenosella*
Nephargynnis 云豹蛱蝶属
Nephargynnis anadyomene (Felder *et* Felder) [clouded leopard butterfly] 云豹蛱蝶
Nephele 银纹天蛾属
Nephele didyma (Fabricius) 银纹天蛾
Nephele didyma* forma *hespera (Fabricius) 见 *Nephele hespera*
Nephele hespera (Fabricius) [crepuscular hawkmoth] 赭银纹天蛾
Nephele rosae Butler 玫瑰银纹尺蛾
Nephelobotys 云纹野螟属
Nephelobotys nephelistalis (Hampson) 黄缘云纹野螟
Nephelodes emmedonia (Cramer) [bronzed cutworm] 青铜切夜蛾
Nephelodes minians Guenée [bronzed cutworm, bronze cutworm, shaded umber moth] 铜色切夜蛾，青铜地蚕
Nepheronia 乃粉蝶属
Nepheronia argia (Fabricius) [large vagrant] 黑缘乃粉蝶
Nepheronia avantar (Moore) 阿万乃粉蝶
Nepheronia buquetii (Boisduval) [plain vagrant, Buquet's vagrant] 布氏乃粉蝶
Nepheronia idotea (Boisduval) 乃粉蝶
Nepheronia pharis (Boisduval) [round-winged vagrant] 发乃粉蝶
Nepheronia thalassina (Boisduval) [Cambridge vagrant, blue vagrant] 塔乃粉蝶
Nepheronia usambara Aurivillius 优乃粉蝶
Nephodonta 雾舟蛾属
Nephodonta cognata Schintlmeister *et* Witt 薄雾舟蛾
Nephodonta dubiosa (Kiriakoff) 游雾舟蛾，杜内舟蛾
Nephodonta taiwanensis Schintlmeister 台湾雾舟蛾
Nephodonta tsushimensis Sugi 津岛灰雾舟蛾
Nephodonta tsushimensis taibaiana Schintlmeister *et* Fang 津岛灰雾舟蛾太白亚种，灰雾舟蛾太白亚种
Nephodonta tsushimensis tsushimensis Sugi 津岛灰雾舟蛾指名亚种
Nephoharpalus 云纹婪步甲亚属
Nephoploca 楔波纹蛾属
Nephoploca hoenei (Sick) 陕楔波纹蛾
Nephopterix 云斑螟属，云翅斑螟属 <此属学名有误写为 *Nephopteryx* 者>
Nephopterix adelphella (Fisher von Roslerstamm) 见 *Sciota adelphella*
Nephopterix biareatella Caradja 双云斑螟，双云翅斑螟
Nephopterix bicolorella Leech 双色云斑螟，二色云翅斑螟
Nephopterix cometella Joannis 柯云斑螟，柯云翅斑螟
Nephopterix eugraphella Ragonot [chiku moth] 艾胶云斑螟，真写云翅斑螟
Nephopterix exotica Inoue 赤褐云斑螟，外云翅斑螟
Nephopterix formosa Haworth [beautiful knot-horn moth] 台湾云斑螟，台湾云翅斑螟
Nephopterix furella (Strand) 福云斑螟，福荚斑螟，弗瘿斑螟，弗佩姆螟
Nephopterix griseofusa (Wileman *et* South) 灰云斑螟，灰云翅斑螟
Nephopterix hamatella Roesler 钩云斑螟，钩云翅斑螟
Nephopterix hemiargyralis Hampson 半银云斑螟，半银云翅斑螟
Nephopterix hostilis Stephens 见 *Sciota hostilis*
Nephopterix hyemalis Butler 同 *Faveria leucophaeella*
Nephopterix immatura Inoue 饰囊云斑螟
Nephopterix intercisella Wileman 锈纹云斑螟，锈纹云翅斑螟
Nephopterix kosemponella Strand 高雄云斑螟，高雄云翅斑螟
Nephopterix maenamii Inoue 白角云斑螟
Nephopterix mikadella (Ragonot) [mikado pyralid] 帝云斑螟，帝野螟
Nephopterix monotonella Caradja 见 *Sacculocornutia monotonella*
Nephopterix nocturnella Hampson 夜云斑螟，夜云翅斑螟
Nephopterix obenbergeri Strand 奥氏云斑螟，奥云翅斑螟
Nephopterix ochribasalis Hampson 赭基云斑螟，赭基云翅斑螟
Nephopterix paraexotica Paek *et* Bae 类赤褐云斑螟
Nephopterix pirivorella Matsumura 见 *Acrobasis pyrivorella*
Nephopterix rhodobasalis Hampson 杆基云斑螟，杆基云翅斑螟
Nephopterix rubrizonella Ragonot [pear fruit borer] 红带云斑螟，红带云翅斑螟，梨食心斑螟
Nephopterix semirubella Scopoli 红云斑螟，红云翅斑螟
Nephopterix shantungella Roesler 山东云斑螟，山东云翅斑螟
Nephopterix similella Zincken 见 *Elegia similella*
Nephopterix subcaesiella (Clemens) [locust leafroller] 刺槐云斑螟，刺槐云翅斑螟，刺槐卷叶斑螟
Nephopterix tomisawai Yamanaka 富泽云斑螟
Nephopteryx pyrivorella (Matsumura) 见 *Acrobasis pyrivorella*
Nephopteryx rubrizonella Ragonot 见 *Nephopterix rubrizonella*
Nephopteryx subcaesiella (Clemens) 见 *Nephopterix subcaesiella*
Nephotettix 黑尾叶蝉属
Nephotettix apicalis (Motschulsky) 同 *Nephotettix nigropictus*

Nephotettix bipunctatus (Fabricius) 同 *Nephotettix virescens*
Nephotettix bipunctatus apicalis (Motschulsky) 同 *Nephotettix nigropictus*
Nephotettix cincticeps (Uhler) [rice leafhopper, green leafhopper, green rice leafhopper, spotted jassid] 黑尾叶蝉，伪黑尾叶蝉
Nephotettix impicticeps Ishihara 同 *Nephotettix virescens*
Nephotettix malayanus Ishihara *et* Kawase 马来亚黑尾叶蝉
Nephotettix nigropictus (Stål) [rice green leafhopper, rice green jassid rice leafhopper, green-omowereng, two-spotted green rice leafhopper] 二条黑尾叶蝉，二纹黑尾叶蝉，黑条黑尾叶蝉
Nephotettix parvus Ishihara *et* Kawase 小黑尾叶蝉
Nephotettix virescens (Distant) [green paddy leafhopper, green leafhopper, green rice leafhopper, oriental green rice leafhopper, rice green leafhopper] 二点黑尾叶蝉，绿黑尾叶蝉，台湾黑尾叶蝉
nephridia 原肾 < 该词曾被误用于昆虫马氏管 >
nephridial 肾管的
Nephrites 云斑大花蚤属，短鞘大花蚤属
Nephrites apicalis Toyama *et* Hatayama 端云斑大花蚤，短鞘大花蚤
Nephrocerinae 肾头蝇亚科
Nephrocerus 肾头蝇属
Nephrocerus auritus Xu *et* Yang 耳肾头蝇
Nephrocerus bullatus Zhao, Huo *et* Yang 泡肾头蝇
nephrocyte 集聚细胞，肾细胞
Nephrotoma 短柄大蚊属，泥大蚊属
Nephrotoma aculeata (Loew) 腹刺短柄大蚊
Nephrotoma aculeata aculeata (Loew) 腹刺短柄大蚊指名亚种
Nephrotoma aculeata atricauda Alexander 腹刺短柄大蚊具棘亚种，棘短柄大蚊
Nephrotoma alticrista Alexander 高冠短柄大蚊，冠毛短柄大蚊
Nephrotoma atrolatera Alexander 暗边短柄大蚊，黑侧短柄大蚊，萎瘦泥大蚊
Nephrotoma attenuata Alexander 同 *Nephrotoma nigrohalterata*
Nephrotoma aurantiocincta Alexander 黄带短柄大蚊，橙带短柄大蚊
Nephrotoma barbigera (Savchenko) 异角短柄大蚊
Nephrotoma basiflava Yang *et* Yang 基黄短柄大蚊
Nephrotoma beibengensis Yang, Liu, Liu *et* Yang 背崩短柄大蚊
Nephrotoma biarmigera Alexander 双叶短柄大蚊，双突短柄大蚊
Nephrotoma biformis Alexander 双形短柄大蚊，二型短柄大蚊
Nephrotoma bifusca Alexander 截形短柄大蚊
Nephrotoma bispinosa Alexander 同 *Nephrotoma scalaris parvinotata*
Nephrotoma bombayensis (Marquart) 孟买短柄大蚊，孟短柄大蚊，孟买泥大蚊
Nephrotoma brierei Alexander 同 *Nephrotoma scalaris parvinotata*
Nephrotoma catenata Alexander 愈斑短柄大蚊
Nephrotoma catenata catenata Alexander 愈斑短柄大蚊指名亚种
Nephrotoma catenata guizhouensis Yang *et* Yang 愈斑短柄大蚊贵州亚种，贵州愈斑短柄大蚊
Nephrotoma caudifera Alexander 异尾短柄大蚊，尾短柄大蚊，高地泥大蚊
Nephrotoma citricolor Alexander 檬色短柄大蚊，橘色短柄大蚊
Nephrotoma citrina (Edwards) 柠檬短柄大蚊，橘短柄大蚊，香树泥大蚊
Nephrotoma claviformis Yang *et* Yang 棒突短柄大蚊
Nephrotoma concava Yang *et* Yang 缺缘短柄大蚊
Nephrotoma cornicina (Linnaeus) 角突短柄大蚊，角动短柄大蚊，柯短柄大蚊
Nephrotoma cuneata Yang *et* Yang 楔纹短柄大蚊
Nephrotoma decrepita Alexander 同 *Nephrotoma virgata*
Nephrotoma definita Alexander 晕色短柄大蚊，准短柄大蚊，清晰泥大蚊
Nephrotoma delta (Walker) 三角短柄大蚊，印度短柄大蚊，印度泥大蚊
Nephrotoma didyma Yang *et* Yang 双突短柄大蚊，双凸短柄大蚊
Nephrotoma distans Edwards 黑缘短柄大蚊
Nephrotoma drakanae Alexander 黄缘短柄大蚊，德短柄大蚊
Nephrotoma duchazaudi Alexander 杜氏短柄大蚊
Nephrotoma erebus Alexander 冥短柄大蚊
Nephrotoma evittata Alexander 缺纹短柄大蚊，埃短柄大蚊
Nephrotoma flavonota (Alexander) 黄盾短柄大蚊，黄短柄大蚊
Nephrotoma formosensis (Edwards) 台湾短柄大蚊，福摩泥大蚊
Nephrotoma geniculata Yang *et* Yang 膝突短柄大蚊，膝短柄大蚊
Nephrotoma grahamiana Alexander 同 *Nephrotoma repanda*
Nephrotoma guangxiensis Yang *et* Yang 广西短柄大蚊
Nephrotoma hainanica Alexander 海南短柄大蚊
Nephrotoma hanae Yang, Liu, Liu *et* Yang 韩氏短柄大蚊
Nephrotoma hirsuticauda Alexander 毛尾短柄大蚊
Nephrotoma huangshanensis Men, Xue *et* Wang 黄山短柄大蚊
Nephrotoma hubeiensis Yang *et* Yang 湖北短柄大蚊
Nephrotoma hunanensis Yang *et* Yang 湖南短柄大蚊
Nephrotoma hypogyna Yang *et* Yang 下突短柄大蚊
Nephrotoma immemorata Alexander 同 *Nephrotoma parvirostra*
Nephrotoma impigra Alexander 尖突短柄大蚊，奋短柄大蚊
Nephrotoma impigra fulvovittata (Savchenko) 尖突短柄大蚊铜纹亚种，褐条奋短柄大蚊，铜纹尖突短柄大蚊
Nephrotoma impigra impigra Alexander 尖突短柄大蚊指名亚种
Nephrotoma inorata Alexander 中纹短柄大蚊
Nephrotoma integra Alexander 全缘短柄大蚊，整短柄大蚊，完全泥大蚊
Nephrotoma javensis (Doleschall) 爪哇短柄大蚊，爪哇泥大蚊
Nephrotoma jinxiuensis Yang *et* Yang 金秀短柄大蚊
Nephrotoma joneensis Yang *et* Yang 卓尼短柄大蚊
Nephrotoma kaulbacki Alexander 寡斑短柄大蚊
Nephrotoma koreana Tangelder 朝鲜短柄大蚊
Nephrotoma kuangi Yang *et* Yang 旷氏短柄大蚊
Nephrotoma liankangensis Men, Xue *et* Yang 连康山短柄大蚊，连康短柄大蚊
Nephrotoma libra Alexander 暗角短柄大蚊
Nephrotoma ligulata Alexander 小舌短柄大蚊，突短柄大蚊
Nephrotoma makiella (Matsumura) 闽台短柄大蚊，麦氏短柄大蚊，福建泥大蚊
Nephrotoma martynovi Alexander 古北短柄大蚊，马氏短柄大蚊
Nephrotoma medioproducta Alexander 中突短柄大蚊，浙短柄大蚊
Nephrotoma meridionalis Yang *et* Yang 南方短柄大蚊
Nephrotoma minuticornis Alexander 细角短柄大蚊
Nephrotoma nigrohalterata Edwards 黑棒短柄大蚊

Nephrotoma nigrostylata Alexander 黑突短柄大蚊
Nephrotoma ocellata Yang *et* Yang 后斑短柄大蚊
Nephrotoma omeiana Alexander 峨眉短柄大蚊，峨眉泥大蚊
Nephrotoma palloris (Coquillett) 白颜短柄大蚊，白颜泥大蚊
Nephrotoma parva (Edwards) 小突短柄大蚊，小短柄大蚊，微小泥大蚊
Nephrotoma parvirostra Alexander 鸡冠短柄大蚊，细喙短柄大蚊
Nephrotoma perobliqua Alexander 极斜短柄大蚊，类斜短柄大蚊
Nephrotoma pilata Alexander 联斑短柄大蚊，厚短柄大蚊
Nephrotoma pjotri Tangelder 阿拉图短柄大蚊
Nephrotoma pleuromaculata Alexander 双锥短柄大蚊
Nephrotoma profunda Alexander 尖裂短柄大蚊
Nephrotoma progne Alexander 环裂短柄大蚊，普短柄大蚊
Nephrotoma pseudoliankangensis Men, Xue *et* Yang 拟连康山短柄大蚊，拟连康短柄大蚊
Nephrotoma pullata (Alexander) 微暗短柄大蚊，黑短柄大蚊
Nephrotoma qinghaiensis Yang *et* Yang 青海短柄大蚊
Nephrotoma qinghaiensis nigrabdomen Yang *et* Yang 青海短柄大蚊黑腹亚种，黑腹青海短柄大蚊
Nephrotoma qinghaiensis qinghaiensis Yang *et* Yang 青海短柄大蚊指名亚种，指名青海短柄大蚊
Nephrotoma quadrinacrea Alexander 四斑短柄大蚊，夸短柄大蚊
Nephrotoma quadristriata (Schummel) 四带短柄大蚊
Nephrotoma rectispina Alexander 直刺短柄大蚊
Nephrotoma relicta (Savchenko) 单斑短柄大蚊
Nephrotoma repanda (Alexander) 后弯短柄大蚊，格短柄大蚊
Nephrotoma retenta Alexander 褐棒短柄大蚊
Nephrotoma ruiliensis Yang *et* Yang 瑞丽短柄大蚊
Nephrotoma scalaris (Meigen) 二刺短柄大蚊
Nephrotoma scalaris parvinotata (Brunetti) 二刺短柄大蚊细胸亚种，离斑指突短柄大蚊
Nephrotoma scalaris scalaris (Meigen) 二刺短柄大蚊指名亚种
Nephrotoma scurra (Meigen) 间纹短柄大蚊
Nephrotoma scurroides (de Meijere) 长盾短柄大蚊
Nephrotoma serricornis (Brunetti) 锯角短柄大蚊
Nephrotoma serristyla Alexander 同 *Nephrotoma parvirostra*
Nephrotoma shanxiensis Yang *et* Yang 山西短柄大蚊
Nephrotoma sichuanensis Yang *et* Yang 四川短柄大蚊
Nephrotoma sinensis (Edwards) 中华短柄大蚊
Nephrotoma sodalis Loew 伴侣短柄大蚊
Nephrotoma spicula Tangelder 小尖短柄大蚊
Nephrotoma stylacantha Alexander 脊刺短柄大蚊，棘刺短柄大蚊
Nephrotoma takeuchii Alexander 黄顶短柄大蚊，乌来短柄大蚊，乌来泥大蚊
Nephrotoma tianlinensis Yang *et* Yang 田林短柄大蚊
Nephrotoma vesta Alexander 裸痣短柄大蚊，服短柄大蚊
Nephrotoma villosa (Savchenko) 长毛短柄大蚊，绒短柄大蚊
Nephrotoma virgata (Coquillett) 多突短柄大蚊，条纹短柄大蚊，花斑泥大蚊
Nephrotoma xichangensis Yang *et* Yang 西昌短柄大蚊
Nephrotoma xinjiangensis Yang *et* Yang 新疆短柄大蚊
Nephrotoma xizangensis Yang *et* Yang 西藏短柄大蚊
Nephrotoma zhejiangensis Yang *et* Yang 浙江短柄大蚊
Nephus 弯叶毛瓢虫属
Nephus ancyroides Pang *et* Pu 见 *Nephus* (*Geminosipho*) *ancyroides*
Nephus bipunctatus (Kugelann) 二点弯叶毛瓢虫，二星小毛瓢虫
Nephus* (*Bipunctatus*) *neixiangicus Yu 内乡弯叶毛瓢虫
Nephus* (*Bipunctatus*) *ziguiensis Yu 秭归弯叶毛瓢虫
Nephus dilepismoides Pang *et* Pu 同 *Nephus* (*Geminosipho*) *ancyroides*
Nephus fijiensis (Sicard) 见 *Nephus* (*Geminosipho*) *fijiensis*
Nephus* (*Geminosipho*) *ancyroides Pang *et* Pu 双鳞弯叶毛瓢虫
Nephus* (*Geminosipho*) *bilinearis Yu 弯叶毛瓢虫
Nephus* (*Geminosipho*) *dilepismoides Pang *et* Pu 同 *Nephus* (*Geminosipho*) *ancyroides*
Nephus* (*Geminosipho*) *fijiensis (Sicard) 斐济弯叶毛瓢虫
Nephus* (*Geminosipho*) *incinctus (Mulsant) 环斑弯叶毛瓢虫
Nephus* (*Geminosipho*) *shikokensis Kitano 四国弯叶毛瓢虫
Nephus* (*Geminosipho*) *tagiapatus (Kamiya) 中斑弯叶毛瓢虫
Nephus* (*Geminosipho*) *wushanus Yu 巫山弯叶毛瓢虫
Nephus includens (Kirsch) 大斑弯叶毛瓢虫，四斑弯叶毛瓢虫
Nephus klapperichi (Mader) 喀拉弯叶毛瓢虫
Nephus koltzei (Weise) 长斑弯叶毛瓢虫
Nephus koreanus (Fürsch) 朝鲜弯叶毛瓢虫
Nephus lancetapicalis Pang *et* Gordon 见 *Sasajiscymnus lancetapicalis*
Nephus obsloletus (Weise) 见 *Nephus* (*Sidis*) *obsoletus*
Nephus parenthesis Weise 弧纹弯叶毛瓢虫
Nephus patagiatus (Lewis) 膜边弯叶毛瓢虫
Nephus phosphorus (Lewis) 红斑弯叶毛瓢虫
Nephus quadrimaculatus (Herbst) 四斑弯叶毛瓢虫，圆斑弯叶毛瓢虫
Nephus roepkei (Fluiter) 罗氏弯叶毛瓢虫
Nephus ryuguus (Kamiya) 圆斑弯叶毛瓢虫
Nephus ryukyuensis Sasaji 琉球弯叶毛瓢虫
Nephus sauteri Weise 索氏弯叶毛瓢虫
Nephus* (*Sidis*) *levaillanti (Mulsant) 乐弯叶毛瓢虫
Nephus* (*Sidis*) *minqinensis Mao *et* Li 民勤弯叶毛瓢虫
Nephus* (*Sidis*) *obsoletus (Weise) 西藏弯叶毛瓢虫，糊弯叶毛瓢虫，糊小毛瓢虫
Nephus* (*Sidis*) *tagiapatus (Kamiya) 见 *Nephus* (*Geminosipho*) *tagiapatus*
Nephus tagiapatus (Kamiya) 见 *Nephus* (*Geminosipho*) *tagiapatus*
nepid 1. [= nepid bug, water scorpion] 蝎蝽 < 蝎蝽科 Nepidae 昆虫的通称 >; 2. 蝎蝽科的
nepid bug [= nepid, water scorpion] 蝎蝽
Nepidae 蝎蝽科，红娘华科
Nepinae 蝎蝽亚科
Nepiodes 婴翅天牛属
Nepiodes costipennis (White) 脊婴翅天牛，婴翅天牛，脊薄翅天牛
Nepiodes costipennis costipennis (White) 脊婴翅天牛指名亚种
Nepiodes costipennis multicarinatus (Fuchs) 脊婴翅天牛多脊亚种，多脊婴翅天牛
Nepiodes sulcipennis (White) 沟翅婴翅天牛，沟翅薄翅天牛
nepionic 幼期的
Nepogomphus 内春蜓属
Nepogomphus modestus (Sélys) 优雅内春蜓
Nepogomphus walli (Fraser) 沃尔内春蜓

Nepoidea 蝎蝽总科
Nepomorpha 蝎蝽次目，蝎蝽型
nepomorphan 蝎蝽次目的，蝎蝽型的
Nepsalus 丽蚁蛉属
Nepsalus indicus Navás 印度丽蚁蛉
Nepticula 微蛾属
Nepticula argyropeza (Zeller) 见 *Ectoedemia argyropeza*
Nepticula assimilella Zeller 见 *Stigmella assimilella*
Nepticula confusella Wood *et* Walsingham 见 *Stigmella confusella*
Nepticula continuella Stainton 见 *Stigmella continuella*
Nepticula distinguenda Heinemann 同 *Stigmella glutinosae*
Nepticula gossypii Forbes *et* Leonard 见 *Stigmella gossypii*
Nepticula hemargyrella (Kollar) 见 *Stigmella hemargyrella*
Nepticula lapponica Wocke 见 *Stigmella lapponica*
Nepticula lindquisti Freeman 同 *Ectoedemia occultella*
Nepticula marginicolella Stainton 同 *Stigmella lemniscella*
Nepticula salicis Stainton 见 *Stigmella salicis*
Nepticula sericopeza (Zeller) 见 *Etainia sericopeza*
Nepticula speciosa Frey 见 *Stigmella speciosa*
Nepticula tityrella Stainton 见 *Stigmella tityrella*
Nepticula trimaculella (Haworth) 三点微蛾
Nepticula vimineticola Frey 见 *Stigmella vimineticola*
nepticulid 1. [= nepticulid moth, pygmy leafmining moth, pygmy] 微蛾 < 微蛾科 Nepticulidae 昆虫的通称 >；2. 微蛾科的
nepticulid moth [= nepticulid, pygmy leafmining moth, pygmy] 微蛾
Nepticulidae [= Stigmellidae] 微蛾科
Nepticuloidea [= Stigmelloidea] 微蛾总科
Neptidopsis 蛇纹蛱蝶属
Neptidopsis fulgurata (Boisduval) [Malagasy sailer, barred false sailer] 闪光蛇纹蛱蝶
Neptidopsis ophione (Cramer) [scalloped false sailer, scalloped sailer] 蛇纹蛱蝶
Neptis 环蛱蝶属
Neptis aceris (Lepechin) 同 *Neptis sappho*
Neptis agatha Stoll 宽白环蛱蝶，圆头环蛱蝶
Neptis agouale Pierre-Baltus [common club-dot sailer] 常环蛱蝶
Neptis alta Overlaet [old sailer, high sailer] 高环蛱蝶
Neptis alwina Bremer *et* Grey [large three-striped butterfly] 重环蛱蝶，梅蛱蝶
Neptis alwina alwina Bremer *et* Grey 重环蛱蝶指名亚种，指名重环蛱蝶
Neptis alwina dejeani Oberthür 见 *Neptis dejeani*
Neptis alwina kaempferi Orza 重环蛱蝶肯氏亚种，肯重环蛱蝶
Neptis amba Moore 见 *Neptis sankara amba*
Neptis ananta Moore [yellow sailer] 阿环蛱蝶
Neptis ananta albicans Oberthür 同 *Neptis ananta chinensis*
Neptis ananta ananta Moore 阿环蛱蝶指名亚种
Neptis ananta areus Fruhstorfer 同 *Neptis ananta chinensis*
Neptis ananta chinensis Leech 阿环蛱蝶中华亚种，中华阿环蛱蝶
Neptis ananta lancangensis Lang 阿环蛱蝶澜沧亚种
Neptis ananta lucida Lee 阿环蛱蝶云南亚种，云南阿环蛱蝶
Neptis ananta minus Yoshino 阿环蛱蝶小型亚种
Neptis andetria Fruhstorfer 细带链环蛱蝶
Neptis andetria andetria Fruhstorfer 细带链环蛱蝶指名亚种
Neptis andetria oberthueri Eliot 细带链环蛱蝶奥氏亚种
Neptis angusta Condamin [Condamin's sailer] 康环蛱蝶
Neptis anjana Moore [rich sailer] 安环蛱蝶
Neptis annaika Oberthür 同 *Neptis thestias*
Neptis antigone Leech 见 *Neptis manasa antigone*
Neptis antilope Leech [variegated sailer] 羚环蛱蝶
Neptis antilope antilope Leech 羚环蛱蝶指名亚种，指名羚环蛱蝶
Neptis antilope antilopsis Murayama 羚环蛱蝶陕西亚种，陕西羚环蛱蝶
Neptis antilope simingensis Murayama 羚环蛱蝶四明亚种，四明羚环蛱蝶
Neptis antilope wuhaii Huang 羚环蛱蝶吴氏亚种
Neptis arachne Leech 蛛环蛱蝶
Neptis arachne arachne Leech 蛛环蛱蝶指名亚种，指名蛛环蛱蝶
Neptis arachne giddeneme Oberthür 蛛环蛱蝶滇北亚种，滇北蛛环蛱蝶，基登环蛱蝶
Neptis arachne nemorosa Oberthür 见 *Neptis nemorosa*
Neptis armandia (Oberthür) 矛环蛱蝶，阿曼线蛱蝶
Neptis armandia armandia (Oberthür) 矛环蛱蝶指名亚种，指名矛环蛱蝶
Neptis armandia hesione Leech 见 *Neptis hesione*
Neptis armandia laetefica Oberthür 同 *Neptis armandia armandia*
Neptis armandia manardia Eliot 矛环蛱蝶云南亚种，云南矛环蛱蝶
Neptis armandia mothone Fruhstorfer 矛环蛱蝶莫骚亚种，莫矛环蛱蝶
Neptis armandia tristis Oberthür 同 *Neptis armandia armandia*
Neptis aurivillii Schultze 奥环蛱蝶
Neptis beroe Leech 折环蛱蝶
Neptis biafra Ward [Biafran sailer] 比环蛱蝶
Neptis brebissonii Boisduval 斑环蛱蝶
Neptis breti Oberthür 小黄环蛱蝶
Neptis camarensis Schultze [Schultze's sailer] 卡玛环蛱蝶
Neptis candida Joicey *et* Talbot 见 *Neptis nata candida*
Neptis capnodes Fruhstorfer 凯环蛱蝶，凯姿环蛱蝶
Neptis carcassoni van Son [Carcasson's streaked sailer] 开环蛱蝶
Neptis carlsbergi Collins *et* Larsen [Carlsberg sailer] 卡尔环蛱蝶
Neptis carpenteri Eltringham 卡彭特环蛱蝶
Neptis cartica Moore [plain sailer] 卡环蛱蝶
Neptis cartica cartica Moore 卡环蛱蝶指名亚种
Neptis cartica carticoides Moore 卡环蛱蝶喀替亚种，喀卡环蛱蝶
Neptis celebica Moore 瑟勒环蛱蝶
Neptis choui Yuan *et* Wang [Chou's sailer] 周氏环蛱蝶
Neptis clarei Aurivillius [Clare's sailer] 克莱环蛱蝶
Neptis claude Collins *et* Larsen [large club sailer] 大环蛱蝶
Neptis clinia Moore [southern sullied sailer] 柯环蛱蝶
Neptis clinia clinia Moore 柯环蛱蝶指名亚种
Neptis clinia susruta Moore 柯环蛱蝶东南亚种，东南珂环蛱蝶，苏耶环蛱蝶
Neptis clinia tibetana Moore 柯环蛱蝶西藏亚种，西藏珂环蛱蝶，藏环蛱蝶，藏耶环蛱蝶
Neptis clinioides de Nicéville 仿柯环蛱蝶

N

Neptis coenobita insularum Fruhstorfer 见 *Neptis rivularis insularum*
Neptis coenobita ludmilla (Nordmann) 见 *Neptis rivularis ludmilla*
Neptis coenobita melanis Oberthür 同 *Neptis andetria oberthueri*
Neptis coenobita synetairus Fruhstorfer 同 *Neptis rivularis magnata*
Neptis columella (Cramer) [short banded sailer] 短带环蛱蝶，柱环蛱蝶，炬三纹蛱蝶
Neptis comorarum Oberthür 科摩环蛱蝶
Neptis conspicua Neave [Neave's sailer] 尖环蛱蝶
Neptis constantiae Carcasson [Constance's sailer] 孔环蛱蝶
Neptis continuata Holland [continuous sailer] 连环蛱蝶
Neptis cydippe Leech [Chinese yellow sailer] 黄重环蛱蝶，黄三条蛱蝶
Neptis cydippe cydippe Leech 黄重环蛱蝶指名亚种，指名黄重环蛱蝶
Neptis cymela Felder *et* Felder 溪环蛱蝶
Neptis dejeani Oberthür 德环蛱蝶，德重环蛱蝶，重环蛱蝶
Neptis disparalis Murayama 同 *Neptis nata lutatia*
Neptis divisa Oberthür 五段环蛱蝶，五断环蛱蝶
Neptis duryodana Moore 杜环蛱蝶
Neptis eblis Butler 艾布环蛱蝶
Neptis esakii Nomura 江崎环蛱蝶，艾环蛱蝶
Neptis eurynome Westwood 同 *Neptis hylas*
Neptis exalenca Karsch 爱环蛱蝶
Neptis felisimilis Schrder *et* Treadaway 菲环蛱蝶
Neptis formosana Fruhstorfer 见 *Neptis sappho formosana*
Neptis frobenia Fabricius 福环蛱蝶
Neptis genulfa Oberthür 见 *Neptis speyeri genulfa*
Neptis giddeneme Oberthür 见 *Neptis arachne giddeneme*
Neptis goochi Trimen [streaked sailer, small streaked sailer] 古环蛱蝶
Neptis gracilis (Kirsch) 归环蛱蝶
Neptis gratiosa Overlaet 隔环蛱蝶
Neptis guia Chou *et* Wang 桂北环蛱蝶
Neptis harita Moore [dingiest sailer, Indian dingiest sailer] 褐环蛱蝶
Neptis hesione Leech 莲花环蛱蝶，赫矛环蛱蝶
Neptis hesione hesione Leech 莲花环蛱蝶指名亚种，指名莲花环蛱蝶
Neptis hesione podarces Nire 莲花环蛱蝶齿纹亚种，朝仓三线蝶，齿纹环蛱蝶，花莲三线蝶，台湾莲花环蛱蝶，朝仑三线蛱蝶
Neptis hylas (Linnaeus) [common sailer] 中环蛱蝶，木三纹蛱蝶
Neptis hylas acerides Fruhstorfer 同 *Neptis sappho intermedia*
Neptis hylas andamana Moore [Andaman common sailer] 中环蛱蝶安岛亚种
Neptis hylas hainana Moore 中环蛱蝶海南亚种，海南中环蛱蝶，海南三纹蛱蝶
Neptis hylas hylas (Linnaeus) 中环蛱蝶指名亚种，指名中环蛱蝶
Neptis hylas intermedia Pryer 见 *Neptis sappho intermedia*
Neptis hylas kamarupa Moore 中环蛱蝶云南亚种，云南中环蛱蝶
Neptis hylas luculenta Fruhstorfer [bean ring] 中环蛱蝶台湾亚种，豆环蛱蝶，琉球三线蝶，秋蛱蝶，三线蛱蝶，台环中环蛱蝶，琉球三线蛱蝶
Neptis hylas nicobarica Moore [Car Nicobar common sailer] 中环蛱蝶卡尼亚种
Neptis hylas sambilanga Evans [South Nicobar common sailer] 中环蛱蝶尼岛亚种
Neptis hylas varmona Moore [Indian common sailer] 中环蛱蝶印度亚种
Neptis ida Moore 旖环蛱蝶
Neptis ilira Kheil 伊丽环蛱蝶
Neptis ilos Fruhstorfer 伊洛环蛱蝶
Neptis ilos ilos Fruhstorfer 伊洛环蛱蝶指名亚种，指名伊洛环蛱蝶
Neptis ilos nirei Nomura 伊洛环蛱蝶尼氏亚种，奇环蛱蝶，伊洛环蛱蝶，黄斑三线蝶，里黄斑三线蝶，黄环蛱蝶，尼伊洛环蛱蝶
Neptis ilos sichuanensis Wang 伊洛环蛱蝶四川亚种
Neptis ilos taihangensis Yuan *et* Liu 伊洛环蛱蝶太行亚种
Neptis imitans Oberthür 见 *Aldania imitans*
Neptis incongrua Butler 茵环蛱蝶
Neptis ioannis Eliot 月环蛱蝶
Neptis jamesoni Godman [Jameson's large sailer] 詹姆森环蛱蝶
Neptis jordani Neave [Jordan's sailer] 昭环蛱蝶
Neptis jumbah Moore [chestnut-streaked sailer] 竹环蛱蝶，黄檀环蛱蝶
Neptis kanekoi Koiwaya 西藏环蛱蝶
Neptis karenkonis Matsumura 同 *Neptis hesione podarces*
Neptis katama Collins *et* Larsen 卡特环蛱蝶
Neptis kikuyuensis Jackson [Kikuyu sailer] 客环蛱蝶
Neptis kiriakoffi Overlaet [Kiriakoff's sailer] 凯环蛱蝶
Neptis kuangtungensis Mell 见 *Neptis zaida kuangtungensis*
Neptis laeta Overlaet [common sailer, Albizia sailer, common barred sailer] 莱特环蛱蝶
Neptis lermanni Aurivillius 赖环蛱蝶
Neptis leucoporos Fruhstorfer 白环蛱蝶
Neptis leucoporos leucoporos Fruhstorfer 白环蛱蝶指名亚种，指名白环蛱蝶
Neptis liberti Pierre *et* Pierre-Baltus [Libert's sailer] 利伯特环蛱蝶
Neptis livingstonei Suffert [Livingstone's sailer] 利文斯敦环蛱蝶
Neptis loma Condamin [Loma sailer] 劳玛环蛱蝶
Neptis lucida Lee 同 *Neptis namba namba*
Neptis lucilla Denis *et* Schiffermüller 同 *Neptis rivularis*
Neptis lucilla magnata Ruhl 见 *Neptis rivularis magnata*
Neptis magadha Felder *et* Felder 美环蛱蝶
Neptis magatha (Stoll) 马可环蛱蝶
Neptis mahendra Moore [Himalayan sailer] 宽环蛱蝶
Neptis mahendra extensa Leech 宽环蛱蝶四川亚种，四川宽环蛱蝶，展耶环蛱蝶
Neptis mahendra mahendra Moore 宽环蛱蝶指名亚种
Neptis mahendra ursula Eliot 宽环蛱蝶滇北亚种，滇北宽环蛱蝶
Neptis manasa Moore [pale hockeystick sailer] 玛环蛱蝶
Neptis manasa antigone Leech 玛环蛱蝶宜昌亚种，宜昌玛环蛱蝶，安第环蛱蝶
Neptis manasa manasa Moore 玛环蛱蝶指名亚种，指名玛环蛱蝶
Neptis manasa mientrunga Monastyrskii 玛环蛱蝶越南亚种
Neptis manasa narcissina Oberthür 玛环蛱蝶滇北亚种，滇北玛环蛱蝶
Neptis manasa tsangae Huang 玛环蛱蝶西藏亚种

Neptis mayottensis Oberthür 妙环蛱蝶
Neptis melicerta (Drury) [original club-dot sailer] 小白环蛱蝶
Neptis meloria Oberthür 玫环蛱蝶
Neptis menpase Huang 螟环蛱蝶
Neptis metalla Doubleday *et* Hewitson 闪环蛱蝶
Neptis metanira Holland [Holland's sailer] 墨塔环蛱蝶
Neptis metella (Doubleday) [yellow-base sailer] 麦环蛱蝶
Neptis miah Moore [small yellow sailer] 弥环蛱蝶
Neptis miah disopa Swinhoe 弥环蛱蝶峨眉亚种，峨眉弥环蛱蝶
Neptis miah miah Moore 弥环蛱蝶指名亚种
Neptis miah nolana Druce 弥环蛱蝶诺拉亚种，诺拉弥环蛱蝶，诺拉环蛱蝶
Neptis mindorana Felder *et* Felder 明环蛱蝶
Neptis mixophyes Holland [Holland's clubbed sailer] 米克斯环蛱蝶
Neptis morosa Overlaet [Morose sailer, savanna sailer] 摩尔沙环蛱蝶
Neptis mpassae Pierre-Baltus 穆环蛱蝶
Neptis multiscoliata Pierre-Baltus 多环蛱蝶
Neptis najo Karsch [Karsch's sailer] 娜姣环蛱蝶
Neptis namba Tytler 娜巴环蛱蝶
Neptis namba leechi Eliot 娜巴环蛱蝶四川亚种，四川娜巴环蛱蝶
Neptis namba namba Tytler 娜巴环蛱蝶指名亚种
Neptis nandina Moore 银环蛱蝶，南环蛱蝶
Neptis nandina micromegethes Holland 同 *Neptis clinia susruta*
Neptis nandina nandina Moore 银环蛱蝶指名亚种
Neptis narayana Moore [broadstick sailer] 那拉环蛱蝶
Neptis narayana dubernardi Eliot 那拉环蛱蝶滇北亚种，滇北那拉环蛱蝶
Neptis narayana nana de Nicéville 那拉环蛱蝶娜娜亚种，南那拉环蛱蝶
Neptis narayana narayana Moore 那拉环蛱蝶指名亚种
Neptis narayana sylvia Oberthür 那拉环蛱蝶四川亚种，四川那拉环蛱蝶，拟林环蛱蝶
Neptis nashona Swinhoe [less rich sailer] 基环蛱蝶
Neptis nashona aagaardi Riley 基环蛱蝶云南亚种，云南基环蛱蝶
Neptis nashona chapa Eliot 基环蛱蝶越南亚种，恰基环蛱蝶
Neptis nashona nashona Swinhoe 基环蛱蝶指名亚种
Neptis nashona patricia Oberthür 基环蛱蝶四川亚种，四川基环蛱蝶，帕黄环蛱蝶，帕环蛱蝶
Neptis nata Moore [clear sailer] 娜环蛱蝶
Neptis nata adipala Moore [Khasi clear sailer] 娜环蛱蝶卡西亚种，云南娜环蛱蝶，阿耶环蛱蝶
Neptis nata candida Joicey *et* Talbot 娜环蛱蝶海南亚种，海南娜环蛱蝶，肯环蛱蝶
Neptis nata evansi Eliot [Andaman clear sailer] 娜环蛱蝶安岛亚种
Neptis nata hampsoni Moore [Sahyadri clear sailer] 娜环蛱蝶萨亚德里亚种
Neptis nata lutatia Fruhstorfer 娜环蛱蝶细带亚种，细带环蛱蝶，台湾三线蝶，细环蛱蝶，台湾娜环蛱蝶
Neptis nata nata Moore 娜环蛱蝶指名亚种
Neptis nata yerburii Butler [Yerbury's sailer, West Himalayan clear sailer] 娜环蛱蝶西喜马亚种，耶环蛱蝶
Neptis nausicaa de Nicéville 舟环蛱蝶
Neptis nebrodes Hewitson [broken-club sailer] 涅环蛱蝶
Neptis nemetes Hewitson [nemetes sailer] 线环蛱蝶
Neptis nemorosa Oberthür 茂环蛱蝶，内蛛环蛱蝶
Neptis nemorosa nemorosa Oberthür 茂环蛱蝶指名亚种
Neptis nemorosa ningshanensis Wang *et* Niu 茂环蛱蝶宁陕亚种
Neptis nemorum Oberthür 森环蛱蝶
Neptis nicobule Holland [scarce clubbed sailer] 尼克环蛱蝶
Neptis nicomedes Hewitson 眉白环蛱蝶
Neptis nicoteles Hewitson [clubbed sailer] 逆环蛱蝶
Neptis nina Staudinger [tiny sailer] 尼纳环蛱蝶
Neptis nirvana Felder 尼日环蛱蝶
Neptis nisaea de Nicéville 尼桑环蛱蝶
Neptis nise Tuskada 霓色环蛱蝶
Neptis nitetis Hewitson 妮环蛱蝶
Neptis nolana Druce 见 *Neptis miah nolana*
Neptis noyala Oberthür 瑙环蛱蝶，诺黄环蛱蝶
Neptis noyala ikedai Shirôzu 瑙环蛱蝶池田亚种，流纹环蛱蝶，池田三线蝶，文田三线蝶，圆翅三线蝶，晕环蛱蝶，台湾瑙环蛱蝶，池田三线蛱蝶
Neptis noyala noyala Oberthür 瑙环蛱蝶指名亚种，指名瑙环蛱蝶
Neptis noyala qionga Gu *et* Wang 瑙环蛱蝶海南亚种
Neptis nycteus de Nicéville [hockeystick sailer] 夜环蛱蝶，夜黑环蛱蝶，奈克环蛱蝶
Neptis nysiades Hewitson [variable sailer] 间环蛱蝶
Neptis occidentalis Rothschild [mountain sailer] 偶环蛱蝶
Neptis ochracea Neave [yellow mountain sailer] 赭环蛱蝶
Neptis omeroda Moore 欧姆环蛱蝶
Neptis pampanga Felder *et* Felder 平原环蛱蝶，盘环蛱蝶
Neptis pasteuri Snellen 帕斯环蛱蝶
Neptis patricia Oberthür 见 *Neptis nashona patricia*
Neptis paula Staudinger [Paula's sailer] 抛环蛱蝶
Neptis penningtoni van Son [Pennington's sailer] 彭氏环蛱蝶
Neptis peraka Butler 鹞环蛱蝶
Neptis philyra Ménétriés 啡环蛱蝶
Neptis philyra excellens Butler 啡环蛱蝶广布亚种，广布啡环蛱蝶
Neptis philyra melior Hall 啡环蛱蝶云南亚种，云南啡环蛱蝶
Neptis philyra okazimai Seok 啡环蛱蝶日本亚种
Neptis philyra philyra Ménétriés 啡环蛱蝶指名亚种，指名啡环蛱蝶
Neptis philyra splendens Murayama 啡环蛱蝶台湾亚种，槭环蛱蝶，三线蝶，环蛱蝶，台湾啡环蛱蝶
Neptis philyra zhejianga Murayama 啡环蛱蝶浙江亚种，浙江啡环蛱蝶
Neptis philyroides Staudinger 朝鲜环蛱蝶
Neptis philyroides formosanus Sonan 同 *Neptis philyroides sonani*
Neptis philyroides philyroides Staudinger 朝鲜环蛱蝶指名亚种，指名朝鲜环蛱蝶
Neptis philyroides simingshana Murayama 朝鲜环蛱蝶四明亚种，四明朝鲜环蛱蝶
Neptis philyroides sonani Murayam 朝鲜环蛱蝶楚南亚种，镶纹环蛱蝶，楚南三线蝶，韩国三线蝶，朝鲜环蛱蝶，台湾朝鲜环蛱蝶，楚南三线蛱蝶

N

Neptis praslini (Boisduval) [yellow-eyed plane] 普莱环蛱蝶
Neptis pratti Leech 普拉特环蛱蝶
Neptis poultoni Eltringham 鲍环蛱蝶
Neptis pryeri Butler 链环蛱蝶，琏环蛱蝶，小三才蝶
Neptis pryeri andetria Fruhstorfer 链环蛱蝶安得亚种，安链环蛱蝶
Neptis pryeri arboretorum (Oberthür) 链环蛱蝶大陆亚种，奥链环蛱蝶
Neptis pryeri coreana Nakahara *et* Esaki 链环蛱蝶朝鲜亚种，朝链环蛱蝶
Neptis pryeri jucundita Fruhstorfer 链环蛱蝶黑星亚种，黑星环蛱蝶，星点三线蝶，星点三线蛱蝶，星三线蝶，台湾链环蛱蝶
Neptis pryeri pryeri Butler 链环蛱蝶指名亚种，指名链环蛱蝶
Neptis pseudonamba Huang 伪娜巴环蛱蝶
Neptis pseudovikasi Moore 伪韦环蛱蝶
Neptis puella Aurivillius [little sailer] 璞环蛱蝶
Neptis quintilla Mabille [angled petty sailer] 角环蛱蝶
Neptis radha Moore [great yellow sailer] 紫环蛱蝶
Neptis radha radha Moore 紫环蛱蝶指名亚种
Neptis radha sinensis Oberthür 紫环蛱蝶中华亚种，中华紫环蛱蝶
Neptis reducta Fruhstorfer 回环蛱蝶，无边环蛱蝶，宽纹三线蝶，宽环蛱蝶，清义三线蝶，阔三线蝶，宽纹环蛱蝶，宽纹三线蛱蝶
Neptis rivularis (Scopoli) [Hungarian glider] 单环蛱蝶
Neptis rivularis bergmanni Bryk 单环蛱蝶倍氏亚种，倍单环蛱蝶
Neptis rivularis coenobita (Goeze) 单环蛱蝶北方亚种
Neptis rivularis formosicola Matsumura 单环蛱蝶台湾亚种，二线蝶，单环三线蛱蝶，台湾单环蛱蝶
Neptis rivularis insularum Fruhstorfer 单环蛱蝶岛屿亚种，荫单环蛱蝶，阴科环蛱蝶
Neptis rivularis ludmilla (Nordmann) 单环蛱蝶卢德亚种，卢科环蛱蝶
Neptis rivularis magnata Heyne 单环蛱蝶宽带亚种，宽带单环蛱蝶，大卢环蛱蝶
Neptis rivularis rivularis (Scopoli) 单环蛱蝶指名亚种
Neptis rivularis sinta Eliot 单环蛱蝶华西亚种，华西单环蛱蝶
Neptis rogersi Eltringham [Roger's sailer] 柔环蛱蝶
Neptis saclava Boisduval [spotted sailer] 带环蛱蝶
Neptis sangaica Moore 同 *Neptis hylas*
Neptis sangangi Huang 桑环蛱蝶
Neptis sankara (Kollar) [broad-banded sailer] 断环蛱蝶
Neptis sankara amba Moore 断环蛱蝶安巴亚种，艾环蛱蝶
Neptis sankara antonia Oberthür 断环蛱蝶华西亚种，华西断环蛱蝶
Neptis sankara confucius Murayama 断环蛱蝶孔子亚种，孔断环蛱蝶
Neptis sankara guiltoides Tytler 断环蛱蝶滇西亚种，滇西断环蛱蝶
Neptis sankara sankara (Kollar) 断环蛱蝶指名亚种
Neptis sankara segesta Fruhstorfer 同 *Neptis sankara antonia*
Neptis sankara shirakiana Matsumura 断环蛱蝶素木亚种，眉纹环蛱蝶，素木三线蝶，伞环蛱蝶，眉原三线蝶，宽带三线蛱蝶，断环蛱蝶，台湾断环蛱蝶，素木三线蛱蝶

Neptis sappho (Pallas) [common glider, Pallas' sailer] 小环蛱蝶
Neptis sappho astola Moore 小环蛱蝶云南亚种，云南小环蛱蝶
Neptis sappho formosana Fruhstorfer 小环蛱蝶台湾亚种，小三线蝶，荻环蛱蝶，荻背，小三线蛱蝶，台湾小环蛱蝶，台环蛱蝶
Neptis sappho intermedia Pryer 小环蛱蝶过渡亚种，过渡小环蛱蝶
Neptis sappho sappho (Pallas) 小环蛱蝶指名亚种
Neptis satina Grose-Smith 沙提环蛱蝶
Neptis sedata Sasaki 赛达环蛱蝶
Neptis seeldrayersii Aurivillius [Seeldrayer's sailer] 西环蛱蝶
Neptis serena Overlaet [river sailer, serene sailer] 色润环蛱蝶
Neptis shunhuangensis Wang 舜皇环蛱蝶
Neptis sinocartica Chou *et* Wang 中华环蛱蝶，中华卡环蛱蝶
Neptis soma Moore [sullied sailer] 娑环蛱蝶
Neptis soma capnodes Fruhstorfer 见 *Neptis capnodes*
Neptis soma ominicola Fruhstorfer 娑环蛱蝶峨眉亚种，峨眉娑环蛱蝶，奥耶环蛱蝶
Neptis soma shania Evans 娑环蛱蝶云南亚种，云南娑环蛱蝶
Neptis soma shirozui Eliot 娑环蛱蝶白水亚种，希娑环蛱蝶
Neptis soma soma Moore 娑环蛱蝶指名亚种
Neptis soma tayalina Murayama *et* Shimonoya 娑环蛱蝶泰雅亚种，断线环蛱蝶，泰雅三线蝶，朴环蛱蝶，登立三线蝶，眉溪三线蝶，朴环蛱蝶，暗赭三线蛱蝶，台湾娑环蛱蝶，泰雅三线蛱蝶，达耶环蛱蝶
Neptis speyeri Staudinger 司环蛱蝶
Neptis speyeri chuang Yoshino 司环蛱蝶广西亚种
Neptis speyeri genulfa Oberthür 司环蛱蝶滇北亚种，滇北司环蛱蝶，锦环蛱蝶
Neptis speyeri speyeri Staudinger 司环蛱蝶指名亚种，指名司环蛱蝶
Neptis strigata Aurivillius [strigate sailer] 大白环蛱蝶
Neptis sunica Eliot 舒环蛱蝶
Neptis swynnertoni Trimen [Swynnerton's sailer] 雪环蛱蝶
Neptis sylvana Oberthür 林环蛱蝶
Neptis sylvana esakii Nomura 林环蛱蝶江崎亚种，深山环蛱蝶，江崎三线蝶，江崎林环蛱蝶，江崎三线蛱蝶，江崎环蛱蝶，森环蛱蝶，浅色三线蝶，林环蛱蝶
Neptis sylvana sylvana Oberthür 林环蛱蝶指名亚种
Neptis sylvia Oberthür 见 *Neptis narayana sylvia*
Neptis taiwana Fruhstorfer 台湾环蛱蝶，蓬莱环蛱蝶，埔里三线蝶，埔里社三线蝶，台湾三线蛱蝶，埔里三线蛱蝶
Neptis themis Leech 黄环蛱蝶，黄蹄纹蝶
Neptis themis annaika Oberthür 同 *Neptis themis themis*
Neptis themis muri Eliot 黄环蛱蝶白色亚种，白色黄环蛱蝶
Neptis themis nirei Nomura 黄环蛱蝶尼氏亚种，尼白色黄环蛱蝶，黄斑三线蛱蝶
Neptis themis noyala Oberthür 见 *Neptis noyala*
Neptis themis patricia Oberthür 见 *Neptis nashona patricia*
Neptis themis themis Leech 黄环蛱蝶指名亚种，指名黄环蛱蝶
Neptis themis theodora Oberthür 见 *Neptis theodora*
Neptis theodora Oberthür 黄带环蛱蝶，云南环蛱蝶
Neptis thestias Leech 傣环蛱蝶，三八蛱蝶
Neptis thetis Leech 海环蛱蝶
Neptis thisbe Ménétriés 提环蛱蝶，大黄色三线蝶，大黄三线蝶，

N

暗色提环蛱蝶

Neptis thisbe dilutior Oberthür 提环蛱蝶广布亚种，广布提环蛱蝶

Neptis thisbe thisbe Ménétriés 提环蛱蝶指名亚种

Neptis tibetana Moore 见 *Neptis clinia tibetana*

Neptis trigonophora Butler [barred sailer] 角环蛱蝶

Neptis troundi Pierre-Baltus [constricted club-dot sailer] 绰环蛱蝶

Neptis vibusa Semper 维环蛱蝶

Neptis vikasi Horsfield [dingy sailer] 韦环蛱蝶

Neptis vindo Pierre-Baltus [Claude's club-dot sailer] 克劳德环蛱蝶

Neptis vingerhoedti Pierre-Baltus 韦格环蛱蝶

Neptis viridis Pierre-Baltus 多变环蛱蝶

Neptis woodwardi Sharpe [Woodward's sailer] 细环蛱蝶

Neptis yerburii Butler 见 *Neptis nata yerburii*

Neptis yerburii adipala Moore 见 *Neptis nata adipala*

Neptis yerburii capnodes Fruhstorfer 耶环蛱蝶西部亚种，西部耶环蛱蝶

Neptis yerburii extensa Leech 见 *Neptis mahendra extensa*

Neptis yerburii ominicola Fruhstorfer 见 *Neptis soma ominicola*

Neptis yerburii susruta Leech 见 *Neptis clinia susruta*

Neptis yerburii tayalina Murayama *et* Shimonoya 见 *Neptis soma tayalina*

Neptis yerburii tibetana Moore 见 *Neptis clinia tibetana*

Neptis yerburii yerburii Butler 耶环蛱蝶指名亚种

Neptis yunnana Oberthür [Yunnan sailer] 云南环蛱蝶

Neptis zaida Westwood [pale-green sailer] 金环蛱蝶

Neptis zaida bhutanica Tytler 金环蛱蝶不丹亚种

Neptis zaida kuangtungensis Mell 金环蛱蝶广东亚种，粤环蛱蝶

Neptis zaida thawgawa Tytler 金环蛱蝶缅甸亚种

Neptis zaida zaida Westwood 金环蛱蝶指名亚种

Neptosternus 三叉龙虱属，内龙虱属，彩裳粒龙虱属

Neptosternus coomani Peschet 库曼三叉龙虱，库氏内龙虱，库内龙虱

Neptosternus hydaticoides (Régimbart) 棘三叉龙虱

Neptosternus maculatus Hendrich *et* Balke 斑三叉龙虱

Neptosternus pocsi Satô 爬氏三叉龙虱，爬氏内龙虱，爬龙虱

Neptosternus punctatus Zhao, Hájek, Jia *et* Pang， 粗刻三叉龙虱

Neptosternus strnadi Hendrich *et* Balke 斯氏三叉龙虱

Neptosternus taiwanensis Hendrich *et* Balke 台湾三叉龙虱，台湾内龙虱，台湾彩裳粒龙虱

Neptune beetle [*Dynastes neptunus* (Quensel)] 海神犀金龟甲，海神大兜虫

Nepytia 伪尺蛾属

Nepytia canosaria (Walker) [false hemlock looper] 冷杉伪尺蛾，伪铁杉尺蠖

Nepytia freemani Munroe [western false hemlock looper] 西部冷杉伪尺蛾

Nepytia phantasmaria (Strecker) [phantom hemlock looper, green hemlock looper] 冷杉绿伪尺蛾，铁杉幽灵尺蠖

Nepytia umbrosaria (Packard) 荫伪尺蛾

Nepytia umbrosaria nigrovenaria (Packard) 荫伪尺蛾黑脉亚种

Nepytia umbrosaria umbrosaria (Packard) 荫伪尺蛾指名亚种

nera white [*Hesperocharis nera* (Hewitson)] 灰缘秀粉蝶

nereina white [*Hesperocharis nereina* Höpffer] 箭纹秀粉蝶

nereistoxin insecticide 沙蚕毒类杀虫剂

Nerice 白边舟蛾属

Nerice aemulator Schintlmeister *et* Fang 胜白边舟蛾

Nerice bidentata Walker 加美白边舟蛾，加美榆舟蛾

Nerice bipartita Butler 二分白边舟蛾

Nerice davidi Oberthür 榆白边舟蛾，榆天社蛾，榆红肩天社蛾

Nerice davidi alea Schintlmeister 榆白边舟蛾秦岭亚种

Nerice davidi davidi Oberthür 榆白边舟蛾指名亚种

Nerice dispar (Cai) 异峙白边舟蛾，异峙舟蛾，异纳舟蛾

Nerice leechi Staudinger 双齿白边舟蛾

Nerice pictibasis (Hampson) 色基白边舟蛾，基纹纳舟蛾

Nerice upina Alphéraky 大齿白边舟蛾，小白边舟蛾

Nericoides 白边舟蛾属 *Nerice* 的异名

Nericoides davidi (Oberthür) 见 *Nerice davidi*

Nerieoides leechi (Staudinger) 见 *Nerice leechi*

Nerieoides minor Cai 同 *Nericoides upina*

Nericonia nigra Gahan 黑寡点瘦天牛

Nericoides upina (Alphéraky) 见 *Nerice upina*

Nericonia trifasciata Pascoe 寡点瘦天牛

Neriga limoiana Yang 同 *Stiphroneura inclusa*

Neriga oculata Navás 同 *Stiphroneura inclusa*

neriid 1. [= neriid fly] 指角蝇，长脚蝇 < 指角蝇科 Neriidae 昆虫的通称 >；2. 指角蝇科的

neriid fly [= neriid] 指角蝇，长脚蝇

Neriidae 指角蝇科，长脚蝇科 < 此科学名有误写为 Neridae 者 >

Neriinae 指角蝇亚科

Nerioidea 指角蝇总科

nerium aphid [= oleander aphid, milkweed aphid, gossypium aphid, sweet pepper aphid, *Aphis nerii* Boyer de Fonscolombe] 夹竹桃蚜，木棉蚜

nero clearwing [*Greta nero* (Hewitson)] 细纹黑脉绡蝶

nero skipper [*Cobalopsis nero* (Herrich-Schäffer)] 小斑古弄蝶

Neromia 帆尺蛾属

Neromia carnifrons Butler 帆尺蛾

Neromia carnifrons carnifrons Butler 帆尺蛾指名亚种

Neromia carnifrons rectilinearia (Leech) 帆尺蛾华西亚种

Nersia 娜象蜡蝉属

Nersia florida Fennah 翠绿娜象蜡蝉

Nersiella 类娜象蜡蝉属

Nersiella haywardi (Lallemand) 赫氏类娜象蜡蝉，赫氏象蜡蝉

Nerthomma 月眼长角象甲属

Nerthomma aplotum Jordan 阿内长角象

Nerthra 泥蟾蝽属，蟾蝽属

Nerthra asiatica (Horváth) 亚洲泥蟾蝽，亚洲蟾蝽

Nerthra grandicollis (Germar) 脊胸泥蟾蝽，脊胸曼蟾蝽

Nerthra indica (Atkinson) 印度泥蟾蝽，印度蟾蝽

Nerthra macrothorax (Montrouzier) 突胸泥蟾蝽，突胸蟾蝽，巨胸蟾蝽

Nerthridae [= Gelastocoridae, Mononychidae, Galgulidae] 蟾蝽科

Nerthrinae 泥蟾蝽亚科，蟾蝽亚科

Nerthus 裂腹长蝽属

Nerthus taiwanicus (Bergroth) 台裂腹长蝽

Nerula 纤弄蝶属

Nerula fibrena (Hewitson) 菲纤弄蝶

nerve 1. 神经；2. 翅脉 < 旧称，实系误用 >

nerve bundle 神经束

nerve cell [= neurocyte, cyton] 神经细胞
nerve center 神经中枢
nerve chain 神经链
nerve commisure 神经索
nerve connective tissue sheath 神经结缔组织鞘
nerve cord 神经索
nerve ending 神经末梢
nerve fiber [= nerve fibre] 神经纤维
nerve fibre 见 nerve fiber
nerve fibril 神经元纤维
nerve ganglion 神经节
nerve impulse 神经冲动，神经脉冲
nerve knot 神经节
nerve sheath 神经鞘
nerve system 神经系统
nerve tissue 神经组织
nerve tract 神经道 < 指神经纤维所成的索状构造 >
nerve trunk 神经干
nerve unit 神经元
nerve-winged insect 脉翅目昆虫 < 泛指脉翅目 Neuroptera 昆虫 >
nervi antennarum 触角神经
nervi labii 下唇神经
nervi mandibularum 上颚神经
nervi maxillarum[= maxillary nerve] 下颚神经
nervi ocellarii 单眼神经
nervous control 神经控制
nervous integration 神经整合作用
nervous skipper [*Udranomia kikkawai* (Weeks)] 凹纹乌苔弄蝶
nervous system 神经系统
nervulation [= venation, nervuration, neuration] 脉序，脉相
nervule [= nervure, vein, vena] 翅脉
nervura costalis 前缘脉
nervuration 见 nervulation
nervure 见 nervule
nervus antennalis 触角神经
nervus centralis 中枢神经
nervus corpusis allatica 咽侧体神经
nervus corpusis cardiacus 心侧体神经
nervus ganglii occipitalis 后头神经节神经
nervus labrofrontalis 上唇额神经
nervus lateralis 侧神经
nervus opticus 视神经
nervus postantennalis 后触角神经
nervus subpharyngealis 咽下神经
nervus tegumentalis 皮神经
Nesadrama 新阿实蝇属
Nesadrama petiolata Hardy 具柄新阿实蝇
Nesendaeus 内森象甲属，单内森象属
Nesendaeus monochrous Voss 单内森象甲，单内森象
Neseuthia 呐苔甲属
Neseuthia fujiana Jałoszyński 福建呐苔甲
Neseuthia taiwanensis Jałoszyński 台湾呐苔甲
nesia [s. nesium] 突斑 < 见于金龟子幼虫中，在中横棒的前方 >
Nesiana 讷宽颜蜡蝉属，讷颜蜡蝉属
Nesiana nigra Chou *et* Lu 黑讷宽颜蜡蝉，黑讷颜蜡蝉
Nesiana seresis (China) 云南讷宽颜蜡蝉，云南岛颜蜡蝉
Nesidiocoris 烟盲蝽属
Nesidiocoris plebejus (Poppius) 寻常烟盲蝽，普烟盲蝽，台邻盲蝽
Nesidiocoris poppiusi (Carvalho) 波氏烟盲蝽
Nesidiocoris tenuis (Reuter) [tobacco leaf bug, tomato mirid, tobacco capsid, tomato suck bug, Rhodesian tobacco capsid] 烟盲蝽，烟草盲蝽
Nesiodrosophila 岛果蝇属
Nesiodrosophila facilis Lin *et* Ting 见 *Dichaetophora facilis*
Nesiodrosophila lindae Wheeler *et* Takada 见 *Dichaetophora lindae*
Nesiodrosophila rotundicornis (Okada) 见 *Dichaetophora rotundicornis*
Nesiodrosophila sakagamii Toda 见 *Dichaetophora sakagamii*
Nesiodrosophila wulaiensis Okada 见 *Dichaetophora wulaiensis*
Nesiostrymon 尼梭灰蝶属
Nesiostrymon celida (Lucas) [Caribbean hairstreak] 色尼梭灰蝶，尼梭灰蝶
Nesiostrymon celona (Hewitson) [celona hairstreak] 赛洛尼梭灰蝶
Nesiotinidae 企鹅虱科
Nesis seresis China 见 *Nesiana seresis*
Nesitis 奈蕈甲属
Nesitis nigricollis Bendel 黑颈奈蕈甲
nesium [pl. nesia] 突斑
neso tigerwing [*Ceratinia neso* (Hübner)] 蜡绡蝶
Nesocaedius 岛土甲属，俏拟步行虫属
Nesocaedius minimus (Chûjô) 小岛土甲
Nesocaedius taiwanus Shibata 台湾岛土甲，台内索拟步甲，台湾俏拟步行虫
Nesocaedius vermiculus Shibata 弯粒岛土甲，蠕内索拟步甲，绿岛俏拟步行虫
Nesodiprion 黑松叶蜂属
Nesodiprion biremis (Kônow) 双枝黑松叶蜂
Nesodiprion deqenicus Xiao *et* Zhou 迪庆黑松叶蜂
Nesodiprion huanglongshanicus Xiao *et* Huang 黄龙山黑松叶蜂
Nesodiprion japonica (Marlatt) 日本黑松叶蜂，松绿叶蜂
Nesodiprion yananicus Huang *et* Zhou 延安黑松叶蜂
Nesodiprion zhejiangensis Zhou *et* Xiao 同 *Nesodiprion biremis*
Nesogaster 锤角螋属
Nesogaster lewisi (de Bormans) 刘氏锤角螋，楔铗小蠼螋
Nesogastridae 锤角螋科
Nesokaha 尼袖蜡蝉属
Nesokaha chihtuanensis Yang *et* Wu 宜兰尼袖蜡蝉
Nesokaha infuscata Muir 淡黄尼袖蜡蝉
Nesoleon 尼蚁蛉属
Nesoleon sauteri Esben-Petersen 见 *Cueta sauteri*
Nesoleontini 尼蚁蛉族
Nesolotis 尼艳瓢虫属
Nesolotis centralis Wang *et* Ren 中斑尼艳瓢虫
Nesolotis cordiformis Wang, Ren *et* Chen 心斑尼艳瓢虫
Nesolotis daweishanensis Wang, Ren *et* Chen 大围山尼艳瓢虫
Nesolotis denticulata Wang *et* Ren 齿叶尼艳瓢虫
Nesolotis gladiiformis Wang *et* Ren 剑叶尼艳瓢虫
Nesolotis magnipunctata Wang *et* Ren 粗点尼艳瓢虫
Nesolotis nigra Wang *et* Ren 黑背尼艳瓢虫

Nesolotis quadratimaculata Wang *et* Ren 方斑尼艳瓢虫

Nesolotis shirozui Sasaji 九斑尼艳瓢虫

Nesolotis tsunekii Sasaji 见 *Sticholotis tsunekii*

Nesolycaena 鸢灰蝶属

Nesolycaena albosericea (Miskin) [satin opal] 鸢灰蝶

Nesolycaena caesia d'Apice *et* Miller [kimberley opal, kimberley spotted opal] 彩鸢灰蝶

Nesolycaena medicea Braby [dark opal] 暗鸢灰蝶

Nesolycaena urumelia (Tindale) [spotted opal] 尾鸢灰蝶

Nesopeza 裸纤足大蚊亚属，内大蚊亚属，内大蚊属

Nesopeza basistylata Alexander 见 *Dolichopeza* (*Nesopeza*) *basistylata*

Nesopeza circe Alexander 见 *Dolichopeza* (*Nesopeza*) *circe*

Nesopeza idiophallus Alexander 见 *Dolichopeza* (*Nesopeza*) *idiophallus*

Nesopeza rantaizana Alexander 见 *Dolichopeza* (*Nesopeza*) *rantaizana*

Nesopeza trichopyga Alexander 见 *Dolichopeza* (*Nesopeza*) *trichopyga*

Nesophrosyne 尼索叶蝉属

Nesophrosyne orientalis (Matsumura) 东方尼索叶蝉，东方网纹叶蝉

Nesophrosyne ryukyuensis Ishihara 琉球尼索叶蝉，尼索叶蝉

Nesopimpla rufiventris Sonan 同 *Itoplectis naranyae*

Nesoprosopis chinensis Perkins 见 *Hylaeus chinensis*

Nesopteryx arisana Matsumura 见 *Alebra arisana*

Nesopteryx kuyania Matsumura 见 *Alebra kuyania*

Nesoselandria 平缝叶蜂属，柄叶蜂属

Nesoselandria albipes Wei 淡足平缝叶蜂，黄足尖臀叶蜂

Nesoselandria birmana Malaise 缅甸平缝叶蜂

Nesoselandria collaris Wei 白肩平缝叶蜂

Nesoselandria flavipes (Takeuchi) 黄足平缝叶蜂，黄足柄叶蜂，白唇平缝叶蜂，黄尼真蕨叶蜂

Nesoselandria formosana Rohwer 宝岛平缝叶蜂，宝岛柄叶蜂

Nesoselandria horni (Forsius) 见 *Corrugia horni*

Nesoselandria imitatrix (Ashmead) 小瓣平缝叶蜂

Nesoselandria javana (Enslin) 爪哇平缝叶蜂

Nesoselandria leucopoda Rohwer 白足平缝叶蜂，白足柄叶蜂

Nesoselandria maliae Wei 马氏平缝叶蜂

Nesoselandria melanopoda Takeuchi 同 *Corrugia horni*

Nesoselandria metotarsis Wei 条跗平缝叶蜂

Nesoselandria morio (Fabricius) 小齿平缝叶蜂，傲尼真蕨叶蜂

Nesoselandria nieae Wei 聂氏平缝叶蜂

Nesoselandria nigrodorsalis Wei 黑背平缝叶蜂

Nesoselandria nigrotarsalia Wei 黑跗平缝叶蜂

Nesoselandria nipponica Takeuchi 日本平缝叶蜂，日尼真蕨叶蜂

Nesoselandria picticornis Malaise 斑角平缝叶蜂

Nesoselandria rufiventis Rohwer 黄腹平缝叶蜂

Nesoselandria schizovolsella Wei 裂铗平缝叶蜂

Nesoselandria shanica Malaise 小窝平缝叶蜂，浅沟平缝叶蜂，华东尼真蕨叶蜂

Nesoselandria simulatrix Zhelochovtsev 平顶平缝叶蜂

Nesoselandria sinica Wei 中华平缝叶蜂

Nesoselandria taiwana Malaise 台湾平缝叶蜂，雾社柄叶蜂，台尼真蕨叶蜂

Nesoselandria ventralis Takeuchi 褐色平缝叶蜂

Nesoselandria wangae Wei 汪氏平缝叶蜂

Nesoselandria xanthopoda Togashi 黑唇平缝叶蜂，黑唇柄叶蜂，黄足尼真蕨叶蜂

Nesoselandria zhangae Wei *et* Niu 张氏平缝叶蜂

Nesoselandriola 尖臀叶蜂属

Nesoselandriola albipes Wei *et* Nie 黄足尖臀叶蜂

Nesostenodontus 无疤姬蜂属

Nesostenodontus formosanus Cushman 台无疤姬蜂

Nesotaxonus 畸距叶蜂属

Nesotaxonus flavescens (Marlatt) 凹板畸距叶蜂，畸距叶蜂，黄畸距叶蜂，黄粗角叶蜂

Nesotaxonus fulvus (Cameron) 黄褐畸距叶蜂，棕尼索叶蜂

Nesothrips 岛管蓟马属

Nesothrips atropoda Duan 同 *Nesothrips brevicollis*

Nesothrips brevicollis (Bagnall) 短颈岛管蓟马，岛管蓟马

Nesothrips brevicollis brevicollis (Bagnall) 短颈岛管蓟马指名亚种

Nesothrips brevicollis karnyi (Priesner) 短颈岛管蓟马卡氏亚种，卡氏尼管蓟马

Nesothrips doulli (Mound) 兜岛管蓟马

Nesothrips fodinae Mound 佛岛管蓟马

Nesothrips lativentris (Karny) 边腹岛管蓟马，宽垛岛管蓟马

Nesothrips peltatus Han 盾板岛管蓟马

Nesothrips propinquus (Bagnall) 皮岛管蓟马

Nesotomostethus 基齿叶蜂属

Nesotomostethus continentialis Malaise 同 *Nesotomostethus rufus*

Nesotomostethus religiosa (Marlatt) 圣基齿叶蜂，圣尼岛叶蜂

Nesotomostethus rufus (Cameron) 红基齿叶蜂，红岛片胸叶蜂，红尼岛叶蜂

Nesotomostethus secundus (Rohwer) 红胫基齿叶蜂，次尼岛叶蜂

Nesoxenica 奶眼蝶属

Nesoxenica leprea (Hewitson) [delicate xenica, Tasmanian xenica] 奶眼蝶

Nessaea 鸭蛱蝶属，南美蛱蝶属

Nessaea aglaura (Doubleday) [common olivewing, northern nessaea, Aglaura olivewing] 水仙鸭蛱蝶

Nessaea batesii (Felder *et* Felder) [Bates olivewing] 贝氏鸭蛱蝶，鸭蛱蝶

Nessaea hewitsonii (Felder *et* Felder) [Hewitson's olivewing] 蓝带鸭蛱蝶

Nessaea obrinus Linnaeus 黄带鸭蛱蝶，亮鸟蛱蝶，南美蛱蝶

Nessaea obvinus Linnaeus [obrina olivewing, obrinus olivewing] 奥布鸭蛱蝶

Nessaea regina Salvin 国王鸭蛱蝶

Nessaea thalia Bargmann 热带鸭蛱蝶

Nessiara 矇长角象甲属，矇长角象属

Nessiara mosonica Jordan 莫矇长角象甲，莫矇长角象

Nessiodocus 岛栖长角象甲属，岛栖长角象属

Nessiodocus propinquus Shibata 邻岛栖长角象甲，邻岛栖长角象

Nessiodocus repandus (Jordan) 卷岛栖长角象甲，卷岛栖长角象

Nessiodocus trifasciatus Shibata 三带岛栖长角象甲

Nessiodocus triodes (Jordan) 特岛栖长角象甲，特岛栖长角象

Nessus 粗额阎甲亚属

nessus leafwing [= superb leafwing, *Memphis nessus* Latreille] 双带尖蛱蝶

nest 巢

nest aura 巢味 <指蚁巢的特有气味>

N

nest symbiont 巢内共生物
nested-PCR 巢式 PCR
nestedness 嵌套性
Nesticoccus 巢粉蚧属
Nesticoccus sinensis Tang 竹巢粉蚧，中国巢粉蚧，巢粉蚧，竹灰球粉蚧
nesting-pine sawfly [Acantholyda zappei (Rohwer)] 扎普阿扁蜂，扎普阿扁叶蜂
nestus flat [= Papuan snow flat, *Tagiades nestus* (Felder)] 巢裙弄蝶
net 蚕网
net relatedness index 净相似性指数
net reproductive rate [abb. R_0] 净繁殖率，净增殖率，净生殖率
net-spinning caddisfly [= hydropsychid caddisfly, hydropsychid, seine-making caddisfly] 纹石蛾 < 纹石蛾科 Hydropsychidae 昆虫的通称 >
net-winged beetle [= lycid beetle, lycid] 红萤 < 红萤科 Lycidae 昆虫的通称 >
net-winged midge [= blephariceridfly, blephariceridmidge, blepharicerid] 网蚊 < 网蚊科 Blephariceridae 昆虫的通称 >
Netaclisa 俏拟步甲属
Netaclisa ornata Shibata 绿岛俏拟步甲，绿岛俏拟步行虫
Netelia 拟瘦姬蜂属
Netelia ampla (Morley) 同 *Netelia virgata*
Netelia* (*Apatagium*) *inaequalis (Uchida) 不平超齿拟瘦姬蜂，不等品尼姬蜂
Netelia* (*Apatagium*) *zhejiangensis He *et* Chen 浙江超齿拟瘦姬蜂
Netelia baibarana Uchida 同 *Netelia laevis*
Netelia* (*Bessobates*) *comitor Tolkanitz 陪拟瘦姬蜂
Netelia* (*Bessobates*) *kiuhabona (Uchida) 岛拟瘦姬蜂，拟瘦姬蜂 < 此种学名有误写为 *Netelia* (*Bessobates*) *kuhabona* (Uchida) 者 >
Netelia* (*Bessobates*) *maculifemorata (Uchida) 斑腿拟瘦姬蜂
Netelia* (*Bessobates*) *odaiensis (Uchida) 同 *Netelia virgata*
Netelia bicolor (Cushman) 见 *Netelia* (*Monomacrodon*) *bicolor*
Netelia capito (Kokujev) 同 *Netelia dilatata*
Netelia caucasica (Kokujev) 高加索拟瘦姬蜂
Netelia cristata (Thomson) 冠毛拟瘦姬蜂
Netelia dayaoshanensis He *et* Chen 大瑶山超齿拟瘦姬蜂
Netelia deserta (Kokujev) 同 *Netelia testacea*
Netelia dhruvi Kaur *et* Jonathan 德氏拟瘦姬蜂
Netelia dilatata (Thomson) 阔拟瘦姬蜂
Netelia ferruginea (Cameron) 同 *Netelia latro*
Netelia formosana (Matsumura) 见 *Netelia* (*Netelia*) *formosana*
Netelia fuscicornis (Holmgren) 见 *Netelia* (*Netelia*) *fuscicornis*
Netelia gansuana (Kokujev) 甘肃拟瘦姬蜂
Netelia gracilipes Thomson 同 *Netelia* (*Netelia*) *fuscicornis*
Netelia grumi (Kokujev) 同 *Netelia thoracica*
Netelia inaequalis (Uchida) 见 *Netelia* (*Apatagium*) *inaequalis*
Netelia inedita (Kokujev) 早刊黄斑拟瘦姬蜂
Netelia japonica (Uchida) 日本缩齿拟瘦姬蜂
Netelia laevis (Cameron) 见 *Netelia* (*Netelia*) *laevis*
Netelia latro (Holmgren) 锈色拟瘦姬蜂
Netelia latungula (Thomson) 全北拟瘦姬蜂
Netelia maculifemorata (Uchida) 见 *Netelia* (*Bessobates*) *maculifemorata*
Netelia* (*Monomacrodon*) *bicolor (Cushman) 两色巨齿拟瘦姬蜂
Netelia* (*Netelia*) *ferruginea (Cameron) 同 *Netelia latro*
Netelia* (*Netelia*) *formosana (Matsumura) 台湾拟瘦姬蜂
Netelia* (*Netelia*) *fuscicornis (Holmgren) 棕角拟瘦姬蜂
Netelia* (*Netelia*) *laevis (Cameron) 光滑拟瘦姬蜂，南投拟瘦姬蜂
Netelia* (*Netelia*) *nigriventris (Brullé) 黑腹拟瘦姬蜂
Netelia* (*Netelia*) *ocellaris (Thomson) 甘蓝夜蛾拟瘦姬蜂
Netelia* (*Netelia*) *opacula (Thomson) 萌拟瘦姬蜂
Netelia* (*Netelia*) *orientalis (Cameron) 东方拟瘦姬蜂
Netelia* (*Netelia*) *vinulae (Scopoli) 二尾舟蛾拟瘦姬蜂
Netelia nigriventris (Brullé) 见 *Netelia* (*Netelia*) *nigriventris*
Netelia ocellaris (Thomson) 见 *Netelia* (*Netelia*) *ocellaris*
Netelia odaiensis Uchida 同 *Netelia virgata*
Netelia opacula (Thomson) 见 *Netelia* (*Netelia*) *opacula*
Netelia orientalis (Cameron) 见 *Netelia* (*Netelia*) *orientalis*
Netelia ornata (Vollenhoven) 青海拟瘦姬蜂
Netelia* (*Parophelter*) *caucasica (Kokujev) 俄拟瘦姬蜂
Netelia semenowi (Kokujev) 谢氏拟瘦姬蜂
Netelia smithii (Dalla Torre) 斯氏拟瘦姬蜂
Netelia testacea (Gravenhorst) 沙漠拟瘦姬蜂
Netelia thoracica (Woldestedt) 黑胸拟瘦姬蜂
Netelia turanica (Kokujev) 图兰拟瘦姬蜂
Netelia unicolor (Smith) 单色拟瘦姬蜂
Netelia versicolor (Kokujev) 同 *Netelia ornata*
Netelia vinulae (Scopoli) 见 *Netelia* (*Netelia*) *vinulae*
Netelia virgata (Geoffroy) 宽拟瘦姬蜂，幼品尼姬蜂
Netelia yarkandensis (Dalla Torre) 同 *Netelia* (*Netelia*) *fuscicornis*
Netelia zaydamensis (Kokujev) 同 *Ichneumon sarcitorius*
Netelia zhejiangensis He *et* Chen 见 *Netelia* (*Apatagium*) *zhejiangensis*
Netomocera 非蚧金小蜂属
Netomocera nigra Sureshan *et* Narendran 脊非蚧金小蜂
Netomocera setifera Bouček 光非蚧金小蜂
Netopha 粗朽木甲属，内朽木甲属
Netopha pallidipes Fairmaire 淡色粗朽木甲，淡内朽木甲
Netria 梭舟蛾属
Netria livoris Schintlmeister 丽梭舟蛾
Netria multispinae Schintlmeister 多齿梭舟蛾，多刺梭舟蛾，梭舟蛾，穆梭舟蛾
Netria multispinae multispinae Schintlmeister 多齿梭舟蛾指名亚种
Netria multispinae nigrescens Schintlmeister 多齿梭舟蛾黑色亚种
Netria viridescens Walker 绿梭舟蛾，梭舟蛾
Netria viridescens continentalis Schintlmeister 绿梭舟蛾东南亚种，小梭舟蛾，康梭舟蛾
Netria viridescens suffusca Schintlmeister 绿梭舟蛾滇缅亚种
Netria viridescens viridescens Walker 绿梭舟蛾指名亚种
Netrobalane 白领弄蝶属
Netrobalane canopus (Trimen) [buff-tipped skipper, bufftip skipper] 白领弄蝶
Netrocoryne 波翅弄蝶属
Netrocoryne repanda Felder *et* Felder [bronze flat] 波翅弄蝶
Netrocoryne thaddeus Hewitson 巴布亚波翅弄蝶
Netropanorpodes 纺锤蝎蛉属
Netropanorpodes decorosus Sun, Ren *et* Shi 华美纺锤蝎蛉
Netropanorpodes sentosus Sun, Ren *et* Shi 多刺纺锤蝎蛉
netted sylph [*Metisella willemi* (Wallengren)] 网糜弄蝶

netting 网收 < 蚁蚕的 >
nettle aphid [= common nettle aphid, stinging nettle aphid, *Microlophium carnosum* (Buckton)] 荨麻小无网蚜，荨麻蚜，荨麻小微网蚜
nettle caterpillar [= band slug caterpillar, blue-striped nettle-grub, *Parasa lepida* (Cramer)] 丽绿刺蛾，荨麻刺蛾
nettle ensign scale [= ensign scale, ensign orthezia, *Orthezia urticae* (Linnaeus)] 菊旌蚧
nettle-tree butterfly [= European beak, *Libythea celtis* (Laicharting)] 朴喙蝶
Netubusaphis 长尾蚜属 *Longicaudus* 的异名
Netubusaphis netuba Zhang, Chen, Zhong *et* Li 见 *Longicaudus netubus*
Netuschilia 掘甲属
Netuschilia hauseri (Reitter) 郝氏掘甲，何氏掘甲
Neucentropus mandjuricus Martynov 见 *Neureclipsis mandjuricus*
Neumogen's agave borer [= orange giant-skipper, Neumogen's giant-skipper, Neumogen's moth-skipper, tawny giant-skipper, chiso giant-skipper, *Agathymus neumoegeni* (Edwards)] 硕大弄蝶
Neumogen's giant-skipper 见 Neumogen's agave borer
Neumogen's moth-skipper 见 Neumogen's agave borer
Neunkanodes 拟白脊飞虱属
Neunkanodes formosana Yang 台湾拟白脊飞虱，南投拟白脊飞虱
neuraforamen 神经孔 < 指头孔内神经系统通过的口 >
neural 神经的
neural canal 藏神经管 < 中、后胸底面上由内突合并而成的不完全管，用以接纳和保护腹神经索，并供肌肉着生 >
neural groove 神经沟，髓沟 < 见于昆虫胚胎中 >
neural lamella [= neurilemma (pl. neurilemmata), neurolemma (pl. neurolemmata)] 神经鞘，神经膜
neural ridge 神经褶，髓褶 < 在昆虫胚胎中，外胚层的两条纵行腹褶，在其中形成由成神经细胞所组成的侧索 >
Neuralla 炫尺蛾属
Neuralla albata Djakonov 白炫尺蛾，白脉尺蛾
Neuraphes 窝苔甲属
Neuraphes (Pararaphes) shu Zhou *et* Li 蜀毛窝苔甲
Neuraphes (Pararaphes) xilingensis Zhou *et* Li 西岭毛窝苔甲
Neuratelia 脉菌蚊属
Neuratelia nemoralis (Meigen) 森林脉菌蚊
neuration [= venation, nervuration, nervulation] 脉序，脉相
neuraxon 神经轴
Neureclipsis 纽多距石蛾属
Neureclipsis mandjuricus (Martynov) 东北纽多距石蛾，满洲纽多距石蛾，东北新多距石蛾
Neurhermes 黑齿蛉属
Neurhermes bipunctata Yang *et* Yang 同 *Neurhermes selysi*
Neurhermes differentialis Yang *et* Yang 见 *Protohermes differentialis*
Neurhermes fangchengensis Yang 同 *Protohermes differentialis*
Neurhermes guangxiensis Yang *et* Yang 同 *Protohermes differentialis*
Neurhermes maculipennis (Gray) 见 *Protohermes maculipennis*
Neurhermes selysi (van der Weele) 见 *Protohermes selysi*
Neurhermes tonkinensis (Weele) 见 *Protohermes tonkinensis*
Neurigona 脉长足虻属，键长足虻属
Neurigona basalis Yang *et* Saigusa 基斑脉长足虻
Neurigona bimaculata Yang *et* Saigusa 双斑脉长足虻
Neurigona centralis Yang *et* Saigusa 中纹脉长足虻
Neurigona chetitarsa Parent 跗鬃脉长足虻，毛跗脉长足虻
Neurigona composita Becker 安稳脉长足虻，安稳长足虻，全球脉长足虻
Neurigona concaviuscula Yang 细凹脉长足虻
Neurigona denudata Becker 卑南脉长足虻，卑南长足虻，裸脉长足虻
Neurigona exemta Becker 斯里兰卡脉长足虻，锡兰长足虻，埃脉长足虻
Neurigona gemina Becker 孪生脉长足虻，孪生长足虻，孪脉长足虻
Neurigona grisea Parent 灰脉长足虻
Neurigona guangdongensis Wang, Yang *et* Grootaert 广东脉长足虻
Neurigona guangxiensis Yang 广西脉长足虻
Neurigona guizhouensis Wang, Yang *et* Grootaert 贵州脉长足虻
Neurigona hainana Wang, Chen *et* Yang 海南脉长足虻
Neurigona henana Wang, Yang *et* Grootaert 河南脉长足虻
Neurigona jiangsuensis Wang, Yang *et* Grootaert 江苏脉长足虻
Neurigona micropyga Negrobov 畸爪脉长足虻
Neurigona pectinata Becker 栉比脉长足虻，栉比长足虻
Neurigona qingchengshana Yang *et* Saigusa 青城山脉长足虻
Neurigona shaanxiensis Yang *et* Saigusa 陕西脉长足虻
Neurigona shennongjiana Yang 神农架脉长足虻
Neurigona sichuana Wang, Chen *et* Yang 四川脉长足虻
Neurigona ventralis Yang *et* Saigusa 腹鬃脉长足虻
Neurigona wui Wang, Yang *et* Grootaert 吴氏脉长足虻
Neurigona xiangshana Yang 香山脉长足虻
Neurigona xiaolongmensis Wang, Yang *et* Grootaert 小龙门脉长足虻
Neurigona xizangensis Yang 西藏脉长足虻
Neurigona xui Zhang, Yang *et* Grootaert 许氏脉长足虻
Neurigona yaoi Wang, Chen *et* Yang 姚氏脉长足虻
Neurigona yunnana Wang, Yang *et* Grootaert 云南脉长足虻
Neurigona zhangae Wang, Yang *et* Grootaert 见 *Viridigona zhangae*
Neurigona zhejiangensis Yang 浙江脉长足虻
Neurigoninae 脉长足虻亚科
neurilemma [pl. neurilemmata; = neurolemma, neural lamella] 神经鞘，神经膜
neurilemmal cell 神经鞘细胞
neurilemmata [s. neurilemma; = neurolemmata, neural lamellae] 神经鞘，神经膜
neurine 神经碱
neurite [= axon] 轴突，轴状突
neuroactive 神经活性的
neuroactive insecticide 神经活性杀虫剂
neuroanatomy 神经解剖学
Neurobasis 艳色蟌属
Neurobasis anderssoni Sjöstedt 安氏艳色蟌
Neurobasis chinensis (Linnaeus) [stream glory, green metalwing] 华艳色蟌，绿翅珈蟌
neurobehavior 神经行为
neurobehavioral 神经行为的
neurobehavioral disorder 神经行为紊乱
Neurobezzia 径蠓属

Neurobezzia singularis (Yu) 孤单径蠓，孤单湿蠓
Neurobezzia tsacasi Clastrier 嚓径蠓
neuroblast 成神经细胞
Neurocolpus nubilis (Say) [clouded plant bug] 朵云盲蝽，云纹盲蝽
Neurocrassus 厚脉茧蜂属
Neurocrassus ontsiroides Belokobylskij, Tang *et* Chen 拟陡盾厚脉茧蜂
Neuroctena formosa (Wiedmann) 见 *Dryomyza formosa*
Neuroctenus 脊扁蝽属
Neuroctenus angustus Hsiao 窄脊扁蝽
Neuroctenus argyraeus Liu 银脊扁蝽
Neuroctenus ater (Jakovlev) 黑脊扁蝽
Neuroctenus bicaudatus Kormilev 双尾脊扁蝽
Neuroctenus castaneus (Jakovlev) 素须脊扁蝽
Neuroctenus confusus Kormilev 彩须脊扁蝽
Neuroctenus hainanensis Liu 海南脊扁蝽
Neuroctenus hubeiensis Liu 湖北脊扁蝽
Neuroctenus humilis (Walker) 矮脊扁蝽
Neuroctenus par Bergroth 黄腹脊扁蝽
Neuroctenus parus Hsiao 等脊扁蝽
Neuroctenus rectangulus Liu 矩脊扁蝽
Neuroctenus sauteri Kormilev 索氏脊扁蝽
Neuroctenus shaanxianus Liu 陕西脊扁蝽
Neuroctenus sinensis Kormilev 中华脊扁蝽
Neuroctenus singularis Kormilev 单脊扁蝽
Neuroctenus taiwanicus Kormilev 台湾脊扁蝽
Neuroctenus xizangensis Liu 西藏脊扁蝽
Neuroctenus yunnanensis Hsiao 云南脊扁蝽
Neurocyta 圆翅石蛾属
Neurocyta brunnea (Martynov) 褐色圆翅石蛾，棕卵翅石蛾
neurocyte [= cyton, nerve cell] 神经细胞
neuroendocrine system 神经内分泌系统
neurodes metalmark [= orange-spot duke, stub-tailed raymark, *Siseme neurodes* Felder *et* Felder] 玉带溪蚬蝶
neuroendocrine 神经内分泌
neurofibril 神经元纤维
neurofibrilla [pl. neurofibrillae] 神经元纤维
neurofibrillae [s. neurofibrilla] 神经元纤维
Neurogenia 畸脉姬蜂属
Neurogenia cubitalis (Uchida) 台湾畸脉姬蜂
Neurogenia fujianensis He 福建畸脉姬蜂
Neurogenia hunanensis He *et* Tong 湖南畸脉姬蜂
Neurogenia kapuri Jonathan 印度畸脉姬蜂
Neurogenia shennongjiaensis He 神农架畸脉姬蜂
Neurogenia tuberculata He 具瘤畸脉姬蜂
neuroglia cell 神经胶细胞
neurogloea 神经胶质
neurohaemal organ 神经血器官
Neurohelea 腱蠓属
Neurohelea nigra Wirth 黑腱蠓
neurohormone 神经激素 < 由神经分泌细胞所分泌的激素 >
Neurois 络夜蛾属
Neurois atrovirens (Walker) 绿络夜蛾
Neurois nigroviridis (Walker) 络夜蛾，黑绿络夜蛾
Neurois renalba (Moore) 铜褐络夜蛾
Neurois undosa (Leech) 波纹络夜蛾
neurolemma [pl. neurolemmata; = neurilemma, neural lamella] 神经鞘，神经膜
neurolemmata [s. neurolemma; = neurilemmata, neural lamellae] 神经鞘，神经膜
Neuroleon 脉蚁蛉属
Neuroleon atomatus (Yang) 微点脉蚁蛉
Neuroleon nemausiensis (Borkhausen) 尼脉蚁蛉
Neuroleon nemausiensis nemausiensis (Borkhausen) 尼脉蚁蛉指名亚种
Neuroleon nemausiensis nigriventris (Navás) 尼脉蚁蛉黑脉亚种
Neuroleon tarimensis Ábrahám 塔里木脉蚁蛉
Neurolyga 脉瘿蚊属
Neurolyga semicircula (Bu) 半圆脉瘿蚊，半圆棒瘿蚊
neuromere 神经元节 < 即胚胎中发生成神经节的成对膨大部分 >
neuromodulator 神经调质
Neuromus sinensis Yang *et* Yang 同 *Nevromus exterior*
neuron [= neurone] 神经元
neurone 见 neuron
Neuronema 脉线蛉属，斑褐蛉属
Neuronema albadelta Yang 白斑脉线蛉
Neuronema albostigma (Matsumura) 痣斑脉线蛉
Neuronema angusticollum (Yang) 细颈脉线蛉，细颈华脉线蛉
Neuronema choui Yang 同 *Neuronema laminatum*
Neuronema chungnanshana Yang 同 *Neuronema pielinum*
Neuronema decisum (Walker) 属模脉线蛉，脉线蛉
Neuronema fanjingshanum Yan *et* Liu 梵净脉线蛉
Neuronema hani (Yang) 韩氏脉线蛉，韩氏华脉线蛉
Neuronema heterodelta Yang *et* Liu 异斑脉线蛉
Neuronema huangi Yang 黄氏脉线蛉
Neuronema indicum Navás 印度脉线蛉
Neuronema irroratum Kimmins 斑驳脉线蛉
Neuronema kulinga Yang 同 *Neuronema pielinum*
Neuronema kwanshiense Kimmins 同 *Neuronema pielinum*
Neuronema laminatum Tjeder 薄叶脉线蛉，落叶脉线蛉
Neuronema laminatum choui Yang 同 *Neuronema laminatum laminatum*
Neuronema laminatum jilinensis Yang 同 *Neuronema laminatum laminatum*
Neuronema laminatum laminatum Tjeder 薄叶脉线蛉指名亚种
Neuronema laminatum tsinlinga Yang 同 *Neuronema laminatum laminatum*
Neuronema lianum Yang 丽江脉线蛉
Neuronema maculosum Zhao, Yan *et* Liu 多斑脉线蛉
Neuronema medogense Yang 墨脱脉线蛉
Neuronema navasi Kimmins 那氏脉线蛉，后缘斑褐蛉
Neuronema nyingcltianum (Yang) 林芝脉线蛉，林芝华脉线蛉
Neuronema omeishanum Yang 峨眉脉线蛉
Neuronema pielinum (Navás) 壁氏脉线蛉，皮氏脉线蛉，皮粘蛉褐蛉
Neuronema simile Banks 陕西脉线蛉，陕华脉线蛉，肖华脉线蛉
Neuronema sinense Tjeder 中华脉线蛉，中华华脉线蛉
Neuronema striatum Yan *et* Liu 条纹脉线蛉
Neuronema tienmushana Yang 同 *Neuronema pielinum*

Neuronema tsinlinga Yang 同 *Neuronema laminatum*
Neuronema unipunctum Yang 黑点脉线蛉
Neuronema yajianganum (Yang) 雅江脉线蛉，雅江华脉线蛉
Neuronema ypsilum Zhao, Yan *et* Liu 丫形脉线蛉，Y 形脉线蛉
Neuronema yunicum (Yang) 云南脉线蛉，云华脉线蛉
Neuronema zhamanum (Yang) 樟木脉线蛉，樟木华脉线蛉
Neuronia chinganica Martymov 同 *Semblis atrata*
Neuronia lapponica Hagen 见 *Oligotricha lapponica*
Neuronia phalaenoides Linnaeus 见 *Semblis phalaenoides*
neuroparsin 蝗抗利尿肽
neuropeptide 神经肽
neuropeptidome 神经肽组
neurophylogeny 神经谱系学
neuropile [= medullary tissue, medullary substance, punctate substance] 髓质
neuroplasm 神经胞质
neuropore 神经孔 < 神经通入毛原细胞的孔 >
Neuroptera 脉翅目
Neuroptera International 国际脉翅目 < 期刊名 >
neuropteran 1.[= neuropterous insect, neuropteron] 脉翅目昆虫；2. 脉翅目昆虫的
Neuropterida 脉翅亚群，脉翅总目
neuropterist [= neuropterologist] 脉翅学家，脉翅目昆虫工作者
Neuropteroidea 脉翅类 < 相当于广义的脉翅目 Neuroptera>；脉翅总目
neuropterological 脉翅学家的
neuropterologist [= neuropterist] 脉翅学家，脉翅目昆虫工作者
neuropterology 脉翅学
neuropteron [= neuropteran, neuropterous insect] 脉翅目昆虫
neuropterous 脉翅目的
neuropterous insect 见 neuropteron
neuroregulation 神经调节
neurosecretion 神经分泌作用
neurosecretory cell 神经分泌细胞
neurosecretory system 神经分泌系统
Neuroseopsis 脉重蛄属
Neuroseopsis curtifurcis Li 短叉脉重蛄
Neuroseopsis mecodichis Li 长叉脉重蛄
Neurosigma 点蛱蝶属
Neurosigma siva (Westwood) [panther] 点蛱蝶
Neurosigma siva nonious (Westwood) 点蛱蝶著名亚种
Neurosigma siva orientale Miyata *et* Hanafusa 点蛱蝶东方亚种
Neurosigma siva siva (Westwood) 点蛱蝶指名亚种
neurospongium 神经髓 < 指神经节中央的髓质，由神经元轴突的细分支和神经胶质联结而成；或指昆虫复眼神经节层中的一种颗粒状基质 >
Neuroterus 纽瘿蜂属
Neuroterus albipes Schenck 饼形纽瘿蜂
Neuroterus aprilinus Giraud 同 *Neuroterus politus*
Neuroterus flocosus (Bassett) [oak flake gall wasp] 栎团毛纽瘿蜂
Neuroterus noxiosus (Bassett) [oak noxiosus gall wasp, noxious oak gall wasp] 栎有害纽瘿蜂
Neuroterus numismalis Geoffroy [silk button gall wasp] 钱形纽瘿蜂
Neuroterus politus Hartig 栎芽纽瘿蜂
Neuroterus quercusbaccarum (Linnaeus) [currant gall wasp, spangle wasp] 葡萄形纽瘿蜂
Neuroterus quercusbatatus (Fitch) [oak potato gall wasp] 土豆形虫瘿纽瘿蜂
Neuroterus saltatorius (Edwards) [jumping gall wasp, jumping oak gall, California jumping gall wasp] 跳纽瘿蜂
Neuroterus tricolor Hartig [cupped spangle gall wasp, oak leaf gall wasp] 栎叶三色纽瘿蜂
Neurotettix 叉索叶蝉属
Neurotettix bifurcatus Cai *et* Shen 双叉叉索叶蝉
Neurotettix flangenus Shen *et* Dai 脊茎叉索叶蝉
Neurotettix horishanus Matsumura 纵带叉索叶蝉，纵带阔颊叶蝉
Neurotettix robustus Shen *et* Dai 粗茎叉索叶蝉
Neurotettix spinas Wang, Yang *et* Chen 刺茎叉索叶蝉
Neurotettix truncatus Dai, Xing *et* Li 截板叉索叶蝉
Neurothemis 脉蜻属
Neurothemis feralis (Burmeister) 斜斑脉蜻
Neurothemis fluctuans (Fabricius) [red grasshawk, common parasol, grasshawk dragonfly] 月斑脉蜻，漂脉蜻
Neurothemis fulvia (Drury) 网脉蜻，浅褐蜻蜓
Neurothemis intermedia (Rambur) [paddyfield parasol] 褐基脉蜻，居间脉蜻
Neurothemis palliata Rambur 同 *Neurothemis fluctuans*
Neurothemis pseudosophronia Brauer 敏脉蜻
Neurothemis ramburii (Kaup) 兰氏脉蜻，善变蜻蜓
Neurothemis taiwanensis Sechausen *et* Dow 台湾脉蜻
Neurothemis tullia (Drury) 截斑脉蜻，双截蜻蜓
Neurothemis tullia feralis Burmeister 见 *Neurothemis feralis*
Neurothemis tullia tullia (Drury) 截斑脉蜻指名亚种
Neurotoma 反脉扁蜂属，纽扁叶蜂属
Neurotoma fasciata (Norton) 褐反脉叶蜂，褐纽扁叶蜂
Neurotoma flaviflagella Wei *et* Niu 黄角反脉扁蜂，黄角纽扁叶蜂
Neurotoma inconspicum (Norton) [plum webspinning sawfly] 李反脉叶蜂，李纽扁叶蜂，李卷叶锯蜂
Neurotoma iridescens Andr 樱桃反脉叶蜂，樱桃纽扁叶蜂
Neurotoma liuarum Wei *et* Niu 刘氏反脉扁蜂，刘氏纽扁叶蜂
Neurotoma mandibularis Zaddach 蓝黑反脉叶蜂，中西欧栎蓝黑纽扁叶蜂
Neurotoma nigrotegularis Wei *et* Nie 黑鳞反脉扁蜂，黑鳞脉扁蜂，黑鳞纽扁叶蜂，黑鳞反脉扁叶蜂
Neurotoma sibirica Gussakovskij 北亚反脉扁蜂，珍珠梅纽扁叶蜂，西伯纽扁叶蜂
Neurotoma sinica Shinohara 中华反脉扁蜂，中华脉扁蜂，中华纽扁叶蜂
Neurotoma sulcifrons Maa 畦额反脉扁蜂，畦额脉扁蜂，瘦额纽扁叶蜂，畦额纽扁叶蜂
neurotoxic 神经毒性的，毒害神经的
neurotoxic effect 神经毒性作用
neurotoxic esterase [abb. NTE] 神经毒性酯酶
neurotoxic psesticide 神经毒性杀虫剂，神经毒性农药
neurotoxin 神经毒素
neurotransmitter 神经递质，神经传递质
Neustrotia 扭文夜蛾属
Neustrotia albicincta (Hampson) 白束扭文夜蛾，白束展夜蛾

Neustrotia costimacula (Oberthür) 臂斑扭文夜蛾，臂斑文夜蛾

Neustrotia rectilineata Ueda 网纹扭文夜蛾

neuter 1. 中性；2. 中性蚁（或蜂）< 即膜翅目 Hymenoptera 昆虫中，性器官不发育的雌虫，即工蜂或工蚁 >

Neuterthron 淡脊飞虱属

Neuterthron hamuliferum Ding 钩突淡脊飞虱，淡角白条飞虱

Neuterthron inachum (Fennah) 刺突淡脊飞虱

Neuterthron platynotum Qin 宽侧突淡脊飞虱

Neuterthron truncatulum Qin 截形淡脊飞虱

neutral fat 中性脂肪

neutral insect 中性昆虫

neutral red 中性红

neutral synoekete [= neutral synoëkete] 中性客虫

neutral synoëkete 见 neutral synoekete

neutrality test 中性检验

Nevada blue [= Sierra Nevada blue, *Polyommatus golgus* (Hübner)] 内华达山眼灰蝶

Nevada buck moth [*Hemileuca nevadensis* Stretch] 内华达半白大蚕蛾

Nevada bumble bee [*Bombus nevadensis* Cresson] 内华达熊蜂

Nevada cloudy wing [*Thorybes mexicanus nevada* Scudder] 墨西哥褐弄蝶内华达亚种

Nevada grayling [*Pseudochazara hippolyte* (Esper)] 寿眼蝶，希仁眼蝶，希眼蝶

Nevada sage grasshopper [*Melanoplus rugglesi* Gurney] 内州鼠尾草黑蝗，内州鼠尾草蚱蜢

Nevada skipper [*Hesperia nevada* (Scudder)] 内华达弄蝶

Nevermannia 纺蚋亚属

Nevermannia jeholensis Takahashi 见 *Sulcicnephia jeholensis*

Nevermanniinae 奈氏蚋亚科

Nevill's windmill [*Byasa nevilli* (Wood-Mason)] 粗绒麝凤蝶，糙绒麝凤蝶

Nevisanus 耐蝽属

Nevisanus nagaensis Distant 粗齿耐蝽

Nevrina 脉纹野螟属

Nevrina procopia (Stoll) 脉纹野螟，车轮草螟，车轮螟蛾，脉纹野螟蛾，普犹螟

Nevromus 脉齿蛉属 < 该属学名有误写为 *Neuromus* 者 >

Nevromus aspoeck Liu, Hayashi *et* Yang 阿氏脉齿蛉

Nevromus exterior (Navás) 华脉齿蛉

Nevromus intimus (McLachlan) 印脉齿蛉

Nevromus jeenthongi Piraonapicha, Jaitrong, Liu *et* Sangpradub 金童脉齿蛉

nevrorthid 1. [= nevrorthid lacewing] 泽蛉 < 泽蛉科 Nevrorthidae 昆虫的通称 >；2. 泽蛉科的

nevrorthid lacewing [= nevrorthid] 泽蛉

Nevrorthidae 泽蛉科，脉蛉科 < 此科学名有误写为 Neurorthidae 者 >

Nevrorthiformia 泽蛉亚目

Nevskya 那跳蚜属

Nevskya fungifera Ossiannilsson 蘑菇那跳蚜，蘑菇聂跳蚜，蘑菇毛聂跳蚜

Nevskya tuberculata (Zhang *et* Zhang) 瘤那跳蚜，瘤聂跳蚜

Nevskyella 聂跳蚜属

Nevskyella fungifera (Ossiannilsson) 见 *Nevskya fungifera*

Nevskyella similifungifera Qiao *et* Zhang 同 *Nevskya fungifera*

Nevskyella sinensis (Zhang, Zhang *et* Zhong) 同 *Nevskya fungifera*

Nevskyella tuberculata Zhang *et* Zhang 见 *Nevskya tuberculata*

New England buck moth [= Edwards buck moth, *Hemileuca lucina* Edwards] 绣线菊半白大蚕蛾

new garden bumblebee [= tree bumblebee, *Bombus* (*Pyrobombus*) *hypnorus* (Linnaeus)] 眠熊蜂，亥熊蜂，鹃眠熊蜂，护巢熊蜂 < 此种学名有误写为 *Bombus hypnorum* (Linnaeus) 或 *Bombus* (*Pyrobombus*) *hypnorum* (Linnaeus) 者 >

new genus [pl. new genera; abb. n. g., n. gen.; = novum genus (pl. nova genus; abb. nov. gen., n. gen., n. g.); genus novum (pl. genus nova; abb. g. n., gen. nov.)] 新属

New Guinea birdwing [= common green birdwing, northern birdwing, Cape York birdwing, Priam's birdwing, *Ornithoptera priamus* (Linnaeus)] 绿鸟翼凤蝶

New Guinea cane weevil borer [= New Guinea sugarcane weevil, Hawaiian sugarcane borer, sugarcane weevil, cane weevil borer, *Rhabdoscelus obscurus* (Boisduval)] 新几内亚甘蔗象甲，新几内亚蔗象甲，新几内亚甘蔗象，暗棒象甲，夏威夷蔗象甲，暗棒甲

New Guinea rustic [= Australian rustic, bordered rustic, *Cupha prosope* (Fabricius)] 黑缘襟蛱蝶

New Guinea spiny stick insect [= thorny devil stick insect, giant spiny stick insect, *Eurycantha calcarata* Lucas] 魔巨棘蝌，巨棘竹节虫，恶魔竹节虫，巨棘鬼竹节虫，魔鬼竹节虫

New Guinea sugarcane weevil 见 New Guinea cane weevil borer

new hebrides coconut hispid [= coconut hispine beetle, coconut leaf beetle, two-coloured coconut leaf beetle, palm leaf beetle, coconut hispid, coconut leaf hispid, *Brontispa longissima* (Gestro)] 椰心叶甲，椰棕扁叶甲，红胸长金花虫，红胸长扁铁甲虫，红胸叶虫，长布铁甲，椰叶甲

New Holland Australian Province [= New Holland Province] 澳洲部

New Holland Province 见 New Holland Australian Province

New Ireland yellow tiger [*Parantica clinias* (Grose-Smith)] 黑脉绢斑蝶，新爱尔兰岛绢斑蝶

New Mexico epeolus [*Epeolus novomexicanus* Cockerell] 新墨绒斑蜂

New Mexico fir looper [*Galenara consimilis* (Heinrich)] 新墨西哥冷杉静尺蛾

new pine knot-horn [= splendid knot-horn moth, pine tip moth, Japanese pine tip moth, maritime pine borer, larger pine shoot borer, *Dioryctria sylvestrella* (Ratzeburg)] 赤松梢斑螟，薛梢斑螟，松干螟

new species [abb. n. sp.; = species novum (pl. species nova; abb. sp. n., sp. nov.), novum species (pl. nova species)] 新种

New World screw-worm fly [= primary screwworm, screwworm, *Cochliomyia hominivorax* (Coquerel)] 嗜人锥蝇，美洲锥蝇，旋丽蝇，新大陆螺旋蝇，螺旋蝇，螺旋锥蝇

New York bee disease 纽约蜂病

New York weevil [*Ithycerus noveboracensis* (Förster)] 纽约苹直角象甲，纽约苹直角象，纽约大象甲，纽约大象

New Zealand dampwood termite [= New Zealand wetwood termite, *Stolotermes ruficeps* Brauer] 新西兰胄白蚁，新西兰草白蚁，松草白蚁

New Zealand drywood termite [*Kalotermes brouni* Froggatt] 新西兘木白蚁

New Zealand flax mealybug [= phormium mealybug, *Balanococcus diminutus* (Leonardi)] 新西兰平粉蚧

New Zealand glowworm [*Arachnocampa luminosa* (Skuse)] 新西兰织网菌蚊，新西兰蛍蕈蚊，发光蕈蚋，小真菌蚋

New Zealand grass grub [= grass grub, *Costelytra zealandica* (White)] 褐肋翅鳃角金龟甲，褐新西兰肋翅鳃角金龟甲，新西兰草金龟

New Zealand magpie moth [= magpie moth, *Nyctemera annulata* (Boisduval)] 环蝶灯蛾

New Zealand pinhole boring beetle [*Platypus apicalis* White] 新西兰长小蠹

New Zealand primitive moth [= mnesarchaeid moth, mnesarchaeid] 扇鳞蛾 < 扇鳞蛾科 Mnesarchaeidae 昆虫的通称 >

New Zealand Province 新西兰部

New Zealand red admiral [*Vanessa gonerilla* (Fabricius)] 眉红蛱蝶

New Zealand wetwood termite 见 New Zealand dampwood termite

New Zealandian Region 新西兰区

newhouse borer [*Arhopalus productus* (LeConte)] 新屋梗天牛，新屋天牛

newly cooked cocoon 新茧

newly cooked cocoon transferring basket 新茧移茧器

newly eclosed 新羽化的

newly emerged adult 新羽成虫

newly exuviated larva [= newly exuviated silkworm, newly mo (u) lted larva] 起蚕

newly exuviated silkworm 见 newly exuviated larva

newly hatched larva 蚁蚕

newly mo(u)lted larva 见 newly exuviated larva

newly mo(u)lted fifth larva 五龄起蚕

newly mo(u)lted fourth larva 四龄起蚕

newly mo(u)lted second larva 二龄起蚕

newly mo(u)lted third larva 三龄起蚕

newly silkworm after ecdysis 起蚕

Newsletter of Sericultural Science 蚕学通讯 < 期刊名 >

Newsletter of the British Simulium Group 英国蚋类通讯 < 期刊名 >

Newsletter of the Lepidopterists' Society 鳞翅学者学会通讯 < 期刊名 >

Newsletter of the Michigan Entomological Society 密歇根昆虫学会通讯 < 期刊名 >

Newstead scale [= pine oystershell scale, Newstead's scale, oystershell scale, *Lepidosaphes newsteadi* (Šulc)] 雪松蛎盾蚧，雪松牡蛎盾蚧，松针牡蛎盾蚧

Newsteadia 纽旌蚧属，纽旌介壳虫属

Newsteadia chihpena Shiau *et* Kozár 知本纽旌蚧，溪畔纽旌蚧，知本纽旌介壳虫

Newsteadia mauritiana Mamet 苗栗纽旌蚧

Newsteadia pinicola Shiau *et* Kozár 台湾纽旌蚧，松纽旌介壳虫

Newsteadia shiaui Kozár *et* Wu 萧氏纽旌蚧

Newsteadia wacri Strickland 可可瓦氏旌蚧

Newstead's felt scale [*Eriococcus greeni* Newstead] 格林氏毡蚧

Newstead's scale 见 Newstead scale

Neyman distribution 奈曼分布

Nezara 绿蝽属

Nezara antennata Scott [eastern green stink bug] 黑须稻绿蝽，花角绿蝽，东方稻绿蝽，稻绿蝽

Nezara aurantiaca Costa 同 *Nezara viridula*

Nezara rubripennis Jakovlev 同 *Plautia crossota*

Nezara torquata Fabricius 同 *Nezara viridula*

Nezara viridula (Linnaeus) [southern green stink bug, southern green shield bug, green stink bug, green tomato bug, green vegetable bug] 稻绿蝽，南方绿椿象

Nezara yunnana Zheng 云南稻绿蝽

Ngong zulu [*Alaena ngonga* Jackson] 贡嘎翼灰蝶

ni moth [= cabbage looper, *Trichoplusia ni* (Hübner)] 粉斑夜蛾，粉纹夜蛾，银纹夜蛾，粉斑金翅夜蛾，尼金翅夜蛾

Niaboma 尼夜蛾属

Niaboma xena (Staudinger) 尼夜蛾，妮夜蛾

niacin 烟酸，尼克酸，维生素 PP，维生素 B3

Nialus 拟黄带蜉金龟甲亚属，拟黄带蜉金龟亚属

Nias gull [*Cepora licea* (Fabricius)] 丽园粉蝶

Niasnoca 异三齿叶蜂属

Niasnoca apicalis Wei 斑角异三齿叶蜂

Niasnoca apicalis apicalis Wei 斑角异三齿叶蜂指名亚种

Niasnoca apicalis rufiventris Wei 斑角异三齿叶蜂黄腹亚种

Nica 尼克蛱蝶属

Nica flavilla Hübner [little banner] 黄尼克蛱蝶

nicaeus eurybia [*Eurybia nicaeus* (Fabricius)] 尼克海蚬蝶

Nicaraguan emperor [*Doxocopa callianira* (Ménétriés)] 卡丽荣蛱蝶

Nicaraguan satyr [*Cissia themis* (Butler)] 尼细眼蝶

Nicephora 霓螽属

Nicephora* (*Eunicephora*) *dianxiensis Wang *et* Liu 滇西真霓螽

Nicertoides saccharivora Matsumura 见 *Kamendaka saccharivora*

Nicerus 尼蝶角蛉属

Nicerus gervaisi Navás 格尼蝶角蛉，杰尼蝶角蛉

niche 生态位，小生境

niche differentiation 生态位分化

niche overlap 生态位重叠

nickerbean blue [*Cyclargus ammon* (Lucas)] 蓝凯灰蝶

Nickerl's fritillary [*Mellicta aurelia* (Nickerl)] 奥蜜蛱蝶，奥网蛱蝶

Nicobar apefly [*Spalgis epeus nubilus* Moore] 熙灰蝶尼岛亚种

Nicobar bamboo treebrown [*Lethe europa tamuna* de Nicéville] 长纹黛眼蝶尼岛亚种

Nicobar banded blue pierrot [*Discolampa ethion airavati* (Doherty)] 蓝带檠灰蝶尼岛亚种

Nicobar clipper [*Parthenos sylvia nila* Evans] 丽蛱蝶尼岛亚种

Nicobar common lineblue [*Prosotas nora dilata* Evans] 娜拉波灰蝶尼岛亚种

Nicobar crow [*Euploea core scherzeri* Felder] 幻紫斑蝶尼岛亚种

Nicobar cupid [*Everes lacturnus pila* Evans] 蓝灰蝶尼岛亚种

Nicobar indigo flash [*Rapala varuna rogersi* Swinhoe] 燕灰蝶尼岛亚种

Nicobar metallic cerulean [*Jamides alecto kondulana* Felder] 素雅灰蝶尼岛亚种

Nicobar plain palm-dart [*Cephrenes acalle nicobarica* Evans] 阿卡金斑弄蝶尼岛亚种

Nicobar pointed lineblue [*Ionolyce helicon kondulana* Evans] 伊灰蝶尼岛亚种
Nicobar rustic [*Cupha erymanthis nicobarica* Felder] 黄襟蛱蝶尼岛亚种
Nicobar short-banded sailer [*Phaedyma columella binghami* Fruhstorfer] 柱菲蛱蝶尼岛亚种
Nicobar straight pierrot [*Caleta roxus manluena* Felder] 曲纹拓灰蝶尼岛亚种
Nicobar tree yellow [*Gandaca harina nicobarica* Evans] 玕粉蝶尼岛亚种
Nicobar yamfly [*Loxura atymnus nicobarica* Evans] 鹿灰蝶尼岛亚种
Nicobium 毛窃蠹属
Nicobium castaneum (Olivier) [pubescent anobiid] 浓毛窃蠹，毛窃蠹
Nicolaus 纵带叶蝉属
Nicolaus bihamatus Xing *et* Li 双钩纵带叶蝉
nicoletiid 1. [= nicoletiid silverfish insect] 土鱼，土蛃 < 土鱼科 Nicoletiidae 昆虫的通称 >；2. 土鱼科的
nicoletiid silverfish insect [= nicoletiid] 土鱼，土蛃
Nicoletiidae 土鱼科，土蛃科
nicomedes skipper [= dark telemiades, *Telemiades nicomedes* Möschler] 尼电弄蝶
Niconiades 黄涅弄蝶属
Niconiades bifurcus Anderson [bifurcus skipper] 二叉黄涅弄蝶
Niconiades bromias Godman *et* Salvin 觅食黄涅弄蝶
Niconiades bromius (Stoll) 贪吃黄涅弄蝶
Niconiades caeso Mabille 凯索黄涅弄蝶
Niconiades centralis Mielke 中黄涅弄蝶
Niconiades comitana Freeman [yellow-striped nicon, comitana skipper] 黄带黄涅弄蝶
Niconiades cydia (Hewitson) [cydia skipper] 希黄涅弄蝶
Niconiades ephora Herrich-Schäffer 监官黄涅弄蝶
Niconiades gladys Evans 格黄涅弄蝶
Niconiades incomptus Austin [half-tailed skipper, half-tailed nicon] 殷黄涅弄蝶
Niconiades linga Evans 林黄涅弄蝶
Niconiades loda Evans 劳黄涅弄蝶
Niconiades merenda Mabille [four-spotted nicon] 美仑黄涅弄蝶
Niconiades nabona Evans [nabona skipper] 娜黄涅弄蝶
Niconiades nikko Hayward [nikko skipper, olive nicon] 阿根廷黄涅弄蝶
Niconiades pares (Bell) 帕瑞黄涅弄蝶
Niconiades parna Evans 帕娜黄涅弄蝶
Niconiades sabaea Plötz 见 *Niconiades merenda*
Niconiades tina Nicolay 缇娜黄涅弄蝶
Niconiades viridis (Bell) 翠绿黄涅弄蝶
Niconiades viridis viridis (Bell) 翠绿黄涅弄蝶指名亚种
Niconiades viridis vista Evans [three-spotted nicon, vista skipper] 翠绿黄涅弄蝶三斑亚种
Niconiades xanthaphes Hübner [stub-tailed skipper, xanthaphes skipper] 突尾黄涅弄蝶
Niconiades yoka Evans [yoka skipper] 曜喀黄涅弄蝶
Nicostratus 蚁盲蝽属
Nicostratus frontmaculus Xu *et* Liu 斑额蚁盲蝽
Nicostratus sinicus Hsiao *et* Ren 华蚁盲蝽，华蚁尼盲蝽
Nicothohelea 怪螻亚属 < 此亚属学名有误写为 *Nicothoehelea* 者 >
Nicotikis 尼阎甲属
Nicotikis tenuipes (Lewis) 见 *Mendelius tenuipes*
nicotinamide [= vitamin PP, nicotinic acid] 维生素 PP，烟酸，尼克酸，烟酰胺，抗糙皮病维生素
nicotine 烟碱
nicotinic acetylcholine receptor [abb. nAChR] 烟碱受体，烟碱型乙酰胆碱受体
nicotinic acid [= vitamin PP, nicotinamide] 维生素 PP，烟酸，尼克酸，烟酰胺，抗糙皮病维生素
nicotinic receptor 烟碱受体
nicotinism 烟碱中毒
Nicrophorinae 覆葬甲亚科
Nicrophorus 覆葬甲属，埋葬虫属，食尸甲属，负葬甲属，斑纹埋葬虫属
Nicrophorus americanus Olivier [American burying beetle] 美洲覆葬甲
Nicrophorus antennatus (Reitter) 黄角覆葬甲，触角尼葬甲
Nicrophorus argutor Jakowlew 亮覆葬甲，迅食尸葬甲
Nicrophorus basalis Faldermann 典型覆葬甲，基食尸葬甲
Nicrophorus chryseus Mazochin-Porshnijakov 丽食尸葬甲
Nicrophorus concolor Kraatz 黑覆葬甲，黑食尸葬甲，黑葬甲
Nicrophorus concolor concolor Kraatz 黑覆葬甲指名亚种
Nicrophorus concolor rotundicollis Portevin 同 *Nicrophorus concolor concolor*
Nicrophorus confusus Portevin 淆覆葬甲，混食尸葬甲
Nicrophorus dauricus Motschulsky 达乌里覆葬甲，内蒙食尸葬甲
Nicrophorus fossor (Erichson) 同 *Nicrophorus interruptus*
Nicrophorus germanicus (Linnaeus) [German burying beetle] 德覆葬甲，日耳曼埋葬虫
Nicrophorus germanicus morio Gebler 见 *Nicrophorus morio*
Nicrophorus humator (Gleditsch) 长脊黑覆葬甲
Nicrophorus interruptus Stephens 扰墓覆葬甲
Nicrophorus investigator Zetterstedt 橘角覆葬甲，仵作覆葬甲，探食尸葬甲，埋葬虫
Nicrophorus japonicus Harold 日本覆葬甲，日拟食尸葬甲，大葬甲，大红斑葬甲
Nicrophorus latifasciatus Lewis 同 *Nicrophorus investigator*
Nicrophorus lunatus Fisher von Waldheim 基纹覆葬甲
Nicrophorus maculiceps Jakovlev 同 *Nicrophorus maculifrons*
Nicrophorus maculifrons Kraatz 额斑覆葬甲，前星覆葬甲，斑额食尸葬甲
Nicrophorus mongolicus Shchegoleva-Barovskaya 蒙古覆葬甲
Nicrophorus morio Gebler 墨黑覆葬甲，亮黑覆葬甲，德食尸葬甲
Nicrophorus nepalensis Hope 尼覆葬甲，尼泊尔覆葬甲，橙斑覆葬甲，尼泊尔食尸葬甲，橙斑埋葬虫
Nicrophorus oberthuri Portevin 两裆覆葬甲，奥食尸葬甲
Nicrophorus praedator (Reitter) 同 *Nicrophorus investigator*
Nicrophorus przewalskii Semenov 普氏覆葬甲，普食尸葬甲 < 此种学名有误写为 *Nicrophorus przewalskyi* Semenow 者 >
Nicrophorus pseudobrutor Reitter 同 *Nicrophorus argutor*
Nicrophorus quadraticollis Portevin 后星覆葬甲，方食尸葬甲

Nicrophorus quadricollis Hatch 同 *Nicrophorus quadraticollis*
Nicrophorus quadripunctatus Kraatz 四星覆葬甲，四点食尸葬甲
Nicrophorus reichardti Keiseritzky 理氏覆葬甲
Nicrophorus rugulipennis Jakovlev 同 *Nicrophorus morio*
Nicrophorus satanas Reitter 魔黑覆葬甲
Nicrophorus sausai Růžička, Háva *et* Schneider 毛星覆葬甲
Nicrophorus schawalleri Sikes *et* Madge 沙氏覆葬甲，衿覆葬甲
Nicrophorus semenowi (Reitter) 超高覆葬甲，西食尸葬甲
Nicrophorus sepultor Charpentier 埋覆葬甲，昏食尸葬甲
Nicrophorus sinensis Ji 中国覆葬甲
Nicrophorus smefarka Háva, Schneider *et* Růžička 浅色覆葬甲
Nicrophorus tenuipes Lewis 细腿黑覆葬甲，尖食尸葬甲
Nicrophorus unifasciatus Hlisnikovsky 同 *Nicrophorus oberthuri*
Nicrophorus ussuriensis Portevin 细纹覆葬甲，乌食尸葬甲
Nicrophorus validus Portevin 壮覆葬甲
Nicrophorus vespillo (Linnaeus) 蜂纹覆葬甲，韦食尸葬甲
Nicrophorus vespilloides Herbst 拟蜂纹覆葬甲，红斑覆葬甲，拟韦食尸葬甲，大红葬甲
Nicrophorus vestigator Herschel 寻尸覆葬甲，痕食尸葬甲
nictitant ocellus 瞬瞳眼点 < 有新月形色点的具瞳点 >
Nida 尼天牛属
Nida andamanica Garhan 安达曼尼天牛
Nida championi Gardner 印度尼天牛
Nida flavovittata Pascoe 黄条尼天牛
nidamentum 缠卵胶 < 指摇蚊 *Chironomus* 产卵时与卵混在一起的胶质团 >
Nidella coomani Gressitt *et* Rondon 肖尼天牛
nidi [s. nidus] 胞窝 < 中肠肠壁细胞层中的再生细胞群 >
nidificate [v.] 筑巢，作巢
nidification [n.] 筑巢，作巢
Niditinea 巢谷蛾属
Niditinea striolella (Matsumura) 细齿巢谷蛾
Niditinea tugurialis (Meyrick) 四点巢谷蛾
Nidularia 巢红蚧属
Nidularia japonica Kuwana 日本巢红蚧，日本巢绛蚧
Nidularia pulvinata (Planchon) 栎巢红蚧
nidus [pl. nidi] 胞窝
Niea 聂氏叶蜂属
Niea acuata Niu *et* Wei 尖鞘聂氏叶蜂
Niedoida 尼小叶蝉属
Niedoida atrifrons (Distant) 黑额尼小叶蝉，中黑斑叶蝉，中黑顶斑叶蝉，中黑么叶蝉
Nieelli's alder midget moth [= small alder midget, *Phyllonorycter stettinensis* (Nicelli)] 尼氏小潜细蛾，尼氏桤木潜叶细蛾
Niepelt's eyed silkmoth [*Automeris niepelti* (Draudt)] 聂氏眼大蚕蛾
Nietnera 锡绵蚧属
Nietnera pundaluoya Green 木姜子锡绵蚧
Niganda 窄翅舟蛾属
Niganda argentifascia (Hampson) 银带窄翅舟蛾
Niganda cyttarosticta (Hampson) 瘦窄翅舟蛾，塞窄翅舟蛾
Niganda griseicollis (Kiriakoff) 竹窄翅舟蛾，竹瘦舟蛾，灰窄翅舟蛾
Niganda radialis (Gaede) 光窄翅舟蛾
Niganda strigifascia Moore 窄翅舟蛾
Niganda strigifascia coelestis Kiriakoff 同 *Niganda strigifascia strigifascia*
Niganda strigifascia strigifascia Moore 窄翅舟蛾指名亚种
nigel saliana [*Saliana nigel* Evans] 尼颂弄蝶
Niger delta telipna [*Telipna rufilla* Grose-Smith *et* Kirby] 红袖灰蝶
Nigerian blue forester [*Euphaedra luperca* Hewitson] 牧神栎蛱蝶
Nigerian dots [*Micropentila nigeriana* Stempffer *et* Bennett] 尼日利亚晓灰蝶
Nigerian glasswing [*Ornipholidotos nigeriae* Stempffer] 尼耳灰蝶
Nigerian Journal of Entomology 尼日利亚昆虫学杂志 < 期刊名 >
Nigerian paradise skipper [*Abantis nigeriana* Butler] 尼斑弄蝶
Nigerian pierid blue [*Larinopoda aspidos* Druce] 盾腊灰蝶
Nigerian sapphire gem [*Iridana nigeriana* Stempffer] 尼日利亚吟灰蝶
Nigerian striped forester [*Euphaedra athena* Hecq *et* Joly] 尼栎蛱蝶
nigger [= smooth-eyed bushbrown, dusky bush-brown, *Orsotriaena medus* (Fabricius)] 奥眼蝶
night eye 夜眼
night-wandering dagger moth [*Acronicta noctivaga* Grote] 夜剑纹夜蛾
nightfeeding rice armyworm [= cosmopolitan, false army worm, Lorey army worm, Loreyi leaf worm, rice armyworm, *Leucania loreyi* (Duponchel)] 白点黏夜蛾，白点秘夜蛾，劳氏黏虫，劳氏秘夜蛾，劳氏光腹夜蛾，罗氏秘夜蛾
nightshade wasp [= evaniid wasp, ensign wasp, evaniid, hatchet wasp] 旗腹蜂 < 旗腹蜂科 Evaniidae 昆虫的通称 >
Nigidionus 葫芦锹甲属，葫芦锹形虫属
Nigidionus parryi (Bates) 葫芦锹甲，葫芦锹，葫芦锹形虫，简颚锹甲
Nigidius 角葫芦锹甲属，角葫芦锹形虫属，磙锹甲属
Nigidius acutangulus Heller 姬角葫芦锹甲，姬角葫芦锹，姬角葫芦锹形虫，尖角磙锹甲，尖角尼锹甲，姬牛角锹形虫
Nigidius baeri Boileau 兰屿角葫芦锹甲，兰屿角葫芦锹，兰屿角葫芦锹形虫，贝磙锹甲，贝尼锹甲，兰屿牛角锹形虫
Nigidius bii Huang *et* Chen 毕氏角葫芦锹甲，毕氏角葫芦锹
Nigidius distinctus Parry 西格玛角葫芦锹甲，西格玛角葫芦锹
Nigidius elongatus Boileau 缅甸角葫芦锹甲，缅甸角葫芦锹，长磙锹甲，长尼锹甲
Nigidius forcipatus Westwood 铗角葫芦锹甲
Nigidius formosanus Bates 台湾角葫芦锹甲，台湾角葫芦锹，台湾角葫芦锹形虫，台磙锹甲，台尼锹甲，台湾牛角锹形虫
Nigidius impressicollis Boileau 切额角葫芦锹甲，切额角葫芦锹
Nigidius laevicollis Westwood 光颈角葫芦锹甲
Nigidius lemeei Bomans 两广角葫芦锹甲，两广角葫芦锹
Nigidius lewisi Boileau 路易斯角葫芦锹甲，路易士角葫芦锹，路易斯角葫芦锹形虫，刘磙锹甲，刘尼锹甲，路易斯牛角锹形虫
Nigidius liui Huang *et* Chen 刘氏角葫芦锹甲，刘氏角葫芦锹
Nigidius naingi Nagai 独龙角葫芦锹甲，独龙角葫芦锹
Nigidius rondoni Bomans 尖胸角葫芦锹甲，尖胸角葫芦锹
Nigidius sinicus Schenkl 中华角葫芦锹甲，中华角葫芦锹
Nigidius sukkiti Okuda 苏氏角葫芦锹甲，苏氏角葫芦锹
Nigilgia 尼短翅蛾属

Nigilgia limata Diakonoff *et* Arita 岛尼短翅蛾
Nigilgia violacea Kallies *et* Arita 紫斑尼短翅蛾，紫斑短翅蛾
nigra scale 1. [= hevea black scale, black coffee scale, pomegranate scale, black scale, hibiscus scale, hibiscus shield scale, Florida black scale, *Parasaissetia nigra* (Nietner)] 乌黑副盔蚧，橡胶盔蚧，橡副珠蜡蚧，香蕉黑蜡蚧，黑盔蚧，黑副硬介壳虫；2. [= brown bug, brown coffee scale, brown shield scale, helmet scale, coffee helmet scale, hemispherical scale, brown scale, *Saissetia coffeae* (Walker)] 咖啡黑盔蚧，咖啡盔蚧，咖啡硬介壳虫，咖啡珠蜡蚧，橘盔蚧，咖啡蜡蚧，黑盔介壳虫，黑盔蚧，半球盔蚧，网球蜡蚧
nigricola skipper [*Cynea nigricola* Freeman] 黑塞尼弄蝶
Nigrimacula 黑斑螽属
Nigrimacula beybienkoi Wang *et* Liu 贝氏黑斑螽
Nigrimacula binotata Shi, Bian *et* Zhou 二点黑斑螽
Nigrimacula paraquadrinotata (Wang, Liu *et* Li) 副四点黑斑螽
Nigrimacula quadrinotata (Bey-Bienko) 四点黑斑螽，四点剑螽
Nigrimacula sichuanensis Wang *et* Shi 四川黑斑螽
Nigrimacula xizangensis (Jiao *et* Shi) 西藏黑斑螽
Nigritomyia 黑水虻属
Nigritomyia andamanensis Das, Sharma *et* Dev Roy 安岛黑水虻
Nigritomyia basiflava Yang, Zhang *et* Li 黄股黑水虻
Nigritomyia cyanea Brunetti 赤灰黑水虻
Nigritomyia fulvicollis Kertész 黄颈黑水虻，黄蜂水虻，棕黑水虻 < 该种学名有误写为 *Negritomyia fulvicollis* Kertész 者 >
Nigritomyia gungxiensis Li, Zhang *et* Yang 广西黑水虻
Nigritomyia punctifrons James 点额黑水虻
Nigrobaetis 黑四节蜉属
Nigrobaetis candidus (Kang *et* Yang) 亮黑四节蜉
Nigrobaetis facetus (Chang *et* Yang) 岛黑四节蜉
Nigrobaetis gracilientus (Chang *et* Yang) 细黑四节蜉
Nigrobaetis mundus (Chang *et* Yang) 洁黑四节蜉
Nigrobaetis tatuensis (Müller-Liebenau) 大肚黑四节蜉，大土四节蜉
Nigrobaetis terminus (Chang *et* Yang) 端黑四节蜉
Nigrogryllus 墨蟋属
Nigrogryllus sibiricus (Chopard) 西伯利亚墨蟋
Nigrotipula 黑大蚊属
Nigrotipula nigra (Linnaeus) 多突黑大蚊
Nigrotrichia 黑毛鳃金龟甲属
Nigrotrichia gebleri (Faldermann) 江南黑毛鳃金龟甲，江南大黑鳃金龟，格齿爪鳃金龟
Nihonea hokurikuensis (Hopri) 见 *Sarcophaga* (*Nihonea*) *hokurikuensis*
Nihonogomphus 日春蜓属
Nihonogomphus bequaerti Chao 贝氏日春蜓
Nihonogomphus brevipennis (Needham) 短翅日春蜓
Nihonogomphus chaoi Zhou *et* Wu 赵氏日春蜓
Nihonogomphus cultratus Chao *et* Wang 刀日春蜓，刀形日春蜓
Nihonogomphus gilvus Chao 浅黄日春蜓
Nihonogomphus huangshaensis Chao *et* Zhu 黄沙日春蜓
Nihonogomphus lieftincki Chao 同 *Nihonogomphus thomassoni*
Nihonogomphus luteolatus Chao *et* Liu 黄侧日春蜓
Nihonogomphus montanus Zhou *et* Wu 山日春蜓
Nihonogomphus ruptus (Sélys) 臼齿日春蜓
Nihonogomphus semanticus Chao 长钩日春蜓
Nihonogomphus shaowuensis Chao 邵武日春蜓
Nihonogomphus silvanus Zhou *et* Wu 浙江日春蜓，树日春蜓
Nihonogomphus simillimus Chao 相似日春蜓
Nihonogomphus thomassoni (Kirby) 汤氏日春蜓
Nihonogomphus viridicosta (Oguma) 见 *Onychogomphus viridicosta*
Nihonogomphus zhejiangensis Chao *et* Zhou 同 *Nihonogomphus shaowuensis*
Niijimaia bifasciana Matsushita 新岛天牛
Niitakacris 尼蝗属
Niitakacris goganzanensis Tinkham 戈根尼蝗，哥根尼蝗
Niitakacris rosaceanum (Shiraki) 红胫尼蝗
Nikaea 长翅丽灯蛾属
Nikaea arisana Matsumura 见 *Euleechia arisanus*
Nikaea formosana (Miyake) 见 *Aglaomorpha histrio formosana*
Nikaea longipennis (Walker) 长翅丽灯蛾，长翅尼灯蛾
Nikaea longipennis formosana Matsumura 同 *Nikaea matsumurai*
Nikaea longipennis longipennis (Walker) 长翅丽灯蛾指名亚种
Nikaea longipennis matsumurai Kishida 见 *Nikaea matsumurai*
Nikaea matsumurai Kishida 松村长翅丽灯蛾，长翅丽灯蛾，松村长翅尼灯蛾，台长翅尼灯蛾
Nikara 独夜蛾属
Nikara castanea Moore 独夜蛾
Nikara plusiodes Joannis 富独夜蛾
nikko skipper [= olive nicon, *Niconiades nikko* Hayward] 阿根廷黄涅弄蝶
Nikkoaspis 泥盾蚧属，竹尼盾介壳虫属
Nikkoaspis arundinariae (Takahashi) 见 *Kuwanaspis arundinariae*
Nikkoaspis formosana (Takahashi) 台湾泥盾蚧，台竹尼盾介壳虫
Nikkoaspis hichiseisana (Takahashi) 毛竹泥盾蚧，竹尼盾介壳虫
Nikkoaspis sasae (Takahashi) 赤竹泥盾蚧，赤竹线盾蚧
Nikkoaspis shiranensis Kuwana [Shirane bamboo scale] 库页岛泥盾蚧，白根竹长蚧
Nikkoaspis simaoensis Hu 思茅泥盾蚧
nikkomycin 日光霉素
Nikkotettix 尼小叶蝉属
Nikkotettix cuspidate Qin *et* Zhang 尖突尼小叶蝉
Nikkotettix erythrinae Dworakowska 埃里尼小叶蝉
Nikkotettix galloisi Matsumura 伽氏尼小叶蝉
Nikkotettix taibaiensis Qin *et* Zhang 太白尼小叶蝉
Nilalohita hainana *Wang* et *Wang* 同 Flavina hainana
Nilaparvata 褐飞虱属
Nilaparvata bakeri (Muir) 拟褐飞虱
Nilaparvata castanea Huang *et* Ding 栗褐飞虱
Nilaparvata lineolae Huang *et* Tian 线斑褐飞虱
Nilaparvata lugens (Stål) [brown planthopper, rice brown planthopper, brown rice planthopper] 褐飞虱，稻褐飞虱，褐稻虱
Nilaparvata muiri China 伪褐飞虱
Nilautama 扬角蝉属
Nilautama castanea Yuan *et* Chou 栗色扬角蝉
Nilautama hainanensis Yuan *et* Chou 海南扬角蝉
Nilea 尼里寄蝇属
Nilea anatolica Mesnil 安尼里寄蝇，安娜尼里寄蝇
Nilea breviunguis Chao *et* Liu 短爪尼里寄蝇
Nilea hortulana (Meigen) 园尼里寄蝇，竖毛扁寄蝇，立毛扁寄

蝇

Nilea innoxia Robineau-Desvoidy 音尼里寄蝇

Nilea rufiscutellaris (Zetterstedt) 棕盾尼里寄蝇

Nilgiraspis 尼龟甲属

Nilgiraspis andrewesi (Spaeth) 暗角尼龟甲

Nilgiri fourring [*Ypthima chenui* (Guérin-Méneville)] 彻奴矍眼蝶

Nilgiri grass yellow [*Eurema nilgiriensis* Yata] 尼尔吉里黄粉蝶

Nilgiri plain ace [= Tamil ace, sitala ace, *Thoressa sitala* de Nicéville] 斯陀弄蝶

Nilgiri tiger [*Parantica nilgiriensis* (Moore)] 尼尔吉里绢斑蝶

Nilgiri tit [*Chliaria nilgirica* Moore] 印蒲灰蝶

nilionid 1. [= nilionid beetle, false ladybird beetle] 广胸甲 < 广胸甲科 Nilionidae 昆虫的通称 >；2. 广胸甲科的

nilionid beetle [= nilionid, false ladybird beetle] 广胸甲

Nilionidae 广胸甲科

Nilobezzia 尼蠓属

Nilobezzia atoporna Yu *et* Zhang 异状尼蠓

Nilobezzia bamenwana Li *et* Li 八门湾尼蠓

Nilobezzia claripennia (Kieffer) 明翅尼蠓，亮翅贝蠓，亮翅尼细蠓

Nilobezzia curvopennis Yu 曲茎尼蠓

Nilobezzia discritus Yu 开裂尼蠓

Nilobezzia duodenalis Liu, Yan *et* Liu 指突尼蠓

Nilobezzia formosana (Kieffer) 美岛尼蠓，台湾尼蠓，美岛尼细蠓

Nilobezzia kerteszi (Kieffer) 克氏尼蠓，克氏贝蠓，科氏尼细蠓

Nilobezzia minor (Wirth) 微小尼蠓

Nilobezzia myrmedon (Kieffer) 蚁冢尼蠓，蚁尼细蠓

Nilobezzia ningxia Yu 宁夏尼蠓

Nilobezzia nipponensis (Tokunaga) 日本尼蠓，日本尼细蠓

Nilobezzia semirufa (Kieffer) 半红尼蠓，半红尼细蠓，半红原贝蠓，趋红贝蠓

Nilodorum 短须摇蚊属

Nilodorum tainanus (Kieffer) 台南短须摇蚊，台南尼摇蚊

Nilotanypus 尼罗长足摇蚊属

Nilotanypus comatus (Freeman) 毛尼罗长足摇蚊

Nilotanypus dubius (Meigen) 无距尼罗长足摇蚊

Nilotanypus fimbriatus (Walker) 纤尼罗长足摇蚊

Nilotanypus minutus (Tokunaga) 小尼罗长足摇蚊

Nilotanypus parvus (Freeman) 微尼罗长足摇蚊

Nilotanypus polycanthus Cheng *et* Wang 多刺尼罗长足摇蚊

Nilotanypus quadratus Cheng *et* Wang 方尼罗长足摇蚊

Nilotaspis 长盾蚧属

Nilotaspis halli (Green) [Hall scale] 霍氏长盾蚧，哈氏盾蚧

Nilothauma 尼罗摇蚊属

Nilothauma acre Adam *et* Sæther 尖尼罗摇蚊

Nilothauma angustum Qi, Tang *et* Wang 细尼罗摇蚊

Nilothauma aristatum Qi, Tang *et* Wang 侧刺尼罗摇蚊，刺叉尼罗摇蚊

Nilothauma bilobatum Qi, Tang *et* Wang 双叶尼罗摇蚊

Nilothauma hibaratertium Sasa 耐基尼罗摇蚊

Nilothauma japonicum Niitsuma 日本尼罗摇蚊

Nilothauma pandum Qi, Lin, Wang *et* Shao 弯尼罗摇蚊，弯刀尼罗摇蚊

Nilothauma quadrilobum Yan *et* Wang 四叶尼罗摇蚊

Nilothauma quatuorlobum Yan, Tang *et* Wang 多叶尼罗摇蚊

nine-spotted ladybird [= 9-spotted ladybug, *Coccinella novemnotata* Herbst] 九星瓢虫

nine-spotted moth [*Amata phegea* (Linnaeus)] 九斑鹿蛾，费辛鹿蛾

Nineta 尼草蛉属

Nineta abunda Yang *et* Yang 多尼草蛉

Nineta dolichoptera (Navás) 凸脉尼草蛉，长翅尼草蛉

Nineta grandis Navás 黄角尼草蛉，大尼草蛉

Nineta shaanxiensis Yang *et* Yang 陕西尼草蛉

Nineta vittata (Wesmael) 玉带尼草蛉，条尼草蛉

nineteen spotted ladybird [= 19-spot ladybird, water ladybird, *Anisosticta novemdecimpunctata* (Linnaeus)] 十九星异点瓢虫，十九星瓢虫

Ningpo rice grasshopper [*Oxya ningpoensis* Chang] 宁波稻蝗，宁波大稻蝗

Ninguta 宁眼蝶属

Ninguta schrenkii (Ménétriés) [large satyrid] 宁眼蝶，舒氏眼蝶 < 此种学名有误写为 *Ninguta schrenckii* (Ménétriés) 与 *Ninguta schrenskii* (Ménétriés) 者 >

Ninguta schrenkii damontas Fruhstorfer 宁眼蝶四川亚种，达宁眼蝶

Ninguta schrenkii obscura (Mell) 宁眼蝶褐色亚种，暗宁眼蝶

Ninguta schrenkii schrenkii (Ménétriés) 宁眼蝶指名亚种

Ningxiapsyche 宁夏石蛾属

Ningxiapsyche fangi Hong *et* Li 房氏宁夏石蛾

Ningxiapsychidae 宁夏石蛾科

ninhydrin 水合茚三酮，茚三酮

ninias nymphidium [*Nymphidium ninias* (Hewitson)] 妮蛱蚬蝶

ninid 1. [= ninid bug] 尼长蝽 < 尼长蝽科 Ninidae 昆虫的通称 >；2. 尼长蝽科的

ninid bug [= ninid] 尼长蝽

Ninidae 尼长蝽科

Ninodes 墨尺蛾属

Ninodes albarius Beljaev *et* Park 淡墨尺蛾

Ninodes quadratus Li, Xue *et* Jiang 方斑墨尺蛾

Ninodes scintillans Thierry-Mieg 斯墨尺蛾

Ninodes splendens (Butler) 泼墨尺蛾， 缘点姬黄尺蛾，朴妮尺蛾

Ninodes watanabei Inoue 渡边墨尺蛾，姬黄尺蛾

Ninomimus 蔺长蝽属

Ninomimus flavipes (Matsumura) 黄足蔺长蝽

Ninus 尼长蝽属

Ninus insignis Stål 尼长蝽

niobe fritillary [*Fabriciana niobe* (Linnaeus)] 福蛱蝶

nipa palm hispid [= nipa palm hispid beetle, *Octodonta nipae* (Maulik)] 水椰八角铁甲

nipa palm hispid beetle 见 nipa palm hispid

Nipaecoccus 堆粉蚧属，鳞粉蚧属

Nipaecoccus aurilanatus (Maskell) [golden mealybug, yellow-banded mealybug] 黄条堆粉蚧，黄条粉蚧

Nipaecoccus filamentosus (Cockerell) 长尾堆粉蚧，枸杞丝鳞粉蚧，橘球粉介壳虫

Nipaecoccus lycii Tang 枸杞堆粉蚧

Nipaecoccus nipae (Maskell) [coconut mealybug] 椰子堆粉蚧，椰

粉蚧，鳞粉蚧
Nipaecoccus vastator (Maskell) 同 *Nipaecoccus viridis*
Nipaecoccus viridis (Newstead) [spherical mealybug] 柑橘堆粉蚧，橘鳞粉蚧
Niphades 雪片象甲属，雪片象属
Niphades castanea Chao 栗雪片象甲，栗雪片象，板栗雪片象
Niphades tubericollis Faust 瘤胸雪片象甲，瘤胸雪片象
Niphades variegatus (Roelofs) 变雪片象甲，变雪片象
Niphades verrucosus (Voss) 多瘤雪片象甲，多瘤雪片象
Niphadolepis alianta Karsch [jelly grub] 非咖啡刺蛾
Niphadoses 雪禾螟属
Niphadoses dengcaolites Wang, Sung *et* Li 灯草雪禾螟
Niphadoses gilviberbis (Zeller) 稻雪禾螟
Niphanda 黑灰蝶属
Niphanda asialis (de Nicéville) 点黑灰蝶
Niphanda cymbia de Nicéville [pointed pierrot] 小黑灰蝶
Niphanda fusca (Bremer *et* Grey) 黑灰蝶
Niphanda fusca dispar (Bremer) 同 *Niphanda fusca fusca*
Niphanda fusca formosensis Matsumura 黑灰蝶台湾亚种，黑灰蝶，黑小灰蝶，台湾黑小灰蝶，蚁巢紫灰蝶，台湾黑灰蝶
Niphanda fusca fusca (Bremer *et* Grey) 黑灰蝶指名亚种，指名黑灰蝶
Niphanda fusca lasurea Graser 同 *Niphanda fusca fusca*
Niphanda fusca niphonica Matsumura 黑灰蝶日本亚种，尼黑灰蝶
Niphanda stubbsi Howarth 斯图黑灰蝶
Niphanda tessellata Moore 泰黑灰蝶，格纹黑灰蝶
Niphe 褐蝽属
Niphe elongata (Dallas) [rice brown stink-bug, rice stink bug, brown rice stink bug] 稻褐蝽，稻长褐蝽，白边蝽，长稻褐蝽，水稻褐蝽，稻椿象
Nipholophia 拟吉丁天牛属，拟叉尾天牛属
Nipholophia chujoi Gressitt 淡色拟吉丁天牛，拟吉丁天牛，淡色双纹天牛，中条氏拟叉尾天牛
Niphona 吉丁天牛属，叉尾天牛属，灰叉尾天牛属
Niphona albofasciata Breuning 白带吉丁天牛
Niphona albolateralis Pic 白缘吉丁天牛
Niphona alboplagiata Breuning 白纹吉丁天牛
Niphona cantonensis Gressitt 广州吉丁天牛
Niphona chinensis Breuning 中华吉丁天牛
Niphona excisa Pascoe 双叉吉丁天牛
Niphona falaizei Breuning 白斑吉丁天牛
Niphona fasciculata (Pic) 淡带吉丁天牛
Niphona furcata (Bates) [grey bamboo longicorn] 叉尾吉丁天牛，拟吉丁天牛，灰身叉尾天牛，灰身矢尾天牛，灰色矢尾天牛，板栗雪片象
Niphona hookeri Gahan 三脊吉丁天牛
Niphona laterialba Breuning 四川吉丁天牛
Niphona longesignata Pic 长纹吉丁天牛
Niphona longicornis (Pic) 基刺吉丁天牛
Niphona longzhouensis Hua 龙州吉丁天牛
Niphona lunulata Pic 月纹吉丁天牛
Niphona lutea Pic 香港吉丁天牛
Niphona malaccensis Breuning 酒饼树吉丁天牛
Niphona mediofasciata Breuning 双带吉丁天牛
Niphona minor (Lameere) 齿尾吉丁天牛
Niphona obliquata Breuning 缘刺吉丁天牛
Niphona parallela (White) 小吉丁天牛，印度叉尾天牛
Niphona rondoni Breuning 郎氏吉丁天牛
Niphona stotzneri Breuning 灌县吉丁天牛
Niphona sublutea Breuning 老挝吉丁天牛
Niphona tibetana Gressitt 西藏吉丁天牛
Niphona yanoi Matsushita 台吉丁天牛，矢野氏叉尾天牛，矢野矢尾天牛
Niphona yanoi reducta Gressitt 台吉丁天牛宽额亚种，宽额台吉丁天牛，宽额吉丁天牛
Niphona yanoi yanoi Matsushita 台吉丁天牛指名亚种，指名台吉丁天牛
Niphonix 乏夜蛾属
Niphonix segregata (Butler) 乏夜蛾，尼封夜蛾，葎草流夜蛾
Niphonympha 雪巢蛾属
Niphonympha varivera Yu *et* Li 矛雪巢蛾
Niphonympha wuzhishana Jin *et* Li 五指山雪巢蛾，五指山巢蛾
Niphosaperda rondoni Breuning 吉丁楔天牛
niponiid 1. [= niponiid beetle] 细阎甲，细阎虫 < 细阎甲科 Niponiidae 昆虫的通称 >；2. 细阎甲科的
niponiid beetle [= niponiid] 细阎甲，细阎虫
Niponiidae 细阎甲科，细阎虫科
Niponiinae 细阎甲亚科
Niponius 细阎甲属
Niponius canalicollis Lewis 沟细阎甲，沟胸细阎甲
Niponius impressicollis Lewis 凹细阎甲，凹胸细阎甲
Niponius osorioceps Lewis 姬细阎甲，角突细阎甲，角突倭阎甲
Niponius yamasakii Miwa 山崎细阎甲，赤黑细阎甲
Niponstenostola 日修天牛属
Niponstenostola lineata (Gressitt) 宝鸡日修天牛
Niposoma 近方阎甲属，尼闫甲属
Niposoma lewisi (Marseul) 刘氏近方阎甲，刘氏尼闫甲，刘坑阎甲
Niposoma schenklingi (Bickhardt) 申氏近方阎甲，施氏尼闫甲，兴坑阎甲
Niposoma stackelbergi (Kryzhanovskij) 斯氏近方阎甲
Niposoma taiwanum (Hisamatsu) 台湾近方阎甲，台湾尼闫甲，台坑阎甲，台湾艾阎甲
Nippancistroger 瀛蟋螽属，尼蟋螽属
Nippancistroger koreanus Storozhenko *et* Paik 韩国瀛蟋螽
Nippancistroger sinensis Tinkham 中华瀛蟋螽，中华尼蟋螽
Nippancistroger testaceus (Matsumura *et* Shiraki) 黄褐瀛蟋螽，黄褐尼蟋螽
Nippoberaea 日贝石蛾属
Nippoberaea gracilis Nozaki *et* Kagaya 优雅日贝石蛾
Nippocallis 日本棘斑蚜亚属，日斑蚜属
Nippocallis kuricola Matsumura 见 *Tuberculatus* (*Nippocallis*) *kuricola*
Nippocryptus 尼姬蜂属，目钩姬蜂属
Nippocryptus jianicus Sheng *et* Sun 吉安尼姬蜂
Nippocryptus suzukii (Matsumura) 黑纹尼姬蜂，黑纹目钩姬蜂
Nippolachnus 日本大蚜属
Nippolachnus abietinus Matsumura 见 *Cinara abietinus*
Nippolachnus fici (Takahashi) 见 *Lachnus fici*
Nippolachnus himalayensis (van der Goot) 喜马日本大蚜，日本

大蚜

Nippolachnus piri Matsumura [pear green aphid] 梨日本大蚜，无眼瘤大蚜，梨绿蚜，梨大绿蚜，梨绿大蚜

Nippolachnus xitianmushanus Zhang *et* Zhong 枇杷日本大蚜

Nippon cabbage sawfly [= Nippon vegetable sawfly, *Athalia japonica* (Klug)] 日本残青叶蜂，日本菜叶蜂，日本芜菁叶蜂，芜菁叶蜂

Nippon hairy aphid [*Greenidea nipponica* Suenaga] 日本毛管蚜

Nippon vegetable sawfly 见 Nippon cabbage sawfly

Nipponaclerda 日仁蚧属，苍仁蚧属

Nipponaclerda biwakoensis (Kuwana) 芦苇日仁蚧

Nipponaetes 角脸姬蜂属

Nipponaetes haeussleri (Uchida) 黑角脸姬蜂

Nipponaphinae 日本扁蚜亚科

Nipponaphis 日胸扁蚜属，日本扁蚜属

Nipponaphis cuspidatae Essig *et* Kuwana 见 *Metanipponaphis cuspidatae*

Nipponaphis distyfoliae (Takahashi) 同 *Neothoracaphis yanonis*

Nipponaphis distylifoliae (Takahashi) 同 *Neothoracaphis yanonis*

Nipponaphis distyliicola Monzen 双刺日胸扁蚜，双刺日本扁蚜

Nipponaphis machili (Takahashi) 马氏胸扁蚜，马希尔日本扁蚜，米皮虱蚜，楠木虱蚜

Nipponaphis manoji Ghosh *et* Raychaudhuri 曼诺日胸扁蚜

Nipponaphis minensis Zhang 闽日胸扁蚜

Nipponaphis monzeni Takahashi 门前日胸扁蚜，门前日本扁蚜，茫中日扁蚜

Nipponaphis yanonis Matsumura 见 *Neothoracaphis yanonis*

Nipponcyrtus 日小头虻属，日本小头虻属

Nipponcyrtus shibakawae (Matsumura) 柴氏日小头虻，柴氏日弓小头虻

Nipponcyrtus taiwanensis (Ôuchi) 台湾日小头虻，台湾小头虻，台奥小头虻

nipponentomid 1. [= nipponentomid proturan] 日本蚖 < 日本蚖科 Nipponentomidae 昆虫的通称 >；2. 日本蚖科的

nipponentomid proturan [= nipponentomid] 日本蚖

Nipponentomidae 日本蚖科

Nipponentominae 日本蚖亚科

Nipponentomon 日本蚖属

Nipponentomon heterothrixi Yin *et* Xie 异毛日本蚖

Nipponentomon uenoi Imadaté *et* Yosii 上野日本蚖

Nipponentomon uenoi paucisetosum Imadaté 上野日本蚖少毛亚种，少毛上野日本蚖

Nipponentomon uenoi uenoi Imadaté *et* Yosii 上野日本蚖指名亚种

Nipponeurorthus 汉泽蛉属，日水蛉属

Nipponeurorthus damingshanicus Liu, Aspöck *et* Aspöck 大明山汉泽蛉

Nipponeurorthus fasciatus Nakahara 带斑汉泽蛉，带汉泽蛉，带日水蛉

Nipponeurorthus furcatus Liu, Aspöck *et* Aspöck 叉突汉泽蛉

Nipponeurorthus multilineatus Nakahara 美脉汉泽蛉，多线汉泽蛉，多线日水蛉

Nipponeurorthus qinicus Yang 秦汉泽蛉

Nipponeurorthus tianmushanus Yang *et* Gao 天目汉泽蛉

Nipponhydrus bimaculatus (Satô) 见 *Allopachria bimaculata*

Nipponhydrus bimaculatus Zeng 同 *Allopachria guizhouensis*

Nipponhydrus guizhouensis Hua 见 *Allopachria guizhouensis*

Nipponobuprestis 丽彩吉丁甲属，丽彩吉丁属，日吉丁甲属，日吉丁属

Nipponobuprestis amabilis (Snellen von Vollenhoven) 四斑丽彩吉丁甲，四斑丽彩吉丁，奇日吉丁甲，奇日吉丁，绿斑脊吉丁，绿斑吉丁

Nipponobuprestis bilyi Peng 比氏丽彩吉丁甲，比氏丽彩吉丁，毕氏日吉丁甲

Nipponobuprestis guangxiensis Peng 广西丽彩吉丁甲，广西丽彩吉丁，广西日吉丁甲

Nipponobuprestis orientalis Peng 东方丽彩吉丁甲，东方丽彩吉丁，东方日吉丁甲

Nipponobuprestis querceti (Saunders) 碎斑丽彩吉丁甲，碎斑丽彩吉丁，栎日吉丁甲，栎日吉丁，星斑吉丁

Nipponobuprestis rubrocinctus Peng 紫光丽彩吉丁甲，紫光丽彩吉丁，红缘日吉丁甲，红缘丽彩吉丁

Nipponobythus 日蚁甲属，奇首蚁甲属

Nipponobythus besucheti Löbl 贝日蚁甲

Nipponobythus caviceps Löbl 穴日蚁甲

Nipponobythus dispar Löbl 异日蚁甲

Nipponobythus grandis Löbl 大日蚁甲，硕奇首蚁甲

Nipponobythus korbeli Löbl 柯日蚁甲

Nipponobythus longicornis Löbl 长角日蚁甲

Nipponobythus mirabilis (Löbl) 奇日蚁甲，奇玛蚁甲

ipponocercyon 日梭牙甲属，日牙甲属

Nipponocercyon satoi Fikáček, Jia *et* Ryndevich 佐藤日梭牙甲

Nipponocercyon sichuanicus (Ryndevich) 四川日梭牙甲，四川日牙甲

Nipponochalcidia 日本小蜂属

Nipponochalcidia kajimurai (Habu) 加治日本小蜂

Nipponocis 日圆蕈甲属

Nipponocis longisetosus Nobuchi 长鬃日圆蕈甲

Nipponocis magnus Nobuchi 大日圆蕈甲

Nipponodorcus rubrofemoratus (Snellen van Vollenhoven) 见 *Dorcus rubrofemoratus*

Nipponodorcus rubrofemoratus yamadai (Miwa) 见 *Dorcus yamadai*

Nipponoelater 行体叩甲属

Nipponoelater heilongjiangensis Schimmel *et* Tarnawski 黑龙江行体叩甲

Nipponoelater malaysiensis Schimmel *et* Tarnawski 马来行体叩甲

Nipponoelater philippinensis Schimmel *et* Tarnawski 菲律宾红行体叩甲

Nipponoelater rubellus Schimmel *et* Tarnawski 红行体叩甲，红日叩甲

Nipponoelater sieboldi (Candeze) 斯氏行体叩甲

Nipponoelater sinensis (Candèze) 中华行体叩甲

Nipponoelater taiwanus Kishii 台湾行体叩甲

Nipponoelater vietnamensis Schimmel 越南行体叩甲

Nipponogelasma 麻青尺蛾属 *Aoshakuna* 的异名

Nipponogelasma chlorissodes (Prout) 见 *Aoshakuna chlorissodes*

Nipponoharpalus 日婪步甲属

Nipponoharpalus discrepans (Morawitz) 狄日婪步甲，狄婪步甲

Nipponohockeria 日霍小蜂属

Nipponohockeria ishii Habu 见 *Hockeria ishii*

Nipponohockeria novemcarinata Qian *et* Li 九脊日霍小蜂
Nipponohockeria quinquecarinata Qian *et* He 五脊日霍小蜂
Nipponomeconema 瀛蛩螽属
Nipponomeconema sinica Liu *et* Wang 中华瀛蛩螽
Nipponomyia 倭大蚊属，日大蚊属
Nipponomyia kulingensis Alexander 江西倭大蚊，庐山日大蚊
Nipponomyia symphyletes (Alexander) 素木倭大蚊，雾社日大蚊
Nipponomyia szechwanensis Alexander 四川倭大蚊，四川日大蚊
Nippononysson 日本角胸泥蜂属
Nippononysson rufopictus Yasumatsu *et* Maidl 无角日本角胸泥蜂
Nipponopsyche fuscescens Yazaki 见 *Pachythelia fuscescens*
Nipponorthezia 鳞旌蚧属，日旌介壳虫属
Nipponorthezia ardisiae Kuwana [bladhia scale] 紫金牛鳞旌蚧
Nipponorthezia taiwaniana Kozár *et* Wu 台湾鳞旌蚧，台湾日旌介壳虫
Nipponosega 日青蜂属
Nipponosega kantoensis Nagase 关东日青蜂
Nipponosega kurzenkoi Xu, He *et* Terayama 柯氏日青蜂
Nipponosega yamanei Kurzenko *et* Lelej 山根日青蜂
Nipponosemia 尼蝉属，扶桑蝉属
Nipponosemia guangxiensis Chou *et* Wang 广西尼蝉
Nipponosemia longidactyla Yang *et* Wei 长叶尼蝉
Nipponosemia metulata Chou *et* Lei 小尼蝉
Nipponosemia terminalis (Matsumura) 端黑尼蝉，尼蝉，端黑蝉，台湾蝉
Nipponosemia virescens Kato 缺斑尼蝉，恒春羽衣蝉
Nipponoserica 日本绢金龟甲属，日本绢金龟属，桦绒毛金龟属
Nipponoserica babai Kobayashi 马场日本绢金龟甲，马场黄绒毛金龟
Nipponoserica koltzei (Reitter) 克氏日本绢金龟甲，克绢金龟
Nipponoserica nitididorsis Nomura 亮背日本绢金龟甲，亮背日绢金龟，艳桦绒毛金龟
Nipponoserica quadrifoliata Kobayashi *et* Nomura 四叶日本绢金龟甲，四叶日绢金龟，淡桦绒毛金龟
Nipponoserica sulciventrisAhrens 沟腹日本绢金龟甲，沟腹日本绢金龟
Nipponoserica takeuchii Hirasawa 竹内日本绢金龟甲，竹内桦绒毛金龟
Nipponosialis 日泥蛉属
Nipponosialis kumejimae (Okamoto) 见 *Sialis kumejimae*
Nipponostethus 半片叶蜂属
Nipponostethus fulvus (Wei) 黄褐半片叶蜂
Nipponostethus meganigriceps Wei *et* Niu 黑足半片叶蜂
Nipponpulvinaria 日绵蚧属
Nipponpulvinaria horii (Kuwana) [Japanese maple cottony scale, cottony maple scale] 槭日绵蚧，槭绵蚧，毛槭球蚧
Nippoptilia 日羽蛾属
Nippoptilia cinctipedalis (Walker) 纹足日羽蛾
Nippoptilia dissipata Yano 见 *Bipunctiphorus dissipata*
Nippoptilia eochrodes (Meyrick) 同 *Nippoptilia cinctipedalis*
Nippoptilia issikii Yano 裂日羽蛾
Nippoptilia minor Hori 乌蔹莓日羽蛾，乌蔹莓尼坡羽蛾
Nippoptilia vitis (Sasaki) [grape plume moth, small grape plume-moth] 葡萄日羽蛾，葡萄尼波羽蛾，小葡萄羽蛾，葡萄尼坡羽蛾，葡萄小羽蛾
Nipporicnus rufus Uchida 见 *Picardiella rufa*
Nippotipula 日大蚊亚属
Nippotuberculatus 中日棘斑蚜亚属
Niptus 黄蛛甲属
Niptus hololeucus (Faldermann) [golden spider beetle, yellow spider beetle] 金黄蛛甲，黄蛛甲
Nirmala 妮步甲属，尼尔步甲属
Nirmala odelli Andrewes 奥氏妮步甲，奥尼尔步甲
Nirodia 妮砚蝶属
Nirodia beiphegor (Westwood) 妮蚬蝶
Nirvana 隐脉叶蝉属 <该名曾有属于蝴蝶的次同名，后者现为涅眼蝶属 *Nirvanopsis*>
Nirvana babai Ishihara 贝隐脉叶蝉
Nirvana basimaculata Wang *et* Li 见 *Longiconnecta basimaculata*
Nirvana hypnus Tsukada *et* Nishiyama 见 *Nirvana hypnus*
Nirvana orientalis Matsumura 见 *Sophonia orientalis*
Nirvana pallida Melichar 淡色隐脉叶蝉，长头隐脉叶蝉，浅色隐脉叶蝉
Nirvana placida (Stål) 纵带隐脉叶蝉，淡色隐脉叶蝉
Nirvana pseudommatos Kirkaldy 点线隐脉叶蝉
Nirvana suturalis Melichar 宽带隐脉叶蝉
Nirvanguina 聂叶蝉属
Nirvanguina pectena Lu *et* Zhang 梳突聂叶蝉
nirvanid 1. [= nirvanid leafhopper] 隐脉叶蝉 <隐脉叶蝉科 Nirvanidae 昆虫的通称>；2. 隐脉叶蝉科的
nirvanid leafhopper [= nirvanid] 隐脉叶蝉
Nirvanidae 隐脉叶蝉科
Nirvaninae 隐脉叶蝉亚科
Nirvanini 隐脉叶蝉族
Nirvanopsis 涅眼蝶属
Nirvanopsis hypnus (Tsukada *et* Nishiyama) 涅眼蝶
Nishada 奋苔蛾属
Nishada chilomorpha (Snellen) 裙带奋苔蛾
Nishada chilomorpha adunca Holloway 裙带奋苔蛾马来亚种
Nishada formosibia Matsumura 台奋苔蛾
Nishada nodicornis (Walker) 同 *Nishada rotundipennis*
Nishada rotundipennis (Walker) 圆翼奋苔蛾，拱翅苔蛾，圆翅奋苔蛾
Nishiyana 尼绵蚜属
Nishiyana aomoriensis Matsumura 见 *Prociphilus aomoriensis*
Nisia 粒脉蜡蝉属，花虱属
Nisia atrovenosa (Lethierry) [white straited planthopper] 雪白粒脉蜡蝉，粉白飞虱<误称>，雪白脉蜡蝉，莎草花虱
Nisia australiensis Woodward 澳脉蜡蝉，澳洲花虱
Nisia carolinensis Fennah 卡脉蜡蝉，加罗林花虱
Nisia fuliginosa Yang *et* Hu 烟色脉蜡蝉，黑花虱
Nisia serrata Tsaur 锯翅脉蜡蝉
Nisia striata Yang *et* Hu 云南脉蜡蝉，条纹小花虱
Nisia suisapana Fennah 见 *Eponisiella suisapana*
Nisibistum kaisanum Thomson 尼西天牛
Nisionades pelias Leech 见 *Erynnis pelias*
Nisitra breviceps Jacobi 见 *Nisitrana breviceps*
Nisitrana 尼叶蝉属
Nisitrana breviceps (Jacobi) 短头尼叶蝉，斗叶蝉
Nisitrus 尼西蟋属

Nisitrus maculosus (Walker) 斑尼西蟋
Nisoniades 霓弄蝶属
Nisoniades bipuncta (Schaus) 双点霓弄蝶
Nisoniades ephora Herrich-Schäffer [ephora tufted skipper] 伊佛霓弄蝶
Nisoniades godma Evans [godma tufted-skipper] 羔霓弄蝶
Nisoniades haywardi (Williams *et* Bell) 海霓弄蝶
Nisoniades macarius (Herrich-Schäffer) [macarius tufted skipper] 霓弄蝶
Nisoniades mimas (Cramer) [mimas tufted skipper] 米玛霓弄蝶
Nisoniades rubescens (Möschler) [purplish-black skipper] 红黑霓弄蝶
Nisotra 四线跳甲属，四沟叶蚤属
Nisotra chrysomeloides Jacoby 叶四线跳甲
Nisotra dohertyi Maulik 多氏四线跳甲
Nisotra gemella (Erichson) 麻四线跳甲，四沟叶蚤
Nisotra madurensis Jacoby 马都四线跳甲
Nisotra nigripes Jacoby 黑足四线跳甲
Nisotra orbiculata (Motschulsky) 同 *Nisotra gemella*
Nisotra xinjiangana Zhang *et* Yang 新疆四线跳甲
nit 虱卵 < 特指附于毛发上的虱卵 >
Nitela 丽完眼泥蜂属
Nitela domestica (Williams) 脊唇丽完眼泥蜂
Nitela yasumatsui Tsuneki 安松丽完眼泥蜂
Nitela yasumatsui taiwana Tsuneki 安松丽完眼泥蜂台湾亚种，台雅丽完眼泥蜂，台湾丽完眼泥蜂
Nitela yasumatsui yasumatsui Tsuneki 安松丽完眼泥蜂指名亚种
Nitelidae [= Miscophidae] 完眼泥蜂科
nitenpyram 烯啶虫胺
Nitidinea fuscella (Linnaeus) [poultry house moth, brown-dotted clothes moth] 家禽谷蛾
Nitidinea fuscipunctella (Haworth) 同 *Nitidinea fuscella*
Nitidotachinus 长角隐翅甲属，亮隐翅虫属
Nitidotachinus anhuiensis Zheng, Li *et* Zhao 暗黑长角隐翅甲
Nitidotachinus bini Zheng, Li *et* Zhao 暗红长角隐翅甲
Nitidotachinus brunneus Zheng, Li *et* Zhao 棕色长角隐翅甲
Nitidotachinus capillosus Zheng, Li *et* Zhao 毛长角隐翅甲
Nitidotachinus dui Li 堵氏长角隐翅甲
Nitidotachinus excellens (Bernhauer) 丽长角隐翅甲，丽亮隐翅甲，亮隐翅虫
Nitidotachinus impunctatus (Sharp) 裸长角隐翅甲，裸亮隐翅甲，裸亮隐翅虫
Nitidotachinus taiwanensis (Shibata) 台湾长角隐翅甲，台湾亮隐翅甲，台亮隐翅虫，台湾圆胸隐翅虫
Nitidula 露尾甲属
Nitidula bipunctata (Linnaeus) 二纹露尾甲，二点露尾甲
Nitidula carnaria (Schaller) 四纹露尾虫
Nitidula rufipes (Linnaeus) 暗色露尾甲，单色露尾虫
nitidulid 1. [= nitidulid beetle, sap beetle, sap-feeding beetle] 露尾甲 < 露尾甲科 Nitidulidae 昆虫的通称 >；2. 露尾甲科的
nitidulid beetle [= nitidulid, sap beetle, sap-feeding beetle] 露尾甲
Nitidulidae 露尾甲科，出尾虫科
Nitidulinae 露尾甲亚科
Nitidulini 露尾甲族
Nitobeia 尼实蝇属，尼多实蝇属，逗纹实蝇属
Nitobeia formosana Shiraki 台湾尼实蝇，台湾尼多实蝇，台新渡实蝇，台湾逗纹实蝇
Nitocris comma Walker 辐射松苗叶夜蛾
nitra skipper [*Mnasitheus nitra* Evans] 呢梦弄蝶
nitrergic 氧化氮能神经元
nitro-reductase 硝基还原酶
nitroalkene 蜚硝基烯
nitrogen balance [= nitrogen equilibium] 氮平衡
nitrogen cycle 氮循环
nitrogen equilibium 见 nitrogen balance
nitrogen metabolism 氮代谢
nitrophilous 适硝的，喜硝的
Nitzschiella elbeli Tendeiro 见 *Coloceras elbeli*
Nitzschiella orientalis Tendeiro 见 *Coloceras orientalis*
Nitzschiella piriformis Tendeiro 见 *Coloceras piriformis*
nivalis copper [*Epidemia nivalis* (Boisduval)] 雪帘灰蝶
Nivellia 裸花天牛属
Nivellia extensa Geber 蓝翅裸花天牛
Nivellia impressicollis (Pic) 陷胸裸花天牛
Nivellia inaequilithorax (Pic) 见 *Nivelliomorpha inaequilithorax*
Nivellia sanguinosa (Gyllenhal) 红翅裸花天牛
Nivelliomorpha 扁花天牛属
Nivelliomorpha inaequilithorax (Pic) 隆胸扁花天牛，扁花天牛，河北裸花天牛，华北裸花天牛
Nivisacris 雪蝗属
Nivisacris zhongdianensis Liu 中甸雪蝗
no-brand crow [*Euploea alcathoe* (Godart)] 阿尔卡紫斑蝶
no-brand grass-dart [= ina grassdart, *Taractrocera ina* Waterhouse] 艾娜黄弄蝶，无带黄弄蝶
no brand grass yellow [= small grass yellow, broad bordered grass yellow, *Eurema brigitta* (Stoll)] 无标黄粉蝶
no patch white [*Colotis venosus* (Staudinger)] 无斑珂粉蝶
no-see-um [= ceratopogonid midge, ceratopogonid, biting midge, sand fly, punky] 蠓 < 蠓科 Ceratopogonidae 昆虫的通称 >
no-spot recluse [*Caenides dacenilla* Aurivillius] 无斑勘弄蝶
Noathrips 网头蓟马属
Noathrips prakashi Bhatti 普氏网头蓟马
Nobarnus hoffmanni Drake 同 *Metasalis populi*
Nobilia avellanea Prout 见 *Zythos avellanea*
Nobilotipula 朗大蚊亚属
noble bush brown [*Bicyclus nobilis* Aurivillius] 高贵蔽眼蝶
noble fir bark beetle [*Pseudohylesinus nobilis* Swaine] 宽鳞平海小蠹，高雅平海小蠹
noble leafwing [*Memphis nobilis* Bates] 光荣尖蛱蝶
noble swallowtail [*Papilio nobilis* Rogenhofer] 黄翠凤蝶
noble tiger [= brown tiger moth, *Hyphoraia aulica* (Linnaeus)] 高龟灯蛾
noble white charaxes [*Charaxes noblis* Druce] 白螯蛱蝶，光荣螯蛱蝶，诺比螯蛱蝶
Nocticanace 夜滨蝇属，诺滨蝇属
Nocticanace litoralis Delfinado 光夜滨蝇，海滨诺滨蝇，砾岸包蝇
Nocticanace pacificus Sasakawa 肥夜滨蝇，太平洋诺滨蝇，太平洋包蝇
Nocticanace sinensis Delfinado 中国夜滨蝇，中国诺滨蝇

Nocticola 蟹蠊属

Nocticola sinensis Silvestri 中华蟹蠊，中华穴蠊

Nocticola xiai Liu, Zhu, Dai *et* Wang 夏氏蟹蠊

nocticolid 1.[= nocticolid cockroach] 蟹蠊，穴蠊 < 蟹蠊科 Nocticolidae 昆虫的通称 >；2. 蟹蠊科的

Nocticolidae 蟹蠊科，穴蠊科

nocticolid cockroach [= nocticolid] 蟹蠊，穴蠊

Nocticolinae 蟹蠊亚科

Noctua 模夜蛾属

Noctua chardinyi (Boisduval) 拱模夜蛾

Noctua pronuba (Linnaeus) [large yellow underwing moth, common yellow underwing moth] 模夜蛾，黄毛夜蛾

Noctua ravida Denis *et* Schiffermüller 见 *Spaelotis ravida*

noctua skipper [*Noctuana noctua* (Felder *et* Felder)] 瑙弄蝶

Noctua undosa (Leech) 见 *Xestia undosa*

noctual metalmark [= white-rayed metalmark, *Hades noctula* Westwood] 雅蚬蝶

Noctuana 瑙弄蝶属

Noctuana haematospila (Felder *et* Felder) [tomato-studded skipper, red-studded skipper] 血点瑙弄蝶

Noctuana lactifera (Butler *et* Druce) [cryptic skipper] 隐瑙弄蝶

Noctuana noctua (Felder *et* Felder) [noctua skipper] 瑙弄蝶

Noctuana stator (Godman *et* Salvin) [red-studded skipper] 红点瑙弄蝶

noctuid 1. [= noctuid moth, owlet moth] 夜蛾 < 夜蛾科 Noctuidae 昆虫的通称 >；2. 夜蛾科的

noctuid moth [= noctuid, owlet moth] 夜蛾

Noctuidae [= Phalaenidae] 夜蛾科

Noctuides 夜螟属

Noctuides melanophia Staudinger 黑夜螟

Noctuina 夜蛾亚族

Noctuinae 夜蛾亚科

Noctuini 夜蛾族

Noctuoidea 夜蛾总科

nocturnal 夜间的，夜间活动的，夜出的

nocturnal habit 夜出习性

nocturnal insect 夜出性昆虫

nocturnal migration 夜间迁移，夜间迁飞

nodal furrow [= costal hinge] 结脉槽 < 在蜻蜓目中，从翅的前缘相当于结脉的点，向内缘伸展的横沟 >

nodal sector 结段脉 < 在蜻蜓脉序中，发生于近结脉的弓脉上段，并伸至外缘，即康氏脉系中的 M 脉 >

Nodaria 疽夜蛾属，窦须裳蛾属

Nodaria dentilineata Draeseke 齿线疽夜蛾

Nodaria epiplemoides Strand 同 *Progonia oileusalis*

Nodaria externalis Guenée 异肾疽夜蛾，小黯窦须裳蛾

Nodaria formosana Strand 台疽夜蛾

Nodaria interrupta Wileman 间疽夜蛾

Nodaria levieula (Swinhoe) 莱疽夜蛾

Nodaria parallela Bethune-Baker 平行疽夜蛾

Nodaria praetextata (Leech) 普疽夜蛾

Nodaria similis (Moore) 黑点疽夜蛾

Nodaria tristis (Butler) 悲疽夜蛾

Nodaria unipuncta Wileman 一点疽夜蛾

Nodaria zemella (Strand) 淡灰疽夜蛾，淡灰窦须裳蛾

node [pl. nodi; = nodus] 1. 结，分支点；2. 腹隆节 < 指蚁类胸、腹间的小结 >；3. 结脉 < 指蜻蜓目 Odonata 中，近翅前缘的中部，连接 C 与 Sc、R 脉的粗横脉 >

nodi [s. node, nodus] 1. 结，分支点；2. 腹隆节；3. 结脉

nodicorn 肿节角 < 指各节端部膨大的触角 >

nodiform 结节形

Nodina 球肖叶甲属，球叶甲属

Nodina alpicola Weise 高山球肖叶甲，球叶甲

Nodina chalcosoma Baly 金球肖叶甲，金球叶甲

Nodina chinensis Weise 中华球肖叶甲，中华球叶甲

Nodina cyanea Chen 蓝球肖叶甲，浙江球叶甲

Nodina hongshana Gressitt *et* Kimoto 赣球肖叶甲，江西球叶甲

Nodina issiki Chûjô 伊氏球肖叶甲，一色球叶甲

Nodina liui Gressitt *et* Kimoto 刘氏球肖叶甲，云南球叶甲

Nodina meridiosinica Gressitt *et* Kimoto 华南球肖叶甲，南方球叶甲

Nodina parva Gressitt *et* Kimoto 小球肖叶甲，金绿球叶甲

Nodina pilifrons Chen 毛额球肖叶甲，毛额球叶甲

Nodina punctostriolata (Fairmaire) 单脊球肖叶甲，单脊球叶甲

Nodina rufipes Jacoby 红足球肖叶甲，红球叶甲

Nodina sauteri Chûjô 索氏球肖叶甲，邵氏球叶甲

Nodina striopunctata Tan 皱基球肖叶甲，皱基球叶甲

Nodina taliana Chen 大理球肖叶甲，大理球叶甲

Nodina tibialis Chen 皮纹球肖叶甲，皮纹球叶甲

Nodina tricarinata Gressitt *et* Kimoto 三脊球肖叶甲，三脊球叶甲

Nodinini 球肖叶甲族

nodoc 倒密码子

Nodonota 背结肖叶甲属

Nodonota puncticollis (Say) [rose leaf beetle] 蔷薇背结肖叶甲，蔷薇肖叶甲

nodular sclerite 结节片 < 形态学上指后胸后侧片的游离尖头在鳞翅目 Lopidoptera 中，即围于鼓膜前端的小骨片 >

nodule [= nodulus] 小结节

Noduliferola 节小卷蛾属

Noduliferola abstrusa Kuznetzov 暗节小卷蛾，诺都卷蛾

Noduliferola insuetana Kuznetzov 越南节小卷蛾

nodulus [= nodule] 小结节

nodus [pl. nodi; = node] 1. 结，分支点；2. 腹隆节；3. 结脉

Nodynus 拟葬隐翅甲属

Nodynus kasaharai Hayashi 笠原拟葬隐翅甲

Noeeta 头鬃实蝇属，诺伊实蝇属

Noeeta alini (Hering) 黄头鬃实蝇，阿林诺伊实蝇，中国伪泳实蝇

Noeeta sinica Chen 黑头鬃实蝇，华谨诺伊实蝇

Noeetini 头鬃实蝇族，诺伊实蝇族

Noeetomima 辐斑缟蝇属，诺缟蝇属

Noeetomima aberrans Shatalkin 异辐斑缟蝇，异诺缟蝇

Noeetomima chinensis Shi, Gaimari *et* Yang 中华辐斑缟蝇，中华诺缟蝇

Noeetomima jinpingensis Shi, Gaimari *et* Yang 金平辐斑缟蝇，金平诺缟蝇

Noeetomima nepalensis Stuckenberg 尼辐斑缟蝇，尼诺缟蝇

Noeetomima radiata Enderlein 辐斑缟蝇，辐诺缟蝇

Noeetomima tengchongica Shi, Gaimari *et* Yang 腾冲辐斑缟蝇，腾冲诺缟蝇

Noeetomima yunnanica Shi, Gaimari *et* Yang 云南辐斑缟蝇，云南诺缟蝇
Noemia 修瘦天牛属，长角细天牛属
Noemia incompta Gressitt 修瘦天牛，台湾长角细天牛，台湾长须细天牛
Noemia semirufa Villiers 红胸修瘦天牛
Noemia simplicicollis (Pic) 点胸修瘦天牛
Noemia submetallica Gressitt 海南修瘦天牛
Noezinae 直喙舞虻亚科
Nogel's hairstreak [= Levantine vernal copper, Anatolian vernal copper, *Tomares nogelii* (Herrich-Schäffer)] 点托灰蝶
Nogiperla 芒石蛾属
Nogiperla chiangi Banks 见 *Cryptoperla chiangi*
Nogiperla flectospina (Wu) 见 *Styloperla flectospina*
Nogiperla formosana Okamoto 见 *Cryptoperla formosana*
Nogiperla obtusispina Wu 见 *Styloperla obtusispina*
Nogiperla quadrata (Wu *et* Claassen) 见 *Neoperla quadrata*
Nogodina 娜蜡蝉属
Nogodina kotoshonis Matsumura 兰屿娜蜡蝉
nogodinid 1. [= nogodinid planthopper] 娜蜡蝉，脊唇蜡蝉 < 娜蜡蝉科 Nogodinidae 昆虫的通称 >；2. 娜蜡蝉科的
nogodinid planthopper [= nogodinid] 娜蜡蝉，脊唇蜡蝉
Nogodinidae 娜蜡蝉科，脊唇蜡蝉科
Noguchiphaea 爱色蟌属
Noguchiphaea yoshikoae Asahina 美子爱色蟌
Nohoveus 瑙蚁蛉属
Nohoveus atrifrons Hölzel 黑瑙蚁蛉
Nohoveus simplicis (Krivokhatsky) 素瑙蚁蛉
Nohoveus zigan (Aspöck, Aspöck *et* Hölzel) 点斑瑙蚁蛉
nokomis fritillary [*Speyeria nokomis* (Edwards)] 红褐斑豹蛱蝶
Nokona 诺透翅蛾属，挪克透翅蛾属
Nokona acaudata Arita *et* Gorbunov 尾诺透翅蛾，尾挪克透翅蛾
Nokona actinidiae (Yang *et* Wang) 猕猴桃诺透翅蛾，猕猴桃挪克透翅蛾
Nokona bractea Kallies *et* Arita 薄诺透翅蛾，薄挪克透翅蛾
Nokona formosana Arita *et* Gorbunov 台湾诺透翅蛾，台湾挪克透翅蛾
Nokona opaca Kallies *et* Wang 荫诺透翅蛾
Nokona pernix (Leech) 捷诺透翅蛾，捷准透翅蛾，寒准透翅蛾
Nokona pilamicola (Strand) 丕诺透翅蛾，辟挪克透翅蛾，琵准透翅蛾
Nokona powondrae (Dalla Torre) 珀诺透翅蛾，珀挪克透翅蛾，三环准透翅蛾
Nokona regale (Butler) [grape clearwing] 葡萄诺透翅蛾，葡萄挪克透翅蛾，葡萄准透翅蛾，葡萄透翅蛾
Nokona semidiaphana (Zukowsky) 赛诺透翅蛾，半准透翅蛾，宽缘准透翅蛾
Nokophora 长喙尖胸沫蝉
Nokophora nokoensis Matsumura 能古长喙尖胸沫蝉，能高诺柯沫蝉
nola metalmark [= geomark, *Mesene nola* Herrich-Schäffer] 诺拉迷蚬蝶
Nola 瘤蛾属
Nola aerugula (Hübner) [scarce black arches] 锈点瘤蛾
Nola angulata (Moore) 角点瘤蛾
Nola astigma Hampson 齿点瘤蛾
Nola atrocincta Inoue 中带瘤蛾
Nola bifascialis (Walker) 杂黄绿瘤蛾
Nola calcicola Holloway 垩瘤蛾
Nola canioralis (Walker) 亮彩瘤蛾
Nola cereella (Bosc) [sorghum webworm] 高粱点瘤蛾，高粱瘤蛾
Nola ceylonica Hampson 锡兰瘤蛾
Nola chienmingfui László, Ronkay *et* Ronkay 傅氏瘤蛾
Nola confusalis (Herrich-Schäffer) 栎点瘤蛾
Nola danii László, Ronkay *et* Ronkay 达尼瘤蛾
Nola desmotes (Turner) 脏点瘤蛾
Nola distributa (Walker) 见 *Lyclene distributa*
Nola duplicilinea (Hampson) 双点瘤蛾
Nola erythrostigmata Hampson 红斑瘤蛾
Nola fasciata (Walker) 带瘤蛾，带点瘤蛾
Nola fisheri Holloway 弯折瘤蛾
Nola flexuosa Poujade 见 *Meganola flexuosa*
Nola formosalesa (Wileman *et* West) 蓬莱瘤蛾
Nola formosana Wileman *et* West 同 *Meganola major takasago*
Nola fuscimarginalis Wileman 见 *Meganola fuscimarginalis*
Nola inconspicua Alphéraky 常点瘤蛾，常卡点瘤蛾
Nola innocua Butler 华瘤蛾，阴瘤蛾，阴勒苔蛾
Nola kanshireiensis (Wileman *et* South) 关仔岭瘤蛾
Nola karelica Tengstrom 卡点瘤蛾
Nola laticincta Hampson 宽带瘤蛾
Nola longiventris (Poujade) 长腹瘤蛾
Nola lucidalis (Walker) 明亮瘤蛾，明亮点瘤蛾
Nola lucidalis lucidalis (Walker) 明亮瘤蛾指名亚种
Nola lucidalis nephodes (Hampson) 同 *Nola lucidalis lucidalis*
Nola marginata Hampson 缘瘤蛾，玛瘤蛾
Nola meilingchani László, Ronkay *et* Ronkay 詹氏瘤蛾
Nola melancholica Wileman *et* West 见 *Manoba melancholica*
Nola melanota Hampson 见 *Manoba melanota*
Nola mesomelana (Hampson) 中墨点瘤蛾
Nola minutalis Leech 新宿瘤蛾
Nola pallescens Wileman *et* West 淡瘤蛾
Nola pascua (Swinhoe) 葩瘤蛾
Nola peguense (Hampson) 缅瘤蛾
Nola phaea Hampson 见 *Meganola major phaea*
Nola promelaena Hampson 见 *Nanola promelaena*
Nola pumila Snellen 普瘤蛾，普点瘤蛾，璞瘤蛾
Nola punctilineata Hampson 点线瘤蛾
Nola punctivena Wileman 点脉瘤蛾
Nola quadriguttula Inoue 四斑瘤蛾
Nola shipherwui László, Ronkay *et* Ronkay 吴氏瘤蛾
Nola simplex Wileamn *et* West 见 *Meganola simplex*
Nola sorghiella Riley 同 *Nola cereella*
Nola spreta Butler 同 *Nola pumila*
Nola suffusata Wileman *et* West 见 *Meganola suffusata*
Nola taeniata Snellen 稻穗瘤蛾，稻穗点瘤蛾
Nola thyrophora (Hampson) 台瘤蛾
Nola triangulalis Leech 见 *Meganola triangulalis*
Nola tripuncta Wileman 三斑瘤蛾
Nola tristicta Hampson 见 *Manoba tristicta*
Nolathripa 洼皮夜蛾属

Nolathripa lactaria (Graeser) 苹美洼皮夜蛾，苹美皮夜蛾，洼皮瘤蛾，诺拉夜蛾
Nolcken's spreadwing [*Zera nolckeni* (Mabille)] 棕褐灵弄蝶
nolid 1. [= nolid moth, tuft moth] 瘤蛾 <瘤蛾科 Nolidae 昆虫的通称>；2. 瘤蛾科的
nolid moth [= nolid, tuft moth] 瘤蛾
Nolidae 瘤蛾科
Nolinae 瘤蛾亚科
Nolloth's copper [*Aloeides nollothi* Tite *et* Dickson] 诺乐灰蝶
nom. dub. [nomen dubium 的缩写] 疑名
nom. nov. [nomen novum 的缩写] 新名
nom. nud. [nomen nudum 的缩写] 无记述名，裸名
nomad dart [= common dart, *Andronymus neander* (Plötz)] 尼昂弄蝶
Nomada 艳斑蜂属，木斑蜂属
Nomada anpingensis Strand 安平艳斑蜂，台湾艳斑蜂，台湾木斑蜂
Nomada anpingensis anpingensis Strand 安平艳斑蜂指名亚种
Nomada anpingensis suisharonisy Strand 同 *Nomada anpingensis anpingensis*
Nomada atrocincta Friese 暗艳斑蜂
Nomada alboguttata Herrich-Schäffer 白斑艳斑蜂
Nomada ecarinata Morawitz 远东艳斑蜂
Nomada flavoguttata (Kirby) 黄斑艳斑蜂
Nomada goodeniana (Kirby) 黄带艳斑蜂
Nomada gyangensis Cockerell 江孜艳斑蜂
Nomada hananoi Yasumatsu *et* Hirashima 花野艳斑蜂
Nomada japonica Smith 日本艳斑蜂
Nomada koreana Cockerell 韩国艳斑蜂
Nomada lathburiana (Kirby) 欧洲艳斑蜂
Nomada leucotricha Strand 白毛艳斑蜂
Nomada longicornis Friese 长角艳斑蜂，长角木斑蜂
Nomada monozona Friese 单带艳斑蜂
Nomada okubira Tsuneki 奥平艳斑蜂
Nomada pekingensis Tsuneki 北京艳斑蜂
Nomada rhinula Strand 铿艳斑蜂
Nomada secessa Cockerell 宝岛艳斑蜂
Nomada tiendang Tsuneki 天坛艳斑蜂
Nomada trispinosa Schmiedekneeht 三棘艳斑蜂
Nomada versicolor Panzer 彩艳斑蜂
Nomada versicolor Smith 同 *Nomada japonica*
Nomada waltoni Cockerell 沃氏艳斑蜂
Nomada xanthidica (Cockerell) 同 *Nomada japonica*
Nomadacris 红蝗属
Nomadacris septemfasciata (Serville) [red locust, red-winged locust] 七带红蝗，红蝗，红翅蝗
nomadic phase 迁徙期
Nomadidae 艳斑蜂科
Nomadinae 艳斑蜂亚科
Nomadini 艳斑蜂族
nomadism 漫游现象
nomen conservandum 保留名，存用名 <指无先取权的名称，但按国际命名法规定保留而不列为同种异名者>
nomen dubium [pl. nomina dubia; abb. nom. dub.] 疑名
nomen inquirendum 待考名
nomen novum [pl. nomina nova; abb. nom. nov. 或 n. n.] 新名
nomen nudum [pl. nomina nuda; abb. nom. nud.] 无记述名，裸名，未述名 <指无记述的种名，或未引用模式种的属名>
nomenclature 命名法，命名
Nomia 彩带蜂属，彩带蜂亚属
Nomia* (*Acunomia*) *chalybeata Smith 蓝彩带蜂
Nomia* (*Acunomia*) *formosa Smith 台湾彩带蜂
Nomia* (*Acunomia*) *iridescens Smith 虹彩带蜂
Nomia* (*Acunomia*) *strigata (Frabricius) 黄绿彩带蜂
Nomia* (*Acunomia*) *viridicinctula Cockerell 绿彩带蜂
Nomia aurata Bingham 金花彩带蜂
Nomia* (*Austronomia*) *notiomorpha Hirashima 见 *Lipotriches* (*Austronomia*) *notiomorpha*
Nomia chalybeata Smith 见 *Nomia* (*Acunomia*) *chalybeata*
Nomia crassipes (Fabricius) 见 *Nomia* (*Nomia*) *crassipes*
Nomia elliotti Smith 见 *Nomia* (*Hoplonomia*) *elliotii*
Nomia femoralis (Pallas) 见 *Pseudapis* (*Nomiapis*) *femoralis*
Nomia floralis (Smith) 同 *Lipotriches* (*Rhopalomelissa*) *ceratina*
Nomia formosa Smith 见 *Nomia* (*Acunomia*) *formosa*
Nomia fuscipennis Smith 棕翅彩带蜂
Nomia* (*Gnathonomia*) *fusciventris Zhang *et* Niu 棕腹彩带蜂
Nomia* (*Gnathonomia*) *pieli (Cockerell) 皮氏彩带蜂
Nomia* (*Gnathonomia*) *thoracica Smith 黄胸彩带蜂
Nomia guangxiensis Wu 见 *Nomia* (*Maculonomia*) *guangxiensis*
Nomia hokotoensis Sonan 澎湖岛彩带蜂
Nomia* (*Hoplonomia*) *elliotii Smith 埃彩带蜂
Nomia* (*Hoplonomia*) *incerta Gribodo 疑彩带蜂
Nomia* (*Hoplonomia*) *maturans Cockerell 宽黄彩带蜂
Nomia kankauana Strand 同 *Lipotriches* (*Austronomia*) *takauensis*
Nomia kankauibia Strand 岛彩带蜂
Nomia* (*Maculonomia*) *apicalis Smith 陀螺彩带蜂
Nomia* (*Maculonomia*) *aureipennis (Gribodo) 金毛彩带蜂
Nomia* (*Maculonomia*) *guangxiensis Wu 广西彩带蜂
Nomia* (*Maculonomia*) *medogensis Wu 墨脱彩带蜂
Nomia* (*Maculonomia*) *megasoma Cockerell 橘黄彩带蜂
Nomia* (*Maculonomia*) *penangensis Cockerell 槟城彩带蜂
Nomia* (*Macuionomia*) *proxima Friese 近彩带蜂
Nomia* (*Maculonomia*) *rufocaudata Wu 红尾彩带蜂
Nomia* (*Maculonomia*) *terminata Smith 斑翅彩带蜂
Nomia* (*Maculonomia*) *viridicinctula Cockerell 绿彩带蜂
Nomia* (*Maculonomia*) *yunnanensis Wu 云南彩带蜂
Nomia maturans Cockerell 见 *Nomia* (*Hoplonomia*) *maturans*
Nomia mediorufa Cockerell 同 *Lipotriches* (*Rhopalomelissa*) *ceratina*
Nomia medogensis Wu 见 *Nomia* (*Maculonomia*) *medogensis*
Nomia megalobata Wu 同 *Pseudapis* (*Pseudapis*) *siamensis*
Nomia megasoma Cockerell 见 *Nomia* (*Maculonomia*) *megasoma*
Nomia megasomoides Strand 同 *Nomia* (*Nomia*) *crassipes*
Nomia melanderi (Cockerell) [alkali bee] 梅氏彩带蜂，梅氏牧场集蜂
Nomia mirabilis Friese 奇彩带蜂
Nomia nitens Cockerell 光彩带蜂
Nomia* (*Nomia*) *crassipes (Fabricius) 弯足彩带蜂
Nomia opposita Smith 见 *Lasioglossum* (*Ctenonomia*) *oppositum*
Nomia oxybeloides Smith 见 *Pseudapis oxybeloides*
Nomia parcana Strand 帕彩带蜂

Nomia pavonura Cockerell 南方彩带蜂，台彩带蜂
Nomia pilamica Strand 同 *Nomia* (*Gnathonomia*) *thoracica*
Nomia planiventris Friese 扁腹彩带蜂
Nomia punctulata Dalla Torre 同 *Nomia* (*Hoplonomia*) *incerta*
Nomia rufocaudata Wu 见 *Nomia* (*Maculonomia*) *rufocaudata*
Nomia rufoclypeata Wu 同 *Nomia* (*Maculonomia*) *penangensis*
Nomia rufopostiata Sonan 亚细亚彩带蜂
Nomia simplicipes Friese 同 *Nomia* (*Hoplonomia*) *elliotii*
Nomia strigata (Frabricius) 见 *Nomia* (*Acunomia*) *strigata*
Nomia taiwana Hirashima 见 *Steganomus taiwanus*
Nomia takauensis Friese 见 *Lipotriches* (*Austronomia*) *takauensis*
Nomia terminata Smith 见 *Nomia* (*Maculonomia*) *terminata*
Nomia thoracica Smith 见 *Nomia* (*Gnathonomia*) *thoracica*
Nomia trigonotarsis He *et* Wu 见 *Pseudapis* (*Nomiapis*) *trigonotarsis*
Nomia viridicinctula Cockerell 见 *Nomia* (*Acunomia*) *viridicinctula*
Nomia wahisi Pauly 瓦氏彩带蜂
Nomia xanthidica Cockerell 同 *Nomada japonica*
Nomia yunnanensis Wu 见 *Nomia* (*Maculonomia*) *yunnanensis*
Nomiapis 彩毛带蜂亚属
Nomiinae 彩带蜂亚科
nomina dubia [s. nomen dubium; abb. nom. dub.] 疑名
nomina nova [s. nomen novum; abb. nom. nov.] 新名
nomina nuda [s. nomina nudum; abb. nom. nud.] 无记述名，裸名
Nomioides 小彩带蜂属
Nomioides carbopilus Wu 见 *Dufourea carbopila*
Nomioides clypeatus Wu 见 *Dufourea clypeata*
Nomioides flavozonatus Wu 见 *Dufourea flavozonata*
Nomioides glaboabdominalis Wu 见 *Dufourea glaboabdominalis*
Nomioides gussakovskiji Blüthgen 古氏小彩带蜂
Nomioides latifemurinis Wu 见 *Dufourea latifemurinis*
Nomioides longicornis Wu 同 *Dufourea wuyanruae*
Nomioides longispinis Wu 见 *Dufourea longispinis*
Nomioides megamandibularis Wu 见 *Dufourea megamandibularis*
Nomioides minutissimus (Rossi) 微小彩带蜂
Nomioides nigriceps Blüthgen 黑足小彩带蜂
Nomioides ornatus Pesenko 饰小彩带蜂
Nomioides pilotibialis Wu 见 *Dufourea pilotibialis*
Nomioides sinensis Wu 见 *Dufourea sinensis*
Nomioides subclavicrus Wu 见 *Dufourea subclavicra*
Nomioides subornatus Pesenko 亚饰小彩带蜂
Nomioides tridentatus Wu 见 *Dufourea tridentata*
Nomioides variegatus (Olivier) 见 *Ceylalictus* (*Ceylalicms*) *variegatus*
Nomioides xinjiangensis Wu 同 *Dufourea paradoxa*
Nomioidinae 小彩带蜂亚科
Nomis 诺迷螟属
Nomis albopedalis Motschulsky 白足诺迷螟，白足脂野螟
Nomis baibarensis (Shibuya) 台中诺迷螟
Nomius 阳步甲属，牧步甲属
Nomius pygmaeus (Dejean) [stink beetle, stinking beetle] 臭阳步甲，侏儒步甲，黑步甲
Nomophila 牧野螟属
Nomophila nearctica Munroe 新北牧野螟
Nomophila noctuella (Denis *et* Schiffermüller) [rush veneer] 麦牧野螟
Nomuraius 异胸蚁甲属，野村蚁甲属
Nomuraius sinicus Yin *et* Li 中华异胸蚁甲，中华野村蚁甲
non-additive character 非加权特征，非加权性状
non-additive multistate 非加权特征状态
non-available water 无效水
non-cocooning larva 不结茧蚕
non-coding region 非编码区
non-cyclic phosphorylation 非循环磷酸化
non-destructive DNA extraction 无损伤 DNA 提取
non-diapause 非滞育的，不滞育的
non-diapause egg 不滞育卵
non-diapause pupa [= non-diapausing pupa, non-diapaused pupa] 非滞育蛹，不滞育蛹 < 以 non-diapausing pupa 最常用 >
non-diapause type 不滞育型
non-diapaused pupa 见 non-diapause pupa
non-diapausing pupa 见 non-diapause pupa
non-environmental pollution control [= non-environmental pollution pest control] 无公害防治
non-environmental pollution pest control 见 non-environmental pollution control
non-environmental pollution pesticide 无公害农药
non-exuviated larva 不脱皮蚕
non-fertilized egg 不受精卵
non-gluey egg 不黏着卵
non-host 非寄主 < 指昆虫能在上暂时生活，但不能繁殖后代的植物 >
non-infective disease 非传染病
non-migrator 非迁移者，非迁飞者；非迁飞性昆虫
non-moulting larva 不眠蚕
non-mulberry cocoon 野蚕茧
non-oxidative deamination 非氧化性脱氨作用，非氧化性脱氨
non-parametric bootstrapping 非参数自举法
non-parasitism 非寄生，非寄生现象
non-permissive host 非许可寄主，非许可性寄主
non-protein nitrogen [简称 NPN] 非蛋白氮
non-spotted eueosmid [*Hedya auricristana* (Walsingham)] 异广翅小卷蛾，无星广翅小卷蛾
non-target 非靶标的
non-transcribed spacer [abb. NTS] 非转录间隔区
non-transparent 不透明
Nonagria 杆夜蛾属
Nonagria puengeleri (Schawerda) 香蒲杆夜蛾，诺纳夜蛾
Nonagria turpis Butler 见 *Sesamia turpis*
Nonagria typhae Thunberg 模杆夜蛾，模诺纳夜蛾
Nonarthra 九节跳甲属，圆叶蚤属
Nonarthra bimaculata Kimoto 二斑九节跳甲，双斑圆叶蚤
Nonarthra birmanica (Jacoby) 缅甸九节跳甲
Nonarthra chengi Lee 黄胸九节跳甲，黄胸圆叶蚤
Nonarthra coreanum Chûjô 朝鲜九节跳甲
Nonarthra cyaneum Baly 蓝色九节跳甲
Nonarthra formosensis Chûjô 蓬莱九节跳甲，蓬莱圆叶蚤
Nonarthra nigricolle Weise 黑胸九节跳甲
Nonarthra nigripenne Wang 黑翅九节跳甲
Nonarthra nigripes Wang 黑足九节跳甲
Nonarthra pallidicornis Chen *et* Wang 黄角九节跳甲
Nonarthra postfasciata (Fairmaire) 后带九节跳甲，端带九节跳甲

Nonarthra pulchrum Chen 丽九节跳甲

Nonarthra tibialis (Jacoby) 九节跳甲

Nonarthra tsoui Lee 曹氏九节跳甲，曹氏圆叶蚤

Nonarthra variabilis Blay 异色九节跳甲

Nonarthra viridiceps Chen 绿九节跳甲

nonbiting midge [= chironomid fly, chironomid midge, chironomid, lake fly] 摇蚊 < 摇蚊科 Chironomidae 昆虫的通称 >

noncellular outgrowth [= noncellular process] 表皮突

noncellular process 见 noncellular outgrowth

nonchitinous 不含几丁质的，不含几丁的

nonconformist [*Lithophane lamda* (Fabricius)] 欧洲石冬夜蛾

Nondenticentrus 无齿角蝉属

Nondenticentrus acutatus Yuan *et* Zhang 锐刺无齿角蝉

Nondenticentrus albimaculosus Yuan *et* Cui 白斑无齿角蝉

Nondenticentrus ancistricornis Yuan *et* Zhang 钩角无齿角蝉

Nondenticentrus angustimembranosus Yuan *et* Cui 狭膜无齿角蝉

Nondenticentrus aureus Yuan *et* Zhang 金黄无齿角蝉

Nondenticentrus brevipennis Zhang *et* Yuan 短翅无齿角蝉

Nondenticentrus brevivalvulatus Chou *et* Yuan 短瓣无齿角蝉

Nondenticentrus curvispineus Chou *et* Yuan 弯刺无齿角蝉

Nondenticentrus flatacanthus Zhang *et* Yuan 平刺无齿角蝉

Nondenticentrus flavipes Yuan *et* Chou 黄胫无齿角蝉

Nondenticentrus fulgipunctatus Yuan *et* Zhang 亮斑无齿角蝉

Nondenticentrus gyirongensis (Yuan *et* Cui) 吉隆无齿角蝉

Nondenticentrus latustigmosus Yuan *et* Tian 宽斑无齿角蝉

Nondenticentrus longicornis Yuan *et* Zhang 长角无齿角蝉

Nondenticentrus longivalvulatus Yuan *et* Chou 长瓣无齿角蝉

Nondenticentrus melanicus Yuan *et* Cui 黑无齿角蝉

Nondenticentrus oedothorectus Yuan *et* Chou 壮无齿角蝉

Nondenticentrus paramelanicus Zhang *et* Yuan 拟黑无齿角蝉

Nondenticentrus qinlingensis Yuan *et* Zhang 秦岭无齿角蝉

Nondenticentrus scalpellicornis Yuan *et* Zhang 刀角无齿角蝉

Nondenticentrus zhongdianensis Yuan *et* Chou 中甸无齿角蝉

nondescript dagger moth [*Acronicta spinigera* Guenée] 莫剑纹夜蛾

nonheritable variation 非遗传性变异

nonhibernating egg 不越年卵，生种 < 家蚕的 >

nonhibernating type 不越年型

nonholometablolous 非全变态的

nonhomologus synapomorphy 非同源共同衍征

noninclusion 1. 无包涵体；2. [= nonoccluded] 无包涵体的

noninclusion virus [= nonoccluded virus] 非包含体病毒

nonnucleate 无核的

nonobligatory mutualism 非专性互利

nonoccluded [= noninclusion] 非封闭型的，无包涵体的

nonoccluded virus 见 noninclusion virus

Nonoculata 无眼类

nonose 壬糖

nonoverwintering 非越冬的

nonsense codon [= termination codon, stop codon] 终止密码子

nonsuch palmer [*Creteus cyrina* (Hewitson)] 极品莱弄蝶，莱弄蝶

nonsynonymous nucleotide substitution 核苷酸非同义替代数，核苷酸非同义替换数

nonsynonymous substitution 非同义替换

nonsynonymous substitution rate [abb. Ka] 非同义替换率

Nonymoides 诺天牛属

Nonymoides botelensis Gressitt 见 *Sciades botelensis*

Noonamyia 长鬃缟蝇属

Noonamyia bicolour Li, Qi *et* Yang 二色长鬃缟蝇

Noonamyia bipunctata Shi, Yang *et* Gaimari 二斑长鬃缟蝇

Noonamyia bisubulata Shi *et* Yang 双锥长鬃缟蝇

Noonamyia brevisurstyla Li, Qi *et* Yang 短突长鬃缟蝇

Noonamyia flavoscutellata Shi, Yang *et* Gaimari 黄盾长鬃缟蝇

Noonamyia spinosa Li, Qi *et* Yang 刺长鬃缟蝇

Noonamyia umbrellata Shi *et* Yang 伞形长鬃缟蝇

Noorda 汝达野螟属

Noorda albizonalis Hampson 杧果汝达野螟

Noorda amethystina (Swinhoe) 同 *Autocharis fessalis*

Noorda blitealis (Walker) [moringa moth, moringa leaf caterpillar] 辣木汝达野螟，辣木瑙螟

Noorda fessalis (Swinhoe) 见 *Autocharis fessalis*

Noorda ignealis Hampson 伊汝达野螟

nopal moth [= cactus moth, South American cactus moth, *Cactoblastis cactorum* (Berg)] 仙人掌螟

Nora kesava (Moore) 见 *Euthalia kesava*

Norape ovina Sepp 美白绒蛾

Norba 脊冠网蝽亚属

Norbanus 宽胸金小蜂属，长角金小蜂属

Norbanus aiolomorphi Yang *et* Wang 壮体宽胸金小蜂，竹瘿长角金小蜂

Norbanus arcuatus Xiao *et* Huang 圆唇宽胸金小蜂

Norbanus cerasiops (Masi) 矛宽胸金小蜂

Norbanus cyaneus (Girault) 蓝色宽胸金小蜂

Norbanus longifascitus (Girault) 轮毛宽胸金小蜂

Norbanus ruschkae (Masi) 茹氏宽胸金小蜂，茹氏长角金小蜂

Norbanus tenuicornis Bouček 细角宽胸金小蜂

Nordic flat fly [*Ornithomya chloropus* (Bergroth)] 克鸟虱蝇

Nordstromia 线钩蛾属 < 此属学名有误写为 *Nordstroemia* 者 >

Nordstromia agna (Oberthür) 褐线钩蛾

Nordstromia angula Chu *et* Wang 突缘线钩蛾

Nordstromia bicostata (Hampson) 点线钩蛾，双斑带钩蛾

Nordstromia bicostata bicostata (Hampson) 点线钩蛾指名亚种，指名点线钩蛾

Nordstromia bicostata opalescens (Oberthür) 点线钩蛾显缘亚种，缘点线钩蛾

Nordstromia duplicata (Warren) 倍线钩蛾

Nordstromia fusca Chu *et* Wang 灰线钩蛾

Nordstromia fuscula Chu *et* Wang 灰波线钩蛾

Nordstromia grisearia (Staudinger) 双线钩蛾

Nordstromia heba Chu *et* Wang 童线钩蛾

Nordstromia japonica (Moore) 日本线钩蛾

Nordstromia lilacina (Moore) 利线钩蛾

Nordstromia nigra Chu *et* Wang 黑线钩蛾

Nordstromia niva Chu *et* Wang 雪线钩蛾

Nordstromia ochrozona (Bryk) 赭线钩蛾，褐色带钩蛾

Nordstromia paralilacina Wang *et* Yazaki 葩线钩蛾

Nordstromia recava (Watson) 曲缘线钩蛾

Nordstromia semililacina Inoue 赛线钩蛾，黑点双带钩蛾

Nordstromia undata Watson 鳞线钩蛾

Nordstromia unilinea Chu *et* Wang 单线钩蛾
Nordstromia vira (Moore) 星线钩蛾
Noreia 偌尺蛾属
Noreia ajaia (Walker) 阿偌尺蛾
Noreia vulsipennis Prout 乌偌尺蛾
Norellia 鬃粪蝇属
Norellia armipes (Meigen) 同 *Norellisoma spinimanum*
Norellia spinimana (Fallén) 见 *Norellisoma spinimanum*
Norellia striolata (Meigen) 见 *Norellisoma striolatum*
Norellia triangula Sun 见 *Norellisoma triangulum*
Norelliinae 鬃粪蝇亚科
Norellisoma 诺粪蝇属，类鬃粪蝇属
Norellisoma spinimanum (Fallén) 刺腹诺粪蝇，刺跗类鬃粪蝇，刺跗鬃粪蝇
Norellisoma striolatum (Meigen) 小纹诺粪蝇，小纹类鬃粪蝇，小纹鬃粪蝇
Norellisoma triangulum (Sun) 角板诺粪蝇
Noreppa 娜靴蛱蝶属
Noreppa chromus (Guérin-Méneville) 娜靴蛱蝶
Noreppa priene Hewitson 普林娜靴蛱蝶
Norfolk Island pine eriococcin [= araucaria scale, araucaria mealybug, felted pine coccid, Norfolk Island pine scale, *Eriococcus araucariae* Maskell] 南洋杉毡蚧，南洋杉球毡蚧
Norfolk Island pine scale 见 Norfolk Island pine eriococcin
Norfolk swallowtail [*Papilio amynthor* Boisduval] 阿蒙彩美凤蝶
Norica daggerwing [*Marpesia themistocles* (Fabricius)] 合法凤蛱蝶
Norica purplewing [*Eunica norica* (Hewitson)] 斑蓝神蛱蝶
normal dispersion 正常分散
normal distribution 正态分布
normal host 正常寄主 < 或与典型寄主 (typical host)、天然寄主 (natural host) 同义 >
normal marked silkworm [= normal pattern silkworm] 普通斑蚕
normal pattern silkworm 见 normal marked silkworm
normal region 适生区
normal saline 生理盐水
normal seta [pl. normal setae] 常毛
normal setae [s. normal seta] 常毛
normally oviposited batch 良卵蛾区 < 家蚕的 >
nornicotine 去甲烟碱；降烟碱
Norraca 箩舟蛾属
Norraca decurrens (Moore) 浅黄箩舟蛾
Norraca longipennis Moore 长翅箩舟蛾
Norraca retrofusca de Joannis 竹箩舟蛾
Norracana 诺舟蛾属
Norracana niveipicta (Kiriakoff) 见 *Armiana niveipicta*
Norracoides 娜舟蛾属
Norracoides basinotata (Wileman) 朴娜舟蛾
Norracoides discocellularis Strand 递娜舟蛾
Norracoides dubiosa subnigrescens Kiriakoff 同 *Fentonia notodontina*
Norracoides subnigrescens Kiriakoff 同 *Fentonia notodontina*
Norrbomia 裂小粪蝇属
Norrbomia beckeri (Duda) 波裂小粪蝇
Norrbomia cryptica (Papp) 隐裂小粪蝇，隐小粪蝇
Norrbomia gravis (Adams) 荫裂小粪蝇
Norrbomia marginatis (Adams) 缘裂小粪蝇
Norrbomia somogyii (Papp) 绒裂小粪蝇
Norrbomia sordida (Zetterstedt) 宽裂小粪蝇
Norrbomia tropica (Duda) 裂小粪蝇
Norse grayling [*Oeneis norna* (Thunberg)] 浓酒眼蝶，诺酒眼蝶
North American bagworm [= evergreen bagworm, eastern bagworm, common bagworm, common basket worm, shade tree bagworm, *Thridopteryx ephemeraeformis* (Haworth)] 常绿树袋蛾，林荫树袋蛾，常绿蓑蛾
North American cactus moth [= blue cactus borer, cactus moth, *Melitara dentata* (Grote)] 仙人掌蓝斑螟
North American gypsy moth [= gypsy moth, European gypsy moth, *Lymantria dispar* (Linnaeus)] 舞毒蛾，松针黄毒蛾，秋千毒蛾，杨树毒蛾，苹果毒蛾，柿毛虫
North American hornet [= bald-faced hornet, eastern yellow jacket, white-faced hornet, *Vespula maculata* (Linnaeus)] 白斑脸黄胡蜂，白斑脸胡蜂
North American pine engraver [= pine bark beetle, pine engraver, *Ips pini* (Say)] 云杉松齿小蠹，松小蠹，美松齿小蠹
north plant stinkbug [*Palomena angulosa* (Motschulsky)] 碧蝽，浓绿蝽
north silk stinkbug [*Eurydema gebleri* Kolenati] 横纹菜蝽，横带菜蝽，盖氏菜蝽，乌鲁木齐菜蝽，花菜蝽
Northcott's charaxes [*Charaxes northcotti* Rothschild] 闹螯蛱蝶
northeast-Asian wood white [*Leptidea amurensis* (Ménétriés)] 突角小粉蝶
northeastern beach tiger beetle [= eastern beach tiger beetle, *Habroscelimorpha dorsalis* (Say)] 纹背宽腹虎甲
northeastern sawyer [*Monochamus notatus* (Drury)] 褐点墨天牛，显赫天牛
northern ace [= northern spotted ace, *Thoressa cerata* (Hewitson)] 角陀弄蝶
northern amber bumble bee [*Bombus borealis* Kirby] 北方熊蜂
northern ant-blue [= decima ant-blue, *Acrodipsas decima* Miller *et* Lane] 北散灰蝶
northern antirrhea [= common brown morpho, *Antirrhea philoctetes* (Linnaeus)] 暗环蝶，飞鸟眼蝶
northern apple sphinx [= poecila sphinx, *Sphinx poecila* Stephens] 苹果红节天蛾
northern argus [*Junonia erigone* (Cramer)] 艾丽眼蛱蝶
northern armyworm [= oriental armyworm, southern armyworm, armyworm, ear-cutting caterpillar, rice armyworm, rice ear-cutting caterpillar, paddy armyworm, *Mythimna separata* (Walker)] 黏虫，东方黏虫，分秘夜蛾，黏秘夜蛾
northern bark beetle [= double-spined bark beetle, Eurasian bark beetle, *Ips duplicatus* (Sahlberg)] 重齿小蠹，重齿齿小蠹
northern birdwing [= common green birdwing, Priam's birdwing, Cape York birdwing, New Guinea birdwing, *Ornithoptera priamus* (Linnaeus)] 绿鸟翼凤蝶
northern blowfly [= blue-bottle fly, blue-assed fly, subarctic brow fly, *Protophormia terraenovae* (Robineau-Desvoidy)] 新陆原伏蝇
northern blue [=*idas blue,Lycaeides idas* (Linnaeus)] 北美红珠灰蝶
northern broken dash [*Wallengrenia egeremet* (Scudder)] 土瓦弄

N

蝶

northern brown [*Aricia artaxerxes* (Fabricius)] 白斑爱灰蝶

northern brown house moth [= northern old lady moth, northern old lady, dingy cloak moth, northern wattle moth, northern wattle, northern moon moth, owl moth, *Dasypodia cymatodes* Guenée] 北澳月夜蛾，澳金合欢夜蛾

northern budworm [= cotton bollworm, Old World bollworm, corn earworm, African bollworm, scarce bordered straw moth, maize cobworm, gram pod borer, gram caterpillar, grain caterpillar, *Helicoverpa armigera* (Hübner)] 棉铃虫，棉铃实夜蛾

northern caddisfly [= limnephilid caddisfly, limnophilid, limnephilid] 沼石蛾 < 沼石蛾科 Limnephilidae 昆虫的通称 >

northern carpinus aphid [= carpinus aphid, *Neochromaphis carpinicola* (Takahashi)] 鹅耳枥黑斑蚜，北鹅耳枥黑斑蚜

northern cattle grub [*Hypoderma bovis* (Linnaeus)] 牛皮蝇

northern cedar bark beetle [= lesser oak-stump shot-hole borer, *Phloeosinus canadensis* Swaine] 雪松肤小蠹

northern checkerspot [*Charidryas palla* (Boisduval)] 帕纱蛱蝶

northern chequered skipper [*Carterocephalus silvicola* (Meigen)] 黄翅银弄蝶，暗边银弄蝶

northern China scarab beetle [*Holotrichia oblita* (Faldermann)] 华北大黑鳃金龟甲，华北大黑鳃金龟，涂齿爪鳃金龟

northern chocolate royal [*Remelana jangala ravata* Moore] 莱灰蝶北方亚种，云南莱灰蝶

northern chorinea [*Chorinea bogota* (Saunders)] 北凤蚬蝶

northern clito [= aberrans skipper, *Clito aberrans* (Draudt)] 北方帜弄蝶

northern clouded yellow [= greenland sulphur, hecla sulphur, *Colias hecla* Lefebvre] 赫克豆粉蝶

northern cloudywing [*Thorybes pylades* (Scudder)] 微红褐弄蝶

northern cockchafer [= forest cockchafer, chestnut cockchafer, cockchafer, *Melolontha hippocastani* Fabricius] 大栗鳃金龟甲，大栗鳃金龟

northern common jester [= peninsular jester, common jester, *Symbrenthia lilaea* (Hewitson)] 散纹盛蛱蝶

northern conifer tussock [= northern pine tussock, pine tussock moth, grey spruce tussock moth, *Dasychira plagiata* (Walker)] 云杉茸毒蛾，松毒蛾

northern corn billbug [= maize weevil, greater grain weevil, greater rice weevil, *Sitophilus zeamais* (Motschulsky)] 玉米象，玉米象甲

northern corn rootworm 1. [*Diabrotica longicornis* (Say)] 长角根萤叶甲，长角叶甲；2. [*Diabrotica barberi* Smith *et* Lawrence] 巴氏根萤叶甲，北部玉米根虫

northern crescent [*Phyciodes cocyta* (Cramer)] 北方漆蛱蝶，漆蛱蝶

northern dune tiger beetle [*Cicindela hybrida* Linnaeus] 多型虎甲

northern ectima [= northern segregate, *Ectima erycinoides* Felder *et* Felder] 玉润拟眼蛱蝶

northern emerald [*Somatochlora arctica* (Zetterstedt)] 北极金光伪蜻，弧金光伪蜻

northern eyed-skipper [*Cyclosemia anastomosis* Mabille] 联环弄蝶

northern faceted-skipper [*Synapte pecta* Evans] 北散弄蝶

northern fall field cricket [= fall field cricket, Pennsylvania field cricket, common field cricket, *Gryllus pennsylvanicus* Burmeister] 北方田蟋

northern flatid planthopper [= mealy flatid, *Anormenis septentrionalis* (Spinola)] 北方蛾蜡蝉

northern grain wireworm [= prairie grain wireworm, *Ctenicera aeripennis destructor* (Brown)] 铜足辉叩甲草原亚种，牧场谷叩甲，草原谷金针虫

northern grass-dart [= rock grass-dart, *Taractrocera ilia* Waterhouse] 伊丽黄弄蝶，岩黄弄蝶

northern green longwing [*Philaethria diatonica* (Fruhstorfer)] 北绿袖蝶

northern green-striped grasshopper [= green meadow locust, green-striped grasshopper, green-striped locust, *Chortophaga viridifasciata* (De Geer)] 绿条蝗

northern grizzled skipper [= grizzled skipper, alpine checkered skipper, *Pyrgus centaureae* (Rambur)] 灰白花弄蝶

northern hairstreak 1. [= northern imperial blue, *Jalmenus eichhorni* Staudinger] 翠佳灰蝶；2. [*Euristrymon ontario* (Edwards)] 昂塔悠灰蝶

northern house mosquito [= common gnat, common house mosquito, *Culex pipiens* Linnaeus] 尖音库蚊

northern imperial blue [= northern hairstreak, *Jalmenus eichhorni* Staudinger] 翠佳灰蝶

northern iris-skipper [*Mesodina gracillima* Edwards] 格圆弄蝶

northern jezebel [= scarlet jezebel, *Delias argenthona* (Fabricius)] 银白斑粉蝶

northern jungle queen [*Stichophthalma camadeva* (Westwood)] 青箭环蝶

northern large darter [*Telicota ohara* (Plötz)] 黄纹长标弄蝶，竹红弄蝶

northern lodgepole needle miner [*Coleotechnites starki* (Freeman)] 斯氏松针鞘麦蛾

northern marbled carpet [= dark marbled carpet, *Dysstroma citrata* (Linnaeus)] 舒涤尺蛾

northern marblewing [*Euchloe creusa* (Doubleday)] 石纹端粉蝶

northern masked chafer [*Cyclocephala borealis* Arrow] 北部圆头犀金龟甲，圆头犀金龟

northern meal moth [*Pyralis lienigialis* (Zeller)] 拟紫斑谷螟

northern mealybug [*Trionymus thulensis* Green] 北方条粉蚧，北葵粉蚧

northern mestra [= common mestra, *Mestra amymone* (Ménétriés)] 爱玫蛱蝶

northern mimic-metalmark [*Ithomeis eulema* Hewitson] 优绡蚬蝶

northern mole cricket [*Neocurtilla hexadactyla* (Perty)] 北方蝼蛄，六指蝼蛄

northern moon moth 见 northern brown house moth

northern nessaea [= Aglaura olivewing, common olivewing, *Nessaea aglaura* (Doubleday)] 水仙鸭蛱蝶

northern old lady 见 northern brown house moth

northern old lady moth 见 northern brown house moth

northern paper wasp [= golden paper wasp, dark paper wasp, common paper wasp, *Polistes fuscatus* (Fabricius)] 暗马蜂，北方造纸胡蜂

northern pearl white [= delicate pearl white, *Elodina perdita* Miskin]

北澳药粉蝶

northern pearly-eye [*Enodia anthedon* Clark] 淡色串珠眼蝶

northern pencil-blue [*Candalides gilberti* Waterhouse] 吉坎灰蝶

northern pine tussock [= northern conifer tussock, pine tussock moth, grey spruce tussock moth, *Dasychira plagiata* (Walker)] 云杉茸毒蛾，松毒蛾

northern pine weevil [*Pissodes approximatus* Hopkins] 北方松木蠹象甲，北方松象甲

northern pitch twig moth [= pitch nodule maker, *Petrova albicapitana* (Busck)] 美佩实小卷蛾，美实小卷蛾，松枝白头小卷蛾，松枝白头小卷叶蛾

northern pumpkin beetle [= plain pumpkin beetle, red pumpkin beetle, *Aulacophora abdominalis* (Fabricius)] 西葫芦红守瓜

northern purple azure [*Ogyris zosine* Hewitson] 褐澳灰蝶

northern rat flea [*Nosopsyllus fasciatus* (Bosc)] 具带病蚤，欧洲病蚤，欧洲鼠蚤

northern ringlet [= orange-streaked ringlet, *Hypocysta irius* (Fabricius)] 黄带慧眼蝶

northern rock crawler [*Grylloblatta campodeiformis* Walker] 北美蛩蠊

northern rough bollworm [= spotted bollworm, cotton spotted bollworm, eastern bollworm, okra shoot and fruit borer, bele shoot borer, *Earias vittella* (Fabricius)] 翠纹钻夜蛾，翠纹金刚钻，绿带金刚钻

northern rubus aphid [*Matsumuraja rubi* (Matsumura)] 红松指瘤蚜，红松村蚜

northern segregate 1. [= ruddy daggerwing, *Marpesia petreus* (Cramer)] 剑尾凤蛱蝶；2. [= sunset daggerwing, glossy daggerwing, *Marpesia furcula* (Fabricius)] 火纹凤蛱蝶；3. [= northern ectima, *Ectima erycinoides* Felder *et* Felder] 玉润拟眼蛱蝶；4. [= blind eighty-eight, rose beauty, *Haematera pyrame* (Hübner)] 血塔蛱蝶；5. [= tiger beauty, zebra sapseeker, *Tigridia acesta* (Linnaeus)] 美域蛱蝶

northern setabis [= common setabis, lagus metalmark, *Setabis lagus* (Cramer)] 瑟蚬蝶

northern short-tailed admiral [= dimorphic admiral, *Antanartia dimorphica* Howarth] 二型赭蛱蝶

northern sicklewing [*Achlyodes tamenund* (Edwards)] 紫晕钩翅弄蝶

northern silver ochre [= maheta skipper, *Trapezites maheta* (Hewitson)] 马哈梯弄蝶

northern snout-skipper [*Anisochoria bacchus* Evans] 酒神彗弄蝶

northern spotted ace 见 northern ace

northern spotted grasshopper [= spotted locust, spotted grasshopper, spotted coffee grasshopper, coffee locust, *Aularches miliaris* (Linnaeus)] 黄星蝗

northern spruce borer [*Tetropium parvulum* Casey] 北方云杉断眼天牛

northern spruce engraver 1. [= spruce bark beetle, *Ips interpunctus* (Eichhoff)] 阿加云杉齿小蠹；2. [*Ips perturbatus* (Eichhoff)] 白云杉齿小蠹

northern spur-throat grasshopper [*Melanoplus borealis* (Fieber)] 北方黑蝗

northern sword-grass brown [= Helena brown, *Tisiphone helena* (Olliff)] 白勺眼蝶

northern tent caterpillar [*Malacosoma californicum pluviale* (Dyar)] 加州幕枯叶蛾北部亚种，西加州天幕毛虫，西部天幕毛虫

northern territory fruit fly [*Bactrocera* (*Bactrocera*) *aquilonis* (May)] 澳西北果实蝇，澳西北实蝇，西红柿枝果实蝇

northern true katydid [= common true katydid, rough-winged katydid, *Pterophylla camellifolia* (Fabricius)] 夜鸣夏日螽

northern vegetable grasshopper [*Podisma sapporensis* Shiraki] 札幌秃蝗，菜秃蝗

northern wall brown [*Lasiommata petropolitana* (Fabricius)] 艳红毛眼蝶

northern wattle 见 northern brown house moth

northern wattle moth 见 northern brown house moth

northern white-skipper [*Heliopetes ericetorum* (Boisduval)] 花白翅弄蝶

northern white-tailed bumblebee [*Bombus magnus* Vogt] 大熊蜂

northern winter moth [*Operophtera fagata* (Scharfenberg)] 栎秋尺蛾

northern yellow bumble bee [= great yellow bumble bee, *Bombus* (*Subterraneobombus*) *distinguendus* Morawitz] 卓熊蜂，黄熊蜂，大黄熊蜂

northwest alpine [= Vidler's alpine, *Erebia vidleri* Elwes] 橙带红眼蝶

northwest coast mosquito [*Aedes aboriginis* Dyar] 西北海岸伊蚊

northwest ringlet [*Coenonympha ampelos* Edwards] 灰晕珍眼蝶

northwestern Indian skipper [*Hesperia sassacus manitoboides* (Fletcher)] 印度弄蝶西北亚种

Nortia 扁腿天牛属

Nortia carinicollis Schwarzer 长脊扁腿天牛，黄球领纸翅天牛，胸条薄翅天牛

Nortia carinicollis carinicollis Schwarzer 长脊扁腿天牛指名亚种

Nortia carinicollis satsumana Niisato *et* Ohbayashi 长脊扁腿天牛岛屿亚种，萨摩球领纸翅天牛

Nortia cavicollis Thomson 窝胸扁腿天牛

Nortia geniculata Gressitt 短脊扁腿天牛

Nortia luteosignata Pu 污纹扁腿天牛

Nortia multicallosus Gressitt *et* Rondon 多胝扁腿天牛

Nortia planicollis Gressitt 平胸扁腿天牛

Norusuma javanica Moore 见 *Gunda javanica*

Norva 刺瓣叶蝉属，圆纹叶蝉属

Norva anufrievi Emeljanov 褐纹刺瓣叶蝉，安氏圆纹叶蝉

Norva japonica Anufriev 日本刺瓣叶蝉，齿突圆纹叶蝉

norvaline 正缬氨酸

Norway maple aphid [*Periphyllus lyropictus* (Kessler)] 挪威槭多态毛蚜

Norway maple seedminer [= maple nepticula, *Etainia sericopeza* (Zeller)] 槭埃微蛾，槭细蛾

Norway spruce shoot gall midge [= spruce shoot midge, *Dasineura abietiperda* Henschel] 杉芽叶瘿蚊

Norwegian Journal of Entomology 挪威昆虫学杂志 <期刊名>

Nosavana laosensis Breuning 老挝诺氏天牛

Nosavana phounii Breuning C 斑诺氏天牛

nose bot fly [*Gasterophilus haemorrhoidalis* (Linnaeus)] 红尾胃蝇，赤尾胃蝇，痔胃蝇

nose fly 1. [= rhiniid fly, rhiniid blowfly, rhiniid] 鼻蝇 <鼻蝇科

Rhiniidae 昆虫的通称 >；2. 鼻蝇 < 属狂蝇科 Oestridae>
Nosea 豹眼蝶属
Nosea hainanensis Koiwaya 海南豹眼蝶，豹眼蝶
Nosea hainanensis guangxiensis Chou *et* Li 海南豹眼蝶广西亚种
Nosea hainanensis hainanensis Koiwaya 海南豹眼蝶指名亚种，指名豹眼蝶
nosed grasshopper [= cone-headed grasshopper, common cone-headed grasshopper, Mediterranean slant-faced grasshopper, *Acrida ungarica* (Herbst)] 地中海剑角蝗，锥头蚱蜢，鼻蚱蜢，地中海斜面蚱蜢
noseda ruby-eye [*Carystoides noseda* Hewitson] 端白梢弄蝶
Nosekiella 诺蚖属
Nosekiella sinensis Bu *et* Yin 见 *Yavanna sinensis*
nosema disease [= nosemosis] 微粒子病，微孢子虫病，蜜蜂微粒子病
nosemosis 见 nosema disease
Noseolucanus 凸锹甲属，古深山锹甲属
Noseolucanus denticulus (Boucher) 太凸锹甲，太古深山
Noseolucanus zhengi Huang 郑氏凸锹甲，郑氏太古深山锹
Noserius tibialis Pascoe 疾天牛
nosodendrid 1. [= nosodendrid beetle, wounded-tree beetle] 小丸甲 < 小丸甲科 Nosodendridae 昆虫的通称 >；2. 小丸甲科的
nosodendrid beetle [= nosodendrid, wounded-tree beetle] 小丸甲
Nosodendridae 小丸甲科
Nosodendron 小丸甲属，姬刺虫属
Nosodendron fasciculare (Olivier) [tufted nosodendron] 欧洲小丸甲
Nosodendron taiwanense Yoshitomi, Kishimoto *et* Lee 台湾小丸甲
Nosophora 须野螟属
Nosophora althealis Walker 阿须野螟
Nosophora conjunctalis Walker 连须夜螟
Nosophora dispilalis Hampson 狄须野螟
Nosophora euryterminalis (Hampson) 宽带须野螟
Nosophora insignis (Butler) 缘斑须野螟
Nosophora maculalis (Leech) 斑点须野螟
Nosophora semitritalis (Lederer) 茶须野螟
Nosophora semitritalis orbicularis Shibuya 茶须野螟眶纹亚种，眶茶须野螟
Nosophora semitritalis semitritalis (Lederer) 茶须野螟指名亚种
Nosopon 诺鸟虱属
Nosopon lucidum (Rudow) 红脚隼诺鸟虱
Nosopon lucidum lucidum (Rudow) 红脚隼诺鸟虱指名亚种
Nosopon lucidum pyargus Tendeiro 同 *Nosopon lucidum lucidum*
Nosopon minus (Piaget) 同 *Nosopon lucidum*
Nosopon rotundifrons (Blogoveshtschensky) 同 *Nosopon lucidum*
Nosopsyllus 病蚤属
Nosopsyllus apicoprominus Tsai, Wu *et* Liu 端突病蚤
Nosopsyllus chayuensis Wang *et* Liu 察隅病蚤
Nosopsyllus consimilis (Wagner) 似同病蚤
Nosopsyllus elongatus Li *et* Shen 长形病蚤
Nosopsyllus fasciatus (Bosc) [northern rat flea] 具带病蚤，欧洲病蚤，欧洲鼠蚤
Nosopsyllus fidus (Jordan *et* Rothschild) 裂病蚤
Nosopsyllus laeviceps (Wagner) 秃病蚤
Nosopsyllus laeviceps ellobii (Wagner) 秃病蚤田鼠亚种，田鼠秃病蚤
Nosopsyllus laeviceps kuzenkovi (Jagubiants) 秃病蚤蒙冀亚种，蒙冀秃病蚤
Nosopsyllus laeviceps laeviceps (Wagner) 秃病蚤指名亚种，指名秃病蚤
Nosopsyllus nicanus Jordan 适存病蚤，优胜病蚤
Nosopsyllus tersus (Jordan *et* Rothschild) 四鬃病蚤
Nosopsyllus turkmenicus (Vlasov *et* Ioff) 土库曼病蚤
Nosopsyllus turkmenicus altisetus (Ioff) 土库曼病蚤高鬃亚种，高鬃土库曼病蚤
Nosopsyllus turkmenicus turkmenicus (Vlasov *et* Ioff) 土库曼病蚤指名亚种，指名土库曼病蚤
Nosopsyllus wualis Jordan 伍氏病蚤
Nosopsyllus wualis leizhouensis Li, Huang *et* Liu 伍氏病蚤雷州亚种，雷州伍氏病蚤
Nosopsyllus wualis rongjiangensis Li *et* Huang 伍氏病蚤榕江亚种
Nosopsyllus wualis wualis Jordan 伍氏病蚤指名亚种，指名伍氏病蚤
nosotoxicosis 中毒病
Nossa 斑蝶蛱蛾属，蛱蛾属，诺蛱蛾属
Nossa chinensis (Leech) 中华斑蝶蛱蛾，虎腹黄蛱蛾，华诺蛱蛾
Nossa leechi Elwes 斑蝶蛱蛾，青蛱蛾，青诺蛱蛾
Nossa moorei (Elwes) [oriental swallowtail moth] 虎腹斑蝶蛱蛾，虎腹蛱蛾，诺蛱蛾
Nossa nelcinna (Moore) 斑蝶蛱蛾，内诺蛱蛾
Nossa palaearctica (Staudinger) 拟斑蝶蛱蛾，古北诺蛱蛾
nossis satyr [*Euptychoides nossis* Hewitson] 诺斯彩眼蝶
Nostima 缝鬃水蝇属
Nostima flavitarsis Canzoneri *et* Meneghini 黄跗缝鬃水蝇
Nostima picta (Fallén) 彩色缝鬃水蝇
Nostima verisifrons Miyagi 绒额缝鬃水蝇
Nostococladius 念珠直突摇蚊亚属，念珠直突亚属，藻寄生环足摇蚊亚属
nostril [= rhinarium] 鼻片；前唇基
nota [s. notum] 背板
Nota Lepidopterologica 鳞翅学记录 < 期刊名 >
notacoria 背膜 < 在中胸和后胸所具有的明显区域 >
notal comb 背栉 < 指蚤前胸后缘上的一行明显的刺毛 >
notal organ 背中突
notal wing process [= alaria (pl. alariae)] 背翅突
notalia [= posterior notal ridge] 后背脊 < 遮盖中胸背板和中胸侧板一部分由前胸背板的内折后部构成的突起 >
Notanatolica 诺长角石蛾属
Notanatolica legendrina Navás 勒诺长角石蛾
Notanatolica magna Walker 大诺长角石蛾
Notanatolica media Navás 中诺长角石蛾
Notanisomorphella 梯姬小蜂属
Notanisomorphella dichocrocae Yao *et* Yang 螟蛾梯姬小蜂
Notanisus 拟广金小蜂属
Notanisus clavatus Bouček 肿柄赫肿腿金小蜂
Notarcha 大卷叶野螟属
Notarcha aurolinealis (Walker) 同 *Notarcha quaternalis*
Notarcha derogata (Fabricius) 见 *Haritalodes derogata*
Notarcha euryclealis (Walker) 见 *Lygropia euryclealis*
Notarcha quaternalis (Zeller) [fourth pearl] 扶桑大卷叶野螟，扶

桑四点野螟
Notarcha teneralis (Caradja) 廷大卷叶野螟，廷奥四点野螟
Notaris mandschuricus Voss 东北多型象甲，东北多型象
Notaris oryzae Ishida [black rice plant weevil] 稻黑象甲
notarotaxis 背腋膜 < 与具翅背板背面相连的表皮层 >
Notarthrinus 钮灰蝶属
Notarthrinus binghami Chapman [Chapman's hedge blue] 宾氏钮灰蝶，斑利灰蝶
Notaspis tranquillalis (Lerderer) 见 *Lipararchis tranquillalis*
notasuture 背板沟
Notata 光苔蛾属，后苔蛾属
Notata parva Hampson 小光苔蛾，后褐斑苔蛾
notate [= notatus] 有点的
notatin 葡糖氧化酶
notatus 见 notate
notauli [s. notaulus; = notaulices] 盾纵沟 < 有些昆虫中胸背板的前部向后合的纵沟 >
notaulices [s. notaulix; = notauli] 盾纵沟
notaulix [pl. notaulices; = notaulus] 盾纵沟
notaulus [pl. notauli; = notaulix] 盾纵沟
notch 缺切 < 在介壳虫中，同 incisura>
notch-wing button [= notched-winged tortrix moth, *Acleris emargana* (Fabricius)] 柳凹长翅卷蛾
notch-wing moth [= maple spanworm moth, notched wing moth, notched-wing geometer, notch-winged geometer, *Ennomos magnaria* Guenée] 凹翅秋黄尺蛾，痕翅尺蛾
notch-winged geometer 见 notch-wing moth
notched 切刻的 < 常用于边缘上的切刻 >
notched crescent [*Anthanassa dracaena* Felder] 蜕花蛱蝶
notched plate [= pectina] 齿状板 < 见于介壳虫中 >
notched seseria [= small white flat, *Seseria sambara* Moore] 白腹瑟弄蝶，散飒弄蝶
notched-wing geometer 见 notch-wing moth
notched wing moth 见 notch-wing moth
notched-winged tortrix moth 见 notch-wing button
Notentulus 南蚖属
Notentulus zunyinicus Yin 遵义南蚖
notepisternum 上前侧片 <anepisternum>
noterid 1. [= noterid beetle, burrowing water beetle] 伪龙虱，拟龙虱 < 伪龙虱科 Noteridae 昆虫的通称 >；2. 伪龙虱科的
noterid beetle [= noterid, burrowing water beetle] 伪龙虱，拟龙虱
Noteridae 伪龙虱科，拟龙虱科，小粒龙虱科，突胸龙虱科，方胸龙虱科
Noterinae 伪龙虱亚科，突胸龙虱亚科
Noteropagus 脊折牙甲属
Noteropagus politus d'Orchymont 光脊折牙甲
Noterus 伪龙虱属
Noterus angustulus Zaitzev 细伪龙虱，角伪龙虱，角小粒龙虱
Noterus clavicornis (De Geer) 膨角伪龙虱，棒角伪龙虱，棒角小粒龙虱
Noterus crassicornis (Müller) 粗角伪龙虱，粗角小粒龙虱
Noterus granulatus Régimbart 颗粒伪龙虱，颗粒小粒龙虱
Noterus japonicus Sharp 日本伪龙虱，日本小粒龙虱
notex skipper [*Phlebodes notex* Evans] 瑙管弄蝶
Nothancyla verreauxi Navás 沃氏拟曲草蛉
Notheme 条蚬蝶属
Notheme erota (Cramer) [erota metalmark, tawny metalmark, two-oranges metalmark] 条蚬蝶
Notheme eumeus (Fabricius) 黄条蚬蝶
Notheme ouranus (Stoll) 欧拉条蚬蝶
nothoblattid 1. [= nothoblattid cockroach] 拟蠊 < 拟蠊科 Nothoblattidae 昆虫的通称 >；2. 拟蠊科的
nothoblattid cockroach [= nothoblattid] 拟蠊
Nothoblattidae 拟蠊科，拟蜚蠊科
Nothocasis 伪沼尺蛾属
Nothocasis coartata (Püngeler) 灰玉伪沼尺蛾，柯黑线白尺蛾
Nothocasis grisefasciaria Xue 灰带伪沼尺蛾
Nothocasis muscigera (Butler) 苔伪沼尺蛾
Nothocasis neurogrammata (Püngeler) 点脉伪沼尺蛾
Nothocasis octobris Prout 川伪沼尺蛾
Nothocasis polystictaria (Hampson) 麻伪沼尺蛾
Nothocasis pullarria Xue 暗伪沼尺蛾
Nothochodaeus 幻红金龟甲属，红金龟属
Nothochodaeus formosanus (Kurosawa) 台湾幻红金龟甲，蓬莱红金龟，台红金龟
Nothochodaeus interruptus (Kuosawa) 斑点幻红金龟甲，斑点红金龟，断斑红金龟
Nothochodaeus jengi Huchet *et* Li 郑氏幻红金龟甲，郑氏红金龟
Nothochodaeus lanyuensis (Ochi, Masumoto *et* Li) 兰屿幻红金龟甲，兰屿红金龟
Nothochodaeus sakaii (Ochi, Masumoto *et* Li) 酒井幻红金龟甲，酒井红金龟
Nothochodaeus tonkineus (Balthasar) 黄背幻红金龟甲，黄背红金龟
Nothochodaeus xanthomelas (Wiedemann) 黄幻红金龟甲，黄红金龟甲，黄红金龟
Nothochrysa 幻草蛉属，伪蛹草蛉属
Nothochrysa aequalis (Walker) 见 *Italochrysa aequalis*
Nothochrysa californica Banks 加州幻草蛉，加州伪蛹草蛉，加利弗尼亚伪蛹草蛉
Nothochrysa capitata (Fabricius) 木樨榄幻草蛉，木樨榄头伪蛹草蛉
Nothochrysa fulviceps (Stephens) 黄褐幻草蛉，黄褐伪蛹草蛉
Nothochrysa modesta Nakahara 见 *Italochrysa modesta*
Nothochrysa praeclara Stazz 优美幻草蛉，优美伪蛹草蛉
Nothochrysa sinica Yang 中华幻草蛉
Nothochrysa subcostalis Navás 同 *Evanochrysa infecta*
Nothochrysinae 幻草蛉亚科
Nothoclusiosoma 诺脱实蝇属
Nothoclusiosoma vittithorax (Malloch) 色条诺脱实蝇
Nothodanis schaeffera (Eschscholtz) 见 *Danis schaeffera*
Nothodes 奇叩甲属
Nothodes parvulus (Panzer) 小奇叩甲，小凸胸叩甲
Nothodes sinensis Platia 中华奇叩甲
Nothogenes citrocrana Meyrick 橘诺谷蛾
Nothogenes oxystoma Meyrick 奥诺谷蛾
Nothomiza 霞尺蛾属
Nothomiza ateles Wehrli 阿霞尺蛾
Nothomiza aureolaria Inoue 紫带霞尺蛾
Nothomiza basisparsa Wehrli 基霞尺蛾，基格霞尺蛾

Nothomiza costalis (Moore) 淡黄霞尺蛾，黄齿尺蛾
Nothomiza costinotata (Warren) 缘霞尺蛾
Nothomiza dentisignata (Moore) 绿霞尺蛾
Nothomiza flavicosta Prout 黄缘霞尺蛾，大黄齿尺蛾
Nothomiza flaviordinata Prout 黄霞尺蛾
Nothomiza formosa (Butler) 台霞尺蛾
Nothomiza grata basisparsa Wehrli 见 *Nothomiza basisparsa*
Nothomiza lycauges Prout 来霞尺蛾
Nothomiza melanographa Wehrli 黑霞尺蛾
Nothomiza oxygoniodes Wehrli 傲霞尺蛾
Nothomiza peralba (Swinhoe) 霞尺蛾
Nothomiza perichora Wehrli 叉线霞尺蛾
Nothomiza submediostrigata Wehrli 浅波霞尺蛾
Nothomyia 诺斯水虻属
Nothomyia bicolor Hollis 二色诺斯水虻
Nothomyia elongoverpa Yang, Wei *et* Yang 长茎诺斯水虻
Nothomyia flavipes James 黄足诺斯水虻
Nothomyia nigra James 黑诺斯水虻
Nothomyia woodruffi James 伍氏诺斯水虻
Nothomyia yunnanensis Yang, Wei *et* Yang 云南诺斯水虻
Nothomyllocerus 类尖筒象甲属，尖筒象属
Nothomyllocerus laticornis (Reitter) 宽角类尖筒象甲，宽角尖筒象
Nothomyllocerus pelidnus (Voss) 暗褐类尖筒象甲，暗褐尖筒象
Nothopeus 伪鞘天牛属
Nothopeus drescheri (Fisher) 德氏伪鞘天牛
Nothopeus fulvus (Bates) 沟胸伪鞘天牛
Nothopeus hemipterus (Olivier) 半翅伪鞘天牛，伪鞘天牛
Nothopeus sericeus (Saunders) 上海伪鞘天牛
Nothopeus tibialis (Ritsema) 长鞘伪鞘天牛
Nothoploca 吉波纹蛾属
Nothoploca endoi Yoshimoto 远藤吉波纹蛾，远藤氏波纹蛾，恩诺波纹蛾
Nothoploca nigripunctata (Warren) 黑点吉波纹蛾
Nothoploca nigripunctata fansipana László, Ronkay *et* Ronkay 黑点吉波纹蛾越南亚种
Nothoploca nigripunctata nigripunctata (Warren) 黑点吉波纹蛾指名亚种
Nothoploca nigripunctata zolotarenkoi Dubatolov 黑点吉波纹蛾东亚亚种
Nothopsyche 长须沼石蛾属
Nothopsyche apicalis Ulmer 端长须沼石蛾，端大斑沼石蛾
Nothopsyche bicolorata Mey *et* Yang 双色长须沼石蛾
Nothopsyche dentinosa Mey *et* Yang 细齿长须沼石蛾
Nothopsyche intermedia Martynov 间长须沼石蛾，间大斑沼石蛾
Nothopsyche nigripes Nartynov 黑色长须沼石蛾，黑色大斑沼石蛾
Nothopsyche nozakii Yang *et* Leng 挪氏长须沼石蛾
Nothopsyche pallipes Banks 淡色长须沼石蛾，淡色大斑沼石蛾
Nothopsyche rhombifera Martynov 洛长须沼石蛾，洛大斑沼石蛾
Nothopteryx carpinata (Burkhausen) 见 *Trichopteryx carpinata*
Nothopteryx coartata (Püngeler) 见 *Nothocasis coartata*
Nothopteryx obscuraria (Leech) 见 *Epilobophora obscuraria*
Nothopteryx polycommata (Denis *et* Schiffermüller) 见 *Trichopteryx polycommata*
Nothopteryx ustata (Christoph) 见 *Trichopteryx ustata*
Nothoserphus 前沟细蜂属，细蜂属
Nothoserphus admirabilis Lin 圆突前沟细蜂，奇前沟细蜂，圆突细蜂
Nothoserphus aequalis Townes 光沟前沟细蜂，光沟细蜂
Nothoserphus asulcatus He *et* Fan 无沟前沟细蜂
Nothoserphus breviterebra He *et* Xu 短管前沟细蜂
Nothoserphus debilis Townes 浅沟前沟细蜂，浅沟细蜂，弱前沟细蜂
Nothoserphus dui He *et* Xu 杜氏前沟细蜂
Nothoserphus epilachnae (Pschorn-Walcher) 瓢虫前沟细蜂，瓢虫细蜂
Nothoserphus fuscipes Lin 褐足前沟细蜂，褐前沟细蜂，褐足细蜂
Nothoserphus gossypium He *et* Xu 棉田前沟细蜂
Nothoserphus jiangsuensis He *et* Xu 江苏前沟细蜂
Nothoserphus mirabilis Brues 珍奇前沟细蜂，双突细蜂
Nothoserphus ocellus He *et* Xu 离眼前沟细蜂
Nothoserphus partitus Lin 分沟前沟细蜂，裂前沟细蜂，分沟细蜂
Nothoserphus quadricarinatus He *et* Fan 四脊前沟细蜂
Nothoserphus scymni (Ashmead) 毛瓢虫前沟细蜂
Nothoserphus sinensis He *et* Xu 中华前沟细蜂
Nothoserphus thyridium He *et* Xu 窗疤前沟细蜂
Nothoserphus townesi Lin 汤斯前沟细蜂，汤氏前沟细蜂，汤斯细蜂
Nothris chinganella Christoph 见 *Dichomeris chinganella*
nothybid 1. [= nothybid fly] 幻蝇，马来蝇 < 幻蝇科 Nothybidae 昆虫的通称 >；2. 幻蝇科的
nothybid fly [= nothybid] 幻蝇，马来蝇
Nothybidae 幻蝇科，马来蝇科
Nothyboidea 幻蝇总科，马来蝇总科 < 此总科学名有误写为 Nothybioidea 者 >
Nothybus 幻蝇属
Nothybus absens Lonsdale *et* Marshall 广西幻蝇
Notiana 深窝长角象甲属
Notidobia 缺柄毛石蛾属
Notidobia chaoi Hwang 赵氏缺柄毛石蛾
Notiobiella 绿褐蛉属
Notiobiella gloriosa Navás 丽绿褐蛉，福建绿褐蛉
Notiobiella hainana Yang *et* Liu 海南绿褐蛉
Notiobiella lichicola Yang *et* Liu 荔枝绿褐蛉
Notiobiella ochracea Nakahara 黄绿褐蛉
Notiobiella pterostigma Yang *et* Liu 翅痣绿褐蛉
Notiobiella sanxiana Yang 三峡绿褐蛉
Notiobiella stellata Nakahara 星绿褐蛉
Notiobiella subolivacea Nakahara 淡绿褐蛉
Notiobiella substellata Yang 亚星绿褐蛉
Notiobiella unipuncta Yang 单点绿褐蛉
Notiobiellinae 绿褐蛉亚科
Notionotus 诺牙甲属
Notionotus attenuatus Jia *et* Short 梭形诺牙甲
Notiophilini 湿步甲族
Notiophilus 湿步甲属

Notiophilus aeneus (Herbst) [brassy big-eyed beetle] 金湿步甲
Notiophilus aquaticus (Linnaeus) 喜湿步甲
Notiophilus bodemeyeri Roubal 波湿步甲
Notiophilus hauseri Spaeth 豪湿步甲
Notiophilus impressifrons Morawitz 痕额湿步甲
Notiophilus reitteri Spaeth 来湿步甲
Notiophygidae [= Discolomatidae, Pseudocorylophidae, Aphaenocephalidae, Discolomidae] 盘甲科
Notiopygidae 见 Notiophygidae
Notiosapromyza 南双鬃缟蝇亚属
notiothaumid 1. [= notiothaumid scorpionfly] 智蝎蛉，原蝎蛉 < 智蝎蛉科 Notiothaumidae 昆虫的通称 >；2. 智蝎蛉科的
notiothaumid scorpionfly [= notiothaumid] 智蝎蛉，原蝎蛉
Notiothaumidae 智蝎蛉，原蝎蛉科
Notioxenus 凸唇长角象甲属
Notioxenus deropygoides Senoh 见 *Valenfriesia deropygoides*
Notiphila 刺角水蝇属
Notiphila canescens Miyagi 指突刺角水蝇
Notiphila chinensis Wiedemann 中华刺角水蝇
Notiphila cinerea Fallén 灰质刺角水蝇
Notiphila dorsata Stenhammar 黑胫刺角水蝇
Notiphila dorsopunctata Wiedemann 背点刺角水蝇，点背渚蝇
Notiphila ezoensis Miyagi 虾夷刺角水蝇
Notiphila flavoantennata Krivosheina 黄角刺角水蝇
Notiphila immaculata Wiedemann 无斑刺角水蝇
Notiphila latigenis Hendel 侧颊刺角水蝇，安平刺角水蝇，安平渚蝇
Notiphila nigricornis Stenhammar 黑角刺角水蝇
Notiphila peregrina Wiedemann 奇刺角水蝇
Notiphila phaea Hendel 矮颊刺角水蝇，暗刺角水蝇，昏暗渚蝇
Notiphila puncta de Meijere 多斑刺角水蝇，针点刺角水蝇，针点渚蝇
Notiphila radiatula Thomson 辐刺角水蝇
Notiphila sekiyai Koizumi 稻刺角水蝇
Notiphila similis de Meijere 相似刺角水蝇，相似渚蝇
Notiphila sinensis Schiner 中国刺角水蝇
Notiphila tschungseni Canzoneri 福建刺角水蝇
Notiphila uliginosa Haliday 黑须刺角水蝇
Notiphila watanabei Miyagi 渡边刺角水蝇，杜边刺角水蝇
Notiphilidae [= Ephydridae] 水蝇科
Notiphilinae 刺角水蝇亚科
Notobitiella 小竹缘蝽属
Notobitiella bispina Jiang, Chen *et* Bu 双刺小竹缘蝽
Notobitiella elegans Hsiao 丽小竹缘蝽，小竹缘蝽
Notobitus 竹缘蝽属
Notobitus elongatus Hsiao 狭竹缘蝽
Notobitus excellens Distant 大竹缘蝽
Notobitus femoralis Chen 扁股竹缘蝽
Notobitus meleagris (Fabricius) 黑竹缘蝽，竹缘蝽
Notobitus montanus Hsiao 山竹缘蝽
Notobitus sexguttatus (Westwood) 异足竹缘蝽
Notocelia 双刺小卷蛾属
Notocelia autolitha (Meyrick) 奥双刺小卷蛾，奥诺托卷蛾
Notocelia kurosawai Kawabe 黑泽双刺小卷蛾，库诺托卷蛾
Notocelia nigripunctata Kuznetzov 黑点双刺小卷蛾，黑点诺托卷蛾
Notocelia nobilis Kuznetzov 显双刺小卷蛾，显诺托卷蛾
Notocelia rosaecolana (Doubleday) [Doubleday's notocelia moth, common rose bell, rose eucosmid] 玫双刺小卷蛾，玫瑰双刺小卷蛾，玫瑰小卷蛾，玫白斑小卷蛾，白玫小卷蛾
notocephalon 显头类 < 指仰泳蝽科 Notonectidae 中头部在背面明显可见的一类 >
Notocera 显角角蝉属
Notocorax 扁背甲属
Notocorax javanus (Wiedemann) 爪哇扁背甲，爪登菌甲，爪伪琵甲
Notocrypta 袖弄蝶属
Notocrypta alysos (Moore) 阿袖弄蝶
Notocrypta clavata (Staudinger) [pointed demon, clavate banded demon] 棒纹袖弄蝶，棒袖弄蝶
Notocrypta curvifascia (Felder *et* Felder) [restricted demon] 曲纹袖弄蝶，袖弄蝶，黑弄蝶，白纹黑弄蝶，羌黄蝶，曲带普勒弄蝶
Notocrypta curvifascia curvifascia (Felder *et* Felder) 曲纹袖弄蝶指名亚种，指名曲纹袖弄蝶
Notocrypta eitschbergeri Huang 宽带袖弄蝶，西藏袖弄蝶
Notocrypta feisthamelii (Boisduval) [spotted demon] 宽纹袖弄蝶，连纹袖弄蝶
Notocrypta feisthamelii alinkara Fruhstorfer 宽纹袖弄蝶兰屿岛亚种，宽纹袖弄蝶菲律宾亚种，连纹袖弄蝶菲律宾亚种，菲律宾连纹黑弄蝶，菲亚连纹黑弄蝶，热带黑弄蝶，菲宾纹黑蝶，菲亚纹黑蝶
Notocrypta feisthamelii alysos (Moore) 宽纹袖弄蝶孟加拉亚种，阿袖弄蝶
Notocrypta feisthamelii arisana Sonan 宽纹袖弄蝶阿里山亚种，宽纹袖弄蝶台湾亚种，连纹袖弄蝶台湾亚种，阿里山黑弄蝶，阿山黑蝶，直纹袖弄蝶，阿里山连纹黑弄蝶，阿里山宽纹袖弄蝶
Notocrypta feisthamelii feisthamelii (Boisduval) 宽纹袖弄蝶指名亚种，指名宽纹袖弄蝶
Notocrypta feisthamelii rectifasciata Leech 宽纹袖弄蝶直纹亚种，直纹宽纹袖弄蝶
Notocrypta flavipes (Janson) 黄色袖弄蝶
Notocrypta maria Evans 玛利亚袖弄蝶
Notocrypta morishitai Liu *et* Gu 森下袖弄蝶
Notocrypta paralysos (Wood-Mason *et* de Nicéville) [common banded demon] 窄纹袖弄蝶
Notocrypta paralysos asawa Fruhstorfer [Indo-Chinese common banded demon] 窄纹袖弄蝶中越亚种，中越窄纹袖弄蝶
Notocrypta paralysos paralysos (Wood-Mason *et* de Nicéville) 窄纹袖弄蝶指名亚种
Notocrypta pria (Druce) [dwarf banded demon] 无点袖弄蝶
Notocrypta quadrata Elwes *et* Edwads 方斑袖弄蝶
Notocrypta renardi (Oberthür) 雷诺袖弄蝶
Notocrypta restricta (Moore) 同 *Notocrypta curvifascia*
Notocrypta tibetana (Mabille) 见 *Celaenorrhinus tibetana*
Notocrypta waigensis (Plötz) [banded demon] 白带袖弄蝶
Notocyrtus 驼背猎蝽属
Notocyrtus colombianus Carvalho *et* Costa 哥伦比亚驼背猎蝽
Notocyrtus costai Gil-Santana *et* Forero 考氏驼背猎蝽

N

Notocyrtus dispersus Carvalho *et* Costa 弧背驼背猎蝽
Notocyrtus dorsalis (Gray) 驼背猎蝽
Notocyrtus ricciae Gil-Santana *et* Costa 里氏弓背猎蝽
Notodoma 圆臀阎甲属，诺阎甲属
Notodoma bullatum Marseul 见 *Epitoxus bullatus*
Notodoma formosanum Bickhardt 同 *Notodoma fungorum*
Notodoma fungorum Lewis 蕈圆臀阎甲，菌诺阎甲
notodont 1. 齿背的；2. 隆背类
Notodonta 舟蛾属
Notodonta albicosta (Matsumura) 白缘舟蛾，白缘迷舟蛾
Notodonta albifascia (Moore) 双带舟蛾
Notodonta arnoldi Oberthür 同 *Peridea graeseri*
Notodonta dembowskii Oberthür 黄斑舟蛾
Notodonta dromedaria (Linnaeus) 奔舟蛾，德舟蛾
Notodonta dromedaria dromedarius (Linnaeus) 奔舟蛾指名亚种
Notodonta dromedaria sibirica Schintlmeister *et* Fang 奔舟蛾北方亚种
Notodonta grahami Schaus 见 *Peridea grahami*
Notodonta griseotincta Wileman 灰色舟蛾，灰舟蛾，灰带舟蛾
Notodonta jankowski Oberthür 见 *Peridea jankowski*
Notodonta musculus (Kiriakoff) 黑色舟蛾
Notodonta mushensis Matsumura 雾社舟蛾
Notodonta nigra Wu *et* Fang 同 *Notodonta musculus*
Notodonta pira Druce 梨舟蛾
Notodonta roscida Kiriakoff 瑰舟蛾，洛舟蛾
Notodonta torva (Hübner) 烟灰舟蛾，托舟蛾
Notodonta trachitso Oberthür 粗舟蛾
Notodonta tritophus uniformis Oberthür 同 *Notodonta torva*
Notodonta ziczac (Linnaeus) 黄白舟蛾，之舟蛾
Notodonta ziczac pallida Grunberg 黄白舟蛾中亚亚种，淡之舟蛾
Notodonta ziczac ziczac (Linnaeus) 黄白舟蛾指名亚种
notodontid 1. [= notodontid moth, prominent] 舟蛾，天社蛾 < 舟蛾科 Notodontidae 昆虫的通称 >；2. 舟蛾科的
notodontid moth [= notodontid, prominent] 舟蛾，天社蛾
Notodontidae [= Ceruridae, Dicranuridae, Ptilodontidae] 舟蛾科，天社蛾科
Notodontidea 背齿叶蜂属
Notodontidea chui Wei 朱氏背齿叶蜂
Notodontinae 舟蛾亚科
Notodramas 短背蚧属
Notogaea [= Notogaeic Realm] 南界 < 包括澳大利亚、波里尼西亚及夏威夷区在内的动物分布界 >
Notogaeic Realm [= Notogaea] 南界
notogaster 后背板，背腹板
notogastral seta [pl. notogastral setae] 后背板毛
notogastral setae [s. notogastral seta] 后背板毛
Notoglyptus 凹金小蜂属
Notoglyptus scutellaris (Dodd *et* Girault) 凹金小蜂
Notogroma 舟枯叶蛾属
Notogroma mutabile (Candeze) 穆舟枯叶蛾
Notolaemus 诺姬扁甲属
Notolaemus lewisi (Reitter) 路氏诺姬扁甲，刘诺扁甲
Notoligotomidae 异尾丝蚁科，异小丝蚁科
Notolophus anstralis posticus Walker 见 *Orgyia postica*
Notolophus leechi Kirby 同 *Orgyia antiquoides*
Notomma munroi Hancock 缘斑罗通马实蝇
Notomulciber 标天牛属
Notomulciber gressitti (Tippmann) 嘉氏标天牛
Notomulciber klapperichi (Tippmann) 挂墩标天牛
Notomulciber quadrisignatus (Schwarzer) 见 *Micromulciber quadrisignatus*
Notonagemia 粗斜纹天蛾属
Notonagemia analis (Felder) [grey double-bristled hawkmoth] 粗斜纹天蛾，大背天蛾
Notonagemia analis analis (Felder) 粗斜纹天蛾指名亚种
Notonagemia analis gressitti (Clark) 粗斜纹天蛾嘉氏亚种，嘉大背天蛾，大背天蛾，粗斜纹天蛾
Notonagemia analis scribae (Austaut) 粗斜纹天蛾暗色亚种，大背天蛾
Notonecta 仰蝽属，大仰蝽属
Notonecta amplifica Kiritshenko 丽仰蝽，丽大仰蝽
Notonecta chinensis Fallou 中华仰蝽，中华大仰蝽
Notonecta glauca Linnaeus [common back swimmer] 绒盾仰蝽，绒盾大仰蝽
Notonecta kiangsis Kirkaldy 双斑仰蝽，双斑大仰蝽，江西仰蝽
Notonecta kirkaldyi Martin 滇仰蝽，滇大仰蝽，克氏仰蝽
Notonecta montandoni Kirkaldy 碎斑仰蝽，碎斑大仰蝽，花仰蝽
Notonecta reuteri Hungerford 罗氏仰蝽，罗氏大仰蝽，若氏仰蝽
Notonecta saramao Esaki 台湾仰蝽，台湾大仰蝽
Notonecta triguttata Motschulsky [three-spotted back-swimmer] 三点仰蝽，三点大仰蝽
Notonecta violacea Kirkaldy 紫红仰蝽，紫红大仰蝽，紫仰蝽
notonectid 1. [= notonectid bug, backswimmer, backswimming bug, boat fly] 仰蝽，仰泳蝽，松藻虫 < 仰蝽科 Notonectidae 昆虫的通称 >；2. 仰蝽科的
notonectid bug [= notonectid, backswimmer, backswimming bug, boat fly] 仰蝽，仰泳蝽，松藻虫
Notonectidae 仰蝽科，仰泳蝽科
Notonectinae 仰蝽亚科，大仰蝽亚科
Notonectini 仰蝽族，大仰蝽族
Notonectoidea 仰蝽总科
Notonemouridae 背蟦科
Notophosa connexa Zia 同 *Pardalaspinus laqueatus*
Notophosa maai (Chen) 见 *Acroceratitis maai*
notopleura [s. notopleuron] 背侧片，背侧板 < 指双翅目昆虫在横沟前和翅基之后的略呈三角形的洼 >
notopleural 背侧板的
notopleural bristle 背侧鬃
notopleural sulcus [= notopleural suture, dorsopleural sulcus] 背侧沟
notopleural suture 见 notopleural sulcus
notopleuron [s. notopleura] 背侧片
notoptera 后盾脊 < 指鞘翅目昆虫后盾片后部的平行脊 >
Notoptera [= Grylloblattodea] 蛩蠊目
notopterale 背翅片 < 即第一腋片 >
notopteraria 中背板沟 < 见于鞘翅目 Coleoptera 中 >
Notopteryx 翅缘蝽属
Notopteryx concolor Hsiao 翅缘蝽
Notopteryx extensus Cen *et* Xie 展翅缘蝽
Notopteryx geminus Hsiao 翻翅缘蝽

Notopteryx soror Hsiao 翩翅缘蝽
Notopygus 背臀姬蜂属
Notopygus emarginatus Holmgren 缘背臀姬蜂
Notopygus longiventris Sun *et* Sheng 长腹背臀姬蜂
Notorhabdium 诺托天牛属
Notorhabdium bangzhui Ohbayashi *et* Wang 邦柱诺托天牛
Notorhabdium immaculatum Ohbayashi *et* Shimomura 无斑诺托天牛
Notorhabdium wenhsini Bi *et* Ohbayashi 文信诺托天牛
Notornmoides 罗通诺实蝇属
Notornmoides pallidiseta Hancock 莫桑比克罗通诺实蝇
Notosacantha 瘤龟甲属，瘤龟金花虫属
Notosacantha arisana (Chûjô) 阿里瘤龟甲，台湾瘤龟甲
Notosacantha castanea (Spaeth) 高脊瘤龟甲，栗瘤龟金花虫
Notosacantha centinodia (Spaeth) 花背瘤龟甲
Notosacantha circumdata (Wagner) 圆瘤龟甲
Notosacantha fumida (Spaeth) 华南瘤龟甲
Notosacantha ginpinensis Chen *et* Zia 金平瘤龟甲
Notosacantha horrifica (Boheman) 厚瘤龟甲
Notosacantha marginalis (Gressitt) 缘瘤龟甲
Notosacantha moderata Chen *et* Zia 平脊瘤龟甲
Notosacantha nigrodorsata Chen *et* Zia 乌背瘤龟甲
Notosacantha oblongopunctata (Gressitt) 长方瘤龟甲
Notosacantha sauteri (Spaeth) 缺窗瘤龟甲，绍德瘤龟金花虫
Notosacantha shibatai Kimoto 台湾瘤龟甲
Notosacantha shishona Chen *et* Zia 窄额瘤龟甲
Notosacantha sinica Gressitt 中华瘤龟甲
Notosacantha tenuicula (Spaeth) 肩弧瘤龟甲
Notosacantha trituberculata Gressitt 多脊瘤龟甲
Notosacanthini 瘤龟甲族
Notostaurus 米纹蝗属
Notostaurus albicornis (Eversmann) 小米纹蝗
Notostaurus anatolicus (Krauss) 新疆米纹蝗
Notostaurus rubripes Mistshenko 红足米纹蝗
Notostira 伸额盲蝽属
Notostira elongata (Geoffroy) 长伸额盲蝽
Notostira poppiusi Reuter 山地伸额盲蝽，山地诺盲蝽
Notostira sibirica Golub 短角伸额盲蝽
nototheca 背鞘 < 蛹壳的覆盖腹部背面的部分 >
Notoxidae [= Anthicidae] 蚁形甲科，蚁形虫科
Notoxinae 角蚁形甲亚科
Notoxus 角蚁形甲属
Notoxus ales Telnov 阿角蚁形甲
Notoxus andrewesi Krekich-Strassoldo 安氏角蚁形甲
Notoxus assamensis Krekich-Strassoldo 阿萨姆角蚁形甲
Notoxus binotatus (Gebler) 二斑一角蚁形甲
Notoxus brachycerus Faldermann 短须角蚁形甲，短须角胸甲
Notoxus calcaratus Horn 三色角蚁形甲
Notoxus donckieri Pic 刀氏角蚁形甲
Notoxus indicus Krekich-Strassoldo 印度角蚁形甲
Notoxus iuvenis Kejval 越南角蚁形甲
Notoxus monoceros (Linnaeus) 独角蚁形甲，单一角蚁形甲，三点独角甲
Notoxus monodon (Fabricius) 莽一角蚁形甲
Notoxus sinensis Pic 华一角蚁形甲
Notoxus trinotatus Pic 三斑一角蚁形甲
Notozus 诺青蜂属
Notozus schmidtianus Semenov 见 *Elampus schmidtianus*
Notozus yasumatsui Tsuneki 见 *Elampus yasumatsui*
Notulae Entomologicae 昆虫学记录 < 期刊名 >
Notulae Odonatologicae 蜻蜓学记录 < 期刊名 >
notum [pl. nota; = tergum] 1. 背板； 2. 背板区
notus crescent [*Telenassa notus* (Hall)] 背远蛱蝶
Notus molliculus (Boheman) 麝香草小叶蝉
Noues elegans Banks 见 *Layahima elegans*
Nousera 凸腋蝶角蛉属
Nousera gibba Navás 凸腋蝶角蛉
nov. gen [= n. gen., n. g.; novum genus (pl. nova genus) 的缩写); = genus novum (pl. genus nova; abb. g. n., gen. nov.); new genus (pl. new genera; abb. n. g., n. gen.)] 新属
nov. sp. [novum species (pl. nova species) 的缩写; = n. sp.; new species; species novum (pl. species nova; abb. sp. n., sp. nov.)] 新种
nova genus [s. novum genus; abb. nov. gen., n. gen., n. g.); = genus novum (pl. genus nova; abb. g. n., gen. nov.); new genus (pl. new genera; abb. n. g., n. gen.)] 新属
nova species [s. novum species; abb. n. sp., nov. sp.; = new species, species novum (pl. species nova; abb. sp. n., sp. nov.)] 新种
Novaboilus 新阿博鸣螽
Novaboilus multifurcatus Li, Ren *et* Meng 多叉新阿博鸣螽
novavalva [pl. novavalvae] 上侧瓣 < 见于雌性昆虫外生殖器中 >
novavalvae [s. novavalva] 上侧瓣
November day moth [*Diurnea phryganella* Hübner] 十一月织蛾
November moth [*Colotois pennaria ussuriensis* Bang-Hass] 白点焦尺蛾乌苏里亚种，白点焦尺蛾
novice [*Amauris ochlea* (Boisduval)] 褐窗斑蝶
Noviini 短角瓢虫族
Novitates Entomologicae 昆虫学新闻 < 期刊名 >
Novius 短角瓢虫属
Novius amabilis (Kapur) 美短角瓢虫
Novius breviusculus (Weise) 灰毛短角瓢虫，灰毛红瓢虫
Novius cardinalis (Mulsant) [vedalia beetle, vedalia, vedalia lady beetle, vedalia lady bird beetle, cardinal ladybird] 澳洲瓢虫
Novius chapaensis (Hoàng) 沙巴短角瓢虫，沙巴红瓢虫
Novius concolor Lewis 暗短角瓢虫，暗红瓢虫
Novius formosanus (Korschefsky) 台湾短角瓢虫，台湾红瓢虫
Novius fumidus (Mulsant) 烟色短角瓢虫，烟色红瓢虫，烟红瓢虫
Novius guerinii (Crotch) 同 *Novius sexnotatus*
Novius hauseri Mader 郝氏短角瓢虫，郝氏红瓢虫
Novius iceryae (Janson) 褐短角瓢虫
Novius limbatus Mostchulsky 红环短角瓢虫，红环红瓢虫，红环瓢虫
Novius koebelei Olliff 寇氏短角瓢虫
Novius marginatus (Bielawski) 红缘短角瓢虫，红缘红瓢虫，红缘瓢虫
Novius netarus (Kapur) 印度短角瓢虫
Novius octoguttatus (Weise) 八斑短角瓢虫，八斑红瓢虫
Novius pumilus (Weise) 小短角瓢虫，小红瓢虫
Novius quadrimaculatus (Mader) 四斑短角瓢虫，四斑红瓢虫
Novius rubeus (Mulsant) 紫短角瓢虫，紫红瓢虫

Novius rufocinctus (Lewis) 浅缘短角瓢虫，浅缘红瓢虫，浅缘瓢虫
Novius rufopilosus (Mulsant) 大短角瓢虫，大红瓢虫
Novius sexnotatus (Mulsant) 同 *Novius octoguttata*
Novius xianfengensis (Xiao) 同 *Novius chapaensis*
Novofoudrasia 隆胸跳甲属
Novofoudrasia curvata (Yu) 曲隆胸跳甲
Novofoudrasia cyanipennis (Jacoby) 蓝翅隆胸跳甲
Novofoudrasia nigricollis (Chen) 黑胸隆胸跳甲
Novofoudrasia regularis (Chen) 规隆胸跳甲，规诺跳甲
Novorondonia 新郎天牛属
Novorondonia antennata Holzschuh 两色角新郎天牛
Novosatsuma 齿轮灰蝶属
Novosatsuma chalcidis (Chou *et* Li) 见 *Ahlbergia chalcidis*
Novosatsuma cibdela Johnson 蔽齿轮灰蝶
Novosatsuma collosa Johnson 巨齿轮灰蝶
Novosatsuma magnapurpurea Johnson 紫齿轮灰蝶
Novosatsuma magnasuffusa Johnson 大齿轮灰蝶
Novosatsuma matusiki Johnson 马氏齿轮灰蝶
Novosatsuma moabila Johnson 指名齿轮灰蝶
Novosatsuma monstrabilia Johnson 梦齿轮灰蝶
Novosatsuma oppocoenosea Johnson 奥齿轮灰蝶
Novosatsuma plumbagina Johnson 璞齿轮灰蝶
Novosatsuma pratti (Leech) 齿轮灰蝶，普氏齿灰蝶，普萨楚灰蝶
novum [abb. nov., n.] 新
novum genus [pl. nova genus; abb. nov. gen., n. gen., n. g.); = genus novum (pl. genus nova; abb. g. n., gen. nov.); new genus (pl. new genera; abb. n. g, n. gen.)] 新属
novum species [pl. nova species; abb. n. sp., nov. sp.; = new species, species novum (pl. species nova; abb. sp. n., sp. nov.)] 新种
Nowickia 诺寄蝇亚属，诺寄蝇属
Nowickia atripalpis (Robineau-Desvoidy) 见 *Tachina* (*Nowickia*) *atripalpis*
Nowickia funebris (Villeneuve) 见 *Tachina* (*Nowickia*) *funebris*
Nowickia heifu Chao *et* Shi 见 *Tachina* (*Nowickia*) *heifu*
Nowickia hingstoniae Mesnil 见 *Tachina* (*Nowickia*) *hingstoniae*
Nowickia marklini (Zetterstedt) 见 *Tachina* (*Nowickia*) *marklini*
Nowickia mongolica (Zimin) 见 *Tachina* (*Nowickia*) *mongolica*
Nowickia nigrovillosa (Zimin) 见 *Tachina* (*Nowickia*) *nigrovillosa*
Nowickia polita (Zimin) 见 *Tachina* (*Nowickia*) *polita*
Nowickia rondanii Giglio-Tos 见 *Tachina* (*Nowickia*) *rondanii*
Nowickia strobelii (Róndani) 见 *Tachina* (*Nowickia*) *strobelii*
noxious 有毒的，有害的
noxious insect 害虫
noxious oak gall wasp [= oak noxiosus gall wasp, *Neuroterus noxiosus* (Bassett)] 栎有害纽瘿蜂
NPV [nucleopolyhedrosis virus 或 nuclear polyhedrosis virus 的缩写] 核型多角体病毒
NTE [neurotoxic esterase 的缩写] 神经毒性酯酶
NTS [non-transcribed spacer 的缩写] 非转录间隔区
nucha 颈背面
nuclear DNA 核 DNA
nuclear envelope [= karyotheca] 核膜
nuclear fusion [= karyogamy] 核融合
nuclear membrane 核膜
nuclear mitochondrial pseudogenes [abb. numts] 线粒体假基因
nuclear polyhedroses [s. nuclear polyhedrosis; = nucleopolyhedroses] 核多角体病，核多角体病毒病，血液型脓病
nuclear polyhedrosis [pl. nuclear polyhedroses; = nucleopolyhedrosis] 核多角体病，核多角体病毒病，血液型脓病
nuclear polyhedrosis virus 核多角体病病毒
nuclease 核酸酶
nucleate [= nucleated, nucleiform] 具核的；核形的
nucleated 见 nucleate
nuclei [s. nucleus] 1. 核，细胞核；2. 晶核
nuclei of Semper 森氏核 < 指昆虫复眼中晶锥细胞的细胞核 >
nucleic acid 核酸
nucleic acid binding transcription factor activity 核酸结合转录因子活性
nucleiform 见 nucleate
nucleocapsid 核衣壳，核壳体，壳包核酸
nucleoid 1. 类核；2. 病毒核心；3. 髓核
nucleolus 核仁
nucleoplasm 核原生质
nucleopolyhedroses [s. nucleopolyhedrosis; = nuclear polyhedroses] 核多角体病，核多角体病毒病，血液型脓病，核型多角体病
nucleopolyhedrosis [pl. nucleopolyhedroses; = nuclear polyhedrosis] 核多角体病，核多角体病毒病，血液型脓病，核型多角体病
nuclear polyhedrosis virus [abb.NPV; = nucleopolyhedrosis virus, nuclepolyhedrovirus] 核多角体病病毒
nucleopolyhedrosis virus 见 NPV
nucleopolyhedrovirus 见 NPV
nucleoprotein 核朊，核蛋白
nucleoside 核苷
nucleotide 核苷酸
nucleotide diversity 核苷酸多样性，核苷酸分化
nucleotide substitution 核苷酸替代，核苷酸替换
nucleotide substitutions bias 核苷酸替代偏好性，核苷酸替换偏好性
nucleus [pl. nuclei] 1. 核，细胞核；2. 晶核
Nuculaspis 黑盾蚧属
Nuculaspis californica (Coleman) [black pineleaf scale] 美西黄松叶黑盾蚧，黑松圆蚧
Nudarell β virus [= *Nudaurelia capensis beta virus*; abb. NβV] 松天蛾 β 病毒
Nudaria 光苔蛾属
Nudaria diaphanella (Hampson) 双斑光苔蛾，双斑昏苔蛾，双斑褐影苔蛾
Nudaria fasciata Moore 带光苔蛾，带滑苔蛾
Nudaria fumidisca Hampson 褐斑光苔蛾
Nudaria maculata Poujade 见 *Aemene maculata*
Nudaria margaritacea Walker 珍光苔蛾，石纹滑苔蛾
Nudaria margaritacea margaritacea Walker 珍光苔蛾指名亚种
Nudaria margaritacea yatungiae Strand 同 *Nudaria margaritacea margaritacea*
Nudaria nanlingica Dubatolov, Kishida *et* Wang 南岭光苔蛾
Nudaria punkikonis Matsumura 朋光苔蛾
Nudaria ranruna (Matsumura) 伦光苔蛾，单点昏苔蛾，单点昏黄小苔蛾，兰隆苔蛾，冉地苔蛾
Nudaria semilutea Wileman 见 *Gymnasura semilutea*

Nudaria shirakii Matsumura 素木光苔蛾
Nudaria squamifera (Hampson) 褐影光苔蛾，褐影昏苔蛾，褐影白苔蛾，鳞古苔蛾
Nudaria suffusa Hampson 昏光苔蛾，光昏苔蛾，苏古苔蛾
Nudaria vernalis Dubatolov, Kishida *et* Wang 春光苔蛾
Nudaurelia capensis beta virus [= *Nudarell β virus*; abb. NβV] 松天蛾 β 病毒
Nudaurelia cytherea (Fabricius) [pine tree emperor moth, Christmas caterpillar] 南非松大蚕蛾
Nudaurelia dione (Fabricius) 热非腰果大蚕蛾
Nudaurelia gueinzii Haudinger 东非桉大蚕蛾
Nudaurelia krucki Hering 肯尼亚桉大蚕蛾
Nudaurelia wahlbergi Boisduval 刺柏瓦氏大蚕蛾
Nudina 彩苔蛾属
Nudina artaxidia (Butler) 云彩苔蛾，云黄苔蛾
Nudina xizangensis Fang 藏云彩苔蛾
Nudobius 方头隐翅甲属，并线隐翅甲属，并线隐翅虫属
Nudobius apicipennis Sharp 同 *Nudobius pleuralis*
Nudobius cephalicus (Say) 小蠹坑方头隐翅甲，小蠹坑并线隐翅甲，小蠹坑隐翅虫
Nudobius formosanus Shibata 台湾方头隐翅甲，台湾并线隐翅甲，台并线隐翅虫
Nudobius lentus (Gravenhorst) 红翅方头隐翅甲，红鞘并线隐翅甲，红鞘并线隐翅虫，柔并线隐翅虫
Nudobius nigriventris Zheng 黑腹方头隐翅甲，黑腹并线隐翅虫
Nudobius pleuralis (Sharp) 黄缘方头隐翅甲，侧并线隐翅甲，侧并线隐翅虫
Nudobius yele Bordoni 冶勒方头隐翅甲
Nuevo Leon checkerspot [= Kendall's checkerspot, *Thessalia kendallorum* Opler] 肯怡蛱蝶
nuisance fly 扰蝇
Nullicella 无室蠓亚属
numata longwing [*Heliconius numata* (Cramer)] 羽衣袖蝶
Numata 瓶额飞虱属
Numata corporaali (Muir) 科氏瓶额飞虱，台湾瓶额飞虱
Numata muiri (Kirkaldy) [pale sugarcane planthopper] 瓶额飞虱，穆氏瓶额飞虱
number eighty [= candrena eighty-eight, *Diaethria candrena* (Godart)] 绲纹涡蛱蝶
Numenes 斜带毒蛾属
Numenes albofascia (Leech) 白斜带毒蛾，白带黄斜带毒蛾
Numenes baimatanensis Chao 白马滩斜带毒蛾
Numenes disparilis Staudinger 黄斜带毒蛾，三岔毒蛾，狄桃毒蛾
Numenes disparilis albofascia (Leech) 见 *Numenes albofascia*
Numenes disparilis disparilis Staudinger 黄斜带毒蛾指名亚种
Numenes disparilis separata Leech 见 *Numenes separata*
Numenes grisa Chao 珠灰斜带毒蛾
Numenes patrana Moore 幽斜带毒蛾
Numenes separata Leech 叉斜带毒蛾
Numenes siletti Walker 斯氏斜带毒蛾，斜带毒蛾，斜条毒蛾
Numenes takamukui Matsumura 台湾斜带毒蛾
Numeria 努贸尺蛾属
Numeria lilacina Bastelberger 里努贸尺蛾
numerical response 数值反应
numerical taxonomy 数值分类学
Numicia 娜扁蜡蝉属
Numicia graminivora Ghauri 格拉娜扁蜡蝉，香港努菱蜡蝉
Numicia graminivora graminivora Ghauri 格拉娜扁蜡蝉指名亚种
Numicia graminivora sinensis Ghauri 格拉娜扁蜡蝉福建亚种，福建努菱蜡蝉
Numonia epicrociella (Strand) 见 *Acrobasis epicrociella*
Numonia pyrivorella (Matsumura) 见 *Acrobasis pyrivorella*
numts [nuclear mitochondrial pseudogenes 的缩写] 线粒体假基因
nun [= exposed bird dropping moth, *Tarache aprica* (Hübner)] 鸟粪困夜蛾，鸟粪夜蛾
nun moth [= tussock moth, black arches moth, black arched tussock moth, spruce moth, *Lymantria monacha* (Linnaeus)] 模毒蛾，松针毒蛾，僧尼毒蛾，油杉毒蛾，细纹络毒蛾
Nuntiella 连小卷蛾属
Nuntiella angustiptera Zhang *et* Li 狭翅连小卷蛾
Nuntiella extenuata Kuznetzov 陕西连小卷蛾，连小卷蛾，嫩卷蛾
Nuntiella laticuculla Zhang *et* Li 阔端连小卷蛾
Nupedia 原泉蝇属
Nupedia aestiva (Meigen) 夏原泉蝇
Nupedia fulva (Malloch) 棕黄原泉蝇
Nupedia henanensis Ge *et* Fan 河南原泉蝇
Nupedia infirma (Meigen) 单薄原泉蝇
Nupedia linotaenia Ma 丁斑原泉蝇
Nupedia nigroscutellata (Stein) 黑小盾原泉蝇
Nupedia patellans (Pandellé) 板须原泉蝇
Nupedia plicatura Hsue 棱叶原泉蝇
Nupserha 脊筒天牛属，细苹果天牛属
Nupserha alexandrovi Plavilsrshikov 东北脊筒天牛
Nupserha atriceps Breuning 黑脊筒天牛
Nupserha bicolor Thomson 二色脊筒天牛
Nupserha brevior (Pic) 黑足脊筒天牛
Nupserha clypealis (Fairmaire) 南亚脊筒天牛
Nupserha clypealis clypealis (Fairmaire) 南亚脊筒天牛指名亚种，指名南亚脊筒天牛
Nupserha clypealis formosana Breuning 南亚脊筒天牛台南亚种，台南亚脊筒天牛，胸纹苹果天牛
Nupserha fricator (Dalman) 刺尾脊筒天牛，黑尾姬天牛
Nupserha fuscodorsalis Wang *et* Jiang 暗背脊筒天牛
Nupserha infantula (Ganglbauer) 黑翅脊筒天牛，黑翅筒天牛
Nupserha infuscata Breuning 暗脊筒天牛
Nupserha kankauensis (Schwarzer) 斜尾脊筒天牛，港口姬苹果天牛，黑缘苹果天牛
Nupserha lenita (Pascoe) 宽脊筒天牛
Nupserha longipennis Pic 长翅脊筒天牛
Nupserha marginella (Bates) 缘翅脊筒天牛
Nupserha marginella binhensis (Pic) 缘翅脊筒天牛南方亚种，南方缘翅脊筒天牛
Nupserha marginella marginella (Bates) 缘翅脊筒天牛指名亚种，指名缘翅脊筒天牛
Nupserha marginella sericans Bates 缘翅脊筒天牛丝光亚种，丝缘翅脊筒天牛
Nupserha minor Pic 小脊筒天牛
Nupserha multimaculata Pic 多斑脊筒天牛，三斑脊筒天牛
Nupserha nigriceps Gahan 黑尾脊筒天牛
Nupserha nigrohumeralis Pic 黑肩脊筒天牛

Nupserha nigrolateralis Breuning 黑缘脊筒天牛
Nupserha nigrolateralis nigrolateralis Breuning 黑缘脊筒天牛指名亚种
Nupserha nigrolateralis sericeosuturalis Breuning 黑缘脊筒天牛粗点亚种，粗点脊筒天牛
Nupserha pallidipennis (Redtenbacher) 淡翅脊筒天牛
Nupserha pseudoinfantula Breuning 拟黑脊筒天牛，拟黑翅脊筒天牛
Nupserha puncticollis Breuning 密点脊筒天牛
Nupserha quadrioculata Thunberg 显脊筒天牛，线脊筒天牛
Nupserha spinifera Gressitt 雅安脊筒天牛
Nupserha subabbreviata (Pic) 黑条脊筒天牛
Nupserha taliana (Pic) 大理脊筒天牛
Nupserha tatsienlui Breuning 四川脊筒天牛
Nupserha testaceipes Pic 黄腹脊筒天牛
Nupserha thibetana Breuning 西藏脊筒天牛
Nupserha ustulata Gahan 菲脊筒天牛
Nupserha variabilis Gahan 壮脊筒天牛
Nupserha ventralis Gahan 菊脊筒天牛
Nupserha yunnana Breuning 云南脊筒天牛
Nupserha yunnanensis Breuning 滇脊筒天牛
nuptial feeding 婚食
nuptial flight 婚飞
nurse 保育虫 < 专指工蜂或工蚁之饲养卵、幼虫及蛹者 >
nurse cell [= trophocyte] 滋养细胞，滋卵细胞
nursery pine sawfly [*Gilpinia frutetorum* (Fabricius)] 欧洲赤松吉松叶蜂
nursica skipper [*Mimoniades nurscia* (Swainson)] 宽带伶弄蝶
Nurudea 圆角倍蚜属，仿倍蚜属，孔倍花蚜属
Nurudea choui (Xiang) 周氏倍花蚜
Nurudea ibofushi Matsumura 圆角倍蚜，盐肤木仿倍蚜
Nurudea meitanensis (Tsai *et* Tang) 铁倍花蚜
Nurudea rosea (Matsumura) 同 *Nurudea yanoniella*
Nurudea shiraii (Matsumura) [Shirai Chinese sumac gall aphid] 方孔圆角倍蚜，倍花蚜，方孔倍花蚜，花冠棓样蚜，花冠棓蚜
Nurudea sinica Tsai *et* Tang 同 *Nurudea ibofushi*
Nurudea yanoniella (Matsumura) [Chinese sumac rosy gall aphid, Yano Chinese sumac gall aphid] 红圆角倍蚜，红倍花蚜，盐肤木红仿棓蚜，条孔倍花蚜，矢棓样蚜
Nurudeopsis shiraii Matsumura 见 *Nurudea shiraii*
Nurudeopsis yanoniella Matsumura 见 *Nurudea yanoniella*
Nusa 长鬃虫虻属，长鬃食虫虻属，新食虫虻属
Nusa aequalis Walker 似长鬃虫虻，似长鬃食虫虻
Nusa formio Walker 上海长鬃虫虻，芦长鬃虫虻，上海长鬃食虫虻
Nusa grisea (Hermann) 灰长鬃虫虻，灰长鬃食虫虻，灰色食虫虻
nut bud moth [*Epinotia tenerana* (Denis *et* Schiffermüller)] 桤叶小卷蛾
nut fruit tortrix [*Cydia kurokoi* (Amsel)] 栗白小卷蛾，栗小卷蛾
nut leaf weevil [*Strophosoma melanogrammum* (Förster)] 坚果短喙象甲，短喙象甲
nut scale [= European fruit lecanium, western fruit scale, brown gooseberry scale, brown nut soft scale, *Eulecanium tiliae* (Linnaeus)] 椴树球坚蚧
nut weevil 1. 坚果象甲；2. [= hazelnut weevil, *Curculio nucum* Linnaeus] 欧洲栎实象甲
nutgall 没食子；五倍子
nutgrass armyworm 1. [= African armyworm, black armyworm, mystery armyworm, true armyworm, hail worm, rain worm, *Spodoptera exempta* (Walker)] 非洲贪夜蛾，非洲黏虫，莎草黏虫；2. [= paddy swarming caterpillar, lawn armyworm, rice swarming caterpillar, paddy armyworm, paddy cutworm, rice armyworm, grass armyworm, *Spodoptera mauritia* (Boisduval)] 灰翅夜蛾，灰翅贪夜蛾，眉纹夜蛾
nutgrass borer [= nutsedge borer, *Bactra venosana* (Zeller)] 脉尖翅小卷蛾，文尖翅小卷蛾
nutgrass moth [*Bactra truculento* Meyrick] 草尖翅小卷蛾
nutmeg [= clover cutworm, *Anarta trifolii* (Hüfnagel)] 旋窄眼夜蛾，旋幽夜蛾，旋歧夜蛾，车轴草夜蛾，车轴草切根夜蛾，三叶草夜蛾，藜夜蛾，甜菜藜夜蛾
nutmeg weevil [= coffee bean weevil, arecanut beetle, cocoa weevil, *Araecerus fasciculatus* (De Geer)] 咖啡细角长角象甲，咖啡豆象，咖啡豆象甲，咖啡豆小蠹
nutrigenomics 营养基因组学
nutritional specialization 营养性特化
nutritive chamber 营养室 < 卵巢管中的一个膨大室，其中充满供卵细胞营养用的颗粒 >
nutritive cord 滋养索
nutritive layer 营养层 < 指瘿蜂的虫瘿最内层组织 >
nutritive potential 营养潜力，营养势能
nutritive ratio 营养率
nutritive symbiosis 营养共生
nutsedge borer 见 nutgrass borer
Nuttall blister beetle [= Nuttall's blister beetle, *Lytta nuttalli* Say] 纳氏绿芫菁，纳氏芫菁
Nuttall's blister beetle 见 Nuttall blister beetle
Nyassa silverline [*Spindasis nyassae* Butler] 倪莎银线灰蝶
Nycheuma 平顶飞虱属
Nycheuma coctum Yang 黄褐平顶飞虱，屏东平顶飞虱
Nycheuma cognatum (Muir) 茶褐平顶飞虱，端斑平顶飞虱
Nycheuma nilotica Linnavuori 尼平顶飞虱
Nychia 细仰蝽属
Nychia limpida Stål 透明细仰蝽，奈仰蝽
Nychia sappho Kirkaldy 莎孚细仰蝽
Nychiini 细仰蝽族
Nychiodes 尼奇尺蛾属
Nychiodes antiquaria Staudinger 安尼奇尺蛾，安昏尼奇尺蛾
Nychiodes obscuraria (Villers) 昏尼奇尺蛾
Nychiodes obscuraria antiquaria Staudinger 见 *Nychiodes antiquaria*
Nychogomphus 奈春蜓属
Nychogomphus bidentatus Yang, Mao *et* Zhang 二齿奈春蜓
Nychogomphus duaricus (Fraser) 基齿奈春蜓
Nychogomphus flavicaudus (Chao) 黄尾奈春蜓
Nychogomphus lui Zhou, Zhou *et* Li 卢氏奈春蜓
Nychogomphus striatus (Fraser) 双条奈春蜓
Nychogomphus yangi Zhang 杨氏奈春蜓
Nyctalemon menoetius Hopffer 见 *Lyssa menoetius*
Nyctalemon patroclus (Linnaeus) 见 *Lyssa patroclus*
Nyctegretis 夜斑螟属
Nyctegretis lineana (Scopoli) 纹夜斑螟

Nyctegretis lineana katastrophella Roesler 纹夜斑螟卡塔亚种，卡夜斑螟
Nyctegretis lineana lineana (Scopoli) 纹夜斑螟指名亚种
Nyctegretis triangulella Ragonot 三角夜斑螟，三角尼克特螟
nyctelius skipper [= violet-banded skipper, *Nyctelius nyctelius* (Latreille)] 绀弄蝶
Nyctelius 绀弄蝶属
Nyctelius nyctelius (Latreille) [violet-banded skipper, nyctelius skipper] 绀弄蝶
Nyctemera 蝶灯蛾属
Nyctemera adversata (Schaller) 异粉蝶灯蛾，粉蝶灯蛾
Nyctemera amica (White) [senecio moth, magpie moth, cineraria moth] 千里光蝶灯蛾
Nyctemera annulata (Boisduval) [magpie moth, New Zealand magpie moth] 环蝶灯蛾
Nyctemera arctata Walker 直蝶灯蛾，直伪蝶灯蛾
Nyctemera arctata albofasciata (Wileman) 直蝶灯蛾白带亚种，带纹蝶灯蛾
Nyctemera arctata arctata Walker 直蝶灯蛾指名亚种
Nyctemera basistrigata Reich 同 *Utetheisa fractifascia*
Nyctemera baulus (Boisduval) 六斑蝶灯蛾
Nyctemera brylancik Bryk 布蝶灯蛾
Nyctemera carssima (Swinhoe) 角蝶灯蛾，伪蝶灯蛾
Nyctemera carssima carssima (Swinhoe) 角蝶灯蛾指名亚种
Nyctemera carssima formosana (Swinhoe) 见 *Nyctemera formosana*
Nyctemera cenis (Cramer) 空蝶灯蛾，塞伪蝶灯蛾
Nyctemera coleta (Stoll) 毛胫蝶灯蛾
Nyctemera coleta coleta (Stoll) 毛胫蝶灯蛾指名亚种，指名毛胫蝶灯蛾
Nyctemera formosana (Swinhoe) 后凸蝶灯蛾，台蝶灯蛾
Nyctemera inconstans (Butler) 见 *Utetheisa inconstans*
Nyctemera kotoshonis Matsumura 宽白带蝶灯蛾
Nyctemera lacticinia (Cramer) 五斑蝶灯蛾，蝶灯蛾
Nyctemera nigralba Fang 黑白丽灯蛾
Nyctemera plagifera Walker 拟粉蝶灯蛾，粉蝶灯蛾
Nyctemera trigona Leech 见 *Micrarctia trigona*
Nyctemera tripunctaria (Linnaeus) 白巾蝶灯蛾，三点蝶灯蛾
Nyctemera tripunctaria candidissima Seitz 同 *Nyctemera tripunctaria celsa*
Nyctemera tripunctaria celsa Walker 白巾蝶灯蛾塞萨亚种，塞三点蝶灯蛾
Nyctemera tripunctaria tripunctaria (Linnaeus) 白巾蝶灯蛾指名亚种
Nyctemera varians Walker 花蝶灯蛾
Nycteola 皮夜蛾属
Nycteola asiatica (Krulikovsky) 亚皮夜蛾
Nycteola costalis Sugi 缘皮夜蛾，缘目夜蛾
Nycteola degenerana (Hübner) 黑纹皮夜蛾，德皮夜蛾
Nycteola indica (Felder *et* Rogenhofer) 印皮夜蛾
Nycteola oblongata (Mell) 奥皮夜蛾，奥典皮夜蛾
Nycteola pectinata Draudt 栉皮夜蛾，栉目夜蛾
Nycteola revayana (Scopoli) 皮夜蛾，典皮夜蛾
Nycteribia 蛛蝇属，蛛虱蝇属
Nycteribia allotopa Speiser 长铗蛛蝇，长铗蛛虱蝇，阿蛛蝇
Nycteribia allotopa allotopa Speiser 长铗蛛蝇指名亚种
Nycteribia allotopa mikado Maa 长铗虱蝇米氏亚种，长铗蛛虱蝇米氏亚种，米氏长铗蛛蝇
Nycteribia formosana (Karaman) 福懋蛛蝇，台湾蛛蝇，台湾蛛虱蝇
Nycteribia insolita Scott 无礼蛛虱蝇
Nycteribia parvula Sperser 短铗蛛蝇，小蛛蝇，短铗蛛虱蝇
Nycteribia pedicularia Latreille 足疾蛛蝇，足疾蛛虱蝇，虱蛛蝇
Nycteribia phillipsi Scott 菲氏蛛蝇，菲蛛蝇，菲氏蛛虱蝇
Nycteribia quasiocellata Theodor 方形蛛蝇，方形蛛虱蝇
Nycteribia sauteri Scott 索氏蛛蝇，圣蛛虱蝇
nycteribiid 1. [= nycteribiid fly, nycteribiid bat fly, bat fly] 蛛蝇 < 蛛蝇科 Nycteribiidae 昆虫的通称 >；2. 蛛蝇科的
nycteribiid bat fly [= nycteribiid, nycteribiid fly, bat fly] 蛛蝇
nycteribiid fly 见 nycteribiid bat fly
Nycteribiidae 蛛蝇科，蛛虱蝇科
Nycteridopsylla 夜蝠蚤属
Nycteridopsylla dicondylata Wang 双髁夜蝠蚤
Nycteridopsylla dictena (Kolenati) 双栉夜蝠蚤
Nycteridopsylla galba Dampf 小夜蝠蚤
Nycteridopsylla liui Wu, Chen *et* Liu 柳氏夜蝠蚤
Nycteridopsylla sakaguti Jameson *et* Suyemoto 前突夜蝠蚤
Nycterimyia 晦网翅虻属，夜网虻属，夜拟长吻虻属
Nycterimyia fenestroclatrata Lichtwardt 绮丽晦网翅虻，绮丽拟长吻虻，窗夜网虻
Nycterimyia fenestroinornata Lichtwardt 平淡晦网翅虻，平淡拟长吻虻，拟窗夜网虻
Nycterimyia kerteszi Lichtwardt 克氏晦网翅虻，克氏拟长吻虻，克氏夜网虻
Nycterimyia perla Yang 珠晦网翅虻
Nyctibora 倪蠊属
Nyctibora bicolor (Rocha e Silva) 二色倪蠊
nyctiborid 1. [= nyctiborid cockroach] 倪蠊，硕蠊 < 倪蠊科 Nyctiboridae 昆虫的通称 >；2. 倪蠊科的
nyctiborid cockroach [= nyctiborid] 倪蠊，硕蠊
Nyctiboridae 倪蠊科，硕蠊科，硕蜚蠊科
Nyctimenius 尼克天牛属
Nyctimenius chiangi Huang, Chen *et* Liu 蒋氏尼克天牛
Nyctimenius tristis (Fabricius) 常春藤尼克天牛
Nyctimenius varicornis (Fabricius) 尼克天牛，台湾尼克天牛
Nyctiophylax 闭径多距石蛾属，暗色石蛾属
Nyctiophylax aliel Malicky 艾氏闭径多距石蛾
Nyctiophylax macrorrhinus Zhong, Yang *et* Morse 巨喙闭径多距石蛾
Nyctiophylax* (*Nyctiophylax*) *amphonion Malicky *et* Chantaramongkol 阿姆闭径多距石蛾
Nyctiophylax* (*Nyctiophylax*) *sinensis Brauer 中华闭径多距石蛾，中华尼多距石蛾
Nyctiophylax* (*Paranictiophylax*) *adaequatus Wang *et* Yang 等叶闭径多距石蛾
Nyctiophylax* (*Paranictiophylax*) *gracilis Morse, Zhong *et* Yang 细长闭径多距石蛾
Nyctiophylax* (*Paranictiophylax*) *sagax Mey 萨格闭径多距石蛾
Nyctiophylax* (*Paranictiophylax*) *suthepensis Malicky *et* Chantaramongkol 苏瑟闭径多距石蛾
Nyctiophylax* (*Paranictiophylax*) *taiwanensis Hsu *et* Chen 台湾闭

径多距石蛾，台湾暗色石蛾
Nyctiophylax taiwanensis Hsu *et* Chen 见 *Nyctiophylax (Paranictiophylax) taiwanensis*
Nyctipao 魔目夜蛾属
Nyctipao albicinctus (Kollar) 玉边魔目夜蛾
Nyctipao crepuscularis (Linnaeus) 玉钳魔目夜蛾
Nyctipao pilosa Leech 魔目夜蛾
Nyctiphantus 夜萤叶甲属
Nyctiphantus bicoloripennis Medvedev 纹翅夜萤叶甲
Nyctiphantus hirtus (Weise) 毛夜萤叶甲
Nyctobates davidis Fairmaire 同 *Promethis valgipes*
Nyctobates microcephalus Fairmaire 见 *Promethis microcephala*
Nyctobia limitaria (Walker) 见 *Cladara limitaria*
Nyctomelitta 夜木蜂亚属
Nyctus 纤丝弄蝶属
Nyctus crinitus Mabille 纤丝弄蝶
Nyctycia 尼乌夜蛾属
Nyctycia adnivis Kobayashi *et* Owada 粉色尼乌夜蛾，粉色乌夜蛾，阿形夜蛾
Nyctycia albivariegata Hrebley, Ronkay *et* Peregovits 白异尼乌夜蛾，阿比形夜蛾
Nyctycia endoi (Owada) 远藤尼乌夜蛾，远藤乌夜蛾，恩形夜蛾
Nyctycia hoenei (Boursin) 豪尼乌夜蛾
Nyctycia hoenei hoenei (Boursin) 豪尼乌夜蛾指名亚种
Nyctycia hoenei simonyi Hreblay 豪尼乌夜蛾暗绿亚种，暗绿乌夜蛾，候形夜蛾
Nyctycia mesomelana (Hampson) 中黑尼乌夜蛾
Nyctycia mesomelana formosana Kobayashi *et* Hreblay 中黑尼乌夜蛾台湾亚种，台湾乌夜蛾
Nyctycia mesomelana mesomelana (Hampson) 中黑尼乌夜蛾指名亚种
Nyctycia plumbeomarginata (Hampson) 朴尼乌夜蛾，朴倪夜蛾
Nyctycia shelpa Yoshimoto 麝尼乌夜蛾，麝形夜蛾
Nyctycia signa Hreblay *et* Ronka 点尼乌夜蛾，点乌夜蛾
Nyctycia simonyii Hreblay 斯氏尼乌夜蛾
Nyctycia stenoptera (Sugi) 狭翅尼乌夜蛾，狭翅乌夜蛾
Nyctycia stenoptera minori Kobayashi 狭翅尼乌夜蛾小型亚种，小乌夜蛾
Nyctycia stenoptera stenoptera (Sugi) 狭翅尼乌夜蛾指名亚种
Nyctycia strigidisca (Moore) 纹尼乌夜蛾，纹等夜蛾，枭秀夜蛾，斯形夜蛾
Nyctycia strigidisca nigridorsi Kobayashi 纹尼乌夜蛾黑背亚种，貂纹乌夜蛾
Nyctycia strigidisca owadai Yoshimoto 纹尼乌夜蛾大和田亚种，奥纹等夜蛾
Nyctycia strigidisca strigidisca (Moore) 纹尼乌夜蛾指名亚种
Nyctyciomorpha 秋夜蛾属
Nyctyciomorpha plagiogramma (Hampson) 长喙秋夜蛾
Nygmia 靓毒蛾属
Nygmia atereta (Collenette) 黑褐靓毒蛾，黑褐盗毒蛾
Nygmia conspersa (Felder) 见 *Euproctis conspersa*
Nygmia flavus (Fabricius) 见 *Euproctis flava*
Nygmia marginata (Moore) 见 *Euproctis marginata*
Nygmia sinustriata Xie *et* Wang 弯带靓毒蛾
Nygmia subflava Bremer 见 *Euproctis subflava*
Nygmiini 靓毒蛾族，黄毒蛾族
Nylanderia 尼兰德蚁属，尼氏蚁属
Nylanderia bourbonica (Forel) 布氏尼兰德蚁，布氏立毛蚁，布立毛蚁
Nylanderia emmae (Forel) 埃氏尼兰德蚁，埃氏真结蚁
Nylanderia flaviabdominis (Wang) 黄腹尼兰德蚁
Nylanderia flavipes (Smith) 黄足尼兰德蚁，黄足尼氏蚁，黄前结蚁
Nylanderia opisopthalmia (Zhou *et* Zheng) 后眼尼兰德蚁
nymph 1. [= nympha (pl. nymphae), pseudidolum (pl. pseudidola)] 若虫；2. [= nymphalid, brush-footed butterfly, four-footed butterfly, nymphalid butterfly] 蛱蝶
nympha [pl. nymphae; = nymph, pseudidolum (pl. pseudidola)] 若虫
nympha inclusa [= coarctate pupa] 围蛹
nymphae [s. nympha; = nymphs, pseudidola (s. pseudidolum)] 若虫
nymphal 若虫的
nymphal stage 若虫期
nymphalid 1. [= nymphalid butterfly, brush-footed butterfly, four-footed butterfly, nymph] 蛱蝶 < 蛱蝶科 Nymphalidae 昆虫的通称 >；2. 蛱蝶科的
nymphalid butterfly [= nymphalid, brush-footed butterfly, four-footed butterfly, nymph] 蛱蝶
Nymphalidae 蛱蝶科
Nymphalinae 蛱蝶亚科
Nymphalini 蛱蝶族
Nymphalis 蛱蝶属
Nymphalis antiopa (Linnaeus) [= mourning cloak, mourningcloak, mourning cloak butterfly, mourningcloak butterfly, camberwell beauty, spiny elm caterpillar, grand surprise, white petticoat, willow butterfly] 黄缘蛱蝶，安弟奥培杨榆红蛱蝶，柳长吻蛱蝶，红边酱蛱蝶
Nymphalis antiopa antiopa (Linnaeus) 黄缘蛱蝶指名亚种，指名黄缘蛱蝶
Nymphalis antiopa yedanukla (Fruhstorfer) 黄缘蛱蝶四川亚种，耶黄缘蛱蝶
Nymphalis californica (Boisduval) [California tortoiseshell] 凯丽蛱蝶，美洲茶蛱蝶，加州蛱蝶
Nymphalis cyanomelas (Doubleday) [Mexican tortoiseshell] 青蓝蛱蝶
Nymphalis io (Linnaeus) 见 *Inachis io*
Nymphalis jalbum (Boisduval *et* LeConte) 白缘蛱蝶 < 该种学名曾写为 *Nymphalis j-album* (Boisduval *et* LeConte)>
Nymphalis narcaeus Hewitson 见 *Polyura narcaea*
Nymphalis polychloros (Linnaeus) [large tortoiseshell, blackleg tortoiseshell] 榆蛱蝶，大龟壳红蛱蝶
Nymphalis vaualbum (Denis *et* Schiffermüller) [compton tortoiseshell, false comma] 白矩朱蛱蝶，白矩朱环蛱蝶，旺钩蛱蝶，榆蛱蝶，桦蛱蝶 < 该种学名曾写为 *Nymphalis vau-album* (Denis *et* Schiffermüller) >
Nymphalis xanthomelas (Denis *et* Schiffermüller) [scarce tortoiseshell, yellow-legged tortoiseshell] 朱蛱蝶，东部大龟壳红蛱蝶，榆蛱蝶
Nymphalis xanthomelas fervescens (Stichel) 朱蛱蝶大陆亚种，大陆蛱蝶
Nymphalis xanthomelas formosana (Matsumura) 朱蛱蝶台湾亚

种，绯蛱蝶，缨蝶，台湾朱蛱蝶

Nymphalis xanthomelas japonica (Stichel) [willow nymphalid] 朱蛱蝶日本亚种，日朱蛱蝶，榉蛱蝶

Nymphalis xanthomelas xanthomelas (Denis *et* Schiffermüller) 朱蛱蝶指名亚种

Nymphicula 目水螟属

Nymphicula albibasalis Yoshiyasu 白纹目水螟

Nymphicula blandialis nigritalis (Hampson) 见 *Nymphicula nigritalis*

Nymphicula blandialis (Walker) 浅目水螟，布目水螟

Nymphicula concaviuscula You, Li *et* Wang 凹瓣目水螟

Nymphicula hampsoni (South) 哈氏目水螟

Nymphicula junctalis (Hampson) 短纹目水螟

Nymphicula mesorphna (Meyrick) 中目水螟

Nymphicula nigritalis (Hampson) 黑目水螟，黑布目水螟

Nymphicula patnalis (Felder *et* Rogenhofer) 帕目水螟

Nymphicula saigusai Yoshiyasu 三枝目水螟，晒水螟

Nymphicula stipalis Snellen 斯目水螟，斯水螟

Nymphicula yoshiyasui Agassiz 吉安目水螟，吉安氏蓑水螟

nymphid 1. [= nymphid lacewing, split-footed lacewing, slender lacewing] 细蛉 < 细蛉科 Nymphidae 昆虫的通称 >；2. 细蛉科的

nymphid lacewing [= nymphid, split-footed lacewing, slender lacewing] 细蛉

Nymphidae 细蛉科

Nymphidium 蛱蚬蝶属

Nymphidium acherois (Boisduval) [acherois nymphidium] 阿齐蛱蚬蝶

Nymphidium albiceus Stichel 白蛱蚬蝶

Nymphidium anapis (Godart) 安蛱蚬蝶

Nymphidium ascolia Hewitson [creamy hemmark, creamy metalmark] 乳色蛱蚬蝶

Nymphidium aurum Callaghan 金蛱蚬蝶

Nymphidium azanoides Butler [azanoides hemmark, azanoides metalmark, azanoides nymphidium] 阿真蛱蚬蝶

Nymphidium baeotia Hewitson [baeotia nymphidium] 薄缇蛱蚬蝶

Nymphidium balbinus Staudinger 拜尔蛱蚬蝶

Nymphidium cachrus (Fabricius) 卡赤蛱蚬蝶

Nymphidium caricae (Linnaeus) [caricae nymphidium] 蛱蚬蝶

Nymphidium chimborazium Bates [chimborazium nymphidium] 黑框蛱蚬蝶

Nymphidium chione Bates [chione nymphidium] 巢蛱蚬蝶

Nymphidium derufata Lathy [derufata nymphidium] 带蛱蚬蝶

Nymphidium eutropela Bates 优蛱蚬蝶

Nymphidium fulminans Callaghan [fulminans nymphidium] 福尔蛱蚬蝶

Nymphidium haematostictum (Godamn *et* Salvin) [blood-spot hemmark, blood-spot metalmark, haemotostictum nymphidium] 血斑蛱蚬蝶

Nymphidium latibrunis Callagham 拉提蛱蚬蝶

Nymphidium lenocinium (Schaus) [lenocinium hemmark, lenocinium metalmark] 林蛱蚬蝶

Nymphidium leucosia (Hübner) [leucosia nymphidium] 白血蛱蚬蝶

Nymphidium lisimon (Stoll) [lisimon nymphidium] 丽蛱蚬蝶

Nymphidium manicorensis Callagham 马尼蛱蚬蝶

Nymphidium mantus (Cramer) [mantus metalmark, mantus hemmark, blue nymphidium, mantus nymphidium] 曼蛱蚬蝶

Nymphidium menalcus (Stoll) 麦纳蛱蚬蝶

Nymphidium minuta Druce 美蛱蚬蝶

Nymphidium ninias (Hewitson) [ninias nymphidium] 妮蛱蚬蝶

Nymphidium olinda (Bates) [olinda hemmark, olinda metalmark] 奥蛱蚬蝶

Nymphidium omois Hewitson [omois nymphidium] 野蛱蚬蝶

Nymphidium onaeum (Hewitson) [red-spotted hemmark, Hewitson's metalmark] 傲蛱蚬蝶

Nymphidium onobia Hewitson 欧诺蛱蚬蝶

Nymphidium plinthobaphis Stichel [plinthobaphis nymphidium] 普蛱蚬蝶

Nymphidium smalli Callaghan [Callaghan's metalmark] 斯毛蛱蚬蝶

Nymphipara [= Pupipara, Epoboscidea, Homaloptera, Omaloptera] 蛹蝇类，蛹生类，蛹蝇派

Nymphister 仙阎甲属

Nymphister kronaueri von Beeren *et* Tishechkin 克氏仙阎甲

Nymphister monotonus (Reichensperger) 山仙阎甲

Nymphister rettenmeyeri Tishechkin *et* Mercado 瑞氏仙阎甲

Nymphister simplicissimus Reichensperger 简仙阎甲

nymphochrysalis 若蛹

Nymphomyia 缨翅蚊属

Nymphomyia alba Tokunaga 淡缨翅蚊

Nymphomyia walkeri (Ide) 沃氏缨翅蚊

nymphomyiid 1. [= nymphomyiid fly, nymphomyiid crane fly] 缨翅蚊 < 缨翅蚊科 Nymphomyiidae 昆虫的通称 >；2. 缨翅蚊科的

nymphomyiid crane fly [= nymphomyiid, nymphomyiid fly] 缨翅蚊

nymphomyiid fly 见 nymphomyiid crane fly

Nymphomyiidae 缨翅蚊科

nymphophan 第一蛹

nymphosis 蛹化，成蛹

Nymphula 水螟属

Nymphula bifurcalis (Wileman) 二叉水螟，叉纹水螟

Nymphula depunctalis (Guenée) 同 *Parapoynx stagnalis*

Nymphula enixalis (Swinhoe) 黑萍水螟，黑萍螟

Nymphula fengwhanalis (Pryer) 见 *Elophila fengwhanalis*

Nymphula foedalis (Guenée) 见 *Metoeca foedalis*

Nymphula foedalis cantonalis Caradja 同 *Metoeca foedalis*

Nymphula hampsoni (South) 汉水螟

Nymphula interruptalis (Pryer) 见 *Elophila interruptalis*

Nymphula lipocosmalis (Snellen) 利水螟，利筒水螟

Nymphula nigra Warren 见 *Paracymoriza nigra*

Nymphula nitidulata (Hufnagel) [beautiful china-mark] 塘水螟

Nymphula nympheata (Linnaeus) 见 *Elophila nymphaeata*

Nymphula potamogalis (Hübner) 同 *Nymphula nitidulata*

Nymphula stagnata (Donovan) 同 *Nymphula nitidulata*

Nymphula turbata (Butler) 见 *Elophila turbata*

Nymphula vittalis (Bremer) 见 *Parapoynx vittalis*

Nymphulinae 水螟亚科

Nyphasia 锤腿天牛属

Nyphasia pascoei Lacordaire 老挝锤腿天牛

nysa roadside-skipper [*Amblyscirtes nysa* Edwards] 斑驳缎弄蝶

Nysina 尼辛天牛属

Nysina asiaticus Schwarzer 东亚尼辛天牛

Nysina grahami (Gressitt) 红足尼辛天牛

Nysina orientalis (White) 东方尼辛天牛

Nysina rubriventris Gressitt 黑足尼辛天牛
Nysina rufescens (Pic) 红尼辛天牛
Nysius 小长蝽属
Nysius ceylanicus (Motschulsky) 斯小长蝽
Nysius ericae (Schilling) [false chinch bug] 小长蝽，谷子小长蝽，谷子长蝽，谷长蝽，黄色小长蝽，小褐长蝽，小长椿象，背孔长蝽
Nysius ericae alticola Hutschinson 小长蝽西藏亚种，西藏小长蝽
Nysius ericae ericae (Schilling) 小长蝽指名亚种
Nysius ericae groenlandicus (Zetterstedt) 小长蝽长喙亚种，长喙小长蝽，高塞小长蝽
Nysius expressus Distant 棉小长蝽
Nysius graminicola (Kolenati) 茸毛小长蝽
Nysius groenlandicus (Zetterstedt) 见 *Nysius ericae groenlandicus*
Nysius helveticus (Herrich-Schäffer) 淡脊小长蝽
Nysius inconspicuus Distant 海南小长蝽
Nysius lacustrinus Distant 亚欧小长蝽，茸毛小长蝽
Nysius nigricornis Kerzhner 黑角小长蝽
Nysius plebejus Distant [smaller false chinch bug] 日本小长蝽，小拟长蝽
Nysius senecionis (Schilling) 小长蝽
Nysius thymi (Wolff) 丝光小长蝽
Nysius vinitor Bergroth [rutherglen bug] 澳洲小长蝽
Nyssiodes 尼西尺蛾属
Nyssiodes lefuarius (Erschoff) 勒尼西尺蛾
Nyssiodes ochraceus Wehrli 赭尼西尺蛾
Nyssocnemis 芒胫夜蛾属
Nyssocnemis eversmanni (Lederer) 芒胫夜蛾
Nysson 角胸泥蜂属
Nysson basalis Smith 基角胸泥蜂
Nysson basalis basalis Smith 基角胸泥蜂指名亚种
Nysson basalis taiwanus Tsuneki 基角胸泥蜂台湾亚种
Nysson maculosus (Gmelin) 多斑角胸泥蜂
Nysson niger Chevrier 黑角胸泥蜂
Nysson niger niger Chevrier 黑角胸泥蜂指名亚种
Nysson niger pekingensis Tsuneki 黑角胸泥蜂北京亚种，北京黑角胸泥蜂
Nysson trimaculatus (Rossi) 三斑角胸泥蜂
nyssonid 1. [= nyssonid wasp] 角胸泥蜂 < 角胸泥蜂科 Nyssonidae 昆虫的通称 >；2. 角胸泥蜂科的
nyssonid wasp [= nyssonid] 角胸泥蜂
Nyssonidae 角胸泥蜂科
Nyssoninae 角胸泥蜂亚科
Nystomyia 奈寄蝇属
Nystomyia latifrons Séguy 宽额奈寄蝇

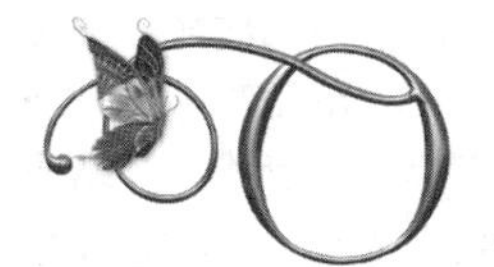

OACT [outer antenno-cerebral tract 的缩写] 外触角 – 脑神经束

oak ambrosia beetle 1. [*Platypus quercivorus* (Murayama)] 栎长小蠹，灾害长小蠹；2. [= sugarcane shot-hole borer, *Xyleborus affinis* Eichhoff] 橡胶材小蠹；3. [*Monarthrum scutellare* (LeConte)] 麻栎芳小蠹

oak aphid [= quercus spined aphid, *Tuberculatus* (*Acanthocallis*) *quercicola* (Matsumura)] 居栎侧棘斑蚜，栎大侧棘斑蚜，栎角斑蚜

oak-apple 没食子 < 指在栎树 *Quercus* spp. 上的瘿蜂虫瘿 >

oak apple cynipid [= oak apple gall wasp, *Biorhiza pallida* Olivier] 没食子双瘿蜂，没食子瘿蜂

oak apple gall [= oak apple gall wasp, large oak-apple gall, spongy oak apple gall wasp, *Amphibolips confluenta* (Harris)] 栎大苹瘿蜂

oak apple gall wasp 1. [= oak apple gall, large oak-apple gall, spongy oak apple gall wasp, *Amphibolips confluenta* (Harris)] 栎大苹瘿蜂；2. [= oak apple cynipid, *Biorhiza pallida* Olivier] 没食子双瘿蜂，没食子瘿蜂

oak-bark argent [= spruce argent, *Argyresthia glabratella* Zeller] 欧洲云杉嫩梢银蛾

oak bark beetle 1. [= small oak bark beetle, *Pseudopityophthorus minutissimum* (Zimmerman)] 栎鬃额小蠹；2. [= European oak bark beetle, *Scolytus intricatus* (Ratzeburg)] 橡木小蠹，毛束小蠹，栎小蠹

oak-bark scaler [*Encyclops coerulea* (Say)] 栎皮筒花天牛

oak-bark scarrer [*Enaphalodes cortiphagus* (Craighead)] 栎皮恩伐天牛，美洲栎壮天牛

oak branch borer [*Goes dibilis* LeConte] 栎枝瘿肿戈天牛

oak buprestid beetle [= oak splendour beetle, two spotted oak borer, two spotted oak buprestid, two spotted wood borer, two-spot wood-borer, *Agrilus biguttatus* (Fabricius)] 栎双点窄吉丁甲，栎双点窄吉丁，栎二点窄吉丁

oak caterpillar 1. [= quercus lasiocampid, *Kunugia undans* (Walker)] 波纹杂枯叶蛾，麻栎枯叶蛾，波纹杂毛虫，栎毛虫，麻栎库枯叶蛾；2. [*Phalerodonta manleyi* (Leech)] 曼栎蚕舟蛾，幽蚕舟蛾，曼褐舟蛾

oak clearwing borer [= red oak clearwing borer, *Paranthrene simulans* (Grote)] 并准透翅蛾

oak clearwing moth [= oak stump borer moth, *Paranthrene asilipennis* (Boisduval)] 槲准透翅蛾

oak cordwood borer [= nautical borer, *Xylotrechus nauticus* (Mannerheim)] 栎捆材脊虎天牛

oak drepanid [*Albara scabiosa* Butler] 栎紫线钩蛾，栎距钩蛾

oak eggar [*Lasiocampa quercus* (Linnaeus)] 橡枯叶蛾，栎枯叶蛾

oak felt scale [*Eriococcus roboris* Goux] 栗树干毡蚧

oak fig gall wasp [*Xanthoteras forticorne* (Osten-Sacken)] 栎无花果瘿蜂

oak flake gall wasp [*Neuroterus flocosus* (Bassett)] 栎团毛纽瘿蜂

oak flea beetle [*Altica quercetorum* Foudras] 栎跳甲

oak fringed scale [*Asterodiaspis japonicus* (Cockerell)] 日本栎链蚧，日本斑链蚧

oak gall wasp [*Trichagalma acutissimae* (Monzen)] 栎空腔毛瘿蜂，栎空腔瘿蜂

oak girdler [= twig girdler, pecan twig girdler, hickory twig girdler, banded saperda, Texas twig girdler, *Oncideres cingulata* (Say)] 山核桃旋枝天牛，胡桃绕枝沟胫天牛，橙斑直角天牛

oak globular scale [*Kermes nakagawae* Kuwana] 双黑红蚧，双黑绛蚧

oak hairstreak [= southern hairstreak, southern oak hairstreak, *Euristrymon favonius* (Smith *et* Abbot)] 悠灰蝶

oak hook-tip [*Watsonalla binaria* (Hufnagel)] 橡沃钩翅蛾，橡木钩翅蛾

oak lace bug [*Corythucha arcuata* (Say)] 栎方翅网蝽，栎网蝽

oak large-spined aphid [*Tuberculatus* (*Acanthocallis*) *macrotuberculatus* (Essig *et* Kuwana)] 栎大侧棘斑蚜，栎大棘棘斑蚜

oak leaf aphid [= oak leaf phylloxera, oak leaf phylloxera aphid, *Phylloxera glabra* von Heyden] 栎根瘤蚜

oak leaf gall wasp [= cupped spangle gall wasp, *Neuroterus tricolor* Hartig] 栎叶三色纽瘿蜂

oak leaf-miner [= European oak leaf-miner, Zeller's midget, *Phyllonorycter messaniella* (Zeller)] 橡小潜细蛾，季氏栎潜叶细蛾

oak leaf-mining sawfly [*Profenusa pygmaea* (Klug)] 栎原潜叶蜂，栎疱潜叶蜂

oak leaf phylloxera 见 oak leaf aphid

oak leaf phylloxera aphid 见 oak leaf aphid

oak leaf-roller 1. [= yellow-winged oak leafroller moth, *Argyrotaenia quercifoliana* (Fitch)] 栎带卷蛾；2. [= oak leaftier, oak leaftier moth, oak leaf-shredder, *Acleris semipurpurana* (Kearfott)] 橡长翅卷蛾，半紫弧翅卷蛾，栎卷蛾，栎卷叶蛾；3. [= European oak leafroller, green oak moth, green oak tortrix, green oak leafroller moth, pea-green oak curl moth, green tortrix, *Tortrix viridana* (Linnaeus)] 栎绿卷蛾，栎绿卷叶蛾；4. [*Archips semiferanus* (Walker)] 褐纹黄卷蛾

oak leaf roller moth [= shagbark hickory leafroller, oak olethreutid leafroller, *Pseudexentera cressoniana* Clemens] 栎弱蚀卷蛾

oak leaf-rolling sawfly [*Pamphilius sylvarus* (Stephens)] 栎扁蜂，栎扁叶蜂

oak leaf-rolling weevil 1. [Attelabus nitens (Scopoli)] 栎钳颚象甲，栎卷象甲，栎卷象；2. [Auletobius nitens Kôno] 栎奥卷象甲，栎卷象

oak leaf-shredder [= oak leaftier, oak leaftier moth, oak leaf-roller, *Acleris semipurpurana* (Kearfott)] 橡长翅卷蛾，半紫弧翅卷蛾，栎卷蛾，栎卷叶蛾

oak leaf skeletonizer [= oak skeletonizer, *Bucculatrix ainsliella* Murtfeldt] 铜色栎颊蛾，栎铜色潜蛾，栎潜蛾

oak leaf sucker [= oak sucker, evergreen oak psylla, *Trioza remota* Förster] 椽个木虱，栎木虱

oak leaf-tier [*Psilocorsis quercicella* Clemens] 栎织叶蛾

oak leaftier 见 oak leaf-shredder

oak leaftier moth 见 oak leaf-shredder

oak lecanium [*Eulecanium quercifex* (Fitch)] 栎球坚蚧，栎球果蚧，

栎球蚧，栎蜡蚧

oak long-horned beetle [= chestnut trunk borer, *Massicus raddei* (Blessig)] 栗山天牛，山天牛，栗天牛，深山天牛，栎天牛

oak long-horned flat-body moth [= oak skeletonizer moth, long-horned flat-body, *Carcina quercana* (Fabricius)] 橡织叶蛾

oak long-proboscis aphid [= giant oak aphid, *Stomaphis quercus* (Linnaeus)] 栎长喙大蚜

oak longhorn beetle [= deep mountain longhorn beetle, *Neocerambyx raddei* Blessig] 栗肿角天牛，松脊肿角天牛

oak longicorn beetle [*Moechotypa diphysis* (Pascoe)] 双簇污天牛，双簇天牛

oak looper [= eastern hemlock looper, hemlock looper, hemlock spanworm, mournful thorn, western hemlock looper, oakworm, western oak looper, *Lambdina fiscellaria* (Guenée)] 铁杉兰布达尺蛾，铁杉尺蠖

oak marble [*Lobesia reliquana* (Hübner)] 花翅小卷蛾

oak moth [= white-shouldered smudge, *Ypsolopha parenthesella* (Linnaeus)] 异冠翅蛾，栎黄菜蛾，栎淡色突吻菜蛾

oak noxiosus gall wasp [= noxious oak gall wasp, *Neuroterus noxiosus* (Bassett)] 栎有害纽瘿蜂

oak olethreutid leafroller 见 oak leaf roller moth

oak pit scale [= golden pit scale, small pit scale, pit making oak scale, golden oak scale, *Asterodiaspis variolosa* (Ratzeburg)] 光泽栎链蚧，栎凹点镣蚧，柞树栎链蚧

oak potato gall wasp [*Neuroterus quercusbatatus* (Fitch)] 土豆形虫瘿纽瘿蜂

oak processionary moth [*Thaumetopoea processionea* (Linnaeus)] 栎异舟蛾

oak pruner [= oak twig-pruner, twig pruner, southeastern gray twig pruner, maple tree pruner, apple-tree pruner, *Anelaphus villosus* (Fabricius)] 栎剪枝牡鹿天牛，多毛天牛

oak red scale insect [= evergreen oak red scale, Kuwana oak scale, *Kuwania quercus* (Kuwana)] 栎树皮珠蚧，槲红伪蚧，日本桑名蚧，栎胫毛介壳虫

oak-ribbed casemaker [= oak-ribbed skeletonizer, *Bucculatrix albertiella* Busck] 栎颊蛾，栎肋材盒潜蛾

oak-ribbed skeletonizer 见 oak-ribbed casemaker

oak sapling borer [*Goes tesselatus* (Haldeman)] 幼栎戈天牛，栎苗天牛

oak satin lift moth [*Heliozela sericiella* Haworth] 栎丝日蛾

oak scale [= kermes berry, striped kermes, *Kermes quercus* (Linnaeus)] 栎红蚧

oak scale insect [= ciliate oak scale, *Eulecanium ciliatum* (Douglas)] 睫毛球坚蚧，扁球蜡蚧

oak shoot sawfly [= evergreen oak shoot sawfly, *Magnitarsijanus kashivorus* (Yano *et* Satô)] 红盾大跗茎蜂，栎梢铗茎蜂，槲红茎蜂

oak silkworm [= Chinese tussar moth, Chinese oak tussar moth, Chinese tasar moth, tasar silkworm, temperate tussar moth, Chinese tussah, perny silk moth, temperate tussah, tussur silkworm, tussore silkworm, tussah silkworm, tussah, oak tussah, *Antheraea pernyi* (Guérin-Méneville)] 柞蚕，槲蚕，姬透目天蚕蛾

oak skeletonizer 见 oak leaf skeletonizer

oak skeletonizer moth 见 oak long-horned flat-body moth

oak slug [*Caliroa cinxia* (Klug)] 栎黏叶蜂，栎蛞蝓叶蜂

oak slug sawfly [= oak slugworm, *Caliroa annulipes* (Klug)] 麻栎黏叶蜂，麻栎蛞蝓叶蜂，蛞蝓叶蜂，环蛞蝓叶蜂

oak slugworm 见 oak slug sawfly

oak soft scale [= chestnut scale, *Parthenolecanium rufulum* (Cockerell)] 栎树木坚蚧，栗硬蚧

oak spined aphid [= daimyo oak aphid, *Tuberculatus* (*Orientuberculoides*) *kashiwae* (Matsumura)] 卡希侧棘斑蚜，日本栎棘斑蚜，槲角斑蚜

oak splendour beetle 见 oak buprestid beetle

oak-stem borer [*Aneflormorpha subpubescens* (LeConte)] 栎干天牛

oak stem midge [*Mayetiola avenae* (Marchal)] 栎喙瘿蚊，栎茎瘿蚊

oak stump borer moth 见 oak clearwing moth

oak sucker 见 oak leaf sucker

oak timberworm [*Arrhenodes minutus* (Drury)] 栎小三锥象甲，栎三锥象甲

oak treehopper [*Platycotis vittata* (Fabricius)] 带栎角蝉，橡树角蝉

oak tussah 见 oak silkworm

oak tussock moth [*Lymantria mathura aurora* Butler] 栎毒蛾喜柏亚种，柏毒蛾，栎毒蛾

oak twig girdler [= Arizona oak girdler, *Oncideres quercus* Skinner] 栎旋枝天牛

oak twig-pruner 见 oak pruner

oak twig sawfly [*Janus femoratus* Curtis] 夏栎简脉茎蜂，夏栎铗茎蜂

oak webworm [*Archips fervidanus* (Clemens)] 栎黄卷蛾，栎发光卷蛾，栎发光卷叶蛾

oak xylococcus [*Beesonia napiformis* (Kuwana)] 青风头蚧，栎二跌绵蚧

oakworm 见 oak looper

Oarisma 灿弄蝶属

Oarisma edwardsii (Barnes) [Edwards' skipperling] 黑边灿弄蝶

Oarisma era Dyar [bold-veined skipperling] 粗脉灿弄蝶

Oarisma garita (Reakirt) [garita skipperling] 黄灿弄蝶

Oarisma powesheik (Parker) [poweshiek skipper] 灿弄蝶

oat aphid [= bird cherry-oat aphid, bird cherry aphid, oat bird-cherry aphid, apple grain aphid, apple oat aphid, *Rhopalosiphum padi* (Linnaeus)] 禾谷缢管蚜，禾缢管蚜，黍缢管蚜，粟缢管蚜，粟缢蚜，麦缢管蚜，麦黍缢管蚜，稠李缢管蚜，小米蚜，稻麦蚜

oat bird-cherry aphid 见 oat aphid

oat mealybug [*Phenacoccus avenae* Borchsenius] 燕麦绵粉蚧

oat thrips [*Stenothrips graminum* Uzel] 草狭蓟马

Oaxacan bent-skipper [*Camptopleura oaxaca* Freeman] 瓦哈卡凸翅弄蝶

Oaxacan bolla [*Bolla fenestra* Steinhauser] 瓦杂弄蝶

Oaxacan emesis [= saturata emesis, skipperish tanmark, *Emesis saturata* Godman *et* Salvin] 瓦哈卡螟蚬蝶

Oaxacan skipperling [*Piruna jonka* Steinhauser] 瓦璧弄蝶

Oaxacan zobera [*Zobera oaxaquena* Steinhauser] 瓦白昭弄蝶

Oban blue forester [*Euphaedra fucora* Hecq] 奥本栎蛱蝶

Oban nymph [*Euriphene obani* Wojtusiak *et* Knoop] 奥本幽蛱蝶

obanal seta 长肛环毛 <介壳虫中，最接近后肛环的四刚毛中的二最长毛>
Obeidia 长翅尺蛾属
Obeidia aurantiaca (Alphéraky) 见 *Subobeidia aurantiaca*
Obeidia aurantiaca propinquans Wehrli 同 *Subobeidia aurantiaca*
Obeidia conspurcata Leech 见 *Epobeidia lucifera conspurcata*
Obeidia conspurcata extranigricans Wehrli 见 *Epobeidia lucifera extranigricans*
Obeidia epiphleba Wehrli 见 *Microbeidia epiphleba*
Obeidia fumosa Warren 见 *Epobeidia fumosa*
Obeidia fuscofumosa Wehrli 褐长翅尺蛾，褐伊长翅尺蛾
Obeidia gigantearia Leech 见 *Parobeidia gigantearia*
Obeidia gigantearia gigantearia Leech 见 *Parobeidia gigantearia gigantearia*
Obeidia gigantearia longimacula Wehrli 见 *Parobeidia longimacula*
Obeidia horishana Matsumura 见 *Postobeidia horishana*
Obeidia idaria (Oberthür) 灰斑长翅尺蛾，伊长翅尺蛾
Obeidia idaria fuscofumosa Wehrli 见 *Obeidia fuscofumosa*
Obeidia irregularis Wehrli 见 *Controbeidia irregularis*
Obeidia languidata Walker 见 *Euryobeidia languidata*
Obeidia largeteaui Oberthür 见 *Euryobeidia largeteaui*
Obeidia leptosticta Wehrli 见 *Obeidia vagipardata leptosticta*
Obeidia lucifera Swinhoe 见 *Epobeidia lucifera*
Obeidia lucifera lucifera Swinhoe 见 *Epobeidia lucifera lucifera*
Obeidia postmarginata Wehrli 见 *Postobeidia postmarginata*
Obeidia rongaria Oberthür 见 *Microbeidia rongaria*
Obeidia tigrata (Guenée) 见 *Epobeidia tigrata*
Obeidia tigrata decipiens Thierry-Mieg 同 *Epobeidia tigrata leopardaria*
Obeidia tigrata leopariaria Oberthür 见 *Epobeidia tigrata leopardaria*
Obeidia tigrata maxima Inoue 见 *Epobeidia tigrata maxima*
Obeidia tigrata minima Inoue 同 *Epobeidia tigrata leopardaria*
Obeidia tigrata neglecta (Thierry-Mieg) 同 *Epobeidia tigrata leopardaria*
Obeidia tigrata tigrata (Guenée) 见 *Epobeidia tigrata tigrata*
Obeidia vagipardata Walker 豹纹长翅尺蛾，豹长翅尺蛾
Obeidia vagipardata albomarginata Inoue 豹纹长翅尺蛾台湾亚种，豹纹尺蛾
Obeidia vagipardata leptosticta Wehrli 豹纹长翅尺蛾甘肃亚种，瘦长翅尺蛾
Obeidia vagipardata vagipardata Walker 豹纹长翅尺蛾指名亚种
Obeliscus 圆重蛄属
Obeliscus zhongshani Li 中山氏圆重蛄
Obelura 剑螋属
Obelura montana (Géné) 同 *Chelidura aptera*
Oberea 筒天牛属，苹果天牛属，筒天牛亚属
Oberea acuta Gressitt 尖筒天牛
Oberea alexandrovi Plavilstshikov 东北筒天牛
Oberea alexandrovi alexandrovi Plavilstshikov 东北筒天牛指名亚种
Oberea alexandrovi infrequens Plavilstshikov 东北筒天牛褐腹亚种，褐腹东北筒天牛
Oberea angustata Pic 褐胫筒天牛
Oberea apicenigrita Breuning 方盾筒天牛
Oberea atroantennalis Breuning 黑角筒天牛
Oberea artocarpi Gardner 阿氏筒天牛
Oberea atropunctata Pic 瘦筒天牛，黑点筒天牛
Oberea atropunctata atropunctata Pic 瘦筒天牛指名亚种，指名瘦筒天牛
Oberea atropunctata flavescens Breuning 见 *Oberea flavescens*
Oberea atropunctata simplex Gressitt 瘦筒天牛红腹亚种，红腹瘦筒天牛
Oberea atropunctata toi Gressitt 见 *Oberea toi*
Oberea bicoloricornis Pic 二色角筒天牛
Oberea bicoloricornis bicoloricornis Pic 二色角筒天牛指名亚种
Oberea bicoloricornis rubroantennalis Breuning 二色角筒天牛黑腹亚种，黑腹二色角筒天牛
Oberea bimaculata (Olivier) [raspberry cane borer] 悬钩子沟胫天牛
Oberea binhana Pic 和平筒天牛
Oberea binotaticollis Pic 二斑筒天牛，短颈苹果天牛
Oberea binotaticollis binotaticollis Pic 二斑筒天牛指名亚种
Oberea binotaticollis brevithorax Gressitt 见 *Oberea brevithorax*
Oberea binotaticollis inepta Gressitt 同 *Oberea brevithorax*
Oberea binotaticollis melli Breuning 二斑筒天牛黄腹亚种，黄腹二斑筒天牛
Oberea birmanica Gahan 萤腹筒天牛
Oberea bisbipunctata Pic 黑盾筒天牛
Oberea bivittata Aurivillius 游筒天牛
Oberea bivittata bivittata Aurivillius 游筒天牛指名亚种
Oberea bivittata medioplagiata Breuning 游筒天牛美丽亚种，丽游筒天牛
Oberea breviantennalis Kurihara *et* Ohbayashi 短角筒天牛，褐翅细赤苹果天牛，茶翅细赤苹果天牛
Oberea brevithorax Gressitt 短颈筒天牛，短颈苹果天牛，短胸二斑筒天牛
Oberea clara Pascoe 尖尾筒天牛
Oberea conica Wang, Jiang *et* Zheng 锥胸筒天牛
Oberea consentanea Pascoe 南亚筒天牛
Oberea consentanea consentanea Pascoe 南亚筒天牛指名亚种
Oberea consentanea mausoni Breuning 南亚筒天牛红角亚种，红角南亚筒天牛
Oberea consentanea unicolor Breuning 南亚筒天牛一色亚种，一色南亚筒天牛
Oberea coxalis Gressitt 黄胸筒天牛
Oberea curialis Pascoe 银毛红基筒天牛，红基筒天牛
Oberea curtilineata Pic 肩条筒天牛，短筒天牛
Oberea depressa (Gebler) 黑缘筒天牛
Oberea depressa depressa (Gebler) 黑缘筒天牛指名亚种，指名黑缘筒天牛
Oberea depressa pupillatoides Breuning 黑缘筒天牛肖瞳亚种，肖瞳黑缘筒天牛
Oberea depressa rosinae Pic 黑缘筒天牛黑腹亚种，黑腹黑缘筒天牛
Oberea depressa rufomaculata (Kôno *et* Tamanuki) 黑缘筒天牛红斑亚种，红斑黑缘筒天牛
Oberea distinctipennis Pic 七列筒天牛
Oberea diversipes Pic 黑胫筒天牛
Oberea donceeli Pic 黄角筒天牛，狭筒天牛
Oberea donceeli atrosignata Breuning 黄角筒天牛黑带亚种，黑带狭筒天牛

Oberea donceeli donceeli Pic 黄角筒天牛指名亚种
Oberea donceeli obscuripennis Pic 黄角筒天牛暗尾亚种，暗尾狭筒天牛
Oberea elongatipennis Pic 长翅筒天牛
Oberea ferruginea (Thunberg) 短足筒天牛，台湾筒天牛
Oberea ferruginea ferruginea (Thunberg) 短足筒天牛指名亚种
Oberea ferruginea prolixa Pasc 短足筒天牛黄翅亚种，黄翅短足筒天牛
Oberea ferruginea semiargentata Pic 短足筒天牛银毛亚种，银毛短足筒天牛
Oberea fingeriventris Wang, Jiang *et* Zheng 同 *Oberea clara*
Oberea flavescens Breuning 黄黑筒天牛，黄瘦筒天牛
Oberea flavipennis Kurihara *et* Ohbayashi 黄尾筒天牛，黑尾细苹果天牛
Oberea formosana Pic 台湾筒天牛，蓬莱苹果天牛
Oberea formosana formosana Pic 台湾筒天牛指名亚种
Oberea formosana ruficornis Breuning 台湾筒天牛红角亚种，红角台湾筒天牛
Oberea formososylvia Kurihara *et* Ohbayashi 台林筒天牛，黑缘苹果天牛
Oberea fuscipennis (Chevrolat) [yellowish mulberry cerambycid] 暗翅筒天牛，黑缘苹果天牛，褐翅细苹果天牛，黄天牛
Oberea fuscipennis diversipes Pic 暗翅筒天牛黑胫亚种，黑胫暗翅筒天牛
Oberea fuscipennis fairmairei Aurivillius 暗翅筒天牛费氏亚种，费氏暗翅筒天牛
Oberea fuscipennis fulveola Bat 暗翅筒天牛红角亚种，红角暗翅筒天牛
Oberea fuscipennis fuscipennis (Chevrolat) 暗翅筒天牛指名亚种，指名暗翅筒天牛
Oberea fuscipennis holoxantha Fairmaire 暗翅筒天牛黑尾亚种，黑尾暗翅筒天牛
Oberea fuscipennis infratestacea Pic 暗翅筒天牛黄尾亚种，黄尾暗翅筒天牛
Oberea fuscipennis rufotestacea Pic 暗翅筒天牛红黄亚种，红黄暗翅筒天牛
Oberea fusciventris Fairmaire 截尾筒天牛，暗腹樟筒天牛，褐腹截尾筒天牛
Oberea gracillima Pascoe 黑腹筒天牛，黑腹细苹果天牛
Oberea griseopennis Schwarzer 灰尾筒天牛
Oberea griseopennis chinensis Breuning 灰尾筒天牛中华亚种，中华灰尾筒天牛
Oberea griseopennis griseopennis Schwarzer 灰尾筒天牛指名亚种，指名灰翅筒天牛
Oberea griseopennis tienmuana Gressitt 灰尾筒天牛天目亚种，天目灰尾筒天牛
Oberea grossepunctata Breuning 大点筒天牛
Oberea hebescens Bates 柔筒天牛
Oberea herzi Ganglbauer 赫氏筒天牛
Oberea herzi coreana Pic 赫氏筒天牛朝鲜亚种，朝鲜赫氏筒天牛
Oberea herzi herzi Ganglbauer 赫氏筒天牛指名亚种
Oberea herzi longevttata Breuning 赫氏筒天牛黄条亚种，黄条赫氏筒天牛
Oberea herzi morio Kraatz 赫氏筒天牛黑胸亚种，黑胸赫氏筒天牛
Oberea herzi pictibasis Reitt 赫氏筒天牛黄折亚种，黄折赫氏筒天牛
Oberea herzi rufithorax Breuning 赫氏筒天牛红胸亚种，红胸赫氏筒天牛
Oberea herzi scutellaroides Breuning 赫氏筒天牛红缘亚种，红缘赫氏筒天牛
Oberea herzi teranishii Ohbayashi 赫氏筒天牛黑缝亚种，黑缝赫氏筒天牛
Oberea herzi wiskotti Wang 见 *Oberea wiskotti*
Oberea heudei Pic 上海筒天牛
Oberea heyrovskyi Pic 海氏筒天牛
Oberea holatripennis Breuning 同 *Oberea holatripennoides*
Oberea holatripennoides Löbl *et* Smetana 全黑翅筒天牛
Oberea humeralis Gressitt 宽肩筒天牛
Oberea inclusa Pascoe 舟山筒天牛
Oberea inclusa amurica Suvorov 舟山筒天牛三斑亚种，三斑舟山筒天牛
Oberea inclusa inclusa Pascoe 舟山筒天牛指名亚种
Oberea incompleta Fairmaire 短胸筒天牛，忍冬筒天牛
Oberea infranigrescens Breuning 肩黑胝筒天牛，肩黑筒天牛
Oberea infratestacea Pic 黄翅筒天牛
Oberea japonica (Thunberg) [apple longicorn beetle, apple stem borer] 日本筒天牛，日本苹天牛
Oberea japonica japonica (Thunberg) 日本筒天牛指名亚种，指名日本筒天牛
Oberea japonica japonensis Bates 见 *Oberea japonica japonica*
Oberea japonica laterifusca Breuning 日本筒天牛黄胝亚种，黄胝日本筒天牛
Oberea japonica niponensis Bates 日本筒天牛红翅亚种，红翅日本筒天牛
Oberea jiana Chiang 吉安筒天牛
Oberea komiyai Kurihara *et* Ohbayashi 小宫筒天牛，小宫氏苹果天牛
Oberea lacana Pic 东亚筒天牛
Oberea lama Gressitt 褐腹筒天牛
Oberea laosensis Breuning 老挝筒天牛
Oberea latipennis Gressitt 广东筒天牛
Oberea lemoulti Pic 西藏筒天牛
Oberea maculativentris Pic 腹斑筒天牛
Oberea maculithorax Matsushita 斑胸筒天牛，斑胸苹果天牛
Oberea matangensis Breuning 黄杨筒天牛，马唐筒天牛
Oberea matangensis matangensis Breuning 黄杨筒天牛指名亚种
Oberea matangensis vientianensis Breuning 黄杨筒天牛万象亚种，万象黄杨筒天牛，万象马唐筒天牛
Oberea mixta Bates 刺尾筒天牛
Oberea montivagans Fisher 游筒天牛
Oberea montivagans dorsoplagiata Breuning 游筒天牛黑柄亚种，黑柄游筒天牛
Oberea montivagans montivagans Fisher 游筒天牛指名亚种
Oberea morio Kraatz 黑筒天牛
Oberea nigriceps (White) 粗点筒天牛
Oberea nigriceps bicoloritarsis Pic 粗点筒天牛跗二色亚种，跗二色粗点筒天牛
Oberea nigriceps binhana Pic 粗点筒天牛宾哈亚种，宾粗点筒天牛
Oberea nigriceps changi Gressitt 粗点筒天牛张氏亚种，张氏粗

点筒天牛
Oberea nigriceps distinctipennis Pic 粗点筒天牛七列亚种，七列粗点筒天牛
Oberea nigriceps flavipennis Breuning 粗点筒天牛黄尾亚种，黄尾粗点筒天牛
Oberea nigriceps nigriceps (White) 粗点筒天牛指名亚种，指名粗点筒天牛
Oberea nigriceps thibetana Pic 见 *Oberea thibetana*
Oberea nigriventris Bates 黑腹筒天牛
Oberea nigriventris angustatissima Pic 黑腹筒天牛褐腿亚种，褐腿黑腹筒天牛
Oberea nigriventris gracllima Pasc 黑腹筒天牛美丽亚种，丽黑腹筒天牛
Oberea nigriventris langana Pic 黑腹筒天牛昏暗亚种，昏黑腹筒天牛
Oberea nigriventris nigriventris Bates 黑腹筒天牛指名亚种
Oberea notata Pic 黄盾筒天牛
Oberea obscuripennis Pic 昏暗筒天牛
Oberea ocellata Haldeman [sumac stem borer] 漆树筒天牛
Oberea oculata (Linnaeus)[eyed longhorn beetle, orange-necked willow borer, willow borer, willow longicorn, willow longhorn beetle, twin spot longhorn beetle] 柳筒天牛，灰翅筒天牛，柳红颈天牛，筒天牛
Oberea oculata borysthenica Mokr 柳筒天牛黄缨亚种，黄缨柳筒天牛
Oberea oculata inoculata Heyd 柳筒天牛黑缨亚种，黑缨柳筒天牛
Oberea oculata maculicollis Luc 柳筒天牛五斑亚种，五斑柳筒天牛
Oberea oculata oculata (Linnaeus) 柳筒天牛指名亚种
Oberea oculata quadrimaculata Don 柳筒天牛四斑亚种，四斑柳筒天牛
Oberea orathi Breuning 俄氏筒天牛
Oberea pararubetra Breuning 无脊筒天牛
Oberea posticata Gahan 黑角印筒天牛
Oberea pseudoformosana Li, Cuccodoro *et* Chen 拟台湾筒天牛
Oberea pupillata (Gyllenhal) 瞳筒天牛
Oberea pupillata alsatica Pic 瞳筒天牛无斑亚种，无斑瞳筒天牛
Oberea pupillata bimaculatoides Breuning 瞳筒天牛二点亚种，二点瞳筒天牛
Oberea pupillata dognata Kugel 瞳筒天牛黄带亚种，黄带瞳筒天牛
Oberea pupillata pupillata (Gyllenhal) 瞳筒天牛指名亚种
Oberea pupillatoides Breuning 拟瞳筒天牛
Oberea reductesignata Pic 黑尾筒天牛，黑尾苹果天牛
Oberea reductesignata kiotensis Pic 黑尾筒天牛黄胝亚种，黄胝黑尾筒天牛
Oberea reductesignata reductesignata Pic 黑尾筒天牛指名亚种
Oberea ressli Demelt 土耳其筒天牛
Oberea rondoni Breuning 郎氏筒天牛
Oberea rotundipennis Breuning 圆尾筒天牛
Oberea rubroantennalis Lin *et* Ge 黑腹二色角筒天牛
Oberea ruficeps Fisher 新疆筒天牛
Oberea ruficollis (Fabricius) 月桂筒天牛
Oberea rufiniventris Breuning 长眼筒天牛，赤腹筒天牛
Oberea rufosternalis Breuning 红腹筒天牛
Oberea savioi Pic 沙氏筒天牛
Oberea schaumii LeConte [poplar branch borer] 杨梢筒天牛
Oberea scutellardes Breuning 黄足筒天牛
Oberea shimomurai Kurihara *et* Ohbayashi 下村筒天牛，下村苹果天牛
Oberea shirahatai Ohbayashi 端斑筒天牛
Oberea sobosana Ohbayashi 日筒天牛
Oberea strigicollis Gressitt 牯岭筒天牛
Oberea subabdominalis Breuning 褐胫马来筒天牛
Oberea subelongatipennis Breuning 亚长翅筒天牛，肖长翅筒天牛
Oberea subferruginea Breuning 老挝短足筒天牛
Oberea subsericea Breuning 线筒天牛
Oberea subtenuata Breuning 缓尖筒天牛
Oberea sumbana Breuning 黑尾筒天牛
Oberea sylvia Pascoe 华东筒天牛
Oberea taihokuensis Breuning 同 *Oberea taiwana*
Oberea taiwana Matsushita 黄毛筒天牛，台湾黑腹苹果天牛
Oberea tatsienlui Breuning 甘孜筒天牛
Oberea thibetana Pic 西藏筒天牛，藏粗点筒天牛
Oberea tienmuana Gressitt 天目筒天牛
Oberea toi Gressitt 褐角筒天牛，褐角瘦筒天牛
Oberea transbicalica Suvorov 西伯利亚筒天牛
Oberea tripunctata (Swederus) [dogwood twig borer, rhododendron stem borer] 梾木三点筒天牛，瑞木枝天牛
Oberea tsuyukii Kurihara *et* Ohbayashi 露木筒天牛，露木氏苹果天牛
Oberea unimaculicollis Breuning 一斑筒天牛
Oberea uninotaticollis Pic 一点筒天牛
Oberea unipunctata Pic 点筒天牛
Oberea vittata Blessig 条纹筒天牛
Oberea walkeri Gahan 凹尾筒天牛
Oberea walkeri atroanalis Faim 凹尾筒天牛红翅亚种，红翅凹尾筒天牛
Oberea walkeri lama Gressitt 凹尾筒天牛褐腹亚种，褐腹凹尾筒天牛
Oberea walkeri latipennis Gressitt 凹尾筒天牛截尾亚种，截尾凹尾筒天牛
Oberea walkeri robustior Pic 凹尾筒天牛黑尾亚种，黑尾凹尾筒天牛
Oberea walkeri walkeri Gahan 凹尾筒天牛指名亚种
Oberea wiskotti Wang 黑点筒天牛，黑点赫氏筒天牛
Oberea yaoshana Gressitt 广西筒天牛
Oberea yunnana Pic 云南筒天牛
Oberea yunnanensis Breuning 滇筒天牛
Obereopsis 长腿筒天牛属，黄翅苹果天牛属
Obereopsis annulicornis Breuning 环角长腿筒天牛
Obereopsis atritarsis (Pic) 黑跗长腿筒天牛
Obereopsis bicolorimembris Breuning 红带长腿筒天牛
Obereopsis bicoloripes (Pic) 黑柄长腿筒天牛，黑尾黄翅苹果天牛
Obereopsis burmanensis Breuning 红柄长腿筒天牛
Obereopsis flavicornis (Fairmaire) 江西长腿筒天牛
Obereopsis kankauensis (Schwarzer) 台湾长腿筒天牛，干沟长腿筒天牛
Obereopsis laosensis (Pic) 棕腹长腿筒天牛

Obereopsis laosica Breuning 老挝长腿筒天牛
Obereopsis lineaticeps (Pic) 浙江长腿筒天牛，条背苹果天牛
Obereopsis maculithorax (Matsushita) 斑胸长腿筒天牛
Obereopsis modica (Gahan) 江苏长腿筒天牛
Obereopsis paralaosica Breuning 匀长腿筒天牛
Obereopsis parasumatrensis Breuning 粗点长腿筒天牛
Obereopsis partenigriceps Breuning 黑额长腿筒天牛
Obereopsis partenigrosternalis Breuning 黑胫长腿筒天牛
Obereopsis sericea (Gahan) 黑头长腿筒天牛
Obereopsis sericeipennis Breuning 宽长腿筒天牛
Obereopsis signaticornis (Matsushita) 斑角长腿筒天牛，环纹苹果天牛
Obereopsis somsavathi Breuning 索氏长腿筒天牛
Obereopsis subannulicornis Breuning 二色角长腿筒天牛
Obereopsis subchapaensis Breuning 细点长腿筒天牛
Obereopsis walsnae infranigra Breuning 黑腹长腿筒天牛
Oberthuerellinae 齿股光翅瘿蜂亚科
Oberthueria 齿翅蚕蛾属
Oberthueria caeca (Oberthür) 多齿翅蚕蛾
Oberthueria falcigera Butler 单齿翅蚕蛾
Oberthueria flavomarginaria Leech 见 *Parabraxas flavomarginaria*
Oberthueria formosibia Matsumura 丽齿翅蚕蛾，波花桦蛾，波花蚕蛾，齿蚕蛾
Oberthueria jiatongae Zolomhin *et* Witt 佳齿翅蚕蛾，佳齿蚕蛾
Oberthueria nigromacularia Leech 见 *Parabraxas nigromacularia*
Oberthueria yandu Zolomhin *et* Wang 燕齿翅蚕蛾，燕齿蚕蛾
Oberthuer's acraea [*Acraea oberthuri* Butler] 奥贝黄珍蝶
Oberthür's anomalous blue [*Polyommatus fabressei* (Oberthür)] 法布眼灰蝶
Oberthür's copper [*Helleia li* (Oberthür)] 丽罕莱灰蝶
Oberthür's grizzled skipper [*Pyrgus armoricanus* (Oberthür)] 阿莫灰花弄蝶
Oberthür's pathfinder [*Catuna oberthueri* Karsch] 奥珂蛱蝶
Obertobombus 奥熊蜂亚属
Obi Island birdwing [*Ornithoptera aesacus* (Ney)] 黄点鸟翼凤蝶，奥比鸟翼凤蝶
obifera satyr [= fiery satyr, *Lasiophila orbifera* Butler] 黑斑腊眼蝶
Obiphora 奥比沫蝉属
Obiphora intermedia (Uhler) 柳奥比沫蝉
Obiphora mushana Matsumura 雾社奥比沫蝉
Obiphora putealis (Matsumura) 洁尖胸沫蝉
Obiphora rectella Matsumura 直奥比沫蝉
Obiphora sungariana Matsumura 东北奥比沫蝉
objective synonym 客观异名
obligate parthenogenesis 专性孤雌生殖
obligate pathogen 专性病原体
obligate pathogenic bacteria 专性病原性细菌
obligate symbiont 专性共生物
obligatory diapause 专性滞育
obligatory mutualism 专性互利
obligatory parasite 专性寄生物
obligatory parasitism 专性寄生
oblique-banded leaf roller [= rosaceous leaf roller, *Choristoneura rosaceana* (Harris)] 玫瑰色卷蛾，蔷薇斜条卷蛾，蔷薇斜条卷叶蛾
oblique banded tiger moth [*Spilarctia obliquizonata* (Miyake)] 斜纹污灯蛾，斜纹灯蛾
oblique girdle [= brown pine looper, grey pine looper, *Caripeta angustiorata* Walker] 灰尺蛾
oblique sternals 斜腹肌 < 指连接腹部腹板邻近边的短肌 >
oblique sunflower longhorn [= sunflower bee, sunflower long-horned bee, *Svastra obliqua* (Say)] 向日葵斯长角蜜蜂
oblique tergals 斜背肌 < 指连接腹部背板邻近边的短肌 >
oblique tortrix [= browm-headed leafroller, Ctenopseustis obliquana (Walker)] 斜纹栉柄卷蛾，新西兰斜栉柄卷蛾，斜纹卷蛾，褐头卷叶蛾
oblique vein 斜脉
obliquelined tea geometrid [*Odontopera arida* Butler] 茶斜条贡尺蛾，茶斜条尺蛾，贫贡尺蛾
oblong bark beetle [= larch bark beetle, *Ips subelongatus* (Motschulsky)] 落叶松八齿小蠹
oblong cocoon 椭圆形茧
oblong plate 长方形板 < 在针尾膜翅目中与螯刺联系的最里或最后对骨板，即第九腹节的负瓣片 >
oblong sedge borer [*Capsula oblonga* (Grote)] 莎囊夜蛾
oblong-spotted birdwing [*Troides oblongomaculatus* (Goeze)] 长斑裳凤蝶
oblong-winged katydid [*Amblycorypha oblongifolia* (De Geer)] 椭翼钝树螽，椭圆翼树螽
Oblongiala 长翅盗猎蝽属
Oblongiala zimbabwensis Liu *et* Cai 津长盗翅猎蝽
oblongum 纵室 < 指鞘翅目肉食亚目中的短而长方形的翅室 >
Obolodiplosis 圆瘿蚊属，叶瘿蚊属
Obolodiplosis robiniae (Haldeman) [black locust gall midge] 刺槐圆瘿蚊，刺槐叶瘿蚊
Oboronia 奥泊灰蝶属
Oboronia albicosta Gaede 白奥泊灰蝶
Oboronia bueronica Karsch [ginger blue] 布奥泊灰蝶
Oboronia gussfeldti (Dewitz) [Güssfeldt's white blue, Güssfeldt's ginger white] 古奥泊灰蝶
Oboronia liberiana Stempffer [Liberian ginger white] 利奥泊灰蝶
Oboronia pseudopunctatus Strand [light ginger white] 伪斑奥泊灰蝶
Oboronia punctatus (Dewitz) [common ginger white] 多斑奥泊灰蝶
OBP [odorant binding protein 的缩写] 气味结合蛋白
Obriini 侧沟天牛族
Obriminae 瘤蝽亚科
Obrimini 奥蝽族
obrina olivewing [= obrinus olivewing, *Nessaea obvinus* Linnaeus] 奥布鸭蛱蝶
obrinus olivewing 见 obrina olivewing
Obriomaia palpalis Kaszab 见 *Tetragonomenes palpalis*
Obriomaia pseudorufiventris Masumoto 见 *Tetragonomenes pseudorufiventris*
Obrium 侧沟天牛属
Obrium angustum Lazarev 狭侧沟天牛
Obrium anmashanum Niisato *et* Chou 鞍马山侧沟天牛
Obrium brevicornis Plavilstshikov 短角侧沟天牛
Obrium cantharinum (Linnaeus) 棕黄侧沟天牛，杨侧沟天牛

Obrium cephalotes Pic 黄褐侧沟天牛
Obrium complanatum Gressitt 南方侧沟天牛
Obrium coomani Pic 沟胸侧沟天牛
Obrium formosanum Schwarzer 台湾侧沟天牛，蓬莱棕天牛
Obrium fractum Holzschuh 陕西侧沟天牛
Obrium fuscoapicalis Hayashi 暗尾侧沟天牛，褐尾棕天牛，小饴色天牛
Obrium huae Niisato 胡氏侧沟天牛
Obrium huae huae Niisato 胡氏侧沟天牛指名亚种
Obrium huae jianbini Niisato *et* Chou 胡氏侧沟天牛剑斌亚种，剑斌胡氏侧沟天牛
Obrium japonicum Pic 日本侧沟天牛
Obrium laosicum Gressitt *et* Rondon 闪光侧沟天牛
Obrium longithoracicum Jiang 中山侧沟天牛
Obrium mendosum Holzschuh 豫侧沟天牛
Obrium nitidum Niisato *et* Chou 光亮侧沟天牛
Obrium obscuripenne Pic 暗翅侧沟天牛
Obrium piceorubrum Hayashi 台岛侧沟天牛
Obrium posticum saigonensis Pic 黑尾侧沟天牛
Obrium prosperum Holzschuh 繁荣侧沟天牛
Obrium rufograndum Gressitt 红侧沟天牛，红粒侧沟天牛
Obrium schwarzeri Hayashi 施氏侧沟天牛，舒瓦氏棕天牛
Obrium semiformosanum Hayashi 南投侧沟天牛，拟蓬莱棕天牛
Obrium yamasakoi Niisato *et* Chou 山迫侧沟天牛
Obrium yueyunae Niisato *et* Chou 悦芸侧沟天牛
Obrussa ochrefasciella (Chambers) [hard maple budminer, hard maple bud borer] 槭芽微蛾，枫微蛾
obscure bird grasshopper [*Schistocerca obscura* (Fabricius)] 褐沙漠蝗
obscure bolla [*Bolla brennus* (Godamn *et* Salvin)] 暗杂弄蝶
obscure branded swift [= little branded swift, rice skipper, *Pelopidas agna* (Moore)] 南亚谷弄蝶，尖翅褐弄蝶，尖翅谷弄蝶，南亚稻苞虫，尖翅褐弄蝶
obscure bumblebee [= fog-belt bumble bee, *Bombus caliginosus* (Frison)] 雾带熊蜂
obscure epitola [*Epitola obscura* Hawker-Smith] 暗色蛱灰蝶
obscure hummingbird hawkmoth [*Macroglossum sylvia* Boisduval] 木纹长喙天蛾，角斑长喙天蛾，角线长喙天蛾，林长喙天蛾
obscure mealybug [= tuber mealybug, *Pseudococcus viburni* (Signoret)] 拟葡萄粉蚧，暗色粉蚧
obscure root weevil [*Sciopithes obscurus* Horn] 暗星象甲，暗星象，晦暗根象甲
obscure scale [*Melanaspis obscura* (Comstock)] 栎美盾蚧，晦暗圆蚧
obscure skipper [= beach skipper, *Panoquina panoquinoides* (Skinner)] 酪带盘弄蝶
obscure wainscot [*Leucania obsoleta* (Hübner)] 合黏夜蛾，合秘夜蛾，混黏夜蛾，旧黏夜蛾
obscure-wedged midget [*Phyllonorycter viminiella* (Stainton)] 黑槭小潜细蛾，黑槭潜叶细蛾
obscure wireworm [*Agriotes obscurus* (Linnaeus)] 暗锥尾叩甲，暗叩甲，暗色叩头虫
obscurior ghost skipper [= dark phanus, *Phanus obscurior* Kaye] 隐芳弄蝶
observed heterozygosity [abb. Ho] 观察杂合度
observed number of alleles [abb. N_a] 观测等位基因数，表观等位基因数
obsoleta satyr [= white-dusted mountain satyr, *Lymanopoda obsoleta* (Westwood)] 古色徕眼蝶
obsolete white-spots [*Osmodes omar* Swinhoe] 禺坛弄蝶
obtect pupa 被蛹
obtuse sawyer [*Monochamus obtusus* Casey] 钝角墨天牛
obtuse-tongued bee 叶舌花蜂
Obtusicauda 钝尾管蚜属
Obtusicauda longicauda Zhang 长钝尾管蚜
Obtusicauda nilkaense (Zhang, Chen, Zhong *et* Li) 尼勒克钝尾管蚜，尼勒克指管蚜
Obtusiclava oryzae Subba Rao 稻瘿蚊斑腹金小蜂
obtusilingues 钝舌类 <蜜蜂类中的舌短钝而末端分裂者>
Obuchovia 欧蚋亚属，欧蚋属
Obudu forest sylph [*Ceratrichia lewisi* Collins *et* Larsen] 乐粉弄蝶
Obudu liptena [*Liptena priscilla* Larsen] 奥布杜琳灰蝶
Obudu pearl charaxes [*Charaxes obudoensis* van Someren] 偶布螯蛱蝶
Ocalea 毛胸隐翅甲属
Ocalea chinensis Pace 中华毛胸隐翅甲
Ocalea erlangensis Pace 二郎山毛胸隐翅甲
Ocalea lobifera Pace 红褐毛胸隐翅甲
Ocalea ming Pace 明毛胸隐翅甲
Ocalea shaanxiensis Pace 陕西毛胸隐翅甲
Ocaria 遨灰蝶属
Ocaria calesia (Hewitson) 美遨灰蝶
Ocaria ocrisia (Hewitson) [black hairstreak, Hewitson's blackstreak] 黑遨灰蝶
Ocaria thales (Fabricius) [thales blackstreak] 塔遨灰蝶
Occasjapyx 偶铗虮属
Occasjapyx beneserratus (Kuwayama) 锯偶铗虮
Occasjapyx girodoi (Silvestri) 齐偶铗虮，基氏偶铗虮
Occasjapyx heterodontus (Silvestri) 异齿偶铗虮
Occasjapyx japonicus (Enderlein) 日本偶铗虮
Occasjapyx wulingensis Xie *et* Yang 武陵偶铗虮
Occasjapyx yangi Chou *et* Chen 杨氏偶铗虮
Occemyia sundewalli (Zetterstedt) 同 *Thecophora fulvipes*
Occemyia testaceipes Chen 见 *Thecophora testaceipes*
occidental metalmark [*Exoplisia azuleja* Callaghan, Llorente *et* Luis] 西爻蚬蝶
occipital 后头的
occipital arch 后头弓
occipital carina 后头脊
occipital cilia 后头毛 <指双翅目昆虫复眼后的一行刚毛>
occipital condyles 后头髁 <次后头边缘与侧颈片支接的突起>
occipital foramen [= foramen occipitale, foramen magnum, posterior cephalic foramen] 后头孔
occipital fringe 后头缝 <指双翅目昆虫复眼后的细毛缝>
occipital ganglion [= postcerebral ganglion, hypocerebral ganglion] 脑下神经节，后头神经节
occipital horn 后头角 <蜻蜓目昆虫头部两侧在后头脊下的骨化角>
occipital margin 后头缘 <专指食毛亚目昆虫头部的后缘>

O

occipital orbit [= posterior orbit] 后头眶
occipital ridge 后头脊 < 指蜻蜓目昆虫在头部后背角上伸展于复眼间的脊 >
occipital spine 后头刺 < 指蜻蜓目昆虫头部后背面复眼间的刺 >
occipital sulcus [= hypostomal sulcus, hypostomal suture] 后头沟
occipito-orbital bristle 后头眶鬃 < 指双翅目昆虫复眼的后眼眶上的刚毛 >
occiput 后头
Occitana forester [*Bebearia occitana* Hecq] 欧克舟蛱蝶
occluded virus 包涵体病毒
occlusion body 包涵体
occlusor [= occlusor muscle] 闭肌
occlusor muscle 见 occlusor
occult virus 潜伏型病毒
occurrence 发生
occurrence degree 发生程度
Occutanspsyche 隐片纹石蛾亚属，隐片纹石蛾属
Occutanspsyche polyacantha Li *et* Tian 见 *Hydropsyche polyacantha*
ocean mealybug [= grape mealybug, American grape mealybug, Baker mealybug, Baker's mealybug, *Pseudococcus maritimus* (Ehrhorn)] 真葡萄粉蚧，海粉蚧，葡萄粉蚧
Ocean Province 海洋区
Oceanaspidiotus 洋圆盾蚧属
Oceanaspidiotus spinosus (Comstock) [spined scale insect, avocado scale] 刺洋圆盾蚧
oceanic distribution 海洋分布
oceanic field cricket [= Australian field cricket, Pacific field cricket, black field cricket, *Teleogryllus oceanicus* (Le Guillou)] 滨海油葫芦，海洋油葫芦
oceanium 海洋群落
oceanophilus 适海洋的，喜海洋的
ocell-ocular distance [= ocell-ocular line] 复眼单眼间距 < 复眼内侧与同侧单眼之间的最短距离 >
ocell-ocular line [abb. OOL] 见 ocell-ocular distance
Ocella 眼弄蝶属
Ocella albata (Mabille) 眼弄蝶
ocella [pl. ocellae; = ocelli, simple eye] 单眼
ocellae [s. ocella; = ocellus, simple eyes] 单眼
ocellanae 单眼 < 专指不全变态类昆虫的若虫和成虫的单眼 >
ocellar 单眼的
ocellar basin 单眼凹 < 见于膜翅目昆虫的额区 >
ocellar bristle 单眼鬃 < 某些双翅目昆虫中，邻近单眼的向前伸刚毛 >
ocellar center 单眼中心 < 指单眼的脑中心 >
ocular emargination 眼陷 < 常指食毛亚目昆虫头部的侧凹，因其后接纳复眼故名 >
ocular fleck 眼痣 < 食毛亚目昆虫眼中的一个小深黑色点 >
ocular fringe 眼缨 < 食毛亚目昆虫眼陷后半部的密集小毛 >
ocellar furrow 单眼沟 < 膜翅目昆虫中伸展于近侧单眼背缘的直沟两端间的横沟，常与围绕侧单眼的区域并合 >
ocellar pair 单眼鬃对 < 见于双翅 Diptera 目中 >
ocellar pedicel 单眼梗，单眼柄
ocellar plate [= ocellar triangle, vertical triangle] 单眼三角区，单眼板 < 见于双翅目 Diptera 中 >
ocellar ribbon 单眼带 < 专指蝶蛹横经眼部的新月形光滑细带 >
ocellar ridge 单眼脊 < 专指蜻蜓目昆虫单眼后的脊 >
ocellar stripe 单眼条 < 指蜻蜓目昆虫头部背面单眼后的淡色条 >
ocellar triangle 见 ocellar plate
ocellar tubercle 单眼瘤 < 虫虻科 Asilidae 等双翅目昆虫头部着生单眼的肿瘤 >
ocellarae 侧单眼 < 专指全变态类昆虫幼虫的单眼 >
Ocellarnaca 眼斑蟋螽属
Ocellarnaca braueri (Griffini) 布氏眼斑蟋螽
Ocellarnaca brevicauda Li, Fang, Liu *et* Li 短瓣眼斑蟋螽
Ocellarnaca conica Bian, Shi *et* Guo 黑脸眼斑蟋螽
Ocellarnaca coomani Li, Fang, Liu *et* Li 高氏眼斑蟋螽
Ocellarnaca emeiensis Li, Fang, Liu *et* Li 峨眉眼斑蟋螽
Ocellarnaca fallax (Liu) 近似眼斑蟋螽
Ocellarnaca furcifera (Karny) 叉突眼斑蟋螽
Ocellarnaca fuscotessellata (Karny) 锈褐眼斑蟋螽，锈色优蟋螽，褐尤蟋螽
Ocellarnaca wolffi (Krausze) 沃氏眼斑蟋螽
Ocellarnaca xiai Li, Fang, Liu *et* Li 同 *Ocellarnaca braueri*
ocellasae 单眼 < 指全变态类昆虫成虫的单眼 >
ocellate [= ocellated, ocellatus] 具单眼的，具瞳点的
ocellate gall midge [= eye spot gall midge, maple eyespot gall midge, maple gall midge, maple leaf spot midge, maple leaf spot gall midge, *Acericecis ocellaris* (Osten-Sacken)] 深红槭瘿蚊，深红槭叶瘿蚊
ocellated 见 ocellate
ocellated owlet [*Catoblepia berecynthia* (Cramer)] 红带咯环蝶
ocellatus 见 ocellate
ocelli [s. ocellus] 1. [= ocellae, simple eyes] 单眼；2. 具瞳 < 指成虫中的单眼；有时用于幼虫单眼，同 stemma (pl. stemmata)，或 ommata；有时用于被一不同色环围绕的色点 >
Ocelliemesina 单眼蚊猎蝽属
Ocelliemesina sinica Wang, Wang, Cao *et* Cai 中华单眼蚊猎蝽
ocelligerous [= ocelligerus] 具单眼的
ocelligerus 见 ocelligerous
ocello-occipital distance 单眼后头间距
ocelloid 单眼状
Ocelloveliinae 单眼宽肩蝽亚科
ocellus [pl. ocelli] 1. [= ocella, simple eye] 单眼；2. 具瞳点
ocellus coecus [= blind ocellus] 盲眼点
ocellus simplex [= simple ocellus] 简单眼点
ocher ringlet [*Coenonympha ochracea* Edwards] 赭黄珍眼蝶
Ochetellus 凹臭蚁属，管琉璃蚁属
Ochetellus glaber (Mayr) [black household ant] 无毛凹臭蚁，光滑管蚁，无毛虹臭蚁，光穴臭蚁，光滑管琉璃蚁
Ochlerotatus 黄蚊属，黄蚊亚属，骚扰蚊亚属
Ochlerotatus fengi (Edwards) 冯氏黄蚊，冯氏伊蚊
Ochlerotatus* (*Finlaya*) *albocinctus (Barraud) 白条黄蚊，白条伊蚊，白背黄蚊
Ochlerotatus* (*Finlaya*) *aureostriatus (Doleschall) 金条黄蚊，金条伊蚊
Ochlerotatus* (*Finlaya*) *aureostriatus aureostriatus (Doleschall) 金条黄蚊指名亚种
Ochlerotatus* (*Finlaya*) *aureostriatus taiwanus Lien 金条黄蚊台湾亚种，金线斑蚊，台金纹伊蚊，金线黄蚊
Ochlerotatus* (*Finlaya*) *chungi (Lien) 钟氏黄蚊，钟氏伊蚊

Ochlerotatus* (*Finlaya*) *crossi (Lien) 黄线黄蚊，高氏黄蚊，黄线伊蚊
Ochlerotatus* (*Finlaya*) *elsiae (Barraud) 棘刺黄蚊，棘刺伊蚊
Ochlerotatus* (*Finlaya*) *elsiae elsiae (Barraud) 棘刺黄蚊指名亚种
Ochlerotatus* (*Finlaya*) *elsiae vicarious (Lien) 棘刺黄蚊台湾亚种，艾氏黄蚊
Ochlerotatus* (*Finlaya*) *formosensis (Yamada) 台湾黄蚊，台湾伊蚊，蓬莱伊蚊
Ochlerotatus* (*Finlaya*) *harveyi (Barraud) 哈氏黄蚊，哈维伊蚊
Ochlerotatus* (*Finlaya*) *hatorii (Yamada) 羽鸟黄蚊，羽鸟伊蚊
Ochlerotatus* (*Finlaya*) *hurlbuti (Lien) 赫氏黄蚊，金肩伊蚊
Ochlerotatus* (*Finlaya*) *japonicus (Theobald) 日本黄蚊，日本伊蚊
Ochlerotatus* (*Finlaya*) *japonicus japonicus (Theobald) 日本黄蚊指名亚种
Ochlerotatus* (*Finlaya*) *japonicus shintienensis (Tsai *et* Lien) 日本黄蚊新店亚种，日本黄蚊
Ochlerotatus* (*Finlaya*) *melanopterus (Giles) 黑翅黄蚊，黑翅伊蚊
Ochlerotatus* (*Finlaya*) *pulchriventer (Giles) 美腹黄蚊，美腹伊蚊
Ochlerotatus* (*Finlaya*) *pulchriventer alius (Lien) 美腹黄蚊阿里亚种，美腹黄蚊
Ochlerotatus* (*Finlaya*) *pulchriventer pulchriventer (Giles) 美腹黄蚊指名亚种
Ochlerotatus* (*Finlaya*) *sinensis (Chow) 中华黄蚊，中华伊蚊
Ochlerotatus* (*Ochlerotatus*) *dorsalis (Meigen) 背点黄蚊，背点伊蚊
Ochlerotatus* (*Ochlerotatus*) *vigilax (Skuse) 警觉黄蚊，白喙黄蚊，警觉伊蚊
Ochlodes 赭弄蝶属
Ochlodes agricola (Boisduval) [rural skipper] 田园赭弄蝶
Ochlodes asahinai Shirôzu 日本赭弄蝶
Ochlodes bouddha (Mabille) 菩提赭弄蝶，普提赭弄蝶
Ochlodes bouddha bouddha (Mabille) 菩提赭弄蝶指名亚种
Ochlodes bouddha yuchingkinus Matsuyama *et* Shimonoya 菩提赭弄蝶台湾亚种，雪山黄斑弄蝶，箭竹褐弄蝶，箭竹赭弄蝶，赭弄蝶
Ochlodes brahma (Moore) [Himalayan darter] 婆罗摩赭弄蝶
Ochlodes crataeis (Leech) 黄赭弄蝶
Ochlodes flavomaculatus Draeseke 黄斑赭弄蝶
Ochlodes formosanus (Matsumura) 同 *Ochlodes niitakana*
Ochlodes hasegawai Chiba *et* Tsukiyama 素赭弄蝶，哈氏赭弄蝶
Ochlodes klapperichii Evans 针纹赭弄蝶
Ochlodes lanta Evans 净裙赭弄蝶，阑赭弄蝶
Ochlodes linga Evans 透斑赭弄蝶，临赭弄蝶
Ochlodes niitakana (Sonan) 台湾赭弄蝶，玉山黄斑弄蝶，赭弄蝶，白斑赭弄蝶，台湾雪山赭弄蝶
Ochlodes ochracea (Bremer) 宽边赭弄蝶
Ochlodes ochracea ochracea (Bremer) 宽边赭弄蝶指名亚种
Ochlodes ochracea rikuchina (Butler) 同 *Ochlodes ochracea ochracea*
Ochlodes sagitta Hemming 肖小赭弄蝶
Ochlodes samenta Dyar [samenta skipper] 萨门特赭弄蝶
Ochlodes similis (Leech) 似小赭弄蝶
Ochlodes siva (Moore) 雪山赭弄蝶
Ochlodes siva niitakana (Sonan) 见 *Ochlodes niitakana*
Ochlodes siva siva Moore 雪山赭弄蝶指名亚种，指名雪山赭弄蝶
Ochlodes siva tarsa Evans 雪山赭弄蝶西藏亚种，西藏雪山赭弄蝶
Ochlodes siva yuchingkina Murayama *et* Shimanoya 雪山赭弄蝶余氏亚种，余氏雪山赭弄蝶
Ochlodes snowi (Edwards) 斯诺赭弄蝶
Ochlodes subhyalina (Bremer *et* Grey) 白斑赭弄蝶，半透陀弄蝶
Ochlodes subhyalina chayuensis Huang 白斑赭弄蝶察隅亚种
Ochlodes subhyalina formosana Matsumrua 同 *Ochlodes niitakana*
Ochlodes subhyalina subhylina (Bremer *et* Grey) 白斑赭弄蝶指名亚种，指名白斑赭弄蝶
Ochlodes sylvanoides (Boisduval) [woodland skipper] 森林赭弄蝶，拟林赭弄蝶
Ochlodes sylvanoides napa (Edwards) [Napa skipper] 森林赭弄蝶纳帕亚种
Ochlodes sylvanoides sylvanoides (Boisduval) 森林赭弄蝶指名亚种
Ochlodes sylvanus (Esper) [large skipper] 大赭弄蝶，林奥赭弄蝶
Ochlodes sylvanus venata (Bremer *et* Grey) 见 *Ochlodes venata*
Ochlodes thibetana (Oberthür) 西藏赭弄蝶
Ochlodes venata (Bremer *et* Grey) 小赭弄蝶，脉林赭弄蝶
Ochlodes venata majuscula (Elwes *et* Edwards) 小赭弄蝶上海亚种
Ochlodes venata sagitta Hemming 小赭弄蝶中部亚种，中部小赭弄蝶
Ochlodes venata similis (Leech) 小赭弄蝶广布亚种，广布小赭弄蝶
Ochlodes venata venata (Bremer *et* Grey) 小赭弄蝶指名亚种，指名小赭弄蝶
Ochlodes yuma (Edwards) [yuma skipper, giant-reed skipper] 尤马赭弄蝶
ochodaeid 1. [= ochodaeid beetle, ochodaeid scarab beetle, sand-loving scarab beetle] 红金龟甲 <红金龟甲科 Ochodaeidae 昆虫的通称>; 2. 红金龟甲科的
ochodaeid beetle [= ochodaeid, ochodaeid scarab beetle, sand-loving scarab beetle] 红金龟甲
ochodaeid scarab beetle 见 ochodaeid beetle
Ochodaeidae 红金龟甲科，红金龟科
Ochodaeinae 红金龟亚甲科，红金龟亚科
Ochodaeini 红金龟甲族，红金龟族
Ochodaeus 红金龟甲属，红金龟属
Ochodaeus asahinai Kurosawa 朝红金龟甲，朝红金龟
Ochodaeus ferrugineus Eschscholtz 锈红金龟甲，锈红金龟
Ochodaeus formosanus Kurosawa 见 *Nothochodaeus formosanus*
Ochodaeus grandiceps Fairmaire 大头红金龟甲，大头红金龟
Ochodaeus maculatus Waterhouse 斑红金龟甲，斑红金龟
Ochodaeus maculatus interruptus Kurosawa 见 *Nothochodaeus interruptus*
Ochodaeus mongolicus Petroitz 蒙红金龟甲，蒙红金龟
Ochodaeus xanthomelas Wiedemann 见 *Nothochodaeus xanthomelas*
Ochodontia 轮尺蛾属
Ochodontia adustaria (Fisher *et* Waldheim) 轮尺蛾
ochra metalmark [= dreamy lenmark, *Synargis ochra* Butes] 赭拟螟蚬蝶

ochraceous [= ochraceus, ochraeus, ochreous, ochreus] 赭色
ochraceous skipper [= ochre branded skipper, *Hesperia colorado ochracea* Lindsey] 尖角橙翅弄蝶黄褐亚种
ochraceus 见 ochraceous
ochre branded skipper 见 ochraceous skipper
ochre dagger moth [*Acronicta morula* Grote *et* Robinson] 赭剑纹夜蛾
ochre hoary-skipper [= cloud-forest hoary-skipper, calliptes skipper, *Carrhenes callipetes* Godman *et* Salvin] 卡丽苍弄蝶
ochre-tinged slender moth [= poplar bent-wing, *Phyllocnistis unipunctella* Stephens] 淡黄叶潜蛾
ochreceus cockchafer [= large black chafer, dark cockchafer, *Pedinotrichia parallela* (Motschulsky)] 暗黑金龟子，大褐齿爪鳃金龟，暗黑齿爪鳃金龟甲，暗黑齿爪鳃金龟，褐金龟子，暗黑鳃金龟
ochreous 见 ochraceous
ochreous-banded policeman [= coast policeman, *Coeliades sejuncta* (Mabille *et* Vuillot)] 淡带竖翅弄蝶
ochreous dart [*Andronymus evander* (Mabille)] 伊昂弄蝶
ochreous dotted border [*Mylothris ochracea* Aurivillius] 黑边赭迷粉蝶
ochreous gliding hawkmoth [*Ambulyx ochracea* Butler] 裂斑鹰翅天蛾，鹰翅天蛾，细翅天蛾
ochreous leaf sitter [*Gorgyra subfacatus* Mabille] 苏槁弄蝶
ochreus 见 ochraceous
Ochrilidia 尖头蝗属
Ochrilidia hebetata (Uvarov) 沙地尖头蝗
Ochrochira 赭缘蝽属
Ochrochira albiditarsis (Westwood) 白跗赭缘蝽
Ochrochira camelina Kiritshenko 茶色赭缘蝽
Ochrochira dentata Ren 齿赭缘蝽
Ochrochira ferruginea Hsiao 锈赭缘蝽
Ochrochira fusca Hsiao 黑赭缘蝽
Ochrochira granulipes (Westwood) 粒足赭缘蝽，薄缘蝽
Ochrochira lunata Distant 见 *Molipteryx lunata*
Ochrochira monticola Hsiao 山赭缘蝽
Ochrochira nigrorufa Walker 双色赭缘蝽
Ochrochira pallipennis Hsiao 白翅赭缘蝽
Ochrochira potanini Kiritshenko 波赭缘蝽
Ochrochira qingshanensis Ren 青山赭缘蝽
Ochrochira stenopoda Ren 细足赭缘蝽
Ochrogaster 赭腹舟蛾
Ochrogaster lunifer Herrich-Schäffer [bag-shelter moth, boree moth] 澳金合欢赭腹舟蛾，澳金合欢塔舟蛾
Ochrognesia 枯斑翠尺蛾属
Ochrognesia difficta (Walker) 枯斑翠尺蛾
Ochrognesia monbeigaria Oberthür 见 *Eucyclodes monbeigaria*
ochroleucus 淡赭色
Ochronanus 赭木象甲属，赭木象属
Ochronanus rufus (Voss) 红赭木象甲，红赭木象
Ochropacha 霉波纹蛾属
Ochropacha duplaris (Linnaeus) [common lutestring] 霉波纹蛾，倍散波纹蛾
Ochrophara 涯蝽属
Ochrophara chinensis Zheng *et* Liu 中国涯蝽
Ochropleura 狼夜蛾属
Ochropleura amphibola Boursin 见 *Actebia amphibola*
Ochropleura astigmata (Hampson) 阿狼夜蛾
Ochropleura castanea (Esper) 栗红狼夜蛾
Ochropleura clara (Staudinger) 清狼夜蛾，亮狼夜蛾
Ochropleura clarivena (Püngeler) 明狼夜蛾，光脉狼夜蛾
Ochropleura despecta (Corti *et* Draudt) 睨狼夜蛾，德狼夜蛾
Ochropleura draesekei (Corti) 黑剑狼夜蛾
Ochropleura dulcis (Alphéraky) 杜狼夜蛾
Ochropleura ellapsa (Corti) 红棕狼夜蛾
Ochropleura eremicola (Standfuss) 见 *Dichagyris eremicola*
Ochropleura eremopsis Boursin 漠狼夜蛾，埃狼夜蛾
Ochropleura fennica (Tauscher) 见 *Actebia fennica*
Ochropleura flammatra (Denis *et* Schiffermüller) [black collar moth] 焰色狼夜蛾
Ochropleura geochroides Boursin 土狼夜蛾
Ochropleura herculea (Corti *et* Draudt) 赫狼夜蛾
Ochropleura himalayensis (Turati) 见 *Dichagyris himalayensis*
Ochropleura ignara (Staudinger) 见 *Dichagyris ignara*
Ochropleura improba (Staudinger) 胡狼夜蛾，因狼夜蛾
Ochropleura juldussi (Alphéraky) 尤狼夜蛾，贾狼夜蛾
Ochropleura kirghisa (Eversmann) 客狼夜蛾
Ochropleura lasciva (Staudinger) 拉狼夜蛾
Ochropleura latipennis (Püngeler) 见 *Dichagyris latipennis*
Ochropleura melanura (Kollar) 皂狼夜蛾，枚狼夜蛾
Ochropleura melanuroides (Koshantschikov) 塞狼夜蛾
Ochropleura multicuspis (Eversmann) 列齿狼夜蛾
Ochropleura musiva (Hübner) 缪狼夜蛾
Ochropleura musivula (Staudinger) 昆狼夜蛾
Ochropleura ngariensis Chen 阿里狼夜蛾
Ochropleura nigrita (Graeser) 见 *Feltia nigrita*
Ochropleura obliqua (Corti *et* Draudt) 斜纹狼夜蛾
Ochropleura orientis (Alphéraky) 东狼夜蛾，东方狼夜蛾
Ochropleura perturbans Boursin 摄狼夜蛾，旋狼夜蛾
Ochropleura plecta (Linnaeus) 狼夜蛾
Ochropleura plumbea (Alphéraky) 铅色狼夜蛾
Ochropleura praecox (Linnaeus) 翠色狼夜蛾，翠地老虎
Ochropleura praecurrens (Staudinger) 黑齿狼夜蛾
Ochropleura pudica (Staudinger) 见 *Dichagyris pudica*
Ochropleura refulgens (Warren) 夕狼夜蛾
Ochropleura sikkima (Moore) 白纹狼夜蛾
Ochropleura spissilinea (Staudinger) 实狼夜蛾，斯狼夜蛾
Ochropleura stentzi (Lederer) 见 *Dichagyris* (*Albocosta*) *stentzi*
Ochropleura subplumbea (Staudinger) 近铅色狼夜蛾
Ochropleura triangularis Moore 见 *Dichagyris* (*Albocosta*) *triangularis*
Ochropleura truculenta (Lederer) 见 *Dichagyris truculenta*
Ochropleura umbrifera (Alphéraky) 阴狼夜蛾，荫狼夜蛾
Ochropleura vallesiaca (Boisduval) 垒狼夜蛾，河谷狼夜蛾
Ochropleura verecunda (Püngeler) 卑狼夜蛾
Ochrosis chinensis Gruev 见 *Neocrepidodera chinensis*
Ochrostigma albibasis Chiang 同 *Phalerodonta bombycina*
Ochrotrigona 褶翅夜蛾属，奥克夜蛾属
Ochrotrigona triangulifera (Hampson) 三角褶翅夜蛾，褶翅夜蛾，三角奥克夜蛾

Ochsenheimeria 茎谷蛾属

Ochsenheimeria taurella (Denis *et* Schiffermüller) [feathered stem-moth, liverpool feather-horn, rye stem borer] 麦茎谷蛾 < 此种学名有误写为 *Ochsencheimeria taurella* Schrank 者 >

ochterid 1. [= ochterid bug, velvety shore bug] 蜍蝽，拟蟾蝽 < 蜍蝽科 Ochteridae 昆虫的通称 >；2. 蜍蝽科的

ochterid bug [= ochterid, velvety shore bug] 蜍蝽，拟蟾蝽

Ochteridae [= Pelogonidae] 蜍蝽科，拟蟾蝽科

Ochteroidea 蜍蝽总科

Ochterus 蜍蝽属

Ochterus breviculus Nieser *et* Chen 小蜍蝽

Ochterus marginatus (Latreille) 黄边蜍蝽，黄边拟蟾蝽

Ochthebius 奥平唇牙甲属，苔水龟属

Ochthebius andreasi Jäch 安氏奥平唇牙甲

Ochthebius andreasoides Jäch 类安奥平唇牙甲

Ochthebius angusi Jäck 安格斯奥平唇牙甲

Ochthebius argentatus Jäch 银毛奥平唇牙甲

Ochthebius asiobatoides Jäch 似阿奥平唇牙甲

Ochthebius asperatus Jäch 糙刻奥平唇牙甲

Ochthebius aztecus Shar 阿奥平唇牙甲，阿兹台克丘水龟

Ochthebius californicus Perkins 加州奥平唇牙甲，奥平唇牙甲

Ochthebius caligatus Jäch 靴奥平唇牙甲

Ochthebius cameroni Balfour-Browne 卡氏奥平唇牙甲

Ochthebius castellanus Jäch 城堡奥平唇牙甲

Ochthebius caucasicus Kuwert 中亚奥平唇牙甲

Ochthebius costatellus Reitter 缘奥平唇牙甲

Ochthebius endroedyi Perkins 恩氏奥平唇牙甲

Ochthebius enicoceroides Jäch 类恩奥平唇牙甲

Ochthebius exiguus Jäch 小奥平唇牙甲

Ochthebius exilis Pu 同 *Ochthebius opacipennis*

Ochthebius flagellifer Jäch 鞭奥平唇牙甲

Ochthebius flavipes Dalla Torre 黄足奥平唇牙甲

Ochthebius flexus Pu 弯奥平唇牙甲

Ochthebius formosanus Jäch 蓬莱奥平唇牙甲，蓬莱苔水龟

Ochthebius freyi Orchymont 福氏奥平唇牙甲

Ochthebius fujianensis Jäch 福建奥平唇牙甲

Ochthebius furcatus Pu 叉奥平唇牙甲，叉滇奥平唇牙甲

Ochthebius gonggashanensis Jäch 贡嘎山奥平唇牙甲

Ochthebius granulatus (Mulsant) 颗奥平唇牙甲

Ochthebius granulinus Perkins 粒奥平唇牙甲

Ochthebius guangdongensis Jäch 广东奥平唇牙甲

Ochthebius haelii Ferro 海氏奥平唇牙甲

Ochthebius hainanensis Jäch 海南奥平唇牙甲

Ochthebius hajeki Jäch *et* Delgado 哈氏奥平唇牙甲

Ochthebius halophilus Ertorun *et* Jäch 哈咯奥平唇牙甲

Ochthebius hanshebaueri Jäch 汉氏奥平唇牙甲

Ochthebius hasegawai Nakane *et* Matsui 长谷川奥平唇牙甲

Ochthebius hauseri Jäch 胡氏奥平唇牙甲

Ochthebius hayashii Jäch *et* Delgado 林氏奥平唇牙甲

Ochthebius himalayae Jäch 喜马奥平唇牙甲

Ochthebius hivae Jäch, Irani *et* Delgado 嗨奥平唇牙甲

Ochthebius hofratvukovitsi Jäch 郝氏奥平唇牙甲

Ochthebius hokkaidensis Jäch 北海道奥平唇牙甲

Ochthebius hunanensis Pu 湘奥平唇牙甲

Ochthebius ilanensis Jäch 清溪奥平唇牙甲，清溪苔水龟

Ochthebius inermis Sharp 长毛奥平唇牙甲，长毛苔水龟

Ochthebius iranicus Balfour-Browne 伊朗奥平唇牙甲

Ochthebius italicus Jäch 意大利奥平唇牙甲

Ochthebius jengi Jäch 郑氏奥平唇牙甲，郑氏苔水龟

Ochthebius jilanzhui Jäch 姬氏奥平唇牙甲

Ochthebius klapperichi Jäch 克氏奥平唇牙甲

Ochthebius kuwerti Reitter 库奥平唇牙甲

Ochthebius lobatus Pu 叶奥平唇牙甲

Ochthebius lurugosus Jäch 皱奥平唇牙甲

Ochthebius marinus (Paykull) [marine moss beetle] 广奥平唇牙甲

Ochthebius matsudae Jäch et Delgado 松田奥平唇牙甲

Ochthebius minimus (Fabricius) 小奥平唇牙甲

Ochthebius mongolensis Janssens 蒙古奥平唇牙甲

Ochthebius mongolicus Janssens 北奥平唇牙甲

Ochthebius montanus Frivaldszky 山奥平唇牙甲

Ochthebius nepalensis Jäch 尼奥平唇牙甲

Ochthebius nigrasperulus Jäch 暗黑奥平唇牙甲

Ochthebius nilssoni Hebauer 倪氏奥平唇牙甲

Ochthebius nipponicus Jäch 日本奥平唇牙甲

Ochthebius nitidipennis (Champion) 亮翅奥平唇牙甲

Ochthebius nitidus Pu 同 *Ochthebius pui*

Ochthebius obesus Jäch 大奥平唇牙甲

Ochthebius obscurometallescens Ienistea 暗闪奥平唇牙甲

Ochthebius octofoveatus Pu 八窝奥平唇牙甲

Ochthebius oezkani Jäch, Kasapoglu *et* Erman 欧氏奥平唇牙甲

Ochthebius opacipennis Champion 暗翅奥平唇牙甲

Ochthebius orientalis Janssens 东方奥平唇牙甲

Ochthebius ovatus Jäch 卵形奥平唇牙甲

Ochthebius perdurus Reitter 泼奥平唇牙甲

Ochthebius pui Perkins 蒲氏奥平唇牙甲

Ochthebius romanicus Ienistea 罗马奥平唇牙甲

Ochthebius rotundatus Jäch 圆奥平唇牙甲

Ochthebius rubripes Boheman 红足奥平唇牙甲

Ochthebius salebrosus Pu 糙奥平唇牙甲

Ochthebius satoi Nakane 水滏奥平唇牙甲，水滏苔水龟

Ochthebius sichuanensis Jäch 四川奥平唇牙甲

Ochthebius stastnyi Jäch 斯氏奥平唇牙甲

Ochthebius strigoides Jäch 点刻苔水龟

Ochthebius turkestanus Kuwert 土奥平唇牙甲

Ochthebius unimaculatus Pu 一斑奥平唇牙甲

Ochthebius verrucosus Pu 瘤奥平唇牙甲

Ochthebius wangmiaoi Jäch 王氏奥平唇牙甲

Ochthebius wewalkai Jäch 威氏奥平唇牙甲

Ochthebius wuzhishanensis Jäch 五指山奥平唇牙甲

Ochthebius yaanensis Jäch 雅安奥平唇牙甲

Ochthebius yoshitomii Jäch *et* Delgado 吉富奥平唇牙甲

Ochthebius yunnanensis d'Orchymont 滇奥平唇牙甲

Ochthebius yunnanensis furcatus Pu 见 *Ochthebius furcatus*

Ochthebius yunnanensis yunnanensis d'Orchymont 滇奥平唇牙甲指名亚种，指名滇奥平唇牙甲

Ochthephilum 膝角毒隐翅甲属 < 此属隶属于毒隐翅虫亚科 Paederinae，属名易与颈隐翅甲亚科 Oxytelinae 喜湿隐翅虫属 *Ochthephilus* 混淆 >

Ochthephilum abdominale (Motschulsky) 腹膝角毒隐翅甲，腹隆隐翅虫

O

Ochthephilum abdominale* var. *rufipenne Motschulsky 腹膝角毒隐翅甲红翅变种，黑胸潜隐翅虫
Ochthephilum ceylanense (Kraatz) 斯膝角毒隐翅甲，斯隆隐翅虫，斯潜隐翅虫
Ochthephilum cuneatum (Sharp) 岛膝角毒隐翅甲
Ochthephilum densipenne (Sharp) 曲毛膝角毒隐翅甲，曲毛瘤隐翅虫
Ochthephilum formosae (Cameron) 台湾膝角毒隐翅甲，台隆隐翅虫
Ochthephilum japonicum (Sharp) 日本膝角毒隐翅甲，日隆隐翅虫，日潜隐翅虫
Ochthephilum klapperichi Bernhauer 克氏膝角毒隐翅甲，克隆隐翅虫，克潜隐翅虫
Ochthephilum marginatum (Motschulsky) 缘膝角毒隐翅甲，缘隆隐翅虫，缘潜隐翅虫
Ochthephilum pectorale (Sharp) 佩膝角毒隐翅甲，佩隆隐翅虫
Ochthephilum phaenomenale Bernhauer 费膝角毒隐翅甲，费隆隐翅虫，费潜隐翅虫
Ochthephilum waageni Bernhauer 瓦膝角毒隐翅甲，瓦隆隐翅虫，瓦氏潜隐翅虫
Ochthephilum yunnanense Watanabe *et* Xiao 云南膝角毒隐翅甲
Ochthephilus 喜湿隐翅甲属，丘居隐翅虫属，丘隐翅甲属 < 此属隶属于颈隐翅甲亚科 Oxytelinae，属名易与毒隐翅甲亚科 Paederinae 膝角毒隐翅甲属 *Ochthephilum* 混淆 >
Ochthephilus ashei Makranczy 阿希喜湿隐翅甲
Ochthephilus assingi Makranczy 阿斯喜湿隐翅甲，阿星丘居隐翅虫
Ochthephilus basicornis (Cameron) 本喜湿隐翅甲，本丘居隐翅虫
Ochthephilus californicus Makranczy 加州喜湿隐翅甲
Ochthephilus championi (Bernhauer) 捍喜湿隐翅甲，捍丘居隐翅虫

Ochthephilus davidi Makranczy 大卫喜湿隐翅甲
Ochthephilus enigmaticus Makranczy 诡喜湿隐翅甲，诡丘居隐翅虫
Ochthephilus forticornis (Hochhuth) 勇喜湿隐翅甲，勇丘居隐翅虫
Ochthephilus gusarovi Makranczy 古氏喜湿隐翅甲，古丘居隐翅虫
Ochthephilus hammondi Makranczy 哈氏喜湿隐翅甲
Ochthephilus indicus Makranczy 印度喜湿隐翅甲
Ochthephilus itoi Makranczy 伊藤喜湿隐翅甲
Ochthephilus kirschenblatti Makranczy 新疆喜湿隐翅甲，基丘居隐翅虫
Ochthephilus kleebergi Makranczy 克氏喜湿隐翅甲，克里丘居隐翅虫
Ochthephilus laevis (Watanabe *et* Shibata) 滑喜湿隐翅甲，滑丘居隐翅虫
Ochthephilus loebli Makranczy 劳氏喜湿隐翅甲
Ochthephilus masatakai Watanabe 同 *Ochthephilus vulgaris*
Ochthephilus merkli Makranczy 默氏喜湿隐翅甲
Ochthephilus monticola (Cameron) 山喜湿隐翅甲，山丘居隐翅虫
Ochthephilus nepalensis (Scheerpeltz) 尼喜湿隐翅甲，尼丘居隐翅虫
Ochthephilus qingyianus Makranczy 青衣喜湿隐翅甲，青衣丘居隐翅虫
Ochthephilus ritae Makranczy 丽塔喜湿隐翅甲
Ochthephilus schuelkei Makranczy 舒氏喜湿隐翅甲
Ochthephilus sericinus (Solsky) 丝喜湿隐翅甲，丝隆隐翅虫，丝角丘隐翅甲
Ochthephilus szarukani Makranczy 四川喜湿隐翅甲
Ochthephilus szeli Makranczy 斯氏喜湿隐翅甲
Ochthephilus tibetanus Makranczy 西藏喜湿隐翅甲
Ochthephilus tichomirovae Makranczy 毛喜湿隐翅甲
Ochthephilus uhligi Makranczy 湖北喜湿隐翅甲
Ochthephilus vulgaris (Watanabe *et* Shibata) 常喜湿隐翅甲
Ochthephilus wrasei Makranczy 乌氏喜湿隐翅甲
Ochthephilus wunderlei Makranczy 文氏喜湿隐翅甲
Ochthephilus zerchei Makranczy 孜氏喜湿隐翅甲
Ochthera 螳水蝇属，奥水蝇属
Ochthera canescens Cresson 同 *Ochthera pilimana*
Ochthera circularis Cresson 尖唇螳水蝇，园奥水蝇
Ochthera guangdongensis Zhang *et* Yang 广东螳水蝇
Ochthera hainanensis Zhang *et* Yang 海南螳水蝇
Ochthera japonica Miyagi 日本螳水蝇
Ochthera macrothrix Clausen 长鬃螳水蝇
Ochthera pilimana Becker 黄跗螳水蝇，毛奥水蝇
Ochthera sauteri Cresson 沙特螳水蝇，索奥水蝇，忍者渚蝇
Ochtherohilara 螳喜舞虻属
Ochtherohilara basiflava Yang *et* Wang 基黄螳喜舞虻
Ochthiphilidae [= Chamaemyiidae] 斑腹蝇科，蚜小蝇科
ochthium 泥滩群落
Ochthopetina 疣蜻属，疣石蝇属
Ochthopetina cavaleriei Navás 见 *Neoperla cavaleriei*
Ochthopetina limbatella (Navás) 有边疣蜻，有边疣石蝇
Ochthopetina multidentata Wu 多齿疣蜻，多齿疣石蝇
Ochthopetina nigrifrons Banks 见 *Chinoperla nigrifrons*
ochus hairstreak [*Panthiades ochus* (Godman *et* Salvin)] 奥潘灰蝶
ochus skipper [*Eutychide ochus* Godman *et* Salvin] 黄优迪弄蝶
Ochus 奥弄蝶属
Ochus subvittatus (Moore) [tiger hopper] 虎奥弄蝶，奥弄蝶
Ochyracris 壮蝗属
Ochyracris rufutibialis Zheng 红胫壮蝗
Ochyromera 粗腿象甲属
Ochyromera distinguenda Voss 卓越粗腿象甲，卓越粗腿象
Ochyromera miwai Kôno 柿粗腿象甲，三轮粗腿象
Ochyromera quadrimaculata Voss 茶芽粗腿象甲，茶芽粗腿象
Ochyromera suturalis Kojima *et* Morimoto 缝粗腿象甲，缝粗腿象
Ochyrotica 褐羽蛾属
Ochyrotica concursa (Walsingham) [sweetpotato plume moth] 甘薯褐羽蛾，连褐羽蛾，甘薯壮羽蛾，甘薯全翅羽蛾，甘薯鸟羽蛾
Ochyrotica taiwanica Gielis 台褐羽蛾
Ochyrotica yanoi Arenberger 雅褐羽蛾
Ochyrotylus 壮蝽属，小黄蝽属
Ochyrotylus helvinus Jakovlev 贺兰壮蝽，贺兰小黄蝽
ocimum leaf folder [*Syngamia abruptalis* (Walker)] 褐黄环角野螟，环角野螟

Ocinara 白蚕蛾属，褐白蚕蛾属
Ocinara albicollis (Walker) 嗄褐蚕蛾
Ocinara apicalis Walker 黑点白蚕蛾，端白蚕蛾
Ocinara bipuncta Chu *et* Walker 拟双点白蚕蛾
Ocinara brunnea (Wileman) 见 *Triuncina brunnea*
Ocinara diaphragma Mell 见 *Triuncina diaphragma*
Ocinara diaphragma formosana Mell 同 *Triuncina brunnea*
Ocinara dilectula Walker [Indian rubber silk moth] 印度胶树白蚕蛾，印度胶树野蚕
Ocinara ficicola Westwood 弱褐白蚕蛾
Ocinara liafuncta Chu *et* Walker 列点白蚕蛾
Ocinara lida Moore 见 *Ernolatia lida*
Ocinara nitida Chu *et* Wang 见 *Triuncina nitida*
Ocinara nitidoadea Chu *et* Wang 类褐白蚕蛾
Ocinara signifera Walker 双点白蚕蛾
Ocinara tetrapuncta Chu *et* Wang 四点灰白蚕蛾
Ocinara variana Walker 灰白蚕蛾
Ocla 欧叶蜂属
Ocla formosana Togashi 同 *Protemphytus togashii*
Ocnera 卵漠甲属
Ocnera medvedevi Ren *et* Ba 多瘤卵漠甲
Ocnera przewalskyi Reitter 皮氏卵漠甲
Ocnera sublaevigata Bates 光滑卵漠甲，棺滑卵漠甲
Ocneriidae [= Lymantriidae, Liparidae] 毒蛾科
Ocnerostoma 松巢蛾属
Ocnerostoma friesei Svensson [grey pine ermine, pine needle miner] 针叶松巢蛾
Ocnerostoma piniariellum Zeller [white pine ermine, mute pine argent moth, European pine leaf miner] 油松巢蛾，吕奥巢蛾
Ocnerostoma strobivorum Freeman [white pine needle-miner] 美国白松巢蛾
Ocnogyna 奥灯蛾属
Ocnogyna chinensis (Grum-Grshimailo) 同 *Sibirarctia kindermanni pretiosa*
Ocnogyna houlberti Oberthür 贺奥灯蛾
Ocnogyna latreillei chinensis (Grum-Grshimailo) 同 *Sibirarctia kindermanni pretiosa*
Ocnogyna oberthuri Rothschild 奥灯蛾
Ocoelophora 奥柯尺蛾属
Ocoelophora lentiginosaria (Leech) 林奥柯尺蛾，林幽尺蛾
Ocoelophora lentiginosaria festa (Bastelberger) 林奥柯尺蛾点纹亚种，点纹小尺蛾
Ocoelophora lentiginosaria lentiginosaria (Leech) 林奥柯尺蛾指名亚种
ocola skipper [= long-winged skipper, *Panoquina ocola* (Edwards)] 鸥盘弄蝶
octacerore 8 形蜡孔 < 镣蚧科 Asterolecaniidae 昆虫中形似 8 字的成对蜡孔 >
octapophysis 第八内突 < 雌性昆虫第八腹节的表皮内突 >
Octaspidiotus 刺圆盾蚧属
Octaspidiotus bituberculats Tang 双管刺圆盾蚧
Octaspidiotus calophylli (Green) 锡兰刺圆盾蚧
Octaspidiotus cymbidii Tang 兰花刺圆盾蚧
Octaspidiotus machili (Takahashi) 桢楠刺圆盾蚧，楠矛盾蚧
Octaspidiotus multipori (Takahashi) 多孔刺圆盾蚧
Octaspidiotus nothopanacis (Ferris) 梁王茶刺圆盾蚧，梁王茶圆盾蚧
Octaspidiotus pinicola Tang 松刺圆盾蚧
Octaspidiotus rhododendronii Tang 杜鹃刺圆盾蚧
Octaspidiotus stauntoniae (Takahashi) 柑橘刺圆盾蚧，楠刺圆盾蚧
Octaspidiotus yunnanensis (Tang *et* Chu) 云南刺圆盾蚧
octauius swordtail [= red-tailed clearmark, *Chorinea octauius* (Fabricius)] 长尾凤蚬蝶
octavalva [pl. octavalvae; = ventrovalvula, first gonapophysis, entral valvula, anterior valve, first valvula] 腹产卵瓣，第一产卵瓣，腹瓣
octavalvae [s. octavalva; = ventrovalvulae, first gonapophyses, ventral valvulae, anterior valves, first valvulae] 腹产卵瓣，第一产卵瓣，腹瓣
octavalvifer 腹负瓣片 < 直翅目昆虫腹产卵瓣侧面基部的骨片 >
Octavius 八隐翅甲属
Octavius flavescens (Kistner) 黄八隐翅甲
octhophilus 适泥滩的，喜泥滩的
Octodesmus 八角长蠹属
Octodesmus epistermalis Lesne 双齿八角长蠹
Octodesmus parvulus Lesne 细小八角长蠹
Octodonta 八角铁甲属
Octodonta depressa Chapuis 扁八角铁甲，德奥龟甲
Octodonta nipae (Maulik) [nipa palm hispid beetle, nipa palm hispid] 水椰八角铁甲
octoön 第八腹节
octopamine 章鱼胺
octopamine receptor 章鱼胺受体
octopaminergic agonist 章鱼胺能激动剂
Octostigma 八孔虮属
Octostigma sinensis Xie *et* Yang 中国八孔虮
octostigmatid 1. [= octostigmatid dipluran] 八孔虮 < 八孔虮科 Octostigmatidae 昆虫的通称 >; 2. 八孔虮科的
octostigmatid dipluran [= octostigmatid] 八孔虮
Octostigmatidae 八孔虮科
Octotemnus 奥圆蕈甲属
Octotemnus japonicus Miyatake 日奥圆蕈甲
Octotemnus laminifrons (Motschuslky) 片额奥圆蕈甲
Octotemnus mandibularis (Gyllenhal) 颚奥圆蕈甲，颚切木蕈甲
Octotemnus michiochujoi Kawanabe 中条奥圆蕈甲
Octothrips 奥克突蓟马属，蕨蓟马属
Octothrips bhatti (Wilson) 巴氏奥克突蓟马，肾蕨蓟马
Octozoros 八节缺翅虫亚属
ocular 眼的
ocular emargination 眼陷 < 常指食毛目昆虫头部的侧凹，因其后接纳复眼故名 >
ocular field 眼区
ocular fleck 眼痣 < 食毛目昆虫眼中的一个小深黑色点 >
ocular fringe 眼缨 < 食毛目昆虫眼陷后半部的密集小毛 >
ocular lobe [= optic lobe] 复眼神经叶，复眼叶，视神经叶，视叶
ocular neuromere 视神经元节，复眼神经元节 < 昆虫胚胎中的原头神经节 >
ocular plate 眼板
ocular sclerite 围眼片 < 围绕每个复眼的骨化环 >

ocular shield 眼板
ocular sulcus 围眼沟 < 头盖壁围绕复眼的内摺沟，其内形成围眼脊 >
ocular tubercle 眼瘤 < 指蚜虫复眼上的瘤状突起 >
ocularia 眼毛
ocularium [= ocularum] 单眼区 < 幼虫单眼所在多少有些凸起的区域 >
ocularum 见 ocularium
oculata 围眼片 < 即围绕每个复眼的狭环状骨片；也指由此伸入头腔的内突 >
oculi [s. oculus; = compound eyes, ommatea, facetted eyes] 复眼
oculocephalic 眼头的 < 常用于膜翅目昆虫中发生头部的器官芽 >
Oculocornia 同 *Cornoculosuna*
Oculocornia pilosa Wei 见 *Cornoculosuna pilosa*
Oculogryphus 怪眼萤属
Oculogryphus chenghoiyanae Yiu *et* Jeng 郑凯甄怪眼萤
Oculogryphus fulvus Jeng 黄怪眼萤
Oculolabrus 平唇隐翅甲属
Oculolabrus qiqi Bordoni 黑色平唇隐翅甲
oculomalar space 眼颚区 < 位于眼下和上颚着生处间的区域 >
oculomotor 动眼神经枢 < 动眼肌肉的神经中枢，见于甲壳纲 Crustacea 中 >
oculus [pl. oculi; = compound eye, ommateum, facetted eyes] 复眼
ocyalus skipper [*Mimoniades ocyalus* Hübner] 伶弄蝶
Ocyba 奥塞弄蝶属
Ocyba calathana (Hewitson) 奥塞弄蝶
Ocybadistes 丫纹弄蝶属
Ocybadistes ardea (Bethune-Baker) [dark orange dart, orange grass dart] 黑丫纹弄蝶
Ocybadistes flavovittata (Latreille) [common dart, narrow-brand grass-dart] 黄丫纹弄蝶
Ocybadistes hypomeloma Lower [pale drange dart, white-margined grass-dart] 淡丫纹弄蝶
Ocybadistes knightorum (Lambkin *et* Donaldson) [black grass-dart] 泥丫纹弄蝶
Ocybadistes papua Evans 帕丫纹弄蝶
Ocybadistes walkeri Heron [greenish grass-dart, green grass-dart, southern dart, yellow-banded dart] 绿丫纹弄蝶，丫纹弄蝶
Ocybadistes zelda Parsons 姿丫纹弄蝶
Ocychinus 华迅隐翅甲属
Ocychinus bohemorum Smetana 斑腹华迅隐翅甲
Ocychinus businskius Smetana 棕色华迅隐翅甲
Ocychinus businskorum Smetana 暗棕华迅隐翅甲
Ocychinus caeruleatus Smetana 蓝翅华迅隐翅甲
Ocychinus frater Smetana 伯仲华迅隐翅甲
Ocychinus kalabi Smetana 卡氏华迅隐翅甲
Ocychinus meridionalis Smetana 暗黑华迅隐翅甲
Ocychinus monticola Smetana 山地华迅隐翅甲
Ocychinus paramerosus Smetana 异侧华迅隐翅甲
Ocychinus sichuanensis Smetana 四川华迅隐翅甲
Ocychinus tibetanus Smetana 青翅华迅隐翅甲
Ocychinus xizangensis Smetana 西藏华迅隐翅甲
Ocychinus yeti (Dyorak) 耶媞华迅隐翅甲
Ocydromia 捷舞虻属
Ocydromia shanxiensis Li, Wang *et* Yang 山西捷舞虻
Ocydromia xiaowutaiensis Yang *et* Gaimari 小五台捷舞虻
Ocydromiinae 捷舞虻亚科
Ocymyrmex barbiger Emery [true hotrod ant, bearded hotrod ant, bearded ant] 须蚁
Ocypus 迅隐翅甲属，腐隐翅甲属，腐隐翅虫属，迅隐翅虫属
Ocypus aenescens Eppelsheim 见 *Ocypus* (*Pseudocypus*) *aenescens*
Ocypus aurosericans (Fairmaire) 金丝腐隐翅甲，金丝平灿隐翅虫
Ocypus bicoloris Smetana 见 *Ocypus* (*Pseudocypus*) *bicoloris*
Ocypus densissimus Bernhauer 见 *Ocypus* (*Pseudocypus*) *densissimus*
Ocypus dorsalis Sharp 背迅隐翅甲，背腐隐翅甲，背迅隐翅虫
Ocypus eppelsheimi Reitter 见 *Miobdelus eppelsheimi*
Ocypus fulvotomentosus (Eppelsheim) 见 *Protocypus fulvotomentosus*
Ocypus gloriosus Sharp 见 *Aulacocypus gloriosus*
Ocypus imurai Smetana 见 *Ocypus* (*Pseudocypus*) *imurai*
Ocypus inexspectatus Eppelsheim 见 *Ocypus* (*Pseudocypus*) *inexspectatus*
Ocypus jelineki Smetana 见 *Ocypus* (*Pseudocypus*) *jelineki*
Ocypus kansuensis (Bernhauer) 见 *Aulacocypus kansuensis*
Ocypus lewisius Sharp 见 *Ocypus* (*Pseudocypus*) *lewisius*
Ocypus liaoningensis Li 辽宁腐隐翅甲，辽宁迅隐翅虫
Ocypus (***Matidus***) ***coreanus*** (Müller) 韩腐隐翅甲，韩腐隐翅虫
Ocypus (***Matidus***) ***nitens*** (Schrank) 光亮腐隐翅甲，光亮腐隐翅虫，亮迅隐翅虫
Ocypus miwai (Bernhauer) 见 *Ocypus* (*Ocypus*) *miwai*
Ocypus nepalicus Coiffait 尼腐隐翅甲，尼迅隐翅虫
Ocypus nigroaeneus (Sharp) 铜黑腐隐翅甲，铜黑迅隐翅虫
Ocypus nigror Smetana 黑腐隐翅甲，黑迅隐翅虫
Ocypus nitens (Schrank) 见 *Ocypus* (*Matidus*) *nitens*
Ocypus (***Ocypus***) ***aglaosemanticus*** He *et* Zhou 闪腐隐翅甲，闪腐隐翅虫
Ocypus (***Ocypus***) ***liui*** He *et* Zhou 刘氏腐隐翅甲，刘氏腐隐翅虫
Ocypus (***Ocypus***) ***miwai*** (Bernhauer) 三轮迅隐翅甲，三轮迅隐翅虫，米氏迅隐翅虫，美和腐隐翅甲，美和腐隐翅虫
Ocypus (***Ocypus***) ***pterosemanticus*** He *et* Zhou 翼腐隐翅甲，翼腐隐翅虫
Ocypus (***Ocypus***) ***puetzi*** Smetana 漂氏迅隐翅甲
Ocypus (***Ocypus***) ***rhoetus*** Smetana 洛氏迅隐翅甲，罗素腐隐翅甲，罗素腐隐翅虫
Ocypus (***Ocypus***) ***thericles*** Smetana 瑟氏迅隐翅甲，塞腐隐翅甲，塞克腐隐翅虫
Ocypus (***Ocypus***) ***umbro*** Smetana 乌氏迅隐翅甲，茵腐隐翅甲，茵宝腐隐翅虫
Ocypus (***Ocypus***) ***weisei*** Harold 魏氏腐隐翅甲，魏氏腐隐翅虫，韦氏迅隐翅虫，威迅隐翅虫
Ocypus (***Ocypus***) ***zopyrus*** Smetana 佐氏迅隐翅甲，佐腐隐翅甲，佐氏腐隐翅虫
Ocypus orodes Smetana 见 *Ocypus* (*Pseudocypus*) *orodes*
Ocypus parvulus Sharp 见 *Aulacocypus parvulus*
Ocypus picipennis (Fabricius) 见 *Ocypus* (*Pseudocypus*) *picipennis*
Ocypus plagiicollis (Fairmaire) 纹腐隐翅甲，纹迅隐翅虫
Ocypus (***Pseudocypus***) ***abaris*** Smetana 阿巴迅隐翅甲，异腐隐翅甲，异形腐隐翅虫
Ocypus (***Pseudocypus***) ***aenescens*** Eppelsheim 古铜迅隐翅甲，铜腐隐翅甲，铜腐隐翅虫，铜光腐隐翅甲，铜光迅隐翅虫，铜

色隐翅虫
Ocypus* (*Pseudocypus*) *aereus Cameron 青铜迅隐翅甲
Ocypus* (*Pseudocypus*) *alticulminis He *et* Zhou 高尖腐隐翅甲，高尖腐隐翅虫
Ocypus* (*Pseudocypus*) *anguliculminis He *et* Zhou 高顶腐隐翅甲，高顶腐隐翅虫
Ocypus* (*Pseudocypus*) *ballio Smetana 巴氏迅隐翅甲，皮条腐隐翅甲，皮条腐隐翅虫
Ocypus* (*Pseudocypus*) *bicoloris Srnetam 双色迅隐翅甲，双色腐隐翅甲，双色腐隐翅虫，二色腐隐翅甲，二色迅隐翅虫
Ocypus* (*Pseudocypus*) *bion Smetana 比氏迅隐翅甲，比翁腐隐翅甲，比翁腐隐翅虫
Ocypus* (*Pseudocypus*) *caelestis Smetana 黑蓝迅隐翅甲，蓝天腐隐翅甲，蓝天腐隐翅虫
Ocypus* (*Pseudocypus*) *calamis Smetana 卡氏迅隐翅甲，菖蒲腐隐翅甲，菖蒲腐隐翅虫
Ocypus* (*Pseudocypus*) *densissimus (Bernhauer) 毛迅隐翅甲，密腐隐翅甲，密迅隐翅虫，齿腐隐翅甲，齿腐隐翅虫
Ocypus* (*Pseudocypus*) *denticulminis He *et* Zhou 并齿腐隐翅甲，并齿腐隐翅虫
Ocypus* (*Pseudocypus*) *digiticulminis He *et* Zhou 指端腐隐翅甲，指端腐隐翅虫
Ocypus* (*Pseudocypus*) *dolon Smetana 多隆迅隐翅甲，多伦腐隐翅甲，多伦腐隐翅虫
Ocypus* (*Pseudocypus*) *dryas Smetana 德氏迅隐翅甲，仙女腐隐翅甲，仙女腐隐翅虫
Ocypus* (*Pseudocypus*) *elpenor Smetana 埃氏迅隐翅甲，伊丹腐隐翅甲，伊丹腐隐翅虫
Ocypus* (*Pseudocypus*) *fuscatus (Gravenhorst) 乌腐隐翅甲，乌腐隐翅虫
Ocypus* (*Pseudocypus*) *fusciculminis He *et* Zhou 棕尖腐隐翅甲，棕尖腐隐翅虫
Ocypus* (*Pseudocypus*) *glabrio Smetana 格氏迅隐翅甲，加氏腐隐翅甲，加氏腐隐翅虫
Ocypus* (*Pseudocypus*) *gorgias Smetana 高氏迅隐翅甲，高氏腐隐翅甲，高氏腐隐翅虫
Ocypus* (*Pseudocypus*) *graeseri Eppelsheim 暗棕迅隐翅甲，赭腐隐翅甲，赭腐隐翅虫，格棕隐翅虫
Ocypus* (*Pseudocypus*) *hecato Smetana 赫氏迅隐翅甲，赫托腐隐翅甲，赫托腐隐翅虫
Ocypus* (*Pseudocypus*) *hyas Smetana 黑氏迅隐翅甲，海雅腐隐翅甲，海雅腐隐翅虫
Ocypus* (*Pseudocypus*) *imurai Smetana 井村迅隐翅甲，井村迅隐翅虫，井村腐隐翅甲，高山腐隐翅甲，高山腐隐翅虫
Ocypus* (*Pseudocypus*) *inexspectatus Eppelsheim 偶迅隐翅甲，亮铜腐隐翅甲，亮铜迅隐翅虫，喜得腐隐翅甲，喜得腐隐翅虫
Ocypus* (*Pseudocypus*) *itys Smetana 伊氏迅隐翅甲，伊氏腐隐翅甲，伊氏腐隐翅虫
Ocypus* (*Pseudocypus*) *jelineki Smetana 杰氏迅隐翅甲，杰氏迅隐翅虫，杰氏腐隐翅甲，杰氏腐隐翅虫
Ocypus* (*Pseudocypus*) *laelaps Smetana 棕色迅隐翅甲，飓风腐隐翅甲，飓风腐隐翅虫
Ocypus* (*Pseudocypus*) *lewisius Sharp 阑氏迅隐翅甲，路腐隐翅甲，刘氏迅隐翅虫，刘迅隐翅虫，莱氏腐隐翅甲，莱氏腐隐翅虫
Ocypus* (*Pseudocypus*) *menander Smetana 曼南德迅隐翅甲，南德腐隐翅甲，南德腐隐翅虫
Ocypus* (*Pseudocypus*) *mimas Smetana 米玛斯迅隐翅甲，土卫腐隐翅甲，土卫腐隐翅虫
Ocypus* (*Pseudocypus*) *nabis Smetana 纳比斯迅隐翅甲，纳比腐隐翅甲，纳比腐隐翅虫
Ocypus* (*Pseudocypus*) *neocles Smetana 尼氏迅隐翅甲，尼氏腐隐翅甲，尼氏腐隐翅虫
Ocypus* (*Pseudocypus*) *nigriculminis He *et* Zhou 黑尖腐隐翅甲，黑尖腐隐翅虫
Ocypus* (*Pseudocypus*) *nigroaeneus Sharp 黑铜迅隐翅甲，黑边腐隐翅甲，黑边腐隐翅虫
Ocypus* (*Pseudocypus*) *nigror Smetana 黑迅隐翅甲，黑色腐隐翅甲，黑色腐隐翅虫
Ocypus* (*Pseudocypus*) *orodes Smetana 奥氏迅隐翅甲，奥德腐隐翅甲，奥德腐隐翅虫，奥迅隐翅虫
Ocypus* (*Pseudocypus*) *palamedes Smetana 帕拉迅隐翅甲，帕拉腐隐翅甲，帕拉腐隐翅虫
Ocypus* (*Pseudocypus*) *pammenes Smetana 帕氏迅隐翅甲，帕氏腐隐翅甲，帕氏腐隐翅虫
Ocypus* (*Pseudocypus*) *pelias Smetana 珀氏迅隐翅甲，珀氏腐隐翅甲，珀氏腐隐翅虫
Ocypus* (*Pseudocypus*) *picipennis (Fabricius) 云茎腐隐翅甲，云茎腐隐翅虫，皮迅隐翅虫
Ocypus* (*Pseudocypus*) *pileaticulminis He *et* Zhou 帽端腐隐翅甲，帽端腐隐翅虫
Ocypus* (*Pseudocypus*) *puer (Smetana) 纤迅隐翅甲，普洱腐隐翅甲，普洱腐隐翅虫
Ocypus* (*Pseudocypus*) *quiris Smetana 奎氏迅隐翅甲，邱氏腐隐翅甲，邱氏腐隐翅虫
Ocypus* (*Pseudocypus*) *recticulminis He *et* Zhou 端直腐隐翅甲，端直腐隐翅虫
Ocypus* (*Pseudocypus*) *rhinton Smetana 灵氏迅隐翅甲，瑞腾腐隐翅甲，瑞腾腐隐翅虫
Ocypus* (*Pseudocypus*) *sadales Smetana 萨达利迅隐翅甲，塞莱腐隐翅甲，塞莱腐隐翅虫
Ocypus* (*Pseudocypus*) *sarpedon Srnetana 萨氏迅隐翅甲，萨冬腐隐翅甲，萨冬腐隐翅虫
Ocypus* (*Pseudocypus*) *scaevola Smetana 斯氏迅隐翅甲，萨沃腐隐翅甲，萨沃腐隐翅虫
Ocypus* (*Pseudocypus*) *semenowi Reitter 闪氏迅隐翅甲，谢氏腐隐翅甲，谢氏腐隐翅虫，谢氏迅隐翅虫，西迅隐翅虫
Ocypus* (*Pseudocypus*) *sericeomicans (Bernhauer) 线迅隐翅甲，丝绸腐隐翅甲，丝绸腐隐翅虫，丝迅隐翅虫
Ocypus* (*Pseudocypus*) *teuthras Smetana 特氏迅隐翅甲，秋瑟腐隐翅甲，秋瑟腐隐翅虫
Ocypus* (*Pseudocypus*) *vindex Smetana 尉氏迅隐翅甲，文德腐隐翅甲，文德腐隐翅虫
Ocypus* (*Pseudocypus*) *xerxes Smetana 克斯迅隐翅甲，薛氏腐隐翅甲，薛氏腐隐翅虫
Ocypus* (*Pseudocypus*) *zetes Smetana 泽氏迅隐翅甲，泽泰腐隐翅甲，泽泰腐隐翅虫，泽迅隐翅虫
Ocypus* (*Pseudocypus*) *zeuxis Smetana 宙氏迅隐翅甲，宙氏腐隐翅甲，宙氏腐隐翅虫
Ocypus semenowi Reitter 见 *Ocypus* (*Pseudocypus*) *semenowi*
Ocypus sericeomicans (Bernhauer) 见 *Ocypus* (*Pseudocypus*)

sericeomicans
Ocypus subtilis Tikhomirova 见 *Aulacocypus subtilis*
Ocypus testaceipes Fairmaire 黄褐腐隐翅甲，黄褐隐翅虫
Ocypus weisei Harold 见 *Ocypus* (*Ocypus*) *weisei*
Ocypus zetes Smetana 见 *Ocypus* (*Pseudocypus*) *zetes*
Ocytata 噢寄蝇属
Ocytata pallipes (Fallén) 长须噢寄蝇，长须棘寄蝇
Ocyusa 常基隐翅甲属
Ocyusa beijingensis Pace 北京常基隐翅甲
Ocyusa cooteri Pace 库氏常基隐翅甲
Ocyusa yakouensis Pace 垭口常基隐翅甲
OD 1. [oil dispersion 的缩写] 油分散剂；2. [optical density] 光密度
Odacantha 奥达步甲属
Odacantha aegrota (Bates) 黄鞘奥达步甲，黄鞘长颈步甲
Odacantha chinensis (Jedlička) 华奥达步甲，华长颈步甲
Odacantha litura Schmidt-Göbel 见 *Eucolliuris litura*
Odacantha metallica (Fairmaire) 闪奥达步甲，蓝长颈步甲
Odacantha puziloi Solsky 普奥达步甲，黑颈地步甲
Odagmia 短蚋亚属，短蚋属
Odagmia fergamca (Rubtsov) 见 *Simulium ferganicum*
Odagmia omorii Takahasi 见 *Simulium omorii*
Odagmia ornata Meigen 见 *Simulium ornatum*
Odagmia rheophilum Tan *et* Chow 见 *Simulium rheophilum*
Odagmia septentrionalis Tan *et* Chow 见 *Simulium septentrionale*
odd beetle [*Thylodrias contractus* Motschulsky] 百怪皮蠹，奇异皮蠹，短圆胸皮蠹
odd-spot blue [= Anatolian odd-spot blue, *Turanana endymion* (Freyer)] 月神图兰灰蝶
ODE [odorant degrading enzyme 的缩写] 气味降解酶
Odezia atrata (Linnaeus) 黑奥德尺蛾
Odice 欧弟夜蛾属，灰猎夜蛾属
Odice arcuinna (Hübner) 灰欧弟夜蛾，灰猎夜蛾
Odice arcuinna arcuinna (Hübner) 灰欧弟夜蛾指名亚种
Odice arcuinna argillacea (Tauscher) 同 *Odice arcuinna arcuinna*
Odice blandula (Rombur) 布欧弟夜蛾，布庆猎夜蛾
Odina 欧丁弄蝶属
Odina decoratus (Hewitson) [zigzag flat] 饰欧丁弄蝶
Odina hieroglyphica (Butler) [hieroglyphic flat] 欧丁弄蝶
Odina sulina Evans 素欧丁弄蝶
Odinadiplosis odinae Mani 印巴厚皮树瘿蚊
odiniid 1. [= odiniid fly] 树创蝇 < 树创蝇科 Odiniidae 昆虫的通称 >；2. 树创蝇科的
odiniid fly [= odiniid] 树创蝇
Odiniidae 树创蝇科
Oditinae 木祝蛾亚科
Odites 木祝蛾属，木蛾属
Odites approximans Caradja 见 *Scythropiodes approximans*
Odites atmopa Meyrick 印度木祝蛾，印度木蛾
Odites choricopa Meyrick 同 *Scythropiodes approximans*
Odites continua Meyrick 续木祝蛾，康奥木蛾
Odites idonea Meyrick 伊木祝蛾，伊奥木蛾
Odites issikii (Takahashi) 见 *Scythropiodes issikii*
Odites leucostola Meyrick 苹果木祝蛾，苹果木蛾
Odites lividula Meyrick 铅灰木祝蛾，铅灰木蛾
Odites malivora Meyrick 见 *Scythropiodes malivora*
Odites notocapna Meyrick 背凹木祝蛾，诺奥木蛾
Odites perissopis Meyrick 同 *Scythropiodes issikii*
Odites plocamopa Meyrick 普木祝蛾，普奥木蛾
Odites ricinella Stainton 蓖木祝蛾，蓖奥木蛾
Odites velipotens Meyrick 见 *Scythropiodes velipotens*
Odites xenophaea Meyrick 乌桕木祝蛾，乌桕木蛾，乌桕奥木蛾
Odnarda 颂舟蛾属
Odnarda sinica (Kiriakoff) 中国颂舟蛾，亚澳舟蛾
Odnarda subserena Kiriakoff 颂舟蛾
Odnarda subserena sinica Kiriakoff 见 *Odnarda sinica*
Odnarda subserena subserena Kiriakoff 颂舟蛾指名亚种
Odochilus 齿金龟甲属
Odochilus taiwanus Masumoto, Lan *et* Kiuchi 台湾齿金龟甲
Odoiporus 扁长颈象甲属
Odoiporus longicollis (Olivier) [banana stem weevil, banana pseudostem weevil, banana pseudostem borer, banana stem borer weevil, banana stem borer, banana borer] 香蕉扁长颈象甲，香蕉长颈象甲，香蕉扁象，香蕉尖隐喙象甲，香蕉扁黑象甲，香蕉假茎象鼻虫，香蕉双带象，双黑带象甲，扁黑象甲，香蕉象鼻虫，香蕉大黑象甲
odona 有齿的
Odonacris 尾齿蝗属
Odonacris sinensis (Chang) 中华尾齿蝗
Odonaspis 绵盾蚧属
Odonaspis arcusnotata Ben-Dov 台湾绵盾蚧
Odonaspis greeni Cockerell [Green's scale] 格氏绵盾蚧
Odonaspis inusitata (Green) 见 *Froggattiella inusitata*
Odonaspis lingnani Ferris 岭南绵盾蚧
Odonaspis longyanensis Wang *et* Feng 龙岩绵盾蚧，龙岩齿盾蚧
Odonaspis saccharicaulis (Zehntner) 甘蔗绵盾蚧
Odonaspis secreta (Cockerell) [white round bamboo scale, white bamboo scale] 竹绵盾蚧，丝绵盾蚧，齿盾介壳虫
Odonaspis senireta Wang, Varma *et* Xu 同 *Odonaspis secreta*
Odonata [= Paraneuroptera] 蜻蜓目，蜻蛉目
odonate 1. 蜻蜓，蜻蜓目昆虫 < 蜻蜓目 Odonata 昆虫的通称 >；2. 蜻蜓目的
Odonatisca 蜻大蚊亚属
Odonatologica 蜻蜓学报 < 期刊名 >
odonatological 蜻蜓学的
odonatologist 蜻蜓学家，蜻蜓学工作者
odonatology 蜻蜓学
Odonatoptera 蜻蜓总目
Odonestis 苹枯叶蛾属
Odonestis bheroba (Moore) 灰线苹枯叶蛾
Odonestis bheroba bheroba (Moore) 灰线苹枯叶蛾指名亚种
Odonestis bheroba formosae Wileman 灰线苹枯叶蛾台湾亚种，台湾苹枯叶蛾，台湾苹毛虫，台苹枯叶蛾，台岛枯叶蛾
Odonestis brerivenis Butler 见 *Somadasys brevivenis*
Odonestis erectilinea (Swinhoe) 竖线苹枯叶蛾，直线苹枯叶蛾
Odonestis formosae Wileman 见 *Odonestis bheroba formosae*
Odonestis laeta Walker 见 *Euthrix laeta*
Odonestis lunatus (de Lajonquière) 见 *Somadasys lunatus*
Odonestis pruni (Linnaeus) [plum lappet, apple caterpillar, apple tent-caterpillar] 苹枯叶蛾，苹毛虫，苹果枯叶蛾，李枯叶蛾，

杏枯叶蛾
Odonestis pruni japonensis Tams 同 *Odonestis pruni rufescens*
Odonestis pruni pruni (Linnaeus) 苹枯叶蛾指名亚种
Odonestis pruni rufescens Kardakoff 苹枯叶蛾红色亚种，红苹枯叶蛾
Odonestis vita Moore 曲线苹枯叶蛾
Odoniellina 泡盾盲蝽亚族
Odontacrossus 齿蜉金龟甲属
Odontacrossus obenbergeri (Balthasar) 奥齿蜉金龟甲，奥蜉金龟
Odontacrossus pseudoobenbergeri (Červenka) 拟奥齿蜉金龟甲
Odontacrossus trisuliensis (Stebnicka) 尼泊尔奥齿蜉金龟甲
Odontaleyrodes damnacanthi (Takahashi) 见 *Pealius damnacanthi*
Odontaleyrodes rhododendri (Takahashi) 见 *Pealius rhododendri*
Odontalgini 锤须蚁甲族，齿蚁甲族
Odontalgus 锤须蚁甲属，齿蚁甲属
Odontalgus dongbaiensis Yin *et* Zhao 东白锤须蚁甲，东白山齿蚁甲
odontellid 1. [= odontellid springtail] 齿䖴 < 齿䖴科 Odontellidae 昆虫的通称 >；2. 齿䖴科的
odontellid springtail [= odontellid] 齿䖴
Odontellidae 齿䖴科
Odontepyris 齿肿腿蜂属
Odontepyris formosicola Shinohara 蓬莱齿肿腿蜂
Odontepyris fujianus Xu, He *et* Terayama 福建齿肿腿蜂
Odontepyris hainanus Xiao *et* Xu 海南齿肿腿蜂
Odontepyris koreanus Terayama 韩齿肿腿蜂
Odontepyris liukueiensis Terayama 六龟齿肿腿蜂
Odontepyris taiwanus Terayama 台湾齿肿腿蜂
Odontestra 矢夜蛾属
Odontestra atuntseana Draudt 秋矢夜蛾，矢夜蛾
Odontestra laszlogabi Hreblay *et* Ronkay 白眉矢夜蛾，蜡矢夜蛾
Odontestra potanini (Alphéraky) 白矢夜蛾
Odontestra roseomarginata Draudt 红缘矢夜蛾，玫缘矢夜蛾
Odontestra submarginalis (Walker) 黄纹矢夜蛾，亚缘矢夜蛾
Odonteus 齿胸粪金龟甲属
Odonteus armiger (Scopoli) [horned dor beetle] 长突齿胸粪金龟甲，盔球角粪金龟，厚角金龟
Odynerus spinipes (Linnaeus) [spiny mason wasp, spiny-legged mason wasp] 刺足盾蜾蠃，梅森黄蜂
Oedaleus nigrofasciatus (De Geer) 黑带小车蝗
Odontionycha 蚌龟甲亚属
Odontobracon 齿茧蜂属
Odontobracon bicolor Fahringer 同 *Odontobracon nigriceps*
Odontobracon nigriceps Cameron 两色齿茧蜂
Odontocera 齿角伪叶甲属，膝角拟金花虫属
Odontocera hexamaculatus Chen *et* Yuan 六斑齿角伪叶甲
Odontocera qinlingensis Chen *et* Yuan 秦岭齿角伪叶甲，膝角拟金花虫
odontocerid 1. [= odontocerid caddisfly, mortarjoint casemaker] 齿角石蛾 < 齿角石蛾科 Odontoceridae 昆虫的通称 >；2. 齿角石蛾科的
odontocerid caddisfly [= odontocerid, mortarjoint casemaker] 齿角石蛾
Odontoceridae 齿角石蛾科
Odontochila 齿唇虎甲属
Odontochila eugenia (Chaudoir) 见 *Heptodonta eugenia*
Odontochila posticalis (White) 见 *Heptodonta posticalis*
Odontochila pulchella (Hope) 见 *Heptodonta pulchella*
Odontochila vermifera (Horn) 见 *Heptodonta vermifera*
Odontochrysa 齿草蛉属
Odontochrysa hainana Yang *et* Yang 海南齿草蛉
Odontocimbex 齿锤角叶蜂属
Odontocimbex svenhedini Malaise 双列齿锤角叶蜂，斯齿锤角叶蜂
Odontocolon 齿姬蜂属
Odontocolon jezoense (Uchida) 结齿姬蜂
Odontocolon microclausum Uchida 米齿姬蜂
Odontocolon nikkoense (Ashmead) 尼齿姬蜂
Odontocolon rufum (Uchida) 褐齿姬蜂
Odontocolon spinipes (Gravenhorst) 针齿姬蜂
Odontocrabro 叉突泥蜂属，齿方头泥蜂属
Odontocrabro abnormis Tsuneki 异叉突泥蜂，台湾齿方头泥蜂
Odontocraspis 痣枯叶蛾属
Odontocraspis collieri Zolotuhin 长斑痣枯叶蛾
Odontocraspis hasora Swinhoe 小斑痣枯叶蛾，二顶斑枯叶蛾
Odontoderes 齿蛛蜂属
Odontoderes obtusus Haupt 钝齿蛛蜂
Odontoderes politus Haupt 平滑齿蛛蜂
Odontoderes svenhedini Haupt 史氏齿蛛蜂
Odontodes 齿蕊夜蛾属
Odontodes aleuca Guenée 齿蕊夜蛾
Odontodiplosis 齿板瘿蚊属
Odontodiplosis karelini (Marikovskij) 卡齿板瘿蚊
Odontoedon 齿猿叶甲属，齿条背金花虫属
Odontoedon chinensis (Gressitt *et* Kimoto) 中华齿猿叶甲，中华猿叶甲
Odontoedon fulvescens (Weise) 黄齿猿叶甲，黄猿叶甲
Odontoedon globosus Daccordi *et* Ge 球齿猿叶甲
Odontoedon impressus Daccordi *et* Yang 异齿猿叶甲
Odontoedon kippenbergi Daccordi *et* Ge 柯氏齿猿叶甲
Odontoedon limbatus (Lopatin) 黄缘齿猿叶甲
Odontoedon lopatini Ge *et* Daccordi 娄氏齿猿叶甲
Odontoedon maculicollis (Chen) 斑胸齿猿叶甲，斑胸猿叶甲
Odontoedon potentillae (Wang) 蜡梅齿猿叶甲，蜡梅猿叶甲
Odontoedon rufulus Ge *et* Daccordi 淡红齿猿叶甲
Odontoedon sericeus Daccordi *et* Ge 丝齿猿叶甲
Odontoedon sichuanus Daccordi *et* Ge 四川齿猿叶甲
Odontoedon taiwanus Ge *et* Daccordi 台湾齿猿叶甲
Odontoedon thibetanus Ge *et* Yang 西藏齿猿叶甲
Odontofroggatia 齿榕小蜂属
Odontofroggatia corneri Wiebes 考氏齿榕小蜂
Odontofroggatia gajimaru Ishii 细叶榕齿榕小蜂
Odontofroggatia galili Wiebes 嘎氏齿榕小蜂
Odontofroggatia ishii Wiebes 石井齿榕小蜂
odontoidea 后头突，后头髁 < 头孔边缘与侧颈片支接的三角形突起 >
Odontolabis 奥锹甲属，齿颚锹甲属，艳锹形虫属
Odontolabis cuvera Hope 库奥锹甲，库光胫锹甲，库光胫锹
Odontolabis cuvera boulouxi Lacoix 库奥锹甲波氏亚种，波库光胫锹甲

Odontolabis cuvera cuvera Hope 库奥锹甲指名亚种，指名库光胫锹甲
Odontolabis cuvera fallaciosa Boileau 同 *Odontolabis sinensis*
Odontolabis cuvera sinensis (Westwood) 见 *Odontolabis sinensis*
Odontolabis fallaciosa Boileau 同 *Odontolabis sinensis*
Odontolabis macrocephala Lacroix 大头奥锹甲，大头光胫锹甲
Odontolabis platynota (Hope *et* Westwood) 平背奥锹甲，平背光胫锹甲
Odontolabis sinensis (Westwood) 华美奥锹甲，华库光胫锹甲
Odontolabis siva (Hope *et* Westwood) 西奥锹甲，西光胫锹甲
Odontolabis siva parryi Boileau 西奥锹甲帕氏亚种，帕西光胫锹甲，鬼艳锹形虫
Odontolabis siva siva (Hope *et* Westwood) 西奥锹甲指名亚种，指名西光胫锹甲
Odontolabis versicolor (Didier) 杂色光胫锹甲
Odontomachus 大齿猛蚁属，锯针蚁属
Odontomachus circulus Wang 环纹大齿猛蚁
Odontomachus fulgidus Wang 光亮大齿猛蚁
Odontomachus granatus Wang 粒纹大齿猛蚁
Odontomachus haematodus (Linnaeus) 血红大齿猛蚁，大齿猛蚁
Odontomachus kuroiwae (Matsumura) 黑岩大齿猛蚁
Odontomachus latidens striata Menzzi 同 *Odontomachus monticola*
Odontomachus monticola Emery 山大齿猛蚁，高山锯蚁，高山锯针蚁
Odontomachus monticola formosae Forel 同 *Odontomachus monticola monticola*
Odontomachus monticola major Forel 同 *Odontomachus monticola monticola*
Odontomachus monticola monticola Emery 山大齿猛蚁指名亚种，指名山大齿猛蚁
Odontomachus monticola pauperculus Wheeler 同 *Odontomachus monticola monticola*
Odontomachus rixosus Smith 争吵大齿猛蚁
Odontomachus punctulatus Forel 同 *Odontomachus monticola*
Odontomachus silvestrii Wheeler 薛氏大齿猛蚁，西氏大齿猛蚁
Odontomachus tensus Wang 直齿大齿猛蚁
Odontomachus xizangensis Wang 西藏大齿猛蚁
Odontomantis 大齿螳属，齿螳属
Odontomantis brachyptera Zheng 短翅大齿螳
Odontomantis chayuensis Zheng 察隅大齿螳
Odontomantis foveafrons Zhang 凹额大齿螳
Odontomantis javana Saussure 爪哇大齿螳
Odontomantis javana hainana Tinkham 爪哇大齿螳海南亚种，海南大齿螳
Odontomantis javana javana Saussure 爪哇大齿螳指名亚种
Odontomantis laticollis Beier 四川大齿螳
Odontomantis longipennis Zheng 长翅大齿螳
Odontomantis maculata (Mao et Yang) 斑大齿螳，斑原螳
Odontomantis monticola Beier 云南大齿螳
Odontomantis nigrimarginalis Zhang 黑缘大齿螳
Odontomantis planiceps (Haan) 绿大齿螳，台湾花螳
Odontomantis sinensis (Giglio-Tos) 中华大齿螳
Odontomantis xizangensis Zhang 西藏大齿螳
Odontomantis zhengi (Ren et Wang) 郑氏大齿螳，郑氏原螳
Odontomesa 齿寡角摇蚊属
Odontomesa fulva (Kieffer) 黄齿寡角摇蚊
Odontomias 齿足象甲属
Odontomias crassus (Chen) 粗胸齿足象甲
Odontomias dentatus (Chen) 尖齿齿足象甲，尖齿喜马象
Odontomias latus (Chen) 宽腹齿足象甲，宽腹喜马象
Odontomias nigrolatus (Chao *et* Chen) 黑宽齿足象甲，黑宽喜马象
Odontomias odontocnemus (Chao) 齿足象甲，齿足喜马象
Odontomias orbiculatus (Chen) 圆形齿足象甲，圆形喜马象
Odontomias parvilatus (Chen) 小圆腹齿足象甲，小圆腹喜马象
Odontomutilla 齿蚁蜂属
Odontomutilla cordigera (Sichel *et* Radoskowski) 心齿蚁蜂
Odontomutilla sinensis (Smith) 中华齿蚁蜂
Odontomutilla speciosa (Smith) 灿齿蚁蜂
Odontomutilla uranioides Mickel 穹窿齿蚁蜂，香港齿蚁蜂
Odontomutillini 齿蚁蜂族
Odontomyia 短角水虻属，齿水虻属 < 此属学名有误写为 *Odonotomyia* 或 *Odotomyia* 者 >
Odontomyia alini Lindner 排列短角水虻
Odontomyia angulata (Panzer) 角短角水虻
Odontomyia argentata (Fabricius) 银色短角水虻，银优水虻
Odontomyia atrodorsalis James 青被短角水虻
Odontomyia barbata (Lindner) 须短角水虻，须优水虻
Odontomyia bimaculata Yang 双斑短角水虻
Odontomyia claripennis Thomson 紫翅短角水虻，亮翅优水虻
Odontomyia fangchengensis Yang 防城短角水虻
Odontomyia garatas Walker [small soldier fly] 黄绿斑短角水虻，小水虻，黄绿斑水虻，小优水虻
Odontomyia guizhouensis Yang 贵州短角水虻
Odontomyia halophila Wang, Perng *et* Ueng 临沼短角水虻
Odontomyia hirayamae Matsumura 微毛短角水虻
Odontomyia hydroleon (Linnaeus) 怪足短角水虻
Odontomyia inanimis (Walker) 双带短角水虻，双带水虻，静水虻
Odontomyia lutatius Walker 封闭短角水虻，污泥水虻
Odontomyia microleon (Linnaeus) 微足短角水虻
Odontomyia picta (Pleske) 平头短角水虻，纹优水虻
Odontomyia pictifrons Loew 平额短角水虻
Odontomyia shikokuana (Nagatomi) 四国短角水虻
Odontomyia sinica Yang 中华短角水虻
Odontomyia tani Yang *et* Yang 谭氏短角水虻
Odontomyia uninigra Yang 黑盾短角水虻
Odontomyia viridana Wiedemann 绿色短角水虻，绿优水虻
Odontomyia yangi Yang 杨氏短角水虻
Odontonotus 齿扁蝽属
Odontonotus annulipes Hsiao 环齿扁蝽
Odontonotus intermedius Liu 间齿扁蝽
Odontonotus maai Kormilev 福建齿扁蝽
Odontonotus sauteri Kormilev 索氏齿扁蝽，齿扁蝽
Odontoparia 齿缘蝽属
Odontoparia nicobarensis Mayr 印齿缘蝽，印垂缘蝽
Odontopera 贡尺蛾属
Odontopera acutaria (Leech) 锐贡尺蛾
Odontopera acutaria acutaria (Leech) 锐贡尺蛾指名亚种，指名锐贡尺蛾

Odontopera acutaria epiphana (Wehrli) 见 *Odontopera epiphana*
Odontopera albiguttulata Bastelberger 单角银心尺蛾，浅齿呵尺蛾
Odontopera alienata Staudinger 阿贡尺蛾
Odontopera arida Butler [obliquelined tea geometrid] 茶斜条贡尺蛾，茶斜条尺蛾，贫贡尺蛾
Odontopera aurata (Prout) 贡尺蛾
Odontopera bidentata (Clerck) [dark serrate-margined geometrid] 双齿贡尺蛾，齿缘四点尺蛾
Odontopera bidentata bidentata (Clerck) 双齿贡尺蛾指名亚种
Odontopera bidentata harutai Inoue 双齿贡尺蛾海氏亚种，海双齿贡尺蛾
Odontopera bilinearia Swinhoe 双斑贡尺蛾，贡尺蛾，茶呵尺蛾
Odontopera bilinearia coryphodes (Wehrli) 双斑贡尺蛾喜茶亚种，茶贡尺蛾
Odontopera bilinearia subarida Inoue 双斑贡尺蛾双角亚种，双角银心尺蛾
Odontopera crocalliaria (Wehrli) 克贡尺蛾
Odontopera crocalliaria crocalliaria (Wehrli) 克贡尺蛾指名亚种
Odontopera crocalliaria yangtsea (Wehrli) 克贡尺蛾长江亚种，长江克贡尺蛾
Odontopera epiphana (Wehrli) 表贡尺蛾，表锐贡尺蛾，表尖贡尺蛾
Odontopera hehuanshana Sato, Fu *et* Shih 合欢山贡尺蛾，合欢山银心尺蛾，合欢山呵尺蛾
Odontopera hypopolia (Wehrli) 下贡尺蛾
Odontopera insulata Bastelberger 弯缘贡尺蛾，阴贡尺蛾，弯缘银心尺蛾，湾缘呵尺蛾
Odontopera insulata insulata Bastelberger 弯缘贡尺蛾指名亚种
Odontopera insulata tsekua (Wehrli) 弯缘贡尺蛾泽阴亚种，泽阴贡尺蛾
Odontopera mediochrea (Wehrli) 中贡尺蛾
Odontopera muscularia (Staudinger) 皮贡尺蛾，穆贡尺蛾
Odontopera nubigosa (Prout) 努贡尺蛾
Odontopera paraplesia Wehrli 副贡尺蛾
Odontopera postobscura Wehrli 后暗贡尺蛾
Odontopera prolita (Wehrli) 原贡尺蛾
Odontopera similaria Moore 相似贡尺蛾
Odontopera similaria similaria Moore 相似贡尺蛾指名亚种
Odontopera similaria tahoa Wehrli 相似贡尺蛾北方亚种，塔相似贡尺蛾
Odontopera urania (Wehrli) 乌贡尺蛾
Odontoponera 齿猛蚁属，齿针蚁属
Odontoponera transversa (Smith) 横纹齿猛蚁，横纹齿针蚁
Odontoptera 角翅蜡蝉属
Odontoptera carrenoi (Signoret) [false-eye lantern bug] 卡氏角翅蜡蝉
Odontoptilum 角翅弄蝶属
Odontoptilum angulatum (Felder) [chestnut angle, banded angle] 角翅弄蝶，角梳翅弄蝶
Odontoptilum angulatum angulatum (Felder) 角翅弄蝶指名亚种，指名角翅弄蝶，白线弄蝶，棕角弄蝶，角翅弄蝶
Odontoptilum helias Felder 太阳角翅弄蝶
Odontoptilum pygela (Hewitson) [banded angle] 带纹角翅弄蝶
Odontopus calceatus Say 新西兰齿脊象甲
Odontopus longiventris Liu 见 *Probergrothius longiventris*
Odontorhoe 涣尺蛾属
Odontorhoe alexandraria (Staudinger) 亚涣尺蛾
Odontorhoe fidonaria (Staudinger) 黄涣尺蛾
Odontorhoe interpositaria (Staudinger) 间涣尺蛾
Odontorhoe tauaria (Staudinger) 褐涣尺蛾，陶巾尺蛾
Odontorhoe tianschanica (Alphéraky) 天山涣尺蛾，天山渔尺蛾
Odontosabula 盾刺臭虻属
Odontosabula czerskii (Pleske) 切氏盾刺臭虻
Odontosabula licenti (Séguy) 黎氏盾刺臭虻，李氏斯臭虻
Odontoscelis 灰盾蝽属
Odontoscelis fuliginosa (Linnaeus) 灰盾蝽，天蓝蝽
Odontosciara 齿眼蕈蚊属
Odontosciara anodonta (Yang, Zhang *et* Yang) 没齿眼蕈蚊
Odontosciara cyclota (Yang, Zhang *et* Yang) 圆尾齿眼蕈蚊
Odontosciara dolichopoda (Yang, Zhang *et* Yang) 长足齿眼蕈蚊
Odontosciara fanjingana (Yang *et* Zhang) 梵净齿眼蕈蚊
Odontosciara fujiana (Yang, Zhang *et* Yang) 福建齿眼蕈蚊
Odontosciara longiantenna (Yang, Zhang *et* Yang) 长角齿眼蕈蚊
Odontosciara mirispina (Yang, Zhang *et* Yang) 奇刺齿眼蕈蚊
Odontosia 齿舟蛾属
Odontosia arnoldiana (Kardakoff) 同 *Odontosia sieversii*
Odontosia patricia Stichel 帕齿舟蛾，帕斯齿舟蛾
Odontosia sieversii (Ménétriés) 中带齿舟蛾
Odontosia stringei Stichel 斯氏齿舟蛾
Odontosia stringei patricia Stichel 见 *Odontosia patricia*
Odontosiana 仿齿舟蛾属
Odontosiana schistacea Kiriakoff 同 *Odontosiana tephroxantha*
Odontosiana tephroxantha (Püngeler) 特仿齿舟蛾，仿齿舟蛾
Odontosina 肖齿舟蛾属
Odontosina morosa (Kiriakoff) 愚肖齿舟蛾
Odontosina nigronervata Gaede 肖齿舟蛾
Odontosina shaanganensis Wu *et* Fang 陕甘肖齿舟蛾
Odontosina zayuana Cai 察隅肖齿舟蛾
Odontosphindinae 齿姬蕈甲亚科
Odontota 潜叶铁甲属
Odontota dorsalis (Thunberg) [locust leaf miner] 刺槐潜叶铁甲，刺槐铁甲，刺槐潜叶甲
Odontotaenius disjunctus (Illiger) [patent-leather beetle, Jerusalem beetle, horned passalus, betsy beetle, bess beetle] 具角美黑蜣，具角黑艳甲
Odontotarsus 尾盾蝽属
Odontotermes 土白蚁属
Odontotermes amanicus Sjöstedt 东非土白蚁
Odontotermes angustignathus Tsia *et* Chen 细额土白蚁
Odontotermes annulicornis Xia *et* Fan 环角土白蚁
Odontotermes assamensisi Holmgren 阿萨姆土白蚁
Odontotermes badius (Habiland) [crater termite] 栗褐黑翅土白蚁
Odontotermes conignathus Xia *et* Fan 锥颚土白蚁
Odontotermes dimorphus Li *et* Xiao 双工土白蚁
Odontotermes feae Wasmann 赤桉土白蚁
Odontotermes fontanellus Kemner 囟土白蚁
Odontotermes formosanus (Shiraki) 黑翅土白蚁，台湾土白蚁，姬白蚁，台湾白蚁
Odontotermes foveafrons Xia *et* Fan 凹额土白蚁

Odontotermes fuyangensis Gao *et* Zhu 富阳土白蚁
Odontotermes giriensis Roowal *et* Chotani 印孟土白蚁
Odontotermes graveli Silvestri 粗颚土白蚁
Odontotermes guizhouensis Ping *et* Xu 贵州土白蚁，贵州土螱
Odontotermes hainanensis (Light) 海南土白蚁
Odontotermes kibarensis Fuller 基巴尔土白蚁
Odontotermes longzhouensis Lin 龙州土白蚁
Odontotermes luoyangensis Wang *et* Li 洛阳土白蚁
Odontotermes obesus Rambur 胖土白蚁
Odontotermes parallelus Li 平行土白蚁
Odontotermes parvidens Holmgren *et* Holmgren 短颈土白蚁
Odontotermes prodives Thapa 原丰土白蚁
Odontotermes pujiangensis Fan 浦江土白蚁
Odontotermes pyriceps Fan 梨头土白蚁
Odontotermes qianyangensis Lin 黔阳土白蚁
Odontotermes quinquedentatus Ping *et* Xu 五齿土白蚁，五齿土螱
Odontotermes redemanni Wasmann 雷氏土白蚁
Odontotermes sellathorax Xia *et* Fan 鞍胸土白蚁
Odontotermes shanglinensis Li 上林土白蚁
Odontotermes sumatrensis Holmgren 暗齿土白蚁
Odontotermes wallonensis Wasmann 瓦隆土白蚁
Odontotermes wuzhishanensis Li 五指山土白蚁
Odontotermes yaoi Huang *et* Li 姚氏土白蚁
Odontotermes yarangensis Tsai *et* Huang 亚让土白蚁
Odontotermes yunnanensis Tsai *et* Chen 云南土白蚁
Odontotermes zunyiensis Li *et* Ping 遵义土白蚁
Odontothrips 齿蓟马属
Odontothrips biuncus John [clover thrips] 双钩齿蓟马，车轴草蓟马
Odontothrips confusus Priesner 二刺齿蓟马
Odontothrips elbaensis Priesner 厄尔巴齿蓟马
Odontothrips intermedius (Uzel) 间齿蓟马
Odontothrips loti (Haliday) 牛角花齿蓟马，红豆草蓟马
Odontothrips mongolicus Pelikán 蒙古齿蓟马
Odontothrips pentatrichopus Han *et* Cui 五毛齿蓟马
Odontothrips phaleratus (Haliday) 苜蓿齿蓟马，苜蓿蓟马
Odontothrips phaseoli Kurosawa 菜豆齿蓟马
Odontothrips qinlingensis Feng *et* Zhao 同 *Odontothrips loti*
Odontothrips yinggeensis Feng *et* Zhang 同 *Odontothrips loti*
Odontothrips yunnanensis Xie, Zhang *et* Mound 云南齿蓟马
Odontotrypes 奥粪金龟甲属，奥粪金龟属
Odontotrypes arnaudi Howden 阿氏奥粪金龟甲，阿氏奥粪金龟
Odontotrypes balthasari (Mikšić) 巴氏奥粪金龟甲，巴氏奥粪金龟
Odontotrypes bhutan Král, Malý *et* Schneider 不丹奥粪金龟甲，不丹奥粪金龟
Odontotrypes biconiferus (Fairmaire) 双丘奥粪金龟甲，双丘齿股粪金龟，双丘粪金龟，丘粪金龟甲
Odontotrypes bimaculatus Cervenka 二斑奥粪金龟甲，二斑奥粪金龟
Odontotrypes cariosus (Fairmaire) 毁奥粪金龟甲，毁齿股粪金龟
Odontotrypes cavazzutii Král, Malý *et* Schneider 卡氏奥粪金龟甲，卡氏奥粪金龟
Odontotrypes cheni Ochi, Kon *et* Bai 陈氏奥粪金龟甲，陈氏奥粪金龟
Odontotrypes cribripennis (Fairmaire) 筛翅奥粪金龟甲，筛翅齿股粪金龟
Odontotrypes davidiani Nikolajev 戴氏奥粪金龟甲，戴氏奥粪金龟
Odontotrypes emei Král, Malý *et* Schneider 峨眉奥粪金龟甲，峨眉奥粪金龟
Odontotrypes farcaki Král, Malý *et* Schneider 法氏奥粪金龟甲，法氏奥粪金龟
Odontotrypes fujiokai Ochi, Kon *et* Kawahara 藤冈奥粪金龟甲，藤冈奥粪金龟
Odontotrypes glaber (Nikolajev) 光滑奥粪金龟甲，光滑奥粪金龟
Odontotrypes gongga Král, Malý *et* Schneider 贡嘎奥粪金龟甲，贡嘎奥粪金龟
Odontotrypes haba Král, Malý *et* Schneider 哈巴奥粪金龟甲，哈巴奥粪金龟
Odontotrypes hayeki (Mikšić) 哈氏奥粪金龟甲，哈氏奥粪金龟
Odontotrypes howdeni Král, Malý *et* Schneider 豪氏奥粪金龟甲，豪氏奥粪金龟
Odontotrypes hubeicus Král, Malý *et* Schneider 湖北奥粪金龟甲，湖北奥粪金龟
Odontotrypes impressiusculus (Fairmaire) 扁奥粪金龟甲，扁齿股粪金龟
Odontotrypes jiuding Král, Malý *et* Schneider 九鼎奥粪金龟甲，九鼎奥粪金龟
Odontotrypes kabaki Nikolajev 喀氏奥粪金龟甲，喀氏奥粪金龟
Odontotrypes kalabi Král, Malý *et* Schneider 卡氏奥粪金龟甲，卡氏奥粪金龟
Odontotrypes karnali Král, Malý *et* Schneider 尼泊尔奥粪金龟甲，尼泊尔奥粪金龟
Odontotrypes kryzhanovskii (Nikolajev) 克氏奥粪金龟甲，克氏奥粪金龟
Odontotrypes kucerai Král, Malý *et* Schneider 库氏奥粪金龟甲，库氏奥粪金龟
Odontotrypes lama Král, Malý *et* Schneider 喇嘛奥粪金龟甲，喇嘛奥粪金龟
Odontotrypes lassallei Král, Malý *et* Schneider 拉氏金龟甲，拉氏金龟
Odontotrypes maedai Howden 麦氏奥粪金龟甲，麦氏奥粪金龟
Odontotrypes medvedevi (Nikolajev) 梅氏奥粪金龟甲，梅氏奥粪金龟
Odontotrypes meyomintang Král, Malý *et* Schneider 川西奥粪金龟甲，川西奥粪金龟
Odontotrypes mirek Král, Malý *et* Schneider 米氏奥粪金龟甲，米氏奥粪金龟
Odontotrypes mursini (Nikolajev) 穆氏奥粪金龟甲，穆氏奥粪金龟
Odontotrypes nikodymi Král, Malý *et* Schneider 尼氏奥粪金龟甲，尼氏奥粪金龟
Odontotrypes orichalceus (Fairmaire) 铜色金龟甲，铜色金龟
Odontotrypes paulusi Král, Malý *et* Schneider 庖氏奥粪金龟甲，庖氏奥粪金龟
Odontotrypes pauma Král, Malý *et* Schneider 跑马奥粪金龟甲，跑马奥粪金龟
Odontotrypes purpureipunctatus (Boucomont) 紫点奥粪金龟甲，紫点齿股粪金龟
Odontotrypes qinling Král, Malý *et* Schneider 秦岭奥粪金龟甲，

秦岭奥粪金龟
Odontotrypes radiosus (Fairmaire) 辐奥粪金龟甲，辐齿股粪金龟
Odontotrypes roborowskyi (Reitter) 罗氏奥粪金龟甲，罗齿股粪金龟
Odontotrypes rufipes (Boucomont) 红足奥粪金龟甲，红齿股粪金龟
Odontotrypes sabde Král, Malý *et* Schneider 沙德奥粪金龟甲，沙德奥粪金龟
Odontotrypes satanas Král, Malý *et* Schneider 撒旦奥粪金龟甲，撒旦奥粪金龟
Odontotrypes semenowi (Reitter) 谢氏奥粪金龟甲，西齿股粪金龟
Odontotrypes semenowi glaber (Nikolajev) 见 *Odontotrypes glaber*
Odontotrypes semenowi semenowi (Reitter) 谢氏奥粪金龟甲指名亚种
Odontotrypes semirugosus (Fairmaire) 半皱奥粪金龟甲，半皱齿股粪金龟
Odontotrypes slavek Král, Malý *et* Schneider 斯氏奥粪金龟甲，斯氏奥粪金龟
Odontotrypes szetshwanus (Nikolajev) 四川奥粪金龟甲，川齿股粪金龟
Odontotrypes taurus (Boucomont) 壮奥粪金龟甲，壮奥粪金龟
Odontotrypes tibetanus (Nikolajev) 西藏奥粪金龟甲，西藏奥粪金龟
Odontotrypes tryznai Král, Malý *et* Schneider 特氏奥粪金龟甲，特氏奥粪金龟
Odontotrypes turnai Král, Malý *et* Schneider 图氏奥粪金龟甲，图氏奥粪金龟
Odontotrypes uenoi (Masumoto) 上野奥粪金龟甲，吴氏奥粪金龟
Odontotrypes xue Král, Malý *et* Schneider 雪山奥粪金龟甲，雪山奥粪金龟
Odontotrypes yulong Král, Malý *et* Schneider 玉龙金龟甲，玉龙金龟
Odontotrypes zhongdianensis Král, Malý *et* Schneider 中甸金龟甲，中甸金龟
Odontoxenus 齿突隐翅甲属
Odontoxenus taiwanus Naomi 台湾齿突隐翅甲
Odontria 齿鳃金龟甲属
Odontria striata White [striped chafer] 新西兰齿腮金龟甲
Odontria zealandica White 见 *Costelytra zealandica*
odor specialist cell 特异嗅觉细胞
odorant binding protein [abb. OBP] 气味结合蛋白
odorant degrading enzyme [abb. ODE] 气味降解酶
odorant receptor [abb. OR] 气味受体
odorant sensitive neuron 气味感觉神经元
odoriferous 有气味的，散发气味的
odoriferous gland 气味腺 < 常指半翅目 Hemiptera 昆虫中的臭腺 >
odorous house ant [= stink ant, *Tapinoma sessile* (Say)] 家酸臭蚁，香家蚁
Odynerini 盾蜾蠃族
Odynerus 盾蜾蠃属
Odynerus atrofasciatus (Morawitz) 见 *Jucancistrocerus* (*Eremodynerus*) *atrofasciatus*
Odynerus biguttatus (Fabricius) 见 *Antepipona biguttata*
Odynerus chinensis Saussure 见 *Stenodynerus chinensis*
Odynerus dantici (Rossi) 见 *Euodynerus* (*Euodynerus*) *dantici*
Odynerus dentisquama Thonson 见 *Stenodynerus dentisquamus*
Odynerus diffinis Saussure 见 *Antepipona guttata diffinis*
Odynerus dyscherus Saussure 见 *Epsilon dyscherum*
Odynerus flavomarginatus (Smith) 见 *Anterhynchium* (*Dirhynchium*) *flavomarginatum*
Odynerus flavopunctatus (Smith) 见 *Anterhynchium flavopunctatum*
Odynerus fragilis Smith 同 *Apodynerus troglodytes*
Odynerus haemorrhoidalis (Fabricius) 见 *Rhynchium haemorrhoidalis*
Odynerus herrichii Saussure 见 *Pseudepipona herrichii*
Odynerus iridipennis chinensis (Saussure) 见 *Stenodynerus chinensis*
Odynerus kosempoensis von Schulthess 见 *Paraleptomenes kosempoensis*
Odynerus melanocephalus (Gmelin) 条腹盾蜾蠃，黑头直盾蜾蠃
Odynerus melanocephalus melanocephalus (Gmelin) 条腹盾蜾蠃指名亚种，指名黑头直盾蜾蠃
Odynerus metallicus (Saussure) 见 *Allorhynchium metallicum*
Odynerus nigripes Herrich-Schäffer 同 *Euodynerus* (*Pareuodynerus*) *notatus*
Odynerus nudus (Morawitz) 见 *Stenodynerus nudus*
Odynerus ovalis Saussure 见 *Antepipona ovalis*
Odynerus parvulus Peletier 同 *Antepipona deflenda*
Odynerus przewalskyi (Morawitz) 见 *Pseudepipona przewalskyi*
Odynerus quadrifasciatus (Fabricius) 见 *Euodynerus quadrifasciatus*
Odynerus reniformis (Gmelin) 肾形盾蜾蠃，肾形直盾蜾蠃
Odynerus taihorinensis von Schulthess 见 *Parancistrocerus taihorinensis*
Odynerus taihorinshoensis von Schulthess 见 *Parancistrocerus taihorinshoensis*
Odynerus trilobus (Fabricius) 见 *Euodynerus trilobus*
Odynerus unifasciatus von Schulthess 同 *Orientalicesa confasciatus*
Oebalia 折蜂麻蝇属
Oebalia harpax Fan 钩镰折蜂麻蝇
Oebalia pedicella Fan *et* Ma 细柄折蜂麻蝇
Oebaliini 折蜂麻蝇族
Oebalus 肩刺蝽属
Oebalus poecilus (Dallas) [small rice stink bug, South American rice bug] 小肩刺蝽，南美稻蝽
Oebalus pugnax (Fabricius) [rice stink bug] 稻肩刺蝽，稻臭蝽；美洲稻盾蝽 < 误 >，美洲稻缘蝽 < 误 >
Oebia undalis (Hulst) 见 *Hellula undalis*
Oebocoris 膨蝽属
Oebocoris edurneus Zheng *et* Liu 玉色膨蝽
Oecacta 屋室蠓亚属
oecanthid 1. [= oecanthid cricket, tree cricket] 树蟋 < 树蟋科 Oecanthidae 昆虫的通称 >；2. 树蟋科的
oecanthid cricket [= oecanthid, tree cricket] 树蟋
Oecanthidae 树蟋科
Oecanthinae 树蟋亚科
Oecanthini 树蟋族
Oecanthus 树蟋属
Oecanthus antennalis Liu, Yin *et* Hsia 斑角树蟋
Oecanthus euryelytra Ichikawa 长翅树蟋，普通树蟋
Oecanthus fultoni Walker [snowy tree cricket, thermometer cricket] 雪白树蟋
Oecanthus henryi Chopard 亨氏树蟋
Oecanthus indicus de Saussure 台湾树蟋，印度树蟋

O

Oecanthus latipennis Liu, Yin *et* Hsia 同 *Oecanthus pellucens*
Oecanthus longicauda Matsumura [Japanese tree-cricket] 长瓣树蟋，长尾树蟋
Oecanthus nigricornis Walker [black-horned tree cricket] 黑角树蟋
Oecanthus oceanicus He 滨海树蟋
Oecanthus pellucens (Scopoli) 宽翅树蟋，上海树蟋
Oecanthus quadripunctatus Beutenmüller [four-spotted tree cricket] 四点树蟋
Oecanthus rufescens Serville 黄树蟋
Oecanthus similator Ichikawa 相似树蟋，类树蟋
Oecanthus sinensis Walker 中华树蟋
Oecanthus turanicus Uvarov 特兰树蟋
Oecanthus zhengi Xie 郑氏树蟋
Oeceticus tertius Templeton 见 *Dappula tertia*
Oecetinella morii (Tsuda) 莫氏毛栖长角石蛾
Oecetis 栖长角石蛾属，长角石蛾属，家屋石蛾属
Oecetis caelum Chen *et* Morce 厚肢栖长角石蛾，厚肢家居石蛾
Oecetis caucula Yang *et* Morse 杯形栖长角石蛾
Oecetis complex Hwang 繁栖长角石蛾，鳞纹叉前石蛾
Oecetis cyrtocercis Yang *et* Morse 同 *Oecetis purusamedha*
Oecetis evigra Chen *et* Morce 硬片栖长角石蛾，硬片家屋石蛾
Oecetis intima MacLachlan 殷栖长角石蛾，殷叉前石蛾
Oecetis lacustris (Pictet) 湖栖长角石蛾，拉叉前石蛾，湖中家屋石蛾
Oecetis nigropunctata Ulmer 黑斑栖长角石蛾，麻纹长角石蛾，黑斑长角石蛾，黑点叉前石蛾
Oecetis ochracea (Curtis) 赭栖长角石蛾，赭叉前石蛾
Oecetis (Oecetis) clavata Yang *et* Morse 棒肢栖长角石蛾
Oecetis pallidipunctata Martynov 同 *Oecetis nigropunctata*
Oecetis (Plurograpta) bellula Yang *et* Morse 丽栖长角石蛾
Oecetis (Plurograpta) caucula Yang *et* Morse 刺裙栖长角石蛾
Oecetis (Plurograpta) flagellaris Yang *et* Yang 细鞭栖长角石蛾
Oecetis pretakalpa Schmid 鬼栖长角石蛾，鬼长角石蛾
Oecetis prolixus Chen *et* Morce 展肢栖长角石蛾，展肢家居石蛾
Oecetis (Pseudosetodes) minuscula Yang *et* Morse 微小栖长角石蛾
Oecetis (Pseudosetodes) tianmuensis Yang *et* Yang 天目栖长角石蛾
Oecetis purusamedha Schmid 祭栖长角石蛾，祭长角石蛾
Oecetis spatula Chen *et* Morce 宽片栖长角石蛾，宽片家居石蛾
Oecetis spinifera Yang *et* Morse 刺栖长角石蛾
Oecetis spinosus Chen *et* Morce 棘茎栖长角石蛾，棘茎家居石蛾
Oecetis taenia Yang *et* Morse 条带栖长角石蛾
Oecetis tripunctata (Fabricius) 三点栖长角石蛾，三点叉前石蛾
Oecetis tsudai Fisher 津田栖长角石蛾，楚叉前石蛾
Oecetis turbata Navás 同 *Setodes argentatus*
Oecetis uniforma Yang *et* Morse 同 *Oecetis pretakalpa*
Oecetodella 似栖长角石蛾属，似叉前石蛾属
Oecetodella antennata Martynov 触角似栖长角石蛾，触角似叉前石蛾
Oecetodella laminata Hwang 薄叶似栖长角石蛾，薄叶栖长角石蛾，圆瘤似叉前石蛾
Oechydrus 谢弄蝶属
Oechydrus chersis (Herrich-Schäffer) 谢弄蝶
Oeciacus vicarius Horváth [American swallow bug, cliff swallow bug, swallow bug] 燕臭虫，燕虱
Oecleopsis 冠脊菱蜡蝉属
Oecleopsis articara van Stalle 阿冠脊菱蜡蝉
Oecleopsis bifidus (Tsaur, Hsu *et* van Stalle) 叉冠脊菱蜡蝉，二叉脊菱蜡蝉
Oecleopsis chiangi (Tsaur, Hsu *et* van Stalle) 姜氏冠脊菱蜡蝉，强氏冠脊菱蜡蝉，蒋氏脊菱蜡蝉
Oecleopsis elevatus (Tsaur, Hsu *et* van Stalle) 举冠脊菱蜡蝉，隆脊菱蜡蝉
Oecleopsis mori (Matsumura) 桑冠脊菱蜡蝉，桑脊菱蜡蝉
Oecleopsis petasatus (Noualhier) 珮冠脊菱蜡蝉
Oecleopsis sinicus (Jacobi) 中华冠脊菱蜡蝉，中华忆菱蜡蝉
Oecleopsis spinosus Guo, Wang *et* Feng 锥冠脊菱蜡蝉
Oecleopsis tiantaiensis Guo, Wang *et* Feng 天台冠脊菱蜡蝉
Oecleopsis wuyiensis Guo, Wang *et* Feng 武夷冠脊菱蜡蝉
Oecleopsis yoshikawai (Ishihara) 吉川冠脊菱蜡蝉
oecology [= ecology] 生态学
oecophorid 1. [= oecophorid moth, concealer moth] 织蛾 <织蛾科 Oecophoridae 昆虫的通称>; 2. 织蛾科的
oecophorid moth [= oecophorid, concealer moth] 织蛾
Oecophoridae 织蛾科，织叶蛾科
Oecophorinae 织蛾亚科
Oecophylla 织叶蚁属
Oecophylla smaragdina (Fabricius) [Asian weaver ant, weaver ant, green ant, green tree ant, weaver red ant, orange gaster, yellow citrus ant] 黄猄蚁，黄柑蚁，织叶蚁，柑橘蚁，红树蚁，柑蚁
Oecothea 鬃日蝇属
Oecothea fenestralis (Fallén) 斑鬃日蝇，窗依日蝇
Oedalea 长角舞虻属
Oedalea baiyunshanensis Saigusa *et* Yang 白云山长角舞虻
Oedalea nanlingensis Yang *et* Grootaert 南岭长角舞虻
Oedaleonotus enigmus (Scudder) [valley grasshopper] 美山谷蝗
Oedaleonotus tenuipennis (Scudder) 美松人工林蝗
Oedaleus 小车蝗属
Oedaleus abruptus (Thunberg) 隆叉小车蝗，分离小车蝗，隆小车蝗
Oedaleus asiaticus Bey-Bienko 亚洲小车蝗
Oedaleus bimaculatus Zheng *et* Gong 二斑小车蝗
Oedaleus cnecosopodius Zheng 黄足小车蝗
Oedaleus decorus (Germar) 黑条小车蝗
Oedaleus decorus asiaticus Bey-Bienko 见 *Oedaleus asiaticus*
Oedaleus formosanus (Shiraki) 台湾小车蝗
Oedaleus infernalis de Saussure 黄胫小车蝗
Oedaleus kaohsiungensis Yin, Ye *et* Dang 高雄小车蝗
Oedaleus manjius Chang 红胫小车蝗
Oedaleus montanus Bey-Bienko 同 *Oedaleus infernalis*
Oedaleus nantouensis Yin, Ye *et* Dang 南投小车蝗
Oedaleus nigripennis Zheng 黑翅小车蝗
Oedaleus rosescens Uvarov 红翅小车蝗
Oedaleus senegalensis (Krauss) [Senegalese grasshopper, Senegal grasshopper] 塞小车蝗
Oedaleus xiai Yin, Ye *et* Dang 夏氏小车蝗
Oedaspidina 鼓盾实蝇亚族
Oedaspis 鼓盾实蝇属，耀斑实蝇属，突鞘实蝇属
Oedaspis chinensis Bezzi 中华鼓盾实蝇，华耀斑实蝇，中华伊

实蝇

Oedaspis dorsocentrialis Zia 背中鬃鼓盾实蝇，三背耀斑实蝇，背中伊实蝇

Oedaspis formosana Shiraki 台湾鼓盾实蝇，台湾耀斑实蝇，台伊实蝇，宝岛突鞘实蝇

Oedaspis japonica Shiraki 日本鼓盾实蝇，日本耀斑实蝇

Oedaspis kaszabi Richter 离带鼓盾实蝇，蒙古耀斑实蝇

Oedaspis meissneri Hering 梅氏鼓盾实蝇，上海耀斑实蝇，梅氏伊实蝇

Oedaspis pibari (Kwon) 济州鼓盾实蝇，济州耀斑实蝇

Oedaspis schachti Körneyev 施氏鼓盾实蝇，施氏耀斑实蝇

Oedaspis wolongata (Wang) 卧龙鼓盾实蝇，卧龙达耀斑实蝇

Oedecnema 肿腿花天牛属

Oedecnema dubia (Fabricius) 桦肿腿花天牛，肿腿花天牛

Oedemagena tarandi (Linnaeus) [reindeer warble fly, caribou warble fly] 驯鹿狂皮蝇

Oedematopoda 红展足蛾属，红举翅蛾属

Oedematopoda beijintana Yang 见 *Atkinsonia beijingtana*

Oedematopoda butalistis Strand 见 *Atkinsonia butalistis*

Oedematopoda furcata Wang 见 *Atkinsonia furcata*

Oedematopoda ignipicta (Butler) 见 *Atkinsonia ignipicta*

Oedematopoda jiyuanica Wang 见 *Atkinsonia jiyuanica*

Oedematopoda leechi Walsingham 里红展足蛾

Oedematopoda semirubra Meyrick 同 *Atkinsonia ignipicta*

Oedemera 拟天牛属

Oedemera amurensis Heyden 远东拟天牛

Oedemera analis Fairmaire 同 *Nacerdes* (*Nacerdes*) *melanura*

Oedemera angusticollis Costa 同 *Oedemera subulata*

Oedemera angustipennis Gressitt 见 *Oedemera pallidipes angustipennis*

Oedemera centrochinensis Švihla 灰绿拟天牛

Oedemera centrochinensis centrochinensis Švihla 灰绿拟天牛指名亚种

Oedemera centrochinensis lixiana Švihla 灰绿拟天牛灰色亚种，灰色拟天牛

Oedemera flaviventris Fairmaire 见 *Oedemera lucidicollis flaviventris*

Oedemera inapicalis Pic 阴拟天牛

Oedemera lucidicollis (Fairmaire) 黄胸拟天牛

Oedemera lucidicollis flaviventris Fairmaire 黄胸拟天牛黄腹亚种，黄胸拟天牛，黄腹拟天牛

Oedemera lucidicollis lucidicollis (Fairmaire) 黄胸拟天牛指名亚种

Oedemera lurida Marshall 浅黄拟天牛

Oedemera lurida lurida Marshall 浅黄拟天牛指名亚种

Oedemera lurida sinica Švihla 浅黄拟天牛中国亚种，浅黄拟天牛

Oedemera masatakai Švihla 隆脊拟天牛

Oedemera nasalis Reitter 纳萨拟天牛，鼻拟天牛

Oedemera nigripes Ganglbauer 黑色拟天牛，黑拟天牛

Oedemera nobilis (Scopoli) 显拟天牛

Oedemera pallidipes Pic 深蓝拟天牛

Oedemera pallidipes angustipennis Gressitt 深蓝拟天牛狭翅亚种，狭翅拟天牛

Oedemera pallidipes pallidipes Pic 深蓝拟天牛指名亚种

Oedemera pallidipes shaanxiensis Švihla 深蓝拟天牛陕西亚种，陕西拟天牛

Oedemera podagrariae (Linnaeus) 欧肿腿拟天牛

Oedemera qinlingensis Švihla 秦岭拟天牛

Oedemera robusta Lewis 粗壮拟天牛

Oedemera satoi Švihla 黄角拟天牛

Oedemera sauteri Pic 索氏拟天牛

Oedemera sauteri lutipes Švihla 索氏拟天牛棕足亚种

Oedemera sauteri sauteri Pic 索氏拟天牛指名亚种

Oedemera sichuana Švihla 四川拟天牛

Oedemera subrobusta (Nakane) 黑跗拟天牛

Oedemera subulata Olivier 狭拟天牛

Oedemera testaceithorax Pic 黄胸拟天牛，黄胸粗腿拟天牛

Oedemera virescens (Linnaeus) 绿色拟天牛

oedemerid 1. [= oedemerid beetle, oedemerid blister beetle, false blister beetle] 拟天牛 < 拟天牛科 Oedemeridae 昆虫的通称 >; 2. 拟天牛科的

oedemerid beetle [= oedemerid, oedemerid blister beetle, false blister beetle] 拟天牛

oedemerid blister beetle 见 oedemerid beetle

Oedemeridae 拟天牛科

Oedemerinae 拟天牛亚科

Oedemerini 拟天牛族

Oedemopsini 犀唇姬蜂族

Oedemopsis 犀唇姬蜂属

Oedemopsis scabriculus (Gravenhorst) 糙犀唇姬蜂，晋犀唇姬蜂

Oedemutes 肿拟步甲属，隆背拟回木虫属

Oedemutes formosanus Masumoto 台肿拟步甲，蓬莱隆背拟回木虫，台希肿拟步甲

Oedemutes hirashimai formosanus Masumoto 见 *Oedemutes formosanus*

Oedemutes itoi Ando 伊藤肿拟步甲，伊肿拟步甲

Oedemutes lutaoensis Masumoto, Akita *et* Lee 绿岛肿拟步甲，绿岛隆背拟回木虫

Oedemutes purpuratus Pascoe 紫肿拟步甲

Oedenopiforma 瘤水蝇属

Oedenopiforma orientalis Zhang, Yang *et* Mathis 东洋瘤水蝇

Oedenops 短芒水蝇属

Oedenops isis Becker 黄跗短芒水蝇

Oederemia 雍夜蛾属

Oederemia confucii (Alphéraky) 亢雍夜蛾

Oederemia diadela Hampson 狄雍夜蛾

Oederemia esox Draudt 白点雍夜蛾

Oederemia lithoplasta Hampson 雍夜蛾

Oederemia marmorata Warren 石纹雍夜蛾

Oederemia nanata Draudt 小雍夜蛾

Oedicephalini 肿头姬蜂族

Oedichirus 伊隐翅甲属

Oedichirus flammeus Koch 焰伊隐翅甲

Oedichirus kuroshio Hayashi 黑潮伊隐翅甲

Oedichirus lewisius Sharp 刘氏伊隐翅甲，刘氏梨须隐翅虫

Oedipoda 斑翅蝗属

Oedipoda coerulescens (Linnaeus) [blue-winged grasshopper] 蓝斑翅蝗

Oedipoda japonica Shiraki 见 *Epacromius japonica*

Oedipoda miniata (Pallas) 红斑翅蝗

oedipodid 1. [= oedipodid grasshopper] 斑翅蝗 < 斑翅蝗科

Oedipodidae 昆虫的通称 >；2. 斑翅蝗科的
oedipodid grasshopper [= oedipodid] 斑翅蝗
Oedipodidae 斑翅蝗科，丝角蝗科
Oedipodinae 斑翅蝗亚科，丝角蝗亚科
Oedocoris eburneus Zheng *et* Liu 同 *Lakhonia nigripes*
oedoeagus 阳茎端，阳端，阳茎
Oedopaederus 双尖毒隐翅甲亚属，双尖毒隐翅虫亚属
Oedostethus 瘤叩甲属
Oedostethus cryptohypnoidus (Miwa) 隐瘤叩甲
Oedostethus kaszabi (Gurjeva) 卡氏瘤叩甲，卡荫叩甲，卡氏葫形叩甲
Oedostethus nitobei (Miwa) 新瘤叩甲，尼胖叩甲
Oedostethus varians (Gurjeva) 变瘤叩甲，变荫叩甲，变色葫形叩甲
Oegomesopsocus 开羚蛄属
Oegomesopsocus guangxiensis Li 广西开羚蛄
OEH [ovary ecdysteroidogenic hormone 或 ovarian ecdysteroidogenic hormone 的缩写] 卵巢蜕皮素形成激素
Oehlmann's bright moth [= common leaf-cutter, *Lampronia oehlmanniella* Treitschke] 栗亮丝兰蛾，栗穿孔蛾
Oeme 柏天牛属
Oeme rigida Say [cypress and cedar borer, rigid cypress borer, cypress borer] 柏天牛
Oemida 奥迷天牛属
Oemida gahani Distant 甘氏奥迷天牛，甘氏奥天牛
Oemini 圆天牛族
Oemona 奥天牛属
Oemona hirta (Fabricius) [lemon tree borer] 柠檬奥天牛
Oemospila 圆胸天牛属
Oemospila callidiodes Gressitt *et* Rondoon 老挝圆胸天牛
Oemospila maculipennis Gahan 斑翅圆胸天牛
Oeneis 酒眼蝶属
Oeneis actaeoides Lukhtanov 黑雾酒眼蝶
Oeneis aktashi Lukhtanov 灰翅酒眼蝶
Oeneis alberta Elwes [Alberta arctic] 云雾酒眼蝶
Oeneis alpina Kurentzov [sentinel arctic] 碎纹酒眼蝶
Oeneis also Moeschler 奥索酒眼蝶
Oeneis ammon Elwes 阿酒眼蝶
Oeneis ammon alda Austaut 阿酒眼蝶艾达亚种，艾阿酒眼蝶
Oeneis ammon ammon Elwes 阿酒眼蝶指名亚种
Oeneis ammon pansa Christoph 见 *Oeneis pansa*
Oeneis ammosovi Dubatolov *et* Korshunov 白晕酒眼蝶
Oeneis bore (Schneider) [arctic grayling, white-veined arctic] 白脉酒眼蝶
Oeneis brahma Bang-Haas 见 *Oeneis buddha brahma*
Oeneis brunhilda Bang-Haas 博伦酒眼蝶
Oeneis buddha Grum-Grshimailo 菩萨酒眼蝶
Oeneis buddha brahma Bang-Haas 菩萨酒眼蝶布拉玛亚种，布酒眼蝶
Oeneis buddha buddha Grum-Grshimailo 菩萨酒眼蝶指名亚种
Oeneis buddha confucius Bang-Haas 菩萨酒眼蝶孔子亚种，孔菩萨酒眼蝶
Oeneis buddha dejeani Bang-Haas 菩萨酒眼蝶德氏亚种，德菩萨酒眼蝶
Oeneis buddha richthofeni Bang-Haas 菩萨酒眼蝶瑞氏亚种，瑞菩萨酒眼蝶
Oeneis buddha stotzneri Bang-Haas 菩萨酒眼蝶斯氏亚种，斯菩萨酒眼蝶
Oeneis chryxus (Doubleday *et* Hewitson) [chryxus arctic] 金酒眼蝶
Oeneis daisetsuzana Matsumura 日本酒眼蝶
Oeneis diluta Lukhtanov 涤酒眼蝶
Oeneis dubia Elwes 杜酒眼蝶
Oeneis elwesi Staudinger 豆斑酒眼蝶，艾暮酒眼蝶
Oeneis exubitor Troubridge, Philip, Scott *et* Schepard 爱秀酒眼蝶
Oeneis fulla (Eversmann) 浮带酒眼蝶
Oeneis glacialis (Moll) [alpine grayling] 高山酒眼蝶
Oeneis hora Grum-Grshimailo 黄褐酒眼蝶
Oeneis hora hora Grum-Grshimailo 黄褐酒眼蝶指名亚种
Oeneis hora verdanda Staudinger 同 *Oeneis hora hora*
Oeneis illustris Bang-Haas 同 *Paroeneis palearcticus nanschanicus*
Oeneis ivallda (Mead) [California arctic] 加州酒眼蝶
Oeneis jutta (Hübner) [Baltic grayling, Jutta arctic] 珠酒眼蝶
Oeneis lederi Alphéraky 黑斑酒眼蝶，勒塔酒眼蝶
Oeneis macounii (Edwards) [Canada arctic, Macoun's arctic] 赭黄酒眼蝶
Oeneis magna Graeser 黄裙酒眼蝶
Oeneis magna dubia Elwes 黄裙酒眼蝶杜比亚亚种，杜酒眼蝶
Oeneis magna magna Graeser 黄裙酒眼蝶指名亚种
Oeneis mckinleyensis Dos Passos 阿拉斯加酒眼蝶
Oeneis melissa (Fabricius) [melissa arctic] 淡酒眼蝶，枚酒眼蝶
Oeneis mongolica (Oberthür) 蒙古酒眼蝶，蒙酒眼蝶
Oeneis mongolica coreana Matsumura 蒙古酒眼蝶朝鲜亚种
Oeneis mongolica hallasanensis Murayama 蒙古酒眼蝶汉拿山亚种
Oeneis mongolica hoenei Gross 蒙古酒眼蝶山西亚种
Oeneis mongolica mandschurica Bang-Haas 同 *Oeneis mongolica mongolica*
Oeneis mongolica mongolica (Oberthür) 蒙古酒眼蝶指名亚种
Oeneis mongolica tsingtaua Austaut 同 *Oeneis mongolica mongolica*
Oeneis mongolica walkyria Fixsen 蒙古酒眼蝶朝中亚种
Oeneis mulla Staudinger 毛拉酒眼蝶
Oeneis mulla elwesi Staudinger 见 *Oeneis elwesi*
Oeneis nanna (Ménétriés) 娜娜酒眼蝶
Oeneis nevadensis (Felder *et* Felder) [great arctic] 大酒眼蝶
Oeneis norna (Thunberg) [Norse grayling] 浓酒眼蝶，诺酒眼蝶
Oeneis oeno (Boisduval) 黄雾酒眼蝶
Oeneis pansa Christoph 盘褐酒眼蝶，品阿酒眼蝶
Oeneis patrushevae Korshunov 红带酒眼蝶
Oeneis peartiae Edwards 无酒眼蝶，倍酒眼蝶
Oeneis philipi Troubridge 绯酒眼蝶
Oeneis polixenes (Fabricius) [polixenes arctic] 斑驳酒眼蝶
Oeneis rosovi (Kurentzov) [Philip's arctic] 罗斯酒眼蝶
Oeneis sculda (Eversmann) 素红酒眼蝶，司酒眼蝶
Oeneis sculda pumila Staudinger 素红酒眼蝶普米拉亚种，普司酒眼蝶
Oeneis sculda sculda (Eversmann) 素红酒眼蝶指名亚种
Oeneis shurmaki Korshunov 梳翅酒眼蝶
Oeneis tarpeia (Pallas) 多酒眼蝶，塔酒眼蝶
Oeneis tarpeia lederi Alphéraky 见 *Oeneis lederi*
Oeneis tarpeia rozhdestvenskyi Korb *et* Yakovlev 多酒眼蝶阿尔泰

亚种
Oeneis tarpeia tarpeia (Pallas) 多酒眼蝶指名亚种
Oeneis tarpenledevi 泰朋酒眼蝶
Oeneis taygete Geyer 泰荫酒眼蝶
Oeneis uhleri (Reakirt) [Uhler's arctic] 波纹酒眼蝶
Oeneis unicolor Bang-Haas 一色酒眼蝶
Oeneis urda (Eversmann) 酒眼蝶
Oeneis urda tschiliensis Bang-Haas 酒眼蝶河北亚种，直酒眼蝶
Oeneis urda urda (Eversmann) 酒眼蝶指名亚种
Oeneis urola Eversmann 尾酒眼蝶
Oeneriidae 见 Lymantriidae
Oenochroma vinaria Guenée 澳玫瑰紫红尺蛾
Oenochromatidae [= Oenochromidae] 星尺蛾科
oenochromid 1. [= oenochromid moth] 星尺蛾 < 星尺蛾科 Oenochromidae 昆虫的通称 >；2. 星尺蛾科的
oenochromid moth [= oenochromid] 星尺蛾
Oenochromidae [= Oenochromatidae] 星尺蛾科
Oenochrominae 星尺蛾亚科
oenocyte 绛色细胞
oenocytoid 类绛色细胞，拟绛色细胞
Oenomaus 酒灰蝶属
Oenomaus ortygnus (Cramer) [aquamarine hairstreak] 酒灰蝶
Oenomaus polama (Schaus) 泼辣酒灰蝶
Oenomaus rustan (Stoll) 露酒灰蝶
Oenophilidae 扁蛾科，恩诺蛾科
Oenopia 小巧瓢虫属
Oenopia baoshanensis Jing 保山巧瓢虫
Oenopia billieti (Mulsant) 双六小巧瓢虫，龟纹巧瓢虫，双六巧瓢虫
Oenopia bissexnotata (Mulsant) 十二斑巧瓢虫
Oenopia chinensis (Weise) 粗网巧瓢虫
Oenopia conglobata (Linnaeus) 菱斑巧瓢虫
Oenopia deqenensis Jing 德钦巧瓢虫
Oenopia dracoguttata Jing 龙斑巧瓢虫
Oenopia emmerichi Mader 淡红巧瓢虫，滇红巧瓢虫
Oenopia flavidbrunna Jing 黄褐巧瓢虫
Oenopia formosana (Miyatake) 台湾巧瓢虫，六星瓢虫
Oenopia gonggarensis Jing 同 *Oenopia billieti*
Oenopia kirbyi Mulsant 黑缘巧瓢虫
Oenopia lanpingensis Jing 兰坪巧瓢虫
Oenopia medogensis (Jing) 见 *Xanthadalia medogensis*
Oenopia oncina (Olivier) 离斑巧瓢虫，瘤突巧瓢虫
Oenopia picithoroxa Jing 同 *Oenopia billieti*
Oenopia pomiemsis Jing 同 *Oenopia billieti*
Oenopia quadripunctata Kapur 四斑巧瓢虫
Oenopia sauzeti Mulsant 黄缘巧瓢虫
Oenopia scalaris (Timberlake) 梯斑巧瓢虫
Oenopia sexareata (Mulsant) 细网巧瓢虫
Oenopia sexmaculata Jing 六斑巧瓢虫
Oenopia signatella (Mulsant) 点斑巧瓢虫
Oenopia takasago (Sasaji) 高砂巧瓢虫，塔卡巧瓢虫，台湾瓢虫
Oenopia zonatus Yu 纵纹巧瓢虫
Oenoptera acidalica Hampson 小卵裳蛾
Oenospila 月青尺蛾属
Oenospila flavifusata (Walker) 月青尺蛾，印杧果绿尺蛾，红锯青尺蛾
Oenospila strix (Butler) 纹月青尺蛾
Oeobia 芹菜螟属
Oeobia profundalis (Packard) 见 *Udea profundalis*
Oeobia rubigalis (Guenée) 见 *Udea rubigalis*
Oeonistis 奥苔蛾属
Oeonistis altica (Linnaeus) 高山奥苔蛾
Oeonistis entella (Cramer) 英奥苔蛾
Oeonus 毕弄蝶属
Oeonus pyste Godman [Veracruzan skipper] 毕弄蝶
Oerane 小龙弄蝶属
Oerane microthyrus (Mabille) [demon flitter] 小龙弄蝶
oeruginous [= oeruginus] 鲜绿色的
oeruginus 见 oeruginous
oesophageal bone 食管骨 < 指蛄目昆虫食管前部下方的骨片 >
oesophageal bulb [= subclypeal pump] 食管泵，唇基下泵 < 指某些双翅目昆虫在食管前入口处的扩大部分 >
oesophageal commissure 食管神经连索
oesophageal diverticula [s. oesophageal diverticulum; = food reservoirs] 嗉囊，食道盲囊
oesophageal diverticulum [pl. oesophageal diverticula; = food reservoir] 嗉囊，食道盲囊
oesophageal ganglion [= pharyngeal ganglion] 食管神经节，食道神经节 < 实为心侧体 (corpus cardiacum)>
oesophageal invagination 食管内褶 <指前肠连接中肠处的内褶，用以引导食物进入围食膜 >
oesophageal lobe [= labrofrontal lobe, tritocerebrum] 后脑
oesophageal sclerite 食管片 < 指食毛亚目昆虫食管前部骨化内壁的加厚处 >
oesophageal sympathetic nervous system 食管交感神经系统
oesophageal valve 食道瓣，食管瓣
oesophagus [= gullet] 食管，食道 < 消化道中介于口和嗉囊之间的一段 >
Oestodinae 露唇叩甲亚科
Oestodini 露唇叩甲族
Oestranthrax 青岩蜂虻属
Oestranthrax arabicus Paramonov 阿青岩蜂虻
Oestranthrax melanothrix Miksch 黑胸青岩蜂虻
Oestranthrax pallifrons Bezzi 淡额青岩蜂虻
Oestranthrax rubriventris Paramonov 红腹青岩蜂虻
Oestranthrax zimini Paramonov 紫谜青岩蜂虻
oestrid 1. [= oestrid fly, botfly, warble fly, heel fly, gadfly] 狂蝇 < 狂蝇科 Oestridae 昆虫的通称 >；2. 狂蝇科的
oestrid fly [= oestrid, botfly, warble fly, heel fly, gadfly] 狂蝇
Oestridae 狂蝇科
Oestrinae 狂蝇亚科
Oestroderma 狂皮蝇属
Oestroderma potanini Prrtschinsky 窄颜狂皮蝇
Oestroderma qinghaiense Fan 青海狂皮蝇
Oestroderma schubini (Grunin) 平颜狂皮蝇
Oestroderma sichuanense Fan *et* Feng 四川狂皮蝇
Oestroderma xizangense Fan 西藏狂皮蝇
Oestroidea 狂蝇总科
Oestromyia 裸皮蝇属
Oestromyia angusticerca Xue *et* Zhang 窄叶裸皮蝇

Oestromyia koslowi Portschinsky 轲裸皮蝇
Oestromyia leporina (Pallas) 兔裸皮蝇
Oestromyia prodigiosa Grunin 异裸皮蝇
Oestromyia scrobiculigera Plese 斯裸皮蝇
Oestromyiinae 裸皮蝇亚科
Oestropa 蝎小卷蛾属
Oestropa scorpiastis (Meyrick) 蝎小卷蛾，伊斯卷蛾
Oestropsyche vitrina (Hagen) 亮伊纹石蛾
Oestrus 狂蝇属
Oestrus ovis Linnaeus [sheep bot fly, sheep gad fly] 羊狂蝇，羊鼻蝇，嗜羊狂蝇
oeta scallopwing [= Plötz's sootywing, *Staphylus oeta* (Plötz)] 欧贝弄蝶
OF [oil miscible flowable concentrate 的缩写] 油悬浮剂
off site conservation 异地保育，易地保护
offspring [pl. offspring 或 offsprings] 后代
offspring generation 子代
ofram borer [= terminalia borer, *Doliopygus dubius* (Sampscn)] 榄仁树弓腹长小蠹
Ogaphora 奥尖胸沫蝉属
Ogaphora bizonalis (Matsumura) 日本奥尖胸沫蝉，日本尖胸沫蝉
Ogcodes 澳小头虻属，瘤小头虻属
Ogcodes lataphallus Yang, Liu *et* Dong 宽茎澳小头虻
Ogcodes obusensis Ôuchi 日本澳小头虻，日澳小头虻
Ogcodes respectus (Séguy) 江苏澳小头虻
Ogcodes shirakii Schlinger 素木瘤小头虻
Ogcodes taiwanensis Schlinger 台湾澳小头虻，台瘤小头虻，蓬莱小头虻
Ogcodes triprocessus Yang, Liu *et* Dong 三突澳小头虻
Ogcodes zonatus Erichson 带澳小头虻，带瘤小头虻
Ogilia 钩肾夜蛾属
Ogilia leuconephra (Hampson) 钩肾夜蛾
Oglasa 鸥裳蛾属
Oglasa costimacula Wileman 前缘斑鸥裳蛾
Oglasa mediopallens Wileman *et* South 中平带鸥裳蛾，灰玻裳蛾
Oglasa retracta Hampson 缩鸥裳蛾
Oglasa sordida (Wileman) 暗鸥裳蛾
Oglasa trigona Hampson 印度鸥裳蛾，印度玫瑰木夜蛾
Oglassa 傲夜蛾属
Oglassa fusciterminata (Hampson) 褐边傲夜蛾
Oglassa retracta (Hampson) 瑞傲夜蛾
Ogloblinia 奥格跳甲属
Ogloblinia affinis (Chen) 见 *Lesagealtica affinis*
Ogloblinia flavicornis (Baly) 见 *Lesagealtica flavicornis*
Ognevia 幽蝗属
Ognevia longipennis (Shiraki) 长翅幽蝗，长翅燕蝗
Ognevia sergii Ikonnikov 塞吉幽蝗，吉林幽蝗
Ognevia taiwanensis Yin, Zhi *et* Ye 台湾幽蝗
Ogoja dots [*Micropentila ogojae* Stempffer *et* Bennett] 奥晓灰蝶
Ogoja on-off [*Tetrarhanis ogojae* Stempffer] 奥泰灰蝶
Ogulina 偶舟蛾亚属，偶舟蛾属
Ogulina pulchra Cai 同 *Besaia* (*Ogulina*) *eupatagia*
Ogygioses 古蝠蛾属，奥原蝠蛾属
Ogygioses caliginosa Issiki *et* Stringer 峦大古蝠蛾，暗奥原蝠蛾
Ogygioses eurata Issiki *et* Stringer 乌来古蝠蛾，尤奥原蝠蛾
Ogygioses issikii Davis 一色氏古蝠蛾
Ogygioses maoershana Liao, Hirowatari *et* Huang 猫儿山古蝠蛾
Ogyris 澳灰蝶属
Ogyris abrota Westwood [dark purple azure] 澳灰蝶
Ogyris aenone Waterhouse [Cooktown azure] 埃澳灰蝶
Ogyris amaryllis Hewitson [amaryllis azure, satin azure] 蓝澳灰蝶
Ogyris aurantiaca Rebel 华丽澳灰蝶
Ogyris barnardi Miskin [bright purple azure] 巴澳灰蝶
Ogyris faciepicta Strand 素雅澳灰蝶
Ogyris genoveva Hewitson [Genoveva azure, southern purple azure] 波缘澳灰蝶
Ogyris ianthis Waterhouse [golden azure, Sydney azure] 紫澳灰蝶
Ogyris idmo Hewitson [large bronze azure, large brown azure] 旖澳灰蝶
Ogyris iphis Waterhouse *et* Lyell [orange-tipped azure] 伊澳灰蝶
Ogyris meeki Rothschild 麦克澳灰蝶
Ogyris olane Hewitson [olane azure, broad-margined azure] 奥莱澳灰蝶
Ogyris oroetes Hewitson [silky azure] 奥罗澳灰蝶
Ogyris otanes Felder *et* Felder [small bronze azure] 娥澳灰蝶
Ogyris subterrestris Felder [arid bronze azure] 旱地澳灰蝶
Ogyris zosine Hewitson [northern purple azure] 褐澳灰蝶
Ohbayashia 大林花天牛属
Ohbayashia fuscoaenea Hayashi 南投大林花天牛，带纹大林花天牛，绿翅大林花天牛
Ohirathous 大平叩甲属
Ohirathous emarginatus Liu, Han *et* Jiang 凹缘大平叩甲
Ohirathous nantouensis Han *et* Park 南投大平叩甲
Ohtaius 瘤伪瓢虫属，红块伪瓢甲属
Ohtaius laticollis (Achard) 勾斑瘤伪瓢虫
Ohtaius mushanus (Ohta) 雾社瘤伪瓢虫，雾社短伪瓢虫，雾社红块伪瓢甲
Oiceoptoma 媪葬甲属
Oiceoptoma hypocrita (Portevin) 黑媪葬甲，稀扁葬甲
Oiceoptoma latericarinata Motschulsky 见 *Thanatophilus latericarinatus*
Oiceoptoma nakabayashii (Miwa) 红领媪葬甲，中林氏埋葬虫，纳屋葬甲，纳扁葬甲
Oiceoptoma picescens (Fairmaire) 红鞘媪葬甲，黑扁葬甲
Oiceoptoma subrufum (Lewis) 红胸媪葬甲，桦色扁埋葬虫，桦扁葬甲
Oiceoptoma thoracicum (Linnaeus) 皱鞘媪葬甲，胸屋葬甲
Oidaematophorus 褐齿羽蛾属
Oidaematophorus iwatensis (Matsumrua) 伊褐齿羽蛾
Oidaematophorus kuwayamai (Matsumura) 桑山褐齿羽蛾
Oidaematophorus lienigianus (Zeller) 见 *Hellinsia lienigiana*
Oidaematophorus lithodactylus (Treitschke) 利索褐齿羽蛾
Oidaematophorus monodactylus (Linnaeus) 见 *Emmelina monodactyla*
Oidaematophorus rogenhoferi (Mann) 罗格褐齿羽蛾
Oidanothrips 背管蓟马属
Oidanothrips frontalis (Bagnall) 长额脊背管蓟马，额脊背管蓟马
Oidanothrips notabilis Feng, Guo *et* Duan 同 *Oidanothrips frontalis*
Oidanothrips taiwanus Okajima 台湾脊背管蓟马，台湾管蓟马
Oidanothrips takasago Okajima 高砂脊背管蓟马，肯塔沙脊背管蓟马
Oides 瓢萤叶甲属，伪瓢萤金花虫属

Oides andrewesi Jacoby 安瓢萤叶甲

Oides bowringii (Baly) 蓝翅瓢萤叶甲

Oides chinesis Weise 中华瓢萤叶甲

Oides coccinelloides Gahan 准瓢萤叶甲

Oides decempunctata (Billberg) [grape leaf beetle] 十星瓢萤叶甲，葡萄十星叶甲，葡萄十星叶虫，葡萄花叶甲，葡萄金花虫，葡萄甲虫，十星伪瓢萤金花虫，葡萄十点甲虫，星点大金花虫

Oides duporti Laboissière 八角瓢萤叶甲

Oides epipleuralis Laboissière 同 *Oides maculata*

Oides flava (Oliveri) 黄瓢萤叶甲

Oides gyironga Chen *et* Jiang 吉隆瓢萤叶甲

Oides lividus (Fabricius) 黑胸瓢萤叶甲

Oides leucomelaena Weise 暗瓢萤叶甲

Oides maculata (Olivier) 宽缘瓢萤叶甲

Oides multimaculata Pic 多斑瓢萤叶甲

Oides tarsatus (Baly) 黑跗瓢萤叶甲

Oides ustulaticia Laboissière 云南瓢萤叶甲

Oidini 瓢萤叶甲族

Oiketicoides sierricola White 非桉袋蛾

Oiketicus doubledayi Westwood 斯里兰卡茶袋蛾

oil beetle 短翅芫菁，地胆，油甲 < 短翅芫菁属 *Meloe* 昆虫的通称 >

oil dispersion [abb. OD] 油分散剂

oil emulsion 乳油，油乳剂

oil globule 脂肪球

oil miscible flowable concentrate [abb. OF] 油悬浮剂

oil palm aphid [= false sweet flag aphid, *Schizaphis rotundiventris* (Signoret)] 菖蒲二叉蚜，菖蒲二岔蚜，圆腹二叉蚜，球腹二叉蚜，莎草细毛足蚜

oil-palm bagworm [= oil-palm psychid, *Pteroma pendula* (de Joannis)] 棕榈蛇袋蛾，丝叶袋蛾

oil palm bunch moth [= greater coconut spike moth, coconut spike moth, *Tirathaba rufivena* Walker] 红脉椰穗螟，椰红脉穗螟

oil palm leafminer [*Coelaenomenodera elacidis* Maulik] 油棕潜叶甲

oil-palm psychid 见 oil-palm bagworm

oil silkworm 油蚕

oil solution [abb. OL] 油剂

oileus giant owl [*Caligo oileus* Felder] 重浪猫头鹰环蝶

oily silkworm 油蚕

Oinophila 钩纹扁蛾属

Oinophila vflava (Haworth) [yellow v moth] 黄钩纹扁蛾 < 此种学名曾写为 *Oinophila v-flava* (Haworth) >

Okada cottony-cushion scale [= Seychelles scale, Seychelles fluted scale, yellow cottony cushion scale, silvery cushion scale, *Icerya seychellarum* (Westwood)] 银毛吹绵蚧，黄毛吹绵蚧，黄吹绵介壳虫，冈田吹绵介壳虫

Okajima hairy aphid [*Greenidea okajimai* Suenaga] 米槠毛管蚜

Okajimathrips 冈岛管蓟马属

Okajimathrips kentingensis (Okajima) 垦丁冈岛管蓟马，肯特肢管蓟马

Okanagana rimosa Say 美龟裂蝉

Okatropis 小头蜡蝉属，奥颖蜡蝉属

Okatropis rubrostigma Matsumura 红痣小头蜡蝉，红痣奥颖蜡蝉

Okeanos 浩蝽属

Okeanos quelpartensis Distant 浩蝽

Okinawepipona 少须蜾蠃属

Okinawepipona nigra Nguyen *et* Xu 黑少须蜾蠃

Okiscarta 冲沫蝉属

Okiscarta kotoensis (Kato) 台岛冲沫蝉，台岛隆背沫蝉

Okiscarta uchidae (Matsumura) 红纹冲沫蝉，红纹沫蝉，内田隆背沫蝉

Okissus kuroiwae Matsumura 见 *Lollius kuroiwae*

Okitsu citrus cottony scale [*Pulvinaria okitsuensis* Kuwana] 冲绳绵蚧，日本绿绵蚧，油茶绵蚧，橙绿绵蜡蚧

Oknosacris 惇蝗属

Oknosacris gyirongensis Liu 吉隆惇蝗

okra jassid [= cotton leafhopper, cotton jassid, Indian cotton leafhopper, Indian cotton jassid, okra leafhopper, potato leafhopper, *Amrasca biguttula* (Ishida)] 棉杧果叶蝉，棉叶蝉，二点小绿叶蝉，印度棉叶蝉，小绿叶蝉

okra leaf roller [= cotton leaf roller, bhindi leaf roller, hibiscus leaf roller, *Haritalodes derogata* (Fabricius)] 棉褐环野螟，棉大卷叶螟，棉裹叶野螟，朱槿棉野螟蛾，棉卷叶野螟蛾，棉风野螟，棉卷叶野螟，棉卷叶螟，棉扇野螟，棉花肋膜野螟

okra leafhopper 见 okra jassid

okra semilooper [= cotton semilooper, tropical anomis, white-pupiled scallop moth, orange cotton moth, cotton measuringworm, green semilooper, cotton leaf caterpillar, small cotton measuring worm, cotton looper, yellow cotton moth, *Anomis flava* (Fabricius)] 棉小造桥虫，小桥夜蛾，小造桥夜蛾，小造桥虫，红麻小造桥虫，棉夜蛾

okra shoot and fruit borer [= spotted bollworm, cotton spotted bollworm, eastern bollworm, bele shoot borer, northern rough bollworm, *Earias vittella* (Fabricius)] 翠纹钻夜蛾，翠纹金刚钻，绿带金刚钻

Okubasca 奥库叶蝉亚属

Okuniomyia bimaculicosta Shiraki 二斑脉奥克实蝇

Okwangwo on-off [*Tetrarhanis okwangwo* Larsen] 奥克泰灰蝶

OL [oil solution 的缩写] 油剂

olane azure [= broad-margined azure, *Ogyris olane* Hewitson] 奥莱澳灰蝶

Olbiogaster 美腹殊蠓属，美腹伪大蚊属，美腹蚊蚋属

Olbiogaster zonatus Edward 斑带美腹殊蠓，带美腹伪大蚊，带奥伪大蚊，美腹蚊蚋

old sailer [= high sailer, *Neptis alta* Overlaet] 高环蛱蝶

Old World bollworm [= cotton bollworm, northern budworm, corn earworm, African bollworm, scarce bordered straw moth, maize cobworm, gram pod borer, gram caterpillar, grain caterpillar, *Helicoverpa armigera* (Hübner)] 棉铃虫，棉铃实夜蛾

Old World butterfly-moth [= callidulid moth, callidulid] 锚纹蛾，佳蛾 < 锚纹蛾科 Callidulidae 昆虫的通称 >

Old World lyctus beetle [= brown powderpost beetle, brown lyctus beetle, bamboo borer beetle, *Lyctus brunneus* (Stephens)] 褐粉蠹，欧洲竹粉蠹

Old World screwworm [*Chrysomya bezziana* Villeneuve] 蛆症金蝇，疽症金蝇

Old World spiny-winged moth [= eriocottid moth, eriocottid] 毛蛾 < 毛蛾科 Eriocottidae 昆虫的通称 >

Old World swallowtail [= artemisia swallowtail, common yellow swallowtail, giant swallowtail, yellow swallowtail, swallowtail, *Papilio machaon* Linnaeus] 金凤蝶，黄凤蝶 < 本种色斑等变化较大，曾被分为近 40 个亚种 >

Old World twister [= evening skimmer, crepuscular darter, foggy-winged twister, coral-tailed cloud wing, *Tholymis tillarga* (Fabricius)] 云斑蜻，夜游蜻蜓

Old World webworm 1. [= cabbage webworm, *Hellula undalis* (Fabricius)] 菜螟，菜心野螟，萝卜螟，白菜螟，甘蓝螟，钻心虫；2. [sorghum webworm, sorghum earhead worm, cob borer, jowar web-worm, *Stenachroia elongella* Hampson] 高粱长螟，长斯廷螟

older instar 壮蚕期

older larva 壮蚕

oldhouse borer [*Hylotrupes bajulus* (Linnaeus)] 家希天牛，北美家天牛，家天牛

olea branch borer [= olive weevil, engraved big weevil, *Pimelocerus perforatus* (Roelofs)] 多孔皮横沟象甲，多孔横沟象甲，多孔横沟象，孔横沟象甲，大穿孔树皮象甲，大穿孔象甲，大穿孔树皮象

oleander aphid [= gossypium aphid, milkweed aphid, sweet pepper aphid, nerium aphid, *Aphis nerii* Boyer de Fonscolombe] 夹竹桃蚜，木棉蚜

oleander butterfly [= common crow, common Australian crow, Australian crow, *Euploea core* (Cramer)] 幻紫斑蝶，无光紫蝶

oleander caterpillar [= polka-dot wasp moth, *Syntomeida epilais* (Walker)] 夹竹桃鹿蛾

oleander hawk-moth [= army green moth, leaf eating sphinx, *Daphnis nerii* (Linnaeus)] 夹竹桃白腰天蛾，夹竹桃天蛾，粉绿白腰天蛾

oleander pit scale [= akee fringed scale, pustule scale, oleander scale, *Russellaspis pustulans* (Cockerell)] 普食珞链蚧，普露链蚧，夹竹桃斑链蚧，夹竹桃链蚧，黄链介壳虫

oleander scale 1. [= aucuba scale, ivy scale, lemon peel scale, white scale, orchid scale, *Aspidiotus nerii* Bouché] 常春藤圆盾蚧，夹竹桃圆盾蚧，夹竹桃圆蚧；2. [= akee fringed scale, pustule pit scale, oleander scale, *Russellaspis pustulans* (Cockerell)] 普食珞链蚧，普露链蚧，夹竹桃斑链蚧，夹竹桃链蚧，黄链介壳虫；3. [= false oleander scale, oyster scale, Fullaway oleander scale, magnolia white scale, mango scale, *Pseudaulacaspis cockerelli* (Cooley)] 考氏白盾蚧，考氏雪盾蚧，考氏拟轮蚧，椰子拟白轮盾介壳虫

olearia bud gall midge [*Oligotrophus oleariae* (Maskell)] 树紫菀贫脊瘿蚊

olearia leaf-blister midge [= akeake blister gall midge, *Dryomyia shawiae* Anderson] 树紫菀叶泡瘿蚊

oleaster thistle aphid [= artichoke aphid, thistle aphid, silverberry capitophorus, *Capitophorus elaeagni* (del Guercio)] 胡颓子钉毛蚜，蓟钉毛蚜，北美龙须钉毛蚜，龙须菜钉毛蚜

Olecryptotendipes 乌列摇蚊属

Olecryptotendipes exilis Yan, Wang *et* Bu 纤细乌列摇蚊

Olecryptotendipes lenzi (Zorina) 伦氏乌列摇蚊

Olecryptotendipes melasmus Yan, Wang *et* Bu 斑点乌列摇蚊

oleic acid 油酸

Olene 暗斑毒蛾属，斑毒蛾属

Olene dudgeoni (Swinhoe) 褐暗斑毒蛾，褐斑毒蛾，环茸毒蛾，桃毒蛾

Olene fascelina (Linnaeus) 见 *Dasychira fascelina*

Olene inclusa (Walker) 广翅暗斑毒蛾，广翅斑毒蛾，广翅毒蛾，可棕毒蛾，可茸毒蛾

Olene mendosa Hübner 见 *Dasychira mendosa*

Olene olga Obetrhur 见 *Dasychira olga*

Olene suisharyonis (Strand) 水社寮暗斑毒蛾，水社寮斑毒蛾

Olenecamptus 粉天牛属，白天牛属

Olenecamptus bilobus (Fabricius) [cocoa branch borer] 六星粉天牛，粉天牛，可可粉天牛，五星白天牛

Olenecamptus bilobus bilobus (Fabricius) 六星粉天牛指名亚种，指名六星粉天牛

Olenecamptus bilobus borneensis Pic 粉天牛厦门亚种，厦门六星粉天牛，厦门粉天牛

Olenecamptus bilobus gressitti Dillon *et* Dillon 粉天牛黄桷亚种，榕六星粉天牛，黄桷粉天牛，黄桷六星粉天牛

Olenecamptus bilobus luzonensis Dillon *et* Dillon 粉天牛吕宋亚种，吕宋六星粉天牛

Olenecamptus bilobus taiwanus Dillon *et* Dillon 见 *Olenecamptus taiwanus*

Olenecamptus bilobus tonkinus Dillon *et* Dillon 粉天牛南方亚种，南方六星粉天牛，南方粉天牛

Olenecamptus clarus Pascoe [six-maculated longicorn beetle] 黑点粉天牛，六点天牛

Olenecamptus clarus clarus Pascoe 黑点粉天牛指名亚种，指名黑点粉天牛

Olenecamptus clarus subobliteratus Pic 黑点粉天牛斜翅亚种，斜翅黑点粉天牛

Olenecamptus compressipes Fairmaire 柬粉天牛

Olenecamptus cretaceus Bates 白背粉天牛

Olenecamptus cretaceus cretaceus Bates 白背粉天牛指名亚种，指名白背粉天牛

Olenecamptus cretaceus marginatus Schwarzer 白背粉天牛喜榉亚种，榉白背粉天牛，大狭胸白天牛，大白天牛

Olenecamptus dominus Thomson 条饰粉天牛

Olenecamptus formosanus Pic 蓬莱粉天牛，蓬莱狭胸白天牛，高砂白天牛

Olenecamptus fouqueti Pic 佛氏粉天牛，福氏粉天牛

Olenecamptus fouqueti fouqueti Pic 佛氏粉天牛指名亚种

Olenecamptus fouqueti hainanensis Hua 佛氏粉天牛海南亚种，海南佛氏粉天牛，海南福氏粉天牛

Olenecamptus griseipennis (Pic) 灰翅粉天牛

Olenecamptus indianus (Thomson) 印度粉天牛，印度白天牛

Olenecamptus laosicus Breuning 老挝粉天牛

Olenecamptus lineaticeps Pic 黑盾粉天牛

Olenecamptus nigromaeulatus Pic 西藏粉天牛

Olenecamptus octopustulatus (Motschulsky) 八星粉天牛

Olenecamptus octopustulatus chinensis Dillon *et* Dillon 八星粉天牛中华亚种，中华八星粉天牛

Olenecamptus octopustulatus formosanus Pic 八星粉天牛台湾亚种，台湾八星粉天牛

Olenecamptus octopustulatus octopustulatus (Motschulsky) 八星粉天牛指名亚种，指名八星粉天牛

Olenecamptus optatus Pascoe 悦粉天牛

Olenecamptus pseudostrigosus didius Dilion *et* Dillon 瘦粉天牛

Olenecamptus quadriplagiatus Dillon *et* Dillon 四纹粉天牛
Olenecamptus riparius Danilevsky 滨海粉天牛
Olenecamptus siamensis Breuning 黄星粉天牛，暹罗白天牛
Olenecamptus subobliteratus Pic 斜翅粉天牛
Olenecamptus superbus Pic 云南粉天牛
Olenecamptus taiwanus Dillon *et* Dillon 台湾六星粉天牛，六粉天牛，六星白天牛
oleophobic 疏油的
oleophylic 亲油的
Olepa 欧灯蛾属
Olepa ricini (Fabricius) [darth maul moth] 瑞欧灯蛾，瑞斑灯蛾
Oleria 油绡蝶属
Oleria agarista (Felder) 美女油绡蝶
Oleria amalda Hewitson [Amalda glasswing] 阿油绡蝶
Oleria aquata (Weymer) 水灵油绡蝶
Oleria astrea (Cramer) 闪光油绡蝶
Oleria athalina (Staudinger) 枯油绡蝶
Oleria attalia (Hewitson) 雅塔油绡蝶
Oleria crispinilla (Höpffer) 卷曲油绡蝶
Oleria denuda (Riley) 露油绡蝶
Oleria deronda (Hewitson) 合油绡蝶
Oleria derondina (Haensch) 喜油绡蝶
Oleria egra (Hewitson) 卓越油绡蝶
Oleria enania (Haensch) 依油绡蝶
Oleria epicharme (Felder) 华美油绡蝶
Oleria estella (Hewitson) 艺油绡蝶
Oleria gunilla (Hewitson) [Gunilla clearwing] 谷油绡蝶
Oleria ilerda (Hewitson) 伊莱尔达油绡蝶
Oleria ilerdinoides (Staudinger) 拟伊莱油绡蝶
Oleria janarilla (Hewitson) 加纳油绡蝶
Oleria kena (Hewitson) 卡纳油绡蝶
Oleria lerda (Haensch) 莱达油绡蝶
Oleria lerdina (Staudinger) 莱顶油绡蝶
Oleria lota (Hewitson) 洛塔油绡蝶
Oleria makrena (Hewitson) [Makrena clearwing] 透花油绡蝶
Oleria onega (Hewitson) [Onega clearwing, Onega glasswing] 奥油绡蝶
Oleria orestilla (Hewitson) 山民油绡蝶
Oleria padilla (Hewitson) [padilla glasswing] 帕油绡蝶
Oleria paula (Weymer) [Paula's clearwing] 波拉油绡蝶
Oleria phemonoe (Doubleday *et* Hewitson) 神女油绡蝶
Oleria priscilla (Hewitson) 前代油绡蝶
Oleria quadrata (Haensch) 方油绡蝶
Oleria rubescens (Butler *et* Druce) 红油绡蝶
Oleria solida (Weymer) 壮油绡蝶
Oleria susiana Felder *et* Felder 苏西油绡蝶
Oleria tabera (Hewitson) 塔瓦拉油绡蝶
Oleria taliata (Hewitson) 套油绡蝶
Oleria tigilla (Weymer) 弧缘油绡蝶
Oleria vicina (Salvin) 邻油绡蝶
Oleria victorine (Guérin-Méneville) [Victorine clearwing] 维多油绡蝶
Oleria zea (Hewitson) 玉米油绡蝶
Oleria zelica (Hewitson) 黑缘油绡蝶
Olesicampe 除蠋姬蜂属
Olesicampe albibasalis Sheng, Li *et* Sun 白基除蠋姬蜂
Olesicampe flavifacies Kasparyan 黄脸除蠋姬蜂
Olesicampe geniculata (Uchida) 膝除蠋姬蜂
Olesicampe jingyuanensis Sheng, Li *et* Sun 靖远除蠋姬蜂
Olesicampe macellator (Thunberg) 锯角叶蜂除蠋姬蜂
Olesicampe melana Sheng, Li *et* Sun 黑除蠋姬蜂
Olesicampe populnea Sheng, Li *et* Sun 杨除蠋姬蜂
Olethreutae 新小卷蛾亚族
Olethreutes 新小卷蛾属，小卷蛾属
Olethreutes arcuella (Clerck) 栎新小卷蛾，栎小卷蛾
Olethreutes attica (Meyrick) 见 *Phaecasiophora attica*
Olethreutes aurofasciana (Haworth) 横新小卷蛾，横小卷蛾，金带新小卷蛾
Olethreutes bidentata Kuznetzov 二齿新小卷蛾
Olethreutes bipunctana (Fabricius) 二斑新小卷蛾
Olethreutes camarotis Meyrick 印黄新玉兰小卷蛾，印黄玉兰小卷蛾
Olethreutes capnodesma (Meyrick) 凯新小卷蛾，凯小卷蛾，凯条小卷蛾
Olethreutes captiosana (Falkovitsh) 栎新小卷蛾，栎小卷蛾，卡新小卷蛾
Olethreutes castaneana (Walsingham) 栗新小卷蛾，栗小卷蛾，栗桑小卷蛾
Olethreutes cellifera Meyrick 海南蒲桃新小卷蛾，海南蒲桃小卷蛾
Olethreutes decrepitana (Herrich-Schäffer) 松新小卷蛾，松小卷蛾
Olethreutes dolosana (Kennel) 梅花新小卷蛾，梅花小卷蛾
Olethreutes doubledayana (Barrett) 倍新小卷蛾，双小卷蛾
Olethreutes electana (Kennel) 溲疏新小卷蛾，溲疏小卷蛾
Olethreutes erotias Meyrick 东方杧果新小卷蛾，东方杧果小卷蛾
Olethreutes examinatus Falkovitsh 广小新卷蛾，广小卷蛾
Olethreutes hedrotoma Meyrick 赫新小卷蛾，赫小卷蛾，赫条小卷蛾
Olethreutes hemiplaca (Meyrick) [marmorate leaf roller, marmorated leaf roller] 半新小卷蛾，花条小卷蛾，花卷叶蛾
Olethreutes ineptana (Kennel) 山槐新小卷蛾，山槐小卷蛾，山槐条小卷蛾，阴褐带卷蛾，茵新小卷蛾
Olethreutes lacunana (Denis *et* Schiffermüller) 白桦新小卷蛾，白桦小卷蛾，拉新小卷蛾
Olethreutes metallicana (Hübner) 越橘新小卷蛾，越橘小卷蛾，闪新小卷蛾
Olethreutes moderata Falkovitsh 中新小卷蛾，中小卷蛾
Olethreutes mori (Matsumura) [mulberry leaf roller] 桑新小卷蛾，桑小卷蛾，桑卷蛾，桑卷叶蛾
Olethreutes morivora (Matsumura) [smaller mulberry leaf roller] 模新小卷蛾，模小卷蛾，模芽小卷蛾，模桑小卷蛾
Olethreutes nigricrista Kuznetsov 角新小卷蛾，角小卷蛾，黑冠新小卷蛾
Olethreutes niphodelta (Meyrick) 雪新小卷蛾，雪小卷蛾，尼新小卷蛾
Olethreutes obovata (Walsingham) 奥新小卷蛾，倒卵小卷蛾
Olethreutes orthocosma (Meyrick) 直新小卷蛾，直小卷蛾
Olethreutes paragramma Meyrick 印巴牡竹新小卷蛾，印巴牡竹

小卷蛾
Olethreutes perdicoptera (Wileman *et* Stringer) 淡翅新小卷蛾，淡翅小卷蛾，佩狄卷蛾
Olethreutes permundana (Clemens) [raspberry leaf roller] 悬钩子新小卷蛾，悬钩子小卷蛾，悬钩子小卷叶蛾
Olethreutes poetica Meyrick 印斯长叶暗新小卷蛾，印斯长叶暗小卷蛾
Olethreutes schistaceana (Snellen) 见 *Tetramoera schistaceana*
Olethreutes semiculta Meyrick 印斯油丹新小卷蛾，印斯油丹小卷蛾
Olethreutes siderana (Treitschke) 线菊新小卷蛾，线菊小卷蛾，金西条小卷蛾
Olethreutes siderana aurana (Caradja) 线菊新小卷蛾金色亚种，金线菊新小卷蛾
Olethreutes siderana siderana (Treitschke) 线菊新小卷蛾指名亚种
Olethreutes sideroxyla (Meyrick) 斯新小卷蛾，斯小卷蛾
Olethreutes subretracta Kawabe 刺新小卷蛾，刺小卷蛾
Olethreutes subtilana (Falkovitsh) 柞新小卷蛾，柞小卷蛾，萨新小卷蛾
Olethreutes tephrea Falkovitsh 冷杉新小卷蛾，冷杉小卷蛾
Olethreutes threnodes Meyrick 印哀歌新小卷蛾，印哀歌小卷蛾
Olethreutes tonsoria Meryick 印腰果新小卷蛾，印腰果小卷蛾
Olethreutes transversana (Christoph) 宽新小卷蛾，宽小卷蛾，横新小卷蛾，横桑小卷蛾
Olethreutes trichosoma (Meyrick) 毛小新卷蛾，毛小卷蛾
Olethreutes urticana (Hübner) 同 *Orthotaenia undulana*
Olethreutidae [= Tortricidae, Agapetidae, Carpocapsidae, Cnephasiidae, Cochylidae, Epiblemidae, Eucosmidae, Graptolithidae, Sparganothidae] 卷蛾科，卷叶蛾科
Olethreutinae 新小卷蛾亚科，小卷蛾亚科
Olethreutini 新小卷蛾族，小卷蛾族

olfaction 嗅觉
olfactometer 嗅觉仪，嗅觉计，嗅觉测定器，嗅觉测量仪
olfactory 嗅觉的
olfactory conditioning 嗅觉条件化
olfactory cone 嗅觉锥
olfactory lobe 嗅叶，中脑 < 指脑前腹面的一对显著膨大部分 >
olfactory organ 嗅觉器官
olfactory pore 嗅觉孔
olfactory receptor [abb. OR] 嗅觉接受器，嗅觉受体
olfactory receptor cell [abb. ORC] 嗅觉接受器细胞
olfactory receptor co-receptor [abb. Orco] 非典型嗅觉受体
olfactory receptor neuron [abb. ORN] 嗅觉受体神经元
olfactory recognition 嗅觉识别
olfactory sensation 嗅觉
olfactory sense 嗅觉
Olfersiinae 隐胸虱蝇亚科
Oliarus 脊菱蜡蝉属
Oliarus apicalis (Uhler) [rhombic planthopper] 端斑脊菱蜡蝉，黑尾菱蜡蝉，黑头麦蜡蝉，黑尾麦蚻，黑头禾菱蜡蝉，黑头菱飞虱
Oliarus bifidus Tsaur, Hsu *et* van Stalle 见 *Oecleopsis bifidus*
Oliarus bizonatus Kato 同 *Reptalus quadricinctus*
Oliarus chiangi Tsaur, Hsu *et* van Stalle 见 *Oecleopsis chiangi*
Oliarus cingalensis (Distant) 褐带脊菱蜡蝉
Oliarus cucullatus Noualhier 褐点脊菱蜡蝉
Oliarus elevatus Tsaur, Hsu *et* van Stalle 见 *Oecleopsis elevatus*
Oliarus formosanus Matsumura 见 *Siniarus formosanus*
Oliarus hopponis Matsumura 见 *Arosinus hopponis*
Oliarus horishanus Matsumura 曙光脊菱蜡蝉，蔗脊菱蜡蝉
Oliarus hsui Tsaur 见 *Atretus hsui*
Oliarus iguchii Matsumura [black flattened rhombic planthopper] 黑脊菱蜡蝉，黑扁菱蜡蝉
Oliarus indicus Distant 印度脊菱蜡蝉
Oliarus insetosus Jacobi 褐脉脊菱蜡蝉
Oliarus kurseongensis Distant 透翅脊菱蜡蝉
Oliarus leporinus Linnaeus 见 *Pentastiridius leporinus*
Oliarus mlanjensis van Salle 莫拉脊菱蜡蝉
Oliarus mori Matsumura 见 *Oecleopsis mori*
Oliarus nigronervatus Fennah 见 *Atretus nigronervatus*
Oliarus oryzae Matsumura 见 *Oteana oryzae*
Oliarus petasatus Noualhier 帽顶脊菱蜡蝉
Oliarus pundaloyensis van Stalle 葩脊菱蜡蝉
Oliarus quadricinctus Matsumura 四带脊菱蜡蝉
Oliarus quinquecostatus (Dufour) 见 *Reptalus quinquecostatus*
Oliarus scalenus Tsaur *et* Hsu 见 *Siniarus scalenus*
Oliarus shiaoi Tsaur 见 *Atretus shiaoi*
Oliarus speciosus Matsumura 灿脊菱蜡蝉
Oliarus tappanus Matsumura 见 *Indolipa tappanus*
Oliarus trifasciatus Metcalf 同 *Reptalus quadricinctus*
Oliarus tsoui Muir 邹氏脊菱蜡蝉，中国脊菱蜡蝉
Oliarus velox Matsumura 见 *Arosinus velox*
Oliarus yangi Tsaur 见 *Atretus yangi*
Olibrus 奥姬花甲属
Olibrus brunneus (Motschulsky) 褐奥姬花甲
Olibrus consanguineus Flach 血红奥姬花甲
Olibrus kaszabi Medvedev 卡奥姬花甲
Olibrus permicans Flach 泼奥姬花甲
Olidiana 单突叶蝉属
Olidiana acutistyla (Li *et* Wang) 尖板单突叶蝉
Olidiana alata (Nielson) 翼状单突叶蝉，异单突叶蝉，翼单突叶蝉
Olidiana apicifixa Fan, Dai *et* Li 顶突单突叶蝉
Olidiana bigemina (Zhang) 叉单突叶蝉
Olidiana brevis (Walker) 黑颜单突叶蝉，黄斑单突叶蝉
Olidiana brevisina (Zhang) 黄带单突叶蝉，黄带单突叶蝉
Olidiana brevissima (Zhang) 短叉单突叶蝉，短叉单突叶蝉
Olidiana caii Nielson 同 *Olidiana flavofascia*
Olidiana clavispinata Fan *et* Dai 棒突单突叶蝉
Olidiana curvispinata (Zhang) 曲刺单突叶蝉
Olidiana dendritica Fan *et* Dai 树突单突叶蝉
Olidiana dentmargina Li *et* Fan 锯缘单突叶蝉
Olidiana fasciculata (Nielson) 细单突叶蝉
Olidiana fineaedeaga Li *et* Fan 细茎单突叶蝉
Olidiana fissa (Nielson) 台湾单突叶蝉
Olidiana flavocostata (Li *et* He) 黄缘单突叶蝉
Olidiana flavofascia (Zhang) 黄斑单突叶蝉
Olidiana flavofasciana (Li) 橙带单突叶蝉
Olidiana fringa (Zhang) 穗单突叶蝉

Olidiana halberta (Li) 戟茎单突叶蝉

Olidiana hamularis (Xu) 钩茎单突叶蝉

Olidiana huangi Zhang 黄氏单突叶蝉

Olidiana huangmina (Li *et* Wang) 黄面单突叶蝉

Olidiana huoshanensis (Zhang) 霍山单突叶蝉

Olidiana indica (Walker) 印单突叶蝉

Olidiana kuohi Xu 葛氏单突叶蝉

Olidiana laminapellucida (Zhang) 长片单突叶蝉，片单突叶蝉

Olidiana laminispinosa (Zhang) 刺片单突叶蝉

Olidiana lateraldensa Li *et* Fan 侧齿单突叶蝉

Olidiana longa Fan *et* Dai 长枝单突叶蝉

Olidiana longiforma Fan *et* Dai 长茎单突叶蝉

Olidiana longisticka Li *et* Fan 长棒单突叶蝉

Olidiana longzhouensis Li *et* Fan 龙州单突叶蝉

Olidiana luchunensis Li *et* Fan 绿春单突叶蝉

Olidiana maguanensis Li *et* Fan 马关单突叶蝉

Olidiana mutabilis (Nielson) 变异单突叶蝉

Olidiana nigridorsa (Cai *et* Shen) 黑胸单突叶蝉

Olidiana nigrifaciana (Li *et* Zhang) 黑面单突叶蝉

Olidiana nigritibiana (Li) 黑胫单突叶蝉

Olidiana nocturna (Distant) 黑缘单突叶蝉

Olidiana obliquea Li *et* Fan 斜板单突叶蝉

Olidiana pectiniformis (Zhang) 栉单突叶蝉

Olidiana perculta (Distant) 横带单突叶蝉

Olidiana polyspinata (Zhang) 多刺单突叶蝉

Olidiana ramosa Fan, Dai *et* Li 多枝单突叶蝉

Olidiana recurvata (Nielson) 弯茎单突叶蝉

Olidiana ritcheri (Nielson) 里奇单突叶蝉

Olidiana ritcheriina (Zhang) 齿片单突叶蝉

Olidiana rubrofasiata (Li *et* Wang) 红纹单突叶蝉

Olidiana scopae (Nielson) 粉刺单突叶蝉

Olidiana sicklea Li *et* Fan 镰刀单突叶蝉

Olidiana spina (Zhang) 长刺单突叶蝉，刺单突叶蝉

Olidiana splintera Li *et* Fan 端刺单突叶蝉

Olidiana tongmaiensis (Zhang) 通麦单突叶蝉

Olidiana yangi McKamey 同 *Olidiana hamularis*

Olidiana zhengi (Zhang) 郑氏单突叶蝉

Olidiana zhoui Li *et* Fan 周氏单突叶蝉

Oligaeschra 寡夙舟蛾亚属

Oligaphorura 小角棘䖴属

Oligaphorura ursi Fjellberg 北极小角棘䖴

Oligembiidae [= Teratembiidae] 半脉丝蚁科，稀丝蚁科

Oligeria hemicalla Lower 澳辐射松毒蛾

Oligia 禾夜蛾属

Oligia anomalata Berio 安禾夜蛾

Oligia arctides (Staudinger) 灯禾夜蛾

Oligia fodinae (Oberthür) 见 *Litoligia fodinae*

Oligia fractilinea (Grote) 见 *Mesapamea fractilinea*

Oligia furuncula (Denis *et* Schiffermüller) 见 *Mesoligia furuncula*

Oligia khasiana (Hampson) 克禾夜蛾，卡禾夜蛾

Oligia mediofasciata Draudt 中纹禾夜蛾

Oligia nigrithorax Draudt 黑胸禾夜蛾

Oligia niveiplagoides Poole 白点禾夜蛾，白纹禾夜蛾

Oligia obsolescens Berio 奥禾夜蛾

Oligia sodalis Draudt 友禾夜蛾

Oligia sordida (Butler) 见 *Pyrrhidivalva sordida*

Oligia vulgaris (Butler) 见 *Bambusiphila vulgaris*

Oligia vulnerata (Butler) 见 *Oligonyx vulnerata*

oligidic diet 寡合饲料

Oligoaeschna 似沼蜓属，小蜓属

Oligoaeschna aquilonaris Wilson 广西似沼蜓，北部小蜓

Oligoaeschna lieni Yeh *et* Chen 见 *Sarasaeschna lieni*

Oligoaeschna petalura Lieftinck 海南似沼蜓，叶小蜓

Oligoaeschna pyanan Asahina 见 *Sarasaeschna pyanan*

Oligoaeschna tsaopiensis Yeh *et* Chen 见 *Sarasaeschna pyanan tsaopiensis*

Oligocentria 寡中舟蛾属

Oligocentria lignicolor (Walker) [white-streaked prominent moth, lacecapped caterpillar] 二色寡中舟蛾

Oligochroa 小斑螟属

Oligochroa atrisquamella Hampson 见 *Ptyobathra atrisquamella*

Oligochroa cantonella (Caradja) 广州小斑螟，广州鳃斑螟

Oligochroa leucophaeella (Zeller) 见 *Faveria leucophaeella*

Oligochroa ocelliferella Ragonot 眼小斑螟

Oligochroa tristella Caradja 特小斑螟

Oligoclona chrysolopha (Kollar) 见 *Gazalina chrysolopha*

Oligoclystia blanda Bastelberger 见 *Chloroclystis blanda*

Oligoenoplus 寡天牛属

Oligoenoplus gonggashanus Miroshnikov 贡嘎山寡天牛

Oligoenoplus modicus Holzschuh 温和寡天牛

oligomer 寡聚体

Oligomerus 竹窃蠹属

Oligomerus brunneus (Olivier) 竹窃蠹

Oligomyrmex 稀切叶蚁属，寡家蚁属

Oligomyrmex acutispinus Xu 尖刺稀切叶蚁

Oligomyrmex altinodus Xu 高结稀切叶蚁

Oligomyrmex amia (Forel) 见 *Carebara amia*

Oligomyrmex bihornatus Xu 双角稀切叶蚁

Oligomyrmex capreolus Wheeler 卷稀切叶蚁

Oligomyrmex capreolus capreolus Wheeler 卷稀切叶蚁指名亚种

Oligomyrmex capreolus laeviceps Wheeler 卷稀切叶蚁光头亚种，光卷稀切叶蚁

Oligomyrmex cribriceps Wheeler 网纹稀切叶蚁

Oligomyrmex curvispinus Xu 弯刺稀切叶蚁

Oligomyrmex hunanensis Wu *et* Wang 湖南稀切叶蚁

Oligomyrmex jiangxiensis Wu *et* Wang 江西稀切叶蚁

Oligomyrmex lusciosus Wheeler 粤稀切叶蚁

Oligomyrmex obtusidentus Xu 钝齿稀切叶蚁

Oligomyrmex polyphemus Wheeler 中国稀切叶蚁

Oligomyrmex pseudolusciosus Wu *et* Wang 拟亮稀切叶蚁

Oligomyrmex rectidorsus Xu 直背稀切叶蚁

Oligomyrmex reticapitus Xu 纹头稀切叶蚁

Oligomyrmex sauteri Forel 邵氏稀切叶蚁，邵氏寡蚁，索氏稀切叶蚁

Oligomyrmex silvestri (Santschi) 薛氏稀切叶蚁

Oligomyrmex silvestri taiponicus Wheeler 见 *Carebara taiponica*

Oligomyrmex striatus Xu 条纹稀切叶蚁

oligonephria 寡尿管类 < 昆虫中仅有少数马氏管者 >

Oligoneura 1. [= Embiidina] 纺足目；2. 寡脉类 < 专用于双翅目 Diptera 中的瘿蚊类 >

Oligoneura 寡小头虻属，寡键小头虻属
Oligoneura aenea Bigot 安尼寡小头虻
Oligoneura mokanshanensis (Ôuchi) 莫干山寡小头虻，莫干山菲小头
Oligoneura murina (Loew) 墙寡小头虻，墙寡键小头虻
Oligoneura nigroaenea (Motschulsky) 黑蒲寡小头虻，黑菲小头虻
Oligoneura takasagoensis (Ôuchi) 高砂寡小头虻，高砂小头虻，美丽小头虻，日菲小头虻
Oligoneura yutsiensis (Ôuchi) 于潜寡小头虻，于潜寡键小头虻，浙菲小头虻，浙鼠菲小头虻
Oligoneuriella 寡脉蜉属
Oligoneuriella rhenana Imhoff 灯寡脉蜉
Oligoneuriellidae [= Oligoneuriidae] 寡脉蜉科
oligoneuriid 1. [= oligoneuriid mayfly, brushleg mayfly] 寡脉蜉 < 寡脉蜉科 Oligoneuriidae 昆虫的通称 >；2. 寡脉蜉科的
oligoneuriid mayfly [= oligoneuriid, brushleg mayfly] 寡脉蜉
Oligoneuriidae [= Oligoneuriellidae] 寡脉蜉科
Oligoneurus 寡脉茧蜂属
Oligoneurus cosmopterygivorus He 见 *Paroligoneurus cosmopterygivorus*
Oligoneurus crassicornis He 见 *Paroligoneurus crassicornis*
Oligoneurus flavlfacialis He 见 *Paroligoneurus flavlfacialis*
Oligoneurus sinensis He 见 *Paroligoneurus sinensis*
Oligoneurus songyangensis He 见 *Paroligoneurus songyangensis*
Oligonychinae 螳螂亚科
Oligonyx 曲线禾夜蛾属
Oligonyx vulnerata (Butler) 曲线禾夜蛾
oligoparasitism 寡主寄生，寡食性寄生
oligophage 1. 寡食者；2. 寡食性
oligophagous 寡食性的
oligophagous insect 寡食性昆虫
oligophagy 寡食性

Oligophlebia 疏脉透翅蛾属，寡透翅蛾属
Oligophlebia cristata Le Cerf 脊疏脉透翅蛾，冠毛疏脉透翅蛾，冠毛寡透翅蛾
Oligophlebia minor Xu *et* Arita 微疏脉透翅蛾
Oligophlebiella 寡脉透翅蛾属，拟寡透翅蛾属
Oligophlebiella polishana Strand 灿寡脉透翅蛾，坡拟寡透翅蛾，近准透翅蛾
Oligoplectrodes 寡短石蛾属
Oligoplectrodes potanini Martynov 坡寡短石蛾
oligopod 寡足的
oligopod larva 寡足幼虫
oligopod phase 寡足期 < 昆虫胚胎发育后期腹部附肢已消失的时期 >
Oligoria 黑袄弄蝶属
Oligoria maculata (Edwards) [twin-spot skipper] 黑袄弄蝶
Oligoschema 寡虫虻属，寡食虫虻属
Oligoschema nuda Becker 裸寡虫虻，寡食虫虻，掠夺食虫虻
Oligosita 寡索赤眼蜂属
Oligosita acuticlavata Lin 见 *Pseudoligosita acuticlavata*
Oligosita aequilonga Lin 等腹寡索赤眼蜂
Oligosita brevialata Lou *et* Wang 短翅寡索赤眼蜂
Oligosita brevicilia Girault 见 *Pseudoligosita brecicilia*
Oligosita brevicornis Lin 短角寡索赤眼蜂
Oligosita brunnea Lin 暗褐寡索赤眼蜂
Oligosita curtifuniculata Lin 短索寡索赤眼蜂
Oligosita curvata Lin 见 *Pseudoligosita curvata*
Oligosita curvialata Lin 弯翅寡索赤眼蜂
Oligosita cycloptera Lin 圆翅寡索赤眼蜂
Oligosita desantisi Viggiani 新疆寡索赤眼蜂
Oligosita dolichosiphonia Lin 见 *Probrachista dolichosiphonia*
Oligosita elongata Lin 见 *Pseudoligosita elongata*
Oligosita erythrina Lin 红色寡索赤眼蜂
Oligosita flavoflagella Lin 黄角寡索赤眼蜂
Oligosita glabriscutata Lin 光盾寡索赤眼蜂
Oligosita gracilior Nowicki 细寡索赤眼蜂
Oligosita grandiocella Lin 见 *Pseudoligosita grandiocella*
Oligosita introflexa Lin 弯缘寡索赤眼蜂
Oligosita japonica Yashiro 日本寡索赤眼蜂
Oligosita krygeri Girault 见 *Pseudoligosita krygeri*
Oligosita longialata Lin 长翅寡索赤眼蜂
Oligosita longicornis Lin 见 *Pseudoligosita longicornis*
Oligosita macrothoracica Lin 长胸寡索赤眼蜂
Oligosita mediterranea Nowicki 欧洲寡索赤眼蜂
Oligosita naias Girauh 台湾寡索赤眼蜂
Oligosita nephotettica Mani 见 *Pseudoligosita nephotettica*
Oligosita nigriptera Yuan *et* Cong 黑翅寡索赤眼蜂
Oligosita nigroflagellaris Lin 黑角寡索赤眼蜂
Oligosita pallida Kryger 曲缘寡索赤眼蜂
Oligosita platyoptera Lin 宽翅寡索赤眼蜂
Oligosita podolica Nowicki 波多寡索赤眼蜂
Oligosita polioptera Lin 同 *Probrachista platyoptera*
Oligosita rubida Lin 微红寡索赤眼蜂
Oligosita sanguinea (Girault) 血色寡索赤眼蜂
Oligosita shibuyae Ishii 长突寡索赤眼蜂
Oligosita sparsiciliata Lin 稀毛寡索赤眼蜂
Oligosita spiniclavata Lin 见 *Pseudoligosita spiniclavata*
Oligosita stenostigma Lin 见 *Pseudoligosita stenostigma*
Oligosita tachikawai Yashiro 同 *Pseudoligosita nephotettica*
Oligosita transiscutata Lin 见 *Pseudoligosita transiscutata*
Oligosita yasumatsui Viggiani *et* Subba Rao 见 *Pseudoligosita yasumatsui*
Oligostigma 点水螟属
Oligostigma aulacodealis Strand 奥点水螟
Oligostigma bifurcale Pryer 见 *Eristena bifurcalis*
Oligostigma bifurcale szechuanalis Caradja 见 *Eristena bifurcalis szechuanalis*
Oligostigma bilinealis Snellen 双线点水螟
Oligostigma insectale Pryer 阴点水螟
Oligostigma minutale Caradja 见 *Eristena minutale*
Oligostigma villidalis Walker 见 *Parapoynx villidalis*
Oligostomis 小口石蛾属
Oligostomis soochowica (Ulmer) 苏州小口石蛾，苏州寡毛石蛾
Oligota 寡隐翅甲属
Oligota formosae Bernhauer 台寡隐翅甲
oligothermal 狭温性的
Oligotoma 等蝽属，等丝蚁属，等尾丝足蚁属
Oligotoma greeniana Enderlein 格氏等蝽，格氏等丝蚁，暗头等尾足丝蚁

Oligotoma humbertiana (Saunders) 桉树等蝾，桉树等丝蚁，黄头等尾足丝蚁
Oligotoma japonica (Okajima) 日本等蝾，日本等尾足丝蚁
Oligotoma saundersii (Westwood) [orchid embiid] 桑氏等蝾，桑氏等丝蚁，桑氏丝蚁，兰足丝蚁，平凡等尾足丝蚁
oligotomid 1. [= oligotomid webspinner] 等蝾 < 等蝾科 Oligotomidae 昆虫的通称 >；2. 等蝾科的
oligotomid webspinner [= oligotomid] 等蝾
Oligotomidae 等蝾科，等尾丝蚁科，等尾纺足科
Oligotricha 寡毛石蛾属
Oligotricha lapponica (Hagen) 芒刺寡毛石蛾，拉寡毛石蛾，拉脉石蛾
Oligotricha soochowica (Ulmer) 见 *Oligostomis soochowica*
oligotrophic 寡营养的
Oligotrophus 贫脊瘿蚊属
Oligotrophus betheli Felt [juniper tip midge] 桧梢贫脊瘿蚊，桧梢瘿蚊，刺柏瘿蚊
Oligotrophus fagineus Kieffer 同 *Hartigiola annulipes*
Oligotrophus oleariae (Maskell) [olearia bud gall midge] 树紫菀贫脊瘿蚊
Oligotrophus papyriferae Gagné 纸贫脊瘿蚊
Oligotrophus tympanifex Kieffer 鼓贫脊瘿蚊
oligotropic 采少种花的 < 指蜂 >
olinda hemmark [= olinda metalmark, *Nymphidium olinda* (Bates)] 奥蛱蚬蝶
olinda metalmark 见 olinda hemmark
Oliprosodes 奥侧琵甲亚属
olivaceous [= olivaceus] 橄榄色
olivaceus 见 olivaceous
olive ace [*Thoressa gupta* (de Nicéville)] 灰陀弄蝶，故陀弄蝶，故酣弄蝶
olive bark beetle 1. [*Hylesinus toranio* (Danthione) 油橄榄海小蠹，白蜡小海小蠹，托兰海小蠹；2. [= western ash bark beetle, *Leperisinus californicus* Swaine] 加州梣小蠹；3. [= fleotribo, *Phloeotribus scarabaeoides* (Bernard)] 油榄皮小蠹，蛴形韧皮小蠹，蛴形韧皮胫小蠹，油榄皮胫小蠹，油榄黑小蠹
olive bee hawkmoth [*Hemaris croatica* (Esper)] 橄色黑边天蛾
olive black-scale [= Mediterranean black scale, citrus black scale, black scale, black olive scale, brown olive scale, olive scale, olive soft scale, *Saissetia oleae* (Bernard)] 橄榄黑盔蚧，榄珠蜡蚧，工脊硬介壳虫，工脊硬蚧，黑蜡蚧
olive-clouded skipper [*Lerodea dysaules* Godman] 绿鼠弄蝶
olive engraved weevil [*Dysceroides cribripennis* (Matsumura *et* Kôno)] 大粒戴象甲，筛翅齿喙象甲，筛翅树皮象，大粒横沟象甲，大粒横沟象
olive fly [= olive fruit fly, *Bactrocera* (*Daculus*) *oleae* (Gmelin)] 油橄榄果实蝇，橄榄实蝇，油橄榄实蝇
olive fruit fly 见 olive fly
olive green cutworm [=girdler moth, *Dargida procinctus* (Grote)] 橄榄黛夜蛾，橄榄绿夜蛾
olive-green hawk moth [= small hawk moth, *Theretra japonica* (Boisduval)] 日本斜纹天蛾，雀斜纹天蛾，日斜纹天蛾，雀纹天蛾，爬山虎天蛾，葡萄叶绿褐天蛾，葡萄绿褐天蛾，黄胸斜纹天蛾
olive haired swift [= Zeller's skipper, Borbo skipper, *Borbo borbonica* (Boisduval)] 黄毛籼弄蝶，指名籼弄蝶
olive hairstreak [= Juniper hairstreak, *Mitoura gryneus* (Hübner)] 阁敏灰蝶
olive metron [= zimra skipper, *Metron zimra* (Hewitson)] 黄褐金腹弄蝶
olive moth [*Prays oleae* (Bernard)] 油橄榄巢蛾
olive nicon [= nikko skipper, *Niconiades nikko* Hayward] 阿根廷黄涅弄蝶
olive parlatoria scale [= olive scale, *Parlatoria oleae* (Colvée)] 橄榄片盾蚧，油橄榄盔蚧
olive psylla [*Euphyllura olivina* Costa] 油橄榄叶木虱，油橄榄褐木虱
olive scale 1. [= olive parlatoria scale, *Parlatoria oleae* (Colvée)] 橄榄片盾蚧，油橄榄盔蚧；2. [= Mediterranean black scale, citrus black scale, black scale, black olive scale, brown olive scale, olive black-scale, olive soft scale, *Saissetia oleae* (Bernard)] 橄榄黑盔蚧，榄珠蜡蚧，工脊硬介壳虫，工脊硬蚧，黑蜡蚧
olive skipper [*Pyrgus serratulae* (Rambur)] 色拉花弄蝶，橄榄绿花弄蝶
olive soft scale [= Mediterranean black scale, citrus black scale, black scale, black olive scale, brown olive scale, olive black-scale, olive scale, *Saissetia oleae* (Bernard)] 橄榄黑盔蚧，榄珠蜡蚧，工脊硬介壳虫，工脊硬蚧，黑蜡蚧
olive weevil 1. [= olea branch borer, engraved big weevil, *Pimelocerus perforatus* (Roelofs)] 多孔皮横沟象甲，多孔横沟象甲，多孔横沟象，孔横沟象甲，大穿孔树皮象甲，大穿孔象甲，大穿孔树皮象；2. [= cribrate weevil, apple curculio, curculio beetle, curculio weevil, *Otiorhynchus cribricollis* Gyllenhal] 苹果耳象甲，油橄榄象甲，苹果耳象，苹果耳喙象
olive whitefly [*Aleurolobus olivinus* (Silvestri)] 橄榄三叶粉虱，油橄榄粉虱
Olivencia eyemark [*Mesosemia olivencia* Bates] 绿美眼蚬蝶
Olivencia tigerwing [*Forbestra olivencia* (Bates)] 噢福绡蝶
Olivenebula 霉裙剑夜蛾属，榄夜蛾属
Olivenebula monticola Kishida *et* Yoshimoto 山霉裙剑夜蛾，山榄夜蛾
Olivenebula oberthuri (Staudinger) 霉裙剑夜蛾，奥榄夜蛾
Olla 溜瓢虫属
Olla vnigrum (Mulsant) 楔斑溜瓢虫 < 该种学名曾写为 *Olla v-nigrum* (Mulsant)>
Olona 奥刺蛾属
Olona albistrigella Snellen 淡纹奥刺蛾
Olona zolotuhini Solovyev, Galsworthy *et* Kendrick 褐奥刺蛾
Olontheus obscurus Jacobi 见 *Cixiopsis obscurus*
Olophrinus 点鞘隐翅甲属
Olophrinus lantschangensis Schülke 棕色点鞘隐翅甲
Olophrinus malaisei Scheerpeltz 光滑点鞘隐翅甲
Olophrinus nepalensis Campbell 尼泊尔点鞘隐翅甲
Olophrinus parastriatus Chang, Li *et* Yin 拟小园点鞘隐翅甲
Olophrinus qian Chang, Li *et* Yin 黔点鞘隐翅甲
Olophrinus setiventris Chang, Li *et* Yin 毛刺点鞘隐翅甲
Olophrinus striatus Fauvel 小圆点鞘隐翅甲
Olophrinus suzukii Shibata 铃木点鞘隐翅甲
Olophrum 颚隐翅甲属
Olophrum fuscum Gravenhorst 棕颚隐翅甲

Olophrum scheerpeltzi Bernhauer 喜颚隐翅甲
Olophrum simplex Sharp 简颚隐翅甲
Olophrum sinense Scheerpeltz 华颚隐翅甲
Olorus 似亮肖叶甲属
Olorus dentipes Tan 锄齿似亮肖叶甲，锄齿似亮叶甲
Olulis 羽胫夜蛾属
Olulis ayumiae Sugi 阿羽胫夜蛾
Olulis puncticinctalis Walker 点斑羽胫夜蛾，点斑羽胫裳蛾，磅羽胫夜蛾
Olulis shigakii Sugi 顶斑羽胫夜蛾，奥陆夜蛾
olvina skipper [*Drephalys olvina* Evans] 欧维卓弄蝶
Olygoneuriidae 寡脉蜉科
Olympia epeolus [*Epeolus olympiellus* Cockerell] 奥绒斑蜂
Olympia marble [*Euchloe olympia* (Edwards)] 奥林匹亚端粉蝶
Olympia white [*Leptophobia olympia* (Felder *et* Felder)] 奥林黎粉蝶
olynthia sister [*Adelpha olynthia* (Felder)] 细白悌蛱蝶
Olynthus 奥仑灰蝶属
Olynthus avoca (Hewitson) 雅奥仑灰蝶
Olynthus fancia (Jones) 梵奥仑灰蝶
Olynthus narbal (Stoll) [narbal hairstreak] 娜奥仑灰蝶，奥仑灰蝶
Olynthus punctum (Herrich-Schäffer) [punctum hairstreak] 多点奥仑灰蝶
Olyras 浊绡蝶属
Olyras crathis Doubleday 浊绡蝶
Olyras insignis Salvin 寅浊绡蝶
Olyras montagui (Butler) 梦浊绡蝶
Olyras praestans (Godman *et* Salvin) 黑纹浊绡蝶
Olyras theon Bates 伞纹浊绡蝶
OM [outer median plate 的缩写] 外中片
Omadius 偶郭公甲属 <此属学名有误写为 *Ommadius* 者>
Omadius alishanus Nakane 阿里山偶郭公甲，阿里山偶郭公虫
Omadius clytiformis Westwood 斑偶郭公甲，斑偶郭公虫
Omadius fasciipes Westwood 褐足偶郭公甲，褐足偶郭公虫
Omadius mediofasciatus Westwood 中带偶郭公甲，中带偶郭公虫
Omadius nigromaculatus Lewis 黑斑偶郭公甲，黑斑偶郭公虫，黑脚豹斑郭公虫，黑斑眼郭公虫
Omadius tricinctus Gorham 三带偶郭公甲，三带偶郭公虫
Omadius zebratus (Westwood) 斑马偶郭公甲，斑马偶郭公虫，斑马树郭公虫
Omaliinae 四眼隐翅甲亚科，平隐翅虫亚科
Omaliini 四眼隐翅甲族
omalisid 1. [= omalisid beetle] 奥萤 <奥萤科 Omalisidae 昆虫的通称>; 2. 奥萤科的
omalisid beetle [= omalisid] 奥萤
Omalisidae [= Omalysidae, Homalisidae] 奥萤科
Omalisus 奥萤属
Omalisus fontisbellaquaei Geoffroy 福氏奥萤
Omalisus minutus (Pic) 小奥萤
Omalisus nigricornis (Reitter) 黑角奥萤
Omalisus sanguinipennis (Laporte de Castelnau) 红翅奥萤
Omalisus unicolor (Costa) 单色奥萤
Omalium 单眼隐翅甲属，单眼隐翅虫属
Omalium japonicum Sharp 日本单眼隐翅甲，日单眼隐翅虫
Omalium longicorne Luze 长角单眼隐翅甲，长角单眼隐翅虫
Omalodini 斜臀阎甲族
Omaloptera [= Pupipara Epoboscidea, Homaloptera, Nymphipara] 蛹蝇类，蛹生类，蛹蝇派
Omalus 扁青蜂属
Omalus aeneus (Fabricius) 铜色扁青蜂
Omalus berezovskii (Semenov) 别氏扁青蜂，别氏亮青蜂
Omalus corrugatus Rosa, Wei *et* Xu 纹扁青蜂
Omalus hainanensis Rosa, Wei *et* Xu 海南扁青蜂
Omalus helanshanus Wei, Rosa, Liu *et* Xu 贺兰山扁青蜂
Omalus imbecillus (Mocsáry) 伊扁青蜂
Omalus potanini (Semenov) 波氏扁青蜂
Omalus probiaccinctus Wei, Rosa, Liu *et* Xu 原扁青蜂
Omalus pseudoimbecillus Wei, Rosa, Liu *et* Xu 类伊扁青蜂
Omalus stella (Semenov *et* Nikol'skaya) 闪绿扁青蜂
Omalus taiwanus Tsuneki 见 *Holophris taiwanus*
Omalus tibetanus Wei, Rosa, Liu *et* Xu 西藏扁青蜂
Omalus timidus (Nurse) 怯扁青蜂，怯亮青蜂
Omalysidae 见 Omalisidae
Omanellinus 长索叶蝉属
Omanellinus populus Zhang 杨长索叶蝉
Omaniella 蠋叶蝉属
Omaniella flavopicta Ishihara 见 *Limotettix flavopicta*
Omaseus acutidens Fairmaire 见 *Pterostichus acutidens*
Omaseus diversus Fairmaire 见 *Pterostichus diversus*
Omaseus stictopleurus Fairmaire 见 *Pterostichus stictopleurus*
Omaspides 小胸龟甲属
Omaspides pallidipennis Boheman 淡翅小胸龟甲
ombratropism 向雨性
ombrometer 雨量计
Omeiana 峨眉跳甲属
Omeiana rufipes (Chen) 红足峨眉跳甲，峨眉跳甲
Omeisphaera 峨眉球跳甲属
Omeisphaera anticata Chen *et* Zia 峨眉球跳甲
Omeisphaera flavimaculata Wang 黄斑峨眉球跳甲
omia 肩，肩片 <胸部明显的侧前角突起；或指鞘翅目昆虫中的肩瘤 (umbone)；或指鞘翅目昆虫前足基节肌着生的骨片；或指前胸背板突出的侧缘>
Omichlis 野舟蛾属
Omichlis rufotincta Hampson 扇野舟蛾
Omicrogiton 奥米牙甲属
Omicrogiton coomani Balfour-Browne 库曼奥米牙甲
Omicrogiton hainanensis Jia, Lin, Li *et* Fikáček 海南奥米牙甲
Omicrogiton roberti Jia, Lin, Li *et* Fikáček 罗伯特奥米牙甲
Omiltemi skipper [*Paratrytone omiltemensis* Steinhauser] 奥棕色弄蝶
Omineus 筒绒甲属，筒细树皮虫属
Omineus humeralis Lewis 肩筒绒甲，筒细树皮虫
Omiodes 啮叶野螟属，网野螟属
Omiodes accepta (Butler) [sugarcane leafroller, Hawaiian sugarcane leaf roller] 甘蔗啮叶野螟，甘蔗螟，蔗卷叶蛾，蔗卷蛾，夏威夷蔗网野螟，夏威夷蔗螟
Omiodes analis Snellen 尾啮叶野螟，安磷光螟
Omiodes bianoralis Walker 毕啮叶野螟
Omiodes blackburni (Butler) [coconut leafroller] 椰啮叶野螟，椰

卷叶螟，椰子卷叶网野螟

Omiodes diemenalis (Guenée) [bean leafroller] 迪啮叶野螟，花生网脉野螟，花生蚀叶野螟

Omiodes indicata (Fabricius) [bean-leaf webworm moth, soybean leaf folder, bean pyralid, bean leaf webber] 豆啮叶野螟，啮叶野螟，豆卷叶螟，豆蚀叶野螟

Omiodes karenkonalis (Shibuya) 卡啮叶野螟

Omiodes noctescens (Moore) 暗啮叶野螟，长肩黑野螟

Omiodes perstygialis (Hampson) 泼啮叶野螟，泼肩野螟，泼蚀叶野螟

Omiodes poëonalis (Walker) [leaf beet pyralid] 黑褐蚀叶野螟，迷赫迪野螟，肩野螟，褐纹肩野螟，黑三纹卷螟，黑三纹卷叶螟，坡蚀叶野螟

Omiodes pyraustalis (Strand) 派啮叶野螟

Omiodes sauteriale (Strand) 索氏啮叶野螟

Omiodes similis (Moore) 似啮叶野螟，似肩野螟，似赫迪野螟

Omiodes tristrialis (Bremer) 三纹啮叶野螟，三纹褐卷叶野螟，三纹蚀叶野螟，三纹肩野螟

Omiya 金小叶蝉属 *Heliona* 的异名

Omiya ania Dworakowska 见 *Heliona ania*

Omiza pachiaria Walker 帕奥弥尺蛾，帕蚀尺蛾

Omma 眼甲属

Omma stanleyi Newman 斯坦利眼甲

Ommadius nigromaculatus Lewis 见 *Omadius nigromaculatus*

Ommadius pectoralis Schenkling 同 *Omadius tricinctus*

ommata 离小眼 <指昆虫复眼中分开的小眼>

ommatea [s. ommateum; = compound eyes, oculi, facetted eye] 复眼

ommateum [pl. ommatea; = compound eye, oculus, facetted eye] 复眼

ommatid 1. [= ommatid beetle] 眼甲 <眼甲科 Ommatidae 昆虫的通称>；2. 眼甲科的

ommatid beetle [= ommatid] 眼甲

Ommatidae 眼甲科

ommatidia [s. ommatidium] 小眼 <指复眼中的每个视觉单位>

ommatidial 小眼的

Ommatidiotina 透翅杯蜡蝉亚族

Ommatidiotinae 透翅杯蜡蝉亚科

Ommatidiotini 透翅杯蜡蝉族，透翅瓢蜡蝉族

Ommatidiotus 透翅杯瓢蜡蝉属，曼杯瓢蜡蝉属

Ommatidiotus acutus Horváth 尖刺透翅杯瓢蜡蝉，尖刺曼杯瓢蜡蝉，内蒙眼瓢蜡蝉

Ommatidiotus dashdorzhi Dlabola 纵带透翅杯瓢蜡蝉，纵带曼杯瓢蜡蝉

Ommatidiotus dissimilis (Fallén) 异透翅杯瓢蜡蝉

Ommatidiotus japonicus Hori 日本透翅杯瓢蜡蝉，日本曼杯瓢蜡蝉，日本眼瓢蜡蝉

Ommatidiotus koreanus Matsumura 韩透翅杯瓢蜡蝉

Ommatidiotus longiceps Puton 长透翅杯瓢蜡蝉

Ommatidiotus nigritus Matsumura 黑透翅杯瓢蜡蝉

Ommatidiotus pseudolongiceps Meng, Qin *et* Wang 拟长透翅杯瓢蜡蝉

ommatidium [pl. ommatidia] 小眼

Ommatiinae 羽芒虫虻亚科，羽芒食虫虻亚科

ommatin [= ommatine] 淡眼色素，奥马丁 <一类以颗粒形式存在于眼的皮细胞中的黄棕色色素>

ommatine 见 ommatin

Ommatissus 傲扁蜡蝉属

Ommatissus binotatus Fieber [dubas bug] 二点傲扁蜡蝉

Ommatissus chinsanensis Muir 中华傲扁蜡蝉

Ommatissus fuscus Chang *et* Chen 褐傲扁蜡蝉

Ommatissus lateralis Chang *et* Chen 侧傲扁蜡蝉

Ommatissus lofouensis Muir 罗浮傲扁蜡蝉

Ommatissus trimaculatus Chang *et* Chen 三斑傲扁蜡蝉

Ommatius 羽芒虫虻属，羽芒食虫虻属，眼虫虻属，盲食虫虻属

Ommatius aequalis (Becker) 等羽芒虫虻，等羽芒食虫虻，等胀虫虻，相等眼虫虻，大武食虫虻

Ommatius amurensis (Richter) 阿穆尔羽芒虫虻，阿穆尔羽芒食虫虻

Ommatius argyrochirus van der Wulp 银羽芒虫虻，银羽芒食虫虻，银眼虫虻

Ommatius biserriatus (Becker) 二列羽芒虫虻，二列羽芒食虫虻，二列眼虫虻，双桨食虫虻

Ommatius chinensis (Fabricius) 见 *Cophinopoda chinensis*

Ommatius compactus (Becker) 坚羽芒虫虻，坚羽芒食虫虻，凝眼虫虻，结实食虫虻

Ommatius conopsoides Wiedemann 眼蝇羽芒虫虻，眼蝇眼虫虻

Ommatius daknistus Oldroyd 达羽芒虫虻，达眼虫虻

Ommatius flavipygus (Becker) 黄臀羽芒虫虻，黄臀羽芒食虫虻，黄臀眼虫虻，黄尾食虫虻

Ommatius frauenfeldi Schiner 弗拉羽芒虫虻，弗拉羽芒食虫虻

Ommatius fulvimanus van der Wulp 红羽芒虫虻，红羽芒食虫虻，棕眼虫虻，黄翼食虫虻

Ommatius griseipennis (Becker) 灰翅羽芒虫虻，灰翅羽芒食虫虻，灰翅眼虫虻，灰翅食虫虻

Ommatius insularis van der Wulp 岛羽芒虫虻，岛眼虫虻

Ommatius kambangensis de Meijere 坎邦羽芒虫虻，坎邦羽芒食虫虻，卡眼虫虻

Ommatius leucopogon Wiedemann 白须羽芒虫虻，白须羽芒食虫虻，白须眼虫虻

Ommatius major (Becker) 大羽芒虫虻，大羽芒食虫虻，大眼虫虻，巨大食虫虻

Ommatius medius (Becker) 台湾羽芒虫虻，台湾羽芒食虫虻，中眼虫虻，中型食虫虻

Ommatius minor Doleschall 小羽芒虫虻，小眼虫虻

Ommatius nigripes (Becker) 黑足羽芒虫虻，黑羽芒食虫虻，黑眼虫虻，黑足食虫虻

Ommatius pauper (Becker) 贫羽芒虫虻，贫羽芒食虫虻，贫眼虫虻，茅埔食虫虻

Ommatius peregrinus (van der Wulp) 奇眼虫虻

Ommatius pinguis van der Wulp 胖羽芒虫虻，胖羽芒食虫虻

Ommatius rubricundus van der Wulp 红眼虫虻

Ommatius similis (Becker) 似羽芒虫虻，羽芒食虫虻，相似眼虫虻，旗山食虫虻

Ommatius strigatipes de Meijere 纹眼虫虻

Ommatius suffusus van der Wulp 纺锤羽芒虫虻，纺锤羽芒虫虻，纺锤羽芒食虫虻，满眼虫虻

Ommatius tenellus van der Wulp 嫩羽芒虫虻，嫩羽芒食虫虻，娇眼虫虻

Ommatius torulosus (Becker) 瘤羽芒虫虻，瘤羽芒食虫虻，胀眼虫虻，毛束食虫虻

Ommatius unicolor (Becker) 一色羽芒虫虻，一色羽芒食虫虻，一色眼虫虻，单色食虫虻

Ommatolampus paratasioides Heller 天鹅绒大象甲，天鹅绒大象

Ommatophora 瞳夜蛾属

Ommatophora luminosa (Cramer) 瞳夜蛾，瞳裳蛾

Ommatophorini 瞳夜蛾族，瞳裳蛾族

ommin [= ommine] 暗眼素，奥敏 <一类以颗粒形式存在于眼及眼皮细胞中的暗紫色色素>

ommine 见 ommin

ommochrome 眼色素 <泛指某些昆虫眼中的多种色素复合体>

ommochrome pigment 眼色素

omnagenaceroris 臀蜡孔群 <指某些介壳虫中的一大 U 形臀蜡孔群>

omnivora 杂食性动物

omnivore 杂食类

omnivorous [= pantophagous] 杂食性的，广食性的

omnivorous insect 杂食性昆虫

omnivorous leaf roller [*Platynota stultana* (Walsingham)] 褐斑平胸卷蛾，荷兰石竹小卷蛾

omnivorous leaftier [= long-winged shade, strawberry fruitworm, *Cnephasia longana* (Haworth)] 长云卷蛾，杂食卷蛾，杂食卷叶蛾

omnivorous looper [*Sabulodes caberata* Guenée] 杂食尺蛾，杂食尺蠖

omnivorousness [= omnivory] 杂食性，广食性

omnivory 见 omnivorousness

Omo forester [*Bebearia omo* Collins *et* Larsen] 欧姆舟蛱蝶

Omocestus 牧草蝗属

Omocestus avellaeusitibia Zheng, Dong *et* Xu 褐胫牧草蝗

Omocestus cuonaensis Yin 错那牧草蝗

Omocestus enitor Uvarov 红股牧草蝗

Omocestus haemorrhoidalis (Charpentier) 红腹牧草蝗

Omocestus hingstoni Uvarov 珠峰牧草蝗

Omocestus laojunshanensis Mao *et* Xu 老君山牧草蝗

Omocestus maershanensis Mao *et* Xu 马耳山牧草蝗

Omocestus megaoculus Yin 大眼牧草蝗

Omocestus motuoensis Yin 墨脱牧草蝗

Omocestus nigripennus Zheng 黑翅牧草蝗

Omocestus nyalamus Xia 聂拉木牧草蝗

Omocestus peliopteroides Zheng, Dong *et* Xu 拟黑翅牧草蝗

Omocestus petraeus (Brisout) 曲线牧草蝗

Omocestus pinanensis Zheng *et* Xie 平安牧草蝗

Omocestus qinghaihuensis Zheng *et* Xie 青海湖牧草蝗

Omocestus tibetanus Uvarov 西藏牧草蝗

Omocestus ventralis (Zetterstedt) 红胫牧草蝗

Omocestus viridulus (Linnaeus) [common green grasshopper] 绿牧草蝗

Omoglymmius 雕条脊甲属，奥条脊甲属

Omoglymmius americanus (Laporte) [American crudely carved wrinkle beetle] 美雕条脊甲，美粗沟条脊甲

Omoglymmius cavifrons (Grouvelle) 穴额雕条脊甲，穴额奥条脊甲

Omoglymmius wukong Wang, Růžička *et* Liu 悟空雕条脊甲

omois nymphidium [*Nymphidium omois* Hewitson] 野蛱蚬蝶

Omologlusa 凡翅隐翅甲属

Omologlusa rougemonti Pace 劳氏凡翅隐翅甲

Omophlina 花栉甲属

Omophlina corva (Solsky) 皱花栉甲

Omophlina hirtipennis Solsky 多毛花栉甲，多毛朽木甲

Omophlus 圆栉甲属

Omophlus lepturoides (Fabricius) 野樱圆栉甲，野樱朽木甲

Omophlus* (*Odontomophlus*) *crinifer Seidlitz 多毛圆栉甲

Omophlus* (*Omophlus*) *deserticola Kirsch 沙圆栉甲

Omophlus* (*Omophlus*) *pilicollis Ménétriés 毛圆栉甲

Omophlus* (*Paramophlus*) *lividipes Mulsant 浅色圆栉甲

Omophlus proteus Kirsch 海神圆栉甲，海神朽木甲

Omophorus 圆榕象甲属，圆榕象鼻虫属

Omophorus rongshu Wang, Alonso-Zarazaga, Ren *et* Zhang 中华圆榕象甲，中华圆榕象鼻虫

Omophorus wallacei Tseng, Hsiao *et* Hsu 华氏圆榕象甲，华莱士圆榕象甲，华莱士圆榕象鼻虫

Omophron 圆步甲属，圆甲属

Omophron aequalis Morawitz 均圆步甲

Omophron brettinghamae Pascoe 布圆步甲，布圆甲

Omophron jacobsoni Semenow 贾氏圆步甲，贾圆甲

Omophron limbatum (Fabricius) 拟瓢圆步甲，拟瓢步甲，边圆步甲，边圆步甲，圆甲

Omophron tessellatum Say [mosaic round sand beetle] 斑翅圆步甲

omophronid 1. [= omophronid beetle, round sand beetle] 圆甲 <圆甲科 Omophronidae 昆虫的通称>；2. 圆甲科的

omophronid beetle [= omophronid, round sand beetle] 圆甲

Omophronidae 圆甲科

Omophroninae 圆步甲亚科，圆甲亚科

Omoplandria 奥模隐翅甲属

Omoplandria fuscipennis Cameron 棕翅奥模隐翅甲

Omorgus 大皮金龟甲属，大皮金龟属

Omorgus chinensis (Bohemann) 见 *Afromorgus chinensis*

Omorgus costatus Wiedemann 肋纹大皮金龟甲，肋纹大皮金龟，缘皮金龟

Omorgus inclusus (Walker) 殷大皮金龟甲，殷皮金龟

Omorgus pauliani (Haaf) 包氏大皮金龟甲，包林氏大皮金龟，巨瘤条金龟

Omorgus suberosus (Fabricius) 泛大皮金龟甲，泛尖皮金龟

Omorphina 贫金夜蛾属

Omorphina aurantiaca Alphéraky 贫金夜蛾

Omorphini 贫金夜蛾族

Omosita 短角露尾甲属，窝胸露尾甲属

Omosita colon (Linnaeus) 短角露尾甲

Omosita discoidea (Fabricius) 狄短角露尾甲，宽带露尾甲

Omotemnus 眼象甲属，眼象属

Omotemnus carnifex Faust 脊眼象甲，脊眼象

Omotemnus rhinocerus Chevrolat 犀眼象甲，犀眼象

Omotoma 锥腹寄蝇属 *Smidtia* 的异名

Omotoma fumiferanae (Tothill) 见 *Smidtia fumiferanae*

Omphale's king shoemaker [= purple king shoemaker, blue king shoemaker, *Prepona omphale* (Hübner)] 脐靴蛱蝶

omphalium 脐腺 <指水黾科 Gerridae 和宽黾蝽科 Veliidae 昆虫开口于后胸腹板后的凸起腺>

Omphalocera 脐纹螟属

Omphalocera hirta South 毛脐纹螟

Omphalothorax 扁花吉丁甲亚属
Omphisa 蠹野螟属
Omphisa anastomosalis (Guenée) [sweetpotato vine borer, sweetpotato stem borer] 甘薯蠹野螟，甘薯蔓野螟，甘薯根螟，甘薯茎螟
Omphisa fuscidentalis (Hampson) [bamboo worm, bamboo borer] 竹蠹野螟，竹虫，竹螟
Omphisa illisalis Walker 同 *Omphisa anastomosalis*
Omphisa plagialis Wileman [betula pyralid] 楸蠹野螟，楸螟
Omphisa repetitalis Snellen 黑顶蠹野螟
Omphrale 奥窗虻属
Omphrale fenestralis (Linnaeus) 见 *Scenopinus fenestralis*
Omphrale microgaster Séguy 见 *Scenopinus microgaster*
Omphrale sinensis Kröber 见 *Scenopinus sinensis*
Omphralidae [= Scenopinidae] 窗虻科
omrina white skipper [= stained white skipper, *Heliopetes omrina* (Butler)] 奥木林白翅弄蝶
omrora acraea [*Acraea omrora* Trimen] 欧姆珍蝶
Omyia ania Dworakowska 见 *Heliona ania*
Omyomymar 刺柄缨小蜂属
Omyomymar breve Lin *et* Chiappini 短索刺柄缨小蜂
Omyomymar glabrum Lin *et* Chiappini 光翅刺柄缨小蜂
Omyomymar longidigitum Lin *et* Chiappini 长突刺柄缨小蜂
Omyta 阿米蝽属
Omyta centrolineata (Westwood) [gum tree shield bug] 中线阿米蝽，辐射松中线阿米蝽
onaca skipper [= black-spotted fantastic-skipper, *Vettius onaca* Evans] 粉铂弄蝶
Oncacontias vittatus Fabricius 新西兰松蝽
onci [s. oncus] 隆脊 < 常用于幼虫身体上的镶边状脊 >
Oncideres 旋枝天牛属
Oncideres amputator Fabricius 牙买加桉旋枝天牛
Oncideres candida Dillon *et* Dillon 牙买加桉白旋枝天牛
Oncideres cingulata (Say) [twig girdler, hickory twig girdler, oak girdler, banded saperda, pecan twig girdler, Texas twig girdler] 山核桃旋枝天牛，胡桃绕枝沟胫天牛，橙斑直角天牛
Oncideres cingulata cingulata (Say) 山核桃旋枝天牛指名亚种
Oncideres cingulata texanus Horn 山核桃旋枝天牛得州亚种，山核桃德旋枝天牛
Oncideres pustulata LeConte 法莱金合欢旋枝天牛
Oncideres putator Thomson 中美金合欢旋枝天牛
Oncideres quercus Skinner [oak twig girdler, Arizona oak girdler] 栎旋枝天牛
Oncideres repandator Fabricius 南美杧果旋枝天牛
Oncideres rhodosticta Bates [mesquite girdler, mesquite twig girdler] 牧豆树旋枝天牛
Oncideres tessellata Thomson 中南美雨树旋枝天牛
Oncinoproctus 毛角蝽属
Oncinoproctus griseolus Breddin 毛角蝽
Oncocephala 瘤铁甲属
Oncocephala angulata Gestro 尖角瘤铁甲
Oncocephala atratangula Gressitt 黑角瘤铁甲
Oncocephala formosana Chûjô 同 *Oncocephala tuberculata*
Oncocephala grandis Chen *et* Yu 大瘤铁甲
Oncocephala hemicyclica Chen *et* Yu 半圆瘤铁甲
Oncocephala quadrilobata Guérin-Méneville 四叶瘤铁甲
Oncocephala tuberculata (Olivier) 台湾瘤铁甲
Oncocephala weisei Gestro 同 *Oncocephala angulata*
Oncocephala weisei yunnanica Chen *et* Yu 同 *Oncocephala angulata*
Oncocephalini 瘤铁甲族
Oncocephalus 普猎蝽属
Oncocephalus annulipes Stål 环足普猎蝽
Oncocephalus assimilis Reuter 异普猎蝽
Oncocephalus breviscutum Reuter 双环普猎蝽
Oncocephalus colosus Putshkov 同 *Oncocephalus simillimus*
Oncocephalus confusus Hsiao 同 *Oncocephalus simillimus*
Oncocephalus heissi Ishikawa, Cai *et* Tomokuni 褐翅普猎蝽
Oncocephalus hsiaoi Maldonado 同 *Oncocephalus simillimus*
Oncocephalus impudicus Reuter 粗股普猎蝽
Oncocephalus impurus Hsiao 颗普猎蝽
Oncocephalus lineosus Distant 四纹普猎蝽
Oncocephalus mitis Ren 见 *Stirogaster mitis*
Oncocephalus notatus Klug 显普猎蝽
Oncocephalus philippinus Lethierry 南普猎蝽
Oncocephalus plumicornis Germar 羽角普猎蝽
Oncocephalus pudicus Hsiao 毛眼普猎蝽
Oncocephalus purus Hsiao 圆肩普猎蝽
Oncocephalus scutellaris Reuter 盾普猎蝽
Oncocephalus simillimus Reuter 短斑普猎蝽
Oncocephalus squalidus Rossi 污普猎蝽
Oncocephalus wangi (Ren) 王氏普猎蝽
Oncocera 云翅斑螟属
Oncocera semirubella (Scopoli) 红云翅斑螟，红黄翅鳃斑螟，红翅鳃斑螟，苜蓿斑螟，半红鳃斑螟
Oncochila 凸背网蝽属
Oncochila scapularis (Fieber) 丽凸背网蝽，凸背网蝽，昂网蝽
Oncocnemidinae 爪冬夜蛾亚科
Oncocnemis 爪冬夜蛾属
Oncocnemis campicola Lederer 见 *Sympistis campicola*
Oncocnemis exacta Christoph 准爪冬夜蛾
Oncodes 瘤小头虻属
Oncodes respersus Séguy 撒瘤小头虻
Oncodidae [= Acroceratidae, Acroceridae, Cyrtidae] 小头虻科
Oncopeltus 突角长蝽属
Oncopeltus fasciatus (Dallas) [large milkweed bug] 大马利筋突角长蝽，大马利筋长蝽，乳草长蝽
Oncopeltus nigriceps (Dallas) 黑带突角长蝽
Oncopeltus quadriguttatus (Fabricius) 台湾突角长蝽
Oncophanes compsolechiae Watanabe 梅麦蛾显瘤茧蜂
Oncophysa constantis Drake 见 *Cysteochila constantis*
Oncopodura 阔蛛属，异齿蛛属
Oncopodura crassicornis Shoebotham 厚角阔蛛
Oncopodura yosiiana Szeptycki 吉林阔蛛，吉林地蛛
oncopodurid 1. [= oncopodurid springtail, oncopodurid collembolan] 拟鳞蛛 < 拟鳞蛛科 Oncopoduridae 昆虫的通称 >; 2. 拟鳞蛛科的
oncopodurid collembolan [= oncopodurid springtail, oncopodurid] 拟鳞蛛
oncopodurid springtail 见 oncopodurid collembolan
Oncopoduridae 拟鳞蛛科，拟鳞跳虫科，地蛛科，绢跳虫科，丝跳虫科，绫跳虫科

Oncopsis 横皱叶蝉属

Oncopsis alni (Schrank) [alder leafhopper] 斑面横皱叶蝉

Oncopsis anchorous Xu, Liang *et* Li 锚纹横皱叶蝉

Oncopsis aomians Kuoh 见 *Pediopsoides* (*Sispocnis*) *aomians*

Oncopsis aurantiaca Kuoh 橙翅横皱叶蝉

Oncopsis beishanensis Dai, Li *et* Li 北山横皱叶蝉

Oncopsis bimaculiformis Dai, Li *et* Li 双斑横皱叶蝉

Oncopsis convexus Liu 凸斑横皱叶蝉

Oncopsis cuneiforma Dai *et* Li 楔形横皱叶蝉

Oncopsis damingshanensis Dai, Li *et* Li 大明山横皱叶蝉

Oncopsis flavovirens Kuoh *et* Chen 黄绿横皱叶蝉

Oncopsis fumosa Kuoh 烟翅横皱叶蝉

Oncopsis furca Liu *et* Zhang 叉端横皱叶蝉

Oncopsis fusca (Melichar) 锈色横皱叶蝉

Oncopsis graciaedeagus Li, Dai *et* Li 细茎横皱叶蝉

Oncopsis hailuogouensis Li, Dai *et* Li 海螺沟横皱叶蝉

Oncopsis juglans Matsumura [walnut leafhopper, walnut broad-headed leafhopper] 核桃阔头叶蝉，胡桃宽头叶蝉

Oncopsis kangdingensis Dai *et* Li 康定横皱叶蝉

Oncopsis konkaensis Li, Li *et* Dai 贡嘎横皱叶蝉

Oncopsis kuluensis Viraktamath 古卢横皱叶蝉

Oncopsis kurentsovi Anufriev 见 *Pediopsoides* (*Sispocnis*) *kurentsovi*

Oncopsis latusoid Yang et Zhang 钝圆横皱叶蝉

Oncopsis ludingensis Li, Dai *et* Li 泸定横皱叶蝉

Oncopsis mali Matsumura 黄纹阔头叶蝉，苹果横皱叶蝉

Oncopsis melichari Lauter *et* Anufriev 麦氏横皱叶蝉，苹横皱叶蝉

Oncopsis moxiensis Li, Li *et* Dai 磨西横皱叶蝉，磨溪横皱叶蝉

Oncopsis nigrofaciala Li, Dai *et* Li 黑面横皱叶蝉

Oncopsis nigrofasciatus Xu, Liang *et* Li 黑带横皱叶蝉

Oncopsis nigromaculata Dai, Li *et* Li 黑斑横皱叶蝉

Oncopsis obstructa Dlabola 工纹横皱叶蝉

Oncopsis odontoidea Dai *et* Li 齿突横皱叶蝉

Oncopsis plagiata Kuoh 纹横皱叶蝉

Oncopsis schrankii Gmelin 同 *Oncopsis alni*

Oncopsis serrulota Dai *et* Li 齿缘横皱叶蝉，锯齿横皱叶蝉

Oncopsis shangrilaensis Dai, Li *et* Li 香格里拉横皱叶蝉

Oncopsis spinosa Dai *et* Li 刺突横皱叶蝉

Oncopsis taibaiensis Yang *et* Zhang 太白横皱叶蝉

Oncopsis tenuiprocessa Dai, Li *et* Li 细突横皱叶蝉

Oncopsis testacea Kuoh 黄褐横皱叶蝉

Oncopsis trimaculata Kuoh 三斑横皱叶蝉

Oncopsis tristis (Zetterstedt) 暗色横皱叶蝉

Oncopsis wanglangensis Li, Li *et* Dai 王朗横皱叶蝉

Oncopygius 钩跗长足虻属

Oncopygius formosus Parent 台湾钩跗长足虻

Oncotylus 弯唇盲蝽属

Oncotylus viridiflavus (Goeze) 草绿弯唇盲蝽

Oncotylus vitticeps Reuter 多毛弯唇盲蝽

Oncotympana 鸣蝉属

Oncotympana maculaticollis (Motschulsky) [mingming cicada] 鸣鸣蝉，昼鸣蝉，雷鸣蝉，蛁蟟，斑蝉

Oncotympana stratoria Distant 见 *Hyalessa stratoria*

Oncotympana virescens Distant 见 *Hyalessa virescens*

oncus [pl. onci] 隆脊 < 常用于幼虫身体上的镶边状脊 >

Oncusa 隆脊叶蝉属

Oncusa lanpingensis (Li *et* Wang) 兰坪隆脊叶蝉，兰坪角突叶蝉

Oncusa rugosa (Li *et* Wang) 皱纹隆脊叶蝉，皱纹凸冠叶蝉

Oncylaspis 昂龟蝽属

Oncylaspis ruficeps (Dallas) 红昂龟蝽

Oncylocotis 沟背奇蝽属

Oncylocotis shirozui Miyamoto 沟背奇蝽

one-banded satyr [*Pareuptychia metaleuca* (Boisduval)] 单带帕眼蝶

one batch rearing 一蛾育 < 家蚕的 >

one-eyed sphinx [= Cerisy's sphinx, *Smerinthus cerisyi* Kirby] 塞氏目天蛾

one-marked leafhopper [= black-unispotted leafhopper, *Thamnotettix cyclops* Mulsant *et* Rey] 一星木叶蝉，一点小叶蝉 < 该种名有误拼为 *Tamnotettix cyclops* (Mulsant *et* Rey) 者 >

one pip policeman [*Coeliades anchises* (Gerstaecker)] 安神竖翅弄蝶

one-sided inheritance 限性遗传

one-spined mole cricket [= Mongolia mole cricket, giant mole cricket, single-spined mole-cricket, *Gryllotalpa unispina* Saussure] 华北蝼蛄，单刺蝼蛄，大蝼蛄，蒙古蝼蛄

one-spot grass yellow [*Eurema andersoni* (Moore)] 安迪黄粉蝶

one-spot stink bug [= one-spotted stink bug, *Euschistus variolarius* (Palisot de Beauvois)] 一点幽褐蝽，一点褐蝽

one-spotted leafwing [= demophon shoemaker, one-spotted prepona, banded king shoemaker, *Archaeoprepona demophon* (Linnaeus)] 古靴蛱蝶

one-spotted prepona 见 one-spotted leafwing

one-spotted stink bug 见 one-spot stink bug

one-way ANOVA 单因素方差分析

Onega clearwing [= Onega glasswing, *Oleria onega* (Hewitson)] 奥油绡蝶

Onega glasswing 见 Onega clearwing

onelined larch sawfly [*Anoplonyx canadensis* Harrington] 小落叶松叶蜂

Onenses 单弄蝶属

Onenses hyalophora (Felder) [crystal-winged skipper] 单弄蝶

Onesia 蚓蝇属

Onesia abaensis Chen *et* Fan 阿坝蚓蝇

Onesia batangensis Chen *et* Fan 巴塘蚓蝇

Onesia chuanxiensis Chen *et* Fan 川西蚓蝇

Onesia curviloba (Liang *et* Gan) 弯叶蚓蝇，弯叶陪丽蝇

Onesia dynatophallus Xue *et* Bai 壮阳蚓蝇

Onesia erlangshanensis Feng 二郎山蚓蝇

Onesia fanjingshanensis Wei 梵净山蚓蝇

Onesia fengchengensis (Chen) 凤城蚓蝇，凤城陪丽蝇

Onesia flora Feng 花蚓蝇

Onesia franzaosternita Xue *et* Dong 缨板蚓蝇

Onesia gangziensis Chen *et* Fan 甘孜蚓蝇

Onesia hokkaidensis (Baranov) 北海道蚓蝇

Onesia hongyuanensis Chen *et* Fan 红原蚓蝇

Onesia huaxiae Feng *et* Xue 华夏蚓蝇

Onesia jiuzhaigouensis Chen *et* Fan 九寨沟蚓蝇

Onesia koreana Kurahashi *et* Park 大韩蚓蝇

Onesia megaloba (Feng) 大叶蚓蝇，大叶陪丽蝇

Onesia occidentalis Feng 西部蚓蝇
Onesia pterygoides Lu *et* Fan 翼尾蚓蝇
Onesia qinghaiensis (Chen) 青海蚓蝇，青海陪丽蝇
Onesia semilunaris (Fan *et* Feng) 半月蚓蝇，半月陪丽蝇
Onesia sinensis Villeneuve 中华蚓蝇
Onesia songpanensis Chen *et* Fan 松潘蚓蝇
Onesia wolongensis Chen *et* Fan 卧龙蚓蝇
Onesiomima 拟蚓蝇属
Onesiomima pamirica Rohdendorf 帕米尔拟蚓蝇
Onidodelphax 欧尼飞虱属
Onidodelphax serratus Yang 锯茎欧尼飞虱，阳锯奥飞虱
Oniella 小板叶蝉属
Oniella albula (Cai *et* Shen) 见 *Longiconnecta albula*
Oniella centriganga Li *et* Chen 见 *Extenda centriganga*
Oniella excelsa (Melicher) 见 *Decursusnirvana excelsa*
Oniella fasciata Li *et* Wang 见 *Extenda fasciata*
Oniella flavomargina Li *et* Chen 同 *Oniella honesta*
Oniella honesta (Melicher) [large white-headed leafhopper] 白头小板叶蝉，黑带小板叶蝉，蜀大叶蝉，大白头叶蝉
Oniella leucocephala Matsumura 同 *Oniella honesta*
Oniella nigronotum Li *et* Chen 见 *Extenda nigronota*
Oniella shaanxiana Gao *et* Zhang 陕西小板叶蝉
Oniella ternifasciatata Cai *et* Kuoh 见 *Extenda ternifasciatata*
onion aphid [*Neotoxoptera formosana* (Takahashi)] 葱蚜，葱韭蚜，台湾韭蚜
onion bulb fly [= lesser bulb fly, *Eumerus strigatus* (Fallén)] 洋葱平颜蚜蝇，洋葱平颜食蚜蝇，平颜蚜蝇，洋葱食蚜蝇
onion fly [= onion maggot, *Delia antiqua* (Meigen)] 葱地种蝇，葱蝇
onion leaf miner [= leek moth, onion miner *Acrolepiopsis assectella* (Zeller)] 葱阿邻菜蛾，葱邻菜蛾，葱谷蛾，葱蛾
onion maggot 见 onion fly
onion miner 见 onion leaf miner
onion plant bug [*Labopidea allii* Knight] 葱盲蝽
onion thrips [= cotton seedling thrips, *Thrips tabaci* Lindeman] 烟蓟马，棉蓟马，葱蓟马
Oniroxis 翅大叶蝉属，短翅叶蝉属
Oniroxis kariana China 短翅大叶蝉，峨尼叶蝉
onisciform 海蛆形 < 似海蛆 *Oniscus* sp. 的体形，常指某些灰蝶幼虫和其他类似的幼虫 >
oniscigastrid 1. [= oniscigastrid mayfly] 锯腹蜉 < 锯腹蜉科 Oniscigastridae 昆虫的通称 >；2. 锯腹蜉科的
oniscigastrid mayfly [= oniscigastrid] 锯腹蜉
Oniscigastridae 锯腹蜉科
Oniticellini 丁蜣螂族
Oniticellus 丁蜣螂属，单凹蜣螂属
Oniticellus cinctus (Fabricius) 围丁蜣螂，围带单凹蜣螂
Oniticellus medius Fairmaire 见 *Liatongus medius*
Oniticellus pallipes (Fabricius) 见 *Euoniticellus pallipes*
Oniticellus puberulus Zhang 柔毛丁蜣螂，柔毛单凹蜣螂
Oniticellus sagittarius (Fabricius) 见 *Onthophagus sagittarius*
Oniticellus semenovi Balthasar 同 *Liatongus denticornis*
Onitini 双凹蜣螂族
Onitis 双凹蜣螂属
Onitis chiangmaiensis Masumoto 同 *Onitis excavatus*
Onitis excavatus Arrow 凹胫双凹蜣螂
Onitis falcatus (Wulfen) 镰双凹蜣螂
Onitis intermedius Frivaldszky 中间双凹蜣螂
Onitis philemon Fabricius 费双凹蜣螂
Onitis philemon Lansberge 同 *Onitis subopacus*
Onitis spinipes Drury 刺双凹蜣螂
Onitis subopacus Arrow 南方双凹蜣螂
Onitis virens Lansberge 绿双凹蜣螂
Onitsha glasswing [*Orniphollidotos onitshae* Stempffer] 奥尼耳灰蝶
Onitsha on-off [*Tetrarhanis onitshae* Stempffer] 奥尼泰灰蝶
Onococera 奥诺螟属
Onococera semirubella (Scopoli) 半红奥诺螟
Onomarchus 肘隆螽属，奥诺螽属
Onomarchus bisulcatus Ingrich *et* Shishodia 双背肘隆螽
Onomarchus leuconotus (Serville) 素背肘隆螽，白背奥诺螽
Onomarchus uninotatus (Serville) 纯清肘隆螽，一斑奥诺螽
Onomaus 毛盾盲蝽属
Onomaus coloratus Zheng *et* Liu 秀色毛盾盲蝽
Onomaus lautus (Uhler) 美丽毛盾盲蝽
Onomaus tenuis Zheng 狭毛盾盲蝽
Onophas 奥懦弄蝶属
Onophas columbaria (Herrich-Schäffer) [blue-glossed skipper] 奥懦弄蝶
Onryza 讴弄蝶属，点弄蝶属
Onryza maga (Leech) [Chinese brush ace] 中华讴弄蝶，讴弄蝶，玛帕弄蝶
Onryza maga arisana (Matsumura) 中华讴弄蝶阿里山亚种，阿里山讴弄蝶
Onryza maga maga (Leech) 中华讴弄蝶指名亚种，指名讴弄蝶
Onryza maga takeuchii (Matsumura) 中华讴弄蝶竹内亚种，讴弄蝶阿里山亚种，黄点弄蝶，竹内弄蝶，秀棋弄蝶，小型细翅弄蝶，玛噶弄蝶，讴弄蝶，塔讴弄蝶
Onryza meiktila (de Nicéville) [Burmese brush ace, brush ace] 缅甸讴弄蝶，指名讴弄蝶
Onryza siamica Riley *et* Godfrey [Siamese brush ace] 泰国讴弄蝶
Ontario calligrapha [*Calligrapha amator* Brown] 安大略卡丽叶甲
OnTheFly 黑腹果蝇转录因子数据库
Ontholestes 锐胸隐翅甲属，角胸隐翅甲属
Ontholestes asiaticus Smetana 奇斑锐胸隐翅甲
Ontholestes aurosparsus (Fauvel) 金毛锐胸隐翅甲，黑唇角胸隐翅甲
Ontholestes callistus (Hochhuth) 丽锐胸隐翅甲
Ontholestes gracilis (Sharp) 窄锐胸隐翅甲，丽角胸隐翅甲
Ontholestes inauratus (Mannerheim) 烁金锐胸隐翅甲，镀金角胸隐翅甲
Ontholestes murinus (Linnaeus) 小锐胸隐翅甲，鼠角胸隐翅甲
Ontholestes oculatus (Sharp) 斑锐胸隐翅甲，眶角胸隐翅甲
Ontholestes orientalis Bernhauer 东方锐胸隐翅甲，东方角胸隐翅甲
Ontholestes proximus Kirshenblatt 近锐胸隐翅甲，近角胸隐翅甲
Ontholestes simulator Kirshenblatt 拟锐胸隐翅甲，仿角胸隐翅甲
Ontholestes tenuicornis (Kraatz) 瘦角锐胸隐翅甲，黑胫角胸隐翅甲
Ontholestes tessellatus (Geoffroy) 方纹锐胸隐翅甲，小方角胸隐

甲
Onthophagini 嗡蜣螂族
Onthophagus 嗡蜣螂属
Onthophagus acrisius Balthasar 阿克嗡蜣螂
Onthophagus acuticollis Gillet 尖嗡蜣螂，胸角嗡蜣螂，胸角阎魔金龟
Onthophagus agilis Matsumura 同 *Onthophagus hastifer*
Onthophagus amplexus Sharp 抱嗡蜣螂
Onthophagus amycoides Kabakov 凹唇嗡蜣螂
Onthophagus anguicorius Boucomont 蛇纹嗡蜣螂，蛇皮嗡蜣螂，甲仙阎魔金龟
Onthophagus anguliceps Boucomont 阔盾嗡蜣螂，阔盾阎魔金龟，尖头嗡蜣螂
Onthophagus arai Masumoto 荒氏嗡蜣螂
Onthophagus argyropygus Gillet 银臀嗡蜣螂，褐阎魔金龟
Onthophagus armatus Blanchard 饰嗡蜣螂
Onthophagus ater Waterhouse 黑嗡蜣螂，黑丸嗡蜣螂
Onthophagus atripennis Waterhouse 翅驼嗡蜣螂，黑翅嗡蜣螂
Onthophagus balthasari Všetečka 巴氏嗡蜣螂
Onthophagus basicruentatus Goidanich 同 *Onthophagus lenzi*
Onthophagus bivertex Heyden 双顶嗡蜣螂
Onthophagus boucomontianus Balthasar 山地嗡蜣螂
Onthophagus brutus Aorrow 宽嗡蜣螂
Onthophagus carinensis Boucomont 山口嗡蜣螂
Onthophagus cernyi Balthasar 伪黑丸嗡蜣螂
Onthophagus cervenkai Kabakov 瑟氏嗡蜣螂
Onthophagus chinensis Balthasar 中华嗡蜣螂
Onthophagus chokakurinus Matsumura 却嗡蜣螂
Onthophagus clitellifer Reitter 鞍嗡蜣螂
Onthophagus convexicollis Boheman 凸嗡蜣螂
Onthophagus coracinoides Kabakov 类考嗡蜣螂
Onthophagus coracinus Boucomont 考嗡蜣螂
Onthophagus crassicollis Boucomont 宽胸嗡蜣螂
Onthophagus curvispina Reitter 弯刺嗡蜣螂
Onthophagus dama (Fabricius) 达玛嗡蜣螂
Onthophagus dapcauensis Boucomont 微嗡蜣螂，搭普嗡蜣螂
Onthophagus deflexicollis Lansberge 德嗡蜣螂
Onthophagus diabolicus Harold 递嗡蜣螂
Onthophagus discedens (Sharp) 狄嗡蜣螂
Onthophagus dissentaneus Balthasar 甘肃嗡蜣螂
Onthophagus dorsofasciatus Fairmaire 背纹后嗡蜣螂，背带嗡蜣螂
Onthophagus dubernardi Boucomont 杜嗡蜣螂，都伯嗡蜣螂
Onthophagus duporti Boucomont 杜波特嗡蜣螂
Onthophagus egenus Boucomont 同 *Onthophagus argyropygus*
Onthophagus egenus Harold 稀嗡蜣螂
Onthophagus egurianus Matsumura 同 *Onthophagus taurinus*
Onthophagus fodiens Waterhouse 掘嗡蜣螂，污嗡蜣螂，福嗡蜣螂
Onthophagus formosanus Gillet 台岛嗡蜣螂，台嗡蜣螂，蓬莱嗡蜣螂，蓬莱阎魔金龟
Onthophagus funebris Boucomant 葬嗡蜣螂
Onthophagus fuscopunctatus (Fabricius) 棕点嗡蜣螂
Onthophagus gagates Hope 黑玉后嗡蜣螂，墨玉嗡蜣螂
Onthophagus gibbosus Scriba 弯凸嗡蜣螂
Onthophagus gibbulus (Pallas) 小驼嗡蜣螂
Onthophagus ginyunensis Všetečka 金嗡蜣螂
Onthophagus gorodinskii Kabakov 戈氏嗡蜣螂
Onthophagus gracilipes Boucomont 细足嗡蜣螂
Onthophagus hajimei Masumoto 宽褐斑嗡蜣螂，带斑嗡蜣螂，宽褐斑蜣蜣
Onthophagus haroldi Ballion 哈氏嗡蜣螂
Onthophagus hastifer Lansbege 矛嗡蜣螂，赤铜嗡蜣螂，赤铜阎魔金龟
Onthophagus hayashii Masumoto 林氏嗡蜣螂
Onthophagus heyrovskyi Všetečka 赫嗡蜣螂
Onthophagus hirsutulus Lansberge 毛嗡蜣螂
Onthophagus horni (Balthasar) 贺嗡蜣螂
Onthophagus hsui Masumoto, Chen *et* Ochi 徐氏嗡蜣螂
Onthophagus imperator Castelnau 帝嗡蜣螂
Onthophagus inae Balthasar 阴嗡蜣螂
Onthophagus incollaris Kabakov 领嗡蜣螂
Onthophagus inelegans Blathasar 茵嗡蜣螂
Onthophagus japonicus Harold 日本嗡蜣螂
Onthophagus jeannelianus Paulian 吉嗡蜣螂
Onthophagus jeannelianus jeannelianus Paulian 吉嗡蜣螂指名亚种
Onthophagus jeannelianus shokhini Kabakov 吉嗡蜣螂绍氏亚种
Onthophagus jiupengensis Masumoto, Lan *et* Kiuchi 九棚粪金龟
Onthophagus kentingensis Nomura 垦丁嗡蜣螂，垦丁阎魔金龟
Onthophagus kiuchianus Masumoto, Yang *et* Ochi 木内嗡蜣螂
Onthophagus klapperichi Balthasar 克氏嗡蜣螂
Onthophagus kleinei Balthasar 克赖嗡蜣螂
Onthophagus komareki Balthasar 柯嗡蜣螂
Onthophagus konoi Matsumura 河野嗡蜣螂，科嗡蜣螂，河野氏嗡蜣螂
Onthophagus koshunensis Balthasar 恒春嗡蜣螂，恒春阎魔金龟
Onthophagus kozlovi Kabakov 考氏艾嗡蜣螂
Onthophagus kuatunensis Balthasar 挂墩嗡蜣螂，广东嗡蜣螂，挂墩衍附粪蜣蜣
Onthophagus kukunorensis Kabakov 青海嗡蜣螂
Onthophagus kulti Balthasar 库氏嗡蜣螂
Onthophagus kuluensis Bates 库鲁嗡蜣螂，挂墩衍附粪蜣蜣
Onthophagus kuraruanus Matsumura 台湾凹胸嗡蜣螂，龟仔角阎魔金龟
Onthophagus laevis Harold 光滑嗡蜣螂
Onthophagus laevis asiaticus Boucomont 光滑嗡蜣螂亚洲亚种
Onthophagus laevis laevis Harold 光滑嗡蜣螂指名亚种
Onthophagus laevis lampromelas Fairmaire 光滑嗡蜣螂云南亚种
Onthophagus lamellatus Boucomont 同 *Onthophagus lunatus*
Onthophagus lanista Castelnau 长角嗡蜣螂
Onthophagus laotianus (Boucomont) 中越嗡蜣螂
Onthophagus lenzi Harold 娄嗡蜣螂
Onthophagus lenzi lenzi Harold 娄嗡蜣螂指名亚种，指名娄嗡蜣螂
Onthophagus lenzi marginithorax Všetečka 同 *Onthophagus lenzi lenzi*
Onthophagus limbatus (Herbst) 缘嗡蜣螂
Onthophagus liui Masumoto, Ochi *et* Lee 刘氏嗡蜣螂
Onthophagus lunatus Harold 月嗡蜣螂，弦月嗡蜣螂
Onthophagus luridipennis Boheman 浅黄嗡蜣螂
Onthophagus lutosopictus Fairmaire 红斑嗡蜣螂，路嗡蜣螂，红

斑阎魔金龟
Onthophagus luzonicus Lansberge 同 *Onthophagus armatus*
Onthophagus magnini Paulian 瑞丽嗡蜣螂
Onthophagus mandarinus Harold 同 *Onthophagus tragus*
Onthophagus manipurensis Aorrow 曼嗡蜣螂
Onthophagus marani Všetečka 同 *Onthophagus acuticollis*
Onthophagus marginalis (Gebler) 黑缘嗡蜣螂
Onthophagus marginalis marginalis (Gebler) 黑缘嗡蜣螂指名亚种，指名黑缘嗡蜣螂
Onthophagus marginalis nigrimargo Goidanich 黑缘嗡蜣螂黑边亚种
Onthophagus marginithorax Všetečka 同 *Onthophagus lenzi*
Onthophagus masumotoi Ochi 益本嗡蜣螂，益本氏渫蜣
Onthophagus mendicus Gillet 同 *Onthophagus proletarius*
Onthophagus midorianus Matsumura 同 *Onthophagus anguicorius*
Onthophagus missor Balthasar 同 *Onthophagus carinensis*
Onthophagus miyabei Matsumura 同 *Onthophagus punctator*
Onthophagus miyakei Ochi *et* Araya 三宅嗡蜣螂
Onthophagus mulleri (Lansberge) 穆氏嗡蜣螂
Onthophagus mushensis Matsumura 同 *Onthophagus taurinus*
Onthophagus nagasawai Matsumura 长泽嗡蜣螂
Onthophagus nakatomii Matsumura 同 *Onthophagus gibbosus*
Onthophagus naviculifer (Boucomont) 南方嗡蜣螂
Onthophagus neofurcatus Godanich 新叉嗡蜣螂
Onthophagus nigricornis Fairmaire 黑角嗡蜣螂
Onthophagus nikolajevi Kabakov 尼氏嗡蜣螂
Onthophagus nitidiceps Fairmaire 同 *Caccobius unicornis*
Onthophagus nitidus Waterhouse 光嗡蜣螂
Onthophagus nuchicornis (Linnaeus) 韧角嗡蜣螂，颈角嗡蜣螂
Onthophagus vaccus (Linnaeus) 斑鞘嗡蜣螂，母牛嗡蜣螂
Onthophagus obliviosus Balthasar 奥嗡蜣螂
Onthophagus ohbayashii Nomura 大林嗡蜣螂
Onthophagus olsoufieffi Boucomont 立叉嗡蜣螂
Onthophagus orientalis Harold 东方嗡蜣螂
Onthophagus pactolus Fabricius 红鞘嗡蜣螂
Onthophagus panfilovi Kabakov 潘氏嗡蜣螂
Onthophagus penicillatus Harold 笔状嗡蜣螂
Onthophagus poephagus Kabakov 坡嗡蜣螂
Onthophagus popovi Kabakov 波氏嗡蜣螂
Onthophagus potanini Kabakov 泊氏嗡蜣螂
Onthophagus potanini hiurai Ochi 泊氏嗡蜣螂箭胸亚种，箭胸嗡蜣螂，角胸阎魔金龟
Onthophagus potanini potanini Kabakov 泊氏嗡蜣螂指名亚种
Onthophagus procurvus Balthasar 前翘嗡蜣螂
Onthophagus productus Arrow 镰角嗡蜣螂
Onthophagus proletarius Harold 四纹嗡蜣螂，群嗡蜣螂
Onthophagus proximus Kirschenblatt 近嗡蜣螂
Onthophagus pseudoarmatus Balthasar 同 *Onthophagus armatus*
Onthophagus pseudobrutus Kabakov 近宽嗡蜣螂
Onthophagus pseudojaponicus Balthasar 近日嗡蜣螂
Onthophagus pseudojaponicus fukiensis Balthasar 近日嗡蜣螂福建亚种，闽近日嗡蜣螂
Onthophagus pseudojaponicus pseudojaponicus Balthasar 近日嗡蜣螂指名亚种
Onthophagus pugionatus Boheman 见 *Liatongus pugionatus*
Onthophagus pumilus Kabakov 小嗡蜣螂
Onthophagus punctator Reitter 点亲嗡蜣螂，刻点嗡蜣螂
Onthophagus purpurascens Balthasar 紫嗡蜣螂
Onthophagus putealis Matsumura 同 *Onthophagus hastifer*
Onthophagus pygargus Motschulsky 臀嗡蜣螂
Onthophagus quadridentatus (Fabricius) 四齿嗡蜣螂
Onthophagus rachelis Martin 针嗡蜣螂
Onthophagus rangifer Klug 鹿角嗡蜣螂
Onthophagus rectecornutus Lansberge 直角嗡蜣螂
Onthophagus roubali Balthasar 罗氏嗡蜣螂，罗嗡蜣螂，鲁巴氏嗡蜣螂，鲁巴氏阎魔金龟
Onthophagus rubricollis Hope 红背嗡蜣螂
Onthophagus rudis Sharp 糙嗡蜣螂
Onthophagus rugulosus Harold 皱嗡蜣螂，曲角嗡蜣螂，颦蹙渫蜣，月角粪金龟
Onthophagus rutilans Sharp 泛红嗡蜣螂
Onthophagus sagittarius (Fabricius) 箭跗嗡蜣螂，箭角嗡蜣螂，箭跗单凹蜣螂
Onthophagus sakainoi Masumoto 红胸嗡蜣螂
Onthophagus sauteri Gillet 索嗡蜣螂，绍德氏嗡蜣螂，曹达氏阎魔金龟
Onthophagus scabriusculus Harold 史嗡蜣螂
Onthophagus schaefernai Balthasar 夏嗡蜣螂
Onthophagus schanabeli Splichal 善嗡蜣螂
Onthophagus senex Boucomont 惜嗡蜣螂
Onthophagus seniculus (Fabricius) 老嗡蜣螂
Onthophagus setchan Masumoto 黄斑嗡蜣螂，塞嗡蜣螂
Onthophagus sibiricus Harld 西伯嗡蜣螂，西伯利亚嗡蜣螂
Onthophagus sinicus Zhang *et* Wang 中华嗡蜣螂
Onthophagus smetannai Balthasar 斯嗡蜣螂
Onthophagus solivagus Harld 独行嗡蜣螂
Onthophagus sonani Miwa 同 *Onthophagus rugulosus*
Onthophagus sternax Balthasar 胸嗡蜣螂
Onthophagus strandi Blathasar 司嗡蜣螂
Onthophagus sulci Balthasar 萨嗡蜣螂
Onthophagus susterai Balthasar 素氏嗡蜣螂
Onthophagus sutleinensis Splichal 苏嗡蜣螂
Onthophagus sycophanta Fairmaire 骗嗡蜣螂
Onthophagus tabidus Balthasar 塔嗡蜣螂
Onthophagus taiwanus Nomura 台嗡蜣螂，台湾司氏渫蜣，台湾嗡蜣螂，台湾阎魔金龟
Onthophagus taiyaruensis Masumoto 泰雅嗡蜣螂，泰嗡蜣螂，泰雅阎魔金龟
Onthophagus taschenbergi Gillet 同 *Onthophagus lunatus*
Onthophagus tatsienluensis Balthasar 黄毛嗡蜣螂，黄毛阎魔金龟，康定嗡蜣螂
Onthophagus taurinus White 似牛嗡蜣螂，背斑嗡蜣螂，背斑阎魔金龟
Onthophagus taurus (Schreber) 公牛嗡蜣螂
Onthophagus terminatus Eschscholtz 尾斑嗡蜣螂，尾斑阎魔金龟
Onthophagus tibetanus Arrow 藏嗡蜣螂
Onthophagus tragoides Boucomont 亮嗡蜣螂
Onthophagus tragus (Fabricius) 直突嗡蜣螂，公羊嗡蜣螂，羊角嗡蜣螂，粗角阎魔金龟
Onthophagus tricolor Boucomont 三色嗡蜣螂

Onthophagus tricornis (Wiedeman) 三角嗡蜣螂，三角阎魔金龟
Onthophagus tritinctus Boucomont 三带嗡蜣螂
Onthophagus trituber (Wiedemann) 三瘤嗡蜣螂，三瘤阎魔金龟，三管嗡蜣螂
Onthophagus trituber jacobsoni Kabakov 同 *Onthophagus trituber trituber*
Onthophagus trituber trituber (Wiedemann) 三瘤嗡蜣螂指名亚种
Onthophagus turmalis Gillet 同 *Onthophagus hastifer*
Onthophagus turpidoides Kabakov 类污嗡蜣螂
Onthophagus turpidus Reitter 污嗡蜣螂
Onthophagus umenoi Matsumura 同 *Onthophagus trituber*
Onthophagus unguiculatus Kabakov 爪嗡蜣螂
Onthophagus uniformis Heyden 同艾嗡蜣螂，一致嗡蜣螂
Onthophagus vaccus (Linnaeus) 斑鞘嗡蜣螂，母牛嗡蜣螂
Onthophagus vaulogeri Boucomont 沃氏嗡蜣螂
Onthophagus viduus Harold 寡居嗡蜣螂
Onthophagus vigilans Boucomont 劲嗡蜣螂
Onthophagus wangi Masumoto, Chen *et* Ochi 王氏嗡蜣螂
Onthophagus yangi Masumoto, Tsai *et* Ochi 杨氏嗡蜣螂
Onthophagus yanoi Matsumura 雅嗡蜣螂
Onthophagus yaoi Masumoto, Ochi *et* Lee 姚氏嗡蜣螂
Onthophagus yubarinus Matsumura 长胫嗡蜣螂，优嗡蜣螂
Onthophagus yunnanus Boucomont 云南嗡蜣螂，滇嗡蜣螂
Onthophagus zavreli Balthasar 扎嗡蜣螂
Onthophagus zimmermanni Balthasar 齐嗡蜣螂
Onthophilinae 脊阎甲亚科
Onthophilus 脊阎甲属，昂阎甲属
Onthophilus flavicornis Lewis 黄角脊阎甲，黄角昂阎甲
Onthophilus foveipennis Lewis 细脊阎甲，窝翅昂阎甲
Onthophilus lijiangensis Zhou *et* Luo 丽江脊阎甲
Onthophilus ordinarius Lewis 原脊阎甲
Onthophilus ostreatus Lewis 粗脊阎甲，奥昂阎甲
Onthophilus punctatus (Müller) 点昂阎甲，点脊阎甲
Onthophilus silvae Lewis 席氏脊阎甲
Onthophilus smetanai Mazur 斯氏脊阎甲，斯氏昂阎甲
Onthophilus tuberculatus Lewis 瘤脊阎甲
Onthotomicus caelatus Eichhoff 见 *Orthotomicus caelatus*
Onthotomicus erosus Wollaston 见 *Orthotomicus erosus*
Onthotomicus laricis Fabricius 见 *Orthotomicus laricis*
Onthotomicus latidens LeConte 见 *Orthotomicus latidens*
ontocline 发育差型
ontogenesis [= ontogeny] 个体发育，个体发生
ontogenetic 个体发育的，个体发生的
ontogeny 见 ontogenesis
Ontsira 陡盾茧蜂属
Ontsira abbreviata Belokobylskij, Tang *et* Chen 小室陡盾茧蜂
Ontsira antica (Wollaston) 前陡盾茧蜂
Ontsira brachytes Shi *et* Chen 短颊陡盾茧蜂
Ontsira gratia Belokobylskij 娇美陡盾茧蜂，台湾陡盾茧蜂
Ontsira hakonensis (Ashmead) 尖汉口陡盾茧蜂
Ontsira ignea (Ratzeburg) 火陡盾茧蜂
Ontsira imperator (Haliday) 首陡盾茧蜂
Ontsira macer Chen *et* Shi 大陡盾茧蜂
Ontsira nixoni (Watanabe) 尼氏陡盾茧蜂
Ontsira palliata (Cameron) 斑头陡盾茧蜂
Ontsira parva (Muesebeck) 小陡盾茧蜂
Ontsira retina Shi *et* Chen 网纹陡盾茧蜂
Onuki bamboo scale [*Eriococcus onukii* Kuwana] 日本囊毡蚧，竹绒蚧，竹子囊毡蚧
Onuki green leafhopper [*Euscelis onukii* Matsumura] 薄翅殃叶蝉，薄翅绿叶蝉
Onukia 锥头叶蝉属，大贯叶蝉属
Onukia albiclypeus Li *et* Wang 见 *Concaves albiclypeus*
Onukia arisana Matsumura 见 *Paraonukia arisana*
Onukia assamensis (Ramakrishnan) 阿萨姆锥头叶蝉
Onukia bipunctata Li *et* Wang 见 *Concaves bipunctatus*
Onukia burmaica (Distant) 工字锥头叶蝉
Onukia chiangi Huang 同 *Concaves flavopunctatus*
Onukia connexia (Distant) 见 *Onukiades connexia*
Onukia corporaali Baker 粒体锥头叶蝉
Onukia emarginata Li *et* Wang 见 *Transvenosus emarginatus*
Onukia flavifrons Matsumura 见 *Taperus flavifrons*
Onukia flavomacula Kato 见 *Bentus flavomaculus*
Onukia flavopunctata Li *et* Wang 见 *Concaves flavopunctatus*
Onukia guttata Li *et* Wang 斑驳锥头叶蝉
Onukia heimiana Li *et* Wang 黑面锥头叶蝉
Onukia kelloggii Baker 见 *Concaves kelloggii*
Onukia nigra Li *et* Wang 黑色锥头叶蝉
Onukia onukii Matsumura 大贯锥头叶蝉，大贯叶蝉
Onukia palemargina Li, Li *et* Xing 白缘锥头叶蝉
Onukia pitchara Li, Li *et* Xing 乌黑锥头叶蝉
Onukia saddlea Li, Li *et* Xing 马鞍锥头叶蝉
Onukiades 拟锥头叶蝉属
Onukiades albicostatus Li *et* Wang 白边拟锥头叶蝉
Onukiades connexia (Distant) 双突拟锥头叶蝉
Onukiades formosanus (Matsumura) 台湾拟锥头叶蝉
Onukiades longitudinalis Huang 纵带拟锥头叶蝉
Onukiana 锥顶叶蝉属
Onukiana motuoensis Yang *et* Zhang 墨脱锥顶叶蝉
Onukigallia 锥茎叶蝉属
Onukigallia arisana (Matsumura) 阿里山锥茎叶蝉，白斑圆痕叶蝉
Onukigallia fanjingensis Zhang *et* Li 梵净锥茎叶蝉，梵净大贯叶蝉
Onukigallia matsumurai Zhang 松村锥茎叶蝉
Onukigallia neoonukii Li, Dai *et* Li 新大贯锥茎叶蝉，新大贯叶蝉
Onukigallia onukii (Matsumura) 大贯锥茎叶蝉，二点圆痕叶蝉，大贯圆痕叶蝉，大贯叶蝉
Onukigallia tenuis (Matsumura) 狭体锥茎叶蝉，红腹圆痕叶蝉
Onukigallia tumida Li, Dai *et* Li 肿锥茎叶蝉，宽茎大贯叶蝉
onycha blue [= cycad blue, *Theclinesthes onycha* (Hewitson)] 澳小灰蝶
Onychargia 同痣蟌属
Onychargia atrocyana Sélys 毛面同痣蟌，蓝彩细蟌
onyche 跗爪
onychia [s. onychium] 1. 爪；2. 爪间突
onychii [= pulvilli, palmulae, pads] 爪垫
Onychium 托斯卡诺昆虫学报 < 期刊名 >
onychium [pl. onychia] 1. 爪；2. 爪间突

onychiurid 1. [= onychiurid springtail, onychiurid collembolan] 棘蛛 < 棘蛛科 Onychiuridae 昆虫的通称 >；2. 棘蛛科的
onychiurid collembolan [= onychiurid springtail, onychiurid] 棘蛛
onychiurid springtail 见 onychiurid collembolan
Onychiuridae 棘蛛科，棘跳虫科
Onychiuroidea 棘蛛总科
Onychiurus 棘蛛属，棘跳虫属
Onychiurus armatus Tullbeg 武装棘蛛，武装棘跳虫
Onychiurus conjungens (Börner) 云南棘蛛
Onychiurus dinghuensis Lin *et* Xia 见 *Thalassaphorura dinghuensis*
Onychiurus diplosensillatus Dunger 吉林棘蛛
Onychiurus fimetarius (Linnaeus) 广棘蛛，棘蛛，棘跳虫，白棘蛛
Onychiurus foliatus (Rusek) 见 *Thalassaphorura foliatus*
Onychiurus folsomi Schäffer 见 *Orthonychiurus folsomi*
Onychiurus formosanus Denis 台湾棘蛛，台湾棘跳虫
Onychiurus hangchowensis Stach 见 *Allonychiurus hangchowensis*
Onychiurus heilongjiangensis Sun *et* Wu 黑龙江棘蛛
Onychiurus kowalskii Stach 见 *Orthonychiurus kowalskii*
Onychiurus matsumotoi Kinoshita 松本氏棘蛛，松本氏棘跳虫
Onychiurus orientalis Stach 见 *Thalassaphorura orientalis*
Onychiurus pseudarmatus Folsom 类武棘蛛
Onychiurus pseudarmatus pseudarmatus Folsom 类武棘蛛指名亚种
Onychiurus pseudarmatus yagii Miyoshi 类武棘蛛八木亚种，八木棘蛛，八木棘跳虫
Onychiurus shanghaiensis Rusek 见 *Allonychiurus shanghaiensis*
Onychiurus sibiricus Tullberg 西伯利亚棘蛛，西伯利亚棘跳虫
Onychiurus sinensis Stach 同 *Orthonychiurus folsomi*
Onychiurus tamurai Yue *et* Yi 田村氏棘蛛
Onychiurus yodai Yoshii 见 *Thalassaphorura yodai*
Onychocerus 蝎天牛属
Onychocerus albitarsis (Pascoe) [scorpion-beetle] 白跗蝎天牛
Onychogomphinae 钩尾春蜓亚科
Onychogomphus 钩尾春蜓属
Onychogomphus ardens Needham 见 *Melligomphus ardens*
Onychogomphus camelus Martin 见 *Lamelligomphus camelus*
Onychogomphus forcipatus (Linnaeus) 豹纹钩尾春蜓
Onychogomphus hainanensis Chao 见 *Lamelligomphus hainanensis*
Onychogomphus micans Needham 同 *Lamelligomphus formosanus*
Onychogomphus procteri Chao 棍腹钩尾春蜓
Onychogomphus ringens Needham 见 *Lamelligomphus ringens*
Onychogomphus sinicus Chao 见 *Ophiogomphus sinicus*
Onychogomphus viridicostus (Oguma) 绿钩尾春蜓，绿脊日春蜓
Onychogonia 缟寄蝇属
Onychogonia cervini (Bigot) 瑟氏缟寄蝇
Onycholabis 爪步甲属
Onycholabis acutangulus Andrewes 锐角爪步甲
Onycholabis melitopus Bates 尖鞘爪步甲
Onycholabis nakanei Kasahara 中根爪步甲
Onycholabis pendulangulus Liang *et* Imura 垂角爪步甲
Onycholabis sinensis (Bates) 华爪唇步甲
Onycholabis sinensis nakanei Kasahara 见 *Onycholabis nakanei*
Onycholabis stenothorax Liang *et* Kavanaugh 窄胸爪步甲
Onycholabis uenoi Paik *et* Lafer 同 *Onycholabis sinensis*
Onycholabis vietnamica Kasahara 同 *Onycholabis sinensis*
Onycholyda 齿扁蜂属，爪扁蜂属，齿扁叶蜂属
Onycholyda armata (Maa) 武装齿扁蜂，武装爪扁叶蜂
Onycholyda euapicalis Wei 真端齿扁蜂
Onycholyda fanjingshanica Jiang, Wei *et* Zhu 梵净山齿扁蜂
Onycholyda flavicornis Shinohara *et* Wei 黄角齿扁蜂
Onycholyda flavicostalis Shinohara 黄缘齿扁蜂
Onycholyda haoi Jiang, Wei *et* Zhu 郝氏齿扁蜂
Onycholyda leucotrochantera Wei 白转齿扁蜂
Onycholyda ludingica Jiang *et* Wei 泸定齿扁蜂，泸定齿扁叶蜂
Onycholyda microsculpturalis Jiang *et* Wei 刻纹齿扁蜂，刻纹齿扁叶蜂
Onycholyda nigroclypeata Shinohara 黑唇齿扁蜂，黑唇茎爪扁叶蜂
Onycholyda nigronervis Wei 黄腹齿扁蜂，黄腹齿扁叶蜂
Onycholyda odaesana Shinohara *et* Byun 黄转齿扁蜂，黄转齿扁叶蜂
Onycholyda sertata (Kônow) 花环齿扁蜂，花环爪扁叶蜂
Onycholyda shaanxiana Shinohara 陕西齿扁蜂
Onycholyda sichuanica Shinohara, Naito *et* Huang 四川齿扁蜂，四川齿扁叶蜂
Onycholyda sinica Shinohara, Naito *et* Huang 中华齿扁蜂，中华爪扁叶蜂
Onycholyda subquadrata (Maa) 方顶齿扁蜂，近方爪扁叶蜂，方顶爪扁叶蜂
Onycholyda tianmushana Shinohara *et* Xiao 天目山齿扁蜂
Onycholyda wongi (Maa) 王氏齿扁蜂，王氏爪扁叶蜂
Onycholyda xanthogaster Shinohara 黄腹齿扁蜂
Onychomesa 齿爪蝤猎蝽属
Onychomesa sauteri Wygodzinsky 齿爪蝤猎蝽
Onychopterocheilus 小片蜾蠃属，齿羽蜾蠃属
Onychopterocheilus bensoni (Giordani Soika) 贝氏小片蜾蠃，贝氏齿羽蜾蠃，贝羽蜾蠃
Onychopterocheilus chinensis Gusenleitner 中华小片蜾蠃，中华齿羽蜾蠃
Onychopterocheilus crabroniformis (Morawitz) 拟方头小片蜾蠃，拟方头齿羽蜾蠃，拟方头羽蜾蠃
Onychopterocheilus dementievi (Kostylev) 德氏小片蜾蠃，德氏齿羽蜾蠃
Onychopterocheilus eckloni (Morawitz) 双斑小片蜾蠃，埃氏齿羽蜾蠃，埃氏羽蜾蠃
Onychopterocheilus nigropilosus (Kostylev) 黑毛小片蜾蠃，黑毛齿羽蜾蠃
Onychopterocheilus rongsharensis (Giordani Soika) 绒辖小片蜾蠃，绒辖齿羽蜾蠃
Onychopterocheilus tibetanus (Meade-Waldo) 西藏小片蜾蠃，西藏齿羽蜾蠃，西藏羽蜾蠃
Onychopterocheilus waltoni (Meade-Waldo) 条带小片蜾蠃，瓦氏齿羽蜾蠃，瓦氏羽蜾蠃
Onychopterocheilus wuhaiensis Gusenleitner 乌海小片蜾蠃，乌海齿羽蜾蠃
Onychosophrops 爪霉鳃金龟属
Onychosophrops holosetosa Nomura 全鬃爪霉鳃金龟，粗纹姬黑金龟
Onychostethomostus 珠片叶蜂属，开片叶蜂属

Onychostethomostus insularis (Rohwer) 黑腹珠片叶蜂，黑腹开片叶蜂，岛爪叶蜂
Onychostylus 爪姬蠊属
Onychostylus nodiger Bey-Bienko 见 *Balta nodigera*
Onychostylus notulatus (Stål) 见 *Balta notulata*
Onychostylus pallidiolus (Shiraki) 见 *Graptoblatta pallidiola*
Onychothecus 爪套嗡蜣螂属
Onychothecus ateuchoides Boucomont 阿爪套嗡蜣螂
Onychothecus corniclypeus Chang 唇角爪套嗡蜣螂
Onychothecus cryptonychus Zhang 隐爪爪套嗡蜣螂
Onychothemis 爪蜻属
Onychothemis culminicola Förster 红腹爪蜻，山顶爪蜻
Onychothemis testacea Laidlaw 雨林爪蜻
Onychothemis testacea tonkinensis Martin 见 *Onychothemis tonkinensis*
Onychothemis tonkinensis Martin [aggressive riverhawk] 海湾爪蜻，琥珀爪蜻，琥珀蜻蜓
Onychotrechus 瘦黾蝽属
Onychotrechus esakii Andersen 淡色瘦黾蝽
ooblast 成卵细胞 < 指卵的原始生殖细胞核；该单词有写为 oöblast 者 >
Oocelyphus 卵甲蝇属
Oocelyphus nigritus Shi 黑卵甲蝇
Oocelyphus shennongjianus Yang *et* Yang 神农架卵甲蝇
Oocelyphus tarsalis Chen 跗角卵甲蝇
Oocelyphus uncatis Shi 钩卵甲蝇
Ooceraea 卵角蚁属
Ooceraea biroi (Forel) [clonal raider ant] 毕氏卵角蚁，毕氏粗角猛蚁，毕氏粗角蚁
Ooceraea octoantenna Zhou *et* Chen 八节卵角蚁
Ooctonus 杀卵缨小蜂属

Ooctonus aphrophorae Milliron 阿杀卵缨小蜂
Ooctonus exsertus Jin *et* Li 突卵鞘杀卵缨小蜂
Ooctonus flaviventris Donev 同 *Ooctonus novickyi*
Ooctonus heterotomus (Förster) 同 *Ooctonus notatus*
Ooctonus himalayus Subba Rao 喜马杀卵缨小蜂，喜马卵缨小蜂
Ooctonus huberi Bai, Jin *et* Li 胡氏杀卵缨小蜂
Ooctonus insignis Haliday 等块杀卵缨小蜂，等卵缨小蜂
Ooctonus isotomus Mathot 同 *Ooctonus insignis*
Ooctonus notatus Walker 异杀卵缨小蜂
Ooctonus novickyi Soyka 诺氏杀卵缨小蜂
Ooctonus orientalis Doutt 东方杀卵缨小蜂
Ooctonus saturn Triapitsyn 土星杀卵缨小蜂
Ooctonus sinensis Subba Rao 中华杀卵缨小蜂
Ooctonus sublaevis Förster 北方杀卵缨小蜂
Ooctonus vulgatus Haliday 沫蝉杀卵缨小蜂
oocyan [= oocyanin] 胆绿素，蛋壳青素
oocyanin 见 oocyan
Oocyclus 乌牙甲属，卵牙甲属
Oocyclus bhutanicus Satô 不丹乌牙甲，不丹卵牙甲
Oocyclus dinghu Short *et* Jia 鼎湖乌牙甲，鼎湖卵牙甲
Oocyclus fikaceki Short *et* Jia 费氏乌牙甲，费氏卵牙甲
Oocyclus flaveolus Hebauer *et* Wang 黄乌牙甲，黄卵牙甲
Oocyclus magnificus Hebauer *et* Wang 壮丽乌牙甲，大卵牙甲
Oocyclus namtok Short *et* Swanson 纳姆托克乌牙甲
Oocyclus shorti Jia *et* Mate 肖特乌牙甲，邵氏卵牙甲
Oocyclus sumatrensis d'Orchymont 苏门乌牙甲，苏门卵牙甲
oocyte [= ovocyte] 母细胞 < 该单词有写为 oöcyte 者 >
Oodeia klapaleki Banks 同 *Neoperla banksi*
Oodera 蝶胸肿腿金小蜂属
Oodera pumilae Yang 榆蝶胸肿腿金小蜂
Oodera regiae Yang 核桃蝶胸肿腿金小蜂
Oodes 卵步甲属
Oodes prolixus Bates 见 *Lachnocrepis prolixus*
Oodes virens Wiedemann 见 *Brachyodes virens*
Oodescelis 齿刺甲属，刺甲属
Oodescelis acutanguloides Kaszab 锐棒齿刺甲，尖角齿刺甲
Oodescelis (***Acutoodescelis***) ***emmerichi*** Kaszab 埃氏齿刺甲，艾齿刺甲
Oodescelis (***Acutoodescelis***) ***punctatissima*** (Fairmaire) 多点齿刺甲
Oodescelis (***Acutoodescelis***) ***pyripenis*** Ren 犁茎齿刺甲
Oodescelis affinis Seidlitz 邻卵齿刺甲，邻齿刺甲
Oodescelis attenuata Kaszab 弱棒齿刺甲，渐狭齿刺甲
Oodescelis blattiformis Kaszab 黑棒齿刺甲，希齿刺甲
Oodescelis brevipennis Kaszab 短翅卵齿刺甲，短翅齿刺甲
Oodescelis chinensis Kaszab 中华齿刺甲，中华刺甲
Oodescelis emmerichi Kaszab 见 *Oodescelis* (*Acutoodescelis*) *emmerichi*
Oodescelis gebieni Kaszab 盖棒齿刺甲，格齿刺甲
Oodescelis heydeni Seidlitz 赫棒齿刺甲，赫齿刺甲
Oodescelis kansouensis Kaszab 甘肃齿刺甲
Oodescelis kuntzeni Kaszab 孔棒齿刺甲，孔齿刺甲
Oodescelis polita (Strum) 滑齿刺甲
Oodescelis provosti (Fairmaire) 普氏齿刺甲，普齿刺甲
Oodescelis punctatissima (Fairmaire) 见 *Oodescelis* (*Acutoodescelis*) *punctatissima*
Oodescelis regeli (Ballion) 雷棒齿刺甲，雷齿刺甲
Oodescelis sachtlebeni Kaszab 萨氏齿刺甲
Oodescelis similis Kaszab 类齿刺甲
Oodescelis tibialis (Ballion) 胫齿刺甲
Oodescelis turkestanica Seidlitz 土小齿刺甲，土齿刺甲
Oodini 卵步甲族
Oodinotrechus 卵盲步甲属
Oodinotrechus liyoubangi Tian 广西卵盲步甲
Oodinotrechus kishimotoi Uéno 岸本卵盲步甲
Oodinotrechus yinae Sun *et* Tian 尹氏卵盲步甲
ooecium 卵室
Ooencyrtus 卵跳小蜂属
Ooencyrtus corbetti Ferrière 荔蝽卵跳小蜂，荔蝽跳小蜂
Ooencyrtus endymion Huang *et* Noyes 赤松毛虫卵跳小蜂
Ooencyrtus ennomophagus Yoshimoto 榆角尺蠖卵跳小蜂
Ooencyrtus erionotae Ferriere 同 *Ooencyrtus pallidipes*
Ooencyrtus flavipes (Timberlake) 黄足卵跳小蜂
Ooencyrtus guamensis Fullaway 蚜蝇卵跳小蜂
Ooencyrtus hercle Huang *et* Noyes 桑蟥卵跳小蜂
Ooencyrtus icarus Huang 油松毛虫卵跳小蜂
Ooencyrtus kuvanae (Howard) 大蛾卵跳小蜂
Ooencyrtus longiclavae Yang *et* Yao 云南松尺蛾卵跳小蜂，云南松尺蛾跳小蜂
Ooencyrtus longivenosus Xu *et* He 长脉卵跳小蜂

Ooencyrtus lucina Huang *et* Noyes 舟蛾卵跳小蜂
Ooencyrtus malacosomae Liao 同 *Ooencyrtus kuvanae*
Ooencyrtus malayensis Ferriére 马来亚卵跳小蜂
Ooencyrtus nezarae Ishii 蝽卵跳小蜂
Ooencyrtus pallidipes (Ashmead) 弄蝶卵跳小蜂
Ooencyrtus papilionis Ashmead 南方凤蝶卵跳小蜂
Ooencyrtus parties Yang *et* Yao 舞毒蛾卵跳小蜂
Ooencyrtus philopapilionis Liao 北方凤蝶卵跳小蜂
Ooencyrtus phongi Trjapitzin, Myartseva *et* Kostyukov 荔蝽卵跳小蜂
Ooencyrtus pinicolus (Matsumura) 松毛虫卵跳小蜂，落叶松毛虫卵跳小蜂
Ooencyrtus salicinus (Erdös) 斑角卵跳小蜂，斑角跳小蜂
Ooencyrtus segestes Trjapitzin 东方卵跳小蜂
Ooencyrtus telenomicida (Vassiliev) 蝽蛾卵跳小蜂
Ooencyrtus uniformis Zhang, Li *et* Huang 一致卵跳小蜂
Ooencyrtus utetheisae (Risbec) 缘蝽卵跳小蜂
oogenesis [= ovogenesis] 卵子发生，卵形成
oogenesis-flight syndrome 卵子发生－飞行拮抗综合征
Oogeton makii Miwa 见 *Amarygmus* (*Oogeton*) *makii*
oogonia [s. oogonium] 卵原细胞
oogonium [pl. oogonia] 卵原细胞
Ooinara varians Walker 无花果家蚕
ooklnesis 卵核分裂
oolemma 卵膜 < 该单词有写为 oölemma 者 >
Oomorphoides 卵形叶甲属
Oomorphoides aeneus (Chen) 粗点卵形叶甲
Oomorphoides alienus (Bates) 通草卵形叶甲
Oomorphoides confucii (Weise) 甘肃卵形叶甲
Oomorphoides cupreatus (Baly) 铜色卵形叶甲
Oomorphoides flavicornis Tan 黄角卵形叶甲
Oomorphoides formosensis (Chûjô) 台湾卵形叶甲
Oomorphoides foveatus Tan 额窝卵形叶甲
Oomorphoides metallicus Gressitt *et* Kimoto 金质卵形叶甲，利川卵形叶甲
Oomorphoides omeiensis Tan 峨眉卵形叶甲
Oomorphoides pallidicornis Gressitt *et* Kimoto 红角卵形叶甲
Oomorphoides piliceps (Chen) 黑角卵形叶甲
Oomorphoides punctatus Tan 粗刻卵形叶甲
Oomorphoides purpurascens Tan 紫金卵形叶甲，四川卵形叶甲
Oomorphoides sakishimanus Kimoto *et* Gressitt 先岛卵形叶甲
Oomorphoides tonkinensis (Chûjô) 毛叶楤卵形叶甲
Oomorphoides violaceoniger (Chûjô) 紫黑卵形叶甲
Oomorphoides yaosanicus (Chen) 楤木卵形叶甲
Oomyzus 粗脉姬小蜂属，奥啮小蜂属，欧米啮小蜂属
Oomyzus flavotibialis Li *et* Li 黄胫粗脉姬小蜂
Oomyzus gallerucae (Fonscolombe) 叶甲卵粗脉姬小蜂
Oomyzus hubeiensis Sheng *et* Zhu 湖北粗脉姬小蜂，湖北欧米啮小蜂
Oomyzus ovulorus (Ferriere) 植食瓢虫粗脉姬小蜂，植食瓢虫啮小蜂
Oomyzus scaposus (Thomson) 食蚜瓢虫粗脉姬小蜂，食蚜瓢虫啮小蜂
Oomyzus sinensis Sheng *et* Zhu 中华粗脉姬小蜂，中华欧米啮小蜂
Oomyzus sokolowskii (Kurdjumov) 菜蛾粗脉姬小蜂，菜蛾奥啮小蜂，菜蛾瓢虫啮小蜂
Oomyzus spiraculus Song, Fei *et* Cao 气门脊粗脉姬小蜂
Oophagomyia 嗜卵污麻蝇属
Oophagomyia plotnikovi Rohdendorf 普氏嗜卵污麻蝇，普嗜卵麻蝇
Oophagus 天牛卵跳小蜂属
Oophagus batocerae Liao 云斑天牛卵跳小蜂
oophagy 食卵性
ooplasm 卵质
Oopterygia asiatica (Betten) 见 *Eubasilissa asiatica*
Oopterygia brunnea Martynov 见 *Neurocyta brunnea*
Oosoma semivittatum Fabricius 半条卵节步甲
oosome 卵质体
oosorption 卵吸收
oosperm 受精卵
oosphere 卵球
oospore 1. 受精卵；2. 卵孢子
oosporein 卵孢素
oostatic hormone 抑卵激素
Oosternum 污牙甲属，卵腹牙甲属
Oosternum horni d'Orchymont 贺氏污牙甲，贺氏卵腹牙甲，贺氏卵牙甲
Oosternum saundersi d'Orchymont 见 *Paroosternum saundersi*
Oosternum soricoides d'Orchymont 索污牙甲，索卵腹牙甲
Oosthuizen's blue [*Lepidochrysops oosthuizeni* Swanepoel *et* Vári] 非洲美鳞灰蝶
ootaxonomy 卵分类学
Ootetrastichus beatus Perkins 见 *Aprostocetus beatus*
Ootetrastichus distinguendus Perkins 见 *Aprostocetus distinguendus*
Ootetrastichus formosoanus Timberlake 见 *Aprostocetus formosoanus*
Ootetrastichus homochromus Perkins 见 *Aprostocetus homochromus*
Ootetrastichus muiri Perkins 见 *Aprostocetus muiri*
Ootetrastichus tarsalis Perkins 见 *Aprostocetus tarsalis*
ootheca [pl. oothecae; = egg-case] 卵鞘
Ootheca 鞘叶甲属
Ootheca mutabilis (Sahlberg) [brown leaf beetle, cowpea leaf beetle] 花生鞘叶甲，花生褐叶甲
Oothecabius 卵伪卷叶绵蚜亚属
oothecae [pl. ootheca; = egg-case] 卵鞘
oothecal membrane 卵鞘膜
oothecal plate 卵鞘板 < 指泄殖腔外口的骨化板 >
Oothecaria [= Dictyoptera] 网翅目
oothecin 卵鞘蛋白
ootid 卵细胞
Opacifrons 欧小粪蝇属
Opacifrons coxata (Stenhammar) 髋欧小粪蝇，臀股欧小粪蝇，臀股大附蝇
Opacifrons dupliciseta (Duda) 双鬃欧小粪蝇，双毛欧小粪蝇，双毛大附蝇
Opacifrons pseudimpudica (Deeming) 螺欧小粪蝇
opacity 浑浊度，不透明性
Opacoptera 隐翅祝蛾属，荫卷麦蛾属
Opacoptera callirrhabda (Meyrick) 隐翅祝蛾，丽荫卷麦蛾
Opacoptera ecblasta Wu 川隐翅祝蛾

Opacoptera flavicana Wu *et* Liu 灰黄隐翅祝蛾
opacus [= opaque] 暗的，不透明的
opal copper [= common opal, *Poecilmitis thysbe* (Linnaeus)] 红裙幻灰蝶
opal oakblue [*Arhopala opalina* (Moore)] 傲娆灰蝶
opalescent 乳光的
Opalimosina 乳小粪蝇属
Opalimosina (***Hackmanina***) ***czernyi*** (Duda) 彻尼乳小粪蝇
Opalimosina (***Opalimosina***) ***differentialis*** Su, Liu *et* Xu 异乳小粪蝇
Opalimosina (***Opalimosina***) ***mirabilis*** (Collin) 奇乳小粪蝇
Opalimosina (***Opalimosina***) ***prominentia*** Su 隆乳小粪蝇
Opalimosina (***Opalimosina***) ***pseudomirabilis*** Hayashi 拟奇乳小粪蝇
Opalimosina (***Opalimosina***) ***verruca*** Deng *et* Su 疣乳小粪蝇
opaline [= opalinus, opalizans] 猫眼石色
opalinus 见 opaline
opalizans 见 opaline
Opamata 齿板叶蝉属
Opamata kwietniowa Dworakowska 二点齿板叶蝉
Opamata lipcowa Dworakowska 四点齿板叶蝉
Opaon 长股蝗属
Opaon filicornis Descamps 丝角长股蝗
Opaon granulosus Kirby 瘤突长股蝗
Opaon varicolor (Stål) [red blue white monkey hopper] 多色长股蝗
opaque 见 opacus
opaque six-line blue [*Nacaduba beroe* (Felder *et* Felder)] 娜灰蝶，贝娜灰蝶
opaque spirit [= opaque wood white, *Leptosia uganda* Neustetter] 乌干达纤粉蝶
opaque wood white 见 opaque spirit
Opatrina 土甲亚族
Opatrini 土甲族，沙潜族
Opatroides 奥土甲属
Opatroides punctulatus Brullé 点奥土甲，点奥帕拟步甲
Opatrum 沙土甲属，拟步甲属
Opatrum asperipenne Reitter 见 *Opatrum* (*Colpopatrum*) *asperipenne*
Opatrum (***Colpopatrum***) ***asperipenne*** Reitter 粗翅沙土甲，粗翅拟步甲，粗翅沙潜
Opatrum (***Opatrum***) ***subaratum*** Faldermann 类沙土甲，沙土沙潜，沙潜
Opatrum (***Opatrum***) ***sabulosum*** (Linnaeus) [false wire worm] 沙土甲，网目拟步甲，网目砂潜，网目沙潜，欧洲沙潜
Opatrum sabulosum (Linnaeus) 见 *Opatrum* (*Opatrum*) *sabulosum*
Opatrum subaratum Faldermann 见 *Opatrum* (*Opatrum*) *subaratum*
open-air rearing 露天育 < 家蚕的 >
open-air shoot rearing 屋外条桑育 < 家蚕的 >
open blood-vascular system 开放血管系
open cell 开室
open circulatory system 开放循环系
Open Entomology Journal 开放昆虫学杂志 < 期刊名 >
open gall 开放式虫瘿，开放虫瘿
open jewelmark [*Anteros nubosus* Hall *et* Willmott] 白斑安蚬蝶
open reading frame 开放阅读框
open rearing system 开放式饲养系统
open ring scentless plant bug [*Stictopleurus minutus* Blöte] 开环缘蝽，开环姬缘蝽
open system 开放系统
open type 开放型
opepe shoot borer [*Orygmophora mediofoveata* Hampson] 非加尼乌檀夜蛾
operaria 职虫 < 即指工蜂或工蚁 >
operational taxonomic unit [abb. OTU] 分类运算单位，操作分类单位，运算分类单位
operator gene 操纵基因
opercula [pl. operculum] 盖
opercularia 盖后角 < 深埋于蜡中的介壳虫种类中，体躯的骨化后部延长成角状或柄状构造 >
operculiform 盖形
operculum [pl. opercula] 盖
Operophtera 秋尺蛾属
Operophtera bruceata (Hulst) [Bruce spanworm] 颤杨秋尺蛾，鸦胆子尺蠖
Operophtera brumata (Linnaeus) [winter moth] 果园秋尺蛾，冬尺蠖
Operophtera brunnea Nakajima 灰褐秋尺蛾，灰褐波冬尺蛾
Operophtera fagata (Scharfenberg) [northern winter moth] 栎秋尺蛾
Operophtera intermedia Nakajima *et* Wang 瑛秋尺蛾
Operophtera occidentalis (Hulst) [western winter moth] 桤木秋尺蛾
Operophtera rectipostmediana Inoue 直中后秋尺蛾
Operophtera relegata Prout 瑞秋尺蛾
Operophtera tenerata (Staudinger) 柔秋尺蛾
Operophterini 秋尺蛾族，冬波尺蛾族
Opesia 欧佩寄蝇属
Opesia cana (Meigen) 灰欧佩寄蝇
Opesia grandis (Egger) 巨型欧佩寄蝇
Opetiopalpus 隐跗郭公甲属
Opetiopalpus morulus (Kiesenwetter) 同 *Opetiopalpus obesus*
Opetiopalpus obesus Westwood 铅奥隐跗郭公甲，铅奥隐跗郭公虫
Ophelimus 瘿姬小蜂属
Ophelimus eucalypti (Gahan) [blue gum chalcid, blue gum gall wasp] 蓝桉瘿姬小蜂；蓝桉木虱 < 误 >
Ophelimus maskelli (Ashmead) 桉干瘿姬小蜂
Ophelosia 澳金小蜂属
Ophelosia crawfordi Riley 克氏澳金小蜂，克氏仿灿小蜂
Opheltes 欧姬蜂属
Opheltes glaucopterus (Linnaeus) 银翅欧姬蜂
Opheltes glaucopterus apicalis (Matsumura) 银翅欧姬蜂端宽亚种，端斑银翅欧姬蜂
Opheltes glaucopterus glaucopterus (Linnaeus) 银翅欧姬蜂指名亚种
Opheltes japonicus (Cushman) 日本欧姬蜂
Opheltes okadai Uchida 同 *Opheltes japonicus*
Ophideres 卷落叶夜蛾属
Ophideres fullonia (Clerck) 同 *Eudocima phalonia*
Ophideres fullonica (Linnaeus) 同 *Eudocima phalonia*
Ophideres hypermnestra Stoll 见 *Eudocima hypermnestra*

Ophideres tyrannus Guenée 见 *Eudocima tyrannus*
Ophiderinae 强喙夜蛾亚科
Ophiderini 强喙夜蛾族，枯叶裳蛾族
Ophidodpeoma 蛇蛄属
Ophidodpeoma fluctosa Li 波纹蛇蛄
Ophina 棘角寄蝇亚属
Ophiodopelma 蛇叉蛄属，蛇叉啮虫属
Ophiodopelma anocella Li 无眼蛇叉蛄
Ophiodopelma fluctosa Li 波纹蛇叉蛄，波纹蛇啮虫
Ophiodopelma ornatipenne (Enderlein) 饰蛇叉蛄，斑翅蛇叉啮虫
Ophiodopelma polyspila Li 多斑蛇叉蛄
Ophiodopelma semiceps Lee *et* Thornton 灰背蛇叉蛄
Ophiogomphus 蛇纹春蜓属
Ophiogomphus guangdongensis Chao 见 *Melligomphus guangdongensis*
Ophiogomphus longihamulus Karube 越南蛇纹春蜓，越南长钩春蜓
Ophiogomphus obscurus Bartenev 暗色蛇纹春蜓
Ophiogomphus sinicus (Chao) [Chinese hooktail] 中华蛇纹春蜓，中华长钩春蜓，长钩蛇纹春蜓，华钩尾春蜓
Ophiogomphus spinicornis Sélys 棘角蛇纹春蜓，宽纹北箭蜓
Ophiola 蠋叶蝉属，饴叶蝉属，蛇叶蝉属
Ophiola cornicula (Marshall) 钝鼻蠋叶蝉，钝鼻殃叶蝉，黄眼蛇叶蝉
Ophiola flavopicta (Ishihara) 黄斑蠋叶蝉
Ophiola hamulus (Kuoh) 见 *Euscelis hamulus*
Ophiola jakowleffi (Lethierry) 黑缘蠋叶蝉
Ophiola vaccinii (van Duzee) 见 *Limotettix vaccinii*
Ophiola yatungensis Singh-Pruthi 见 *Pseudosubhimalus yatungensis*
Ophiomyia 蛇潜蝇属，蛇潜叶蝇属
Ophiomyia anguliceps (Malloch) 角额蛇潜蝇，角额潜叶蝇
Ophiomyia bivibrissa Gu, Fan *et* Sasakawa 鹰嘴豆蛇潜蝇
Ophiomyia centrosematis (de Meijere) 距瓣豆蛇潜蝇，豆标记蛇潜蝇，豆根皮蛇潜蝇，豆根蛇潜蝇，豆秆蛇潜蝇，距办豆蛇潜蝇，中点潜叶蝇，大豆根潜蝇
Ophiomyia chinensis Sasakawa 中华蛇潜蝇
Ophiomyia cicerivora Spencer 鹰嘴豆蛇潜蝇
Ophiomyia conspicua (Spencer) 明显蛇潜蝇，明显潜叶蝇，棘阳黑潜蝇
Ophiomyia cornuta de Meijere 白黯蛇潜蝇，白瓣蛇潜蝇
Ophiomyia fici Spencer *et* Hill 无花果蛇潜蝇
Ophiomyia imparispina Sasakawa 奇刺蛇潜蝇
Ophiomyia kwansonis Sasakawa 萱草蛇潜蝇，关松潜叶蝇
Ophiomyia lantanae (Froggatt) [lantana seed fly] 马缨丹蛇潜蝇，马缨丹籽潜蝇，马缨丹潜叶蝇，簇叶潜叶蝇
Ophiomyia lappivora Koizumi [burdock root miner] 牛蒡根蛇潜蝇
Ophiomyia maura (Meigen) 黑暗蛇潜蝇
Ophiomyia oviformis Sasakawa *et* Fan 卵阳蛇潜蝇
Ophiomyia phaseoli (Tryon) [bean fly, pea-stem fly, French bean miner] 菜豆蛇潜蝇，菜豆潜叶蝇
Ophiomyia pinguis (Fallén) 壮蛇潜蝇
Ophiomyia pulicaria (Meigen) 蒲公英蛇潜蝇
Ophiomyia ricini (de Meijere) 见 *Melanagromyza ricini*
Ophiomyia scaevolana Shiao *et* Wu 草海桐蛇潜蝇，草海桐潜叶蝇，异毛潜叶蝇
Ophiomyia setituberosa Sasakawa 毛疣蛇潜蝇，毛瘤蛇潜蝇，毛管潜叶蝇，毛疣潜叶蝇
Ophiomyia shibatsuji (Kato) [soybean root miner] 豆根蛇潜蝇，蚕豆根蛇潜蝇 < 此种学名有误写为 *Ophiomyia shibatsujii* (Kato) 者 >
Ophiomyia simplex (Loew) [asparagus miner] 石刁柏蛇潜蝇，天门冬潜蝇
Ophiomyia spinicauda Sasakawa 棘尾蛇潜蝇，刺尾蛇潜蝇
Ophiomyia vasta Sasakawa 股蛇潜蝇
Ophiomyia vockerothi Spencer 沃克蛇潜蝇
Ophion 瘦姬蜂属
Ophion albopictus Smith 白纹瘦姬蜂
Ophion arcuatus Brullé 弧瘦姬蜂
Ophion areolatus Cameron 小室瘦姬蜂
Ophion bicarinatus Cameron 双脊瘦姬蜂
Ophion castaneus Uchida 栗瘦姬蜂
Ophion caudatus (Cushman) 尾瘦姬蜂，尾长吻姬蜂
Ophion facetious Gauld *et* Mitchell 颜瘦姬蜂
Ophion fuscomaculatus Cameron 褐斑瘦姬蜂
Ophion japonicus (Cushman) 日本瘦姬蜂
Ophion longicornis Uchida 见 *Ophion scutellaris*
Ophion loquacious Gauld *et* Miychel 啰瘦姬蜂
Ophion luteus (Linnaeus) 夜蛾瘦姬蜂，黄瘦姬蜂
Ophion maai Gauld *et* Mitchell 马氏瘦姬蜂
Ophion melanarius Kriechbaumer 同 *Dictyonotus purpurascens*
Ophion obscuratus (Fabricius) 糊瘦姬蜂
Ophion precious Gauld *et* Mitchell 珍瘦姬蜂
Ophion scutellaris Thomson 长角瘦姬蜂
Ophion sumptious Gauld 西藏瘦姬蜂
Ophion turcomanicus Szépligeti 土库曼瘦姬蜂
Ophion virus Gauld *et* Mitchell 毒瘦姬蜂
Ophionea 长颈步甲属
Ophionea bhamoensis Bates 八莫长颈步甲
Ophionea bhamoensis bhamoensis Bates 八莫长颈步甲指名亚种
Ophionea bhamoensis taiwanensis Terada *et* Wu 八莫长颈步甲台湾亚种
Ophionea cyanocephala (Fabricius) 青头长颈步甲
Ophionea indica (Thunberg) 印度长颈步甲，印长颈步甲，印度细颈步甲，印细颈步甲
Ophionea ishiii Habu 石井长颈步甲，东方毛细颈步甲，毛细颈步甲，伊希细颈步甲
Ophioneurus 曲脉赤眼蜂属
Ophioneurus brevitubatus Lou *et* Cong 短管曲脉赤眼蜂
Ophioneurus lateralis Lin 侧腹曲脉赤眼蜂
Ophioneurus longicostatus Lin 长脊曲脉赤眼蜂
Ophioneurus nullus Lin 无突曲脉赤眼蜂
Ophioninae 瘦姬蜂亚科
Ophisma 赘夜蛾属
Ophisma gravata Guenée 赘夜蛾，敖裳蛾，赘巾夜蛾
Ophiuchus 扁头叶蝉属
Ophiuchus bizonatus Li *et* Wang 双带扁头叶蝉
Ophiusa 安钮夜蛾属
Ophiusa coronata (Fabricius) 枯安钮夜蛾
Ophiusa disjungens (Walker) 同安钮夜蛾
Ophiusa disjungens disjungens (Walker) 同安钮夜蛾指名亚种

Ophiusa disjungens indiscriminata (Walker) 同安钮夜蛾难辨亚种，同安钮裳蛾
Ophiusa gravata Guenée 戈安钮夜蛾
Ophiusa janata (Linnaeus) 见 *Achaea janata*
Ophiusa microtirhaca Sugi 淡翅钮夜蛾，小安钮裳蛾
Ophiusa olista (Swinhoe) 南川钮夜蛾，奥安钮夜蛾，灰安钮裳蛾
Ophiusa tirhaca (Cramer) [green drab moth] 青安钮夜蛾，绿安钮夜蛾，安钮夜蛾，安钮裳蛾
Ophiusa tirhaca absens (Warran) 同 *Ophiusa tirhaca tirhaca*
Ophiusa tirhaca auricularis (Hübner) 同 *Ophiusa tirhaca tirhaca*
Ophiusa tirhaca obscura Pinker *et* Bacallado 青安钮夜蛾暗色亚种
Ophiusa tirhaca pura (Warren) 同 *Ophiusa tirhaca tirhaca*
Ophiusa tirhaca tirhaca (Cramer) 青安钮夜蛾指名亚种
Ophiusa tirhaca vesta (Esper) 同 *Ophiusa tirhaca tirhaca*
Ophiusa trapezium (Guenée) 直安钮夜蛾，直安钮裳蛾，梯安钮夜蛾
Ophiusa triphaenoides (Walker) 橘安钮夜蛾，橘安钮裳蛾
Ophiusa triphaenoides pallescens (Warren) 橘安钮夜蛾淡色亚种，淡橘安钮夜蛾
Ophiusa triphaenoides terminata (Warren) 橘安钮夜蛾端部亚种，端橘安钮夜蛾
Ophiusa triphaenoides triphaenoides (Walker) 橘安钮夜蛾指名亚种
Ophiusini 安钮夜蛾族，钮裳蛾族
Ophonomimus hauseri Schauberger 豪懊步甲
Ophonus 奥佛步甲属
Ophonus calceatus (Duftschmid) 见 *Pseudophonus calceatus*
Ophonus capito (Morawitz) 见 *Harpalus* (*Pseudoophonus*) *capito*
Ophonus chinensis Tschitschérine 同 *Ophonus stricticollis*
Ophonus davidi Tschitschérine 见 *Harpalus davidi*
Ophonus eous Tschitschérine 见 *Harpalus eous*
Ophonus griseus Panzer 见 *Harpalus* (*Pseudoophonus*) *griseus*
Ophonus hystrix Reitter 亥奥佛步甲，亥婪步甲
Ophonus pangoides Reitter 朋奥佛步甲，品婪步甲
Ophonus sinicus (Hope) 见 *Harpalus* (*Pseudoophonus*) *sinicus*
Ophonus stricticollis Tschitschérine 纹奥佛步甲，纹婪步甲
Ophonus tridens (Morawitz) 见 *Harpalus tridens*
Ophonus tschiliensis Schauberger 同 *Harpalus pastor*
Ophonus ussuriensis Chaudoir 同 *Harpalus tichonis*
Ophraella 聚萤叶甲属，条纹萤金花虫属
Ophraella communa LeSage [ragweed leaf beetle] 广聚萤叶甲，猪草条纹萤金花虫
Ophrida 直缘跳甲属，斑硕叶蚤属
Ophrida hirsuta Stebbing 多毛直缘跳甲
Ophrida oblongoguttata Chapuis 斜斑直缘跳甲
Ophrida parva Chen *et* Wang 小双沟直缘跳甲
Ophrida scaphoides (Baly) 漆树直缘跳甲，白斑大叶蚤
Ophrida spectabilis (Baly) 黑角直缘跳甲，白纹大叶蚤
Ophrida xanthospilota (Baly) 黄斑直缘跳甲
Ophrygonius 额弯黑蜣属，眉黑蜣属
Ophrygonius cantori (Percheron) 康氏额弯黑蜣，肯眉黑蜣，凯畸黑蜣
Ophrygonius chinensis Endrödi 中华额弯黑蜣，华眉黑蜣
ophthalmic 眼的

Ophthalmis 黑虎蛾属
Ophthalmis lincea intermedia Jordan 黄缘黑虎蛾
Ophthalmitis 四星尺蛾属
Ophthalmitis albosignaria (Bremer *et* Grey) 核桃四星尺蛾，核桃星尺蛾，白斑眼尺蛾，白亮霜尺蛾
Ophthalmitis albosignaria albosignaria (Bremer *et* Grey) 核桃四星尺蛾指名亚种，指名核桃四星尺蛾
Ophthalmitis albosignaria juglandaria (Oberthür) 同 *Ophthalmitis albosignaria albosignaria*
Ophthalmitis albosignaria viridans Satô 核桃四星尺蛾台湾亚种，白四星尺蛾
Ophthalmitis brevispina Jiang, Xue *et* Han 短刺四星尺蛾
Ophthalmitis cordularia Han *et* Xue 同 *Ophthalmitis brevispina*
Ophthalmitis cordularia (Swinhoe) 带四星尺蛾，后带四星尺蛾
Ophthalmitis dissita Jiang, Xue *et* Han 离四星尺蛾
Ophthalmitis herbidaria (Guenée) 锯纹四星尺蛾，赫四星尺蛾
Ophthalmitis irrorataria (Bremer *et* Grey) 四星尺蛾，斑霜尺蛾，四星眼尺蛾
Ophthalmitis longiprocessa Jiang, Xue *et* Han 长突四星尺蛾
Ophthalmitis lushanaria Satô 同 *Ophthalmitis sinensium*
Ophthalmitis pertusaria (Felder *et* Rogenhofer) 钻四星尺蛾，泼眼尺蛾
Ophthalmitis prasinospila (Prout) 绿四星尺蛾
Ophthalmitis sinensium (Oberthür) 中华四星尺蛾，绿四星尺蛾，华霜尺蛾，中华眼尺蛾
Ophthalmitis siniherbida (Wehrli) 拟锯纹四星尺蛾，辛赫霜尺蛾，悍四星尺蛾
Ophthalmitis subpicaria (Leech) 褐四星尺蛾，亚眼尺蛾
Ophthalmitis tumefacta Jiang, Xue *et* Han 宽四星尺蛾
Ophthalmitis xanthypochlora (Wehrli) 黄四星尺蛾，黄霜尺蛾
Ophthalmobracon 大眼茧蜂亚属
Ophthalmodes albosignaria (Bremer *et* Grey) 见 *Ophthalmitis albosignaria*
Ophthalmodes albosignaria juglandaria Oberthür 同 *Ophthalmitis albosignaria albosignaria*
Ophthalmodes irrorataria (Bremer *et* Grey) 见 *Ophthalmitis irrorataria*
Ophthalmodes ocellata juglandaria Oberthür 同 *Ophthalmitis albosignaria albosignaria*
Ophthalmodes pertusaria (Felder *et* Rogenhofer) 见 *Ophthalmitis pertusaria*
Ophthalmodes sinensium (Oberthür) 见 *Ophthalmitis sinensium*
Ophthalmodes subpicaria Leech 见 *Ophthalmitis subpicaria*
Ophthalmopsylla 眼蚤属
Ophthalmopsylla extrema (Ioff *et* Scalon) 异常眼蚤
Ophthalmopsylla jettmari Jordan 前凹眼蚤
Ophthalmopsylla kiritschenkoi (Wagner) 长突眼蚤
Ophthalmopsylla kukuchkini Ioff 短跗鬃眼蚤
Ophthalmopsylla lenta Smit 触眼蚤
Ophthalmopsylla multichaeta Liu, Wu *et* Wu 多鬃眼蚤
Ophthalmopsylla praefecta (Jordan *et* Rothschild) 角尖眼蚤
Ophthalmopsylla praefecta pernix Jordan 角尖眼蚤深窦亚种，深窦角尖眼蚤
Ophthalmopsylla praefecta praefecta (Jordan *et* Rothschild) 角尖眼蚤指名亚种，指名角尖眼蚤

Ophthalmopsylla volgensis (Wagner *et* Ioff) 伏河眼蚤
Ophthalmopsylla volgensis balikunensis Yu *et* Ye 伏河眼蚤巴里坤亚种，巴里坤伏河眼蚤
Ophthalmopsylla volgensis tuoliensis Yu, Ye *et* Liu 伏河眼蚤托里亚种，托里伏河眼蚤
Ophthalmopsylla volgensis volgensis (Wagner *et* Ioff) 伏河眼蚤指名亚种，指名伏河眼蚤
Ophthalmopsylla volgensis wuqiaensis Yu, Shen *et* Ye 伏河眼蚤乌恰亚种
Ophthalmoserica 麻绢金龟甲亚属，麻绢金龟属
Ophthalmoserica boops (Waterhouse) 见 *Serica boops*
Ophthalmoserica moupinensis (Fairmaire) 见 *Serica moupinensis*
Ophthalmoserica nipponica (Nomura) 见 *Serica nipponica*
Ophthalmoserica rosinae (Pic) 见 *Serica rosinae*
Ophthalmoserica thibetana (Brenske) 见 *Serica thibetana*
ophthalmotheca 眼鞘 < 指蛹壳包裹复眼的部分 >
Ophthalmothrips 眼管蓟马属
Ophthalmothrips formosanus (Karny) 台湾眼管蓟马，台眼管蓟马
Ophthalmothrips longiceps (Haga) 长头眼管蓟马，长眼管蓟马
Ophthalmothrips miscanthicola (Haga) 芒眼管蓟马
Ophthalmothrips tenebronus Han *et* Cui 见 *Compsothrips tenebronus*
Ophthalmothrips yunnanensis Cao, Guo *et* Feng 云南眼管蓟马
Ophyra 黑蝇属
Ophyra aenescens (Wiedemann) [black garbage fly] 古铜黑蝇
Ophyra biseritibiata Fan *et* Chen 双列黑蝇
Ophyra capensis (Wiedemann) 开普黑蝇
Ophyra chalcogaster (Wiedemann) 斑跖黑蝇，铜腹黑蝇，斑跖齿股蝇
Ophyra hirtitibia Stein 毛胫黑蝇
Ophyra ignava (Harris) [black garbage fly] 银眉黑蝇
Ophyra leucostoma (Wiedemann) 同 *Ophyra ignava*
Ophyra obscurifrons Sabrosky 暗额黑蝇
Ophyra okazakii Shinonaga *et* Kôno 拟斑跖黑蝇
Ophyra simplex Stein 简黑蝇，单纯黑蝇
Ophyra spinigera Stein 厚环黑蝇，带刺黑蝇
Opiconsiva 皱茎飞虱属
Opiconsiva albicollis (Motschulsky) [pale planthopper] 白肩皱茎飞虱，灰白飞虱
Opiconsiva albimarginata Chen *et* Li 白边皱茎飞虱，白边皱翅飞虱
Opiconsiva heitensis (Matsumura *et* Ishihara) 尖皱茎飞虱
Opiconsiva koreacola (Kwon) 高丽皱茎飞虱，皱茎飞虱
Opiconsiva nigra Ding *et* Tian 同 *Opiconsiva tangira*
Opiconsiva sameshimai (Matsumura *et* Ishihara) 同 *Opiconsiva albicollis*
Opiconsiva sirokata (Matsumura *et* Ishihara) 白颈皱茎飞虱，白颈白背飞虱
Opiconsiva tangira (Matsumura) 黑皱茎飞虱
Opigena polygona (Denis *et* Schiffermüller) 奥皮夜蛾
opigena skipper [*Thespieus opigena* Hewitson] 厄臭弄蝶
Opiinae 蝇茧蜂亚科，潜蝇茧蜂亚科
Opiini 蝇茧蜂族
Opilo 奥郭公甲属，奥郭公虫属
Opilo communimacula (Fairmaire) 连斑奥郭公甲，共斑奥郭公虫
Opilo difficilis Schenkling 恼奥郭公甲，恼奥郭公虫
Opilo domesticus Sturm 家奥郭公甲，家奥郭公虫
Opilo fenestratus Pic 窗奥郭公甲，窗奥郭公虫
Opilo formosanus Schenkling 台湾奥郭公甲，台奥郭公虫
Opilo grahami Chapin 同 *Opilo sinensis*
Opilo licenti Pic 同 *Opilo communimacula*
Opilo luteonotatus Pic 窗奥郭公甲，黄点奥郭公虫
Opilo mollis (Linnaeus) 棋奥郭公甲，棋奥郭公虫
Opilo shirozui Miyatake 白水奥郭公甲，白水奥郭公虫
Opilo sinensis Pic 中华奥郭公甲，华奥郭公虫
Opilo testaceipennis Pic 褐翅奥郭公甲，黄褐翅奥郭公虫
Opilo triangularis Schenkling 三角奥郭公甲，三角奥郭公虫
Opilo varipennis Nakane 变翅奥郭公甲，变翅奥郭公虫
Opimothrips 丰针蓟马属
Opimothrips tubulatus Nonaka *et* Okajima 小管丰针蓟马
Opinus 片猎蝽属
Opinus bicolor Hsiao 黑片猎蝽
Opinus rufus (Laporte) 红片猎蝽
Opiolastes 皱腹茧蜂属
Opiolastes hei van Achterberg *et* Chen 何氏潜蝇茧蜂
Opisina arenosella Walker [coconut black-headed caterpillar, palm leaf caterpillar, black-headed coconut caterpillar, coconut leaf caterpillar, coconut caterpillar, black-headed palm caterpillar] 椰子木蛾，椰子织蛾，椰子黑头毛毛虫，黑头履带虫，椰蛀蛾，柳木蛾
Opisthocosmia 长铗螋属
Opisthocosmia ramosa Zhang, Ma *et* Chen 分支长铗螋
Opisthocosmiidae 长铗螋科
Opisthocosmiinae 长铗螋亚科
opisthognathous 后口式的，后口的
opisthognathous type 后口式
opisthogonia 后翅臀角
Opisthograptis 黄尺蛾属
Opisthograptis inornataria (Leech) 素黄尺蛾，不美黄尺蛾
Opisthograptis luteolata (Linnaeus) [brimstone moth] 狭斑黄尺蛾
Opisthograptis mimulina (Butler) 拟态黄尺蛾
Opisthograptis moelleri Warren 骐黄尺蛾，黑刺斑黄尺蛾
Opisthograptis provincialis Oberthür 省黄尺蛾
Opisthograptis punctilineata Wileman 刺斑黄尺蛾，点线黄尺蛾
Opisthograptis rumiformis (Hampson) 焦斑黄尺蛾，镖形黄尺蛾，镖黄尺蛾
Opisthograptis sulphurea (Butler) 红带黄尺蛾，硫黄尺蛾
Opisthograptis swanni Prout 大斑黄尺蛾
Opisthograptis tridentifera (Moore) 三齿黄尺蛾
Opisthograptis trimaculata (Leech) 三斑黄尺蛾
Opisthograptis trimaculata lidjanga Wehrli 三斑黄尺蛾丽江亚种，丽三斑黄尺蛾
Opisthograptis trimaculata trimaculata Leech 三斑黄尺蛾指名亚种
Opisthograptis tsekuna Wehrli 滇黄尺蛾
Opisthograptis tsekuna praecordata Wehrli 滇黄尺蛾丽江亚种，普滇黄尺蛾
Opisthograptis tsekuna tsekuna Wehrli 滇黄尺蛾指名亚种
Opistholeptus 拟驼长蝽属
Opistholeptus burmanus (Distant) 拟驼长蝽

opisthomere 肛上板节 <为革翅目 Dermaptera 昆虫肛上板的三节的统称>
Opisthoplatia 水蠊属，土鳖属
Opisthoplatia beybienkoi Anisyutkin 毕氏水蠊
Opisthoplatia maculata Shiraki 同 *Opisthoplatia orientalis*
Opisthoplatia orientalis Burmeister 东方水蠊，金边水蠊，金边土鳖，赤边水蠊，东方后片蠊，金边土鳖虫，东方土蠊
opisthopleurite [= postpleurite, intersternum] 间腹板
Opisthoscelis globosa Froggatt 澳桉旌蚧
opisthosoma 末体
Opistoplatys 锥绒猎蝽属
Opistoplatys majusculas Distant 大锥绒猎蝽
Opistoplatys mustela Miller 褐锥绒猎蝽
Opistoplatys ornatus (Distant) 饰锥绒猎蝽
Opistoplatys perakensis Miller 小锥绒猎蝽
Opistoplatys seculusus Miller 宽额锥绒猎蝽
Opistoplatys sorex Horváth 锥绒猎蝽
opium 寄生群落
Opius 潜蝇茧蜂属
Opius aina Watanabe 樱桃实蝇茧蜂
Opius (***Allophlebus***) ***postumus*** Chen *et* Weng 后叉潜蝇茧蜂
Opius (***Allotypus***) ***tractus*** Weng *et* Chen 大颚潜蝇茧蜂
Opius (***Apodesmia***) ***isabella*** Chen *et* Weng 横纹潜蝇茧蜂
Opius (***Apodesmia***) ***lucidum*** Chen *et* Weng 伸凹潜蝇茧蜂
Opius (***Apodesmia***) ***maculipensis*** Enderlein 斑翅潜蝇茧蜂
Opius (***Apodesmia***) ***pratellae*** Weng *et* Chen 平沟潜蝇茧蜂
Opius (***Apodesmia***) ***sylvia*** Weng *et* Chen 多纹潜蝇茧蜂
Opius (***Apodesmia***) ***tabidula*** Weng *et* Chen 窄室潜蝇茧蜂
Opius arisanus Sonan 见 *Fopius arisanus*
Opius (***Aulonotus***) ***apii*** Weng *et* Chen 细纹潜蝇茧蜂
Opius (***Aulonotus***) ***comatus*** (Wesmael) 长室潜蝇茧蜂
Opius (***Aulonotus***) ***illatus*** Fisher 长径潜蝇茧蜂
Opius (***Aulonotus***) ***indagatrix*** Weng *et* Chen 少齿潜蝇茧蜂
Opius (***Aulonotus***) ***lineata*** Chen *et* Weng 窄痣潜蝇茧蜂
Opius (***Aulonotus***) ***mitis*** Chen *et* Weng 多毛潜蝇茧蜂
Opius (***Aulonotus***) ***multiarculatum*** Chen *et* Weng 显脊潜蝇茧蜂
Opius (***Cryptonastes***) ***arrhostia*** Chen *et* Weng 浅凹潜蝇茧蜂
Opius (***Crytognathopius***) ***tubida*** Weng *et* Chen 沟齿潜蝇茧蜂
Opius fletcheri Silvestri 见 *Psyttalia fletcheri*
Opius formosanus (Watanabe) 台湾潜蝇姬蜂
Opius fulvifacies Fisher 黄脸潜蝇姬蜂
Opius (***Gastrosema***) ***abortivus*** Weng *et* Chen 端沟潜蝇茧蜂
Opius (***Gastrosema***) ***complexus*** Weng *et* Chen 整沟潜蝇茧蜂
Opius (***Gastrosema***) ***digitus*** Chen *et* Weng 细纵纹潜蝇茧蜂
Opius (***Gastrosema***) ***dimidius*** Chen *et* Weng 半沟潜蝇茧蜂
Opius (***Gastrosema***) ***improcerus*** Weng *et* Chen 短侧沟潜蝇茧蜂
Opius (***Gastrosema***) ***literalis*** Chen *et* Weng 侧纹潜蝇茧蜂
Opius (***Gastrosema***) ***truncus*** Chen *et* Weng 短段潜蝇茧蜂
Opius (***Hoenirus***) ***areoljugum*** Weng *et* Chen 网脊潜蝇茧蜂
Opius (***Hoenirus***) ***cheleutos*** Weng *et* Chen 腹盾潜蝇茧蜂
Opius (***Hoenirus***) ***dichrocera*** Chen *et* Weng 短沟潜蝇茧蜂
Opius humilis Silvestri 地中海潜蝇茧蜂
Opius (***Lissosema***) ***ambiguus*** Weng *et* Chen 双色潜蝇茧蜂
Opius (***Lissosema***) ***crosswisus*** Weng *et* Chen 横脊潜蝇茧蜂
Opius (***Lissosema***) ***dimidiatus*** (Ashmead) 甘蓝潜蝇茧蜂
Opius (***Lissosema***) ***diutius*** Chen *et* Weng 长须潜蝇茧蜂
Opius (***Lissosema***) ***longurius*** Chen *et* Weng 同 *Rhogadopsis mediocarinata*
Opius (***Lissosema***) ***sulcifer*** (Fisher) 苏潜蝇茧蜂，苏氏潜蝇茧蜂，畦潜蝇茧蜂
Opius (***Lissosema***) ***vitita*** Chen *et* Weng 宽齿潜蝇茧蜂
Opius maculipennis Enderlein 斑翅潜蝇茧蜂
Opius makii Sonan 见 *Psyttalia makii*
Opius (***Merotrachys***) ***amputatus*** Weng *et* Chen 短胸潜蝇茧蜂
Opius (***Merotrachys***) ***largus*** Weng *et* Chen 扩齿潜蝇茧蜂
Opius (***Merotrachys***) ***vittata*** Chen *et* Weng 矮唇潜蝇茧蜂
Opius (***Nosopoea***) ***completetus*** Chen *et* Weng 全沟潜蝇茧蜂
Opius (***Nosopoea***) ***louiseae*** Weng *et* Chen 长眼潜蝇茧蜂
Opius (***Odontopoea***) ***claudos*** Weng *et* Chen 毛潜蝇茧蜂
Opius (***Odontopoea***) ***latilabris*** Chen *et* Weng 宽唇潜蝇茧蜂
Opius (***Odontopoea***) ***posterus*** Weng *et* Chen 后叉脉潜蝇茧蜂
Opius (***Odontopoea***) ***sparsa*** Chen *et* Weng 少毛潜蝇茧蜂
Opius (***Odontopoea***) ***tobes*** Weng *et* Chen 短室潜蝇茧蜂
Opius (***Opiognathus***) ***aquacaducus*** Chen *et* Weng 水滴潜蝇茧蜂
Opius (***Opiognathus***) ***intercalaris*** Weng *et* Chen 中位潜蝇茧蜂
Opius (***Opiognathus***) ***punctus*** Weng *et* Chen 细点潜蝇茧蜂
Opius (***Opiognathus***) ***sculptus*** Chen *et* Weng 网纹潜蝇茧蜂
Opius (***Opiostomus***) ***crinitus*** Chen *et* Weng 浓毛潜蝇茧蜂
Opius (***Opiostomus***) ***longicornia*** Chen *et* Weng 长凹潜蝇茧蜂
Opius (***Opiothorax***) ***clusilis*** Weng *et* Chen 闭室潜蝇茧蜂
Opius (***Opiothorax***) ***rugulosus*** Chen *et* Weng 纵皱潜蝇茧蜂
Opius (***Opius***) ***coillum*** Chen *et* Weng 具室潜蝇茧蜂
Opius (***Opius***) ***dissitus*** Muesebeck 离潜蝇茧蜂
Opius (***Opius***) ***flavus*** Weng *et* Chen 黄色潜蝇茧蜂
Opius (***Pendopius***) ***longicorne*** Chen *et* Weng 长角潜蝇茧蜂
Opius (***Pendopius***) ***prolatus*** Chen *et* Weng 长股潜蝇茧蜂
Opius (***Pendopius***) ***tabularis*** Weng *et* Chen 盾齿潜蝇茧蜂
Opius (***Phlebosema***) ***fletcheri*** Silvestri 见 *Psyttalia fletcheri*
Opius (***Phlebosema***) ***incisi*** Silvestri 见 *Psyttalia incisi*
Opius (***Phlebosema***) ***insertertus*** Weng *et* Chen 对叉潜蝇茧蜂
Opius (***Phlebosema***) ***osculas*** Weng *et* Chen 短鞘潜蝇茧蜂
Opius (***Phlebosema***) ***primus*** Chen *et* Weng 前脉潜蝇茧蜂
Opius (***Pleurosema***) ***parallelus*** Weng *et* Chen 平侧潜蝇茧蜂
Opius romani Fahringer 见 *Psyttalia romani*
Opius sauteri Fisher 索氏潜蝇茧蜂
Opius (***Stomosema***) ***cruciatus*** Chen *et* Geng 横脉潜蝇茧蜂
Opius sulcifer Fisher 见 *Opius* (*Lissosema*) *sulcifer*
Opius (***Tolbia***) ***tergus*** Chen *et* Weng 革质潜蝇茧蜂
Oplatocera 茶色天牛属，巨天牛属
Oplatocera callidioides White 刺角茶色天牛
Oplatocera grandis Gressitt 大茶色天牛
Oplatocera mandibulata Miwa *et* Mitono 台湾茶色天牛，深山巨天牛
Oplatocera mitonoi Hayashi 台岛茶色天牛，斜条巨天牛，斜条鬼天牛
Oplatocera oberthuri Gahan 榆茶色天牛
Oplodontha 脉水虻属
Oplodontha elongata Zhang, Li *et* Yang 长纹脉水虻
Oplodontha facinigra Zhang, Li *et* Yang 黑颜脉水虻
Oplodontha minuta (Fabricius) 小脉水虻

Oplodontha rubrithorax (Macquart) 红胸脉水虻

Oplodontha sinensis Zhang, Li *et* Zhou 中华脉水虻

Oplodontha virdula (Fabricius) 隐脉水虻

Opodiphthera eucalypti (Scott) [emperor gum moth, gum emperor moth] 桉大蚕蛾

Opogona 扁蛾属

Opogona bicolorella (Matsumura) 二色扁蛾

Opogona flavofasciata (Stainton) 黄带扁蛾

Opogona leucodeta Meyrick 白扁蛾

Opogona loxophanta Meyrick 洛扁蛾

Opogona nipponica Stringer 黑黄扁蛾，日扁蛾

Opogona phaeadelpha Meyrick 伐扁蛾

Opogona protographa Meyrick 原扁蛾

Opogona sacchari (Bojer) [banana moth, banana shoot borer, banana fruit borer, sugarcane borer, sugarcane moth] 蔗扁蛾，香蕉果潜蛾

Opogona stathmota Meyrick 斯扁蛾

Opogona trachyclina Myeriek 特扁蛾

Opogona xanthocrita Meyrick 黄乱扁蛾

Opomyza 禾蝇属

Opomyza aequicella Yang 等室禾蝇

Opomyza florum (Fabricius) 禾蝇

Opomyza hexaheumata Yang 六盘禾蝇

opomyzid 1. [= opomyzid fly] 禾蝇 < 禾蝇科 Opomyzidae 昆虫的通称 >；2. 禾蝇科的

opomyzid fly [= opomyzid] 禾蝇

Opomyzidae [= Geomyzidae] 禾蝇科

Opomyzoidea 禾蝇总科

opophilus 适液的，喜液的

Opoptera 美环蝶属

Opoptera aorsa (Godart) [aorsa owl] 尖翅美环蝶

Opoptera arsippe (Höpffer) [Hopffer's tailed owlet] 星室美环蝶

Opoptera bracteolata Stichel 布拉美环蝶

Opoptera fruhstorferi (Röber) 福美环蝶

Opoptera fumosa Stichel 丰美环蝶

Opoptera staudingeri Godman *et* Salvin 斯氏美环蝶

Opoptera sulcius (Staudinger) 圆翅美环蝶，钩美翅环蝶

Opoptera syme (Hübner) 细美环蝶

Oporabia productaria Leech 见 *Kuldscha productaria*

Oporinia 秋白尺蛾属 *Epirrita* 的异名

Oporinia autumnata (Borkhausen) 见 *Epirrita autumnata*

opossum bug [= woolly slug, asp, Italian asp, tree asp, southern flannel moth, puss caterpillar, puss moth, asp caterpillar, *Megalopyge opercularis* (Smith)] 美绒蛾，具盖绒蛾

opostegid 1. [= opostegid moth, white eyecap moth] 茎潜蛾，遮颜蛾 < 茎潜蛾科 Opostegidae 昆虫的通称 >；2. 茎潜蛾科的

opostegid moth [= opostegid, white eyecap moth] 茎潜蛾，遮颜蛾

Opostegidae 茎潜蛾科，遮颜蛾科

Oppeli's perisama [*Perisama oppelii* (Latreille)] 绿带美蛱蝶

oppia hairstreak [*Thereus oppia* (Godman *et* Salvin)] 奥圣灰蝶

opportunity factor 机会因子

Opsebius taiwanensis Ôuchi 见 *Nipponcyrtus taiwanensis*

Opseoscapha consanguinea Voss 血红奥普象甲，血红奥普象

Opseotrophus sufflatus Faust 坦桑尼亚赤桉象甲

Opsibotys 钝额野螟属

Opsibotys flavidecoralis Munroe *et* Mutuura 黄缘钝额野螟

Opsibotys fuscalis (Denis *et* Schiffermüller) 褐钝额野螟

Opsiini 网翅叶蝉族

Opsimus quadrilineatus Mannerheim [spruce limb borer] 美云杉枝天牛

opsin 视蛋白

Opsiphanes 斜条环蝶属

Opsiphanes bogotanus Distant 波斜条环蝶

Opsiphanes boisduvalii (Doubleday) 白斜条环蝶

Opsiphanes camena Staudinger 曲斜条环蝶

Opsiphanes cassiae (Linnaeus) [Cassia's owl] 直斜条环蝶

Opsiphanes cassina Felder [split-banded owlet] 卡斜条环蝶

Opsiphanes invirae (Hübner) 暗斜条环蝶，暗景环蝶

Opsiphanes lutescentefasciatus Kirby 黄带斜条环蝶

Opsiphanes quiteria (Stoll) 瑰斜条环蝶

Opsiphanes sallei Doubleday 续断斜条环蝶

Opsiphanes tamarindi Felder 黄斜条环蝶

Opsiphanes zelotes Hewitson 弧斜条环蝶

Opsirhina lechrioides Turner 东南澳桉枯叶蛾

Opsius stactogalus Fieber [tamarix leafhopper] 柽柳叶蝉

Opsomeigenia 单寄蝇属

Opsomeigenia orientalis Yang 东方单寄蝇

Opsyra 耀夜蛾属

Opsyra chalcoela (Hampson) 耀夜蛾

optic 视觉的

optic cartridge 视觉筒

optic center 视觉中枢，视觉中心

optic chiasm [= optic chiasmum] 视交叉

optic chiasma [s. optic chiasmum] 视交叉

optic chiasmum [= optic chiasm, pl. optic chiasma] 视交叉

optic disc 视觉盘，视觉芽 < 发育成复眼的器官芽 >

optic ganglia [s. optic ganglion; = optic lobes] 视神经节，视神经叶

optic ganglion [pl. optic ganglia; = optic lobe] 视神经节，视神经叶

optic lobe 见 optic ganglion

optic nerve 视神经

optic organ 视觉器官

optic segment [= protocerebral segment] 视神经节，前脑节

optic tract 视叶神经束，视叶 < 指联系左右视叶的神经纤维束 >

optical activity 旋光度

optical density [abb. OD] 光密度

optical rotation 旋光

opticon [= medulla interna, internal medullary mass] 视内髓，内髓 < 指视叶中三个联系中心的最里面一个 >

optimal climate 最适气候

optimal foraging 最优采食

optimal searching efficiency 最佳搜寻效率

optimization likelihood score 最优似然分，最优似然值

optimum 最适度

optimum condition 最适条件

optimum density 最适密度

optimum drying 适干，全干 < 蚕茧的 >

optimum growth temperature 最适生长温度

optimum humidity 最适湿度

optimum population 适量种群

optimum predator density 最佳捕食者密度

optimum prey density 最佳猎物密度

optimum range 最适幅度

optimum temperature 适宜温度

optomotor reaction 视动反应 < 指对视觉刺激的运动反应 >

optomotor system 视动系统

Opuna 单突盲蝽属

Opuna annulata (Knight) 异须单突盲蝽，环单突盲蝽

Opuna pilosula (Distant) 多毛单突盲蝽

Opuna ryandi Schuh 齿单突盲蝽

OR 1. [odorant receptor 的缩写] 气味受体；2. [olfactory receptor 的缩写] 嗅觉接受器，嗅觉受体

ora 1. 界线；2. 前胸侧缘 < 专指鞘翅目昆虫前胸的宽侧缘 >；3. [s. os] 口

ora coleopterorum 鞘翅缘 < 甲虫鞘翅的边缘 >

Ora 跳沼甲属

Ora troberti (Guérin-Méneville) 特氏跳沼甲

Oracella 松粉蚧属

Oracella acuta (Lobdell) [loblolly pine mealybug, pine-feeding mealybug] 湿地松粉蚧，火炬松粉蚧

oraceratuba [pl. oraceratubae] 蜡管口 < 介壳虫蜡管位于外表皮内的外口 >

oraceratubae [s. oraceratuba] 蜡管口

oraceroris 蜡孔口 < 介壳虫蜡孔的开口 >

oraconaris [= mouth cone] 口锥 < 指虱头端能伸缩的喙状管；缨翅目昆虫中由上、下唇及外颚叶合并成的喙 >

orad 口向

Oraesia 嘴壶夜蛾属

Oraesia argyrosticta Moore 银纹嘴壶夜蛾

Oraesia emarginata (Fabricius) 嘴壶夜蛾

Oraesia excavata (Butler) [fruit-piercing moth, reddish oraesia] 鸟嘴壶夜蛾，鸟嘴壶裳蛾，葡萄实紫褐夜蛾

Oraesia lata Butler 见 *Calyptra lata*

Oraesia rectistria Guenée 后黄嘴壶夜蛾，直纹嘴壶夜蛾

Oraidium 奥莱灰蝶属

Oraidium barberae (Trimen) [dwarf blue] 奥莱灰蝶

oral 口的

oral cavity [= buccal cavity] 口腔

oral disc 口盘

oral fossa 口沟 < 指食毛亚目昆虫位于上颚前的沟 >

oral hook [= mouth hook] 口钩 < 见于双翅目幼虫中 >

oral inoculation 经口接种

oral segment 口节 < 发生口器附肢的体节 >

oral sucker 口吸盘

oral toxicity 经口毒性

Oralia 短室叶蜂属

Oralia acuritheca Wei *et* Nie 尖鞘短室叶蜂

Oralia fulva Wei *et* Nie 红胸短室叶蜂

Oralia tibetana Wei *et* Nie 西藏短室叶蜂

Orancistrocerus 胸蜾蠃属

Orancistrocerus aterrimus (Saussure) 墨体胸蜾蠃

Orancistrocerus aterrimus aterrimus (Saussure) 墨体胸蜾蠃指名亚种，指名墨体胸蜾蠃

Orancistrocerus aterrimus erythropus (Bingham) 墨体胸蜾蠃黄额亚种，黄额胸蜾蠃，黄额墨体胸蜾蠃

Orancistrocerus drewseni (Saussure) 黑胸蜾蠃

Orancistrocerus drewseni drewseni (Saussure) 黑胸蜾蠃指名亚种，指名黑胸蜾蠃

Orancistrocerus drewseni ingens (von Schulthess) 黑胸蜾蠃北部亚种，赭褐短腰蜾蠃北部亚种，丽胸蜾蠃

Orancistrocerus drewseni nigricapitus (Sonan) 黑胸蜾蠃黑头亚种

Orancistrocerus drewseni opulentissimus (Giordani Soika) 黑胸蜾蠃美丽亚种，丽胸蜾蠃，丽黑胸蜾蠃

Orancistrocerus moelleri (Bingham) 莫氏胸蜾蠃

Orancistrocerus moelleri aulicus Giordani Soika 莫氏胸蜾蠃珍稀亚种，珍莫氏胸蜾蠃

Orancistrocerus moelleri moelleri (Bingham) 莫氏胸蜾蠃指名亚种

orange-abbed fiestamark [= Chinese lantern, Rubina metalmark, *Symmachia rubina* Bates] 黄带树蚬蝶

orange acraea 1. [= large orange acraea, *Acraea anacreon* Trimen] 安娜珍蝶，东非珍蝶；2. [= small orange acraea, *Acraea eponina* (Cramer)] 黄宝石珍蝶

orange admiral [*Antanartia delius* (Drury)] 赭蛱蝶

orange albatross 1. [*Appias nero* (Fabricius)] 红翅尖粉蝶，红粉蝶，红绢粉蝶；2. [= rare albatross, *Appias ada* (Stoll)] 淡黄尖粉蝶

orange alpine xenica [= correa brown, *Oreixenica correae* (Olliff)] 金斑金眼蝶

orange and black velvet ant [= Pacific velvet ant, red velvet ant, red-haired velvet ant, *Dasymutilla aureola* (Cresson)] 橘背毛蚁蜂

orange-and-lemon [= autumn leaf vagrant, *Eronia leda* (Boisduval)] 红角粉蝶

orange and silver mountain hopper [*Carterocephalus avanti* (de Nicéville)] 前进银弄蝶

orange army ant [*Eciton hamatum* (Fabricius)] 橘游蚁，钩齿游蚁

orange awlet 1. [*Bibasis harisa* (Moore)] 褐伞弄蝶；2. [= orange-striped awlet, orange-striped awl, orange-striped awl skipper, *Burara jaina* (Moore)] 橙翅暮弄蝶，鸾褐弄蝶

orange banded blister beetle [= banded blister beetle, arhap blister beetle, legume blister beetle, *Mylabris pustulata* Thunberg] 豆斑芫菁，豆红带芫菁

orange-banded daggerwing [*Marpesia corita* (Westwood)] 革凤蛱蝶，杏美人凤蛱蝶

orange-banded euselasia [*Euselasia rhodogyne* (Godman)] 蔷薇优蚬蝶

orange banded hairstreak [*Satyrium ledereri* (Boisduval)] 莱德洒灰蝶

orange-banded lancer [*Pseudokerana fulgur* (de Nicéville)] 伪角弄蝶

orange-banded metalmark 1. [= golden-banded gem, amarynthina metalmark, *Parcella amarynthina* (Felder *et* Felder)] 细带蚬蝶；2. [= coecias metalmark, *Crocozona coecias* (Hewitson)] 红带珍蚬蝶

orange-banded plane [*Lexias aeropa* (Linnaeus)] 雀眼律蛱蝶

orange-banded protea [= protea scarlet, *Capys alphaeus* (Cramer)] 红带锯缘灰蝶

orange-banded shoemaker butterfly [= orites catone, *Catonephele orites* Stichel] 奥黑蛱蝶

orange banner [= tomato, *Temenis laothoe* (Cramer)] 黄褐余蛱蝶

orange-barred emesis [= orange-striped tanmark, cypria metalmark, *Emesis cypria* Felder *et* Felder] 塞螟蚬蝶

orange-barred giant sulphur [= orange-barred sulphur, yellow apricot, *Phoebis philea* (Linnaeus)] 黄纹菲粉蝶，菲莉纯粉蝶

orange-barred pixie [= electron metalmark, electron pixie, *Melanis electron* (Fabricius)] 宅黑蚬蝶

orange-barred playboy [*Deudorix diocles* Hewitson] 迪奥玳灰蝶

orange-barred sulphur 见 orange-barred giant sulphur

orange-barred velvet [= phereclus metalmark, *Panara phereclus* (Linnaeus)] 飞斜黄蚬蝶

orange-bellied metalmark [*Brachyglenis dodone* (Godman *et* Salvin)] 多尼短尾蚬蝶

orange-belted bumble bee [= tricolored bumble bee, *Bombus ternarius* Say] 三色熊蜂

orange bematistes [*Bematistes tellus* (Aurivillius)] 泰鲁线珍蝶

orange-bordered blue [melissa blue, *Lycaeides melissa*(Edwards)] 苹果红珠灰蝶

orange-bordered brown argus [*Aricia agestis nazira* Moore] 褐爱灰蝶橘边亚种，纳阿斯灰蝶

orange-bordered satyr [*Pseudomaniola gigas* Godman *et* Salvin] 大羞眼蝶

orange-bordered scintillant [*Chalodeta chitinosa* Hall] 黄缘露蚬蝶

orange brown scale [= Florida red scale, circular scale, circular black scale, circular purple scale, black scale, Egyptian black scale, fig scale, artocarpus scale, *Chrysomphalus aonidum* (Linnaeus)] 黑褐圆盾蚧，茶褐圆蚧，褐叶圆蚧，褐圆盾蚧，鸢紫褐圆蚧，褐圆金顶盾蚧，柑橘金顶盾蚧，褐圆盾介壳虫

orange bushbrown [*Mycalesis terminus* (Fabricius)] 橙翅眉眼蝶

orange chionaspis [= citrus snow scale, orange snow scale, *Unaspis citri* (Comstock)] 柑橘尖盾蚧，橘盾蚧，柑橘矢尖蚧

orange-ciliate palmer [= redeye palmer, *Zela zeus* de Nicéville] 禅弄蝶

orange clouded yellow [*Colias stoliczkana* Moore] 斯托豆粉蝶

orange-clubbed kite-swallowtail [= Serville kite swallowtail, *Eurytides serville* (Godart)] 橘黄阔凤蝶

orange codling moth [= false codling moth, orange moth, citrus codling moth, peach marble moth, *Thaumatotibia leucotreta* (Meyrick)] 苹果异胫小卷蛾，伪苹条小卷蛾，伪苹果蠹蛾，桃异形小卷蛾

orange coffee longhorn [= yellow-headed borer, yellow-headed stem borer, yellow stem borer, coffee yellow-headed borer, orange coffee longhorn beetle, *Dirphya nigricornis* (Olivier)] 狭体黑角天牛

orange coffee longhorn beetle 见 orange coffee longhorn

orange-collared metalmark [= orange-ruffed xenandra, *Xenandra poliotactis* (Stichel)] 黄领丛蚬蝶

orange common yeoman [= common yeoman, *Cirrochroa tyche* (Felder *et* Felder)] 幸运辘蛱蝶，黄裙蛱蝶，大须黄裙蛱蝶

orange-costa euselasia [*Euselasia procula* (Godman *et* Salvin)] 普罗优蚬蝶

orange cotton moth [= cotton semilooper, tropical anomis, white-pupiled scallop moth, okra semilooper, cotton measuringworm, green semilooper, cotton leaf caterpillar, small cotton measuring worm, cotton looper, yellow cotton moth, *Anomis flava* (Fabricius)] 棉小造桥虫，小桥夜蛾，小造桥夜蛾，小造桥虫，红麻小造桥虫，棉夜蛾

orange cracker [*Hamadryas fornax* (Hübner)] 黄裙蛤蟆蛱蝶

orange-crescent groundstreak [*Electrostrymon guzanta* (Schaus)] 橘色电灰蝶

orange cucumber beetle [= cucurbit beetle, cucumber beetle, cucurbit leaf beetle, correct squash beetle, orange pumpkin beetle, *Aulacophora indica* (Gmelin)] 黄守瓜，印度黄守瓜，黄足黄守瓜

orange-disked altinote [= Latreille's altinote, *Altinote stratonice* Latrielle] 半红黑珍蝶

orange dog 1. [= citrus swallowtail, Christmas butterfly, citrus butterfly, *Papilio demodocus* Esper] 非洲达摩凤蝶，橙体凤蝶；2. [= giant swallowtail, orange puppy, *Papilio cresphontes* Cramer] 美洲大芷凤蝶，大黄带凤蝶，勇猛凤蝶

orange-dotted metalmark [= red-barred amarynthis, meneria metalmark, *Amarynthis meneria* (Cramer)] 红纹星蚬蝶

orange-edged greenmark [= castilia metalmark, *Caria castalia* (Ménétriés)] 神泉咖蚬蝶

orange-edged roadside-skipper [*Amblyscirtes fimbriata* (Plötz)] 黄头缎弄蝶

orange emigrant [= orange migrant, *Catopsilia scylla* (Linnaeus)] 镉黄迁粉蝶

orange emperor [*Charaxes latona* Butler] 雷东螯蛱蝶

orange-flash crow [*Euploea leucostictos* (Gmelin)] 侧条紫斑蝶，白纹紫斑蝶，大紫斑蝶

orange flat 1. [= small elfin, *Sarangesa phidyle* (Walker)] 橙色刷胫弄蝶；2. [*Pintara pinwilli* (Butler)] 秉弄蝶

orange footman [*Eilema sororcula* (Hüfnagel)] 棱土苔蛾

orange forester [*Euphaedra orientalis* Rothschild] 东方栎蛱蝶

orange fruit borer [*Isotenes miserana* (Walker)] 橙狭瓣卷蛾，橙实卷蛾

orange gaster [= weaver ant, Asian weaver ant, green ant, weaver red ant, green tree ant, yellow citrus ant, *Oecophylla smaragdina* (Fabricius)] 黄猄蚁，黄柑蚁，织叶蚁，柑橘蚁，红树蚁，柑蚁

orange giant-skipper [= Neumogen's giant-skipper, Neumogen's agave borer, Neumogen's moth-skipper, tawny giant-skipper, chiso giant-skipper, *Agathymus neumoegeni* (Edwards)] 硕大弄蝶

orange giant sulphur [= large orange sulphur, *Phoebis agarithe* (Boisduval)] 橙菲粉蝶

orange grass dart 1. [= dark orange dart, *Ocybadistes ardea* (Bethune-Baker)] 黑丫纹弄蝶；2. [= large yellow grass-dart, *Taractrocera anisomorpha* (Lower)] 橙黄弄蝶

orange hairstreak [*Japonica lutea* (Hewitson)] 黄灰蝶，黄栅灰蝶

orange harlequin [= harlequin, *Taxila haquinus* (Fabricius)] 塔蚬蝶

orange-headed leafhopper [= yellow rice leafhopper, rice white-winged leafhopper, orange leafhopper, *Thaia subrufa* (Motschulsky)] 楔形白翅叶蝉，黄稻白翅叶蝉，白翅微叶蝉，红么叶蝉

orange-headed metron [*Metron chrysogastra* (Butler)] 金腹弄蝶

orange-headed roadside-skipper [= red-headed roadside skipper, *Amblyscirtes phylace* (Edwards)] 狮头缎弄蝶

orange hearstreak [*Shirozua jonasi* (Janson)] 诗灰蝶
orange hermit [*Chazara bischoffii* (Herrich-Schäffer)] 黄花岩眼蝶
orange holomelina [*Virbia aurantiaca* (Hübner)] 橘灯蛾
orange-humped mapleworm [= orange-humped oakworm, orange-humped mapleworm moth, *Symmerista leucitys* Franclemont] 橙瘤舟蛾，橙瘤天社蛾
orange-humped mapleworm moth 见 orange-humped oakworm
orange-humped oakworm 见 orange-humped mapleworm
orange imperial [*Ritra aurea* (Druce)] 红剑灰蝶
orange-imposted grayler [= pelarge metalmark, *Calospila pelarge* (Godman *et* Salvin)] 排霓蚬蝶
orange kite-swallowtail [*Eurytides thyastes* (Drury)] 多情阔凤蝶
orange lacewing [*Cethosia penthesilea* (Cramer)] 红黑锯蛱蝶，黑缘锯蛱蝶，拼锯蛱蝶
orange leafhopper 见 orange-headed leafhopper
orange-lobed flash [*Deudorix epirus* (Felder *et* Felder)] 顶玳灰蝶
orange lurid glider [*Cymothoe hesiodotus* Staudinger] 黑丝漪蛱蝶
orange mapwing [*Hypanartia lethe* (Fabricius)] 虎蛱蝶
orange migrant 见 orange emigrant
orange moth 1. [= false codling moth, orange codling moth, citrus codling moth, peach marble moth, *Thaumatotibia leucotreta* (Meyrick)] 苹果异胫小卷蛾，伪苹条小卷蛾，伪苹果蠹蛾，桃异形小卷蛾；2. [*Angerona prunaria* (Linnaeus)] 橘色李尺蛾，李尺蛾
orange-necked willow borer [= eyed longhorn beetle, willow borer, willow longhorn, willow longicorn beetle, twin spot longhorn beetle, *Oberea oculata* (Linnaeus)] 柳筒天牛，灰翅筒天牛，柳红颈天牛，筒天牛
orange oakleaf [= Indian oakleaf, dead leaf, *Kallima inachus* (Boisduval)] 枯叶蛱蝶，枯叶蝶
orange ochre [= eliena skipper, *Trapezites eliena* (Hewitson)] 艾连梯弄蝶
orange palm dart [= banded skipper, *Cephrenes augiades* (Felder)] 橘黄金斑弄蝶，指名金斑弄蝶
orange patch white [*Colotis pleione* (Klug)] 橙斑珂粉蝶
orange-patched crescent [*Anthanassa drusilla* (Felder *et* Felder)] 花蛱蝶
orange-patched smoky moth [*Pyromorpha dimidiata* Herrich-Schäffer] 二色红斑蛾
orange-patched tanmark [*Emesis heteroclita* Stichel] 异螟蚬蝶
orange plane [*Pantoporia consimilis* (Boisduval)] 拟蟠蛱蝶
orange playboy [*Deudorix dinomenes* Grose-Smith] 迪诺明玳灰蝶
orange pulvinaria scale [= cottony citrus scale, citrus cottony scale, citrus soft scale, *Pulvinaria aurantii* Cockerell] 橘绿绵蚧，柑橘绵蚧，橘绵蚧，黄绿絮蚧，柑橘绿绵蚧，橘绿绵蜡蚧
orange pumpkin beetle 见 orange cucumber beetle
orange punch [*Dodona egeon* Westwood] 大斑尾蚬蝶
orange puppy [= giant swallowtail, orange dog, *Papilio cresphontes* Cramer] 美洲大芷凤蝶，大黄带凤蝶，勇猛凤蝶
orange-red glider [*Cymothoe aramis* Hewitson] 爱美漪蛱蝶
orange red skirt [*Choaspes hemixanthus* Rothschild *et* Jordan] 半黄绿弄蝶
orange ringlet [= Darwin ringlet, *Hypocysta adiante* (Hübner)] 橙慧眼蝶
orange-ruffed xenandra [= orange-collared metalmark, *Xenandra poliotactis* (Stichel)] 黄领丛蚬蝶
orange rump bumblebee [= black-tailed bumble bee, black tail bumble bee, orange-rumped bumblebee, *Bombus melanopygus* Nylander] 黑臀熊蜂
orange-rumped bumblebee 见 orange rump bumblebee
orange scale 1. [= California red scale, red scale, red orange scale, *Aonidiella aurantii* (Maskell)] 红肾圆盾蚧，红圆蚧，橘红肾圆盾介壳虫；2. [= purple scale, mussel purple scale, citrus mussel scale, comma scale, mussel scale, *Lepidosaphes beckii* (Newman)] 紫蛎盾蚧，紫牡蛎蚧，紫牡蛎盾蚧，橘紫蛎蚧，紫蛎蚧，橘紫蛎盾蚧，牡蛎盾介壳虫，橘紫蛎盾介壳虫
orange setabis [*Setabis luceres* (Hewitson)] 橘瑟蚬蝶
orange skipperling [*Copaeodes aurantiaca* (Hewitson)] 金弄蝶
orange snow scale 见 orange chionaspis
orange spiny whitefly [= citrus spiny whitefly, citrus mealy-wing, spiny blackfly, *Aleurocanthus spiniferus* (Quaintance)] 黑刺粉虱，橘刺粉虱，柑橘刺粉虱
orange-spot duke [= stub-tailed raymark, neurodes metalmark, *Siseme neurodes* Felder *et* Felder] 玉带溪蚬蝶
orange-spotted bellboy [= orange-spotted skipper, common bellboy, *Zenonia zeno* (Trimen)] 齐诺弄蝶
orange-spotted euselasia [*Euselasia argentea* (Hewitson)] 银灰优蚬蝶
orange-spotted roach [= Argentinian wood roach, dubia roach, Guyana spotted roach, *Blaptica dubia* (Serville)] 疑仿硕蠊，杜比亚蟑螂
orange-spotted shoot moth [*Rhyacionia pinicolana* (Doubleday)] 松梢小卷蛾
orange-spotted skipper 1. [*Atarnes sallei* (Felder *et* Felder)] 阿达弄蝶；2. [= orange-spotted bellboy, common bellboy, *Zenonia zeno* (Trimen)] 齐诺弄蝶
orange-spotted tiger clearwing [= distured tigerwing, common tiger, polymnia tigerwing, *Mechanitis polymnia* (Linnaeus)] 裙绡蝶
orange spruce needleminer [*Coleotechnites piceaella* (Kearfott)] 云杉鞘麦蛾，云杉潜叶麦蛾
orange staff sergeant [*Athyma cama* Moore] 双色带蛱蝶
orange-stem wood borer [*Uracanthus cryptophagus* Olliff] 橘黄双刺天牛，隐尖胸天牛
orange-stitched metalmark [= stained scintillant, *Chalodeta chaonitis* (Hewitson)] 朝露蚬蝶
orange straight-line mapwing [= little mapwing, *Cyrestis lutea* (Zinken)] 黄丝蛱蝶
orange-streaked ringlet [= northern ringlet, *Hypocysta irius* (Fabricius)] 黄带慧眼蝶
orange-striped awl [= orange-striped awlet, orange awlet, orange-striped awl skipper, *Burara jaina* (Moore)] 橙翅暮弄蝶，鸾褐弄蝶
orange-striped awl skipper 见 orange-striped awlet
orange-striped awlet 见 orange-striped awl
orange-striped eighty-eight [*Diaethria panthalis* Honrath] 盘草涡蛱蝶
orange-striped leafwing [*Memphis xenica* (Bates)] 外地尖蛱蝶
orange-striped metalmark [= diopterine geomark, *Mesenopsis melanochlora* (Godman *et* Salvin)] 绿黑密蚬蝶

orange-striped oakworm [= orange-tipped oakworm moth, *Anisota senatoria* (Smith)] 栎黄条茴大蚕蛾，栎黄条大蚕蛾，栎橙纹犀额蛾

orange-striped oakworm moth 见 orange-tipped oakworm

orange-striped pixie [= Marathon pixie, *Melanis marathon* Felder *et* Felder] 玛黑蚬蝶

orange-striped sister [*Adelpha leuceria* (Druce)] 爱悌蛱蝶

orange-striped tanmark 见 orange-barred emesis

orange sulphur [= alfalfa butterfly, alfalfa caterpillar, *Colias eurytheme* Boisduval] 纹黄豆粉蝶，苜蓿粉蝶，苜蓿黄蝶

orange swift [= hyaline swift, *Parnara amalia* (Semper)] 透纹稻弄蝶，阿玛稻弄蝶

orange-tailed awl [*Bibasis sena* (Moore)] 钩纹伞弄蝶

orange-tailed awlet [= green awlet, *Burara vasutana* (Moore)] 反缘暮弄蝶

orange-tailed mining bee [= early mining bee, *Andrena haemorrhoa* (Fabricius)] 红足地蜂

orange-tailed sprite [*Ceriagrion auranticum* Fraser] 翠胸黄蟌

orange telemiades [*Telemiades megallus* Mabille] 巨电弄蝶

orange theope [*Theope eudocia* Westwood] 黑端娆蚬蝶

orange-thighed beegrabber [*Thecophora fulvipes* (Robineau-Desvoidy)] 黄微蜂眼蝇，黄足蜂眼蝇

orange tiger 1. [= common tiger, Indian monarch, *Danaus genutia* (Cramer)] 虎斑蝶，黑脉桦斑蝶，黑脉金斑蝶，拟阿檀蝶，黑条桦斑蝶，粗脉棕斑蝶，虎纹斑蝶，锦萨斑蝶，黑纹红斑蝶；2. [= banded orange heliconian, banded orange, *Dryadula phaetusa* (Linnaeus)] 环袖蝶

orange tip [*Anthocharis cardamines* (Linnaeus)] 红襟粉蝶，橙斑襟粉蝶

orange tip moth [= bell moth, Anglice bell moth, *Adoxophyes fasciculana* (Walker)] 宽褐带卷蛾

orange-tipped angled-sulphur [*Anteos menippe* (Hübner)] 金顶大粉蝶

orange-tipped azure [*Ogyris iphis* Waterhouse *et* Lyell] 伊澳灰蝶

orange-tipped oakworm moth 见 orange-striped oakworm

orange-tipped pea-blue [= tailed cupid, Indian cupid, *Everes lacturnus* (Godart)] 长尾蓝灰蝶

orange tit [= silky hairstreak, chlorinda hairstreak, Australian hairstreak,Victorian hairstreak, Tasmanian hairstreak, *Pseudalmenus chlorinda* (Blanchard)] 丝毛纹灰蝶，毛纹灰蝶

orange tortricid moth [= leaf webber, *Loboschiza koenigiana* (Fabricius)] 苦楝小卷蛾，络播小卷蛾，柯岔小卷蛾

orange tortrix 1. [*Argyrotaenia citrana* (Fernald)] 橘带卷蛾，橘卷蛾，橘卷叶蛾，甜橙卷叶蛾；2. [= apple skinworm, *Argyrotaenia franciscana* (Walsingham)] 苹带卷蛾

orange trunk borer [= citrus trunk borer, citrus longhorn beetle, *Pseudonemophas versteegi* (Ritsema)] 灰拟居天牛，灰星天牛，灰翅星天牛，灰安天牛

orange underwing [*Archiearis parthenias* (Linnaeus)] 珠角原尺蛾，帕锚尺蛾

orange-veined blue [= veined blue, *Aricia neurona* (Skinner)] 脉纹爱灰蝶

orange-washed sister [= cocala sister, *Adelpha cocala* (Cramer)] 科卡尔悌蛱蝶

orange waxtail [= common pond damsel, common orange, common citril, *Ceriagrion glabrum* (Burmeister)] 非洲尾黄蟌

orange wheat blossom midge [= red wheat blossom midge, wheat midge, wheat blossom midge, wheat blossom midge, *Sitodiplosis mosellana* (Géhin)] 麦红吸浆虫

orange white [*Hesperocharis crocea* Bates] 橙红秀粉蝶

orange white-spot skipper [= small orange ochre, *Trapezites heteromacula* Meyrick *et* Lower] 橙点梯弄蝶

Orasema 奥蚁小蜂属

Orasema initiator Kerrich 始奥蚁小蜂

Orasema ishii Heraty 石井奥蚁小蜂

Orasiopa 黄额水蝇属

Orasiopa mera (Cresson) 纯黄额水蝇，股盘水蝇，腿股渚蝇

Oraura 窗舟蛾属

Oraura ordgara (Schaus) 天竹窗舟蛾，窗竹舟蛾

orbacerores 肛环蜡孔 < 介壳虫围肛环的蜡孔 >

orbed red-underwing skipper [= Hungarian skipper, *Spialia orbifer* (Hübner)] 欧饰弄蝶，俄饰弄蝶，圆斑饰弄蝶，眶弄蝶

orbed sulphur [*Phoebis orbis* (Poey)] 圆菲粉蝶

orbicula 垫基片 < 指膜翅目昆虫中垫基部的小骨片；或指后跗节背面的骨化区 >

orbicular spot 中圆点 < 专指夜蛾前翅中室内的圆形或卵圆形斑点 >

orbicular stigma 环形纹

orbiculate [= orbiculatus] 球形的

orbiculatus 见 orbiculate

Orbiperipsocus 环围蛄属

Orbiperipsocus fractiflexus Li 曲茎环围蛄

orbit 眼眶

Orbita 魔眼萨瓢蜡蝉属

Orbita parallelodroma Meng *et* Wang 魔眼萨瓢蜡蝉

orbital 眼眶的

orbital bristle 眶鬃

orbital sclerite 眼眶片

Orbocaecilius 圆叉蛄属

Orbocaecilius argutus Li 锐尖圆叉蛄

Orbocaecilius bicruris Li 双叉圆叉蛄

Orbocaecilius bidigitatus (Li) 双指圆叉蛄

Orbocaecilius bifarius Li 两列圆叉蛄

Orbocaecilius brachystigmus Li 短痣圆叉蛄

Orbocaecilius circulicellus (Li) 圆室圆叉蛄

Orbocaecilius dasoceratus Li 粗齿圆叉蛄

Orbocaecilius duodecidentus Li 十二齿圆叉蛄

Orbocaecilius imparilis Li 奇齿圆叉蛄

Orbocaecilius longicornis Li 长角圆叉蛄

Orbocaecilius paulicellus Li 小室圆叉蛄

Orbocaecilius pseudoanomalus (Li) 伪异脉圆叉蛄

Orbocaecilius sedecimidentus Li 十六齿圆叉蛄

Orbocaecilius vulturius Li 兀圆叉蛄

Orbocaecilius xihuicus Li 西湖圆叉蛄

Orbona 奥峦冬夜蛾属，奥冬夜蛾属

Orbona fragariae (Vieweg) [strawberry cutworm] 奥峦冬夜蛾，奥冬夜蛾

ORC [olfactory ereceptor cell] 嗅觉接受器细胞

orcephalic 分孔头的 < 头孔之被幕骨分成两部的 >

Orcesis fuscoapicalis Breuning 黑尾弹形天牛

orchard ermine [= cherry ermine moth, small ermine moth, plum small ermine, few-spotted ermine moth, ermine moth, *Yponomeuta padella* (Linnaeus)] 苹果巢蛾，苹巢蛾，樱桃巢蛾

orchard swallowtail [*Papilio aegeus* Donovan] 果园美凤蝶，爱杰美凤蝶，果园凤蝶

Orchelimum 长角螽属

Orchelimum gossypii Scudder 棉长角螽

Orchelimum pulchellum Davis [handsome meadow katydid] 丽长角螽

orchesellid 1. [= orchesellid springtail, orchesellid collembolan] 跳蛛 < 跳蛛科 Orchesellidae 昆虫的通称 >；2. 跳蛛科的

orchesellid collembolan [= orchesellid springtail, orchesellid] 跳蛛

orchesellid springtail 见 orchesellid collembolan

Orchesellidae 跳蛛科

Orchesellides 真跳蛛属

Orchesellides sinensis (Denis) 中华真跳蛛

Orchesia 奥长朽木甲属

Orchesia obscuricolor Pic 暗奥长朽木甲

Orchestinus shirozui Morimoto 见 *Imachra shirozui*

Orchestes 奥象甲属

Orchestes matsumuranus (Kôno) 松村奥象甲，松村奥企象

Orchestoides 奥企象甲属，奥企象属

Orchestoides decipiens Roelofs 得奥企象甲，得奥企象

Orchestoides inornatus Voss 无饰奥企象甲，无饰奥企象

Orchestoides matsumuranus (Kôno) 见 *Orchestes matsumuranus*

Orchestoides mundus Voss 洁奥企象甲，洁奥企象

orchid aphid [*Cerataphis lataniae* (Boisduval)] 椰子坚蚜，兰坚蚜，蓝角蚜，椰榈坚蚜，椰子虱蚜

orchid embiid [*Oligotoma saundersii* (Westwood)] 桑氏等蝽，桑氏等丝蚁，桑氏丝蚁，兰足丝蚁，平凡等尾足丝蚁

orchid flash [= black and white tit, *Hypolycaena danis* (Felder *et* Felder)] 丹尼旖灰蝶

orchid fly [= cattleya fly, *Eurytoma orchidearum* (Westwood)] 兰广肩小蜂

orchid mantis [= Malaysian orchid mantis, walking flower mantis, pink orchid mantis, *Hymenopus coronatus* (Olivier)] 兰花螳

orchid parlatoria scale [= proteus scale, common parlatoria scale, orchid scale, sanseveria scale, cattleya scale, small brown scale, elongate parlatoria scale, *Parlatoria proteus* (Curtis)] 黄片盾蚧，橘黄褐蚧，黄糠蚧，黄片介壳虫，黄片盾介壳虫

orchid scale 1. [= cocoa-nut snow scale, coconut longridged scale, Boisduval scale, cymbidium scale, cocos scale, *Diaspis boisduvalii* Signoret] 棕榈白背盾蚧，波氏白背盾蚧，椰长脊盾蚧，椰子盾介壳虫；2. [= oleander scale, ivy scale, aucuba scale, lemon peel scale, white scale, *Aspidiotus nerii* Bouché] 常春藤圆盾蚧，夹竹桃圆盾蚧，夹竹桃圆蚧；3. [= proteus scale, common parlatoria scale, orchid parlatoria scale, sanseveria scale, cattleya scale, small brown scale, elongate parlatoria scale, *Parlatoria proteus* (Curtis)] 黄片盾蚧，橘黄褐蚧，黄糠蚧，黄片介壳虫，黄片盾介壳虫

orchid soft scale [*Coccus pseadohesperidum* (Cockerell)] 兰伪褐软蚧

orchid stem miner [*Japanagromyza tokunagai* (Sasakawa)] 兰花东潜蝇，兰花日潜蝇，兰花秆潜蝇，兰花秆黑潜蝇

orchid thrips [= banana red rust thrips, banana rust thrips, citris rust thrips, *Chaetanaphothrips orchidii* (Moulton)] 兰毛呆蓟马，香蕉锈蓟马，兰蓟马，兰黄鬃蓟马

orchid tit [*Chliaria othona* (Hewitson)] 园蒲灰蝶，蒲灰蝶，热带旖灰蝶，热带兰灰蝶，淡褐双尾小灰蝶，淡双尾青灰蝶，淡褐双尾琉璃小灰蝶，淡褐双尾小黑蝶

orchid weevil [= South American stem borer, *Diorymerellus laevimargo* Champ] 兰象甲

Orchisia 缘秽蝇属，兰蝇属

Orchisia costata (Meigen) 黑缘秽蝇，黑色兰蝇

Orchisia subcostata Cui, Xue *et* Liu 亚缘秽蝇

orcinus skipper [*Udranomia orcinus* (Felder *et* Felder)] 乌苔弄蝶

Orco [olfactory receptor co-receptor 的缩写] 非典型嗅觉受体

Orcus 蓝瓢虫属

Orcus chalybeus (Boisduval) 见 *Halmus chalybeus*

Ordella miliaria Tshernova 同 *Caenis robusta*

order 目

ordinal 目的

ordinary crossvein 径中横脉 < 在双翅目中的前横脉或小横脉，即 r-m>

ordinary light microscope 普通显微镜

ordinary seta 常毛

ordinate [= ordinatus] 成行的

ordinatus 见 ordinate

orea banner [*Epiphile orea* (Hübner)] 双带荫蛱蝶，岛神荫蛱蝶

Oreaesia excavata Butler [reddish oraesia, fruit-piercing moth] 鸟嘴壶夜蛾，鸟嘴壶裳蛾，葡萄实紫褐夜蛾

oreas anglewing [= oreas comma, sylvan anglewing, *Polygonia oreas* (Edwards)] 奥钩蛱蝶

oreas comma 见 oreas anglewing

oreas copper [*Aloeides oreas* Tite *et* Dickson] 奥莱乐灰蝶

Oreasiobia 山球螋属

Oreasiobia chinensis Steinmann 中华山球螋

Oreasiobia fedtschenkoi (Saussure) 弗氏山球螋，弗山球螋，山球螋

Oreasiobia fedtschenkoi fedtschenkoi (Saussure) 弗氏山球螋指名亚种

Oreasiobia forcipina Zhang *et* Yang 近铗山球螋

Oreasiobia stoliczkae (Burr) 翘山球螋，斯山球螋

Orectochilus 毛豉甲属，梭豉甲属

Orectochilus argenteolimbatus Peschet 白边毛豉甲

Orectochilus assequens Ochs 见 *Patrus assequens*

Orectochilus chalceus Ochs 见 *Patrus chalceus*

Orectochilus chinensis Régimbart 见 *Patrus chinensis*

Orectochilus dauricus Motschulsky 达氏毛豉甲

Orectochilus distinguendus Ochs 卓毛豉甲，卓毛背豉甲

Orectochilus emmerichi Falkenström 见 *Patrus emmerichi*

Orectochilus figuratus Régimbart 见 *Patrus figuratus*

Orectochilus formosanus Takizawa 台湾毛豉甲，台毛背豉甲，蓬莱梭豉甲

Orectochilus fusiformis Régimbart 纺锤毛豉甲，纺锤毛背豉甲

Orectochilus klapperichi Ochs 克氏毛豉甲，克毛背豉甲

Orectochilus landaisi Régimbart 见 *Patrus landaisi*

Orectochilus marginepennis Aubé 见 *Patrus marginepennis*

Orectochilus marginepennis marginepennis Aubé 见 *Patrus marginepennis marginepennis*

Orectochilus marginepennis parvilimbus Ochs 见 *Patrus marginepennis parvilimbus*
Orectochilus melli Ochs 见 *Patrus melli*
Orectochilus mimicus Ochs 见 *Patrus mimicus*
Orectochilus minusculus Ochs 见 *Patrus minusculus*
Orectochilus murinus Régimbart 黑尾毛豉甲
Orectochilus nigroaeneus Régimbart 黑背毛豉甲，直盾全毛背豉甲
Orectochilus obscuriceps Régimbart 黑腹毛豉甲，暗毛背豉甲，暗毛豉甲
Orectochilus obtusipennis Régimbart 细茎毛豉甲，钝翅毛背豉甲
Orectochilus (***Patrus***) ***obscuriceps*** Régimbart 见 *Orectochilus obscuriceps*
Orectochilus productus Régimbart 见 *Patrus productus*
Orectochilus punctipennis Sharp 点翅毛豉甲，点翅毛背豉甲
Orectochilus regimbarti Sharp 瑞氏毛豉甲，瑞氏毛背豉甲
Orectochilus sculpturatus Régimbart 刻纹毛豉甲，刻纹毛背豉甲
Orectochilus severini Régimbart 见 *Patrus severini*
Orectochilus sublineatus Régimbart 见 *Patrus sublineatus*
Orectochilus sulcipennis Régimbart 见 *Patrus sulcipennis*
Orectochilus villosus (Müller) 长毛豉甲，凹盾全毛背豉甲
Orectochilus villosus dauricus Motschulsky 长毛豉甲达乌亚种，达凹盾全毛背豉甲
Orectochilus villosus martiriosus Motschulsky 长毛豉甲玛適亚种，玛凹盾全毛背豉甲
Orectochilus villosus villosus (Müller) 长毛豉甲指名亚种，指名凹盾全毛背豉甲
Orectochilus wui Ochs 见 *Patrus wui*
Oregma 角蚜属
Oregma bambusae Buckton 同 *Astegopteryx bambusae*
Oregma bambusicola Takahashi 见 *Pseudoregma bambusicola*
Oregma japonica Takahashi 见 *Ceratovacuna japonica*
Oregma panici Uye 见 *Ceratovacuna panici*
Oregma sasae Monzen 同 *Ceratovacuna japonica*
Oregon ash bark beetle [*Leperisinus oregonus* Blackman] 俄勒冈梣小蠹
Oregon branded skipper [*Hesperia colorado oregonia* (Edwards)] 尖角橙翅弄蝶俄勒冈亚种
Oregon fir sawyer [*Monochamus oregonensis* (LeConte)] 冷杉墨天牛，俄州枞天牛，俄勒冈州枞天牛
Oregon stag beetle [= blue-black stag beetle, *Platycerus oregonensis* Westwood] 蓝黑扁锹甲
Oregon wireworm [*Melanotus oregonensis* (LeConte)] 俄州梳爪叩甲，俄州叩甲，俄勒冈州叩甲
Oregramma 山丽蛉属
Oregramma gloriosa Ren 美形山丽蛉
oreillet [= oreilletor] 耳形突
oreilletor 见 oreillet
Oreina aeneolucens (Achard) 见 *Chrysolina* (*Timarchomela*) *aeneolucens*
Oreina aeneomicans (Chen) 见 *Chrysolina* (*Pierryvettia*) *aeneomicans*
Oreina aeruginosa (Faldermann) 见 *Chrysolina* (*Allohypericia*) *aeruginosa*
Oreina alatavica (Jacobson) 见 *Chrysolina* (*Taeniosticha*) *alatavica*
Oreina altimontana (Rybakow) 见 *Chrysolina* (*Pezocrosita*) *altimontana*
Oreina angusticollis (Motschulsky) 见 *Chrysolina* (*Apterosoma*) *angusticollis*
Oreina aurata (Suffrian) 同 *Chrysolina* (*Pierryvettia*) *separata*
Oreina aurichalcea (Mannerheim) 见 *Chrysolina* (*Anopachys*) *aurichalcea*
Oreina bechynei Gressitt *et* Kimoto 见 *Chrysolina bechynei*
Oreina bowringii (Baly) 见 *Chrysolina* (*Pierryvettia*) *bowringii*
Oreina cheni (Bechyné) 见 *Chrysolina cheni*
Oreina coerulans (Scriba) 见 *Chrysolina* (*Synerga*) *coerulans*
Oreina convexicollis (Jacoby) 见 *Chrysolina* (*Pezocrosita*) *convexicollis*
Oreina costulata (Achard) 见 *Chrysolina* (*Timarchomela*) *costulata*
Oreina dohertyi (Maulik) 见 *Chrysolina dohertyi*
Oreina dzhungarica (Jacobson) 见 *Chrysolina* (*Taeniosticha*) *dzhungarica*
Oreina fricata (Bechyné) 见 *Chrysolina* (*Hypericia*) *fricata*
Oreina geminata (Paykull) 见 *Chrysolina* (*Hypericia*) *geminata*
Oreina gensanensis (Weise) 见 *Chrysolina* (*Anopachys*) *gensanensis*
Oreina gracilis (Bechyné) 见 *Chrysolina* (*Hypericia*) *gracilis*
Oreina jacobyi (Baly) 见 *Chrysolina* (*Sitchoptera*) *jacobyi*
Oreina jeanneli (Chen) 见 *Chrysolina* (*Pierryvettia*) *jeanneli*
Oreina koltzei (Weise) 同 *Diorhabda rybakowi*
Oreina koshantschikovi (Jacobson) 同 *Chrysolina brunnicornis*
Oreina nikinoja exgeminata (Bechyné) 同 *Chrysolina* (*Hypericia*) *difficilis yezoensis*
Oreina nikkoensis Jacoby 见 *Chrysolina nikkoensis*
Oreina pieli (Chen) 见 *Chrysolina pieli*
Oreina polita (Linnaeus) 见 *Chrysolina* (*Erythrochrysa*) *polita*
Oreina polita adamsi (Baly) 见 *Chrysolina* (*Erythrochrysa*) *polita adamsi*
Oreina poricollis (Motschulsky) 见 *Chrysolina* (*Allohypericia*) *aeruginosa poricollis*
Oreina przewalskii (Jacobson) 见 *Chrysolina* (*Pezocrosita*) *przewalskii*
Oreina pubitarsis (Bechyné) 同 *Chrysolina* (*Hypericia*) *difficilis ussuriensis*
Oreina roborowskii (Jacobson) 见 *Chrysolina* (*Pezocrosita*) *roborowskii*
Oreina rufilabris (Faldermann) 见 *Chrysolina rufilabris*
Oreina sajanica (Jacobson) 见 *Chrysolina sajanica*
Oreina stalii (Baly) 见 *Chrysolina* (*Anopachys*) *stalii*
Oreina staphylea (Linnaeus) 见 *Chrysolina* (*Chrysolina*) *staphylea*
Oreina tianshanica (Jacobson) 见 *Chrysolina* (*Taeniosticha*) *tianshanica*
Oreina undulata (Gebler) 见 *Chrysolina undulata*
Oreina unicolor (Gebler) 见 *Chrysolina unicolor*
Oreina virgata (Motschulsky) 见 *Chrysolina* (*Euchrysolina*) *virgata*
Oreinohelea 山蠓亚属
Oreisplanus 金块弄蝶属
Oreisplanus munionga (Olliff) [alpine sedge-skipper, alpine skipper] 金块弄蝶
Oreisplanus perornata (Kirby) [montane sedge-skipper, mountain spotted skipper] 山地金块弄蝶
Oreixenica 金眼蝶属
Oreixenica correae (Olliff) [correa brown, orange alpine xenica] 金

斑金眼蝶
Oreixenica kershawi (Miskin) [striped xenica] 黄斑金眼蝶
Oreixenica lathoniella (Westwood) [common silver xenica, silver xenica] 金眼蝶
Oreixenica latialis Waterhouse *et* Lyell [small alpine xenica] 黄翅金眼蝶
Oreixenica orichora (Meyrick) [spotted alpine xenica] 碎斑金眼蝶
Oreixenica paludosa Lucas 帕金眼蝶
Oreixenica ptunarra Couchman [ptunarra brown] 巧克力金眼蝶
Orellia 缝点实蝇属，奥雷利实蝇属
Orellia caerulea Hering 见 *Terellia caerulea*
Orellia falcata (Scopoli) 镰斑缝点实蝇，婆罗门参缝点实蝇，法尔卡奥雷利实蝇
Orellia megalopyge Hering 见 *Terellia megalopyge*
Orellia oriunda Hering 同 *Ensina sonchi*
Oreoderus 山胖金龟甲属，山胖金龟属
Oreoderus aciculatus Paulian 针山胖金龟甲，针山胖金龟
Oreoderus ahrensi Ricchiardi 阿氏山胖金龟甲，阿氏山胖金龟
Oreoderus argillaceus (Hope) 褐山胖金龟甲，褐山胖金龟
Oreoderus arrowi Ricchiardi 阿罗山胖金龟甲，阿罗山胖金龟
Oreoderus bengalensis Ricchiardi 孟山胖金龟甲，孟山胖金龟
Oreoderus bhutanus Arrow 不丹山胖金龟甲，不丹山胖金龟
Oreoderus bidentatus Ricchiardi 二齿山胖金龟甲，二齿山胖金龟
Oreoderus birmanus Ricchiardi 缅甸山胖金龟甲，缅甸山胖金龟
Oreoderus brevicarinatus (Pic) 短脊山胖金龟甲，短脊山胖金龟
Oreoderus brevipennis Gestro 短翅山胖金龟甲，短翅山胖金龟
Oreoderus brevitarsus Li *et* Yang 短跗山胖金龟甲，短跗山胖金龟
Oreoderus clypealis Arrow 唇基山胖金龟甲，唇基山胖金龟
Oreoderus coomani Paulian 考氏山胖金龟甲，考氏山胖金龟
Oreoderus crassipes Arrow 厚山胖金龟甲，厚山胖金龟
Oreoderus dasystibialis Li *et* Yang 毛胫山胖金龟甲，毛胫山胖金龟
Oreoderus gestroi Ricchiardi 格氏山胖金龟甲，格氏山胖金龟
Oreoderus gracilicollis Paulian 细领山胖金龟甲，细领山胖金龟
Oreoderus gravis Arrow 重山胖金龟甲，重山胖金龟
Oreoderus humeralis Gestro 肩山胖金龟甲，肩山胖金龟
Oreoderus insularis Ricchiardi 岛山胖金龟甲，岛山胖金龟
Oreoderus longicarinatus Ricchiardi 长脊山胖金龟甲，长脊山胖金龟
Oreoderus maculipennis Gestro 斑翅山胖金龟甲，斑翅山胖金龟
Oreoderus meridionalis Paulian 南方山胖金龟甲，南方山胖金龟
Oreoderus momeitensis Arrow 黑山胖金龟甲，模山胖金龟
Oreoderus oblongus Li *et* Yang 椭山胖金龟甲，椭山胖金龟
Oreoderus pseudohumeralis Ricchiardi 拟肩山胖金龟甲，拟肩山胖金龟
Oreoderus quadricarinatus Arrow 四脊山胖金龟甲，四脊山胖金龟
Oreoderus quadrimaculatus Miyake, Yamaguchi *et* Aoki 四斑山胖金龟甲，四斑山胖金龟
Oreoderus rufulus Gestro 红山胖金龟甲，红山胖金龟
Oreoderus siamensis Ricchiardi 泰国山胖金龟甲，泰国山胖金龟
Oreoderus sikkimensis Ricchiardi 锡金山胖金龟甲，锡金山胖金龟
Oreoderus waterhousei Gestro 沃氏山胖金龟甲，沃氏山胖金龟
Oreodytes 山龙虱属，奥龙虱属
Oreodytes dauricus (Motschulsky) 达山龙虱，达奥龙虱
Oreodytes kanoi (Kamiya) 坎山龙虱
Oreodytes natrix (Sharp) 善游山龙虱
Oreodytes sanmarkii (Sahlberg) 条纹山龙虱，森奥龙虱
Oreogeton 毛脉舞虻属
Oreogeton flavicoxa Liu, Zhou *et* Yang 黄基毛脉舞虻
Oreogeton sinensis Yang, An *et* Zhu 中华毛脉舞虻
Oreogetoninae 毛脉舞虻亚科
Oreolyce 鸥灰蝶属
Oreolyce archena (Corbet) 原始鸥灰蝶
Oreolyce dohertyi (Tytler) [Naga hedge blue] 印度鸥灰蝶
Oreolyce quadriplaga (Snellen) 鸥灰蝶
Oreolyce vardhana (Moore) 佤鸥灰蝶
Oreolyperus 山通缘步甲亚属
Oreomela 高山叶甲属
Oreomela andreevi Jacobson 安氏高山叶甲，黄足高山叶甲
Oreomela borochorensis Lopatin 般若高山叶甲
Oreomela caudata Chen 尾高山叶甲
Oreomela celyphoides Jacobson 宽缘高山叶甲，绿翅高山叶甲
Oreomela cheni Lopatin 陈氏高山叶甲
Oreomela coerulea Chen 蓝高山叶甲
Oreomela cupreata Chen 铜高山叶甲
Oreomela dungana Jacobson 西部高山叶甲
Oreomela dzhungara Jacobson 新疆高山叶甲，皱鞘高山叶甲
Oreomela foveipennis Chen *et* Wang 窝翅高山叶甲
Oreomela fuscipes (Weise) 皱胸高山叶甲
Oreomela gansuica Lopatin 甘肃高山叶甲
Oreomela geae Lopatin 葛氏高山叶甲
Oreomela grumi Jacobson 短翅高山叶甲，珠角高山叶甲
Oreomela kaszabi Lopatin 喀高山叶甲
Oreomela kaznakovi Jacobson 窄翅高山叶甲，青海高山叶甲
Oreomela koltzei (Weise) 黑翅高山叶甲，柯氏高山叶甲
Oreomela korolkovi Jacobson 狭胸高山叶甲，科氏高山叶甲
Oreomela kutzenkoi Jacobson 客氏高山叶甲，密皱高山叶甲
Oreomela laticollis Wang 宽胸高山叶甲
Oreomela magnifica Lopatin 大高山叶甲
Oreomela melanosoma Wang 墨黑高山叶甲
Oreomela milae Lopatin 米氏高山叶甲
Oreomela mirabilis Lopatin 奇特高山叶甲
Oreomela muzartea Jacobson 莫氏高山叶甲，黑角高山叶甲
Oreomela nigerrima Chen 黑高山叶甲
Oreomela nigroviolacea Chen 紫高山叶甲
Oreomela nitidicollis Wang 光胸高山叶甲
Oreomela obtusa Lopatin 钝高山叶甲
Oreomela oirata Jacobson 瓦剌高山叶甲，瓦刺高山叶甲，内蒙高山叶甲
Oreomela pedaschenkoi Jacobson 派氏高山叶甲，短高山叶甲
Oreomela przewalskii Jacobson 蒲氏高山叶甲
Oreomela radkewiczi Jacobson 瑞氏高山叶甲，粗点高山叶甲，暗色高山叶甲
Oreomela rufipes Lopatin 红足高山叶甲
Oreomela rugipennis Chen *et* Wang 皱高山叶甲
Oreomela sapozhnikovi Jacobson 萨氏高山叶甲，赤足高山叶甲
Oreomela sarydzhasea Jacobson 阿克苏高山叶甲，西北高山叶甲
Oreomela scutellaris Jacobson 盾胸高山叶甲，棕盾高山叶甲

Oreomela setigera Wang 细毛高山叶甲
Oreomela shnitnikovi Jacobson 施氏高山叶甲
Oreomela splendens Lopatin 丽高山叶甲
Oreomela suvorovi Jacobson 红翅高山叶甲，红高山叶甲
Oreomela tarantsha Jacobson 细点高山叶甲
Oreomela tianshanica Chen 天山高山叶甲
Oreomela violacea Wang 紫蓝高山叶甲
Oreomela weisei Jacobson 韦氏高山叶甲，稀皱高山叶甲
Oreomeloe 高山芫菁属
Oreomeloe spinulus Tan 针爪高山芫菁，针爪高山短翅芫菁
Oreomyia laetimaculata Ôuchi 见 *Stratiomys laetimaculata*
Oreophila 山大蚊亚属
Oreopsocini 山蛄族
Oreopsocus 山蛄属
Oreopsocus digitatus Li 指突山蛄
Oreopsocus leptocephalus Li 细头山蛄
Oreopsocus sexangularis Li 六边山蛄
Oreoptygonotus 屹蝗属
Oreoptygonotus brachypterus Yin 见 *Asonus brachypterus*
Oreoptygonotus chinghaiensis (Cheng *et* Hang) 青海屹蝗
Oreoptygonotus robustus Yin 壮屹蝗
Oreoptygonotus tibetanus Tarbinsky 藏屹蝗
Oreorrhinus aberdarensis Marshall 肯尼亚辐射松象甲
OrerNPV [*Orgyia ericae nucleopolyhedrovirus* 的缩写] 灰斑古毒蛾核型多角体病毒
Oressinoma 银柱眼蝶属
Oressinoma sorata Godman *et* Salvin [sorata satyr] 索拉银柱眼蝶
Oressinoma typhla Doubleday [typhla satyr] 银柱眼蝶
Orestes 瘤腹蝽属，瘤竹节虫属
Orestes mouhoti (Bates) 莫氏瘤腹蝽，莫氏瘤竹节虫
orestessa metalmark [*Synargis orestessa* (Hübner)] 奥瑞拟螟蚬蝶
orestia glassy acraea [*Acraea orestia* Hewitson] 艾斯珍蝶
Oreta 山钩蛾属，带钩蛾属
Oreta acutula Watson 尖山钩蛾
Oreta ancora Wilkinson 高原山钩蛾
Oreta andrema Wilkinson 安山钩蛾
Oreta angularis Watson 角山钩蛾，角口夜蛾
Oreta ankyra Chu *et* Wang 同 *Oreta trispinuligera*
Oreta asignis Chu *et* Wang 同 *Oreta obtusa dejeani*
Oreta auripes Butler 同 *Oreta pulchripes*
Oreta bilineata Chu *et* Wang 二线山钩蛾
Oreta bimaculata Chu *et* Wang 同 *Oreta shania*
Oreta brunnea Wileman 棕山钩蛾，银端带钩蛾
Oreta calceolarisa Butler 同 *Oreta pulchripes*
Oreta cera Chu *et* Wang 同 *Oreta shania*
Oreta changi Inoue 张山钩蛾
Oreta dalia Chu *et* Wang 同 *Oreta flavobrunnea*
Oreta eminens (Bryk) 荚蒾山钩蛾
Oreta extensa Walker 展山钩蛾， L 纹带钩蛾，L 纹钩蛾
Oreta figlina Swinhoe 同 *Oreta extensa*
Oreta flavobrunnea Watson 棕黄山钩蛾
Oreta fusca Chu *et* Wang 同 *Oreta pavaca sinensis*
Oreta fuscopurpurea Inoue 紫山钩蛾，铅斑带钩蛾
Oreta griseotincta Hampson 黑斜带钩蛾
Oreta hoenei Watson 宏山钩蛾
Oreta hoenei hoenei Watson 宏山钩蛾指名亚种
Oreta hoenei inangulata Watson 因宏山钩蛾
Oreta hoenei tienia Watson 第宏山钩蛾
Oreta hyalina Chu *et* Wang 同 *Oreta speciosa*
Oreta inflativalva Song, Xue *et* Han 膨瓣山钩蛾
Oreta insignis (Butler) 交让木山钩蛾，虎皮楠带钩蛾，红腹希钩蛾，希钩蛾，红腹钩翅蛾，波带钩蛾，交让木钩蛾，红腹钩蛾
Oreta liensis Watson 连山钩蛾
Oreta loochooana Swinhoe 接骨木山钩蛾，接骨木带钩蛾
Oreta loochooana loochooana Swinhoe 接骨木山钩蛾指名亚种，指名接骨木山钩蛾
Oreta loochooana timutia Watson 接骨木山钩蛾对马亚种，蒂接骨木山钩蛾
Oreta lushansis Fang 同 *Oreta pavaca sinensis*
Oreta obtusa Walker 钝山钩蛾，网线山钩蛾，网线钩蛾
Oreta obtusa dejeani Watson 钝山钩蛾德氏亚种，德网线钩蛾
Oreta obtusa obtusa Walker 钝山钩蛾指名亚种
Oreta paki (Inoue) 北方山钩蛾
Oreta pavaca Moore 帕山钩蛾
Oreta pavaca pavaca Moore 帕山钩蛾指名亚种
Oreta pavaca sinensis Watson 帕山钩蛾华夏亚种，华夏山钩蛾
Oreta pulchripes Butler 黄带山钩蛾
Oreta pulchripes calceolarisa Butler 同 *Oreta pulchripes pulchripes*
Oreta pulchripes pulchripes Butler 黄带山钩蛾指名亚种
Oreta purpurea Inoue 同 *Oreta fuscopurpurea*
Oreta rosea (Walker) [rose hooktip moth] 玫山钩蛾
Oreta sanguinea (Moore) 血红山钩蛾
Oreta shania Watson 两点山钩蛾
Oreta sinuata Chu *et* Wang 同 *Oreta obtusa dejeani*
Oreta speciosa (Bryk) 眼镜山钩蛾
Oreta squamulata Strand 同 *Oreta loochooana*
Oreta trianga Chu *et* Wang 同 *Oreta hoenei hoenei*
Oreta trispina Watson 三棘山钩蛾
Oreta trispinuligera Chen 拟三棘山钩蛾
Oreta turpis Butler 污山钩蛾
Oreta unichroma Chu *et* Wang 同 *Oreta pavaca sinensis*
Oreta unilinea (Warren) 一线山钩蛾
Oreta vatama Moore 瓦山钩蛾
Oreta vatama acutula Watson 瓦山钩蛾网纹亚种，网山钩蛾
Oreta vatama tsina Watson 瓦山钩蛾陕西亚种，津山钩蛾
Oreta vatama vatama Moore 瓦山钩蛾指名亚种
Oreta zigzaga Chu *et* Wang 同 *Oreta pavaca pavaca*
Oretinae 山钩蛾亚科
Oreumenes 奥蜾蠃属，黄蜾蠃属
Oreumenes decoratus (Smith) 镶黄奥蜾蠃，镶黄蜾蠃，镶锈平唇蜾蠃，镶锈蜾蠃，褐胸泥壶蜂
Oreurinus 奥罗伊实蝇属
Oreurinus cuspidatus Ito 古斯奥罗伊实蝇
Orfelia 沃菌蚊属
Orfelia baishanzuensis Cao *et* Xu 百山祖沃菌蚊
Orfelia helvola Cao *et* Xu 棕黄沃菌蚊
Orfelia maculata Cao *et* Xu 眼斑沃菌蚊
Orfeliini 沃菌蚊族 < 该种学名有误写为 Orfeliliini 者 >
orfita euselasia [*Euselasia orfita* (Cramer)] 锦纹优蚬蝶

O

organ 器官
organ culture 器官培养
organ disc 器官盘，器官芽
organ formation 器官形成
organ-forming area 器官形成区
organ of Berlese 柏氏器官 <在臭虫 *Cimex* 中位于腹部右边、第四腹板上的不成对小圆体，功用同交配囊>
organ of Hicks 希氏器 <即钟形感觉器>
organ rudiment 器官雏形；器官残余
organ segregation 器官分离
organ specificity 器官特异性
organ system 器官系统
organe rouge 红色器官 <见于胃蝇 *Gastrophilus* 第一龄幼虫，其脂肪体后部含血红蛋白的大形细胞所构成>
organellar DNA 细胞器 DNA
organelle 细胞器
organelle part 细胞器部件
organic chlorine pesticide poisoning 有机氯农药中毒
organic phosphorus 有机磷
organic phosphorus pesticide 有机磷农药
organic phosphorus pesticide poisoning 有机磷农药中毒
organic solvent 有机溶剂
organism 生物，有机体
organochlorine insecticide 有机氯杀虫剂，有机氯类杀虫剂
organogel 有机凝胶
organogenesis 器官发生，器官形成
organogeny 器官发生
organomercurous 有机汞的
organomercurous pesticide 有机汞农药，有机汞杀虫剂
organophosphate 有机磷酸酯
organophosphate pesticide 有机磷酸酯类杀虫剂，有机磷酸酯类农药，有机磷农药，有机磷杀虫剂
organophosphate poisoning 有机磷酸酯中毒
organophosphorodithioate 有机二硫代磷酸酯
organophosphorothioate 有机硫代磷酸酯
organophosphorus 有机磷的
organophosphorus insecticide 有机磷杀虫剂，有机磷类杀虫剂
organophosphorus pesticide 有机磷农药，有机磷类杀虫剂
organophyly 器官系统发生
Organopoda 须姬尺蛾属，器尺蛾属
Organopoda annulifera (Butler) 环须姬尺蛾，环器尺蛾，坳须尺蛾
Organopoda atrisparsaria Wehrli 深盘须姬尺蛾，深盘雕尺蛾，黑器尺蛾
Organopoda brevipalpis Prout 短须姬尺蛾
Organopoda carnearia (Walker) 大黑斑须姬尺蛾，须姬尺蛾，脊器尺蛾，大黑斑褐姬尺蛾，须尺蛾
Organopoda carnearia carnearia (Walker) 大黑斑须姬尺蛾指名亚种
Organopoda carnearia himalaica Prout 大黑斑须姬尺蛾喜马亚种，喜马脊器尺蛾
Organopoda fulvistriga Bastelberger 褐纹须姬尺蛾，褐纹器尺蛾
Orgilinae 怒茧蜂亚科
Orgilini 怒茧蜂族
Orgilonia 拟怒茧蜂属
Orgilonia chuchiensis Chou 竹崎拟怒茧蜂
Orgilonia vechti van Achterberg 维氏拟怒茧蜂，韦氏澳茧蜂，维氏角怒茧蜂
Orgilus 怒茧蜂属
Orgilus amplissimus Chou 巨怒茧蜂
Orgilus caballus Chou 长脸怒茧蜂
Orgilus caritus Chou 缺脉怒茧蜂
Orgilus cretus Chou 宽缝怒茧蜂
Orgilus cunctus Chou 全皱怒茧蜂
Orgilus galbinus Chou 黄怒茧蜂
Orgilus improcerus Chou 短腰怒茧蜂
Orgilus ischnus Marshall 瘦怒茧蜂
Orgilus kumatai Watanabe 熊太怒茧蜂
Orgilus lepidus Muesebeck 美丽怒茧蜂
Orgilus leptocephalus (Hartig) 小头怒茧蜂
Orgilus lini Chou 林氏怒茧蜂
Orgilus longiceps Muesebeck 长头怒茧蜂
Orgilus meifengensis Chou 梅峰怒茧蜂
Orgilus nigromaculatus Cameron 黑斑怒茧蜂
Orgilus obscurator (Nees) 暗色怒茧蜂
Orgilus pappianus Taeger 帕怒茧蜂
Orgilus planus Chou 光怒茧蜂
Orgilus rarus Chou 稀怒茧蜂
Orgilus taiwanensis Chou 台湾怒茧蜂
Orgyia 古毒蛾属
Orgyia anartoides Walker [painted apple moth, Australian vapourer moth, painted acacia moth] 澳古毒蛾
Orgyia antiqua (Linnaeus) [rusty tussock moth, vapourer, common vapourer, vapourer moth, common vapourer moth] 古毒蛾，缨尾毛虫，落叶松毒蛾，角斑台毒蛾，杨白纹毒蛾，囊尾毒蛾，角斑古毒蛾，白刺古毒蛾
Orgyia antiqua antiqua (Linnaeus) 古毒蛾指名亚种
Orgyia antiqua confinis Grum-Grshimailo 同 *Orgyia antiqua antiqua*
***Orgyia antiqua* f. manchurica** Matsumura 同 *Orgyia antiqua antiqua*
Orgyia antiqua nova Fitch 古毒蛾纽约亚种
Orgyia antiquoides (Hübner) 类古毒蛾
Orgyia aurolimbata Guenée 金缘古毒蛾
Orgyia australis Walker 褐贝壳杉古毒蛾
Orgyia basalis Walker 基古毒蛾
Orgyia convergens Collenette 合古毒蛾，合台毒蛾
Orgyia curva Chao 弯古毒蛾
Orgyia definita Packard [definite tussock moth, definite-marked tussock moth, yellow-headed tussock moth] 美古毒蛾，黑合毒蛾
Orgyia detrita Guérin-Méneville [fir tussock moth] 杉古毒蛾
Orgyia dubia (Tauscher) 黄古毒蛾，黄台毒蛾
Orgyia ericae Germar 同 *Orgyia antiquoides*
Orgyia ericae leechi Kirby 同 *Orgyia antiquoides*
Orgyia ericae nucleopolyhedrovirus [abb. OrerNPV] 灰斑古毒蛾核型多角体病毒
Orgyia flavolimbata Staudinger 黄缘古毒蛾，黄缘台毒蛾
Orgyia gonostigma (Linnaeus) 角斑古毒蛾
Orgyia gonostigma approximans Butler [red-spotted tussock moth] 角斑古毒蛾赤纹亚种，梨赤纹毒蛾
Orgyia gonostigma gonostigma (Linnaeus) 角斑古毒蛾指名亚种

Orgyia hopkinsi Collenette 霍氏古毒蛾
Orgyia immaculkata Gaede 无斑古毒蛾，清台毒蛾
Orgyia leucostigma (Smith) [white-marked tussock moth] 白斑古毒蛾，白斑毒蛾，白斑合毒蛾
Orgyia mixta Snellen [mixed vapourer, common African tussock moth] 非洲古毒蛾
Orgyia nantonis Matsumura 南投古毒蛾
Orgyia nucula Swinhoe 见 *Bembina nucula*
Orgyia obscura Zetterstedt 同 *Dicallomera fascelina*
Orgyia oslari (Barnes) 大冷杉合毒蛾
Orgyia parallela Gaede 平纹古毒蛾，平纹台毒蛾
Orgyia postica (Walker) [cocoa tussock moth, hevea tussock moth, common oriental tussock moth] 棉古毒蛾，小白纹毒蛾，荞麦毒蛾
Orgyia prisca Staudinger 沙枣古毒蛾，沙枣台毒蛾
Orgyia pseudabiesis Butler 杉古毒蛾，杉毒蛾
Orgyia pseudotsugata (McDunnough) [Douglas fir tussock moth] 松古毒蛾，黄杉合毒蛾，黄杉毒蛾
Orgyia pudibunda (Linnaeus) 见 *Calliteara pudibunda*
Orgyia recens (Hübner) [scarce vapourer moth] 再同古毒蛾，角斑台毒蛾，角斑古毒蛾
Orgyia recens approximans Butler 再同古毒蛾近亚种，近再同古毒蛾，杨白纹毒蛾
Orgyia recens recens (Hübner) 再同古毒蛾指名亚种
Orgyia shelfordi Collenette 见 *Parvaroa shelfordi*
Orgyia thyellina Butler [white-spotted tussock moth, Japanese tussock moth] 旋古毒蛾，樱桃白纹毒蛾
Orgyia tristis (Heylaerts) 丝古毒蛾，丝茸毒蛾
Orgyia truncata Chao 平古毒蛾
Orgyia tuberculata Chao 瘤古毒蛾
Orgyia turbata Butler 涡古毒蛾，涡台毒蛾，橙纹小毒蛾
Orgyia vetusta Boisduval [western tussock moth] 西古毒蛾，西方橡合毒蛾，西合毒蛾，老年毒蛾
Orgyiinae 古毒蛾亚科 < 此亚科学名有误写为 Orgyinae 者 >
Orgyiini 古毒蛾族
Orhespera 山丝跳甲属
Orhespera fulvohirsuta Chen *et* Wang 丽江山丝跳甲
Orhespera glabricollis (Chen *et* Wang) 光胸山丝跳甲
Orhespera impressicollis Chen *et* Wang 凹胸山丝跳甲
Orhthalmitis 四星尺蛾属
Orhthalmitis longiprocessa Jiang, Xue *et* Han 长突四星尺蛾
Oria musculosa (Hübner) [Brighton wainscot moth] 麦秆夜蛾
oriander skipper [*Drephalys oriander* (Hewitson)] 奥安卓弄蝶
Oribius cruciatus Faust 巴布亚柚木象甲
orichalceous [= orichalceus, aurichalceous, aurichalceus] 金铜色
orichalceus 见 orichalceous
Oridryas 奥织蛾属
Oridryas angarensis Meyrick 安奥织蛾
Oridryas isalopex Meyrick 伊奥织蛾
Oridryas isalopex isalopex Meyrick 伊奥织蛾指名亚种
Oridryas isalopex mienshanensis Meyrick 同 *Oridryas isalopex isalopex*
Oriencyrtus 东方跳小蜂属
Oriencyrtus beybienkoi Sugonjaev *et* Trjapitzin 贝氏东方跳小蜂
Orienicydnus 东方土蝽属
Orienicydnus hongi Yao, Cai *et* Ren 洪氏东方土蝽
oriens metalmark [*Mesene oriens* Butler] 欧迷蚬蝶
Oriens 偶侣弄蝶属
Oriens augustula (Herrich-Schäffer) [Fiji grass dart] 八月偶侣弄蝶
Oriens concinna (Elwes) [Tamil dartlet, Sahyadri dartlet] 南亚偶侣弄蝶
Oriens gola (Moore) [common dartlet] 偶侣弄蝶
Oriens gola gola (Moore) 偶侣弄蝶指名亚种
Oriens gola pseudolous (Mabille) 偶侣弄蝶广布亚种，广布偶侣弄蝶
Oriens goloides (Moore) [smaller dartlet] 双子偶侣弄蝶
Oriens paragola (de Nicéville *et* Martin) [Malay dartlet] 黄斑偶侣弄蝶，异偶侣弄蝶
Orientabia 东阿锤角叶蜂属，东锤角叶蜂属
Orientabia pilosa (Kônow) 多毛东阿锤角叶蜂
Orientabia sinica Wei *et* Yan 中国东锤角叶蜂
oriental armyworm [= northern armyworm, southern armyworm, armyworm, ear-cutting caterpillar, rice armyworm, rice ear-cutting caterpillar, paddy armyworm, *Mythimna separata* (Walker)] 黏虫，东方黏虫，分秘夜蛾，黏秘夜蛾
oriental asparagus beetle [*Crioceris orientalis* Jacoby] 东方负泥虫，东方笋负泥虫，东方天门冬叶甲，东方窄颈金花虫
oriental bean flower thrips [= Asian bean thrips, bean flower thrips, *Megalurothrips usitatus* (Bagnall)] 普通大蓟马，豆花蓟马，豆大蓟马
oriental beetle [= spotted chafer, *Exomala orientalis* (Waterhouse)] 东方平丽金龟甲，东方斑丽金龟，东方丽金龟，东方异丽金龟甲，东方异丽金龟，东方勃鳃金龟
oriental big aphid [=pine leaf aphid, *Cinara orientalis* (Takahashi)] 东方长足大蚜，东方松蚜，东方钝喙大蚜，东方松针蚜，东方单脉大蚜，华山松长足大蚜
oriental brown chafer [= oriental bud chafer, smaller velvety chafer, *Maladera orientalis* (Motschulsky)] 东方玛绢金龟甲，东方绢金龟，东方金龟子，东方金龟，黑绒金龟甲，黑绒金龟，黑绒金龟子，黑绒鳃金龟，黑绒鳃金龟甲，天鹅绒金龟子，黑桶金龟子，稻鳃角金龟，小天鹅绒鳃金龟，小天鹅绒鳃角金龟
oriental bud chafer 见 oriental brown chafer
oriental cacao mealybug [= cacao mealybug, coffee mealybug, oriental mealybug, cocoa mealybug, *Planococcus lilacinus* (Cockerell)] 南洋臀纹粉蚧，咖啡臀纹粉蚧，南洋刺粉蚧，可可粉蚧，紫臀纹粉蚧，咖啡臀纹粉介壳虫
oriental carpenter bee [*Xylocopa* (*Biluna*) *nasalis* Westwood] 竹木蜂
oriental carpenter moth [*Yakudza vicarius* (Walker)] 东方雅木蠹蛾，东方木蠹蛾，榆木蠹蛾，柳干木蠹蛾，柳乌木蠹蛾，大褐木蠹蛾
oriental chestnut gall wasp [= chestnut gall wasp, *Dryocosmus kuriphilus* Yasumatsu] 板栗瘿蜂，栗瘿蜂
oriental chinch bug [*Cavelerius saccharivorus* (Okajima)] 甘蔗异背长蝽，甘蔗长蝽
oriental citrus aphid [= brown citrus aphid, black citrus aphid, tropical citrus aphid, *Aphis citricidus* (Kirkaldy)] 褐色橘蚜，褐橘声蚜，大橘蚜，橘蚜
oriental citrus scale [= arrowhead scale, arrowhead snow scale,

Yanon scale, Japanese citrus scale, *Unaspis yanonensis* (Kuwana)] 矢尖盾蚧，矢尖蚧，箭头蚧，矢根蚧，矢根介壳虫，箭头介壳虫

oriental clouded yellow [*Colias poliographus Motschulsky*] 东亚豆粉蝶，东方豆粉蝶，斑缘豆粉蝶东方亚种，灰豆粉蝶，坡豆粉蝶，黄纹豆粉蝶

oriental cockroach [= oriental roach, Asiatic cockroach, black beetle, waterbug, *Blatta orientalis* Linnaeus] 东方蜚蠊，东方大蠊

oriental common cerulean [*Jamides celeno celeno* (Cramer)] 锡冷雅灰蝶指名亚种，指名锡雅灰蝶

oriental cotton bug [= red cotton stainer, red cotton bug, cotton stainer, kapok bug, oriental cotton stainer, *Dysdercus cingulatus* (Fabricius)] 离斑棉红蝽，棉红蝽，棉二点红蝽，二点星红蝽

oriental cotton stainer 见 oriental cotton bug

oriental dock bug [*Coreus marginatus orientalis* (Kiritshenko)] 原缘蝽东方亚种，东方原缘蝽

oriental down beetle [*Anoxia orientalis* (Krynicky)] 东方害鳃金龟甲，东方害鳃金龟

oriental eyed hawk moth [= eastern eyed hawk moth, eyed hawk moth, cherry horn worm, *Smerinthus planus* Walker] 蓝目天蛾，蓝目灰天蛾，柳天蛾

oriental field cricket [= oriental garden cricket, Taiwan field cricket, *Teleogryllus mitratus* (Burmeister)] 南方油葫芦，黄褐油葫芦，褐蟋蟀，北京油葫芦，台湾油葫芦，油葫芦，白缘眉纹蟋蟀

oriental fir bark moth [= spruce bark tortrix, *Cydia pactolana* (Zeller)] 松皮小卷蛾，东方杉皮小卷蛾

oriental fir budworm [*Lozotaenia coniferana* (Issiki)] 松点卷蛾，东方杉点卷蛾，云杉大卷蛾，亢点卷蛾

oriental flower beetle [*Protaetia orientalis* (Gory *et* Percheron)] 凸星花金龟甲，凸星花金龟，东方星花金龟，东方白点花金龟

oriental flower thrips [= banana flower thrips, flower thrips, *Thrips florum* Schmutz] 花蓟马，褐花蓟马

oriental fruit fly [*Bactrocera* (*Bactrocera*) *dorsalis* (Hendel)] 橘小实蝇，橘果实蝇，柑橘小实蝇，东方果实蝇，背斯土实蝇

oriental fruit moth [= oriental peach moth, peach moth, peach tip moth, *Grapholita molesta* (Busck)] 梨小食心虫，果树小卷蛾，桃折梢虫，折梢虫

oriental garden cricket 见 oriental field cricket

oriental garden fleahopper 1. [= sweetpotato flea hopper, thick-legged plant bug, garden fleahopper, black garden fleahopper, *Halticus minutus* Reuter] 甘薯跳盲蝽，微小跳盲蝽，黑跳盲蝽，花生黑盲蝽，花生跳盲蝽；2. [= Japanese garden fleahopper, giant black Tobi mirid, *Ectmetopterus micantulus* (Horváth)] 甘薯跃盲蝽，日本庭园盲蝽，跃盲蝽，日本跳盲蝽

oriental giant water bug [*Lethocerus deyrolli* (Vuillefroy)] 大泐负蝽，大鳖负蝽，大鳖蝽，大田鳖，大负子蝽，狄氏大田鳖，桂花负蝽，日本大田鳖

oriental grass jewel [= jewelled grass-blue, eastern grass jewel, *Freyeria putli* (Kollar)] 普福来灰蝶

oriental great eggfly [*Hypolimnas bolina jacintha* (Drury)] 幻蛱蝶华南亚种，幻蛱蝶大陆亚种，华西幻紫斑蛱蝶，联珠拟斑紫蛱蝶

oriental green rice leafhopper [= green paddy leafhopper, green leafhopper, green rice leafhopper, rice green leafhopper, *Nephotettix virescens* (Distant)] 二点黑尾叶蝉，绿黑尾叶蝉，台湾黑尾叶蝉

oriental hornet [= Levantine hornet, *Vespa orientalis* Linnaeus] 东方胡蜂

oriental house fly [= Levant house fly, *Musca domestica vicina* Macquart] 家蝇东方亚种，舍蝇，窄额家蝇，东方家蝇

Oriental Insects 东方昆虫 <期刊名>

Oriental Insects Monographs 东方昆虫专论 <期刊名>

oriental lappet [*Gastropacha orientalis* Sheljuzhko] 远东褐枯叶蛾，东方枯叶蛾

oriental larch bark moth [*Cydia laricicolana* Kuznetzov] 东方松皮小卷蛾

oriental latrine fly [*Chrysomya megacephala* (Fabricius)] 大头金蝇

oriental leafworm moth [= taro caterpillar, armyworm,cluster caterpillar, common cutworm, cotton leafworm, cotton worm, Egyptian cotton leafworm, rice cutworm, tobacco budworm, tobacco caterpillar, tobacco leaf caterpillar, tobacco cutworm, tropical armyworm, *Spodoptera litura* (Fabricius)] 斜纹夜蛾，斜纹贪夜蛾，莲纹夜蛾，烟草近尺蠖夜蛾，夜老虎，五花虫，麻麻虫

oriental leopard moth [*Zeuzera leuconotum* Butler] 六星黑点豹蠹蛾，栎豹斑蛾，白点多斑豹蠹蛾

oriental long-headed locust [= smaller long-headed locust, *Atractomorpha lata* (Motschulsky)] 长额负蝗，大尖头蝗

oriental longheaded grasshopper [= Chinese short-horned grasshopper, Chinese grasshopper, oriental longheaded locust, *Acrida cinerea* (Thunberg)] 中华剑角蝗，中华蚱蜢，东亚蚱蜢

oriental longheaded locust 见 oriental longheaded grasshopper

oriental marble [*Falcuna orientalis* (Bethune-Baker)] 东非福灰蝶

oriental meadow brown [*Hyponephele lupina* (Costa)] 黄衬云眼蝶

oriental mealybug 见 oriental cacao mealybug

oriental migratory locust [= Asiatic locust, *Locusta migratoria manilensis* (Meyen)] 东亚飞蝗，亚洲飞蝗，飞蝗亚洲亚种

oriental mole cricket [*Gryllotalpa orientalis* Burmeister] 东方蝼蛄

oriental moth [*Monema flavescens* Walker] 黄刺蛾，黄银纹刺蛾

oriental palm bob [= Indian palm bob, palm bob, *Suastus gremius* (Fabricius)] 黑星素弄蝶，素弄蝶，黑星弄蝶，葵弄蝶，棕弄蝶

oriental parnassian moth [= ratardid moth, ratardid] 缺缰蛾，缺缰木蠹蛾，缺缰蠹蛾 <缺缰蛾科 Ratardidae 昆虫的通称>

oriental pea aphid [= groundnut aphid, cowpea aphid, black legume aphid, peanut aphid, African bean aphid, bean aphid, black lucerne aphid, lucerne aphid, *Aphis craccivora* Koch] 豆蚜，槐蚜，刺槐蚜，花生长毛蚜，花生蚜，棉黑蚜，刀豆黑蚜，乌苏黑蚜，苜蓿蚜，甘草蚜虫，蚕豆蚜

oriental peach moth 见 oriental fruit moth

oriental pine adelges [= oriental woolly aphid, *Pineus orientalis* (Dreyfus)] 东方松球蚜

oriental rat flea [*Xenopsylla cheopis* (Rothschild)] 印鼠客蚤，开皇客蚤，印度鼠蚤，东方鼠蚤

Oriental Realm 东洋界

oriental red scale [= oriental yellow scale, oriental scale, round reddish scale, *Aonidiella orientalis* (Newstead)] 东方肾圆盾蚧，东方圆红蚧

Oriental Region 东洋区
oriental rice thrips [= rice thrips, paddy thrips, *Stenchaetothrips biformis* (Bagnall)] 稻直鬃蓟马，稻蓟马，稻芽蓟马
oriental roach 见 oriental cockroach
oriental scale 见 oriental red scale
oriental scarlet [= scarlet skimmer, ruddy marsh skimmer, *Crocothemis servilia* (Drury)] 红蜻，猩红蜻蜓
oriental silverfish [*Ctenolepisma villosa* (Fabricius)] 多毛栉衣鱼，东方栉衣鱼，敏栉衣鱼，毛衣鱼
oriental skipper [*Carcharodus orientalis* Reverdin] 东方卡弄蝶
oriental soil-nesting termite [= Formosan subterranean termite, Formosan super termite, Formosan termite, oriental subterranean termite, super-termite, *Coptotermes formosanus* Shiraki] 台湾乳白蚁，台湾家白蚁，家白蚁，家屋白蚁
oriental soybean thrips [= soybean thrips, *Mycterothrips glycines* (Okamoto)] 豆啮蓟马，大豆奇菌蓟马，豆双毛蓟马
oriental stink bug [= brown-winged green bug, *Plautia stali* Scott] 斯氏珀蝽，珀椿象
oriental subterranean termite 见 oriental soil-nesting termite
oriental swallowtail moth 1. [= epicopeiid moth, epicopeiid] 凤蛾 <凤蛾科 Epicopeiidae 昆虫的通称>；2. [*Nossa moorei* (Elwes)] 虎腹斑蝶蛱蛾，虎腹蛱蛾，诺蛱蛾
oriental tea tortrix [*Homona magnanima* Diakonoff] 茶长卷蛾，后黄卷叶蛾，茶长卷叶蛾，茶卷叶蛾
oriental tobacco budworm [= Cape gooseberry budworm, tobacco budworm, tobacco caterpillar, *Helicoverpa assulta* (Guenée)] 烟青虫，烟实夜蛾，烟谷实夜蛾
oriental tomato thrips [*Ceratothripoides claratris* (Shumsher)] 番茄异角蓟马，番茄角蓟马
oriental tussock moth [*Euproctis subflava* (Bremer)] 亚折带黄毒蛾，东方毒蛾
oriental whitefly [= citrus blackfly, blue grey fly, citrus spring whitefly, *Aleurocanthus woglumi* Ashby] 橘黑刺粉虱，柑黑刺粉虱，橘果刺粉虱，乌氏刺粉虱，贺氏刺粉虱，吴氏刺粉虱
oriental wood borer [= lesser auger beetle, *Heterobostrychus aequalis* (Waterhouse)] 双钩异翅长蠹，等异翅长蠹
oriental woolly aphid [= oriental pine adelges, *Pineus orientalis* (Dreyfus)] 东方松球蚜
oriental yellow scale 见 oriental red scale
Orientalibombus 东方熊蜂亚属，东熊蜂亚属
Orientalicesa 光带螺蠃属，东方螺蠃属
Orientalicesa confasciatus Tan *et* Carpenter 单带光带螺蠃，单带东方螺蠃
Orientalicesa nigra Li, Barthélémy *et* Carpenter 黑光带螺蠃
Orientalicesa unifasciatus (von Schulthess) 同 *Orientalicesa confasciatus*
Orientalicesa rangpocus (Girish Kumar, Carpenter *et* Lambert) 黄光带螺蠃
Orientanoplius 东安蛛蜂属
Orientanoplius apicalis Haupt 端东安蛛蜂
Orientanoplius niger Haupt 黑东安蛛蜂
Orientanoplius obscuratus Haupt 暗东安蛛蜂
orientating function 定位作用
orientation 定向
orientation behavio(u)r 定向行为
orientation discrimination 朝向辨别
orientation reaction 定位反应
oriented response 定向反应
Orienticaelum 拟刺脉实蝇属，东方实蝇属，方刺实蝇属
Orienticaelum femoratum (Shiraki) 日本拟刺脉实蝇，日本东方实蝇
Orienticaelum parvisetalis (Hering) 四纹拟刺脉实蝇，帕维东方实蝇
Orienticaelum varipes (Chen) 三纹拟刺脉实蝇，瓦里东方实蝇，异东方刺实蝇
Orientichopsis 东方蝶蛉属
Orientichopsis formosa (Kuwayama) 见 *Balmes formosus*
Orientidia 东方蚁蜂属
Orientidia circumcincta (André) 围带东方蚁蜂，曲带东方蚁蜂
Orientidia emarginata (Chen) 无边东方蚁蜂，凹缘东方蚁蜂
Orientidia obscurilamina (Chen) 片东方蚁蜂，暗片东方蚁蜂
Orientidia recessa (Chen) 见 *Zavatilla recessa*
Orientilla 东洋蚁蜂属
Orientilla desponsa (Smith) 同 *Orientilla variegata*
Orientilla tausignata (Chen) 叉东洋蚁蜂，下纹东方蚁蜂
Orientilla variegata (Smith) 变东洋蚁蜂，婚东洋蚁蜂，婚窄蚁蜂，德东方蚁蜂
Orientispa 东螳蛉属
Orientispa coronata Yang 皇冠东螳蛉
Orientispa flavacoxa Yang 黄基东螳蛉
Orientispa fujiana Yang 福建东螳蛉
Orientispa longyana Yang 龙岩东螳蛉
Orientispa nigricoxa Yang 黑基东螳蛉
Orientispa ophryuta Yang 眉斑东螳蛉
Orientispa pusilla Yang 小东螳蛉
Orientispa semifurva Yang 半黑东螳蛉
Orientispa xuthoraca Yang 黄背东螳蛉
Orientobracon 东方茧蜂亚属
Orientocapsus 东亚盲蝽属
Orientocapsus bicoloratus Yasunaga *et* Schwartz 二色东亚盲蝽
Orientogomphus 东方春蜓属
Orientogomphus armatus Chao *et* Xu 具突东方春蜓
Orientohemiteles 东方姬蜂属
Orientohemiteles ovatus Uchida 椭东方姬蜂，卵形东方姬蜂
Orientomiris 东盲蝽属
Orientomiris erectus Zheng 立毛东盲蝽
Orientomiris piceus (Reuter) 四川东盲蝽，川淡盲蝽，川秀盲蝽，黑拼盲蝽
Orientomiris pronotalis (Li *et* Zheng) 斑胸东盲蝽，斑胸豆盲蝽
Orientomiris pseudopronotalis (Li *et* Zheng) 黑头东盲蝽
Orientomiris rubripedus (Li *et* Zheng) 红足东盲蝽
Orientomiris sinicus (Walker) 华夏东盲蝽，香港真盲蝽
Orientomiris tenuicornis (Li *et* Zheng) 细角东盲蝽
Orientomiris yunnananus (Li *et* Zheng) 云南东盲蝽
Orientomiris zoui (Li *et* Zheng) 邹氏东盲蝽
Orientomyia 东方猎舞虻亚属
Orientopius 东洋茧蜂属
Orientopius formosanus Fisher 台湾东洋茧蜂，芙潜蝇茧蜂
Orientopius punctatus van Achterberg *et* Li 刻背东洋茧蜂
Orientostichus 硕通缘步甲亚属

Orientoya 东洋飞虱属
Orientoya orientalis Chen *et* Ding 东洋飞虱
Orientuberculoides 东方棘斑蚜亚属
Orientus 东方叶蝉属
Orientus amurensis Guglielmino 阿穆尔东方叶蝉，黑龙江东方叶蝉
Orientus ishidae (Matsumura) [mosaic leafhopper, Japanese leafhopper, apple leafhopper, apple marmorated leafhopper] 苹果东方叶蝉，苹斑东方叶蝉，苹斑叶蝉，苹果叶蝉，新东方叶蝉，狭头叶蝉，箭形暗小叶蝉 < 该种学名有误写为 *Orientus ishidai* (Matsumura) 者 >
Orientus tinctorius (Sanders *et* DeLong) 长板东方叶蝉
Orientus ulmeus Li, Song *et* Yan 白榆东方叶蝉
Orieotrechus 东洋长蝽属
Orieotrechus aeruginosus (Distant) 东洋长蝽
orificial canal [= ostiolar canal] 臭腺道
orificium 孔 < 指生殖孔或肛门 >
Origanaus 俄荔蝽属
Origanaus tibetanus Zheng *et* Jin 藏俄荔蝽
origin 起源，起点 < 指肌肉的固定端 >
origin center 发源中心
original club-dot sailer [*Neptis melicerta* (Drury)] 小白环蛱蝶
original cross 初次杂交
original description 原始描述
original firetip [= phidias firetip, *Pyrrhopyge phidias* (Linnaeus)] 红臀弄蝶
original race 原种 < 家蚕的 >
original strain 1. 原种；2. 原系统
original strain of authorized race 原原母种 < 家蚕的 >
original type 原模式标本
origo groundstreak [*Calycopis origo* Godman *et* Salvin] 欧瑞俏灰蝶
Oriini 小花蝽族
Orimarga 缘大蚊属，熟大蚊属
Orimarga (***Orimarga***) ***aequivena*** Alexander 等腹缘大蚊，等脉熟大蚊
Orimarga (***Orimarga***) ***basilobata*** Alexander 基裂缘大蚊，基叶熟大蚊
Orimarga (***Orimarga***) ***cruciformis*** Alexander 十字缘大蚊，十字熟大蚊
Orimarga (***Orimarga***) ***exasperata*** Alexander 外粗缘大蚊，外糙熟大蚊
Orimarga (***Orimarga***) ***fokiensis*** Alexander 福建缘大蚊，闽熟大蚊
Orimarga (***Orimarga***) ***formosicola*** Alexander 丽缘大蚊，台湾熟大蚊
Orimarga (***Orimarga***) ***fuscivenosa*** Alexander 棕腹缘大蚊，棕脉熟大蚊，褐毒熟大蚊
Orimarga (***Orimarga***) ***griseipennis*** Alexander 灰翼缘大蚊，灰翅熟大蚊
Orimarga (***Orimarga***) ***guttipennis*** Alexander 滴翼缘大蚊，斑翅熟大蚊
Orimarga (***Orimarga***) ***gymnoneura*** Alexander 光脉缘大蚊，裸脉缘大蚊，裸尾熟大蚊
Orimarga (***Orimarga***) ***latissima*** Alexander 宽缘大蚊，宽凹熟大蚊
Orimarga (***Orimarga***) ***nudivena*** Alexander 裸脉缘大蚊，裸脉熟大蚊
Orimarga (***Orimarga***) ***omeina*** Alexander 峨眉缘大蚊，峨眉熟大蚊
Orimarga (***Orimarga***) ***seticosta*** Alexander 缘毛缘大蚊，毛缘熟大蚊
Orimarga (***Orimarga***) ***streptocerca*** Alexander 扭角缘大蚊，弯须熟大蚊
Orimarga (***Orimarga***) ***taiwanensis*** Alexander 台湾缘大蚊，乌来熟大蚊
Orimargula 缘安大蚊亚属
orina legionnaire [*Acraea orina* Hewitson] 淡褐珍蝶
Orinentomon 山蚖属
Orinentomon sinensis Yin *et* Xie 中华山蚖
Orinhippinae 驹蝗亚科
Orinhippus 驹蝗属
Orinhippus tibetanus Uvarov 西藏驹蝗
Orinhippus trisulcus Yin 三沟驹蝗
Orinocarabus laotse Breuning 见 *Carabus laotse*
Orinoma 岳眼蝶属
Orinoma album Chou *et* Li 白纹岳眼蝶
Orinoma damaris Gray [tigerbrown] 达岳眼蝶，岳眼蝶
orion [= stinky leafwing, *Historis odius* (Fabricius)] 端突蛱蝶
Oriosiotes formosanus Schedl 同 *Cyrtogenius luteus*
orites catone [= orange-banded shoemaker butterfly, *Catonephele orites* Stichel] 奥黑蛱蝶
orius skipper [= yellow-ringed skipper, *Naevolus orius* (Mabille)] 痣弄蝶
Orius 小花蝽属
Orius agilis (Flor) 黑翅小花蝽
Orius albidipennis (Rueter) 淡翅小花蝽
Orius atratus Yasunaga 黑小花蝽
Orius bifilaris Ghauri 二叉小花蝽
Orius chinensis Bu *et* Zheng 中国小花蝽
Orius gladiatus Zheng 剑鞭小花蝽
Orius horvathi (Reuter) 荷氏小花蝽
Orius insidiosus (Say) [insidious flower bug] 狡小花蝽，狡诈花蝽，美洲小花蝽
Orius laevigatus (Fieber) 无毛小花蝽，美洲小花蝽
Orius laticollis (Reuter) 细鞭小花蝽
Orius majusculus (Reuter) 美洲小花蝽
Orius minutus (Linnaeus) 微小花蝽
Orius nagaii Yasunaga 明小花蝽
Orius neimongolanus Bu *et* Zheng 内蒙古小花蝽
Orius niger Wolff 肩毛小花蝽
Orius sauteri (Poppius) [mulberry flower bug] 东亚小花蝽，桑小花蝽，姬花蝽
Orius sibiricus Wagner 西伯利亚小花蝽
Orius similis Zheng 同 *Orius strigicollis*
Orius strigicollis (Poppius) 南方小花蝽，南方小黑花蝽，台湾小花蝽，小黑花椿象
Orius sublaevis (Poppius) 污色小花蝽
Orius tantillus (Motschulsky) 淡翅小花蝽
Orius tristicolor (White) [minute pirate bug] 暗色小花蝽
Orius vicinus (Ribaut) 邻小花蝽
orl fly [= alderfly, alder fly, orlfly, sialid] 泥蛉 < 泥蛉科 Sialidae 昆

虫的通称 >
orlfly 见 orl fly
orma [*Mopala orma* (Plötz)] 善弄蝶
Ormenis mendax Melichar 见 *Phylliana mendax*
Ormiini 球胸寄蝇族，奥寄蝇族
Ormiston's oakblue [*Arhopala ormistoni* Riley] 链娆灰蝶
Ormocerinae 盾沟金小蜂亚科
Ormomantis 细螳属
Ormomantis indica Giglio-Tos 印度细螳
Ormomantis yunnanensis Wang 云南细螳
Ormosia 索大蚊属，奥大蚊属
Ormosia affixa Alexander 峨眉索大蚊，不附奥大蚊
Ormosia angustaurata Alexander 狭黄索大蚊，金角奥大蚊
Ormosia anthracopoda Alexander 黑足索大蚊，煤足奥大蚊
Ormosia arisanensis Alexander 阿里索大蚊，阿里奥大蚊
Ormosia auricosta Alexander 金脉索大蚊，金缘奥大蚊
Ormosia beatifica Alexander 丽索大蚊，祝奥大蚊
Ormosia biannulata Alexander 双环索大蚊，二环奥大蚊
Ormosia curvispina Alexander 弯刺索大蚊，弯刺奥大蚊
Ormosia decorata Alexander 华美索大蚊，丽奥大蚊
Ormosia defessa Alexander 迪飞索大蚊，倦奥大蚊
Ormosia diplotergata Alexander 双背索大蚊，双背奥大蚊，台奥大蚊
Ormosia diversipennis Alexander 石山索大蚊，歧奥大蚊
Ormosia fixa Alexander 固索大蚊，附奥大蚊
Ormosia formosana Edwards 台湾索大蚊，台湾奥大蚊
Ormosia fugitiva Alexander 敏索大蚊，避奥大蚊
Ormosia grahami Alexander 细钩索大蚊，格奥大蚊
Ormosia inaequispina Alexander 奇索大蚊，不等刺奥大蚊
Ormosia insolita Alexander 纤细索大蚊，稀奥大蚊
Ormosia lataurata Alexander 黄缘索大蚊，川奥大蚊
Ormosia nigripennis Alexander 黑翅索大蚊，黑翅奥大蚊
Ormosia officiosa Alexander 珍索大蚊，殷奥大蚊
Ormosia praecisa Alexander 奇尾索大蚊，缩奥大蚊
Ormosia profesta Alexander 原索大蚊，常奥大蚊
Ormosia shoreana Alexander 松岭索大蚊，岸奥大蚊
Ormosia solita Alexander 粗索大蚊，独奥大蚊
Ormosia subducalis Alexander 双索大蚊，蜀奥大蚊
Ormosia tenuispinosa Alexander 细刺索大蚊，细刺奥大蚊
Ormosia weymarni Alexander 东北索大蚊，威奥大蚊
ormyrid 1. [= ormyrid wasp] 刻腹小蜂 < 刻腹小蜂科 Ormyridae 昆虫的通称 >; 2. 刻腹小蜂科的
ormyrid wasp [= ormyrid] 刻腹小蜂
Ormyridae 刻腹小蜂科
Ormyrus 刻腹小蜂属
Ormyrus coccotori Yao *et* Yang 瘿孔象刻腹小蜂
Ormyrus lini Chen 林氏刻腹小蜂
Ormyrus punctiger Westwood 具点刻腹小蜂
ORN [olfactory receptor neuron 的缩写] 嗅觉受体神经元
ornamentation 纹饰
ornate aphid [= violet aphid, *Myzus ornatus* Laing] 堇菜瘤蚜，紫罗兰瘤蚜，紫罗兰瘤额蚜
ornate bella moth [= bella moth, ornate moth, rattlebox moth, *Utetheisa ornatrix* (Linnaeus)] 美丽星灯蛾，美丽灯蛾，雅星灯蛾，响盒蛾，响盒灯蛾
ornate dusk-flat [*Chaetocneme denitza* (Hewitson)] 稀铜弄蝶
ornate green charaxes [*Charaxes subornatus* Schultze] 淡绿无螯蛱蝶，雅螯蛱蝶
ornate junea [*Junea doraete* (Hewitson)] 刺眼蝶
ornate mantis [= wandering violin mantis, Indian rose mantis, *Gongylus gongylodes* (Linnaeus)] 圆头螳，印琴锥螳，游荡小提琴螳螂
ornate moth 见 ornate bella moth
ornate orchre [= ornate ochre skipper, *Trapezites genevieveae* Atkins] 美梯弄蝶
ornate orchre skipper 见 ornate ochre
ornate pit scale [= cerococcid scale, cerococcid] 壶蚧 < 壶蚧科 Cerococcidae 昆虫的通称 >
ornate shieldbug [= red cabbage bug, *Eurydema ornata* (Linnaeus)] 甘蓝菜蝽，昌吉菜蝽
ornate tailed digger wasp [*Cerceris rybyensis* (Linnaeus)] 日本节腹泥蜂
Ornativalva 桎麦蛾属
Ornativalva acutivalva Sattler 尖瓣桎麦蛾
Ornativalva aspera Sattler 粗额桎麦蛾
Ornativalva basistriga Sattler 条桎麦蛾
Ornativalva frontella Sattler 额桎麦蛾
Ornativalva grisea Sattler 灰桎麦蛾
Ornativalva heluanensis (Debski) 埃及桎麦蛾
Ornativalva miniscula Li *et* Zheng 小桎麦蛾
Ornativalva mixolitha (Meyrick) 石桎麦蛾
Ornativalva novicornifrons Li 新角额桎麦蛾
Ornativalva ochraceofusca Sattler 褐桎麦蛾
Ornativalva ornatella Sattler 丽桎麦蛾
Ornativalva plutelliformis (Staudinger) 菜桎麦蛾
Ornativalva sattleri Li *et* Zheng 萨氏桎麦蛾
Ornativalva sinica Li 中国桎麦蛾
Ornativalva xinjiangensis Li 新疆桎麦蛾
Ornativalva zepuensis Li *et* Zheng 泽普桎麦蛾
Ornativalva zhengi Li 郑氏桎麦蛾
Ornativalva zhongningensis Li 中宁桎麦蛾
Ornativalva zonella (Chrétien) 带桎麦蛾
Orneates 奥奈弄蝶属
Orneates aegiochus (Hewitson) 奥奈弄蝶
Ornebius 奥蟋属，钲蟋属
Ornebius annulipedus (Shiraki) 见 *Ectatoderus annulipedus*
Ornebius apterus He 无翅奥蟋
Ornebius bimaculatus (Shiraki) 二斑奥蟋
Ornebius fastus Yang *et* Yen 顶奥蟋
Ornebius formosanus (Shiraki) 台湾奥蟋
Ornebius fuscicercis (Shiraki) 锤须奥蟋
Ornebius infuscatus (Shiraki) 褐奥蟋，褐翅奥蟋
Ornebius kanetataki (Matsumura) [fruit cricket] 金声奥蟋，凯纳奥蟋，突面钲蟋，金声蟋蟀
Ornebius longipennis (Shiraki) 长翅奥蟋
Ornebius panda He 熊猫奥蟋
Ornebius polycomus He 多毛奥蟋
Orneodes 翼蛾属 *Alucita* 的异名
Orneodes baihua Yang 见 *Alucita baihua*
Orneodes beinongdai Yang 见 *Alucita beinongdai*

Orneodes flavofascia Inoue 见 *Alucita flavofascia*
Orneodes hypocosma Meyrick 见 *Alucita hypocosma*
Orneodes japonica Matsumua 见 *Alucita japonica*
Orneodes longipalpella Caradja 见 *Alucita longipalpella*
Orneodes philomela Meyrick 见 *Alucita philomela*
Orneodes spilodesma Meyrick 见 *Pterotopteryx spilodesma*
Orneodidae [= Alucitidae] 翼蛾科，多羽蛾科，多翼蛾科
Ornichidae [= Gracillariidae, Eucestidae, Lithocolletidae, Caloptiliadae] 细蛾科
Ornicrabro 突斑泥蜂亚属
Ornidia 小蚜蝇属
Ornidia obesa Fabricius 金绿小蚜蝇
Oriphiolidotos 耳灰蝶属
Oriphiolidotos abriana Libert 阿波耳灰蝶
Oriphiolidotos ackeryi Libert 阿克耳灰蝶
Oriphiolidotos amieti Libert 阿米耳灰蝶
Oriphiolidotos annae Libert 安娜耳灰蝶
Oriphiolidotos aureliae Libert 奥耳灰蝶
Oriphiolidotos ayissii Libert 阿依耳灰蝶
Oriphiolidotos bakotae Stempffer [tiny glasswing] 小耳灰蝶
Oriphiolidotos bitjeensis Stempffer 比特耳灰蝶
Oriphiolidotos boormani Libert 波尔耳灰蝶
Oriphiolidotos carolinae Libert 卡罗耳灰蝶
Oriphiolidotos congoensis Stempffer 刚果耳灰蝶
Oriphiolidotos dargei Libert 达尔耳灰蝶
Oriphiolidotos dowsetti Collins *et* Larsen 多耳灰蝶
Oriphiolidotos ducarmei Libert 杜卡耳灰蝶
Oriphiolidotos emarginata (Hawker-Smith) 迁耳灰蝶
Oriphiolidotos etoumbi Stempffer 伊淘耳灰蝶
Oriphiolidotos evoei Libert 伊沃耳灰蝶
Oriphiolidotos francisci Libert 福耳灰蝶
Oriphiolidotos gabonensis Stempffer 加蓬耳灰蝶
Oriphiolidotos gemina Libert 格耳灰蝶
Oriphiolidotos ghesquierei Libert 盖耳灰蝶
Oriphiolidotos ginettae Libert 吉耳灰蝶
Oriphiolidotos goodgerae Libert 高耳灰蝶
Oriphiolidotos henrii Libert 亨利耳灰蝶
Oriphiolidotos irwini Collins *et* Larsen [Vane-Wright's glasswing] 莱特耳灰蝶
Oriphiolidotos issia Stempffer [Côte d'Ivoire glasswing] 依思耳灰蝶
Oriphiolidotos ivoiriensis Libert 科特迪瓦耳灰蝶，象牙海岸耳灰蝶
Oriphiolidotos jacksoni Stempffer 杰耳灰蝶
Oriphiolidotos jax Collins *et* Larsen 佳耳灰蝶
Oriphiolidotos jolyana Libert 娇丽耳灰蝶
Oriphiolidotos josianae Libert 娇斯耳灰蝶
Oriphiolidotos katangae Stempffer 卡棠耳灰蝶
Oriphiolidotos kelle Stempffer 可乐耳灰蝶
Oriphiolidotos kennedyi Libert 柯恩耳灰蝶
Oriphiolidotos kirbyi (Aurivillius) 柯耳灰蝶
Oriphiolidotos kivu Collins *et* Larsen 柯复耳灰蝶
Oriphiolidotos latimargo (Hawker-Smith) 拉耳灰蝶
Oriphiolidotos likouala Stempffer 丽耳灰蝶
Oriphiolidotos maesseni Libert 麦耳灰蝶
Oriphiolidotos mathildae Libert 玛耳灰蝶
Oriphiolidotos michelae Libert 米耳灰蝶
Oriphiolidotos muhata (Dewitz) 暮耳灰蝶
Oriphiolidotos nancy Collins *et* Larsen 南希耳灰蝶
Oriphiolidotos nbeti Libert 纽比特耳灰蝶
Oriphiolidotos nguru Kielland 恩古鲁耳灰蝶
Oriphiolidotos nigeriae Stempffer [Nigerian glasswing] 尼耳灰蝶
Oriphiolidotos ntebi (Bethune-Baker) 恩特比耳灰蝶
Oriphiolidotos nympha Libert [western fragile glasswing] 脆耳灰蝶
Oriphiolidotos onitshae Stempffer [Onitsha glasswing] 奥尼耳灰蝶
Oriphiolidotos oremansi Libert 奥瑞耳灰蝶
Oriphiolidotos paradoxa (Druce) 帕拉耳灰蝶
Oriphiolidotos perfragilis (Holland) 珀耳灰蝶
Oriphiolidotos peucetia (Hewitson) [large glasswing, white mimic] 耳灰蝶
Oriphiolidotos sylpha (Kirby) 斯珐耳灰蝶
Oriphiolidotos sylphida (Staudinger) 斯菲达耳灰蝶
Oriphiolidotos sylviae Libert 斯菲亚耳灰蝶
Oriphiolidotos tanganyikae Kielland 坦耳灰蝶
Oriphiolidotos teroensis Stempffer 特罗耳灰蝶
Oriphiolidotos tessmani Libert 特斯曼耳灰蝶
Oriphiolidotos tiassale Stempffer [western glasswing] 西耳灰蝶
Oriphiolidotos tirza (Hewitson) 媞耳灰蝶
Oriphiolidotos ugandae Stempffer 乌干达耳灰蝶
ornithine 鸟氨酸
Ornithobius 鸿虱属，奥鸟虱属
Ornithobius bucephalus (Giebel) 赤嘴天鹅鸿虱，赤嘴天鹅奥鸟虱
Ornithobius cygni (Linnaeus) [white swan louse] 天鹅鸿虱，大天鹅奥鸟虱
Ornithobius mathisi (Neumann) 灰雁鹅鸿虱，灰雁奥鸟虱
Ornithobius matthewsi Balat 同 *Ornithobius mathisi*
Ornithocephala wutaicola (Deuve) 见 *Trechus wutaicola*
Ornithoctona 钩鸟虱蝇属
Ornithoctona plicata (von Olfers) 褶翅钩鸟虱蝇，旋角虱蝇
Ornithoica 棘虱蝇属，齿虱蝇属
Ornithoica exilis (Walker) 多棘虱蝇，多棘齿虱蝇
Ornithoica momiyamai Kishida 莫棘虱蝇
Ornithoica simplicis Maa 简棘虱蝇
Ornithoica stipituri (Schiner) 跗棘虱蝇，斯小虱蝇
Ornithoica stipituri stipituri (Schiner) 跗棘虱蝇指名亚种
Ornithoica stipituri tridens Maa 见 *Ornithoica tridens*
Ornithoica tridens Maa 三齿棘虱蝇，三齿虱蝇，三齿小虱蝇
Ornithoica turdi (Olivier) 鹰棘虱蝇，吐小虱蝇
Ornithomya 鸟虱蝇属 < 该属名曾被修订为 *Ornithomyia* >
Ornithomya biloba (Dufour) 双叶鸟虱蝇
Ornithomya chinensis Giglioli 中国鸟虱蝇，中华鸟虱蝇
Ornithomya chloropus (Bergroth) [Nordic flat fly] 克鸟虱蝇
Ornithomya chloropus chloropus (Bergroth) 克鸟虱蝇指名亚种
Ornithomya chloropus montivaga Maa 克鸟虱蝇翠峰亚种，翠峰虱蝇
Ornithomya fringillina (Curtis) 鹊鸲鸟虱蝇，缨鸟虱蝇
Ornithomya fuscipennis Bigot 阔颊鸟虱蝇，阔颊虱蝇
Ornithomya transfuga Séguy 同 *Ornithomya biloba*

Ornithomya tropica Kishida 热带鸟虱蝇
Ornithomyia 见 *Ornithomya*
Ornithomyiinae 鸟虱蝇亚科
Ornithophaga 寄禽蚤属
Ornithophaga anomala Mikulin 异样寄禽蚤
Ornithophaga anomala anomala Mikulin 异样寄禽蚤指名亚种
Ornithophaga anomala qinghaiensis Liu, Cai *et* Wu 异样寄禽蚤青海亚种，青海异样禽蚤
Ornithophila 喜鸟虱蝇属
Ornithophila metallica (Schiner) 金光喜鸟虱蝇，紫黑虱蝇
Ornithoponus 鸟虱蝇亚属
Ornithoptera 鸟翼凤蝶属
Ornithoptera aesacus (Ney) [Obi Island birdwing] 黄点鸟翼凤蝶，奥比鸟翼凤蝶
Ornithoptera alexandrae (Rothschild) [Queen Alexandra's birdwing] 亚历山大鸟翼凤蝶
Ornithoptera allotei (Rothschild) 阿劳泰鸟翼凤蝶
Ornithoptera caelestis (Rothschild) 蓝绿鸟翼凤蝶
Ornithoptera chimaera (Rothschild) [chimaera birdwing] 银鲛鸟翼凤蝶
Ornithoptera croesus (Wallace) [Wallace's golden birdwing] 红鸟翼凤蝶
Ornithoptera euphorion (Gray) [cairns birdwing] 石冢鸟翼凤蝶
Ornithoptera goliath (Oberthür) [goliath birdwing] 歌利亚鸟翼凤蝶，玉皇鸟翼凤蝶
Ornithoptera meridionalis (Rothschild) [southern tailed birdwing] 美丽丝尾鸟翼凤蝶，极乐鸟翼凤蝶
Ornithoptera paradisea (Staudinger) [paradise birdwing] 钩尾鸟翼凤蝶，丝尾鸟翼凤蝶
Ornithoptera priamus (Linnaeus) [common green birdwing, Cape York birdwing, Priam's birdwing, northern birdwing, New Guinea birdwing] 绿鸟翼凤蝶
Ornithoptera richmondia (Gray) [Richmond birdwing] 里士满鸟翼凤蝶
Ornithoptera rothschildi (Kenrick) [Rothschild's birdwing] 黄绿鸟翼凤蝶，罗氏鸟翼凤蝶
Ornithoptera tithonus (de Haan) [Tithonus birdwing] 悌鸟翼凤蝶
Ornithoptera urvillianus (Guérin-Méneville) 蓝鸟翼凤蝶
Ornithoptera victoriae (Gray) [Queen Victoria's birdwing] 维多利亚鸟翼凤蝶
Ornithoschema 奥尼托实蝇属
Ornithoschema oculatum de Meijere 奥古尔奥尼托实蝇
Ornithospila 绿萍尺蛾属
Ornithospila avicularia (Guenée) 阿绿萍尺蛾，阿奥尼尺蛾
Ornithospila esmeralda (Hampson) 绿萍尺蛾
Ornithospila lineata (Moore) 点绿萍尺蛾
Ornithospila submonstrans (Walker) 翠绿萍尺蛾
Ornix 桦细蛾属
Ornix betulae Stainton 见 *Parornix betulae*
Ornothomyinae 马虱蝇亚科
ornythion swallowtail [*Papilio ornythion* Boisduval] 黄带芷凤蝶
Orochlesis 奥洛象甲属
Orochlesis anteplagiata Heller 前纹奥洛象甲，前纹奥洛象
Orodemnias quenselii Paykull 见 *Grammia quenseli*
Orodemnias turbans Christoph 见 *Grammia turbans*
Oroekklina 缩翅隐翅甲属
Oroekklina smetanai Pace 斯氏缩翅隐翅甲
orographic factor 地形因素
Orolestes 长痣丝蟌属，山丝蟌属
Orolestes selysi McLachlan 长痣丝蟌，祈丝蟌
Oronabis 山姬蝽亚属，山姬蝽属
Oronabis brevilineatus (Scott) 见 *Gorpis brevilineatus*
Oronabis gorpiformis Hsiao 同 *Gorpis brevilineatus*
Oronabis zhangmuensis Ren 见 *Gorpis zhangmuensis*
Oroncus secreta Gaede 见 *Orontobia secreta*
Oroncus wagneri (Püngeler) 见 *Palearctia wagneri*
Oronomis 细纹螟属
Oronomis xanthothysana (Hampson) 黄缘细纹螟
Oronotus 哦姬蜂属
Oronotus alboannulatus (Uchida) 白环哦姬蜂
Oronotus ishiyamanus (Uchida) 二斑哦姬蜂
Oronotus jengtzeyangi Diller *et* Schönitzer 杨氏哦姬蜂
Orontobia 暗灯蛾属
Orontobia secreta (Gaede) 塞暗灯蛾，塞懊灯蛾
Oropeza 山纤足大蚊亚属，足大蚊亚属，足大蚊属
Oropeza shirakiella Alexander 见 *Dolichopeza* (*Oropeza*) *shirakiella*
Orophotus 奥虫虻属，奥食虫虻属
Orophotus sinensis Becker 见 *Aneomochtherus sinensis*
Orophotus chrysogaster Becker 黄头奥虫虻，金奥食虫蛇
Orophotus fulvidus Becker 黄奥虫虻，棕奥虫虻，黄奥食虫虻，金黄食虫虻
Orophotus mandarinus (Bromley) 柑奥虫虻，柑奥食虫虻，大陆虫虻
Orophotus ochreceus Becker 念珠奥虫虻，念珠食虫虻
Orophotus univittatus Becker 台湾奥虫虻，单条奥虫虻，台湾奥食虫虻
Orophyllus 丽叶螽属
Orophyllus grandivalvatus Xie, Wang *et* He 巨瓣丽叶螽
Orophyllus guttatus Xie, Wang *et* He 腹斑丽叶螽
Orophyllus montanus Beier 山陵丽叶螽，山顶螽
Orophyllus nigrisartorius Xie, Wang *et* He 黑缝丽叶螽
Orophyllus supeciliarilamellatus Xie, Wang *et* He 眉板丽叶螽
Oroplema 奥燕蛾属
Oroplema oyamana (Matsumura) 虎皮楠奥燕蛾，虎皮楠双尾蛾
Oroplema plagifera (Butler) 黑斑奥燕蛾，黑斑双尾蛾，大斑双尾蛾
Oroplexia 激夜蛾属
Oroplexia decorata (Moore) 激夜蛾
Oroplexia erinacea Ronkay, Ronkay, Wu *et* Fu 阳激夜蛾，阳秋山夜蛾，多变秋山夜蛾
Oroplexia fortunata Hreblay *et* Ronkay 黯色激夜蛾，黯色秋山夜蛾
Oroplexia luteifrons (Walker) 流激夜蛾，黄额激夜蛾
Oroplexia retrahens (Walker) 折线激夜蛾
Oroplexia tripartita (Leech) 三部激夜蛾
Oroplexia variegata Hreblay *et* Ronkay 多变激夜蛾，多变秋山夜蛾，秋山夜蛾
Oropsylla 山蚤属
Oropsylla alaskensis (Baker) 阿州山蚤
Oropsylla ilovaiskii Wagner *et* Ioff 角缘山蚤

Oropsylla silantiewi (Wagner) 谢氏山蚤，长须山蚤
Orosagrotis 口切夜蛾亚属
Orosanga 奥广翅蜡蝉属
Orosanga japonica (Melichar) 日本奥广翅蜡蝉，日本广翅蜡蝉
Orosiotes formosanus Schedl 同 *Cyrtogenius luteus*
Orosius 网室叶蝉属
Orosius albicinctus Distant 白带网室叶蝉，网室叶蝉
Orosius argentatus (Evans) [common brown leafhopper] 烟草网室叶蝉，烟草叶蝉，烟草绿叶蝉
Orosius orientalis (Matsumura) 东洋网室叶蝉
Orosius ryukyuensis Ishihara 琉球网室叶蝉，黑斑浮尘子
Orotava 旧东实蝇属，奥罗塔实蝇属
Orotava hamula (de Meijere) 钩纹旧东实蝇，宽带奥罗塔实蝇，哈山实蝇
Orotava licenti (Chen) 背中鬃旧东实蝇，李森奥罗塔实蝇
Orothalassodes 斑翠尺蛾属
Orothalassodes falsaria (Prout) 弧斑翠尺蛾，弧海绿尺蛾
Orothalassodes floccosa (Prout) 丛斑翠尺蛾
Orothalassodes hypocrites (Prout) 斑翠尺蛾
Orothalassodes pervulgatus Inoue 丽斑翠尺蛾，直绿尺蛾
Orothripidae 旭蓟马科
Orothrips 旭蓟马属
Orothrips yosemitii Moulton 纹翅旭蓟马
orotic acid [= vitamin B_{13}] 维生素 B_{13}，乳清酸
Orphe 孤弄蝶属
Orphe gerasa (Hewitson) [gerasa skipper] 孤弄蝶
Orphe vatinius Godman *et* Salvin [vatinius skipper] 瓦孤弄蝶
Orphilinae 球棒皮蠹亚科，光皮蠹亚科
Orphinus 球棒皮蠹属
Orphinus aethiops Arrow 埃球棒皮蠹
Orphinus bimaculatus Matsumura *et* Yokoyama 同 *Thaumaglossa laeta*
Orphinus* (*Curtophinus*) *bicolor Pic 二色球棒皮蠹
Orphinus fasciatus (Matsumura *et* Yokoyaam) 横带球棒皮蠹，带暗皮蠹
Orphinus formosanus Pic 同 *Orphinus aethiops*
Orphinus fulvipes (Guérin-Méneville) 球棒皮蠹，圆锤皮蠹，褐暗皮蠹
Orphinus japonicus Arrow 日本球棒皮蠹，日暗皮蠹
Orphinus ovalis (Arrow) 卵形球棒皮蠹，卵形螵蛸皮蠹
Orphinus uninotatus Pic 见 *Thaumaglossa uninotata*
orphise purplewing [*Eunica orphise* (Cramer)] 蓝黑神蛱蝶
Orphnebius 凹板隐翅甲属
Orphnebius* (*Deroleptus*) *draco Assing 龙凹板隐翅甲
Orphnephilidae [= Thaumaleidae] 山蚋科
orphnid 1. [= orphnid beetle] 裂眼金龟甲 <裂眼金龟甲科 Orphnidae 昆虫的通称>；2. 裂眼金龟甲科的
orphnid beetle [= orphnid] 裂眼金龟甲
Orphnidae 裂眼金龟甲科，裂眼金龟科
orphnina glider [*Cymothoe orphnina* Karsch] 奥福漪蛱蝶
Orphnophanes 奥尔螟属
Orphnophanes eucerusalis (Walker) 优奥尔螟
orsa mylon [*Mylon orsa* Evans] 奥萨霾弄蝶
orseis crescent [*Phyciodes orseis* (Edwards)] 橙纹漆蛱蝶
Orseolia 稻瘿蚊属
Orseolia oryzae (Wood-Mason) [rice stem gall midge, Asian rice gall midge, rice gall midge, paddy gall fly, rice fly, rice gall fly] 稻瘿蚊，亚洲稻瘿蚊，亚洲山稻瘿蚊
Orses 奥骚弄蝶属
Orses cynisca (Swainson) [yellow-edged ruby-eye, cynisca skipper] 奥骚弄蝶
Orses itea Swainson 伊蒂奥骚弄蝶
Orsillinae 背孔长蝽亚科
Orsillus 背孔长蝽属
Orsillus potanini Linnavuori 柳杉背孔长蝽，柳杉球果长蝽
Orsilochus daggerwing [*Marpesia orsilochus* (Fabricius)] 白条凤蛱蝶
orsis bluewing [*Myscelia orsis* (Drury)] 蓝云鼠蛱蝶
Orsodytis obsepta Meyrick 见 *Dichomeris obsepta*
Orsodytis trijuncta Meyrick 见 *Helcystogramma trijunctum*
Orsonoba clelia Cramer 见 *Gonodontis clelia*
Orsotriaena 奥眼蝶属
Orsotriaena medus (Fabricius) [smooth-eyed bushbrown, nigger, dusky bush-brown] 奥眼蝶
Orsotriaena medus medus (Fabricius) 奥眼蝶指名亚种，指名枚奥眼蝶
Ortalia 刻眼瓢虫属
Ortalia bruneiana Bielawski 褐刻眼瓢虫
Ortalia bruneiana bruneiana Bielawski 褐刻眼瓢虫指名亚种
Ortalia bruneiana menglunensis Pang *et* Mao 褐刻眼瓢虫勐仑亚种，勐仑刻眼瓢虫
Ortalia horni Weise 云南刻眼瓢虫
Ortalia jinghongiensis Pang *et* Mao 景洪刻眼瓢虫
Ortalia nigropectoralis Pang *et* Mao 黑腹刻眼瓢虫
Ortalia pectoralis Weise 黄褐刻眼瓢虫
Ortalia pusilla Weise 很小刻眼瓢虫
Ortalia yunnanensis Pang *et* Mao 云南刻眼瓢虫
Ortalidae [= Ulidiidae, Ortalididae, Otitidae] 斑蝇科，小金蝇科
ortalidian [= ortalidid, ortalidid fly, ulidiid, ulidiid fly, picture-winged fly] 斑蝇，小金蝇 <斑蝇科 Ulidiidae 昆虫的通称>
ortalidid 1. [= ortalidian, ortalidid fly, ulidiid, ulidiid fly, picture-winged fly] 斑蝇，小金蝇；2. 斑蝇科的
ortalidid fly 见 ortalidian
Ortalididae [= Ulidiidae, Ortalidae, Otitidae] 斑蝇科，小金蝇科
Ortaliinae 刻眼瓢虫亚科
Ortaliini 刻眼瓢虫族
Ortalis 奥斑蝇属
Ortalis trimaculata Becker 三斑奥斑蝇
Ortalischema 膨跗鼓翅蝇属
Ortalischema maritima Ozerov 海栖膨跗鼓翅蝇
Ortalotrypeta 川实蝇属，奥尔塔实蝇属，欧塔实蝇属
Ortalotrypeta gansuica Zia 甘肃川实蝇，甘肃奥尔塔实蝇
Ortalotrypeta gigas Hendel 三斑川实蝇，吉加奥尔塔实蝇，大奥川实蝇
Ortalotrypeta idana Hendel 云斑川实蝇，短带奥尔塔实蝇，依单川实蝇
Ortalotrypeta idanina Zia 曲纹川实蝇，无短带奥尔塔实蝇，拟依单川实蝇
Ortalotrypeta isshikii (Matsumura) 东亚川实蝇，纽带奥尔塔实蝇，一色川实蝇

Ortalotrypeta macula Wang 四斑川实蝇，四斑奥尔塔实蝇
Ortalotrypeta singula Wang 单鬃川实蝇，星古奥尔塔实蝇
Ortalotrypeta tibeta Wang 西藏川实蝇，西藏奥尔塔实蝇
Ortalotrypeta trypetoides Chen 五斑川实蝇，五斑奥尔塔实蝇，真川实蝇
Ortalotrypeta ziae Norrbom 谢氏川实蝇，谢氏奥尔塔实蝇，蔡氏欧塔实蝇
Ortalotrypetini 川实蝇族，奥尔塔实蝇族
ortalus hairstreak [*Thereus ortalus* (Godman *et* Salvin)] 奥塔圣灰蝶
Ortasiceros 显脉三节叶蜂属
Ortasiceros brevicornis Wei 短角显脉三节叶蜂
Ortasiceros chinensis (Gussakovskij) 中华显脉三节叶蜂，黑头显脉三节叶蜂
Ortasiceros curvata Wei 曲瓣显脉三节叶蜂
Ortasiceros elevata Wei 隆额显脉三节叶蜂
Ortasiceros melanopyga (Zirngiebl) 黑尾显脉三节叶蜂
Ortasiceros nigriceps Wei 同 *Ortasiceros chinensis*
Ortasiceros zhengi Wei 郑氏显脉三节叶蜂
Orthaea maculifera Uhler 同 *Metochus uniguttatus*
Orthaea vincta (Say) 见 *Pseudopachybrachius vinctus*
Orthaga 瘤丛螟属
Orthaga achatina (Butler) [chestnut pyralid] 栗叶瘤丛螟
Orthaga achatina disparoidalis Caradja 见 *Orthaga disparoidalis*
Orthaga centralis Wileman *et* South 中瘤丛螟
Orthaga confusa Wileman *et* South 见 *Anartula confusa*
Orthaga disparoidalis Caradja 狄瘤丛螟，狄栗叶瘤丛螟
Orthaga edetalis Strand 艾瘤丛螟，艾萨尔玛螟
Orthaga euadrusalis Walker 盐肤木瘤丛螟
Orthaga exvinacea (Hampson) [mango leaf webber, mango webworm] 杧果瘤丛螟，杧果织叶螟
Orthaga irrorata Hampson 伊瘤丛螟
Orthaga olivacea (Warren) 橄绿瘤丛螟，橄纹丛螟
Orthaga onerata (Butler) 刷须瘤丛螟
Orthaltica 直跳甲属
Orthaltica coomani (Laboissière) 库直跳甲
Orthaltica laboissierei (Chen) 拉氏直跳甲，拉氏小毛跳甲
Orthaltica okinawana (Kimoto *et* Gressitt) 琉球直跳甲
Orthaltica terminalia Prathapan *et* Konstantinov 端直跳甲，端客居跳甲
Orthanthidium 直黄斑蜂亚属
Orthelimaea 直掩螽属
Orthelimaea insignis (Walker) 背斑直掩螽，显掩耳螽
Orthelimaea trapzialis Liu 梯板直掩螽
Orthellia 翠蝇属
Orthellia caerulea (Wiedemann) 蓝翠蝇
Orthellia chalybea (Wiedemann) 紫翠花蝇
Orthellia claripennis Malloch 明翅翠蝇
Orthellia coeruleifrons (Macquart) 绿额翠蝇
Orthellia gavisa (Walker) 紫色翠蝇
Orthellia indica (Robineau-Desvoidy) 印度翠蝇
Orthellia lauta (Wiedemann) 黑斑翠蝇
Orthellia timorensis (Robineau-Desvoidy) 宽须翠蝇
Orthellia viridis (Wiedemann) 绿翠花蝇
Orthemis 直腹蜻属
Orthemis ferruginea (Fabricius) [roseate skimmer] 玫直腹蜻
orthene acephate 乙酰甲胺磷
orthesia leafwing [*Memphis orthesia* (Godman *et* Salvin)] 直尖蛱蝶
Orthetrum 灰蜻属
Orthetrum albistylum Sélys 白尾灰蜻
Orthetrum albistylum albistylum Sélys 白尾灰蜻指名亚种
Orthetrum albistylum speciosum (Uhler) 白尾灰蜻白刃亚种，白刃蜻蜓，白刺灰蜻
Orthetrum brunneum (Fonscolombe) 天蓝灰蜻，布鲁灰蜻
Orthetrum cancellatum (Linnaeus) 粗灰蜻，江西灰蜻
Orthetrum chrysis (Sélys) 华丽灰蜻，赭灰蜻
Orthetrum devium Needham 同 *Orthetrum luzonicum*
Orthetrum glaucum (Brauer) 黑尾灰蜻，金黄蜻蜓
Orthetrum internum McLachlan 褐肩灰蜻，扶桑蜻蜓
Orthetrum japonicum (Uhler) 日本灰蜻
Orthetrum japonicum internum McLachlan 见 *Orthetrum internum*
Orthetrum lineostigma (Sélys) 线痣灰蜻
Orthetrum luzonicum (Brauer) 吕宋灰蜻，齿背灰蜻，吕宋蜻蜓
Orthetrum melania (Sélys) 异色灰蜻，黑异色灰蜻，灰黑蜻蜓
Orthetrum neglectum (Rambur) 见 *Orthetrum pruinosum neglectum*
Orthetrum poecilops Ris 斑灰蜻，杂色灰蜻
Orthetrum pruinosum (Burmeister) 赤褐灰蜻，霜白蜻蜓，霜灰蜻
Orthetrum pruinosum clelia (Sélys) 赤褐灰蜻西里亚种，霜白蜻蜓西里亚种
Orthetrum pruinosum neglectum (Rambur) 赤褐灰蜻中印亚种
Orthetrum pruinosum pruinosum (Burmeister) 赤褐灰蜻指名亚种
Orthetrum sabina (Drury) 狭腹灰蜻，杜松蜻蜓
Orthetrum testaceum (Burmeister) 黄翅灰蜻，赭黄蜻蜓
Orthetrum triangulare (Sélys) 鼎脉蜻蜓，鼎异色灰蜻，青灰蜻，苍灰蜻
Orthezia 旌蚧属，旌介壳虫属
Orthezia insignis Browne 见 *Insignorthezia insignis*
Orthezia quadrua Ferris 昆明旌蚧
Orthezia taipensiana Shiau *et* Kozár 台湾旌蚧
Orthezia urticae (Linnaeus) [ensign scale, ensign orthezia, nettle ensign scale] 菊旌蚧
Orthezia yashushii Kuwana 茵陈旌蚧，艾旌蚧，茵陈旌介壳虫
ortheziid 1. [= ortheziid scale, ortheziid scale insect, ortheziid mealybug, ensign scale, ensign coccid] 旌蚧，旌介壳虫 < 旌蚧科 Ortheziidae 昆虫的通称 >；2. 旌蚧科的
ortheziid mealybug [= ortheziid scale, ortheziid scale insect, ortheziid, ensign scale, ensign coccid] 旌蚧，旌介壳虫
ortheziid scale 见 ortheziid mealybug
ortheziid scale insect 见 ortheziid mealybug
Ortheziidae 旌蚧科，旌介壳虫科
Ortheziola 拟旌蚧属，苔旌介壳虫属
Ortheziola fusiana Shiau *et* Kozár 锤拟旌蚧，福山苔旌介壳虫
Ortheziolamameti 类旌蚧属
Ortheziolamameti taipensiana Shiau *et* Kozár 台湾类旌蚧
orthia crescent [*Ortilia orthia* Hewitson] 直柔蛱蝶
Orthizema 釜姬蜂属
Orthizema semanotae Sheng *et* Sun 天牛釜姬蜂
Orthobelus flavipes Uhler 见 *Butragulus flavipes*

Orthobittacus 直脉蚊蝎蛉属
Orthobittacus suni Kopeć, Krzemińsk, Soszynska-Maj, Cao *et* Ren 孙氏直脉蚊蝎蛉
orthoblastic germ band 直胚带 <胚带与卵大小相比时为短而直的，如在蜻科 Libellulidae 和一些直翅目 Orthoptera 昆虫中>
Orthobrachia 直短尺蛾属，袄尺蛾属
Orthobrachia flavidior (Hampson) 黄直短尺蛾，黄袄尺蛾
Orthobrachia hirowatarii Huang, Su *et* Stüning 广渡直短尺蛾
Orthobrachia latifasciata (Moore) 宽带直短尺蛾
Orthobrachia maoershanensis Huang, Wang *et* Xin 猫儿山直短尺蛾，猫儿山袄尺蛾
Orthobrachia owadai Yazaki 大和田直短尺蛾
Orthobrachia simpliciata Yazaki 顶纹直短尺蛾，顶纹白斑褐尺蛾
Orthobrachia tenebrosa Yazaki 暗直短尺蛾
Orthocabera 斜带尺蛾属，琼尺蛾属
Orthocabera euryzona Yazaki *et* Wang 纵条斜带尺蛾，纵条琼尺蛾
Orthocabera ocernaria (Swinhoe) 奥斜带尺蛾，奥卡尺蛾
Orthocabera sericea Butler 褐黄斜带尺蛾，山茶斜带尺蛾，傻琼尺蛾
Orthocabera tinagmaria (Guenée) 波斜带尺蛾，亭琼尺蛾
Orthocentrinae 拱脸姬蜂亚科
Orthocentrus 拱脸姬蜂属
Orthocentrus badifrons Uchida 同 *Orthocentrus fulvipes*
Orthocentrus caudalis Humala *et* Lee 长尾拱脸姬蜂
Orthocentrus fulvipes Gravenhorst 褐足拱脸姬蜂
Orthocentrus spurius Gravenhorst 距拱脸姬蜂
Orthocephalus 直头盲蝽属
Orthocephalus beresovskii Reuter 别氏直头盲蝽
Orthocephalus funestus Jakovlev 艾黑直头盲蝽，远东直头盲蝽
Orthocheira 光翅吉丁甲亚属
Orthocladiinae 直突摇蚊亚科
Orthocladiscus 直郭公甲属
Orthocladiscus longipennis (Westwood) 长翅直郭公甲，长翅栉郭公虫
Orthocladius 直突摇蚊属
Orthocladius (***Eudactylocladius***) ***brevis*** Kong, Sæther *et* Wang 短直突摇蚊，短赭直突摇蚊
Orthocladius (***Eudactylocladius***) ***dubitatus*** Johannsen 缺叶直突摇蚊
Orthocladius (***Eudactylocladius***) ***fengensis*** Kong, Sæther *et* Wang 无突直突摇蚊，无突赭直突摇蚊
Orthocladius (***Eudactylocladius***) ***gelidorum*** (Kieffer) 角叶直突摇蚊
Orthocladius (***Eudactylocladius***) ***gelidus*** Kieffer 多毛直突摇蚊
Orthocladius (***Eudactylocladius***) ***intectus*** Kong, Sæther *et* Wang 光裸直突摇蚊，尖秃直突摇蚊
Orthocladius (***Eudactylocladius***) ***musester*** Sæther 突叶直突摇蚊
Orthocladius (***Eudactylocladius***) ***nudus*** Chaudhuri *et* Ghosh 裸直突摇蚊
Orthocladius (***Eudactylocladius***) ***olivaceus*** Kieffer 奥利弗直突摇蚊
Orthocladius (***Eudactylocladius***) ***priomixtus*** Sæther 尖角直突摇蚊
Orthocladius (***Eudactylocladius***) ***seiryugeheus*** Sasa, Suzuki *et* Sakai 中村赭直突摇蚊
Orthocladius (***Eudactylocladius***) ***sublettorum*** Cranston 苏伯来直突摇蚊
Orthocladius (***Eudactylocladius***) ***yakyefeus*** (Sasa *et* Suzuki) 屋久杉赭直突摇蚊
Orthocladius (***Euorthocladius***) ***abiskoensis*** Thienemann *et* Krüger 阿比斯库直突摇蚊
Orthocladius (***Euorthocladius***) ***angustus*** Kong, Sæther *et* Wang 狭长直突摇蚊，角真直突摇蚊
Orthocladius (***Euorthocladius***) ***asamadentalis*** Sasa *et* Hirabayashi 浅间真直突摇蚊
Orthocladius (***Euorthocladius***) ***flectus*** Kong, Sæther *et* Wang 弯铗直突摇蚊
Orthocladius (***Euorthocladius***) ***fuscimanus*** (Kieffer) 褐直突摇蚊，褐毛须蠓
Orthocladius (***Euorthocladius***) ***insolitus*** Makarchenko *et* Makarchenko 低叶直突摇蚊
Orthocladius (***Euorthocladius***) ***kanii*** (Tokunaga) 金氏直突摇蚊，堪直突摇蚊
Orthocladius (***Euorthocladius***) ***oiratertius*** Sasa 奥入濑直突摇蚊
Orthocladius (***Euorthocladius***) ***rivicola*** Kieffer 长脊直突摇蚊
Orthocladius (***Euorthocladius***) ***rivulorum*** Kieffer 鼻状真直突摇蚊，溪流真直突摇蚊
Orthocladius (***Euorthocladius***) ***saxosus*** (Tokunaga) 萨克斯直突摇蚊
Orthocladius (***Euorthocladius***) ***shoufukuquintus*** Sasa 黑部真直突摇蚊
Orthocladius (***Euorthocladius***) ***shoufukuseptimus*** Sasa 笑福真直突摇蚊
Orthocladius (***Euorthocladius***) ***suspensus*** (Tokunaga) 伸展直突摇蚊
Orthocladius (***Euorthocladius***) ***thienemanni*** Kieffer 提尼曼直突摇蚊
Orthocladius (***Euorthocladius***) ***togaflextus*** Sasa *et* Okazawa 利贺真直突摇蚊
Orthocladius (***Euorthocladius***) ***togahamatus*** Sasa *et* Okazawa 富山真直突摇蚊
Orthocladius fuscimanus (Kieffer) 见 *Orthocladius* (*Euorthocladius*) *fuscimanus*
Orthocladius (***Mesorthocladius***) ***frigidus*** (Zetterstedt) 高叶直突摇蚊
Orthocladius (***Mesorthocladius***) ***klishkoae*** Makarchenko *et* Makarchenko 克里氏直突摇蚊
Orthocladius (***Mesorthocladius***) ***lamellatus*** Sæther 板直突摇蚊
Orthocladius (***Mesorthocladius***) ***roussellae*** Soponis 鲁塞尔直突摇蚊
Orthocladius (***Mesorthocladius***) ***tornatilis*** Kong, Liu *et* Wang 钝叶直突摇蚊，圆钝中直突摇蚊
Orthocladius (***Mesorthocladius***) ***vaillanti*** Langton *et* Cranston 长钝直突摇蚊
Orthocladius (***Orthocladius***) ***appersoni*** Soponis 尖细直突摇蚊
Orthocladius (***Orthocladius***) ***biwainfirmus*** Sasa *et* Nishino 琵琶直突摇蚊
Orthocladius (***Orthocladius***) ***chuzesextus*** Sasa 枥木直突摇蚊
Orthocladius (***Orthocladius***) ***cognatus*** Makarchenko *et* Makarchenko 双刺直突摇蚊
Orthocladius (***Orthocladius***) ***defensus*** Makarchenko *et* Makarchenko 圆盾直突摇蚊
Orthocladius (***Orthocladius***) ***dorenus*** (Roback) 细长直突摇蚊

Orthocladius* (*Orthocladius*) *excavatus Brundin 窄刺直突摇蚊
Orthocladius* (*Orthocladius*) *glabripennis (Goetghebuer) 光铗直突摇蚊
Orthocladius* (*Orthocladius*) *hazenensis Soponis 哈直突摇蚊
Orthocladius* (*Orthocladius*) *linevitshae Makarchenko *et* Makarchenko 方铗直突摇蚊
Orthocladius* (*Orthocladius*) *makabensis Sasa 马卡直突摇蚊
Orthocladius* (*Orthocladius*) *manitobensis Sæther 三角直突摇蚊
Orthocladius* (*Orthocladius*) *nitidoscutellatus Lundström 隆脊直突摇蚊
Orthocladius* (*Orthocladius*) *oblidens (Walker) 六刺直突摇蚊
Orthocladius* (*Orthocladius*) *obumbratus Johannsen 无影直突摇蚊
Orthocladius* (*Orthocladius*) *pedestris (Kieffer) 比德直突摇蚊
Orthocladius* (*Orthocladius*) *rhyacobius Kieffer 短尖直突摇蚊
Orthocladius* (*Orthocladius*) *rubicundus (Meigen) 无脊直突摇蚊
Orthocladius* (*Orthocladius*) *sakhalinensis Makarchenko *et* Makarchenko 萨哈林直突摇蚊
Orthocladius* (*Orthocladius*) *setosus Makaet Makar 指直突摇蚊
Orthocladius* (*Orthocladius*) *tamanitidus Sasa 半圆直突摇蚊
Orthocladius* (*Orthocladius*) *ulaanbaatus Sasa *et* Suzuki 乌兰巴托直突摇蚊
Orthocladius* (*Orthocladius*) *wetterensis Brundin 韦特直突摇蚊
Orthocladius* (*Orthocladius*) *yugashimaensis Sasa 伊豆直突摇蚊
Orthocladius* (*Pogonocladius*) *consobrinus (Holmgren) 寄莼直突摇蚊
Orthocladius rivulorum Kieffer 沟直突摇蚊
Orthocladius saxicola (Kieffer) 岩直突摇蚊
Orthocladius* (*Symposiocladius*) *futianensis Kong, Liu *et* Wang 福田直突摇蚊，福田钻木直突摇蚊
Orthocladius* (*Symposiocladius*) *holsatus Goetghebuer 直茎直突摇蚊
Orthocladius* (*Symposiocladius*) *lignicola Kieffer 木直突摇蚊
Orthocladius* (*Symposiocladius*) *schnelli Sæther 塞利直突摇蚊
Orthocladius thienemanni (Kieffer) 田氏直突摇蚊
Orthocrabro 直泥蜂亚属
Orthocraspeda 直缘刺蛾属
Orthocraspeda furva (Wileman) 赭直缘刺蛾，赭刺蛾
Orthocraspeda trima Moore 带直缘刺蛾，带刺蛾
Orthocrepis 直克跳甲属，平背叶蚤属
Orthocrepis adamsi (Baly) 见 *Hermaeophaga adamsi*
Orthocrepis asahinai Kimoto 见 *Hermaeophaga asahinai*
Orthocrepis hanoiensis (Chen) 见 *Hermaeophaga hanoiensis*
Orthocrepis nigripes Kimoto 见 *Hermaeophaga nigripes*
Orthocrepis perraudieri (Allard) 见 *Hermaeophaga perrauderi*
Orthocrepis taiwanensis Kimoto 见 *Hermaeophaga taiwanensis*
orthogamy 正常配偶
orthogenesis 定向进化，直生论
orthogenic selection 直生选择
orthognathous type 下口式
orthogonal 正交的，矩形的
orthogonal design 正交设计
orthogonal experiment 正交试验
Orthogonalys 直钩腹蜂属
Orthogonalys clypeata Chen, Achterberg, He *et* Xu 盾唇直钩腹蜂
Orthogonalys formosana Teranishi 华直钩腹蜂，华钩腹蜂
Orthogonalys robusta Chen, Achterberg, He *et* Xu 粗壮直钩腹蜂
Orthogonia 胖夜蛾属
Orthogonia basimacula (Draudt) 天目胖夜蛾，基斑胖夜蛾
Orthogonia canimacula Warren 白斑胖夜蛾，白纹胖夜蛾
Orthogonia denormata Draudt 德胖夜蛾
Orthogonia grisea Leech 灰胖夜蛾
Orthogonia plana Leech 暗褐胖夜蛾
Orthogonia plana semigrisea Warren 见 *Orthogonia semigrisea*
Orthogonia plana suffusa Warren 见 *Orthogonia suffusa*
Orthogonia plumbinotata (Hampson) 华胖夜蛾，铅斑胖夜蛾
Orthogonia semigrisea Warren 半灰胖夜蛾，半灰暗褐胖夜蛾
Orthogonia sera Felder *et* Felder 瑟胖夜蛾，胖夜蛾
Orthogonia suffusa Warren 苏胖夜蛾，苏暗褶胖夜蛾
Orthogonia tapaishana (Draudt) 太白胖夜蛾，太白山胖夜蛾
Orthogonia wolonga Chen 卧龙胖夜蛾
Orthogonius 直角步甲属
Orthogonius alternans (Wiedemann) 变直角步甲，直角步甲
Orthogonius batesi Tian *et* Deuve 贝氏直角步甲
Orthogonius davidi Chaudoir 达直角步甲
Orthogonius femoralis Chaudoir 股直角步甲
Orthogonius ovatulus Tian *et* Deuve 卵形直角步甲
Orthogonius ribbei Tian *et* Deuve 里氏直角步甲
Orthogonius srilankaicus Tian *et* Deuve 斯直角步甲
Orthogonius sulawesicus Tian *et* Deuve 苏岛直角步甲
Orthogonius taiwanicus Tian *et* Deuve 台湾直角步甲
Orthogonius xanthomerus Redtenbacher 黄直角步甲
orthokinesis 直动态 < 指昆虫活动的强度或频度取决于接受刺激的强度 >
Ortholaba 直柄姬蜂属
Ortholaba laevis Sun *et* Sheng 光直柄姬蜂
Ortholema 直胸负泥虫属
Ortholema elongatior (Pic) 越直胸负泥虫
Ortholema gracilenta (Chûjô) 丽直胸负泥虫
Ortholema punctaticeps (Pic) 直胸负泥虫
Ortholepis 直鳞斑螟属，奥索螟属
Ortholepis betulae (Göze) [birch knot-horn moth] 桦树直鳞斑螟，桦脊斑螟，桦斑螟
Ortholepis ilithyiella Caradja 伊直鳞斑螟，伊奥索螟
Ortholitha 直里尺蛾属
Ortholitha adornata Staudinger 见 *Scotopteryx adornata*
Ortholitha appropinquaria Staudinger 见 *Scotopteryx appropinquaria*
Ortholitha burgaria Eversmann 见 *Scotopteryx burgaria*
Ortholitha corioidea Bastelberger 见 *Xenortholitha corioidea*
Ortholitha dicaea Prout 见 *Xenortholitha dicaea*
Ortholitha dicaea exacra Wehrli 见 *Xenortholitha exacra*
Ortholitha dicaea extrastrenua Wehrli 见 *Xenortholitha extrastrenua*
Ortholitha duplicata (Warren) 见 *Scotopteryx duplicata*
Ortholitha duplicata subfimbriata Prout 见 *Scotopteryx duplicata subfimbriata*
Ortholitha eurypeda Prout 见 *Scotopteryx eurypeda*
Ortholitha extrasrtenua Wehrli 见 *Xenortholitha extrastrenua*
Ortholitha junctata Staudinger 见 *Scotopteryx junctata*
Ortholitha kashgara Moore 见 *Scotopteryx kashgara*
Ortholitha latifusata Walker 见 *Xenortholitha latifusata*
Ortholitha latifusata indecisa Prout 见 *Xenortholitha ignotata*

indecisa
Ortholitha moeniata Scopoli 见 *Scotopteryx moeniata*
Ortholitha propinguata epigrypa Prout 见 *Xenortholitha propinguata epigrypa*
Ortholitha sartata Alphéraky 见 *Scotopteryx sartata*
Ortholitha similaria (Leech) 见 *Scotopteryx similaria*
Ortholitha similaria erschoffi Alphéraky 同 *Scotopteryx similaria*
Ortholitha sinensis Alphéraky 见 *Scotopteryx sinensis*
Ortholitha supproximaria Staudinger 见 *Scotopteryx supproximaria*
Ortholitha vacuimargo Prout 见 *Amnesicoma vacuimargo*
ortholog 直系同源体
orthologous 垂直同源的
orthologous gene 垂直同源基因，直向同源基因，定向进化同源基因
orthology 直系同源
Ortholomia 木舟蛾属
Ortholomia xylinata (Walker) 木舟蛾
Ortholomus 直缘长蝽属
Ortholomus batui Li *et* Nonnaizab 巴氏直缘长蝽
Ortholomus punctipennis (Herrich-Schäffer) 斑腹直缘长蝽
Orthomiella 锯灰蝶属
Orthomiella fukienensis Förster 福建锯灰蝶
Orthomiella fukienensis chouziensis Yoshino 福建锯灰蝶周至亚种
Orthomiella fukienensis fukienensis Förster 福建锯灰蝶指名亚种
Orthomiella lucida Förster 闪锯灰蝶
Orthomiella pontis (Elwes) [straightwing blue] 锯灰蝶
Orthomiella pontis pontis (Elwes) 锯灰蝶指名亚种，指名庞锯灰蝶
Orthomiella rantaizana (Wileman) 峦太锯灰蝶，峦大锯灰蝶，峦大小灰蝶，峦大山小灰蝶，半瑠璃小灰蝶，伦纯灰蝶
Orthomiella rantaizana rantaizana (Wileman) 峦太锯灰蝶指名亚种
Orthomiella rantaizana rovorea (Fruhstorfer) 峦太锯灰蝶中越亚种，珞庞纯灰蝶
Orthomiella sinensis (Elwes) 中华锯灰蝶，华庞纯灰蝶
Orthomus 直步甲属
Orthomus balearicus (Piochard de la Brûlerie) 巴直步甲
orthomutation 定向突变
Orthonama 泛尺蛾属
Orthonama obstipata (Fabricius) 泛尺蛾，雌圈波尺蛾
Orthonevra 闪光蚜蝇属，闪光食蚜蝇属，直腱蚜蝇属
Orthonevra aenethorax Kohli, Kapoor *et* Gupta 阿闪光蚜蝇，阿闪光食蚜蝇
Orthonevra anniae (Sedman) 安妮闪光蚜蝇，安妮闪光食蚜蝇
Orthonevra argentina (Brèthes) 阿根廷闪光蚜蝇，阿根廷闪光食蚜蝇
Orthonevra aurichalcea (Becker) 紫腹闪光蚜蝇，紫腹闪光食蚜蝇
Orthonevra bellula (Williston) 贝闪光蚜蝇，贝闪光食蚜蝇
Orthonevra brevicornis (Loew) 短角闪光蚜蝇，短角闪光食蚜蝇
Orthonevra ceratura (Stackelberg) 角闪光蚜蝇，角闪光食蚜蝇
Orthonevra chilensis (Thompson) 智利闪光蚜蝇，智利闪光食蚜蝇
Orthonevra elegans (Meigen) 丽闪光蚜蝇，细角闪光食蚜蝇
Orthonevra flukei (Sedman) 福闪光蚜蝇，福闪光食蚜蝇
Orthonevra formosana (Shiraki) 台湾闪光蚜蝇，东势蚜蝇
Orthonevra gemmula (Violovitsh) 格闪光蚜蝇，格闪光食蚜蝇
Orthonevra geniculata (Meigen) 粒闪光蚜蝇，粒闪光食蚜蝇
Orthonevra himalayensis Nielsen 喜马闪光蚜蝇，喜马拉雅闪光食蚜蝇
Orthonevra indica Brunetti 印度闪光蚜蝇，印度闪光食蚜蝇
Orthonevra intermedia (Lundbeck) 间闪光蚜蝇，间闪光食蚜蝇
Orthonevra karumaiensis (Matsumura) 晕翅闪光蚜蝇
Orthonevra kozlovi (Stackelberg) 科氏闪光蚜蝇，科氏闪光食蚜蝇，柯氏闪光蚜蝇
Orthonevra minuta (Hull) 小闪光蚜蝇，小闪光食蚜蝇
Orthonevra montana Vujić 山地闪光蚜蝇，山地闪光食蚜蝇
Orthonevra neotropica (Shannon) 新热带闪光蚜蝇，新热带闪光食蚜蝇
Orthonevra nigrovittata (Loew) 黑带闪光蚜蝇，黑带闪光食蚜蝇
Orthonevra nobilis (Fallén) 白鬃闪光蚜蝇，暗腹闪光食蚜蝇
Orthonevra onytes (Séguy) 噢闪光蚜蝇，噢闪光食蚜蝇
Orthonevra pictipennis (Loew) 斑翅闪光蚜蝇，斑翅闪光食蚜蝇
Orthonevra plumbago (Loew) 淡棒闪光蚜蝇，淡棒闪光蚜蝇
Orthonevra pulchella (Williston) 璞闪光蚜蝇，璞闪光食蚜蝇
Orthonevra quadristriata (Shannon *et* Aubertin) 四斑闪光蚜蝇，四斑闪光食蚜蝇
Orthonevra roborovskii (Stackelberg) 罗氏闪光蚜蝇，罗氏闪光食蚜蝇
Orthonevra robusta (Shannon) 壮闪光蚜蝇，壮闪光食蚜蝇
Orthonevra shannoni (Curran) 沈闪光蚜蝇，沈闪光食蚜蝇
Orthonevra shusteri Brădescu 舒闪光蚜蝇，舒闪光食蚜蝇
Orthonevra sinuosa (Bigot) 斯闪光蚜蝇，斯闪光食蚜蝇
Orthonevra sonorensis (Shannon) 索闪光蚜蝇，索闪光食蚜蝇
Orthonevra stigmata (Williston) 斑闪光蚜蝇，斑闪光食蚜蝇
Orthonevra unicolor (Shannon) 单色闪光蚜蝇，单色闪光食蚜蝇
Orthonevra varga (Violovitsh) 瓦闪光蚜蝇，瓦闪光食蚜蝇
Orthonevra weemsi (Sedman) 魏闪光蚜蝇，魏闪光食蚜蝇
Orthononucus suturalis Gyllenhal 云杉直缝小蠹
Orthonotus 直背盲蝽属
Orthonotus alpestris (Reuter) 黑色直背盲蝽，川直背盲蝽，直背盲蝽，川杂盲蝽
Orthonotus pallidipennis (Reuter) 淡翅直背盲蝽，优盲蝽
Orthonotus tibialis (Reuter) 红跗直背盲蝽，胫直背盲蝽，胫伸盲蝽
Orthonychiurus 直棘蛛属
Orthonychiurus folsomi (Schäffer) 符氏直棘蛛，白棘蛛，白棘跳虫，浙江棘蛛
Orthonychiurus himalayensis (Choudhuri) 喜马拉雅直棘蛛
Orthonychiurus kowalskii (Stach) 寇氏直棘蛛，寇氏棘蛛
Orthopagus 丽象蜡蝉属
Orthopagus bartletti Song, Malenovský *et* Deckert 巴氏丽象蜡蝉
Orthopagus elegans Melichar 丽短象蜡蝉
Orthopagus exoletus (Melichar) 锡兰丽象蜡蝉
Orthopagus hainanensis Song, Chen *et* Liang 海南丽象蜡蝉
Orthopagus helios Melichar 同 *Orthopagus lunulifer*
Orthopagus helios diffusus Melichar 同 *Orthopagus lunulifer*
Orthopagus lunulifer (Uhler) 月纹丽象蜡蝉，月纹象蜡蝉
Orthopagus philippinus Melichar 菲律宾丽象蜡蝉
Orthopagus splendens (Germar) 蔗丽象蜡蝉，丽象蜡蝉，蔗短象

蜡蝉，巫都叶蝉
Orthopelma 显唇姬蜂属
Orthopelma brevicorne Morley 短角显唇姬蜂
Orthopelmatinae 显唇姬蜂亚科
Orthoperidae [= Corylophidae] 拟球甲科，琐微虫科
Orthophaetus omeia Leech 见 *Capila omeia*
Orthophlebia 直脉蝎蛉属
Orthophlebia chinensis Soszyńska-Maj, Krzemiński, Kopeć, Cao *et* Ren 中国直脉蝎蛉
Orthophlebia elenae Willmann *et* Novokshonov 艾伦直脉蝎蛉
Orthophlebia extensa Martynov 伸直脉蝎蛉
Orthophlebia longicauda Willmann *et* Novokshonov 长尾直脉蝎蛉
orthophlebiid 1. [= orthophlebiid scorpionfly] 直脉蝎蛉 < 直脉蝎蛉科 Orthophlebiidae 昆虫的通称 >；2. 直脉蝎蛉科的
orthophlebiid scorpionfly [= orthophlebiid] 直脉蝎蛉
Orthophlebiidae 直脉蝎蛉科
Orthopodomyia 直脚蚊属，直蚊属
Orthopodomyia albipes Leicester 花白直脚蚊，白花直脚蚊
Orthopodomyia andamanensis Barraud 安达曼直脚蚊
Orthopodomyia anopheloides (Giles) 类按直脚蚊，斑翅直蚊
Orthopodomyia fascipes (Coquillett) 褐足直脚蚊
Orthopodomyia lanyuensis Lien 兰屿直脚蚊，兰屿直蚊
Orthopodomyia maculata Theobald 同 *Orthopodomyia anopheloides*
Orthopodomyia wanxianensis Lei *et* Li 万县直脚蚊
Orthopodomyiini 直脚蚊族
Orthopolia 雅璨夜蛾属
Orthopolia tayal (Yoshimoto) 泰雅璨夜蛾，沓梦尼夜蛾
Orthops 奥盲蝽属，奥盲蝽亚属
Orthops campestris (Linnaeus) 泛奥盲蝽
Orthops kalmii (Linnaeus) 黄奥盲蝽，黄盲蝽，黄草盲蝽
Orthops lindbergi Hsiao 同 *Orthops scutellatus*
Orthops minutus (Hsiao) 同 *Liistonotus melanostoma*
Orthops* (*Montanorthops*) *ghaurii Zheng 高氏奥盲蝽
Orthops mutans (Stål) 荨麻奥盲蝽，内蒙草盲蝽
Orthops* (*Orthops*) *ferrugineus (Reuter) 黄褐奥盲蝽
Orthops* (*Orthops*) *udonis (Matsumura) 东亚奥盲蝽
Orthops* (*Orthops*) *vitticeps (Reuter) 纹头奥盲蝽
Orthops sachalinus (Carvalho) 同 *Orthops* (*Orthops*) *udonis*
Orthops scutellatus Uhler [carrot plant bug] 胡萝卜奥盲蝽
Orthoptera 直翅目
orthopteran 1. [= orthopterous insect, orthopteron] 直翅目昆虫；2. 直翅目昆虫的，直翅类的
orthopterist [= orthopterologist] 直翅学家，直翅类昆虫学家
orthopteroid 直翅类的
orthopterological 直翅学的
orthopterologist 见 orthopterist
orthopterology 直翅学
orthopteron [= orthopterous insect, orthopteran] 直翅目昆虫
orthopterous 直翅目昆虫的，直翅类的
orthopterous insect 见 orthopteron
Orthopygia 直纹螟属
Orthopygia anpingialis (Strand) 同 *Hypsopygia rudis*
Orthopygia glaucinalis (Linnaeus) 见 *Hypsopygia glaucinalis*
Orthopygia imbecilis (Moore) 伊直纹螟
Orthopygia nannodes (Butler) 小直纹螟
Orthopygia pernigralis Ragonot 见 *Herculia pernigralis*
Orthopygia placens (Butler) 普直纹螟
Orthopygia repetita (Butler) 瑞直纹螟
Orthopygia rudis (Moore) 见 *Hypsopygia rudis*
Orthopygia sokutsensis (Strand) 索直纹螟
Orthopygia suffusalis (Walker) 萨直纹螟
Orthopygia tenuis (Butler) 细直纹螟
Orthorhinus 正鼻象甲属
Orthorhinus cylindrirostris (Fabricius) [elephant weevil] 金合欢正鼻象甲
Orthorhinus klugi Boheman [vine weevil, vine cane weevil, vine curculio, immigrant acacia weevil] 葡萄茎正鼻象甲
Orthorhinus patruelis Pascoe 南洋杉正鼻象甲
Orthorrhapha 直裂类，直裂部
orthorrhaphous 直裂的，直裂类的
Orthos 直弄蝶属
Orthos gabina (Godman) [gabina skipper] 嘉直弄蝶
Orthos lycortas Godman *et* Salvin [lycortas skipper] 莱直弄蝶
Orthos orthos (Godman) [orthos skipper] 直弄蝶
Orthos potesta (Bell) [potesta skipper] 珀直弄蝶
orthos skipper [*Orthos orthos* (Godman)] 直弄蝶
Orthos trinka Evans [trinka skipper] 白斑直弄蝶
Orthoserica 灰焦尺蛾属
Orthoserica mirandaria (Leech) 华中灰焦尺蛾，迷雕尺蛾，迷霜尺蛾
Orthoserica rufigrisea Warren 灰焦尺蛾
Orthoserica rufigrisea mirandaria (Leech) 见 *Orthoserica mirandaria*
Orthosia 梦尼夜蛾属
Orthosia alishana Sugi 阿里山梦尼夜蛾
Orthosia angustipennis Matsumura 狭翅梦尼夜蛾
Orthosia askoldensis (Staudinger) 北歌梦尼夜蛾
Orthosia atriluna Ronkay *et* Ronkay 钩纹梦尼夜蛾
Orthosia caii Chen 蔡梦尼夜蛾
Orthosia carnipennis (Butler) [cherry leaf worm] 联梦尼夜蛾
Orthosia castanea Sugi 栗色梦尼夜蛾，栗梦尼夜蛾
Orthosia cedermarki (Bryk) 思梦尼夜蛾
Orthosia coniortota (Filipjev) 尘梦尼夜蛾
Orthosia conspecta (Wileman) 玫斑梦尼夜蛾
Orthosia cruda (Denis *et* Schiffermüller) 刻梦尼夜蛾
Orthosia ella Butler 小梦尼夜蛾，雾单梦尼夜蛾
Orthosia evanida (Butler) 晰线梦尼夜蛾，消失梦尼夜蛾，埃梦尼夜蛾
Orthosia gothica (Linnaeus) [Hebrew character moth, daimyo oak leaf worm] 歌梦尼夜蛾，槲萝尼夜蛾
Orthosia gothica askoldensis Staudinger 歌梦尼夜蛾阿亚种
Orthosia gothica gothica (Linnaeus) 歌梦尼夜蛾指名亚种
Orthosia gracilis (Denis *et* Schiffermüller) [Japanese mugwort leafworm, powdered quaker moth] 单梦尼夜蛾，蒌蒿夜蛾
Orthosia huberti Hreblay *et* Ronkay 赫氏梦尼夜蛾
Orthosia huberti huberti Hreblay *et* Ronkay 赫氏梦尼夜蛾指名亚种
Orthosia huberti marci Ronkay, Ronkay, Gyulai *et* Hacker 赫氏梦尼夜蛾马氏亚种，壶梦尼夜蛾
Orthosia ijimai Sugi 井岛梦尼夜蛾

Orthosia incerta (Hüfnagel) [clouded drab, Japanese white birch leafworm] 梦尼夜蛾，苹褐夜蛾
Orthosia kurosawai Sugi 黑泽梦尼夜蛾，库梦尼夜蛾
Orthosia limbata (Butler) 灵梦尼夜蛾，缘梦尼夜蛾，白缘梦尼夜蛾
Orthosia lizetta Butler 黑线梦尼夜蛾，利宅梦尼夜蛾
Orthosia lushana Sugi 庐山梦尼夜蛾，卢山梦尼夜蛾
Orthosia munda (Denis *et* Schiffermüller) 见 *Anorthoa munda*
Orthosia nigromaculata (Höne) 黑斑梦尼夜蛾
Orthosia odiosa Butler 棕梦尼夜蛾，放歌梦尼夜蛾
Orthosia opima (Hübner) 丰梦尼夜蛾
Orthosia paromoea (Hampson) 匀梦尼夜蛾，旁梦尼夜蛾
Orthosia perfusca Sugi 灰褐梦尼夜蛾，福梦尼夜蛾
Orthosia reticulata Yoshimoto 联纹梦尼夜蛾
Orthosia reticulata fuscovestita Hreblay *et* Ronkay 联纹梦尼夜蛾黯脉亚种，黯脉联纹梦尼夜蛾
Orthosia reticulata reticulata Yoshimoto 联纹梦尼夜蛾指名亚种
Orthosia songi Chen *et* Zhang 杜仲梦尼夜蛾
Orthosia tiszka Ronkay, Ronkay, Gyulai *et* Hacker 缇梦尼夜蛾
Orthosia ussuriana Kononenko 北梦尼夜蛾
Orthosia variabilis Wang *et* Chen 异梦尼夜蛾
Orthosiini 梦尼夜蛾族
Orthosinus 直喙象甲属，直喙象属
Orthosinus foveatus Voss 窝直喙象甲，窝直喙象
Orthosoma brunneum (Förster) [brown prionid] 灰褐夜蛾
orthosomatic 直体形的 < 意为身体的背面与腹面，以及体两侧为大致平行的 >
Orthostethus 瘤叩甲属
Orthostethus babai (Kishii) 巴瘤叩甲，大长身叩头虫
Orthostethus babai babai (Kishii) 巴瘤叩甲指名亚种
Orthostethus babai taiwanus (Kishii) 巴瘤叩甲台湾亚种，台巴瘤叩甲
Orthostigma 宽齿反颚茧蜂属
Orthostigma antennatum Tobias 尖痣宽齿反颚茧蜂，尖痣反颚茧蜂
Orthostigma cratospilum (Tomson) 宽痣宽齿反颚茧蜂，宽痣反颚茧蜂
Orthostigma imperator Achterberg *et* Ortega 窄节宽齿反颚茧蜂，窄节反颚茧蜂
Orthostigma laticeps (Thomson) 后宽宽齿反颚茧蜂，后宽反颚茧蜂
Orthostigma latinervis (Petersen) 宽脉宽齿反颚茧蜂，宽脉反颚茧蜂
Orthostigma lokei Hedqvist 劳氏宽齿反颚茧蜂
Orthostigma longicorne Konigsmann 长角宽齿反颚茧蜂，长角反颚茧蜂
Orthostigma longicubitale Konigsmann 长肘宽齿反颚茧蜂，长肘反颚茧蜂
Orthostigma lucidum Konigsmann 长背宽齿反颚茧蜂，长背反颚茧蜂
Orthostigma mandibulare (Tobias) 窄痣宽齿反颚茧蜂，窄痣反颚茧蜂
Orthostigma pumilum (Nees) 小节宽齿反颚茧蜂，小节反颚茧蜂
Orthostigma sculpturatum Tobias 网胸宽齿反颚茧蜂，网胸反颚茧蜂
Orthostigma sibiricum (Telenga) 同脉宽齿反颚茧蜂，同脉反颚茧蜂
Orthostigma sordipes (Thomson) 褐胫宽齿反颚茧蜂，褐胫反颚茧蜂
Orthostixinae 黎尺蛾亚科
Orthostixis 黎尺蛾属，奥斯尺蛾属 < 此属学名有误写为 *Orthostixia* 者 >
Orthostixis cribraria (Hübner) 筛黎尺蛾，筛奥斯尺蛾
Orthostixis cribraria amanensis Wehrli 筛黎尺蛾阿曼亚种，阿筛奥斯尺蛾
Orthostixis cribraria cribraria (Hübner) 筛黎尺蛾指名亚种
Orthostixis maculicaudaria (Motshculsky) 见 *Euctenurapteryx maculicaudaria*
Orthostixis opisodisticha Wehrli 奥黎尺蛾，奥斯尺蛾
Orthotaeliidae [= Yponomeutidae] 巢蛾科
Orthotaenia 直带小卷蛾属
Orthotaenia undulana (Denis *et* Schiffermüller) [urtica leaf roller] 直带小卷蛾，荨麻卷蛾，荨麻卷叶蛾
Orthotaenia urticana (Hübner) 同 *Orthotaenia undulana*
Orthotettixoides 拟直蚱属
Orthotettixoides bannaensis (Zheng) 版纳拟直蚱
Orthotettoides 同 *Orthotettixoides*
Orthotettoides bannaensis Zheng 见 *Orthotettixoides bannaensis*
Orthotomicus 瘤小蠹属 < 此属学名有误写为 *Onthotomicus* 者 >
Orthotomicus angulatus (Eichhoff) 角瘤小蠹，赤松齿小蠹，狭瘤小蠹
Orthotomicus caelatus (Eichhoff) 隐蔽瘤小蠹，美洲落叶松小蠹
Orthotomicus erosus (Wollaston) [Mediterranean pine beetle] 松瘤小蠹，地中海区松小蠹
Orthotomicus golovjankoi Pjatnitzky 北方瘤小蠹
Orthotomicus kuniyoshii (Nobuchi) 国芳瘤小蠹
Orthotomicus laricis (Fabricius) [pattern engraver beetle, larix engraver] 边瘤小蠹，落叶松小蠹，古北区落叶松小蠹，华山松瘤小蠹
Orthotomicus latidens (LeConte) [smaller western pine engraver] 偏齿瘤小蠹，西部松瘤小蠹，北美西部松小蠹
Orthotomicus mannsfeldi (Wachtl) 中重瘤小蠹
Orthotomicus nankinensis Kurentzov *et* Konomov 南京瘤小蠹
Orthotomicus proximus (Eichhoff) 最近瘤小蠹
Orthotomicus starki Spessivtseff 小瘤小蠹
Orthotomicus suturalis (Gyllenhal) [Japanese pine ips] 近瘤小蠹，日本松小蠹
Orthotrichia 直毛小石蛾属
Orthotrichia adunca Yang *et* Xue 钩肢直毛小石蛾
Orthotrichia apophysis Zhou *et* Yang 长突直毛小石蛾
Orthotrichia bucera Yang *et* Xue 牛角直毛小石蛾
Orthotrichia costalis (Curtis) 缘脉直毛小石蛾
Orthotrichia tetensii Kolbe 同 *Orthotrichia costalis*
Orthotrichia tragetti Mosely 特氏直毛小石蛾
Orthotrichia udawarama (Schmid) 月牙直毛小石蛾
Orthotrichia wellsae Xue *et* Yang 威氏直毛小石蛾
Orthotrichus indicus Bates 印直毛步甲
Orthotylinae 合垫盲蝽亚科
Orthotylini 合垫盲蝽族
Orthotylus 合垫盲蝽属，合垫盲蝽亚属

Orthotylus althaeae (Hussey) 见 *Brooksetta althaeae*
Orthotylus flavosparsus (Sahlberg) 见 *Orthotylus* (*Melanotrichus*) *flavosparsus*
Orthotylus marginalis Reuter 缘合垫盲蝽
Orthotylus (***Melanotrichus***) ***flavosparsus*** (Sahlberg) [sugarbeet leaf bug, Pretty green plant bug] 杂毛合垫盲蝽，藜杂毛盲蝽
Orthotylus (***Melanotrichus***) ***nigropilosus*** Lindberg 同 *Orthotylus* (*Melanotrichus*) *flavosparsus*
Orthotylus orientalis Poppius 东方合垫盲蝽，东方杂毛盲蝽
Orthotylus (***Orthotylus***) ***interpositus*** Schmidt 灰绿合垫盲蝽
Orthotylus (***Orthotylus***) ***rubioculus*** Liu *et* Zheng 红眼合垫盲蝽
Orthotylus (***Orthotylus***) ***sophorae*** Josifov 斑膜合垫盲蝽
Orthotylus parvulus Reuter 小合垫盲蝽
Orthotylus (***Pseudorthotylus***) ***bilineatus*** (Fallén) 双纹合垫盲蝽
orthotype 直模标本 <指原来所选定的属模标本>
Orthozona 直带夜蛾属，直带奴裳蛾属
Orthozona bilineata Wileamn 双线直带夜蛾
Orthozona curvilineata Wileman 曲线直带夜蛾，曲线直带裳蛾
Orthozona karapina Strand 交力坪直带夜蛾
Orthozona quadrilineata (Moore) 直带夜蛾
Orthrius 曙郭公甲属
Orthrius abruptepunctatus Schenkling 见 *Xenorthrius abruptepunctatus*
Orthrius binotatus (Fisher) 二斑曙郭公甲，二斑曙郭公虫
Orthrius carinifrons Schenkling 脊额曙郭公甲，脊额曙郭公虫
Orthrius disjunctus Pic 见 *Xenorthrius disjunctus*
Orthrius pieli Pic 见 *Xenorthrius pieli*
Orthrius prolongatus Schenkling 见 *Xenorthrius prolongatus*
Orthrius sinensis Gorham 中华曙郭公甲，华曙郭公虫，中华晓郭公甲
Orthrius striatopunctatus Schenkling 条斑曙郭公甲，条斑曙郭公虫
Orthrius subscalaris Pic 见 *Neorthrius subscalaris*
Orthrius sulcatus Pic 见 *Neorthrius sulcatus*
Ortilia 柔蛱蝶属
Ortilia dicoma Hewitson [dicoma crescent] 滴柔蛱蝶
Ortilia gentina (Higgins) [Gentina crescent] 肯柔蛱蝶
Ortilia ithra Kirby [Ithra crescent] 依柔蛱蝶
Ortilia liriope Cramer 黄柔蛱蝶
Ortilia orthia Hewitson [orthia crescent] 直柔蛱蝶
Ortilia orticas (Schaus) 傲柔蛱蝶
Ortilia polinella (Hall) 灰柔蛱蝶
Ortilia sejona (Schaus) 啬柔蛱蝶
Ortilia velica (Hewitson) [velica crescent] 罩柔蛱蝶
Ortilia zamora (Hall) 载柔蛱蝶
Ortopla 缺角夜蛾属
Ortopla iarbasalis Walker 伊缺角夜蛾
Ortopla lindsayi Hampson 琳赛缺角夜蛾
Ortopla longiuncus Behounek, Han *et* Kononenko 长突缺角夜蛾
Ortopla witti Behounek, Han *et* Kononenko 威特缺角夜蛾
Orudiza 缺角蛱蛾属
Orudiza angulata Chu *et* Wang 棕翅缺角蛱蛾
Orudiza protheclaria Walker 二线缺角蛱蛾，原阿鲁蛱蛾
orussid 1. [= orussid wasp, parasitic wood wasp] 尾蜂 <尾蜂科 Orussidae 昆虫的通称>；2. 尾蜂科的
orussid wasp [= parasitic wood wasp, orussid] 尾蜂
Orussidae 尾蜂科，伏牛蜂科 <该科学名有误写为 Oryssidae 者>
Orussoidea 尾蜂总科 <该总科学名有误写为 Oryssoidea 者>
Orussus 尾蜂属
Orussus abietinus (Scopoli) 红腹尾蜂
Orussus brunneus Shinohara *et* Smith 褐尾蜂，褐寄生树蜂
Orussus decoomani Maa 德柯门尾蜂
Orussus japonicus Tozawa 日本尾蜂
Orussus melanosoma Lee *et* Wei 黑腹尾蜂
Orussus striatus Maa 条纹尾蜂
Oruza 巧夜蛾属
Oruza albigutta Wileman 白点巧夜蛾，散白点巧裳蛾
Oruza brunnea (Leech) 稍巧夜蛾，稍巧裳蛾
Oruza divisa (Walker) 粉条巧夜蛾，小分巧裳蛾
Oruza glaucotorna Hampson 白缘巧夜蛾，白缘巧裳蛾 <此种学名有误写为 *Oruza glaucotorma* Hampson 者>
Oruza lacteicosta (Hampson) 乳缘巧夜蛾，白眉巧裳蛾
Oruza microstigma Warren 臀斑巧夜蛾
Oruza mira (Butler) 奇巧夜蛾
Oruza obliquaria Marumo 紫褐巧夜蛾，斜巧夜蛾
Oruza rectangulata Warren 宽缘巧夜蛾，直角巧夜蛾
Oruza semilux (Walker) 黑褐巧夜蛾，半巧夜蛾，色分巧夜蛾，色分巧裳蛾
Oruza stragulata (Pagenstecher) 暗衬巧夜蛾，暗衬巧裳蛾
Oruza yoshinoensis (Wileman) 日巧夜蛾
Orvasca 澳毒蛾属
Orvasca limbata (Butler) 缘澳毒蛾
Orybina 双点螟属
Orybina flaviplaga (Walker) 金双点螟，金双斑螟蛾，黄双点螟
Orybina flaviplaga flaviplaga (Walker) 金双点螟指名亚种
Orybina flaviplaga kiangsualis Caradja 金双点螟江苏亚种，江苏黄双点螟
Orybina hoenei Caradja 赫双点螟
Orybina imperatrix Caradja 暗双点螟
Orybina plangonalis (Walker) 紫双点螟
Orybina regalis (Leech) 艳双点螟
Orychodes 掘锥象甲属，掘锥象属
Orychodes indus Kirsch 掘锥象甲
Orychodes planicollis (Walker) 平领掘锥象甲
Orychodes sinensis Fairmaire 中华掘锥象甲，中华掘锥象
Oryctes 蛀犀金龟甲属，蛀犀金龟属，犀角金龟属，掘犀金龟属
Oryctes elegans Prell 雅蛀犀金龟甲，雅蛀犀金龟
Oryctes gnu Mohnike 格蛀犀金龟甲，格蛀犀金龟
Oryctes monoceros (Olivier) [coconut beetle, African rhinoceros beetle, coconut rhinoceros beetle] 非洲蛀犀金龟甲，非洲犀金龟
Oryctes nasicornis (Linnaeus) [European rhinoceros beetle] 鼻蛀犀金龟甲，鼻蛀犀金龟，角蛀犀金龟
Oryctes nasicornis nasicornis (Linnaeus) 鼻蛀犀金龟甲指名亚种
Oryctes nasicornis przevalskii Semenov 鼻蛀犀金龟甲普氏亚种，普鼻蛀犀金龟，普氏掘犀金龟
Oryctes punctipennis Motschulsky 点翅蛀犀金龟甲，点翅蛀犀金龟
Oryctes punctipennis przevalskyi Semenov *et* Medvedev 点蛀犀金龟甲泼儿亚种
Oryctes punctipennis punctipennis Motschulsky 点蛀犀金龟甲指名亚种，指名点翅蛀犀金龟
Oryctes rhinoceros (Linnaeus) [Asiatic rhinoceros beetle, coconut

rhinoceros beetle, coconut palm rhinoceros beetle, black coconut beetle, coconut black beetle, date palm beetle] 椰蛀犀金龟甲，椰子犀角金龟，台湾兜虫
Oryctini 蛀犀金龟甲族，掘犀金龟族
Orygmatinae 宗扁蝇亚科
Orygmophora mediofoveata Hampson [opepe shoot borer] 非加尼乌檀夜蛾
Oryzaephilus 锯谷盗属，粉扁虫属
Oryzaephilus maximus Grouvelle 见 *Pseudonausibius maximus*
Oryzaephilus mercator (Fauvel) [merchant grain beetle, merchant beetle] 商锯谷盗，市场锯谷盗，大眼锯谷盗
Oryzaephilus surinamensis (Linnaeus) [saw-toothed grain beetle] 锯谷盗，锯胸谷盗，锯胸粉扁虫
Orza 鸥夜蛾属
Orza brunnea (Leech) 布鸥夜蛾
os [pl. ora] 1. 口；2. 骨
os hyoideum [= tongue bone] 舌骨 < 即舌的角质部分 >
Osborne membrane 奥氏膜
Osbornellus 腹突叶蝉属
Osbornellus aurantius Xing *et* Li 红带腹突叶蝉
Osbornellus conoideus Xing *et* Li 锥尾腹突叶蝉
Osbornellus suiyangensis Xing *et* Li 绥阳腹突叶蝉
oscillometer 示波器
Oscinella 长缘秆蝇属，奥秆蝇属
Oscinella aequisecta (Duda) 见 *Conioscinella aequisecta*
Oscinella costalis (Duda) 双肋长缘秆蝇，双肋奥秆蝇，双肋秆蝇
Oscinella dispar Becker 同 *Conioscinella similans*
Oscinella fallax Duda 狡猾长缘秆蝇，狡猾奥秆蝇，狡猾秆蝇
Oscinella frit (Linnaeus) [frit fly] 黑长缘秆蝇，黑麦秆蝇，瑞典麦秆蝇，瑞典秆蝇
Oscinella glabrina Becker 见 *Thaumatomyia glabrina*
Oscinella lacteipennis Becker 同 *Calamoncosis sorella*
Oscinella perspicienda Becker 同 *Conioscinella poecilogaster*
Oscinella pumila Becker 同 *Conioscinella formosa*
Oscinella pumilio Becker 见 *Conioscinella pumilio*
Oscinella pusilla (Meigen) [barley frit fly, black wheat stem maggot] 大麦长缘秆蝇，黑麦奥秆蝇，黑麦秆蝇，瑞典秆蝇，燕麦蝇，大麦麦秆蝇
Oscinella semimaculata Becker 见 *Conioscinella semimaculata*
Oscinella similans Becker 见 *Conioscinella similans*
Oscinella similifrons Becker 似额长缘秆蝇，澳洲奥秆蝇，澳洲秆蝇
Oscinella similis Becker 见 *Gaurax similis*
Oscinella siphonelloides Becker 见 *Pseudogoniopsita siphonelloides*
Oscinella subnitens Becker 见 *Conioscinella subnitens*
Oscinella ventralis Becker 腰带长缘秆蝇，腹奥秆蝇，腰带秆蝇
Oscinellinae 长缘秆蝇亚科，拟秆蝇亚科
Oscinidae 黄潜蝇科
Oscinis ensifer Thomson 见 *Mepachymerus ensifer*
Oscinis insignis Thomson 见 *Elachiptera insignis*
Oscinis nigripila Duda 见 *Chlorops nigripilus*
Oscinis oralis Duda 见 *Chlorops oralis*
Oscinis oryzella (Matsumura) 见 *Agromyza oryzae*
Oscinis potanini Duda 见 *Chlorops potanini*
Oscinis punctata Duda 见 *Chlorops punctatus*
Oscinis theae Bigot 见 *Agromyza theae*
Oscinisoma 鸣鸟秆蝇属
Oscinisoma rectum (Becker) 直角鸣鸟秆蝇，正直秆蝇
Oscinomima 鸣水蝇属
Oscinomima signatella Enderlein 标鸣水蝇
oscula 前下前咽 < 指下前咽在舌和唾窦前的部分 >
osculant 中间型
Osculobracon 口孔茧蜂亚属
Osculonirmus limpidus Mey 见 *Brueelia limpidus*
osier aphid [= black willow aphid, black willow bark aphid, *Pterocomma salicis* (Linnaeus)] 柳粉毛蚜，柳黑粉毛蚜
osier leaf-folding midge [= willow leaf-rolling gall midge, *Rabdophaga marginemtorquens* (Bremi)] 卷叶柳瘿蚊，柳卷叶瘿蚊
osier midget [*Phyllonorycter viminetora* (Stainton)] 柳条小潜细蛾，柳条潜叶细蛾
osier weevil [= mottled willow borer, poplar and willow borer, willow beetle, *Cryptorrhynchus lapathi* (Linnaeus)] 杨干隐喙象甲，杨干隐喙象，杨干象，柳小隐喙象甲，拉隐喙象
osiris blue [*Cupido osiris* (Meigen)] 奥枯灰蝶
osiris smoky blue [= African cupid, *Euchrysops osiris* (Höpffer)] 奥棕灰蝶
Oslar's roadside-skipper [*Amblyscirtes oslari* (Skinner)] 土黄缎弄蝶
osmanthus woolly aphid [*Prociphilus osmanthae* Essig *et* Kuwana] 木樨卷叶绵蚜，木樨卷绵蚜
osmeteria [= metameric sacs] 丫腺
osmeteria [s. osmeterium; = metameric sacs] 丫腺，臭丫腺
osmeterium [pl. osmeteria] 丫腺，臭丫腺
Osmia 壁蜂属
Osmia* (*Allosmia*) *rufohirta Latreille 红毛壁蜂
Osmia andrenoides Spinola [black and red-colored small mason bee] 红腹壁蜂
Osmia avosetta Warncke 花壁蜂
Osmia bicolor (Schrank) 双色壁蜂
Osmia carinoclypearis Wu 见 *Osmia* (*Helicosmia*) *carinoclypearis*
Osmia cerinthidis Morawitz 尖唇壁蜂
Osmia chinensis Morawitz 见 *Osmia* (*Helicosmia*) *chinensis*
Osmia concavoclypearis Wu 见 *Osmia* (*Helicosmia*) *concavoclypearis*
Osmia cornifrons (Radoszkowski) [horned-face bee, hornfaced bee, Japanese hornfaced bee] 角额壁蜂
Osmia cornuta (Latreille) [European orchard bee, white-faced mason bee, horned mason bee] 欧洲果园壁蜂，欧洲果园蜜蜂，拉氏壁蜂
Osmia denudata Moawitz 裸壁蜂
Osmia excavata Alfken [black leafcutting bee] 凹唇壁蜂，黑切叶蜂
Osmia excisa Morawitz 缺口壁蜂，阉壁蜂
Osmia fulviventris (Panzer) 同 *Osmia niveata*
Osmia haemorrhoa Morawiz 见 *Osmia* (*Helicosmia*) *haemorrhoa*
Osmia* (*Helicosmia*) *carinoclypearis Wu 脊唇壁蜂
Osmia* (*Helicosmia*) *chinensis Morawitz 中国壁蜂
Osmia* (*Helicosmia*) *coerulescens (Linneus) 蓝壁蜂
Osmia* (*Helicosmia*) *concavoclypearis Wu 凹壁蜂，新疆壁蜂
Osmia* (*Helicosmia*) *fulviventris (Panzer) 同 *Osmia niveata*
Osmia* (*Helicosmia*) *haemorrhoa Morawitz 血红壁蜂，丽壁蜂
Osmia* (*Helicosmia*) *jacoti Cockerell 紫壁蜂
Osmia* (*Helicosmia*) *microdonta Cockerell 微齿壁蜂，小壁蜂

Osmia* (*Helicosmia*) *mongolica Morawitz 蒙古壁蜂
Osmia* (*Helicosmia*) *pieli Cockerell 皮氏壁蜂
Osmia* (*Helicosmia*) *rubripes Smith 同 *Hoplitis scita*
Osmia* (*Helicosmia*) *satoi Hirashima *et* Yasumatsu 怪唇壁蜂
Osmia* (*Helicosmia*) *shaanxiensis Wu 陕西壁蜂
Osmia* (*Helicosmia*) *subtersa Cockerell 拟筒壁蜂，洁壁蜂
Osmia* (*Helicosmia*) *vidua Gestaecker 寡壁蜂
Osmia heudei Cockerell 霍氏壁蜂
Osmia imaii Hirashima 同 *Osmia* (*Helicosmia*) *jacoti*
Osmia ishikawai Hirashima 见 *Osmia* (*Melanosmia*) *ishikawai*
Osmia jacoti Cockerell 见 *Osmia* (*Helicosmia*) *jacoti*
Osmia melanocephala Morawitz 黑头壁蜂
Osmia* (*Melanosmia*) *inermis Zetterstedt 无戎壁蜂
Osmia* (*Melanosmia*) *ishikawai Hirashima 石川壁蜂
Osmia* (*Melanosmia*) *jilinense Wu 吉林壁蜂
Osmia* (*Melanosmia*) *melanogaster Spinola 黑腹壁蜂
Osmia* (*Melanosmia*) *nigriventris (Zetterstedt) 黑腹面壁蜂
Osmia* (*Melanosmia*) *nigroscopula (Wu) 黑刷壁蜂，黑毛刷壁蜂
Osmia* (*Melanosmia*) *pamirensis Morawitz 帕米尔壁蜂
Osmia* (*Melanosmia*) *pilicornis Smith 毛角壁蜂，丝角壁蜂
Osmia microdonta Cockerell 见 *Osmia* (*Helicosmia*) *microdonta*
Osmia mongolica Morawitz 见 *Osmia* (*Helicosmia*) *mongolica*
Osmia nigroscopula (Wu) 见 *Osmia* (*Melanosmia*) *nigroscopula*
Osmia niveata (Fabricius) 褐腹壁蜂
Osmia pedicornis Cockerell 叉壁蜂
Osmia pieli Cockerell 见 *Osmia* (*Helicosmia*) *pieli*
Osmia pilicornis Smith 见 *Osmia* (*Melanosmia*) *pilicornis*
Osmia quadricornuta Wu 方角壁蜂
Osmia rubripes Smith 同 *Hoplitis scita*
Osmia rufa (Linnaeus) [red mason bee] 深红壁蜂，红切叶蜂
Osmia rufina Cockerell 红壁蜂
Osmia rufinoides Wu 拟红壁蜂
Osmia satoi Yasumatsu *et* Hirashima 见 *Osmia* (*Helicosmia*) *satoi*
Osmia subtersa Cockerell 见 *Osmia* (*Helicosmia*) *subtersa*
Osmia taurus Smith 壮壁蜂
Osmia turcestanica Dalla Torre 土库曼壁蜂
Osmia yanbianense Wu 延边壁蜂
osmic acid 锇酸
Osmiini 壁蜂族
Osmilia flavolineata De Geer 南美额蝗
Osmoderma 臭斑金龟甲属，臭斑金龟属
Osmoderma barnabita Motschulsky 凹背臭斑金龟甲，凹背奥斑金龟
Osmoderma davidis Fairmaire 达奥斑金龟甲，达奥斑金龟
Osmoderma eremita (Scopoli) [hermit beetle, Russian leather beetle] 隐奥斑金龟甲，隐居甲虫，隐士甲虫
Osmoderma opicum Lewis 丑奥斑金龟甲，丑奥斑金龟
Osmodermini 奥斑金龟族
Osmodes 坛弄蝶属
Osmodes adon Mabille [adon white-spots] 阿顿坛弄蝶
Osmodes adonia Evans [adonia white-spots] 阿都坛弄蝶
Osmodes adonides Miller 阿德坛弄蝶
Osmodes adosus (Mabille) [adosus white-spots] 阿道斯坛弄蝶
Osmodes banghaasii Holland [Bang-Haas' white-spots] 斑坛弄蝶
Osmodes costatus Aurivillius [black-veined white-spots] 脉坛弄蝶
Osmodes distinctus Holland [distinct white-spots] 明晰坛弄蝶
Osmodes hollandi Evans [Holland's white-spots] 豪坛弄蝶
Osmodes laronia (Hewitson) [large white-spots] 坛弄蝶
Osmodes lindseyi Miller [black-tufted white-spots] 丽坛弄蝶
Osmodes lux Holland [detached white-spots] 闪光坛弄蝶
Osmodes minchini Evans 咪坛弄蝶
Osmodes omar Swinhoe [obsolete white-spots] 禹坛弄蝶
Osmodes thora (Plötz) [common white-spots] 托拉坛弄蝶
osmometer 渗透压计
osmometry 渗透压测定法，渗透压测定
osmoregulation 渗透调节
osmosis 渗透作用，渗透现象
osmotic equilibrium 渗透平衡
osmotic pressure 渗透压
osmotropism 向渗压性
osmylid 1. [= osmylid fly, giant lacewing] 溪蛉，翼蛉 <溪蛉科 Osmylidae 昆虫的通称>；2. 溪蛉科的
osmylid fly [= osmylid, giant lacewing] 溪蛉，翼蛉
Osmylidae 溪蛉科，翼蛉科
Osmylinae 溪蛉亚科
Osmylus 溪蛉属，翼蛉属
Osmylus angustimarginatus Xu, Wang *et* Liu 窄缘溪蛉
Osmylus biangulus Wang *et* Liu 双角溪蛉
Osmylus bipapillatus Wang *et* Liu 双突溪蛉
Osmylus collallus Yang 错那溪蛉
Osmylus fuberosus Yang 偶瘤溪蛉
Osmylus hyalinatus MacLachlan 透明溪蛉，透明丰溪蛉
Osmylus lucalatus Wang *et* Liu 亮翅溪蛉
Osmylus maoershanicola Xu, Wang *et* Liu 猫儿山溪蛉
Osmylus megistus Yang 大溪蛉
Osmylus miniscùlus Yang 小溪蛉
Osmylus oberthurinus Navás 见 *Lysmus oberthurinus*
Osmylus pachycaudatus Wang *et* Liu 粗角溪蛉
Osmylus posticatus Banks 后斑溪蛉，后溪蛉
Osmylus shaanxiensis Xu, Wang *et* Liu 陕西溪蛉
Osmylus taiwanensis New 台湾溪蛉，台湾翼蛉
Osmylus wuhishanus Yang 武夷山溪蛉
Osmylus xizangensis Yang 西藏溪蛉
Osnaparis 侧猿叶甲亚属，侧猿金花虫属
Osnaparis nucea Fairmaire 见 *Aoria* (*Osnaparis*) *nucea*
Osoriinae 筒形隐翅甲亚科
Osorius 钝尾隐翅甲属
Osorius angustulus Sharp 狭钝尾隐翅甲
Osorius carinifrons Cameron 脊额钝尾隐翅甲
Osorius chinensis Bernhauer 华钝尾隐翅甲
Osorius formosae Bernhauer 台钝尾隐翅甲
Osorius freyi Bernhauer 弗钝尾隐翅甲
Osorius hauseri Bernhauer 豪钝尾隐翅甲
Osorius mortuorum Bernhauer 模钝尾隐翅甲
Osorius punctus Bernhauer 点钝尾隐翅甲
Osorius silvestrii Bernhauer 薛钝尾隐翅甲
Osorius tonkinensis Bernhauer 越钝尾隐翅甲
Osphantes 多哥弄蝶属
Osphantes ogowena (Mabille) [lobed skipper] 多哥弄蝶
Osphantes thops Holland 见 *Osmodes thora*

Osphya 背长朽木甲属
Osphya formosana Pic 台背长朽木甲
Osphya trilineata Pic 三线背长朽木甲
Osprynchotina 长足姬蜂亚族
Ossa dimidiata Motschulsky 橘绿扁蜡蝉
osselet [= ossiculum] 腋片
osseous 骨状的
ossicle 小骨片
ossicula [s. ossiculum] 腋片
ossiculum [pl. ossicula; = osselet] 腋片
Ossoides 舌扁蜡蝉属
Ossoides lineatus Bierman 红线舌扁蜡蝉
Ossuaria 罐小叶蝉属
Ossuaria sichuanensis Zhang *et* Yang 四川罐小叶蝉
Ossuaria yunnanensis Zhang *et* Yang 云南罐小叶蝉
Ostedes 梭天牛属，挺胸粗腿天牛属
Ostedes assamana Breuning 白斑梭天牛
Ostedes bidentata Pic 二齿梭天牛
Ostedes binodosa Gressitt 宝兴梭天牛
Ostedes dentata Pic 尖尾梭天牛
Ostedes inermis Schwarzer 福建梭天牛，闽梭天牛
Ostedes inermis dwabina Gressitt 福建梭天牛闽南亚种，闽福建梭天牛
Ostedes inermis inermis Schwarzer 福建梭天牛指名亚种，指名闽梭天牛，黑纹挺胸粗腿天牛，针胸粗腿天牛
Ostedes laosensis Breuning 巨斑梭天牛
Ostedes niisatoi Hasegawa 新里梭天牛，新里氏挺胸粗腿天牛
Ostedes ochreomarmosata Breuning 赭纹梭天牛
Ostedes ochreopicta Breuning 赭条梭天牛
Ostedes ochreosparsa Breuning 粒肩梭天牛
Ostedes slocumi (Gressitt) 四川梭天牛
Ostedes spinipennis Breuning 凹尾梭天牛
Ostedes subfasciata Matsushita 台湾梭天牛，挺胸粗腿天牛
Ostedes subochreosparsa Breuning 长柄梭天牛
Ostedes subrufipennis Breuning 钝尾梭天牛
Ostedes tuberculata (Pic) 瘤梭天牛，基瘤集天牛
Ostedes yamasakoi Hasegawa 山迫梭天牛，山迫氏挺胸粗腿天牛
Osteosema 瑰尺蛾属
Osteosema sanguilineata (Moore) 镶边瑰尺蛾
ostia [s. ostium] 1. [= auriculo-ventricular openings] 心门；2. 交配孔；3. 气门裂
ostial 心门的
ostial valve 心门瓣
ostiola [pl. ostiolae; = ostiole] 臭腺孔
ostiolar canal [= orificial canal] 臭腺道
ostiolar peritreme 臭腺孔缘
ostiole 见 ostiola
ostium [pl. ostia] 1. [= auriculo-ventricular opening] 心门；2. 交配孔；3. 气门裂
ostium bursa [= copulatory opening, ostium of bursa] 交配囊孔，交配孔
ostium of bursa 见 ostium bursa
Ostomatidae [= Trogossitidae] 谷盗科，谷盗虫科
ostreaeform scale [= European fruit scale, oystershell scale, pear-tree oyster scale, pear oyster scale, yellow plum scale, yellow apple scale, yellow oyster scale, green oyster scale, false San Jose scale, Curtis scale, *Diaspidiotus ostreaeformis* (Curtis)] 桦灰圆盾蚧，桦笠圆盾蚧，欧洲果圆蚧，杨笠圆盾蚧，蛎形齿盾介壳虫
Ostrinia 秆野螟属
Ostrinia dorsivittata (Moore) 背点秆野螟，背点秆螟
Ostrinia furnacalis (Guenée) [Asian corn borer, Asian maize borer, Asiatic corn borer] 亚洲玉米螟，玉米螟，亚洲秆野螟
Ostrinia kasmirica (Moore) 克什米尔秆野螟，克什米尔玉米螟，克什米尔螟
Ostrinia kurentzovi Mutuura *et* Munroe 酒花秆野螟，酒花螟
Ostrinia latipennis (Warren) [Far Eastern knotweed borer] 虎杖秆野螟，虎杖螟，阔翅秆野螟
Ostrinia memnialis (Walker) 明秆野螟
Ostrinia narynensis Mutuura *et* Munroe 麻秆野螟，麻螟
Ostrinia nubilalis (Hübner) [European corn borer] 欧洲玉米螟，玉米螟
Ostrinia obumbratalis (Lederer) [smartweed borer] 杂草秆野螟，杂草蛀秆野螟，杂草蛀螟，蓼车野螟
Ostrinia orientalis Mutuura *et* Munroe [Siberian cocklebur stem borer] 远东秆野螟，远东苍耳螟，苍耳螟，苍耳蠹虫
Ostrinia orientalis orientalis Mutuura *et* Munroe 远东秆野螟指名亚种
Ostrinia orientalis ussuriensis Mutuura *et* Munroe 远东秆野螟乌苏里亚种，乌苏苍耳秆野螟
Ostrinia palustralis (Hübner) 酸模秆野螟，酸模螟
Ostrinia penitalis (Grote) [American lotus borer] 莲秆野螟
Ostrinia putzufangensis Mutuura *et* Munroe 埔滋坊秆野螟，埔滋坊螟
Ostrinia quadripunctalis (Denis *et* Schiffermüller) 四斑秆野螟，四斑秆螟
Ostrinia sanguinealis (Warren) 二叉秆野螟，血红秆野螟
Ostrinia sanguinealis cathayensis Mutuura *et* Munroe 二叉秆野螟卡塔亚种，卡血红秆野螟
Ostrinia sanguinealis sanguinealis (Warren) 二叉秆野螟指名亚种
Ostrinia scapulalis (Walker) [adzuki bean borer] 款冬秆野螟，紫玉米螟，大胫麻螟，豆螟，肩秆野螟，麻田豆秆野螟，豆秆野螟
Ostrinia tienmuensis Mutuura *et* Munroe 天目秆野螟
Ostrinia zaguliaevi Mutuura *et* Munroe 扎氏秆野螟，款冬螟，款冬秆野螟
Ostrinia zaguliaevi zaguliaevi Mutuura *et* Munroe 扎氏秆野螟指名亚种，指名扎氏秆野螟
Ostrinia zealis (Guenée) 豆秆野螟，刺菜秆野螟，刺菜螟，谷秆野螟
Ostrinia zealis holoxuthalis (Hampson) 豆秆野螟黄翅亚种，黄翅秆野螟
Ostrinia zealis varialis Bremer 豆秆野螟变化亚种
Ostrinia zealis zealis (Guenée) 豆秆野螟指名亚种
Oswaldia 奥斯寄蝇属，刺胫寄蝇属，奥斯渥寄蝇属
Oswaldia aurifrons Townsend 黄额奥斯寄蝇，黄额刺胫寄蝇
Oswaldia eggeri (Brauer *et* Bergenstamm) 筒腹奥斯寄蝇，筒腹刺胫寄蝇，筒腹奥斯渥寄蝇
Oswaldia gilva Shima 黄奥斯寄蝇，黄刺胫寄蝇，黄奥斯渥寄蝇
Oswaldia glauca Shima 银奥斯寄蝇
Oswaldia hirsuta Mesnil 毛奥斯寄蝇

Oswaldia illiberis Chao *et* Zhou 毛虫奥斯寄蝇，梨星毛虫奥斯渥寄蝇，伊梨奥斯寄蝇
Oswaldia issikii (Baranov) 短爪奥斯寄蝇，短爪奥斯渥寄蝇
Oswaldia micronychia Mesnil 同 *Oswaldia issikii*
Oswaldia muscaria (Fallén) 振翅奥斯寄蝇，振翅奥斯渥寄蝇
otacillia hairtail [= Trimen's ciliate blue, *Anthene otacilia* (Trimen)] 奥塔尖角灰蝶
otanes crescent [= cloud-forest crescent, *Anthanassa otanes* Hewitson] 傲花蛱蝶
Otantestia 花丽蝽属
Otantestia heterospila (Walker) 花丽蝽
Otantestia modificata (Distant) 六纹花丽蝽
Oteana 奥脊菱蜡蝉属
Oteana oryzae (Matsumura) 稻奥脊菱蜡蝉，稻脊菱蜡蝉
Othiini 直缝隐翅甲族
Othius 直缝隐翅甲属，直缝隐翅虫属
Othius acutus Assing 锐直缝隐翅甲
Othius aequabilis Assing 等片直缝隐翅甲，等直缝隐翅甲
Othius arisanus (Shibata) 阿里山直缝隐翅甲
Othius badius Zheng 棕色直缝隐翅甲
Othius chongqingensis Zheng 重庆直缝隐翅甲
Othius collapsus Assing 岛直缝隐翅甲
Othius coniceps Assing 尖头直缝隐翅甲
Othius contumax Assing 拗直缝隐翅甲，康直缝隐翅甲
Othius fibulifer Assing 夹片直缝隐翅甲
Othius fibulifer extensus Assing 夹片直缝隐翅甲长板亚种，长板直缝隐翅甲
Othius fibulifer fibulifer Assing 夹片直缝隐翅甲指名亚种
Othius fortepunctatus Assing 糙头直缝隐翅甲
Othius furcillatus Assing 叉片直缝隐翅甲
Othius goui Zhang 苟氏直缝隐翅甲
Othius hamatus Assing 钩片直缝隐翅甲，钩直缝隐翅甲
Othius latus Sharp 宽胸直缝隐翅甲，宽腹直缝隐翅甲，长崎直缝隐翅虫，宽直缝隐翅虫
Othius latus gansuensis Assing 宽胸直缝隐翅甲甘肃亚种，甘肃直缝隐翅甲
Othius latus latus Sharp 宽胸直缝隐翅甲指名亚种
Othius longispinosus Assing 长刺直缝隐翅甲
Othius lubricus Assing 亮背直缝隐翅甲
Othius maculativentris Zheng 斑腹直缝隐翅甲
Othius medius Sharp 中直缝隐翅甲
Othius opacipennis Cameron 暗鞘直缝隐翅甲，暗鞘直缝隐翅虫
Othius orisanus Shibata 奥直缝隐翅甲
Othius parvipennis (Shibata) 小鞘直缝隐翅甲，小翅直缝隐翅虫
Othius praecisus Assing 短突直缝隐翅甲，普直缝隐翅甲
Othius punctatus Bernhauer 刻点直缝隐翅甲，点直缝隐翅虫
Othius quadratus Zheng 方鞘直缝隐翅甲
Othius reticulatus Assing 网直缝隐翅甲
Othius rudis Zheng 粗点直缝隐翅甲
Othius rufipennis Sharp 红鞘直缝隐翅甲
Othius shibatai Ito 柴田直缝隐翅甲
Othius smetanai Assing 斯美直缝隐翅甲
Othius stotzneri Bernhauer 斯氏直缝隐翅甲
Othius suturalis Motschulsky 同 *Atrecus pilicornis*
Othius taiwanus Ito 台直缝隐翅甲
Othius wrasei Assing 拉氏直缝隐翅甲
Othius yushanus Ito 玉山直缝隐翅甲
othna skipper [*Thespieus othna* Butler] 讴兑弄蝶
othniid 1. [= othniid beetle, false tiger beetle] 方胸甲 < 方胸甲科 Othniidae 昆虫的通称 >；2. 方胸甲科的
othniid beetle [= othniid, false tiger beetle] 方胸甲
Othniidae [= Elacatidae] 方胸甲科
Othniocera 奥斯里实蝇属
Othniocera aberrans Hardy 阿博兰奥斯里实蝇
Othniocera pallida Hardy 帕里奥斯里实蝇
Othniocera pictipennis Hardy 皮克奥斯里实蝇
Othnius 方胸甲属
Othnius formosanus Borchmann 见 *Elacatis formosanus*
Othnius rugicollis Borchmann 见 *Elacatis rugicollis*
Othnius similis Borchmann 见 *Elacatis similis*
Othreis fullonia Clerck [fruit-piercing moth, fruitsucking moth] 腰果刺果夜蛾
Othreis materna Linnaeus 杧果刺果夜蛾
Otidoecus 耳鸟虱属
Otidoecus antilogus (Nitzsch) 小鸨耳鸟虱
Otidoecus turmalis (Denny) 大鸨耳鸟虱
Otidognathus 鸟喙象甲属，鸟喙象属
Otidognathus aphanes Günther 阿鸟喙象甲，阿鸟喙象，一字竹象
Otidognathus areolatus Fairmaire 泡鸟喙象甲，泡鸟喙象
Otidognathus areolatus areolatus Fairmaire 泡鸟喙象甲指名亚种
Otidognathus areolatus intermedius Günther 见 *Otidognathus intermedius*
Otidognathus badius Günther 巴鸟喙象甲，巴达鸟喙象
Otidognathus cantonensis Günther 广州鸟喙象甲，广州鸟喙象
Otidognathus davidis (Fairmaire) [bamboo shoot weevil] 达鸟喙象甲，达鸟喙象，一字竹象甲， 一字竹笋象，笋象虫
Otidognathus davidis badius Günther 见 *Otidognathus badius*
Otidognathus davidis davidis (Fairmaire) 达鸟喙象甲指名亚种，指名达鸟喙象
Otidognathus incertus Günther 疑鸟喙象甲，疑鸟喙象
Otidognathus intermedius Günther 间鸟喙象甲，间泡鸟喙象
Otidognathus jansoni Roelofs 锦鸟喙象甲，锦鸟喙象
Otidognathus melli Günther 梅氏鸟喙象甲，枚红头鸟喙象
Otidognathus notatus Voss 珍鸟喙象甲，珍鸟喙象
Otidognathus pygidialis Jordan 臀鸟喙象甲，臀鸟喙象
Otidognathus pygidialis intermedius Günther 见 *Otidognathus intermedius*
Otidognathus quadrimaculatus Buquet 四斑鸟喙象甲，四斑鸟喙象
Otidognathus rarus Günther 拉鸟喙象甲，拉鸟喙象
Otidognathus rubriceps Chevrolat 红头鸟喙象甲，红头鸟喙象，赭色鸟喙象
Otidognathus rubriceps melli Günther 红头鸟喙象甲梅氏亚种，枚红头鸟喙象
Otidognathus rubriceps rubriceps Chevrolat 红头鸟喙象甲指名亚种
Otilia's recluse [*Caenides otilia* Belcastro] 噢勘弄蝶
Otinotus invarius (Walker) 奥第角蝉
Otiocerini 耳袖蜡蝉族
Otionotus oneratus Walker 斯印腊肠树角蝉
Otiorhynchinae 耳喙象甲亚科 < 此亚科学名有误写为 Otiorrhynchinae 者 >

Otiorhynchini 耳象甲族，啄象族
Otiorhynchus 耳象甲属，喙象属，耳喙象属
Otiorhynchus cribricollis Gyllenhal [cribrate weevil, apple curculio, olive weevil, curculio beetle, curculio weevil] 苹果耳象甲，油橄榄象甲，苹果耳象，苹果耳喙象
Otiorhynchus freyi Zumpt 弗氏耳象甲，弗氏喙象
Otiorhynchus ligustici (Linnaeus) [alfalfa snout beetle] 苜蓿耳象甲，苜蓿象甲
Otiorhynchus niger Fabricius 黑耳象甲
Otiorhynchus ovatus (Linnaeus) [strawberry root weevil] 草莓根耳象甲，草莓根象甲
Otiorhynchus raucus (Fabricius) [broad-nosed weevil] 宽喙耳象甲
Otiorhynchus rugosostriatus (Goeze) [rough strawberry root weevil] 粗草莓根耳象甲，草莓糙象甲
Otiorhynchus singularis (Linnaeus) [clay-coloured weevil] 泥色耳象甲
Otiorhynchus sulcatus (Fabricius) [black vine weevil, vine weevil, cyclamen grub, taxus weevil strawberry weevil] 黑葡萄耳象甲，葡萄黑象甲，藤本象甲
Otites 奥斑蝇属，斑蝇属
Otites trimaculata (Loew) 三点奥斑蝇，三点斑蝇
Otitidae [= Ulidiidae, Ortalidae, Ortalididae] 斑蝇科，小金蝇科
Otitinae 奥斑蝇亚科，斑蝇亚科
Otoblastus 耳柄姬蜂属
Otoblastus maculator Kasparyan 斑耳柄姬蜂
otocyst 听泡 < 即听觉泡或耳状泡 >
otolais redring [*Pyrrhogyra otolais* Bates] 耳朵火蛱蝶
otolith 听石 < 即听泡内的粒状块，或为小耳骨 >
Otophorus 耳金龟甲属
Otophorus haemorrhoidalis (Linnaeus) 血斑蜉金龟甲，血斑蜉金龟，血红耳金龟甲，血红蜉金龟
Ototreta fastosa Olivier 见 *Drilaster fastosus*
Ototreta impustulata Pic 见 *Drilaster impustulatus*
Ototreta moultoni Pic 见 *Drilaster moultoni*
Ototreta robusta Pic 见 *Drilaster robustus*
otriades skipper [*Chrysoplectrum otriades* (Hewitson)] 金鬃弄蝶
ottoe skipper [*Hesperia ottoe* Edwards] 奥桃弄蝶
Ottoman brassy ringlet [*Erebia ottomana* Herrich-Schäffer] 奥名红眼蝶
OTU [operational taxonomic unit 的缩写] 分类运算单位，操作分类单位，运算分类单位
Ouchterlony's method 凝胶双向扩散法，奥氏法
Oulema 禾谷负泥虫属，束颈金花虫属
Oulema atrosuturalis (Pic) 黑缝禾谷负泥虫，黑缝负泥虫
Oulema dilutipes (Fairmaire) 双黄足禾谷负泥虫，双黄足负泥虫
Oulema downesii Baly 多氏禾谷负泥虫
Oulema erichsoni (Suffrian) 小麦禾谷负泥虫，小麦负泥虫
Oulema erichsoni erichsoni (Suffrian) 小麦禾谷负泥虫指名亚种
Oulema erichsoni sapporensis Matsumura [wheat leaf beetle] 小麦禾谷负泥虫札晃亚种，小麦负泥虫札晃亚种
Oulema globicollis (Baly) 球禾谷负泥虫
Oulema melanopus (Linnaeus) [cereal leaf beetle] 黑角禾谷负泥虫，黑角负泥虫，橙足负泥虫
Oulema oryzae (Kuwayama) [rice leaf beetle] 水稻负泥虫，稻负泥虫，水稻禾谷负泥虫
Oulema subelongata (Pic) 长禾谷负泥虫
Oulema tristis (Herbst) [yellow-legged lema] 谷子禾谷负泥虫，谷子负泥虫，粟合爪负泥虫，粟负泥虫
Oulema viridula (Gressitt) 密点禾谷负泥虫，密点负泥虫
Oulema yunnana (Pic) 云南禾谷负泥虫
Ouleus 奥琉弄蝶属
Ouleus calavius Godman *et* Salvin 卡拉奥琉弄蝶
Ouleus cyrna (Mabille) 西奥琉弄蝶
Ouleus fridericus (Geyer) [fridericus skipper] 奥琉弄蝶
Ouleus narycus Mabille 娜奥琉弄蝶
Ouleus simplex Godman *et* Salvin 素奥琉弄蝶
Oulophus 无脊滑茧蜂亚属
Oulopterygidae 旋翅蠊科
Oupyrrhidium 赤天牛属
Oupyrrhidium cinnabarinum (Blessig) 赤天牛
Oupyrrhidium cinnabarinum cinnabarinum (Blessig) 赤天牛指名亚种
Oupyrrhidium cinnabarinum flavas Wang 赤天牛黄色亚种，黄赤天牛
Ourapterygini 尾尺蛾族
Ourapteryx 尾尺蛾属
Ourapteryx adonidaria Oberthür 侧金盏花尾尺蛾
Ourapteryx amphidoxa Wehrli 新川尾尺蛾，安平尾尺蛾
Ourapteryx aristidaria Oberthür 见 *Exurapteryx aristidaria*
Ourapteryx brachycera Wehrli 短须尾尺蛾
Ourapteryx caecata (Bastelberger) 白短尾尺蛾，台尺蛾
Ourapteryx changi Inoue 张氏尾尺蛾
Ourapteryx citrinata Prout 橘尾尺蛾，橘散尾尺蛾
Ourapteryx clara Butler 长尾尺蛾
Ourapteryx clara clara Butler 长尾尺蛾指名亚种
Ourapteryx clara formosana Matsumura 长尾尺蛾台湾亚种，白宽尾尺蛾
Ourapteryx claretta Holloway 克尾尺蛾
Ourapteryx consociata Inoue 联尾尺蛾
Ourapteryx contronivea Inoue 新雪尾尺蛾
Ourapteryx costistrigaria Leech 缘纹尾尺蛾
Ourapteryx cuspidaria Bird 库尾尺蛾，库散尾尺蛾
Ourapteryx ebuleata Guenée 平尾尺蛾
Ourapteryx ebuleata amphidoxa Wehrli 见 *Ourapteryx amphidoxa*
Ourapteryx ebuleata deliquescens Inoue 平尾尺蛾尼泊尔亚种
Ourapteryx ebuleata ebuleata Guenée 平尾尺蛾指名亚种
Ourapteryx ebuleata purissima Thierry-Mieg 平尾尺蛾普瑞亚种，普平尾尺蛾
Ourapteryx ebuleata szechuana Wehrli 见 *Ourapteryx szechuana*
Ourapteryx ebuleata verburli Butler 平尾尺蛾威氏亚种，威平尾尺蛾
Ourapteryx flavovirens Inoue 白带褐尾尺蛾
Ourapteryx imitans (Bastelberger) 仿尾尺蛾，仿尤拉尺蛾
Ourapteryx inspersa Wileman 淡白粗纹尾尺蛾
Ourapteryx jesoensis Matsumura 同 *Euctenurapteryx maculicaudaria*
Ourapteryx karsholti Inoue 壳尾尺蛾
Ourapteryx kernaria Oberthür 冠尾尺蛾，寇尤拉尺蛾
Ourapteryx laeta Matsumura 同 *Euctenurapteryx maculicaudaria*
Ourapteryx latimarginaria (Leech) 侧边尾尺蛾
Ourapteryx luteiceps Felder *et* Rogenhofer 同 *Euctenurapteryx*

maculicaudaria
Ourapteryx maculicaudaria (Motschulsky) 见 *Euctenurapteryx maculicaudaria*
Ourapteryx monticola Inoue 山尾尺蛾，淡黄双红尾尺蛾
Ourapteryx nigrociliaris (Leech) 点尾尺蛾，黑纤尤拉尺蛾
Ourapteryx nigrociliaris magnifica Inoue 点尾尺蛾大型亚种，黑带尾尺蛾
Ourapteryx nigrociliaris nigrociliaris (Leech) 点尾尺蛾指名亚种
Ourapteryx nivea Butler 雪尾尺蛾
Ourapteryx obtusicauda (Warren) 钝尾尾尺蛾
Ourapteryx pallidula Inoue 淡黄尾尺蛾，耙尾尺蛾
Ourapteryx parallelaria (Leech) 平行尾尺蛾，平行栉尾尺蛾，帕尤拉尺蛾
Ourapteryx persica (Ménétriés) 伊尾尺蛾
Ourapteryx podaliriata Guenée 坡尾尺蛾
Ourapteryx postebuleata Inoue 后平尾尺蛾
Ourapteryx primularis Butler 报春花尾尺蛾
Ourapteryx pseudebuleata Inoue 假平尾尺蛾
Ourapteryx ramose (Wileman) 枝纹尾尺蛾，拉扭尾尺蛾
Ourapteryx sambucaria (Linnaeus) 散尾尺蛾
Ourapteryx sambucaria citrinata Prout 见 *Ourapteryx citrinata*
Ourapteryx sambucaria cuspidaria Bird 见 *Ourapteryx cuspidaria*
Ourapteryx sciticaudaria Walker 聪明尾尺蛾，黄尾尺蛾，淡尾尺蛾
Ourapteryx similaria Leech 似尾尺蛾，类似尾尺蛾
Ourapteryx similaria brachycerca Wehrli 似尾尺蛾短须亚种，短须似尾尺蛾
Ourapteryx similaria horishana (Matsumura) 似尾尺蛾褐缘亚种，褐缘白短尾尺蛾
Ourapteryx similaria similaria Leech 似尾尺蛾指名亚种
Ourapteryx subvirgatula Wehrli 亚尾尺蛾
Ourapteryx szechuana Wehrli 四川尾尺蛾，川平尾尺蛾
Ourapteryx taiwana Wileman 台湾尾尺蛾，台湾黑缘尾尺蛾，台尾尺蛾
Ourapteryx variolaria Inoue 褐尾尺蛾
Ourapteryx venusta Inoue 芝麻尾尺蛾，褐斑尾尺蛾
Ourapteryx virescens Matsumura 见 *Ourapteryx yerburii virescens*
Ourapteryx yerburii Butler 耶氏尾尺蛾，耶氏叉尾尺蛾，耶尾尺蛾
Ourapteryx yerburii virescens Matsumura 耶氏尺蛾淡黄亚种，淡黄双斑尾尺蛾，茂盛尾尺蛾，盛尾尺蛾
Ourapteryx yerburii yerburii Butler 耶氏尺蛾指名亚种
Ourochnemis 见 *Ourocnemis*
Ourocnemis 偶蚬蝶属
Ourocnemis archytas (Stoll) [false anteros] 阿偶蚬蝶，偶蚬蝶
Ourocnemis boulleti Le Cerf 布偶蚬蝶
Outachyusa 突舌隐翅甲属
Outachyusa chinensis Pace 中华突舌隐翅甲
Outachyusa taiwanensis Pace 台湾突舌隐翅甲
outbreak 暴发，猖獗，大发生，流行
outbreak mechanism 暴发机制
outbreeding 1. 远缘杂交；2. 异系交配
outdoor rearing 屋外育，放养
outeniqua blue [*Lepidochrysops outeniqua* Swanepoel *et* Vári] 奥美鳞灰蝶
outer angle 盖外角 < 指介壳虫在盖的侧缘角 >
outer antenno-cerebral tract [abb. OACT] 外触角 – 脑神经束
outer chiasma 外神经交叉区
outer circum anal pore ring 外围肛孔圈
outer epicuticle 外上表皮
outer gonostylus 外生殖刺突
outer lobe 外叶
outer margin 外缘
outer median plate [abb. OM] 外中片
outer membrane 外膜
outer lophi [s. inner lophus] 外冠突
outer lophus [pl. inner lophi] 外冠突
outer plate 外板
outer skin 表皮
outer squama 外腋瓣
outgroup 外群
outgroup species 外群种
outgroup taxa 外群阶元
outis skipper [*Cogia outis* (Skinner)] 微红枯弄蝶
outline method 轮廓法
Outlooks on Pest Management 害虫管理展望 < 期刊名 >
outside-stained cocoon 外印茧 < 家蚕的 >
ova [s. ovum; = eggs] 卵
ova favosa 室中卵 < 指产于由亲虫所筑的封闭室中的卵 >
ova gallata 瘿卵 < 指产于虫瘿内的卵 >
ova glebata 粪中卵 < 指产于粪团中的卵 >
ova gummosa 胶卵 < 指以胶附着在其他物体上的卵 >
ova imposita 食中卵 < 指产于作为幼虫食物中的卵，如许多寄生蜂的卵 >
ova nuda 裸卵
ova pilosa 被毛卵
ova solitaria 散卵
ova spiraliter deposita 旋堆卵 < 卵块中排列成螺旋状的卵 >
oval [= ovaliform, ovate, ovatus] 卵形的
oval guineapig louse [*Gyropus ovalis* Burmeister] 豚鼠圆羽虱，圆鼠羽虱，圆猪虱
oval pore 卵形孔 < 见于介壳虫中 >
oval shaped cocoon 椭圆形茧
ovaliform 见 oval
Ovalisia 块斑吉丁甲属
Ovalisia adonis (Obenberger) 同 *Lamprodila elongata*
Ovalisia bellula (Lewis) 见 *Lamprodila nobilissima bellula*
Ovalisia bourgoini (Obenberger) 同 *Lamprodila provostii*
Ovalisia charbinensis (Obenberger) 同 *Lamprodila nobilissima bellula*
Ovalisia chinganensis (Obenberger) 同 *Lamprodila suyfunensis*
Ovalisia chinganensis nipponensis (Kurosawa) 见 *Lamprodila nipponensis*
Ovalisia clermonti (Obenberger) 见 *Lamprodila clermonti*
Ovalisia cupreosplendens (Kerremans) 见 *Lamprodila cupreosplendens*
Ovalisia cupreosplendens miribella (Obenberger) 见 *Lamprodila cupreosplendens miribella*
Ovalisia elongata (Kerremans) 见 *Lamprodila elongata*
Ovalisia generosa (Obenberger) 同 *Lamprodila provostii*
Ovalisia igneilimbata Kurosawa 见 *Lamprodila igneilimbata*
Ovalisia integripennis (Obenberger) 同 *Lamprodila nobilissima*
Ovalisia kamikochiana (Obenberger) 同 *Lamprodila decipiens*

Ovalisia kheili (Obenberger) 见 *Lamprodila kheili*
Ovalisia klapaleki (Obenberger) 见 *Lamprodila klapaleki*
Ovalisia limbata (Gebler) 同 *Lamprodila decipiens*
Ovalisia mandjurica (Obenberger) 同 *Lamprodila nobilissima*
Ovalisia nobilissima (Mannerheim) 见 *Lamprodila nobilissima*
Ovalisia prosternalis (Obenberger) 同 *Lamprodila provostii*
Ovalisia pseudovirgata Ohmomo 见 *Lamprodila pseudovirgata*
Ovalisia pulchra (Obenberger) 见 *Lamprodila pulchra*
Ovalisia refulgens (Obenberger) 见 *Lamprodila refulgens*
Ovalisia savioi (Pic) 见 *Lamprodila savioi*
Ovalisia shirozui Ohmomo 见 *Lamprodila shirozui*
Ovalisia subangulosa (Fairmaire) 同 *Lamprodila virgata*
Ovalisia suvorovi (Obenberger) 同 *Lamprodila nobilissima*
Ovalisia virgata (Motschulsky) 见 *Lamprodila virgata*
Ovalisia virgata beata (Obenberger) 同 *Lamprodila virgata virgata*
Ovalisia vivata (Lewis) 见 *Lamprodila vivata*
ovarial 卵巢的
ovarial capsule 卵巢膜
ovarial development 卵巢发育
ovarial ligament 卵巢韧带
ovarian ecdysteroidogenic hormone [abb. OEH; = ovary ecdysteroidogenic hormone] 卵巢蜕皮素形成激素
ovarian tube [= ovarian tubule, ovariole] 卵巢管
ovarian tubule 见 ovarian tube
ovariole 见 ovarian tube
ovary 卵巢
ovary ecdysteroidogenic hormone 见 ovarian ecdysteroidogenic hormone
ovary maturating pasin 卵巢成熟肽
ovate 见 oval
ovate dagger moth [*Acronicta ovata* Grote] 卵剑纹夜蛾
Ovatomyzus 瘤圆蚜属
Ovatomyzus stachyos Hille Ris Lambers 水苏瘤圆蚜
ovatus 见 oval
Ovatus 圆瘤蚜属
Ovatus crataegarius (Walker) [mint aphid] 山楂圆瘤蚜，薄荷蚜
Ovatus malisuctus (Matsumura) [apple gall aphid, apple leaf-curling aphid] 苹果圆瘤蚜，苹果瘤蚜，苹果卷叶蚜
over adaptation 超适应，过度适应
over cooking of cocoon 偏熟 <煮茧>
over disperse 密集分布
over-matured silkworm 过熟蚕
over-night wrapping 二夜包 <蚁蚕的>
overall nucleotide diversity 总体核苷酸多样性
Overberg skolly [*Thestor overbergensis* Heath *et* Pringle] 欧弗秀灰蝶
overcast skipper [*Lerema lumina* (Herrich-Schäffer)] 网影弄蝶
overcrowding 拥挤现象，拥挤
overexpression 过表达
overflow bug [= tule beetle, grease bug, *Agonum maculicolle* Dejean] 斑细胫步甲，斑颈步甲
overflow worm [= fall armyworm, fall armyworm moth, southern grass worm, southern grassworm, alfalfa worm, buckworm, budworm, corn budworm, corn leafworm, cotton leaf worm, daggy's corn worm, grass caterpillar, grass worm, maize budworm, rice caterpillar, southern armyworm, wheat cutworm, whorlworm, *Spodoptera frugiperda* (Smith)] 草地贪夜蛾，草地夜蛾，秋黏虫，草地黏虫，甜菜贪夜蛾
overground insect pest 地上害虫
overground pest 地上有害生物
overgrowth 过度生长
overlapped eggs 重叠卵
overlapping ace [*Halpe arcuata* Evans] 云南酣弄蝶，弓形酣弄蝶
overnight aggregation 过夜群集
overpopulation 过量种群
overripen silkworm 过熟蚕
oversummer [v.] 越夏
oversummered 越夏的
oversummering [n.] 越夏；越夏的
oversummering period 越夏期
oversummering site 越夏场所，越夏地点
overwinter [v.] 越冬
overwintered 越冬的
overwintering 1. 越冬；2. 越冬的
overwintering generation 越冬代
overwintering period 越冬期
overwintering site 越冬场所，越冬地点
ovi membrane 卵膜
ovicidal 杀卵的
ovicidal activity 杀卵活性
ovicide 杀卵剂
oviducal 输卵管的
oviduct 输卵管
oviductus 输卵管
oviductus communis [= median oviduct] 中输卵管
oviductus lateralis [= lateral oviduct] 侧输卵管
oviform [= ovoid, ovoidal] 卵形
ovigerous 携卵的 <常指已受精雌虫的携卵>
ovinia skipper [*Atrytonopsis ovinia* (Hewitson)] 云墨弄蝶
oviparous 卵生的
oviparous female 卵生雌虫 <常指卵生雌蚜>
oviparous oritice 产卵孔
Ovipennis 绵苔蛾属
Ovipennis bicolor Fang 两色绵苔蛾，二色卵翅苔蛾
Ovipennis binghami Hampson 基黄绵苔蛾，秉卵翅苔蛾
Ovipennis dudgeoni Elwes 达卵翅苔蛾
Ovipennis postalba Fang 同 *Idopterum semilutea*
ovipore [= oviporus] 产卵孔
oviporus 见 ovipore
oviposit [v.] 产卵
oviposition [n.] 产卵
oviposition attractant 产卵引诱剂
oviposition duration [= oviposition period] 产卵期
oviposition inhibition index 产卵抑制指数
oviposition inhibition rate 产卵抑制率
oviposition period 见 oviposition duration
oviposition pheromone 产卵信息素
oviposition rhythm 产卵节律
oviposition selection 产卵选择
oviposition stimulant 产卵刺激素

ovipositional behavio(u)r [= ovipositioning behavio(u)r] 产卵行为
ovipositional choice 产卵选择
ovipositional experience 产卵经验
ovipositioning behavio(u)r 见 ovipositional behavio(u)r
ovipositor 产卵器
ovisac 卵囊
oviscape [= scape] 产卵管基节 < 双翅目 Diptera 昆虫的 >
oviscapt [= oviscapte] 产卵管，产卵器 < 指鳞翅目、鞘翅目、双翅目等雌虫腹部末端数节延伸成用以产卵的套叠管状构造 >
oviscapte 见 oviscapt
ovivalvule 微卵瓣 < 专指蜉蝣雌虫生殖器的附器 >
oviviviparous [= ovoviviparous] 卵胎生的
ovocyte [= oocyte] 母细胞
ovogenesis [= oogenesis] 卵子发生，卵形成
ovoglobulin 卵球蛋白
ovoid [= oviform, ovoidal] 卵形
ovoidal 见 ovoid
ovomucin 卵黏蛋白
ovomucoid 蛋类黏蛋白
Ovotispa 卵卷叶甲属
Ovotispa atricolor (Pic) 黑卵卷叶甲，黑卷叶甲
ovovitellin 卵黄磷蛋白
ovoviviparity 卵胎生
ovoviviparous 见 oviviviparous
ovoviviparous female 卵胎生雌虫 < 常指营卵胎生的雌蚜 >
ovulation 排卵
ovum [pl. ova; = egg] 卵
owl fly [= ascalaphus fly, ascalaphid] 蝶角蛉
owl moth 1. [= northern old lady moth, northern old lady, dingy cloak moth, northern wattle moth, northern wattle, northern moon moth, northern brown house moth, *Dasypodia cymatodes* Guenée] 北澳月夜蛾，澳金合欢夜蛾；2. [= southern old lady moth, southern old lady, peacock moth, granny moth, southern moon moth, large brown house-moth, golden cloak moth, southern wattle moth, *Dasypodia selenophora* Guenée] 南澳月夜蛾，澳金合欢篷夜蛾；3. [= brahmaeid moth, brahmin moth, brahmaeid] 箩纹蛾，水蜡蛾 < 箩纹蛾科 Brahmaeidae 昆虫的通称 >
owlet moth [= noctuid moth, noctuid] 夜蛾 < 夜蛾科 Noctuidae 昆虫的通称 >
ox beetle [= coconut cockle, coconut beetle, elephant beetle, *Strategus aloeus* (Linnaeus)] 椰独疣犀金龟甲，椰独疣犀甲，三角龙犀金龟
Oxacme 翅尖苔蛾属
Oxacme cretacea (Hampson) 小翅尖苔蛾，小灰苔蛾
Oxacme dissimilis Hampson 翅尖苔蛾
Oxacme marginata Hampson 白翅尖苔蛾
Oxaea 低眼地花蜂属
Oxaea flavescens Klug 黄低眼地花蜂
oxadiazine 噁二嗪
oxadiazine insecticide 噁二嗪类杀虫剂
oxaeid 1. [= oxaeid bee] 低眼蜂 < 低眼蜂科 Oxaeidae 昆虫的通称 >；2. 低眼蜂科的
oxaeid bee [= oxaeid] 低眼蜂
Oxaeidae 低眼蜂科
Oxaenanus 奥胸须夜蛾属
Oxaenanus brontesalis (Walker) 褐奥胸须夜蛾，褐胸须夜蛾
Oxaenanus hainana Miao, Owada *et* Wang 海南奥胸须夜蛾
Oxaenanus scopigeralis (Moore) 云南奥胸须夜蛾
Oxaenanus yunnana Zhang *et* Han 同 *Oxaenanus scopigeralis*
oxalate 草酸盐
oxalic acid 草酸
oxaloacetic acid 草酰乙酸，丁酮二酸
Oxeoschistus 牛眼蝶属
Oxeoschistus duplex Godman 钉带牛眼蝶
Oxeoschistus euriphyle Butler 尤里牛眼蝶
Oxeoschistus hilarus Bates 锤眉牛眼蝶
Oxeoschistus isolda Theime 伊索牛眼蝶
Oxeoschistus pronax (Hewitson) 银斑牛眼蝶
Oxeoschistus protogenia (Hewitson) 羽带牛眼蝶
Oxeoschistus puerta (Westwood) 牛眼蝶
Oxeoschistus simplex Butler 齿带牛眼蝶
Oxeoschistus tauropolis (Westwood) [yellow-patched satyr, starred oxeo] 黄斑牛眼蝶
oxidant [= xidizer] 氧化剂
oxidase 氧化酶
oxidase activity 氧化酶活性
oxidation-reduction potential [= xedox potentia] 氧化还原电位
oxidation-reduction system 氧化还原系统
oxidative phosphorylation 氧化磷酸化
oxido-reductase 氧化还原酶
oxoglutarate 酮戊二酸
Oxoia 敏舟蛾属
Oxoia smaragdiplena (Walker) 宝石敏舟蛾
Oxoia viridipicta (Kiriakoff) 绿敏舟蛾，绿点尖舟蛾
Oxya 稻蝗属
Oxya adentata Willemse 无齿稻蝗
Oxya agavisa Tsai 山稻蝗
Oxya anagavisa Bi 拟山稻蝗
Oxya apicocingula Ma 端带稻蝗
Oxya bicingula Ma *et* Zheng 双带稻蝗
Oxya brachyptera Zheng *et* Huo 短翅稻蝗
Oxya chinensis (Thunberg) [Chinese rice grasshopper] 中华稻蝗
Oxya chinensis chinensis (Thunberg) 中华稻蝗指名亚种
Oxya chinensis formosana Shiraki 中华稻蝗台湾亚种，台湾长翅稻蝗
Oxya flavefemura Ma, Guo *et* Zheng 黄股稻蝗
Oxya fuscovittata (Marchall) 黑条稻蝗
Oxya gavisa brachyptera Willemse 同 *Oxya japonica vitticollis*
Oxya hainanensis Bi 海南稻蝗
Oxya hyla Serville 尖稻蝗
Oxya hyla intricata (Stål) 见 *Oxya intricata*
Oxya intricata (Stål) [lesser rice grasshopper] 小稻蝗，稻蝗
Oxya japonica (Thunberg) [Japanese rice grasshopper, short-winged rice grasshopper] 日本稻蝗，小翅稻蝗，长翅蝗
Oxya japonica japonica (Thunberg) 日本稻蝗指名亚种
Oxya japonica vitticollis (Blanchard) 日本稻蝗纹领亚种
Oxya ningpoensis Chang [Ningpo rice grasshopper] 宁波稻蝗，宁波大稻蝗
Oxya rammei Tsai 广东稻蝗
Oxya shanghaiensis Willemse 上海稻蝗

Oxya termacingula Ma 端带稻蝗

Oxya tinkhami Uvarov 丁氏稻蝗

Oxya trimaculata Mao *et* Luo 三斑稻蝗

Oxya universalis Willemse 同 *Oxya intricata*

Oxya velox (Fabricius) [long-winged rice grasshopper] 长翅稻蝗

Oxya vicina Brunner von Wattenwyl 台湾稻蝗

Oxya yezoensis Shiraki [Yezo rice grasshopper] 北海道稻蝗，小翅稻蝗

Oxya yunnana Bi 云南稻蝗

Oxya zhengi Li, Zhang *et* Ma 郑氏稻蝗

Oxyaciura 奥楔实蝇属，奥克亚实蝇属，斜额实蝇属

Oxyaciura formosae (Hendel) 后四奥楔实蝇，台湾奥克亚实蝇，台奥常实蝇，宝岛斜额实蝇

Oxyaciura monochaeta (Bezzi) 褐基奥楔实蝇，莫诺奥克亚实蝇

Oxyaciura sexincisa (Korneyev) 六凹奥楔实蝇，色欣奥克亚实蝇，色欣特若实蝇

Oxyaciura tibialis (Robineau-Desvoidy) 中二奥楔实蝇，梯比奥克亚实蝇

Oxyaciura xanthotricha (Bezzi) 后三奥楔实蝇，莎托奥克亚实蝇

Oxyambulyx 鹰翅天蛾属 *Ambulyx* 的异名

Oxyambulyx agana Jordan 同 *Ambulyx sericeipennis*

Oxyambulyx amaculata Meng 同 *Ambulyx sericeipennis*

Oxyambulyx japonica (Rothschild) 见 *Ambulyx japonica*

Oxyambulyx japonica angustifasciata (Okano) 见 *Ambulyx japonica angustifasciata*

Oxyambulyx kuangtungensis (Mell) 见 *Ambulyx kuangtungensis*

Oxyambulyx kuangtungensis formosana (Clark) 见 *Ambulyx kuangtungensis formosana*

Oxyambulyx kuangtungensis honei (Mell) 见 *Ambulyx kuangtungensis honei*

Oxyambulyx kuangtungensis melli (Gehlen) 见 *Ambulyx kuangtungensis melli*

Oxyambulyx liturata (Butler) 见 *Ambulyx liturata*

Oxyambulyx ochracea (Butler) 见 *Ambulyx ochracea*

Oxyambulyx okurai Okano 同 *Ambulyx sericeipennis*

Oxyambulyx placida (Moore) 见 *Ambulyx placida*

Oxyambulyx schauffelbergeri (Bremer *et* Grey) 见 *Ambulyx schauffelbergeri*

Oxyambulyx schauffelbergeri siaolouensis Clark 同 *Ambulyx schauffelbergeri schauffelbergeri*

Oxyambulyx sericeipennis (Butler) 见 *Ambulyx sericeipennis*

Oxyambulyx sericeipennis brunnea (Clark) 同 *Ambulyx sericeipennis sericeipennis*

Oxyambulyx sericeipennis reducta (Mell) 同 *Ambulyx sericeipennis sericeipennis*

Oxyambulyx subocellata (Felder) 同 *Ambulyx moorei*

Oxyambulyx subocellata chinensis Clark 同 *Ambulyx moorei*

Oxyambulyx substrigilis (Westwood) 见 *Ambulyx substrigilis*

Oxyambulyx takamukui Matsumura 见 *Amplypterus mansoni takamukui*

Oxyambulyx tobii Inoue 同 *Ambulyx sericeipennis*

Oxyartes 刺异蝻属

Oxyartes dorsalis Chen *et* He 瘤背刺异蝻

Oxyartes guangdongensis Chen *et* He 广东刺异蝻

Oxyartes honestus Redtenbacher 优刺异蝻

Oxyartes yunnanus Chen *et* He 云南刺异蝻

oxybelid 1. [= oxybelid wasp] 刺胸泥蜂 <刺胸泥蜂科 Oxybelidae 昆虫的通称>；2. 刺胸泥蜂科的

oxybelid wasp [= oxybelid] 刺胸泥蜂

Oxybelidae 刺胸泥蜂科

Oxybelus 刺胸泥蜂属

Oxybelus agilis Smith 捷刺尾泥蜂

Oxybelus agilis agilis Smith 捷刺尾泥蜂指名亚种

Oxybelus agilis taiwanus Tsuneki 捷刺尾泥蜂台湾亚种，台捷刺尾泥蜂

Oxybelus aurantiacus Mocsáry 红尾刺胸泥蜂

Oxybelus eximius Sickmann 河北刺尾泥蜂

Oxybelus flagellifoveolaris Li *et* Li 凹角刺胸泥蜂

Oxybelus lamellatus Olivier 叶刺刺胸泥蜂

Oxybelus lamellatus bicolorisquama Strand 叶刺刺胸泥蜂二色亚种

Oxybelus lamellatus lamellatus Olivier 叶刺刺胸泥蜂指名亚种

Oxybelus latidens Gestaecker 宽刺刺胸泥蜂

Oxybelus latidens flavitibialis Tsuneki 宽刺刺胸泥蜂黄胫亚种，黄胫宽刺刺尾泥蜂

Oxybelus latidens latidens Gestaecker 宽刺刺胸泥蜂指名亚种

Oxybelus latro Olivier 盗刺胸泥蜂

Oxybelus lewisi Cameron 刘氏刺尾泥蜂

Oxybelus maculipes Smith 透边刺尾泥蜂

Oxybelus nigrilamellatus Li *et* Li 黑鳞刺胸泥蜂

Oxybelus nipponicus Tsuneki 日刺尾泥蜂

Oxybelus nipponicus formosus Tsuneki 日刺尾泥蜂台湾亚种，台日刺尾泥蜂

Oxybelus nipponicus nipponicus Tsuneki 日刺尾泥蜂指名亚种

Oxybelus quatuordecimnotatus Jurine 十四点刺尾泥蜂

oxycarenid 1. [= oxycarenid bug] 尖长蝽 <尖长蝽科 Oxycarenidae 昆虫的通称>；2. 尖长蝽科的

oxycarenid bug [= oxycarenid] 尖长蝽

Oxycarenidae 尖长蝽科

Oxycareninae 尖长蝽亚科

Oxycarenus 尖长蝽属

Oxycarenus bicolor Fieber 二色尖长蝽

Oxycarenus brunneus Zheng, Zou *et* Hsiao 褐尖长蝽

Oxycarenus gossypii Horváth 棉白尖长蝽，棉白尖长椿象

Oxycarenus hsiaoi Pericart 褐尖长蝽

Oxycarenus hyalinipennis (Costa) [cotton seed bug, Egyptian cotton stainer, dusky cotton bug] 棉籽尖长蝽，棉籽长蝽 < 此种学名有误写为 *Oxycarenus hyalipennis* (Costa) 者 >

Oxycarenus laetus Kirby 尖长蝽

Oxycarenus lugubris (Motschulsky) 黑斑尖长蝽

Oxycarenus modestus (Fallén) 桤木尖长蝽

Oxycarenus pallens (Herrich-Schäffer) 淡色尖长蝽

Oxycarenus rubrothoracicus Zheng, Zou *et* Hsiao 红胸尖长蝽

Oxycentrus 尖步甲属

Oxycentrus argutoroides (Bates) 阿尖步甲

Oxycentrus changi Habu 张尖步甲

Oxycentrus miyakei Habu 宫宅尖步甲，迷尖步甲

Oxycentrus subdepressus Ito 扁尖步甲

Oxycera 盾刺水虻属，锐角水虻属

Oxycera apicalis (Kertész) 端褐盾刺水虻，稻田水虻，端赫水虻

Oxycera basalis Zhang, Li *et* Yang 基盾刺水虻

Oxycera chikuni Yang *et* Nagatomi 集昆盾刺水虻
Oxycera cuiae Zhang, Li *et* Yang 崔氏盾刺水虻
Oxycera daliensis Zhang, Li *et* Yang 大理盾刺水虻
Oxycera excellens (Kertész) 好盾刺水虻，超尖须水虻，杰出水虻，超赫水虻
Oxycera fenestrata (Kertész) 透点盾刺水虻，窗点水虻，窗赫水虻
Oxycera flavimaculata Li, Zhang *et* Yang 黄斑盾刺水虻
Oxycera guangxiensis Yang *et* Nagatomi 广西盾刺水虻
Oxycera guizhouensis Yang, Wei *et* Yang 贵州盾刺水虻
Oxycera japonica (Szilády) 日本盾刺水虻
Oxycera laniger (Séguy) 双斑盾刺水虻，公平赫水虻
Oxycera lii Yang *et* Nagatomi 李氏盾刺水虻
Oxycera liui Li, Zhang *et* Yang 刘氏盾刺水虻
Oxycera meigenii Staeger 梅氏盾刺水虻
Oxycera meigenii sinica (Pleske) 见 *Oxycera sinica*
Oxycera micronigra Yang, Wei *et* Yang 小黑盾刺水虻
Oxycera ningxiaensis Yang, Yu *et* Yang 宁夏盾刺水虻
Oxycera qiana Yang, Wei *et* Yang 黔盾刺水虻
Oxycera qinghensis Yang *et* Nagatomi 青海盾刺水虻
Oxycera quadripartita (Lindner) 四分盾刺水虻，四部赫水虻
Oxycera rozkosnyi Yang, Yu *et* Yang 罗氏盾刺水虻
Oxycera signata Brunetti 斑盾刺水虻
Oxycera sinica (Pleske) 中华盾刺水虻，中国梅赫水虻
Oxycera tangi (Lindner) 唐氏盾刺水虻，唐氏赫水虻
Oxycera trilineata (Linnaeus) 三斑盾刺水虻
Oxycera vertipia Yang *et* Nagatomi 立盾刺水虻
Oxycetonia amurensis Tesar 同 *Gametis jucunda*
Oxycetonia bealiae (Gory *et* Percheron) 见 *Gametis bealiae*
Oxycetonia costigera Bourgoin 同 *Gametis incongrua*
Oxycetonia forticula (Janson) 见 *Gametis forticula*
Oxycetonia jucunda Faldermann 见 *Gametis jucunda*
Oxycetonia jucunda obenbergeri Tesar 同 *Gametis jucunda*
Oxycetonia jucunda speciosa Tesar 同 *Gametis jucunda*
Oxycetonia versicolor (Fabricius) 见 *Gametis versicolor*
Oxychaeta 锐毛灰蝶属
Oxychaeta dicksoni Gabriel [Dickson's copper, Dickson's strandveld copper] 锐毛灰蝶
oxychirotid 1. [= oxychirotid moth, tropical plume moth] 八羽蛾 <八羽蛾科 Oxychirotidae 昆虫的通称>；2. 八羽蛾科的
oxychirotid moth [= oxychirotid, tropical plume moth] 八羽蛾
Oxychirotidae 八羽蛾科
Oxycoryninae 新象甲虫亚科
Oxycoryphe 背突小蜂属
Oxycoryphe edentata Narendran 丽背突小蜂
Oxycoryphe maculipennis (Masi) 斑翅背突小蜂，斑翅霍差小蜂
Oxyderes 腹窝长角象甲属
Oxyderes fastigatus (Jordan) 顶腹窝长角象甲，顶腹窝长角象
Oxydiscus cerina Alexander 见 *Paradelphomyia cerina*
Oxydiscus crossospila Alexander 见 *Paradelphomyia crossospila*
Oxydiscus latior Alexander 见 *Paradelphomyia latior*
Oxydiscus latissima Alexander 同 *Paradelphomyia majuscula*
Oxydiscus majuscula Alexander 见 *Paradelphomyia majuscula*
Oxydiscus reductus Alexander 见 *Paradelphomyia reducta*
Oxyethira 尖毛小石蛾属
Oxyethira bogambara Schmid 沼泽尖毛小石蛾
Oxyethira campanula Botosaneanu 钟铃尖毛小石蛾
Oxyethira ecornuta Morton 三带尖毛小石蛾
Oxyethira hainanensis Yang *et* Xue 海南尖毛小石蛾
Oxyethira tropis Yang *et* Kelley 中脊尖毛小石蛾
Oxyethira volsella Yang *et* Kelley 钳爪尖毛小石蛾
oxygen-consumption 氧耗
oxygen debt 氧债，氧欠
oxygeophilus [= oxylophilus] 适腐殖质的，喜腐殖质的
Oxygonitis 利翅夜蛾属
Oxygonitis sericeata Hampson 利翅夜蛾
Oxygrapha caerulescens Walsingham 见 *Acleris caerulescens*
Oxygrapha formosana Shiraki 见 *Lecithocera formosana*
Oxygrapha gossypiella Shiraki 见 *Acria gossypiella*
Oxyhaloa 卤蠊属
Oxyhaloa deusta (Thunberg) 焚卤蠊
oxyhaloid 1. [= oxyhaloid cockroach] 卤蠊，尖翅蠊 <卤蠊科 Oxyhaloidae 昆虫的通称>；2. 卤蠊科的
oxyhaloid cockroach [= oxyhaloid] 卤蠊，尖翅蠊
Oxyhaloidae 卤蠊科，尖翅蠊科
Oxyhaloinae 卤蠊亚科
Oxyina 籼蝗属
Oxyina bidentata (Willemse) 二齿籼蝗
Oxyina javana (Willemse) 爪哇二齿籼蝗
Oxyina sinobidentata (Hollis) 华二齿籼蝗，二齿籼蝗
Oxylides 尖尾灰蝶属
Oxylides albata (Aurivillius) [Aurivillius' common false head] 阿尖尾灰蝶
Oxylides bella Aurivillius 黑襟尖尾灰蝶
Oxylides faunus (Drury) [common false head] 尖尾灰蝶
Oxylides gloveri Hawke-Smith 戈尖尾灰蝶
Oxylipeurus 突头鸟虱属
Oxylipeurus baileyi Clay 蓝马鸡突头鸟虱
Oxylipeurus burmeisteri (Taschenberg) 棕尾虹雉突头鸟虱
Oxylipeurus ceratonis Eichler 红胸角雉突头鸟虱
Oxylipeurus colchicus Clay 雉鸡突头鸟虱
Oxylipeurus crossoptilon Clay 藏马鸡突头鸟虱
Oxylipeurus dentatus (Sugimoto) 原鸡突头鸟虱
Oxylipeurus formosanus (Uchida) 台湾山鹧鸪突头鸟虱
Oxylipeurus himalayensis (Rudow) 黑头雉突头鸟虱
Oxylipeurus himalayensis ceratonis Eichler 见 *Oxylipeurus ceratonis*
Oxylipeurus ithaginis Clay 血雉突头鸟虱
Oxylipeurus longus (Piaget) 角雉突头鸟虱
Oxylipeurus mesopelios (Nitzsc) 中黑突头鸟虱
Oxylipeurus parvirostris Eichler 黑嘴松鸡突头鸟虱
Oxylipeurus polytrapezius (Burmeister) [slender Turkey louse, Turkey wing louse] 土耳其长角羽虱，火鸡翅虱
Oxylipeurus pucrasia Clay 勺鸡突头鸟虱
Oxylipeurus reevesi Clay 白冠长尾雉突头鸟虱
Oxylipeurus robustus (Rudow) 白鹇突头鸟虱
Oxylipeurus tetraophasis Clay 雉鹑突头鸟虱
Oxylipeurus uchidi Clay 黑长尾雉突头鸟虱 <此种学名有误写为 *Oxylipeurus uchidae* Clay 者>
Oxylipeurus unicolor (Piaget) 一色山鹧鸪突头鸟虱
oxylophilus 见 oxygeophilus
Oxymacaria 截翅尺蛾属

Oxymacaria deformis (Inoue) 小斑截翅尺蛾，小斑绥尺蛾
Oxymacaria normata (Walker) 常截翅尺蛾，诺奇尺蛾，诺玛尺蛾
Oxymacaria normata arisana (Wehrli) 常截翅尺蛾阿里山亚种，大斑截翅尺蛾，阿里山庶尺蛾
Oxymacaria normata hongshanica (Wehrli) 常截翅尺蛾衡山亚种，衡山常庶尺蛾，项山常庶尺蛾
Oxymacaria normata normata (Walker) 常截翅尺蛾指名亚种
Oxymacaria normata proximaria (Leech) 见 *Semiothisa proximaria*
Oxymacaria temeraria (Swinhoe) 暗边截翅尺蛾，云畅尺蛾，廷奥克西尺蛾，特绥尺蛾，特玛尺蛾，特庶尺蛾
Oxymacaria truncaria (Leech) 暗带截翅尺蛾，截绥尺蛾
Oxymirus 拟异花天牛属
Oxymirus cursor (Linnaeus) 山西拟异花天牛
Oxyna 灿翅实蝇属，奥斯纳实蝇属
Oxyna albofasciata Chen 白带灿翅实蝇，双翅灿翅实蝇，阿尔波奥斯纳实蝇，白带尖实蝇
Oxyna amurensis Hendel 头鬃灿翅实蝇，阿木奥斯纳实蝇，疑星斑实蝇，中间坎皮实蝇，中间星斑实蝇
Oxyna contingens Becker 见 *Campiglossa contingens*
Oxyna diluta Becker 见 *Campiglossa diluta*
Oxyna distincta Chen 单带灿翅实蝇，白带奥斯纳实蝇，显尖实蝇
Oxyna evanescens Becker 萎灿翅实蝇，萎尖实蝇
Oxyna fasciata Wang 同 *Oxyna guttatofasciata*
Oxyna fenestella Coquillett 见 *Phaeospilodes fenestella*
Oxyna fusca Chen 褐基灿翅实蝇，福斯卡奥斯纳实蝇，暗尖实蝇
Oxyna gansuica Wang 甘肃灿翅实蝇，甘肃奥斯纳实蝇
Oxyna guttatofasciata (Loew) 古塔灿翅实蝇，古塔奥斯纳实蝇
Oxyna menyuanica Wang 门源灿翅实蝇，青海奥斯纳实蝇
Oxyna parietina (Linnaeus) 径点灿翅实蝇，帕里奥斯纳实蝇，帕尖实蝇
Oxyna parva Chen 同 *Oxyna guttatofasciata*
Oxyna pulla Hering 同 *Oxyna albofasciata*
Oxyna variabilis Chen 背中鬃灿翅实蝇，异斑奥斯纳实蝇，变尖实蝇
Oxynetra 透弄蝶属
Oxynetra confusa Staudinger [confusing firetip] 混似透弄蝶
Oxynetra hopfferi Staudinger [Hopffer's firetip] 霍透弄蝶
Oxynetra roscius (Höpffer) 罗透弄蝶
Oxynetra semihyalina Felder *et* Felder [Felder's bee skipper, Felder's firetip] 半透弄蝶，透弄蝶
Oxynopterinae 尖鞘叩甲亚科
Oxynopterini 尖鞘叩甲族
Oxynopterus 尖鞘叩甲属
Oxynopterus annamensis Fleutiaux 大尖鞘叩甲，安奥叩甲
Oxynopterus audouini Hope 奥氏尖鞘叩甲
Oxynthes 烁弄蝶属
Oxynthes corusca (Herrich-Schäffer) [corusca skipper] 烁弄蝶
Oxyodes 佩夜蛾属
Oxyodes scrobiculata (Fabricius) [longan semi-looper, longan leaf-eating looper] 佩夜蛾，佩裳蛾
Oxyoera tangi (Lindner) 唐氏盾刺水虻
Oxyoides 拟稻蝗属
Oxyoides bamianshanensis Fu *et* Zheng 八面山拟稻蝗
Oxyoides longianchorus Huang, Fu *et* Zhou 长锚拟稻蝗
Oxyoides wulingshanensis Zheng *et* Fu 武陵山拟稻蝗
Oxyomus 奥蜉金龟甲属，条鞘蜉金龟属
Oxyomus cameratus Schmidt 卡奥蜉金龟甲，卡奥蜉金龟
Oxyomus masumotoi Nomura 益本奥蜉金龟甲，马奥蜉金龟，益本条鞘蜉金龟
Oxyomus taipingensis Masumoto, Kiuchi *et* Wang 太平奥蜉金龟甲，太平条鞘蜉金龟
Oxyophthalmus 奥尖象甲属
Oxyophthalmus chinensis Voss 华奥尖象甲，华尖象
Oxyothespinae 刺眼螳螂亚科
Oxyparna 奥斯帕实蝇属
Oxyparna diluta (Becker) 见 *Campiglossa diluta*
Oxyparna melanostigmata Korneyev 见 *Campiglossa melanostigmata*
Oxypeltus 四刺盾天牛属
Oxypeltus quadrispinosus Blanchard 四刺盾天牛
oxyphilous 适酸的，喜酸的
oxyphobous 避酸的，嫌酸的
Oxyphyllomyia 尖叶寄蝇属，锐叶寄蝇属
Oxyphyllomyia cordylurina Villeneuve 突尖叶寄蝇，柯锐叶寄蝇
Oxyphyllum 尖叶蚱属
Oxyphyllum pennatum Hancock [Indian leaf-mimic groundhopper] 尖叶蚱
Oxypilinae 阔斧螳螂亚科
Oxyplax 纹刺蛾属
Oxyplax furva Cai 暗斜纹刺蛾
Oxyplax ochracea (Moore) 斜纹刺蛾
Oxyplax weixiensis Cai 同 *Oxyplax ochracea*
Oxyplax yunnanensis Cai 滇斜纹刺蛾
Oxypoda 卷囊隐翅甲属，迅隐翅甲属，奥隐翅虫属
Oxypoda anmamontis Pace 安卷囊隐翅甲，安迅隐翅甲，安奥隐翅虫
Oxypoda* (*Bessopora*) *antegranulosa Pace 粒背卷囊隐翅甲
Oxypoda* (*Bessopora*) *bisinuata Pace 双波卷囊隐翅甲
Oxypoda* (*Bessopora*) *gonggaensis Pace 贡嘎卷囊隐翅甲
Oxypoda* (*Bessopora*) *nudiceps Pace 长翅卷囊隐翅甲
Oxypoda* (*Bessopora*) *sinoexilis Pace 瘦卷囊隐翅甲
Oxypoda* (*Bessopora*) *victrix Pace 硕卷囊隐翅甲
Oxypoda* (*Bessopora*) *xichangensis Pace 西昌卷囊隐翅甲
Oxypoda chinensis Bernhauer 中华卷囊隐翅甲，华迅隐翅甲，华奥隐翅虫
Oxypoda hsuehmontis Pace 薛卷囊隐翅甲，薛迅隐翅甲，薛奥隐翅虫
Oxypoda kaohsiungensis Pace 见 *Oxypoda* (*Podoxya*) *kaohsiungensis*
Oxypoda kaohsiungicola Pace 台南卷囊隐翅甲，台南迅隐翅甲，台南奥隐翅虫
Oxypoda medialobifera Pace 中卷囊隐翅甲，中迅隐翅甲，中奥隐翅虫
Oxypoda meifengensis Pace 见 *Oxypoda* (*Sphenoma*) *meifengensis*
Oxypoda nantouensis Pace 见 *Oxypoda* (*Podoxya*) *nantouensis*
Oxypoda nenkaomontis Pace 见 *Oxypoda* (*Sphenoma*) *nenkaomontis*
Oxypoda* (*Oxypoda*) *mediogranulosa Pace 红褐卷囊隐翅甲
Oxypoda* (*Oxypoda*) *sinopusilla 棕色卷囊隐翅甲
Oxypoda* (*Oxypoda*) *yunnanicola Pace 云南卷囊隐翅甲

Oxypoda peinantamontis Pace 见 *Oxypoda* (*Sphenoma*) *peinantamontis*
Oxypoda* (*Podoxya*) *hailuogouensis Pace 海螺沟卷囊隐翅甲
Oxypoda* (*Podoxya*) *hastata Pace 狭头卷囊隐翅甲
Oxypoda* (*Podoxya*) *implorans Pace 臂茎卷囊隐翅甲
Oxypoda* (*Podoxya*) *kaohsiungensis Pace 高雄卷囊隐翅甲，高雄迅隐翅甲，高雄奥隐翅虫
Oxypoda* (*Podoxya*) *meandrifera Pace 暗棕卷囊隐翅甲
Oxypoda* (*Podoxya*) *mimobisinuata Pace 拟双波卷囊隐翅甲
Oxypoda* (*Podoxya*) *nantouensis Pace 南投卷囊隐翅甲，南投迅隐翅甲，南投奥隐翅虫
Oxypoda* (*Podoxya*) *proxima Cameron 暗褐卷囊隐翅甲
Oxypoda* (*Podoxya*) *subhsingicola Pace 拟山径卷囊隐翅甲
Oxypoda* (*Podoxya*) *taichungensis Pace 台中卷囊隐翅甲，台中迅隐翅甲，台中奥隐翅虫
Oxypoda* (*Podoxya*) *taiwadebilis Pace 台湾卷囊隐翅甲，宝岛迅隐翅甲，宝岛奥隐翅虫
Oxypoda* (*Podoxya*) *tridentis Pace 三齿卷囊隐翅甲
Oxypoda* (*Sphenoma*) *connexa Cameron 丽卷囊隐翅甲
Oxypoda* (*Sphenoma*) *dabamontis Pace 大巴山卷囊隐翅甲
Oxypoda* (*Sphenoma*) *meifengensis Pace 梅峰卷囊隐翅甲，梅峰迅隐翅甲，梅峰奥隐翅虫
Oxypoda* (*Sphenoma*) *muyupingensis Pace 木鱼卷囊隐翅甲
Oxypoda* (*Sphenoma*) *nenkaomontis Pace 能高山卷囊隐翅甲，能高迅隐翅甲，能高奥隐翅虫
Oxypoda* (*Sphenoma*) *peinantamontis Pace 黄褐卷囊隐翅甲，山迅隐翅甲，山奥隐翅虫
Oxypoda taichungensis Pace 见 *Oxypoda* (*Podoxya*) *taichungensis*
Oxypoda taiwadebilis Pace 见 *Oxypoda* (*Podoxya*) *taiwadebilis*
Oxypoda taiwafimbriata Pace 台岛卷囊隐翅甲，台湾迅隐翅甲，台湾奥隐翅虫
Oxypoda ypsilon Pace 伊卷囊隐翅甲，伊迅隐翅甲，伊奥隐翅虫
Oxypodina 卷囊隐翅甲亚族，迅隐翅甲亚族
Oxypodini 卷囊隐翅甲族，迅隐翅甲族
Oxyporinae 巨须隐翅甲亚科，巨须隐翅虫亚科，斧须隐翅甲亚科
Oxyporus 巨须隐翅甲属，巨须隐翅虫属，斧须隐翅甲属
Oxyporus altus Huang, Zhao *et* Li 高山巨须隐翅甲
Oxyporus altus altus Huang, Zhao *et* Li 高山巨须隐翅甲指名亚种
Oxyporus altus yangae Zheng *et* Li 高山巨须隐翅甲杨氏亚种，杨氏高山巨须隐翅虫
Oxyporus angustatus Zheng, Li *et* Liu 狭巨须隐翅甲
Oxyporus angusticeps Bernhauer 肩斑伪巨须隐翅甲，狭头巨须隐翅虫
Oxyporus atratulus Zheng, Li *et* Liu 黑腹巨须隐翅甲
Oxyporus aureomarginatus Zheng *et* Li 黄缘巨须隐翅甲
Oxyporus basiventris Jarrige 基腹巨须隐翅甲
Oxyporus beichuanus Zheng *et* Li 北川巨须隐翅甲
Oxyporus bifasciarius Zheng, Li *et* Liu 双带巨须隐翅甲
Oxyporus erlangshanus Zheng, Li *et* Liu 二郎山巨须隐翅甲
Oxyporus femoratus Zheng, Li *et* Liu 黄腿巨须隐翅甲
Oxyporus formosanus Adachi 阿里山巨须隐翅甲，丽巨须隐翅虫
Oxyporus fungalis Zheng 蕈巨须隐翅甲
Oxyporus germanus Sharp 仙台巨须隐翅甲，德巨须隐翅虫
Oxyporus hailuogou Zheng *et* Li 海螺沟巨须隐翅甲
Oxyporus heminigritus Zheng *et* Song 半黑伪巨须隐翅甲
Oxyporus humerosus Zheng *et* Li 肩斑巨须隐翅甲
Oxyporus itoi Hayashi 伊藤巨须隐翅甲，伊巨须隐翅虫
Oxyporus japonicus Sharp 日本巨须隐翅甲，日本斧须隐翅甲
Oxyporus jiulongus Zheng *et* Song 九龙伪巨须隐翅甲
Oxyporus lii Zheng *et* Yang 李氏巨须隐翅甲
Oxyporus liuae Zheng, Li *et* Liu 刘氏巨须隐翅甲
Oxyporus loloshanus Hayashi 洛洛山巨须隐翅甲，洛巨须隐翅虫
Oxyporus longipes Sharp 长足伪巨须隐翅甲，长巨须隐翅虫
Oxyporus maculiventris Sharp 腹斑巨须隐翅甲，斑腹巨须隐翅虫，斑腹斧须隐翅虫
Oxyporus maxilosus Fabricius 颚巨须隐翅甲，大颚斧须隐翅甲
Oxyporus meigu Zheng, Liu *et* Qiu 美姑巨须隐翅甲
Oxyporus niger Sharp 黑巨须隐翅甲，黑斧须隐翅虫
Oxyporus nigerrimus Hayashi 最黑巨须隐翅甲，最黑巨须隐翅虫
Oxyporus nigricollis Zheng 黑胸巨须隐翅甲，黑胸斧须隐翅虫
Oxyporus parajiulonguss Zheng *et* Song 端节伪巨须隐翅甲
Oxyporus procerus Kraatz 原巨须隐翅甲，长斧须隐翅虫
Oxyporus puerius Li, Zhou *et* Zheng 普洱巨须隐翅甲
Oxyporus rufus (Linnaeus) [red rove beetle] 红巨须隐翅甲，朱红斧须隐翅虫，朱红斧须隐翅甲
Oxyporus shibatai Hayashi 柴田巨须隐翅甲，希巨须隐翅虫
Oxyporus similangustatus Zheng, Qiu *et* Liu 拟狭巨须隐翅甲
Oxyporus taiwanus Hayashi 台湾巨须隐翅甲，台巨须隐翅虫
Oxyporus transversesulcatus Bernhauer 横沟巨须隐翅甲
Oxyporus trisulcatus Bernhauer 三沟巨须隐翅甲
Oxyporus wanglangus Zheng 王朗巨须隐翅甲
Oxyporus xiaoae Zheng *et* Song 肖氏伪巨须隐翅甲
Oxyporus yamasakoi Hayashi 山迫巨须隐翅甲
Oxyporus yanae Zheng, Liu *et* Qiu 闫氏巨须隐翅甲
Oxyporus yulong Zheng *et* Yang 玉龙巨须隐翅甲
Oxypsila 尖茎蝇属
Oxypsila altusfronsa Wang *et* Yang 凸额尖茎蝇
Oxypsila hummeli (Hendel) 联室尖茎蝇
Oxypsila nigricorpa Wang *et* Yang 黑体尖茎蝇
Oxypsila unistripeda Wang *et* Yang 单纹尖茎蝇
oxyptera 尖形翅形体
Oxyptilus 尖羽蛾属
Oxyptilus caryornis Meyrick 卡尖羽蛾
Oxyptilus chrysodactylus (Denis *et* Schiffermüller) 金尖羽蛾
Oxyptilus pilosellae (Zeller) 毛尖羽蛾
Oxyrachis 牛角蝉属
Oxyrachis tarandus Fabricius [cow bug, cow horn bug, babul hopper] 白斑牛角蝉
Oxyrhachinae 隐盾角蝉亚科
Oxyrhachini 隐盾角蝉族
Oxyrhachis 隐盾角蝉属
Oxyrhachis bisenti Distant 比氏隐盾角蝉
Oxyrhachis formidabilis Distant 怒态隐盾角蝉
Oxyrhachis lamborni Distant 来氏隐盾角蝉
Oxyrhachis latipes Buckton 阔足隐盾角蝉
Oxyrhachis mangiferana Distant 杧果隐盾角蝉
Oxyrhachis sinensis Yuan *et* Tian 中华隐盾角蝉
Oxyrhachis tarandus (Fabricius) 驯鹿隐盾角蝉
Oxyrhiza 尖毛翅大蚊亚属
Oxyria 锐蠓属

Oxyria xui Yu 徐氏锐蠓
Oxyrrhepes 大头蝗属
Oxyrrhepes cantonensis Tinkham 广东大头蝗
Oxyrrhepes obtusa (De Haan) 长翅大头蝗
Oxyrrhepes quadripunctata Willemse 四点大头蝗
Oxyrrhexis 尖裂姬蜂属
Oxyrrhexis chinensis He 同 *Oxyrrhexis eurus*
Oxyrrhexis eurus Kasparyan 宽尖裂姬蜂
Oxyrrhexis rugosus Liu 皱胸尖裂姬蜂
Oxyrrhexis shaanxiensis Liu 陕西尖裂姬蜂
Oxyscelio 尖缘腹细蜂属
Oxyscelio aclavae Burks 无棒节尖缘腹细蜂
Oxyscelio arcus Burks 圆拱尖缘腹细蜂
Oxyscelio brevidentis Burks 短齿尖缘腹细蜂
Oxyscelio convergens Burks 趋同尖缘腹细蜂
Oxyscelio crebritas Burks 密尖缘腹细蜂
Oxyscelio dermatoglyphes Burks 革尖缘腹细蜂
Oxyscelio doumao Burks 兜帽尖缘腹细蜂
Oxyscelio excavatus (Kieffer) 无盖尖缘腹细蜂
Oxyscelio flabelli Burks 扇尖缘腹细蜂
Oxyscelio intermedietas Burks 中尖缘腹细蜂
Oxyscelio jaune Burks 黄色尖缘腹细蜂
Oxyscelio kiefferi Dodd 基弗氏尖缘腹细蜂
Oxyscelio kramatos Burks 岛尖缘腹细蜂
Oxyscelio labis Burks 唇沟尖缘腹细蜂
Oxyscelio mesiodentis Burks 中纵突尖缘腹细蜂
Oxyscelio mollitia Burks 柔韧尖缘腹细蜂
Oxyscelio nasolabii Burks 鼻唇沟尖缘腹细蜂
Oxyscelio nubbin Burks 小片尖缘腹细蜂
Oxyscelio nullicarina Mo *et* Chen 无脊尖缘腹细蜂
Oxyscelio ogive Burks 哥特尖拱尖缘腹细蜂
Oxyscelio paracuculli Mo *et* Chen 额拟兜帽尖缘腹细蜂
Oxyscelio reflectens Burks 弯脊尖缘腹细蜂
oxysere 酸生演替系列
Oxysternon 突背蜣螂属
Oxysternon conspicillatum (Weber) [green dung beetle, green devil beetle] 蓝突背蜣螂
Oxysternon festivum (Linnaeus) [festive dung scarab] 丽突背蜣螂
Oxysychus 奥金小蜂属
Oxysychus convexus Yang 隆胸奥金小蜂
Oxysychus fusciclavula Xiao *et* Huang 褐棒奥金小蜂
Oxysychus grandis Yang 长索奥金小蜂
Oxysychus mori Yang 桑奥金小蜂
Oxysychus nupserhae (Dutt *et* Ferrière) 纽奥金小蜂
Oxysychus pini Yang 樟子松奥金小蜂
Oxysychus sauteri (Masi) 索氏奥金小蜂
Oxysychus scolyti Yang 桃蠹奥金小蜂
Oxysychus silvestrii (Masi) 斯氏奥金小蜂
Oxysychus sphaerotrypesi Yang 球小蠹奥金小蜂
Oxytauchira 板角蝗属
Oxytauchira brachyptera Zheng 短翅板角蝗
Oxytauchira elegans Willemse 雅板角蝗
Oxytauchira elegans Zheng *et* Liang 同 *Oxytauchira oxyelegans*
Oxytauchira gracilis (Willemse) 板角蝗
Oxytauchira oxyelegans Otte 云南板角蝗
Oxytauchira yunnanensis Hua 同 *Oxytauchira oxyelegans*
Oxytelinae 颈隐翅甲亚科，异形隐翅甲亚科
Oxytelini 颈隐翅甲族，异形隐翅甲族
Oxytelopsis 短角隐翅甲属
Oxytelopsis armifrons Cameron 见 *Anotylus armifrons*
Oxytelopsis chinensis Bernhauer 见 *Anotylus chinensis*
Oxytelopsis cimicoides Fauvel 见 *Anotylus cimicoides*
Oxytelopsis excisicollis Bernhauer 见 *Anotylus excisicollis*
Oxytelopsis pseudopsina Fauvel 见 *Anotylus pseudopsinus*
Oxytelopsis reitteri Bernhauer 见 *Anotylus reitteri*
Oxytelopsis taiwanus Ito 见 *Anotylus taiwanus*
Oxytelus 颈隐翅甲属，背筋隐翅虫属，异形隐翅虫属
Oxytelus abiturus Lü *et* Zhou 离颈隐翅甲
Oxytelus ailaoshanicus Lü *et* Zhou 哀牢山颈隐翅甲
Oxytelus akazawensis Bernhauer 同 *Oxytelus migrator*
Oxytelus bajiei Lü *et* Zhou 八戒颈隐翅甲
Oxytelus bengalensis Erichson 孟加拉颈隐翅甲，锥角颈隐翅虫，孟加拉异形隐翅虫，黄翅异形隐翅甲
Oxytelus discalis Cameron 同 *Oxytelus punctipennis*
Oxytelus dohertyi Cameron 多氏颈隐翅甲
Oxytelus ferrugineus Kraatz 同 *Oxytelus incisus*
Oxytelus ginyuenensis Bernhauer 同 *Oxytelus lucidulus*
Oxytelus houomontis Ito 巡山颈隐翅甲，巡山背筋隐翅虫
Oxytelus incisus Motschulsky 切尾颈隐翅甲，阴颈隐翅虫，切口背筋隐翅虫，切异形隐翅虫
Oxytelus lewisius Sharp 同 *Monocrypta abdominalis*
Oxytelus lividus Motschulsky 青灰颈隐翅甲，硕颈隐翅虫，铅卡柯隐翅虫
Oxytelus lucens Bernhauer 光亮颈隐翅甲，大头颈隐翅虫，光亮背筋隐翅虫，亮异形隐翅虫
Oxytelus lucidulus Cameron 小光颈隐翅甲，明颈隐翅虫
Oxytelus megaceros Fauvel 巨角颈隐翅甲，梯胸颈隐翅虫，大头背筋隐翅虫
Oxytelus migrator Fauvel 行者颈隐翅甲
Oxytelus mortuorum Bidessus 莫颈隐翅甲
Oxytelus nigriceps Kraatz 黑头颈隐翅甲，黑头背筋隐翅虫，黑缘颈隐翅虫，黑首异形隐翅虫，黑卡柯隐翅虫
Oxytelus piceus (Linnaeus) 焦黑颈隐翅甲，焦黑颈隐翅虫，纯黑颈隐翅虫，鹊背筋隐翅虫，红翅异形隐翅甲
Oxytelus puncticeps Kraatz 麻脸颈隐翅甲，点颈隐翅虫
Oxytelus punctipennis Fauvel 点鞘颈隐翅甲，点翅颈隐翅虫
Oxytelus robustus Schubert 粗壮颈隐翅甲，壮颈隐翅虫
Oxytelus sauteri Bidessus 同 *Monocrypta rufipennis*
Oxytelus solus Lü *et* Zhou 独孤颈隐翅甲
Oxytelus subferrugineus Cameron 锈色颈隐翅甲
Oxytelus subincisus Cameron 拟切口颈隐翅甲
Oxytelus takahashii Ito 同 *Oxytelus lucidulus*
Oxytelus tibetanus Bernhauer 西藏颈隐翅甲
Oxytelus varipennis Kraatz 变鞘颈隐翅甲，异茎背筋隐翅虫
oxytenid [= oxytenid moth] 1.角蛾科，四栉角蛾<角蛾科 Oxytenidae 昆虫的通称>；2. 角蛾科的
oxytenid moth [= oxytenid] 角蛾
Oxytenidae 角蛾科，四栉角蛾科
Oxytenis 角蛾属
Oxytenis modestia (Cramer) [Costa Rica leaf moth, dead-leaf moth,

tropical American silkworm moth] 枯叶角蛾
oxytetracycline 氧四环素，地霉素，土霉素
Oxytheria 尖毛石蛾属
Oxythrips 敏蓟马属
Oxythrips austropalmae Mound *et* Tree 澳敏蓟马
Oxythrips cannabensis Knechtel [marijuana thrips] 大麻敏蓟马
Oxythrips firma Uzel 见 *Firmothrips firmus*
Oxythrips ulmifoliorum (Haliday) 榆敏蓟马，敏蓟马
Oxythyrea 杂花金龟甲属，杂花金龟属
Oxythyrea albopicta (Motschulsky) 白画杂花金龟甲，白画杂花金龟
Oxythyrea cinctella Schaum 斑杂花金龟甲，斑杂花金龟
Oxythyrea funesta (Poda) [white-spotted rose beetle, Mediterranean spotted chafer] 臭杂花金龟甲，臭杂花金龟，斑尖孔花金龟
Oxytorinae 奥克姬蜂亚科
Oxytorus 奥克姬蜂属
Oxytorus brevis Sheng *et* Sun 短奥克姬蜂
Oxytorus corniger (Momoi) 角奥克姬蜂
Oxytorus distalis Sheng *et* Sun 离奥克姬蜂
Oxytripia 蚀夜蛾属
Oxytripia orbiculosa (Esper) 蚀夜蛾
Oxytripia zhangi Chen 张蚀夜蛾
Oxytripiina 蚀夜蛾亚族
Oyamel skipper [*Poanes monticola* (Godman)] 矶鸫袍弄蝶
Oyamia 铗蜻属；大山石蛾属 < 误 >
Oyamia nigribasis Banks 黑基铗蜻，黑基奥蜻
oyster scale [= false oleander scale, oleander scale, Fullaway oleander scale, magnolia white scale, mango scale, *Pseudaulacaspis cockerelli* (Cooley)] 考氏白盾蚧，考氏雪盾蚧，考氏拟轮蚧，椰子拟白轮盾介壳虫
oyster-shell bark-louse [= oystershell scale, apple oystershell scale, mussel scale, apple mussel scale, appletree bark louse, butternut bark-louse, fig scale, fig oystershell scale, greater fig mussel scale, linden oystershell scale, Mediterranean fig scale, oyster-shell scale, pear oystershell scale, poplar oystershell scale, red oystershell scale, vine mussel scale, *Lepidosaphes ulmi* (Linnaeus)] 榆蛎盾蚧，榆蛎蚧，苹蛎蚧，榆牡蛎蚧
oyster-shell scale 1. [= oystershell scale, apple oystershell scale, mussel scale, apple mussel scale, appletree bark louse, butternut bark-louse, fig scale, fig oystershell scale, greater fig mussel scale, linden oystershell scale, Mediterranean fig scale, oyster-shell bark-louse, pear oystershell scale, poplar oystershell scale, red oystershell scale, vine mussel scale, *Lepidosaphes ulmi* (Linnaeus)] 榆蛎盾蚧，榆蛎蚧，苹蛎蚧，榆牡蛎蚧；2. [= pine oystershell scale, Newstead's scale, Newstead scale, *Lepidosaphes newsteadi* (Šulc)] 雪松蛎盾蚧，雪松牡蛎盾蚧，松针牡蛎盾蚧
oystershell scale 1. [= fig oystershell scale, apple oystershell scale, mussel scale, apple mussel scale, appletree bark louse, butternut bark-louse, fig scale, greater fig mussel scale, linden oystershell scale, Mediterranean fig scale, oyster-shell bark-louse, oyster-shell scale, pear oystershell scale, poplar oystershell scale, red oystershell scale, vine mussel scale, *Lepidosaphes ulmi* (Linnaeus)] 榆蛎盾蚧，榆蛎蚧，苹蛎蚧，榆牡蛎蚧；2. [= European fruit scale, pear-tree oyster scale, pear oyster scale, yellow apple scale, yellow oyster scale, yellow plum scale, green oyster scale, ostreaeform scale, false San Jose scale, Curtis scale, *Quadraspidiotus ostreaeformis* (Curtis)] 桦笠圆盾蚧，欧洲果圆蚧
Ozaenina 折缘粗角步甲亚族
Ozaenini 折缘粗角步甲族
Ozana 涠夜蛾属
Ozana chinensis (Leech) 中国涠夜蛾
Ozarba 弱夜蛾属
Ozarba acantholipina Draudt 刺弱夜蛾
Ozarba bipars Hampson 分色弱夜蛾，暗疤夜蛾
Ozarba brunnea (Leech) 红褐弱夜蛾，棕弱夜蛾，棕褐疤夜蛾
Ozarba chinensis (Leech) 华弱夜蛾
Ozarba chloromixta (Alphéraky) 绿弱夜蛾
Ozarba hemiphaea (Hampson) 半弱夜蛾
Ozarba incondita Butler 迷弱夜蛾
Ozarba ochritincta Wileman *et* South 赭带弱夜蛾，褐点疤夜蛾
Ozarba peraffinis Strand 邻弱夜蛾
Ozarba puncitgera Walder 点弱夜蛾，弱夜蛾，点疤夜蛾，奥察夜蛾
Ozarba uberosa Swinhoe 小弱夜蛾，小疤夜蛾
ozias ruby-eye [*Lychnuchoides ozias* Hewitson] 奥拟青项弄蝶
Ozola 鳌尺蛾属
Ozola defectata Inoue 黑点鳌尺蛾，德鳌尺蛾，黑点小褐尺蛾
Ozola extersaria (Walker) 埃鳌尺蛾
Ozola falcipennis (Moore) 珐鳌尺蛾
Ozola japonica Prout 日本鳌尺蛾，日鳌尺蛾
Ozola macariata Walker 玛鳌尺蛾
Ozopemon 奥佐小蠹属
Ozopemon ater Eggers 同 *Dryocoetes hectographus*
Ozopemon tuberculatus Stromeyer 同 *Ambrosiodmus lewisi*
Ozophorini 直腹长蝽族
Ozotomerini 瘤角长角象甲族，瘤角长角象族
Ozotomerus 瘤角长角象甲属，瘤角长角象属
Ozotomerus amamianus Morimoto 大岛瘤角长角象甲
Ozotomerus japonicus Sharp 日本瘤角长角象甲，日本瘤角长角象
Ozotomerus japonicus japonicus Sharp 日本瘤角长角象甲指名亚种
Ozotomerus japonicus laferi Egorov 日本瘤角长角象甲拉氏亚种
Ozotomerus nigromaculatus Morimoto 黑斑瘤角长角象甲

P-14 [= fourteen-spot lady beetle, 14-spotted ladybird beetle, *Propylea quatuordecimpunctata* (Linnaeus)] 方斑瓢虫，方斑龟纹瓢虫
p_1 亲本一代
PA [phytoalexin 的缩写] 植物抗毒素，植保素
Pabulatrix 伴白夜蛾属
Pabulatrix pabulatricula (Brahm) 伴白夜蛾
pabulum 食物
Paches 巴夏弄蝶属
Paches loxus (Westwood) [glorious blue-skipper, loxus blue skipper] 巴夏弄蝶
Paches polla (Mabille) [polla blue-skipper] 宝蓝巴夏弄蝶
Paches trifasciatus Lindsey [inky-patched skipper, trifasciatus skipper] 三带巴夏弄蝶
pachinus longwing [*Heliconius pachinus* Salvin] 弧黄袖蝶
Pachista 巨尺蛾属
Pachista superans (Butler) 巨尺蛾，超垂缘尺蛾
Pachliopta 珠凤蝶属
Pachliopta annae Felder *et* Felder 白斑珠凤蝶
Pachliopta aristolochiae (Fabricius) [common rose] 红珠凤蝶，珍曙凤蝶
Pachliopta aristolochiae adaeus (Rothschild) 红珠凤蝶小斑亚种，红腹凤蝶，小斑红珠凤蝶，艾珍曙凤蝶
Pachliopta aristolochiae aristolochiae (Fabricius) 红珠凤蝶指名亚种
Pachliopta aristolochiae asteris (Rothschild) 红珠凤蝶阿斯亚种，阿斯珍曙凤蝶
Pachliopta aristolochiae camorta Moore [Camorta common rose] 红珠凤蝶格岛亚种
Pachliopta aristolochiae ceylonica (Moore) 红珠凤蝶锡兰亚种，锡红珠凤蝶
Pachliopta aristolochiae goniopeltis Rothschild [Indo-Chinese common rose] 红珠凤蝶大斑亚种，大斑红珠凤蝶
Pachliopta aristolochiae interposita (Fruhstorfer) 红珠凤蝶多斑亚种，红纹凤蝶，七星蝶，红腹凤蝶，多斑红珠凤蝶
Pachliopta aristolochiae kondulana Evans [Kondul common rose] 红珠凤蝶印度亚种
Pachliopta aristolochiae sawi Evans [Car Nicobar common rose] 红珠凤蝶卡尼亚种
Pachliopta atropos Staudinger 阿托珠凤蝶
Pachliopta hector (Linnaeus) [crimson rose] 南亚联珠凤蝶
Pachliopta jophon (Gray) [Ceylon rose, Sri Lankan rose] 耀珠凤蝶
Pachliopta kotzebuea (Eschscholtz) [pink rose] 绣珠凤蝶
Pachliopta leytensis Murayama 莱特珠凤蝶
Pachliopta liris (Godart) 丽珠凤蝶
Pachliopta mariae Semper 美珠凤蝶
Pachliopta oreon Doherty 黄珠凤蝶
Pachliopta pandiyana Moore [malabar rose] 潘迪珠凤蝶
Pachliopta phegeus Höpffer 佛珠凤蝶
Pachliopta phlegon (Felder *et* Felder) 福来珠凤蝶
Pachliopta polydorus (Linnaeus) [red-bodied swallowtail] 红身珠凤蝶
Pachliopta polyphontes (Boisduval) 宝珠凤蝶
Pachliopta schadenbergi Semper 斯珠凤蝶
Pachmarhi bushbrown [*Mycalesis mercea* Evans] 美赛眉眼蝶
Pachnaeus litus (Germar) [citrus root weevil] 橘根象甲
Pachnephorus 鳞斑肖叶甲属，鳞斑叶甲属 < 此属学名有误写为 *Pachneophorus* 者 >
Pachnephorus brettinghami Baly 同 *Pachnephorus lewisii*
Pachnephorus curtus Pic 中国鳞斑叶甲
Pachnephorus formosanus Chûjô 同 *Pachnephorus lewisii*
Pachnephorus lewisii Baly 谷子鳞斑肖叶甲，玉米鳞斑肖叶甲，玉米鳞斑叶甲，甘蔗鳞斑叶甲，花生鳞斑叶甲，鳞斑肖叶甲，栗鳞斑猿金花虫
Pachnephorus porosus Baly 同 *Pachnephorus lewisii*
Pachnephorus sauteri Chûjô 同 *Pachnephorus lewisii*
Pachnephorus seriatus Lefèvre 同 *Pachnephorus lewisii*
Pachnephorus tessellatus (Duftschmid) 格鳞斑肖叶甲，欧亚鳞斑叶甲
Pachnephorus variegatus Lefèvre 同 *Pachnephorus lewisii*
Pachnistis 帕谷蛾属
Pachnistis silens Meyrick 静帕谷蛾
Pachnobia 厚鲁夜蛾亚属
Pachnoda 帕花金龟甲属
Pachnoda histrioides Pouillaude 希帕花金龟甲，希帕花金龟
Pachyacris 厚蝗属
Pachyacris vinosa (Walker) 厚蝗
Pachyanthidium 盾黄斑蜂属
Pachyanthidium lachrymosum (Smith) 盾黄斑蜂
Pachybrachina 短柱叶甲亚族
Pachybrachis 短柱叶甲属 < 此属学名有误写为 *Pachybrachys* 者 >
Pachybrachis albicans Weise 丫纹短柱叶甲
Pachybrachis albicans chinensis Weise 同 *Pachybrachis scriptidorsum*
Pachybrachis auliensis Breit 奥利短柱叶甲
Pachybrachis eruditus Baly 淡鞘短柱叶甲，博学短柱叶甲，五点短柱叶甲
Pachybrachis fimbriolatus Suffrian 缨边短柱叶甲
Pachybrachis hauseri Pic 棕头短柱叶甲
Pachybrachis jastschenkoi Lopatin 杰氏短柱叶甲
Pachybrachis lineatus Weise 黑线短柱叶甲
Pachybrachis ochropygus Solsky 黄臀短柱叶甲
Pachybrachis paralellus Schöller 平直短柱叶甲
Pachybrachis potanini Medvedev *et* Rybakova 波塔短柱叶甲，坡氏短柱叶甲
Pachybrachis schuelkei Schöller 舒氏短柱叶甲
Pachybrachis scriptidorsum Marseul 花背短柱叶甲
Pachybrachis sinkianensis Lopatin 新疆短柱叶甲
Pachybrachis tibetanus Gressitt *et* Kimoto 西藏短柱叶甲
Pachybrachius 鼓胸长蝽属
Pachybrachius annulipes (Baerensprung) 见 *Remaudiereana annulipes*
Pachybrachius flavipes (Motschulsky) 见 *Remaudiereana flavipes*

Pachybrachius luridus (Hahn) 莎草鼓胸长蝽
Pachybrachius pictus (Scott) 丽鼓胸长蝽，日本筒胸长蝽
Pachybrachius sobrinus (Distant) 见 *Remaudiereana sobrina*
Pachycephalus touchei Distant 同 *Hygia lativentris*
Pachycerina 长角缟蝇属，厚缟蝇属，深黄缟蝇属
Pachycerina carinata Shi, Wu *et* Yang 脊长角缟蝇
Pachycerina decemlineata de Meijere 十纹长角缟蝇
Pachycerina javana (Macquart) 爪哇长角缟蝇，爪哇厚缟蝇，爪哇缟蝇
Pachycerina ocellaris Kertész 眼长角缟蝇，眼斑厚缟蝇，小眼缟蝇
Pachycerina plumosa Kertész 羽长角缟蝇，羽厚缟蝇，集集缟蝇
Pachycerina seticornis (Fallén) 毛角长角缟蝇，毛角厚缟蝇
Pachycerus 小粒象甲属
Pachycerus costatulus Faust 脊翅小粒象甲，脊翅小粒象
Pachycheta 厚寄蝇属
Pachycheta jaroschewskyi Portschinsky 雅罗厚寄蝇
Pachycondyla 厚结猛蚁属，粗针蚁属
Pachycondyla amblyops (Emery) 钝扁头猛蚁
Pachycondyla annamita (André) 安南厚结猛蚁，安南扁头猛蚁
Pachycondyla astuta Smith 敏捷厚结猛蚁，敏捷扁头猛蚁，敏捷厚结蚁
Pachycondyla chinensis (Emery) [Asian needle ant] 华夏厚结猛蚁，华夏粗针蚁，中华扁头猛蚁，华夏短针蚁，中华黑真猛蚁
Pachycondyla darwinii (Forel) 达尔文厚结猛蚁，达文大猛蚁，达氏真猛蚁，达氏粗脉蚁
Pachycondyla darwinii* var. *indica (Emery) 印度粗针蚁
Pachycondyla javana (Mayr) 见 *Ectomomyrmex javanus*
Pachycondyla javana materna (Forel) 同 *Ectomomyrmex javanus*
Pachycondyla leeuwenhoeki (Forel) 列氏厚结猛蚁，列氏扁头猛蚁
Pachycondyla luteipes (Mayr) 黄足厚结猛蚁，黄足粗针蚁，黄足短猛蚁，黄足短针蚁，黄真猛蚁
Pachycondyla luteipes* var. *luteipedojerdoni (Forel) 黄足厚结猛蚁杰同变种，杰同粗针蚁，耶黄足短猛蚁
Pachycondyla rufipes (Jerdon) 红足厚结猛蚁，红足穴猛蚁，红足扁头猛蚁
Pachycondyla sauteri Forel 见 *Ectomomyrmex sauteri*
Pachycondyla sharpi (Forel) 夏氏厚结猛蚁，夏氏大猛蚁，夏氏粗针蚁，夏普扁头猛蚁，夏氏真猛蚁，夏氏粗脉蚁
Pachycondyla solitaria (Smith) 独厚结猛蚁，独真猛蚁
Pachycondyla stigma (Fabricius) 烙印厚结猛蚁，烙印大猛蚁，烙印粗针蚁，痣粗脉蚁
Pachycondyla zhengi Xu 见 *Ectomomyrmex zhengi*
Pachycorynus 缺线隐翅甲属，窄隐翅甲属，窄隐翅虫属
Pachycorynus dilaticeps Cameron 宽头缺线隐翅甲，宽头窄隐翅甲，宽头窄隐翅虫
Pachycorynus dimidiatus Motschulsky 淡翅缺线隐翅甲，黄翅窄隐翅甲，黄翅窄隐翅虫
Pachycorynus helvus Bordoni 黄褐缺线隐翅甲
Pachycorynus shanmo Bordoni 山缺线隐翅甲，山窄隐翅甲，山窄隐翅虫
Pachycotes 粗小蠹属
Pachycotes peregrinus (Chapuis) 突背粗小蠹
Pachycrepoideus 蝇蛹帕金小蜂属
Pachycrepoideus vindemmiae (Róndani) 家蝇蛹帕金小蜂，家蝇蛹金小蜂
Pachyderes 厚叩甲属
Pachyderes niger Candèze 黑厚叩甲
Pachyderini 粗胸叩甲族
Pachydiplosis oryzae (Wood-Mason) 见 *Orseolia oryzae*
Pachydissus 弯皱天牛属
Pachydissus argentatus Pic 银色弯皱天牛
Pachydissus grossepunctatus Gressitt *et* Rondon 粗点弯皱天牛
Pachydissus hector Kolbe 缅茄弯皱天牛
Pachydissus murzini Miroshnikov 穆氏弯皱天牛
Pachydissus sericus Newman 黑荆树弯皱天牛
Pachydissus thibetanus Pic 西藏弯皱天牛
Pachygastrinae 厚腹水虻亚科，平腹水虻亚科
Pachygrontha 梭长蝽属
Pachygrontha antennata (Uhler) [longhorned rice bug] 长须梭长蝽，稻长角长蝽
Pachygrontha antennata antennata (Uhler) 长须梭长蝽指名亚种
Pachygrontha antennata nigriventris Reuter 长须梭长蝽短须亚种，短须梭长蝽
Pachygrontha austrina Kirkaldy 南梭长蝽
Pachygrontha bipunctata Stål 二点梭长蝽
Pachygrontha flavolineata Zheng, Zou *et* Hsiao 黄纹梭长蝽
Pachygrontha longicornis (Stål) 长角梭长蝽
Pachygrontha lurida Slater 浅黄梭长蝽
Pachygrontha nigrovittata Stål 黑盾梭长蝽
Pachygrontha similis Uhler 拟黄纹梭长蝽
Pachygrontha walkeri Distant 伟梭长蝽
pachygronthid 1. [= pachygronthid bug, pachygronthid seed bug] 梭长蝽 < 梭长蝽科 Pachygronthidae 昆虫的通称 >；2. 梭长蝽科的
pachygronthid bug [= pachygronthid, pachygronthid seed bug] 梭长蝽
pachygronthid seed bug 见 pachygronthid bug
Pachygronthidae 梭长蝽科
Pachygronthinae 梭长蝽亚科
Pachyhalictus 壮隧蜂亚属
Pachylanguria 粗拟叩甲属，厚大蕈甲属，厚拟叩甲属
Pachylanguria aeneovirens Mader 铜绿厚拟叩甲
Pachylanguria chinensis (Mader) 见 *Megalanguria chinensis*
Pachylanguria collaris Crotch 见 *Tetraphala collaris*
Pachylanguria elongata (Fabricius) 见 *Tetraphala elongata*
Pachylanguria elongata pyramidata MacLeay 同 *Tetraphala elongata*
Pachylanguria fryi (Fowler) 见 *Tetraphala fryi*
Pachylanguria paivae (Wallaston) 同 *Pachylanguria paivai*
Pachylanguria paivai (Wollaston) 四斑粗拟叩甲，派厚大蕈甲，派厚隐唇叩甲，帕厚拟叩甲
Pachylanguria parallela (Zia) 见 *Tetraphala parallela*
Pachyledra 阔冠叶蝉属
Pachyledra kamerunensis Schumacher 喀阔冠叶蝉
Pachyledra nigrifrons Cai *et* He 黑额阔冠叶蝉
Pachyligia 白厚尺蛾属
Pachyligia dolosa Butler [white-hindwinged geometrid] 白厚尺蛾，厚带尺蛾

Pachylister 突唇阎甲属，突唇阎甲亚属，厚阎甲属

Pachylister atratus (Erichson) 黑突唇阎甲，黑厚阎甲，黑坑阎甲

Pachylister ceylanus (Marseul) 见 *Pachylister* (*Pachylister*) *ceylanus*

Pachylister ceylanus ceylanus (Marseul) 见 *Pachylister* (*Pachylister*) *ceylanus ceylanus*

Pachylister ceylanus pygidialis (Lewis) 见 *Pachylister* (*Pachylister*) *ceylanus pygidialis*

Pachylister chinensis (Quensel) 见 *Nasaltus chinensis*

Pachylister cribropygum (Marseul) 筛突唇阎甲，筛臀厚阎甲，筛臀坑阎甲

Pachylister horni (Bickhardt) 贺氏突唇阎甲，贺氏厚阎甲，贺坑阎甲

Pachylister inaequalis (Olivier) 不等突唇阎甲，不等厚阎甲，歧突唇阎甲

Pachylister lutarius (Erichson) 路突唇阎甲，路厚阎甲

Pachylister orientalis (Paykull) 见 *Nasaltus orientalis*

Pachylister (***Pachylister***) ***ceylanus*** (Marseul) 斯里兰卡突唇阎甲，斯厚阎甲

Pachylister (***Pachylister***) ***ceylanus ceylanus*** (Marseul) 斯里兰卡突唇阎甲指名亚种

Pachylister (***Pachylister***) ***ceylanus pygidialis*** Lewis 斯里兰卡突唇阎甲宽臀亚种，臀斯邪阎甲

Pachylister (***Pachylister***) ***lutarius*** (Erichson) 泥突唇阎甲

Pachylister pini (Lewis) 品突唇阎甲，品厚阎甲，品坑阎甲

Pachylister (***Sulcignathos***) ***scaevola*** (Erichson) 拙突唇阎甲

Pachylobius picivorus (Germar) [pitcheating weevil] 松脂象甲，硬叶松象甲

Pachylocerus 珠角天牛属

Pachylocerus sulcatus Brongniart 沟翅珠角天牛

Pachylocerus unicolor Dohrn 脊翅珠角天牛

Pachylomalus 厚阎甲属，拟厚阎甲属

Pachylomalus deficiens Cooman 缺线厚阎甲

Pachylomalus musculus (Marseul) 肌厚阎甲，肌拟厚阎甲

Pachylophus 粗腿秆蝇属

Pachylophus chinensis Nartshuk 中华粗腿秆蝇

Pachylophus rohdendorfi Nartshuk 离脉粗腿秆蝇

Pachylophus rufescens (de Meijere) 锈色粗腿秆蝇，趋红秆蝇

Pachylophus vittatus Nartshuk 愈斑粗腿秆蝇

Pachylophus yunnanensis Yang *et* Yang 云南粗腿秆蝇

Pachymelos 短姬蜂属

Pachymelos chinensis He *et* Chen 中华短姬蜂

Pachymelos rufithorax He *et* Chen 红胸短姬蜂

Pachymenes yayeyamensis (Matsumura) 见 *Apodynerus yayeyamensis*

Pachymerinae 粗腿豆象甲亚科

Pachymerus 粗腿豆象甲属

Pachymerus chinensis (Linnaeus) 见 *Callosobruchus chinensis*

Pachymerus gonagra (Fabricius) 同 *Caryedon serratus*

Pachymetopius 异冠叶蝉属

Pachymetopius bicaudatus Wei, Zhang *et* Webb 尖尾异冠叶蝉

Pachymetopius bicornutus Wei, Zhang *et* Webb 燕尾异冠叶蝉

Pachymetopius curvatus Wei, Zhang *et* Webb 弯突异冠叶蝉

Pachymetopius decoratus Matsumura 靓异冠叶蝉

Pachymetopius dentatus Wei, Zhang *et* Webb 齿茎异冠叶蝉

Pachymetopius falcatus Wei, Xing *et* Webb 镰刀异冠叶蝉

Pachymetopius nanjingensis Wei, Zhang *et* Webb 南靖异冠叶蝉

Pachymorpha 厚蝻属

Pachymorpha arguta Chen *et* He 尖腹厚蝻

Pachymorpha belocerca Chen *et* He 突尾厚蝻

Pachymorphinae 短角棒蝻亚科

Pachymorphini 短角棒蝻族

Pachynematus 厚丝角叶蜂属

Pachynematus clitellatus Peletier 驮鞍厚丝角叶蜂

Pachynematus dimmockii (Cresson) 见 *Euura dimmockii*

Pachynematus extensicornis (Norton) [grass sawfly] 禾厚丝角叶蜂，禾叶蜂

Pachynematus imperfectus Zaddach 落叶松厚丝角叶蜂

Pachynematus itoi Okutani 伊藤厚丝角叶蜂，伊藤厚丝叶蜂

Pachynematus kirbyi Dahlbom 柯氏厚丝角叶蜂

Pachynematus montanus Zaddach 冷杉厚丝角叶蜂

Pachynematus scutellatus Hartig 小壳厚丝角叶蜂

Pachynematus truncatus Benson 三斑厚丝角叶蜂

Pachynematus xanthocarpus Hartig 黄尾厚丝角叶蜂

Pachyneura 粗脉毛蚊属，粗脉蚋属

Pachyneura fasciata Zetterstedt 斑粗脉蚊，纹粗脉毛蚊，纹粗脉蚋

Pachyneuria 蔽弄蝶属

Pachyneuria eremita Plötz 隐士蔽弄蝶

Pachyneuria licisca (Plötz) [immaculate tufted-skipper] 无斑蔽弄蝶

Pachyneuria obscura Mabille 蔽弄蝶

pachyneurid 1. [= pachyneurid fly, pachyneurid gnat] 粗脉蚊，粗脉蚋 < 粗脉蚊科 Pachyneuridae 昆虫的通称 >；2. 粗脉蚊科的

pachyneurid fly [= pachyneurid, pachyneurid gnat] 粗脉蚊，粗脉蚋

pachyneurid gnat 见 pachyneurid fly

Pachyneuridae 粗脉蚊科，粗脉毛蚊科，粗脉蚋科

Pachyneuron 楔缘金小蜂属，宽缘金小蜂属

Pachyneuron aciliatum Huang *et* Liao 裸缘楔缘金小蜂，裸缘宽缘金小蜂

Pachyneuron aeneum Masi 同 *Pachyneuron nelsoni*

Pachyneuron aphidis (Bouché) 蚜虫楔缘金小蜂，蚜虫宽缘金小蜂，蚜金小蜂

Pachyneuron bonum Xu *et* Li 益蜡楔缘金小蜂，益蜡宽缘金小蜂

Pachyneuron concolor Förster 同 *Pachyneuron muscarum*

Pachyneuron emersoni Girault 艾姆楔缘金小蜂

Pachyneuron formosum Walker 丽楔缘金小蜂，丽宽缘金小蜂

Pachyneuron gibbiscuta Thomson 窿胸楔缘金小蜂，吉布楔缘金小蜂

Pachyneuron grande Thomson 巨楔缘金小蜂，巨宽缘金小蜂

Pachyneuron groenlandicum (Holmgren) 食蚜蝇楔缘金小蜂

Pachyprotasis hunanensis Zhong, Li *et* Wei 湖南方颜叶蜂

Pachyneuron kashiensis Huang *et* Xu 喀什楔缘金小蜂，喀什宽缘金小蜂

Pachyneuron korlense Xiao, Jiao *et* Huang 库尔勒楔缘金小蜂

Pachyprotasis leucotrochantera Zhong, Li *et* Wei 白转方颜叶蜂

Pachyneuron maoi Xiao, Jiao *et* Huang 毛氏楔缘金小蜂

Pachyneuron merum Xiao, Jiao *et* Huang 光边楔缘金小蜂

Pachyneuron muscarum (Linnaeus) 毛虫卵楔缘金小蜂，毛虫卵同色宽缘金小蜂，牧狭金小蜂

Pachyneuron nawai Ashmead 同 *Euneura lachni*

Pachyneuron nelsoni Girault 裸角楔缘金小蜂，尼氏宽缘金小蜂
Pachyneuron planiscuta Thomson 平胸楔缘金小蜂
Pachyneuron shaanxiensis Yang 陕西楔缘金小蜂，陕西宽缘金小蜂
Pachyneuron siphonophorae Ashmead 同 *Pachyneuron aphidis*
Pachyneuron solitarium (Hartig) 松毛虫楔缘金小蜂，松毛虫卵宽缘金小蜂
Pachyneuron syringae Xie *et* Yang 丁香蜡蚧楔缘金小蜂，丁香蜡蚧宽缘金小蜂
Pachyneuron trichon Huang *et* Xu 脉毛楔缘金小蜂，脉毛宽缘金小蜂
Pachyneuron umbratum Delucchi 同 *Pachyneuron groenlandicum*
Pachynoa 帕奇螟属
Pachynoa melanopyga Strand 同 *Polygrammodes sabelialis*
Pachynoa sabelialis (Guenée) 见 *Polygrammodes sabelialis*
Pachynoa thoosalis (Walker) 索帕奇螟
Pachynotus 宽沟象甲属，宽沟象属
Pachynotus lampoglobus Chao *et* Chen 灯罩宽沟象甲，灯罩宽沟象
Pachyodes 垂耳尺蛾属
Pachyodes albodavidaria Xue 见 *Dindicodes albodavidaria*
Pachyodes amplificata (Walker) 金星垂耳尺蛾
Pachyodes apicalis (Moore) 见 *Dindicodes apicalis*
Pachyodes apicalis apicalis (Moore) 见 *Dindicodes apicalis apicalis*
Pachyodes apicalis hunana Xue 见 *Dindicodes apicalis hunana*
Pachyodes arenaria Leech 见 *Metallolophia arenaria*
Pachyodes costiflavens (Wehrli) 见 *Dindicodes costiflavens*
Pachyodes davidaria Poujade 见 *Dindicodes davidaria*
Pachyodes decorata (Warren) 见 *Psilotagma decorata*
Pachyodes differens (Warren) 见 *Metaterpna differens*
Pachyodes ectoxantha (Wehrli) 见 *Dindicodes ectoxantha*
Pachyodes erionoma subnubigosa (Prout) 见 *Lophophelma erionoma subnubigosa*
Pachyodes haemataria (Herrich-Schäffer) 血红垂耳尺蛾，粉垂缘尺蛾
Pachyodes iterans (Prout) 见 *Lophophelma iterans*
Pachyodes jianfengensis Han *et* Xue 尖峰垂耳尺蛾
Pachyodes leopardinata (Moore) 见 *Dindicodes leopardinata*
Pachyodes leucomelanaria Poujade 晰垂耳尺蛾
Pachyodes novata Han *et* Xue 新粉垂耳尺蛾
Pachyodes ornataria Moore 饰粉垂耳尺蛾
Pachyodes pratti (Prout) 次粉垂耳尺蛾，次粉垂缘尺蛾
Pachyodes rubroviridata (Warren) 见 *Lophophelma rubroviridata*
Pachyodes subtrita (Prout) 弥粉垂耳尺蛾，附垂耳尺蛾，亚垂耳尺蛾，肃垂缘尺蛾
Pachyodes subtrita simplicior (Joannis) 弥粉垂耳尺蛾简单亚种
Pachyodes subtrita subtrita (Prout) 弥粉垂耳尺蛾指名亚种
Pachyodes taiwana Wileman 见 *Lophophelma taiwana*
Pachyodes thyatiraria Oberthür 见 *Metaterpna thyatiraria*
Pachyodes varicoloraria (Moore) 见 *Lophophelma varicoloraria*
Pachyonyx 瘿象甲属，瘿象属
Pachyonyx catechui Marshall 儿茶枝瘿象甲，儿茶枝瘿象
Pachyonyx quadridens Chevrolat 单籽紫柳瘿象甲，单籽紫柳瘿象
Pachyosa 星斑天牛属
Pachyosa guanyin Yamasako *et* Chou 观音星斑天牛
Pachyosa kojimai (Hayashi) 小岛星斑天牛，小岛氏星斑天牛，小岛氏象天牛
Pachypaederus 钝毒隐翅甲属，钝毒隐翅虫属
Pachypaederus pallitarsis Willers 淡跗钝毒隐翅甲，淡跗钝毒隐翅虫
Pachypappa 粗毛绵蚜属
Pachypappa aigeiros Zhang 黑杨粗毛绵蚜
Pachypappa marsupialis Koch 囊粗毛绵蚜
Pachypappa marsupialis lambersi Aoki 囊粗毛绵蚜兰氏亚种，兰氏粗毛绵蚜
Pachypappa marsupialis marsupialis Koch 囊粗毛绵蚜指名亚种
Pachypappa piceae (Hartig) 同 *Pachypappa tremulae*
Pachypappa pilosa (Zhang) 毛粗毛绵蚜，毛埃斯绵蚜
Pachypappa populi (Linnaeus) 杨粗毛绵蚜
Pachypappa tortuosae Zhang 龙爪柳粗毛绵蚜
Pachypappa tremulae (Linnaeus) [aspen-spruce aphid, aspen aphid, spruce root aphid, willow hairy aphid, conifer root aphid, coniferous root aphid] 山杨粗毛绵蚜，山杨多毛绵蚜，杨多毛绵蚜，杨钉毛蚜，西北欧山杨蚜
Pachypappella 拟粗毛绵蚜属
Pachypappella aliquipila Zhang 少拟粗毛绵蚜
Pachyparnus 长泥甲属，长泥虫属
Pachyparnus dicksoni Waterhouse 迪氏长泥甲，迪氏长泥虫
Pachyparnus formosanus Bollow 蓬莱长泥甲，蓬莱长泥虫
Pachyparnus gressitti Hinton 葛氏长泥甲，葛氏长泥虫
Pachyparnus indicus Waterhouse 印度长泥甲，印度长泥虫
Pachyparnus kanoi Bollow 河野长泥甲，河野氏长泥虫
Pachypasa pallens Bethune-Baker 辐射松枯叶蛾
Pachypasa papyri Tams 展叶松枯叶蛾
Pachypasa subfascia Walker 地中海柏木枯叶蛾
Pachypasoides 云枯叶蛾属
Pachypasoides albinotum Matsumura 白点厚枯叶蛾
Pachypasoides albisparsa (Wileman) 台湾云枯叶蛾，斜纹枯叶蛾，白大斑毛虫
Pachypasoides bimaculata (Tsai *et* Hou) 双斑云枯叶蛾
Pachypasoides chinghaiensis (Hsu) 青海云枯叶蛾
Pachypasoides clarilimbata (de Lajonquière) 白缘云枯叶蛾
Pachypasoides kwangtungensis (Tsai *et* Hou) 广东云枯叶蛾
Pachypasoides modesta (de Lajonquière) 中途云枯叶蛾
Pachypasoides omeiensis (Tsai *et* Hou) 峨眉云枯叶蛾
Pachypasoides qinlingensis (Hou) 秦岭云枯叶蛾
Pachypasoides roesleri (de Lajonquière) 柳杉云枯叶蛾
Pachypasoides sagittifera (Gaede) 剑纹云枯叶蛾
Pachypasoides sagittifera sagittifera (Gaede) 剑纹云枯叶蛾指名亚种
Pachypasoides sagittifera thibetana (de Lajonquière) 剑纹云枯叶蛾西藏亚种，藏剑纹云枯叶蛾
Pachypasoides yunnanensis (de Lajonquière) 云南云枯叶蛾
Pachypeltis 颈盲蝽属
Pachypeltis biformis Hu *et* Zheng 二型颈盲蝽
Pachypeltis chinensis Signoret 中国颈盲蝽，中华颈盲蝽
Pachypeltis cinnamomi Zheng *et* Liu 见 *Mansoniella cinnamomi*
Pachypeltis corallina Poppius 红楔颈盲蝽，领颈盲蝽
Pachypeltis humerale Walker 杧果颈盲蝽，杧果腰果盲蝽

Pachypeltis micranthus Mu *et* Liu 薇甘菊颈盲蝽
Pachypeltis politus (Walker) 黑斑颈盲蝽
Pachypeltis sassafri Zheng *et* Liu 见 *Mansoniella sassafri*
Pachypeltis wangi Zheng *et* Liu 见 *Mansoniella wangi*
Pachyphlegyas 驼长蝽属
Pachyphlegyas modigliani (Lethierry) 莫氏驼长蝽，驼长蝽
Pachypidonia 厚驼花天牛属，粗角花天牛属
Pachypidonia bodemeyeri (Pic) 粗角厚驼花天牛
Pachypidonia rubrida Hayashi 红厚驼花天牛，红尾粗角花天牛
Pachypidonia tavakiliani Miroshnikov 塔氏厚驼花天牛
Pachyplagia 瘤毛角蝽属
Pachyplagia montana Ren *et* Yang 山瘤毛角蝽
pachypodid 1. [= pachypodid beetle] 股金龟甲，股金龟 < 股金龟甲科 Pachypodidae 昆虫的通称 >；2. 股金龟甲科的
pachypodid beetle [= pachypodid] 股金龟甲，股金龟
Pachypodidae 股金龟甲科，股金龟科
Pachyprotasis 方颜叶蜂属，厚叶蜂属
Pachyprotasis acutilabria Wei 尖唇方颜叶蜂
Pachyprotasis albicincta Cameron 粗点方颜叶蜂
Pachyprotasis albicincta albicincta Cameron 粗点方颜叶蜂指名亚种
Pachyprotasis albicincta albitarsis Malaise 粗点方颜叶蜂白跗亚种，白跗白带厚叶蜂
Pachyprotasis albicincta nigripleuris Malaise 粗点方颜叶蜂黑侧亚种，黑侧白带厚叶蜂
Pachyprotasis albicincta sinobirmanica Malaise 粗点方颜叶蜂中缅亚种，中缅白带厚叶蜂
Pachyprotasis albicoxis Malaise 白基方颜叶蜂
Pachyprotasis alboannulata Forsius 白环方颜叶蜂，白环细叶蜂
Pachyprotasis alpina Malaise 高山方颜叶蜂，高山厚叶蜂
Pachyprotasis antennata (Klug) 合叶子方颜叶蜂，合叶子厚叶蜂
Pachyprotasis antennata lui Wei *et* Zhong 见 *Pachyprotasis lui*
Pachyprotasis baiyuna Wei *et* Nie 白云方颜叶蜂
Pachyprotasis bicoloricornis Wei *et* Nie 双色方颜叶蜂
Pachyprotasis bimaculofemorata Wei *et* Nie 双斑方颜叶蜂
Pachyprotasis birmanica Forsius 缅甸方颜叶蜂，缅厚叶蜂
Pachyprotasis birmanica birmanica Forsius 缅甸方颜叶蜂指名亚种
Pachyprotasis birmanica eburnipes Forsius 同 *Pachyprotasis birmanica birmanica*
Pachyprotasis birmanica tristis Malaise 同 *Pachyprotasis birmanica birmanica*
Pachyprotasis boyii Wei 波益方颜叶蜂
Pachyprotasis brevicornis Wei *et* Zhong 短角方颜叶蜂
Pachyprotasis brunettii Rohwer 布兰妮方颜叶蜂
Pachyprotasis caerulescens Malaise 兰黑方颜叶蜂，兰黑厚叶蜂
Pachyprotasis caii Wei *et* Nie 蔡氏方颜叶蜂
Pachyprotasis chinensis Jakovlev 中华方颜叶蜂，中华厚叶蜂
Pachyprotasis citrinipictus Malaise 柠檬黄方颜叶蜂，柠檬黄厚叶蜂
Pachyprotasis corallipes Malaise 珊瑚方颜叶蜂，珊瑚红方颜叶蜂，珊瑚厚叶蜂
Pachyprotasis daochengensis Wei *et* Zhong 稻城方颜叶蜂
Pachyprotasis elegans Takeuchi 秀丽方颜叶蜂
Pachyprotasis eleviscutellis Wei *et* Nie 隆盾方颜叶蜂
Pachyprotasis emdeni Forsius 卧龙方颜叶蜂，川厚叶蜂
Pachyprotasis erratica Smith 游离方颜叶蜂，游荡方颜叶蜂，黄纹厚叶蜂
Pachyprotasis erratica erratica Smith 游离方颜叶蜂指名亚种，指名黄纹厚叶蜂
Pachyprotasis erratica nitidifrons Malaise 游离方颜叶蜂光额亚种，光额黄纹厚叶蜂
Pachyprotasis eulongicornis Wei *et* Nie 真长角方颜叶蜂，长角方颜叶蜂
Pachyprotasis flavipes (Cameron) 黄足方颜叶蜂
Pachyprotasis fopingensis Zhong *et* Wei 佛坪方颜叶蜂
Pachyprotasis formosana Rohwer 台湾方颜叶蜂，蓬莱厚叶蜂
Pachyprotasis fukii Okutani 普喜方颜叶蜂，普喜厚叶蜂
Pachyprotasis fulvocoxis Wei *et* Zhong 褐基方颜叶蜂
Pachyprotasis glabrata Malaise 光体方颜叶蜂
Pachyprotasis gregalis Malaise 常体方颜叶蜂，滇缅厚叶蜂
Pachyprotasis hakusanensis Togashi 白山方颜叶蜂
Pachyprotasis henanica Wei *et* Zhong 河南方颜叶蜂
Pachyprotasis hepaticolor Malaise 肝色厚叶蜂
Pachyprotasis indica (Forsius) 印度方颜叶蜂，印厚叶蜂
Pachyprotasis insularis Malaise 岛屿方颜叶蜂，岛屿厚叶蜂
Pachyprotasis libona Wei *et* Nie 荔波方颜叶蜂
Pachyprotasis lii Wei *et* Nie 李氏方颜叶蜂
Pachyprotasis lineatella Wei *et* Nie 小条方颜叶蜂
Pachyprotasis lineatifemorata Wei *et* Nie 纹股方颜叶蜂
Pachyprotasis lineicoxis Malaise 纹基方颜叶蜂
Pachyprotasis linzhiensis Zhong, Li *et* Wei 林芝方颜叶蜂
Pachyprotasis longicornis Jakovlev 长角方颜叶蜂
Pachyprotasis longipetiolata Zhong, Li *et* Wei 长柄方颜叶蜂
Pachyprotasis lui Wei *et* Zhong 刘氏方颜叶蜂
Pachyprotasis lushuiensis Zhong, Li *et* We 泸水方颜叶蜂
Pachyprotasis macrophyoides Jakovlev 拟勾瓣方颜叶蜂，中国厚叶蜂
Pachyprotasis maculopediba Wei *et* Zhong 斑足方颜叶蜂
Pachyprotasis maculopleurica Wei *et* Zhong 斑侧方颜叶蜂
Pachyprotasis maculotergitis Zhu *et* Wei 斑背板方颜叶蜂
Pachyprotasis maesta Malaise 红跗方颜叶蜂，忧厚叶蜂
Pachyprotasis magnilabria Wei *et* Nie 大唇方颜叶蜂
Pachyprotasis mai Zhong *et* Wei 马氏方颜叶蜂
Pachyprotasis melanogastera Wei *et* Nie 黑腹方颜叶蜂
Pachyprotasis melanosoma Wei *et* Nie 黑体方颜叶蜂
Pachyprotasis micromaculata Wei *et* Nie 微斑方颜叶蜂
Pachyprotasis motuoensis Zhong, Li *et* Wei 墨脱方颜叶蜂
Pachyprotasis multilineata Malaise 多纹方颜叶蜂，多线厚叶蜂
Pachyprotasis neixiangensis Wei *et* Zhong 内乡方颜叶蜂
Pachyprotasis nigricoxis Zhong *et* Wei 黑基方颜叶蜂
Pachyprotasis nigroclypeata Wei *et* Nie 黑唇基方颜叶蜂
Pachyprotasis nigrodorsata Wei *et* Nie 黑背方颜叶蜂
Pachyprotasis nigronotata Kriechbaumer 车前方颜叶蜂
Pachyprotasis nigrosternitis Wei *et* Nie 黑腹背方颜叶蜂，黑胸方颜叶蜂
Pachyprotasis nitidifrons Malaise 光额方颜叶蜂，光额细叶蜂，光额厚叶蜂
Pachyprotasis obscura Jakovlev 白跗方颜叶蜂，暗厚叶蜂
Pachyprotasis obscurodentella Wei *et* Zhong 弱齿方颜叶蜂

Pachyprotasis opacifrons Malaise 粗额方颜叶蜂，粗额细叶蜂，荫额厚叶蜂
Pachyprotasis pallens Malaise 绿腹方颜叶蜂，淡色厚叶蜂
Pachyprotasis pallidistigma Malaise 淡痣方颜叶蜂，白纹厚叶蜂
Pachyprotasis pallidiventris Marlatt 白腹方颜叶蜂，白腹厚叶蜂
Pachyprotasis paraneixiangensis Zhong, Li *et* Wei 拟内乡方颜叶蜂
Pachyprotasis parasubtilis Wei *et* Nie 副色方颜叶蜂
Pachyprotasis parawui Zhong, Li *et* Wei 拟吴氏方颜叶蜂
Pachyprotasis pleurochroma Malaise 红胸方颜叶蜂，侧色厚叶蜂
Pachyprotasis prismatiscutellum Zhong, Li *et* Wei 棱盾方颜叶蜂
Pachyprotasis puncturalina Zhong, Li *et* Wei 显刻方颜叶蜂
Pachyprotasis qinlingica Wei *et* Nie 秦岭方颜叶蜂
Pachyprotasis rapae (Linnaeus) 玄参方颜叶蜂，芜菁方颜叶蜂，芜菁厚叶蜂
Pachyprotasis rubiapicilia Wei *et* Nie 红端方颜叶蜂
Pachyprotasis rubiginosa Wei *et* Nie 锈斑方颜叶蜂
Pachyprotasis rubribuccata Malaise 红颊方颜叶蜂，红颊厚叶蜂
Pachyprotasis rufinigripes Wei *et* Nie 红褐方颜叶蜂，红足方颜叶蜂
Pachyprotasis rufipleuris Malaise 红侧方颜叶蜂，红侧厚叶蜂
Pachyprotasis rufocinctilia Wei *et* Nie 红环方颜叶蜂
Pachyprotasis rufofemorata Zhong, Li *et* Wei 红股方颜叶蜂
Pachyprotasis sanguinipes Malaise 赤足方颜叶蜂,红足方颜叶蜂，红足厚叶蜂
Pachyprotasis scalaris Malaise 斯卡里方颜叶蜂，梯厚叶蜂
Pachyprotasis scleroserrula Wei *et* Zhong 骨刃方颜叶蜂
Pachyprotasis sellata Malaise 细拉方颜叶蜂，鞍厚叶蜂
Pachyprotasis sellata sagittata Malaise 细拉方颜叶蜂箭纹亚种
Pachyprotasis sellata sellata Malaise 细拉方颜叶蜂指名亚种
Pachyprotasis seminovi Jakovlev 塞姆方颜叶蜂，薛氏厚叶蜂
Pachyprotasis seminovi seminovi Jakovlev 塞姆方颜叶蜂指名亚种
Pachyprotasis senjensis Inomata 仙镇方颜叶蜂
Pachyprotasis senjensis bandana Wei *et* Zhong 仙镇方颜叶蜂窄带亚种，窄带方颜叶蜂
Pachyprotasis senjensis senjensis Inomata 仙镇方颜叶蜂指名亚种
Pachyprotasis serii Okutani 水芹方颜叶蜂
Pachyprotasis shanxiensis Zhu *et* Wei 陕西方颜叶蜂
Pachyprotasis shengi Wei *et* Nie 盛氏方颜叶蜂
Pachyprotasis sikkimensis Saini *et* Kalia 锡金方颜叶蜂
Pachyprotasis simulans (Klug) 西姆兰方颜叶蜂，仿厚叶蜂
Pachyprotasis songluanensis Wei *et* Zhong 嵩栾方颜叶蜂
Pachyprotasis subcoreaceus Malaise 近革方颜叶蜂，臌眶方颜叶蜂，臌眶细叶蜂，青厚叶蜂
Pachyprotasis subtilis Malaise 纤体方颜叶蜂，细厚叶蜂
Pachyprotasis subtilissima Malaise 纤腹方颜叶蜂，纤腹细叶蜂，喜马厚叶蜂
Pachyprotasis subulicornis Malaise 锥角方颜叶蜂，斑唇方颜叶蜂，中南厚叶蜂
Pachyprotasis sulcifrons Malaise 沟额方颜叶蜂，沟额厚叶蜂
Pachyprotasis sulciscutellis Wei *et* Zhong 沟盾方颜叶蜂
Pachyprotasis sunae Wei *et* Nie 孙氏方颜叶蜂
Pachyprotasis supracoxalis (Malaise) 肃南方颜叶蜂，肃南厚叶蜂
Pachyprotasis tiani Wei *et* Nie 田氏方颜叶蜂
Pachyprotasis tuberculata Malaise 瘤方颜叶蜂，瘤厚叶蜂
Pachyprotasis variegata (Fallén) 杂色方颜叶蜂
Pachyprotasis versicolor Cameron 变色方颜叶蜂，变色厚叶蜂
Pachyprotasis violaceidorsata Cameron 紫背厚叶蜂
Pachyprotasis vittata Forsius 斑腹方颜叶蜂，条纹厚叶蜂
Pachyprotasis weni Wei *et* Nie 文氏方颜叶蜂
Pachyprotasis wui Wei *et* Nie 吴氏方颜叶蜂
Pachyprotasis wulingensis Wei 武陵方颜叶蜂
Pachyprotasis xanthotarsalia Wei *et* Nie 黄跗方颜叶蜂
Pachyprotasis xibei Zhong *et* Wei 西北方颜叶蜂
Pachyprotasis zejiani Zhong, Li *et* Wei 泽建方颜叶蜂
Pachyprotasis zhoui Wei *et* Zhong 周氏方颜叶蜂
Pachyprotasis zuoae Wei 左氏方颜叶蜂
Pachypsaltis 琴谷蛾属
Pachypsaltis catathrausta Meyrick 同 *Ippa catathrausta*
Pachypsaltis isolens Meyrick 台湾琴谷蛾
Pachypsylla 芽瘿木虱属
Pachypsylla celtidisasterіcus Riley [hackberry star gall psyllid] 朴星瘿木虱
Pachypsylla celtidisgemma Riley [budgall psyllid] 朴芽瘿木虱
Pachypsylla celtidismamma (Riley) [hackberry nipplegall maker] 朴奶头瘿木虱，朴乳头瘿木虱
Pachypsylla celtidisvesicula Riley [hackberry blister-gall psyllid] 朴泡瘿木虱
Pachypsylla celtidtsinteneris Mally 食朴芽瘿木虱
Pachypsylla venusta (Osten-Sacken) [petiolegall psyllid] 朴柄瘿木虱
Pachypsylloides 粗木虱属
Pachypsylloides calligonicola Li 沙拐枣粗木虱
Pachypsylloidini 粗木虱族
Pachyrhabda 簇展足蛾属
Pachyrhabda citrinacma Meyrick 台北簇展足蛾，橘棒谷蛾
Pachyrhinus 食芽象甲属，食芽象属，飞象属 < 此属学名有误写为 *Pachyrrhynchus* 者 >
Pachyrhinus yasumatsui (Kôno *et* Morimoto) [jujube bud weevil] 枣食芽象甲，食芽象，枣飞象，安松普塞象，枣芽象甲，小灰象甲，小白象
Pachyrhynchus 厚喙象甲属，厚喙象属，球背象鼻虫属
Pachyrhynchus chlorites Chevrolat 白点厚喙象甲，白点球背象鼻虫
Pachyrhynchus congestus Pascoe 蓝斑厚喙象甲
Pachyrhynchus insularis Kôno 岛厚喙象甲，岛厚喙象
Pachyrhynchus jitanasaius Chen *et* Lin 绿厚喙象甲，绿岛条纹球背象鼻虫
Pachyrhynchus nobilis yamianus Kôno 见 *Pachyrhynchus yamianus*
Pachyrhynchus orbifer Waterhouse 闽厚喙象甲，闽厚喙象
Pachyrhynchus sanchezi Heller 桑氏厚喙象甲
Pachyrhynchus sarcitis Behrens 萨厚喙象甲
Pachyrhynchus sarcitis kotoensis Kôno 萨厚喙象甲兰屿亚种，科萨厚喙象甲，科萨厚喙象，大圆斑球背象鼻虫
Pachyrhynchus sarcitis sarcitis Behrens 萨厚喙象甲指名亚种
Pachyrhynchus sonani Kôno 楚南厚喙象甲，楚南厚喙象，条纹球背象鼻虫
Pachyrhynchus tobafolius Kôno 托厚喙象甲，托厚喙象，小圆斑球背象鼻虫

Pachyrhynchus yamianus Kôno 断纹厚喙象甲，断纹球背象，鼻虫雅厚喙象甲，雅厚喙象
Pachysandalus 赭盗猎蝽属
Pachysandalus collaris Jeannel 领赭盗猎蝽
Pachysandalus orientalis Jeannel 东赭盗猎蝽
Pachysandalus schoutedeni (Villiers) 舒氏赭盗猎蝽
Pachyschelina 心吉丁甲亚族，心吉丁亚族
Pachyschelus 心吉丁甲属，心吉丁属，厚吉丁甲属
Pachyschelus bedeli Obenberger 贝氏心吉丁甲，贝氏心吉丁
Pachyschelus mandarinus Théry 双色心吉丁甲，双色心吉丁
Pachyschelus sinicus Obenberger 中华心吉丁甲，中华心吉丁，华厚吉丁甲，华厚吉丁
Pachyschelus tonkinensis Théry 东京湾心吉丁甲，东京湾心吉丁
Pachyscia 薇蝽属
Pachyscia hainanensis Ho 海南薇蝽
Pachyscia longicauda (Bi) 长臀薇蝽，长臀华枝蝽
Pachyserica 厚绢金龟甲属，厚绢金龟属，胖绒毛金龟属
Pachyserica brevitarsis Kobayashi *et* Yu 短胫厚绢金龟甲，短胫胖绒毛金龟
Pachyserica horishana (Niijima *et* Kinoshita) 埔里厚绢金龟甲，埔里厚绢金龟，埔里胖绒毛金龟，埔里绢金龟
Pachyserica nantouensis Kobayashi *et* Yu 南投厚绢金龟甲，南投胖绒毛金龟
Pachyserica nigroguttata (Brenske) 黑斑厚绢金龟甲，黑斑厚绢金龟，黑纹胖绒毛金龟
Pachyserica pulvinosa (Frey) 毛厚绢金龟甲，毛厚绢金龟
Pachyserica rubrobasalis Brenske 红基厚绢金龟甲，红基厚绢金龟
Pachyserica sinuaticeps (Moser) 波厚绢金龟甲，波厚绢金龟，曲胖绒毛金龟
Pachyserica squamifera Frey 小厚绢金龟甲，小鳞绢金龟
Pachyserica striatipennis Moser 纹翅厚绢金龟甲，条斑胖绒毛金龟
Pachyserica taiwana Nomura 同 *Serica pulvinosa*
Pachysphinx 大天蛾属
Pachysphinx modesta (Harris) [modest sphinx, poplar sphinx, big poplar sphinx] 杨柳大天蛾
Pachysternum 厚腹牙甲属，厚牙甲属
Pachysternum apicatum Motschulsky 端厚腹牙甲，端厚牙甲
Pachysternum cardoni d'Orchymont 卡氏厚腹牙甲，卡氏厚牙甲
Pachysternum haemorrhoum Motschulsky 暗红厚腹牙甲，血红厚牙甲
Pachysternum kubani Fikácek, Jia *et* Prokin 库班厚腹牙甲，库氏厚牙甲
Pachysternum nigrovittatum Motschulsky 黑条厚腹牙甲，黑条厚牙甲
Pachysternum rugosum Fikácek, Jia *et* Prokin 糙前厚腹牙甲，皱厚牙甲
Pachysternum stevensi d'Orchymont 史厚腹牙甲，斯氏厚牙甲
Pachystyleta 厚麻蝇亚属
Pachystylum 帕寄蝇属
Pachystylum bremii Macquart 布雷帕寄蝇
Pachyta 厚花天牛属
Pachyta bicuneata Motschulsky 双斑厚花天牛
Pachyta degener Semenov *et* Plavilstshikov 内蒙厚花天牛
Pachyta gorodinskii Rapuzzi 戈氏厚花天牛
Pachyta lamed (Linnaeus) 松厚花天牛
Pachyta mediofasciata Pic 黄带厚花天牛
Pachyta quadrimaculata (Linnaeus) 四斑厚花天牛，厚花天牛
pachytene 粗线期
Pachyteria 厚天牛属
Pachyteria boubieri Ritsema 波氏厚天牛
Pachyteria dimidiata (Westwood) 黄带厚天牛
Pachyteria diversipes Ritsema 越南厚天牛
Pachyteria equestris Newman 点胸厚天牛
Pachyteria fasciata (Fabricius) 黄纹厚天牛
Pachyteria semiplicata Pic 皱胸厚天牛
Pachyteria similis Ritsema 黑足厚天牛
Pachyteria superba Gestro 缅甸厚天牛
Pachyteria violaceothoracica Gressitt *et* Rondon 紫胸厚天牛
Pachythelia asiatica (Staudinger) 见 *Canephora asiatica*
Pachythelia fuscescens (Yazaki) [lawn grass bagworm] 草地袋蛾
Pachythelia unicolor Hübner 同 *Canephora hirsuta*
Pachythone 宝蚬蝶属
Pachythone barcanti Tite 巴宝蚬蝶
Pachythone conspersa Stichel 坤宝蚬蝶
Pachythone distigma Bates 双点宝蚬蝶
Pachythone erebia Bates 宝蚬蝶
Pachythone gigas (Godman *et* Salvin) [gigas metalmark, sun-and-moon metalmark] 巨宝蚬蝶
Pachythone ignifer Stichel 依宝蚬蝶
Pachythone lateritia (Bates) 腊宝蚬蝶
Pachythone mimala Bates 拟宝蚬蝶
Pachythone nigriciliata (Schaus) 黑宝蚬蝶
Pachythone palades (Hewitson) 古宝蚬蝶
Pachythone pasicides (Hewitson) 披宝蚬蝶
Pachythone phillonis Hewitson 飞龙宝蚬蝶
Pachythone robusta Lathy 罗宝蚬蝶
Pachythone thaumaria Stichel 奇宝蚬蝶
Pachythone xantha Bates 黄宝蚬蝶
Pachythyrinae 后窗网蛾亚科
Pachytodes 拟厚花天牛属
Pachytodes bottcheri (Pic) 博氏拟厚花天牛，三带游栖缘花天牛
Pachytodes erraticus (Dalman) 三带拟厚花天牛，三带凸胸花天牛
Pachytoma gigantea Illiger 马拉维大叶甲
Pachytomoides hornianus Masi 同 *Palmon greeni*
Pachytomoides megarhopalus Masi 见 *Palmon megarhopalus*
Pachytomoides orchesticus Masi 见 *Palmon orchesticus*
pachytroctid 1. [= pachytroctid barklouse, thick barklouse] 厚蝤，粗啮虫 < 厚蝤科 Pachytroctidae 昆虫的通称 >；2. 厚蝤科的
pachytroctid barklouse [= pachytroctid, thick barklouse] 厚蝤，粗啮虫
Pachytroctidae 厚蝤科，粗啮虫科
Pachytroctoidea 厚蝤总科
Pachyzancla bipunctalis (Fabricius) 见 *Herpetogramma bipunctalis*
Pacific beetle cockroach [*Diploptera punctata* (Eschscholtz)] 太平洋甲蠊，太平洋折翅蠊
Pacific cicada killer [*Sphecius convallis* Patton] 太平洋蝉泥
Pacific Coast humid area 太平洋海岸潮湿区

P

Pacific Coast wireworm [*Limonius canus* LeConte] 太平洋岸凸胸叩甲，太平洋岸金针虫

Pacific dampwood termite [*Zootermopsis angusticollis* (Hagen)] 美动白蚁，美古白蚁，太平洋古白蚁

Pacific deathwatch beetle [= California deathwatch beetle, softwood powder-post beetle, *Hemicoelus gibbicollis* (LeConte)] 软木腹窃蠹，美桁条地板窃蠹

Pacific field cricket [= Australian field cricket, oceanic field cricket, black field cricket, *Teleogryllus oceanicus* (Le Guillou)] 滨海油葫芦，海洋油葫芦

Pacific flat-headed borer [*Chrysobothris mali* Horn] 太平洋星吉丁甲，太平洋星吉丁，太平洋吉丁

Pacific fritillary [*Clossiana epithore* (Edwards)] 艾珍蛱蝶

Pacific Insects 太平洋昆虫 <期刊名，现名为 International Journal of Entomology (国际昆虫学杂志)>

Pacific mealybug [= passionvine mealybug, *Planococcus minor* (Maskell)] 巴豆臀纹粉蚧，巴豆刺粉蚧，太平洋臀纹粉介壳虫

Pacific oak twig girdler [*Agrilus angelicus* Horn] 太平洋栎窄吉丁甲，栎和平窄吉丁甲

Pacific tent caterpillar [*Malacosoma constrictum* (Edwards)] 太平洋幕枯叶蛾，太平洋天幕毛虫

Pacific velvet ant [= orange and black velvet ant, red velvet ant, red-haired velvet ant, *Dasymutilla aureola* (Cresson)] 橘背毛蚁蜂

Pacific willow leaf beetle [*Pyrrhalta decora carbo* (LeConte)] 灰柳毛萤叶甲太平洋亚种，太平洋柳毛萤叶甲，太平洋柳叶甲

Pacificanthia 太平花萤属

Pacificanthia knirschi (Pic) 柯氏太平花萤

Pacificovelia 东洋小宽肩蝽亚属

Packard grasshopper [= Packard's grasshopper, *Melanoplus packardii* Scudder] 帕氏黑蝗，帕氏蚱蜢

Packard's girdle moth [= redheaded looper, *Enypia packardata* Taylor] 红头恩尺蛾，红头秋白尺蛾

Packard's grasshopper 见 Packard grasshopper

Packer's epeolus [*Epeolus packeri* Onuferko] 帕氏绒斑蜂

Pacrillum 帕牙甲属

Pacrillum chinense d'Orchymont 中华帕牙甲，华少毛牙甲

Pacrillum manchuricum d'Orchymont 东北帕牙甲，东北少毛牙甲

Pactolinus ceylanus pygidialis (Lewis) 见 *Pachylister ceylanus pygidialis*

Pactolinus orientalis (Paykull) 见 *Pachylister orientalis*

pacuvius duskywing [= Dyar's duskywing, buckthorn dusky wing, *Erynnis pacuvius* (Lintner)] 小墨珠弄蝶

pad 1. [= pulvillus, palmula] 爪垫；2. 垫

Padanda atkinsoni Distant 见 *Cixiopsis atkinsoni*

paddle 扁跗节 <指水生半翅目昆虫扁平的跗亚节>

paddle-legged beauty [*Sabethes cyaneus* (Fabricius)] 羽足煞蚊

paddy armyworm 1. [= northern armyworm, oriental armyworm, southern armyworm, armyworm, rice armyworm, rice ear-cutting caterpillar, ear-cutting caterpillar, *Mythimna separata* (Walker)] 黏虫，东方黏虫，分秘夜蛾，黏秘夜蛾；2. [= paddy swarming caterpillar, lawn armyworm, rice swarming caterpillar, paddy cutworm, rice armyworm, grass armyworm, nutgrass armyworm, *Spodoptera mauritia* (Boisduval)] 灰翅夜蛾，灰翅贪夜蛾，眉纹夜蛾

paddy borer [= yellow stem borer, rice yellow stem borer, yellow paddy stem borer, white paddy stem borer, yellow rice borer, paddy stem borer, *Scirpophaga incertulas* (Walker)] 三化螟，白禾螟

paddy bug [= rice seed bug, rice sapper, narrow rice bug, Asian rice bug, tropical rice bug, rice bug, rice green coreid, paddy fly, *Leptocorisa acuta* (Thunberg)] 异稻缘蝽，大稻缘蝽，稻蛛缘蝽

paddy case bearer [= rice case bearer, rice caseworm, *Parapoynx stagnalis* (Zeller)] 三点筒水螟，稻三点水螟

paddy cutworm 1. [= true armyworm, rice cutworm, common armyworm, armyworm, armyworm moth, ear-cutting caterpillar, rice-climbing cutworm, white-speck, white-specked wainscot moth, wheat armyworm, aka common armyworm, American armyworm, Amcrican wainscot, *Mythimna unipuncta* (Haworth)] 白点黏虫，一点黏虫，一星黏虫，美洲黏虫；2. [= paddy swarming caterpillar, lawn armyworm, rice swarming caterpillar, paddy armyworm, rice armyworm, grass armyworm, nutgrass armyworm, *Spodoptera mauritia* (Boisduval)] 灰翅夜蛾，灰翅贪夜蛾，眉纹夜蛾

paddy fly 见 paddy bug

paddy gall fly [= rice gall midge, Asian rice gall midge, rice gall fly, rice stem gall midge, rice fly, *Orseolia oryzae* (Wood-Mason)] 稻瘿蚊，亚洲稻瘿蚊，亚洲山稻瘿蚊

paddy hesperid [= paddy skipper, rice skipper, small branded swift, dark small-branded swift, lesser millet skipper, black branded swift, common branded swift, *Pelopidas mathias* (Fabricius)] 隐纹谷弄蝶，隐纹稻苞虫，玛稻弄蝶

paddy hispa [= rice hispa, rice hispid, paddy hispid, spiny leaf beetle, hispa, army weevil, rice leaf beetle, *Dicladispa armigera* (Olivier)] 水稻铁甲，稻铁甲虫，铁甲虫

paddy hispid 见 paddy hispa

paddy plant hopper [= Cuban white-backed rice planthopper, *Tagosodes cubanus* (Crawford)] 古巴中带飞虱，古巴淡背飞虱，古巴稻飞虱，古巴飞虱

paddy skipper 1. [= common straight swift, rice skipper, rice leaf tier, rice plant skipper, rice hesperiid, *Parnara guttata* (Bermer *et* Grey)] 直纹稻弄蝶，直纹稻苞虫，稻弄蝶，单带弄蝶，一字纹稻苞虫，禾九点弄蝶，一文字弄蝶，一字弄蝶；2. [= paddy hesperid, rice skipper, small branded swift, dark small-branded swift, lesser millet skipper, black branded swift, common branded swift, *Pelopidas mathias* (Fabricius)] 隐纹谷弄蝶，隐纹稻苞虫，玛稻弄蝶

paddy stem borer 1. [= yellow stem borer, rice yellow stem borer, yellow paddy stem borer, white paddy stem borer, yellow rice borer, paddy borer, *Scirpophaga incertulas* (Walker)] 三化螟，白禾螟；2. [= spotted borer, spotted sugarcane borer, cane moth borer, internodal borer, mauritius spotted cane borer, stalk moth borer, striped stalk borer, sugarcane internode borer, sugarcane stem borer, sugarcane stalk borer, *Chilo sacchariphagus* (Bojer)] 高粱条螟，蔗禾草螟，甘蔗条螟，高粱钻心虫，蔗条螟，蔗蛀点螟，斑点螟，甘蔗条螟虫，亚洲斑点茎螟

paddy stem maggot [= rice whorl maggot, black rice stem fly, *Hydrellia sasakii* Yuasa *et* Ishitani] 稻茎毛眼水蝇，稻黑水蝇，稻毛眼水蝇

paddy swarming caterpillar [= lawn armyworm, rice swarming caterpillar, paddy armyworm, paddy cutworm, rice armyworm, grass armyworm, nutgrass armyworm, *Spodoptera mauritia* (Boisduval)] 灰翅夜蛾，灰翅贪夜蛾，眉纹夜蛾
paddy thrips 1. [= rice thrips, oriental rice thrips, *Stenchaetothrips biformis* (Bagnall)] 稻直鬃蓟马，稻蓟马，稻芽蓟马；2. [*Frankliniella tenuicornis* (Uzel)] 禾花蓟马，禾蓟马；3. [*Haplothrips aculeatus* (Fabricius)] 稻管蓟马
paddy white jassid [= rice leafhopper, white jassid, white paddy cicadellid, white rice leafhopper, *Cofana spectra* (Distant)] 白可大叶蝉，白大叶蝉，白翅褐脉叶蝉，稻大白叶蝉
paddyfield parasol [*Neurothemis intermedia* (Rambur)] 褐基脉蜻，居间脉蜻
Padenia 潘苔蛾属
Padenia acutifascia de Joannis 尖带潘苔蛾
Padenia transversa (Walker) 横斑潘苔蛾
padilla glasswing [*Oleria padilla* (Hewitson)] 帕油绡蝶
Padraona dara (Kollar) 见 *Potanthus dara*
Padraona dara confucius (Felder *et* Felder) 见 *Potanthus confucius*
Padraona maesoides (Butler) 同 *Potanthus omaha*
Padraona maga (Leech) 见 *Onryza maga*
Padraona trimacula (Leech) 见 *Ampittia trimacula*
Padraona tropica Plötz 见 *Potanthus tropicus*
Paduca 珀蛱蝶属
Paduca fasciata (Felder *et* Felder) [little banded yeoman] 珀蛱蝶，琥珀蛱蝶，台东黄线蝶
Paduca fasciata fasciata (Felder *et* Felder) 珀蛱蝶指名亚种，指名珀蛱蝶
Paduca fasciata formosana (Matsumura) 同 *Paduca fasciata fasciata*
Paduniella 多节蝶石蛾属，切翅石蛾属
Paduniella amurensis Martynov 远东多节蝶石蛾
Paduniella bifida Li *et* Morse 分多节蝶石蛾
Paduniella bilobata Li *et* Morse 二叶多节蝶石蛾
Paduniella buddha Li *et* Morse 川多节蝶石蛾
Paduniella communis Li *et* Morse 普通多节蝶石蛾
Paduniella furcata Li *et* Morse 叉多节蝶石蛾
Paduniella paramurensis Li *et* Morse 赣多节蝶石蛾
Paectes 娱尾夜蛾属
Paectes cristatrix (Guenée) 冠娱尾夜蛾，冠娱圆翅尾夜蛾，圆翅尾夜蛾
Paectes subapicalis Walker 亚端娱尾夜蛾
Paederidus 平毒隐翅甲属，平毒隐翅虫属
Paederidus perroti Willers 佩氏平毒隐翅甲，佩氏平毒隐翅虫
Paederina 毒隐翅甲亚族，毒隐翅虫亚族
Paederinae 毒隐翅甲亚科，毒隐翅虫亚科
Paederini 毒隐翅甲族，毒隐翅虫族
Paederolanguria 毒拟叩甲属，尖尾大蕈甲属，尖尾拟叩甲属
Paederolanguria alternata (Zia) 同 *Paederolanguria holdhausi*
Paederolanguria bicoloripennis (Chûjô) 红足毒拟叩甲
Paederolanguria elegans (Chûjô) 秀丽毒拟叩甲，雅尖尾大蕈甲
Paederolanguria formosana (Chûjô) 宝岛毒拟叩甲，台湾尖尾大蕈甲
Paederolanguria hisamatsui Maeda 久松毒拟叩甲，希氏尖尾大蕈甲，希粗拟叩甲
Paederolanguria holdhausi Mader 间色毒拟叩甲，贺粗拟叩甲
Paederolanguria klapperichi (Mader) 凹尾毒拟叩甲，克粗拟叩甲
Paederolanguria montana (Miwa *et* Chûjô) 深色毒拟叩甲
Paederolanguria oshimana (Miwa) 伊豆毒拟叩甲，阿特拟叩甲
Paederomimus 拟毒翅甲属，拟毒翅虫属
Paederomimus chinensis (Cameron) 华拟毒翅甲，华拟毒翅虫，华长须隐翅虫
Paederus 毒隐翅甲属，毒隐翅虫属
Paederus adiectus Assing 阿迪毒隐翅甲，阿迪毒隐翅虫
Paederus aequilobatus Assing 等毒隐翅甲，等毒隐翅虫
Paederus agnatus Eppelsheim 血缘毒隐翅甲，血缘毒隐翅虫，阿毒隐翅虫
Paederus alesi Assing 爱勒斯毒隐翅甲，爱勒斯毒隐翅虫
Paederus aliiceps Cameron 阿莉毒隐翅甲，阿莉毒隐翅虫
Paederus almorensis Cameron 阿尔莫拉毒隐翅甲，阿尔莫拉毒隐翅虫
Paederus alternans Walker 互毒隐翅甲，互毒隐翅虫
Paederus alutithroax Bernhauer 革胸毒隐翅甲，革胸毒隐翅虫，阿大毒隐翅虫
Paederus amplicollis Kraatz 广毒隐翅甲，广毒隐翅虫
Paederus andrewesi Fauvel 安氏毒隐翅甲，安氏毒隐翅虫
Paederus anmamontis Assing 鞍马山毒隐翅甲，鞍马山毒隐翅虫
Paederus antennocinctus Willers 环角毒隐翅甲，环角毒隐翅虫
Paederus apfelsinicus Willers 硕毒隐翅甲，艾氏毒隐翅虫
Paederus argentatus Cameron 银色毒隐翅甲，银色毒隐翅虫
Paederus atrocyaneus Champion 蓝黑毒隐翅甲，蓝黑毒隐翅虫
Paederus basalis Bernhauer 方翅毒隐翅甲，方翅毒隐翅虫，典型毒隐翅甲
Paederus basiventris Bernhauer 基腹毒隐翅甲，基腹毒隐翅虫
Paederus biacutus Li, Zhou *et* Solodovnikov 红胸毒隐翅甲，二尖毒隐翅虫
Paederus birmanus Fauvel 滇缅毒隐翅甲，滇缅毒隐翅虫，缅甸毒隐翅虫
Paederus bivirgatus Assing 二刺毒隐翅甲，二刺毒隐翅虫
Paederus brevior Li, Solodovnikov *et* Zhou 刺茎毒隐翅甲
Paederus bursavacua Willers 短翅毒隐翅甲，贝氏毒隐翅虫
Paederus capillaris Fauvel 毛毒隐翅甲，毛毒隐翅虫
Paederus ceylonicus Bernhauer 同 *Paederus sondaicus*
Paederus cheni Peng *et* Li 陈氏毒隐翅甲
Paederus chinensis Bernhauer 中华毒隐翅甲，中国毒隐翅虫，华毒隐翅虫
Paederus conicollis Motschulsky 锥毒隐翅甲，锥毒隐翅虫
Paederus coxalis Fauvel 基毒隐翅甲，基毒隐翅虫，黑毛毒隐翅虫
Paederus crebrepunctatus Eppelsheim 同 *Paederus eximius*
Paederus curvatus Li *et* Zhou 钩毒隐翅甲，钩毒隐翅虫
Paederus cyanocephalus Erichsorn 蓝首毒隐翅甲，蓝首毒隐翅虫
Paederus dangchangensis Li *et* Zhou 宕昌毒隐翅甲，宕昌毒隐翅虫
Paederus daozhenensis Li *et* Zhou 同 *Paederus bursavacua*
Paederus densipennis Bernhauer 同 *Paederus fuscipes*
Paederus describendus Willers 多刺毒隐翅甲，多刺毒隐翅虫
Paederus discurrens Assing 迪毒隐翅甲，迪毒隐翅虫
Paederus distinctus Cameron 大吉岭毒隐翅甲，大吉岭毒隐翅虫
Paederus diversiceps Cameron 异头毒隐翅甲，异头毒隐翅虫

Paederus dubius Kraatz 同 *Paederus tamulus*
Paederus excisissimus Assing 变毒隐翅甲，变毒隐翅虫
Paederus eximius Reiche [Nairobi eye beetle, Nairobi rove beetle, Nairobi fly, Kenya fly] 东非毒隐翅甲，东非毒隐翅虫
Paederus extraneus Wiedemann 外毒隐翅甲，外毒隐翅虫
Paederus feae Fauvel 费毒隐翅甲，费毒隐翅虫
Paederus flavoterminatus Cameron 黄端毒隐翅甲，黄端大毒隐翅虫
Paederus formosanus Adachi 台湾毒隐翅甲，台毒隐翅虫，台大毒隐翅虫
Paederus fulvocaudatus Adachi 黄尾毒隐翅甲，黄尾毒隐翅虫
Paederus furcispinosus Assing 叉刺毒隐翅甲，叉刺毒隐翅虫
Paederus fuscipes Curtis 青翅毒隐翅甲，青翅毒隐翅虫，梭毒隐翅虫，毒隐翅虫，黄足毒隐翅虫
Paederus fuscipes fuscipes Curtis 青翅毒隐翅甲指名亚种，指名青翅毒隐翅虫
Paederus fuscipes sinensis Bernhauer 青翅毒隐翅甲中华亚种，华青翅毒隐翅虫，中华梭毒隐翅虫
Paederus germanus Cameron 蕾毒隐翅甲，蕾毒隐翅虫
Paederus gottschei Kolbe 高氏毒隐翅甲，高特毒隐翅虫，哥毒隐翅虫
Paederus gracilacutus Li *et* Zhou 长毒隐翅甲，尖背毒隐翅虫
Paederus gratiosus Fauvel 娇毒隐翅甲，娇毒隐翅虫
Paederus greeni Cameron 格氏毒隐翅甲，格氏毒隐翅虫
Paederus hingstoni Cameron 欣氏毒隐翅甲，欣氏毒隐翅虫
Paederus hirmalayicus Bernhauer 喜马毒隐翅甲，喜马拉雅毒隐翅虫
Paederus horni Bernhauer 霍氏毒隐翅甲，霍氏毒隐翅虫
Paederus idae Curtis 小红毒隐翅甲，小红隐翅虫，伊毒隐翅虫，黄胸青腰
Paederus incisus Assing 切毒隐翅甲，切毒隐翅虫
Paederus incurvatus Assing 凹毒隐翅甲，凹毒隐翅虫
Paederus jianyueae Peng *et* Li 红足毒隐翅甲，见玥毒隐翅甲
Paederus jilongensis Li *et* Zhou 吉隆毒隐翅甲
Paederus kaiseri Bernhauer 同 *Paederus socius*
Paederus klapperichi Bernhauer 同 *Paederus sondaicus*
Paederus konfuzius Willers 孔夫子毒隐翅甲，孔氏毒隐翅虫
Paederus kosempoensis Bernhauer 高雄毒隐翅甲，高雄大毒隐翅虫
Paederus kosempoensis* var. *fulvocaudatus Adachi 见 *Paederus fulvocaudatus*
Paederus kuluensis Bernhauer 同 *Paederus basalis*
Paederus licenti Bernhauer 利氏毒隐翅甲，利氏毒隐翅虫，李毒隐翅虫
Paederus lineodenticulatus Li *et* Zhou 偶齿毒隐翅甲，偶齿毒隐翅虫
Paederus melampus Erichson 黑足毒隐翅甲，黑足毒隐翅虫
Paederus mixtus Sharp 同 *Paederus tamulus*
Paederus nepalensis Bernhauer 尼泊尔毒隐翅甲，尼泊尔毒隐翅虫
Paederus nigerrimus Bernhauer 黑毒隐翅甲，黑毒隐翅虫
Paederus nigricornis Bernhauer 黑角毒隐翅甲，黑角毒隐翅虫
Paederus nigricrus Assing 黑腿毒隐翅甲，黑足毒隐翅虫
Paederus nigripennis Cameron 黑翅毒隐翅甲，黑翅毒隐翅虫
Paederus noncurvatus Li *et* Zhou 平毒隐翅甲，平毒隐翅虫
Paederus pallidulus Bernhauer 黄红毒隐翅甲，黄红毒隐翅虫
Paederus parallelus Weise 平行毒隐翅甲，平行毒隐翅虫
Paederus parvidenticulatus Li, Zhou *et* Solodovnikov 小齿毒隐翅甲
Paederus peregrinus Erichson 奇异毒隐翅甲，奇异毒隐翅虫
Paederus pilifer Motschulsky 皱鞘毒隐翅甲，皱鞘毒隐翅虫，毛毒隐翅虫
Paederus poweri Sharp 帕氏毒隐翅甲，鲍毒隐翅甲，鲍毒隐翅虫，蚁态隐翅虫，黑青腰
Paederus pseudobaudii Aleksandrov 伪包氏毒隐翅甲，伪包毒隐翅虫
Paederus puberulus Motschulsky 柔毛毒隐翅甲，柔毛毒隐翅虫，微毛毒隐翅虫
Paederus pubescens Cameron 短毛毒隐翅甲，短毛毒隐翅虫
Paederus riparius (Linnaeus) 滨毒隐翅甲，滨毒隐翅虫
Paederus rugipennis Motschulsky 同 *Paederus tamulus*
Paederus sabaeus Erichson [Nairobi fly, Kenya fly] 洒毒隐翅甲，洒毒隐翅虫
Paederus semiflavus Assing 半黄毒隐翅甲，半黄毒隐翅虫
Paederus setifer Cameron 直毛毒隐翅甲，直毛毒隐翅虫
Paederus sharpi Cameron 夏氏毒隐翅甲，夏普氏毒隐翅虫
Paederus sinisterobliquu Li, Zhou *et* Solodovnikov 左斜毒隐翅甲
Paederus socius Berhnauer 伴毒隐翅甲，伴毒隐翅虫，社毒隐翅虫
Paederus solodovnikovi Willers 梭氏毒隐翅甲，梭氏毒隐翅虫
Paederus sondaicus Fauvel 桑德毒隐翅甲，桑德毒隐翅虫，桑氏毒隐翅虫
Paederus symmetricus Li, Zhou *et* Solodovnikov 对称毒隐翅甲
Paederus szechuanus (Chapin) 四川毒隐翅甲，川毒隐翅虫
Paederus tamulus Erichson 塔毒隐翅甲，塔毒隐翅虫，赤胸毒隐翅甲，赤胸隐翅甲，黑足毒隐翅虫，蚁态黑足隐翅虫
Paederus tibetanus Cameron 西藏毒隐翅甲，藏毒隐翅虫
Paederus tongyai Bernhauer 同 *Paederus sondaicus*
Paederus trihamatus Assing 三刺毒隐翅甲，三刺毒隐翅虫
Paederus variceps Kraatz 变首毒隐翅甲，变首毒隐翅虫
Paederus variicornis Fauvel 异角毒隐翅甲，异角毒隐翅虫
Paederus virgifer Assing 威毒隐翅甲，威毒隐翅虫
Paederus volutobliquus Li, Zhou *et* Solodovnikov 斜茎毒隐翅甲，卷斜毒隐翅甲
Paederus xinjiangensis Li *et* Zhou 新疆毒隐翅甲
Paederus xuei Peng *et* Li 薛氏毒隐翅甲
Paederus xui Peng *et* Li 徐氏毒隐翅甲
Paederus yunnanensis Willers 云南毒隐翅甲
paedogenesis [= pedogenesis] 幼体生殖
paedogenetic [= pedogenetic] 幼体生殖的
Paedohexacinia 帕伊实蝇属
Paedohexacinia clusiosomopsis Hardy 蜂窝刺帕伊实蝇
Paedohexacinia flavithorax Hardy 黄胸帕伊实蝇
paedomorphism [= pedomorphism] 稚态，幼稚形态
paedomorphosis [= pedomorphosis] 幼体发育
paedomorphy 幼征
paedoparthenogenesis 幼体孤雌生殖
Paegniodes 赞蜉属
Paegniodes cupulatus Eaton 桶形赞蜉
Paegniodes fukiensis Hsu 同 *Paegniodes cupulatus*

Paegniodes wuyiensis Gui, Zhou *et* Su 见 *Rhithrogena wuyiensis*
Paelobiidae [= Hygrobiidae, Pelobiidae] 水甲科
Pagaronia 无脊叶蝉属，葩叶蝉属
Pagaronia albescens (Jacobi) 白色无脊叶蝉，白葩叶蝉，白色边大叶蝉，苍边大叶蝉
Pagaronia guttigera (Uhler) [yellow mulberry leafhopper] 桑黄无脊叶蝉，桑黄葩叶蝉，桑黄叶蝉，冠脊叶蝉
Pagaronia odai Okada 小田无脊叶蝉，小田葩叶蝉，小田叶蝉
Pagaronia uezumii Okada 上住无脊叶蝉，上住葩叶蝉，上住叶蝉
Pagaroniini 无脊叶蝉族
Pagastia 帕摇蚊属
Pagastia lanceolata (Tokunaga) 剑形帕摇蚊
Pagastia orientalis (Tshernovskij) 东方帕摇蚊
Pagastia orthogonia Oliver 直帕摇蚊
Pagdenidia 帕蚁蜂属
Pagdenidia hymalajensis (Radoszkowski) 喜马拉雅帕蚁蜂，喜马帕蚁蜂
page precedence 页序 < 指两种或两属在刊物同页或不同页上的先后次序 >
Pagenstecher's castor [*Ariadne pagenstecheri* (Suffert)] 培根波蛱蝶
Pagidolaphria chrysonota (Hermann) 见 *Laphria chrysonota*
Pagidolaphria chrysorhiza (Hermann) 见 *Laphria chrysorhiza*
Pagidolaphria chrysotelus (Walker) 见 *Laphria chrysotelus*
Pagidolaphria remota (Hermann) 见 *Laphria remota*
pagina 1. 翅面；2. 后腿扁面 < 专指直翅目昆虫后足腿节的外平扁面 >
pagina inferior 翅下面
pagina superior 翅上面
Pagiophloeus 戴象甲属 *Dysceroides* 的异名
Pagiophloeus bipustulatus (Kôno) 见 *Dysceroides bipustulatus*
Pagiophloeus cribripennis (Matsumura *et* Kôno) 见 *Dysceroides cribripennis*
Pagiophloeus longiclavis (Marshall) 见 *Dysceroides longiclavis*
Pagiophloeus tsushimanus Morimoto 见 *Dysceroides tsushimanus*
pagiopoda 枢基类 < 指半翅目 Hemiptera 昆虫之后足基节非球形和关节为枢纽式者；参阅 trochalopoda>
pagiopodous 具枢基的，枢基类的
pagoda bell cricket [= southern golden bell, *Xenogryllus marmoratus* (Haan) 云斑金蟋，云斑金吉蟋，金蛣蛉，金吉蛉，金琵琶，宝塔蛉，铜琵琶
Pagria 豆肖叶甲属，豆猿金花虫属
Pagria flavopustulata (Baly) 同 *Pagria grata*
Pagria grata (Baly) 黄斑豆肖叶甲，豆猿金花虫
Pagria ingibbosa Pic 东方豆肖叶甲
Pagria signata (Motschulsky) [bean leaf-beetle] 斑鞘豆肖叶甲，斑鞘豆叶甲，豆青叶甲，斑鞘丽铁甲，枚叶甲
Pagria ussuriensis Moseyko *et* Medvedev 乌苏里豆肖叶甲
Pagyda 尖须野螟属
Pagyda amphisalis (Walker) 接骨木尖须野螟
Pagyda arbiter (Butler) 阿尖须野螟
Pagyda auroralis (Moore) 金尖须野螟，红纹尖须野螟
Pagyda botydalis (Snellen) 博尖须野螟
Pagyda discolor Swinhoe 素尖须野螟
Pagyda griseotincta Caradja 灰带尖须野螟
Pagyda lustralis Snellen 黄尖须野螟
Pagyda nebulosa Wileman *et* South 内尖须野螟
Pagyda parallelivalva Li 平行瓣尖须野螟
Pagyda pullalis Swinhoe 普尖须野螟
Pagyda quadrilineata Butler 四线尖须野螟
Pagyda quinquelineata Hering 五线尖须野螟
Pagyda recticlavata Li 直棒尖须野螟
Pagyda salvalis Walker 黑环尖须野螟
Pagyda traducalis (Zeller) 见 *Synclera traducalis*
Pagyris 俳绡蝶属
Pagyris ulla (Hewitson) 俳绡蝶
Pahamunaya 隐刺多距石蛾属
Pahamunaya sinensis Zhong, Yang *et* Morse 中华隐刺多距石蛾
Paharia casyapae Distant 雪松蝉
pahaska skipper [*Hesperia pahaska* Leussler] 黑边黄翅弄蝶
paichongding 哌虫啶
Paignton snout moth [*Hypena obesalis* Treitschke] 赭黄髯须夜蛾，胖长须夜蛾，参卜夜蛾，参卜馍夜蛾
paintbrush swift [*Baoris oceia* (Hewitson)] 奥刺胫弄蝶，小巴弄蝶，指名刺胫弄蝶，奥塞稻弄蝶
painted acacia moth [= painted apple moth, Australian vapourer moth, *Orgyia anartoides* Walker] 澳古毒蛾
painted apple moth 见 painted acacia moth
painted beauty 1. [*Batesia hypochlora* Felder *et* Felder] 贝茨蛱蝶；2. [= American lady, American painted lady, Virginia lady, *Vanessa virginiensis* (Drury)] 北美红蛱蝶，黄斑红蛱蝶，费州蛱蝶
painted bug [= bagrada bug, harlequin bug, *Bagrada hilaris* (Burmeister)] 喜菘蝽，萝卜菘蝽，丽菘蝽，菘蝽
painted courtesan [*Euripus consimilis* (Westwood)] 拟芒蛱蝶
painted crescent [*Phyciodes picta* (Edwards)] 绣漆蛱蝶
painted empress [*Apaturopsis cleochares* (Hewitson)] 茵蛱蝶
painted grasshopper [= aak grasshopper, ak grasshopper, *Poekilocerus pictus* (Fabricius)] 彩染尖蝗，饰纹波氏蝗
painted hickory borer [*Megacyllene caryae* (Gahan)] 厚垫黄带蜂天牛，胡桃胭脂天牛
painted jezebel [*Delias hyparete* (Linnaeus)] 优越斑粉蝶，红缘斑粉蝶，红缘粉蝶，红纹粉蝶
painted lady [= cosmopolitan, *Vanessa cardui* (Linnaeus)] 小红蛱蝶，姬红蛱蝶，小苎麻赤蛱蝶，苎麻赫蛱蝶，全球赫蛱蝶，苎胥，大红蛱蝶，苎麻赤蛱蝶
painted lady beetle [= painted ladybird, pine lady beetle, pine ladybird beetle, *Mulsantina picta* (Randall)] 松多须瓢虫
painted ladybird 见 painted lady beetle
painted leafhopper [*Endria inimica* (Say)] 胭脂叶蝉
painted maple aphid [*Drepanaphis acerifoliae* (Thomas)] 槭镰管蚜，槭美镰管蚜
painted sawtooth [*Prioneris sita* (Felder *et* Felder)] 红珠锯粉蝶
painted sedge-skipper [= painted skipper, *Hesperilla picta* (Leach)] 圆斑帆弄蝶
painted skimmer [*Libellula semifasciata* Burmeister] 短带蜻
painted skipper 见 painted sedge-skipper
painted theope [*Theope decorata* Godman *et* Salvin] 艳娆蚬蝶
Paipalesomus 派帕象甲属，派帕象属

P

Paipalesomus forcatus Voss 壮派帕象甲，壮派帕象
Paipalesomus foveostriatus (Voss) 窝纹派帕象甲，窝纹派帕象
pairing 配对，交配
pais metalmark [*Themone pais* (Hübner)] 鹅蚬蝶
Paivanana 大眼叶蝉属
Paivanana centristriata Dai *et* Li 同 *Stirellus indrus*
Paivanana indra (Distant) 见 *Stirellus indrus*
Paiwarria 帕瓦灰蝶属
Paiwarria aphaca (Hewitson) [aphaca hairstreak] 阿帕瓦灰蝶
Paiwarria chuchuvia Hall *et* Willmott [chuchuvia hairstreak] 楚帕瓦灰蝶
Paiwarria episcopalism (Fassl) [episcopal hairstreak] 主教帕瓦灰蝶
Paiwarria ligurina (Hewitson) 黎帕瓦灰蝶
Paiwarria telemus (Cramer) [telemus hairstreak] 黄衬帕瓦灰蝶
Paiwarria umbratus (Geyer) [thick-tailed hairstreak] 阴帕瓦灰蝶
Paiwarria venulius (Cramer) [venulius hairstreak] 帕瓦灰蝶
Pakistan Entomologist 巴基斯坦昆虫学家 < 期刊名 >
pala [pl. palae] 1. 铲形跗 < 指划蝽科 Corixidae 昆虫的膨大前足跗节 >；2. 铲形器官
palae [s. pala] 1. 铲形跗；2. 铲形器官
Palaealeurodicus 古复孔粉虱属
Palaealeurodicus machili (Takahashi) 黄肉楠古复孔粉虱，黄肉楠复孔粉虱，樟盘粉虱，润楠盘粉虱
Palaeamathes 古夜蛾属
Palaeamathes erythropsis Boursin 红古夜蛾，红坡古夜蛾
Palaeamathes erythrostigma Boursin 古夜蛾
Palaeamathes hoenei Boursin 霍古夜蛾
Palaeamathes mesoscia Boursin 中古夜蛾
Palaeamathes polychroma Boursin 坡古夜蛾
Palaeamathes polychroma erythropsis Boursin 见 *Palaeamathes erythropsis*
Palaeamathes polychroma polychroma Boursin 坡古夜蛾指名亚种
Palaeamathes polychroma xanthocharis Boursin 见 *Palaeamathes xanthocharis*
Palaeamathes xanthocharis Boursin 黄古夜蛾
Palaearctic minute egg parasite [*Trichogramma evanescens* Westwood] 广赤眼蜂
Palaearctic Realm [= Palearctic Region, Palearctic Realm, Palaearctic Region] 古北界，古北区，旧北界，旧北区
Palaearctic Region 见 Palaearctic Realm
Palaearctic sweet potato hornworm [= convolvulus hawkmoth, morning glory sphinx, sweet potato sphinx, sweet potato caterpillar, *Agrius convolvuli* (Linnaeus)] 甘薯天蛾，白薯天蛾，甘薯叶天蛾，旋花天蛾，虾壳天蛾，甘薯虾壳天蛾，粉腹天蛾
palaeno sulphur [= moorland clouded sulphur, arctic sulphur, arctic sulfur, pale arctic clouded yellow, *Colias palaeno* (Linnaeus)] 黑缘豆粉蝶，黑边青豆粉蝶
Palaeoagraecia 古猛螽属
Palaeoagraecia ascenda Ingrisch 翘尾古猛螽
Palaeoagraecia brunnea Ingrisch 布氏古猛螽
palaeobiology 化石生物学，古生物学
Palaeocallidium 古扁胸天牛亚属，古扁胸天牛属，姬杉天牛属
Palaeocallidium chlorizans (Solsky) 见 *Callidium* (*Palaeocallidium*) *chlorizans*
Palaeocallidium rufipenne (Motschulsky) 见 *Callidiellum rufipenne*
Palaeocallidium villosulum arisanum (Kôno) 见 *Callidiellum villosulum arisanum*
Palaeochrysophanus 古灰蝶属
Palaeochrysophanus hippothoe (Linnaeus) [purple-edged copper] 古灰蝶
Palaeochrysophanus hippothoe amurensis (Staudinger) 古灰蝶东北亚种，东北古灰蝶
Palaeochrysophanus hippothoe hippothoe (Linnaeus) 古灰蝶指名亚种，指名古灰蝶
Palaeocimbex 古锤角叶蜂属
Palaeocimbex carinulata (Kônow) 脊古锤角叶蜂
Palaeodictyoptera 古网翅目
Palaeodrepana 古钩蛾属
Palaeodrepana harpagula (Esper) 见 *Sabra harpagula*
Palaeodrepana harpagula bitorosa Watson 见 *Sabra harpagula bitorosa*
Palaeodrepana harpagula emarginata Watson 见 *Sabra harpagula emarginata*
Palaeodrepana harpagula harpagula (Esper) 见 *Sabra harpagula harpagula*
Palaeodrepana sinica Yang 见 *Sabra sinica*
Palaeodrepana taibaishanensis Chou *et* Xiang 见 *Sabra taibaishanensis*
Palaeoentomology 古昆虫学 < 期刊名 >
palaeoentomology [= paleoentomology] 古昆虫学
Palaeolecanium 古北蚧属
Palaeolecanium bituberculatum (Targioni-Tozzetti) 双瘤古北蚧
palaeolepidoptera 古鳞翅类
Palaeomegopis 古薄翅天牛属
Palaeomegopis komiyai Drumont 小宫古薄翅天牛
Palaeomegopis lameerei Boppe 古薄翅天牛，滇薄翅天牛
Palaeomicroides 古小翅蛾属
Palaeomicroides anmashanensis Hashimoto 鞍马山古小翅蛾
Palaeomicroides aritai Hashimoto 有田氏古小翅蛾
Palaeomicroides caeruleimaculella Issiki 粉斑古小翅蛾，刻古小翅蛾
Palaeomicroides costipunctella Issiki 缘斑古小翅蛾，缘点古小翅蛾
Palaeomicroides discopurpurella Issiki 紫斑古小翅蛾，紫古小翅蛾
Palaeomicroides fasciatella Issiki 带纹古小翅蛾，带古小翅蛾
Palaeomicroides marginella Issiki 宽缘古小翅蛾，缘古小翅蛾
Palaeomicroides obscurella Issiki 淡纹古小翅蛾，暗古小翅蛾
Palaeomymar 柄腹柄翅小蜂属
Palaeomymar anomalum (Blood *et* Kryger) 异形柄腹柄翅小蜂，异形柄腹缨小蜂
Palaeomymar chaoi Lin 赵氏柄腹柄翅小蜂，赵氏柄腹缨小蜂
Palaeomystis 古波尺蛾属
Palaeomystis falcataria (Moore) 古波尺蛾
Palaeomystis mabillaria (Poujade) 点古波尺蛾，玛艾洛尺蛾
Palaeoneda 粗管瓢虫属
Palaeoneda miniata (Hope) 粗管瓢虫
Palaeoneurorthus 古泽蛉属

Palaeoneurorthus baii Du, Niu *et* Bao 白氏古泽蛉
palaeontology 古生物学
Palaeonympha 古眼蝶属
Palaeonympha avinoffi Schaus 见 *Sinonympha avinoffi*
Palaeonympha nigrescens hainana (Moore) 同 *Elymnias hypermnestra hainana*
Palaeonympha obscura Mell 见 *Palaeonympha opalina obscura*
Palaeonympha opalina Butler 古眼蝶
Palaeonympha opalina bailiensis Yoshino 古眼蝶云南亚种
Palaeonympha opalina macrophthalmia Fruhstorfer 古眼蝶台湾亚种，银蛇目蝶，大斑古眼蝶
Palaeonympha opalina meridionalis Mell 古眼蝶南方亚种，南方古眼蝶
Palaeonympha opalina obscura Mell 古眼蝶暗色亚种，暗古眼蝶
Palaeonympha opalina opalina Butler 古眼蝶指名亚种，指名古眼蝶
Palaeophanes 古蕈巢蛾属
Palaeophanes lativalva Davis 宽瓣古蕈巢蛾
Palaeophanes taiwanensis Davis 台湾古蕈巢蛾
Palaeophilotes 糁灰蝶属
Palaeophilotes triphysina (Staudinger) 糁灰蝶
Palaeophilotes triphysina triphysina (Staudinger) 糁灰蝶指名亚种，指名糁帕灰蝶
Palaeophilotes triphysina yuliana Lee 糁灰蝶尉犁亚种，尉犁帕灰蝶
Palaeopsis 古苔蛾属
Palaeopsis diaphanella Hampson 亮古苔蛾
Palaeopsis squamifera Hampson 见 *Nudaria squamifera*
Palaeopsis suffusa (Hampson) 见 *Nudaria suffusa*
Palaeopsylla 古蚤属
Palaeopsylla anserocepsoides Zhang, Wu *et* Liu 鹅头形古蚤
Palaeopsylla brevifrontata Zhang, Wu *et* Liu 短额古蚤
Palaeopsylla breviprocera Wu, Guo *et* Liu 短突古蚤
Palaeopsylla chiyingi Xie *et* Yang 支英古蚤
Palaeopsylla danieli Smit *et* Rosicky 丹氏古蚤
Palaeopsylla helenae Lewis 海仑古蚤
Palaeopsylla incurva Jordan 内曲古蚤
Palaeopsylla kappa Jameson *et* Hsieh 开巴古蚤，合欢古蚤
Palaeopsylla kueichenae Xie *et* Yang 贵真古蚤
Palaeopsylla laxidigita Xie *et* Gong 宽指古蚤
Palaeopsylla liupanshanensis Bai, Yan *et* Wei 六盘山古蚤
Palaeopsylla longidigita Chen, Wei *et* Li 长指古蚤
Palaeopsylla mai Liu *et* Chen 马氏古蚤
Palaeopsylla medimina Xie *et* Gong 中突古蚤
Palaeopsylla miranda Smit 奇异古蚤
Palaeopsylla nushanensis Gong *et* Li 怒山古蚤
Palaeopsylla obtuspina Chen, Wei *et* Li 钝刺古蚤
Palaeopsylla opacusa Gong *et* Feng 荫生古蚤
Palaeopsylla polyspina Xie *et* Gong 多棘古蚤
Palaeopsylla recava Traub *et* Evans 重凹古蚤，弯曲古蚤
Palaeopsylla remota Jordan 偏远古蚤
Palaeopsylla sinica Ioff 中华古蚤
Palaeopsylla soricis (Dale) 鼩鼱古蚤
Palaeopsylla soricis soricis (Dale) 鼩鼱古蚤指名亚种
Palaeopsylla soricis starki Wagner 鼩鼱古蚤斯塔克亚种
Palaeopsylla talpae Gong *et* Feng 鼹古蚤
Palaeopsylla tauberi Lewis 陶氏古蚤，尼泊尔古蚤
Palaeopsylla tauberi makaluensis (Brelih) 陶氏古蚤马卡仑亚种，尼泊尔古蚤钝突亚种，钝突尼泊尔古蚤
Palaeopsylla tauberi tauberi Lewis 陶氏古蚤指名亚种
Palaeopsylla wushanensis Liu *et* Wang 巫山古蚤
Palaeopsylla yunnanensis Xie *et* Yang 云南古蚤
Palaeosafia 古萨夜蛾属
Palaeosafia hoenei Draudt 霍氏古萨夜蛾，古萨夜蛾
palaeosetid 1. [= palaeosetid moth, miniature ghost moth] 古蝠蛾 < 古蝠蛾科 Palaeosetidae 昆虫的通称 >；2. 古蝠蛾科的
palaeosetid moth [= palaeosetid, miniature ghost moth] 古蝠蛾
Palaeosetidae 古蝠蛾科
Palaeosia 古澳灯蛾属
Palaeosia bicosta (Walker) [two-ribbed arctiid] 双缘古澳灯蛾
Palaeothespis 古细足螳属
Palaeothespis oreophilus Tinkham 山生古细足螳，川古细足螳
Palaeothespis pallidus Zhang 淡色古细足螳
Palaeothespis stictus Zhou *et* Shen 斑点古细足螳
Palaeotropidae [= Heliconiidae, Eueididae] 袖蝶科，长翅蝶科
Palaeoxylosteus 古木花天牛属
Palaeoxylosteus kurosawai Ohbayashi *et* Shimomura 黑腿古木花天牛
Palaeoxylosteus motuoensis Bi *et* Ohbayashi 墨脱古木花天牛
Palaeoxylosteus yadongensis Bi *et* Ohbayashi 亚东古木花天牛
palaeste lenmark [= palaeste metalmark, *Synargis palaeste* Hewitson] 古拟蜆蚬蝶
palaeste metalmark 见 palaeste lenmark
palamedes swallowtail [= laurel swallowtail, *Papilio palamedes* Drury] 黄斑豹凤蝶
Palaminus 铗尾隐翅甲属，铗尾隐翅虫属
Palaminus formosae Cameron 台湾铗尾隐翅甲，台铗尾隐翅虫
Palaminus japonicus Cameron 日本铗尾隐翅甲，日铗尾隐翅虫
Palaminus lumiventris Herman 亮腹铗尾隐翅甲，亮腹铗尾隐翅虫
Palaminus spiniventris Bernhauer 刺腹铗尾隐翅甲，刺铗尾隐翅虫
Palarus 柱小唇泥蜂属
Palarus funerarius Morawitz 三叉柱小唇泥蜂
Palarus rufipes Latreille 红足柱小唇泥蜂
Palarus variegatus (Fabricius) 腹突柱小唇泥蜂
Palarus variegatus variegatus (Fabricius) 腹突柱小唇泥蜂指名亚种
Palarus variegatus varius Sickmann 腹突柱小唇泥蜂黑色亚种，黑色腹突柱小唇泥蜂
palate [= hypopharynx, lingua, hypistoma] 舌，下咽头，下咽
Palatka skipper [= saw-grass skipper, *Euphyes pilatka* (Edwards)] 熏鼬弄蝶
Palaucoccus 菲粉蚧属
Palaucoccus gressitti Beardley 伯劳菲粉蚧
Palaulaca quadriplagiata Baly [four-spotted melon leaf beetle] 甜瓜四星叶甲
Palausybra 帕散天牛属
Palausybra chibi Hayashi 兰屿帕散天牛，特微天牛
Palawan ace [*Halpe toxopea* Evans] 弓斑酣弄蝶

Palawan birdwing [= triangle birdwing, *Trogonoptera trojana* (Honrath)] 特洛伊红颈凤蝶，大翠叶红颈凤蝶

Palawan stag beetle [*Serrognathus titanus palawanicus* (Lacroix)] 巨扁锹甲巴拉望亚种，巴拉望扁锹

pale actinote [*Actinote lapitha* (Staudinger)] 黎普束珍蝶

pale arctic clouded yellow 1. [= Booth's sulphur, *Colias tyche* (Böber)] 兴安豆粉蝶，土豆粉蝶，泰豆粉蝶；2. [= moorland clouded sulphur, arctic sulphur, arctic sulfur, palaeno sulphur, *Colias palaeno* (Linnaeus)] 黑缘豆粉蝶，黑边青豆粉蝶

pale babul blue [= mirza blue, *Azanus mirza* (Plötz)] 弥素灰蝶

pale-banded crescent [*Anthanassa tulcis* (Bates)] 图花蛱蝶

pale beauty [*Campaea perlata* Guenée] 丸灰青尺蛾，丸青尺蛾

pale birch case-bearer [*Coleophora orbitella* Zeller] 榛鞘蛾

pale birch pigmy [= fuscous birch pigmy moth, *Stigmella confusella* (Wood *et* Walsingham)] 桦窄道痣微蛾，桦窄道微蛾

pale blue [= pallid dotted blue, pallid blue, *Euphilotes pallescens* (Tilden *et* Downey)] 白优灰蝶

pale-blue eyed-metalmark [= coelestis eyemark, *Mesosemia coelestis* (Godman *et* Salvin)] 空美眼蚬蝶

pale brindled beauty [*Apocheima pilosaria* (Denis *et* Schiffermüller)] 淡春尺蛾

pale broad [*Sinthusa virgo* (Elwes)] 韦生灰蝶

pale buff [*Cnodontes pallida* (Trimen)] 淡康灰蝶，康灰蝶

pale bushblue [*Arhopala aberrans* (de Nicéville)] 阿波娆灰蝶，畸碧俳灰蝶，畸俳灰蝶

pale cerulean [*Jamides cyta* (Boisduval)] 脉雅灰蝶

pale chrysanthemum aphid [= green chrysanthemum aphid, small chrysanthemum aphid, *Coloradoa rufomaculata* (Wilson)] 红斑卡蚜，淡菊卡蚜，菊小长管蚜，蒿蚜，菊绿缢管蚜

pale ciliate-blue [*Anthene lycaenoides* (Felder)] 灰尖角灰蝶

pale clouded yellow [*Colias hyale* (Linnaeus)] 豆粉蝶

pale-clubbed hairstreak [= hemon blue hairstreak, hemon hairstreak, *Theritas hemon* Cramer] 淡野灰蝶

pale crescent [= pallid crescentspot, *Phyciodes pallida* (Edwards)] 淡白漆蛱蝶

pale daggerwing [= harmonia daggerwing, *Marpesia harmonia* (Klug)] 和谐凤蛱蝶

pale darter [= pale palm dart, pale-orange darter, *Telicota colon* (Fabricius)] 长标弄蝶

pale demon [= rich brown coon, Watson's demon, *Stimula swinhoei* (Elwes *et* Edwards)] 斯帅弄蝶，帅弄蝶

pale doberes [*Doberes hewitsonius* (Reakirt)] 海祷弄蝶

pale drange dart [= white-margined grass-dart, *Ocybadistes hypomeloma* Lower] 淡丫纹弄蝶

pale elm case-bearer [*Coleophora badiipennella* (Duponchel)] 月桂鞘蛾

pale emesis [= vulpina emesis, Veracruz tanmark, *Emesis vulpina* Godman *et* Salvin] 雾螟蚬蝶

pale feathered bright [= pale feathered leaf-cutter, feathered twin-spot bright moth, feathered twinspot, *Incurvaria pectinea* Haworth] 垂枝桦穿孔蛾

pale feathered leaf-cutter 见 pale feathered bright

pale forester [*Lethe latiaris* (Hewitson)] 侧带黛眼蝶

pale four-line blue [*Nacaduba hermus* (Felder)] 贺娜灰蝶

pale grand imperial [*Neocheritra fabronia* (Hewitson)] 珐奈灰蝶

pale grass blue [*Pseudozizeeria maha* (Kollar)] 酢浆灰蝶

pale grass yellow [= marsh grass yellow, *Eurema hapale* (Mabille)] 灰暗黄粉蝶

pale green awlet [*Burara gomata* (Moore)] 白暮弄蝶

pale green cocoon 淡绿茧，淡竹色茧

pale green pinion [*Lithophane viridipallens* Grote] 浅绿石冬夜蛾

pale-green sailer [*Neptis zaida* Westwood] 金环蛱蝶

pale green triangle [= great jay, pale triangle, *Graphium eurypylus* (Linnaeus)] 银钩青凤蝶

pale hairtail [*Anthene butleri* (Oberthür)] 紫尖角灰蝶

pale-headed striped borer [= Asiatic rice borer, rice stem borer, rice stalk borer, striped rice borer, striped stem borer, striped rice stalk borer, striped rice stem borer, rice chilo, rice borer, purple-lined borer, sugarcane moth borer, *Chilo suppressalis* (Walker)] 二化螟

pale heart [*Uranothauma vansomereni* Stempffer] 范天奇灰蝶

pale hedge blue 1. [*Udara cardia* (Felder)] 卡娅妩灰蝶，心纹利灰蝶；2. [*Udara dilecta* (Moore)] 珍贵妩灰蝶，妩琉灰蝶，达邦琉璃小灰蝶，锥栗琉璃灰蝶，埔里琉璃小灰蝶，妩灰蝶

pale Himalayan oakblue [*Arhopala dodonaea* Moore] 多朵娆灰蝶

pale hockeystick sailer [*Neptis manasa* Moore] 玛环蛱蝶

pale imperial blue [*Jalmenus eubulus* Miskin] 淡佳灰蝶

pale jezebel [*Delias sanaca* (Moore)] 洒青斑粉蝶

pale juniper webworm [= juniper webworm, *Aethes rutilana* (Hübner)] 刺柏牛蒡细卷蛾，杜松青卷蛾，杜松青卷叶蛾

pale leaf sitter [*Gorgyra pali* Evans] 淡槁弄蝶

pale leafcutting bee [*Megachile concinna* Smith] 灰切叶蜂

pale-legged earwig [*Euborellia pallipes* Shiraki] 青足小肥螋，青足肥螋，灰足肥螋

pale-legged gazelle beetle [*Nebria pallipes* Say] 淡足心步甲

pale-lobed hairstreak [*Thereus cithonius* (Godart)] 喜圣灰蝶

pale-marked ace [*Halpe hauxwelli* Evans] 灰脉酣弄蝶，郝氏酣弄蝶

pale mottle [*Logania marmorata* Moore] 麻陇灰蝶

pale mottled willow [*Caradrina clavipalpis* (Scopoli)] 穗逸夜蛾，棒须卡夜蛾，棒须委夜蛾

pale mountain satyr [*Lymanopoda eubagioides* Butler] 淡徕眼蝶

pale mylon [= dingy mylon, *Mylon pelopidas* (Fabricius)] 派洛霾弄蝶

pale oak beauty [*Hypomecis punctinalis* (Scopoli)] 点尘尺蛾，尘尺蛾，点霜尺蛾，彷尘尺蛾

pale oak midget [= leaf blotch miner moth, Heeger's midget moth, *Phyllonorycter heegeriella* (Zeller)] 赫氏小潜细蛾，赫氏潜叶细蛾

pale-orange darter 见 pale darter

pale orange-spot shoot moth [= pine bud moth, pine bud tortricid, cone pitch moth, *Blastesthia turionella* (Linnaeus)] 樟子松顶小卷蛾，布拉小卷蛾

pale owl [= giant owl, *Caligo memnon* (Felder *et* Felder)] 黄裳猫头鹰环蝶

pale palm dart 见 pale darter

pale pea-blue [= silver forget-me-not, *Catochrysops panormus* (Felder)] 蓝咖灰蝶

pale pinion [*Lithophane socia* (Hüfnagel)] 淡石冬夜蛾，石冬夜蛾，李石冬夜蛾

pale planthopper [*Opiconsiva albicollis* (Motschulsky)] 白肩皱茎飞虱，灰白飞虱

pale ranger [*Kedestes callicles* (Hewitson)] 苍茫肯弄蝶

pale-rayed skipper [*Vidius perigenes* (Godman)] 白纹射弄蝶

pale red slender moth [= plain red slender moth, Japanese alder gracilarid, *Caloptilia elongella* (Linnaeus)] 赤杨丽细蛾，赤杨花细蛾，赤杨细蛾

pale rice-plant weevil [*Dorytomus roelofsi* Faust] 稻红象甲，稻红象

pale ringlet [= Zambian ringlet, *Ypthima rhodesiana* Carcasson] 罗得矍眼蝶

pale sailor [= agacles sailor, *Dynamine agacles* (Dalman)] 小权蛱蝶

pale shining brown [*Polia bombycina* (Hüfnagel)] 蒙灰夜蛾，蚕灰夜蛾

pale sicklewing [*Achlyodes pallida* (Felder)] 暗白钩翅弄蝶

pale-sided cutworm [*Agrotis malefida* Guenée] 灰缘地夜蛾，灰缘地老虎

pale small-branded swift [= millet skipper, white branded swift, *Pelopidas thrax* (Hübner)] 谷弄蝶

pale-southern broken-dash [*Wallengrenis otho clavus* (Erichson)] 暗瓦弄蝶淡色亚种

pale spotted coon [= dusky partwing, coon, *Psolos fuligo* (Mabille)] 淡斑烟弄蝶，烟弄蝶

pale-spotted leafwing [*Memphis pithyusa* (Felder)] 背阴尖蛱蝶

pale-spotted rice leafhopper [*Scaphoideus festivus* Matsumura] 阔横带叶蝉，横带叶蝉，稻灰点叶蝉

pale striped dawnfly [*Capila zennara* (Moore)] 麝大弄蝶，曾匹索弄蝶

pale striped forester [*Euphaedra extensa* Hecq] 淡纹栎蛱蝶

pale sugarcane planthopper [*Numata muiri* (Kirkaldy)] 瓶额飞虱，穆氏瓶额飞虱

pale swallowtail [= pallid tiger swallowtail, *Papilio eurymedon* Lucas] 淡色虎纹凤蝶

pale tiger moth [= banded tussock moth, pale tussock moth, tessellated halisidota, *Halysidota tessellaris* (Smith)] 槭灰哈灯蛾，棋纹灰灯蛾

pale tortoise beetle [*Cassida flaveola* Thunberg] 淡蚌龟甲

pale triangle [= great jay, pale green triangle, *Graphium eurypylus* (Linnaeus)] 银钩青凤蝶

pale tussock moth 1. [= red-tail moth, yellow tussock moth, hop dog, *Calliteara pudibunda* (Linnaeus)] 丽毒蛾，茸毒蛾，苹叶纵纹毒蛾，苹毒蛾，苹红尾毒蛾，苹果红尾毒蛾，苹果古毒蛾; 2. [= banded tussock moth, pale tiger moth, tessellated halisidota, *Halysidota tessellaris* (Smith)] 槭灰哈灯蛾，棋纹灰灯蛾

pale-underwinged purple moth [*Dyseriocrania subpurpurella* Haworth] 欧洲迪毛顶蛾，欧洲栎吸小翅蛾

pale wanderer [*Pareronia avatar* Moore] 玉青粉蝶，阿青粉蝶

pale water-veneer [*Donacaula forficella* (Thunberg)] 莎草水禾螟，莎草禾螟

pale western cutworm [*Agrotis orthogonia* Morrison] 西部灰地老虎

pale white-banded red-eye [*Pteroteinon ceucaenira* (Druce)] 淡斑佬弄蝶

pale-yellow acraea 1. [*Acraea obeira* Hewitson] 奥珍蝶；2. [*Acraea burni* Butler] 浅黄珍蝶

palea scale 鳞片，鳞毛

Paleacrita vernata (Peck) [spring cankerworm, pear spring cankerworm] 北美春尺蠖，春尺蠖，苹尺蛾

Palearctia 古北灯蛾属

Palearctia erschoffi (Alphéraky) 春古北灯蛾，埃青小灯蛾，埃篱灯蛾

Palearctia glaphyra (Eversmann) 精古北灯蛾，精小灯蛾，美篱灯蛾

Palearctia glaphyra aksuensis (Bang-Haas) 精古北灯蛾阿克苏亚种，阿精小灯蛾

Palearctia glaphyra glaphyra (Eversmann) 精古北灯蛾指名亚种

Palearctia glaphyra manni (Alphéraky) 精古北灯蛾曼氏亚种，曼美篱灯蛾

Palearctia gratiosa (Grum-Grshimailo) 格古北灯蛾，格精小灯蛾

Palearctia gratiosa gratiosa (Grum-Grshimailo) 格古北灯蛾指名亚种

Palearctia gratiosa lochmatteri (Reich) 格古北灯蛾洛氏亚种，洛小灯蛾

Palearctia monglica (Alphéraky) 蒙古北灯蛾

Palearctia wagneri (Püngeler) 瓦氏古北灯蛾，瓦懊灯蛾

Palearctic Realm [= Palearctic Region, Palaearctic Realm, Palaearctic Region] 古北界，古北区，旧北界，旧北区

Palearctic Region 见 Palearctic Realm

palebrand bushbrown [*Mycalesis khasia* Evans] 白斑眉眼蝶

Palego 披突飞虱属

Palego simulator Fennah 刺披突飞虱

Palembus 斗拟步甲属

Palembus dermestoides (Chevrolat) 见 *Ulomoides dermestoides*

Paleocimbex 古锤角叶蜂属

Paleocimbex carinulata Kônow [pear cimbicid sawfly] 裂古锤角叶蜂，古锤角叶蜂

paleococcoid [= archaeococcoid] 古蚧

Paleococcoidea [= Archaeococcoidea] 古蚧类

paleoecology 古生态学

paleoentomology [= palaeoentomology] 古昆虫学

Paleogaeic Realm 旧界

paleogeography 古地理学

paleontology 古生物学

Paleonura 古尾蛾属

Paleonura angustior (Rusek) 角古尾蛾，长颚蛾

Paleonura formosana (Yoshii) 台湾古尾蛾，台湾副蛾

Paleoptera 古翅类

paleopteran 古翅类昆虫，古翅类的，古翅类昆虫的

Paleosepharia 凹翅萤叶甲属

Paleosepharia amianum (Chûjô) 钩凹翅萤叶甲，钩长跗萤叶甲

Paleosepharia basipennis Gressitt *et* Kimoto 海南凹翅萤叶甲

Paleosepharia basituberculata Chen *et* Jiang 基瘤凹翅萤叶甲

Paleosepharia castanoceps Gressitt *et* Kimoto 栗头凹翅萤叶甲

Paleosepharia caudata Chen *et* Jiang 黑尾凹翅萤叶甲

Paleosepharia costata Jiang 同 *Paleosepharia jiangae*

Paleosepharia excavata (Chûjô) 二带凹翅萤叶甲，二带长跗萤叶甲，凹翅长跗萤叶甲，凹翅长脚萤金花虫

Paleosepharia fasciata Gressitt *et* Kimoto 连县凹翅萤叶甲

Paleosepharia formosana Chûjô 凹翅萤叶甲，蓬莱长跗萤叶甲，

蓬莱长脚萤金花虫，台湾长跗萤叶甲
Paleosepharia fulvicornis Chen 褐凹翅萤叶甲，褐角凹翅萤叶甲
Paleosepharia fusiformis Chen *et* Jiang 锤印凹翅萤叶甲
Paleosepharia gongshana Chen *et* Jiang 贡山凹翅萤叶甲
Paleosepharia humeralis Chen *et* Jiang 红肩凹翅萤叶甲
Paleosepharia jiangae Beenen 姜氏凹翅萤叶甲
Paleosepharia jsignanta Chen *et* Jiang J- 形凹翅萤叶甲 < 此种学名曾写为 *Paleosepharia J-signanta* Chen *et* Jiang >
Paleosepharia kolthoffi Laboissière 考氏凹翅萤叶甲，黄纹凹翅萤叶甲
Paleosepharia lingulata Chen *et* Jiang 胸舌凹翅萤叶甲
Paleosepharia liquidambara Gressitt *et* Kimoto 枫香凹翅萤叶甲
Paleosepharia nantouensis (Kimoto) 南投凹翅萤叶甲，南投长跗萤叶甲，南投长脚萤金花虫
Paleosepharia orbiculata Chen *et* Jiang 圆洼凹翅萤叶甲
Paleosepharia pallens Chen 淡凹翅萤叶甲
Paleosepharia posticata Chen 核桃凹翅萤叶甲，黄凹翅萤叶甲
Paleosepharia quercicola Chen *et* Jiang 栎凹翅萤叶甲
Paleosepharia subnigra Gressitt *et* Kimoto 江西凹翅萤叶甲
Paleosepharia tibialis Chen *et* Jiang 黑胫凹翅萤叶甲
Paleosepharia truncatipennis Chen *et* Jiang 红腹凹翅萤叶甲
Paleosepharia verticalis Chen *et* Jiang 黑顶凹翅萤叶甲
Paleosepharia yasumatsui (Kimoto) 安松凹翅萤叶甲，安松长跗萤叶甲，安松长脚萤金花虫，台岛长跗萤叶甲
paleosynchorology 古群落分布学
paleosynecology 古群落生态学
paler blue butterfly [= stencilled hairstreak, ictinus blue, *Jalmenus ictinus* Hewitson] 仪佳灰蝶，东澳灰蓝灰蝶
paler dolichomia moth [= spruce needleworm moth, *Hypsopygia thymetusalis* (Walker)] 黑云杉巢螟，黑云杉双纹螟
paler oystershell scale [= Maskell's scale, Maskell scale, *Lepidosaphes pallida* (Maskell)] 淡色蛎盾蚧，长角灰蛎蚧，马氏长蛎盾蚧，花花柴长蛎盾蚧，橘牡蛎盾蚧
paler tiger longicorn [*Xylotrechus cuneipennis* (Kraatz)] 冷杉脊虎天牛，苍翅虎天牛
pales weevil [*Hylobius pales* (Herbst)] 美松灰黑树皮象甲，好斗象甲
Pales 栉寄蝇属
Pales abdita Cerretti 秘栉寄蝇
Pales angustifrons Mesnil 狭额栉寄蝇
Pales carbonata Mesnil 炭黑栉寄蝇，短尾栉寄蝇
Pales javana (Macquart) 爪哇栉寄蝇，印度尼西亚寄蝇
Pales longicornis Chao *et* Shi 长角栉寄蝇
Pales medogensis Chao *et* Shi 墨脱栉寄蝇
Pales murina Mesnil 小栉寄蝇，暮栉寄蝇
Pales pavida (Meigen) 蓝黑栉寄蝇
Pales sturmioides (Mesnil) 见 *Parapales sturmioides*
Pales townsendi (Baranov) 汤氏栉寄蝇，唐生寄蝇
palesided cutworm [*Agrotis malefida* Guenée] 灰缘地老虎
Palesisa 帕丽寄蝇属，帕寄蝇属
Palesisa aureola Richter 金帕丽寄蝇，金帕寄蝇
Palesisa maculosa (Villeneuve) 黑斑帕丽寄蝇，黑斑帕寄蝇
Palesisa nudioculata Villeneuve 黑条帕丽寄蝇，黑条帕寄蝇
palestriped flea beetle [*Systena blanda* Melsheimer] 苍带小跳甲，苍带跳甲
palette 蛹衬
Palexorista 苍白寄蝇亚属
Palexorista bisetosa (Baranov) 见 *Drino* (*Palexorista*) *bisetosa*
Palexorista curvipalpis (van der Wulp) 见 *Drino* (*Palexorista*) *curvipalpis*
Palexorista immersa (Walker) 见 *Drino* (*Palexorista*) *immersa*
Palexorista inconspicuoides (Baranov) 见 *Drino* (*Palexorista*) *inconspicuoides*
Palexorista sinensis Mesnil 同 *Drino* (*Palexorista*) *solennis*
pali [s. palus] 尖刺 < 指组成尖刺列 palidium 的刺 >
Palicidae [= Platylabiidae] 扁肥螋科，扁蠼螋科，帕拉蠼螋科
palidia [s. palidium] 尖刺列 < 见于金龟子幼虫中 >
palidium [pl. palidia] 尖刺列
Paliga 帕野螟属
Paliga anpingialis (Strand) 安平帕野螟，安平锥额野螟
Paliga auratalis (Warren) 见 *Udea auratalis*
Paliga celatalis (Walker) 塞帕野螟，塞野螟
Paliga endotrichialis Hampson 内毛帕野螟
Paliga machaeralis (Walker) 见 *Eutectona machaeralis*
Paliga minnehaha (Pryer) 见 *Udea minnehaha*
Paliga schenklingi (Strand) 兴帕野螟
Palimna 地衣天牛属，长角胡斑天牛属
Palimna annulata (Olivier) 网斑地衣天牛
Palimna formosana (Kôno) 台湾地衣天牛，台湾长角胡斑天牛，台湾长须胡麻斑天牛
Palimna fukiena Gressitt 福建地衣天牛
Palimna liturata (Bates) 白斑地衣天牛，地衣天牛
Palimna liturata continentalis (Semenov) 白斑地衣天牛北亚亚种，北亚地衣天牛
Palimna liturata liturata (Bates) 白斑地衣天牛指名亚种
Palimna palimnoides (Schwarzer) 凹背地衣天牛，蜘形长角天牛，点纹长须胡麻斑天牛
Palimna rondoni Breuning 郎氏地衣天牛
Palimna subrondoni Breuning 老挝地衣天牛
Palimna yunnana Breuning 云南地衣天牛
Palimnodes 苔天牛属
Palimnodes ducalis Bates 曲斑苔天牛
Palimpsestis brunnea Leech 同 *Paragnorima fuscescens*
Palimpsestis taiwana* ab. *obsoleta Wileman 同 *Parapsestis tomponis tomponis*
palingenesis 重演性发生
Palingenidae 见 Palingeniidae
palingeniid 1. [= palingeniid mayfly, palingeniid burrowing mayfly, spiny-headed burrowing mayfly] 褶缘蜉 < 褶缘蜉科 Palingeniidae 昆虫的通称 >; 2. 褶缘蜉科的
palingeniid burrowing mayfly [= palingeniid, palingeniid mayfly, spiny-headed burrowing mayfly] 褶缘蜉
palingeniid mayfly 见 palingeniid burrowing mayfly
Palingeniidae 褶缘蜉科 < 该科学名有写成 Palingenidae 者 >
Palirisa 褐带蛾属
Palirisa angustifasciata Mell 同 *Palirisa cervina cervina*
Palirisa cervina Moore 褐带蛾
Palirisa cervina annamensis Mell 褐带蛾南方亚种
Palirisa cervina birmana Bryk 褐带蛾缅甸亚种
Palirisa cervina cervina Moore 褐带蛾指名亚种

Palirisa cervina formosana Matsumura 褐带蛾台湾亚种，台褐带蛾，褐带蛾，黑胸带蛾

Palirisa cervina mandarina (Leech) 见 *Apona mandarina*

Palirisa cervina mosoensis Mell 褐带蛾丽江亚种，丽江带蛾，丽江褐带蛾，褐葩带蛾

Palirisa cervina renei Bryk 褐带蛾润氏亚种

Palirisa chocolatina Mell 同 *Palirisa cervina cervina*

Palirisa curvilineata Mell 同 *Palirisa cervina cervina*

Palirisa lineosa (Walker) 线褐带蛾

Palirisa mosoensis angustifasciata Mell 同 *Palirisa cervina cervina*

Palirisa mosoensis curvilineata Mell 同 *Palirisa cervina cervina*

Palirisa mosoensis roseitincta Mell 同 *Palirisa cervina cervina*

Palirisa roseitincta Mell 同 *Palirisa cervina cervina*

Palirisa rotundala Mell 圆褐带蛾

Palirisa significata Mell 同 *Palirisa cervina cervina*

Palirisa sinensis Rothschild 灰褐带蛾

Palirisa taipeishanis Mell 太白褐带蛾

Palla 草蛱蝶属

Palla decius (Cramer) [white-banded palla] 草蛱蝶

Palla publius Staudinger [andromorph palla] 绒草蛱蝶，茅草蛱蝶

Palla ussheri (Butler) [Ussher's palla] 黄草蛱蝶

Palla violinitens (Crowley) [violet-banded palla] 紫草蛱蝶

pallae 叶突 < 见于介壳虫中，同 lobes>

Pallas' sailer [= common glider, *Neptis sappho* (Pallas)] 小环蛱蝶

Pallasiola 胫萤叶甲属

Pallasiola absinthii (Pallas) 阔胫萤叶甲

pallette 1. 跗吸盘 < 见于龙虱科 Dytiscidae 雄虫前足跗节 >; 2. 叶突 < 见于介壳虫中，同 lobe>

pallid argus [*Callerebia scanda* (Kollar)] 艳眼蝶

pallid blue [= pallid dotted blue, pale blue, *Euphilotes pallescens* (Tilden *et* Downey)] 白优灰蝶

pallid crescent [= pale crescent, *Phyciodes pallida* (Edwards)] 淡白漆蛱蝶

pallid dart [*Potanthus pallidus* (Evans)] 淡色黄室弄蝶

pallid dotted blue 见 pallid blue

pallid faun [*Melanocyma faunula* (Westwood)] 波纹环蝶

pallid forester [*Lethe satyrina* Butler] 蛇神黛眼蝶，萨黛眼蝶

pallid leafroller moth [*Xenotemna pallorana* (Robinson)] 淡黄宽卷蛾，针叶树苗嫩梢卷蛾

pallid nawab [*Polyura arja* (Felder *et* Felder)] 凤尾蛱蝶

pallid oakblue [*Arhopala alesia* Felder *et* Felder] 亚列娆灰蝶

pallid scarlet-eye [*Bungalotis quadratum* (Sepp)] 淡帮弄蝶

pallid tiger swallowtail [= pale swallowtail, *Papilio eurymedon* Lucas] 淡色虎纹凤蝶

Pallister's skipper [*Hylephila pallisteri* MacNeill] 帕氏火弄蝶

pallium 隔膜 < 专指 Melanopli 类蝗虫中由下生殖板壁形成的开腔的竖膜 >

Palloptera 草蝇属

Palloptera elegans Merz *et* Chen 雅草蝇

pallopterid 1. [= pallopterid fly, flutter fly, flutter-wing fly, trembling-wing fly, waving-wing fly] 草蝇 < 草蝇科 Pallopteridae 昆虫的通称 >; 2. 草蝇科的

pallopterid fly [= pallopterid, flutter fly, flutter-wing fly, trembling-wing fly, waving-wing fly] 草蝇

Pallopteridae 草蝇科

Pallulaspis rhamnicola Tang 鼠李白蛎盾蚧

palm and flower beetle [= mycterid beetle, mycterid] 绒皮甲，细树皮虫 < 绒皮甲科 Mycteridae 昆虫的通称 >

palm aphid [*Cerataphis brasiliensis* (Hempel)] 巴西坚蚜，棕榈坚蚜，巴西虱蚜

palm bob [= Indian palm bob, oriental palm bob, *Suastus gremius* (Fabricius)] 黑星素弄蝶，素弄蝶，黑星弄蝶，葵弄蝶，棕弄蝶

palm bug [= thaumastocorid bug, royal palm bug, thaumastocorid] 榈蝽 < 榈蝽科 Thaumastocoridae 昆虫的通称 >

palm fiorinia scale [= ridged scale, avocado scale, European fiorinia scale, camellia scale, fiorinia scale, *Fiorinia fioriniae* (Targioni-Tozzetti)] 少腺围盾蚧，少腺单蜕盾蚧，围盾介壳虫

palm leaf beetle [= coconut hispine beetle, coconut leaf beetle, two-coloured coconut leaf beetle, new hebrides coconut hispid, coconut hispid, coconut leaf hispid, *Brontispa longissima* (Gestro)] 椰心叶甲，椰棕扁叶甲，红胸长金花虫，红胸长扁铁甲虫，红胸叶虫，长布铁甲，椰叶甲

palm leaf caterpillar [= coconut black-headed caterpillar, black-headed coconut caterpillar, black-headed palm caterpillar, coconut leaf caterpillar, coconut caterpillar, *Opisina arenosella* Walker] 椰子木蛾，椰子织蛾，椰子黑头毛毛虫，黑头履带虫，椰蛀蛾，柳木蛾

palm leaf skeletonizer [*Homaledra sabalella* (Chambers)] 棕榈尖蛾，棕榈尖翅蛾

palm longhorned grasshopper [= coconut treehopper, *Sexava coriacea* (Linnaeus)] 椰绿螽

palm redeye [= common banana skipper, banana skipper, banana leafroller, *Erionota thrax* (Linnaeus)] 蕉弄蝶，香蕉弄蝶，胸蕉弄蝶

palm scale 1. [= western red scale, Morgan's scale, palm scale, Spainish red scale, *Chrysomphalus dictyospermi* (Morgan)] 橙褐圆盾蚧，蔷薇轮蚧，橙圆金顶盾蚧，橙褐圆盾介壳虫；2. [= tropical palm scale, *Hemiberlesia palmae* (Cockerell)] 棕突栉圆盾蚧，棕突圆盾蚧，长棘炎盾蚧，棕榈鲍圆盾蚧，苏铁黯圆盾蚧；3. [= tessellated scale, cochonilha-reticulata, *Eucalymnatus tessellatus* (Signoret)] 龟背网纹蚧，世界网蚧，网蜡蚧，红褐网介壳虫；4. [= latania scale, quince scale, grape vine aspidiotus, *Hemiberlesia lataniae* (Signoret)] 棕榈栉圆盾蚧，椰子栉圆盾介壳虫；5. [= phoenicococcid scale, phoenicococcid] 战蚧 < 战蚧科 Phoenicococcidae 昆虫的通称 >

palm seed borer [= button beetle, date stone beetle, *Coccotrypes dactyliperda* (Fabricius)] 枣核椰小蠹，棕榈核小蠹

palm thrips 1. [*Parthenothrips dracaenae* (Heeger)] 棕榈孤雌蓟马；2. [= melon thrips, southern yellow thrips, *Thrips palmi* Karny] 棕榈蓟马，瓜蓟马，棕黄蓟马，南黄蓟马，节瓜蓟马

palm-tree night-fighter [*Zophopetes dysmephila* (Trimen)] 白边弄蝶

palm weevil [*Rhynchophorus phoenicis* (Fabricius)] 棕榈红鼻隐喙象甲，棕榈红隐喙象甲

palm weevil borer [= lesser coconut weevil, four-spotted coconut weevil, coconut flower weevil, *Diocalandra frumenti* (Fabricius)] 椰花二点象甲，弗二点象，椰花四星象甲

palma 跗掌 < 指前足变宽的跗节或特化的基亚节 >

Palmar 块斑吉丁甲亚属

Palmaspis 棕链蚧属

Palmaspis flagellariae (Russell) 须叶藤棕链蚧
Palmaspis oraniae (Russell) 菲律宾棕链蚧
Palmaspis phoenicis (Rao) 海枣棕链蚧
Palmaspis pinangae (Russell) 槟榔棕链蚧
Palmaspis singulare (Russell) 蒲葵棕链蚧
Palmaspis unicus (Russell) 白藤棕链蚧
Palmer body [= induvia] 集中层体，柏氏体
Palmer's metalmark [= gray metalmark, *Apodemia palmerii* (Edwards)] 帕尔默花蚬蝶
palmerworm [*Dichomeris ligulella* (Hübner)] 叶棕麦蛾，小舌麦蛾
palmetto beetle 1. [= smicripid beetle, smicripid] 短甲，微扁甲 < 短甲科 Smicripidae 昆虫的通称 >; 2. [*Smicrips palmicola* LeConte] 棕榈短甲，棕榈微扁甲
palmetto pill bug [= palmetto weevil, giant palm weevil, Florida palmetto weevil, *Rhynchophorus cruentatus* (Fabricius)] 矮棕榈鼻隐喙象甲，矮棕榈跳象甲
palmetto scale [*Comstockiella sabalis* (Comstock)] 矮棕榈康榈蚧，棕榈蚧
palmetto skipper [*Euphyes arpa* (Boisduval *et* LeConte)] 蒲葵鼬弄蝶
palmetto tortoise beetle [= Florida tortoise beetle, *Hemisphaerota cyanea* (Say)] 蓝半球龟甲
palmetto weevil 见 palmetto pill bug
palmfly [*Elymnias agondas* (Boisduval)] 墨锯眼蝶
Palmicultor 椰粉蚧属
Palmicultor bambusum Tang 同 *Palmicultor lumpurensis*
Palmicultor browni (Williams) 勃朗氏椰粉蚧
Palmicultor guamensis Beardsley 关岛椰粉蚧
Palmicultor lumpurensis (Takahashi) 箪竹椰粉蚧，单竹椰粉蚧，吉隆坡条粉蚧
Palmicultor palmarum (Ehrhorn) 东亚椰粉蚧，椰粉蚧
Palmipenna 扇翅旌蛉属
Palmipenna aeoleoptera Picker 淡斑扇翅旌蛉
palmking [*Amathusia phidippus* (Linnaeus)] 菲第环蝶
Palmodes 掌泥蜂属
Palmodes mandarinius (Smith) 大陆掌泥蜂
Palmodes melanarius (Mocsáry) 黑掌泥蜂
Palmodes occitanicus (Peletier *et* Serville) 耙掌泥蜂，朗格多克飞蝗泥蜂
Palmodes occitanicus occitanicus (Peletier *et* Serville) 耙掌泥蜂指名亚种
Palmodes occitanicus perplexus (Smith) 耙掌泥蜂红腹亚种，红腹耙掌泥蜂
Palmon 帕螳小蜂属
Palmon greeni (Crawford) 格氏帕螳小蜂，格氏螳小蜂
Palmon megarhopalus (Masi) 无环帕螳小蜂，无环厚螳小蜂
Palmon orchesticus (Masi) 台湾帕螳小蜂，台湾厚螳小蜂
palmula [pl. palmulae; = pulvillus, pad] 爪垫
palmulae [s. palmula; = pulvilli, onychii, pads] 爪垫
Palni dart [*Potanthus palnia* (Evans)] 尖翅黄室弄蝶
Palni fourring [*Ypthima ypthimoides* Moore] 南印度矍眼蝶
Palomena 碧蝽属
Palomena amplifioata Distant 柳碧蝽
Palomena angulosa (Motschulsky) [north plant stinkbug] 碧蝽，浓绿蝽
Palomena chapana (Distant) 川甘碧蝽
Palomena haemorrhoidalis Lindberg 同 *Palomena chapana*
Palomena hsiaoi Zheng *et* Ling 肖氏碧蝽
Palomena hunanensis Lin *et* Zhang 湖南碧蝽
Palomena limbata Jakovlev 缘腹碧蝽
Palomena prasina (Linnaeus) 红尾碧蝽
Palomena rubricornis Scott 红角碧蝽
Palomena similis Zheng *et* Ling 邻碧蝽
Palomena spinosa Distant 棘角碧蝽
Palomena tibetana Zheng *et* Ling 西藏碧蝽
Palomena unicolorella Kirkaldy 尖角碧蝽
Palomena viridissima (Poda) 宽碧蝽
Paloniella 桂树盲蝽属，桂树蝽属
Paloniella annulata (Ren *et* Huang) 花角桂树盲蝽，花角桂树蝽
Paloniella montana (Ren *et* Yang) 山桂树盲蝽，山桂树蝽
Paloniella parallela Yasunaga *et* Hayashi 平桂树盲蝽，平行桂树蝽
Paloniella xizangana (Ren) 西藏桂树盲蝽，西藏桂树蝽，西藏坚树蝽
Palophus haworthii (Gray) 同 *Bactrododema hecticum*
Palorus 粉盗属
Palorus beesoni Blair 毕氏粉盗，毕氏帕谷甲
Palorus cerylonoides (Pascoe) 小粉盗，小帕谷甲
Palorus depressus (Fabricius) 扁粉盗，扁帕谷甲，扁姬拟谷盗
Palorus exilis Marseul 细粉盗，细帕谷甲
Palorus foveicollis Blair 深沟粉盗
Palorus fuhoshoanus Kaszab 弗粉盗，弗帕谷甲
Palorus ratzeburgi (Wissmann) [small-eyed flour beetle] 小眼粉盗，小眼谷盗，姬拟粉盗，姬帕谷甲，姬拟谷盗，姬粉盗
Palorus shoreae Blair 绍氏粉盗
Palorus sinuaticollis Blair 条胸粉盗，条胸姬拟谷盗
Palorus subdepressus (Wollaston) [depressed flour beetle] 亚扁粉盗，弱小谷盗，亚扁帕谷甲，姬拟谷盗
palp [= palpus, mouth feeler] 须
palp-like appendage 须状附器 < 即针尾膜翅目昆虫长方形板 (oblong plate) 的背面构造 >
Palpada 裸芒管蚜蝇属，须蚜蝇属
Palpada scutellaris (Fabricius) 黑盾裸芒管蚜蝇，盾须蚜蝇，盾管蚜蝇
palpal 须的
palpal lobe 须叶
Palpares 须蚁蛉属
Palpares sinicus Yang 中华须蚁蛉，中华长须蚁蛉
Palparinae 须蚁蛉亚科
palparium 唇须膜基 < 即下唇须着生的膜基，可使须略伸展 >
palpi [s. palpus] 须
palpi turgidi 肿端须
Palpibracon 长须茧蜂亚属
palpicorn 角形须
Palpicornia 须角组
palpifer 负颚须节
Palpifer 长须蝙蛾属
Palpifer hopponis Matsumura 埔里长须蝠蛾
Palpifer pellicia Swinhoe 皮长须蝙蛾

Palpifer sexnotatus (Moore) 六点长须蝙蛾，六斑长须蝙蛾
Palpifer sexnotatus niphonica (Butler) 同 *Palpifer sexnotatus sexnotatus*
Palpifer sexnotatus ronin Pfitzner 同 *Palpifer sexnotatus sexnotatus*
Palpifer sexnotatus sexnotatus (Moore) 六点长须蝙蛾指名亚种
palpiferous [= palpigerous] 有须的
palpiform 须形
palpiger 负唇须节
palpigerous 见 palpiferous
palpigerous stipes 见 palpiger
Palpirectia 须夜蛾属
Palpirectia virens Berio 须夜蛾
Palpita 绢须野螟属
Palpita annulata (Fabricius) 黄环绢须野螟
Palpita annulifer Inoue 端突绢须野螟
Palpita asiaticalis Inoue 尖角绢须野螟，亚洲白蜡绢须野螟
Palpita candidata Inoue 候绢须野螟
Palpita celsalis (Walker) 同 *Palpita annulata*
Palpita curvilinea (Janse) 曲纹绢须野螟
Palpita curvispina Zhang *et* Li 弯刺绢须野螟
Palpita fraterna (Moore) 角斑绢须野螟
Palpita homalia Inoue 小锥绢须野螟
Palpita hypohomalia Inoue 弯囊绢须野螟
Palpita indannulata Inoue 钩镰绢须野螟
Palpita inusitata (Butler) 双突绢须野螟
Palpita kiminensis Kirti *et* Rose 半环绢须野螟
Palpita laticostalis Guenée 太平洋绢须野螟，太平洋颚须螟
Palpita marginata Hampson 缘绢须野螟，缘颚须螟
Palpita marinata Fabricius 海绢须野螟，海颚须螟
Palpita minuscula Inoue 细微绢须野螟
Palpita munroei Inoue 尤金绢须野螟
Palpita nigropunctalis (Bremer) [lilac pyralid] 白蜡绢须野螟，黑点颚须螟，紫丁香黑点螟，白蜡须野螟
Palpita ochrocosta Inoue 褐绢须野螟
Palpita pajnii Kirti *et* Rose 短叉绢须野螟
Palpita parvifraterna Inoue 小绢须野螟，帕须野螟
Palpita perunionalis Inoue 端刺绢须野螟
Palpita picticostalis (Hampson) 疲绢须野螟
Palpita sejunctalis Inoue 宽钝绢须野螟
Palpita testalis (Fabricius) 见 *Hodebertia testalis*
Palpita unionalis Hampson 同 *Palpita vitrealis*
Palpita vertumnalis Guenée 毁林绢须野螟，毁林颚须螟
Palpita vitrealis (Rossi) [jasmine moth] 茉莉绢须野螟
Palpita warrenalis (Swinhoe) 方突绢须野螟，白蜡拟绢野螟蛾，拟白蜡绢须野螟，玛嘎螟
Palpixiphia 须长颈树蜂属，长颈树蜂属
Palpixiphia formosana (Enslin) 蓬莱须长颈树蜂
Palpixiphia humeralis Maa 肩须长颈树蜂，肩长颈树蜂
Palpoctenidia 泯尺蛾属
Palpoctenidia phoenicosoma (Swinhoe) 紫红泯尺蛾
Palpoctenidia phoenicosoma phoenicosoma (Swinhoe) 紫红泯尺蛾指名亚种，指名紫红泯尺蛾
Palpoctenidia phoenicosoma semilauta Prout 紫红泯尺蛾紫角亚种，半紫红泯尺蛾，紫角纹波尺蛾，紫红泯尺蛾
Palpomyia 须蠓属
Palpomyia abdominalis Kieffer 双溪须蠓
Palpomyia abrupta Yu 裂茎须蠓
Palpomyia alba Yu *et* Liu 淡色须蠓
Palpomyia amplofemoria Yu *et* Zhang 粗胫须蠓
Palpomyia arcutibia Yu 弯胫须蠓
Palpomyia aterrima Kieffer 黑色须蠓
Palpomyia brachialis (Haliday) 落臂须蠓
Palpomyia chongqingi Yu 重庆须蠓
Palpomyia curtatus Yu *et* Deng 剪短须蠓
Palpomyia divisa Kieffer 分节须蠓
Palpomyia downesi Grogan *et* Wirth 唐纳须蠓
Palpomyia ectasa Yu 扩展须蠓
Palpomyia fulva Yu *et* Qi 暗色须蠓
Palpomyia fulvastra Yu 棕黄须蠓
Palpomyia fumiptera Yu *et* Zhang 暗翅须蠓
Palpomyia fuscipeda Yu *et* Liu 棕足须蠓
Palpomyia fuscitibia Yu *et* Deng 棕胫须蠓
Palpomyia indivisa Kieffer 全节须蠓
Palpomyia langyaensis Yu 琅玡须蠓
Palpomyia longtana Yu 龙潭须蠓
Palpomyia multisaeta Yu *et* Xu 多毛须蠓
Palpomyia murina Kieffer 嗜鼠须蠓，鼠须蠓
Palpomyia nanniwana He, Liu *et* Yu 南泥湾须蠓
Palpomyia nemorosa (Liu *et* Yu) 森林须蠓，森林林蠓
Palpomyia nitela Yu *et* Ding 光彩须蠓
Palpomyia nubeculosa Tokunaga 暗斑须蠓
Palpomyia pallidipeda Yu *et* Liu 淡足须蠓
Palpomyia pilea Yu 菌顶须蠓
Palpomyia reversa Remm 旋转须蠓
Palpomyia rufipes (Meigen) 褐足须蠓
Palpomyia serripes (Meigen) 锯足须蠓
Palpomyia tainan Kieffer 台南须蠓
Palpomyia xizanga Yu *et* Liu 西藏须蠓
Palpomyia yuanqingi Yu 元钦须蠓
Palpomyia ziliangi Yu 子良须蠓
Palpomyia zyzza Yu *et* Zou 曲折须蠓
Palpomyiini 须蠓族
Palpopleura 曲缘蜻属
Palpopleura sexmaculata (Fabricius) [Asian widow, blue-tailed yellow skimmer] 六斑曲缘蜻
Palpostilpnus 亮须姬蜂属
Palpostilpnus aki Reshchikov, Santos, Liu *et* Barthélémy 彰宏亮须姬蜂
Palpostilpnus brevis Sheng *et* Broad 短亮须姬蜂
Palpostilpnus hainanensis Reshchikov, Santos, Liu *et* Barthélémy 海南亮须姬蜂
Palpostilpnus maculatus Sheng *et* Sun 斑亮须姬蜂
Palpostilpnus palpator (Aubert) 触亮须姬蜂
Palpostilpnus papuator (Aubert) 巴亮须姬蜂
Palpostilpnus pterodactylus Reshchikov, Santos, Liu *et* Barthélémy 翼龙亮须姬蜂
Palpostilpnus rotundatus Sheng *et* Sun 圆亮须姬蜂
Palpostilpnus striator (Aubert) 皱亮须姬蜂
Palpostilpnus trifolium Reshchikov, Santos, Liu *et* Barthélémy 三叶草亮须姬蜂

Palpostomatini 须寄蝇族，棘须寄蝇族
Palpoxena 帕叶甲属
Palpoxena indica (Jacoby) 见 *Taumacera indica*
Palpoxena konbirensis (Weise) 坎帕叶甲
Palpoxena taiwana (Chûjô) 台湾帕叶甲
Palpoxena yunnana Medvedev 同 *Taumacera indica*
palpuli 小颚须 < 指鳞翅目昆虫中的发达的下颚须 >
palpus [pl. palpi; = mouth feeler, palp] 须
Paltycrepis 山瓢拟步甲属，山瓢拟步行虫属
Paltycrepis violacea (Kraatz) 阿里山瓢拟步甲，阿里山瓢拟步行虫
palu swallowtail [*Losaria palu* (Martin)] 帕卢锤尾凤蝶
paludicolous 沼栖的
paludine 沼生的
paludis brown [*Pseudonympha paludis* Riley] 沼泽仙眼蝶
Palumbia angustiabdomena Huo, Ren *et* Zheng 见 *Korinchia angustiabdomena*
Palumbia apicalis (Shiraki) 见 *Korinchia apicalis*
Palumbia formosana (Shiraki) 见 *Korinchia formosana*
Palumbia nova (Hull) 见 *Korinchia nova*
Palumbia potanini (Stackelberg) 见 *Korinchia potanini*
Palumbia rufa (Hervé-Bazin) 见 *Korinchia rufa*
Palumbia similinova Huo, Ren *et* Zheng 见 *Korinchia similinova*
Palumbia sinensis (Curran) 见 *Korinchia sinensis*
Palumbina 鸠麦蛾属
Palumbina acerosa Lee *et* Li 针突鸠麦蛾
Palumbina acinacea Lee *et* Li 曲瓣鸠麦蛾
Palumbina acuticula Lee *et* Li 尖臀鸠麦蛾
Palumbina atricha Lee *et* Li 无毛鸠麦蛾
Palumbina chelophora (Meyrick) 甲鸠麦蛾
Palumbina diplobathra (Meyrick) 双纹鸠麦蛾
Palumbina glaucitis (Meyrick) 青鸠麦蛾，青晒麦蛾
Palumbina grandiunca Lee *et* Li 大爪突鸠麦蛾
Palumbina macrodelta (Meyrick) 大斑鸠麦蛾
Palumbina magnisigna Lee *et* Li 大囊突鸠麦蛾
Palumbina melanotricha Lee *et* Li 黑毛鸠麦蛾
Palumbina nesoclera (Meyrick) 东方鸠麦蛾
Palumbina operaria (Meyrick) 南方鸠麦蛾
Palumbina oxyprora (Meyrick) 奥鸠麦蛾，奥晒麦蛾
Palumbina pylartis (Meyrick) 派鸠麦蛾，孔晒麦蛾
Palumbina rugosa Lee *et* Li 皱鸠麦蛾
Palumbina sigmoides Lee *et* Li 曲茎鸠麦蛾
Palumbina sineloba Lee *et* Li 无叶鸠麦蛾
Palumbina spinevalva Lee *et* Li 刺瓣鸠麦蛾
Palumbina triangularis Lee *et* Li 三角鸠麦蛾
palus [pl. pali] 尖刺 < 指组成尖刺列 palidium 的刺 >
Pambolinae 角腰茧蜂亚科
Pambolus 角腰茧蜂属
Pambolus caudalis Belokobylskij 见 *Pambolus* (*Phaenodus*) *caudalis*
Pambolus* (*Phaenodus*) *caudalis Belokobylskij 尾角腰茧蜂
Pambolus* (*Phaenodus*) *ruficeps Belokobylskij 红头角腰茧蜂
Pambolus ruficeps Belokobylskij 见 *Pambolus* (*Phaenodus*) *ruficeps*
Pamela 帕米灰蝶属
Pamela dudgeonii (de Nicéville) [Lister's hairstreak] 帕米灰蝶
Pamendanga 葩袖蜡蝉属
Pamendanga bispinosa Van Stalle 双刺葩袖蜡蝉
Pamendanga emeiensis Wu *et* Liang 峨眉葩袖蜡蝉
Pamendanga filaris Wu *et* Liang 纤突葩袖蜡蝉
Pamendanga furcata Yang *et* Wu 裂尾葩袖蜡蝉，台湾葩袖蜡蝉
Pamendanga matsumurae (Muir) 松村葩袖蜡蝉
Pamendanga nigra Synave 黑葩袖蜡蝉
Pamendanga rubicunda Muir 红尾葩袖蜡蝉
Pamendanga tongmaiensis Wu *et* Liang 通麦葩袖蜡蝉
Pamerana 直腮长蝽属
Pamerana scotti (Distant) 毛胸直腮长蝽
Pamerana sinae (Stål) 中华直腮长蝽，中国地长蝽
Pamerarma 筒胸长蝽属
Pamerarma picta (Scott) 见 *Pachybrachius pictus*
Pamerarma punctulata (Motschulsky) 同 *Remaudiereana annulipes*
Pamerarma rustica (Scott) 同 *Horridipamera inconspicua*
Pamir bee hawkmoth [*Hemaris ducalis* (Staudinger)] 帕黑边天蛾，杜黑边天蛾
Pammegus 腹刺隐翅甲属，腹刺隐翅虫属
Pammegus flavipes (Fauvel) 黄足腹刺隐翅甲，黄足腹刺隐翅虫
Pammegus shibatai Schillhammer 柴田腹刺隐翅甲，柴田腹刺隐翅虫
Pammene 超小卷蛾属
Pammene crataegicola Liu *et* Komai 山楂超小卷蛾
Pammene fasciana Linnaeus [chestnut leafroller, acorn piercer] 橡超小卷蛾
Pammene germmana (Hübner) 李超小卷蛾，杰超小卷蛾
Pammene ginkgoicola Liu 银杏超小卷蛾
Pammene hexaphora Meyrick 赫超小卷蛾
Pammene nemorosa Kuznetzov 林超小卷蛾
Pammene nescia Kuznetzov 内超小卷蛾
Pammene ochsenheimeriana (Lienig *et* Zeller) [black-patch piercer] 云杉超小卷蛾
Pammene orientana Kuznetzov 东方超小卷蛾
Pammene oxystaura Meyrick 见 *Andrioplecta oxystaura*
Pammene quercivora Meyrick 槲超小卷蛾
Pammene theristis Meyrick 收获超小卷蛾
Pamochrysa stellata Tjeder 菊花粉帕草蛉
Pampasatyrus 蓬眼蝶属
Pampasatyrus glaucope (Felder) 橙带蓬眼蝶
Pampasatyrus gyrtone (Berg) 蓬眼蝶
Pampasatyrus limonias Philipi 褐蓬眼蝶
Pampasatyrus quies Berg 隐带蓬眼蝶
Pamperis 娇眼蝶属
Pamperis poaoensis Heimlich 娇眼蝶
pamphagid 1. [= pamphagid grasshopper] 癞蝗 < 癞蝗科 Pamphagidae 昆虫的通称 >；2. 癞蝗科的
pamphagid grasshopper [= pamphagid] 癞蝗
Pamphagidae 癞蝗科
Pamphaginae 癞蝗亚科
Pamphila abax (Oberthür) 见 *Carterocephalus abax*
Pamphila argyrostigma (Eversmann) 见 *Carterocephalus argyrostigma*
Pamphila atrolimbata Heinrich 同 *Carterocephalus silvicola*
Pamphila catella Schultz 同 *Carterocephalus silvicola*
Pamphila chrystophi (Grum-Grshimailo) 见 *Carterocephalus christophi*

Pamphila dieckmanni (Graeser) 见 *Carterocephalus dieckmanni*
Pamphila dieckmanni plutus (Oberthür) 同 *Carterocephalus dieckmanni*
Pamphila doii Matsumura 同 *Carterocephalus silvicola*
Pamphila evanescens Heinrich 同 *Carterocephalus silvicola*
Pamphila fasciata Schröder 同 *Carterocephalus silvicola*
Pamphila flavomaculatus (Oberthür) 见 *Carterocephalus flavomaculatus*
Pamphila houangti (Oberthür) 见 *Carterocephalus houangty*
Pamphila isshikii Matsumura 同 *Carterocephalus silvicola*
Pamphila mico (Oberthür) 见 *Carterocephalus micro*
Pamphila niveomaculatus (Oberthür) 见 *Carterocephalus niveomaculatus*
Pamphila palaemon albiguttata (Christoph) 见 *Carterocephalus palaemon albiguttata*
Pamphila palaemon satakei Matsumura 见 *Carterocephalus palaemon satakei*
Pamphila pseudopalaemon Fritsch 同 *Carterocephalus silvicola*
Pamphila pulchra Leech 同 *Carterocephalus palaemon*
Pamphila selas Mabille 同 *Ochlodes venata*
Pamphila shikotanus Nakahara 同 *Carterocephalus silvicola*
Pamphila silvioides Müller 同 *Carterocephalus silvicola*
pamphiliid 1. [= pamphiliid sawfly, leaf-rolling sawfly, web-spinning sawfly] 扁蜂，卷叶锯蜂，扁叶蜂 < 扁蜂科 Pamphiliidae 昆虫的通称 >；2. 扁蜂科的
pamphiliid sawfly [= pamphiliid, leaf-rolling sawfly, web-spinning sawfly] 扁蜂，卷叶锯蜂，扁叶蜂
Pamphiliidae 扁蜂科，卷叶锯蜂科，扁叶蜂科 < 此科学名有误写为 Pamphilidae 者 >
Pamphilius 扁蜂属，扁叶蜂属
Pamphilius betulae (Linnaeus) [yellow-headed leaf-rolling sawfly] 黄翅扁蜂，黄翅扁叶蜂
Pamphilius gyllenhali Dahlbom [willow leaf-rolling sawfly] 柳扁蜂，柳扁叶蜂
Pamphilius hilaris Eversmann 亮头扁蜂
Pamphilius histrio Latreille [aspen leaf-rolling sawfly] 颤杨扁蜂，颤杨扁叶蜂
Pamphilius lanatus Beneš 羊毛扁蜂，羊毛扁叶蜂，长卷毛扁蜂
Pamphilius latifrons Fallén [southern aspen leaf-rolling sawfly] 北中欧颤杨扁蜂，北中欧颤杨扁叶蜂
Pamphilius lobatus Maa 具裂片扁蜂，具裂片扁叶蜂
Pamphilius minor Shinohara *et* Xiao 白唇扁蜂
Pamphilius nakagawai Takeuchi 中川扁蜂，中川扁叶蜂
Pamphilius nigropilosus Shinohara, Naito *et* Huang 黑毛扁蜂，黑毛扁叶蜂
Pamphilius nitidiceps Shinohara 光头扁蜂
Pamphilius pallipes Zetterstedt 蓬足扁蜂，蓬足扁叶蜂，套足扁叶蜂
Pamphilius qinlingicus Wei 秦岭扁蜂
Pamphilius sertatus Kônow 花环扁蜂，花环扁叶蜂
Pamphilius shengi Wei 盛氏扁蜂
Pamphilius sinensis Shinohara, Dong *et* Naito 中华扁蜂
Pamphilius sylvarus (Stephens) [oak leaf-rolling sawfly] 栎扁蜂，栎扁叶蜂
Pamphilius tibetanus Shinohara, Naito *et* Huang 西藏扁蜂，西藏扁叶蜂
Pamphilius tianmushanus Liu, Li *et* Wei 天目扁蜂
Pamphilius uniformis Shinohara *et* Zhou 淡痣扁蜂
Pamphilius vafer (Linnaeus) [alder web-spinning sawfly, alder leaf-rolling sawfly] 桤木扁蜂，桤木扁叶蜂
Pamphilius varius Peletier 垂枝桦扁蜂，垂枝桦扁叶蜂
Pamphlebia 苇尺蛾属
Pamphlebia rubrolimbraria (Guenée) 红缘苇尺蛾，红缘小青尺蛾
Pampsilota 小头三节叶蜂属，全三节叶蜂属
Pampsilota cenchra Wei 小膜小头三节叶蜂
Pampsilota interstitialis Cameron 红胸小头三节叶蜂
Pampsilota interstitialis euterpes Turner 红胸小头三节叶蜂黑胸亚种，黑胸小头三节叶蜂，浙隙全三节叶蜂
Pampsilota interstitialis interstitialis Cameron 红胸小头三节叶蜂指名亚种，红胸小头三节叶蜂
Pampsilota scutellis Wei 隆盾小头三节叶蜂
Pampsilota sinensis (Kirby) 中华小头三节叶蜂，中华全三节叶蜂，中华三节叶蜂
Pan American big-headed tiger beetle [*Tetracha carolina* (Linnaeus)] 泛美大头虎甲
pan hairstreak [*Electrostrymon pan* (Drury)] 盘电灰蝶
pan opal [*Poecilmitis pan* Pennington] 泛幻灰蝶
pan-omics [= multiomics, integrative omics, panomics, multi-omics] 多组学，整合组学，泛组学
Pan-Pacific Entomologist 泛太平洋昆虫学家 < 期刊名 >
Panacanthus 刺股草螽属
Panacanthus cuspidatus (Bolívar) [spike headed katydid] 绿额刺股草螽，鬼王螽斯
Panacanthus gibbosus Montealegre *et* Morris 瘤刺股草螽
Panacanthus intensus Montealegre *et* Morris 暗刺股草螽
Panacanthus lacrimans Montealegre *et* Morris 褐刺股草螽
Panacanthus pallicornis (Walker) 淡角刺股草螽
Panacanthus spinosus Redtenbacher 黑刺刺股草螽
Panacanthus varius Walker 多变刺股草螽
Panacea 炬蛱蝶属
Panacea bella d'Abrera 美炬蛱蝶
Panacea chalcothea Hewitson 铜炬蛱蝶
Panacea divalis (Bates) 似炬蛱蝶
Panacea procilla Hewitson [procilla beauty] 熄炬蛱蝶
Panacea prola (Doubleday) [prola beauty, red flasher] 炬蛱蝶
Panacea regina (Bates) 女王炬蛱蝶
Panacra 绿天蛾属
Panacra automedon (Fabricius) 见 *Eupanacra automedon*
Panacra busiris Walker 见 *Eupanacra busiris*
Panacra malayana Rothschild *et* Jordan 见 *Eupanacra malayana*
Panacra metallica Butler 见 *Eupanacra metallica*
Panacra moseri Gehlen 同 *Eupanacra malayana*
Panacra mydon Walker 见 *Eupanacra mydon*
Panacra mydon pallidior Mell 同 *Eupanacra mydon*
Panacra mydon septentrionalis Mell 同 *Eupanacra mydon*
Panacra perfecta Butler 见 *Eupanacra perfecta*
Panacra perfecta tsekoui Clark 见 *Eupanacra perfecta tsekoui*
Panacra variolosa Walker 见 *Eupanacra*
Panagaeus 空步甲属
Panagaeus davidi Fairmaire 达空步甲

Panagaeus japonicus Chaudoir 日空步甲
Panagaeus retractus Walker 同 *Mochtherus tetraspilotus*
Panagaeus robustus Morawitz 壮空步甲
Panama skipperling [= Central American skipperling, *Dalla eryonas* (Hewitson)] 达弄蝶
Panama termite [*Termes panamensis* (Snyder)] 巴拿马白蚁
Panamanian euselasia [*Euselasia hypophaea* Godman *et* Salvin] 黑下优蚬蝶
Panamanian faceted-skipper [*Synapte puma* Evans] 狮散弄蝶
Panamanian leafcutter ant [*Acromyrmex echinatior* (Forel)] 巴拿马切叶蚁
Panamanian sarota [*Sarota gamelia* (Godman *et* Salvin)] 戈小尾蚬蝶
Panamanian theope [= brown-posted theope, *Theope barea* (Godman *et* Salvin)] 拜娆蚬蝶
Panamanian tortoise beetle [*Charidotella egregia* (Boheman)] 巴拿马类查龟甲
Panaorus 狭地长蝽亚属，狭地长蝽属
Panaorus adspersus (Mulsant *et* Rey) 见 *Rhyparochromus adspersus*
Panaorus albomaculatus (Scott) 见 *Rhyparochromus albomaculatus*
Panaorus csikii (Bergroth) 见 *Rhyparochromus csikii*
Panaorus japonicus (Stål) 见 *Rhyparochromus japonicus*
Panaphaenops 盘盲步甲属
Panaphaenops guixicus Tian, Huang *et* Ma 贵西盘盲步甲
Panaphantina 独窝蚁甲亚族
Panaphis 全斑蚜属
Panaphis nepalensis (Quednau) 尼泊尔全斑蚜，尼泊尔长角斑蚜
Panaphis nepalensis nepalensis (Quednau) 尼泊尔全斑蚜指名亚种，尼泊尔长角斑蚜指名亚种
Panaphis nepalensis yunlongensis (Zhang) 尼泊尔全斑蚜云龙亚种，云龙长角斑蚜
Panara 斜黄蚬蝶属
Panara aureizona Butler 金带斜黄蚬蝶
Panara brevilinea Schaus 短线斜黄蚬蝶
Panara phereclus (Linnaeus) [orange-barred velvet, phereclus metalmark] 飞斜黄蚬蝶
Panara thisbe (Fabricius) 斜黄蚬蝶
Panara thymele Stichel 麝斜黄蚬蝶
Panara trabasis Stichel 塔斜黄蚬蝶
Panarche 叛眼蝶属
Panarche callipolis Hewitson 丽灰叛眼蝶
Panarche tricordatus (Hewitson) 叛眼蝶
Panca 板弄蝶属
Panca subpunctuli (Hayward) 板弄蝶
Pancalia 星尖蛾属
Pancalia aureatus Yang 金星尖蛾，金星举肢蛾
Pancalia didesmococcusphaga Yang 见 *Cyanarmostis didesmococcusphaga*
Pancalia gaedikei Sinev 甘氏星尖蛾
Pancalia hexachrysa (Meyrick) 六点星尖蛾
Pancalia isshikii Matsamura 一色星尖蛾
Pancalia isshikii amurella Gaedike 一色星尖蛾黑龙江亚种，黑龙江星尖蛾
Pancalia isshikii isshikii Matsamura 一色星尖蛾指名亚种
Pancalia latreillella Curtis 银点星尖蛾，银点举肢蛾，拉星举肢蛾
Pancalia sinense Gaedike 中华星尖蛾
Pancalia wuyiensis Zhang *et* Li 武夷星尖蛾
panchaetothripid 1. [= panchaetothripid thrips] 针蓟马 < 针蓟马科 Panchaetothripidae 昆虫的通称 >; 2. 针蓟马科的
panchaetothripid thrips [= panchaetothripid] 针蓟马
Panchaetothripidae 针蓟马科
Panchaetothripinae 针蓟马亚科
Panchaetothripini 针蓟马族
Panchaetothrips 针蓟马属
Panchaetothrips bifurcus Mirab-balou *et* Tong 同 *Panchaetothrips timonii*
Panchaetothrips holtmanni Wilson 侯针蓟马
Panchaetothrips indicus Bagnall 印度针蓟马
Panchaetothrips kikiri Kudô 凯针蓟马
Panchaetothrips noxius Priesner 鼎湖山针蓟马
Panchaetothrips stephani Reyes 斯针蓟马
Panchaetothrips timonii Mound *et* Postle 蒂针蓟马
Panchala 俳灰蝶属
Panchala aberrans (de Nicéville) 见 *Arhopala aberrans*
Panchala abseus (Hewitson) 见 *Arhopala abseus*
Panchala ammon (Hewitson) 见 *Arhopala ammon*
Panchala ammonides (Doherty) 见 *Arhopala ammonides*
Panchala ammonides bowringi Evans 见 *Arhopala ammonides bowringi*
Panchala anella (de Nicéville) 见 *Arhopala anella*
Panchala ariel (Doherty) 见 *Arhopala ariel*
Panchala birmana Moore 见 *Arhopala birmana*
Panchala birmana aberrans (de Nicéville) 见 *Arhopala aberrans*
Panchala birmana asakurae (Matsumura) 见 *Arhopala birmana asakurae*
Panchala birmana birmana Moore 见 *Arhopala birmana birmana*
Panchala elizabethae Eliot 见 *Arhopala elizabethae*
Panchala fulla (Hewitson) 见 *Arhopala fulla*
Panchala ganesa (Moore) 见 *Arhopala ganesa*
Panchala ganesa formosana (Kôno) 见 *Arhopala ganesa formosana*
Panchala ganesa ganesa (Moore) 见 *Arhopala ganesa ganesa*
Panchala ganesa loomisi (Pryer) 见 *Arhopala ganesa loomisi*
Panchala ganesa seminigra (Leech) 见 *Arhopala ganesa seminigra*
Panchala paraganesa (de Nicéville) 见 *Arhopala paraganesa*
Panchala paraganesa zephyretta (Doherty) 见 *Arhopala paraganesa zephyretta*
panche ridens [*Ridens panche* (Williams)] 显斑丽弄蝶
Panchlora 绿蠊属，角腹蠊属
Panchlora nivea (Linnaeus) [Cuban cockroach] 古巴绿蠊，古巴蜚蠊
Panchlora stanleyana Rehn 斯坦利绿蠊
panchlorid 1. [= panchlorid cockroach] 绿蠊，角腹蠊 < 绿蠊科 Panchloridae 昆虫的通称 >; 2. 绿蠊科的
panchlorid cockroach [= panchlorid] 绿蠊，角腹蠊
Panchloridae 绿蠊科，角腹蠊科
Panchlorinae 绿蠊亚科
Panchrysia 银钩夜蛾属
Panchrysia deaurata (Epser) 迪银钩夜蛾，迪肖银纹夜蛾
Panchrysia dives (Eversmann) 黄裳银钩夜蛾，黄裳银纹夜蛾，

笛肖银纹夜蛾

Panchrysia mishanensis Chou *et* Lu 密山银钩夜蛾

Panchrysia ornata (Bremer) 艳银钩夜蛾，银钩夜蛾，奥金翅夜蛾

Panchrysia tibetensis Chou *et* Lu 西藏银钩夜蛾

pancreatic amylase 胰淀粉酶

pancreatic lipase 胰脂肪酶

panda ant [*Euspinolia militaris* Mickel] 熊猫刺蚁蜂

panda nymph [*Euriphene regula* Hecq] 熊猫幽蛱蝶

panda sand wasp [*Bembix vespiformis* Smith] 熊猫斑沙蜂，熊猫沙蜂

Pandanicola 蕈粉蚧属

Pandanicola esakii (Takahashi) 伯劳蕈粉蚧

Pandanicola pandani (Takahashi) 露兜蕈粉蚧

Pandasyophthalmus 汎红副蚜蝇亚属

Pandelleana 潘麻蝇属

Pandelleana protuberans (Pandelle) 肿额潘麻蝇

Pandelleana protuberans protuberans (Pandelle) 肿额潘麻蝇指名亚种

Pandelleana protuberans shantungensis Yeh 见 *Pandelleana shantungensis*

Pandelleana shantungensis Yeh 山东潘麻蝇，山东肿额潘麻蝇

Pandelleana struthiodes Xue, Feng *et* Liu 鸵潘麻蝇

Pandelleisca 潘德麻蝇亚属

Pandelleisca hui (Ho) 见 *Sarcophaga* (*Pandelleisca*) *hui*

Pandelleisca iwuensis (Ho) 见 *Sarcophaga* (*Pandelleisca*) *iwuensis*

Pandelleisca kanoi (Park) 见 *Sarcophaga* (*Liosarcophaga*) *kanoi*

Pandelleisca kawayuensis (Kôno) 见 *Sarcophaga* (*Pandelleisca*) *kawayuensis*

Pandelleisca pingi (Ho) 见 *Sarcophaga* (*Pandelleisca*) *pingi*

Pandelleisca polystylata (Ho) 见 *Sarcophaga* (*Pandelleisca*) *polystylata*

Pandelleisca similis (Meade) 见 *Sarcophaga* (*Pandelleisca*) *similis*

Pandelleisca tristylata (Bottscher) 见 *Sarcophaga* (*Pandelleisca*) *tristylata*

Pandelleisca tsushimae (Senior-White) 见 *Sarcophaga* (*Liosarcophaga*) *tsushimae*

Pandelleisca yunnanensis (Fan) 见 *Sarcophaga* (*Pandelleisca*) *yunnanensis*

Pandemis 褐卷蛾属

Pandemis acumipenita Liu *et* Bai 尖褐卷蛾

Pandemis borealis Freeman 见 *Archepandemis borealis*

Pandemis canadana Kearfott 加褐卷蛾

Pandemis cataxesta Meyrick 云褐卷蛾，卡褐卷蛾

Pandemis cerasana (Hübner) [barred fruit-tree tortrix, cherry brown tortrix, currant twist moth, common twist moth] 醋栗褐卷蛾，疆褐卷蛾，樱桃黄卷蛾，樱桃黄卷叶蛾

Pandemis chlorograpta Meyrick 黄褐卷蛾，泛绿褐卷蛾

Pandemis chondrillana (Herrich-Schäffer) 新褐卷蛾，强褐卷蛾

Pandemis cinnamomeana (Treitschke) 松褐卷蛾

Pandemis corylana (Fabricius) [chequered fruit-tree tortrix, hazel tortrix moth, filbert tortricid, barred fruit tree moth, great chequered twist moth] 榛褐卷蛾

Pandemis curvipenita Liu *et* Bai 同 *Pandemis ignescana*

Pandemis dryoxesta Meyrick 歧褐卷蛾，藏褐卷蛾

Pandemis dumetana (Treitschke) 桃褐卷蛾，杜褐卷蛾

Pandemis emptycta Meyrick 长褐卷蛾，恩褐卷蛾

Pandemis fulvastra Bai 淡褐卷蛾

Pandemis heparana (Denis *et* Schiffermüller) [dark fruit-tree tortrix, hibiscus leaf roller, apple brown tortrix] 苹褐卷蛾，木槿卷蛾，木槿卷叶蛾，苹果褐卷叶蛾，苹褐卷叶蛾

Pandemis ignescana (Kuznetzov) 曲褐卷蛾

Pandemis inouei Kawabe 台湾褐卷蛾，茵褐卷蛾

Pandemis lamprosana (Robinson) 丽褐卷蛾

pandemis leafroller moth [= apple pandemic, *Pandemis pyrusana* Kearfott] 苹果褐卷蛾

Pandemis limitata (Robinson) [three-lined leafroller] 三带褐卷蛾，三线褐卷蛾，三带卷蛾，三带卷叶蛾

Pandemis minuta (Diakonoff) 小褐卷蛾

Pandemis monticolana Yasuda 山褐卷蛾

Pandemis phaedroma Razowski 齿褐卷蛾，废褐卷蛾

Pandemis phaenotherion Razowski 秦褐卷蛾，菲诺褐卷蛾

Pandemis phaiopteron Razowski 暗褐卷蛾，非奥褐卷蛾

Pandemis piceacola Liu 云杉褐卷蛾

Pandemis pyrusana Kearfott [apple pandemic, pandemis leafroller moth] 苹果褐卷蛾

Pandemis quadrata Liu *et* Bai 矩褐卷蛾

Pandemis rectipenita Liu *et* Bai 直褐卷蛾

Pandemis ribeana (Hübner) 同 *Pandemis cerasana*

Pandemis striata Bai 同 *Pandemis ignescana*

Pandemis subovata (Diakonoff) 椭圆褐卷蛾

Pandemis thomasi Razowski 托褐卷蛾

Pandemis xanthacra (Diakonoff) 黄褐卷蛾

Pandemos 潘迪蚬蝶属

Pandemos godmanii (Dewitz) 戈氏潘迪蚬蝶

Pandemos palaeste (Hewitson) 古潘迪蚬蝶

Pandemos pasiphae (Cramer) [pasiphae nymphidium] 潘迪蚬蝶

Pandesma 蟠夜蛾属

Pandesma anysa Guenée 安蟠夜蛾

Pandesma quenavadi Guenée 蟠夜蛾

Pandita 潘迪蛱蝶属

Pandita sinope Moore [colonel] 潘迪蛱蝶

Pandora moth [*Coloradia pandora* Blake] 潘多拉大蚕蛾，粉花凌霄天蚕蛾，潘多拉天蚕蛾

Pandora sphinx moth [= pandorus sphinx moth, *Eumorpha pandorus* (Hübner)] 潘多拉优天蛾

Pandora orientalis Hendel 见 *Saltella orientalis*

Pandoriana 潘豹蛱蝶属

Pandoriana pandora (Denis *et* Schiffermüller) [cardinal] 潘豹蛱蝶，欧洲豹蛱蝶

pandorus sphinx moth 见 Pandora sphinx moth

Panelus 卵蜣螂属，屏蜣螂属 <此属学名有误写为 *Panellus* 者>

Panelus crenatus Nomura 齿鞘卵蜣螂，克屏蜣螂

Panelus maedai Nomura 前田卵蜣螂，麦屏蜣螂

Panelus manmiaoae Masumoto, Ochi *et* Tsai 曼妙卵蜣螂

Panelus parvulus (Waterhouse) 小卵蜣螂，小屏蜣螂

Panelus wangi Masumoto, Ochi *et* Tsai 王氏卵蜣螂

Panesthia 弯翅蠊属，硬蠊属

Panesthia angustipennis (Illiger) 狭翅弯翅蠊，大弯翅蠊

Panesthia angustipennis angustripennis (Illiger) 狭翅弯翅蠊指名

P

亚种
Panesthia angustipennis brevipennis Brunner von Wattenwyl 狭翅弯翅蠊短翅亚种
Panesthia angustipennis cognata Bey-Bienko 狭翅弯翅蠊阔斑亚种
Panesthia angustipennis spadica (Shiraki) 见 *Panesthia spadica*
Panesthia angustipennis yayeyamensis Asahina 狭翅弯翅蠊八重山亚种，八重山硬蠊，八重山弯翅蠊
Panesthia antennata Brunner von Wattenwyl 异角弯翅蠊，小弯翅蠊
Panesthia birmanica Brunner von Wattenwyl 小弯翅蠊
Panesthia bramina Saussure 同 *Panesthia transversa*
Panesthia cognata Bey-Bienko 阔斑弯翅蠊
Panesthia concinna Feng *et* Woo 丽弯翅蠊
Panesthia guangxiensis Feng *et* Woo 广西弯翅蠊
Panesthia incerta Brunner von Wattenwyl 见 *Salganea incerta*
Panesthia larvata Bey-Bienko 幼弯翅蠊
Panesthia mandarinea Saussure 同 *Panesthia transversa*
Panesthia ornata Saussure 饰弯翅蠊
Panesthia sinuata Saussure 波缘弯翅蠊，波形弯翅蠊，广东弯翅蠊
Panesthia spadica (Shiraki) 拟大弯翅蠊，黑褐硬蠊
Panesthia stellata Saussure 星弯翅蠊
Panesthia strelkovi Bey-Bienko 翅芽弯翅蠊，芽弯翅蠊
Panesthia transversa Burmeister 横弯翅蠊
Panesthia yaeyamensis Asahina 八重山弯翅蠊
panesthiid 1. [= panesthiid cockroach] 弯翅蠊 < 弯翅蠊科 Panesthiidae 昆虫的通称 >；2. 弯翅蠊科的
panesthiid cockroach [= panesthiid] 弯翅蠊
Panesthiidae 弯翅蠊科
Panesthiinae 弯翅蠊亚科
Pang's flitter [*Zographetus pangi* Fan *et* Wang] 庞氏肿脉弄蝶
Pangoniinae 距虻亚科 < 此亚科学名有误写为 Pangoninae 者 >
Pangonius 距虻属
Pangonius sinensis Enderlein 中华距虻
Pangrapta 眉夜蛾属，眉裳蛾属
Pangrapta adusta (Leech) 褐翅眉夜蛾
Pangrapta albistigma (Hampson) 同 *Pangrapta lunulata*
Pangrapta cana (Leech) 灰眉夜蛾
Pangrapta costinotata (Butler) 缘斑眉夜蛾，白斑眉夜蛾，前缘斑眉裳蛾
Pangrapta cuvtalis (Walker) 中影眉夜蛾，短眉夜蛾
Pangrapta dentilineata (Leech) 齿线眉夜蛾，齿线策夜蛾
Pangrapta disruptalis (Walker) 暗影眉夜蛾，迪眉夜蛾
Pangrapta flavomacula Staudinger 黄斑眉夜蛾
Pangrapta griseola Staudinger 暗灰眉夜蛾
Pangrapta hainanensis Hu *et* Wang 海南眉夜蛾
Pangrapta ingratata (Leech) 郁眉夜蛾
Pangrapta jianfenglingensis Hu *et* Wang 尖峰岭眉夜蛾
Pangrapta lunulata Sterz 白痣眉夜蛾，月眉裳蛾，白点眉裳蛾
Pangrapta mandarina (Leech) 旗眉夜蛾，大陆眉夜蛾
Pangrapta marmorata Staudinger 纹理眉夜蛾
Pangrapta nanlingensis Hu *et* Wang 南岭眉夜蛾
Pangrapta neoobscurata Hu, Yu *et* Wang 新苹眉夜蛾
Pangrapta neorecusata Hu *et* Wang 奈眉夜蛾
Pangrapta obscurata (Butler) 苹眉夜蛾，模眉裳蛾
Pangrapta ornata (Leech) 饰眉夜蛾
Pangrapta pannosa (Moore) 黄背眉夜蛾，块眉夜蛾，块眉裳蛾，磐眉夜蛾
Pangrapta parvula (Leech) 小眉夜蛾
Pangrapta perturbans (Walker) 浓眉夜蛾
Pangrapta plumbilineata Wileman *et* West 掌眉裳蛾
Pangrapta prophyrea (Butler) 波眉夜蛾，紫眉夜蛾
Pangrapta pulverea (Leech) 紫褐眉夜蛾，绒眉夜蛾
Pangrapta saucia (Leech) 二斑眉夜蛾
Pangrapta shivula (Guenée) 碎斑眉夜蛾
Pangrapta similistigma Warren 遮眉夜蛾
Pangrapta squamea (Leech) 鳞眉夜蛾
Pangrapta suaveola Staudinger 隐眉夜蛾，甜眉夜蛾
Pangrapta textilis (Leech) 纱眉夜蛾
Pangrapta tipula (Sinhoe) 蛛策夜蛾，蛛眉夜蛾
Pangrapta trilineata (Leech) 三线眉夜蛾，三线眉裳蛾
Pangrapta trimantesalis (Walker) 同 *Pangrapta perturbans*
Pangrapta umbrosa (Leech) 淡眉夜蛾，荫眉夜蛾
Pangrapta vasava (Butler) 点眉夜蛾，哇歹斯夜蛾
Pangraptinae 眉夜蛾亚科，眉裳蛾亚科
Pangus 盘娄步甲属
Pangus nanulus (Tschitschérine) 南盘娄步甲，南娄步甲
Pania 龟纹瓢虫属 *Propylea* 的异名
Pania insularis (Sicard) 同 *Propylea luteopustulata*
Pania luteopustulata (Mulsant) 见 *Propylea luteopustulata*
Pania luteopustulata thibetana Mulsant 同 *Propylea luteopustulata*
Pania victoriae (Mulsant) 同 *Propylea luteopustulata*
panicium planthopper [*Sogatella vibix* (Haupt)] 稗白背飞虱，稗飞虱，黍白背飞虱
Panilla 潘尼夜蛾属，番裳蛾属
Panilla costipunctata Leech 深褐潘尼夜蛾，深褐番裳蛾，斜斑妃夜蛾
Panilla dispila (Walker) 潘尼夜蛾，分斑番裳蛾
Panilla fasciata Leech 带潘尼夜蛾
Panilla mila Strand 迷潘尼夜蛾，米番裳蛾
Panilla minor Yoshimoto 小潘尼夜蛾，小番裳蛾
Panilla petrina (Butler) 缘斑帕尼夜蛾，缘斑科夜蛾，佩科夜蛾
Panilla poliochroa Hampson 砵潘尼夜蛾，砵番裳蛾
paniscoides skipperling [*Butleria paniscoides* (Blanchard)] 孔仆弄蝶
Paniscus inaequalis Uchida 见 *Netelia* (*Apatagium*) *inaequalis*
Paniscus virgatus Uchida 见 *Netelia virgata*
panmiotic population 泛基因种群
Pannota 全盾蜉亚目
panoistic egg tube [= panoistic ovariole] 无滋卵巢管，无滋式卵巢管
panoistic ovariole 见 panoistic egg tube
panoistic ovary 无滋卵巢，无滋式卵巢
Panolis 小眼夜蛾属
Panolis exquisita Draudt 东小眼夜蛾
Panolis flammea (Denis *et* Schiffermüller) [pine beauty moth] 小眼夜蛾
Panolis japonica Draudt 松小眼夜蛾，日小眼夜蛾
Panolis pinicortex Draudt 波小眼夜蛾
Panolis pinicortex exornata Hreblay *et* Ronkay 波小眼夜蛾台湾亚种，波小眼夜蛾

Panolis pinicortex pinicortex Draudt 波小眼夜蛾指名亚种
Panolis variegatoides Poole 羽斑小眼夜蛾
panomics 见 pan-omics
Panopinae 帕小头虻亚科
panoptes blue [*Pseudophilotes panoptes* (Hübner)] 蓝帕塞灰蝶
Panoquina 盘弄蝶属
Panoquina chapada Evans [chapada skipper] 洽盘弄蝶
Panoquina errans (Skinner) [wandering skipper] 逛盘弄蝶
Panoquina evadnes (Stoll) [evadnes skipper] 伊夫盘弄蝶
Panoquina evansi (Freeman) [Evans' skipper] 黄斑盘弄蝶
Panoquina fusina (Hewitson) [fusina skipper] 福希盘弄蝶
Panoquina hecebola (Scudder) [hecebola skipper, hecebolus skipper] 尖月亮盘弄蝶
Panoquina leucas (Herrich-Schäffer) [purple-washed skipper] 长斑盘弄蝶
Panoquina luctuosa Herrich-Schäffer 闪盘弄蝶
Panoquina ocola (Edwards) [ocola skipper, long-winged skipper] 鸥盘弄蝶
Panoquina panoquin (Scudder) [salt marsh skipper] 盘弄蝶
Panoquina panoquinoides (Skinner) [beach skipper, obscure skipper] 酪带盘弄蝶
Panoquina pauper (Mabille) [pauper skipper] 黄基盘弄蝶
Panoquina sylvicola (Herrich-Schäffer) [purple-washed skipper] 紫盘弄蝶
Panoquina trix Evans 特里盘弄蝶
Panorpa 蝎蛉属
Panorpa acanthophylla Zhou 刺叶蝎蛉
Panorpa acuta Carpenter 锐蝎蛉
Panorpa acuta Issiki *et* Cheng 同 *Panorpa issikii*
Panorpa acutipensis Hua 见 *Cerapanorpa acutipennis*
Panorpa akasakai Issiki 赤阪蝎蛉，赤崎蝎蛉
Panorpa alata Zhou *et* Zhou 翼蝎蛉
Panorpa alticola Zhou 同 *Cerapanorpa obtusa*
Panorpa anfracta Ju *et* Zhou 弯杆蝎蛉
Panorpa angustistriata Issiki 狭带蝎蛉，角纹蝎蛉，窄纹蝎蛉
Panorpa anrenensis Chou *et* Wang 安仁蝎蛉
Panorpa apiconebulosa Issiki 端黑蝎蛉，端陷蝎蛉
Panorpa aurea Cheng 金身蝎蛉，金蝎蛉
Panorpa baohwashana Cheng 宝华山蝎蛉
Panorpa bashanicola Hua, Tao *et* Hua 巴山蝎蛉
Panorpa biclada Zhang *et* Hua 二支蝎蛉
Panorpa bicornifera Chou *et* Wang 见 *Cerapanorpa bicornifera*
Panorpa bifasicata Chou *et* Wang 双带蝎蛉
Panorpa bistriata Issiki 双纹蝎蛉，两带蝎蛉
Panorpa bonis Cheng 见 *Cerapanorpa bonis*
Panorpa brevicaudata Hua 见 *Panorpodes brevicaudata*
Panorpa brevicornis Hua *et* Li 见 *Cerapanorpa brevicornis*
Panorpa brevititilata Issiki 短突蝎蛉，短蝎蛉
Panorpa bunun Issiki 布农蝎蛉，小山蝎蛉
Panorpa byersi Hua *et* Huang 见 *Cerapanorpa byersi*
Panorpa caoweii Wang 曹氏蝎蛉
Panorpa carpenteri Cheng 卡氏蝎蛉，卡本特蝎蛉
Panorpa centralis Tjeder 见 *Cerapanorpa centralis*
Panorpa changbaishana Hua 长白山蝎蛉
Panorpa chengi Chou 郑氏蝎蛉
Panorpa cheni Cheng 陈氏蝎蛉
Panorpa choui Hua 同 *Panorpa changbaishana*
Panorpa choui Zhou *et* Wu 周氏蝎蛉
Panorpa cladocerca Navás 支蝎蛉，扁平蝎蛉，棒须蝎蛉
Panorpa communis Linnaeus 普通蝎蛉
Panorpa concolor Esben-Petersen 同色蝎蛉，单色蝎蛉
Panorpa coomani Cheng 库曼蝎蛉，牯岺蝎蛉，库氏蝎蛉
Panorpa cornigera MacLachlan 见 *Cerapanorpa cornigera*
Panorpa curva Carpenter 弯曲蝎蛉，曲蝎蛉
Panorpa curvata Zhou 曲杆蝎蛉
Panorpa dali Wang 大理蝎蛉
Panorpa dashahensis Zhou *et* Zhou 大沙河蝎蛉
Panorpa davidi Navás 大卫蝎蛉，达氏蝎蛉
Panorpa deceptor Esben-Petersen 斑蝎蛉，骗蝎蛉
Panorpa decolorata Chou *et* Wang 淡色蝎蛉
Panorpa diceras Maclachlan 见 *Dicerapanorpa diceras*
Panorpa difficilis Carpenter 难蝎蛉，恼蝎蛉
Panorpa duanyu Wang *et* Gong 段誉蝎蛉
Panorpa dubia Chou *et* Wang 见 *Cerapanorpa dubia*
Panorpa emarginata Cheng 见 *Cerapanorpa emarginata*
Panorpa emeishana Hua, Sun *et* Li 峨眉山蝎蛉
Panorpa esakii Issiki 江崎蝎蛉
Panorpa falsa Issiki *et* Cheng 伪蝎蛉，假蝎蛉
Panorpa filina Chou *et* Wang 女儿蝎蛉
Panorpa filititilana Li *et* Hua 细突蝎蛉
Panorpa flavicorporis Cheng 黄体蝎蛉，黄蝎蛉
Panorpa flavipennis Carpenter 黄翅蝎蛉，深黄蝎蛉
Panorpa fructa Cheng 实蝎蛉，果实蝎蛉
Panorpa fukiensis Tjeder 福建蝎蛉
Panorpa fulvastra Chou 淡黄蝎蛉
Panorpa fulvicaudaria Miyaké 见 *Cerapanorpa fulvicaudaria*
Panorpa funiushana Hua *et* Chou 见 *Cerapanorpa funiushana*
Panorpa furcata Zhou *et* Zhou 叉形蝎蛉
Panorpa galloisi Miyaké 见 *Cerapanorpa galloisi*
Panorpa galloisi Navás 同 *Cerapanorpa arakavae*
Panorpa gokaensis Miyaké 见 *Cerapanorpa gokaensis*
Panorpa grahamana Cheng 格雷艾姆蝎蛉，哥哈马蝎蛉，拟格氏蝎蛉
Panorpa grahami Carpenter 同 *Dicerapanorpa diceras*
Panorpa gressitti Byers 嘉理斯蝎蛉，加氏蝎蛉，嘉氏蝎蛉
Panorpa guidongensis Chou *et* Li 桂东蝎蛉
Panorpa guttata Navás 滴蝎蛉，多斑蝎蛉
Panorpa hamata Issiki *et* Cheng 钩蝎蛉，滨田蝎蛉
Panorpa hani Wang 哈尼蝎蛉
Panorpa hirundo Wang 燕尾蝎蛉
Panorpa horiensis Issiki 见 *Cerapanorpa horiensis*
Panorpa huangguiqiangi Wang 黄氏蝎蛉
Panorpa implicata Cheng 织纹蝎蛉，交织蝎蛉，乱蝎蛉
Panorpa insularis Hua *et* Chou 岛生蝎蛉，岛新蝎蛉
Panorpa issikiana Byers 一色蝎蛉
Panorpa issikii Penny *et* Byers 尖蝎蛉，一色蝎蛉，台湾一色蝎蛉
Panorpa japonica Thunberg 日本蝎蛉
Panorpa jiangrixini Wang 姜氏蝎蛉
Panorpa jilinensis Zhou 吉林蝎蛉

P

Panorpa jinchuana Hua, Sun *et* Li 金川蝎蛉
Panorpa jinfoshana Wang 金佛山蝎蛉
Panorpa jinhuaensis Wang, Gao *et* Hua 金华蝎蛉
Panorpa kamicotiensis Issiki 同 *Cerapanorpa fulvicaudaria*
Panorpa kellogi Cheng 凯氏蝎蛉
Panorpa kiautai Zhou *et* Wu 尤氏蝎蛉
Panorpa kimminsi Carpenter 见 *Dicerapanorpa kimminsi*
Panorpa kirisimaensis Issiki 同 *Cerapanorpa fulvicaudaria*
Panorpa klapperichi Tjeder 克氏蝎蛉，克拉帕利希蝎蛉
Panorpa kunmingensis Fu *et* Hua 昆明蝎蛉
Panorpa lachlani Navás 拉氏蝎蛉
Panorpa latiloba Wang 宽叶蝎蛉
Panorpa leei Cheng 同 *Cerapanorpa obtusa*
Panorpa liaoae Zhou *et* Zhou 同 *Panorpa liaoi*
Panorpa liaoi Zhou *et* Zhou 廖氏蝎蛉
Panorpa lintienshana Cheng 林田山蝎蛉，林亭山蝎蛉
Panorpa liui Hua 刘氏蝎蛉
Panorpa longiramina Issiki *et* Cheng 长侧蝎蛉，长枝蝎蛉
Panorpa longititilana Issiki 长突蝎蛉，长蝎蛉
Panorpa lutea Carpenter 黄蝎蛉，黄翅蝎蛉
Panorpa macrostyla Hua 长蝎蛉
Panorpa magna Chou 见 *Dicerapanorpa magna*
Panorpa mangshanensis Chou *et* Wang 莽山蝎蛉
Panorpa menqiuleii Wang, Gao *et* Hua 门氏蝎蛉
Panorpa mokansana Cheng 莫干山蝎蛉，莫蝎蛉
Panorpa muricataLi *et* Hua 尖齿蝎蛉
Panorpa nanwutaina Chou 见 *Cerapanorpa nanwutaina*
Panorpa nanzhao Wang 南诏蝎蛉
Panorpa navasi Issiki 同 *Cerapanorpa arakavae*
Panorpa neospinosa Chou *et* Wang 新刺蝎蛉
Panorpa nokoensis Issiki 能高蝎蛉，罗谷蝎蛉，南投蝎蛉
Panorpa nudiramus Byers 裸茎蝎蛉
Panorpa obliqua Carpenter 斜蝎蛉
Panorpa obliquifascia Chou *et* Wang 斜带蝎蛉
Panorpa obtusa Cheng 见 *Cerapanorpa obtusa* < *Panorpa obtuse* 为该种名的错误拼写 >
Panorpa ochraceocauda Issiki 赭尾蝎蛉，黄尾蝎蛉，淡黄蝎蛉
Panorpa pallidimaculata Issiki 淡纹蝎蛉，白斑蝎蛉
Panorpa parallela Wang *et* Hua 平支蝎蛉，平行蝎蛉
Panorpa pectinata Issiki 栉蝎蛉，梳状蝎蛉
Panorpa peterseana Issiki 彼得蝎蛉，皮氏蝎蛉，彼氏蝎蛉
Panorpa pieli Cheng 璧尔蝎蛉，皮氏蝎蛉
Panorpa pingjiangensis Chou *et* Wang 平江蝎蛉
Panorpa pusilla Cheng 微蝎蛉
Panorpa qiana Zhou *et* Zhou 黔蝎蛉
Panorpa qinlingensis Chou *et* Ran 秦岭蝎蛉
Panorpa quadrifasciata Chou *et* Wang 四带蝎蛉
Panorpa rantaisanensis Issiki 峦大山蝎蛉，冉台山蝎蛉，郡大山蝎蛉
Panorpa reflexa Wang *et* Hua 反曲蝎蛉，折蝎蛉
Panorpa reni Chou 见 *Cerapanorpa reni*
Panorpa semifasciata Cheng 半带蝎蛉
Panorpa sexspinosa Cheng 六刺蝎蛉
Panorpa sexspinosa sexspinosa Cheng 六刺蝎蛉指名亚种
Panorpa sexspinosa zhongnanensis Chou *et* Ran 六刺蝎蛉终南亚种，终南六刺蝎蛉
Panorpa sextaenia Zhou *et* Bao 六带蝎蛉
Panorpa shanyangensis Chou *et* Wang 山阳蝎蛉
Panorpa shibatai Issiki 柴田蝎蛉
Panorpa sonani Issiki 楚南蝎蛉
Panorpa songes Zhou *et* Zhou 宋氏蝎蛉
Panorpa statura Cheng 同 *Sinopanorpa tincta*
Panorpa stella Wang 星斑蝎蛉
Panorpa stigmalis Navás 痣带蝎蛉，具斑蝎蛉，痣蝎蛉
Panorpa stigmosa Zhou 斑点蝎蛉
Panorpa stotzneri Esben-Petersen 见 *Dicerapanorpa stotzneri*
Panorpa subambra Chou *et* Tong 淡珀蝎蛉，淡泊蝎蛉
Panorpa subaurea Chou *et* Li 亚曙蝎蛉
Panorpa substricta Wang 窄瓣蝎蛉
Panorpa taiheisanensis Issiki 太平山蝎蛉，宜兰蝎蛉
Panorpa taiwanensis Issiki 台湾蝎蛉
Panorpa tecta Byers 盖蝎蛉，具盖蝎蛉
Panorpa tetrazonia Navás 四段蝎蛉
Panorpa tincta Navás 见 *Sinopanorpa tincta*
Panorpa tjederi Carpenter 见 *Dicerapanorpa tjederi*
Panorpa triclada Qian *et* Zhou 见 *Dicerapanorpa triclada*
Panorpa trifasciata Cheng 三线蝎蛉，三条蝎蛉
Panorpa tritaenia Chou *et* Wang 三带蝎蛉
Panorpa typicoides Cheng 模蝎蛉，典型蝎蛉
Panorpa vulgaris Imhoff *et* Labram 寻常蝎蛉
Panorpa wangwushana Huang, Hua *et* Shen 见 *Cerapanorpa wangwushana*
Panorpa waongkehzengi Navás 王氏蝎蛉，瓦克蝎蛉，望蝎蛉
Panorpa wrighti Cheng 莱特蝎蛉，莱氏蝎蛉
Panorpa xiaofeng Wang *et* Gong 萧峰蝎蛉
Panorpa xuzhu Wang *et* Gong 虚竹蝎蛉
Panorpa yangi Chou *et* Cheng 杨氏蝎蛉
Panorpa yiei Issiki *et* Cheng 易氏蝎蛉
Panorpa yuechenglingensis Li *et* Hua 越城岭蝎蛉
Panorpatae [= Mecoptera, Mecaptera] 长翅目
panorpid 1. [= panorpid scorpionfly, common scorpionfly, true scorpionfly] 蝎蛉 < 蝎蛉科 Panorpidae 昆虫的通称 >；2. 蝎蛉科的
panorpid scorpionfly [= panorpid, common scorpionfly, true scorpionfly] 蝎蛉
Panorpidae 蝎蛉科
Panorpodes 拟蝎蛉属
Panorpodes brachypodus Tan *et* Hua 短足拟蝎蛉
Panorpodes brevicaudata (Hua) 短拟蝎蛉，短蝎蛉
Panorpodes kuandianensis Zhong, Zhang *et* Hua 宽甸拟蝎蛉
panorpodid 1. [= panorpodid scorpionfly, short-faced scorpionfly] 拟蝎蛉 < 拟蝎蛉科 Panorpodidae 昆虫的通称 >；2. 拟蝎蛉科的
panorpodid scorpionfly [= panorpodid, short-faced scorpionfly] 拟蝎蛉
Panorpodidae 拟蝎蛉科
panphytophagous 杂植食性的
Panstenon 狭翅金小蜂属，攀金小蜂属
Panstenon annuliformis Xiao *et* Huang 环索狭翅金小蜂
Panstenon collaris Bouček 黄领狭翅金小蜂
Panstenon impubis Xiao *et* Huang 透基狭翅金小蜂

Panstenon oxylus (Walker) 飞虱卵狭翅金小蜂，飞虱卵金小蜂
Panstenon vallecularis Xiao *et* Huang 糙刻狭翅金小蜂
Panstenoninae 狭翅金小蜂亚科
Panstrongylus 攀锥猎蝽属
Panstrongylus chinai (Del Ponte) 柴氏攀锥猎蝽
Panstrongylus diasi Pinto *et* Lent 迪氏攀锥猎蝽
Panstrongylus geniculatus (Latreille) 弯攀锥猎蝽
Panstrongylus guentheri Berg 冈氏攀锥猎蝽
Panstrongylus hispaniolae Poinar 希氏攀锥猎蝽
Panstrongylus howardi (Neiva) 霍氏攀锥猎蝽
Panstrongylus humeralis (Usinger) 侧角攀锥猎蝽
Panstrongylus lenti Galvão *et* Palma 伦氏攀锥猎蝽
Panstrongylus lignarius (Walker) 木攀锥猎蝽
Panstrongylus lutzi (Neiva *et* Pinto) 鲁氏攀锥猎蝽
Panstrongylus martinezorum Ayala 马氏攀锥猎蝽
Panstrongylus megistus (Burmeister) 大攀锥猎蝽，大磐锥猎蝽，大全园蝽
Panstrongylus mitarakaensis Poinar 米攀锥猎蝽
Panstrongylus noireaui Gil-Santana, Chávez, Pita, Panzera *et* Galvão 努氏攀锥猎蝽
Panstrongylus rufotuberculatus (Champion) 红瘤攀锥猎蝽
Panstrongylus tupynambai Lent 图氏攀锥猎蝽
pansy daggerwing [*Marpesia marcella* (Felder *et* Felder)] 马采拉凤蛱蝶
Pantala 黄蜻属
Pantala flavescens (Fabricius) [globe skimmer, wandering glider] 黄蜻，黄衣，薄翅蜻蜓，薄翅黄蜻蜓，小黄，马冷，黄毛子
Pantaleon 锯角蝉属
Pantaleon beijingensis Chou *et* Yuan 北京锯角蝉
Pantaleon bufo (Kato) 蟾锯角蝉
Pantaleon dorsalis (Matsumura) 背峰锯角蝉，锯角蝉
Pantaleon erectonodatus Chou *et* Yuan 立峰锯角蝉
Pantaleon montifer (Walker) 高山锯角蝉
Pantaleon obliquinodatus Chou *et* Yuan 倾峰锯角蝉
Pantallus 弯茎叶蝉属
Pantallus alboniger (Lethierry) 瘤突弯茎叶蝉
pantaloon bee [= hairy-legged mining bee, *Dasypoda altercator* (Harris)] 变色毛足蜂，毛足蜂
Pantana 竹毒蛾属
Pantana aurantihumarata Chao 橙肩竹毒蛾
Pantana bicolor (Walker) 黄腹竹毒蛾
Pantana droa Swinhoe 灰顶竹毒蛾
Pantana eurygania Druce 长阳竹毒蛾
Pantana infuscata Matsumura 黑纱竹毒蛾
Pantana jinpingensis Chao 金平竹毒蛾
Pantana limbifera Strand 缘竹毒蛾，缘华竹毒蛾
Pantana nigrolimbata Leech 宝兴竹毒蛾
Pantana ochripalpis (Strand) 后白竹毒蛾，后白暗毒蛾
Pantana phyllostachysae Chao 刚竹毒蛾
Pantana pluto (Leech) 暗竹毒蛾，黑纱竹毒蛾
Pantana seriatopunctata Matsumura 台湾竹毒蛾，排点竹毒蛾
Pantana simplex Leech 淡竹毒蛾
Pantana sinica Moore 华竹毒蛾
Pantana sinica limbifera Strand 见 *Pantana limbifera*
Pantana visum (Hübner) 竹毒蛾，透翅竹毒蛾
Pantana visum ampla (Walker) 竹毒蛾台湾亚种，壶竹毒蛾，竹毒蛾
Pantana visum visum (Hübner) 竹毒蛾指名亚种
Panthauma 短喙夜蛾属 *Thiacidas* 的异名
Panthauma egregia Staudinger 见 *Thiacidas egregia*
Panthea 毛夜蛾属，盼夜蛾属
Panthea coenobita (Esper) 毛夜蛾，盼夜蛾
Panthea coenobita coenobita (Esper) 毛夜蛾指名亚种，盼夜蛾
Panthea coenobita ussuriensis Warneck 毛夜蛾乌苏里亚种，乌盼夜蛾
Panthea grisea Wileman 灰毛夜蛾，灰盼夜蛾，灰后夜蛾
Panthea hoenei (Draudt) 盗毛夜蛾，盗盼夜蛾
Pantheana 类毛夜蛾属
Pantheana yangzisherpana Hreblay 西藏类毛夜蛾
Pantheinae 毛夜蛾亚科
panther [*Neurosigma siva* (Westwood)] 点蛱蝶
pantherine 豹色；豹纹的
Pantherinus 潘舟蛾属
Pantherinus bipunctata (Okano) 见 *Libido bipunctata*
Pantheroleon longicruris Yang 见 *Dendroleon longicruris*
Pantheropterus 品拟叩甲属
Pantheropterus davidis Fairmaire 达品拟叩甲
Panthiades 潘灰蝶属
Panthiades aeolus (Fabricius) [aeolus hairstreak] 艾潘灰蝶
Panthiades bathildis (Felder *et* Felder) [zebra-striped hairstreak, zebra cross-streak, zebra-crossing hairstreak, zebra hairstreak] 巴潘灰蝶
Panthiades bitias (Cramer) [bitias hairstreak] 金蓝潘灰蝶
Panthiades boreas Felder [boreas hairstreak] 北方潘灰蝶
Panthiades ochus (Godman *et* Salvin) [ochus hairstreak] 奥潘灰蝶
Panthiades paphlagon Felder 帕潘灰蝶
Panthiades pelion (Cramer) 潘灰蝶
Panthiades phaleros (Linnaeus) 见 *Cycnus phaleros*
Panthiades selica Hewitson 黑缘潘灰蝶
panthonus cattleheart [*Parides panthonus* (Cramer)] 豹番凤蝶
Panthous 匿盾猎蝽属
Panthous excellens Stål 丽匿盾猎蝽，黑匿盾猎蝽
Panthous ruber Hsiao 红匿盾猎蝽
Pantilius 延额盲蝽属
Pantilius gonoceroides Reuter 翘角延额盲蝽，拼盲蝽
Pantilius piceus (Reuter) 见 *Orientomiris piceus*
Pantilius tunicatus (Fabricius) 直缘延额盲蝽
Pantographa limata Grote *et* Robinson [basswood leafroller] 椴木卷叶螟，椴木卷叶蛾
Pantomorus cervinus (Boheman) [Fuller's rose weevil, Fuller rose weevil, Fuller rose beetle] 玫瑰短喙象甲，蔷薇象甲
pantophagous [= omnivorous] 杂食性的，广食性的
pantophthalmid 1. [= pantophthalmid fly, timber fly] 大虻 < 大虻科 Pantophthalmidae 昆虫的通称 >；2. 大虻科的
pantophthalmid fly [= pantophthalmid, timber fly] 大虻
Pantophthalmidae [= Acanthomeridae] 大虻科 < 此科学名有误写为 Panthophthalmidae 者 >
Pantoporia 蟠蛱蝶属
Pantoporia antara (Moore) 安蟠蛱蝶
Pantoporia assamica Moore [Assam lascar] 婀蟠蛱蝶，印蟠蛱蝶

Pantoporia aurelia (Staudinger) [baby lascar] 华丽蟠蛱蝶
Pantoporia bieti (Oberthür) [Tytler's lascar] 苾蟠蛱蝶，比拉蛱蝶
Pantoporia bieti bieti (Oberthür) 苾蟠蛱蝶指名亚种，指名苾蟠蛱蝶
Pantoporia bieti paona (Tytler) 苾蟠蛱蝶海南亚种，海南苾蟠蛱蝶
Pantoporia bruijni Oberthür 布蟠蛱蝶
Pantoporia consimilis (Boisduval) [orange plane] 拟蟠蛱蝶
Pantoporia cyrilla Felder *et* Felder 溪蟠蛱蝶
Pantoporia dama (Moore) 达蟠蛱蝶
Pantoporia dindinga (Butler) [greyline lascar] 顶蟠蛱蝶
Pantoporia epira Felder *et* Felder 艾蟠蛱蝶
Pantoporia gordia Felder 勾蟠蛱蝶
Pantoporia hirayamai Matsumura 见 *Athyma opalina hirayamai*
Pantoporia hordonia (Stoll) [common lascar] 金蟠蛱蝶，金三纹蛱蝶
Pantoporia hordonia hordonia (Stoll) 金蟠蛱蝶指名亚种
Pantoporia hordonia maligowa (Fruhstorfer) 同 *Pantoporia hordonia rihodona*
Pantoporia hordonia rihodona (Moore) 金蟠蛱蝶台湾亚种，金环蛱蝶，金三线蛱蝶，金三线蝶，南方金蟠蛱蝶
Pantoporia karwara Fruhstorfer [Karwar lascar] 彩蟠蛱蝶
Pantoporia mysia Felder *et* Felder 鼠蟠蛱蝶
Pantoporia ningpoana (Felder *et* Felder) 见 *Athyma sulpitia ningpoana*
Pantoporia ningpoana erebina (Oberthür) 同 *Athyma sulpitia ningpoana*
Pantoporia opalina (Kollar) 见 *Athyma opalina*
Pantoporia opalina orientalis Elwes 见 *Athyma orientalis*
Pantoporia paraka (Butler) [Perak lascar] 鹞蟠蛱蝶，三纹眉蛱蝶，黄三纹蛱蝶
Pantoporia paraka paraka (Butler) 鹞蟠蛱蝶指名亚种，指名鹞蟠蛱蝶
Pantoporia sandaka (Butler) [extra lascar] 山蟠蛱蝶
Pantoporia sandaka davidsoni Eliot 山蟠蛱蝶印泰亚种，印泰山蟠蛱蝶
Pantoporia sandaka sandaka (Butler) 山蟠蛱蝶指名亚种
Pantoporia venilia (Linnaeus) [Cape York aeroplane, black-eyed plane] 脉蟠蛱蝶
Pantorhytes plutus Oberthür [cocoa weevil] 可可象甲，可可象鼻虫
pantothenic acid 泛酸
pantry moth [= Indian meal moth, mealworm moth, cloaked knot-horn moth, weevil moth, flour moth, grain moth, *Plodia interpunctella* (Hübner)] 印度谷螟，印度谷斑螟，印度谷蛾，印度粉蛾，枣蚀心虫，封顶虫
Pantydia 暗颈夜蛾属
Pantydia metaspila (Walker) 豆斑暗颈夜蛾，豆斑暗颈裳蛾
panurgid 1. [= panurgid bee] 毛地蜂，黄斑花蜂 < 毛地蜂科 Panurgidae 昆虫的通称 >；2. 毛地蜂科的
panurgid bee [= panurgid] 毛地蜂，黄斑花蜂
Panurgidae 毛地蜂科，黄斑花蜂科
Panurginae 毛地蜂亚科
Panurgini 毛地蜂族
Panurginus 毛地蜂属
Panurginus flavotarsus Wu 黄跗毛地蜂
Panurginus montanus Girault 山纣地蜂
Panurginus niger Nylander 黑毛地蜂
Panurginus nigripes Morawitz 黑足毛地蜂
Panurgopsis 平额缟蝇属，潘缟蝇属，无赖缟蝇属
Panurgopsis flava Kertész 黄平额缟蝇，黄潘缟蝇，趋黄缟蝇
Panzeria 阳寄蝇属
Panzeria anthophila (Robineau-Desvoidy) 采花阳寄蝇，采花广颜寄蝇
Panzeria atra (Brauer) 黑阳寄蝇，黑广颜寄蝇
Panzeria beybienkoi (Zimin) 贝比阳寄蝇
Panzeria breviunguis (Chao *et* Shi) 短爪阳寄蝇，短爪广颜寄蝇
Panzeria caesia (Fallén) 开夏阳寄蝇，开夏广颜寄蝇
Panzeria castellana (Strobl) 护巢阳寄蝇
Panzeria chaoi Shima 疣突阳寄蝇，瘤广颜寄蝇
Panzeria connivens (Zetterstedt) 望天阳寄蝇，望天广颜寄蝇
Panzeria consobrina (Meigen) 对眼阳寄蝇，对眼广颜寄蝇，棘肛埃内寄蝇
Panzeria excellens (Zimin) 棒须阳寄蝇，棒须广颜寄蝇
Panzeria flavovillosa (Zimin) 黄毛阳寄蝇，黄毛埃内寄蝇
Panzeria globiventris (Chao *et* Shi) 腹球阳寄蝇，腹球广颜寄蝇
Panzeria heilongjiana (Chao *et* Shi) 黑龙江阳寄蝇，黑龙江广颜寄蝇
Panzeria hystrix (Zimin) 豪阳寄蝇，豪广颜寄蝇
Panzeria intermedia (Zetterstedt) 中介阳寄蝇，中介广颜寄蝇
Panzeria inusta (Mesnil) 缺缘阳寄蝇，缺缘法寄蝇
Panzeria laevigata (Meigen) 敏阳寄蝇
Panzeria latipennis (Zhang *et* Fu) 宽茎阳寄蝇，宽茎法寄蝇
Panzeria melanopyga (Zimin) 黑尾阳寄蝇
Panzeria mesnili (Zimin) 梅斯阳寄蝇，梅氏广颜寄蝇
Panzeria mimetes (Zimin) 耳肛阳寄蝇，耳肛法寄蝇
Panzeria mira (Zimin) 奇阳寄蝇，褐斑赘脉寄蝇
Panzeria nemorum (Meigen) 侧耳阳寄蝇，侧耳法寄蝇
Panzeria nigripennis (Chao *et* Shi) 黑翅阳寄蝇，黑翅广颜寄蝇
Panzeria nigritibia (Chao *et* Zhou) 黑胫阳寄蝇
Panzeria nigronitida (Chao *et* Shi) 亮黑阳寄蝇，亮黑广颜寄蝇
Panzeria pilosigena (Zimin) 毛颊阳寄蝇，毛颊广颜寄蝇
Panzeria rudis (Fallén) 红黄阳寄蝇，粗野埃内寄蝇，野黄埃内寄蝇
Panzeria shanxiensis (Chao *et* Liu) 山西阳寄蝇，山西广颜寄蝇
Panzeria sulciforceps (Zimin) 窄肛阳寄蝇，窄肛埃内寄蝇
Panzeria suspecta (Pandellé) 疑阳寄蝇
Panzeria tadzhica (Zimin) 塔吉克阳寄蝇，塔吉克广颜寄蝇
Panzeria trichocalyptera (Chao *et* Shi) 毛瓣阳寄蝇，毛瓣广颜寄蝇
Panzeria truncata (Zetterstedt) 干阳寄蝇，长阳寄蝇，长赘脉寄蝇
Panzeria tuberculata (Chao *et* Shi) 同 *Panzeria chaoi*
Panzeria tuberculata (Zimin) 具突阳寄蝇
Panzeria vagans (Meigen) 裸颜阳寄蝇，裸颜埃内寄蝇
Panzeria vivida (Zetterstedt) 双尾阳寄蝇，双尾广颜寄蝇
panzootic 广泛流行的
paona hairstreak [*Chrysozephyrus paona* Tytler] 帕金灰蝶
Papaipema cataphracta (Grote) [burdock borer] 牛蒡夜蛾
Papaipema nebris (Guenée) [stalk borer] 普通蛀茎夜蛾
Papaipema purpurifascia (Grote *et* Robinson) [columbine borer] 耧斗菜剑纹夜蛾
papaya fruit fly [*Toxotrypana curvicauda* Gerstaecker] 木瓜驮实

P

蝇，番木瓜实蝇

papaya mealybug [*Paracoccus marginatus* Williams *et* Granara de Willink] 木瓜秀粉蚧，木瓜秀粉介壳虫，木瓜粉蚧

papaya red scale [= yellow scale, *Aonidiella inornata* McKenzie] 苏铁肾圆盾蚧，桐肾圆盾蚧，木瓜肾圆盾介壳虫

papaya scale [= white peach scale, mulberry scale, mulberry white scale, West Indian peach scale, white mulberry scale, *Pseudaulacaspis pentagona* (Tagioni-Tozzetti)] 桑白盾蚧，桑盾蚧，桃介壳虫，桑白蚧，桑介壳虫，桑拟轮蚧，桑拟白轮盾介壳虫，桃白介壳虫，桑蚧，梓白边蚧

papaya tiger moth [*Alpenus investigatorum* (Karsch)] 番木瓜灯蛾

paper chromatography 纸色谱法，纸层析

paper electrophoresis 纸电泳法

paper factor 纸因子 < 专指从美国纸餐巾中提取到的保幼激素类似物 >

paper kite [= rice paper, large tree nymph, white tree nymph, wood nymph, tree nymph, *Idea leuconoe* (Erichson)] 大帛斑蝶，大白斑蝶

paper wasp 胡蜂 < 属胡蜂科 Vespidae>

Papestra 褐青夜蛾属

Papestra biren (Goeze) 褐青夜蛾

Paphnutius 凤沫蝉属

Paphnutius costimaculus Metcalf *et* Horton 云南凤沫蝉

Paphnutius ostentus Distant 脊凤沫蝉

Paphnutius ruficeps (Melichar) 红头凤沫蝉

Paphnutius rufifrons (Jacobi) 红额凤沫蝉，红额塔努沫蝉

Paphnutius semirufellus Chou *et* Wu 小半红凤沫蝉

Paphnutius semirufus Haupt 半红凤沫蝉

Paphnutius tonkinensis Schmidt 越南凤沫蝉

paphos blue [*Glaucopsyche paphos* Chapman] 帕甜灰蝶

Papias 笆弄蝶属

Papias cascatona Mielke 巴西笆弄蝶

Papias dictys Godman [cheerful skipper, bottom-spotted skipper] 时髦笆弄蝶

Papias ignarus (Bell) 伊笆弄蝶

Papias microsema Godman *et* Salvin 同 *Papias phaeomelas*

Papias nigrans (Schaus) 黑笆弄蝶

Papias phaeomelas (Geyer) [Geyer's skipper, phaeomelas skipper, Hübner 's skipper] 费笆弄蝶

Papias phainis (Godman) [somber skipper, phainis skipper] 珐笆弄蝶

Papias projectus Bell 璞笆弄蝶

Papias quigua Evans 魁笆弄蝶

papias skipper [*Tarsoctenus papias* Hewitson] 帕华弄蝶

Papias subcostulata (Herrich-Schäffer) [jungle skipper, subcostulata skipper] 丛林笆弄蝶，笆弄蝶

Papias trimacula Nicolay [three-dotted skipper] 三点笆弄蝶

Papias tristissimus Schaus [tristissimus skipper] 特笆弄蝶

Papilio 凤蝶 < 期刊名 >

papilio 1. 凤蝶 < 泛指凤蝶科 Papilionidae 昆虫 >；2. 蝴蝶 < 泛指蝶类昆虫 >

Papilio 凤蝶属

Papilio acheron Grose-Smith [acheron swallowtail] 烟花美凤蝶

Papilio aegeus Donovan [orchard swallowtail] 果园美凤蝶，爱杰美凤蝶，果园凤蝶

Papilio albinus Wallace 白裙美凤蝶

Papilio alcmenor Felder *et* Felder [redbreast] 红基美凤蝶

Papilio alcmenor alcmenor Felder *et* Felder 红基美凤蝶指名亚种

Papilio alcmenor irene Joicey *et* Talbot 红基美凤蝶海南亚种，海南美凤蝶

Papilio alcmenor matsumurae Wileman 同 *Papilio thaiwanus*

Papilio alcmenor nausithous Oberthür 红基美凤蝶西藏亚种，西藏美凤蝶

Papilio alcmenor platenius Fruhstorfer 红基美凤蝶中原亚种，中原美凤蝶

Papilio alexanor Esper [southern swallowtail] 黑带金凤蝶

Papilio alexiares Höpffer [Mexican tiger swallowtail] 墨西哥虎纹凤蝶

Papilio alphenor Cramer 阿尔美凤蝶

Papilio ambrax Boisduval [ambrax butterfly] 手掌美凤蝶

Papilio amynthor Boisduval [Norfolk swallowtail] 阿蒙彩美凤蝶

Papilio anactus MacLeay [dingy swallowtail, dainty swallowtail] 优雅凤蝶

Papilio anchisiades Esper [ruby-spotted swallowtail, red-spotted swallowtail] 拟红纹凤蝶，拟红纹芷凤蝶，南美无尾麝馨凤蝶

Papilio andraemon (Hübner) [Bahaman swallowtail] 蕊凤蝶，蕊芷凤蝶

Papilio androgeus Cramer [androgeus swallowtail, queen page, queen swallowtail] 安凤蝶，安芷凤蝶，激雄芷凤蝶

Papilio andronicus Ward [Antimachus swallowtail, giant African swallowtail] 安东凤蝶，安东德凤蝶

Papilio angustus Chou, Yuan *et* Wang 狭翅美凤蝶，狭翅凤蝶

Papilio antimachus Drury 长袖德凤蝶，长袖凤蝶，非洲长翅凤蝶

Papilio antonio Hewitson 安度美凤蝶

Papilio appalachiensis (Pavulaan *et* Wright) [Appalachian tiger swallowtail] 阿山豹凤蝶

Papilio arcturus Westwood [blue peacock] 窄斑翠凤蝶

Papilio arcturus arcturulus Fruhstorfer 同 *Papilio arcturus arcturus*

Papilio arcturus arcturus Westwood 窄斑翠凤蝶指名亚种

Papilio aristeus Cramer 芒须豹凤蝶

Papilio aristodemus Esper [Schaus' swallowtail, island swallowtail] 阿里斯凤蝶，阿里斯芷凤蝶

Papilio aristophontes (Oberthür) 芒德凤蝶

Papilio aristor Godart [scarce Haitian swallowtail] 海地芷凤蝶

Papilio arnoldiana Vane Wright 阿尔德凤蝶

Papilio ascalaphus Boisduval [ascalaphus swallowtail] 秀美凤蝶

Papilio ascolius Felder *et* Felder 襟饰豹凤蝶

Papilio astyalus Godart [broad-banded swallowtail, astyalus swallowtail] 南美芷凤蝶

Papilio bachus (Felder) 巴豹凤蝶

Papilio behludinii Pen 见 *Teinopalpus imperialis behludinii*

Papilio benguetanus Joicey *et* Talbot 本华凤蝶

Papilio beringi Niepelt 条斑美凤蝶

Papilio bianor Cramer [Chinese peacock] 碧凤蝶，翠凤蝶，乌鸦凤蝶

Papilio bianor bianor Cramer 碧凤蝶指名亚种，指名碧凤蝶

Papilio bianor ganesa Doubleday 碧凤蝶蓝斑亚种，蓝斑碧凤蝶

Papilio bianor kotoensis Sonan 碧凤蝶兰屿亚种，碧翠凤蝶红头屿亚种，翠凤蝶兰屿亚种，琉璃带凤蝶，兰屿碧凤蝶，中华

P

翠凤蝶，红头屿碧凤蝶

Papilio bianor majalis Seitz 同 *Papilio bianor bianor*

Papilio bianor mandschurica Matsumrua 碧凤蝶东北亚种，东北碧凤蝶

Papilio bianor superans Draeseke 同 *Papilio bianor bianor*

Papilio bianor takasago Nakahara *et* Esaki 同 *Papilio bianor thrasymedes*

Papilio bianor thrasymedes Fruhstorfer 碧凤蝶台湾亚种，乌鸦凤蝶，台湾碧凤蝶

Papilio birchalli Hewitson 布尔豹凤蝶

Papilio blumei Boisduval [peacock, green swallowtail, majestic green swallowtail, green Buddah swallowtail] 蓝尾翠凤蝶，印尼碧凤蝶，爱神凤蝶

Papilio bootes Westwood [tailed redbreast] 黑美凤蝶，牛郎凤蝶，牛郎美凤蝶

Papilio bootes bootes Westwood 黑美凤蝶指名亚种，指名牛郎凤蝶

Papilio bootes dealbatus Rothschild 黑美凤蝶红带亚种，迪牛郎凤蝶

Papilio bootes nigricans Rothschild 黑美凤蝶黑色亚种，黑色牛郎凤蝶

Papilio bootes parcesquamata Rosen 黑美凤蝶稀鳞亚种，稀鳞牛郎凤蝶

Papilio bootes rubicundus Fruhstorfer 同 *Papilio bootes bootes*

Papilio brevicauda Saunders [short-tailed swallowtail] 短尾黑凤蝶

Papilio bridgei Mathew 蓝彩美凤蝶

Papilio bromius (Doubleday) 玉石凤蝶，玉石德凤蝶

Papilio buddha Westwood [malabar banded peacock] 佛陀翠凤蝶

Papilio butlerianus Rothschild 红肩美凤蝶，巴凤蝶

Papilio cacicus Lucas 黄粱豹凤蝶

Papilio caiguanabus (Poey) [Poey's black swallowtail] 黑芷凤蝶，凯凤蝶

Papilio canadensis Rothschild *et* Jordan [Canadian tiger swallowtail] 加拿大虎纹凤蝶

Papilio canopus Westwood 白条美凤蝶

Papilio capys Hübner 灰芷凤蝶

Papilio castor Westwood [common raven] 玉牙凤蝶，美凤蝶

Papilio castor castor Westwood 玉牙凤蝶指名亚种，指名玉牙凤蝶

Papilio castor formosanus Rothschild 玉牙凤蝶台湾亚种，玉牙美凤蝶台湾亚种，无尾白纹凤蝶，无尾白斑凤蝶，无尾黄纹凤蝶，无尾膪蝶，台湾玉牙凤蝶

Papilio castor hamelus Crowley 玉牙凤蝶海南亚种，玉牙美凤蝶海南亚种，海南玉牙凤蝶

Papilio castor kanlanpanus Lee 玉牙凤蝶橄榄坝亚种，橄榄坝凤蝶

Papilio cephalus Godman *et* Salvin 元首凤蝶

Papilio charopus Westwood [tailed green-banded swallowtail] 绿石德凤蝶

Papilio chengkon Chen 同 *Papilio bianor thrasymedes*

Papilio chiansiades Westwood 臀白芷凤蝶

Papilio chikae Igarashi [Luzon peacock swallowtail] 吕宋翠凤蝶

Papilio chitondensis Bivar de Sousa *et* Fernandes 柴东德凤蝶

Papilio chrapkowskii Suffert [broad green-banded swallowtail, Chrapkowski's green-banded swallowtail] 柴德凤凰蝶

Papilio chrapkowskoides Storace [broadly green-banded swallowtail] 玉石凰蝶

Papilio cleotas Gray 见 *Papilio menatius cleotas*

Papilio constantinus Ward [Constantine's swallowtail] 黄斑翠凤蝶

Papilio cresphontes Cramer [giant swallowtail, orange dog, orange puppy] 美洲大芷凤蝶，大黄带凤蝶，勇猛凤蝶

Papilio crino Fabricius [common banded peacock] 丝绒翠凤蝶

Papilio cynorta Fabricius [mimetic swallowtail] 赛诺达凤蝶，赛诺达德凤蝶

Papilio cyproeofila Butler [common white-banded swallowtail] 苏芮德凤蝶

Papilio daedalus Felder *et* Felder 迷纹翠凤蝶

Papilio dardanus Brown [mocker swallowtail, flying handkerchief, African swallowtail] 非洲白凤蝶，非洲白翠凤蝶

Papilio deiphobus Linnaeus 苔美凤蝶

Papilio deiphobus deiphobus Linnaeus 苔美凤蝶指名亚种

Papilio deiphobus rumanzovia Eschscholtz 见 *Papilio rumanzovia*

Papilio delalandei (Godart) 锯带翠凤蝶，白龙凤蝶

Papilio demetrius Cramer 德美凤蝶，德凤蝶

Papilio demetrius demetrius Cramer 德美凤蝶指名亚种

Papilio demetrius liukiuensis Fruhstorfer 同 *Papilio demetrius demetrius*

Papilio demodocus Esper [citrus swallowtail, citrus butterfly, orange dog, Christmas butterfly] 非洲达摩凤蝶，橙体凤蝶

Papilio demoleus Linnaeus [common lime swallowtail, lemon butterfly, lime swallowtail, lime butterfly, chequered swallowtail butterfly, common lime butterfly, small citrus butterfly, chequered swallowtail, dingy swallowtail, citrus swallowtail] 达摩凤蝶，达摩翠凤蝶，无尾凤蝶，花凤蝶，黄花凤蝶，黄斑凤蝶，柠檬凤蝶

Papilio demoleus demoleus Linnaeus 达摩凤蝶指名亚种，指名达摩凤蝶

Papilio demoleus libanius (Fruhstorfer) 同 *Papilio demoleus demoleus*

Papilio demoleus malayanus Wallace 达摩凤蝶马来亚种，马来达摩凤蝶

Papilio demolion Cramer [banded swallowtail] 金带美凤蝶

Papilio desmondi van Someren [Desmond's green-banded swallowtail] 蓝斑德凤蝶

Papilio dialis Leech [southern Chinese peacock] 穹翠凤蝶

Papilio dialis andronicus Fruhstorfer 穹翠凤蝶台湾亚种

Papilio dialis cataleucus Rothschild 穹翠凤蝶华南亚种，华南穹翠凤蝶

Papilio dialis dialis Leech 穹翠凤蝶指名亚种，指名穹翠凤蝶

Papilio dialis tatsuta Murayama 穹翠凤蝶华西亚种，台湾乌鸦凤蝶，华西碧凤蝶，南亚翠凤蝶

Papilio diazi Racheli *et* Sborboni 短尾翠凤蝶

Papilio diophantus Grose-Smith 双美凤蝶

Papilio doddsi Janet 短尾翠凤蝶，短尾凤蝶

Papilio dravidarum Wood-Mason [malabar raven] 白箭美凤蝶

Papilio echerioides Trimen [white-banded swallowtail] 白带德凤蝶

Papilio elegans Chou, Yuan *et* Wang 豪华凤蝶，豪华翠凤蝶

Papilio elephenor Doubleday [yellow-crested spangle] 黄绿翠凤蝶

Papilio epenetus Hewitson 虾壳芷凤蝶

Papilio epiphorbas Boisduval 绿斑德凤蝶

Papilio erithonioides (Grose-Smith) 尤里翠凤蝶

Papilio erostratus Westwood 月牙芷凤蝶

Papilio erskinei Mathew 爱美凤蝶
Papilio erythrotaeniata Wang *et* Niu 红带美凤蝶
Papilio esperanza Beutelspacher [Esperanza swallowtail] 墨西哥豹凤蝶，黄带豹凤蝶
Papilio euchenor Guérin-Méneville 鹅黄凤蝶
Papilio euphranor Trimen [forest swallowtail, bush kite] 绿斑翠凤蝶
Papilio eurymedon Lucas [pale swallowtail, pallid tiger swallowtail] 淡色虎纹凤蝶
Papilio euterpinus (Godman *et* Salvin) 红眉豹凤蝶
Papilio fernandus Fruhstorfer 费尔南德凤蝶
Papilio filapreae Suffert 费德凤蝶
Papilio forbesi Grose-Smith 福布斯美凤蝶
Papilio fuelleborni Karsch 福乐德凤蝶
Papilio fuscus Goeze [canopus swallowtail, canopus butterfly, fuscous swallowtail] 澳洲玉带凤蝶
Papilio gallienus Aurivillius [narrow-banded swallowtail] 鸡冠德凤蝶
Papilio gambrisius Cramer 联姻美凤蝶
Papilio garamas (Hübner) 加玛豹凤蝶
Papilio garleppi Staudinger [Garlepp's swallowtail] 加芷凤蝶
Papilio gigon Felder *et* Felder 巨美凤蝶
Papilio glaucus Linnaeus [eastern tiger swallowtail, tiger swallowtail] 美洲虎纹凤蝶，北美黑条黄凤蝶，北美大金凤蝶，虎凤蝶
Papilio godeffroyi Semper [Godeffroy's swallowtail] 高台美凤蝶
Papilio grose-smithi (Rothschild) 格罗斯翠凤蝶
Papilio hectorides Esper 白柱芷凤蝶
Papilio helenus Linnaeus [red helen] 玉斑凤蝶，玉斑美凤蝶
Papilio helenus fortunius Fruhstorfer 玉斑凤蝶白纹亚种，玉斑美凤蝶台湾亚种，白纹凤蝶，楞凤蝶，黄纹凤蝶，臆蝶，台湾玉斑凤蝶
Papilio helenus helenus Linnaeus 玉斑凤蝶指名亚种，玉斑美凤蝶指名亚种，指名玉斑凤蝶
Papilio helenus nicconicolens Butler 玉斑凤蝶日本亚种，小黄斑凤蝶日本亚种
Papilio helenus rufatus Rothschild 同 *Papilio helenus helenus*
Papilio hellanichus Hewitson 海黄豹凤蝶
Papilio heringi Niepelt 条斑美凤蝶
Papilio hermeli Nuyda 赫尔翠凤蝶
Papilio hermosanus Rebel 台湾翠凤蝶，台湾琉璃翠凤蝶，琉璃纹凤蝶，宝镜凤蝶
Papilio hesperus Westwood [black and yellow swallowtail, hesperus swallowtail, emperor swallowtail] 钩翅翠凤蝶，黄曲凤蝶
Papilio himeros Höpffer [himeros swallowtail] 姬芷凤蝶，巴西环颈凤蝶
Papilio hippocrates Felder 日本金凤蝶
Papilio hipponous Felder *et* Felder 希波玉带凤蝶，希波玉带美凤蝶
Papilio homerus Fabricius [homerus swallowtail] 大鳌豹凤蝶，荷马凤蝶
Papilio homothoas (Rothschild *et* Jordan) 红草芷凤蝶
Papilio hoppo Matsumura 同 *Papilio hopponis*
Papilio hopponis Matsumura 重帏翠凤蝶，重帏凤蝶，双环翠凤蝶，双环凤蝶，北埔凤蝶，重月纹翠凤蝶
Papilio horatius Blanchard 同 *Chilasa epycides*
Papilio hornimani Distant [Horniman's green-banded swallowtail, Horniman's swallowtail] 蓝角德凤蝶
Papilio horribilis Butler 好来翠凤蝶
Papilio hospiton Guenée [Corsican swallowtail] 科西嘉凤蝶，无尾金凤蝶
Papilio hyppason Cramer 红露芷凤蝶
Papilio hypsicles Hewitson 弧美凤蝶
Papilio hystaspes Felder *et* Felder 鹄美凤蝶
Papilio indra Reakirt [indra swallowtail, short-tailed black swallowtail, cliff swallowtail] 短尾金凤蝶
Papilio inopinatus Butler 依诺美凤蝶
Papilio interjecta van Someren [van Someren's green-banded swallowtail] 樱花芷凤蝶
Papilio isidorus Doubleday 丰收芷凤蝶
Papilio iswara White 海美凤蝶
Papilio iswaroides Fruhstorfer 拟海凤蝶
Papilio jacksoni Sharpe [Jackson's swallowtail] 白夹德凤蝶
Papilio janaka Moore 织女美凤蝶，贾凤蝶
Papilio janaka dealbatus Rothschild 同 *Papilio janaka janaka*
Papilio janaka janaka Moore 织女美凤蝶指名亚种
Papilio jordani Fruhstorfer [Jordan's swallowtail] 乔丹美凤蝶
Papilio judicael Oberthür 朱迪凤蝶
Papilio karna Felder *et* Felder 卡尔娜翠凤蝶
Papilio krishna Moore [krishna peacock] 克里翠凤蝶，克里凤蝶
Papilio krishna charlesi Fruhstorfer 克里翠凤蝶查氏亚种，查克里凤蝶
Papilio krishna krishna Moore 克里翠凤蝶指名亚种
Papilio krishna mayumiae Mitsuta *et* Shinkai 克里翠凤蝶越南亚种
Papilio krishna nu Yoshino 同 *Papilio krishna thawgawa*
Papilio krishna thawgawa Tytler 克里翠凤蝶云南亚种
Papilio lamarchei Staudinger 雅美芷凤蝶
Papilio lampsacus Boisduval 腊美凤蝶
Papilio leucotaenia Rothschild [cream-banded swallowtail] 黄带翠凤蝶
Papilio liomedon Moore [malabar banded swallowtail] 娄美凤蝶
Papilio longimacula Wang *et* Niu 长斑凤蝶，长斑美凤蝶
Papilio lormieri Distant [central emperor swallowtail] 珞翠凤蝶，白条凤蝶
Papilio lorquinianus Felder *et* Felder 五斑翠凤蝶，小天堂凤蝶
Papilio lowii Druce [Asian swallowtail, great yellow mormon] 南亚碧凤蝶
Papilio lycophron Hübner 南美芷凤蝶，聪凤蝶
Papilio maackii Ménétriés 绿带翠凤蝶，深山乌鸦凤蝶，绿带凤蝶
Papilio maackii han (Yoshino) 绿带翠凤蝶武夷山亚种
Papilio maackii jezoensis Matsumura 绿带翠凤蝶北海道亚种
Papilio maackii maackii Ménétriés 绿带翠凤蝶指名亚种
Papilio maackii satakei Matsumura [satake swallowtail] 绿带翠凤蝶深山亚种，深山黑凤蝶
Papilio maackii tutanus Fenton 绿带翠凤蝶北方亚种，吐绿带凤蝶
Papilio macaronius Scopoli 见 *Libelloides macaronius*
Papilio machaon Linnaeus [Old World swallowtail, common yellow swallowtail, artemisia swallowtail, giant swallowtail, yellow swallowtail, swallowtail] 金凤蝶，黄凤蝶 <本种色斑等变化较

大，曾被分为近 40 个亚种 >

Papilio machaon alpherakyi Bang-Haa 同 *Papilio machaon machaon*

Papilio machaon annae Gistel 金凤蝶短尾亚种，短尾金凤蝶

Papilio machaon asiaticus Ménétriés 金凤蝶西藏亚种，西藏金凤蝶

Papilio machaon baijangensis Huang *et* Murayama 金凤蝶北疆亚种，金凤蝶新疆亚种

Papilio machaon chinensis Verity 金凤蝶中国亚种

Papilio machaon gorganus Fruhstorfer 金凤蝶欧洲亚种

Papilio machaon hippocrates Felder *et* Felder 金凤蝶北亚亚种，希金凤蝶

Papilio machaon machaon Linnaeus 金凤蝶指名亚种

Papilio machaon montanus Alphéraky 金凤蝶山地亚种，山金凤蝶

Papilio machaon neochinensis Sheljuzhko 金凤蝶新华亚种，新华金凤蝶

Papilio machaon orientis Verity 金凤蝶东方亚种

Papilio machaon sikkimensis Moore 金凤蝶锡金亚种

Papilio machaon sylvia Esaki *et* Kôno 同 *Papilio machaon sylvinus*

Papilio machaon sylvinus Hemming 金凤蝶台湾亚种，台湾金凤蝶

Papilio machaon ussuriensis Sheljuzhko 金凤蝶乌苏里亚种

Papilio machaon venchuanus Moonen 金凤蝶中华亚种，中华金凤蝶

Papilio machaon verityi Fruhstorfer 金凤蝶长尾亚种，长尾金凤蝶

Papilio machaon weidenhofferi Seyer 金凤蝶韦氏亚种

Papilio machaonides Esper 黄雁芷凤蝶

Papilio macilentus Janson 美姝凤蝶，姝美凤蝶

Papilio macilentus macilentus Janson 美姝凤蝶指名亚种

Papilio macilentus scaebola Oberthür 同 *Papilio macilentus macilentus*

Papilio mackinnoni Sharpe [MacKinnon's swallowtail] 黄链德凤蝶

Papilio maesseni Berger 条翠德凤蝶

Papilio mahadeva Moore [Burmese raven] 马哈凤蝶，马哈美凤蝶

Papilio mahadevus choui Li 马哈凤蝶周氏亚种，马哈美凤蝶周氏亚种

Papilio mahadevus mahadevus Moore 马哈凤蝶指名亚种

Papilio mangoura (Hewitson) [mangoura swallowtail] 蔓翠凤蝶

Papilio manlius Fabricius 满德凤蝶，毛里求斯凤蝶

Papilio maraho Shiraki *et* Sonan 台湾宽尾凤蝶，宽尾凤蝶

Papilio maroni Moreau 玛芷凤蝶

Papilio matsumurae Wileman 同 *Papilio thaiwanus*

Papilio mayo Atkinson [Andaman mormon] 蓝带美凤蝶

Papilio mechowi Dewitz 黄条德凤蝶

Papilio mechowianus Dewitz 米带凤蝶，米带德凤蝶

Papilio melonius Rothscild *et* Jordan 美芷凤蝶

Papilio memnon Linnaeus [great mormon] 美凤蝶

Papilio memnon agenor Linnaeus 美凤蝶大陆亚种，大陆美凤蝶

Papilio memnon alcanor Cramer 同 *Papilio memnon agenor*

Papilio memnon distantianus Rothschild 同 *Papilio memnon agenor*

***Papilio memnon* f. yunnanensis** Chou, Yuan *et* Wang 美凤蝶玉斑型

Papilio memnon heronus Fruhstorfer 美凤蝶台湾亚种，美凤蝶长崎亚种，大凤蝶，瓯蝶，长崎凤蝶，多型蓝凤蝶，台湾美凤蝶

Papilio memnon memnon Linnaeus 美凤蝶指名亚种

Papilio memnon phoenix Distant 同 *Papilio memnon agenor*

Papilio memnon taihokuana Matsumura 同 *Papilio memnon memnon*

Papilio memnon thunbergii von Siebold 美凤蝶桑氏亚种

Papilio menatius (Hübner) [Victorine swallowtail] 芒须豹凤蝶

Papilio menatius cleotas Gray 芒须豹凤蝶黄斑亚种，黄斑豹凤蝶

Papilio menatius menatius (Hübner) 芒须豹凤蝶指名亚种

Papilio menestheus (Drury) [western emperor swallowtail] 好逑翠凤蝶

Papilio microps Storace 青翠美德凤蝶

Papilio montrouzieri Boisduval 梦图翠凤蝶

Papilio morondavana (Grose-Smith) [Madagascan emperor] 马达加斯加翠凤蝶，摩罗花凤蝶

Papilio multicaudata Kirby [two-tailed swallowtail] 二尾虎纹凤蝶

Papilio nandina Rothschild *et* Jordan 南狄凤蝶

Papilio neocaster Chou, Yuan *et* Wang 新牙凤蝶，新牙美凤蝶

Papilio nephelus Boisduval [yellow helen] 宽带凤蝶，宽带美凤蝶

Papilio nephelus chaon Westwood 宽带凤蝶西部亚种，宽带美凤蝶西部亚种，西部宽带凤蝶

Papilio nephelus chaonulus Fruhstorfer 宽带凤蝶台湾亚种，宽带美凤蝶东部亚种，大白纹凤蝶，台湾白纹凤蝶，四斑楞凤蝶，宽带凤蝶，台湾黄纹凤蝶，台湾膽蝶，黄缘凤蝶，东部宽带凤蝶

Papilio nephelus nephelus Boisduval 宽带凤蝶指名亚种

Papilio neumoegeni Honrath 松巴岛翠凤蝶，花翠凤蝶

Papilio nireus Linnaeus [green-banded swallowtail] 绿霓凤蝶，绿霓德凤蝶

Papilio nobilis Rogenhofer [noble swallowtail] 黄翠凤蝶

Papilio noblei de Nicéville 衲补凤蝶，衲补美凤蝶

Papilio noblei hoa Fruhstorfer 衲补凤蝶越南亚种

Papilio noblei noblei de Nicéville 衲补凤蝶指名亚种

Papilio nurettini Kocak 燕德凤蝶

Papilio obscurus Chou, Yuan *et* Wang 同 *Papilio polyctor polyctor*

Papilio oenomaus Godart 欧美凤蝶

Papilio okinawensis Fruhstorfer 迷斑翠凤蝶

Papilio ophidicephalus Oberthür [emperor swallowtail] 帝王带翠凤蝶

Papilio oregonius Edwards 北美金凤蝶

Papilio oribazus Boisduval 蓝草德凤蝶，蓝龙凤蝶

Papilio ornythion Boisduval [ornythion swallowtail] 黄带芷凤蝶

Papilio oxynius (Hübner) 傲雪芷凤蝶

Papilio paeon (Boisduval) 盆芷凤蝶

Papilio palamedes Drury [palamedes swallowtail, laurel swallowtail] 黄斑豹凤蝶

Papilio palinurus Fabricius [emerald swallowtail] 小天使翠凤蝶

Papilio paris Linnaeus [Paris peacock] 巴黎翠凤蝶

Papilio paris chinensis Rothschild 巴黎翠凤蝶中原亚种，中原巴黎翠凤蝶

Papilio paris hermosanus Rebel 巴黎翠凤蝶台南亚种，台南巴黎翠凤蝶

Papilio paris nakaharai Shirôzu 巴黎翠凤蝶台北亚种，琉璃翠凤蝶，大琉璃纹凤蝶，大宝镜凤蝶，琉璃凤蝶台湾北部亚种，台北巴黎翠凤蝶

Papilio paris paris Linnaeus 巴黎翠凤蝶指名亚种，指名巴黎翠凤蝶

Papilio paris splendorifer Fruhstorfer 同 *Papilio paris paris*

Papilio paris tissaphernes Fruhstorfer 同 *Papilio paris paris*
Papilio pavonis Chou, Zhang *et* Xie 孔雀凤蝶，孔雀翠凤蝶
Papilio pelaus (Fabricius) 帕劳芷凤蝶
Papilio peleides Esper 百利芷凤蝶
Papilio pelodurus Butler 百乐翠凤蝶
Papilio peranthus Fabricius 翡翠凤蝶
Papilio pericles Wallace 蓝翠凤蝶，蓝月亮凤蝶
Papilio pharnaces Doubleday 红胸芷凤蝶
Papilio phestus Guérin-Méneville 白扇美凤蝶
Papilio philoxenus Gray 同 *Byasa polyeuctes*
Papilio phorbanta Linnaeus [small Réunion swallowtail, papillon la pature] 留尼汪岛德凤蝶
Papilio phorcas Cramer [apple-green swallowtail, green banded swallowtail] 福翠凤蝶
Papilio pilumnus Boisduval [three-tailed tiger swallowtail] 三尾虎纹凤蝶
Papilio pitmani Elwes *et* de Nicéville 拟玉带凤蝶，拟玉带美凤蝶
Papilio plagiatus Aurivillius [mountain mimetic swallowtail] 白帘德凤蝶
Papilio polyctor Boisduval [common peacock] 波绿翠凤蝶，波绿凤蝶
Papilio polyctor connectens Mell 同 *Papilio bianor ganesa*
Papilio polyctor kingtungensis Lee 同 *Papilio bianor ganesa*
Papilio polyctor peeroza Moore 同 *Papilio polyctor polyctor*
Papilio polyctor polyctor Boisduval 波绿翠凤蝶指名亚种，指名波绿凤蝶
Papilio polyctor xiei Chou 波绿翠凤蝶谢氏亚种
Papilio polymnestor Cramer [blue mormon] 蓝裙美凤蝶
Papilio polytes Linnaeus [common Mormon, Kleiner Mormon, Mormon commun, common Mormon swallowtail] 玉带凤蝶，玉带美凤蝶，白带凤蝶，缟凤蝶
Papilio polytes astreans Jordan 同 *Papilio polytes romulus*
Papilio polytes borealis Felder *et* Felder 同 *Papilio polytes polytes*
***Papilio polytes* f. pammon** Linnaeus 玉带凤蝶亚洲型，帕玉带凤蝶
Papilio polytes flavolineatus Chou, Yuan *et* Wang 玉带凤蝶黄条亚种
Papilio polytes latreilloides Yoshino 玉带凤蝶云南亚种
Papilio polytes ledebouria Eschscholtz 玉带凤蝶菲律宾亚种
Papilio polytes liujidongi Huang 同 *Papilio polytes rubidimacula*
Papilio polytes mandane Rothschild 玉带凤蝶海南亚种，玉带美凤蝶海南亚种，海南玉带凤蝶
Papilio polytes pasikrates Fruhstorfer 玉带凤蝶台湾亚种，玉带美凤蝶台湾亚种，台湾玉带凤蝶
Papilio polytes polycles Fruhstorfer 玉带凤蝶多枝亚种
Papilio polytes polytes Linnaeus 玉带凤蝶指名亚种，玉带美凤蝶指名亚种
Papilio polytes romulus Cramer 玉带凤蝶广布亚种
Papilio polytes rubidimacula Talbot 玉带凤蝶红斑亚种，红斑玉带凤蝶
Papilio polytes takahashii Sonan 玉带凤蝶高桥亚种，塔玉带凤蝶
Papilio polytes thibetanus Oberthür 玉带凤蝶西藏亚种，玉带美凤蝶西藏亚种，西藏玉带凤蝶
Papilio polytes yunnana Mell 同 *Papilio polytes latreilloides*
Papilio polyxenes Fabricius [black swallowtail, eastern black swallowtail, American swallowtail, parsnip swallowtail] 珀凤蝶
Papilio polyxenes asterius (Stoll) 珀凤蝶香芹亚种，香芹黑凤蝶
Papilio polyxenes polyxenes Fabricius 珀凤蝶指名亚种
Papilio prexaspes Felder *et* Felder [Andaman helen] 普瑞凤蝶
Papilio protenor Cramer [spangle, spangle swallowtail] 蓝凤蝶，蓝美凤蝶，黑凤蝶，无尾黑凤蝶
Papilio protenor amaurus Jordan 蓝凤蝶台湾亚种，蓝美凤蝶台湾亚种，台湾蓝凤蝶
Papilio protenor demetrius Cramer 蓝凤蝶淡漠亚种，德蓝凤蝶
Papilio protenor euprotenor Fruhstorfer [Himalayan spangle] 蓝凤蝶西南亚种，蓝凤蝶喜马亚种，蓝美凤蝶西南亚种，西南蓝凤蝶
Papilio protenor kagaribi Nakahara 同 *Papilio protenor amaurus*
Papilio protenor liukiuensis Fruhstorfer 蓝凤蝶琉球亚种，黑凤蝶冲绳八重山亚种
Papilio protenor protenor Cramer 蓝凤蝶指名亚种
Papilio pulcher Chou, Yuan *et* Wang 艳丽凤蝶，艳丽翠凤蝶
Papilio rex Oberthür [regal swallowtail] 荣德凤蝶
Papilio rogeri (Boisduval) 弧纹芷凤蝶
Papilio rumanzovia Eschscholtz [scarlet swallowtail, scarlet mormon] 红斑美凤蝶，红斑大凤蝶，基红凤蝶，红斑阨蝶，红基凤蝶
Papilio rutulus Lucas [western tiger swallowtail] 单尾虎纹凤蝶
Papilio saharae Oberthür [Sahara swallowtail] 沙金凤蝶
Papilio sarpedon Linnaeus 见 *Graphium sarpedon*
Papilio sataspes Felder *et* Felder 沙特美凤蝶
Papilio scamander (Boisduval) 缘斑豹凤蝶
Papilio schmeltzi Herrich-Schäffer 白浪美凤蝶
Papilio sjoestedti Aurivillius [Kilimanjaro swallowtail] 乞力马扎罗德凤蝶
Papilio sosia Rothschild *et* Jordan [medium green-banded swallowtail] 琐莎德凤蝶
Papilio syfanius Oberthür 西番翠凤蝶，华丽凤蝶，西番凤蝶
Papilio thaiwanus Rothschild [Formosa swallowtail] 台湾凤蝶，台湾美凤蝶，渡边凤蝶，台湾蓝凤蝶
Papilio thersites Fabricius [thersites swallowtail, false androgeus swallowtail] 黄宽芷凤蝶
Papilio thoas Linnaeus [thoas swallowtail, king swallowtail] 草凤蝶，敏芷凤蝶
Papilio thuraui Karsch 绿链德凤蝶
Papilio torquatus Cramer 珠铄凤蝶，项链芷凤蝶
Papilio troilus Linnaeus [spicebush swallowtail] 银月豹凤蝶，北美乌樟凤蝶，乌樟凤蝶
Papilio tros (Hübner) 花蟠凤蝶
Papilio tydeus Felder *et* Felder 娣美凤蝶
Papilio ufipa Carcasson 优德凤蝶
Papilio ulysses Linnaeus [ulysses, ulysses swallowtail, mountain blue, blue emperor, blue mountain swallowtail, blue mountain butterfly] 英雄翠凤蝶，天堂凤蝶
Papilio victorinus Doubleday 维多利豹凤蝶
Papilio warscewiczi Höpffer 沃豹凤蝶
Papilio weymeri Niepelt 蓝弧美凤蝶
Papilio wilsoni Rothschild 威尔逊德凤蝶
Papilio woodfordi Godman *et* Salvin [Woodford's swallowtail] 白环美凤蝶

Papilio xanthopleura Godman *et* Salvin 缘点豹凤蝶
Papilio xuthus Linnaeus [Asian swallowtail, xuthus swallowtail, smaller citrus dog, small citrus dog, Chinese yellow swallowtail] 柑橘凤蝶，花椒凤蝶，橘金凤蝶
Papilio xuthus chinensis Neuburger 同 *Papilio xuthus xuthus*
Papilio xuthus feminisimilis Mell 同 *Papilio xuthus xuthus*
Papilio xuthus koxingus Fruhstorfer 柑橘凤蝶台湾亚种，台湾柑橘凤蝶
Papilio xuthus neoxanthus Fruhstorfer 柑橘凤蝶西藏亚种，西藏柑橘凤蝶
Papilio xuthus xuthus Linnaeus 柑橘凤蝶指名亚种，指名柑橘凤蝶
Papilio zagreus Doubleday 豹凤蝶
Papilio zalmoxis Hewitson [giant blue swallowtail] 闪光蓝凤蝶，蓝精灵凤蝶，波浪德凤蝶
Papilio zelicaon Lucas [Anise swallowtail, western swallowtail, western parsley caterpillar] 择丽金凤蝶，美洲芹凤蝶
Papilio zenobia (Fabricius) [zenobia swallowtail] 天顶德凤蝶，非洲青凤蝶
papiliochrome 凤蝶色素
papilioform 凤蝶形
papilionaceous 拟凤蝶形
papilionid 1. [= papilionid butterfly, swallowtail butterfly, swallowtail] 凤蝶 < 凤蝶科 Papilionidae 昆虫的通称 >；2. 凤蝶科的
papilionid butterfly [= papilionid, swallowtail butterfly, swallowtail] 凤蝶
Papilionidae [= Equitidae] 凤蝶科
Papilioninae 凤蝶亚科
Papilionoidea 凤蝶总科
papilla [pl. papillae] 1. 乳突；2. 吐丝突 < 指吐丝鳞翅目 Lepidoptera 幼虫的特化唇舌 >
papilla genitalis 侧唇
papillae [s. papilla] 1. 乳突；2. 吐丝突
papillary [= papillate, papillatus] 1. 乳头的；2. 具乳头状突的
papillate 见 papillary
papillatus 见 papillary
papilliform 乳头形
Papilloma 乳瘤蚜茧蜂属
Papilloma luteum Wang 黄乳瘤蚜茧蜂
papillon la pature [= small Réunion swallowtail, *Papilio phorbanta* Linnaeus] 留尼汪岛德凤蝶
papillulate 乳头状的，具小乳状突的
papillule 小乳头状突
Papirinus 铲圆蛛属
Papirinus prodigiosus Yosii 奇异铲圆蛛
Papirioides 环角圆蛛属
Papirioides aequituberculatus Stach 南方环角圆蛛，等瘤锯蛛，等疣圆蛛
Papirioides caishijiensis (Wu *et* Chen) 采石矶环角圆蛛
Papirioides dubius Folsom 疑环角圆蛛
Papirioides jacobsoni Folsom 雅氏环角圆蛛，贾氏拟铲圆蛛
Papirioides mirabilis (Denis) 奇环角圆蛛，奇异锯蛛，紫疣圆蛛
Papirioides suzhouensis (Guo *et* Chen) 苏州环角圆蛛
Papirioides tonsori Greenslade 谭氏环角圆蛛
Papirioides uenoi Uchida 上野环角圆蛛
Papirioides yunnanus (Itoh *et* Zhao) 云南环角圆蛛
Papirioides zhejiangensis Li, Chen *et* Li 浙江环角圆蛛
Papirius 盘圆蛛属，盘圆跳虫属
Papirius maculosus Schött [spotted springtail] 斑盘圆蛛，具斑盘圆跳虫
pappose 具柔毛的
pappus 柔毛
Papuacola 巴布亚夜蛾属
Papuacola costalis (Moore) 红巴布亚夜蛾，红巴布亚裳蛾
Papuan gull [*Cepora abnormis* (Wallace)] 红带园粉蝶
Papuan line-blue [= Felder's lineblue, *Catopyrops ancyra* (Felder)] 方标灰蝶，安卡托灰蝶
Papuan Province 巴布亚部
Papuan snow flat [= nestus flat, *Tagiades nestus* (Felder)] 巢裙弄蝶
Papuana 宾圆金龟甲属，宾圆金龟属
Papuana philippinica Arrow 菲律宾圆金龟甲，菲律宾圆金龟，菲巴犀金龟
Papuodacus 巴布亚果实蝇亚属
para-anal seta 副肛毛
para-ocsophageal commissure 围咽神经索
Paraanthidium 准黄斑蜂亚属，准黄斑蜂属
Paraanthidium campulodonta Wu 见 *Pseudoanthidium campulodonta*
Paraanthidium carinatum Wu 见 *Trachusa* (*Paraanthidium*) *carinatum*
Paraanthidium concavum Wu 见 *Trachusa* (*Paraanthidium*) *concavum*
Paraanthidium formosanum Friese 见 *Trachusa* (*Orthanthidium*) *formosanum*
Paraanthidium latipes Bingham 见 *Trachusa* (*Paraanthidium*) *latipes*
Paraanthidium longicorne Friese 见 *Trachusa* (*Paraanthidium*) *longicorne*
Paraanthidium muiri Mavromoustakis 见 *Trachusa* (*Paraanthidium*) *muiri*
Paraanthidium popovii Wu 见 *Trachusa* (*Paraanthidium*) *popovii*
Paraanthidium xylocopiforme Mavrovstakis 见 *Trachusa* (*Paraanthidium*) *xylocopiforme*
Paraanthidium yunnanensis Wu 见 *Trachusa* (*Paraanthidium*) *yunnanensis*
Parababinskaia 近纤蛉属
Parababinskaia makarkini Hu, Lu, Wang *et* Liu 马氏近纤蛉
Parabaculum 拟短肛蝻属
Parabaculum laevigatum Chen *et* Zhang 光亮拟短肛蝻
Parabaculum wushanense (Chen *et* He) 巫山拟短肛蝻
Parabaisochrysa 准巴依萨草蛉属
Parabaisochrysa xingkei Lu, Wang, Ohl *et* Liu 星科准巴依萨草蛉
Parabaliothrips 拟斑蓟马属，均毛蓟马属
Parabaliothrips aequosetosa (Chen) 同 *Parabaliothrips takahashii*
Parabaliothrips coluckus (Kudô) 栎拟斑蓟马，赤杨均毛蓟马，副巴蓟马
Parabaliothrips grandiceps Priesner 深色拟斑蓟马，深色均毛蓟马，葡副巴蓟马
Parabaliothrips newmani Gillespie, Mound *et* Wang 纽曼拟斑蓟马
Parabaliothrips takahashii Priesner 高桥副巴蓟马，高桥拟斑蓟马，高桥均毛蓟马
Parabapta 平沙尺蛾属
Parabapta aurantiaca Yazaki *et* Wang 金平沙尺蛾，金弄尺蛾

Parabapta clarissa (Butler) 洁平沙尺蛾，白玉尺蛾
Parabapta obliqua Yazaki 斜平沙尺蛾，斜澄线尺蛾，斜彛尺蛾
Parabapta perichrysa Wehrli 金边平沙尺蛾
Parabapta unifasciata Inoue 澄平沙尺蛾，澄线尺蛾，优彛尺蛾
Parabatozonus 异巴托蛛蜂属
Parabatozonus bracatus (Bingham) 饰异巴托蛛蜂，饰巴托蛛蜂
Parabatozonus hakodadi (Dalla Torre) 哈异巴托蛛蜂
Parabatozonus unifasciatus (Smith) 单带异巴托蛛蜂，单带巴托蛛蜂
Parabellieria 拟帕黑麻蝇亚属
Parabelminus 近贝锥猎蝽属
Parabelminus carioca Lent 里约近贝锥猎蝽
Parabelminus yurupucu Lent *et* Wygodzinsky 长鼻近贝锥猎蝽
Parabemisia 类伯粉虱属
Parabemisia aceris (Takahashi) 掌叶槭类伯粉虱，掌叶槭粉虱，槭缘粉虱，槭类伯粉虱
Parabemisia lushanensis Ko *et* Luo 庐山类伯粉虱
Parabemisia myricae (Kuwana) [bayberry whitefly, Japanese bayberry whitefly, tamarisk whitefly, myrica whitefly, mulberry whitefly] 杨梅类伯粉虱，杨梅粉虱，杨梅缘粉虱，柽柳粉虱，桑粉虱，桑虱，白虱
Paraberytus 拟跷蝽属
Paraberytus yunnanensis Cai, Dang *et* Bu 云南拟跷蝽
Parabetarmon 孔角叩甲属
Parabetarmon carinicephalus (Miwa) 脊头孔角叩甲
parabiosis 异种共生 < 见于蚁类中 >
Parabioxys 近单刺蚜茧蜂属
Parabioxys songbaiensis Shi *et* Chen 松柏近单刺蚜茧蜂
Parabirmella 异潜叶蜂属
Parabirmella curvata Wei *et* Nie 弓脉异潜叶蜂
Parabitecta 顶弯苔蛾属
Parabitecta flava Hering 顶弯苔蛾
Parablepharis 拟睫螳属
Parablepharis kuhlii (De Haan) 库利拟睫螳
Parabobekoides 副波贝茧蜂亚属
parabola-growth 抛物线生长
Parabolocratus 副播叶蝉属
Parabolocratus chinensis Webb 中华副播叶蝉
Parabolocratus concentricus Matsumura 台湾副播叶蝉
Parabolocratus nitobei Matsumura 新渡户副播叶蝉
Parabolocratus okinawensis Matsumura 冲绳副播叶蝉
Parabolocratus taiwanus Matsumura 宝岛副播叶蝉
Parabolopona 脊翅叶蝉属
Parabolopona basispina Dai, Qu *et* Yang 基突脊翅叶蝉
Parabolopona camphorae Matsumura 见 *Favintiga camphorae*
Parabolopona chinensis Webb 华脊翅叶蝉，中华长角叶蝉
Parabolopona cygnea Cai *et* Shen 鹅颈脊翅叶蝉
Parabolopona guttata (Uhler) 点斑脊翅叶蝉，黑斑长角叶蝉
Parabolopona ishihari Webb 石原脊翅叶蝉，石原长角叶蝉
Parabolopona luzonensis Webb 吕宋脊翅叶蝉
Parabolopona quadrispinosa Shang, Zhang, Shen *et* Li 四突脊翅叶蝉，四刺脊翅叶蝉
Parabolopona robustipenis Yu, Webb, Dai *et* Yang 阔茎脊翅叶蝉
Parabolopona webbi Zahniser *et* Dietrich 韦氏脊翅叶蝉，韦伯脊翅叶蝉
Parabolopona yangi Zhang, Chen *et* Shen 杨氏脊翅叶蝉
Parabolopona yunnanensis Xu *et* Zhang 云南脊翅叶蝉
Paraboloponidae 脊翅叶蝉科
Paraboloponina 脊翅叶蝉亚族
Paraboloponini 脊翅叶蝉族
Parabolotettix 额垠叶蝉属 *Mukaria* 的异名
Parabolotettix maculatus Matsumura 见 *Mukaria maculata*
Paraboreochlus 近北摇蚊属
Paraboreochlus okinawanus Kobayashi *et* Kuranishi 冲绳近北摇蚊
Parabostrychus 角胸长蠹属
Parabostrychus acuticollis Lesne 尖角胸长蠹，尖胸长蠹，小尖异长蠹
Parabrachypterus 异短翅露尾甲属
Parabrachypterus horni Hisamatsu 见 *Brachypterus horii*
Parabraxas 粉蝶蛱蛾属
Parabraxas davidi (Oberthür) 粉蝶蛱蛾，达副蛱蛾
Parabraxas erebina Oberthür 埃粉蝶蛱蛾，埃副蛱蛾
Parabraxas flavomarginaria (Leech) 黄缘粉蝶蛱蛾，黄缘副蛱蛾，黄缘齿翅蚕蛾
Parabraxas nigromacularia (Leech) 黑斑粉蝶蛱蛾，黑斑齿翅蚕蛾
Parabroscus 拟肉步甲属，副布步甲属
Parabroscus crassipalpis (Bates) 重须拟肉步甲
Parabroscus teradai Habu 寺田拟肉步甲，特副布步甲
Parabrulleia 近天牛茧蜂属
Parabrulleia linorum Chou *et* Hsu 林氏近天牛茧蜂
Parabrulleia shibuensis (Matsumura) 中华近天牛茧蜂，天牛茧蜂，日本天牛茧蜂
Parabyssodon 副布蚋亚属
Paracacoxenus 类异果蝇属
Paracacoxenus guttatus (Hardy *et* Wheeler) 斑类异果蝇，斑卡柯果蝇
Paracaecilinae 准单蝎亚科
Paracaecilius 准单蝎属，副毛啮虫属
Paracaecilius altus Li 高原准单蝎
Paracaecilius alutaceus Li 革黄准单蝎
Paracaecilius beijingicus Li 北京准单蝎
Paracaecilius chebalinganus (Li) 车八岭准单蝎
Paracaecilius cinnamomus (Li) 黄樟准单蝎
Paracaecilius gulingicus Li 牯岭准单蝎
Paracaecilius japanus (Enderlein) 日本准单蝎，日本副毛啮虫
Paracaecilius jilinicus Li 吉林准单蝎
Paracaecilius lacteus Li 白色准单蝎
Paracaecilius lativalvus (Li) 宽瓣准单蝎
Paracaecilius lingnanensis Li 岭南准单蝎
Paracaecilius longicellus (Li) 长室准单蝎
Paracaecilius megistus Li 大准单蝎
Paracaecilius miniscoides Li 肾眼准单蝎
Paracaecilius socialis Li 散栖准单蝎
Paracaecilius sphaericus Li 球眼准单蝎
Paracaecilius translucidus (Li) 淡色准单蝎
Paracaecilius tripetatus (Li) 三球准单蝎
Paracalais 斑叩甲属 *Cryptalaus* 的异名
Paracalais chinensis Ôhira 见 *Cryptalaus chinensis*

Paracalais putridus (Candèze) 见 *Cryptalaus putridus*

Paracalais sculptus (Westwood) 见 *Cryptalaus sculptus*

Paracalais sordidus (Westwood) 见 *Cryptalaus sordidus*

Paracalicha psittacata (Bastelberger) 见 *Hypomecis psittacata*

Paracanthella 尖角实蝇属，帕拉坎实蝇属

Paracanthella guttata Chen 花翅尖角实蝇，蒙帕拉坎实蝇，点异实蝇

Paracanthocinus laosensis Breuning 短长角天牛

Paracanthonevra 帕勒实蝇属

Paracanthonevra boettcheri Hardy 暗翅帕勒实蝇

Paracanthonevra dubia Hardy 杜比亚帕勒实蝇

Paracardiococcus 脆蜡蚧属，煽蜡蚧属，角介壳虫属

Paracardiococcus actinodaphnis Takahashi 木姜子脆蜡蚧，姜脆蜡蚧，黄楠煽蜡蚧，楠隐角介壳虫

Paracardiophorus 珠叩甲属，阔腹叩甲属

Paracardiophorus carduelis (Candèze) 南方珠叩甲，南方心盾叩甲

Paracardiophorus devastans (Matsumura) 棉珠叩甲，灵叩甲，德筒腹叩甲

Paracardiophorus erythrurus (Candèze) 红尾珠叩甲，红尾筒腹叩甲

Paracardiophorus flavipennis (Candèze) 黄翅珠叩甲

Paracardiophorus flavobasalis Schwarz 黄基珠叩甲，黄肩筒腹叩甲

Paracardiophorus granarius (Candèze) 小角珠叩甲，小角筒腹叩甲

Paracardiophorus koazahi Gurjeva 科氏珠叩甲，科氏筒腹叩甲

Paracardiophorus longicornis (Candèze) 长角珠叩甲

Paracardiophorus loochooensis Miwa 见 *Ryukyucardiophorus loochooensis*

Paracardiophorus minimus (Candèze) 小珠叩甲

Paracardiophorus musculus (Erichson) 鼠珠叩甲

Paracardiophorus nigroapicalis Miwa 黑尾珠叩甲，黑尾筒腹叩甲

Paracardiophorus pallidipennis (Candèze) 淡翅珠叩甲

Paracardiophorus pullatus (Candèze) [broad-belly click beetle] 黑棕珠叩甲，阔腹叩甲，阔腹叩头虫

Paracardiophorus rufopictus Carter 红斑珠叩甲

Paracardiophorus subaeneus (Fleutiaux) 微铜珠叩甲，铜光筒腹叩甲

Paracardiophorus vittipennis Carter 纹翅珠叩甲

Paracardiophorus xanthomus (Candèze) 黄珠叩甲

paracardo [= subcardo] < 亚轴节即轴节的基片 7>

Paracarinata 拟脊额叶蝉属

Paracarinata crocicrowna Li, Li *et* Xing 黄冠拟脊额叶蝉

Paracarotomus 宽颊金小蜂属

Paracarotomus cephalotes Ashmead 宽颊金小蜂

Paracarystus 银箔弄蝶属 < 此属有拼写为 *Paracarystys* 的情况 >

Paracarystus hypargyra (Herrich-Schäffer) [hypargyra skipper] 银箔弄蝶

Paracarystus koza Butler 考银箔弄蝶

Paracarystus menestries (Latreille) [menestries skipper] 美银箔弄蝶

Paracarystus rona Hewitson 罗银箔弄蝶

Paracarystys 见 *Paracarystus*

Paracataclysta 副纹水螟属，异卡螟属

Paracataclysta fuscalis (Hampson) 锤副纹水螟，锤纹水螟，棕异卡螟

Paracechorismenus 亚离水虻属，拟舞水虻属

Paracechorismenus albipes (Brunetti) 白足亚离水虻

Paracechorismenus femoratus (de Meijere) 股亚离水虻

Paracechorismenus guamae James 瓜马亚离水虻

Paracechorismenus infurcatus (de Meijere) 无叉亚离水虻

Paracechorismenus intermedius Kertész 中间亚离水虻，中间水虻

Paracelyphus 准甲蝇亚属

Paracentema 刺背蝽属

Paracentema stephanus Redtenbacher 冠花刺背蝽

Paracentrobia 邻赤眼蜂属

Paracentrobia andoi (Ishii) 褐腰邻赤眼蜂，褐腰赤眼蜂

Paracentrobia bicolor Girault 双色邻赤眼蜂

Paracentrobia exilimaculata Hu *et* Lin 小斑邻赤眼蜂

Paracentrobia fusca Lin 褐色邻赤眼蜂

Paracentrobia fuscusala Hu *et* Lin 褐翅邻赤眼蜂

Paracentrobia yasumatsui Subba Rao 六斑邻赤眼蜂

Paracentrocorynus 副圆棒卷象甲属，长颈象属

Paracentrocorynus charlottae Voss 夏氏副圆棒卷象甲，长颈象甲，长颈象

Paracentrocorynus nigricollis (Roelofs) 红副圆棒卷象甲，红长颈象甲，红长颈节叶象甲，红长颈象

paracephalic suture [= laterocephalic suture] 头侧沟 < 旧称，有时指额颊沟 (frontogenal sulcus)，有时指蜕裂线侧臂 >

Paraceras 副角蚤属

Paraceras brevimanubrium Li *et* Huang 短柄副角蚤

Paraceras crispus (Jordan *et* Rothschild) 屈褶副角蚤

Paraceras laxisinus Xie, He *et* Li 宽窦副角蚤

Paraceras melisflabellum (Wagner) 獾副角蚤扇形亚种，扇形獾副角蚤

Paraceras menetum Xie, Chen *et* Li 纹鼠副角蚤

Paraceras sauteri (Rothschild) 深窦副角蚤，骚脱氏副蚤

Paraceratitella 帕拉塞实蝇属，副广腊实蝇属

Paraceratitella compta Hardy 康普塔帕拉塞实蝇

Paraceratitella connexa Hardy 康尼帕拉塞实蝇

Paraceratitella curycephala Hardy 朱雷帕拉塞实蝇，副广腊实蝇

Paraceratitella oblonga Hardy 长方帕拉塞实蝇，长方副广腊实蝇

paraceratuba [pl. paraceratubae] 侧蜡管 < 指介壳虫蜡管之开口于前腹侧突管者 >

paraceratubae [s. paraceratuba] 侧蜡管

Paracercion 尾蟌属

Paracercion ambiguum Kompier *et* Yu 迷尾蟌

Paracercion barbatum (Needham) 挫齿尾蟌，显突尾蟌

Paracercion calamorum (Ris) [dusky lilysquatter] 蓝纹尾蟌，黑脊蟌

Paracercion calamorum calamorum (Ris) 蓝纹尾蟌指名亚种

Paracercion calamorum dyeri (Fraser) 蓝纹尾蟌苇笛亚种，苇笛细蟌，蓝纹蟌，蓝纹污蟌

Paracercion dorothea (Fraser) 钳尾蟌

Paracercion hieroglyphicum (Brauer) 隼尾蟌，黄纹尾蟌，黄纹蟌

Paracercion luzonicum (Asahina) 吕宋尾蟌

Paracercion malayanum (Sélys) 马来尾蟌

Paracercion melanotum (Sélys) [eastern lilysquatter] 黑背尾蟌，蓝面尾蟌，蔚蓝细蟌，六纹同蟌，六线柄蟌，黑嗯蟌
Paracercion pendulum (Needham *et* Gyger) 垂尾蟌
Paracercion plagiosum (Needham) 七条尾蟌
Paracercion sexlineatum (Sélys) 同 *Paracercion melanotum*
Paracercion sieboldii (Sélys) 钱博尾蟌，日本尾蟌，钱博细蟌
Paracercion vnigrum (Needham) 捷尾蟌 < 此种学名曾写为 *Paracercion v-nigrum* (Needham) >
Paracercopis 拟沫蝉属
Paracercopis atricapilla (Distant) 一带拟沫蝉
Paracercopis bicolor Liang 二色拟沫蝉
Paracercopis chekiangensis (Ôuchi) 浙江拟沫蝉
Paracercopis darjilingii (Lallemand) 大吉岭拟沫蝉
Paracercopis fuscipennis (Haupt) 褐翅拟沫蝉
Paracercopis seminigra (Melichar) 半黑拟沫蝉
Paracercopis sinensis (Ouchi) 同 *Paracercopis fuscipennis*
Paracercopis transversa Lallemand *et* Synave 同 *Paracercopis chekiangensis*
paracerore 环列蜡孔 < 指介壳虫中六个蜡孔排列成圈者 >
Paracerostegia 龟蜡蚧属
Paracerostegia ajmerensis (Avasthi *et* Shafee) 见 *Ceroplastes ajmerensis*
Paracerostegia centroroseus (Chen) 见 *Ceroplastes centroroseus*
Paracerostegia floridensis (Comstock) 见 *Ceroplastes floridensis*
Paracerostegia japonica (Green) 见 *Ceroplastes japonicus*
Paracerostegia kunmingensis Tang *et* Xie 见 *Ceroplastes kunmingensis*
Paracerura 葩舟蛾属
Paracerura priapus (Schintlmeister) 神葩舟蛾，神二尾舟蛾，神锯舟蛾，神邻二尾舟蛾
Paracerura tattakana (Matsumura) 白葩舟蛾，尖锯舟蛾，台湾杨二尾舟蛾，白二尾舟蛾，大新二尾舟蛾，塔二尾舟蛾，白邻二尾舟蛾
Parachadisra 刹舟蛾属
Parachadisra atrifusa (Hampson) 白缘刹舟蛾，黑褐副舟蛾
Parachaetocladius 拟毛突摇蚊属
Parachaetocladius abnobaeus (Wülker) 阿布拟毛突摇蚊
Parachaetocladius akanoctavus Sasa *et* Kamimura 北海道拟毛突摇蚊，阿卡拟毛突摇蚊，阿副鬃摇蚊
Parachaitophorinae 拟毛蚜亚科
Parachaitophorus 拟毛蚜属
Parachaitophorus spiraeae (Takahashi) 绣线菊拟毛蚜
Parachartergus 类短腰马蜂属
Parachartergus apicalis (Fabricius) 淡端类短腰马蜂
Parachauliodes 准鱼蛉属
Parachauliodes buchi Navás 布氏准鱼蛉，布异斑鱼蛉
Parachauliodes continentalis van der Weele 大陆准鱼蛉，大陆异斑鱼蛉
Parachauliodes japonicus (McLachlan) 日本准鱼蛉，日本异斑鱼蛉，日本鱼蛉
Parachauliodes nebulosus (Okamoto) 暗色准鱼蛉
Parachilades 帕睐灰蝶属
Parachilades speciosa Staudinger 斯帕睐灰蝶
Parachilades titicaca (Weymer) 帕睐灰蝶
Parachironomus 拟摇蚊属，副摇蚊属
Parachironomus arcuatus (Goetghebuer) 同 *Parachironomus gracilior*
Parachironomus formosanus Kieffer 见 *Camptocladius formosanus*
Parachironomus frequens (Johannsen) 习见拟摇蚊，常见副摇蚊
Parachironomus gracilior (Kieffer) 格拉拟摇蚊，细副摇蚊
Parachironomus kamaabeus Sasa *et* Tanaka 同 *Parachironomus frequens*
Parachironomus lacteipennis (Kieffer) 见 *Microchironomus lacteipennis*
Parachironomus monochromus (van der Wulp) 单色拟摇蚊，单色副摇蚊
Parachironomus poyangensis Yan, Yan, Jiang, Guo, Liu, Ge, Wang *et* Pan 鄱阳拟摇蚊，鄱阳湖副摇蚊
Parachironomus primitivus (Johannsen) 同 *Microchironomus tener*
Parachironomus sauteri Kieffer 索氏拟摇蚊，索氏副摇蚊，邵氏摇蚊
Parachironomus toneabeus Sasa *et* Tanaka 同 *Parachironomus frequens*
parachorium 体内共生
Parachorius 侧膜蜣螂属，瓢蜣螂属
Parachorius fungorum Kryzhanovskyij *et* Medbedev 菌侧膜蜣螂
Parachorius gotoi (Masumoto) 后藤侧膜蜣螂，后藤瓢蜣螂
Parachorius thomsoni Harold 汤姆逊侧膜蜣螂
Parachronistis 平麦蛾属
Parachronistis xiningensis Li *et* Zheng 西宁平麦蛾
Parachrostia 大和小夜蛾属
Parachrostia sugii Fibiger 杉大和小夜蛾
Parachrysops 金侧灰蝶属
Parachrysops bicolor Bethune-Baker 金侧灰蝶
Parachydaeopsis 齿尾天牛属
Parachydaeopsis laosica Breuning 齿尾天牛
Parachydaeopsis shaanxiensis Wang *et* Chiang 陕西齿尾天牛
Paracicadella 肖大叶蝉属
Paracicadella rubrovitta Kuoh 同 *Seasogonia sandaracata*
Paracinema 帕蝗属
Paracinema tricolor (Thunberg) 三色帕蝗
Paracladius 拟突摇蚊属
Paracladius akansextus Sasa *et* Kamimura 靴拟突摇蚊
Paracladius alpicola (Zetterstedt) 高山拟突摇蚊
Paracladius antennarius Yan *et* Wang 触角拟突摇蚊
Paracladius conversus (Walker) 翻转拟突摇蚊，逆副枝摇蚊
Paracladius inaequalis (Kieffer) 不等副枝摇蚊
Paracladius omolonus Makarchenko *et* Makarchenko 奥墨隆拟突摇蚊
Paracladius ovatus Fu, Wang *et* Andersen 卵形拟突摇蚊，蛋形拟突摇蚊
Paracladius quadrinodosus Hirvenoja 四拟突摇蚊
Paracladius seutakanus Makarchenko *et* Makarchenko 楚科奇拟突摇蚊
Paracladius tunimoabeus (Sasa *et* Suzuki) 鹿儿岛拟突摇蚊
Paracladopelma 拟枝角摇蚊属
Paracladopelma binum Yan, Jin *et* Wang 双叶拟枝角摇蚊
Paracladopelma bui Yan, Jin *et* Wang 卜氏拟枝角摇蚊
Paracladopelma camptolabis (Kieffer) 钩突拟枝角摇蚊，弯唇异枝摇蚊
Paracladopelma cirratum Yan, Jin *et* Wang 弯毛拟枝角摇蚊
Paracladopelma crenum Yan, Jin *et* Wang 毛突拟枝角摇蚊

Paracladopelma demissum Yan, Wang *et* Bu 短鞭拟枝角摇蚊
Paracladopelma digitum Yan, Jin *et* Wang 指突拟枝角摇蚊
Paracladopelma hibarasecundum Sasa 松花拟枝角摇蚊
Paracladopelma laminatum (Kieffer) 尖角拟枝角摇蚊
Paracladopelma undine (Townes) 长方拟枝角
Paracladoxena 副拟叩甲属
Paracladoxena trifoliata (Fowler) 三叶副拟叩甲
Paracladura 跗毫蚊属，冬大蚊属，分枝冬大蚊属
Paracladura cuneata Alexander 楔翅跗毫蚊，楔形冬大蚊，锥形冬大蚊
Paracladura dorsocompta Yang *et* Yang 背饰跗毫蚊，背饰冬大蚊
Paracladura elegans Brunetti 华美跗毫蚊，丽冬大蚊
Paracladura flavoides (Alexander) 同 *Paracladura gracilis*
Paracladura gracilis Brunetti 纤细跗毫蚊，细冬大蚊
Paracladura minuscula Yang *et* Yang 微跗毫蚊
Paracladura omeiensis Alexander 同 *Paracladura cuneata*
Paracladura zheana Yang *et* Yang 浙跗毫蚊，浙冬大蚊
Paracladurinae 跗毫蚊亚科
Paraclemensia 槭穿孔蛾属
Paraclemensia acerifoliella (Fitch) [maple leafcutter] 槭穿孔蛾，槭切叶穿孔蛾
Paracleonymus 宽颊金小蜂属
Paracleonymus angustatus Masi 见 *Cleonymus angustatus*
Paraclerobia pimatella (Caradja) 柠条种子斑螟
Paracleros 拟白牙弄蝶属
Paracleros biguttulus (Mabille) [common dusky dart] 双点拟白牙弄蝶
Paracleros maesseni Berger [Maessen's dusky dart] 玛拟白牙弄蝶
Paracleros placidus (Plötz) [western dusky dart] 静拟白牙弄蝶
Paracleros sangoanus (Carcasson) 散拟白牙弄蝶
Paracleros staudei Collins *et* Larsen 斯拟白牙弄蝶
Paracleros substrigata (Holland) [Berger's dusky dart] 小痣拟白牙弄蝶
Paracletus 拟根蚜属
Paracletus cimiciformis von Heyden 麦拟根蚜
Paracletus cimiciformis cimiciformis von Heyden 麦拟根蚜指名亚种
Paracletus cimiciformis zhanhuanus Zhang 麦拟根蚜沾化亚种
Paraclisis 爬鸟虱属
Paraclisis confidens (Kellogg) 黑脚信天翁爬鸟虱，黑脚信天翁哈鸟虱
Paraclisis giganticola (Kellogg) 硕爬鸟虱，硕哈鸟虱
Paraclitumnus 仿短肛蝌属
Paraclitumnus apicalis (Chen *et* He) 显尾仿短肛蝌，显尾短肛棒蝌
Paraclitumnus bannaensis Chen, Shang *et* Pei 见 *Ramulus bannaensis*
Paraclitumnus henanensis Chen 河南仿短肛蝌
Paraclitumnus nigrodentatus (Chen *et* Yin) 黑齿仿短肛蝌
Paraclitumnus robinius Cai 刺槐仿短肛蝌
Paraclius 弓脉长足虻属，幼长足虻属
Paraclius acutatus Yang *et* Li 尖角弓脉长足虻
Paraclius adligatus Becker 细缚弓脉长足虻，细缚长足虻，阿副长足虻
Paraclius basiflavus Yang 基黄弓脉长足虻
Paraclius curvispinus Yang *et* Saigusa 弯刺弓脉长足虻
Paraclius emeiensis Yang *et* Saigusa 峨眉弓脉长足虻
Paraclius fanjingensis Wei 梵净弓脉长足虻
Paraclius furcatus Yang *et* Saigusa 叉须弓脉长足虻
Paraclius incisus Yang *et* Grootaert 凹须弓脉长足虻
Paraclius inopinatus (Parent) 东方弓脉长足虻
Paraclius interductus Becker 标点弓脉长足虻，标点长足虻，间副长足虻
Paraclius lii Wei *et* Song 李氏弓脉长足虻
Paraclius limitatus Wei *et* Song 缘弓脉长足虻
Paraclius longicercus Yang *et* Grootaert 长须弓脉长足虻
Paraclius longicornutus Yang *et* Saigusa 长角弓脉长足虻
Paraclius luculentus Parent 优雅弓脉长足虻，优雅长足虻
Paraclius maculatus de Meijere 污斑弓脉长足虻，污斑长足虻
Paraclius mastrus Wei 觅弓脉长足虻
Paraclius mecynus Wei *et* Song 伸弓脉长足虻
Paraclius melicus Wei 谐弓脉长足虻
Paraclius menglunensis Yang *et* Grootaert 勐仑弓脉长足虻
Paraclius nudus Becker 纯净弓脉长足虻，纯净长足虻
Paraclius pilosellus Becker 长毛弓脉长足虻，毛副长足虻，黑角长足虻
Paraclius planitarsis Zhang, Yang *et* Masunaga 扁跗弓脉长足虻
Paraclius serrulatus Yang *et* Grootaert 须齿弓脉长足虻
Paraclius sinensis Yang *et* Li 中华弓脉长足虻
Paraclius stipiatus Yang 锐角弓脉长足虻
Paraclius subincisus Zhang, Yang *et* Masunaga 近凹须弓脉长足虻
Paraclius taiwanensis Zhang, Yang *et* Masunaga 台湾弓脉长足虻
Paraclius xanthocercus Yang *et* Grootaert 黄须弓脉长足虻
Paraclius yongpinganus Yang *et* Saigusa 永平弓脉长足虻
Paraclius yunnanensis Yang 云南弓脉长足虻
paraclypeal lobe 头侧叶 < 见于半翅目 Hemiptera 昆虫中，同 juga>
paraclypeal piece 侧唇基片 < 指鳞翅目昆虫蛹两下颚须的侧部 >
paraclypeus 侧唇基 < 指鳞翅目 Lepidoptera 昆虫幼虫唇基两侧的狭骨片，实为额 >
Paraclytus 拟虎天牛属
Paraclytus apicicornis (Gressitt) 白角拟虎天牛
Paraclytus emili Holzschuh 滇拟虎天牛
Paraclytus excellens Miroshnikov *et* Lin 大拟虎天牛
Paraclytus excultus Bates 拟虎天牛
Paraclytus gongshanus Viktora *et* Liu 贡山拟虎天牛
Paraclytus intermedius Viktora *et* Tichý 中间拟虎天牛
Paraclytus murzini Miroshnikov 穆氏拟虎天牛
Paraclytus primus Holzschuh 川拟虎天牛
Paraclytus sexguttatus (Adams) 六斑拟虎天牛
Paraclytus shaanxiensis Holzschuh 陕拟虎天牛
Paraclytus wangi Miroshnikov *et* Lin 王氏拟虎天牛
Paraclytus xiongi Huang, Yan *et* Zhang 熊氏拟虎天牛
Paraclytus yao Viktora *et* Tichý 瑶拟虎天牛
Paracme 尖须螟属
Paracme racilialis (Walker) 长尖须螟
Paracoccus 1. 秀粉蚧属；2. 副球菌属
Paracoccus marginatus Williams *et* Granara de Willink [papaya mealybug] 木瓜秀粉蚧，木瓜秀粉介壳虫，木瓜粉蚧
Paracoccus pasaniae Borchsenius 同 *Maconellicoccus hirsutus*
Paracodrus 无翅细蜂属
Paracodrus apterogynus (Haliday) 叩甲无翅细蜂

paracoila [pl. paracoilae] 侧关节窝 < 指下颚在腹面的关节 >
paracoilae [s. paracoila] 侧关节窝
Paracolax 奴夜蛾属，奴裳蛾属
Paracolax angulata (Wileman) 乐奴夜蛾，角努夜蛾，网纹奴裳蛾，乐奴裳蛾
Paracolax apicimacula (Wileman) 顶斑奴夜蛾，顶斑奴裳蛾
Paracolax bilineata (Wileman) 双线奴夜蛾，双线奴裳蛾
Paracolax bipuncta Owada 双点奴夜蛾，二点努夜蛾
Paracolax butleri (Leech) 白线奴夜蛾
Paracolax contigua (Leech) 邻奴夜蛾，邻努夜蛾
Paracolax derivalis (Hübner) 同 *Paracolax tristalis*
Paracolax dictyogramma Sugi 同 *Paracolax angulate*
Paracolax fascialis (Leech) 宽带奴夜蛾
Paracolax fentoni (Butler) 圆斑奴夜蛾，芬努夜蛾，小奴裳蛾，纷奴夜蛾
Paracolax pacifica Owada 斜线奴夜蛾，太平洋努夜蛾
Paracolax pryeri (Butler) 黄肾奴夜蛾，黄肾努夜蛾，紫黑奴裳蛾
Paracolax sugii Owada 杉氏奴夜蛾，杉氏奴裳蛾，夙奴夜蛾
Paracolax trilinealis (Bremer) 三线奴夜蛾，三线努夜蛾
Paracolax tristalis (Fabricius) [clay fan-foot] 曲线奴夜蛾，特努夜蛾
Paracolax unicolor Wileman *et* South 一色努夜蛾，车厚翅蛾
Paracolopha 类四节绵蚜属
Paracolopha morrisoni (Monzen) 摩氏类四节绵蚜，摩氏四节绵蚜，榉四脉绵蚜
Paracondeellum 近康蚖属
Paracondeellum dukouensis (Tang *et* Yin) 渡口近康蚖，渡口康蚖
Paraconfucius 肩耳叶蝉属，肩叶蝉属
Paraconfucius depravatus (Jacobi) 淡缘肩耳叶蝉，淡缘肩叶蝉，凹耳叶蝉，黑带耳叶蝉
Paraconfucius pallidus Cai 同 *Paraconfucius depravatus*
Paraconon 粒脉飞虱属
Paraconon fuscifrons (Muir) 暗额粒脉飞虱
Paraconon membranacea Yang 膜突粒脉飞虱，膜管宽头飞虱
Paraconon sinensis Qin 中华等胸飞虱
Paraconon unispina Ding 单刺粒脉飞虱
Paracopium 大角网蝽属
Paracopium sauteri Drake 邵氏大角网蝽，大角网蝽
Paracopris 类蜣螂属
Paracopris cariniceps (Felsche) 脊头类蜣螂，脊头蜣螂，条脚蜣螂，条脚粪球金龟
Paracopris punctulatus (Wiedemann) 类蜣螂
Paracopta 同龟蝽属
Paracopta duodecimpunctatum (Germar) 点同龟蝽
Paracopta maculata Hsiao *et* Jen 斑同龟蝽
Paracopta marginata Hsiao *et* Jen 边同龟蝽
Paracopta rufiscuta Hsiao *et* Jen 红盾同龟蝽
Paracorbulo 无皱飞虱属
Paracorbulo amplexicaulis Tian *et* Ding 膜稃飞虱
Paracorbulo clavata Kuoh 棒突无皱飞虱
Paracorbulo sanguinalis Ding *et* Tian 马唐飞虱
Paracorbulo sirokata (Matsumura *et* Ishihara) 白颈飞虱
Paracorethrura 歪璐蜡蝉属
Paracorethrura iocnemis (Jacobi) 歪璐蜡蝉
Paracorixa 副划蝽属
Paracorixa armata (Lundblad) 饰副划蝽，饰丽划蝽
Paracorixa caspica (Horváth) 卡副划蝽，江苏副划蝽
Paracorixa concinna Fieber 丽副划蝽，齐丽划蝽
Paracorixa concinna amurensis (Jaczewski) 丽副划蝽东北亚种，阿副划蝽
Paracorixa concinna concinna Fieber 丽副划蝽指名亚种，多齿副划蝽，内蒙副划蝽
Paracorixa kiritshenkoi (Lundblad) 克氏副划蝽
Paracorixa wui (Lundblad) 胡氏副划蝽，胡氏丽划蝽
Paracosmetura 副饰尾螽属
Paracosmetura angustisulca (Chang, Bian *et* Shi) 狭沟副饰尾螽
Paracosmetura bambusa Liu, Zhou *et* Bi 竹副饰尾螽
Paracosmetura brachycerca (Chang, Bian *et* Shi) 短尾副饰尾螽，短尾华穹螽，短尾穹螽
Paracosmetura cryptocerca Liu 隐尾副饰尾螽
Paracossus 副木蠹蛾属
Paracossus griseatus Yakovlev 灰副木蠹蛾
Paracossus hainanicus Yakovlev 海南副木蠹蛾
Paracossus longispinalis (Chou et Hua) 江西副木蠹蛾，江西叉钩木蠹蛾，江西木蠹蛾
paracosta 侧背脊
Paracrama 翡夜蛾属
Paracrama angulata Sugi 角翡夜蛾
Paracrama dulcissima (Walker) 翡夜蛾
Paracrama latimargo Warren 宽缘翡夜蛾
Paracranopygia 异大尾螋属
Paracranopygia burmensis (Hincks) 缅异大尾螋
Paracranopygia comata (Hincks) 毛异大尾螋
Paracranopygia maculipes (Hincks) 斑异大尾螋
Paracranopygia modesta (Bormans) 静异大尾螋
Paracranopygia proxima (Hincks) 近异大尾螋
Paracranopygia siamensis (Dohrn) 泰国异大尾螋
Paracranopygia tonkinensis (Hincks) 越异大尾螋
Paracricotopus 拟环足摇蚊属
Paracricotopus niger (Kieffer) 黑拟环足摇蚊
Paracriotettix 拟角蚱属
Paracriotettix zhengi Liang 郑氏拟角蚱
Paracristobalia 帕拉克里实蝇属
Paracristobalia polita Hardy 波利帕拉克里实蝇
Paracritheus 棘蝽属
Paracritheus trimaculatus (Peletier *et* Serville) 三斑棘蝽，棘蝽
Paracrocera paitana Séguy 见 *Acrocera paitana*
Paracroesia 副弧翅卷蛾属
Paracroesia picevora Liu 云杉副弧翅卷蛾，副弧翅卷蛾
Paracrossidius impressiusculus (Fairmaire) 威蜉金龟甲，威蜉金龟
Paracrothinium 似丽肖叶甲属，似丽叶甲属
Paracrothinium cupricolle Chen 紫胸似丽肖叶甲，紫胸似丽叶甲
Paracrothinium latum (Pic) 棕似丽肖叶甲，宽似丽叶甲
Paracrothinium rufus Medvedev 红似丽肖叶甲
paracrystalline body 副核
Paractenochiton 毛肛蚧属
Paractenochiton sutepensis Takahashi 泰国毛肛蚧
Paractinothrips 宽叶管蓟马属
Paractinothrips peratus Mound *et* Palmer 宽叶管蓟马
Paractophila 羽毛蚜蝇属

Paractophila oberthueri Hervé-Bazin 红毛羽毛蚜蝇
Paracyathiger matousheki Löbl 见 *Plagiophorus matousheki*
Paracyba 蟠小叶蝉属
Paracyba akashiensis (Takahashi) [Akashi leafhopper] 明石蟠小叶蝉，中条斑小叶蝉，阿达市蟠小叶蝉，窄背叉脉小叶蝉，窄背叶蝉
Paracyba soosi Dworakowska 褐带蟠小叶蝉
Paracycnotrachelus 短尖角象甲属，短尖角象属
Paracycnotrachelus chinensis (Jekel) 中国短尖角象甲，中国短尖角象
Paracycnotrachelus consimilis Voss 类短尖角象甲，类栉齿角象甲，全似宽颈象
Paracycnotrachelus cygneus Fabricius 鹅短尖角象甲，鹅宽颈象甲，鹅宽颈象
Paracycnotrachelus foveostriatus Voss 窝纹短尖角象甲，窝纹宽颈象甲，窝纹宽颈象
Paracycnotrachelus longiceps (Motschulsky) 栎短尖角象甲，栎宽颈象
Paracycnotrachelus montanus Jekel 山短尖角象甲，山宽颈象甲，山宽颈象
Paracycnotrachelus potanini Faust 波氏短尖角象甲，坡宽颈象甲，坡宽颈象
Paracylindromorphus 球头吉丁甲属，球头吉丁属，宽头吉丁甲属，宽头吉丁属，细小吉丁虫属
Paracylindromorphus africanus (Obenberger) 非洲球头吉丁甲，非洲宽头吉丁甲，非洲宽头吉丁
Paracylindromorphus albifrons (Théry) 白额球头吉丁甲，白额宽头吉丁甲，白额宽头吉丁
Paracylindromorphus assamensis Obenberger 阿球头吉丁甲，阿宽头吉丁甲，阿宽头吉丁
Paracylindromorphus bakeri (Obenberger) 巴氏球头吉丁甲，巴氏宽头吉丁甲，巴氏宽头吉丁
Paracylindromorphus birmanicus Obenberger 缅甸球头吉丁甲，缅甸球头吉丁，缅甸宽头吉丁甲，缅甸宽头吉丁
Paracylindromorphus bodongi (Kerremans) 博氏球头吉丁甲，博氏宽头吉丁甲，博氏宽头吉丁
Paracylindromorphus burgeoni Théry 布氏球头吉丁甲，布氏宽头吉丁甲，布氏宽头吉丁
Paracylindromorphus chinensis (Obenberger) 中国球头吉丁甲，中华宽头吉丁甲，中华宽头吉丁，中华拟宽头吉丁
Paracylindromorphus elongatulus Cobos 长球头吉丁甲，长宽头吉丁甲，长宽头吉丁
Paracylindromorphus formosanus (Miwa *et* Chûjô) 台湾球头吉丁甲，台湾宽头吉丁甲，台宽头吉丁，蓬莱细小吉丁虫，台锥吉丁甲，台锥吉丁
Paracylindromorphus fujianensis Kubán 福建球头吉丁甲，福建球头吉丁，福建宽头吉丁甲，福建宽头吉丁
Paracylindromorphus gebhardti (Obenberger) 捷氏球头吉丁甲，捷氏球头吉丁，格氏宽头吉丁甲，格宽头吉丁
Paracylindromorphus grandis Cobos 雅球头吉丁甲，雅宽头吉丁甲，雅宽头吉丁
Paracylindromorphus helferi Cobos 赫氏球头吉丁甲，赫氏宽头吉丁甲，赫氏宽头吉丁
Paracylindromorphus japonensis (Saunders) 日本球头吉丁甲，日本球头吉丁，日本宽头吉丁甲，日宽头吉丁，桑锥吉丁甲，桑椭椎吉丁
Paracylindromorphus javanicus (Obenberger) 爪哇球头吉丁甲，爪哇宽头吉丁甲，爪哇宽头吉丁
Paracylindromorphus jeanneli (Kerremans) 杰氏球头吉丁甲，杰氏宽头吉丁甲，杰氏宽头吉丁
Paracylindromorphus klapperichi Obenberger 柯氏球头吉丁甲，柯氏球头吉丁，克氏宽头吉丁甲，克宽头吉丁
Paracylindromorphus larminati Baudon 拉氏球头吉丁甲，拉氏宽头吉丁甲，拉氏宽头吉丁
Paracylindromorphus lebedevi (Obenberger) 乐氏球头吉丁甲，乐士宽头吉丁甲，乐士宽头吉丁
Paracylindromorphus levicollis (Péringuey) 光领球头吉丁甲，光领宽头吉丁甲，光领宽头吉丁
Paracylindromorphus machulkai Obenberger 马氏球头吉丁甲，马氏宽头吉丁甲，马氏宽头吉丁
Paracylindromorphus montanus (Obenberger) 山球头吉丁甲，山宽头吉丁甲，山宽头吉丁
Paracylindromorphus munroi (Obenberger) 穆氏球头吉丁甲，穆氏宽头吉丁甲，穆氏宽头吉丁
Paracylindromorphus orientalis (Kerremans) 东方球头吉丁甲，东方宽头吉丁甲，东方宽头吉丁
Paracylindromorphus planithorax Cobos 平胸球头吉丁甲，平胸宽头吉丁甲，平胸宽头吉丁
Paracylindromorphus richteri Théry 里氏球头吉丁甲，里氏球头吉丁，瑞氏宽头吉丁甲，瑞氏宽头吉丁
Paracylindromorphus sculpturatus Cobos 刻纹球头吉丁甲，刻纹宽头吉丁甲，刻纹宽头吉丁
Paracylindromorphus semenovi Théry 斯氏球头吉丁甲，斯氏宽头吉丁甲，斯氏宽头吉丁
Paracylindromorphus sericatus Théry 柔球头吉丁甲，柔宽头吉丁甲，柔宽头吉丁
Paracylindromorphus similis Cobos 类球头吉丁甲，类宽头吉丁甲，类宽头吉丁
Paracylindromorphus sinae Obenberger 中华球头吉丁甲，中华球头吉丁，中国宽头吉丁甲，华宽头吉丁
Paracylindromorphus sinuatus (Abeille de Perrin) 曲球头吉丁甲，曲宽头吉丁甲，曲宽头吉丁
Paracylindromorphus subcylindricus (Kerremans) 亚柱球头吉丁甲，亚柱宽头吉丁甲，亚柱宽头吉丁
Paracylindromorphus subuliformis (Mannerheim) 条形球头吉丁甲
Paracylindromorphus tokioensis Théry 东京球头吉丁甲，日本宽头吉丁甲，日本宽头吉丁
Paracylindromorphus transversicollis (Reitter) 横条球头吉丁甲，横宽头吉丁甲，横宽头吉丁
Paracylindromorphus transversicollis kozlovi Alexeev 横条球头吉丁甲寇氏亚种
Paracylindromorphus transversicollis transversicollis (Reitter) 横条球头吉丁甲指名亚种
Paracylindromorphus villiersi Descarpentries 维氏球头吉丁甲，维氏宽头吉丁甲，维氏宽头吉丁
Paracylindromorphus waterloti Théry 瓦氏球头吉丁甲，瓦氏宽头吉丁甲，瓦氏宽头吉丁
Paracymoriza 波水螟属，异晒螟属
Paracymoriza aurantialis (Swinhoe) 橘黄波水螟，橘异晒螟

Paracymoriza bleszynskialis Roesler *et* Speidel 黑色波水螟，布异晒螟
Paracymoriza cataclystalis (Strand) 丽纹波水螟，卡异晒螟，丽纹地栖水螟
Paracymoriza convallata You *et* Li 环波水螟
Paracymoriza distinctalis (Leech) 断纹波水螟，显异晒螟，目斑纹翅野螟，目纹翅野螟，显洁水螟
Paracymoriza fuscalis (Yoshiyasu) 褐色波水螟，棕洁水螟
Paracymoriza inextricata (Moore) 淡色波水螟，阴异晒螟
Paracymoriza laminalis (Hampson) 华南波水螟，片异晒螟
Paracymoriza multispinea You, Wang *et* Li 多棘波水螟
Paracymoriza nigra (Warren) 黑波水螟，黑地栖水螟，黑水螟
Paracymoriza prodigalis (Leech) 珍洁波水螟，洁波水螟，普波水螟，普异晒螟
Paracymoriza reductalis (Caradja) 束缩波水螟，减异晒螟
Paracymoriza taiwanalis (Wileman *et* South) 台湾波水螟，台异晒螟
Paracymoriza vagalis (Walker) 黄褐波水螟，瓦异晒螟
Paracymoriza yunnanensis (Caradja) 云南波水螟，滇异晒螟
Paracymus 隆胸牙甲属
Paracymus aeneus (Germar) 直缘隆胸牙甲
Paracymus atomus d'Orchymont 小隆胸牙甲，小异牙甲
Paracymus chalceolus (Solsky) 恰隆胸牙甲，恰异牙甲
Paracymus evanescens Sharp 萎隆胸牙甲，萎异牙甲
Paracymus evanescens orientalis d'Orchymont 见 *Paracymus orientalis*
Paracymus mimicus Wooldridge 弯茎隆胸牙甲，拟隆胸牙甲
Paracymus orientalis d'Orchymont 东方隆胸牙甲，东方异牙甲
Paracymus relaxus Rey 曲脊隆胸牙甲，瑞异牙甲
Paracyphodema 拟壮盲蝽属
Paracyphodema inexpectata (Zheng *et* Liu) 居间拟壮盲蝽
Paracyphoderris 拟圆翅鸣螽属
Paracyphoderris erebeus Storozhenko 穴拟圆翅鸣螽
Paracyphononyx 副弯蛛蜂属
Paracyphononyx alienus (Smith) 奇异副弯蛛蜂
Paracyphononyx pedestris (Smith) 足副弯蛛蜂
Paracyphononyx scapulatus (Bréthes) 黑副弯蛛蜂
Paracyrta 异弓背叶蝉属，副弓背叶蝉属
Paracyrta banna (Zhang *et* Wei) 版纳异弓背叶蝉，版纳弓背叶蝉
Paracyrta bicolor (Zhang *et* Wei) 异色异弓背叶蝉，异色弓背叶蝉
Paracyrta bimaculata (Zhang *et* Sun) 双斑异弓背叶蝉，双斑弓背叶蝉
Paracyrta blattina (Jacobi) 金异弓背叶蝉，闽副弓背叶蝉，闽小头叶蝉，金弓背叶蝉
Paracyrta dentata (Zhang *et* Wei) 尖齿异弓背叶蝉，尖齿弓背叶蝉
Paracyrta longiloba (Zhang *et* Wei) 长突异弓背叶蝉，长突弓背叶蝉
Paracyrta parafrons (Zhang *et* Wei) 异额异弓背叶蝉，异额弓背叶蝉
Paracyrta recusetosa (Zhang *et* Wei) 逆毛异弓背叶蝉，逆毛弓背叶蝉
Paracyrta setosa (Zhang *et* Sun) 具毛异弓背叶蝉，具毛弓背叶蝉
Paracyrtus 准小头虻属
Paracyrtus albofimbriatus (Hildebrandt) 白缘准小头虻
paracyte 假细胞 <即胚胎发育中由胚带产生而进入卵黄中的细胞>
Paracythopeus 副赛象甲属
Paracythopeus collaris Voss 领副赛象甲，领副赛象
Paradacus 拟果实蝇亚属
Paradacus depressus (Shiraki) 见 *Bactrocera* (*Paradacus*) *depressa*
Paradapsilia trinotata Chen 同 *Porpomastix fasciolata*
Paradarisa 拟毛腹尺蛾属
Paradarisa chloauges Prout 灰绿拟毛腹尺蛾，橄榄花尺蛾
Paradarisa comparataria (Walker) 康拟毛腹尺蛾，康异达尺蛾
Paradarisa comparataria comparataria (Walker) 康拟毛腹尺蛾指名亚种
Paradarisa comparataria rantaizanensis Wileman 康拟毛腹尺蛾小型亚种，小橄榄花尺蛾，伦拟毛腹尺蛾
Paradarisa consonaria (Hübner) [brindled square spot, square spot, Japanese linden geometer] 雅拟毛腹尺蛾，雅埃尺蛾，菩提褐条尺蠖，宜霜尺蛾
Paradarisa guilinensis Satô *et* Wang 桂拟毛腹尺蛾
Paradarisa hehuana László *et* Stüning 合欢拟毛腹尺蛾，合欢橄榄花尺蛾
Paradarisa rantaizanensis Wileman 见 *Paradarisa comparataria rantaizanensis*
Paradasynus 副黛缘蝽属
Paradasynus formosanus (Matsumura) 台副黛缘蝽
Paradasynus longirostris Hsiao 喙副黛缘蝽
Paradasynus spinosus Hsiao 刺副黛缘蝽
Paradasynus tibialis Hsiao 胫副黛缘蝽
Paradecetia 异蛱蛾属
Paradecetia myra Swinhoe 迈异蛱蛾
Paradecetia vicina Swinhoe 威异蛱蛾
Paradelia 邻泉蝇属
Paradelia brunneonigra (Schnabl) 棕黑邻泉蝇
Paradelia intersecta (Meigen) 缢头邻泉蝇
Paradelia lundbeckii (Ringdahl) 伦氏邻泉蝇
Paradelia nototrigona Ge *et* Fan 拟三角邻泉蝇，三角邻泉蝇
Paradelia palpata (Stein) 小须邻泉蝇
Paradelia trigonalis (Karl) 三角邻泉蝇
Paradelius 离脉茧蜂属
Paradelius chinensis He *et* Chen 中华离脉茧蜂
Paradelphacodes 派罗飞虱属
Paradelphacodes fanjingshana Chen 梵净山派罗飞虱
Paradelphacodes orientalis Anufriev 东方派罗飞虱
Paradelphacodes paludosa (Flor) 沼泽派罗飞虱，黄褐飞虱
Paradelphacodes tengaica Vilbaste 砸加湖派罗飞虱，拟稗飞虱
Paradelphomyia 毛翅大蚊属，副大蚊属
Paradelphomyia cerina (Alexander) 蜂巢毛翅大蚊，淡黄副大蚊，淡黄亲大蚊，蜡尖大蚊
Paradelphomyia crossospila (Alexander) 螺纹毛翅大蚊，横副大蚊，横亲大蚊，横斑尖大蚊
Paradelphomyia issikina (Alexander) 见 *Paradelphomyia* (*Oxyrhiza*) *issikina*
Paradelphomyia latissima (Alexander) 扁鼻毛翅大蚊，宽凹副大蚊，宽亲大蚊，宽凹尖大蚊
Paradelphomyia majuscula (Alexander) 凹毛翅大蚊，大副大蚊，

大亲大蚊，川尖大蚊
Paradelphomyia (Oxyrhiza) ariana (Alexander) 阿里毛翅大蚊，阿里副大蚊
Paradelphomyia (Oxyrhiza) issikina (Alexander) 一色毛翅大蚊，一色副大蚊，一色亲大蚊
Paradelphomyia (Oxyrhiza) nipponensis (Alexander) 日本毛翅大蚊
Paradelphomyia reducta (Alexander) 锉尾毛翅大蚊，缩副大蚊，缩尖大蚊
parademe [= phragma] 悬骨
paradensae 臀腹胝 < 有些介壳虫臀板腹面较明显的形似胼胝的加厚部分 >
paraderm 围膜 < 在蝇科 Muscidae 昆虫中，包裹前蛹的膜 >
Paradermaptera 准革翅部，准革翅总科
Paradermestes 似皮蠹属
Paradermestes jurassicus Deng, Ślipiński, Ren *et* Pang 侏罗似皮蠹
Paradermestini 似皮蠹族
Paradiallus duaulti Breuning 宽肩天牛
Paradiarsia 芒夜蛾属
Paradiarsia coturnicula (Graeser) 柯芒夜蛾，柯异歹夜蛾
Paradiarsia herzi (Christoph) 赫芒夜蛾，赫异歹夜蛾
Paradiarsia punicea (Hübner) 泛紫芒夜蛾，蒲异歹夜蛾
Paradiarsia sobrina (Duponchel) 见 *Protolampra sobrina*
Paradichosia 变丽蝇属
Paradichosia blaesostyla Feng, Chen *et* Fan 凹铗变丽蝇
Paradichosia brachyphalla Feng, Chen *et* Fan 短阳变丽蝇
Paradichosia chuanbeiensis Chen *et* Fan 川北变丽蝇
Paradichosia crinitarsis Villeneuve 缨跗变丽蝇，恒春蜗蝇
Paradichosia emeishanensis Fan *et* Chen 峨眉变丽蝇
Paradichosia hunanensis Chen, Zhang *et* Fan 湖南变丽蝇
Paradichosia kangdingensis Chen *et* Fan 康定变丽蝇
Paradichosia lui Yang, Kurahashi *et* Shiao 卢氏变丽蝇，吕氏变丽蝇
Paradichosia mai Zhang *et* Feng 马氏变丽蝇
Paradichosia mingshanna Feng 名山变丽蝇
Paradichosia nigricans Villeneuve 亮黑变丽蝇，集集蜗蝇
Paradichosia pygialis Villeneuve 鳞尾变丽蝇
Paradichosia scutellata (Senior-White) 长鬃变丽蝇
Paradichosia tsukamotoi (Kôno) 疣腹变丽蝇，瘤腹变丽蝇
Paradichosia vanemdeni (Kurahashi) 长簇变丽蝇
Paradichosia xibuica Feng 西部变丽蝇
Paradichosia zhaoi Feng 赵氏变丽蝇
Paradictyon 网隐翅甲属
Paradictyon eidmanni Sheerpeltz 埃氏网隐翅甲，埃网隐翅虫
Paradieuches 点列长蝽属
Paradieuches dissimilis (Distant) 褐斑点列长蝽
Paradiglyphosema 异隆脊瘿蜂属
Paradiglyphosema circulum Lin 环异隆脊瘿蜂
Paradiglyphosema meifengense Lin 梅峰异隆脊瘿蜂，台湾异隆脊瘿蜂
Paradiglyphosema parallelum Lin 平行异隆脊瘿蜂
Paradima 帕拉叩甲属
Paradima tattakensis Miwa 塔帕拉叩甲
Paradiplatys 若丝尾螋属
Paradiplatys salvazae (Burr) 全若丝尾螋，异丝螋
Paradiplosis manii (Inouye) [fir needle midge] 杉邻珠瘿蚊
paradise birdwing [*Ornithoptera paradisea* (Staudinger)] 钩尾鸟翼凤蝶，丝尾鸟翼凤蝶
paradise jewel [*Hypochrysops hippuris* Hewitson] 斑马纹链灰蝶
paradise skipper [*Abantis paradisea* (Butler)] 天堂斑弄蝶
Paradohrnia ornaticapitata Shiraki 见 *Pterygida ornaticapitata*
Paradolichus 异长步甲属
Paradolichus przewalskii Semenow 普异长步甲
paradorsal muscle [= pleural muscle] 侧肌
Paradoxecia 桑透翅蛾属，异透翅蛾属
Paradoxecia beibengensis Yu *et* Kallies 背崩桑透翅蛾
Paradoxecia dizona (Hampson) 迪桑透翅蛾，迪异透翅蛾
Paradoxecia fukiensis Gorbunov *et* Arita 福建桑透翅蛾
Paradoxecia gravis (Walker) 重桑透翅蛾，重异透翅蛾
Paradoxecia kishidai Yu *et* Arita 岸田桑透翅蛾
Paradoxecia myrmekomorpha (Bryk) 迷桑透翅蛾，迷异透翅蛾
Paradoxecia pieli Lieu [mulberry clearwing moth] 桑透翅蛾，桑异透翅蛾，桑蛀虫
Paradoxecia polyzona Yu *et* Kallies 多环桑透翅蛾
Paradoxecia similis Arita *et* Gorbunov 类桑透翅蛾，类异透翅蛾
Paradoxecia taiwana Arita *et* Gorbunov 台湾桑透翅蛾，台湾异透翅蛾
Paradoxivena 奇脉叶蝉属
Paradoxivena zhamuensis Wei, Zhang *et* Webb 扎木奇脉叶蝉
Paradoxomantispa 奇异螳蛉属
Paradoxomantispa jiaxiaoae Lu, Wang, Zhang, Ohl, Engel *et* Liu 贾晓奇异螳蛉
Paradoxophthirus 怪虱属
Paradoxophthirus emarginatus (Ferris) 异缘怪虱
Paradoxopla 滇枯叶蛾属
Paradoxopla mandarina Zolotuhin *et* Witt 橘黄滇枯叶蛾
Paradoxopla sinuata (Moore) 曲滇枯叶蛾，黄缘枯叶蛾，滇枯叶蛾
Paradoxopla sinuata orientalis Lajonquière 同 *Paradoxopla sinuata sinuata*
Paradoxopla sinuata sinuata (Moore) 曲滇枯叶蛾指名亚种
Paradoxopla sinuata taiwana (Wileman) 曲滇枯叶蛾台湾亚种，台湾滇枯叶蛾，台湾枯叶蛾，台黄缘枯叶蛾
Paradoxopsyllus 怪蚤属
Paradoxopsyllus aculeolatus Ge *et* Ma 微刺怪蚤
Paradoxopsyllus alatau Schvarz 阿拉套怪蚤
Paradoxopsyllus angustisinus Cai *et* Wu 窄窦怪蚤
Paradoxopsyllus calceiforma Zhang *et* Liu 履形怪蚤
Paradoxopsyllus conveniens Wagner 适宜怪蚤
Paradoxopsyllus curvispinus Miyajima *et* Koidzumi 曲鬃怪蚤
Paradoxopsyllus custodis Jordan 绒鼠怪蚤
Paradoxopsyllus diversus Liu, Chen *et* Liu 歧异怪蚤
Paradoxopsyllus inferioprocerus Yu, Zao *et* Huang 低突怪蚤
Paradoxopsyllus integer Ioff 长指怪蚤
Paradoxopsyllus intermedius Hsieh, Yang *et* Li 介中怪蚤
Paradoxopsyllus jinshajiangensis Hsieh, Yang *et* Li 金沙江怪蚤
Paradoxopsyllus jinshajiangensis concavus Liu, Lin *et* Zhang 金沙江怪蚤凹亚种，凹金沙江怪蚤
Paradoxopsyllus jinshajiangensis jinshajiangensis Hsieh, Yang *et* Li 金沙江怪蚤指名亚种
Paradoxopsyllus kalabukhovi Labunets 喉瘪怪蚤

Paradoxopsyllus latus Chen, Wei *et* Liu 宽怪蚤
Paradoxopsyllus liae Guo, Liu *et* Wu 李氏怪蚤
Paradoxopsyllus liui Lin, Li *et* Chang 柳氏怪蚤
Paradoxopsyllus longiprojectus Hsieh, Yang *et* Li 长突怪蚤
Paradoxopsyllus longiquadratus Liu, Ge *et* Lan 长方怪蚤
Paradoxopsyllus magnificus Lewis 鬃刷怪蚤
Paradoxopsyllus naryni Wagner 纳伦怪蚤
Paradoxopsyllus paraphaeopis Lewis 副昏暗怪蚤
Paradoxopsyllus paucichaetus Yu, Wu *et* Liu 少鬃怪蚤
Paradoxopsyllus phaeopis (Jordan *et* Rothschild) 昏暗怪蚤
Paradoxopsyllus repandus (Rothschild) 后弯怪蚤
Paradoxopsyllus rhombomysus Li, Huang *et* Sun 大沙鼠怪蚤
Paradoxopsyllus scorodumovi Scalon 齐缘怪蚤
Paradoxopsyllus socrati Kunitskaya *et* Kunitsky 苏氏怪蚤
Paradoxopsyllus spinosus Lewis 刺怪蚤
Paradoxopsyllus stenotus Liu, Cai *et* Wu 直狭怪蚤
Paradoxopsyllus teretifrons (Rothschild) 无额突怪蚤
Paradoxopsyllus wangi Guo, Liu *et* Wu 王氏怪蚤
Paradoxus lushanensis Gozmány 同 *Euhyponomeutoides trachydeltus*
Paradrabescus piceus Kuoh 见 *Drabescus piceus*
Paradrabescus testaceus Kuoh 见 *Drabescus testaceus*
Paradrino 帕赘寄蝇属，异寄蝇属
Paradrino atrisetosa Shima 黑毛帕赘寄蝇，黑刺异寄蝇
Paradrino laevicula (Mesnil) 滑帕赘寄蝇，光滑异寄蝇，光滑寄蝇，滑赘寄蝇
Paradrosophila scutellimargo (Duda) 见 *Scaptodrosophila scutellimargo*
Paradryinus terryi Perkins 同 *Dryinus browni*
Paradryomyza 准鳖蝇属，异圆头蝇属
Paradryomyza orientalis Ozerov *et* Sueyoshi 东方准鳖蝇，东方异圆头蝇
Paraduba 琶灰蝶属
Paraduba metriodes Bethune-Baker 美琶灰蝶
Paraduba owgarra Bethune-Baker 琶灰蝶
Paraduba siwiensis Tite 斯琶灰蝶
Paraducetia 似条螽属
Paraducetia cruciata (Brunner von Wattenwyl) 滇似条螽，滇条螽
Paraducetia paracruciata Gorochov *et* Kang 近十似条螽
Paraenidea auripennis Laboissière 见 *Taumacera aureipennis*
Paraenidea insularis Gressitt *et* Kimoto 见 *Taumacera insularis*
Paraenidea magenta Gressitt *et* Kimoto 见 *Taumacera magenta*
Paraenidea occipitalis Laboissière 见 *Taumacera occipitalis*
Paraentoria 无肛蝻属
Paraentoria lushanensis Chen *et* He 庐山无肛蝻
Paraentoria sichuanensis Chen *et* He 四川无肛蝻
Paraepepeotes 异鹿天牛属
Paraepepeotes breuningi Pic 异鹿天牛
Paraeucosmetus 缢胸长蝽属
Paraeucosmetus angusticollis Zheng 狭背缢胸长蝽
Paraeucosmetus guangxiensis Zheng 广西缢胸长蝽
Paraeucosmetus malayus (Stål) 黑角缢胸长蝽
Paraeucosmetus pallicornis (Dallas) 淡角缢胸长蝽
Paraeucosmetus sinensis Zheng 川鄂缢胸长蝽
Paraeucosmetus vitalisi (Distant) 黑胫缢胸长蝽
parafacialia [= parafacials] 侧颜区
parafacials 见 parafacialia
Parafagocyba 肖榉叶蝉属
Parafagocyba binaria Kuoh *et* Hu 二点肖榉叶蝉
Parafagocyba longa Yan *et* Yang 长柄肖榉小叶蝉
Parafagocyba membrana Yan *et* Yang 双膜肖榉小叶蝉
Parafagocyba multimaculata Kuoh *et* Hu 见 *Zorka multimaculata*
Parafagocyba striata Yan *et* Yang 纹突肖榉小叶蝉
Parafairmairia 螺壳蚧属
Parafairmairia bipartita (Signoret) 双峰螺壳蚧
Parafairmairia elongata Matesova 长形螺壳蚧
parafrons 线头顶 < 即额和复眼间的头顶减退成线状区域 >
parafrontalia 侧额
parafrontals 侧额区 < 指双翅目 Diptera 昆虫额鬃前外面的部分 >
Paragabara 戚夜蛾属
Paragabara biundata Hampson 拜副戛夜蛾
Paragabara curvicornuta Kononenko *et* Matov 弧戚夜蛾
Paragabara flavomacula (Oberthür) 黄斑戚夜蛾，戚夜蛾，黄斑副钢夜蛾，黄斑副戛夜蛾
Paragabara ochreipennis Sugi 褐翅戚夜蛾，赭戚夜蛾
Paragabara pectinata (Leech) 栉副戛夜蛾
Paragambrus 近亲姬蜂属
Paragambrus sapporonis (Uchida) 刺蛾姬蜂，札幌近亲姬蜂
Paragastrozona 拟羽角实蝇属，竹笋嘎实蝇属，拟腹带实蝇属
Paragastrozona apicemaculata (Hering) 缅北拟羽角实蝇，缅北竹笋嘎实蝇
Paragastrozona fukienica (Hering) 福建拟羽角实蝇，福建竹笋嘎实蝇，福建嘎实蝇
Paragastrozona japonica (Miyake) 日本拟羽角实蝇，日本竹笋嘎实蝇，日本拟腹带实蝇
Paragastrozona orbata (Hering) 缅甸拟羽角实蝇，缅甸竹笋嘎实蝇
Paragastrozona quinquemaculata Wang 五斑拟羽角实蝇，波脉竹笋嘎实蝇，峨眉竹笋嘎实蝇
Paragastrozona tripunctata (Shiraki) 琉球拟羽角实蝇，琉球竹笋嘎实蝇
Paragastrozona trivittata Hancock *et* Drew 三色拟羽角实蝇，三色竹笋嘎实蝇
Paragastrozona vulgaris (Zia) 淡笋拟羽角实蝇，腹八点竹笋嘎实蝇，淡竹嘎实蝇，普通嘎实蝇
Paragavialidium 佯鳄蚱属
Paragavialidium anhuiensis Zha, Deng *et* Zheng 安徽佯鳄蚱
Paragavialidium curvispinum Zheng 弯刺佯鳄蚱
Paragavialidium dolichonotum Deng 长背佯鳄蚱
Paragavialidium emeiensis Zheng *et* Cao 峨眉佯鳄蚱
Paragavialidium hainanensis (Zheng *et* Liang) 海南佯鳄蚱
Paragavialidium islandium Zha *et* Wen 岛佯鳄蚱
Paragavialidium longzhouensis Zheng *et* Jiang 龙州佯鳄蚱
Paragavialidium orthacanum Zheng 直刺佯鳄蚱
Paragavialidium prominemarginatum Zha *et* Ding 突缘佯鳄蚱
Paragavialidium serrifemura Zheng *et* Cao 齿股佯鳄蚱
Paragavialidium serrimarginis Deng *et* Zheng 齿缘佯鳄蚱
Paragavialidium sichuanensis Zheng, Wang *et* Shi 四川佯鳄蚱
Paragavialidium tridentatum Zheng 三齿佯鳄蚱
Parageloemyia 近硬蜣蝇属
Parageloemyia globa Shi 见 *Geloemyia globa*

Parageloemyia nigrofasciata (Hendel) 黑带近硬蜣蝇
Parageloemyia ornata Hering 同 *Parageloemyia nigrofasciata*
Parageloemyia quadriseta (Hendel) 见 *Geloemyia quadriseta*
Parageron 拟驼蜂虻属
Parageron beijingensis Yang *et* Yang 见 *Apolysis beijingensis*
Parageron orientalis Paramonov 东方拟驼蜂虻
Parageron xizangensis (Yang *et* Yang) 西藏拟驼蜂虻，西藏乌蜂虻
Paragetocera 后脊守瓜属，姬琉璃拟守瓜属
Paragetocera dilatipennis Zhang *et* Yang 凹胸后脊守瓜
Paragetocera fasciata Gressitt *et* Kimoto 云南后脊守瓜
Paragetocera flavipes Chen 黄腹后脊守瓜，陕西后脊守瓜
Paragetocera involuta Laboissière 曲后脊守瓜，脉翅姬琉璃拟守瓜
Paragetocera nigricollis Zhang *et* Yang 黑背后脊守瓜
Paragetocera nigrimarginalis Jiang 黑缘后脊守瓜
Paragetocera pallida Chen 淡色后脊守瓜
Paragetocera parvula (Laboissière) 黑胸后脊守瓜
Paragetocera parvula metasternalis Chen 黑胸后脊守瓜黑腹亚种，黑腹黑胸后脊守瓜
Paragetocera parvula parvula (Laboissière) 黑胸后脊守瓜指名亚种，指名黑胸后脊守瓜
Paragetocera tibialis Chen 黑跗后脊守瓜，黑胫后脊守瓜
Paragetocera violaceipennis Zhang *et* Yang 紫翅后脊守瓜
Paragetocera yunnanica Jiang 云南后脊守瓜
Paragini 小蚜蝇族
Paraglenea 双脊天牛属
Paraglenea atropurpurea Gressitt 福建双脊天牛
Paraglenea eximia Bates 绿毛双脊天牛
Paraglenea fortunei (Saunders) [ramie longicorn beetle, blue-tinted longhorn woodborer] 苎麻双脊天牛，苎麻天牛
Paraglenea japonica Tamanuki [long-horned white-spotted longicorn] 长角双脊天牛，长角白点天牛
Paraglenea jianfenglingensis Hua 尖峰双脊天牛
Paraglenea magnifica (Schwarzer) 见 *Pareutetrapha magnifica*
Paraglenea nigromaculata Wang *et* Jiang 同 *Eutetrapha velutinofasciata*
Paraglenea soluta Ganglbauer 椭圆双脊天牛
Paraglenea swinhoei Bates 大麻双脊天牛，大麻天牛，斯文豪氏天牛，黑纹苍蓝天牛，施恩峰天牛
Paraglenea velutinofasciata Pic 绒带双脊天牛
Paraglenurus 白云蚁蛉属，拟蚁蛉属
Paraglenurus japonicus (McLachlan) 日本白云蚁蛉,白云星蚁蛉,白云蚁蛉
Paraglenurus littoralis Miller *et* Stange 泽白云星蚁蛉，弯爪蚁蛉
Paraglenurus lotzi Miller *et* Stange 姬白云星蚁蛉，姬弯爪蚁蛉
Paraglenurus pumilus (Yang) 小白云蚁蛉
Paraglenurus riparius Miller *et* Stange 巨白云星蚁蛉，巨弯爪蚁蛉
paraglossa [= lamina externa] 侧唇舌
paragnath [= pl. paragnatha; paragnathus] 间颚 <在缨尾目 Thysanura 和弹尾目 Collembola 昆虫中，上颚及下颚之间略似附肢的器官；或为发生于舌两侧的二小突起，称颚间叶>
paragnatha 1.[s. paragnathus] 间颚；2. paragnathus 的复数
paragnathus [= paragnath; pl. paragnatha] 间颚
Paragnetina 纯蜻属，纯石蝇属
Paragnetina acutistyla Wu 尖突纯蜻，尖突纯石蝇
Paragnetina biplagiata Wu 同 *Paragnetina pieli*
Paragnetina chekiangensis (Chu) 同 *Togoperla tricolor*
Paragnetina chinensis (Klapálek) 中华纯蜻
Paragnetina elongata Wu *et* Claassen 同 *Togoperla perpicta*
Paragnetina esquiroli Navás 越南纯蜻
Paragnetina excavata Klapálek 江西纯蜻，缺刻纯蜻
Paragnetina flavotincta (McLachlan) 黄色纯蜻
Paragnetina formosana Klapálek 见 *Kamimuria formosana*
Paragnetina fortunati Navás 贵州纯蜻
Paragnetina hummelina (Navás) 四川纯蜻，川剑蜻
Paragnetina indentata Wu *et* Claassen 缺刻突纯蜻，凹隐纯蜻，凹隐纯石蝇，缺齿纯蜻
Paragnetina infumata Navás 见 *Kamimuria infumata*
Paragnetina insignis Banks 显著纯蜻，显纯蜻
Paragnetina integra Klapálek 见 *Kamimuria integra*
Paragnetina lacrimosa Klapálek 悲伤纯蜻，闽纯蜻
Paragnetina lobata Wu 同 *Paragnetina pieli*
Paragnetina lutescens Navás 土黄纯蜻
Paragnetina multispinosa Wu 见 *Agnetina multispinosa*
Paragnetina neimongolica Yang *et* Yang 内蒙古纯蜻
Paragnetina ocellata Klapálek 同 *Paragnetina flavotincta*
Paragnetina ochrocephala Klapálek 黄头纯蜻
Paragnetina pieli Navás 皮氏纯蜻，巨斑纯蜻，巨斑纯石蝇
Paragnetina planidorsa (Klapálek) 平背纯蜻，平背纯石蝇
Paragnetina schenklingi Klapálek 盛氏纯蜻，兴氏纯蜻
Paragnetina transversa (Wu) 见 *Tyloperla transversa*
Paragnia fulvomaculata Gahan 柱角天牛
Paragniopsis ochraceomaculata Breuning 副阿天牛
Paragnorima 珍波纹蛾属
Paragnorima brunnea (Leech) 同 *Paragnorima fuscescens*
Paragnorima fuscescens Hampson 珍波纹蛾
Paragolsinda 类长臂象天牛属
Paragolsinda obscura (Matsushita) 黄翅类长臂象天牛，黄翅大星斑天牛，暗褐竖毛象天牛
Paragomphus 副春蜓属
Paragomphus capricornis (Förster) 钩尾副春蜓，羊角副春蜓
Paragomphus hoffmanni (Needham) 贺副春蜓
Paragomphus pardalinus Needham 豹纹副春蜓
Paragomphus wuzhishanensis Liu 五指山副春蜓
Paragona 副角夜蛾属，仿曼夜蛾属
Paragona biangulata Wileman 双角副角夜蛾
Paragona cognata (Staudinger) 凡副角夜蛾，凡仿曼夜蛾
Paragona dubia Wileman 重副角夜蛾
Paragona inchoata (Wileman) 岛副角夜蛾
Paragona multisignata (Christoph) 多斑副角夜蛾，远东仿曼夜蛾
Paragonatopus fulgori (Nakagawa) 同 *Gonatopus nigricans*
Paragongylopus 仿圆足蝓属
Paragongylopus sinensis Chen *et* He 中华仿圆足蝓
paragonia gland 雄性附腺
Paragonista 小戛蝗属
Paragonista fastigiata Bi 长顶小戛蝗
Paragonista infumata Willemse 小戛蝗
Paragonotrechus 副赛行步甲属

Paragonotrechus sinicola (Deuve) 中国副赛行步甲，中国赛行步甲
Paragonus 微跗隐翅甲属
Paragonus sauteri Bernhauer 见 *Arpagonus sauteri*
paragula 侧外咽 <即后颊沿外咽缝侧边的部分>
Paragus 小蚜蝇属，小食蚜蝇属，副蚜蝇属
Paragus albifrons (Fallén) 白额小蚜蝇，白额小食蚜蝇
Paragus albipes Gimmerthal 白足小蚜蝇
Paragus angustifrons Loew 角颜小蚜蝇
Paragus angustistylus Vockeroth 角突小蚜蝇
Paragus asiaticus Peck 亚洲小蚜蝇
Paragus balachonovae Sorokina *et* Cheng 巴氏小蚜蝇
Paragus bicolor (Fabricius) 双色小蚜蝇
Paragus bispinosus Vockeroth 二刺小蚜蝇
Paragus clausseni Mutin 克劳氏小蚜蝇
Paragus compeditus Wiedemann 短舌小蚜蝇，矩舌小食蚜蝇
Paragus cooverti Vockeroth 考小蚜蝇
Paragus crenulatus Thomson 锯盾小蚜蝇，澳亚蚜蝇
Paragus erectus Sorokina *et* Cheng 直毛小蚜蝇
Paragus expressus Sorokina *et* Cheng 红缘小蚜蝇
Paragus fasciatus Coquillett 斑纹小蚜蝇，带小蚜蝇
Paragus flammeus Goeldlin de Tiefenall 焰色小蚜蝇，焰小蚜蝇
Paragus gulangensis Li *et* Li 古浪小蚜蝇，古浪小食蚜蝇
Paragus haemorrhous Meigen 暗红小蚜蝇，拟刻点小蚜蝇，拟刻点小食蚜蝇 <此种学名有误写为 *Paragus haemorrhus* Meigen 者>
Paragus hanzhongensis Huo, Zheng *et* Huang 汉中小蚜蝇
Paragus hokusankoensis Shiraki 北山小蚜蝇，北山蚜蝇，贺库小蚜蝇
Paragus jiuchiensis Huo, Zheng *et* Huang 九池小蚜蝇
Paragus leleji Mutin 莱氏小蚜蝇
Paragus longistylus Vockeroth 长突小蚜蝇
Paragus longiventris Loew 长腹小蚜蝇
Paragus luteus Brunetti 黄色小蚜蝇
Paragus majoranae Róndani 大型小蚜蝇
Paragus marshalli Bezzi 马氏小蚜蝇
Paragus milkoi Sorokina 菱斑小蚜蝇
Paragus minutus Hull 微小蚜蝇
Paragus oltenicus Stănescu 宽腹小蚜蝇
Paragus politus Wiedemann 平小蚜蝇，灰色小蚜蝇
Paragus punctatus Hull 刻点小蚜蝇
Paragus punctulatus Zetterstedt 刻纹小蚜蝇
Paragus quadrifasciatus Meigen 四条小蚜蝇
Paragus rufocincta (Brunetti) 弯叶小蚜蝇
Paragus serratiparamerus Li 锯缘小蚜蝇，锯小蚜蝇
Paragus serratus (Fabricius) 锯齿小蚜蝇，丝小蚜蝇
Paragus sexarcuatus Bigot 六斑小蚜蝇
Paragus sinicus Sorokina *et* Cheng 中华小蚜蝇，华小蚜蝇
Paragus stackelbergi Bańkowska 史氏小蚜蝇，斯氏小蚜蝇
Paragus tibialis (Fallén) 刻点小蚜蝇，刻点小食蚜蝇，胫节蚜蝇
Paragus tribuliparamerus Li 三叉小蚜蝇，三叉小食蚜蝇
Paragus variabilis Vockeroth 多变小蚜蝇
Paragus xinyuanensis Li *et* He 新源小蚜蝇，新源小食蚜蝇
Paragusia 小蚜蜂麻蝇属
Paragusia elegantula (Zetterstedt) 见 *Taxigramma elegantulum*
Paragusia karakulensis (Enderlein) 见 *Taxigramma karakulense*
Paragusia multipunctata (Róndani) 见 *Taxigramma multipunctatum*
Paragymnastes 平裸大蚊亚属
Paragymnopleurus 侧裸蜣螂属，异裸蜣螂属
Paragymnopleurus ambiguus Janssens 台湾侧裸蜣螂，疑裸蜣螂
Paragymnopleurus martinezi Balthasar 马氏侧裸蜣螂，玛裸蜣螂
Paragymnopleurus melanarius (Harold) 黑侧裸蜣螂，黑异裸蜣螂
Paragymnopleurus sinuatus (Olivier) 翘侧裸蜣螂，黑推粪金龟
Paragymnopleurus sinuatus assamensis (Waterhouse) 翘侧裸蜣螂阿萨姆亚种
Paragymnopleurus sinuatus sinuatus Olivier 翘侧裸蜣螂指名亚种
Paragymnopleurus sinuatus szechouanicus (Balthasar) 翘侧裸蜣螂四川亚种，川蜣螂
Paragyrinus sinensis Ochs 见 *Metagyrinus sinensis*
Parahelcon 类长茧蜂属
Parahelcon rufithorax (Turner) 红胸类长茧蜂
Parahepialus 拟蝠蛾属
Parahepialus nebulosus (Alphéraky) 暗色拟蝠蛾，暗色蝠蛾
Parahercostomus 准寡长足虻属
Parahercostomus kaulbacki (Hollis) 考氏准寡长足虻
Parahercostomus orientalis Yang, Saigusa *et* Masunaga 东方准寡长足虻
Parahercostomus triseta Yang, Saigusa *et* Masunaga 三鬃准寡长足虻
Parahercostomus zhongdianus (Yang) 中甸准寡长足虻
Parahilethera 拟短腿蝗属
Parahilethera xizangensis Zheng *et* Ren 西藏拟短腿蝗
Parahiracia 帕瓢蜡蝉属，伯象瓢蜡蝉属
Parahiracia sinensis Ôuchi 同 *Fortunia byrrhoides*
Parahiraciinae 帕瓢蜡蝉亚科
Parahiraciini 帕瓢蜡蝉族，伯象瓢蜡蝉族
Paraholcostethus 拟草蝽属
Paraholcostethus breviceps (Horváth) 短叶草蝽
Parahololius weigoldi Heller 见 *Holosoma weigoldi*
Parahomalopoda derceto Trjapitzin 见 *Plagiomerus derceto*
Parahormius 副索茧蜂属
Parahormius nitidus Belokobylskij 丽副索茧蜂
Parahybos 准驼舞虻属，微驼舞虻属
Parahybos breviprocerus Li, Yang *et* Yang 短突准驼舞虻
Parahybos chaetoproctus Bezzi 毛尾准驼舞虻，毛尾舞虻，鬃准驼舞虻
Parahybos chiragra Bezzi 细腿准驼舞虻，细腿舞虻，奇准驼舞虻
Parahybos concolorus Yang *et* Yang 全色准驼舞虻
Parahybos horni (Frey) 洪氏准驼舞虻，洪氏舞虻，霍氏准驼舞虻
Parahybos incertus Bezzi 集集准驼舞虻，集集舞虻，疑准驼舞虻
Parahybos kongmingshanensis Yang *et* Yang 孔明山准驼舞虻
Parahybos longipilosus Yang *et* Yang 长毛准驼舞虻
Parahybos longiprocerus Li, Yang *et* Yang 长突准驼舞虻
Parahybos melas Bezzi 黑衣准驼舞虻，黑衣舞虻，黑准驼舞虻
Parahybos nanpingensis Yang *et* Yang 南平准驼舞虻

Parahybos sauteri Bezzi 邵氏准驼舞虻，邵氏舞虻
Parahybos simplicipes Bezzi 素脚准驼舞虻，简准驼舞虻，素脚舞虻
Parahybos simplicipes minutulus (Frey) 素脚准驼舞虻微小亚种，微小准驼舞虻，微小舞虻，微简准驼舞虻
Parahybos simplicipes simplicipes Bezzi 素脚准驼舞虻指名亚种，素脚准驼舞虻
Parahybos sinensis Yang *et* Yang 中华准驼舞虻
Parahybos zhejiangensis Yang *et* Yang 浙江准驼舞虻
Parahyllisia 异骇天牛属
Parahyllisia hainanensis Breuning 海南异骇天牛
Parahypenidium 远痣实蝇属
Parahypenidium brunneum Wang 同 *Acidiostigma amoenum*
Parahypenidium nigritum Wang 见 *Acidiostigma nigritum*
Parahypenidium violaceum Wang 见 *Acidiostigma violaceum*
Parahypopta 副木蠹蛾属
Parahypopta choui Fang *et* Chen 周氏副木蠹蛾，周氏木蠹蛾
Parahypotermes 壤白蚁属
Parahypotermes manyunensis Zhu *et* Huang 曼允壤白蚁
Parahypotermes ruiliensis Zhu *et* Wang 瑞丽壤白蚁
Parahypotermes yingjiangensis Huang *et* Zhu 盈江壤白蚁
Paraides 番弄蝶属
Paraides anchora Hewitson 锚番弄蝶
Paraides brino (Cramer) 布里诺番弄蝶
Paraides destria Hewitson 德番弄蝶
Paraides ocrinus (Plötz) 番弄蝶
Parainocellia 准盲蛇蛉属
Parainocellia bicolor *(Costa)* 二色准盲蛇蛉
Parainocellia braueri (Albarda) 布氏准盲蛇蛉
Parainocellia burmana (Aspöck *et* Aspöck) 缅甸准盲蛇蛉
Parainocellia ressli (Aspöck *et* Aspöck) 雷氏准盲蛇蛉
Parainsulaspis 副长蛎盾蚧属，副蛎盾介壳虫属
Parainsulaspis euryae (Kuwana) 见 *Lepidosaphes euryae*
Parainsulaspis glaucae (Takahashi) 见 *Lepidosaphes glaucae*
Parainsulaspis kamakurensis (Kuwana) 见 *Lepidosaphes kamakurensis*
Parainsulaspis keteleeriae (Ferris) 见 *Lepidosaphes keteleeriae*
Parainsulaspis laterochitinosa (Green) 见 *Lepidosaphes laterochitinosa*
Parainsulaspis leei (Takagi) 见 *Lepidosaphes leei*
Parainsulaspis okitsuensis (Kuwana) 见 *Lepidosaphes okitsuensis*
Parainsulaspis piniphila (Borchsenius) 见 *Lepidosaphes piniphila*
Parainsulaspis pitysophila (Takagi) 见 *Lepidosaphes pitysophila*
Parainsulaspis szetchwanensis Borchsenius 见 *Lepidosaphes szetchwanensis*
parajapygid 1. [= parajapygid dipluran] 副铗虮 < 副铗虮科 Parajapygidae 昆虫的通称 >；2. 副铗虮科的
parajapygid dipluran [= parajapygid] 副铗虮
Parajapygidae 副铗虮科
Parajapyx 副铗虮属
Parajapyx emeryanus Silvestri 爱媚副铗虮，爱副铗虮
Parajapyx hwashanensis Chou 华山副铗虮
Parajapyx isabellae (Grassi) 黄副铗虮，副铗虮
Parajapyx jinghongensis Xie *et* Yang 景洪副铗虮
Parajapyx paucidentis Xie, Yang *et* Yin 少齿副铗虮
Parajapyx yangi Chou 杨氏副铗虮
parakairomone 类利它素，拟利它素
Parakanchia yunnana Chao 见 *Aroa yunnana*
Parakiefferiella 拟开氏摇蚊属，百拉摇蚊属
Parakiefferiella bathophila (Kieffer) 深拟开氏摇蚊，巴副基摇蚊
Parakiefferiella coronata (Edwards) 冠状拟开氏摇蚊，冠端副基摇蚊
Parakiefferiella fasciata Liu *et* Wang 条带拟开氏摇蚊
Parakiefferiella gracillima (Kieffer) 纤细拟开氏摇蚊
Parakiefferiella liupanensis Liu *et* Wang 六盘拟开氏摇蚊
Parakiefferiella oyabelurida Sasa, Kawai *et* Uéno 见 *Compterosmittia oyabelurida*
Parakiefferiella tamatriangulata Sasa 多摩拟开氏摇蚊
Parakiefferiella tipuliformis (Tokunaga) 昏形拟开氏摇蚊，大蚊型副基摇蚊，昏形摇蚊；大蚊形西蠓
Parakrisna striata Cai *et* He 同 *Gessius strictus*
Paralabella 异姬苔螋属，拟小蠼螋属，副苔螋属
Paralabella curvicauda (Motschulsky) 弯尾异姬苔螋，异姬苔螋，弯尾拟小蠼螋，曲尾异唇苔螋，弯姬螋
Paralabella flavoguttata Shiraki 黄点副苔螋
Paralabella formosana (Shiraki) 台湾副苔螋，台湾小蠼螋
Paralabella lutea Bormans 黄副苔螋
Paralabella minor (Linnaeus) 见 *Labia minor*
paralabial 副下唇域 < 水栖双翅目 Diptera 幼虫下唇片基部两侧的区域 >
Paralabis montshadskii (Bey-Bienko) 见 *Anisolabis* (*Paralabis*) *montshadskii*
paralabrum 侧唇
paralabrum externum 外侧唇
paralabrum internum 内侧唇
Paralacydes 帕灯蛾属
Paralacydes maculifascia (Walker) 斑带帕灯蛾
Paralacydes proteus (Joannis) 普帕灯蛾
Paralaevicephalus 异滑叶蝉属，折板叶蝉属
Paralaevicephalus angustus Xing, Dai *et* Li 窄突异滑叶蝉
Paralaevicephalus bisubulatus Xing *et* Li 双突异滑叶蝉
Paralaevicephalus brevissimus Xing *et* Li 短突异滑叶蝉
Paralaevicephalus gracilipenis Dai, Zhang *et* Hu 纤茎异滑叶蝉
Paralaevicephalus grossus Xing, Dai *et* Li 粗突异滑叶蝉
Paralaevicephalus huaxiensis Xing, Dai *et* Li 花溪异滑叶蝉
Paralaevicephalus lamellatus Xing, Dai *et* Li 片茎异滑叶蝉
Paralaevicephalus longistylus Dai, Zhang *et* Hu 长突异滑叶蝉
Paralaevicephalus nigrifemoratus (Matsumura) 黑腿异滑叶蝉，折板叶蝉，黑腿角顶叶蝉
Paralaevicephalus prima (Rao) 折板异滑叶蝉
Paralaevicephalus serratus Xing, Dai *et* Li 齿茎异滑叶蝉
Paralaevicephalus spinosus Xing *et* Li 刺茎异滑叶蝉
Paralamprotatus 柄腹金小蜂属
Paralamprotatus longicornis Liao 长角柄腹金小蜂
Paralamprotatus striatus Liao 精纹柄腹金小蜂
Paralaosolidia 拟膨茎叶蝉属
Paralaosolidia nigrifascia Li *et* Fan 黑带拟膨茎叶蝉
Paralasa 山眼蝶属
Paralasa afghana (Goltz) 阿富汗山眼蝶
Paralasa ali Churkin *et* Tuzov 阿丽山眼蝶

Paralasa asura Wyatt 阿苏山眼蝶
Paralasa batanga van der Goltz 山眼蝶
Paralasa chitralica (Evans) 垂黄山眼蝶
Paralasa danorum Clench *et* Shoumatoff 连目山眼蝶
Paralasa discalis South 西藏山眼蝶
Paralasa hades (Staudinger *et* Bang-Haas) 哈德山眼蝶，黑山眼蝶
Paralasa herse (Grum-Grshimailo) 耳环山眼蝶
Paralasa horaki Tuzov 微红山眼蝶
Paralasa howarthi Sakai 霍氏山眼蝶
Paralasa icelos (Grum-Grshimailo) 黄斑山眼蝶
Paralasa ida (Grum-Grshimailo) 黄带裙山眼蝶
Paralasa jordana (Staudinger) 妖黄山眼蝶，约曼眼蝶
Paralasa kalinda (Moore) 喀什山眼蝶
Paralasa kotzschae Goltz 黄环山眼蝶
Paralasa kusnezovi (Avinov) 红黄山眼蝶
Paralasa langara (Shchetkin) 烂红山眼蝶
Paralasa mani (de Nicéville) [yellow argus] 黄襟山眼蝶，曼山眼蝶，蔓红眼蝶
Paralasa maracandica (Erschoff) 熳红山眼蝶，玛红眼蝶
Paralasa mohabbati Sakai 莫哈山眼蝶
Paralasa nepalica Paulus 蝎山眼蝶
Paralasa nero (Staudinger) 英雄山眼蝶
Paralasa paghmanni (Bang-Haas) 帕山眼蝶
Paralasa panjshira Wyatt *et* Omoto 潘山眼蝶
Paralasa rurigena (Leech) 见 *Loxerebia rurigena*
Paralasa semenovi (Avinov) 晒红山眼蝶
Paralasa shakti Wyatt 湿婆神山眼蝶
Paralasa styx (Bang-Haas) 阔红山眼蝶，司曼红眼蝶
Paralasa zhongdianensis Li 中甸山眼蝶
Paralauterborniella 拟劳氏摇蚊属
Paralauterborniella ershanensis Tang 峨山拟劳氏摇蚊
Paralauxania 副缟蝇属
Paralauxania albiceps (Fallen) 白足副缟蝇，白足缟蝇
Paralaxita 暗蚬蝶属
Paralaxita damajanti (Felder *et* Felder) [Malay red harlequin] 指名暗蚬蝶
Paralaxita dora (Fruhstorfer) 暗蚬蝶
Paralaxita dora dora (Fruhstorfer) 暗蚬蝶指名亚种
Paralaxita dora hainana (Riley *et* Godfrey) 暗蚬蝶海南亚种，暗海南暗蚬蝶
Paralaxita hewitsoni (Röber) 海氏暗蚬蝶
Paralaxita lola (de Nicéville) 罗暗蚬蝶
Paralaxita orphna (Boisduval) [banded red harlequin] 奥芬暗蚬蝶
Paralaxita telesia (Hewitson) 泰勒暗蚬蝶
Paralbara 赭钩蛾属
Paralbara achlyscarleta Chu *et* Wang 赭钩蛾
Paralbara muscularia (Walker) 黄颈赭钩蛾
Paralbara pallidinota Watson 斑赭钩蛾
Paralbara spicula Watson 净赭钩蛾
Paralcimocoris 拟羚蝽属
Paralcimocoris chinensis Zheng *et* Liu 中国拟羚蝽
Paralebeda 栎枯叶蛾属，栎毛虫属
Paralebeda crinodes (Felder) 绒栎枯叶蛾，冠栎枯叶蛾
Paralebeda crinodes crinodes (Felder) 绒栎枯叶蛾指名亚种
Paralebeda crinodes paos Zolotuhin 绒栎枯叶蛾香港亚种，香港栎枯叶蛾
Paralebeda femorata (Ménétriés) 东北栎枯叶蛾，栎枯叶蛾，东北栎毛虫
Paralebeda femorata femorata (Ménétriés) 东北栎枯叶蛾指名亚种
Paralebeda femorata mirabilis Zolotuhin 东北栎枯叶蛾台湾亚种，大褐斑枯叶蛾，栎毛虫，台湾栎枯叶蛾
Paralebeda lucifuga Swinhoe 亮栎枯叶蛾，亮栎毛虫
Paralebeda plagifera (Walker) 松栎枯叶蛾，松栎毛虫，大褐斑枯叶蛾，栎毛虫
Paralebeda plagifera femorata (Ménétriés) 见 *Paralebeda femorata*
Paralebeda urda backi de Lajonquière 同 *Paralebeda plagifera*
Paralecanium 鳞片蚧属，扇蜡蚧属，扇蚧属，盖圆扇介壳虫属
Paralecanium expansum (Green) 荔枝鳞片蚧，榕扇蜡蚧，榕扇蚧，长盖圆扇介壳虫
Paralecanium expansum expansum (Green) 荔枝鳞片蚧指名亚种
Paralecanium expansum quadratum (Green) 荔枝鳞片蚧台湾亚种，台湾鳞片蚧，台湾扇蚧
Paralecanium geometricum (Green) 棋背鳞片蚧，樟扇蚧，樟扇蜡蚧
Paralecanium hainanensis Takahashi 海南鳞片蚧，海南扇蚧，海南扇蜡蚧
Paralecanium machili Takahashi 桢楠鳞片蚧，楠扇蚧，楠扇蜡蚧，樟南足扇介壳虫
Paralecanium milleti Takahashi 扁圆鳞片蚧，米氏扇蜡蚧
Paralecanium quadratum (Green) 蓊冬鳞片蚧，冬扇蜡蚧，柊扇蜡蚧，方盖圆扇介壳虫
Paralecanium vacuum Morrison 空鳞片蚧
paralectotype 副选模标本，副选模，余模标本
Paraleiophasma 仿润蝻属
Paraleiophasma xinganense (Chen *et* He) 兴安仿润蝻
Paralellus 平缘叶蝉属
Paralellus rubrolineatus Zhang 红线平缘叶蝉
Paralepidosaphes 癞蛎盾蚧属
Paralepidosaphes bladhiae (Takahashi) 同 *Lepidosaphes laterochitinosa*
Paralepidosaphes chinensis (Chamberlin) 见 *Lepidosaphes chinensis*
Paralepidosaphes coreana Borchsenius 见 *Lepidosaphes coreana*
Paralepidosaphes euryae (Kuwana) 见 *Lepidosaphes euryae*
Paralepidosaphes glaucae (Takahashi) 见 *Lepidosaphes glaucae*
Paralepidosaphes laterochitinosa (Green) 见 *Lepidosaphes laterochitinosa*
Paralepidosaphes leei (Takagi) 见 *Lepidosaphes leei*
Paralepidosaphes meliae Tang 见 *Lepidosaphes meliae*
Paralepidosaphes okitsuensis (Kuwana) 见 *Lepidosaphes okitsuensis*
Paralepidosaphes piniphilus (Borchsenius) 见 *Lepidosaphes piniphila*
Paralepidosaphes pitysophila (Takagi) 见 *Lepidosaphes pitysophila*
Paralepidosaphes smilacis (Takagi) 见 *Melanaspis smilacis*
Paralepidosaphes spinulata (Borchsenius) 同 *Lepidosaphes ussuriensis*
Paralepidosaphes tubulorum (Ferris) 见 *Lepidosaphes tubulorum*
Paralepidosaphes ulmicola Xu 同 *Lepidosaphes coreana*
Paralepidosaphes ussuriensis (Kuwana) 见 *Lepidosaphes ussuriensis*
Paralepidosaphes yamahoi (Takahashi) 见 *Lepidosaphes yamahoi*
Paraleprodera 齿胫天牛属
Paraleprodera bimaculata Wang *et* Jiang 同 *Paraleprodera insidiosa*
Paraleprodera carolina (Fairmaire) 蜡斑齿胫天牛，白星齿胫天牛

Paraleprodera crucifera (Fabricius) 大黑斑齿胫天牛
Paraleprodera crucifera crucifera (Fabricius) 大黑斑齿胫天牛指名亚种
Paraleprodera crucifera saigonensis Pic 大黑斑齿胫天牛西贡亚种，西贡齿胫天牛
Paraleprodera diophthalma (Pascoe) 眼斑齿胫天牛
Paraleprodera diophthalma diophthalma (Pascoe) 眼斑齿胫天牛指名亚种，指名眼斑齿胫天牛
Paraleprodera diophthalma formosana (Schwarzer) 眼斑齿胫天牛台湾亚种，台湾眼斑齿胫天牛，双爪长角天牛，双眼长须天牛
Paraleprodera insidiosa (Pascoe) 瘦齿胫天牛
Paraleprodera itzengeri Breuning 斜斑齿胫天牛，四星枣红长角天牛，白缟天牛
Paraleprodera laosensis Breuning 老挝齿胫天牛
Paraleprodera mesophthalma Bi *et* Lin 中斑齿胫天牛
Paraleprodera stephanus White 弧斑齿胫天牛
Paraleprodera stephanus fasciata Breuning 弧斑齿胫天牛 X 纹亚种，X 纹弧斑齿胫天牛
Paraleprodera stephanus stephanus White 弧斑齿胫天牛指名亚种，指名 X- 纹齿胫天牛
Paraleprodera triangularis (Thomson) 角斑齿胫天牛，角齿胫天牛
Paraleptomenes 旁细蜾蠃属，副细蜾蠃属
Paraleptomenes darugiriensis Kumar, Carpenter *et* Sharma 宽触旁细蜾蠃
Paraleptomenes kosempoensis (von Schulthess) 台湾旁细蜾蠃，甲仙副细蜾蠃，甲仙铺直盾蜾蠃，甲仙圆领蜾蠃
Paraleptomenes setaceus Bai, Chen *et* Li 毛旁细蜾蠃
Paraleptomenes transifoveolus Bai, Chen *et* Li 横窝旁细蜾蠃
Paraleptomiza 副边尺蛾属
Paraleptomiza exaridaria (Leech) 双线副边尺蛾，双线月尺蛾
Paraleptophlebia 拟细裳蜉属
Paraleptophlebia cincta (Retzius) 弯拟细裳蜉
Paraleptophlebia erratica Kang *et* Yang 迷拟细裳蜉
Paraleptophlebia lunata Chernova 同 *Paraleptophlebia strandii*
Paraleptophlebia magica Zhou *et* Zheng 奇异拟细裳蜉
Paraleptophlebia spina Kang *et* Yang 刺拟细裳蜉
Paraleptophlebia strandii (Eaton) 斯氏拟细裳蜉
Paraletaba 桂树蜷亚属
Paraletaba annulata Ren *et* Huang 见 *Paloniella annulata*
Paraletaba montana Ren *et* Yang 见 *Paloniella montana*
Paralethe 橙黄眼蝶属
Paralethe dendrophilus (Trimen) [bush beauty, forest pride] 橙黄眼蝶
Paraleucochromus 异白象甲属
Paraleucochromus pleurocleonides Obst 侧异白象甲，侧异白象
Paraleucophenga 扁腹果蝇属，拟白果蝇属，副白果蝇属
Paraleucophenga argentosa (Okada) 银白扁腹果蝇
Paraleucophenga brevipenis Zhao, Gao *et* Chen 短茎扁腹果蝇
Paraleucophenga emeiensis Sidorenko 峨眉扁腹果蝇
Paraleucophenga hirtipenis Zhao, Gao *et* Chen 毛茎扁腹果蝇
Paraleucophenga invicta (Walker) 隐秘扁腹果蝇，巨须拟白果蝇，巨须白果蝇
Paraleucophenga javana Okada 爪哇扁腹果蝇
Paraleucophenga longiseta Zhao, Gao *et* Chen 长鬃扁腹果蝇
Paraleucophenga shimai Okada 岛氏扁腹果蝇
Paraleucophenga tanydactylia Zhao, Gao *et* Chen 指突扁腹果蝇
Paraleucoptera susinella (Herrich-Schäffer) 同 *Leucoptera sinuella*
Paraleuctra 拟卷蜻属
Paraleuctra cervicornis Du *et* Qian 角须拟卷蜻
Paraleuctra orientalis (Chu) 东方拟卷蜻，东方诺蜻
Paraleuctra qilianshana Li *et* Yang 祁连山拟卷蜻
Paraleuctra sinica Yang *et* Yang 中华拟卷蜻
Paraleuctra tianmushana Li *et* Yang 天目山拟卷蜻
Paraleyrodes 巢粉虱属
Paraleyrodes bondari Peracchi 庞达巢粉虱，庞达粉虱
Paraleyrodes minei Iaccarino 米内巢粉虱
Paraleyrodes pseudonaranjae Martin 双钩巢粉虱
Paraliburnia 副飞虱属
Paraliburnia adela (Flor) 隐副飞虱，东北异白带稻虱
Paralichas 帕花甲属
Paralichas bicoloripes Pic 二色帕花甲
Paralichas guerini White 格帕花甲
Paralichas pectinatus Kiesenwetter 栉帕花甲，角花甲
Paralichas piceiceps Pic 佩帕花甲
Paralichas rufolimbatus Pic 红缘帕花甲
Paralichas striolatus Fairmaire 纹帕花甲
Paralichas subnitidus Pic 光滑帕花甲
Paralida 副麦蛾属
Paralida triannulata Clarke 三环副麦蛾
Paralimna 沼刺水蝇属，帕水蝇属
Paralimna biseta Hendel 同 *Paralimna javana*
Paralimna cinerella Hendel 同 *Paralimna quadrifascia*
Paralimna concors Cresson 白颜沼刺水蝇
Paralimna hirticornis de Meijere 粗角沼刺水蝇，毛角帕水蝇，毛角渚蝇
Paralimna javana van der Wulp 爪哇沼刺水蝇，爪哇帕水蝇，爪哇渚蝇
Paralimna lineata de Meijere 条带沼刺水蝇，线条帕水蝇，线条渚蝇
Paralimna major de Meijere 原沼刺水蝇，巨帕水蝇，大型渚蝇
Paralimna minor Hendel 同 *Paralimna quadrifascia*
Paralimna opaca Miyagi 长毛沼刺水蝇
Paralimna quadrifascia (Walker) 四列沼刺水蝇，四带帕水蝇，四带渚蝇
Paralimna sinensis (Schiner) 中华沼刺水蝇，华帕水蝇，中华渚蝇
Paralimnini 隆额叶蝉族
Paralimnophyes 拟沼摇蚊属，异沼摇蚊属
Paralimnophyes hydrophilus (Goetghebuer) 水拟沼摇蚊，水异沼摇蚊
Paralimnophyes jii Wang *et* Sæther 纪氏拟沼摇蚊
Paralimnus 隆脊叶蝉属
Paralimnus angusticeps Zachvatkin 锈斑隆脊叶蝉
Paralimnus lateralis (Walker) 白缘隆脊叶蝉
Paralimnus orientalis Lindberg 东方隆脊叶蝉
Paralimosina 腹突小粪蝇属
Paralimosina altimontana (Rohdcek) 高山腹突小粪蝇
Paralimosina tianmushanensis Su *et* Liu 天目山腹突小粪蝇

Paralina indica (Hope) 见 *Agrosteomela indica*
paralingua 咽前片 < 指邻近每一咽片前端的短骨片 >
Paralinomorpha 副丽叶蜂属
Paralinomorpha muchei Koch 穆氏副丽叶蜂，穆氏粗角叶蜂，穆氏异粗角叶蜂
Paralipsa 缀螟属
Paralipsa gularis (Zeller) [stored nut moth, Japanese grain moth] 一点织螟，一点谷螟，一点谷蛾，一点螟蛾，故谷螟
Paralipsa modesta Butler 同 *Paralipsa gularis*
Paralispinus 异筒隐翅甲属，异筒隐翅虫属
Paralispinus exiguus (Erichson) 异筒隐翅甲，异筒隐翅虫
Paralister 端线阎甲亚属
Paralithosia 副苔蛾属
Paralithosia honei Daniel 贺副苔蛾
Paralitomastix subalbicornis Hoffer 见 *Copidosoma subalbicorne*
Paralitomastix varicornis (Nees) 见 *Copidosoma varicorne*
Parallantus 圆颊叶蜂属
Parallantus maculipennis Wei *et* Nie 斑翅圆颊叶蜂
parallax 视差
parallel mandible 并行上颚 < 双翅目 Diptera 昆虫幼虫口器的口钩上下方向移动者 >
Parallelaptera 平缘缨小蜂属
Parallelaptera panis Enock 潘平缘缨小蜂
Parallelia 条巾夜蛾属，巾夜蛾属
Parallelia absentimacula (Guenée) 见 *Dysgonia absentimacula*
Parallelia analis (Guenée) 见 *Dysgonia analis*
Parallelia arctotaenia (Guenée) 玫瑰条巾夜蛾，玫瑰巾夜蛾，弧带歹斯夜蛾，白直带副巾裳蛾
Parallelia arcuata (Moore) 见 *Dysgonia arcuata*
Parallelia crameri (Moore) 见 *Dysgonia crameri*
Parallelia dulcis (Butler) 见 *Dysgonia dulcis*
Parallelia fulvotaenia (Guenée) 见 *Dysgonia fulvotaenia*
Parallelia illibata (Fabricius) 见 *Dysgonia illibata*
Parallelia joviana (Stoll) 见 *Dysgonia joviana*
Parallelia maturata (Walker) 见 *Dysgonia maturata*
Parallelia obscura (Bremer *et* Grey) 见 *Dysgonia obscura*
Parallelia onelia (Guenée) 奥条巾夜蛾，奥巾夜蛾
Parallelia palumba (Guenée) 见 *Dysgonia palumba*
Parallelia praetermissa (Warren) 见 *Dysgonia praetermissa*
Parallelia senex (Walker) 见 *Dysgonia senex*
Parallelia simillima (Guenée) 见 *Dysgonia simillima*
Parallelia stuposa (Fabricius) 石榴条巾夜蛾，石榴巾夜蛾，须歹斯夜蛾，黑点灰带副巾裳蛾
Parallelia umbrosa (Walker) 见 *Dysgonia umbrosa*
Parallelissus 平突瓢蜡蝉属
Parallelissus furvus Meng, Qin *et* Wang 暗黑平突瓢蜡蝉
Parallelissus fuscus Meng, Qin *et* Wang 褐黄平突瓢蜡蝉
Parallelodemas 平行象甲属
Parallelodemas impar Voss 萨平行象甲，萨平行象
Parallelodiplosis 并脉瘿蚊属
Parallelodiplosis cattleyae (Molliard) 卡特来兰并脉瘿蚊
Parallelodiplosis coryli (Felt) 拷氏并脉瘿蚊
parallelogeotropism 直向地性
Parallelomma 齐粪蝇属
Parallelomma albamentum (Séguy) 同 *Parallelomma vittatum*
Parallelomma belousovi Ozerov 鲁索夫齐粪蝇
Parallelomma chinensis Ozerov 中国齐粪蝇
Parallelomma kabaki Ozerov 卡巴克齐粪蝇
Parallelomma lautereri Šifner 劳特罗齐粪蝇
Parallelomma melanothorax Ozerov 黑胸齐粪蝇
Parallelomma sasakawae Hering 同 *Parallelomma vittatum*
Parallelomma vittatum (Meigen) 百合齐粪蝇
Paralleloneurum 平脉长足虻属
Paralleloneurum cilifemoratum Becker 细腿平脉长足虻，毛胫长足虻
Parallelostethus 平行叩甲属
Parallelostethus acutus (Candèze) 尖平行叩甲
Parallelostethus niponensis (Lewis) 见 *Elater niponensis*
Parallelostethus thoracicus (Fleutiaux) 胸平行叩甲
Parallelus 平缘叶蝉属
Parallelus rubrolineatus Zhang 红线平缘叶蝉
Parallygus 双干叶蝉属
Parallygus burmindicus Viraktamath *et* Webb 缅甸双干叶蝉
Parallygus divaricatus Melichar 叉双干叶蝉
Parallygus guttatus Matsumura 斑双干叶蝉，斑网纹叶蝉
Parallygus jiuhuaensis Dai *et* Zhang 九华双干叶蝉
Parallygus rameshi Viraktamath *et* Webb 拉氏双干叶蝉
Paralobella 副叶蛛属
Paralobella breviseta Luo *et* Palacios-Vargas 短毛副叶蛛
Paralobella palustris Jiang, Luan *et* Yin 泽副叶蛛
Paralobella tianmuna Jiang, Wang *et* Xia 天目副叶蛛
Paralobesia 副叶新卷蛾属
Paralobesia liriodendrana (Kearfott) [tulip-tree leaftier moth] 黄杨副叶新卷蛾
Paralobesia viteana (Clemens) [grape berry moth] 葡萄副叶新卷蛾，葡萄小卷叶蛾，葡萄小食心虫
Paraloconota 溪隐翅甲属
Paraloconota dalijiamontis Pace 大李家溪隐翅甲
Paraloconota difficilis Pace 辛溪隐翅甲
Paraloconota fengicola Pace 峰溪隐翅甲
Paraloconota gansuensis Pace 甘肃溪隐翅甲
Paraloconota montium Pace 山溪隐翅甲
Paraloconota puella Pace 潘拉溪隐翅甲
Paraloconota yakouensis Pace 垭口溪隐翅甲
Paraloconota yonghaiensis Pace 暗黑溪隐翅甲
paralog 旁系同源体
paralogy 旁系同源
Paralopheros 副罗红萤属
Paralopheros fukiensis (Kleine) 福建副罗红萤，闽派红萤
Paralophia 异洛尺蛾属
Paralophia viridilineata Bastelberger 绿异洛尺蛾
Paraloxopsis 异凸顶蝽属
Paraloxopsis tuberculata (Redtenbacher) 瘤异凸顶蝽
Paralucia 耙灰蝶属
Paralucia aenea Miskin 同 *Paralucia pyrodiscus*
Paralucia aurifer (Blanchard) [bright copper] 金丽耙灰蝶
Paralucia pyrodiscus (Doubleday) [fiery copper, dull copper] 耙灰蝶
Paralucia spinifera Edwards *et* Common [Bathurst copper, Bathurst copper butterfly, purple copper butterfly, Bathurst copper wing,

Bathurst-lithgow copper, purple copper] 巴瑟斯特耙灰蝶
Paraluperodes suturalis (Motschulsky) 见 *Medythia suturalis*
Paralycaeides 侧珠灰蝶属
Paralycaeides hazelea (Bálint *et* Johnson) 蓝侧珠灰蝶
Paralycaeides inconspicua (Draudt) 青侧珠灰蝶
Paralycaeides shade (Bálint) 纱侧珠灰蝶
Paralycaeides vapa (Staudinger) 侧珠灰蝶
Paralychrosimorphus rondoni Breuning 簇角天牛
paralycus 异型爪
Paralygris 毛瓣尺蛾属
Paralygris contorta Warren 旋毛瓣尺蛾，金曲褥尺蛾，金曲波尺蛾
Paralygris ischnopetala Xue 瘦毛瓣尺蛾
paralysis [= paralyzation] 麻痹，瘫痪
paralyzation 见 paralysis
Paramacera 森眼蝶属
Paramacera allyni Miller [Arizona pine satyr] 皱纹森眼蝶
Paramacera xicaque (Reakirt) [Mexican pine-satyr] 森眼蝶
Paramacronychia 野麻蝇属
Paramacronychia flavipalpis (Girschner) 黄须野麻蝇
Paramacronychiina 野麻蝇亚族
Paramacronychiinae 野麻蝇亚科，野蝇亚科
Paramacronychiini 野麻蝇族
Paramacropis 准宽痣蜂亚属
Paramacrosteles 拟二叉叶蝉属
Paramacrosteles nigromaculatus Dai, Li *et* Chen 黑斑拟二叉叶蝉，黑斑双叉叶蝉
Paramaladera 异玛绢金龟甲属，异玛绢金龟属，条脚绒毛金龟属
Paramaladera aserrata Kobayashi *et* Nomura 无齿异玛绢金龟甲，无齿异玛绢金龟，芦山条脚绒毛金龟
Paramaladera cariniprinceps Kobayashi *et* Nomura 同 *Paramaladera aserrata*
Paramaladera kiyoyamai Nomura 清山异玛绢金龟甲，清山异玛绢金龟，清山条脚绒毛金龟
Paramaladera major Nomura 首异玛绢金龟甲，首异玛绢金龟，大条脚绒毛金龟
Paramaladera makiharai Nomura 槙原异玛绢金龟甲，米原异玛绢金龟，槙原条脚绒毛金龟
Paramaladera masumotoi Hirasawa 益本异玛绢金龟甲，益本条脚绒毛金龟
Paramaladera pishana Kobayashi 沟胸异玛绢金龟甲，沟胸条脚绒毛金龟
Paramaladera rufofusca Nomura 红褐异玛绢金龟甲，红褐异玛绢金龟，赤褐条脚绒毛金龟
Paramaladera simillima Kobayashi 似异玛绢金龟甲，似异玛绢金龟，伪条脚绒毛金龟
Paramaladera wulaiana Kobayashi 同 *Paramaladera aserrata*
Paramarcius 副锤缘蝽属
Paramarcius puncticeps Hsiao 副锤缘蝽
Paramarmessoidea 副玛异䗛属
Paramarmessoidea annulata (Fabricius) 环斑副玛异䗛
Paramartyria 异小翅蛾属，斑小翅蛾属
Paramartyria anmashana Hashimoto 鞍马山异小翅蛾，鞍马山斑小翅蛾
Paramartyria bimaculella Issiki 双斑异小翅蛾，双斑小翅蛾
Paramartyria chekiangella Kaltenbach *et* Spiedel 浙异小翅蛾
Paramartyria cipingana Yang 茨坪异小翅蛾
Paramartyria immaculatella Issiki 无斑异小翅蛾，圆斑小翅蛾
Paramartyria jinggangana Yang 井冈异小翅蛾，井冈小翅蛾
Paramartyria maculatella Issiki 斑异小翅蛾，圆斑小翅蛾
Paramartyria ovalella Issiki 卵形异小翅蛾，卵斑小翅蛾
Paramasaakia 长鞘叶蜂属
Paramasaakia ajnu Ermolenko 悬钩子长鞘叶蜂
Paramastax 副蜢属
Paramastax poecilosoma Hebard 蓝臀副蜢
Paramathes 简夜蛾属
Paramathes amphigrapha Boursin 安简夜蛾，安异玛夜蛾
Paramathes perigrapha (Püngeler) 围简夜蛾，简夜蛾，围异玛夜蛾
Paramathes pulchrisigna Boursin 丽简夜蛾，丽异玛夜蛾
Paramathes tibetica Boursin 藏简夜蛾，藏异玛夜蛾
Paramaxates 副锯翅青尺蛾属
Paramaxates hainana Chu 琼副锯翅青尺蛾
Paramaxates khasiana Warren 克什副锯翅青尺蛾
Paramaxates posterecta Holloway 后副锯翅青尺蛾
Paramaxates taiwana Yazaki 台湾副锯翅青尺蛾，副锯翅青尺蛾
Paramaxates vagata (Walker) 漫副锯翅青尺蛾，哇副锯翅青尺蛾，瓦耙尺蛾
Paramaxillaria 颚斑螟属
Paramaxillaria amatrix (Zerny) 雀冠颚斑螟
Paramaxillaria meretrix (Staudinger) 枚颚斑螟，枚玛克螟
Paramblynotus 异节光翅瘿蜂属，副钝背瘿蜂属
Paramblynotus formosanus (Hedicke) 台湾异节光翅瘿蜂，台湾玛瘿蜂
Paramblynotus fraxini Yang *et* Gu 水曲柳异节光翅瘿蜂
Paramblynotus metatarsis He 突跗异节光翅瘿蜂，突跗副钝背瘿蜂
Paramblynotus punctulatus Cameron 斑异节光翅瘿蜂
Paramblynotus tianmushanensis He 天目山异节光翅瘿蜂，天目山副钝背瘿蜂
Paramblythyreus potaninae Bianchi 见 *Amblythyreus potaninae*
Parambrostoma 喜山叶甲属
Parambrostoma ambiguum (Chen) 疑喜山叶甲
Parambrostoma kippenbergi Daccordi *et* Ge 克氏喜山叶甲
Parambrostoma mahesum (Hope) 荆芥喜山叶甲
Parambrostoma medvedevi Daccordi *et* Ge 梅氏喜山叶甲
Parambrostoma sublaeve (Chen) 光滑喜山叶甲
Paramecolabus 卵圆卷象甲属，卵圆卷象属
Paramecolabus castaneicolor (Jekel) 栗色卵圆卷象甲，栗色卵圆卷象
Paramecolabus pallidipennis Voss 淡翅卵圆卷象甲，淡翅卵圆卷象
Paramecolabus quadriplagiatus Voss 四斑卵圆卷象甲，四斑卵圆卷象
Paramedetera 直脉长足虻属
Paramedetera elongata Zhu, Yang *et* Grootaert 长突直脉长足虻
Paramedetera jinxiuensis Yang *et* Saigusa 金秀直脉长足虻
Paramedetera medialis Yang *et* Saigusa 中突直脉长足虻
Paramegaphragma 长缨赤眼蜂亚属，长缨赤眼蜂属

Paramegaphragma macrostigmum Lin 见 *Megaphragma (Paramegaphragma) macrostigmum*
Paramegaphragma stenopterum Lin 见 *Megaphragma (Paramegaphragma) stenopterum*
Paramegilla 准条蜂亚属
Paramekongiella 拟澜沧蝗属
Paramekongiella zhongdianensis Huang 中甸拟澜沧蝗
Paramelanauster 异星天牛属
Paramelanauster flavosparsus Breuning 云南异星天牛
Paramelanauster sciamai Breuning X 纹异星天牛
Paramenesia 异弱脊天牛属，黄纹天牛属
Paramenesia kasugensis (Seki *et* Kobayashi) 春日异弱脊天牛，春日黄纹天牛
Paramenesia subcarinata (Gressitt) 异弱脊天牛
Paramenexenus 齿臀蝻属
Paramenexenus congnatus Chen, He *et* Chen 拟长瓣齿臀蝻
Paramenexenus operculatus Redtenbacher 长瓣齿臀蝻
Paramenexenus yangi Chen *et* He 杨氏齿臀蝻
Parameniini 扁头蝇族
paramera [= paramere] 阳基侧突，阳茎基侧突
paramere 见 paramera
Paramerina 拟麦氏摇蚊亚属，拟麦氏摇蚊属
Paramerina cingulata (Walker) 见 *Zavrelimyia (Paramerina) cingulata*
Paramerina divisa (Walker) 见 *Zavrelimyia (Paramerina) divisa*
Paramerina dolosa (Johannsen) 见 *Zavrelimyia (Paramerina) dolosa*
Paramerina fasciata Sublette *et* Sasa 见 *Zavrelimyia (Paramerina) fasciata*
Paramerina kurobekogata Sasa *et* Okazawa 见 *Zavrelimyia (Paramerina) kurobekogata*
Paramerista 副大萤叶甲属
Paramerista luteola Lopatin 黄副大萤叶甲
Paramesembrius 拟墨管蚜蝇属
Paramesembrius abdominalis (Sack) 腹毛拟墨管蚜蝇
Paramesembrius bellus Li 美丽拟墨管蚜蝇
Paramesia 副卷蛾属
Paramesia gnomana (Clerck) 古副卷蛾
Paramesodes 冠带叶蝉属，拟显脉叶蝉属
Paramesodes albinervosus (Matsumura) 白鞘冠带叶蝉，白鞘显脉叶蝉，钩突冠带叶蝉，纵带拟显脉叶蝉，白脉真顶带叶蝉，钩突显脉叶蝉
Paramesodes annamae Wilson 阿冠带叶蝉，安南显脉叶蝉
Paramesodes menghaiensis Xing *et* Li 勐海冠带叶蝉，勐海显脉叶蝉
Paramesodes mokanshanae Wilson 莫干山冠带叶蝉，莫干山显脉叶蝉
Paramesosella 异象天牛属
Paramesosella medioalba Breuning 见 *Anaches medioalbus*
Paramesosella nigrosignata Breuning 黑斑异象天牛
Paramestus 宽膈飞虱属
Paramestus nigroclypeus (Ding *et* Wang) 黑唇宽膈飞虱
Paramestus nigrostriatus (Ding *et* Zhang) 黑条宽膈飞虱
Paramesus 显脉叶蝉属 < 此名曾有长角象科 Anthribidae 的一个次同名 *Paramesus* (蚀眼长角象甲属)>
Paramesus lineaticallis Distant 一字显脉叶蝉，一字拟显脉叶蝉
Paramesus major Haupt 大显脉叶蝉
parameter 参数
Parametopia 异枚露尾甲属
Parametopia rotundata (Reitter) 圆异枚露尾甲
Parametopia xrubrum Reitter X- 纹红异枚露尾甲 < 此种学名以前曾写作 *Parametopia x-rubrum* Reitter >
Parametopina yushaniae Yang 见 *Kakuna yushaniae*
Parametriocnemus 拟中足摇蚊属，拟麦锤摇蚊属
Parametriocnemus algerinus Marcuzzi 阿拟中足摇蚊
Parametriocnemus biappendiculatus Makarchenko *et* Makarchenko 双附器拟中足摇蚊
Parametriocnemus boreoalpina Gouin *et* Thienemann 北山拟中足摇蚊
Parametriocnemus brundini Sinharay *et* Chaudhuri 布氏拟中足摇蚊
Parametriocnemus famiheius (Sasa) 家族拟中足摇蚊
Parametriocnemus fortis Li, Lin *et* Wang 长壮拟中足摇蚊
Parametriocnemus kamidenticularis (Sasa *et* Hirabayashi) 圆齿拟中足摇蚊
Parametriocnemus kurilensisi Makarchenko *et* Makarchenko 小圆拟中足摇蚊
Parametriocnemus kurolemeus Sasa 棕黄拟中足摇蚊
Parametriocnemus lundbecki (Johannsen) 伦氏拟中足摇蚊，隆异庸摇蚊
Parametriocnemus ornaticornis (Kieffer) 短角拟中足摇蚊
Parametriocnemus scotti (Freeman) 斯科特拟中足摇蚊
Parametriocnemus seiiyukeleus (Sasa, Suzuki *et* Sakai) 长宽附拟中足摇蚊
Parametriocnemus shoukouzoensis (Sasa) 高足拟中足摇蚊
Parametriocnemus stylatus (Spärck) 刺拟中足摇蚊，花柱拟麦锤摇蚊，刺异庸摇蚊
Parametriocnemus togabilateralis Sasa *et* Okazawa 四带拟中足摇蚊
Parametriocnemus togadigitatis Sasa *et* Okazawa 指附器拟中足摇蚊
Parametriocnemus togavirgus Sasa *et* Okazawa 同 *Parametriocnemus stylatus*
Parametriocnemus tusimouveus (Sasa *et* Suzuki) 叠附器拟中足摇蚊
Parametriocnemus tusimoxeyeus (Sasa *et* Suzuki) 小比拟中足摇蚊
Parametriocnemus vittatus Li, Lin *et* Wang 色带拟中足摇蚊
Parametriocnemus zorinae Makarchenko *et* Makarchenko 左氏拟中足摇蚊
Parametriotes 副尖翅蛾属，茶尖蛾属
Parametriotes theae Kuznetzov 见 *Haplochrois theae*
Paramicrodon 拟巢穴蚜蝇属，微副蚜蝇属
Paramicrodon nigripennis (Sack) 暗翅拟巢穴蚜蝇，黑翅蚜蝇
Paramicromus tianmuanus Yang *et* Liu 见 *Micromus tianmuanus*
Paramicromus yunnanus (Navás) 见 *Micromus yunnanus*
Paramictis 副侏缘蝽属
Paramictis validus Hsiao 副侏缘蝽
Paramimela pekinensis Heyden 见 *Mimela pekinensis*
Paramimistena 球胸天牛属
Paramimistena enterolobii Gressitt *et* Rondon 小球胸天牛
Paramimistena longicollis Gressitt *et* Rondon 网点球胸天牛

Paramimistena polyalthiae Fisher 窝点球胸天牛
Paramimistena subglabra Gressitt *et* Rondon 老挝球胸天牛
Paramimistena subglabra burmana Gressitt *et* Rondon 老挝球胸天牛缅甸亚种，缅甸球胸天牛
Paramimistena subglabra subglabra Gressitt *et* Rondon 老挝球胸天牛指名亚种
Paramimus 帕拉弄蝶属
Paramimus scurra (Hübner) 帕拉弄蝶
Paramimus stigma Felder [stigma skipper] 污斑帕拉弄蝶
Paramiridius 棱缘盲蝽属
Paramiridius tigrinus Miyamoto *et* Yasunaga 虎斑棱缘盲蝽
Paramisolampidius 瓢拟步甲属，瓢拟步行虫属，弥拟步甲属
Paramisolampidius alishanis Masumoto 同 *Paramisolampidius shirozui*
Paramisolampidius csorbai Merkl *et* Masumoto 克氏瓢拟步甲
Paramisolampidius formosanus Masumoto 台湾瓢拟步甲，台湾瓢拟步行虫，台副弥拟步甲
Paramisolampidius kentingensis Masumoto, Akita *et* Lee 垦丁瓢拟步甲，垦丁瓢拟步行虫
Paramisolampidius kinugasai Masumoto 衣笠瓢拟步甲，衣笠瓢拟步行虫，肯副弥拟步甲
Paramisolampidius shirozui (Chûjô) 白水瓢拟步甲，白水瓢拟步行虫，希副弥拟步甲，希迷索拟步甲
Paramisolampidius tenghsiensis Masumoto 天祥瓢拟步甲，天祥瓢拟步行虫，藤县副弥拟步甲
Paramisolampidius wufengus Masumoto 同 *Paramisolampidius shirozui*
Paramisolampidius yehi Masumoto, Akita *et* Lee 叶氏瓢拟步甲，叶氏瓢拟步行虫
Paramixogaster 柄腹蚜蝇属
Paramixogaster fujianensis Cheng 福建柄腹蚜蝇
Paramixogaster sacki Reemer *et* Ståhls 多色柄腹蚜蝇，多色拟柄腹蚜蝇，多色拟柄角蚜蝇，善变蚜蝇，变异拟杂蚜蝇
Paramixogaster variegata (Sack) 同 *Paramixogaster sacki*
Paramixogaster variegata (Walker) 多变柄腹蚜蝇
Paramixogaster yunnanensis Cheng 云南柄腹蚜蝇
Paramixogasteroides 柄腹蚜蝇属 *Paramixogaster* 的异名
Paramixogasteroides variegata (Sack) 同 *Paramixogaster sacki*
Paramo 单眼蝶属
Paramo oculata (Krüger) 单眼蝶
Paramohunia 类痕叶蝉属
Paramohunia notata (Li *et* Chen) 端斑类痕叶蝉，端斑痕叶蝉
Paramongoliana 类蒙瓢蜡蝉属
Paramongoliana dentata Chen, Zhang *et* Chang 齿类蒙瓢蜡蝉
Paramorsimus 枯螽属，副莫螽属
Paramorsimus maculifolius (Pictet *et* Saussure) 斑叶枯螽，斑副莫螽
Paramphientomum 拟重蝎属，拟蛾啮虫属
Paramphientomum nigriceps Banks 黑头拟重蝎，黑副重蝎，黑头拟蛾啮虫
Paramphientomum yumyum Enderlein 云拟重蝎，云副重蝎，拟蛾啮虫
Paramphieutoum 副重蝎属
Paramphieutoum cordatum Li 心形副重蝎
Paramphieutoum triangulum Li 三角副重蝎
Paramphinotus 拟双背蚱属
Paramphinotus yunnanensis Zheng 云南拟双背蚱
paramutualism 兼性互惠共生
Paramycodrosophila 副菇果蝇属
Paramycodrosophila pictula (de Meijere) 小斑点副菇果蝇
Paramyelois transitella (Walker) 见 *Amyelois transitella*
Paramyia 并脉叶蝇属
Paramyia formosana Papp 台湾并脉叶蝇
Paramyia latigena Papp 边颊并脉叶蝇
Paramyia longilingua Papp 长喙并脉叶蝇
Paramyia palpalis Papp 额须并脉叶蝇
Paramyioides 隐芒叶蝇属
Paramyioides perlucida Papp 透亮隐芒叶蝇
Paramyiolia 突额实蝇属，帕拉密实蝇属
Paramyiolia atra Han *et* Chen 黑突额实蝇
Paramyiolia atrifasciata Han *et* Chen 黑带突额实蝇
Paramyiolia melanogaster Han *et* Chen 黑腹突额实蝇
Paramyiolia nigrihumera Han *et* Chen 黑肩突额实蝇
Paramyiolia takeuchii Shiraki 竹内突额实蝇，塔库帕拉密实蝇
Paramyiolia yunnana (Wang) 云南突额实蝇，云南弧斑翅实蝇，云南斜脉实蝇
paramyosin 副肌球蛋白
Paramyrmococcus 螺粉蚧属
Paramyrmococcus chiengraiensis Takahashi 泰国螺粉蚧
Paramyrmococcus vietnamensis Williams 越南螺粉蚧
Paramyrmosa 副拟蚁蜂属
Paramyrmosa pulla (Nylander) 暗色副拟蚁蜂，帕异蚁蜂
Paramyronides 股枝蝤属
Paramyronides albopunctata Chen *et* He 白斑股枝蝤
Paramyronides angusticauda Chen *et* Xu 细尾股枝蝤
Paramyronides unidentatus Chen *et* He 单齿股枝蝤
Paramyronides yunnanensis Chen *et* He 云南股枝蝤
Paramyronides zayuensis Chen *et* Xu 察隅股枝蝤
Paranaches simplex Pic 粗柄天牛
Paranacoleia 脊翅野螟属
Paranacoleia lophophoralis (Hampson) 柄脉脊翅野螟
Paranaesthetis metallica Breuning 肖健天牛
paranal 近肛的
paranal fork 尾叉 < 某些鳞翅目 Lepidoptera 昆虫幼虫臀部的两侧鬃形构造，用以排射粪粒 >
paranal lobe [= paranal process, podical plate] 基板，肛基叶
paranal plate 近肛蜡板 < 介壳虫第六腹节上背蜡板的第十对 >
paranal process 见 paranal lobe
Paranaleptes 侧干天牛属
Paranaleptes reticulata (Thomson) [cashew stem girdler] 腰果侧干天牛，东非侧干天牛，腰果天牛
Paranamera 凹唇天牛属
Paranamera ankangensis Chiang 黄斑凹唇天牛
Paranandra laosensis Breuning 老挝角瘤天牛
Paranandra strandiella Breuning 短颊角瘤天牛
Paranaspia 方花天牛属
Paranaspia anaspidoides (Bates) 黑方花天牛
Paranaspia coccinea (Mitono) 红背方花天牛，萤绯花天牛，绯色花天牛
Paranaspia erythromelas Holzschuh 陕方花天牛

Paranaspia frainii (Fairmaire) 褐腹方花天牛
Paranaspia ruficollis Pesarini *et* Sabbadini 赤翅方花天牛
Paranauphoeta 扁蠊属，纹蠊属
Paranauphoeta adjuncta (Walker) 附加扁蠊
Paranauphoeta formosana Matsumura 台湾扁蠊，台湾纹蠊
Paranauphoeta hainanica Liu, Zhu, Dai *et* Wang 海南扁蠊
Paranauphoeta indica Saussure 印度扁蠊
Paranauphoeta nigra Bey-Bienko 黑扁蠊，黑纹蠊
Paranauphoeta shelfordi Karny 同 *Paranauphoeta formosana*
Paranauphoeta vicina Brunner von Wattenwyl 邻扁蠊
Paranauphoeta vicina sinica Bey-Bienko 邻扁蠊中华亚种，中华扁蠊，中华纹蠊
Paranauphoeta vicina vicina Brunner von Wattenwyl 邻扁蠊指名亚种
Paranauphoeta vicina vietnamensis Anisyutkin 邻扁蠊越南亚种
Paranauphoetinae 扁蠊亚科
Paranchodemus 帕伦步甲属
Paranchodemus davidis Liebherr 达帕伦步甲
Parancistrocerus 旁沟蜾蠃属，拟沟蜾蠃胡蜂属，姬蜾蠃属
Parancistrocerus guangxiensis Li *et* Carpenter 广西旁沟蜾蠃
Parancistrocerus irritatus Giordani Soika 拉应旁沟蜾蠃
Parancistrocerus kuraruensis (Sonan) 钟腰旁沟蜾蠃，钟腰螨寄蜾蠃胡蜂，库沟蜾蠃
Parancistrocerus lamnulus Li *et* Carpenter 特片旁沟蜾蠃
Parancistrocerus latitergus Li *et* Carpenter 宽腹旁沟蜾蠃
Parancistrocerus samarensis (von Schulthess) 长刻旁沟蜾蠃
Parancistrocerus similiandrocles Li *et* Carpenter 拟雄旁沟蜾蠃
Parancistrocerus sulcatus Giordani Soika 方形旁沟蜾蠃
Parancistrocerus taihorinensis (von Schulthess) 大甫林旁沟蜾蠃，大甫林拟沟蜾蠃胡蜂，大甫林直盾蜾蠃，突缘螨寄蜾蠃
Parancistrocerus taihorinshoensis (von Schulthess) 大林旁沟蜾蠃，台拟沟蜾蠃胡蜂，台岛直盾蜾蠃
Parancistrocerus taikonus (Sonan) 大湖旁沟蜾蠃，大湖拟沟蜾蠃胡蜂，大湖沟蜾蠃
Parancistrocerus yachowensis Giordani Soika 台湾旁沟蜾蠃，雅州拟沟蜾蠃胡蜂
Parancistrocerus yachowensis konkuensis Giordani Soika 台湾旁沟蜾蠃岛屿亚种
Parancistrocerus yachowensis yachowensis Giordani Soika 台湾旁沟蜾蠃指名亚种
Parancistrocerus yamanei Gusenleitner 山根旁沟蜾蠃，山根拟沟蜾蠃胡蜂
Parandra 异天牛属，伪锹形天牛属
Parandra brunnea (Fabricius) [pole borer] 褐异天牛
Parandra formosana Miwa *et* Mitono 见 *Komiyandra formosana*
Parandra janus Bates 暗棕异天牛
Parandra lanyuana Hayashi 兰屿异天牛，兰屿伪锹形天牛
Parandra marginicollis (Schäffer) 缘异天牛
Parandra marginicollis marginicollis (Schäffer) 缘异天牛指名亚种
Parandra marginicollis punctillata Schäffer 缘异天牛具点亚种，点缘异天牛
Parandrexis 类天牛属
Parandrexis agilis Lu, Shih *et* Ren 敏慧类天牛
Parandrexis longicornis Lu, Shih *et* Ren 长角类天牛
Parandrexis oblongis Lu, Shih *et* Ren 长圆类天牛
Parandricus mairei Kieffer 见 *Andricus mairei*
parandrid 1. [= parandrid beetle, parasitic flat bark beetle] 伪天牛 < 伪天牛科 Parandridae 昆虫的通称 >; 2. 伪天牛科的
parandrid beetle [= parandrid, parasitic flat bark beetle] 伪天牛
Parandridae 伪天牛科
Paranectopia 高原飞虱属
Paranectopia lasaensis Ding *et* Tian 拉萨高原飞虱
Paranemia 粗角丽甲属
Paranemia bicolor Reitter 胫齿粗角丽甲，二色副内拟步甲
Paraneopsylla 副新蚤属
Paraneopsylla clavata Wu, Lang *et* Liu 棒副新蚤
Paraneopsylla globa Shao, Wu *et* Sheng 球副新蚤
Paraneopsylla ioffi Tiflov 深窦副新蚤
Paraneopsylla ioffi ioffi Tiflov 深窦副新蚤指名亚种，指名深窦副新蚤
Paraneopsylla ioffi nepali Lewis 深窦副新蚤尼泊尔亚种
Paraneopsylla longisinuata Liu, Tsai *et* Wu 长窦副新蚤
Paraneopsylla tiflovi Fedina 直指副新蚤
Paraneoptera [= Acercaria] 副新翅类
paraneopteran 副新翅类昆虫，副新翅类的
Paraneosybra 异散天牛属，黄条矮天牛属
Paraneosybra fulvofasciata Hayashi 黄带异散天牛，南山黄条矮天牛
Paraneotermes simplicicornis (Banks) 单枝棘木白蚁
Paranephria 类巨冬夜蛾亚属
Paranerice 仿白边舟蛾属
Paranerice hoenei Kiriakoff 仿白边舟蛾，贺异纳舟蛾
Paranerice hoenei hobei Yang *et* Lee 仿白边舟蛾河北亚种，冀付白边舟蛾
Paranerice hoenei hoenei Kiriakoff 仿白边舟蛾指名亚种
Paranerota 异润螽属
Paranerota brevis (Audin *et* Serville) 短异润螽
Paranerota gracilis Burmeister 丽润螽
Paraneugmenus 近颚叶蜂属，异颚叶蜂属
Paraneugmenus frontalis (Wei) 白足近颚叶蜂，白足异颚叶蜂
Paraneugmenus mandibularis (Wei) 同 *Paraneugmenus frontalis*
Paraneuroptera [= Odonata] 蜻蜓目，蜻蛉目
Paraneurus 副无脉扁蝽属
Paraneurus bimaculatus (Kormilev *et* Heiss) 双斑副无脉扁蝽
Paraneurus greeni (Distant) 葛氏副无脉扁蝽
Paraneurus oviventris (Kormilev *et* Heiss) 卵无脉扁蝽
Paraneurus sinensis (Kiritshenko) 华无脉扁蝽
Paraneurus sinuatipennis (Bergroth) 曲无脉扁蝽
Paraneurus taiwanensis (Kormilev) 台副无脉扁蝽
Paraneurus yunnanensis (Hsiao) 滇无脉扁蝽
Paranicomia similis Breuning 匀天牛
Paranictiophylax 拟闭径多距石蛾亚属
Paranigilgia 类尼短翅蛾属
Paranigilgia bushii (Arita) 布氏类尼短翅蛾
Paraniphona 异吉丁天牛属
Paraniphona rotundipennis Breuning 圆尾异吉丁天牛
Paranipponaphis 邻日胸扁蚜属
Paranipponaphis takaoensis Takahashi 高雄邻日胸扁蚜，高尾虱蚜
Paranisentomon 近异蚖属

Paranisentomon krybetes Zhang *et* Yin 土栖近异蚖
Paranisentomon linoculum (Zhang *et* Yin) 线目近异蚖，线目同蚖
Paranisentomon triglobulum Yin *et* Zhang 三珠近异蚖
Paranisentomon tuxeni (Imadaté *et* Yosii) 屠氏近异蚖
Paranisia formosana Matsumura 见 *Anigrus formosanus*
Paranisia frequens Matsumura 见 *Anigrus frequens*
Paranisia nigricans Matsumura 见 *Anigrus nigricans*
Paranix 显领盲蝽属
Paranix bicolor Hsiao *et* Ren 双色显领盲蝽
Parankylopteryx 副娟草蛉属，副娟草蛉亚属
Parankylopteryx polysticta (Navás) 多斑副娟草蛉
Paranoeeta 拟头鬃实蝇属，拟诺伊实蝇属
Paranoeeta japonica Shiraki 窗斑拟头鬃实蝇，日本拟诺伊实蝇
Paranomis 宽突野螟属
Paranomis denticosta Munroe *et* Mutuura 锥宽突野螟
Paranomis moupinensis Munroe *et* Mutuura 宝宽突野螟
Paranomis nodicosta Munroe *et* Mutuura 棱脊宽突野螟
Paranomis sedemialis Munroe *et* Mutuura 西宽突野螟
Paranomis zhengi Zhang, Li *et* Wang 郑氏宽突野螟
Paranoplomus formosanus Shiraki 见 *Proanoplomus formosanus*
paranota [s. paranotum] 侧背板
paranotal expansion 侧背扩张
paranotal hypothesis [= paranotal theory] 侧背板翅源说，侧背叶学说
paranotal lobe 背板侧叶
paranotal theory 见 paranotal hypothesis
paranotum [pl. paranota] 侧背板
Paranthophylax 胫花天牛属
Paranthophylax asiaticus (Matsushita) 台湾胫花天牛
Paranthophylax sericeus Gressitt 福建胫花天牛，斑胸胫花天牛
Paranthophylax superba (Pic) 越南胫花天牛
Paranthrene 准透翅蛾属
Paranthrene actinidiae Yang *et* Wang 猕猴桃准透翅蛾
Paranthrene asilipennis (Boisduval) [oak clearwing moth, oak stump borer moth] 槲准透翅蛾
Paranthrene aurivena (Bryk) 耳准透翅蛾，金脉准透翅蛾，金脉勒透翅蛾
Paranthrene bicincta (Walker) 双带准透翅蛾
Paranthrene chinense (Leech) 华准透翅蛾，中国准透翅蛾
Paranthrene chrysoidea Zukowsky 金准透翅蛾
Paranthrene cupreivitta (Hampson) 铜斑准透翅蛾
Paranthrene dollii (Neumoegen) [Doll's clearwing moth, cottonwood clearwing moth, poplar borer, poplar clearwing moth] 道氏准透翅蛾
Paranthrene formosicola Strand 见 *Paranthrenella formosicola*
Paranthrene iridina Bryk 虹准透翅蛾
Paranthrene limpida Le Cerf 莹准透翅蛾
Paranthrene palmii (Edwards) 帕氏准透翅蛾
Paranthrene pernix (Leech) 见 *Nokona pernix*
Paranthrene pilamicola Strand 见 *Nokona pilamicola*
Paranthrene pompilus Bryk 艳准透翅蛾，颇准透翅蛾
Paranthrene powondrae Dalla Torre 见 *Nokona powondrae*
Paranthrene regalis (Butler) 见 *Nokona regale*
Paranthrene robiniae (Edwards) [western poplar clearwing, locust clearwing] 刺槐准透翅蛾
Paranthrene rubomacula Kallies *et* Owada 红斑准透翅蛾
Paranthrene semidiaphana Zukowsky 见 *Nokona semidiaphana*
Paranthrene simulans (Grote) [red oak clearwing borer, oak clearwing borer] 并准透翅蛾
Paranthrene tabaniformis (Rottenberg) [dusky clearwing moth, poplar twig borer, European poplar clearwing moth, European poplar clearwing borer] 白杨准透翅蛾，白杨透翅蛾，虻形准透翅蛾
Paranthrene tabaniformis kungessana (Altheraky) 白杨准透翅蛾昆型亚种
Paranthrene tabaniformis rhingiaeformis (Hübner) 同 *Paranthrene tabaniformis tabaniformis*
Paranthrene tabaniformis sangaica Bartel 白杨准透翅蛾申型亚种
Paranthrene tabaniformis tabaniformis (Rottenberg) 白杨准透翅蛾指名亚种
Paranthrene tricincta (Harris) 同 *Paranthrene tabaniformis tabaniformis*
Paranthrene trizonata (Hampson) 见 *Adixoa trizonata*
Paranthrene yezonica Matsumura 同 *Nokona regale*
Paranthrenella 帕透翅蛾属
Paranthrenella cinnamoma Yu, Gao *et* Kallies 樟帕透翅蛾
Paranthrenella formosicola (Strand) 台湾帕透翅蛾，台准透翅蛾
Paranthrenella similis Gorbunov *et* Arita 似帕透翅蛾
Paranthreninae 准透翅蛾亚科
Paranthrenopsis 副透翅蛾属，近准透翅蛾属
Paranthrenopsis constricta Butler [rose clearwing moth] 蔷薇副透翅蛾，蔷薇近准透翅蛾
Paranthrenopsis pogonias (Bryk) 副透翅蛾
Paranthrenopsis polishana (Strand) 见 *Oligophlebiella polishana*
Parantica 绢斑蝶属
Parantica aglea (Stoll) [glassy tiger] 绢斑蝶
Parantica aglea aglea (Stoll) 绢斑蝶指名亚种
Parantica aglea grammica (Boisduval) 绢斑蝶海南亚种，海南绢斑蝶
Parantica aglea maghaba (Fruhstorfer) 绢斑蝶台湾亚种，姬小纹青斑蝶，小透翅斑蝶，姬小纹淡青斑蝶，透翅斑蝶
Parantica aglea melanoides Moore [Himalayan glassy tiger] 绢斑蝶拟黑亚种，拟黑绢斑蝶
Parantica aglea melanoleuca Moore [Andaman glassy tiger] 绢斑蝶安岛亚种
Parantica aglea phormis (Fruhstorfer) 绢斑蝶南方亚种，南方绢斑蝶
Parantica agleoides (Felder *et* Felder) [dark glassy tiger] 丽绢斑蝶
Parantica albata (Zinken) [Zinken's tiger] 白色绢斑蝶
Parantica aspasia (Fabricius) [yellow glassy tiger] 黄绢斑蝶
Parantica cleona (Stoll) 克雷绢斑蝶
Parantica clinias (Grose-Smith) [New Ireland yellow tiger] 黑脉绢斑蝶，新爱尔兰岛绢斑蝶
Parantica crowleyi (Jenner Weir) 克罗绢斑蝶
Parantica dabrerai (Miller *et* Miller) [d'Abrera's tiger] 褐脉绢斑蝶，德氏绢斑蝶
Parantica dannatti (Talbot) [Dannatt's tiger] 丹青绢斑蝶
Parantica davidi (Schröder) [David's tiger] 戴维绢斑蝶
Parantica garamantis (Godman *et* Salvin) [angled tiger] 银色绢斑蝶

Parantica hainanica Chou *et* Yuan 琼绢斑蝶
Parantica hypowattan Morishita [Morishita's tiger] 交脉绢斑蝶，森下交脉绢斑蝶
Parantica kirbyi (Grose-Smith) [Kirby's tiger] 白青绢斑蝶
Parantica kuekenthali (Pagenstecher) [Kuekenthal's yellow tiger] 黄绢斑蝶
Parantica luzonensis (Felder *et* Felder) 鲁斯绢斑蝶，吕宋绢斑蝶，吕宋斑蝶
Parantica luzonensis formosana (Matsumura) 鲁斯绢斑蝶台湾亚种，台吕宋斑蝶，吕宋青斑蝶
Parantica luzonensis luzonensis (Felder *et* Felder) 鲁斯绢斑蝶指名亚种
Parantica luzonensis orientis (Doherty) 鲁斯绢斑蝶东方亚种
Parantica marcia (Joicey *et* Talbot) [Biak tiger] 比阿克岛绢斑蝶
Parantica melanea (Cramer) [chocolate tiger] 黑绢斑蝶
Parantica melanea melanea (Cramer) 黑绢斑蝶指名亚种，指名黑绢斑蝶
Parantica melanea plataniston (Fruhstorfer) 黑绢斑蝶印度亚种，普黑绢斑蝶
Parantica melanea sinopion (Fruhstorfer) 黑绢斑蝶马来亚种，辛黑绢斑蝶
Parantica melanea swinhoei (Moore) 见 *Parantica swinhoei*
Parantica melusine (Grose-Smith) 白阔绢斑蝶
Parantica menadensis (Moore) [Manado yellow tiger] 美纳绢斑蝶
Parantica milagros Schder *et* Treadaway [Milagros' tiger] 采拉格罗绢斑蝶
Parantica nilgiriensis (Moore) [Nilgiri tiger] 尼尔吉里绢斑蝶
Parantica noeli Treadaway *et* Nuyda 菲律宾绢斑蝶
Parantica pedonga Fujioka 西藏绢斑蝶，西藏大绢斑蝶
Parantica philo (Grose-Smith) [Sumbawa tiger] 大松巴哇绢斑蝶
Parantica phyle (Felder *et* Felder) [Felder's tiger] 帅尔德绢斑蝶
Parantica pseudomelaneus (Moore) [Javan tiger] 爪哇绢斑蝶
Parantica pumila (Boisduval) [least tiger] 黄美绢斑蝶
Parantica rotundata (Grose-Smith) [fat tiger] 圆翅绢斑蝶
Parantica schenkii (Koch) 黑缘绢斑蝶
Parantica schoenigi (Jumalon) [Father Schoenig's tiger] 斯科宁绢斑蝶
Parantica sita (Kollar) [chestnut tiger] 大绢斑蝶
Parantica sita ethologa (Swinhoe) 大绢斑蝶西南亚种，西南大绢斑蝶
Parantica sita niphonica (Moore) 大绢斑蝶栗色亚种，青斑蝶，云斑蝶，淡青斑蝶，栗色透翅斑蝶，台湾大绢斑蝶
Parantica sita pedonga Fujioka 见 *Parantica pedonga*
Parantica sita sita (Kollar) 大绢斑蝶指名亚种，指名大绢斑蝶
Parantica sulewattan (Fruhstorfer) [Bonthain tiger] 朋达因绢斑蝶
Parantica swinhoei (Moore) [Swinhoe's chocolate tiger] 史氏绢斑蝶，斯氏绢斑蝶，小青斑蝶，透翅斑蝶，台湾青斑蝶，台湾淡青斑蝶，暗色透翅斑蝶，黑绢斑蝶，斯黑绢斑蝶
Parantica swinhoei swinhoei (Moore) 史氏绢斑蝶指名亚种
Parantica swinhoei szechuana (Fruhstorfer) 史氏绢斑蝶四川亚种
Parantica taprobana (Felder *et* Felder) [Ceylon tiger] 塔绢斑蝶，斯里兰卡绢斑蝶
Parantica timorica (Grose-Smith) [Timor yellow tiger] 惊恐绢斑蝶，帝汶岛绢斑蝶
Parantica tityoides (Hagen) [Sumatran chocolate tiger] 苏门答腊绢斑蝶，直纹绢斑蝶
Parantica toxopei (Nieuwenhuis) [Toxopeus' yellow tiger] 图绢斑蝶
Parantica vitrina (Felder *et* Felder) 黑纹绢斑蝶
Parantica wegneri (Nieuwenhuis) [flores tiger] 花绢斑蝶
Parantica weiskei (Rothschild) [Weiske's tiger] 黑翅绢斑蝶
Paranticopsis 纹凤蝶属
Paranticopsis delessertii (Guérin-Méneville) [Malayan zebra] 带纹凤蝶
Paranticopsis deucalion Boisduval [yellow zebra] 黛纹凤蝶
Paranticopsis encelades Boisduval 银纹凤蝶
Paranticopsis idaeoides Hewitson 白斑纹凤蝶
Paranticopsis macareus (Godart) [lesser zebra] 纹凤蝶
Paranticopsis macareus lioneli (Fruhstorfer) 纹凤蝶云桂亚种，云桂纹凤蝶
Paranticopsis macareus macareus (Godart) 纹凤蝶指名亚种
Paranticopsis macareus mitis (Jordan) 纹凤蝶海南亚种，海南纹凤蝶
Paranticopsis megarus (Westwood) [spotted zebra] 细纹凤蝶
Paranticopsis megarus megarus (Westwood) 细纹凤蝶指名亚种，指名细纹凤蝶
Paranticopsis phidias Oberthür 尾纹凤蝶
Paranticopsis ramaceus (Westwood) 罗纹凤蝶
Paranticopsis stratocles Felder *et* Felder 斯纹凤蝶
Paranticopsis thule (Wallace) 曲纹凤蝶
Paranticopsis xenocles (Doubleday) [great zebra] 客纹凤蝶，森青凤蝶
Paranticopsis xenocles xenocles (Doubleday) 客纹凤蝶指名亚种
Paranticopsis xenocles xenoclides (Fruhstorfer) 客纹凤蝶海南亚种，海南客纹凤蝶，拟森青凤蝶
Parantirrhoea 翘尾眼蝶属
Parantirrhoea marshalli Wood-Mason [Travancore evening brown] 翘尾眼蝶
paranuclear mass 副核团
Paranura 副蛾属
Paranura formosana Yoshii 见 *Paleonura formosana*
Paranurophorus 近缺蛾属
Paranurophorus simplex Denis 简近缺蛾
Paranysius 宽头长蝽属
Paranysius fraterculus Horváth 宽头长蝽
Paranysius oshanini (Kiritshenko) 噢宽头长蝽
paraocular area 眼侧区
paraoesophageal 围食管的
Paraona 帕苔蛾属
Paraona benderi Roesler 本帕苔蛾
Paraona fukiensis Daniel 见 *Macrobrochis fukiensis*
Paraona nigra Daniel 黑帕苔蛾
Paraona staudingeri Alphéraky 见 *Macrobrochis staudingeri*
Paraona staudingeri formosana (Okano) 见 *Macrobrochis staudingeri formosana*
Paraona staudingeri grisea Okano 同 *Macrobrochis staudingeri*
Paraona staudingeri staudingeri Alphéraky 见 *Macrobrochis staudingeri staudingeri*
Paraonukia 副锥头叶蝉属
Paraonukia arisana (Matsumura) 黑额副锥头叶蝉

P

Paraonukia keitonis Ishihara 长突副锥头叶蝉
Paraonukia ochra Huang 赭色副锥头叶蝉
Paraonukia wangmoensis Yang, Chen *et* Li 望谟副锥头叶蝉
paraoxonase 对氧磷酶
Parapachycerina 近长角缟蝇属，副厚缟蝇属，副黄缟蝇属
Parapachycerina cunneifera (Kertész) 楔纹近长角缟蝇，库副厚缟蝇，库尼缟蝇
Parapachycerina hirsutiseta (Meijere) 微毛近长角缟蝇，多鬃副厚缟蝇，多鬃缟蝇
Parapachymorpha 副厚蛸属
Parapachymorpha daoyingi Ho 道英副厚蛸
Parapachymorpha japonica (Haan) 日本副厚蛸
Parapachymorpha nigra Brunner von Wattenwyl 黑副厚蛸
Parapachymorpha spiniger (Brunner von Wattenwyl) [four-spined stick insect] 四刺副厚蛸
Parapachymorpha spinosa Brunner von Wattenwyl 刺副厚蛸
Parapachymorpha tetracantha Chen *et* He 四刺副厚蛸，四刺副厚股蛸
Parapachymorpha xishuangbannaensis Ho 西双版纳副厚蛸
Parapachymorpha zomproi Fritzsche *et* Gitsaga 宗氏副厚蛸
Parapachypeltis 拟颈盲蝽属
Parapachypeltis punctatus Hu *et* Zheng 刻胸拟颈盲蝽
Parapalaestrinus 毛腹隐翅甲属
Parapalaestrinus mutillarius (Erichson) 黄翅毛腹隐翅甲
Parapales 拟栉寄蝇属
Parapales sturmioides (Mesnil) 丛毛拟栉寄蝇，鳣鱼寄蝇，拟丛毛栉寄蝇，丛毛寄蝇
Parapama 拟潜叶蜂属
Parapama rubiginosa Wei 褐足拟潜叶蜂
Parapamendanga 拟葩袖蜡蝉属
Parapamendanga dupla Yang *et* Wu 小异袖蜡蝉
Parapamendanga sauterii (Muir) 莎拟葩袖蜡蝉，索氏异袖蜡蝉
Parapammene 副超小卷蛾属
Parapammene dichroramphana (Kennel) 副超小卷蛾
Parapammene reversa Komai 翻副超小卷蛾
Parapantilius flavomarginatus Miyamoto *et* Yasunaga 同 *Cheilocapsus miyamotoi*
Parapantilius taiwanicus Yasunaga 见 *Cheilocapsus taiwanicus*
Parapantilius thibetanus Reuter 见 *Cheilocapsus thibetanus*
Paraparomius lateralis (Scott) 见 *Horridipamera lateralis*
parapatric 邻域的
parapatric distribution 邻域分布
parapatric speciation 邻域物种形成
parapatry 邻域性
Parapediasia 拟茎草螟属
Parapediasia teterrella (Zincken) [bluegrass webworm moth, bluegrass webworm, bluegrass sod webworm moth, bluegrass sod webworm] 早熟禾拟茎草螟，早熟禾草螟，蓝草螟蛾
Parapeggia 拟培袖蜡蝉属
Parapeggia taiwana Yang *et* Wu 台拟培袖蜡蝉
Parapelerinus 近珠螽属
Parapelerinus emarginatus Liu *et* Kang 截缘近珠螽
Parapelerinus ensatus Liu *et* Kang 剑尾近珠螽
Parapenetretus 副隘步甲属，副培步甲属
Parapenetretus (Ambigopenetretus) kabaki Zamotajlov 卡氏副隘步甲，卡氏副培步甲
Parapenetretus (Ambigopenetretus) shimianensis Zamotajlov 石棉副隘步甲，四面山副培步甲
Parapenetretus barkamensis Zamotajlov *et* Ito 马尔康副隘步甲
Parapenetretus caudicornis (Kurnakov) 尾角副隘步甲，尾角副培步甲，尾角培尼步甲
Parapenetretus microphthalmus (Fairmaire) 见 *Robustopenetretus microphthalmus*
Parapenetretus microps Zamotajlov *et* Sciaky 微目副隘步甲，大副培步甲
Parapenetretus nanpingensis Zamotajlov *et* Sciaky 南坪副隘步甲，南平副培步甲
Parapenetretus (Parapenetretus) medvedevi Zamotajlov *et* Sciaky 梅氏副隘步甲，梅氏副培步甲
Parapenetretus (Parapenetretus) wenxianensis Zamotajlov *et* Sciaky 文县副隘步甲，文县副培步甲
Parapenetretus pavesii Zamotajlov *et* Sciaky 帕氏副隘步甲，帕氏副培步甲
Parapenetretus pavesii hongyuanus Zamotajlov *et* Sciaky 帕氏副隘步甲红原亚种
Parapenetretus pavesii pavesii Zamotajlov *et* Sciaky 帕氏副隘步甲指名亚种
Parapenetretus pavesii zhanglanus Zamotajlov *et* Sciaky 帕氏副隘步甲漳腊亚种
Parapenetretus pilosohumeralis Zamotajlov 肩穴副隘步甲
Parapenetretus saueri Zamotajlov *et* Sciaky 见 *Robustopenetretus saueri*
Parapenetretus subtilis Zamotajlov *et* Heinz 精副隘步甲
Parapenetretus szetschuanus (Jedlička) 四川副隘步甲，四川副培步甲，川德尔步甲
Parapenetretus szetschuanus balangensis Zamotajlov *et* Sciaky 四川副隘步甲巴朗亚种
Parapenetretus szetschuanus szetschuanus (Jedlička) 四川副隘步甲指名亚种
Parapenetretus wittmeri Zamotajlov 韦氏副隘步甲，韦氏副培步甲
Parapenetretus xilinensis (Zamotajlov *et* Wrase) 见 *Robustopenetretus xilinensis*
Parapenia 异品叩甲属
Parapenia taiwana (Miwa) 台异品叩甲
Parapentacentrus 拟长蟋属
Parapentacentrus brevipennis He 短翅拟长蟋
Parapentacentrus formosanus Shiraki 台湾拟长蟋
Parapentacentrus fuscus Gorochov 暗色拟长蟋
Parapentacentrus lineaticeps (Chopard) 纹头拟长蟋，线拟长蟋
Parapenthes 缺隆叩甲属
Parapenthes varimaculatus Jiang 异斑缺隆叩甲
Parapercnia giraffata (Guenée) 巨星尺蛾
Paraperithous 派姬蜂属
Paraperithous allokotos Wang 异派姬蜂
Paraperithous chui (Uchida) 祝氏派姬蜂
Paraperithous indicus Gupta *et* Tikar 印派姬蜂
Paraperithous indicus indicus Gupta *et* Tikar 印派姬蜂指名亚种
Paraperithous indicus sinensis Gupta *et* Tikar 印派姬蜂中华亚种，中华印派姬蜂

Paraperithous miwai (Sonan) 三轮派姬蜂，台湾兜姬蜂

Paraperithous nigrescutatus Wang 黑盾派姬蜂

Paraperlinae 拟绿蜻亚科

Parapetalocephala 肖片叶蝉属

Parapetalocephala montana Kato 山肖片叶蝉，肖片叶蝉，隆脊凸头叶蝉

Parapetalocephala testcea Cai *et* Kouh 黄褐肖片叶蝉

Paraphaea 阔颚步甲属

Paraphaea binotata (Dejean) 二点阔颚步甲，二点安祁步甲

Paraphaea formosana (Jedlička) 台湾阔颚步甲，台宽颚步甲

Paraphaea minor Shi *et* Liang 小阔颚步甲

Paraphaea philippinensis (Jedlička) 菲阔颚步甲

Paraphaenocladius 拟矩摇蚊属

Paraphaenocladius contractus Sæther *et* Wang 见 *Paraphaenocladius impensus contractus*

Paraphaenocladius distinctus Chaudhuri *et* Bhattacharyay 显拟矩摇蚊

Paraphaenocladius exagitans (Johannsen) 前颤拟矩摇蚊，伊格拟矩摇蚊

Paraphaenocladius exagitans exagitans (Johannsen) 前颤拟矩摇蚊指名亚种

Paraphaenocladius exagitans longipes Sæther *et* Wang 前颤拟矩摇蚊长足亚种

Paraphaenocladius ikineous (Sasa *et* Suzuki) 长崎拟矩摇蚊

Paraphaenocladius impensus (Walker) 中拟矩摇蚊，强拟矩摇蚊

Paraphaenocladius impensus contractus Sæther *et* Wang 中拟矩摇蚊低触亚种，隆尖拟矩摇蚊

Paraphaenocladius kunashiricus Makarchenko *et* Makarchenko 国后岛拟矩摇蚊

Paraphaenocladius kuromeneus Sasa 宽拟矩摇蚊

Paraphaenocladius monticola Strenzke 山拟矩摇蚊

Paraphaenocladius nasthecus Sæther 异色拟矩摇蚊，满拟矩摇蚊

Paraphaenocladius penerasus (Edwards) 光裸拟矩摇蚊

Paraphaenocladius pusillus Sæther *et* Wang 小拟矩摇蚊

Paraphaenocladius seiryulemeus (Sasa, Suzuki *et* Sakai) 中村拟矩摇蚊

Paraphaenocladius siratoritertius (Sasa *et* Suzuki) 杯拟矩摇蚊

Paraphaenocladius toyamaxeyus Sasa 半圆叶拟矩摇蚊

Paraphaenocladius triangulus Sæther *et* Wang 三角拟矩摇蚊

Paraphaenocladius yakyheius (Sasa *et* Suzuki) 少鬃拟矩摇蚊

Paraphaenodiscus 副菲跳小蜂属

Paraphaenodiscus scapus Xu 丽柄副菲跳小蜂

parapharynx 下前咽 < 前咽的腹部部分 >

Paraphasca 帕勒法实蝇属

Paraphasca tacnifera Hardy 横带帕勒法实蝇

Paraphelopus 直脉螯蜂属 *Crovettia* 的异名

Paraphelopus liangshanensis Xu *et* He 见 *Crovettia liangshanensis*

Paraphelopus tianmushanensis Xu *et* He 见 *Crovettia tianmushanensis*

Paraphelopus townesi Olmi 见 *Crovettia townesi*

parapheromone 类信息素，副信息素，拟信息素

Paraphlebotomus 副蛉亚属

Paraphlegopteryx 斑胸鳞石蛾属

Paraphlegopteryx morsei Yang *et* Weaver 莫氏斑胸鳞石蛾

Paraphlegopteryx subcircularis Schmid 亚圆斑胸鳞石蛾，环异鳞石蛾

Paraphloeobius 假皮长角象甲属，假皮长角象属

Paraphloeobius brevis Jordan 短假皮长角象甲，短异长角象

Paraphloeostiba 异弗隐翅甲属，异弗隐翅虫属

Paraphloeostiba formosana Shavrin *et* Smetana 台湾异弗隐翅虫

Paraphloeostiba sonani (Bernhauer) 楚异弗隐翅虫

Paraphlugiolopsis 副吟螽属

Paraphlugiolopsis jiangi Bian *et* Shi 蒋氏副吟螽

Paraphlugiolopsis lobocera Bian *et* Shi 叶尾副吟螽

Paraphorodon 副疣额蚜属

Paraphorodon cannabis (Passerini) 见 *Phorodon cannabis*

Paraphorodon omeishanaensis Tseng *et* Tao 峨眉副疣额蚜

Paraphortica 亚伏果蝇属

Paraphortica lata (Becker) 侧亚伏果蝇，宽阿绕眼果蝇，宽绕眼果蝇

Paraphotistus 亚亮叩甲属

Paraphotistus nigricornis (Panzer) 黑角亚亮叩甲

Paraphotistus obscuroaeneus (Koenig) 安亚亮叩甲，安铜亮叩甲

Paraphotistus prezwalskyi (Koenig) 普氏亚亮叩甲

Paraphotistus roubali (Jagemann) 劳氏亚亮叩甲，劳亮叩甲

Paraphotistus semenovi (Koenig) 谢氏亚亮叩甲，西亮叩甲

paraphragma 侧悬骨

paraphragmina 侧悬骨褶 < 标志内陷为侧悬骨所留下的横沟或加厚部分 >

Paraphrodisium 异柄天牛属

Paraphrodisium sinense Bentanachs *et* Drouin 中华异柄天牛

Paraphrus granulosus Thomson [saw-toothed root cerambycid] 蔗根锯天牛

Paraphylax 卫姬蜂属

Paraphylax nigrifacies (Momoi) 黑颜卫姬蜂

Paraphylax punctatus Sheng *et* Sun 点卫姬蜂

Paraphylax robustus Sheng *et* Sun 强卫姬蜂

Paraphylax rugatus Sheng *et* Sun 皱卫姬蜂

Paraphylax yasumatsui (Momoi) 亚卫姬蜂，安松卫姬蜂

paraphyletic 并系的

paraphyletic group 并系群

Paraphyllophila 叶夜蛾属

Paraphyllophila confusa Kononenko 叶夜蛾

Paraphyllum 干叶蚱属

Paraphyllum antennatum Hancock [Bornean leaf-mimic groundhopper] 莫西干叶蚱

Paraphyllura 邻叶木虱属

Paraphyllura micheliae Yang 含笑邻叶木虱

paraphyly 并系

paraphyses [s. paraphysis; = densariae] 侧棒 < 一些盾蚧属 Pinnaspis 昆虫常位于叶突基部的骨化侧内长物 >

paraphysis [pl. paraphyses; = densaria] 侧棒

Paraphytomyza 拟植潜蝇属 *Aulagromyza* 的异名

Paraphytomyza populi (Kaltenbach) 见*Aulagromyza populi*

Paraphytus 长卵蜣螂属，帕蜣螂属

Paraphytus dentifrons Lewis 粗缘长卵蜣螂，齿额帕蜣螂

Parapiagetia 帕泥蜂属

Parapiagetia tridentata Tsuneki 三齿帕泥蜂

Parapiesma 邻皮蝽属

Parapiesma alashanense (Narsu *et* Nonnaizab) 阿拉善邻皮蝽，阿

拉善皮蝽
Parapiesma atriplicis (Frey-Gessner) 藜邻皮蝽，藜皮蝽
Parapiesma bificeps (Hsiao *et* Jing) 叉头邻皮蝽，叉头皮蝽
Parapiesma josefovi (Pericart) 灰邻皮蝽，灰皮蝽
Parapiesma kerzhneri (Heiss) 凯氏邻皮蝽，凯氏皮蝽
Parapiesma kochiae (Becker) 科氏邻皮蝽，科长脊皮蝽，肯长脊皮蝽
Parapiesma kolenatii (Fieber) 考氏邻皮蝽，考氏皮蝽
Parapiesma longicarinum (Hsiao *et* Jing) 长脊邻皮蝽，长脊皮蝽
Parapiesma quadratum (Fieber) [beet leaf bug, beet bug] 方背邻皮蝽，方背皮蝽，甜菜拟网蝽
Parapiesma rotundatum (Horváth) 圆背邻皮蝽，圆背皮蝽
Parapiesma salsolae (Becker) 猪毛菜邻皮蝽，猪毛菜皮蝽
Parapiesma variabile (Fieber) 宽胸邻皮蝽，宽胸皮蝽
Parapilinurgus 肋花金龟甲属
Parapilinurgus masumotoi Nomura 益本玛肋花金龟，玛肋花金龟，益本直毛花金龟
Parapilinurgus variegatus Arrow 圆唇肋花金龟甲，圆唇肋花金龟
Parapimela 短颊隐翅甲属，副辟隐翅虫属
Parapimela taiwanensis Pace 台湾短颊隐翅甲，台湾副辟隐翅虫
Parapirates 矮盗猎蝽属
Parapirates cachani Villiers 卡氏矮盗猎蝽
Paraplacidellus 长板叶蝉属
Paraplacidellus maculatus Zhang, Wei *et* Shen 多斑长板叶蝉
Paraplatynaspis bimaculatus Hoang 同 *Platynaspis kapuri*
Paraplatyptilia 宽羽蛾属
Paraplatyptilia gaji Zagulajev 嘎宽羽蛾，嘎副平羽蛾
Paraplatyptilia sahlbergi (Poppius) 沙宽羽蛾
Paraplea 邻固蝽属
Paraplea formosana (Esaki) 台邻固蝽
Paraplea frontalis (Fieber) 额邻固蝽
Paraplea indistinguenda (Matsumura) 毛邻固蝽，台湾异固蝽
Paraplea japonica (Horváth) 日邻固蝽，日本异固蝽
Paraplea pallescens (Distant) 淡色邻固蝽，淡色固蝽
parapleura [s. parapleurum, parapleuron] 整侧板 < 指一些鞘翅目 Coleoptera 昆虫胸部的完整侧板 >
Parapleurodes 绿肋蝗属
Parapleurodes chinensis Ramme 中华绿肋蝗，中华拟草绿蝗
parapleuron [pl. parapleura; = parapleurum] 整侧板
parapleurum [pl. parapleura; = parapleuron] 整侧板
Parapleurus 草绿蝗属
Parapleurus alliaceus (Germar) 同 *Mecostethus parapleurus*
Parapleurus alliaceus turanicus Tarbensky 见 *Mecostethus parapleurus turanicus*
Parapleurus koshunensis Shiraki 见 *Formosacris koshunensis*
Paraplotes 短胸萤叶甲属，短胸萤金花虫属，异角萤叶甲属
Paraplotes antennalis Chen 陕西短胸萤叶甲，褐异角萤叶甲，亮黑陕萤叶甲，栗陕西萤叶甲
Paraplotes cheni Lee 陈氏短胸萤叶甲，陈氏短胸萤金花虫
Paraplotes clavicornis Gressitt *et* Kimoto 棒角短胸萤叶甲
Paraplotes jengi Lee 郑氏短胸萤叶甲，郑氏短胸萤金花虫
Paraplotes meihuai Lee 台东短胸萤叶甲，台东短胸萤金花虫
Paraplotes rugatipennis (Chen *et* Jiang) 皱鞘短胸萤叶甲，皱鞘异角萤叶甲，皱鞘日萤叶甲
Paraplotes semifulva (Jiang) 半黄短胸萤叶甲，半黄日萤叶甲
Paraplotes tahsiangi Lee 高山短胸萤叶甲，高山短胸萤金花虫
Paraplotes taiwana Chûjô 台湾短胸萤叶甲，台湾短胸萤金花虫
Paraplotes tatakaensis Lee 塔塔加短胸萤叶甲，塔塔加短胸萤金花虫
Paraplotes tsoui Lee 曹氏短胸萤叶甲，曹氏短胸萤金花虫
Paraplotes tsuenensis Lee 慈恩短胸萤叶甲，慈恩短胸萤金花虫
Paraplotes yaoi Lee 姚氏短胸萤叶甲，姚氏短胸萤金花虫
Paraplotes yuae Lee 余氏短胸萤叶甲，余氏短胸萤金花虫
Parapoderus 邻卷叶象甲属
Parapoderus fuscicornis (Fabricius) 褐邻卷叶象甲，褐邻突卷叶象
Parapoderus staudingeri Voss 斯邻卷叶象甲，斯邻卷叶象
parapodia [s. parapodium] 疣足；侧足 < 指环节动物的原始足，或腹部伪足；或特指结合亚纲的分节腹突 >
parapodial plate [= paraproct] 肛侧板
Parapodisma 刺突蝗属
Parapodisma astris Huang 无纹刺突蝗
Parapodisma subastris Huang 单纹刺突蝗
parapodium [pl. parapodia] 疣足；侧足
Parapolybia 异腹胡蜂属，侧异腹胡蜂属
Parapolybia bioculata van der Vecht 库侧异腹胡蜂，双环侧异腹胡蜂，双环印度侧异腹胡蜂
Parapolybia crocea Saito-Morooka, Nguyen *et* Kojima 黄侧异腹胡蜂，暗黄侧异腹胡蜂
Parapolybia disticha (Buysson) 同 *Parapolybia varia*
Parapolybia flava Saito-Morooka, Nguyen *et* Kojima 金黄异腹胡蜂，黄侧异腹胡蜂
Parapolybia indica (de Saussure) 印度异腹胡蜂，印度侧异腹胡蜂
Parapolybia indica bioculata van der Vecht 见 *Parapolybia bioculata*
Parapolybia indica indica (de Saussure) 印度异腹胡蜂指名亚种，指名印度侧异腹胡蜂
Parapolybia indica tinctipennis (Cameron) 见 *Parapolybia tinctipennis*
Parapolybia nodosa van der Vecht 叉胸异腹胡蜂，叉胸侧异腹胡蜂
Parapolybia takasagona Sonan 高砂侧异腹胡蜂，库侧异腹胡蜂
Parapolybia tinctipennis (Cameron) 染翅异腹胡蜂，棕翅侧异腹胡蜂
Parapolybia varia (Fabricius) 变侧异腹胡蜂
Parapolybia varia varia (Fabricius) 变侧异腹胡蜂指名亚种，指名变侧异腹胡蜂
Parapolytrechus flavotarsus Wang *et* Zheng 同 *Neoxenicotela mausoni*
Parapolytrechus rugosus (Matsushita) 见 *Parapolytretus rugosus*
Parapolytretus 皱纹粗天牛属 < 该属学名有误写为 *Parapolytrechus* 者 >
Parapolytretus rugosus (Matsushita) 皱鞘天牛，皱纹粗天牛，皱翅后白天牛
Paraporisaccus 拟囊粉蚧属
Paraporisaccus guizhouensis Lv *et* Wu 贵州拟囊粉蚧
Paraporta 刺胸长蝽属
Paraporta megaspina Zheng 巨刺刺胸长蝽，刺胸长蝽
Parapoynx 筒水螟属，带纹水螟属 < 此属学名有误写为 *Paraponyx* 者 >

Parapoynx andreusialis (Hampson) 安筒水螟，安德鲁带纹水螟
Parapoynx bilinealis (Snellen) 二纹筒水螟
Parapoynx candida You *et* Li 白筒水螟
Parapoynx crisonalis (Walker) 克筒水螟
Parapoynx diminutalis Snellen 小筒水螟，狄筒水螟
Parapoynx fluctuosalis (Zeller) 稻筒水螟，波缘带纹水螟
Parapoynx fluctuosalis fluctuosalis (Zeller) 稻筒水螟指名亚种，指名稻筒水螟
Parapoynx fluctuosalis linealis Guenée 稻筒水螟线纹亚种，线稻筒水螟
Parapoynx fulguralis (Caradja) 弗筒水螟
Parapoynx insectalis (Pryer) 华东筒水螟，华东带纹水螟，阴筒水螟
Parapoynx leucographa Speidel 淡纹筒水螟
Parapoynx likiangalis (Caradja) 丽江筒水螟
Parapoynx lipocosmalis (Snellen) 见 *Nymphula lipocosmalis*
Parapoynx qujingalis Chen, Song *et* Wu 曲靖筒水螟
Parapoynx responsalis (Walker) 见 *Elophila responsalis*
Parapoynx stagnalis (Zeller) [rice case bearer, rice caseworm, paddy case bearer] 三点筒水螟，稻三点水螟
Parapoynx stratiotata (Linnaeus) [ringed china-mark] 斯筒水螟，三点水螟，黑纹水螟，稻三点螟
Parapoynx ussuriensis (Rebel) 乌筒水螟
Parapoynx villidalis (Walker) 敏筒水螟，威点水螟
Parapoynx vittalis (Bremer) [small rice casebearer, small rice caseworm] 稻黄筒水螟，稻筒水螟，稻水螟
Parapraon 侧蚜外茧蜂属
Parapraon americanum (Ashmead) 美洲侧蚜外茧蜂
Parapraon baodingense Ji *et* Zhang 保定侧蚜外茧蜂
Parapraon brachycerum Ji *et* Zhang 短角侧蚜外茧蜂
Parapraon gallicum Star 五倍子侧蚜外茧蜂，中国副蚜外茧蜂
Parapraon necans Mackauer 毁灭侧蚜外茧蜂，毁副蚜外茧蜂
Parapraon pakistanum Kirkland 巴基斯坦侧蚜外茧蜂
Parapraon rhopalosiphum Takada 缢管蚜侧蚜外茧蜂
Parapraon yomenae Takada 优曼侧蚜外茧蜂，长管蚜副蚜外茧蜂
Parapristina 杯角榕小蜂亚属
paraproct [= parapodial plate] 肛侧板
Paraprosalpia 亮叶花蝇属
Paraprosalpia aldrichi (Ringdahl) 毛踝亮叶花蝇
Paraprosalpia atrifimbriae Fan *et* Chen 黑缨亮叶花蝇
Paraprosalpia billbergi (Zetterstedt) 边裂亮叶花蝇
Paraprosalpia billbergi billbergi (Zetterstedt) 边裂亮叶花蝇指名亚种
Paraprosalpia billbergi shanghaina Fan 边裂亮叶花蝇上海亚种，上海亮叶花蝇
Paraprosalpia dasyops Fan 毛眼亮叶花蝇
Paraprosalpia delioides Fan 地种亮叶花蝇
Paraprosalpia denticauda (Zetterstedt) 虎牙亮叶花蝇
Paraprosalpia flavipes Fan *et* Cui 黄足亮叶花蝇
Paraprosalpia lutebasicosta Fan 黄鳞亮叶花蝇
Paraprosalpia magnilamella Fan 大板亮叶花蝇
Paraprosalpia moerens (Zetterstedt) 钩板亮叶花蝇
Paraprosalpia pilitarsis (Stein) 毛跗亮叶花蝇
Paraprosalpia qinghoensis Hsue 清河亮叶花蝇
Paraprosalpia recta Fan *et* Cui 直钩亮叶花蝇
Paraprosalpia sepiella (Zetterstedt) 毛跖亮叶花蝇
Paraprosalpia silvatica Suwa 拟林亮叶花蝇
Paraprosalpia silvestris (Fallén) 林亮叶花蝇
Paraprosalpia tibialis Fan *et* Wang 毛胫亮叶花蝇
Paraprosalpia varicilia Fan *et* Wang 异纤亮叶花蝇
Paraprosceles 仿原异蝻属
Paraprosceles micropterus Chen *et* He 小翅仿原异蝻
Parapsalis 异元螋属，大尾螋螋属
Parapsalis infernalis (Burr) 阴异元螋，刀铗大尾螋螋
Parapsammophila 异足沙泥蜂属
Parapsammophila vecarinata Yan *et* Li 无脊异足沙泥蜂
Parapsestis 异波纹蛾属
Parapsestis albida Suzuki 白异波纹蛾
Parapsestis argenteopicta (Oberthür) 异波纹蛾，银异波纹蛾，银散波纹蛾
Parapsestis argenteopicta argenteopicta (Oberthür) 异波纹蛾指名亚种
Parapsestis argenteopicta taiwana (Wileman) 异波纹蛾台湾亚种，台湾银斑异波纹蛾
Parapsestis baibarana Matsumura 台中异波纹蛾
Parapsestis cinerea László, Ronkay, Ronkay *et* Witt 华异波纹蛾
Parapsestis cinerea cinerea László, Ronkay, Ronkay *et* Witt 华异波纹蛾指名亚种
Parapsestis cinerea pacifica László, Ronkay, Ronkay *et* Witt 华异波纹蛾东北亚种
Parapsestis dabashana László, Ronkay, Ronkay *et* Witt 大巴异波纹蛾
Parapsestis hausmanni László, Ronkay, Ronkay *et* Witt 豪异波纹蛾
Parapsestis implicata László, Ronkay, Ronkay *et* Witt 暗异波纹蛾
Parapsestis lichenea (Hampson) 苔异波纹蛾
Parapsestis lichenea lichenea (Hampson) 苔异波纹蛾指名亚种
Parapsestis lichenea splendida László, Ronkay, Ronkay *et* Witt 苔异波纹蛾越南亚种
Parapsestis lichenea tsinlinga László, Ronkay, Ronkay *et* Witt 苔异波纹蛾秦岭亚种
Parapsestis meleagris Houlbert 珠异波纹蛾
Parapsestis pseudomaculata (Houlbert) 伪异波纹蛾，拟斑散波纹蛾，伪斑毛基波纹蛾
Parapsestis tomponis (Matsumura) 台异波纹蛾，围异波纹蛾
Parapsestis tomponis almasderes László, Ronkay, Ronkay *et* Witt 台异波纹蛾中华亚种
Parapsestis tomponis tomponis (Matsumura) 台异波纹蛾指名亚种
Parapsestis wernyaminta László, Ronkay, Ronkay *et* Witt 太白异波纹蛾
parapsidal 小盾侧片的
parapsidal furrow 盾侧沟 < 分隔小盾片中部与小盾侧片之沟，见于细蜂科 Serphidae 昆虫中 >
parapsidal groove 盾侧沟 < 见于小蜂类中 >
parapsidal sulcus 盾侧沟 < 见于蚁类中 >
parapsides [s. parapsis] 小盾侧片 < 膜翅目 Hymenoptera 昆虫小盾片被盾侧沟划分的小盾片之侧片 >
Parapsilotarsus 拟刺跗天牛属
Parapsilotarsus potaninei (Lameere) 点胸拟刺跗天牛，拟刺跗天

P

牛，点胸锯天牛
parapsis [pl. parapsides] 小盾侧片
Parapsocida 准蝎亚目，准啮虫亚目
Parapsyche 绒弓石蛾属
Parapsyche acuta Schmid 尖绒弓石蛾
Parapsyche asiatica Schmid 亚洲绒弓石蛾
Parapsyche beijingensis Sun *et* Morse 北京绒弓石蛾
Parapsyche bifida Schmid 二裂绒弓石蛾
Parapsyche denticulata Schmid 齿绒弓石蛾
Parapsyche excisa Gui *et* Yang 端凹绒弓石蛾
Parapsyra 副缘螽属
Parapsyra brevicauda Liu 短尾副缘螽
Parapsyra fuscomarginalis Liu *et* Kang 褐缘副缘螽
Parapsyra midcarina Liu *et* Kang 中隆副缘螽
Parapsyra nigrocornis Liu *et* Kang 黑角副缘螽
Parapsyra nigrovittata Xia *et* Liu 黑带副缘螽
Parapsyra notabilis Carl 知名副缘螽
paraptera [s. parapteron; = epipleurites] 上侧片；翅盖 < 翅胸前侧片上端，即翅基下的小骨片；在膜翅目 Hymenoptera 中，同 tegula（翅基片）；在鳞翅目 Lepidoptera 中，同 patagium（领片）>
parapteron [pl. paraptera; = epipleurite] 上侧片；翅盖
Parapteronemobius 海针蟋属
Parapteronemobius chenggong He 成功海针蟋
Parapteronemobius dibrachiatus (Ma *et* Zhang) 双齿海针蟋
Parapullus 拟小瓢虫亚属
parapulvillus 爪垫
Parapunana 光顶飞虱属
Parapunana liangi Chen *et* Hou 梁氏光顶飞虱
Paraputo 簇粉蚧属，白粉蚧属
Paraputo albizzicola Borchsenius 合欢簇粉蚧，欢白粉蚧，思茅簇粉蚧
Paraputo bambusus (Wu) 毛竹簇粉蚧，毛竹蚁粉蚧
Paraputo carnosae (Takahashi) 马来亚簇粉蚧
Paraputo citricola Tang 柑橘簇粉蚧
Paraputo corbetti (Takahashi) 杧果簇粉蚧，杧果蚁粉蚧
Paraputo gasteris Wang 天麻簇粉蚧，天麻白粉蚧，天麻蚁粉蚧
Paraputo hispidus (Morrison) 甘蔗簇粉蚧
Paraputo indocalamus (Wu) 箬竹簇粉蚧，箬竹灰粉蚧
Paraputo kukumi Williams 椰子簇粉蚧
Paraputo leveri (Green) 斐济簇粉蚧
Paraputo malacensis (Takahashi) 棕榈簇粉蚧
Paraputo odontomachi (Takahashi) 杜英簇粉蚧，杜英蚁粉蚧
Paraputo pahanensis (Takahashi) 大花草簇粉蚧
Paraputo porosus Borchsenius 多孔簇粉蚧，革白粉蚧，昆明簇粉蚧
Paraputo simplicior (Green) 斯里兰卡簇粉蚧
Paraputo sinensis Borchsenius 中国簇粉蚧，中华白粉蚧
Paraputo taraktogeni Rao 印度簇粉蚧
Parapyropterus 焰红萤属
Parapyropterus nigrostriatus Kleine 条黑焰红萤，黑纹副派红萤
Parapythamus 拟片脊叶蝉属
Parapythamus suiyangensis Li *et* Li 绥阳拟片脊叶蝉
Pararctia 类灯蛾属
Pararctia lapponica (Thunberg) 芬兰类灯蛾
Pararctophila 羽毛蚜蝇属
Pararctophila brunnescens Huo *et* Shi 褐色羽毛蚜蝇
Pararctophila oberthuri Hervé-Bazin 红毛羽毛蚜蝇
Pararcyptera 曲背蝗属
Pararcyptera elbursiana (Brunner von Wattenwyl) 曲背蝗
Pararcyptera microptera (Fisher von Waldheim) 小翅曲背蝗
Pararcyptera microptera altaica Mistsbenko 小翅曲背蝗阿勒泰亚种，阿勒泰曲背蝗
Pararcyptera microptera meridionalis (Ikonnikov) 小翅曲背蝗宽翅亚种，宽翅曲背蝗
Pararcyptera microptera microptera (Fisher von Waldheim) 小翅曲背蝗指名亚种
Pararcyptera microptera turanica (Uvarov) 小翅曲背蝗土蓝亚种，土蓝曲背蝗
Pararge 帕眼蝶属
Pararge aegeria (Linnaeus) [speckled wood] 帕眼蝶
Pararge climene Esper 克帕眼蝶
Pararge dumetorum Oberthür 见 *Lopinga dumetora*
Pararge epimenides Ménétriés 见 *Kirinia epimenides*
Pararge episcopalis Oberthür 见 *Chonala episcopalis*
Pararge gerdae Nordström 格帕眼蝶
Pararge hiera (Fabricius) 同 *Lasiommata petropolitana*
Pararge hiera falcidia (Fruhstorfer) 见 *Lasiommata petropolitana falcidia*
Pararge hiera sestia Fruhstorfer 见 *Lasiommata petropolitana sestia*
Pararge maera (Linnaeus) 见 *Lasiommata maera*
Pararge megera (Linnaeus) 见 *Lasiommata megera*
Pararge megera transcaspica Staudinger 见 *Lasiommata megera transcaspica*
Pararge miyata Koiwaya 云南帕眼蝶
Pararge praeusta Leech 见 *Chonala praeusta*
Pararge schakra Kollar 双环帕眼蝶
Pararge thibetanus evradi Bang-Haas 同 *Tatinga thibetana thibetana*
Pararge thyria Fruhstorfer 见 *Lopinga deidamia thyria*
Pararge xiphia Fabricius [Madeiran speckled wood] 星帕眼蝶
Pararge xiphioides Staudingeri [canary speckled wood] 拟星帕眼蝶
Parargopus 瘤跳甲属
Parargopus sphaerodermoides Chen 横瘤跳甲
Pararhabdochaeta 星斑实蝇属
Pararhabdochaeta albolineata Hardy 线星斑实蝇
Pararhabdochaeta convergens (Hardy) 聚星斑实蝇
Pararhamphomyia 准猎舞虻亚属，拟猎舞虻亚属
Pararhinoleucophenga 鼻果蝇属，拟鼻白果蝇属
Pararhinoleucophenga alafumosa Cao *et* Chen 褐翅鼻果蝇
Pararhinoleucophenga amnicola Gao *et* Chen 溪边鼻果蝇
Pararhinoleucophenga furcila Cao *et* Chen 叉叶鼻果蝇
Pararhinoleucophenga meichiensis (Chen *et* Toda) 梅溪鼻果蝇
Pararhinoleucophenga minutobscura Cao *et* Chen 小暗鼻果蝇
Pararhinoleucophenga nuda Okada 裸鼻果蝇，裸拟鼻白果蝇
Pararhinoleucophenga setifrons Cao *et* Chen 毛额鼻果蝇
Pararhinoleucophenga setipes Cao *et* Chen 毛足鼻果蝇
Pararhinoleucophenga sylvatica Gao *et* Chen 林栖鼻果蝇
Pararhodania 帕粉蚧属
Pararhodania armena Ter-Grigorian 苏联帕粉蚧
Pararrhynchium 旁喙蜾蠃属

Pararrhynchium foveolatum Li *et* Chen 凹旁喙蜾蠃
Pararrhynchium impunctatum Li *et* Chen 光滑旁喙蜾蠃
Pararrhynchium ishigakiense (Yasumatsu) 石垣旁喙蜾蠃
Pararrhynchium obsoletum Li *et* Chen 无胫旁喙蜾蠃
Pararrhynchium oceanicum Yamane 大洋旁喙蜾蠃
Pararrhynchium ornatum (Smith) 丽旁喙蜾蠃
Pararrhynchium ornatum bifasciatulum Giordani Soika 丽旁喙蜾蠃双带亚种
Pararrhynchium ornatum guangxiensis Lee 丽旁喙蜾蠃广西亚种，广西丽旁喙蜾蠃
Pararrhynchium ornatum infrenis Giordani Soika 丽旁喙蜾蠃放荡亚种，荡丽旁喙蜾蠃
Pararrhynchium ornatum multifasciatum Giordani Soika 丽旁喙蜾蠃多带亚种，多带奇旁喙蜾蠃
Pararrhynchium ornatum ornatum (Smith) 丽旁喙蜾蠃指名亚种，指名丽旁喙蜾蠃
Pararrhynchium ornatum sauteri (von Schulthess) 丽旁喙蜾蠃邵氏亚种，赭褐旁喙蜾蠃
Pararrhynchium paradoxum (Gussakovskij) 细齿旁喙蜾蠃，奇旁喙蜾蠃
Pararrhynchium paradoxum multifasciatum Giordani Soika 见 *Pararrhynchium ornatum multifasciatum*
Pararrhynchium paradoxum paradoxum (Gussakovskij) 细齿旁喙蜾蠃指名亚种
Pararrhynchium parallelum Li *et* Chen 平脊旁喙蜾蠃
Pararrhynchium quadrispinosus obtusus Liu 见 *Pareumenes obtusus*
Pararrhynchium sinense (von Schulthess) 中华旁喙蜾蠃，华旁喙蜾蠃
Pararrhynchium smithii (Saussure) 斯旁喙蜾蠃
Pararrhynchium striatum Nguyen 斜纹旁喙蜾蠃
Pararrhynchium taiwanum Kim *et* Yamane 台湾旁喙蜾蠃
Pararrhynchium venkataramani Kumar *et* Carpenter 文氏旁喙蜾蠃
parartis 侧关节点 <亚轴节或轴节基端的膨大部分；或连接于侧关节窝的关节点>
Parasa 绿刺蛾属
Parasa albipuncta Hampson 银点绿刺蛾
Parasa argentifascia (Cai) 银带绿刺蛾
Parasa argentilinea Hampson 银线绿刺蛾
Parasa bana (Cai) 斑绿刺蛾
Parasa bicolor (Walker) 见 *Thespea bicolor*
Parasa bicolor bicolor (Walker) 见 *Thespea bicolor bicolor*
Parasa bicolor virescens (Matsumura) 见 *Thespea bicolor virescens*
Parasa campagnei de Joannis 卡媚绿刺蛾
Parasa canangae Hering 宽边绿刺蛾
Parasa consocia Walker [green cochlid] 黄缘绿刺蛾，青刺蛾
Parasa convexa Hering 卵斑绿刺蛾
Parasa darma Moore 胆绿刺蛾，周褐绿刺蛾
Parasa dulcis Hering 甜绿刺蛾
Parasa eupuncta (Cai) 美点绿刺蛾
Parasa feina (Cai) 妃绿刺蛾
Parasa flavabdomena (Cai) 黄腹绿刺蛾
Parasa gentiles (Snellen) 同宗绿刺蛾
Parasa grandis Hering 见 *Soteira grandis*
Parasa hainana (Cai) 琼绿刺蛾
Parasa hilarata Staudinger [plum stinging caterpillar] 双齿绿刺蛾，大黄青刺蛾
Parasa indetermina Boisduval [stinging rose caterpillar] 蔷薇绿刺蛾，蔷薇刺蛾
Parasa jiana (Cai) 嘉绿刺蛾
Parasa jina (Cai) 襟绿刺蛾
Parasa kalawensis Orhant 缅媚绿刺蛾
Parasa lepida (Cramer) [band slug caterpillar, blue-striped nettle-grub, nettle caterpillar] 丽绿刺蛾，荨麻刺蛾
Parasa lepida lepida (Cramer) 丽绿刺蛾指名亚种
Parasa lepida lepidula (Hering) 同 *Parasa lepida lepida*
Parasa liangdiana (Cai) 两点绿刺蛾
Parasa melli Hering 窗绿刺蛾
Parasa mina (Cai) 闽绿刺蛾
Parasa mutifascia (Cai) 断带绿刺蛾，断带瑟茜刺蛾
Parasa notonecta Hering 蓼绿刺蛾
Parasa oryzae (Cai) 稻绿刺蛾
Parasa ostia Swinhoe 见 *Soteira ostia*
Parasa parapuncta (Cai) 厢点绿刺蛾
Parasa pastoralis Butler 迹斑绿刺蛾，基黄绿刺蛾
Parasa pastoralis pastoralis Butler 迹斑绿刺蛾指名亚种
Parasa pastoralis tonkinensis Hering 迹斑绿刺蛾云南亚种，越迹斑绿刺蛾
Parasa prasina Alphéraky 见 *Soteira prasina*
Parasa pseudorepanda Hering 肖媚绿刺蛾
Parasa pseudostia (Cai) 肖漫绿刺蛾
Parasa punica (Herrich-Schäffer) 榴绿刺蛾
Parasa repanda (Walker) [apricot leaf caterpillar] 媚绿刺蛾，杏刺蛾
Parasa repanda campagnei de Joannis 见 *Parasa campagnei*
Parasa shaanxiensis (Cai) 见 *Soteira shaanxiensis*
Parasa shirakii Kawada 台绿刺蛾，素木绿刺蛾，褐边绿刺蛾
Parasa sinica Moore [Chinese cochlid, Chinese four-spotted cochlid] 中国绿刺蛾，中华里黑青刺蛾，四点刺蛾，双齿绿刺蛾，中华四点刺蛾
Parasa solovyevi Wu 索洛绿刺蛾
Parasa tessellata Moore 宽黄缘绿刺蛾，基褐绿刺蛾
Parasa undulata (Cai) 波带绿刺蛾
Parasa xizangensis Wu *et* Fang 西藏绿刺蛾
Parasa xueshana (Cai) 雪山绿刺蛾
Parasa yana (Cai) 妍绿刺蛾
Parasa zhenxiongica Wu *et* Fang 镇雄绿刺蛾
Parasa zhudiana (Cai) 著点绿刺蛾
Parasaissetia 副盔蚧属，副盔蜡蚧属，副珠蜡蚧属
Parasaissetia nigra (Nietner) [nigra scale, hevea black scale, black coffee scale, pomegranate scale, black scale, hibiscus scale, hibiscus shield scale, Florida black scale] 乌黑副盔蚧，橡胶盔蚧，橡副珠蜡蚧，香蕉黑蜡蚧，黑盔蚧，黑副硬介壳虫
Parasalpinia 异柱天牛属，黑带姬天牛属
Parasalpinia kojimai Hayashi 小岛异柱天牛，小岛氏黑带姬天牛
Parasambus 盾吉丁甲属，盾吉丁属，大灰吉丁甲属，大灰吉丁虫属
Parasambus sauteri (Kerremans) 索氏盾吉丁甲，索氏盾吉丁，索氏大灰吉丁甲，曹德氏大灰吉丁虫，索齿腿吉丁

Parasarcophaga 亚麻蝇亚属，亚麻蝇属
Parasarcophaga abaensis Feng *et* Qiao 见 *Sarcophaga* (*Parasarcophaga*) *abaensis*
Parasarcophaga aegyptica (Salem) 见 *Sarcophaga* (*Liosarcophaga*) *aegyptica*
Parasarcophaga albiceps (Meigen) 见 *Sarcophaga* (*Parasarcophaga*) *albiceps*
Parasarcophaga angarosinica Rohdendorf 见 *Sarcophaga* (*Liosarcophaga*) *angarosinica*
Parasarcophaga aratrix (Pandellé) 见 *Sarcophaga* (*Rosellea*) *aratrix*
Parasarcophaga brevicornis (Ho) 见 *Sarcophaga* (*Liosarcophaga*) *brevicornis*
Parasarcophaga coei (Rohdendorf) 见 *Sarcophaga* (*Robineauella*) *coei*
Parasarcophaga crassipalpis (Macquart) 见 *Sarcophaga* (*Liopygia*) *crassipalpis*
Parasarcophaga doleschalli Johnston *et* Tiegs 同 *Sarcophaga* (*Robineauella*) *javana*
Parasarcophaga dux (Thomson) 见 *Sarcophaga* (*Liosarcophaga*) *dux*
Parasarcophaga emdeni Rohdendorf 见 *Sarcophaga* (*Liosarcophaga*) *emdeni*
Parasarcophaga fedtshenkoi Rohdendorf 同 *Sarcophaga* (*Liosarcophaga*) *feralis*
Parasarcophaga gigas (Thomas) 见 *Sarcophaga* (*Rosellea*) *gigas*
Parasarcophaga harpax (Pandellé) 见 *Sarcophaga* (*Liosarcophaga*) *harpax*
Parasarcophaga hinglungensis Fan 见 *Sarcophaga* (*Liosarcophaga*) *hinglungensis*
Parasarcophaga hirtipes (Wiedemann) 见 *Sarcophaga* (*Parasarcophaga*) *hirtipes*
Parasarcophaga hui (Ho) 见 *Sarcophaga* (*Pandelleisca*) *hui*
Parasarcophaga idmais (Séguy) 见 *Sarcophaga* (*Liosarcophaga*) *idmais*
Parasarcophaga iwuensis (Ho) 见 *Sarcophaga* (*Pandelleisca*) *iwuensis*
Parasarcophaga jacobsoni Rohdendorf 见 *Sarcophaga* (*Liosarcophaga*) *jacobsoni*
Parasarcophaga jaroschevskyi Rohdendorf 见 *Sarcophaga* (*Liosarcophaga*) *jaroschevskyi*
Parasarcophaga kanoi (Park) 见 *Sarcophaga* (*Liosarcophaga*) *kanoi*
Parasarcophaga kawayuensis (Kôno) 见 *Sarcophaga* (*Pandelleisca*) *kawayuensis*
Parasarcophaga khasiensis (Senior-White) 见 *Sarcophaga* (*Rosellea*) *khasiensis*
Parasarcophaga kirgizica Rohdendorf 见 *Sarcophaga* (*Liosarcophaga*) *kirgizica*
Parasarcophaga kitaharai (Miyazaki) 见 *Sarcophaga* (*Liosarcophaga*) *kitaharai*
Parasarcophaga kobayashii (Hori) 见 *Sarcophaga* (*Liosarcophaga*) *kobayashii*
Parasarcophaga macroauriculata (Ho) 见 *Sarcophaga* (*Parasarcophaga*) *macroauriculata*
Parasarcophaga misera (Walker) 见 *Sarcophaga* (*Parasarcophaga*) *misera*
Parasarcophaga nanpingensis Ye 见 *Sarcophaga* (*Liosarcophaga*) *nanpingensis*
Parasarcophaga pingi (Ho) 见 *Sarcophaga* (*Pandelleisca*) *pingi*
Parasarcophaga pleskei Rohdendorf 见 *Sarcophaga* (*Liosarcophaga*) *pleskei*
Parasarcophaga polystylata (Ho) 见 *Sarcophaga* (*Pandelleisca*) *polystylata*
Parasarcophaga portschinskyi Rohdendorf 见 *Sarcophaga* (*Liosarcophaga*) *portschinskyi*
Parasarcophaga ruficornis (Fabricius) 见 *Sarcophaga* (*Liopygia*) *ruficornis*
Parasarcophaga scopariiformis (Senior-White) 见 *Sarcophaga* (*Liosarcophaga*) *scopariiformis*
Parasarcophaga securifera (Villeneuve) 同 *Sarcophaga* (*Liopygia*) *crassipalpis*
Parasarcophaga semenovi (Rohdendorf) 见 *Sarcophaga* (*Ziminisca*) *semenovi*
Parasarcophaga sericea (Walker) 同 *Sarcophaga* (*Parasarcophaga*) *taenionota*
Parasarcophaga similis (Meade) 见 *Sarcophaga* (*Pandelleisca*) *similis*
Parasarcophaga taenionota (Wiedemann) 见 *Sarcophaga* (*Parasarcophaga*) *taenionota*
Parasarcophaga tuberosa (Pandellé) 见 *Sarcophaga* (*Liosarcophaga*) *tuberosa*
Parasarcophaga uliginosa (Kramer) 见 *Sarcophaga* (*Varirosellea*) *uliginosa*
Parasarcophaga unguitigris Rohdendorf 见 *Sarcophaga* (*Parasarcophaga*) *unguitigris*
Parasarcophaga yunnanensis Fan 见 *Sarcophaga* (*Pandelleisca*) *yunnanensis*
Parasarcophagina 亚麻蝇亚族
Parasarima 帕萨瓢蜡蝉属
Parasarima pallizona (Matsumura) 帕萨瓢蜡蝉，凹顶副卵瓢蜡蝉
Parasarima triphylla Che, Zhang *et* Wang 见 *Eusarima triphylla*
Parasarpa 俳蛱蝶属
Parasarpa albidior (Hall) 阿俳蛱蝶，阿白斑俳蛱蝶
Parasarpa albomaculata (Leech) 白斑俳蛱蝶
Parasarpa albomaculata albidior (Hall) 见 *Parasarpa albidior*
Parasarpa dudu (Doubleday) [white commodore] 丫纹俳蛱蝶
Parasarpa dudu bockii (Moore) 丫纹俳蛱蝶博氏亚种，播丫纹俳蛱蝶
Parasarpa dudu dudu (Westwood) 丫纹俳蛱蝶指名亚种，指名丫纹俳蛱蝶
Parasarpa dudu hainensis (Joicey *et* Talbot) 丫纹俳蛱蝶海南亚种，琼丫纹俳蛱蝶
Parasarpa dudu jinamitra (Fruhstorfer) 丫纹俳蛱蝶台湾亚种，紫俳蛱蝶，紫单带蛱蝶，忍冬单带蛱蝶，紫一文字蝶，紫一字蝶，台湾丫纹俳蛱蝶
Parasarpa hollandi Doherty 奥兰俳蛱蝶
Parasarpa hourberti (Oberthür) 彩衣俳蛱蝶
Parasarpa libnites Hewitson 丽俳蛱蝶
Parasarpa lycone Hewitson 红云俳蛱蝶
Parasarpa lymire Hewitson 红斑俳蛱蝶
Parasarpa lysanias (Hewitson) 莉莎俳蛱蝶
Parasarpa zayla (Doubleday) [bicolor commodore] 西藏俳蛱蝶，查俳蛱蝶

Parascadra 副斯猎蝽属
Parascadra breuningi Kerzhner *et* Günther 同 *Rhysostethus glabellus*
Parascadra nigra Li 黑副斯猎蝽
Parascadra polita Miller 毛副斯猎蝽
Parascadra repleta (Miller) 鼓副斯猎蝽
Parascadra rubida Hsiao 红副斯猎蝽
Parascaphoidella 拟类带叶蝉属
Parascaphoidella biprocessa Wei, Fang *et* Xing 双刺拟类带叶蝉
Parascaphoidella transversa (Li *et* Xing) 横纹拟类带叶蝉，横纹类带叶蝉
Parascatonomus 衍附粪蜣螂属
Parascatonomus paotao Ochi, Kon *et* Barclay 宝岛衍附粪蜣螂
Parascela 似角胸肖叶甲属，凹顶叶甲属，粗刻猿金花虫属
Parascela castanea Tan 同 *Parascela hirsuta*
Parascela cribrata (Schaufuss) 粗刻似角胸肖叶甲，粗刻凹顶叶甲，粗刻似角胸叶甲，粗刻猿金花虫
Parascela hirsuta (Jacoby) 栗色似角胸肖叶甲，栗色似角胸叶甲
Parascela rugipennis (Tan) 多皱似角胸肖叶甲，瘤脊角胸肖叶甲，多皱角胸叶甲
Parascela tuberosa (Jacoby) 瘤似角胸肖叶甲
Parascela tuberosa Tan *et* Wang 同 *Parascela rugipennis*
Parasclerobia 副司螟属
Parasclerobia pimatella (Caradja) 始副司螟，始司克勒螟
Parascleroderma 扁肿腿蜂属
Parascleroderma atayal Terayama 珑扁肿腿蜂
Parascleroderma maae Xu *et* He 马氏扁肿腿蜂
Parascleroderma okajimai Terayama 冈岛扁肿腿蜂
Parascleroderma renaiensis Terayama 仁爱扁肿腿蜂
parascrobal area 触角窝侧区
parascutella [s. parascutellum] 侧小盾片 <指小盾片在两侧的区域>
parascutellum [pl. parascutella] 侧小盾片
parascutules [s. parascutulis] 侧小盾片 <半翅目 Hemiptera 昆虫中，经常被翅所掩盖的小盾片侧区>
parascutulis [pl. parascutules] 侧小盾片
Parasemia 车前灯蛾属
Parasemia plantaginis (Linnaeus) [wood tiger, wood tiger moth, small tiger moth, black-and-white tiger moth] 车前灯蛾
Parasemia plantaginis altaica Seitz 同 *Parasemia plantaginis sifanica*
Parasemia plantaginis plantaginis (Linnaeus) 车前灯蛾指名亚种
Parasemia plantaginis sifanica (Grum-Grshimailo) 车前灯蛾四川亚种，川车前灯蛾
Parasemia stotzneri Ochsenheimer 斯车前灯蛾
Paraserica 异绢金龟甲属，异绢金龟属，长绒毛金龟属
Paraserica grisea Motschulsky [smaller brownish chafer] 小褐异绢金龟甲，小褐金龟甲，小褐金龟
Paraserica taiwana Kobayashi *et* Nomura 台异绢金龟甲，台异绢金龟，台湾长绒毛金龟
Paraserrolecanium 拟锯粉蚧属
Paraserrolecanium fargesii Wu 箭竹拟锯粉蚧
Parasessinia 副赛拟天牛属
Parasessinia choui Akiyama 周氏副赛拟天牛
Parasetigena 毒蛾寄蝇属，侧行寄蝇属
Parasetigena agilis (Robineau-Desvoidy) 多动毒蛾寄蝇，多动侧行寄蝇
Parasetigena amurensis (Chao) 黑龙江毒蛾寄蝇，阿穆尔毒蛾寄蝇
Parasetigena bicolor (Chao) 异色毒蛾寄蝇
Parasetigena jilinensis Chao *et* Mao 吉林毒蛾寄蝇
Parasetigena silvestris (Robineau-Desvoidy) 银毒蛾寄蝇，毒蛾侧行寄蝇
Parasetigena takaoi (Mesnil) 高氏毒蛾寄蝇，高氏毒蛾侧行寄蝇
Parasetodes 傍姬长角石蛾属
Parasetodes bakeri (Banks) 贝傍姬长角石蛾
Parasetodes kiangsinicus (Ulmer) 江西傍姬长娇石蛾，赣傍姬长角石蛾
Parasetodes maculatus (Banks) 大斑傍姬长角石蛾
Parasiccia 斑苔蛾属
Parasiccia altaica (Lederer) 圆点斑苔蛾
Parasiccia dentata (Wileman) 波纹斑苔蛾，波纹小苔蛾，齿小点苔蛾
Parasiccia fuscipennis Wileman 灰黑斑苔蛾，灰黑小苔蛾
Parasiccia limbata (Wileman) 墨斑苔蛾，缘艳苔蛾
Parasiccia maculata (Poujade) 见 *Aemene maculata*
Parasiccia maculifascia (Moore) 斑苔蛾
Parasiccia mokanshanensis Reich 莫干斑苔蛾
Parasiccia nebulosa Wileman 见 *Asura nebulosa*
Parasiccia nocturna Hampson 夜斑苔蛾
Parasiccia punctatissima Poujade 锯斑苔蛾，锯斑斑苔蛾
Parasiccia punctilinea Wileman 点线斑苔蛾，灰绿小苔蛾
Parasiccia tibetana Fang 西藏斑苔蛾
Parasilesis 宽嘴叩甲属
Parasilesis sauteri (Miwa) 索氏宽嘴叩甲，索帕西叩甲
Parasinophasma 副华枝䗛属
Parasinophasma fanjingshanense Chen *et* He 梵净山副华枝䗛
Parasinophasma guangdongense Chen *et* He 广东副华枝䗛
Parasinophasma hainanense Chen *et* He 海南副华枝䗛
Parasinophasma henanense (Bi *et* Wang) 河南副华枝䗛
Parasinophasma maculatum Ho 斑副华枝䗛
Parasinophasma tianmushanense Ho 天目山副华枝䗛
Parasinophasma unicolor Ho 单色副华枝䗛
Parasiobla 副元叶蜂属
Parasiobla attenata (Rohwer) 黑唇副元叶蜂，触角副粗角叶蜂
Parasiobla formosana Rohwer 大林副元叶蜂，大林粗角叶蜂
Parasiobla leucotrochantera Wei 见 *Taxonus leucotrochantera*
Parasiobla rufothoracina Wei 红胸副元叶蜂
Parasiobla zhangi Wei 张氏副元叶蜂
Parasiobla zhelochovtsevi (Viitasaari *et* Zinovjev) 热氏副元叶蜂
Parasipyloidea 无齿股䗛属
Parasipyloidea carinata Ho 显脊无齿股䗛
Parasipyloidea emeiensis Chen *et* He 峨眉无齿股䗛
Parasipyloidea galbina Ho 暗绿无齿股䗛
Parasipyloidea jinggangshanensis Ho 井冈山无齿股䗛
Parasipyloidea rugulosa Chen *et* He 皱背无齿股䗛
Parasipyloidea sinensis Ho 中华无齿股䗛
Parasita [= Parasitica] 1. 寄生部，寄生类；2. 虱目 <= Anoplura>；3. 锥尾部 <= Terebrantia>
parasite 寄生物
parasitic [= parasitical] 寄生性的，寄生的
parasitic behavio(u)r 寄生行为

parasitic flat bark beetle 1. [= passandrid beetle, passandrid bark beetle, passandrid] 隐颚扁甲，捕蠹虫 < 隐颚扁甲科 Passandridae 昆虫的通称 >；2. [= parandrid beetle, parandrid] 伪天牛 < 伪天牛科 Parandridae 昆虫的通称 >

parasitic fly 寄生蝇

parasitic functional response 寄生功能反应

parasitic grain wasp [*Cedhalonomia waterstoni* Gahan] 瓦氏头甲肿腿蜂，瓦氏肿腿蜂，香港塞肿腿蜂

parasitic hymenoptera 寄生蜂

parasitic insect 寄生性昆虫

parasitic maggot 寄生蝇幼虫

parasitic wasp 寄生蜂

parasitic wood wasp [= orussid, orussid wasp] 尾蜂 < 尾蜂科 Orussidae 昆虫的通称 >

Parasitica [= Parasita] 1. 寄生部，寄生类；2. 虱目 <= Anoplura>；3. 锥尾部 <= Terebrantia>

parasitical 见 parasitic

parasitism [n.] 寄生，寄生现象

parasitism cycle 寄生周期

parasitization [n.] 寄生，寄生作用

parasitize [v.] 寄生

parasitized 被寄生的

parasitizing time 寄生时间

parasitoid 拟寄生物；拟寄生

parasitology 寄生生物学

Paraslauga 帕拉灰蝶属

Paraslauga kallimoides (Schultze) 帕拉灰蝶

parasocial insect 类社会性昆虫

Parasovia 拟索弄蝶属

Parasovia perbella (Hering) 拟索弄蝶，珀弄蝶

Paraspathius 近柄腹茧蜂属

Paraspathius peroparetus Nixon 红头近柄腹茧蜂

Paraspilarctia 副污灯蛾属

Paraspilarctia magna (Wileman) 大副污灯蛾，双纹污灯蛾

paraspiracular carina 气门脊

paraspiracular sulcus 气门沟

Paraspitiella 拟斯毕萤叶甲属

Paraspitiella maculata (Bryant) 斑拟斯毕萤叶甲

Paraspitiella nigrinotum Yang 同 *Paraspitiella maculata*

Paraspitiella nigromaculata Chen *et* Jiang 黑斑拟斯毕萤叶甲，黑斑斯毕萤叶甲

parasporal body [= parasporal crystal] 伴孢晶体

parasporal crystal 见 parasporal body

parasporal toxic crystal 伴孢结晶毒素

Parastasia 齿丽金龟甲属，异滞丽金龟甲属，异滞丽金龟属，四齿金龟属

Parastasia birmana Arrow 缅甸齿丽金龟甲，缅异滞丽金龟甲，缅异滞丽金龟

Parastasia canaliculata Westwood 红褐齿丽金龟甲，沟异滞丽金龟甲，沟异滞丽金龟，斑翅四齿金龟

Parastasia confluens Westwood 康齿丽金龟甲，康异滞丽金龟甲，康异滞丽金龟

Parastasia ferrieri Nonfried 绒毛齿丽金龟甲，费异滞丽金龟甲，费异滞丽金龟

Parastasia ferrieri ferrieri Nonfried 绒毛齿丽金龟甲指名亚种，费异滞丽金龟甲指名亚种

Parastasia ferrieri formosana Ohaus 绒毛齿丽金龟甲台湾亚种，台费异滞丽金龟甲，台费异滞丽金龟，台湾四齿金龟，小褐齿丽金龟

Parastasia hainanensis Wada 海南齿丽金龟甲，海南齿丽金龟

Parastasia oberthuri Ohaus 奥齿丽金龟甲，奥异滞丽金龟甲，奥异滞丽金龟，奥陪四齿金龟

Parastegana 毛盾果蝇属，类冠果蝇属

Parastegana brevivena Chen *et* Zhang 短脉毛盾果蝇

Parastegana drosophiloides (Toda *et* Peng) 喜露毛盾果蝇

Parastegana femorata (Duda) 迷股毛盾果蝇，股类冠果蝇，腿原果蝇

Parastegana maculipennis (Okada) 黑茎毛盾果蝇

Parastegana punctalata Chen *et* Watabe 褐点毛盾果蝇

Parastemma matsutakei Sasaki 见 *Tetragoneura matsutakei*

Parastenolechia 异麦蛾属

Parastenolechia argobathra (Meyrick) 阿异麦蛾

Parastenolechia asymmetrica Kanazawa 亚异麦蛾

Parastenolechia claustrifera (Meyrick) 克异麦蛾

Parastenolechia formosana Kanazawa 台湾异麦蛾

Parastenolechia gracilis Kanazawa 细异麦蛾

Parastenolechia issikiella (Okada) 一色异麦蛾

Parastenolechia nigrinotella (Zeller) 黑异麦蛾

Parastenolechia suriensis Park *et* Ponomarenko 韩国异麦蛾

Parastenopsyche 异角石蛾属

Parastenopsylla 鼻个木虱属，近狭叉木虱属

Parastenopsylla nigricornis (Kuwayama) 见 *Stenopsylla nigricornis*

Parastenopsylla occipitalis (Yu) 见 *Stenopsylla occipitalis*

Parastenopsylla proboscidaria (Yu) 越橘鼻个木虱，鼻个木虱，大叶越橘木虱

Parastenopsylla shuikoensis Li *et* Yang 水口鼻个木虱

Parastenopsylla straminea Li *et* Yang 杆黄鼻个木虱

Parastenopsylla vacciniae Yang 乌饭树鼻个木虱，越橘鼻个木虱，峦大越橘木虱

Parastenostola 副修天牛属，拟修天牛属，异修天牛属

Parastenostola brunnipes (Gahan) 棕副修天牛，棕拟修天牛

Parastenostola nigroantennata Lin *et* Yang 黑角副修天牛，黑角拟修天牛

Parastenostola nigroantennata nigroantennata Lin *et* Yang 黑角副修天牛指名亚种

Parastenostola nigroantennata taiwanensis Lin *et* Yang 黑角副修天牛台湾亚种，台湾异修天牛

Parastephanellus 副冠蜂属

Parastephanellus angulatus Hong, van Achterberg *et* Xu 角副冠蜂

Parastephanellus brevicoxalis Hong, van Achterberg *et* Xu 短基节副冠蜂

Parastephanellus brevistigma Enderlein 短纹副冠蜂

Parastephanellus matsumotoi van Achterberg 松本副冠蜂

Parastephanellus politus Chao 同 *Parastephanellus brevistigma*

Parastephanellus zhejiangensis Hong, van Achterberg *et* Xu 浙江副冠蜂

parasternoidea [= sternal laterale] 腹侧片

Parastethorus 刺叶食螨瓢虫亚属

Parastichtis 伍夜蛾属

Parastichtis suspecta (Hübner) 伍夜蛾，准麦穗夜蛾

parastigma [pl. parastigmata 或 parastigmas] 1. [= parastigmal vein, premarginal vein] 缘前脉，副翅痣；2. [= stigma (pl. stigmata), bathmis, pterostigma (pl. pterostigmata)] 翅痣
parastigmal vein [= premarginal vein, parastigma] 缘前脉，副翅痣
parastigmas [s. parastigma; = parastigmata] 1. [= parastigmal veins, premarginal veins] 缘前脉，副翅痣；2. [= stigmata (s. stigma), pterostigmata (s. pterostigma)] 翅痣
parastigmata 见 parastigmas
parastigmatic enantiophysis 感器窝侧突
parastigmatic gland 围气门腺
parastigmatic pore [= spiracerore] 气门蜡孔
parastipes [= subgalea] 亚外颚叶 < 即附着于茎节的下颚骨片 >
Parastrachia 朱蝽属
Parastrachia japonensis (Scott) 日本朱蝽，大朱蝽
Parastrachia nagaensis Distant 华西朱蝽
Parastrangalis 异花天牛属，副细花天牛属，细花天牛属
Parastrangalis addenda Holzschuh 补异花天牛
Parastrangalis chekianga (Gressitt) 浙异花天牛，浙江细花天牛，浙江类华花天牛
Parastrangalis congesta Holzschuh 密条异花天牛
Parastrangalis congruens Holzschuh 协调异花天牛
Parastrangalis crebrepunctata (Gressitt) 密点异花天牛，齿瘦花天牛
Parastrangalis dalihodi Holzschuh 达氏异花天牛，达氏细花天牛
Parastrangalis denticulata (Tamanuki) 齿异花天牛，齿胸细花天牛，刺翅细花天牛，斜尾类华花天牛，齿胸新细花天牛
Parastrangalis eucera Holzschuh 丽角异花天牛
Parastrangalis holzschuhi Chou *et* Ohbayashi 霍氏异花天牛
Parastrangalis houhensis Ohbayashi *et* Wang 鄂异花天牛
Parastrangalis impressa Holzschuh 印纹异花天牛
Parastrangalis inarmata Holzschuh 无齿异花天牛
Parastrangalis insignis Holzschuh 显著异花天牛
Parastrangalis jaroslavi Holzschuh 佳洛异花天牛
Parastrangalis lateristriata (Tamanuki *et* Mitono) 侧条异花天牛，侧条细小花天牛
Parastrangalis maridae Tichý *et* Viktora 玛丽异花天牛
Parastrangalis meridionalis (Gressitt) 双条异花天牛
Parastrangalis munda Holzschuh 华美异花天牛
Parastrangalis nakamurai (Hayashi) 台湾异花天牛
Parastrangalis negligens Holzschuh 肖黄须异花天牛
Parastrangalis pallescens Holzschuh 淡黄异花天牛
Parastrangalis palpalis Holzschuh 黄须异花天牛
Parastrangalis phantoma Holzschuh 魅影异花天牛，魅影细花天牛
Parastrangalis potanini (Ganglbauer) 甘肃异花天牛
Parastrangalis protensa Holzschuh 齿胸异花天牛
Parastrangalis puliensis (Hayashi) 埔里异花天牛，埔里细小花天牛
Parastrangalis sculptilis Holzschuh 雕纹异花天牛，雕纹细花天牛
Parastrangalis subapicalis (Gressitt) 八仙异花天牛，八仙细小花天牛
Parastrangalis taiwanensis Chou *et* Ohbayashi 台湾细花天牛
Parastrangalis yanoi (Tamanuki) 矢野氏细花天牛
Parastratiosphecomyia 亚拟蜂水虻属
Parastratiosphecomyia freidbergi Woodley 福氏亚拟蜂水虻
Parastratiosphecomyia rozkosnyi Woodley 若氏亚拟蜂水虻
Parastratiosphecomyia stratiosphecomyiodides Brunetti 泰国亚拟蜂水虻
Parastratiosphecomyia szechuanensis Lindner 四川亚拟蜂水虻，川异水虻
parasymbioses [s. parasymbiosis] 类共生
parasymbiosis [pl. parasymbioses] 类共生
Parasymmorphus 旁同蜾蠃亚属
Parasymphrasites 准合螳蛉属
Parasymphrasites electrinus Lu, Wang, Zhang, Ohl, Engel *et* Liu 缅珀准合螳蛉
Parasymploce limbata Bey-Bienko 见 *Hemithyrsocera limbata*
Parasymploce simulans Bey-Bienko 见 *Hemithyrsocera simulans*
Parasynegia 离浮尺蛾属
Parasynegia lidderdalii (Butler) 紫斑离浮尺蛾
parasynomone 类互利素，拟互利素
Parasyrphus 拟蚜蝇属，拟食蚜蝇属
Parasyrphus annulatus (Zetterstedt) 环带拟蚜蝇，环带拟食蚜蝇
Parasyrphus currani (Fluke) 酷拟蚜蝇，酷拟食蚜蝇
Parasyrphus kirgizorum (Peck) 黑角拟蚜蝇，黑角拟食蚜蝇
Parasyrphus lineolus (Zetterstedt) 直带拟蚜蝇，线拟食蚜蝇，线拟蚜蝇
Parasyrphus macularis (Zetterstedt) 新月拟蚜蝇，斑食蚜蝇，斑拟食蚜蝇
Parasyrphus makarkini Mutin 马氏拟蚜蝇，马拟食蚜蝇
Parasyrphus melanderi (Curran) 梅氏拟蚜蝇，梅拟食蚜蝇
Parasyrphus minimus (Shiraki) 小拟蚜蝇，小蚜蝇，小食蚜蝇，微小蚜蝇
Parasyrphus montanus (Peck) 山拟蚜蝇，山拟食蚜蝇
Parasyrphus nigritarsis (Zetterstedt) 暗跗拟蚜蝇，暗跗拟食蚜蝇
Parasyrphus proximus Mutin 普拟蚜蝇，普拟食蚜蝇
Parasyrphus punctulatus (Verrall) 斑拟蚜蝇，刻点拟食蚜蝇
Parasyrphus semiinterruptus (Fluke) 半拟蚜蝇，半拟食蚜蝇
Parasyrphus tarsatus (Zetterstedt) 黑跗拟蚜蝇，黑跗拟食蚜蝇
Parasyrphus zhengi Yuan, Huo *et* Ren 郑氏拟蚜蝇
Paratachardina 副硬胶蚧属
Paratachardina capsella Wang 盐肤木副硬胶蚧
Paratachardina theae (Green *et* Mann) 茶副硬胶蚧，茶硬胶蚧，茶饼介壳虫
Paratachys 异塔步甲亚属，异塔步甲属
Paratachys fasciatus (Motschulsky) 见 *Tachys fasciatus*
Paratachys sericans (Bates) 见 *Tachys sericans*
Paratachys sexguttatus (Fairmaire) 见 *Tachys sexguttatus*
Paratalainga 拟红眼蝉属
Paratalainga distanti (Jacobi) 狄氏拟红眼蝉
Paratalainga fucipennis He 红翅拟红眼蝉
Paratalainga fumosa Chou *et* Lei 褐翅拟红眼蝉
Paratalainga guizhouensis Chou *et* Lei 贵州拟红眼蝉
Paratalainga reticulata He 网翅拟红眼蝉
Paratalainga yunnanensis Chou *et* Yao 云南拟红眼蝉
Paratalanta 褶缘野螟属
Paratalanta annulata Zhang *et* Li 环褶缘野螟
Paratalanta cultralis (Staudinger) 黑缘褶缘野螟
Paratalanta cultralis amurensis (Romanoff) 黑缘褶缘野螟东北亚

种，东北褶缘野螟
Paratalanta cultralis cultralis (Staudinger) 黑缘褶缘野螟指名亚种
Paratalanta furcata Zhang *et* Li 钩褶缘野螟
Paratalanta pandalis (Hübner) [bordered pearl] 暗黄褶缘野螟
Paratalanta stachialis Toll *et* Wojtusiak 褶缘野螟
Paratalanta taiwanensis Yamanaka 台湾褶缘野螟
Paratalanta taiwanensis sasakii Inoue 台湾褶缘野螟佐佐木亚种
Paratalanta taiwanensis taiwanensis Yamanaka 台湾褶缘野螟指名亚种
Paratalanta ussurialis (Bremer) 乌苏里褶缘野螟
Paratanytarsus 拟长跗摇蚊属
Paratanytarsus dissimilis (Johannsen) 凹拟长跗摇蚊，异拟长跗摇蚊
Paratanytarsus grimmii (Schneider) 孤雌拟长跗摇蚊
Paratanytarsus inopertus (Walker) 腹斑拟长跗摇蚊
Paratanytarsus lauterborni (Kieffer) 劳氏拟长跗摇蚊
Paratanytarsus paralauterborni Wang *et* Guo 三角拟长跗摇蚊
Paratanytarsus penicillatus (Goetghebuer) 基座拟长跗摇蚊，笔拟长跗摇蚊
Paratanytarsus sinensis Guha *et* Chaudhuri 中华拟长跗摇蚊
Paratanytarsus tenuis (Meigen) 细拟长跗摇蚊
Paratelenomus 副黑卵蜂属
Paratelenomus angor Johnson 安副黑卵蜂
Paratelenomus saccharalis (Dodd) 蝽副黑卵蜂
parateli corculum 第十二心室
paratelum 末节 <指昆虫的第十二腹节或末第二腹节>
Paratendipes 间摇蚊属
Paratendipes albimanus (Meigen) 白间摇蚊，白副伸摇蚊
Paratendipes angustus Lin, Qi *et* Wang 尖窄间摇蚊
Paratendipes astictus Kieffer 礼间摇蚊，礼副伸摇蚊
Paratendipes basilaristorus Qi, Shi *et* Wang 基突间摇蚊
Paratendipes bifascipennis (Tokunaga) 二带翅间摇蚊，二带翅副伸摇蚊，双纹摇蚊
Paratendipes concoloripes Kieffer 一色间摇蚊，一色副伸摇蚊，同色摇蚊
Paratendipes guizhouensis Qi, Shi *et* Wang 贵州间摇蚊
Paratendipes nigrofasciatus Kieffer 黑带间摇蚊，黑带副伸摇蚊，黑带摇蚊
Paratendipes nudisquama (Edwards) 裸瓣间摇蚊
Paratendipes subaequalis (Malloch) 苏步间摇蚊
Paratendipes tristictus Kieffer 暗间摇蚊，暗副伸摇蚊，三斑摇蚊
Paratenodera aridifolia (Stoll) 见 *Tenodera aridifolia*
Paratenodera sinensis (Saussure) 见 *Tenodera sinensis*
Paratephritis 拟花翅实蝇属，白带花翅实蝇属，亚斑实蝇属
Paratephritis formosensis Shiraki 长尾拟花翅实蝇，台湾白带花翅实蝇，宝岛亚斑实蝇
Paratephritis fukaii Shiraki 中条拟花翅实蝇，福开白带花翅实蝇
Paratephritis takeuchii Ito 日本拟花翅实蝇，日本白带花翅实蝇
Paratephritis transitoria (Rohdendorf) 俄拟花翅实蝇，俄罗斯白带花翅实蝇
Paratephritis unifasciata Chen 褐痣拟花翅实蝇，甘肃白带花翅实蝇，单带副花翅实蝇
Paratephritis vitrefasciata (Hering) 额鬃拟花翅实蝇，青海白带花翅实蝇
paratergite [= laterotergite] 侧背片 <指背板的侧缘区>
Paratetricodes 瘤突瓢蜡蝉属
Paratetricodes sinensis Zhang *et* Chen 中华瘤突瓢蜡蝉
Paratettix 长背蚱属
Paratettix alatus Hancock 翼长背蚱
Paratettix curtipennis (Hancock) 短翅长背蚱
Paratettix gracilis Shiraki 同 *Euparatettix tricarinatus*
Paratettix hirsutus Brunner von Wattenwyl 毛长背蚱
Paratettix histricus (Stål) 伊氏长背蚱，伊斯的利亚长背蚱，毛长背蚱
Paratettix singularis Shiraki 台湾长背蚱
Paratettix uvarovi Semenov 长翅长背蚱
Parathaia 白翅叶蝉属 *Thaia* 的异名
Parathaia bifurcata Li *et* Wang 见 *Thaia bifurcata*
Parathaia bimaculata Kuoh 见 *Thaia bimaculata*
Parathaia infumata Kuoh 见 *Thaia infumata*
Parathaia leishanensis Song *et* Li 见 *Thaia leishanensis*
Parathaia macra Kuoh 见 *Matsumurina macra*
Parathailocyba 拟泰叶蝉属，类泰小叶蝉属
Parathailocyba orla (Dworakowska) 奥拟泰叶蝉，奥类泰小叶蝉，奥塔叶蝉
Parathecabius 副伪卷叶绵蚜亚属
parathion 对硫磷，一六〇五
Parathitarodes 副钩蝠蛾属
Parathitarodes changi Ueda 张氏副钩蝠蛾，张氏蝠蛾
Parathoracaphis 副胸蚜属，邻胸扁蚜属
Parathoracaphis cheni (Takahashi) 陈副胸蚜
Parathoracaphis setigera (Takahashi) 粗毛副胸蚜，生毛副胸蚜，粗毛虱蚜
Parathous 副叩甲属
Parathous sanguineus Fleutiaux 血色副叩甲，血红异索叩甲
Parathous sulcicollis (Miwa) 沟领副叩甲
Parathriambus 披突飞虱属
Parathriambus lobatus Kuoh 片披突飞虱
Parathriambus spinosus Kuoh 刺披突飞虱
Parathrylea 宽额跳甲属
Parathrylea apicipennis Duvivier 黄尾宽额跳甲
Parathrylea rectimarginata Wang 直缘宽额跳甲
Parathrylea setptempunctata (Jacoby) 七斑宽额跳甲
Parathyginus 拍长蝽属
Parathyginus signifer (Walker) 拍长蝽，台副健长蝽 <此种学名有误写为 *Parahyginus signifer* (Walker) 者>
Parathyma moltrecthi (Kardakoff) 见 *Limenitis moltrecthi*
Parathyroglossa 侧颜水蝇亚属
Parathyrsocnema 邻细麻蝇属
Parathyrsocnema prosballiina (Baranov) 披阳邻细麻蝇
Paratimia conicila Fisher [round-headed cone borer] 圆锥天牛，西海岸圆头天牛
Paratimiola rondoni Breuning 副脊翅天牛
Paratimomenus 拟乔球螋属
Paratimomenus flavocapitatus (Shiraki) 黄头拟乔球螋，黄头螋螋，黄头异乔球螋
Paratimomenus incognitus Steinmann 疑拟乔球螋，疑螋
Paratinocallis 副长斑蚜属
Paratinocallis corylicola Higuchi 榛副长斑蚜，居棒副长斑蚜

Paratinocallis corylicola corylicola Higuchi 榛副长斑蚜指名亚种
Paratinocallis corylicola yunnanensis Zhang 榛副长斑蚜云南亚种，居榛副长斑蚜云南亚种
Paratisiphone 泊眼蝶属
Paratisiphone lyrnessa (Hewitson) 泊眼蝶
Paratkina 帕叶蝉属
Paratkina angustata Young 长冠帕叶蝉，角突侧脊叶蝉
Paratkina nigrifasciana Li *et* Wang 黑带帕叶蝉
Paratlanticus 拟寰螽属
Paratlanticus palgongensis Rentz *et* Miller 长白山拟寰螽
Paratlanticus tsushimensis Yamasaki 对马拟寰螽
Paratlanticus ussuriensis (Uvarov) 乌苏里拟寰螽，乌苏里异寰螽
Paratmethis 拟鼻蝗属
Paratmethis flavitibialis Zheng *et* He 黄胫拟鼻蝗
Paratoacris 扮桃蝗属
Paratoacris reticulipennis Li *et* Jin 网翅扮桃蝗
Paratonkinacris 佯越蝗属
Paratonkinacris jinggangshanensis Wang *et* Xiangyu 井冈山佯越蝗
Paratonkinacris lushanensis Zheng *et* Yang 庐山佯越蝗
Paratonkinacris nigritibia Zheng *et* Fu 黑胫佯越蝗
Paratonkinacris vittifemoralis You *et* Li 斑腿佯越蝗
Paratonkinacris youi Li, Lu *et* Jiang 尤氏佯越蝗
Paratopula 华丽蚁属，细腰家蚁属
Paratopula ceylonica (Emery) 锡兰华丽蚁，锡兰细腰蚁，锡兰细腰家蚁
Paratopula zhengi Xu *et* Xu 郑氏华丽蚁
paratorma 侧唇根
Paratorna 环翅卷蛾属
Paratorna cuprescens Falkowitsch 银带环翅卷蛾，库环翅卷蛾
Paratorna dorcas Meyrick 湘褐环翅卷蛾，朵环翅卷蛾
Paratorna fenestralis Razowski 褐边环翅卷蛾
Paratorna glaucoprosopis Shiraki 同 *Cnesteboda celligera*
Paratorna pterofulva Liu *et* Bai 黄褐环翅卷蛾
Paratorna pteropolia Liu *et* Bai 灰色环翅卷蛾
Paratorna seriepuncta Filipjev 银点环翅卷蛾
Paratoxodera 拟扁尾螳属
Paratoxodera cornicollis Wood-Mason 角突拟扁尾螳
Paratoxodera meggitti Uvarov 梅氏拟扁尾螳
Paratoya 帕拉飞虱属
Paratoya picina Ding 沥黑帕拉飞虱
Paratrachelophorus 栉齿角象甲属，栉齿角象属，糙缘象属，颈卷叶象鼻虫属
Paratrachelophorus brachmanus Voss 短宽栉齿角象甲，短宽糙缘象甲
Paratrachelophorus katoi Kôno 同 *Paratrachelophorus nodicornis*
Paratrachelophorus katonis Kôno 同 *Paratrachelophorus nodicornis*
Paratrachelophorus longicornis (Roelofs) 长角栉齿角象甲，长角糙缘象
Paratrachelophorus nodicornis Voss 结角栉齿角象甲，结角糙缘象，棕长颈卷叶象鼻虫
Paratrachelophorus vossi Kôno 同 *Paratrachelophorus nodicornis*
Paratrachyini 圆吉丁甲族，圆吉丁族
Paratrachys 圆吉丁甲属，圆吉丁属
Paratrachys chinensis Obenberger 中华圆吉丁甲，中华圆吉丁
Paratrachys hederae Obenberger 宽斑圆吉丁甲，隐头圆吉丁
Paratrachys hederae formosana Kurosawa 宽斑圆吉丁甲台湾亚种，微扁吉丁虫
Paratrachys hederae hederae Saunders 宽斑圆吉丁甲指名亚种，指名隐头圆吉丁甲
Paratrachys hederoides Cobos 拟宽斑圆吉丁甲，拟隐头圆吉丁
Paratrachys hypocrita (Fairmaire) 卵形圆吉丁甲，希圆吉丁
Paratrachys sinicola Obenberger 椭形圆吉丁甲，中国圆吉丁
paratransgenesis 准转基因技术
paratransgenic control 准转基因防治
paratransgenic insect 准转基因昆虫
Paratrechina 立毛蚁属，黄山蚁属
Paratrechina amia Forel 阿美立毛蚁，阿美黄山蚁
Paratrechina aseta (Forel) 无刚毛立毛蚁
Paratrechina birmana Forel 缅甸立毛蚁
Paratrechina bourbonica (Forel) 见 *Nylanderia bourbonica*
Paratrechina bourbonica bengalensis (Forel) 同 *Nylanderia bourbonica*
Paratrechina flavipes (Smith) 黄立毛蚁，黄脚黄蚁，黄脚黄山蚁
Paratrechina formosae (Forel) 蓬莱立毛蚁，蓬莱黄蚁，蓬莱黄山蚁
Paratrechina gulinensis Zhang *et* Zheng 古蔺立毛蚁
Paratrechina indica (Forel) 印度立毛蚁
Paratrechina kraepelini Forel 柯氏立毛蚁，柯氏黄蚁，柯氏黄山蚁
Paratrechina longicornis (Latreille) [crazy ant] 长角立毛蚁，家褐蚁，狂蚁，长角黄山蚁，小黑蚁，长角前结蚁
Paratrechina opisopthalmia Zhou *et* Zheng 见 *Nylanderia opisopthalmia*
Paratrechina otome Terayama 纤细立毛蚁，纤细黄山蚁
Paratrechina pieli Santschi 皮氏立毛蚁
Paratrechina sakurae (Ito) 樱花立毛蚁
Paratrechina sauteri Forel 索氏立毛蚁，邵氏黄蚁，邵氏黄山蚁
Paratrechina sharpi (Forel) 夏氏立毛蚁
Paratrechina taylori (Forel) 泰氏立毛蚁
Paratrechina umbra (Zhou *et* Zheng) 暗立毛蚁，暗前结蚁
Paratrechina vividula (Nylander) 亮立毛蚁
Paratrechina yerburyi (Forel) 耶氏立毛蚁
Paratriatoma 近锥猎蝽属
Paratriatoma hirsuta Barber 毛近锥猎蝽
Paratriatoma lecticularia (Stål) 纤近锥猎蝽
Paratricentrus 拟三刺角蝉属 *Centratus* 的异名
Paratricentrus kelloggi Kato 见 *Centratus kelloggi*
Paratrichius 环斑金龟甲属，环斑金龟属，虎斑花金龟属
Paratrichius alboguttatus (Moser) 红环斑金龟甲，红环斑金龟
Paratrichius castanus Ma 褐黄环斑金龟甲，褐黄环斑金龟
Paratrichius circularis Ma 侧环斑金龟甲，侧环斑金龟，四川叉环斑金龟
Paratrichius diversicolor (Bourgoin) 血红环斑金龟甲，血红虎斑花金龟，杂色斑金龟
Paratrichius doenitzi (Harold) 红缘环斑金龟甲，红缘环斑金龟
Paratrichius duplicatus Lewis 双环斑金龟甲，双环斑金龟
Paratrichius duplicatus duplicatus Lewis 双环斑金龟甲指名亚种，

指名双环斑金龟
Paratrichius duplicatus nomurai Tesar 见 *Paratrichius nomurai*
Paratrichius festivus (Arrow) 绯环斑金龟甲，绯环斑金龟
Paratrichius flavipes Moser 硫环斑金龟甲，硫环斑金龟
Paratrichius guttatus Iwase 黄点环斑金龟甲，黄点虎斑花金龟
Paratrichius nicoudi (Bourgoin) 跗毛环斑金龟甲，跗毛环斑金龟
Paratrichius nomurai Tesar 野村环斑金龟甲，野村环斑金龟，野村虎斑花金龟，野村双环斑金龟甲，野村双环斑金龟
Paratrichius oberthuri (Moser) 奥氏环斑金龟甲，奥环斑金龟
Paratrichius papilionaceus Ma 蝶环斑金龟甲，蝶环斑金龟
Paratrichius pauliani Tesar 褐翅环斑金龟甲，褐翅环斑金龟
Paratrichius pilosonotus Yawada 同 *Paratrichius nomurai*
Paratrichius rotundatus Ma 圆环斑金龟甲，圆环斑金龟
Paratrichius rufescens Ma 红翅环斑金龟甲，红翅环斑金龟
Paratrichius septemdecimguttatus (Snellen van Vollenhoven) 小黑环斑金龟甲，小黑环斑金龟
Paratrichius taiwanus Iwase 台湾环斑金龟甲，拉拉山虎斑花金龟
Paratrichius takasagonus Yawada 同 *Paratrichius nomurai*
Paratrichius tesari Mückstein, Xu *et* Qiu 特萨氏环斑金龟甲，特萨氏环斑金龟
Paratrichius thibetanus (Pouillaude) 西藏环斑金龟甲，藏环斑金龟
Paratrichius tigris Iwase 虎皮环斑金龟甲，虎皮环斑金龟
Paratrichius vittatus Sawada 条环斑金龟甲，条环斑金龟，黑虎斑花金龟
Paratrichocladius 拟毛突摇蚊属
Paratrichocladius aduncus Fu, Sæther *et* Wang 弯拟毛突摇蚊
Paratrichocladius ater Wang *et* Zheng 黑拟毛突摇蚊
Paratrichocladius bicinctus Fu, Sæther *et* Wang 二带拟毛突摇蚊
Paratrichocladius caestus Fu, Sæther *et* Wang 掌状拟毛突摇蚊
Paratrichocladius comptus Fu, Sæther *et* Wang 无梳拟毛突摇蚊
Paratrichocladius guidalii Rossaro 指拟毛突摇蚊
Paratrichocladius hamatus Wang *et* Zheng 钩拟毛突摇蚊
Paratrichocladius lanzavecchiai Rossaro 矩形拟毛突摇蚊
Paratrichocladius mongolseteus Sasa *et* Suzuki 蒙古拟毛突摇蚊
Paratrichocladius pierfrancescoi Rossaro 折叠拟毛突摇蚊
Paratrichocladius pretorianus (Freeman) 首基拟毛突摇蚊
Paratrichocladius rufiventris (Meigen) 红腹拟毛突摇蚊
Paratrichocladius sagittarius Fu, Sæther *et* Wang 剑拟毛突摇蚊
Paratrichocladius skirwithensis (Edwards) 斯柯拟毛突摇蚊
Paratrichocladius tamaater Sasa 对马拟毛突摇蚊
Paratrichocladius ternarius Fu, Sæther *et* Wang 三须拟毛突摇蚊
Paratrichocladius tobanodecimus Kikuchi *et* Sasa 苏答拟毛突摇蚊
Paratrichocladius tridens Fu *et* Wang 叉拟毛突摇蚊
Paratrichocladius tusimocedeus Sasa *et* Suzuki 坝拟毛突摇蚊
Paratrichocladius unabrevis Sasa 宇奈月拟毛突摇蚊
Paratrichocladius yakukeleus Sasa *et* Suzuki 屋久岛拟毛突摇蚊
Paratrichogramma 副赤眼蜂属
Paratrichogramma giraulti Hayat *et* Shuja-Uddin 吉氏副赤眼蜂
Paratrichogramma tarimica Hu, Huang *et* Lin 塔里木副赤眼蜂
Paratrichosiphum kashicole (Kurisaki) 见 *Allotrichosiphum kashicola*
Paratrichosiphum tenuicorpum (Okajima) 见 *Mollitrichosiphum tenuicorpum*
Paratridacus 异果实蝇亚属
Paratridacus expandens (Walker) 见 *Bactrocera* (*Paratridacus*) *expandens*
Paratrigonidium 拟蛉蟋属
Paratrigonidium bifasciatum Shiraki 见 *Trigonidium bifasciatum*
Paratrigonidium chloropodum He, Liu, Lu, Wang, Wang *et* Li 翠股拟蛉蟋
Paratrigonidium fuscocinctum Chopard 褐围拟蛉蟋
Paratrigonidium fuscoterminatum He 暗端拟蛉蟋
Paratrigonidium majusculum Karny 粗拟蛉蟋
Paratrigonidium nitidum Brunner von Wattenwyl 亮黑拟蛉蟋
Paratrigonidium striatum Shiraki 条斑拟蛉蟋
Paratrigonidium transversum Shiraki 阔胸拟蛉蟋
Paratrigonidium venustulum (Saussure) 斑翅拟蛉蟋
Paratrigonidium vittatum Brunner von Wattenwyl 同 *Paratrigonidium venustulum*
Paratrionymus 副粉蚧属
Paratrionymus halodcharis (Kiritshenko) 无管副粉蚧
Paratrioza cockerelli (Šulc) 见 *Bactericera cockerelli*
Paratrioza sinica Yang *et* Li 同 *Bactericera gobica*
Paratrirhithrum 瓜蒂实蝇属，帕拉特里实蝇属，山纹实蝇属
Paratrirhithrum nitidum Hardy 三带瓜蒂实蝇，三带帕拉特里实蝇
Paratrirhithrum nitobae Chen 同 *Paratrirhithrum nitobei*
Paratrirhithrum nitobei Shiraki 四纹瓜蒂实蝇，阿里山帕拉特里实蝇，新渡异特实蝇，小黑山纹实蝇
Paratrissocladius 拟三突摇蚊属
Paratrissocladius excerptus (Walker) 选择拟三突摇蚊
Paratrissocladius excerptus excerptus (Walker) 选择拟三突摇蚊指名亚种
Paratrissocladius excerptus pubis Sæther *et* Wang 择选拟三突摇蚊寡毛亚种
Paratrixa 翠寄蝇属
Paratrixa flava (Shi) 黄足翠寄蝇，黄栉腹寄蝇
Paratrixa polonica Brauer *et* Bergenstamm 波兰翠寄蝇
Paratrixoscelis 准日蝇属
Paratrixoscelis oedipus (Becker) 瘤准日蝇
Paratropeza 异大蚊属
Paratropeza atra Paramonov 黑异大蚊
Paratropeza brandti Paramonov 布氏异大蚊
Paratropeza flavibasis Paramonov 黄基异大蚊
Paratropeza flavitibia Alexander 黄胫异大蚊
Paratropeza hyalipennis Alexander 透翅异大蚊
Paratropeza lorentzi Paramonov 劳氏异大蚊
Paratropeza nuda Paramonov 裸异大蚊
Paratropeza shirakii Alexander 素木异大蚊
paratrophic 寄生营养的
Paratropus 缘尾阎甲属
Paratropus khandalensis Kanaar 坎达拉缘尾阎甲
Paratrypeta 副脉实蝇属，副实蝇属
Paratrypeta appendiculata (Hendel) 纹背副脉实蝇，四川副实蝇，附肢威实蝇
Paratrypeta dorsata (Zia) 斑盾副脉实蝇，头角副实蝇
Paratrypeta flavoseutata Chen *et* Wang 黄背副脉实蝇，西藏副实蝇

Paratryphera 侧盾寄蝇属
Paratryphera barbatula (Róndani) 髯侧盾寄蝇
Paratryphera bisetosa (Brauer *et* Bergenstamm) 双鬃侧盾寄蝇
Paratryphera palpalis (Róndani) 黄须侧盾寄蝇
Paratryphera yichengensis Chao *et* Liu 翼城侧盾寄蝇，宜城侧盾寄蝇
Paratrytone 棕色弄蝶属
Paratrytone aphractoia Dyar [snowball-spotted skipper] 圆斑棕色弄蝶
Paratrytone browni Bell [Brown's skipper] 布朗棕色弄蝶
Paratrytone decepta Miller *et* Miller [Morelos skipper] 莫棕色弄蝶
Paratrytone gala (Godman) [gala skipper] 嘎棕色弄蝶
Paratrytone kemneri Steinhauser [Kemner's skipper] 珂棕色弄蝶
Paratrytone melane (Edwards) 暗棕色弄蝶
Paratrytone omiltemensis Steinhauser [Omiltemi skipper] 奥棕色弄蝶
Paratrytone pilza Evans [pilza skipper] 辟棕色弄蝶
Paratrytone polyclea Godman [polyclea skipper] 珀棕色弄蝶
Paratrytone raspa (Evans) [raspa skipper] 草地棕色弄蝶
Paratrytone rhexenor Godman [crazy-spotted skipper] 棕色弄蝶
Paratrytone snowi (Edwards) [Snow's skipper] 斯诺棕色弄蝶
Paratullbergia 副土蛛属
Paratullbergia changfengensis Bu *et* Gao 长风副土蛛
Paratullbergia chuana Gao *et* Bu 四川副土蛛
Paratullbergia qilianensis Bu *et* Gao 祁连山副土蛛
Paratuposa 狭缨甲属
Paratuposa placentis Deane 小狭缨甲
paratype 副模标本
Paraulaca flavipennis Chûjô 同 *Paridea* (*Paridea*) *testacea*
Paraulaca taiwana Chûjô 见 *Paridea* (*Paridea*) *taiwana*
paraupsilon 叉骨臂 < 双翅目 Diptera 昆虫的叉骨丫状臂 >
Paravarcia 旁帔娜蜡蝉属
Paravarcia decapterix Schmidt 大旁帔娜蜡蝉，大帕娜蜡蝉
Paravespula 侧黄胡蜂属
Paravespula (***Paravespula***) ***flaviceps*** (Smith) 细侧黄胡蜂
Paravespula (***Rugovespula***) ***koreensis*** (Radoszkowski) 朝鲜侧黄胡蜂
Paravespula (***Rugovespula***) ***koreensis koreensis*** (Radoszkowski) 朝鲜侧黄胡蜂指名亚种
Paravespula (***Rugovespula***) ***koreensis salebrom*** Archer 朝鲜侧黄胡蜂涩勒亚种，涩侧黄胡蜂
Paravespula structor (Smith) 见 *Vespula structor*
Paravibrissina 亚髭寄蝇属
Paravibrissina adiscalis Shima 铏亚髭寄蝇
Paravilius 涩猎蝽属
Paravilius robustus Miller 壮涩猎蝽
Paravindilis 琵瓢蜡蝉属，异瓢蜡蝉属
Paravindilis taiwana Yang 同 *Sarimodes taimokko*
Paravipio 短室中脊茧蜂亚属
paravitellogenin 亚卵黄原蛋白
Paraxantia 似褶缘螽属
Paraxantia bicornis Liu *et* Kang 双角似褶缘螽
Paraxantia daweishanensis Liu 大围山似褶缘螽
Paraxantia huangshanensis Liu 黄山似褶缘螽
Paraxantia hubeiensis Liu *et* Kang 湖北似褶缘螽
Paraxantia parasinica Liu *et* Kang 近中华似褶缘螽
Paraxantia sinica (Liu) 中华似褶缘螽
Paraxantia szechwanensis Liu 四川似褶缘螽
Paraxantia tibetensis Liu *et* Kang 西藏似褶缘螽
Paraxarnuta 缘腹实蝇属，竹笋实蝇属
Paraxarnuta anephelobasis Hardy 黄毛缘腹实蝇，小点竹笋实蝇
Paraxarnuta bambusae Hardy 黑毛缘腹实蝇，印度竹笋实蝇
Paraxarnuta extorris Hering 多点缘腹实蝇，多点竹笋实蝇
Paraxarnuta interupta (Hardy) 缘斑缘腹实蝇，缘斑竹笋实蝇
Paraxarnuta maculata Wang 盾斑缘腹实蝇，盾斑竹笋实蝇
Paraxeninae 泥蜂蝙亚科
Paraxenos 泥蜂蝙属，泥蜂捻翅虫属
Paraxenos esakii (Hirashima *et* Kifune) 江崎泥蜂蝙
Paraxenos orientalis Kifune 东方泥蜂蝙
Paraxenos tibetanus Yang 西藏泥蜂蝙，西藏泥蜂捻翅虫
Paraxiphia 副长颈树蜂属
Paraxiphia insularia (Rohwer) 凤山副长颈树蜂，岛须长颈树蜂
Paraxizicus 副栖螽亚属
Paraxylogenes 尖尾长蠹属
Paraxylogenes pistaciae Damoiseau 同 *Xylopertha reflexicauda*
Parayemma 棒胁跷蝽属
Parayemma convexicollis (Hsiao) 棒胁跷蝽，副胁跷蝽
Parayuanamia 拟长茎叶蝉属
Parayuanamia producta Xing *et* Li 尾凸拟长茎叶蝉
Parazeugodacus matsumurai Shiraki 见 *Bactrocera* (*Parazeugodacus*) *matsumurai*
Parazyginella 拟塔叶蝉属
Parazyginella lingtianensis Chou *et* Zhang 灵田拟塔叶蝉
Parazyginella tiani Gao, Huang *et* Zhang 田氏拟塔叶蝉
Parbattia 黑带野螟属
Parbattia arisana Munroe *et* Mutuura 阿里黑带螟
Parbattia excavata Zhang, Li *et* Wang 凹缘黑带野螟
Parbattia latifascialis South 白翅黑带野螟，白翅黑带螟
Parbattia serrata Munroe *et* Mutuura 锯齿黑带野螟
Parbattia vialis Moore 弯刺黑带螟
Parcalathus rufofuscus Jedlička 见 *Synuchus rufofuscus*
Parcalathus testaceus Jedlička 见 *Synuchus testaceus*
Parcella 细带蚬蝶属
Parcella amarynthina (Felder *et* Felder) [golden-banded gem, orange-banded metalmark, amarynthina metalmark] 细带蚬蝶
Parchicola 宽腹叶甲属
Parchicola tibialis (Olivier) 黑胫宽腹叶甲
parcidentate 少齿的
Parcoblatta 木蠊属
Parcoblatta kyotonsis Asahina 见 *Asiablatta kyotoensis*
Parcoblatta pennsylvanica (De Geer) [Pennsylvania wood cockroach, Pennsylvanian cockroach] 异翅木蠊
Pardalaspinus 痣辐实蝇属，帕搭拉实蝇属
Pardalaspinus bimaculatum (Zia) 二点痣辐实蝇，双斑帕搭拉实蝇
Pardalaspinus laqueatus (Enderlein) 黄斑痣辐实蝇，拉克帕搭拉实蝇
Pardaleodes 嵌弄蝶属
Pardaleodes bule Holland 布雷嵌弄蝶
Pardaleodes edipus (Stoll) [common pathfinder skipper] 常嵌弄蝶，嵌弄蝶

Pardaleodes incerta (Snellen) [Savanna pathfinder skipper] 疑嵌弄蝶
Pardaleodes sator (Westwood) [scarce pathfinder skipper] 黄嵌弄蝶
Pardaleodes tibullus (Fabricius) [large pathfinder skipper] 诗人嵌弄蝶
Pardaloberea 长胸筒天牛属
Pardaloberea curvaticeps Pic 长胸筒天牛
Pardaloberea curvaticeps curvaticeps Pic 长胸筒天牛指名亚种
Pardaloberea curvaticeps intermedia Breuning 长胸筒天牛老挝亚种，老挝长胸筒天牛
Pardalota 花螽属
Pardalota reimeri La Baume [Reimer's katydid] 雷氏花螽
Pardopsis 鹿珍蝶属
Pardopsis punctatissima (Boisduval) [polka dot] 鹿珍蝶
Pareba vesta (Fabricius) 同 *Acraea issoria*
Parechthistatus 蛛天牛属
Parechthistatus chinensis Breuning 中华蛛天牛，蛛天牛
Parechthistatus sangzhiensis Hua 桑植蛛天牛
Parechthistatus yamahoi (Mitono) 台湾蛛天牛
Pareclipsis 夹尺蛾属
Pareclipsis gracilis (Butler) 丽夹尺蛾
Pareclipsis serrulata (Wehrli) 双波夹尺蛾，淡黄尺蛾，安息香淡黄尺蛾，塞俭尺蛾
Pareclipsis umbrata (Warren) 黑斑夹尺蛾，黑斑淡黄尺蛾
Parectatosia valida Breuning 渺天牛
Parectecephala 副秆蝇属
Parectecephala longicornis (Fallén) 长角副秆蝇
Parectopa latisecta Meyrick 同 *Aristaea pavoniella*
Parectropis 昙尺蛾属
Parectropis extersaria (Hübner) 坞昙尺蛾
Parectropis nigrosparsa (Wileman *et* South) 黑纹昙尺蛾，粗纹双白斑尺蛾，倪妃尺蛾
Parectropis paracyclophora Satô *et* Wan 伴昙尺蛾，伴妃尺蛾
Parectropis similaria (Hüfnagel) 类昙尺蛾
Parectropis subflava (Bastelberger) 双白斑昙尺蛾，双白斑尺蛾，亚黄埃尺蛾
Paregle 邻种蝇属
Paregle aterrima Hennig 亚黑邻种蝇
Paregle audacula (Harris) 根邻种蝇
Paregle cinerella (Fallén) 灰邻种蝇，灰色花蝇
Paregle densibarbata Fan 密胡邻种蝇
Paregle vetula (Zetterstedt) 毛腹邻种蝇，老邻种蝇
Parelaphidion 副牡鹿天牛属
Parelaphidion incerum (Newmann) [mulberry bark borer] 桑副牡鹿天牛，北美桑牡鹿天牛
Parelbella 筹弄蝶属
Parelbella ahira (Hewitson) [ahira sabre-wing] 阿喜拉筹弄蝶
Parelbella macleannani (Godman *et* Salvin) [Macleannan's skipper] 玛筹弄蝶，筹弄蝶
Parelbella polyzona (Latreille) [polyzona skipper] 多环筹弄蝶
Parelodina 粉白灰蝶属
Parelodina aroa Bethune-Baker 黑端粉白灰蝶
Parema 邻囊爪姬蜂属
Parema nigrobalteata (Cameron) 黑环邻囊爪姬蜂
Parema nigrobalteata formosana (Cushman) 黑环邻囊爪姬蜂台湾亚种
Parema nigrobalteata nigrobalteata (Cameron) 黑环邻囊爪姬蜂指名亚种
Parempleurus 帕来象甲属，帕来象属
Parempleurus dentirostris Heller 齿喙帕来象甲，齿喙帕来象
parempodia [= paronychia] 爪间鬃 < 指爪间突的鬃状附器 >
Parena 宽颚步甲属
Parena albomaculata Habu 白斑宽颚步甲
Parena cavipennis (Bates) 凹翅宽颚步甲，穴翅宽颚步甲
Parena circumdata Shibata 围宽颚步甲
Parena esakii Habu 江崎宽颚步甲
Parena formosana Jedlička 见 *Paraphaea formosana*
Parena formosana Ohkura 台岛宽颚步甲
Parena laesipennis (Bates) 柔毛宽颚步甲
Parena latecincta (Bates) 侧条宽颚步甲，宽带宽颚步甲，宽带缨步甲
Parena malaisei (Andrewes) 马宽颚步甲
Parena monticola Shibata 山宽颚步甲
Parena nantouensis Kirschenhofer 南投宽颚步甲
Parena nigrolineata (Chaudoir) 黑线宽颚步甲
Parena nigrolineata nigrolineata (Chaudoir) 黑线宽颚步甲指名亚种，指名黑线宽颚步甲
Parena nigrolineata nipponensis Habu 黑线宽颚步甲日本亚种，日黑线宽颚步甲
Parena perforata (Bates) 钻宽颚步甲
Parena rufotestacea Jedlička 红褐宽颚步甲
Parena sellata (Heller) 塞宽颚步甲
Parena tesari (Jedlička) 特萨宽颚步甲，特波步甲
Parena testacea (Chaudoir) 褐宽颚步甲
parenchyma 柔膜组织
parenchymatous 柔膜组织的
Parendochus 棒猎蝽属
Parendochus leptocorisoides (China) 棒猎蝽
Parens 帕小夜蛾属
Parens occi (Fibiger *et* Kononenko) 枕帕小夜蛾
parent 亲本
parent bug [= acanthosomatid bug, acanthosomatid stinkbug, acanthosomatid shield bug, shield bug, acanthosomatid] 同蝽 < 同蝽科 Acanthosomatidae 昆虫的通称 >
parent generation 亲代
parent silkworm for hybridization 原蚕
parent strain 原种
parental care 亲代照料，父母照顾，亲代抚育，亲代养育
parental form 亲本类型
parental variety 亲代品种
Parentelops albomaculatus (Pic) 异全天牛
Parentephria 磊尺蛾属
Parentephria stellata (Warren) 黄星磊尺蛾
parenteral digestion 消化管外消化
parenthesis lady beetle [*Hippodamia parenthesis* (Say)] 圆括弧长足瓢虫
Pareophora 细躯短角蔺叶蜂属
Pareophora gracilis Takeuchi 樱桃细躯短角蔺叶蜂
Parepaphius suensoni (Jeannel) 见 *Trechus suensoni*
Parepaphius suensoni suensoni (Jeannel) 见 *Trechus suensoni suensoni*

Parepaphius suensoni wanghaifengensis Deuve 见 *Trechus suensoni wanghaifengensis*
Parepaphius tuxeni (Jeannel) 见 *Trechus tuxeni*
Parepaphius wutaicola Deuve 见 *Trechus wutaicola*
Parepepeotes 异鹿天牛属
Parepepeotes breuningi Pic 多斑异鹿天牛
Parepepeotes guttatus (Guérin-Méneville) 小点异鹿天牛
Parepepeotes marmoratus (Pic) 异鹿天牛
Parepepeotes westwoodi (Westwood) 刺尾异鹿天牛
Parepierus 副悦阎甲属，帕阎甲属
Parepierus chinensis Zhang *et* Zhou 中国副悦阎甲
Parepierus inaequispinus Zhang *et* Zhou 异刺副悦阎甲
Parepierus lewisi Bickhardt 刘氏副悦阎甲，刘帕阎甲
Parepierus pectinispinus Zhang *et* Zhou 梳刺副悦阎甲
Parepione 帕里尺蛾属
Parepione angularia Leech 狭帕里尺蛾
Parepione angularia angularia Leech 狭帕里尺蛾指名亚种
Parepione angularia dichroma Wehrli 见 *Parepione dichroma*
Parepione angularia subochrea Wehrli 见 *Parepione subochrea*
Parepione dichroma Wehrli 狄帕里尺蛾，狄狭帕里尺蛾
Parepione epinephela Wehrli 表帕里尺蛾
Parepione grata (Butler) 格帕里尺蛾
Parepione subochrea Wehrli 赭帕里尺蛾
Parerigone 俏饰寄蝇属
Parerigone atrisetosa Wang, Zhang *et* Wang 芒毛俏饰寄蝇
Parerigone aurea Brauer 金黄俏饰寄蝇
Parerigone brachyfurca Chao *et* Zhou 短叉俏饰寄蝇
Parerigone flava Wang, Zhang *et* Wang 黄腹俏饰寄蝇
Parerigone flavihirta (Chao *et* Sun) 黄毛俏饰寄蝇，黄毛拟俏饰寄蝇
Parerigone flavisquama Wang, Zhang *et* Wang 黄瓣俏饰寄蝇
Parerigone huangshanensis (Chao *et* Sun) 黄山俏饰寄蝇，黄山拟俏饰寄蝇
Parerigone laxifrons Wang, Zhang *et* Wang 宽额俏饰寄蝇
Parerigone nigrocauda (Chao *et* Sun) 黑尾俏饰寄蝇，黑尾拟俏饰寄蝇
Parerigone takanoi Mesnil 高野俏饰寄蝇
Parerigone tianmushana Chao *et* Sun 天目山俏饰寄蝇
Parerigone wangi Wang, Zhang *et* Wang 王氏俏饰寄蝇
Parerigonesis 俏饰寄蝇属 *Parerigone* 的异名
Parerigonesis flavihirta Chao *et* Sun 见 *Parerigone flavihirta*
Parerigonesis huangshanensis Chao *et* Sun 见 *Parerigone huangshanensis*
Parerigonesis nigrocauda Chao *et* Sun 见 *Parerigone nigrocauda*
Parerigonini 俏饰寄蝇族
Pareromene tibetensis Wang *et* Sung 见 *Glaucocharis tibetensis*
Pareronia 青粉蝶属 < 该属名为 *Valeria* Horsfield 的替代名，后者被夜蛾科 Noctuidae 的 *Valeria* Stephens 占先，因此该属种名存在部分混乱 >
Pareronia anais (Lesson) [common wanderer] 青粉蝶
Pareronia argolis (Felder *et* Felder) 翠青粉蝶
Pareronia avatar Moore [pale wanderer] 玉青粉蝶，阿青粉蝶
Pareronia aviena (Fruhstorfer) 丽青粉蝶
Pareronia boebera Eschscholtz 黑缘青粉蝶
Pareronia ceylanica Felder *et* Felder [dark wanderer] 深色青粉蝶
Pareronia hippia (Fabricius) [Indian wanderer] 印度青粉蝶
Pareronia jobaea (Boisduval) 竹青粉蝶
Pareronia nishiyama Yata 西山青粉蝶
Pareronia phocaea Felder *et* Felder 灰青粉蝶
Pareronia sulaensis Loicey *et* Faibos 苏拉青粉蝶
Pareronia tritaea Felder *et* Felder 草青粉蝶
Pareronia valeria (Cramer) [common wanderer, Malayan wanderer] 缬草青粉蝶，绿青粉蝶，青粉蝶
Pareronia valeria hainanensis Fruhstorfer 缬草青粉蝶海南亚种，琼瓦青粉蝶
Pareronia valeria valeria (Cramer) 缬草青粉蝶指名亚种
Pareuderus beijingensis Luo *et* Liao 见 *Euderus beijingensis*
Pareugoa grisescens Daniel 见 *Apogurea grisescens*
Pareulype 菲尺蛾属
Pareulype consanguinea (Butler) 直菲尺蛾
Pareulype neurbouaria (Oberthür) 绿纹菲尺蛾，内拉波尺蛾
Pareulype onoi Inoue 见 *Pelurga onoi*
Pareulype rejectaria (Staudinger) 黑菲尺蛾
Pareulype taczanowskiaria (Oberthür) 见 *Pelurga taczanowskiaria*
Pareumenes 秀蜾蠃属
Pareumenes chinensis Liu 中华秀蜾蠃，中华四刺秀蜾蠃
Pareumenes conjunctus Liu 见 *Pareumenes quadrispinosus conjunctus*
Pareumenes curvatus Saussure 黑秀蜾蠃
Pareumenes interruptus Liu 见 *Pareumenes quadrispinosus interruptus*
Pareumenes obtusus Liu 钝秀蜾蠃，钝四刺秀蜾蠃，钝四刺旁喙蜾蠃
Pareumenes quadrispinosus (Saussure) 四秀蜾蠃
Pareumenes quadrispinosus acutus Liu 四秀蜾蠃尖刺亚种，尖四刺秀蜾蠃
Pareumenes quadrispinosus chinensis Liu 见 *Pareumenes chinensis*
Pareumenes quadrispinosus conjunctus Liu 四秀蜾蠃联斑亚种，连秀蜾蠃
Pareumenes quadrispinosus interruptus Liu 四秀蜾蠃间断亚种，间断秀蜾蠃
Pareumenes quadrispinosus obtusus Liu 见 *Pareumenes obtusus*
Pareumenes quadrispinosus quadrispinosus (Saussure) 四秀蜾蠃指名亚种，指名四刺秀蜾蠃
Pareumenes quadrispinosus transitorus Liu 四秀蜾蠃倾斜亚种，倾秀蜾蠃，倾四刺秀蜾蠃
Pareumenes taiwanus Sonan 台秀蜾蠃
Pareuplexia 径夜蛾属
Pareuplexia chalybeata (Moore) 铅色径夜蛾
Pareuplexia flammifera Warren 焰径夜蛾
Pareuplexia lutelstigma Warren 黄纹径夜蛾，黄痣径夜蛾
Pareuplexia pallidimargo (Warren) 淡径夜蛾
Pareuplexia ruficosta Warren 红缘径夜蛾
Pareuptychia 帕眼蝶属
Pareuptychia binocula (Butler) 毕帕眼蝶
Pareuptychia difficilis Förster 递帕眼蝶
Pareuptychia hervei Brevignon 赫氏帕眼蝶
Pareuptychia hesionides Förster [hesionides satyr] 褐帕眼蝶
Pareuptychia lydia (Cramer) 丽帕眼蝶
Pareuptychia metaleuca (Boisduval) [one-banded satyr] 单带帕眼

蝶

Pareuptychia ocirrhoe (Fabricius) [two-banded satyr, banded white ringlet] 双带帕眼蝶

Pareuptychia summandosa (Gosse) [summandosa satyr] 苏帕眼蝶

Pareuryaptus 小短角步甲属

Pareuryaptus adoxus (Tschitschérine) 绿胸小短角步甲

Pareuryaptus chalceolus (Bates) 黑小短角步甲，恰短角步甲

Pareuryaptus chalceolus chalceolus (Bates) 黑小短角步甲指名亚种

Pareuryaptus chalceolus formosanus (Jedlička) 黑小短角步甲台湾亚种，台短角步甲

Pareuryaptus curtulus (Chaudoir) 矮小短角步甲

Pareusemion 尖角跳小蜂属

Pareusemion studiosum Ishii 褐软蚧尖角跳小蜂

Pareustroma 叉突尺蛾属

Pareustroma aconisecta Xue 秀叉突尺蛾

Pareustroma conisecta Prout 独叉突尺蛾

Pareustroma fissisignis (Butler) 网斑叉突尺蛾，费褥尺蛾

Pareustroma fissisignis chrysoprasis (Oberthür) 网斑叉突尺蛾西南亚种

Pareustroma fissisignis fissisignis (Butler) 网斑叉突尺蛾指名亚种，指名网斑叉突尺蛾

Pareustroma fractifasciaria (Leech) 光叉突尺蛾，弗带褥尺蛾

Pareustroma metaria (Oberthür) 灰网叉突尺蛾，后巾尺蛾

Pareustroma propriaria (Leech) 狭带叉突尺蛾，原叉突尺蛾，原褥尺蛾

Pareustroma schizia Xue 楔斑叉突尺蛾

Pareutaenia 异带天牛属

Pareutaenia arnaudi Breuning 老挝异带天牛

Pareutetrapha 异直脊天牛属

Pareutetrapha magnifica (Schwarzer) 台湾异直脊天牛，胸纹苍蓝天牛，胸纹淡青天牛

Pareutetrapha olivacea Breuning 四川异直脊天牛

Pareutetrapha sylvia (Gressitt) 福建异直脊天牛

Pareutetrapha weixiensis Pu 维西异直脊天牛

Pareuthymia 异直蝗属

Pareuthymia brevifrons (Stål) 短额异直蝗，短额直蝗

Parevania 副旗腹蜂属

Parevania kriegeriana (Enderlein) 光副旗腹蜂

Parevania laeviceps (Enderlein) 见 *Zeuxevania laeviceps*

Parevaspis 赤腹蜂属 *Euaspis* 的异名

Parevaspis abdominalis (Smith) 见 *Euaspis abdominalis*

Parevaspis basalis Ritsema 见 *Euaspis basalis*

Parevaspis basalis basalis Ritsema 见 *Euaspis basalis basalis*

Parevaspis basalis chinensis Cockerell 同 *Euaspis polynesia*

Parevaspis polynesia (Vachal) 见 *Euaspis polynesia*

Parevaspis strandi (Meyer) 见 *Euaspis strandi*

Parexarnis 经夜蛾属

Parexarnis ala (Staudinger) 翔经夜蛾，阿帕来夜蛾

Parexarnis amydra Chen 晦经夜蛾

Parexarnis delonga Chen 德经夜蛾

Parexarnis fugax (Treitschke) 逸经夜蛾，疾帕来夜蛾

Parexarnis sollers (Christoph) 伊经夜蛾，索帕来夜蛾

Parexolontha 八肋鳃金龟甲属

Parexolontha obscura Chang 见 *Exolontha obscura*

Parexolontha tonkinensis (Moser) 越八肋鳃金龟甲

Parexolontha xizangensis Zhang 藏八肋鳃金龟甲

Parexosoma 副外叶甲属

Parexosoma beeneni Döberl 本氏副外叶甲

Parexosoma flaviventre (Baly) 黄腹副外叶甲

Parexosoma nigripennis Jiang 黑翅副外叶甲

Parexosoma sikanga (Gressitt *et* Kimoto) 四川副外叶甲，四川克萤叶甲

Parexothrips 副突蓟马属

Parexothrips tenellus (Priesner) 柔副突蓟马

Parhamaxia 旁寄蝇属

Parhamaxia discalis Mesnil 心鬃旁寄蝇

Parhaplothrix 缨角天牛属

Parhaplothrix szechuanicus Breuning 四川缨角天牛

Parharmonia pini Kellicott 见 *Synanthedon pini*

Parhelophilus 拟条胸蚜蝇属

Parhelophilus frutetorus (Fabricius) 短枝拟条胸蚜蝇，短枝条胸蚜蝇，弗条胸蚜蝇

Parhelophilus versicolor (Fabricius) 异色拟条胸蚜蝇，异色条胸蚜蝇，变色条胸蚜蝇

Parheminodes 宽角肖叶甲属，宽角叶甲属

Parheminodes collaris Chen 紫胸宽角肖叶甲，紫胸宽角叶甲

Parhestina ouvrardi Watkins 见 *Hestina nicevillei ouvrardi*

Parhexacinia palpata (Hendel) 见 *Hexaptilona palpata*

Parhylophila 腾夜蛾属

Parhylophila celsiana (Staudinger) 腾夜蛾

paria [pl. pariae] 内唇侧区 < 见于金龟子幼虫中 >

Paria 帕里叶甲属

Paria canella (Fabricius) [spotted strawberry leaf beetle, strawberry leaf beetle, strawberry root worm, strawberry rootborer] 草莓帕里叶甲，草莓根叶甲

Paria fragariae Wilcox [strawberry rootworm] 黑斑帕里叶甲，草莓根叶甲

pariae [s. paria] 内唇侧区

Parictercodes albivertex Wehrli 见 *Arichanna albivertex*

Paridea 拟守瓜属

Paridea angulicollis (Motschulsky) 见 *Paridea* (*Semacia*) *angulicollis*

Paridea avicauda (Laboissière) 见 *Paridea* (*Semacia*) *avicauda*

Paridea balyi Jacoby 同 *Paridea* (*Paridea*) *tetraspilota*

Paridea basalis Laboissière 见 *Paridea* (*Paridea*) *cornuta basalis*

Paridea biplagiata (Fairmaire) 见 *Paridea* (*Semacia*) *biplagiata*

Paridea brachycornuta Yang 见 *Paridea* (*Paridea*) *brachycornuta*

Paridea breva Gressitt *et* Kimoto 见 *Paridea* (*Paridea*) *breva*

Paridea costata (Chûjô) 见 *Paridea* (*Paridea*) *costata*

Paridea crenata Yang 见 *Paridea* (*Semacia*) *crenata*

Paridea cyanipennis (Chûjô) 见 *Paridea* (*Paridea*) *cyanipennis*

Paridea duodecimpustulata melli (Reineck) 同 *Paropsides soriculata*

Paridea duodecimpustulata sexmaculata (Reineck) 同 *Paropsides soriculata*

Paridea duodecimpustulata suturalis (Chen) 同 *Paropsides soriculata*

Paridea epipleuralis Chen 见 *Paridea* (*Paridea*) *epipleuralis*

Paridea fasciata Laboissière 见 *Paridea* (*Paridea*) *fasciata*

Paridea flavipennis (Laboissière) 见 *Paridea* (*Semacia*) *flavipennis*

Paridea glyphea Yang 见 *Paridea* (*Semacia*) *glyphea*

Paridea harmandi Laboissière 同 *Paridea* (*Paridea*) *perplexa*

Paridea hirtipes Chen *et* Jiang 见 *Paridea* (*Paridea*) *hirtipes*
Paridea libita Yang 见 *Paridea* (*Semacia*) *libita*
Paridea monticola Gressitt *et* Kimoto 见 *Paridea* (*Paridea*) *monticola*
Paridea nigrocephala (Laboissière) 见 *Paridea* (*Semacia*) *nigrocephala*
Paridea octomaculata (Baly) 见 *Paridea* (*Paridea*) *octomaculata*
Paridea (***Paridea***) ***brachycornuta*** Yang 短角拟守瓜
Paridea (***Paridea***) ***breva*** Gressitt *et* Kimoto 海南拟守瓜
Paridea (***Paridea***) ***circumdata*** Laboissière 环拟守瓜
Paridea (***Paridea***) ***cornuta*** Jacoby 角拟守瓜
Paridea (***Paridea***) ***cornuta basalis*** Laboissière 角拟守瓜异基亚种，基拟守瓜
Paridea (***Paridea***) ***cornuta cornuta*** Jacoby 角拟守瓜指名亚种
Paridea (***Paridea***) ***costallifera*** Yang 具缘拟守瓜
Paridea (***Paridea***) ***costata*** (Chûjô) 隆脊拟守瓜，肩拟守瓜，脉翅拟守瓜
Paridea (***Paridea***) ***cyanea*** Yang 蓝拟守瓜
Paridea (***Paridea***) ***cyanipennis*** (Chûjô) 蓝翅拟守瓜
Paridea (***Paridea***) ***dohertyi*** Maulik 多氏拟守瓜
Paridea (***Paridea***) ***epipleuralis*** Chen 凹缘拟守瓜，侧拟守瓜
Paridea (***Paridea***) ***euryptera*** Yang 宽翅拟守瓜
Paridea (***Paridea***) ***fasciata*** Laboissière 黄带拟守瓜
Paridea (***Paridea***) ***foveipennis*** Jacoby 凹翅拟守瓜
Paridea (***Paridea***) ***fujiana*** Yang 福建拟守瓜
Paridea (***Paridea***) ***fusca*** Yang 褐拟守瓜
Paridea (***Paridea***) ***hirtipes*** Chen *et* Jiang 毛足拟守瓜
Paridea (***Paridea***) ***luteofasciata*** Laboissière 黄斑拟守瓜
Paridea (***Paridea***) ***monticola*** Gressitt *et* Kimoto 山拟守瓜
Paridea (***Paridea***) ***nigra*** Yang 黑拟守瓜
Paridea (***Paridea***) ***nigrimaculata*** Yang 黑斑拟守瓜
Paridea (***Paridea***) ***nigripennis*** Jacoby 黑翅拟守瓜
Paridea (***Paridea***) ***octomaculata*** (Baly) 八斑拟守瓜
Paridea (***Paridea***) ***oculata*** Laboissière 眼斑拟守瓜
Paridea (***Paridea***) ***perplexa*** (Baly) 结缔拟守瓜
Paridea (***Paridea***) ***phymatodea*** Yang 同 *Paridea* (*Paridea*) *foveipennis*
Paridea (***Paridea***) ***plauta*** Yang 普拟守瓜
Paridea (***Paridea***) ***quadriplagiata*** (Baly) 四斑拟守瓜
Paridea (***Paridea***) ***sancta*** Yang 圣拟守瓜
Paridea (***Paridea***) ***sauteri*** (Chûjô) 邵氏拟守瓜，端白拟守瓜
Paridea (***Paridea***) ***sikkimia*** Laboissière 锡金拟守瓜
Paridea (***Paridea***) ***sinensis*** Laboissière 中华拟守瓜
Paridea (***Paridea***) ***subviridis*** Laboissière 绿拟守瓜
Paridea (***Paridea***) ***taiwana*** (Chûjô) 四纹拟守瓜，台中帕叶甲
Paridea (***Paridea***) ***terminata*** Yang 端拟守瓜
Paridea (***Paridea***) ***testacea*** Gressitt *et* Kimoto 淡褐拟守瓜，壳灰拟守瓜
Paridea (***Paridea***) ***tetraspilota*** (Hope) 沟拟守瓜
Paridea (***Paridea***) ***tuberculata*** Gressitt *et* Kimoto 管突拟守瓜
Paridea (***Paridea***) ***unifasciata*** Jacoby 单带拟守瓜
Paridea (***Paridea***) ***yunnana*** Yang 云南拟守瓜
Paridea pectoralis (Laboissière) 见 *Paridea* (*Semacia*) *pectoralis*
Paridea perplexa (Baly) 见 *Paridea* (*Paridea*) *perplexa*
Paridea plauta Yang 见 *Paridea* (*Paridea*) *plauta*
Paridea quadriguttata (Chen *et* Jiang) 四点拟守瓜
Paridea quadriplagiata (Baly) 见 *Paridea* (*Paridea*) *quadriplagiata*
Paridea sauteri (Chûjô) 见 *Paridea* (*Paridea*) *sauteri*
Paridea (***Semacia***) ***angulicollis*** (Motschulsky) 斑角拟守瓜，角拟守瓜
Paridea (***Semacia***) ***avicauda*** (Laboissière) 鸟尾拟守瓜，四川拟守瓜
Paridea (***Semacia***) ***biplagiata*** (Fairmaire) 斜边拟守瓜
Paridea (***Semacia***) ***crenata*** Yang 额刻拟守瓜
Paridea (***Semacia***) ***flavipennis*** (Laboissière) 黄翅拟守瓜
Paridea (***Semacia***) ***flavipoda*** Yang 黄足拟守瓜
Paridea (***Semacia***) ***glyphea*** Yang 雕翅拟守瓜
Paridea (***Semacia***) ***grandifolia*** Yang 巨叶拟守瓜
Paridea (***Semacia***) ***houjayi*** Lee *et* Bezděk 厚洁拟守瓜
Paridea (***Semacia***) ***kaoi*** Lee *et* Bezděk 高氏拟守瓜
Paridea (***Semacia***) ***lateralis*** Medvedev *et* Samoderzhenkov 侧拟守瓜
Paridea (***Semacia***) ***libita*** Yang 剑囊拟守瓜
Paridea (***Semacia***) ***nigricaudata*** Yang 同 *Paridea* (*Semacia*) *angulicollis*
Paridea (***Semacia***) ***nigrocephala*** (Laboissière) 赭胸拟守瓜
Paridea (***Semacia***) ***pectoralis*** (Laboissière) 越南拟守瓜
Paridea (***Semacia***) ***recava*** Yang 弯拟守瓜
Paridea (***Semacia***) ***sexmaculata*** (Laboissière) 六斑拟守瓜，六纹拟守瓜
Paridea (***Semacia***) ***trasversofasciata*** (Laboissière) 横带拟守瓜
Paridea sexmaculata (Laboissière) 见 *Paridea* (*Semacia*) *sexmaculata*
Paridea sinensis Laboissière 见 *Paridea* (*Paridea*) *sinensis*
Paridea subviridis Laboissière 见 *Paridea* (*Paridea*) *subviridis*
Paridea testacea Gressitt *et* Kimoto 见 *Paridea* (*Paridea*) *testacea*
Paridea tetraspilota (Hope) 见 *Paridea* (*Paridea*) *tetraspilota*
Paridea transversofasciata (Laboissière) 见 *Paridea* (*Semacia*) *trasversofasciata*
Paridea tuberculata Gressitt *et* Kimoto 见 *Paridea* (*Paridea*) *tuberculata*
Parides 番凤蝶属
Parides aeneas (Linnaeus) 红心番凤蝶
Parides agavus (Drury) 细带番凤蝶
Parides aglaope (Gray) 红斑番凤蝶
Parides alopius (Godman *et* Salvin) [white-dotted cattleheart] 黑褐番凤蝶
Parides anchises (Linnaeus) [anchises cattleheart] 安绿番凤蝶，宽翅番凤蝶
Parides arcas Cramer 锯缘黄番凤蝶，弧带番凤蝶
Parides ascanius (Cramer) [fluminense swallowtail] 彩带番凤蝶
Parides bunichus (Hübner) 布尼番凤蝶
Parides burchellanus (Westwood) 布尔番凤蝶
Parides castilhoi (D'Almeida) 卡斯番凤蝶
Parides chabrias (Hewitson) 查布尔番凤蝶
Parides chamissonia (Eschscholtz) 窄带番凤蝶
Parides childrenae (Gray) [green-celled cattleheart] 草绿番凤蝶
Parides coelus (Boisduval) 橙斑番凤蝶
Parides cutorina (Staudinger) 库多番凤蝶
Parides dares (Hewitson) 战神番凤蝶
Parides drucei (Butler) 晶番凤蝶
Parides echemon (Hübner) 蓝蓟番凤蝶
Parides erithalion (Boisduval) [variable cattleheart] 红裙番凤蝶
Parides erlaces (Gray) 圆斑番凤蝶

Parides eurimedes (Stoll) [pink-checked cattleheart, mylotes cattleheart] 尤里番凤蝶

Parides gundlachianus (Felder *et* Felder) [Cuban cattleheart] 双绿番凤蝶

Parides hahneli (Staudinger) [Hahnel's Amazonian swallowtail] 黄斑番凤蝶

Parides iphidamas (Fabricius) [Transandean cattleheart] 红绿番凤蝶

Parides klagesi (Ehrmann) 凯番凤蝶

Parides lycimenes (Boisduval) 卢西番凤蝶

Parides lysander (Cramer) [lysander cattleheart] 中斑番凤蝶

Parides mithras (Grose-Smith) 美斯番凤蝶

Parides montezuma (Westwood) [Montezuma's cattleheart] 红月番凤蝶

Parides neophilus (Geyer) [neophilus cattleheart] 新飞番凤蝶，新欢番凤蝶

Parides nephalion (Godart) 云影番凤蝶

Parides orellana (Hewitson) 傲红番凤蝶

Parides panares (Gray) [wedge-spotted cattleheart] 楔斑番凤蝶

Parides panthonus (Cramer) [panthonus cattleheart] 豹番凤蝶

Parides perrhebus (Boisduval) 红纹番凤蝶

Parides phalaecus (Hewitson) 乳带番凤蝶

Parides phosphorus (Bates) 荧光番凤蝶

Parides photinus (Doubleday) [pink-spotted cattleheart] 梳翅番凤蝶

Parides pizarro (Staudinger) 皮番凤蝶

Parides polyzelus (Felder *et* Felder) 宝玉番凤蝶

Parides proneus (Hübner) 普通番凤蝶

Parides quadratus (Staudinger) 月光番凤蝶

Parides sesostris (Cramer) [emerald-patched cattleheart] 宽绒番凤蝶

Parides steinbachi (Rothschild) 斯特巴克番凤蝶

Parides timias (Gray) 红霞番凤蝶

Parides triopas (Godart) 多斑番凤蝶

Parides tros (Fabricius) 红黄番凤蝶

Parides vertumnus (Cramer) 变幻番凤蝶

Parides zacynthus (Fabricius) 神山番凤蝶

Paridris 广腰细蜂属

Paridris bunun Talamas 布农广腰细蜂

Paridris toketoki Talamas 卓杞笃广腰细蜂

parietal 1. 颅侧区，颅顶板；2. 腔壁的

parietalia 颅侧区 < 指头部在额区和后头区之间的背面区域 >

parietes 壁 < 常用以指蜜蜂巢的垂直面，或任何体腔内壁 >

parigenital [= genacerore] 臀蜡孔 < 见于介壳虫中 >

Parilisia 突大蚊亚属

Parindalmus 帕伪瓢虫属

Parindalmus quadrilunatus (Gerstaecker) 四斑帕伪瓢虫

Parindalmus sinensis Strohecker 中国帕伪瓢虫，华帕伪瓢虫

Parindalmus tonkineus Achard 东方帕伪瓢虫，东京帕伪瓢虫

Parindalmus westermanni (Gerstaecker) 韦氏帕伪瓢虫

Pariodontis 长胸蚤属

Pariodontis riggenbachi (Rothschild) 豪猪长胸蚤

Pariodontis riggenbachi riggenbachi (Rothschild) 豪猪长胸蚤指名亚种

Pariodontis riggenbachi wernecki Costa Lima 豪猪长胸蚤小孔亚种，小孔豪猪长胸蚤

Pariodontis riggenbachi yunnanensis Li *et* Yan 豪猪长胸蚤云南亚种，云南豪猪长胸蚤

Parippodamia arctica (Schneider) 见 *Hippodamia arctica*

Paris flasher [*Narcosius parisi* (Williams)] 娜弄蝶

Paris peacock [*Papilio paris* Linnaeus] 巴黎翠凤蝶

Parischnogaster 侧狭腹胡蜂属

Parischnogaster jacobsoni (du Buysson) 杰柯侧狭腹胡蜂

Parischnogaster mellyi (de Saussure) 密侧狭腹胡蜂，梅氏密侧狭腹胡蜂

Parischnogaster nigricans (Cameron) 黑侧狭腹胡蜂

parisolabid 1. [= parisolabid earwig] 切臀螋 < 切臀螋科 Parisolabidae 昆虫的通称 >；2. 切臀螋科的

parisolabid earwig [= parisolabid] 切臀螋

Parisolabidae 切臀螋科，帕利螋螋科

Parisomias 开喜象甲属

Parisomias siahus Aslam 西开喜象甲，西开喜象

Parisotoma 近等䖴属

Parisotoma ekmani (Fjellberg) 艾克曼近等䖴

Parisotoma hyonosenensis (Yosii) 若樱近等䖴

Parisotoma notabilis (Schäffer) 广布近等䖴，普通毛德䖴

Parkerimyia 帕麻蝇亚属

Parlagena 粕片盾蚧属

Parlagena buxi (Takahashi) 黄杨粕片盾蚧

Parlaspis papillosa (Green) 全缘桂木似片盾蚧

Parlatoreopsis 星片盾蚧属

Parlatoreopsis acericola Tang 槭星片盾蚧

Parlatoreopsis chinensis (Marlatt) [Chinese obscure scale] 中国星片盾蚧，中华黑星圆蚧

Parlatoreopsis longispinus (Newstead) 长刺星片盾蚧

Parlatoreopsis pyri (Marlatt) 梨星片盾蚧

Parlatoreopsis tsugae Takagi 铁杉星片盾蚧

Parlatoria 片盾蚧属，片盾介壳虫属

Parlatoria acalcarata Mckenzie 黄皮片盾蚧

Parlatoria arengae Takagi 桄榔片盾蚧，桄榔片盾介壳虫

Parlatoria bambusae Tang 毛竹片盾蚧

Parlatoria blanchardi (Targioni-Tozzetti) [parlatoria date scale] 枣片盾蚧，枣星盾蚧

Parlatoria camelliae Comstock [camellia parlatoria scale, camellia scale] 山茶片盾蚧，山茶片盾介壳虫

Parlatoria cinerea Hadden 茉莉片盾蚧，灰片盾介壳虫

Parlatoria cinnamomicola Tang 天竺桂片盾蚧，樟片盾蚧

Parlatoria crotonis Douglas [croton parlatoria scale] 巴豆片盾蚧，变叶木片盾介壳虫

Parlatoria cupressi Ferris 侧柏片盾蚧

parlatoria date scale [*Parlatoria blanchardi* (Targioni-Tozzetti)] 枣片盾蚧，枣星盾蚧

Parlatoria desolator McKenzie 梨片盾蚧

Parlatoria dives Bellio 同 *Parlatoria theae*

Parlatoria emeiensis Tang 峨眉片盾蚧

Parlatoria fluggeae Hall 苎麻片盾蚧，一叶秋片盾介壳虫

Parlatoria ghanii Hall *et* Williams 加氏片盾蚧

Parlatoria hydnocarpus Hu 大风子片盾蚧

Parlatoria keteleericola Tang *et* Chu 油杉片盾蚧

Parlatoria ligustri Marlatt 藁片盾蚧 < 此种存疑 >

Parlatoria liriopicola Tang 麦冬片盾蚧
Parlatoria lithocarpi Takahashi 柯树片盾蚧，栎片盾介壳虫
Parlatoria machili Takahashi 桢楠片盾蚧，楠片盾介壳虫
Parlatoria machilicola Takahashi 拟桢楠片盾蚧，桢楠片盾介壳虫
Parlatoria menglaensis Niu *et* Feng 勐腊片盾蚧
Parlatoria menglunensis Feng *et* Zhang 勐仑片盾蚧
Parlatoria multipora McKenzie 多孔片盾蚧
Parlatoria mytilaspiformis Green 蛎形片盾蚧，蛎形片盾介壳虫
Parlatoria octolobata Takagi *et* Kawai 多裂片盾蚧
Parlatoria oleae (Colvée) [olive scale, olive parlatoria scale] 橄榄片盾蚧，油橄榄盔蚧
Parlatoria olgae Borchsenius 麻黄片盾蚧
Parlatoria pergandei Comstock 同 *Parlatoria pergandii*
Parlatoria pergandii Comstock [chaff scale, Pergande's scale, black parlatoria scale, chaffy scale] 糠片盾蚧,糠片蚧,灰点蚧,圆点蚧,粪糠蚧，黄点介壳虫，糠片盾介壳虫
Parlatoria pergandii dives Bellio 同 *Parlatoria theae*
Parlatoria pini Tang 北京松片盾蚧
Parlatoria pinicola Tang 杭州松片盾蚧
Parlatoria piniphila Tang 昆明松片盾蚧
Parlatoria pittospori Maskell 海桐花片盾蚧
Parlatoria proteus (Curtis) [proteus scale, common parlatoria scale, orchid parlatoria scale, sanseveria scale, cattleya scale, orchid scale, small brown scale, elongate parlatoria scale] 黄片盾蚧，橘黄褐蚧，黄糠蚧，黄片介壳虫，黄片盾介壳虫
Parlatoria pseudaspidiotus Lindinger 杧果片盾蚧
Parlatoria reedia Zhang, Feng *et* Liu 芦苇片盾蚧
Parlatoria rosia Li, Feng *et* Liu 蔷薇片盾蚧
Parlatoria sexlobata Takagi *et* Kawai 六棘片盾蚧
Parlatoria stigmadisculosa Bellio 多盘孔片盾蚧，圆点糠蚧
Parlatoria theae Cockerell [tea black scale, tea scale] 茶片盾蚧，茶黑星蚧
Parlatoria virescens Maskell 绿片盾蚧，绿片盾介壳虫
Parlatoria yanyuanensis Tang 盐源片盾蚧
Parlatoria yunnanensis Ferris 云南片盾蚧
Parlatoria ziziphi (Lucas) [black parlatoria scale, citrus parlatoria, citrus black scale, black scale, Mediterranean scale, ebony scale, black parlatoria] 黑点片盾蚧，黑片盾蚧，黑点蚧，黑片盾介壳虫
Parlatoria zizyphus (Lucas) 同 *Parlatoria ziziphi*
parma 中垛
Parna 脊潜叶蜂属
Parna distincta Wei 沟缝脊潜叶蜂
Parna vestigialis Wei 痕缝脊潜叶蜂
Parnara 稻弄蝶属
Parnara amalia (Semper) [hyaline swift, orange swift] 透纹稻弄蝶，阿玛稻弄蝶
Parnara apostata (Snellen) [dark straight swift] 圆突稻弄蝶，反稻弄蝶
Parnara austeni (Moore) 见 *Caltoris cahira austeni*
Parnara bada (Moore) [African straight swift, straight swift, grey swift, Ceylon swift, rice skipper] 幺纹稻弄蝶，小稻弄蝶，姬单带弄蝶，姬稻弄蝶，灰谷弄蝶，秋弄蝶，姬一文字弄蝶，姬一字弄蝶，凹纹稻弄蝶，小稻苞虫
Parnara bada bada (Moore) 幺纹稻弄蝶指名亚种，指名幺纹稻弄蝶
Parnara bada borneana Chiba *et* Eliot 幺纹稻弄蝶婆罗洲亚种
Parnara baibarana Matsumura 同 *Pelopidas agna*
Parnara batta Evans 棉毛稻弄蝶，挂墩稻弄蝶，巴直纹稻弄蝶
Parnara bevani Moore 见 *Pseudoborbo bevani*
Parnara bevani thyone Leech 同 *Pseudoborbo bevani*
Parnara bromus (Leech) 见 *Caltoris bromus*
Parnara caerulescens (Mabille) 见 *Polytremis caerulescens*
Parnara cahira (Moore) 见 *Caltoris cahira*
Parnara colaca Moore [Taiwan rice skipper] 台湾稻弄蝶，可拉稻弄蝶
Parnara contigua (Mabille) 同 *Polytremis lubricans*
Parnara distictus (Halland) 同 *Parnara bada bada*
Parnara ganga Evans [continental swift, rice skipper] 曲纹稻弄蝶，曲纹稻苞虫，竹弄蝶
Parnara guttata (Bermer *et* Grey) [common straight swift, rice skipper, rice plant skipper, paddy skipper, rice hesperiid, rice leaf tier] 直纹稻弄蝶，直纹稻苞虫，稻弄蝶，单带弄蝶，一字纹稻苞虫，禾九点弄蝶，一文字弄蝶，一字弄蝶
Parnara guttata batta (Moore) 见 *Parnara batta*
Parnara guttuta fortunei (Felder) 同 *Parnara guttata guttata*
Parnara guttata guttata (Bremer *et* Grey) 直纹稻弄蝶指名亚种，指名直纹稻弄蝶
Parnara guttata mangala (Moore) 直纹稻弄蝶孟加拉亚种，孟加拉直纹稻弄蝶
Parnara jansonis (Butler) 见 *Pelopidas jansonis*
Parnara kawazoei Chiba *et* Eliot 菲律宾稻弄蝶
Parnara kiraizana Sonan 见 *Zinaida kiraizana*
Parnara kumara Moore 见 *Caltoris kumara*
Parnara leechi Elwes *et* Edwards 见 *Baoris leechi*
Parnara mathias (Fabricius) 见 *Pelopidas mathias*
Parnara mencia (Moore) 见 *Zinaida mencia*
Parnara monasi (Trimen) [water watchman, water skipper] 摩稻弄蝶
Parnara nascens Leech 见 *Zinaida nascens*
Parnara naso (Fabricius) [African straight, straight swift] 雾水稻弄蝶，纳稻弄蝶，那索稻弄蝶
Parnara naso bada (Moore) 见 *Parnara bada*
Parnara nirwana (Plötz) 见 *Caltoris nirwana*
Parnara oceia (Hewitson) 见 *Baoris oceia*
Parnara oceia sikkima (Swinhoe) 同 *Baoris farri*
Parnara ranrunna Sonan 同 *Caltoris cahira austeni*
Parnara sinensis (Mabille) 见 *Pelopidas sinensis*
Parnara thyone Leech 同 *Pseudoborbo bevani*
Parnara zelleri (Lederer) 同 *Borbo borbonica*
Parnara zelleri colaca (Moore) 同 *Borbo cinnara*
parnassian [= parnassiid butterfly, parnassiid, snow apollo] 绢蝶 < 绢蝶科 Parnassiidae 昆虫的通称 >
parnassian moth [= pterothysanid moth, pterothysanid, feather winged moth] 缨翅蛾 < 缨翅蛾科 Pterothysanidae 昆虫的通称 >
parnassiid 1. [= parnassiid butterfly, parnassian, snow apollo] 绢蝶；2. 绢蝶科的
parnassiid butterfly 见 parnassian
Parnassiidae 绢蝶科

Parnassius 绢蝶属
Parnassius acco Gray [varnished apollo] 爱珂绢蝶
Parnassius acco acco Gray 爱珂绢蝶指名亚种
Parnassius acco chumurtiensis Bang-Haas 同 *Parnassius acco acco*
Parnassius acco goergneri Weiss *et* Michel 爱珂绢蝶南拉萨亚种，南拉萨爱珂绢蝶
Parnassius acco humboldti Pierrat *et* Porion 爱珂绢蝶柴达木亚种，柴达木爱珂绢蝶
Parnassius acco mirabilis Bang-Haas 同 *Parnassius acco acco*
Parnassius acco punctata Tytler 同 *Parnassius acco acco*
Parnassius acco rosea Weiss *et* Michel 爱珂绢蝶北拉萨亚种，北拉萨爱珂绢蝶
Parnassius acco transhimalayensis Eisner 同 *Parnassius acco acco*
Parnassius acco tulaishani Schulte 爱珂绢蝶祁连亚种
Parnassius acco vairocanus Shinkal 爱珂绢蝶唐古拉亚种
Parnassius acdestis Grum-Grshimailo 蓝精灵绢蝶
Parnassius acdestis acdestis Grum-Grshimailo 蓝精灵绢蝶指名亚种，指名蓝精灵绢蝶
Parnassius acdestis cerevisiae Weiss *et* Michel 蓝精灵绢蝶珠西亚种，珠西蓝精灵绢蝶
Parnassius acdestis cinerosus Stichel 蓝精灵绢蝶康定亚种，康定蓝精灵绢蝶
Parnassius acdestis felix Eisner 蓝精灵绢蝶山南亚种，山南蓝精灵绢蝶
Parnassius acdestis fujitai Koiwaya 蓝精灵绢蝶纳木错亚种
Parnassius acdestis hades (Bryk) 蓝精灵绢蝶珠峰亚种，珠峰蓝精灵绢蝶
Parnassius acdestis imperatoides Weiss *et* Michel 蓝精灵绢蝶拉萨亚种，拉萨蓝精灵绢蝶
Parnassius acdestis irenaephilus (Bryk) 蓝精灵绢蝶巴塘亚种，巴塘蓝精灵绢蝶
Parnassius acdestis lampidus Fruhstorfer 同 *Parnassius acdestis acdestis*
Parnassius acdestis lathonius Bryk 蓝精灵绢蝶江孜亚种，江孜蓝精灵绢蝶
Parnassius acdestis limitis Weiss *et* Michel 蓝精灵绢蝶聂拉木亚种，聂拉木蓝精灵绢蝶
Parnassius acdestis macdonardi Rothschild 蓝精灵绢蝶亚东亚种，亚东蓝精灵绢蝶
Parnassius acdestis manco Koiwaya 同 *Parnassius acdestis fujitai*
Parnassius acdestis ohkumai Koiwaya 蓝精灵绢蝶格尔木亚种
Parnassius acdestis patricius Niepelt 见 *Parnassius patricius*
Parnassius acdestis peeblesi (Bryk) 蓝精灵绢蝶法利亚种，法利蓝精灵绢蝶
Parnassius acdestis vogti (Bang-Haas) 蓝精灵绢蝶峨山亚种，峨山蓝精灵绢蝶
Parnassius acdestis whitei Bingham 同 *Parnassius acdestis acdestis*
Parnassius actius (Eversmann) 中亚丽绢蝶
Parnassius andreji Eisner 安度绢蝶
Parnassius andreji andreji Eisner 安度绢蝶指名亚种，指名安度绢蝶
Parnassius andreji buddenbrocki (Bang-Haas) 安度绢蝶岷山亚种，岷山安度绢蝶
Parnassius andreji dirschi (Bang-Haas) 安度绢蝶兰州亚种，兰州安度绢蝶
Parnassius andreji eos (Bryk *et* Eisner) 安度绢蝶达坂亚种，达坂安度绢蝶
Parnassius andreji ogawai Ohya 安度绢蝶康定亚种，康定安度绢蝶
Parnassius andreji simillimus (Bryk *et* Eisner) 安度绢蝶布尔汗亚种，布尔汗安度绢蝶
Parnassius aperta Bryk *et* Eisner 阿泼绢蝶
Parnassius apollo (Linnaeus) [apollo, mountain apollo, apollofalter] 阿波罗绢蝶
Parnassius apollo alpherakyi Krul 阿波罗绢蝶阿尔亚种，阿尔阿波罗绢蝶
Parnassius apollo apollo (Linnaeus) 阿波罗绢蝶指名亚种
Parnassius apollo graslini Oberthür 阿波罗绢蝶格氏亚种，格阿波罗绢蝶
Parnassius apollo hesebolus Nordmann 阿波罗绢蝶蒙古亚种，赫阿波罗绢蝶
Parnassius apollo merzbacheri Fruhstorfer 阿波罗绢蝶默氏亚种，枚阿波罗绢蝶
Parnassius apollonius (Eversmann) 羲和绢蝶
Parnassius apollonius apollonius (Eversmann) 羲和绢蝶指名亚种，指名羲和绢蝶
Parnassius apolionius kuldschaensis Bryk *et* Eisner 羲和绢蝶西藏亚种，西藏羲和绢蝶
Parnassius arcticus (Eisner) [Siberian apollo] 阿斯提绢蝶
Parnassius ariadne (Lederer) 爱侣绢蝶
Parnassius ariadne ariadne (Lederer) 爱侣绢蝶指名亚种
Parnassius ariadne jiadengyuensis Huang *et* Murayama 爱侣绢蝶阿山亚种
Parnassius autocrator Avinov 红裙绢蝶，奥绢蝶
Parnassius baileyi South [Bailey's apollo] 巴裔绢蝶
Parnassius baileyi baileyanus Bryk 巴裔绢蝶华西亚种，拜巴裔绢蝶
Parnassius baileyi baileyi South 巴裔绢蝶指名亚种，指名巴裔绢蝶
Parnassius baileyi bubo (Bryk) 巴裔绢蝶中甸亚种，中甸巴裔绢蝶
Parnassius baileyi rothschildianus Bryk 巴裔绢蝶折多亚种，折多巴裔绢蝶
Parnassius beresowskyi Staudinger 倍瑞绢蝶
Parnassius biamanensis Li 云南绢蝶，白马小绢蝶
Parnassius boedromius Püngeler 贝德罗绢蝶
Parnassius bremeri Bremer [red-spotted apollo] 红珠绢蝶
Parnassius bremeri amgunensis Sheljuzhko 红珠绢蝶姆贡亚种，安红珠绢蝶
Parnassius bremeri bremeri Bremer 红珠绢蝶指名亚种，指名红珠绢蝶
Parnassius bremeri ellenae Bryk 红珠绢蝶太行亚种，艾红珠绢蝶
Parnassius bremeri graeseri Horn 同 *Parnassius bremeri bremeri*
Parnassius bremeri matsuurai Koiwaya 同 *Parnassius bremeri bremeri*
Parnassius bremeri solonensis Bang-Haas 同 *Parnassius bremeri bremeri*
Parnassius cardinal Grum-Grshimailo [cardinal apollo] 首长绢蝶
Parnassius cephalus Grum-Grshimailo 元首绢蝶，原首绢蝶
Parnassius cephalus cephalus Grum-Grshimailo 元首绢蝶指名亚种，指名原首绢蝶

Parnassius cephalus dengkiaoping Weiss 元首绢蝶藏南亚种，藏南原首绢蝶
Parnassius cephalus elwesi Leech 元首绢蝶康定亚种，康定原首绢蝶
Parnassius cephalus erlaensis Sugiyama 元首绢蝶乌兰亚种
Parnassius cephalus irene Bryk *et* Eisner 元首绢蝶青中亚种，青中原首绢蝶
Parnassius cephalus micheli Weiss 元首绢蝶青西亚种
Parnassius cephalus pythia Roth 同 *Parnassius cephalus cephalus*
Parnassius cephalus sengei (Bang-Haas) 元首绢蝶岷山亚种，峨山原首绢蝶
Parnassius cephalus takenakai Koiwaya 元首绢蝶玉龙亚种
Parnassius cephalus weissi Schulte 元首绢蝶祁连亚种
Parnassius charltonius Gray [regal apollo] 姹瞳绢蝶
Parnassius charltonius bryki Haude 姹瞳绢蝶聂拉木亚种，聂拉木姹瞳绢蝶
Parnassius charltonius charltonius Gray 姹瞳绢蝶指名亚种，指名姹瞳绢蝶
Parnassius charltonius corporaali (Bryk) 姹瞳绢蝶喀喇昆仑亚种，喀喇昆仑姹瞳绢蝶
Parnassius chingamensis Bryk *et* Eisner 见 *Parnassius nomion chingamensis*
Parnassius choui Huang *et* Shi 周氏绢蝶
Parnassius chrysofasciata Bryk 金带绢蝶
Parnassius citrinarius Motsckulsky 玉洁绢蝶，橘绢蝶
Parnassius clodius Ménétriés [slodius parnassian] 加州绢蝶
Parnassius delphius Eversmann [banded apollo] 翠雀绢蝶
Parnassius delphius abramovi (Bang-Haas) 同 *Parnassius staudingeri*
Parnassius delphius albulus (Honrath) 同 *Parnassius delphius delphius*
Parnassius delphius cinerosus (Seitz) 同 *Parnassius acdestis*
Parnassius delphius delphius Eversmann 翠雀绢蝶指名亚种
Parnassius delphius dolabella (Fruhstorfer) 同 *Parnassius staudingeri*
Parnassius delphius hamiensis (Bang-Haas) 同 *Parnassius delphius delphius*
Parnassius delphius karaschahricus Bang-Haas 翠雀绢蝶焉耆亚种，焉耆翠雀绢蝶
Parnassius delphius lampidius Fruhstorfer 同 *Parnassius acdestis*
Parnassius delphius macdonaldi (Rothschild) 同 *Parnassius acdestis*
Parnassius delphius mephisto Hering 翠雀绢蝶阿克苏亚种，阿克苏翠雀绢蝶
Parnassius discobolus Staudinger 狄绢蝶
Parnassius discobolus erebus Verity 见 *Parnassius tianschanicus erebus*
Parnassius dongalaica Tytler [Tytler's apollo] 同罗绢蝶
Parnassius elegans Bryk 华丽绢蝶
Parnassius epaphus Oberthür [common red apollo] 依帕绢蝶
Parnassius epaphus abruptus Bang-Haas 同 *Parnassius epaphus epaphus*
Parnassius epaphus epaphus Oberthür 依帕绢蝶指名亚种，指名依帕绢蝶
Parnassius epaphus epichorius Bryk 同 *Parnassius epaphus epaphus*
Parnassius epaphus kotzschi Bryk *et* Eisner 同 *Parnassius epaphus epaphus*
Parnassius epaphus pictor Bryk *et* Eisner 同 *Parnassius epaphus epaphus*
Parnassius epaphus sikkimensis Elwes 依帕绢蝶锡金亚种，锡金依帕绢蝶
Parnassius epaphus tsaiae Huang 同 *Parnassius epaphus epaphus*
Parnassius evansi (Bryk) 见 *Parnassius imperator evansi*
Parnassius eversmanni Ménétriés 艾雯绢蝶
Parnassius eversmanni eversmanni Ménétriés 艾雯绢蝶指名亚种，指名埃雯绢蝶
Parnassius eversmanni felderi Bremer 见 *Parnassius felderi*
Parnassius eversmanni litoreus Stichel 同 *Parnassius eversmanni eversmanni*
Parnassius felderi Bremer [Felder's apollo] 费氏绢蝶，费埃雯绢蝶
Parnassius funkei Bang-Haas 同 *Parnassius stubbendorfii*
Parnassius glacialis Butler [glacial apollo, Japanese clouded apollo] 冰清绢蝶
Parnassius glacialis anachoreta Bryk 同 *Parnassius glacialis glacialis*
Parnassius glacialis glacialis Butler 冰清绢蝶指名亚种
Parnassius hannyngtoni Avinoff [Hannyngton's apollo] 郝宁顿绢蝶，汉绢蝶 <此种学名有误写为 *Parnassius hanningtoni* Avinoff 或 *Parnassius hunnyngtoni* Avinoff 者>
Parnassius hannyngtoni hannyngtoni Avinoff 郝宁顿绢蝶指名亚种
Parnassius hannyngtoni liliput (Bryk) 同 *Parnassius hannyngtoni hannyngtoni*
Parnassius hardwickii Gray [common blue apollo] 联珠绢蝶
Parnassius heliconicus Bryk *et* Eisner 同 *Parnassius stubbendorfii*
Parnassius hide Koiwaya 同 *Parnassius patricius*
Parnassius hide aksobhya Shinkai 同 *Parnassius patricius*
Parnassius hide hengduanshanus Nose 同 *Parnassius patricius*
Parnassius hide qamdensis Nose 同 *Parnassius patricius*
Parnassius hingstoni (Bryk) 见 *Parnassius simo hingstoni*
Parnassius honrathi Staudinger [Honrath's apollo] 亨莱绢蝶
Parnassius hunza Grum-Grshimailo [Karakoram banded apollo] 罕萨绢蝶
Parnassius imperator Oberthür 君主绢蝶，帝皇绢蝶 <本种包括 40 余亚种>
Parnassius imperator augustus Fruhstorfer 君主绢蝶藏南亚种，藏南君主绢蝶
Parnassius imperator dominus Bang-Haas 同 *Parnassius imperator imperator*
Parnassius imperator evansi (Bryk) 君主绢蝶艾氏亚种，艾纹绢蝶
Parnassius imperator gigas Kotzsch 君主绢蝶兰州亚种，兰州君主绢蝶
Parnassius imperator imperator Oberthür 君主绢蝶指名亚种，指名君主绢蝶
Parnassius imperator interjungens (Bryk) 君主绢蝶西拉萨亚种，西拉萨君主绢蝶
Parnassius imperator irmae (Bryk) 君主绢蝶藏东亚种，藏东君主绢蝶
Parnassius imperator karmapus Weiss *et* Michel 君主绢蝶东拉萨

亚种，东拉萨君主绢蝶

Parnassius imperator luxuriosus Mrácek *et* Schulte 同 *Parnassius imperator imperator*

Parnassius imperator musagetus Grum-Grshimailo 君主绢蝶西宁亚种，西宁君主绢蝶

Parnassius imperator regina (Bryk *et* Eisner) 同 *Parnassius imperator imperator*

Parnassius imperator regulus (Bryk *et* Eisner) 君主绢蝶祁连亚种，祁连君主绢蝶

Parnassius imperator rex Bang-Haas 君主绢蝶大通山亚种，大通山君主绢蝶

Parnassius imperator sultan Bryk *et* Eisner 同 *Parnassius imperator imperator*

Parnassius imperator takashi Ohya 君主绢蝶玉龙亚种，玉龙君主绢蝶

Parnassius imperator tyrannus Bang-Haas 同 *Parnassius imperator imperator*

Parnassius imperator venustus Stichel 同 *Parnassius imperator imperator*

Parnassius infernalis Elwes 低谷绢蝶

Parnassius inopinatus Kotzsch 意外绢蝶

Parnassius jacobsoni Auinoff 雅谷生绢蝶

Parnassius jacquemontii Boisduval [keeled apollo] 夏梦绢蝶 < 此种学名有误写为 *Parnassius jacquemonti* Boisduval 者 >

Parnassius jacquemontii actinoboloides Bang-Haas 同 *Parnassius jacquemontii jacquemontii*

Parnassius jacquemontii himalayensis Elwes 夏梦绢蝶喜马亚种，喜马夏梦绢蝶

Parnassius jacquemontii jacquemontii Boisduval 夏梦绢蝶指名亚种

Parnassius jacquemontii jupiterius Bang-Haas 夏梦绢蝶甘肃亚种，甘肃夏梦绢蝶

Parnassius jacquemontii mercurius Grum-Grshimailo 夏梦绢蝶青海亚种，西藏夏梦绢蝶，风神绢蝶

Parnassius jacquemontii tatungi Bryk *et* Eisner 夏梦绢蝶新疆亚种，新疆夏梦绢蝶

Parnassius jacquemontii thibetanus Leech 夏梦绢蝶西藏亚种

Parnassius kiritshenkoi Avinov 吉瑞绢蝶

Parnassius kjoengsongensis Bryk 同 *Parnassius stubbendorfii*

Parnassius labeyriei Weiss *et* Michel 蜡贝绢蝶

Parnassius labeyriei giacomazzoi Weiss 蜡贝绢蝶唐古拉亚种

Parnassius labeyriei kiyotakai Sugiyama 蜡贝绢蝶鄂拉亚种

Parnassius labeyriei labeyriei Weiss *et* Michel 蜡贝绢蝶指名亚种，指名蜡贝绢蝶

Parnassius labeyriei nosei Watanabe 蜡贝绢蝶察隅亚种，察隅蜡贝绢蝶

Parnassius lampidius Fruhstorfer 同 *Parnassius acdestis*

Parnassius lethe Bryke *et* Eisner 同 *Parnassius szechenyii*

Parnassius lobnorica Bryk 珞绢蝶

Parnassius loxias Püngeler 孔雀绢蝶

Parnassius loxias loxias Püngeler 孔雀绢蝶指名亚种，指名孔雀绢蝶

Parnassius loxias raskemensis Avinoff 孔雀绢蝶昆仑亚种，昆仑孔雀绢蝶

Parnassius maharaja Avinoff [maharaja apollo] 马哈绢蝶

Parnassius maximus Staudinger 大绢蝶

Parnassius mercurius Grum-Grshimailo 见 *Parnassius jacquemontii mercurius*

Parnassius mirabilis Bang-Haas 同 *Parnassius acco*

Parnassius mnemosyne (Linnaeus) [clouded apollo] 觅梦绢蝶，觉梦绢蝶

Parnassius mnemosyne mnemosyne (Linnaeus) 觅梦绢蝶指名亚种

Parnassius mnemosyne orientalis Verity 觅梦绢蝶东方亚种

Parnassius musetta Bryk *et* Eisner 同 *Parnassius imperator*

Parnassius nankingi Bang-Haas 同 *Parnassius glacialis*

Parnassius nomion Fisher von Waldheim 小红珠绢蝶，草地绢蝶

Parnassius nomion chingamensis Bryk *et* Eisner 小红珠绢蝶兴安亚种，兴安绢蝶

Parnassius nomion gabrieli Bryk 小红珠绢蝶青海亚种，青海小红珠绢蝶

Parnassius nomion liupinschani Bryk 同 *Parnassius nomion nomion*

Parnassius nomion lussaensis Bang-Hass 同 *Parnassius nomion nomion*

Parnassius nomion mandschuriae Oberthür 小红珠绢蝶东北亚种

Parnassius nomion minschani Bryk *et* Eisner 同 *Parnassius nomion nomion*

Parnassius nomion nomion Fisher von Waldheim 小红珠绢蝶指名亚种

Parnassius nomion nomius Grum-Grshimailo 小红珠绢蝶西宁亚种

Parnassius nomion oberthurianus Bollow 小红珠绢蝶北京亚种

Parnassius nomion peilingschani Bang-Haas 同 *Parnassius nomion nomion*

Parnassius nomion richthofeni Bang-Haas 小红珠绢蝶甘北亚种，甘北小红珠绢蝶

Parnassius nomion shansiensis Eisner 小红珠绢蝶山西亚种，山西小红珠绢蝶

Parnassius nomion sinensis Bang-Haas 同 *Parnassius nomion nomion*

Parnassius nomion theagenes Fruhstorfer 小红珠绢蝶甘南亚种，甘南小红珠绢蝶

Parnassius nomion tschiliensis Bang-Haas 同 *Parnassius nomion nomion*

Parnassius nomion tsinlingensis Bryk *et* Eisner 同 *Parnassius nomion nomion*

Parnassius nordmanni Ménétriés 诺德曼绢蝶

Parnassius orleans Oberthür 珍珠绢蝶

Parnassius orleans bourboni Bang-Haas 同 *Parnassius orleans orleans*

Parnassius orleans haruspex Bryk 同 *Parnassius orleans orleans*

Parnassius orleans johanna Bryk 同 *Parnassius orleans orleans*

Parnassius orleans lobnorica Bryk 珍珠绢蝶新疆亚种，珞绢蝶

Parnassius orleans nike Bryk *et* Eisner 同 *Parnassius orleans orleans*

Parnassius orleans orleans Oberthür 珍珠绢蝶指名亚种，指名珍珠绢蝶

Parnassius parthenos Bryk 同 *Parnassius orleans orleans*

Parnassius patricius Niepelt 帕特力绢蝶，祖国绢蝶，帕蓝精灵绢蝶

Parnassius phoebus (Fabricius) [phoebus apollo, small apollo] 福布绢蝶

Parnassius phoebus fortunus Bang-Haas 福布绢蝶幸福亚种，幸

福布绢蝶
Parnassius phoebus phoebus (Fabricius) 福布绢蝶指名亚种，指名福布绢蝶
Parnassius przewalskii Alphéraky 普氏绢蝶
Parnassius przewalskii liae Huang *et* Murayama 普氏绢蝶昆仑亚种，昆仑普氏绢蝶
Parnassius przewalskii przewalskii Alphéraky 普氏绢蝶指名亚种，指名普氏绢蝶
Parnassius przewalskii yvonne (Eisner) 普氏绢蝶鄂陵亚种，鄂陵普氏绢蝶
Parnassius pythia Roth 同 *Parnassius cephalus*
Parnassius regina Bryk *et* Eisner 同 *Parnassius imperator*
Parnassius rikihiroi Kawasaki 西藏绢蝶
Parnassius rothschildianus Bryk 同 *Parnassius acco*
Parnassius rubicundus Stichel 红斑绢蝶
Parnassius sacerdos Stichel 萨绢蝶
Parnassius scepticus Bryk *et* Eisner 同 *Parnassius tenedius*
Parnassius schulteri Weiss *et* Michel 师古绢蝶
Parnassius seminiger Shou *et* Yuan 黑绢蝶
Parnassius shekouensis Bang-Haas 同 *Parnassius nomion*
Parnassius simo Gray [black-edged apollo] 西猴绢蝶
Parnassius simo acconus Fruhstorfer 西猴绢蝶拉萨亚种，拉萨西猴绢蝶
Parnassius simo avinoffi Verity 同 *Parnassius simo simo*
Parnassius simo bainqenerdini Huang 同 *Parnassius simo simo*
Parnassius simo colosseus Bang-Haas 西猴绢蝶赛图拉亚种，柯洛西猴绢蝶
Parnassius simo confusus Bang-Haas 同 *Parnassius simo simo*
Parnassius simo hingstoni (Bryk) 西猴绢蝶喜马亚种，喜马西猴绢蝶，亨绢蝶
Parnassius simo kozlowyi Verity 西猴绢蝶鄂陵亚种，科西猴绢蝶
Parnassius simo kunlunensis Weiss 同 *Parnassius simo simo*
Parnassius sbno lenzeni (Bryk) 西猴绢蝶巴塘亚种，巴塘西猴绢蝶
Parnassius simo lise (Eisner) 西猴绢蝶巴颜亚种，巴颜西猴绢蝶
Parnassius simo norikae Ohya 西猴绢蝶鄂拉亚种，鄂拉西猴绢蝶
Parnassius simo peteri Bollou 同 *Parnassius simo simo*
Parnassius simo qilianshanicus Schulte 同 *Parnassius simo simo*
Parnassius simo shishapangmanus Kawasaki 同 *Parnassius simo simo*
Parnassius simo simo Gray 西猴绢蝶指名亚种
Parnassius simo simplicatus Stichel 西猴绢蝶阿尔金山亚种，阿尔金山西猴绢蝶
Parnassius simonius Staudinger 西猛绢蝶
Parnassius smintheus Doubleday [Rocky Mountain parnassian, mountain parnassian] 田鼠绢蝶
Parnassius solonensis Bang-Haas 同 *Parnassius bremeri*
Parnassius staudingeri Bang-Haas 西陲绢蝶
Parnassius staudingeri mustagata Rose 西陲绢蝶喀喇昆仑亚种，喀喇昆仑西陲绢蝶
Parnassius staudingeri staudingeri Bang-Haas 西陲绢蝶指名亚种
Parnassius stenosemus Honrath 斯汀诺生绢蝶
Parnassius stoliczkanus Felder *et* Felder [Ladakh banded apollo] 斯托绢蝶，史托绢蝶
Parnassius stubbendorfii Ménétriés 白绢蝶 < 此种学名有误写为 *Parnassius stubbendorfi* Ménétriés 者 >
Parnassius stubbendorfii baeckeri Kotzsch 同 *Parnassius stubbendorfii stubbendorfii*
Parnassius stubbendorfii bromkampi Bang-Haas 同 *Parnassius stubbendorfii stubbendorfii*
Parnassius stubbendrofii conjungens Bryk *et* Eisner 同 *Parnassius stubbendorfii stubbendorfii*
Parnassius stubbendorfii funkei Bang-Haas 同 *Parnassius stubbendorfii stubbendorfii*
Parnassius stubbendorfii heliconicus Bryk 同 *Parnassius stubbendorfii stubbendorfii*
Parnassius stubbendorfii jeholi Bang-Haas 同 *Parnassius stubbendorfii stubbendorfii*
Parnassius stubbendorfii kjoengsongensis Bryk 同 *Parnassius stubbendorfii stubbendorfii*
Parnassius stubbendorfii laotsei Bryk 同 *Parnassius stubbendorfii stubbendorfii*
Parnassius stubbendorfii nankingi Bang-Haas 同 *Parnassius glacialis*
Parnassius stubbendorfii taupingi Bang-Haas 同 *Parnassius stubbendorfii stubbendorfii*
Parnassius szechenyii Frivaldszky 四川绢蝶
Parnassius szechenyii arnoldianus (Bang-Haas) 四川绢蝶岷山亚种，岷山四川绢蝶
Parnassius szechenyii evacaki Schulte 四川绢蝶天峻亚种
Parnassius szechenyii frivaldszkyi Bang-Haas 四川绢蝶祁连亚种，祁连四川绢蝶
Parnassius szechenyii germanae Austaut 四川绢蝶康定亚种
Parnassius szechenyii kansuensis Bryk *et* Eisner 甘肃四川绢蝶
Parnassius szechenyii lethe Bryk *et* Eisner 同 *Parnassius szechenyii szechenyii*
Parnassius szechenyii szechenyii Frivaldszky 四川绢蝶指名亚种，指名四川绢蝶
Parnassius tenedius Eversmann 微点绢蝶
Parnassius tenedius scepticus Bryk *et* Eisner 同 *Parnassius tenedius tenedius*
Parnassius tenedius tenedius Eversmann 微点绢蝶指名亚种
Parnassius tianschanicus Oberthür [large keeled apollo] 天山绢蝶
Parnassius tianschanicus acaus (Eversmann) 天山绢蝶中亚亚种，阿天山绢蝶
Parnassius tianschanicus erebus Verity 天山绢蝶中疆亚种，艾狄绢蝶
Parnassius tianschanicus fujiokai Ohya 天山绢蝶和田亚种，和田天山绢蝶
Parnassius tianschanicus minor Staudinger 天山绢蝶西疆亚种，西疆天山绢蝶
Parnassius tianschanicus tianschanicus Oberthür 天山绢蝶指名亚种，指名天山绢蝶
Parnassius tsinlingensis Bryk *et* Eisner 同 *Parnassius nomion*
Parnes 波尼蚬蝶属
Parnes nycteis Westwood 波尼蚬蝶
Parnes philotes (Westwood) 菲罗波尼蚬蝶
Parnidae [= Dryopidae] 泥甲科，泥虫科
Parnopes 蝗青蜂属

Parnopes grandior (Pallas) 赤尾蝗青蜂
Parnopes popovi Eversmann 波氏蝗青蜂
Parnops 杨梢肖叶甲属，杨梢叶甲属，梢肖叶甲属
Parnops atriceps Pic 黑头杨梢肖叶甲
Parnops glasunowi Jacobson 杨梢肖叶甲，杨梢叶甲
Parnops ordossana Jacobson 内蒙杨梢肖叶甲
Parnops vaillanti Pic 威氏杨梢肖叶甲，外杨梢叶甲
Parobeidia 狭长翅尺蛾属
Parobeidia gigantearia (Leech) 大狭长翅尺蛾，大长翅尺蛾，巨长翅尺蛾
Parobeidia gigantearia gigantearia (Leech) 大狭长翅尺蛾指名亚种
Parobeidia gigantearia marginifascia (Prout) 见 *Parobeidia marginifascia*
Parobeidia longimacula (Wehrli) 巨狭长翅尺蛾，长斑巨长翅尺蛾
Parobeidia marginifascia (Prout) 台湾狭长翅尺蛾，狭翅豹纹尺蛾
Parocerus 长板叶蝉属
Parocerus laurifoliae (Vilbaste) 樟树长板叶蝉
Parochlus 极翅摇蚊属
Parochlus steinenii (Gercke) 斯氏极翅摇蚊
Parochthiphila 准斑腹蝇属
Parochthiphila decipia Tanasijtshuk 欺准斑腹蝇
Parochthiphila transcaspica Frey 钝脊准斑腹蝇
Parochthiphila trjapitzini Tanasijtshuk 特里准斑腹蝇
Parochthiphila yangi Xie 杨氏准斑腹蝇
Parocneria 柏毒蛾属
Parocneria furva (Leech) [juniper tussock moth] 刺柏毒蛾，基白柏毒蛾，柏毒蛾，狂毒蛾，柏毛虫
Parocneria nigriplagiata (Gaede) 黑纹柏毒蛾，黑纹毒蛾
Parocneria orienta Chao 蜀柏毒蛾
Parocyptamus 似膝蚜蝇属，室蚜蝇属
Parocyptamus purpureus (Hull) 同 *Parocyptamus sonamii*
Parocyptamus sonamii Shiraki 索那咪似膝蚜蝇，仁博蚜蝇
Parodontodynerus 等齿蜾蠃属
Parodontodynerus ephippium (Klug) 鞍等齿蜾蠃
Parodontodynerus ephippium dalanicus Kurzenko 鞍等齿蜾蠃多毛亚种，毛等齿蜾蠃
Parodontodynerus ephippium ephippium (Klug) 鞍等齿蜾蠃指名亚种
Parodontodynerus laudatus (Kostylev) 赞等齿蜾蠃
paroecia 托庇邻居
Paroeneis 拟酒眼蝶属
Paroeneis bicolor (Seitz) 双色拟酒眼蝶
Paroeneis grandis Riley 大拟酒眼蝶
Paroeneis iole (Leech) 见 *Paroeneis palearcticus iole*
Paroeneis palearcticus (Staudinger) 古北拟酒眼蝶
Paroeneis palearcticus iole (Leech) 古北拟酒眼蝶约乐亚种，约拟酒眼蝶
Paroeneis palearcticus nanschanicus (Grum-Grshimailo) 古北拟酒眼蝶南山亚种
Paroeneis palearcticus palearcticus (Staudinger) 古北拟酒眼蝶指名亚种
Paroeneis parapumilus Huang 侧光拟酒眼蝶
Paroeneis pumilus (Felder *et* Felder) 拟酒眼蝶
Paroeneis sikkimensis (Staudinger) 锡金拟酒眼蝶
Paroligoneurus 稀脉茧蜂属
Paroligoneurus cosmopterygivorus (He) 竹尖蛾稀脉茧蜂，竹尖蛾寡脉茧蜂
Paroligoneurus crassicornis (He) 粗角稀脉茧蜂，粗角寡脉茧蜂
Paroligoneurus flavlfacialis (He) 黄脸稀脉茧蜂，黄脸寡脉茧蜂
Paroligoneurus sinensis (He) 中华稀脉茧蜂，中华寡脉茧蜂
Paroligoneurus songyangensis (He) 松阳稀脉茧蜂，松阳寡脉茧蜂
Parolulis 斜分夜蛾属
Parolulis renalis (Moore) 肾斜分夜蛾，肾斜分裳蛾
Paromalini 丽尾阎甲族，坦阎甲族，等角阎甲族
Paromalus 丽尾阎甲属，丽尾阎甲亚属，坦阎甲属
Paromalus acutangulus Zhang *et* Zhou 锐角丽尾阎甲
Paromalus parallelepipedus (Herbst) 菱丽尾阎甲
Paromalus picturatus Kapler 皮克丽尾阎甲
Paromalus tibetanus Zhang *et* Zhou 西藏丽尾阎甲
Paromalus vernalis Lewis 春丽尾阎甲，春坦阎甲，春微阎甲
Paromias 帕洛象甲属，帕洛象属
Paromias sulphurifer Voss 硫帕洛象甲，硫帕洛象
Paromius 细长蝽属
Paromius excelsus Bergroth 斑翅细长蝽
Paromius exguus Distant 细长蝽
Paromius gracilis (Rambur) 短喙细长蝽
Paromius piratoides (Costa) 盗细长蝽
Paromius seychellesus Walker 同 *Paromius gracilis*
Paroncophorus 副突鸟虱属
Paroncophorus major (Piaget) 大副突鸟虱，副突鸟虱
Paronella 帕络䗛属
Paronella japonica Kinoshita 见 *Callyntrura japonica*
Paronella taiwanica (Yosii) 见 *Callyntrura taiwanica*
paronellid 1. [= paronellid springtail, elongate-bodied springtail] 帕络䗛 < 帕络䗛科 Paronellidae 昆虫的通称 >；2. 帕络䗛科的
paronellid springtail [= paronellid, elongate-bodied springtail] 帕络䗛
Paronellidae 帕络䗛科

paronychia [= parempodia; s. paronychium] 爪间鬃 < 指爪间突的鬃状附器 >
paronychium [pl. paronychia; = whitlow] 爪间鬃
Paronymus 印弄蝶属
Paronymus budonga (Evans) 非洲印弄蝶
Paronymus ligorus (Hewitson) [largest dart] 大印弄蝶，印弄蝶
Paronymus nevea (Druce) [scarce largest dart] 稀印弄蝶
Paronymus xanthias (Mabille) [yellow largest dart] 黄印弄蝶
Paronymus xanthioides (Holland) [littler largest dart] 小印弄蝶
Paroosternum 帕鲁牙甲属，副卵腹牙甲属
Paroosternum saundersi (d'Orchymont) 桑氏帕鲁牙甲，桑氏副卵腹牙甲
Paroosternum sorex Sharp 索帕鲁牙甲
Paropesia 等攀寄蝇属
Paropesia discalis Shima 心鬃等攀寄蝇
Paropesia nigra Mesnil 黑等攀寄蝇
Paropesia tessellata Shima 方斑等攀寄蝇
paropiid 1. [= paropiid planthopper] 凹颜叶蝉 < 凹颜叶蝉科 Paropiidae 昆虫的通称 >；2. 凹颜叶蝉科的
paropiid planthopper [= paropiid] 凹颜叶蝉
Paropiidae 凹颜叶蝉科

Paropisthius 帕洛步甲属
Paropisthius indicus Chaudoir 印帕洛步甲，印步甲
Paropisthius masuzoi Kasahara 增泽帕洛步甲
Paroplapoderus 斑卷叶象甲属，斑卷叶象属
Paroplapoderus angulipennis (Kolbe) 尖翅斑卷象甲，尖翅斑卷象
Paroplapoderus biangulatus Voss 双角斑卷象甲，双角斑卷象
Paroplapoderus bihumeratus Jekel 双肱斑卷叶象甲，双肱盘斑象甲，双肩斑卷象
Paroplapoderus bistrispinosus Faust 双刺斑卷象甲，双刺斑卷象
Paroplapoderus coniceps Voss 锥头斑卷象甲，锥头斑卷象
Paroplapoderus fallax (Gyllenhal) 诈斑卷象甲，诈斑卷象
Paroplapoderus fasciatus Voss 带斑卷象甲，带斑卷象
Paroplapoderus hauseri Voss 豪氏斑卷象甲，豪斑卷象
Paroplapoderus melanostictus (Fairmaire) 黑纹斑卷象甲，黑纹斑卷象
Paroplapoderus nigroguttatus Kôno 黑斑卷象甲，黑斑壮斑卷象
Paroplapoderus obtusus Voss 钝斑卷象甲，钝斑卷象
Paroplapoderus pardalis (Snellen van Vollenhoven) 豹纹斑卷叶象甲，豹纹盘斑象甲，具斑斑卷象
Paroplapoderus punctatus Pic 点斑卷象甲，点斑卷象
Paroplapoderus semiannulatus (Jekel) 圆斑卷象甲，圆斑卷象
Paroplapoderus shirakii Kôno 素木斑卷象甲，素木斑卷象
Paroplapoderus sticticus Voss 纹斑卷象甲，纹斑卷象
Paroplapoderus tristoides (Voss) 暗卷象甲，暗卷叶象甲，特纹头瘤黄象
Paroplapoderus turbidus Voss 陀斑卷象甲，陀斑卷象
Paroplapoderus validus Voss 壮斑卷象甲，壮斑卷象
Paroplapoderus validus nigroguttatus Kôno 见 *Paroplapoderus nigroguttatus*
Paroplapoderus vanvolxemi (Roelofs) 范斑卷象甲，范斑卷象
Paroplapoderus vitticeps (Jekel) 条头斑卷象甲，条头斑卷象，斐斑卷象，纹头瘤黄象甲，纹头瘤黄象
Paroplapoderus vitticeps tristoides (Voss) 见 *Paroplapoderus tristoides*
Paropsis 毛龟甲属
Paropsis albae Gressitt 白毛龟甲
Paropsis andersonae Gressitt 安德森毛龟甲
Paropsis obsoleta Olivier [eucalyptus tortoise beetle] 桉毛龟甲
Paropsides 斑叶甲属
Paropsides bouvieri Chen 纵带斑叶甲，包氏斑叶甲
Paropsides chennelli Baly 黄斑叶甲，西藏斑叶甲
Paropsides duodecimpustulata Gebler 同 *Paropsides soriculata*
Paropsides nigrofasciata Jacoby 合欢斑叶甲，黑带斑叶甲
Paropsides soriculata (Swartz) 梨斑叶甲，山楂斑叶甲，南瓜十二星叶甲，梨十六斑叶甲
Parorgyia grisefacta (Dyar) 见 *Dasychira grisefacta*
Parormosia 双索大蚊亚属
Parornix 帕潜蛾属
Parornix betulae (Stainton) 桦帕潜蛾，桦细蛾
Parornix geminatella (Packard) [unspotted leaf miner] 无斑帕潜蛾，无斑丽细蛾
Parornix multimaculata (Matsumura) [maculated lyonetid] 多斑帕潜蛾，多斑丽细蛾，多斑潜蛾
Parorsidis 异奥天牛属
Parorsidis delevauxi Breuning 老挝异奥天牛
Parorsidis nigrosparsa Pic 黑毛异奥天牛
Parorsidis rondoni Breuning 绿毛异奥天牛
Parorsidis transversevittata Breuning 横带异奥天牛
Parorthocladius 拟直突摇蚊属
Parorthocladius concretus Liu *et* Wang 骨拟直突摇蚊
Parorthocladius cristatus Liu *et* Wang 脊拟直突摇蚊
Parorthocladius unicentrus Liu *et* Wang 孤刺拟直突摇蚊
Parosmodes 帕罗弄蝶属
Parosmodes morantii (Trimen) [Morant's skipper, Morant's orange] 帕罗弄蝶
Parosmylus 近溪蛉属
Parosmylus brevicornis Wang *et* Liu 粗角近溪蛉
Parosmylus jombai Yang 江巴近溪蛉
Parosmylus liupanshanensis Wang *et* Liu 六盘山近溪蛉
Parosmylus tibetanus Yang 西藏近溪蛉
Parosmylus yadonganus Yang 亚东近溪蛉
Parotis 绿野螟属，绿绢野螟蛾属，帕洛螟属
Parotis angustalis (Snellen) 绿翅野螟
Parotis athysanota (Hampson) 绿翅绿野螟，阿帕洛螟，绿翅野螟蛾
Parotis glauculalis (Guenée) 海绿野螟，青帕洛螟
Parotis laceritalis (Kenrick) 焦缘绿野螟，焦缘帕洛螟，焦缘绿绢野螟蛾
Parotis marginata (Hampson) 褐缘绿野螟，缘帕洛螟，缘绢丝野螟
Parotis nilgirica (Snellen) 墨绿野螟，尼帕洛螟
Parotis pomonalis (Guenée) 白缘绿野螟，坡帕洛螟
Parotis suralis (Lederer) 角翅绿野螟，肃帕洛螟，苏克络螟
Parotis vertumnalis (Guenée) 威绿野螟，威帕洛螟
Paroxyharma 菱腹金小蜂属
Paroxyharma rhomba Huang *et* Tong 菱腹金小蜂
Paroxyna 坎皮实蝇属 *Campiglossa* 的异名
Paroxyna absunthii (Fabricius) 见 *Campiglossa absinthii*
Paroxyna aeneostriata Munro 见 *Campiglossa aeneostriata*
Paroxyna arisanica Shiraki 见 *Homoeotricha arisanica*
Paroxyna babajaga Hering 同 *Campiglossa messalina*
Paroxyna basalis Chen 见 *Campiglossa basalis*
Paroxyna bidentis (Robineau-Desvoidy) 见 *Dioxyna bidentis*
Paroxyna binotata Wang 见 *Campiglossa binotata*
Paroxyna brunneimaculata Hardy 见 *Austrotephritis brunneimaculata*
Paroxyna cheni Zia 同 *Dioxyna bidentis*
Paroxyna chusanica Zia 同 *Dioxyna bidentis*
Paroxyna cilicornis Hering 同 *Dioxyna bidentis*
Paroxyna cleopatra Hering 同 *Campiglossa messalina*
Paroxyna communis Chen 同 *Campiglossa defasciata*
Paroxyna confinis Chen 见 *Campiglossa confinis*
Paroxyna contingens (Becker) 见 *Campiglossa contingens*
Paroxyna defasciata Hering 见 *Campiglossa defasciata*
Paroxyna distichera Wang 见 *Campiglossa distichera*
Paroxyna dorema Hering 同 *Campiglossa melanochroa*
Paroxyna evanescens (Becker) 见 *Campiglossa evanescens*
Paroxyna exigua Chen 见 *Campiglossa exigua*
Paroxyna flavesecns Chen 见 *Campiglossa flavescens*
Paroxyna gilversa Wang 见 *Campiglossa gilversa*

Paroxyna iriomotensis Shiraki 见 *Campiglossa iriomotensis*
Paroxyna kunlunica Wang 同 *Campiglossa misella*
Paroxyna lederi Hendel 见 *Campiglossa lederi*
Paroxyna longistigma Wang 见 *Campiglossa longistigma*
Paroxyna medora Hering 同 *Campiglossa defasciata*
Paroxyna melanochroa Hering 见 *Campiglossa melanochroa*
Paroxyna messalina Hering 见 *Campiglossa messalina*
Paroxyna misella Loew 见 *Campiglossa misella*
Paroxyna obscuripennis (Loew) 见 *Campiglossa obscuripennis*
Paroxyna occultella Chen 见 *Campiglossa occultella*
Paroxyna orientalis (de Meijere) 见 *Campiglossa orientalis*
Paroxyna ornalibera Wang 同 *Campiglossa scedelloides*
Paroxyna oxynoides Hering 同 *Campiglossa luxorientis*
Paroxyna paula Hering 见 *Campiglossa paula*
Paroxyna pusilla Chen 见 *Campiglossa pusilla*
Paroxyna putrida Hering 见 *Campiglossa putrida*
Paroxyna rufula Chen 见 *Campiglossa rufula*
Paroxyna seguyi Zia 同 *Dioxyna bidentis*
Paroxyna separabilis Hering 见 *Campiglossa separabilis*
Paroxyna shensiana Chen 见 *Campiglossa shensiana*
Paroxyna simplex Chen 见 *Campiglossa simplex*
Paroxyna stigmosa de Meijere 见 *Campiglossa stigmosa*
Paroxyna trassaerti Chen 见 *Campiglossa trassaerti*
Paroxyna undata Chen 见 *Campiglossa undata*
Paroxyna varia Chen 见 *Campiglossa varia*
Paroxyna virgata Hering 见 *Campiglossa virgata*
Paroxyplax 副纹刺蛾属
Paroxyplax lineata Cai 线副纹刺蛾
Paroxyplax menghaiensis Cai 副纹刺蛾
paroxysm 突然发病
Parphorus 黄脉弄蝶属
Parphorus decora (Herrich-Schäffer) [yellow-veined skipper, velvet-streaked brown-skipper, decora skipper] 金黄脉弄蝶
Parphorus storax (Mabille) [decorated brown-skipper, storax skipper] 黄脉弄蝶
Parrhasius 葩灰蝶属
Parrhasius hebraeus (Hewitson) 海葩灰蝶
Parrhasius malbum (Boisduval *et* Leconte) [white M hairstreak] 白M纹葩灰蝶
Parrhasius moctezuma (Clench) [Mexican M hairstreak] 摩葩灰蝶
Parrhasius orgia Nicolay [variable hairstreak] 傲葩灰蝶
Parrhasius polibetes (Stoll) 葩灰蝶
Parrhasius punctium Herrich-Schäffer 多点葩灰蝶
Parrhasius selika (Hewitson) 赛丽卡葩灰蝶
Parrhinotermes 棒鼻白蚁属
Parrhinotermes khasii Roonwal *et* Sen-Sarma 卡西棒鼻白蚁，端齿棒鼻白蚁
Parrhinotermes khasii khasii Roonwal *et* Sen-Sarma 卡西棒鼻白蚁指名亚种
Parrhinotermes khasii ruiliensis Tsai *et* Huang 卡西棒鼻白蚁瑞丽亚种，瑞丽棒鼻白蚁
Parricola sulcatus (Piaget) 见 *Rallicola sulcatus*
Parrotomyia 帕蛉亚属
pars basalis [= cardo] 轴节
pars intercerebralis 脑间部
pars intermedialis 受精囊泵
pars stipitalis labii [= prementum, stipula, stipital region, eulabium, labiostipites, labiosternite] 前颏
parsimonious tree [= parsimony tree] 简约树
parsimony 1. 简约，简约性；2. 多义性 <信息素的>
parsimony tree 见 parsimonious tree
parsley aphid [= hawthorn-parsley aphid, rusty banded aphid, *Dysaphis apiifolia* (Theobald)] 锈条西圆尾蚜，锈条蚜
parsnip and willow aphid [= carrot-willow aphid, carrot aphid, willow-carrot aphid, *Cavariella aegopodii* (Scopoli)] 埃二尾蚜，肿管双尾蚜，伞形花二属蚜
parsnip leaf miner [*Euleia fratria* (Loew)] 防风尤列实蝇，防风草实蝇
parsnip moth [= parsnip webworm, *Depressaria pastinacella* (Duponchel)] 防风宽蛾，防风织叶蛾
parsnip swallowtail [= eastern black swallowtail, American swallowtail, black swallowtail, *Papilio polyxenes* Fabricius] 珀凤蝶
parsnip webworm 见 parsnip moth
partes oris [= mouthparts] 口器
parthaon metalmark [*Calospila parthaon* (Dalman)] 帕霓蚬蝶
Parthemis canescaria Guenée 灰丽神尺蛾
Parthenini 丽蛱蝶族
parthenis metalmark [= fire-banded metalmark, *Hyphilaria parthenis* (Westwood)] 黄虎蚬蝶
Parthenocodrus 中沟细蜂属
Parthenocodrus cheni He *et* Xu 陈氏中沟细蜂
Parthenocodrus connexus He *et* Xu 连疤中沟细蜂
Parthenocodrus fanjingshanensis He *et* Xu 梵净山中沟细蜂
Parthenocodrus fuscipes He *et* Xu 褐足中沟细蜂
Parthenocodrus kangdingensis He *et* Xu 康定中沟细蜂
Parthenocodrus multisulcus He *et* Xu 多沟中沟细蜂
Parthenocodrus tumidiflagellum He *et* Xu 鼓鞭中沟细蜂
Parthenodes 洁水螟属
Parthenodes distinctalis (Leech) 见 *Paracymoriza distinctalis*
Parthenodes fuscalis Yoshiyasu 见 *Paracymoriza fuscalis*
Parthenodes pallidalis South 淡洁水螟
Parthenodes prodigalis Leech 珍洁水螟
Parthenodes stellata Warren 斯洁水螟
Parthenodes taiwanalis Wileman *et* South 见 *Paracymoriza taiwanalis*
Parthenodes vagalis (Walker) 黄褐洁水螟
parthenogenesis [= parthenogenetic propagation, parthenogenetic reproduction] 孤雌生殖，单性生殖
parthenogenetic 孤雌生殖的，单性生殖的
parthenogenetic propagation 见 parthenogenesis
parthenogenetic reproduction 见 parthenogenesis
Parthenolecanium 木坚蚧属，胎球蚧属
Parthenolecanium corni (Bouché) [European fruit lecanium, European fruit scale, brown scale, peach scale, brown apricot scale, brown elm scale, fruit lecanium] 水木坚蚧，水木坚蜡蚧，欧果坚球蚧，李蜡蚧，褐盔蜡蚧，东方盔蚧，扁平球坚蚧，槐坚蚧，糖槭蚧，扁平球坚介壳虫
Parthenolecanium fletcheri (Cockerell) [Fletcher scale, arborvitae soft scale] 桧柏木坚蚧，侧柏球坚蜡蚧，弗氏蜡蚧
Parthenolecanium glandi (Kuwana) 大木坚蚧，大球蚧
Parthenolecanium orientalis Borchsenius 同 *Parthenolecanium corni*

Parthenolecanium persicae (Fabricius) [peach scale, European fruit scale, European peach scale, grapevine scale, grape-vine scale, greater vine scale] 桃树木坚蚧，桃坚蚧，桃木坚蜡蚧，桃盔蜡蚧，欧洲桃盔蜡蚧，欧洲桃蜡蚧，欧洲桃球蚧
Parthenolecanium rufulum (Cockerell) [oak soft scale, chestnut scale] 栎树木坚蚧，栗硬蚧
Parthenolecanium takachihoi (Kuwana) 远东木坚蚧
Parthenos 丽蛱蝶属
Parthenos aspila Honrath 褐丽蛱蝶
Parthenos sinensis Chou, Yuan *et* Zhang 中华丽蛱蝶
Parthenos sylvia (Cramer) [clipper] 丽蛱蝶
Parthenos sylvia gambrisius Fabricius [Bengal clipper] 丽蛱蝶孟加拉国亚种
Parthenos sylvia lilacinus [blue clipper] 丽蛱蝶蓝色亚种
Parthenos sylvia nila Evans [Nicobar clipper] 丽蛱蝶尼岛亚种
Parthenos sylvia philippensis Fruhstorfer 丽蛱蝶菲律宾亚种
Parthenos sylvia roepstorfii Moore [Andaman clipper] 丽蛱蝶安岛亚种
Parthenos sylvia sylla (Donovan) 同 *Parthenos sylvia sylvia*
Parthenos sylvia sylvia (Cramer) 丽蛱蝶指名亚种
Parthenos sylvia virens Moore [Sahyadri clipper] 丽蛱蝶萨亚德里亚种
Parthenos tigrina Vollenhoven 暗丽蛱蝶
Parthenothrips 孤雌蓟马属
Parthenothrips dracaenae (Heeger) [palm thrips] 棕榈孤雌蓟马
partheyne satyr [*Lasiophila partheyne* Hewitson] 侧带腊眼蝶
Parthomyiina 帕蜂麻蝇亚族
partial dominance 不完全显性
partial habitat 局部生境
partial pressure 分压
partial sex-linkage 部分性连锁
partite [= partitus] 分裂的 < 如豉甲科 Gyrinidae 昆虫的复眼 >
partition chromatography 分配色谱法；分配层析
partition coefficient 分配系数
partitioned cocooning frame 方格蔟 < 家蚕的 >
partitus 见 partite
parturition 产期
Parudea fimbriata Swinhoe 见 *Thliptoceras fimbriata*
Parum 月天蛾属
Parum colligata (Walker) [silver-dotted hawk moth] 构月天蛾，构天蛾，白点天蛾，构星天蛾
Parum colligata colligata (Walker) 构月天蛾指名亚种
Parum colligata saturata Clark 同 *Parum colligata colligata*
Parum porphyria (Butler) 月天蛾
Paruparo 帕灰蝶属
Paruparo cebuensis (Juamlon) 宿务帕灰蝶
Paruparo lumawigi (Schröder) 鲁莽帕灰蝶
Paruparo mamertina (Hewitson) 帕灰蝶
Paruparo mio Hayashi, Schröder *et* Treadaway 米奥帕灰蝶
Paruparo violacea (Schröder *et* Treadaway) 紫罗兰帕灰蝶
Paruraecha 肖泥色天牛属，山长角天牛属
Paruraecha acutipennis (Gressitt) 尖尾肖泥色天牛
Paruraecha submarmorata (Gressitt) 台湾肖泥色天牛，阿里山长角天牛
Paruraecha szetschuanica Breuning 四川肖泥色天牛
Parurios 琶茹金小蜂属
Parurios conoidea Xiao *et* Huang 锥盾琶茹金小蜂
Parvaroa 琶毒蛾属
Parvaroa shelfordi (Collenette) 棕琶毒蛾，棕古毒蛾
Parvialacaecilia 小翅单蝎属
Parvialacaecilia hebeiensis Li 河北小翅单蝎
Parvibothrus 小坳蝗属
Parvibothrus vittatus Yin 黄条小坳蝗
Parvisquama 小瓣秽蝇属
Parvisquama sumatrana (Malloch) 苏门小瓣秽蝇
parvula skipper [= banded grass-skipper, *Toxidia parvulus* (Plötz)] 小陶弄蝶
Parwaina 斑神蜡蝉属
Parwaina liuyei Song 刘晔斑神蜡蝉
Parydra 滨水蝇属
Parydra (Chaetoapnaea) albipulvis Miyagi 双翼滨水蝇
Parydra (Chaetoapnaea) fossarum (Haliday) 盾突滨水蝇
Parydra (Chaetoapnaea) lutumilis Miyagi 斑翅滨水蝇
Parydra (Chaetoapnaea) pacifica Miyagi 黄胫滨水蝇
Parydra (Chaetoapnaea) pulvisa Miyagi 黑胫滨水蝇
Parydra (Chaetoapnaea) quadripunctata Meigen 四斑滨水蝇
Parydra formosana (Cresson) 见 *Parydra (Parydra) formosana*
Parydra inornata (Becker) 见 *Parydra (Parydra) inornata*
Parydra (Parydra) aquila (Fallén) 鬃瘤滨水蝇
Parydra (Parydra) coarctata (Fallén) 密聚滨水蝇
Parydra (Parydra) formosana (Cresson) 台湾滨水蝇，蓬莱滨水蝇，蓬莱渚蝇，台大口水蝇
Parydra (Parydra) inornata (Becker) 敖脉滨水蝇，朴素滨水蝇，朴素渚蝇，无饰大口水蝇
Parypthimoides 玄眼蝶属
Parypthimoides eous Butler 玄眼蝶
Parypthimoides phronius Godart 弗罗玄眼蝶
Parypthimoides poltys Pritter [convergent lines satyr] 玻尔玄眼蝶
PASA [PCR amplification of specific allele 的缩写] 特异性等位基因 PCR
pasania aphid [*Eutrichosiphum pasaniae* (Okajima)] 小真毛管蚜，石柯真毛管蚜，红眼黄体毛管蚜
pasha [*Herona marathus* Doubleday] 爻蛱蝶
pasinuntia mimic queen [*Lycorea pasinuntia* (Stoll)] 袖斑蝶
pasiphae nymphidium [*Pandemos pasiphae* (Cramer)] 潘迪蚬蝶
Pasiphila palpata (Walker) 绿带小波尺蛾
Pasiphila rectangulata (Linnaeus) 见 *Chloroclystis rectangulata*
Pasira 帕猎蝽属
Pasira perpusilla (Walker) 帕猎蝽
Pasiropsis 突胸猎蝽属
Pasiropsis bicolor Hsiao 褐突胸猎蝽
Pasiropsis maculata Distant 青突胸猎蝽
Pasites 帕艳斑蜂属，短角斑蜂属
Pasites esakii Popov *et* Yasumatsu 江崎帕艳斑蜂，江崎短角斑蜂
Pasites maculatus Jurine 斑帕艳斑蜂，斑短角斑蜂
Pasma 琶弄蝶属
Pasma tasmanicus (Miskin) [two-spotted grass-skipper] 二斑琶弄蝶，琶弄蝶
passalid 1. [= passalid beetle, bessbug, bess beetle, betsy beetle, horned passalus beetle] 黑蜣，黑艳虫 < 黑蜣科 Passalidae 昆虫

的通称 >；2. 黑蜣科的

passalid beetle [= passalid, bessbug, bess beetle, betsy beetle, horned passalus beetle] 黑蜣，黑艳虫

Passalidae 黑蜣科，黑艳虫科

Passalinae 黑蜣亚科

Passaloecus 阔额短柄泥蜂属

Passaloecus corniger Shuckard 锥阔额短柄泥蜂

Passaloecus insignis (Vander Linden) 显阔额短柄泥蜂，台帕萨泥蜂

Passaloecus koreanus Tsuneki 朝鲜阔额短柄泥蜂

Passaloecus monilicornis Dahlbom 珠角阔额短柄泥蜂，珠角帕萨泥蜂

Passaloecus monilicornis (Yasumatsu) 同 *Passaloecus insignis*

Passaloecus monilicornis monilicornis Dahlbom 珠角阔额短柄泥蜂指名亚种

Passaloecus monilicornis taiwanus Tsuneki 珠角阔额短柄泥蜂台湾亚种，台珠角帕萨泥蜂，台湾珠角阔额短柄泥蜂

Passaloecus singularis Dahlbom 单阔额短柄泥蜂

Passalotis 钉尖蛾属，钉尖翅蛾属

Passalotis irianthes Meyrick 伊钉尖蛾，钉尖蛾，伊钉尖翅蛾

passalus skipper [= dazzling nightfighter, *Porphyrogenes passalus* (Herrich-Schäffer)] 顺弄蝶

Passandra 帕隐颚扁甲属，捕蠹虫属

Passandra heros (Fabricius) 赫帕隐颚扁甲

Passandra simplex (Murray) 简隐颚扁甲

Passandra tenuicornis (Grouvelle) 尖角帕隐颚扁甲

passandrid 1. [= passandrid beetle, passandrid bark beetle, parasitic flat bark beetle] 隐颚扁甲，捕蠹虫 < 隐颚扁甲科 Passandridae 昆虫的通称 >；2. 隐颚扁甲科的

passandrid bark beetle [= passandrid, passandrid beetle, parasitic flat bark beetle] 隐颚扁甲，捕蠹虫

passandrid beetle 见 passandrid bark beetle

Passandridae 隐颚扁甲科，捕蠹虫科

Passeromyia 雀蝇属

Passeromyia heterochaeta (Villeneuve) 异芒雀蝇，异毛雀蝇

passing migrant 旅居迁移物

passion butterfly [= gulf fritillary, vanillefalter, *Agraulis vanillae* (Linnaeus)] 银纹红袖蝶，香子蓝袖蝶

passion vine hopper [= passionvine hopper, *Scolypopa australis* (Walker)] 澳洲广翅蜡蝉

passionvine bug [= leaf-footed plant bug, black leaf-footed bug, *Leptoglossus australis* (Fabricius)] 澳洲喙缘蝽，珐缘蝽

passionvine hopper 见 passion vine hopper

passionvine mealybug [= Pacific mealybug, *Planococcus minor* (Maskell)] 巴豆臀纹粉蚧，巴豆刺粉蚧，太平洋臀纹粉介壳虫

Passova 俞弄蝶属

passova firetip [*Passova passova* (Hewitson)] 俞弄蝶

Passova gazera (Hewitson) [gazera firetip] 凝俞弄蝶

Passova gellias (Godman *et* Salvin) [gellias firetip] 火俞弄蝶

Passova passova (Hewitson) [passova firetip] 俞弄蝶

pastazena crescent [*Tegosa pastazena* Bates] 帕苔蛱蝶

Pastria 酥弄蝶属

Pastria pastria Evans 酥弄蝶

pasture brown-skipper [= pasture skipper, *Vehilius stictomenes* (Butler)] 斑点韦罩弄蝶

pasture mirid [= tarnished plant bug, common meadow bug, bishop bug, *Lygus pratensis* (Linnaeus)] 牧草盲蝽

pasture skipper 见 pasture brown-skipper

Pasurius 帕素象甲属

Pasurius dorsatus Fairmaire 背帕素象甲，背帕素象

Pataeta 拍尾夜蛾属

Pataeta carbo (Guenée) 卡拍尾夜蛾，拍尾夜蛾

patagia [s. patagium] 领片

patagium [pl. patagia] 领片

Patagonia-Chilean Subregion 智利亚区

Patagoniodes 骨斑螟属，帕达螟属

Patagonoides hoenei Roesler 贺氏骨斑螟，贺帕达螟

Patagonoides likiangella Roesler 丽江骨斑螟，丽江帕达螟

Patagonoides nopponella (Ragonot) 诺骨斑螟，诺帕达螟

Patagoniodes popescugorji Roesler 波纹骨斑螟，坡帕达螟

Patanga 黄脊蝗属

Patanga apicerca Huang 尖须黄脊蝗

Patanga humilis Bi 小黄脊蝗

Patanga japonica (Bolívar) [Japanese ground grasshopper] 日本黄脊蝗，橘黄脊土蝗

Patanga succincta (Johansson) [Indian yellow-ridged grasshopper, Bombay locust] 印度黄脊蝗，条背土蝗

Patania 扇野螟属

Patania aegrotalis (Zeller) 伊扇野螟，伊切叶野螟

Patania austa (Strand) 奥扇野螟，奥肋野螟

Patania balteata (Fabricius) [loquat leafroller] 枇杷扇野螟，枇杷卷叶野螟，枇杷肋野螟，枇杷螟

Patania caletoralis (Walker) 多条扇野螟

Patania characteristica (Warren) 角黑斑扇野螟，喀扇野螟

Patania chlorophanta (Butler) 三条扇野螟，三条蛀野螟，叶绿肋膜野螟

Patania clava Xu *et* Du 丁紫扇野螟

Patania concatenalis (Walker) 黄斑扇野螟，关联卷叶野螟

Patania costalis (Moore) 缘扇野螟，缘卷叶野螟

Patania deficiens (Moore) 二斑扇野螟，二斑肋野螟

Patania definita (Butler) 暗纹扇野螟

Patania expictalis (Christoph) 亮斑扇野螟

Patania harutai (Inoue) 三纹扇野螟，三纹肋野螟，三条野螟

Patania haryoalis (Strand) 哈扇野螟，哈卷叶野螟

Patania inferior (Hampson) 四目扇野螟，四目卷叶野螟，四目肋野螟

Patania iopasalis (Walker) 紫褐扇野螟，紫褐肋野螟

Patania mundalis (South) 窗斑扇野螟，窗斑肋野螟

Patania nea (Strand) 尼扇野螟，尼肋野螟

Patania nigrilinealis (Walker) 同 *Patania orissusalis*

Patania obfuscalis (Yamanaka) 黄褐扇野螟

Patania orissusalis (Walker) 橙纹扇野螟

Patania orobenalis (Snellen) 奥罗扇野螟，奥罗卷叶野螟

Patania pata (Strand) 帕达扇野螟，帕达肋野螟

Patania pernitescens (Swinhoe) 见 *Syllepte pernitescens*

Patania plagiatalis (Walker) 甘薯扇野螟，甘薯肋野螟

Patania punctimarginalis (Hampson) 栅纹扇野螟，点缘肋野螟

Patania quadrimaculalis (Kollar) 四斑扇野螟，四斑肋野螟，四斑卷叶野螟

Patania rubellalis (Snellen) 红扇野螟

Patania ruralis (Scopoli) [mother of pearl moth, bean webworm] 豆扇野螟，豆卷叶野螟，豆肋膜野螟，荨麻大螟
Patania sabinusalis (Walker) 淡黄扇野螟，萨肋野螟，萨比卷叶野螟
Patania scinisalis (Walker) 宽缘扇野螟，双突扇野螟，双突肋野螟，新尼萨卷叶野螟
Patania sellalis (Guenée) 褐缘扇野螟，塞拉卷叶野螟
Patania ultimalis (Walker) 极扇野螟，极肋野螟，极卷叶野螟
Patapius thaiensis Cobben 泰国刺眼细足蝽
patch 斑块
patch clamp 膜片钳
Patchiella 根绵蚜属
Patchiella reaumuri (Kaltenbach) [taro root aphid, lime leaf-nest aphid] 芋根绵蚜，芋根蚜，来檬树须瘿蚜 < 此种学名有误写为 *Patchiella reamuri* Kaltenbach 者 >
Patchiella reaumuri orientalis Pashtshenko 芋根绵蚜东方亚种
Patchiella reaumuri reaumuri (Kaltenbach) 芋根绵蚜指名亚种
patchiness index 聚块指数，聚块指标，镶嵌度指数
patella [pl. patellae] 1. 小盘；2. 吸跗节 < 指龙虱前足跗节的特化节，或指跗节下面的板状角质构造 >；3. 膝节
patellae [s. patella] 1. 小盘；2. 吸跗节；3. 膝节
Patellapis 小碟蜂属
Patellapis (***Pachyhalictus***) ***formosicola*** (Blüthgen) 台湾壮隧蜂，台岛隧蜂
Patellapis (***Pachyhalictus***) ***intricata*** (Vachal) 扁壮隧蜂
Patellapis (***Pachyhalictus***) ***liodoma*** (Vachal) 滑体壮隧蜂
Patellapis (***Pachyhalictus***) ***lioscutalis*** (Pesenko *et* Wu) 平滑壮隧蜂
Patellapis (***Pachyhalictus***) ***reticulosa*** (Dalla Torre) 网壮隧蜂
Patellapis (***Pachyhalictus***) ***trachyna*** (Pesenko *et* Wu) 粗糙壮隧蜂
Patellapis (***Pachyhalictus***) ***yunnanica*** (Pesenko *et* Wu) 云南壮隧蜂
patellar 膝的
patellariae 跗杯陷 < 指龙虱雄虫前足跗节腹面的杯状陷 >
patelliform 1. 杯形；2. 膝形
patello-tibial 膝胫节的
patellula 小杯陷 < 指有环状口的杯状陷 >
patent-leather beetle [= Jerusalem beetle, horned passalus, betsy beetle, bess beetle, *Odontotaenius disjunctus* (Illiger)] 具角美黑蜣，具角黑艳甲
pater skipper [*Jemadia pater* Evans] 佩特约弄蝶
Paterculus 卷蝽属
Paterculus aberrans Distant 斑卷蝽
Paterculus affinis (Distant) 大卷蝽
Paterculus bidentatus Xiong *et* Liu 二齿卷蝽
Paterculus elatus (Yang) 卷蝽，卷椿象
Paterculus ovatus Hsiao *et* Cheng 圆卷蝽
Paterculus parvus Hsiao *et* Cheng 小卷蝽，小卷椿象
Paterculus vittatus Distant 贵阳卷蝽
paternal care 父亲照顾 < 父亲照顾后代的行为 >
paternal character 父本性状
paternal form 父本类型
paternal inheritance 父性遗传
pathogen 病原，病原体
pathogenesis 发病
pathogenic 病原的；致病的
pathogenicity 致病力；致病性
pathognomonic 1. 诊断病征；2. 特殊病症的
pathological 病理的；病理学的
pathological morphology 病理形态学
pathophysiology 病理生理学
Pathysa 绿凤蝶属
Pathysa agetes (Westwood) [fourbar swordtail] 斜纹绿凤蝶
Pathysa agetes agetes Westwood 斜纹绿凤蝶指名亚种
Pathysa agetes chinensis Chou *et* Li 斜纹绿凤蝶中国亚种
Pathysa albescens Chou, Yuan *et* Wang 白翅绿凤蝶
Pathysa androcles (Boisduval) [lion swordtail, giant swordtail] 长尾绿凤蝶
Pathysa antiphates (Cramer) [fivebar swordtail] 绿凤蝶
Pathysa antiphates antiphates (Cramer) 绿凤蝶指名亚种，指名绿凤蝶
Pathysa antiphates pompilius (Fabricius) 绿凤蝶海南亚种，海南绿凤蝶
Pathysa aristea (Stoll) [chain swordtail] 芒绿凤蝶
Pathysa aristea aristea (Stoll) 芒绿凤蝶指名亚种
Pathysa aristea hermocrates (Felder *et* Felder) 芒绿凤蝶海南亚种，赫芒绿凤蝶
Pathysa decolor Staudinger 剑尾绿凤蝶
Pathysa dorcus de Haan [Tabitha's swordtail] 细长尾绿凤蝶
Pathysa ebertorum Kocat 依玻绿凤蝶
Pathysa epaminondas (Oberthür) 安达曼绿凤蝶
Pathysa euphrates (Felder *et* Felder) [Euphrates swordtail] 优绿凤蝶
Pathysa euphratoides (Eimer) 拟优绿凤蝶
Pathysa megaera Staudinger 纹绿凤蝶
Pathysa nomius (Esper) [spot swordtail] 红绶绿凤蝶
Pathysa nomius hainanensis Chou 红绶绿凤蝶海南亚种
Pathysa nomius nomius (Esper) 红绶绿凤蝶指名亚种
Pathysa nomius swinhoei (Moore) 红绶绿凤蝶云南亚种，云南红绶绿凤蝶
Pathysa rhesus (Boisduval) [monkey swordtail] 丽长尾绿凤蝶
Pathysa stratiotes (Grose-Smith) 司特绿凤蝶
Patia 杯粉蝶属
Patia myris Godman *et* Salvin 多杯粉蝶
Patia orise (Boisduval) 杯粉蝶，拟绡袖粉蝶
Patiala testaceipennis Pic 同 *Diplectrus longipennis*
Patiscus 长额蟋属
Patiscus brevipennis Chopard 短翅长额蟋
Patiscus cephalotes (Saussure) 宽头长额蟋
Patiscus formosanus (Shiraki) 见 *Beybienkoana formosana*
Patiscus malayanus (Chopard) 马来长额蟋
Patissa 褐纹禾螟属，帕蒂螟属
Patissa fulvosparsa (Butler) 黄褐纹禾螟，褐帕蒂螟
Patissa minima Inoue 小褐纹禾螟
Patissa nigropunctata (Wileman *et* South) 黑点褐纹禾螟，黑点帕蒂螟
Patissa taiwanalis (Shibuya) 台湾褐纹禾螟，台湾帕蒂螟，台优瑞螟
Patissa tenuousa Chen, Song *et* Wu 细带褐纹禾螟
Patissa virginea (Zeller) 威褐纹禾螟，威帕蒂螟
Patkai changeable velvet bob [*Koruthaialos rubecula cachara* Evans] 狭带红标弄蝶帕凯山亚种

Patna 帕地那螟属
Patna miserabilis Strand 迷帕地那螟
patobiont 林地动物
patocole 林地常居动物
patoxene 林地偶居动物
Patricia 竹绡蝶属
Patricia dercyllides (Hewitson) 竹绡蝶
Patricia oligyrtis Hewitson 奥竹绡蝶
patrician blue [*Lepidochrysops patricia* (Trimen)] 淡紫鳞灰蝶
Patricia's roadside-skipper [*Amblyscirtes patriciae* (Bell)] 贵族缎弄蝶
Patricius 贵灰蝶属
Patricius luciferus (Staudinger) 荧光贵灰蝶，荧光豆灰蝶，卢灰蝶
Patricius luciferus luciferus (Staudinger) 荧光贵灰蝶指名亚种
Patricius luciferus selengensis (Forster) 荧光贵灰蝶北方亚种
Patricius lucifugus (Fruhstorfer) 四川贵灰蝶，路卢灰蝶，露豆灰蝶
Patricius lucinus (Grum-Grshimailo) 亮贵灰蝶，亮卢灰蝶
patrobas skipper [*Elbella patrobas* (Hewitson)] 帕礁弄蝶
Patrobinae 隘步甲亚科，帕步甲亚科
Patrobini 隘步甲族，帕步甲族
Patrobus 隘步甲属，帕步甲属
Patrobus cinctus Motschulsky 环隘步甲
Patrobus flavipes Motschulsky 见 *Archipatrobus flavipes*
Patrobus microphthalmus (Fairmaire) 见 *Robustopenetretus microphthalmus*
Patrobus nanhutanus Habu 见 *Apenetretus nanhutanus*
Patrobus yunnanus Fairmaire 见 *Chinapenetretus* (*Chinapenetretus*) *yunnanus*
Patrobus yushanensis Habu 见 *Apenetretus yushanensis*
patroclinal inheritance [= patroclinous inheritance] 偏父遗传
patroclinous 偏父性的
patroclinous inheritance 见 *patroclinal inheritance*
patrogynopaedium 亲子群聚
Patrus 毛边豉甲属
Patrus annandalei (Ochs) 安氏毛边豉甲
Patrus apicalis (Régimbart) 尖尾毛边豉甲
Patrus apicalis apicalis (Régimbart) 尖尾毛边豉甲指名亚种
Patrus apicalis subapicalis (Ochs) 尖尾毛边豉甲梯缘亚种，梯缘毛边豉甲
Patrus assequens (Ochs) 细角毛边豉甲，阿毛背豉甲
Patrus birmanicus (Régimbart) 缅甸毛边豉甲
Patrus cardiophorus (Régimbart) 心形毛边豉甲
Patrus chalceus (Ochs) 铜色毛边豉甲，恰毛背豉甲
Patrus chinensis (Régimbart) 中华毛边豉甲，中国毛背豉甲
Patrus coomani (Peschet) 库曼毛边豉甲
Patrus cribratellus (Régimbart) 细点毛边豉甲
Patrus emmerichi (Falkenström) 艾氏毛边豉甲，艾毛背豉甲
Patrus figuratus (Régimbart) 细茎毛边豉甲，形毛背豉甲
Patrus haemorrhous (Régimbart) 波纹毛边豉甲
Patrus hainanensis Liang, Angus *et* Jia 海南毛边豉甲
Patrus jiangxiensis Liang, Angus *et* Jia 江西毛边豉甲
Patrus jilanzhui (Mazzoldi) 姬氏毛边豉甲
Patrus landaisi (Régimbart) 阑氏毛边豉甲，兰毛背豉甲
Patrus marginepennis (Aubé) 缘毛边豉甲，缘翅毛背豉甲
Patrus marginepennis angustilimbus (Ochs) 缘毛边豉甲窄缘亚种，窄缘毛边豉甲
Patrus marginepennis marginepennis (Aubé) 缘毛边豉甲指名亚种
Patrus marginepennis parvilimbus (Ochs) 缘毛边豉甲沟背亚种，沟背毛边豉甲，细沿缘翅毛背豉甲
Patrus melli (Ochs) 梅氏毛边豉甲，锯缘毛背豉甲
Patrus mimicus (Ochs) 仿毛边豉甲，仿毛背豉甲
Patrus minusculus (Ochs) 微小毛边豉甲，微小毛背豉甲
Patrus oblongiusculus (Régimbart) 细长毛边豉甲
Patrus procerus (Régimbart) 长鞘毛边豉甲
Patrus productus (Régimbart) 尖突毛边豉甲，长毛背豉甲
Patrus schillhammeri (Mazzoldi) 辛氏毛边豉甲
Patrus severini (Régimbart) 塞氏毛边豉甲，皱纹缘毛背豉甲
Patrus shangchuanensis Liang, Angus *et* Jia 上川毛边豉甲
Patrus sublineatus (Régimbart) 亚线毛边豉甲，亚线毛背豉甲
Patrus sulcipennis (Régimbart) 沟翅毛边豉甲，沟翅毛背豉甲
Patrus wangi (Mazzoldi) 王氏毛边豉甲
Patrus wui (Ochs) 胡氏毛边豉甲，胡氏毛背豉甲
Patsuia 葩蛱蝶属
Patsuia sinensis (Oberthür) 同 *Patsuia sinensium*
Patsuia sinensium (Oberthür) [amber-spotted sailor] 中华黄葩蛱蝶，华线蛱蝶，中华一线蛱蝶
Patsuia sinensium cinereus (Bang-Haas) 中华黄葩蛱蝶灰色亚种，灰华线蛱蝶
Patsuia sinensium fulvus (Bang-Haas) 中华黄葩蛱蝶褐色亚种，褐华线蛱蝶
Patsuia sinensium minor (Hall) 中华黄葩蛱蝶小型亚种，小华线蛱蝶
Patsuia sinensium sengei (Kotzhsch) 中华黄葩蛱蝶森氏亚种，森华线蛱蝶
Patsuia sinensium sinensium (Oberthür) 中华黄葩蛱蝶指名亚种
pattern engraver beetle [= larix engraver, *Orthotomicus laricis* (Fabricius)] 边瘤小蠹，落叶松小蠹，古北区落叶松小蠹，华山松瘤小蠹
pattern recognition 模式识别
pattern recognition receptor [abb. PRR] 模式识别受体
Paucineura 稀脉原蠊属
Paucineura hsui Hong 许氏稀脉原蠊
Pauesia 少毛蚜茧蜂属，大蚜茧蜂属
Pauesia abietis (Marshall) 冷杉少毛蚜茧蜂
Pauesia albuferensis Quilis 同 *Pauesia unilachni*
Pauesia jezoensis (Watanabe) 北海道少毛蚜茧蜂
Pauesia kunmingensis Dong 昆明少毛蚜茧蜂
Pauesia laricis (Haliday) 落叶松少毛蚜茧蜂
Pauesia laticeps (Gahan) 拉丁少毛蚜茧蜂
Pauesia malongensis Dong *et* Wang 马龙少毛蚜茧蜂
Pauesia pini (Haliday) 松少毛蚜茧蜂
Pauesia platycladi Zhang *et* Ji 侧柏少毛蚜茧蜂
Pauesia rugosus Shi 粗糙少毛蚜茧蜂
Pauesia salignae (Watanabe) 柳少毛蚜茧蜂，台湾少毛蚜茧蜂
Pauesia soranumensis Watanabe *et* Takada 空沼少毛蚜茧蜂
Pauesia taianensis Lu *et* Ji 泰安少毛蚜茧蜂
Pauesia tropicalis Stary *et* Schlinger 热带少毛蚜茧蜂

Pauesia unilachni (Gahan) 长足大蚜少毛蚜茧蜂，长足大蚜茧蜂，优蚜茧蜂
Paul Allen's flower fly [*Eristalis alleni* Thompson] 艾伦管蚜蝇
Paula's clearwing [*Oleria paula* (Weymer)] 波拉油绡蝶
Paula's sailer [*Neptis paula* Staudinger] 抛环蛱蝶
Paulianaphis 泡利安蚜属
Paulianaphis madagascariensis Essig 马岛泡利安蚜
Paulianellus 阔盾蜉金龟亚属
paulliniae scarlet-eye [*Nascus paulliniae* (Sepp)] 宝娜虎弄蝶
Paulogramma 开心蛱蝶属
Paulogramma peristera (Hewitson) [eighty] 半红开心蛱蝶
Paulogramma pyracmon (Godart) [false numberwing, pyracmon eighty-eight] 开心蛱蝶
paulownia bagworm [= cotton bagworm, *Eumeta variegata* (Snellen)] 棉花大袋蛾，棉花大蓑蛾，棉蓑蛾，大蓑蛾，大袋蛾，大窠蓑蛾，变异隐袋蛾
Paul's buff [*Pentila pauli* Staudinger] 保罗盆灰蝶
paunch 囊形附器 < 指食毛亚目 Mallophaga 昆虫中的嗉囊状附囊，或消化道的任何囊状附器 >
pauper skipper [*Panoquina pauper* (Mabille)] 黄基盘弄蝶
Pauroaspis 寡链蚧属
Pauroaspis cerifera (Green) 细长寡链蚧
Pauroaspis elongata (Russell) 披针寡链蚧，长链蚧
Pauroaspis proboscidis (Russell) 大喙寡链蚧
Pauroaspis rutilan (Wu) 竹竿寡链蚧，竹杆竹斑链蚧，竹杆红链蚧
Pauroaspis scirrosis (Russell) 双毛寡链蚧，硬链蚧，腋竹链介壳虫
Pauroaspis simplex (Russell) 无杠寡链蚧
Paurocephala 小头木虱属，小木虱属
Paurocephala bifasciata Kuwayama 双带小头木虱，台小头木虱
Paurocephala boehmeria Mifsud *et* Burckhardt 苎麻小头木虱
Paurocephala chonchaiensis Boselli 榕小头木虱，闽小头木虱 < 此种学名有误写为 *Paurocephala conchaiensis* 者 >
Paurocephala debregeasiae Yang *et* Li 水麻小头木虱
Paurocephala gossypii Russel [cotton psyllid, small leaf psyllose, small leaf psylla] 棉褐小头木虱，棉褐小木虱，棉褐木虱
Paurocephala guangxiensis Yang *et* Li 同 *Paurocephala trematos*
Paurocephala kleinhofiae Uichanco 鹧鸪麻小头木虱
Paurocephala nigra Crawfrod 见 *Microceropsylla nigra*
Paurocephala octisegrega Li 八节小头木虱
Paurocephala psylloptera Crawford 桑黑小头木虱，桑黑小木虱
Paurocephala pumilae Yang *et* Li 同 *Paurocephala chonchaiensis*
Paurocephala sauteri (Enderlein) 桑小头木虱，桑木虱
Paurocephala tremae Yang *et* Li 同 *Paurocephala trematos*
Paurocephala trematos Yang, Yang *et* Chao 山黄麻小头木虱，台湾小头木虱，山黄麻木虱
Paurocephala zhejiangensis Yang *et* Li 同 *Paurocephala chonchaiensis*
Paurocephalidae 小头木虱科
Paurocephalinae 小头木虱亚科
Paurometabola 渐变态类
paurometabolism 渐变态
paurometabolous 渐变态的
paurometamorphorsis 渐变态
Paurophylla 咆夜蛾属
Paurophylla bidentata (Wileman) 二齿咆夜蛾
Pauropsylla 小木虱属
Pauropsylla braconae Li 茧蜂小木虱
Pauropsylla depressa Crawford 聚果榕小木虱，凹肖小木虱
Pauropsylla emishanensis Li 峨眉山小木虱
Pauropsylla triozoptera (Crawford) 涩叶榕小木虱，涩叶榕木虱，榕合小头木虱
Pauropsyllinae 小木虱亚科
paussid 1. [= paussid beetle, ant nest beetle] 棒角甲 < 棒角甲科 Paussidae 昆虫的通称 >；2. 棒角甲科的
paussid beetle [= paussid, ant nest beetle] 棒角甲
Paussidae 棒角甲科
Paussina 棒角甲亚族
Paussinae 棒角甲亚科
Paussini 棒角甲族
Paussoidea 棒角甲总科
Paussus 棒角甲属
Paussus bowringii Westwood 波棒角甲
Paussus brancuccii Nagel 多毛棒角甲
Paussus elongatus Kôno 长棒角甲
Paussus formosus Wasmann 台棒角甲
Paussus horikawae Kôno 堀棒角甲，霍棒角甲
Paussus hystrix Westwood 亥棒角甲
Paussus jengi Maruyama 郑氏棒角甲
Paussus jousselini Guérin-Méneville 约棒角甲
Paussus kjellanderi Luna de Carvalho 克棒角甲
Paussus minor Shiraki 小棒角甲
Paussus sauteri Wasmann 索棒角甲
Paussus zhouchaoi Wang 周超棒角甲
pava dart [= yellow band dart, *Potanthus pava* (Fruhstorfer)] 宽纹黄室弄蝶，淡黄斑弄蝶，淡黄弄蝶，黄弄蝶，淡色黄斑弄蝶
pavement ant [*Tetramorium caespitum* (Linnaeus)] 铺道蚁
Pavieia superba Brongniart 胖天牛
pavilion 蔽蚜室 < 专指蚁类所筑用作蚜虫藏身的小室 >
pavon emperor [*Doxocopa pavon* (Latreille)] 紫闪荣蛱蝶
Pawlowsky's gland 巴氏腺 < 虱属昆虫开口于口针囊的一对腺体 >
Pawnee skipper [*Hesperia leonardus pawnee* (Dodge)] 白斑黄毡弄蝶寡斑亚种
paxilla 1. 小椿；2. 刺突束
Pazala 剑凤蝶属
Pazala alebion (Gray) 金斑剑凤蝶
Pazala alebion alebion (Gray) 金斑剑凤蝶指名亚种，指名金斑剑凤蝶
Pazala alebion mariesi Butler 同 *Pazala alebion alebion*
Pazala caschmiriensis Rothschild 克什米尔剑凤蝶
Pazala confucius (Hu, Zhang *et* Cotton) 孔子剑凤蝶
Pazala daiyuanae (Hu, Zhang *et* Cotton) 北越剑凤蝶
Pazala euroa (Leech) [six-bar swordtail] 升天剑凤蝶，优青凤蝶
Pazala euroa asakurae (Matsumura) 升天剑凤蝶台湾亚种，剑凤蝶，升天凤蝶，朝仓凤蝶，飘带凤蝶，六斑剑凤蝶，台湾升天剑凤蝶，阿优青凤蝶
Pazala euroa euroa (Leech) 升天剑凤蝶指名亚种，指名升天剑凤蝶
Pazala garhwalica Katayama 印度剑凤蝶
Pazala glycerion (Gray) [spectacle swordtail] 格鲁剑凤蝶，格剑凤

蝶，剑凤蝶，中华剑凤蝶，粒彩剑凤蝶
Pazala glycerion garhwalica Katayama 见 *Pazala garhwalica*
Pazala hoeneanus (Cotton *et* Hu) 霍剑凤蝶
Pazala incerta (Bang-Haas) 圆翅剑凤蝶
Pazala mandarinus (Oberthür) 华夏剑凤蝶，大陆格青凤蝶
Pazala mandarinus mandarinus (Oberthür) 华夏剑凤蝶指名亚种
Pazala mandarinus stilwelli (Cotton *et* Hu) 华夏剑凤蝶滇缅亚种
Pazala sichuanicus Koiwaya 四川剑凤蝶
Pazala tamerlana (Oberthür) 乌克兰剑凤蝶，乌克蓝剑凤蝶
Pazala tamerlana hoenei Mell 同 *Pazala hoeneanus*
Pazala timur (Ney) 铁木剑凤蝶
Pazala timur chungianum (Murayama) 铁木剑凤蝶黑尾亚种，黑尾剑凤蝶，木生凤蝶，飘带凤蝶，铁木剑凤蝶，高岭升天凤蝶，台湾剑凤蝶，高岭剑凤蝶
Pazala timur timur (Ney) 铁木剑凤蝶指名亚种
PBAN [pheromone biosynthesis activating neuropeptide 的缩写] 信息素合成激活肽，信息素生物合成激活神经肽，性信息素合成激活肽
PBO [piperonyl butoxide 的缩写] 胡椒基丁醚，增效醚
PCG [protein-coding gene 的缩写；= protein-encoding gene] 蛋白质编码基因
PCR [polymerase chain reaction 的缩写] 酶链反应
PCR amplification of specific allele [abb. PASA] 特异性等位基因 PCR
PDV [polydnavirus 的缩写] 多分 DNA 病毒，多角体衍生病毒，Y 杆状病毒，多 DNA 病毒
PE [polyhedron envelope 的缩写] 多角体膜
pe-la 白蜡 < 白蜡蚧 *Ericerus pela* (Chavannes) 的分泌物 >
pea and bean weevil [= pea leaf weevil, *Sitona lineata* (Linnaeus)] 直条根瘤象甲，豌豆根瘤象甲，豌豆叶象甲
pea aphid [= green dolphin, clover louse, pea louse, *Acyrthosiphon pisum* (Harris)] 豌豆蚜，豌豆长管蚜，豌豆无网长管蚜，豆长管蚜
pea beetle [= pea weevil, *Bruchus pisorum* (Linnaeus)] 豌豆象甲，豌豆象
pea blue [= long-tailed pea-blue, long-tailed blue, bean butterfly, *Lampides boeticus* (Linnaeus)] 亮灰蝶，豆荚灰蝶，波纹灰蝶，豆波灰蝶，波纹小灰蝶，曲斑灰蝶
pea-green oak curl moth [= European oak leafroller, green oak moth, green oak tortrix, green oak leafroller moth, oak leaf-roller, green tortrix, *Tortrix viridana* (Linnaeus)] 栎绿卷蛾，栎绿卷叶蛾
pea leaf weevil [= pea and bean weevil, *Sitona lineata* (Linnaeus)] 直条根瘤象甲，豌豆根瘤象甲，豌豆叶象甲
pea leafminer 1. [= South American leafminer, serpentine leafminer, *Liriomyza huidobrensis* (Blanchard)] 南美斑潜蝇，拉美豌豆斑潜蝇，拉美斑潜蝇，拉美甜菜斑潜蝇，惠斑潜蝇；2. [= Liriomyza congesta (Backer)] 豌豆斑潜蝇
pea louse 见 pea aphid
pea midge [*Contarinia pisi* (Winnertz)] 豌豆浆瘿蚊，豌豆康瘿蚊，豌豆瘿蚊
pea moth 1. [*Cydia nigricana* (Fabricius)] 豆荚小卷蛾，豌豆蛀荚蛾，豆荚皮小卷蛾，豌豆小卷蛾；2. [= broom moth, broom brocade moth, *Ceramica pisi* (Linnaeus)] 白线蜡夜蛾，白线安夜蛾，白线异灰夜蛾，白线灰夜蛾，豆叶盗夜蛾，豆叶行军虫
pea pear-shaped weevil [*Holotrichapion pisi* (Fabricius)] 苜蓿梨圆象甲，圆腹梨象，圆腹梨象鼻虫
pea pod borer [= limabean pod borer, gold-banded etiella moth, legume pod moth, pulse pod borer moth, *Etiella zinckenella* (Treitschke)] 豆荚斑螟，豆荚螟
pea semilooper [= slender burnished-brass moth, soybean looper, *Thysanoplusia orichalcea* (Fabricius)] 弧金杂翅夜蛾，弧金翅夜蛾，金弧弧翅夜蛾，奥粉斑夜蛾
pea-stem fly [= bean fly, French bean miner, *Ophiomyia phaseoli* (Tryon)] 菜豆蛇潜蝇，菜豆潜叶蝇
pea thrips [= bean thrips, blackfly, *Kakothrips pisivorus* (Westwood)] 豌豆喀蓟马，豌豆蓟马
pea tree scale [*Eulecanium caraganae* Borchsenius] 锦鸡球坚蚧
pea weevil 1. 豆象 < 属豆象科 Bruchidae>；2. [= bean weevil, bean bruchid, dried bean beetle, common bean weevil, bean seed beetle, *Acanthoscelides obtectus* (Say)] 菜豆象甲，菜豆象，大豆象，奥阿豆象；3. [= pea beetle, *Bruchus pisorum* (Linnaeus)] 豌豆象甲，豌豆象
peaceful fantastic-skipper [= yellow fantastic-skipper, marcus skipper, *Vettius marcus* (Fabricius)] 锤铂弄蝶
peach aphid [*Appelia schwartzi* Börner] 希氏桃蚜
peach bark beetle [*Phloeotribus liminaris* (Harris)] 桃皮小蠹，桃韧皮胫小蠹，桃棘胫小蠹，樱梳皮小蠹
peach beauty [= lamis beauty, *Peria lamis* (Cramer)] 蚌蛱蝶
peach black aphid [= clouded peach bark aphid, clouded peach stem aphid, giant black aphid, *Pterochlorus persicae* (Chlodkovsky)] 桃纹翅大蚜
peach borer 1. [*Dichocrocis punctiferalis* Guenée] 桃蛀螟；2. [= red-necked longicorn, red neck longhorned beetle, peach longicorn beetle, peach musk beetle, peach red necked longhorn, plum and peach longhorn, *Aromia bungii* (Faldermann)] 桃红颈天牛，桃颈天牛，红颈天牛，铁炮虫，木花，哈虫
peach bud moth [= ume bud moth, prunus bud moth, *Illiberis nigra* Leech] 桃鹿斑蛾，桃叶斑蛾，桃斑蛾，黑星毛虫，黑叶斑蛾，杏星毛虫，梅熏蛾
peach capnodis [= metallic wood boring beetle, *Capnodis tenebrionis* (Linnaeus)] 黑扁吉丁甲，黑烟吉丁甲，黑烟吉丁，黑吉丁
peach chrysomelid [*Hoplasoma sexmaculatum* (Hope)] 桃贺萤叶甲，六斑贺萤叶甲，桃叶甲
peach curculio 1. [= plum weevil, American plum weevil, plum curculio, *Conotrachelus nenuphar* (Herbst)] 梅球颈象甲，梅球颈象，梅象，梅树象甲，李象，李象鼻虫；2. [= peach curculionid, *Rhynchites heros* Roelofs] 梨虎象甲，梨虎象，日本苹虎象甲，桃实象甲，梨虎，赫虎象，日本苹虎象，梨象鼻虫，梨果象甲，梨猴
peach flower moth [= peach flower worm, *Telorta divergens* (Butler)] 桃花遥冬夜蛾，桃花特夜蛾，委美冬夜蛾，德贯夜蛾
peach flower worm 见 peach flower moth
peach fruit borer [= peach fruit moth, *Carposina sasakii* Matsumura] 桃小食心虫，桃蛀果蛾，桃蛀虫，桃小食蛾，桃姬食心虫，桃小枣钻心虫，枣蛆，佐佐木桃小食心虫
peach fruit fly [*Bactrocera* (*Bactrocera*) *zonata* (Saunders)] 桃果实蝇，桃实蝇

peach fruit moth 见 peach fruit borer

peach green leafhopper [= smaller green leafhopper, tea green fly, green frogfly, *Edwardsiana flavescens* (Fabricius)] 小绿叶蝉，桃小绿叶蝉，花生小绿叶蝉，茶小绿叶蝉

peach greenish geometrid [*Maxates illiturata* (Walker)] 青尖尾尺蛾，桃绿尺蠖，尖尾尺蛾，褐缘尖尾尺蛾

peach hawkmoth [= plum hornworm, *Marumba gaschkewitschii* (Bremer *et* Grey)] 枣桃六点天蛾

peach leafhopper [*Watara sudra* (Distant)] 桃拟赛叶蝉，桃一点瓦叶蝉，桃一点斑叶蝉，台湾拟赛叶蝉

peach leafminer [= apple leaf-miner, Clerck's snowy bentwing moth, *Lyonetia clerkella* (Linnaeus)] 桃潜叶蛾，窄翅潜叶蛾，窄翅潜蛾，桃潜蛾

peach leaf curl aphid [leaf-curl plum aphid, leaf-curling plum aphid, plum aphid, *Brachycaudus helichrysi* (Kaltenbach)] 李短尾蚜，桃短尾蚜，桃大尾蚜，光管舌尾蚜

peach leaf roller 1. [*Archips dispilanus* (Walker)] 李黄卷蛾，桃卷蛾，桃卷叶蛾；2. [*Peronea crocopepla* Meyrick] 桃卷蛾，桃细卷蛾，桃细卷叶蛾

peach longicorn beetle [= red-necked longicorn, red neck longhorned beetle, peach borer, plum and peach longhorn, peach musk beetle, peach red necked longhorn, *Aromia bungii* (Faldermann)] 桃红颈天牛，桃颈天牛，红颈天牛，铁炮虫，木花，哈虫

peach long-legged aphid [*Abura momocola* Matsumura] 桃长足蚜

peach marble moth [= false codling moth, orange moth, citrus codling moth, orange codling moth, *Thaumatotibia leucotreta* (Meyrick)] 苹果异胫小卷蛾，伪苹条小卷蛾，伪苹果蠹蛾，桃异形小卷蛾

peach mealy aphid [*Hyalopterus arundiniformis* Ghulamullah] 桃粉大尾蚜，桃大尾蚜

peach moth [= oriental peach moth, oriental fruit moth, peach tip moth, *Grapholita molesta* (Busck)] 梨小食心虫，果树小卷蛾，桃折梢虫，折梢虫

peach musk beetle 见 peach longicorn beetle

peach-potato aphid [= green peach aphid, spinach aphid, tobacco aphid, *Myzus persicae* (Sulzer)] 桃蚜，桃赤蚜，烟蚜，菜蚜

peach pyralid moth [= yellow peach moth, durian fruit borer, castor capsule borer, yellow peach borer, cone moth, castor seed caterpillar, castor borer, maize moth, Queensland bollworm, smaller maize borer, *Conogethes punctiferalis* (Guenée)] 桃蛀螟，桃多斑野螟，桃蛀野螟，桃蠹螟，桃实螟蛾，豹纹蛾，豹纹斑螟，桃斑螟，桃斑蛀螟

peach red necked longhorn 见 peach longicorn beetle

peach scale 1. [= European fruit lecanium, European fruit scale, fruit lecanium, brown scale, brown apricot scale, brown elm scale, *Parthenolecanium corni* (Bouché)] 水木坚蚧，水木坚蜡蚧，欧果坚球蚧，李蜡蚧，褐盔蜡蚧，东方盔蚧，扁平球坚蚧，槐坚蚧，糖槭蚧，扁平球坚介壳虫；2. [= European fruit scale, European peach scale, grapevine scale, grape-vine scale, greater vine scale, *Parthenolecanium persicae* (Fabricius)] 桃树木坚蚧，桃坚蚧，桃木坚蜡蚧，桃盔蜡蚧，欧洲桃盔蜡蚧，欧洲桃蜡蚧，欧洲桃球蚧

peach slug [*Caliroa matsumotonis* (Harukawa)] 桃黏叶蜂，桃蛞蝓叶蜂，桃叶蜂，梨叶蜂

peach sword stripe night moth [= raspberry bud dagger, raspberry bud dagger moth, southern oak dagger moth, raspberry bud moth, *Acronicta increta* Morrison] 阴剑纹夜蛾

peach tip moth 见 peach moth

peach tree borer [*Sanninoidea exitiosa* (Say)] 桃透翅蛾，桃旋皮虫

peach twig borer [*Anarsia lineatella* Zeller] 桃条麦蛾，桃枝麦蛾，桃芽麦蛾，桃杈蛾

peach weevil [= leafroller weevil, *Rhynchites bacchus* (Linnaeus)] 欧洲苹虎象甲，欧洲苹虎象，欧洲苹虎，梨虎象甲，梨实小象，巴虎象

peacock 1. [= European peacock, *Inachis io* (Linnaeus)] 孔雀蛱蝶；2. [= majestic green swallowtail, green Buddah swallowtail, green swallowtail, *Papilio blumei* Boisduval] 蓝尾翠凤蝶，印尼碧凤蝶，爱神凤蝶；3. 蛱蝶 < 蛱蝶之俗称 >

peacock awl [*Allora doleschallii* (Felder)] 尖尾弄蝶

peacock butterfly [*Vanessa io geisha* Stichel] 孔雀蛱蝶

peacock fly [= tephritid fly, tephritid fruit fly, fruit fly, true fruit fly, tephritid] 实蝇 < 实蝇科 Tephritidae 昆虫的通称 >

peacock hairstreak [*Thecla pavo* (de Nicéville)] 帕线灰蝶

peacock jewel [*Hypochrysops pythias* Felder *et* Felder] 芙链灰蝶

peacock moth 1. [*Macaria notata* (Linnaeus)] 诺玛尺蛾；2. [= southern old lady moth, southern old lady, granny moth, southern moon moth, large brown house-moth, golden cloak moth, southern wattle moth, owl moth, *Dasypodia selenophora* Guenée] 南澳月夜蛾，澳金合欢篷夜蛾

peacock pansy [*Junonia almana* (Linnaeus)] 美眼蛱蝶，孔雀蛱蝶，美目蛱蝶，眼蛱蝶，蓑衣蛱蝶，蓑衣蝶拟蛱蝶，孔雀纹蛱蝶

peacock royal [*Tajuria cippus* (Fabricius)] 双尾灰蝶，双丝灰蝶，萤黑顶灰蝶

peak-order 强弱次序

peak white [*Pontia callidice* (Hübner)] 箭纹云粉蝶，锯纹绿粉蝶，卡莘粉蝶，卡利粉蝶

Pealius 皮粉虱属

Pealius akebiae Kuwana 木通皮粉虱

Pealius azaleae (Baker *et* Moles) [azalea whitefly] 杜鹃皮粉虱，杜鹃茎粉虱，踯躅粉虱

Pealius bengalensis (Peal) 孟加拉皮粉虱

Pealius chinensis Takahashi 中华皮粉虱

Pealius damnacanthi Takahashi 伏牛花皮粉虱，虎刺齿粉虱

Pealius elatostemae (Takahashi) 楼梯草皮粉虱，楼梯草三粉虱

Pealius kankoensis (Takahashi) 栎树皮粉虱，干沟茎粉虱，干沟皮粉虱

Pealius liquidambari (Takahashi) 枫香皮粉虱

Pealius longispinus Takahashi 枇杷皮粉虱，枇杷粉虱，长刺茎粉虱，长刺皮粉虱

Pealius machili Takahashi 润楠皮粉虱，润楠茎粉虱，猪脚楠皮粉虱

Pealius mori (Takahashi) [mulberry whitefly] 白桑皮粉虱，桑粉虱，台湾桑粉虱，桑茎粉虱

Pealius polygoni Takahashi 黄精皮粉虱，蓼茎粉虱，海葡萄皮粉虱

Pealius psychotriae Takahashi 九节藤皮粉虱，九节茎粉虱，拎壁龙皮粉虱

Pealius rhododendri Takahashi [rhododendron whitefly] 映山红皮

粉虱，杜鹃粉虱，杜鹃齿粉虱，桑粉虱

Pealius rubi Takahashi 覆盆子皮粉虱，悬钩子茎粉虱，悬钩子皮粉虱

Pealius spinus (Singh) 菩提皮粉虱，刺茎粉虱

Peal's palmfly [*Elymnias pealii* Wood-Mason] 皮氏锯眼蝶

peanut aphid [= groundnut aphid, black legume aphid, black lucerne aphid, cowpea aphid, African bean aphid, bean aphid, lucerne aphid, oriental pea aphid, *Aphis craccivora* Koch] 豆蚜，槐蚜，刺槐蚜，花生长毛蚜，花生蚜，棉黑蚜，刀豆黑蚜，乌苏黑蚜，苜蓿蚜，甘草蚜虫，蚕豆蚜

peanut blister beetle [*Hycleus apicicornis* (Guérin-Méneville)] 花生沟芫菁，花生寡节芫菁

peanut bug [= lantern fly, peanut-headed lanternfly, alligator bug, Surinam lantern fly, *Fulgora laternaria* (Linnaeus)] 提灯蜡蝉，南美提灯虫，花生头龙眼鸡

peanut-headed lanternfly 见 peanut bug

peanut leafhopper [= bean leafhopper, potato leafhopper, apple-and-potato leafhopper, *Empoasca fabae* (Harris)] 马铃薯小绿叶蝉，马铃薯叶蝉，蚕豆微叶蝉，豆小绿叶蝉

peanut leafminer [= groundnut leaf-miner, *Aproaerema nerteria* Meyrick] 花生钩麦蛾，花生潜叶麦蛾

peanut shape cocoon 束腰茧

peanut thrips [*Megalurothrips distalis* (Karny)] 端大蓟马，端带蓟马，花生蓟马，花生绿蓟马，端豆蓟马，花生端带蓟马，豆蓟马，紫云英蓟马，豆花蓟马

peanut tussock moth [*Spilarctia strigatula* (Walker)] 土白污灯蛾，花生灯蛾

pear and cherry slug [= pear sawfly, cherry sawfly, pear slug, cherry and pear slug, cherry slug, pear slug sawfly, pear and cherry slugworm, cherry slugworm, *Caliroa cerasi* (Linnaeus)] 梨蛞蝓叶蜂，梨樱叶蜂

pear and cherry slugworm 见 pear and cherry slug

pear anuraphis [=pear coltsfoot aphid, *Anuraphis farfarae*(Koch)] 梨圆尾蚜，梨款冬圆尾蚜

pear aphid 1. [*Schizaphis piricola* (Matsumura)] 梨二叉蚜；2. [= pear bedstraw aphid, bedstraw aphid, *Dysaphis pyri* (Boyer de Fonscolombe)] 梨西圆尾蚜，梨砧草蚜

pear barkminer [= pear barkminer moth, *Spulerina astaurota* (Meyrick)] 蔷薇皮细蛾，梨潜皮细蛾，梨枝蛀虫

pear barkminer moth 见 pear barkminer

pear bedstraw aphid [= pear aphid, bedstraw aphid, *Dysaphis pyri* (Boyer de Fonscolombe)] 梨西圆尾蚜，梨砧草蚜

pear blight beetle [= European shot-hole borer, *Xyleborus dispar* (Fabricius)] 北方材小蠹

pear blossom weevil [= pear bud weevil, apple bud weevil, *Anthonomus pyri* Kollar] 梨芽花象甲，梨芽象甲

pear borer [*Bacchisa fortunei* (Thomson)] 梨眼天牛

pear bud weevil 见 pear blossom weevil

pear bug [*Halyomorpha picus* (Fabricius)] 黄褐茶翅蝽

pear cimbex [*Cimbex carinulata* Kônow] 梨锤角叶蜂，大梨叶蜂

pear cimbicid sawfly [*Paleocimbex carinulata* Kônow] 裂古锤角叶蜂，古锤角叶蜂

pear coltsfoot aphid 见 pear anuraphis

pear criket [= green tree criket, *Truljalia hibinonis* (Matsumura)] 梨片蟋，梨片吉蛉，绿树蟋，日本穴蟋

pear curculionid [= peach curculio, *Rhynchites heros* Roelofs] 梨虎象甲，梨虎象，日本苹虎象甲，桃实象甲，梨虎，赫虎象，日本苹虎象，梨象鼻虫，梨果象甲，梨猴

pear fall cankerworm [*Alsophila japonensis* Warren] 日本林尺蛾

pear flower bud weevil [= apple weevil, apple blossom weevil, *Anthonomus pomorum* (Linnaeus)] 淡带苹花象甲，苹果花象甲，花潜象

pear fruit borer [*Nephopterix rubrizonella* Ragonot] 红带云斑螟，红带云翅斑螟，梨食心斑螟

pear fruit moth [= pear moth, pear pyralid, *Acrobasis pyrivorella* (Matsumura)] 梨大食心虫，梨斑螟，梨努莽斑螟，梨云翅斑螟，梨云斑螟，皮网斑螟

pear fruit sawfly [*Hoplocampa pyricola* Rohwer] 梨实叶蜂，梨实蜂

pear gall midge [= pear midge, *Contarinia pyrivora* (Riley)] 梨实浆瘿蚊，梨康瘿蚊，梨瘿蚊，梨叶瘿蚊

pear globose scale [= Wisteria scale, excrescent scale, *Eulecanium excrescens* (Ferris)] 梨大球坚蚧，梨大球蚧，大球蚧，苹球蜡蚧

pear-grass aphid [*Melanaphis pyraria* (Passerini)] 梨色蚜，梨草爪蚜，梨草蚜

pear green aphid [*Nippolachnus piri* Matsumura] 梨日本大蚜，无眼瘤大蚜，梨绿蚜，梨大绿蚜，梨绿大蚜

pear lace bug 1. [*Stephanitis pyri* (Fabricius)] 梨网蝽；2. [*Stephanitis nashi* Esaki *et* Takeya] 梨冠网蝽，梨花网蝽

pear large aphid [*Pyrolachnus pyri* (Buckton)] 梨大蚜

pear leaf blister moth [= ribbed apple leaf miner, apple leaf miner, silver wing leaf-mining moth, *Leucoptera malifoliella* (Costa)] 旋纹潜蛾，旋纹潜叶蛾，旋纹条潜蛾

pear leaf-curling midge [= pear leaf midge, *Dasineura pyri* (Bouché)] 梨叶瘿蚊，梨卷叶瘿蚊

pear leaf midge 见 pear leaf-curling midge

pear leaf miner [*Bucculatrix pyrivorella* Kuroko] 梨栎颊蛾，梨潜蛾

pear leaf roller 1. [= variegated golden tortrix, brown oak tortrix, apple leafroller, *Archips xylosteanus* (Linnaeus)] 梣黄卷蛾，梨喀小卷蛾，梨卷蛾，梨卷叶蛾，木喀小卷蛾；2. [= pear leaf worm, pear leaf zygaenid, *Illiberis pruni* Dyar] 梨鹿斑蛾，梨星毛虫，梨叶斑蛾

pear leaf-roller weevil [= hazel leaf-roller, apple leaf-rolling weevil, grape leaf rolling weevil, cigarette leaf rolling weevil, *Byctiscus betulae* (Linnaeus)] 桦金象甲，桦绿卷象甲，苹果卷叶象甲，桦绿卷象，梨卷叶象，梨卷叶象甲，榛绿卷象，金绿卷象，桦绿卷叶象虫

pear leaf-rolling curculio [*Byctiscus princeps* (Solsky)] 苹绿金象甲，苹绿金象，苹果卷叶象鼻虫，苹绿卷象甲，苹绿卷象，梨卷叶象甲，苹果卷叶象，黔江卷象，榆卷叶象

pear leaf-rolling gelechiid [= black-edged dichomeris, brownish gelechid, black-edged carbatina, *Dichomeris heriguronis* (Matsumara)] 桃棕麦蛾，梨麦蛾，梨卷叶麦蛾

pear leaf sucker [= pear sucker, *Psylla pyrisuga* Förster] 梨黄木虱，梨木虱

pear leaf webworm [*Acrobasis bifidella* (Leech)] 梨峰斑螟，梨斑螟

pear leaf worm [= pear leaf roller, pear leaf zygaenid, *Illiberis pruni*

Dyar] 梨鹿斑蛾，梨星毛虫，梨叶斑蛾

pear leaf zygaenid 见 pear leaf worm

pear mealybug [= apple mealybug, Japanese cedar mealybug, *Dysmicoccus wistariae* (Green)] 紫藤灰粉蚧，紫藤洁粉蚧，杉粉蚧，苹粉蚧

pear midge 见 pear gall midge

pear moth 见 pear fruit moth

pear oyster scale [= European fruit scale, oystershell scale, pear-tree oyster scale, yellow apple scale, yellow oyster scale, yellow plum scale, green oyster scale, ostreaeform scale, false San Jose scale, Curtis scale, *Diaspidiotus ostreaeformis* (Curtis)] 桦灰圆盾蚧，桦笠圆盾蚧，欧洲果圆蚧，杨笠圆盾蚧，蛎形齿盾介壳虫

pear oystershell scale 1. [= fig scale, greater fig mussel scale, fig oystershell scale, Mediterranean fig scale, red oystershell scale, apple bark-louse, narrow fig scale, *Lepidosaphes conchiformis* (Gmelin)] 沙枣蛎盾蚧，梨蛎盾蚧，梨牡蛎蚧，梅蛎盾蚧，梅牡蛎盾蚧，榕蛎蚧；2. [= oystershell scale, apple oystershell scale, mussel scale, apple mussel scale, appletree bark louse, butternut bark-louse, fig scale, fig oystershell scale, greater fig mussel scale, linden oystershell scale, Mediterranean fig scale, oyster-shell scale, oyster-shell bark-louse, poplar oystershell scale, red oystershell scale, vine mussel scale, *Lepidosaphes ulmi* (Linnaeus)] 榆蛎盾蚧，榆蛎蚧，苹蛎蚧，榆牡蛎蚧

pear phylloxera [= pear yellow phylloxerid, *Aphanostigma iaksuiense* (Kishida)] 梨黄粉蚜，梨矮蚜，梨瘤蚜

pear plant bug [= green apple bug, *Lygocoris communis* (Knight)] 梨丽盲蝽，梨盲蝽

pear psylla [*Cacopsylla pyricola* (Förster)] 梨黄喀木虱，梨黄木虱

pear psyllid [= European pear psylla, *Cacopsylla pyri* (Linnaeus)] 梨喀木虱，梨木虱，西洋梨木虱

pear pyralid 见 pear fruit moth

pear root aphid 1. [= woolly pear aphid, *Eriosoma pyricola* Baker *et* Davidson] 梨根绵蚜，梨高蚜；2. [= elm balloon-gall aphid, elm woolly aphid, woolly pear aphid, pear root woolly aphid, pear woolly aphid, *Eriosoma lanuginosum* (Hartig)] 梨绵蚜，榆梨绵蚜，榆瘿绵蚜

pear root woolly aphid 见 pear root aphid

pear sawfly 1. [= cherry sawfly, pear slug, cherry and pear slug, cherry slug, pear slug sawfly, pear and cherry slugworm, cherry slugworm, pear and cherry slug pear and cherry slug, *Caliroa cerasi* (Linnaeus)] 梨蛞蝓叶蜂，梨樱叶蜂；2. [= cherry sawfly, pear slug, *Hoplocampa brevis* (Klug)] 樱桃黏实叶蜂，樱桃黏叶蜂

pear shoot sawfly 1. [*Janus piri* Okamoto *et* Muramatsu] 梨简脉茎蜂，梨铗茎蜂，梨茎蜂，梨梢茎蜂，梨茎锯蜂，折梢虫，截芽虫；2. [*Janus compressus* (Fabricius)] 黄腹简脉茎蜂，黄腹铗茎蜂

pear slug 1. [= cherry sawfly, pear sawfly, *Hoplocampa brevis* (Klug)] 樱桃黏实叶蜂，樱桃黏叶蜂；2. [= pear sawfly, cherry sawfly, pear and cherry slug, cherry and pear slug, cherry slug, pear slug sawfly, pear and cherry slugworm, cherry slugworm, *Caliroa cerasi* (Linnaeus)] 梨蛞蝓叶蜂，梨樱叶蜂

pear slug sawfly [= pear sawfly, cherry sawfly, pear slug, cherry and pear slug, cherry slug, pear and cherry slug, pear and cherry slugworm, cherry slugworm, *Caliroa cerasi* (Linnaeus)] 梨蛞蝓叶蜂，梨樱叶蜂

pear spring cankerworm [= spring cankerworm, *Paleacrita vernata* (Peck)] 北美春尺蠖，春尺蠖，苹尺蛾

pear stinging caterpillar [*Narosoideus flavidorsalis* (Staudinger)] 梨娜刺蛾

pear stink-bug [*Urochela luteovaria* Distant] 花壮异蝽，梨蝽，梨椿象

pear sucker 见 pear leaf sucker

pear thrips 1. [*Taeniothrips inconsequens* (Uzel)] 梨带蓟马，梨蓟马；2. [= bean thrips, cymbidium thrips, top textured yellow thrips, yellow top reticulated thrips, *Helionothrips errans* (Williams)] 游领针蓟马，黄顶网纹蓟马

pear-tree oyster scale 1. [= European fruit scale, oystershell scale, pear oyster scale, yellow apple scale, yellow oyster scale, yellow plum scale, green oyster scale, ostreaeform scale, false San Jose scale, Curtis scale, *Diaspidiotus ostreaeformis* (Curtis)] 桦灰圆盾蚧，桦笠圆盾蚧，欧洲果圆蚧，杨笠圆盾蚧，蛎形齿盾介壳虫；2. [= European pear scale, Italian pear scale, gray pear scale, red pear scale, *Epidiaspis leperii* (Signoret)] 梨灰盾蚧，意大利梨灰盾蚧，桃白圆盾蚧

pear twig gall moth [*Blastodacna pyrigalla* (Yang)] 梨髓尖蛾，梨瘿华蛾，梨枝瘿蛾

pear weevil [= apple stem piercer, *Magdalis barbicornis* (Latreille)] 梨切枝象甲，梨切枝象

pear white [= black-veined white, apple pierid, *Aporia crataegi* (Linnaeus)] 绢粉蝶，山楂粉蝶，山楂绢粉蝶，苹粉蝶，梅粉蝶，树粉蝶

pear white-banded geometrid [*Garaeus mirandus* Butler] 梨白带黝尺蛾，梨白带尺蠖

pear white scale [= Japanese maple scale, *Lopholeucaspis japonica* (Cockerell)] 长白盾蚧，梨长白蚧，日本白片盾蚧，日本长片盾介壳虫

pear-winged leafwing [*Memphis halice* Godart] 海阔尖蛱蝶

pear woolly aphid [= elm balloon-gall aphid, elm woolly aphid, woolly pear aphid, pear root aphid, pear root woolly aphid, *Eriosoma lanuginosum* (Hartig)] 梨绵蚜，榆梨绵蚜，榆瘿绵蚜

pear yellow aphid [*Anuraphis piricola* Okamoto *et* Takahashi] 梨黄圆尾蚜

pear yellow phylloxerid 见 pear phylloxera

pearl-bordered fritillary [*Clossiana euphrosyne* (Linnaeus)] 卵珍蛱蝶，优珍蛱蝶，珠缘珍蛱蝶，珠缘小蛱蝶

pearl crescent [*Phyciodes tharos* (Drury)] 弦月漆蛱蝶

pearl-edged ceres forester [*Euphaedra margaritifera* Schultze] 珠栎蛱蝶

pearl emperor [= Karkloof emperor, *Charaxes varanes* Cramer] 白基螯蛱蝶，瓦娜螯蛱蝶

pearl man face stink bug [= giant jewel stinkbug, giant golden stink bug, death head bug, smile bug, Eucorysses grandis (Thunberg)] 大金盾蝽，大金蝽，丽盾蝽，大盾背椿象

pearl millet head miner [= millet head miner, *Heliocheilus albipunctella* (de Joannis)] 谷暗实夜蛾

pearl owl [*Taenaris artemis* (Vollenhoven)] 雅眼环蝶

pearl-spotted charaxes [= pearl-spotted emperor, *Charaxes jahlusa* (Trimen)] 斑褐螯蛱蝶

pearl-spotted emperor 见 pearl-spotted charaxes

pearl-spotted forest sylph [*Ceratrichia argyrosticta* Plötz] 银斑粉弄蝶
pearled mountain satyr [*Lymanopoda albomaculata* Hewitson] 白斑徕眼蝶
pearly crambid moth [*Cydalima pfeifferae* (Lederer)] 普丝野螟，普绢野螟
pearly euselasia [*Euselasia pusilla* (Felder)] 软优蚬蝶
pearly-eye [= southern pearly-eye, *Enodia portlandia* (Fabricius)] 串珠眼蝶
pearly-gray hairstreak [*Siderus tephraeus* (Geyer)] 珠溪灰蝶，溪灰蝶
pearly green lacewing [= green lacewing, European pearly lacewing, blue lacewing, *Chrysopa perla* (Linnaeus)] 黑腹草蛉，欧洲草蛉
pearly hairstreak [*Theritas theocritus* (Fabricius)] 珍野灰蝶
pearly heath [*Coenonympha arcania* (Linnaeus)] 隐藏珍眼蝶
pearly leafwing [*Consul electra* (Westwood)] 黄衣鹞蛱蝶
pearly marblewing [= California marble, *Euchloe hyantis* (Edwards)] 珍珠端粉蝶
pearly underwing [= variegated cutworm, *Peridroma saucia* (Hübner)] 疆夜蛾，豆杂色夜蛾，杂色地老虎，绛色地老虎
pearly-ventered euselasia [*Euselasia gyda* (Hewitson)] 古达优蚬蝶
pearly wood-nymph moth [*Eudryas unio* (Hübner)] 珠丽木夜蛾
Pearson's correlation coefficient 皮尔森相关性系数
Pebana sailor [*Dynamine pebana* Staudinger] 佩巴内权蛱蝶
Peblephaeus 粗天牛属
Peblephaeus decoloratus (Schwarzer) 丽纹粗天牛，淡色粗天牛
Peblephaeus lutaoensis Takakuwa 灰色粗天牛，绿岛粗天牛
Peblephaeus ziczac (Matsushita) 曲纹粗天牛，白带粗天牛
pebrine 家蚕微粒子病，蚕微粒子病
pebrine disease 家蚕微粒子病，蚕微粒子病
pebrine protozoa 微粒子病原虫
pecan borer [= dogwood borer, pecan tree borer, *Synanthedon scitula* (Harris)] 瑞木兴透翅蛾，瑞木透翅蛾，胡桃透翅蛾
pecan bud moth [*Gretchena bolliana* (Slingerland)] 山核桃小卷蛾，美核桃小卷蛾，美核桃小卷叶蛾
pecan black aphid [= black pecan aphid, black hickory-leaf aphid, *Melanocallis caryaefoliae* (Davis)] 核桃黑丽蚜，核桃黑蚜，山核桃角斑蚜，胡桃黑蚜，黑色山核桃蚜虫，美国核桃黑蚜
pecan carpenterworm [*Cossula magnifica* (Strecker)] 美核桃木蠹蛾，山核桃木蠹蛾
pecan cigar casebearer [*Coleophora laticornella* (Clemens)] 美核桃雪茄鞘蛾
pecan leaf casebearer [*Acrobasis juglandis* (LeBaron)] 核桃峰斑螟，美胡桃叶斑螟
pecan leaf phylloxera [*Phylloxera notabilis* Pergande] 显著根瘤蚜，美核桃叶根瘤蚜，警倭蚜
pecan nut casebearer [= hickory shoot borer, *Acrobasis caryae* Grote] 山核桃果峰斑螟，美胡桃果斑螟，美核桃果斑螟
pecan phylloxera [*Phylloxera devastatrix* Pergande)] 美洲山核桃根瘤蚜，美核桃根瘤蚜
pecan spittlebug [*Clastoptera achatina* Germar)] 核桃长胸沫蝉，美核桃沫蝉
pecan tree borer [= dogwood borer, pecan borer, *Synanthedon scitula* (Harris)] 瑞木兴透翅蛾，瑞木透翅蛾，胡桃透翅蛾
pecan twig girdler [= twig girdler, hickory twig girdler, oak girdler, banded saperda, Texas twig girdler, *Oncideres cingulata* (Say)] 山核桃旋枝天牛，胡桃绕枝沟胫天牛，橙斑直角天牛
pecan weevil [*Curculio caryae* (Horn)] 美核桃象甲
Pechipogo 培夜蛾属
Pechipogo strigilata (Linnaeus) 培夜蛾，纹佩气夜蛾
pecker gnat [= frit fly, grass fly, stem-miner fly, eye gnat, chloropid, chloropid fly] 秆蝇 < 秆蝇科 Chloropidae 昆虫的通称 >
Peck's skipper [= yellow patch skipper, yellow-spotted skipper, yellow spot skipper, *Polites coras* (Cramer)] 玻弄蝶
pecten 栉
pectin 果胶
pectina [pl. pectinae] 1. 縫缘板；2. [= serrate plate] 齿状突 < 见于介壳虫中 >
pectinae [s. pectina] 1. 縫缘板；2. [= serrate plate] 齿状突
Pectinariophyes 栉沫蝉属
Pectinariophyes hyalinipennis (Stål) 透翅栉沫蝉
pectinase 果胶酶
pectinate [= pectinated, pectinatus] 1. 栉形；2. 有栉的
pectinate-horned beetle [= tatami mat beetle, *Ptilineurus marmoratus* (Reitter)] 大理纹窃蠹，大理窃蠹，石纹龙蕈甲，大理羽脉窃蠹，云斑窃蠹，番死虫
pectinate seta 栉毛，梳毛
pectinated 见 pectinate
pectinately 栉状的，羽状的
pectinato-fimbriate 缘毛栉形
pectinatus 见 pectinate
pectine 栉突 < 指后胸腹面的可动突起 >
pectinic acid 果胶酯酸
Pectinichelus 栉鳃金龟甲属
Pectinichelus chinensis Reitter 华栉鳃金龟甲，华栉鳃金龟
pectiniform antenna 栉形触角
Pectiniseta 栉芒秽蝇属，栉蝇属
Pectiniseta mediastina Wei *et* Yang 中华栉芒秽蝇
Pectiniseta pectinata (Stein) 突额栉芒秽蝇，梳齿栉蝇，栉佩泉蝇
Pectiniseta yaeyamensis Shinonaga 八重山栉芒秽蝇
Pectinophora 铃麦蛾属
Pectinophora gossypiella (Saunders) [pink bollworm, cotton pink bollworm] 红铃虫，红铃麦蛾，棉红铃虫
Pectinophora scutigera (Holdaway) [Queensland pink bollworm] 昆士兰铃麦蛾，昆士兰平麦蛾，昆士兰红铃虫
Pectinopygus 栉臀鸟虱属
Pectinopygus annulatus (Piaget) 褐鲣鸟栉臀鸟虱
Pectinopygus bifasciatus (Piaget) 双带栉臀鸟虱
Pectinopygus forficulatus (Nitzsch) 铗栉臀鸟虱
Pectinopygus garbei (Pessoa *et* Guimaraes) 加氏栉臀鸟虱
Pectinopygus gracilicornis (Piaget) 小军舰鸟栉臀鸟虱
Pectinopygus gyricornis (Denny) 鸬鹚栉臀鸟虱
Pectinopygus insularis Clay 海鸬鹚栉臀鸟虱
Pectinopygus makundi Tandan 黑颈鸬鹚栉臀鸟虱
Pectinopygus marianarum Eichler 同 *Pectinopygus annulatus*
Pectinopygus sulae (Rudow) 肖褐鲣鸟栉臀鸟虱
Pectinopygus tuberculatus Piaget 同 *Pectinopygus sulae*
pectinose L- 阿拉伯糖

pectization 胶凝作用，胶凝现象
Pectocera 梳角叩甲属，栉角叩甲属
Pectocera babai Kishii 马场梳角叩甲，巴栉角叩甲
Pectocera cantori Hope 肯栉角叩甲
Pectocera formosana Kishii 台湾梳角叩甲
Pectocera fortunei Candèze 木棉梳角叩甲，木棉叩甲
Pectocera jiangxiana Kishii *et* Jiang 江西梳角叩甲
Pectocera kobayashii Kishii 小林梳角叩甲
Pectocera kucerai Schimmel 库氏梳角叩甲
Pectocera sechuana Schimmel 四川梳角叩甲
Pectocera tonkinensis Fleutiaux 越南梳角叩甲，越南栉角叩甲
Pectocera yaeyamana Suzuki 八重山梳角叩甲
Pectocerini 梳角叩甲族
pectoral plate 胸腹板 < 在鞘翅目 Coleoptera 中同 sternum>
pectoralis 胸的
pectunculate 具栉齿的
pectus 下胸 < 指胸部的腹面 >
peculiar forest swift [*Melphina melphis* (Holland)] 美尔弄蝶
pedal 足的
pedal line 足基线
pedal nerve 足神经
pedal tubercle 足瘤 < 鳞翅目 Lepidoptera 幼虫的足基部前侧的小瘤，无足的体节也有 >
pedalian 足的
Pedaliodes 鄱眼蝶属
Pedaliodes adamsi d'Abrera 黄臀带鄱眼蝶
Pedaliodes albarregas Adams *et* Bernard 白眉鄱眼蝶
Pedaliodes albonotata Godman 白标鄱眼蝶
Pedaliodes albopunctata Weymer 白斑鄱眼蝶
Pedaliodes alusana (Hewitson) 阿鲁鄱眼蝶
Pedaliodes amussis Thieme 麻斑鄱眼蝶
Pedaliodes antonia Staudinger 丫纹鄱眼蝶
Pedaliodes asconia Thieme [Thieme's satyr] 阿鄱眼蝶
Pedaliodes bernardi Adams 锯带鄱眼蝶
Pedaliodes chrysataenia Höpffer 金带鄱眼蝶
Pedaliodes cremera Grose *et* Smith 侧带鄱眼蝶
Pedaliodes dejecta (Bates) [dejecta satyr] 德杰鄱眼蝶
Pedaliodes drymaea (Hewitson) 得丽鄱眼蝶
Pedaliodes empusa Felder 白雾鄱眼蝶
Pedaliodes ereiba 埃雷鄱眼蝶
Pedaliodes exanima (Erschoff) 无魂鄱眼蝶
Pedaliodes fassli Weymer 红臀带鄱眼蝶
Pedaliodes ferratiles Butler 铁瓦鄱眼蝶
Pedaliodes hewitsoni Staudinger 海氏鄱眼蝶
Pedaliodes hopfferi Staudinger [sunburst satyr] 橙带鄱眼蝶
Pedaliodes japhleta Butler 宽白臀带鄱眼蝶
Pedaliodes jeptha Thieme 杰他鄱眼蝶
Pedaliodes juba Staudinger 朱巴鄱眼蝶
Pedaliodes lyssa Burmeister 丽纱鄱眼蝶
Pedaliodes manis (Felder *et* Felder) [manis satyr] 麻尼鄱眼蝶
Pedaliodes margaretha Adams 矩纹鄱眼蝶
Pedaliodes montagna (Adams *et* Bernard) [montagna mountain satyr] 莽鄱眼蝶
Pedaliodes morenoi Dognin 莫雷鄱眼蝶
Pedaliodes muscosa Thieme 蝇鄱眼蝶
Pedaliodes naevia Thieme 痣鄱眼蝶
Pedaliodes napaea Bates 纳巴鄱眼蝶
Pedaliodes nora Adams 三角鄱眼蝶
Pedaliodes ochrotaenia (Fabricius) 赭带鄱眼蝶
Pedaliodes ornata Grose-Smith *et* Kirby 环带鄱眼蝶
Pedaliodes pactyes Hewitson 帕克鄱眼蝶
Pedaliodes palaeopolis Hewitson 古灰鄱眼蝶
Pedaliodes pallantias Hewitson 前缘斑鄱眼蝶
Pedaliodes palpita Adams 隐带鄱眼蝶
Pedaliodes pammenes Hewitson 盘美鄱眼蝶
Pedaliodes pandates Hewitson 边带鄱眼蝶
Pedaliodes paneis Hewitson 帕内鄱眼蝶
Pedaliodes panthides Hewitson 豹纹鄱眼蝶
Pedaliodes panyasis Hewitson 霉斑鄱眼蝶
Pedaliodes parrhaebia Hewitson 帕莱鄱眼蝶
Pedaliodes pausia (Hewitson) 徘徊鄱眼蝶
Pedaliodes pelinaea Hewitson 佩丽鄱眼蝶
Pedaliodes pelinna Hewitson 佩琳鄱眼蝶
Pedaliodes perisades Hewitson 红晕鄱眼蝶
Pedaliodes perperna (Hewitson) 玻玻鄱眼蝶
Pedaliodes peruda Hewitson 分腿鄱眼蝶
Pedaliodes petronius (Grose-Smith) 岩鄱眼蝶
Pedaliodes peucestas (Hewitson) [peucestas satyr] 佩鄱眼蝶
Pedaliodes phaea (Hewitson) 暗鄱眼蝶
Pedaliodes phaeaca Staudinger 深色鄱眼蝶
Pedaliodes phaedra (Hewitson) 白带鄱眼蝶
Pedaliodes phanias (Hewitson) 法尼鄱眼蝶
Pedaliodes phazania Smith [galaxy satyr] 发赞鄱眼蝶
Pedaliodes pheres Thieme 弗雷鄱眼蝶
Pedaliodes pheretiades Smith *et* Kirby 顶斑鄱眼蝶
Pedaliodes phila (Hewitson) 爱鄱眼蝶
Pedaliodes philonis Hewitson 鄱眼蝶
Pedaliodes philotera Hewitson 爱奇鄱眼蝶
Pedaliodes phoenix Lamas 蓝毛鄱眼蝶
Pedaliodes phrasiclea Hewitson 玉点鄱眼蝶
Pedaliodes physcoa Hewitson 泡鄱眼蝶
Pedaliodes piletha Hewitson 细白臀带鄱眼蝶
Pedaliodes pisonia (Hewitson) 豆鄱眼蝶
Pedaliodes plotina Hewitson 黄裙鄱眼蝶
Pedaliodes poetica Staudinger 诗鄱眼蝶
Pedaliodes polla Thieme 波拉鄱眼蝶
Pedaliodes polusca Hewitson 波鲁鄱眼蝶
Pedaliodes porcia Hewitson 波塞鄱眼蝶
Pedaliodes porima Grose-Smith 波丽鄱眼蝶
Pedaliodes porrima Staudinger 波玛鄱眼蝶
Pedaliodes praxithea (Hewitson) 斜带鄱眼蝶
Pedaliodes prosa Staudinger 无奇鄱眼蝶
Pedaliodes prytanis Hewitson 普丽坦鄱眼蝶
Pedaliodes pylas Hewitson 白鹅鄱眼蝶
Pedaliodes ralphi Adams 白带黑鄱眼蝶
Pedaliodes simpla Thieme 素鄱眼蝶
Pedaliodes socorrae Adams 玉带鄱眼蝶
Pedaliodes spina Weymer 贯带鄱眼蝶
Pedaliodes suspiro Adams *et* Bernard 泛白顶鄱眼蝶
Pedaliodes tena Thieme 泰娜鄱眼蝶

Pedaliodes thiemei Staudinger 铁美鄱眼蝶
Pedaliodes triaria Godman *et* Salvin 三叠鄱眼蝶
Pedaliodes tyro Thieme 酪鄱眼蝶
Pedaliodes zipa Adams 双点鄱眼蝶
pedaliodina skipper [= Central American snout-skipper, *Anisochoria pedaliona* (Butler)] 纰彗弄蝶
pedamina 退化肢 < 如蛱蝶类退化的前足 >
Pedanoptera 长足蛉属
Pedanoptera arachnophila Liu, Zhang, Winterton, Breitkreuz *et* Engel 食蛛长足蛉
Pedanus 佩伪瓢虫属
Pedanus quadrilunatus Gerstaecker 见 *Parindalmus quadrilunatus*
pedate 具足的
peddler 担粪虫 < 指将排泄物及蜕携于臀叉上的龟甲幼虫 >
Pedegral skipper [*Atrytonopsis frappenda* (Dyar)] 白斑墨弄蝶
pederin 毒隐翅甲素，青腰虫素，毒隐翅虫素，鸡矢素
pederone 毒隐翅甲酮，青腰虫酮
pedes [s. pedi] 足
pedes natatorii [= natatorial leg, swimming leg] 游泳足
pedes raptorri [= raptorial leg] 捕捉足
pedes spurii 伪足 < 常指原足 prolegs>
Pedesta 徘弄蝶属
Pedesta baileyi (South) 黄星徘弄蝶，黄点徘弄蝶，拜佩弄蝶
Pedesta blanchardii Mabille 长标徘弄蝶，苍白徘弄蝶
Pedesta blanchardii blanchardii Mabille 长标徘弄蝶指名亚种
Pedesta blanchardii shensia Evans 长标徘弄蝶陕西亚种，陕西布佩弄蝶
Pedesta hishikawai Yoshino 白纹徘弄蝶
Pedesta masuriensis (Moore) [Mussoorie bush bob] 马苏里徘弄蝶，徘弄蝶
Pedesta naumanni Huang 同 *Thoressa hyrie*
Pedesta panda Evans [Naga bush bob] 黑白徘弄蝶，倍佩弄蝶
Pedesta pandita (de Nicéville) [brown bush bob] 潘徘弄蝶
Pedesta serena Evans [Sichuan bush bob] 宁静徘弄蝶，宁徘弄蝶，塞酣弄蝶
Pedesta viridis Huang 绿徘弄蝶
Pedesta xiaoqingae (Huang *et* Zhan) 晓徘弄蝶
Pedetontinus 跃蛃属
Pedetontinus jiuzhaiensis Zhang *et* Zhou 九寨跃蛃
Pedetontinus kabaki Kaplin 卡氏跃蛃
Pedetontinus laoshanensis Li, Yu *et* Zhang 老山跃蛃
Pedetontinus lineatus Choe *et* Lee 线跃蛃
Pedetontinus luanchuanensis Cheng, Yu *et* Zhang 栾川跃蛃
Pedetontinus maijiensis Zhang *et* Zhou 麦积跃蛃
Pedetontinus songi Zhang *et* Li 宋氏跃蛃
Pedetontinus taishanensis Zhang *et* Zhou 泰山跃蛃
Pedetontinus tianmuensis Xue *et* Yi 天目跃蛃
Pedetontinus yinae Zhang, Song *et* Zhou 尹氏跃蛃
Pedetontus 跳蛃属
Pedetontus bianchii Sillvestri 比氏跳蛃
Pedetontus bianchii centralis Silvestri 见 *Pedetontus centralis*
Pedetontus centralis Sillvestri 中央跳蛃，中央比氏跳蛃
Pedetontus formosanus Sillvestri 台湾跳蛃
Pedetontus formosanus longistylii Uchida 见 *Pedetontus longistylii*
Pedetontus fukiensis Sillvestri 福建跳蛃
Pedetontus hainanensis Yu, Zhang *et* Zhang 海南跳蛃
Pedetontus issikii Sillvestri 一色跳蛃
Pedetontus longistylii Uchida 长刺跳蛃
Pedetontus sauterii Sillvestri 索氏跳蛃
Pedetontus savioi Sillvestri 萨氏跳蛃
Pedetontus silvestrii Mendes 希氏跳蛃
Pedetontus uraiensis Uchida 乌来跳蛃
Pedetontus wudangensis Zhang *et* Zhou 武当跳蛃
Pedetontus zhejiangensis Xue *et* Yin 浙江跳蛃
Pedetontus zhoui Yu, Zhang *et* Zhang 周氏跳蛃
pedi [pl. pedes] 足
pedia [s. pedium] 内唇中区 < 指金龟子幼虫内唇中部的光滑区 >
Pediacus 佩扁甲属
Pediacus japonicoides Marris *et* Slipinski 日本佩扁甲
Pediacus leei Marris *et* Slipinski 李氏佩扁甲
Pediacus taiwanensis Marris *et* Slipinski 台湾佩扁甲
Pediacus thomasi Marris *et* Slipinski 托氏佩扁甲
Pediasia 茎草螟属，佩狄螟属
Pediasia alaica (Rebel) 阿佩狄螟
Pediasia aridella (Thunberg) 爱利德茎草螟
Pediasia batangensis (Caradja) 巴塘茎草螟，巴塘佩狄螟
Pediasia dolichantia Song *et* Chen 长刺茎草螟
Pediasia echinulatia Song *et* Chen 小刺茎草螟
Pediasia fascelinella (Hübner) 带纹茎草螟，珐佩狄螟
Pediasia jecondica Błeszyński 褐色茎草螟，耶佩狄螟
Pediasia jucundella (Herrich-Schäffer) 曲管茎草螟
Pediasia kuldjaensis (Caradja) 伊宁茎草螟，库佩狄螟
Pediasia luteella (Denis *et* Schiffermüller) 长管茎草螟
Pediasia persella (Toll) 灰茎草螟
Pediasia perselloides Song *et* Chen 类灰茎草螟
Pediasia phrygius Fazekas 凹茎草螟
Pediasia pseudopersella Błeszyński 拟灰茎草螟
Pediasia radicivitta (Filipjev) 长突茎草螟
Pediasia ramexita Błeszyński 青藏茎草螟，拉佩狄螟
Pediasia sajanella (Caradja) 萨茎草螟
Pediasia teterrella Zincken 见 *Parapediasia teterrella*
Pediasia yangtseellus (Caradja) 扬子茎草螟，长江佩狄螟
Pediasiomyia 亚平蜂麻蝇属
Pediasiomyia przhevalskyi Rohdendorf 普氏亚平蜂麻蝇
pedicel [pl. pedicelli; = pedicellus] 梗节 < 触角柄节与鞭节间的小节；或指蚁类腹部基部的一、二退化节 >
pedicellate 有柄的
pedicelli [s. pedicellus] 梗节
pedicellus [pl. pedicelli; = pedicel] 梗节
Pedicia 窗大蚊属，平大蚊属，索大蚊属
Pedicia subfalcata Alexander 短尾窗大蚊，镰平大蚊，镰索大蚊
Pedicia tachulanica Alexander 见 *Tricyphona tachulanica*
Pedicia (***Tricyphona***) ***arisana*** (Alexander) 见 *Tricyphona arisana*
Pedicia (***Tricyphona***) ***formosana*** (Alexander) 见 *Tricyphona formosana*
Pedicia (***Tricyphona***) ***orophila*** Alexander 见 *Tricyphona orophila*
pediciid 1. [= pediciid crane fly, hairy-eyed cranefly] 窗大蚊，平大蚊 < 窗大蚊科 Pediciidae 昆虫的通称 >；2. 窗大蚊科的
pediciid crane fly [= pediciid, hairy-eyed cranefly] 窗大蚊，平大蚊

P

Pediciidae 窗大蚊科，平大蚊科
Pedicinidae 猴虱科，猿虱科
Pedicinus 猴虱属，猿虱属
Pedicinus ancoratus Ferris 锚突猴虱
Pedicinus eurygaster (Burmeister) 阔腹猴虱
Pedicinus obtusus (Rudow) [macaque louse] 钝猴虱
pediculicide 杀虱剂
pediculid 1. [= pediculid louse] 虱 < 虱科 Pediculidae 昆虫的通称 >; 2. 虱科的
pediculid louse [= pediculid] 虱
Pediculidae 虱科
pediculosis 虱病
pediculous 多虱的
Pediculus 虱属
Pediculus auritus Scopoli 见 *Penenirmus auritus*
Pediculus humanus Linnaeus [human louse (pl. human lice); human head-and-body louse] 人虱
Pediculus humanus capitis De Geer [head louse, human head louse] 头虱，人虱头部亚种
Pediculus humanus humanus Linnaeus [body louse, human body louse] 体虱，人虱指名亚种
Pediculus mjobergi Ferris 猿虱
Pediculus pseudohumanus Ewing 伪人虱
Pediculus shaeffi Fahrenholz [chimpanzee louse] 黑猩猩虱
pedigerous 有足的
pedigree 系统，潜系，血统
pedigree culture 系统栽培，谱系繁殖
pedigree judging 系谱鉴定
pedigree method of breeding 系统育种
pedigree selection 系统选择，谱系选择
pedilid 1. [= pedilid beetle, fire-coloured beetle] 细颈甲 < 细颈甲科 Pedilidae 昆虫的通称 >; 2. 细颈甲科的
pedilid beetle [= pedilid, fire-coloured beetle] 细颈甲
Pedilidae 细颈甲科
Pedilohelea 虱蠓亚属
Pedilus 细颈甲属
Pedilus mongolicus Reitter 蒙古细颈甲
Pedilus xanthopus Semenow 黄细颈甲
Pedinopleura 平侧茧蜂属
Pedinopleura koshunensis (Watanabe) 台湾平侧茧蜂
Pedinotrichia parallela (Motschulsky) [ochreceus cockchafer, large black chafer, dark cockchafer] 暗黑金龟子，大褐齿爪鳃金龟，暗黑齿爪鳃金龟甲，暗黑齿爪鳃金龟，褐金龟子，暗黑鳃金龟
Pedinus 扁足甲属
Pedinus femoralis (Linnaeus) [maize tenebrionid, maize darkling beetle] 玉米扁足甲，玉米拟步甲
Pedinus fulvicornis Reitter 见 *Blindus fulvicornis*
Pedinus strigosus Faldermann 见 *Blindus strigosus*
Pedinus thibetanus Fairmaire 见 *Blindus thibetanus*
Pediobius 柄腹姬小蜂属，派姬小蜂属
Pediobius abraxasis Yang *et* Cao 点尺蛾柄腹姬小蜂，点尺蛾派姬小蜂
Pediobius acalyphae (Risbec) 铁苋菜柄腹姬小蜂
Pediobius acantha (Walker) 同 *Pediobius metallicus*
Pediobius acraconae Kerrich 蚁巢柄腹姬小蜂
Pediobius adelphae Peck 阿黛尔榆棱巢蛾柄腹姬小蜂
Pediobius aeneus (Girault) 铜绿柄腹姬小蜂
Pediobius africanus (Waterston) 非洲柄腹姬小蜂
Pediobius afronigripes Kerrich 非洲黑足柄腹姬小蜂
Pediobius agaristae (Cameron) 阿氏夜蛾柄腹姬小蜂
Pediobius alaspharus (Walker) 披草柄腹姬小蜂
Pediobius albipes (Provancher) 光盾网纹柄腹姬小蜂
Pediobius alcaeus (Walker) 沟盾柄腹姬小蜂
Pediobius alpinus Hansson 高地柄腹姬小蜂
Pediobius amaurocoelus (Waterston) 暗壳柄腹姬小蜂
Pediobius ambilobei (Risbec) 无盾沟柄腹姬小蜂
Pediobius anastati (Crawford) 平腹小蜂柄腹姬小蜂
Pediobius angustifrons Kerrich 窄额柄腹姬小蜂
Pediobius anomalus (Gahan) 非凡柄腹姬小蜂
Pediobius antennalis Khan, Agnihotri *et* Sushil 触角柄腹姬小蜂
Pediobius antiopa (Girault) 黄足柄腹姬小蜂
Pediobius aphidi (Risbec) 蚜柄腹姬小蜂
Pediobius aphidiphagus (Ashmead) 食蚜柄腹姬小蜂
Pediobius arcuatus Kerrich 中缝盾柄腹姬小蜂
Pediobius aspidomorphae (Girault) 金盾龟甲柄腹姬小蜂
Pediobius atamiensis (Ashmead) 白跗柄腹姬小蜂，皱背柄腹姬小蜂，白跗姬小蜂
Pediobius balyanae Bouček 叶甲柄腹姬小蜂
Pediobius bethylicidus Kerrich 肿腿蜂柄腹姬小蜂
Pediobius bhimtalensis Khan, Agnihotri *et* Sushil 毕氏柄腹姬小蜂
Pediobius bifoveolatus (Ashmead) 双洼柄腹姬小蜂
Pediobius bisulcatus Cao *et* Zhu 双沟柄腹姬小蜂
Pediobius brachycerus (Thomson) 短角柄腹姬小蜂
Pediobius braconiphagus (Risbec) 噬茧蜂柄腹姬小蜂
Pediobius bruchicida (Róndani) 钝头柄腹姬小蜂
Pediobius bucculatricis (Gahan) 加氏榆棱巢蛾柄腹姬小蜂
Pediobius caelatus Hansson 凹纹柄腹姬小蜂
Pediobius cajanus Taveras *et* Hansson 木豆柄腹姬小蜂
Pediobius calamagrostidis Dawah 拂子茅柄腹姬小蜂
Pediobius carinatiscutus (Girault) 脊叶柄腹姬小蜂
Pediobius carinifer Hansson 中脊柄腹姬小蜂
Pediobius cariniscutus (Girault) 窄叶柄腹姬小蜂
Pediobius cassidae (Erdös) 淡胫柄腹姬小蜂
Pediobius cephalanthusae (Risbec) 鹨头柄腹姬小蜂
Pediobius chalybs (Girault) 铁色柄腹姬小蜂
Pediobius chilaspidis Bouček 闭翅瘿蜂柄腹姬小蜂
Pediobius chloropidis Burks 绿柄柄腹姬小蜂
Pediobius chylizae Gates *et* Schauff 绒茎蝇柄腹姬小蜂
Pediobius claridgei Dawah 梯牧草柄腹姬小蜂
Pediobius claviger (Thomson) 棒角柄腹姬小蜂，棒柄腹姬小蜂
Pediobius clinognathus (Waterston) 坡脸柄腹姬小蜂
Pediobius clita (Walker) 粗体柄腹姬小蜂
Pediobius coffeicola (Ferrière) 咖啡柄腹姬小蜂
Pediobius concoloripes (Girault) 同色柄腹姬小蜂
Pediobius coxalis Bouček 阔翅柄腹姬小蜂
Pediobius crassicornis (Thomson) 凹缘柄腹姬小蜂，凹缘派姬小蜂
Pediobius crocidophorae Burks 野螟柄腹姬小蜂
Pediobius cuneatus Kamijo 横柄柄腹姬小蜂
Pediobius cusucoensis Hansson 库斯科柄腹姬小蜂

Pediobius cyaneus (Girault) 深蓝柄腹姬小蜂
Pediobius cydiae Khan 苹果蠹蛾柄腹姬小蜂
Pediobius dactylicola Dawah 鸭茅柄腹姬小蜂
Pediobius dendroleontis Kamijo 日本树蚁蛉柄腹姬小蜂
Pediobius deplagastrus Surekha *et* Narendran 无斑柄腹姬小蜂
Pediobius deplanatus Bouček 凹腹柄腹姬小蜂
Pediobius derroni Bouček 德伦柄腹姬小蜂
Pediobius deschampsiae Dawah 发草柄腹姬小蜂
Pediobius detrimentosus (Gahan) 钝腹光盾柄腹姬小蜂
Pediobius dipterae Risbec 蝇类柄腹姬小蜂
Pediobius disparis Peck 舞毒蛾柄腹姬小蜂
Pediobius dolichops Hansson 长脸柄腹姬小蜂
Pediobius elasmi (Ashmead) 龟甲柄腹姬小蜂
Pediobius ellia (Motschulsky) 埃氏柄腹姬小蜂
Pediobius elongatus Cao *et* Zhu 长腹柄腹姬小蜂
Pediobius epeus (Walker) 跳蛛柄腹姬小蜂
Pediobius epigonus (Walker) 后裔柄腹姬小蜂
Pediobius epilachnae Rohwer 同 *Pediobius foveolatus*
Pediobius erdoesi Pujade i Villar 鄂氏柄腹姬小蜂
Pediobius erionotae Kerrich 蕉弄蝶柄腹姬小蜂
Pediobius erosus (Risbec) 锯齿柄腹姬小蜂
Pediobius erugatus Hansson 光盾柄腹姬小蜂
Pediobius eubius (Walker) 线角柄腹姬小蜂
Pediobius facialis (Giraud) 黄脸柄腹姬小蜂，卷蛾柄腹姬小蜂
Pediobius fastigatus Kamijo 尖尾柄腹姬小蜂
Pediobius festucae Dawah 紫羊茅柄腹姬小蜂
Pediobius flavicrus Hansson 黄足柄腹姬小蜂
Pediobius flaviscapus (Thomson) 黄柄柄腹姬小蜂
Pediobius foliorus (Geoffroy) 阔角柄腹姬小蜂
Pediobius foveolatus (Crawford) 凹洼柄腹姬小蜂，瓢虫柄腹姬小蜂
Pediobius fraternus (Motschulsky) 螳卵柄腹姬小蜂
Pediobius fujianensis Sheng *et* Li 福建柄腹姬小蜂
Pediobius fulvipes (Girault) 淡足柄腹姬小蜂
Pediobius furvus (Gahan) 深褐柄腹姬小蜂
Pediobius geshnae Peck 草螟柄腹姬小蜂
Pediobius globosus Szelényi 圆润柄腹姬小蜂
Pediobius grisescens Sheng *et* Wang 荞麦叶甲柄腹姬小蜂，叶甲柄腹姬小蜂
Pediobius grunini Nikol'skaya 格鲁宁柄腹姬小蜂
Pediobius hallami (Girault) 哈勒姆柄腹姬小蜂
Pediobius hirtellus (Masi) 微毛柄腹姬小蜂
Pediobius homoeus (Waterston) 相似柄腹姬小蜂
Pediobius ikedai Gumovsky 池田柄腹姬小蜂
Pediobius illiberidis Liao 同 *Pediobius pyrgo*
Pediobius illustris (Waterston) 丽柄腹姬小蜂
Pediobius imbreus (Walker) 英布力柄腹姬小蜂
Pediobius imerinae (Risbec) 伊麦利柄腹姬小蜂
Pediobius incertulus Khan, Agnihotri *et* Sushil 三化螟柄腹姬小蜂
Pediobius indicus Khan 印度柄腹姬小蜂
Pediobius inexpectatus Kerrich 弄蝶柄腹姬小蜂
Pediobius irregularis Kerrich 无常柄腹姬小蜂
Pediobius italicus Bouček 意大利柄腹姬小蜂
Pediobius ivondroi (Risbec) 伊凡柄腹姬小蜂
Pediobius iwatai Kamijo 岩田柄腹姬小蜂
Pediobius kalpetticus Narendran *et* Santhosh 卡氏柄腹姬小蜂
Pediobius khani Ozdiken 可汗柄腹姬小蜂
Pediobius kilimovoronae (Risbec) 克利莫沃柄腹姬小蜂
Pediobius koebelei Kamijo 寇氏柄腹姬小蜂
Pediobius laticeps Graham 宽头网纹柄腹姬小蜂
Pediobius latipes Kamijo 粗腿柄腹姬小蜂
Pediobius liocephalatus Peck 光头柄腹姬小蜂
Pediobius lonchaeae Burks 尖尾蝇柄腹姬小蜂
Pediobius longicornis (Erdös) 长角柄腹姬小蜂
Pediobius longisetosus Kerrich 长毛柄腹姬小蜂
Pediobius louisianae Peck 路易斯柄腹姬小蜂
Pediobius lysis (Walker) 瘿蜂柄腹姬小蜂
Pediobius madas Bouček 马达加斯加柄腹姬小蜂
Pediobius maduraiensis Shafee *et* Rizvi 马杜赖柄腹姬小蜂
Pediobius magniclavatus Peck 广角柄腹姬小蜂
Pediobius magnicornis Hansson 粗角柄腹姬小蜂
Pediobius mandrakae (Risbec) 曼德拉柄腹姬小蜂
Pediobius marjoriae Kerrich 马乔里柄腹姬小蜂
Pediobius metallicus (Nees) 潜蝇柄腹姬小蜂，光柄腹姬小蜂
Pediobius micans (Girault) 耀光柄腹姬小蜂
Pediobius milii (Risbec) 蜜柄腹姬小蜂
Pediobius minimus Delucchi 玲珑柄腹姬小蜂
Pediobius mitsukurii (Ashmead) 稻苞虫柄腹姬小蜂
Pediobius modestus (Masi) 非洲螳卵柄腹姬小蜂
Pediobius moldavicus Bouček 摩尔多瓦柄腹姬小蜂
Pediobius multisetis Bouček 多毛柄腹姬小蜂
Pediobius myrthacea (Risbec) 门萨柄腹姬小蜂
Pediobius narangae Sheng *et* Wang 螟蛉柄腹姬小蜂
Pediobius neavei (Waterston) 尼夫柄腹姬小蜂
Pediobius ni Peck 伲柄腹姬小蜂
Pediobius niger (Ashmead) 小黑柄腹姬小蜂
Pediobius nigeriensis (Silvestri) 黑柄柄腹姬小蜂
Pediobius nigritarsis (Thomson) 黑跗柄腹姬小蜂
Pediobius nigriviridis (Girault) 暗绿柄腹姬小蜂
Pediobius nishidai Hansson 西田柄腹姬小蜂
Pediobius nympha (Girault) 美丽柄腹姬小蜂
Pediobius obscurellus (Walker) 暗跗柄腹姬小蜂
Pediobius obscurus Dawah *et* Al-Haddad 暗柄腹姬小蜂
Pediobius occipitalis Kerrich 圆头柄腹姬小蜂，颅柄腹姬小蜂
Pediobius ocellatus Peck 突单眼柄腹姬小蜂
Pediobius oidematus Hansson 膨颊柄腹姬小蜂
Pediobius oophagus (Dodd) 噬卵柄腹姬小蜂
Pediobius orientalis (Crawford) 东方柄腹姬小蜂
Pediobius oviventris Bouček 小腹柄腹姬小蜂
Pediobius pachyceps (Masi) 粗头柄腹姬小蜂
Pediobius painei (Ferrière) 佩恩柄腹姬小蜂
Pediobius parvulus (Ferrière) 小个柄腹姬小蜂
Pediobius pauli Hansson 保利柄腹姬小蜂
Pediobius pauliani (Risbec) 宝莲柄腹姬小蜂
Pediobius petiolapilus Cao *et* Zhu 毛柄柄腹姬小蜂
Pediobius petiolatus (Spinota) 长柄柄腹姬小蜂
Pediobius phalaridis Dawah 虉草柄腹姬小蜂
Pediobius phragmitis Bouček 芦苇柄腹姬小蜂
Pediobius phyllotretae Riley 条跳甲柄腹姬小蜂
Pediobius planiceps Sheng *et* Kamijo 同 *Pediobius inexpectatus*

Pediobius planiusculus Hansson 平盾柄腹姬小蜂
Pediobius planiventris (Thomson) 平腹柄腹姬小蜂
Pediobius platoni (Girault) 宽头柄腹姬小蜂
Pediobius podagrionidis (Girault) 螳小蜂柄腹姬小蜂
Pediobius poeta (Girault) 如诗柄腹姬小蜂
Pediobius polanensis Bouček 波兰柄腹姬小蜂
Pediobius polychrosis Sheng *et* Wang 杉梢卷蛾柄腹姬小蜂
Pediobius praeveniens Kerrich 预言柄腹姬小蜂
Pediobius prominentis Cao *et* Zhu 突盾柄腹姬小蜂
Pediobius pseudotsugatae Peck 黄衫毒蛾柄腹姬小蜂
Pediobius ptychomyiae (Ferrière) 寄蝇柄腹姬小蜂
Pediobius puertoricensis Schauff 波多黎各柄腹姬小蜂
Pediobius pullipes Hansson 黑跗柄腹姬小蜂
Pediobius pupariae Yang 白蛾柄腹姬小蜂，白蛾派姬小蜂
Pediobius pyrgo (Walker) 梨潜皮蛾柄腹姬小蜂，潜蛾柄腹姬小蜂，梨潜皮蛾姬小蜂，茶毛虫蓝色姬小蜂
Pediobius quadricarinatus (Girault) 常脊柄腹姬小蜂
Pediobius quinquecarinatus (Girault) 五脊柄腹姬小蜂
Pediobius regulus Kamijo 明星柄腹姬小蜂，台柄腹姬小蜂
Pediobius retis Bouček 网纹柄腹姬小蜂
Pediobius rhyssonotus Kerrich 纹腹柄腹姬小蜂
Pediobius ropalidiae (Risbec) 铃腹胡蜂柄腹姬小蜂
Pediobius rotundatus (Fonscolombe) 圆室柄腹姬小蜂
Pediobius salicifolii Khan 柳叶柄腹姬小蜂
Pediobius salvus Giralt 健全柄腹姬小蜂
Pediobius sasae Hansson 赤竹柄腹姬小蜂
Pediobius saulius (Walker) 绍氏柄腹姬小蜂
Pediobius scutilaris Khan, Agnihotri *et* Sushil 茶托柄腹姬小蜂
Pediobius senegalensis (Risbec) 塞内加尔柄腹姬小蜂
Pediobius setigerus Kerrich 毛胸柄腹姬小蜂
Pediobius seyrigi (Risbec) 赛氏柄腹姬小蜂
Pediobius shafeei Khan, Agnihotri *et* Sushil 莎菲尔柄腹姬小蜂
Pediobius silvensis (Girault) 林生柄腹姬小蜂
Pediobius sinensis Sheng *et* Wang 同 *Pediobius facialis*
Pediobius singularis (Howard) 独孤柄腹姬小蜂
Pediobius smicrifrons Hansson 小额柄腹姬小蜂
Pediobius smithi Ahlstrom 史密斯柄腹姬小蜂
Pediobius songshaominus Liao 同 *Pediobius yunnanensis*
Pediobius soror Kerrich 近凹洼柄腹姬小蜂
Pediobius stenochoreus Kerrich 窄胸柄腹姬小蜂
Pediobius strobilicola Peck 松螟柄腹姬小蜂
Pediobius sublaevis (Erdös) 浅纹柄腹姬小蜂
Pediobius sulcatus (Girault) 具沟柄腹姬小蜂
Pediobius susinellae Yang *et* Cao 凹眼柄腹姬小蜂，凹眼派姬小蜂
Pediobius tapanticola Hansson 塔潘蒂柄腹姬小蜂
Pediobius taylori Kerrich 泰勒柄腹姬小蜂
Pediobius telenomi Crowford 黑卵蜂柄腹姬小蜂
Pediobius tenuicornis Graham 细角柄腹姬小蜂
Pediobius termerus (Walker) 特氏柄腹姬小蜂
Pediobius tetratomus (Thomson) 四索柄腹姬小蜂
Pediobius thakerei (Subba Rao) 萨氏柄腹姬小蜂
Pediobius thoracicus (Zehntner) 异胸柄腹姬小蜂
Pediobius thysanopterus Burks 缨翅柄腹姬小蜂
Pediobius tortricida Cao *et* Zhu 卷蛾柄腹姬小蜂
Pediobius veternosus (Girault) 膨距柄腹姬小蜂
Pediobius viggianii Khan 维吉安柄腹姬小蜂
Pediobius vigintiquinque Kerrich 宽光盾柄腹姬小蜂
Pediobius vignae Risbec 豇豆柄腹姬小蜂
Pediobius viridifrons (Motschulsky) 绿额柄腹姬小蜂
Pediobius wengae Hansson 翁氏柄腹姬小蜂
Pediobius williamsoni (Girault) 威氏柄腹姬小蜂
Pediobius worelli Andriescu 伍氏柄腹姬小蜂
Pediobius yunnanensis Liao 云南柄腹姬小蜂，长距茧蜂姬小蜂，长距茧蜂柄腹姬小蜂
Pediobius zurquibius Hansson 祖瑞柄腹姬小蜂
Pedionis 尖尾叶蝉属
Pedionis freyi Fieber 见 *Hephathus freyi*
Pedionis mecota Liu *et* Zhang 见 *Pedionis* (*Pedionis*) *mecota*
Pedionis (**Pedionis**) **acerosa** Dai *et* Li 针突尖尾叶蝉
Pedionis (**Pedionis**) **aculeata** Zhang *et* Zhang 齿缘尖尾叶蝉
Pedionis (**Pedionis**) **clypellata** Huang *et* Viraktamath 黑唇尖尾叶蝉
Pedionis (**Pedionis**) **contrasta** Hamilton 折脉尖尾叶蝉，香港足叶蝉
Pedionis (**Pedionis**) **damingshanensis** Li, Dai *et* Li 大明山尖尾叶蝉
Pedionis (**Pedionis**) **dentiforma** Yang *et* Zhang 齿斑尖尾叶蝉
Pedionis (**Pedionis**) **dinghuensis** Yang *et* Zhang 鼎湖尖尾叶蝉
Pedionis (**Pedionis**) **garuda** (Distant) 金翅尖尾叶蝉
Pedionis (**Pedionis**) **hamiltoni** (Li, Dai *et* Li) 汉密尔顿尖尾叶蝉，汉密尔顿合板叶蝉
Pedionis (**Pedionis**) **lii** Zhang *et* Viraktamath 李氏尖尾叶蝉
Pedionis (**Pedionis**) **lizizhongi** Dai *et* Li 李子忠氏尖尾叶蝉
Pedionis (**Pedionis**) **longiaxonica** Dai *et* Li 长茎尖尾叶蝉
Pedionis (**Pedionis**) **mecota** Liu *et* Zhang 长面尖尾叶蝉
Pedionis (**Pedionis**) **nankunshanensis** Li, Dai *et* Li 南昆山尖尾叶蝉
Pedionis (**Pedionis**) **nigrocorporis** Dai, Li *et* Li 黑体尖尾叶蝉
Pedionis (**Pedionis**) **obtusata** Dai *et* Li 钝圆尖尾叶蝉
Pedionis (**Pedionis**) **palniensis** Viraktamath 伯尔尼尖尾叶蝉
Pedionis (**Pedionis**) **papillata** Zhang *et* Zhang 乳突尖尾叶蝉
Pedionis (**Pedionis**) **rufoscutellata** Huang *et* Viraktamath 红盾尖尾叶蝉
Pedionis (**Pedionis**) **sagittata** Dai, Li *et* Li 箭茎尖尾叶蝉
Pedionis (**Pedionis**) **spinata** Zhang *et* Viraktamath 刺突尖尾叶蝉
Pedionis (**Pedionis**) **stigma** Kuoh 斑翅尖尾叶蝉，斑翅足叶蝉
Pedionis (**Pedionis**) **tabulata** Li, Dai *et* Li 片突尖尾叶蝉
Pedionis (**Pedionis**) **tribrachyblasta** Yang *et* Zhang 三叉尖尾叶蝉
Pedionis (**Pedionis**) **yangi** Li, Dai *et* Li 杨氏尖尾叶蝉
Pedionis (**Pedionis**) **yunnana** Zhang *et* Viraktamath 云南尖尾叶蝉
Pediopsis 斜皱叶蝉属，足叶蝉属
Pediopsis apicalis Motschulsky 同 *Nephotettix nigropictus*
Pediopsis bannaensis Yang *et* Zhang 版纳斜皱叶蝉
Pediopsis contrasta (Hamilton) 见 *Pedionis* (*Pedionis*) *contrasta*
Pediopsis cudraniae Cai *et* Wang 柘树斜皱叶蝉
Pediopsis femorata Hamilton 胫刺斜皱叶蝉，腿拟足叶蝉
Pediopsis formosana Matsumura 台湾斜皱叶蝉，台湾足叶蝉
Pediopsis fuscinervis (Boheman) 见 *Macropsis* (*Macropsis*) *fuscinervis*
Pediopsis kurentsovi Anufriev 见 *Pediopsoides* (*Sispocnis*)

kurentsovi

Pediopsis ningxiaensis Dai *et* Li 宁夏斜皱叶蝉

Pediopsis scutellata (Boheman) 见 *Macropsis* (*Macropsis*) *scutellata*

Pediopsis stigma Kuoh 见 *Pedionis* (*Pedionis*) *stigma*

Pediopsis tiliae (Germar) 椴树斜皱叶蝉，椴足叶蝉

Pediopsis virescens (Fabricius) 绿斜皱叶蝉，绿足叶蝉

Pediopsoides 暗纹叶蝉属，暗纹叶蝉亚属

Pediopsoides (***Celopsis***) ***membrana*** Zhang 见 *Celopsis membrana*

Pediopsoides (***Celopsis***) ***montaninvers*** Yang *et* Zhang 见 *Celopsis montaninvers*

Pediopsoides (***Celopsis***) ***rhombica*** Li, Dai *et* Li 见 *Celopsis rhombica*

Pediopsoides (***Celopsis***) ***trifurcata*** Li, Dai *et* Li 见 *Celopsis trifurcata*

Pediopsoides (***Celopsis***) ***undata*** Li, Dai *et* Li 见 *Celopsis undata*

Pediopsoides femorata (Hamilton) 见 *Pediopsis femorata*

Pediopsoides formosanus Matsumura 见 *Pediopsoides* (*Pediopsoides*) *formosanus*

Pediopsoides (***Pediopsoides***) ***albus*** Li, Dai *et* Li 白盾暗纹叶蝉

Pediopsoides (***Pediopsoides***) ***amplificatus*** Li, Dai *et* Li 宽端暗纹叶蝉

Pediopsoides (***Pediopsoides***) ***anchorides*** Yang *et* Zhang 锚斑暗纹叶蝉

Pediopsoides (***Pediopsoides***) ***bispinatus*** Li, Dai *et* Li 双刺暗纹叶蝉

Pediopsoides (***Pediopsoides***) ***damingshanensis*** Li, Dai *et* Li 大明山暗纹叶蝉

Pediopsoides (***Pediopsoides***) ***femorata*** (Hamilton) 见 *Pediopsis femorata*

Pediopsoides (***Pediopsoides***) ***formosanus*** Matsumura 台湾暗纹叶蝉，台拟足叶蝉

Pediopsoides (***Pediopsoides***) ***huangi*** Li *et* Dai 黄氏暗纹叶蝉

Pediopsoides (***Pediopsoides***) ***jingdongensis*** Zhang 景东暗纹叶蝉

Pediopsoides (***Pediopsoides***) ***longiapophysis*** Li, Dai *et* Li 长突暗纹叶蝉

Pediopsoides (***Pediopsoides***) ***nigrolabium*** Li, Dai *et* Li 黑唇暗纹叶蝉

Pediopsoides (***Pediopsoides***) ***tishetshkini*** Li, Dai *et* Li 缇氏暗纹叶蝉

Pediopsoides (***Sispocnis***) ***aomians*** (Kuoh) 凹面暗纹叶蝉，凹面横皱叶蝉

Pediopsoides (***Sispocnis***) ***dilata*** Dai *et* Zhang 指突暗纹叶蝉

Pediopsoides (***Sispocnis***) ***heterodigitatus*** Dai *et* Zhang 异突暗纹叶蝉，类指暗纹叶蝉

Pediopsoides (***Sispocnis***) ***kurentsovi*** (Anufriev) 库氏暗纹叶蝉，褐盾暗纹叶蝉，库氏横皱叶蝉，库氏斜皱叶蝉

Pedioxestis 平织蛾属

Pedioxestis ferruginea Wang *et* Zheng 锈平织蛾

Pedioxestis isomorpha Meyrick 同型平织蛾

pedium [pl. pedia] 内唇中区

pedogenesis [= paedogenesis] 幼体生殖

pedogenetic [= paedogenetic] 幼体生殖的

pedomorphism [= paedomorphism] 稚态，幼稚形态

pedomorphosis [= paedomorphosis] 幼体发育

pedon 阳茎腹片 < 鞘翅目 Coleoptera>

Pedopodisma 小蹦蝗属

Pedopodisma abaensis Yin, Zheng *et* Ye 阿坝小蹦蝗

Pedopodisma dolichypyga Huang 长尾小蹦蝗

Pedopodisma emeiensis (Yin) 峨眉小蹦蝗，峨眉小秃蝗

Pedopodisma epacroptera Huang 尖翅小蹦蝗

Pedopodisma funiushana Zheng 伏牛山小蹦蝗

Pedopodisma furcula Fu *et* Zheng 小尾小蹦蝗

Pedopodisma huangshana Huang 黄山小蹦蝗

Pedopodisma microptera Zheng 同 *Pedopodisma emeiensis*

Pedopodisma protrocula Zheng 突眼小蹦蝗

Pedopodisma rutifemoralis Zhong *et* Zheng 橙股小蹦蝗

Pedopodisma shennongjiaensis Wang *et* Li 神农架小蹦蝗

Pedopodisma tsinlingensis (Cheng) 秦岭小蹦蝗，秦岭蹦蝗

Pedopodisma wanxianensis Zheng *et* Chen 万县小蹦蝗

Pedopodisma wuyanlingensis He, Mu *et* Wang 乌岩岭小蹦蝗

Pedopodisma xingshanensis Zhong *et* Zheng 兴山小蹦蝗

Pedostrangalia 短腿花天牛属，黄足花天牛属

Pedostrangalia femoralis (Motschulsky) 黄短腿花天牛，黄腿短腿花天牛

Pedostrangalia muneaka (Mitono *et* Tamanuki) 红胸短腿花天牛，红胸黄足花天牛

Pedostrangalia quadrimaculata Chiang *et* Chen 四斑短腿花天牛

Pedostrangalia tricolorata Holzschuh 三色短腿花天牛

Pedrillia 耳距甲亚属，耳距甲属，毛瘤胸叶甲属

Pedrillia annulata Baly 见 *Zeugophora annulata*

Pedrillia bicolor Kraatz 见 *Zeugophora bicolor*

Pedrillia bicoloriventris Pic 见 *Zeugophora bicoloriventris*

Pedrillia flavipes Yu 同 *Zeugophora xanthopoda*

Pedrillia indica (Jacoby) 见 *Zeugophora indica*

pedro skipperling [*Dalla pedro* Steinhauser] 皮德罗达弄蝶

Pedrococcus 片粉蚧属

Pedrococcus tenuispinus Green 锡兰片粉蚧

Pedrococcus tinahulanus Williams 梭罗门片粉蚧

Pedronia 背粉蚧属，榄粉蚧属

Pedronia acanthodes Wang 西藏背粉蚧，多刺榄粉蚧

Pedronia planococcoides Borchsenius 云南背粉蚧

Pedronia strobilanthis Green 马兰背粉蚧

Pedronia tremae Borchsenius 山麻背粉蚧，麻榄粉蚧，景东背粉蚧

Pedroniopsis 蝎毡蚧属

Pedroniopsis beesoni Green 印度蝎毡蚧

pedocular 柄节的

peduncle [pl. pedunculi; = pedunculus] 1. 柄；2. 蕈形体柄

pedunculate [= pedunculated, pedunculatus, petiolate] 具柄的

pedunculated 见 pedunculate

pedunculated body [= corpus pedunculatum, mushroom body, stalked body] 蕈状体，有柄体，蕈形体，蕈体，蘑菇体

pedunculatus 见 pedunculate

pedunculi [s. pedunculus; = peduncle] 1. 柄；2. 蕈形体柄

pedunculus [pl. pedunculi; = peduncle] 1. 柄；2. 蕈形体柄

PEG [protein-encoding gene 的缩写；= protein-coding gene] 蛋白质编码基因

peg-like seta 栓毛

Pegadomyia 革水虻属，溪流水虻属

Pegadomyia ceylonica Rozkošný *et* Kovac 锡兰革水虻

Pegadomyia glabra Bezzi 见 *Pseudopegadomyia glabra*
Pegadomyia nana Rozkošný *et* Kovac 小革水虻
Pegadomyia nasuta Rozkošný *et* Kovac 突颜革水虻
Pegadomyia nuda James 见 *Pseudopegadomyia nuda*
Pegadomyia pruinosa Kertész 冰霜革水虻，霜坚水虻，寒霜水虻
Pegohylemyia 泉种蝇属
Pegohylemyia acudepressa Fan *et* Ma 见 *Botanophila acudepressa*
Pegohylemyia aculeifurca Zhong 见 *Botanophila aculeifurca*
Pegohylemyia adentata Deng 见 *Botanophila adentata*
Pegohylemyia alatavensis Hennig 见 *Botanophila alatavensis*
Pegohylemyia alcaecerca Deng 见 *Botanophila alcaecerca*
Pegohylemyia amedialis Zhong 见 *Botanophila amedialis*
Pegohylemyia anthracimetopa Zhong 见 *Botanophila anthracimetopa*
Pegohylemyia apiciquadrata Deng, Li *et* Fan 见 *Botanophila apiciquadrata*
Pegohylemyia apodicra Feng 见 *Botanophila apodicra*
Pegohylemyia argyrometopa (Zhong) 见 *Botanophila argyrometopa*
Pegohylemyia betarum (Lintner) 见 *Botanophila betarum*
Pegohylemyia bidigitata Xue, Liang *et* Chen 见 *Botanophila bidigitata*
Pegohylemyia brevipalpis Jin 见 *Botanophila brevipalpis*
Pegohylemyia caligotypa Zheng *et* Fan 见 *Botanophila caligotypa*
Pegohylemyia cercocerata Deng 见 *Botanophila cercocerata*
Pegohylemyia cercodiscoides Fan, Zhong *et* Deng 见 *Botanophila cercodiscoides*
Pegohylemyia changbaishanensis Xue, Liang *et* Chen 见 *Botanophila changbaishanensis*
Pegohylemyia choui Fan, Chen *et* Ma 见 *Botanophila choui*
Pegohylemyia clavata Hennig 见 *Botanophila clavata*
Pegohylemyia coloriforcipis Fan 见 *Botanophila coloriforcipis*
Pegohylemyia convexifrons Fan, Chen *et* Chen 见 *Botanophila convexifrons*
Pegohylemyia cornuta Deng 见 *Botanophila cornuta*
Pegohylemyia coronata Ringdahl 见 *Botanophila coronata*
Pegohylemyia costispinata Fan *et* Zheng 见 *Botanophila costispinata*
Pegohylemyia cuneata Deng, Li *et* Liu 见 *Botanophila cuneata*
Pegohylemyia curvimargo Zheng *et* Fan 见 *Botanophila curvimargo*
Pegohylemyia cylindrophalla Deng 见 *Botanophila cylindrophalla*
Pegohylemyia degeensis Fan *et* Zheng 见 *Botanophila degeensis*
Pegohylemyia depressa (Stein) 见 *Botanophila depressa*
Pegohylemyia deuterocerci Jin 见 *Botanophila deuterocerci*
Pegohylemyia dichops Fan 见 *Botanophila dichops*
Pegohylemyia dissecta (Meigen) 见 *Botanophila dissecta*
Pegohylemyia dolichocerca Zheng *et* Fan 见 *Botanophila dolichocerca*
Pegohylemyia emeisencio Deng 见 *Botanophila emeisencio*
Pegohylemyia endotylata Deng, Li *et* Liu 见 *Botanophila endotylata*
Pegohylemyia euryisurstyla Deng, Li *et* Liu 见 *Botanophila euryisurstyla*
Pegohylemyia flavibellula Deng, Li *et* Liu 见 *Botanophila flavibellula*
Pegohylemyia fugax (Meigen) 见 *Botanophila fugax*
Pegohylemyia fulgicauda Deng, Li *et* Liu 见 *Botanophila fulgicauda*
Pegohylemyia genitianaella Zhong 见 *Botanophila genitianaella*
Pegohylemyia gnavoides Hennig 见 *Botanophila gnavoides*
Pegohylemyia hastata Deng, Li *et* Fan 见 *Botanophila hastata*
Pegohylemyia hemiliocera Deng *et* Li 见 *Botanophila hemiliocera*
Pegohylemyia himalaica Suwa 见 *Botanophila himalaica*
Pegohylemyia hucketti (Ringdahl) 见 *Botanophila hucketti*
Pegohylemyia infrafurcata Fan 见 *Botanophila infrafurcata*
Pegohylemyia koreacola Suh *et* Kwon 见 *Botanophila koreacola*
Pegohylemyia latifrons (Zetterstedt) 见 *Botanophila latifrons*
Pegohylemyia latirufifrons Fan 见 *Botanophila latirufifrons*
Pegohylemyia ligoniformis Deng 见 *Botanophila ligoniformis*
Pegohylemyia lobata Collin 见 *Botanophila lobata*
Pegohylemyia longifurcula Zhong 见 *Botanophila longifurcula*
Pegohylemyia macrospinigera Deng, Li *et* Fan 见 *Botanophila macrospinigera*
Pegohylemyia maculipedella Suwa 见 *Botanophila maculipedella*
Pegohylemyia mediospicula Fan 见 *Botanophila mediospicula*
Pegohylemyia medoga Fan 见 *Botanophila medoga*
Pegohylemyia midvirgella Deng 见 *Botanophila midvirgella*
Pegohylemyia monoconica Chen *et* Fan 见 *Botanophila monoconica*
Pegohylemyia montivaga Hennig 见 *Botanophila montivaga*
Pegohylemyia nigribella Deng, Geng, Liu *et* Li 见 *Botanophila nigribella*
Pegohylemyia nigricauda Wei 见 *Botanophila nigricauda*
Pegohylemyia nigrifrontata Fan *et* Zheng 同 *Botanophila melametopa*
Pegohylemyia nigrigenis Suwa 见 *Botanophila nigrigenis*
Pegohylemyia okai cercodiscoides Fan, Zhong *et* Deng 见 *Botanophila cercodiscoides*
Pegohylemyia oraria Collin 见 *Botanophila oraria*
Pegohylemyia papiliocerca Deng 见 *Botanophila papiliocerca*
Pegohylemyia papilioformis Fan *et* Zheng 见 *Botanophila papilioformis*
Pegohylemyia pardocephalla Deng, Li *et* Fan 见 *Botanophila pardocephalla*
Pegohylemyia peltophora Li, Cui *et* Fan 见 *Botanophila peltophora*
Pegohylemyia pentachaeta Fan 见 *Botanophila pentachaeta*
Pegohylemyia pilosibucca Zhong 见 *Botanophila pilosibucca*
Pegohylemyia pinguilamella Fan *et* Zheng 见 *Botanophila pinguilamella*
Pegohylemyia prenochirella Zheng *et* Fan 见 *Botanophila prenochirella*
Pegohylemyia probola Fan 见 *Botanophila probola*
Pegohylemyia profuga (Stein) 见 *Botanophila profuga*
Pegohylemyia pseudomaculipes (Strobl) 见 *Botanophila pseudomaculipes*
Pegohylemyia pulvinata Hennig 见 *Botanophila pulvinata*
Pegohylemyia qinghaisenecio Fan 见 *Botanophila qinghaisenecio*
Pegohylemyia rectangularis Ringdahl 见 *Botanophila rectangularis*
Pegohylemyia sanctimarci (Czerny) 见 *Botanophila sanctimarci*
Pegohylemyia shirozui Suwa 见 *Botanophila shirozui*
Pegohylemyia sichuanensis Li 见 *Botanophila sichuanensis*
Pegohylemyia sicyocera Deng *et* Li 见 *Botanophila sicyocera*
Pegohylemyia silva Suwa 见 *Botanophila silva*
Pegohylemyia sonchi (Hardy) 见 *Botanophila sonchi*
Pegohylemyia spinisternata Suwa 见 *Botanophila spinisternata*
Pegohylemyia spinosa (Róndani) 见 *Botanophila spinosa*
Pegohylemyia spinulibasis Li *et* Deng 见 *Botanophila spinulibasis*
Pegohylemyia stenocerca Zheng *et* Fan 见 *Botanophila stenocerca*
Pegohylemyia striolata (Fallén) 见 *Botanophila striolata*
Pegohylemyia subquadrata Jin 见 *Botanophila subquadrata*

Pegohylemyia suwai Wei 见 *Botanophila suwai*
Pegohylemyia tetracrula Deng 见 *Botanophila tetracrula*
Pegohylemyia tetraseta Fan *et* Zheng 见 *Botanophila tetraseta*
Pegohylemyia tomentocorpa Deng, Li *et* Fan 见 *Botanophila tomentocorpa*
Pegohylemyia tortiforceps Deng 见 *Botanophila tortiforceps*
Pegohylemyia tridentifera (Suwa) 见 *Botanophila tridentifera*
Pegohylemyia triforialis Jin 见 *Botanophila triforialis*
Pegohylemyia trifurcata Hennig 同 *Botanophila trifurcatoides*
Pegohylemyia trinivittata Zheng *et* Fan 见 *Botanophila trinivittata*
Pegohylemyia trisetigonita Jin 见 *Botanophila trisetigonita*
Pegohylemyia truncata Fan 见 *Botanophila truncata*
Pegohylemyia tuxeni Ringdahl 见 *Botanophila tuxeni*
Pegomya 泉蝇属
Pegomya acisophalla Xue 尖阳泉蝇
Pegomya agilis Wei 敏泉蝇
Pegomya aksayensis Fan *et* Wu 阿克赛泉蝇
Pegomya alticola (Huckett) 眷高泉蝇
Pegomya angusticerca Li *et* Deng 狭肛泉蝇
Pegomya angustiventris Stein 蛇腹泉蝇，蛇腹花蝇
Pegomya aniseta (Stein) 异鬃泉蝇
Pegomya argacra Fan 亮叶泉蝇
Pegomya aurapicalis Fan 金叶泉蝇
Pegomya aurivillosa Fan *et* Chen 金绒泉蝇
Pegomya avirostrata Fan 鸟喙泉蝇
Pegomya basichaeta Li, Liu *et* Fan 基鬃泉蝇
Pegomya betae (Curtis) [beet leafminer, beet fly] 甜菜泉蝇
Pegomya bicolor (Hoffmannsegg) 双色泉蝇
Pegomya biniprojiciens Wei 双突泉蝇
Pegomya brunnescens Wei 褐色泉蝇
Pegomya calyptrata (Zetterstedt) 翅瓣泉蝇，瓣泉蝇
Pegomya caudiangulus Wei 端角泉蝇
Pegomya centaureodes Hsue 类矢车菊泉蝇
Pegomya chaetostigmata Zheng *et* Fan 鬃孔泉蝇
Pegomya chinensis Hennig 中华泉蝇
Pegomya cincinnata Li *et* Deng 卷毛泉蝇
Pegomya clavellata Fan 棒叶泉蝇
Pegomya conformis (Fallén) 宽茎泉蝇
Pegomya cricophalla Xue 环阳泉蝇
Pegomya crinicauda Xue *et* Wang 缨尾泉蝇
Pegomya crinilamella Fan *et* Qian 毛板泉蝇
Pegomya crinisternita Fan, Fan *et* Ma 缨腹泉蝇
Pegomya criniventris Suwa 毛腹泉蝇
Pegomya cunicularia (Róndani) [beet fly, beet leafminer] 肖藜泉蝇，甜菜杂泉蝇
Pegomya densipilosa Li, Deng, Zhu *et* Sun 密毛泉蝇
Pegomya dentella Li *et* Deng 小齿泉蝇
Pegomya deprimata (Zetterstedt) 近稚泉蝇
Pegomya dichaetomyiola Fan 重毫泉蝇
Pegomya dichaetomyiola dichaetomyiola Fan 重毫泉蝇指名亚种
Pegomya dichaetomyiola nudapicalis Li *et* Deng 见 *Pegomya nudapicalis*
Pegomya dictenata Deng *et* Li 双栉泉蝇
Pegomya diplothrixa Li, Liu *et* Fan 双毛泉蝇
Pegomya dulcamarae (Wood) [potato leafminer] 马铃薯泉蝇
Pegomya emeinigra Deng, Li, Sun *et* Zhu 峨眉黑泉蝇
Pegomya eurysosternita Xue *et* Du 宽板泉蝇
Pegomya exilis (Meigen) 藜泉蝇，菠菜潜叶蝇，甜菜潜叶蝇，甜菜藜泉蝇
Pegomya flavifrons (Walker) 黄额泉蝇
Pegomya flaviprecoxa Li *et* Deng 黄前基泉蝇
Pegomya flavoscutellata (Zetterstedt) 弧阳泉蝇
Pegomya folifera Li *et* Deng 叶突泉蝇
Pegomya fulgens (Meigen) 耀泉蝇
Pegomya geniculata (Bouché) 曲茎泉蝇
Pegomya guizhouensis Wei 贵州泉蝇
Pegomya hamata Wei 钩泉蝇
Pegomya hamatacrophalla Li *et* Deng 钩阳泉蝇
Pegomya heteroparamera Zheng *et* Fan 异突泉蝇
Pegomya hohxiliensis Xue *et* Zhang 可可西里泉蝇
Pegomya holosteae (Hering) 并棘泉蝇
Pegomya huanglongensis Deng *et* Li 黄龙泉蝇
Pegomya hyoscyami (Panzer) [beet leafminer, spinach leafminer] 菠菜泉蝇，甜菜潜叶蝇，甜菜潜叶花蝇，菠菜潜叶蝇，菠菜潜叶花蝇，天仙子泉蝇
Pegomya incrassata Stein 厚泉蝇
Pegomya japonica Suwa 日本泉蝇
Pegomya japonica japonica Suwa 日本泉蝇指名亚种
Pegomya japonica mokanensis Fan 见 *Pegomya mokanensis*
Pegomya kiangsuensis Fan 江苏泉蝇
Pegomya kuankuoshuiensis Wei 宽阔水泉蝇，宽阔泉蝇
Pegomya lageniforceps Xue 葫叶泉蝇
Pegomya laterisetata Deng *et* Li 列鬃泉蝇
Pegomya lhasaensis Zhong 拉萨泉蝇
Pegomya longshanensis Wei 龙山泉蝇
Pegomya lurida (Zetterstedt) 灰黄泉蝇
Pegomya luteapicalis Deng *et* Li 黄尖泉蝇
Pegomya lycii Fan *et* Gao 枸杞泉蝇
Pegomya lyrura Fan 琴叶泉蝇
Pegomya magnicercalis Wei 巨肛泉蝇
Pegomya maniceiformis Feng, Lin *et* Zhou 手套泉蝇
Pegomya mediarmata Zheng *et* Xue 中叶泉蝇
Pegomya medogensis Fan 墨脱泉蝇
Pegomya melaotarsis Wei 黑跗泉蝇
Pegomya melatrochanter Li *et* Deng 黑转泉蝇
Pegomya meniscoides Li, Deng, Zhu *et* Sun 月茎泉蝇
Pegomya minutisetaria Zhong 微端鬃泉蝇
Pegomya mirabifurca Cui, Li *et* Fan 奇叶泉蝇
Pegomya mixta Villeneuve 同 *Pegomya cunicularia*
Pegomya mokanensis Fan 莫干泉蝇，莫干日本泉蝇
Pegomya multidentis Wei 多齿泉蝇
Pegomya multidentisoides Wei 类多齿泉蝇
Pegomya nigericeps Xue 黑头泉蝇
Pegomya nigra Suwa 黑泉蝇
Pegomya nigripraepeda Feng 黑前足泉蝇
Pegomya nigriprefemora Li, Deng, Zhu *et* Sun 黑前股泉蝇
Pegomya nigrispiraculi Fan 黑孔泉蝇
Pegomya nudapicalis Li *et* Deng 裸端泉蝇
Pegomya oligochaita Deng *et* Li 少刚毛泉蝇
Pegomya orientis Suwa 东方泉蝇

Pegomya pachura Fan 厚尾泉蝇
Pegomya parvicrinicauda Xue 小缨尾泉蝇
Pegomya phyllostachys Fan 毛笋泉蝇
Pegomya pliciforceps Fan 皱叶泉蝇
Pegomya prominens Stein 绯腹泉蝇
Pegomya pulchripes (Loew) 靓足泉蝇，丽足泉蝇
Pegomya quadrivittata Karl 四条泉蝇，四带花蝇，四条派花蝇
Pegomya quadrivittoides Zhong 拟四条泉蝇
Pegomya rarifemoriseta Li *et* Deng 稀鬃泉蝇
Pegomya revolutiloba Zheng *et* Fan 卷叶泉蝇
Pegomya rhagolobos Li, Deng, Zhu *et* Sun 裂叶泉蝇
Pegomya rubivora (Coquillett) [raspberry cane maggot] 悬钩子泉蝇，悬钩子花蝇
Pegomya ruficeps (Zetterstedt) 棕头泉蝇
Pegomya rufina (Fallén) 淡红泉蝇，红腹泉蝇
Pegomya seitenstellensis (Strobl) 细眶泉蝇
Pegomya semiannula Li, Deng, Zhu *et* Sun 半环泉蝇
Pegomya semicircula Li, Liu *et* Fan 半圆泉蝇
Pegomya setaria (Meigen) 狗尾草泉蝇，刚毛泉蝇
Pegomya simpliciforceps Li *et* Deng 简尾泉蝇，简叶泉蝇
Pegomya sinosetaria Fan *et* Zheng 中华端鬃泉蝇
Pegomya spatulans Deng, Li, Sun *et* Zhu 匙叶泉蝇
Pegomya spinulosa Fan 棘基泉蝇
Pegomya spiraculata Suwa 小孔泉蝇，尖刺泉蝇
Pegomya subapicalis Feng, Liu *et* Zhou 亚端泉蝇
Pegomya sublurida Hsue 拟灰黄泉蝇
Pegomya tabida (Meigen) 隘形泉蝇，红胸泉蝇
Pegomya taiwanensis Suwa 台湾泉蝇，台湾花蝇
Pegomya tenuiramula Ge, Li *et* Fan 细枝泉蝇
Pegomya unilongiseta Fan *et* Huang 单鬃泉蝇
Pegomya unimediseta Deng *et* Li 独中鬃泉蝇
Pegomya valgenovensis Hennig 拟矢车菊泉蝇
Pegomya winthemi (Meigen) 黄端泉蝇
Pegomya wuyiensis Fan *et* Huang 武夷泉蝇
Pegomya xuei (Deng *et* Li) 薛氏泉蝇
Pegomya yunnanensis Xue 云南泉蝇
Pegomya yushuensis Fan 玉树泉蝇
Pegomyinae 泉蝇亚科
Pegomyini 泉蝇族
Pegoplata 须泉蝇属
Pegoplata aestiva (Meigen) 夏原须泉蝇，夏须泉蝇
Pegoplata annulata (Pandellé) 环形须泉蝇
Pegoplata dasiomma Fan 毛眼须泉蝇
Pegoplata fulva (Malloch) 棕黄须泉蝇
Pegoplata infirma (Meigen) 单薄须泉蝇
Pegoplata juvenilis (Stein) 黄膝须泉蝇
Pegoplata laotudingga Zheng *et* Xue 老秃顶须泉蝇
Pegoplata lengshanensis Xue 冷山须泉蝇
Pegoplata linotaenia (Ma) 丁斑须泉蝇
Pegoplata nigroscutellata (Stein) 黑小盾须泉蝇
Pegoplata palposa (Stein) 宽须须泉蝇
Pegoplata patellans (Pandellé) 板须须泉蝇
Pegoplata plicatura (Hsue) 稜叶须泉蝇，稜叶原泉蝇，棱叶须泉蝇
Pegoplata qiandianensis Wei 黔滇须泉蝇
Pegoplata virginea (Meigen) 黄膝须泉蝇，威须泉蝇
Pegoscapus 佩榕小蜂属
Pegoscapus silvestrii (Grand) 薛氏佩榕小蜂，薛氏榕小蜂
Peirates 盗猎蝽属 < 此属学名有误写为 *Pirates* 者 >
Peirates arcuatus (Stål) 日月盗猎蝽，日月猎蝽，穹纹盗猎蝽
Peirates argenteopilosus Schouteden 银绒盗猎蝽
Peirates atromaculatus (Stål) 黄纹盗猎蝽
Peirates aurigans Distant 金纹盗猎蝽
Peirates collarti Schouteden 柯盗猎蝽
Peirates fulvescens Lindberg 茶褐盗猎蝽
Peirates hybridus (Scopoli) 红缘盗猎蝽
Peirates lepturoides (Wolf) 细盗猎蝽
Peirates marginiventris Distant 黄沿盗猎蝽
Peirates maurus Stål 摩盗猎蝽
Peirates monodi Villiers 毛盗猎蝽
Peirates mundulus Stål 洁盗猎蝽
Peirates nigerrimus Coscarón 黑盗猎蝽
Peirates nitidicollis Reuter 亮盗猎蝽
Peirates ochripenni Jeannel 黄革盗猎蝽
Peirates perinetensis Villiers 佩盗猎蝽
Peirates quadrinotatus (Fabricius) 四点盗猎蝽
Peirates strepitans Rambur 月突盗猎蝽
Peirates stridulus (Fabricius) 类红盗猎蝽
Peirates tripars Walker 异腹盗猎蝽
Peirates turpis Walker 乌黑盗猎蝽，污黑盗猎蝽
Peiratinae 盗猎蝽亚科 < 此亚科学名有误写为 Piratinae 者 >
Peitawopsis 翘翅隐翅甲属，屏东隐翅虫属
Peitawopsis inexspectata Smetana 稀有翘翅隐翅甲，奇屏东隐翅虫
Peitawopsis monticola Smetana 高山翘翅隐翅甲，山屏东隐翅虫
Peitawopsis watanabei Herman *et* Smetana 渡边翘翅隐翅甲，渡边屏东隐翅虫
Peithona 肖锯花天牛属
Peithona prionoides Gahan 黑肖锯花天牛，肖锯花天牛，拟锯花天牛，伪锯花天牛
pela insect [= white wax scale, Chinese white wax scale insect, Chinese wax insect, Chinese white wax insect, Chinese white wax bug, China wax scale insect, pela scale, *Ericerus pela* (Chavannes)] 白蜡蚧，白蜡虫，中国白蜡蚧
pela scale 见 pela insect
pelagium 海面群落
Pelagodes 海绿尺蛾属
Pelagodes antiquadraria (Inoue) 海绿尺蛾，鞍海尺蛾
Pelagodes aucta (Prout) 樟海绿尺蛾，樟翠尺蛾
Pelagodes bellula Han *et* Xue 美海绿尺蛾
Pelagodes cancriformis Viidalepp, Han *et* Lindt 螯海绿尺蛾
Pelagodes clarifimbria (Prout) 缨海绿尺蛾
Pelagodes falsaria (Prout) 见 *Orothalassodes falsaria*
Pelagodes paraveraria Han *et* Xue 苏海绿尺蛾
Pelagodes proquadraria (Inoue) 副海绿尺蛾，绿翠尺蛾，原樟翠尺蛾
Pelagodes semengok Holloway 圣海绿尺蛾，经海绿尺蛾
Pelagodes simplvalvae Han *et* Xue 小海绿尺蛾
Pelagodes sinuspinae Han *et* Xue 钩海绿尺蛾
Pelagodes subquadraria (Inoue) 亚海绿尺蛾，亚樟翠尺蛾

P

Pelagodes veraria (Guenée) 杧果海绿尺蛾，杧果翠尺蛾
pelagophilus 栖海面的
pelarge metalmark [= orange-imposted grayler, *Calospila pelarge* (Godman *et* Salvin)] 排霓蚬蝶
pelargonic acid 壬酸
pelargonium aphid [*Acyrthosiphon malvae* (Mosley)] 天竺葵无网长管蚜
Pelastoneurus 羽芒长足虻属，泥长足虻属
Pelastoneurus bifarius Becker 甲仙羽芒长足虻，甲仙长足虻，双列佩长足虻
Pelastoneurus crassinervis Parent 粗健羽芒长足虻，粗健长足虻
Pelastoneurus intactus Becker 完美羽芒长足虻，完美长足虻，无疵佩长足虻
Pelatachina 泥寄蝇属
Pelatachina tibialis (Fallén) 胫泥寄蝇
Pelatachinini 泥寄蝇族
Pelatea 佩环卷蛾属
Pelatea assidua (Meyrick) 台湾佩环卷蛾
Pelatea bicolor Walsingham 见 *Epinotia bicolor*
pelecinid 1. [= pelecinid wasp] 长腹细蜂，长腹蜂 < 长腹细蜂科 Pelecinidae 昆虫的通称 >；2. 长腹细蜂科的
pelecinid wasp [= pelecinid] 长腹细蜂，长腹蜂
Pelecinidae 长腹细蜂科，长腹蜂科
Pelecocerina 斧角蚜蝇亚族
Pelecotmoides tokejii Nomura *et* Nakane 见 *Trigonodera tokejii*
Pelecotoides aurosericea Gressitt 见 *Micropelecotoides aurosericeus*
peleides blue morpho [= common morpho, emperor, blue morpho butterfly, *Morpho peleides* Kollar] 黑框蓝闪蝶，蓓蕾闪蝶
Pelena 佩林螟属
Pelena bimaculalis Swinhoe 二斑佩林螟
Pelena obscuralis (Swinhoe) 暗佩林螟
Pelena photias (Meyrick) 见 *Tylostega photias*
Pelena sericea (Butler) 丝佩林螟
Peleteria 长须寄蝇属
Peleteria acutiforceps Zimin 尖尾长须寄蝇
Peleteria bidentata Chao *et* Zhou 双齿长须寄蝇
Peleteria chaoi (Zimin) 片肛长须寄蝇，片肛颏迷寄蝇
Peleteria curtiunguis Zimin 短爪长须寄蝇
Peleteria enigmatica Villeneuve 同 *Peleteria sibirica*
Peleteria ferina (Zetterstedt) 凶野长须寄蝇
Peleteria flavobasicosta Chao *et* Zhou 黄鳞长须寄蝇
Peleteria frater (Chao *et* Shi) 红尾长须寄蝇
Peleteria fuscata (Chao) 暗色长须寄蝇，暗色颏迷寄蝇，褐色长须寄蝇
Peleteria honghuang Chao 红黄长须寄蝇
Peleteria iavana (Wiedemann) 黏虫长须寄蝇，伊娃长须寄蝇，黏虫缺须寄蝇，杂色寄蝇
Peleteria kuanyan (Chao) 宽颜长须寄蝇
Peleteria lianghei Chao 亮黑长须寄蝇
Peleteria manomera Chao 针毛长须寄蝇
Peleteria maura Chao *et* Shi 暗色长须寄蝇
Peleteria melania Chao *et* Shi 黑长须寄蝇，黑顶长须寄蝇
Peleteria nitella Chao 亮长须寄蝇，光亮长须寄蝇
Peleteria pallida (Zimin) 苍白长须寄蝇，苍白颏迷寄蝇
Peleteria placuna Chao 平肛长须寄蝇
Peleteria popelii (Portschinsky) 波氏长须寄蝇，波长须寄蝇
Peleteria prompta (Meigen) 显长须寄蝇，殊长须寄蝇
Peleteria propinqua (Zimin) 钝突长须寄蝇，钝突颏迷寄蝇
Peleteria qutu Chao 曲突长须寄蝇
Peleteria riwogeensis Chao *et* Shi 类乌齐长须寄蝇
Peleteria rubescens (Robineau-Desvoidy) 黑角长须寄蝇，乳背长须寄蝇
Peleteria rubihirta Chao *et* Zhou 红毛长须寄蝇
Peleteria semiglabra (Zimin) 腮长须寄蝇，腮颏迷寄蝇
Peleteria sibirica Smirnov 西伯长须寄蝇，西伯利亚长须寄蝇
Peleteria sphyricera (Macquart) 短翅长须寄蝇
Peleteria trifurca (Chao) 三叉长须寄蝇，三叉颏迷寄蝇
Peleteria triseta Zimin 黑头长须寄蝇
Peleteria varia (Fabricius) 同 *Peleteria iavana*
Peleteria versuta (Loew) 微长须寄蝇
Peleteria xenoprepes (Loew) 异长须寄蝇，克三长须寄蝇
Peliades 片足飞虱属
Peliades chuhkouensis Yang 触口片足飞虱
Peliades nigroclypeata Kuoh 见 *Cemus nigropunctatus*
pelidne sulphur [= blueberry sulphur, *Colias pelidne* Boisduval *et* LeConte] 蓝莓豆粉蝶
Pelidnota 佩丽金龟甲属
Pelidnota punctata (Linnaeus) [grapevine beetle, spotted June beetle, spotted pelidnota] 葡萄佩丽金龟甲，葡萄丽金龟
Pelina 泥水蝇属
Pelina aenea (Fallén) 铜色泥水蝇，泥水蝇，铜色佩水蝇
Peliococcopsis 晶粉蚧属
Peliococcopsis caucasicus (Borchsenius) 同 *Peliococcopsis priesneri*
Peliococcopsis parviceraria (Goux) [small cerarian mealybug] 中欧晶粉蚧
Peliococcopsis priesneri (Laing) 埃及晶粉蚧
Peliococcus 品粉蚧属
Peliococcus armeniacus Borchsenius 亚美尼亚品粉蚧
Peliococcus balteatus (Green) [girdled mealybug] 羊茅品粉蚧
Peliococcus calluneti (Lindinger) [heather mealybug] 帚石南刺粉蚧
Peliococcus chersonensis (Kiritchenko) 艾草品粉蚧，品粉蚧
Peliococcus convolvuli (Ezzat) 旋花品粉蚧，旋花刺粉蚧
Peliococcus deserticola Ben-Dov *et* Gerson 沙漠品粉蚧
Peliococcus glandulifer (Borchsenius) 群腺品粉蚧
Peliococcus jartaiensis (Tang) 吉兰太品粉蚧，吉兰太刺粉蚧
Peliococcus lycicola Tang 枸杞品粉蚧
Peliococcus manifectus Borchsenius 菊类品粉蚧
Peliococcus marrubii (Kiritchenko) [horehound mealybug] 夏至草品粉蚧，夏至草刺粉蚧
Peliococcus mesasiaticus Borchsenius *et* Kozarzhevskaya 中亚品粉蚧
Peliococcus montanus Bazarov *et* Babayiva 黄耆品粉蚧
Peliococcus morrisoni (Kiritchenko) [Morrison's mealybug] 莫氏品粉蚧，莫氏刺粉蚧
Peliococcus multispinus (Siraiwa) 多刺品粉蚧，多刺刺粉蚧
Peliococcus perfidiosus Borchsenius [malicious mealybug] 烟草品粉蚧
Peliococcus pseudozillae Borchsenius 糙苏品粉蚧

Peliococcus querculus Wu 栎树品粉蚧
Peliococcus serratus (Ferris) 锯齿品粉蚧
Peliococcus shanxiensis Wu 山西品粉蚧
Peliococcus slavonicus (Laing) [Slavonic mealybug] 斯拉夫品粉蚧
Peliococcus tahouki Matile-Ferrero 沙特品粉蚧
Peliococcus terrestris Borchsenius 大戟品粉蚧
Peliococcus turanicus (Kiritchenko) 吐伦品粉蚧
Peliococcus vivarensis Tranfaglia 意大利品粉蚧
Peliococcus xerophylus Bazarov 旱性品粉蚧
Peliococcus zillae (Hall) 霸王品粉蚧
Peliocypas 喜步甲属
Peliocypas andrewesi Jedlička 安喜步甲
Peliocypas apicalis (Louwerens) 端喜步甲
Peliocypas assamensis (Jedlička) 阿萨姆喜步甲
Peliocypas chinensis Jedlička 中国喜步甲
Peliocypas himalayicus Andrewes 喜马喜步甲
Peliocypas horni Jedlička 霍喜步甲
Peliocypas insularis Fairmaire 岛喜步甲
Peliocypas miwai (Jedlička) 三轮喜步甲
Peliocypas olemartini (Kirschenhofer) 奥喜步甲
Peliocypas sticta (Andrewes) 斑喜步甲
Peliocypas suensoni Kirschenhofer 苏喜步甲
Peliocypas suturalis Schmidt-Göbel 缝喜步甲
Peliocypas unicolor (Jedlička) 一色喜步甲
Pelioptera 幅胸隐翅甲属，帽舌隐翅虫属
Pelioptera convergentiae Pace 趋同幅胸隐翅甲，趋同帽舌隐翅虫
Pelioptera dabamontis Pace 大巴山幅胸隐翅甲
Pelioptera formosae Cameron 蓬莱幅胸隐翅甲，台帽舌隐翅虫
Pelioptera opaca Kraatz 暗幅胸隐翅甲，暗帽舌隐翅虫
Pelioptera sagadensis Pace 萨加达幅胸隐翅甲，岛帽舌隐翅虫
Pelioptera taitungensis Pace 台东幅胸隐翅甲，台东帽舌隐翅虫
Pelioptera taiwanensis Pace 台湾幅胸隐翅甲，宝岛帽舌隐翅虫
Pelioptera taiwanova Pace 台新幅胸隐翅甲，台新帽舌隐翅虫
Pelioptera taiwareligiosa Pace 黄褐幅胸隐翅甲，台圣帽舌隐翅虫
Pelioptera testaceipennis (Motschulsky) 黄翅幅胸隐翅甲，褐翅帽舌隐翅虫
Pelioptera yunnanensis Pace 云南幅胸隐翅甲
Pella 好蚁隐翅甲属
Pella jureceki (Dvořák) 究氏好蚁隐翅甲
Pella maoershanensis Song *et* Li 帽儿山好蚁隐翅甲
Pella sichuanensis Zheng *et* Zhao 四川好蚁隐翅甲
Pella tianmuensis Yan *et* Li 天目好蚁隐翅甲
Pellicia 皮弄蝶属
Pellicia angra Evans [confused pellicia, rare tufted-skipper, angra skipper] 安皮弄蝶
Pellicia arina Evans [glazed pellicia] 光皮弄蝶
Pellicia costimacula Herrich-Schäffer [costimacula tufted skipper] 考斯皮弄蝶
Pellicia dimidiata Herrich-Schäffer [morning glory tufted skipper] 半皮弄蝶，皮弄蝶
Pellicia tyana Plötz 泰皮弄蝶
Pellicia zamia Plötz 泽米皮弄蝶
pellicle 蜕 < 指一般幼虫脱下的皮，同 exuvia；在介壳虫中专指盾蚧科 Diaspididae 昆虫附着在伪蛹壳上的硬幼虫皮 >
Pellis 皮姬蜂属
Pellis acarinata Sheng *et* Sun 无脊皮姬蜂
pellit [= pellitus] 具长垂毛的
pellitus 见 pellit
pellucid hawk moth [= humming-bird hawk moth, lexer-marked clear-wing hawk moth, coffee hawk moth, *Cephonodes hylas* (Linnaeus)] 咖啡透翅天蛾，大透翅天蛾，透翅天蛾
pellucid silk moth [*Rhodinia fugax* Butler] 透目大蚕蛾，透目王蛾
pellucid zygaenid [= euonymous defoliator moth, euonymus leaf notcher, *Pryeria sinica* Moore] 中国长毛斑蛾，大叶黄杨长毛斑蛾，黄杨斑蛾，冬青卫矛斑蛾，中国毛斑蛾，大叶黄杨斑蛾，黄杨黄毛斑蛾
Pellucidomyia 亮蠓属
Pellucidomyia leei Wirth 李氏亮蠓
Pelmatopina 突眼实蝇亚族，帕尔马实蝇亚族
Pelmatops 突眼实蝇属，柄眼实蝇属
Pelmatops fukienensis Zia *et* Chen 福建突眼实蝇，福建柄眼实蝇，闽佩实蝇
Pelmatops ichneumoneus (Westwood) 缺鬃突眼实蝇，伊柄眼实蝇，姬蜂佩实蝇
Pelmatops tangliangi Chen 汤亮突眼实蝇
Pelobiidae [= Hygrobiidae, Paelobiidae] 水甲科
Pelochares 佩泽甲属，梭形微泥虫属
Pelochares ryukyuensis Satô 琉球佩泽甲，琉球梭形微泥虫
Pelochrista 刺小卷蛾属
Pelochrista apheliana (Kennel) 北方刺小卷蛾
Pelochrista arabescana (Eversman) 斑刺小卷蛾
Pelochrista buddhana (Kennel) 不丹刺小卷蛾
Pelochrista commodestana (Rössler) 同 *Pelochrista mollitana*
Pelochrista decolorana (Freyer) 褪色刺小卷蛾
Pelochrista disquei (Kennel) 迪氏刺小卷蛾
Pelochrista figurana Razowski 图刺小卷蛾
Pelochrista huebneriana (Lienig *et* Zeller) 新刺小卷蛾，胡刺小卷蛾
Pelochrista huebneriana chanana (Staudinger) 新刺小卷蛾青海亚种
Pelochrista huebneriana huebneriana (Lienig *et* Zeller) 新刺小卷蛾指名亚种
Pelochrista inignana (Kennel) 荫刺小卷蛾
Pelochrista marmaroxantha (Meyrick) 黄刺小卷蛾，黄花小卷蛾
Pelochrista mollitana (Zeller) 三带刺小卷蛾
Pelochrista ornata Kuznetzov 饰刺小卷蛾
Pelochrista tibetana (Caradja) 藏刺小卷蛾，藏白斑小卷蛾
Pelochrista tolerans (Meyrick) 耐刺小卷蛾
pelochthium 泥滩群落
Pelochyta astrea (Drury) 见 *Amerila astreus*
Pelogonidae [= Ochteridae] 蜍蝽科，拟蟾蝽科
Pelomyia 佩滨蝇属
Pelomyia obscurior (Becker) 见 *Pelomyiella obscurior*
Pelomyiella 泥股岸蝇属，类佩滨蝇属
Pelomyiella cinerella (Haliday) 土泥股岸蝇
Pelomyiella mallochi (Sturtevant) 毛泥股岸蝇
Pelomyiella obscurior (Becker) 暗泥股岸蝇，晦类佩滨蝇，晦佩岸蝇

P

Pelomyiinae 泥岸蝇亚科

Pelon skipperling [*Dalla kemneri* Steinhauser] 肯氏达弄蝶

Pelonium 佩郭公甲属，佩郭公虫属

Pelonium formosanum Schenkling 见 *Teneropsis formosanus*

Pelonium leucophaeum (Klug) 白陶佩郭公甲，白陶佩郭公虫

Pelonium lividipenne Schenkling 见 *Teneropsis lividipennis*

Pelonium mundum Schenkling 见 *Teneropsis mundus*

Pelopia 佩摇蚊属

Pelopia callicoma Kieffer 见 *Ablabesmyia callicoma*

Pelopia gracillima Kieffer 瘦佩摇蚊，瘦弱摇蚊

Pelopidas 谷弄蝶属，褐弄蝶属

Pelopidas agna (Moore) [little branded swift, obscure branded swift, rice skipper] 南亚谷弄蝶，尖翅褐弄蝶，尖翅谷弄蝶，南亚稻苞虫，尖翅褐弄蝶

Pelopidas agna agna (Moore) 南亚谷弄蝶指名亚种，指名南亚谷弄蝶

Pelopidas assamensis (de Nicéville) [great swift] 印度谷弄蝶，印刺胫弄蝶，仙弄蝶，一点巴弄蝶

Pelopidas baibarana (Matsumura) 同 *Pelopidas agna*

Pelopidas conjuncta (Herrich-Schäffer) [conjoined swift] 古铜谷弄蝶，巨褐弄蝶，台湾大褐弄蝶，大谷弄蝶，禾古铜弄蝶，蕉弄蝶

Pelopidas conjuncta conjuncta (Herrich-Schäffer) 古铜谷弄蝶指名亚种，指名古铜谷弄蝶

Pelopidas flava (Evans) 黄谷弄蝶

Pelopidas grisemarginata Yuan, Zhang *et* Yuan 灰边谷弄蝶

Pelopidas jansonis (Butler) [Janson's swift] 山地谷弄蝶，甲索稻弄蝶，中华弄蝶

Pelopidas lyelli (Rothschild) [Lyell's swift, common swift] 蕾氏谷弄蝶，勒谷弄蝶

Pelopidas mathias (Fabricius) [rice skipper, paddy hesperid, paddy skipper, small branded swift, dark small-branded swift, lesser millet skipper, black branded swift, common branded swift] 隐纹谷弄蝶，隐纹稻苞虫，玛稻弄蝶

Pelopidas mathias mathias (Fabricius) 隐纹谷弄蝶指名亚种

Pelopidas mathias oberthueri Evans 隐纹谷弄蝶中日亚种，褐弄蝶，中日隐纹谷弄蝶

Pelopidas sinensis (Mabille) [Chinese branded swift] 中华谷弄蝶，中华褐弄蝶，台湾褐弄蝶，中华稻弄蝶

Pelopidas subochracea (Moore) [large branded swift] 近赭谷弄蝶

Pelopidas subochracea barneyi Evans 近赭谷弄蝶华南亚种，华南近赭谷弄蝶

Pelopidas subochracea subochracea (Moore) 近赭谷弄蝶指名亚种

Pelopidas thrax (Hübner) [pale small-branded swift, millet skipper, white branded swift] 谷弄蝶

pelor euselasia [*Euselasia pelor* (Hewitson)] 怪优蚬蝶

peloridiid 1. [= peloridiid bug, moss bug, beetle bug] 鞘喙蝉，鞘喙蝽 <鞘喙蝽科或鞘喙蝉科 Peloridiidae 昆虫的通称>；2. 鞘喙蝽科的或鞘喙蝉科的

peloridiid bug [= peloridiid, moss bug, beetle bug] 鞘喙蝉，鞘喙蝽

Peloridiidae 鞘喙蝽科，鞘喙蝉科，膜翅蝽科

Peloridiomorpha [= Coleorrhyncha] 鞘喙亚目

Peloropeodinae 佩长足虻亚科

Pelosia 泥苔蛾属

Pelosia angusta (Staudinger) 小泥苔蛾

Pelosia hoenei (Daniel) 边黄泥苔蛾

Pelosia immaculata (Butler) 见 *Tigrioides immaculata*

Pelosia muscerda (Hüfnagel) 泥苔蛾

Pelosia muscerda muscerda (Hüfnagel) 泥苔蛾指名亚种

Pelosia muscerda orientalis Daniel 同 *Pelosia muscerda tetrasticta*

Pelosia muscerda tetrasticta Hampson 泥苔蛾小点亚种，四纹泥苔蛾，六点苔蛾，泥苔蛾

Pelosia noctis (Butler) 夜泥苔蛾

Pelosia obtusa (Herrich-Schaffer) 钝泥苔蛾

Pelosia ramosula (Staudinger) 拉泥苔蛾

Pelosia ratonis (Matsumura) 见 *Eilema ratonis*

pelota firetip [*Pyrrhopyge pelota* Plötz] 皮洛红臀弄蝶

peloton 细气管球 <幼虫微细气管组成的球，用以供应成虫器官的发育>

pelottae [= arolia] 中垫

Peltariothrips 盾片管蓟马属

Peltariothrips insolitus Mound *et* Palmer 盾片管蓟马

Peltarium 盾侧琵甲亚属

peltate 盾形

Pelthydrus 皮牙甲属，盾牙甲属

Pelthydrus angulatus Bian, Schönmann *et* Ji 角皮牙甲，角盾牙甲

Pelthydrus dudgeoni Schönmann 杜氏皮牙甲，杜氏盾牙甲

Pelthydrus fenestratus Schönmann 窗皮牙甲，窗盾牙甲

Pelthydrus grossus Bian, Schönmann *et* Ji 粗皮牙甲，粗盾牙甲

Pelthydrus horaki Schönmann 郝氏皮牙甲，郝氏盾牙甲

Pelthydrus inaspectus d'Orchymont 荫皮牙甲，荫盾牙甲

Pelthydrus incognitus Schönmann 港皮牙甲，港盾牙甲

Pelthydrus insularis Schönmann 岛皮牙甲，岛盾牙甲

Pelthydrus jengi Schönmann 郑氏皮牙甲，郑氏盾牙甲

Pelthydrus longifolius Bian, Schönmann *et* Ji 长叶皮牙甲，长叶盾牙甲

Pelthydrus minutus d'Orchymont 小皮牙甲，小盾牙甲

Pelthydrus nepalensis Schönmann 尼泊尔皮牙甲，尼泊尔盾牙甲

Pelthydrus rosus Bian, Schönmann *et* Ji 枚皮牙甲，枚盾牙甲

Pelthydrus rugosiceps Schönmann 糙皮牙甲

Pelthydrus schoenmanni Zhu, Ji *et* Bian 舒氏皮牙甲，舒氏盾牙甲

Pelthydrus sculpturatus d'Orchymont 纹皮牙甲，刻纹盾牙甲

Pelthydrus speculifer Schönmann 殊皮牙甲，殊盾牙甲

Pelthydrus subgrossus Bian, Schönmann *et* Ji 类粗皮牙甲，类粗盾牙甲

Pelthydrus tongi Bian, Schönmann *et* Ji 童氏皮牙甲，童氏粗盾牙甲

Pelthydrus vietnamensis Schönmann 越南皮牙甲，越南盾牙甲

Pelthydrus vitalisi d'Orchymont 韦氏皮牙甲，韦氏盾牙甲

Pelthydrus waltraudae Bian, Schönmann *et* Ji 瓦氏皮牙甲，瓦氏粗盾牙甲

Pelthydrus yulinensis Bian, Schönmann *et* Ji 玉林皮牙甲，玉林粗盾牙甲

Peltidolygus 峰盾盲蝽属

Peltidolygus scutellatus (Yasunaga *et* Lu) 峰盾盲蝽

Peltocercyon 皮梭牙甲属

Peltocercyon coomani d'Orchymont 库曼皮梭牙甲

P

Peltocheirus 阔胫叶蝉属

Peltocopta 阔腹荔蝽属

Peltocopta crassiventris (Bergroth) 淡阔腹荔蝽

Peltodonia 刺毛隐翅甲属

Peltodonia chinensis (Pace) 中华刺毛隐翅甲

Peltodytes 水梭甲属，巨基小头水虫属

Peltodytes aschnae Makhan 同 *Peltodytes sinensis*

Peltodytes caesus (Duftschmid) 毛叶水梭甲，短突水梭甲，短突水梭

Peltodytes coomani Peschet 库曼水梭甲，库氏水梭甲，库水沼梭

Peltodytes dauricus Zimmermann 达水梭甲，达乌水梭甲，达乌水沼梭

Peltodytes intermedius (Sharp) 普通水梭甲，间水梭甲，中间水沼梭

Peltodytes pekinensis Vondel 北京水梭甲，北京水梭

Peltodytes sinensis (Hope) 中华水梭甲，中华水梭，中华巨基小头水虫

Peltodytes sumatrensis Régimbart 苏门答腊水梭甲

Peltonotellini 敏杯瓢蜡蝉族，敏杯蜡蝉族

Peltonotellus 敏杯瓢蜡蝉属

Peltonotellus brevis Meng, Gnezdilov *et* Wang 短敏杯瓢蜡蝉

Peltonotellus fasciatus (Chan *et* Yang) 簇敏杯瓢蜡蝉，带疹瓢蜡蝉

Peltonotellus labrosus Emeljanov 兰敏杯瓢蜡蝉

Peltonotellus niger Meng, Gnezdilov *et* Wang 黑色敏杯瓢蜡蝉

Peltoperla 扁蟦属，扁石蝇属

Peltoperla aculeata Wu 有刺扁蟦，有刺扁石蝇

Peltoperla geei (Chu) 小型扁蟦，小型扁石蝇

Peltoperla nigrifulva Wu 黑褐扁蟦，黑褐扁石蝇

Peltoperla obtusa Wu 钝形扁蟦，钝形扁石蝇

Peltoperla sinensis Wu *et* Claassen 见 *Cryptoperla sinensis*

peltoperlid 1. [= peltoperlid stonefly, roach-like stonefly, roachfly] 扁蟦，扁石蝇 < 扁蟦科 Peltoperlidae 昆虫的通称 >；2. 扁蟦科的

peltoperlid stonefly [= peltoperlid, roach-like stonefly, roachfly] 扁蟦，扁石蝇

Peltoperlidae 扁蟦科，扁石蝇科

Peltoperlinae 扁蟦亚科

Peltoperlopsis 短扁蟦属

Peltoperlopsis nigrifulva (Wu) 黑褐短扁蟦

Peltoperlopsis sinensis (Wu *et* Claassen) 见 *Cryptoperla sinensis*

Peltoxys 长土蝽属

Peltoxys blissiformis Hsiao 狭长土蝽

Peltoxys brevipennis (Fabricius) 阔长土蝽，阔长土椿象

Pelurga 驼尺蛾属

Pelurga comitata (Linnaeus) 驼尺蛾

Pelurga onoi (Inoue) 平驼尺蛾，阔菲尺蛾

Pelurga taczanowskiaria (Oberthür) 半驼尺蛾，塔菲尺蛾

Pemara 斗弄蝶属

Pemara pugnans (de Nicéville) [pugnacious lancer] 斗弄蝶

Pempelia 瘿斑螟属

Pempelia ellenella (Roesler) 见 *Salebria ellenella*

Pempelia formosa (Haworth) 台湾瘿斑螟

Pempelia furelia (Strand) 见 *Nephopterix furella*

Pempelia maculata (Staudinger) 亮斑瘿斑螟，斑佩姆螟

Pempelia morosalis Saalm ü ller 麻疯树瘿斑螟，摩鳃斑螟

Pempeliella furella (Strand) 见 *Nephopterix furella*

Pemphigella lingi Tao 同 *Kaburagia rhusicola*

Pemphigidae 瘿绵蚜科，绵蚜科

Pemphiginae 瘿绵蚜亚科

Pemphigus 瘿绵蚜属，白杨绵蚜属

Pemphigus betae Doane [sugar beet root aphid, beet root aphid] 甜菜瘿绵蚜，甜菜根绵蚜，菊绵蚜

Pemphigus borealis Tullgren 远东枝瘿绵蚜

Pemphigus bursarius (Linnaeus) [lettuce root aphid, poplar gall aphid] 囊柄瘿绵蚜，柄瘿绵蚜，莴苣根瘿绵蚜

Pemphigus chomoensis Zhang 见 *Epipemphigus chomoensis*

Pemphigus circellatus Zhang 环瘿绵蚜

Pemphigus cylindricus Zhang 筒瘿绵蚜

Pemphigus dorocola Matsumura 袋居瘿绵蚜

Pemphigus filaginis (Boyer de Fonscolombe) 同 *Pemphigus populinigrae*

Pemphigus gairi Stroyan 盖瘿绵蚜

Pemphigus imaicus Cholodovsky 见 *Epipemphigus imaicus*

Pemphigus immunis Buckton [poplar-spurge gall aphid] 杨枝瘿绵蚜

Pemphigus mangkamensis Zhang 芒康瘿绵蚜

Pemphigus matsumurai Monzen 杨柄叶瘿绵蚜

Pemphigus mordwilkoi Cholodovsky 莫瘿绵蚜

Pemphigus nainitalensis Cholodovsky 奈瘿绵蚜

Pemphigus napaeus Buckton 白杨瘿绵蚜，纳瘿绵蚜

Pemphigus niisimae Matsumura 见 *Epipemphigus niisimae*

Pemphigus phenax Börner *et* Blunck [carrot root aphid] 胡萝卜根瘿绵蚜

Pemphigus populi Courchet 杨瘿绵蚜

Pemphigus populinigrae (Schrank) 杨叶红瘿绵蚜，杨叶瘿绵蚜

Pemphigus populitransversus Riley [poplar petiole gall aphid] 美瘿绵蚜，杨瘿绵蚜，杨黄瘿绵蚜

Pemphigus populivenae Fitch [sugar beet root aphid, beet root aphid] 甜菜多脉瘿绵蚜，美国鸡冠叶瘿绵蚜

Pemphigus protospirae Lichtenstein 早螺瘿绵蚜

Pemphigus sinobursarius Zhang 柄脉叶瘿绵蚜

Pemphigus spirothecae Passerini 同 *Pomphigus spyrothecae*

Pemphigus spyrothecae Passerini [poplar spiral gall aphid, spiral gall aphid] 杨晚螺瘿绵蚜

Pemphigus tibetensis Zhang 藏枝瘿绵蚜

Pemphigus tibetpolygoni Zhang 藏蓼瘿绵蚜

Pemphigus turritus Zhang 塔瘿绵蚜

Pemphigus wuduensis Zhang 武都瘿绵蚜

Pemphigus yangcola Zhang 滇枝瘿绵蚜

Pemphigus yunnanensis Zhang *et* Zhong 见 *Epipemphigus yunnanensis*

Pemphredon 短柄泥蜂属

Pemphredon fuscipennis (Cameron) 褐翅短柄泥蜂

Pemphredon inornata Say 普通短柄泥蜂，素短柄泥蜂

Pemphredon koreana Tsuneki 朝鲜短柄泥蜂

Pemphredon labidentata Li *et* He 齿唇短柄泥蜂

Pemphredon lethifer (Shuckard) 形异短柄泥蜂，勒短柄泥蜂

Pemphredon lugubris (Fabricius) 皱胸短柄泥蜂

Pemphredon maurusia Valkeila 点皱短柄泥蜂，东方短柄泥蜂

Pemphredon shirozui Tsuneki 白水短柄泥蜂

pemphredonid 1. [= pemphredonid wasp, aphid wasp] 短柄泥蜂，食蚜泥蜂 < 短柄泥蜂科 Pemphredonidae 昆虫的通称 >；2. 短柄泥蜂科的

pemphredonid wasp [= pemphredonid, aphid wasp] 短柄泥蜂，食蚜泥蜂

Pemphredonidae 短柄泥蜂科

Pemphredoninae 短柄泥蜂亚科

Pemphredonini 短柄泥蜂族

Pemptolasius humeralis Gahan 花点天牛

penal clasper 抱握器，抱器 < 指细蜂科 Serphidae 昆虫雄性外生殖器中具有侧缝的突起 >

penal sheath 阳茎鞘

pencil [= penicillus, penicillum] 毛撮 < 一般指成丛的长毛；在双翅目 Diptera 昆虫中，亦指触角鞭节上的感觉毛群 >

pencilled blue [= common pencil-blue, *Candalides absimilis* (Felder)] 阿坎灰蝶

Pendergrast's organ 彭氏器

Pendulinus 垂缘蝽属

Pendulinus laminatus Stål 见 *Dasynus laminatus*

Pendulinus nicobarensis(Myar) 见 *Odontoparia nicobarensis*

peneia skipper [= guardpost skipper, *Euphyes peneia* (Godman)] 啧烟鼬弄蝶

peneleos acraea [*Acraea peneleos* Ward] 淡黄珍蝶

penellipse 缺环 < 指鳞翅目 Lepidoptera 幼虫趾钩排列成有缺口的环状或半环状 >

penellipse crochets 缺环式趾钩

Penelope's acraea [= Penelope's legionnaire, *Acraea penelope* Staudinger] 橙黄带珍蝶

Penelope's legionnaire 见 Penelope's acraea

Penelope's ringlet [*Cissia penelope* (Fabricius)] 细眼蝶

Penenirmus 准鸟虱属

Penenirmus albiventris (Scopoli) 鹪鹩准鸟虱

Penenirmus auritus (Scopoli) 啄木鸟准鸟虱，啄木鸟长角鸟虱

Penenirmus deductoris Mey 黄嘴朱顶雀准鸟虱

Penenirmus fallax (Giebel) 短尾绿鹊准鸟虱

Penenirmus fringalaudae Mey 林岭准鸟虱

Penenirmus gulosus (Nitzsch) 旋木雀准鸟虱

Penenirmus heteroscelis (Nitzsch) 黑啄木鸟准鸟虱

Penenirmus hibari (Uchida) 准鸟虱

Penenirmus longuliceps (Blagoveshtshensky) 小云雀准鸟虱

Penenirmus pari (Denny) 山雀准鸟虱，山雀稀鸟虱

Penenirmus pici (Fabricius) 绿啄木鸟准鸟虱

Penenirmus pikulai Balat 横斑莺准鸟虱

Penenirmus serrilimbus (Burmeister) 锯缘准鸟虱

Penenirmus speciosus Mey 白喉林莺准鸟虱

Penenirmus zeylanicus Dalgleish 绿拟啄木鸟准鸟虱

penes 1. [s. penis] 阳茎，插入器；2. 精囊裂口 < 专指革翅目 Dermaptera 昆虫的贮精囊通往体外的张开如裂缝状的构造 >

Penetes 鹏环蝶属

Penetes pamphanis Doubleday 鹏环蝶

penetration peg 入侵丝

penetration plate 入侵板

Penetretus 培尼步甲属

Penetretus berezovskii Kurnakov 见 *Quasipenetretus berezovskii*

Penetretus caudicornis Kurnakov 见 *Parapenetretus caudicornis*

Penetretus quadraticollis Bates 见 *Minipenetretus quadraticollis*

Pengamethes 拼叩甲属

Pengamethes koshunensis (Miwa) 恒春拼叩甲，高雄原克叩甲

Pengamethes parallelaris (Miwa) 见 *Hayekpenthes parallelaris*

Pengzhongiella 猛蚁甲属

Pengzhongiella daicongchaoi Yin *et* Li 戴氏猛蚁甲

Penia 薄叩甲属

Penia babai Kishii 马场薄叩甲

Penia erberi Schimmel 厄氏薄叩甲

Penia eschscholtzi (Hope) 黄边薄叩甲，黄边线角叩甲

Penia gauchoana Schimmel 鄂西薄叩甲

Penia hebeiana Schimmel 河北薄叩甲

Penia sausai Schimmel 绍萨薄叩甲

Penia shaanxiana Schimmel 陕西薄叩甲

Penia sichuana Schimmel 四川薄叩甲

Penia takasago Kishii 高砂薄叩甲

Penia wudangana Kishii *et* Jiang 武当薄叩甲

Penia yunnana Schimmel 云南薄叩甲

Penichrolucanus 毗锹甲属，蚁锹甲属

Penichrolucanus cryptonychus (Zhang) 藏宽毗锹甲，隐爪藏皮金龟

Penicillaria 重尾夜蛾属

Penicillaria dorsipuncta (Hampson) 背斑重尾夜蛾，背点重尾夜蛾

Penicillaria jocosatrix Guenée [mango shoot borer] 杧果重尾夜蛾，杧果夜蛾，重尾夜蛾

Penicillaria maculata Butler 斑重尾夜蛾

Penicillaria nugatrix Guenée 桑重尾夜蛾

Penicillaria simplex (Walker) 红棕重尾夜蛾，简重尾夜蛾，红棕尾夜蛾

Penicillaria simplex connectens (Mell) 红棕重尾夜蛾连纹亚种，连简重尾夜蛾

Penicillaria simplex simplex (Walker) 红棕重尾夜蛾指名亚种

penicillate [= penicillatus] 具毛撮的

penicillate maxilla 毛下颚

penicillate scale [*Froggattiella penicillata* (Green)] 竹鞘丝绵盾蚧，须豁齿盾蚧，须齿盾介壳虫，竹鞘弗盾蚧

penicillatus 见 penicillate

penicilli [s. penicillus, penicillum; =pencils] 毛撮

Penicillidia 笔虱蝇属，簇蛛蝇属

Penicillidia dufourii Karaman 叉笔虱蝇，杜氏簇蛛蝇，杜孚蛛蝇

Penicillidia dufourii dufourii Karaman 叉笔虱蝇指名亚种

Penicillidia dufourii tainani Karaman 叉笔虱蝇台南亚种，台递簇蛛蝇，台南叉笔蛛蝇

Penicillidia indica Scott 印度笔虱蝇，印度笔蛛蝇，印度簇蛛蝇，印金簇蛛蝇

Penicillidia jenynsii (Westwood) 姜宜笔虱蝇，姜宜笔蛛蝇，金簇蛛蝇，姜宜蛛蝇

Penicillidia jenynsii indica Scott 见 *Penicillidia indica*

Penicillidia jenynsii jenynsii (Westwood) 姜宜笔虱蝇指名亚种

Penicillidia soochowensis Hsu 同 *Penicillidia jenynsii*

penicillum [pl. penicilli; =penicillus, pencil] 毛撮

penicillus [pl. penicilli; =penicillum, pencil] 毛撮

Penicula 簇弄蝶属

Penicula advena (Draudt) [advena skipper] 阿簇弄蝶

Penicula bryanti (Weeks) [Bryant's skipper] 玻簇弄蝶，簇弄蝶
Penicula cocoa Kaye 同 *Penicula bryanti*
Penicula crista Evans [crista skipper] 珂簇弄蝶
peniculus 兜毛突 <指鳞翅目 Lepidoptera 昆虫雄性外生殖器中由背兜后边发生的多毛突起>
Peninsula blue [*Lepidochrysops oreas* Tite] 蓝斑鳞灰蝶
Peninsula skolly [= Peninsula thestor, *Thestor yildizae* Koçak] 亦秀灰蝶
Peninsula thestor 见 Peninsula skolly
peninsular ace [= Javan ace, *Halpe pelethronix* Fruhstorfer] 伯乐酣弄蝶
peninsular grey count [*Tanaecia lepidea miyana* Fruhstorfer] 白裙玳蛱蝶半岛亚种
peninsular jester [= common jester, northern common jester, *Symbrenthia lilaea* (Hewitson)] 散纹盛蛱蝶
peninsular lancer [*Pyroneura callineura* (Felder *et* Felder)] 半岛火脉弄蝶，指名火脉弄蝶
peninsular Malaya leaf butterfly [*Kallima limborgii* Moore] 拟枯叶蛱蝶
peninsular metalmark [*Apodemia virgulti peninsularis* Emmel, Emmel *et* Pratt] 伟花蚬蝶半岛亚种
Peniosciara 彭眼蕈蚊属
Peniosciara cornuta Lengersdorf 角彭眼蕈蚊
penis [pl. penes; = phallus, aedeagus] 1. 阳茎；2. 阳茎中叶 <双翅目 Diptera 中>；3. 阳茎器 <蜡蝉类中>
penis bulb 阳茎球 <在婚飞时，雄虫在阳茎的上部内携带的一特殊卵形体>
penis pouch [= penis sheath] 阳茎端鞘 <围绕于阳茎端的膜层>
penis sheath 见 penis pouch
penis vesicle 阳茎胞 <在蜻蜓目 Odonata 中与生殖窝相通的囊>
penisfilum 阳茎丝 <指昆虫阳茎的线状延伸物>
pennaceous [= pennaceus, pennate, pennatus] 有羽毛的
pennaceus 见 pennaceous
pennate 见 pennaceous
Pennaticoxita 翅瘿蚊属
Pennaticoxita tauricornuta Jiao *et* Bu 牛角翅瘿蚊
pennatus 见 pennaceous
penniform 羽毛形
Pennington's blue [*Lepidochrysops penningtoni* Dickson] 彭美鳞灰蝶
Pennington's brown [*Pseudonympha penningtoni* Riley] 灰带仙眼蝶
Pennington's buff [*Cnodontes penningtoni* Bennett] 彭氏康灰蝶
Pennington's copper [*Aloeides penningtoni* Tite *et* Dickson] 彭氏乐灰蝶
Pennington's opal [*Poecilmitis penningtoni* Riley] 彭氏幻灰蝶
Pennington's playboy [*Deudorix penningtoni* van Son] 彭氏玳灰蝶
Pennington's protea [*Capys penningtoni* Riley] 彭氏锯缘灰蝶
Pennington's sailer [*Neptis penningtoni* van Son] 彭氏环蛱蝶
Pennington's skolly [*Thestor penningtoni* van Son] 彭氏秀灰蝶
Pennisetia 羽角透翅蛾属，羽透翅蛾属
Pennisetia fixseni (Leech) 赤胫羽角透翅蛾，赤胫羽透翅蛾，赤胫透翅蛾
Pennisetia hylaeiformis (Laspeyres) 树莓羽角透翅蛾，树莓羽透翅蛾，树莓透翅蛾
Pennisetia kumaoides Arita *et* Gorbunov 褐须羽角透翅蛾，褐须角透翅蛾
Pennisetia marginata (Harris) [raspberry crown borer, raspberry root borer, blackberry clearwing borer] 悬钩子羽角透翅蛾，悬钩子透翅蛾，悬钩子根透翅蛾
Pennisetia unicingulata Arita *et* Gorbunov 单带羽角透翅蛾
Pennithera 羽带尺蛾属
Pennithera comis (Butler) 仁羽带尺蛾
Pennithera fuliginosa Yazaki 黑弦羽带尺蛾
Pennithera lugubris Inoue 哀羽带尺蛾
Pennithera manifesta Inoue 疏羽带尺蛾，黄角环波尺蛾
Pennithera subalpina Inoue 丘羽带尺蛾
Pennithera subcomis (Inoue) 亚羽带尺蛾，五环波尺蛾
Pennsylvania carpent ant [*Camponotus herculeanus pennsylvanicus* Fabricius] 宾州大黑蚁
Pennsylvania field cricket [= fall field cricket, northern fall field cricket, common field cricket, *Gryllus pennsylvanicus* Burmeister] 北方田蟋
Pennsylvania wood cockroach [= Pennsylvanian cockroach, *Parcoblatta pennslyvanica* (De Geer)] 异翅木蠊
Pennsylvanian cockroach 见 Pennsylvania wood cockroach
Penottus 球背网蝽属
Penottus monticollis (Walker) 球背网蝽
Penottus tibetanus Drake *et* Maa 藏球背网蝽
Penottus verdicus Drake *et* Maa 台球背网蝽
Penrosada 本眼蝶属
Penrosada leaena Hewitson 本眼蝶
Penrosada lena Staudinger 细带本眼蝶
Penrosada lisa Weymer 黄带本眼蝶
Penrosada quinterae Adams *et* Bernard 隐带本眼蝶
Penrosada satura Weymer 白带本眼蝶
Penrosada trimaculata Hewitson 臀斑本眼蝶
Pentablaste 五蓓蛄属
Pentablaste auctachila Li 大唇五蓓蛄
Pentablaste clavata Li 棒五蓓蛄
Pentablaste flavae (Li) 黄色五蓓蛄
Pentablaste flavidae (Li) 淡色五蓓蛄
Pentablaste jinxiuica Li 金秀五蓓蛄
Pentablaste lanceolata Li 披五蓓蛄
Pentablaste longicaudata Li 长尾五蓓蛄
Pentablaste lushanensis Li 庐山五蓓蛄
Pentablaste minuscula Li 细尖五蓓蛄
Pentablaste obconica Li 钳五蓓蛄
Pentablaste pentasticha 五列五蓓蛄
Pentablaste pini (Li) 松五蓓蛄
Pentablaste profunda (Li) 深色五蓓蛄
Pentablaste quinquedentata (Li *et* Yang) 五齿五蓓蛄
Pentablaste schizopetala (Li) 裂瓣五蓓蛄
Pentablaste tetraedrica Li 梯五蓓蛄
Pentacentrinae 长蟋亚科，五距蟋亚科
Pentacentrini 长蟋族
Pentacentrus 长蟋属
Pentacentrus acutiparamerus Liu *et* Shi 尖肢长蟋
Pentacentrus annulicornis Chopard 环角长蟋

P

Pentacentrus biflexuous Liu *et* Shi 二曲长蟋
Pentacentrus birmanus Chopard 缅甸长蟋
Pentacentrus biroi Chopard 毕氏长蟋
Pentacentrus bituberus Liu *et* Shi 双突长蟋
Pentacentrus cornutus Chopard 角长蟋
Pentacentrus dulongjiangensis Li, Xu *et* Liu 独龙江长蟋
Pentacentrus emarginatus Liu *et* Shi 凹缘长蟋
Pentacentrus formosanus Karny 台湾长蟋，台湾五距蟋蟀，台湾五刺蟋
Pentacentrus medogensis Zong, Qiu *et* Liu 墨脱长蟋
Pentacentrus mjobergi Chopard 穆氏长蟋
Pentacentrus multicapillus Liu *et* Shi 多毛长蟋
Pentacentrus nigrescens Chopard 黑长蟋
Pentacentrus parvulus Liu *et* Shi 小长蟋
Pentacentrus philippinensis Chopard 菲长蟋
Pentacentrus pulchellus Saussure 丽长蟋
Pentacentrus punctulatus Chopard 斑长蟋
Pentacentrus quadridentatus Chopard 四齿长蟋
Pentacentrus quadrilineatus Chopard 四纹长蟋
Pentacentrus sexspinosus Chopard 六刺长蟋
Pentacentrus sororius Zong, Qiu *et* Liu 云南长蟋
Pentacentrus transversus Liu *et* Shi 宽长蟋
Pentacentrus tridentatus Chopard 三齿长蟋
Pentacentrus unicolor Chopard 单色长蟋
Pentacentrus velutinus Chopard 澳洲长蟋
pentachlorophenol 五氯酚
Pentacitrotus 带裳卷蛾属
Pentacitrotus aeneus Leech 同 *Pentacitrotus vulneratus*
Pentacitrotus leechi Diakonoff 圆斑带裳卷蛾
Pentacitrotus tetrakore (Wileman *et* Stringer) 黑带裳卷蛾
Pentacitrotus vulneratus Butler 纹带裳卷蛾
Pentacora 五室跳蝽属
Pentacora malayensis (Dover) 马来五室跳蝽
pentacosane 二十五烷
pentagonal polyhedron 五角形多角体
Pentagonica 五角步甲属
Pentagonica biangulata Dupuis 双角五角步甲
Pentagonica daimiella Bates 歹五角步甲
Pentagonica formosana Dupuis 同 *Pentagonica subcordicollis*
Pentagonica ruficollis Schmidt-Göbel 红胸五角步甲
Pentagonica semisuturalis Dupuis 半缝五角步甲
Pentagonica subcordicollis Bates 似心五角步甲
Pentagonica suturalis Schaum 缝五角步甲
Pentagonica szetschuana Jedlička 川五角步甲
Pentaleyrodes 指粉虱属，突毛粉虱属
Pentaleyrodes cinnamomi (Takahashi) 普陀楠指粉虱，樟指粉虱，香桂突毛粉虱
Pentaleyrodes hongkongensis Takahashi 香港指粉虱
Pentaleyrodes linderae Chou *et* Yan 钓樟指粉虱
Pentaleyrodes yasumatsui Takahashi 黑斑指粉虱，安松氏指粉虱
Pentalonia 交脉蚜属
Pentalonia caladii van der Goot [cardamom aphid] 豆蔻第交脉蚜
Pentalonia nigronervosa Coquerel [banana aphid] 香蕉交脉蚜，香蕉黑脉蚜，香蕉黑蚜，蕉黑蚜，蕉蚜
Pentalonia nigronervosa caladii van der Goot 见 *Pentalonia caladii*
Pentalonia nigronervosa nigronervosa Coquerel 香蕉交脉蚜指名亚种
pentamera 五跗节类 <指鞘翅目 Coleoptera 昆虫中的跗节具有五亚节者>
pentamerous 五跗节的
Pentamesa 曲胫跳甲属
Pentamesa anemoneae Chen *et* Zia 银莲曲胫跳甲
Pentamesa anemoneae anemoneae Chen *et* Zia 银莲曲胫跳甲指名亚种
Pentamesa anemoneae canaliculata Wang 银莲曲胫跳甲沟纹亚种
Pentamesa depressa Wang 见 *Maulika depressa*
Pentamesa duodecimmaculata Harold 十二斑曲胫跳甲
Pentamesa emarginata Chen *et* Wang 见 *Maulika emarginata*
Pentamesa fulva Wang 黄曲胫跳甲
Pentamesa gonggana Wang 贡嘎曲胫跳甲
Pentamesa guttipennis Chen *et* Wang 星翅曲胫跳甲
Pentamesa haroldi Baly 西藏曲胫跳甲
Pentamesa inornata Chen *et* Wang 无饰曲胫跳甲
Pentamesa nigrofasciata Chen 五斑曲胫跳甲
Pentamesa parva Chen *et* Wang 小曲胫跳甲
Pentamesa trifasciata Chen 三带曲胫跳甲
Pentamesa trigrapha Maulik 三纹曲胫跳甲
Pentamesa xiangchengana Wang 乡城曲胫跳甲
pentamo(u)lter 五眠蚕
pentamo(u)lting 五眠
pentamo(u)lting individual 五眠个体
pentamo(u)lting larva 五眠蚕
Pentaneura 五脉摇蚊属
Pentaneura circumdata Tokunaga 环五脉摇蚊，绕行摇蚊
Pentaneura fusciclava Kieffer 褐角五脉摇蚊，褐棒五脉摇蚊
Pentaneura gracillima (Kieffer) 丽五脉摇蚊
Pentaneura minima (Kieffer) 微小五脉摇蚊
Pentaneura pleuralis Tokunaga 侧五脉摇蚊
pentanoic acid 戊酸
pentanucleotide 五核苷酸
Pentapedilum 毛翅多足摇蚊亚属
Pentaphyllus 平拟步甲属
Pentaphyllus dilatipes Shibata 胀平拟步甲
Pentaphyllus ensifera (Fauvel) 剑平拟步甲
Pentaphyllus philippinensis Kaszab 菲平拟步甲
Pentaphyllus quadricornis Gebien 四角平拟步甲，四角扁拟步行虫
Pentapria 扁锤角细蜂属
Pentapria sinica Yang *et* Liu 中华扁锤角细蜂
Pentarthrum 五节象甲属
Pentaspinula 五刺蜢属
Pentaspinula calcara Yin 异距五刺蜢
Pentastiridius 五脊菱蜡蝉属
Pentastiridius apicalis (Uhler) 端斑五脊菱蜡蝉
Pentastiridius bohemani (Stål) 波五脊菱蜡蝉
Pentastiridius breviceps (Kusnezov) 短头五脊菱蜡蝉
Pentastiridius leporinus (Linnaeus) 端斑五脊菱蜡蝉，广布脊菱蜡蝉
Pentastiridius pachyceps (Matsumura) 潘五脊菱蜡蝉，狗牙草贲菱蜡蝉
Pentastiridius tsoui (Muir) 邱氏五脊菱蜡蝉

Pentastirini 五脊菱蜡蝉族
Pentastruma 五节蚁属，五瘤家蚁属
Pentastruma canina Brown *et* Boisvert 见 *Strumigenys canina*
Pentastruma sauteri Forel 见 *Strumigenys sauteri*
Pentatermini 五节茧蜂族
Pentatermus 五节茧蜂属
Pentatermus parnarae He *et* Chen 稻苞虫五节茧蜂
Pentateucha 绒毛天蛾属
Pentateucha curiosa Swinhoe 库绒毛天蛾，库品天蛾
Pentateucha inouei Owada *et* Brechlin 井上绒毛天蛾，井上氏绒毛天蛾，绒毛天蛾
Pentateucha stueningi Owada *et* Kitching 斯氏绒毛天蛾，斯绒天蛾
Pentatoma 真蝽属
Pentatoma acuticornuta Zheng *et* Ling 见 *Bifurcipentatoma acuticornuta*
Pentatoma angulata Hsiao *et* Cheng 角肩真蝽
Pentatoma armandi (Fallou) 同 *Pentatoma semiannulata*
Pentatoma brunnea Zheng *et* Ling 见 *Bifurcipentatoma brunnea*
Pentatoma cangshanensis He *et* Zheng 同 *Pentatoma nigra*
Pentatoma carinata Yang 脊腹真蝽
Pentatoma davidi (Signoret) 同 *Pentatoma metallifera*
Pentatoma distincta Hsiao *et* Cheng 中纹真蝽
Pentatoma emeiensis Ling 见 *Ramivena emeiensis*
Pentatoma hingstoni Kiritshenko 亚东真蝽
Pentatoma hsiaoi Zheng 同 *Pentatoma montana*
Pentatoma illuminata (Distant) 斜纹真蝽
Pentatoma japonica (Distant) 日本真蝽，日本绿背椿象
Pentatoma kunmingensis Xiong 昆明真蝽
Pentatoma laeviventris (Stål) 光腹真蝽
Pentatoma leliiformis Kirkaldy 大理真蝽
Pentatoma longirostrata Hsiao *et* Cheng 长喙真蝽
Pentatoma major Zheng *et* Jin 大真蝽，西藏真蝽
Pentatoma metallifera (Motschulsky) 金绿真蝽
Pentatoma montana Hsiao *et* Cheng 川康真蝽
Pentatoma montana montana Hsiao *et* Cheng 川康真蝽指名亚种
Pentatoma montana yulongica Zheng *et* Liu 川康真蝽玉龙亚种，玉龙真蝽
Pentatoma mosaicus Hsiao *et* Cheng 见 *Ramivena mosaica*
Pentatoma nigra Hsiao *et* Cheng 黑真蝽
Pentatoma parametallifera Zheng *et* Li 拟金绿真蝽
Pentatoma parataibaiensis Liu *et* Zheng 拟太白真蝽
Pentatoma pulchra Hsiao *et* Cheng 同 *Acrocorisellus serraticollis*
Pentatoma punctipes (Stål) 热带真蝽
Pentatoma roseicornuta Zheng *et* Ling 见 *Bifurcipentatoma roseicornuta*
Pentatoma rufipes (Linnaeus) [forest bug, red-legged shieldbug] 红足真蝽，栗蝽，森林红蝽，森林红足蝽，赤腿椿象
Pentatoma semiannulata (Motschulsky) 褐真蝽
Pentatoma sordida Zheng *et* Liu 暗色真蝽
Pentatoma taibaiensis Zheng *et* Ling 太白真蝽
Pentatoma venosa Zheng *et* Ling 同 *Ramivena zhengi*
Pentatoma viridicornuta He *et* Zheng 绿角真蝽
Pentatoma zhengi Rider 见 *Ramivena zhengi*
pentatomid 1. [= pentatomid bug, stink bug, shield bug] 蝽，椿象 < 蝽科 Pentatomidae 昆虫的通称 >；2. 蝽科的
pentatomid bug [= pentatomid, stink bug, shield bug] 蝽，椿象
Pentatomidae 蝽科
Pentatominae 蝽亚科
Pentatomoidea 蝽总科
Pentatomomorpha 蝽次目，蝽型
pentatomomorphan 蝽次目的，蝽型的
Pentatomophaga 聚寄蝇属，五寄蝇属
Pentatomophaga latifascia (Villeneuve) 宽条聚寄蝇，宽带五寄蝇，宽带寄蝇，宽带彭寄蝇
Pentelanguria 五节拟叩甲属
Pentelanguria elateroides Crotch 方胸五节拟叩甲，伊拼拟叩甲
Pentelanguria notopedalis Crotch 同 *Pentelanguria elateroides*
Pentelanguria stricticollis Villiers 缢胸五节拟叩甲
Penthe 硕黑斑蕈甲属
Penthe kochi Maran 柯氏硕黑斑蕈甲，柯长朽木甲
Penthe obliquata (Fabricius) 斜沟硕黑斑蕈甲，斜沟哀斑蕈甲
Penthe reitteri Nikitsky 瑞氏硕黑斑蕈甲，红斑黑伪蕈甲
Penthelater umber (Bates) 见 *Ectamenogonus umber*
Penthelispa sculpturatus (Sharp) 见 *Pycnomerus sculpturatus*
Penthema 斑眼蝶属
Penthema adelma (Felder *et* Felder) 白斑眼蝶
Penthema binghami Wood-Mason 缤斑眼蝶
Penthema darlisa Moore [blue kaiser] 彩裳斑眼蝶
Penthema darlisa darlisa Moore 彩裳斑眼蝶指名亚种，指名彩裳斑眼蝶
Penthema formosanum (Rothschild) 台湾斑眼蝶，白条斑荫蝶，台湾芃眼蝶
Penthema lisarda (Doubleday) [yellow kaiser] 黄斑眼蝶，斑眼蝶
Penthema lisarda lisarda (Doubleday) 黄斑眼蝶指名亚种
Penthema lisarda michallati Janet 黄斑眼蝶米氏亚种，迷利斑眼蝶
Penthema lisarda mihintala Fruhstorfer 黄斑眼蝶缅甸亚种
Penthetria 叉毛蚊属
Penthetria aberrans Yang *et* Luo 异角叉毛蚊
Penthetria beijingensis Yang *et* Luo 北京叉毛蚊
Penthetria clavata Yang *et* Luo 棒足叉毛蚊
Penthetria erythrosticta Yang *et* Luo 红斑叉毛蚊
Penthetria formosana Hardy 台湾叉毛蚊，台叉毛蚊，蓬莱毛蚋
Penthetria gansuensis Yang *et* Luo 甘肃叉毛蚊
Penthetria heteroptera (Say) 异翅叉毛蚊
Penthetria japonica Wiedemann 泛叉毛蚊，日本毛蚋
Penthetria medialis Li *et* Yang 中斑叉毛蚊
Penthetria melanaspis Wiedemann 黑叉毛蚊
Penthetria motschulskii (Gimmerthal) 摩氏叉毛蚊，摩氏毛蚊
Penthetria picea Yang 乌叉毛蚊
Penthetria pilosa Edwards 绒毛叉毛蚊
Penthetria rufidorsalis Luo *et* Yang 红背叉毛蚊，红背毛蚊
Penthetria shaanxiensis Yang *et* Luo 陕西叉毛蚊
Penthetria simplicipes (Brunetti) 细足叉毛蚊
Penthetria takeuchii Okada 竹内叉毛蚊，竹内毛蚋，塔氏叉毛蚊
Penthetria velutina Loew 短绒叉毛蚊，绒叉毛蚊
Penthetria yunnanica Luo *et* Yang 云南叉毛蚊
Penthetria zangana Yang *et* Li 藏叉毛蚊
Penthetria zheana Yang *et* Chen 浙叉毛蚊
Penthetria zhongdianensis Li *et* Yang 中甸叉毛蚊
penthica white [*Leptophobia penthica* (Kollar)] 黑缘黎粉蝶
Penthicinus 小土甲属

Penthicinus koltzei Reitter 宽胫小土甲
Penthicodes 悲蜡蝉属
Penthicodes atomaria (Weber) 斑悲蜡蝉，斑品蜡蝉
Penthicodes caja (Walker) 锈悲蜡蝉，锈品蜡蝉
Penthicodes nigropunctata (Guérin-Méneville) 黑点品蜡蝉
Penthicodes pulchella (Guérin-Méneville) 丽悲蜡蝉，丽品蜡蝉，枫梵蜡蝉，黄裳薄翅虫，梵蜡蝉
Penthicodes variegata (Guérin-Méneville) 瓦里悲蜡蝉
Penthicoides 频拟步甲属
Penthicoides seriatoporus Fairmaire 丝频拟步甲
Penthicus 笨土甲属
Penthicus acuticollis (Reitter) 见 *Penthicus* (*Myladion*) *acuticollis*
Penthicus alashanicus (Reichardt) 见 *Penthicus* (*Myladion*) *alashanicus*
Penthicus altaicus (Gebler) 见 *Penthicus* (*Aulonolcus*) *altaicus*
Penthicus* (*Aulonolcus*) *altaicus (Gebler) 阿尔泰笨土甲，阿尔泰笨土潜，阿叶胸拟步甲
Penthicus* (*Aulonolcus*) *cribellatus (Fairmaire) 多刻笨土甲，筛笨土潜，筛叶胸拟步甲
Penthicus biecki (Reichardt) 见 *Penthicus* (*Myladion*) *beicki*
Penthicus cribellatus (Fairmaire) 见 *Penthicus* (*Aulonolcus*) *cribellatus*
Penthicus* (*Discotus*) *dilectans (Faldermann) 深点笨土甲
Penthicus* (*Discotus*) *echingolensis (Kaszab *et* Medvedev) 埃笨土甲
Penthicus* (*Discotus*) *netuschili (Reitter) 平行笨土甲，内笨土潜，内氏叶胸拟步甲
Penthicus humeridens (Reitter) 见 *Penthicus* (*Myladion*) *humeridens*
Penthicus lycaon (Reichardt) 见 *Penthicus* (*Myladion*) *lycaon*
Penthicus* (*Myladion*) *acuticollis (Reitter) 尖角笨土甲，尖笨土潜
Penthicus* (*Myladion*) *alashanicus (Reichardt) 阿笨土甲，阿笨土潜
Penthicus* (*Myladion*) *beicki (Reichardt) 贝氏笨土甲，贝氏笨土潜
Penthicus* (*Myladion*) *bruta (Reichardt) 迟钝笨土甲
Penthicus* (*Myladion*) *bulganicus Medvedev 布尔干笨土甲
Penthicus* (*Myladion*) *davadshamsi (Kaszab) 达氏笨土甲
Penthicus* (*Myladion*) *explanatus (Reitter) 扁平笨土甲
Penthicus* (*Myladion*) *frater (Kaszab) 福笨土甲
Penthicus* (*Myladion*) *humeridens (Reitter) 齿肩笨土甲，齿肩笨土潜
Penthicus* (*Myladion*) *kiritshenkoi (Reichardt) 吉氏笨土甲
Penthicus* (*Myladion*) *kozotyaevi Medvedev 考氏笨土甲
Penthicus* (*Myladion*) *laelaps (Reichardt) 厉笨土甲
Penthicus* (*Myladion*) *lycaon (Reichardt) 瘦笨土甲，来笨土潜
Penthicus* (*Myladion*) *nanshanicus (Reichardt) 祁连笨土甲，南山笨土潜
Penthicus* (*Myladion*) *nojonicus (Kaszab) 钝突笨土甲
Penthicus* (*Myladion*) *obtusangulus (Reitter) 钝角笨土甲，钝角笨土潜
Penthicus* (*Myladion*) *schusteri (Reichardt) 直角笨土甲，舒笨土潜，舒氏叶拟步甲
Penthicus nanshanicus (Reichardt) 见 *Penthicus* (*Myladion*) *nanshanicus*
Penthicus netuschili (Reitter) 见 *Penthicus* (*Discotus*) *netuschili*
Penthicus obtusangulus (Reitter) 见 *Penthicus* (*Myladion*) *obtusangulus*
Penthicus* (*Penthicus*) *iners (Meneville) 二湾笨土甲
Penthicus* (*Penthicus*) *lenezyi (Kaszab) 弯笨土甲
Penthicus reitteri (Csiki) 雷笨土潜，雷氏叶胸拟步甲
Penthicus schusteri (Reichardt) 见 *Penthicus* (*Myladion*) *schusteri*
Penthides 六脊天牛属
Penthides flavus Matsushita 台湾六脊天牛，黑角黄天牛
Penthides modestus Tippmann 福建六脊天牛
Penthides rufoflavus (Hayashi) 红黄六脊天牛
Penthimia 乌叶蝉属
Penthimia alboguttata Kuoh 白点乌叶蝉
Penthimia arcuata Cai *et* Shen 凹缘乌叶蝉
Penthimia castanaica Jacobi 栗黑乌叶蝉
Penthimia castanea Walker 栗色乌叶蝉，栗色扁叶蝉
Penthimia citrina Wang 黄乌叶蝉，黄斑乌叶蝉
Penthimia densa Kuoh 麻点乌叶蝉
Penthimia distanti Baker 亮黑乌叶蝉
Penthimia dorsimaculata Kwon *et* Lee 黄斑乌叶蝉，黄斑扁叶蝉
Penthimia erebus Distant 小黑乌叶蝉
Penthimia flavinotum Matsumura 黄背乌叶蝉，黄带扁叶蝉
Penthimia formosa Yang 美丽乌叶蝉
Penthimia formosana Matsumura 台湾乌叶蝉
Penthimia fulviguttata Cheng *et* Li 同 *Penthimia dorsimaculata*
Penthimia fumisa Kuoh 烟端乌叶蝉
Penthimia fuscomaculosa Kwon *et* Lee 褐斑乌叶蝉
Penthimia guttula Matsumura 点斑乌叶蝉，黑点扁叶蝉
Penthimia juno Distant 盾脊乌叶蝉
Penthimia maculosa Distant 赭点乌叶蝉
Penthimia maikoensis Matsumura 麦可乌叶蝉
Penthimia maolanensis Cheng *et* Li 茂兰乌叶蝉，茂兰扁叶蝉
Penthimia melanocephala de Motschulsky 黑头乌叶蝉
Penthimia mudonensis Distant 黑腹乌叶蝉
Penthimia nana Kusnezov 黑龙乌叶蝉
Penthimia nigerrima Jacobi 缘痕乌叶蝉，黑颊扁叶蝉
Penthimia nigra (Goeze) 乌叶蝉
Penthimia nigroscutellata Cai *et* Shen 黑盾乌叶蝉
Penthimia nitida Lethierry 光亮乌叶蝉，黑乌叶蝉，黄褐扁叶蝉
Penthimia rubramaculata Kuoh 栗斑乌叶蝉
Penthimia rubrostriata Kuoh 锈条乌叶蝉
Penthimia scapularis Distant 赭点乌叶蝉
Penthimia sinensis Ôuchi 中华乌叶蝉
Penthimia subniger Distant 端黑乌叶蝉
Penthimia testacea Kuoh 见 *Neovulturnus testacea*
Penthimia theae Matsumura 端斑乌叶蝉，茶乌叶蝉，茶扁叶蝉
Penthimia undata Cai *et* Shen 突缘乌叶蝉
Penthimia yunnana Kuoh 云南乌叶蝉，云乌叶蝉
penthimiid 1. [= penthimiid leafhopper] 乌叶蝉 < 乌叶蝉科 Penthimiidae 昆虫的通称 >；2. 乌叶蝉科的
penthimiid leafhopper [= penthimiid] 乌叶蝉
Penthimiidae 乌叶蝉科
Penthimiinae 乌叶蝉亚科
Penthococcus 丧粉蚧属
Penthococcus nartshukae Danzig 蒙古丧粉蚧
Pentila 盆灰蝶属
Pentila abraxas Westwood 阿布盆灰蝶

P

Pentila amenaida Hewitson 阿盆灰蝶
Pentila amenaidoides Holland 拟阿盆灰蝶
Pentila auga Karsch 奥伽盆灰蝶
Pentila bitje Druce 毕盆灰蝶
Pentila christina Suffert 茶盆灰蝶
Pentila fidonioides Schultze *et* Aurivillius 费多盆灰蝶
Pentila glagoessa Holland 格盆灰蝶
Pentila inconspicua Druce [inconspicuous pentila] 鳌盆灰蝶
Pentila landbecki Stempffer *et* Bennett 兰地盆灰蝶
Pentila nigeriana Stempffer 尼日利亚盆灰蝶
Pentila pauli Staudinger [Paul's buff] 保罗盆灰蝶
Pentila petreia Hewitson [common red pentila] 红盆灰蝶
Pentila petreoides Bethune-Baker 拟岩盆灰蝶
Pentila picena Hewitson [western cream pentila] 淡黑盆灰蝶
Pentila preussi Staudinger 普鲁士盆灰蝶
Pentila pseudorotha Stempffer *et* Bennett 伪盆灰蝶
Pentila rogersi Druce [Rogers' pentila] 罗杰斯盆灰蝶
Pentila swynnertoni Stevenson 斯盆灰蝶
Pentila tachyroides Dewitz [Mylothrid pentila] 塔盆灰蝶
Pentila tropicalis (Boisduval) [tropical pentila, spotted buff, spotted pentila] 热带盆灰蝶
Pentila umangiana Aurivillius 乌盆灰蝶
Pentodon 禾犀金龟甲属，禾犀金龟属
Pentodon bidens (Pallas) 双齿禾犀金龟甲，双齿禾犀金龟
Pentodon bispinifrons Reitter 双刺禾犀金龟甲，双刺禾犀金龟
Pentodon dubius Ballion 疑禾犀金龟甲，疑禾犀金龟
Pentodon idiota (Herbst) 殊禾犀金龟甲，殊禾犀金龟
Pentodon insularis Zhang 岛禾犀金龟甲，岛禾犀金龟
Pentodon latifrons Reitter 宽额禾犀金龟甲，宽额禾犀金龟
Pentodon minutum Reitter 小普禾犀金龟甲，小普玉米犀金龟
Pentodon mongolica Motschulsky 见 *Pentodon quadridens mongolicus*
Pentodon patruelis Frivaldszky 见 *Pentodon quadridens patruelis*
Pentodon quadridens (Gebler) 四齿禾犀金龟甲
Pentodon quadridens bidentulus (Fairmaire) 四齿禾犀金龟甲二齿亚种
Pentodon quadridens mongolicus Motschulsky 四齿禾犀金龟甲蒙古亚种，阔胸禾犀金龟甲，阔胸禾犀金龟
Pentodon quadridens patruelis Frivaldszky [broad-breast cockchafer] 四齿禾犀金龟甲阔胸亚种，阔胸金龟子＜此亚种学名有误写为 *Pentodon patrualis* Frivalsky 者＞
Pentodon quadridens quadridens (Gebler) 四齿禾犀金龟甲指名亚种
Pentodon semiermis Jakovlev 同 *Pentodon quadridens*
Pentodon sulcifrons Kuestr 哇额禾犀金龟甲，哇额禾犀金龟
Pentodon truncatus Sharp 同 *Pentodon quadridens*
Pentodontina 禾犀金龟甲亚族，禾犀金龟亚族
Pentodontini 禾犀金龟甲族，禾犀金龟族
penunci [s. penuncus] 阳茎侧突
penuncus [pl. penunci] 阳茎侧突
Peodes 波长足虻属
Peodes penichrotes Wei *et* Zheng 乏波长足虻
peony scale [= Japanese camellia scale, *Pseudaonidia paeoniae* (Cockerell)] 牡丹网盾蚧
Pepleuca 平角袖蜡蝉属
Pepleuca albipennis (Muir) 白翅平角袖蜡蝉，白翅扁角袖蜡蝉

pepper and salt moth [= cleft-headed spanworm, *Biston cognataria* (Guenée)] 胡椒鹰尺蛾，胡椒尺蠖，裂头疑毛尺蛾
pepper-and-salt skipper [*Amblyscirtes hegon* (Scudder)] 灰缎弄蝶
pepper beetle [= pepper flea beetle, pollu beetle, *Longitarsus nigripennis* Motschulsky] 胡椒长跗跳甲，胡椒蛀果跳甲
pepper black gall-forming thrips [*Gynaikothrips chavicae* Zimmermann] 胡椒黑母管蓟马，胡椒黑母蓟马，胡椒黑雌蓟马
pepper brown gall-forming thrips [*Gynaikothrips crassipes* Karny] 胡椒褐母蓟马，胡椒褐雌蓟马
pepper buprestid beetle [*Agrilus zanthoxylumi* Li] 花椒窄吉丁甲，花椒窄吉丁
pepper flea beetle [= pepper beetle, pollu beetle, *Longitarsus nigripennis* Motschulsky] 胡椒长跗跳甲，胡椒蛀果跳甲
pepper fruit fly [= tomato fruit fly, *Acritochaeta orientalis* (Schiner)] 东方茸芒蝇，东方芒蝇，东方斑芒蝇，剜股芒蝇
pepper lace bug [*Elasmognathus greeni* Kitby] 格氏扁网蝽，格氏胡椒网蝽
pepper leaf gall thrips [= black pepper thrips, marginal gall thrips, *Liothrips karnyi* (Bagnall)] 卡氏滑管蓟马，卡氏滑蓟马，胡椒管母蓟马，胡椒管雌蓟马
pepper maggot [= chili pepper maggot, *Zonosemata electa* (Say)] 胡椒带实蝇，胡椒实蝇，辣椒棕实蝇
pepper mussel scale [= pepper scale, *Lepidosaphes piperis* Green] 胡椒蛎盾蚧，胡椒蛎蚧
pepper scale 见 pepper mussel scale
pepper-spotted silverdrop [= round-spotted silverdrop, *Epargyreus socus* Hübner] 索库饴弄蝶
pepper tingid [*Elasmognathus hewitti* Distant] 赫氏扁网蝽，胡椒果网蝽
pepper weevil [*Anthonomus eugenii* Cano] 胡椒花象甲，胡椒象甲
peppered blue skipper [= common blue skipper, *Quadrus cerialis* (Stoll)] 矩弄蝶
peppered hopper [*Platylesches ayresii* (Trimen)] 艾雷扁弄蝶
peppered moth [*Biston betularia* (Linnaeus)] 桦尺蛾，桦尺蠖，椒花蛾
peppergrass beetle [*Galeruca browni* Blake] 胡椒萤叶甲，胡椒草守瓜
peppermint leaf beetle [*Chrysolina* (*Lithopteroides*) *exanthematica* (Wiedemann)] 薄荷金叶甲，薄荷斑叶甲，薄荷叶甲
peppermint pyrausta [= mint moth, small purple-and-gold, small purple & gold, *Pyrausta aurata* (Scopoli)] 黄纹野螟，薄荷野螟，薄荷螟
Pepronota 角丽金龟甲属
Pepronota harringtoni Westwood 背凹角丽金龟甲，背角猪金龟
Pepsinae 沟蛛蜂亚科
Pepsini 沟蛛蜂族
peptidase 肽酶
peptide 肽
peptide bond [= peptide linkage] 肽键
peptide linkage 见 peptide bond
peptide mass fingerprint [abb. PMF] 肽质指纹
peptidergic signal 肽能信号
peptidoglycan 肽聚糖

peptidoglycan recognition protein [abb. PGRP] 肽聚糖识别蛋白
peptization 胶溶作用
peptone 胨，蛋白胨
per-banded themis forester [*Euphaedra piriformis* Hecq] 带栎蛱蝶
per-host profitability 单头寄主有利性
per os [= peroral] 经口，口服
per os administration 经口添食
per os injection 经口注射
per os inoculation 经口接种
Peragrarchis 袋蛀果蛾属
Peragrarchis emmilta Diakonoff 红袋蛀果蛾，佩蛀果蛾
Perak lascar [*Pantoporia paraka* (Butler)] 鹞蟠蛱蝶，三纹眉蛱蝶，黄三纹蛱蝶
Peranabrus scabricollis (Thomas) [coulee cricket] 涸谷螽斯
Peranosimus 倍拉象甲属
Peranosimus nasalis Voss 鼻倍拉象甲，鼻倍拉象
Peratogonus 哌拉牙甲属，边角牙甲属
Peratogonus reversus Sharp 黑哌拉牙甲，转边角牙甲
Peratophyga 晶尺蛾属
Peratophyga aerata (Moore) 同 *Peratophyga hyalinata*
Peratophyga bifasciata Warren 双带晶尺蛾
Peratophyga castaneostriata Yazaki *et* Wang 咔晶尺蛾
Peratophyga hyalinata (Kollar) 晶尺蛾
Peratophyga hyalinata hyalinata (Kollar) 晶尺蛾指名亚种
Peratophyga hyalinata totifasciata Wehrli 晶尺蛾全带亚种，托晶尺蛾
Peratophyga modesta Yazaki *et* Wang 模晶尺蛾
Peratophyga venetia Swinhore 脉晶尺蛾，宽框尺蛾
Peratostega 枯斑尺蛾属
Peratostega deletaria (Moore) 德枯斑尺蛾
percentage of eliminated cocoons 中下茧率
percentage of emergence 羽化率，发蛾率
percentage of missing larvae 减蚕率
percentage of polymorphic bands [abb. PPB] 多态性带百分率，多态性条带百分比，多态位点百分率
percentage of pupation 化蛹率
percentage of raw silk 出丝率
percentage of relative humidity 相对湿度百分数
percentage of self-mounting silkworm 登蔟率
perceptive organ 感受器
percher [= libellulid dragonfly, libellulid, skimmer, common skimmer] 蜻，蜻蜓 <蜻科 Libellulidae 昆虫的通称>
perching saliana [= Esper's saliana, *Saliana esperi* Evans] 希望颂弄蝶
Perciana 修夜蛾属
Perciana marmorea Walker 石纹修夜蛾，修夜蛾，石纹泼西夜蛾
Perciana taiwana Wileman 台湾修夜蛾，台湾修裳蛾，台湾芃夜蛾
percipient 有感觉的
Percnia 点尺蛾属，柿星尺蛾属，星尺蛾属
Percnia albinigrata Warren 拟柿星尺蛾，灰斑白尺蛾
Percnia albinigrata albinigrata Warren 拟柿星尺蛾指名亚种，指名拟柿星尺蛾
Percnia albinigrata sinensis Wehrli 拟柿星尺蛾中华亚种，华拟柿星尺蛾
Percnia belluaria Guenée 匀点尺蛾
Percnia belluaria belluaria Guenée 匀点尺蛾指名亚种
Percnia belluaria longimacula Warren 见 *Percnia longimacula*
Percnia belluaria siffanica Wehrli 匀点尺蛾四川亚种，川匀点尺蛾，西匀点尺蛾
Percnia felinaria formosana Matsumura 见 *Percnia formosana*
Percnia foraria Guenée 细匀点尺蛾
Percnia formosana Matsumura 台湾匀点尺蛾，台费匀点尺蛾
Percnia fumidaria Leech 富匀点尺蛾
Percnia giraffata (Guenée) [large black-spotted geometrid] 柿匀点尺蛾，柿星尺蛾，柿星尺蠖，大斑尺蠖，柿叶尺蠖，柿豹尺蠖，柿大头虫，蛇头虫
Percnia grisearia Leech 灰点尺蛾
Percnia longimacula Warren 长斑点尺蛾，长斑匀点尺蛾
Percnia longitermen Prout 长缘点尺蛾，长缘星尺蛾
Percnia luridaria (Leech) 散斑点尺蛾，浅黄后星尺蛾
Percnia luridaria luridaria (Leech) 散斑点尺蛾指名亚种
Percnia luridaria meridionalis Wehrli 散斑点尺蛾南方亚种，南方散斑点尺蛾
Percnia luridaria nominoneura Prout 散斑点尺蛾双斑亚种，双胡麻斑星尺蛾
Percnia maculata (Moore) 小点尺蛾
Percnia siffanica Prout 见 *Percnia belluaria siffanica*
Percnia suffusa Wileman 萨匀点尺蛾，烟胡麻斑星尺蛾
Percnodaimon 三瞳眼蝶属
Percnodaimon merula (Hewitson) [black mountain ringlet] 三瞳眼蝶
percutaneous infection 经皮传染
percutaneous inoculation 经皮接种
perdominant 常优种
Peregrinator 跃猎蝽属
Peregrinator biannulipes Montrouzer *et* Signoret 双环跃猎蝽
Peregrinivena 奇脉木虱属
Peregrinivena liangheana Li 两河奇脉木虱
Peregrinus 花翅飞虱属
Peregrinus maidis (Ashmead) [corn planthopper, corn delphacid] 玉米花翅飞虱，菲岛玉米蜡蝉
pereion [= prothorax, manitrunk, manitruncus, corselet, protothorax] 前胸
pereiopoda 1.(幼虫的) 中后胸足；2.(成虫的) 中胸足
Perenna leafwing [*Memphis perenna* Godman *et* Salvin] 四季尖蛱蝶
perennial 多年生的
perennial colony 多年群体
Pereute 黑粉蝶属
Pereute antodyca (Boisduval) 红斑黄肩黑粉蝶
Pereute callinice (Felder *et* Felder) 黑粉蝶
Pereute callinira Staudinger 红弧黑粉蝶
Pereute charops (Boisduval) [darkened white] 淡黑粉蝶
Pereute cheops (Staudinger) 深黑粉蝶
Pereute leucodrosime (Kollar) [red-banded pereute] 红带黑粉蝶
Pereute lindemanaea Reisinger 线纹黑粉蝶
Pereute swainsonii (Gray) 斯万黑粉蝶
Pereute telthusa (Hewitson) 蓝晕黑粉蝶
perfect insect [= adult, imago] 成虫

perfect metamorphosis [= complete metamorphosis, metamorphosis perfecta, holometabola] 完全变态，全变态
perfida skipper [*Anatrytone perfida* (Möschler)] 佩阿弄蝶
perfoliate [= perfoliatus] 1. 有叶片的；2. 抱茎状的
perfoliatus 见 perfoliate
Perforadix sacchari Sein 见 *Sufetula sacchari*
perforata [= perforate] 叠叶状触角
perforate 见 perforata
perforated cocoon 穿头茧 < 家蚕的 >
perforated wound 穿伤，穿创
Perforissidae 孔瓢蜡蝉科
Perforissus 孔瓢蜡蝉属
Perforissus muiri Shcherbakov 穆氏孔瓢蜡蝉
Perga 筒腹叶蜂属
Perga affinis Kirby [spitfire sawfly, eucalyptus sawfly] 桉筒腹叶蜂
Perga dorsalis Leach [steel-blue sawfly] 钢蓝筒腹叶蜂
Pergande's scale [= chaff scale, black parlatoria scale, chaffy scale, *Parlatoria pergandii* Comstock] 糠片盾蚧，糠片蚧，灰点蚧，圆点蚧，粪糠蚧，黄点介壳虫，糠片盾介壳虫
Perganleidia robiniae (Macchiati) 同 *Aphis craccivora*
Perganleidia siphonella (Essig *et* Kuwana) 见 *Melanaphis siphonella*
Pergesa 斜绿天蛾属，红天蛾属
Pergesa actea (Cramer) 斜绿天蛾，绿背斜纹天蛾，黄腹斜纹天蛾
Pergesa askoldensis (Oberthür) 见 *Deilephila askoldensis*
Pergesa elpenor (Linnaeus) 见 *Deilephila elpenor*
Pergesa elpenor elpenor (Linnaeus) 见 *Deilephila elpenor elpenor*
Pergesa elpenor lewisi (Butler) 见 *Deilephila elpenor lewisi*
Pergesa elpenor macromera (Butler) 见 *Deilephila elpenor macromera*
Pergesa elpenor szechuana Chu *et* Wang 同 *Deilephila elpenor elpenor*
Pergesa luciani Denso 路氏斜绿天蛾，滇红天蛾，路红天蛾
Pergesa porcellus (Linnaeus) 见 *Deilephila porcellus*
Pergesa porcellus sinkiangensis Chu *et* Wang 同 *Deilephila porcellus*
Pergesa suellus Staudinger 同 *Deilephila porcellus*
Pergesa suellus sus Bang-Haas 同 *Deilephila porcellus*
pergid 1. [= pergid sawfly] 筒腹叶蜂 < 筒腹叶蜂科 Pergidae 昆虫的通称 >；2. 筒腹叶蜂科的
pergid sawfly [= pergid] 筒腹叶蜂
Pergidae 筒腹叶蜂科
peri-intestinal 围肠的
Peria 蚌蛱蝶属
Peria lamis (Cramer) [peach beauty, lamis beauty] 蚌蛱蝶
Periaciculitermes 近针白蚁属
Periaciculitermes menglunensis Li 勐仑近针白蚁
Periacma 带织蛾属
Periacma absaccula Wang, Li *et* Liu 离腹带织蛾
Periacma acriuncata Wang, Li *et* Liu 尖爪带织蛾
Periacma acutignatha Wang, Li *et* Liu 尖颚带织蛾
Periacma aduncata Wang 钩带织蛾
Periacma angkhangensis Moriuti, Saito *et* Lewvanich 安带织蛾
Periacma asaphochra Meyrick 阿带织蛾
Periacma bifurcata Wang *et* Li 双叉带织蛾
Periacma conioxantha Meyrick 康带织蛾
Periacma delegata Meyrick 褐带织蛾
Periacma equivalvata Wang, Li *et* Liu 等瓣带织蛾
Periacma fengxianensis Wang *et* Zheng 凤县带织蛾
Periacma immaculata Wang *et* Li 缺斑带织蛾
Periacma iodesma vietnamica Lvovsky 越南带织蛾
Periacma isanensis Moriuti, Saito *et* Lewvanich 伊带织蛾
Periacma kangdingensis Wang *et* Li 康定带织蛾
Periacma lagophthalma Meyrick 拉带织蛾
Periacma novella Wang, Li *et* Liu 新带织蛾
Periacma pontiseca Meyrick 旁带织蛾
Periacma qujingensis Wang, Li *et* Liu 曲靖带织蛾
Periacma sacculidens Wang, Li *et* Liu 齿腹带织蛾
Periacma siamensis Moriuti, Saito *et* Lewvanich 暹罗带织蛾
Periacma simaoensis Li, Wang *et* Yan 思茅带织蛾
Periacma sinica Wang, Li *et* Liu 中华带织蛾
Periacma tianshuiensis Wang *et* Zheng 天水带织蛾
Periacma tridentata Wang, Li *et* Liu 三齿带织蛾
Periacma weishana Wang *et* Li 巍山带织蛾
Periacma zhouzhiensis Wang *et* Zhen 周至带织蛾
Periacma ziyangensis Wang *et* Zheng 紫阳带织蛾
Periaeschna 佩蜓属
Periaeschna chaoi (Asahina) 赵氏佩蜓，赵氏头蜓
Periaeschna flinti Asahina 福临佩蜓，弗氏围蜓
Periaeschna gerrhon (Wilson) 黄脊佩蜓
Periaeschna magdalena Martin 狭痣佩蜓，马格佩蜓，杜铗晏蜓，狭痣头蜓，玛格围蜓
Periaeschna mira Navás 奇异佩蜓，奇围蜓
Periaeschna nocturnalis Fraser 浅色佩蜓
Periaeschna yazhenae Xu 雅珍佩蜓
Periaeschna zhangzhouensis Xu 漳州佩蜓
perianal ring 肛周环
periander metalmark [= variable beautymark, *Rhetus periander* (Cramer)] 白条松蚬蝶
Periarchiclops 派寄蝇属，原寄蝇属
Periarchiclops scutellaris (Fallén) 小盾派寄蝇，小盾原寄蝇
Peribaea 等鬃寄蝇属
Peribaea abbreviata Tachi *et* Shima 短等鬃寄蝇
Peribaea aegyptia (Villeneuve) 同 *Peribaea orbata*
Peribaea fissicornis (Strobl) 长芒等鬃寄蝇
Peribaea glabra Tachi *et* Shima 裸等鬃寄蝇
Peribaea hongkongensis Tachi *et* Shima 香港等鬃寄蝇
Peribaea orbata (Wiedemann) 短芒等鬃寄蝇，裸等鬃寄蝇，高山寄蝇
Peribaea palaestina (Villenemre) 中东等鬃寄蝇，巴等鬃寄蝇
Peribaea setinervis (Thomson) 毛脉等鬃寄蝇
Peribaea similata (Malloch) 锡米等鬃寄蝇
Peribaea tibialis (Robineau-Desvoidy) 黄胫等鬃寄蝇
Peribaea trifurcata (Shima) 三叶等鬃寄蝇
Peribaea ussuriensis (Mesnil) 乌苏等鬃寄蝇
Peribalus 草蝽属
Peribalus (Asioperibalus) inclusus (Dohrn) 全缘草蝽
Peribalus ovatus Jakovlev 同 *Peribalus (Asioperibalus) inclusus*
Peribalus (Peribalus) capitatus Jakovlev 草蝽
Peribalus (Peribalus) strictus (Fabricius) [vernal shieldbug] 春草蝽
Peribalus (Peribalus) strictus capitatus Jakovlev 见 *Peribalus (Peribalus) capitatus*

Peribalus* (*Peribalus*) *strictus strictus (Fabricius) 春草蝽指名亚种
Peribalus* (*Peribalus*) *strictus vernalis (Wolff) 春草蝽北亚亚种
Peribalus przewalskii Belousova 普氏草蝽
Peribalus tianshanicus Belousova 天山草蝽
Peribathys 凹槽长角象甲属
Peribathys uenoi Senoh 尤凹槽长角象甲，尤凹槽长角象
Peribleptus 沟象甲属
Peribleptus bisulcatus (Faust) 短沟双沟象甲，短沟双沟象
Peribleptus forcatus Voss 深窝双沟象甲，深窝双沟象
Peribleptus foveostriatus (Voss) 洼纹双沟象甲，洼纹双沟象
Peribleptus scalptus Boheman 双沟象甲，双沟象
Peribleptus similaris Voss 隆缘双沟象甲，隆缘双沟象
Peribrotus pustulosus Gerstaecker 疱迂贪象甲，疱迂贪象
Peribulbitermes 近瓢白蚁属
Peribulbitermes dinghuensis Li 鼎湖近瓢白蚁
Peribulbitermes jinghongensis Li 景洪近瓢白蚁
Peribulbitermes parafuluvus (Tsai *et* Chen) 黄色近瓢白蚁
Pericaecilius 近围蝎属
Pericaecilius singularis (Banks) 独近围蝎
Pericallia 斑灯蛾属 < 该属名有一个尺蛾科的次同名，见 *Apeira*>
Pericallia crenularia Leech 见 *Apeira crenularia*
Pericallia galactina (Hoeven) 见 *Areas galactina*
Pericallia galactina ochracea (Mell) 见 *Areas galactina ochracea*
Pericallia imperialis (Kollar) 见 *Areas imperialis*
Pericallia klapperichi Daniel 克斑灯蛾
Pericallia latimarginaria Leech 见 *Apeira latimarginaria*
Pericallia marmorataria Leech 见 *Apeira marmorataria*
Pericallia matronula (Linnaeus) [large tiger moth] 斑灯蛾
Pericallia matronula amurensis Sheljuzhko 同 *Pericallia matronula matronula*
Pericallia matronula matronula (Linnaeus) 斑灯蛾指名亚种
Pericallia mussoti (Oberthür) 见 *Sinowatsonia mussoti*
Pericallia obliquifascia (Hampson) 见 *Nannoarctia obliquifascia*
Pericallia olivaria Leech 见 *Apeira olivaria*
Pericallia picta (Walker) 见 *Tatargina picta*
Pericallia picta formosa Butler 同 *Tatargina picta*
Pericallia picta lutea Rothschild 同 *Tatargina picta*
Pericallia productaria Leech 见 *Apeira productaria*
Pericallia ricini (Fabricius) 见 *Olepa ricini*
Pericallia tripartita (Walker) 见 *Nannoarctia tripartita*
Pericallia variaria Leech 见 *Apeira variaria*
Pericalus 围步甲属
Pericalus acutidens Shi *et* Liang 尖鞘围步甲
Pericalus amplus Andrewes 大围步甲
Pericalus baehri Fedorenko 巴氏围步甲
Pericalus cicindeloides Macleay 虎围步甲
Pericalus cordicollis Andrewes 心胸围步甲
Pericalus dux Andrewes 大斑围步甲
Pericalus elegans Shi *et* Liang 丽围步甲
Pericalus formosanus Dupuis 见 *Pericalus ornatus formosanus*
Pericalus funestus Andrewes 暗围步甲
Pericalus gibbosus Shi *et* Liang 瘤围步甲
Pericalus guttatus Chevrolat 斑围步甲
Pericalus klapperichi Jedlička 克围步甲
Pericalus longicollis Chaudoir 长胸围步甲
Pericalus obscuratus Shi *et* Liang 窄鞘围步甲
Pericalus obtusipennis Fedorenko 钝鞘围步甲
Pericalus ornatus Schmidt-Göbel 饰围步甲
Pericalus ornatus formosanus Dupuis 饰围步甲台湾亚种，台围步甲
Pericalus ornatus ornatus Schmidt-Göbel 饰围步甲指名亚种
Pericapritermes 近歪白蚁属
Pericapritermes beibengensis Huang *et* Han 背崩近歪白蚁，背崩近扭白蚁
Pericapritermes gutianensis Li *et* Ma 古田近歪白蚁，古田近扭白蚁
Pericapritermes hepuensis Gao *et* Yang 合浦近扭白蚁
Pericapritermes jangtsekiangensis (Kemner) 扬子江近歪白蚁，长江近扭白蚁
Pericapritermes latignathus (Holmgren) 多毛近歪白蚁，多毛近扭白蚁
Pericapritermes nitobei (Shiraki) 新渡户歪白蚁，近扭白蚁，新渡户近歪白蚁
Pericapritermes planiusculus Ping *et* Xu 平扁近扭白蚁，平扁扭蛩
Pericapritermes semarangi (Holmgren) 三宝近歪白蚁，三宝近扭白蚁
Pericapritermes tetraphilus (Silvestri) 大近歪白蚁，大近扭白蚁
Pericapritermes wuzhishanensis Li 五指山近扭白蚁
Pericapritermes yibinensis Tan, Yan *et* Peng 宜宾近歪白蚁，宜宾近扭白蚁
pericardia [s. pericardium] 围心膜
pericardial 围心的
pericardial cavity [= dorsal sinus] 围心窦，背血窦
pericardial cell 围心细胞
pericardial chamber 围心腔，围心窦
pericardial cord 围心索 < 指原尾目 Protura 昆虫在背血管位置的纵槽线 >
pericardial diaphragm [= pericardial septum, dorsal diaphragm] 背膈，围心膈
pericardial gland 围心腺
pericardial septum 见 pericardial diaphragm
pericardial sinus [= dorsal sinus] 围心窦，背血窦
pericardium [pl. pericardia] 围心膜
Perichares 绿背弄蝶属
Perichares agrippa Godman *et* Salvin 阿格里帕绿背弄蝶
Perichares butus Möschler 布图绿背弄蝶
Perichares deceptus (Butler *et* Druce) [deceptus ruby-eye] 欺诈绿背弄蝶
Perichares lindigiana Felder 林绿背弄蝶
Perichares lotus (Butler) [lotus ruby-eye] 花绿背弄蝶
Perichares matha Evans 马太绿背弄蝶
Perichares philetes (Gmelin) [green-backed ruby-eye, Caribbean ruby-eye] 绿背弄蝶
Periclista 栎叶蜂属
Periclista albida Klug 白栎叶蜂
Periclista lineolata Klug 无柄花栎叶蜂
Periclista nigricornis Wei 黑角栎叶蜂
Periclista pubescens Zaddach 毛栎叶蜂，色栎叶蜂
Periclista shinoharai Smith 篠原栎叶蜂

Periclista taiwanensis Smith 台栎叶蜂
Periclista xanthogaster Wei 黄腹栎叶蜂
Periclistus 似脊瘿蜂属
Periclistus orientalis Pang, Liu *et* Zhu 东方似脊瘿蜂
Periclistus qinghaiensis Pujade-Villar, Wang, Guo *et* Chen 青海似脊瘿蜂
Periclistus quinlani Taketani *et* Yasumatsu 昆兰似脊瘿蜂
Periclistus setosus (Wang, Liu *et* Chen) 毛似脊瘿蜂，毛脊瘿蜂
Periclitena 壮萤叶甲属
Periclitena cyanea (Clark) 蓝壮萤叶甲
Periclitena sinensis (Fairmaire) 中华壮萤叶甲
Periclitena tonkinensis Laboissière 越南壮萤叶甲
Periclitena vigorsi (Hope) 丽壮萤叶甲
Pericoma 毛缘蛾蠓属
Pericoma nielseni Kvifte 尼氏毛缘蛾蠓
Pericoma spinicornis Brunetti 见 *Thornburghiella spinicornis*
Pericoma spinicornis Tokunaga 同 *Thornburghiella tokunagai*
Pericomidae 皱鞘螋科，佩里螋科
Pericupsocus 库围蝎属
Pericupsocus cuspidatus Li 尖尾库围蝎
Pericupsocus digitalis Li 指尾库围蝎
Pericyma 同纹夜蛾属
Pericyma albidentaria (Freyer) 同纹夜蛾
Pericyma basalis Wileman *et* South 基同纹夜蛾
Pericyma cruegeri (Butler) 凤凰木同纹夜蛾
Pericyma glaucinans (Guenée) 银同纹夜蛾
Pericymini 同纹夜蛾族，凤凰木裳蛾族
Peridea 内斑舟蛾属
Peridea albimaculata Okano 见 *Rachiades lichenicolor albimaculata*
Peridea aliena (Staudinger) 著内斑舟蛾，阿内斑舟蛾
Peridea aperta Kobayashi *et* Kishida 阿内斑舟蛾
Peridea clasnaumanni Schintlmeister 卡内斑舟蛾
Peridea dichroma Kiriakoff 分内斑舟蛾，第内斑舟蛾
Peridea dichroma dichroma Kiriakoff 分内斑舟蛾指名亚种

Peridea dichroma rubrica Schintlmeister *et* Fang 分内斑舟蛾锈色亚种
Peridea elzet Kiriakoff 厄内斑舟蛾，埃内斑舟蛾
Peridea gigantea Butler 濛内斑舟蛾，漾内斑舟蛾，极大内斑舟蛾，大内斑舟蛾
Peridea gigantea gigantea Butler 濛内斑舟蛾指名亚种
Peridea gigantea monetaria Oberthür 同 *Peridea gigantea gigantea*
Peridea graeseri (Staudinger) 赭小内斑舟蛾，赫内斑舟蛾
Peridea graeseri graeseri (Staudinger) 赭小内斑舟蛾指名亚种，指名赫内斑舟蛾
Peridea graeseri tayal Kishida 赭小内斑舟蛾台湾亚种，塔赫内斑舟蛾，赭小内斑舟蛾
Peridea grahami (Schaus) 扇内斑舟蛾
Peridea hoenei Kiriakoff 霍氏内斑舟蛾
Peridea interrupta Kiriakoff 见 *Peridea lativitta interrupta*
Peridea jankowskii (Oberthür) 黄小内斑舟蛾，锦内斑舟蛾，简舟蛾
Peridea lativitta (Wileman) 侧带内斑舟蛾，宽条内斑舟蛾
Peridea lativitta interrupta Kiriakoff 侧带内斑舟蛾中原亚种，间内斑舟蛾，间宽条内斑舟蛾
Peridea lativitta lativitta (Wileman) 侧带内斑舟蛾指名亚种
Peridea moltrechti (Oberthür) 卵内斑舟蛾，摩内斑舟蛾
Peridea monetaria Oberthür 同 *Peridea gigantea*
Peridea moorei (Hampson) 同 *Peridea sikkima*
Peridea moorei moorei (Hampson) 同 *Peridea sikkima*
Peridea moorei ochreipennis Nakamura 见 *Peridea sikkima ochreipennis*
Peridea oberthuri (Staudinger) 暗内斑舟蛾，奥内斑舟蛾，灰内斑舟蛾
Peridea sikkima Moore 锡金内斑舟蛾
Peridea sikkima ochreipennis Nakamura 锡金内斑舟蛾东方亚种，赭翅莫内斑舟蛾，星内斑舟蛾
Peridea sikkima sikkima Moore 锡金内斑舟蛾指名亚种
Peridea trachitso (Oberthür) 糙内斑舟蛾，特内斑舟蛾
Peridroma 疆夜蛾属
Peridroma margaritosa (Haworth) 同 *Peridroma saucia*
Peridroma saucia (Hübner) [pearly underwing, variegated cutworm] 疆夜蛾，豆杂色夜蛾，杂色地老虎，绛色地老虎
Peridrome 圆拟灯蛾属
Peridrome orbicularis (Walker) 圆拟灯蛾
Peridrome subfascia (Walker) 亚圆拟灯蛾
Perientomidae 全鳞蝎科，旋蝎科，旋啮虫科
Perientomoidea 全鳞蝎总科
Periergos 纡舟蛾属，纡舟蛾亚属
Periergos antennae Schintlmeister 触纡舟蛾，密角纡舟蛾
Periergos confusus Kiriakoff 同 *Periergos* (*Periergos*) *magna*
Periergos genitale Schintlmeister 绅纡舟蛾
Periergos* (*Periergos*) *accidentia Schintlmeister *et* Fang 偶纡舟蛾
Periergos* (*Periergos*) *dispar (Kiriakoff) 异纡舟蛾，竹镂舟蛾，竹青虫，竹蚕，竹苞虫，异皮舟蛾
Periergos* (*Periergos*) *harutai Sugi 哈纡舟蛾
Periergos* (*Periergos*) *kamadena (Moore) 纵纡舟蛾
Periergos* (*Periergos*) *luridus Wu *et* Fang 黄纡舟蛾
Periergos* (*Periergos*) *magna (Matsumura) 皮纡舟蛾，皮舟蛾，裂纹纡舟蛾，大育舟蛾
Periergos* (*Periergos*) *orest Schintlmeister 山纡舟蛾
Periergos* (*Periergos*) *orpheus Schintlmeister 琴纡舟蛾，奥纡舟蛾
Periergos postruba (Swlnhoe) 后纡舟蛾
Periergos* (*Rosiora*) *bela (Swinhoe) 见 *Chalepa bela*
Periergos* (*Rosiora*) *tenebralis (Hampson) 见 *Chalepa tenebralis*
Perigea 星夜蛾属，晕夜蛾属
Perigea affinis Draudt 同 *Apamea aquila*
Perigea albomaculata Moore 白斑星夜蛾，白斑晕夜蛾
Perigea apicea Guenée 端星夜蛾
Perigea atricuprea Hampson 门星夜蛾，铜黑星夜蛾
Perigea capensis (Guenée) 素星夜蛾
Perigea chinensis Wallengren 见 *Acosmetia chinensis*
Perigea cinifacta Draudt 见 *Condica cinifacta*
Perigea cyclica Hampson 见 *Prospalta cyclica*
Perigea cyclicoides Draudt 围星夜蛾
Perigea emilacta Berio 埃星夜蛾
Perigea griseata (Leech) 见 *Condica griseata*
Perigea magna (Hampson) 晕星夜蛾，大晕夜蛾
Perigea olivacea Warren 霉星夜蛾，榄星夜蛾
Perigea poliomera (Hampson) 见 *Bagada poliomera*
Perigea rectivitta (Moore) 暗端星夜蛾，直条星夜蛾

Perigea rubecula Draudt 同 *Acosmetia chinensis*
Perigea scherdlini Oberthür 见 *Condica scherdlini*
Perigea spicea Guenée 环星夜蛾，环晕夜蛾，无星夜蛾
Perigea tricycla Guenée 三圈星夜蛾，三圈晕夜蛾
Perigea turpisoides Poole 污星夜蛾
Perigea vagans Berio 同 *Acosmetia chinensis*
Perigea violascens Hampson 见 *Condica violascens*
perigenital seta 围殖毛
Perigeodes poliomera Hampson 见 *Bagada poliomera*
Perigona 佩步甲属，胫毛步甲属
Perigona acupalpoides Bates 尖须佩步甲，尖须胫毛步甲
Perigona nigriceps (Dejean) 黑头佩步甲，黑须胫毛步甲
Perigona plagiata Putzeys 黄缘佩步甲，纹胫毛步甲
Perigona sinuata Bates 波缘佩步甲
Perigona subcyanescens Putzeys 青佩步甲，青胫毛步甲
Perigona taiwanensis Baehr 台湾佩步甲，台湾胫毛步甲
Perigonini 佩步甲族
Perigrapha 连环夜蛾属
Perigrapha albilinea Draudt 白线连环夜蛾
Perigrapha circumducta (Lederer) 围连环夜蛾
Perigrapha extincta Kononenko 狭缝连环夜蛾
Perigrapha hoenei Püngeler 扁连环夜蛾，大连环夜蛾
Perigrapha i-cinctum (Denis *et* Schiffermüller) 连环夜蛾，伊带连环夜蛾
Perigrapha nigrocincta Hreblay *et* Ronkay 黑洼连环夜蛾
Perigrapha uniformis Draudt 虚连环夜蛾，同形连环夜蛾
Perigymnosoma 围寄蝇属，环寄蝇属
Perigymnosoma globulum Villeneuve 球围寄蝇，球形环寄蝇，球形寄蝇
perigynium 围阴器，围雌器
Perihammus 肖锦天牛属
Perihammus infelix (Pascoe) 云纹肖锦天牛
Perihammus lemoulti Breuning 截尾肖锦天牛
Perihammus multinotatus (Pic) 多斑肖锦天牛
Perihammus undulatus Pu 波纹肖锦天牛
Perija brown [*Dangond dangondi* Adams *et* Bernard] 党眼蝶
perikaryen [= perikaryon neurone] 节周神经元
perikaryon neurone 见 perikaryen
perilampid 1. [= perilampid wasp] 巨胸小蜂 < 巨胸小蜂科 Perilampidae 昆虫的通称 >；2. 巨胸小蜂科的
perilampid wasp [= perilampid] 巨胸小蜂
Perilampidae 巨胸小蜂科
Perilampus 巨胸小蜂属
Perilampus hyalinus Say 透巨胸小蜂
Perilampus noemi Nikol'skaya 诺巨胸小蜂
Perilampus nola Nikol'skaya 螟巨胸小蜂
Perilampus obsoletus Masi 晦巨胸小蜂
Perilampus prasinus Nikol'skaya 翠绿巨胸小蜂
Perilampus tristis Mayr 墨玉巨胸小蜂
Perilanguria sauterana Fowler 见 *Anadastus sauteranus*
perilemma [= perineurium] 鞘细胞层 < 指神经的 >
Perileptus 毛眼行步甲属
Perileptus denticollis Jeannel 齿毛眼行步甲
Perileptus japonicus Bates 日本毛眼行步甲
Perileptus pusillus Jeannel 裸毛眼行步甲
Perilissini 波姬蜂族
Perilissus 波姬蜂属
Perilissus athaliae Uchida 枯波姬蜂
Perilissus cingulator (Morley) 绕波姬蜂
Perilissus formosensis Uchida 同 *Perilissus cingulator*
Perilissus incarinatus Sheng, Sun *et* Li 缺脊波姬蜂
Perilitini 缘茧蜂族
Perilitus 缘茧蜂属
Perilitus aequorus Chen *et* van Achterberg 强皱缘茧蜂
Perilitus lateropus Chen *et* van Achterberg 侧凹缘茧蜂
Perilitus liui Chen *et* van Achterberg 刘氏缘茧蜂
Perilitus longivenus Chen *et* van Achterberg 长脉缘茧蜂
Perilitus longus Chen *et* van Achterberg 长缘茧蜂
Perilitus nigriscutum Chen *et* van Achterberg 黑盾缘茧蜂
Perilitus oulemae Chen *et* van Achterberg 负泥虫缘茧蜂
Perilitus ruficephalus Chen *et* van Achterberg 红头缘茧蜂
Perilitus xynus Chen *et* van Achterberg 短室缘茧蜂
perilla leaf roller [*Pyrausta phoenicealis* Hübner] 紫苏野螟
perilla long-horned aphid [*Aulacorthum perillae* (Shinji)] 紫苏粗额蚜，紫苏沟无网蚜，紫苏蚜，紫苏长角蚜
Perillaphis 紫苏蚜亚属，紫苏蚜属
Perillus 兵蝽属
Perillus bioculatus (Fabricius) [two-spotted stink bug, double-eyed soldier bug] 二点兵蝽，二点蝽
Perilophosia ocypterina Villeneuve 见 *Lophosia ocypterina*
perimicrovillar membrane 微绒毛膜
perimicrovillar space 微绒毛腔
Perina 透翅毒蛾属
Perina nuda (Fabricius) [Banyan tussock moth, clearwing tussock moth] 榕透翅毒蛾，透翅榕毒蛾
Perinaenia 闩夜蛾属
Perinaenia accipiter (Felder *et* Rogenhofer) 闩夜蛾
Perinaenia mingchyrica Babics *et* Ronkay 明池闩夜蛾，明池闩裳蛾

Perinephela 云斑野螟属
Perinephela lancealis (Denis *et* Schiffermüller) 见 *Anania lancealis*
Perinephela lancealis lancealis (Denis *et* Schiffermüller) 见 *Anania lancealis lancealis*
Perinephela lancealis sinensis Munreo *et* Mutuura 见 *Anania lancealis sinensis*
Perinephela lancealis taiwanensis Munroe *et* Mutuura 见 *Anania lancealis taiwanensis*
Perineura okutanii Takeuchi [hydrangea sawfly] 绣球花植间叶蜂
perineural 围神经的
perineural sinus 围神经窦
perineurium [= perilemma] (神经的) 鞘细胞层
perineurium cell 神经鞘细胞
Perineus 围鸟虱属
Perineus concinnus (Kellogg *et* Chapman) 短尾信天翁围鸟虱
Perineus laculatus (Kellogg *et* Chapman) 同 *Haffneria grandis*
perinuclear 围核的
period of first oviposition [abb. PFO] 首次产卵期
period of full appetite 盛食期
period of lethal infection 致死侵染期
periodic outbreak 周期性猖獗，周期性大发生

periodical 周期的
periodical cicada 1. [= locust] 秀蝉，周期蝉 < 秀蝉属 *Magicicada* 昆虫的通称 >；2. [= Pharaoh cicada, 17 year locust, *Magicicada septendecim* (Linnaeus)] 晚秀蝉，十七年蝉
periodicity 周期性
periodism 周期性现象，周期性
Periommatus 非南细长蠹属
Periommatus camerunus Strohmeyer 米槭非南细长蠹
Periommatus excisus Strohmeyer 象甲榄仁非南细长蠹
Periommatus pseudomajor Schedl 榕非南细长蠹
Periope 坡姬蜂属
Periope longiceps Bauer 长坡姬蜂
periopod 肢
periopticon [= lamina ganglionaris] 视叶神经丬，视叶神经节层
peripatric 边域的
peripatric distribution 边域分布
peripatric speciation 边域物种形成
peripatry 边域性
Peripetasma altoasiaticum Timmermann 见 *Quadraceps altoasiaticus*
Periphalera 围掌舟蛾属
Periphalera albicauda (Bryk) 白尾围掌舟蛾
Periphalera melanius Schintlmeister 黑围掌舟蛾
Periphalera spadixa Wu *et* Fang 棕围掌舟蛾
periphallic organ 围阳茎器，围阳茎器官
Periphanes 盾胫夜蛾属
Periphanes cora (Eversmann) 黄盾胫夜蛾，派珞夜蛾
Periphanes scutata (Staudinger) 盾胫夜蛾
Periphemus deletus Pascoe 德围象甲
peripheral 外缘的
peripheral inhibition 周缘抑制作用
peripheral nerve 外周神经，末梢神经
peripheral nervous system 外周神经系统，周缘神经系统
peripheral pad 围肢垫 < 同环带 (annular zone)，即围肢囊的续存部分 >
Periphyllus 多态毛蚜属
Periphyllus acericola (Walker) [sycamore periphyllus aphid, maple hairy aphid] 槭多态毛蚜
Periphyllus acerihabitans Zhang 三角枫多态毛蚜，三角槭多态毛蚜
Periphyllus aceris (Linnaeus) [maple periphyllus aphid, maple black hairy aphid] 槭黑多态毛蚜，槭黑毛蚜
Periphyllus americanus (Baker) [American maple aphid] 美槭多态毛蚜
Periphyllus brevispinosus Gillette *et* Palmer [Colorado maple aphid] 卡州槭多态毛蚜
Periphyllus californiensis (Shinji) [California maple aphid] 加州槭多态毛蚜，加州多态毛蚜
Periphyllus diacerivorus Zhang 京枫多态毛蚜，京槭多态毛蚜
Periphyllus formosanus Takahashi 台湾多态毛蚜，斑腹圆尾蚜
Periphyllus koelreuteriae (Takahashi) [goldenrain tree aphid] 栾多态毛蚜，栾蚜，栾树圆尾蚜
Periphyllus kuwanaii (Takahashi) [Japanese maple aphid] 日槭多态毛蚜，库多态毛蚜
Periphyllus lyropictus (Kessler) [Norway maple aphid] 挪威槭多态毛蚜
Periphyllus negundinis (Thomas) [boxelder aphid] 梣叶槭多态毛蚜，梣多态毛蚜
Periphyllus testudinacea (Fernie) [European maple aphid] 欧槭多态毛蚜，欧槭盘叶蚜
Periphyllus testudinatus Thornton [black hairy aphid] 黑多态毛蚜
Periphyllus viridis Matsumura 绿多态毛蚜
Periplacis 波丽蚬蝶属
Periplacis glaucoma Geyer [falcate grayler, glaucoma metalmark] 波丽蚬蝶
Periplacis splendida (Butler) 斯波丽蚬蝶
Periplacis superba (Bates) 素波丽蚬蝶
Periplaneta 大蠊属，家蠊属
Periplaneta americana (Linnaeus) [American cockroach, waterbug, ship cockroach, kakerlac, Bombay canary] 美洲大蠊，美洲家蠊，美洲蟑螂
Periplaneta apicalis Shiraki 同 *Hebardina taiwanica*
Periplaneta arisanica Shiraki 见 *Cartoblatta arisanica*
Periplaneta atrata Bey-Bienko 黑大蠊
Periplaneta australasiae (Fabricius) [Australian cockroach] 澳洲大蠊，澳洲家蠊，澳洲蟑螂
Periplaneta banksi Hanitsch 斑氏大蠊，班氏家蠊
Periplaneta brunnea Burmeister [brown cockroach] 褐斑大蠊，褐色大蠊，棕色家蠊
Periplaneta caudata Bey-Bienko 尾大蠊
Periplaneta ceylonica Karny 南亚大蠊，淡赤褐大蠊
Periplaneta constricta (Bey-Bienko) 狭缩大蠊
Periplaneta crassa Karny 见 *Dorylaea crassa*
Periplaneta diamesa Bey-Bienko 淡褐大蠊，闽大蠊
Periplaneta elegans Karny 雅致大蠊，丽大蠊
Periplaneta fallax Bey-Bienko 同 *Periplaneta ceylonica*
Periplaneta filcherae Karny 费氏大蠊
Periplaneta flavicerca Bey-Bienko 同 *Periplaneta indica*
Periplaneta formosana Karny 见 *Cartoblatta formosana*
Periplaneta fuliginosa (Serville) [smokybrown cockroach] 黑胸大蠊，黑褐大蠊，烟色大蠊，黑褐家蠊
Periplaneta fulva (Bey-Bienko) 棕褐大蠊
Periplaneta furcata Karny 见 *Blatta furcata*
Periplaneta indica Karny 印度大蠊，黄尾大蠊
Periplaneta japonica Karny [Japanese cockroach] 日本大蠊
Periplaneta karnyi Shiraki 同 *Hebardina formosana*
Periplaneta liui Bey-Bienko 刘氏大蠊
Periplaneta malaica Karny 马来大蠊
Periplaneta orientalis (Linnaeus) 见 *Blatta orientalis*
Periplaneta panfilovi Bey-Bienko 潘氏大蠊
Periplaneta picea Shiraki 见 *Periplaneta fuliginosa*
Periplaneta polita Walker 同 *Melanozosteria nitida*
Periplaneta semenovi (Bey-Bienko) 西氏大蠊
Periplaneta sublobata Bey-Bienko 亚叶大蠊，叶状大蠊
Periplaneta svenhedini Hanitsch 司氏大蠊
Periplaneta uenoi Asahina 同 *Periplaneta svenhedini*
Periplaneta yunnanea (Bey-Bienko) 见 *Cartoblatta yunnanea*
periplasm 卵周质，周质
Periploca 细犀尖蛾属
Periploca atrata Hodges 暗细犀尖蛾
Periploca nigra Hodges [juniper twig girdler] 刺柏细犀尖蛾

peripneustic 周气门式，周气门的
peripneustic respiratory system 周气门式呼吸系统
peripodal cavity 围肢腔 < 指胚胎中发生肢和翅的原基的囊状构造 >
peripodal membrane [= peripodial membrane] 围肢膜
peripodal sac [= peripodial sac, hypodermal envelope] 围肢囊，皮下鞘
peripodial membrane 见 peripodal membrane
peripodial sac 见 peripodal sac
peripodomeric fissure 围足节缝
Peripolus 劈须蝗属
Peripolus nepalensis Uvarov 尼劈须蝗
Peripristus 锯缘步甲属
Peripristus ater Castelnau 黑锯缘步甲，锯缘步甲
Peripristus ater ater Castelnau 黑锯缘步甲指名亚种
Peripristus ater schenklingi (Dupuis) 见 *Serrimargo schenklingi*
periproct [= telson] 尾节，围肛节
peripsocid 1. [= peripsocid barklouse, stout barklouse] 围蛄，围啮虫 < 围蛄科 Peripsocidae 昆虫的通称 >；2. 围蛄科的
peripsocid barklouse [= peripsocid, stout barklouse] 围蛄，围啮虫
Peripsocidae 围蛄科，围啮虫科
Peripsocus 围蛄属，围啮虫属
Peripsocus ammonus Li 羊角围蛄
Peripsocus annectens Li 连茎围蛄
Peripsocus apiculatus Li 端尖围蛄
Peripsocus attenuatus Li 楔尖围蛄
Peripsocus badimaculatus Li 褐斑围蛄
Peripsocus baishanzuicus Li 百山祖围蛄
Peripsocus baiyunshanicus Li 白云山围蛄
Peripsocus beijingensis Li 北京围蛄
Peripsocus biacanthus Li *et* Yang 双刺围蛄
Peripsocus bifasciarius Li 二条围蛄
Peripsocus bucephalus Li 牛头围蛄
Peripsocus bucerus Li 牛角围蛄
Peripsocus bulbus Li 球茎围蛄
Peripsocus cassideus Li 盔形围蛄
Peripsocus caudatus Li 突尾围蛄
Peripsocus changbaishanicus Li 长白山围蛄
Peripsocus conoidalis Li 锥叶围蛄
Peripsocus corollaris Li 冠围蛄
Peripsocus cylindratus Li 筒茎围蛄
Peripsocus decurvatus Li 曲突围蛄
Peripsocus distentus Li 展围蛄
Peripsocus dongbeiensis Li 东北围蛄
Peripsocus duodecimidentus Li 十二齿围蛄
Peripsocus equispineus Li 等茎双刺围蛄
Peripsocus exilis Li 小突围蛄
Peripsocus falsipictus Li 拟彩围蛄
Peripsocus fasciatus Thornton 见 *Diplopsocus fasciatus*
Peripsocus forcipatus Li 钳形围蛄
Peripsocus forficatus Li 叉围蛄
Peripsocus fornicalis Li 拱形围蛄
Peripsocus furcellatus Li 短叉围蛄
Peripsocus grandispineus Li 大茎双刺围蛄
Peripsocus guandishanicus Li 关帝山围蛄
Peripsocus hainanensis Li 海南围蛄
Peripsocus haplacanthus Li 单齿围蛄
Peripsocus hedinianus Enderlein 宿围蛄
Peripsocus hongkongensis Thornton *et* Wong 香港围蛄
Peripsocus huashanensis Li 华山围蛄
Peripsocus jianfenglingicus Li 尖峰岭围蛄
Peripsocus jiangxiensis Li 江西围蛄
Peripsocus jilinicus Li 吉林围蛄
Peripsocus jinggangshanicus Li 井冈山围蛄
Peripsocus jinshaanensis Li 晋陕围蛄
Peripsocus jinxiuensis Li 金秀围蛄
Peripsocus kunmingiensis Li 昆明围蛄
Peripsocus laoshanicus Li 崂山围蛄
Peripsocus laricis Li 落叶松围蛄
Peripsocus latispineus Li 膨突双刺围蛄
Peripsocus leptorrhizus Li 细茎围蛄
Peripsocus longifurcus Li 长叉围蛄
Peripsocus louguantaiensis Li 楼观台围蛄
Peripsocus lunaris Li 月突围蛄
Peripsocus luotongshanicus Li 罗通山围蛄
Peripsocus macrosiphus Li 长突围蛄
Peripsocus magnimammus Li 乳突围蛄
Peripsocus medifasciarius Li 中带围蛄
Peripsocus medimacularis Li 中斑围蛄，中斑围啮虫
Peripsocus medispineus Li 中茎双刺围蛄
Peripsocus megalophus Li 大突围蛄
Peripsocus meridionalis Li 南方围蛄
Peripsocus microcheilus Li 小唇围蛄
Peripsocus mingshanicus Li 名山围蛄
Peripsocus mirabilis Li 奇异围蛄
Peripsocus nanjingensis Li 南京围蛄
Peripsocus octoidentus Li 八齿围蛄
Peripsocus oculimacularis Li 眼斑围蛄
Peripsocus odontopetalus Li 齿突围蛄
Peripsocus oligodontus Li 寡齿围蛄
Peripsocus optimalis Li 优美围蛄
Peripsocus orbiculatus Li 圆突围蛄
Peripsocus orebius Li 山栖围蛄
Peripsocus orientalis Li 东方围蛄
Peripsocus oxydontus Li 尖齿围蛄
Peripsocus parvus Li 小室围蛄
Peripsocus pauliani Bodonnel 帕氏围蛄
Peripsocus phaeochilus Li 褐唇围蛄
Peripsocus pictus Thornton 绣围蛄
Peripsocus plagiotropus Li 斜突围蛄
Peripsocus platyopterus Li 宽翅围蛄
Peripsocus platypus Li 宽茎围蛄
Peripsocus polygonalis Li 多角围蛄
Peripsocus polyoacantnus Li 刺突围蛄
Peripsocus pseudoquercicola Thornton 拟栎围蛄
Peripsocus qingchengshanicus Li 青城山围蛄
Peripsocus qingdaoensis Li 青岛围蛄
Peripsocus quadratidentalis Li 方齿围蛄
Peripsocus quadratiprocessus Li 方突围蛄

Peripsocus quattuordecimus Li 十四齿围蛄
Peripsocus quercicolus Enderlein 栎围蛄，栎围啮虫
Peripsocus reduncus Li 内钩围蛄
Peripsocus reflexibilis Li 外钩围蛄
Peripsocus reicherti Enderlein 杯形围蛄
Peripsocus rhombicus Li 菱突围蛄
Peripsocus rhomboacanthus Li 菱茎围蛄
Peripsocus scalpratus Li 刀瓣围蛄
Peripsocus scapiformis Li 秆茎围蛄
Peripsocus sedecimidentalis Li 十六齿围蛄
Peripsocus sexidentus Li 六齿围蛄
Peripsocus shilinensis Li 石林围蛄
Peripsocus siculiformis Li 短剑围蛄
Peripsocus similis Enderlein 相似围蛄
Peripsocus singularis Banks 见 *Pericaecilius singularis*
Peripsocus spinosus Thornton 刺围蛄
Peripsocus stenopterus Thornton *et* Wong 狭翅围蛄，狭翅围啮虫
Peripsocus stigmostigmus Li 痣斑围蛄
Peripsocus stipiatus Li 突指围蛄
Peripsocus suoxiyuicus Li 索溪峪围蛄
Peripsocus transivenus Li 横脉围蛄
Peripsocus tredecimus Li 十三齿围蛄
Peripsocus trigonoispineus Li 三角围蛄
Peripsocus undecimidentus Li 十一齿围蛄
Peripsocus undulatus Li 波突围蛄
Peripsocus vescus Li 瘦叶围蛄
Peripsocus viriosus Li 壮突围蛄
Peripsocus wuhoi Li 武侯氏围蛄
Peripsocus wuyishanicus Li 武夷山围蛄
Peripsocus xanthochilus Li 黄唇围蛄
Peripsocus xihuensis Li 西湖围蛄
Peripsocus zhangispineus Li 藏双刺围蛄
Peripsocus zhangliangi Li 张良氏围蛄
Peripsocus ziguiensis Li 秭归围蛄
Peripsychoda 围毛蠓属，围毛蛾蚋属
Peripsychoda aristosus (Quate *et* Quate) 亚洲围毛蠓
Peripsyllopsis ramakrishnai Crawford 印巴绕枝木虱
perireceptor 周边受体
Perisama 美蛱蝶属
Perisama albipennis Batler 白裙美蛱蝶
Perisama arhoda Oberthür 蓝基美蛱蝶
Perisama astula Dognin 镶绿美蛱蝶
Perisama barnesi Schaus 基红美蛱蝶
Perisama boachieri Batler 红室美蛱蝶
Perisama bomplandii (Guérin-Méneville) [Bomplandi's perisama] 红腋美蛱蝶
Perisama cabirnia Hewitson [cabirnia perisama] 绿弧美蛱蝶
Perisama calamis (Hewitson) [calamis perisama] 芦苇美蛱蝶
Perisama campaspe (Hewitson) 串红美蛱蝶
Perisama canoma Druce [manu perisama, canoma perisama] 卡纳美蛱蝶
Perisama cardastes Hewitson 落红美蛱蝶
Perisama cecidas (Hewitson) 半红美蛱蝶
Perisama clisthera (Hewitson) [Hewitson's perisama, clisithera perisama] 蓝眉美蛱蝶
Perisama cloelia Hewitson 绿黑美蛱蝶
Perisama comnena (Hewitson) [comnena perisama] 绿箭美蛱蝶
Perisama cotyora Hewitson 白眉美蛱蝶
Perisama diotima (Hewitson) 一点红美蛱蝶，无带美蛱蝶
Perisama dorbignyi Guérin-Méneville [Dorbigny's perisama] 杜宾美蛱蝶
Perisama eminens Oberthür 黄带美蛱蝶
Perisama equetorialis Guenée 绿基美蛱蝶
Perisama euriclea (Doubleday) 蓝带美蛱蝶
Perisama gisco Godman *et* Salvin 绿钩美蛱蝶
Perisama goeringi Drury 缘斑美蛱蝶
Perisama guerini Felder 瑰丽美蛱蝶
Perisama hazarma Hewitson 淡黄裙美蛱蝶
Perisama hilara (Salvin) 喜悦美蛱蝶
Perisama humboldtii (Guérin-Méneville) [Humboldt's perisama] 钩带美蛱蝶
Perisama jurinei (Guérin-Méneville) [cyan-banded perisama] 契点美蛱蝶
Perisama lamice Hewitson 活裳美蛱蝶
Perisama lebasii Guérin-Méneville [Lebasi's perisama] 雷布美蛱蝶
Perisama lucrezia Hewitson 财福美蛱蝶
Perisama morona (Hewitson) 红基美蛱蝶
Perisama moronina Seitz 小红基美蛱蝶
Perisama nyctimene Hewitson 夜景蛱蝶
Perisama oppelii (Latreille) [Oppeli's perisama] 绿带美蛱蝶
Perisama ouma Dognin 奥玛美蛱蝶
Perisama patara Hewitson 红衬美蛱蝶
Perisama philinus (Doubleday) [philinus perisama] 蓝黑美蛱蝶
Perisama picteti (Guenée) 污裙美蛱蝶
Perisama plistia Fruhstorfer 彩美蛱蝶
Perisama priene Höpffer 红褐美蛱蝶
Perisama querini Felder 归林美蛱蝶
Perisama tringa (Guenée) 阳春美蛱蝶
Perisama tristrigosa Batler [Butler's perisama, tristrigosa perisama] 三条美蛱蝶
Perisama tryphena (Hewitson) 优雅美蛱蝶
Perisama vaninka (Hewitson) 六点美蛱蝶
Perisama vitringa Hewitson 琉璃美蛱蝶
Perisama xanthica (Hewitson) 黄裙美蛱蝶
Perisama yeba (Hewitson) 亚巴美蛱蝶
Perisama zurita Fruhstorfer 珠丽美蛱蝶
periscelid 见 periscelidid
periscelid fly 见 periscelidid fly
Periscelidae 见 Periscelididae
periscelidid [= periscelidid fly, periscelid, periscelid fly] 1. 树洞蝇 <树洞蝇科 Periscelididae 昆虫的通称>；2. 树洞蝇科的
periscelidid fly [= periscelidid, periscelid, periscelid fly] 树洞蝇
Periscelididae 树洞蝇科
Periscelidinae 树洞蝇亚科
Periscelis 树洞蝇属
Periscelis chinensis Papp *et* Szappanos 中华树洞蝇
Periscepsia 裸盾寄蝇属
Periscepsia carbonaria (Panzer) 见 *Periscepsia* (*Periscepsia*) *carbonaria*
Periscepsia fessa (Villeneuve) 同 *Periscepsia* (*Ramonda*) *spathulata*

Periscepsia handlirschi (Brauer *et* Bergenstamm) 见 *Periscepsia* (*Periscepsia*) *handlirschi*
Periscepsia meyeri Villeneuve 见 *Periscepsia* (*Periscepsia*) *meyeri*
Periscepsia misella (Villeneuve) 见 *Periscepsia* (*Periscepsia*) *misella*
Periscepsia (***Periscepsia***) ***carbonaria*** (Panzer) 黑翅裸盾寄蝇，黑头裸盾寄蝇
Periscepsia (***Periscepsia***) ***handlirschi*** (Brauer *et* Bergenstamm) 汉氏裸盾寄蝇
Periscepsia (***Periscepsia***) ***meyeri*** (Villeneuve) 迈耶裸盾寄蝇，梅氏裸盾寄蝇
Periscepsia (***Periscepsia***) ***misella*** (Villeneuve) 小裸盾寄蝇，贫裸盾寄蝇
Periscepsia (***Periscepsia***) ***umbrinervis*** (Villeneuve) 晕脉裸盾寄蝇
Periscepsia (***Ramonda***) ***delphinensis*** (Villeneuve) 德尔裸盾寄蝇，德尔拉寄蝇
Periscepsia (***Ramonda***) ***prunaria*** Róndani 裸背裸盾寄蝇，裸背拉寄蝇，裸背拉裸盾寄蝇
Periscepsia (***Ramonda***) ***spathulata*** (Fallén) 窄带裸盾寄蝇，狭带拉寄蝇，窄带拉寄蝇，窄带拉裸盾寄蝇
Periscepsia umbrinervis (Villeneuve) 见 *Periscepsia* (*Periscepsia*) *umbrinervis*
Perisimyia 彼麻蝇属
Perisimyia perisi Xue *et* Verves 彼麻蝇
Perisphaeriidae 球蠊科，圆翅蠊科
Perisphaeriinae 球蠊亚科
Perisphaerus 球蠊属
Perisphaerus brunneri (Kirby) 布氏球蠊
Perisphaerus lativertex Liu, Zhu, Dai *et* Wang 宽顶球蠊
Perisphaerus punctatus Bey-Bienko 刻点球蠊，刻点圆翅蠊
Perisphaerus pygmaeus Karny 小球蠊，臀圆翅蠊
Perisphaerus semilunatus (Hanitsch) 半月球蠊
Perisphincter 围脊姬蜂属
Perisphincter chinensis Wang 中华围脊姬蜂
perispiracular gland [= peristigmatic gland] 围气门腺
Perissandria 罕夜蛾属
Perissandria adornata (Corti *et* Draudt) 甲罕夜蛾
Perissandria argillacea (Alphéraky) 罕夜蛾
Perissandria batangensis Boursin 巴塘罕夜蛾
Perissandria brevirami (Hampson) 促罕夜蛾
Perissandria diagrapha Boursin 越罕夜蛾
Perissandria diopsis Boursin 点罕夜蛾
Perissandria dizyx (Püngeler) 小罕夜蛾
Perissandria dizyx dentata Chen 小罕夜蛾隐纹亚种
Perissandria dizyx dizyx (Püngeler) 小罕夜蛾指名亚种
Perissandria dizyx styx Boursin 小罕夜蛾斯提亚种，斯小罕夜蛾
Perissandria sheljuzhkoi Boursin 舍罕夜蛾，协罕夜蛾
Perissandria sikkima (Moore) 白纹罕夜蛾
Perisseretma 奇螟属
Perisseretma endotrichalis (Warren) 恩奇螟，恩歧角螟
Perisseretma orthotis (Meyrick) 直奇螟，直歧角螟，奥黄纹螟
Perissogomphus 奇春蜓属
Perissogomphus asahinai Zhu, Yang *et* Wu 朝氏奇春蜓
Perissogomphus stevensi Laidlaw 史蒂奇春蜓
Perissomyrmex 奇蚁属
Perissomyrmex bidentatus Zhou *et* Huang 双齿奇蚁
Perissomyrmex fissus Xu *et* Wang 裂唇奇蚁
Perissonemia 高颈网蝽属
Perissonemia bimaculata (Distant) 斑高颈网蝽
Perissonemia borneenis (Distant) 高颈网蝽
Perissonemia gressitti Drake *et* Poor 葛高颈网蝽
Perissonemia hasegawai Takeya 长谷川高颈网蝽，台高颈网蝽
Perissonemia occasa Drake 狭高颈网蝽
Perissopneumon 跛绵蚧属
Perissopneumon cellulosa (Takahashi) 泰国跛绵蚧
Perissopneumon ferox Newstead 柑枳跛绵蚧
Perissopneumon phyllanthi (Green) 叶下珠跛绵蚧
Perissopneumon tamarinda (Green) 罗望子跛绵蚧
Perissopneumon tectonae (Morrison) 柚木跛绵蚧
Perissopterus carnesi Howard 见 *Marietta carnesi*
Perissothrips parviceps Hood 见 *Rhamphothrips parviceps*
Perissus 跗虎天牛属，矮虎天牛属
Perissus alticollis Gressitt *et* Rondon 灰毛跗虎天牛
Perissus angusticinctus Gressitt 天目跗虎天牛
Perissus arisanus Seki *et* Suematsu 阿里跗虎天牛，阿里山跗虎天牛
Perissus asperatus Gressitt X 纹跗虎天牛，颗翅矮虎天牛
Perissus atronotatus Pic 黑点跗虎天牛
Perissus biluteofasciatus Pic 网胸跗虎天牛
Perissus cinericius Holzschuh 灰毛跗虎天牛
Perissus clavicornis Pic 棒角跗虎天牛
Perissus clavicornis clavicornis Pic 棒角跗虎天牛指名亚种
Perissus clavicornis luteopubescens Pic 棒角跗虎天牛黄毛亚种，黄毛跗虎天牛，黄毛棒角跗虎天牛
Perissus copei Viktora *et* Tichý 柯普跗虎天牛
Perissus dalbergiae Gardner 黄檀跗虎天牛
Perissus declaratus Holzschuh 贵州跗虎天牛
Perissus delectus Gressitt 宝鸡跗虎天牛
Perissus demonacoides (Gressitt) 黄尾跗虎天牛，水社矮虎天牛，水社虎天牛
Perissus dilatus Gressitt *et* Rondon 三带跗虎天牛
Perissus divinus Viktora *et* Liu 神跗虎天牛
Perissus elongatus Pic 横脊跗虎天牛
Perissus expletus Viktora *et* Liu 完美跗虎天牛
Perissus fairmairei Gressitt 暗色跗虎天牛
Perissus fuliginosus (Chevrolat) 褐跗虎天牛
Perissus fulvopictus Matsushita 断带跗虎天牛，大林锈虎天牛
Perissus griseus Gressitt 灰跗虎天牛，苍蓝矮虎天牛
Perissus hooraianus (Matsushita) 北山跗虎天牛，北山矮虎天牛，蓬莱小虎天牛
Perissus indistinctus Gressitt 海南跗虎天牛
Perissus intersectus Holzschuh 川跗虎天牛
Perissus jiuzhaigouensis Viktora 九寨沟跗虎天牛
Perissus kankauensis Schwarzer 台湾跗虎天牛，港口矮虎天牛
Perissus kiangsuensis Gressitt 江苏跗虎天牛
Perissus laetus Lameere 鱼藤跗虎天牛
Perissus latepubens Pic 宽绒跗虎天牛
Perissus luteonotatus Pic 黄斑跗虎天牛
Perissus mimicus Gressitt *et* Rondon 黑跗虎天牛
Perissus multifenestratus (Pic) 斑胸跗虎天牛
Perissus mutabilis Gahan 异色跗虎天牛，云南跗虎天牛

Perissus mutabilis mutabilis Gahan 异色跗虎天牛指名亚种
Perissus mutabilis obscuricolor Pic 异色跗虎天牛黑胸亚种，黑胸跗虎天牛
Perissus mutabilis vitalisi Pic 异色跗虎天牛红胸亚种，红胸跗虎天牛
Perissus paulonotatus (Pic) 人纹跗虎天牛
Perissus quadrimaculatus Gressitt *et* Rondon 四点跗虎天牛
Perissus rayus Gressitt *et* Rondon 糙胸跗虎天牛
Perissus rhaphumoides Gressitt 三条跗虎天牛
Perissus rubricollis Gressitt 红胸跗虎天牛
Perissus thibetanus Pic 西藏跗虎天牛
Perissus trabealis Holzschuh 蜀跗虎天牛
Perissus tunicatus Viktora *et* Liu 斗篷跗虎天牛
Perissus wenroncheni Niisato 陈氏跗虎天牛，文龙氏矮虎天牛，文龙虎天牛
peristaethium [= peristethium, mesosternum, medipectus, mesostethium, mesothethium] 中胸腹板
peristalsis 蠕动
Peristenus 常室茧蜂属
Peristenus furvus Chen *et* van Achterberg 浅黑常室茧蜂
Peristenus levigatus Chen *et* van Achterberg 滑常室茧蜂
Peristenus montanus Chen *et* van Achterberg 山地常室茧蜂
Peristenus nitidoides Chen *et* van Achterberg 泽常室茧蜂
Peristenus pallipes (Curtis) 淡足常室茧蜂
Peristenus picipes (Curtis) 黑头常室茧蜂
Peristenus procerus Chen *et* van Achterberg 展常室茧蜂
Peristenus prodigiosus Chen *et* van Achterberg 怪常室茧蜂
Peristenus relictus (Ruthe) 遗常室茧蜂
Peristenus rugosus Chen *et* van Achterberg 皱常室茧蜂
Peristenus spretus Chen *et* van Achterberg 红颈常室茧蜂
Peristenus xanthos Chen *et* van Achterberg 黄常室茧蜂
peristernum [= katapleura, hyposternum, prepectus, praesternum] 下腹板
peristethium 见 peristaethium
peristigmatic gland [= perispiracular gland] 围气门隙
peristoma [= eristome, peristome, peristomium] 口缘，口上片
peristome 见 peristoma
peristomial 口缘的
peristomium 见 peristoma
Peristygis charon Butler 法螺尺蛾
Perisyntrocha ossealis Hampson 围辛螟
Periterminalis 端围蛄属
Periterminalis crytomeriae (Li) 抑杉端围蛄
Periterminalis latus Li 宽顶端围蛄
Periterminalis longicuspis Li 长突端周蛄
Periterminalis shanxiensis Li 山西端围蛄
Perithous 白眶姬蜂属
Perithous asilatorius (Thunberg) 同 *Perithous scurra*
Perithous changbaishanus (He) 长白山白眶姬蜂，长白山驼柄姬蜂
Perithous decoratus (Ratzeburg) 同 *Perithous scurra*
Perithous digitalis Gupta 指突白眶姬蜂
Perithous digitalis digitalis Gupta 指突白眶姬蜂指名亚种
Perithous digitalis taiwanensis Gupta 指突白眶姬蜂台湾亚种，台湾指突白眶姬蜂
Perithous divinator (Rossi) 神眶白眶姬蜂，神白眶姬蜂
Perithous guizhouensis He 贵州白眶姬蜂
Perithous kamathi Gupta 喀白眶姬蜂
Perithous longiseta Haupt 同 *Perithous scurra*
Perithous mediator (Fabricius) 同 *Perithous scurra*
Perithous mediator japonicus Uchida 见 *Perithous scurra japonicus*
Perithous mediator nigirnotum Uchida 见 *Perithous scurra nigrinotum*
Perithous modulator (Thunberg) 同 *Perithous scurra*
Perithous moldavicus Constantineanu *et* Constantineanu 同 *Perithous scurra*
Perithous quananensis Sheng *et* Sun 全南白眶姬蜂
Perithous rufimesothorax (He) 红胸白眶姬蜂，红胸驼柄姬蜂
Perithous scurra (Panzer) 趣白眶姬蜂
Perithous scurra japonicus Uchida 趣白眶姬蜂日本亚种
Perithous scurra nigrinotum Uchida 趣白眶姬蜂黑背亚种，黑背中突白眶姬蜂
Perithous scurra scurra (Panzer) 趣白眶姬蜂指名亚种
Perithous senator (Haliday) 同 *Perithous scurra*
Perithous septemcinctorius (Thunberg) 七带白眶姬蜂，七带驼柄姬蜂
peritoneal 腹腔的
peritoneal envelope [= epithelial layer] 皮细胞层，上皮细胞层，上皮层
peritoneal membrane [= peritoneum] 围脏膜
peritoneal sheath 围巢膜 <即包围整个卵巢或睾丸的结缔膜>
peritoneum 见 peritoneal membrane
peritracheal 围气管的
peritracheal gland 围气管腺
Peritrechus 狭缘长蝽属
Peritrechus convivus (Stål) 狭缘长蝽
Peritrechus femoralis Kerzhner 黑腿狭缘长蝽
peritremal microsculpture 孔缘微饰纹 <蜂类臭腺的>
peritremalia 气门沟缘
peritrematal 气门的
peritrematal canal 气门沟
peritrematal groove 气门沟
peritrematal plate 气门板
peritreme 1. 孔缘；2. 气门板，气门片，围气门片
peritrophic 围食膜的
peritrophic matrix [= peritrophic membrane] 围食膜
peritrophic membrane 见 peritrophic matrix
peritrophin 围食膜蛋白，围食膜因子
Peritropis 佩盲蝽属，围盲蝽属
Peritropis advena Kerzhner 小佩盲蝽
Peritropis electilis Bergroth 伊佩盲蝽
Peritropis poppiana Bergroth 傍佩盲蝽
Peritropis punctata Carvalho *et* Lorenzato 点佩盲蝽，点围盲蝽
Peritropis pusilla Poppius 普佩盲蝽，小围盲蝽，围盲蝽
Peritropis similis Poppius 斯佩盲蝽
Peritropis thailandica Gorczyca 泰佩盲蝽
Peritropis yunnanensis Liu *et* Mu 云佩盲蝽
Perittopinae 丽宽肩蝽亚科
Perittopus 丽宽肩蝽属
Perittopus anthracinus Ye *et* Bu 黑背丽宽肩蝽

P

Perittopus asiaticus Zettel 东南亚丽宽肩蝽
Perittopus borneensis Zettel 婆罗丽宽肩蝽
Perittopus ceylanicus Zettel 斯丽宽肩蝽
Perittopus crinalis Ye, Chen *et* Bu 多毛丽宽肩蝽
Perittopus falciformis Ye, Chen *et* Bu 镰形丽宽肩蝽
Perittopus laosensis Ye *et* Bu 老挝丽宽肩蝽
Perittopus maculatus Paiva 斑丽宽肩蝽
Perittopus schuhi Zettel 舒氏丽宽肩蝽
Perittopus sumatrensis Zettel 苏门丽宽肩蝽
Perittopus trizonus Ye *et* Bu 三纹丽宽肩蝽
Perittopus webbi Zettel 韦氏丽宽肩蝽
Perittopus yunnanensis Ye, Chen *et* Bu 云南丽宽肩蝽
Perittopus zhengi Ye, Chen *et* Bu 郑氏丽宽肩蝽
perivisceral 围脏的
perivisceral sinus 围脏窦
periwinkle adelo [= Huebner's metalmark, *Adelotypa huebneri* (Butler)] 怀布悌蚬蝶
Perixera 褐姬尺蛾属，珠尺蛾属
Perixera absconditaria (Walker) 小黑斑褐姬尺蛾，秘环珠尺蛾，黑斑褐姬尺蛾，派尺蛾，秘环姬尺蛾
Perixera contrariata (Walker) 显褐姬尺蛾
Perixera decretaria (Walker) 闪电褐姬尺蛾，闪电姬尺蛾
Perixera decretarioides Holloway 德褐姬尺蛾，德珠尺蛾
Perixera dotilla (Swinhoe) 朵褐姬尺蛾，朵环姬尺蛾
Perixera flavispila (Warren) 黄点褐姬尺蛾，黄点环姬尺蛾
Perixera flavispila flavispila (Warren) 黄点褐姬尺蛾指名亚种，指名黄点环姬尺蛾
Perixera griseata (Warren) 无圈褐姬尺蛾
Perixera illepidaria (Guenée) 小眼斑褐姬尺蛾，伊环姬尺蛾
Perixera insitiva (Prout) 见 *Cyclophora insitiva*
Perixera minorata (Warren) 隐带褐姬尺蛾，明环姬尺蛾
Perixera minorata dubiosa (Prout) 隐带褐姬尺蛾疑惑亚种，杜明环姬尺蛾
Perixera minorata minorata (Warren) 隐带褐姬尺蛾指名亚种
Perixera obrinaria (Guenée) 星斑褐姬尺蛾，星斑姬尺蛾，奥环姬尺蛾
Perixera perscripta (Prout) 黑斑褐姬尺蛾，黑斑派尺蛾
Perixera sarawackaria (Guenée) 花斑褐姬尺蛾
Perizoma 周尺蛾属
Perizoma albofasciata (Moore) 白带周尺蛾
Perizoma alchemillata (Linnaeus) 流纹周尺蛾
Perizoma antisticta (Prout) 对点周尺蛾
Perizoma blandiata (Denis *et* Schiffermüller) [pretty pinion] 滑周尺蛾，滑巾尺蛾
Perizoma costata (Wileman) 褐斑白周尺蛾
Perizoma costinotaria (Leech) 缘周尺蛾
Perizoma denigrata (Inoue) 褐带周尺蛾
Perizoma ecbolobathra Prout 埃周尺蛾，埃巾尺蛾
Perizoma exhausta (Prout) 泯周尺蛾，埃豪巾尺蛾
Perizoma fasciaria (Leech) 带周尺蛾，宽带周尺蛾，宽带毕波尺蛾
Perizoma fatuaria (Leech) 愚周尺蛾
Perizoma fulvimacula (Hampson) 枯斑周尺蛾
Perizoma fulvimacula fulvimacula (Hampson) 枯斑周尺蛾指名亚种，指名枯斑周尺蛾
Perizoma fulvimacula promiscuaria (Leech) 枯斑周尺蛾湖北亚种，普枯斑周尺蛾，原拉波尺蛾
Perizoma lacteiguttata Warren 点周尺蛾
Perizoma lineola Bastelberger 线周尺蛾
Perizoma lucifrons Prout 明周尺蛾
Perizoma lucifrons lucifrons Prout 明周尺蛾指名亚种
Perizoma lucifrons lychnobia (Prout) 明周尺蛾四川亚种，来明周尺蛾
Perizoma maculata (Moore) 斑周尺蛾
Perizoma mediangularis (Prout) 虚周尺蛾
Perizoma obscurata (Bastelberger) 黄纹周尺蛾，姬黄纹毕波尺蛾，黄纹毕波尺蛾
Perizoma paramordax Xue 蚀周尺蛾
Perizoma parvaria (Leech) 小周尺蛾
Perizoma phidola (Prout) 俭周尺蛾，非巾尺蛾
Perizoma promptata (Püngeler) 显周尺蛾
Perizoma puerilis Prout 普周尺蛾
Perizoma sagittatum (Fabricius) 见 *Gagitodes sagittata*
Perizoma sagittattum albiflua (Prout) 见 *Gagitodes sagittata albiflua*
Perizoma saxeum (Wileman) 萨周尺蛾
Perizoma seriata (Moore) 序周尺蛾
Perizoma seriata niveiplaga (Bastelberger) 序周尺蛾台湾亚种，雪序周尺蛾，苍纹拉波尺蛾
Perizoma seriata seriata (Moore) 序周尺蛾指名亚种，指名序周尺蛾
Perizoma simulata Wileman 仿周尺蛾
Perizoma sugii Inoue 杉氏周尺蛾
Perizoma taiwana Wileman 台湾周尺蛾，台周尺蛾，毕波尺蛾
Perizoma triplagiata Warren 三纹周尺蛾
Perizoma variabilis Warren 变异周尺蛾
Perizoma vinculata (Staudinger) 缚周尺蛾
Perizoma viridiplana Bastelberger 绿周尺蛾
Perizomini 周尺蛾族
Perjiva 佩姬蜂属
Perjiva hunanensis He *et* Chen 湖南佩姬蜂
Perjiva kamathi Jonathan *et* Gupta 喀佩姬蜂
Perkin's sphinx [*Hyles perkinsi* (Swezey)] 帕氏白眉天蛾
Perkinsiella 扁角飞虱属
Perkinsiella bakeri Muir 黑距扁角飞虱
Perkinsiella bigemina Ding 叉纹扁角飞虱
Perkinsiella miriamae Emeljanov 奇异扁角飞虱
Perkinsiella saccharicida Kirkaldy [sugarcane planthopper] 甘蔗扁角飞虱，蔗飞虱
Perkinsiella sinensis Kirkaldy [Chinese planthopper] 中华扁角飞虱，中华蜡蝉
Perkinsiella taiwana Yang 同 *Perkinsiella bigemina*
Perkinsiella thompsoni Muir 汤姆扁角飞虱
Perkinsiella vastatrix (Breddin) 叉刺扁角飞虱，南亚扁角飞虱
Perkinsiella yakushimensis Ishihara 侧黑扁角飞虱
Perkinsiella yuanjiangensis Ding 元江扁角飞虱
Perla 襀翅学家通讯 < 期刊名 >
Perla 蟦属，石蝇属
Perla comstocki Wu 康氏蟦，康氏石蝇
Perla formosana (Okamoto) 见 *Tyloperla formosana*

Perla liui Wu 见 *Kamimuria liui*
Perla marginata (Panzer) 迁蜻
Perla orientalis Claassen 东方蜻
Perla spatulata Wu 同 *Kamimuria liui*
Perla stictica Navás 同 *Perla orientalis*
Perlaria [= Plecoptera] 襀翅目
perlate 念珠状的
Perlesta 拟蜻属
Perlesta chaoi Wu 赵氏拟蜻，甘肃拟蜻
Perlesta spatulata Wu 匙状拟蜻，匙拟蜻
perlid 1. [= perlid stonefly, common stonefly, golden stonefly, golden stone] 蜻，石蝇 < 蜻科 Perlidae 昆虫的通称 >；2. 蜻科的
perlid stonefly [= common stonefly, golden stone, golden stonefly, perlid] 蜻，石蝇
Perlidae 蜻科，石蝇科，钩蜻科
Perlinae 蜻亚科，石蝇亚科
Perlini 蜻族
Perlodes 网蜻属，似蜻属
Perlodes lobata Wu *et* Claassen 叶状网蜻，叶似蜻
Perlodes sinensis Navás 中华网蜻，中华似蜻
Perlodes truncata Wu *et* Claassen 平截网蜻，川藏似蜻
perlodid 1. [= perlodid stonefly, stripetail, springfly] 网蜻，网石蝇 < 网蜻科 Perlodidae 昆虫的通称 >；2. 网蜻科的
perlodid stonefly [= perlodid, stripetail, springfly] 网蜻科，网石蝇
Perlodidae 网蜻科，网石蝇科
Perlodinae 网蜻亚科
Perlodinella 罗蜻属，罗石蝇属
Perlodinella apicalis Kimmins 端钩罗蜻，西藏绫蜻
Perlodinella fuliginosa Wu 深褐罗蜻，深褐罗石蝇
Perlodinella kozlovi Klapálek 寇氏罗蜻，柯氏罗蜻，柯氏全蜻
Perlodinella mazehaoi Chen 马氏罗蜻
Perlodinella microlobata Wu 小叶罗蜻，小叶绫蜻，小叶绫石蝇
Perlodinella tatunga Wu 大通罗蜻，大通罗石蝇
Perlodinella unimacula Klapálek 单斑罗蜻，一斑罗蜻，一斑全蜻，单斑绫蜻，单斑绫石蝇
Perlodini 网蜻族
Perloidea 蜻总科
Perlomyia 皮蜻属
Perlomyia angulata Sivec *et* Stark 角状皮蜻
Perlomyia excavata Sivec *et* Stark 缺刻皮蜻
Perlomyia levanidovae (Zhiltzova) 莱氏皮蜻
Perlomyia smithae Nelson *et* Hanson 史氏皮蜻，斯氏似卷蜻
Perlomyia taiwanensis Sivec *et* Stark 台湾皮蜻
permanent aggregation 永久性群集
permanent apple aphid [= apple aphid, green apple aphid, *Aphis pomi* De Geer] 苹果蚜，苹蚜，苹绿蚜
permanent heat stupor 永久性高温昏迷
permanent host 永久寄主
permanent population 稳定种群，持久种群
permissible error 容许误差
permissive cell 感受细胞，受纳细胞
Perna exposita Lewin 木麻黄股枯叶蛾
perniciasm 破坏细胞作用
perniciosus skipper [*Chrysoplectrum perniciosus* (Herrich-Schäffer)] 毒金鬃弄蝶
pernicious scale [= San José scale, California scale, Chinese scale, round pear scale, *Comstockaspis perniciosa* (Comstock)] 圣琼斯康盾蚧，梨圆蚧，梨灰圆盾蚧，梨圆盾蚧，梨圆介壳虫，梨笠圆盾蚧，梨枝圆盾蚧，梨笠盾蚧，梨夸圆蚧
perny silk moth [= Chinese tussar moth, Chinese oak tussar moth, Chinese tasar moth, tasar silkworm, temperate tussar moth, Chinese tussah, oak tussah, temperate tussah, tussur silkworm, tussore silkworm, tussah silkworm, tussah, oak silkworm, *Antheraea pernyi* (Guérin-Méneville)] 柞蚕，槲蚕，姬透目天蚕蛾
Perochaeta 伟刺鼓翅蝇属，毛囊鼓翅蝇属，毛囊艳细蝇属
Perochaeta orientalis (de Meijere) 东方伟刺鼓翅蝇，东洋毛囊鼓翅蝇，东洋艳细蝇，东方线足鼓翅蝇
Peromyia 皮瘿蚊属
Peromyia neomexicana (Felt) 新墨皮瘿蚊
Peromyscopsylla 二刺蚤属
Peromyscopsylla bidentata (Kolenati) 二齿二刺蚤
Peromyscopsylla himalaica (Rothschild) 喜山二刺蚤，喜马拉雅森鼠蚤
Peromyscopsylla himalaica australishaanxia Zhang *et* Liu 喜山二刺蚤陕南亚种，陕南喜山二刺蚤
Peromyscopsylla himalaica himalaica (Rothschild) 喜山二刺蚤指名亚种，指名喜山二刺蚤
Peromyscopsylla himalaica sichuanoyunnana Xie, Chen *et* Liu 喜山二刺蚤川滇亚种，川滇喜山二刺蚤
Peromyscopsylla himalaica sinica Li *et* Wang 喜山二刺蚤中华亚种
Peromyscopsylla ostsibirica (Scalon) 西伯二刺蚤
Peromyscopsylla scaliforma Zhang *et* Liu 梯形二刺蚤
Peromyscopsylla wui Bai, Zhang *et* Qi 吴氏二刺蚤
peronea [=clasper] 抱握器，抱器
Peronea 桃卷蛾属
Peronea agrioma Meyrick 同 *Acleris extensana*
Peronea crocopepla Meyrick [peach leaf roller] 桃卷蛾，桃细卷蛾，桃细卷叶蛾
Peronea flexilineana Walker 第伦桃卷蛾
Peronea ocydroma Meyrick 同 *Acleris platynotana*
Peronea orphnocycla Meyrick 见 *Acleris orphnocycla*
Peronea platynotana Walshingham [two-banded tortrix] 二带桃卷蛾，二带卷蛾，二带卷叶蛾
Peronea porphyrocentra Meyrick 见 *Acleris porphyrocentra*
Peronea tephromorpha Meyrick 同 *Acleris fimbriana*
Peronea ulmicola Meyrick 见 *Acleris ulmicola*
Peronocnemis 长毛拟天牛属 *Anogcodes* 的异名
Peronocnemis davidis Fairmaire 见 *Anogcodes davidis*
Peronomerus 角胸步甲属
Peronomerus auripilis Bates 金毛角胸步甲
Peronomerus fumatus Schaum 基角胸步甲
Peronomerus nigrinus Bates 黑角胸步甲
Perophthalma 帕蚬蝶属
Perophthalma lasus (Westwood) [lasus metalmark] 莱斯帕蚬蝶
Perophthalma tullius (Fabricius) [tullius eyemark] 帕蚬蝶
Peroplusia pseudopyropia Chou *et* Lu 同 *Erythroplusia pyropia*
peroral [= per os] 经口，口服的

peroral administration 经口接种

peroral infection 经口接种，经口传染

peroral inoculation 经口接种

peroral toxity 经口毒性

peroxidase [abb. POD] 过氧化物酶

peroxidation 过氧化反应

peroxiredoxin [abb. Prx] 过氧化物酶

perpendicular type 直角型 < 常指交配 >

Perperus 松负满象甲属

Perperus lateralis Boisduval 澳松负满象甲

Perperus melancholicus Boisduval 辐射松负满象甲

perplexing bumble bee [= confusing bumble bee, *Bombus perplexus* Cresson] 迷熊蜂

Perrhybris 帕粉蝶属

Perrhybris amazuica Fruhsorfer 亚马孙帕粉蝶

Perrhybris boyi Zinkan 博伊帕粉蝶

Perrhybris flava Oberthür 黄帕粉蝶

Perrhybris lorena (Hewitson) 黑带帕粉蝶

Perrhybris lypera (Kollar) 泛黄帕粉蝶

Perrhybris pamela (Stoll) 帕粉蝶

Perrhybris phaloe (Godart) 珐罗帕粉蝶

Perrhybris pyrrha (Fabricius) 红帕粉蝶

Perrhybris sordidecinereus (Goeze) 污灰帕粉蝶

Perrhybris sulpharata Butler 素帕粉蝶

Perrhynchitoides 类帕齿颚象甲属

Perrhynchitoides brunneus (Voss) 棕类帕齿颚象甲，棕钳颚象，棕虎象

Perrhynchitoides pelliceus (Faust) 佩类帕齿颚象甲，佩钳颚象

Perris' grass mealybug [*Trionymus perrisii* (Signoret)] 古北条粉蚧

Perrisia brassicae Winnertz 油菜荚瘿蚊

Perrisia ignorata Wachtl 蔷薇芽瘿蚊

Perrisia tausaghyzi Dombrovskaya 橡胶鸦葱瘿蚊

Perrisia tetensi Ruebs 茶藨叶瘿蚊

Perrotia 白佩弄蝶属

Perrotia albiplaga Oberthür 白佩弄蝶

Perrotia eximia (Oberthür) 卓越白佩弄蝶

Perrotia flora (Oberthür) 福白佩弄蝶

Perrotia gillias (Mabille) 吉白佩弄蝶

Perrotia howa (Mabille) 侯白佩弄蝶

Perrotia ismael (Oberthür) 伊白佩弄蝶

Perrotia kingdoni (Butler) 珂白佩弄蝶

Perrotia malchus (Mabille) 玛白佩弄蝶

Perrotia ochracea (Evans) 褐白佩弄蝶

Perrotia paroechus (Mabille) 帕白佩弄蝶

Perrotia silvestralis (Viette) 斯白佩弄蝶

Perrotia sylvia (Evans) 森白佩弄蝶

Perrotia varians (Oberthür) 变白佩弄蝶

Perseis mimic forester [*Euphaedra perseis* (Drury)] 红带栎蛱蝶

perseus opal [*Poecilmitis perseus* Henning] 俳幻灰蝶

Persian grass blue [*Chilades galba* (Lederer)] 白松紫灰蝶

Persian odd-spot blue [*Turanana cytis* (Christoph)] 脉图兰灰蝶

Persian skipper [*Spialia phlomidis* (Herrich-Schäffer)] 波斯饰弄蝶

persicaria aphid [*Akkaia polygoni* Takahashi] 蓼铲尾蚜，蓼四尾长管蚜

persicinus 桃红色

Persicoptila 蔷尖蛾属，泼谷蛾属

Persicoptila leucosarca Meyrick 白纹蔷尖蛾，白泼谷蛾

persimmon bagworm [= common bagworm moth, grass bagworm moth, *Psyche casta* (Pallas)] 无瑕袋蛾，卡小袋蛾

persimmon bark borer [*Euzophera batangensis* Caradja] 巴塘暗斑螟，皮暗斑螟，巴溏暗斑螟

persimmon beetle [= clay-colored leaf beetle, *Anomoea laticlavia* (Förster)] 泥色叶甲

persimmon borer [*Sannina uroceriformis* Walker] 柿树透翅蛾，柿透翅蛾

persimmon fruit moth [*Stathmopoda masinissa* Meyrick] 柿蒂虫，柿展足蛾，柿举肢蛾，柿实蛾

persimmon leafminer [*Cuphodes dispyrosella* Issiki] 柿屈细蛾

persimmon psylla [*Trioza diospyri* (Ashmead)] 柿个木虱，柿木虱

persimmon scale [= common pit scale, common falsepit scale, *Lecanodiaspis prosopidis* (Maskell)] 柿球链蚧

persimmon wooly scale [*Asiacornococcus kaki* (Kuwana)] 柿树白毡蚧，柿白毡蚧，柿绒蚧，柿绒粉蚧，柿绵蚧

persistent saliana [= square-spotted saliana, antoninus saliana, *Saliana antoninus* (Latreille)] 安东尼颂弄蝶

persius duskywing [= hairy duskywing, *Erynnis persius* (Scudder)] 星点珠弄蝶

personal error 人为误差

personate [= personatus] 裂口的

personatus 见 personate

Perth button [*Acleris abietana* (Hübner)] 珀斯长翅卷蛾

pertinax skipper [*Phlebodes pertinax* (Stoll)] 管弄蝶

Perty's firetip [*Sarbia pertyi* (Plötz)] 珀蒂悍弄蝶

Peru bird-dropping skipper [*Milanion cramba* Evans] 秘鲁米兰弄蝶

peruana skipper [= Peruvian puna skipper, *Hylephila peruana* Draudt] 秘鲁火弄蝶

Peruphasma 秘鲁蝌属

Peruphasma schultei Conle *et* Hennemann [golden-eyed stick insect] 黄眼秘鲁蝌

Peruvian crescent [= nauplius crescent, *Eresia nauplius* (Linnaeus)] 娜袖蛱蝶

Peruvian larder beetle [*Dermestes peruvianus* Laporte de Castelnau] 秘鲁皮蠹

Peruvian lesser bollworm [= small Peruvian bollworm, cotton boll-borer, *Mescinia peruella* Schaus] 棉铃蛀螟

Peruvian longwing [*Heliconius peruvianus* Felder] 秘鲁袖蝶

Peruvian puna skipper [= peruana skipper, *Hylephila peruana* Draudt] 秘鲁火弄蝶

Peruvian shield mantis [*Choeradodis rhombicollis* Latreille] 秘鲁叶背螳

Peruvian twin-tailed satyr [*Daedalma vertex* Pyrcz] 秘鲁双尾眼蝶

perverna1 aspect 早春相

pervivax skipper [*Chrysoplectrum pervivax* Hübner] 透翅金鬃弄蝶

Perynea 裴夜蛾属

Perynea ruficeps (Walker) 赭灰裴夜蛾，红泼瑞夜蛾

Peryphus vaillanti Schuler 见 *Bembidion vaillanti*

pessella 闭盖刺 < 在蝉科 Cicadidae 雄性昆虫中，后足窝中的二小尖突，被认为用以关闭音盖 >
Pessocosma 刺野螟属
Pessocosma bistigmalis (Pryer) 二痣刺野螟，二痣萨野螟，二痣拱翅野螟
pessimum 最劣度
pest 1. 有害生物；2. 害虫
Pest Articles and News Summaries 害虫文章与新闻摘汇 < 期刊名，热带害虫管理 (Tropical Pest Management) 的前身 >
pest control 害虫防治
pest damage 虫害
pest-damaged plant 虫害植株，虫害植物
pest density 害虫密度
pest insect 害虫
pest management 害虫治理，有害生物治理
Pest Management News 害虫管理新闻 < 期刊名 >
Pest Management Science 害虫管理科学 < 期刊名 >
pest severity index [abb. PSI] 虫情指数
pest risk analysis [abb. PRA] 有害生物风险分析
pest risk assessment 有害生物风险评估
pesticidal 杀虫的，杀虫剂的
pesticidal activity 杀虫活性
pesticidal crystal protein 杀虫晶体蛋白
pesticidal effect 杀虫效果，毒杀效果
pesticidal gene 杀虫基因
pesticide 杀虫剂，农药
Pesticide Biochemistry and Physiology 农药生物化学与生理学 < 期刊名 >
pesticide contamination 农药污染
pesticide deposition 农药沉积量
pesticide droplet wettability test card 农药药液润湿性测试卡
pesticide formulation 农药剂型，杀虫剂剂型
pesticide pollution 农药污染
pesticide residue 农药残留物
Pesticide Science and Administration 农药科学与管理 < 期刊名 >
pesticide toxicosis 农药中毒症
Pesticides 农药 < 期刊名 >
Pestology 害虫学 < 期刊名 >
pestology 害虫学
Petaliaeschna 叶蜓属
Petaliaeschna corneliae Asahina 科氏叶蜓，叶蜓
Petaliaeschna flavipes Karube 黄纹叶蜓
Petaliaeschna lieftincki Asahina 黎氏叶蜓，利氏叶蜓
Petalium bistriatum (Say) 栎枝窃蠹
Petalocephala 片头叶蝉属
Petalocephala adelungi (Melichar) 沥褐片头叶蝉，阿德肖耳叶蝉
Petalocephala angulata Matsumura 见 *Tituria angulata*
Petalocephala arcuata Cai *et* Kouh 圆冠片头叶蝉
Petalocephala castanea Kato 栗褐片头叶蝉，栗片头叶蝉
Petalocephala chlorocephala (Walker) 绿片头叶蝉，黄绿片头叶蝉
Petalocephala chlorophana Kouh 黄绿片头叶蝉
Petalocephala confusa Distant 片头叶蝉
Petalocephala conspersa Kouh 淡点片头叶蝉
Petalocephala cultellifera (Walker) 锥冠片头叶蝉，赭点片头叶蝉
Petalocephala dicondylica Li *et* Li 双突片头叶蝉
Petalocephala discolor Uhler [smaller auricled leafhopper] 乳条片头叶蝉，小耳叶蝉
Petalocephala duodiana Kuoh 多点片头叶蝉
Petalocephala engelhardti Kusnezov 红褐片头叶蝉
Petalocephala eurglobata Cai *et* He 扁茎片头叶蝉
Petalocephala formosana (Matsumura) 台湾片头叶蝉，台湾肖耳叶蝉
Petalocephala fuscomarginata Cai *et* Kouh 褐缘片头叶蝉
Petalocephala fusiformis (Walker) 纺锤片头叶蝉
Petalocephala glauca (Melichar) 长顶片头叶蝉，粉白片头叶蝉
Petalocephala gongshanensis Li *et* Li 贡山片头叶蝉
Petalocephala granulosa Distant 颗粒片头叶蝉
Petalocephala horishana (Matsumura) 翘缘片头叶蝉，埔里肖耳叶蝉
Petalocephala ixion Linnavuori 斜片头叶蝉
Petalocephala koshunensis Schumacher 黑盾片头叶蝉，高雄片头叶蝉，恒春片头叶蝉
Petalocephala kuankuoensis Li *et* Li 宽阔水片头叶蝉，宽阔片头叶蝉
Petalocephala latifrons (Walker) 见 *Destinoides latifrons*
Petalocephala longa Cai *et* He 长突片头叶蝉
Petalocephala manchurica Kato 红边片头叶蝉
Petalocephala nigrilinea Walker 黑线片头叶蝉
Petalocephala obtusa Kuoh 阔片头叶蝉，阔冠片头叶蝉
Petalocephala ochracea Cai *et* Kouh 赭片头叶蝉
Petalocephala potanini Melichar 锈褐片头叶蝉，黑片头叶蝉
Petalocephala quadrimaculata (Matsumura) 四点片头叶蝉，四斑肖耳叶蝉
Petalocephala rubromarginata Kato 一点片头叶蝉
Petalocephala rubromarginella Kouh 赤边片头叶蝉
Petalocephala rufa Cen *et* Cai 赤缘片头叶蝉
Petalocephala ruformarginata Kouh 红缘片头叶蝉
Petalocephala sanguineomarginata Kuoh 血边片头叶蝉
Petalocephala scutellaris Linnavuori 碟形片头叶蝉
Petalocephala taihorensis Schumacher 二点片头叶蝉，黑斑片头叶蝉
Petalocephala taikosana Kato 青翅片头叶蝉，泰片头叶蝉，黄腹片头叶蝉
Petalocephala testacea Cai *et* Kouh 褐片头叶蝉
Petalocephala turgida Linnavuori 膨胀片头叶蝉
Petalocephala unicolor Cen *et* Cai 单色片头叶蝉
Petalocephala viridis Cai *et* He 同 *Petalocephala rufa*
Petalocephala viridula Kuoh 淡绿片头叶蝉
Petalocephala vittata (Matsumura) 黄带片头叶蝉，条纹肖耳叶蝉
Petalocephalini 片头叶蝉族
Petalocephaloides 扁头叶蝉属
Petalocephaloides laticapitata Kato 扁头耳叶蝉
Petalochirus 叶胫猎蝽属
Petalochirus fasciatus Distant 带叶胫猎蝽
Petalochirus spinosissimus Distant 叶胫猎蝽
Petalodes unicolor Wesmael 同 *Aleiodes compressor*
Petalolyma 缨个木虱属，缨叉木虱属
Petalolyma bicolor (Kuwayama) [ilex sucker] 二色缨个木虱，冬

P

青尖翅木虱，冬青毛个木虱，冬青双色木虱

Petalolyma castanopsis Li *et* Yang 大叶椎栗缨个木虱，大叶椎栗缨木虱

Petalolyma formosana Yang 台湾缨个木虱，台湾缨叉木虱

Petalolyma fujianensis Li *et* Yang 福建缨个木虱，福建缨叉木虱

Petalolyma nigra Yang 黑缨个木虱，黑缨叉木虱

Petalolyma sinica Yang *et* Li 华缨个木虱，中华缨个木虱

Petalolyma variegata Li *et* Yang 异斑缨个木虱

Petalolyma yunnanana Yang *et* Li 云缨个木虱，云南缨个木虱

Petalolyma zhejiangana Yang *et* Li 浙江缨个木虱

Petalon 扩胫花甲属

Petalon acerbus Jin, Ślipiński *et* Pang 尖扩胫花甲

Petalon allochroides Jin, Ślipiński *et* Pang 异色扩胫花甲

Petalon annamensis Jin, Ślipiński *et* Pang 安南扩胫花甲

Petalon bengalensis (Pic) 孟扩胫花甲，孟花甲

Petalon birmanicus (Pic) 缅甸扩胫花甲

Petalon calvescens (Bourgeois) 卡扩胫花甲

Petalon digitatus Jin, Ślipiński *et* Pang 指扩胫花甲

Petalon fulvulus (Wiedemann) 黄毛扩胫花甲

Petalon indicus (Guérin-Méneville) 印扩胫花甲

Petalon iviei Jin, Ślipiński *et* Pang 伊氏扩胫花甲

Petalon nigripennis (Guérin-Méneville) 黑翅扩胫花甲

Petalon renardi (Bourgeois) 任氏扩胫花甲

Petalon rufus (Pic) 红扩胫花甲

Petalon sulcifrons (Deyrolle *et* Fairmaire) 沟额扩胫花甲，沟额伪花甲

Petaloscelis rubens (Hope) 见 *Neotriplax rubens*

Petalosternon 齿足条蜂亚属

petaltail [= petalurid dragonfly, petalurid, grayback] 古蜓 < 古蜓科 Petaluridae 昆虫的通称 >

petalurid 1. [= petalurid dragonfly, petaltail, grayback] 古蜓；2. 古蜓科的

petalurid dragonfly 见 petaltail

Petalurida 古蜓类

Petaluridae 古蜓科

Petaphora maritima (Matsumura) 川培塔沫蝉，海尖胸沫蝉，海滨尖胸沫蝉，黄色沫蝉

Petascelini 特缘蝽族

Petascelis 菱背缘蝽属

Petascelis remipes Signoret [giant twig wilter] 杉菱背缘蝽，西非柏杉缘蝽

Petasida 红锥头蝗属

Petasida ephippigera White [Leichhardt's grasshopper] 黑斑红锥头蝗

Petauristidae [= Trichoceratidae] 冬大蚊科

Peteina 拍寄蝇属

Peteina erinaceus (Fabricius) 刺拍寄蝇

Peteina hyperdiscalis Aldrich 粗鬃拍寄蝇

Petelia 觅尺蛾属

Petelia erythroides (Wehrli) 埃觅翅蛾

Petelia medardaria Herrich-Schäffer 中觅尺蛾

Petelia mediorufa Bastelbergfer 见 *Meteima mediorufa*

Petelia paobia Wehrli 咆觅尺蛾

Petelia riobearia (Walker) 彤觅尺蛾

Petelia rivulosa (Butler) 麻斑觅尺蛾

Peters' demon charaxes [*Charaxes petersi* van Someren] 培螯蛱蝶

Petersenidia 彼蚁蜂属

Petersenidia biserrata (Chen) 双齿彼蚁蜂

Petersenidia diploglossata (Chen) 双舌彼蚁蜂

Petersenidia dorsispinata (Chen) 海针彼蚁蜂，背刺皮蚁蜂

Petersenidia meeungensis (Cockerell) 曼谷彼蚁蜂，滇皮蚁蜂

Petersenidia micrapunctata (Chen) 微刻彼蚁蜂，微点皮蚁蜂

Petersenidia pfafneri (Zavattari) 普法夫彼蚁蜂，普发皮蚁蜂

Petersenidia ptorthodonta (Chen) 幼弱彼蚁蜂，普托皮蚁蜂

Petersenidia rapa (Zavattari) 芜菁彼蚁蜂，芜菁小蚁蜂，芜菁皮蚁蜂

Petersenidia scaphella (Chen) 舟形彼蚁蜂，舟形小蚁蜂，华东皮蚁蜂

Petersenidia spiracularis (Chen) 气门彼蚁蜂，气门小蚁蜂

Petersenidia spiracularis dilutemacula (Chen) 气门彼蚁蜂弱斑亚种，弱斑旋皮蚁蜂

Petersenidia spiracularis spiracularis (Chen) 气门彼蚁蜂指名亚种，气门小蚁蜂指名亚种，指名旋皮蚁蜂

Petersenidiini 彼蚁蜂族

Petillocoris 拟特缘蝽属

Petillocoris longipes Hsiao 长足拟特缘蝽，长足特缘蝽

Petillopsis 类特缘蝽属

Petillopsis calcar (Dallas) 角肩类特缘蝽，角肩特缘蝽，刺特缘蝽

Petillopsis patulicollis (Walker) 刺肩类特缘蝽，刺肩特缘蝽，西藏特缘蝽

petiolar 柄的

petiolar area [= petiolarea, apical area] 端区 < 见于一些膜翅目 Hymenoptera 昆虫的中胸背板 >

petiolar segment 腹柄

petiolarea 见 petiolar area

Petiolata [= Clistogastra, Apocrita] 细腰亚目，束腰亚目

petiolate [= pedunculate, pedunculated, pedunculatus] 具柄的

petiole [= petiolus; pl. petioli] 1. 柄；2. 腹柄；3. 雄尾柄

petiolegall psyllid [*Pachypsylla venusta* (Osten-Sacken)] 朴柄瘿木虱

petioli [s. petiolus, petiole] 1. 柄；2. 腹柄；3. 雄尾柄

petioliform 柄形

petiolule 小柄

petiolus [= petiole; pl. petioli] 1. 柄；2. 腹柄；3. 雄尾柄

petite wood white [= immaculate spirit, immaculate wood white, *Leptosia nupta* (Butler)] 白纤粉蝶

petius duskywing [*Anastrus petius* Möschler] 圭亚那安弄蝶

Petraphuma 佩虎天牛属

Petraphuma huangjianbini Viktora *et* Liu 黄剑斌佩虎天牛

Petraphuma meridiosinica (Viktora *et* Tichý) 中华佩虎天牛

Petraphuma pompa Viktora *et* Liu 庞帕佩虎天牛

Petrelaea 佩灰蝶属

Petrelaea dana (de Nicéville) [dingy lineblue] 佩灰蝶

Petrelaea dana dana (de Nicéville) 佩灰蝶指名亚种，指名丹佩灰蝶

Petrelaea tombugensis (Röber) [mauve line-blue] 托佩灰蝶

Petri dish [= Petri plate] 陪氏培养皿，培养皿

Petri plate 见 Petri dish

petriid 1. [= petriid beetle] 筒胸甲 < 筒胸甲科 Petriidae 昆虫的通

称 >；2. 筒胸甲科的
petriid beetle [= petriid] 筒胸甲
Petriidae 筒胸甲科
petrocole 石栖动物
petrodophilus 适石地的，喜石地的
Petrognatha 岩颚天牛属
Petrognatha gigas (Fabricius) [giant African longhorn beetle] 大岩颚天牛，岩颚天牛，大热非天牛
Petrognathini 岩颚天牛族
petroleum fly [*Helaeomyia petrolei* (Coquillett)] 石油赫水蝇，石油蝇
Petromorphus 石头天牛属
Petromorphus yunnanus Bi 云南石头天牛，石头天牛
Petromorphus yunnanus australis Bi 云南石头天牛南方亚种，南方石头天牛
Petromorphus yunnanus yunnanus Bi 云南石头天牛指名亚种
Petrophilus 岩通缘步甲亚属
Petrophora 石带尺蛾属
Petrophora chlorosata (Scopoli) 直石带尺蛾，黎尺蛾
Petrorossia 越蜂虻属
Petrorossia ceylonica (Brunetti) 斯越蜂虻
Petrorossia curvipenis Zaitzev 曲翅越蜂虻
Petrorossia flavipennis Zaitsev 黄翅越蜂虻
Petrorossia fulvula (Wiedemann) 棕越蜂虻，棕彼蜂虻
Petrorossia fusca Zaitsev 褐越蜂虻
Petrorossia fuscicosta Bezzi 褐缘越蜂虻
Petrorossia gracilis Giebel 雅越蜂虻
Petrorossia intermedia (Brunetti) 间越蜂虻
Petrorossia israeliensis Zaitzev 以越蜂虻
Petrorossia latifrons (Bezzi) 阔额越蜂虻
Petrorossia modesta Zaitsev 静越蜂虻
Petrorossia nigrifascia Evenhuis *et* Arakaki 黑带越蜂虻
Petrorossia oceanica Bowden 洋越蜂虻
Petrorossia orientalis Zaitzev 东方越蜂虻
Petrorossia pyrgos Yang, Yao *et* Cui 巍越蜂虻
Petrorossia rufiventris Zaitsev 红腹越蜂虻
Petrorossia salqamum Yang, Yao *et* Cui 锐越蜂虻
Petrorossia sceliphronina Séguy 蓬越蜂虻，斯彼蜂虻
Petrorossia ventilo Yang, Yao *et* Cui 伞越蜂虻
Petrova 佩实小卷蛾属，实小卷蛾属
Petrova albicapitana (Busck) [northern pitch twig moth, pitch nodule maker] 美佩实小卷蛾，美实小卷蛾，松枝白头小卷蛾，松枝白头小卷叶蛾
Petrova albicapitana arizonensis (Heinrich) 见 *Petrova arizonensis*
Petrova arizonensis (Heinrich) [pinon pitch nodule moth, pinyon pitch nodule moth] 西南佩实小卷蛾，西南实小卷蛾
Petrova burkeana (Kearfott) [spruce pitch nodule moth] 云杉佩实小卷蛾，云杉实小卷蛾
Petrova comstockiana (Fernald) [pitch twig moth] 针佩实小卷蛾，针实小卷蛾，康氏松枝小卷蛾，康氏松枝小卷叶蛾
Petrova cristata (Walsingham) 见 *Retinia cristata*
Petrova edemoidana (Dyar) 贪佩实小卷蛾，贪实小卷蛾
Petrova houseri Miller 侯氏佩实小卷蛾，侯氏实小卷蛾
Petrova metallica (Busck) [metallic pitch nodule moth] 闪佩实小卷蛾，金属光实小卷蛾
Petrova monophylliana (Kearfott) 单元佩实小卷蛾，单元实小卷蛾
Petrova monopunctata (Oku) 见 *Retinia monopunctata*
Petrova picicolana (Dyar) 蓝黑佩实小卷蛾，蓝黑实小卷蛾
Petrova sabiniana (Kearfott) 杜松佩实小卷蛾，杜松实小卷蛾
Petrova virginiana (Busck) 纯白佩实小卷蛾，纯白实小卷蛾
Petrovizia 贝花金龟属
Petrovizia guillotii (Fairmaire) 皱贝花金龟甲，皱贝花金龟
petrus white skipper [*Heliopetes petrus* Hübner] 燕白翅弄蝶
Petta costistrigalis Hampson 见 *Auchmophoba costistrigalis*
Peuceptyelus 卵沫蝉属 < 此属学名有误写为 *Peuceptielus* 者 >
Peuceptyelus coriaceus (Fallén) 鞘卵沫蝉
Peuceptyelus dubiosus Melichar 川卵沫蝉
Peuceptyelus excavatus (Matsumura) 翅缘褐条卵沫蝉，凹缘拟歧脊沫蝉
Peuceptyelus extensus Jacobi 甘肃卵沫蝉
Peuceptyelus indentatus (Uhler) [pine froghopper] 松菱卵沫蝉
Peuceptyelus kanmonis (Matsumura) 弧卵沫蝉，翅双褐弧卵沫蝉，关门拟歧脊沫蝉
Peuceptyelus lacteisparsus Jacobi 闽卵沫蝉
Peuceptyelus matsumuri Metcalf *et* Horton [smaller mountain froghopper] 白头卵沫蝉
Peuceptyelus medius Matsumura 同 *Peuceptyelus matsumuri*
Peuceptyelus medius (Melichar) 中卵沫蝉
Peuceptyelus nawae Matsumura 见 *Awafukia nawae*
Peuceptyelus nigriceps (Matsumura) 四斑卵沫蝉，四斑首卵沫蝉，黑拟歧脊沫蝉
Peuceptyelus nigrocuneatus Jacobi 内蒙古卵沫蝉
Peuceptyelus nigroscutellatus Matsumura 见 *Lepyronia nigroscutellatus*
Peuceptyelus nitobei (Matsumura) 白斑卵沫蝉，白斑首卵沫蝉，新渡拟歧脊沫蝉
Peuceptyelus opacus Jacobi 暗卵沫蝉
Peuceptyelus rokurinzanus (Matsumura) 黄皱卵沫蝉，台湾似歧脊沫蝉
Peuceptyelus sigillifer (Walker) 污卵沫蝉，显派松卵沫蝉
Peuceptyelus subfuscus Melichar 黑卵沫蝉
Peuceptyelus takaosanus Matsumura 滑翅卵沫蝉
peucestas satyr [*Pedaliodes peucestas* (Hewitson)] 佩郗眼蝶
Peus privus Kônow 见 *Tenthredo privus*
Peus tibetanus Malaise 同 *Tenthredo tibetica*
Pexicopia 栉麦蛾属
Pexicopia malvella (Hübner) [hollyhock seed moth] 锦葵栉麦蛾，蜀葵平麦蛾，蜀葵麦蛾
Pexicopia melitolicna (Meyrick) 蜜栉麦蛾，枚麦蛾，枚栉麦蛾
Pexicopiinae 栉麦蛾亚科
Pexinola longirostris Hampson 见 *Meridarchis longirostris*
Pexopsis 梳寄蝇属
Pexopsis aprica (Meigen) 日梳寄蝇
Pexopsis aurea Sun *et* Chao 金黄梳寄蝇
Pexopsis buccalis Mesnil 颊梳寄蝇
Pexopsis capitata Mesnil 凯梳寄蝇
Pexopsis clauseni (Aldrich) 柯劳梳寄蝇，克氏梳寄蝇
Pexopsis dongchuanensis Sun *et* Chao 东川梳寄蝇
Pexopsis flavipsis Sun *et* Chao 黄足梳寄蝇
Pexopsis kyushuensis Shima 九州梳寄蝇

P

Pexopsis orientalis Sun *et* Chao 东方梳寄蝇
Pexopsis pollinis Sun *et* Chao 厚粉梳寄蝇
Pexopsis rasa Mesnil 雷萨梳寄蝇
Pexopsis shanghaiensis Sun *et* Chao 上海梳寄蝇
Pexopsis shanxiensis Sun *et* Chao 山西梳寄蝇
Pexopsis trichifacialis Sun *et* Chao 毛颜梳寄蝇
Pexopsis yakushimana Shima 屋久梳寄蝇，野氏梳寄蝇
Pexopsis zhangi Sun *et* Chao 张氏梳寄蝇
Peyerimhoffia 配眼蕈蚊属
Peyerimhoffia brachypoda Shi *et* Huang 短刺配眼蕈蚊
Peyerimhoffia hamata Shi *et* Huang 钩尾配眼蕈蚊
Peyerimhoffia longiprojecta Shi *et* Huang 长突配眼蕈蚊
Peyerimhoffia obesa Shi *et* Huang 肥尾配眼蕈蚊
Peyerimhoffia shennongjiana Shi *et* Huang 神农架配眼蕈蚊
Peyerimhoffia sparsula Shi *et* Huang 疏毛配眼蕈蚊
Peyerimhoffia vagabunda (Winnertz) 哇嘎配眼蕈蚊
Peyerimhoffia yunnana Shi *et* Huang 云南配眼蕈蚊
Peyerimhoffina 佩草蛉属
Peyerimhoffina gracilis (Schneider) 纤佩草蛉，粒替草蛉
Pezilepsis 派金小蜂属
Pezilepsis maurigaster Liao 黑腹派金小蜂，黑腹拟灿金小蜂
Pezohippus 平器蝗属
Pezohippus biplatus Kang *et* Mao 双片平器蝗
Pezothrips 足蓟马属
Pezothrips brunicornis Mirab-balou *et* Tong 棕角足蓟马
Pezothrips dianthi (Priesner) 戴氏足蓟马
Pezothrips frontalis (Uzel) 额足蓟马，足蓟马，额带蓟马
Pezothrips kaszabi (Pelikan) 考氏足蓟马
Pezothrips kellyanus (Bagnall) [Kelly's citrus thrips] 柑橘足蓟马，柑橘蓟马
Pezothrips nigriventris (Pelikan) 黑腹足蓟马
Pezothrips pediculae (Han) 马先蒿足蓟马，马先蒿姚蓟马，马先蒿带蓟马
Pezothrips pelikani Masumoto *et* Okajima 佩氏足蓟马
PFO [period of first oviposition 的缩写] 首次产卵期
PGRP [peptidoglycan recognition protein 的缩写] 肽聚糖识别蛋白
pH meter 氢离子浓度测定器，酸碱度计
Phacalastor 法卡飞虱属
Phacalastor pseudomaidis Kirkaldy 香港法卡飞虱
Phacephorus 毛足象甲属，毛足象属
Phacephorus argyrostomus Gyllenhyl 银灰毛足象甲，银灰毛足象
Phacephorus decipiens Faust 欺毛足象甲，欺毛足象
Phacephorus nebulosus Fåhraeus 云斑毛足象甲，云斑毛足象
Phacephorus setosus Zumpt 刚毛毛足象甲，刚毛毛足象
Phacephorus umbratus (Faldermann) 甜菜毛足象甲，甜菜毛足象
Phacephorus villis Fåhraeus 短角毛足象甲，短角毛足象
Phacophallus 嗜豆隐翅甲属
Phacophallus flavipennis (Kraatz) 黄翅嗜豆隐翅甲，黄翅嗜豆隐翅虫
Phacopteron 花木虱属
Phacopteron lentiginosum Buckton 嘉榄花木虱，柄果木扁束木虱
Phacopteron sinicum (Yang *et* Li) 龙眼花木虱
phacopteronid 1. [= phacopteronid jumping plant-louse] 花木虱 < 花木虱科 Phacopteronidae 昆虫的通称 >；2. 花木虱科的
phacopteronid jumping plant-louse [= phacopteronid] 花木虱
Phacopteronidae 花木虱科
Phacopteroninae 花木虱亚科
Phacusa 毛斑蛾属
Phacusa arisana Matsumura 见 *Zama arisana*
Phacusa cybele Leech 见 *Illiberis cybele*
Phacusa dirce (Leech) 透翅毛斑蛾，黑顶透翅斑蛾
Phacusa djreuma Oberthür 见 *Dubernardia djreuma*
Phacusa horni Strand 见 *Zama horni*
Phacusa nigrigemma Walker 见 *Illiberis nirgugemma*
Phacusa silvestrii Strand 见 *Illiberis silvestris*
Phacusa translucida (Poujade) 亮翅毛斑蛾
Phaecadophora 拟端小卷蛾属
Phaecadophora fimbriata Walsingham 纵拟端小卷蛾
Phaecasiophora 端小卷蛾属
Phaecasiophora acutana Walsingham 锐端小卷蛾
Phaecasiophora amoena Kawabe 美端小卷蛾
Phaecasiophora attica (Meyrick) 阿端小卷蛾，阿新小卷蛾
Phaecasiophora caelatrix Diakonoff 凹缘端小卷蛾
Phaecasiophora caryosema (Meyrick) 褐端小卷蛾
Phaecasiophora cornigera Diakonoff 碎斑端小卷蛾，角端小卷蛾
Phaecasiophora curvicosta Yu *et* Li 弯缘端小卷蛾
Phaecasiophora decolor Diakonoff 淡色端小卷蛾
Phaecasiophora diluta Diakonoff 疏端小卷蛾
Phaecasiophora fernaldana Walsingham 景端小卷蛾，费端小卷蛾
Phaecasiophora guttulosa Diakonoff 白端小卷蛾
Phaecasiophora kurokoi Kawabe 库端小卷蛾
Phaecasiophora leechi Diakonoff 李端小卷蛾
Phaecasiophora levis Yu *et* Li 光尾端小卷蛾
Phaecasiophora lushina Yu *et* Li 卢氏端小卷蛾
Phaecasiophora obligata Kawabe 同 *Phaecasiophora leechi*
Phaecasiophora pyragra Diakonoff 虹端小卷蛾，派端小卷蛾
Phaecasiophora walsinghami Diakonoff 华端小卷蛾
Phaedis 灰拟步甲属，广肩拟回木虫属
Phaedis formosanus Chûjô 见 *Gnesis formosanus*
Phaedis helopioides (Pascoe) 见 *Gnesis helopioides*
Phaedis helopioides helopioides (Pascoe) 见 *Gnesis helopioides helopioides*
Phaedis helopioides kentingensis (Masumoto) 见 *Gnesis helopioides kentingensis*
Phaedis liukueiensis (Masumoto) 见 *Gnesis liukueiensis*
Phaedis mushanus Masumoto 雾社灰拟步甲，雾社广肩拟回木虫
Phaedis quadricollis Ando *et* Schawaller 方胸灰拟步甲，方胸广肩拟回木虫
Phaedis taiwanus Masumoto 台岛灰拟步甲，台湾广肩拟回木虫，黑头沙滩拟步行虫
Phaedon 猿叶甲属，条背金花虫属
Phaedon alpinus Ge *et* Wang 高山猿叶甲
Phaedon alticolus Chen 高原猿叶甲
Phaedon apterus Chen *et* Wang 缺翅猿叶甲
Phaedon armoraciae (Linnaeus) 辣根猿叶甲
Phaedon balangshanensis Ge, Wang *et* Yang 见 *Neophaedon*

balangshanensis

Phaedon brassicae Baly [daikon leaf beetle, brassica leaf beetle] 小猿叶甲，小猿叶虫，猿叶甲，白菜猿叶甲，甘蓝金花虫

Phaedon chinensis Gressitt *et* Kimoto 见 *Odontoedon chinensis*

Phaedon cochleariae (Fabricius) [mustard leaf beetle, mustard beetle] 拟辣根猿叶甲

Phaedon concinnus Stephens 齐猿叶甲，北方猿叶甲

Phaedon cupreum Wang 同 *Odontoedon chinensis*

Phaedon flavotibialis Lopatin 黄足猿叶甲

Phaedon fulvescens Weise 见 *Odontoedon fulvescens*

Phaedon fulvicornis Chen 见 *Sclerophaedon fulvicornis*

Phaedon germinates Daccordi *et* Ge 类猿叶甲

Phaedon gressitti Daccordi 嘉道理猿叶甲，嘉氏猿叶甲

Phaedon hookeri (Baly) 见 *Phygasia hookeri*

Phaedon huizuensis Daccordi *et* Ge 青铜猿叶甲

Phaedon igori Daccordi *et* Ge 翼格猿叶甲

Phaedon insolitus Ge *et* Daccordi 异猿叶甲

Phaedon limbatus Lopatin 见 *Odontoedon limbatus*

Phaedon maculicollis Chen 见 *Odontoedon maculicollis*

Phaedon mellyi Achard 麦氏猿叶甲，香港猿叶甲

Phaedon ornata (Baly) 见 *Phygasia ornata*

Phaedon potentillae Wang 见 *Odontoedon potentillae*

Phaedon prosternalis Daccordi *et* Ge 阔胸猿叶甲

Phaedon viridus (Melsheimer) [watercress leaf beetle] 水田芹猿叶甲，水田芹猿叶虫

Phaedon wumingshanensis Ge *et* Wang 无名山猿叶甲

Phaedraspis fulvitergus (Tosquinet) 见 *Allophatnus fulvitergus*

phaedusa metalmark [*Stalachtis phaedusa* Hübner] 滴蚬蝶

Phaedyma 菲蛱蝶属

Phaedyma amphion (Linnaeus) 双菲蛱蝶

Phaedyma ampliata Butler 大菲蛱蝶

Phaedyma aspasia (Leech) [great hockeystick sailer] 蔼菲蛱蝶

Phaedyma chinga Eliot 秦菲蛱蝶

Phaedyma chinga chinga Eliot 秦菲蛱蝶指名亚种，指名秦菲蛱蝶

Phaedyma columella (Cramer) [short-banded sailer] 柱菲蛱蝶

Phaedyma columella binghami Fruhstorfer [Nicobar short-banded sailer] 柱菲蛱蝶尼岛亚种

Phaedyma columella columella (Cramer) 柱菲蛱蝶指名亚种，指名柱菲蛱蝶

Phaedyma columella nilgirica Moore [Dakhan short-banded sailer] 柱菲蛱蝶达汗亚种

Phaedyma columella ophiana Moore [Sikkim short-banded sailer] 柱菲蛱蝶锡金亚种

Phaedyma daria Felder *et* Felder 达菲蛱蝶

Phaedyma fissizonata (Butler) 白环菲蛱蝶

Phaedyma heliodoro Cramer 菲蛱蝶

Phaedyma heliopolis Felder *et* Felder 太阳菲蛱蝶

Phaedyma mimetica (Grose-Smith) 拟菲蛱蝶

Phaedyma shepherdi (Moore) [common aeroplane, white-banded plane] 带菲蛱蝶

phaeism 暗型

Phaenacantha 突束蝽属

Phaenacantha bicolor Distant 二色突束蝽

Phaenacantha famelica Horváth 台突束蝽

Phaenacantha lobulifera Horváth 角背突束蝽

Phaenacantha marcida Horváth 锤突束蝽

Phaenacantha trilineata Horváth 环足突束蝽

Phaenacantha viridipennis Horváth 绿翅突束蝽

Phaenandrogomphus 显春蜓属

Phaenandrogomphus aureus (Laidlaw) 金黄显春蜓

Phaenandrogomphus chaoi Zhu *et* Liang 赵氏显春蜓

Phaenandrogomphus dingavani (Fraser) 丁格显春蜓

Phaenandrogomphus tonkinicus (Fraser) 细尾显春蜓，沿海显春蜓

Phaenandrogomphus yunnanensis Zhou 云南显春蜓

Phaenicia cuprina (Wiedemann) 见 *Lucilia cuprina*

Phaenicia sericata (Meigen) 见 *Lucilia sericata*

Phaenobezzia 显蠓属

Phaenobezzia chonganensis Yu *et* Shen 崇安显蠓

Phaenobezzia nitens Liu, Yan *et* Liu 明亮显蠓

Phaenocarpa 光鞘反颚茧蜂属

Phaenocarpa cameroni Papp 小眼反颚茧蜂

Phaenocarpa carinthiaca Fisher 显脊反颚茧蜂

Phaenocarpa conspurcator (Haliday) 等长反颚茧蜂

Phaenocarpa diffusus Chen *et* Wu 沟伸反颚茧蜂

Phaenocarpa eunice (Haliday) 宽梗反颚茧蜂

Phaenocarpa galatea (Haliday) 加拉反颚茧蜂

Phaenocarpa impressinotum Fisher 印胸反颚茧蜂

Phaenocarpa ingressor Marshall 具室反颚茧蜂

Phaenocarpa intermedia Tobias 间盾反颚茧蜂

Phaenocarpa laticellula Papp 宽短反颚茧蜂，宽短光鞘反颚茧蜂

Phaenocarpa lissogestra Tobias 滑腹反颚茧蜂

Phaenocarpa notabilis Stelfox 黑褐反颚茧蜂，黑褐光鞘反颚茧蜂

Phaenocarpa pratellae (Curtis) 平沟反颚茧蜂

Phaenocarpa psalliotae Telenga 长胫反颚茧蜂

Phaenocarpa riphaeica Tobias 托氏反颚茧蜂

Phaenocarpa ruficeps (Nees) 尖背反颚茧蜂

Phaenocarpa seitneri Fahringer 细爪反颚茧蜂，红爪光鞘反颚茧蜂

Phaenocarpa vitita Chen *et* Wu 宽齿反颚茧蜂

phaenocephalid 1. [= phaenocephalid beetle] 显头甲 < 显头甲科 Phaenocephalidae 昆虫的通称 >；2. 显头甲科的

phaenocephalid beetle [= phaenocephalid] 显头甲

Phaenocephalidae 显头甲科

Phaenocephalus 显头甲属

Phaenocephalus castaneus Wollaston 栗显头甲

Phaenocephalus kobensis (Champion) 岛显头甲

Phaenochilus 细须唇瓢虫属

Phaenochilus metasternalis Miyatake 细须唇瓢虫

Phaenochitonia 番蚬蝶属

Phaenochitonia almeidai Zinkan 舞女番蚬蝶

Phaenochitonia cingulus (Stoll) 番蚬蝶

Phaenochitonia clarissa (Sharpe) 克拉番蚬蝶

Phaenochitonia cureifascia Zinkan 束带番蚬蝶

Phaenochitonia debilis (Bates) 台比番蚬蝶

Phaenochitonia iasis (Godman) 叶番蚬蝶

Phaenochitonia ignicauda (Godman *et* Salvin) 伊番蚬蝶

Phaenochitonia ignipicta (Schaus) [ignipicta metalmark] 伊妮番蚬蝶

Phaenochitonia pyrophlegia Stichel 红艳番蚬蝶

Phaenochitonia pyrsodes (Bates) 红番蚬蝶

Phaenochitonia sophistes (Bates) 树番蚬蝶

Phaenochitonia sticheli Lathy 斯提番蚬蝶
Phaenochitonia uliginea (Bates) 烟色番蚬蝶
Phaenolobus 暗色姬蜂属
Phaenolobus koreanus Uchida 朝鲜暗色姬蜂
Phaenolobus kuroashii Uchida 黄腿暗色姬蜂
Phaenolobus longinotaulices Wang 长沟暗色姬蜂
Phaenolobus melanus Sheng *et* Sun 黑暗色姬蜂
Phaenolobus tsunekii Uchida 短沟暗色姬蜂，壮暗色姬蜂
phaenomerid 1. [= phaenomerid beetle] 非洲金龟甲 < 非洲金龟甲科 Phaenomeridae 昆虫的通称 >；2. 非洲金龟甲科的
phaenomerid beetle [= phaenomerid] 非洲金龟甲
Phaenomeridae 非洲金龟甲科，非洲金龟科
Phaenomerus 费光象甲属，费光象属
Phaenomerus foveipennis (Morimoto) 窝翅费光象甲，窝翅费光象
Phaenomerus sundevalli (Boheman) 孙费光象甲，孙费光象
Phaenops 长卵吉丁甲属，长卵吉丁属，费吉丁甲属
Phaenops californica (van Dyke) [California flatheaded borer] 加州长卵吉丁甲，加州扁头木吉丁甲，加州扁头吉丁；加州扁头小蠹 < 误 >
Phaenops cyanea (Fabricius) [steelblue jewel beetle] 蓝长卵吉丁甲，蓝费吉丁甲，松蓝吉丁
Phaenops drummondi (Kirby) [flat-headed fir borer] 冷杉长卵吉丁甲，冷杉扁头木吉丁甲，冷杉吉丁
Phaenops fulvoguttata (Harris) [hemlock borer] 铁杉长卵吉丁甲，东部冷杉木吉丁甲，铁杉吉丁
Phaenops gentilis (LeConte) [pine flatheaded borer, flatheaded pine borer] 扁头长卵吉丁甲，扁头木吉丁甲，扁头木吉丁
Phaenops guttulata (Gebler) 斑长卵吉丁甲，黄斑长卵吉丁甲，黄斑长卵吉丁，斑费吉丁甲，斑费吉丁
Phaenops piniedulis (Burke) [flatheaded pinon borer] 松长卵吉丁甲，松扁头木吉丁甲，松扁头木吉丁
Phaenops yang Kubáň *et* Bílý 蓝色长卵吉丁甲，蓝色长卵吉丁，阳费吉丁甲，松阴吉丁
Phaenops yin Kubáň *et* Bílý 褐色长卵吉丁甲，褐色长卵吉丁，阴费吉丁甲，松阴吉丁
Phaenopsectra 明摇蚊属
Phaenopsectra flavipes (Meigen) 黄明摇蚊
Phaenoserphus 光胸细蜂属
Phaenoserphus angustipennis He *et* Xu 窄翅光胸细蜂
Phaenoserphus baishanensis He *et* Xu 白山光胸细蜂
Phaenoserphus brevicellus He *et* Xu 短径光胸细蜂
Phaenoserphus brevipetiolatus He *et* Xu 短柄光胸细蜂
Phaenoserphus excarinatus He *et* Xu 无脊光胸细蜂
Phaenoserphus fulvipes He *et* Xu 黄褐足光胸细蜂
Phaenoserphus genalis He *et* Xu 长颊光胸细蜂
Phaenoserphus glabripetiolatus He *et* Xu 光柄光胸细蜂
Phaenoserphus henanensis He *et* Xu 河南光胸细蜂
Phaenoserphus jiangi He *et* Xu 蒋氏光胸细蜂
Phaenoserphus jilinensis He *et* Xu 吉林光胸细蜂
Phaenoserphus laevipropodeum He *et* Xu 光腰光胸细蜂
Phaenoserphus lini He *et* Xu 林氏光胸细蜂
Phaenoserphus longifemoratus He *et* Xu 长腿光胸细蜂
Phaenoserphus multicavus He *et* Xu 多窝光胸细蜂
Phaenoserphus neimongolensis He *et* Xu 内蒙古光胸细蜂
Phaenoserphus obscuricarinatus He *et* Xu 弱脊光胸细蜂
Phaenoserphus ocellus He *et* Xu 离眼光胸细蜂
Phaenoserphus pingwuensis He *et* Xu 平武光胸细蜂
Phaenoserphus reticulatus He *et* Xu 网柄光胸细蜂
Phaenoserphus rugosipronotum He *et* Xu 皱胸光胸细蜂
Phaenoserphus stigmatus He *et* Xu 翅痣光胸细蜂
Phaenoserphus sulcus He *et* Xu 沟光胸细蜂
Phaenoserphus tenuicornis He *et* Xu 瘦角光胸细蜂
Phaenoserphus transirugosus He *et* Xu 横皱光胸细蜂
Phaenoserphus tumidiflagellum He *et* Xu 鼓鞭光胸细蜂
Phaenoserphus unicavus He *et* Xu 单窝光胸细蜂
Phaenoserphus wulingensis He *et* Xu 雾灵光胸细蜂
Phaenoserphus xizangensis He *et* Xu 西藏光胸细蜂
Phaenoserphus yuani He *et* Xu 袁氏光胸细蜂
Phaeochiton 短唇盲蝽属
Phaeochiton alashanensis (Qi *et* Nonnaizab) 阿拉善短唇盲蝽
Phaeochiton caraganae (Kerzhner) 柠条短唇盲蝽
Phaeochroops 褐驼金龟甲属
Phaeochroops taiwanus Nomura 台湾褐驼金龟甲，台湾驼金龟，暗驼金龟
Phaeochrous 暗驼金龟甲属，暗驼金龟属
Phaeochrous davidis Fairmaire 见 *Phaeochrous emarginatus davidis*
Phaeochrous emarginatus Castelnau 微突暗驼金龟甲，微突暗驼金龟，缘边驼金龟，缘边厚翅金龟
Phaeochrous emarginatus davidis Fairmaire 微突暗驼金龟甲大卫亚种，达暗驼金龟
Phaeochrous emarginatus emarginatus Castelnau 微突暗驼金龟甲指名亚种
Phaeochrous emarginatus suturalis Lansberge 微突暗驼金龟甲显缝亚种，缝台暗驼金龟
Phaeochrous intermedius Pic 介暗驼金龟甲，介暗驼金龟
Phaeochrous pseudintermedius Fuijten 拟介暗驼金龟
Phaeochrous rufus Pic 红暗驼金龟甲，红暗驼金龟
Phaeochrous separabilis Chang 分暗驼金龟甲，分暗驼金龟
Phaeochrous suturalis Lansberge 缝台暗驼金龟
Phaeocoris 斑翅蝽属
Phaeocoris ellipticus (Herrich-Schäffer) 斑翅蝽，椭狄蝽
Phaeocoris melanocerus (Horváth) 同 *Phaeocoris ellipticus*
Phaeogenes 厚唇姬蜂属
Phaeogenes eguchii Uchida 玉米螟厚唇姬蜂
Phaeogenes flavescens Uchida 黄厚唇姬蜂
Phaeogenes haeussleri Uchida 厚唇姬蜂
Phaeogenes melanogonos (Gmelin) 黑角厚唇姬蜂
Phaeogenes nigridens Wesmael 黑齿厚唇姬蜂
Phaeogenes sapporensis Uchida 札幌厚唇姬蜂
Phaeogenes simillinus Uchida 似厚唇姬蜂
Phaeogenini 厚唇姬蜂族
phaeomelas skipper [= Geyer's skipper, Hübner's skipper, *Papias phaeomelas* (Geyer)] 费笆弄蝶
Phaeomychus rufipennis (Motschulsky) 见 *Mycetina rufipennis*
Phaeomychus similis Chûjô 见 *Mycetina similis*
Phaeopholus 福洛象甲属
Phaeopholus fuscocupreus Voss 铜褐福洛象甲，铜褐福洛象
Phaeopholus ornatus Roelofs 饰福洛象甲，饰福洛象
Phaeopholus proximus Voss 近福洛象甲，近福洛象

Phaeoptera franconica Blüthgen 见 *Stelis franconica*
Phaeosia 暗苔蛾属
Phaeosia orientalis Hampson 东方暗苔蛾
Phaeosoma 暗斑蝇属，菲斑蝇属
Phaeosoma griseicolle (Becker) 灰暗斑蝇
Phaeosoma nigricorne Becker 黑角暗斑蝇，黑角菲斑蝇，暗角密斑蝇
Phaeosoma obscuricorne (Becker) 污角暗斑蝇
Phaeospila 法埃奥实蝇属
Phaeospila dissimilis (Zia) 迪斯法埃奥实蝇
Phaeospila megaspilota (Hardy) 梅嘎法埃奥实蝇
Phaeospila varipes Bezzi 瓦里法埃奥实蝇
Phaeospilodes 花印实蝇属，法埃竹笋实蝇属
Phaeospilodes bambusae Hering 点斑花印实蝇，点斑法埃竹笋实蝇
Phaeospilodes distincta (Zia) 网斑花印实蝇，网斑法埃竹笋实蝇
Phaeospilodes fenestella (Coquillett) 二鬃花印实蝇，芬尼法埃竹笋实蝇，香港尖实蝇
Phaeospilodes fritilla Hardy 弗里花印实蝇，弗里法埃竹笋实蝇
Phaeospilodes paragoga (Hering) 印缅花印实蝇，印缅法埃竹笋实蝇
Phaeospilodes poeciloptera (Kertész) 丽翅花印实蝇，珀斯法埃竹笋实蝇，粤羽实蝇
Phaeospilodes torquata Hering 泰花印实蝇，泰法埃竹笋实蝇
Phaeostrymon 暗灰蝶属
Phaeostrymon alcestis (Edwards) [soapberry hairstreak] 暗灰蝶
Phaeoura mexicanaria (Grote) 西黄松暗体尺蛾
Phaesticus 卵节蚱属
Phaesticus brachynotus (Liang, Chen *et* Chen) 同 *Phaesticus mellerborgi*
Phaesticus carinatus Zheng 同 *Phaesticus mellerborgi*
Phaesticus chishuiensis (Zheng *et* Shi) 同 *Phaesticus moniliantennatus*

Phaesticus daqingshanensis (Zheng *et* Jiang) 同 *Phaesticus moniliantennatus*
Phaesticus dentifemura (Zheng) 同 *Phaesticus moniliantennatus*
Phaesticus guizhouensis (Wang) 同 *Phaesticus moniliantennatus*
Phaesticus hainanensis (Liang) 海南卵节蚱，海南扁角蚱
Phaesticus mellerborgi (Stål) 梅卵节蚱
Phaesticus moniliantennatus (Günther) 闽卵节蚱
Phaesticus nankunshanensis (Liang *et* Zheng) 同 *Phaesticus moniliantennatus*
Phaesticus nigrifemura (Zheng, Zhang *et* Zeng) 同 *Phaesticus moniliantennatus*
Phaesticus nigritibialis (Zheng, Bai *et* Xu) 同 *Phaesticus moniliantennatus*
Phaesticus wuyishanensis (Zheng) 同 *Phaesticus moniliantennatus*
Phaestus moniliantennatus Günther 见 *Phaesticus moniliantennatus*
phaesyla banner [*Cybdelis phaesyla* Hübner] 白斑柯蛱蝶
phaetusa skipper [*Justinia phaetusa* (Hewitson)] 褐贾斯廷弄蝶
phage 噬菌体
Phagocarpus connexus Shiraki 见 *Anomoia connexa*
Phagocarpus formosanus Shiraki 见 *Anomoia formosana*
Phagocarpus occultus Hering 同 *Anomoia klossi*
Phagocarpus purmundus Harris 见 *Anomoia purmunda*
Phagocarpus vanus Hering 见 *Anomoia vana*
Phagocarpus vulgaris Shiraki 见 *Anomoia vulgaris*
phagocyte 吞噬细胞
phagocytic 1. 吞噬细胞的；2. 吞噬的
phagocytic hemocyte 吞噬细胞
phagocytic index 吞噬细胞指数
phagocytic organ 吞噬器 < 常指位于背血管旁的白细胞堆 >
phagocytosis 吞噬作用，吞噬现象
phagophilia 偏食共生
phagostimulant 助食素
phainis skipper [= somber skipper, *Papias phainis* (Godman)] 珐笆弄蝶
Phaiosterna 暗胸水蝇亚属
Phaiosterna aequalis Cresson 同 *Paralimna lineata*
Phalacra 凹角钩蛾属
Phalacra alikangiae Strand 同 *Phalacra multilineata*
Phalacra kagiensis Wileman 拟凹角钩蛾，卡法钩蛾
Phalacra multilineata Warren 多线凹角钩蛾
Phalacra strigata Warren 纹凹角钩蛾，福钩蛾
Phalacra strigata insulicola Inoue 纹凹角钩蛾岛屿亚种，凹角钩蛾
Phalacra strigata strigata Warren 纹凹角钩蛾指名亚种
Phalacra vidhisara (Walker) 威凹角钩蛾，威法钩蛾
phalacrid 1. [= phalacrid beetle, shining flower beetle] 姬花甲，姬花萤，亮花甲 < 姬花甲科 Phalacridae 昆虫的通称 >；2. 姬花甲科的
phalacrid beetle [= phalacrid, shining flower beetle] 姬花甲，姬花萤，亮花甲
Phalacridae 姬花甲科，姬花萤科，亮花甲科 < 此科的中名有误称壳花甲科者，学名有误写为 Pharacridae 者 >
Phalacrocera 简烛大蚊属，珐大蚊属，秃大蚊属
Phalacrocera formosae Alexander 台湾简烛大蚊，台珐大蚊，台湾秃大蚊
Phalacrocera minuticornis Alexander 见 *Diogma minuticornis*
Phalacrocera tarsalba Alexander 狭翅简烛大蚊，白跗珐大蚊
Phalacrodira 舌腹食蚜蝇属
Phalacrodira tarsata (Zetterstedt) 毛眼舌腹食蚜蝇
Phalacronothus 珐金龟甲属，截角蜉金龟甲属
Phalacronothus botulus (Balthasar) 东北珐金龟甲，东北蜉金龟
Phalacronothus semiangulus (Balthasar) 半角珐金龟甲，半角蜉金龟
Phalacrosoma 白长足虻属，秃长足虻属
Phalacrosoma amoenum Becker 悦白长足虻，愉秃长足虻，温和长足虻
Phalacrosoma argyrea Wei 银白长足虻
Phalacrosoma hubeiense Yang 见 *Aphalacrosoma hubeiense*
Phalacrosoma imperfectum Becker 缺白长足虻，粗劣长足虻
Phalacrosoma postiseta Yang *et* Saigusa 见 *Aphalacrosoma postiseta*
Phalacrosoma sichuanense Yang *et* Saigusa 同 *Aphalacrosoma modestum*
Phalacrosoma zhejiangense Yang 浙江白长足虻
Phalacrosoma zhenzhuristi (Smirnov *et* Negrobov) 壮白长足虻
Phalacrotophora 伐蚤蝇属
Phalacrotophora caudarguta Cai *et* Liu 尖尾伐蚤蝇

Phalacrotophora decimaculata Liu 十斑伐蚤蝇
Phalacrotophora flaviclava (Brues) 黄爪伐蚤蝇，黄棍蚤蝇
Phalacrotophora jacobsoni Brues 雅氏伐蚤蝇
Phalacrotophora punctifrons Brues 点额伐蚤蝇，刺额蚤蝇
Phalacrotophora quadrimaculata Schmitz 四斑伐蚤蝇，四斑蚤蝇
Phalacrus 姬花甲属，姬花萤属
Phalacrus festivus Motschulsky 见 *Litostilbus festivus*
Phalacrus luteicornis Champion 黄角姬花甲
Phalacrus politus Melsheimer [smut beetle] 平滑姬花甲，平滑花甲
Phalacrus punctatus Champion 点姬花甲
Phalacrus tenuicornis Champion 尖角姬花甲
Phalaena 法尺蛾属
Phalaena alciphron Cramer 同 *Asota caricae*
Phalaena carpinata Burkhausen 见 *Trichopteryx carpinata*
Phalaena crenularia Leech 见 *Apeira crenularia*
Phalaena deceptoria Scopoli 见 *Deltote deceptoria*
Phalaena ectocausta Wehrli 见 *Apeira ectocausta*
Phalaena latimarginaria Leech 见 *Apeira latimarginaria*
Phalaena libatrix Linnaeus 见 *Scoliopteryx libatrix*
Phalaena marmorataria Leech 见 *Apeira marmorataria*
Phalaena nigropunctata Hüfnagel 见 *Scopula nigropunctata*
Phalaena opicata Fabricius 见 *Scopula opicata*
Phalaena ornata Scopoli 见 *Scopula ornata*
Phalaena productaria Leech 见 *Apeira productaria*
Phalaena tarsicrinalis Knoch 见 *Herminia tarsicrinalis*
Phalaena typica (Linnaeus) 见 *Naenia typica*
Phalaena uncula Clerck 见 *Deltote uncula*
Phalaena variaria Leech 见 *Apeira variaria*
Phalaenae 蛾类 < 尤指夜蛾科 Noctuidae 及尺蛾科 Geometridae>
Phalaenidae [= Noctuidae] 夜蛾科
Phalaenoides glycine Lewin [Australian grapevine moth, vine moth] 澳洲葡萄藤夜蛾
phalaenoides skipper [= Fabricius' bent-skipper, *Helias phalaenoides* (Hübner)] 痕弄蝶
Phalaenoididae [= Agaristidae] 虎蛾科
phalanges [s. phalanx] 跗亚节
Phalangiodes perspectata (Fabricius) 见 *Nausinoe perspectata*
Phalangopsinae 蛛蟋亚科
Phalanta 珐蛱蝶属
Phalanta alcippe (Stoll) [small leopard] 奥绮珐蛱蝶
Phalanta alcippe alcippe (Stoll) 奥绮珐蛱蝶指名亚种
Phalanta alcippe alcippoides (Moore) 奥绮珐蛱蝶类奥亚种，奥阿特蛱蝶
Phalanta columbina (Cramer) 哥伦比珐蛱蝶，橙珐蛱蝶，柯珐蛱蝶
Phalanta eurytis (Doubleday) [forest leopard, forest leopard fritillary] 林珐蛱蝶
Phalanta gomensis (Dufrane) 戈曼珐蛱蝶
Phalanta phalantha (Drury) [common leopard, spotted rustic] 珐蛱蝶，红拟豹斑蝶，橙豹蛱蝶，柊蛱蝶，红豹斑蝶，拟豹纹蛱蝶
Phalanta phalantha columbina Cramer 见 *Phalanta columbina*
Phalanta phalantha phalantha (Drury) 珐蛱蝶指名亚种，指名珐蛱蝶，棒蛱蝶
Phalantus 伐猎蝽属
Phalantus geniculatus Stål 粒伐猎蝽，伐猎蝽
phalanx [pl. phalanges] 跗亚节
Phalera 掌舟蛾属
Phalera abnoctans Kobayashi *et* Kishida 阿掌舟蛾
Phalera aciei Wang *et* Kobayashi 凥掌舟蛾，婀掌舟蛾
Phalera albizziae Mell 雪花掌舟蛾，白掌舟蛾，白斑掌舟蛾
Phalera albocalceolata (Bryk) 鞋掌舟蛾，白鞋掌舟蛾
Phalera alpherakyi Leech 宽掌舟蛾，阿掌舟蛾
Phalera angustipennis Matsumura 窄掌舟蛾，尖翅掌舟蛾
Phalera argenteolepis Schintlmeister 银掌舟蛾
Phalera assimilis (Bremer *et* Grey) [yellow-tipped prominent moth, quercus caterpillar, narrow yellow-tipped prominent] 栎掌舟蛾，栎黄斑天社蛾，黄斑天社蛾，榆天社蛾，彩节天社蛾，麻栎毛虫，肖黄掌舟蛾，栎黄掌舟蛾，榆掌舟蛾，细黄端天社蛾，台掌舟蛾
Phalera assimilis assimilis (Bremer *et* Grey) 栎掌舟蛾指名亚种
Phalera assimilis formosicola Matsumura 栎掌舟蛾台湾亚种，顶斑圆掌舟蛾，顶斑圆褐舟蛾
Phalera beijingana Yang *et* Lee 同 *Phalera minor*
Phalera brevisa Wu *et* Fang 同 *Phalera goniophora*
Phalera bucephala (Linnaeus) [buff-tip moth] 圆掌舟蛾，银色天社蛾，牛头天社蛾，圆黄掌舟蛾，栎牛头掌舟蛾，栎牛头天社蛾
Phalera cihuai Yang *et* Lee 同 *Phalera grotei*
Phalera combusta (Walker) 高粱掌舟蛾，高粱舟蛾，高粱天社蛾，高粱大青虫，高粱黏虫，瞪眼虎，望天猴，剑纹舟蛾，剑纹掌舟蛾
Phalera cossioides Walker 葛藤掌舟蛾，柯掌舟蛾
Phalera elzbietae Schintlmeister 白斑掌舟蛾
Phalera eminens Schintlmeister 环掌舟蛾
Phalera exserta Wu *et* Fang 同 *Phalera alpherakyi*
Phalera flavescens (Bremer *et* Grey) [black-marked prominent moth, Japanese buff-tip moth, cherry caterpillar] 苹掌舟蛾，舟形毛虫，舟形蚸蜇，苹果天社蛾，黑纹天社蛾，举尾毛虫，举肢毛虫，秋黏虫，苹天社蛾，苹黄天社蛾，黑缘舟蛾
Phalera flavescens alticola Mell 苹掌舟蛾云南亚种，阿苹掌舟蛾
Phalera flavescens flavescens (Bremer *et* Grey) 苹掌舟蛾指名亚种，指名苹掌舟蛾
Phalera flavimacula Wileman 见 *Pseudopanolis flavimacula*
Phalera fuscescens Butler 同 *Phalera assimilis*
Phalera goniophora Hampson 继掌舟蛾，角掌舟蛾
Phalera grotei Moore 刺槐掌舟蛾
Phalera hadrian Schintlmeister 壮掌舟蛾，哈掌舟蛾
Phalera huangtiao Schintlmeister *et* Fang 黄条掌舟蛾
Phalera huangtiao baoshinchangi Kobayashi *et* Kishida 黄条掌舟蛾台湾亚种，张氏掌裳蛾
Phalera huangtiao huangtiao Schintlmeister *et* Fang 黄条掌舟蛾指名亚种
Phalera immaculata Yang *et* Lee 同 *Phalera obscura*
Phalera maculifera Kobayashi *et* Kishiada 麻掌舟蛾
Phalera mangholda (Schaus) 芒掌舟蛾，芒纷舟蛾
Phalera minor Nagano [smaller yellow-stipped prominent] 小掌舟蛾，迈掌舟蛾，小黄尾舟蛾
Phalera niveomaculata Kiriakoff 雪花掌舟蛾

Phalera obscura Wileman 昏掌舟蛾，无斑掌舟蛾，暗掌舟蛾，墨首掌舟蛾，双星暗舟蛾

Phalera obtrudo Schintlmeister 欧掌舟蛾

Phalera ora Schintlmeister 春掌舟蛾

Phalera ordgara Schaus 纹掌舟蛾

Phalera parivala Moore 珠掌舟蛾

Phalera procera (Felder) 同 *Phalera cossioides*

Phalera raya Moore 刺桐掌舟蛾

Phalera sangana Moore 伞掌舟蛾

Phalera schintlmeisteri Wu *et* Fang 拟宽掌舟蛾，史氏掌舟蛾

Phalera sebrus Schintlmeister 脂掌舟蛾，塞掌舟蛾

Phalera sigmata Butler 见 *Mesophalera sigmata*

Phalera sundana Holloway 苏掌舟蛾

Phalera takasagoensis Matsumura 榆掌舟蛾，顶黄斑天社蛾，榆毛虫，黄掌舟蛾，榆黄掌舟蛾，塔掌舟蛾，高砂掌舟蛾

Phalera takasagoensis takasagoensis Matsumura 榆掌舟蛾指名亚种

Phalera takasagoensis ulmivora Yang *et* Lee 同 *Phalera takasagoensis takasagoensis*

Phalera torpida Walker 灰掌舟蛾

Phalera torpida maculifera Kobayashi *et* Kishida 灰掌舟蛾中越亚种

Phalera torpida torpida Walker 灰掌舟蛾指名亚种

Phalera triodes Wu *et* Fang 三齿掌舟蛾

Phalera wanqu Schintlmeistei *et* Fang 弯曲掌舟蛾

Phalera yunnanensis Mell 同 *Phalera ordgara*

Phalera zi Kishida *et* Kobayashi 仔掌舟蛾，贼掌舟蛾

Phalera ziran Kobayahi *et* Wang 泽掌舟蛾

phalerated [= phaleratus] 念珠形的

phaleratus 见 phalerated

Phaleria 丽甲属，费拟步甲属，沙滩拟步行虫属

Phaleria atriceps (Lewis) 黑头丽甲，黑头费拟步甲，黑头表拟步甲，黑头沙滩拟步行虫

Phaleria humeralis Laporte de Castelnau 肩丽甲，肩类费拟步甲

Phaleria pusilla Boheman 极小丽甲，极小费拟步甲

Phaleriini 丽甲族

Phalerina 拟掌舟蛾属

Phalerina terminalis Kiriakoff 端拟掌舟蛾

Phalerinae 掌舟蛾亚科

Phalerodonta 蚕舟蛾属

Phalerodonta albibasis (Chiang) 同 *Phalerodonta bombycina*

Phalerodonta bombycina (Oberthür) 栎蚕舟蛾，栎褐天社蛾，栎天社蛾，栎叶天社蛾，栎叶杨天社蛾，麻栎天社蛾，栎蚕舟蛾，红头虫

Phalerodonta inclusa (Hampson) 幽蚕舟蛾，阴蚕舟蛾

Phalerodonta inclusa formosana Okano 见 *Phalerodonta manleyi formosana*

Phalerodonta inclusa inclusa (Hampson) 幽蚕舟蛾指名亚种

Phalerodonta inclusa manleyi (Leech) 见 *Phalerodonta manleyi*

Phalerodonta kiriakoffi Schintlmeister 基氏蚕舟蛾，基蚕舟蛾

Phalerodonta manleyi (Leech) [oak caterpillar] 曼栎蚕舟蛾，幽蚕舟蛾，曼褐舟蛾

Phalerodonta manleyi formosana Okano 曼栎蚕舟蛾台湾亚种，蓬莱曼蚕舟蛾，台阴蚕舟蛾

Phalerodonta manleyi manleyi (Leech) 曼栎蚕舟蛾指名亚种

Phaleromela humeralis (Laporte de Castelnau) 见 *Phaleria humeralis*

phaleros hairstreak [*Cycnus phaleros* (Linnaeus)] 坤灰蝶

Phalga 波尾夜蛾属

Phalga clarirena (Sugi) 清波尾夜蛾，清尾夜蛾

Phalga sinuosa Moore 波尾夜蛾

Phalgea 亮姬蜂属

Phalgea lutea Cameron 黄亮姬蜂

Phalgea melaptera Wang 黑翅亮姬蜂

Phallantha 珐麻蝇亚属，珐麻蝇属，花麻蝇属

Phallantha fenchihuensis (Sugiyama) 见 *Sarcophaga fenchihuensis*

Phallantha sichotealini Rohdendorf 见 *Sarcophaga* (*Phallantha*) *sichotealini*

Phallantha tsengi (Sugiyama) 见 *Sarcophaga tsengi*

Phallanthina 花麻蝇亚族

Phallanthisca 拟珐麻蝇亚属，拟珐麻蝇属

Phallanthisca shirakii (Kôno *et* Field) 见 *Sarcophaga* (*Phallanthisca*) *shirakii*

phallic 阳茎的

phallic complex 阳茎复合体，阳具复合体

phallic organ 阳茎

phallobase 阳茎基，阳基

Phallocaecilius 棘叉蛄属

Phallocaecilius hirsutus (Thornton) 棘叉蛄，毛异叉蛄

Phallocaecilius sentosus Li 多棘棘叉蛄

Phallocheira 曲麻蝇属

Phallocheira minor Rohdendorf 小曲麻蝇

phallocrypt 阳茎基陷，阳基陷

phallomere 阳茎叶，阳具叶 < 在昆虫生殖孔边形成的生殖叶，因常合并成阳茎或交配器，故名 >

Phallosphaera 球麻蝇亚属，球麻蝇属

Phallosphaera amica Ma 见 *Sarcophaga* (*Phallosphaera*) *amica*

Phallosphaera gravelyi (Senior-White) 见 *Sarcophaga* (*Phallosphaera*) *gravelyi*

Phallosphaera konakovi Rohdendorf 见 *Sarcophaga* (*Phallosphaera*) *konakovi*

phallotheca 阳茎基鞘，阳基鞘

phallotreme 阳茎口，次生生殖孔

phallus [= penis, aedeagus] 1. 阳茎；2. 阳茎中叶 < 双翅目 Diptera 中 >；3. 阳茎器 < 蜡蝉类中 >

Phalonia epilinana (Duponchel) 见 *Cochylis epilinana*

Phalonia hospes (Walsingham) [banded sunflower moth] 向日葵细卷蛾，向日葵细卷叶蛾，葵纹卷蛾

Phalonidia 褐纹卷蛾属

Phalonidia affinitana (Douglas) [large saltmarsh conch] 大褐纹卷蛾

Phalonidia affinitana affinitana (Douglas) 大褐纹卷蛾指名亚种

Phalonidia affinitana tauriana (Kennel) 大褐纹卷蛾突尼斯亚种

Phalonidia aliena Kuznetzov 阿丽褐纹卷蛾

Phalonidia alismana (Ragonot) 泽泻褐纹卷蛾，阿利褐纹卷蛾

Phalonidia brevifasciaria Sun *et* Li 短带褐纹卷蛾

Phalonidia chlorolitha (Meyrick) 网斑褐纹卷蛾，绿褐纹卷蛾

Phalonidia contractana (Zeller) 窄翅褐纹卷蛾，康褐纹卷蛾

Phalonidia coreana Byun *et* Li 韩国褐纹卷蛾

Phalonidia curvistrigana (Stainton) 曲带褐纹卷蛾

Phalonidia droserantha Razowski 德褐纹卷蛾

Phalonidia dysodona (Caradja) 半带褐纹卷蛾，歹褐纹卷蛾
Phalonidia fulvimixta (Filipjev) 混褐褐纹卷蛾
Phalonidia julianiensis Liu *et* Ge 黑翅褐纹卷蛾
Phalonidia latifasciana Razowski 宽带褐纹卷蛾
Phalonidia luridana (Greyson) 圆突褐纹卷蛾，亮褐纹卷蛾
Phalonidia lydiae (Filipjev) 尖顶褐纹卷蛾
Phalonidia melanothica (Meyrick) 长斑褐纹卷蛾，黑褐纹卷蛾
Phalonidia mesotypa Razowski [Chinese arrowhead stemborer] 慈姑褐纹卷蛾，中华箭头细卷蛾
Phalonidia minimana Caradja 棕斑褐纹卷蛾，最小褐纹卷蛾
Phalonidia nicotiana Liu *et* Ge 斜带褐纹卷蛾
Phalonidia permixtana (Schiffermüller *et* Denis) 河北褐纹卷蛾
Phalonidia rotundiventralis Sun *et* Li 圆腹褐纹卷蛾
Phalonidia rubricana (Peyerimhoff) 锈红褐纹卷蛾，红褐纹卷蛾
Phalonidia scabra Liu *et* Ge 多斑褐纹卷蛾
Phalonidia silvestris Kuznetzov 单带褐纹卷蛾，薛褐纹卷蛾
Phalonidia tenuispiniformis Sun *et* Li 细刺褐纹卷蛾
Phalonidia vectisana (Humphreys *et* Westwood) 蛛形褐纹卷蛾，威克褐纹卷蛾
Phalonidia zygota Razowski 黑缘褐纹卷蛾，百花山褐纹卷蛾
phaloniid 1. [= phaloniid moth] 细卷蛾，细卷叶蛾 < 细卷叶蛾科 Phaloniidae 昆虫的通称 >；2. 细卷叶蛾科的
phaloniid moth [= phaloniid] 细卷蛾，细卷叶蛾
Phaloniidae [= Conchylidae, Commophilidae] 细卷蛾科，细卷叶蛾科，纹蛾科
Phaloria 亮蟋属
Phaloria karnyello (Karny) 卡氏亮蟋
Phaloria kotoshoensis (Shiraki) 兰屿亮蟋
Phaloria liangi Xie *et* Zheng 见 *Vescelia liangi*
Phaloria pieli (Chopard) 见 *Vescelia pieli*
Phaloriinae 亮蟋亚科
Phaloriini 亮蟋族
Phamartes 翅异蝽属
Phamartes elongatus Li *et* Bu 长翅翅异蝽
Phamartes phami Bresseel *et* Constant 褐翅异蝽
Phanacis 网纹瘿蜂属
Phanacis phoenixopodos (Mayr) 胸网纹瘿蜂
Phanaeus 虹蜣螂属
Phanaeus splendidulus (Fabricius) 丽虹蜣螂，彩艳蜣螂，亮丽亮蜣螂
Phanaeus vindex MacLeay [rainbow scarab beetle, rainbow dung beetle] 彩虹蜣螂
Phanagenia 珐蛛蜂属
Phanagenia frauenfeldiana (Saussure) 珐蛛蜂
Phanagenia rufiventris Tsuneki 红腹珐蛛蜂
Phanagenia taiwana Tsuneki 台湾珐蛛蜂
Phanagenia takasago Tsuneki 高砂珐蛛蜂
phanerocephalic 显头的
phanerocephalic pupa 显头蛹期
phanerocephalic pupal stage 显头蛹期
Phaneroptera 露螽属
Phaneroptera brevicauda Liu 短翅露螽
Phaneroptera brevis Serville 含羞草露螽，含羞草螽
Phaneroptera falcata (Poda)[sickle-bearing bush-cricket] 镰尾露螽，中华铜色螽
Phaneroptera gracilis Burmeister 瘦露螽，姬露螽
Phaneroptera myllocerca Ragge 弯尾露螽，滇藏露螽
Phaneroptera nana Fieber 小露螽，薄翅螽，薄翅露螽
Phaneroptera nigroantennata Brunner von Wattenwyl [black-horned katydid] 黑角露螽，黑角树螽
Phaneroptera sinensis Uvarov 同 *Phaneroptera falcata*
Phaneroptera trigonia Ragge 三角露螽，台湾露螽
Phaneropterinae 露螽亚科，树螽亚科
Phaneroserphus 脊额细蜂属
Phaneroserphus bicarinatus He *et* Xu 双脊脊额细蜂
Phaneroserphus brevistigma Townes *et* Townes 短痣脊额细蜂
Phaneroserphus bui Liu, He *et* Xu 卜氏脊额细蜂
Phaneroserphus calcar (Haliday) 卡脊额细蜂
Phaneroserphus carinatus He *et* Xu 竖脊脊额细蜂
Phaneroserphus chaoi Fan *et* He 赵氏脊额细蜂
Phaneroserphus cristatus Townes *et* Townes 冠脊额细蜂
Phaneroserphus exilexsertus He *et* Xu 弱突脊额细蜂
Phaneroserphus ganchuanensis He *et* Xu 甘川脊额细蜂
Phaneroserphus glabricarinatus He *et* Xu 光脊脊额细蜂
Phaneroserphus glabripetiolatus He *et* Xu 光柄脊额细蜂
Phaneroserphus longistigma Townes *et* Townes 长痣脊额细蜂
Phaneroserphus maae He *et* Xu 马氏脊额细蜂
Phaneroserphus nigritibialis Liu, He *et* Xu 黑胫脊额细蜂
Phaneroserphus pallipes (Jurine) 淡足脊额细蜂
Phaneroserphus punctibasis Townes *et* Townes 点柄脊额细蜂
Phaneroserphus rugosifrons He *et* Xu 皱额脊额细蜂
Phaneroserphus ruguliproposdeum He *et* Xu 皱腰脊额细蜂
Phaneroserphus tiani He *et* Xu 田氏脊额细蜂
Phaneroserphus tongi He *et* Xu 童氏脊额细蜂
Phaneroserphus triangularis He *et* Xu 三角脊额细蜂
Phaneroserphus triramusulcus He *et* Xu 三支脊额细蜂
Phaneroserphus trisulcus He *et* Xu 三沟脊额细蜂
Phaneroserphus yunnanensis Fan *et* He 云南脊额细蜂
Phanerothyris 阈尺蛾属
Phanerothyris sinearia (Guenée) 中阀尺蛾
Phanerotoma 愈腹茧蜂属
Phanerotoma bicolor Snoflak 同 *Phanerotoma planifrons*
Phanerotoma bicolor Sonan 两色合腹茧蜂
Phanerotoma ejuncidus Chen *et* Ji 细痣愈腹茧蜂
Phanerotoma flava Ashmead 见 *Phanerotoma* (*Phanerotoma*) *flava*
Phanerotoma flavida Enderlein 松毛虫愈腹茧蜂，松毛虫合腹茧蜂
Phanerotoma formosana Rohwer 台湾愈腹茧蜂，台岛合腹茧蜂
Phanerotoma grapholithae Muesebeck 食心虫愈腹茧蜂，画合腹茧蜂
Phanerotoma kozlovi Shestakov 考氏愈腹茧蜂，柯氏合腹茧蜂
Phanerotoma minuta Kokoujev 小愈腹茧蜂
Phanerotoma moniliatus Ji *et* Chen 念珠愈腹茧蜂
Phanerotoma orientalis Szépligeti 见 *Phanerotoma* (*Phanerotoma*) *orientalis*
Phanerotoma* (*Phanerotoma*) *flava Ashmead 黄愈腹茧蜂，黄色白茧蜂，黄色合腹茧蜂
Phanerotoma* (*Phanerotoma*) *orientalis Szépligeti 东方愈腹茧蜂，东方合腹茧蜂
Phanerotoma philippinensis Ashmead 菲岛愈腹茧蜂，菲合腹茧

蜂
Phanerotoma planifrons (Nees) 平额愈腹茧蜂，平额合腹茧蜂，食心虫白茧蜂
Phanerotoma potanini (Kokujev) 波氏愈腹茧蜂，波氏合腹茧蜂
Phanerotoma sponsa Ji *et* Chen 斑唇愈腹茧蜂
Phanerotoma sulcus Chen *et* Ji 窄沟愈腹茧蜂
Phanerotoma taiwana Sonan 同 *Phanerotoma* (*Phanerotoma*) *flava*
Phanerotoma tridentati Ji *et* Chen 三齿愈腹茧蜂
Phanerotoma zebripes Chen *et* Ji 斑足愈腹茧蜂
Phanerotomella 合腹茧蜂属
Phanerotomella apetilus Chen *et* Ji 无柄合腹茧蜂
Phanerotomella bicoloratus He *et* Chen 两色合腹茧蜂
Phanerotomella bouceki Zettel 博氏合腹茧蜂
Phanerotomella gladius Ji *et* Chen 光盾合腹茧蜂
Phanerotomella gracilimandiblis Chen *et* Ji 细颚合腹茧蜂
Phanerotomella longieyesis Ji *et* Chen 长眼合腹茧蜂
Phanerotomella longipedes Chen *et* Ji 长腿合腹茧蜂
Phanerotomella longus Ji *et* Chen 长背合腹茧蜂
Phanerotomella mariae Belokobylskii 海合腹茧蜂
Phanerotomella nigricaner Chen *et* Ji 黑色合腹茧蜂
Phanerotomella pallidistigmis Ji *et* Chen 白痣合腹茧蜂
Phanerotomella palliscapus Chen *et* Ji 白柄合腹茧蜂
Phanerotomella picticornis Ji *et* Chen 彩斑合腹茧蜂
Phanerotomella pulchra Fahringer 秀合腹茧蜂，丽范茧蜂
Phanerotomella rhytismus Chen *et* Ji 斑背合腹茧蜂
Phanerotomella rufa (Marshall) 淡红合腹茧蜂
Phanerotomella rugifrontatus Ji *et* Chen 皱额合腹茧蜂
Phanerotomella sinensis Zettel 中华合腹茧蜂，中华范茧蜂
Phanerotomella taiwanensis Zettel 台湾合腹茧蜂，台湾范茧蜂
Phanerotomella tobiasi Belokobylskij 托氏合腹茧蜂
Phanerotomella townesi Zettel 汤氏合腹茧蜂，汤氏范茧蜂
Phanerotomella variareolata Belokobylskij 直角合腹茧蜂
Phanerotomella varicolorata Zettel 变色合腹茧蜂
Phanerotomella xizangensis He *et* Chen 西藏合腹茧蜂
Phanerotomella zhejiangensis He *et* Chen 浙江合腹茧蜂
Phanerotomini 愈腹茧蜂族
phanerozoic 沙面动物的
Phanes 矿藏弄蝶属
Phanes abaris Mabille 阿矿藏弄蝶
Phanes aletes (Geyer) [aletes jeweled skipper, jeweled skipper] 矿藏弄蝶
Phanes almoda (Hewitson) [almoda jeweled skipper, almoda skipper] 阿尔矿藏弄蝶
Phanes alteus Geyer 误矿藏弄蝶
Phanes rezia Plötz [Rezia skipper] 雷矿藏弄蝶
Phanes trogon Evans 鹃矿藏弄蝶
Phanocloidea 糙异蝓属
Phanocloidea squeleton (Olivier) 粗糙异蝓，粗糙短足异蝓，中国叉棒蝓
Phanolinus 珐隐翅甲属
Phanolinus auratus Sharp 丽珐隐翅甲
Phanolinus pretiosus (Erichson) 紫头珐隐翅甲
Phanomeris 显柱茧蜂属
Phanomeris phyllotomae Muesebeck 叶显柱茧蜂
Phanoperla 珐蟦属
Phanoperla pallipennis (Banks) 棒管珐蟦
Phantasmiella 长足实蝇属，潘塔实蝇属
Phantasmiella cylindrica Hendel 刺脉长足实蝇，筒形潘塔实蝇，筒芬实蝇
Phantia 幻蛾蜡蝉属
Phantia cylindricornis Melichar 圆锥幻蛾蜡蝉
phantom crane fly [= ptychopterid cranefly, ptychopterid] 褶蚊，细腰蚊 < 褶蚊科 Ptychopteridae 昆虫的通称 >
phantom gnat 见 phantom midge
phantom hemlock looper [= green hemlock looper, *Nepytia phantasmaria* (Strecker)] 冷杉绿伪尺蛾，铁杉幽灵尺蠖
phantom midge [= chaoborid fly, chaoborid midge, chaoborid gnat, chaoborid, phantom gnat, glassworm] 幽蚊，莹蚊 < 幽蚊科 Chaoboridae 昆虫的通称 >
Phanuromyia 亮卵蜂属
Phanuromyia ricaniae Nam, Lee *et* Talamas 广翅蜡蝉亮卵蜂
Phanus 芳弄蝶属
Phanus albiapicalis Austin [white-tipped phanus] 白端芳弄蝶
Phanus australis Miller 澳芳弄蝶
Phanus confusis Austin [confusing phanus] 混芳弄蝶
Phanus ecitonorum Austin [army-ant phanus] 蚁芳弄蝶
Phanus grandis Austin [grand phanus] 地芳弄蝶
Phanus marshallii Kirby [common phanus, Marshall's ghost skipper] 马氏芳弄蝶
Phanus obscurior Kaye [dark phanus, obscurior ghost skipper] 隐芳弄蝶
Phanus rilma Evans [West-Mexican phanus] 墨西芳弄蝶
Phanus vitreus (Stoll) [widespread phanus, vitreus ghost skipper] 芳弄蝶
phaon crescent [*Phyciodes phaon* (Edwards)] 繁漆蛱蝶
Phaonia 棘蝇属
Phaonia acerba Stein 酸棘蝇
Phaonia acronocerca Feng 高峰棘蝇
Phaonia alpicola (Zetterstedt) 高山棘蝇
Phaonia amica Ma *et* Deng 友谊棘蝇
Phaonia ampycocerca Xue *et* Yang 圆叶棘蝇
Phaonia amurensis Hennig 阿穆尔棘蝇
Phaonia angulicornis (Zetterstedt) 宽银额棘蝇
Phaonia angusta Wei 角棘蝇
Phaonia angustifuscata Xue, Liang *et* Chen 狭棕斑棘蝇
Phaonia angustinudiseta Xue 狭裸鬃棘蝇
Phaonia angustipalpata Xue 瘦须棘蝇
Phaonia angustiprosternum Ma *et* Wang 狭胸棘蝇
Phaonia antenniangusta Xue, Chen *et* Cui 瘦角棘蝇
Phaonia antennicrassa Xue 肥角棘蝇
Phaonia anttonita Wei 惊棘蝇
Phaonia apicaloides Ma *et* Cui 类黄端棘蝇
Phaonia arcuaticauda Chen *et* Xue 拱腹棘蝇
Phaonia argentifrons Xue, Chen *et* Liang 银额棘蝇
Phaonia asiatica Hennig 亚洲棘蝇
Phaonia asierrans Zinovjev 亚洲游荡棘蝇
Phaonia aterrimifemura Feng *et* Ye 乌股棘蝇
Phaonia atritasus Feng 乌跗棘蝇
Phaonia aulica Wei 高贵棘蝇
Phaonia aureipollinosa Xue *et* Wang 金粉鬃棘蝇

Phaonia aureolicauda Ma *et* Wu 金尾棘蝇
Phaonia aureolimaculata Wu 金斑棘蝇
Phaonia aureolitarsis Xue *et* Xiang 金跗棘蝇
Phaonia aureoloides Hsue 似金棘蝇，类金棘蝇
Phaonia axinoides Feng 斧叶棘蝇
Phaonia azaleella Feng *et* Ma 杜鹃花棘蝇
Phaonia bacillirostris Xue *et* Wang 杆喙棘蝇
Phaonia bambusa Ma 同 *Phaonia bambusoida*
Phaonia bambusa Shinonaga *et* Kôno 竹叶棘蝇
Phaonia bambusoida Ma 类竹叶棘蝇，拟竹叶棘蝇
Phaonia baolini Feng 宝麟棘蝇
Phaonia baoxingensis Feng *et* Ma 宝兴棘蝇
Phaonia barkama Xue 马尔康棘蝇
Phaonia basiseta Malloch 基鬃棘蝇
Phaonia beizhenensis Mou 北镇棘蝇
Phaonia bellusa Li, Dong *et* Wei 美丽棘蝇
Phaonia benxiensis Xue *et* Yu 本溪棘蝇
Phaonia biauriculate Feng 双耳棘蝇
Phaonia bicolorantis Xue, Wang *et* Du 双色棘蝇
Phaonia bitrigona Xue 锥棘蝇
Phaonia blaesomera Feng 见 *Lophosceles blaesomera*
Phaonia breviipalpata Fang *et* Fan 短须棘蝇
Phaonia bruneiaurea Xue *et* Feng 棕金棘蝇
Phaonia brunneiabdomina Xue *et* Cao 棕腹棘蝇
Phaonia brunneipalpis Mou 棕须棘蝇
Phaonia bulanga Xue 布朗棘蝇
Phaonia bulbiclavula Xue *et* Li 球棒棘蝇
Phaonia caesiipollinosa Xue *et* Rong 蓝粉鬃棘蝇
Phaonia calceicerca Xue 覆叶棘蝇
Phaonia caudilata Fang *et* Fan 侧圆尾棘蝇，侧圆棘蝇
Phaonia centa Feng *et* Ma 百棘蝇
Phaonia cercoechinata Fang *et* Fan 叉尾刺棘蝇
Phaonia cercoechinatoida Feng *et* Ma 类叉尾刺棘蝇
Phaonia changbaishanensis Ma *et* Wang 长白山棘蝇
Phaonia chaoi Xue *et* Zhang 赵氏棘蝇
Phaonia chaoyangensis Zhang, Cui *et* Wang 朝阳棘蝇
Phaonia chilitica Deng *et* Feng 似唇棘蝇
Phaonia chuanierrans Xue *et* Feng 川荡棘蝇
Phaonia chuanxiensis Feng *et* Ma 川西棘蝇
Phaonia cineripollinosa Xue, Tong *et* Wang 灰粉鬃棘蝇
Phaonia clarinigra Feng 亮黑棘蝇
Phaonia clavitarsis Feng *et* Ma 棒跗棘蝇
Phaonia comihumera Feng *et* Ma 并肩棘蝇
Phaonia cothurnoloba Xue *et* Feng 靴叶棘蝇
Phaonia crassicauda Xue, Chen *et* Liang 肥尾棘蝇
Phaonia crassipalpis Shinonaga *et* Kano 肥须棘蝇
Phaonia crassipalpis crassipalpis Shinonaga *et* Kano 肥须棘蝇指名亚种
Phaonia crassipalpis zhejianga Xue *et* Yang 肥须棘蝇浙江亚种，浙江肥须棘蝇
Phaonia crata Sun, Wu, Li *et* Wei 肋棘蝇
Phaonia crypsocerca Feng *et* Ye 隐叶棘蝇
Phaonia crytoista Fang *et* Fan 秘突棘蝇
Phaonia cuprina Feng *et* Ma 铜棘蝇
Phaonia curvicercalis Wei 曲叶棘蝇
Phaonia curvisetata Xue *et* Yu 曲鬃棘蝇
Phaonia cyclosternita Xue 圆板棘蝇
Phaonia daliensis Xue *et* Rong 大理棘蝇
Phaonia datongensis Xue *et* Wang 大同棘蝇
Phaonia dawushanensis Xue *et* Liu 大雾山棘蝇
Phaonia daxinganlinga Ma *et* Cui 大兴安岭棘蝇
Phaonia daxiongi Feng 大雄棘蝇
Phaonia dayiensis Ma *et* Deng 大邑棘蝇
Phaonia debiliaureola Xue *et* Cui 残金棘蝇
Phaonia debiliceps Xue 残头棘蝇
Phaonia debilifemoralis Xue *et* Cui 残股棘蝇
Phaonia decussata (Stein) 叉纹棘蝇
Phaonia decussatoides Ma *et* Wu 类叉纹棘蝇
Phaonia deformicauda Xue *et* Li 畸尾棘蝇
Phaonia dianierrans Xue *et* Li 滇荡棘蝇
Phaonia dianxiia Li *et* Xue 滇西棘蝇
Phaonia discauda Wei 端叉棘蝇
Phaonia dismagnicornis Xue *et* Cao 叉角棘蝇
Phaonia dorsolineata Shinonaga *et* Kôno 背纹棘蝇
Phaonia dorsolineatoides Ma *et* Xue 类背纹棘蝇
Phaonia dupliciseta Ma *et* Cui 二鬃棘蝇
Phaonia duplicispina Deng *et* Ma 双刺棘蝇
Phaonia emeishanensis Xue 峨眉山棘蝇
Phaonia erlangshanensis Ma *et* Feng 二郎山棘蝇
Phaonia errans (Meigen) 游荡棘蝇
Phaonia falsifuscicoxa Fang *et* Fan 伪黄基棘蝇
Phaonia fangshanensis Wang, Xue *et* Wu 方山棘蝇
Phaonia fani Ma *et* Wang 范氏棘蝇
Phaonia fanjingshana Xue, Chen *et* Cui 梵净山棘蝇
Phaonia fengyani Xue 冯炎棘蝇
Phaonia fimbripeda Yang, Xue *et* Li 缨足棘蝇
Phaonia fissa Xue 裂棘蝇
Phaonia flaticerca Deng *et* Feng 平叶棘蝇
Phaonia flavibasicosta Ma, Deng *et* Zhang 黄鳞棘蝇
Phaonia flavicauda Cui, Zhang *et* Xue 黄尾棘蝇
Phaonia flavicornis Feng 黄角棘蝇
Phaonia flavinigra Xue *et* Zhao 黄黑棒棘蝇
Phaonia flavipes Feng *et* Ma 黄足棘蝇
Phaonia flaviventris Wei 黄橙腹棘蝇
Phaonia flavivivida Xue *et* Cao 黄活棘蝇
Phaonia fortilabra Xue *et* Zhao 巨瓣棘蝇
Phaonia fortis Feng *et* Ma 奋进棘蝇
Phaonia fugax Tiensuu 迅棘蝇
Phaonia fulvescenta Feng *et* Ma 褐棘蝇
Phaonia fulvescenticoxa Feng *et* Ma 褐基棘蝇
Phaonia fulvescentitarsis Feng *et* Ma 褐跗棘蝇
Phaonia fusca (Meade) 暗棘蝇
Phaonia fuscata (Fallén) 棕斑棘蝇，灰色棘蝇
Phaonia fusciantenna Feng *et* Ma 暗棕角棘蝇
Phaonia fusciapicalis Feng *et* Ma 褐端棘蝇
Phaonia fusciaurea Xue *et* Feng 褐金棘蝇
Phaonia fuscibasicosta Ma *et* Deng 棕鳞棘蝇
Phaonia fuscicoxa Emden 黄基棘蝇
Phaonia fuscitibia Shinonaga *et* Kôno 棕胫棘蝇
Phaonia fuscitrochanter Ma *et* Deng 暗转棘蝇

P

Phaonia fuscula Xue *et* Zhang 暗斑棘蝇
Phaonia ganshuensis Ma *et* Wu 见 *Mydaea ganshuensis*
Phaonia gaoligongshanensis Xue *et* Yu 高黎贡棘蝇
Phaonia gobertii (Mik) 拟洁棘蝇
Phaonia graciloides Ma *et* Wang 类瘦棘蝇
Phaonia grunnicornis Xue 牦角棘蝇
Phaonia guangdongensis Xue *et* Liu 广东棘蝇
Phaonia guizhouensis Wei 贵州棘蝇
Phaonia gulianensis Ma *et* Cui 古莲棘蝇
Phaonia hainanensis Xue, Tong *et* Wang 海南棘蝇
Phaonia hamiloba Ma 钩叶棘蝇
Phaonia hanmiensis Xue *et* Zhang 汗密棘蝇
Phaonia hanyuanensis Feng *et* Ma 汉源棘蝇
Phaonia hebeta Fang *et* Fan 钝棘蝇
Phaonia hebetoida Ma *et* Deng 类钝棘蝇
Phaonia heilongshanensis Xue, Cui *et* Zhang 黑龙山棘蝇
Phaonia hejinga Xue 和静棘蝇
Phaonia helvitibia Feng 黄胫棘蝇
Phaonia hesperia Sun *et* Feng 西部棘蝇
Phaonia hirtiorbitalis Xue, Wang *et* Du 毛眶棘蝇
Phaonia hirtirostris Stein 毛喙棘蝇
Phaonia hohuanshanensis Shinonaga *et* Huang 合欢山棘蝇
Phaonia hohxilia Xue *et* Zhang 可可西里棘蝇
Phaonia holcocerca Feng *et* Ma 凹铗棘蝇
Phaonia hongkuii Xue *et* Yu 洪奎棘蝇
Phaonia huanglongshana Wu, Fang *et* Fan 黄龙山棘蝇
Phaonia huanrenensis Xue 桓仁棘蝇
Phaonia hunyuanensis Ma *et* Wang 浑源棘蝇
Phaonia hybrida (Schnabl) 杂棘蝇
Phaonia hybrida biastostyla Xue 杂棘蝇巨突亚种，巨突杂棘蝇
Phaonia hybrida hybrida (Schnabl) 杂棘蝇指名亚种
Phaonia hybrida kunjirapensis Xue *et* Zhang 杂棘蝇红其拉甫亚种，红其拉甫棘蝇
Phaonia hypotuberosurstyla Xue *et* Rong 拟瘤叶棘蝇
Phaonia hystricosternita Xue 毛板棘蝇
Phaonia illustridorsata Feng *et* Ma 亮棘蝇
Phaonia imitenuiseta Xue *et* Zhang 次细鬃棘蝇
Phaonia impigerata Feng *et* Ma 黾勉棘蝇
Phaonia incana (Wiedemann) 灰白棘蝇
Phaonia insetitibia Fang *et* Fan 裸胫棘蝇
Phaonia jagedaqiensis Ma *et* Cui 加格达奇棘蝇
Phaonia jiaodingshanica Feng 轿顶棘蝇
Phaonia jilinensis Ma *et* Wang 吉林棘蝇
Phaonia jinbeiensis Xue *et* Wang 晋北棘蝇
Phaonia jinfengshanensis Feng *et* Ma 金凤山棘蝇
Phaonia jiulongensis Xue, Tong *et* Wang 九龙棘蝇
Phaonia jomdaensis Xue 江达棘蝇
Phaonia kambaitiana Emden 黑体棘蝇
Phaonia kangdingensis Ma *et* Feng 康定棘蝇
Phaonia kanoi Shinonaga *et* Huang 鹿野棘蝇，加纳棘蝇
Phaonia klinostoichas Xue, Tong *et* Wang 斜列棘蝇，直列棘蝇
Phaonia kowarzii (Schnabl) 黄腹棘蝇
Phaonia kuankuoshuiensis Wei 宽阔水棘蝇
Phaonia labidocerca Feng *et* Ma 钳叶棘蝇
Phaonia labidosternita Sun *et* Feng 铗棘蝇
Phaonia lalashanensis Shinonaga *et* Huang 拉拉山棘蝇
Phaonia lamellata Fang, Li *et* Deng 薄尾棘蝇
Phaonia lamellicauda Xue *et* Feng 片尾棘蝇
Phaonia laminidenta Xue *et* Cui 板齿棘蝇
Phaonia laticrassa Xue, Chen *et* Cui 侧突棘蝇
Phaonia latierrans Xue 宽荡棘蝇
Phaonia latifrons Schnabl *et* Dziedzicki 宽额棘蝇
Phaonia latilamella Feng *et* Ma 宽板棘蝇
Phaonia latilamelloida Ma *et* Deng 类宽板棘蝇
Phaonia latimargina Fang *et* Fan 宽黑缘棘蝇
Phaonia latipalpis Schnabl *et* Dziedzicki 蛰棘蝇
Phaonia latipullatoides Wang *et* Xue 宽拟乌棘蝇，亚乌棘蝇
Phaonia latistriata Deng *et* Feng 宽条棘蝇
Phaonia leichopodosa Sun, Feng *et* Ma 舐棘蝇
Phaonia leigongshana Wei *et* Yang 雷公山棘蝇
Phaonia leptocorax Li *et* Xue 小鸦棘蝇
Phaonia liangshanica Feng 凉山棘蝇
Phaonia liaoningensis Ma *et* Xue 辽宁棘蝇
Phaonia liaoshiensis Zhang *et* Zhang 辽西棘蝇
Phaonia liupanshanensis Ma 六盘山棘蝇
Phaonia longifurca Xue 长叉棘蝇
Phaonia longipalpis Emden 长须棘蝇
Phaonia longipalpis Feng *et* Ma 同 *Phaonia fengyani*
Phaonia longirostris Xue *et* Zhao 长喙棘蝇
Phaonia longiseta Feng *et* Ma 长鬃棘蝇
Phaonia lucidula Fang *et* Fan 明腹棘蝇
Phaonia luculenta Fang *et* Fan 明突棘蝇
Phaonia luculentimacula Xue 明斑棘蝇
Phaonia lushuiensis Xue *et* Li 泸水棘蝇
Phaonia luteovittata Shinonaga *et* Kôno 黄腰棘蝇
Phaonia luteovittoida Feng *et* Ma 类黄腰棘蝇
Phaonia macroomata Xue *et* Yang 巨眼棘蝇
Phaonia macropygus Feng 巨尾棘蝇
Phaonia maculiaurea Xue *et* Wang 斑金棘蝇
Phaonia maculiaureata Wang *et* Xue 拟斑金棘蝇
Phaonia maculierrans Xue, Zhang *et* Chen 斑荡棘蝇
Phaonia magna Wei 大棘蝇
Phaonia mai Xue 马氏棘蝇
Phaonia malaisei Ringdahl 古源棘蝇
Phaonia mammilla Xue *et* Zhang 乳头棘蝇
Phaonia maoershanensis Xue *et* Rong 猫儿山棘蝇
Phaonia maowenensis Deng *et* Feng 茂汶棘蝇
Phaonia margina Wei *et* Yang 缘棘蝇
Phaonia megacerca Feng *et* Ma 大叶棘蝇
Phaonia megastigma Ma *et* Feng 大孔棘蝇
Phaonia megistogenysa Feng *et* Ma 阔颊棘蝇
Phaonia mengi Feng 孟氏棘蝇
Phaonia mengshanensis Feng 蒙山棘蝇
Phaonia microthelis Fang, Fan *et* Feng 疣叶棘蝇
Phaonia mimerrans Ma *et* Feng 拟游荡棘蝇
Phaonia mimoaureola Ma, Ge *et* Li 拟金棘蝇
Phaonia mimobitrigona Xue 拟锥棘蝇
Phaonia mimocandicans Ma *et* Tian 拟变白棘蝇
Phaonia mimofausta Ma *et* Wu 拟幸运棘蝇
Phaonia mimoincana Ma *et* Feng 拟灰白棘蝇

Phaonia mimopalpata Ma *et* Cui 拟宽须棘蝇
Phaonia mimotenuiseta Ma *et* Wu 拟细鬃棘蝇
Phaonia mimovivida Ma *et* Feng 拟活棘蝇
Phaonia minoricalcar Wei 小距棘蝇
Phaonia minuticornis Xue *et* Zhang 小角棘蝇
Phaonia minutimutina Xue 小阳棘蝇
Phaonia minutiungula Zhang *et* Xue 小爪棘蝇
Phaonia minutivillana Xue, Yang *et* Li 小毛背棘蝇
Phaonia misellimaculata Feng *et* Ma 乏斑棘蝇
Phaonia moirigkawagarboensis Xue *et* Zhao 梅里雪山棘蝇
Phaonia montana Shinonaga *et* Kôno 山棘蝇
Phaonia mystica (Meigen) 秘棘蝇，毛板棘蝇，秘迪棘蝇
Phaonia mysticoides Ma *et* Wang 类秘棘蝇
Phaonia nanlingensis Xue *et* Zhang 南岭棘蝇
Phaonia nasiglobata Xue *et* Xiang 球鼻棘蝇
Phaonia naticerca Xue, Chen *et* Liang 臀叶棘蝇
Phaonia neimongolica Feng *et* Ye 内蒙棘蝇
Phaonia nigeritegula Feng 黑肩棘蝇
Phaonia nigribasalis Xue 黑基棘蝇
Phaonia nigribasicosta Xue 黑鳞棘蝇
Phaonia nigribitrigona Xue 黑锥棘蝇
Phaonia nigricorpus Shinonaga *et* Huang 黑躯棘蝇
Phaonia nigricoxa Deng *et* Feng 暗基棘蝇
Phaonia nigrierrans Cui, Zhang *et* Xue 黑荡棘蝇
Phaonia nigrifusca Xue 黑棕棘蝇
Phaonia nigrifuscicoxa Xue, Wang *et* Du 黑黄基棘蝇
Phaonia nigrigenis Feng *et* Ma 黑膝棘蝇
Phaonia nigrinudiseta Xue *et* Zhang 黑裸鬃棘蝇
Phaonia nigriorbitalis Xue 黑眶棘蝇
Phaonia nigripennis Ma *et* Cui 黑翅棘蝇
Phaonia nigriserva Xue 黑林棘蝇
Phaonia nigritenuiseta Xue *et* Zhang 黑细鬃棘蝇
Phaonia nigrivillana Xue, Yang *et* Li 黑毛背棘蝇
Phaonia ningwuensis Wang *et* Xue 宁武棘蝇
Phaonia ningxiaensis Ma *et* Zhao 宁夏棘蝇
Phaonia nititerga Xue 亮纹棘蝇
Phaonia niximountaina Xue *et* Yu 雪山棘蝇
Phaonia nounechesa Wei *et* Yang 稳重棘蝇
Phaonia nudiseta (Stein) 裸鬃棘蝇
Phaonia nuditarsis Xue *et* Wang 裸跗棘蝇
Phaonia obfuscatipennis Xue *et* Zhang 暗翅棘蝇
Phaonia oncocerca Feng *et* Ma 叶突棘蝇
Phaonia orientalis Xue, Song *et* Chen 东方棘蝇
Phaonia paederocerca Feng *et* Ma 粗叶棘蝇
Phaonia palpata (Stein) 宽须棘蝇，德国棘蝇
Phaonia palpibrevis Xue 须短棘蝇
Phaonia palpilongus Xue *et* Zhang 须长棘蝇
Phaonia palpinormalis Feng *et* Ma 常须棘蝇
Phaonia paomashanica Feng 跑马棘蝇
Phaonia papillaria Fang *et* Fan 乳突棘蝇
Phaonia paradisia Li *et* Xue 极乐棘蝇
Phaonia paradisincola Xue, Zhang *et* Zhu 天居棘蝇
Phaonia parahebeta Ma *et* Deng 副钝棘蝇
Phaonia paramersicrassa Xue 肥阳棘蝇
Phaonia pardiungula Xue *et* Li 豹爪棘蝇
Phaonia pattalocerca Feng 钉棘蝇
Phaonia paucispina Fang *et* Cui 少刺棘蝇
Phaonia pennifuscata Fan 褐翅棘蝇
Phaonia pilipes Ma *et* Feng 毛足棘蝇
Phaonia pilosipennis Xue, Zhang *et* Zhu 毛翅棘蝇
Phaonia pilosiventris Feng 毛腹棘蝇
Phaonia pingbaensis Wu, Dong *et* Wei 平坝棘蝇
Phaonia planeta Feng *et* Ma 漫游棘蝇
Phaonia platysurstylus Xue *et* Wang 宽侧叶棘蝇
Phaonia polemikosa Wei 战棘蝇
Phaonia postifugax Xue 后迅棘蝇
Phaonia praefuscifemora Feng *et* Ma 褐股棘蝇
Phaonia pullatoides Xue *et* Zhao 拟乌棘蝇 <此种学名有误写为 *Phaonia pallatoides* Xue *et* Zhao 者>
Phaonia punctinerva Xue *et* Cao 斑脉棘蝇
Phaonia punctinervoida Feng *et* Ma 类斑脉棘蝇
Phaonia pura (Loew) 洁棘蝇
Phaonia qingheensis Xue 清河棘蝇
Phaonia qinshuiensis Wang, Xue *et* Wu 沁水棘蝇
Phaonia quadratilamella Xue *et* Rong 方板棘蝇
Phaonia recta Hsue 直棘蝇
Phaonia rectoides Xue 拟直棘蝇
Phaonia redactata Feng 回归棘蝇
Phaonia reduncicauda Xue *et* Zhang 翘尾棘蝇
Phaonia reniformis Fang, Fan *et* Feng 肾叶棘蝇
Phaonia ripara Liu *et* Xue 眷溪棘蝇
Phaonia rubriventris Emden 橙腹棘蝇
Phaonia rubriventris flaviventris Wei 橙腹棘蝇黄腹亚种，黄橙腹棘蝇
Phaonia rubriventris rubriventris Emden 橙腹棘蝇指名亚种
Phaonia rufihalter Ma *et* Cui 红棒棘蝇
Phaonia rufitarsis (Stein) 绯猝棘蝇，绯跖棘蝇
Phaonia rufivulgaris Xue *et* Wang 常红棘蝇
Phaonia ryukyuensis Shinonaga *et* Kôno 琉球棘蝇
Phaonia sasakii Shinonaga *et* Huang 佐佐木棘蝇
Phaonia scrofigena Ma *et* Xue 豚颊棘蝇
Phaonia semicarina Fan 半脊棘蝇
Phaonia semilunara Feng 半月棘蝇
Phaonia semilunaroida Feng 类半月棘蝇
Phaonia septentrionalis Xue *et* Yu 北方棘蝇
Phaonia serva (Meigen) 林棘蝇
Phaonia setisternita Ma *et* Deng 鬃板棘蝇
Phaonia shaanbeiensis Wu, Fang *et* Fan 陕北棘蝇
Phaonia shaanxiensis Xue *et* Cao 陕西棘蝇
Phaonia shanxiensis Zhang, Zhao *et* Wu 山西棘蝇
Phaonia shenyangensis Ma 沈阳棘蝇
Phaonia shubeiensis Ma *et* Wu 肃北棘蝇 <此种学名有误写为 *Phaonia subeiensis* Ma *et* Wu 者>
Phaonia shuierrans Feng 蜀荡棘蝇
Phaonia sichuanna Feng 蜀棘蝇
Phaonia siebecki Schnabl *et* Dziedzicki 西伯克棘蝇
Phaonia sinidecussata Xue *et* Xiang 华叉纹棘蝇
Phaonia sinierrans Xue *et* Cao 中华游荡棘蝇
Phaonia spargocerca Xue *et* Zhang 膨叶棘蝇
Phaonia sparsicilium Xue *et* Wang 散毛棘蝇

Phaonia spinicauda Xue 刺尾棘蝇
Phaonia splendida Hennig 灿黑棘蝇
Phaonia spuripilipes Fang *et* Fan 伪毛足棘蝇
Phaonia stenoparafacia Fang *et* Fan 狭颧棘蝇
Phaonia stenostylata Fang *et* Fan 瘦叶棘蝇
Phaonia subalpicola Xue 低山棘蝇
Phaonia subalpicoloida Ma *et* Deng 类低山棘蝇
Phaonia subapicalis Fang *et* Fan 同 *Phaonia yunapicalis*
Phaonia subapicalis Wei 亚端棘蝇
Phaonia subaureola Feng *et* Ma 亚金棘蝇
Phaonia subconsobrina Ma 亚关联棘蝇
Phaonia subemarginata Fang, Li *et* Deng 浅凹棘蝇
Phaonia suberrans Feng 次游荡棘蝇
Phaonia subfausta Ma *et* Wu 亚幸运棘蝇
Phaonia subflavivivida Feng *et* Ma 亚黄活棘蝇
Phaonia subfuscibasicosta Ma *et* Deng 亚棕鳞棘蝇
Phaonia subfuscicoxa Xue *et* Rong 拟黄基棘蝇
Phaonia subfuscitrochenter Ma *et* Deng 亚暗转棘蝇
Phaonia subhebeta Ma *et* Deng 亚钝棘蝇
Phaonia subhybrida Feng *et* Ma 次杂棘蝇
Phaonia subincana Xue *et* Zhang 亚灰白棘蝇
Phaonia sublatilamella Xue *et* Zhao 亚宽板棘蝇
Phaonia subluteovittata Ma *et* Deng 亚黄腰棘蝇
Phaonia submontana Ma *et* Wang 亚山棘蝇
Phaonia submystica Xue *et* Cao 拟秘棘蝇
Phaonia submysticoida Ma *et* Wang 亚类秘棘蝇
Phaonia subnigribasalis Xue *et* Zhang 亚黑基棘蝇
Phaonia subnigrisquama Xue *et* Zhao 暗瓣棘蝇
Phaonia subnudiseta Xue 肖裸鬃棘蝇
Phaonia subommatina Ma *et* Feng 亚巨眼棘蝇
Phaonia subpalpata Fang, Li *et* Deng 亚宽须棘蝇
Phaonia subpilipes Xue *et* Yu 亚毛足棘蝇
Phaonia subpilosipennis Wu, Dong *et* Wei 亚毛翅棘蝇
Phaonia subprofugax Xue 拟彩足棘蝇
Phaonia subpullata Wang *et* Xue 同 *Phaonia latipullatoides*
Phaonia subpullata Wei 小黑棘蝇
Phaonia subpunctinerva Feng *et* Ma 亚斑脉棘蝇
Phaonia subscutellata Xue 肖盾棘蝇
Phaonia subsemilunara Feng 亚半月棘蝇
Phaonia subtenuiseta Ma *et* Wu 亚细鬃棘蝇
Phaonia subtrimaculata Feng *et* Ma 亚三斑棘蝇
Phaonia subtrisetiacerba Ma *et* Deng 亚三鬃酸棘蝇
Phaonia subvivida Ma *et* Cui 亚活棘蝇
Phaonia succinctiantenna Feng *et* Ma 缢角棘蝇
Phaonia sunwuensis Xue *et* Ma 孙吴棘蝇
Phaonia supernapica Feng *et* Ma 高巅棘蝇
Phaonia suscepta Xue 持棘蝇
Phaonia suspiciosa (Stein) 斑棘蝇
Phaonia taiwanensis Shinonaga *et* Huang 台湾棘蝇
Phaonia taizipingga Feng 太子棘蝇
Phaonia tenuilobatus Sun, Wu, Li *et* Wei 薄叶棘蝇
Phaonia tenuirostris (Stein) 细喙棘蝇
Phaonia tettigona Feng *et* Ma 螽棘蝇
Phaonia tianshanensis Xue 天山棘蝇
Phaonia tiefii (Schnabl) 铁氏棘蝇
Phaonia tiefii subaureola Xue, Zhang *et* Chen 铁氏棘蝇次金亚种；次金棘蝇
Phaonia tiefii tiefii (Schnabl) 铁氏棘蝇指名亚种
Phaonia tinctiscutaris Xue, Zhang *et* Zhu 饰盾棘蝇
Phaonia triseriata Emden 三列棘蝇
Phaonia trisetiacerba Feng *et* Ma 三鬃酸棘蝇
Phaonia tristroilata Ma *et* Wang 三条棘蝇
Phaonia tuberosurstyla Deng *et* Feng 瘤叶棘蝇
Phaonia unispina Xue, Chen *et* Liang 单刺棘蝇
Phaonia vagata Xue *et* Wang 迷走棘蝇
Phaonia vagatiorientalis Xue 迷东棘蝇
Phaonia varicolor Wei 变色棘蝇
Phaonia varimacula Feng *et* Ma 变斑棘蝇
Phaonia varimargina Xue *et* Zhang 变带棘蝇
Phaonia vidua (Stein) 独居棘蝇，寡棘蝇
Phaonia villana Robineau-Desvoidy 毛背棘蝇
Phaonia villscutellata Xue 毛盾棘蝇
Phaonia vividiformis Fang, Fan *et* Feng 活态棘蝇
Phaonia vulgaris Shinonaga *et* Kano 常见棘蝇
Phaonia vulpinus Wu, Fang *et* Fan 狸棘蝇，狐棘蝇
Phaonia wanfodinga Feng *et* Ma 万佛顶棘蝇
Phaonia wenshuiensis Zhang, Zhao *et* Wu 文水棘蝇
Phaonia wulinga Xue 武陵棘蝇
Phaonia xanthosoma Shinonaga *et* Huang 黄体棘蝇
Phaonia xianensis Xue *et* Cao 西安棘蝇
Phaonia xiangningensis Ma *et* Wang 乡宁棘蝇
Phaonia xihuaensis Sun *et* Feng 西华棘蝇
Phaonia xingxianensis Ma *et* Wang 兴县棘蝇
Phaonia xinierrans Feng *et* Ye 新荡棘蝇
Phaonia xishuensis Feng *et* Ma 西蜀棘蝇
Phaonia xixianga Xue 洗象棘蝇
Phaonia xuei Wang *et* Xu 薛氏棘蝇
Phaonia yaanensis Ma, Xue *et* Feng 雅安棘蝇
Phaonia yaluensis Ma 鸭绿江棘蝇
Phaonia yanggaoensis Ma *et* Wang 阳高棘蝇
Phaonia yei Feng 叶氏棘蝇
Phaonia yinggeensis Xue, Wang *et* Ni 鹦哥棘蝇
Phaonia yingjingensis Feng *et* Ma 荥经棘蝇
Phaonia youyuensis Xue *et* Wang 右玉棘蝇
Phaonia yunapicalis Fang *et* Fan 亚黄端棘蝇
Phaonia yushanensis Shinonaga *et* Huang 玉山棘蝇
Phaonia zanclocerca Feng *et* Ma 镰叶棘蝇
Phaonia zhangxianggi Xue *et* Yu 张翔棘蝇
Phaonia zhangyeensis Ma *et* Wu 张掖棘蝇
Phaonia zhelochovtsevi (Zinovjev) 翅斑棘蝇
Phaonia zhougongshana Ma *et* Feng 周公山棘蝇
Phaoniinae 棘蝇亚科
Phaoniini 棘蝇族
Phaonius 狭胸阎甲亚属
phaopelagile 海洋面的
Phaphuma 艳虎天牛属
Phaphuma binhensis (Pic) 斜尾艳虎天牛
Phaphuma binhensis binhensis (Pic) 斜尾艳虎天牛指名亚种
Phaphuma binhensis maculicollis Gressitt *et* Rondon 工纹斜尾艳虎天牛

P

Phaphuma delicata Kôno 黄胸艳虎天牛

Pharaoh ant [= Pharaoh's ant, *Monomorium pharaonis* (Linnaeus)] 小家蚁，小黄家蚁，厨蚁，法老蚁，小黄单家蚁

Pharaoh cicada [= periodical cicada, 17 year locust, *Magicicada septendecim* (Linnaeus)] 晚秀蝉，十七年蝉

Pharaoh's ant 见 Pharaoh ant

Pharaphodius 离蜉金龟甲属，离沟蜉金龟亚属

Pharaphodius crenatus (Harold) 痕离蜉金龟甲，痕蜉金龟

pharate adult 隐成虫

pharate instar 预龄 < 指在脱皮前，新表皮已在旧表皮下，而旧表皮尚未脱去的一个时刻 >

Pharaxonotha 珐大蕈甲属，珐拟叩甲属

Pharaxonotha discimaculata Mader 斑珐大蕈甲，狄珐拟叩甲

Pharaxonotha kirschii Reitter 谷珐大蕈甲，谷拟叩甲，墨西哥拟叩甲

Pharaxonotha yunnanensis Grouvelle 见 *Cycadophila yunnanensis*

Phareas 黄裙弄蝶属

Phareas coeleste Westwood [magnificent skipper] 黄裙弄蝶

Pharetratula sinica Zhang *et* Yang 同 *Zygoneura bidens*

phareus metalmark [= cell-barred metalmark, cell-barred geomark, *Mesene phareus* (Cramer)] 黑边红迷蚬蝶

Pharmacis 药蝙蛾属

Pharmacis fusconebulosa (De Geer) 暗褐药蝙蛾，暗褐柯蝙蛾，曲线钩蝠蛾，曲线蝠蛾，小褐蝙蝠蛾

pharmacophagous 食药物的

Pharmacophagus 噬药凤蝶属

Pharmacophagus antenor (Drury) [Madagascar giant swallowtail] 安蒂噬药凤蝶

Pharmatoptera [= Phasmatodea, Phasmida, Phasmodea] 蛸目，竹节虫目

Pharnacia 彪蛸属

Pharnacia jianfenglingensis Bi 见 *Tirachoidea jianfenglingensis*

Pharnacia westwoodi (Wood-Mason) 见 *Tirachoidea westwoodi*

Pharnaciini 彪蛸族

Pharoscymnus 毛艳瓢虫属

Pharoscymnus brunneosignatus Mader 戈壁毛艳瓢虫

Pharoscymnus taoi Sasaji 台毛艳瓢虫

Pharsalia 梯天牛属

Pharsalia antennata Gahan 粗角梯天牛

Pharsalia duplicata Pascoe 双带梯天牛

Pharsalia mandli Tippmann 挂墩梯天牛

Pharsalia ochreomaculata Breuning 赭斑梯天牛

Pharsalia pulchra Gahan 双突梯天牛

Pharsalia pulchroides Breuning 斑翅梯天牛

Pharsalia subgemmata (Thomson) 橄榄梯天牛

Pharsalia tibetana Breuning 西藏梯天牛

Pharsalia trimaculipennis Breuning 圆尾梯天牛

Pharsalinae 发萨广蜡蝉亚科

Pharsalus 发萨广蜡蝉属

Pharsalus repandus Melichar 波发萨广蜡蝉

pharyngaris 上内唇管 < 指双翅目 Diptera 昆虫上内唇和舌合成的吸管 >

pharyngea [= pharyngeal sclerite] 咽片

pharyngeal 咽泡的

pharyngeal bulb 咽泡

pharyngeal duct 咽导管 < 即半翅目 Hemiptera 昆虫咽延伸入上唇区的狭管 >

pharyngeal ganglion [= oesophageal ganglion] 食管神经节，食道神经节 < 实为心侧体 (corpus cardiacum)>

pharyngeal gland 咽腺，咽头腺 < 蜜蜂唾腺的一部分 >

pharyngeal plate 咽板

pharyngeal pump 咽泵

pharyngeal sclerite 见 pharyngea

pharyngeal skeleton [= bucco-pharyngeal armature] 咽骨骼 < 见于蝇类幼虫中 >

pharyngeal tube 咽管 < 指由虱的咽底部发生的一对半管状构造合并成的管 >

pharynges [s. pharynx; = pharynxes] 咽喉

Pharyngomyia 咽狂蝇属

Pharyngomyia dzerenae Grunin 黄羊咽狂蝇

pharynx [pl. pharynxes, pharynges] 咽喉

pharynxes [s. pharynx; = pharynges] 咽喉

Phasca 法斯卡实蝇属

Phasca bicunea Hardy 双齿法斯卡实蝇

Phasca connexa Hardy 联带法斯卡实蝇

Phasca maculifacies Hardy 颜中斑法斯卡实蝇

Phasca ortaloides (Walker) 奥尔塔法斯卡实蝇

Phasca sedlaceki Hardy 赛德尔法斯卡实蝇

Phasca trifasciata Hardy 三色条法斯卡实蝇

phase 1. 型；2. 阶段；3. 相

phase change 型变

phase contrast microscope 相差显微镜

phase microscope 相差显微镜

phase theory 相型学说 < 常指蝗类中群居型与散居型互变的学说 >

Phasganophora hummelina Navás 见 *Paragnetina hummelina*

Phasganophora navasi Wu 见 *Agnetina navasi*

Phasganophora undata Klapálek 同 *Agnetina cocandica*

Phasgonura cantans (Füssly) 见 *Tettigonia cantans*

Phasgonura caudata (Charpentier) 见 *Tettigonia caudata*

Phasgonuridae [= Tettigoniidae] 螽斯科

Phasia 突颜寄蝇属

Phasia albopunctata (Baranov) 白斑突颜寄蝇

Phasia aurigera (Egger) 金颊突颜寄蝇

Phasia barbifrons (Girschner) 毛额突颜寄蝇

Phasia bifurca Sun 双叶突颜寄蝇

Phasia caudata (Villeneuve) 红尾突颜寄蝇，尾突颜寄蝇，尾阿罗寄蝇，有尾寄蝇

Phasia hemiptera (Fabricius) 半球突颜寄蝇

Phasia huanrenensis Zhang *et* Zhao 桓仁突颜寄蝇

Phasia mesnili (Draber-Mońko) 麦氏突颜寄蝇

Phasia obesa (Fabricius) 肥突颜寄蝇

Phasia pusilla Meigen 小突颜寄蝇

Phasia rohdendorfi (Draber-Mońko) 罗氏突颜寄蝇，罗德突颜寄蝇

Phasia sichuanensis Sun 四川突颜寄蝇

Phasia takanoi (Draber-Mońko) 高野突颜寄蝇

Phasia tibialis (Villeneuve) 胫突颜寄蝇，胫阿罗寄蝇，柞蚕寄蝇

Phasia wangi Sun 王氏突颜寄蝇

Phasia woodi Sun 伍德突颜寄蝇

Phasia xuei Wang, Wang *et* Zhang 薛氏突颜寄蝇

Phasia yunnanica Sun 云南突颜寄蝇

phasiid 1. [= phasiid fly] 突颜蝇，突额蝇 < 突颜蝇科 Phasiidae 昆虫的通称 >；2. 突颜蝇科的

phasiid fly [= phasiid] 突颜蝇，突额蝇

Phasiidae 突颜蝇科，突额蝇科，裸寄蝇科

Phasiinae 突颜寄蝇亚科

Phasiini 突颜寄蝇族

Phasiodexia formosana Townsend 同 *Dexia flavida*

Phasioormia 异相寄蝇属

Phasioormia bicornis (Malloch) 双角异相寄蝇

Phasioormia pallida Townsend 淡色异相寄蝇

Phasis 相灰蝶属

Phasis braueri Dickson [Brauer's arrowhead] 斑相灰蝶

Phasis clavum Murray [Namaqua arrowhead] 棒相灰蝶

Phasis pringlei Dickson [Pringle's arrowhead] 卜仁莱相灰蝶

Phasis thero (Linnaeus) [silver arrowhead, hooked copper] 相灰蝶

phasma metalmark [*Zelotaea phasma* Bates] 泽蚬蝶

phasmatid 1. [= phasmatid stick insect] 蛸，竹节虫 < 蛸科 Phasmatidae 昆虫的通称 >；2. 蛸科的

phasmatid stick insect [= phasmatid] 蛸，竹节虫

Phasmatidae 蛸科，竹节虫科 < 此科学名有误写为 Phasmidae 者 >

Phasmatinae 蛸亚科

Phasmatini 蛸族

Phasmatodea [= Phasmida, Phasmodea, Pharmatoptera] 蛸目，竹节虫目

phasmatodean [= phasmid, ghost insect] 蛸 < 蛸目 Phasmatodea 昆虫的通称 >

phasmatological 蛸学的

phasmatologist 蛸学学者，蛸学学家

phasmatology 蛸学

phasmid 见 phasmatodean

Phasmid Studies 蛸目研究 < 期刊名 >

Phasmid Study Group Newsletter 蛸目研究组通讯 < 期刊名 >

Phasmida [= Phasmatodea, Phasmodea, Pharmatoptera] 蛸目，竹节虫目

Phasmidae 见 Phasmatidae

Phasmodea 见 Phasmida

phasmodid 1. [= phasmodid grasshopper] 蛸蜢 < 蛸蜢科 Phasmodidae 昆虫的通称 >；2. 蛸蜢科的

phasmodid grasshopper [= phasmodid] 蛸蜢

Phasmodidae 蛸蜢科

Phasmoidea 蛸总科

Phasmotaenia 筒胸蛸属，筒胸竹节虫属

Phasmotaenia lanyuhensis Huang *et* Brock 兰屿筒胸蛸，兰屿筒胸竹节虫

Phasmothrips 怪管蓟马属

Phasmothrips asperatus Priesner 粗糙怪管蓟马

phassus borer [= teak sapling borer, *Sahyadrassus malabaricus* Moore] 马拉巴萨蝠蛾

Phassus 疖蝙蛾属

Phassus absurdus Daniel 见 *Endoclita absurda*

Phassus actinidiae Yang *et* Wang 见 *Endoclita actinidiae*

Phassus anhuiensis Chu *et* Wang 见 *Endoclita anhuiensis*

Phassus auratus Hampson 见 *Endoclita aurata*

Phassus bouvieri (Oberthür) 见 *Sthenopis bouvieri*

Phassus camphorae Sasaki 见 *Endoclita excrescens camphorae*

Phassus damor Moore 见 *Endoclita damor*

Phassus dirschi Bang-Haas 见 *Sthenopis dirschi*

Phassus excrescens (Butler) 见 *Endoclita excrescens*

Phassus fujianodus Chu *et* Wang 见 *Endoclita fujianoda*

Phassus giganodus Chu *et* Wang 同 *Endoclita davidi*

Phassus herzi Fixsen 同 *Endoclita sinensis*

Phassus hoenei Daniel 见 *Endoclita hoenei*

Phassus hunanensis Chu *et* Wang 同 *Endoclita signifer*

Phassus jingdongensis Chu *et* Wang 见 *Endoclita jingdongensis*

Phassus kosemponis Strand 同 *Endoclita sinensis*

Phassus kulingi Daniel 见 *Napialus kulingi*

Phassus marginenotatus Leech 见 *Endoclita marginenotata*

Phassus minanus Yang 见 *Endoclita minana*

Phassus mingiganteus Yang *et* Wang 见 *Endoclita mingigantea*

Phassus miniatus Chu *et* Wang 同 *Sthenopis roseus*

Phassus nankingi Daniel 同 *Endoclita davidi*

Phassus nodus Chu *et* Wang 见 *Endoclita nodus*

Phassus regius (Staudinger) 见 *Sthenopis regius*

Phassus regius roseus (Oberthür) 见 *Sthenopis roseus*

Phassus regius rubemlus Bang-Haas 同 *Sthenopis regius*

Phassus rubemlus Bang-Haas 同 *Sthenopis regius*

Phassus signifer Walker 见 *Endoclita signifer*

Phassus signifer hunanensis Chu *et* Wang 同 *Endoclita signifer*

Phassus signifer kosemponis Strand 同 *Endoclita sinensis*

Phassus signifera sinensis Moore 见 *Endoclita sinensis*

Phassus sinensis Moore 见 *Endoclita sinensis*

Phassus xizangensis Chu *et* Wang 见 *Endoclita xizangensis*

Phassus yunnanensis Chu *et* Wang 见 *Endoclita yunnanensis*

phat redhead [= Godart's metalmark, *Esthemopsis pherephatte* (Godart)] 黄带云蚬蝶

Phatnoma 七刺网蝽属

Phatnoma costalis Distant 粤七刺网蝽

Phatnoma takasago Takeya 台七刺网蝽

Phatnotis legata Meyrick 檀香鳞甲祝蛾，檀香鳞甲春蛾

Phauda 榕蛾属，红毛斑蛾属

Phauda arikana Matsumura 里港榕蛾，阿红毛斑蛾

Phauda flammans (Walker) 朱红榕蛾，焰色榕蛾，朱红毛斑蛾，红毛斑蛾

Phauda flammans kantonensis Mell 见 *Phauda kantonensis*

Phauda horishana Matsumura 埔里榕蛾，埔里红毛斑蛾

Phauda kantonensis Mell 广东榕蛾，广州朱红毛斑蛾

Phauda lanceolata Seitz 柳叶榕蛾，柳叶红毛斑蛾

Phauda mimica Strand 恒春榕蛾

Phauda pratti Leech 普氏榕蛾，普红毛斑蛾

Phauda rubra Jordan 红翅榕蛾

Phauda similis Hering 伪榕蛾

Phauda triadum Walker 黑端榕蛾，黑端毛斑蛾，黑斑红毛斑蛾

phaudid 1. [= phaudid moth] 榕蛾 < 榕蛾科 Phaudidae 昆虫的通称 >；2. 榕蛾科的

phaudid moth [= phaudid] 榕蛾

Phaudidae 榕蛾科，毛斑蛾科

Phaula gracilis (Matsumura *et* Shiraki) 见 *Phaulula gracilis*

Phaulacantha 细卷蛾属

Phaulacantha acyclica Diakonoff 阿细卷蛾

Phaulacridium 小无翅蝗属

Phaulacridium vittatum (Sjöstedt) [wingless grasshopper] 庶小无翅蝗

Phaulimia 直角长角象甲，直角长角象

Phaulimia angulata Shibata 尖直角长角象甲，尖直角长角象

Phaulimia grammica Jordan 线直角长角象甲，线直角长角象

Phaulimia incerta (Shibata) 插直角长角象甲，插直角长角象

Phaulimia vicina Shibata 邻直角长角象甲，邻直角长角象

Phaulogenes 佛谷蛾属

Phaulogenes amorphopa Meyrick 阿佛谷蛾

Phauloptera 废翅类 < 过去用以指介壳虫类的目名 >

Phaulothrips 粗野管蓟马属

Phaulothrips agrestis (Bagnall) 阿粗野管蓟马

Phaulothrips anici Mound 安妮粗野管蓟马

Phaulothrips barretti Mound 巴粗野管蓟马

Phaulothrips caudatus Bagnall 臀粗野管蓟马

Phaulothrips fuscus Moulton 褐粗野管蓟马

Phaulothrips inquilinus (Kelly) 奇粗野管蓟马

Phaulothrips longitubus Girault 长管粗野管蓟马

Phaulothrips magnificus (Bianchi) 大粗野管蓟马

Phaulothrips melanosomus Okajima 黑粗野管蓟马

Phaulothrips orientalis Okajima 东方粗野管蓟马

Phaulothrips sibylla Mound 斯粗野管蓟马

Phaulothrips solifer Okajima 短粗野管蓟马

Phaulothrips uptoni Mound 厄粗野管蓟马

Phaulothrips viulleti Hood 韦粗野管蓟马

Phaulula 异露螽属，异螽属，拟绿螽属

Phaulula apicalis Liu 特板异螽

Phaulula daitoensis (Matsumura *et* Shiraki) 黛托异露螽，黛托异螽，东宏粗螽，大东拟绿螽

Phaulula gracilis (Matsumura *et* Shiraki) [citrus slender katydid] 纤细异露螽，细晓易螽，杧果粗螽，橘小螽

Phaulula macilenta (Matsumura *et* Shiraki) 瘦异露螽，瘦异螽，姬拟绿螽

Phazaca 发燕蛾属，圆翅双尾蛾属

Phazaca alikangensis (Strand) 里港发燕蛾，里港圆翅双尾蛾，阿里山双尾蛾

Phazaca kosemponicola (Strand) 甲仙发燕蛾，甲仙圆翅双尾蛾，甲仙双尾蛾

Phazaca oribates West 眶发燕蛾

Phazaca prunaria (Moore) 见 *Monobolodes prunaria*

Phazaca theclatus (Guenée) 缘纹发燕蛾，亚非圆翅双尾蛾，缘纹双尾蛾，褐斑灰燕蛾

Phe [phenylalanine 的缩写] 苯丙氨酸

Phebellia 菲寄蝇属

Phebellia agnatella Mesnil 艾格菲寄蝇

Phebellia aurifrons Chao *et* Chen 金额菲寄蝇

Phebellia carceliaeformis (Villeneuve) 拟狭颊菲寄蝇

Phebellia clavellariae (Brauer *et* Bergenstamm) 叶蜂菲寄蝇

Phebellia flavescens Shima 黄菲寄蝇

Phebellia fulvipollinis Chao *et* Chen 褐粉菲寄蝇

Phebellia glauca (Meigen) 银菲寄蝇

Phebellia glaucoides Herting 拟银菲寄蝇

Phebellia glirina (Róndani) 截尾菲寄蝇

Phebellia latisurstyla Chao *et* Chen 宽叶菲寄蝇

Phebellia laxifrons Shima 宽额菲寄蝇

Phebellia nigripalpis (Robineau-Desvoidy) 黑须菲寄蝇

Phebellia setocoxa Chao *et* Chen 毛基节菲寄蝇

Phebellia stulta (Zetterstedt) 简菲寄蝇

Phebellia triseta Pandellé 三鬃菲寄蝇

Phebellia villica (Zetterstedt) 毛菲寄蝇

Phegea 佛兰德昆虫学报 < 期刊名 >

phegeus hairstreak [*Theritas phegeus* (Hewitson)] 菲野灰蝶

Phegobia 褐瘿蚊属，裸瘿蚊属

Phegobia tornatella (Bremi) 同 *Hartigiola annulipes*

Phegomyia fagicola (Kieffer) 山毛榉似坚果瘿蚊

Pheidole 大头蚁属，大头家蚁属

Pheidole allani Bingham 阿伦大头蚁

Pheidole amia Forel 阿美大头蚁

Pheidole aphrasta Zhou *et* Zheng 奇大头蚁

Pheidole binghamii Forel 宾氏大头蚁

Pheidole capellinii Emery 卡泼林氏大头蚁

Pheidole concinna Wheeler 齐大头蚁

Pheidole constanciae Forel 康斯坦大头蚁

Pheidole ernsti Forel 欧尼大头蚁，欧尼大头家蚁

Pheidole feae Emery 费氏大头蚁

Pheidole fervens Smith 长节大头蚁，热烈大头蚁，热烈大头家蚁

Pheidole fervens dolenda Forel 同 *Pheidole fervens fervens*

Pheidole fervens fervens Smith 长节大头蚁指名亚种

Pheidole fervens soror Santschi 长节大头蚁爪哇亚种，爪哇大头蚁

Pheidole fervida Smith 亮红大头蚁

Pheidole flaveria Zhou *et* Zheng 淡黄大头蚁

Pheidole flavigaster Zhong 黄腹大头蚁

Pheidole formosensis Forel 台大头蚁，大林大头家蚁

Pheidole funkikoensis Wheeler 奋起湖大头蚁，奋起湖大头家蚁

Pheidole hongkongensis Wheeler 香港大头蚁

Pheidole hoogwerfi Forel 霍格韦夫大头蚁

Pheidole hyatti Emery 海氏大头蚁

Pheidole incensa Wheeler 阴大头蚁

Pheidole indica Mayr 印度大头蚁，印度大头家蚁

Pheidole indosinensis Wheeler 见 *Pheidole sulcaticeps indosinensis*

Pheidole javana Mayr 同 *Pheidole fervens*

Pheidole javana dolenda Forel 同 *Pheidole fervens*

Pheidole javana formosae Forel 同 *Pheidole fervens*

Pheidole javana jubilans* var. *formosae Forel 同 *Pheidole fervens*

Pheidole javana soror Santschi 同 *Pheidole fervens*

Pheidole jucunda Forel 可爱大头蚁

Pheidole lighti Wheeler 同 *Pheidole capellinii*

Pheidole longiscapa Zhou *et* Zheng 长柄大头蚁

Pheidole malinsii Forel 马氏大头蚁

Pheidole megacephala (Fabricius) [bigheaded ant] 褐大头蚁，大头蚁，热带大头蚁，热带大头家蚁，广大头蚁

Pheidole meihuashanensis Li *et* Chen 梅花山大头蚁

Pheidole morrisi Forel [small golden ant] 莫氏大头蚁

Pheidole multidens Forel 多齿大头蚁

Pheidole nietneri Emery 尼特纳大头蚁，奈氏大头蚁

Pheidole noda Smith 宽结大头蚁

Pheidole noda flebilis Santschi 同 *Pheidole nodus noda*

Pheidole noda formosensis Forel 同 *Pheidole nodus noda*

Pheidole noda noda Smith 宽结大头蚁指名亚种

Pheidole noda rhombinoda Mayr 同 *Pheidole nodus noda*
Pheidole nodifera (Smith) 厚结大头蚁，结大头蚁，宽结大头家蚁
Pheidole noggii zoceana Santschi 见 *Pheidole zoceana*
Pheidole ocellata Zhou 具单眼大头蚁
Pheidole parva Mayr 褐大头蚁，褐大头家蚁
Pheidole pieli Santschi 皮氏大头蚁，皮氏大头家蚁
Pheidole rabo Forel 蔡氏大头蚁
Pheidole rhombinoda Mayr 同 *Pheidole noda*
Pheidole rinae Emery 伦大头蚁
Pheidole rinae hongkongensis Wheeler 见 *Pheidole hongkongensis*
Pheidole rinae incensa Wheeler 同 *Pheidole pieli*
Pheidole rinae taipoana Wheeler 见 *Pheidole taipoana*
Pheidole rinae tipuna Forel 同 *Pheidole parva*
Pheidole roberti Forel 罗伯特大头蚁
Pheidole ryukyuensis Ogata 琉球大头蚁，琉球大头家蚁
Pheidole sagei Forel 塞奇大头蚁
Pheidole sauteri Wheeler 同 *Pheidole parva*
Pheidole selathorax Zhou 亮胸大头蚁
Pheidole sinica (Wu *et* Wang) 中华大头蚁，中华四节大头蚁
Pheidole smythiesii Forel 史氏大头蚁
Pheidole spathifera Forel 棒刺大头蚁
Pheidole sulcaticeps Roger 凹大头蚁
Pheidole sulcaticeps indosinensis Wheeler 凹大头蚁印中亚种，印中大头蚁
Pheidole sulcaticeps sulcaticeps Roger 凹大头蚁指名亚种
Pheidole taipoana Wheeler 香港大头蚁，香港伦大头蚁
Pheidole taivanensis Forel 台湾大头蚁，台湾大头家蚁 < 此种学名有误写为 *Pheidole taivensis* Forel 与 *Pheidole taiwanensis* Forel 者 >
Pheidole tawauensis Eguchi 斗湖大头蚁
Pheidole teneriffana Forel 伸大头蚁
Pheidole tsailuni Wheeler 同 *Pheidole rabo*
Pheidole watsoni Forel 沃森大头蚁
Pheidole yeensis Forel 伊大头蚁

Pheidole zhoushanensis Li *et* Chen 舟山大头蚁
Pheidole zoceana Santschi 佐诺氏大头蚁
Pheidolini 大头蚁族，大头家蚁族
Pheidologeton 巨首蚁属，拟大头家蚁属
Pheidologeton affinis (Jerdon) 巨首蚁，相邻拟大头蚁，相邻拟大头家蚁，近缘巨首蚁
Pheidologeton dentiviris (Forel) 具齿巨首蚁，具齿拟大头蚁，齿巨首蚁
Pheidologeton diversus (Jerdon) [East Indian harvesting ant] 全异巨首蚁，小红蚁，多样拟大头家蚁，多样寡家蚁
Pheidologeton diversus diversus (Jerdon) 全异巨首蚁指名亚种
Pheidologeton diversus draco Santschi 全异巨首蚁海南亚种，海南巨首蚁
Pheidologeton diversus fictus Forel 全异巨首蚁种子亚种，种子巨首蚁，分叉拟大头蚁
Pheidologeton diversus laotima Santschi 全异巨首蚁福建亚种，福建巨首蚁
Pheidologeton diversus* var. *fictus Forel 分叉拟大头蚁
Pheidologeton nanningensis Li *et* Tang 南宁巨首蚁
Pheidologeton nanus Roger 浙江巨首蚁
Pheidologeton vespillo Wheeler 红巨首蚁
Pheidologeton yanoi Forel 矢野巨首蚁，矢野拟大头蚁，矢野拟大头家蚁，台湾巨首蚁
Pheles 菲蚬蝶属
Pheles eulesca (Dyar) [Dyar's metalmark] 优菲蚬蝶
Pheles heliconides Herrich-Schäffer [heliconides metalmark] 菲蚬蝶
Pheles melanchroia (Felder *et* Felder) [melancholy metalmark] 白带菲蚬蝶
Pheles strigosa (Staudinger) [four-spotted mimicmark, strigosa metalmark] 四斑菲蚬蝶
Pheletes 菲叩甲属
Pheletes quercus (Olivier) 寒带菲叩甲，寒带凸胸叩甲
Phelipara 锤天牛属
Phelipara breviscaposa Heller 四川锤天牛
Phelipara flavovittata Breuning 黄条锤天牛
Phelipara laosensis Breuning 老挝锤天牛
Phelipara marmorata Pascoe 纵纹锤天牛
Phelipara pseudomarmorata Breuning 宽带锤天牛
Phelipara radovskyi Hua 拉氏锤天牛
Phelipara saigonensis Breuning 西贡锤天牛
Phelipara submarmorata Breuning 白斑锤天牛
phellophilus 适岩地的
Phellopsis 暗黑粉甲属
Phellopsis chinensis (Semenow) 华暗黑粉甲
Phellopsis porcata (LeConte) 居林暗黑粉甲
Phelopatrum 弗土甲属
Phelopatrum scaphoide Marseul 扁凹弗土甲，铲非拟步甲
Phelotrupes 弗粪金龟甲属，弗粪金龟属，福粪金龟属
Phelotrupes armatus (Boucomont) 见 *Phelotrupes* (*Sinogeotrupes*) *armatus*
Phelotrupes auratus (Motschulsky) 见 *Phelotrupes* (*Chromogeotrupes*) *auratus*
Phelotrupes cheni Ochi, Kon *et* Bai 陈氏弗粪金龟甲
Phelotrupes* (*Chromogeotrupes*) *auratus (Motschulsky) 荒漠弗粪金龟甲，荒漠粪金龟，金齿股粪金龟
Phelotrupes* (*Chromogeotrupes*) *bicolor (Fairmaire) 双色弗粪金龟甲，双色福粪金龟，二色齿股粪金龟
Phelotrupes* (*Chromogeotrupes*) *immarginatus (Boucomont) 缺缘弗粪金龟甲，缺缘齿股粪金龟
Phelotrupes* (*Chromogeotrupes*) *scutellatus (Fairmaire) 盾弗粪金龟甲，盾齿股粪金龟
Phelotrupes compressidens (Fairmaire) 见 *Phelotrupes* (*Sinogeotrupes*) *compressidens*
Phelotrupes* (*Eogeotrupes*) *cambeforti Král, Malý *et* Schneider 康氏弗粪金龟甲
Phelotrupes* (*Eogeotrupes*) *chenwenlongi Ochi, Masumoto *et* Lan 陈文龙弗粪金龟甲，陈文龙雪隐金龟
Phelotrupes* (*Eogeotrupes*) *deuvei Král, Malý *et* Schneider 德芙弗粪金龟甲
Phelotrupes* (*Eogeotrupes*) *formosanus (Miwa) 蓬莱弗粪金龟甲，蓬莱雪隐金龟，台光纹齿股粪金龟
Phelotrupes* (*Eogeotrupes*) *laevifrons (Jekel) 滑带弗粪金龟甲，滑带粪金龟
Phelotrupes* (*Eogeotrupes*) *laevistriatus (Motschulsky) 光纹弗粪金龟甲，光纹齿股粪金龟，光纹粪金龟

Phelotrupes (Eogeotrupes) oshimanus (Fairmaire) 大岛弗粪金龟甲
Phelotrupes (Eogeotrupes) tenuestriatus (Fairmaire) 锐纹弗粪金龟甲，锐纹齿股粪金龟
Phelotrupes hunanensis Král, Malý *et* Schneider 见 *Phelotrupes (Sinogeotrupes) hunanensis*
Phelotrupes immarginatus (Boucomont) 见 *Phelotrupes (Chromogeotrupes) immarginatus*
Phelotrupes laevifrons (Jekel) 见 *Phelotrupes (Eogeotrupes) laevifrons*
Phelotrupes metallescens (Fairmaire) 见 *Phelotrupes (Phelotrupes) metallescens*
Phelotrupes nikolajevi Král, Malý *et* Schneider 尼氏弗粪金龟甲
Phelotrupes oberthuri (Boucomont) 见 *Phelotrupes (Sinogeotrupes) oberthuri*
Phelotrupes obscuratus (Fairmaire) 见 *Phelotrupes (Phelotrupes) obscuratus*
Phelotrupes orientalis (Westwood) 见 *Phelotrupes (Phelotrupes) orientalis*
Phelotrupes (Phelotrupes) businskyorum Král, Malý *et* Schneider 布氏弗粪金龟甲
Phelotrupes (Phelotrupes) davidi (Deyrolle) 达弗粪金龟甲，达齿股粪金龟
Phelotrupes (Phelotrupes) denticulatus (Boucomont) 小齿弗粪金龟甲，小齿齿股粪金龟
Phelotrupes (Phelotrupes) holzschuhi Král, Malý *et* Schneider 霍氏弗粪金龟甲
Phelotrupes (Phelotrupes) imurai (Masumoto) 井村弗粪金龟甲，伊氏福粪金龟
Phelotrupes (Phelotrupes) indicus (Boucomont) 印度弗粪金龟甲，小齿齿股粪金龟
Phelotrupes (Phelotrupes) kubani Král, Malý *et* Schneider 库氏弗粪金龟甲
Phelotrupes (Phelotrupes) metallescens (Fairmaire) 闪弗粪金龟甲，闪齿股粪金龟
Phelotrupes (Phelotrupes) obscuratus (Fairmaire) 暗弗粪金龟甲，暗齿股粪金龟
Phelotrupes (Phelotrupes) orientalis (Westwood) 东方弗粪金龟甲，东方齿股粪金龟
Phelotrupes (Phelotrupes) wrzecionkoi Král, Malý *et* Schneider 瓦氏弗粪金龟甲
Phelotrupes (Phelotrupes) yunnanensis Král, Malý *et* Schneider 云南弗粪金龟甲
Phelotrupes (Sinogeotrupes) armatus (Boucomont) 嗜弗粪金龟甲，嗜齿股粪金龟
Phelotrupes (Sinogeotrupes) bolm Král, Malý *et* Schneider 浙江弗粪金龟甲
Phelotrupes (Sinogeotrupes) compressidens (Fairmaire) 侧扁弗粪金龟甲，侧扁齿股粪金龟
Phelotrupes (Sinogeotrupes) hunanensis Král, Malý *et* Schneider 湖南弗粪金龟甲
Phelotrupes (Sinogeotrupes) insulanus (Howden) 岛屿弗粪金龟甲，岛屿雪隐金龟，岛屿掘地金龟
Phelotrupes (Sinogeotrupes) jendeki Král, Malý *et* Schneider 金氏弗粪金龟甲
Phelotrupes (Sinogeotrupes) oberthuri (Boucomont) 奥弗粪金龟甲，奥齿股粪金龟
Phelotrupes (Sinogeotrupes) strnadi Král, Malý *et* Schneider 斯氏弗粪金龟甲
Phelotrupes (Sinogeotrupes) substriatellus (Fairmaire) 弱沟弗粪金龟甲，弱沟齿股粪金龟，弱沟粪金龟
Phelotrupes (Sinogeotrupes) taiwanus (Miyake *et* Yamaya) 台湾弗粪金龟甲，黑雪隐金龟
Phelotrupes smetanai Král, Malý *et* Schneider 斯美弗粪金龟甲
Phelotrupes subaeneus Ochi, Kon *et* Bai 类阿弗粪金龟甲
Phelotrupes substriatellus (Fairmaire) 见 *Phelotrupes (Sinogeotrupes) substriatellus*
Phelotrupes tenuestriatus (Fairmaire) 见 *Phelotrupes (Eogeotrupes) tenuestriatus*
Phelotrupes variolicollis (Boucomont) 变异弗粪金龟甲，变异齿股粪金龟
Phelotrupes weiweii Ochi, Kon *et* Bai 巍巍弗粪金龟甲
Phelotrupes yangi Ochi, Kon *et* Bai 杨氏弗粪金龟甲
Phelotrupes yunnanensis Král, Malý *et* Schneider 见 *Phelotrupes (Phelotrupes) yunnanensis*
Phelotrupes zhangi Ochi, Kon *et* Bai 张氏弗粪金龟甲
Phemiades 狒弄蝶属
Phemiades phineus (Cramer) 狒弄蝶
Phemiades pohli (Bell) [Pohl's skipper] 波尔狒弄蝶
Phenacaspis camelliae Chen 见 *Pseudaulacaspis camelliae*
Phenacaspis chinensis Cockerell 见 *Pseudaulacaspis chinensis*
Phenacaspis dendrobii Kuwana 见 *Pseudaulacaspis dendrobii*
Phenacaspis dilatata (Green) 同 *Pseudaulacaspis cockerelli*
Phenacaspis formosana (Takahashi) 见 *Aulacaspis formosana*
Phenacaspis frutescens Hu 见 *Pseudaulacaspis frutescens*
Phenacaspis litseae (Green) 见 *Aulacaspis litseae*
Phenacaspis neolinderae Chen 同 *Chionaspis lindereae*
Phenacaspis pinifoliae (Fitch) 见 *Chionaspis pinifoliae*
Phenacaspis quercus Kuwana 同 *Pseudaulacaspis kuishiuensis*
Phenacaspis sozanica (Takahashi) 见 *Chionaspis sozanica*
Phenacaspis subrotunda Chen 见 *Chionaspis subrotunda*
Phenacaspis surrhombica Chen 见 *Pseudaulacaspis surrhombica*
Phenacobryum 蜡链蚧属
Phenacobryum albospicatum (Green) 山矾蜡链蚧
Phenacobryum bryoides (Maskell) 东洋蜡链蚧，苔绵壶蚧
Phenacobryum echinatum Wang 四川蜡链蚧
Phenacobryum ficoides (Green) 榕树蜡链蚧
Phenacobryum indicum (Maskell) 印度蜡链蚧
Phenacobryum indigoferae Borchsenius 槐兰蜡链蚧
Phenacobryum javanensis (Lambdin *et* Kosztarab) 爪哇蜡链蚧
Phenacobryum roseus (Green) 蔷薇蜡链蚧
Phenacoccinae 绵粉蚧亚科
Phenacoccus 绵粉蚧属，绵粉介壳虫属
Phenacoccus acericola King [maple false scale, woolly maple scale, maple phenacoccus] 槭绵粉蚧
Phenacoccus aceris (Signoret) [apple mealybug, polyphagous tree mealybug] 槭树绵粉蚧，苹大绵粉蚧
Phenacoccus alticola Bazarov 帕米尔绵粉蚧，帕米尔草粉蚧
Phenacoccus arctophilus (Wang) 寒地绵粉蚧
Phenacoccus arthrophyti Archangelskaya 盐木绵粉蚧，盐木草粉蚧

P

Phenacoccus asteri Takahashi 菊绵粉蚧，菊绵粉介壳虫
Phenacoccus atubulatus Wu 无管绵粉蚧
Phenacoccus avenae Borchsenius [oat mealybug] 燕麦绵粉蚧
Phenacoccus avetianae Borchsenius 石块绵粉蚧
Phenacoccus azaleae Kuwana [azalea cottony mealybug, azalea mealybug] 花椒绵粉蚧，杜鹃绵粉蚧，踯躅绵粉蚧
Phenacoccus ballardi Newstead 鲍氏绵粉蚧
Phenacoccus bambusae Takahashi 竹绵粉蚧
Phenacoccus bazarovi Ben-Dov 野麦绵粉蚧，野麦草粉蚧
Phenacoccus borchsenii (Matesova) 波氏云杉绵粉蚧，云杉绵粉蚧
Phenacoccus desertus (Bazarov *et* Nurmamatov) 野蒿绵粉蚧，野蒿草粉蚧
Phenacoccus discadenatus (Danzig) 远东绵粉蚧，远东草粉蚧
Phenacoccus elongatus Takahashi 长绵粉蚧
Phenacoccus eugeniae Bazarov 同 *Phenacoccus bazarovi*
Phenacoccus eurotiae Danzig 侵若绵粉蚧
Phenacoccus ferulae Borchsenius 阿魏绵粉蚧
Phenacoccus fici Takahashi 榕绵粉蚧，榕绵粉介壳虫
Phenacoccus fraxinus Tang 白蜡绵粉蚧
Phenacoccus gossypii Townsend *et* Cockerell [Mexican mealybug] 墨西哥绵粉蚧，墨西哥粉蚧
Phenacoccus herreni Cox *et* Williams [cassava mealybug] 赫氏绵粉蚧，木薯绵粉蚧
Phenacoccus hirsutus Green 见 *Maconellicoccus hirsutus*
Phenacoccus hordei (Lindeman) [barley mealybug] 大麦绵粉蚧，大麦丝粉蚧
Phenacoccus incertus (Kiritshenko) 禾类绵粉蚧，禾类草粉蚧
Phenacoccus indicus (Avasthi *et* Shafee) 印度绵粉蚧
Phenacoccus interruptus Green 古北绵粉蚧
Phenacoccus isadenatus Danzig 沙哈林绵粉蚧
Phenacoccus juniperi Ter-Grigorian 桧树绵粉蚧
Phenacoccus karaberdi Borchsenius *et* Ter-Grigorian 禾草绵粉蚧
Phenacoccus kareliniae Borchsenius 额刺绵粉蚧
Phenacoccus kimmericus Kiritchenko 排管绵粉蚧
Phenacoccus larvalis Borchsenius 稚体绵粉蚧
Phenacoccus madeirensis Green 美地绵粉蚧
Phenacoccus manihoti Matile-Ferreo [cassava mealybug] 木薯绵粉蚧
Phenacoccus maritimus Danzig 海滨绵粉蚧
Phenacoccus mespili (Geoffroy) 同 *Phenacoccus aceris*
Phenacoccus neimengulicus Wu 内蒙粉蚧
Phenacoccus nephelii Takahashi 红毛丹绵粉蚧
Phenacoccus parvus Morrison 樱丹绵粉蚧，樱丹绵粉介壳虫
Phenacoccus pennisetus Tang 羊草绵粉蚧，羊草粉蚧
Phenacoccus pergandei Cockerell [cottony apple scale, elongate cottony scale, katsura mealybug] 柿树绵粉蚧，柿长粉蚧，苹长粉蚧，长粉蚧，桂粉蚧
Phenacoccus perillustris Borchsenius 忍冬绵粉蚧
Phenacoccus peruvianus Granara de Willink [bougainvillea mealybug] 三角梅绵粉蚧
Phenacoccus piceae (Loew) [spruce mealybug] 云杉绵粉蚧
Phenacoccus prunicola Borchsenius 杏树绵粉蚧，梅绵粉蚧，大理绵粉蚧
Phenacoccus pumilus Kiritchenko [dwarf mealybug] 侏儒绵粉蚧
Phenacoccus querculus (Borchsenius) 苏栎绵粉蚧
Phenacoccus quercus (Douglas) 同 *Phenacoccus aceris*
Phenacoccus rotundus Kanda 圆体绵粉蚧
Phenacoccus salsolae Danzig 猪毛菜绵粉蚧，猪毛菜草粉蚧
Phenacoccus schmelevi Bazarov 帕米尔绵粉蚧
Phenacoccus shanxiensis Wu 山西绵粉蚧
Phenacoccus solani Ferris 石蒜绵粉蚧，石蒜绵粉介壳虫
Phenacoccus solenopsis Tinsley [cotton mealybug, solenopsis mealybug] 扶桑绵粉蚧，棉花粉蚧
Phenacoccus strigosus Borchsenius 天芥菜绵粉蚧
Phenacoccus trichonotus (Danzig) 毛刺绵粉蚧
Phenacoccus tshadaevae (Danzig) 蒙古绵粉蚧，蒙古草粉蚧
Phenacoccus vaccinii (Danzig) 乌饭绵粉蚧
Phenacoccus viburnae Kanda [viburnum cottony scale, viburnum scale] 荚迷绵粉蚧
Phenacoccus yerushalmi Ben-Dov 圣露绵粉蚧
Phenacoleachia 眼蚧属
Phenacoleachia australis Beardsley 澳洲眼蚧
Phenacoleachia zealandica (Maskell) 新西兰眼蚧，新西兰软旌蚧
phenacoleachiid 1. [= phenacoleachiid scale] 眼蚧 < 眼蚧科 Phenacoleachiidae 昆虫的通称 >；2. 眼蚧科的
phenacoleachiid scale [= phenacoleachiid] 眼蚧
Phenacoleachiidae 眼蚧科
Phenelia 纷颖蜡蝉属
Phenelia striatella (Matsumura) 纹纷颖蜡蝉
Phengaris 白灰蝶属
Phengaris albida Leech 婀白灰蝶
Phengaris atroguttata (Oberthür) [great spotted blue] 白灰蝶
Phengaris atroguttata atroguttata (Oberthür) 白灰蝶指名亚种
Phengaris atroguttata formosana (Matsumura) 白灰蝶台湾亚种，青雀斑灰蝶，淡青雀斑灰蝶，淡青雀斑小灰蝶，淡青胡麻斑小灰蝶，蓝泽白灰蝶，台湾白灰蝶
Phengaris atroguttata juenana (Förster) 白灰蝶滇北亚种，滇北白灰蝶
Phengaris atroguttata matsumurai (Sonan) 白灰蝶松村亚种，松村白灰蝶
Phengaris daitozana Wileman 台湾白灰蝶，白雀斑灰蝶，白雀斑小灰蝶，白胡麻斑小灰蝶，黑斑白灰蝶，台大塔山白灰蝶
Phengaris xiushani Wang *et* Settele [Xiushan's large blue] 秀山白灰蝶
phengodid 1. [= phengodid beetle, glowworm beetle, glowworm] 光萤，亮萤 < 光萤科 Phengodidae 昆虫的通称 >；2. 光萤科的
phengodid beetle [= phengodid, glowworm beetle, glowworm] 光萤，亮萤
Phengodidae 光萤科，亮萤科，花萤科
Phenicothrips 长锥管蓟马属
Phenicothrips callosae (Priesner) 榕长锥管蓟马，榕滑蓟马
Phenicothrips daetymon (Karny) 长锥管蓟马
Phenicothrips eugeniae (Priesner) 蒲桃长锥管蓟马，番樱桃滑蓟马
Phenicothrips siamensis (Karny) 单鬃长锥管蓟马，泰榕管蓟马，泰国滑蓟马
phenocopy 拟表型，表型模拟
phenol 苯酚；石炭酸
Phenolia 芬露尾甲

Phenolia amplificator (Hisamatsu) 安芬露尾甲，安多毛露尾甲
Phenolia inaequalis (Grouvelle) 不等芬露尾甲，不等多毛露尾甲
Phenolia monticola (Grouvelle) 山芬露尾甲，山多毛露尾甲
Phenolia picta (MacLeay) 绣芬露尾甲，绣多毛露尾甲
phenological isolation 物候隔离
phenology [= phenomenology] 物候学
phenolxidase [abb. PO] 酚氧化酶
phenomenology 见 phenology
phenome 表型组
phenomic 表型组的
phenomics 表型组学
phenotype 表型，表现型
phenotype diversity 表现型的多样性
phenotypic 表型的，表现型的
phenotypic structure 表型结构，表现型结构
phenthoate 稻丰散，爱乐散，益尔散
phenyl mercury acetate 醋酸苯汞，赛力散
phenyl mercury chloride 氯化苯汞，西力生
phenylalanine [abb. Phe] 苯丙氨酸
pheomelanin 褐黑素，嗜黑色素
Pheosia 剑舟蛾属
Pheosia albivertex (Hampson) 白顶剑舟蛾
Pheosia buddhism (Püngeler) 佛剑舟蛾，巴剑舟蛾
Pheosia buddhism buddhism (Püngeler) 佛剑舟蛾指名亚种
Pheosia buddhista gelukpa Gaede 见 *Pheosia gelupka*
Pheosia fusiformis Matsumura 纺锤剑舟蛾，杨剑舟蛾
Pheosia gelupka Gaede 戈剑舟蛾，格巴剑舟蛾
Pheosia gnoma (Fabricius) 白剑舟蛾
Pheosia rimosa Packard [black rimmed prominent moth, fissured prominent, false-sphinx, mirror-back caterpillar] 杨剑舟蛾，龟裂剑舟蛾
Pheosia rimosa rimosa Packard 杨剑舟蛾指名亚种
Pheosia rimosa taiwanognorna Nakamura 杨剑舟蛾台湾亚种，台剑舟蛾，中白舟蛾，台龟裂剑舟蛾
Pheosia tephroxantha Püngeler 灰黄剑舟蛾
Pheosia tremula Clerck 震剑舟蛾
Pheosilla umbra Kiriakoff 见 *Fusadonta umbra*
Pheosiopsis 夙舟蛾属，夙舟蛾亚属
Pheosiopsis abalienata Kishida *et* Kobayashi 奥夙舟蛾
Pheosiopsis abludo Schintlmeister *et* Fang 见 *Pheosiopsis* (*Suzukiana*) *abludo*
Pheosiopsis alboaccentuata (Oberthür) 见 *Pheosiopsis* (*Oligaeschra*) *alboaccentuata*
Pheosiopsis alishanensis (Kishida) 见 *Pheosiopsis* (*Suzukiana*) *alishanensis*
Pheosiopsis antennalis (Bryk) 见 *Pheosiopsis* (*Pheosiopsis*) *antennalis*
Pheosiopsis birmidonta (Bryk) 见 *Pheosiopsis* (*Pheosiopsis*) *birmidonta*
Pheosiopsis cinerea (Butler) 见 *Pheosiopsis* (*Suzukiana*) *cinerea*
Pheosiopsis cinerea canescens (Kiriakoff) 见 *Pheosiopsis* (*Suzukiana*) *cinerea canescens*
Pheosiopsis cinerea formosana (Okano) 见 *Pheosiopsis* (*Suzukiana*) *cinerea formosana*
Pheosiopsis cinerea ussuriensis (Moltrecht) 见 *Pheosiopsis* (*Suzukiana*) *cinerea ussuriensis*
Pheosiopsis dierli Sugi 见 *Pheosiopsis* (*Pheosiopsis*) *dierli*
Pheosiopsis gaedei Schintlmeister 见 *Pheosiopsis* (*Pheosiopsis*) *gaedei*
Pheosiopsis gaedei gaedei Schintlmeister 见 *Pheosiopsis* (*Pheosiopsis*) *gaedei gaedei*
Pheosiopsis gaedei kuni Schintlmeister 见 *Pheosiopsis* (*Pheosiopsis*) *gaedei kuni*
Pheosiopsis gefion Schintlmeister 见 *Pheosiopsis* (*Suzukiana*) *gefion*
Pheosiopsis gilda Schintlmeister 见 *Pheosiopsis* (*Pheosiopsis*) *gilda*
Pheosiopsis inconspicua (Kiriakoff) 见 *Pheosiopsis* (*Oligaeschra*) *inconspicua*
Pheosiopsis irrorata (Moore) 逸夙舟蛾
Pheosiopsis (***Letitia***) ***optata*** Schintlmeister 悦夙舟蛾
Pheosiopsis li Schintlmeister 见 *Pheosiopsis* (*Oligaeschra*) *li*
Pheosiopsis linus Schintlmeister 清夙舟蛾，林夙舟蛾
Pheosiopsis (***Lupa***) ***lupanaria*** Schintlmeister 罗夙舟蛾
Pheosiopsis luscinicola (Nakamura) 见 *Pheosiopsis* (*Oligaeschra*) *luscinicola*
Pheosiopsis mulieris Kobayashi *et* Kishida 穆夙舟蛾
Pheosiopsis niveipicta Bryk 见 *Pheosiopsis* (*Pheosiopsis*) *niveipicta*
Pheosiopsis norina Schintlmeister 见 *Pheosiopsis* (*Pheosiopsis*) *norina*
Pheosiopsis (***Oligaeschra***) ***alboaccentuata*** (Oberthür) 心白夙舟蛾，白异剑舟蛾，白微舟蛾
Pheosiopsis (***Oligaeschra***) ***inconspicua*** (Kiriakoff) 苍白夙舟蛾，不显异剑舟蛾
Pheosiopsis (***Oligaeschra***) ***li*** Schintlmeister 平夙舟蛾
Pheosiopsis (***Oligaeschra***) ***luscinicola*** (Nakamura) 路夙舟蛾，露异剑舟蛾
Pheosiopsis (***Oligaeschra***) ***plutenkoi*** Schintlmeister *et* Fang 顶夙舟蛾
Pheosiopsis (***Oligaeschra***) ***ronbrechlini*** Schintlmeister *et* Fang 荣夙舟蛾
Pheosiopsis (***Oligaeschra***) ***subvelutina*** (Kiriakoff) 微绒夙舟蛾，绒异剑舟蛾
Pheosiopsis pallidogriseus Schintlmeister 见 *Pheosiopsis* (*Pheosiopsis*) *pallidogriseus*
Pheosiopsis pallidogriseus lassus Schintlmeister 见 *Pheosiopsis* (*Pheosiopsis*) *pallidogriseus lassus*
Pheosiopsis pallidogriseus pallidogriseus Schintlmeister 见 *Pheosiopsis* (*Pheosiopsis*) *pallidogriseus pallidogriseus*
Pheosiopsis (***Pheosiopsis***) ***antennalis*** (Bryk) 角夙舟蛾，触角异剑舟蛾
Pheosiopsis (***Pheosiopsis***) ***birmidonta*** (Bryk) 碧夙舟蛾，缅异剑舟蛾
Pheosiopsis (***Pheosiopsis***) ***dierli*** Sugi 黛尔夙舟蛾
Pheosiopsis (***Pheosiopsis***) ***gaedei*** Schintlmeister 噶夙舟蛾，格异剑舟蛾
Pheosiopsis (***Pheosiopsis***) ***gaedei gaedei*** Schintlmeister 噶夙舟蛾指名亚种
Pheosiopsis (***Pheosiopsis***) ***gaedei kuni*** Schintlmeister 噶夙舟蛾越南亚种
Pheosiopsis (***Pheosiopsis***) ***gilda*** Schintlmeister 姬夙舟蛾
Pheosiopsis (***Pheosiopsis***) ***niveipicta*** Bryk 雪花夙舟蛾，雪点异剑舟蛾
Pheosiopsis (***Pheosiopsis***) ***norina*** Schintlmeister 努夙舟蛾，诺异剑舟蛾
Pheosiopsis (***Pheosiopsis***) ***pallidogriseus*** Schintlmeister 灰白夙舟蛾

Pheosiopsis* (*Pheosiopsis*) *pallidogriseus lassus Schintlmeister 灰白夙舟蛾西部亚种
Pheosiopsis* (*Pheosiopsis*) *pallidogriseus pallidogriseus Schintlmeister 灰白夙舟蛾指名亚种
Pheosiopsis* (*Pheosiopsis*) *viresco Schintlmeister 绿夙舟蛾
Pheosiopsis plutenkoi Schintlmeister *et* Fang 见 *Pheosiopsis* (*Oligaeschra*) *plutenkoi*
Pheosiopsis pseudoantennalis Schintlmeister 新角夙舟蛾
Pheosiopsis ronbrechlini Schintlmeister *et* Fang 见 *Pheosiopsis* (*Oligaeschra*) *ronbrechlini*
Pheosiopsis seni Wu *et* Hsu 沈氏夙舟蛾
Pheosiopsis sichuanensis (Cai) 见 *Pheosiopsis* (*Suzukiana*) *sichuanensis*
Pheosiopsis subvelutina (Kiriakoff) 见 *Pheosiopsis* (*Oligaeschra*) *subvelutina*
Pheosiopsis* (*Suzukiana*) *abludo Schintlmeister *et* Fang 岐夙舟蛾
Pheosiopsis* (*Suzukiana*) *alishanensis (Kishida) 阿里山夙舟蛾，阿里山异剑舟蛾
Pheosiopsis* (*Suzukiana*) *cinerea (Butler) 喜夙舟蛾，夙舟蛾，灰异剑舟蛾
Pheosiopsis* (*Suzukiana*) *cinerea canescens (Kiriakoff) 喜夙舟蛾秦岭亚种，肯灰异剑舟蛾
Pheosiopsis* (*Suzukiana*) *cinerea cinerea (Butler) 喜夙舟蛾指名亚种
Pheosiopsis* (*Suzukiana*) *cinerea formosana (Okano) 喜夙舟蛾台湾亚种，台灰异剑舟蛾，喜夙舟蛾
Pheosiopsis* (*Suzukiana*) *cinerea ussuriensis (Moltrecht) 喜夙舟蛾乌苏亚种，乌灰异剑舟蛾
Pheosiopsis* (*Suzukiana*) *gefion Schintlmeister 吉夙舟蛾
Pheosiopsis* (*Suzukiana*) *sichuanensis (Cai) 川夙舟蛾，川异剑舟蛾
Pheosiopsis viresco Schintlmeister 见 *Pheosiopsis* (*Pheosiopsis*) *viresco*
Pheosiopsis xiejiana Kobayashi *et* Wang 歇夙舟蛾
Pheraeus 傅弄蝶属
Pheraeus argynnis Plötz 银傅弄蝶
Pheraeus covadonga Freeman [etched skipper, covadonga skipper] 刻傅弄蝶
Pheraeus covadonga covadonga Freeman 刻傅弄蝶指名亚种
Pheraeus covadonga loxicha Steinhauser [western covadonga skipper] 刻傅弄蝶西部亚种
Pheraeus maria Steinhauser [Maria skipper] 玛丽傅弄蝶
Pheraeus odilia (Plötz) [snazzy skipper] 傅弄蝶
Pheraeus rumba Evans 伦巴傅弄蝶
Pherbellia 负菊沼蝇属，俊沼蝇属
Pherbellia albocostata (Fallén) 白缘负菊沼蝇
Pherbellia brevistriata Li, Yang *et* Gu 同 *Pherbellia nana reticulata*
Pherbellia causta (Hendel) 灸负菊沼蝇，烧灸负菊沼蝇，烧灸沼蝇，护沼蝇
Pherbellia cinerella (Fallén) 灰胸负菊沼蝇
Pherbellia czernyi (Hendel) 彻尼负菊沼蝇
Pherbellia ditoma Steyskal 残脉负菊沼蝇
Pherbellia dorsata (Zetterstedt) 背鬃负菊沼蝇
Pherbellia griseola (Fallén) 小灰负菊沼蝇，灰色负菊沼蝇
Pherbellia nana (Fallén) 纳负菊沼蝇，小负菊沼蝇，小菲沼蝇
Pherbellia nana nana (Fallén) 纳负菊沼蝇指名亚种，指名小菲沼蝇
Pherbellia nana reticulata (Thomson) 纳负菊沼蝇稀斑亚种，网小菲沼蝇，稀斑负菊沼蝇
Pherbellia obscura (Ringdahl) 阴暗负菊沼蝇
Pherbellia orientalis Rozkošný *et* Knutson 东方负菊沼蝇
Pherbellia schoenherri (Fallén) 斑翅负菊沼蝇
Pherbellia terminalis (Walker) 端负菊沼蝇，顶生负菊沼蝇
Pherbina 缘鬃沼蝇属，菲沼蝇属
Pherbina coryleti (Scopoli) 毛簇缘鬃沼蝇
Pherbina intermedia Verbeke 中芒缘鬃沼蝇，中介菲沼蝇
Pherbina mediterranea Mayer 地中海缘鬃沼蝇
Pherbina testacea (Sack) 有壳缘鬃沼蝇
phereclus metalmark [= orange-barred velvet, *Panara phereclus* (Linnaeus)] 飞斜黄蚬蝶
Phereoeca 户鞘谷蛾属
Phereoeca uterella (Walsingham) [plaster bagworm, household casebearer moth] 户鞘谷蛾，壶巢蕈蛾，衣蛾，家衣蛾
pheridamas leafwing [*Prepona pheridamas* (Cramer)] 眉靴蛱蝶
Pherobase 昆虫信息素数据库
Pherolepis 吸血盲蝽属
Pherolepis aenescens (Reuter) 鳞毛吸血盲蝽，单盲蝽
Pherolepis amplus Kulik 广吸血盲蝽
Pherolepis kiritshenkoi (Kerzhner) 克氏吸血盲蝽
Pherolepis longipilus Zhang *et* Liu 长毛吸血盲蝽
Pherolepis nigrinus Zhang *et* Liu 黑吸血盲蝽
Pherolepis robustus Zhang *et* Liu 壮吸血盲蝽
pheromonal 信息素的
pheromonal activation 信息素激活
pheromonal communication 信息素通讯
pheromonal component 信息素组成
pheromonal cue 信息素线索
pheromonal signal 信息素信号
pheromonal type 信息素类型
pheromone [= ecto-hormone] 信息素，外激素
pheromone binding protein [abb. PBP] 信息素结合蛋白
pheromone biosynthesis activating neuropeptide [abb. PBAN] 信息素合成激活肽，信息素生物合成激活神经肽，性信息素合成激活肽
pheromone communication 信息素通讯
pheromone dispensing device 信息素散发器
pheromone inhibitor 信息素抑制剂
pheromone parsimony 信息素多义性
pheromone receptor [abb. PR] 信息素受体
pheromone trap 信息素诱捕器
pheromonostatin 抑性信息素肽
pheromonotropin 促性信息素肽
pheron 1. 酶蛋白；2. 脱辅基酶
Pheropsophina 屁步甲亚族，炮步甲亚族
Pheropsophus 屁步甲属，炮步甲属
Pheropsophus abnormis Jedlička 同 *Pheropsophus marginicollis*
Pheropsophus aequinoctialis (Linnaeus) 美洲黄斑屁步甲
Pheropsophus africanus (Dejean) 非洲屁步甲
Pheropsophus agnatus Chaudoir 同 *Pheropsophus javanus*
Pheropsophus assimilis Chaudoir 异屁步甲
Pheropsophus beckeri Jedlička 贝屁步甲

Pheropsophus catoirei Dejean 卡屁步甲
Pheropsophus chinensis Jedlička 中华屁步甲，华屁步甲
Pheropsophus emarginatus Chaudoir 凹缘屁步甲
Pheropsophus formosanus Dupuis 台屁步甲
Pheropsophus guanxiensis Kirschenhofer 广西屁步甲
Pheropsophus hilaris Fabricius 愉屁步甲
Pheropsophus infantulus Bates 婴屁步甲
Pheropsophus javanus (Dejean) 爪哇屁步甲，爪哇条鞘屁步甲，黄纹放屁虫
Pheropsophus javanus javanus (Dejean) 爪哇屁步甲指名亚种，指名爪哇屁步甲
Pheropsophus javanus picicollis Chaudoir 见 *Pheropsophus picicollis*
Pheropsophus jessoensis Morawitz [Asian bombardier beetle, spotted brownish ground beetle, miidera beetle] 耶屁步甲
Pheropsophus katangensis Burgeon 广东屁步甲
Pheropsophus lissoderus Chaudoir 滑屁步甲
Pheropsophus madagascariensis (Dejean) 马岛屁步甲
Pheropsophus marginicollis Motschulsky 缘屁步甲
Pheropsophus minor Murray 小屁步甲
Pheropsophus nebulosus Chaudoir 暗屁步甲
Pheropsophus nebulosus formosanus Dupuis 见 *Pheropsophus formosanus*
Pheropsophus nebulosus nebulosus Chaudoir 暗屁步甲指名亚种
Pheropsophus occipitalis (MacLeay) 广屁步甲，短鞘步甲，屁步甲，炮步甲，放屁甲，放炮虫，气步甲，黄尾放屁虫，小黄纹炮步行虫
Pheropsophus picicollis Chaudoir 黑胸屁步甲，黑爪哇屁步甲
Pheropsophus scythropus Andrewes 沈屁步甲
Pheropsophus siamensis Chaudoir 泰国屁步甲
Pheropsophus stenopterus Chaudoir 狭翅屁步甲
Pheropsophus suensoni Schauberger 夙屁步甲
Pheropsophus yunnanensis Kirschenhofer 云南屁步甲
Phi 费蜾蠃属
Phi flavopunctatum continentale (Zimmermann) 见 *Phimenes flavopictum continentale*
phial [= phialum] 液袋 < 昆虫中容纳液体以增加翅重的小囊 >
Phialodes 弗喙象甲属，弗喙象属
Phialodes (Chinphialodes) tumidus Zhang 突翅弗喙象甲，突翅弗喙象
Phialodes rufipennis Roelofs 长足弗喙象甲，长足切叶象甲
phialum [= phial] 液袋
Phibalapteryx 费拉尺蛾属 < 此属学名有误写为 *Philabapteryx* 者 >
Phibalapteryx flavovenata Leech 见 *Horisme flavovenata*
Phibalapteryx interrubrescens Hampson 见 *Eupithecia interrubrescens*
Phibalapteryx macularia Leech 见 *Horisme macularia*
Phibalapteryx nigrovittata Warren 见 *Horisme nigrovittata*
Phibalapteryx parcata Püngeler 见 *Horisme parcata*
Phibalapteryx plurilineata Moore 见 *Horisme plurilineata*
Phibalapteryx tersata (Denis *et* Schiffermüller) 见 *Horisme tersata*
Phibalapteryx tersata chinensis Leech 见 *Horisme tersata chinensis*
Phibalothrips 缺缨针蓟马属，缺缨狭蓟马属
Phibalothrips basis Chen 腹基缺缨针蓟马，腹基缺缨狭蓟马
Phibalothrips longiceps (Karny) 长头缺缨针蓟马
Phibalothrips peringueyi (Faure) 二色缺缨针蓟马，二色缺缨狭蓟马
phidias firetip [= original firetip, *Pyrrhopyge phidias* (Linnaeus)] 红臀弄蝶
Phidriman 仿介夜蛾属
Phidrimana amurensis (Staudinger) 曲肾仿介夜蛾，曲肾介夜蛾
phidyle skipper [*Mimia phidyle* (Godman *et* Salvin)] 菲弥环弄蝶，弥环弄蝶
Phigalia 白桦尺蛾属
Phigalia djakonovi Moltrecht 见 *Apocheima djakonovi*
Phigalia owadai Nakajima 大和田白桦尺蛾，大和妃尺蛾，大和田扉冬尺蛾
Phigalia sinuosaria Leech [fruittree looper] 波白桦尺蛾
Phigalia tires (Cramer) 白桦尺蛾
Phigalia verecundaria (Leech) 绿点白桦尺蛾，绿点扉冬尺蛾
Phigaliohybernia 类扉尺蛾属
Phigaliohybernia fulvinfula Inoue 黄褐类扉尺蛾
Philaenini 长沫蝉族
Philaenus 长沫蝉属
Philaenus abietis Matsumura 椴松长沫蝉
Philaenus arisanus Matsumura 阿里山长沫蝉
Philaenus castaneus Kato 树长沫蝉
Philaenus chinensis Zacheatkin 中华长沫蝉
Philaenus flavovittatus Kato 黄条长沫蝉
Philaenus hoffmanni (Metcalf *et* Horton) 贺氏长沫蝉，贺氏沫蝉
Philaenus laetus (Jacobi) 喜长沫蝉，喜沫蝉
Philaenus leucophthalmus (Linnaeus) 白腿长沫蝉
Philaenus lineatus (Linnaeus) 条纹长沫蝉
Philaenus minutus Kato 小长沫蝉
Philaenus mushanus Matsumura 雾社长沫蝉，五条额斑长沫蝉
Philaenus nigripectus (Matsumura) [black-striped elongate froghopper] 黑条长沫蝉，黑胸长沫蝉
Philaenus onsenjianus (Matsumura) 东北长沫蝉，东北沫蝉
Philaenus pallidus (Melichar) 淡色长沫蝉
Philaenus spumarius (Linnaeus) [meadow spittlebug, meadow froghopper, common froghopper, cuckoo spitinse] 草甸长沫蝉，长沫蝉，牧场沫蝉
Philaethria 绿袖蝶属
Philaethria constantinoi Salazar 闪绿袖蝶
Philaethria diatonica (Fruhstorfer) [northern green longwing] 北绿袖蝶
Philaethria dido (Linnaeus) [scarce bamboo page, longwing dido, green heliconia] 绿袖蝶
Philaethria pygmalion (Fruhstorfer) 臀绿袖蝶
Philaethria wernickei Röber 淡绿袖蝶
Philagra 象沫蝉属
Philagra albinotata Uhler 白纹象沫蝉
Philagra arisana Kato 阿里山象沫蝉，阿里山白纹象沫蝉
Philagra cheni Liang 陈氏象沫蝉
Philagra dissimilis Distant 黄翅象沫蝉
Philagra fusiformis (Walker) 锤形象沫蝉，黑斑象沫蝉
Philagra fusiformis fusiformis (Walker) 锤形象沫蝉指名亚种
Philagra fusiformis longirostris Schumacher 见 *Philagra longirostris*
Philagra fusiformis numerosa Lallemand 锤形象沫蝉短额亚种，短额锤形象沫蝉
Philagra grahami Metcalf *et* Horton 格氏象沫蝉
Philagra insularis Jacobi 台岛象沫蝉，狭体锤形象沫蝉

Philagra kanoi Matsumura 鹿野象沫蝉，拟阿里山白纹象沫蝉
Philagra kuskusuana Matsumura 高士佛象沫蝉，松村氏长额象沫蝉，松村氏长额锤形象沫蝉
Philagra longirostris Schumacher 长吻象沫蝉，长额锤形象沫蝉
Philagra major Metcalf *et* Horton 橘象沫蝉
Philagra memoranta Liu 忆象沫蝉
Philagra montana Kato 太平山象沫蝉
Philagra numerosa Lallemand 南方象沫蝉
Philagra quadrimaculata Schmidt 四斑象沫蝉
Philagra recta Jacobi 黄翅象沫蝉，直象沫蝉
Philagra semivittata Melichar 单纹象沫蝉
Philagra subrecta Jacobi 雅氏象沫蝉，黄翅象沫蝉
Philagra subrecta* var. *unipuncta Liu 雅氏象沫蝉一点变种，一点象沫蝉
Philagra tongoides Kirkaldy 云南象沫蝉
Philagra vittata Metcalf *et* Horton 条纹象沫蝉
Philagrini 象沫蝉族
Philampelinae 蜂形天蛾亚科
Philanthaxia 坚吉丁甲属，坚吉丁属，菲吉丁甲属，圆吉丁虫属
Philanthaxia ceylonica Tôyama 锡兰坚吉丁甲
Philanthaxia convexifrons Kurosawa 凸额坚吉丁甲，凸额菲吉丁甲，凸额菲吉丁
Philanthaxia indica Bílý 印度坚吉丁甲
Philanthaxia nigra Théry 黑坚吉丁甲
Philanthaxia ovata Bílý 卵圆坚吉丁甲
Philanthaxia robusta Bílý 壮坚吉丁甲
Philanthaxia sauteri Kerremans 索氏坚吉丁甲，索氏坚吉丁，索氏菲吉丁甲，索菲吉丁，曹德氏圆吉丁虫
Philanthaxia thailandica Bílý 泰国坚吉丁甲
Philanthaxia tonkinea Bílý 北部湾坚吉丁甲
Philanthaxia tricolor Bílý 三色坚吉丁甲
Philanthaxia vietnamica Bílý 越南坚吉丁甲
philanthid 1. [= philanthid wasp] 大头泥蜂 < 大头泥蜂科 Philanthidae 昆虫的通称 >；2. 大头泥蜂科的
philanthid wasp [= philanthid] 大头泥蜂
Philanthidae 大头泥蜂科
Philanthinae 大头泥蜂亚科
Philanthinus 拟大头泥蜂属
Philanthinus quattuodecimpunctatus (Morawitz) 花拟大头泥蜂
Philanthus 大头泥蜂属
Philanthus coronatus (Thunberg) 皇冠大头泥蜂
Philanthus hellmanni (Eversmann) 菱斑大头泥蜂
Philanthus lingyuanensis Yasumatsu 东北大头泥蜂
Philanthus mongolicus Morawitz 内蒙大头泥蜂
Philanthus notatulus Smith 斑大头泥蜂
Philanthus notatulus formosanus Tsuneki 斑大头泥蜂台湾亚种，台斑大头泥蜂
Philanthus notatulus notatulus Smith 斑大头泥蜂指名亚种
Philanthus triangulum (Fabricius) [European beewolf, European bee wolf] 山斑大头泥蜂，欧洲狼蜂
Philanthus variegatus Spinola 多变大头泥蜂
Philarctus 菲沼石蛾属
Philarctus appendiculatus Martynov 附肢菲沼石蛾
Philarctus asiaticus (Forsslund) 亚洲菲沼石蛾，亚洲扁石蛾
Philarctus przewalskii MacLachlan 普氏菲沼石蛾
Phildris 凹头臭蚁属
Phildris jiugongshanensis Wang *et* Wu 九宫山凹头臭蚁
Philenora 菲苔蛾属
Philenora latifasciata Inoue *et* Kobayaski 宽带菲苔蛾，褐带小苔蛾
Philenora tenuilinea Hampson 锐线菲苔蛾
Philereme 夸尺蛾属
Philereme bipunctularia (Leech) 双斑夸尺蛾，二点司柯尺蛾
Philereme instabilis Alphéraky 荫夸尺蛾
Philereme transversata (Hüfnagel) 横线夸尺蛾
Philereme transversata japanaria (Leech) 横线夸尺蛾日本亚种，日横线夸尺蛾
Philereme transversata transversata (Hüfnagel) 横线夸尺蛾指名亚种
Philereme vashti basilis Prout 同 *Triphosa vashti*
Philetaerius 爱蚁隐翅甲属，喜蚁隐翅甲属
Philetaerius elegans Sharp 丽爱蚁隐翅甲，丽喜蚁隐翅甲
Philhammus 沟甲属
Philhammus leei Kaszab 李氏沟甲，李氏沟土甲
Philharmonia 俪祝蛾属
Philharmonia adusta Park 褐俪祝蛾
Philharmonia calypsa Wu 静俪祝蛾
Philharmonia eurysia Wu 宽俪祝蛾
Philharmonia melona Wu 果俪祝蛾
Philharmonia paratona Gozmány 副俪祝蛾，俪祝蛾，副菲卷麦蛾
Philharmonia spinula Wu 刺茎俪祝蛾
Philinae 狭胸天牛亚科
Philini 狭胸天牛族
philinus perisama [*Perisama philinus* (Doubleday)] 蓝黑美蛱蝶
Philippian Subregion 菲律宾亚区
Philippine Entomologist 菲律宾昆虫学家 < 期刊名 >
Philippine honey bee [*Apis nigrocincta* Smith] 苏拉威蜜蜂，苏拉威西蜂
Philippine mango mealybug [*Rastrococcus spinosus* (Robinson)] 多刺平刺粉蚧，多刺垒粉蚧，蛛丝平刺粉蚧，刺梳粉蚧，刺平粉介壳虫
Philippine swift [*Caltoris philippina* (Herrich-Schäffer)] 菲律宾珂弄蝶
Philippines whitefly [*Aleurolobus philippinensis* Quaintance *et* Baker] 菲岛三叶粉虱，菲岛裂粉虱，菲岛粉虱，菲律宾穴粉虱
Philippodexia 菲岛寄蝇属
Philippodexia longipes Townsend 长足菲岛寄蝇
Philippodexia major Malloch 大菲岛寄蝇
Philippodexia montana Townsend 山菲岛寄蝇
Philippodexia pallidula Mesnil 淡菲岛寄蝇
Philippodexia separata Malloch 离菲岛寄蝇
Philippodexia sumatrensis Townsend 苏门菲岛寄蝇
Philippon's leafwing [*Prepona philipponi* Le Moult] 菲利浦靴蛱蝶
Philip's arctic [*Oeneis rosovi* (Kurentzov)] 罗斯酒眼蝶
Philiptschenko's gland 菲氏腺 < 为蜕皮腺的一种 >
Philiris 菲灰蝶属
Philiris agatha Grose-Smith 阿佳菲灰蝶
Philiris albicostalis Tite 白纹菲灰蝶
Philiris albihumerata Tite 白青菲灰蝶

Philiris albiplaga Joicey *et* Talbot 白菲灰蝶
Philiris angabunga Bethune-Baker 安菲灰蝶
Philiris apicalis Tite 蜂美菲灰蝶
Philiris argenteus Rothschild 阿根菲灰蝶
Philiris ariadne Wind *et* Clench 阿莱菲灰蝶
Philiris azula Wind *et* Clench [azure moonbeam] 婀菲灰蝶
Philiris caerulea Tite 凯露菲灰蝶
Philiris cyana Bethune-Baker 深蓝菲灰蝶
Philiris diana Waterhouse *et* Lyell [large moonbeam] 靛菲灰蝶
Philiris dinawa Bethune-Baker 迪那菲灰蝶
Philiris elegans Tite 华美菲灰蝶
Philiris fulgens (Grose-Smith *et* Kirby) [bicolour moonbeam] 闪光菲灰蝶
Philiris goliathensis Tite 淡雅菲灰蝶
Philiris harterti Grose-Smith 哈特菲灰蝶
Philiris helena Snellen 纯蓝菲灰蝶
Philiris hemileuca Jordan 半白菲灰蝶
Philiris hypoxantha Röber 黄衬菲灰蝶
Philiris ianthina Tite 紫菲灰蝶
Philiris ignobilis Joicey *et* Talbot 旖菲灰蝶
Philiris ilias (Felder) 旖丽菲灰蝶
Philiris innotatus (Miskin) [purple moonbeam, common moonbeam] 印菲灰蝶
Philiris intensa Butler 荫菲灰蝶
Philiris kapaura Tite 卡菲灰蝶
Philiris kumusiensis Tite 古木菲灰蝶
Philiris lavendula Tite 拉菲灰蝶
Philiris lucescens Tite 亮菲灰蝶
Philiris marginata Grose-Smith 马尔菲灰蝶
Philiris mayri Wind *et* Clench 麦菲灰蝶
Philiris melanacra Tite 黑菲灰蝶
Philiris moira Grose-Smith 魔衣菲灰蝶
Philiris montigena Tite 山地菲灰蝶
Philiris nitens (Grose-Smith) [blue moonbeam] 尼特菲灰蝶
Philiris oreas Tite 奥润菲灰蝶
Philiris phengotes Tite 芬菲灰蝶
Philiris philotas Felder 爱菲灰蝶
Philiris philotoides Tite 拟爱菲灰蝶
Philiris praeclara Tite 普来菲灰蝶
Philiris refusa Grose-Smith 雷菲灰蝶
Philiris remissa Tite 罗菲灰蝶
Philiris riuensis Tite 绒菲灰蝶
Philiris sappheira Sands [sapphire moonbeam] 蔚蓝菲灰蝶
Philiris satis Tite 沙菲灰蝶
Philiris sublutea Bethune-Baker 黄下菲灰蝶
Philiris subovata Grose-Smith 卵斑菲灰蝶
Philiris tombara Tite 托菲灰蝶
Philiris unipunctata Bethune-Baker 单斑菲灰蝶
Philiris vicina Grose-Smith 维希纳菲灰蝶
Philiris violetta Röber 小堇菲灰蝶
Philiris zadne Grose-Smith 扎菲灰蝶
Philiris ziska (Grose-Smith) [white-margined moonbeam] 齐菲灰蝶
Philobatus 网姬蝽亚属，网姬蝽属
Philobatus christophi (Dohrn) 见 *Nabis christophi*
Philobota 菲谷蛾属
Philobota syntropa Meyrick 辛菲谷蛾
philocles eyemark [*Mesosemia philocles* (Linnaeus)] 美眼蚬蝶
Philocteanus 铜吉丁甲属，铜吉丁属，黄铜吉丁甲属
Philocteanus morici Fairmaire 金铜吉丁甲，金铜吉丁
Philocteanus plutus (Laporte *et* Gory) 普铜吉丁甲，普黄铜吉丁
Philocteanus rubroaureus (De Geer) 紫铜吉丁甲，紫铜吉丁，艳黄铜吉丁甲，艳黄铜吉丁
Philoctetes 菲青蜂属
Philoctetes deauratus (Mocsáry) 中国菲青蜂，中国亮青蜂
Philoctetes duplipunctatus (Tsuneki) 斑菲青蜂，重点炬青蜂
Philoctetes heros (Semenow) 贺菲青蜂
Philoctetes horvathi (Mocsáry) 霍氏菲青蜂
Philoctetes mongolicus (du Buysson) 蒙古菲青蜂
Philoctetes mordvilkoi (Semenov) 莫氏菲青蜂，摩氏亮青蜂
Philoctetes praeteritorum (Semenov) 川菲青蜂
Philodicus 峰额虫虻属，峰额食虫虻属，亲蜜食虫虻属
Philodicus chinensis Schiner 中华峰额虫虻，中华峰额食虫虻，中华食虫虻
Philodicus fuscipes (Ricardo) 棕峰额虫虻
Philodicus javanus (Wiedemann) 爪哇峰额虫虻，爪哇峰额食虫虻
Philodicus longipes Schiner 长足峰额虫虻，长足食虫虻
Philodicus meridionalis Ricardo 南方峰额虫虻
Philodicus nigrosetosus Wulp 黑鬃峰额虫虻
Philodicus ochraceus Becker 长峰额虫虻，赭峰额虫虻，长峰额食虫虻，趋黄食虫虻
Phliodicus univentris (Walker) 单腹峰额虫虻，纯腹峰额虫虻，单腹峰额食虫虻
Philodila hoenei (Mell) 见 *Dahira hoenei*
Philoganga 大溪蟌属，丽蟌属
Philoganga robusta Navás 壮大溪蟌，粗壮恒河丽蟌，硕大溪蟌
Philoganga robusta infantua Yang *et* Li 壮大溪蟌瑛凤亚种，瑛凤丽蟌，瑛凤大丽蟌
Philoganga robusta robusta Navás 壮大溪蟌指名亚种，粗壮恒河丽蟌
Philoganga vetusta Ris 古老大溪蟌，大丽蟌，大溪蟌
philogangid 1. [= philogangid damselfly] 大溪蟌，丽蟌 < 大溪蟌科 Philogangidae 昆虫的通称 >；2. 大溪蟌科的
philogangid damselfly [= philogangid] 大溪蟌科，丽蟌
Philogangidae 大溪蟌科，丽蟌科
Philoliche 长喙虻属
Philoliche longirostris (Hardwicke) 长喙长喙虻，针长喙虻
Philomacroploea 广点茧蜂属
Philomacroploea basimacula Cameron 基斑广点茧蜂
Philomacroploea pleuralis (Ashmead) 见 *Testudobracon pleuralis*
Philomides 黄斑巨胸小蜂属
Philomides frater Masi 台湾黄斑巨胸小蜂，台湾菲小蜂
Philomides paphius Walker 黄斑巨胸小蜂
Philomina 扁腰隐翅甲属
Philomina chinensis Pace 中华扁腰隐翅甲
Philomyceta 嗜菌隐翅甲属
Philomyceta asperipennis Schilhammer 糙翅嗜菌隐翅甲
Philomyrmex 暗翅长蝽属
Philomyrmex insignis Sahlberg 古北暗翅长蝽
Philonicus 铗食虫虻属

Philonicus albiceps (Meigen) 白齿铁食虫虻，白须峰额虫虻
Philonicus nigrosetosus van der Wulp 黑鬃铁食虫虻
Philonicus sichuanensis Tscas *et* Weinberg 四川铁食虫虻，西昌峰额虫虻
Philonthina 菲隐翅甲亚族，菲隐翅虫亚族
Philonthoblerius 长脊隐翅甲属
Philonthoblerius notabilis (Kraatz) 显长脊隐翅甲
Philonthus 菲隐翅甲属，菲隐翅虫属
Philonthus addendus Sharp 暗黑菲隐翅甲，付菲隐翅虫
Philonthus aeger Eppelsheim 闪蓝菲隐翅甲，弱菲隐翅虫
Philonthus aeneipennis Boheman 棕菲隐翅甲，铜尾菲隐翅虫
Philonthus albilabris Nordmann 小唇菲隐翅甲，白唇菲隐翅虫
Philonthus aliquatenus Schubert 大眼菲隐翅甲
Philonthus amicus Sharp 鱼菲隐翅甲
Philonthus atratus (Gravenhorst) 黑菲隐翅甲，黑菲隐翅虫
Philonthus azuripennis Cameron 蓝翅菲隐翅甲，天蓝菲隐翅虫
Philonthus birmanus Fauvel 双菲隐翅甲
Philonthus bisinuatus Eppelsheim 双曲菲隐翅甲，双曲菲隐翅虫
Philonthus brevithorax Bernhauer 短胸菲隐翅甲，短胸菲隐翅虫
Philonthus carbonarius (Gravenhorst) 暗棕菲隐翅甲，显纹菲隐翅虫
Philonthus championi Bernhauer 见 *Gabrius championi*
Philonthus chinensis Bernhauer 中华菲隐翅甲，华菲隐翅虫
Philonthus coelestis Bernhauer 大蓝翅菲隐翅甲，青菲隐翅虫
Philonthus cognatus Stephens 棕翅菲隐翅甲，关菲隐翅虫
Philonthus confinis Strand 斜斑菲隐翅甲
Philonthus convalescens Eppelsheim 瘦菲隐翅甲，谷菲隐翅虫
Philonthus crassicornis (Fauvel) 粗角菲隐翅甲，粗角菲隐翅虫
Philonthus cupreipennis Cameron 同 *Philonthus tractatus*
Philonthus cyanipennis (Fabricius) 青翅菲隐翅甲，青翅菲隐翅虫
Philonthus debilis (Gravenhorst) 弱菲隐翅甲，残菲隐翅虫
Philonthus decoloratus Kirshenblat 黑色菲隐翅甲
Philonthus delicatulus Boheman 黄肩菲隐翅甲，黄肩菲隐翅虫
Philonthus densus Cameron 密菲隐翅甲
Philonthus dentiphallus Schillhammer 齿菲隐翅甲
Philonthus dimidiatipennis Erichson 斑翅菲隐翅甲，半黑菲隐翅虫，分翅菲隐翅虫
Philonthus discoideus (Gravenhorst) 红褐菲隐翅甲，狄菲隐翅虫
Philonthus donckieri Bernhauer 刀氏菲隐翅甲，黑足菲隐翅甲，黑足菲隐翅虫
Philonthus ebeninus (Gravenhorst) 檀黑菲隐翅甲
Philonthus ebeninus ebeninus (Gravenhorst) 檀黑菲隐翅甲指名亚种
Philonthus ebeninus monxinus Zheng 檀黑菲隐翅甲蒙新亚种，蒙新菲隐翅虫
Philonthus eidmannianus Scheerpeltz 埃菲隐翅甲，埃菲隐翅虫
Philonthus emdeni Bernhauer 艾氏菲隐翅甲，艾氏菲隐翅虫
Philonthus ephippium Nordmann 斑缘菲隐翅甲，斑缘菲隐翅虫
Philonthus erythropus Kraatz 同 *Philonthus aeneipennis*
Philonthus eustilbus Kraatz 见 *Eccoptolonthus eustilbus*
Philonthus explorator Cameron 探菲隐翅甲，探菲隐翅虫
Philonthus fasciventrides Newton 红翅菲隐翅甲
Philonthus fauvelianus Bernhauer *et* Schubert 法菲隐翅甲，法菲隐翅虫
Philonthus fenestratus Fauvel 窗菲隐翅甲
Philonthus fenestratus concolor Gridelli 窗菲隐翅甲一色亚种，一色窗菲隐翅虫，均色菲隐翅虫
Philonthus fenestratus fenestratus Fauvel 窗菲隐翅甲指名亚种
Philonthus flavipes Kraatz 黄足菲隐翅甲，黄足菲隐翅虫
Philonthus flavocinctus Motschulsky 黄带菲隐翅甲，黄带菲隐翅虫
Philonthus foetidus Cameron 福菲隐翅甲，福菲隐翅虫
Philonthus formosae Bernhauer 蓬莱菲隐翅甲，台菲隐翅虫
Philonthus freyi Bernhauer 弗菲隐翅甲，弗菲隐翅虫
Philonthus fuscatus Kraatz 棕菲隐翅甲，棕菲隐翅虫
Philonthus gemellus Kraatz 珠菲隐翅甲
Philonthus geminus Kraatz 重菲隐翅甲，重菲隐翅虫
Philonthus ghilarovi Tikhomirova 格氏菲隐翅甲
Philonthus heilongjiangensis Li 黑龙江菲隐翅甲
Philonthus hongkongensis Bernhauer 见 *Eccoptolonthus hongkongensis*
Philonthus idiocerus Kraatz 异菲隐翅甲
Philonthus ildefonso Schillhammer 间色菲隐翅甲
Philonthus industanus Fauvel 多毛菲隐翅甲，疏点菲隐翅虫
Philonthus japonicus Sharp 日本菲隐翅甲，日菲隐翅虫
Philonthus jeholensis Kamiya 热菲隐翅甲，热菲隐翅虫
Philonthus jilinensis Li 吉林菲隐翅甲
Philonthus kiangsiensis Bernhauer 江西菲隐翅甲，江西菲隐翅虫
Philonthus kiautschauensis Bernhauer 胶州菲隐翅甲，胶州菲隐翅虫
Philonthus kiyoyamai Hayashi 清山菲隐翅甲，清山菲隐翅虫
Philonthus lan Schillhammer 蓝菲隐翅甲
Philonthus latiusculus Hochhuth 宽褐菲隐翅甲，宽菲隐翅虫
Philonthus lederi Eppelsheim 勒氏菲隐翅甲，勒菲隐翅虫
Philonthus lepidus Gravenhorst 雅菲隐翅甲，雅菲隐翅虫
Philonthus lewisius Sharp 刘氏菲隐翅甲，刘菲隐翅虫
Philonthus linki Solsky 林氏菲隐翅甲，林菲隐翅虫
Philonthus lisu Schillhammer 平滑菲隐翅甲
Philonthus longicornis Stephens 长角菲隐翅甲，长角菲隐翅虫
Philonthus madurensis Bernhauer 马都菲隐翅甲，马都菲隐翅虫
Philonthus maindroni Fauvel 梅氏菲隐翅甲，梅氏菲隐翅虫
Philonthus mannerheimi Fauvel 曼氏菲隐翅甲，曼菲隐翅虫
Philonthus marginatus (Müller) 缘菲隐翅甲，缘菲隐翅虫
Philonthus mercurii Tikhomirova 分菲隐翅甲
Philonthus merops Smetana 蜂虎菲隐翅甲，蜂虎菲隐翅虫
Philonthus micanticollis Sharp 小菲隐翅甲，小菲隐翅虫
Philonthus minimus Cameron 微小菲隐翅甲
Philonthus minutus Boheman 微菲隐翅甲，微菲隐翅虫
Philonthus mongolicus Csiki 蒙古菲隐翅甲
Philonthus nakanei Sawada 中根菲隐翅甲
Philonthus nigricoxis Cameron 黑基菲隐翅甲，黑基菲隐翅虫
Philonthus nigriventris Thomson 黑腹菲隐翅甲，黑腹菲隐翅虫
Philonthus notabilis Kraatz 红角菲隐翅甲，红角菲隐翅虫
Philonthus nudus Sharp 大头菲隐翅甲，裸菲隐翅虫
Philonthus numata Dvořák 努菲隐翅甲，努菲隐翅虫
Philonthus oberti Eppelsheim 奥氏菲隐翅甲，奥菲隐翅虫
Philonthus obsoletus Eppelsheim 古菲隐翅甲，晦菲隐翅虫
Philonthus paederoides (Motschulsky) 拟毒菲隐翅甲，迫菲隐翅虫
Philonthus parajaponicus Li 类日本菲隐翅甲
Philonthus parvicornis (Gravenhorst) 小角菲隐翅甲，细角菲隐翅虫
Philonthus peliomerus Kraatz 花角隐翅甲
Philonthus politus (Linnaeus) 亮菲隐翅甲，滑菲隐翅虫

Philonthus politus altaicus Coiffait 亮菲隐翅甲阿尔泰亚种，阿尔泰菲隐翅虫
Philonthus politus politus (Linnaeus) 亮菲隐翅甲指名亚种
Philonthus productus Kraatz 长腹菲隐翅甲，短眼菲隐翅虫
Philonthus protenus Schubert 见 *Bisnius protenus*
Philonthus pseudojaponicus Bernhauer 同 *Philonthus oberti*
Philonthus punctativentris Bernhauer 刻腹菲隐翅甲，点腹菲隐翅虫
Philonthus purpuripennis Reitter 紫翅菲隐翅甲，紫翅菲隐翅虫
Philonthus quisquiliarius (Gyllenhal) 疑菲隐翅甲，奎菲隐翅虫
Philonthus rectangulus Sharp 直角菲隐翅甲，直角菲隐翅虫
Philonthus remotus Fauvel 暗红菲隐翅甲
Philonthus riparius Cameron 溪岸菲隐翅甲
Philonthus rotundicollis (Ménétriés) 圆菲隐翅甲，圆菲隐翅虫
Philonthus rubricollis Motschulsky 红菲隐翅甲，红菲隐翅虫
Philonthus rutiliventris Sharp 见 *Eccoptolonthus rutiliventris*
Philonthus sabine Schillhammer 大理菲隐翅甲
Philonthus saphyreus Schillhammer 显菲隐翅甲
Philonthus schuelkei Schillhammer 大巴山菲隐翅甲
Philonthus shangzhiensis Li 尚志菲隐翅甲
Philonthus simpliciventris Bernhauer 光背菲隐翅甲，简菲隐翅虫
Philonthus sinuatocollis Motschulsky 曲菲隐翅甲
Philonthus smetanai Schillhammer 斯氏菲隐翅甲，斯氏菲隐翅虫
Philonthus solidus Sharp 健菲隐翅甲，健菲隐翅虫
Philonthus spinipes Sharp 刺足菲隐翅甲，刺菲隐翅虫，橘黄菲隐翅虫
Philonthus splendens (Fabricius) 光菲隐翅甲，光菲隐翅虫
Philonthus subaereipennis Bernhauer 见 *Bisnius subaereipennis*
Philonthus subdepressus Bernhauer 见 *Gabrius subdepressus*
Philonthus sublucanus Herman 微锹菲隐翅甲
Philonthus subvarians Sawada 棕色菲隐翅甲
Philonthus succicola Thomson 琥菲隐翅甲
Philonthus taiwanensis Shibata 台湾菲隐翅甲，台湾菲隐翅虫
Philonthus tardus Kraatz 黄缘菲隐翅甲，懒菲隐翅虫
Philonthus tetricus Bernhauer 凶菲隐翅甲，凶菲隐翅虫
Philonthus tienmuschanensis Bernhauer 天目菲隐翅甲，天目菲隐翅虫
Philonthus tractatus Eppelsheim 曳菲隐翅甲，牵菲隐翅虫
Philonthus tractatus cupreipennis Cameron 同 *Philonthus tractatus*
Philonthus transbaicalia Hochhuth 橙翅菲隐翅甲
Philonthus tricoloris Schubert 红胸菲隐翅甲
Philonthus turnai Schillhammer 特氏菲隐翅甲
Philonthus variipennis Kraatz 变茎菲隐翅甲，杂色菲隐翅虫
Philonthus virgatus Sharp 幼菲隐翅甲，幼菲隐翅虫
Philonthus wuesthoffi Bernhauer 武菲隐翅甲，武菲隐翅虫
Philonthus wusthoffi Bernhauer 同 *Philonthus wuesthoffi*
Philonthus yaoi Zheng 姚氏菲隐翅甲
Philonthus zhangi Li 张氏菲隐翅甲
Philopatinae 驼小头虻亚科
Philopator 乳翅锦斑蛾属
Philopator basimaculata Moore 基斑乳翅锦斑蛾，乳翅锦斑蛾
Philopator rotunda Dyar 圆乳翅锦斑蛾
Philophylla 叶实蝇属，菲洛实蝇属，丽翅实蝇属
Philophylla aethiops (Hering) 黑痣叶实蝇，埃蒂菲洛实蝇，耶西丽翅实蝇
Philophylla angulata (Hendel) 黑股叶实蝇，角菲菲洛实蝇，黑腿丽翅实蝇，角伪斯芬实蝇，角楔实蝇
Philophylla angusta (Wang) 狭斑叶实蝇，狭斑菲洛实蝇，狭斑迈实蝇
Philophylla basihyalina (Hering) 基明叶实蝇，基透明菲洛实蝇，基透真滑实蝇
Philophylla caesio (Haris) 荨麻叶实蝇，凯斯奥菲洛实蝇
Philophylla chuanensis (Wang) 川叶实蝇，川菲洛实蝇，川迈实蝇
Philophylla connexa (Hendel) 豆腐柴叶实蝇，豆腐柴菲洛实蝇，合纹丽翅实蝇，联伪斯芬实蝇，康尼苗利贾实蝇
Philophylla discreta (Wang) 离带叶实蝇，迪什菲洛实蝇，离带迈实蝇
Philophylla diversa (Wang) 异叶实蝇，异斑菲洛实蝇，异迈实蝇
Philophylla farinosa (Hendel) 法叶实蝇，粉菲洛实蝇，霜降丽翅实蝇，粉尼实蝇
Philophylla flavofemorata Han 黄股叶实蝇
Philophylla fossata (Fabricius) 眉叶实蝇，离带菲洛实蝇，沟菲实蝇，沟纹丽翅实蝇，沟伪斯芬实蝇，弗斯苗利贾实蝇
Philophylla freidbergi Han 费氏叶实蝇
Philophylla heraclei (Linnaeus) 见 *Euleia heraclei*
Philophylla humeralis (Hendel) 黄肩叶实蝇，肩菲洛实蝇，肩伪斯芬实蝇，黄肩苗利贾实蝇
Philophylla incerta (Chen) 硕大叶实蝇，因塞塔菲洛实蝇，污真滑实蝇
Philophylla indica Hancock *et* Drew 暗色叶实蝇，暗色菲洛实蝇
Philophylla latipennis (Chen) 阔翅叶实蝇，宽翅菲洛实蝇，宽翅真滑实蝇
Philophylla marumoi (Miyake) 尾带叶实蝇，马鲁菲洛实蝇
Philophylla nigrescens (Shiraki) 黑胸叶实蝇，色黑菲洛实蝇，黑胸苗利贾实蝇
Philophylla nigriceps (Chen) 黑头叶实蝇，黑头菲洛实蝇，黑头白盾真滑实蝇
Philophylla nigrofasciata (Zia) 黑带叶实蝇，颜黑菲洛实蝇，黑带真滑实蝇
Philophylla nigroscutellata (Hering) 缅甸叶实蝇，盾黑菲洛实蝇，黑盾苗利贾实蝇，缅甸迈实蝇
Philophylla nummi (Munro) 诺叶实蝇，努密菲洛实蝇，那米丽翅实蝇，努尼实蝇
Philophylla pulla (Ito) 暗黑叶实蝇，普拉菲洛实蝇
Philophylla radiata (Hardy) 双楔叶实蝇，拉迪阿菲洛实蝇，老挝苗利贾实蝇，双楔迈实蝇
Philophylla ravida (Hardy) 对距叶实蝇，拉维达菲洛实蝇，拉维苗利贾实蝇，对距迈实蝇
Philophylla rufescens (Hendel) 淡红叶实蝇，鲁菲斯菲洛实蝇，褐丽翅实蝇，红尼实蝇
Philophylla setigera (Hardy) 黄足叶实蝇，塞蒂菲洛实蝇，塞蒂苗利贾实蝇，黄足迈实蝇
Philophylla superflucta (Enderlein) 苦郎树叶实蝇，苏珀菲洛实蝇，超菲实蝇，深沟丽翅实蝇，超伪斯芬实蝇，新加坡苗利贾实蝇
Philopona 肿爪跳甲属
Philopona birmanica (Jacoby) 缅甸肿爪跳甲
Philopona mouhoti (Baly) 莱豆树肿爪跳甲
Philopona pseudomouhoti Ge, Wang *et* Yang 伪莱豆树肿爪跳甲

Philopona shima Maulik 岛洪肿爪跳甲
Philopona vibex (Erichson) 牡荆肿爪跳甲，牡荆瘤爪跳甲
Philopona zangana Chen *et* Wang 西藏瘤爪跳甲
Philopota globulifera Matsumura 同 *Oligoneura nigroaenea*
Philopota mokanshanensis Ôuchi 见 *Oligoneura mokanshanensis*
Philopota murina Loew 见 *Oligoneura murina*
Philopota murina yutsiensis Ôuchi 见 *Oligoneura yutsiensis*
Philopota nigroaenea Motschulsky 见 *Oligoneura nigroaenea*
Philopota takasagoensis Ôuchi 见 *Oligoneura takasagoensis*
Philopota yutsiensis Ôuchi 见 *Oligoneura yutsiensis*
philopotamid 1. [= philopotamid caddisfly, finger-net caddisfly] 等翅石蛾，指石蛾 < 等翅石蛾科 Philopotamidae 昆虫的通称 >；2. 等翅石蛾科的
Philopotamidae 等翅石蛾科，指石蛾科
Philopotaminae 等翅石蛾亚科
Philopotamoidea 等翅石蛾总科
Philopotamus 等翅石蛾属
Philopotamus sinensis Banks 华等翅石蛾
philopterid 1. [= philopterid louse] 长角鸟虱 < 长角鸟虱科 Philopteridae 昆虫的通称 >；2. 长角鸟虱科的
philopterid louse [= philopterid] 长角鸟虱
Philopteridae 长角鸟虱科
Philopterus 长角鸟虱属
Philopterus atratus Nitzsch 秃鼻乌鸦长角鸟虱
Philopterus auritus (Scopoli) 见 *Penenirmus auritus*
Philopterus corvi (Linnaeus) 渡鸦长角鸟虱
Philopterus curvirostrae (Schrank) 红交嘴雀长角鸟虱
Philopterus excisus Nitzsch 毛脚燕长角鸟虱
Philopterus extraneus (Piaget) 大嘴乌鸦长角鸟虱
Philopterus fringillae (Denny) 麻雀长角鸟虱
Philopterus garrulae (Piaget) 太平鸟长角鸟虱
Philopterus goshikidori (Uchida) 大鹃䴗长角鸟虱
Philopterus himalayanus Fedorenko 高原岩鹨长角鸟虱
Philopterus kayanobori (Uchida) 领雀嘴鹎长角鸟虱
Philopterus linariae (Piaget) 白腰朱顶雀长角鸟虱
Philopterus merulae (Denny) 同 *Philopterus turdi*
Philopterus mukudori Uchida 灰椋鸟长角鸟虱
Philopterus rhodospizae Fedorenko 巨嘴沙雀长角鸟虱
Philopterus smogorzewskyi Fedorenko 金额丝雀长角鸟虱
Philopterus troglodytis Fedorenko 鹪鹩长角鸟虱
Philopterus turdi Denny 乌鸫长角鸟虱
Philopterus turkmenicus Fedorenko 二斑百灵长角鸟虱
Philopterus unifarius Dedorenko 赤颈鸫长角鸟虱
Philoptila 羽祝蛾属，费谷蛾属
Philoptila dolichina Wu 长刺羽祝蛾
Philoptila fenestrata Gozmány 窗羽祝蛾，窗费谷蛾
Philoptila metalychna Meyrick 灯羽祝蛾，后费谷蛾
Philoptila minutispina Wu 短刺羽祝蛾
Philorinum 费隐翅甲属
Philorinum chinense Jarrige 中华费隐翅甲，华费隐翅虫
Philornis 斐蝇属
Philornis downsi Dodge *et* Aitken 南美斐蝇
Philorus 望网蚊属，斐网蚊属
Philorus emeishanensis Kang *et* Yang 峨眉山望网蚊
Philorus levanidovae Zwick *et* Arefina 艾氏望网蚊
Philorus taiwanensis Kitakami 台湾望网蚊，蓬莱斐网蚊，蓬莱网蚊
Philorus tianshanicus Brodskij 天山望网蚊，天山斐网蚊，天山嗜网蚊
Philosamia cynthia (Drury) 见 *Samia cynthia*
Philosamia cynthia ricini Donovan 见 *Samia cynthia ricini*
Philosepedon 嗜土毛蠓属，嗜土蛾蚋属
Philosepedon parciproma Quate 稀突嗜土毛蠓，稀突嗜土蛾蚋
Philosepedon pudica Quate 简洁嗜土毛蠓，简洁嗜土蛾蚋
Philosepedon torosa Quate *et* Quate 结节嗜土毛蠓，结节嗜土蛾蚋
Philosepedon unimaculata (Satchell) 单点嗜土毛蠓，单点嗜土蛾蚋
Philosina 黑山螅属
Philosina alba Wilson 覆雪黑山螅
Philosina buchi Ris 红尾黑山螅，黄条黑山螅
Philosindia 菲跳小蜂属
Philosindia longicornis Noyes *et* Hayat 长角菲跳小蜂
Philosinidae 黑山螅科
Philostephanus 菲罗盲蝽属，菲盲蝽属
Philostephanus monticola Yasunaga *et* Schwartz 山菲罗盲蝽
Philostephanus ovalis Yasunaga *et* Schwartz 卵形菲罗盲蝽
Philostephanus taiwanensis Yasunaga *et* Schwartz 台湾菲罗盲蝽
Philostephanus vitaliter Distant 纹菲罗盲蝽，菲盲蝽
philotarsid 1. [= philotarsid barklouse, loving barklouse] 美蛄，黑斑啮虫 < 美蛄科 Philotarsidae 昆虫的通称 >；2. 美蛄科的
philotarsid barklouse [= philotarsid, loving barklouse] 美蛄，黑斑啮虫
Philotarsidae 美蛄科，黑斑啮虫科
Philotarsus 美蛄属
Philotarsus sinensis Li 中华美蛄
Philotarsus zangdaicus Li 藏大美蛄
Philotarsus zangxiaoicus Li 藏小美蛄
Philotes 橙点灰蝶属
Philotes sonorensis (Felder *et* Felder) [Sonoran blue, stonecrop blue] 橙点灰蝶
Philothermus takasago Sasaji 见 *Afrorylon takasago*
Philotiella 菲罗灰蝶属
Philotiella speciosa (Edwards) [small blue] 菲罗灰蝶
Philotroctes 喜日蝇属，菲日蝇属
Philotroctes niger Czerny 黑喜日蝇，黑菲日蝇
Philotrypesis 美榕小蜂属
Philotrypesis distillatoria Grandi 蒸美榕小蜂
Philotrypesis emeryi Grandi 艾氏美榕小蜂
Philotrypesis jacobsoni Grandi 雅氏美榕小蜂
Philotrypesis okinavensis Ishii 冲绳美榕小蜂
Philotrypesis spinipes Mayr 刺足美榕小蜂
Philotrypesis taiwanensis Chen 台湾美榕小蜂
Philudoria 纹枯叶蛾属 *Euthrix* 的异名
Philudoria albomaculata (Bremer) 见 *Euthrix albomaculata*
Philudoria consimilis (Candèze) 同 *Euthrix isocyma*
Philudoria decisa Walker 见 *Euthrix decisa*
Philudoria diversifasciata Gaede 同 *Euthrix orboy*
Philudoria divisa (Moore) 见 *Euthrix laeta divisa*
Philudoria divisa sulphurea Aurivillius 见 *Euthrix laeta sulphurea*

Philudoria fossa (Swinhoe) 见 *Euthrix fossa*
Philudoria hani de Lajonquière 见 *Euthrix hani*
Philudoria imitatrix de Lajonquière 见 *Euthrix imitatrix*
Philudoria inobtrusa (Walker) 见 *Euthrix inobtrusa*
Philudoria isocyma (Hampson) 见 *Euthrix isocyma*
Philudoria laeta Walker 见 *Euthrix laeta*
Philudoria laeta laeta Walker 见 *Euthrix laeta laeta*
Philudoria potatoria Linnaeus 见 *Euthrix potatoria*
Philudoria pyriformis (Moore) 同 *Euthrix decisa*
Philudoria tangi de Lajonquière 见 *Euthrix tangi*
Philudoria tsini de Lajonquière 见 *Euthrix tsini*
Philus 狭胸天牛属，窄胸天牛属
Philus antennatus (Gyllenhal) 橘狭胸天牛，狭胸天牛，长角窄胸天牛，柑橘窄胸天牛，松狭胸天牛，狭胸橘天牛
Philus costatus Gahan 脊翅狭胸天牛
Philus curticollis Pic 短胸狭胸天牛
Philus neimeng Phius 内蒙狭胸天牛
Philus pallescens Bates 蔗狭胸天牛，甲仙窄胸天牛，大眼天牛，甘蔗窄胸天牛
Philus pallescens pallescens Bates 蔗狭胸天牛指名亚种，指名蔗狭胸天牛
Philus pallescens tristis Gressitt 蔗狭胸天牛海南亚种，海南蔗狭胸天牛
Philya pallidipennis Walker 淡翅菲角蝉
Philydrodes 锥须隐翅甲属
Philydrodes (Minyphilydrodes) michaeli Shavrin 迈克锥须隐翅甲
Philygria 喜水蝇属
Philygria femorata (Stenhammar) 彩胫喜水蝇
Philygria posticata (Meigen) 端腹喜水蝇
Phimenes 费蜾蠃属，虎蜾蠃属
Phimenes curvatus (Saussure) 兰屿费蜾蠃，兰屿虎蜾蠃
Phimenes flavopictus (Blanchard) 弓费蜾蠃，黄斑虎蜾蠃，黄纹德蜾蠃
Phimenes flavopictus continentalis (Zimmermann) 弓费蜾蠃大陆亚种，弓费蜾蠃
Phimenes flavopictus flavopictus (Blanchard) 弓费蜾蠃指名亚种
Phimenes flavopictus formosanus (Zimmermann) 弓费蜾蠃台湾亚种，虎斑细腰蜾蠃，虎蜾蠃，虎斑泥壶蜂，弓费蜾蠃，台黄纹德蜾蠃
Phimodera 皱盾蝽属
Phimodera argillacea Jakovlev 同 *Phimodera fumosa*
Phimodera bergi Jakovlev 伯氏皱盾蝽，贝皱盾蝽
Phimodera carinata Reuter 脊皱盾蝽
Phimodera distincta Jakovlev 同 *Phimodera fumosa*
Phimodera fumosa Fieber 显皱盾蝽，皱盾蝽
Phimodera humeralis (Dalman) 肩皱盾蝽
Phimodera klementzorum Kerzhner 同 *Phimodera nigra*
Phimodera laevilinea Stål 亮线皱盾蝽
Phimodera mongolica Reuter 蒙古皱盾蝽
Phimodera nigra Reuter 黑皱盾蝽
Phimodera nodicollis (Burmeister) 同 *Phimodera humeralis*
Phimodera reuteri Kiritshenko 新疆皱盾蝽
Phimodera rupshuensis Hutchinson 同 *Phimodera carinata*
Phimodera testudo Jakovlev 龟皱盾蝽
Phimodera yasumatsui Esaki *et* Ishihara 同 *Phimodera laevilinea*
phintias scarlet-eye [*Nascus phintias* Schaus] 芬娜虎弄蝶
Phiradia 逆蛇蛉属
Phiradia myrioneura Ren 多脉逆蛇蛉
Phisidini 棘螽族
Phissama transiens vacillans (Walker) 见 *Creatonotos transiens vacillans*
Phlaeoba 佛蝗属
Phlaeoba albonema Zheng 白纹佛蝗
Phlaeoba angustidorsis Bolívar 短翅佛蝗
Phlaeoba antennata Brunner von Wattenwyl 长角佛蝗
Phlaeoba formosana (Shiraki) 台湾佛蝗
Phlaeoba fumida (Walker) 香港佛蝗
Phlaeoba galeata (Walker) 胶佛蝗
Phlaeoba infumata Brunner von Wattenwyl 僧帽佛蝗，条纹褐蝗
Phlaeoba medogensis Liu 墨脱佛蝗
Phlaeoba nantouensis Ye *et* Yin 南投佛蝗
Phlaeoba sikkimensis Ramme 锡金佛蝗
Phlaeoba sinensis Bolívar 中华佛蝗
Phlaeoba tenebrosa (Walker) 暗色佛蝗
Phlaeobida 菊蝗属
Phlaeobida carinata Liu *et* Li 弱线菊蝗
Phlaeobida chloronema Liang *et* Chen 黄纹菊蝗
Phlaeobida hainanensis Bi *et* Chen 海南菊蝗
Phlaeobinae 佛蝗亚科
phlaeothripid 1. [= phlaeothripid thrips, tube-tailed thrips, tubular thrips] 管蓟马 < 管蓟马科 Phlaeothripidae 昆虫的通称 >；2. 管蓟马科的
phlaeothripid thrips [= phlaeothripid, tube-tailed thrips, tubular thrips] 管蓟马
Phlaeothripidae 管蓟马科
Phlaeothripinae 管蓟马亚科
Phlaeothripini 管蓟马族
Phlaeothripoidea 管蓟马总科
Phlaeothrips 管蓟马属
Phlaeothrips japonica Matsumura 日本管蓟马
Phlebiomus yunnanus Navás 见 *Micromus yunnanus*
Phlebodes 管弄蝶属
Phlebodes campo Bell [campo skipper] 卡管弄蝶
Phlebodes notex Evans [notex skipper] 瑙管弄蝶
Phlebodes pertinax (Stoll) [pertinax skipper] 管弄蝶
Phlebodes torax Evans [torax skipper] 陶管弄蝶
Phlebodes vira (Butler) [vira skipper] 白斑管弄蝶
Phlebodes virgo Evans [virgo skipper] 黄缘管弄蝶
Phlebohecta 菲斑蛾属
Phlebohecta fuscescens (Moore) 苍菲斑蛾，菲斑蛾
Phlebohecta tristis Mell 见 *Scotopais tristis*
Phleboptera [= Hymenoptera] 膜翅目
Phlebotominae 白蛉亚科
Phlebotomus 白蛉属
Phlebotomus alexandri Sinton 亚历山大白蛉
Phlebotomus andrejievi Shakirzyanova 安氏白蛉
Phlebotomus barraudi Sinton 见 *Sergentomyia barraudi*
Phlebotomus barraudi barraudi Sinton 鲍氏白蛉指名亚种
Phlebotomus barrandi kwangsiensis (Yao *et* Wu) 见 *Sergentomyia kwangsiensis*

Phlebotomus barrandi siulamensis Chen *et* Heu 同 *Sergentomyia iyengari iyengari*
Phlebotomus caucasicus Marzinovsky 高加索白蛉
Phlebotomus chinensis Newstead 中华白蛉
Phlebotomus chinensis longiductus Parrot 见 *Phlebotomus longiductus*
Phlebotomus fengi Leng *et* Zhang 冯氏白蛉
Phlebotomus fupingensis Wu 见 *Sergentomyia fupingensis*
Phlebotomus hoepplii Tang *et* Maa 何氏白蛉
Phlebotomus iyengari (Sinton) 见 *Sergentomyia iyengari*
Phlebotomus iyengari hainensis Yao *et* Wu 同 *Sergentomyia iyengari*
Phlebotomus iyengari iyengari (Sinton) 见 *Sergentomyia iyengari iyengari*
Phlebotomus iyengari taiwanensis Cates *et* Lien 同 *Sergentomyia iyengari*
Phlebotomus kachekensis Yao *et* Wu 见 *Sergentomyia kachekensis*
Phlebotomus kiangsuensis Yao *et* Wu 江苏白蛉
Phlebotomus lengi Zhang, He *et* Ward 冷氏白蛉
Phlebotomus longiductus Parrot 长管白蛉，长管中华白蛉
Phlebotomus mongolensis Sinton 蒙古白蛉
Phlebotomus orientalis Parrot 东方白蛉
Phlebotomus perturbans de Meijere 锥白蛉
Phlebotomus sergenti Parrot 瑟氏白蛉，塞氏白蛉
Phlebotomus sichuanensis Leng *et* Yin 四川白蛉
Phlebotomus smirnovi Perfiliew 斯米尔诺夫白蛉，硕大白蛉，吴代白蛉，斯氏白蛉
Phlebotomus squamipleuris Newstead 见 *Sergentomyia squamipleuris*
Phlebotomus stantoni Newstead 施氏白蛉
Phlebotomus suni Wu 见 *Sergentomyia suni*
Phlebotomus taiwanensis Cates *et* Lien 同 *Sergentomyia iyengari*
Phlebotomus tumenensis Wang *et* Zhang 土门白蛉
Phlebotomus wui Yang *et* Xiong 吴氏白蛉
Phlebotomus yunshengensis Leng *et* Lewis 同 *Phlebotomus tumenensis*
Phlebotrogia 树窃蛄属
Phlebotrogia chinensis Li 中华树窃蛄
Phlegetonia delatrix Guenée 见 *Targalla delatrix*
phlegia metalmark [= dotted prince, *Stalachtis phlegia* (Cramer)] 白点滴蚬蝶
Phlepsius 网纹叶蝉属
Phlepsius guttatus (Matsumura) 见 *Parallygus guttatus*
Phlepsopsius 蠕纹叶蝉属
Phlepsopsius liupanshanensis Li 六盘山蠕纹叶蝉
Phleudecatoma 黄色广肩小蜂属
Phleudecatoma cunninghamiae Yang 杉蠹黄色广肩小蜂
Phleudecatoma platycladi Yang 柏蠹黄色广肩小蜂
Phloeobius 皮长角象甲属，皮长角象属
Phloeobius albescens Jordan 白皮长角象甲，白皮长角象
Phloeobius alternatus (Wiedemann) 交替皮长角象甲，交替皮长角象
Phloeobius gibbosus Roelofs 瘤皮长角象甲，瘤皮长角象
Phloeobius gigas (Fabricius) 大皮长角象甲，大皮长角象
Phloeobius gigas gigas (Fabricius) 大皮长角象甲指名亚种
Phloeobius gigas nigroungulatus (Gyllenhal) 大皮长角象甲黑足亚种，黑皮长角象甲
Phloeobius lepticornis Jordan 细角皮长角象甲，细角皮长角象
Phloeobius nigroungulatus (Gyllenhal) 见 *Phloeobius gigas nigroungulatus*
Phloeobius stenus Jordan 栅窄皮长角象甲，栅窄皮长角象
Phloeobius triarrhenus Zhang 获粉长角象甲，获粉长角象
Phloeodes 铁幽甲属
Phloeodes diabolicus (LeConte) [diabolical ironclad beetle] 魔铁幽甲
Phloeodroma obscura (Bernhauer) 见 *Phloeopora obscura*
Phloeomimus 拟皮长角象甲属
phloeomyzid 1. [= phloeomyzid aphid] 平翅绵蚜 < 平翅绵蚜科 Phloeomyzidae 昆虫的通称 >; 2. 平翅绵蚜科的
phloeomyzid aphid [= phloeomyzid] 平翅绵蚜
Phloeomyzidae 平翅绵蚜科
Phloeomyzinae 平翅绵蚜亚科
Phloeomyzus 平翅绵蚜属
Phloeomyzus passerinii Signoret [poplar woolly aphid, woolly poplar aphid] 杨平翅绵蚜
Phloeomyzus passerinii passerinii Signoret 杨平翅绵蚜指名亚种
Phloeomyzus passerinii zhangwuensis Zhang 杨平翅绵蚜彰武亚种，杨平翅绵蚜，彰武杨平翅绵蚜
Phloeopemon 小斑长角象甲属
Phloeophagosoma 佛洛象甲属
Phloeophagosoma sinense Osella 中华佛洛象甲，华佛洛象
Phloeophagus vossi Osella 见 *Melicius vossi*
Phloeopora 皮隐翅甲属
Phloeopora obscura (Bernhauer) 暗皮隐翅甲，暗皮隐翅虫
Phloeosinini 肤小蠹族
Phloeosinus 肤小蠹属
Phloeosinus abietis Tsai *et* Yin 冷杉肤小蠹
Phloeosinus arisanus Niijima 阿里山肤小蠹
Phloeosinus armatus Reitter [Cyprus shoot beetle] 柏木肤小蠹
Phloeosinus aubei (Perris) [small cypress bark beetle, Mediterranean cypress bark beetle, small cyprus bark-beetle] 柏肤小蠹，柏木合场肤小蠹，柏木肤小蠹，侧柏小蠹
Phloeosinus camphoratus Tsai *et* Yin 鳞肤小蠹
Phloeosinus canadensis Swaine [northern cedar bark beetle, lesser oak-stump shot-hole borer] 雪松肤小蠹
Phloeosinus cinnamomi Tsai *et* Yin 樟肤小蠹
Phloeosinus cristatus (LeConte) 鸡冠肤小蠹
Phloeosinus cupressi Hopkins [Cyprus bark beetle] 美柏肤小蠹，断齿肤小蠹
Phloeosinus dentatus (Say) [eastern juniper bark beetle, cedar bark beetle, juniper bark borer, red-cedar bark beetle] 齿肤小蠹
Phloeosinus granosus Schedl 粒肤小蠹
Phloeosinus hopehi Schedl 微肤小蠹
Phloeosinus lewisi Chapuis 日本肤小蠹
Phloeosinus malayensis Schedl 马来肤小蠹
Phloeosinus perlatus Chapuis [hiba bark beetle] 罗汉肤小蠹
Phloeosinus pertuberculatus Eggers 瘤肤小蠹
Phloeosinus punctatus LeConte [western cedar bark beetle, big-tree bark beetle] 刻点肤小蠹，雪松小蠹
Phloeosinus rudis Blandford 大肤小蠹
Phloeosinus sequoiae Hopkins [redwood bark beetle] 红杉肤小蠹，红木肤小蠹
Phloeosinus serratus (LeConte) [juniper bark beetle] 齿列肤小蠹

Phloeosinus shensi Tsai *et* Yin 桧肤小蠹
Phloeosinus sinensis Schedl 杉肤小蠹
Phloeosinus taxodii Blackman [southern cypress bark beetle, southern cypress beetle] 南柏木肤小蠹
Phloeosinus turkestanicus Semenov 土肤小蠹
phloeothripid 1. [= phloeothripid thrips] 皮蓟马 < 皮蓟马科 Phloeothripidae 昆虫的通称 >；2. 皮蓟马科的
phloeothripid thrips [= phloeothripid] 皮蓟马
Phloeothripidae 皮蓟马科
Phloeothripoidea 皮蓟马总科
Phloeothrips japonicus Matsumura 同 *Haplothrips aculeatus*
Phloeothrips nigra Osborn 同 *Haplothrips leucanthemi*
Phloeothrips orientalis Moulton 见 *Hoplandrothrips orientalis*
Phloeothrips oryzae Matsumura 同 *Haplothrips aculeatus*
Phloeotribini 皮小蠹族
Phloeotribus 皮小蠹属，韧皮胫小蠹属，鳃角小蠹属，梳小蠹属
Phloeotribus dentifrons (Blackman) 齿额皮小蠹，齿额韧皮胫小蠹
Phloeotribus frontalis (Olivier) 额皮小蠹，额韧皮胫小蠹
Phloeotribus liminaris (Harris) [peach bark beetle] 桃皮小蠹，桃韧皮胫小蠹，桃棘胫小蠹，樱梳皮小蠹
Phloeotribus oleae (Fabricius) 同 *Phloeotribus scarabaeoides*
Phloeotribus scarabaeoides (Bernard) [olive bark beetle, fleotribo] 油橄皮小蠹，蜡形韧皮小蠹，蜡形韧皮胫小蠹，油橄皮胫小蠹，油橄黑小蠹
Phloeotrinus 皮长朽木甲属
Phloeotrinus minusculus (Nomura) 小盾皮长朽木甲
Phlogophora 衫夜蛾属，竺夜蛾属
Phlogophora adulatricoides Mell 见 *Eutelia adulatricoides*
Phlogophora adulatrix Hübner 松衫夜蛾，松竺夜蛾
Phlogophora albovittata (Moore) 白斑衫夜蛾，白衫夜蛾，白斑锦夜蛾
Phlogophora aureopuncta (Hampson) 金点衫夜蛾，金点锦夜蛾
Phlogophora beata (Draudt) 昌衫夜蛾，背竺夜蛾
Phlogophora beatrix Butler 福衫夜蛾，福竺夜蛾，双黑竺夜蛾
Phlogophora butvili Gyulai *et* Saldaitis 布氏衫夜蛾
Phlogophora clava (Wileman) 棍棒衫夜蛾
Phlogophora conservuloides (Hampson) 烛影衫夜蛾，伉衫夜蛾
Phlogophora costalis (Moore) 竺衫夜蛾，竺夜蛾
Phlogophora fuscomarginata Leech 黑缘衫夜蛾，黑缘红衫夜蛾
Phlogophora illustrata (Graeser) 北衫夜蛾，绘锦夜蛾
Phlogophora meticulodina (Draudt) 鼠褐衫夜蛾
Phlogophora olivacea (Leech) 线衫夜蛾，线竺夜蛾
Phlogophora subpurpurea Leech 紫褐衫夜蛾，紫竺夜蛾
Phlogophorini 衫夜蛾族
Phlogotettix 木叶蝉属，炎叶蝉属
Phlogotettix cirrhocephalus Kamitani, Ayashi *et* Yamada 黄头木叶蝉
Phlogotettix cyclops (Mulsant *et* Rey) 一点木叶蝉，一点炎叶蝉，黑点角顶叶蝉
Phlogotettix grimeus Li *et* Wang 灰斑木叶蝉
Phlogotettix indicus Rao 印度木叶蝉
Phlogotettix longicornis Kamitani, Ayashi *et* Yamada 长角木叶蝉
Phlogotettix lurideus Li *et* Wang 赤褐木叶蝉
Phlogotettix monozoneus Li *et* Wang 单斑木叶蝉
Phlogotettix nigriveinus Li *et* Dai 黑脉木叶蝉
Phlogotettix polyphemus Gnezdilov 希神木叶蝉，多斑木叶蝉
Phlogotettix subhimalyanus Meshram, Chandra *et* Ramamurthy 喜马拉雅木叶蝉
Phlogotettix tibetaensis Li *et* Wang 西藏小叶蝉
Phlogothamnus 缘毛叶蝉属
Phlogothamnus acuaedeagus Li 尖茎缘毛叶蝉
Phlogothamnus fanjingshanensis Li 梵净山缘毛叶蝉
Phlogothamnus luteoguttatus Li 污斑缘毛叶蝉
Phlogothamnus maculiceps Ishihara 双斑缘毛叶蝉
Phlogothamnus polymaculatus Li *et* Song 多斑缘毛叶蝉
Phlogothamnus productus Li *et* Xing 长突缘毛叶蝉
Phlogothamnus rugosus Li 皱突缘毛叶蝉
Phlossa 奕刺蛾属
Phlossa basifusca (Kawada) 同 *Aphendala cana*
Phlossa conjuncta (Walker) [jujube cochlid] 枣奕刺蛾，枣焰刺蛾，枣刺蛾，铜纹刺蛾，连弗刺蛾
Phlossa elongata (Hering) 见 *Iragoides elongata*
Phlossa fasciata (Moore) 茶奕刺蛾，带弗刺蛾
Phlossa jianningana Yang *et* Jiang 建宁奕刺蛾，建宁杉奕刺蛾
Phlossa melli (Hering) 见 *Iragoides melli*
Phlossa taiwana (Wileman) 见 *Iragoides taiwana*
Phlossa thaumasta (Hering) 奇奕刺蛾
phlox plant bug [*Lopidea davisi* Knight] 福禄考盲蝽，草夹竹桃盲蝽
Phlugiolopsis 吟螽属
Phlugiolopsis adentis Bian, Shi *et* Chang 缺齿吟螽
Phlugiolopsis brevis Xia *et* Liu 短尾吟螽
Phlugiolopsis carinata Wang, Li *et* Liu 隆线吟螽
Phlugiolopsis chayuensis Wang, Li *et* Liu 察隅吟螽
Phlugiolopsis circolobosis Bian, Shi *et* Chang 圆叶吟螽
Phlugiolopsis complanispinis Bian, Shi *et* Chang 扁刺吟螽
Phlugiolopsis damingshanis Bian, Shi *et* Chang 大明山吟螽
Phlugiolopsis digitusis Bian, Shi *et* Chang 指突吟螽
Phlugiolopsis elongata Bian, Shi *et* Chang 长突吟螽
Phlugiolopsis emarginata Bian, Shi *et* Chang 凹缘吟螽
Phlugiolopsis grahami (Tinkham) 格氏吟螽，格氏剑螽
Phlugiolopsis huangi Bian, Shi *et* Chang 黄氏吟螽
Phlugiolopsis longiangulis Bian, Shi *et* Chang 长角吟螽
Phlugiolopsis longicerca Wang, Li *et* Lin 长尾吟螽
Phlugiolopsis minuta (Tinkham) 小吟螽，富螽
Phlugiolopsis montana Wang, Li *et* Liu 山地吟螽
Phlugiolopsis pectinis Bian, Shi *et* Chang 篦尾吟螽
Phlugiolopsis pentagonis Bian, Shi *et* Chang 五角吟螽
Phlugiolopsis punctata Wang, Li *et* Liu 刻点吟螽
Phlugiolopsis rullis Bian, Shi *et* Chang 镘叶吟螽
Phlugiolopsis tribranchis Bian, Shi *et* Chang 三支吟螽
Phlugiolopsis tuberculata Xia *et* Liu 瘤突吟螽
Phlugiolopsis uncicercis Bian, Shi *et* Chang 钩尾吟螽
Phlugiolopsis ventralis Wang, Li *et* Liu 黑腹吟螽
Phlugiolopsis xinanensis Bian, Shi *et* Chang 新安吟螽
Phlugiolopsis yunnanensis Shi *et* Ou 云南吟螽
Phlyaria 白裙灰蝶属
Phlyaria cyara (Hewitson) [pied blue] 白裙灰蝶
Phlyctaenia 黑野螟属
Phlyctaenia coronata (Hüfnagel) [elderberry pearl, elder pearl,

crowned phlyctaenia, elder leaftier] 接骨木黑野螟
Phlyctaenia coronatoides (Inoue) 浅黑野螟
Phlyctaenia ferrugalis (Hübner) 见 *Udea ferrugalis*
Phlyctaenia rubigalis (Guenée) 见 *Udea rubigalis*
Phlyctaenia stachydalis (Germar) 小黑野螟
Phlyctaenia tyres Cramer 白斑黑野螟
Phlyctaenodes 弗来螟属
Phlyctaenodes concoloralis (Lederer) 见 *Loxostege concoloralis*
Phlyctaenodes sulphuralis minor Caradja 同 *Loxostege deliblatica*
Phlyctaenodes yuennanensis Caradja 同 *Loxostege turbidalis*
Phlyctinus callosus Schönherr [banded fruit weevil, vine calandra, garden weevil, banded snout beetle, grapevine beetle] 庭园斑象甲，庭园象甲
phoba [pl. phobae] 惊毛 < 许多种金龟子幼虫在内唇边缘内侧有一组稠密刚毛，其末端常分叉，位于侧区后方 >
phobae [s. phoba] 惊毛
Phobaeticus 足刺蛸属
Phobaeticus albus (Chen *et* He) 见 *Baculonistria alba*
Phobaeticus chani Bragg [Chan's megastick] 曾氏足刺蛸，陈氏足刺蛸
Phobaeticus longicornis Bi *et* Wang 同 *Baculonistria magna*
Phobaeticus serratipes (Gray) [giant stick bug] 齿足刺蛸，尖刺足刺竹节虫
Phobaeticus sichuanensis Cai *et* Liu 同 *Baculonistria alba*
Phobaeticus yuexiensis Chen *et* He 同 *Baculonistria magna*
Phobetes 浮姬蜂属
Phobetes albiannularis Sheng *et* Ding 白环浮姬蜂
Phobetes convavus Sheng, Sun *et* Li 凹浮姬蜂
Phobetes henanensis Sheng *et* Ding 河南浮姬蜂
Phobetes huanrenensis Sheng *et* Sun 桓仁浮姬蜂
Phobetes niger Sheng *et* Sun 黑浮姬蜂
Phobetes nigriceps (Gravenhorst) 黑头浮姬蜂
Phobetes opacus Sheng *et* Sun 暗浮姬蜂
Phobetes ruficoxalis Sheng, Sun *et* Li 红基浮姬蜂
Phobetes sapporensis (Uchida) 北海道浮姬蜂
Phobetes sauteri (Uchida) 索氏浮姬蜂，萨浮姬蜂，索氏厕蝇姬蜂
Phobetes taihorinensis (Uchida) 台湾浮姬蜂，台湾厕蝇姬蜂
Phobeticomyia 凸颜缟蝇属
Phobeticomyia digitiformis Shi, Li *et* Yang 指形凸颜缟蝇
Phobeticomyia lunifera (de Meijere) 月斑凸颜缟蝇
Phobeticomyia spinosa Sasakawa 多刺凸颜缟蝇
Phobeticomyia uncinata Shi, Li *et* Yang 钩凸颜缟蝇
Phobetron 巫刺蛾属
Phobetron pithecium (Smith) [hag moth, monkey slug] 褐巫刺蛾，褐棘毛刺蛾，猴形刺蛾
phobic reaction 避性反应
Phobocampe 惊蠋姬蜂属
Phobocampe lymantriae Gupta 舞毒蛾惊蠋姬蜂
Phobocampe posticae (Sonan) 见 *Hyposoter posticae*
phobotaxis 趋避性
Phocides 蓝条弄蝶属
Phocides metrodorus Bell [Bell's paradise skipper] 米特蓝条弄蝶
Phocides pigmalion (Cramer) [mangrove skipper] 红树林蓝条弄蝶
Phocides polybius (Fabricius) [guava skipper, bloody spot] 蓝条弄蝶
Phocides thermus (Mabille) 热带蓝条弄蝶
Phocides urania (Westwood) [urania skipper] 乌拉蓝条弄蝶
Phocides xenocrates Bell 新蓝条弄蝶
Phocoderma 绒刺蛾属
Phocoderma betis Druce 贝绒刺蛾，帛绒刺蛾
Phocoderma velutina Kollar 绒刺蛾
Phocoderma witti Solovyev 维绒刺蛾
phocus scarlet-eye [*Nascus phocus* (Cramer)] 娜虎弄蝶
Phodoryctis 弗细蛾属
Phodoryctis caerulea (Meyrick) 深绿弗细蛾，豆皮细蛾
Phodoryctis stephaniae Kumata *et* Kuroko 斯弗细蛾
Phoebis 菲粉蝶属
Phoebis agarithe (Boisduval) [orange giant sulphur, large orange sulphur] 橙菲粉蝶
Phoebis argante (Fabricius) [apricot sulphur, argante giant sulphur] 杏菲粉蝶，褐缘纯粉蝶
Phoebis avellaneda (Herrich-Schäffer) [red-splashed sulphur] 红菲粉蝶
Phoebis boisduvali (Felder *et* Felder) 鲍氏菲粉蝶
Phoebis bourkei (Dlxey) 博尔菲粉蝶
Phoebis editha (Butler) [Edith's sulphur] 爱菲粉蝶
Phoebis fluminensis (d'Almeida) 弗鲁明菲粉蝶
Phoebis godartiana Swainson 高菲粉蝶
Phoebis neleis (Boisduval) 内雷斯菲粉蝶
Phoebis neocypris (Hübner) [tailed sulphur] 尖尾菲粉蝶
Phoebis orbis (Poey) [orbed sulphur] 圆菲粉蝶
Phoebis philea (Linnaeus) [orange-barred (giant) sulphur, yellow apricot] 黄纹菲粉蝶，菲莉纯粉蝶
Phoebis rurina Felder *et* Felder 柔菲粉蝶
Phoebis sennae (Linnaeus) [cloudless giant sulphur, cloudless sulphur, common yellow] 黄菲粉蝶
Phoebis statira (Cramer) [statira sulphur] 双色菲粉蝶
Phoebis trite (Linnaeus) [buttercup butterfly] 土黄菲粉蝶
phoebus apollo [= small apollo, *Parnassius phoebus* (Fabricius)] 福布绢蝶
phoenicococcid 1. [= phoenicococcid scale, palm scale] 战蚧 < 战蚧科 Phoenicococcidae 昆虫的通称 >；2. 战蚧科的
phoenicococcid scale [= phoenicococcid, palm scale] 战蚧
Phoenicococcidae 战蚧科，刺葵蚧科，刺葵介壳虫科
Phoenicococcus 战蚧属
Phoenicococcus marlatti Cockerell [red date scale, red date palm scale, date palm scale, Marlatt scale] 马氏战蚧，海枣管蚧
Phoenicocoris 凤盲蝽属
Phoenicocoris opacus (Reuter) 暗凤盲蝽，暗杂盲蝽
Phoenicocoris qilianus Zheng 祁连凤盲蝽
phoenicoides skipper [*Drephalys phoenicoides* (Mabille *et* Boullet)] 拟紫卓弄蝶
phoenicura metalmark [= dingy metalmark, *Stichelia phoenicura* (Godman *et* Salvin)] 紫红丝蚬蝶
Phoenissa brephos albofascia Inoue 见 *Epirrhoe brephos albofascia*
phoenix [*Eulithis prunata* (Linnaeus)] 普纹尺蛾
Phoetalia 苍蠊属
Phoetalia pallida (Brunner von Wattenwyl) 淡色苍蠊
Phola 牡荆叶甲属，瘦金花虫属

Phola octodecimguttata (Fabricius) 十八斑牡荆叶甲，十八斑瘦金花虫
Pholetesor 幽茧蜂属
Pholetesor bicolor (Nees) 两色幽茧蜂，两色绒茧蜂
Pholetesor taiwanensis Liu *et* Chen 台湾幽茧蜂
Pholicodes alternans Reitter 同 *Alatavia albida*
Pholidoforus 鳞木象甲属
Pholidoforus squamosus Wollaston 鳞木象甲，鳞木象
Pholioxenus 多纹阎甲属，福阎甲属
Pholioxenus orion Reichardt 多纹阎甲，奥福阎甲
Pholisora 碎滴弄蝶属
Pholisora alpheus (Edwards) [alpheus sootywing] 河神碎滴弄蝶
Pholisora catullus (Fabricius) [common sootywing, roadside rambler] 碎滴弄蝶
Pholisora gracielae MacNeill [MacNeill's sootywing] 杂斑碎滴弄蝶
Pholisora libya (Scudder) [Mojave sootywing] 白斑碎滴弄蝶
Pholisora mejicana (Reakirt) [Mexican sootywing] 美碎滴弄蝶
Pholoeophagosoma 皮木象甲属
Phonapate 音狡长蠹属
Phonapate andriana Lesne 疏瘤音狡长蠹
Phonapate chan (Semenow) 长毛音狡长蠹
Phonapate deserti (Semenow) 沙漠音狡长蠹
Phonapate discreta Lesne 隆音狡长蠹
Phonapate fimbriata Lesne 燧缘音狡长蠹，缨伏长蠹
Phonapate frontalis Waterhouse 额音狡长蠹
Phonapate madecassa Lesne 密瘤音狡长蠹
Phonapate porrecta Lesne 密毛音狡长蠹
Phonapate stridula Lesne 擦音狡长蠹
Phonapate sublobata Lesne 四突音狡长蠹
Phonarellus 音蟋属
Phonarellus flavipes Hsia, Liu *et* Yin 黄足音蟋
Phonarellus minor (Chopard) 小音蟋
Phonarellus ritsemae (de Saussure) 大音蟋，利特音蟋
Phonarellus zebripes He 斑腿音蟋
Phonias 猎通缘步甲亚属
Phonogaster 腹声蝗属
Phonogaster longigeniculatus Zheng 长膝腹声蝗
Phonomyia 声寄蝇属，音寄蝇属
Phonomyia aristata (Róndani) 芒声寄蝇，曲脉音寄蝇，曲脉发音寄蝇
Phonomyia atypica Mesnil 鹊声寄蝇
phonoreceptor 感音器
phonoresponse 声反应
phonotaxis 趋声性
phonotropism 向声性
Phora 蚤蝇属
Phora acerosa Gotoh 针叶蚤蝇
Phora amplifrons Goto 阔额蚤蝇
Phora capillosa Schmitz 毛额蚤蝇
Phora concava Liu *et* Wang 双凹蚤蝇
Phora convergens Schmitz 聚额蚤蝇
Phora edentata Schmitz 缺齿蚤蝇
Phora fenestrata Gotoh 方额蚤蝇
Phora furcularis Liu *et* Wang 叉突蚤蝇
Phora hamulata Liu *et* Chou 钩尾蚤蝇
Phora holosericea Schmitz 全绒蚤蝇
Phora lacunifera Goto 凹叶蚤蝇，凹尾蚤蝇，多孔蚤蝇
Phora occidentata Malloch 西方蚤蝇
Phora orientis Gotoh 东亚蚤蝇
Phora rostrata Liu *et* Wang 喙尾蚤蝇
Phora saigusai Goto 三枝蚤蝇，赛氏蚤蝇
Phora shirozui Gotoh 白水蚤蝇
Phora subconvallium Gotoh 亚谷蚤蝇
Phora taiwana Gotoh 台湾蚤蝇
Phora tattakana Gotoh 鹿林蚤蝇
Phoracantha 嗜木天牛属
Phoracantha recurva Newman [eucalyptus longhorned borer, lesser eucalyptus longhorn, eucalyptus borer, yellow longicorn beetle, yellow phoracantha borer] 桉黄嗜木天牛
Phoracantha semipunctata (Fabricius) [Australian eucalyptus longhorn, blue gum borer, common eucalypt longicorn, common eucalyptus longhorn, eucalyptus borer, eucalyptus longhorn beetle, firewood beetle] 桉嗜木天牛
Phoracantha tricuspis Newman [common longhorn beetle] 三尖嗜木天牛
Phoracanthini 缨天牛族
phoracanthol 桉天牛醇
Phoraspididae [= Epilampridae] 光蠊科
Phorbia 草种蝇属
Phorbia asiatica Hsue 亚洲草种蝇
Phorbia curvicauda (Zetterstedt) 丝阳草种蝇
Phorbia curvifolia Hsue 弯叶草种蝇
Phorbia erlangshana Feng 二郎山草种蝇
Phorbia fani Xue 范氏草种蝇
Phorbia fascicularis Tiensuu 长尾草种蝇
Phorbia funiuensis Ge *et* Li 伏牛草种蝇
Phorbia gemmullata Feng, Liu *et* Zhou 小芽草种蝇
Phorbia genitalis (Schnabl) [late wheat shoot fly] 裸跗草种蝇，春麦草种蝇，春麦蝇
Phorbia hypandrium Li *et* Deng 异板草种蝇
Phorbia kochai Suwa 古茶草种蝇
Phorbia lobata (Huckett) 裂叶草种蝇
Phorbia longipilis (Pandellé) 长毛草种蝇
Phorbia morula Ackland 桑草种蝇
Phorbia morulella Fan, Li *et* Cui 墨草种蝇
Phorbia nepalensis Suwa 尼泊尔草种蝇
Phorbia omeishanensis Fan 峨眉草种蝇
Phorbia pectiniforceps Fan, Wang *et* Yang 栉铗草种蝇
Phorbia perssoni Hennig 北生草种蝇
Phorbia pilostyla Suwa 侧毛草种蝇
Phorbia polystrepsis Fan, Chen *et* Ma 多曲草种蝇
Phorbia securis xibeina Wu, Zhang *et* Fan 同 *Phorbia genitalis*
Phorbia simplisteruita Fan, Li *et* Cui 简腹草种蝇
Phorbia sinosingularis Zhang, Fan *et* Zhu 华异草种蝇
Phorbia subcurvifolia Zhang, Fan *et* Zhu 类弯叶草种蝇
Phorbia subfascicularis Suwa 亚长尾草种蝇
Phorbia subsymmetrica Fan 亚均草种蝇
Phorbia tysoni Ackland 畸形草种蝇
Phorbia vitripenis Fan 透阳草种蝇

phorcabilin 福翠凤蝶胆色素
Phorcera 蜉寄蝇属
Phorcera agilis Robineau-Desvoidy 毒蛾蜉寄蝇
Phorcidella 灰寄蝇属，法追寄蝇属
Phorcidella basalis (Baranov) 基灰寄蝇，港口法追寄蝇，港口寄蝇，棒须新怯寄蝇，棒须追寄蝇
phorcus ruby-eye [*Carystus phorcus* (Cramer)] 白斑卡瑞弄蝶
Phorelliosoma 丰实蝇属，福蕾实蝇属，弗瑞实蝇属
Phorelliosoma hexachaeta Hendel 毛丰实蝇，台湾福蕾实蝇，六毛弗实蝇，六毛弗瑞实蝇
phoresy 携播，运载关系
phoretic 携播的
phoretic copulation 携配
phorid 1. [= phorid fly, scuttle fly, hump-backed fly] 蚤蝇 < 蚤蝇科 Phoridae 昆虫的通称 >；2. 蚤蝇科的
phorid fly [= phorid, scuttle fly, hump-backed fly] 蚤蝇
Phoridae 蚤蝇科
Phorinae 蚤蝇亚科
Phorinia 蚤寄蝇属
Phorinia aurifrons Robineau-Desvoidy 黄额蚤寄蝇
Phorinia bifurcata Tachi *et* Shima 双叶蚤寄蝇，二叉蚤寄蝇
Phorinia breviata Tachi *et* Shima 短芒蚤寄蝇
Phorinia convexa Tachi *et* Shima 拱叶蚤寄蝇，凸蚤寄蝇
Phorinia denticulata Tachi *et* Shima 刺基蚤寄蝇，齿蚤寄蝇
Phorinia flava Tachi *et* Shima 黄须蚤寄蝇，黄蚤寄蝇
Phorinia minuta Tachi *et* Shima 小蚤寄蝇
Phorinia pruinovitta Chao *et* Liu 粉额蚤寄蝇
Phorinia spinulosa Tachi *et* Shima 刺叶蚤寄蝇，刺蚤寄蝇
Phoriniophylax 伏寄蝇属
Phoriniophylax femorata Mesnil 台南伏寄蝇，台南寄蝇，股寄蝇
Phorma pepon Karsch 非乌咖啡刺蛾
phormia defensin 绿蝇防御素
Phormia 伏蝇属
Phormia regina (Meigen) [black blow fly] 伏蝇，黑丽蝇
Phormiata 山伏蝇属
Phormiata phormiata Grunin 山伏蝇
Phormiinae 伏蝇亚科
phormium mealybug [= New Zealand flax mealybug, *Balanococcus diminutus* (Leonardi)] 新西兰平粉蚧
Phorocardius 裂爪叩甲属
Phorocardius astutus Candèze 东方裂爪叩甲
Phorocardius comptus (Candèze) 黄带裂爪叩甲，黄带裂角叩甲，康福叩甲，康普罗叩甲
Phorocardius magnus Fleutiaux 宽体裂爪叩甲，大福叩甲
Phorocardius melanopterus Candèze 黑翅裂爪叩甲
Phorocardius unguicularis (Fleutiaux) 栗色裂爪叩甲
Phorocardius yanagiharae (Miwa) 短角裂爪叩甲，雅福叩甲
Phorocera 蜉寄蝇属
Phorocera amurensis Chao 黑龙江蜉寄蝇
Phorocera assimilis (Fallén) 勺肛蜉寄蝇
Phorocera grandis (Róndani) 锥肛蜉寄蝇
Phorocera liaoningensis Yao et Zhang 辽宁蜉寄蝇
Phorocera normalis Chao 直条蜉寄蝇
Phorocera obscura (Fallén) 昏暗蜉寄蝇
Phorocerosoma 裸板寄蝇属
Phorocerosoma aureum Sun *et* Chao 金黄裸板寄蝇
Phorocerosoma pilipes (Villeneuve) 毛裸板寄蝇
Phorocerosoma postulans (Walker) 毛斑裸板寄蝇，恒春寄蝇
Phorocerosoma vicarium (Walker) 簇缨裸板寄蝇
Phoroctenia 缩栉大蚊属，伏大蚊属
Phoroctenia vittata (Meigen) 黑胸缩栉大蚊，条纹伏大蚊，条纹马氏大蚊
Phorodesma amoenaria Oberthür 见 *Comibaena amoenaria*
Phorodesma dubernardi Oberthür 见 *Comibaena dubernardi*
Phorodesma eurynomaria Oberthür 同 *Comibaena nigromacularia*
Phorodesma subargentaria Oberthür 见 *Comibaena signifera subargentaria*
Phorodesma subprocumbaria Oberthür 见 *Comibaena subprocumbaria*
Phorodesma superonataria Oberthür 同 *Comibaena pictipennis*
Phorodesma tancrei Graeser 见 *Comibaena tancrei*
Phorodesma tenuisaria Graeser 见 *Comibaena tenuisaria*
Phorodon 疣蚜属，指头蚜属
Phorodon abietifoliae Shinji 同 *Elatobium momii*
Phorodon cannabis Passerini [cannabis aphid, bhang aphid, hemp aphid] 大麻疣蚜，大麻迪疣蚜
Phorodon humuli (Schrank) [damson hop aphid, hop aphid] 忽布疣蚜，忽布瘤额蚜，指头蚜，葎草蚜
Phorodon humuli foliae Tseng *et* Tao 忽布疣蚜喜叶亚种，葎草叶疣蚜
Phorodon humuli humuli (Schrank) 忽布疣蚜指名亚种
Phorodon humuli japonensis Takahashi 忽布疣蚜日本亚种，葎草疣蚜
Phorodon humulifoliae Tseng *et* Tao 葎草叶疣蚜，葎草指头蚜
Phorodon japonensis Takahashi 见 *Phorodon humuli japonensis*
Phorodon menthae Buckton 同 *Aulacorthum solani*
Phorodonta 齿爪眼蕈蚊属，齿眼蕈蚊属
Phorodonta anodonta Yang, Zhang *et* Yang 见 *Odontosciara anodonta*
Phorodonta cyclota Yang, Zhang *et* Yang 见 *Odontosciara cyclota*
Phorodonta dolichopoda Yang, Zhang *et* Yang 见 *Odontosciara dolichopoda*
Phorodonta flavipes (Meigen) 见 *Dolichosciara flavipes*
Phorodonta fujiana Yang, Zhang *et* Yang 见 *Odontosciara fujiana*
Phorodonta longiantenna Yang, Zhang *et* Yang 见 *Odontosciara longiantenna*
Phorodonta mirispina Yang, Zhang *et* Yang 见 *Odontosciara mirispina*
Phoroidea 蚤蝇总科
Phoromitus largus Marshall 大桉饰象甲
phoronis myscelus [*Myscelus phoronis* (Hewitson)] 白心弄蝶
phorotype 精器
Phortica 伏果蝇属，伏绕眼果蝇属
Phortica acongruens (Zhang *et* Shi) 同 *Phortica eugamma*
Phortica afoliolata Chen *et* Toda 羽芒伏果蝇，异叶芒伏绕眼果蝇
Phortica allomega Gong *et* Chen 异欧伏果蝇，异欧伏绕眼果蝇
Phortica antheria (Okada) 花伏果蝇，花伏绕眼果蝇，花绕眼果蝇，花阿绕眼果蝇，亮普通果蝇
Phortica antillaria (Chen *et* Toda) 同 *Phortica foliata*
Phortica archikappa Gong *et* Chen 拟卡伏果蝇，拟卡伏绕眼果蝇
Phortica bicornuta (Chen *et* Toda) 双角伏果蝇，双突伏绕眼果蝇

P

Phortica bipartita (Toda *et* Peng) 双突伏果蝇，二裂伏绕眼果蝇
Phortica biprotrusa (Chen *et* Toda) 双棘突伏果蝇，双刺突伏绕眼果蝇
Phortica brachychaeta Chen *et* Toda 短毛伏果蝇，短毛伏绕眼果蝇
Phortica cardua (Okada) 棘突伏果蝇，蓟伏绕眼果蝇，棘普通果蝇，蓟绕眼果蝇
Phortica chi (Toda *et* Sidorenko) 希依伏果蝇，西伏绕眼果蝇
Phortica conifera (Okada) 锥伏果蝇，锥伏绕眼果蝇
Phortica dianzangensis Gong *et* Chen 滇藏伏果蝇，滇藏伏绕眼果蝇
Phortica eparmata (Okada) 盾茎伏果蝇，盾茎伏绕眼果蝇，盾茎阿绕眼果蝇，盾茎绕眼果蝇，肥绕眼果蝇
Phortica eugamma (Toda *et* Peng) 实叉茎伏果蝇，实叉茎伏绕眼果蝇
Phortica excrescentiosa (Toda *et* Peng) 膨叶伏果蝇，埃普通果蝇
Phortica fangae (Máca) 方氏伏果蝇，方氏伏绕眼果蝇，方氏阿绕眼果蝇，方氏绕眼果蝇
Phortica flexuosa (Zhang *et* Gan) 锯膜伏果蝇，锯膜伏绕眼果蝇，锯膜阿绕眼果蝇，锯膜阿果蝇，弯曲绕眼果蝇，弯普通果蝇
Phortica floccipes Cao *et* Chen 直鬃伏果蝇
Phortica foliacea (Tsacas *et* Okada) 具刺伏果蝇，端尖叶芒伏绕眼果蝇，叶芒阿绕眼果蝇，叶芒绕眼果蝇，叶状绕眼果蝇
Phortica foliata (Chen *et* Toda) 叶突伏果蝇，叶突伏绕眼果蝇
Phortica foliiseta Duda 叶芒伏果蝇，叶伏阿绕眼果蝇，叶毛绕眼果蝇，叶须绕眼果蝇
Phortica foliisetoides Chen *et* Toda 拟叶伏果蝇，拟叶芒伏绕眼果蝇
Phortica gamma (Toda *et* Peng) 叉茎伏果蝇，叉茎伏绕眼果蝇
Phortica gigas (Okada) 巨黑伏果蝇，巨伏绕眼果蝇，巨绕眼果蝇，巨阿绕眼果蝇，大绕眼果蝇
Phortica glabra Chen *et* Toda 光叶伏果蝇，缺毛伏绕眼果蝇
Phortica glabtabula Chen *et* Gao 光板伏果蝇，光突伏绕眼果蝇
Phortica haba An *et* Chen 哈巴伏果蝇，月宴伏绕眼果蝇
Phortica hainanensis (Chen *et* Toda) 海南伏果蝇，海南伏绕眼果蝇
Phortica hani (Zhang *et* Shi) 韩氏伏果蝇，韩氏绕眼果蝇
Phortica helva Chen *et* Gao 黄胸伏果蝇，黄伏绕眼果蝇
Phortica hirtotibia Cao *et* Chen 毛胫伏果蝇
Phortica hongae (Máca) 洪氏伏果蝇，洪氏伏绕眼果蝇，洪氏绕眼果蝇，洪氏阿绕眼果蝇
Phortica huazhii Cheng *et* Chen 化志伏果蝇，化志伏绕眼果蝇
Phortica huiluoi Cheng *et* Chen 慧荦伏果蝇，曹氏伏绕眼果蝇
Phortica imbacilia Gong *et* Chen 无突伏果蝇，无突伏绕眼果蝇
Phortica iota (Toda *et* Sidorenko) 约塔伏果蝇，约塔伏绕眼果蝇
Phortica jadete Zhu, Cao *et* Chen 西盟伏果蝇，西盟伏绕眼果蝇
Phortica kappa (Máca) 卡伏果蝇，卡伏绕眼果蝇，卡绕眼果蝇，卡阿绕眼果蝇
Phortica kava Zhu, Cao *et* Chen 山栖伏果蝇，山栖伏绕眼果蝇
Phortica kukuanensis Máca 同 *Phortica flexuosa*
Phortica lambda (Toda *et* Peng) 单突伏果蝇，单突伏绕眼果蝇，广东阿绕眼果蝇，广东绕眼果蝇
Phortica latifoliacea Chen *et* Watabe 宽叶伏果蝇，宽叶伏绕眼果蝇
Phortica latipenis Chen *et* Gao 宽茎伏果蝇
Phortica linae (Máca *et* Chen) 同 *Phortica eugamma*
Phortica liukuni Gong *et* Chen 刘氏伏果蝇，刘氏伏绕眼果蝇
Phortica longicauda Cao *et* Chen 长尾伏果蝇
Phortica longipenis Chen *et* Gao 长茎伏果蝇
Phortica longiseta Cao *et* Chen 长鬃伏果蝇
Phortica maculiceps de Meijere 斑点伏果蝇，斑点阿绕眼果蝇，斑点绕眼果蝇
Phortica magna (Okada) 大伏果蝇，大伏绕眼果蝇，大绕眼果蝇，斑点阿绕眼果蝇，巨型绕眼果蝇
Phortica mengda Zhu, Cao *et* Chen 五老山伏果蝇，五老山伏绕眼果蝇
Phortica montipagana An *et* Chen 山寨伏果蝇，村边伏绕眼果蝇
Phortica multiprocera Chen *et* Gao 多突伏果蝇，多突绕眼果蝇
Phortica nudiarista Cheng *et* Chen 裸芒伏果蝇，裸毛伏绕眼果蝇
Phortica okadai (Máca) 冈田伏果蝇，冈田伏绕眼果蝇，冈田氏绕眼果蝇
Phortica omega (Okada) 奥米加伏果蝇，欧米加伏绕眼果蝇，奥米加绕眼果蝇，奥米加阿绕眼果蝇
Phortica orientalis (Hendel) 东亚伏果蝇，东亚伏绕眼果蝇，东亚绕眼果蝇，东方阿绕眼果蝇，东方普通果蝇
Phortica panda Cao *et* Chen 盼达伏果蝇
Phortica pangi Chen *et* Wen 庞氏伏果蝇，庞氏伏绕眼果蝇
Phortica paramagna (Okada) 副大伏果蝇，副大伏绕眼果蝇，副大绕眼果蝇，副大阿绕眼果蝇
Phortica pavriarista Cheng *et* Chen 端小伏果蝇，小毛伏绕眼果蝇
Phortica perforcipata (Máca *et* Lin) 暗黑伏果蝇，谷关伏绕眼果蝇，谷关绕眼果蝇，谷关阿绕眼果蝇
Phortica pi (Toda *et* Peng) 沟突伏果蝇，沟突伏绕眼果蝇，沟突绕眼果蝇，派普通果蝇
Phortica pinguiseta Cao *et* Chen 壮鬃伏果蝇
Phortica protrusa (Zhang *et* Shi) 具突伏果蝇，突伏绕眼果蝇，突阿伏眼果蝇，突绕眼果蝇，突阿绕眼果蝇
Phortica pseudogigas (Zhang *et* Gan) 拟巨黑伏果蝇，拟巨伏绕眼果蝇，拟巨阿绕眼果蝇，拟巨阿果蝇，拟巨普通果蝇
Phortica pseudopi (Toda *et* Peng) 拟沟突伏果蝇，拟沟突伏绕眼果蝇，拟沟突绕眼果蝇，拟派普通果蝇
Phortica pseudotau (Toda *et* Peng) 拟双基伏果蝇，拟双基突伏绕眼果蝇，拟双基突绕眼果蝇，拟滔普通果蝇
Phortica psi (Zhang *et* Gan) 三叉伏果蝇，三叉伏绕眼果蝇，三叉绕眼果蝇，浦塞普通果蝇，三叉阿果蝇
Phortica qingsongi An *et* Chen 青松伏果蝇，青松伏绕眼果蝇
Phortica rhagolobos Chen *et* Gao 片突伏果蝇，叶突绕眼果蝇
Phortica saeta (Zhang *et* Gan) 刚毛伏果蝇，刚毛伏绕眼果蝇，刚毛阿绕眼果蝇，刚毛阿果蝇，瑟普通果蝇
Phortica sagittiaristula Chen *et* Wen 箭芒伏果蝇
Phortica saltaristula Chen *et* Wen 舞芒伏果蝇
Phortica semivirgo (Máca) 半枝伏果蝇，半枝阿绕眼果蝇，半枝绕眼果蝇
Phortica setitabula Chen *et* Gao 毛板伏果蝇，毛突伏绕眼果蝇
Phortica shillongensis (Singh *et* Gupta) 同 *Phortica cardua*
Phortica specula (Máca *et* Lin) 侦测伏果蝇，侦测伏绕眼果蝇，侦测绕眼果蝇，侦测阿绕眼果蝇
Phortica spinosa Chen *et* Gao 刺突伏果蝇，刺伏绕眼果蝇
Phortica subradiata (Okada) 辐突伏果蝇，亚辐伏绕眼果蝇，亚

P

辐普通果蝇
Phortica symmetria Chen *et* Toda 对称伏果蝇，对称伏绕眼果蝇
Phortica takadai (Okada) 同 *Phortica conifera*
Phortica tanabei Chen *et* Toda 田边伏果蝇，田边氏伏绕眼果蝇
Phortica tau (Toda *et* Peng) 双基伏果蝇，滔伏绕眼果蝇，滔普通果蝇
Phortica tibeta Gong *et* Chen 西藏伏果蝇，西藏伏绕眼果蝇
Phortica uncinata Chen *et* Gao 叉钩伏果蝇，钩伏绕眼果蝇
Phortica unipetala Chen *et* Wen 单枝伏果蝇，单瓣伏绕眼果蝇
Phortica watanabei (Máca *et* Lin) 同 *Phortica pseudopi*
Phortica wongding Zhu, Cao *et* Chen 云绕伏果蝇，云绕伏绕眼果蝇
Phortica yena Zhu, Cao *et* Chen 晔娜伏果蝇，晔娜伏绕眼果蝇
Phortica xianfui Gong *et* Chen 李氏伏果蝇，李氏伏绕眼果蝇
Phortica xishuangbanna Cheng *et* Chen 版纳伏果蝇，西双版纳伏绕眼果蝇
Porticella 条果蝇属，线纹果蝇属
Phorticella albicornis (Enderlein) 白角条果蝇，白线线纹果蝇
Phorticella annulipes (Duda) 竹节条果蝇，竹节果蝇
Phorticella bakeri (Sturtevant) 贝格氏条果蝇，贝克氏线纹果蝇
Phorticella bistriata (de Meijere) 双纹条果蝇，双纹线纹果蝇，双条条果蝇
Phorticella fenestrata Duda 帘纹条果蝇，帘纹线纹果蝇
Phorticella flavipennis (Duda) 黄翅条果蝇，黄翅线纹果蝇
Phorticella htunmaungi Wynn, Toda *et* Peng 托孟氏条果蝇
Phorticella nullistriata Wynn, Toda *et* Peng 无条条果蝇
Phorticella singularis Duda 单条条果蝇，单条果蝇
Phorticini 晦姬蝽族
Phorticus 晦姬蝽属
Phorticus affinis Poppius 倾晦姬蝽，晦姬蝽
Phorticus bannanus Hsiao 版纳晦姬蝽
Phorticus distanti Ren 狄氏晦姬蝽
Phorticus formosanus Poppius 台湾晦姬蝽，宝岛晦姬蝽
Phorticus yunnanus Hsiao 云晦姬蝽，云南晦姬蝽
Phortioeca 糙蠊属
Phortioeca nimbata (Burmeister) 烟翅糙蠊
phosphagen 磷原物质
phosphamide 磷酰铵
phosphatase 磷酸酯酶，磷酸酶
phosphatidase 磷脂酶
phosphatide 磷脂
phosphatidylinositol 磷酸酰肌醇
phosphatidylinositol signaling system 磷酸酰肌醇信号系统
Phosphila 磷夜蛾属
Phosphila turbulenta (Hübner) [turbulent phosphila] 乱磷夜蛾
phosphine 磷化氢
phosphodiester hydrolase 磷酸二酯水解酶
phosphoglyceromutase 磷酸甘油酸变位酶
phosphohexose 磷酸己糖
phosphohexose isomerase 磷酸己糖异构酶
phospholipid 磷脂
phosphomutase 磷酸变位酶，转磷酸酶
phosphopentose pathway 磷酸戊糖途径
phosphoprotein 磷蛋白
phosphoproteome 磷酸化蛋白质组
phosphoproteomics 磷酸化蛋白质组学
phosphopyruvate 磷酸丙酮酸
phosphorescent 发磷光的
phosphoribulokinase [abb. PRK] 磷酸核酮糖激酶
phosphorodithioate 二硫代磷酸酯
phosphorolysis 磷酸解
phosphorothioate 硫代磷酸酯
phosphorus cycle 磷循环
phosphorylase 磷酸化酶
phosphorylated cholinesterase 磷酸化胆碱酯酶
phosphorylation 磷酸化
phosphorylation constant 磷酰化常数
Phosphuga 缶葬甲属
Phosphuga atrata (Linnaeus) 黑缶葬甲，黑光葬甲
Phostria 磷光螟属
Phostria analis (Snellen) 见 *Omiodes analis*
Phostria caniusalis Walker 石梓磷光螟
Phostria glyphodalis (Walker) 格磷光螟
Phostria imbecilis (Moore) 阴磷光螟
Phostria maculicostalis (Hampson) 缘斑磷光螟
Phostria palliventralis (Snellen) 淡腹磷光螟
Phostria selenalis Caradja *et* Meyrick 塞磷光螟
Phostria unitalis (Guenée) 优磷光螟
Phostria unitinctalis (Hampson) 单带磷光螟
Photedes 亮夜蛾属
Photedes contumax (Püngeler) 同 *Protarchanara abrupta*
Photedes elymi (Treitschke) 见 *Longaletedes elymi*
Photedes stigmatica (Eversmann) 见 *Hypocoena stigmatica*
photic hypersensitiveness 光过敏，光过敏性
photic hyposensitiveness 光迟钝，光迟钝性
photic zone 透光层
Photinus 光萤属，阜提萤属
Photinus pyralis (Linnaeus) [common eastern firefly, big dipper firefly] 东部光萤
Photinus scintillans (Say) 闪光萤
photism 发光性
photoaesthesia 感光能力
photochemical reaction 光化学反应
photodissociation 光解离作用
Photodotis 光麦蛾属
Photodotis adornata Omelko 饰光麦蛾
Photodotis palens Omelko 浅光麦蛾
photoelectric colorimeter 光电比色计
photofluorometer 荧光计
photofobotaxis 避阴趋性
photogenetic 发光的
photogenic organ 发光器
photogeny 发光现象，发光
photokinesis 趋光性
photokinetic 趋光性的
photolyase 光裂合酶
photolysis 光解作用，光解现象
photometer 光度计
photometric 向光性的
photometry 向光性

photonegative response 背光性，负趋光性
photopathy 忌光性
photoperiod 光周期
photoperiodic 光周期的，光照期的
photoperiodicity 光周期现象，光周期性
photoperiodism 光周期现象，光周期性
photophase 光期，光相，光照期，光照阶段
photophilous 适光的，喜光的
photophob 避光的
photophobic 避光的，嫌光的
photophobic behavio(u)r 避光行为，嫌光行为
photophobic rate 避光率
photophobism 避光性，嫌光性
photoreceptor 光感受器，感光器
Photoscotosia 幅尺蛾属
Photoscotosia achrolopha (Püngeler) 双弓幅尺蛾
Photoscotosia albapex (Hampson) 金斑幅尺蛾
Photoscotosia albiplaga Prout 花斑幅尺蛾
Photoscotosia albomacularia Leech 宽缘幅尺蛾
Photoscotosia amplicata (Walker) 广幅尺蛾
Photoscotosia amplicata dejeani Oberthür 见 *Photoscotosia dejeani*
Photoscotosia amplicata postmutata Prout 见 *Photoscotosia postmutata*
Photoscotosia amplicata rivularia Leech 见 *Photoscotosia rivularia*
Photoscotosia annubilata Prout 晴幅尺蛾
Photoscotosia antitypa Brandt 白星幅尺蛾
Photoscotosia apicinotaria Leech 双色幅尺蛾
Photoscotosia atromarginata Warren 燕幅尺蛾
Photoscotosia atrophicata Xue 缺角幅尺蛾
Photoscotosia atrostrigata (Bremer) 凌幅尺蛾
Photoscotosia chlorochrota Hampson 墨绿幅尺蛾
Photoscotosia dejeani (Oberthür) 玉幅尺蛾，德广幅尺蛾
Photoscotosia dejuta Prout 陌幅尺蛾
Photoscotosia diochoticha Xue 离幅尺蛾
Photoscotosia dipegaea Prout 坚幅尺蛾
Photoscotosia elagantissima Inoue 埃幅尺蛾
Photoscotosia eudiosa Xue 柔幅尺蛾
Photoscotosia eutheria Xue 真幅尺蛾
Photoscotosia fasciaria Leech 中带幅尺蛾
Photoscotosia ferrearia Xue 铁青幅尺蛾
Photoscotosia fulguritis Warren 闪幅尺蛾
Photoscotosia funebris Warren 黑幅尺蛾
Photoscotosia funebris funebris Warren 黑幅尺蛾指名亚种，指名黑幅尺蛾
Photoscotosia funebris huangzhongensis Xue 黑幅尺蛾湟中亚种
Photoscotosia gracilescens Xue *et* Meng 纤幅尺蛾
Photoscotosia indecora Prout 耻幅尺蛾
Photoscotosia insularis Bastelberger 岛幅尺蛾
Photoscotosia isosticta Prout 弥斑幅尺蛾
Photoscotosia leechi (Alphéraky) 云纹幅尺蛾
Photoscotosia leuconia Xue 白珠幅尺蛾
Photoscotosia metachriseis Hampson 半幅尺蛾
Photoscotosia mimetica Xue 仿斑幅尺蛾
Photoscotosia miniosata (Walker) 橘斑幅尺蛾
Photoscotosia miniosata miniosata (Walker) 橘斑幅尺蛾指名亚种，指名橘斑幅尺蛾
Photoscotosia multilinea Warren 多线幅尺蛾
Photoscotosia obliquisignata (Moore) 斜斑幅尺蛾
Photoscotosia palaearctica (Staudinger) 古北幅尺蛾
Photoscotosia pallifasciaria Leech 宽带幅尺蛾
Photoscotosia penguionaria (Oberthür) 黎幅尺蛾
Photoscotosia polysticha Prout 重列幅尺蛾
Photoscotosia portentosaria Xue *et* Meng 怪幅尺蛾
Photoscotosia postmutata Prout 新缘幅尺蛾，后广幅尺蛾
Photoscotosia prasinotmeta Prout 滨幅尺蛾
Photoscotosia propugnataria Leech 残斑幅尺蛾
Photoscotosia prosenes Prout 灰幅尺蛾
Photoscotosia prosphorosticha Xue 同列幅尺蛾
Photoscotosia rectilinearia Leech 直线幅尺蛾
Photoscotosia reperta Xue 偶幅尺蛾
Photoscotosia rivularia Leech 溪幅尺蛾，蕊广幅尺蛾
Photoscotosia scrobifasciaria Xue *et* Meng 凹中带幅尺蛾
Photoscotosia sericata Xue 丝幅尺蛾
Photoscotosia tonchignearia (Oberthür) 黑缘幅尺蛾，白纹黑缘幅尺蛾
Photoscotosia undulosa (Alphéraky) 中齿幅尺蛾，波毛侧尺蛾
Photoscotosia velutina Warren 剑纹幅尺蛾
photostable pigment 光稳定色素
photosynthesis 光合作用，光能合成
phototactic 趋光的，趋光性的
phototactic rate 趋光率
phototactic response 趋光反应
phototaxis 趋光性
phototaxis behavio(u)r 趋光行为
phototeletaxis 趋阴性
phototonic 光激性的
phototonus 光激性
phototoxic compound 光毒性化合物
phototropic 向光性的
phototropism 向光性
Photuris 妖萤属，妖扫萤属
Photuris lucicrescens Barber 光妖萤
Photyna 光鳃金龟甲属
Photyna rugicollis Brenske 皱光鳃金龟甲，皱光鳃金龟
Photyna tomentosa Brenske 绒光鳃金龟甲，绒光鳃金龟
phoxim 辛硫磷
Phoxoserphus 尖脊细蜂属
Phoxoserphus chikoi Lin 林氏尖脊细蜂，台湾尖细蜂
Phoxoserphus vescus Lin 弱小尖脊细蜂，瘦尖细蜂
Phradonoma 弗皮蠹属
Phradonoma amoenulum (Reitter) 厦弗皮蠹，厦斑皮蠹
phragma [pl. phragmata] 悬骨
Phragmacossia 悬蠹蛾属
Phragmacossia territa (Staudinger) 特悬蠹蛾，特苇蠹蛾
Phragmacossia territa transcaspica (Grum-Grshimailo) 同 *Phragmacossia territa*
phragmanotum [= postnotum, pseudonotum] 后背板，后背片
phragmata [s. phragma] 悬骨
Phragmataecia 苇蠹蛾属
Phragmataecia castaneae (Hübner) [reed leopard, giant borer] 芦苇

蠹蛾，蔗褐木蠹蛾
Phragmataecia cinnamomea Wileman 樟苇蠹蛾
Phragmataecia fusca Wileman 褐苇蠹蛾
Phragmataecia hummeli Bryk 哈苇蠹蛾
Phragmataecia lata Snellen 拉苇蠹蛾
Phragmataecia longialatus Hua *et* Chou 长翅苇蠹蛾
Phragmataecia roborowskii Alphéraky 罗氏苇蠹蛾
Phragmataecia territa transcaspica Grum-Grshimailo 同 *Phragmacossia territa*
phragmatal 悬骨的
Phragmatobia 篱灯蛾属
Phragmatobia amurensis Seitz [flax arctid, ruby tiger] 阿篱灯蛾
Phragmatobia amurensis amurensis Seitz 阿篱灯蛾指名亚种
Phragmatobia amurensis japonica Rothschild 阿篱灯蛾日本亚种，日亚麻篱灯蛾
Phragmatobia casta (Esper) 同 *Watsonarctia deserta*
Phragmatobia erschoffi (Alphéraky) 见 *Palearctia erschoffi*
Phragmatobia flavia (Füssly) 见 *Arctia flavia*
Phragmatobia fuliginosa (Linnaeus) [ruby tiger] 亚麻篱灯蛾
Phragmatobia fuliginosa amurensis Seitz 见 *Phragmatobia amurensis*
Phragmatobia fuliginosa fuliginosa (Linnaeus) 亚麻篱灯蛾指名亚种
Phragmatobia fuliginosa japonica Rothschild 见 *Phragmatobia amurensis japonica*
Phragmatobia fuliginosa nawari Ebert 同 *Phragmatobia fuliginosa paghmani*
Phragmatobia fuliginosa paghmani Lének 亚麻篱灯蛾帕氏亚种
Phragmatobia fuliginosa pallida Rothschild 同 *Phragmatobia fuliginosa pulverulenta*
Phragmatobia fuliginosa placida Frivaldszy 亚麻篱灯蛾新疆亚种
Phragmatobia fuliginosa pulverulenta (Alphéraky) 亚麻篱灯蛾二北亚种，绒亚麻篱灯蛾
Phragmatobia fuliginosa thibetica Strand 同 *Phragmatobia fuliginosa pulverulenta*
Phragmatobia glaphyra (Eversmann) 见 *Palearctia glaphyra*
Phragmatobia glaphyra manni (Alphéraky) 见 *Palearctia glaphyra manni*
Phragmatobia gruneri (Staudinger) 同 *Chelis dahurica*
Phragmatobia kindermanni (Staudinger) 见 *Sibirarctia kindermanni*
Phragmatobia maculosa mannerheimii (Duponchel) 同 *Chelis maculosa honesta*
Phragmatobia mannerheimi caecilia Kindermann 见 *Chelis caecilia*
Phragmatobia mussoti (Oberthür) 见 *Sinowatsonia mussoti*
Phragmatobia obliquifascia (Hampson) 见 *Nannoarctia obliquifascia*
Phragmatobia placida (Frivaldsky) 普篱灯蛾
Phragmatobia trigona (Leech) 见 *Micrarctia trigona*
phragmina 悬骨褶
phragmites planthopper [*Stenocranus matsumurai* Metcalf] 芦苇长突飞虱
phragmocyttare 割巢蜂
phragmotic soldier 大头兵蚁
Phraortes 皮蝻属，皮竹节虫属
Phraortes albopictus (Chen *et* He) 白斑皮蝻，白斑短足异蝻
Phraortes basalis (Chen *et* He) 基黑皮蝻，基黑短足异蝻
Phraortes bicolor (Brunner von Wattenwyl) 二色皮蝻，双色长足异蝻，双色皮竹节虫
Phraortes biconiferus (Bi) 双锥皮蝻
Phraortes bilineatus Chen *et* He 双线皮蝻
Phraortes brevipes Chen *et* He 短足皮蝻
Phraortes chinensis (Brunner von Wattenwyl) 中华皮蝻，中华长足异蝻
Phraortes clavicaudatus Chen *et* He 锤尾皮蝻
Phraortes confucius (Westwood) 细皮蝻，细长足异蝻，棉长角棒蝻
Phraortes corniformis Chen *et* He 角臀皮蝻
Phraortes curvicaudatus Bi 弯尾皮蝻
Phraortes elongatus (Thunberg) 长皮蝻
Phraortes eurycerca Chen *et* Xu 宽尾皮蝻
Phraortes fengkaiensis Chen *et* Xu 封开皮蝻
Phraortes formosanus Shiraki 台湾皮蝻，台湾皮竹节虫
Phraortes gibba Chen *et* He 囊突皮蝻
Phraortes glabra (Günther) 亮皮蝻，亮短足异蝻
Phraortes gracilis Chen *et* He 细弯尾皮蝻
Phraortes granulatus Chen *et* He 粒突皮蝻
Phraortes grossa Chen *et* He 粗壮皮蝻
Phraortes illepidus (Brunner von Wattenwyl) 同 *Phraortes elongatus*
Phraortes jiangxiensis Chen *et* Xu 江西皮蝻
Phraortes kumamotoensis Shiraki 熊本邻皮蝻
Phraortes leishanensis (Bi) 雷山皮蝻
Phraortes liannanensis Chen *et* He 连南皮蝻
Phraortes lianzhouensis Chen *et* He 连州皮蝻
Phraortes liaoningensis Chen *et* He 辽宁皮蝻
Phraortes longshengensis Chen *et* He 龙胜皮蝻
Phraortes major Chen *et* He 大皮蝻
Phraortes miranda Chen *et* He 奇尾皮蝻
Phraortes miyakoensis Shiraki 宫古皮蝻
Phraortes moganshanensis Chen *et* He 莫干山皮蝻
Phraortes nigricarinatus Chen *et* He 黑背脊皮蝻
Phraortes paracurvicaudatus Chen *et* Xu 拟弯尾皮蝻
Phraortes similis Chen *et* He 邻皮蝻
Phraortes speciosus Chen *et* He 花皮蝻
Phraortes sphaeroidalis Chen *et* He 球臀皮蝻
Phraortes stomphax (Westwood) 粗杆皮蝻，角岔叉臀蝻，香港叉棒蝻，粗皮蝻，双角长足异蝻
Phratora 弗叶甲属，细脚金花虫属
Phratora abdominalis Baly 乱点弗叶甲，毛胫弗叶甲
Phratora aenea Wang 高原弗叶甲
Phratora alternata Lopatin 异弗叶甲
Phratora belousovi Lopatin 毕氏弗叶甲
Phratora bicolor Gressitt *et* Kimoto 双色弗叶甲，两色弗叶甲
Phratora bispinula Wang 双刺弗叶甲
Phratora biuncinata Ge, Wang *et* Yang 双钩弗叶甲
Phratora caperata Ge, Wang *et* Yang 皱弗叶甲
Phratora cheni Ge, Wang *et* Yang 陈氏弗叶甲
Phratora costipennis Chen 山杨弗叶甲
Phratora cuiae Daccordi *et* Ge 崔氏弗叶甲
Phratora cuprea Wang 铜色弗叶甲
Phratora daccordii Ge *et* Wang 达氏弗叶甲
Phratora deqinensis Ge *et* Wang 德钦弗叶甲
Phratora flavipes Chen 黄足弗叶甲

Phratora frosti Brown 弗氏弗叶甲
Phratora frosti frosti Brown 弗氏弗叶甲指名亚种
Phratora frosti remisa Brown 弗氏弗叶甲混淆亚种，混弗叶甲
Phratora gracilis Chen 瘦弗叶甲
Phratora hudsonia Brown 胡弗叶甲
Phratora inhonesta (Weise) 同 *Phratora vulgatissima*
Phratora interstitialis Mannerheim 间弗叶甲
Phratora jinchuanensis Ge *et* Wang 金川弗叶甲
Phratora kenaiensis Brown 肯耐弗叶甲
Phratora laticollis (Suffrian) 杨弗叶甲
Phratora longula Motschulsky 同 *Phratora vulgatissima*
Phratora mirabilis Lopatin 异角弗叶甲
Phratora moha Daccordi 岛弗叶甲
Phratora multipunctata (Jacoby) 多点弗叶甲，长阳弗叶甲
Phratora obtusicollis Motschulsky 同 *Phratora vulgatissima*
Phratora parva Gressitt *et* Kimoto 紫弗叶甲，小弗叶甲
Phratora phaedonoides (Chen) 京弗叶甲
Phratora phaedonoides occidentalis Chen 京弗叶甲华西亚种
Phratora phaedonoides phaedonoides (Chen) 京弗叶甲指名亚种
Phratora polaris (Schneider) 北极弗叶甲
Phratora purpurea Brown [purple leaf beetle, aspen skeletonizer] 紫弗叶甲
Phratora purpurea Ge, Wang *et* Yang 同 *Phratora phaedonoides occidentalis*
Phratora quadrithoracilis Ge *et* Yang 方胸弗叶甲
Phratora ryanggangensis Gruev 蓝弗叶甲
Phratora similis (Chûjô) 台湾弗叶甲，柳蓝金花虫
Phratora sinensis (Chen) 同 *Phratora vitellinae*
Phratora vitellinae (Linnaeus) [brassy willow beetle] 蓝绿弗叶甲
Phratora vulgatissima (Linnaeus) [blue willow beetle] 柳弗叶甲
Phratora wangi Daccordi *et* Ge 王氏弗叶甲
Phratora zhouzhiensis Ge *et* Wang 同 *Phratora jinchuanensis*
Phricanthes 浪卷蛾属
Phricanthes flexilineana (Walker) 四斑浪卷蛾，纵斑浪卷蛾
Phricanthini 浪卷蛾族
Phrictus 翘鼻蜡蝉属
Phrictus quinquepartitus Distant [wart-headed bug, dragon-headed bug] 瘤头翘鼻蜡蝉
Phrissura 梅粉蝶属
Phrissura aegis (Felder *et* Felder) [forest white] 梅粉蝶
Phrixocrita 弗麦蛾
Phrixocrita aegidopis Meyrick 伊弗麦蛾
Phrixolepia 冠刺蛾属，茶锈刺蛾属
Phrixolepia inouei Yoshimoto 褐基冠刺蛾，褐基刺蛾，角斑栗刺蛾
Phrixolepia luoi Cai 罗氏冠刺蛾
Phrixolepia majuscula Cai 伯冠刺蛾
Phrixolepia nigra Solovyev 黑冠刺蛾
Phrixolepia pudovkini Solovyev 秦岭冠刺蛾
Phrixolepia sericea Butler [tea cochlid] 茶冠刺蛾，茶锈刺蛾
Phrixolepia zhejiangensis Cai 浙江冠刺蛾
Phrixopogon 斜脊象甲属，斜脊象属
Phrixopogon armaticollis Marshall 大齿斜脊象甲，大齿斜脊象
Phrixopogon excisangulus (Reitter) 角斜脊象甲，切角高粱象甲，切角高粱象，小齿斜脊象
Phrixopogon filicornis (Faust) 细角斜脊象甲，细角斜脊象
Phrixopogon ignarus (Faust) 伊斜脊象甲，伊斜脊象
Phrixopogon laticornis Marshall 宽角斜脊象甲，宽角弗利象
Phrixopogon latirostris Marshall 宽喙斜脊象甲，宽喙弗利象
Phrixopogon limbatus (Fairmaire) 缘斜脊象甲，缘斜脊象
Phrixopogon mandarinus (Fairmaire) 柑橘斜脊象甲，柑橘斜脊象
Phrixopogon vicinus Marshall 小眼斜脊象甲，小眼斜脊象
Phrixopogon walkeri Marshall 圆窝斜脊象甲，圆窝斜脊象
Phrixosceles 弗谷蛾属
Phrixosceles scioplintha Meyrick 斯弗谷蛾
Phrixothrix 竖毛光萤属
Phrixothrix acuminatus Pic 尖竖毛光萤
Phrixothrix alboterminatus Wittmer 淡尾竖毛光萤
Phrixothrix belemensis Wittmer 贝伦竖毛光萤
Phrixothrix clypeatus Wittmer 唇竖毛光萤
Phrixothrix gibbosus Wittmer 光竖毛光萤
Phrixothrix heydeni Olivier 海氏竖毛光萤
Phrixothrix hieronymi (Haase) 希氏竖毛光萤
Phrixothrix hirtus Olivier 毛竖毛光萤
Phrixothrix impressus Pic 扁竖毛光萤
Phrixothrix microphthalmus Wittmer 小眼竖毛光萤
Phrixothrix obscurus Pic 暗竖毛光萤
Phrixothrix peruanus Wittmer 秘鲁竖毛光萤
Phrixothrix pickeli Pic 皮氏竖毛光萤
Phrixothrix reducticornis Wittmer 短角竖毛光萤
Phrixothrix staphylinoides Wittmer 隐翅竖毛光萤
Phrixothrix tiemanni Wittmer 蒂氏竖毛光萤
Phrixothrix vianai Wittmer 维氏竖毛光萤
Phrixothrix vivianii Wittmer 绿光竖毛光萤
Phromnia 卵翅蛾蜡蝉属
Phromnia intacta (Walker) 卵翅蛾蜡蝉
Phromnia marginella Olivier 见 *Flatida marginella*
Phromnia melichari China 见 *Flatida melichari*
Phromnia pallida (Olivier) 见 *Flatida pallida*
Phromnia rosea (De Louise Jasper) [Madagascan flatid leaf-bug, Madagascan flatid bug] 玫卵翅蛾蜡蝉
Phronia 巧菌蚊属
Phronia anjiana Wu *et* Yang 安吉巧菌蚊
Phronia aspidoida Wu *et* Yang 盾形巧菌蚊
Phronia blattocauda Wu *et* Yang 片尾巧菌蚊
Phronia braueri Dziedzicki 布氏巧菌蚊
Phronia choui Yang *et* Wu 周氏巧菌蚊
Phronia dactylina Wu *et* Yang 指突巧菌蚊
Phronia diplocladia Wu 二叉巧菌蚊
Phronia gutianshana Wu *et* Yang 古田山巧菌蚊
Phronia hackmani Wu *et* Yang 哈氏巧菌蚊
Phronia hubeiana Yang *et* Wu 湖北巧菌蚊
Phronia jigongensis Wu 鸡公巧菌蚊
Phronia lochmocola Wu *et* Yang 栖灌巧菌蚊
Phronia moganshanana Wu *et* Yang 莫干巧菌蚊
Phronia nitidiventris (van der Wulp) 亮腹巧菌蚊
Phronia phasgana Wu *et* Yang 剑状巧菌蚊
Phronia taczanowskyi Dziedzieki 塔氏巧菌蚊
Phronia tephroda Wu *et* Yang 灰色巧菌蚊

Phronia triloba Wu *et* Yang 三枝巧菌蚊
Phronia willistoni Dziedzicki 威氏巧菌蚊
Phronia wudangana Yang *et* Wu 武当巧菌蚊
Phrosia 长角粪蝇属
Phrosia albilabris (Fabricius) 白毛长角粪蝇
Phrosinella 法蜂麻蝇属
Phrosinella kozlovi (Rohdendorf) 布法蜂麻蝇，柯氏法蜂麻蝇，布亚蜂麻蝇
Phrosinella nasuta (Meigen) 象法蜂麻蝇，短鼻法蜂麻蝇
Phrosinella persa (Rohdendorf) 波斯法蜂麻蝇，泼法蜂麻蝇，波斯亚蜂麻蝇
Phrosinella tadzhika (Rohdendorf) 塔吉克法蜂麻蝇
Phrosinella ujgura (Rohdendorf) 乌兹别克法蜂麻蝇，尤法蜂麻蝇
Phrosinellina 法蜂麻蝇亚族
Phrudinae 微姬蜂亚科
Phrudus 富姬蜂属
Phrudus angustus Chiu 角富姬蜂
Phrudus linorum Chiu 线富姬蜂
Phrudus longius Chiu 长富姬蜂
Phrudus monilicornis Bridgman 珠角富姬蜂
Phrudus montanus Chiu 山富姬蜂
Phryganea 石蛾属
Phryganea bipunctata Retzius 双斑石蛾
Phryganea japonica McLachlan 日本石蛾
Phryganea legendrei Navás 见 *Agrypnia legendrei*
Phryganea sinensis McLachlan 中华石蛾
phryganeid 1. [= phryganeid caddisfly, giant casemaker, large caddisfly] 石蛾，大石蛾 < 石蛾科 Phryganeidae 昆虫的通称 >; 2. 石蛾科的
phryganeid caddisfly [= phryganeid, giant casemaker, large caddisfly] 石蛾，大石蛾
Phryganeidae 石蛾科
Phryganeoidea 石蛾总科
Phryganidia 槲夜蛾属
Phryganidia californica Packard [California oakworm] 加州槲夜蛾
Phryganistria 佛䗛属
Phryganistria fruhstorferi (Brunner von Wattenwyl) 费氏佛䗛
Phryganistria guangxiensis Chen *et* He 广西佛䗛
Phryganistria longzhouensis Chen *et* He 龙州佛䗛
Phryganodes 弗来更螟属
Phryganodes selenalis Caraadja 塞弗来更螟
Phryganogryllacris 杆蟋螽属
Phryganogryllacris brevipennis Li, Liu *et* Li 短翅杆蟋螽
Phryganogryllacris brevixipha (Brunner von Wattenwyl) 短瓣杆蟋螽，滇干木蟋螽
Phryganogryllacris decempunctata Liu, Bi *et* Zhang 十点杆蟋螽
Phryganogryllacris elbenioides (Karny) 见 *Aancistroger elbenioides*
Phryganogryllacris fanjingshanensis 梵净山杆蟋螽
Phryganogryllacris interrupta Li, Liu *et* Li 断纹杆蟋螽
Phryganogryllacris longicerca Li, Liu *et* Li 长尾杆蟋螽
Phryganogryllacris mellii (Karny) 梅氏杆蟋螽
Phryganogryllacris parva Li, Liu *et* Li 小杆蟋螽
Phryganogryllacris sheni Niu *et* Shi 申氏杆蟋螽
Phryganogryllacris sichuanensis Li, Liu *et* Li 四川杆蟋螽
Phryganogryllacris sigillata Li, Liu *et* Li 印记杆蟋螽
Phryganogryllacris subrectis (Matsumura *et* Shiraki) 直瓣杆蟋螽，南方干木蟋螽
Phryganogryllacris superangulata Gorochov 超角杆蟋螽
Phryganogryllacris truncata Li, Liu *et* Li 截形杆蟋螽
Phryganogryllacris unicolor Liu *et* Wang 素色杆蟋螽
Phryganogryllacris xiai Liu *et* Zhang 夏氏杆蟋螽
Phryganopsyche 拟石蛾属
Phryganopsyche latipennis (Banks) 宽羽拟石蛾
Phryganopsyche latipennis elongata (Kimmins) 宽羽拟石蛾长亚种
Phryganopsyche latipennis latipennis (Banks) 宽羽拟石蛾指名亚种
Phryganopsyche latipennis sikkimensis (Kimmins) 宽羽拟石蛾锡金亚种
Phryganopsyche latipennis sinensis Schmid 宽羽拟石蛾端凹亚种，端凹拟石蛾
phryganopsychid 1. [= phryganopsychid caddisfly] 拟石蛾 < 拟石蛾科 Phryganopsychidae 昆虫的通称 >; 2. 拟石蛾科的
phryganopsychid caddisfly [= phryganopsychid] 拟石蛾
Phryganopsychidae 拟石蛾科
Phryneidae [= Anisopodidae, Rhyphidae, Sylvicolidae] 殊蠓科，伪大蚊科，蚊蚋科
Phryneta 棘天牛属
Phryneta leprosa (Fabricius) [castilloa borer] 鳞斑棘天牛，癞皮棘天牛
Phryneta spinator (Fabricius) [fig-tree borer longhorn beetle, fig tree borer] 榕棘天牛
Phryno 芙寄蝇属，芙蕊寄蝇属
Phryno brevicornis Tachi 宽角芙寄蝇
Phryno jilinensis (Sun) 吉林芙寄蝇
Phryno katoi Mesnil 加藤芙寄蝇
Phryno tenuiforceps Tachi 弯叶芙寄蝇
Phryno tibialis (Sun) 黄胫芙寄蝇
Phryno vetula (Meigen) 拱头芙寄蝇，拱头芙蕊寄蝇
Phryno yichengica Chao *et* Liu 翼城芙寄蝇，翼城芙蕊寄蝇，宜城芙寄蝇
Phrynocaria 星盘瓢虫属
Phrynocaria approximans (Crotch) 同 *Phrynocaria unicolor*
Phrynocaria circinatella (Jing) 小圆纹裸瓢虫
Phrynocaria congener (Billberg) 同 *Phrynocaria unicolor*
Phrynocaria crotchi Li, Tomaszewska, Pang *et* Ślipiński 克氏星盘瓢虫
Phrynocaria nigrilimbata Jing 黑缘星盘瓢虫
Phrynocaria piciella Jing 小黑星盘瓢虫
Phrynocaria shirozui (Sasaji) 黄星盘瓢虫，白水星盘瓢虫
Phrynocaria unicolor (Fabricius) 红星盘瓢虫
Phrynocaria vidua (Mulsant) 同 *Lemnia inaequalis*
Phrynocaria wallacii (Crotch) 华氏星盘瓢虫
Phryxe 怯寄蝇属
Phryxe heraclei (Meigen) 赫氏怯寄蝇
Phryxe magnicornis (Zetterstedt) 巨角怯寄蝇
Phryxe nemea (Meigen) 狮头怯寄蝇
Phryxe patruelis Mesnil 叔怯寄蝇，帕蜍怯寄蝇
Phryxe semcasicaudata Herting 尾怯寄蝇

Phryxe vernalis Robineau-Desvoidy 同 *Phryxe vulgaris*
Phryxe vulgaris (Fallén) 普通怯寄蝇
Phtheochroa 斑纹卷蛾属
Phtheochroa decipiens (Walsingham) 多斑纹卷蛾
Phtheochroa inopiana (Haworth) 黄斑纹卷蛾，阴条细卷蛾
Phtheochroa pistrinana (Erschoff) 黑斑纹卷蛾，敝条细卷蛾
Phtheochroa retextana (Erschoff) 网斑纹卷蛾
Phtheochroa schreibersiana (Frölich) [Schreber's coach moth] 杨榆斑纹卷蛾，杨榆条细卷蛾
Phthina 霉网蛾属
Phthina bibarra Chu *et* Wang 棒霉网蛾
Phthiraptera [= Anoplura] 虱目
Phthiria 坦蜂虻属
Phthiria asiatica Zaitzev 亚洲坦蜂虻
Phthiria atriceps Loew 黑足坦蜂虻
Phthiria flavofasciata Strobl 黄带坦蜂虻
Phthiria intermedia Baez 间坦蜂虻
Phthiria rhomphaea Séguy 朦坦蜂虻，钩虱蜂虻
Phthiria unicolor Bezzi 单色坦蜂虻
phthiriasis 虱病
Phthiridium 虱蛛蝇属
Phthiridium biarticulatum Hermann 双节虱蛛蝇，双节蛛虱蝇
Phthiridium chinensis Theodor 中华虱蛛蝇，中华蛛虱蝇
Phthiridium devatae Klein 天神虱蛛蝇，天神蛛虱蝇
Phthiridium hindlei Scott 后冠蛛虱蝇，亨氏虱蛛蝇，亨虱蛛蝇
Phthiridium ornatum Theodor 吐蛛虱蝇，饰虱蛛蝇
Phthiridium szechuanum Theodor 四川虱蛛蝇，四川蛛虱蝇
Phthiriidae 见 Pthiridae
Phthiriinae 坦蜂虻亚科
Phthirunculus 小虱属
Phthirunculus sumatranus Kuhn *et* Ludwig 苏门小虱
Phthirus 见 *Pthirus*
Phthirus gorillae Ewing 见 *Pthirus gorillae*
Phthirus pubis (Linnaeus) 见 *Pthirus pubis*
phthisaner 残雄蚁 < 因被小蜂 *Orasema* 寄生而使翅不发达，足、头部、胸部及触角退化的雄蚁 >
phthisergate 残工蚁 < 因被小蜂 *Orasema* 寄生而不能达到成虫期的工蚁；又称一次拟工蚁型 (infra-ergatoid form)>
phthisogyne 残雌蚁 < 因被小蜂 *Orasema* 寄生而致发育不全的雌蚁 >
Phthitia 中突小粪蝇属，刺胫小粪蝇属，刺足小粪蝇属
Phthitia basilata Su 宽基中突小粪蝇
Phthitia bicornis Su *et* Liu 双角中突小粪蝇，双角刺足小粪蝇
Phthitia glabrescens (Villeneuve) 指中突小粪蝇，指刺足小粪蝇
Phthitia globosa Su, Liu *et* Xu 球中突小粪蝇
Phthitia longidigita Su 长指中突小粪蝇
Phthitia longula Su, Liu *et* Xu 长须中突小粪蝇
Phthitia oswaldi Papp 奥氏中突小粪蝇
Phthitia plumosula (Róndani) 羽中突小粪蝇
Phthitia pollex Su 拇中突小粪蝇
Phthitia pteremoides (Papp) 翼中突小粪蝇
Phthitia sternipilis Su 端鬃中突小粪蝇
Phthonandria 痕尺蛾属
Phthonandria atrilineata (Butler) [mulberry looperr, mulberry spanworm] 桑痕尺蛾，桑枝尺蛾，桑尺蠖
Phthonandria atrilineata atrilineata (Butler) 桑痕尺蛾指名亚种
Phthonandria atrilineata cuneilinearia (Wileman) 桑痕尺蛾台湾亚种，桑尺蠖蛾
Phthonandria emarioides Wehrli 埃痕尺蛾
Phthonandria emarioides epistygna Wehrli 见 *Phthonandria epistygna*
Phthonandria epistygna Wehrli 表桑痕尺蛾
Phthonoloba 妒尺蛾属，绉翅波尺蛾属
Phthonoloba decussata (Moore) 见 *Tristeirometa decussata*
Phthonoloba decussata moltrechti Prout 见 *Tristeirometa decussata moltrechti*
Phthonoloba fasciata (Moore) 连纹妒尺蛾，连纹绉翅波尺蛾
Phthonoloba olivacea Warren Phthonoloba fasciata
Phthonoloba viridifasciata (Inoue) 绿带妒尺蛾，窄翅绿波尺蛾
Phthonosema 烟尺蛾属
Phthonosema invenustaria (Leeeh) 槭烟尺蛾，英霜尺蛾
Phthonosema invenustaria invenustaria (Leeeh) 槭烟尺蛾指名亚种
Phthonosema invenustaria psathyra (Wehrli) 槭烟尺蛾天目亚种，天目槭烟尺蛾
Phthonosema invenustaria sinicaria (Leech) 槭烟尺蛾中华亚种，华槭烟尺蛾，辛英霜尺蛾
Phthonosema peristygna (Wehrli) 幕烟尺蛾
Phthonosema sereatilinearia (Leech) 锯线烟尺蛾
Phthonosema tendinosaria (Bremer) [apple horned looper] 苹烟尺蛾，苹角似妒尺蛾
Phthora 短角拟步甲属
Phthora formosana Masumoto 台湾短角拟步甲，台腐拟步甲，台湾短角拟步行虫
Phthorima 朽姬蜂属
Phthorima nitida Sheng *et* Sun 亮朽姬蜂
Phthorimaea 茎麦蛾属
Phthorimaea absoluta Meyrick [tomato leafminer, South American tomato moth, South American tomato pinworm, South American tomato leaf miner] 番茄茎麦蛾，番茄潜麦蛾，番茄潜叶蛾，番茄麦蛾
Phthorimaea artemisiella (Treitschke) 见 *Scrobipalpa artemisiella*
Phthorimaea heliopa Loew 见 *Scrobipalpa heliopa*
Phthorimaea junctella Douglas 寄奴茎麦蛾，寄奴麦蛾
Phthorimaea lycopersicella (Walsingham) 见 *Keiferia lycopersicella*
Phthorimaea operculella (Zeller) [= potato tuber moth, tobacco splitworm, potato moth, potato tuberworm, tobacco leaf miner, potato tubermoth] 马铃薯茎麦蛾，马铃薯块茎蛾，马铃薯麦蛾，烟草潜叶蛾，烟潜叶蛾，番茄潜叶蛾，马铃薯蛀虫
Phthorimaea strelitziella Heinemann 同 *Gnorimoschema streliciella*
Phtyganidia californica Packard [California oakworm, Californian oak moth] 加州槲夜蛾，加州槲蛾；加州栎石蛾 < 误称 >
Phucobius 海岸隐翅甲属，富隐翅虫属
Phucobius pectoralis (Boheman) 佩海岸隐翅甲，佩富隐翅虫
Phucobius simulator Sharp 黑首海岸隐翅甲，仿富隐翅虫
Phucobius tricolor Bernhauer 三色海岸隐翅甲，三色富隐翅虫
Phulia 福粉蝶属
Phulia aconqoijae Sorgansen 阿昆福粉蝶
Phulia altivolans Dyar 阿迪福粉蝶
Phulia garleppi Field *et* Herrana 加乐福粉蝶
Phulia illimani Weymer 伊利福粉蝶
Phulia mannophyes Dyar 曼福粉蝶

Phulia nymphaea Staudinger 多彩福粉蝶
Phulia nymphula (Blanchard) 福粉蝶
Phulia paranympha Staudinger 角斑福粉蝶
Phulia reedi Giaeomelli 里德福粉蝶
Phumosia 阜蝇属
Phumosia abdominalis Robineau-Desvoidy 彩腹阜蝇
Phumosia hunanensis Fan, Chen *et* Zhang 湖南阜蝇
Phumosiinae 阜蝇亚科
Phusta 裙杯瓢蜡蝉属
Phusta dantela Gnezdilov 裙杯瓢蜡蝉
Phycidopsis 怀舟蛾属
Phycidopsis albovittata Hampson 白条怀舟蛾，怀舟蛾，白条叶舟蛾，狭翅舟蛾
Phycinae 花彩剑虻亚科
Phyciodes 漆蛱蝶属
Phyciodes aceta Hewitson 尖漆蛱蝶
Phyciodes acralina Hewitson 顶漆蛱蝶
Phyciodes aequatorialis Staudinger 同 *Anthanassa frisia*
Phyciodes annita Staudinger 安漆蛱蝶
Phyciodes batesii (Reakirt) [tawny crescent] 贝茨漆蛱蝶
Phyciodes callonia Staudinger 美漆蛱蝶
Phyciodes campestris (Behr) 褐缘漆蛱蝶
Phyciodes castilla Felder 卡斯漆蛱蝶
Phyciodes clio Linnaeus 见 *Eresia clio*
Phyciodes cocla Druce 科卡漆蛱蝶
Phyciodes cocyta (Cramer) [northern crescent] 北方漆蛱蝶，漆蛱蝶
Phyciodes corybassa Hewitson 盔漆蛱蝶
Phyciodes cyno Godman *et* Salvin 喜纳漆蛱蝶
Phyciodes diallus Godman *et* Salvin 褐纹漆蛱蝶
Phyciodes elaphiaea Hewitson 红带漆蛱蝶
Phyciodes geminia Höpffer 戈敏漆蛱蝶
Phyciodes ianthe Fabricius 闪紫漆蛱蝶
Phyciodes morena Staudinger 桑漆蛱蝶
Phyciodes morpheus (Fabricius) 摩尔漆蛱蝶
Phyciodes murena Staudinger 木栏漆蛱蝶
Phyciodes mylitta (Edwards) [mylitta crescent] 鼠漆蛱蝶
Phyciodes niveonotis Butt 雪点漆蛱蝶
Phyciodes northbrundii Weeks 诺漆蛱蝶
Phyciodes oalena Höpffer 爱兰漆蛱蝶
Phyciodes olivencia Bates 橄榄漆蛱蝶
Phyciodes orb Hewitson 奥漆蛱蝶
Phyciodes orseis (Edwards) [orseis crescent] 橙纹漆蛱蝶
Phyciodes pallescens (Felder) [Mexican crescent] 墨西哥漆蛱蝶
Phyciodes pallida (Edwards) [pale crescent, pallid crescentspot] 淡白漆蛱蝶
Phyciodes phaon (Edwards) [phaon crescent] 繁漆蛱蝶
Phyciodes phlegios Godman *et* Salvin 福莱漆蛱蝶
Phyciodes picta (Edwards) [painted crescent] 绣漆蛱蝶
Phyciodes poltis Godman *et* Salvin 波尔漆蛱蝶
Phyciodes pulchella (Boisduval) [field crescent] 美丽漆蛱蝶
Phyciodes simois (Hewitson) 黄点漆蛱蝶
Phyciodes tharos (Drury) [pearl crescent] 弦月漆蛱蝶
Phyciodes verena Hewitson 威廉漆蛱蝶
Phyciodes vesta (Edwards) 维斯漆蛱蝶
Phycita 斑螟属
Phycita formosella (Wileman *et* South) 台斑螟
Phycita infusella Meyrick [cotton bud caterpillar] 棉芽斑螟
Phycita pryeri Leech [pine phycita] 松梢小斑螟
Phycita roborella Schifiermüller [dotted oak knot-horn, dotted knot-horn moth] 栎叶斑螟
Phycita southi West 稍卡斑螟
Phycita taiwanella Wileman *et* South 台卡斑螟
phycitid 1. [= phycitid moth] 斑螟，卷螟 < 斑螟科 Phycitidae 昆虫的通称 >；2. 斑螟科的
phycitid moth [= phycitid] 斑螟，卷螟
Phycitidae 斑螟科，卷螟科
Phycitina 斑螟亚族
Phycitinae 斑螟亚科
Phycitini 斑螟族
Phycitodes 类斑螟属
Phycitodes albatella (Ragonot) 棘刺类斑螟，白双斑类斑螟
Phycitodes binaevella (Hübner) 双斑类斑螟
Phycitodes carlinella (Heinemann) 同 *Phycitodes maritima*
Phycitodes crassipunctella (Caradja) 厚点类斑螟
Phycitodes lungtanella (Roesler) 龙潭类斑螟
Phycitodes maritima (Tengström) 玛类斑螟
Phycitodes nipponella (Ragonot) 日类斑螟
Phycitodes reisseri (Roesler) 来类斑螟
Phycitodes saxicola (Vaughan) 石类斑螟
Phycitodes strassbergeri (Roesler) 斯类斑螟
Phycitodes subcretacella (Ragonot) 前白类斑螟，亚类斑螟
Phycitodes subolivacella (Ragonot) 榄类斑螟
Phycitodes triangulella (Ragonot) 三角类斑螟
Phycodes 粗短翅蛾属，团丝雕蛾属
Phycodes adjectella (Walker) 见 *Nigilgia adjectella*
Phycodes interstincta Kallies *et* Arita 断斑粗短翅蛾
Phycodes maculata Moore 斑粗短翅蛾
Phycodes minor Moore 小粗短翅蛾
Phycodes omnimicans Diakonoff 同 *Nigilgia minor*
Phycodes radiata Ochsenheimer 榕粗短翅蛾，榕团丝雕蛾
Phycinae 花彩剑虻亚科
Phycus 花彩剑虻属
Phycus atripes Brunetti 黑足花彩剑虻，三足花彩剑虻
Phycus kerteszi Kröber 克氏花彩剑虻，克氏饰剑虻，克氏剑虻
Phycus niger Yang, Liu *et* Dong 黑色花彩剑虻
Phygadeuon 粗角姬蜂属
Phygadeuon brutus Kokujev 蠢粗角姬蜂
Phygadeuon morio Kokujev 傲粗角姬蜂
Phygadeuon optatus Kokujev 悦粗角姬蜂
Phygadeuon proruptor Kokujev 青海粗角姬蜂
Phygadeuon yanjiensis Sheng, Li *et* Sun 延吉粗角姬蜂
Phygadeuon yonedai Kusigemati 米田粗角姬蜂
Phygadeuontina 粗角姬蜂亚族
Phygadeuontinae 粗角姬蜂亚科
Phygadeuontini 粗角姬蜂族
Phygasia 粗角跳甲属，瘤额叶蚤属
Phygasia carinipennis Chen *et* Wang 脊鞘粗角跳甲
Phygasia chengi Lee 郑氏粗角跳甲，郑氏瘤额叶蚤
Phygasia diancangana Wang 点苍粗角跳甲

Phygasia diluta Chûjô 宽纹粗角跳甲，宽纹瘤额叶蚤
Phygasia dorsata Baly 背粗角跳甲
Phygasia eschatia Gressitt *et* Kimoto 四川粗角跳甲
Phygasia foveolata Wang 凹窝粗角跳甲
Phygasia fulvipennis (Baly) 棕翅粗角跳甲
Phygasia gracilicornis Wang *et* Yang 细角粗角跳甲
Phygasia hookeri Baly 红粗角跳甲
Phygasia media Chen *et* Wang 中黄粗角跳甲
Phygasia nigricollis Wang *et* Yang 黑胸粗角跳甲
Phygasia ornata Baly 斑翅粗角跳甲，横纹瘤额叶蚤
Phygasia pallidipennis Chen *et* Wang 黄鞘粗角跳甲
Phygasia parva Wang *et* Yang 小粗角跳甲
Phygasia potanini Lopatin 波氏粗角跳甲
Phygasia pseudomedia Wang *et* Yang 拟中黄粗角跳甲
Phygasia pseudornata Wang *et* Yang 拟斑翅粗角跳甲
Phygasia ruficollis Wang 红胸粗角跳甲
Phygasia simidorsata Wang *et* Yang 半背粗角跳甲
Phygasia suturalis Wang *et* Yang 缝粗角跳甲
Phygasia tricolora Medvedev 三色粗角跳甲
Phygasia wittmeri Medvedev 同 *Phygasia diancangana*
Phygasia yunnana Wang *et* Yang 云南粗角跳甲
phylacobiosis 守护共生，守护共栖
Phylacteophaga eucalypti Froggatt [leafblister sawfly, leaf-blister sawfly, eucalyptus leaf mining sawfly] 澳桉筒腹叶蜂
Phylacter 弯脉滑茧蜂亚属
Phyladelphus 昆仲秆蝇属，族秆蝇属
Phyladelphus infuscatus Becker 褐棕昆仲秆蝇，染族秆蝇，褐棕秆蝇
Phylaitis 叶来象甲属
Phylaitis maculiventris Voss 斑腹叶来象甲，斑腹叶来象
Phylinae 叶盲蝽亚科
Phylini 叶盲蝽族
Phyllabraxas exsoletaria Leech 见 *Arichanna exsoletaria*
Phyllabraxas exsoletaria divisaria (Leech) 见 *Arichanna divisaria*
Phyllabraxas malescripta Wehrli 见 *Arichanna malescripta*
Phyllabraxas mesolepta Wehrli 见 *Arichanna mesolepta*
Phyllabraxas similaria Leech 见 *Arichanna similaria*
Phylladothrips 叶管蓟马属
Phylladothrips pallidus Okajima 白叶管蓟马，淡色叶蓟马
Phylladothrips pictus Okajima 异色叶管蓟马，绣叶蓟马
Phyllaphidinae 叶蚜亚科
Phyllaphis 叶蚜属
Phyllaphis fagi (Linnaeus) [woolly beech aphid, beech aphid, beech cottony aphid] 山毛榉叶蚜
Phyllaphis konarae Shinji 见 *Diphyllaphis konarae*
Phyllaphis machili Takahashi 见 *Machilaphis machili*
Phyllaphoides 拟叶蚜属，拟绵斑蚜属
Phyllaphoides bambusicola Takahashi 居竹拟叶蚜，毛竹绵粉蚜
Phylliana 叶蛾蜡蝉属
Phylliana alba (Jacobi) 白叶蛾蜡蝉
Phylliana mendax (Melichar) 茎叶蛾蜡蝉，茎蛾蜡蝉
Phylliana serva Walker 台叶蛾蜡蝉
phylliform 叶形
phylliid 1. [= phylliid leaf insect, leaf insect, leaf-bug, walking leaf, bug leaf] 叶䗛 < 叶䗛科 Phylliidae 昆虫的通称 >；2. 叶䗛科的
phylliid leaf insect [= phylliid, leaf insect, leaf-bug, walking leaf, bug leaf] 叶䗛
Phylliidae 叶䗛科 < 该科学名常被误写为 Phyllidae>
Phyllipsocidae 叶蝎科，叶啮虫科
Phyllium 叶䗛属
Phyllium bioculatum Gray 见 *Phyllium* (*Phyllium*) *bioculatum*
Phyllium philippinicum Hennemann 菲律宾叶䗛
Phyllium* (*Phyllium*) *bioculatum Gray [Gray's leaf insect, Seychelles leaf insect] 双斑叶䗛
Phyllium* (*Phyllium*) *celebicum de Haan 泛叶䗛
Phyllium* (*Phyllium*) *cummingi Seow-Choen 卡氏叶䗛
Phyllium* (*Phyllium*) *drunganum Yang 独龙叶䗛
Phyllium* (*Phyllium*) *parum Liu 同叶䗛
Phyllium* (*Phyllium*) *rarum Liu 珍叶䗛
Phyllium* (*Phyllium*) *siccifolium (Linnaeus) 东方叶䗛
Phyllium* (*Phyllium*) *tibetense Liu 藏叶䗛
Phyllium* (*Phyllium*) *westwoodi Wood-Mason 翔叶䗛，魏氏叶䗛
Phyllium* (*Phyllium*) *yunnanense Liu 滇叶䗛
Phyllium* (*Pulchriphyllium*) *giganteum Hausleithner 巨丽叶䗛
Phyllium* (*Pulchriphyllium*) *pulchrifolium Serville 丽叶䗛
Phyllium* (*Pulchriphyllium*) *sinensis Liu 中华丽叶䗛
Phyllium* (*Walaphyllium*) *lelantos Cumming, Thurman, Youngdale *et* Le Tirant 隐舞叶䗛
Phyllium* (*Walaphyllium*) *monteithi Brock *et* Hasenpusch 蒙氏舞叶䗛
Phyllium* (*Walaphyllium*) *zomproi Grösser 宗氏舞叶䗛
Phyllobiini 树叶象甲族，树叶象族
Phyllobius 树叶象甲属，树叶象属
Phyllobius argentatus (Linnaeus) [silver green leaf weevil] 银绿树叶象甲，银绿树叶象
Phyllobius armatus Roelofs 苹霜绿树叶象甲，苹霜绿树叶象
Phyllobius brevicollis Boheman 短树叶象甲，短树叶象
Phyllobius femoralis Boheman 股树叶象甲
Phyllobius fessus Boheman 菲树叶象甲
Phyllobius incomptus Sharp 粗野树叶象甲，粗野树叶象
Phyllobius intrusus Kôno [arborvitae weevil] 崖柏树叶象甲，侧柏象甲
Phyllobius jakovlevi Faust 同 *Phyllobius femoralis*
Phyllobius longicornis Roelofs 苹树叶象甲，苹树叶象
Phyllobius maculicornis Germar [green leaf weevil] 斑角树叶象甲，斑角树叶象
Phyllobius mundus (Sharp) 同 *Phyllobius incomptus*
Phyllobius oblongus (Linnaeus) [European snout beetle] 褐树叶象甲；褐树叶象
Phyllobius parvulus Olivier 微树叶象甲，微树叶象
Phyllobius pruni Matsumura 同 *Hyperstylus pallipes*
Phyllobius pyri (Linnaeus) [common leaf weevil, larger green weevil] 梨树叶象甲，梨树叶象
Phyllobius rotundicollis Roelofs 圆颈树叶象甲，圆颈树叶象
Phyllobius tournieri Smirov 同 *Phyllobius fessus*
Phyllobius virideaeris (Laicharting) [green nettle weevil, bluish nettle weevil] 金绿树叶象甲，金绿树叶象
phyllobombycin 叶蛾素 < 蚕蛾等鳞翅目 Lepidoptera 幼虫食叶后使叶绿素分解去叶醇和镁后的产物 >
Phyllobrotica 窄缘萤叶甲属

Phyllobrotica chujoi Kimoto 见 *Jolibrotica chujoi*

Phyllobrotica ornata Baly 见 *Euliroetis ornata*

Phyllobrotica quadrimaculata (Linnaeus) 四斑窄缘萤叶甲

Phyllobrotica sauteri (Chûjô) 见 *Jolibrotica sauteri*

Phyllobrotica shirozui Kimoto 见 *Haplosomoides shirozui*

Phyllobrotica signata (Mannerheim) 双带窄缘萤叶甲

Phyllobrotica spinicoxa Laboissière 基刺窄缘萤叶甲

Phyllocaecilius 叶叉蝎属

Phyllocaecilius atrichus Li 无毛叶叉蝎

Phyllocephalinae 短喙蝽亚科，稻蝽亚科

Phylloceridae [= Plastoceridae] 叩萤科，叶角甲科

Phyllocharis undulata (Linnaeus) [clerodendrum leaf beetle] 波丽叶甲

Phyllochrysa 叶苔草蛉属

Phyllochrysa huangi Liu, Shi, Xia, Lu, Wang *et* Engel 黄氏叶苔草蛉

Phyllocladus 叶赤翅甲属

Phyllocladus grandipennis Pic 粒翅叶赤翅甲

Phyllocladus kasalltsevi Young 喀氏叶赤翅甲

Phyllocladus magnificus (Blair) 大叶赤翅甲

Phylloclusia 真腐木蝇属，叶腐木蝇属，叶澳蝇属

Phylloclusia steleocera Hendel 柄角真腐木蝇，甲仙叶腐木蝇，甲仙澳蝇

phyllocnistid 1. [= phyllocnistid moth] 叶潜蛾 < 叶潜蛾科 Phyllocnistidae 昆虫的通称 >；2. 叶潜蛾科的

phyllocnistid moth [= phyllocnistid] 叶潜蛾

Phyllocnistidae 叶潜蛾科，橘潜蛾科

Phyllocnistis 叶潜蛾属

Phyllocnistis breynilla Liu *et* Zeng 黑面神叶潜蛾

Phyllocnistis chrysophthalma Meyrick 金叶潜蛾

Phyllocnistis citrella Stainton [citrus leaf-miner] 柑橘叶潜蛾，柑橘潜叶蛾，柑橘潜蛾，橘潜蛾，橘叶潜蛾，橘细潜蛾

Phyllocnistis citronympha Meyrick 柠黄叶潜蛾

Phyllocnistis embeliella Liu *et* Zeng 酸藤果叶潜蛾

Phyllocnistis helicodes Meyrick 旋叶潜蛾

Phyllocnistis liriodendrella Clemens 鹅掌楸叶潜蛾

Phyllocnistis populiella Chambers [aspen leafminer, common aspen leaf miner, aspen serpentine leafminer] 颤杨叶潜蛾

Phyllocnistis saligna (Zeller) [willow bent-wing] 银叶潜蛾

Phyllocnistis selenopa Meyrick 扁叶潜蛾，塞叶潜蛾

Phyllocnistis synglypta Meyrick 胶叶潜蛾

Phyllocnistis toparca Meyrick 偶叶潜蛾

Phyllocnistis unipunctella Stephens [poplar bent-wing, ochre-tinged slender moth] 淡黄叶潜蛾

Phyllocnistis wampella Liu *et* Zeng 黄皮叶潜蛾

Phyllocolpa 叶胸丝角叶蜂属

Phyllocolpa alaskensis (Rohwer) 见 *Pikonema alaskensis*

Phyllocolpa anglica (Cameron) 柳卷叶叶胸丝角叶蜂

Phyllocolpa bozemani (Cooley) [poplar leaf-folding sawfly] 杨卷叶叶胸丝角叶蜂，杨褶叶叶蜂，杨博氏瘿叶蜂

Phyllocolpa dimmockii (Cresson) 见 *Euura dimmockii*

Phyllocolpa excavata Marlatt 柳凹叶胸丝角叶蜂

Phyllocolpa leucapsis Tischbein 柳梢叶胸丝角叶蜂

Phyllocolpa leucosticta Hartig 白斑叶胸丝角叶蜂

Phyllocolpa piliserra Thomson 毛齿叶胸丝角叶蜂

Phyllocolpa puella Thomson 丽叶胸丝角叶蜂

Phyllocolpa purpureae Cameron 柳紫叶胸丝角叶蜂

Phyllocolpa scotaspis (Förster) 柳暗叶胸丝角叶蜂

Phyllocrania 叶盔螳属，幽灵螳属

Phyllocrania illudens Saussure *et* Zehntner 高冠叶盔螳，高冠幽灵螳

Phyllocrania insignis Westwood 奇叶盔螳

Phyllocrania paradoxa Burmeister [ghost praying mantis, ghost mantis] 怪叶盔螳，幽灵螳

Phyllodecta similis Chûjô 见 *Phratora similis*

Phyllodes 拟叶夜蛾属

Phyllodes consobrina Westwood 套环拟叶夜蛾

Phyllodes eyndhovii Vollenhoven 黄带拟叶夜蛾，黄带拟叶裳蛾

Phyllodes eyndhovii eyndhovii Vollenhoven 黄带拟叶夜蛾指名亚种

Phyllodes eyndhovii fomosana Okano 同 *Phyllodes eyndhovii eyndhovii*

Phyllodes imperialis Druce [imperial fruit-sucking moth, pink underwing moth] 大拟叶夜蛾

Phyllodes imperialis imperialis Druce 大拟叶夜蛾指名亚种

Phyllodes imperialis smithersi Sands [southern pink underwing moth] 大拟叶夜蛾澳南亚种

Phyllodesma 榆枯叶蛾属

Phyllodesma ambigua (Staudinger) 黄裙榆枯叶蛾

Phyllodesma americana (Harris) 见 *Epicnaptera americana*

Phyllodesma henna Zolotuhin 河南榆枯叶蛾

Phyllodesma ilicifolia (Linnaeus) [small lappet moth, small lappet] 榆枯叶蛾，榆小毛虫

Phyllodesma japonicum (Leech) 日本榆枯叶蛾

Phyllodesma japonicum japonicum (Leech) 日本榆枯叶蛾指名亚种

Phyllodesma japonicum ussuriense de Lajonquière 日本榆枯叶蛾乌苏里亚种，乌苏榆枯叶蛾

Phyllodesma jurii Kostjuk 侏莉榆枯叶蛾

Phyllodesma mongolicum Kostjuk *et* Zolotuhin 蒙古榆枯叶蛾

Phyllodesma neadequata Zolotuhin *et* Witt 白斑榆枯叶蛾

Phyllodesma sinina (Grum-Grshimailo) 中国榆枯叶蛾，华榆小毛虫

Phyllodesma ursulae Zolotuhin *et* Witt 褐榆枯叶蛾

Phyllodini 拟叶裳蛾族

Phyllodinus 叶飞虱属

Phyllodinus affinis (Schumacher) 邻叶飞虱，邻旁飞虱

Phyllodinus aritainoides (Schumacher) 台湾叶飞虱

Phyllodinus kotoshonis (Matsumura) 兰屿叶飞虱，兰屿甲飞虱

Phyllodinus macaoensis Muir 见 *Cemus macaoensis*

Phyllodinus nigropunctatus (Motschulsky) 见 *Cemus nigropunctatus*

Phyllodromia 叶螳舞虻属，叶舞虻属 < 该属名曾被用于蜚蠊目 Blattaria 昆虫的属名 >

Phyllodromia flavomarginata Shiraki 见 *Dyakina flavomarginata*

Phyllodromia fusca (Bezzi) 暗色叶螳舞虻，暗色舞虻

Phyllodromia kotoshoensis Shiraki 同 *Megamareta pallidiola*

Phyllodromia kumamotonis Shiraki 同 *Margattea nimbata*

Phyllodromia lineata Shiraki 见 *Blattella lineata*

Phyllodromia nigripronota Shiraki 见 *Hemithyrsocera nigripronota*

Phyllodromia niitakana Shiraki 同 *Blattella germanica*

Phyllodromia ogatai Shiraki 同 *Balta vilis*

Phyllodromia pallidiola Shiraki 见 *Graptoblatta pallidiola*
Phyllodromia punctulata Shiraki 同 *Margattea nimbata shirakii*
phyllodromiid 1. [= phyllodromiid cockroach] 姬蠊 < 姬蠊科 Phyllodromiidae 昆虫的通称 >；2. 姬蠊科的
phyllodromiid cockroach [= phyllodromiid] 姬蠊
Phyllodromiidae 姬蠊科
Phyllodromioidea 姬蠊总科
Phylloecus 等节茎蜂属
Phylloecus cheni (Wei *et* Nie) 陈氏等节茎蜂，陈氏哈茎蜂
Phylloecus nigrotibialis (Wei *et* Nie) 黑胫等节茎蜂，黑胫哈茎蜂
Phylloecus stigmaticalis (Wei *et* Nie) 黄痣等节茎蜂，黄痣哈茎蜂
Phyllognathus 颚犀金龟甲属
Phyllognathus dionysius (Fabricius) 信颚犀金龟甲
Phyllognathus excavatus (Forst) 坑颚犀金龟甲
Phyllolabis 叶大蚊属
Phyllolabis laudata Alexander 长脉叶大蚊，丽叶大蚊
Phyllolabis pictivena Alexander 彩脉叶大蚊，纹脉叶大蚊
Phyllolabis vulpecula Alexander 暗黄叶大蚊，狐叶大蚊
Phylloleon 叶蚁蛉属
Phylloleon elegans Lu, Wang *et* Liu 优雅叶蚁蛉
Phylloleon stangei Lu, Ohl *et* Liu 斯坦吉叶蚁蛉
Phyllolyma rufa (Froggatt) 糖痂蜡丝红木虱
Phyllolytus 叶洛象甲属，叶洛象属
Phyllolytus apionoides Voss 阿叶洛象甲，阿叶洛象
Phyllolytus commaculatus (Voss) 鹿斑叶洛象甲，鹿斑圆筒象
Phyllolytus dissimilis (Voss) 狄叶洛象甲，狄迈罗象
Phyllolytus imbricatus (Formánek) 荫叶洛象甲，荫迈罗象
Phyllolytus longicornis Fairmaire 同 *Phyllolytus variabilis*
Phyllolytus psittacinus (Redtenbacher) 帕叶洛象甲，帕叶洛象，大圆筒象，鹦鹉迈罗象
Phyllolytus variabilis (Roelofs) 多变叶洛象甲，多变叶洛象
Phyllomimini 翡螽族
Phyllomimus 翡螽属，翡螽亚属
Phyllomimus detersus (Walker) 见 *Phyllomimus* (*Phyllomimus*) *detersus*
Phyllomimus klapperichi Beier 见 *Phyllomimus* (*Phyllomimus*) *klapperichi*
Phyllomimus* (*Phyllomimulus*) *unicolor (Brunner von Wattenwyl) 同色翡螽
Phyllomimus* (*Phyllomimus*) *acutipennis Brunner von Wattenwyl 尖缘翡螽
Phyllomimus* (*Phyllomimus*) *coalitus Xia *et* Liu 并脉翡螽
Phyllomimus* (*Phyllomimus*) *curvicauda Bey-Bienko 弯瓣翡螽，弯尾翡螽，弯尾托螽
Phyllomimus* (*Phyllomimus*) *detersus (Walker) 洁净翡螽，香港翡螽，香港扇螽
Phyllomimus* (*Phyllomimus*) *klapperichi Beier 柯氏翡螽，广东翡螽，广东扇螽
Phyllomimus* (*Phyllomimus*) *musicus Carl 乐翡螽
Phyllomimus* (*Phyllomimus*) *sinicus Beier [green tree katydid] 中华翡螽，中华扇螽，绿树螽，一色扇螽
Phyllomimus* (*Phyllomimus*) *tonkinae Hebard 宽板翡螽
Phyllomimus* (*Phyllomimus*) *verruciferus Beier 瘤突翡螽
Phyllomimus sinicus Beier 见 *Phyllomimus* (*Phyllomimus*) *sinicus*
Phyllomimus tonkinae Hebard 越南翡螽，越扇螽
Phyllomimus unicolor (Brunner von Wattenwyl) 见 *Phyllomimus* (*Phyllomimulus*) *unicolor*
Phyllomimus unicolor (Matsumura *et* Shiraki) 同 *Phyllomimus* (*Phyllomimus*) *sinicus*
Phyllomorpha 叶形缘蝽属
Phyllomorpha laciniata (Villers) [golden egg bug] 金卵叶形缘蝽
Phyllomya 驼寄蝇属 < 此属学名有误写为 *Phyllomyia* 者 >
Phyllomya albipila Shima *et* Chao 白毛驼寄蝇，白须驼寄蝇
Phyllomya angusta Shima *et* Chao 狭颜驼寄蝇，角驼寄蝇
Phyllomya annularis (Villeneuve) 环形驼寄蝇，环形驼背寄蝇
Phyllomya aristalis (Mesnil *et* Shima) 芒驼寄蝇
Phyllomya elegans Villeneuve 标致驼寄蝇，标致驼背寄蝇
Phyllomya formosana Shima 台湾驼寄蝇
Phyllomya gymnops (Villeneuve) 吉姆驼寄蝇，吉姆驼背寄蝇
Phyllomya nigripalpis Liang *et* Zhang 黑须驼寄蝇
Phyllomya palpalis Shima *et* Chao 红须驼寄蝇，淡须驼寄蝇
Phyllomya rufiventris Shima *et* Chao 红腹驼寄蝇
Phyllomya sauteri (Townsend) 索特驼寄蝇，索氏驼寄蝇，邵氏寄蝇
Phyllomyza 真叶蝇属
Phyllomyza angustigenis Xi *et* Yang 窄颊真叶蝇
Phyllomyza approximata Malloch 美洲真叶蝇，美洲稗秆蝇
Phyllomyza aureolusa Xi, Yin *et* Yang 金黄真叶蝇
Phyllomyza basilatusa Xi, Yin *et* Yang 宽基真叶蝇
Phyllomyza brevipalpis Xi, Shen, Yang *et* Yin 短须真叶蝇
Phyllomyza clavellata Xi *et* Yang 棒须真叶蝇
Phyllomyza claviconis Yang 锤角真叶蝇，锤角叶蝇
Phyllomyza cuspigera Xi *et* Yang 尖鬃真叶蝇
Phyllomyza dicrana Xi *et* Yang 二尖真叶蝇
Phyllomyza dilatata Malloch 膨须真叶蝇，胀真叶蝇，台南稗秆蝇
Phyllomyza drepanipalpis Xi *et* Yang 镰须真叶蝇
Phyllomyza emeishanensis Xi *et* Yang 峨眉山真叶蝇
Phyllomyza epitacta Hendel 瘤额真叶蝇，埃真叶蝇，知本稗秆蝇
Phyllomyza equitans Hendel 等长真叶蝇
Phyllomyza euthyipalpis Xi *et* Yang 直须真叶蝇
Phyllomyza fuscusa Xi, Yin *et* Yang 棕真叶蝇
Phyllomyza gangliiformisa Xi, Shen, Yang *et* Yin 瘤突真叶蝇
Phyllomyza guangxiensis Xi, Yang *et* Yin 广西真叶蝇
Phyllomyza japonica Iwasa 日本真叶蝇
Phyllomyza latustigenis Xi *et* Yang 宽颊真叶蝇
Phyllomyza leioipalpa Xi, Yin *et* Yang 平须真叶蝇
Phyllomyza lii Xi, Shen, Yang *et* Yin 李氏真叶蝇
Phyllomyza longisetae Xi, Shen, Yang *et* Yin 长毛真叶蝇
Phyllomyza luteigenis Xi, Yang *et* Yin 黄颊真叶蝇
Phyllomyza luteipalpis Malloch 黄须真叶蝇，澄须稗秆蝇
Phyllomyza melanogastera Xi, Shen, Yang *et* Yin 黑腹真叶蝇
Phyllomyza nigrimarginata Xi, Shen, Yang *et* Yin 黑缘真叶蝇
Phyllomyza nudipalpis Malloch 裸须真叶蝇，裸须稗秆蝇
Phyllomyza planipalpis Xi *et* Yang 扁须真叶蝇
Phyllomyza quadratpalpus Xi, Yang *et* Yin 方须真叶蝇
Phyllomyza rubricornis Schmitz 红角真叶蝇
Phyllomyza sinensis Xi *et* Yang 中华真叶蝇
Phyllomyza tetragona Hendel 四角真叶蝇

Phyllomyza tibetensis Xi *et* Yang 西藏真叶蝇
phyllomyzid 1. [= phyllomyzid fly, milichiid fly, freeloader fly, jackal fly, filth fly] 叶蝇 < 叶蝇科 Milichiidae 昆虫的通称 >; 2. 叶蝇科的
phyllomyzid fly [= phyllomyzid, milichiid fly, freeloader fly, jackal fly, filth fly] 叶蝇
Phyllomyzidae [= Milichiidae] 叶蝇科，真叶蝇科，稈秆蝇科
Phyllomyzinae 真叶蝇亚科
Phyllonorycter 小潜细蛾属
Phyllonorycter albimacula (Walsingham) 白斑小潜细蛾
Phyllonorycter alpinus (Frey) 高山小潜细蛾
Phyllonorycter anderidae (Fletcher) [small birch midget] 桦小潜叶细蛾
Phyllonorycter apparella (Herrich-Schäffer) [aspen leaf blotch miner, aspen blotch miner, poplar leaf blotch miner] 山杨潜叶细蛾，山杨细蛾，欧山杨细蛾
Phyllonorycter asiatica (Gerasimov) 亚洲小潜细蛾
Phyllonorycter bicolorella Chambers 二色小潜细蛾
Phyllonorycter bifurcata (Kumata) 双叉小潜细蛾
Phyllonorycter blancardella (Fabricius) [spotted tentiform leafminer] 斑幕小潜细蛾，斑幕潜叶蛾，金纹小潜细蛾，苹细蛾
Phyllonorycter cavella (Zeller) [birch gold midget] 杨小潜细蛾，杨潜叶细蛾
Phyllonorycter comparella (Duponchel) [winter poplar midget] 白杨小潜细蛾，白杨潜叶细蛾
Phyllonorycter corylifoliella (Haworth) [hawthorn red midget moth, apple leaf-miner] 山花楸小潜细蛾，山花楸潜叶细蛾
Phyllonorycter distentella (Zeller) [scarce midget] 栎距小潜细蛾，栎距潜叶细蛾
Phyllonorycter elmaella Doganlar *et* Mutuura [western tentiform leafminer] 西幕小潜细蛾
Phyllonorycter flava Deschka 黄小潜细蛾
Phyllonorycter froelichiella (Zeller) [broad-barred midget, less-small midget moth] 宽带小潜细蛾，小潜叶细蛾
Phyllonorycter geniculella (Ragonot) [sycamore midget, sycamore porcelain midget] 槭小潜细蛾，槭潜叶细蛾
Phyllonorycter harrisella (Linnaeus) [white oak midget] 克氏小潜细蛾，克氏潜叶细蛾，小潜细蛾
Phyllonorycter heegeriella (Zeller) [pale oak midget, leaf blotch miner moth, Heeger's midget moth] 赫氏小潜细蛾，赫氏潜叶细蛾
Phyllonorycter himalayana Kumata 喜马小潜细蛾
Phyllonorycter iochrysis (Meyrick) 积聚小潜细蛾，积聚潜叶细蛾
Phyllonorycter iteina (Meyrick) 鼠刺小潜细蛾，鼠刺潜叶细蛾
Phyllonorycter japonica (Kumata) 日本小潜细蛾
Phyllonorycter kleemannella (Fabricius) [Kleemann's midget] 克里曼小潜细蛾，克里曼潜叶细蛾
Phyllonorycter koreana Kumata *et* Park 朝鲜小潜细蛾
Phyllonorycter kuhlweiniella (Zeller) [scarce oak midget] 栎梢小潜细蛾
Phyllonorycter lautella (Zeller) [fiery oak midget] 欧洲栎小潜细蛾，欧洲栎潜叶细蛾
Phyllonorycter leucographella (Zeller) [firethorn leafminer] 火棘小潜细蛾
Phyllonorycter longispinata (Kumata) 长刺小潜细蛾
Phyllonorycter lonicerae (Kumata) 忍冬小潜细蛾，忍冬细蛾，金银花细蛾
Phyllonorycter maculata (Kumata) 斑小潜细蛾
Phyllonorycter maestingella (Müller) [beech midget, common beech midget] 山毛榉小潜细蛾，山毛榉潜叶细蛾
Phyllonorycter malivorella (Matsumura) [false apple leaf miner] 桃小潜细蛾，桃潜叶细蛾，桃细蛾，玛潜叶细蛾
Phyllonorycter messaniella (Zeller) [European oak leaf-miner, Zeller's midget, oak leaf-miner] 橡小潜细蛾，季氏栎潜叶细蛾
Phyllonorycter muelleriella (Zeller) [western midget] 栎小潜细蛾
Phyllonorycter obscura Dufrane 褐小潜细蛾
Phyllonorycter obscuricostella (Clemens) 褐缘小潜细蛾
Phyllonorycter orientalis (Kumata) 东方小潜细蛾
Phyllonorycter pastorella (Zeller) [royal midget] 帕小潜细蛾，柳潜叶细蛾，柳细蛾
Phyllonorycter pictus (Walsingham) 美小潜细蛾
Phyllonorycter platani (Staudinger) [plane leaf miner, London midget] 欧洲小潜细蛾
Phyllonorycter populiella (Chambers) [poplar leafminer moth] 白杨小潜细蛾
Phyllonorycter populifoliella (Treitschke) 杨小潜细蛾，杨潜叶细蛾，杨细蛾
Phyllonorycter pulchra (Kumata) 丽小潜细蛾
Phyllonorycter quercifoliella (Zeller) [common oak midget] 普通栎小潜细蛾，普通栎潜叶细蛾
Phyllonorycter rajella (Linnaeus) [common alder midget, stripy alder leafminer] 常小潜细蛾
Phyllonorycter ringoniella (Matsumura) [Asiatic apple leaf miner, apple leafminer, golden yellow gracilariid] 金纹小潜细蛾，金纹细蛾，苹果金纹细蛾，苹果细蛾，金纹潜细蛾
Phyllonorycter roboris (Zeller) [gold-bent midget] 栎点小潜细蛾，栎点潜叶细蛾
Phyllonorycter salicicolella (Sircom) [long-streak midget] 长条栎小潜细蛾，柳长条栎潜叶细蛾
Phyllonorycter salicifoliella (Chambers) [aspen blotch miner, aspen blotch leafminer, willow leaf blotch miner moth] 杨斑小潜细蛾，杨斑潜叶细蛾
Phyllonorycter schreberella (Fabricius) [small elm midget, Ray's midget] 黑桤木小潜细蛾，黑桤木潜叶细蛾
Phyllonorycter sibirica Kuznetzov *et* Baryshnikova 西伯小潜细蛾
Phyllonorycter similis Kumata 类小潜细蛾
Phyllonorycter stettinensis (Nicelli) [small alder midget, Nieelli's alder midget moth] 尼氏小潜细蛾，尼氏桤木潜叶细蛾
Phyllonorycter strigulatella (Zeller) [grey-alder midget] 灰桤木小潜细蛾，灰桤木潜叶细蛾
Phyllonorycter takagii (Kumata) 高木小潜细蛾
Phyllonorycter triarcha (Meyrick) 台湾小潜细蛾，特潜叶细蛾
Phyllonorycter triplacomis (Meyrick) 宽小潜细蛾，宽潜叶细蛾
Phyllonorycter tristrigella (Haworth) [elm midget] 榆叶小潜细蛾，榆叶潜叶细蛾
Phyllonorycter ulmifoliella (Hübner) [red birch midget] 欧洲白桦小潜细蛾，欧洲白桦潜叶细蛾
Phyllonorycter viminetora (Stainton) [osier midget] 柳条小潜细蛾，柳条潜叶细蛾
Phyllonorycter viminiella (Stainton) [obscure-wedged midget] 黑槭

小潜细蛾，黑槭潜叶细蛾
Phyllopalpus 须蛉蟋属
Phyllopalpus pulchellus Uhler [red headed bush cricket, handsome trig, handsome bush cricket] 红头须蛉蟋
Phyllopertha 发丽金龟甲属，发丽金龟属
Phyllopertha abullosa Lin 乏疣发丽金龟甲，乏瘤发丽金龟
Phyllopertha atritarse Fairmaire 见 *Adoretosoma atritarse*
Phyllopertha bifasciata Lin 双带发丽金龟甲，双带发丽金龟
Phyllopertha brevipilosa Lin 短毛发丽金龟甲，短毛发丽金龟
Phyllopertha carinicollis Ohaus 脊发丽金龟甲，脊发丽金龟
Phyllopertha chalcoides Ohaus 铜背发丽金龟甲，恰发丽金龟，细脚褐金龟
Phyllopertha chinense Redtenbacher 见 *Adoretosoma chinense*
Phyllopertha chromaticum Fairmaire 见 *Adoretosoma chromaticum*
Phyllopertha conspurcata Harold 见 *Exomala conspurcata*
Phyllopertha cribricollis Fairmaire 同 *Phyllopertha humeralis*
Phyllopertha dentipennis Fairmaire 见 *Trichanomala dentipennis*
Phyllopertha diversa Waterhouse 分异发丽金龟甲，分异发丽金龟，裂发丽金龟
Phyllopertha euchroma (Fairmaire) 美发丽金龟甲，美异丽金龟
Phyllopertha fasciolata (Ohaus) 同 *Anomala fasciolata*
Phyllopertha festiva (Arrow) 见 *Ischnopopillia festiva*
Phyllopertha formosana Niijima *et* Kinoshita 同 *Anomala fasciolata*
Phyllopertha fuscata Niijima *et* Kinoshita 同 *Phyllopertha intermixta*
Phyllopertha glabripennis Medvedev 光翅发丽金龟甲，光翅发丽金龟
Phyllopertha horticola (Linnaeus) [garden chafer] 园林发丽金龟甲，园林发丽金龟，庭园发丽金龟甲，庭园发丽金龟，庭园丽金龟
Phyllopertha horticoloides Lin 拟圆发丽金龟甲，拟圆发丽金龟
Phyllopertha humeralis Fairmaire 肩发丽金龟甲，肩发丽金龟
Phyllopertha intermixta Arrow 间杂发丽金龟甲
Phyllopertha irregularis Waterhouse 混发丽金龟甲，混发丽金龟
Phyllopertha irregularis obscuricolor Fairmaire 见 *Phyllopertha obscuricolor*
Phyllopertha latevittata Fairmaire 宽带发丽金龟甲，宽带发丽金龟
Phyllopertha lucidula Faldermann 见 *Proagopertha lucidula*
Phyllopertha major Fairmaire 同 *Phyllopertha suturata*
Phyllopertha obscuricolor Fairmaire 暗色发丽金龟甲
Phyllopertha orientalis Waterhouse 见 *Exomala orientalis*
Phyllopertha pubicollis Waterhouse [apple pubescent chafer] 苹毛发丽金龟甲，苹毛金龟子
Phyllopertha puncticollis Reitter 点背发丽金龟甲，点发丽金龟
Phyllopertha punctigera (Fairmaire) 点斑发丽金龟甲
Phyllopertha sublimbata Fairmaire 裘毛发丽金龟甲，裘毛发丽金龟
Phyllopertha suturata Fairmaire 缝发丽金龟甲，缝发丽金龟
Phyllopertha suzukii Sawada 铃木发丽金龟甲，苏发丽金龟，铃木淡褐金龟
Phyllopertha taiwana Li *et* Yang 台湾发丽金龟甲，宝岛发丽金龟甲
Phyllopertha takasagoensis Sawada 见 *Anomala takasagoensis*
Phyllopertha tarowana Sawada 见 *Anomala tarowana*
Phyllopertha virgulata Fairmaire 纹发丽金龟甲，纹发丽金龟
Phyllopertha wassuensis Frey 瓦发丽金龟甲，瓦发丽金龟
Phyllopertha yangi Kobayashi *et* Li 双斑发丽金龟甲，杨氏发丽金龟甲，宽脚褐金龟
Phyllopertha zea Reitter 长毛发丽金龟甲
Phyllophaga 食叶鳃金龟甲属，食叶鳃金龟属
Phyllophaga anxina Lewis [June beetle] 六月食叶鳃金龟甲，六月鳃金龟
Phyllophaga anxiza (LeConte) 悲食叶鳃金龟甲，悲食叶鳃金龟
Phyllophaga crassissima (Blanchard) 厚食叶鳃金龟甲，厚食叶鳃金龟
Phyllophaga drakei (Kirby) 倦食叶鳃金龟甲，倦食叶鳃金龟
Phyllophaga fervida (Fabricius) 蛮食叶鳃金龟甲，蛮食叶鳃金龟
Phyllophaga forsteri (Burmeister) 佛食叶鳃金龟甲，佛食叶鳃金龟
Phyllophaga fusca (Frölich) 棕食叶鳃金龟甲，棕食叶鳃金龟
Phyllophaga hirticula (Knoch) 毛食叶鳃金龟甲，毛食叶鳃金龟
Phyllophaga ilicis (Knoch) 缨食叶鳃金龟甲，缨食叶鳃金龟
Phyllophaga lanceolata (Say) 茅食叶鳃金龟甲，茅食叶鳃金龟
Phyllophaga luctuosa (Horn) 竞食叶鳃金龟甲，竞食叶鳃金龟
Phyllophaga prununculina (Burmeister) 李食叶鳃金龟甲，李食叶鳃金龟
Phyllophaga rugosa (Melsheimer) 皱食叶鳃金龟甲，皱食叶鳃金龟
Phyllophaga tristis (Fabricius) 晦食叶鳃金龟甲，晦食叶鳃金龟
phyllophagous 食叶的
Phyllophila 姬夜蛾属
Phyllophila obliterata (Rambur) 姬夜蛾
Phyllophila yangtsea Draudt 长江姬夜蛾
Phyllophorina 大叶螽属，大叶螽斯属
Phyllophorina kotoshoensis Shiraki [Kotosho leaf katydid] 兰屿大叶螽，兰屿大叶螽斯，台湾拟叶螽
Phylloplecta 叶个木虱属，叶叉木虱属
Phylloplecta chunghsingica (Lauterer, Yang *et* Fang) 中兴叶个木虱，中兴线角木虱，中兴巴个木虱，黑叶叉木虱
Phylloplecta meridionalis (Li) 南方叶个木虱
Phylloplecta neolitsae (Miyatake) 粗糠柴叶个木虱
Phylloplecta rubisuga (Yang *et* Li) 木莓叶个木虱，木莓华个木虱
Phylloplecta suaedae (Li) 碱蓬叶个木虱
phylloquinone [= vitamin K_1, 2-methyl-3-phytyl-1, 4-naphthoquinone] 维生素 K_1；叶绿醌；2- 甲基 -3- 植基 -1,4- 萘醌
Phyllosphingia 盾天蛾属
Phyllosphingia dissimilis (Bremer) 盾天蛾，盾斑天蛾
Phyllosphingia dissimilis dissimillis (Bremer) 盾天蛾指名亚种，指名盾天蛾
Phyllosphingia dissimilis hoenei Clark 盾天蛾贺氏亚种，贺盾天蛾
Phyllosphingia dissimilis perundulans Swinhoe 盾天蛾波纹亚种，波盾天蛾
Phyllosphingia dissimilis sinensis Jordan 盾天蛾中华亚种，紫光盾天蛾
Phyllostroma 叶绵蚧属
Phyllostroma myrtilli (Kaltenbach) 贴贝叶绵蚧
Phylloteles 叶蜂麻蝇属，叶突额蝇属
Phylloteles formosana (Townsend) 台湾叶蜂麻蝇，台叶蜂麻蝇
Phylloteles pictipennis Loew 花翅叶蜂麻蝇，斑翅叶突额蝇

Phylloteles stackelbergi Rohdendorf 斯氏叶蜂麻蝇
Phyllotelina 叶蜂麻蝇亚族
Phyllotelini 叶蜂麻蝇族
Phyllotettix 叶蚱属
Phyllotettix compressus (Thunberg) 扁叶蚱
Phyllothelys 屏顶螳属，奇叶螳属
Phyllothelys breve Wang 短屏顶螳
Phyllothelys cancongi Wu *et* Liu 蚕丛屏顶螳
Phyllothelys cangshanensis (Mao) 苍山屏顶螳，苍山奇叶螳
Phyllothelys chuangtsei Wu *et* Liu 逍遥屏顶螳
Phyllothelys cornutus (Zhang) 角胸屏顶螳，角胸奇叶螳
Phyllothelys dulongense Wu *et* Liu 独龙屏顶螳
Phyllothelys hepaticus (Zhang) 同 *Phyllothelys werneri*
Phyllothelys jianfenglingensis (Hua) 尖峰岭屏顶螳，尖峰岭奇叶螳
Phyllothelys jiazhii Wu *et* Liu 嘉致屏顶螳
Phyllothelys parvulus (Xu *et* Mao) 小屏顶螳，小奇叶螳
Phyllothelys robustus (Niu *et* Liu) 见 *Phyllothelys sinensis robustum*
Phyllothelys shaanxiensis (Yang) 陕西屏顶螳，陕西奇叶螳
Phyllothelys sinensis (Ôuchi) 中华屏顶螳，中华奇叶螳
Phyllothelys sinensis robustum (Niu *et* Liu) 中华屏顶螳粗壮亚种，壮奇叶螳，壮屏顶螳
Phyllothelys sinensis sinensis (Ôuchi) 中华屏顶螳指名亚种
Phyllothelys stigmosus (Zhou *et* Zhou) 多斑屏顶螳，多斑奇叶螳，多斑屏顶螳螂
Phyllothelys tengchongense Wu *et* Liu 腾冲屏顶螳
Phyllothelys tianfuense Wu *et* Liu 天府屏顶螳
Phyllothelys werneri Karny 魏氏屏顶螳，魏氏奇叶螳，魏氏奇叶螳螂
Phyllothelys westwoodi Wood-Mason 韦氏屏顶螳，韦氏奇叶螳
Phyllothelys wuyiensis (Yang *et* Wang) 同 *Phyllothelys werneri*
Phyllothelys xiezhi Wu *et* Liu 獬豸屏顶螳
Phyllothemis 长足蜻属
Phyllothemis eltoni Fraser 沼长足蜻
Phyllotrella 叶蟋属
Phyllotrella fumingi Sun *et* Liu 石氏叶蟋
Phyllotrella hainanensis Sun *et* Liu 海南叶蟋
Phyllotrella planorsalis Gorochov 平背叶蟋
Phyllotrella transversa Sun *et* Liu 宽叶蟋
Phyllotreta 菜跳甲属，菜叶蚤属
Phyllotreta aptera Wang 无翅菜跳甲
Phyllotreta armoraciae (Koch) [horseradish flea beetle] 辣根菜跳甲，辣根猿叶虫，阿菜跳甲
Phyllotreta atra (Fabricius) [black flea beetle, cabbage flea beetle, turnip flea beetle] 芜菁黑菜跳甲，芜菁黑跳甲
Phyllotreta austriaca Heikertinger 澳菜跳甲
Phyllotreta austriaca aligera Heikertinger 澳菜跳甲北方亚种，北方菜跳甲
Phyllotreta austriaca austriaca Heikertinger 澳菜跳甲指名亚种
Phyllotreta chinensis Heikertinger 同 *Phyllotreta rectilineata*
Phyllotreta chotanica Duvivier [striped flea beetle] 西藏菜跳甲，蓝菜叶蚤
Phyllotreta chujoe Madar 朱菜跳甲
Phyllotreta consobrina (Curtis) [turnip flea beetle] 芜菁菜跳甲，芜菁跳甲
Phyllotreta cruciferae (Goeze) [crucifer flea beetle, turnip flea beetle] 十字花菜跳甲，芜菁黄条跳甲
Phyllotreta cupreata Chen *et* Kung 甘肃菜跳甲
Phyllotreta downesi Baly 董菜跳甲
Phyllotreta funesta Baly 见 *Luperomorpha funesta*
Phyllotreta humulis Weise [striped flea beetle] 黄宽条菜跳甲，黄宽条跳甲，宽条菜跳甲
Phyllotreta insularis Heikertinger 条背菜跳甲，条背蓝菜叶蚤
Phyllotreta latevittata Kutschera 宽带菜跳甲
Phyllotreta lijiangana Wang 丽江菜跳甲
Phyllotreta nemorum (Linnaeus) [small striped flea beetle, cabbage flea beetle, turnip flea beetle, yellow-striped flea beetle] 绿胸菜跳甲，芜菁淡足跳甲
Phyllotreta nigripes (Fabricius) [turnip flea beetle] 芜菁蓝菜跳甲，芜菁蓝跳甲
Phyllotreta pallidipennis Reitter 淡翅菜跳甲，中亚菜跳甲
Phyllotreta praticola Weise 草地菜跳甲
Phyllotreta pusilla Horn [western black flea beetle] 柔弱菜跳甲，柔弱黑跳甲
Phyllotreta ramosa (Crotch) [western striped flea beetle] 西部菜跳甲，西部条跳甲，西部具条跳甲
Phyllotreta rectilineata Chen [striped flea beetle] 黄直条菜跳甲，黄直条跳甲，中华菜跳甲
Phyllotreta rivularis Motschulsky 同 *Phyllotreta vittula*
Phyllotreta rufothoracica Chen 红胸菜跳甲
Phyllotreta schuelkei Döberl 舒氏菜跳甲
Phyllotreta sinuata (Redtenbacher) 同 *Phyllotreta striolata*
Phyllotreta striolata (Fabricius) [cabbage flea beetle, striped flea beetle, turnip flea beetle] 黄曲条菜跳甲，黄曲条跳甲，黄条叶蚤
Phyllotreta tunisea Pic 突尼斯菜跳甲，黄狭条跳甲
Phyllotreta turcmenica Weise 吐克曼菜跳甲
Phyllotreta turcmenica pallidipennis Reitter 见 *Phyllotreta pallidipennis*
Phyllotreta undulata Kutschera [lesser striped flea beetle, small striped flea beetle, turnip flea beetle] 波条菜跳甲，芜菁细条跳甲
Phyllotreta vittata (Fabricius) 同 *Phyllotreta striolata*
Phyllotreta vittula (Redtenbacher) [cabbage flea beetle, striped flea beetle] 黄狭条菜跳甲，条菜跳甲，黄狭条跳甲
Phyllotreta yunnanica Chen 云南菜跳甲
phylloxera [= phylloxerid aphid, phylloxerid] 根瘤蚜，瘤蚜 < 根瘤蚜科 Phylloxeridae 昆虫的通称 >
Phylloxera 根瘤蚜属
Phylloxera caryaecaulis (Fitch) [hickory leaf-stem gall aphid, hickory gall aphid, hickory gall phylloxera] 山核桃根瘤蚜
Phylloxera castaneivora (Miyazaki) [chestnut phylloxerid, chestnut phylloxera] 栗苞蚜，栗黑茂瑞大蚜
Phylloxera devastatrix Pergande [pecan phylloxera] 美洲山核桃根瘤蚜，美核桃根瘤蚜，美核桃旱矮蚜
Phylloxera glabra von Heyden [oak leaf phylloxera, oak leaf phylloxera aphid, oak leaf aphid] 栎根瘤蚜
Phylloxera notabilis Pergande [pecan leaf phylloxera] 显著根瘤蚜，美核桃叶根瘤蚜，警倭蚜
Phylloxera rileyi Riley 瑞氏根瘤蚜
Phylloxera salicis Lichtenstein 见 *Phylloxerina salicis*
phylloxerid 1. [= phylloxerid aphid, phylloxera] 根瘤蚜，瘤蚜；

P

2. 根瘤蚜科的
phylloxerid aphid 见 phylloxera
Phylloxeridae 根瘤蚜科，瘤蚜科
Phylloxerina 倭蚜属
Phylloxerina capreae Börner 日卷拟根瘤蚜，日卷矮蚜
Phylloxerina salicis (Lichtenstein) [salix phylloxera] 柳倭蚜，柳根瘤蚜
Phylloxerinae 根瘤蚜亚科
Phyllozelus 效绯螽属
Phyllozelus* (*Phyllozelus*) *dolichostylus Xia *et* Liu 长腹突效绯螽
phyllus skipper [= Cramer's fantastic-skipper, *Vettius phyllus* (Cramer)] 菲铂弄蝶，铂弄蝶
Phyllyphanta producta (Spinola) 拟叶蛾蜡蝉
Phyllyphanta sinensis (Walker) 见 *Cromna sinensis*
phylobetadiversity 谱系 β 多样性指数
Phyloblatta 族蠊属
Phyloblatta parviradia Lin 寡径族蠊
Phyloblatta sinica Hong 中国石炭族蠊
Phyloblatta xiangningensis Hong 乡宁族蠊
phylodiversity 谱系多样性指数
phylogenesis 系统发育，种系发生
phylogenetic 系统发育的，种族发生的，系统发生的
phylogenetic classification 系谱分类
phylogenetic clustering 群落谱系聚集
phylogenetic diversity 系统发育多样性
phylogenetic nearest neighbo(u)r dissimilarity 谱系最近距离差异性指数
phylogenetic overdispersion 群落谱系过度分散
phylogenetic pairwise dissimilarity 谱系成对差异性指数
phylogenetic species evenness 物种谱系均匀度指数
phylogenetic species variability 物种谱系变异性指数
phylogenetic structure 谱系结构，系统发育结构
phylogenetic system 系统发育系统，亲缘系统
phylogenetic value 谱系值
phylogenetically clustered structure 聚集型系统发育结构
phylogenetically overdispersed structure 发散型系统发育结构
phylogenetics 谱系分类学，系统发育学，系统发生学
phylogenomics 谱系基因组学
phylogeny 系统发育，种族发生，系统发生
phylogeographic structure 谱系地理学结构
phylogeography 谱系生物地理学，亲缘地理学，系统发育生物地理学
phylogram 系统发育树，系统发生图，系统发育图
phylogroup 谱系群，进化群，遗传谱系
phylomorphogeny 谱系形态发生
Phyloptera 网脉翅类 < 过去包括直翅目 Orthoptera 及革翅目 Dermaptera 等网翅昆虫的总目名 >
Phylostenax peniculus (Forsslund) 见 *Pseudopotamorites peniculus*
phylotype 种系型
phylum 门
Phylus 亮足盲蝽属
Phylus coryloides Josifov *et* Kerzhner 榛亮足盲蝽，族盲蝽
Phylus miyamotoi Yasunaga 宫本亮足盲蝽
Phymata 瘤猎蝽属，瘤蝽属
Phymata americana Melin 美洲瘤猎蝽
Phymata chinensis Kormilev 中国瘤猎蝽，中国原瘤蝽
Phymata crassipes (Fabricius) 原瘤猎蝽，原瘤蝽
Phymata crassipes chinensis Kormilev 见 *Phymata chinensis*
Phymata monstrosa (Fabricius) 怪瘤猎蝽
Phymatapoderus 瘤卷象甲属，瘤卷象属
Phymatapoderus latipennis (Jekel) 黑瘤卷象甲，黑瘤卷象，漆黑瘤卷象
Phymatapoderus monticola Voss 同 *Phymatapoderus latipennis*
Phymatapoderus pavens Voss 帕瘤卷象甲，帕瘤卷象
Phymatapoderus taiwanensis Legalov 台湾瘤卷象甲
Phymatapoderus yunnanicus Voss 同 *Phymatapoderus latipennis*
Phymateus 齿脊蝗属
Phymateus asiaticus Chang 齿脊蝗
Phymateus morbillosus (Linnaeus) 非洲齿脊蝗
Phymateus saxosus Coquerel [rainbow milkweed locust] 彩虹齿脊蝗，马达加斯加齿脊蝗，彩虹乳草蝗虫
Phymateus viridipes Stål [green milkweed locust, African bush grasshopper, green coffee locust, coffee locust] 咖啡齿脊蝗
Phymatidae 瘤蝽科，螳蝽科，螳足蝽科 < 旧名 >
Phymatinae 瘤猎蝽亚科，瘤蝽亚科，螳蝽亚科
Phymatocera 匀节叶蜂属，等角叶蜂属
Phymatocera aterrima (Klug) 立毛匀节叶蜂，立毛等角叶蜂
Phymatocera foveata Wei 窝陷匀节叶蜂
Phymatocera longitheca Wei 长鞘匀节叶蜂，长鞘等角叶蜂
Phymatoceridea 弯眶叶蜂属
Phymatoceridea formosana Rohwer 钝鞘弯眶叶蜂，凹唇叶蜂，凹唇瘤叶蜂
Phymatoceridea glabrifrons Wei 光额弯眶叶蜂
Phymatoceridea nigripalpis Malaise 黑须弯眶叶蜂
Phymatoceridea nigroscapa Wei 黑柄弯眶叶蜂
Phymatoceropsis 近脉叶蜂属
Phymatoceropsis birmana Malaise 缅甸近脉叶蜂
Phymatoceropsis fulvocincta Rohwer 淡黄近脉叶蜂，淡黄叶蜂，淡黄瘤叶蜂
Phymatoceropsis melanogaster He, Wei *et* Zhang 黑腹近脉叶蜂
Phymatodes 棍腿天牛属
Phymatodes albicinctus Bates 台湾棍腿天牛，淡斑棍腿天牛
Phymatodes andreae Haldeman 见 *Physocnemum andreae*
Phymatodes blandus (LeConte) 平和棍腿天牛
Phymatodes decussatus (LeConte) 对生棍腿天牛
Phymatodes ermolenkoi Tsher 木尔棍腿天牛
Phymatodes hauseri (Pic) 梨棍腿天牛
Phymatodes infasciatus Pic 见 *Phymatodes* (*Phymatodellus*) *infasciatus*
Phymatodes jiangi Wang *et* Zheng 蒋氏棍腿天牛
Phymatodes kozlovi Semenov *et* Plavilstshikov 内蒙棍腿天牛
Phymatodes latefasciatus Yang 宽带棍腿天牛
Phymatodes maaki (Kraatz) 葡萄棍腿天牛，红基棍腿天牛
Phymatodes maaki maaki (Kraatz) 葡萄棍腿天牛指名亚种
Phymatodes maaki sylvaticus Wang 葡萄棍腿天牛黑腹亚种，黑腹葡萄棍腿天牛
Phymatodes mediofasciatum Pic 中带棍腿天牛
Phymatodes mizunumai Hayashi 见 *Poecilium mizunumai*
Phymatodes nitidus LeConte [sequoia cone borer] 耀棍腿天牛
Phymatodes* (*Phymatodellus*) *infasciatus Pic 红胸棍腿天牛

Phymatodes* (*Phymatodellus*) *zemlinae Plavilstshikov *et* Anufriev 绿翅棍腿天牛，滨海棍腿天牛
Phymatodes quadriculatus Gressitt 四纹棍腿天牛
Phymatodes savioi Pic 江苏棍腿天牛
Phymatodes semenovi Plavislstshikov 贵州棍腿天牛
Phymatodes sinensis (Pic) 中华棍腿天牛
Phymatodes testaceus (Linnaeus) [tanbark borer] 黄褐棍腿天牛，黄褐扁天牛
Phymatodes ussuricus Plavilstshikov 乌苏里棍腿天牛
Phymatodes vandykei Gressitt 东亚棍腿天牛
Phymatodes zemlinae Plavilstshikov *et* Anufriev 见 *Phymatodes* (*Phymatodellus*) *zemlinae*
Phymatosternus babai Sasaji 见 *Platynaspis babai*
Phymatosternus lanyuanus Sasaji 见 *Platynaspis lanyuanus*
Phymatosternus lewisii (Crotch) 见 *Platynaspis lewisii*
Phymatosternus tricolor Hoàng 见 *Platynaspis tricolor*
Phymatostetha 瘤胸沫蝉属
Phymatostetha deschampsi Lethierry 发草瘤胸沫蝉，发草肿胀沫蝉
Phymatostetha dorsivitta (Walkerl) 红背瘤胸沫蝉，红背肿沫蝉
Phymatostetha emeiensis Yuan *et* Chou 峨眉瘤胸沫胸，峨眉疣胸沫蝉
Phymatostetha karenia Distant 松瘤胸沫蝉
Phymatostetha lydia (Stål) 见 *Leptataspis lydia*
Phymatostetha pudens (Walker) 印瘤胸沫蝉，四川广胸沫蝉
Phymatostetha pudica (Walker) 红头瘤胸沫蝉
Phymatostetha punctata Metcalf *et* Horton 黄缘瘤胸沫蝉
Phymatostetha quadriplagiata Jacobi 四纹瘤胸沫蝉
Phymatostetha signifera (Waleker) 曲纹瘤胸沫蝉
Phymatostetha stalii Butler 斯氏瘤胸沫蝉
Phymatostetha stella Distant 斑瘤胸沫蝉
Phymatostetha stellata (Guérin-Méneville) 马来瘤胸沫蝉
Phymatostetha yunnanensis Matsumura 云南瘤胸沫蝉
Phymatura 蕈暗隐翅甲属
Phymatura chinensis Pace 中华蕈暗隐翅甲
Phymatura gonggaensis Pace 贡嘎蕈暗隐翅甲
Phymatura pictides Newton 斑翅蕈暗隐翅甲
Phymatura sichuanensis Pace 四川蕈暗隐翅甲
Phymatura smetanai Pace 斯氏蕈暗隐翅甲
Phymocaecilius 肿腿单蝎属
Phymocaecilius fortis (Li) 粗胫肿腿单蝎
Phymocaecilius fuscifascus Li 褐带肿腿单蝎
Phymocaecilius guizhouensis Li 贵州肿腿单蝎
Phymocaecilius puniceicifascus Li 红带肿腿单蝎
Phymocaecilius subulosus Li 锥突肿腿单蝎
Phyodexia 圆眼天牛属
Phyodexia concinna Pascoe 圆眼天牛
Physaraia 具刺甲盖茧蜂属
Physaraia sinensis Quicke *et* You 中华具刺甲盖茧蜂
Physaraia sumatrana (Enderlin) 苏门答腊具刺甲盖茧蜂
Physaraiini 具刺甲盖茧蜂族
Physatocheila 折板网蝽属
Physatocheila costata (Fabricius) 折板网蝽
Physatocheila distinguenda (Jakovlev) 内蒙古折板网蝽
Physatocheila dryadis Drake *et* Poor 侵木折板网蝽
Physatocheila dumetorum (Herrich-Schäffer) 黑眼折板网蝽
Physatocheila enodis Drake 华折板网蝽
Physatocheila fieberi (Scott) 折板网蝽
Physatocheila fulgoris Drake 黄折板网蝽
Physatocheila hailarensis Nonnaizab 黑带折板网蝽
Physatocheila orientis Drake 大折板网蝽
Physatocheila ruris Drake 粤折板网蝽
Physatocheila smerczynskii China 斯折板网蝽
Physauchenia 方额叶甲属
Physauchenia bifasciata (Jacoby) 见 *Coptocephala bifasciata*
Physauchenia cheni (Pic) 见 *Coptocephala cheni*
Physauchenia pallens (Fabricius) 见 *Diapromorpha pallens*
Physauchenia pallens (Lacordaire) 同 *Coptocephala bifasciata*
Physcaeneura 波眼蝶属
Physcaeneura jacksoni Carcasson 杰氏波眼蝶
Physcaeneura leda Gerstaecker 白翅波眼蝶
Physcaeneura panda (Boisduval) [dark-webbed ringlet] 波眼蝶
Physcaeneura pione Godman [light webbed ringlet] 黄框波眼蝶
Physcus 矢尖蚧蚜小蜂属
Physcus flaviceps Girault *et* Dodd 见 *Coccobius flaviceps*
Physcus flavicornis Compere *et* Annecke 见 *Coccobius flavicornis*
Physcus fulvus Compere *et* Annecke 矢尖蚧蚜小蜂
Physcus testaceus Masi 牡蛎蚧蚜小蜂，牡蛎蚧矢尖蚜小蜂
Physematia 泡螟属
Physematia defloralis Strand 德泡螟
Physemocecis hartigi (Liebel) [lime tree gall midge] 欧椴丝绒瘿蚊
Physemocecis ulmi Ruebsaamen [elm gall midge] 榆丝绒瘿蚊
Physeriococcus 绒红蚧属，绛绒蚧属，刺粉蚧属
Physeriococcus cellulosus Borchsenius 绒红蚧，绛绒蚧，球刺粉蚧
Physetobasis 大轭尺蛾属
Physetobasis dentifascia Hampson 束大轭尺蛾
Physetobasis dentifascia dentifascia Hampson 束大轭尺蛾指名亚种，指名束大轭尺蛾
Physetobasis dentifascia kiunkiangana Prout 束大轭尺蛾九江亚种，九江束大轭尺蛾
Physetobasis dentifascia mandarinaria (Leech) 束大轭尺蛾四川亚种，大陆束大轭尺蛾，大陆小花尺蛾
Physetobasis dentifascia triangulifera Inoue 束大轭尺蛾角斑亚种，U 纹波尺蛾
Physetobasis griseipennis (Moore) 灰羽大轭尺蛾
Physetobasis luteipennis Xue 褐羽大轭尺蛾
Physetopoda 泡足蚁蜂属
Physetopoda oratoria (Chen) 演泡足蚁蜂，演吹蚁蜂
physical barrier 物理障碍
physical climate 地文气候
physical color 物理色
physical control 物理防治
physical ecology 物理生态学
physical environment 物理环境
physical resistance 物理抗性，物理耐性
physiognomy 群落形相
physiographic barriers 地文阻碍
physiographic climax 地文顶极群落
physiographic ecology 地文生态学

physiographic factor 地文因素
physiologic [= physiological] 生理学的，生理的
physiologic species [= physiological species] 生理种
physiological 见 physiologic
physiological adaptation 生理适应
Physiological Entomology 生理昆虫学 < 期刊名 >
physiological index 生理指数
physiological optimum 生理最适度
physiological race 1. 生理宗；2. 生理小种
physiological selectivity 生理选择性，内在选择性
physiological species 见 physiologic species
physiological synecology 生理群落生态学
physiological zero 生理零点
physiopathology 生理病理学，病理生理学
Physiphora 菲思斑蝇属，平额小金蝇属
Physiphora aenea (Fabricius) 同 *Physiphora clausa*
Physiphora alceae Preyssler 广菲思斑蝇，二色平额小金蝇
Physiphora chalybea (Hendel) 亮菲思斑蝇，北方平额小金蝇
Physiphora clausa (Macquart) 闭菲思斑蝇，黄头平额小金蝇
Physiphora hainanensis Chen 同 *Physiphora clausa*
Physiphora longicornis (Hendel) 长角菲思斑蝇，长角平额小金蝇
Physocephala 叉芒眼蝇属，囊头眼蝇属
Physocephala antiqua (Wiedemann) 怪叉芒眼蝇
Physocephala aterrima Kröber 缝叉芒眼蝇
Physocephala bicolorata Brunetti 双色叉芒眼蝇
Physocephala calopa Bigot 热带叉芒眼蝇
Physocephala chalantungensis Ôuchi 查兰叉芒眼蝇
Physocephala chekiangensis Ôuchi 浙江叉芒眼蝇
Physocephala chiahensis Ôuchi 辽宁叉芒眼蝇，清叉芒眼蝇
Physocephala chrysorrhoea (Meigen) 金腹叉芒眼蝇
Physocephala confusa Stuke 暗角叉芒眼蝇
Physocephala gigas (Macquart) 大叉芒眼蝇
Physocephala limbipennis de Meijere 缘叉芒眼蝇，宽翅眼蝇
Physocephala nigra (De Geer) 黑叉芒眼蝇
Physocephala nigripennis Stuke 暗缘叉芒眼蝇
Physocephala obscura Kröber 同 *Physocephala rufipes*
Physocephala pielina Chen 派叉芒眼蝇
Physocephala pusilla (Meigen) 微叉芒眼蝇
Physocephala reducta Chen 红面叉芒眼蝇
Physocephala rufifrons Camras 红额叉芒眼蝇
Physocephala rufipes (Fabricius) 红带叉芒眼蝇
Physocephala sauteri Kröber 索氏叉芒眼蝇，邵氏眼蝇
Physocephala simplex Chen 简叉芒眼蝇
Physocephala sinensis Kröber 唐叉芒眼蝇
Physocephala theca Camras 河北叉芒眼蝇
Physocephala truncata (Loew) 截叉芒眼蝇
Physocephala variegata (Meigen) 异色叉芒眼蝇
Physocephala vittata (Fabricius) 条纹叉芒眼蝇
Physocnemum andreae (Haldeman) [cypress bark borer] 柏木天牛，柏木棍腿天牛
Physocnemum brevilineum (Say) [elm bark borer] 榆天牛，榆皮天牛
Physodera 泡步甲属
Physodera amplicollis van de Poll 阔领泡步甲，宽胸泡步甲
Physodera andrewesi (Jedlička) 安氏泡步甲
Physodera bacchusi Darlington 巴氏泡步甲
Physodera bifenestrata Heller 双窗泡步甲
Physodera bousqueti Mateu 布氏泡步甲
Physodera chalceres Andrewes 马来泡步甲
Physodera cyanipennis van de Poll 蓝鞘泡步甲
Physodera davidis Fairmaire 同 *Physodera eschscholtzii*
Physodera dejeani Eschscholtz 德毛边泡步甲，迪让泡步甲
Physodera eburata Heller 吕宋泡步甲
Physodera eschscholtzii Parry 伊氏泡步甲，艾毛边泡步甲
Physodera eschscholtzii eschscholtzii Parry 伊氏泡步甲指名亚种
Physodera eschscholtzii sumatrensis (Kirschenhofer) 伊氏泡步甲苏门亚种
Physodera noctiluca Mohnike 夜泡步甲
Physodera parvicollis van de Poll 小毛边泡步甲
Physoderes 膨猎蝽属
Physoderes esakii Cao *et* Cai 江琦膨猎蝽
Physoderes impexa (Distant) 褐膨猎蝽
Physoderinae 膨猎蝽亚科
physogastric 膨腹的
physogastry 腹胀，腹胀现象
Physohelea 成蠓属
Physohelea turgidipes (Ingram *et* Macfie) 肿腿成蠓
Physokermes 杉苞蚧属，云杉球蚧属
Physokermes fasciatus Borchsenius 哈什克杉苞蚧
Physokermes hemicryphus (Dalm) 小杉苞蚧
Physokermes inopinatus Danzig *et* Kozár 欧洲杉苞蚧，东北杉苞蜡蚧
Physokermes insignicola (Craw) [Monterey pine scale] 紫杉苞蚧，坚松蜡蚧
Physokermes jezoensis Siraiwa [spruce bud scale] 远东杉苞蚧，远东杉苞蜡蚧
Physokermes picaefoliae Tang 云杉苞蜡蚧
Physokermes piceae (Schrank) [spruce bud scale] 大杉苞蚧，云杉芽蜡蚧
Physokermes shanxiensis Tang 山西杉苞蚧
Physokermes sugonjaevi Danzig 蒙古杉苞蚧
Physomerinus 奇腿蚁甲属，菲蚁甲属
Physomerinus pedaror (Sharp) 丽奇腿蚁甲
Physomerinus schenklingi (Raffray) 申氏奇腿蚁甲，兴菲蚁甲，兴索蚁甲
Physomerus 菲缘蝽属
Physomerus centralis Mukherjee, Hassan *et* Biswas 中纹菲缘蝽
Physomerus flavicans Blöte 黄纹菲缘蝽
Physomerus grossipes (Fabricius) [sweetpotato bug] 广菲缘蝽，菲缘蝽
Physomerus parvulus Dallas 小菲缘蝽
Physonychis smaragdina Clark 绿宝石斑跳甲
Physopelta 斑红蝽属
Physopelta albofasciata (De Geer) 原斑红蝽
Physopelta cincticollis Stål 小斑红蝽，小背斑红蝽，二斑红蝽
Physopelta gutta (Burmeister) 突背斑红蝽
Physopelta immaculata Liu 同 *Delacampius villosa*
Physopelta parviceps Blöte 东亚斑红蝽
Physopelta quadriguttata Bergroth 四斑红蝽
Physopelta robusta Stål 浑斑红蝽

Physopelta slanbuschii (Fabricius) 显斑红蝽
Physopleurella 刺花蝽属
Physopleurella armata (Poppius) 黄褐刺花蝽
Physopoda [= Thysanoptera] 缨翅目
Physopterus 瘤凸长角象甲属
Physopterus taiwanus Shibata 见 *Bothrus taiwanus*
Physorhinini 突叶叩甲族
Physoronia 膨露尾甲属
Physoronia olexai Jelinek 欧氏膨露尾甲
Physoronia schneideri Jelinek 施氏膨露尾甲
Physoronia taiwanensis Kirejtshuk 台湾膨露尾甲
Physosmaragdina 粗足肖叶甲属，粗足叶甲属，粗脚长筒金花虫属
Physosmaragdina atriceps (Pic) 黑粗足肖叶甲，黑粗足叶甲，黑头光叶甲
Physosmaragdina nigrifrons (Hope) 黑额粗足肖叶甲，黑额粗足叶甲，黑额叶绿叶甲，黑额长筒金花虫
Physostegania pustularia (Guenée) 糖槭墨角尺蛾
physostigmine 毒扁豆碱
Phytagromyza populi Kaltenbach 见 *Aulagromyza populi*
Phytagromyza populicola Haliday 见 *Aulagromyza populicola*
Phytala 富塔灰蝶属
Phytala elais Westwood [giant forest blue] 富塔灰蝶
Phytalmia 角实蝇属，鹿角实蝇属，角蝇属
Phytalmia alcicornis (Saunders) 片突角实蝇
Phytalmia antilocapra McAlpine *et* Schneider 二突角实蝇
Phytalmia biarmata Malloch 双臂角实蝇
Phytalmia cervicornis Gerstaecker [stag fly] 鹿角角实蝇
Phytalmia megalotis Gerstaecker 大突角实蝇
Phytalmia mouldsi McAlpine *et* Schneider [goat fly] 莫氏角实蝇，莫氏植实蝇
Phytalmia robertsi Schneider 罗氏角实蝇
phytalmiid 1. [= phytalmiid fly] 角蝇 < 角蝇科 Phytalmiidae 昆虫的通称 >；2. 角蝇科的
phytalmiid fly [= phytalmiid] 角蝇
Phytalmiidae 角蝇科
Phytalmiinae 角实蝇亚科，角蝇亚科
Phytalmiini 角实蝇族，披达尔实蝇族
phytic limit 植物限度
phyto-ECD [phytoecdysone 的缩写] 植物性蜕皮素，植物性昆虫蜕皮激素
phyto-sanitary [= phytosanitary] 植物检疫
phytoalexin [abb. PA] 植物抗毒素，植保素
Phytobia 菲潜蝇属，大潜蝇属
Phytobia cambii Hendel [cambium mining fly, poplar cambium mining fly, willow cambium fly, willow cambium miner] 柳枝菲潜蝇，柳枝潜蝇
Phytobia diversata Spencer 异斑菲潜蝇，分歧潜蝇
Phytobia magna (Sasakawa) 大型菲潜蝇，巨大潜蝇
Phytobia nigrita (Malloch) 黑菲潜蝇，趋黑潜蝇
phytobiocenose 植物群落
Phytobiomorphus 二型象甲属
Phytobiomorphus bifasciatus Voss 双带二型象甲，双带二型象
Phytobius 蓼龟象甲属，蓼龟象属，叶托象甲属，叶托象属
Phytobius facialis Voss 带蓼龟象甲，带叶托象甲，带叶托象
Phytobius friebi Wagner 短喙蓼龟象甲，短喙蓼龟象
Phytobius hartmanni Schultze 哈氏蓼龟象甲，哈叶托象甲，哈叶托象
Phytobius leucogaster (Marsham) 白腹蓼龟象甲，白腹蓼龟象
Phytobius variegatus Hustache 多变蓼龟象甲，多变叶托象甲，多变叶托象
Phytocoridea 拟植盲蝽属
Phytocoridea dispar Reuter 白楔拟植盲蝽，歧拟植盲蝽
Phytocoris 植盲蝽属
Phytocoris alashanensis Nonnaizab *et* Zorigtoo 贺兰山植盲蝽
Phytocoris caraganae Nonnaizab *et* Zorigtoo 柠条植盲蝽
Phytocoris desertorum Nonnaizab *et* Zorigtoo 同 *Phytocoris jorigtooi*
Phytocoris dimidiatus Kirschbaum 驳植盲蝽
Phytocoris elongatulus Nonnaizab *et* Jorigtoo 狭长植盲蝽
Phytocoris elongatus Nonnaizab *et* Jorigtoo 同 *Phytocoris elongatulus*
Phytocoris exohataensis Xu *et* Zheng 角斑植盲蝽
Phytocoris gobicus Yang, Hao *et* Nonnaizab 戈壁植盲蝽
Phytocoris hsiaoi Xu *et* Zheng 萧氏植盲蝽
Phytocoris insignis Reuter 稀植盲蝽
Phytocoris intricatus Flor 扁植盲蝽，川植盲蝽
Phytocoris issykensis Poppius 依植盲蝽
Phytocoris jiuzhaiensis Qi *et* Shi 九寨植盲蝽
Phytocoris jorigtooi Kerzhner *et* Schuh 沙地植盲蝽
Phytocoris knighti Hsiao 斑胸植盲蝽，奈氏植盲蝽
Phytocoris languidus Xu *et* Zheng 微光植盲蝽
Phytocoris longipennis Flor 长植盲蝽
Phytocoris longissimus Xu *et* Zheng 极长植盲蝽
Phytocoris loriae Poppius 赤条植盲蝽
Phytocoris lui Xu *et* Zheng 吕氏植盲蝽
Phytocoris macer Xu *et* Zheng 同 *Phytocoris jorigtooi*
Phytocoris mongolicus Nonnaizab *et* Zorigtoo 蒙古植盲蝽
Phytocoris nigritus Nonnaizab *et* Zorigtoo 褐植盲蝽
Phytocoris ningxiaensis Nonnaizab *et* Zorigtoo 宁夏植盲蝽
Phytocoris nitrariae Xu *et* Zheng 白刺植盲蝽
Phytocoris nonnaizabi Kerzhner *et* Schuh 突植盲蝽
Phytocoris notoscutellaris Xu *et* Zheng 突盾植盲蝽
Phytocoris novobliquevittatus Xu *et* Zheng 拟斜纹植盲蝽
Phytocoris nowickyi Fieber 诺植盲蝽
Phytocoris obliquevittatus Xu *et* Zheng 斜纹植盲蝽
Phytocoris pictipennis Xu *et* Zheng 锦锈植盲蝽
Phytocoris populi (Linnaeus) 杨植盲蝽
Phytocoris potanini Reuter 波氏植盲蝽
Phytocoris procerus Nonnaizab *et* Zorigtoo 同 *Phytocoris nonnaizabi*
Phytocoris rubiginosus Nonnaizab *et* Zorigtoo 见 *Phytocoris rubigionosus*
Phytocoris rubigionosus Nonnaizab *et* Zorigtoo 红褐植盲蝽
Phytocoris shabliovskii Kerzhner 沙氏植盲蝽
Phytocoris sichuanensis Xu *et* Zheng 川植盲蝽，四川植盲蝽
Phytocoris sinicus Poppius 中华植盲蝽
Phytocoris stoliczkanus Distant 黄色植盲蝽
Phytocoris wolongensis Xu *et* Zheng 卧龙植盲蝽
Phytocoris wudingensis Xu *et* Zheng 武定植盲蝽
Phytocoris yongpinganus Xu *et* Zheng 永平植盲蝽
Phytocoris zhengi Nonnaizab *et* Zorigtoo 郑氏植盲蝽
Phytodecta americana (Schaeffer) 见 *Gonioctena* (*Gonioctena*)

americana
Phytodecta gracilicornis Kraatz 见 *Gonioctena* (*Gonioctena*) *gracilicornis*
Phytodietini 短梳姬蜂族
Phytodietus 短梳姬蜂属
Phytodietus arisanus (Sonan) 见 *Phytodietus* (*Neuchorus*) *arisanus*
Phytodietus formosanus (Sonan) 见 *Phytodietus* (*Phytodietus*) *formosanus*
Phytodietus laticarinatus He *et* Chen 窄脊短梳姬蜂
Phytodietus longicaudus (Uchida) 见 *Phytodietus* (*Neuchorus*) *longicaudus*
Phytodietus (***Neuchorus***) ***arisanus*** (Sonan) 阿里山短梳姬蜂
Phytodietus (***Neuchorus***) ***longicaudus*** (Uchida) 长尾短梳姬蜂
Phytodietus pallidus Cushman 同 *Phytodietus* (*Neuchorus*) *longicauda*
Phytodietus (***Phytodietus***) ***arcuatorius*** (Thunberg) 弓短梳姬蜂
Phytodietus (***Phytodietus***) ***formosanus*** (Sonan) 台湾短梳姬蜂
Phytodietus (***Phytodietus***) ***polyzonias*** (Förster) 节短梳姬蜂
Phytodietus (***Phytodietus***) ***spinipes*** (Cameron) 刺足短梳姬蜂
Phytodietus (***Phytodietus***) ***xui*** Kostro-Ambroziak *et* Reshchikov 许氏短梳姬蜂
Phytodietus segmentator (Gravenhorst) 同 *Phytodietus* (*Phytodietus*) *polyzonias*
Phytodietus spinipes (Cameron) 见 *Phytodietus* (*Phytodietus*) *spinipes*
phytoecdysone [abb. phyto-ECD] 植物性蜕皮素，植物性昆虫蜕皮激素
phytoecdysteroid 植物性蜕皮甾类
Phytoecia 小筒天牛属
Phytoecia albosuturalis Breuning 白缝小筒天牛
Phytoecia analis (Fabricius) 黄胸小筒天牛
Phytoecia approximata Pu 肖小筒天牛
Phytoecia atripes Pic 黑小筒天牛
Phytoecia brunneicollis Pic 棕胸小筒天牛
Phytoecia chinensis Breuning 中华小筒天牛
Phytoecia cinctipennis Mannerheim 束翅小筒天牛
Phytoecia coerulescens (Scopoli) 江苏小筒天牛
Phytoecia comes (Bates) 黄纹小筒天牛
Phytoecia comes comes (Bates) 黄纹小筒天牛指名亚种，指名黄纹小筒天牛
Phytoecia comes formosana (Schwarzer) 黄纹小筒天牛台湾亚种，四黄纹小筒天牛
Phytoecia comes szetschuanica Breuning 黄纹小筒天牛四川亚种，蜀黄纹小筒天牛
Phytoecia cylindrica (Linnaeus) 北方小筒天牛
Phytoecia densepubens Pic 密毛小筒天牛
Phytoecia ferrea Ganglbauer 铁色小筒天牛
Phytoecia guilleti Pic 二点小筒天牛
Phytoecia guilleti callosicollis Pic 二点小筒天牛糙颈亚种，竖二点小筒天牛
Phytoecia guilleti guilleti Pic 二点小筒天牛指名亚种
Phytoecia icterica (Schaller) 白边小筒天牛，三条小筒天牛
Phytoecia kukunorensis Breuning 青海小筒天牛，西藏小筒天牛
Phytoecia mannerheimi Breuning 内蒙小筒天牛
Phytoecia nigricornis (Fabricius) 黑色小筒天牛
Phytoecia obscurithorax Pic 黑胸小筒天牛
Phytoecia punctipennis Breuning 点翅小筒天牛
Phytoecia rufiventris Gautier [chrysanthemum longicom beetle] 菊小筒天牛，菊天牛，菊虎，菊花天牛
Phytoecia rufiventris hakutorana Wang 菊小筒天牛黑色亚种，黑菊小筒天牛
Phytoecia rufiventris rufiventris Gautier 菊小筒天牛指名亚种
Phytoecia sareptana Ganglbauer 东北小筒天牛
Phytoecia sibirica (Gebler) 三条小筒天牛
Phytoecia simulans Bates 红翅小筒天牛
Phytoecia stenostoloides Breuning 滨海小筒天牛
Phytoecia suvorovi Pic 苏氏小筒天牛
Phytoecia testaceolimbata Pic 云南小筒天牛
Phytoecia virgula Charpentier 细枝小筒天牛
Phytoeciini 小筒天牛族
phytoene 茄红素
Phytohelea 植蠓亚属
phytokinin 细胞分裂素
Phytolinus 植隐翅甲属，植隐翅虫属
Phytolinus formosanus Naomi 台湾植隐翅甲，台植隐翅虫
Phytoliriomyza 植斑潜蝇属
Phytoliriomyza alpicola (Strobl) 高山植斑潜蝇
Phytoliriomyza arctica (Lundbeck) 北方植斑潜蝇，北斗植斑潜蝇
Phytoliriomyza pseudoangelicae Sasakawa 拟安植斑潜蝇
Phytoliriomyza quadrispinosa Sasakawa 四刺植斑潜蝇
Phytoliriomyza salviae (Hering) 琴柱草植斑潜蝇
Phytolyma 虹瘿木虱属
Phytolyma fusca Walker 褐虹瘿木虱
Phytolyma lata Woolker 侧虹瘿木虱
Phytolyma tuberculata (Alibert) 瘤突虹瘿木虱
Phytomastax 蒿蜢属
Phytomastax meiospina Cheng 寡刺蒿蜢，寡刺草蜢
Phytomastax qinghaiensis Yin 青海草蜢 < 该种学名有误写为 *Phytomastax quihaiensis* 者 >
Phytomastax tianshanensis Zheng *et* Xi 天山蒿蜢
Phytometra 金斑夜蛾属，肖银纹夜蛾属，植夜蛾属
Phytometra agnata Staudinger 见 *Ctenoplusia agnata*
Phytometra albostriata (Bremer *et* Gory) 见 *Ctenoplusia albostriata*
Phytometra amata (Butler) 红线金斑蛾，红线植夜蛾
Phytometra brachychalcea Epser 同 *Thysanoplusia intermixta*
Phytometra chalciles (Epser) 见 *Chrysodeixis chalcites*
Phytometra chrysitis (Linnaeus) 见 *Diachrysia chrysitis*
Phytometra chryson Esper 见 *Diachrysia chryson*
Phytometra chryson pales Mell 见 *Diachrysia pales*
Phytometra confusa (Stephen) 见 *Macdunnoughia confusa*
Phytometra deaurata (Epser) 见 *Panchrysia deaurata*
Phytometra dives (Eversmann) 见 *Panchrysia dives*
Phytometra eriosoma Doubleday [fig looper] 榕肖银纹夜蛾，榕金斑蛾，埃肖银纹夜蛾
Phytometra excelsa (Kretschmar) 见 *Autographa excelsa*
Phytometra festata Graeser [rice looper] 稻肖银纹夜蛾，稻金翅夜蛾
Phytometra gamma Linnaeus 见 *Autographa gamma*
Phytometra gerda (Püngeler) 见 *Euchalcia gerda*
Phytometra herrichi (Staudinger) 见 *Euchalcia herrichi*
Phytometra incospicua (Graeser) 因肖银纹夜蛾

Phytometra intermixta Warren 见 *Thysanoplusia intermixta*
Phytometra leonina bieti (Oberthür) 见 *Diachrysia bieti*
Phytometra macrogamma (Eversmann) 见 *Autographa macrogamma*
Phytometra mandarina (Freyer) 见 *Autographa mandarina*
Phytometra ni Hübner 见 *Trichoplusia ni*
Phytometra nigrisigna (Walker) 见 *Autographa nigrisigna*
Phytometra ochreata Walker 见 *Zonoplusia ochreata*
Phytometra ornatissima Walker 见 *Antoculeora ornatissima*
Phytometra parabractea Hampson 同 *Autographa excelsa*
Phytometra peponis Fabricius [cucurbit looper] 桑肖银纹夜蛾，桑夜盗蛾，葫芦金翅夜蛾
Phytometra pulchrina Haworth [mibu wormwood looper] 艾肖银纹夜蛾，艾草金翅夜蛾
Phytometra purissima (Butler) 见 *Macdunnoughia purissima*
Phytometra purpureofusa (Hampson) 见 *Autographa purpureofusa*
Phytometra pyropia Butler [red-back phytometra] 红背肖银纹夜蛾，红背金翅夜蛾
Phytometra rutilifrons (Walker) 见 *Erythroplusia rutilifrons*
Phytometra schalisema Hampson 见 *Autographa schalisema*
Phytometra urupina Bryk 见 *Autographa urupina*
Phytometra variabilis mongolica (Staudinger) 见 *Euchalcia mongolica*
Phytometra viridaria (Clerck) 绿肖银纹夜蛾
Phytometridae [= Plusiidae] 金翅夜蛾科，金斑蛾科
Phytometrini 金斑夜蛾族，植夜蛾族
Phytomia 宽盾蚜蝇属，树蚜蝇属
Phytomia chrysopyga (Wiedemann) 金尾宽盾蚜蝇
Phytomia errans (Fabricius) 裸芒宽盾蚜蝇，游荡蚜蝇
Phytomia zonata (Fabricius) 羽芒宽盾蚜蝇，黄道蚜蝇，黄道食蚜蝇，绒宽盾蚜蝇
Phytomyia 皱额食蚜蝇属
Phytomyptera 棘寄蝇属，植寄蝇属
Phytomyptera minuta (Townsend) 小棘寄蝇，小植寄蝇，小微毛寄蝇
Phytomyza 植潜蝇属，潜叶蝇属
Phytomyza aconita Hendel [larkspur leafminer] 乌头植潜蝇，乌头潜叶蝇
Phytomyza albiceps Meigen 白头植潜蝇，菊叶潜叶蝇
Phytomyza aquilegivora Spencer [columbine leafminer] 耧斗菜植潜蝇，耧斗菜潜蝇
Phytomyza columbinae Sehgal [columbine leafminer] 哥伦布植潜蝇，哥伦布潜蝇
Phytomyza continua Hendel 结植潜蝇
Phytomyza delphinivora Spencer [larkspur leafminer] 飞燕草植潜蝇，飞燕草潜叶蝇
Phytomyza eupatorii Hendel 泽兰植潜蝇
Phytomyza flavofemoralis Sasakawa 黄股植潜蝇
Phytomyza formosae Spencer 台湾植潜蝇，台植潜蝇
Phytomyza gentianae Hendel 见 *Chromatomyia gentianae*
Phytomyza helianthi Sasakawa 菊芋植潜蝇，向日葵植潜蝇
Phytomyza homogyneae Hendel 山白菊植潜蝇，夏娃植潜蝇
Phytomyza hyaloposthia Sasakawa 透茎植潜蝇
Phytomyza ilicicola Loew [native holly leafminer] 土冬青植潜蝇，土冬青潜叶蝇，鸟不宿潜叶蝇
Phytomyza ilicis Curtis [holly leaf miner] 冬青植潜蝇，冬青潜叶蝇
Phytomyza lappae Robineau-Desvoidy [burdock leaf miner] 牛蒡植潜蝇，牛蒡潜叶蝇
Phytomyza nannodes Hendel 同 *Phytomyza plantaginis*
Phytomyza nigra Meigen [wheat leaf miner] 麦植潜蝇，麦潜叶蝇，绒眼彩潜蝇，小麦潜叶蝇
Phytomyza nigricornis Macquart [vegetable leafminer] 豌豆植潜蝇，豌豆黑角潜叶蝇
Phytomyza nigroorbitalis Ryden 黑眶植潜蝇
Phytomyza plantaginis Robineau-Desvoidy 车前草植潜蝇，车前彩潜蝇，车前彩潜蝇，矮小植潜蝇
Phytomyza pseudoangelicae Sasakawa 拟当归植潜蝇
Phytomyza quadriseta Sasakawa 四鬃植潜蝇，四棘植潜蝇，四毛植潜蝇
Phytomyza quadrispinosa Sasakawa 四棘植潜蝇
Phytomyza ramosa Hendel 分枝植潜蝇
Phytomyza ranunculi (Schrank) 毛茛植潜蝇
Phytomyza redunca Sasakawa 多植潜蝇
Phytomyza robustella Hendel 小壮植潜蝇，小植潜蝇，橡树植潜蝇
Phytomyza rufipes Meigen [cabbage leaf miner] 甘蓝植潜蝇，甘蓝潜叶蝇
Phytomyza syngenesiae (Hardy) 见 *Chromatomyia syngenesiae*
Phytomyza takasagoensis Sasakawa 高砂植潜蝇，阿里山植潜蝇
Phytomyza tamui Sasakawa 黄连植潜蝇
Phytomyza tenella Meigen 娇嫩植潜蝇
Phytomyza tomentella Sasakawa 薄粉植潜蝇，被毛植潜蝇，薄粉植毛潜蝇
Phytomyza uncinata Sasakawa 钩刺植潜蝇
Phytomyza valida Sasakawa 微疣植潜蝇，丰盛植潜蝇
Phytomyza vitalae Kaltenbach 铁线莲植潜蝇，活泼植潜蝇
Phytomyza wahlgreni Ryden 韦氏植潜蝇
Phytomyza yasumatsui (Sasakawa) 银莲花植潜蝇，日本植潜蝇
Phytomyzinae 植潜蝇亚科
Phytonomus 叶诺象甲属，叶诺象属，叶象属
Phytonomus distinctus Faust 显叶诺象甲，显叶诺象
Phytonomus heydeni CaPhortica 赫叶诺象甲，赫叶诺象
Phytonomus mongolicus Motschuslsky 蒙叶诺象甲，蒙叶诺象
Phytonomus obediens Faust 圆叶诺象甲，圆叶诺象
Phytonomus obovatus Csiki 卵圆叶诺象甲，卵圆叶诺象
Phytonomus pedestris (Paykull) 同 *Hypera miles*
Phytonomus postica (Gyllenhal) 见 *Hypera postica*
Phytonomus sagittarius Zaslavskii 箭叶诺象甲，箭叶诺象
Phytonomus subcostatus CaPhortica 缘叶诺象甲，缘叶诺象
Phytonomus tibetanus Zaslavskii 藏叶诺象甲，藏叶诺象
phytophaga 植食类
Phytophaga 枝生瘿蚊属
Phytophaga carpophaga Tripp 见 *Mayetiola carpophaga*
Phytophaga piceae Felt 见 *Mayetiola piceae*
Phytophaga rigidae (Osten Sacken) 见 *Mayetiola rigidae*
Phytophaga thujae Hedlin 见 *Mayetiola thujae*
Phytophaga violicola (Coquillet) 见 *Contarinia violicola*
phytophage 植食性，草食性
phytophagous [= phytophagus] 植食性的，食植物的
phytophagous insect [= phytophagy insect] 植食性昆虫
Phytophagous Insect Data Bank [= Phytophagous Insect Database;

abb. PIDB] 植食性昆虫数据库
Phytophagous Insect Database 见 Phytophagous Insect Data Bank
phytophagus 见 phytophagous
phytophagy 植食性
phytophagy insect 见 phytophagous insect
phytophilous [= phytophilus] 喜植物的
phytophilus 见 phytophilous
phytophily 喜植性
Phytophthira 蚜虫类 < 有些学者认为也包括介壳虫类在内 >
Phytorophaga 植寄蝇属
Phytorophaga nigriventris Mesnil 黑腹植寄蝇
phytosanitary [= phyto-sanitary] 植物检疫
Phytoscaphina 尖象甲亚族，尖象亚族，棉象亚族
Phytoscaphus 尖象甲属，尖象属，棉象属
Phytoscaphus alternans Faust 交替尖象甲，交替叶尖象
Phytoscaphus ciliatus Roelofs 纤尖象甲，纤尖象
Phytoscaphus dentirostris Voss 尖齿尖象甲，尖齿尖象，齿喙叶尖象
Phytoscaphus formosanus Matsumura 同 *Phytoscaphus ciliatus*
Phytoscaphus fractivirgatus Marshall 切枝尖象甲，切枝尖象
Phytoscaphus gossypi Chao 棉尖象甲，棉尖象
Phytoscaphus himalayanus Faust 喜马尖象甲，喜马叶尖象
Phytoscaphus leporinus Faust 兔尖象甲，兔尖象
Phytoscaphus sinensis Marshall 华尖象甲，华叶尖象
Phytoscaphus subfasciatus Voss 点尖象甲，点叶尖象
Phytoscaphus triangularis Olivier 三角尖象甲，尖象甲，三角叶尖象
Phytoscaphus vicinus Voss 威叶尖象甲，威叶尖象
Phytosciara 植眼蕈蚊属，木黑翅蕈蚋属
Phytosciara bambusae Yang, Zhang *et* Yang 竹植眼蕈蚊
Phytosciara bisperi Yang, Zhang *et* Yang 双孢植眼蕈蚊
Phytosciara conicudata Yang, Zhang *et* Yang 锥尾植眼蕈蚊
Phytosciara ctenotibia Yang, Zhang *et* Yang 栉胫植眼蕈蚊
Phytosciara densa Yang, Zhang *et* Yang 密梳植眼蕈蚊
Phytosciara dolichotoma Yang, Zhang *et* Yang 长节植眼蕈蚊
Phytosciara endotriacantha Yang, Zhang *et* Yang 内三刺植眼蕈蚊
Phytosciara fanjingana (Yang *et* Zhang) 梵净植眼蕈蚊，梵净迟眼蕈蚊
Phytosciara flavipes (Meigen) 黄足植眼蕈蚊，黄足黑翅蕈蚋
Phytosciara hamulosa Yang, Zhang *et* Yang 丛钩植眼蕈蚊
Phytosciara intermedialis Antonova 间植眼蕈蚊
Phytosciara montana Yang, Zhang *et* Yang 山地植眼蕈蚊
Phytosciara octospina Yang, Zhang *et* Yang 八刺植眼蕈蚊
Phytosciara pectinata Yang, Zhang *et* Yang 梳尾植眼蕈蚊
Phytosciara qingyuana Yang, Zhang *et* Yang 庆元植眼蕈蚊
Phytosciara stenura Yang, Zhang *et* Yang 狭尾植眼蕈蚊
Phytosciara uncata Yang, Zhang *et* Yang 爪尾植眼蕈蚊
Phytosciara wui Yang, Zhang *et* Yang 吴氏植眼蕈蚊
Phytosciara wuyiana Yang, Zhang *et* Yang 武夷植眼蕈蚊
phytoscopic 拟植色
phytosuccivorous 吸植物汁液的
Phytosus 怀隐翅甲属
Phytosus schenklingi Bernhauer 申氏怀隐翅甲，兴怀隐翅虫
phytotoxin 植物毒素
phytoxanthin 叶黄素；胡萝卜醇
phytozoon 食植动物
pi group of setae pi 群刚毛
Piagetiella 皮鸟虱属
Piagetiella titan (Piaget) 白鹈鹕皮鸟虱
Piarosoma 硕斑蛾属
Piarosoma annulatissima Strand 同 *Piarosoma hyalina*
Piarosoma hyalina Leech 透翅硕斑蛾
Piarosoma hyalina annulatissima Strand 同 *Piarosoma hyalina hyalina*
Piarosoma hyalina hyalina Leech 透翅硕斑蛾指名亚种
Piarosoma hyalina thibetana Oberthür 见 *Piarosoma thibetana*
Piarosoma hyalina univittata Strand 同 *Piarosoma hyalina hyalina*
Piarosoma thibetana (Oberthür) 西藏硕斑蛾，藏透翅硕斑蛾
Piazomias 球胸象甲属，球胸象属
Piazomias abdominisulcus Chao 腹沟球胸象甲，腹沟球胸象
Piazomias brevisulcus Chao 短沟球胸象甲，短沟球胸象
Piazomias breviusculus Fairmaire 淡绿球胸象甲，淡绿球胸象，短球胸象
Piazomias bruneolineatus Chao 褐纹球胸象甲，褐纹球胸象
Piazomias cinerascens Chao 灰蓝球胸象甲，灰蓝球胸象
Piazomias depressonotus Chao 洼喙球胸象甲，洼喙球胸象
Piazomias desgodinsi Frivaldsky 德球胸象甲，德球胸象
Piazomias dilaticollis Chao 半球形球胸象甲，半球形球胸象
Piazomias elongatus Chao 长球胸象甲，长球胸象
Piazomias faldermanni Faust 短毛球胸象甲，短毛球胸象，珐球胸象
Piazomias fausti Frivaldszky 银光球胸象甲，银光球胸象
Piazomias flavidus Chao 土黄球胸象甲，土黄球胸象
Piazomias globulicollis Faldermann 隆胸球胸象甲，隆胸球胸象
Piazomias griseus Roelofs 见 *Scepticus griseus*
Piazomias humilis Faust 见 *Leptomias humilis*
Piazomias hummeli Marshall 哈球胸象甲，哈球胸象
Piazomias imitator Faust 仿球胸象甲，仿球胸象
Piazomias kamicus Suvorov 卡球胸象甲，卡球胸象
Piazomias kozlovi Suvorov 柯球胸象甲，柯球胸象
Piazomias lampoglobus Chao 灯罩球胸象甲，灯罩球胸象
Piazomias lewisi Roelofs 见 *Sympiezomias lewisi*
Piazomias lineicollis Kôno *et* Morimoto 三纹球胸象甲，三纹球胸象
Piazomias longicollis Chao 长胸球胸象甲，长胸球胸象
Piazomias micantibus Chao 闪光球胸象甲，闪光球胸象
Piazomias opacus Chao 褐斑球胸象甲，褐斑球胸象
Piazomias parumstriatus Fairmaire 帕球胸象甲，帕球胸象
Piazomias robustus Chao 肥胖球胸象甲，肥胖球胸象
Piazomias shaanxiensis Chao 陕西球胸象甲，陕西球胸象
Piazomias shansianus Voss 山西球胸象
Piazomias sunwukong Alonso-Zarazaga *et* Ren 灰鳞球胸象甲，灰鳞球胸象
Piazomias tibetanus Suvorov 西藏球胸象
Piazomias tigrinus Roelofs 见 *Scepticus tigrinus*
Piazomias trapezicollis Frivaldsky 梯胸球胸象甲，梯胸球胸象
Piazomias tristiculus Fairmaire 暗球胸象
Piazomias ulmi Chao 榆球胸象甲，榆球胸象
Piazomias validus Motschulsky 大球胸象甲，大球胸象
Piazomias virescens Boheman 金绿球胸象甲，金绿球胸象

Piazomias yuanquensis Chao 垣曲球胸象
Piazomias yuxianensis Chao 蔚县球胸象甲，蔚县球胸象
Piazomiina 球胸象甲亚族，球胸象亚族
PIB 多角体
PIC [polymorphism information content 的缩写] 多态信息含量
pica skipper [= two-toned fantastic-skipper, two-toned skipper, *Vettius lafrenayei pica* (Herrich-Schäffer)] 拉氏铂弄蝶美丽亚种，鹊铂弄蝶
Picardiella 毕卡姬蜂属
Picardiella cervina Sheng 褐毕卡姬蜂
Picardiella melanoleuca (Gravenhorst) 黑毕卡姬蜂
Picardiella rufa (Uchida) 棕毕卡姬蜂，红日姬蜂
Picasso bug [= Zulu hud bug, *Sphaerocoris annulus* (Fabricius)] 毕加索球盾蝽，毕加索盾蝽，毕加索蝽
Picaultia 偏小宽肩蝽亚属
picea big aphid 1. [*Cinara alba* Zhang] 云南云杉长足大蚜，云南云杉大蚜；2. [= black spruce aphid, greater black spruce bark aphid, *Cinara piceae* (Panzer)] 云杉长足大蚜，云杉黑大蚜
picea frosted aphid [*Lachniella costata* Zetterstedt] 云杉拟大蚜，云杉霜白蚜
Piceaphis piceaphis Zhang, Chen, Zhong *et* Li 见 *Macrosiphoniella piceaphis*
piceous [= piceus] 沥青色的
piceus 见 piceous
picine [= picinus] 蓝黑色 < 指黑色且有蓝油光泽者 >
picinus 见 picine
pick 下颚竿
picked end cocoon 理绪茧 < 家蚕的 >
picking cocoon efficiency 抄茧效率 < 养蚕的 >
picking cocoon fork 抄茧片，捞茧爪 < 养蚕的 >
picking end cocoon 理绪茧 < 家蚕的 >
picking silkworm 拾蚕
pickleworm [= cucumber worm, *Diaphania nitidalis* (Stoll)] 黄瓜绢野螟，瓜野螟
picnic acid 苦味酸
picorna virus 小 RNA 病毒
Picromerus 益蝽属
Picromerus angusticeps Jakovlev 同 *Picromerus lewisi*
Picromerus bidens (Linnaeus) 双刺益蝽
Picromerus elevatus Zhao, Liu *et* Bu 翘益蝽
Picromerus fasciaticeps Zheng *et* Liu 黄额益蝽
Picromerus fuscoannulatus Stål 同 *Picromerus bidens*
Picromerus griseus (Dallas) 黑益蝽，黑益椿象
Picromerus lewisi Scott 益蝽，益椿象
Picromerus obtusus Walker 同 *Picromerus griseus*
Picromerus similis Distant 同 *Picromerus lewisi*
Picromerus vicinus Signoret 同 *Picromerus lewisi*
Picromerus viridipunctatus Yang 绿点益蝽，绿点益椿象
Picrostomastis 批网蛾属
Picrostomastis subrosealis (Leech) 亚批网蛾
picrotoxin receptor 苦毒宁受体
picture-winged fly [= ulidiid fly, ulidiid, ortalidian, ortalidid, ortalidid fly] 斑蝇，小金蝇 < 斑蝇科 Ulidiidae 昆虫的通称 >
picture-winged leaf moth [= thyridid moth, window-winged moth, thyridid] 网蛾，窗蛾 < 网蛾科 Thyrididae 昆虫的通称 >

Pida 羽毒蛾属
Pida apicalis Walker 羽毒蛾，白顶毒蛾
Pida decolorata (Walker) 淡色羽毒蛾
Pida decolorata decolorata (Walker) 淡色羽毒蛾指名亚种
Pida decolorata maculosa (Matsumura) 淡色羽毒蛾灰白亚种，灰白毒蛾，斑茸毒蛾
Pida dianensis Chao 滇羽毒蛾
Pida flavopica Chao 见 *Locharna flavopica*
Pida minensis Chao 闽羽毒蛾
Pida niphonis (Butler) 日本羽毒蛾，尼羽毒蛾
Pida niphonis nanlingensis Wang *et* Kishida 日本羽毒蛾南岭亚种
Pida niphonis niphonis (Butler) 日本羽毒蛾指名亚种
Pida pica Chao 见 *Locharna pica*
Pida postalba Willeman 白纹羽毒蛾，端白毒蛾
Pida rufa Chao 红棕羽毒蛾
Pida strigipennis (Moore) 见 *Locharna strigipennis*
PIDB [Phytophagous Insect Data Bank 与 Phytophagous Insect Database 的缩写] 植食性昆虫数据库
Pidonia 驼花天牛属，姬花天牛属
Pidonia aegrota Bates 黄褐驼花天牛
Pidonia aenipennis (Gressitt) 绿翅驼花天牛，铜翅隐姬花天牛
Pidonia aenipennis aenipennis (Gressitt) 绿翅驼花天牛指名亚种，指名绿翅驼花天牛
Pidonia aenipennis continentalis (Tippmann) 绿翅驼花天牛挂墩亚种，挂墩绿翅驼花天牛
Pidonia aestivalis Kuboki 夏季驼花天牛，夏季无纹姬花天牛
Pidonia albomaculata (Matsushita) 白斑驼花天牛，白斑隐姬花天牛
Pidonia alsophila Kuboki 莲华驼花天牛，莲华无纹姬花天牛
Pidonia alticollis (Kraatz) 黄翅驼花天牛
Pidonia amabilis Kuboki 宜兰驼花天牛，妮娇无纹姬花天牛
Pidonia amurensis Pic 黑角驼花天牛
Pidonia angustata Kuboki 褐带驼花天牛，褐带姬花天牛
Pidonia anmashana Kuboki 鞍马山驼花天牛，鞍马山隐姬花天牛
Pidonia armata Holzschuh 具齿驼花天牛
Pidonia atripennis Hayashi 黑翅驼花天牛，黑翅姬花天牛
Pidonia atritarsis Holzschuh 黑跗驼花天牛
Pidonia balteata Holzschuh 端横带驼花天牛
Pidonia binigrosignata Hayashi 嘉义驼花天牛，黑斑无纹姬花天牛
Pidonia bivittata Saito 双条驼花天牛，双点姬花天牛
Pidonia changi Hayashi 陕西驼花天牛
Pidonia chiaomui Kuboki 华驼花天牛，乔木氏隐姬花天牛
Pidonia chienhsingi Kuboki 建兴氏驼花天牛，建兴氏无纹姬花天牛
Pidonia chinensis Hayashi *et* Villiers 中华驼花天牛
Pidonia chui Chou 朱氏驼花天牛，朱氏隐姬花天牛
Pidonia confusa Saito 无条驼花天牛，碧绿无纹姬花天牛
Pidonia cuprescens Holzschuh 铜色驼花天牛
Pidonia cyanea (Tamanuki) 见 *Grammoptera cyanea*
Pidonia debilis (Kraatz) 淡胫驼花天牛
Pidonia debilis debilis (Kraatz) 淡胫驼花天牛指名亚种
Pidonia debilis formosana (Tamanuki *et* Mitono) 淡胫驼花天牛台湾亚种，棕淡胫驼花天牛
Pidonia dentipes Holzschuh 齿驼花天牛
Pidonia deodara Kuboki 台湾驼花天牛，神木姬花天牛

Pidonia erlangshana Holzschuh 二郎山驼花天牛
Pidonia exilis Holzschuh 小驼花天牛
Pidonia flaccidissima Kuboki 柔弱驼花天牛，柔弱姬花天牛
Pidonia formosana Tamanuki *et* Mitono 棕胫驼花天牛，蓬莱无纹姬花天牛
Pidonia formosissima Kuboki 台岛驼花天牛，极美姬花天牛
Pidonia fumaria Holzschuh 干驼花天牛
Pidonia fushani Kuboki 福山氏驼花天牛，福山氏隐姬花天牛
Pidonia gibbicollis (Blessig) 黑胸驼花天牛
Pidonia gloriosa Kuboki 黑驼花天牛，雌黑姬花天牛
Pidonia gorodinskii Holzschuh 古氏驼花天牛
Pidonia grallatrix (Bates) 黑缝驼花天牛
Pidonia hamifera Holzschuh 陕驼花天牛
Pidonia heudei (Gressitt) 脊胸驼花天牛
Pidonia hohuanshana Chou 合欢驼花天牛，合欢山隐姬花天牛
Pidonia ignobillis Holzschuh 肖蜀驼花天牛
Pidonia indigna Holzschuh 蜀驼花天牛
Pidonia infuscata (Gressitt) 跷驼花天牛
Pidonia limbaticollis Pic 黄缘驼花天牛
Pidonia longipalpalis Kuboki 长须驼花天牛，长须姬花天牛
Pidonia lucida Holzschuh 蓝绿驼花天牛
Pidonia luna Chou *et* Wu 月纹驼花天牛，月纹隐姬花天牛
Pidonia lyra Kuboki *et* Suzuki 四斑驼花天牛
Pidonia maai Gressitt 福建驼花天牛
Pidonia maculithorax (Pic) 黑肩驼花天牛
Pidonia major Saito 巨驼花天牛，巨大姬花天牛
Pidonia maoxiana Holzschuh 茂县驼花天牛
Pidonia meridionalis Kuboki 突胸驼花天牛，窄胸姬花天牛
Pidonia mimica Holzschuh 拟宽纹驼花天牛
Pidonia mitis Holzschuh 宽纹驼花天牛
Pidonia moderata Holzschuh 黑端驼花天牛
Pidonia murzini Holzschuh 穆氏驼花天牛
Pidonia nobuoi Chou 延夫驼花天牛
Pidonia obfuscata Holzschuh 暗背驼花天牛
Pidonia obscurior Pic 暗色驼花天牛
Pidonia occipitalis (Gressitt) 长条驼花天牛，背条姬花天牛
Pidonia orophilla Holzschuh 山地驼花天牛
Pidonia palleola Holzschuh 苍白驼花天牛
Pidonia palligera Holzschuh 白条驼花天牛
Pidonia palposa Holzschuh 下颚须驼花天牛
Pidonia paradisiacola Kuboki 小点驼花天牛，小点姬花天牛，驼花天牛
Pidonia picta Ganglbauer 黑尾驼花天牛
Pidonia pilushana Saito 毕禄驼花天牛，毕禄山隐姬花天牛
Pidonia pudica Kuboki 突陵驼花天牛，突陵无纹姬花天牛
Pidonia pullata Holzschuh 污泡驼花天牛
Pidonia puziloi (Solsky) 东北驼花天牛
Pidonia qinlingana Holzschuh 秦岭驼花天牛
Pidonia quercus Tsher 滨海驼花天牛
Pidonia sacrosnacta Kuboki 神圣驼花天牛，神圣无纹姬花天牛
Pidonia seorsa Holzschuh 显斑驼花天牛
Pidonia sichuanica Holzschuh 四川驼花天牛
Pidonia signifera (Bates) 横带驼花天牛
Pidonia silvicola Kuboki 黑十驼花天牛
Pidonia similis (Kraatz) 斑胸驼花天牛
Pidonia sororia Holzschuh 肖显纹驼花天牛
Pidonia straminea Holzschuh 禾黄驼花天牛
Pidonia striolata Holzschuh 条纹驼花天牛
Pidonia subaenea (Gressitt) 淡条驼花天牛，小铜翅隐姬花天牛
Pidonia submetallica Hayahsi 松岗驼花天牛，松岗姬花天牛
Pidonia subsuturalis (Plavilstshikov) 黑中驼花天牛，拟黑缝驼花天牛
Pidonia suvorovi Baeckmann 苏氏驼花天牛
Pidonia taipingshang Kuboki 太平山驼花天牛，太平山隐姬花天牛
Pidonia takahashii Kuboki 高桥氏驼花天牛，高桥氏隐姬花天牛，高桥驼花天牛
Pidonia takakuwai Chou 高桑驼花天牛，高桑姬花天牛
Pidonia tristicula (Kraatz) 皱翅驼花天牛
Pidonia unifasciata (Plavilstshikov) 黑带驼花天牛
Pidonia yamato Hayashi *et* Mizuno 雅玛驼花天牛
Pidonia yushana Chou *et* Wu 玉山驼花天牛，玉山隐姬花天牛
Pidorus 带锦斑蛾属
Pidorus albifascia Moore 黄点带锦斑蛾
Pidorus albifascia albifascia Moore 黄点带锦斑蛾指名亚种
Pidorus albifascia amplifascia Joicey *et* Talbot 黄点带锦斑蛾宽带亚种，宽带黄点带锦斑蛾
Pidorus atratus Butler 茶带锦斑蛾，茶带萤斑蛾，白带黑斑蛾，桧带锦斑蛾，黑野茶带锦斑蛾
Pidorus cyrtus Fruhstorfer 弯带锦斑蛾，橙带斑蛾
Pidorus euchromioides (Walker) 环带锦斑蛾，尤柄脉锦斑蛾，尤桂斑蛾
Pidorus fasciatus Leech 同 *Pidorus leechi*
Pidorus gemina Walker 萱草带锦斑蛾，银柴带萤斑蛾
Pidorus glaucopis (Drury) 野茶带锦斑蛾，桧带斑蛾
Pidorus glaucopis atratus Butler 见 *Pidorus atratus*
Pidorus glaucopis glaucopis (Drury) 野茶带锦斑蛾指名亚种
Pidorus glaucopis hainanensis Talbot 野茶带锦斑蛾海南亚种，琼野茶带锦斑蛾
Pidorus leechi Jordan 双黄带锦斑蛾，李带锦斑蛾
Pidorus leno Swinhoe 林带锦斑蛾
Pidorus ochrolophus Mell 赭带锦斑蛾，点带斑蛾
pie-slice crescent [= Chinantlan crescent, *Castilia chinantlensis* (de la Maza)] 茶群蛱蝶
pied blue 1. [*Pithecops dionisius* (Boisduval)] 迪丸灰蝶；2. [*Phlyaria cyara* (Hewitson)] 白裙灰蝶
pied flat [= large snow flat, immaculate snow flat, suffused snow flat, *Tagiades gana* (Moore)] 白边裙弄蝶
pied piper 1. [*Eurytela hiarbas* (Drury)] 白条宽蛱蝶；2. [= white-tipped skipper, *Spioniades abbreviata* (Mabille)] 短缩斯弄蝶
pied ringlet [= black and white ringlet, *Hypocysta angustata* (Waterhouse *et* Lyell)] 黑白慧眼蝶
pied skimmer [*Pseudothemis zonata* (Burmeister)] 玉带蜻，黄纫蜻蜓，腰明蜻
pied zulu [*Alaena nyassa* Hewitson] 尼莎翼灰蝶
piedmont anomalous blue [*Polyommatus humedasae* (Toso *et* Balletto)] 蓝变眼灰蝶
piedmont ringlet [*Erebia meolans* (Prunner)] 山麓红眼蝶
Piela singularis Lallemand 同 *Saigona fulgoroides*
Pielia concava Uchida 见 *Gyrodonta concava*

Pielomastax 比蜢属
Pielomastax cylindrocerca Hsia *et* Liu 柱尾比蜢
Pielomastax guliujiangensis Zheng 牯牛降比蜢
Pielomastax lobata Wang 肛翘比蜢
Pielomastax obtusidentata Zheng 钝齿比蜢
Pielomastax octavii Chang 奥克特比蜢
Pielomastax shennongjiaensis Wang 神农架比蜢
Pielomastax soochowensis Chang 苏州比蜢
Pielomastax tenuicerca Hsia *et* Lin 细尾比蜢
Pielomastax tridentata Wang *et* Zheng 三齿比蜢
Pielomastax wuyishanensis Wang, Xiang *et* Liu 武夷山比蜢
Pielou evenness index [= Pielou's evenness index] 皮氏均匀度指数，Pielou 均匀度指数
Pielou's evenness index 见 Pielou evenness index
Pielus 孤沼石蛾属
Pielus spinulosus Navás 多刺孤沼石蛾，刺皮沼石蛾
pierced cocoon 蛾口茧 < 家蚕的 >
Piercia 翡尺蛾属
Piercia albifilata Prout 白线翡尺蛾
Piercia bipartaria (Leech) 双色翡尺蛾
Piercia fumataria (Leech) 烟翡尺蛾
Piercia lypra Prout 怜翡尺蛾
Piercia mononyssa (Prout) 魔翡尺蛾
Piercia mononyssa mononyssa (Prout) 魔翡尺蛾指名亚种
Piercia mononyssa pella Prout 同 *Piercia mononyssa mononyssa*
Piercia stevensi Prout 硕翡尺蛾
Piercia viridiplana (Bastelberger) 曲带翡尺蛾，曲带宽斐尺蛾
Piercia yui Inoue 余氏翡尺蛾，余氏斐尺蛾
Piercia zoarces Prout 颐翡尺蛾
piercing and sucking mouthparts [= piercing-sucking mouthparts] 刺吸式口器
piercing-hole 刺孔
piercing-sucking mouthparts 见 piercing and sucking mouthparts
Piercolias 俳粉蝶属
Piercolias coropunae (Dyar) 考络俳粉蝶
Piercolias forsteri Field *et* Herrera 福氏俳粉蝶
Piercolias huanaco (Staudinger) 俳粉蝶
Piercolias isabela Field *et* Herrera 伊萨俳粉蝶
Piercolias nysias Weymer 霓纱俳粉蝶
Piercolias nysiella (Röber) 尼斯拉俳粉蝶
Piercolias rosea Ureta 罗希俳粉蝶
Pierella 柔眼蝶属
Pierella albofasciata Rosenberg *et* Talbot 白条柔眼蝶
Pierella amalia Weymer 阿玛柔眼蝶
Pierella astyoche (Erichson) [astyoche satyr] 银斑柔眼蝶
Pierella ceryce Hewitson 红裙柔眼蝶
Pierella dracontis Hübner 显尾柔眼蝶
Pierella helvina Hewitson [red-washed satyr] 海维娜柔眼蝶
Pierella hortona (Hewitson) [white-barred lady slipper] 蓝白斑柔眼蝶
Pierella hyalinus (Gmelin) [glassy pierella] 突尾柔眼蝶
Pierella hyceta Hewitson [golden lady slipper] 淡黄裙柔眼蝶
Pierella incanescens Godman *et* Salvin 红斑柔眼蝶
Pierella lamia (Sulzer) [Sulzer's lady slipper] 女妖柔眼蝶
Pierella latona Felder 拉托娜柔眼蝶
Pierella lena (Linnaeus) [lena pierella] 黧柔眼蝶，柔粉眼蝶
Pierella lesbia Staudinger 橙裙柔眼蝶
Pierella luna (Fabricius) [moon satyr] 月亮柔眼蝶
Pierella nereis (Drury) 柔眼蝶
Pierella ocreata Godman *et* Salvin 斑裙柔眼蝶
Pierella pacifica Niepelt 和平柔眼蝶
Pierella rhea (Fabricius) 雷柔眼蝶
Pierella stollei Miranda Ribeira 丝柔眼蝶
piericidin 杀青虫素
pierid 1. [= pierid butterfly] 粉蝶 < 粉蝶科 Pieridae 昆虫的通称 >; 2. 粉蝶科的
pierid butterfly [= pierid] 粉蝶
Pieridae 粉蝶科
Pieridopsis 叉眼蝶属
Pieridopsis ducis Jordan 杜西叉眼蝶
Pieridopsis virgo Rothschild *et* Jordan 叉眼蝶
Pierinae 粉蝶亚科
pierine blue [*Neaveia lamborni* Druce] 拉氏南灰蝶，南灰蝶
Pierini 粉蝶族
Pieris 粉蝶属
Pieris acaste (Linnaeus) 阿卡粉蝶
Pieris aljinensis Huang *et* Murayama 阿尔金粉蝶
Pieris balcana Lorkovic [Balkan green veined white] 巴尔干粉蝶
Pieris banghaasi Sheljuzhko 秉暗脉粉蝶
Pieris beckerii Edward 贝克粉蝶
Pieris bowdeni Eitschberger 宝瓶粉蝶
Pieris brassicae (Linnaeus) [large white butterfly, large white, large cabbage white, large cabbage butterfly, European cabbageworm] 欧洲粉蝶，大菜粉蝶，大菜白蝶
Pieris brassicae brassicae (Linnaeus) 欧洲粉蝶指名亚种
Pieris brassicae nepalensis Gray 欧洲粉蝶尼泊尔亚种，尼泊尔欧洲粉蝶
Pieris brassicoides Guérin-Méneville 拟欧洲粉蝶
Pieris bryoniae (Hübner) [dark veined white, mountain green veined white] 黑带粉蝶
Pieris callidice (Esper) 见 *Pontia callidice*
Pieris canidia (Linnaeus) [Indian cabbage white, Asian cabbage white] 东方菜粉蝶，东方粉蝶，缘点白粉蝶，台湾纹白蝶，多点菜粉蝶，黑缘白粉蝶，白粉蝶
Pieris canidia canidia (Sparrman) 东方菜粉蝶指名亚种
Pieris canidia indica Evans [Indian cabbage white] 东方菜粉蝶印度亚种，印东方菜粉蝶
Pieris canidia mars Bang-Haas 东方菜粉蝶西北亚种，西北东方菜粉蝶
Pieris canidia minima Verity 东方菜粉蝶微点亚种，最小东方菜粉蝶
Pieris canidia nerissoides (Mell) 同 *Pieris canidia canidia*
Pieris canidia orientalis Oberthür 同 *Pieris rapae crucivora*
Pieris canidia sordida (Butler) 东方菜粉蝶海南亚种，海南东方菜粉蝶
Pieris cheiranthi Hübner [Canary Islands' large white] 加那利粉蝶
Pieris chumbiensis (de Nicéville) 春丕粉蝶，丘粉蝶，丘莘粉蝶
Pieris cisseis Leech 同 *Talbotia naganum*
Pieris cisseis karumii Ikeda 见 *Talbotia naganum karumii*
Pieris cronis (Cramer) 克罗粉蝶

P

Pieris davidis Oberthür 大卫粉蝶
Pieris davidis davidis Oberthür 大卫粉蝶指名亚种
Pieris davidis diluta (Verity) 大卫粉蝶秦岭亚种
Pieris deota (de Nicéville) [Kashmir white] 斑缘粉蝶，斑缘菜粉蝶
Pieris devta (de Nicéville) 见 *Pieris krueperi devta*
Pieris dubernardi Oberthür 杜贝粉蝶，杜莘粉蝶
Pieris dubernardi bromkampi (Bang-Haas) 杜贝粉蝶甘肃亚种
Pieris dubernardi dubernardi Oberthür 杜贝粉蝶指名亚种
Pieris dubernardi pomiensis Yoshino 同 *Pieris dubernardi dubernardi*
Pieris dubernardi rothschildi Verity 见 *Pieris rothschildi*
Pieris dulcinea (Butler) 杜鹃粉蝶
Pieris ergane (Geyer) [mountain small white] 爱谷粉蝶
Pieris erutae Poujade 黑纹粉蝶
Pieris erutae erutae Poujade 黑纹粉蝶指名亚种
Pieris erutae reissingeri Eitschberger 黑纹粉蝶赖氏亚种，来粉蝶
Pieris extensa Poujade 大展粉蝶，西藏大粉蝶
Pieris halisca Oberthür 同 *Aporia procris procris*
Pieris hastata Oberthür 见 *Aporia hastata*
Pieris higginsi Warren 希格粉蝶
Pieris kozlovi Alphéraky 库茨粉蝶，柯粉蝶，柯莘粉蝶
Pieris kozlovi aljinensis Huang *et* Murayama 见 *Pieris aljinensis*
Pieris kozlovi ihamo Kocman 库茨粉蝶藏东亚种
Pieris kozlovi kozlovi Alphéraky 库茨粉蝶指名亚种，指名柯粉蝶
Pieris kreuperi (Staudinger) [Krueper's small white] 克莱粉蝶，克鲁粉蝶
Pieris kreuperi devta (de Nicéville) [green-banded white] 克莱粉蝶绿带亚种，德克鲁粉蝶，德夫达粉蝶
Pieris kreuperi kreuperi (Staudinger) 克莱粉蝶指名亚种
Pieris lama Sygiyama 四川粉蝶
Pieris lotis Leech 见 *Aporia acraea lotis*
Pieris mannii (Mayer) [southern small white] 曼妮粉蝶
Pieris martineti Oberthür 见 *Aporia martineti*
Pieris melaina Röber 黑边粉蝶，枚粉蝶
Pieris melete Ménétriès [gray veined white butterfly, striated white] 黑纹粉蝶，黑脉粉蝶，褐脉粉蝶
***Pieris melete* f. alpestris** Verity 同 *Pieris melete melete*
***Pieris melete* f. australis** Verity 同 *Pieris melete melete*
Pieris melete kueitzi Eitschberger 黑纹粉蝶秦岭亚种，库黑纹粉蝶
Pieris melete latouchei Mell 黑纹粉蝶东南亚种，拉黑纹粉蝶
Pieris melete mandarina Leech 同 *Pieris melete melete*
Pieris melete melaina Röber 见 *Pieris melaina*
Pieris melete melete Ménétriès 黑纹粉蝶指名亚种
Pieris melete reducta Dufrance 同 *Pieris melete melete*
Pieris melete reissingeri Eitschberger 黑纹粉蝶中部亚种
Pieris melete tonkinensis Dufrance 同 *Pieris melete melete*
Pieris meneacte (Boisduval) 黑角粉蝶
Pieris monusta Linnaeus 见 *Ascia monuste*
Pieris naganum (Moore) 见 *Talbotia naganum*
Pieris napi (Linnaeus) [green veined white, veined white] 暗脉菜粉蝶，绿脉菜粉蝶，暗脉粉蝶
Pieris napi ajaka Moore 暗脉菜粉蝶西藏亚种，阿暗脉粉蝶
Pieris napi banghaasi Sheljuzhko 见 *Pieris banghaasi*
Pieris napi bryoniae (Hübner) 暗脉菜粉蝶新疆亚种
Pieris napi dulcinea (Butler) 暗脉菜粉蝶东北亚种
Pieris napi intermedia Krulikovsky 同 *Pieris napi napi*
Pieris napi napi (Linnaeus) 暗脉菜粉蝶指名亚种，指名暗脉粉蝶
Pieris napi orientis Oberthür 见 *Pieris orientis*
Pieris napi sifanica Grum-Grshimailo 同 *Pieris napi bryoniae*
Pieris narina (Verity) 山林粉蝶
Pieris nesis Fruhstorfer 奈斯粉蝶
Pieris ochsenheimeri (Staudinger) 湿地粉蝶
Pieris orientis Oberthür 东北粉蝶
Pieris persis (Verity) 瓶粉蝶
Pieris protodice Boisduval *et* LeConte 见 *Pontia protodice*
Pieris pseudorapae (Verity) 拟菜粉蝶
Pieris pylotis Godart 皮洛粉蝶
Pieris rapae (Linnaeus) [cabbage white butterfly, cabbage white, small white, small white butterfly, imported cabbageworm, European cabbage butterfly, brassica butterfly, common cabbage worm] 菜粉蝶，菜白蝶，菜青虫
Pieris rapae bernardii Le Moult 菜粉蝶二斑亚种，贝菜粉蝶
Pieris rapae crucivora Boisduval 菜粉蝶东方亚种，菜粉蝶日本亚种，菜青虫日本亚种，日本纹白蝶，纹白蝶
Pieris rapae rapae (Linnaeus) 菜粉蝶指名亚种
Pieris rapae yunnana Mell 菜粉蝶云南亚种
Pieris reissingeri Eitschberger 见 *Pieris erutae reissingeri*
Pieris rothschildi Verity 偌思粉蝶，罗粉蝶，罗杜莘粉蝶
Pieris steinigeri Eitschberger 斯坦粉蝶，史泰粉蝶
Pieris stotzneri (Draeseke) 斯托粉蝶，斯莘粉蝶
Pieris tadjika Grum-Grshimailo 连斑粉蝶，塔吉克粉蝶
Pieris talassina Boisduval 黑顶绿粉蝶，仿粉蝶
Pieris venata Leech 维纳粉蝶，脉粉蝶
Pieris virginiensis Edwards [West Virginia white] 弗州粉蝶
Pieris wangi Huang 王氏粉蝶
Pieris wollastoni (Butler) [Madeiran large white] 马代拉粉蝶
Pierolophia 坡天牛属
Pierolophia chekiangensis Gressitt 四突坡天牛
Pierolophia moupinensis Breuning 宝兴坡天牛
Pierolophia multinotata Pic 多斑坡天牛
Pierolophia obscura Schwarzer 暗褐坡天牛
Pierre's acraea [*Acraea encedana* (Pierre)] 云斑褐珍蝶
Pierretia 细麻蝇亚属 *Myorhina* 的异名
Pierretia bihami Qian *et* Fan 见 *Sarcophaga* (*Asceloctella*) *bihami*
Pierretia calcifera (Böttcher) 见 *Sarcophaga* (*Asceloctella*) *calcifera*
Pierretia caudagalli (Böttcher) 见 *Sarcophaga* (*Pseudothyrsocnema*) *caudagalli*
Pierretia clathrata (Meigen) 同 *Sarcophaga* (*Mehria*) *sexpunctata*
Pierretia crinitula (Quo) 见 *Sarcophaga* (*Pseudothyrsocnema*) *crinitula*
Pierretia diminuta (Thomas) 见 *Sarcophaga* (*Bellieriomima*) *diminuta*
Pierretia fani Li *et* Ye 见 *Sarcophaga* (*Myorhina*) *fani*
Pierretia furutonensis (Kôno *et* Okazaki) 见 *Sarcophaga* (*Nudicerca*) *furutonensis*
Pierretia genuforceps (Thomas) 见 *Sarcophaga* (*Bellieriomima*) *genuforceps*
Pierretia globovesica Ye 见 *Sarcophaga* (*Bellieriomima*) *globovesica*
Pierretia graciliforceps (Thomas) 见 *Sarcophaga* (*Bellieriomima*) *graciliforceps*
Pierretia josephi (Böttcher) 见 *Sarcophaga* (*Bellieriomima*) *josephi*

Pierretia kentejana (Rohdendorf) 见 *Sarcophaga* (*Thyrsocnema*) *kentejana*
Pierretia lageniharpes Xue *et* Feng 见 *Sarcophaga* (*Myorhina*) *lageniharpes*
Pierretia lhasae Fan 见 *Sarcophaga* (*Pseudothyrsocnema*) *lhasae*
Pierretia lingulata (Ye) 见 *Sarcophaga* (*Bellieriomima*) *lingulata*
Pierretia nemoralis (Kramer) 见 *Sarcophaga* (*Mehria*) *nemoralis*
Pierretia olsoufjevi (Rohdendorf) 见 *Sarcophaga* (*Mehria*) *olsoufjevi*
Pierretia otiophalla Fan *et* Chen 见 *Sarcophaga* (*Kalshovenella*) *otiophalla*
Pierretia prosbaliina (Baranov) 见 *Sarcophaga* (*Lioproctia*) *prosbaliina*
Pierretia pterygota (Thomas) 见 *Sarcophaga* (*Bellieriomima*) *pterygota*
Pierretia recurvata Chen *et* Yao 见 *Sarcophaga* (*Myorhina*) *recurvata*
Pierretia shuxia Feng *et* Qiao 见 *Povolnymyia shuxia*
Pierretia sichotealini (Rohdendorf) 见 *Sarcophaga* (*Phallantha*) *sichotealini*
Pierretia situliformis Zhong, Wu *et* Fan 见 *Sarcophaga* (*Bellieriomima*) *situliformis*
Pierretia sororcula (Rohdendorf) 见 *Sarcophaga* (*Myorhina*) *sororcula*
Pierretia stackelbergi (Rohdendorf) 见 *Sarcophaga* (*Bellieriomima*) *stackelbergi*
Pierretia tenuicornis (Rohdendorf) 见 *Sarcophaga* (*Bellieriomima*) *tenuicornis*
Pierretia tsintaoensis Yeh 见 *Sarcophaga* (*Mehria*) *tsintaoensis*
Pierretia ugamskii (Rohdendorf) 见 *Sarcophaga* (*Asiopierretia*) *ugamskii*
Pierretia villeneuvei (Böttcher) 见 *Sarcophaga* (*Myorhina*) *villeneuvei*
Pierretia zhouquensis (Ye *et* Liu) 见 *Sarcophaga* (*Bellieriomima*) *zhouquensis*
Piesarthrius 皮天牛属
Piesarthrius marginellus (Hope) [feather-horned longhorn beetle] 相思皮天牛 < 此种学名有误写为 *Piesarthrus marginellus* Newman 者 >
Piesma 皮蝽属
Piesma alashanensis Narsu *et* Nonnaizab 见 *Parapiesma alashanense*
Piesma bificeps Hsiao *et* Jing 见 *Parapiesma bificeps*
Piesma capitatum (Wolff) 黑头皮蝽
Piesma chiniana Drake *et* Maa 同 *Parapiesma quadratum*
Piesma deserta Nonnaizab *et* Sar-na 沙漠皮蝽
Piesma josefovi Pericart 见 *Parapiesma josefovi*
Piesma kerzhneri Heiss 见 *Parapiesma kerzhneri*
Piesma kochiae (Becker) 见 *Parapiesma kochiae*
Piesma kolenatii (Fieber) 见 *Parapiesma kolenatii*
Piesma kolenatii atriplicis (Frey-Gessner) 见 *Parapiesma atriplicis*
Piesma longicarinum Hsiao *et* Jing 见 *Parapiesma longicarinum*
Piesma longiformis Nonnaizab 长皮蝽
Piesma maculatum (Laporte) 黑斑皮蝽
Piesma quadratum (Fieber) 见 *Parapiesma quadratum*
Piesma rotundatum Horváth 见 *Parapiesma rotundatum*
Piesma salsolae (Becker) 见 *Parapiesma salsolae*
Piesma variabile (Fieber) 见 *Parapiesma variabile*
Piesma xishaenum Hsiao *et* Jing 西沙皮蝽
piesmatid 1. [= piesmatid bug, ash-grey leaf bug, beetbug] 皮蝽，拟网蝽 < 皮蝽科 Piesmatidae 昆虫的通称 >；2. 皮蝽科的
piesmatid bug [= piesmatid, ash-grey leaf bug, beetbug] 皮蝽，拟网蝽
Piesmatidae [= Piesmidae] 皮蝽科，拟网蝽科
Piesmidae 见 Piesmatidae
Piesmopoda 披螟属
Piesmopoda semilutea (Walker) 半黄披螟
Piestinae 扁形隐翅甲亚科
Piestoneus 匹隐翅甲属
Piestoneus reitteri Bernhauer 雷氏匹隐翅甲，来匹隐翅虫
pieza 咀吸口 < 指膜翅目昆虫的复合咀嚼及吮吸口器 >
Piezata [= Hymenoptera, Phleboptera] 膜翅目
Piezodorus 璧蝽属
Piezodorus guildinii (Westwood) [red-banded stink bug, small green stink bug] 红带璧蝽
Piezodorus hybneri (Gmelin) [legume stink bug, soybean stink bug, red-banded shield bug] 海璧蝽，璧蝽，小璧蝽，小黄蝽
Piezodorus lituratus (Fabrcius) 伊犁璧蝽
Piezodorus rubrofasciatus (Fabricius) 同 *Piezodorus hybneri*
Piezotrachelini 寡毛象甲族，寡毛象族
Piezotrachelus 寡毛象甲属，皮梨象属
Piezotrachelus japonicus (Roelofs) 日本寡毛象甲
Piezotrachelus kuatunensis Voss 挂墩寡毛象甲，挂墩皮梨象
Piezotrachelus sauteri (Wagner) 沼氏寡毛象甲
Piezotrachelus tsungseni Voss 钟氏寡毛象甲，钟皮梨象
Piezura 扁尾厕蝇属
Piezura boletorum (Róndani) 同 *Piezura graminicola*
Piezura flava (Hsue) 同 *Piezura graminicola*
Piezura graminicola (Zetterstedt) 羽芒扁尾厕蝇
Piezura shanxiensis Xue, Wang *et* Wu 山西扁尾厕蝇
pig louse 猪虱
pigeon body louse [*Hohorstiella lata* (Piaget)] 鸽贺鸟虱，鸽体虱
pigeon bug [= European pigeon bug, *Cimex columbarius* Jenyns] 鸽臭虫
pigeon fly [*Pseudolynchia canariensis* (Macquart)] 家鸽拟虱蝇，鸽虱蝇，家鸽虱蝇
pigeon horntail [= pigeon tremex, pigeon tremex horntail, *Tremex columba* (Linnaeus)] 鸽扁角树蜂
pigeon tremex 见 pigeon horntail
pigeon tremex horntail 见 pigeon horntail
pigment 色素
pigment cell 色素细胞 < 常指昆虫眼中含有色素的细胞，同 iris pigment cell，retinal pigment cell>
pigment granule 色素颗粒
pigment layer 色素层 < 指昆虫眼中的色素细胞层 >
pigmentary 色素的
pigmentary colo(u)r 色素色
pigmentation 色素形成
pigmented 具色素的
pigmented scar 色素疤
pigmy locust [= tetrigid grasshopper, groundhopper, pygmy grasshopper, pygmy devil, tetrigid, grouse locust] 蚱，菱蝗 < 蚱科 Tetrigidae 昆虫的通称 >
pigmy mole cricket [= tridactylid grasshopper, tridactylid] 蚤蝼 < 蚤蝼科 Tridactylidae 昆虫的通称 >

pigmy skipper [= dark hottentot, *Gegenes pumilio* (Hoffmannsegg)] 普吉弄蝶，吉弄蝶
Pikonema alaskensis (Rohwer) [yellow-headed spruce sawfly] 云杉黄头叶蜂，云杉黄头叶胸丝角叶蜂
Pikonema dimmockii (Cresson) 见 *Euura dimmockii*
pilacerores [s. pilaceroris] 柱蜡孔 < 见于介壳虫中 >
pilaceroris [pl. pilacerores] 柱蜡孔
Pilaria 茸大蚊属，球大蚊属
Pilaria formosicola Alexander 台湾茸大蚊，台岛球大蚊，台湾球大蚊
pile 毛被，毛
piled eggs 叠卵
Piletocera 冠水螟属
Piletocera aegimiusalis (Walker) 褐冠水螟，黄线肿角野螟
Piletocera chrysorycta Meyrick 金冠水螟
Piletocera elongalis Warren 长冠水螟
Piletocera sodalis (Leech) 索冠水螟，亲小卷叶野螟
pili [s. pilus] 毛
pili simplices [= pygidial setae] 臀板毛 < 见于介壳虫中 >
pilifer [= piliger] 唇侧片，唇基侧片 < 为鳞翅目昆虫唇基两侧的小骨片，或谓唇基侧突 >
Piliferolobus 毛叶茧蜂属
Piliferolobus wangi Yang *et* Chen 王氏毛叶茧蜂
piliferous [= piligerous] 被毛的
piliferous tubercle 毛环瘤 < 即稍隆起的具有刚毛的环状骨片 >
piliform 毛形的
piliger 见 pilifer
piligerous 见 piliferous
Pilipectus 穗夜蛾属
Pilipectus chinensis Draeseke 华穗夜蛾
Pilipectus prunifera Hampson 李穗裳蛾
Pilipectus taiwanus Wileman 台湾穗裳蛾，台蔽夜蛾
pill beetle [= byrrhid beetle, byrrhid, moss beetle] 丸甲 < 丸甲科 Byrrhidae 昆虫的通称 >
pill cockroach 球蠊
pillared eye [= turbinate eye] 柱眼
pilocarpine 毛果（芸香）碱
Pilococcus 毛粉蚧属
Pilococcus miscanthi Takahashi 芒叶毛粉蚧，毛粉蚧，芒毛粉介壳虫
Pilocrocis tripunctata (Fabricius) 见 *Lygropia tripunctata*
Pilophorini 束盲蝽族
Pilophorus 束盲蝽属
Pilophorus alstoni Schuh 棕二带束盲蝽
Pilophorus aureus Zou 金色束盲蝽，黄束盲蝽
Pilophorus badius (Zou) 刺盾束盲蝽
Pilophorus bakeri Schuh 贝克束盲蝽
Pilophorus bistriatus Zou 黑二带束盲蝽
Pilophorus bivififormis Zou 褐二带束盲蝽
Pilophorus castaneus (Zou) 缢胸束盲蝽，栗直背盲蝽
Pilophorus choii Josifov 崔氏束盲蝽
Pilophorus cinnamopterus (Kirschbaum) 粗角束盲蝽
Pilophorus clavatus (Linnaeus) 棒角束盲蝽
Pilophorus confusus (Kirschbaum) 短束盲蝽
Pilophorus dailanh Schuh 长黑束盲蝽
Pilophorus decimaculatus Zou 十斑束盲蝽
Pilophorus elongatus Zhang *et* Liu 修长束盲蝽
Pilophorus erraticus Linnavuori 远洋束盲蝽
Pilophorus formosanus Poppius 台湾束盲蝽，台束盲蝽
Pilophorus fortinigritus Zhang *et* Liu 壮黑束盲蝽
Pilophorus fulvicomus Mu, Zhang *et* Liu 金毛束盲蝽
Pilophorus fyan Schuh 越南束盲蝽
Pilophorus gallicus Remane 褐束盲蝽
Pilophorus kathleenae (Schuh) 角肩束盲蝽
Pilophorus koreanus Josifov 朝鲜束盲蝽
Pilophorus latus Zou 宽束盲蝽
Pilophorus lucidus Linnavuori 亮束盲蝽
Pilophorus miyamotoi Linnavuori 宫本束盲蝽
Pilophorus mongolicus Kerzhner 蒙古束盲蝽
Pilophorus myrmecoides (Carvalho) 食蚁束盲蝽
Pilophorus niger Poppius 黑束盲蝽
Pilophorus okamotoi Miyamoto *et* Lee 冈本束盲蝽
Pilophorus perplexus Douglas *et* Scott 全北束盲蝽
Pilophorus pseudoperplexus Josifov 假全北束盲蝽
Pilophorus pullulus Poppius 同 *Pilophorus typicus*
Pilophorus setulosus Horváth 细毛束盲蝽，长毛束盲蝽
Pilophorus sinuaticollis Reuter 细角束盲蝽
Pilophorus typicus (Distant) 泛束盲蝽，广束盲蝽
Pilophorus yunganensis Schuh 永安束盲蝽
Piloprepes aemulella Walker 等纷织蛾
Pilosaphaenops 绒盲步甲属
Pilosaphaenops hybridiformis (Uéno) 杂绒盲步甲
Pilosaphaenops mengzhenae Huang, Tian *et* Faille 陈氏绒盲步甲
Pilosaphaenops pilosulus Deuve *et* Tian 毛绒盲步甲
Pilosaphaenops qianzhii Huang, Tian *et* Faille 钱氏绒盲步甲
Pilosaphaenops weiguofui Huang, Tian *et* Faille 广西绒盲步甲
Pilosaphaenops whitteni Tian 环江绒盲步甲
pilose [= pilosus, pilous] 具毛被的
pilose biting horse louse [= Angora goat biting louse, yellow goat louse, European horse biting louse, *Bovicola crassipes* (Rudow)] 壮牛嚼虱，欧洲马羽虱，欧洲马嚼虱，欧洲马啮毛虱，少毛啮毛虱
pilosity 细毛被
pilosus 见 pilose
pilot rearing 先行蚕
Pilotermes 棘白蚁属
Pilotermes jiangxiensis He 见 *Nasopilotermes jiangxiensis*
pilous 见 pilose
pilumnus skipper [= common bird-dropping skipper, southern clipper, *Milanion pilumnus* (Mabille *et* Boullet)] 常米兰弄蝶
pilus [pl. pili] 毛
pilus basalis 钳基毛
pilus denticularis 钳齿毛
pilus dentilis 钳齿毛
pilza skipper [*Paratrytone pilza* Evans] 辟棕色弄蝶
Pima 锯角斑螟属
Pima boisduvaliella (Guenée) 豆锯角斑螟，波皮玛螟
pimelic acid 庚二酸
Pimeliinae 漠甲亚科
Pimeliini 漠甲族

Pimelocerus 皮横沟象甲属，横沟象甲属
Pimelocerus juglans (Chao) 核桃皮横沟象甲，核桃横沟象
Pimelocerus kanoi (Kôno) 鹿野皮横沟象甲，鹿野横沟象
Pimelocerus orientalis (Motschulsky) 东方皮横沟象甲，东方横沟象，东洋树皮象
Pimelocerus orientalis formosanus (Zumpt) 东方皮横沟象甲台湾亚种，台东洋树皮象
Pimelocerus orientalis orientalis (Motschulsky) 东方皮横沟象甲指名亚种
Pimelocerus perforatus (Roelofs) [olive weevil, engraved big weevil, olea branch borer] 多孔皮横沟象甲，多孔横沟象甲，多孔横沟象，孔横沟象甲，大穿孔树皮象甲，大穿孔象甲，大穿孔树皮象
Pimelocerus perforatus alternans (Voss) 多孔皮横沟象甲交替亚种，交替树皮象
Pimelocerus perforatus perforatus (Roelofs) 多孔皮横沟象甲指名亚种
Pimelocerus pustulatus (Kôno) 泡皮横沟象甲，泡瘤横沟象，斑横沟象甲，泡树皮象
pimpinel pug [*Eupithecia pimpinellata* (Guenée)] 拼小花尺蛾，拼特弗尺蛾
Pimpla 瘤姬蜂属
Pimpla aethiops Curtis 满点瘤姬蜂
Pimpla alboannulata Uchida 白环瘤姬蜂
Pimpla albociliata Kasparyan 白毛瘤姬蜂，白毛黑瘤姬蜂
Pimpla alishanensis (Kusigemati) 阿里山瘤姬蜂
Pimpla apollyon Morley 阿波罗瘤姬蜂
Pimpla apricaria Costa 红腹瘤姬蜂
Pimpla arisana (Sonan) 山瘤姬蜂，阿里山显瘤姬蜂
Pimpla asiatica Kasparyan 亚洲瘤姬蜂
Pimpla bilineata (Cameron) 双条瘤姬蜂
Pimpla brumha (Gupta *et* Saxena) 布鲁瘤姬蜂
Pimpla brumha brumha (Gupta *et* Saxena) 布鲁瘤姬蜂指名亚种
Pimpla brunnea (Gupta *et* Saxena) 棕瘤姬蜂
Pimpla brunnea brunnea (Gupta *et* Saxena) 棕瘤姬蜂指名亚种
Pimpla brunnea negros (Gupta *et* Saxena) 棕瘤姬蜂黑纹亚种
Pimpla burmensis (Gupta *et* Saxena) 缅甸瘤姬蜂
Pimpla cameronii Dalla Torre 卡氏瘤姬蜂
Pimpla carinifrons Cameron 脊额瘤姬蜂，脊额黑瘤姬蜂
Pimpla disparis Viereck 舞毒蛾瘤姬蜂，舞毒蛾黑瘤姬蜂
Pimpla ereba Cameron 乌黑瘤姬蜂
Pimpla femorella Kasparyan 股瘤姬蜂
Pimpla flavipalpis Cameron 黄须瘤姬蜂
Pimpla ganica Sheng *et* Sun 赣瘤姬蜂
Pimpla himalayensis (Gupta *et* Saxena) 喜马拉雅瘤姬蜂
Pimpla illecebrator (Villers) 魔瘤姬蜂
Pimpla indra Cameron 雷神瘤姬蜂，雷神黑瘤姬蜂
Pimpla inopinata Kasparyan 意外瘤姬蜂
Pimpla instigator (Fabricius) 同 *Pimpla rufipes*
Pimpla kaszabi (Momoi) 喀瘤姬蜂
Pimpla laothoe Cameron 天蛾瘤姬蜂
Pimpla luctuosa Smith 野蚕瘤姬蜂，野蚕黑瘤姬蜂
Pimpla manifestator (Linnaeus) 曼显瘤姬蜂
Pimpla nipponica Uchida 日本瘤姬蜂，日本黑瘤姬蜂
Pimpla parnarae Viereck 同 *Pimpla aethiops*
Pimpla pluto Ashmead 暗瘤姬蜂
Pimpla rufipes (Miller) [black slip wasp, red-legged ichneumon] 红足瘤姬蜂，红足长尾瘤姬蜂
Pimpla spuria Gravenhorst 假瘤姬蜂
Pimpla taihokensis Uchida 台北瘤姬蜂，台北长尾姬蜂
Pimpla taprobanae Cameron 塔瘤姬蜂
Pimpla tenchozana (Sonan) 台湾显瘤姬蜂
Pimpla turionellae (Linnaeus) 卷蛾瘤姬蜂，黄痣蛾黑瘤姬蜂
Pimplaetus 筒瘤姬蜂属
Pimplaetus longissimus Sheng *et* Sun 见 *Rodrigama longissima*
Pimplaetus malaisei Gupta *et* Tikar 红肚筒瘤姬蜂
Pimplaetus taishanensis He 泰山筒瘤姬蜂
Pimplema 高舌甲属
Pimplema hemisphaericus (Laporte *et* Brullé) 半球高舌甲，半球蔽拟步甲，半球佩拟步甲
Pimplinae 瘤姬蜂亚科
Pimplini 瘤姬蜂族
pin-cushion gall [= bedeguar] 针褥瘿，针垫瘿
pin-hole borer 长小蠹
pin oak sawfly [*Caliroa lineata* MacGillivary] 针栎黏叶蜂，针栎蛞蝓叶蜂
Pinacopteryx 屏粉蝶属
Pinacopteryx eriphia (Godart) [zebra white] 白屏粉蝶
pinacula [s. pinaculum] 毛片
pinaculum [pl. pinacula] 毛片
Pinalitus 松盲蝽属
Pinalitus abietus Lu *et* Zheng 冷杉松盲蝽
Pinalitus alpinus Lu *et* Zheng 高山松盲蝽
Pinalitus armandicola Lu *et* Zheng 华山松松盲蝽
Pinalitus cervinus (Herrich-Schäffer) 黄褐松盲蝽，黄褐草盲蝽
Pinalitus nigriceps Kerzhner 黑头松盲蝽
Pinalitus rubeolus (Kulik) 红褐松盲蝽
Pinalitus rubricatus (Fallén) 长喙松盲蝽
Pinalitus taishanensis Lu *et* Zheng 泰山松盲蝽
pinara white [*Leptophobia pinara* (Felder *et* Felder)] 槟榔黎粉蝶
pincate beetle 拟步甲 <属拟步甲科 Tenebrionidae>
pincer [= anal forcep] 尾铗
pinche skipperling [*Dalla pincha* Steinhauser] 贫达弄蝶
Pindara 品达夜蛾属
Pindara illibata (Fabricius) 依品达夜蛾，彩巾裳蛾，失巾裳蛾，失襟裳蛾
Pindis 品眼蝶属
Pindis pellonia Godman 佩罗品眼蝶
Pindis squamistriga Felder [variable satyr] 品眼蝶
pine adelgid [= Eurasian pine adelgid, Scots pine adelgid, Scots pine adelges, pine woolly aphid, spruce pine chermes, *Pineus pini* (Goeze)] 欧洲赤松球蚜，苏格兰松球蚜
pine aphid 1. [= adelgid aphid, woolly conifer aphid, spruce aphid, adelgid] 球蚜 <球蚜科 Adelgidae 昆虫的通称>; 2. [*Chermes pini* Linnaeus] 松虱，松跳蚜
pine banded weevil [=small banded pine weevil, banded pine weevil, lesser banded pine weevil, minor pine weevil, *Pissodes castaneus* (De Geer)] 带木蠹象甲，松脂象甲
pine bark adelgid [= pine bark aphid, weymouth pine chermes, *Pineus strobi* (Hartig)] 松皮球蚜，松皮松球蚜

pine bark anobiid [= pine knot borer, waney edge borer, bark borer beetle, *Ernobius mollis* (Linnaeus)] 松芽枝窃蠹

pine bark aphid 见 pine bark adelgid

pine bark beetle 1. [*Cryphalus fulvus* Niijima] 黄色梢小蠹；2. [= pine engraver, North American pine engraver, *Ips pini* (Say)] 云杉松齿小蠹，松小蠹，美松齿小蠹

pine bark mealybug [*Puto laticribellum* McKenzie] 松皮泡粉蚧

pine bark scale [=Japanese pine bast scale, *Matsucoccus matsumurae* (Kuwana)] 日本松干蚧，松干蚧，赤松干蚧，黑松松干蚧，松干介壳虫，松虱

pine bark weevil [=hoop pine bark weevil, *Aesiotes notabilis* Pascoe] 南洋杉树皮象甲

pine beauty moth [*Panolis flammea* (Denis *et* Schiffermüller)] 小眼夜蛾

pine beetle [=common pine shoot beetle, pine shoot beetle, Japanese pine engraver, pine engraver, Japanese pith borer, larger pine shoot beetle, larger pith borer, *Tomicus piniperda* (Linnaeus)] 纵坑切梢小蠹，大松小蠹

pine bell moth [*Epinotia rubiginosana* (Herrich-Schäffer)] 松叶小卷蛾，松针小卷蛾

pinc big aphid [= large pine aphid, *Cinara pinea* (Mordvilko)] 松长足大蚜，欧亚松蚜

pine brown tail moth [=brown tail moth, *Euproctis terminalis* Walker] 松棕尾黄毒蛾

pine bud moth 1. [= pine groundling, *Exoteleia dodecella* (Linnaeus)] 松芽麦蛾；2. [= pine bud tortricid, cone pitch moth, pale orange-spot shoot moth, *Blastesthia turionella* (Linnaeus)] 樟子松顶小卷蛾，布拉小卷蛾

pine bud tortricid [= pine bud moth, pale orange-spot shoot moth, cone pitch moth, *Blastesthia turionella* (Linnaeus)] 樟子松顶小卷蛾，布拉小卷蛾

pine budgall midge [*Contarinia coloradensis* Felt] 科罗拉多浆瘿蚊，科罗拉多康瘿蚊

pine buprestis [*Buprestis haemerrhoidalis* Herbst] 松褐吉丁甲，松褐吉丁，青紫吉丁甲

pine butterfly [= pine white, *Neophasia menapia* (Felder *et* Felder)] 娆粉蝶，美洲松粉蝶，松粉蝶

pine candle moth [*Exoteleia nepheos* Freeman] 松云纹麦蛾

pine carpenterworm [*Givira lotta* Barnes *et* McDunnough] 美西南松木蠹蛾

pine caterpillar egg-parasite [*Telenomus* (*Aholcus*) *dendrolimusi* Chu] 松毛虫黑卵蜂

pine caterpillar minute egg parasite [*Trichogramma dendrolimi* Matsumura] 松毛虫赤眼蜂

pine chafer [*Anomala oblivia* Horn] 松异丽金龟甲，松兰灰丽金龟

pine colaspis [*Colaspis pini* Barber] 松条肖叶甲，松肖叶甲，松无角叶甲

pine cone moth 1. [= ponderosa pineconeworm moth, pine coneworm, *Dioryctria auranticella* (Grote)] 松球果梢斑螟；2. [= eastern pine seedworm, *Cydia toreuta* (Grote)] 松球果皮小卷蛾

pine-cone piercer [*Cydia conicolana* (Heylaerts)] 幼林小卷蛾，幼林球果皮小卷蛾

pine cone tortrix [= pine twig moth, *Gravitarmata margarotana* (Heinemann)] 油松球果小卷蛾

pine coneworm 1. [= splendid knot-horn moth, pine salebria moth, smaller pine shoot borer, *Dioryctria pryeri* Ragonot] 松梢斑螟，松小梢斑螟，果梢斑螟，油松球果螟，松球果螟，松果梢斑螟，松小斑螟；2. [= ponderosa pineconeworm moth, pine cone moth, *Dioryctria auranticella* (Grote)] 松球果梢斑螟

pine crescent [= montane crescent, *Anthanassa sitalces* (Godman *et* Salvin)] 西塔花蛱蝶

pine-devil moth [*Citheronia sepulcralis* Grote *et* Robinson] 斑犀额蛾

pine engraver 1. [= pine bark beetle, North American pine engraver, *Ips pini* (Say)] 云杉松齿小蠹，松小蠹，美松齿小蠹；2. [*Hylates parallelus* Chapuis] 松条小蠹；3. [= common pine shoot beetle, pine shoot beetle, Japanese pine engraver, pine beetle, Japanese pith borer, larger pine shoot beetle, larger pith borer, *Tomicus piniperda* (Linnaeus)] 纵坑切梢小蠹，大松小蠹

pine false webworm [=steel-blue sawfly, *Acantholyda erythrocephala* (Linnaeus)] 红头阿扁蜂，红头阿扁叶蜂，松群聚锯蜂

pine-feeding mealybug [loblolly pine mealybug, *Oracella acuta* (Lobdell)] 湿地松粉蚧，火炬松粉蚧

pine flat bug [*Aradus cinnamomeus* Panzer] 松原扁蝽

pine flatheaded borer [= flatheaded pine borer, *Phaenops gentilis* (LeConte)] 扁头长卵吉丁甲，扁头木吉丁甲，扁头木吉丁

pine flattened sawfly [*Cephalcia nigricoxae* Rohwer] 松腮扁蜂，松腮扁叶蜂，松扁卷叶锯蜂

pine flower snout beetle [= nemonychid weevil, nemonychid] 毛象甲 < 毛象甲科 Nemonychidae 昆虫的通称 >

pine froghopper 1. [=pine yellow leg spittlebug, Japanese pine spittlebug, *Aphrophora flavipes* Uhler] 松尖胸沫蝉，松沫蝉，日本松沫蝉；2. [*Peuceptyelus indentatus* (Uhler)] 松菱卵沫蝉

pine gall midge [=European pine-needle midge, pine-needle gall midge, needle-bending pine gall midge, pine needle midge, *Cecidomyia baeri* Prell] 松瘿蚊

pine gall weevil [*Podapion gallicola* Riley] 松瘿象甲

pine giant mealybug [=pine giant scale, pine warajicoccus, *Drosicha pinicola* (Kuwana)] 松树履绵蚧，松草履蚧

pine giant scale 见 pine giant mealybug

pine green sawfly [*Neodiprion japonica* Marlatt] 日本新松叶蜂，日本黑松叶蜂，松绿锯蜂

pine groundling [= pine bud moth, *Exoteleia dodecella* (Linnaeus)] 松芽麦蛾

pine hawk moth 1. [= pine sphingid, *Sphinx pinastri* Linnaeus] 松红节天蛾，松天蛾；2. [= Chinese pine hawkmoth, *Sphinx caligineus* (Butler)] 松红节天蛾，松黑天蛾

pine hook-tipped tortrix moth [=fruit tree tortrix, great brown twist moth, dusty-back leafroller, pine tortricid, pine leaf roller, pine hook-tipped twist moth, *Archips oporanus* (Linnaeus)] 云杉黄卷蛾，欧洲赤松黄卷蛾，松芽卷叶蛾，松粗卷叶蛾

pine hook-tipped twist moth 见 pine hook-tipped tortrix moth

pine knot borer 见 pine bark anobiid

pine knot-horn moth [= dark pine knot-horn, spruce coneworm, chalgoza cone borer, pine shoot borer, *Dioryctria abietella* (Denis *et* Schiffermüller)] 冷杉梢斑螟，云杉球果螟，落叶松球果螟，松斑螟，梢斑螟

pine lady beetle [= painted lady beetle, painted ladybird, pine ladybird beetle, *Mulsantina picta* (Randall)] 松多须瓢虫

pine ladybird [*Exochomus quadripustulatus* (Linnaeus)] 四斑光缘

瓢虫，四斑光瓢虫

pine ladybird beetle 见 pine lady beetle

pine lappet caterpillar [= Japanese pine caterpillar, *Dendrolimus spectabilis* (Butler)] 赤松毛虫

pine leaf aphid [*Schizolachnus orientalis* (Takahashi)] 东方钝喙大蚜，东方松针蚜，东方单脉大蚜

pine leaf beetle [*Galerucida rutilans* Hope] 松萤叶甲

pine leaf chermid [*Pineus pinifoliae* (Fitch)] 叶松球蚜，松针球蚜

pine leaf-miner moth [*Clavigesta purdeyi* Meyrick] 松卷蛾

pine leaf roller 见 pine hook-tipped tortrix moth

pine leaf scale [= pine needle scale, *Chionaspis pinifoliae* (Fitch)] 松针雪盾蚧，松针盾蚧，松雪盾蚧

pine long-proboscis aphid [*Stomaphis pini* Takahashi] 松长喙大蚜

pine looper 1. [=bordered white moth, *Bupalus piniarius* (Linnaeus)] 松粉蝶尺蛾，松尺蠖，品布尺蛾，青缘尺蠖；2. [*Buzura edwardsi* Prout] 爱桐尺蛾，爱德华尺蛾；3. [*Xanthisthisa tarsispina* (Warren)] 辐射松尺蛾

pine mealy aphid [= grey waxy pine needle aphid, waxy grey pine aphid, *Schizolachnus pineti* (Fabricius)] 松针钝喙大蚜，欧松钝缘大蚜，欧松针蚜

pine mealybug [*Crisicoccus pini* (Kuwana)] 松树皑粉蚧，松白粉蚧，松粉蚧，松粉介壳虫

pine needle aphid 1. [=spotted pine aphid, spotted pineneedle aphid, *Eulachnus agilis* (Kaltenbach)] 捷长大蚜，松针蚜，旧世界松针蚜；2. [= narrow brown pine aphid, *Eulachnus rileyi* (Williams)] 瑞黎长大蚜，黑长大蚜

pine-needle gall midge 1. [*Thecodiplosis japonensis* Uchida *et* Inouye] 日本鞘瘿蚊，日本松盒瘿蚊，松针瘿蚊；2. [= European pine-needle midge, pine gall midge, needle-bending pine gall midge, pine needle midge, *Cecidomyia baeri* Prell] 松瘿蚊

pine needle hemiberlesian scale [= pine needle scale, Japanese pine needle scale, *Hemiberlesia pitysophila* Takagi] 松栉圆盾蚧，松突圆蚧，松栉圆盾介壳虫

pine needle midge 见 pine gall midge

pine needle miner 1. [*Exoteleia pinifoliella* (Chambers)] 松针芽麦蛾，松潜叶麦蛾；2. [=grey pine ermine, *Ocnerostoma friesei* Svensson] 针叶松巢蛾

pine needle scale 1. [=pine leaf scale, *Chionaspis pinifoliae* (Fitch)] 松针雪盾蚧，松针盾蚧，松雪盾蚧；2. [= pine needle hemiberlesian scale, Japanese pine needle scale, *Hemiberlesia pitysophila* Takagi] 松栉圆盾蚧，松突圆蚧，松栉圆盾介壳虫

pine needle sheathminer [*Zelleria haimbachi* Busck] 松鞘巢蛾，松针巢蛾

pine-oak bolla [*Bolla subapicatus* (Schaus)] 素杂弄蝶

pine oystershell scale [= Newstead's scale, Newstead scale, oyster-shell scale, *Lepidosaphes newsteadi* (Šulc)] 雪松蛎盾蚧，雪松牡蛎盾蚧，松针牡蛎盾蚧

pine phycita [*Phycita pryeri* Leech] 松梢小斑螟

pine pitch moth [= ponderosa twig moth, *Dioryctria ponderosae* Dyar] 西黄松梢斑螟

pine processionary caterpillar [= pine processionary moth, *Thaumetopoea pityocampa* (Denis *et* Schiffermüller)] 松异舟蛾

pine processionary moth 见 pine processionary caterpillar

pine reproduction weevil [*Cylindrocopturus eatoni* Buchanan] 松细枝象甲

pine resin-gall moth [*Retinia resinella* (Linnaeus)] 红松实小卷蛾

pine root collar weevil [*Hylobius radicis* Buchanan] 松根茎树皮象甲，松根茎象甲

pine rugose bark beetle [*Hylurgops interstitialis* (Chapuis)] 红松干小蠹

pine salebria moth [= splendid knot-horn moth, pine coneworm, smaller pine shoot borer, *Dioryctria pryeri* Ragonot] 松梢斑螟，松小梢斑螟，果梢斑螟，油松球果螟，松球果螟，松果梢斑螟，松小斑螟

pine sawfly 1. [= common pine sawfly, large pine sawfly, conifer sawfly, *Diprion pini* (Linnaeus)] 欧洲赤松叶蜂，普通松叶蜂；2. [*Gilpinia pallida* Klug] 北美松吉松叶蜂

pine sawyer [= pine sawyer beetle, *Monochamus galloprovincialis* (Olivier)] 高卢墨天牛，樟子松墨天牛

pine sawyer beetle 1.[= pine sawyer, *Monochamus galloprovincialis* (Olivier)] 高卢墨天牛，樟子松墨天牛；2. [= ponderous borer, timberworm, spiny wood borer beetle, ponderous pine borer beetle, spine-necked longhorn beetle, *Ergates spiculatus* (LeConte)] 西黄松埃天牛

pine seed chalcid [= ponderosa pine seed chalcid, *Megastigmus albifrons* Walker] 黄松大痣小蜂

pine seed moth [= ponderosa pine seed moth, *Cydia piperana* Kearfott] 黄松小卷蛾，黄松种子皮小卷蛾

pine shoot beetle 1. [= Mediterranean pine shoot beetle, *Tomicus destruens* (Wollaston)] 欧洲纵坑切梢小蠹；2. [= common pine shoot beetle, shoot beetle, Japanese pine engraver, pine engraver, Japanese pith borer, larger pine shoot beetle, larger pith borer, *Tomicus piniperda* (Linnaeus)] 纵坑切梢小蠹，大松小蠹

pine shoot borer 见 pine knot-horn moth

pine shoot moth 1. [= tusam pitch moth, *Dioryctria rubella* Hampson] 微红梢斑螟，松梢斑螟；2. [= western pine shoot borer, jack-pine shoot moth, *Eucosma sonomana* Kearfott] 美松梢花小卷蛾；3. [= European pine shoot moth, *Rhyacionia buoliana* (Denis *et* Schiffermüller)] 欧松梢小卷蛾，欧松梢卷叶蛾；4. [= summer shoot moth, Elgin shoot moth, pine tip moth, reddish-winged tip moth, red-tipped eucosmid, double shoot moth, *Rhyacionia duplana* (Hübner)] 夏梢小卷蛾，松红端小卷蛾，松红端小卷叶蛾

pine sphingid 见 pine hawk moth

pine spittlebug [*Aphrophora parallela* (Say)] 松并行尖胸沫蝉，松沫蝉

pine thrips [= slash pine flower thrips, *Gnophothrips fuscus* (Morgan)] 松蓟马

pine tip beetle [*Pityophthorus pulicarius* (Zimmermann)] 松枝刻细小蠹，芝麻细小蠹

pine tip moth 1. [*Retinia cristata* (Walsingham)] 松实小卷蛾；2. [= new pine knot-horn, splendid knot-horn moth, Japanese pine tip moth, maritime pine borer, larger pine shoot borer, *Dioryctria sylvestrella* (Ratzeburg)] 赤松梢斑螟，薛梢斑螟，松干螟；3. [= adana tip moth, adana pine tip moth, *Rhyacionia adana* Heinrich] 亚松梢小卷蛾；4. [= summer shoot moth, Elgin shoot moth, pine shoot moth, reddish-winged tip moth, red-tipped eucosmid, double shoot moth, *Rhyacionia duplana* (Hübner)] 夏梢小卷蛾，松红端小卷蛾，松红端小卷叶蛾

pine tortoise scale [*Toumeyella numismaticum* (Pettit *et* McDaniel)] 松银松龟蚊蜡蚧，松龟纹蜡蚧

P

pine tortricid 见 pine hook-tipped tortrix moth

pine tree emperor moth [= Christmas caterpillar, *Nudaurelia cytherea* (Fabricius)] 南非松大蚕蛾

pine-tree lappet [= European pine caterpillar, *Dendrolimus pini* (Linnaeus)] 欧洲松毛虫，松树松毛虫

pine tube moth 1. [= jack pine tube moth, lodgepole needletier, *Argyrotaenia tabulana* Freeman] 短叶松带卷蛾；2. [*Argyrotaenia pinatubana* (Kearfott)] 松带卷蛾，松筒卷蛾，松筒卷叶蛾

pine tussock moth 1. [= northern pine tussock, northern conifer tussock, grey spruce tussock moth, *Dasychira plagiata* (Walker)] 云杉茸毒蛾，松毒蛾；2. [= grizzled tussock moth, *Dasychira grisefacta* (Dyar)] 松茸毒蛾，松灰近臂毒蛾

pine twig chermes [= pine woolly aphid, *Pineus laevis* Maskell] 油松球蚜，松球蚜，光滑松球蚜

pine twig gall scale [*Matsucoccus gallicola* Morrison] 瘿栖松干蚧

pine twig moth 见 pine cone tortrix

pine warajicoccus 见 pine giant mealybug

pine webworm [*Tetralopha robustella* Zeller] 松丛螟

pine weevil 1. 松象甲 <属松象亚科 Pissodinae>；2. [= large pine weevil, *Hylobius abietis* (Linnaeus)] 欧洲松树皮象甲，欧洲松树皮象

pine white 1. [= pine butterfly, *Neophasia menapia* (Felder *et* Felder)] 娆粉蝶，美洲松粉蝶，松粉蝶；2. [= Mexican dartwhite, *Catasticta nimbice* (Boisduval)] 彩粉蝶

pine white-spotted weevil [*Shirahoshizo insidiosus* (Roelofs)] 马尾松白斑角胫象甲，马尾松白斑角胫象

pine woolly aphid 1. [= Eurasian pine adelgid, Scots pine adelgid, Scots pine adelges, pine adelgid, spruce pine chermes, *Pineus pini* (Goeze)] 欧洲赤松球蚜，苏格兰松球蚜；2. [= pine twig chermes, *Pineus laevis* Maskell] 油松球蚜，松球蚜，光滑松球蚜

pine yellow leg spittlebug 见 pine froghopper

pineapple beetle [= pineapple sap beetle, yellow shouldered souring beetle, maize blossom beetle, *Urophorus humeralis* (Fabricius)] 隆肩尾露尾甲，肩优露尾甲，肩露尾甲，玉米花露尾甲，肩果露尾甲，隆肩露尾甲

pineapple caterpillar [= red-spotted hairstreak, larger lantana butterfly, *Tmolus echion* (Linnaeus)] 驼灰蝶，美洲菠萝小灰蝶

pineapple dark butterfly [= megarus hairstreak, fruit borer caterpillar, pineapple fruit borer, *Strymon megarus* (Godart)] 麦加拉螯灰蝶，菠萝褐灰蝶

pineapple fruit borer 见 pineapple dark butterfly

pineapple gall adelgid [= eastern spruce gall aphid, spruce pineapple gall adelges, yellow spruce gall aphid, yellow spruce pineapple-gall adelges, *Adelges* (*Sacchiphantes*) *abietis* (Linnaeus)] 云杉瘿球蚜，黄球蚜

pineapple mealybug [= pink pineapple mealybug, *Dysmicoccus brevipes* (Cockerell)] 菠萝灰粉蚧，菠萝洁粉蚧，菠萝嫡粉蚧，菠萝粉蚧，菠萝嫡粉介壳虫，凤梨粉介壳虫

pineapple sap beetle 见 pineapple beetle

pineapple scale [*Diaspis bromeliae* (Körner)] 凤梨白背盾蚧，菠萝圆盾蚧，菠萝盾介壳虫

pineapple termite [*Rhinotermes intermedius* Brauer] 菠萝鼻白蚁

pineapple thrips [*Holopothrips ananasi* Costa Lima] 菠萝全蓟马

pineapple weevil [*Metamasius ritchiei* Marshall] 菠萝蔗象甲，菠萝黑象甲

pinene 蒎烯

Pineus 松球蚜属

Pineus abietinus Underwood *et* Balch 冷杉松球蚜

Pineus boycei Annand 鲍松球蚜

Pineus cembrae (Cholodkovsky) 蠕松球蚜

Pineus cembrae cembrae (Cholodkovsky) 蠕松球蚜指名亚种

Pineus cembrae pinikoreanus Zhang *et* Fang [Korean pine woolly aphid] 蠕松球蚜红松亚种，红松球蚜

Pineus cladogenous Fang *et* Sun 红松枝缝球蚜

Pineus cortecicolus Fang *et* Sun 红松皮下球蚜

Pineus floccus (Patch) 美国白松球蚜

Pineus harukawai Inouye 春川松球蚜

Pineus hosoyai Inouye 细谷松球蚜

Pineus konowashiyai Inouye 柯松球蚜

Pineus laevis Maskell [pine twig chermes, pine woolly aphid] 油松球蚜，松球蚜，光滑松球蚜

Pineus matsumurai Inouye 松树松球蚜

Pineus orientalis (Dreyfus) [oriental pine adelges, oriental woolly aphid] 东方松球蚜

Pineus pineoides Cholodovsky [small spruce adelges] 云杉松球蚜

Pineus pini (Goeze) [pine woolly aphid, Eurasian pine adelgid, Scots pine adelgid, Scots pine adelges, pine adelgid, spruce pine chermes] 欧洲赤松球蚜，苏格兰松球蚜

Pineus pinifoliae (Fitch) [pine leaf chermid] 叶松球蚜，松针球蚜

Pineus sichuannanus Zhang [Sichuan spruce woolly aphid] 蜀云杉松球蚜，蜀云杉松蚜

Pineus similis Gillette [ragged spruce gall adelgid, ragged spruce gall aphid] 白云杉松球蚜

Pineus strobi (Hartig) [pine bark adelgid, pine bark aphid, weymouth pine chermes] 松皮球蚜，松皮松球蚜 <该种学名有误写为 *Pineus strobus* Hartig 者>

Pineus sylvestris Annand 森林松球蚜

Pingarmia transiens Sterneck 见 *Epipristis transiens*

Pingasa 粉尺蛾属

Pingasa aigneri Prout 埃粉尺蛾

Pingasa alba Swinhoe 粉尺蛾，弧纹粉尺蛾，白粉尺蛾

Pingasa alba alba Swinhoe 粉尺蛾指名亚种

Pingasa alba albida (Oberthür) 粉尺蛾白色亚种

Pingasa alba brunnescens Prout 粉尺蛾日本亚种

Pingasa alba yunnana Chu 粉尺蛾云南亚种，滇白粉尺蛾

Pingasa chlora (Stoll) 青粉尺蛾，可粉尺蛾

Pingasa chlora chlora (Stoll) 青粉尺蛾指名亚种

Pingasa chlora crenaria Guenée 青粉尺蛾广州亚种，广州粉尺蛾，克可粉尺蛾

Pingasa chloroides Galsworthy 浅粉尺蛾

Pingasa crenaria Guenée 见 *Pingasa chlora crenaria*

Pingasa gracilis Prout 见 *Pingasa pseudoterpnaria gracilis*

Pingasa lariaria (Walker) 直粉尺蛾

Pingasa pseudoterpnaria (Guenée) 小灰粉尺蛾

Pingasa pseudoterpnaria gracilis Prout 小灰粉尺蛾海南亚种，海南粉尺蛾，丽粉尺蛾

Pingasa pseudopternaria pseudopternaria (Guenée) 小灰粉尺蛾指名亚种，指名小灰粉尺蛾

Pingasa rufofasciata Moore 红带粉尺蛾

Pingasa ruginaria (Guenée) 黄基粉尺蛾，台湾青尺蛾

Pingasa ruginaria pacifica Inoue 黄基粉尺蛾日本亚种，基黄粉尺蛾

Pingasa ruginaria ruginaria (Guenée) 黄基粉尺蛾指名亚种

Pingasa secreta Inoue 锯纹粉尺蛾，塞粉尺蛾，池端粉尺蛾

Pingasa subpurpurea Warren 紫带粉尺蛾

Pingasa tapungkanana (Strand) 达粉尺蛾

Pingasa venusta Warren 脉粉尺蛾

Pingasini 粉尺蛾族

Pingquanicoris 平泉蝽属

Pingquanicoris punctatus Du, Yao *et* Ren 刻点平泉蝽

pinguis 膨胀

pinidensiflora big aphid [= Japanese red pine aphid, *Cinara pinidensiflorae* (Essig *et* Kuwana)] 日本赤松长足大蚜，日本赤松大蚜，东亚松蚜

pinion-spotted pug [*Eupithecia insignata* (Hübner)] 枚小花尺蛾

Piniphila 品尼卷蛾属

Piniphila bifasciana (Haworth) 双带品尼卷蛾

pink bollworm [= cotton pink bollworm, *Pectinophora gossypiella* (Saunders)] 红铃虫，红铃麦蛾，棉红铃虫

pink borer [= Asiatic pink stem borer, gramineous stem borer, pink gramineous borer, pink rice borer, pink rice stem borer, pink stem borer, purple borer, purple stem borer, ragi stem borer, purplish stem borer, *Sesamia inferens* (Walker)] 稻蛀茎夜蛾，大螟，紫螟，盗污阴夜蛾，盗蛀茎夜蛾

pink bud moth [= pink cornworm, pink scavenger, pink scavenger worm, pink scavenger caterpillar, scavenger bollworm, *Anatrachyntis rileyi* (Walsingham)] 玉米簇尖蛾，玉米尖翅蛾，玉米红虫，粉红尖翅蛾

pink-checked cattleheart [= mylotes cattleheart, *Parides eurimedes* (Stoll)] 尤里番凤蝶

pink cocoon 粉红茧

pink corn borer [= corn stem borer, greater sugarcane borer, sorghum stem borer, stem corn borer, dura stem borer, large corn borer, pink sugarcane borer, sugarcane pink borer, sorghum borer, maize borer, purple stem borer, durra stem borer, *Sesamia cretica* Lederer] 高粱蛀茎夜蛾

pink cornworm 见 pink bud moth

pink dotted appollonia [= pink-dotted metalmark, blue-rayed metalmark, Apollo metalmark, *Lyropteryx apollonia* Westwood] 阿波罗琴蚬蝶，礼花蚬蝶

pink-dotted metalmark 见 pink dotted appollonia

pink-edged sulphur [*Colias interior* Scudder] 粉红缘豆粉蝶

pink gramineous borer 见 pink borer

pink grass yellow [*Eurema herla* (Macleay)] 澳洲黄粉蝶

pink gypsy moth [= pink moth, rosy gypsy moth, rosy Russian gypsy moth, *Lymantria mathura* Moore] 栎毒蛾，枫首毒蛾，苹果大毒蛾，苹叶波纹毒蛾，栎舞毒蛾

pink hibiscus mealybug [= pink mealybug, hibiscus mealybug, *Maconellicoccus hirsutus* (Green)] 木槿曼粉蚧，木槿粉蚧，木槿粉虱 < 误 >，柯秀粉蚧，曼粉蚧，柯树曼粉蚧，柯曼粉蚧，桑粉介壳虫

pink legionnaire [*Acraea caecilia* (Fabricius)] 卡西珍蝶

pink liptena [*Liptena evanescens* (Kirby)] 埃瓦琳灰蝶

pink mealybug 1. [= gray sugarcane mealybug, *Dysmicoccus boninsis* (Kuwana)] 甘蔗灰粉蚧，蔗洁粉蚧，甘蔗嫡粉蚧，蔗灰粉蚧，灰白粉蚧，甘蔗嫡粉介壳虫；2. [= pink hibiscus mealybug, hibiscus mealybug, *Maconellicoccus hirsutus* (Green)] 木槿曼粉蚧，木槿粉蚧，木槿粉虱 < 误 >，柯秀粉蚧，曼粉蚧，柯树曼粉蚧，柯曼粉蚧，桑粉介壳虫；3.[= pink sugarcane mealybug, sugarcane mealybug, grey sugarcane mealybug, cane mealybug, *Saccharicoccus sacchari* (Cockerell)] 热带蔗粉蚧，糖粉蚧，红甘蔗粉蚧，蔗粉蚧，糖梳粉介壳虫，蔗粉红蚧，甘蔗葵粉蚧，蔗红粉蚧

pink moth 见 pink gypsy moth

pink orchid mantis [= Malaysian orchid mantis, walking flower mantis, orchid mantis, *Hymenopus coronatus* (Olivier)] 兰花螳

pink pineapple mealybug 见 pineapple mealybug

pink rice borer 见 pink borer

pink rice stem borer 见 pink borer

pink root mealybug [*Heliococcus radicicola* Goux] 食根星粉蚧

pink rose [*Pachliopta kotzebuea* (Eschscholtz)] 绣珠凤蝶

pink scavenger 见 pink cornworm

pink scavenger caterpillar 见 pink cornworm

pink scavenger worm 见 pink cornworm

pink silk moth [*Eudaemonia argus* (Fabricius)] 多眼旌天蚕蛾

pink-spotted cattleheart [*Parides photinus* (Doubleday)] 梳翅番凤蝶

pink-spotted hawkmoth [= sweet potato hornworm, *Agrius cingulatus* (Fabricius)] 美洲甘薯天蛾，甘薯色带天蛾

pink spotted lady beetle [= spotted lady beetle, twelve-spotted lady beetle, *Coleomegilla maculata* (De Geer)] 斑点瓢虫，粉红色斑点瓢虫，十二斑点瓢虫

pink stalk borer 1. [= African pink stalk borer, pink stem borer, Sesamia calamistis Hampson] 枚蛀茎夜蛾，蛀茎夜蛾；2. [= corn stalk borer, Mediterranean corn borer, *Sesamia nonagrioides* (Lefebvre)] 中东蛀茎夜蛾，蛀茎夜蛾，农蛀茎夜蛾

pink stem borer 1. [= Asiatic pink stem borer, gramineous stem borer, pink gramineous borer, pink borer, pink rice stem borer, pink rice borer, purple borer, purple stem borer, ragi stem borer, purplish stem borer, *Sesamia inferens* (Walker)] 稻蛀茎夜蛾，大螟，紫螟，盗污阴夜蛾，盗蛀茎夜蛾；2. [= African pink stalk borer, pink stalk borer, Sesamia calamistis Hampson] 枚蛀茎夜蛾，蛀茎夜蛾

pink streak [*Dargida rubripennis*(Grote *et* Robinson) 粉纹黛夜蛾

pink-striped oakworm [= brown anisota, *Anisota virginiensis* (Drury)] 栎红条茴大蚕蛾，栎红条大蚕蛾，红条犀额蛾

pink sugarcane borer 1. [= corn stem borer, greater sugarcane borer, sorghum stem borer, stem corn borer, dura stem borer, large corn borer, pink corn borer, sugarcane pink borer, sorghum borer, maize borer, purple stem borer, durra stem borer, *Sesamia cretica* Lederer] 高粱蛀茎夜蛾；2. [*Sesamia vuteria* Stoll] 列星大螟

pink sugarcane mealybug [=sugarcane mealybug, pink mealybug, grey sugarcane mealybug, cane mealybug, *Saccharicoccus sacchari* (Cockerell)] 热带蔗粉蚧，糖粉蚧，红甘蔗粉蚧，蔗粉蚧，糖梳粉介壳虫，蔗粉红蚧，甘蔗葵粉蚧，蔗红粉蚧

pink-tipped satyr [*Cithaerias merolina* Zikan] 分线绡眼蝶

pink underwing moth [imperial fruit-sucking moth, *Phyllodes imperialis* Druce] 大拟叶夜蛾

pink-washed demon charaxes [*Charaxes plantroui* Minig] 帕伦螯蛱蝶

pink wax gall wasp [= kidney gall wasp, *Trigonaspis megaptera* (Panzer)] 牡蛎大翅瘿蜂
pink wax scale [= red wax scale, ruby scale, *Ceroplastes rubens* Maskell] 红蜡蚧，红龟蜡蚧，红蜡介壳虫
pink wing stick insect [= pink winged stick insect, pink-winged phasmid, Madagascan stick insect, *Sipyloidea sipylus* (Westwood)] 棉管蝽，棉细颈杆蝽，棉杆竹节虫
pink-winged phasmid 见 pink wing stick insect
pink winged stick insect 见 pink wing stick insect
pinkish forester [*Bebearia eliensis* (Hewitson)] 粉红舟蛱蝶
pinna [pl. pinnae] 1. 狭翅；2. 腿脊 < 指跳跃直翅目昆虫后足腿节上似羽毛的斜脊 >
pinnae [s. pinna] 1. 狭翅；2. 腿脊
Pinnaspidina 并盾蚧亚族
Pinnaspis 并盾蚧属，并盾介壳虫属
Pinnaspis aspidistrae (Signoret) [aspidistra scale, Breasillian snow scale, fern scale, liriope scale] 百合并盾蚧，苏铁褐点并盾蚧，橘长盾蚧，蜘蛛抱蛋并盾介壳虫
Pinnaspis aspidistrae aspidistrae (Signoret) 百合并盾蚧指名亚种
Pinnaspis aspidistrae yunnanensis Chen 百合并盾蚧云南亚种，云南并盾蚧
Pinnaspis buxi (Bouché) [buxwood scale] 黄杨并盾蚧，柚叶并盾介壳虫
Pinnaspis chamaecyparidis Takagi 扁柏并盾蚧
Pinnaspis exercitata (Green) 茉莉并盾蚧
Pinnaspis frontalis Takagi 额突并盾蚧，额瘤并盾介壳虫
Pinnaspis hainanensis Tang 海南并盾蚧
Pinnaspis hibisci Takagi 木槿并盾蚧，木槿并盾介壳虫
Pinnaspis hikosana Takagi 肉果草并盾蚧
Pinnaspis indivisa Ferris 四照花并盾蚧，梾木并盾蚧
Pinnaspis juniperi Takahashi 桧并盾蚧
Pinnaspis konoi (Takahashi) 见 *Unaspis kanoi*
Pinnaspis liui Takagi 柃木并盾蚧，柃木并盾介壳虫
Pinnaspis muntingi Takagi 芭蕉并盾蚧，香蕉并盾蚧，香蕉并盾介壳虫
Pinnaspis pseudotuberculatus Feng, Wang, Li *et* Zhou 拟额瘤并盾蚧
Pinnaspis shirozui Takagi 榕树并盾蚧，榕并盾蚧，白榕并盾介壳虫
Pinnaspis strachani (Cooley) [cotton white scale, hibiscus snow scale, lesser snow scale, small snow scale] 突叶并盾蚧，棉并盾蚧，山榄并盾介壳虫
Pinnaspis theae (Maskell) [tea white scale, tea scurfy scale, white tea leaf scale] 茶并盾蚧，茶梨蚧，茶并盾介壳虫，茶细蚧，茶细介壳虫，茶褐点盾蚧，茶紫长蚧，茶白盾蚧
Pinnaspis tuberculatus Tang 额瘤并盾蚧
Pinnaspis uniloba (Kuwana) 单叶并盾蚧，单瓣并盾蚧，合叶并盾介壳虫
Pinnaspis yamamotoi Takagi 宽额并盾蚧，宽并盾蚧
pinnate [= pinnatus, pinnulate, pinnulatus] 羽状的
pinnatifid 羽状分裂的
pinnatus 见 pinnate
pinnulate 见 pinnate
pinnulatus 见 pinnate
Pinobius 粗颈隐翅甲属
Pinobius tonkinensis (Cameron) 东京湾粗颈隐翅甲
Pinocchias 筒鼻瓢蜡蝉属
Pinocchias natus Gnezdilov *et* Wilson 娜筒鼻瓢蜡蝉
pinocytosis 胞饮现象
pinon cone beetle [*Conophthorus edulis* Hopkins] 矮松果小蠹，矮松齿小蠹
pinon ips [= pinyon ips, California five-spined ips, five-spined engraver beetle, *Ips confusus* (Le Conte)] 加州十齿小蠹，加州齿小蠹
pinon pitch nodule moth [= pinyon pitch nodule moth, *Petrova arizonensis* (Heinrich)] 西南佩实小卷蛾，西南实小卷蛾
pinon sawfly [= pinyon sawfly, pinyon pine sawfly, *Neodiprion edulicolus* Ross] 食松新松叶蜂
pinon spindle gall midge [*Pinyonia edulicola* Gagné] 矮松纺锤瘿蚊
Pinophilini 切须隐翅甲族
Pinophilus 宽跗隐翅甲属，宽跗隐翅虫属
Pinophilus femoratus Schubert 腿宽跗隐翅甲，腿宽跗隐翅虫
Pinophilus formosae Bernhauer 台湾宽跗隐翅甲，台宽跗隐翅虫
Pinophilus insignis Sharp 同 *Pinophilus javanus*
Pinophilus javanus Erichson 爪哇宽跗隐翅甲，爪哇宽跗隐翅虫
Pinophilus lewisius Sharp 刘氏宽跗隐翅甲，刘宽跗隐翅虫
Pinophilus pallipes Kraatz 同 *Pinophilus javanus*
Pinophilus punctatissimus Sharp 点宽跗隐翅甲，点宽跗隐翅虫
Pinophilus rufipennis Sharp 红翅宽跗隐翅甲，红翅宽跗隐翅虫
Pinophilus sachtlebeni Bernhauer 萨氏宽跗隐翅甲，萨氏宽跗隐翅虫
Pinophilus sauteri Bernhauer 索氏宽跗隐翅甲，索宽跗隐翅虫
Pintaliini 缺脊菱蜡蝉族
Pintara 秉弄蝶属
Pintara bowringi Joicey *et* Talbot 见 *Pintara tabrica bowringi*
Pintara capiloides Devyatkin 凯秉弄蝶
Pintara melli (Hering) 大斑秉弄蝶，美秉弄蝶
Pintara pinwilli (Butler) [orange flat] 秉弄蝶
Pintara tabrica (Hewitson) 斑秉弄蝶
Pintara tabrica bowringi Joicey *et* Talbot 斑秉弄蝶小斑亚种，小斑秉弄蝶，包令秉弄蝶，波塔品弄蝶，播裙弄蝶
Pintara tabrica tabrica (Hewitson) 斑秉弄蝶指名亚种
Pinthaeus 并蝽属
Pinthaeus humeralis Horváth 同 *Pinthaeus sanguinipes*
Pinthaeus sanguinipes (Fabricius) [red-legged predatory stink bug] 红足并蝽，并蝽，血红足并蝽
pinthous mimic white [*Moschoneura pinthaeus* (Linnaeus)] 黄麝粉蝶
Pinumius 裂茎叶蝉属
Pinumius desertus Dlabola 沙地裂茎叶蝉
Pinumius nigrinotatus Kuoh 黑斑裂茎叶蝉
Pinumius sexmaculatus (Gillette *et* Baker) 六斑裂茎叶蝉
pinyon ips [= pinon ips, California five-spined ips, five-spined engraver beetle, *Ips confusus* (Le Conte)] 加州十齿小蠹，加州齿小蠹
pinyon needle scale [= pinyon pine needle scale, *Matsucoccus acalyptus* (Herbert)] 矮松松干蚧，棘松干蚧
pinyon pine needle scale 见 pinyon needle scale
pinyon pitch nodule moth [= pinon pitch nodule moth, *Petrova*

arizonensis (Heinrich)] 西南佩实小卷蛾，西南实小卷蛾

pinyon sawfly [= pinyon pine sawfly, pinon sawfly, *Neodiprion edulicolus* Ross] 食松新松叶蜂

pinyon tip moth [*Dioryctria albovittella* (Hulst)] 白带梢斑螟

Pinyonia edulicola Gagné [pinon spindle gall midge] 矮松纺锤瘿蚊

Pioenidia 双沟长角象甲属

Pion 针尾姬蜂属

Pion japonicum Watanabe 日本针尾姬蜂

Pion qinyuanensis Chen, Sheng *et* Miao 沁源针尾姬蜂

Pion yifengensis Sheng 宜丰针尾姬蜂

Pionea 脂野螟属

Pionea albopedalis (Motschulsky) 见 *Nomis albopedalis*

Pionea defectalis (Sauber) 见 *Udea defectalis*

Pionea flavofimbriata (Moorc) 见 *Udea flavofimbriata*

Pionea fulcrialis (Sauber) 见 *Udea fulcrialis*

Pionea incertalis Caradja 见 *Udea incertalis*

Pionea ingentalis Caradja 见 *Pseudopagyda ingentalis*

Pionea nigrostigmalis (Warren) 见 *Udea nigrostigmalis*

Pionea planalis South 见 *Udea planalis*

Pionea puralis South 见 *Ecpyrrhorrhoe puralis*

Pionea rubiginalis (Hübner) 见 *Ecpyrrhorrhoe rubiginalis*

Pionea schaeferi Caradja 见 *Udea schaeferi*

Pionea thyalis (Walker) 见 *Udea thyalis*

Pionea tritalis (Christoph) 见 *Udea tritalis*

pioneer 先驱（生物）

pioneer white [= brown-veined white, African caper white, *Belenois aurota* (Fabricius)] 金贝粉蝶

pionia skipper [*Amenis pionia* (Hewitson)] 哑铃弄蝶

Pionini 针尾姬蜂族

Pionosomus 丰满长蝽属

Pionosomus opacellus Horváth 异色丰满长蝽

Piophila 酪蝇属

Piophila casei (Linnaeus) [cheese skipper, ham skipper, cheese fly, cheese maggot, cheese hopper] 普通酪蝇，铠氏酪蝇，酪蝇，干酪蝇

Piophila contecta Walker 潜伏酪蝇

piophilid 1. [= piophilid fly, cheese fly, cheese skipper, skipper fly] 酪蝇 <酪蝇科 Piophilidae 昆虫的通称>；2. 酪蝇科的

piophilid fly [= piophilid, cheese fly, cheese skipper, skipper fly] 酪蝇

Piophilidae 酪蝇科

piperonyl butoxide [abb. PBO] 胡椒基丁醚，增效醚

pipevine swallowtail [*Battus philenor* (Linnaeus)] 箭纹贝凤蝶，蓝闪贝凤蝶，马兜铃凤蝶

Pipiza 缩颜蚜蝇属，平额食蚜蝇属，平额蚜蝇属，蛀蚜蝇属

Pipiza austriaca Meigen 奥地利缩颜蚜蝇，奥平额蚜蝇

Pipiza bimaculata Meigen 双斑缩颜蚜蝇，二斑平额蚜蝇

Pipiza curtilinea Cheng, Huang, Duan *et* Li 短线缩颜蚜蝇

Pipiza familiaris Matsumura 普通缩颜蚜蝇，家平额蚜蝇

Pipiza festiva Meigen 亮跗缩颜蚜蝇，丽平额蚜蝇

Pipiza flavimaculata Matsumura 黄斑缩颜蚜蝇，黄斑平额蚜蝇

Pipiza hongheensis Huo, Ren *et* Zheng 红河缩颜蚜蝇

Pipiza inornata Matsumura 无饰缩颜蚜蝇，无饰平额蚜蝇

Pipiza lugubris (Fabricius) 黑色缩颜蚜蝇，暗平额蚜蝇

Pipiza luteitarsis Zetterstedt 黄跗缩颜蚜蝇，黄跗平额蚜蝇

Pipiza noctiluca (Linnaeus) 夜光缩颜蚜蝇，锐角平额食蚜蝇，锐角平额蚜蝇

Pipiza quadrimaculata (Panzer) 四斑缩颜蚜蝇，四斑平额蚜蝇

Pipiza signata Meigen 台湾缩颜蚜蝇，斑缩颜蚜蝇，图章蚜蝇，纹平额蚜蝇

Pipiza unimaculata Cheng, Huang, Duan *et* Li 单斑缩颜蚜蝇

Pipizella 斜额蚜蝇属，斜额食蚜蝇属

Pipizella antennata Violovitsh 长角斜额蚜蝇，触角坚蚜蝇

Pipizella brevantenna Cheng, Huang, Duan *et* Li 短角斜额蚜蝇

Pipizella mongolorum Stackelberg 蒙古斜额蚜蝇，蒙古坚蚜蝇

Pipizella tiantaiensis Huo, Ren *et* Zheng 天台斜额蚜蝇

Pipizella varipes (Meigen) 多色斜额蚜蝇，直针斜额食蚜蝇，多色坚蚜蝇

Pipizella virens (Fabricius) 金绿斜额蚜蝇，金绿坚蚜蝇

Pipizini 缩颜蚜蝇族

pipunculid 1. [= pipunculid fly, big-headed fly] 头蝇 <头蝇科 Pipunculidae 昆虫的通称>；2. 头蝇科的

pipunculid fly [= pipunculid, big-headed fly] 头蝇

Pipunculidae 头蝇科

Pipunculinae 头蝇亚科

Pipunculus 头蝇属

Pipunculus campestris Latreille 平原头蝇

Pipunculus* (*Cephalops*) *excellens (Kertész) 见 *Cephalops excellens*

Pipunculus* (*Cephalops*) *fraternus (Kertész) 见 *Cephalops fraternus*

Pipunculus* (*Cephalops*) *pulvillatus (Kertész) 见 *Cephalops pulvillatus*

Pipunculus* (*Claraeola*) *adventitia (Kertész) 见 *Claraeola adventitia*

Pipunculus* (*Eudorylas*) *bicolor Becker 见 *Eudorylas bicolor*

Pipunculus* (*Eudorylas*) *eucalypti (Perkins) 见 *Eudorylas eucalypti*

Pipunculus* (*Eudorylas*) *gigas (Kertész) 见 *Eudorylas gigas*

Pipunculus* (*Eudorylas*) *holosericeus Becker 见 *Eudorylas holosericeus*

Pipunculus* (*Eudorylas*) *javanensis Meijere 见 *Eudorylas javanensis*

Pipunculus* (*Eudorylas*) *lentiger (Kertész) 见 *Eudorylas lentiger*

Pipunculus* (*Eudorylas*) *macropygus Meijere 见 *Eudorylas macropygus*

Pipunculus* (*Eudorylas*) *megacephalus (Kertész) 见 *Eudorylas megacephalus*

Pipunculus* (*Eudorylas*) *mutillatus Loew 见 *Eudorylas mutillatus*

Pipunculus* (*Eudorylas*) *nudus (Kertész) 见 *Eudorylas nudus*

Pipunculus* (*Eudorylas*) *orientalis Koizumi 见 *Eudorylas orientalis*

Pipunculus* (*Eudorylas*) *pallidiventris de Meijere 见 *Eudorylas pallidiventris*

Pipunculus* (*Eudorylas*) *platytarsis (Kertész) 见 *Eudorylas platytarsis*

Pipunculus* (*Eudorylas*) *roralis (Kertész) 见 *Eudorylas roralis*

Pipunculus* (*Eudorylas*) *sauteri Kertész 见 *Eudorylas sauteri*

Pipunculus* (*Eudorylas*) *separatus (Kertész) 见 *Eudorylas separatus*

Pipunculus similans Becker 同 *Tomosvaryella subvirescens*

pirate [*Catacroptera cloanthe* (Stoll)] 角翅伽蛱蝶

Pirates arcuatus (Stål) 见 *Peirates arcuatus*

Pirates atromaculatus (Stål) 见 *Peirates atromaculatus*

Pirates fulvescens Lindberg 见 *Peirates fulvescens*

Pirates lepturoides Stål 见 *Peirates lepturoides*
Pirates quadrinotatus (Fabricius) 见 *Peirates quadrinotatus*
Pirates turpis Walker 见 *Peirates turpis*
Pirdana 玢弄蝶属
Pirdana albicornis Elwes *et* Edwards 白喙玢弄蝶
Pirdana distanti Staudinger [plain green palmer] 疏玢弄蝶
Pirdana hyela (Hewitson) [green-striped palmer] 绿纹玢弄蝶，玢弄蝶
Pirdana major Evans [Himalayan green-striped palmer] 大玢弄蝶
Pireninae 寡节金小蜂亚科
Pirhites 琵灰蝶属
Pirhites orcidia (Hewitson) 琵灰蝶
Pirhites phoenissa (Hewitson) 紫红琵灰蝶
Pirkimerus 后刺长蝽属
Pirkimerus japonicus (Hidaka) 竹后刺长蝽，竹斑长蝽
Pirkimerus pulcher Liu *et* Zheng 丽后刺长蝽
piroplasmosis 梨浆虫病，焦虫病
pirpinto [= gulf white butterfly, great southern white, *Ascia monuste* (Linnaeus)] 白纯粉蝶，海湾菜粉蝶
Piruna 壁弄蝶属
Piruna aea (Dyar) [many-spotted skipperling] 艾亚壁弄蝶
Piruna ajijiciensis Freeman [Jalisco skipperling] 阿吉壁弄蝶
Piruna brunnea (Scudder) [chocolate skipperling] 棕壁弄蝶
Piruna ceracates (Hewitson) [Veracruz skipperling] 韦壁弄蝶
Piruna cingo Evans [many-spotted skipperling] 银斑壁弄蝶
Piruna cyclosticta (Dyar) [plateau skipperling] 高原壁弄蝶
Piruna dampfi (Bell) [violet-dusted skipperling] 紫粉壁弄蝶
Piruna gyrans Plötz [variable skipperling] 盖壁弄蝶
Piruna haferniki Freeman [Chisos skipperling] 圆斑壁弄蝶
Piruna jonka Steinhauser [Oaxacan skipperling] 瓦壁弄蝶
Piruna kemneri Freeman [Kemner's skipperling] 珂壁弄蝶
Piruna maculata Freeman [Sinaloan skipperling] 斑壁弄蝶
Piruna microstictus (Godman) [Southwest-Mexican skipperling] 小斑壁弄蝶
Piruna millerorum Steinhauser [Millers' skipperling] 米勒壁弄蝶
Piruna mullinsi Freeman [Mullins' skipperling] 穆壁弄蝶
Piruna penaea (Dyar) [hour-glass skipperling] 裴壁弄蝶
Piruna pirus (Edwards) [russet skipperling] 壁弄蝶
Piruna polingii (Barnes) [four-spotted skipperling] 星斑壁弄蝶
Piruna purepecha Warren *et* González-Cota [purepecha skipperling] 璞壁弄蝶
Piruna sina Freeman [fine-spotted skipperling] 细斑壁弄蝶
Pisacha 帔娜蜡蝉属
Pisacha encaustica (Jacobi) 台湾帔娜蜡蝉
Pisacha kwangsiensis Chou *et* Lu 广西帔娜蜡蝉
Pisacha naga Distant 楔纹帔娜蜡蝉
Pisara thyrophora Hampson 见 *Nola thyrophora*
piscina satyr [*Lasiophila piscina* Thieme] 鱼纹腊眼蝶
Pisenus 皮拟长朽木甲属，伪蕈虫属
Pisenus formosanus Miyatake 台皮拟长朽木甲，蓬莱伪蕈虫
Pison 豆短翅泥蜂属
Pison angullabium Wu *et* Zhou 角唇豆短翅泥蜂
Pison assimile Sickmann 相似豆短翅泥蜂
Pison atripenne Gussakowskij 褐带豆短翅泥蜂
Pison browni (Ashmead) 毛眼豆短翅泥蜂
Pison ignavum Turner 台湾豆短翅泥蜂
Pison insigne Sickmann 齿胸豆短翅泥蜂
Pison koreense (Radoszkowski) 朝鲜豆短翅泥蜂
Pison punctifrons Shuckard 刻点豆短翅泥蜂
Pison regale Smith 紫光豆短翅泥蜂
pisonis mimic [= brown-bordered white, *Itaballia pandosia* (Hewitson)] 珍粉蝶
Pisora hainana (Crowley) 见 *Capila hainana*
Pisora zennara Moore 见 *Capila zennara*
Pissodes 木蠹象甲属，木蠹象属
Pissodes affinis Randall [Randall's pine weevil] 拉氏木蠹象甲
Pissodes approximatus Hopkins [northern pine weevil] 北方松木蠹象甲，北方松象甲
Pissodes burkei Hopkins [Burke's fir weevil] 柏氏木蠹象甲
Pissodes californicus Hopkins 加州木蠹象甲，加州木蠹象
Pissodes castaneus (De Geer) [small banded pine weevil, banded pine weevil, lesser banded pine weevil, pine banded weevil, minor pine weevil] 带木蠹象甲，松脂象甲
Pissodes cembrae Motschulsky [sakhalin fir yellow-spotted weevil] 黑木蠹象甲，椴松黄星象甲，黑木蠹象
Pissodes coloradensis Hopkins 科州木蠹象甲，科州木蠹象
Pissodes costatus Mannerheim 同 *Pissodes schwarzi*
Pissodes curriei Hopkins [Currie's bark weevil] 柯里木蠹象甲
Pissodes dubius Randall 疑木蠹象甲，疑木蠹象
Pissodes engelmanni Hopkins [Engelmann spruce weevil] 恩云杉木蠹象甲，恩格曼云杉木蠹象甲，白松脂象甲
Pissodes fabricii Stephens 同 *Pissodes castaneus*
Pissodes fasciatus LeConte 带纹木蠹象甲，带纹木蠹象
Pissodes fiskei Hopkins 弗氏木蠹象甲，弗氏木蠹象
Pissodes murrayanae Hopkins 灰鼠木蠹象甲，灰鼠木蠹象
Pissodes nemorensis Germar [deodar weevil, eastern pine weevil] 雪松木蠹象甲，喜马拉雅杉脂象甲
Pissodes nitidus Roelofs 红木蠹象甲，红木蠹象
Pissodes notatus (Fabricius) 同 *Pissodes castaneus*
Pissodes obscurus Roelofs 黄星木蠹象甲，黄星木蠹象
Pissodes punctatus Langor *et* Zhang 刻点木蠹象甲，刻点木蠹象
Pissodes radiatae Hopkins [monterey pine weevil] 黄松木蠹象甲，坚松象甲
Pissodes rotundatus LeConte 圆木蠹象甲，圆木蠹象
Pissodes schwarzi Hopkins [Yosemite bark weevil, Schwarz's pine weevil] 施氏松木蠹象甲，尤塞米提松脂象甲
Pissodes similis Hopkins 类木蠹象甲，类木蠹象
Pissodes sitchensis Hopkins 同 *Pissodes strobi*
Pissodes strobi (Peck) [Sitka spruce weevil, white pine weevil] 白松木蠹象甲，西特卡云杉象甲，白松木蠹象，乔松木蠹象
Pissodes terminalis Hopping [lodgepole terminal weevil] 榛梢木蠹象甲，顶生松脂象甲，榛梢木蠹象
Pissodes validirostris Gyllenhyl 樟子松木蠹象甲，樟子松木蠹象
Pissodes webbi Hopkins 韦布木蠹象甲，韦布木蠹象
Pissodes yunnanensis Langor *et* Zhang 云南木蠹象甲，云南木蠹象
Pissodinae 木蠹象甲亚科，木蠹象亚科
Pissodini 木蠹象甲族，木蠹象族
pistachio bark beetle [= pistachio beetle, pistachio twig borer, pistacia bark beetle, *Chaetoptelius vestitus* (Mulsant *et* Rey)] 黄连木彩小蠹

pistachio beetle 见 pistachio bark beetle
pistachio twig borer 见 pistachio bark beetle
pistacia bark beetle 见 pistachio bark beetle
pistacia gall aphid [*Baizongia pistaciae* (Linnaeus)] 黄连木角瘿绵蚜，黄连木角瘿蚜，黄连木瘿蚜
pistazinus 褐黄绿色
pistol casebearer 1. [*Coleophora malivorella* Riley] 苹果鞘蛾，苹鞘蛾；2. [= apple pistol casebearer, *Coleophora anatipennella* (Hübner)] 纹鞘蛾，苹果鞘蛾
Pistoria 黑僻蚬蝶属
Pistoria nigropunctata (Bethune-Baker) 黑僻蚬蝶
Pistosia 扁潜甲属
Pistosia abscisa (Uhmann) 见 *Wallacea abscisa*
Pistosia dactyliferae (Maulik) 见 *Wallacea dactyliferae*
Pistosia nigra (Chen *et* Sun) 黑扁潜甲
Pistosia rubra (Gressitt) 见 *Neodownesia rubra*
Pistosia sita (Maulik) 大扁潜甲
pit making oak scale [= golden pit scale, small pit scale, oak pit scale, golden oak scale, *Asterodiaspis variolosa* (Ratzeburg)] 光泽栎链蚧，栎凹点镣蚧，柞树栎链蚧
pit scale [= asterolecaniid, asterolecaniid scale insect, asterolecaniid scale] 链蚧，镣蚧，链介壳虫 < 链蚧科 Asterolecaniidae 昆虫的通称 >
Pitasila brylancik (Bryk) 同 *Utetheisa inconstans*
Pitasila inconstans Butler 见 *Utetheisa inconstans*
pitbull katydid [= flat-faced katydid, flat-headed katydid, *Lirometopum coronatum* Scudder] 斗牛冠螽
pitch-eating weevil [*Pachylobius picivorus* (Germar)] 硬叶松象甲
pitch mass borer [*Vespamima pini* (Kellicott)] 松拟蜂透翅蛾，松群透翅蛾
pitch midge [*Cecidomyia resinicola* (Osten-Sacken)] 加拿大红松瘿蚊
pitch nodule maker [= northern pitch twig moth, *Petrova albicapitana* (Busck)] 美佩实小卷蛾，美实小卷蛾，松枝白头小卷蛾，松枝白头小卷叶蛾
pitch pine tip moth [*Rhyacionia rigidana* (Fernald)] 脂松梢小卷蛾，硬叶松卷蛾，硬叶松卷叶蛾
pitch twig moth [*Petrova comstockiana* (Fernald)] 针佩实小卷蛾，针实小卷蛾，康氏松枝小卷蛾，康氏松枝小卷叶蛾
pitcheating weevil [*Pachylobius picivorus* (Germar)] 松脂象甲，硬叶松象甲
pitcher-plant mosquito [= purple pitcher-plant mosquito, *Wyeomyia smithii* (Coquillett)] 猪笼草长足蚊
pitchy 黑褐色
Pitedia 楚蝽属 *Chlorochroa* 的异名
Pitedia juniperina (Linnaeus) 见 *Chlorochroa juniperina*
Pitedia juniperina juniperina (Linnaeus) 见 *Chlorochroa juniperina juniperina*
Pitedia juniperina orientalis Kerzhner 见 *Chlorochroa juniperina orientalis*
Pitedia uhleri (Stål) 见 *Chlorochroa uhleri*
Pithauria 琵弄蝶属
Pithauria linus Evans 宽突琵弄蝶，莱纳斯琵弄蝶
Pithauria marsena (Hewitson) [branded straw ace] 黄标琵弄蝶
Pithauria murdava (Moore) [dark straw ace] 暗琵弄蝶，琵弄蝶
Pithauria stramineipennis Wood-Mason *et* de Nicéville [light straw ace] 槁翅琵弄蝶
Pithauria stramineipennis linus Evans 见 *Pithauria linus*
Pithauria stramineipennis stramineipennis Wood-Mason *et* de Nicéville 槁翅琵弄蝶指名亚种，指名槁翅琶弄蝶
pitheas eighty-eight [= two-eyed eighty-eight, *Callicore pitheas* (Latreille)] 双睛图蛱蝶
Pithecops 丸灰蝶属
Pithecops corvus Fruhstorfer [forest quaker] 黑丸灰蝶
Pithecops corvus cornix Cowan 黑丸灰蝶琉球亚种，琉球黑星小灰蝶，黑星灰蝶，黑圆灰蝶，大斑里白灰蝶，柯黑丸灰蝶
Pithecops corvus correctus Cowan [Naga forest quaker] 黑丸灰蝶那加亚种，中印黑丸灰蝶
Pithecops corvus corvus Fruhstorfer 黑丸灰蝶指名亚种
Pithecops dionisius (Boisduval) [pied blue] 迪丸灰蝶
Pithecops fulgens Doherty [blue quaker] 蓝丸灰蝶
Pithecops fulgens fulgens Doherty 蓝丸灰蝶指名亚种
Pithecops fulgens urai Bethune-Baker 蓝丸灰蝶乌来亚种，乌来黑星小灰蝶，紫黑星灰蝶，对黑马星小灰蝶，紫圆灰蝶，台湾蓝丸灰蝶
Pithecops hylax Horsfield [forest quaker] 丸灰蝶
Pithecops nihana Moore 细点丸灰蝶，尼丸灰蝶
Pithecops ryukuuensis Shirôzu 琉球丸灰蝶
Pithitis 绿芦蜂亚属，绿芦蜂属
Pithitis smaragdula (Fabricius) 见 *Ceratina* (*Pithitis*) *smaragdula*
Pithitis unimaculata (Smith) 见 *Ceratina* (*Pithitis*) *unimaculata*
pithys sister [*Adelpha pithys* (Bates)] 皮特悌蛱蝶
pitted ambrosia beetle [*Corthylus punctatissimus* (Zimmerman)] 杜鹃花光小蠹，杜鹃花单鞭小蠹
pitted apple beetle [*Geloptera porosa* Lea] 苹心叶甲，辐射松叶甲
pittosporum borer [= pittosporum tree borer, pittosporum longicorn, *Strongylurus thoracicus* (Pascoe)] 凹胸强天牛，凹胸干天牛
pittosporum longicorn 见 pittosporum borer
pittosporum pit scale [= pittosporum scale, English ivy scale, ivy pit scale, *Planchonia arabidis* Signoret] 杂食盾链蚧，双链蚧
pittosporum scale 见 pittosporum pit scale
pittosporum tree borer 见 pittosporum borer
Pitydiplosis 辟瘿蚊属
Pitydiplosis puerariae Yukawa, Ikenaga *et* Sato 葛辟瘿蚊
Pityobiinae 异角叩甲亚科
Pityocera festae Giglio-Tos 匇大口虻
pityococcid 1. [= pityococcid scale, pityococcid scale insect] 坑珠蚧 < 坑珠蚧科 Pityococcidae 昆虫的通称 >；2. 坑珠蚧科的
pityococcid scale [= pityococcid, pityococcid scale insect] 坑珠蚧
pityococcid scale insect 见 pityococcid scale
Pityococcidae 坑珠蚧科
Pityococcinae 坑珠蚧亚科
Pityococcus 坑珠蚧属
Pityococcus ferrisi McKenzie 费氏坑珠蚧，费氏松珠蚧
Pityococcus rugulosus McKenzie 亚利桑那坑珠蚧，亚利桑那松珠蚧，亚利桑那食松松珠蚧
Pityogenes 星坑小蠹属
Pityogenes bidentatus (Herbst) [two-toothed pine beetle] 二齿星坑小蠹
Pityogenes bistridentatus Eichhoff 松星坑小蠹
Pityogenes chalcographus (Linnaeus) [six-toothed spruce bark

P

beetle, six-toothed bark beetle] 中穴星坑小蠹
Pityogenes coniferae Stebbing 品穴星坑小蠹
Pityogenes fossifrons LeConte 额沟星坑小蠹
Pityogenes hopkinsi Swaine 杉星坑小蠹
Pityogenes japonicus Nobuchi 暗额星坑小蠹，日本星坑小蠹
Pityogenes knechteli Swaine 耐氏星坑小蠹
Pityogenes plagiatus (LeConte) 窃星坑小蠹
Pityogenes quadridens (Hartig) 欧洲星坑小蠹
Pityogenes saalasi Eggers 上穴星坑小蠹
Pityogenes scitus Blandford 滑星坑小蠹
Pityogenes seirindensis Murayama 月穴星坑小蠹
Pityogenes spessivtsevi Lebedev 天山星坑小蠹
Pityokteines sparsus LeConte 云杉曲齿小蠹
Pityophthorus 细小蠹属
Pityophthorus abnormalis Bright 奇细小蠹
Pityophthorus alpinensis Hopping 阿尔卑细小蠹
Pityophthorus angustus Blackman 狭细小蠹
Pityophthorus apicenotatus Schedl 端斑细小蠹
Pityophthorus argentinensis Eggers 阿根廷细小蠹
Pityophthorus aterrimus Eggers 深黑细小蠹
Pityophthorus australis Blackman 南部细小蠹
Pityophthorus balsameus Blackman 树胶细小蠹
Pityophthorus bellus Blackman 美细小蠹
Pityophthorus biovalis Blackman 纯细小蠹
Pityophthorus bisulcatus Eichhoff 双沟细小蠹
Pityophthorus blackmani Wood 布氏细小蠹
Pityophthorus blandus Blackman 平滑细小蠹
Pityophthorus bolivianus Eggers 玻细小蠹
Pityophthorus brasiliensis Wood *et* Bright 巴西细小蠹
Pityophthorus brevis Blackman 短细小蠹
Pityophthorus brevisetosus Eggers 短毛细小蠹
Pityophthorus briscoei Blackman 布里斯科细小蠹
Pityophthorus cariniceps LeConte 隆脊细小蠹，松刻细小蠹
Pityophthorus carinifrons Blandford 隆额细小蠹
Pityophthorus carmeli Swaine 枝丽细小蠹
Pityophthorus cascoensis Blackman 喀斯科细小蠹
Pityophthorus concavus Blackman 凹额细小蠹
Pityophthorus confertus Swaine 丛生细小蠹
Pityophthorus confusus Blandford 混细小蠹
Pityophthorus consimilis LeContet 相似细小蠹
Pityophthorus cribripennis Eichhoff 粗翅细小蠹
Pityophthorus cubensis Schedl 古巴细小蠹
Pityophthorus declivisetosus Bright 斜毛细小蠹
Pityophthorus denticulatus Wood *et* Bright 齿细小蠹
Pityophthorus dentifrons (Blackman) 齿额细小蠹
Pityophthorus digestus (LeConte) 裂细小蠹
Pityophthorus dimorphus Schedl 二型细小蠹
Pityophthorus elegans Schedl 雅细小蠹
Pityophthorus elongatulus Schedl 狭长细小蠹
Pityophthorus elongatus Swaine 细长细小蠹
Pityophthorus flavimaculatus Murayama 黄斑细小蠹
Pityophthorus formosus Bright 倩细小蠹
Pityophthorus fuscus Blackman 棕色细小蠹
Pityophthorus gentilis Schedl 优细小蠹
Pityophthorus ghanaensis Schedl 加纳细小蠹
Pityophthorus glabratus Eichhoff 滑细小蠹
Pityophthorus gracilis Swaine 瘦细小蠹
Pityophthorus grandis Blackman 巨细小蠹
Pityophthorus granulatus Swaine 粒刻细小蠹
Pityophthorus granulicauda Schedl 粒尾细小蠹
Pityophthorus granulipennis Schedl 粒鞘细小蠹
Pityophthorus guadeloupensis Nunberg 瓜岛细小蠹
Pityophthorus hirticeps LeConte 毛头细小蠹
Pityophthorus irregularis Eggers 非常细小蠹
Pityophthorus jucundus Blandford 愉细小蠹
Pityophthorus juglandis Blackman [walnut twig beetle] 胡桃木细小蠹
Pityophthorus laticeps Bright 阔头细小蠹
Pityophthorus lautus Eichhoff 毛细小蠹
Pityophthorus leechi Wood 李氏细小蠹
Pityophthorus lichtensteini (Ratzeburg) 利细小蠹
Pityophthorus longipilus Schedl 长毛细小蠹
Pityophthorus longulus Sokanovskii 长细小蠹
Pityophthorus macrographus Eichhoff 大刻细小蠹
Pityophthorus madagascariensis Schedl 马岛细小蠹
Pityophthorus mandibularis Schedl 显颚细小蠹
Pityophthorus megas Bright 大细小蠹
Pityophthorus melanurus Wood 暗黑细小蠹
Pityophthorus mexicanus Blackman 墨西哥细小蠹
Pityophthorus micrographus (Linnaeus) 细刻细小蠹
Pityophthorus miniatus Bright 红褐细小蠹
Pityophthorus minimus Bright 微细小蠹
Pityophthorus minus Bright 小细小蠹
Pityophthorus minutus Schedl 短小细小蠹
Pityophthorus morosovi Spessivtseff 钝翅细小蠹
Pityophthorus murrayanae Blackman 默里细小蠹
Pityophthorus nebulosus Wood 污细小蠹
Pityophthorus niger Schedl 黑细小蠹
Pityophthorus nigricans Blandford 浅黑细小蠹
Pityophthorus nigriceps Wood 黑头细小蠹
Pityophthorus nitidicollis Blackman 光胸细小蠹
Pityophthorus nitidulus (Mannerheim) 光亮细小蠹，小光细小蠹
Pityophthorus nitidus Swaine 光臀细小蠹
Pityophthorus nudus Swaine 光细小蠹
Pityophthorus obliquus LeConte 斜细小蠹
Pityophthorus obtusipennis Blandford 钝鞘细小蠹
Pityophthorus occidentalis Blackman 西方细小蠹
Pityophthorus opacifrons Wood 暗额细小蠹
Pityophthorus opaculus LeConte 暗细小蠹
Pityophthorus orarius Bright 滨细小蠹
Pityophthorus ornatus Blackman 饰细小蠹
Pityophthorus philippinensis Schedl 菲细小蠹
Pityophthorus piceus Bright 褐细小蠹
Pityophthorus pini Kurentzev 尖翅细小蠹
Pityophthorus pityographus (Ratzeburg) [fir bark beetle] 冷杉细小蠹，西方微刻小蠹
Pityophthorus pseudotsugae Swaine 黄杉细小蠹，云杉刻细小蠹
Pityophthorus puberulus (LeConte) 柔毛刻细小蠹
Pityophthorus pubescens (Marsham) 毛刻细小蠹
Pityophthorus pulchellus Eichhoff 丽细小蠹，侧棘细小蠹

Pityophthorus pulchellus tuberculatus Eichhoff 见 *Pityophthorus tuberculatus*
Pityophthorus pulicarius (Zimmermann) [pine tip beetle] 松枝刻细小蠹，芝麻细小蠹
Pityophthorus punctatus Eggers 刻点细小蠹
Pityophthorus puncticollis LeConte 刻胸细小蠹
Pityophthorus punctifrons Bright 刻额细小蠹
Pityophthorus punctiger Wood *et* Bright 具刻点细小蠹
Pityophthorus quadrispinatus Schedl 四刺细小蠹
Pityophthorus regularis Blackman 常细小蠹
Pityophthorus retifrons Wood 网额细小蠹
Pityophthorus robustus Pfeffer 壮细小蠹
Pityophthorus rubripes Eggers 红足细小蠹
Pityophthorus rugicollis Swaine 皱胸细小蠹
Pityophthorus sampsoni Stebbing 桑氏细小蠹
Pityophthorus seiryuensis Murayama 青龙细小蠹
Pityophthorus serratus Swaine 波细小蠹
Pityophthorus setosus Blackman 多毛细小蠹
Pityophthorus sextuberculatus Eggers 六突细小蠹
Pityophthorus sibiricus Nunberg 西伯细小蠹
Pityophthorus similaris Wood 类细小蠹
Pityophthorus similis Eichhoff 似细小蠹
Pityophthorus splendens Wood 辉细小蠹
Pityophthorus tenuis Swaine 纤细小蠹
Pityophthorus torali Wood 具结细小蠹
Pityophthorus tuberculatus Eichhoff 瘤细小蠹，瘤突细小蠹
Pityophthorus venustus Blackman 靓细小蠹
Pityophthorus watsoni Schedl 瓦氏细小蠹
Pityophthorus woodi Bright 伍氏细小蠹
pixie [= red-bordered pixie, *Melanis pixe* (Boisduval)] 红顶黑蚬蝶
Pixus 皮克蚬蝶属
Pixus corculum (Stichel) [pixus metalmark] 皮克蚬蝶
pixus metalmark [*Pixus corculum* (Stichel)] 皮克蚬蝶
Piyuma 滑领泥蜂属，皮泥蜂属
Piyuma prosopoides (Turner) 齿唇滑领泥蜂，普皮泥蜂
Piyuma prosopoides iwatai (Yasumatsu) 齿唇滑领泥蜂岩田亚种，普皮泥蜂台湾亚种，台普皮泥蜂
Piyuma prosopoides prosopoides (Turner) 齿唇滑领泥蜂指名亚种
Pkaonia 棘蝇属
Pkaonia liaoshiensis Zhang *et* Zhang 辽西棘蝇
Placaciura 布楔实蝇属，普拉卡实蝇属
Placaciura alacris (Loew) 亚布楔实蝇，奥拉普拉卡实蝇
placenta 胎盘 <在有些胎生昆虫中，卵泡皮细胞层被认为有供应营养的作用，故有此拟称>
placid giant owl [*Caligo placidianus* Staudinger] 波浪猫头鹰环蝶
Placidellus 离瓣叶蝉属
Placidellus conjugatus Zhang, Wei *et* Shen 双支离瓣叶蝉
Placidellus ishiharei Evans 石原离瓣叶蝉
Placidohalictus 柔隧蜂亚属
Placidula 静绡蝶属
Placidula euryanassa (Felder *et* Felder) 静绡蝶
Placidus 小头叶蝉属
Placidus albonotatus Li *et* Wang 同 *Minucella leucomaculata*
Placidus brunneus Kuoh 棕面小头叶蝉
Placidus dentatus Zhang *et* Wei 密齿小头叶蝉
Placidus flosifrontus Zhang *et* Wei 花顶小头叶蝉
Placidus furcatus Li *et* Zhang 见 *Cyrta furcata*
Placidus hornei Distant 见 *Cyrta hornei*
Placidus incurvatus Wei *et* Zhang 凹瓣小头叶蝉
Placidus leucomaculatus Li *et* Zhang 见 *Minucella leucomaculata*
Placidus longiprocessus Li *et* Zhang 见 *Cyrta longiprocessa*
Placidus longwangshanensis Li *et* Zhang 见 *Cyrta longwangshanensis*
Placidus maculates Li *et* Zhang 同 *Minucella leucomaculata*
Placidus nigrocupuliferous Zhang *et* Wei 乌蹲小头叶蝉
Placidus orientalis Schumacher 见 *Cyrta orientalis*
Placidus striolatus Zhang *et* Wei 条痕小头叶蝉
Placidus testaceus Kuoh 黄褐小头叶蝉
Placidus vicinus Dlabola 带翅小头叶蝉
Placoblatta 疹蠊属
Placoblatta rugosa Bey-Bienko 皱疹蠊
placoid 板状的
placoid sensilla [s. placoid sensillum; = sensillum placodeum] 板形感器
placoid sensillum [pl. placoid sensilla; = sensillum placodeum] 板形感器
Placolabis 板肥螋属
Placolabis mira Bey-Bienko 方板肥螋，奇板肥螋
Placonotus 普姬扁甲属
Placonotus admotus (Grouvelle) 阿普姬扁甲，阿角胸扁谷盗
Placonotus subtestaceus (Grouvelle) 近黄普姬扁甲，黄褐角胸扁谷盗
Placonotus testaceus (Fabricius) 黄褐普扁甲
Placopsidella 羽芒水蝇属，板水蝇属
Placopsidella cynocephala Kertész 蓝头羽芒水蝇，蓝头板水蝇，狗头渚蝇
Placopsidella grandis (Cresson) 巨羽芒水蝇，魁梧板水蝇，魁梧渚蝇，大裸水蝇
Placopsidella signatella (Enderlein) 印痕羽芒水蝇
Placoptila 环尖蛾属，普举肢蛾属
Placoptila semioceros (Meyrick) 半环尖蛾，半须普举肢蛾
Placosaris 普叶野螟属
Placosaris auranticilialis (Caradja) 橘普叶野螟，橘纤野螟
Placosaris intensalis (Swinhoe) 阴普叶野螟，阴切叶野螟
Placosaris rubellalis (Caradja) 红普叶野螟，红阴切叶野螟
Placosternum 莽蝽属
Placosternum alces Stål 斯兰莽蝽，驼鹿莽蝽
Placosternum dama (Fabricius) 红莽蝽
Placosternum esakii Miyamoto 褐莽蝽
Placosternum jiangleensis Lin *et* Zhang 将乐莽蝽
Placosternum taurus (Fabricius) 莽蝽
Placosternum urus Stål 斑莽蝽
Placusa 额脊隐翅甲属
Placusa longipennis Bernhauer 长翅额脊隐翅甲，长翅额脊隐翅虫
Plaesius 大阎甲属，大阎甲亚属，曲阎甲属
Plaesius (Hyposolenus) bengalensis Lewis 孟加拉大阎甲
Plaesius javanus Erichson 见 *Plaesius (Plaesius) javanus*
Plaesius (Plaesius) javanus Erichson 爪哇大阎甲，爪哇曲阎甲
Plaesius (Plaesius) mohouti Lewis 莫氏大阎甲
plaga [pl. plagae] 纹，纵点

plagae [s. plaga] 纹，纵点
plagate 有纹的
Plagideicta 夕夜蛾属
Plagideicta leprosa (Hampson) 斑夕夜蛾，夕夜蛾
Plagideicta leprosticta (Hampson) 勒夕夜蛾，夕夜蛾，鳞缩夜蛾
Plagideicta magniplaga (Walker) 大斑夕夜蛾，粗纹夕夜蛾
Plagideicta major Warren 联夕夜蛾，巨夕夜蛾
Plagideicta minor Holloway 仲夕夜蛾
Plagiocephalus 偏小金蝇属
Plagiocephalus latifrons Hendel 宽额偏小金蝇
plagioclimax 偏途顶极群落
Plagiodera 圆叶甲属，瓢金花虫属
Plagiodera bicolor Weise 双色圆叶甲，二色圆叶甲
Plagiodera bicolor bicolor Weise 双色圆叶甲指名亚种
Plagiodera bicolor hengduanica Chen *et* Wang 双色圆叶甲横断亚种，横断二色圆叶甲
Plagiodera borealis Gressitt *et* Kimoto 辽宁圆叶甲
Plagiodera californica (Rogers) [California willow beetle] 加州柳圆叶甲，加州柳青叶甲
Plagiodera chinensis Weise 同 *Plagiodera versicolora*
Plagiodera cupreata Chen 铜色圆叶甲
Plagiodera hanoiensis Chen 同 *Plagiodera versicolora*
Plagiodera septemvittata Stål 十五斑圆叶甲，七纹圆叶甲，七带瓢金花虫
Plagiodera versicolora (Laicharting) [imported willow leaf beetle, willow leaf beetle] 柳圆叶甲，柳叶甲，柳瓢金花虫
Plagiodera versicolora distincta Baly [willow blue leaf beetle] 柳圆叶甲显著亚种，显柳圆叶甲，柳兰叶甲
Plagiodera versicolora versicolora (Laicharting) 柳圆叶甲指名亚种
Plagiodera yunnanica Chen 云南圆叶甲
Plagiognathus 斜唇盲蝽属
Plagiognathus alashanensis Qi *et* Nonnaizab 阿拉善斜唇盲蝽
Plagiognathus albipennis (Fallén) 白翅斜唇盲蝽，淡腹斜唇盲蝽
Plagiognathus amurensis Reuter 黑龙江斜唇盲蝽
Plagiognathus arbustorum (Fabricius) 树斜唇盲蝽
Plagiognathus breviceps Reuter 见 *Eumecotarsus breviceps*
Plagiognathus canoflavidus Qi *et* Nonnaizab 灰黄斜唇盲蝽
Plagiognathus chrysanthemi (Wolff) 菊斜唇盲蝽
Plagiognathus cinerascens Reuter 同 *Plagiognathus chrysanthemi*
Plagiognathus collaris (Matsumura) 领斜唇盲蝽
Plagiognathus kiritshenkoi Kulik 见 *Europiella kiritshenkoi*
Plagiognathus leucopus Kerzhner 见 *Europiella leucopus*
Plagiognathus lividellus Kerzhner 见 *Europiella lividella*
Plagiognathus lividus Reuter 见 *Europiella livida*
Plagiognathus moestus Reuter 川斜唇盲蝽
Plagiognathus muculosus Zhao *et* Li 同 *Eumecotarsus breviceps*
Plagiognathus nigricornis Hsiao 同 *Plagiognathus amurensis*
Plagiognathus obscuriceps (Stål) 褐斜唇盲蝽
Plagiognathus solani Matsumura [eggplant lace bug] 茄盲蝽
Plagiognathus vitellinus (Scholtz) 全北斜唇盲蝽
Plagiognathus yomogi (Miyamoto) 黑斜唇盲蝽
Plagiogonus tesarianus Paullian 特角纹蜉金龟甲，特角纹蜉金龟
Plagiogramma 斜阎甲属
Plagiogramma fissum (Marseul) 裂斜阎甲，裂阎甲
Plagiogramma minimumm Salah 小斜阎甲
Plagiolepidini 斜结蚁族，斜山蚁族
Plagiolepis 斜结蚁属，斜山蚁属
Plagiolepis alluaudi Emery [little yellow ant] 阿禄斜结蚁，阿禄斜蚁，阿禄斜山蚁
Plagiolepis cardiocarenis Chang *et* He 心头斜结蚁
Plagiolepis demangei Santschi 德氏斜结蚁
Plagiolepis exigua Forel 短小斜结蚁，短小斜蚁，短小斜山蚁
Plagiolepis jerdoni Forel 杰氏斜结蚁
Plagiolepis mactavishi Wheeler 同 *Plagiolepis alluaudi*
Plagiolepis manczshurica Ruzsky 满斜结蚁
Plagiolepis pallescens Forel 灰白斜结蚁
Plagiolepis pygmaea (Latreille) 矮斜结蚁，矮小斜结蚁
Plagiolepis rothneyi Forel 见 *Lepisiota rothneyi*
Plagiolepis rothneyi rothneyi Forel 见 *Lepisiota rothneyi rothneyi*
Plagiolepis rothneyi taivanae Forel 见 *Lepisiota rothneyi taivanae*
Plagiolepis rothneyi watsonii Forel 见 *Lepisiota rothneyi watsonii*
Plagiolepis rothneyi wroughtonii Forel 见 *Lepisiota rothneyi wroughtonii*
Plagiolepis taurica Santschi 细胸满斜结蚁
Plagiolepis wroughtoni Forel 见 *Lepisiota rothneyi wroughtonii*
Plagiomerus 横索跳小蜂属
Plagiomerus aulaccaspis Tan *et* Zhao 白轮蚧四索跳小蜂
Plagiomerus chinensis Si, Li *et* Li 中华横索跳小蜂
Plagiomerus derceto (Trjapitzin) 鱼神横索跳小蜂，德异平跳小蜂
Plagiomerus diaspidis Crawford 盾蚧横索跳小蜂
Plagiomerus magniclavus Tan *et* Zhao 大棒四索跳小蜂
Plagiomima sinaica Villeneuve 见 *Nanoplagia sinaica*
Plagiometriona 扁龟甲属
Plagiometriona phoebe (Boheman) [target tortoise beetle] 靶扁龟甲
Plagionotus 丽虎天牛属
Plagionotus arcuatus (Linnaeus) 箭丽虎天牛
Plagionotus bisbifasciatus Pic 双带丽虎天牛
Plagionotus christophi (Kraatz) 红肩丽虎天牛，红肩虎天牛
Plagionotus fairmairei Gressitt 暗色丽虎天牛
Plagionotus floralis (Pallas) 苜蓿丽虎天牛
Plagionotus pulcher Blessig [small tiger longicorn] 栎丽虎天牛，丽虎天牛
Plagiophorus 偏隐翅甲属，偏隐翅虫属
Plagiophorus amygdalinus Sugaya 阿偏隐翅甲，阿偏隐翅虫
Plagiophorus grandoculatus Sugaya, Nomura *et* Burckhardt 大眼偏隐翅甲
Plagiophorus hispidus Sugaya, Nomura *et* Burckhardt 刚毛偏隐翅甲
Plagiophorus hlavaci Sugaya, Nomura *et* Burckhardt 赫氏偏隐翅甲
Plagiophorus matousheki (Löbl) 马氏偏隐翅甲，马副蚁甲
Plagiophorus serratus Sugaya, Nomura *et* Burckhardt 齿偏隐翅甲
Plagiophorus subcorticalis Sugaya 台湾偏隐翅甲，台湾偏隐翅虫
plagiosere 偏途演替系列
Plagiostenopterina 狭翅广口蝇属，普扁口蝇属
Plagiostenopterina aenea (Wiedemann) 古铜狭翅广口蝇，古铜普扁口蝇，古铜广口蝇
Plagiostenopterina formosana Hendel 台湾狭翅广口蝇，台普扁

口蝇，台湾广口蝇

Plagiostenopterina marginata (van der Wulp) 边缘狭翅广口蝇

Plagiostenopterina olivacea Hendel 橄榄狭翅广口蝇，榄色普扁口蝇，橄榄广口蝇

Plagiostenopterina soror Enderlein 小丘狭翅广口蝇，莱普扁口蝇，修女广口蝇

Plagiostenopterina teres Hendel 端斑狭翅广口蝇

Plagiostenopterina yunnana Wang *et* Chen 云南狭翅广口蝇

Plagiosterna 圆叶甲属 *Plagiodera* 的异名

Plagiosterna aenea (Linnaeus) 见 *Linaeidea aenea*

Plagiosterna aeneipennis (Baly) 见 *Linaeidea aeneipennis*

Plagiosterna maculicollis insularis (Chûjô) 同 *Linaeidea maculicollis*

Plagiosterna nigripes Kimoto 见 *Linaeidea nigripes*

Plagiotriptus 斜杵蜢属

Plagiotriptus pinivorus Descamps 食松斜杵蜢

Plagiotrochus 麻纹瘿蜂属

Plagiotrochus glaucus Tang *et* Melika 青冈麻纹瘿蜂

Plagiotrochus tarokoensis Tang *et* Melika 太鲁阁麻纹瘿蜂

Plagiozopelma 基刺长足虻属

Plagiozopelma apicatum (Becker) 端生基刺长足虻

Plagiozopelma biseta Zhu, Masunaga *et* Yang 双基刺长足虻

Plagiozopelma brevarista Zhu *et* Yang 短芒基刺长足虻

Plagiozopelma defuense Yang, Grootaert *et* Song 德浮基刺长足虻

Plagiozopelma elongatum (Becker) 长跗基刺长足虻，长缘长足虻

Plagiozopelma flavidum Zhu, Masunaga *et* Yang 亚黄胸基刺长足虻

Plagiozopelma flavipodex (Becker) 黄胸基刺长足虻

Plagiozopelma luchunanum Yang *et* Saigusa 绿春基刺长足虻

Plagiozopelma magniflavum Bickel *et* Wei 大黄基刺长足虻

Plagiozopelma medivittatum Bickel *et* Wei 中饰基刺长足虻

Plagiozopelma pubescens Yang 长毛基刺长足虻

Plagiozopelma satoi Yang 佐藤基刺长足虻

Plagiozopelma trifurcatum Yang, Grootaert *et* Song 三叉基刺长足虻

Plagiozopelma xishuangbannanum Yang, Grootaert *et* Song 西双版纳基刺长足虻

Plagiusa ceylonica (Kraatz) 见 *Neosilusa ceylonica*

Plagiusa chinensis (Bernhauer) 见 *Neosilusa chinensis*

Plagodis 木纹尺蛾属

Plagodis dolabraria (Linnaeus) [scorched wing] 斧木纹尺蛾

Plagodis dolabraria costisignata Wehrli 斧木纹尺蛾缘斑亚种，缘木纹尺蛾

Plagodis dolabraria dolabraria (Linnaeus) 斧木纹尺蛾指名亚种

Plagodis excisa Wehrli 木纹尺蛾

Plagodis hypomelina Wehrli 下木纹尺蛾

Plagodis inustaria (Moore) [Indian scorched wing] 引木纹尺蛾

Plagodis niveivertex Wehrli 白顶木纹尺蛾

Plagodis porphyrea Prout 坡木纹尺蛾

Plagodis postlineata Wehrli 后线木纹尺蛾

Plagodis propoecila Wehrli 原木纹尺蛾

Plagodis reticulata Warren 纤木纹尺蛾，皱纹黄尺蛾

Plagodis subpurpuraria (Leech) 紫木纹尺蛾，近紫真小花尺蛾

Plagodis subpurpuraria incerta Prout 紫木纹尺蛾存疑亚种，荫紫木纹尺蛾

Plagodis subpurpuraria subpurpuraria (Leech) 紫木纹尺蛾指名亚种

plague phasmid [= gregarious phasmid, ringbarker phasmid, ringbarker stick insect, *Podacanthus wilkinsoni* Macleay] 魏氏群居蝽

plague thrips [= apple blossom thrips, *Thrips imaginis* Bagnall] 苹花蓟马

plain ace [*Halpe kumara* de Nicéville] 库酣弄蝶，库马拉酣弄蝶

plain banded awl [*Hasora vitta* (Butler)] 纬带趾弄蝶，紫藤弄蝶，长臀弄蝶

plain bentwing [*Ebrietas elaudia* (Plötz)] 淡酒弄蝶

plain blue crow [*Euploea modesta* Butler] 谦和紫斑蝶，摩紫斑蝶

plain brown-skipper [= facilis skipper, *Eutocus facilis* (Plötz)] 淡优弄蝶，优弄蝶

plain bushbrown [*Mycalesis malsarida* Butler] 霾纱眉眼蝶

plain forester [*Bebearia lucayensis* Hecq] 淡色舟蛱蝶

plain golden Y [*Autographa jota* (Linnaeus)] 约丫纹夜蛾

plain green palmer [*Pirdana distanti* Staudinger] 疏玢弄蝶

plain grey hawkmoth [*Psilogramma increta* (Walker)] 丁香霜天蛾，丁香天蛾，细斜纹霜天蛾，细斜纹天蛾，霜降天蛾

plain hedge blue [*Celastrina lavendularis* (Moore)] 熏衣琉璃灰蝶

plain hottentot skipper [= common hottentot skipper, *Gegenes niso* (Linnaeus)] 草原吉弄蝶

plain judy [*Abisara intermedia* Aurivillius] 中褐蚬蝶

plain lacewing [*Cethosia penthesilea methypsea* (Butler)] 红黑锯蛱蝶淡色亚种

plain longtail [*Urbanus simplicius* (Stoll)] 隐斑长尾弄蝶

plain marbled skipper [= mallow skipper, *Carcharodus alceae* (Esper)] 婀卡弄蝶

plain orange awlet [*Burara anadi* (de Nicéville)] 淡黄暮弄蝶

plain orange tip [*Colotis eucharis* Fabricius] 黄绿珂粉蝶

plain palm-dart [*Cephrenes acalle* (Höpffer)] 阿卡金斑弄蝶

plain plushblue [*Flos apidanus* (Cramer)] 花灰蝶

plain puffin [*Appias indra* (Moore)] 雷震尖粉蝶，黑角尖粉蝶

plain pumpkin beetle [= northern pumpkin beetle, red pumpkin beetle, *Aulacophora abdominalis* (Fabricius)] 西葫芦红守瓜

plain red slender moth [= pale red slender moth, Japanese alder gracilarid, *Caloptilia elongella* (Linnaeus)] 赤杨丽细蛾，赤杨花细蛾，赤杨细蛾

plain sailer [*Neptis cartica* Moore] 卡环蛱蝶

plain satyr [*Cissia pompilia* (Felder *et* Felder)] 淡色细眼蝶

plain silkworm 白蚕，姬蚕，素蚕

plain skipper [*Lerema ancillaris* Evans] 暗影弄蝶

plain smudge [*Ypsolopha lucella* (Fabricius)] 淡斑冠翅蛾，冠翅蛾

plain snow flat [*Tagiades lavata* Butler] 浣裙弄蝶

plain sulphur [*Dercas lycorias* (Doubleday)] 黑角方粉蝶，小矩翅粉蝶

plain tailless oakblue [*Arhopala asopia* Hewitson] 阿索娆灰蝶

plain tiger [= African monarch, *Danaus chrysippus* (Linnaeus)] 金斑蝶，桦斑蝶，阿檀蝶

plain tufted lancer [*Isma iapis* (de Nicéville)] 草原缨矛弄蝶

plain vagrant [= Buquet's vagrant, *Nepheronia buquetii* (Boisduval)] 布氏乃粉蝶

plain yellow lancer [*Xanthoneura corissa* (Hewitson)] 黄显弄蝶

plains blue royal [*Tajuria jehana* Moore] 择钠双尾灰蝶

plains cupid [= cycad blue, *Chilades pandava* (Horsfield)] 曲纹紫

灰蝶，咖灰蝶，苏铁灰蝶，苏铁棕灰蝶
plains false wireworm [*Eleodes opacus* (Say)] 草原脂亮甲，草原拟步甲，草原伪金针虫
plains lubber [= plains lubber grasshopper, western lubber grasshopper, western lubber, lubber grasshopper, homesteader, *Brachystola magna* (Girard)] 魔蝗
plains lubber grasshopper 见 plains lubber
plains skipper [*Hesperia assiniboia* (Lyman)] 茶斑灰翅弄蝶
Plamius 食菌甲属
Plamius convexus Chûjô 凸食菌甲
Plamius fukiensis Picka 尖斑食菌甲
Plamius kaszabi Picka 直斑食菌甲
Plamius quadrimaculatus (Kaszab) 四斑食菌甲，锥尾拟回木虫，锥尾回木虫
Plamius quadrinotatus (Pic) 同 *Plamius quadrimaculatus*
Planaeschna 黑额蜓属，普蜓属
Planaeschna caudispina Zhang *et* Cai 棘尾黑额蜓，尾刺黑额蜓
Planaeschna celia Wilson *et* Reels 希里黑额蜓
Planaeschna chiengmaiensis Asahina 清迈黑额蜓
Planaeschna gressitti Karube 联纹黑额蜓
Planaeschna haui Wilson *et* Xu 郝氏黑额蜓
Planaeschna ishigakiana Asahina 石垣黑额蜓，石垣晏蜓
Planaeschna ishigakiana flavostria Yeh 石垣黑额蜓台湾亚种，石垣晏蜓台湾亚种
Planaeschna ishigakiana ishigakiana Asahina 石垣黑额蜓指名亚种
Planaeschna laoshanensis Zhang, Yeh *et* Tong 崂山黑额蜓
Planaeschna liui Xu, Chen *et* Qui 刘氏黑额蜓
Planaeschna maculifrons Zhang *et* Cai 角斑黑额蜓，斑额黑额蜓
Planaeschna maolanensis Zhou *et* Bao 茂兰黑额蜓
Planaeschna milnei Sélys 米氏黑额蜓，角斑黑额蜓，米普蜓
Planaeschna milnei milnei Sélys 米氏黑额蜓指名亚种
Planaeschna milnei orientalis Kobayashi 米氏黑额蜓东方亚种，东方黑额蜓
Planaeschna monticola Zhang *et* Cai 高山黑额蜓，山黑额蜓
Planaeschna nankunshanensis Zhang, Yeh *et* Tong 南昆山黑额蜓，南昆黑额蜓
Planaeschna nanlingensis Wilson *et* Xu 南岭黑额蜓
Planaeschna owadai Karube 褐面黑额蜓
Planaeschna risi Asahina 李氏黑额蜓，李斯晏蜓，雷氏黑额蜓
Planaeschna robusta Zhang *et* Cai 粗壮黑额蜓，壮黑额蜓
Planaeschna shanxiensis Zhu *et* Zhang 山西黑额蜓
Planaeschna skiaperipola Wilson *et* Xu 幽灵黑额蜓
Planaeschna suichangensis Zhou *et* Wei 遂昌黑额蜓
Planaeschna taiwana Asahina 台湾黑额蜓，阳明晏蜓
Planaphrodes 普尖胸沫蝉属
Planaphrodes bifasciata (Linnaeus) 双带普尖胸沫蝉，双带尖胸沫蝉，双带脊冠叶蝉
Planchonia 盾链蚧属
Planchonia algeriensis Newstead 北非盾链蚧
Planchonia arabidis Signoret [pittosporum pit scale, pittosporum scale, English ivy scale, ivy pit scale] 杂食盾链蚧，双链蚧
Planchonia fimbriata (Boyer de Fonscolombe) 法国盾链蚧
Planchonia gradiculum (Russell) 莉盾链蚧
Planchonia gutta (Green) 红厚壳盾链蚧
Planchonia launeae (Russell) 栓果菊盾链蚧
Planchonia nevadensis (Balachowsky) 中亚盾链蚧
Planchonia thespesiae (Green) 锡兰盾链蚧
Planchonia tokyonis (Kuwana) 东京盾链蚧，东京链蚧
Planchonia zanthenes (Russell) 海桐盾链蚧
plancus skipperling [= Hopffer's skipperling, *Dalla plancus* Hopffer] 平板达弄蝶
plane [= sword-tailed flash, *Bindahara phocides* (Fabricius)] 金尾灰蝶
plane leaf miner [= London midget, *Phyllonorycter platani* (Staudinger)] 欧洲小潜细蛾
Planempis 平舞虻亚属
Planetella conesta Jiang 水竹突胸瘿蚊
Planetes 平步甲属
Planetes bimaculatus MacLeay 二斑平步甲
Planetes formosanus Jedlička 台平步甲
Planetes muiri Andrewes 谬平步甲
Planetes puncticeps Andrewes 点平步甲
planetous 迁徙种类
Planibates fukiensis Kaszab 见 *Bradymerus fukiensis*
Planiculus 扁小蠹属，扁材小蠹属
Planiculus bicolor (Blandford) [bicolor bark beetle] 双色扁小蠹，双色小蠹，双色扁材小蠹
Planiculus limatus (Schedl) 凹端扁小蠹
Planiculus minutus (Blandford) 见 *Euwallacea minutus*
Planiculus shiva (Maiti *et* Saha) 瘤扁小蠹
planidiform 闯蚴型 < 指某些寄生性双翅目小头虻科 Acroceratidae 和膜翅目的后胸小蜂科 Perilampidae、小蜂科 Chalcididae 的第一龄幼虫 >
planidium 闯蚴 < 参阅 planidiform>
planimeter 面积计
planipennate 具扁翅的
Planipennia 平翅类 < 包括脉翅目昆虫中翅大且在静止时平放体上的科，如草蛉科 Chrysopidae、蚁蛉科 Myrmeleonidae 等 >
Planociampa 子尺蛾属
Planociampa antipala Prout 角子尺蛾
Planociampa chlora Yazaki *et* Wang 绿子尺蛾，绿朴尺蛾
Planococcoides 牦粉蚧属，臀粉蚧属
Planococcoides bambusicola (Takahashi) 刺竹牦粉蚧
Planococcoides chiponensis (Takahashi) 台湾牦粉蚧
Planococcoides lindingeri (Bodenheimer) 甘蔗牦粉蚧
Planococcoides lingnani (Ferris) 岭南牦粉蚧，岭南臀粉蚧
Planococcoides macarangae (Takahashi) 见 *Formicococcus macarangae*
Planococcoides monticola (Green) 锡兰牦粉蚧
Planococcoides njalensis (Laing) 见 *Formicococcus njalensis*
Planococcoides robustus Ezzat *et* McConnell 印度牦粉蚧
Planococcus 臀纹粉蚧属，刺粉蚧属，臀纹粉介壳虫属
Planococcus angkorensis (Takahashi) 柬埔寨臀纹粉蚧，柬埔寨刺粉蚧
Planococcus azaleae (Tinsley) 杜鹃臀纹粉蚧
Planococcus bambusifolii (Takahashi) 马来臀纹粉蚧，马来刺粉蚧
Planococcus citri (Risso) [citrus mealybug, common mealybug, citrus scale] 柑橘臀纹粉蚧，橘臀纹粉蚧，柑橘刺粉蚧，橘粉蚧，橘臀纹粉介壳虫

P

Planococcus dendrobii Ezzat *et* McConnell 兰花臀纹粉蚧，兰花刺粉蚧

Planococcus dorsospinosus Ezzat *et* McConnell 荔枝臀纹粉蚧，荔枝刺粉蚧，背刺臀纹粉蚧

Planococcus ficus (Signoret) [vine mealybug] 无花果臀纹粉蚧，无花果刺粉蚧

Planococcus indicus Avasthi *et* Shafee 印度臀纹粉蚧，印度刺粉蚧

Planococcus kenyae (Le Pelley) [coffee mealybug, Kenya mealybug] 肯尼亚咖啡臀纹粉蚧

Planococcus kraunhiae (Kuwana) [Japanese mealybug, Japanese wistaria mealybug] 紫藤臀纹粉蚧，紫藤刺粉蚧，日本臀纹粉蚧，臀纹粉介壳虫

Planococcus lilacinus (Cockerell) [cacao mealybug, cocoa mealybug, coffee mealybug, oriental cacao mealybug, oriental mealybug] 南洋臀纹粉蚧，咖啡臀纹粉蚧，南洋刺粉蚧，可可粉蚧，紫臀纹粉蚧，咖啡臀纹粉介壳虫

Planococcus litchi Cox [litchi mealybug] 窄臀纹粉蚧，荔枝臀纹粉蚧

Planococcus minor (Maskell) [passionvine mealybug, Pacific mealybug] 巴豆臀纹粉蚧，巴豆刺粉蚧，太平洋臀纹粉介壳虫

Planococcus mumensis Tang 梅山臀纹粉蚧，梅山刺粉蚧，美臀纹粉蚧

Planococcus myrsinephilus Borchsenius 铁仔树臀纹粉蚧，铁仔树刺粉蚧

Planococcus philippinensis Ezzat *et* McConnell 菲律宾臀纹粉蚧，菲律宾刺粉蚧

Planococcus planococcoides (Borchsenius) 密蒙花臀纹粉蚧，密蒙花刺粉蚧，榄臀纹粉蚧

Planococcus siakwanensis Borchsenius 下关臀纹粉蚧，下关刺粉蚧

Planococcus sinensis Borchsenius 中华臀纹粉蚧，中华臀纹刺粉蚧

Planococcus vovae (Nassonov) [cypress tree mealybug, Nassonov's mealybug] 桧松臀纹粉蚧，桧松奥粉蚧

Planolinellus 扁蜉金龟甲属

Planolinellus vittatus (Say) 红纹扁蜉金龟甲，红纹扁蜉金龟

Planolinus tenellus (Say) 条纹蜉金龟甲，条纹蜉金龟

planont 游走子

Planostocha 边卷蛾属

Planostocha cumulata (Meyrick) 缺边卷蛾，库勃兰卷蛾

Planotetrastichus 扁体啮小蜂属

Planotetrastichus scolyti Yang 小蠹扁体啮小蜂

Planotortrix 卷蛾属

Planotortrix excessana (Walker) [green-headed leafroller, needle-tying moth] 绿头扁卷蛾，绿头卷蛾，新西兰果树桉卷蛾

plant bot fly [= dark-winged horse bot fly, *Gasterophilus pecorum* (Fabricius)] 黑腹胃蝇，兽胃蝇，东方胃蝇

plant bug 1. [= mirid bug, mirid, leaf bug, capsid] 盲蝽 < 盲蝽科（Miridae）昆虫的通称 >；2. 蝽 < 属蝽科 Pentatomidae>

plant lice [s. plant louse; = aphids, aphides, greenflies] 蚜虫 < 泛指蚜总科 Aphidoidea 昆虫 >

plant louse [pl. plant lice; = aphid, aphis, greenfly] 蚜虫

plant-worm 冬虫夏草

planta [pl. plantae] 1. 跗基节 < 指采花粉的膜翅目昆虫后足跗节的第一亚基节 >；2. 跗掌 < 后足跗节的跖 >；3. 臀腹足 < 即鳞翅目幼虫的臀足 >；4. 趾 < 指鳞翅目幼虫腹足末端能伸缩并生趾钩的部分 >

plantae [s. planta] 1. 跗基节；2. 跗掌；3. 臀腹足；4. 趾

plantain weevil [=banana weevil, banana root weevil, banana weevil borer, banana root borer, banana borer, corm weevil, banana beetle, banana rhizome weevil, *Cosmopolites sordidus* (Germar)] 香蕉根颈象甲，香蕉蛀根象甲，香蕉黑筒象，香蕉蛀茎象甲，香蕉球茎象鼻虫

plantar 跖的，趾的

plantar surface 跖面；趾面 < 专指跖或趾的下面或步行时接触地面的部分 >

plantation weevil [= conifer seedling weevil, root collar weevil, *Steremnius carinatus* (Boheman)] 脊森林象甲，森林象甲

plantella 跗中突 < 指末跗亚节的中突 >

planthopper 1. 蜡蝉 < 蜡蝉次目 Fulgoromorpha 昆虫的通称 >；2. 飞虱 < 飞虱科 Delphacidae 昆虫的通称 >

planthopper parasite moth [= epipyropid moth, epipyropid] 寄蛾，蝉寄蛾 < 寄蛾科 Epipyropidae 昆虫的通称 >

plantigrade 1. 跖行的；2. 跗行类

Plantrou's forester [*Euphaedra plantroui* Hecq] 普栎蛱蝶

plantula 爪垫叶 < 指由爪垫分裂出的叶，或足的攀附垫 >

Planusfrons 平额颖蜡蝉属

Planusfrons patula Chen, Yang *et* Wilson 台湾平额颖蜡蝉

Planusocoris 平缘蝽属

Planusocoris schaeferi Yi *et* Bu 舍氏平缘蝽

plaques 小半鞘翅 < 在有些潜水蝽中，其革质部甚小的半鞘翅 >

plasm(a) 1. 原生质；2. 血浆

plasma membrane 质膜

plasmalemma 质膜

plasmatic 血浆的

plasmatic inheritance 胞质遗传

plasmatic mutation 胞质突变

plasmatocyte 浆细胞

plasmic membrane 质膜

plasmodesma [pl. plasmodesmata] 胞间连丝

plasmodesmata [s. plasmodesma] 胞间连丝

plasmolysis 质壁分离

plastein 类蛋白

plaster bagworm [= household casebearer moth, *Phereoeca uterella* (Walsingham)] 户鞘谷蛾，壶巢蕈蛾，衣蛾，家衣蛾

plaster beetle [*Cartodere* (*Cartodere*) *constricta* (Gyllenhal)] 同沟缩颈薪甲，缩颈壮薪甲，缩颈薪甲，薪甲

plasterer bee [= colletid bee, polyester bee, colletid] 分舌花蜂 < 分舌蜂科 Colletidae 昆虫的通称 >

plastic cocooning frame 塑料蔟 < 养蚕的 >

plasticity 可塑性

plastid 质体

plastid inheritance 质体遗传

plastid mutation 质体突变

Plastingia 串弄蝶属

Plastingia flavescens (Felder *et* Felder) 串弄蝶

Plastingia librunia (Hewitson) 黄串弄蝶

Plastingia naga (de Nicéville) [chequered lancer, silver-spot lancer, silver-spotted lancer] 小串弄蝶

Plastingia pellonia Fruhstorfer [yellow lancer, yellow chequered lancer] 玻串弄蝶

plastocerid 1. [= plastocerid beetle] 叩萤，叶角甲 < 叩萤科 Plastoceridae 昆虫的通称 >；2. 叩萤科的

plastocerid beetle [= plastocerid] 叩萤，叶角甲

Plastoceridae [= Phylloceridae] 叩萤科，叶角甲科

Plastocerus 叩萤属

Plastocerus angulosus (Germar) 突角叩萤

Plastosciara 狭腹眼蕈蚊属，黑翅蕈蚋属

Plastosciara auriculae Yang *et* Zhang 见 *Cratyna auriculae*

Plastosciara corneuta Lengersdorf 可塑狭腹眼蕈蚊，象牙黑翅蕈蚋

Plastosciara rhynchophysa Yang, Zhang *et* Yang 见 *Mohrigia rhynchophysa*

plastosome 线粒体，粒线体

Plastotephritinae 原实蝇亚科

plastotype 塑模标本 < 从模式标本仿铸而成的模型，主要用于古生物学中 >

plastron plate 气盾板

plastron respiration 气盾呼吸

Plastus 光背隐翅甲属，宽额隐翅虫属

Plastus brachycerus (Kraatz) 短尾光背隐翅甲，湾宽额隐翅甲，短尾宽额隐翅虫

Plastus* (*Eutriacanthus*) *unicolor (Laporte) 黑色光背隐翅甲

Plastus formosae (Greenslade) 台湾光背隐翅甲，台湾宽额隐翅甲，台湾齿隐翅虫，台刺颚隐翅虫

Plastus japonicus (Sharp) 日本光背隐翅甲，日本宽额隐翅甲，日本齿隐翅虫，日刺颚隐翅虫，日本头隐翅虫

Plastus* (*Plastus*) *amplus Wu *et* Zhou 宽额光背隐翅甲

Plastus* (*Plastus*) *rhombicus Wu *et* Zhou 菱形光背隐翅甲

Plastus quadrifoveatus (Greenslade) 四窝光背隐翅甲，四窝宽额隐翅甲，四窝齿隐翅虫，四窝刺颚隐翅虫

Plastus* (*Sinumandibulus*) *recticornis Wu *et* Zhou 翘角光背隐翅甲

Plastus* (*Stigmatochirus*) *magnificus (Wu *et* Zhou) 硕大光背隐翅甲

Platacantha 板蝽属 < 该属有一个同蝽科的次异名，见 *Lindbergicoris* >

Platacantha armifer Lindberg 见 *Lindbergicoris armifer*

Platacantha difficilis Liu 见 *Lindbergicoris difficilis*

Platacantha discolor Li 见 *Lindbergicoris discolor*

Platacantha distincta Liu 见 *Lindbergicoris distinctus*

Platacantha forfex (Dallas) 见 *Acanthosoma forfex*

Platacantha hochii (Yang) 见 *Lindbergicoris hochii*

Platacantha robusta Liu 见 *Lindbergicoris robustus*

Platacantha sanguiehumeralis Liu 见 *Lindbergicoris sanguiehumeralis*

Platacantha similis Hsiao *et* Liu 见 *Lindbergicoris similis*

Platambus 宽缘龙虱属

Platambus angulicollis (Régimbart) 狭宽缘龙虱

Platambus ater (Falkenström) 黑端宽缘龙虱，黑端毛龙虱，黑柯龙虱

Platambus balfourbrownei Vazirani 拜氏宽缘龙虱

Platambus coriaceus (Régimbart) 颈宽缘龙虱

Platambus dabieshanensis Nilsson 大别山宽缘龙虱

Platambus denticulatus Nilsson 齿宽缘龙虱

Platambus elongatus Bian *et* Ji 长宽缘龙虱

Platambus excoffieri Régimbart 黄边宽缘龙虱，黄宽缘龙虱

Platambus fimbriatus Sharp 沿宽缘龙虱

Platambus guttulus (Régimbart) 斑宽缘龙虱

Platambus heteronychus Nilsson 异爪宽缘龙虱

Platambus jilanzhui Wewalka *et* Brancucci 同 *Platambus stygius*

Platambus kansouis Feng 同 *Platambus fimbriatus*

Platambus koreanus (Nilsson) 朝鲜宽缘龙虱

Platambus lineatus Gaschwendtner 线宽缘龙虱

Platambus micropunctatus Nilsson 微刻宽缘龙虱，微点宽缘龙虱

Platambus nakanei (Nilsson) 同 *Platambus stygius*

Platambus nepalensis (Guéorguiev) 尼泊尔宽缘龙虱

Platambus optatus (Sharp) 悦宽缘龙虱

Platambus pictipennis (Sharp) 纹翅宽缘龙虱，厚豆龙虱

Platambus princeps (Régimbart) 首宽缘龙虱，原宽缘龙虱，原端毛龙虱

Platambus punctatipennis Brancucci 点茎宽缘龙虱，点翅宽缘龙虱

Platambus schaefleini Brancucci 沙氏宽缘龙虱，夏宽缘龙虱

Platambus schillhammeri Wewalka *et* Brancucci 施氏宽缘龙虱

Platambus striatus (Pu, Zeng *et* Wu) 条宽缘龙虱

Platambus stygius (Régimbart) 冥宽缘龙虱，斯宽缘龙虱，斯端毛龙虱

Platambus ussuriensis (Nilsson) 乌苏里宽缘龙虱，乌端毛龙虱

Platambus wangi Brancucci 王氏宽缘龙虱

Platambus wulingshanensis Brancucci 武陵山宽缘龙虱

Platambus yaanensis Nilsson 雅安宽缘龙虱

Platambus yuxiae Brancucci 玉霞宽缘龙虱

Plataplecta 霜剑纹夜蛾亚属，拉夜蛾属

Plataplecta pruinosa consanguis (Butler) 见 *Acronicta consanguis*

Plataplecta pulverosa (Hampson) 见 *Acronicta pulverosa*

Plataplecta pulverosa pulverosa (Hampson) 见 *Acronicta pulverosa pulverosa*

Plataplecta pulverosa taitungensis Hreblay *et* Ronkay 见 *Acronicta pulverosa taitungensis*

Platarctia 平灯蛾属

Platarctia ornata (Staudinger) 饰平灯蛾，饰通灯蛾，饰龟灯蛾

Platarctia souliei (Oberthür) 索氏平灯蛾，索龟灯蛾

Plataspidae 见 Plataspididae

plataspidid 1. [= plataspidid bug, plataspidid shield-backed bug, shield-backed bug, shield bug] 龟蝽，圆蝽，平腹蝽 < 龟蝽科 Plataspididae 昆虫的通称 >；2. 龟蝽科的

plataspidid bug [= plataspidid, plataspidid shield-backed bug, shield-backed bug, shield bug] 龟蝽，圆蝽，平腹蝽

plataspidid shield-backed bug 见 plataspidid bug

Plataspididae [= Coptosomidae] 龟蝽科，圆蝽科，平腹蝽科 < 此科学名曾写为 Plataspidae >

plate culture 平面培养

plate organ [= sensillum placodeum] 板形感器

plate shape cocoon 皿茧 < 家蚕的 >

plate-thigh beetle [= eucinetid beetle, eucinetid] 扁腹花甲 < 扁腹花甲科 Eucinetidae 昆虫的通称 >

plateau skipperling [*Piruna cyclosticta* (Dyar)] 高原璧弄蝶

Platencyrtus 平背跳小蜂属

Platencyrtus aclerus Xu 仁蚧平背跳小蜂

Platen's birdwing [= Dr. Platen's birdwing, *Troides plateni*

(Staudinger)] 巴拉望裳凤蝶，蒲氏黄裳凤蝶，蒲氏凤蝶，普裳凤蝶
Platensina 阔翅实蝇属，短翅实蝇属，暗色翅实蝇属，广翅实蝇属
Platensina acrostaecta (Wiedemann) 丁香蓼阔翅实蝇，奥克罗短翅实蝇，阿克罗暗色翅实蝇
Platensina amita Hardy 缘斑阔翅实蝇，缘斑短翅实蝇，缘斑暗色翅实蝇
Platensina ampla de Meijere 安帕拉阔翅实蝇，安帕拉短翅实蝇
Platensina amplipennis (Walker) 双楔阔翅实蝇，安帕里短翅实蝇，安蒲丽暗色翅实蝇，大宇广翅实蝇
Platensina apicalis Hendel 端斑阔翅实蝇，大斑短翅实蝇，大斑暗色翅实蝇，端平实蝇，端斑广翅实蝇
Platensina aptata Hardy 奥帕特阔翅实蝇，奥帕特短翅实蝇
Platensina bezzi Hardy 贝氏阔翅实蝇，贝滋短翅实蝇，贝齐暗色翅实蝇
Platensina euryptera Bezzi 缅甸阔翅实蝇，缅甸短翅实蝇，尤蕾暗色翅实蝇
Platensina fukienica Hering 缘点阔翅实蝇，福建短翅实蝇，福建暗色翅实蝇
Platensina intacta Hardy 泰国阔翅实蝇，泰国短翅实蝇，泰柬暗色翅实蝇
Platensina nigrifacies Wang 黑颜阔翅实蝇，黄颜短翅实蝇，黄颜暗色翅实蝇
Platensina nigripennis Wang 端带阔翅实蝇，宽短短翅实蝇，宽短暗色翅实蝇
Platensina platyptera Hendel 同 *Platensina amplipennis*
Platensina quadrula Hardy 方斑阔翅实蝇，盖瓦短翅实蝇，方斑暗色翅实蝇
Platensina sumbana Enderlein 松巴阔翅实蝇，松巴短翅实蝇
Platensina tetrica Hering 星点阔翅实蝇，泰特短翅实蝇，点斑暗色翅实蝇，三斑广翅实蝇
Platensina zodiacalis (Bezzi) 两盾鬃阔翅实蝇，祖迪短翅实蝇，佐迪麻点暗色翅实蝇
Platensinina 阔翅实蝇亚族
Platerodrilus 三叶红萤属
Platerodrilus paradoxus (Mjöberg) 马来三叶红萤
Plateros 短沟红萤属，散片红萤属
Plateros alishanus Nakane 高山短沟红萤，阿里山散片红萤
Plateros apicicornis (Pic) 端角短沟红萤，淡端短沟红萤，阿迪红萤
Plateros brevelineatus Pic 灰条短沟红萤，短线散片红萤
Plateros brevinotatus Pic 短胸短沟红萤，短斑散片红萤，短斑微迪红萤
Plateros chinensis Waterhouse 中华短沟红萤，华散片红萤
Plateros coccinipennis Nakane 赤翅短沟红萤
Plateros curtelineatus Pic 弯线短沟红萤，弯线散片红萤
Plateros dispellens Walker 浅短沟红萤，散片红萤
Plateros flavomarginatus Kleine 同 *Plateros chinensis*
Plateros formosanus (Pic) 同 *Plateros chinensis*
Plateros glaber Kleine 见 *Lucidina glaber*
Plateros kanoi (Nakane) 鹿野短沟红萤，卡迪红萤
Plateros kleineanus Nakane 克林短沟红萤
Plateros koreanus Kleine 同 *Plateros purus*
Plateros laeticeps (Pic) 毛角短沟红萤，富迪红萤
Plateros leechi Nakane 利曲短沟红萤
Plateros lushanus Matsuda 庐山短沟红萤
Plateros maculatithorax (Pic) 纹胸短沟红萤，斑胸迪红萤
Plateros nasutus (Kiesenwetter) 见 *Erotides* (*Glabroplatycis*) *nasutus*
Plateros piceicornis Kazantsev 淡端短沟红萤
Plateros picianus Nakane 猩红短沟红萤
Plateros planatus Waterhouse 平短沟红萤，平散片红萤
Plateros planatus obconiceps Pic 平短沟红萤缺刻亚种，缺刻短沟红萤
Plateros planatus planatus Waterhouse 平短沟红萤指名亚种
Plateros psuedochinensis Kazantsev 伪中华短沟红萤
Plateros purus Kleine 普短沟红萤，普散片红萤
Plateros rubripennis (Pic) 同 *Plateros piceicornis*
Plateros sauteri (Pic) 梭德短沟红萤，索迪红萤
Plateros shibatai Naikane 柴田短沟红萤
Plateros sordidus Fairmaire 污短沟红萤，污散片红萤
Plateros sycophanta Fairmaire 同 *Plateros chinensis*
Plateros takagii Matsuda 高木短沟红萤
Plateros tenebrans Kleine 同 *Libnetis sinica*
Plateros tsinensis Pic 云南短沟红萤，津散片红萤
Plateros tuberculatus Pic 同 *Plateros planatus*
Plateros viduus Nakane 黄边短沟红萤
Platerus 粉猎蝽属
Platerus pilcheri Distant 皮氏粉猎蝽
Platerus tenuicorpus Zhao, Yang *et* Cai 细粉猎蝽
Plateumaris 膨缝水叶甲属
Plateumaris mongolica Semenov 蒙古膨缝水叶甲
Plateumaris sericea (Linnaeus) 黑紫膨缝水叶甲
Plateumaris sericea sericea (Linnaeus) 黑紫膨缝水叶甲指名亚种
Plateumaris sericea sibirica (Solky) 黑紫膨缝水叶甲西伯亚种
Plateumaris socia Chen 同 *Plateumaris sericea sibirica*
Platfusa 普小叶蝉属
Platfusa arooni Dworakowska 阿氏普小叶蝉，阿布雷小叶蝉
Plathypena scabra (Fabricius) 见 *Hypena scabra*
Platindalmus 扁伪瓢虫属
Platindalmus calcaratus (Arrow) 单齿扁伪瓢虫
Platindalmus calcaratus australis Strohecker 单齿扁伪瓢虫南方亚种
Platindalmus calcaratus calcaratus (Arrow) 单齿扁伪瓢虫指名亚种
Platlecanium 扁片蚧属
Platlecanium asymmetricum Morrison 斜形扁片蚧
Platlecanium citri Takahashi 柑橘扁片蚧
Platlecanium cocotis Laing 椰子扁片蚧
Platlecanium cyperi Takahashi 莎草扁片蚧
Platlecanium elongatum Takahashi 棕榈扁片蚧
Platlecanium fusiforme (Green) 纺锤扁片蚧
Platlecanium mesuae Takahashi 藤黄扁片蚧
Platlecanium nepalense Takagi 尼国扁片蚧
Platlecanium riouwense Takahashi 长形扁片蚧
Platocera albipennis Muir 见 *Pepleuca albipennis*
platon skipper [= goliath spreadwing, *Conognathus platon* Felder *et* Felder] 昆弄蝶
Platoplusia 扁金翅夜蛾属
Platoplusia tancrei (Staudinger) 坦扁金翅夜蛾，坦弧翅夜蛾
Platyamomphus 阿扁象甲属
Platyamomphus reinecki Voss 来阿扁象甲，来阿扁象

Platyaphis 平扁蚜属，扁蚜属
Platyaphis fagi Takahashi 费氏平扁蚜，费氏扁蚜
Platybolium 宽齿甲属，扁拟步甲属
Platybolium alvearium Blair [wax beetle] 蜂箱宽齿甲，阿扁拟步甲
Platybracon 阔鞘茧蜂属
Platybracon sinicus Yang, Chen *et* Liu 中华阔鞘茧蜂
Platycampus 宽叶蜂属
Platycampus luridiventris (Fallén) 黄腹宽叶蜂
Platycentropus 扁石蛾属
Platycentropus asiaticus Forsslund 见 *Philarctus asiaticus*
Platycephala 宽头秆蝇属 <该属名有一个叶蝉科昆虫的次同名，见 *Latycephala*>
Platycephala apicinigra An *et* Yang 端黑宽头秆蝇 <此种学名有误写为 *Platycephala apiciniger* An *et* Yang 者>
Platycephala brevifemura An *et* Yang 短腿宽头秆蝇
Platycephala brevis An *et* Yang 短突宽头秆蝇
Platycephala decussata Ge 见 *Latycephala decussata*
Platycephala elongata An *et* Yang 长突宽头秆蝇
Platycephala graminea Ge 见 *Latycephala graminea*
Platycephala guangdongensis An *et* Yang 广东宽头秆蝇
Platycephala guangxiensis An *et* Yang 广西宽头秆蝇
Platycephala guizhouensis An *et* Yang 贵州宽头秆蝇
Platycephala laminata Ge 见 *Latycephala laminata*
Platycephala lateralis An *et* Yang 侧黑宽头秆蝇
Platycephala lii An *et* Yang 李氏宽头秆蝇
Platycephala maculata An *et* Yang 斑翅宽头秆蝇
Platycephala nanlingensis An *et* Yang 南岭宽头秆蝇
Platycephala nigra Meigen 黑宽头秆蝇
Platycephala sanguineomarginata (Kouh) 见 *Latycephala sanguineomarginata*
Platycephala sichuanensis Yang *et* Yang 四川宽头秆蝇
Platycephala sinensis Yang *et* Yang 中华宽头秆蝇
Platycephala tortilla Ge 见 *Latycephala tortilla*
Platycephala umbraculata (Fabricius) 三斑宽头秆蝇，荫平头秆蝇
Platycephala viridula (Kouh) 见 *Latycephala viridula*
Platycephala xanthodes Yang *et* Yang 黄色宽头秆蝇
Platycephala xui An *et* Yang 许氏宽头秆蝇
Platycephala zhejiangensis Yang *et* Yang 浙江宽头秆蝇
Platycercacris 平尾蝗属
Platycercacris liangshanensis Zheng *et* Shi 凉山平尾蝗
Platycerota 砣尺蛾属
Platycerota homoema (Prout) 皓砣尺蛾
Platycerota particolor (Warren) 葩砣尺蛾
Platycerota vitticostata (Walker) 前带砣尺蛾，前带花尺蛾
Platycerus 琉璃锹甲属
Platycerus bashanicus Imura *et* Tanikado 巴山琉璃锹甲，巴山琉璃锹
Platycerus businskyi Imura 布氏琉璃锹甲，布氏琉璃锹
Platycerus caerulosus Didier *et* Séguy 淡黑琉璃锹甲，淡黑扁须锹甲
Platycerus delicatulus Lewis 迷琉璃锹甲，迷扁须锹甲
Platycerus hongwonpyoi Imura *et* Choe 洪氏琉璃锹甲
Platycerus hongwonpyoi hongwonpyoi Imura *et* Choe 洪氏琉璃锹甲指名亚种
Platycerus hongwonpyoi qinlingensis Imura *et* Choe 洪氏琉璃锹甲秦岭亚种
Platycerus liyingbingi Huang *et* Chen 李氏琉璃锹甲，李氏琉璃锹
Platycerus nagahatai Imura 永幡琉璃锹甲，永幡琉璃锹
Platycerus oregonensis Westwood [Oregon stag beetle, blue-black stag beetle] 蓝黑扁锹甲
Platycerus oregonensis coerulescens LeConte 蓝黑扁锹甲蓝色亚种
Platycerus oregonensis oregonensis Westwood 蓝黑扁锹甲指名亚种
Platycerus rugosus Okuda 细纹琉璃锹甲，细纹琉璃锹
Platycerus rugosus jaroslavi Imura 细纹琉璃锹甲嘉氏亚种
Platycerus rugosus rugosus Okuda 细纹琉璃锹甲指名亚种
Platycerus tabanai Tanikado *et* Okuda 铁锈琉璃锹甲，铁锈琉璃锹
Platycerus yii Huang *et* Chen 彝琉璃锹甲，彝琉璃锹
Platycerus yingqii Huang *et* Chen 太白琉璃锹甲，太白琉璃锹
Platychasma 广舟蛾属
Platychasma elegantula Chen, Kishida *et* Wang 雅广舟蛾
Platychasma flavida Wu *et* Fang 黄带广舟蛾
Platychasma virgo Butler 广舟蛾，威广舟蛾
Platychasminae 广舟蛾亚科
Platycheirus 宽跗蚜蝇属，宽跗食蚜蝇属，平翼蚜蝇属
Platycheirus aeratus Coquillett 白毛宽跗蚜蝇
Platycheirus albimanus (Fabricius) 黑腹宽跗蚜蝇，结毛宽跗食蚜蝇
Platycheirus altotibeticus Nielsen 西藏宽跗蚜蝇
Platycheirus ambiguus (Fallén) 卷毛宽跗蚜蝇，卷毛宽跗食蚜蝇
Platycheirus angustatus (Zetterstedt) 狭腹宽跗蚜蝇，狭腹宽跗食蚜蝇
Platycheirus angustipes Goeldlin 角足宽跗蚜蝇
Platycheirus asioambiguus Skufjin 亚洲卷毛宽跗蚜蝇，阿宽跗蚜蝇
Platycheirus bidentatus Huo *et* Zheng 叉尾宽跗蚜蝇，叉尾宽跗食蚜蝇
Platycheirus brunnifrons Nielsen 褐颜宽跗蚜蝇
Platycheirus clypeatus (Meigen) 短斑宽跗蚜蝇，短斑宽跗食蚜蝇
Platycheirus confusus (Curran) 混宽跗蚜蝇
Platycheirus discimanus (Loew) 污波纹宽跗蚜蝇，污纹宽跗蚜蝇，递宽跗蚜蝇
Platycheirus europaeus Goeldlin, Maibach *et* Speight 欧洲宽跗蚜蝇
Platycheirus fasciculatus Loew 带纹宽跗蚜蝇
Platycheirus formosanus (Shiraki) 台湾宽跗蚜蝇，港口蚜蝇
Platycheirus fulvipes (Miller) 黄足宽跗蚜蝇
Platycheirus fulviventris (Macquart) 黄腹宽跗蚜蝇，黄腹宽跗食蚜蝇
Platycheirus granditarsis (Förster) 粗跗宽跗蚜蝇
Platycheirus harrisi (Miller) 哈宽跗蚜蝇
Platycheirus howesii (Miller) 豪宽跗蚜蝇
Platycheirus huttoni Thompson 胡宽跗蚜蝇
Platycheirus immaculatus Ôhara 无斑宽跗蚜蝇
Platycheirus immarginatus (Zetterstedt) 无缘宽跗蚜蝇
Platycheirus islandicus (Ringdahl) 岛宽跗蚜蝇
Platycheirus latitarsis Vockeroth 宽跗宽跗蚜蝇
Platycheirus leptospermi (Miller) 乐宽跗蚜蝇

Platycheirus longigena (Enderlein) 长颊宽跗蚜蝇
Platycheirus luteipennis (Curran) 黄翅宽跗蚜蝇
Platycheirus macroantennae He 大角宽跗蚜蝇
Platycheirus manicatus (Meigen) 凸颜宽跗蚜蝇，凸颜宽跗食蚜蝇
Platycheirus modestus Ide 中宽跗蚜蝇
Platycheirus muelleri Marcuzzi 穆勒宽跗蚜蝇
Platycheirus myersii (Miller) 咪宽跗蚜蝇
Platycheirus nielseni Vockeroth 尼氏宽跗蚜蝇
Platycheirus nigritus Huo, Ren *et* Zheng 黑色宽跗蚜蝇
Platycheirus nigrofemoratus (Kanervo) 黑股宽跗蚜蝇
Platycheirus nodosus Curran 结宽跗蚜蝇
Platycheirus notatus (Bigot) 显宽跗蚜蝇
Platycheirus obscurus (Say) 褐宽跗蚜蝇
Platycheirus occidentalis Curran 北宽跗蚜蝇
Platycheirus ovalis (Becker) 同 *Platycheirus parmatus*
Platycheirus parmatus Róndani 卵圆宽跗蚜蝇
Platycheirus peltatus (Meigen) 菱斑宽跗蚜蝇，菱斑宽跗食蚜蝇
Platycheirus pennipes Ôhara 锐足宽跗蚜蝇，羽宽跗蚜蝇
Platycheirus pusillus Nielsen *et* Romig 小宽跗蚜蝇
Platycheirus rubrolateralis Nielsen *et* Romig 红缘宽跗蚜蝇
Platycheirus rufigaster Vockeroth 红腹宽跗蚜蝇
Platycheirus rufimaculatus Vockeroth 红斑宽跗蚜蝇
Platycheirus scutatus (Meigen) 斜斑宽跗蚜蝇，斜斑宽跗食蚜蝇
Platycheirus spinipes Vockeroth 刺足宽跗蚜蝇
Platycheirus splendidus Rotheray 美宽跗蚜蝇
Platycheirus sticticus (Meigen) 棒胫宽跗蚜蝇
Platycheirus striatus Vockeroth 纹宽跗蚜蝇
Platycheirus trichopus (Thomson) 毛宽跗蚜蝇
Platycheirus urakawensis (Matsumura) 乌拉宽跗蚜蝇
Platycheirus varipes Curran 变足宽跗蚜蝇
Platycheirus woodi Vockeroth 伍德宽跗蚜蝇
Platychira consobrina adripalpis Villeneuve 同 *Eurithia consobrina*
Platycis 丝角红萤属，鼻红萤属
Platycis kanoi Nakane 鹿野丝角红萤，卡鼻红萤
Platycis nasutus Keisenwetter 鼻丝角红萤，鼻红萤
Platycis nasutus taiwana Kôno 见 *Platycis taiwanus*
Platycis taiwanus Kôno 台湾丝角红萤，台鼻红萤
Platycleis 宽螽属
Platycleis fatima Uvarov 宽螽
Platycleis intermedia (Serville) 新疆宽螽，新疆短翅螽
Platycleis montana (Kollar) 见 *Montana montana*
Platycleis tomini Pylnov 见 *Montana tomini*
platycnemid 1. [= platycnemidid, platycnemid damselfly, platycnemidid dragonfly, platycnemidid damselfly, white-legged damselfly] 扇蟌 < 扇蟌科 Platycnemididae 昆虫的通称 >；2. 扇蟌科的
platycnemid damselfly [= platycnemidid, platycnemid, platycnemidid dragonfly, platycnemidid damselfly, white-legged damselfly] 扇蟌
platycnemidid 见 platycnemid damselfly
platycnemidid damselfly 见 platycnemid damselfly
platycnemidid dragonfly 见 platycnemid damselfly
Platycnemididae 扇蟌科，琵蟌科 < 此科学名有误写为 Platycnemidae 者 >

Platycnemis 扇蟌属
Platycnemis foliacea Sélys 白扇蟌
Platycnemis foliacea foliacea Sélys 白扇蟌指名亚种
Platycnemis foliacea sasakii Asahina 白扇蟌日本亚种，日本扇蟌
Platycnemis foliosa Navás 同 *Platycnemis foliacea*
Platycnemis phyllopoda Djakonov 叶足扇蟌
Platycorpus 片飞虱属
Platycorpus nadaensis Ding 儋片飞虱
Platycorynus 扁角肖叶甲属，扁角叶甲属，大猿金花虫属
Platycorynus aemulus (Lefèvre) 隆脊扁角肖叶甲，隆脊扁角叶甲
Platycorynus affinis (Chen) 密点扁角肖叶甲，密点扁角叶甲
Platycorynus angularis Tan 角胫扁角肖叶甲，角胫扁角叶甲
Platycorynus argentipilus Tan 银毛扁角肖叶甲，银毛扁角叶甲
Platycorynus beauchenei (Lefèvre) 同 *Platycorynus aemulus*
Platycorynus bellus (Chen) 缝纹扁角肖叶甲，缝纹扁角叶甲
Platycorynus bicavifrons (Chen) 额窝扁角肖叶甲，额窝扁角叶甲
Platycorynus chalybaeus (Marshall) 钢蓝扁角肖叶甲，钢蓝扁角叶甲
Platycorynus chapanus (Chen) 粗刻扁角肖叶甲，越南扁角叶甲
Platycorynus chrysochoides (Chen) 狭沟扁角肖叶甲，狭沟扁角叶甲
Platycorynus coeruleicollis (Pic) 蓝胸扁角肖叶甲，深绿扁角叶甲
Platycorynus costipennis (Chen) 脊鞘扁角肖叶甲，脊鞘扁角叶甲，脊鞘大眼肖叶甲
Platycorynus cupreoviridis Tan 铜绿扁角肖叶甲
Platycorynus davidi (Lefèvre) 红背扁角肖叶甲，红背扁角叶甲
Platycorynus deletus (Lefèvre) 毁灭扁角肖叶甲
Platycorynus dentatus Tan 同 *Platycorynus deletus*
Platycorynus gibbosus (Chen) 艳扁角肖叶甲，艳扁角叶甲
Platycorynus grahami Gressitt *et* Kimoto 长节扁角肖叶甲，长节扁角叶甲
Platycorynus gratiosus Baly 凸额扁角肖叶甲，格扁角叶甲
Platycorynus igneicollis (Hope) 红胸扁角肖叶甲，茶扁角叶甲，红胸扁角叶甲
Platycorynus indigaceus Chevrolat 菲扁角叶甲
Platycorynus major Gressitt *et* Kimoto 同 *Platycorynus peregrinus*
Platycorynus micans (Chen) 绿泽扁角肖叶甲，闪光扁角叶甲
Platycorynus mouhoti (Baly) 斜窝扁角肖叶甲，莫扁角叶甲
Platycorynus niger (Chen) 蓝黑扁角肖叶甲
Platycorynus niger niger (Chen) 蓝黑扁角肖叶甲指名亚种，指名黑扁角叶甲
Platycorynus niger yunnanensis (Tan) 蓝黑扁角肖叶甲云南亚种，云南黑扁角叶甲
Platycorynus parryi Baly 丽扁角肖叶甲，绿缘扁角叶甲
Platycorynus peregrinus (Herbst) 异扁角肖叶甲，蓝扁角叶甲，印度棒叶甲
Platycorynus plebejus (Weise) 四川扁角叶甲
Platycorynus punctatus Tan 同 *Platycorynus rugipennis*
Platycorynus purpureimicans Tan 紫扁角肖叶甲，紫鞘扁角叶甲
Platycorynus purpureipennis (Pic) 同 *Platycorynus speciosus*
Platycorynus pyrophorus (Parry) 肩斑扁角肖叶甲，肩斑扁角叶甲
Platycorynus roseus Tan 红鞘扁角肖叶甲，红鞘扁角叶甲
Platycorynus rugipennis (Jacoby) 麻点扁角肖叶甲
Platycorynus sauteri (Chûjô) 台湾扁角肖叶甲，台湾扁角叶甲，

紫艳大猿金花虫
Platycorynus speciosus (Lefèvre) 铜红扁角肖叶甲，紫尾扁角叶甲
Platycorynus sulcus Tan 凹股扁角肖叶甲，凹股扁角叶甲
Platycorynus undatus (Olivier) 波纹扁角肖叶甲，曲带扁角叶甲，波纹扁角叶甲，波纹大猿金花虫
Platycorynus vicinus (Pic) 邻扁角肖叶甲，邻扁角叶甲
Platycorynus viridimicans Gressitt *et* Kimoto 亮绿扁角叶甲
Platycorynus yunnanus (Pic) 同 *Platycorynus plebejus*
Platycotis 栎角蝉属
Platycotis quadrvittata (Say) 同 *Platycotis vittata*
Platycotis vittata (Fabricius) [oak treehopper] 带栎角蝉，橡树角蝉
Platycraninae 宽颊蝓亚科
Platycrepis 宽轴甲属
Platycrepis katoi Ando 加藤宽轴甲
Platycrepis violaceus Kraatz 紫堇宽轴甲，紫广拟步甲，紫艳回木虫
Platycrepis yangi Masumoto 杨氏宽轴甲，杨广拟步甲，杨氏艳回木虫
Platycyrtidus 阔艳天牛属
Platycyrtidus yinghuii Viktora *et* Liu 映辉阔艳天牛
Platydema 宽菌甲属，扁菌甲属，艳拟步行虫属
Platydema alticornis Gravely 顶角宽菌甲，高角扁菌甲，角艳拟步行虫
Platydema aurimaculatum Gravely 黄斑宽菌甲，金斑扁菌甲，金纹艳拟步行虫
Platydema brunnea Huang *et* Ren 棕跗宽菌甲
Platydema chalceum Gebien 柔光宽菌甲，恰扁菌甲
Platydema coeruleum Gebien 墨光宽菌甲，淡黑扁菌甲，翠艳拟步行虫
Platydema detersum Walker 暗淡宽菌甲，德扁菌甲
Platydema endoi Masumoto 远藤宽菌甲，恩扁菌甲，远藤艳拟步行虫
Platydema flavopictum Gebien 黄带宽菌甲，黄扁菌甲，黄纹艳拟步行虫
Platydema formosanum Gebien 见 *Platydema fumosum formosanum*
Platydema fumosum Lewis 台湾宽菌甲
Platydema fumosum formosanum Gebien 台湾宽菌甲美丽亚种，云艳拟步行虫
Platydema fumosum fumosus Lewis 台湾宽菌甲指名亚种，指名烟扁菌甲
Platydema fumosum morimotoi Nakane 台湾宽菌甲森本亚种，莫烟扁菌甲
Platydema guangxicum Schawaller 广西宽菌甲
Platydema haemorrhoidale Gebien 血红宽菌甲，血红扁菌甲，红角艳拟步行虫
Platydema higonium Lewis 隆背宽菌甲，隆背扁菌甲
Platydema indicum Gebien 印度宽菌甲
Platydema kurama Nakane 藏马宽菌甲
Platydema marseuli Lewis 玛氏宽菌甲，马扁菌甲
Platydema monoceratoides Masumoto 同 *Platydema aurimaculatum*
Platydema monoceros Gebien 四纹宽菌甲，四纹艳拟步行虫
Platydema nigroaenea Motschulsky 暗铜宽菌甲
Platydema pallidicolle (Lewis) 淡斑宽菌甲，淡扁菌甲，繁斑艳拟步行虫
Platydema parachalceum Masumoto 平额宽菌甲，副扁菌甲，梅峰艳拟步行虫
Platydema sakishimense Nakane 先岛宽菌甲，萨扁菌甲，先岛艳拟步行虫
Platydema sauteri Gebien 索氏宽菌甲，索扁菌甲，曹氏艳拟步行虫
Platydema sawadai Masumoto 黑纹宽菌甲，黑纹艳拟步行虫
Platydema scriptipenne Fairmaire 同 *Microcrypticus ziczac*
Platydema subfascium (Walker) 亚带宽菌甲，亚带扁菌甲，肩斑艳拟步行虫
Platydema tahitiense Masumoto 塔岛宽菌甲，塔扁菌甲
Platydema takeii Nakane 武井宽菌甲，武井艳拟步行虫
Platydema terusane Masumoto 天池宽菌甲，特扁菌甲，天池艳拟步行虫
Platydema toyamai Masumoto, Akita *et* Lee 富山宽菌甲
Platydema tricuspis Motschulsky 三角宽菌甲，三尖扁菌甲
Platydema tuchinlongi Masumoto 仰角宽菌甲，土扁菌甲，杜氏艳拟步行虫
Platydema umbratum Marseul 日本宽菌甲，荫扁菌甲
Platydema yangmingense Masumoto 阳明宽菌甲，阳明扁菌甲，阳明艳拟步行虫
Platydema yunnanicum Schawaller 云南宽菌甲
Platydema zoltani Masumoto 同 *Platydema parachalceum*
Platydendarus javanus (Wiedemann) 见 *Notocorax javanus*
Platyderides 板胸蜉金龟甲亚属，板胸蜉金龟亚属
Platydialepis 平蛛蜂属
Platydialepis taiwanianus Tsuneki 台湾平蛛蜂
Platydracus 平灿隐翅甲属，平灿隐翅虫属，普拉隐翅虫属
Platydracus aeneoniger Bernhauer 铜黑平灿隐翅甲，铜黑平灿隐翅虫
Platydracus aurosericans Fairmaire 见 *Ocypus aurosericans*
Platydracus becquarti Bernhauer 贝氏平灿隐翅甲，贝平灿隐翅虫
Platydracus brevicornis Motschulsky 短角平灿隐翅甲，短角平灿隐翅虫
Platydracus championi Bernhauer 查氏平灿隐翅甲，詹平灿隐翅虫
Platydracus chinensis Bernhauer 中华平灿隐翅甲，华平灿隐翅虫
Platydracus circumcinctus Bernhauer 环带平灿隐翅甲，环带平灿隐翅虫
Platydracus dauricus Mannerheim 达平灿隐翅甲，达平灿隐翅虫
Platydracus decipiens (Kraatz) 红褐平灿隐翅甲，红褐普拉隐翅甲
Platydracus formosae Bernhauer 台湾平灿隐翅甲，台平灿隐翅虫，台湾普拉隐翅甲
Platydracus fraternus (Bernhauer) 青平灿隐翅甲，青隐翅虫
Platydracus fuscolineatus Bernhauer 棕线平灿隐翅甲，棕线平灿隐翅虫
Platydracus hauserianus Bernhauer 豪平灿隐翅甲，豪平灿隐翅虫
Platydracus imperatorius Bernhauer 殷平灿隐翅甲，殷平灿隐翅虫
Platydracus inornatus (Sharp) 裸平灿隐翅甲，裸平灿隐翅虫，裸隐翅虫

P

Platydracus juang Smetana 壮平灿隐翅甲，壮普拉隐翅虫，黑色普拉隐翅甲
Platydracus kiulungensis Bernhauer 四川平灿隐翅甲，川平灿隐翅虫
Platydracus patricus Bernhauer 亲平灿隐翅甲，亲平灿隐翅虫
Platydracus plagiicollis Fairmaire 纹领平灿隐翅甲，纹领平灿隐翅虫
Platydracus pratti Scheerpeltz 普氏平灿隐翅甲，普平灿隐翅虫
Platydracus pseudopaganus Bernhauer 伪帕平灿隐翅甲，伪帕平灿隐翅虫
Platydracus reitterianus Bernhauer 雷氏平灿隐翅甲，来平灿隐翅虫
Platydracus sharpi Fauvel 夏氏平灿隐翅甲，夏平灿隐翅虫
Platydracus speculifrons Bernhauer 殊额平灿隐翅甲，殊额平灿隐翅虫
Platydracus subviridis Bernhauer 绿平灿隐翅甲，绿平灿隐翅虫
Platydracus yunnanensis (Bernhauer) 云南平灿隐翅甲，滇隐翅虫
Platydracus yunnanicus Smetana *et* Davies 滇平灿隐翅甲
Platyedra 平麦蛾属
Platyedra malvella (Hübner) 见 *Pexicopia malvella*
Platyedra scutigera Holdaway 见 *Pectinophora scutigera*
Platyedra subcinerea (Haworth) [cotton stem moth, mallow groundling] 棉茎平麦蛾，棉茎麦蛾
Platyepora quadrivittata Matsumura 同 *Ossoides lineatus*
platyform larva 扁形幼虫
Platygaster 黄柄细蜂属
Platygaster error Fitch 见 *Euxestonotus error*
Platygaster oryzae Cameron 稻瘿蚊黄柄细蜂
Platygaster vernalis (Myers) 黑森瘿蚊黄柄细蜂
platygastrid 1. [= platygastrid wasp] 广腹细蜂 <广腹细蜂科 Platygastridae 昆虫的通称>；2. 广腹细蜂科的
platygastrid wasp [= platygastrid] 广腹细蜂
Platygastridae 广腹细蜂科 <该科学名有时被误写为 Platygasteridae>
Platygastroidea 广腹细蜂总科
Platygavialidium 平鳄蚱属
Platygavialidium formosanum (Tinkham) 台湾平鳄蚱，蓬莱脊菱蝗
Platygavialidium nodiferum (Walker) 瘤股平鳄蚱，节平鳄蚱
Platygavialidium sinicum Günther 中华平鳄蚱
Platygerrhus 璞金小蜂属
Platygerrhus nephrolepisi Yang 冷杉小蠹璞金小蜂
Platygerrhus piceae Yang 云杉小蠹璞金小蜂
Platygerrhus scutellatus Yang 黑小蠹璞金小蜂
Platygomphus occultus Sélys 见 *Stylurus occultus*
Platyhalictus 扁隧蜂亚属
Platyhilara 宽喜舞虻属
Platyhilara pallala (Yang *et* Yang) 淡翅宽喜舞虻
Platyja 宽夜蛾属
Platyja acerces (Prout) 阿宽夜蛾，妖裳蛾
Platyja ciacula Swinhoe 灰线宽夜蛾，西宽夜蛾
Platyja crenulata Holloway 端带宽夜蛾，克宽夜蛾
Platyja umminia (Cramer) 宽夜蛾，宽妖裳蛾
Platylabia 扁肥螋属
Platylabia major Dohrn 扁肥螋，扁板肥螋
Platylabiidae [= Palicidae] 扁肥螋科，扁蠼螋科，帕拉蠼螋科
Platylabiinae 扁肥螋亚科
Platylabini 平姬蜂族
Platylabus 平姬蜂属
Platylabus alboannulatus Uchida 白环平姬蜂
Platylabus brilliantus Kusigemati 辉平姬蜂
Platylabus formosanus Uchida 见 *Pristiceros formosanus*
Platylabus nigricornis Uchida 黑角平姬蜂
Platylabus okui Uchida 大奥平姬蜂
Platylabus rufus Wesmael 红平姬蜂
Platylabus taihorinus Uchida 见 *Pristiceros taihorinus*
Platylabus taiwanus Kusigemati 台湾平姬蜂
Platylabus takeuchii Uchida 竹内平姬蜂
Platylabus tenuicornis (Gravenhorst) 细角平姬蜂
Platylecanium 扁片蜡蚧属
Platylecanium nepalense Takagi 尼泊尔扁片蜡蚧
Platylesches 扁弄蝶属
Platylesches affinissima Strand [bashful hopper, affinity hopper] 阿菲扁弄蝶
Platylesches ayresii (Trimen) [peppered hopper] 艾雷扁弄蝶
Platylesches batangae (Holland) [Batanga hopper] 巴扁弄蝶
Platylesches chamaeleon Mabille [chamaeleon hopper] 变色扁弄蝶
Platylesches dolomitica Henning *et* Henning [hilltop hopper, dolomite hopper] 山扁弄蝶
Platylesches fosta Evans 福扁弄蝶
Platylesches galesa (Hewitson) [white-tail hopper, black hopper] 佳乐扁弄蝶
Platylesches hassani Collins *et* Larsen 哈扁弄蝶
Platylesches heathi Collins *et* Larsen 褐扁弄蝶
Platylesches iva Evans [Evans' hopper] 伊扁弄蝶
Platylesches lamba Neave [Neave's banded hopper] 纹扁弄蝶
Platylesches langa Evans [dark peppered hopper, irrorated hopper] 暗扁弄蝶
Platylesches larseni Kielland 拉扁弄蝶
Platylesches moritili (Wallengren) [common hopper, honey hopper] 莫氏扁弄蝶
Platylesches neba (Hewitson) [flower-girl hopper] 尖扁弄蝶
Platylesches panga Evans 潘扁弄蝶
Platylesches picanini (Holland) [banded hopper] 皮扁弄蝶
Platylesches rasta Evans 丽扁弄蝶
Platylesches robustus Neave [robust hopper, large hopper] 罗扁弄蝶
Platylesches rossii Belcastro [Loma hopper] 罗斯扁弄蝶
Platylesches shona Evans [shona hopper] 少扁弄蝶
Platylesches tina Evans [small hopper] 蒂娜扁弄蝶
Platylister 长卵阎甲属，平阎甲属
Platylister atratus (Erichson) 黑长卵阎甲
Platylister birmanus (Marseul) 缅甸长卵阎甲
Platylister cambodjensis (Marseul) 埔寨长卵阎甲，柬平阎甲，柬坑阎甲
Platylister cathayi Lewis 凯氏长卵阎甲，凯氏平阎甲，凯坑阎甲
Platylister confucii (Marseul) 孔氏长卵阎甲，孔平阎甲，孔坑阎甲

P

Platylister dahdah (Marseul) 筛臀长卵阎甲
Platylister horni (Bickhardt) 霍氏长卵阎甲
Platylister lucillus (Lewis) 光亮长卵阎甲
Platylister pini (Lewis) 平氏长卵阎甲
Platylister procerus Lewis 见 *Silinus procerus*
Platylister suturalis (Lewis) 缝长卵阎甲
Platylister unicus (Bickhardt) 独长卵阎甲，平阎甲，单坑阎甲
Platylomalus 平阎甲属，宽阎甲属
Platylomalus aequalis (Say) 衡平阎甲，衡宽阎甲，衡平阎甲
Platylomalus ceylanicus (Motschulsky) 斯里兰卡平阎甲
Platylomalus inflexus Zhang *et* Zhou 折平阎甲，弯宽阎甲
Platylomalus mendicus (Lewis) 门第平阎甲，卑宽阎甲，敏坑阎甲
Platylomalus niponensis (Lewis) 日本平阎甲，日宽阎甲，日坑阎甲
Platylomalus oceanitis (Marseul) 洋平阎甲，洋宽阎甲
Platylomalus sauteri (Bickhardt) 索氏平阎甲，索宽阎甲，索坑阎甲
Platylomalus submetallicus (Lewis) 胸线平阎甲，光宽阎甲
Platylomalus tonkinensis (Cooman) 东京湾平阎甲，越南宽阎甲
Platylomalus viaticus (Lewis) 旅平阎甲，路宽阎甲
Platylomia 马蝉属，长瓣蝉属
Platylomia assamensis Distant 见 *Macrosemia assamensis*
Platylomia bivocalis (Matsumura) 二音马蝉，高砂长瓣蝉
Platylomia bocki (Distant) 瓢瓣马蝉
Platylomia diana Distant 见 *Macrosemia diana*
Platylomia divergens (Distant) 见 *Macrosemia divergens*
Platylomia juno Distant 见 *Macrosemia juno*
Platylomia larus (Walker) 鸥马蝉，江苏马蝉
Platylomia lemoultii Lallemand 藏马蝉
Platylomia malickyi Beuk 麦丽马蝉
Platylomia pieli Kato 见 *Macrosemia pieli*
Platylomia plana Lei *et* Li 平片马蝉
Platylomia radha (Distant) 皱瓣马蝉
Platylomia shaanxiensis Wang *et* Wei 陕西马蝉
Platylomia tonkiniana (Jacobi) 见 *Macrosemia tonkiniana*
Platylomia umbrata (Distant) 见 *Macrosemia umbrata*
Platymeris 宽猎蝽属
Platymeris biguttatus (Linnaeus) [twin-spotted assasin bug, white spot assassin bug] 双斑宽猎蝽
Platymeris charon Jeannel 卡伦宽猎蝽
Platymeris erebus Distant 秀宽猎蝽
Platymeris flavipes Bergroth 黄足宽猎蝽
Platymeris guttatipennis Stål 斑翅宽猎蝽
Platymeris insignis Germar *et* Brendt 卓宽猎蝽
Platymeris kavirondo Jeannel 卡维宽猎蝽
Platymeris laevicollis Distant 光宽猎蝽
Platymeris nigripes Villiers 黑足宽猎蝽
Platymeris rhadamanthus Gerstaecker [red-spotted assassin bug, red spot assassin bug] 红斑宽猎蝽
Platymeris rufipes Jeannel 红足宽猎蝽
Platymeris swirei Distant 斯氏宽猎蝽
Platymetopiinae 翘叶蝉亚科，回脉叶蝉亚科
Platymetopiini 翘叶蝉族，普叶蝉族，回脉叶蝉族
Platymetopius 翘叶蝉属，普叶蝉属
Platymetopius dorsovittatus Kato 背条翘叶蝉，背条普叶蝉
Platymetopius henribauti Dlabola 菱纹翘叶蝉，亨氏普叶蝉
Platymetopius hopponis Matsumura 北埔翘叶蝉，北埔普叶蝉
Platymetopius koreanus Matsumura 朝鲜翘叶蝉，朝鲜普叶蝉
Platymetopius rubrovittatus Matsumura 见 *Varta rubrovittata*
Platymetopus 宽额步甲属
Platymetopus corrosus Bates 同 *Platymetopus flavilabris*
Platymetopus flavilabris (Fabricius) 宽额步甲
Platymetopus quadrimaculatus Dejean 四斑宽额步甲
Platymetopus thunbergi (Quense) 同 *Platymetopus flavilabris*
Platymetopus tritus Bates 特宽额步甲
Platymya 扁寄蝇属 < 该属名曾误修订为 *Platymyia* >
Platymya antennata (Brauer *et* Bergenstromm) 短芒扁寄蝇，触角扁寄蝇
Platymya fimbriata (Meigen) 林荫扁寄蝇
Platymycteropsis 斜脊象甲属 *Phrixopogon* 的异名
Platymycteropsis armaticollis (Marshall) 见 *Phrixopogon armaticollis*
Platymycteropsis excisangulus (Reitter) 见 *Phrixopogon excisangulus*
Platymycteropsis filicornis (Faust) 见 *Phrixopogon filicornis*
Platymycteropsis ignarus (Faust) 见 *Phrixopogon ignarus*
Platymycteropsis limbatus (Fairmaire) 见 *Phrixopogon limbatus*
Platymycteropsis mandarinus (Fairmaire) 见 *Phrixopogon mandarinus*
Platymycteropsis vicinus (Marshall) 见 *Phrixopogon vicinus*
Platymycteropsis walkeri (Marshall) 见 *Phrixopogon walkeri*
Platymycterus 横脊象甲属
Platymycterus armiger (Faust) 同 *Platymycterus trapezicollis*
Platymycterus conjungens Voss 连斜脊象甲，连斜脊象
Platymycterus difficilis Voss 狄横脊象甲，狄横脊象，迪斜脊象
Platymycterus feae (Faust) 圆沟横脊象甲，圆沟横脊象
Platymycterus maestus Marshall 忧横脊象甲，忧横脊象
Platymycterus sieversi (Reitter) 海南横脊象甲，海南横脊象
Platymycterus trapezicollis (Ballion) 细纹横脊象甲，细纹横脊象
Platymyia antennata (Brauer *et* Bergenstromm) 见 *Platymya antennata*
Platymyia fimbriata (Meigen) 见 *Platymya fimbriata*
Platymyia hortulana (Meigen) 见 *Nilea hortulana*
Platymyia linearicornis Zetterstedt 见 *Eumea linearicornis*
Platymyia melancholica Mesnil 同 *Sisyropa heterusiae*
Platymyia mitis Meigen 见 *Eumea mitis*
Platymyia westermanni (Zetterstedt) 同 *Eumea linearicornis*
Platymystax 宽唇姬蜂属
Platymystax atriceps Sheng *et* Sun 黑头宽唇姬蜂
Platymystax guanshanensis Sheng *et* Sun 官山宽唇姬蜂
Platymystax ranrunensis (Uchida) 然宽唇姬蜂，南投吉绕姬蜂
Platynaspidius 广盾瓢虫属 *Platynaspis* 的异名
Platynaspidius babai Sasaji 见 *Platynaspis babai*
Platynaspidius bimaculata Poorani 同 *Platynaspis kapuri*
Platynaspidius maculosus (Weise) 见 *Platynaspis maculosa*
Platynaspidius quinquepunctatus Miyatake 见 *Platynaspis quinquepunctatus*
Platynaspini 广盾瓢虫族
Platynaspis 广盾瓢虫属
Platynaspis angulimaculata Mader 斧斑广盾瓢虫
Platynaspis babai (Sasaji) 六星广盾瓢虫，拟斑广盾瓢虫
Platynaspis bimaculata Pang *et* Mao 同 *Platynaspis kapuri*
Platynaspis bimaculata Weise 大斑广盾瓢虫

Platynaspis flavoguttata (Gorham) 淡斑广盾瓢虫
Platynaspis gressitti (Miyatake) 扭叶广盾瓢虫
Platynaspis hainanensis (Miyatake) 海南广盾瓢虫
Platynaspis hoangi Ukrainsky 同 *Platynaspis kapuri*
Platynaspis huangea Cao *et* Xiao 黄斑广盾瓢虫
Platynaspis kapuri Chakraborty *et* Biswas 双斑广盾瓢虫
Platynaspis lanyuanus Sasaji 兰屿广盾瓢虫
Platynaspis lewisii Crotch 艳色广盾瓢虫
Platynaspis maculosa Weise 四斑广盾瓢虫
Platynaspis ocellimaculata Pang *et* Mao 眼斑广盾瓢虫
Platynaspis octoguttata (Miyatake) 八斑广盾瓢虫
Platynaspis quinquepunctatus (Miyatake) 五斑广盾瓢虫，拟四斑广盾瓢虫
Platynaspis sexmaculata Cao *et* Xiao 六斑广盾瓢虫
Platynaspis tricolor (Hoàng) 三色广盾瓢虫
Platynectes 短胸龙虱属，扁形豆龙虱属
Platynectes babai Satô 马场短胸龙虱，巴短胸龙虱，马场氏扁形豆龙虱
Platynectes chujoi Satô 中条短胸龙虱
Platynectes davidorum Hájek, Alarie, Šťastný *et* Vondráček 大卫短胸龙虱
Platynectes dissimilis (Sharp) 异短胸龙虱，小斑短胸龙虱
Platynectes gemellatus Šťastný 双短斑胸龙虱，台湾短胸龙虱
Platynectes guttula Régimbart 斑短胸龙虱
Platynectes hainanensis Nilsson 海南短胸龙虱
Platynectes kashmiranus Balfour-Browne 克什短胸龙虱
Platynectes kashmiranus kashmiranus Balfour-Browne 克什短胸龙虱指名亚种
Platynectes kashmiranus lemberki Šťastný 克什短胸龙虱勒氏亚种，勒氏短胸龙虱
Platynectes major Nilsson 大短胸龙虱
Platynectes rihai Šťastný 耶氏短胸龙虱
Platyneurus 平脉棒小蜂属
Platyneurus baliolus Sugonjaev 宁夏平脉棒小蜂，黄色白刺小蜂
Platynini 宽步甲族，扁步甲族
Platynopoda 宽足木蜂亚属
Platynoscelis 刺甲属
Platynoscelis asidioides (Bates) 见 *Bioramix* (*Cardiobioramix*) *asidioides*
Platynoscelis batesi Kaszab 见 *Bioramix* (*Cardiochianalus*) *batesi*
Platynoscelis chinensis Kaszab 见 *Bioramix* (*Cardiobioramix*) *chinensis*
Platynoscelis cordicollis Kaszab 见 *Bioramix* (*Cardiochianalus*) *cordicollis*
Platynoscelis crypticoides Reitter 见 *Bioramix* (*Leipopleura*) *crypticoides*
Platynoscelis falsa Kaszab 见 *Bioramix* (*Chianalus*) *falsa*
Platynoscelis kaszabi Gridelli 见 *Bioramix* (*Nudoplatyscelis*) *kaszabi*
Platynoscelis kaszabi Koch 同 *Bioramix* (*Cardiochianalus*) *schawalleri*
Platynoscelis korschefskyi Kaszab 见 *Bioramix* (*Cardiobioramix*) *korschefskyi*
Platynoscelis ovalis (Bates) 见 *Bioramix* (*Bioramix*) *ovalis*
Platynoscelis rotundicollis Kaszab 见 *Bioramix* (*Bioramix*) *rotundicollis*
Platynoscelis sculptipennis (Fairmaire) 见 *Bioramix* (*Cardiochianalus*) *sculptipennis*
Platynoscelis subaenea (Reitter) 同 *Bioramix* (*Cardiobioramix*) *championi*
Platynoscelis subaenescens Schuster 见 *Bioramix* (*Cardiobioramix*) *subaenescens*
Platynoscelis szetschuana Kaszab 见 *Bioramix* (*Cardiobioramix*) *szetschuana*
Platynotus 平背拟步甲属
Platynotus punctatipennis Mulsant *et* Reymond 点翅平背拟步甲，点翅片拟步甲，点翅拟步甲
Platynus 宽步甲属，扁步甲属
Platynus asper Jedlička 宽步甲
Platynus assimilis (Paykull) 阿宽步甲
Platynus davidis (Fairmaire) 大卫宽步甲，大卫扁步甲
Platynus formosanus (Jedlička) 台湾宽步甲
Platynus fukiensis Jedlička 闽宽步甲
Platynus klickai (Jedlička) 克宽步甲
Platynus magnus (Bates) 大宽步甲
Platynus protensus (Morawitz) 鞘凹宽步甲
Platynus wassulandi Jedlička 瓦宽步甲
Platynychus 齿爪叩甲属
Platynychus adjutor Candèze 东方齿爪叩甲，埃长颈叩甲
Platynychus anpingensis (Miwa) 安平齿爪叩甲，安平长颈叩甲
Platynychus cinereus (Herbst) 见 *Dicronychus cinereus*
Platynychus conductus Erichson 四斑齿爪叩甲，康长颈叩甲
Platynychus confusus (Fleutiaux) 乱点齿爪叩甲
Platynychus costatus Fleutiaux 棱脊齿爪叩甲
Platynychus davidianus (Candèze) 红腹齿爪叩甲，达长颈叩甲
Platynychus devius (Candèze) 纹鞘齿爪叩甲，德长颈叩甲
Platynychus formosanus (Matsumura) 台湾齿爪叩甲，台长颈叩甲，台湾叩甲
Platynychus imasakai (Kishii) 伊齿爪叩甲
Platynychus javanus (Candèze) 爪哇齿爪叩甲，爪哇角爪叩甲
Platynychus nebulosus Motschulsky 暗齿爪叩甲，暗长颈叩甲，云带角爪叩甲
Platynychus nothus (Candèze) [long-necked click beetle] 伪齿爪叩甲，伪霸叩甲，诺长颈叩甲，长颈叩甲
Platynychus pauper (Candèze) 同 *Platynychus nothus*
Platynychus systenus (Candèze) 系齿爪叩甲，系长颈叩甲
Platynychus taiwanus Kishii 宝岛齿爪叩甲
Platyocaecilius 扁叉蝤属
Platyocaecilius parallelivenius Li 扁室扁叉蝤
Platyomida 宽间象甲属
Platyomida hochstetteri Redtenbacher 郝氏宽间象甲，郝氏宽间象
Platyomopsis 宽幅天牛属
Platyomopsis albocincta Guérin-Méneville 见 *Rhytiphora albocincta*
Platyomopsis egena Pascoe 同 *Rhytiphora neglecta*
Platyomopsis nigrovirens Donovan 见 *Rhytiphora nigrovirens*
Platyomopsis vestigialis Pascoe 见 *Rhytiphora vestigialis*
Platyope 漠王属
Platyope altaiensis Ren *et* Wang 阿尔泰漠王
Platyope bairinana Ren *et* Dong 巴林漠王
Platyope balteiformis Ren *et* Wang 条纹漠王
Platyope granulata Fischer von Waldheim 大瘤漠王

Platyope korgasica Wu *et* Huang 霍城漠王
Platyope korlaensis Fan *et* Huang 库尔勒漠王
Platyope mongolica Faldermann 蒙古漠王，蒙古光漠王
Platyope ordossica Semenov 鄂漠王
Platyope pointi Schuster *et* Reymond 普氏漠王，坡漠王
Platyope proctoleuca Fischer von Waldheim 原漠王
Platyope proctoleuca chinensis Kaszab 原漠王中华亚种，中华漠王，华原漠王
Platyope proctoleuca proctoleuca Fischer von Waldheim 原漠王指名亚种
Platyope qitaiensis Wu *et* Huang 奇台漠王
Platyope trichophora Ren *et* Dong 花背漠王
Platyope victori Schuster *et* Reymond 维氏漠王，威漠王
Platyopina 漠王亚族
Platypalpus 平须舞虻属
Platypalpus acuminatus Saigusa *et* Yang 侧突平须舞虻
Platypalpus acutatus Yang *et* Li 尖突平须舞虻
Platypalpus alamaculatus Yang *et* Merz 斑翅平须舞虻
Platypalpus albisetus (Panzer) 白芒平须舞虻，白鬃平须舞虻，白鬃舞虻
Platypalpus apiciflavus Saigusa *et* Yang 黄端平须舞虻
Platypalpus apiciniger Saigusa *et* Yang 黑端平须舞虻
Platypalpus baotianmanensis Yang, An *et* Gao 宝天曼平须舞虻
Platypalpus basiflavus Yang *et* Yang 基黄平须舞虻
Platypalpus beijingensis Yang *et* Yu 北京平须舞虻
Platypalpus bellatulus Yang *et* Yang 雅平须舞虻
Platypalpus bimaculatus Yang, Wang, Zhu *et* Zhang 双斑平须舞虻
Platypalpus bomiensis Yang *et* Yang 波密平须舞虻
Platypalpus breviarista Li, Gao, Lin *et* Yang 短芒平须舞虻
Platypalpus breviprocerus Yang, Wang *et* Zhang 短突平须舞虻
Platypalpus brevis Hou, Zhang *et* Yang 同 *Platypalpus breviprocerus*
Platypalpus brevis Yang, Wang, Zhu *et* Zhang 短距平须舞虻
Platypalpus candidisetus (Bezzi) 白平须舞虻，白毛平须舞虻，闪亮舞虻，白毛棒舞虻
Platypalpus chishuiensis Yang, Zhu *et* An 赤水平须舞虻
Platypalpus coarctiformis Frey 短平须舞虻，短鬃平须舞虻，短鬃舞虻，直形平须舞虻
Platypalpus concavus Yang *et* Yang 缺缘平须舞虻
Platypalpus convergens Yang, Merz *et* Grootaert 聚脉平须舞虻
Platypalpus curvispinus Yang *et* Yang 弯刺平须舞虻
Platypalpus dalongtanus Yang *et* Li 大龙潭平须舞虻
Platypalpus didymus Huo, Zhang *et* Yang 双突平须舞虻
Platypalpus digitatus Yang, An *et* Gao 指突平须舞虻
Platypalpus euneurus Yang *et* Yang 优脉平须舞虻
Platypalpus flavidorsalis Yang, Wang, Zhu *et* Zhang 黄背平须舞虻
Platypalpus flavilateralis Yang, Wang, Zhu *et* Zhang 黄侧平须舞虻
Platypalpus formosanus Frey 台湾平须舞虻，台湾舞虻
Platypalpus guangdongensis Yang, Merz *et* Grootaert 广东平须舞虻
Platypalpus guangxiensis Yang *et* Yang 广西平须舞虻
Platypalpus guanshanus Yang, Wang, Zhu *et* Zhang 关山平须舞虻
Platypalpus hamulatus Yang *et* Yang 钩突平须舞虻
Platypalpus hebeiensis Yang *et* Li 河北平须舞虻
Platypalpus henanensis Saigusa *et* Yang 河南平须舞虻
Platypalpus hubeiensis Yang *et* Yang 湖北平须舞虻
Platypalpus hui Yang, An *et* Gao 胡氏平须舞虻
Platypalpus lhasaensis Yang *et* Yang 拉萨平须舞虻
Platypalpus lii Yang *et* Yang 李氏平须舞虻
Platypalpus longirostris (Bezzi) 长喙平须舞虻，长嘴舞虻，长吻棒舞虻
Platypalpus longirostris longirostris (Bezzi) 长喙平须舞虻指名亚种
Platypalpus longirostris xanthopus (Bezzi) 长喙平须舞虻黄腿亚种，黄腿平须舞虻，黄腿舞虻
Platypalpus maoershanensis Yang *et* Merz 猫儿山平须舞虻
Platypalpus medialis Yang, Wang, Zhu *et* Zhang 中斑平须舞虻
Platypalpus minor Li, Gao, Lin *et* Yang 微距平须舞虻
Platypalpus neixiangensis Yang, An *et* Gao 内乡平须舞虻
Platypalpus pallipilosus Saigusa *et* Yang 白毛平须舞虻
Platypalpus pingqianus Yang *et* Li 坪堑平须舞虻
Platypalpus shirozui (Saigusa) 白水平须舞虻，白水舞虻，白水迅舞虻
Platypalpus sichuanensis Yang *et* Yang 四川平须舞虻
Platypalpus striatus Yang *et* Yang 条斑平须舞虻
Platypalpus tectifrons (Becker) 黑足平须舞虻
Platypalpus triangulatus Yang *et* Yang 角斑平须舞虻
Platypalpus variegatus Yang *et* Yang 变色平须舞虻
Platypalpus wangwushanus Yang, Wang, Zhu *et* Zhang 王屋山平须舞虻
Platypalpus xanthodes Yang *et* Merz 黄平须舞虻
Platypalpus xiaowutaiensis Yang *et* Li 小五台平须舞虻
Platypalpus xizangenicus Yang *et* Yang 西藏平须舞虻
Platypalpus yadinganus Li, Gao, Lin *et* Yang 亚丁平须舞虻
Platypalpus yadongensis Yang *et* Yang 亚东平须舞虻
Platypalpus yuhuangshanus Yang, Wang, Zhu *et* Zhang 玉皇山平须舞虻
Platypalpus yunnanensis Yang *et* Yang 云南平须舞虻
Platypalpus zhangae Yang, Merz *et* Grootaert 张氏平须舞虻
Platypareia 阔足飞虱属
Platypareia albipes Muir 淡足阔足飞虱
Platypareia albipes albipes Muir 淡足阔足飞虱指名亚种
Platypareia albipes ocellata Fennah 淡足阔足飞虱眼斑亚种，眼斑阔足飞虱，贵州平颊飞虱
Platypareia ocellata Fennah 见 *Platypareia albipes ocellata*
Platypeplus 阔套卷蛾属
Platypeplus aprobola Meyrick 马来苹果阔套卷蛾
Platypeplus lamyra Meyrick 圆纹阔套卷蛾
Platyperigea 阔逸夜蛾亚属
Platypeza 扁足蝇属，扁脚蝇属
Platypeza sauteri Oldenberg 索氏扁足蝇，邵氏扁脚蝇
platypezid 1. [= platypezid fly, flat-footed fly] 扁足蝇，扁脚蝇 < 扁足蝇科 Platypezidae 昆虫的通称 >；2. 扁足蝇科的
platypezid fly [= platypezid, flat-footed fly] 扁足蝇，扁脚蝇
Platypezidae [= Clythiidae] 扁足蝇科，扁脚蝇科
Platypezoidea 扁足蝇总科
Platyphylax 平沼石蛾属
Platyphylax lanuginosus McLachlan 兰平沼石蛾
Platyphylax nigrovittatus McLachlan 见 *Hydatophylax nigrovittatus*
Platyphylax rufescens Martynov 见 *Pseudopotamorites rufescens*
Platyphylax yokouchii Iwata 同 *Nothopsyche pallipes*
Platyplectrus 沟距姬小蜂属

Platyplectrus cnidocampae Yang 刺蛾黄色沟距姬小蜂
Platyplectrus erannis Yang 松尺蛾沟距姬小蜂
Platyplectrus laeviscuta (Thomson) 光盾沟距姬小蜂
Platyplectrus odontogaster (Lin) 齿腹沟距姬小蜂
Platyplectrus papillata Lin 突沟距姬小蜂
Platyplectrus peculiaris Zhu *et* Huang 奇沟距姬小蜂
Platyplectrus politus (Lin) 平沟距姬小蜂
Platyplectrus viridiceps (Ferriere) 绿头沟距姬小蜂
Platypleura 蟪蛄属
Platypleura capitata Olivier 印度宽蟪蛄，印度宽侧蝉
Platypleura coelebs Stål 独蟪蛄
Platypleura hilpa Walker [speckled brown cicada, real golden cicada] 黄蟪蛄
Platypleura hyalinolimbata Signoret 同 *Platypleura kaempferi*
Platypleura kaempferi (Fabricius) [huey-gu] 蟪蛄，山柰宽侧蝉
Platypleura kuroiwae takasagona Matsumura 见 *Platypleura takasagona*
Platypleura semusta (Distant) 北蟪蛄
Platypleura takasagona Matsumura 高蟪蛄，小蟪蛄，台蟪蛄
platypodid 1. [= platypodid beetle, platypodid ambrosia beetle, ambrosia beetle] 长小蠹<长小蠹科Platypodidae 昆虫的通称>; 2. 长小蠹科的
platypodid ambrosia beetle [= platypodid, platypodid beetle, ambrosia beetle] 长小蠹
platypodid beetle 见 platypodid ambrosia beetle
Platypodidae 长小蠹科
Platypria 掌铁甲属
Platypria acanthion Gestro 寡刺掌铁甲
Platypria alces Gressitt 狭叶掌铁甲
Platypria aliena Chen *et* Sun 并蒂掌铁甲
Platypria andrewesi Weise 同 *Platypria erinaceus*
Platypria chiroptera Gestro 长刺掌铁甲
Platypria echidna Guérin-Méneville 长毛掌铁甲
Platypria erinaceus (Fabricius) 刺突掌铁甲
Platypria fenestrata Pic 窗掌铁甲
Platypria hystrix (Fabricius) 阔叶掌铁甲
Platypria melli Uhmann 枣掌铁甲
Platypria paracanthion Chen *et* Sun 短刺掌铁甲
Platypria parva Chen *et* Sun 小掌铁甲
Platypria yunnana Gressitt 云南掌铁甲
Platypriella 扁趾铁甲亚属
Platyproctus 网翅叶蝉属
Platyproctus flaveolus Lindberg 黄网翅叶蝉
Platyproctus maculipennis Linnavuori 斑翅网翅叶蝉
Platyproctus roseovittatus Dlabola 红纹网翅叶蝉
Platyproctus rubiginosus Mitjaev 泛红网翅叶蝉
Platyproctus schaeuffelei Dlabola 色网翅叶蝉
Platyproctus scorbiculatus Mitjaev 斯网翅叶蝉
Platyproctus tesselatus Lindberg 方网翅叶蝉
Platyprosopa 平夜蛾属
Platyprosopa nigrostrigata (Bethune-Baker) 黑纹平夜蛾，平夜蛾
Platyprosopus 平面隐翅甲属
Platyprosopus aequalis Bernhauer *et* Schubert 等平面隐翅甲，等平面隐翅虫
Platypsectra interrupta Klug 见 *Lophyrotoma interrupta*
Platypsyllidae 海獭甲科<参见 Acreioptera>
Platyptera 宽翅类<曾用于蛄目 Psocoptera、等翅目 Isoptera Plecoptera、襀翅目、食毛亚目 Mallophaga 等宽翅的已废弃目名>
platyptera hairstreak [*Micandra platyptera* (Felder *et* Felder)] 普米玹灰蝶，米玹灰蝶
Platypthima 扁眼蝶属
Platypthima decolor Rothschild *et* Jordan 淡色扁眼蝶
Platypthima dispar Joicey *et* Talbot 狄斯帕扁眼蝶
Platypthima homochroa Rothschild *et* Jordan 疑似扁眼蝶
Platypthima klossi Rothschild *et* Durrant 克洛斯扁眼蝶
Platypthima leucomelas (Rothschild) 黑白扁眼蝶
Platypthima ornata Rothschild *et* Jordan 扁眼蝶
Platypthima pandora Joicey *et* Talbot 潘多拉扁眼蝶
Platypthima placiva Jordan 圆扁眼蝶
Platypthima simplex (Rothschild *et* Jordan) 素朴扁眼蝶
Platyptilia 片羽蛾属
Platyptilia ainonis Matsumura 浅翅片羽蛾，艾平羽蛾
Platyptilia albifimbriata Arenberger 白缨片羽蛾
Platyptilia calodactyla (Denis *et* Schiffermüller) 华丽片羽蛾，卡洛平羽蛾
Platyptilia carduidactyla (Riley) [artichoke plume-moth] 洋蓟片羽蛾，洋蓟羽蛾，卡尔平羽蛾
Platyptilia chosokeiella Strand 却平羽蛾
Platyptilia citropleura Meyrick 西平羽蛾
Platyptilia cosmodactyla Hübner 同 *Amblyptilia punctidactyla*
Platyptilia dschambija Arenberger 德顺片羽蛾
Platyptilia farfarella (Zeller) [China aster plume moth] 菊乌羽蛾，紫菀大羽蛾，紫菀平羽蛾
Platyptilia gandaki Gielis 根德格片羽蛾
Platyptilia ignifera Meyrick [large grape plume-moth] 葡萄片羽蛾，葡萄大羽蛾，大葡萄羽蛾
Platyptilia isodactyla (Zeller) [ragwort plume moth, ragwort crown-boring plume moth] 等片羽蛾
Platyptilia jezoensis Matsumura 同 *Amblyptilia punctidactyla*
Platyptilia manchurica Buszko 东北平羽蛾
Platyptilia molopias Meyrick 残片羽蛾
Platyptilia nemoralis Zeller 内平羽蛾
Platyptilia pusillidactyla (Walker) [lantana plume-moth] 马缨丹片羽蛾，马缨丹羽蛾
Platyptilia resoluta Meyrick 瑞平羽蛾
Platyptilia shirozui Yano 白水平羽蛾，希平羽蛾
Platyptilia suigensis Matsumura 苏平羽蛾
Platyptilia sythoffi Snellen 斯氏平羽蛾
Platyptilia taprobanes (Felder *et* Rogenhofer) 见 *Stenoptilodes taprobanes*
Platyptilia ussuriensis (Caradja) 乌平羽蛾
Platyptiliinae 片羽蛾亚科
Platypus 长小蠹属
Platypus abietis Wood 冷杉长小蠹
Platypus apicalis White [New Zealand pinhole boring beetle] 新西兰长小蠹
Platypus arisannensis Murayama 阿里山长小蠹
Platypus australis Bakewell 澳长小蠹
Platypus calanus Blandford 栎唤长小蠹
Platypus caliculus Chapuis 卡长小蠹

Platypus compositus (Say) 菊长小蠹
Platypus contaminatus (Blandford) 康长小蠹，污秽长小蠹
Platypus cupulatus Chapuis 杯长小蠹
Platypus curtus Chapuis 短长小蠹，截尾长小蠹
Platypus cylindrus Fabricius 筒长小蠹
Platypus dasycauda Browne 毛尾长小蠹，木材长小蠹
Platypus flectus Niijima *et* Murayama 见 *Dinoplatypus flectus*
Platypus formosanus Niijima *et* Murayama 台湾长小蠹，台丽长小蠹
Platypus froggatti Froggatt 弗氏长小蠹
Platypus hintzi Schaufuss 亨氏长小蠹
Platypus horishensis Murayama 埔里长小蠹
Platypus indicus Strohmeyer 印度长小蠹
Platypus keelungensis Browne 基隆长小蠹
Platypus kiushuensis Murayama 九州长小蠹，壳斗长小蠹
Platypus koryoensis (Murayama) 东亚长小蠹
Platypus lepidus Chapuis 丽长小蠹
Platypus lepidus flectus Niijima *et* Murayama 见 *Dinoplatypus flectus*
Platypus lepidus formosanus Niijima *et* Murayama 见 *Platypus formosanus*
Platypus levannongi Schedl 泰国长小蠹
Platypus lewisi Blandford 刘氏长小蠹，东亚李氏长小蠹
Platypus lunatulus Browne 月长小蠹，弯弓长小蠹
Platypus modestus Blandford 静长小蠹，方形长小蠹
Platypus niijimai Murayama 新岛长小蠹，番石榴长小蠹
Platypus obtusipennis (Schedl) 龙脑香长小蠹
Platypus octodentatus Browne 八齿长小蠹
Platypus omnivorus Lea 杂食长小蠹
Platypus pini Hopkins 松长小蠹
Platypus quadridentatus (Olivier) 四齿长小蠹
Platypus quadriporus (Schedl) 矩长小蠹
Platypus querci Browne 嗜栎长小蠹，橡树长小蠹
Platypus quercivorus (Murayama) [oak ambrosia beetle] 栎长小蠹，灾害长小蠹
Platypus refertus Schedl 满长小蠹
Platypus severini Blandford 梣长小蠹
Platypus sinensis Schedl 中华长小蠹
Platypus solidus Walker 壮长小蠹
Platypus spinulosus (Strohmever) 刺长小蠹
Platypus stenoplicatus Schedl 狭褶长小蠹
Platypus taiheizanensis (Murayama) 太平山长小蠹，宜兰大长小蠹
Platypus taiwansis Schedl 宝岛小蠹
Platypus tenuis Strohmeyer 尖长小蠹
Platypus vethi Strohmeyer 渭长小蠹
Platypus wilsoni Skwine 宽头长小蠹
Platypus xylographus Schedl 木长小蠹
Platypygus 阔蜂虻属，平尾蜂虻属
Platypygus limatus Séguy 具边阔蜂虻，缘平尾蜂虻
Platyretus 回脉叶蝉属，凹叶蝉属
Platyretus albosignatus Distant 白斑回脉叶蝉，白斑凹叶蝉
Platyretus brevipenis Dai *et* Zhang 短茎回脉叶蝉
Platyretus cinctus Melichar 带回脉叶蝉，带凹叶蝉
Platyretus connexia Distant 连回脉叶蝉，连凹叶蝉
Platyretus gangeticus Viraktamath *et* Webb 恒河回脉叶蝉，恒凹叶蝉
Platyretus javanicus Viraktamath *et* Webb 爪哇回脉叶蝉，爪哇凹叶蝉
Platyretus marginatus Melichar 白边回脉叶蝉，带缘凹叶蝉
Platyretus pseudocinctus Heller *et* Linnavuori 拟带回脉叶蝉，拟带凹叶蝉
Platyretus spinulosus Xing *et* Li 刺突回脉叶蝉
Platyretus sudindicus Viraktamath *et* Webb 印回脉叶蝉，印凹叶蝉
Platyrhopalopsis 扁角棒角甲属
Platyrhopalopsis picteti (Westwood) 皮氏扁角棒角甲
Platyrhopalus 圆角棒角甲属，平棒角甲属，扁棒角甲属
Platyrhopalus davidis Fairmaire 大卫圆角棒角甲，达平棒角甲
Platyrhopalus irregularis Ritsema 奇圆棒角甲，奇平棒角甲
Platyrhopalus paussoides Wasmann 丽圆棒角甲，五斑平棒角甲，五斑肩棒甲，五斑扁棒角甲，五斑棒角甲
Platyrhopalus quinquepunctatus (Shiraki) 五点圆棒角甲，五点平棒角甲
Platyrhopalus simonis Dohrn 见 *Euplatyrhopalus simonis*
Platyroptilon 栉角菌蚊属
Platyroptilon wui Cao, Xu *et* Evenhuis 吴氏栉角菌蚊
Platyrrhinidae [= Anthribidae, Anthotribidae, Choragidae, Platystomidae] 长角象甲科，长角象虫科，长角象科，长角象鼻虫科
Platysaissetia 盘盔蚧属，台硬介壳虫属
Platysaissetia armata (Takahashi) 台湾盘盔蚧，台湾盘盔蜡蚧，刺缘台硬介壳虫
Platysaissetia carinata (Takahashi) 三脊盘盔蚧
Platysaissetia cinnamomi (Green) 樟树盘盔蚧
Platysaissetia crematogastri (Takahashi) 泰国盘盔蚧
Platysaissetia crustuliforme (Green) 馅饼盘盔蚧
Platysaissetia fryeri (Green) 锡兰盘盔蚧
Platysamia cecropia (Linnaeus) 见 *Hyalophora cecropia*
Platysamia euryalus (Boisduval) 见 *Hyalophora euryalus*
Platyscapa 阔柄榕小蜂属
Platyscapa hsui Chen *et* Chou 徐氏阔柄榕小蜂
Platyscapa ishiiana Grandi 石井阔柄榕小蜂
Platyscapa quadraticeps Mayr 方头阔柄榕小蜂
Platyscelidini 刺甲族
Platyscelis 刺甲属，斯拟步甲属
Platyscelis acutipenis Bai *et* Ren 锐茎刺甲
Platyscelis aenescens Blair 见 *Bioramix* (*Leipopleura*) *aenescens*
Platyscelis amdoensis Egorov 安多刺甲，阿斯拟步甲
Platyscelis angusticollis Kaszab 宽跗刺甲，狭斯拟步甲
Platyscelis angusticollis platytarsis Kaszab 见 *Platyscelis platytarsis*
Platyscelis ballioni Reitter 同 *Platyscelis brevis*
Platyscelis bogatshevi Egorov 波氏刺甲，波斯拟步甲
Platyscelis brevis Baudi di Selve 短体刺甲
Platyscelis densipunctata Bai *et* Ren 密点刺甲
Platyscelis freyi Kaszab 弗氏刺甲，弗斯拟步甲
Platyscelis ganglbaueri Seidlitz 岗氏刺甲，更斯拟步甲
Platyscelis gebieni Schuster 盖氏刺甲，格氏刺甲，格斯拟步甲
Platyscelis hauseri Reitter 赫氏刺甲，豪斯拟步甲
Platyscelis helanensis Bai *et* Ren 贺兰刺甲

P

Platyscelis hypolithos (Palls) 亥刺甲，亥斯拟步甲
Platyscelis integra Reitter 见 *Bioramix* (*Leipopleura*) *integra*
Platyscelis licenti Kaszab 李氏刺甲，李斯拟步甲
Platyscelis micans Reitter 见 *Bioramix* (*Leipopleura*) *micans*
Platyscelis ovata Ballion 卵形刺甲
Platyscelis picipes Gebler 黑足刺甲
Platyscelis platytarsis Kaszab 平跗刺甲，平跗狭斯拟步甲
Platyscelis provosti Fairmaire 普齿刺甲
Platyscelis rugifrons (Fischer von Waldheim) 皱额刺甲，皱额斯拟步甲
Platyscelis striata Motschulsky 条脊刺甲，纹斯拟步甲
Platyscelis strigicollis Lewis 同 *Platyscelis subcordata*
Platyscelis subaenescens Schuster 见 *Bioramix* (*Cardiobioramix*) *subaenescens*
Platyscelis subcordata Seidlitz 心形刺甲，亚心刺甲，亚心斯拟步甲
Platyscelis suiyuana Kaszab 绥远刺甲，绥刺甲，绥斯拟步甲
Platyscelis sulcata Ballion 同 *Platyscelis striata*
Platysceptra 平透窝蛾属
Platysceptra tineoides (Walsingham) [tobacco moth] 烟平透窝蛾，烟透窝蛾，干烟透窝蛾
Platysenta 圣夜蛾属
Platysenta albigutta (Wileman) 见 *Condica albigutta*
Platysenta illustrata (Staudinger) 见 *Condica illustrata*
Platysma 阔通缘步甲亚属
Platysma aeneocupreus Fairmaire 见 *Pterostichus aeneocupreus*
Platysma latecostata Fairmaire 见 *Aristochroa latecostata*
Platysma mandzhuricum Lutshnik 见 *Pterostichus mandzhuricus*
Platysma punctibasis Chaudoir 见 *Poecilus punctibasis*
Platysma yunnanus Fairmaire 同 *Pterostichus aeneocupreus*
Platysodes 黑艳花金龟甲属，黑艳花金龟属
Platysodes formosana Kobayashi 蓬莱黑艳花金龟甲，蓬莱黑艳花金龟，台扁花金龟
Platysoma 方阎甲属，方阎甲亚属，坑阎甲属
Platysoma atratus Erichson 见 *Pachylister atratus*
Platysoma beybienkoi Kryzhanovskij 见 *Platysoma* (*Platysoma*) *beybienkoi*
Platysoma cambodjensis Marseul 见 *Platylister cambodjensis*
Platysoma cathayi (Lewis) 见 *Platylister cathayi*
Platysoma celatum Lewis 见 *Kanaarister celatus*
Platysoma cerylonoides (Bickhardt) 同 *Platysoma* (*Platysoma*) *chinense*
Platysoma chinense Lewis 见 *Platysoma* (*Platysoma*) *chinense*
Platysoma conditum Marseul 调方阎甲，调坑阎甲
Platysoma confucii Marseul 见 *Platylister confucii*
Platysoma cribropygum Marseul 见 *Pachylister cribropygum*
Platysoma (Cylister) angustatum (Hoffmann) 狭方阎甲
Platysoma (Cylister) elongatum (Thunberg) 长方阎甲
Platysoma (Cylister) lineare Erichson 线方阎甲，线坑阎甲
Platysoma (Cylister) lineicolle Marseul 细方阎甲，拟线坑阎甲
Platysoma (Cylister) yunnanum (Kryzhanovskij) 云南方阎甲，滇晒阎甲，滇坑阎甲
Platysoma dufali Marseul 见 *Platysoma* (*Platysoma*) *dufali*
Platysoma horni Bickhardt 见 *Pachylister horni*
Platysoma lewisi Marseul 见 *Niposoma lewisi*
Platysoma linearis Erichson 见 *Platysoma* (*Cylister*) *lineare*
Platysoma lineicolle Marseul 见 *Platysoma* (*Cylister*) *lineicolle*
Platysoma mendicum Lewis 见 *Platylomalus mendicus*
Platysoma niponensis Lewis 见 *Platylomalus niponensis*
Platysoma pini Lewis 见 *Pachylister pini*
Platysoma (Platysoma) beybienkoi Kryzhanovskij 贝氏方阎甲，别坑阎甲
Platysoma (Platysoma) brevistriatum Lewis 短线方阎甲
Platysoma (Platysoma) chinense Lewis 中国方阎甲
Platysoma (Platysoma) deplanatum (Gyllenhal) 平方阎甲
Platysoma (Platysoma) dufali Marseul 达氏方阎甲，杜坑阎甲
Platysoma (Platysoma) gemellun (Cooman) 重方阎甲
Platysoma (Platysoma) koreanum Mazur 朝鲜方阎甲
Platysoma (Platysoma) rasile Lewis 滑方阎甲
Platysoma (Platysoma) rimarium Erichson 裂方阎甲
Platysoma (Platysoma) sichuanum Mazur 四川方阎甲
Platysoma (Platysoma) takehikoi Ôhara 井上方阎甲，塔坑阎甲
Platysoma procerum (Lewis) 见 *Silinus procerus*
Platysoma punctigerum (LeConte) 蠹坑方阎甲，大小蠹坑阎魔虫
Platysoma sauteri Bickhardt 见 *Platylomalus sauteri*
Platysoma schenklingi Bickhardt 见 *Niposoma schenklingi*
Platysoma silvestre Schmidt 见 *Eurylister silvestre*
Platysoma taiwana Hisamatsu 见 *Niposoma taiwanum*
Platysoma takehikoi Ôhara 见 *Platysoma* (*Platysoma*) *takehikoi*
Platysoma unicum Bickhardt 见 *Platylister unicus*
Platysoma yunnanum (Kryzhanovskij) 见 *Platysoma* (*Cylister*) *yunnanum*
Platysomatini 方阎甲族
Platyspathius 柄腹茧蜂属
Platyspathius bisignatus (Walker) 双纹柄腹茧蜂
Platyspathius dinoderi (Gahan) 同 *Platyspathius ornatulus*
Platyspathius ornatulus (Enderlein) 竹长蠹柄腹茧蜂
Platyspathius ruiliensis Chao 瑞丽柄腹茧蜂
Platystethus 宽翅隐翅甲属，离鞘隐翅虫属，短翅隐翅虫属
Platystethus arenarius (Geoffroy) 沙地宽翅隐翅甲，沙离鞘隐翅虫，离鞘隐翅虫，红腰离鞘隐翅虫，短翅隐翅虫
Platystethus bucerus Lü *et* Zhou 牛宽翅隐翅甲，牛离鞘隐翅虫
Platystethus cornutus (Gravenhorst) 纹宽翅隐翅甲，纹离鞘隐翅虫，斑翅离鞘隐翅虫，沟胸短翅隐翅虫
Platystethus crassicornis Motschulsky 粗角宽翅隐翅甲，粗角离鞘隐翅虫，凹离鞘隐翅虫，粗角短翅隐翅虫
Platystethus degener Mulsant *et* Rey 鄙宽翅隐翅甲，鄙离鞘隐翅虫
Platystethus dilutipennis Cameron 膜宽翅隐翅甲，膜离鞘隐翅虫
Platystethus erlangshanus Yan, Li *et* Zheng 二郎山宽翅隐翅甲，二郎山离鞘隐翅虫
Platystethus luae Zheng 卢氏宽翅隐翅甲，卢氏离鞘隐翅虫
Platystethus nitens (Sahlberg) 亮宽翅隐翅甲，亮离鞘隐翅虫，小离鞘隐翅虫，耀短翅隐翅虫
Platystethus operosus Sharp 同 *Platystethus cornutus*
Platystethus spectabilis Kraatz 瘤宽翅隐翅甲，瘤离鞘隐翅虫
Platystethus subnitens Lü *et* Zhou 拟亮宽翅隐翅甲，拟亮离鞘隐翅虫
Platystethus tian Zheng 天宽翅隐翅甲，天离鞘隐翅虫
Platystethus vicinior Lü *et* Zhou 邻宽翅隐翅甲，邻离鞘隐翅虫

platystictid 1. [= platystictid damselfly, shadowdamsel] 扁蟌，短脉蟌 < 扁蟌科 Platystictidae 昆虫的通称 >；2. 扁蟌科的

platystictid damselfly [= platystictid, shadowdamsel] 扁蟌，短脉蟌

Platystictidae 扁蟌科，短脉蟌科

Platystictoidea 扁蟌总科

Platystoma 广口蝇属，扁口蝇属

Platystoma gilvipes Loew 黄广口蝇，黄扁口蝇

Platystoma mandschuricum Enderlein 东北广口蝇，东北扁口蝇

Platystoma murinum Hendel 新疆广口蝇

Platystoma oculatum Becker 微眼广口蝇，眼斑扁口蝇

platystomatid 1. [= platystomatid fly, signal fly] 广口蝇，扁口蝇 < 广口蝇科 Platystomatidae 昆虫的通称 >；2. 广口蝇科的

platystomatid fly [= platystomatid, signal fly] 广口蝇，扁口蝇

Platystomatidae 广口蝇科，扁口蝇科

Platystomatinae 广口蝇亚科

Platystomidae [= Anthribidae, Anthotribidae, Choragidae, Platyrrhinidae] 长角象甲科，长角象虫科，长角象科，长角象鼻虫科

Platystomini 宽喙长角象甲族，宽喙长角象族

Platystomopsis 普拉提实蝇属

Platystomopsis clathrata Hering 越南普拉提实蝇

Platystomos 宽喙长角象甲属，宽喙长角象属

Platystomos sellatus (Roelofs) 鞍宽喙长角象甲

Platystomos sellatus longicrus Park, Hong, Woo *et* Kwon 鞍宽喙长角象甲长翅亚种

Platystomos sellatus sellatus (Roelofs) 鞍宽喙长角象甲指名亚种

Platystomos wallacei (Pascoe) 韦氏宽喙长角象甲

Platystomos wallacei malaicus (Jordan) 韦氏宽喙长角象甲台湾亚种

Platystomos wallacei wallacei (Pascoe) 韦氏宽喙长角象甲指名亚种

Platytenerus 扁郭公甲属

Platytenerus castaneus (Kôno) 褐扁郭公甲

Platytenerus iriomotensis Murakami 岛扁郭公甲

Platytenerus sichuanus Murakami, Chou *et* Shi 四川扁郭公甲

Platytes 广草螟属

Platytes diatraeella Hampson 见 *Charltona diatraeella*

Platytes ornatella (Leech) 饰纹广草螟，饰平螟

Platytes sinuosellus South 见 *Pseudoclasseya sinuosella*

Platytes strigatalis (Hampson) 线纹广草螟，纹平螟

Platytes strigulalis Hampson 见 *Haimbachia strigulalis*

Platytes strigulalis cantonielus Wu 同 *Haimbachia strigulalis*

Platytettix pulchra Matsumura 见 *Diomma pulchra*

Platythyreini 广盾针蚁族

Platytibia 扁胫飞虱属

Platytibia ferruginea Ding 红褐扁胫飞虱

Platytipula 阔大蚊亚属

Platytrephes 普蚤蝽属

Platytrephes depressus (Zettel) 垂普蚤蝽

Platytrephes fasciatus (Zettel) 束普蚤蝽

Platyuridae [= Keroplatidae, Ceroplatidae, Zelmiridae, Zelmicidae] 扁角菌蚊科，角菌蚊科，扁角蚊科

Platyurinae 扁尾菌蚊亚科

Platyxantha 变额萤叶甲属

Platyxantha chinensis Maulik 见 *Fleutiauxia chinensis*

Platyxantha variceps (Laboissière) 见 *Taumacera variceps*

Platyxanthoides variceps Laboissière 见 *Taumacera variceps*

Platyxiphydria 平长颈树蜂属

Platyxiphydria antennata (Maa) 离角平长颈树蜂，离角长颈树蜂

Platyzosteria 布蠊属

Platyzosteria nitida Brunner von Wattenwyl 见 *Melanozosteria nitida*

Plautella 普洛灰蝶属

Plautella cossaea (de Nicéville) 普洛灰蝶

Plautia 珀蝽属

Plautia crossota (Dallas) 珀蝽，朱绿蝽

Plautia crossota stali Scott 见 *Plautia stali*

Plautia fimbriata (Fabricius) 同 *Plautia crossota*

Plautia flavifusca Liu *et* Zheng 黄珀蝽

Plautia lushanica Yang 庐山珀蝽

Plautia lushanica lushanica Yang 庐山珀蝽指名亚种

Plautia lushanica yunnanensis Liu *et* Zheng 庐山珀蝽云南亚种

Plautia propinqua Liu *et* Zheng 邻珀蝽

Plautia sordida Xiong *et* Liu 暗色珀蝽

Plautia splendens Distant 小珀蝽，小珀椿象

Plautia stali Scott [brown-winged green bug, oriental stink bug] 斯氏珀蝽，珀椿象

Plautia viridicollis (Westwood) 异黄珀蝽

Plaxemya 锐家蝇亚属

Plaxomicrus 广翅天牛属

Plaxomicrus ellipticus Thomson 广翅天牛，广翅眼天牛

Plaxomicrus nigriventris Pu 黑腹广翅天牛

Plaxomicrus pallidicolor Pic 淡色广翅天牛

Plaxomicrus szetschuanus Breuning 蜀广翅天牛

Plaxomicrus violaceomaculatus Pic 紫带广翅天牛

Plcurocleonus 二脊象甲属

Plcurocleonus sollicitus Gyllenhyl 二脊象甲

Plea pallescens Distant 见 *Paraplea pallescens*

pleasant dagger moth [*Acronicta laetifica* Smith] 愉剑纹夜蛾

pleasant grass mealybug [*Trionymus placatus* (Borchsenius)] 乌克兰条粉蚧

pleasing fungus beetle [= erotylid beetle, erotylid] 大蕈甲，大蕈虫 < 大蕈甲科 Erotylidae 昆虫的通称 >

pleasing lacewing [= dilarid lacewing, dilarid] 栉角蛉 < 栉角蛉科 Dilaridae 昆虫的通称 >

pleasure sister [*Adelpha plesaure* Hübner] 喜悦悌蛱蝶

pleated cocooning frame 折蔟 < 养蚕的 >

Plebeiogryllus 珀蟋属

Plebeiogryllus guttiventris (Walker) 纹腹珀蟋，珠腹珀蟋

Plebeiogryllus guttiventris guttiventris (Walker) 纹腹珀蟋指名亚种

Plebeiogryllus guttiventris obscurus (Chopard) 纹腹珀蟋暗色亚种，暗珀蟋

Plebeiogryllus plebejus (Saussure) 贱珀蟋

Plebeiogryllus spurcatus (Walker) 香港珀蟋，香港蟋

Plebejidae [= Riodinidae, Nemeobiidae, Erycinidae] 蚬蝶科

Plebejus 豆灰蝶属

Plebejus aegidon (Gerhard) 爱吉豆灰蝶

Plebejus agnata (Staudinger) 雅豆灰蝶

Plebejus allardi (Oberthür) 阿莱豆灰蝶

Plebejus anna (Edwards) [Anna's blue] 安娜豆灰蝶

Plebejus ardis Bálint *et* Johnson 艾豆灰蝶

Plebejus argus (Linnaeus) [silver-studded blue] 阿豆灰蝶，豆灰蝶，豆小灰蝶，银蓝灰蝶

Plebejus argus argus (Linnaeus) 阿豆灰蝶指名亚种

Plebejus argus insularis (Leech) 阿豆灰蝶岛屿亚种，岛阿豆灰蝶，银点灰蝶

Plebejus badachshana (Förster) 巴豆灰蝶

Plebejus baldur (Hemming) 巴尔豆灰蝶

Plebejus baroghila (Tytler) 巴罗豆灰蝶

Plebejus beani Bálint *et* Johnson 百倪豆灰蝶

Plebejus bella (Herrich-Schäffer) 艳妇豆灰蝶

Plebejus bellieri (Oberthür) 贝利豆灰蝶

Plebejus bellona (Grum-Grshimailo) 百仑豆灰蝶

Plebejus biton Bremer 华西豆灰蝶，华豆灰蝶

Plebejus carmon (Gerhard) [eastern brown argus] 东豆灰蝶

Plebejus christophi (Staudinger) [small jewel blue] 克豆灰蝶

Plebejus christophi christophi (Staudinger) 克豆灰蝶指名亚种，指名克豆灰蝶

Plebejus christophi micropunctatus Stshetkin 克豆灰蝶小斑亚种

Plebejus christophi nanshanicus (Forster) 克豆灰蝶南山亚种

Plebejus corsicus (Bellier) 柯尔豆灰蝶

Plebejus devanicus (Moore) 带纹豆灰蝶

Plebejus emigdionis (Grinnel) [San Emigdio blue] 爱美豆灰蝶

Plebejus ferganus (Staudinger) 费加豆灰蝶

Plebejus firuskuhi (Förster) 费鲁豆灰蝶

Plebejus ganssuensis (Grum-Grshimailo) 甘肃豆灰蝶

Plebejus hesperica (Rambur) 黄昏豆灰蝶

Plebejus hipochyonus (Rambur) 褐波豆灰蝶

Plebejus iburiensis (Butler) 伊布豆灰蝶，伊索红珠灰蝶

Plebejus ida (Grum-Grshimailo) 伊达豆灰蝶

Plebejus kwaja (Evans) 克瓦豆灰蝶

Plebejus leucofasciatus Rober 白带豆灰蝶

Plebejus lucifera (Staudinger) 见 *Patricius luciferus*

Plebejus lucifera lucifera (Staudinger) 见 *Patricius luciferus luciferus*

Plebejus lucifera lucifuga (Fruhstorfer) 见 *Patricius lucifugus*

Plebejus lucifera lucina (Grum-Grshimailo) 见 *Patricius lucinus*

Plebejus lucifuga (Fruhstorfer) 见 *Patricius lucifugus*

Plebejus maracandica (Erschoff) 红珠豆灰蝶

Plebejus martini (Allard) [Martin's blue] 马提尼豆灰蝶

Plebejus micrargus (Butler) 小豆灰蝶

Plebejus naruena (Courvoisier) 青蓝豆灰蝶

Plebejus nevadensis (Oberthür) 奈佤豆灰蝶

Plebejus nichollae (Elwes) 尼克豆灰蝶

Plebejus obscurolunulata Huang 同 *Plebejus ganssuensis*

Plebejus optilete Knoch 见 *Vacciniina optilete*

Plebejus patriarcha Bálint 原岩豆灰蝶

Plebejus philbyi (Graves) 菲豆灰蝶

Plebejus phlaon (Fischer *et* Walbheim) 佛郎豆灰蝶

Plebejus pilgram Bálint *et* Johnson 丝豆灰蝶，丝灰蝶

Plebejus planorum (Alphéraky) 平豆灰蝶

Plebejus samudra (Moore) 萨豆灰蝶

Plebejus sephirus (Frivaldsky) 赛斐豆灰蝶

Plebejus tancrei (Graeser) 棕褐豆灰蝶

P

Plebejus themis (Grum-Grshimailo) 泰豆灰蝶，特卢灰蝶

Plebejus trappi Verity 特拉普豆灰蝶

Plebejus usbekus (Förster) 乌兹别克豆灰蝶

Plebejus vogelii (Oberthür) [Vogel's blue] 沃豆灰蝶

Plebejus zephyrinus (Christoph) 西风豆灰蝶

plecephalic 前头的 < 前口式头，但头孔在腹面的 >

Plecia 襀毛蚊属，壤毛蚊属，浮荡毛蚋属

Plecia acutirostris Luo *et* Yang 钩襀毛蚊，钩壤毛蚊

Plecia angularis Luo *et* Yang 角襀毛蚊，角壤毛蚊

Plecia atroilla Yang *et* Cheng 小黑角襀毛蚊，小黑毛蚊

Plecia bicuspidata Luo *et* Yang 双突襀毛蚊，双突壤毛蚊

Plecia bifoliolata Luo *et* Yang 双叶襀毛蚊，双叶壤毛蚊

Plecia chinensis Hardy 中华襀毛蚊，中华壤毛蚊

Plecia clina Yang *et* Chen 斜襀毛蚊

Plecia convaluta Yang *et* Cheng 卷抱襀毛蚊

Plecia curvatineura Yang *et* Cheng 曲脉襀毛蚊

Plecia digitiformis Luo *et* Yang 指状襀毛蚊，指状壤毛蚊

Plecia dilacerabilis Yang *et* Luo 裂襀毛蚊，裂壤毛蚊

Plecia emeiensis Yang *et* Luo 峨眉襀毛蚊，峨眉壤毛蚊

Plecia forcipiformis Yang *et* Luo 钳襀毛蚊，钳壤毛蚊

Plecia fulvicollis (Fabricius) 黄胸襀毛蚊，黄胸壤毛蚊，褐襀毛蚊

Plecia gressitti Hardy 嘉氏襀毛蚊，嘉氏壤毛蚊，格氏襀毛蚊

Plecia hadrosoma Hardy *et* Takahashi 日襀毛蚊，日壤毛蚊，日线毛蚊

Plecia hardyi Yang *et* Luo 哈氏襀毛蚊，哈氏壤毛蚊

Plecia hunanensis Yang *et* Luo 湖南襀毛蚊，湖南壤毛蚊

Plecia impostor Brunetti 冒名襀毛蚊

Plecia intercedens Hardy 间襀毛蚊，间壤毛蚊

Plecia longifolia Yang *et* Luo 长叶襀毛蚊，长叶壤毛蚊

Plecia longiforceps Duda 长钳襀毛蚊，长钳壤毛蚊，长铗毛蚋

Plecia mandibuliformis Yang *et* Luo 颚襀毛蚊，颚壤毛蚊

Plecia mastoidea Yang *et* Luo 乳突襀毛蚊，乳突壤毛蚊

Plecia microstoma Yang *et* Luo 缺刻襀毛蚊，缺刻壤毛蚊

Plecia nigra Duda 黑襀毛蚊，黑壤毛蚊

Plecia pullata Hardy 裹黑襀毛蚊

Plecia rufangularis Luo *et* Yang 红角襀毛蚊，红角壤毛蚊

Plecia septentrionalis Hardy 北方襀毛蚊，北方壤毛蚊

Plecia sinensis Hardy 中国襀毛蚊，中国壤毛蚊

Plecia thulinigra Hardy 土襀毛蚊，土壤毛蚊

Plecia verruca Yang *et* Cheng 毛瘤襀毛蚊

Plecia yunnanica Hardy 云南襀毛蚊，云南壤毛蚊

Pleciinae 襀毛蚊亚科

Plecoptera [= Perlaria] 襀翅目

Plecoptera 卷裙夜蛾属，织翼夜蛾属

Plecoptera bilinealis (Leech) 双带卷裙夜蛾，双线织翼夜蛾

Plecoptera chrysocephala Hampson 黄头卷裙夜蛾，金织翼夜蛾

Plecoptera ferrilineata Swinhoe 铁线卷裙夜蛾，铁线织翼夜蛾

Plecoptera oculata (Moore) 黑肾卷裙夜蛾，眶织翼夜蛾

Plecoptera pallidimargo Hampson 淡缘卷裙夜蛾，淡织翼夜蛾

Plecoptera quaesita Guenée 觅卷裙夜蛾，觅织翼夜蛾

Plecoptera reflexa Guenée [shisham defoliator] 折卷裙夜蛾，折织翼夜蛾，舒襀裳蛾

Plecoptera siderogramma Hampson 双带卷裙夜蛾，双线襀裳蛾

Plecoptera umbrosa Wileman 荫卷裙夜蛾，荫织翼夜蛾

Plecoptera uniformis (Moore) 单卷裙夜蛾，单襀裳蛾
plecopteran 1. [= stonefly, stone fly, plecopteron, plecopterous insect] 蟦，石蝇 < 襀翅目 Plecoptera 昆虫的通称 >；2. 襀翅目昆虫的，襀翅目的
Plecopterana bilinealis Hua 见 *Plecoptera bilinealis*
Plecopterana chrysocephala Hua 见 *Plecoptera chrysocephala*
Plecopterana oculata Hua 见 *Plecoptera oculata*
Plecopterana pallidimargo Hua 见 *Plecoptera pallidimargo*
Plecopterana reflexa Hua 见 *Plecoptera reflexa*
Plecopterana siderogramma Hua 见 *Plecoptera siderogramma*
Plecopterana umbrosa Hua 见 *Plecoptera umbrosa*
plecopterist [= plecopterologist] 襀翅学家，襀翅目工作者
plecopterological 襀翅学的
plecopterologist 见 plecopterist
plecopterology 襀翅学
plecopteron 见 plecopteran
plecopterous insect 见 plecopteran
Plectes 链通缘步甲亚属
Plectiscidea 细弱姬蜂属
Plectiscidea tenuicornis Foester 尖角细弱姬蜂
Plectocryptus albolineatus Heinrich 同 *Plectocryptus alpinus*
Plectocryptus alpinus (Kriechbaumer) 白线普勒姬蜂
Plectocryptus fusiformis Uchida 见 *Polytribax fusiformis*
Plectoderoides 棘颖蜡蝉属
Plectoderoides flavovittatus Fennah 黄条棘颖蜡蝉
Plectoderoides formsoanus Matsumura 白带棘颖蜡蝉
Plectoderoides maculatus Matsumura 纹棘颖蜡蝉
Plectoderoides uniformis Fennah 华南棘颖蜡蝉
Plectophila 编木蛾属
Plectophila discalis (Walker) 盘编木蛾
Plectoptera [= Ephemeroptera, Ephemerida, Agnatha] 蜉蝣目
Plectrocnemia 缘脉多距石蛾属
Plectrocnemia arphachad Malicky *et* Chantaramonokol 阿法缘脉多距石蛾
Plectrocnemia aurea Ulmer 金黄缘脉多距石蛾
Plectrocnemia bifurcata Tian 双叉缘脉多距石蛾
Plectrocnemia chinensis Ulmer 中华缘脉多距石蛾
Plectrocnemia complex Hwang 杂缘脉多距石蛾
Plectrocnemia conspersa (Curtis) 散缘脉多距石蛾
Plectrocnemia cryptoparamere Morse, Zhong *et* Yang 隐突缘脉多距石蛾
Plectrocnemia dichotoma Wang *et* Yang 双歧缘脉多距石蛾
Plectrocnemia distincta Martynov 离缘脉多距石蛾
Plectrocnemia forcipata Schmid 钳状缘脉多距石蛾
Plectrocnemia gryphalis Mey 束茎缘脉多距石蛾
Plectrocnemia hoenei Schmid 锄形缘脉多距石蛾
Plectrocnemia huangi Zhong, Yang *et* Morse 黄氏缘脉多距石蛾
Plectrocnemia jonam (Malicky) 迦南缘脉多距石蛾
Plectrocnemia kusnezovi Martynov 库式缘脉多距石蛾
Plectrocnemia lortosa Banks 扭刺缘脉多距石蛾
Plectrocnemia munitalis Mey 缪尼缘脉多距石蛾
Plectrocnemia plicata Schmid 褶皱缘脉多距石蛾，褶缘脉多距石蛾
Plectrocnemia potchina Mosely 宽须缘脉多距石蛾
Plectrocnemia qianshanensis Morse, Zhong *et* Yang 铅山缘脉多距石蛾
Plectrocnemia sinualis Wang *et* Yang 弯枝缘脉多距石蛾
Plectrocnemia tortosa Banks 托缘脉多距石蛾
Plectrocnemia tsukuiensis (Kobayashi) 弯枝缘脉多距石蛾
Plectrocnemia uncata Wang *et* Yang 具钩缘脉多距石蛾
Plectrocnemia wui (Ulmer) 吴氏缘脉多距石蛾，胡氏缘脉多距石蛾
Plectrocnemia yunnanensis Hwang 云南缘脉多距石蛾，滇缘脉多距石蛾
Plectrodera scalator (Fabricius) [cottonwood borer] 木棉织目天牛，黑杨天牛
Plectrosternus 距叩甲属
Plectrosternus rufus Lacordaire 红距叩甲
Plectrothripini 距管蓟马族
Plectrothrips 距管蓟马属
Plectrothrips bicolor Okajima 两色距管蓟马
Plectrothrips corticinus Priesner 法桐距管蓟马，树皮距管蓟马
Plectrothrips crassiceps (Priesner) 厚距管蓟马
Plectrothrips hiromasai Okajima 枯皮距管蓟马，双鬃距管蓟马，距管蓟马
plectrum 1. 前缘鬃 < 指双翅目昆虫由前缘中部突出的强缘鬃 >；2. 弹器 < 发音器结构 >
Plectrura metallica (Bates) 结胸天牛
Pledarus 唯通缘步甲亚属
Plegaderini 断胸阎甲族
Plegaderus 断胸阎甲属，断胸阎甲亚属
Plegaderus vulneratus (Panzer) 断胸阎甲
Plegadiphilus 鹮鸟虱属
Plegadiphilus plegadis (Dubinin) 彩鹮鸟虱
Plegadiphilus threskiornis Bedford 白鹮鸟虱
Pleganophorinae 棒角伪瓢虫亚科
plegma [pl. plegmata] 单褶 < 指金龟子幼虫中属于侧褶区 (plegmatium) 和前褶区 (proplegmatium) 的单褶 >
plegmata [s. plegma] 单褶
plegmatia [s. plegmatium] 侧褶区 < 指金龟子幼虫中由内唇缘刺内褶所围成的一对稍骨化的区 >
plegmatium [pl. plegmatia] 侧褶区
pleid 1. [= pleid bug, pleid water bug, pygmy backswimmer] 固蝽，固头蝽 < 固蝽科 Pleidae 昆虫的通称 >；2. 固蝽科的
pleid bug [= pleid, pleid water bug, pygmy backswimmer] 固蝽，固头蝽
pleid water bug 见 pleid bug
Pleidae 固蝽科，固头蝽科
pleiotropic gene 多效基因
pleiotropic hormone 多效激素
pleiotropism [= pleiotropy] 基因多效性
pleiotropy 见 pleiotropism
pleioxeny 多主寄生，多主寄生现象
Plemeliella betulicola (Kieffer) 桦实蜀瘿蚊
Plemyria 潮尺蛾属
Plemyria rubiginata (Denis *et* Schiffermüller) 潮尺蛾
Plemyria rubiginata dahurica (Staudinger) 潮尺蛾北方亚种，达潮尺蛾
Plemyria rubiginata japonica Inoue 潮尺蛾日本亚种，日潮尺蛾
Plemyria rubiginata rubiginata (Denis *et* Schiffermüller) 潮尺蛾指

名亚种
plena 喙沟基 < 指介壳虫藏喙的沟的厚化基部 >
Plenitentoria 全幕骨石蛾下目，全幕骨下目
Pleocoma 毛金龟甲属，毛金龟属
Pleocoma australis Fall [southern rain beetle] 南方毛金龟甲，南方毛金龟
Pleocoma rubiginosa Hovore [Sierran rain beetle] 棕红毛金龟甲
pleocomid 1. [= pleocomid beetle, pleocomid rain beetle, rain beetle] 毛金龟甲 < 毛金龟甲科 Pleocomidae 昆虫的通称 >; 2. 毛金龟甲科的
pleocomid beetle [= pleocomid, pleocomid rain beetle, rain beetle] 毛金龟甲
pleocomid rain beetle 见 pleocomid beetle
Pleocomidae 毛金龟甲科，毛金龟科
Pleoidea 固蝽总科
Pleolophus 瘤角姬蜂属
Pleolophus atrijuglans Luo *et* Qin 举肢蛾瘤角姬蜂
Pleolophus beijingensis Luo *et* Qin 北京瘤角姬蜂
Pleolophus hetaohei Luo *et* Qin 核桃黑瘤角姬蜂
Pleolophus larvatus (Gravenhorst) 拉瘤角姬蜂
Pleolophus rugulosus Sheng, Sun *et* Li 皱瘤角姬蜂
Pleolophus setiferae (Uchida) 毛瘤角姬蜂
Pleolophus vestigialis (Förster) 短翅瘤角姬蜂
pleometrotic colony 多王群，多雌蜂群，多雌群 < 指胡蜂中由多个雌蜂共同建立的蜂群，通常为热带的多年生蜂群；为 haplometrotic colony 的对义词组 >
pleomorphism 多型现象
pleon [= abdomen, abdominal region, urosome] 腹部，腹
Pleonomini 线角叩甲族
Pleonomus 线角叩甲属
Pleonomus angusticollis Reitter 角领线角叩甲
Pleonomus canaliculatus (Faldermann) [canaliculated wireworm] 沟叩甲，沟金针虫，沟线角叩甲，线须叩甲，沟叩头虫，沟叩头甲，土蛐蜒，芨芨虫，钢丝虫
Pleonomus tschitscherini Semenov 同 *Pleonomus angusticollis*
pleopod [pl. pleopoda] 1. 腹足 < 指幼虫的 >；2. 后足 < 指成虫的 >
pleopoda [s. pleopod] 1. 腹足；2. 后足
Pleotrichophorus 稠钉毛蚜属
Pleotrichophorus chrysanthemi (Theobald) 菊稠钉毛蚜，菊钉毛蚜
Pleotrichophorus glandulosus (Kaltenbach) 蒌蒿稠钉毛蚜
Pleotrichophorus pseudoglandulosus (Palmer) 艾稠钉毛蚜
plerergate [= replete, rotund] 贮蜜蚁
Pleroneura 长节棒蜂属
Pleroneura atra Shinohara, Naito *et* Huang 黑长节棒蜂
Pleroneura borealis Felt [balsam-fir shoot sawfly, balsam shoot sawfly, balsam bud-mining sawfly] 北方长节棒蜂，香脂冷杉芽长节叶蜂
Pleroneura brunneicornis Rohwer [balsam shoot-boring sawfly] 褐角长节棒蜂，香脂冷杉稍长节叶蜂，凤仙花枝长节锯蜂
Plesioaphaenops 近盲步甲属
Plesioaphaenops annae Deuve *et* Tian 安娜近盲步甲
plesiobiosis 异种共栖
Plesiochrysa 波草蛉属
Plesiochrysa eudora (Banks) 小斑波草蛉
Plesiochrysa floccosa Yang *et* Yang 辐毛波草蛉
Plesiochrysa marcida (Banks) 单斑波草蛉，台湾草蛉
Plesiochrysa remota (Walker) 墨绿波草蛉
Plesiochrysa ruficeps (McLachlan) 黑角波草蛉，红头普草蛉
Plesioclythia 光亮扁足蝇属，光亮扁脚蝇属
Plesioclythia argyrogyna (de Meijere) 银色光亮扁足蝇，银色扁脚蝇，银近克扁足蝇
Plesioclythia schlingeri Kessel *et* Clopton 斯氏光亮扁足蝇，许氏扁脚蝇，斯氏近克扁足蝇
Plesiodema 松盲蝽属
Plesiodema denticulata Li *et* Liu 齿松盲蝽
Plesiominettia 近黑缟蝇亚属
Plesiomorpha 紫沙尺蛾属
Plesiomorpha flaviceps (Butler) 黄紫沙尺蛾，冬青灰尺蛾，灰尺蛾，金头紫沙尺蛾
Plesiomorpha punctilinearia (Leech) 点线紫沙尺蛾，麻点灰尺蛾，逢紫沙尺蛾
plesiomorphy 祖征
Plesioneura curvifascia Felder *et* Felder 见 *Notocrypta curvifascia*
Plesioneura grandis Leech 见 *Erionota grandis*
Plesiophthalmus 邻烁甲属
Plesiophthalmus amplipennis Fairmaire 见 *Pseudoogeton amplipenne*
Plesiophthalmus anmashanus Masumoto, Akita *et* Lee 鞍马山邻烁甲
Plesiophthalmus anthrax Fairmaire 安邻烁甲，安近烁甲
Plesiophthalmus arciferens Fairmaire 同 *Plesiophthalmus spectabilis*
Plesiophthalmus ater Pic 暗黑邻烁甲，暗黑近烁甲
Plesiophthalmus blairi Masumoto 布氏邻烁甲，布近烁甲
Plesiophthalmus borchmanni Kaszab 直角邻烁甲，直角近烁甲
Plesiophthalmus caeruleus Pic 丹黑邻烁甲，丹黑近烁甲
Plesiophthalmus colossus Kaszab 胫胝邻烁甲，胫胝近烁甲
Plesiophthalmus convexus (Pic) 凸邻烁甲，凸近烁甲
Plesiophthalmus cruralis Fairmaire 腿邻烁甲，腿近烁甲
Plesiophthalmus davidis Fairmaire 达邻烁甲，达近烁甲
Plesiophthalmus donckieri (Pic) 董氏邻烁甲，董近烁甲
Plesiophthalmus formosanus Miwa 台邻烁甲，台近烁甲，钝光回木虫
Plesiophthalmus fujianensis Masumoto *et* Akita 福建邻烁甲
Plesiophthalmus fujitai (Masumoto) 藤田邻烁甲，富近烁甲，藤田隆背回木虫，富昔拟步甲
Plesiophthalmus fukiensis Masumoto 暗绿邻烁甲，暗绿近烁甲
Plesiophthalmus fuscoaenescens Fairmaire 铜褐邻烁甲，铜褐近烁甲
Plesiophthalmus fushanus Masumoto, Akita *et* Lee 福山邻烁甲
Plesiophthalmus gaoligongensis Masumoto 高黎贡邻烁甲
Plesiophthalmus hainanensis Masumoto 琼邻烁甲，琼近烁甲
Plesiophthalmus hsinhuiae Masumoto, Akita *et* Lee 岛邻烁甲
Plesiophthalmus impressipenne (Pic) 扁翅邻烁甲，扁翅近烁甲，痕昔拟步甲
Plesiophthalmus inexpectatus Masumoto 阴邻烁甲，阴近烁甲
Plesiophthalmus kanoi Masumoto 鹿野邻烁甲，卡近烁甲，鹿野回木虫
Plesiophthalmus kaszabi Masumoto 黄腿邻烁甲，黄腿近烁甲
Plesiophthalmus kentingensis Masumoto, Akita *et* Lee 垦丁邻烁甲
Plesiophthalmus kondoi (Masumoto) 近藤邻烁甲，康近烁甲，近

P

藤隆背回木虫，诺昔拟步甲

Plesiophthalmus kucerai Masumoto *et* Akita 酷邻烁甲

Plesiophthalmus kulzeri Masumoto 库氏邻烁甲，库氏近烁甲

Plesiophthalmus lalashanus Masumoto, Akita *et* Lee 拉拉山邻烁甲

Plesiophthalmus lineipunctatus Fairmaire 线点邻烁甲，线点近烁甲

Plesiophthalmus longipes Pic 长茎邻烁甲

Plesiophthalmus mayumiae (Masumoto) 高峰邻烁甲，麦近烁甲，高峰隆背回木虫，玛昔拟步甲

Plesiophthalmus michitakai Masumoto 泽田邻烁甲，迷近烁甲

Plesiophthalmus morio Pic 小邻烁甲，小型近烁甲

Plesiophthalmus nanshanchiense (Masumoto) 南邻烁甲，南近烁甲，南山溪隆背回木虫，台昔拟步甲

Plesiophthalmus nigroaeneum (Gebien) 黑铜邻烁甲，黑铜近烁甲，黑隆背回木虫，里昔拟步甲

Plesiophthalmus nishikawai (Masumoto) 矮邻烁甲，尼近烁甲，矮隆背回木虫，尼昔拟步甲

Plesiophthalmus oblongus Masumoto 长邻烁甲

Plesiophthalmus paiwanus Masumoto, Akita *et* Lee 排湾邻烁甲

Plesiophthalmus pallidicrus Fairmaire 淡邻烁甲，淡近烁甲

Plesiophthalmus pernitidus (Fairmaire) 亮邻烁甲，亮近烁甲

Plesiophthalmus perpulchrus (Pic) 丽邻烁甲，丽近烁甲

Plesiophthalmus pieli Pic 皮氏邻烁甲，皮氏近烁甲

Plesiophthalmus pseudometallicus Masumoto 拟闪邻烁甲，拟闪近烁甲

Plesiophthalmus shibatai Masumoto 柴田邻烁甲，希近烁甲

Plesiophthalmus shigeoi (Masumoto) 德田邻烁甲，喜近烁甲，垦丁隆背回木虫，喜昔拟步甲

Plesiophthalmus siamensis Masumoto 泰邻烁甲，泰近烁甲

Plesiophthalmus sichuanicus Masumoto 四川邻烁甲

Plesiophthalmus spectabilis Harld 中型邻烁甲，缺胝近烁甲

Plesiophthalmus taiwanus Nomura 台湾邻烁甲，台湾黑艳回木虫

Plesiophthalmus takakuwai Masumoto, Akita *et* Lee 高桑邻烁甲

Plesiophthalmus uenoi Masumoto 上野邻烁甲，上野回木虫

Plesiophthalmus yunnanus (Pic) 滇邻烁甲，滇近烁甲

Plesiothrips 伸顶蓟马属，额伸蓟马属

Plesiothrips aberrans (Crawford) 异伸顶蓟马

Plesiothrips andropogoni Watts 安伸顶蓟马

Plesiothrips ayarsi Stannard 阿伸顶蓟马

Plesiothrips brunneus Hood 褐伸顶蓟马

Plesiothrips perplexus (Beach) 淡腹伸顶蓟马，淡腹额伸蓟马

Plesiothrips sakagamii Kudô 坂上伸顶蓟马，板上伸顶蓟马，板上额伸蓟马，坂上近蓟马

Plesiothrips tricolor Johansen 三色伸顶蓟马

Plesiothrips williamsi Hood 威廉伸顶蓟马

plesiotype [= hypotype, apotype] 补模标本，补模

Plesiotypus 近模茧蜂属

Plesiotypus impunctus Wu *et* Chen 无瘤近模茧蜂

Plesispa reichei Chapius [two-coloured coconut leaf beetle, coconut hispid, coconut palm hispid] 椰二色长叶甲

Plethosmylus 丰溪蛉属

Plethosmylus atomatus Yang 细点丰溪蛉

Plethosmylus hyalinatus (MacLachlan) 见 *Osmylus hyalinatus*

Plethosmylus zheanus Yang *et* Liu 浙丰溪蛉

Plethus 丰满石蛾属

Plethus ukalegon Malicky *et* Chantaramongkol 方肢丰满小石蛾

pleura [s. pleuron, pleurum; = ischia] 侧板

pleuradema [pl. pleurademae] 侧板内脊 < 即胸部的侧内突 >

pleurademae [s. pleuradema] 侧板内脊

pleurademina 侧内突陷 < 指形成侧内突处外面的陷或加厚部分 >

pleural 侧板的

pleural apophysis 侧板内突 < 指侧板内脊的内臂 >

pleural area 侧区

pleural arm [= entopleuron] 侧内臂 < 侧内脊之伸若臂状者 >

pleural carina [pl. pleural carinae] 侧隆线 < 指膜翅目昆虫沿后胸背板外缘的脊 >

pleural carinae [s. pleural carina] 侧隆线

pleural coxal process 侧基突 < 指侧板上与足基节连接的关节突 >

pleural fulcrum 侧板叉

pleural furrow 侧槽 < 侧沟之深而宽若槽者 >

pleural muscle [= paradorsal muscle] 侧肌

pleural piece 侧片

pleural region 侧部

pleural ridge [= lateral apodeme, endopleurite, entopleuron] 侧内骨，内侧板 < 由侧片形成的胸节内褶 >

pleural sulcus [= pleural suture] 侧沟 < 侧板被划分为前侧片和后侧片的沟 >

pleural suture 见 pleural sulcus

pleural wing process [=pleuralifera, clavicula alae, ascending process, alar process, alifer] 侧翅突

pleural wing recess 侧翅窝 < 蜉蝣翅基部向下开口的深杯状厚壁腔 >

pleuralifera 见 pleural wing process

pleuranota [s. pleuranotum] 背侧区 < 中胸盾片伸于中胸前侧片和中胸前膜间的区域 >

pleuranotum [pl. pleuranota] 背侧区

Pleuraphodius 棱蜉金龟甲属，棱间蜉金龟亚属

Pleuraphodius burorum (Endrödi) 缘棱蜉金龟甲，缘蜉金龟

pleurella 第三侧片

pleurergate 胀腹蚁 < 一种腹部可因内充满液体食物而膨胀成球囊状的工蚁 >

pleurite 侧片

Pleurocerinella 长角眼蝇属

Pleurocerinella tibialis Chen 胫长角眼蝇

Pleurocleonus 二脊象甲属，二脊象属

Pleurocleonus sollicitus Gyllenhal 二脊象甲，二脊象，阳侧方喙象

pleurocoxal 侧基节的

pleuron 1.[pl. pleura；=pleurum, ischium] 侧板；2. [= subcoxa, pleuropodite] 亚基节

Pleuronota 绒毛花金龟甲属，绒毛花金龟属

Pleuronota curvimarginata Ma 弧缘绒毛花金龟甲，弧缘绒毛花金龟

Pleuronota hefengensis Ma 同 *Macronota fulvoguttata*

Pleuronota latimaculata Ma 侧斑绒毛花金龟甲，侧斑绒毛花金龟

Pleuronota mangshanensis Ma 莽山绒毛花金龟甲，莽山绒毛花金龟

Pleuronota nigropubescens Mikšić 见 *Macronotops nigropubescens*

P

Pleuronota rufosquamosa (Fairmaire) 红鳞绒毛花金龟甲，红鳞背花金龟
Pleuronota sexmaculata Kraatz 见 *Macronotops sexmaculatus*
Pleuronota subsexmaculata Ma 同 *Macronotops olivaceofuscus*
Pleuronota unimaculata Ma 独斑绒毛花金龟甲，独斑绒毛花金龟
Pleurophorus 侧蜉金龟甲属，侧蜉金龟属，微筒蜉金龟属
Pleurophorus caesus Creutz 克侧蜉金龟甲，克侧蜉金龟
Pleurophorus formosanus Pitton *et* Mariani 台侧蜉金龟甲，台侧蜉金龟，蓬莱微筒蜉金龟，蓬莱条文微马粪金龟
pleuropodia 胚足带 < 在胚胎中，腹部发生胚足（孵化时退化）的侧壁 >
Pleuroptya 扇野螟属 *Patania* 的异名
Pleuroptya austa (Strand) 见 *Patania austa*
Pleuroptya balteata (Fabricius) 见 *Patania balteata*
Pleuroptya characteristica (Warren) 见 *Patania characteristica*
Pleuroptya chlorophanta (Butler) 见 *Patania chlorophanta*
Pleuroptya costalis Moore 见 *Patania costalis*
Pleuroptya deficiens Moore 见 *Patania deficiens*
Pleuroptya derogata (Fabricius) 见 *Haritalodes derogata*
Pleuroptya expictalis (Christoph) 见 *Patania expictalis*
Pleuroptya harutai (Inoue) 见 *Patania harutai*
Pleuroptya haryoalis Strand 见 *Patania haryoalis*
Pleuroptya inferior (Hampson) 见 *Patania inferior*
Pleuroptya iopasalis (Walker) 见 *Patania iopasalis*
Pleuroptya luctuosalis (Guenée) 见 *Herpetogramma luctuosale*
Pleuroptya mundalis (South) 见 *Patania mundalis*
Pleuroptya nea (Strand) 见 *Patania nea*
Pleuroptya obfuscalis Yamanaka 见 *Patania obfuscalis*
Pleuroptya pata (Strand) 见 *Patania pata*
Pleuroptya pernitescens Swinhoe 见 *Patania pernitescens*
Pleuroptya plagiatalis (Walker) 见 *Patania plagiatalis*
Pleuroptya punctimarginalis (Hampson) 见 *Patania punctimarginalis*
Pleuroptya quadrimaculalis (Kollar *et* Redtenbacher) 见 *Patania quadrimaculalis*
Pleuroptya rubellalis Snellen 见 *Patania rubellalis*
Pleuroptya ruralis (Scopoli) 见 *Patania ruralis*
Pleuroptya sabinusalis (Walker) 见 *Patania sabinusalis*
Pleuroptya scinisalis (Walker) 见 *Patania scinisalis*
Pleuroptya sellalis Guenée 见 *Patania sellalis*
Pleuroptya ultimalis (Walker) 见 *Patania ultimalis*
pleurosternal 侧腹板的
pleurosternite 1. [= laterosternite] 侧腹片；2. [= coxosternite, coxite] 基腹片，肢基片
pleurosternum [= coxosternum, coxosternal plate, septasternum] 基腹板
pleurostict 上气门式 < 如鳃角类甲虫腹部气门着生于背面的方式 >
pleurostoma 颊下缘
pleurostomal 颊下的，口侧的
pleurostomal area 口侧区
pleurostomal sulcus [= pleurostomal suture] 口侧沟
pleurostomal suture 见 pleurostomal sulcus
pleurotaxis 侧腋膜 < 连接翅腹面与侧板的膜 >
pleurotergite 侧背片 < 指后胸背板的侧分部，通常指后小盾片的侧区，在双翅目昆虫中为下后侧板 (hypopleura)>
pleurotrochantin 侧基转片 < 基前转片与前侧片组合成的骨片 >
pleuroventral line 侧腹线
pleurum 1. [pl. pleura；= pleuron, ischium] 侧板；2. [= subcoxa, pleuropodite] 亚基节
pleuston 水漂生物
pleuston megalo-plankton 大型浮游生物
Plexaris 丛盲蝽亚属
Plexiphleps 罗夜蛾属
Plexiphleps stellifera (Moore) 罗夜蛾，星陌夜蛾
plexus 结节 < 用于神经或气管的结节状团 >
plica [pl. plicae] 翅褶，褶
plica analis [= plica vannalis, vannal fold, anal fold] 臀褶，扇褶，翅扇褶
plica anojugalis [= plica jugalis, jugal fold] 轭褶
plica basalis 基褶
plica jugalis 见 plica anojugalis
plica vannalis 见 plica analis
plicae [s. plica] 翅褶，褶
plication 褶
Plicipenna [= Trichoptera] 毛翅目
Plicothrips 旋管蓟马属
Plicothrips apicalis (Bagnall) 螺旋管蓟马，顶单管蓟马
Plicothrips cameroni (Priesner) 卡旋管蓟马
Plinachtus 普缘蝽属
Plinachtus acicularis Fabricius 黑普缘蝽
Plinachtus basalis (Westwood) 棕普缘蝽
Plinachtus bicoloripes Scott 钝肩普缘蝽
Plinachtus dissimilis Hsiao 同 *Plinachtus bicoloripes*
Plintheria 龙骨长角象甲属
Plintheria diversa Shibata 裂龙骨长角象甲，裂龙骨长角象
Plinthisus 全缝长蝽属
Plinthisus hebeiensis Zheng 河北全缝长蝽
Plinthisus hirtus Zheng 长毛全缝长蝽
Plinthisus maculatus (Kiritschenko) 斑翅全缝长蝽
Plinthisus patruelis Horváth 台全缝长蝽
Plinthisus scutellatus Zheng 暗盾全缝长蝽
Plinthisus yunnanus Zheng 云南全缝长蝽
plinthobaphis nymphidium [*Nymphidium plinthobaphis* Stichel] 普蛱蚬蝶
Pliomelaena 缘斑实蝇属，皮利实蝇属，麻点暗翅实蝇属，拟广翅实蝇属
Pliomelaena assimilis (Shiraki) 黑腹缘斑实蝇，似皮利实蝇，阿斯麻点暗翅实蝇，似普里实蝇，细点拟广翅实蝇
Pliomelaena biseta Wang 二鬃缘斑实蝇，比塞皮利实蝇，比塞麻点暗翅实蝇
Pliomelaena callista (Hering) 克里缘斑实蝇，克里皮利实蝇
Pliomelaena luzonica Hardy 吕宋缘斑实蝇，吕宋皮利实蝇
Pliomelaena sauteri (Enderlein) 四点缘斑实蝇，桑提立皮利实蝇，索特麻点暗翅实蝇，梭德拟广翅实蝇
Pliomelaena shirozui Ito 三点缘斑实蝇，白水皮利实蝇，石若麻点暗翅实蝇，白水拟广翅实蝇
Pliomelaena sonani (Shiraki) 见 *Quadrimelaena sonani*
Pliomelaena zonagastra (Bezzi) V 形缘斑实蝇，皮利实蝇，佐纳麻点暗翅实蝇
plistonax forester [*Bebearia plistonax* (Hewitson)] 黑顶舟蛱蝶

Plocaederus 皱胸天牛属，胸山天牛属
Plocaederus bicolor Gressitt 二色皱胸天牛
Plocaederus consocius Pascoe 群聚皱胸天牛
Plocaederus ferrugineus (Linnaeus) 见 *Neoplocaederus ferrugineus*
Plocaederus fulvopubens Pic 棕毛皱胸天牛
Plocaederus obesus Gahan 咖啡皱胸天牛，咖啡胖天牛
Plocaederus ruficornis (Newman) [mango bark borer] 红角皱胸天牛
Plocaederus scapularis Fischer 白毛皱胸天牛，阿魏皱胸天牛
Plocaederus viridipennis Hope 绿尾皱胸天牛
Plocamaphis 卷粉毛蚜属
Plocamaphis amerinae (Hartig) 双瘤卷粉毛蚜，双瘤卷粉蚜
Plocamaphis assetacea Zhang 增毛卷粉毛蚜，增毛卷粉蚜
Plocamaphis bituberculata Theobald 同 *Plocamaphis amerinae*
Plocamaphis flocculosa (Weed) 蜡卷粉毛蚜，羊毛卷粉毛蚜
Plocamaphis flocculosa brachysiphon Ossiannilsson 蜡卷粉毛蚜短管亚种
Plocamaphis flocculosa flocculosa (Weed) 蜡卷粉毛蚜指名亚种
Plocamaphis flocculosa goernitzi Börner 蜡卷粉毛蚜戈氏亚种，蜡卷粉毛蚜戈亚种
Plocamaphis flocculosa macrosiphon Ossiannilsson 蜡卷粉毛蚜长管亚种
Plocamaphis salijaponica (Shinji) 见 *Pterocomma salijaponica*
Plocamarthrus championi (Jeannel) 见 *Arthromelodes championi*
Plocia 纽天牛属，黄纹细锈天牛属
Plocia notata Newman 台湾纽天牛，兰屿黄纹细锈天牛
Plocimas 双短栉大蚊亚属，普大蚊属
Plocimas magnificus Enderlein 见 *Prionota* (*Plocimas*) *magnifica*
Plodia 谷斑螟属
Plodia interpunctella (Hübner) [Indian meal moth, mealworm moth, cloaked knot-horn moth, pantry moth, weevil moth, flour moth, grain moth] 印度谷螟，印度谷斑螟，印度谷蛾，印度粉蛾，枣蚀心虫，封顶虫
Ploetzia 杏仁弄蝶属
Ploetzia amygdalis (Mabille) 杏仁弄蝶
Ploetz's dart [= Ploetz's dusky skipper, *Acleros ploetzi* Mabille] 波氏白牙弄蝶
Ploetz's dusky skipper 见 Ploetz's dart
Ploiaria 筏蚊猎蝽属
Ploiaria hainana Hsiao 海南筏蚊猎蝽
Ploiaria huangorum Redei *et* Tsai 黄氏筏蚊猎蝽
Ploiaria insolida (White) 岛筏蚊猎蝽
Ploiaria ryukyuana Ishikawa *et* Tomokuni 琉球筏蚊猎蝽
Ploiaria zhengi Cai *et* Yiliyar 郑氏筏蚊猎蝽
Ploiariidae 蚊蝽科 < 现为猎蝽科一亚科，即蚊猎蝽亚科 Emeisinae>
Plokiophila 丝蝽属
Plokiophila cubana (China *et* Myers) 古巴丝蝽
plokiophilid 1. [= plokiophilid bug] 丝蝽 < 丝蝽科 Plokiophilidae 昆虫的通称 >；2. 丝蝽科的
plokiophilid bug [= plokiophilid] 丝蝽
Plokiophilidae 丝蝽科
Plokiophilinae 丝蝽亚科
Plokiophiloides 类丝蝽属
Plokiophiloides bannaensis Luo, Peng *et* Xie 版纳类丝蝽
plot-inbreeding 同区交配 < 家蚕的 >
Plotheia 皮瘤蛾属，瘤蛾属
Plotheia exacta (Semper) 纹皮瘤蛾
Plotina 彩瓢虫属
Plotina muelleri Mader 福建彩瓢虫
Plotina versicolor Lewis 多彩瓢虫
Plotinini 彩瓢虫族
Plötz's sootywing [= oeta scallopwing, *Staphylus oeta* (Plötz)] 欧贝弄蝶
Plötz's telemiades [*Telemiades antiope* (Plötz)] 安娣电弄蝶
Plowes' forester [*Bebearia inepta* Hecq] 伊讷舟蛱蝶
plum and peach longhorn [= red-necked longicorn, red neck longhorned beetle, peach borer, peach longicorn beetle, peach musk beetle, peach red necked longhorn, *Aromia bungii* (Faldermann)] 桃红颈天牛，桃颈天牛，红颈天牛，铁炮虫，木花，哈虫
plum aphid 1. [= leaf-curl plum aphid, leaf-curling plum aphid,peach leaf curl aphid, *Brachycaudus helichrysi* (Kaltenbach)] 李短尾蚜，桃短尾蚜，桃大尾蚜，光管舌尾蚜；2. [= waterlily aphid, reddish brown plum aphid, *Rhopalosiphum nymphaeae* (Linnaeus)] 莲缢管蚜，睡莲蚜，李蚜
plum borer [*Involvulus cupreus* (Linnaeus)] 李文象甲，李蓝卷象甲，李蓝卷象，铜色虎象，李虎
plum cankerworm [*Cystidia couaggaria* Guenée] 小蜻蜓尺蛾，科扇尺蛾
plum curculio [= plum weevil, American plum weevil, peach curculio, *Conotrachelus nenuphar* (Herbst)] 梅球颈象甲，梅球颈象，梅象，梅树象甲，李象，李象鼻虫
plum fruit moth [= red plum maggot, cherry budworm, *Grapholita funebrana* (Treitschke)] 李小食心虫，樱桃小卷蛾，樱桃小卷叶蛾
plum gouger [*Coccotorus scutellaris* (LeConte)] 李瘿孔象甲，李花象甲，李花象
plum hawkmoth [= peach hornworm, *Marumba gaschkewitschii* (Bremer *et* Grey)] 枣桃六点天蛾
plum judy [*Abisara echerius* (Stoll)] 蛇目褐蚬蝶
plum lappet [= apple tent-caterpillar, apple caterpillar, *Odonestis pruni* (Linnaeus)] 苹枯叶蛾，苹毛虫，苹果枯叶蛾，李枯叶蛾，杏枯叶蛾
plum leafhopper [*Macropsis trimaculata* (Fitch)] 李叶蝉，李三点叶蝉
plum lecanium [= globose scale, *Sphaerolecanium prunastri* (Boyer de Fonscolombe)] 杏树鬃球蚧，杏球蚧，杏蜡蚧，圆球蜡蚧
plum moth 1. [= lesser appleworm, *Grapholita prunivora* (Walsingham)] 杏小食心虫，苹小食心虫；2. [*Illiberis rotundata* Jordan] 李鹿斑蛾，李叶斑蛾，圆叶斑蛾
plum sawfly 1. [*Hoplocampa flava* Linnaeus] 梅实叶蜂，梅叶蜂；2. [*Hoplocampa fulvicornis* Panzer] 李黄角实叶蜂，李黄角叶蜂
plum small ermine [= orchard ermine, cherry ermine moth, small ermine moth, few-spotted ermine moth, ermine moth, *Yponomeuta padella* (Linnaeus)] 苹果巢蛾，苹巢蛾，樱桃巢蛾
plum stinging caterpillar [*Parasa hilarata* Staudinger] 双齿绿刺蛾，大黄青刺蛾
plum-thistle aphid [= thistle aphid, *Brachycaudus cardui* (Linnaeus)] 飞廉短尾蚜，蓟短尾蚜，李蓟圆尾蚜
plum tortrix [*Hedya pruniana* (Hübner)] 李广翅小卷蛾，李条小

卷蛾，李卷蛾，李卷叶蛾

plum webspinning sawfly [*Neurotoma inconspicum* (Norton)] 李反脉叶蜂，李纽扁叶蜂，李卷叶锯蜂

plum weevil 见 plum curculio

Plumantenna 羽角蚜蝇属

Plumantenna hainanensis Huo *et* Ren 海南羽角蚜蝇

plumariid 1. [= plumariid wasp] 毛角土蜂 < 毛角土蜂科 Plumariidae 昆虫的通称 >；2. 毛角土蜂科的

plumariid wasp [= plumariid] 毛角土蜂

Plumariidae [= Konowiellidae, Archihymeidae] 毛角土蜂科

plumate [= plumatus] 1. 羽状的；2. 有羽的

plumatus 见 plumate

plumbago blue [= zebra blue, *Leptotes plinius* (Fabricius)] 细灰蝶，角灰蝶，角纹灰蝶，角纹小灰蝶

plumbago skipper [*Plumbago plumbago* (Plötz)] 铅矿弄蝶

Plumbago 铅矿弄蝶属

Plumbago plumbago (Plötz) [plumbago skipper] 铅矿弄蝶

plumbatendons 唾泵棍臂 < 见于半翅目昆虫中，唾泵棍的扩大臂 >

plumbeous hairstreak [*Thecla chalybeia* Leech] 暗色线灰蝶，恰萨楚灰蝶

plumbeous spruce tortrix [*Cymolomia hartigiana* (Saxesen)] 冷杉芽小卷蛾

plumbilis 唾泵棍 < 指半翅目昆虫由唾泵的上端突出的圆筒状的表皮棍 >

plume 气缕

plume moth [=pterophorid moth, pterophorid plume moth, pterophorid] 羽蛾 < 羽蛾科 Pterophoridae 昆虫的通称 >

plumed bee 分舌花蜂

plumed wasp 姬小蜂，寡节小蜂 < 属寡节小蜂科 Eulophidae>

plumiliform 羽形

Plumipalpia 羽须夜蛾属

Plumipalpia simplex Leech 简羽须夜蛾

Plumiprionus 多节锯天牛属

Plumiprionus boppei (Lameere) 博氏多节锯天牛，多节锯天牛

Plumiprionus plumicornis (Pu) 羽角多节锯天牛，羽角锯天牛

Polynesian tiger mosquito [*Aedes polynesiensis* Marks] 波利尼西亚伊蚊

Prionoblemma 拟锯天牛属

Prionoblemma przewalskyi Jakovlev 新疆拟锯天牛，拟锯天牛，新疆锯天牛

Plumosa 多毛叶蝉属，长毛叶蝉属

Plumosa nigrimaculata Song *et* Li 黑斑多毛叶蝉，黑斑长毛叶蝉

plumose [= plumosus] 羽状的

plumose hair 羽状毛

plumose scale [= champaca scale, Maskell scale, *Morganella longispina* (Morgan)] 长鬃圆盾蚧，长毛盾介壳虫

plumosus 见 plumose

plumule 香羽鳞 < 为雄性鳞翅目昆虫的特殊香鳞 (androconia)>

plumulose 羽分的 < 常指毛的分枝如羽者 >

pluridentate 具多齿的

plurilobed 多叶的

plurisegmental 多节的

plurisetose 多刚毛的

plurivalve 多瓣的

plurivoltine 多化性

plush [*Sithon nedymond* (Cramer)] 喜东灰蝶

plush-naped pinion [*Lithophane pexata* Grote] 毛颈石冬夜蛾

Plusia 金翅夜蛾属，弧翅夜蛾属

Plusia agnata Staudinger 见 *Ctenoplusia agnata*

Plusia albostriata Bremer *et* Grey 见 *Ctenoplusia albostriata*

Plusia bieti Oberthür 见 *Diachrysia bieti*

Plusia chalcites Esper 见 *Chrysodeixis chalcites*

Plusia cheiranthi (Tauscher) 见 *Plusidia cheiranthi*

Plusia chrysitis Linnaeus 见 *Diachrysia chrysitis*

Plusia chyson (Esper) 见 *Diachrysia chryson*

Plusia confusa Stephens 见 *Macdunnoughia confusa*

Plusia coreae Strand 见 *Diachrysia coreae*

Plusia crassisigna (Warren) 见 *Macdunnoughia crassisigna*

Plusia dives Eversmann 见 *Panchrysia dives*

Plusia festata Graeses 同 *Plusia putnami*

Plusia festucae (Linnaeus) [gold spot, rice looper] 金翅夜蛾

Plusia gamma (Linnaeus) 见 *Autographa gamma*

Plusia hampsoni Leech 见 *Chlorochrysia hampsoni*

Plusia intermixta Warren 见 *Thysanoplusia intermixta*

Plusia leonina Oberthür 见 *Diachrysia leonina*

Plusia limbirena Guenée 见 *Ctenoplusia limbirena*

Plusia modesta (Hübner) 同 *Euchalcia modestoides*

Plusia moneta esmeralda Oberthür 见 *Polychrysia esmeralda*

Plusia nadeja Oberthür 见 *Diachrysia nadeja*

Plusia ni (Hübner) 见 *Trichoplusia ni*

Plusia nigriluna (Walker) 见 *Scriptoplusia nigriluna*

Plusia nigrisigna Walker 见 *Autographa nigrisigna*

Plusia orichalcea Fabricius 见 *Thysanoplusia orichalcea*

Plusia ornata Bremer 见 *Panchrysia ornata*

Plusia ornatissima Walker 见 *Antoculeora ornatissima*

Plusia peponis (Fabricius) 见 *Anadevidia peponis*

Plusia putnami (Grote) [Lempke's gold spot, Putnam's looper moth, rice semilooper] 稻金翅夜蛾，普氏弧翅夜蛾

Plusia rutilifrons Walker 见 *Erythroplusia rutilifrons*

Plusia signata Fabricius 见 *Argyrogramma signata*

Plusia tancrei Staudinger 见 *Platoplusia tancrei*

Plusia tutti Kostrowicki 同 *Diachrysia stenochrysis*

Plusia variabilis Piller 见 *Euchalcia variabilis*

Plusia zosimi (Hübner) 见 *Diachrysia zosimi*

Plusidia 闪金夜蛾属

Plusidia cheiranthi (Tauscher) 契氏闪金夜蛾，闪金夜蛾，契弧翅夜蛾

Plusidia chinghaiensis Chou *et* Lu 青海闪金夜蛾

Plusidia imperatrix Draudt 亚闪金夜蛾

plusiid 1. [= plusiid moth] 金翅夜蛾，金斑蛾 < 金翅夜蛾科 Plusiidae 昆虫的通称 >；2. 金翅夜蛾科的

plusiid moth [= plusiid] 金翅夜蛾，金斑蛾

Plusiidae 金翅夜蛾科，金斑蛾科

Plusiina 金翅夜蛾亚族

Plusiinae 金翅夜蛾亚科

Plusiini 金翅夜蛾族

Plusilla 朴夜蛾属

Plusilla rosalis Staudinger 朴夜蛾

Plusinia aurea Gaede 同 *Spica parailelangula*
Plusiocampa 富虮属，橙虮属
Plusiocampa kashiensis (Chou *et* Tong) 喀什富虮，喀什橙虮，喀什带虮
Plusiocampa sinensis Silvestri 中国富虮
Plusiocampinae 富虮亚科
Plusiodonta 肖金夜蛾属
Plusiodonta auripicta Moore 褐肖金夜蛾
Plusiodonta casta (Butler) [marmorated noctuid] 纯肖金夜蛾，岩纹肖金夜蛾
Plusiodonta coelonota (Kollar) 暗肖金夜蛾，肖金夜蛾，肖金裳蛾
Plusiogramma 金纹舟蛾属
Plusiogramma aurisigna Hampson 金纹舟蛾
Plusiopalpa 金须夜蛾属
Plusiopalpa adrasta (Felder) 金须夜蛾
Plusiopalpa adrasta adrasta (Felder) 金须夜蛾指名亚种
Plusiopalpa adrasta shisa Strand 金须夜蛾台湾亚种，长须铜夜蛾
Plusiopalpa shisa Strand 见 *Plusiopalpa adrasta shisa*
Plutarchia 普氏广肩小蜂属
Plutarchia indefensa Walker 凹纹普氏广肩小蜂
Plutarchia tibetensis Yang 西藏脊腹广肩小蜂
plutargus metalmark [*Caria plutargus* (Fabricius)] 咖蚬蝶
Plutella 菜蛾属
Plutella cruciferarum Zeller 同 *Plutella xylostella*
Plutella maculipennis (Curtis) 同 *Plutella xylostella*
Plutella xylostella (Linnaeus) [diamondback moth, cabbage moth] 小菜蛾，小青虫，两头尖
Plutella xylostella multiple nucleopolyhedrovirus [abb. PlxyMNPV] 小菜蛾核型多角体病毒
plutellid 1. [= plutellid moth, diamondback moth] 菜蛾 < 菜蛾科 Plutellidae 昆虫的通称 >；2. 菜蛾科的
plutellid moth [= plutellid, diamondback moth] 菜蛾
Plutellidae 菜蛾科
pluto euptera[*Euptera pluto* Ward] 冥王俏蛱蝶
Plutodes 丸尺蛾属
Plutodes chrysostigma Wehrli 金斑丸尺蛾，金点丸尺蛾
Plutodes costatus (Butler) 黄缘丸尺蛾
Plutodes cyclaria Guenée 大丸尺蛾，环丸尺蛾
Plutodes exquisita Butler 带丸尺蛾
Plutodes flavescens Butler 狭斑丸尺蛾
Plutodes malaysiana Holloway 马来丸尺蛾
Plutodes moultoni Prout 两点丸尺蛾
Plutodes nanlingensis Yazaki *et* Wang 南岭丸尺蛾
Plutodes philornis Prout 小丸尺蛾，匪丸尺蛾
Plutodes pracina (Swinhoe) 波丸尺蛾
Plutodes subcaudata Butler 云斑丸尺蛾
Plutodes transmutata Walker 异丸尺蛾
Plutodes warreni Prout 墨丸尺蛾，佤丸尺蛾
Plutothrix 普璐金小蜂属
Plutothrix zhangyieensis Yang 张掖普璐金小蜂
plutus opal [*Poecilmitis plutus* Pennington] 普鲁幻灰蝶
PlxyMNPV [*Plutella xylostella multiple nucleopolyhedrovirus* 的缩写] 小菜蛾核型多角体病毒
PMG [posterior main gland 的缩写] 后主腺
PMF [peptide mass fingerprint 的缩写] 肽质指纹
PN [projection neuron 的缩写] 投射神经元
Pnchyprotasis 方颜叶蜂属
Pnchyprotasis wangi Wei *et* Zhong 王氏方颜叶蜂
pneumogastric ganglion 气胃神经节 < 指为气管和消化系统供应神经的神经块 >
pneumorid 1. [= pneumorid grasshopper, bladder grasshopper] 牛蝗 < 牛蝗科 Pneumoridae 昆虫的通称 >；2. 牛蝗科的
pneumorid grasshopper [= pneumorid, bladder grasshopper] 牛蝗
Pneumoridae 牛蝗科，大腹蝗科
Pneumoroidea 牛蝗总科
pneustocera 呼吸角 < 指用以呼吸的角状构造 >
Pnigalio 格姬小蜂属
Pnigalio eriocraniae Li *et* Yang 毛顶蛾格姬小蜂
Pnigalio flavipes (Ashmead) 金纹细蛾格姬小蜂
Pnigalio katonis (Ishii) 潜蝇格姬小蜂，潜蝇什毛姬小蜂，潜蝇杂毛姬小蜂
Pnigalio maijishanensis Yang *et* Yao 麦积山格姬小蜂
Pnigalio phragmitis (Erdös) 芦苇格姬小蜂，篱杂毛姬小蜂
Pnigalio scabraxillae Yang *et* Yao 卷蛾格姬小蜂
Pnigmothrips 闭管蓟马属
Pnigmothrips medanensis Priesner 棉兰闭管蓟马
pnystega 气门盖 < 指覆盖中胸侧板气门的鳞片或骨板 >
Pnyxia 异型眼蕈蚊属
PO [phenolxidase 的缩写] 酚氧化酶
Poagrion 螳小蜂属
Poagrion mantis Ashmead 中华螳小蜂
Poaefoliana 狭掩耳螽亚属
Poanes 袍弄蝶属
Poanes aaroni (Skinner) [Aaron's skipper, saffron skipper] 亚伦黄袍弄蝶
Poanes benito Freeman [Benito's skipper] 贝尼托袍弄蝶
Poanes hobomok (Harris) [hobomok skipper] 金色袍弄蝶
Poanes inimica (Butler *et* Druce) [yellow-stained skipper] 伊尼袍弄蝶
Poanes macneilli Burns [MacNeill's skipper] 麦克袍弄蝶
Poanes massasoit (Scudder) [mulberry wing] 袍弄蝶
Poanes melane (Edwards) [umber skipper] 棕袍弄蝶
Poanes melane melane (Edwards) 棕袍弄蝶指名亚种
Poanes melane poa (Evans) [Central American umber skipper] 棕袍弄蝶中美亚种
Poanes melane vitellina (Herrich-Schäffer) [Mexican umber skipper] 棕袍弄蝶墨西哥亚种
Poanes monticola (Godman) [Oyamel skipper] 矶鹈袍弄蝶
Poanes niveolimbus (Mabille) [snow-fringed skipper] 雪边袍弄蝶
Poanes taxiles (Edwards) [golden skipper, taxiles skipper] 黑边袍弄蝶
Poanes ulphila (Plötz) [ulphila skipper] 舞袍弄蝶
Poanes viator (Edwards) [broad-winged skipper] 圆翅袍弄蝶
Poanes yehl (Skinner) [yehl skipper] 橙色袍弄蝶
Poanes zabulon (Boisduval *et* LeConte) [zabulon skipper] 杂色袍弄蝶
Poanes zachaeus (Plötz) [Zachaeus skipper] 黄斑袍弄蝶
Poaphilini 巾夜蛾族，巾裳蛾族，熟夜蛾族
Poaspis 禾草蚧属
Poaspis kondarensis Borchsenius 中亚禾草蚧

Poaspis kurilensis (Danzig) 远东禾草蚧
pobrachial 后臂脉 < 指蜉蝣前臂脉后的纵脉 >
Pocadites 坡露尾甲属
Pocadites chujoi Hisamatsu 中条坡露尾甲
Pocadites sauteri Grouvelle 索坡露尾甲
Pocadius 珀露尾甲属
Pocadius yunnanensis Grouvelle 滇珀露尾甲，滇坡露尾甲
Pochazia 宽广蜡蝉属
Pochazia albomaculata (Uhler) [maculated broad-winged planthopper] 白斑宽广蜡蝉
Pochazia antica (Gray) 棕宽广蜡蝉
Pochazia chienfengensis Chou *et* Lu 尖峰宽广蜡蝉
Pochazia confusa Distant 阔带宽广蜡蝉
Pochazia discreta Melichar 眼斑宽广蜡蝉
Pochazia facialis Kato 白宽广蜡蝉
Pochazia fuscata Fabricius 同 *Pochazia antica*
Pochazia fuscata albomaculata (Uhler) 见 *Pochazia albomaculata*
Pochazia guttifera Walker 圆纹宽广蜡蝉
Pochazia pipera Distant 胡椒宽广蜡蝉
Pochazia shantungensis (Chou *et* Lu) 山东宽广蜡蝉，山东广翅蜡蝉
Pochazia trinitatis Chou *et* Lu 鼎点宽广蜡蝉
Pochazia zizzata Chou *et* Lu 电光宽广蜡蝉
poculiform 杯形
POD [peroxidase 的缩写] 过氧化物酶
pod husk borer [*Characoma stictigrapta* Hampson] 豆荚饰皮夜蛾，豆荚夜蛾
Podabrini 双齿花萤族，双齿菊虎族
Podabrinus atricolor Pic 同 *Lycocerus borneoensis*
Podabrinus brunneus Wittmer 见 *Walteriella brunnea*
Podabrinus elongaticollis Pic 见 *Lycocerus elongaticollis*
Podabrinus humeralis Wittmer 同 *Habronychus* (*Monohabronychus*) *multilimbatus*
Podabrinus intermixtus Wittmer 见 *Habronychus* (*Monohabronychus*) *intermixtus*
Podabrinus multilimbatus (Pic) 见 *Habronychus* (*Monohabronychus*) *multilimbatus*
Podabrinus nigriceps Wittmer 见 *Lycocerus nigriceps*
Podabrinus nigricolor Wittmer 同 *Lycocerus nigratus*
Podabrinus pallicolor Wittmer 见 *Lycocerus pallicolor*
Podabrinus sanguineus Wittmer 见 *Lycocerus sanguineus*
Podabrinus semiarcuatipes Pic 见 *Lycocerus semiarcuatipes*
Podabrinus singulaticollis Pic 见 *Lycocerus singulaticollis*
Podabrinus taihokuensis Wittmer 同 *Lycocerus nigripennis*
Podabrinus testaceinubris Pic 见 *Lycocerus testaceinubris*
Podabrinus testaceipes Pic 见 *Lycocerus testaceipes*
podabrocephalid 1. [= podabrocephalid beetle] 纤颚甲 < 纤颚甲科 Podabrocephalidae 昆虫的通称 >；2. 纤颚甲科的
podabrocephalid beetle [= podabrocephalid] 纤颚甲
Podabrocephalidae 纤颚甲科
Podabrocephalus 纤颚甲属
Podabrocephalus sinuaticollis Pic 曲缘纤颚甲
Podabrus 拟足花萤属
Podabrus aenescens Fairmaire 见 *Lycocerus aenescens*
Podabrus angustus Fairmaire 见 *Fissocantharis angusta*
Podabrus annulicornis Champion 同 *Micropodabrus lineolatus*
Podabrus atriceps Pic 见 *Pseudopodabrus atriceps*
Podabrus cheni (Pic) 见 *Dichelotarsus cheni*
Podabrus crassicornis Pic 见 *Micropodabrus crassicornis*
Podabrus curvatipes Pic 同 *Fissocantharis formosana*
Podabrus davidi (Pic) 见 *Stenothemus davidi*
Podabrus denticornis Wittmer 同 *Fissocantharis angusta*
Podabrus dimidiaticrus (Fairmaire) 同 *Lycocerus fairmairei*
Podabrus diversipennis Pic 同 *Micropodabrus notatithorax*
Podabrus dromedarius Champion 见 *Micropodabrus dromedarius*
Podabrus flavimembrus Wittmer 见 *Micropodabrus flavimembrus*
Podabrus flavofascialis Pic 同 *Fissocantharis angusta*
Podabrus flavus Pic 黄拟足花萤
Podabrus formosanus Wittmer 同 *Fissocantharis denominata*
Podabrus fumidus Champion 见 *Micropodabrus fumidus*
Podabrus gressitti Wittmer 见 *Fissocantharis gressitti*
Podabrus heydeni Kiesenwetter 见 *Hatchiana heydeni*
Podabrus magnus Wang *et* Tang 大拟足花萤，大双齿花萤
Podabrus multilimbatus Pic 见 *Habronychus* (*Monohabronychus*) *multilimbatus*
Podabrus notatithorax Pic 见 *Micropodabrus notatithorax*
Podabrus novemexcavatus Wittmer 见 *Micropodabrus novemexcavatus*
Podabrus obscurior Wittmer 见 *Micropodabrus obscurior*
Podabrus particularicornis Pic 同 *Micropodabrus notatithorax*
Podabrus pauloincrassatus Wittmer 见 *Micropodabrus pauloincrassatus*
Podabrus pilipes Pic 见 *Lycocerus pilipes*
Podabrus refossicollis (Pic) 见 *Falsopodabrus refossicollis*
Podabrus sakaii Wittmer 见 *Asiopodabrus sakaii*
Podabrus semifumatus Fairmaire 见 *Micropodabrus semifumatus*
Podabrus similis Wittmer 见 *Micropodabrus similis*
Podabrus taiwanus Wittmer 见 *Asiopodabrus taiwanus*
Podacanthus wilkinsoni Macleay [gregarious phasmid, plague phasmid, ringbarker phasmid, ringbarker stick insect] 魏氏群居蝌
Podagrica 异潜跳甲属
Podagrica dilecta (Dalman) 畸异潜跳甲
Podagricomela 潜跳甲属
Podagricomela apicipennis (Jacoby) 淡尾潜跳甲
Podagricomela cheni Medvedev 陈氏潜跳甲
Podagricomela cuprea Wang 铜色潜跳甲
Podagricomela cyanea Chen 蓝橘潜跳甲，蓝潜跳甲
Podagricomela flavitibialis Wang 红胫潜跳甲
Podagricomela geminata Chen *et* Zia 同 *Podagricomela cheni*
Podagricomela nigricollis Chen [citrus leaf-miner] 柑橘潜跳甲，橘潜蟒，橘潜跳甲
Podagricomela nigripes Medvedev 黑足潜跳甲
Podagricomela parva Chen *et* Zia 小橘潜跳甲
Podagricomela shirahatai (Chûjô) 花椒潜跳甲，白旗潜跳甲，花椒橘啮跳甲
Podagricomela striatipennis (Jacoby) 纹翅潜跳甲
Podagricomela taiwana Medvedev 台湾潜跳甲
Podagricomela weisei Heikertinger 枸杞潜跳甲 < 此种学名有误写为 *Podagricomela weei* Heikertinger 者 >
Podagricomela weisei weisei Heikertinger 枸杞潜跳甲指名亚种，指名枸杞潜跳甲
Podagrion 螳小蜂属

Podagrion breviveinum Zhao, Huang *et* Xiao 短脉螳小蜂
Podagrion chinense Ashmead 中华螳小蜂，螵蛸螳小蜂 <此种学名曾误写为 *Podagrion chinensis* Ashmead>
Podagrion dispar Masi 毒蛾螳小蜂
Podagrion epibulum Masi 台湾螳小蜂
Podagrion epichiron Masi 台岛螳小蜂
Podagrion fulvipes (Holmgren) 褐螳小蜂，褐腿小蜂
Podagrion greeni Crawford 见 *Palmon greeni*
Podagrion helictoscelum (Masi) 黑螳小蜂
Podagrion indiense Narendran 印度螳小蜂
Podagrion isos Grissell *et* Goodpasture 拟螳小蜂
Podagrion keralense Narendran 喀拉拉螳小蜂
Podagrion mantis Ashmead 中华螳小蜂
Podagrion opisthacanthum Masi 后棘螳小蜂
Podagrion pachymerum (Walker) 厚螳小蜂
Podagrion philippinense Crawford 菲螳小蜂
Podagrion philippinense cyanonigrum Habu 菲螳小蜂广腹亚种，广腹螳小蜂，青广腹螳小蜂
Podagrion philippinense philippinense Crawford 菲螳小蜂指名亚种
Podagrion prionomerum Masi 锯螳小蜂
Podagrion repens (Motschulsky) 爬行螳小蜂
Podagrion shirakii Crawford 素木螳小蜂
Podagrion tainanicum Masi 台南螳小蜂
Podagrion terebratum Strand 远螳小蜂
Podagrion viduum Masi 暗螳小蜂
Podagrionidae 螳小蜂科；大丝蚁科 <误>
Podalgus 肿腿犀金龟甲属
Podalgus infantulus (Semenov) 哑肿腿犀金龟甲
podaliriid 1. [= podaliriid bee] 扁须花蜂 <扁须花蜂科 Podaliriidae 昆虫的通称>；2. 扁须花蜂科的
podaliriid bee [= podaliriid] 扁须花蜂
Podaliriidae 扁须花蜂科
Podalonia 长足泥蜂属
Podalonia affinis (Kirby) [eastern sand wasp] 齿爪长足泥蜂
Podalonia affinis affinis (Kirby) 齿爪长足泥蜂指名亚种
Podalonia affinis ulanbaatorensis (Tsuneki) 齿爪长足泥蜂蒙古亚种，蒙古齿爪长足泥蜂
Podalonia atrocyanea (Eversmann) 黑青长足泥蜂
Podalonia chalybea (Kohl) 蓝长足泥蜂
Podalonia flavida (Kohl) 黄长足泥蜂
Podalonia gobiensis (Tsuneki) 戈壁长足泥蜂
Podalonia gobiensis chahariana (Tsuneki) 戈壁长足泥蜂河北亚种，河北戈壁长足泥蜂
Podalonia gobiensis gobiensis (Tsuneki) 戈壁长足泥蜂指名亚种
Podalonia hirsuta (Scopoli) 多毛长足泥蜂
Podalonia kansuana Li *et* Yang 甘肃长足泥蜂
Podalonia nigriventris (Gussakowski) 黑腹长足泥蜂
Podalonia obo (Tsuneki) 敖包长足泥蜂
Podalonia parvula Li *et* Yang 小长足泥蜂
Podalonia pilosa Li *et* Yang 多毛长足泥蜂
Podalonia tydei (Le Guillon) 蛛长足泥蜂
Podalonia tydei apakensis (Tsuneki) 蛛长足泥蜂内蒙亚种，内蒙珠长足泥蜂
Podalonia tydei tydei (Le Guillon) 蛛长足泥蜂指名亚种
Podalonia yunnana Li *et* Yang 云南长足泥蜂
Podapion 瘿象甲属
Podapion gallicola Riley [pine gall weevil] 松瘿象甲
podecdysone 罗汉松蜕皮素
podeon [= petiole] 腹柄
Podeonius 珀叩甲属
Podeonius aquilus (Candèze) 阿珀叩甲
Podeonius aquilus aquilus (Candèze) 阿珀叩甲指名亚种
Podeonius aquilus formosensis (Kishii) 阿珀叩甲台湾亚种
Podeonius castelnaui (Candèze) 卡珀叩甲，卡秋津叩甲
Podeonius csorbai Platia *et* Schimmel 科珀叩甲
Podeonius rawlinsi Platia 拉珀叩甲
Podeonius taiwanus (Ôhira) 台湾珀叩甲
podex[= supraanal plate, anal operculum, lamina supraanalis, supranalis, preanal lamina, supra anal plate, lamina analis] 肛上板
Podhomala 高脊漠甲属
Podhomala fausti Kraatz 高脊漠甲
podial region [= pleural region] 侧区
podical plate [= paranal process, paranal lobe] 基板，肛基叶
Podisma 秃蝗属
Podisma aberrans Ikonnikov 黄股秃蝗
Podisma formosana Shiraki 见 *Sinopodisma formosana*
Podisma mikado Bolívar [vegetable grasshopper] 菜秃蝗，深山欵冬蝗
Podisma pedestris (Linnaeus) [common mountain grasshopper, brown mountain grasshopper] 红股秃蝗
Podisma sapporensis Shiraki [northern vegetable grasshopper] 札幌秃蝗，菜秃蝗
Podisma takeii Matsumura [Takei vegetable grasshopper] 武井氏菜秃蝗
Podisminae 秃蝗亚科
Podismodes 华秃蝗属
Podismodes melli Ramme 梅尔华秃蝗，梅氏拟秃蝗
Podismomorpha 拟秃蝗属
Podismomorpha gibba Lian *et* Zheng 隆背拟秃蝗
Podismopsis 跃度蝗属
Podismopsis altaica (Zubovsky) 阿勒泰跃度蝗
Podismopsis amplimedius Zheng *et* Shi 宽中域跃度蝗
Podismopsis amplipennis Zheng *et* Lian 宽翅跃度蝗
Podismopsis ampliradiareas Zheng, Cao *et* Lian 宽径域跃度蝗
Podismopsis angustipennis Zheng *et* Lian 狭翅跃度蝗
Podismopsis bisonita Zheng, Cao *et* Lian 二声跃度蝗
Podismopsis brachycaudata Zhang *et* Jin 短尾跃度蝗
Podismopsis dailingensis Zheng *et* Shi 带岭跃度蝗
Podismopsis dolichocerca Ren *et* Zhang 长须跃度蝗
Podismopsis humengensis Zheng *et* Lian 呼盟跃度蝗
Podismopsis jinbensis Zheng, Cao *et* Lian 镜泊跃度蝗
Podismopsis juxtapennis Zheng *et* Lian 亚翅跃度蝗
Podismopsis maximpennis Zhang *et* Ren 大翅跃度蝗
Podismopsis mudanjiangensis Ren *et* Zhang 牡丹江跃度蝗
Podismopsis planicaudata Liang *et* Jia 平尾跃度蝗
Podismopsis poppiusi (Miram) [Poppius' plump grasshopper] 内蒙跃度蝗
Podismopsis quadrasonita Zhang *et* Jin 四声跃度蝗
Podismopsis rufipes Ren, Zhang *et* Zheng 红足跃度蝗

Podismopsis shareiensis Shiraki 台湾跃度蝗
Podismopsis sinucarinate Zheng *et* Lian 曲线跃度蝗
Podismopsis tuqiangensis Zheng *et* Shi 图强跃度蝗
Podismopsis ussuriensis Ikonnikov 乌苏里跃度蝗
Podismopsis ussuriensis micra Bey-Bienko 乌苏里跃度蝗小型亚种，小乌苏里跃度蝗
Podismopsis ussuriensis ussuriensis Ikonnikov 乌苏里跃度蝗指名亚种
Podismopsis viridis Ren *et* Zhang 绿跃度蝗
Podismopsis xizangensis Yin 见 *Leuconemacris xizangensis*
Podistra 足花萤属
Podistra (Pseudoabsidia) ussurica (Wittmer) 乌苏里足花萤
Podistra sannenensis (Pic) 见 *Lycocerus sannenensis*
Podistra terricola Champion 见 *Lycocerus terricolus*
Podisus 刺益蝽属
Podisus bioculatus (Fabricius) 双斑刺益蝽
Podisus maculiventris (Say) [spined soldier bug] 斑腹刺益蝽，刺益蝽
Podisus modestus (Dallas) 静刺益蝽
Podisus nigrispinus (Dallas) 黑刺益蝽
podite [= podomere] 肢节
podocyte 伪足血细胞
Pododunera 无翅咀嚼类
Podolestes 叶山蟌属
Podolestes pandanus Wilson *et* Reels 露兜叶山蟌
podomere 见 podite
Podomyrma adelaidae (Smith) 南方木蚁
Podomyrma gratiosa (Smith) 大木蚁
Podonominae 寡脉摇蚊亚科
Podontia 凹缘跳甲属，硕叶蚤属
Podontia affinis (Gröndal) 十斑凹缘跳甲
Podontia affinis affinis (Gröndal) 十斑凹缘跳甲指名亚种
Podontia affinis indosinensis Scherer 十斑凹缘跳甲东方亚种
Podontia dalmani Baly 褐带凹缘跳甲
Podontia laosensis Scherer 老挝凹缘跳甲
Podontia lutea (Olivier) 黄色凹缘跳甲，大黄叶蚤，大黄金花虫，漆树叶甲，漆黄叶甲，漆树金花虫，漆跳甲，野漆宽胸跳甲
Podontia quatuordecimpunctata (Linnaeus) 十四斑凹缘跳甲
Podontia rufocastanea Baly 红褐凹缘跳甲
Podoparalecanium 足扇蚧属，足扇介壳虫属
Podoparalecanium machili (Takahashi) 见 *Paralecanium machili*
podophyllotoxin 鬼臼毒素，足叶草毒素
Podophysa alternata Zia 见 *Chaetelipsis alternata*
Podophysa occipitalis Zia 同 *Chaetelipsis paradoxa*
Podophysa pretiosa Hering 见 *Chaetelipsis pretiosa*
Podopidae [= Graphosomatidae] 刺肩蝽科 < 蝽科 Pentatomidae 的异名 >
Podopinae 舌蝽亚科
Podoschistus 裂爪姬蜂属
Podoschistus alpensis (Uchida) 阿裂爪姬蜂
Podoschistus mushanus (Sonan) 南投裂爪姬蜂，雾社凿姬蜂
Podoschtroumpfa 狭璐蜡蝉属
Podoschtroumpfa rubrolineata Liang 红带狭璐蜡蝉
Podoscirtinae 距蟋亚科
Podoscirtini 距蟋族

Podosesia syringae (Harris) [lilac borer] 紫丁香透翅蛾
Podosesia syringae fraxini (Lugger) [ash borer] 紫丁香透翅蛾福氏亚种，梣透翅蛾，紫丁香透翅蛾
Podosesia syringae syringae (Harris) 紫丁香透翅蛾指名亚种
Podosilis 角胸花萤属
Podosilis amplilobata Wittmer 宽叶角胸花萤
Podosilis apicecarinata Wittmer 端脊角胸花萤
Podosilis bicoloriceps Wittmer 花头角胸花萤
Podosilis cinderella Kazantsev 黑鞘角胸花萤
Podosilis circumcincta Wittmer 环纹角胸花萤
Podosilis distenda Wittmer 分角胸花萤
Podosilis diversihamata (Pic) 同 *Podosilis donkieri*
Podosilis donkieri (Pic) 董氏角胸花萤，董西花萤
Podosilis elongaticornis Wittmer 长角角胸花萤
Podosilis fruhstorferi (Pic) 福氏角胸花萤
Podosilis fukiena Wittmer 福建角胸花萤
Podosilis holzschuhi Kazantsev 郝氏角胸花萤
Podosilis jendeki Wittmer 金氏角胸花萤
Podosilis jizushanensis Wittmer 鸡足山角胸花萤
Podosilis kunmingensis Kazantsev 昆明角胸花萤
Podosilis langana (Pic) 长角胸花萤
Podosilis laokaiensis (Pic) 老街角胸花萤
Podosilis murzini Wittmer 穆氏角胸花萤
Podosilis nitidissima (Pic) 滑角胸花萤，滑西花萤
Podosilis obscurissima (Pic) 暗角胸花萤，暗西花萤
Podosilis omissa (Wittmer) 日本角胸花萤
Podosilis pallidiventris Fairmaire 淡腹角胸花萤，淡腹西花萤
Podosilis putaoensis Kazantsev 缅甸角胸花萤
Podosilis sichuana Wittmer 四川角胸花萤
Podosilis sinensis (Pic) 中华角胸花萤，华西花萤
Podosilis thailandica Wittmer 泰国角胸花萤
Podosilis thibetana (Pic) 西藏角胸花萤，藏西花萤
Podosilis vietnamensis Wittmer 越南角胸花萤
Podosilis yunnana Wittmer 云南角胸花萤
Podosilis zaitsevi Kazantsev 扎氏角胸花萤
Podosilis zhongdiana Kazantsev 中甸角胸花萤
podosoma 足体
Podotachina 荚追寄蝇亚属
podotheca 足鞘 < 指蛹壳包盖于足的部分 >
Podothrips 肢管蓟马属，足管蓟马属
Podothrips bicolor Seshadri *et* Ananthakrishnan 二色肢管蓟马
Podothrips canizoi Bhatti 卡肢管蓟马
Podothrips femoralis Dang *et* Qiao 褐股肢管蓟马
Podothrips ferrugineus Okajima 暗肢管蓟马，暗足管蓟马
Podothrips fuscus Moulton 褐肢管蓟马
Podothrips kentingensis Okajima 见 *Okajimathrips kentingensis*
Podothrips lucasseni (Krüger) 卢卡斯肢管蓟马，棕足管蓟马，肯管蓟马
Podothrips luteus Okajima 黄肢管蓟马，黄足管蓟马，黄足蓟马
Podothrips odonaspicola (Kurosawa) 拟蜓肢管蓟马，齿足管蓟马，捕食足蓟马
Podothrips sasacola Kurosawa 黄胸肢管蓟马
Podothrips semiflavus Hood 半黄肢管蓟马
podotricha longwing [= angle-winged telesiphe, *Podotricha telesiphe* (Hewitson)] 双红带袖蝶

P

Podotricha 带袖蝶属
Podotricha euchroia (Doubleday) [euchroia longwing] 带袖蝶
Podotricha judith (Guérin-Méneville) [tiger longwing] 虎纹带袖蝶
Podotricha telesiphe (Hewitson) [angle-winged telesiphe, podotricha longwing] 双红带袖蝶
Podulmorinus 拟凹唇叶蝉属
Podulmorinus vitticollis (Matsumura) 黑点拟凹唇叶蝉，黑点片角叶蝉
Podura 原蛛属
Podura aquatica Linnaeus [water springtail] 水原蛛，水跳虫
podurid 1. [= podurid springtail, stout-bodied springtail] 原蛛 < 原蛛科 Poduridae 昆虫的通称 >; 2. 原蛛科的
podurid springtail [= podurid, stout-bodied springtail] 原蛛
Poduridae 原蛛科，蛛科，跳虫科
Poduromorpha 原蛛目，原蛛亚目
Poeantius 蚁穴长蝽属
Poeantius festivus Distant 纹胸蚁穴长蝽
Poeantius lineatus Stål 短胸蚁穴长蝽
poeas emesis [= thorn-scrub emesis, *Emesis poeas* Godman *et* Salvin] 波螟蚬蝶
poecila metalmark [*Themone poecila* Bates] 彩鹅蚬蝶
poecila sphinx [= northern apple sphinx, *Sphinx poecila* Stephens] 苹果红节天蛾
Poecilagenia 短角沟蛛蜂属
Poecilagenia nigrina Haupt 同 *Poecilagenia sculpturata*
Poecilagenia obumbrata (Haupt) 奥短角沟蛛蜂，奥大颊蛛蜂
Poecilagenia procera (Haupt) 长短角沟蛛蜂，普大颊蛛蜂
Poecilagenia sculpturata (Kohl) 黑杂蛛蜂
Poecilagenia taiwana (Tsuneki) 台湾短角沟蛛蜂，台湾半沟蛛蜂
Poecilalcis ochrolaria Bastelberger 见 *Lophobates ochrolaria*
poecilandry 雄虫多型
Poecilips 杂色小蠹属
Poecilips aterrimus Schedl 暗杂色小蠹，光滑果长小蠹
Poecilips cardamomi (Schaufuss) 见 *Coccotrypes cardamomi*
Poecilips fallax Eggers 迷杂色小蠹
Poecilips gedeanus Eggers 哥德杂色小蠹
Poecilips graniceps Eichhoff 粒杂色小蠹
Poecilips linearis Eggers 线杂色小蠹
Poecilips nubilus (Blandford) 云杂色小蠹
Poecilips papuanus Eggers 丘杂色小蠹
Poecilium 幻棍腿天牛属
Poecilium mizunumai (Hayashi) 台中幻棍腿天牛，台中棍腿天牛，水沼氏姬扁天牛
Poecilmitis 幻灰蝶属
Poecilmitis adonis Pennington [adonis opal] 福寿草幻灰蝶
Poecilmitis aethon (Trimen) [Lydenburg opal] 爱幻灰蝶
Poecilmitis aridus Pennington [Namaqua opal] 阿玉幻灰蝶
Poecilmitis atlantica Dickson 阿特幻灰蝶
Poecilmitis aureus van Son [Heidelberg copper, golden opal] 金黄幻灰蝶
Poecilmitis azurius Swanepoel [azure opal] 深蓝幻灰蝶
Poecilmitis balli Dickson *et* Henning 巴勒幻灰蝶
Poecilmitis bamptoni Dickson 巴木幻灰蝶
Poecilmitis beaufortia Dickson [Beaufort's opal] 拜幻灰蝶
Poecilmitis beulah Quickelberge [Beulah's opal] 布幻灰蝶
Poecilmitis braueri (Pennington) [Brauer's opal] 布莱幻灰蝶
Poecilmitis brooksi Riley [Brook's opal] 布鲁克幻灰蝶
Poecilmitis chrysaor (Trimen) [Karoo daisy copper, golden copper, burnished opal] 金幻灰蝶
Poecilmitis daphne Dickson [Daphne's opal] 瑞香幻灰蝶
Poecilmitis dicksoni Henning 同 *Poecilmitis lysander*
Poecilmitis endymion Pennington [endymion opal] 恩底弥翁幻灰蝶
Poecilmitis felthami (Trimen) [Feltham's opal] 橙红幻灰蝶
Poecilmitis henningi Bampton 亨宁幻灰蝶
Poecilmitis hyperion Dickson 超幻灰蝶
Poecilmitis irene Pennington [Irene's opal] 彩虹幻灰蝶
Poecilmitis kaplani Henning 卡波伦幻灰蝶
Poecilmitis lycegenes (Trimen) [Mooi River opal] 幻灰蝶
Poecilmitis lycia Riley 利仙幻灰蝶
Poecilmitis lyncurium (Trimen) [Tsomo River opal, Tsomo River copper] 特哨姆河幻灰蝶
Poecilmitis lyndseyae Henning 非洲幻灰蝶
Poecilmitis lysander Pennington 露散幻灰蝶
Poecilmitis midas Pennington [midas opal] 迷幻灰蝶
Poecilmitis natalensis van Son [Natal opal] 纳塔尔幻灰蝶
Poecilmitis nigricans (Aurivillius) [dark opal, blue jewel copper] 黑幻灰蝶
Poecilmitis orientalis Swanepoel [eastern opal] 东洋幻灰蝶
Poecilmitis palmus (Cramer) [water opal] 手掌幻灰蝶
Poecilmitis pan Pennington [pan opal] 泛幻灰蝶
Poecilmitis pelion Pennington [Machacha opal] 泥幻灰蝶
Poecilmitis penningtoni Riley [Pennington's opal] 彭氏幻灰蝶
Poecilmitis perseus Henning [perseus opal] 俳幻灰蝶
Poecilmitis plutus Pennington [plutus opal] 普鲁幻灰蝶
Poecilmitis psyche Pennington 灵奇幻灰蝶
Poecilmitis pyramus Pennington [pyramus opal] 彩丽幻灰蝶
Poecilmitis pyroeis (Trimen) [sand-dune opal] 梨幻灰蝶
Poecilmitis rileyi Dickson [Riley's opal] 赖利幻灰蝶
Poecilmitis stepheni Dickson 斯蒂芬幻灰蝶
Poecilmitis swanepoeli Dickson [Swanepoel's opal] 斯氏幻灰蝶
Poecilmitis thysbe (Linnaeus) [opal copper, common opal] 红裙幻灰蝶
Poecilmitis trimeni Riley [Trimen's opal] 三色幻灰蝶
Poecilmitis turneri Riley [Turner's opal] 图幻灰蝶
Poecilmitis uranus Pennington [uranus opal] 圆幻灰蝶
Poecilmitis violescens Dickson [violet opal] 纬幻灰蝶
Poecilmitis wykehami Dickson 威氏幻灰蝶，威克哈姆幻灰蝶
Poecilocampa 杨枯叶蛾属
Poecilocampa morandinii Zolotuhin *et* Saldaitis 莫拉杨枯叶蛾
Poecilocampa nilsinjaevi Zolotuhin 倪辛杨枯叶蛾
Poecilocampa populi (Linnaeus) [December moth] 杨枯叶蛾，栎杨小毛虫，杨杂枯叶蛾
Poecilocampa tenera (Bang-Haas) 栎杨枯叶蛾
Poecilocapsus 幻盲蝽属
Poecilocapsus lineatus (Fabricius) [four-lined plant bug] 四线幻盲蝽，四线盲蝽
Poecilocerus 见 *Poekilocerus*
Poecilocerus pictus (Fabricius) 见 *Poekilocerus pictus*
Poecilocoris 宽盾蝽属，桑盾蝽属

Poecilocoris balteatus (Distant) 横带宽盾蝽，广西宽盾蝽

Poecilocoris capitatus Yang 彩圈宽盾蝽

Poecilocoris childreni (White) 驼峰宽盾蝽，驼峰宽盾椿象

Poecilocoris dissimilis Martin 斜纹宽盾蝽

Poecilocoris druraei (Linnaeus) [shield-backed jewel bug] 桑宽盾蝽，桑盾蝽，杜莱氏宽盾椿象

Poecilocoris hardiwickii (Westwood) 同 *Poecilocoris nepalensis*

Poecilocoris latus Dallas [tea seed bug] 油茶宽盾蝽，油茶蝽

Poecilocoris lewisi (Distant) [clown stink bug, red-striped golden stink-bug] 金绿宽盾蝽，红条金松蝽，拉维斯氏宽盾椿象，异色花龟蝽，红条绿盾背椿象

Poecilocoris nepalensis (Herrich-Schäffer) [Nepal shield-backed bug] 尼泊尔宽盾蝽，尼泊尔茶蝽

Poecilocoris nigricollis Horváth 黑胸宽盾蝽

Poecilocoris obesus Dallas 同 *Poecilocoris druraei*

Poecilocoris plenisignatus Walker 多纹宽盾蝽

Poecilocoris rufigenis Dallas 黄宽盾蝽

Poecilocoris sanszesignatus Yang 山字宽盾蝽，拟山字宽盾蝽

Poecilocoris sanszeus Yang 同 *Poecilocoris sanszesignatus*

Poecilocoris separabilis Yang 同 *Poecilocoris lewisi*

Poecilocoris splendidulus Esaki 大斑宽盾蝽

Poecilocoris watanabei Matsumura 渡边宽盾蝽，渡边氏宽盾蝽

poecilocyttare 复巢蜂 <群居胡蜂类筑巢于树枝的周围或其他支持物，被有复鞘者>

Poecilogonalos 纹钩腹蜂属

Poecilogonalos fasciata Strand 见 *Taeniogonalos fasciata*

Poecilogonalos flavoscutellata Chen 见 *Taenigonalos flavoscutellata*

Poecilogonalos formosana Bischoff 见 *Taeniogonalos formosana*

Poecilogonalos intermedia Chen 同 *Taeniogonalos formosana*

Poecilogonalos magnifica Teranishi 同 *Taeniogonalos fasciata*

Poecilogonalos rufofasciata Chen 见 *Taeniogonalos rufofasciata*

Poecilogonalos sauteri (Bischoff) 见 *Taeniogonalos sauteri*

Poecilogonalos tricolor Chen 见 *Taeniogonalos tricolor*

Poecilogonalos unifasciata Chen 单带纹钩腹蜂

poecilogony 幼虫多型

poecilogyny 雌虫多型

Poecilolycia 杂林缟蝇属

Poecilolycia szechuana Shatalkin 四川杂林缟蝇

Poecilomorpha 沟胸距甲属

Poecilomorpha assamensis (Jacoby) 阿沟胸距甲

Poecilomorpha assamensis assamensis (Jacoby) 阿沟胸距甲指名亚种

Poecilomorpha assamensis yunnana Chen *et* Pu 阿沟胸距甲云南亚种，云南沟胸距甲

Poecilomorpha cyanipennis (Kraatz) 蓝翅沟胸距甲，蓝翅距甲，短胸距甲

Poecilomorpha discolineata (Pic) 黑条沟胸距甲

Poecilomorpha downesi (Baly) 黑带沟胸距甲

Poecilomorpha laosensis (Pic) 老挝沟胸距甲

Poecilomorpha maculata (Pic) 斑沟胸距甲

Poecilomorpha mouhoti (Baly) 黑跗沟胸距甲

Poecilomorpha penae Gressitt 同 *Poecilomorpha downesi*

Poecilomorpha pretiosa Reineck 普沟胸距甲，普突距甲

Poecilomorpha pretiosa elegantula Gressitt 同 *Poecilomorpha pretiosa*

Poecilomorpha testacea Gressitt *et* Kimoto 见 *Temnaspis testacea*

Poecilonola 杂瘤蛾属

Poecilonola ochritincta Hampson 褐杂瘤蛾

Poecilonola plagiola Hampson 纹杂瘤蛾

Poecilonola pulchella Leech 美杂瘤蛾

Poecilonota 截尾吉丁甲属，截尾吉丁属，锦纹吉丁甲属

Poecilonota chinensis Théry 见 *Poecilonota variolosa chinensis*

Poecilonota cyanipes (Say) 杨柳截尾吉丁甲，杨柳截尾吉丁

Poecilonota dicenoides Reitter 见 *Poecilonota variolosa dicenoides*

Poecilonota salicis Chamberlin 柳截尾吉丁甲，柳截尾吉丁

Poecilonota semenovi Obenberger 松截尾吉丁甲，松截尾吉丁，杨截尾吉丁甲，杨截尾吉丁

Poecilonota variolosa (Paykull) 杨截尾吉丁甲，杨锦纹截尾吉丁甲，杨锦纹截尾吉丁，变截尾吉丁

Poecilonota variolosa chinensis Théry 杨截尾吉丁甲中华亚种，中华截尾吉丁

Poecilonota variolosa dicenoides Reitter 杨截尾吉丁甲褐色亚种，狄截尾吉丁

Poecilonota variolosa variolosa (Paykull) 杨截尾吉丁甲指名亚种

Poecilonotina 截尾吉丁甲亚族，色吉丁甲亚族

Poecilonotini 截尾吉丁甲族，色吉丁甲族，斑吉丁族

Poecilophilides 锈花金龟甲属 *Anthracophora* 的异名

Poecilophilides crucifera Olivier 见 *Anthracophora crucifera*

Poecilophilides dalmanni Hope 见 *Anthracophora dalmanni*

Poecilophilides rusticola (Burmeister) 见 *Anthracophora rusticola*

Poecilophilides siamensis (Kraatz) 见 *Anthracophora siamensis*

Poecilopompilus 丽蛛蜂属

Poecilopompilus annulatus (Fabricius) 环丽蛛蜂

Poecilopompilus bracatus Bingham 饰丽蛛蜂

Poecilopompilus maculifrons (Smith) 斑额丽蛛蜂

Poecilopompilus quadripunctatus Fabricius 四斑丽蛛蜂

Poecilopsyra 斑缘露螽属

Poecilopsyra brevis Liu, Zheng *et* Xi 见 *Stictophaula brevis*

Poecilopsyra octoseriata (Haan) 环足斑缘露螽

Poeciloscytus cognatus Fieber 见 *Polymerus cognatus*

Poeciloscytus vulneratus (Panzer) 见 *Polymerus vulneratus*

Poecilosomella 星小粪蝇属，幻小粪蝇属

Poecilosomella aciculata (Deeming) 具刺星小粪蝇

Poecilosomella affinis Hayashi 仿星小粪蝇

Poecilosomella amputata (Duda) 短星小粪蝇，安幻小粪蝇，安部大附蝇

Poecilosomella annulitibia (Deeming) 环胫星小粪蝇

Poecilosomella biseta Dong, Yang *et* Hayashi 双刺星小粪蝇

Poecilosomella borboroides (Walker) 沼星小粪蝇

Poecilosomella brunettii (Deeming) 布氏星小粪蝇

Poecilosomella cryptica Papp 幽星小粪蝇，隐藏幻小粪蝇，隐藏大附蝇

Poecilosomella curvipes Papp 弯星小粪蝇，曲足幻小粪蝇

Poecilosomella formosana Papp 台湾星小粪蝇，台湾幻小粪蝇

Poecilosomella furcata (Duda) 叉脉星小粪蝇，分叉幻小粪蝇，分叉大附蝇

Poecilosomella guangdongensis Dong, Yang *et* Hayashi 广东星小粪蝇

Poecilosomella longicalcar Papp 长刺星小粪蝇，长距幻小粪蝇

Poecilosomella longichaeta Dong, Yang *et* Hayashi 长毛小粪蝇

Poecilosomella longinervis (Duda) 长肋星小粪蝇，长脉幻小粪蝇，长筋大附蝇
Poecilosomella multipunctata (Duda) 多斑星小粪蝇，多斑幻小粪蝇，多斑大附蝇
Poecilosomella nigra Papp 黑星小粪蝇，黑幻小粪蝇
Poecilosomella nigrotibia (Duda) 黑胫星小粪蝇，黑胫幻小粪蝇，黑胫大附蝇
Poecilosomella ornata (de Meijere) 饰星小粪蝇
Poecilosomella punctipennis (Wiedemann) 斑星小粪蝇，斑翅幻小粪蝇，刺翅大附蝇
Poecilosomella rectinervis (Duda) 直脉星小粪蝇
Poecilosomella ronkayi Papp 罗氏星小粪蝇，罗氏幻小粪蝇
Poecilosomella tridens Dong, Yang *et* Hayashi 三叉星小粪蝇
Poecilosomella varians (Duda) 异星小粪蝇，易变幻小粪蝇，易变大附蝇
Poecilothea 股鬃实蝇属，波芝罗实蝇属，波异实蝇属
Poecilothea angustifrons Hendel 三带股鬃实蝇，三带波芝罗实蝇，尖额杂色实蝇，安固波异实蝇
Poecilotraphera 斓矛广口蝇属，杂斑蝇属
Poecilotraphera honanensis Steyskal 海南斓矛广口蝇
Poecilotraphera taeniata (Macquart) 条纹斓矛广口蝇，带杂斑蝇
Poecilus 脊角步甲属，脊角步甲亚属，杂步甲属
Poecilus alexandrae (Tschitschérine) 亚氏脊角步甲，亚历杂步甲
Poecilus batesianus (Lutshnik) 贝氏脊角步甲，贝通缘步甲
Poecilus cupreus (Linnaeus) 铜脊角步甲
Poecilus encopolcus Solsky 暗脊角步甲
Poecilus fortipes (Chaudoir) 壮脊角步甲，强通缘步甲，强足通缘步甲
Poecilus gebleri (Dejean) 格脊角步甲，直角通缘步甲
Poecilus grumi Tschitschérine 格鲁姆脊角步甲
Poecilus hanhaicus (Tschitschérine) 汉脊角步甲，汉通缘步甲
Poecilus jarkendis (Jedlička) 贾氏脊角步甲，贾通缘步甲
Poecilus koslovi (Tschitschérine) 科氏脊角步甲
Poecilus lamproderus (Chaudoir) 丽胸脊角步甲，丽通缘步甲，灿费朗步甲
Poecilus major (Motschulsky) 大脊角步甲，大通缘步甲
Poecilus nitens (Chaudoir) 灿脊角步甲
Poecilus nitidicollis Motschulsky 烁胸脊角步甲，缘光通缘步甲
Poecilus opulentus Tschitschérine 同 *Poecilus batesianus*
Poecilus peregrinus (Tschitschérine) 异脊角步甲
Poecilus polychromus (Tschitschérine) 山丽脊角步甲，朵杂步甲，多通缘步甲
Poecilus pucholti (Jedlička) 普氏脊角步甲，普柯通缘步甲
Poecilus punctibasis (Chaudoir) 麻脊角步甲，点基扁步甲，点基费朗步甲
Poecilus punctibasis punctibasis (Chaudoir) 麻脊角步甲指名亚种，指名点基通缘步甲
Poecilus punctibasis szetschuanus (Jedlička) 麻脊角步甲四川亚种，川点基通缘步甲
Poecilus punctulatus (Schaller) 点脊角步甲
Poecilus ravus (Lutshnik) 拉务脊角步甲，拉务通缘步甲
Poecilus reflexicollis Gebler 敞缘脊角步甲
Poecilus samurai Lutshnik 黑青脊角步甲
Poecilus tarimensis (Tschitschérine) 塔里木脊角步甲
Poecilus urgens (Tschitschérine) 天山脊角步甲
Poecilus uygur Kabak 维脊角步甲
Poecilus versicolor (Sturm) 异色脊角步甲
Poekilloptera 点翅蛾蜡蝉属
Poekilloptera phalaenoides (Linnaeus) 黄胸点翅蛾蜡蝉
Poekilocerus 染尖蝗属 < 此属学名有误写为 *Poecilocerus* 者 >
Poekilocerus pictus (Fabricius) [painted grasshopper, ak grasshopper, aak grasshopper] 彩染尖蝗，饰纹波氏蝗
Poemenia 牧姬蜂属
Poemenia depressa Wang *et* Gupta 扁牧姬蜂
Poemenia hectica (Gravenhorst) 线牧姬蜂
Poemenia pedunculata He 具柄牧姬蜂
Poemenia taiwana Sonan 台湾牧姬蜂
Poemeniinae 牧姬蜂亚科
Poemeniini 牧姬蜂族
poetic entomology 诗歌昆虫学
Poey's black swallowtail [*Papilio caiguanabus* (Poey)] 黑芷凤蝶，凯凤蝶
Poggiellus 袍叩甲属
Poggiellus davidi (Candèze) 达氏袍叩甲
Pogonistes 类坡角步甲属
Pogonistes chinensis Habu 华类坡角步甲
Pogonitis cumulata Christoph 见 *Euchristophia cumulata*
Pogonitis cumulata sinobia Wehrli 见 *Euchristophia cumulata sinobia*
Pogonocherini 芒天牛族
Pogonocherus 芒天牛属
Pogonocherus costatus Motschulsky 木尔芒天牛
Pogonocherus dimidiatus Blessig 白腰小天牛，东北芒天牛
Pogonocherus fasciculatus De Geer 松梢芒天牛
Pogonocherus fasciculatus costatus Motschulsky 松梢芒天牛具脊亚种，脊松梢芒天牛
Pogonocherus fasciculatus fasciculatus De Geer 松梢芒天牛指名亚种，指名松梢芒天牛
Pogonocherus fasciculatus pullus Matsushita 松梢芒天牛多毛亚种，毛松梢芒天牛
Pogonocherus pilosipes Pic 毛芒天牛
Pogonocherus seminiveus Bates 白腰芒天牛
Pogonocherus seminiveus seminiveus Bates 白腰芒天牛指名亚种
Pogonocherus seminiveus subsolana Wang 见 *Exocentrus subsolanus*
Pogonocladius 寄莼直突摇蚊亚属
Pogonomyia 胡棘蝇属
Pogonomyia aculeata Stein 见 *Drymeia aculeata*
Pogonomyia alpicola Róndani 见 *Drymeia alpicola*
Pogonomyia brumalis (Róndani) 见 *Drymeia brumalis*
Pogonomyia fasciculata Stein 见 *Drymeia fasciculata*
Pogonomyia hirticeps Stein 见 *Drymeia hirticeps*
Pogonomyia pollinsa Stein 见 *Drymeia pollinosa*
Pogonomyia spinifemoratda Stein 见 *Drymeia spinifemorata*
Pogonomyia tibetana Schabl *et* Dziedzicki 见 *Drymeia tibetana*
Pogonomyia tolipilosa Fan 见 *Drymeia totipilosa*
Pogonomyia xinjiangensis Qian *et* Fan 见 *Drymeia xinjiangensis*
Pogonomyrmex 收获切叶蚁属
Pogonomyrmex badius (Latreille) [Florida harvester ant] 佛州收获切叶蚁，佛州农蚁
Pogonomyrmex barbatus (Smith) [red harvest ant] 红收获切叶蚁，红农蚁

Pogonomyrmex californicus (Buckley) [California harvester ant] 加州收获切叶蚁，加州农蚁

Pogonomyrmex occidentalis (Cresson) [western harvester ant] 西方收获切叶蚁，西方农蚁

Pogonomyrmex rugosus (Emery) [rough harvester ant] 糙收获切叶蚁，罗纹须蚁，罗格斯石竹蚁

Pogonomyrmex salinus Olsen 盐收获切叶蚁

Pogonopsocus 须蛄属

Pogonopsocus octofaris Li 八字须蛄

Pogonopygia 排尺蛾属，八角尺蛾属

Pogonopygia nigralbata Warren 八角排尺蛾，八角尺蠖，八角尺蛾，双排缘尺蛾

Pogonopygia pavida (Bastelberger) 三排尺蛾，三排缘尺蛾

Pogonosoma 扁须虫虻属，扁须食虫虻属，螳面虫虻属，倒钩食虫虻属

Pogonosoma funebris Hermann 台湾扁须虫虻，台湾扁须食虫虻，葬螳面虫虻，祖窟食虫虻

Pogonosoma maroccanum (Fabricius) 摩洛扁须虫虻，摩洛扁须食虫虻，玛螳面虫虻

Pogonosoma unicolor Loew 单色扁须虫虻，单色扁须食虫虻，一色螳面虫虻

Pogonus 坡角步甲属

Pogonus approximans Fairmaire 近坡角步甲

Pogonus castaneipes Fairmaire 栗坡角步甲

Pogonus formosanus Jedlička 台坡角步甲

Pogonus iridipennis Nicolai 虹翅坡角步甲，虹翅碱步甲

Pogonus ordossicus Semenow 奥坡角步甲

Pogonus pueli Lucnik 普坡角步甲

Pogonus punctulatus Dejean 点坡角步甲

Pogonus sauteri Jedlička 索坡角步甲

Pohl's skipper [*Phemiades pohli* (Bell)] 波尔狒弄蝶

poikilosmotic 变渗压的

poikilothermal [= poikilothermous, poikilothermic] 变温的

poikilothermal rearing 变温饲养，变温育 <家蚕等的>

poikilothermic 见 poikilothermal

poikilothermous 见 poikilothermal

poikilothermy 变温性

poinsettia thrips [= impatiens thrips, *Echinothrips americanus* Morgan] 美洲棘蓟马，美棘蓟马，美洲棘脊蓟马

point-headed grasshopper [*Atractomorpha crenulata* (Fabricius)] 短翅负蝗，尖果苏木负蝗

point mutation 点突变

pointed caper [= African veined white, *Belenois gidica* (Godart)] 箭纹贝粉蝶

pointed cocoon 尖头茧 <家蚕的>

pointed copper [*Aloeides apicalis* Tite *et* Dickson] 蜂美乐灰蝶

pointed demon [= clavate banded demon, *Notocrypta clavata* (Staudinger)] 棒纹袖弄蝶，棒袖弄蝶

pointed euselasia [*Euselasia pontasis* Callaghan, Llorente *et* Luis] 尖翅优蚬蝶

pointed leafhopper [*Stirellus productus* (Matsumura)] 锥顶矛叶蝉，锥顶叶蝉，日矛叶蝉

pointed leafwing [*Fountainea eurypyle* Felder *et* Felder] 敞户扶蛱蝶，铃木安蛱蝶

pointed line blue [= bronze line-blue, *Ionolyce helicon* (Felder)] 伊灰蝶，尖娜灰蝶，依灰蝶

pointed palmfly [*Elymnias penanga* (Westwood)] 尖翅锯眼蝶

pointed pearl charaxes [= mountain pearl charaxes, *Charaxes acuminatus* Thurau] 尖螯蛱蝶

pointed sister [*Adelpha iphiclus* (Linnaeus)] 变性悌蛱蝶，实链悌蛱蝶

pointed-tailed wasp 细蜂 <细蜂总科 Proctotrupoidea (= Proctotrypoidea、Serphoidea) 昆虫的通称>

pointed wheat shield bug [= Bishop's mitre, Bishop's mitre shieldbug, wheat stink-bug, *Aelia acuminata* (Linnaeus)] 尖头麦蝽，麦椿象

pointed-winged fly [= lonchopterid fly, spear-winged fly, lonchopterid] 尖翅蝇 <尖翅蝇科 Lonchopteridae 昆虫的通称>

pointedspot lancer [= spot-pointed lancer, *Pyroneura derna* (Evans)] 德尔火脉弄蝶

poiser [= halter, haltere, balancer, malleolus] 棒翅，平衡棒

poison 毒，毒物，毒害

poison gland 毒腺

poison insecticide 杀虫剂

poison nutrient solution-feeding method 饲喂毒营养液法 <一种杀虫剂毒力测定方法>

poison sac 毒囊 <指针尾类膜翅目昆虫注毒液入螯针的储毒液囊>

poison seta [pl. poison setae] 毒毛

poison setae [s. poison seta] 毒毛

poisoning 中毒

poisonous substance 有毒物质，毒物

Poisson distribution 泊松分布，波松分布，普阿松分布，潘松分布，普瓦松分布 <= random distribution 随机分布>

poium 低草地群落

Poladryas 拟网蛱蝶属

Poladryas arachne (Edwards) [arachne checkerspot] 豹纹拟网蛱蝶

Poladryas minuta (Edwards) [dotted checkerspot] 拟网蛱蝶

polar body 极体

polar capsule 极囊

polar filament 极丝

polar fritillary [= polaris fritillary, *Clossiana polaris* (Boisduval)] 兴佛珍蛱蝶，坡珍蛱蝶

polar nucleus 极核

polar tube 极管

polaris fritillary 见 polar fritillary

polarity 极性

polarization vision 偏振光视觉

polarograph 极谱仪

polaroplast 极质体

pole borer [*Parandra brunnea* (Fabricius)] 褐异天牛

pole cell 极细胞 <位于昆虫卵的后端衍生成原始生殖细胞的一些细胞>

pole plasm 极质 <在昆虫卵后端较浓厚的细胞周质，与进入此处的分裂核形成极细胞>

Polea 南链蚧属

Polea ceylonica (Green) 锡兰南链蚧

Polea selangorae Lambdin 马来南链蚧

Polemistus 狭额短柄泥蜂属，坡泥蜂属

Polemistus abnormis (Kohl) 异狭额短柄泥蜂

Polemistus alishanus (Tsuneki) 阿里山狭额短柄泥蜂，阿里山坡泥蜂
Polemistus formosus (Tsuneki) 台湾狭额短柄泥蜂，台坡泥蜂
Polemistus fukuitor Tsuneki 沟狭额短柄泥蜂
Polemistus gutianus Ma *et* Li 古田山狭额短柄泥蜂
Polemistus mindanaonis Tsuneki 棉兰老岛狭额短柄泥蜂
Polemistus pediflavidus Ma *et* Li 褐足狭额短柄泥蜂
Polemistus sumatrensis (Maidl) 苏门狭额短柄泥蜂，苏门坡泥蜂
Polemius lycoceriformis Pic 见 *Themus lycoceriformis*
Polemochartus 斗离颚茧蜂属
Polemochartus liparae (Giraud) 利帕里斗离颚茧蜂
polex 腹部末节背板，肛上板
Polia 灰夜蛾属
Polia abnormis Draudt 逆灰夜蛾，阿布灰夜蛾
Polia adustaeoides Draeseke 同 *Polia mortua szetschwana*
Polia advena (Denis *et* Schiffermüller) 同 *Polia bombycina*
Polia albomixta Draudt 白环灰夜蛾，混白灰夜蛾
Polia altaica (Lederer) 类灰夜蛾，阿尔泰灰夜蛾
Polia atrax Draudt 市灰夜蛾，阿灰夜蛾
Polia bombycina (Hüfnagel) [pale shining brown] 蒙灰夜蛾，蚕灰夜蛾
Polia confusa (Leech) 黄灰夜蛾，康灰夜蛾
Polia conspersa (Schiffermüller) 斑灰夜蛾
Polia contigua (Schiffermüller) 桦灰夜蛾
Polia costigerodes Poole 伉灰夜蛾
Polia costirufa Draudt 淡缘灰夜蛾，红缘灰夜蛾
Polia culta (Moore) 植灰夜蛾
Polia fasciata (Leech) 中黑灰夜蛾
Polia ferrisparsa (Hampson) 冷灰夜蛾，弗灰夜蛾
Polia goliath (Oberthür) 鹏灰夜蛾
Polia griseifusa Draudt 灰褐灰夜蛾，灰褐遮夜蛾
Polia hepatica (Clerck) 窄灰夜蛾
Polia illoba (Butler) 见 *Sarcopolia illoba*
Polia legitima (Grote) [striped garden caterpillar] 具条灰夜蛾
Polia luteago (Denis *et* Schiffermüller) 见 *Conisania luteago*
Polia malchani (Draudt) 俄灰夜蛾
Polia mista (Staudinger) 杂灰夜蛾
Polia mongolica (Staudinger) 翰灰夜蛾，蒙灰夜蛾
Polia mortua (Staudinger) 冥灰夜蛾
Polia mortua caeca Hreblay *et* Ronkay 冥灰夜蛾台湾亚种，冥灰夜蛾
Polia mortua mortua (Staudinger) 冥灰夜蛾指名亚种
Polia mortua szetschwana Draeseke 冥灰夜蛾四川亚种
Polia nebulosa (Hüfnagel) [grey arches] 灰夜蛾
Polia ornatissima Wileman 饰灰夜蛾
Polia persicariae (Linnaeus) 见 *Melanchra persicariae*
Polia praedita (Hübner) 交灰夜蛾
Polia satanella (Alphéraky) 阴灰夜蛾，萨灰夜蛾
Polia scotochlora Kollar 绿灰夜蛾
Polia serratilinea Ochsenheimer 锯灰夜蛾，齿线灰夜蛾
Polia speyeri Felder 见 *Hadena speyeri*
Polia suavis (Staudinger) 见 *Conisania suavis*
Polia tayal Yoshimoto 见 *Orthopolia tayal*
Polia thalossina Rottemburg [rubus caterpillar] 悬钩子灰夜蛾
Polia vespertilio (Draudt) 浅灰夜蛾
Polia yuennana Draudt 云灰夜蛾，滇灰夜蛾
Poliaspoides 腺盾蚧属
Poliaspoides formosanus (Takahashi) 台湾腺盾蚧，竹蟠盾介壳虫
Poliaspoides simplex Green 纯腺盾蚧
Polideini 灰寄蝇族
Polididini 刺猎蝽族
Polididus 棘猎蝽属
Polididus armatissimus Stål 棘猎蝽
Polietes 直脉蝇属
Polietes domitor (Harris) 白线直脉蝇
Polietes fuscisquamosus Emden 峨眉直脉蝇
Polietes hirticrura Meade 毛胫直脉蝇
Polietes koreicus Park *et* Shinonaga 朝鲜直脉蝇
Polietes lardaria (Fabricius) 四条直脉蝇
Polietes nigrolimbata (Bonsdorff) 黑缘直脉蝇
Polietes nigrolimbatoides Feng 类黑缘直脉蝇
Polietes omeishanensis Fan 同 *Polietes fuscisquamosus*
Polietes orientalis Pont 东方直脉蝇
Polietes ronghuae Wang *et* Xue 荣氏直脉蝇
Polietes steinii (Ringdahl) 小直脉蝇
Polina crescent [*Eresia polina* Hewitson] 灰色袖蛱蝶
Poling's giant-skipper [*Agathymus polingi* (Skinner)] 黄带硕大弄蝶
Poling's hairstreak [*Fixsenia polingi* Barnes *et* Benjamin] 庖乌灰蝶
Poliobotys 灰野螟属
Poliobotys ablactalis (Walker) 蓝灰野螟
Poliobrya 坡利夜蛾属
Poliobrya patula (Püngeler) 坡利夜蛾
Polionemobius 灰针蟋属
Polionemobius annulicornis Li, He *et* Liu 环角灰针蟋
Polionemobius chayuensis He *et* Ma 察隅灰针蟋
Polionemobius flavoantennalis (Shiraki) 黄角灰针蟋，黄角双针蟋，白角裂针蟋
Polionemobius marbles He 云纹灰针蟋
Polionemobius mikado (Shiraki) 同 *Polionemobius taprobanensis*
Polionemobius nigriscens (Shiraki) 暗黑灰针蟋
Polionemobius pilicornis (Chopard) 毛角灰针蟋
Polionemobius taprobanensis (Walker) 斑翅灰针蟋，斑翅双针蟋
Polionemobius yunnanus Liu *et* Shi 云南灰针蟋
Poliosia 灰苔蛾属
Poliosia brunnea (Moore) 棕灰苔蛾
Poliosia cubitifera (Hampson) 紫线灰苔蛾
Poliosia fragilis (Lucas) 弗灰苔蛾
Poliosia muricolor (Walker) 黄带灰苔蛾
Polish carmin scale [= Polish cochiheal scale, Polish cochineal, ground pearl, crimson-dyeing scale insect, *Porphyrophora polonica* (Linnaeus)] 波兰胭珠蚧，波斯胭珠蚧，波兰胭脂虫
Polish cochiheal 见 Polish carmin scale
Polish cochiheal scale 见 Polish carmin scale
Polish felt scale [*Rhizococcus palustris* Dziedzicka *et* Koteja] 波兰根毡蚧
Polish Journal of Entomology 波兰昆虫学杂志 < 期刊名 >
polished epeolus [*Epeolus splendidus* Onuferko] 雅绒斑蜂
polissena clearwing [*Greta polissena* Hewitson] 玻璃黑脉绡蝶

P

polistes wasp 长足胡蜂 <泛指长足马蜂科 Polistidae 昆虫>
Polistes 马蜂属
Polistes adustus Bingham 焰马蜂，云南马蜂
Polistes antennalis Perez 见 *Polistes chinensis antennalis*
Polistes associus Kohl 跳马蜂
Polistes bucharensis Erichson 亚欧马蜂
Polistes chinensis (Fabricius) [Chinese paper wasp, Japanese paper wasp, Asian paper wasp] 中华马蜂，中华长脚蜂
Polistes chinensis antennalis Perez 中华马蜂角突亚种，角马蜂
Polistes chinensis chinensis Fabricius 中华马蜂指名亚种
Polistes domenulus (Christ) [European paper wasp] 强马蜂，欧洲马蜂，中国马蜂
Polistes eboshinus Sonan 姬马蜂
Polistes formosanus Sonan 台湾马蜂，台日本马蜂
Polistes fuscatus (Fabricius) [northern paper wasp, golden paper wasp, dark paper wasp, common paper wasp] 暗马蜂，北方造纸胡蜂
Polistes gallicus (Linnaeus) 柞蚕马蜂
Polistes gallicus gallicus (Linnaeus) 柞蚕马蜂指名亚种，五倍马蜂
Polistes gallicus pacifica Weyrauch 同 *Polistes bucharensis*
Polistes gigas (Kirby) 见 *Polistes* (*Gyrostoma*) *gigas*
Polistes* (*Gyrostoma*) *gigas (Kirby) 棕马蜂，巨红长脚蜂，皇马蜂，棕色长脚蜂，棕长脚蜂
Polistes* (*Gyrostoma*) *jokahamae Radoszkowski [dark-waist paper wasp, dark-waist paper-hornet] 约马蜂，家马蜂，家长脚蜂，暗黄长脚蜂
Polistes hebraeus Fabricius 亚非马蜂
Polistes huisunensis Kuo 惠荪长脚蜂
Polistes jadwigae Dalla Torre 同 *Polistes* (*Gyrostoma*) *jokahamae*
Polistes japonicus Cameron 同 *Polistes* (*Gyrostoma*) *jokahamae*
Polistes japonicus de Saussure 日本马蜂，日本长脚蜂
Polistes japonicus formosanus Sonan 见 *Polistes formosanus*
Polistes japonicus japonicus de Saussure 日本马蜂指名亚种
Polistes jokahamae Radoszkowski 见 *Polistes* (*Gyrostoma*) *jokahamae*
Polistes macaensis Fabricius 澳门马蜂
Polistes mandarinus de Saussure 柑马蜂
Polistes megei Pérez 麦马蜂，梅格马蜂
Polistes nimpha (Christ) 窄马蜂
Polistes nipponensis Pérez 环带马蜂，倭马蜂
Polistes okinawensis Meade-Waldo 同 *Polistes* (*Gyrostoma*) *jokahamae*
Polistes olivaceus (De Geer) 亚非马蜂，果马蜂
Polistes orientalis (Kirby) 同 *Polistes schach*
Polistes pacifica Weyrauch 同 *Polistes bucharensis*
Polistes perkinsi Kohl 同 *Polistes* (*Gyrostoma*) *jokahamae*
Polistes rothneyi Cameron 陆马蜂，罗氏马蜂，罗马蜂，黑纹长脚蜂，和马蜂，黄长脚蜂
Polistes rothneyi grahami van der Vecht 同 *Polistes rothneyi rothneyi*
Polistes rothneyi hainanensis van der Vecht 同 *Polistes rothneyi rothneyi*
Polistes rothneyi iwatai van der Vecht 同 *Polistes rothneyi rothneyi*
Polistes rothneyi koreanus van der Vecht 同 *Polistes rothneyi rothneyi*
Polistes rothneyi rothneyi Cameron 罗氏马蜂指名亚种
Polistes rothneyi sikkimensis van der Vecht 同 *Polistes rothneyi rothneyi*
Polistes rothneyi tibetanus van der Vecht 同 *Polistes rothneyi rothneyi*
Polistes rothneyi yayeyamae Matsumura 同 *Polistes rothneyi rothneyi*
Polistes sagittarius de Saussure [banded paper wasp] 黄裙马蜂
Polistes schach Bingham 希马蜂
Polistes shirakii Sonan 素木马蜂，淡色长脚蜂，黄斑马蜂，黄斑长脚蜂，白木黄星长脚蜂
Polistes snelleni de Saussure 斯马蜂
Polistes stigma (Fabricius) 点马蜂，斑翅长脚蜂，黑纹长脚蜂
Polistes strigosus Bequaert 瘦马蜂，胸棱长脚蜂，胸棱马蜂，条纹棕色长脚蜂
Polistes sulcatus Smith 畦马蜂
Polistes tahitensis Cheesm 同 *Polistes* (*Gyrostoma*) *jokahamae*
Polistes takasagonus Sonan 高砂马蜂，双斑马蜂
Polistes tenebricosus Peletier 褐马蜂，赭褐长脚蜂，乌胸马蜂，褐长脚蜂，姬棕色长脚蜂，赭褐长脚蜂
Polistes tenebricosus hoplites de Saussure 褐马蜂暗色亚种，贺暗马蜂
Polistes tenebricosus tenebricosus Peletier 褐马蜂指名亚种
Polistes tenuispunctia Kim 微刻马蜂
Polistes wattii Cameron 瓦氏马蜂
polisteskinin 蜂舒缓激肽，蜂毒激肽
Polistidae 马蜂科
Polistinae 马蜂亚科
polites skipper [*Sacrator polites* Godman *et* Salvin] 礼神弄蝶
Polites 玻弄蝶属
Polites baracoa (Lucas) [baracoa skipper] 红玻弄蝶
Polites carus (Edwards) [desert gray skipper, carus skipper] 橙褐玻弄蝶
Polites coras (Cramer) [Peck's skipper, yellow patch skipper, yellow-spotted skipper, yellow spot skipper] 玻弄蝶
Polites draco (Edwards) [draco skipper] 花玻弄蝶
Polites mardon (Edwards) [mardon skipper, cascades skipper, little oregon skipper] 橙斑玻弄蝶
Polites mystic (Edwards) [long dash skipper] 暗斑玻弄蝶
Polites norae MacNeill [Guaymas skipper] 墨玻弄蝶
Polites origenes (Fabricius) [crossline skipper] 黑褐玻弄蝶
Polites peckius (Kirby) 同 *Polites coras*
Polites phormio Mabille 浮玻弄蝶
Polites pupillus (Plötz) [pupilled skipper] 稚玻弄蝶
Polites puxillius (Mabille) [Mabille's skipper] 璞玻弄蝶
Polites rhesus (Edwards) [rhesus skipper] 白斑玻弄蝶
Polites sabuleti (Boisduval) [sandhill skipper, saltgrass skipper] 山玻弄蝶
Polites sonora (Scudder) [Sonoran skipper] 金斑红玻弄蝶
Polites subreticulata (Plötz) [subreticulate skipper] 网玻弄蝶
Polites sulfurina Mabille 硫黄玻弄蝶
Polites themistocles (Latreille) [tawny-edged skipper] 基黄黑玻弄蝶
Polites vibex (Geyer) [whirlabout] 火玻弄蝶
politropism [= polytropism] 多向性
polixenes arctic [*Oeneis polixenes* (Fabricius)] 斑驳酒眼蝶
polka dot [*Pardopsis punctatissima* (Boisduval)] 鹿珍蝶

polka-dot wasp moth [= oleander caterpillar, *Syntomeida epilais* (Walker)] 夹竹桃鹿蛾

polka-dotted mottlemark [*Calydna caieta* (Hewitson)] 黄点蚬蝶

polla blue-skipper [*Paches polla* (Mabille)] 宝蓝巴夏弄蝶

Pollanista 雾斑蛾属

Pollanista inconspicua Stand 不显雾斑蛾，不显坡斑蛾，雾斑蛾

Pollanisus 林斑蛾属

Pollanisus viridipulverulentus (Guérin-Méneville) [satin-green forester] 闪绿林斑蛾

Pollaplonyx 坡鳃金龟甲属，坡鳃金龟属

Pollaplonyx eriophorus Nomura 埃坡鳃金龟甲，埃坡鳃金龟，软毛褐金龟

Pollaplonyx opacipennis Nomura 见 *Bunbunius opacipennis*

pollen 1. 粉面 < 在昆虫中，常指易被擦落的白粉状被覆物 >；2. 花粉

pollen basket 花粉篮，花粉筐 < 在蜜蜂类中，同 corbicula>

pollen brush [= scopa] 花粉刷

pollen plate 花粉板

pollen press 花粉夹

Pollendera 粉象甲属

Pollendera fuscofasciata (Chen) 褐带粉象甲，褐带镰象

Pollenia 粉蝇属

Pollenia alajensis Rohdendorf 阿尔泰粉蝇

Pollenia aurata Séguy 见 *Xanthotryxus aurata*

Pollenia bazini Séguy 见 *Xanthotryxus bazini*

Pollenia erlangshanna Feng 二郎山粉蝇

Pollenia huangshanensis Fan *et* Chen 黄山粉蝇

Pollenia luteola Villeneuve 见 *Dexopollenia luteola*

Pollenia pectinata Grunin 栉跗粉蝇

Pollenia pediculata Macquart 伪粗野粉蝇

Pollenia pseudorudis Rognes 同 *Pollenia pediculata*

Pollenia rudis (Fabricius) [common cluster fly, cluster fly, attic fly, loft fly, buckwheat fly] 粗野粉蝇，粉蝇

Pollenia shaanxiensis Fan *et* Wu 陕西粉蝇

Pollenia sichuanensis Feng 四川粉蝇

Pollenia sytshevskajae Grunin 细侧粉蝇

Polleniinae 粉蝇亚科

Polleniopsis 拟粉蝇属

Polleniopsis allapsa Villeneuve 净翅拟粉蝇

Polleniopsis chosenensis Fan 朝鲜拟粉蝇

Polleniopsis choui Fan *et* Chen 周氏拟粉蝇

Polleniopsis cuonaensis Chen *et* Fan 错那拟粉蝇

Polleniopsis dalatensis Kurahashi 越南拟粉蝇

Polleniopsis deqingensis Chen *et* Fan 德钦拟粉蝇

Polleniopsis discosternita Feng *et* Ma 圆腹拟粉蝇

Polleniopsis fani Feng *et* Ma 范氏拟粉蝇

Polleniopsis fukienensis Kurahashi 福建拟粉蝇

Polleniopsis lata Zhong, Wu *et* Fan 宽阳拟粉蝇

Polleniopsis latifacialis Feng *et* Xue 宽颜拟粉蝇

Polleniopsis lushana Feng *et* Ma 芦山拟粉蝇

Polleniopsis micans Villeneuve 闪斑拟粉蝇

Polleniopsis milina Fan *et* Chen 米林拟粉蝇

Polleniopsis mongolica Séguy 蒙古拟粉蝇

Polleniopsis psednophalla Feng *et* Ma 伪亮拟粉蝇，瘦阳拟粉蝇

Polleniopsis shanghaiensis Fan *et* Chen 上海拟粉蝇

Polleniopsis stenacra Fan *et* Chen 长端拟粉蝇

Polleniopsis toxopei (Senior-White) 陶氏拟粉蝇，印度尼西亚拟粉蝇

Polleniopsis varilata Chen *et* Fan 异宽阳拟粉蝇

Polleniopsis viridiventris Chen *et* Fan 绿腹拟粉蝇

Polleniopsis xuei Feng *et* Wei 薛氏拟粉蝇

Polleniopsis yunnanensis Chen, Li *et* Zhang 云南拟粉蝇

Pollenomyia 粉腹丽蝇属

Pollenomyia falciloba (Hsue) 镰叶粉腹丽蝇

Pollenomyia okazakii (Kôno) 斑股粉腹丽蝇

Pollenomyia sinensis (Séguy) 中华粉腹丽蝇

pollenophagous 食花粉的

pollex 1. 胫距 < 胫节端部里面的粗大固定距 >；2. 抱器腹端突 < 指鳞翅目昆虫雄性外生殖器中，由抱器端 (cucullus) 发生的突起 >

pollicate [= pollicatus] 具曲刺的

pollicatus 见 pollicate

pollinating bee 传粉蜜蜂

pollinating insect 传粉昆虫

pollination 传粉作用，传粉

pollinator 传粉昆虫，传粉者

Pollinia 北链蚧属

Pollinia pollini (Costa) 中亚北链蚧

polliniferous [= pollinigerous] 载花粉的，携花粉的

pollinigerous 见 polliniferous

pollinosus [= polliose] 被花粉状的

polliose 见 pollinosus

pollu beetle [= pepper flea beetle, pepper beetle, *Longitarsus nigripennis* Motschulsky] 胡椒长跗跳甲，胡椒蛀果跳甲

pollution 污染

pollution-free pesticide 无污染农药

Polochridium 多刺寡毛土蜂属

Polochridium eoum Gussakowsky 约多刺寡毛土蜂

Polochridium spinosum Yue, Li *et* Xu 尖刺多刺寡毛土蜂

pols 齿状突 < 见于介壳虫中 >

polyacrylamide gel electrophoresis 聚丙烯酰胺凝胶电泳

Polyadenum 多腺蚖属

Polyadenum sinense Yin 中华多腺蚖 < 此种学名曾误写为 *Polyadenum sinensis*>

Polyamia 多脉叶蝉属

Polyamia acicularis Dai, Xing *et* Li 针茎多脉叶蝉

Polyamia brevipennis DeLong *et* Davidson 短翅多脉叶蝉

Polyamia delongi (Kramer) 德多脉叶蝉

Polyamia drepananiforma Zhang *et* Duan 镰茎多脉叶蝉

Polyamia montanus DeLong *et* Sleesman 山多脉叶蝉

Polyamia multicella Beamer *et* Tuthill 多室多脉叶蝉

Polyamia nana Beamer *et* Tuthill 小多脉叶蝉

Polyamia penistenuis Zhang *et* Duan 纤茎多脉叶蝉

Polyamia similaris DeLong *et* Davidson 类多脉叶蝉

Polyamia viridis (Osborn) 绿多脉叶蝉

polyandry 一雌多雄 < 指一雌与多雄交配的情况 >

Polyara 珀里实蝇属

Polyara bambusae Hardy 竹笋珀里实蝇

Polyara insolita Walker 因索珀里实蝇

Polyara leptotrichosa Hardy 柔鬃珀里实蝇

polybasic 多基的
Polybia 真异腹胡蜂属
Polybiidae 异腹胡蜂科
Polybiinae 异腹胡蜂亚科
Polyblastus 多卵姬蜂属
Polyblastus* (*Labroctonus*) *gaoi Sheng 高氏多卵姬蜂
Polyblastus marjoriae Kasparyan 马氏多卵姬蜂
Polyblastus* (*Polyblastus*) *cothurnatus (Gravenhorst) 扣多卵姬蜂
Polyblastus* (*Polyblastus*) *varitarsus (Gravenhorst) 异多卵姬蜂
Polyblastus* (*Polyblastus*) *varitarsus fuscipes Townes 异多卵姬蜂棕色亚种，棕多卵姬蜂
Polyblastus* (*Polyblastus*) *varitarsus varitarsus (Gravenhorst) 异多卵姬蜂指名亚种
Polyblastus* (*Polyblastus*) *wahlbergi Holmgren 瓦多卵姬蜂
Polyblastus* (*Polyblastus*) *wahlbergi rubescens Townes *et* Townes 瓦多卵姬蜂泛红亚种
Polyblastus* (*Polyblastus*) *wahlbergi wahlbergi Holmgren 瓦多卵姬蜂指名亚种
Polyblastus townesi Kasparyan 汤氏多卵姬蜂
Polyblepharis 钩胫舞虻亚属
Polycaena 小蚬蝶属
Polycaena carmelita (Oberthür) 红脉小蚬蝶
Polycaena chauchawensis (Mell) 歧纹小蚬蝶
Polycaena lama Leech 喇嘛小蚬蝶
Polycaena lama lama Leech 喇嘛小蚬蝶指名亚种
Polycaena lama qinghaiensis Chou *et* Yuan 喇嘛小蚬蝶青海亚种
Polycaena lama taibaiensis Chou *et* Yuan 喇嘛小蚬蝶太白亚种
Polycaena lua Grum-Grshimailo 露娅小蚬蝶
Polycaena matuta Leech 密斑小蚬蝶
Polycaena princeps (Oberthür) 第一小蚬蝶
Polycaena tamerlana Staudinger 小蚬蝶，塔小蚬蝶
Polycaena timur Staudinger 铁木小蚬蝶
Polycaena yunnana Sugiyama 云南小蚬蝶
Polycampsis 坡利螟属
Polycampsis longinasus Warren 长坡利螟
Polycanthagyna 多棘蜓属
Polycanthagyna chaoi Yang *et* Li 同 *Polycanthagyna erythromelas*
Polycanthagyna erythromelas (McLachlan) 红褐多棘蜓，朱黛晏蜓
Polycanthagyna melanictera (Sélys) 黄绿多棘蜓，黑多棘蜓，描金晏蜓
Polycanthagyna ornithocephala (McLachlan) 蓝黑多棘蜓，鸟头多棘蜓，喙铗晏蜓
Polycaon 胫刺长蠹属
Polycaon chilensis (Erichson) 智利胫刺长蠹
Polycaon granulatus Van Dyke 小粒胫刺长蠹
Polycaon punctatus LeConte 多毛胫刺长蠹
Polycaon stoutii (LeConte) 短胫刺长蠹，橡树长蠹
Polycaonini 胫刺长蠹族
Polycentropodidae 多距石蛾科
Polycentropus 多距石蛾属
Polycentropus lepidius Navás 精致多距石蛾，丽多距石蛾
Polycentropus nigrospinus Hsu *et* Chen 黑刺多距石蛾
Polycentropus unicus Hsu *et* Chen 统一多距石蛾，独特多距石蛾
Polycesta 筒吉丁甲属
Polycesta costata (Solier) 海岸筒吉丁甲，海岸筒吉丁
Polycesta tonkinea Fairmaire 北部湾筒吉丁甲，北部湾筒吉丁
Polycesta touzalini Théry 见 *Theryola touzalini*
Polycestina 筒吉丁甲亚族，筒吉丁亚族
Polycestinae 筒吉丁甲亚科，筒吉丁亚科
Polycestini 筒吉丁甲族，筒吉丁族
polychromatic 多色的
polychromatism 多色现象
Polychrosis botrana (Denis *et* Schiffermüller) 见 *Lobesia botrana*
Polychrosis cunninghamiacola Liu *et* Bai 见 *Lobesia cunninghamiacola*
Polychrosis mechanodes Meyrick 见 *Lobesia mechanodes*
Polychrysia 印铜夜蛾属，铜夜蛾属
Polychrysia aurata (Staudinger) 重印铜夜蛾
Polychrysia esmeralda (Oberthür) 印铜夜蛾，埃铜夜蛾，埃冈弧翅夜蛾
Polychrysia moneta (Fabricius) 同 *Polychrysia esmeralda*
Polychrysia sica (Graeser) 断线印铜夜蛾
Polychrysia splendida (Butler) 暗印铜夜蛾
polyclea skipper [*Paratrytone polyclea* Godman] 珀棕色弄蝶
polyclimax 多元顶极群落
polycrates skipperling [*Dalla polycrates* Felder] 多条达弄蝶
Polycrosis mechanodes Meyrick 见 *Lobesia mechanodes*
Polyctenes 寄蝽属
Polyctenes molossus Giglioli 獒蝠寄蝽
polyctenid 1. [= polyctenid bug, bat bug, many-combed bug] 寄蝽 < 寄蝽科 Polyctenidae 昆虫的通称 >；2. 寄蝽科的
polyctenid bug [= polyctenid, bat bug, many-combed bug] 寄蝽
Polyctenidae 寄蝽科
Polycteninae 寄蝽亚科
Polyctenoidea 寄蝽总科
Polyctesini 线吉丁甲族，线吉丁族
Polyctesis 线吉丁甲属，朵吉丁甲属
Polyctesis foveicollis Fairmaire 刺尾线吉丁甲，刺尾线吉丁，福朵吉丁甲，福朵吉丁
Polyctesis hauseri Obenberger 荷氏线吉丁甲，荷氏线吉丁，豪氏朵吉丁甲，豪朵吉丁
Polyctesis hunanensis Peng 见 *Bellamyina hunanensis*
Polyctesis igorrota Heller 见 *Schoutedeniastes igorrota*
Polyctesis strandi Obenberger 铜绿线吉丁甲，铜绿线吉丁，斯氏朵吉丁甲，斯朵吉丁
Polyctor 多弄蝶属
Polyctor cleta Evans [cleta tufted-skipper] 白多弄蝶
Polyctor enops Godman *et* Salvin [enops tufted-skipper] 黄多弄蝶
Polyctor fera Weeks 野多弄蝶
Polyctor polyctor (Prittwitz) [polyctor tufted-skipper, polyctor skipper] 多弄蝶
polyctor skipper [= polyctor tufted-skipper, *Polyctor polyctor* (Prittwitz)] 多弄蝶
polyctor tufted-skipper 见 polyctor skipper
polycyclic 多周期性，多环性
Polycystus 泡金小蜂属
Polycystus clavicornis (Walker) 泡金小蜂
Polydactyios 多齿波纹蛾属
Polydactyios aprilinus Mell 多齿波纹蛾
polydamas swallowtail [= tailless swallowtail, gold rim swallowtail,

Battus polydamas (Linnaeus)] 多点贝凤蝶，多斑贝凤蝶，多点荆凤蝶，多斑凤蝶，金边燕尾蝶

Polydegmon 齿足茧蜂属

Polydegmon sinuatus Förster 弯曲齿足茧蜂

polydemic 广居的

Polyderis 广步甲属

Polyderis brachys (Andrewes) 短广步甲，短小步甲

Polyderis ochrias (Andrewes) 赭广步甲，赭小步甲

Polydesma 纷夜蛾属

Polydesma boarmoides Guenée 曲线纷夜蛾，曲线纷裳蛾，播纷夜蛾

Polydesma scriptilis Guenée 暗纹纷夜蛾，暗纷夜蛾

Polydesma staudingeri Leech 见 *Anabelcia staudingeri*

Polydesma umbricola Boisduval 赭纷夜蛾

Polydictya limbata (Olivier) 见 *Fulgora limbata*

polydnavirus [abb. PDV] 多分 DNA 病毒，多角体衍生病毒，Y 杆状病毒，多 DNA 病毒

polydomous 1. 多巢的 < 常指蚁类中一个群体有数巢的 >；2. 多配性的

Polydorus philoxenus (Gray) 同 *Byasa polyeuctes*

Polydorus philoxenus lama (Oberthür) 见 *Byasa polyeuctes lama*

Polydorus philoxenus termessus (Fruhstorfer) 见 *Byasa polyeuctes termessa*

Polydrosini 多露象甲族，多露象族，珀象族 < 此族学名有误写为 Polydrusini 者 >

Polydrosus 多露象甲属 < 该属学名有误写为 *Polydrossus* 者 >

Polydrosus alaiensis Faust 阿多露象甲，阿多露象

Polydrosus analis Schilsky 臀多露象甲，臀多露象

Polydrosus chinensis Kôno *et* Morimoto 中国多露象甲，中国多露象

Polydrosus impressifrons Gyllenhal 凹额多露象甲，凹额多露象

Polydrosus julianus Reitter 贾多露象甲

Polydrosus longipes Schilsky 长足多露象甲，长多露象

polyembryonic 多胚的

polyembryony 多胚生殖

Polyergus 悍蚁属

Polyergus lucidus Mayr 光亮悍蚁

Polyergus rufescens Latreille 橘红悍蚁

Polyergus samurai Yano 佐村悍蚁

Polyergus samurai mandarin Wheeler 佐村悍蚁大陆亚种，大陆佐村悍蚁

Polyergus samurai samurai Yano 佐村悍蚁指名亚种

polyester bee [= colletid bee, plasterer bee, colletid] 分舌花蜂 < 分舌蜂科 Colletidae 昆虫的通称 >

polyethism 行为多型，多行为现象

Polyformia 多型类

polygamous [= monarsenous] 一雄多雌的 < 指一雄与多雌交配的 >

polygamy 多配偶，一雄多雌现象

polygenes 多基因

polygenesis 1. 多元发生；2. 有性生殖

polygenic 多基因的

polygenic balance 多基因平衡

polygenic character 多基因性状

polygenic combination 多基因组合

polygenic inheritance 多基因遗传

polygenic system 多基因系统

Polyglypta 锐胸角蝉属

Polyglypta costata Burmeister 条纹锐胸角蝉

polygonal [= polygonous] 多角的

polygonal climograph 多边形气候图

polygonal pulvinaria [= cottony citrus scale, mango green shield scale, mango mealy scale, *Pulvinaria polygonata* Cockerell] 多角绵蚧，多角绿绵蚧，卵绿绵蜡蚧，杧果绿绵蚧，柑橘网纹绵蚧，柑橘大绵介壳虫

Polygonaphis 蓼蚜属 *Polygonaphis* 的异名

Polygonaphis aciculansucta Zhang 同 *Aspidaphis adjuvans*

polygoneutic 多化性的

polygoneutism 多化性，多葹性

Polygonia 钩蛱蝶属

Polygonia bocki Rothschild 同 *Polygonia gigantea*

Polygonia c-album (Linnaeus) [comma] 白钩蛱蝶，银纹多角蛱蝶，弧纹蛱蝶

Polygonia c-album agnicula (Moore) 白钩蛱蝶镰纹亚种，阿白钩蛱蝶，白镰纹蛱蝶

Polygonia c-album asakurai Nakahara 白钩蛱蝶台湾亚种，突尾钩蛱蝶，白镰纹蛱蝶，白弦月纹蛱蝶，角纹蛱蝶，银钩角蛱蝶，台湾白钩蛱蝶

Polygonia c-album c-album (Linnaeus) 白钩蛱蝶指名亚种

Polygonia c-album extensa (Leech) 白钩蛱蝶广布亚种，广布白钩蛱蝶

Polygonia c-album hamigera Butler 白钩蛱蝶日本亚种，狸白蛱蝶，汉钩蛱蝶

Polygonia c-album lunigera (Butler) 白钩蛱蝶月纹亚种，月纹白钩蛱蝶

Polygonia c-album tibetana (Elwes) 白钩蛱蝶西藏亚种，藏白钩蛱蝶

Polygonia c-aureum (Linnaeus) [Asian comma, yellowish nymphalid] 黄钩蛱蝶，狸黄蛱蝶，C- 字蝶，狸黄蝶，多角蛱蝶，弧纹蛱蝶

Polygonia c-aureum c-aureum (Linnaeus) 黄钩蛱蝶指名亚种，指名黄钩蛱蝶

Polygonia c-aureum lunulata Esaki *et* Nakahara 黄钩蛱蝶台湾亚种，黄蛱蝶，金钩角蛱蝶，葎胥蛱蝶，台湾黄钩蛱蝶

Polygonia c-aureum pryeri Janson 黄钩蛱蝶普氏亚种，普黄钩蛱蝶

Polygonia canace (Linnaeus) 见 *Kaniska canace*

Polygonia comma (Harris) [eastern comma] 枯木钩蛱蝶，北美多角钩蛱蝶

Polygonia egea (Cramer) [southern comma] 小钩蛱蝶，埃黄沟蛱蝶，新疆角蛱蝶

Polygonia extensa (Leech) 展钩蛱蝶

Polygonia extensa extensa (Leech) 展钩蛱蝶指名亚种

Polygonia extensa gongga Lang 展钩蛱蝶贡嘎亚种

Polygonia faunus (Edwards) [faunus anglewing, faunus comma, green comma] 福钩蛱蝶

Polygonia g-argenteum Doubleday [Mexican anglewing] 拐钩蛱蝶

Polygonia gigantea (Leech) [giant comma] 巨型钩蛱蝶，大钩蛱蝶

Polygonia gigantea bocki Rothschild 同 *Polygonia gigantea gigantea*

Polygonia gigantea gigantea (Leech) 巨型钩蛱蝶指名亚种

Polygonia gracilis (Grote *et* Robinson) [hoary comma] 戈尾钩蛱蝶
Polygonia hamigera Butler 见 *Polygonia c-album hamigera*
Polygonia hardoldi Dewitz [spotless anglewing] 哈多钩蛱蝶
Polygonia interposita Staudinger 中型钩蛱蝶
Polygonia interrogationis (Fabricius) [question mark, semicolon butterfly] 长尾钩蛱蝶，美洲多角钩蛱蝶
Polygonia l-album Esper 同 *Nymphalis vaualbum*
Polygonia l-album samurai Fruhstofer 同 *Nymphalis vaualbum*
Polygonia oreas (Edwards) [oreas anglewing, oreas comma, sylvan anglewing] 奥钩蛱蝶
Polygonia progne (Cramer) [grey comma, gray comma] 波钩蛱蝶
Polygonia satyrus (Edwards) [satyr anglewing, satyr comma] 沙土钩蛱蝶
Polygonia silvius (Edwards) 树钩蛱蝶
Polygonia vau-album (Denis *et* Schiffermüller) 见 *Nymphalis vaualbum*
Polygonia zephyrus (Edwards) [zephyr comma] 黄斑钩蛱蝶
Polygonomyus 角鼠蝤属
Polygonomyus scapiformis Li 杆突角鼠蝤
Polygonomyus sexangulus Li 六角角鼠蝤
Polygonomyus sinicus Li 中华角鼠蝤
polygonous 见 polygonal
Polygonus 尖臀弄蝶属
Polygonus leo (Gmelin) [hammock skipper] 尖臀弄蝶
Polygonus manueli Bell *et* Comstock [Manuel's skipper] 马氏尖臀弄蝶
Polygrammodes 波纹野螟属
Polygrammodes moerulalis (Walker) 紫斑波纹野螟
Polygrammodes priscalis Caradja 见 *Pseudopolygrammodes priscalis*
Polygrammodes sabelialis (Guenée) 油桐波纹野螟，油桐纹野螟，萨帕奇螟
Polygrammodes thoosalis (Walker) 曲胫波纹野螟，索纹野螟
Polygrapha 多蛱蝶属
Polygrapha cyanea (Godman *et* Salvin) [mottled leafwing, cyanea leafwing] 多蛱蝶，犬安蛱蝶
Polygrapha suprema Schaus 素波多蛱蝶
Polygrapha tyrianthina Godman *et* Salvin 褐紫多蛱蝶
Polygrapha xenocrates (Westwood) [xenocrates leafwing] 蓝缘多蛱蝶，柳安蛱蝶
Polygraphini 四眼小蠹族
Polygraphus 四眼小蠹属
Polygraphus amplifolius Yin *et* Huang 阔叶四眼小蠹
Polygraphus angustus Tsai *et* Yin 长四眼小蠹
Polygraphus formosanus Nobuchi 蓬莱四眼小蠹
Polygraphus gracilis Niijima [reddish Yezo bark beetle] 北海道四眼小蠹，北海道红小蠹
Polygraphus horyurensis Murayama 贺四眼小蠹
Polygraphus jezoensis Niijima 杰州四眼小蠹
Polygraphus kisoensis Niijima 木曾四眼小蠹
Polygraphus likiangensis Tsai *et* Yin 丽江四眼小蠹
Polygraphus major Stebbing 毛额四眼小蠹
Polygraphus oblongus Blandford 白冷杉四眼小蠹
Polygraphus parvus Murayama 微四眼小蠹
Polygraphus pini Stebbing 松四眼小蠹
Polygraphus poligraphus (Linnaeus) [small spruce bark beetle] 云杉小四眼小蠹，云杉四眼小蠹 < 此种学名有误写为 *Polygraphus polygraphus* (Linnaeus) 者 >
Polygraphus proximus Blandford 冷杉四眼小蠹
Polygraphus pterocaryi Yin *et* Huang 枫杨四眼小蠹
Polygraphus querci Yin *et* Huang 麻栎四眼小蠹
Polygraphus retiventriculus Tsai *et* Yin 蜂胃四眼小蠹
Polygraphus rudis Eggers 露滴四眼小蠹，南方四眼小蠹
Polygraphus rudis hexiensis Yin *et* Huang 露滴四眼小蠹河西亚种
Polygraphus rudis likiangensis Tsai *et* Yin 见 *Polygraphus likiangensis*
Polygraphus rudis retiventriculus Tsai *et* Yin 见 *Polygraphus retiventriculus*
Polygraphus rudis rudis Eggers 露滴四眼小蠹指名亚种
Polygraphus rufipennis (Kirby) [four-eyed spruce bark beetle] 红翅四眼小蠹，云杉四眼小蠹
Polygraphus sachalinensis Eggers 东北四眼小蠹，库页岛四眼小蠹
Polygraphus sinensis Eggers 油松四眼小蠹
Polygraphus squameus Yin *et* Huang 多鳞四眼小蠹
Polygraphus subopacus Thomson 小四眼小蠹，暗四眼小蠹
Polygraphus szemaoensis Tsai *et* Yin 思茅四眼小蠹
Polygraphus taiwanensis Schedl 台湾四眼小蠹
Polygraphus trenchi Stebbing 喜马拉雅四眼小蠹
Polygraphus verrucifrons Tsai *et* Yin 瘤额四眼小蠹
Polygraphus yunnanicus Sokanovskii 云南四眼小蠹
Polygraphus zhungdianensis Tsai *et* Yin 中甸四眼小蠹
polygynous colony 多王群
polygyny 一雄多雌
polyhedra [s. polyhedron] 1. 多角体病毒；2. 多角体；3. 多角体蛋白
polyhedral body 多角体
polyhedral capsid 多角体衣壳 < 见于昆虫病毒中 >
polyhedral disease 多角体病
polyhedron [pl. polyhedra] 1. 多角体病毒；2. 多角体；3. 多角体蛋白
polyhedron disease 多角体病
polyhedron envelope 多角体膜
polyhedron-derived virus 多角体衍生病毒，Y 杆状病毒
polyhedroses [s. polyhedrosis] 多角体病毒病，多角体病
polyhedrosis [pl. polyhedroses] 多角体病毒病，多角体病
polyhybrid 多对基因杂种，多性杂种
Polyhymno 坡麦蛾属
Polyhymno pancratiastis (Meyrick) 见 *Thiotricha pancratiastis*
Polyhymno pontifera (Meyrick) 见 *Thiotricha pontifera*
Polyhymno synodonta Meyrick 合坡麦蛾
polyisomerism 重复现象
Polylopha 双瓣卷蛾属
Polylopha cassiicola Liu *et* Kawabe 肉桂双瓣卷蛾
Polylopha epidesma (Lower) 长叶暗罗双瓣卷蛾
polymer 聚合体，聚合物
polymerase 聚合酶，多聚酶
polymerase chain reaction [abb. PCR] 酶链反应
polymere 复合神经节
polymeric gene 等效异位基因
polymerization 聚合作用
Polymerus 异盲蝽属

Polymerus brevicornis (Reuter) 短角异盲蝽
Polymerus carpathicus (Horváth) 喀山异盲蝽
Polymerus cognatus (Fieber) 红楔异盲蝽，红楔异毛盲蝽
Polymerus funestus (Reuter) 横断异盲蝽，四川异毛盲蝽
Polymerus nigritus (Fallén) 黑异盲蝽
Polymerus palustris (Reuter) 泽异盲蝽
Polymerus pekinensis Horváth 北京异盲蝽，北京异毛盲蝽
Polymerus unifasciatus (Fabricius) 斑异盲蝽，单带异毛盲蝽
Polymerus vulneratus (Wolff) 淡胸异盲蝽
Polymitarcyidae [= Ephoridae, Ephoronidae] 多脉蜉科，网脉蜉科，埃蜉科 < 此科学名有误写为 Polymitarcidae 者 >
Polymitarcys 多脉蜉属
Polymitarcys nigridorsum (Tshernova) 见 *Ephoron nigridorsum*
Polymixinia 埃展冬尺蛾属
Polymixinia appositaria (Leech) 埃展冬尺蛾
Polymixinia decoloraria (Leech) 素埃展冬尺蛾，素霜尺蛾
Polymixis 展冬夜蛾属
Polymixis gemmea (Treitschke) 绿褐展冬夜蛾，格展冬夜蛾
Polymixis mandschurica Boursin 东北展冬夜蛾
Polymixis munda (Leech) 曼展冬夜蛾
Polymixis olivascens (Draudt) 榄展冬夜蛾
Polymixis polymita (Linnaeus) 展冬夜蛾
Polymixis rufocincta (Geyer) 灰展冬夜蛾
Polymixis serpentina (Treitschke) 委展冬夜蛾，塞展冬夜蛾
Polymixis shensiana (Draudt) 太白展冬夜蛾，陕西展冬夜蛾
Polymixis viridula (Staudinger) 灰绿展冬夜蛾，绿展冬夜蛾
polymnia tigerwing [= distured tigerwing, common tiger, orange-spotted tiger clearwing, *Mechanitis polymnia* (Linnaeus)] 裙绡蝶
Polymona 多刺毒蛾属
Polymona rufifemur Walker 松多刺毒蛾
Polymorpha 多形类 < 指锤角和锯角鞘翅目昆虫 >
Polymorphanisus 异型纹石蛾属，多型绿纹石蛾属
Polymorphanisus astictus Navás 亚洲异型纹石蛾，多型绿纹石蛾
Polymorphanisus hainanensis Martynov 海南异型纹石蛾
Polymorphanisus indicus Banks 印度异型纹石蛾
Polymorphanisus nigricornis Walker 黑角异型纹石蛾，黑角多型纹石蛾
Polymorphanisus ocularis Ulmer 淡色异型纹石蛾，淡色多型纹石蛾，淡色多型长角纹石蛾
Polymorphanisus taoninus Navás 陶异型纹石蛾
Polymorphanisus unipunctus Banks 单点异型纹石蛾，单斑多形长角纹石蛾，多异纹石蛾
polymorphic [= polymorphous] 多型的，多态的
polymorphic character 多态性状
polymorphic colony 多态群体
polymorphic population 多型种群
polymorphism 多型现象，多态现象
polymorphism information content [abb. PIC] 多态信息含量
polymorphous 见 polymorphic
Polynema 多线缨小蜂属
Polynema eutettexi Girault 真多线缨小蜂
Polynema longipes (Ashmead) 长足多线缨小蜂
Polynema striaticorne Girault 美多线缨小蜂，美多寄生柄翅小蜂
Polyneoptera 多新翅类
polyneopteran 多新翅类的，多新翅类昆虫
Polynephria 多肾类 < 昆虫之有多数马氏管者 >
Polynesia 菩尺蛾属
Polynesia sunandava (Walker) 菩尺蛾
Polynesia truncapex Swinhoe 切角菩尺蛾
Polynesian Province 波利尼西亚部
Polynesian Region 波利尼西亚区
Polynesian Subregion 波利尼西亚亚区
Polyneura 网翅蝉属，缅蝉属
Polyneura cheni Chou *et* Yao 程氏网翅蝉
Polyneura ducalis Westwood 广网翅蝉，马缅蝉，网翅蝉
Polyneura laevigata Chou *et* Yao 光背网翅蝉
Polyneura parapuncta Chou *et* Yao 侧斑网翅蝉
Polyneura tibetana Chou *et* Yao 西藏网翅蝉
Polyneura xichangensis Chou *et* Yao 西昌网翅蝉
polynucleotide 多核苷酸
Polyocha 多刺斑螟属，多拟斑螟属
Polyocha diversella Hampson 短多刺斑螟，狄多拟斑螟
Polyocha gensanalis (South) 见 *Emmalocera gensanalis*
Polyocha largella Caradja 大多刺斑螟，大多拟斑螟
Polyocha umbricostella Ragonot 见 *Emmalocera umbricostella*
Polyodaspis 多鬃秆蝇属
Polyodaspis ferruginea Yang *et* Yang 锈色多鬃秆蝇
Polyodaspis ruficornis (Macquart) 赤角多鬃秆蝇
Polyodaspis sinensis Yang *et* Yang 中华多鬃秆蝇
Polyommatinae 眼灰蝶亚科
Polyommatini 眼灰蝶族，蓝灰蝶族
Polyommatus 眼灰蝶属
Polyommatus abdon (Aistleitner *et* Aistleitner) 阿卜眼灰蝶
Polyommatus actinides (Staudinger) 光线眼灰蝶
Polyommatus actis (Herrich-Schäffer) 针眼灰蝶
Polyommatus admetus (Esper) 鸭眼灰蝶
Polyommatus aedon (Christoph) 爱东眼灰蝶
Polyommatus afghanicus (Förster) 阿富眼灰蝶，崖眼灰蝶
Polyommatus afghanistana (Förster) 亚眼灰蝶
Polyommatus ainsae (Förster) 恩洒眼灰蝶
Polyommatus akmeicius Bálint 阿克眼灰蝶
Polyommatus albicans (Herrich-Schäffer) 白眼灰蝶
Polyommatus alcestis (Zerny) 皑眼灰蝶
Polyommatus aloisi (Bálint) 阿咯眼灰蝶
Polyommatus alticola (Christoph) 高位眼灰蝶
Polyommatus altivagans (Förster) 爱眼灰蝶
Polyommatus amandus (Schneider) [Amanda's blue] 阿眼灰蝶，阿点灰蝶，蓝红珠灰蝶，阿红珠灰蝶
Polyommatus amandus altaishanicus (Huang *et* Murayama) 阿眼灰蝶阿尔泰亚种，阿尔泰阿点灰蝶
Polyommatus amandus amandus (Schneider) 阿眼灰蝶指名亚种
Polyommatus amandus amrurensis (Staudinger) 阿眼灰蝶东北亚种，东北阿点灰蝶，东北阿红珠灰蝶
Polyommatus amatus (Grum-Grshimailo) 阿玛眼灰蝶
Polyommatus amor (Staudinger) 阿沫眼灰蝶
Polyommatus andronicus (Coutsis *et* Chavalas) 雄芒眼灰蝶
Polyommatus ankara Schryian *et* Hoffman 安卡拉眼灰蝶
Polyommatus annamaria (Bálint) 安娜眼灰蝶
Polyommatus anthea (Hemming) 花眼灰蝶
Polyommatus anthiochenus (Lederer) 花萼眼灰蝶

P

Polyommatus antidolus (Rebel) 安提眼灰蝶
Polyommatus apennina (Zeller) 优雅眼灰蝶
Polyommatus arbitulus (de Prunner) 婀眼灰蝶
Polyommatus ardschira (Brandt) 爱得眼灰蝶
Polyommatus arene Fawcett 碍眼灰蝶
Polyommatus arianus Moore 阿丽眼灰蝶
Polyommatus armenus (Staudinger) 武眼灰蝶
Polyommatus aroaniensis (Brown) [Grecian anomalous blue] 阿洛眼灰蝶
Polyommatus aserbeidschanus (Förster) 阿赛眼灰蝶
Polyommatus atlantica (Elwes) 阿特眼灰蝶
Polyommatus avinovi (Stshetkin) 阿文眼灰蝶
Polyommatus baltazardi (de Lesse) 巴塔眼灰蝶
Polyommatus baytopi (de Lesse) 拜眼灰蝶
Polyommatus bellargus (Rottemburg) [adonis blue] 白缘眼灰蝶
Polyommatus bellis (Freyer) 百里眼灰蝶
Polyommatus bilucha (Moore) 比眼灰蝶
Polyommatus biton (Sulzer) 蔽眼灰蝶
Polyommatus budashkini (Kolev *et* de Prins) 布达眼灰蝶，布眼灰蝶
Polyommatus buzulmavi (Carbonell) 布氏眼灰蝶
Polyommatus caelestissima (Veritv) 凯来眼灰蝶
Polyommatus caeruleus (Staudinger) 开路眼灰蝶
Polyommatus carmon (Herrich-Schäffer) 凯眼灰蝶
Polyommatus charmeuxi (Pagés) 查眼灰蝶
Polyommatus chitralensis (Swinhoe) 儿丁眼灰蝶
Polyommatus chrysopis (Grum-Grshimailo) 金眼灰蝶
Polyommatus ciloicus (de Freina *et* Witt) 丝罗眼灰蝶
Polyommatus ciscaucasicus (Jachontov) 丝眼灰蝶
Polyommatus coelestinus (Eversmann) 淡雅眼灰蝶
Polyommatus coridon (Poda) 克里顿眼灰蝶
Polyommatus cornelia (Gerhard) 裂角眼灰蝶
Polyommatus corona (Verity) 阔眼灰蝶
Polyommatus corydonius (Herrich-Schäffer) 鱼眼灰蝶
Polyommatus csomai (Bálint) 科眼灰蝶
Polyommatus cyaneus (Staudinger) 青眼灰蝶，青灰蝶，蓝点灰蝶
Polyommatus dagmara (Grum-Grshimailo) 达革眼灰蝶
Polyommatus dama (Staudinger) [Mesopotamian blue] 戴眼灰蝶
Polyommatus damalis Riley 达抹眼灰蝶
Polyommatus damocles (Herrich-Schäffer) 达摩眼灰蝶
Polyommatus damon (Denis *et* Schiffermüller) [damon blue] 达眼灰蝶，达点灰蝶，点灰蝶
Polyommatus damone (Eversmann) 达梦眼灰蝶，达芒灰蝶
Polyommatus damone bogdoolensis Dantchenko *et* Lukhtanov 达梦眼灰蝶蒙古亚种
Polyommatus damone damone (Eversmann) 达梦眼灰蝶指名亚种
Polyommatus damone sibirica Staudinger 达梦眼灰蝶西伯亚种，西伯达芒灰蝶
Polyommatus daphnis (Denis *et* Schiffermüller) [Meleager's blue] 蓝蜜眼灰蝶
Polyommatus darius Eckweiler *et* Hagen 大陆眼灰蝶
Polyommatus deebi (Larsen) 戴比眼灰蝶
Polyommatus delessei Bálint 戴莱眼灰蝶
Polyommatus demavendi (Pfeiffer) 黛眼灰蝶
Polyommatus dezinus (de Freina *et* Witt) 玳眼灰蝶，太子眼灰蝶
Polyommatus diana (Miller) 滴眼灰蝶
Polyommatus dizinensis (Schurian) 迪眼灰蝶
Polyommatus dolus (Hübner) [furry blue] 银蓝眼灰蝶，银蓝点灰蝶
Polyommatus dorylas (Denis *et* Schiffermüller) 纯蓝眼灰蝶
Polyommatus drasula Swinhoe 达舒眼灰蝶
Polyommatus droshana Evans 垛桑眼灰蝶
Polyommatus dux Riley 杜司眼灰蝶，达克斯灰蝶
Polyommatus ectabanensis (de Lesse) 蔼眼灰蝶
Polyommatus elamita (Le Cerf) 艾莱眼灰蝶
Polyommatus elbursicus (Förster) 艾补眼灰蝶
Polyommatus ellisoni (Pfeiffer) 艾眼灰蝶
Polyommatus elvira (Eversmann) 矮眼灰蝶
Polyommatus erigone (Grum-Grshimailo) 埃眼灰蝶
Polyommatus eroides (Frivaldszky) 艾罗眼灰蝶，埃艾眼灰蝶
Polyommatus eros (Ochsenheimer) 多眼灰蝶，艾眼灰蝶，艾洛灰蝶
Polyommatus eros eroides (Frivaldszky) 见 *Polyommatus eroides*
Polyommatus eros erotides (Staudinger) 见 *Polyommatus erotides*
Polyommatus erotides (Staudinger) 柔眼灰蝶
Polyommatus erschoffi (Lederer) 爱索眼灰蝶
Polyommatus escheri (Hübner) [Escher's blue] 艾雪眼灰蝶，埃点灰蝶
Polyommatus eumaeon (Hemming) 优眼灰蝶
Polyommatus eurypilus (Freyer) 宽眼灰蝶
Polyommatus evansi (Förster) 艾雯眼灰蝶
Polyommatus everesti Riley 藏眼灰蝶，埃勿眼灰蝶
Polyommatus exuberans (Verity) 隘眼灰蝶
Polyommatus fabiani Bálint 法比眼灰蝶
Polyommatus fabressei (Oberthür) [Oberthür's anomalous blue] 法布眼灰蝶
Polyommatus fatima (Eckweiler *et* Schurian) 珐眼灰蝶
Polyommatus feminionides (Eckweiler) 阜眼灰蝶
Polyommatus firdussii (Förster) 费眼灰蝶
Polyommatus florenciae (Tytler) 喜花眼灰蝶
Polyommatus forresti (Bálint) 佛眼灰蝶
Polyommatus fraterluci Bálint 福来眼灰蝶
Polyommatus frauvartianae Bálint 富酪眼灰蝶
Polyommatus fulgens (Sagarra) [Catalonian furry blue] 闪光眼灰蝶
Polyommatus galloi (Balletto *et* Toso) 伽罗眼灰蝶
Polyommatus glaucias (Lederer) 银眼灰蝶
Polyommatus golgus (Hübner) [Sierra Nevada blue] 内华达山眼灰蝶
Polyommatus gorbunovi (Dantschenko *et* Lukhtanov) 格眼灰蝶
Polyommatus hamadanensis (de Lesse) 蛤蟆眼灰蝶
Polyommatus helena (Staudinger) 沼泽眼灰蝶
Polyommatus hispana (Herrich-Schäffer) [Provence Chalkhill blue] 蓬松眼灰蝶
Polyommatus hopfferi (Herrich-Schäffer) 霍普眼灰蝶
Polyommatus humedasae (Toso *et* Balletto) [piedmont anomalous blue] 蓝变眼灰蝶
Polyommatus hunza (Grum-Grshimailo) 烘眼灰蝶
Polyommatus hunza hunza (Grum-Grshimailo) 烘眼灰蝶指名亚种，指名烘眼灰蝶

Polyommatus icadius (Grum-Grshimailo) 仪眼灰蝶
Polyommatus icarus (Rottemburg) [common blue] 普蓝眼灰蝶，伊眼灰蝶，伊灰蝶
Polyommatus icarus fuchsi Sheli 普蓝眼灰蝶福氏亚种，珐伊眼灰蝶
Polyommatus icarus icarus (Rottemburg) 普蓝眼灰蝶指名亚种
Polyommatus interjectus (de Lesse) 引眼灰蝶
Polyommatus iphicarmon (Eckweiler *et* Rose) 飞逸眼灰蝶
Polyommatus iphidamon (Staudinger) 飘逸眼灰蝶
Polyommatus iphigenia (Herrich-Schäffer) [Chelmos blue] 悠逸眼灰蝶
Polyommatus iphigenides (Staudinger) 逸眼灰蝶
Polyommatus iranicus (Förster) 烟眼灰蝶
Polyommatus isauricoides (Graves) 伊索眼灰蝶
Polyommatus ishashimicus (Shchetkin) 伊莎眼灰蝶
Polyommatus janetae Evans 佳倪眼灰蝶
Polyommatus juldusus (Staudinger) 毛茸眼灰蝶，贾达芒灰蝶
Polyommatus juldusus juldusus (Staudinger) 毛茸眼灰蝶指名亚种
Polyommatus juldusus rueckbeili (Förster) 毛茸眼灰蝶露氏亚种，露点灰蝶
Polyommatus juno (Hemming) 天后眼灰蝶
Polyommatus kamtschadalus Sheljuzhko 卡眼灰蝶
Polyommatus kashgarensis (Moore) 喀什眼灰蝶
Polyommatus kendevani (Förster) 肯德眼灰蝶
Polyommatus krymeus (Sheljuzhko) 克鲁眼灰蝶
Polyommatus kurdistanicus (Förster) 枯眼灰蝶
Polyommatus larseni (Carbonell) 拉森眼灰蝶
Polyommatus lehanus Moore 乐眼灰蝶
Polyommatus lehanus asiaticus (Elwes) 乐眼灰蝶亚洲亚种，亚洲费勒灰蝶
Polyommatus lehanus lehanus Moore 乐眼灰蝶指名亚种
Polyommatus lycius (Carbonell) 露宿眼灰蝶
Polyommatus magnifica (Grum-Grshimailo) 大眼灰蝶
Polyommatus marcida (Lederer) 麦细眼灰蝶
Polyommatus melanius (Staudinger) 黑眼灰蝶
Polyommatus menalcas (Freyer) 月纹眼灰蝶
Polyommatus menelaos (Brown) 美纳眼灰蝶
Polyommatus merhaba (de Prins, van der Poorten, Borie, Oorschot, Riemis *et* Coenen) 美眼灰蝶
Polyommatus mesopotamica Tutt 中河眼灰蝶
Polyommatus miris (Staudinger) 咪眼灰蝶
Polyommatus mithridates (Staudinger) 迷眼灰蝶
Polyommatus mofidii (de Lesse) 墨眼灰蝶
Polyommatus morgani (Le Cerf) 莫尔眼灰蝶
Polyommatus muetingi (Bálint) 默眼灰蝶
Polyommatus myrrha (Herrich-Schäffer) 鼠眼灰蝶
Polyommatus myrrhinus (Staudinger) 拟鼠眼灰蝶
Polyommatus nadira (Moore) 纳迪眼灰蝶
Polyommatus napaea Grum-Grshimailo 蓝眼灰蝶
Polyommatus nepalensis Förster 尼泊尔眼灰蝶，蝎眼灰蝶
Polyommatus nephohiptamenos (Brown *et* Coutsis) [Higgins's anomalous blue] 云眼灰蝶
Polyommatus ninae (Förster) 尼娜眼灰蝶
Polyommatus nivescens Keferstein [mother-of-pearl blue] 雪眼灰蝶
Polyommatus nufrellensis (Schurian) 浓眼灰蝶
Polyommatus nuksani (Förster) 奴眼灰蝶
Polyommatus olympicus (Lederer) 奥鲁眼灰蝶
Polyommatus ossmar (Gerhard) 奥眼灰蝶
Polyommatus paralcestis (Förster) 侧眼灰蝶
Polyommatus peilei Bethune-Baker 俳眼灰蝶
Polyommatus pfeifferi (Bandt) 普眼灰蝶
Polyommatus phillipi Brown *et* Coutsis 菲利浦眼灰蝶
Polyommatus phyllides (Staudinger) 拟叶眼灰蝶
Polyommatus phyllis (Christoph) 叶眼灰蝶
Polyommatus pierinoi Bálint 佩眼灰蝶
Polyommatus pljushtchi (Lukhtanov *et* Budashkin) 普尔眼灰蝶
Polyommatus polonus Zeller 波罗眼灰蝶
Polyommatus ponticus (Courvoisier) 翠蓝眼灰蝶
Polyommatus poseidon (Lederer) 坡赛眼灰蝶
Polyommatus poseidonides (Staudinger) 坡眼灰蝶
Polyommatus posthumus (Christoph) 后巫眼灰蝶
Polyommatus praeactinides (Förster) 普莱眼灰蝶
Polyommatus pseuderos Moore 拟柔眼灰蝶
Polyommatus pseudoxerxes (Förster) 伪旱眼灰蝶
Polyommatus psylorita (Freyer) 璞眼灰蝶
Polyommatus pulchella (Bernard) 美丽眼灰蝶
Polyommatus punctifera (Oberthür) 斑列眼灰蝶
Polyommatus pylaon (Fischer von Waldheim) 皮眼灰蝶，皮点灰蝶
Polyommatus ripartii (Freyer) [Ripart's anomalous blue] 里眼灰蝶
Polyommatus rovshani (Dantschenko *et* Lukhtanov) 鲁眼灰蝶
Polyommatus sarta (Alphéraky) 萨眼灰蝶
Polyommatus semiargus (Rottemburg) [mazarine blue] 酷眼灰蝶，酷灰蝶
Polyommatus semiargus altaianus (Tutt) 酷眼灰蝶阿尔泰亚种，阿尔泰酷灰蝶，阿尔泰西灰蝶
Polyommatus semiargus amurensis (Tutt) 酷眼灰蝶东北亚种，东北酷灰蝶，东北西灰蝶
Polyommatus semiargus atra (Grum-Grshimailo) 酷眼灰蝶暗色亚种，费西灰蝶
Polyommatus sennanensis (de Lesse) 涩眼灰蝶
Polyommatus stoliczkanus (Felder *et* Felder) 斯托眼灰蝶，史托眼灰蝶
Polyommatus stoliczkanus arene (Fawcett) 斯托眼灰蝶西藏亚种，沙斯托灰蝶
Polyommatus stoliczkanus janetae Evans 斯托眼灰蝶印度亚种，锦斯托灰蝶
Polyommatus stoliczkanus stoliczkanus (Felder *et* Felder) 斯托眼灰蝶指名亚种
Polyommatus superbus (Staudinger) 上补眼灰蝶
Polyommatus sutleja Moore 梳眼灰蝶
Polyommatus syriacus (Tutt) [Lebanese adonis blue] 素眼灰蝶
Polyommatus tankeri (de Lesse) 昙眼灰蝶
Polyommatus theresiae Schurian, van Oorschot *et* van den Brink [Theresia's blue] 兽眼灰蝶
Polyommatus thersites Cantener [Chapman's blue] 苔眼灰蝶
Polyommatus thersites orientis (Sheljuzhko) 苔眼灰蝶东方亚种，东方特灰蝶
Polyommatus thersites thersites Cantener 苔眼灰蝶指名亚种
Polyommatus tibetanus Förster 同 *Eumedonia annulata*

Polyommatus transcaspicus (Staudinger) 特兰眼灰蝶
Polyommatus tsvetaevi (Kurentzov) 兹眼灰蝶
Polyommatus turanica (Heyne) 图兰眼灰蝶
Polyommatus turcicus (Koçak) 土耳其眼灰蝶
Polyommatus valiabadi (Rose *et* Schurian) 纬眼灰蝶
Polyommatus venus (Staudinger) 维纳眼灰蝶，维纳斯眼灰蝶
Polyommatus venus lama (Grum-Grshimailo) 维纳眼灰蝶喇嘛亚种，喇嘛维纳斯眼灰蝶
Polyommatus venus sinica (Grum-Grshimailo) 维纳眼灰蝶中华亚种，中华维纳斯眼灰蝶
Polyommatus venus thasana (Murayama) 维纳眼灰蝶拉萨亚种，拉萨维纳斯眼灰蝶
Polyommatus venus venus (Staudinger) 维纳眼灰蝶指名亚种
Polyommatus venus wiskotti (Courvoisier) 见 *Polyommatus wiskotti*
Polyommatus vittatus (Oberthür) 维眼灰蝶
Polyommatus wagneri (Förster) 瓦眼灰蝶
Polyommatus walteri (Dantchenko *et* Lukhtanov) 瓦特眼灰蝶
Polyommatus wiskotti (Courvoisier) 斑眼灰蝶，韦维纳斯眼灰蝶
Polyommatus xerxes Staudinger 喜旱眼灰蝶
Polyommatus yurinekrutenko (Koçak) 乌兰眼灰蝶
Polyonychus 耳吉丁甲属，耳吉丁属
Polyonychus nigropictus (Gory *et* Laporte) 耳吉丁甲
Polyonychus tricolor (Saunders) 三色耳吉丁甲，三色耳吉丁
Polyorthini 喜卷蛾族
Polyorycta dimidialis (Fabricius) 见 *Eublemma dimidialis*
polyparasitism [= superparasitism] [n.] 超寄生，多寄生，复寄生
Polypedilum 多足摇蚊属，多足摇蚊亚属，素摇蚊属
Polypedilum aequabe Zhang *et* Wang 见 *Polypedilum* (*Polypedilum*) *aequabe*
Polypedilum albicollum Kieffer 白颈多足摇蚊，白颈摇蚊
Polypedilum atrinerve Kieffer 黑脉多足摇蚊，黑脉多齿摇蚊，黑筋摇蚊
Polypedilum bellipes Kieffer 花足多足摇蚊，花足摇蚊
Polypedilum bingoparadoxum Kawai, Inoue *et* Imabayashi 见 *Polypedilum* (*Uresipedilum*) *bingoparadoxum*
Polypedilum bispinum Zhang *et* Wang 双刺多足摇蚊
Polypedilum (**Cerobregma**) **cyclum** Zhang *et* Wang 骨圈多足摇蚊
Polypedilum (**Cerobregma**) **exilicaudatum** Sæther *et* Sundal 细尾多足摇蚊
Polypedilum (**Cerobregma**) **jii** Zhang *et* Wang 纪氏多足摇蚊
Polypedilum (**Cerobregma**) **okigrandis** Sasa 钩突多足摇蚊
Polypedilum (**Cerobregma**) **paucisetum** Zhang *et* Wang 寡毛多足摇蚊
Polypedilum (**Cerobregma**) **yamasinense** (Tokunaga) 亚马多足摇蚊
Polypedilum consobrinum Kieffer 台多足摇蚊，台多齿摇蚊，婉君摇蚊
Polypedilum constrictum Zhang *et* Wang 缩缢多足摇蚊
Polypedilum convexum (Johannsen) 见 *Polypedilum* (*Pentapedilum*) *convexum*
Polypedilum convictum (Walker) 见 *Polypedilum* (*Uresipedilum*) *convictum*
Polypedilum cypellum Qi, Shi, Zhang *et* Wang 杯状三突多足摇蚊
Polypedilum fallax Johannsen 等足多足摇蚊，等足多齿摇蚊
Polypedilum fanjingense Zhang *et* Wang 见 *Polypedilum* (*Pentapedilum*) *fanjingense*
Polypedilum flaviscapus Kieffer 黄躯多足摇蚊，黄躯摇蚊
Polypedilum fuscum Freeman 暗多足摇蚊，暗多齿摇蚊
Polypedilum harteni Andersen *et* Mendes 见 *Polypedilum* (*Tripodura*) *harteni*
Polypedilum huapingensis Liu *et* Lin 花坪多足摇蚊
Polypedilum illinoense (Malloch) 伊多足摇蚊，伊多齿摇蚊
Polypedilum iricolor Kieffer 虹多足摇蚊，虹多齿摇蚊，彩虹摇蚊
Polypedilum laetum (Meigen) 见 *Polypedilum* (*Polypedilum*) *laetum*
Polypedilum leucopterum Kieffer 白羽多足摇蚊，白羽摇蚊
Polypedilum macrotrichum Kieffer 巨毛多足摇蚊，巨毛多齿摇蚊
Polypedilum masudai (Tokunaga) 见 *Polypedilum* (*Tripodura*) *masudai*
Polypedilum minimum Lin, Qi, Zhang *et* Wang 见 *Polypedilum* (*Uresipedilum*) *minimum*
Polypedilum monostictum Kieffer 单多足摇蚊，单多齿摇蚊，单斑摇蚊
Polypedilum nanulus Kieffer 短多足摇蚊，短多齿摇蚊
Polypedilum nubifer (Skuse) 见 *Polypedilum* (*Tripedilum*) *nubifer*
Polypedilum octosema Kieffer 八斑多足摇蚊，八斑摇蚊
Polypedilum (**Pentapedilum**) **convexum** (Johannsen) 霞甫多足摇蚊，弓形多足摇蚊，弓形多齿摇蚊
Polypedilum (**Pentapedilum**) **fanjingense** Zhang *et* Wang 梵净多足摇蚊，梵净毛翅多足摇蚊
Polypedilum (**Pentapedilum**) **kamosecundum** Sasa 加茂二多足摇蚊
Polypedilum (**Pentapedilum**) **paraconvexum** Zhang *et* Wang 锥器多足摇蚊，拟霞甫毛翅多足摇蚊
Polypedilum (**Pentapedilum**) **pseudosordens** Zhang *et* Wang 黑刺多足摇蚊，伪耐垢毛翅多足摇蚊
Polypedilum (**Pentapedilum**) **sordens** (van der Wulp) 耐垢多足摇蚊，耐垢毛翅多足摇蚊，污多齿摇蚊
Polypedilum (**Pentapedilum**) **tigrinum** (Hashimoto) 三带毛翅多足摇蚊
Polypedilum (**Pentapedilum**) **tenuis** Zhang *et* Wang 弱毛多足摇蚊
Polypedilum (**Polypedilum**) **acutum** Kieffer 二色多足摇蚊
Polypedilum (**Polypedilum**) **aequabe** Zhang *et* Wang 等跗多足摇蚊
Polypedilum (**Polypedilum**) **albicorne** (Meigen) 白角多足摇蚊
Polypedilum (**Polypedilum**) **asakawaense** Sasa 浅川多足摇蚊
Polypedilum (**Polypedilum**) **benokiense** Sasa *et* Hasegawa 冲绳多足摇蚊
Polypedilum (**Polypedilum**) **coalitum** Zhang *et* Wang 愈合多足摇蚊
Polypedilum (**Polypedilum**) **depile** Zhang *et* Wang 裸瓣多足摇蚊
Polypedilum (**Polypedilum**) **edense** Ree *et* Kim 白斑多足摇蚊
Polypedilum (**Polypedilum**) **genpeiense** Niitsuma 源平多足摇蚊
Polypedilum (**Polypedilum**) **hainanense** Zhang *et* Wang 海南多足摇蚊
Polypedilum (**Polypedilum**) **henicurum** Wang 独毛多足摇蚊
Polypedilum (**Polypedilum**) **laetum** (Meigen) 鲜艳多足摇蚊，鲜艳多齿摇蚊
Polypedilum (**Polypedilum**) **lichuanense** Wang 利川多足摇蚊
Polypedilum (**Polypedilum**) **nubeculosum** (Meigen) 小云多足摇蚊
Polypedilum (**Polypedilum**) **pedestre** (Meigen) 步行多足摇蚊
Polypedilum (**Polypedilum**) **tamanigrum** Sasa 多摩多足摇蚊
Polypedilum (**Polypedilum**) **tobaseptimum** Kikuchi *et* Sasa 多巴多足摇蚊
Polypedilum (**Polypedilum**) **tsukubaense** (Sasa) 筑波多足摇蚊

P

Polypedilum* (*Polypedilum*) *xianjuense Qi, Zhang, Zhu *et* Wang 仙居多足摇蚊
Polypedilum* (*Probolum*) *bullum Zhang *et* Wang 二型多足摇蚊
Polypedilum sauteri Kieffer 索氏多足摇蚊，索氏多齿摇蚊，漠斯摇蚊
Polypedilum scalaenum (Schrank) 见 *Polypedilum* (*Tripodura*) *scalaenum*
Polypedilum sordens Wulp 见 *Polypedilum* (*Pentapedilum*) *sordens*
Polypedilum spathum Zhang *et* Wang 见 *Polypedilum* (*Tripodura*) *spathum*
Polypedilum tetrasema Kieffer 四斑多足摇蚊，四斑摇蚊
Polypedilum* (*Tripedilum*) *nubifer (Skuse) 云集多足摇蚊，雾多齿摇蚊，阴霾摇蚊
Polypedilum* (*Tripodura*) *absensilobum Zhang *et* Wang 缺叶多足摇蚊
Polypedilum* (*Tripodura*) *arcuatum Zhang *et* Wang 弓多足摇蚊
Polypedilum* (*Tripodura*) *bicrenatum Kieffer 双锯齿多足摇蚊
Polypedilum* (*Tripodura*) *bilamellum Zhang *et* Wang 双叶多足摇蚊
Polypedilum* (*Tripodura*) *bispinum Zhang *et* Wang 双刺多足摇蚊
Polypedilum* (*Tripodura*) *cochlearum Zhang *et* Wang 勺尖多足摇蚊
Polypedilum* (*Tripodura*) *conghuaense Zhang *et* Wang 从化多足摇蚊
Polypedilum* (*Tripodura*) *cypellum Qi, Shi, Zhang *et* Wang 杯状多足摇蚊
Polypedilum* (*Tripodura*) *decematoguttatum (Tokunaga) 十斑多足摇蚊，十斑三突多足摇蚊
Polypedilum* (*Tripodura*) *dengae Zhang *et* Wang 邓氏多足摇蚊
Polypedilum* (*Tripodura*) *falcatum Zhang, Song, Wang *et* Wang 镰刀多足摇蚊
Polypedilum* (*Tripodura*) *harteni Andersen *et* Mendes 哈特多足摇蚊，哈特三突多足摇蚊
Polypedilum* (*Tripodura*) *japonicum (Tokunaga) 日本多足摇蚊
Polypedilum* (*Tripodura*) *masudai (Tokunaga) 九斑多足摇蚊，益多足摇蚊，益多齿摇蚊
Polypedilum* (*Tripodura*) *mengmanense Zhang *et* Wang 勐满多足摇蚊
Polypedilum* (*Tripodura*) *napahaiense Zhang *et* Wang 纳帕海多足摇蚊
Polypedilum* (*Tripodura*) *nudiprostatum Zhang *et* Wang 裸突多足摇蚊
Polypedilum* (*Tripodura*) *parallelum Zhang *et* Wang 平行多足摇蚊
Polypedilum* (*Tripodura*) *pollicium Zhang *et* Wang 拇趾多足摇蚊
Polypedilum* (*Tripodura*) *procerum Zhang *et* Song 细狭多足摇蚊
Polypedilum* (*Tripodura*) *quadriguttatum Kieffer 四斑多足摇蚊
Polypedilum* (*Tripodura*) *scalaenum (Schrank) 梯形多足摇蚊，梯形多齿摇蚊
Polypedilum* (*Tripodura*) *spathum Zhang *et* Wang 抹刀多足摇蚊
Polypedilum* (*Tripodura*) *trapezium Zhang *et* Wang 近梯形多足摇蚊
Polypedilum* (*Tripodura*) *udominutum Niitsuma 有度多足摇蚊
Polypedilum* (*Tripodura*) *unifascium (Tokunaga) 单带多足摇蚊
Polypedilum* (*Tripodura*) *yammounei Moubayed 亚姆多足摇蚊
Polypedilum unifasciatum Kieffer 一带多足摇蚊，单带摇蚊
Polypedilum* (*Uresipedilum*) *basilarum Zhang *et* Wang 基毛多足摇蚊
Polypedilum* (*Uresipedilum*) *bingoparadoxum Kawai, Inoue *et* Imabayashi 伪背多足摇蚊，滨库内突多足摇蚊
Polypedilum* (*Uresipedilum*) *breviplumosum Zhang *et* Wang 短鞭多足摇蚊
Polypedilum* (*Uresipedilum*) *convictum (Walker) 膨大多足摇蚊，亲多齿摇蚊
Polypedilum* (*Uresipedilum*) *crassiglobum Zhang *et* Wang 圆铗多足摇蚊
Polypedilum* (*Uresipedilum*) *cultellatum Goetghebuer 刀铗多足摇蚊，刀铗内突多足摇蚊
Polypedilum* (*Uresipedilum*) *dilatum Zhang *et* Wang 粗铗多足摇蚊
Polypedilum* (*Uresipedilum*) *infundibulum Zhang *et* Wang 楔形多足摇蚊
Polypedilum* (*Uresipedilum*) *lateralum Zhang *et* Wang 毛尖多足摇蚊，侧毛内突多足摇蚊
Polypedilum* (*Uresipedilum*) *medium Zhang *et* Wang 中突多足摇蚊
Polypedilum* (*Uresipedilum*) *minimum Lin, Qi, Zhang *et* Wang 微小多足摇蚊，短小内突多足摇蚊
Polypedilum* (*Uresipedilum*) *paraviceps Niitsuma 拟踵突多足摇蚊，拟踵内突多足摇蚊
Polypedilum* (*Uresipedilum*) *prominens Zhang *et* Wang 指突多足摇蚊
Polypedilum* (*Uresipedilum*) *surugense Niitsuma 细铗多足摇蚊，细铗内突多足摇蚊
Polypedilum* (*Uresipedilum*) *xuei Zhang *et* Wang 薛氏多足摇蚊
Polypedilum vanderplanki Hinton [sleeping chironomid] 范氏多足摇蚊
Polypedilum xianjuensis Qi, Zhang, Zhu *et* Wang 仙居多足摇蚊
polypeptide 多肽
Polyphaenis 裙剑夜蛾属
Polyphaenis lucilla Butler 明裙剑夜蛾
Polyphaenis oberthuri Staudinger 见 *Olivenebula oberthuri*
Polyphaenis subviridis (Butler) 绿影裙剑夜蛾，绿裙剑夜蛾
Polyphaga 多食亚目
Polyphaga 冀地鳖属，鳖蠊属
Polyphaga aegyptiaca (Linnaeus) 埃及冀地鳖，埃及异地鳖
Polyphaga everestiana Chopard 见 *Eupolyphaga everestiana*
Polyphaga indica (Walker) 印度冀地鳖
Polyphaga obscura Chopard 黑冀地鳖
Polyphaga pellucida (Redtenbacher) 透明冀地鳖
Polyphaga plancyi Bolívar 冀地鳖，宽缘地鳖
Polyphaga saussurei (Dohrn) 索氏冀地鳖，索氏杂地鳖
Polyphaga thibetana Chopard 见 *Eupolyphaga thibetana*
Polyphaga yunnanensis Chopard 见 *Eupolyphaga yunnanensis*
polyphagia [= polyphagy] 多食性，广食性
Polyphagidae [= Corydiidae] 地鳖蠊科，鳖蠊科，地鳖科，昔蠊科，隆背蜚蠊科
Polyphaginae 地鳖蠊亚科，鳖蠊亚科
Polyphagoidea 地鳖蠊总科，鳖蠊总科
polyphagous 多食性的，广食性的
polyphagous insect 多食性昆虫，广食性昆虫
polyphagous mealybug [*Dysmicoccus multivorus* (Kiritchenko)] 中亚灰粉蚧，苜洁粉蚧
polyphagous parasitism 多主寄生，多食性寄生

P

polyphagous tree mealybug [= apple mealybug, *Phenacoccus aceris* (Signoret)] 槭树绵粉蚧，苹大绵粉蚧
Polyphagozerra 广食蠹蛾属
Polyphagozerra coffeae (Nietner) [red coffee borer, coffee carpenter, red borer, red branch borer] 咖啡广食蠹蛾，咖啡蠹蛾，咖啡豹蠹蛾，豹纹木蠹蛾，咖啡木蠹蛾，咖啡黑点木蠹蛾，六星黑点木蠹蛾，棉茎木蠹蛾，枣豹纹蠹蛾，茶枝木蠹蛾
polyphagy 见 polyphagia
Polyphasia albiangulata Warren 见 *Dysstroma albiangulata*
Polyphasia dentifera Warren 见 *Dysstroma dentifera*
Polyphasia fumata Bastelberger 见 *Dysstroma fumata*
Polyphasia scalata Bastelberger 见 *Dysstroma calamistrata scalata*
polyphemus moth [*Antheraea polyphemus* (Cramer)] 多声目大蚕蛾，多声大蚕，多音天蚕蛾
polyphemus silkworm 柳蚕
polyphemus white morpho [= white morpho, *Morpho polyphemus* Doubleday *et* Hewitson] 多音白闪蝶
polyphenic 多型的
polyphenism 非遗传多型现象，多型现象
polyphenol 多酚，多元酚
polyphenol layer 多酚层，多元酚层 < 见于表皮中 >
polyphenol oxidase 多酚氧化酶，多元酚氧化酶
polyphenolxidase [abb. PPO] 多酚氧化酶
Polyphida metallica (Nonfried) 金毛多点天牛
polyphylesis 多元说
polyphyletic 多系的
polyphyletic group 多系群
Polyphylla 云鳃金龟甲属，云鳃金龟属，白条金龟属
Polyphylla alba Pallas 白云鳃金龟甲，白云鳃金龟
Polyphylla alba alba Pallas 白云鳃金龟甲指名亚种
Polyphylla alba vicaria Semenov 白云鳃金龟甲替代亚种，威白云鳃金龟，替云鳃金龟
Polyphylla albosparsa (Moser) 白条云鳃金龟甲，白罕白条鳃金龟甲，白罕白条鳃金龟
Polyphylla annamensis (Fleutiaux) 安南云鳃金龟甲，安南长须金龟
Polyphylla brevicornis Petrovitz 短角云鳃金龟甲，短角云鳃金龟
Polyphylla dahnshuensis Li *et* Yang 淡水云鳃金龟甲，淡水长须金龟，淡水云鳃金龟
Polyphylla davidis Fairmaire 戴云鳃金龟甲，戴云鳃金龟
Polyphylla decemlineata (Say) [ten-lined june beetle] 十条云鳃金龟甲，条纹云鳃金龟，十条六月金龟
Polyphylla exilis Zhang 细云鳃金龟甲，细云鳃金龟
Polyphylla formosana Niijima *et* Kinoshita 台云鳃金龟甲，台云鳃金龟，台湾长须金龟
Polyphylla fullo (Linnaeus) 欧云鳃金龟甲，欧云鳃金龟
Polyphylla gracilicornis (Blanchard) 小云鳃金龟甲，小云鳃金龟，褐须金龟子
Polyphylla gracilicornis gracilicornis (Blanchard) 小云鳃金龟甲指名亚种，指名小云鳃金龟
Polyphylla gracilicornis licenti Dewailly 小云鳃金龟甲李氏亚种，李小云鳃金龟
Polyphylla intermedia Zhang 中间云鳃金龟甲，中云鳃金龟
Polyphylla irrorata (Gebler) 雾云鳃金龟甲，雾云鳃金龟
Polyphylla laticollis Lewis 大云鳃金龟甲，云斑鳃金龟甲，大云鳃金龟，云斑鳃金龟
Polyphylla laticollis chinensis Fairmaire 大云鳃金龟甲中华亚种，大云鳃金龟
Polyphylla laticollis laticollis Lewis 大云鳃金龟甲指名亚种
Polyphylla maculipennis Moser 斑翅云鳃金龟甲，斑翅云鳃金龟
Polyphylla minor Nomura 柰云鳃金龟甲，柰云鳃金龟，姬白条金龟
Polyphylla nubecula Frey 霉云鳃金龟甲，霉云鳃金龟
Polyphylla nuda Petrovitz 同 *Polyphylla annamensis*
Polyphylla olivieri Castelnau 奥利佛云鳃金龟甲，奥利佛云鳃金龟
Polyphylla parva Kobayashi *et* Chou 微云鳃金龟甲，微白条金龟
Polyphylla ploceki Tesar 普云鳃金龟甲，普云鳃金龟
Polyphylla schestakovi Semenov 雪云鳃金龟甲，雪云鳃金龟
Polyphylla sikkimensis Brenske 锡云鳃金龟甲，锡云鳃金龟
Polyphylla taiwana (Sawada) 台云鳃金龟甲，台云鳃金龟，台湾白条金龟
Polyphylla tonkinensis Dewailly 南云鳃金龟甲，南云鳃金龟
Polyphylla tridentata Reitter 三齿云鳃金龟甲，三齿云鳃金龟
Polyphylla variolosa Hentz 痘云鳃金龟甲，痘云鳃金龟
Polyphylla vicaria Semenow 见 *Polyphylla alba vicaria*
polyphyly 复系，多系
Polyplacidae 多板虱科，细毛虱科
Polyplax 多板虱属，细毛虱属
Polyplax asiatica Ferris 亚洲多板虱
Polyplax borealis Ferris 北方多板虱
Polyplax chinensis Ferris 中华多板虱
Polyplax cricetulis Chin 仓鼠多板虱
Polyplax dacnomydi Chin 大齿鼠多板虱，大齿多板虱 < 此种学名有误写为 *Polyplax dacnomydis* Chin 者 >
Polyplax dentaticornis Ewing 齿角多板虱
Polyplax ellobii (Sosnina) 鼹形田鼠多板虱
Polyplax gracilis Fahrenholz 纤雅多板虱
Polyplax insulsa Ferris 跗突多板虱，突跗多板虱
Polyplax qiuae Chin 裘氏多板虱
Polyplax reclinata (Nitzsch) 弯多板虱
Polyplax rhizomydis Johnson 竹鼠多板虱
Polyplax serrata (Burmeister) 锯多板虱
Polyplax spinulosa (Burmeister) [spined rat louse] 棘多板虱，鼠鳞虱
Polyplax vicina Blagoveshtchensky 附近多板虱
Polyplectropus 缺叉多距石蛾属，粗足石蛾属
Polyplectropus aciculatus Zhong, Yang *et* Morse 具针缺叉多距石蛾
Polyplectropus acuminatus Li *et* Morse 渐尖缺叉多距石蛾
Polyplectropus acutus Li *et* Morse 尖刺缺叉多距石蛾
Polyplectropus ahas Malicky *et* Chantaramongkol 歧端缺叉多距石蛾
Polyplectropus anakgugur Malicky 角突缺叉多距石蛾
Polyplectropus curvatus Li *et* Morse 弯肢缺叉多距石蛾
Polyplectropus digitaliformis Zhong, Yang *et* Morse 指状缺叉多距石蛾
Polyplectropus explanatus Li *et* Morse 扁平缺叉多距石蛾
Polyplectropus inaequalis Ulmer 异缺叉多距石蛾，不等多距石蛾，异长粗足石蛾

Polyplectropus inusitatus Hsu *et* Chen 高雄缺叉多距石蛾，奇特粗足石蛾
Polyplectropus involutus Li *et* Morse 内折缺叉多距石蛾
Polyplectropus nanjingensis Li *et* Morse 南京缺叉多距石蛾
Polyplectropus parangulari Wang *et* Yang 等角缺叉多距石蛾
Polyplectropus rotundifolius Zhong, Yang *et* Morse 圆叶缺叉多距石蛾
Polyplectropus subteres Zhong *et* Yang 柱肢缺叉多距石蛾
Polyplectropus tachiaensis Hsu *et* Chen 大甲缺叉多距石蛾，大甲粗足石蛾
Polyplectropus tianmushanensis Zhong *et* Yang 天目缺叉多距石蛾
Polyplectropus trifurcatus Zhong, Yang *et* Morse 三歧缺叉多距石蛾
Polyplectropus trigonius Zhong, Yang *et* Morse 三角缺叉多距石蛾
Polyplectropus unciformis Zhong, Yang *et* Morse 钩状缺叉多距石蛾
Polyploca 多毛波纹蛾属
Polyploca aenea Wileman 见 *Horipsestis aenea*
Polyploca albibasis Wileman 同 *Takapsestis wilemaniella*
Polyploca decorata Sick 见 *Nemacerota decorata*
Polyploca honei Sick 霍多毛波纹蛾
Polyploca nigropunctata Sick 黑点多毛波纹蛾
Polyplocidae [= Cymatophoridae] 拟夜蛾科
Polyplocinae 钩波纹蛾亚科
polyploid 多倍体
polyploidy 多倍性，多倍态
polypneustic 多孔气门的 < 在某些双翅目昆虫幼虫中，气门中含有多数呼吸孔的 >
polypneustic lobe 1. 多孔气门瓣；2. [(pl. respiratoria), = respiratorium, respiratory plate] 呼吸叶 < 见于某些双翅目昆虫幼虫中 >
polypod 多足的
polypod larva [pl. polypod larvae] 多足型幼虫，多足幼虫
polypod larvae [s. polypod larva] 多足型幼虫，多足幼虫
polypod phase 多足相 < 昆虫胚胎发育中的一个阶段 >
polypod type 多足型
polypodine B 水龙骨素 B
polypodocyte 多足细胞，多足血细胞
polypodous 多足的
Polypogon 翅须夜蛾属，镰须夜蛾属，拟镰须夜蛾属
Polypogon angulina (Leech) 见 *Zanclognatha angulina*
Polypogon annulata (Leech) 见 *Herminia annulata*
Polypogon centralis (Leech) 见 *Herminia centralis*
Polypogon fractalis (Guenée) 见 *Hipoepa fractalis*
Polypogon fumosa (Butler) 见 *Zanclognatha fumosa*
Polypogon germana (Leech) 见 *Zanclognatha germana*
Polypogon grisealis (Denis *et* Schiffermüller) 见 *Herminia grisealis*
Polypogon griselda (Butler) 见 *Zanclognatha griselda*
Polypogon helva (Butler) 见 *Zanclognatha helva*
Polypogon incerta (Leech) 见 *Zanclognatha incerta*
Polypogon innocens (Butler) 见 *Herminia innocens*
Polypogon lilacina (Butler) 见 *Zanclognatha lilacina*
Polypogon lunalis (Scopoli) 见 *Zanclognatha lunalis*
Polypogon nigrisigna (Leech) 见 *Zanclognatha nigrisigna*
Polypogon paupercula (Leech) 见 *Zanclognatha paupercula*
Polypogon planilinea (Hampson) 见 *Herminia planilinea*
Polypogon reticulatis (Leech) 螟镰须夜蛾，螟拟镰须夜蛾，螟疖夜蛾
Polypogon sinensis (Leech) 见 *Zanclognatha sinensis*
Polypogon stramentacealis (Bremer) 见 *Zanclognatha stramentacealis*
Polypogon subgriselda (Sugi) 见 *Zanclognatha subgriselda*
Polypogon subnubila (Leech) 见 *Herminia subnubila*
Polypogon subtriplex (Strand) 见 *Zanclognatha subtriplex*
Polypogon tarsicrinalis (Knoch) 见 *Herminia tarsicrinalis*
Polypogon tarsicrinata (Bryk) 暗翅须夜蛾
Polypogon tentacularia (Linnaeus) 淡黄翅须夜蛾
Polypogon triplex (Leech) 见 *Zanclognatha triplex*
Polypogon vermiculata (Leech) 见 *Zanclognatha vermiculata*
polypore fungus beetle [= tetratomid beetle, tetratomid] 斑蕈甲，拟长朽木甲，伪蕈甲 < 斑蕈甲科 Tetratomidae 昆虫的通称 >
Polyptychus 三线天蛾属
Polyptychus bilineatus Griveaud 见 *Gynoeryx bilineatus*
Polyptychus chinensis Rothschild *et* Jordan 华三线天蛾，中国齿翅天蛾，三线天蛾，齿翅三线天蛾，三线灰天蛾
Polyptychus costalis Mell 缘三线天蛾
Polyptychus dentatus (Cramer) 齿翅三线天蛾
Polyptychus draconis Rothschild *et* Jordan 亮三线天蛾
Polyptychus trilineatus Moore 三线天蛾
polyqueen colony 多王群
Polyrhachis 多刺蚁属，棘山蚁属
Polyrhachis affinis Smith 同 *Polyrhachis dives*
Polyrhachis armata (Le Guilliou) 多刺蚁
Polyrhachis bicolor Smith 二色多刺蚁，二色刺蚁
Polyrhachis bihamata (Drury) 双钩多刺蚁
Polyrhachis confusa Wong *et* Guénard 困惑多刺蚁
Polyrhachis convexa Roger 凸颊多刺蚁，桂多刺蚁
Polyrhachis debilis Emery 德比利多刺蚁，德比利刺蚁，德布利斯棘山蚁
Polyrhachis dives Smith 双齿多刺蚁，黑棘蚁，黑棘山蚁
Polyrhachis dorsorugosa Forel 背皱多刺蚁，背皱棘蚁
Polyrhachis fellowesi Wong *et* Guénard 费氏多刺蚁
Polyrhachis halidayi Emery 哈氏多刺蚁，哈氏刺蚁
Polyrhachis hippomanes Smith 奇多刺蚁，闽多刺蚁
Polyrhachis hippomanes hippomanes Smith 奇多刺蚁指名亚种
Polyrhachis hippomanes lucidula Emery 奇多刺蚁光亮亚种，亮闽多刺蚁
Polyrhachis hippomanes moesta Emery 见 *Polyrhachis moesta*
Polyrhachis hunggeuk Wong *et* Guénard 红腿多刺蚁
Polyrhachis illaudata Walker 梅氏多刺蚁，梅氏刺蚁，麦氏棘蚁，麦氏棘山蚁
Polyrhachis jianghuaensis Wang *et* Wu 江华多刺蚁，江华刺蚁
Polyrhachis laevigata Smith 平滑多刺蚁，平滑刺蚁
Polyrhachis lamellidens Smith 叶形多刺蚁，叶型多刺蚁，叶形刺蚁，密片弓背蚁，刺棘山蚁，刺蚁，赤胸多刺蚁，刺棘蚁
Polyrhachis latona Wheeler 侧多刺蚁，拉多那棘蚁，拉多那棘山蚁，侧刺蚁
Polyrhachis moesta Emery 麦多刺蚁，麦刺蚁，浙希弓背蚁，哀愁棘山蚁
Polyrhachis murina Emery 墙多刺蚁，墙棘蚁，墙棘山蚁，鼠多刺蚁
Polyrhachis paracamponota Wang *et* Wu 拟多刺蚁，拟弓刺蚁
Polyrhachis peetersi Wong *et* Guénard 皮氏多刺蚁
Polyrhachis proxima Roger 拟梅氏多刺蚁，拟梅氏刺蚁

Polyrhachis pubescens Mayr 半眼多刺蚁，绒毛多刺蚁
Polyrhachis punctillata Roger 刻点多刺蚁，罗杰氏刺蚁
Polyrhachis pyrgops Viehmeyer 城堡多刺蚁，城堡棘蚁，香港多刺蚁
Polyrhachis rastellata (Latreille) 结多刺蚁，长痕棘蚁，长痕棘山蚁
Polyrhachis rastellata demangei Santschi 结多刺蚁德氏亚种，德氏多刺蚁
Polyrhachis rastellata rastellata (Latreille) 结多刺蚁指名亚种
Polyrhachis rubigastrica Wang *et* Wu 红腹多刺蚁，红腹刺蚁
Polyrhachis rupicapra Roger 湘多刺蚁
Polyrhachis schang Forel 斯多刺蚁
Polyrhachis shixingensis Wu *et* Wang 始兴多刺蚁，始兴刺蚁
Polyrhachis striata Mayr 纹多刺蚁
Polyrhachis subpilosa Emery 亚毛多刺蚁
Polyrhachis tianjingshanensis Qian *et* Zhou 天井山多刺蚁
Polyrhachis tschu Forel 曲多刺蚁
Polyrhachis tyrannicus Smith 暴棘蚁，暴棘山蚁
Polyrhachis vicina Roger 同 *Polyrhachis dives*
Polyrhachis vigilans Viehmeyer 城堡多刺蚁，城堡棘山蚁
Polyrhachis wolfi Forel 渥氏刺蚁，渥氏棘蚁，沃氏多刺蚁，渥氏棘山蚁
polysaccharide 多糖
Polyscia 多波尺蛾属
Polyscia argentilinea (Moore) 银多波尺蛾，银波尺蛾
Polyscia argentilinea argentilinea (Moore) 银多波尺蛾指名亚种
Polyscia argentilinea changi (Wang) 银多波尺蛾张氏亚种，银线普尺蛾
Polyscia ochrilinea Warren 奥多波尺蛾，奥波尺蛾
polysema skipper [= spinifex skipper, spinifex sand-skipper, *Proeidosa polysema* (Lower)] 珀弄蝶
polyspermic egg 多精受精卵
polyspermous fertilization 多精受精
polyspermy 多精入卵，多精受精，多精子受精
Polysphincta 嗜蛛姬蜂属
Polysphincta asiatica Kusigemati 亚洲嗜蛛姬蜂
Polysphincta boops Tschek 哖嗜蛛姬蜂
Polysphincta taiwanensis Cushman 见 *Acrodactyla taiwanensis*
Polysphinctini 嗜蛛姬蜂族
Polystenus 多窄茧蜂属
Polystenus brevitergus Tang, Belokobylskij *et* Chen 短背多窄茧蜂
Polystenus rugosus Foerster 皱多窄茧蜂，皱腹矛茧蜂
Polystenus taiwanus Tang, Belokobylskij *et* Chen 台湾多窄茧蜂
Polystictina 斑拟纷舟蛾属，斑拟纷舟蛾亚属
Polystictina maculata (Moore) 多点斑拟纷舟蛾，斑拟纷舟蛾，多点舟蛾
polysticto [= polystictus swallowtail, *Battus polystictus* (Butler)] 多斑贝凤蝶
polystictus swallowtail 见 polysticto
polystoechotid 1. [= polystoechotid giant lacewing, large lacewing, giant lacewing] 美蛉 < 美蛉科 Polystoechotidae 昆虫的通称 >；2. 美蛉科的
polystoechotid giant lacewing [= polystoechotid, large lacewing, giant lacewing] 美蛉
Polystoechotidae 美蛉科
Polystomophora 济粉蚧属
Polystomophora ostiaplurima (Kiritchenko) 见 *Mirococcus ostiaplurimus*
polytene chromosome 多线染色体
polythalamous gall 多室瘿
polythermal 广温性的
Polythlipta 斑野螟属
Polythlipta divaricata Moore 宽角斑野螟
Polythlipta euroalis Swinhoe 白条斑野螟，优斑野螟
Polythlipta liquidalis Leech 大白斑野螟，利呼赖螟
Polythlipta maceratalis Lederer 同 *Polythlipta macralis*
Polythlipta macralis Lederer 玛斑野螟
Polythlipta maculalis South 白斑野螟
polythorid 1. [= polythorid damselfly] 美蟌 < 美蟌科 Polythoridae 昆虫的通称 >；2. 美蟌科的
polythorid damselfly [= polythorid] 美蟌
Polythoridae 美蟌科
Polythrena 虎斑尺蛾属
Polythrena angularia (Leech) 角虎斑尺蛾，狭褥尺蛾
Polythrena coloraria (Herrich-Schäffer) 彩虎斑尺蛾
Polythrena coloraria coloraria (Herrich-Schäffer) 彩虎斑尺蛾指名亚种
Polythrena coloraria pallida Djakonov 彩虎斑尺蛾淡色亚种，淡彩虎斑尺蛾
Polythrena kindermanni (Bremer) 见 *Trichodezia kindermanni*
Polythrena miegata Poujade 美虎斑尺蛾
Polythrix 褐尾弄蝶属
Polythrix asine (Hewitson) [asine longtail] 阿新褐尾弄蝶
Polythrix auginus Hewitson [auginus longtail] 奥辉褐尾弄蝶
Polythrix gyges Evans [gyges longtail] 古阿斯褐尾弄蝶
Polythrix metallescens (Mabille) [metallescens longtail] 褐尾弄蝶
Polythrix mexicana Freeman [Mexican longtail] 墨西哥褐尾弄蝶
Polythrix octomaculana (Sepp) [eight-spotted longtail] 八斑褐尾弄蝶
Polythrix procera (Plötz) 皮罗褐尾弄蝶
Polythrix roma Evans 罗马褐尾弄蝶
polytomy 多分支现象
Polytoxus 盲猎蝽属
Polytoxus annulipes Miyamoto *et* Lee 环足盲猎蝽
Polytoxus esakii Ishikawa *et* Yano 江崎盲猎蝽
Polytoxus eumorphus Miller 优盲猎蝽
Polytoxus femoralis Distant 南盲猎蝽
Polytoxus fuscipennis Hsiao 褐翅盲猎蝽
Polytoxus fuscovittatus (Stål) 褐条盲猎蝽
Polytoxus minimus China 小盲猎蝽
Polytoxus pallipennis Hsiao 淡翅盲猎蝽
Polytoxus ruficeps Hsiao 中褐盲猎蝽
Polytoxus rufinervis Hsiao 红脉盲猎蝽 < 此种学名有误写为 *Polytoxus rufinevis* Hsiao 者 >
Polytoxus rufinervis ardens Ishikawa *et* Yano 红脉盲猎蝽岛屿亚种
Polytoxus rufinervis rufinervis Hsiao 红脉盲猎蝽指名亚种
Polytremis 孔弄蝶属
Polytremis annama Evans 安娜玛孔弄蝶
Polytremis caerulescens (Mabille) 见 *Zinaida caerulescens*
Polytremis choui Huang [Chou's swift] 周氏孔弄蝶
Polytremis discreta (Elwes *et* Edwards) [Himalayan swift, white-

fringed swift] 融纹孔弄蝶
Polytremis discreta discreta (Elwes *et* Edwards) 融纹孔弄蝶指名亚种
Polytremis discreta felicia (Evans) 融纹孔弄蝶中华亚种，华西融纹孔弄蝶
Polytremis eltola (Hewitson) [yellow-spot swift] 台湾孔弄蝶
Polytremis eltola eltola (Hewitson) 台湾孔弄蝶指名亚种
Polytremis eltola tappana (Matsumura) 台湾孔弄蝶达邦亚种，台湾孔弄蝶碎纹亚种，碎纹孔弄蝶，达邦褐弄蝶，大吉岭褐弄蝶，达邦台湾孔弄蝶
Polytremis feifei Huang 菲菲孔弄蝶
Polytremis flavinerva Chou *et* Zhou 黄脉孔弄蝶
Polytremis gigantea Tsukiyama, Chiba *et* Fujioka 见 *Zinaida gigantea*
Polytremis gotama Sugiyama 见 *Zinaida gotama*
Polytremis kiraizana (Sonan) 见 *Zinaida kiraizana*
Polytremis lubricans (Herrich-Schäffer) [contiguous swift] 黄纹孔弄蝶
Polytremis lubricans kuyaniana (Matsumura) 黄纹孔弄蝶宝岛亚种，黄纹孔弄蝶，滑弄蝶，黄纹褐弄蝶
Polytremis lubricans lubricans (Herrich-Schäffer) 黄纹孔弄蝶指名亚种，指名黄纹孔弄蝶
Polytremis lubricans taiwana Matsumura 黄纹孔弄蝶台湾亚种，黄纹褐弄蝶台湾亚种，台湾黄纹孔弄蝶
Polytremis matsuii Sugiyama 见 *Zinaida matsuii*
Polytremis mencia (Moore) 见 *Zinaida mencia*
Polytremis mencia kiraizana (Sonan) 见 *Zinaida kiraizana*
Polytremis micropunctata Huang 见 *Zinaida micropunctata*
Polytremis minuta (Evans) 小孔弄蝶
Polytremis nascens (Leech) 见 *Zinaida nascens*
Polytremis pellucida (Murray) 见 *Zinaida pellucida*
Polytremis pellucida asahinai Shirôzu 见 *Zinaida zina asahinai*
Polytremis pellucida pellucida (Murray) 见 *Zinaida pellucida pellucida*
Polytremis pellucida quanta Evans 见 *Zinaida pellucida quanta*
Polytremis suprema Sugiyama 见 *Zinaida suprema*
Polytremis theca (Evans) 见 *Zinaida theca*
Polytremis theca asahinai Shirôzu 见 *Zinaida zina asahinai*
Polytremis theca fukia (Evans) 见 *Zinaida fukia*
Polytremis theca macrotheca Huang 见 *Zinaida fukia macrotheca*
Polytremis zina (Evans) 见 *Zinaida zina*
Polytremis zina taiwana Murayama 同 *Zinaida zina asahinai*
Polytremis zina zina (Evans) 见 *Zinaida zina zina*
Polytremis zina zinoides Evans 同 *Zinaida zina zina*
Polytretus 弱瘤天牛属
Polytretus cribripennis Gahan 赭翅弱瘤天牛
Polytribax 后孔姬蜂属
Polytribax fusiformis (Uchida) 纺锤后孔姬蜂，锤形普勒姬蜂
Polytribax pilosus Sheng *et* Sun 毛后孔姬蜂
Polytrichophora 多毛水蝇属
Polytrichophora brunneifrons (de Meijere) 棕额多毛水蝇
Polytrichophora canora Cresson 长突多毛水蝇，黄角多毛水蝇
Polytrichophora luteicornis Cresson 同 *Polytrichophora canora*
polytrophic 多滋式的
polytrophic egg tube [= polytrophic ovariole] 多滋卵巢管，多滋式卵巢管
polytrophic ovaries [s. polytrophic ovary] 多滋卵巢，多滋式卵巢
polytrophic ovariole 见 polytrophic egg tube
polytrophic ovary [pl. polytrophic ovaries] 多滋卵巢，多滋式卵巢
polytropic 多花采粉的
Polytus 光象甲属
Polytus mellerborgi (Boheman) [small banana weevil, banana corm weevil] 麦氏光象甲，蜜稻象甲，蜜稻象，麦氏光象鼻虫
polytypic aggregation 多型群聚
Polyura 尾蛱蝶属
Polyura agraria Swinhoe [anomalous common nawab] 农田尾蛱蝶
Polyura andrensi Butler 安特尾蛱蝶
Polyura aristophanes Fruhstorfer 雅丽尾蛱蝶
Polyura arja (Felder *et* Felder) [pallid nawab] 凤尾蛱蝶
Polyura arja arja (Felder *et* Felder) 凤尾蛱蝶指名亚种，指名凤尾蛱蝶
Polyura athamas (Drury) [common nawab] 窄斑凤尾蛱蝶，窄斑尾蛱蝶，缘埃锐蛱蝶，阿埃瑞蛱蝶
Polyura athamas athamas (Drury) 窄斑凤尾蛱蝶指名亚种，指名窄斑尾蛱蝶
Polyura athamas bharata Felder 窄斑凤尾蛱蝶布哈亚种，布阿埃瑞蛱蝶
Polyura athamas hamasta Moore 窄斑凤尾蛱蝶哈吗亚种，哈阿埃瑞蛱蝶
Polyura caphontis Hewitson 卡芬尾蛱蝶
Polyura choui Wang *et* Gu 周氏尾蛱蝶
Polyura clitarchus Hewitson 黑缘尾蛱蝶
Polyura cognatus Vollenhoven 关联尾蛱蝶
Polyura dehanii (Doubleday *et* Westwood) 螯尾蛱蝶，台汉尾蛱蝶
Polyura delphis (Doubleday) [jewelled nawab] 白双尾蛱蝶
Polyura dolon (Westwood) [stately nawab, stately rajah] 针尾蛱蝶，朵埃瑞蛱蝶
Polyura dolon carolus (Fruhdstorfer) 针尾蛱蝶西部亚种，西部针尾蛱蝶，卡朵埃瑞蛱蝶
Polyura dolon dolon (Westwood) 针尾蛱蝶指名亚种
Polyura eleganta Fang *et* Zhang 雅尾蛱蝶
Polyura epigenes Godman *et* Salvin 伊普尾蛱蝶
Polyura eudamippus (Doubleday) [great nawab] 大二尾蛱蝶，白柱双尾蛱蝶，表埃瑞蛱蝶
Polyura eudamippus cupidinius (Fruhstorfer) 大二尾蛱蝶西陲亚种，西陲大二尾蛱蝶，库表埃瑞蛱蝶
Polyura eudamippus eudamippus (Doubleday) 大二尾蛱蝶指名亚种
Polyura eudamippus formosana (Rothschild) 大二尾蛱蝶台湾亚种，双尾蛱蝶，双尾蝶，台湾大二尾蛱蝶
Polyura eudamippus kwangtungensis (Mell) 大二尾蛱蝶广东亚种，粤埃瑞蛱蝶
Polyura eudamippus rothschildi (Leech) 大二尾蛱蝶罗氏亚种，罗茶色鳌蛱蝶，川湘大二尾蛱蝶，罗睦蛱蝶，罗埃瑞蛱蝶
Polyura eudamippus weismanni (Fritz) 大二尾蛱蝶威氏亚种，威大二尾蛱蝶
Polyura eudamippus whiteheadi (Crowley) 大二尾蛱蝶海南亚种，海南大二尾蛱蝶，怀埃瑞蛱蝶
Polyura gamma Lathy 伽马尾蛱蝶
Polyura gwiaxia Butler 红臀尾蛱蝶
Polyura hebe (Butler) 柔毛尾蛱蝶
Polyura jalysus (Felder *et* Felder) 佳丽尾蛱蝶
Polyura jupiter (Butler) 珠波尾蛱蝶

Polyura moori (Distant) [Malayan nawab] 宽斑凤尾蛱蝶
Polyura mutata Fang *et* Zhang 异纹尾蛱蝶
Polyura narcaea (Hewitson) [China nawab] 二尾蛱蝶，双尾蛱蝶，纳睦蛱蝶，纳埃瑞蛱蝶，昏环蛱蝶
Polyura narcaea acuminata (Lathy) 二尾蛱蝶端尖亚种，尖纳埃瑞蛱蝶
Polyura narcaea mandarina (Felder) 二尾蛱蝶大陆亚种，大陆纳埃瑞蛱蝶
Polyura narcaea meghaduta (Fruhstorfer) 二尾蛱蝶台湾亚种，小双尾蛱蝶，姬双尾蝶，榆双尾蝶，淡绿双尾蛱蝶，台湾二尾蛱蝶
Polyura narcaea menedema (Oberthür) 二尾蛱蝶云南亚种，敏睦蛱蝶，敏纳埃瑞蛱蝶
Polyura narcaea narcaea (Hewitson) 二尾蛱蝶指名亚种，指名二尾蛱蝶
Polyura narcaea richthofeni (Fruhstorfer) 二尾蛱蝶里氏亚种，累纳埃瑞蛱蝶
Polyura narcaea thibetana (Oberthür) 二尾蛱蝶西藏亚种，双尾蛱蝶西藏亚种，藏二尾蛱蝶，藏睦蛱蝶，藏纳埃瑞蛱蝶，二尾蛱蝶
Polyura nepenthes (Grose-Smith) 忘忧尾蛱蝶，内埃瑞蛱蝶
Polyura nepenthes kiangsiensis (Rouseau-Decelle) 忘忧尾蛱蝶江西亚种，江西忘忧尾蛱蝶，赣内埃瑞蛱蝶
Polyura nepenthes nepenthes (Grose-Smith) 忘忧尾蛱蝶指名亚种，指名忘忧尾蛱蝶
Polyura posidonia (Leech) 沾襟尾蛱蝶，沾襟忘忧尾蛱蝶，坡睦蛱蝶，坡埃瑞蛱蝶
Polyura pyrrhus (Linnaeus) [tailed nawab, tailed emperor] 尾蛱蝶
Polyura pyrrhus pyrrhus (Linnaeus) 尾蛱蝶指名亚种
Polyura pyrrhus sempronius (Fabricius) 尾蛱蝶澳洲亚种，黑荆树丽优蛱蝶
Polyura schreiber (Godart) [blue nawab] 黑凤尾蛱蝶
polyvoltine 多化性，多化
polyvoltine race 多化性品种
polyvoltine silkworm 多化蚕
polyvoltine strain 多化性系统
polyvoltinism 多化性，多菴性
polyxeny 多主寄生现象
polyzona skipper [*Parelbella polyzona* (Latreille)] 多环筹弄蝶
Polyzonus 多带天牛属
Polyzonus auroviridis Gressitt 金绿多带天牛
Polyzonus balachowskii Gressitt *et* Rondon 巴氏多带天牛
Polyzonus barclayi Skale 巴克利多带天牛
Polyzonus bizonatus White 双带多带天牛
Polyzonus cuprarius Fairmaire 昆明多带天牛
Polyzonus cyaneicollis Pic 東多带天牛
Polyzonus drumonti Bentanachs 杜蒙多带天牛
Polyzonus fasciatus (Fabricius) 黄带多带天牛，多带天牛
Polyzonus flavocinctus Gahan 异纹多带天牛
Polyzonus fucosahenus Gressitt *et* Rondon 铜绿多带天牛
Polyzonus fupingensis Xie *et* Wang 同 *Polyzonus fasciatus*
Polyzonus laosensis Pic 长胸多带天牛
Polyzonus latemaculatus Gressitt *et* Rondon 长斑多带天牛
Polyzonus laurae Fairmaire 云南多带天牛
Polyzonus luteonotatus (Pic) 黄斑多带天牛
Polyzonus nitidicollis Pic 横线多带天牛
Polyzonus obtusus Bates 钝瘤多带天牛
Polyzonus parvulus Gressitt *et* Rondon 中线多带天牛
Polyzonus prasinus (White) 葱绿多带天牛
Polyzonus saigonensis Bates 强瘤多带天牛
Polyzonus sinensis (Hope) 中华多带天牛
Polyzonus striatus Gressitt *et* Rondon 斜线多带天牛
Polyzonus subobtusus Pic 四斑多带天牛，四斑绿多带天牛
Polyzonus subtruncatus (Bates) 截尾多带天牛
Polyzonus testaceipennis Pic 黄尾多带天牛
Polyzonus tetraspilotus (Hope) 蛇藤多带天牛
Polyzonus tichyi Skale 提奇多带天牛
Polyzonus trocolii Bentanachs 特氏多带天牛
Polyzonus violaceus Plavilstshikov 紫多带天牛
Polyzosteria 泽蠊属
Polyzosteria mitchelli (Angas) [Mitchell's diurnal cockroach, mardi gras cockroach] 米氏泽蠊
Polyzosteriinae 泽蠊亚科
pomace fly [= drosophilid fly, drosophilid, fruit fly, drosophilid fruit fly, vinegar fly] 果蝇 < 果蝇科 Drosophilidae 昆虫的通称 >
Pomasia 笼尺蛾属
Pomasia albolinearia Leech 见 *Enispa albolinearia*
Pomasia denticlathrata Warren 网格笼尺蛾，黄豹波尺蛾
pomegranate aphid [*Aphis punicae* Shinji] 石榴蚜
pomegranate butterfly [= cornelian, dark cornelian, Anar fruit butterfly, pomegranate fruit borer, *Deudorix epijarbas* (Moore)] 玳灰蝶，夏灰蝶，荔枝灰蝶，龙眼绯灰蝶
pomegranate fruit borer 见 pomegranate butterfly
pomegranate fruit moth [= carob moth, date moth, blunt-winged knot-horn, locust bean moth, blunt-winged moth, knot-horn moth, *Ectomyelois ceratoniae* (Zeller)] 刺槐荚螟，石榴螟，刺槐籽斑螟
pomegranate leaf roller [= exotic leafroller moth, apple tortrix, apple leafroller, Asiatic leafroller, Ishida tortrix, *Archips fuscocupreanus* Walsingham] 杏黄卷蛾，苹果黄卷蛾，石田氏卷蛾，石田氏卷叶蛾，石榴卷蛾，石榴卷叶蛾
pomegranate playboy [*Deudorix livia* (Klug)] 淡蓝玳灰蝶
pomegranate scale [= nigra scale, black coffee scale, hevea black scale, black scale, hibiscus scale, hibiscus shield scale, Florida black scale, *Parasaissetia nigra* (Nietner)] 乌黑副盔蚧，橡胶盔蚧，橡副珠蜡蚧，香蕉黑蜡蚧，黑盔蚧，黑副硬介壳虫
pomelo fruit borer [= citrus fruit borer, *Citripestis sagittiferella* (Moore)] 橘蛀果斑螟
pomelo psyllid [*Cacopsylla citrisuga* (Yang *et* Li)] 柚喀木虱，柚木虱
Pomona College Journal of Entomology 波莫纳学院昆虫学杂志 < 期刊名 >
pompeius skipper [= common glassywing, *Pompeius pompeius* (Latreille)] 庞弄蝶
Pompeius 庞弄蝶属
Pompeius amblyspila (Mabille) [amblyspila skipper] 阿姆庞弄蝶
Pompeius athenion Hübner 雅庞弄蝶
Pompeius chittara Schaus 奇庞弄蝶
Pompeius dares (Plötz) [dares skipper] 黄带庞弄蝶
Pompeius darina Evans 达庞弄蝶

Pompeius pompeius (Latreille) [common glassywing, pompeius skipper] 庞弄蝶
Pompeius postpuncta (Draudt) 斑庞弄蝶
Pompeius verna (Edwards) [little glassywing] 黑庞弄蝶
Pomphopoea sayi LeConte 见 *Lytta sayi*
pompilid 1. [= pompilid wasp, spider-hunting wasp, spider wasp] 蛛蜂 < 蛛蜂科 Pompilidae 昆虫的通称 >; 2. 蛛蜂科的
pompilid wasp [= pompilid, spider-hunting wasp, spider wasp] 蛛蜂
Pompilidae [= Ceropalidae, Psammocharidae] 蛛蜂科
Pompilinae 蛛蜂亚科
Pompilus 蛛蜂属
Pompilus ami Tsuneki 同 *Pompilus cinereus*
Pompilus analis Fabricius 见 *Tachypompilus analis*
Pompilus beatus Cameron 见 *Anoplius beatus*
Pompilus bipartitus (Peletier) 见 *Cyphononyx bipartitus*
Pompilus bunun Tsuneki 同 *Pompilus cinereus*
Pompilus cinereus (Fabricius) 灰蛛蜂
Pompilus clericallis Morawitz 见 *Arachnospila clericallis*
Pompilus equestris Morawitz 骑蛛蜂
Pompilus exortivus Smith 同 *Batozonellus annulatus*
Pompilus ignobilis Saussure 见 *Anoplius ignobilis*
Pompilus mirandus Saussure 斜脉蛛蜂
Pompilus orientalis (Cameron) 见 *Batozonellus orientalis*
Pompilus perplexus Smith 普蛛蜂
Pompilus philippinensis (Banks) 菲岛蛛蜂
Pompilus subsericeus Saussure 见 *Anoplius subsericeus*
Pompilus taiwanus Tsuneki 台湾蛛蜂
Pompilus tsou Tsuneki 同 *Pompilus cinereus*
pompom thrips [*Liothrips tractabilis* Mound *et* Pereyra] 绒球草滑管蓟马
Pomponia 螂蝉属，骚蝉属
Pomponia hieroglyphica Kato 同 *Pomponia piceata*
Pomponia linearis (Walker) 螂蝉，台湾骚蝉
Pomponia maculaticollis (Motschulsky) 见 *Hyalessa maculaticollis*
Pomponia orientalis (Distant) 东方螂蝉
Pomponia piceata Distant 黑螂蝉
Pomponia picta (Walker) 绣螂蝉
Pomponia ponderosa Lee 大螂蝉
Pomponia scitula (Distant) 见 *Songga scitula*
Pomponia subtilita Lee 窄瓣螂蝉
Pomponia thalia (Walker) 见 *Aetanna thalia*
Pomponia yayeyamana Kato 八重山螂蝉
ponasterone 百日青蜕皮酮
Poncetia 豹舟蛾属
Poncetia albistriga (Moore) 豹舟蛾
Poncetia albistriga albistriga (Moore) 豹舟蛾指名亚种
Poncetia albistriga kanshireiensis Wileman 豹舟蛾台湾亚种，堪豹舟蛾
pond skater [= water strider, water skipper, water bug, jesus bug, gerrid, gerrid bug] 黾蝽，水黾，水马 < 黾蝽科 Gerridae 昆虫的通称 >
ponda skipper [*Molo calcarea ponda* Evans] 咯莫洛弄蝶黄斑亚种
pondapple leafroller moth [*Argyrotaenia amatana* (Dyar)] 牛心果带卷蛾
ponderosa pine bark borer [*Acanthocinus princeps* (Walker)] 黄松长角天牛，重松天牛
ponderosa-pine cone beetle [= mountain pine cone beetle, western white pine cone beetle, *Conophthorus ponderosae* Hopkins] 黄松果小蠹，重松齿小蠹
ponderosa pine seed chalcid [= pine seed chalcid, *Megastigmus albifrons* Walker] 黄松大痣小蜂
ponderosa pine seed moth [= pine seed moth, *Cydia piperana* Kearfott] 黄松小卷蛾，黄松种子皮小卷蛾
ponderosa pine tip moth [= lodgepole-pine tip moth, *Rhyacionia zozana* (Kearfott)] 西黄松梢小卷蛾
ponderosa pine twig scale [*Matsucoccus bisetosus* Morrison] 西黄松松干蚧
ponderosa pineconeworm moth [= pine cone moth, pine coneworm, *Dioryctria auranticella* (Grote)] 松球果梢斑螟
ponderosa twig moth [= pine pitch moth, *Dioryctria ponderosae* Dyar] 西黄松梢斑螟
ponderous borer [= ponderous pine borer beetle, timberworm, pine sawyer beetle, spiny wood borer beetle, spine-necked longhorn beetle, *Ergates spiculatus* (LeConte)] 西黄松埃天牛
ponderous pine borer beetle 见 ponderous borer
Pondo emperor [*Charaxes pondoensis* van Someren] 盆景螯蛱蝶
Pondo shadefly [*Coenyra aurantiaca* Aurivillius] 红纹眼蝶
Pondoland widow [*Dira oxylus* (Trimen)] 滴瞳络眼蝶
pone 后方
Ponera 猛蚁属，针蚁属
Ponera alisana Terayama 阿里山猛蚁，阿里山针蚁
Ponera baka Xu 巴卡猛蚁
Ponera bawana Xu 坝湾猛蚁
Ponera chiponensis Terayama 知本猛蚁，知本针蚁，台湾猛蚁
Ponera diodonta Xu 二齿猛蚁
Ponera excoecata Wheeler 见 *Hypoponera excoecata*
Ponera grandis Donisthorpe 大猛蚁
Ponera grandis Guérin-Méneville 同 *Dinoponera gigantea*
Ponera japonica Wheeler 日本猛蚁，日本针蚁
Ponera longlina Xu 龙林猛蚁
Ponera menglana Xu 勐腊猛蚁
Ponera nangongshana Xu 南贡山猛蚁
Ponera pentodontos Xu 五齿猛蚁
Ponera pianmana Xu 片马猛蚁
Ponera rishen Terayama 日神猛蚁，日神针蚁
Ponera shennong Terayama 神农猛蚁，神农针蚁
Ponera sinensis Wheeler 中华猛蚁
Ponera taiyangshen Terayama 太阳神猛蚁，太阳神针蚁
Ponera takaminei Terayama 粗糙猛蚁，粗糙针蚁
Ponera tamon Terayama 南方猛蚁，南方针蚁
Ponera xantha Xu 黄色猛蚁
Ponera yuhuang Terayama 玉皇猛蚁，玉皇针蚁
Ponerinae 猛蚁亚科，针蚁亚科
Ponerini 猛蚁族，针蚁族
ponka skipper [*Thoon ponka* Evans] 帕腾弄蝶
Ponomarenkoa 波螯蜂属
Ponomarenkoa ellenbergeri Olmi, Xu *et* He 埃氏波螯蜂
pons cerebralis [= protocerebral bridge] 前脑桥
pons coxalis 基节桥 < 连合基肢节的横桥 >

pons glomerulus [= protocerebral bridge] 前脑桥

Ponsilasia 异龟蝽属

Ponsilasia cycloceps (Hsiao *et* Jen) 圆头异龟蝽

Ponsilasia formosana Heinze 台湾异龟蝽，台蚌龟蝽

Ponsilasia montana (Distant) 方头异龟蝽，方头异龟椿象

Ponsilasia yunnanensis Xue *et* Liu 云南异龟蝽

ponta 上侧桥 < 在双翅目昆虫中，连接中胸盾片边缘和中胸前前上侧片的小横片 >

Pontania 瘿叶蜂属

Pontania anglica Cameron 见 *Phyllocolpa anglica*

Pontania bozemani Cooley 见 *Phyllocolpa bozemani*

Pontania bridgmannii Cameron 柳布氏瘿叶蜂，柳厚壁叶蜂，柳瘿叶蜂

Pontania dolichura Thomson 柳香肠瘿叶蜂，长波叶蜂

Pontania pacifica Marlatt 和平瘿叶蜂

Pontania pedunculi Hartig 耳柳瘿叶蜂

Pontania proxima (Peletier) [willow redgall sawfly, willow gall sawfly] 柳咖啡豆瘿叶蜂，柳梢瘿叶蜂

Pontania pustulator Forsius 柳叶瘿叶蜂

Pontania triandrae Benson 毛柳瘿叶蜂

Pontania vesicator Bremi-Wolf 柳蚕豆瘿叶蜂

Pontania viminalis (Linnaeus) [willow pea-gall sawfly] 柳豌豆瘿叶蜂

Pontia 云粉蝶属

Pontia beckerii (Edwards) [Becker's white, Great Basin white, sagebrush white] 贝氏云粉蝶

Pontia callidice (Hübner) [peak white] 箭纹云粉蝶，锯纹绿粉蝶，卡莘粉蝶，卡利粉蝶

Pontia callidice amaryllis Hemming 同 *Pontia callidice hinducucica*

Pontia callidice callidice (Hübner) 箭纹云粉蝶指名亚种

Pontia callidice halasia Huang *et* Murayama 同 *Pontia callidice hinducucica*

Pontia callidice hinducucica (Verity) 箭纹云粉蝶兴都亚种

Pontia callidice kalora (Moore) 箭纹云粉蝶喜马亚种，箭纹云粉蝶卡洛亚种，喀莘粉蝶

Pontia chloridice (Hübner) [small bath white] 绿云粉蝶，淡脉绿粉蝶

Pontia chloridice alpina (Verity) 绿云粉蝶青藏亚种

Pontia chloridice chloridice (Hübner) 绿云粉蝶指名亚种，指名绿云粉蝶

Pontia chloridice schahrudensis Kocak 同 *Pontia chloridice chloridice*

Pontia daplidice (Linnaeus) [bath white] 达云粉蝶，云粉蝶

Pontia daplidice amphimara (Fruhstorfer) 达云粉蝶四川亚种，四川云粉蝶

Pontia daplidice avida (Fruhstorfer) 达云粉蝶青岛亚种，青岛云粉蝶

Pontia daplidice daplidice (Linnaeus) 达云粉蝶指名亚种，指名云粉蝶

Pontia daplidice glauconome (Klug) 见 *Pontia glauconome*

Pontia daplidice moorei (Röber) 达云粉蝶西藏亚种，西藏云粉蝶

Pontia daplidice nubicola (Fruhstorfer) 达云粉蝶云纹亚种，努云粉蝶

Pontia daplidice orientalis (Kardakoff) 同 *Pontia edusa davendra*

Pontia daplidice praeclara (Fruhstorfer) 达云粉蝶西南亚种，西南云粉蝶

Pontia edusa (Fabricius) [eastern bath white] 云粉蝶，花粉蝶

Pontia edusa amphimara (Fruhstorfer) 云粉蝶四川亚种

Pontia edusa avidia (Fruhstorfer) 云粉蝶青岛亚种

Pontia edusa duvendra Hemming 云粉蝶乌苏里亚种

Pontia edusa edusa (Fabricius) 云粉蝶指名亚种

Pontia edusa heilongjiangensis Wei *et* Wu 云粉蝶黑龙江亚种

Pontia edusa moorei (Röber) 云粉蝶青藏亚种

Pontia edusa nubicola (Fruhstorfer) 云粉蝶新疆亚种

Pontia edusa praeclara Fruhstorfer 云粉蝶西南亚种

Pontia edusa qiemoensis Wei *et* Wu 云粉蝶且末亚种

Pontia glauconome (Klug) [desert white, desert bath white] 银青云粉蝶，纯青云粉蝶，青云粉蝶

Pontia helice (Linnaeus) [meadow white] 褐云粉蝶

Pontia occidentalis (Reakirt) [western white] 西云粉蝶

Pontia protodice (Boisduval *et* LeConte) [southern cabbageworm, checkered white, southern cabbage butterfly] 多形云粉蝶，南美菜粉蝶

Pontia sisymbrii (Boisduval) [spring white, California white, Colorado white] 黑脉云粉蝶

Pontia straerpae (Epstein) 斯特云粉蝶

Ponticulothrips 单鬃管蓟马属

Ponticulothrips diospyrosi Haga *et* Okajima 柿单鬃管蓟马

ponticulus [=frenulum] 翅缰

pontium 深海群落

Pontoculicoides 桥茎蠓亚属

Pontomyia 渡船摇蚊属

Pontomyia natans Edwards 海洋渡船摇蚊，海洋摇蚊

Pontomyia oceana Tokunaga 大洋渡船摇蚊，大洋摇蚊

pontophilus 栖深海的，喜深海的

Ponyalis 庞红萤属

Ponyalis chifengleei Kazantsev 李氏庞红萤

Ponyalis cincinatus Kazantsev 带庞红萤

Ponyalis daucinus Kazantsev 岛庞红萤

Ponyalis dolosa (Kleine) 长角庞红萤，长角窄胸红萤，朵窄胸红萤，姬红萤

Ponyalis fukiensis (Bocák) 福建庞红萤

Ponyalis gestroi (Pic) 卡氏庞红萤，卡氏窄胸红萤，格庞红萤

Ponyalis gracilis (Bocák) 纤庞红萤

Ponyalis ishigakiana (Nakane) 石垣庞红萤

Ponyalis klapperichi (Bocák) 克氏庞红萤

Ponyalis laticornis Fairmaire 宽角庞红萤

Ponyalis nigrohumeralis (Pic) 黑肩庞红萤

Ponyalis quadricollis (Kiesenwetter) 方胸庞红萤

Ponyalis sichuanensis (Bocák) 四川庞红萤

Ponyalis tryznai (Bocák) 特氏庞红萤

Ponyalis variabilis Li, Bocák *et* Pang 多变庞红萤

Poophilus 嗜禾沫蝉属，短头脊沫蝉属

Poophilus costalis (Walker) 缘嗜禾沫蝉，嗜禾沫蝉，嗜菊短头脊沫蝉

Poophilus extraneus Jacobi 东北嗜禾沫蝉

Poophilus grisescens (Schaum) 灰嗜禾沫蝉，灰短头脊沫蝉

poor appetite stage 少食期

poor buff [*Teriomima parva* Hawker-Smith] 帕瓦畸灰蝶

poor egg 不良卵

pooter 吸虫管，昆虫虹吸瓶

Popileus disjunctus (Illiger) 见 *Odontotaenius disjunctus*
Popillia 弧丽金龟甲属，弧丽金龟属，豆金龟属
Popillia anomaloides Kraatz 云臀弧丽金龟甲，云臀弧丽金龟
Popillia atronitens Fairmaire 见 *Ischnopopillia atronitens*
Popillia barbellata Lin 短毛弧丽金龟甲，短毛弧丽金龟
Popillia bothynoma Ohaus 同 *Popillia patricia*
Popillia cerchnopyga Lin 粗臀弧丽金龟甲，粗臀弧丽金龟
Popillia cerinimaculata Lin 大斑弧丽金龟甲，大斑弧丽金龟
Popillia chinensis Frivaldszky 同 *Popillia quadriguttata*
Popillia chlorion Newman 绿弧丽金龟甲，绿弧丽金龟
Popillia cinnabarina Fairamire 同 *Ischnopopillia exarata*
Popillia cribricollis Ohaus 筛点弧丽金龟甲，筛点弧丽金龟
Popillia cupricollis Hope 红背弧丽金龟甲，红背弧丽金龟
Popillia curtipennis Lin 云蓝弧丽金龟甲，云蓝弧丽金龟
Popillia cyanea Hope 蓝黑弧丽金龟甲，蓝黑弧丽金龟
Popillia cyanea cyanea Hope 蓝黑弧丽金龟甲指名亚种
Popillia cyanea splendidicollis Fairmaire 见 *Popillia splendidicollis*
Popillia daliensis Lin 大理弧丽金龟甲，大理弧丽金龟
Popillia dilutipennis Fairmaire 弱背弧丽金龟甲，弱背弧丽金龟
Popillia discalis Walker 盘弧丽金龟甲，盘弧丽金龟
Popillia discipennis Fairmaire 同 *Popillia histeroidea*
Popillia exarata Fairmaire 见 *Ischnopopillia exarata*
Popillia fallaciosa Fairmaire 川臀弧丽金龟甲，川臀弧丽金龟
Popillia ferreroi Sabatinelli 黄缘弧丽金龟甲，黄缘弧丽金龟
Popillia fimbripes Lin 缨足弧丽金龟甲，缨足弧丽金龟
Popillia flavofasciata Kraatz 黄带弧丽金龟甲，黄带弧丽金龟
Popillia flavosellata Fairmaire 琉璃弧丽金龟甲，琉璃弧丽金龟
Popillia flexuosa Lin 卷唇弧丽金龟甲，卷唇弧丽金龟
Popillia formosana Arrow 同 *Popillia dilutipennis*
Popillia fukiensis Machatschke 闽褐弧丽金龟甲，闽褐弧丽金龟
Popillia fukiensis concolor Lin 同 *Popillia sichuanensis*
Popillia gedongensis Lin 格当弧丽金龟甲，格当弧丽金龟
Popillia gemma Newman 蕾弧丽金龟甲，蕾弧丽金龟
Popillia hainanensis Lin 海南弧丽金龟甲，海南弧丽金龟
Popillia hirta Lin 毛腹弧丽金龟甲，毛腹弧丽金龟
Popillia hirtipyga Lin 毛尾弧丽金龟甲，毛尾弧丽金龟
Popillia histeroidea (Gyllenhal) 弱斑弧丽金龟甲，弱斑弧丽金龟
Popillia insularis Lewis 海岛弧丽金龟甲，海岛弧丽金龟
Popillia japonica Newman [Japanese beetle] 日本弧丽金龟甲，日本金龟子，日本丽金龟
Popillia laevis Burmeister 光背弧丽金龟甲，滑弧丽金龟
Popillia laeviscutula Lin 光盾弧丽金龟甲，光盾弧丽金龟
Popillia laticlypealis Lin 同 *Popillia cerchnopyga*
Popillia latimaculata Nomura 宽斑弧丽金龟甲，宽斑弧丽金龟，带纹豆金龟
Popillia leptotarsa Lin 瘦足弧丽金龟甲，瘦足弧丽金龟
Popillia limbatipennis Lin 暗边弧丽金龟甲，暗边弧丽金龟
Popillia livida Lin 台蓝弧丽金龟甲，台蓝弧丽金龟，蓝豆金龟
Popillia maclellandi Hope 红背弧丽金龟甲，玛氏红背弧丽金龟
Popillia marginicollis Hope 黄边弧丽金龟甲，黄边弧丽金龟
Popillia melanoloma Lin 黑缘弧丽金龟甲，黑缘弧丽金龟
Popillia metallicollis Fairmaire 幻斑弧丽金龟甲，幻斑弧丽金龟
Popillia miniatipennis Fairmaire 朱背弧丽金龟甲，硃翅弧丽金龟
Popillia minuta Hope 小毛弧丽金龟甲，小毛弧丽金龟
Popillia mongolica Arrow 蒙边弧丽金龟甲，蒙边弧丽金龟，蒙古豆金龟
Popillia mutans Newman 棉花弧丽金龟甲，棉花弧丽金龟，无斑弧丽金龟甲，无斑弧丽金龟，棉弧丽金龟，豆蓝丽金龟，棉蓝丽金龟，棉黑绿金龟子，台湾琉璃豆金龟
Popillia nitida Hope 似毛臀弧丽金龟甲，似毛臀弧丽金龟
Popillia oviformis Lin 卵圆弧丽金龟甲，卵圆弧丽金龟
Popillia patricia Arrow 深边弧丽金龟甲，深边弧丽金龟
Popillia phylloperthoides Fairmaire 嗜叶弧丽金龟
Popillia pilifera Lin 毛胫弧丽金龟甲，毛胫弧丽金龟
Popillia plagicollis Kraatz 光带弧丽金龟甲，光带弧丽金龟
Popillia pui Lin 鼎湖弧丽金龟甲，鼎湖弧丽金龟
Popillia pustulata Fairmaire 曲带弧丽金龟甲，曲带弧丽金龟
Popillia quadriguttata (Fabricius) [four spotted beetle] 中华弧丽金龟甲，中华弧丽金龟，四纹丽金龟甲，四纹丽金龟，豆金龟子，四斑丽金龟，四斑丽金龟子
Popillia rotundata Lin 圆斑弧丽金龟甲，圆斑弧丽金龟
Popillia rubescens Lin 渗红弧丽金龟甲，渗红弧丽金龟
Popillia rubripes Lin 红足弧丽金龟甲，红足弧丽金龟
Popillia ruficollis Kraatz 同 *Popillia quadriguttata*
Popillia sabatinellii Lin 黑边弧丽金龟甲，黑边弧丽金龟
Popillia sammenensis Lin 三门弧丽金龟甲，三门弧丽金龟
Popillia sauteri Ohaus 台褐弧丽金龟甲，台褐弧丽金龟，曹德豆金龟
Popillia scabricollis Lin 粗背弧丽金龟甲，粗背弧丽金龟
Popillia semiaenea Kraatz 转刺弧丽金龟甲，转刺弧丽金龟
Popillia semicuprea Kraatz 铜背弧丽金龟甲，铜背弧丽金龟
Popillia sexguttata Fairmaire 见 *Spilopopillia sexguttata*
Popillia sexmaculata Kraatz 见 *Spilopopillia sexmaculata*
Popillia sichuanensis Lin 川绿弧丽金龟甲，川绿弧丽金龟
Popillia sikkimensis Lin 锡金弧丽金龟甲，锡金弧丽金龟
Popillia simoni Kraatz 同 *Popillia semiaenea*
Popillia spediceipennis Lin 同 *Popillia semicuprea*
Popillia splendidicollis Fairmaire 灿弧丽金龟甲，灿弧丽金龟
Popillia strumifera Lin 皮背弧丽金龟甲，皮背弧丽金龟
Popillia subquadrata Kraatz 近方弧丽金龟甲，近方弧丽金龟
Popillia sulcata Kollar *et* Redtenbacher 皱臀弧丽金龟甲，皱臀弧丽金龟
Popillia sutularis Lin 唇沟弧丽金龟甲，唇沟弧丽金龟
Popillia taiwana Arrow 台湾弧丽金龟甲，台湾弧丽金龟，台湾豆金龟
Popillia tesari Sabatinelli 同 *Popillia semiaenea*
Popillia tibidens Lin 同 *Popillia viridula*
Popillia transversa Lin 横斑弧丽金龟甲，横斑弧丽金龟
Popillia trichiopyga Lin 同 *Popillia nitida*
Popillia varicollis Lin 幻点弧丽金龟甲，幻点弧丽金龟
Popillia virescens Hope 绿色弧丽金龟
Popillia virescens concolor Kraatz 同 *Popillia sikkimensis*
Popillia viridula Kraatz 齿胫弧丽金龟甲，齿胫弧丽金龟
Popilliina 弧丽金龟甲亚族，弧丽金龟亚族
popinjay [*Stibochiona nicea* (Gray)] 素饰蛱蝶，缘点棕蛱蝶，缘环蛱蝶
Popinus 平尾阎甲亚属
popla skipper [*Cynea popla* Evans] 珀塞尼弄蝶
poplar admiral [*Limenitis populi* (Linnaeus)] 红线蛱蝶
poplar and willow borer [= mottled willow borer, willow beetle, osier

weevil, *Cryptorrhynchus lapathi* (Linnaeus)] 杨干隐喙象甲，杨干隐喙象，杨干象，柳小隐喙象甲，拉隐喙象

poplar and willow sawfly [*Cimbex lutea* (Linnaeus)] 柳黄锤角叶蜂，黄锤角叶蜂

poplar aphid [= poplar bark aphid, *Pterocomma populeum* (Kaltenbach)] 黑杨粉毛蚜

poplar armored scale [= willow scale, topolevaya shitovka, poplar scale, *Diaspidiotus gigas* (Thiem *et* Gerneck)] 杨灰圆盾蚧，杨圆盾蚧，月杨灰圆盾蚧，杨笠圆盾蚧

poplar bark aphid 见 poplar aphid

poplar bent-wing [= ochre-tinged slender moth, *Phyllocnistis unipunctella* Stephens] 淡黄叶潜蛾

poplar blackmine beetle [= cottonwood leaf-miner, cottonwood leaf-mining beetle, *Zeugophora scutellaris* Suffrian] 盾小距甲，盾瘤胸叶甲，杨潜叶甲，杨潜叶金花虫，黑腹杨叶甲

poplar bole clearwing moth [= poplar pole clearwing moth, poplar-trunk clearwing moth, *Sesia siningensis* (Hsu)] 杨干透翅蛾，杨干赤腰透翅蛾

poplar borer 1. [*Saperda calcarata* Say] 杨黄斑楔天牛，杨天牛；2. [= Doll's clearwing moth, cottonwood clearwing moth, poplar clearwing moth, *Paranthrene dollii* (Neumoegen)] 道氏准透翅蛾

poplar branch borer [*Oberea schaumii* LeConte] 杨梢筒天牛

poplar branch gall midge [*Rabdophaga giraudiana* Kieffer] 山杨柳瘿蚊，山杨梢瘿蚊，山杨纺锤瘿蚊

poplar branchlet borer moth [= grey poplar bell moth, poplar grey bell moth, *Epinotia nisella* (Clerck)] 杨叶小卷蛾

poplar butt borer [*Xylotrechus obliteratus* LeConte] 杨脊虎天牛

poplar cambium mining fly [= cambium mining fly, willow cambium fly, willow cambium miner, *Phytobia cambii* Hendel] 柳枝菲潜蝇，柳枝潜蝇

poplar carpenterworm [*Acossus centerensis* (Lintner)] 杨木蠹蛾

poplar clearwing borer [= American hornet moth, cottonwood crown borer, *Sesia tibialis* (Harris)] 杨透翅蛾

poplar clearwing moth [= Doll's clearwing moth, cottonwood clearwing moth, poplar borer, *Paranthrene dollii* (Neumoegen)] 道氏准透翅蛾

poplar cloaked bell moth [= poplar shoot-borer, European poplar shoot borer moth, poplar twig borer, rosy cloaked shoot, *Gypsonoma aceriana* Duponchel] 杨梢叶柳小卷蛾

poplar dagger moth [= miller, miller moth, leporina dagger moth, *Acronicta leporina* (Linnaeus)] 剑纹夜蛾

poplar flea beetle [*Altica populi* Brown] 杨跳甲

poplar gall aphid [= lettuce root aphid, *Pemphigus bursarius* (Linnaeus)] 囊柄瘿绵蚜，柄瘿绵蚜，莴苣根瘿绵蚜

poplar-gall borer [= poplar gall saperda, *Saperda inornata* Say] 杨瘿楔天牛，杨瘤楔天牛

poplar gall midge [*Lasioptera populnea* Wachtl] 杨毛瘿蚊，银白杨绵毛瘿蚊

poplar gall saperda 见 poplar-gall borer

poplar gracilarid [= white-triangle slender moth, *Caloptilia stigmatella* (Fabricius)] 具痣丽细蛾，具痣花细蛾，丽细蛾，杨细蛾

poplar grey [*Acronicta megacephala* (Denis *et* Schiffermüller)] 首剑纹夜蛾

poplar grey bell moth 见 poplar branchlet borer moth

poplar hawk moth [*Laothoe populi* (Linnaeus)] 杨黄脉天蛾

poplar horned aphid [*Doraphis populi* Matsumura] 杨一条角蚜

poplar lappet [= poplar lasiocampid, *Gastropacha populifolia* (Espcr)] 杨褐枯叶蛾，杨树枯叶蛾，杨枯叶蛾，杨嘎枯叶蛾

poplar lasiocampid 见 poplar lappet

poplar leaf aphid [= smoky-winged poplar aphid, *Chaitophorus populicola* Thomas] 杨树毛蚜

poplar leaf beetle 1. [= large poplar leaf beetle, red poplar leaf beetle, *Chrysomela populi* Linnaeus] 杨叶甲，杨红叶甲；2. [= unspotted aspen leaf beetle, *Chrysomela tremulae* Fabricius] 白杨叶甲

poplar leaf blotch miner [= aspen leaf blotch miner, aspen blotch miner, *Phyllonorycter apparella* (Herrich-Schäffer)] 山杨潜叶细蛾，山杨细蛾，欧山杨细蛾

poplar leaf-folding sawfly [*Phyllocolpa bozemani* (Cooley)] 杨卷叶叶胸丝角叶蜂，杨褶叶叶蜂，杨博氏瘿叶蜂

poplar leaf gall aphid [*Epipemphigus niisimae* (Matsumura)] 尼三堡瘿绵蚜，杨叶瘿绵蚜

poplar leaf-miner [*Aulagromyza populi* (Kaltenbach)] 杨柳拟植潜蝇，杨柳叶潜蝇，柳邻卷叶潜蝇

poplar leaf-roller 1. [= aspen leaf-rolling weevil, *Byctiscus populi* (Linnaeus)] 青杨金象甲，青杨绿卷象甲，青杨绿卷象，杨卷叶象，山杨卷叶象；2. [= Solander's bell moth, birch-aspen leafroller, *Epinotia solandriana* (Linnaeus)] 榛叶小卷蛾，纸桦叶小卷蛾；3. [*Sciaphila duplex* (Walsingham)] 灰小卷蛾

poplar leafhopper [*Idiocerus populi* Linnaeus] 杨片角叶蝉，杨叶蝉

poplar leafminer moth [*Phyllonorycter populiella* (Chambers)] 白杨小潜细蛾

poplar longhorn [= large poplar borer, large willow borer, large poplar longhorn, large poplar longhorn beetle, *Saperda carcharias* (Linnaeus)] 山杨楔天牛，杨楔天牛，大青杨天牛

poplar lutestring [*Tethea* (*Tethea*) *or* (Denis *et* Schiffermüller)] 小太波纹蛾

poplar oystershell scale [= oystershell scale, apple oystershell scale, mussel scale, apple mussel scale, appletree bark louse, butternut bark-louse, fig scale, fig oystershell scale, greater fig mussel scale, linden oystershell scale, Mediterranean fig scale, oyster-shell scale, oyster-shell bark-louse, pear oystershell scale, red oystershell scale, vine mussel scale, *Lepidosaphes ulmi* (Linnaeus)] 榆蛎盾蚧，榆蛎蚧，苹蛎蚧，榆牡蛎蚧

poplar petiole gall aphid [*Pemphigus populitransversus* Riley] 美瘿绵蚜，杨瘿绵蚜，杨黄瘿绵蚜

poplar pole clearwing moth 见 poplar bole clearwing moth

poplar prominent [= scarce chocolate-tip, *Clostera anachoreta* (Denis *et* Schiffermüller)] 杨扇舟蛾，白杨天社蛾，白杨灰天社蛾，杨树天社蛾，小叶杨天社蛾，端扇舟蛾，安黑舟蛾

poplar pyralid [*Botyodes principalis* Leech] 大黄缀叶野螟，杨大野螟

poplar pyrausta [*Botyodes diniasalis* (Walker)] 黄翅缀叶野螟，杨卷叶螟，杨卷叶野螟

poplar sawfly 1. [= spotted poplar sawfly, *Pristiphora conjugata* (Dahlbom)] 黄褐槌缘叶蜂，杨黄褐锉叶蜂；2. [= hairy poplar sawfly, *Trichiocampus viminalis* (Fallén)] 青杨简栉叶蜂，青杨毛怪叶蜂

poplar scale 见 poplar armored scale

poplar shoot aphid [= birch aphid, aspen aphid, *Chaitophorus populeti* (Panzer)] 白杨毛蚜，朝鲜毛蚜，白曲毛蚜
poplar shoot-borer 见 poplar cloaked bell moth
poplar sober [= sallow leafroller moth, *Anacampsis populella* (Clerck)] 杨背麦蛾，杨麦蛾
poplar sphinx [= modest sphinx, big poplar sphinx, *Pachysphinx modesta* (Harris)] 杨柳大天蛾
poplar spiral gall aphid [= spiral gall aphid, *Pemphigus spyrothecae* Passerini] 杨晚螺瘿绵蚜
poplar-spurge gall aphid [*Pemphigus immunis* Buckton] 杨枝瘿绵蚜
poplar stem borer [= apple shoot borer, apple stem borer, apple tree borer, *Apriona cinerea* Chevrolat] 灰粒肩天牛，苹沟胫天牛
poplar tentmaker [*Ichthyura inclusa* Hübner] 杨柳天幕舟蛾，杨天幕天社蛾
poplar tortricid [= brindled marbled bell moth, *Gypsonoma minutana* (Hübner)] 杨柳小卷蛾，杨叶柳小卷蛾
poplar-trunk clearwing moth 见 poplar bole clearwing moth
poplar twig borer 1. [= European poplar clearwing borer, dusky clearwing moth, European poplar clearwing moth, *Paranthrene tabaniformis* (Rottenberg)] 白杨准透翅蛾，白杨透翅蛾，虻形准透翅蛾；2. [= poplar cloaked bell moth, European poplar shoot borer moth, poplar shoot-borer, rosy cloaked shoot, *Gypsonoma aceriana* Duponchel] 杨梢叶柳小卷蛾
poplar twiggall fly [= sallow stem galler, *Hexomyza schineri* (Giraud)] 杨枝瘿潜蝇，杨柳潜叶蝇
poplar vagabond aphid [*Mordwilkoja vagabunda* (Walsh)] 美国杨莫蚜，三角叶杨瘿蚜，杨游动莫氏蚜
poplar woolly aphid [= woolly poplar aphid, *Phloeomyzus passerinii* Signoret] 杨平翅绵蚜
poppea dotted border [*Mylothris poppea* (Cramer)] 葆迷粉蝶
Poppiocapsidea 帕盲蝽属
Poppiocapsidea clypealis (Poppius) 黑唇帕盲蝽
Poppius' plump grasshopper [*Podismopsis poppiusi* (Miram)] 内蒙跃度蝗
poppy leaf roller [= flax tortrix, *Cnephasia asseclana* Denis *et* Schiffermüller] 罂粟云卷蛾，罂粟卷蛾，罂粟卷叶蛾
population 1. 种群；2. 虫口；3. 人口
population analysis 种群分析
population bottleneck 种群瓶颈，种群瓶颈效应
population colonisation [= population colonization] 种群定殖
population colonization 见 population colonisation
population contraction 种群萎缩，种群萎缩现象
population count 种群统计
population curve 种群曲线
population decline 种群衰落
population decreasing rate 虫口减退率
population density 种群密度，种群数量，虫口密度
population depression 种群衰退，种群减退
population distinction 种群消灭
population doubling time 种群倍增时间，种群加倍时间
population dynamics 种群动态
population ecology 种群生态学
population establishment 种群建立
population flow 虫口流动，种群流动
population fluctuation 种群波动，种群数量波动
population genetic structure 种群遗传结构
population genetics 种群遗传学
population genomics 种群基因组学
population gradation 种群阶梯
population growth 种群增长，种群生长
population growth curve 种群生长曲线
population inhibition 种群抑制
population intensity 种群强度
population outbreak 种群暴发
population parameter 种群参数
population pressure 种群压力
population rearing 1. 种群饲养；2. 群体饲养，群体育
population regulation 种群调节
population replacement 种群替代
population structure 种群结构
population trend index 种群趋势指数
population turnover 种群轮替
population viability 种群生存力
population viability analysis [abb. PVA] 种群生存力分析
Populicerus 杨叶蝉属
Populicerus albostriatus Cai *et* Shen 白带杨叶蝉
Populicerus orientalis Isaev 东方杨叶蝉
Populicerus populi (Linnaeus) 杨叶蝉
porcate [= porcatus] 具脊的
porcatus 见 porcate
Porcellanola 瓷瘤蛾属
Porcellanola gaofengensis Hu, Wang *et* Han 高峰瓷瘤蛾
Porcellanola langtangi László, Ronkay *et* Witt 朗塘瓷瘤蛾
Porcellanola thai László, Ronkay *et* Witt 泰瓷瘤蛾
porcius scarlet-eye [*Dyscophellus porcius* (Felder *et* Felder)] 宝傣弄蝶
pore 孔
pore-bearing mealybug [*Rhodania porifera* Goux] 全北卵粉蚧
pore canal 孔道
pore-plate 孔板感觉器
pore space 孔隙
Poreospasta 孔绿芫菁亚属
poriferous 多孔的
poriform 孔状
Poriskina 孔灰蝶属
Poriskina phakes Druce 孔灰蝶
Poritia 圆灰蝶属
Poritia erycinoides (Felder *et* Felder) [blue gem] 埃圆灰蝶
Poritia ericynoides elsiei Evans 埃圆灰蝶滇南亚种，滇南埃圆灰蝶
Poritia erycinoides erycinoides (Felder *et* Felder) 埃圆灰蝶指名亚种
Poritia fruhstorferi Corbet 弗氏圆灰蝶
Poritia hewitsoni Moore [common gem] 圆灰蝶
Poritia hewitsoni hewitsoni Moore 圆灰蝶指名亚种
Poritia hewitsoni tavoyana Doherty [Indo-Chinese common gem] 圆灰蝶印支亚种
Poritia karenina Evans 开圆灰蝶
Poritia manilia Fruhstorfer 马尼圆灰蝶
Poritia phalena (Hewitson) 见 *Simiskina phalena*
Poritia phama Druce 珐圆灰蝶，法圆灰蝶

Poritia philota Hewitson 蓝纹圆灰蝶
Poritia phormedon Druce 福圆灰蝶
Poritia plateni Staudinger 普来圆灰蝶
Poritia pleurata Hewitson [green gem] 绿圆灰蝶
Poritia promula Hewitson 普圆灰蝶
Poritia sumatrae (Felder *et* Felder) 苏门圆灰蝶，苏门答腊圆灰蝶
Porizon 缝姬蜂属，波瑞姬蜂属
Porizon canescens (Gravenhorst) 见 *Venturia canescens*
Porizontinae 缝姬蜂亚科
Porizontini 缝姬蜂族
Porocallus 网点隐翅甲属
Porocallus tianmuensis (Pace) 天目网点隐翅甲
Poroderus 坡蚁甲属
Poroderus siamensis (Schaufuss) 泰坡蚁甲
Porogymnaspis 孔片盾蚧属
Porogymnaspis silvestri Bellio 越南孔片盾蚧
Poropoea 圆翅赤眼蜂属
Poropoea brevituba Lin 短管圆翅赤眼蜂
Poropoea chinensis Lou 中国圆翅赤眼蜂
Poropoea coryli Lou 榛卷象圆翅赤眼蜂
Poropoea duplicata Lin 叠棒圆翅赤眼蜂
Poropoea longicornis Viggiani 长角圆翅赤眼蜂
Poropoea morimotoi Hirose 日本圆翅赤眼蜂
Poropoea tomapoderus Luo *et* Liao 榆卷叶象圆翅赤眼蜂，榆卷叶象甲赤眼蜂
porosa area 孔区
Porosagrotis orthogonia (Morrison) 见 *Agrotis orthogonia*
porose [= porosus, porous] 有孔的
porose cocoon 穿孔茧 < 家蚕的 >
porosus 见 porose
Porotermes adamsoni Froggatt 亚当森胼原白蚁
porous 见 porose
Porphyrogenes 顺弄蝶属
Porphyrogenes boliva Evans [Boliva skipper] 玻顺弄蝶
Porphyrogenes despecta Butler 德顺弄蝶
Porphyrogenes passalus (Herrich-Schäffer) [dazzling nightfighter, passalus skipper] 顺弄蝶
Porphyrogenes vulpecula Plötz [vulpecula skipper] 狐顺弄蝶
Porphyrogenes zohra Möschler [zohra scarlet-eye, zohra skipper] 左拉顺弄蝶
Porphyrophora 胭珠蚧属
Porphyrophora akirtobiensis Jashenko 钝爪胭珠蚧
Porphyrophora altaiensis Jashenko 阿尔泰胭珠蚧
Porphyrophora arnebiae (Archangelskaya) 紫草胭珠蚧
Porphyrophora cynodontis (Archangelskaya) 绊根草胭珠蚧
Porphyrophora epigaea Danzig 黄蓍胭珠蚧
Porphyrophora eremospartonae Jashenko 苏联胭珠蚧
Porphyrophora gigantea Jashenko 巨型胭珠蚧
Porphyrophora hameli Brandt 中亚胭珠蚧
Porphyrophora iliensis Matesova *et* Jashenko 木图胭珠蚧
Porphyrophora jaapi Jakubski 大孔胭珠蚧
Porphyrophora kazakhstanica Matesova *et* Jashenko 哈萨克胭珠蚧
Porphyrophora matesovae Jashenko 野麦胭珠蚧
Porphyrophora minuta Borchsenius 小型胭珠蚧
Porphyrophora monticola Borchsenius 亚美胭珠蚧
Porphyrophora ningxiana Yang 同 *Porphyrophora sophorae*
Porphyrophora nuda (Archangelskaya) 裸露胭珠蚧
Porphyrophora odorata (Archangelskaya) 石竹胭珠蚧
Porphyrophora polonica (Linnaeus) [Polish cochiheal scale, Polish cochineal, Polish carmin scale, ground pearl, crimson-dyeing scale insect] 波斯胭珠蚧，波兰胭脂虫
Porphyrophora sophorae (Archangelskaya) 甘草胭珠蚧
Porphyrophora tritici (Bodenheimer) 小麦胭珠蚧
Porphyrophora turaigiriensis Jashenko 羊茅胭珠蚧
Porphyrophora ussuriensis Borchsenius 乌苏里胭珠蚧
Porphyrophora villosa Danzig 远东胭珠蚧
Porphyrophora violaceae Matesova *et* Jashenko 鹤虱胭珠蚧
Porphyrophora xinjiangana Yang 同 *Porphyrophora sophorae*
Porphyrophora yemenica Yang 也门胭珠蚧
Porphyrops intermedia Parent 同 *Rhaphium parentianum*
Porphyrosela 坡细蛾属
Porphyrosela dorinda (Meyrick) 多坡细蛾
porphyry commander [*Euryphura porphyrion* (Ward)] 肋蛱蝶
porphyry knothorn moth [*Eurhodope suavella* (Zincken)] 甜网斑螟，甜斑螟，悦闺斑螟
Porpomastix 三节芒蜣蝇属，曲腹蜣蝇属
Porpomastix fasciolata Enderlein 三点三节芒蜣蝇，深脉曲腹蜣蝇
Porricondylinae 鼓瘿蚊亚科
Porricondylini 鼓瘿蚊族
Porrorhynchus 长唇豉甲属，前口豉甲属
Porrorhynchus brevirostris Régimbart 同 *Porrorhynchus* (*Porrorhynchus*) *indicans*
Porrorhynchus landaisi Régimbart 见 *Porrorhynchus* (*Porrorhynchus*) *landaisi*
Porrorhynchus* (*Porrorhynchus*) *indicans (Walker) [Sri Lankan snouted whirligig] 锡兰长唇豉甲，锡兰前口豉甲，印隐盾豉甲
Porrorhynchus* (*Porrorhynchus*) *landaisi Régimbart [splendid snouted whirligig] 阑氏长唇豉甲，郎氏前口豉甲，兰隐盾豉甲
Porrorhynchus* (*Porrorhynchus*) *marginatus Laporte [margined snouted whirligig] 锯缘长唇豉甲，缘前口豉甲，缘隐盾豉甲
Porrorhynchus* (*Rhomborhynchus*) *depressus Régimbart [flat snouted whirligig] 扁长唇豉甲，扁前口豉甲
Porrorhynchus* (*Rhomborhynchus*) *misoolensis Ochs [Misool snouted whirligig] 四王岛长唇豉甲，四王岛前口豉甲
Porrorhynchus tenuirostris Régimbart 同 *Porrorhynchus* (*Porrorhynchus*) *marginatus*
Porsica 波舟蛾属
Porsica curvaria Hampson 曲波舟蛾
Porsica ingens Walker 波舟蛾
Porsica ingens ingens Walker 波舟蛾指名亚种，指名强坡舟蛾
Porsica punctifascia (Hampson) 点带波舟蛾
porta atrii [= atrial orifice] 气门室口
portal of entry 侵入口 < 常指病原体进入寄主的侵入口 >
Porter's rustic [*Athetis hospes* (Freyer)] 黄褐委夜蛾
Portevinia 颜突蚜蝇属
Portevinia ahaica (Stackelberg) 阿尔泰颜突蚜蝇，阿尔泰坡蚜蝇
Portevinia bashanensis Huo, Ren *et* Zheng 巴山颜突蚜蝇
Portevinia dispar (Hervé-Bazin) 异斑颜突蚜蝇，歧坡蚜蝇

Portevinia maculata (Fallén) 灰斑颜突蚜蝇

Portevinia tianzuensis (Li *et* Li) 见 *Brachyopa tianzhuensis*

Porthesia 盗毒蛾属

Porthesia atereta (Collenette) 见 *Nygmia atereta*

Porthesia coniptera Collenette 见 *Euproctis coniptera*

Porthesia formosicola Matsumura 同 *Euproctis sericea*

Porthesia formosicola fuscinervis Matsumura 同 *Euproctis sericea*

Porthesia hoenei Collenette 见 *Euproctis hoenei*

Porthesia hopponis Matsumura 见 *Euproctis hopponis*

Porthesia kurosawai Inoue 见 *Euproctis kurosawai*

Porthesia mimosa Matsumura 见 *Euproctis mimosa*

Porthesia piperita (Oberthür) 见 *Euproctis piperita*

Porthesia puchella Chao 见 *Euproctis puchella*

Porthesia scintillans (Walker) 见 *Somena scintillans*

Porthesia similis (Fuessly) 见 *Sphrageidus similis*

Porthesia taiwana Shiraki 见 *Euproctis taiwana*

Porthesia tsingtauica (Strand) 见 *Euproctis tsingtauica*

Porthesia uchidae Matsumura 见 *Euproctis uchidae*

Porthesia virguncula (Walker) 见 *Euproctis virguncula*

Porthesia xanthocampa Dyar 见 *Sphrageidus similis xanthocampa*

Porthesia xanthorrhoea (Kollar) 见 *Euproctis xanthorrhoea*

Porthetria dispar (Linnaeus) 见 *Lymantria dispar*

Porthmologa paraclina Meyrick 印劫林织蛾

porthos untailed charaxes [*Charaxes porthos* Grose-Smith] 婆娑螯蛱蝶

portia [*Anaea portia* (Fabricius)] 波特安蛱蝶

Portland moth [= greenish narrow-winged noctuid, *Actebia praecox* (Linnaeus)] 普青绿夜蛾，普地夜蛾，青翅细夜蛾，翠色狼夜蛾

Portschinskia 小头皮蝇属

Portschinskia bombiformis (Portschinsky) 蜂小头皮蝇

Portschinskia burmensis Li, Pape *et* Zhang 缅小头皮蝇

Portschinskia gigas (Portschinsky) 巨小头皮蝇

Portschinskia himalayana Grunin 喜马小头皮蝇

Portschinskia loewii (Schnabl) 洛氏小头皮蝇

Portschinskia luliangensis Xue, Wang *et* Wu 同 *Portschinskia magnifica*

Portschinskia magnifica Plaeske 壮小头皮蝇

Portschinskia neugebaueri (Portschinsky) 纽氏小头皮蝇

Portschinskia przewalskyi (Portschinsky) 青小头皮蝇

Portschinskia sichuanensis Li, Pape *et* Zhang 四川小头皮蝇

Portschinskia xizangensis Li, Pape *et* Zhang 西藏小头皮蝇

Portschinskia yunnanensis Li, Pape *et* Zhang 云南小头皮蝇

Portuguese dappled white [*Euchloe tagis* (Hübner)] 葡萄牙端粉蝶

positive acceleration phase 正增进相

positive correlation 正相关

positive feedback 正反馈

positive growth form 正生长型

positive regulation of biological process 正向调节生物过程

positive selection 正选择

positive tropism 正向性

post mortem 死后的

post oak grasshopper [= post-oak locust, *Dendrotettix quercus* Packard] 栎树蝗

post-oak locust 见 post oak grasshopper

post-parasitization 寄生后

post-reductional 后减数的

post-reproductive period 生殖后期

post transcriptional gene silencing [abb. PTGS] 转录后基因沉默

postabdomen 后腹部 < 指腹部在缢缩处以后的部分；或指雌性昆虫腹部缩入生殖腔中的腹节 >

postacrostichal 后中鬃 < 在双翅目昆虫背板横沟后的中鬃 >

postal vein 前缘脉 < 常用于膜翅目中 >

postalar 翅后的

postalar bridge [= postalare, postalaria, lateropostnotum] 翅后桥

postalar callosity [= postalar callus] 翅后胛

postalar callus 见 postalar callosity

postalar membrane 翅后膜 < 常指双翅目昆虫连接腋瓣与小盾片的一条膜 >

postalare [= postalar bridge, postalaria, lateropostnotum] 翅后桥

postalaria [pl. postalariae; = postalar bridge, postalare, lateropostnotum] 翅后桥

postalariae [s. postalaria] 翅后桥

postalifera [= anterior subalare, postparapteron, epimeral parapteron, costale, postepimeron, costal sclerite, posterior costal sclerite] 后上侧片

postanal field 后臀区 < 指前翅的后叶，见于澳白蚁属 *Mastotermes* 中 >

postanal median groove 肛后中沟

postanal plate 肛后板 < 见于介壳虫中，实即尾节 (telson)>

postanal seta 肛后毛

postanal transversal groove 肛后横沟

postanals 肛后毛

postannellus 触角第四节 < 常指膜翅目昆虫触角鞭节第二节 >

postantennal 角后的，触角后方的

postantennal appendage 角后附肢 < 指昆虫胚胎中退化的第二触角 >

postantennal glandularia 后触腺毛

postantennal organ 角后器 < 指弹尾目昆虫触角基部后面不同形状的构造 >

postantennal tubercle 角后瘤

postarticular 关节后的

postartis [= condilo vero，ventral condyle，hypocondyle] 后关节突 < 指上颚的 >

postaxial surface of the leg 足后面 < 昆虫足伸出与身体成直角时的后面 >

postbothridial enantiophysis 感器窝后突

postbrachial [= pobrachial] 后臂脉

postcephalic gland 后头腺

postcerebral 脑后的

postcerebral ganglion [= occipital ganglion, hypocerebral ganglion] 脑下神经节，后头神经节

postcerebral gland 脑后腺

postclimax 超顶极 (植物) 群落

postclypeus [= supraclypeus, nasus, afternose, first clypeus, clypeus posterior, posterior clypeus] 后唇基

postcoila [pl. postcoilae] 后关点窝 < 指上颚的 >

postcoilae [s. postcoila] 后关点窝

postcornua [= posterior cornua] 后角突 < 指咽基后边的似角状突起 >

postcosta 1. 亚前缘脉 < 同 subcosta>； 2. 臀脉 < 在蜻蜓目中康氏

脉系的第一臀脉；或毛翅目昆虫的臀脉 >
postcostal 前缘后的
postcostal space 亚前缘室；臀室 < 参阅 postcosta>
postcoxal 基节后的
postcoxal bridge [= postcoxale, postcoxalia] 基后桥，基节后桥 < 侧板在足基节后的部分，常与腹板愈合 >
postcoxale 见 postcoxal bridge
postcoxalia 见 postcoxal bridge
postcubital crossvein [= postnodal crossvein] 结后横脉 < 见蜻蜓目中 >
postcubitus 后肘脉
postdorsulum [= metatergum, posterior pereion, postdorsum, metanotum] 后胸背板
postdorsum 见 postdorsulum
Postelectrotermes 后膜木白蚁属
Postelectrotermes militaris Desneux 兵后膜木白蚁
Postelectrotermes pishinensis Ahmad 西巴后膜木白蚁
postembryonic 胚后的
postembryonic development 胚后发育，后胚子发育
Postemmalocera 幻拟斑螟属
Postemmalocera cuprella (Caradja) 铜色幻拟斑螟
postepistoma 唇基后颜部 < 指膜翅目昆虫唇基后的部分 >
posterior 后的
posterior angle [= anal angle] 后角，臀角
posterior apophysis 后内突 < 指鳞翅目昆虫雌性第八腹节内向前伸的一对骨化棍 >
posterior arculus 后弓脉 < 即弓脉中由横脉形成的部分 >
posterior basalare[= medalifera, second parapteron] 后前上侧片
posterior calli [= posterior callosities] 后胛 < 指双翅目昆虫有翅瓣类中胸背板后角的膨大部分 >
posterior callosities 见 posterior calli
posterior cell 后室 < 见于双翅目昆虫脉序中，为 R_5 室 >
posterior cephalic foramen [= foramen occipitale, foramen magnum, occipital foramen] 后头孔
posterior clypeus [= supraclypeus, nasus, afternose, first clypeus, clypeus posterior, postclypeus] 后唇基
posterior compartment 后隔间 <翅成虫盘的>
posterior connective lamina of gonapophyses 后连接片
posterior cornua 见 postcornua
posterior crop 第二胃囊 < 见于半翅目昆虫中 >
posterior crossvein 臀横脉 < 指双翅目昆虫封闭中室端部的横脉，或为康、尼脉系中的 Cu_1 脉的基段 >
posterior dorsocentral bristle [= postsutural dorso-centrals] 后背中鬃 < 见于双翅目昆虫中 >
posterior edge 后缘 < 常指翅的后边缘 >
posterior exobothridial seta 感器窝后外毛
posterior fibula 后腓骨
posterior field [= anal field] 后域 < 见于复翅中 >
posterior foramen [= foramen magnum] 后头孔
posterior genuala 后膝毛
posterior gut 后中肠
posterior intercalary 后闰脉 < 双翅目昆虫 A 脉之一 >
posterior intestine 后肠
posterior labral muscle 后上唇肌
posterior lamina 后片 < 指蜻蜓目雄虫第二腹节常为分叉的钩形突，同 hamule>
posterior lateral [=caudal plate] 尾板，臀板
posterior lateral margin 后侧缘 < 指直翅目昆虫从前胸背板基部下伸至两侧的后角的边缘 >
posterior lateral plate 后侧板 < 即介壳虫的尾板 (caudal plate)>
posterior lateral seta 后侧毛
posterior lobe 后叶 < 常指翅在腋切 (axillary incision) 以后的部分 >
posterior lobe of gonoplac 第三产卵瓣后叶
posterior main gland [abb. PMG] 后主腺
posterior margin [= inner margin] 内缘 < 指翅的 >
posterior median 后中脉 < 即康氏脉系中之 M 脉 >
posterior median groove 后中沟
posterior mesenteron rudiment 后中肠原基，后中肠轫
posterior midgut 后中肠
posterior notal ridge [= notalia] 后背脊
posterior notal wing process 后背翅突
posterior ocellus [= lateral ocellus] 后单眼，侧单眼
posterior orbit [= occipital orbit] 后眼眶
posterior orbit cilia 眶后鬃 < 指双翅目昆虫中沿眼后眶的一行鬃 >
posterior pereion 见 postdorsulum
posterior pharynx 后咽 < 指脑后的咽室 >
posterior pleon 后腹部 < 指腹部末节 >
posterior pleopoda [= planta] 臀腹足 < 见于鳞翅目幼虫 >
posterior probability 后验概率
posterior pronotal lobe 前胸背板后叶
posterior respiratory process 后呼吸突
posterior silkgland 后部丝腺
posterior spiracle 后气门
posterior stigmatal tubercle 后气门瘤 < 见于鳞翅目幼虫 >
posterior tentorial arm 幕骨后臂
posterior tentorial pit [= gular pit, metatentorina, fenestra tentorii posterioris, fossa tentorii posterior, fovea tentorialis posterior] 后幕骨陷
posterior thoracic mound 后胸突
posterior tibiala 后胫毛
posterior trapezoidal tubercle 后梯形瘤 < 鳞翅目幼虫胸部和腹部亚背面及后部的瘤 >
posterior tuberosity 后瘤 < 指臀脉基部凸出的肩状区 >
posterior vagina 后阴道
posterior vein 后脉 < 指分割后室的翅脉 >
posterior wing [= hind wing, hindwing, metathoracic wing, secondary wing, second wing, secundarie wing, inferior wing, under wing, metala, ala inferior, ala postica, ala posterior] 后翅
posterior wing process [abb. PWP] 后背翅突
posterodorsals 后上鬃 < 指双翅目昆虫足鬃之在后面和背面会合处者 >
posterolateral 后侧的
posteroventrals 后下鬃 < 指双翅目昆虫足鬃之在后面和腹面会合处者 >
postfrenal portion 盾舌区
postfrenum [= postfroenum, postscutellum, pseudonotum] 后小盾片
postfroenum 见 postfrenum
postfrons 后额区

postfrontal pharyngeal dilators 后额咽开肌，额源咽开肌
postfrontal suture 后额缝 < 实为蜕裂线臂 >
postfrontalia 后额片
postfurca 后胸叉突
postgena 后颊
postgenacerore 后臀蜡孔 < 指介壳虫臀蜡孔的后侧群 >
postgenal 后颊的，颊后的
postgenal bridge 后颊桥
postgenital sclerite 后殖片
postgenital segment 生殖后节
postgenome 后基因组
postgula 后外咽片 < 即革翅目昆虫头部下面基部的骨片 >
posthumeral bristle 肩后鬃 < 见于双翅目昆虫中 >
posthypostomal seta 口下板后毛
postical vein 臀脉 < 即双翅目昆虫的第五纵脉，或康氏脉系的 M_3>
posticus 后的
postlabia 气门后唇片 < 气门片的唇状特化，常在气门之后 >
postlabial area [= postmentum] 后颏，后下唇区
postlabium 后下唇 < 即下唇体的基部 >
postman [= common postman, *Heliconius melpomene* (Linnaeus)] 红带袖蝶，诗神袖蝶
postmandibular 上颚后的
postmarginal vein 缘后脉 < 指小蜂中康氏脉系的 Sc_2+R_1 的第二部分 >
postmaxatendon 后下颚腱 < 即亚外颚叶里面的腱 >
postmedia 后中脉 < 蜉蝣的中脉与肘脉间的明显翅脉 >
postmedial line 后中线 < 即鳞翅目昆虫的横后线 (transverse posteriorline)>
postmedian fascia 外横线
postmedians 后中足鬃 < 见于双翅目昆虫中，即位于中上或中后的足鬃 >
postmental 后颏的
postmentum 见 postlabial area
postmetamorphic 变态后的
postmetamorphic growth 变态后生长
postnasus 前额 < 颜面紧接于触角并位于后唇基之后的部分 >
postnodal costal space 结后缘室 < 指蜻蜓由结脉至翅痣前缘下面的翅室 >
postnodal crossvein 结后横脉 < 指蜻蜓结翅至翅痣间的横脉 >
postnodal radial space 结后径室 < 指蜻蜓 R_1 和 M_1 脉间由结脉至外缘的翅室 >
postnodal sector [= ultranodal sector] 结后分脉 < 指蜻蜓中位于 M_1 和 M_2 脉间的纵脉 >
postnotal organ 后背突
postnotal plate 后背板
postnotum [= phragmanotum, pseudonotum] 后背板，后背片
Postobeidia 后缘长翅尺蛾属，后长翅尺蛾属
Postobeidia gravipardata Inoue 重斑后缘长翅尺蛾，格后长翅尺蛾
Postobeidia horishana (Matsumura) 埔里后缘长翅尺蛾，埔里后长翅尺蛾，埔里豹纹尺蛾
Postobeidia postmarginata (Wehrli) 后缘长翅尺蛾，长翅尺蛾
postoccipital ridge 次后头脊
postoccipital sulcus 次后头沟
postocciput 次后头
postocellar [= postvertical bristle, postvertical, postocellar bristle] 单眼后鬃 < 双翅目昆虫长在头顶之下、后头之上和单眼瘤后的鬃 >
postocellar area 单眼后区 < 指膜翅目昆虫头部背面的区域，为单眼槽和头部后缘所围限 >
postocellar bristle 见 postocellar
postocellar gland 单眼后腺 < 指蜜蜂雄蜂与蜂后中，位于单眼之上的一堆腺体 >
postocellar line [abb. POL] 后单眼间距 < 两后单眼之间的最短距离 >
postocular 眼后区的，眼后的
postocular body 眼后体
postocular margin 眼后缘
postocular region 眼后区
postocular spot 眼后点 < 指束翅亚目 Zygoptera 昆虫位于单眼后方和侧方的淡色点 >
postocular sulcus 眼后沟
postocularia 眼后毛
postoesophageal commissure 食管后接索
postoral 口后的
postorbital 1. 眶后的；2. 后眼眶鬃
postorbital bristle [= cilia of the posterior orbit] 眶后鬃 < 见于双翅目昆虫中 >
postoviposition [= postovipositional] 产卵后的
postoviposition duration [= postoviposition period, postovipositional period] 产卵后期
postoviposition period 见 postoviposition duration
postovipositional 见 postoviposition
postovipositional aggression 产卵后聚集
postovipositional behavio(u)r 产卵后行为
postovipositional period 见 postoviposition duration
postparadensa 后臀腹原 < 指某些介壳虫中两群臀腹厚中之后群 >
postparaptera [s. postparapteron; = epimeral paraptera] 翅下后片，后翅板
postparapteron [pl. postparaptera; = epimeral parapteron] 翅下后片，后翅板
postparapterum [= supraepimeron] 上后侧片
postpectus 后胸腹面
postpede 后足
postpedicel 梗后节 < 即指触角的第三节 >
postpetiole 后腹柄 < 指蚁类腹柄为二节时的第二节 >
postpharyngeal dilators [= dilatores postpharyngeales] 后咽开肌
postpharynx 后咽
postphragma 后悬骨 < 指由后背板发生的悬骨 >
postphragmina 后悬骨褶
postpleurella 侧板后片 < 指侧板的第四骨片 >
postpleurite [= opisthopleurite, intersternum] 间腹板
postpleuron [=anopleqre, epimeron] 后侧片
postpronotum 后前胸背板 < 即前胸背板之后部 >
postretinal 网膜后的
postretinal fiber 网膜后纤维
Postsalebria albicilla Herrich-Schäffer 见 *Salebriopsis albicilla*
postscutellum 见 postfrenum
postscutum 后盾片

poststernellum 后小腹片
poststernite 后腹片
poststigma 后气门
poststigmatal cell 痣后缘室 < 在蜜蜂类中，位于翅痣后的缘室 >
poststigmatal primary tubercle 气门后原瘤 < 为鳞翅目幼虫胸部气门后属于亚原生性的瘤 >
poststigmatic pore 后气门
postsubterminal 后亚端的 < 鳞翅目昆虫中，在亚端横线之外的 >
postsutural bristle 沟后鬃 < 见于双翅目昆虫中 >
postsutural dorsocentrals [= posterior dorso-centrales] 后背中鬃
postsynaptic inhibition 突触后抑制
postsynaptic membrane 突触后膜
postsynaptic potential 突触后电位
posttentoria 幕骨后臂
postterga 后截盾 < 指鞘翅目幼虫最末体节上的盾片 >
posttergite 后背片，后背板
posttriangular cell [= discoidal areolet] 中行室
postulate [= pustulosus, pustulous] 有小疱的
postvertex 后头顶 < 指头顶因复眼合并而分为两部时的后域 >
postvertical 见 postocellar
postvertical bristle 见 postocellar
postvertical cephalic bristle 后顶头鬃 < 双翅目昆虫后头上部中间的鬃 >
Potamanaxas 河衬弄蝶属
Potamanaxas flavofasciata (Hewitson) [yellow-banded skipper, yellow-striped potam] 河衬弄蝶
Potamanaxas laoma (Hewitson) [laoma spreadwing] 老河衬弄蝶
Potamanaxas latrea Hewitson [latrea skipper] 拉河衬弄蝶
Potamanaxas melicertes Godman *et* Salvin [melicertes skipper, melicertes spreadwing] 蜜河衬弄蝶
Potamanaxas pammenes Godman *et* Salvin 潘河衬弄蝶
Potamanaxas thestia Hewitson [thestia skipper] 苔河衬弄蝶
Potamanaxas trifasciatus Lindsey 三带河衬弄蝶
Potamanaxas unifasciata (Felder *et* Felder) [Felder's skipper] 单带河衬弄蝶
Potamanaxas xantholeuce Mabille 黄白河衬弄蝶
Potamanthellus 小河蜉属
Potamanthellus chinensis Hsu 中国小河蜉
Potamanthidae 河花蜉科，花鳃蜉科，花鳃蜉蝣科
Potamanthodes 似河花蜉属
Potamanthodes formosus Eaton 台湾似河花蜉
Potamanthodes fujianensis You 福建似河花蜉
Potamanthodes kamonis (Imanishi) 湖北似河花蜉
Potamanthodes kwangsiensis Hsu 广西似河花蜉
Potamanthodes macrophthalmus You 见 *Potamanthus macrophthalmus*
Potamanthodes nanchangi Hsu 见 *Potamanthus nanchangi*
Potamanthodes sangangensis You *et* Su 三港似河花蜉
Potamanthodes yunnanensis You, Wu, Gui *et* Hsu 见 *Potamanthus yunnanensis*
Potamanthus 河花蜉属，花鳃蜉蝣属
Potamanthus huoshanensis Wu 霍山河花蜉
Potamanthus idiocerus Bae *et* McCafferty 殊须河花蜉
Potamanthus luteus (Linnaeus) [yellow mayfly] 黄河花蜉
Potamanthus macrophthalmus (You) 大眼河花蜉，大眼似河花蜉
Potamanthus nanchangi (Hsu) 南昌河花蜉，南昌似河花蜉
Potamanthus yunnanensis (You, Wu, Gui *et* Hsu) 云南河花蜉，云南似河花蜉
Potamarcha 狭翅蜻属
Potamarcha congener (Rambur) 湿地狭翅蜻，暗色狭翅蜻，溪神蜻蜓
Potamarcha obscura (Rambur) 同 *Potamarcha congener*
Potamarcha puella Needham 黄面狭翅蜻，丽狭翅蜻
Potamia 河蝇属
Potamia diprealar Fan *et* Kong 双鬃河蝇
Potamia littoralis Robineau-Desvoidy 全北河蝇
Potamia setitarsis Feng 鬃跗河蝇
Potamiaena 凹盾长蝽属
Potamiaena aurifera Distant 凹盾长蝽
potamium 河流群落
potamocorid 1. [= potamocorid bug] 河蝽 < 河蝽科 Potamocoridae 昆虫的通称 >；2. 河蝽科的
potamocorid bug [= potamocorid] 河蝽
Potamocoridae 河蝽科
Potamometra 巨涧黾蝽属，巨涧黾属
Potamometra berezowskii Bianchi 布氏巨涧黾蝽，布氏巨涧黾
Potamometra macrokosos Drake *et* Hoberlandt 中南巨涧黾蝽，中南巨涧黾
Potamometra montandoni Kirkaldy 蒙氏巨涧黾蝽，蒙氏巨涧黾
Potamometra tibetensis Esaki 西南巨涧黾蝽，西南巨涧黾
Potamomusa 坡塔螟属
Potamomusa midas (Butler) 迷坡塔螟
potamophilus 适河流的，喜河流的
Potamyia 缺距纹石蛾属
Potamyia bicornis Li *et* Tian 短尾缺距纹石蛾，双角缺距纹石蛾
Potamyia chekiangensis (Schmid) 同 *Potamyia chinensis*
Potamyia chinensis (Ulmer) 中华缺距纹石蛾，小缺距纹石蛾
Potamyia hoenei (Schmid) 锐角缺距纹石蛾
Potamyia jinhongensis Li *et* Tian 景洪缺距纹石蛾
Potamyia parva Tian *et* Li 小缺距纹石蛾
Potamyia proboscida Li *et* Tian 长尾缺距纹石蛾，喙缺距纹石蛾
Potamyia straminea (MacLachlan) 禾黄缺距纹石蛾，草缺距纹石蛾
Potamyia trilobata Ulmer 单叶缺距纹石蛾
Potamyia yunnanica (Schmid) 滇缺距纹石蛾，云南缺距纹石蛾
Potaninia 波叶甲属
Potaninia assamensis (Baly) 水麻波叶甲
Potaninia laboissierei (Chen) 见 *Suinzona laboissierei*
Potaninia monticola (Chen) 见 *Suinzona monticola*
Potaninia polita Weise 同 *Potaninia assamensis*
Potanthus 黄室弄蝶属，黄斑弄蝶属
Potanthus amor Evans 爱神黄室弄蝶
Potanthus chloe Eliot 克洛伊黄室弄蝶
Potanthus confucius (Felder *et* Felder) [Chinese dart, confucian dart, tropic dart] 孔子黄室弄蝶
Potanthus confucius angustatus (Matsumura) 孔子黄室弄蝶台湾亚种，黄斑弄蝶，台湾黄斑弄蝶，黄弄蝶，小黄斑弄蝶，台湾孔子黄室弄蝶
Potanthus confucius confucius (Felder *et* Felder) 孔子黄室弄蝶指名亚种，指名孔子黄室弄蝶

Potanthus confucius flava (Murray) 见 *Potanthus flavus*

Potanthus dara (Kollar) 喜马黄室弄蝶，喜马拉雅黄室弄蝶，断纹帕弄蝶

Potanthus diffusus Hsu, Tsukiyama *et* Chiba 蓬莱黄斑弄蝶

Potanthus flavus (Murray) [grass skipper, yellow-marked skipper] 曲纹黄室弄蝶，黄斑弄蝶

Potanthus flavus flavus (Murray) 曲纹黄室弄蝶指名亚种，指名曲纹黄室弄蝶

Potanthus ganda (Fruhstorfer) 暗色黄室弄蝶，杆黄室弄蝶

Potanthus hetaerus (Mabille) 丝黄室弄蝶

Potanthus juno (Evans) 珠玛黄室弄蝶

Potanthus juno juno Evans 珠玛黄室弄蝶指名亚种，指名居诸黄室弄蝶

Potanthus juno wilemanni Evans 珠玛黄室弄蝶威氏亚种，威居诸黄室弄蝶

Potanthus lydius (Evans) 锯纹黄室弄蝶

Potanthus lydius lydius (Evans) 锯纹黄室弄蝶指名亚种，指名黄室弄蝶

Potanthus mara (Evans) [Sikkim dart] 马拉黄室弄蝶

Potanthus mara kansa Evans 马拉黄室弄蝶堪萨亚种，堪玛黄室弄蝶

Potanthus mara mara (Evans) 马拉黄室弄蝶指名亚种

Potanthus mara omeia Lee 马拉黄室弄蝶峨眉亚种，峨眉玛黄室弄蝶

Potanthus mingo (Edwards) 连纹黄室弄蝶，明黄室弄蝶

Potanthus motzui Hsu, Li *et* Li 墨子黄斑弄蝶，台湾黄室弄蝶，细带黄斑弄蝶

Potanthus nesta (Evans) 西藏黄室弄蝶，紫黄室弄蝶

Potanthus omaha (Edwards) [lesser dart] 奥马黄室弄蝶，黄室弄蝶

Potanthus pallidus (Evans) [pallid dart] 淡色黄室弄蝶

Potanthus palnia (Evans) [Palni dart] 尖翅黄室弄蝶

Potanthus pamela (Evans) 帕米黄室弄蝶，帕黄室弄蝶

Potanthus parvus Johnson *et* Johnson 帕黄室弄蝶

Potanthus pava (Fruhstorfer) [pava dart, yellow band dart] 宽纹黄室弄蝶，淡黄斑弄蝶，淡黄弄蝶，黄弄蝶，淡色黄斑弄蝶

Potanthus phoebe (Evans) 见 *Potanthus trachalus phoebe*

Potanthus pseudomaesa (Moore) [Indian dart, common dart, pseudomaesa dart] 拟美黄室弄蝶，木黄室弄蝶

Potanthus pseudomaesa clio (Evans) 拟美黄室弄蝶克里亚种，伪默黄室弄蝶

Potanthus pseudomaesa paula Evans 拟美黄室弄蝶西南亚种，泡伪默黄室弄蝶

Potanthus pseudomaesa pseudomaesa (Moore) 拟美黄室弄蝶指名亚种

Potanthus rectifasciatus (Elwes *et* Edwards) [branded dart] 直纹黄室弄蝶

Potanthus rectifasciatus menglana Lee 直纹黄室弄蝶勐腊亚种，明直纹黄室弄蝶

Potanthus rectifasciatus rectifasciatus (Elwes *et* Edwards) 直纹黄室弄蝶指名亚种

Potanthus serina Plötz [large dart] 大黄室弄蝶

Potanthus sita Evans [yellow and black dart] 谷黄室弄蝶

Potanthus taqini Huang 塔奇尼黄室弄蝶

Potanthus tibetana Huang 西藏黄室弄蝶

Potanthus trachalus (Mabille) [lesser band dart, detached dart] 断纹黄室弄蝶

Potanthus trachalus phoebe (Evans) 断纹黄室弄蝶大陆亚种，大陆断纹黄室弄蝶，月神黄室弄蝶

Potanthus trachalus trachalus (Mabille) 断纹黄室弄蝶指名亚种，指名断纹黄室弄蝶

Potanthus tropicus (Plötz) 热带黄室弄蝶，热带帕弄蝶

Potanthus tropicus menglana Lee 热带黄室弄蝶勐腊亚种，明热带黄室弄蝶

Potanthus tropicus tropicus (Plötz) 热带黄室弄蝶指名亚种

Potanthus upadhana Fruhstorfer 厄帕黄室弄蝶

Potanthus wilemanni (Evans) 韦氏黄室弄蝶，韦氏黄斑弄蝶，炬黄弄蝶，清辉黄斑弄蝶，小黄斑弄蝶，韦氏台湾黄斑弄蝶

Potanthus yani Huang 安徽黄室弄蝶

potato agar 马铃薯琼脂培养基

potato aphid 1. [=tomato aphid, potato plant louse, *Macrosiphum euphorbiae* (Thomas)] 大戟长管蚜，马铃薯长管蚜，马铃薯蚜；2. [= glasshouse potato aphid, foxglove aphid, bush-clover aphid, *Aulacorthum solani* (Kaltenbach)] 茄粗额蚜，土豆沟无网蚜，马铃薯长须蚜，茄长管蚜，茄沟无网蚜，茄无网蚜，指顶花无网长管蚜，胡枝子长管蚜，马铃薯蚜

potato bug 1. [= potato mirid, potato capsid, strawberry capsid, *Closterotomus norvegicus* (Gmelin)] 马铃薯俊盲蝽，马铃薯盲 2. [= Jerusalem cricket, dark Jerusalem cricket, devil's baby, devil's spawn, devil's child, *Stenopelmatus fuscus* Haldeman] 耶路撒冷沙螽，耶路撒冷蟋螽，棕色沙螽

potato capsid [= potato mirid, potato bug, strawberry capsid, *Closterotomus norvegicus* (Gmelin)] 马铃薯俊盲蝽，马铃薯盲蝽

potato epilachna beetle [*Henosepilachna ocellata* (Redtenbacher)] 眼斑裂臀瓢虫，马铃薯瓜瓢虫

potato epilachnid [= twenty-eight spotted potato ladybird beetle, twenty-eight-spotted lady beetle, twenty-eight-spot ladybird, 28-spotted potato ladybird, 28-spot ladybird, 28-spotted ladybird, 28-spotted lady beetle, 28-spotted hadda beetle, hudda beetle, epilachnine beetle, *Henosepilachna vigintioctopunctata* (Fabricius)] 茄二十八星瓢虫，茄廿八星瓢虫，酸浆瓢虫

potato flea beetle 1. [*Epitrix cucumeris* (Harris)] 美洲马铃薯毛跳甲，美洲马铃薯跳甲，黄瓜跳甲，美国马铃薯跳甲；2. [*Psylliodes affinis* (Paykull)] 马铃薯蚤跳甲，马铃薯跳甲

potato lady beetle [*Henosepilachna sparsa* (Herbst)] 酸浆裂臀瓢虫，酸浆瓢虫

potato ladybird beetle [= twenty-eight-spotted ladybird, larger potato lady beetle, eggplant ladybird beetle, 28-spotted ladybird beetle, *Henosepilachna vigintioctomaculata* (Motschulsky)] 马铃薯瓢虫

potato leaf miner 1. [= tomato leafminer, bryony leafminer, *Liriomyza bryoniae* (Kaltenbach)] 番茄斑潜蝇，瓜斑潜蝇，西红柿斑潜蝇；2. [*Pegomya dulcamarae* (Wood)] 马铃薯泉蝇

potato leafhopper 1. [= bean leafhopper, peanut leafhopper, apple-and-potato leafhopper, *Empoasca fabae* (Harris)] 马铃薯小绿叶蝉，马铃薯叶蝉，蚕豆微叶蝉，豆小绿叶蝉；2. [= cotton leafhopper, cotton jassid, Indian cotton leafhopper, Indian cotton jassid, okra leafhopper, okra jassid, *Amrasca biguttula* (Ishida)] 棉杧果叶蝉，棉叶蝉，二点小绿叶蝉，印度棉叶蝉，小绿叶蝉；3. [*Eupteryx aurata* (Linnaeus)] 马铃薯蒿小叶蝉，马铃薯黄叶蝉；4. [*Eupterycyba jucunda* (Herrich-Schäffer)] 马铃薯类蒿小叶蝉，马铃薯小叶蝉

potato mirid 见 potato capsid

potato moth [= potato tuber moth, tobacco splitworm, potato tuberworm, potato tubermoth, tobacco leaf miner, *Phthorimaea operculella* (Zeller)] 马铃薯茎麦蛾，马铃薯块茎蛾，马铃薯麦蛾，烟草潜叶蛾，烟潜叶蛾，番茄潜叶蛾，马铃薯蛀虫

potato plant louse [= potato aphid, tomato aphid, *Macrosiphum euphorbiae* (Thomas)] 大戟长管蚜，马铃薯长管蚜，马铃薯蚜

potato psyllid [= tomato-potato psyllid, tomato psyllid, *Bactericera cockerelli* (Šulc)] 马铃薯线角木虱，马铃薯木虱，番茄副木虱，番茄木虱，马铃薯尖翅木虱

potato scab gnat [*Pnyxia scabiei* (Hopkins)] 疮异型眼蕈蚊，马铃薯异型眼蕈蚊，马铃薯蕈蚊，糙异型眼蕈蚊

potato stalk borer [*Trichobaris trinotata* (Say)] 马铃薯茎船象甲，马铃薯茎象甲

potato stem borer [*Hydroecia micacea* (Esper)] 马铃薯角剑夜蛾，马铃薯茎夜蛾

potato tuber moth 见 potato moth

potato tubermoth 见 potato moth

potato tuberworm 见 potato moth

Potchestroom blue [*Lepidochrysops procera* (Trimen)] 前角鳞灰蝶

potential distribution 潜在分布

potential distribution area 潜在分布区

potential distribution model 潜在分布模型

potential geographic distribution 潜在地理分布

potential mortality 潜在死亡率

potential pathogen 潜势病原体

potential period 潜伏期

potentiometric titration 电位滴定，电位滴定法

potesta skipper [*Orthos potesta* (Bell)] 珀直弄蝶

Pothyne 驴天牛属，瘦天牛属

Pothyne albolineata Matsushita 白线驴天牛，白条瘦天牛，高砂细胴天牛

Pothyne albosternalis Breuning 白腹驴天牛

Pothyne annulata Breuning 纵条驴天牛

Pothyne chocolata Gressitt 赭色驴天牛

Pothyne fasciata Gressitt 棕带驴天牛

Pothyne formosana Schwarzer 台湾驴天牛，台湾沉香瘦天牛，纵条细胴天牛

Pothyne formosana formosana Schwarzer 台湾驴天牛指名亚种，指名台湾驴天牛

Pothyne formosana nanshanchina Takakuwa *et* Kusama 台湾驴天牛南山溪亚种，纵台湾驴天牛，南山沉香瘦天牛，纵条细胴天牛南山溪亚种，南山台湾驴天牛

Pothyne fusciscapa Gressitt 锤柄驴天牛

Pothyne laeviscapa Breuning 光柄驴天牛

Pothyne lanshuensis Hayashi 兰屿驴天牛，兰屿瘦天牛

Pothyne laosensus Breuning 老挝驴天牛

Pothyne laosica Breuning 大驴天牛

Pothyne laterialba Gressitt 白缘驴天牛

Pothyne lineolata Gressitt 凹尾驴天牛

Pothyne mimodistincta Breuning 圆尾驴天牛

Pothyne multilineata (Pic) 多线驴天牛

Pothyne niveosparsa Pic 云南驴天牛

Pothyne obliquetruncata Gressitt 斜尾驴天牛

Pothyne ochracea Breuning 宽条驴天牛

Pothyne ochraceolineata Breuning 赭线驴天牛

Pothyne ochreovittipennis Breuning 赭纹驴天牛

Pothyne paralaosensis Breuning 显缝驴天牛

Pothyne pauloplicata Pic 斑翅驴天牛

Pothyne pici Breuning 皮氏驴天牛

Pothyne polyplicata Hua *et* She 多褶驴天牛

Pothyne postcutellaris Breuning 尖尾驴天牛

Pothyne rugifrons Gressitt 糙额驴天牛

Pothyne septemvittipennis Breuning 十条驴天牛，腰骨藤驴天牛

Pothyne seriata Gressitt 点列驴天牛

Pothyne silacea Pascoe 红褐驴天牛，欧芹驴天牛

Pothyne sinensis Pic 中华驴天牛

Pothyne subfemoralis Breuning 灿驴天牛

Pothyne suturella Breuning 六条驴天牛

Pothyne taihokensis Matsushita 三条驴天牛

Pothyne thibetana Breuning 西藏驴天牛

Pothyne variegata Thomson 七条驴天牛，灰纹瘦天牛，绯细胴天牛

Pothyne variegatoides Breuning 长颊驴天牛

Pothyne virginalis Takakuwa *et* Kusama 垦丁驴天牛，垦丁瘦天牛

Potnyctycia 绿鹰夜蛾属

Potnyctycia cristifera Hreblay *et* Ronkay 栗色绿鹰夜蛾，栗色鹰夜蛾

Potnyctycia nemesi Ronkay *et* Ronkay 藓绿鹰夜蛾

Potnyctycia taiwana (Chang) 台湾绿鹰夜蛾

Potophion caudatus Cushman 见 *Ophion caudatus*

Potosi skipper [*Anatrytone potosiensis* (Freeman)] 玻阿弄蝶

Potosia 坡花金龟甲亚属，坡花金龟属

Potosia aerata (Erichson) 见 *Protaetia aerata*

Potosia aerata confuciusana (Thomson) 见 *Protaetia orientalis confuciusana*

Potosia aterrima (Nonfried) 见 *Protaetia aterrima*

Potosia brevitarsis (Lewis) 见 *Protaetia brevitarsis*

Potosia cathaica (Bates) 见 *Protaetia cathaica*

Potosia cyanescens (Kraatz) 见 *Protaetia cyanescens*

Potosia davidiana (Fairmaire) 见 *Protaetia davidiana*

Potosia elegans Kometami 见 *Protaetia elegans*

Potosia famelica (Janson) 见 *Protaetia famelica*

Potosia famelica amurensis Heyden 同 *Protaetia famelica*

Potosia famelica multifoveolata Reitter 见 *Protaetia multifoveolata*

Potosia famelica rambouseki Balthasar 同 *Protaetia famelica*

Potosia famelica scheini Mikšić 同 *Protaetia famelica*

Potosia formosana Moser 见 *Protaetia formosana*

Potosia grisea Niijima *et* Kinoshita 同 *Protaetia culta*

Potosia hungarica Herbst 见 *Protaetia hungarica*

Potosia hungarica hungarica Herbst 见 *Protaetia hungarica hungarica*

Potosia hungarica mongolica Reitter 同 *Protaetia hungarica sibirica*

Potosia hungarica sibirica (Gebler) 见 *Protaetia hungarica sibirica*

Potosia impavida Janson 见 *Protaetia impavida*

Potosia ishigakia (Fairmaire) 见 *Protaetia ishigakia*

Potosia laevicostata (Fairmaire) 见 *Protaetia laevicostata*

Potosia lugubrides Schürhoff 见 *Protaetia lugubrides*

Potosia lugubris (Herbst) 见 *Protaetia lugubris*

Potosia marginicollis (Ballion) 见 *Protaetia marginicollis*

Potosia metallica (Herbst) 见 *Protaetia metallica*
Potosia multifoveolata Reitter 见 *Protaetia multifoveolata*
Potosia multifoveolata yunnana Mikšić 见 *Protaetia yunnana*
Potosia nitididorsis (Fairmaire) 见 *Protaetia nitididorsis*
Potosia potanini Medvedev 同 *Protaetia neonata*
Potosia speciosa Adams 见 *Protaetia speciosa*
Potosia speculifera Swartz 见 *Protaetia speculifera*
Potosia thibetana (Kraatz) 见 *Protaetia thibetana*
potrillo skipper [*Cabares potrillo* (Lucas)] 铠弄蝶
potruncus 后胸环
potter flower bee 花蜂
potter wasp [= eumenid wasp, eumenid, mason wasp] 蜾蠃 < 蜾蠃科 Eumenidae 昆虫的通称 >
Potthastia 波摇蚊属
Potthastia gaedii (Meigen) 盖氏波摇蚊，格波摇蚊
Potthastia longimana (Kieffer) 长指波摇蚊，高波摇蚊，长波摇蚊
Potthastia montium (Edwards) 双角波摇蚊，山波摇蚊
pouch 1. 大囊；2. 翅陷 < 常释大囊，但在毛翅目昆虫中，特指翅中的一个常为纵行的低凹区 >；3. 翅囊区
Poujadia 泡贾螟属
Poujadia sepicostella Ragonot 岛泡贾螟
Poultonian mimicry 波氏拟态 <= 侵略性拟态 (aggressive mimicry)>
Poulton's epitola [*Epitola katherinae* Poulton] 凯蛱灰蝶
poultry bug [*Haematosiphon inodorus* (Dugès)] 鸡臭虫
poultry fluff louse [= fluff louse, *Goniocotes gallinae* (De Geer)] 鸡姬鸟虱，鸡姬虱，原鸡姬鸟虱
poultry house moth [= brown-dotted clothes moth, *Nitidinea fuscella* (Linnaeus)] 家禽谷蛾
poultry wing louse [= wing louse, chicken wing louse, *Lipeurus caponis* (Linnaeus)] 鸡长鸟虱，鸡翅长圆虱，原鸡长鸟虱
Povilasia 扁角尺蛾属
Povilasia kashghara (Moore) 扁角尺蛾
Povilla corporaali Lestage 印巴网脉蜉
Povolnya 珀丽细蛾属
Povolnya aeolospila (Meyrick) 见 *Caloptilia aeolospila*
Povolnya leucapennella (Stephens) [sulphur slender moth] 栎珀丽细蛾，栎硫丽细蛾，栎硫花细蛾
Povolnymyia 波麻蝇属，普麻蝇属
Povolnymyia shuxia (Feng *et* Qiao) 蜀西波麻蝇，蜀西普麻蝇，蜀西细麻蝇
powder-blue charaxes [*Charaxes pythodoris* Hewitson] 锦鳌蛱蝶
powder post beetle [= lyctid powderpost beetle, lyctid beetle, lyctid] 粉蠹 < 粉蠹科 Lyctidae 昆虫的通称 >
powdered baron [= Malay baron, *Euthalia monina* (Fabricius)] 暗斑翠蛱蝶
powdered brimstone [*Gonepteryx farinosa* (Zeller)] 橙黄钩粉蝶
powdered dusky skipper [*Acleros nigrapex* Strand] 粉斑白牙弄蝶
powdered epitolina [*Epitolina melissa* (Druce)] 粉皑灰蝶
powdered green hairstreak [*Chrysozephyrus zoa* (de Nicéville)] 幽斑金灰蝶
powdered oakblue [*Arhopala bazala* (Hewitson)] 百娆灰蝶，巴纳灰蝶
powdered quaker moth [= Japanese mugwort leafworm, *Orthosia gracilis* (Denis *et* Schiffermüller)] 单梦尼夜蛾，蒌蒿夜蛾
powderpost termite [= furniture termite, dry wood termite, West Indian drywood termite, tropical rough-headed powder-post termite, tropical rough-headed drywood termite, *Cryptotermes brevis* (Walker)] 麻头堆沙白蚁，麻头沙白蚁
powdery chocolate royal [*Remelana jangala andamanica* Wood-Mason *et* de Nicéville] 莱灰蝶粉被亚种
powdery green sapphire [*Heliophorus tamu* (Kollar)] 塔彩灰蝶，塔伊灰蝶
Powellana 叵灰蝶属
Powellana cottoni Bethune-Baker 叵灰蝶
Powell's grayling [*Hipparchia powelli* (Oberthür)] 鲍威尔仁眼蝶
power mower fly [= stable fly, barn fly, biting house fly, dog fly, *Stomoxys calcitrans* (Linnaeus)] 厩螫蝇，厩蝇，畜厩刺蝇
poweshiek skipper [*Oarisma poweshiek* (Parker)] 灿弄蝶
PPB [percentage of polymorphic bands的缩写] 多态性带百分率，多态性条带百分比，多态位点百分率
PR [pheromone receptor 的缩写] 信息素受体
PRA [pest risk analysis 的缩写] 有害生物风险分析
Prabhasa 普苔蛾属
Prabhasa costalis Moore 见 *Chinasa costalis*
Prabhasa venosa Moore 显脉普苔蛾，缘斑苔蛾
Prada 略弄蝶属
Prada rothschildi (Evans) 略弄蝶
Praeacedes 普谷蛾属
Praeacedes atomosella (Walker) 貇普谷蛾，貇谷蛾
praebrachial [= prebrachial] 前臂脉 < 常指蜉蝣翅中部的纵脉，通常分叉；或被称为第六脉 >
praecia skipper [*Tarsoctenus praecia* (Hewitson)] 华弄蝶
Praeciputhrips 前管蓟马属
Praeciputhrips balli Reyes 前管蓟马
praecostal spur [= precostal spur] 缘前拟脉 < 指后翅基部前缘角内的假脉 >
praedorsum [= predorsum] 前背 < 即指背面的前部 >
Praefaunula 佩眼蝶属
Praefaunula armilla Butler 佩眼蝶
praefoliation [= aestivation] 夏蛰
praefurca [= prefurca] 叉前脉 < 指分叉翅脉的柄部，如双翅目第二纵脉与第三纵脉的柄，R_{4+5} 的柄等 >
Praehelichus 光泥甲属，前赫泥甲属
Praehelichus sericatus (Waterhouse) 丝光泥甲
Praehelichus sinensis (Fairmaire) 华光泥甲，华赫泥甲
praelabrum [= prelabium] 唇基 < 专用于双翅目，同 clypeus>
Praemachilis 前蛃属
Praemachilis confucius Silvestri 见 *Silvestrichilis confucius*
Praemachilis longistylis Silvestri 见 *Allopsontus longistylis*
praeocular [= preocular] 眼前的
Praephilotes 花普灰蝶属
Praephilotes anthracias (Christoph) 花普灰蝶
Praepodothrips 前肢管蓟马属
Praepodothrips causiapeltus Reyes 菲前肢管蓟马，菲律宾前足管蓟马
Praepodothrips flavicornis (Zhang) 黄角前肢管蓟马，黄前足管蓟马
Praepodothrips indicus Priesner *et* Seshadri 印前肢管蓟马

Praepodothrips nigrocephalus Ananthakrishnan 黑头前肢管蓟马
Praepodothrips priesneri Ananthakrishnan 普前肢管蓟马
Praepodothrips yunnanensis Zhang *et* Tong 云南前肢管蓟马，云南前足管蓟马
Praepronophila 皑眼蝶属
Praepronophila emma Staudinger 皑眼蝶
praeputium 1. [= preputium] 阳茎外鞘 < 即阳茎的外膜质鞘，在一些直翅目昆虫中，特指阳茎基部的球状肌肉团 >；2. [= prepuce, preputium, preputial membrane, vesica] 阳茎端膜
Praescobura 毗弄蝶属，金琐弄蝶属
Praescobura chrysomaculata Devyatkin 金斑毗弄蝶，毗弄蝶，金琐弄蝶
praescuta [s. praescutum; = prescuta, protergites] 前盾片
praescutellum [= prescutellum] 前小盾片 < 位于中胸盾片和中胸小盾片间的骨片，但极少见 >
praescutum [pl. praescuta; = prescutum, protergite] 前盾片
Praesetora 拟褐刺蛾属，普勒冠刺蛾属
Praesetora bisuroides Hering 见 *Matsumurides bisuroides*
Praesetora confusa Solovyev *et* Witt 迷拟褐刺蛾
Praesetora divergens Moore 迪拟褐刺蛾
Praesetora divergens albitermina Hering 迪拟褐刺蛾白端亚种，白迪普勒冠刺蛾
Praesetora divergens divergens Moore 迪拟褐刺蛾指名亚种
Praesetora kwangtungensis Hering 粤拟褐刺蛾
Praesetora monogramma Hering 见 *Aphendala monogramma*
Praesetora rufa (Wileman) 见 *Aphendala rufa*
praesternum [= katapleura, hyposternum, prepectus, peristernum] 下腹板
Praestochrysis 普青蜂属
Praestochrysis lachesis (Mocsáry) 分普青蜂
Praestochrysis lusca (Fabricius) 见 *Trichrysis lusca*
Praestochrysis shanghaiensis (Smith) 上海普青蜂，上海青蜂
praesubterminal [= presubterminal] 前亚端的 < 常指鳞翅目昆虫翅的亚端横线之前的 >
Praetaxila 前列蚬蝶属
Praetaxila albiplaga Röber 白贝前列蚬蝶
Praetaxila eromena (Jordan) 褐纹前列蚬蝶
Praetaxila heterisa (Jordan) 海苔前列蚬蝶
Praetaxila huntei (Sharp) 红塔前列蚬蝶
Praetaxila satraps (Grose-Smith) 红缘前列蚬蝶
Praetaxila segecia (Hewitson) [harlequin metalmark, Australian metalmark] 前列蚬蝶
Praetaxila statira Hewitson 静态前列蚬蝶
Praetaxila tyrannus Grose-Smith 暴君前列蚬蝶
Praetaxila wallacei Hewitson 华莱前列蚬蝶
Praetaxila weiskei (Rothschild *et* Jordan) 威氏前列蚬蝶
praeterga [= preterga] 前背盾 < 指鞘翅目幼虫前胸节上的盾片 >
Praetextatus 暗蝽属
Praetextatus chinensis Hsiao *et* Cheng 暗蝽
Praetextatus typicus Distant 大暗蝽
praetornal [= pretornal] 臀角前的 < 常指鳞翅目昆虫翅的臀角 (tonus) 之前的 >
Praia 舌锤角叶蜂属
Praia megapulvilla Yan, Li *et* Wei 巨垫舌锤角叶蜂
Praia tianmunica Yan, Li *et* Wei 天目舌锤角叶蜂
Praia ussuriensis Malaise 东亚舌锤角叶蜂，东亚尖唇锤角叶蜂
prairie bird locust [*Schistocerca emarginata* (Scudder)] 草原沙漠蝗
prairie community 草原群落
prairie flea beetle [*Altica canadensis* Gentner] 草原跳甲
prairie grain wireworm 1. [= Puget Sound wireworm, *Ctenicera aeripennis* (Kirby)] 铜足辉叩甲，铜足叩甲，普季特湾金针虫；2. [= northern grain wireworm, *Ctenicera aeripennis destructor* (Brown)] 铜足辉叩甲草原亚种，牧场谷叩甲，草原谷金针虫
prairie mole cricket [*Gryllotalpa major* Saussure] 草原蝼蛄
prairie ringlet [*Coenonympha inornata* Edwards] 淡橙珍眼蝶
prairie tent caterpillar [*Malacosoma californicum lutescens* (Neumoegen *et* Dyar)] 加州幕枯叶蛾草原亚种，草原天幕毛虫
Pramadea 普腊螟属
Pramadea crotonalis (Walker) 克普腊螟
Pramadea lunalis (Guenée) 月普腊螟，月可普尺蛾
Praolia 柔天牛属
Praolia atripennis Pic 黑翅柔天牛，黑翅细角天牛，黑翅丝须天牛
Praolia citrinips Bates [small blue longicorn] 台湾柔天牛，蓝艳细角天牛，小蓝天牛
Praolia hayashii (Hayashi) 林氏柔天牛
Praon 蚜外茧蜂属
Praon absinthii Bignell 苦艾蚜外茧蜂
Praon baodingense (Ji *et* Zhang) 保定蚜外茧蜂
Praon barbatum Mackauer 须蚜外茧蜂
Praon brachycerum (Zhang *et* Ji) 短角蚜外茧蜂
Praon changbaishanensis Shi 长白山蚜外茧蜂
Praon dorsale (Haliday) 背侧蚜外茧蜂
Praon exsoletum (Nees) 成熟蚜外茧蜂
Praon flavinode (Haliday) 黄蚜外茧蜂
Praon gallicum Starý 法蚜外茧蜂
Praon genriki Davidian 亨氏蚜外茧蜂
Praon glabrum Starý *et* Schlinger 光滑蚜外茧蜂
Praon hubeiensis Chen *et* Shi 湖北蚜外茧蜂
Praon longistigmus Davidian 长痣蚜外茧蜂
Praon muyuensis Shi 木鱼蚜外茧蜂
Praon necans Mackauer 毁灭蚜外茧蜂
Praon orientale Starý *et* Schlinger 东方蚜外茧蜂
Praon pequodorum Viereck 横脊蚜外茧蜂
Praon pisiaphis Chou *et* Xiang 豆长管蚜外茧蜂
Praon prunaphis Chou *et* Xiang 杏蚜外茧蜂
Praon rhopalosiphum Takada 缢管蚜外茧蜂
Praon volucre (Haliday) 翼蚜外茧蜂
Prapata 温刺蛾属
Prapata bisinuosa Holloway 温刺蛾
Prapata owadai Solovyev *et* Witt 大和温刺蛾
Prapata scotopepla (Hampson) 黑温刺蛾
Prasinocyma 葱绿尺蛾属
Prasinocyma floresaria Walker 弗葱绿尺蛾
Prasocuris 狭叶甲属
Prasocuris gressitti Daccordi *et* Gruev 蓝绿狭叶甲
Prasocuris phellandrii (Linnaeus) 橙带狭叶甲，毒芹葱绿叶甲
Praspedomyza 眶潜蝇属，框潜蝇属，韭菜潜叶蝇属
Praspedomyza brunnifrons (Malloch) 棕额眶潜蝇，棕额潜叶蝇

Praspedomyza frontella (Malloch) 黄额眶潜蝇，黄额框潜蝇，宽额潜叶蝇

Pratapa 珀灰蝶属

Pratapa deva (Moore) [white tufted royal] 珀灰蝶

Pratapa deva deva (Moore) 珀灰蝶指名亚种

Pratapa deva devula Corbet 珀灰蝶华南亚种，华南珀灰蝶

Pratapa deva lila Moore [Sylhet white tufted royal] 珀灰蝶锡尔赫特亚种

Pratapa deva relata (Distant) 珀灰蝶马来亚种

Pratapa icetas (Hewitson) [dark blue royal] 小珀灰蝶

Pratapa icetoides (Elwes) [blue royal] 拟小珀灰蝶

Pratapa ismaeli Hayashi, Schröder *et* Treadaway 伊丝珀灰蝶

Pratapa tyotaroi Hayashi 蒂奥珀灰蝶

pratinicolous 草原栖的

Pratobombus mearnsi chekiangensis Bischoff 同 *Bombus* (*Pyrobombus*) *flavescens*

Pratobombus reticulatus Bischoff 同 *Bombus* (*Melanobombus*) *ladakhensis*

Pratobombus yuennanicola Bischoff 同 *Bombus* (*Pyrobombus*) *lepidus*

Praydinae 伪巢蛾亚科

praying mantid [= mantid, mantis, mantodean, praying mantis, preying mantid, soothsayer] 螳螂 < 螳螂目昆虫的通称 >

praying mantis 见 praying mantid

Prays 伪巢蛾属

Prays alpha Moriuti 水曲柳伪巢蛾，水曲柳巢蛾

Prays citri Millière [citrus flower moth, citrus blossum moth, citrus young fruit borer] 橘花伪巢蛾，橘花巢蛾，橘花蛾

Prays curtisellus Donovan 同 *Prays fraxinella*

Prays fraxinella (Bjerkander) [ash bud moth, Curtis ash bud ermel moth] 梣芽伪巢蛾，梣芽巢蛾

Prays inconspicua Yu *et* Li 平淡伪巢蛾

Prays lambda Moriuti 人字缝伪巢蛾，人字缝巢蛾

Prays nephalomina Meyrick 同 *Prays citri*

Prays oleae (Bernard) [olive moth] 油橄榄巢蛾

PRC [principal response curve 的缩写] 主响应曲线

pre-eruciform 蠋前型 < 指蠋型幼虫的前期，特用于细蜂科 Serphidae 的前期幼虫 >

pre-Linnaean name 林奈氏前名称 < 即 1758 年前发表的动物学名 >

preabdomen 前腹部 < 在盾蚧科 Diaspididae 中，指腹部的前四节，在雌虫腹部后端体节缩入生殖腔时，指腹部的外露体节 >

preacrostichals [= anterior acrostichals] 前中鬃 < 见于双翅目昆虫中 >

preadaptation 先期适应

preadaptation effect 适应前效应

prealar 1. 翅前的；2. 翅前鬃

prealar bridge [= prealare] 翅前桥 < 在翅胸中，背板 (前盾片) 与侧板 (前上侧片) 在翅前方的连接部分 >

prealar bristle 翅前鬃 < 常见于花蝇科 Anthomyiidae 中，为着生于横沟之后和翅上鬃成一行的鬃，还见于家蝇科 Muscidae 中 >

prealar callus 翅前胛 < 双翅目昆虫在翅根前的不甚明显的突起，适在背横沟外端之后 >

prealare 见 prealar bridge

prealaria [pl. prealariae, = prealare, prealar bridge] 翅前桥

prealariae [s. prealaria] 翅前桥

prealifera [= anterior basalare, first parapteron] 前前上侧片 < 在侧翅突前的二小骨片中之前者 >

preanal 1. 肛前的；2. 在肛门上的

preanal area [= preanal region, remigial region, remigial area, preclavus, remigium] 臀前区，臀前域

preanal groove 肛前沟

preanal lamina [= supra anal plate, supraanal plate, anal operculum, lamina supraanalis, supranalis, lamina analis, podex] 肛上板

preanal lobe 臀前叶 < 见于膜翅目昆虫的后翅中 >

preanal organ 肛前器

preanal plate 肛前板

preanal pore 肛前孔

preanal region 见 preanal area

preanal seta 肛前毛

preanal transversal groove 肛前横沟

Preangerocoris 吻猎蝽属

Preangerocoris limbatus Miller 异吻猎蝽

Preangerocoris rubidus Miller 红吻猎蝽

preantenna [pl. preantennae] 前触角 < 为在理论上存在的一对原始的原头附肢 >

preantennae [s. preantenna] 前触角

preantennal 触角前的

preantennal appendage 角前附器

preantennal glandularia 前触腺毛

preapical 端前的

preapical bristle 胫端前鬃 < 指双翅目昆虫胫节末端前的短背刚毛 >

prearticular 节前的

preartis 前髁 < 指与前关节窝相顶接的前关节突 >

preaxial 轴前的

preaxillary excision 腋前裂 < 指膜翅目昆虫后翅第一臀褶端的第二缺切 >

prebacillum 前感毛

prebalancer [= prehalter] 棒前鳞 < 蝇类平衡棒前的膜质鳞状构造 >

prebasilar 基前的

prebasilare 前上侧胝 < 即前上侧片的前隆缘膨大成的厚胝 >

prebrachial [= praebrachial] 前臂脉

precaution 1. 预防，防除；2. 预防措施

precephalic 头前的

precerebral 脑前的

precipitant 沉淀剂

precipitation 降水量，雨量

precipitation-evaporation ratio 降水量 – 蒸发量比例

preclavus 见 preanal area

preclimax 前顶极 (植物) 群落

preclypeus [= anterior clypeus, anticlypeus, clypeus anterior, anteclypeus, clypeolus, rhinarium, infraclypeus, second clypeus] 前唇基

precocen [= precocene] 早熟素

precocene 见 precocen

precocious silkworm 早熟蚕

precocious stage 成虫前期 < 指昆虫发育为成虫以前的整个发育

期 >
precocity 早熟性
precoila [pl. precoilae] 前窝 < 与上颚前关节突相支接、位于唇基两端的关节窝 >
precoilae [s. precoila] 前窝
preconnubia 未配生物
precorneal 胸角前鬃
precornua [= anterior cornu] 前角突
precosta 1. 缘前脉 < 若干化石昆虫翅的小型第一脉 >；2. 后小盾片
precostal area 前缘域 < 常指蜡蝉总科 Fulgoroidea 昆虫翅的前缘与前缘脉之间的区域 >
precostal spur [= praecostal spur] 缘前拟脉
precoxa 基前节 < 指弹尾目昆虫基节前的环节 >
precoxal 基节前的；基前节的
precoxal bridge [= precoxale] 基前桥 < 翅胸前侧片与腹板在基节前的连接或合并的骨片 >
precoxale [pl. precoxalia; = precoxal bridge] 基前桥
precoxalia [s. precoxale] 基前桥
precursor 前体
predaceous [= predacious, predatory] 捕食性的，捕食的
predaceous diving beetle [= dytiscid beetle, diving beetle, true water beetle, water tiger, dytiscid] 龙虱 < 龙虱科 Dytiscidae 昆虫的通称 >
predacious 见 predaceous
predacity 捕食性，食肉性，肉食性
predation 捕食作用，捕食
predation capacity 捕食能力
predation ratio 捕食作用率
predatism 捕食性
predator 捕食者
predatory 见 predaceous
predatory behavio(u)r 捕食行为
predatory bush-cricket 1.[= predatory katydid, stick katydid] 亚螽 < 亚螽亚科 Saginae 昆虫的通称 >；2.[= matriarchal katydid, spiked magician, *Saga pedo* (Pallas)] 草原亚螽，窜螽
predatory functional response 捕食功能反应
predatory insect 捕食性昆虫
predatory katydid 见 predatory bush-cricket
predatory stink bug [*Euthyrhynchus floridanus* (Linnaeus)] 佛州优捕蝽
prediction of emergence period 发生期预测
prediction of emergence size 发生量预测
predisposing factor (疾病的) 诱发因素
predominant 特优生物，优势种
predorsum [= praedorsum] 前背
predromal year 前猖獗年
preepisternum [= katapleure, episternal laterale] 前前侧片 < 为前侧片前的骨片；或为前侧片的前部划分出的骨片 >
Preeriella 棍翅管蓟马属
Preeriella armigera Okajima 稻棍翅管蓟马
Preeriella bournieri Okajima 短鬃棍翅管蓟马
Preeriella formosana Okajima 台湾棍翅管蓟马
Preeriella malaya Okajima 马来棍翅管蓟马
Preeriella parvula Okajima 细棍翅管蓟马，小普利蓟马

prefemur [= ischiopodite] 前股节，股前节，腿前节，坐肢节
preference-humidity 适湿
preference-temperature 适宜温度
preferendum 适温
preferential species 适宜种
preformation 先成
prefrons 前额 < 指蛄目昆虫的后唇基 (postclypeus)，常呈鼓胀状 >
prefrontalia 前额片
prefurca [= praefurca] 叉前脉
pregenacerores 前臀蜡孔 < 指介壳虫臀蜡孔的前侧群 >
pregenicular 膝前的
pregenicular annulus 膝前色环 < 见于直翅目昆虫后足腿节 >
pregenital 生殖前节的，脏节的
pregenital abdomen [= pregenital abdominal segment] 腹部生殖前节，脏节
pregenital abdominal segment 见 pregenital abdomen
pregenital plate 生殖前板
pregenital sclerite 前殖片
pregenital segment [= visceral segment] 生殖前节，脏节
pregula [= gular bar] 前外咽
prehalter 见 prebalancer
prehensile 捕握的
prehension 握捉
preimaginal 成虫前的
preimaginal stage 幼期 < 成虫之前的发育阶段，即广义的幼期 >
preinduction 先期诱导
preinfest 前侵染
preinfested 前侵染的
preinsecticide 杀虫剂前体
prelabia 气门前唇片 < 指气门片在气门前的部分所特化成的唇状片 >
prelabium 1. [= eulabium] 前下唇 < 指下唇的端半部，包括前颏、唇舌和下唇须等 >；2. [= praelabrum] 唇基
prema metalmark [*Alesa prema* (Godart)] 箩纹蚬蝶
premandibular 上颚前的 < 位于上颚之前的；也用于胚胎的暂时体节，同闰节 (intercalary segment)>
premandibular appendage 颚前附器 < 即角后附肢 (postantennal appendage)>
premarginal vein [= parastigmal vein, parastigma] 缘前脉，副翅痣
prematuration period 成熟前期
premature larva 1. 未熟幼虫；2. 未熟蚕
prematurity 早熟性
premaxatendon 前下颚腱 < 指下颚腱之附着于内关节点者 >
premedia 前中脉 < 见于蜉蝣中，径脉与中脉间的显著翅脉 >
premeiosis 前减数分裂期
premeiotic interphase 前减数分裂间期
prementa [s. prementum] 前颏
prementum [pl. prementa; = pars stipitalis labii, stipula, stipital region, eulabium, labiostipites, labiosternite] 前颏
premnas skipper [*Wallengrenia premnas* (Wallengren)] 瓦弄蝶
Premnobius 柱须小蠹属，前小蠹属
Premnobius ambitiosus Schaufuss 石梓柱须小蠹，石梓前小蠹，非石梓小蠹
Premnobius cavipennis Eichhoff 榄仁柱须小蠹，榄仁前小蠹，

非榄仁小蠹

Premnobius corthyloides Hagedorn 决明柱须小蠹，决明前小蠹，非决明小蠹

Premnobius xylocranellus Schedl 合欢柱须小蠹，合欢前小蠹，非合欢小蠹

premorse [= premorsus] 截端的

premorsus 见 premorse

premo(u)lting 脱皮前的

premo(u)lting stage 催眠期 < 家蚕的 >

prenda roadside skipper [*Amblyscirtes prenda* Evans] 普棱缎弄蝶

Preneopogon 纹野螟属

Preneopogon catenalis (Wileman) 双环纹野螟，卡普林螟

Prenolepis 前结蚁属

Prenolepis angularis Zhou 角前结蚁

Prenolepis emmae Forel 见 *Nylanderia emmae*

Prenolepis flaviabdominis Wang 见 *Nylanderia flaviabdominis*

Prenolepis flavipes (Smith) 见 *Nylanderia flavipes*

Prenolepis longicornis (Latreille) 见 *Paratrechina longicornis*

Prenolepis longiventris Zhou 同 *Prenolepis naorojii*

Prenolepis magnocula Xu 同 *Prenolepis naorojii*

Prenolepis melanogaster Emery 黑腹前结蚁

Prenolepis melanogaster carinifrons Santschi 黑腹前结蚁脊额亚种

Prenolepis melanogaster melanogaster Emery 黑腹前结蚁指名亚种

Prenolepis naorojii Forel 内氏前结蚁

Prenolepis nigriflagella Xu 同 *Prenolepis melanogaster*

Prenolepis septemdenta Wang *et* Wu 同 *Nylanderia opisopthalmia*

Prenolepis sphingthoraxa Zhou *et* Zheng 同 *Nylanderia flaviabdominis*

Prenolepis umbra Zhou *et* Zheng 见 *Paratrechina umbra*

prensor [= clasper] 抱握器，抱器

preoccupied 先占的 < 指动物命名时的名称已用于它类的 >

preocellar band 单眼前带 < 指蜻蜓目昆虫正在单眼前方的深色带 >

preocellar bristle 单眼前鬃 < 指部分双翅目昆虫在中单眼下的一对小鬃 >

preocular [= praeocular] 眼前的

preocular antenna 眼前触角 < 指着生于紧靠复眼前方的触角 >

preocularia 眼前毛

preoral 口前的

preoral cavity [= mouth cavity] 口前腔

preoral digestion 食前消化

preoral lobe [= prostomium] 口前叶

preoviposition [= preovipositional] 产卵前的

preoviposition duration [= preoviposition period, preovipositional period] 产卵前期

preoviposition period 见 preoviposition duration

preovipositional 见 preoviposition

preovipositional behavio(u)r 产卵前行为

preovipositional period 见 preoviposition duration

preparadensa 前臀腹厚 < 介壳虫有两群臀腹厚时之前群 >

preparaptera [s. preparapteron; = basalares, basalar sclerites, episternal paraptera] 前上侧片，翅下前片

preparapteron [pl. preparaptera; = basalare, basalar sclerite, episternal parapteron] 前上侧片，翅下前片

Preparctia 超灯蛾属

Preparctia allardi Oberthür 阿超灯蛾

Preparctia allardi allardi Oberthür 阿超灯蛾指名亚种

Preparctia allardi tibetica Dubatolov, Kishida *et* Wu 阿超灯蛾西藏亚种

Preparctia biedermanni Bang-Haas 同 *Preparctia buddenbrocki*

Preparctia buddenbrocki Kotzsch 波超灯蛾，巴超灯蛾

Preparctia buddenbrocki biedermanni Bang-Haas 同 *Preparctia buddenbrocki buddenbrocki*

Preparctia buddenbrocki buddenbrocki Kotzsch 波超灯蛾指名亚种

Preparctia mirifica (Oberthür) 迷超灯蛾，弥客灯蛾

Preparctia romanovi (Grum-Grshimailo) 超灯蛾，罗超灯蛾

prepectus 1. [= katapleura, praesternum, hyposternum, peristernum] 下腹板; 2. 胸腹侧片 < 体节腹侧区的前缘片; 在膜翅目昆虫中，为沿中胸前侧片前缘的区域 >

prepharynx 前咽

prephragma 前悬骨

prephramina 前悬骨褶

prepleura [s. prepleuron] 前侧片

prepleuron [pl. prepleura] 前侧片

Prepodes vittatus Linnaeus 见 *Exophthalmus vittatus*

Prepona 靴蛱蝶属

Prepona antimache Hübner 天蓝靴蛱蝶

Prepona brooksiana Godart 蓝靴蛱蝶

Prepona buckleyana Hewitson 大红靴蛱蝶

Prepona deiphile Godart 大飞靴蛱蝶

Prepona demodice Godart 靴蛱蝶

Prepona dexamenus Höpffer 水波靴蛱蝶，蓝象靴蛱蝶

Prepona escalantiana Stoffel *et* Mast 拟蓝靴蛱蝶

Prepona eugenes Bates 蓝黑靴蛱蝶

Prepona garleppiana Staudinger 四色靴蛱蝶

Prepona gnorima Bates 著名靴蛱蝶

Prepona idexamenus Höpffer 伊苔靴蛱蝶

Prepona joyceyi Le Moult 紫光靴蛱蝶

Prepona laertes (Hübner) [shaded-blue leafwing, laertes prepona] 紫靴蛱蝶

Prepona lilianae Le Moult 丽靴蛱蝶

Prepona lygia Fruhstorfer 柔靴蛱蝶

Prepona neoterpe Honrath 新靴蛱蝶

Prepona omphale (Hübner) [purple king shoemaker, blue king shoemaker, Omphale's king shoemaker] 脐靴蛱蝶

Prepona pheridamas (Cramer) [pheridamas leafwing] 眉靴蛱蝶

Prepona philipponi Le Moult [Philippon's leafwing] 菲利浦靴蛱蝶

Prepona praeneste Hewitson 赤靴蛱蝶

Prepona pseudojoiceyi Le Moult 拟紫光靴蛱蝶

Prepona pseudomphale Le Moult 拟脐靴蛱蝶

Prepona pylene Hewitson [narrow-banded shoemaker] 绿靴蛱蝶

Prepona rothschildi Le Moult 罗氏靴蛱蝶

Prepona sarumani Smart 沙靴蛱蝶

Prepona subomphale Le Moult 镶蓝靴蛱蝶

Prepona werneri Hering *et* Hopp 维靴蛱蝶

Prepona xenagoras Hewitson 彩靴蛱蝶

prepseudopupa 预伪蛹 < 缨翅目的幼期的第三龄期虫态 >

prepseudopupal stage 预伪蛹期 < 缨翅目的幼期的第三龄期 >

prepuce [= praeputium, preputium, preputial membrane, vesica] 阳

茎端膜
prepupa [pl. prepupae] 预蛹，前蛹
prepupae [s. prepupa] 预蛹，前蛹
prepupal 蛹前的
prepupal period [= prepupal stage] 预蛹期，前蛹期
prepupal stage 见 prepupal period
preputial 阳茎端膜的
preputial gland 阳茎端腺 < 指某些与射精管的外口联系的腺体 >
preputial sac [= vesica] 阳茎端囊
preputial membrane 见 prepuce
preputium [= praeputium] 阳茎外鞘
prerectal 直肠前的
prereductional 前减数的
prereproductive period 生殖前期
prescott scale [*Matsucoccus vexillorum* Morrison] 黄松松干蚧
prescuta [s. prescutum; = praescuta, protergites] 前盾片
prescutal ridge 前盾脊
prescutal sulcus 前盾沟
prescutellar bristle 小盾片前鬃，小盾前鬃 < 指双翅目昆虫在小盾片前成横列的鬃 >
prescutellar callus [= postalar callus] 小盾前胛
prescutellar row 小盾前鬃列
prescutellum [= praescutellum] 前小盾片 < 位于中胸盾片和中胸小盾片间的骨片，但极少见 >
prescuto-scutal 前盾片的 < 意为属于前盾片和盾片的 >
prescutum [= praescutum] 前盾片
presenilation 1. 早期变态；2. 未老先衰
preservative 1. 防腐剂，预防法，防护层；2. 防腐的，有保护力的
preserved race 保存品种
preserved strain 保存品系
prespermatid 前精子
press [= filator] 吐丝器，压丝器
pressure cocoon cooking 加压煮茧
pressure plate 跖压板 < 在爪垫基部的构造 >
presternal 1. 腹板前的；2. 前腹片的
presternal plate 胸前板，第一胸板
presternal sulcus 前腹沟
presternoidea 基节前片 < 即翅前桥 prealare>
presternum 前腹片，胸前板，第一胸板
prestomachal ganalion 前胃神经节
prestomal teeth 唇瓣齿 < 见于双翅目昆虫的唇瓣 >
prestomum 前口；唇瓣裂 < 指双翅目昆虫唇瓣叶之间、食道口前的裂隙 >
Prestwichia 窄翅赤眼蜂属
Prestwichia aquatica Lubbock 潜水窄翅赤眼蜂
Prestwichia multiciliata Lin 毛足窄翅赤眼蜂
presubterminal [= praesubterminal] 前亚端的
presutural bristle 沟前鬃
presutural depression 沟前洼
presutural interalar bristle 沟前翅间鬃 < 双翅目昆虫翅间鬃之位于横沟前的单一鬃 >
presynaptic inhibition 突触前抑制
presynaptic membrane 突触前膜
pretarsal operculum 前跗节盖
pretarsala 前跗毛，端跗毛
pretarsus 前跗节
pretentoria 幕骨前臂
pretentorina [pl. pretentorinae, = anterior tentorial pit] 前幕骨陷
pretentorinae [s. pretentorina, = anterior tentorial pits] 前幕骨陷
preterga [= praeterga] 前背盾 < 指鞘翅目幼虫前胸节上的盾片 >
pretergite [= acrotergite] 端背片
Preterkelisia 长鞘飞虱属
Preterkelisia magnispinosa (Kuoh) 大刺长鞘飞虱，大刺愈阳飞虱
Preterkelisia yasumatsui (Esaki *et* Ishihara) 安松长鞘飞虱，雅氏长鞘飞虱，安松长头飞虱
pretornal [= praetornal] 臀角前的
pretosternum 胸前板，第一胸板
pretty chalk carpet [*Melanthia procellata* (Denis *et* Schiffermüller)] 黑岛尺蛾
pretty green plant bug [= sugarbeet leaf bug, *Orthotylus* (*Melanotrichus*) *flavosparsus* (Sahlberg)] 杂毛合垫盲蝽，藜杂毛盲蝽
pretty mimic white [*Dismorphia thermesia* (Godart)] 热带袖粉蝶
pretty pinion [*Perizoma blandiata* (Denis *et* Schiffermüller)] 滑周尺蛾，滑巾尺蛾
preupsilon 叉骨干 < 双翅目昆虫 “Y” 状叉骨的主干 >
Preuss' ceres forester [*Euphaedra preussiana* Gaede] 普瑞栎蛱蝶
Preuss' orange glider [*Cymothoe preussi* (Staudinger)] 布莱士漪蛱蝶
prevalence rate 现患率，流行率
preventive effect 预防效果
preventive measure 预防措施
prevertex 前头顶 < 指头顶被合并的复眼划分成两部时的前部 >
prey 猎物，被食者
prey density 猎物密度
prey depletion 猎物消耗
preying mantid 见 praying mantid
Pria 普露尾甲属
Pria elegans Grouvelle 丽普露尾甲
Pria tokarensis Nakane 台湾普露尾甲
Priam's birdwing [= common green birdwing, northern birdwing, Cape York birdwing, New Guinea birdwing, *Ornithoptera priamus* (Linnaeus)] 绿鸟翼凤蝶
Priamus 安卡拉昆虫学报 < 期刊名 >
Priasilpha 扁坚甲属
Priasilpha angulata Leschen, Lawrence *et* Slipinski 角扁坚甲
Priasilpha carinata Leschen, Lawrence *et* Slipinski 脊扁坚甲
Priasilphidae 扁坚甲科
priassus skipper [*Entheus priassus* (Linnaeus)] 醉弄蝶
Priassus 普蝽属
Priassus excoffieri Martin 光尖角普蝽，艾氏普蝽
Priassus exemptus (Walker) 景东普蝽
Priassus spiniger Haglund 尖角普蝽
Priassus testaceus Hsiao *et* Cheng 褐普蝽
Priastichus 类扁坚甲属
Priastichus tasmanicus Crowson 塔斯类扁坚甲
prickly stick insect [*Acanthoxyla prasina* (Westwood)] 棘刺长节叶䗛
Priesnerius tobiasi Móczár 见 *Ceropales tobiasi*

primarily xylophagous beetle [= brentid, straight-snouted weevil, brentid beetle] 三锥象甲，三锥象，直吻象 < 三锥象甲科 Brentidae 昆虫的通称 >
primary 1. [= anterior wing, forewing] 前翅；2. 原始的，初级的
primary association 原始社会
primary colony 初级群体，原始群体
primary community 原始群落
primary consumer 初级消费者，一级消费者
primary culture 初生培养，初生培养物
primary domant period 初眠期
primary drying cocoon 半干茧，初干茧 < 家蚕的 >
primary endosymbiont 初级共生物
primary eye 原眼 < 指介壳虫雌虫的单眼 >
primary freezing point 初次冰点
primary host 第一寄主 < 常指蚜虫的越冬寄主 >
primary infection 原发感染，初次传染，初次侵染
primary iris cell 原虹膜细胞，初级睛帘细胞
primary lobe 原叶 < 在介壳虫中，即 lobe>
primary ocellus 背单眼 < 指成虫及同型蚴的单眼 >
primary oocyte 初级卵母细胞
primary oogonium 初级卵原细胞
primary parasitism 原寄生，一级寄生
primary pest 1. 主要害虫；2. 初生性害虫
primary phallic lobe 原阳具叶
primary pigment cell 原色素细胞 < 指昆虫眼内角膜色素细胞 >
primary royal pair 原王偶 < 指白蚁群体中的雄蟹和生殖型雌蟹 >
primary screwworm [= New World screw-worm fly, screwworm, *Cochliomyia hominivorax* (Coquerel)] 嗜人锥蝇，美洲锥蝇，旋丽蝇，新大陆螺旋蝇，螺旋蝇，螺旋锥蝇
primary segment 初生节
primary segmentation 初生分节
primary seta 原生刚毛
primary somatic hermaphrodite 原体质雌雄同体
primary spermatocyte 初级精母细胞
primary spermatogonium 初级精原细胞
primary succession 原生演替
primary symbiont 原生共生菌
primary type [= proterotype] 原始模式标本，原模式标本
primary vein 主脉
primary viviparae 第一寄主的孤雌胎生蚜 < 即在第一寄主上的干母的后代 >
primer 1. 引物；2. 引子
primer pheromone 引发信息素，引物信息素
Primeuchroeus 原青蜂属
Primeuchroeus crassiceps (Tsuneki) 粗节原青蜂
Primeuchroeus kansitakuanus (Tsuneki) 关西原青蜂，台青蜂
Primeuchroeus yongdaerianus Kim 韩原青蜂
Primierus 棘胸长蝽属
Primierus longirostris Slater *et* Zheng 长喙棘胸长蝽
Primierus longispinus Zheng 长刺棘胸长蝽
Primierus tuberculatus Zheng 锥股棘胸长蝽
primitive 原始的
primitive caddisfly 原石蛾 < 属原石蛾科 Rhyacophilidae>
primitive crane fly [= tanyderid fly, tanyderid] 颈蠓，伪蚊 < 颈蠓科 Tanyderidae 昆虫的通称 >
primitive minnow mayfly [= siphlonurid mayfly, siphlonurid] 短丝蜉，二尾蜉 < 短丝蜉科 Siphlonuridae 昆虫的通称 >
primitive moth 小翅蛾 < 属小翅蛾科 Micropterygidae>
primitive streak 原条 < 与胚带 (germ band) 同义 >
Primnoa 翘尾蝗属 *Prumna* 的异名
Primnoa arctica Zhang *et* Jin 见 *Prumna arctica*
Primnoa cavicerca Zhang 见 *Prumna cavicerca*
Primnoa jingpohu Huang 见 *Prumna jingpohu*
Primnoa mandshurica (Ramme) 见 *Prumna mandshurica*
Primnoa ningana Ren *et* Zhang 见 *Prumna ningana*
Primnoa primnoa (Motschulsky) 见 *Prumna primnoa*
Primnoa primnoides (Ikonnikov) 见 *Prumna primnoides*
Primnoa tristis Mistshenko 见 *Prumna tristis*
Primnoa ussuriensis (Tarbinsky) 见 *Prumna ussuriensis*
Primnoa wuchangensis Huang 见 *Prumna wuchangensis*
Primocerioides 首角蚜蝇属
Primocerioides beijingiensis Yang *et* Cheng 北京首角蚜蝇
Primocerioides petri (Hervé-Bazin) 属模首角蚜蝇，倍首角蚜蝇
primordial [= primitive] 原始的
primordial germ cell 原生殖细胞
primrose dotted border [*Mylothris primulina* Butler] 淡黄迷粉蝶
primrose flag [= common melwhite, lycimnia white flag, *Melete lycimnia* (Cramer)] 指名酪粉蝶
primula aphid [= crescent-marked lily aphid, lily aphid, mottled arum aphid, arum aphid, *Neomyzus circumflexus* (Buckton)] 百合新瘤蚜，百合粗额蚜，百合新瘤额蚜，暗点白星海芋蚜，褐腹斑蚜，樱草瘤额蚜
prince baskettail [*Epitheca princeps* Hagen] 王子毛伪蜻
princess flash [*Deudorix smilis* Hewitson] 斯米玳灰蝶
principal response curve [abb. PRC] 主响应曲线
principal sector 主分脉
principal sulcus 主沟 < 指直翅目昆虫在前胸节中部或中后部的横沟 >
principal vein 主脉 < 指半翅目昆虫前翅由 Sc 至 Cu_1 脉的并合脉 >
Pringle's arrowhead [*Phasis pringlei* Dickson] 卜仁莱相灰蝶
Pringle's blue [*Lepidochrysops pringle* Dickson] 卜仁莱美鳞灰蝶
Pringle's copper [*Aloeides pringlei* Tite *et* Dickson] 卜仁莱乐灰蝶
Pringle's skolly [*Thestor pringlei* Dickson] 卜仁莱秀灰蝶
Pringle's widow [*Torynesis pringlei* Dickson] 普氏突眼蝶
Priobium punctatum (LeConte) 花旗松产品窃蠹
Priobolia 锯齿跳甲属
Priobolia viridiaurata Chen *et* Wang 金绿锯齿跳甲
Priochirus 齿隐翅甲属，刺颚隐翅虫属，短颚隐翅甲属
Priochirus (***Cephalomerus***) ***hoplites*** (Fauvel) 黑齿隐翅甲，黑小齿隐翅虫
Priochirus (***Cephalomerus***) ***sanguinosus*** (Motschulsky) 血红齿隐翅甲，血红齿隐翅虫
Priochirus chinensis Bernhauer 见 *Priochirus* (*Euleptarthrus*) *chinensis*
Priochirus (***Euleptarthrus***) ***amblyodontus*** Wu *et* Zhou 钝齿齿隐翅甲，钝齿短颚隐翅甲
Priochirus (***Euleptarthrus***) ***baoxingensis*** Wu *et* Zhou 黑色齿隐翅甲，黑色短颚隐翅甲
Priochirus (***Euleptarthrus***) ***chinensis*** Bernhauer 中华齿隐翅甲，

华刺颚隐翅虫

Priochirus* (*Euleptarthrus*) *curtidentatus Wu *et* Zhou 短齿齿隐翅甲，短齿齿隐翅虫，赤尾短颚隐翅甲

Priochirus* (*Euleptarthrus*) *deltodontus Wu *et* Zhou 云南齿隐翅甲，云南齿隐翅虫

Priochirus* (*Euleptarthrus*) *longicornis (Fauvel) 长角齿隐翅甲，长角齿隐翅虫

Priochirus* (*Euleptarthrus*) *oxygonus Wu *et* Zhou 头角齿隐翅甲，头角短颚隐翅甲

Priochirus* (*Euleptarthrus*) *subbrevicornis Bernhauer 短角齿隐翅甲，短角齿隐翅虫

Priochirus* (*Euleptarthrus*) *trifurcus Wu *et* Zhou 三裂齿隐翅甲，三裂齿隐翅虫

Priochirus* (*Eutriacanthus*) *tridens (Motschulsky) 三尖齿隐翅甲，三尖齿隐翅虫

Priochirus excavatus (Motschulsky) 凹齿隐翅甲，凹头隐翅虫，掘刺颚隐翅虫

Priochirus formosae Greenslade 见 *Plastus formosae*

Priochirus japonicus Sharp 见 *Plastus japonicus*

Priochirus kawamurai Bernhauer 川村齿隐翅甲，卡刺颚隐翅虫

Priochirus mushanus Bernhauer 雾社齿隐翅甲，雾社刺颚隐翅虫

Priochirus quadrifoveatus Greenslade 见 *Plastus quadrifoveatus*

Priochirus silvestrii Bernhauer 薛氏齿隐翅甲，薛刺颚隐翅虫

Priochirus* (*Stigmatochirus*) *abori Bernhauer 阿斑齿隐翅甲，阿斑齿隐翅虫

Priochirus* (*Stigmatochirus*) *magnificus Wu *et* Zhou 硕斑齿隐翅甲

Priochirus subbrevicornis Bernhauer 见 *Priochirus* (*Euleptarthrus*) *subbrevicornis*

Priochirus tonkinensis Bernhauer 越南齿隐翅甲，越刺颚隐翅虫

Priocnemis 锯胫沟蛛蜂属

Priocnemis basirufulus Yasumatsu 基红锯胫沟蛛蜂

Priocnemis bicarinifrons Haupt 二脊额锯胫沟蛛蜂

Priocnemis chinensis (Morawitz) 中华锯胫沟蛛蜂，中华萨蛛蜂

Priocnemis cyphonota Perez 弯背锯胫沟蛛蜂

Priocnemis fenestratus (Gussakovskij) 台湾锯胫沟蛛蜂，台湾蛛蜂

Priocnemis frontalis Gussakovskij 额锯胫沟蛛蜂

Priocnemis irritabilis Smith 激动锯胫沟蛛蜂

Priocnemis japonica Gussakovskij 日本锯胫沟蛛蜂

Priocnemis mongolobtusiventris Wolf *et* Móczár 四川锯胫沟蛛蜂

Priocnemis mongoloparvula Wolf *et* Móczár 小蒙锯胫沟蛛蜂，小蒙锯足蛛蜂

Priocnemis reticulatus Haupt 网锯胫沟蛛蜂

Priocnemis spinulosus Haupt 刺锯胫沟蛛蜂

Priocnemis szechuanus Haupt 同 *Priocnemis mongolobtusiventris*

Priocnemis taoi Yasumatsu 陶锯胫沟蛛蜂

priodont 小颚型 <指雄性锹甲中具有最小的上颚者>

Prionaca 锯蝽属

Prionaca hubeiensis Zhang, Lin *et* Zhao 同 *Tmetopis chinensis*

Prionaca hunanensis Lin *et* Zhang 同 *Tmetopis chinensis*

Prionaca jiangxiensis Lin *et* Zhang 同 *Tmetopis chinensis*

Prionaca sikkimensis (Mathew) 锡金锯蝽

Prionaca tibetana Zheng *et* Jin 西藏锯蝽

Prionaca tonkinensis Distant 锯蝽

Prionaca yunnanensis Zhang *et* Lin 云南锯蝽

Prionadoretus tonkinensis Ohaus 见 *Adoretus tonkinensis*

Prionapteron 切翅草螟属

Prionapteron bicepellum Song 分叉切翅草螟

Prionapteron sinensis Hampson 同 *Prionapteron tenebrellum*

Prionapteron tenebrellum (Hampson) 指形切翅草螟，适枚索螟，廷锯翅螟

Prionapteryx 锯草螟属，锯翅螟属

Prionapteryx albistigma (Wileman *et* South) 白斑锯草螟，白痣苏拉螟

Prionapteryx delicatellus Caradja 精细锯草螟，德锯翅螟

Prionapteryx indentella (Kearfott) [buffalograss webworm] 水牛草锯草螟，水牛草网螟

Prionapteryx marmorellus South 见 *Burmannia marmorella*

Prionapteryx sinensis Hampson 同 *Prionapteron tenebrellum*

Prionapteryx taishanensis Caradja *et* Meyrick 见 *Elethyia taishanensis*

Prionapteryx tenebrellum (Hampson) 见 *Prionapteron tenebrellum*

Prioneris 锯粉蝶属

Prioneris autothisbe (Hübner) 金珠锯粉蝶

Prioneris clemanthe (Doubleday) [redspot sawtooth] 红肩锯粉蝶

Prioneris clemanthe clemanthe (Doubleday) 红肩锯粉蝶指名亚种，指名红肩锯粉蝶

Prioneris clemanthe euclemanthe Fruhstorfer 红肩锯粉蝶海南亚种，海南红肩锯粉蝶

Prioneris cornelia (Vollenhoven) 白锯粉蝶

Prioneris helferi Felder 黑纹锯粉蝶

Prioneris hypsipyle (Weymel) 海皮斯锯粉蝶，苏门答腊锯粉蝶

Prioneris philonome (Boisduval) 银珠锯粉蝶

Prioneris sita (Felder *et* Felder) [painted sawtooth] 红珠锯粉蝶

Prioneris thestylis (Doubleday) [spotted sawtooth] 锯粉蝶

Prioneris thestylis formosana Fruhstorfer 锯粉蝶台湾亚种，斑粉蝶，斑白蝶，黄斑粉蝶，台湾锯粉蝶

Prioneris thestylis fujianensis Chou, Zhang *et* Wang 同 *Prioneris thestylis hainanensis*

Prioneris thestylis hainanensis Fruhstorfer 锯粉蝶海南亚种，海南锯粉蝶

***Prioneris thestylis hainanensis* f. mamilia** Fruhstorfer 同 *Prioneris thestylis hainanensis*

Prioneris thestylis jugurtha Fruhstorfer 同 *Prioneris thestylis thestylis*

Prioneris thestylis mamilia Fruhstorfer 同 *Prioneris thestylis hainanensis*

Prioneris thestylis thestylis (Doubleday) 锯粉蝶指名亚种，指名锯粉蝶

Prioneris thestylis yunnana Mell 锯粉蝶云南亚种，云南锯粉蝶

Prioneris vollenhovii (Wallace) 沃伦锯粉蝶

Prionia pulchra Wielman 见 *Achrosis pulchra*

Prionia rosearia Leech 见 *Sabaria rosearia*

Prionidae 锯天牛科

Prioninae 锯天牛亚科

Prionini 锯天牛族

Prionispa 楔铁甲属，方铁甲虫属

Prionispa champaka Maulik 沟胸楔铁甲

Prionispa cheni Staines 陈氏楔铁甲

Prionispa clavata (Yu) 棒楔铁甲

Prionispa dentata Pic 齿楔铁甲

Prionispa houjayi Lee, Swietojanska *et* Staines 厚洁楔铁甲，厚洁方铁甲虫
Prionispa opacipennis Chen *et* Yu 暗鞘楔铁甲
Prionispa sinica Gressitt 中华楔铁甲
Prionoceridae 细花萤科
Prionocerinae 细花萤亚科
Prionocerus 细花萤属
Prionocerus bicolor Redtenbacher 二色细花萤，双色细花萤
Prionocerus coeruleipennis Perty 暗翅细花萤
Prionochaeta 锯球蕈甲属，棘球蕈甲属，棘小葬甲属，锯拟葬甲属
Prionochaeta harmandi Portevin 哈氏锯球蕈甲，哈氏棘球蕈甲，哈氏棘小葬甲
Prionochaeta harmandi harmandi Portevin 哈氏锯球蕈甲指名亚种
Prionochaeta harmandi insulana Hayashi 同 *Prionochaeta harmandi harmandi*
Prionochaeta roubali Hlisnikovský 劳氏锯球蕈甲，劳氏棘小葬甲，绕锯拟葬甲
Prionochaeta sibirica Reitter 西伯锯球蕈甲，西伯棘小葬甲
Prionocyphon 齿沼甲属
Prionocyphon costipennis Ruta 缘齿沼甲
Prionocyphon macrodascilloides Ruta 大齿沼甲
Prionocyphon niger Kitching *et* Allsopp 黑齿沼甲，黑锯沼甲
Prionodonta 魈尺蛾属
Prionodonta amethystina Warren 阿魈尺蛾，翠尺蛾
Prionolabis 黄翅大蚊属，锯大蚊属
Prionolabis carbonis (Alexander) 碳黄翅大蚊，炭锯大蚊，炭沼大蚊
Prionolabis fokiensis (Alexander) 福建黄翅大蚊，福建锯大蚊，福建沼大蚊
Prionolabis harukonis (Alexander) 八仙黄翅大蚊，春子锯大蚊，春子池大蚊
Prionolabis lictor (Alexander) 棒黄翅大蚊
Prionolabis nigronitida (Edwards) 黑胫黄翅大蚊，黑光锯大蚊，黑光池大蚊，黑亮沼大蚊
Prionolabis oritropha (Alexander) 玉黄翅大蚊，宝玉锯大蚊，宝玉池大蚊，奥沼大蚊
Prionolabis pilosula (Alexander) 毛黄翅大蚊，毛锯大蚊，毛沼大蚊
Prionolabis poliochroa (Alexander) 缺脉黄翅大蚊
Prionolabis serridentata (Alexander) 齿黄翅大蚊，锯齿锯大蚊，锯齿池大蚊
Prionolomia 辟缘蝽属
Prionolomia gigas Distant 大辟缘蝽
Prionolomia mandarina Distant 满辟缘蝽
Prionolomia villiersi Dispon 魏氏辟缘蝽
Prionolomia yunnanensis Dispon 云南辟缘蝽
Prionomma 拟土天牛属
Prionomma atratum (Gmelin) 暗拟土天牛
Prionomma bigibbosus (White) 双突拟土天牛
Prionopelta 锯猛蚁属，锯盾针蚁属
Prionopelta kraepelini Forel 柯氏锯猛蚁，柯氏锯盾蚁，柯氏锯钝针蚁
Prionoplus reticularis White [huhu beetle] 葫锯天牛
Prionopoda kulingensis Uchida 见 *Lathrolestes kulingensis*
Prionoryctes caniculus Arrow 薯蓣金龟甲
Prionota 短栉大蚊属
Prionota (Plocimas) guangdongensis Yang *et* Young 广东短栉大蚊 < 该种学名有误写为 *Prionota* (*Plocimas*) *kwangtungensis* Yang *et* Young 者 >
Prionota (Plocimas) magnifica (Enderlein) 黑顶短栉大蚊，巨普大蚊
Prionoxystus macmurtrei (Guérin-Méneville) [little carpenterworm moth, lesser oak carpenter worm] 栎小木蠹蛾，小木蠹蛾
Prionoxystus robiniae (Peck) [carpenterworm moth, locust borer, Robin's carpenterworm moth] 刺槐木蠹蛾，洋槐木蠹蛾，榆木蠹蛾
prionus root borer [= California prionus, California prionus beetle, giant root borer, California root borer, *Prionus californicus* Motschulsky] 加州锯天牛，加州地天牛，加州地栖天牛
Prionus 锯天牛属
Prionus asiaticus Faldermann 见 *Mesoprionus asiaticus*
Prionus boppei Lameere 见 *Plumiprionus boppei*
Prionus brachypterus (Gebler) 见 *Psilotarsus brachypterus*
Prionus brachypterus brachypterus (Gebler) 见 *Psilotarsus brachypterus brachypterus*
Prionus brachypterus hirticollis (Lameere) 见 *Psilotarsus hirticollis*
Prionus brachypterus latidens (Motschulsky) 同 *Psilotarsus brachypterus alpherakii*
Prionus californicus Motschulsky [California prionus, California prionus beetle, California root borer, prionus root borer, giant root borer] 加州锯天牛，加州地天牛，加州地栖天牛
Prionus coriareus Linnaeus 革质锯天牛
Prionus corpulentus Bates 体锯天牛
Prionus delavayi Fairmaire 皱胸锯天牛
Prionus delavayi delavayi Fairmaire 皱胸锯天牛指名亚种
Prionus delavayi lorenci Drumont *et* Komiya 皱胸锯天牛罗氏亚种，娄氏皱胸锯天牛，罗氏皱胸锯天牛
Prionus elliotti Gahan 椭锯天牛
Prionus gahani Lameere 短角锯天牛
Prionus galantorum Drumont *et* Komiya 嘎锯天牛
Prionus heros Semenov 见 *Macroprionus heros*
Prionus heterotarsus Lameere 异跗锯天牛
Prionus imbricornis (Linnaeus) [tile-horned prionus] 叠角锯天牛，瓦角天牛
Prionus insularis Motschulsky [serrate longicorn beetle] 岛锯天牛，锯天牛
Prionus kucerai Drumont *et* Komiya 库氏锯天牛
Prionus lameerei Semenov 云南锯天牛
Prionus laminicornis Fairmaire 叶角锯天牛
Prionus laticollis (Drury) [broad-necked root borer] 阔颈锯天牛，阔颈根天牛
Prionus mali Drumont, Xi *et* Rapuzzi 水翅锯天牛
Prionus murzini Drumont *et* Komiya 慕氏锯天牛
Prionus nakamurai Ohbayashi *et* Makihara 中村锯天牛
Prionus pectinicornis Fabricius 栉角锯天牛
Prionus pectinicornis chatanyi Lameere 栉角锯天牛恰氏亚种，恰氏栉角锯天牛
Prionus pectinicornis pectinicornis Fabricius 栉角锯天牛指名亚种

Prionus plumicornis Pu 见 *Plumiprionus plumicornis*
Prionus potanini Lameere 见 *Parapsilotarsus potaninei*
Prionus przewalskyi (Jakovlev) 见 *Prionoblemma przewalskyi*
Prionus puae Drumont *et* Komiya 蒲氏锯天牛
Prionus scabripunctatus Hayashi 台湾锯天牛，粗点锯天牛
Prionus sifanicus Plavilstshikov 齿跗锯天牛
Prionus siskai Drumont *et* Komiya 西氏锯天牛
Prionus unilamellatus Pu 见 *Unilaprionus unilamellatus*
Prionyx 锯泥蜂属
Prionyx atratus (Peletier) 黑锯泥蜂
Prionyx elegantulus (Turner) 华丽锯泥蜂
Prionyx kirbii (van der Linden) 横带锯泥蜂 < 此种学名有误写为 *Prionyx kirbyi* (van der Linden) 者 >
Prionyx lividocinctus (Costa) 白带锯泥蜂
Prionyx lividocinctus apakensis (Tsuneki) 白带锯泥蜂内蒙亚种，内蒙白带锯泥蜂
Prionyx lividocinctus lividocinctus (Costa) 白带锯泥蜂指名亚种
Prionyx subfuscatus (Dahlbom) 二齿锯泥蜂
Prionyx viduatus (Christ) 毛斑锯泥蜂
Prionyx xanthabdominalis Li *et* Yang 黄腹锯齿泥蜂
Priophorus 拟栉叶蜂属，普奈丝角叶蜂属
Priophorus fulvostigmatus Li *et* Wei 褐痣拟栉叶蜂
Priophorus hyalopterus Jakovlev 透翅拟栉叶蜂，透翅普奈丝角叶蜂
Priophorus laevifrons Benson 同 *Cladius ulmi*
Priophorus leucotrochanteris Wei *et* Nie 白转拟栉叶蜂
Priophorus melanotus Wei 黑转拟栉叶蜂
Priophorus morio (Peletier) 内蒙普利叶蜂
Priophorus niger Wei 黑拟栉叶蜂
Priophorus nigricans (Cameron) 狭鞘拟栉叶蜂，黑普利叶蜂，黑枝角叶蜂，黑栉角叶蜂，黑长角叶蜂
Priophorus nigrotarsalis Wei 黑跗拟栉叶蜂
Priophorus padi (Linnaeus) 同 *Priophorus pallipes*
Priophorus pallipes (Peletier) 蔷薇拟栉叶蜂，蔷薇普奈丝角叶蜂，淡色普利叶蜂
Priophorus paranigricans Wei 小齿拟栉叶蜂
Priophorus tener Zaddach 细拟栉叶蜂，细普奈丝角叶蜂
Priophorus ulmi (Linnaeus) 见 *Cladius ulmi*
Priophorus wui Wei 吴氏拟栉叶蜂
Priopoda 锯缘姬蜂属
Priopoda auberti Sheng 阿锯缘姬蜂，阿氏锯缘姬蜂
Priopoda aurantiaca Sheng 橙锯缘姬蜂
Priopoda biconcave Sheng *et* Sun 双凹锯缘姬蜂
Priopoda dentata Sheng *et* Sun 齿锯缘姬蜂
Priopoda dorsopuncta Sheng *et* Sun 点背锯缘姬蜂
Priopoda nigrifacialis Sheng *et* Sun 黑脸锯缘姬蜂
Priopoda nigrimaculata Sheng *et* Sun 黑斑锯缘姬蜂
Priopoda otaruensis (Uchida) 小樽锯缘姬蜂
Priopoda owaniensis (Uchida) 鸥锯缘姬蜂
Priopoda sachalinensis (Uchida) 萨哈林锯缘姬蜂
Priopoda unicolor Sheng *et* Sun 单色锯缘姬蜂
Priopoda uniconcava Sheng *et* Sun 单凹锯缘姬蜂
Prioptera angusta Spaeth 见 *Basiprionota angusta*
Prioptera punctipennis Wagener 同 *Basiprionota sexmaculata*
priopticon [= exterior medullary mass] 外髓
Priopus 弓背叩甲属
Priopus angulatus (Candèze) 利角弓背叩甲，刺角弓背叩甲，角锯叩甲
Priopus castaneus (Miwa) 栗弓背叩甲，栗锯叩甲
Priopus ciprinus (Candèze) 西弓背叩甲，西锯叩甲
Priopus elegans Szombathy 丽弓背叩甲，丽锯叩甲
Priopus elegans obayashii (Miwa) 见 *Priopus obayashii*
Priopus elegans takanoi (Miwa) 同 *Priopus superbus*
Priopus kubotai (Suzuki) 久弓背叩甲，库锯叩甲
Priopus melanopterus (Candèze) 黑翅弓背叩甲，黑翅锯叩甲
Priopus mirabilis (Fleutiaux) 奇弓背叩甲，奇锯叩甲
Priopus nigerrimus (Fleutiaux) 最黑弓背叩甲，最黑锯叩甲
Priopus obayashii (Miwa) 大林弓背叩甲，奥丽锯叩甲
Priopus ornatus (Candèze) 饰弓背叩甲，饰锯叩甲，贫斑弓背叩甲
Priopus pulchellus (Fleutiaux) 红鞘弓背叩甲，灿锯叩甲，丽弓背叩甲
Priopus rufulus (Candèze) 赤弓背叩甲
Priopus russatus Fleutiaux 红弓背叩甲，红锯叩甲
Priopus sanguinicollis (Miwa) 血红弓背叩甲，血红锯叩甲
Priopus superbus (Fleutiaux) 超弓背叩甲，超锯叩甲
Priopus tailandicus Platia *et* Riese 泰弓背叩甲
Priopus vafer (Erichson) 脊角弓背叩甲
Priopus yagianus Kishii 八木弓背叩甲
priority 优先权 < 常指命名 >
Priotyrranus 接眼天牛属，柑橘锯天牛属
Priotyrranus closteroides (Thomson) 橘根接眼天牛，橘根锯天牛，柑橘锯天牛
Priotyrranus closteroides closteroides (Thomson) 橘根接眼天牛指名亚种
Priotyrranus closteroides lutauensis Ohbayashi *et* Makihara 橘根接眼天牛台湾亚种，台橘根接眼天牛，橘锯天牛，柑橘锯天牛
Priotyrannus hueti Drumont 突胸接眼天牛
Priscagrion 古山蟌属
Priscagrion kiautai Zhou *et* Wilson 克氏古山蟌
Priscagrion pinheyi Zhou *et* Wilson 宾黑古山蟌
Priscoflata 古蛾蜡蝉属
Priscoflata subvexa Szwedo, Stroinski *et* Lin 上倾古蛾蜡蝉
prisere 正常演替系列
Prismognathus 鬼锹甲属，鬼锹形虫属，柱锹甲属
Prismognathus alessandrae Bartolozzi 滇北鬼锹甲，滇北鬼锹
Prismognathus angularis Waterhouse 角鬼锹甲，角棱颚锹甲
Prismognathus arcuatus (Houlbert) 镰刀鬼锹甲，镰刀鬼锹
Prismognathus bousqueti (Boucher) 布氏鬼锹甲，布氏枝角鬼锹
Prismognathus branczicki Nonfried 同 *Prismognathus platycephalus*
Prismognathus castaneus (Didier) 小头鬼锹甲，小头鬼锹
Prismognathus dauricus (Motschulsky) 东北鬼锹甲，东北鬼锹，道棱颚锹甲
Prismognathus davidis Deyrolle 大卫鬼锹甲，大卫鬼锹，戴维柱锹甲，达棱颚锹甲
Prismognathus davidis cheni Bomans *et* Ratti 大卫鬼锹甲台湾亚种，大卫鬼锹台湾亚种，戴维柱锹甲陈氏亚种，陈达棱颚锹甲，金鬼锹形虫
Prismognathus davidis davidis Deyrolle 大卫鬼锹甲指名亚种，大

卫鬼锹指名亚种，戴维柱锹甲指名亚种，指名达棱颚锹甲
Prismognathus davidis tangi Huang *et* Chen 大卫鬼锹甲华东亚种，大卫鬼锹华东亚种
Prismognathus delislei Endrödi 尼泊尔鬼锹甲，尼泊尔鬼锹
Prismognathus formosanus Nagel 台湾鬼锹甲，台湾鬼锹，台湾鬼锹形虫，台棱颚锹甲
Prismognathus haojiani Huang *et* Chen 郝氏鬼锹甲，郝氏鬼锹
Prismognathus klapperichi Bomans 卡氏鬼锹甲，卡氏鬼锹，克棱颚锹甲
Prismognathus mixtus Huang *et* Chen 拟鬼锹甲，拟枝角鬼锹
Prismognathus miyashitai Ikeda 宽额鬼锹甲，宽额鬼锹
Prismognathus nigricolor Boucher 怒江鬼锹甲，怒江鬼锹
Prismognathus nobuhikoi (Ikeda) 越南鬼锹甲，越南枝角鬼锹
Prismognathus nosei Nagai 方额鬼锹甲，方额鬼锹
Prismognathus oberthueri (Houlbert) 欧氏鬼锹甲，欧氏枝角鬼锹
Prismognathus parvus Didier 卷边鬼锹甲，卷边鬼锹
Prismognathus passangi Okuda *et* Maeda 错那鬼锹甲，错那鬼锹
Prismognathus piluensis Sakaino 碧绿鬼锹甲，碧绿鬼锹，碧绿鬼锹形虫
Prismognathus platycephalus (Hope) 扁头鬼锹甲，扁头棱颚锹甲
Prismognathus prossi Bartolozzi *et* Wan 普氏鬼锹甲，普氏鬼锹
Prismognathus shani Huang *et* Chen 单氏鬼锹甲，单氏鬼锹
Prismognathus sinensis Bomans 中华鬼锹甲，中华鬼锹，华棱颚锹甲
Prismognathus siniaevi Ikeda 毛胸鬼锹甲，毛胸鬼锹
Prismognathus subnitens (Parry) 红鬼锹甲，红鬼锹
Prismognathus sukkitorum Nagai 苏氏鬼锹甲，苏氏鬼锹，兔耳鬼锹
Prismognathus transiens Huang, Chen, Tao *et* Xiao 过渡鬼锹甲
Prismognathus triapicalis (Houlbert) 三顶鬼锹甲，三顶鬼锹，三端岗锹甲
Prismognathus yukinobui Nagai 钳口鬼锹甲，钳口鬼锹
Prismognathus zhangi Huang *et* Chen 张氏鬼锹甲，张氏鬼锹
Prismosticta 透点蚕蛾属，窗蚕蛾属
Prismosticta fenestrata Walker 小窗透点蚕蛾，小窗桦蛾，小窗蚕蛾，窗透点蚕蛾，窗蚕蛾
Prismosticta hyalinata Butler 透点蚕蛾
Prismosticta microprisma Zolotuhin *et* Witt 迷透点蚕蛾，迷窗蚕蛾
Prismosticta regalis Zolomhin *et* Witt 磊透点蚕蛾，磊窗蚕蛾
Prismosticta unilhyala Chu *et* Wang 一点透点蚕蛾，一点蚕蛾
Pristaciura 普瑞实蝇属
Pristaciura formosae (Hendel) 台湾普瑞实蝇，台引实蝇
Pristaciura xanthotricha (Bezzi) 黄毛普瑞实蝇，山托因达实蝇
Pristaulacus 锤举腹蜂属，锯举腹蜂属
Pristaulacus albitarsatus Sun *et* Sheng 白跗锤举腹蜂
Pristaulacus caudatus Szépligeti 尾锤举腹蜂
Pristaulacus comptipennis Enderlein 饰翅锤举腹蜂，饰翅锯举腹蜂
Pristaulacus intermedius Uchida 中锤举腹蜂
Pristaulacus karinulus Smith 卡举腹蜂
Pristaulacus kiefferi (Bradley) 同 *Pristaulacus caudatus*
Pristaulacus kiefferi Enderlein 同 *Pristaulacus karinulus*
Pristaulacus memnonius Sun *et* Sheng 黑足锤举腹蜂
Pristaulacus pieli Kieffer 皮氏锤举腹蜂，皮氏锯举腹蜂
Pristaulacus porcatus Sun *et* Sheng 脊锤举腹蜂
Pristaulacus rufipes Enderlein 红锤举腹蜂，红锯举腹蜂
Pristaulacus rufitarsis (Cresson) 红跗锤举腹蜂，红跗旗腹姬蜂
Pristaulacus zhejiangensis He *et* Ma 浙江锤举腹蜂
Pristiceros 小唇姬蜂属
Pristiceros formosanus (Uchida) 台湾小唇姬蜂
Pristiceros taihorinus (Uchida) 大甫林小唇姬蜂，大甫林平姬蜂
Pristiceros uchidai Kusigemati 内田小唇姬蜂
Pristiphora 槌缘叶蜂属，锉叶蜂属，红纹叶蜂属
Pristiphora abbreviata (Hartig) [California pear sawfly, California pear-slug] 加州槌缘叶蜂，加州梨叶蜂
Pristiphora abietina (Christ) [gregarious spruce sawfly] 普通云杉槌缘叶蜂，普通云杉锉叶蜂
Pristiphora ambigua (Fallén) 见 *Pristiphora nigella*
Pristiphora aphantoneura (Förster) 黄足槌缘叶蜂，黄足锉叶蜂
Pristiphora appendiculata (Hartig) 附肢槌缘叶蜂，附肢锉叶蜂
Pristiphora basidentalia Wei *et* Nie 内齿槌缘叶蜂，内齿锉叶蜂
Pristiphora beijingensis Zhou *et* Zhang 北京槌缘叶蜂，北京杨锉叶蜂，黄腹槌缘叶蜂
Pristiphora caiwanzhii Wei 彩氏槌缘叶蜂，彩氏锉叶蜂
Pristiphora californica (Marlatt) 同 *Pristiphora abbreviata*
Pristiphora compressa Hartig 扁腹槌缘叶蜂，扁腹锉叶蜂
Pristiphora confusa Lindqvist 柳槌缘叶蜂，爆竹柳锉叶蜂
Pristiphora conjugata (Dahlbom) [poplar sawfly, spotted poplar sawfly] 黄褐槌缘叶蜂，杨黄褐锉叶蜂
Pristiphora erichsonii (Hartig) [larch sawfly, large larch sawfly] 红环槌缘叶蜂，落叶松叶蜂，埃氏锉叶蜂
Pristiphora formosana Rohwer 蓬莱槌缘叶蜂，蓬莱锉叶蜂，台湾锉叶蜂，蓬莱红纹叶蜂
Pristiphora fulvipes (Fallén) 同 *Pristiphora aphantoneura*
Pristiphora geniculata (Hartig) [mountain ash sawfly] 深山槌缘叶蜂，深山锉叶蜂，深山楱叶蜂
Pristiphora glauca Benson 淡槌缘叶蜂，落叶松淡锉叶蜂
Pristiphora huangi Xiao 同 *Pristiphora sinensis*
Pristiphora insularis Rohwer 岛槌缘叶蜂
Pristiphora laricis (Hartig) [small larch sawfly, common sawfly, larch sawfly] 落叶松槌缘叶蜂，落叶松锉叶蜂，小落叶松叶蜂
Pristiphora leechi Wong *et* Ross 李氏槌缘叶蜂，李氏锉叶蜂
Pristiphora lii Wei 李槌缘叶蜂
Pristiphora longitangia Wei *et* Nie 长踵槌缘叶蜂，长踵锉叶蜂
Pristiphora melanocarpa Hartig 黑腿槌缘叶蜂，黑腿锉叶蜂
Pristiphora nankingensis Wong 南京锉叶蜂
Pristiphora nigella (Förster) [spruce tip sawfly, spruce bud sawfly] 云杉芽槌缘叶蜂，云杉芽锉叶蜂
Pristiphora nigrotarsalina Wei 黑跗槌缘叶蜂
Pristiphora obliqualis Wei 斜槌缘叶蜂
Pristiphora oligalucina Wei 寡节槌缘叶蜂
Pristiphora pallipes Peletier 白足槌缘叶蜂，白足锉叶蜂
Pristiphora politivaginata Takeuchi 光鞘槌缘叶蜂，光鞘锉叶蜂
Pristiphora pseudocoarctula Lindqvist 桦伪槌缘叶蜂，桦伪锉叶蜂
Pristiphora quercus Hartig 栎槌缘叶蜂，栎锉叶蜂
Pristiphora sauteri Rohwer 邵氏槌缘叶蜂，邵氏锉叶蜂，索氏锉叶蜂，邵氏红纹叶蜂
Pristiphora saxesenii Hartig 萨氏槌缘叶蜂，萨氏锉叶蜂

P

Pristiphora sinensis Wong 中华槌缘叶蜂，中华锉叶蜂
Pristiphora spinivalviceps Li *et* Wei 刺瓣槌缘叶蜂，刺瓣锉叶蜂
Pristiphora staudingeri (Ruthe) 斯氏槌缘叶蜂，斯氏锉叶蜂
Pristiphora testacea Jurine 桦槌缘叶蜂，桦锉叶蜂
Pristiphora tuberculatina Wei 瘤槌缘叶蜂
Pristiphora wesmaeli (Tischbein) 截鞘槌缘叶蜂，魏氏锉叶蜂，魏氏槌缘叶蜂
Pristiphora xibei Wei *et* Xia 西北槌缘叶蜂，西北锉叶蜂
Pristiphora zhejiangensis Wei 浙江槌缘叶蜂，浙江锉叶蜂
Pristiphora zhongi Wei 钟氏槌缘叶蜂
Pristocera 锉角肿腿蜂属
Pristocera formosana Miwa *et* Sonan 台湾锉角肿腿蜂，台锯肿腿蜂，台湾锉角蚁形蜂
Pristocera mieae Terayama 见 *Acrepyris mieae*
Pristocera tainanensis Terayama 见 *Acrepyris tainanensis*
Pristocera takasago Terayama 见 *Acrepyris takasago*
Pristodactyla 锯齿步甲属
Pristodactyla agonoides Bates 见 *Synuchus agonoides*
Pristodactyla alticola Bates 见 *Morphodactyla alticola*
Pristodactyla cathaica Bates 见 *Synuchus cathaicus*
Pristodactyla cyclodera Bates 见 *Synuchus cycloderus*
Pristognatha 煤小卷蛾属
Pristognatha fuligana (Hübner) 川煤小卷蛾
Pristolycus 锯萤属，黑脉萤属
Pristolycus annamitus Pic 安锯萤
Pristolycus kanoi Nakane 鹿野锯萤，卡锯萤，鹿野氏黑脉萤，鹿野氏赤翅萤
Pristolycus nigronotatus Pic 黑斑锯萤
Pristomachaerus 普利步甲属
Pristomachaerus messi Bates 同 *Callistomimus chalcocephalus*
Pristomachaerus yunnanus Maindron 同 *Callistomimus acuticollis*
Pristomerus 齿腿姬蜂属
Pristomerus chinensis Ashmead 中华齿腿姬蜂
Pristomerus erythrothoracis Uchida 红胸齿腿姬蜂
Pristomerus punctatus Uchida 刻点齿腿姬蜂
Pristomerus scutellaris Uchida 光盾齿腿姬蜂
Pristomerus taoi Sonan 陶氏齿腿姬蜂
Pristomerus testaceus Morley 黄褐齿腿姬蜂
Pristomerus vulnerator (Panzer) 广齿腿姬蜂
Pristomyrmex 棱胸切叶蚁属，双针家蚁属
Pristomyrmex brevispinosus Emery 短刺棱胸切叶蚁，短刺双针蚁，短刺双针家蚁，短刺菱胸切叶蚁
Pristomyrmex brevispinosus brevispinosus Emery 短刺棱胸切叶蚁指名亚种
Pristomyrmex brevispinosus sulcatus Emery 见 *Pristomyrmex sulcatus*
Pristomyrmex formosae Lin *et* Wu 同 *Pristomyrmex brevispinosus*
Pristomyrmex japonicus Forel 同 *Pristomyrmex punctatus*
Pristomyrmex punctatus (Smith) 双针棱胸切叶蚁，坚硬棱胸切叶蚁，双针蚁，坚硬双针蚁，坚硬双针家蚁，双针菱胸切叶蚁
Pristomyrmex pungens Mayr 同 *Pristomyrmex punctatus*
Pristomyrmex sulcatus Emery 具沟棱胸切叶蚁，具沟双针蚁
Pristonychus davidis (Fairmaire) 见 *Dolichus davidis*
Pristosia 普托步甲属，锯步甲属
Pristosia aeneocuprea (Fairmaire) 铜色普托步甲，铜色梳步甲
Pristosia alesi (Jedlička) 阿普托步甲，阿梳步甲
Pristosia chinensis (Jedlička) 同 *Pristosia szetschuana*
Pristosia coptopsopha (Putzeys) 同 *Synuchus cathaicus*
Pristosia crenata (Putzeys) 珂普托步甲
Pristosia cupreata (Jedlička) 暗铜色普托步甲
Pristosia delavayi (Fairmaire) 德普托步甲，德梳步甲
Pristosia elevata Lindroth 隆普托步甲
Pristosia falsicolor (Fairmaire) 珐普托步甲，珐梳步甲
Pristosia hauseri (Jedlička) 豪普托步甲，豪堪步甲
Pristosia hweisiensis (Jedlička) 会普托步甲，会梳步甲
Pristosia jureceki (Jedlička) 居氏普托步甲，居堪步甲
Pristosia komareki (Jedlička) 柯氏普托步甲，柯堪步甲
Pristosia lateritia (Fairmaire) 砖红普托步甲，砖红梳步甲
Pristosia miwai (Jedlička) 三轮普托步甲
Pristosia nitidula (Morawitz) 亮普托步甲，耀锯步甲
Pristosia nitouensis (Jedlička) 尼普托步甲，尼梳步甲
Pristosia nubilipennis (Fairmaire) 努普托步甲，努梳步甲
Pristosia picescens (Fairmaire) 暗普托步甲
Pristosia potanini (Semenov) 坡普托步甲，坡梳步甲，坡优步甲
Pristosia prenta (Jedlička) 普润普托步甲，普梳步甲
Pristosia pseudomorpha (Semenov) 拟普托步甲，拟梳步甲，伪优步甲
Pristosia punctibasis (Fairmaire) 同 *Pristosia nitidula*
Pristosia sienla (Jedlička) 西普托步甲，西梳步甲
Pristosia sterbai (Jedlička) 司普托步甲，司梳步甲
Pristosia strigipennis (Fairmaire) 纹普托步甲，纹梳步甲
Pristosia suensoni Lindroth 苏普托步甲
Pristosia szekessyi (Jedlička) 斯氏普托步甲，斯堪步甲
Pristosia szetschuana (Jedlička) 四川普托步甲，川优步甲
Pristosia tenuistriata (Fairmaire) 尖纹普托步甲，尖纹梳步甲
Pristosia tibetana (Andrewes) 西藏普托步甲，藏梳步甲
Pristosia viridis (Jedlička) 绿普托步甲
Pristosia yunnana (Csiki) 同 *Pristosia picescens*
Pristosia yunnanensis (Jedlička) 同 *Pristosia crenata*
Pristostegania 屯尺蛾属
Pristostegania trilineata (Moore) 三线屯尺蛾
privet aphid [*Myzus ligustri* (Mosley)] 女贞异瘤蚜，女贞瘤额蚜
privet hawk moth 1. [*Sphinx ligustri* Linnaeus] 女贞红节天蛾；2. [= large brown hawkmoth, grey hawk moth, *Psilogramma menephron* (Cramer)] 霜天蛾，泡桐灰天蛾，梧桐天蛾，灰翅天蛾
privet leafminer 1. [= lilac leafminer, common slender, confluent-barred slender moth, *Gracillaria syringella* (Fabricius)] 紫丁香细蛾，紫丁香丽细蛾，紫丁香花细蛾，紫丁香潜叶细蛾；2. [= feathered slender moth, *Caloptilia cuculipennella* (Hübner)] 杜鹃丽细蛾，杜鹃花细蛾，凤仙花细蛾，女贞细蛾
privet moth [= Wallich's owl moth, *Brahmaea wallichii* (Gray)] 枯球箩纹蛾，枯球水蜡蛾
privet sawfly [*Macrophya punctumalbum* (Linnaeus)] 白点钩瓣叶蜂，欧洲白蜡钩瓣叶蜂，欧洲白蜡宽腹叶蜂，欧洲白蜡大叶蜂
privet thrips [*Dendrothrips ornatus* (Jablonowski)] 饰棍蓟马，女贞木蓟马
privet tortrix [*Clepsis consimilana* (Hübner)] 女贞双斜卷蛾
PRK [phosphoribulokinase 的缩写] 磷酸核酮糖激酶
Pro [proline 的缩写] 脯氨酸

pro-ovigenic 卵熟的
pro-ovigenic parasitoid 卵熟型拟寄生物
pro parte 一部分
Proagoderus 丽蜣螂属
Proagoderus lanista (Castelnau) 长角丽蜣螂
Proagopertha 毛丽金龟甲属，毛丽金龟属
Proagopertha lucidula (Faldermann) 苹毛丽金龟甲，苹毛丽金龟，短丽金龟
Proagopertha pubicollis Waterhouse 背苹毛丽金龟甲，背毛丽金龟甲
proala [= anterior wing, forewing] 前翅
proala coriacea [= tegmen] 复翅
proala crustacea [= elytra] 鞘翅
proamnion 前羊膜 < 在缨尾目等原始昆虫的胚胎发育过程中，直接围绕胚带，由小核细胞组成的膜 >
Proanoplomus 中横实蝇属，普罗安诺实蝇属，普罗安实蝇属，原实蝇属，介纹实蝇属
Proanoplomus affinis Chen 四鬃中横实蝇，沙花普罗安诺实蝇，阿菲普罗安实蝇，邻原实蝇
Proanoplomus arcus (Ito) 阿中横实蝇，阿古普罗安诺实蝇，阿库普罗安实蝇
Proanoplomus caudatus (Zia) 尾中横实蝇，长尾肩实蝇，尾普罗安诺实蝇，克达安诺实蝇，尾安实蝇
Proanoplomus cylindricus Chen 筒尾中横实蝇，圆筒普罗安诺实蝇，圆筒普罗安实蝇，筒原实蝇，圆管介纹实蝇
Proanoplomus formosanus (Shiraki) 台湾中横实蝇，台湾普罗安诺实蝇，台湾普罗安实蝇，台原实蝇，宝岛介纹实蝇，台异诺实蝇
Proanoplomus intermedius Chen 福建中横实蝇，中间普罗安诺实蝇，中间普罗安实蝇，中间原实蝇
Proanoplomus japonicus Shiraki 日本中横实蝇，日本普罗安诺实蝇，日本普罗安实蝇，日原实蝇
Proanoplomus laqueatus (Enderlein) 大中横实蝇，大型黑普罗安诺实蝇
Proanoplomus longimaculatus Hardy 长斑中横实蝇，长斑普罗安诺实蝇，长尾普罗安实蝇
Proanoplomus minor Hardy 中横实小蝇，小型普罗安诺实蝇，米诺普罗安实蝇
Proanoplomus nigroscutellatus Zia 黑盾中横实蝇，黑盾普罗安诺实蝇，黑盾普罗安实蝇，黑盾原实蝇
Proanoplomus nitidus Hardy 光亮中横实蝇，光亮普罗安诺实蝇，泰普罗安实蝇
Proanoplomus omeiensis Zia 峨眉中横实蝇，峨眉普罗安诺实蝇，峨眉普罗安实蝇，峨眉原实蝇
Proanoplomus spenceri Hardy 斯氏中横实蝇，斯潘普罗安诺实蝇，越南普罗安实蝇
Proanoplomus trimaculatus Hardy 三斑中横实蝇，三斑普罗安诺实蝇，三条普罗安实蝇
Proanoplomus vitatus Hardy 色条中横实蝇，色条普罗安诺实蝇，色条普罗安实蝇
Proanoplomus yunnanensis Zia 云南中横实蝇，云南普罗安诺实蝇，云南普罗安实蝇，滇原实蝇
Proanthidium 前黄斑蜂亚属
Proantrusa 凸额离颚茧蜂属
Proantrusa tridentata Zheng, van Achterberg *et* Chen 三齿凸额离颚茧蜂
Proaphelinoides 簇毛蚜小蜂属
Proaphelinoides bendovi Takikama 本氏簇毛蚜小蜂
Proaphelinoides elongatiformis Girault 长体簇毛蚜小蜂
Proatelura 普土鱼属
Proatelura jacobsoni (Silvestri) 贾氏普土鱼
Proatimia 原幽天牛属
Proatimia pinivora Gressitt 原幽天牛，幽天牛
Probergrothius 硕红蝽属
Probergrothius longiventris (Liu) 长腹硕红蝽
probetor metalmark [*Symmachia probetor* (Stoll)] 树蚬蝶
Probezzia 前蠓属
Probezzia baptosmixa Yu 杂色前蠓
Probezzia flavipeda Yu *et* Zhang 黄足前蠓
Probezzia semirufa Kieffer 见 *Nilobezzia semirufa*
probit analysis 机值分析
Probithia 原比尺蛾属
Probithia exclusa (Walker) 埃原比尺蛾，艾辉尺蛾
Problema 砖弄蝶属
Problema bulenta (Boisduval *et* LeConte) [rare skipper] 褐砖弄蝶
Problema byssus (Edwards) [byssus skipper] 砖弄蝶
Problepsis 眼尺蛾属，白姬尺蛾属
Problepsis albidior Warren 白眼尺蛾
Problepsis albidior albidior Warren 白眼尺蛾指名亚种，指名白眼尺蛾
Problepsis albidior matsumurai Prout 白眼尺蛾松村亚种，双目白姬尺蛾，白眼尺蛾，松村白眼尺蛾
Problepsis apollinaria (Guenée) 泪眼尺蛾
Problepsis batangensis Xue, Cui *et* Jiang 巴塘眼尺蛾
Problepsis changmei Yang 同 *Problepsis discophora*
Problepsis conjunctiva Warren 接眼尺蛾
Problepsis conjunctiva conjunctiva Warren 接眼尺蛾指名亚种
Problepsis conjunctiva subjunctiva Prout 接眼尺蛾带纹亚种，带纹双目白姬尺蛾，海南接眼尺蛾
Problepsis crassinotata Prout 指眼尺蛾，葫双白姬尺蛾
Problepsis deliaria albidior Warren 见 *Problepsis albidior*
Problepsis delphiaria (Guenée) 滴眼尺蛾
Problepsis diazoma Prout 黑条眼尺蛾
Problepsis digammata Kirby 双革眼尺蛾
Problepsis discophora Fixsen 盘眼尺蛾，狄眼尺蛾，粗斑双目白姬尺蛾
Problepsis discophora discophora Fixsen 盘眼尺蛾指名亚种
Problepsis discophora kardakoffi Prout 盘眼尺蛾乌苏里亚种
Problepsis eucircota Prout 佳眼尺蛾
Problepsis minuta Inoue 小眼尺蛾
Problepsis paredra Prout 邻眼尺蛾
Problepsis phoebearia Erschov 犷眼尺蛾
Problepsis plagiata (Butler) 凹眼尺蛾
Problepsis shirozui Inoue 黑斑眼尺蛾，黑斑双目白姬尺蛾
Problepsis stueningi Xue, Cui *et* Jiang 斯氏眼尺蛾
Problepsis subreferta Prout 联眼尺蛾
Problepsis superans (Butler) 猫眼尺蛾，巨双目白姬尺蛾
Problepsis superans coreana Bryk 同 *Problepsis discophora*
Problepsis transvehens (Prout) 银线眼尺蛾，横花边尺蛾
Problepsis vulgaris Butler 平眼尺蛾，乌眼尺蛾

probofossa [= labial gutter] 喙槽
Probolomyrmex 小盲猛蚁属，突额针蚁属
Probolomyrmex longinodus Terayama *et* Ogata 长结小盲猛蚁，长脊突额蚁，长脊突额针蚁
Probolum 基突多足摇蚊亚属
Probosca haemorhoidalis (Pic) 同 *Cortodera analis*
proboscaria 喙槽缘板 < 指双翅目昆虫沿喙槽边缘的细板 >
proboscella 喙槽中板 < 指双翅目昆虫支持喙槽的中央骨板 >
Proboscidea 长喙类 < 目名，过去用于介壳虫类 >
Proboscidocoris 喙盲蝽属
Proboscidocoris distanti Poppius 迪喙盲蝽
Proboscidocoris longicornis Carvalho 见 *Charagochilus longicornis*
Proboscidocoris longicornis (Distant) 同 *Proboscidocoris distanti*
Proboscidocoris longicornis (Reuter) 见 *Charagochilus longicornis*
Proboscidocoris malayus Reuter 马来喙盲蝽
Proboscidocoris taivanus Poppius 见 *Charagochilus taivanus*
Proboscidocoris varicornis (Jakovlev) 台湾喙盲蝽
proboscipedia 吻足 < 在附肢再生时，或不正常发育时，吻的唇瓣为足所替代，如在果蝇中所见，此种畸形构造称为吻足 >
proboscis 喙
Probrachista 三棒赤眼蜂属，双棒赤眼蜂属
Probrachista dolichosiphonia (Lin) 长管三棒赤眼蜂，长管寡索赤眼蜂
Probrachista platyoptera (Lin) 宽翅三棒赤眼蜂，灰翅寡索赤眼蜂
Probstia 普虎甲属
Probstia astoni Wiesner 阿氏普虎甲
Probstia triumphalis (Horn) 毛普虎甲，毛原瘤虎甲
Probstia triumphaloides (Sawada *et* Wiesner) 大斑普虎甲
procampodeid 1. 原蛃 < 原蛃科 Procampodeidae 昆虫的通称 >；2. 原蛃科的
Procampodeidae 原蛃科
Procampta 罕弄蝶属
Procampta rara Holland [rare elf] 罕弄蝶

Procanace 前滨蝇属，原滨蝇属
Procanace cressoni Wirth 强前滨蝇，克原滨蝇
Procanace grisescens Hendel 毛背前滨蝇，灰原滨蝇，趋灰包蝇
Procanace hendeli Delfinado 亨德尔前滨蝇，亨氏原滨蝇，韩氏包蝇
Procanace taiwanensis Delfinado 台湾前滨蝇，台原滨蝇，台湾包蝇
Procapperia 原卡泼羽蛾属
Procapperia kuldschaensis (Rebel) 库原卡泼羽蛾
Procapperia pelecyntes (Meyrick) 佩原卡泼羽蛾
Procapritermes 原歪白蚁属
Procapritermes albipennis Tsai *et* Chen 白翅原歪白蚁
Procapritermes mushae Oshima *et* Maki 原歪白蚁
Procapritermes sowerbyi (Light) 圆囟原歪白蚁
procas skipper [*Cabirus procas* (Cramer)] 昌弄蝶
Procautires 原红萤属，红萤属，肩条红萤属
Procautires socius Kleine 肩条原红萤，社原红萤，肩条红萤
Procecidochares 始实蝇属
Procecidochares atra (Loew) 黑始实蝇
Procecidochares utilis Stone [eupatorium gall fly] 泽兰始实蝇，泽兰实蝇
Proceedings and Transactions of the British Entomological and Natural History Society 英国昆虫学与自然历史学会集刊与记事 < 期刊名 >
Proceedings and Transactions of the South London Entomological and Natural History Society 南伦敦昆虫学与自然历史学会集刊与记事 < 期刊名 >
Proceedings of the Entomological Society of British Columbia 不列颠哥伦比亚昆虫学会集刊 < 期刊名，现名 Journal of the Entomological Society of British Columbia (不列颠哥伦比亚昆虫学学会杂志)>
Proceedings of the Entomological Society of Washington 华盛顿昆虫学会集刊 < 期刊名 >
Proceedings of the Hawaiian Entomological Society 夏威夷昆虫学会集刊 < 期刊名 >
Proceedings of the Royal Entomological Society of London 伦敦皇家昆虫学会集刊 < 期刊名 >
Procellariphaga 普鸟虱属
Procellariphaga brevifimbriata (Piaget) 见 *Austromenopon brevifimbriatum*
Procellariphaga navigans (Kellogg) 见 *Austromenopon navigans*
Procellariphaga paulula (Kellogg *et* Chapman) 见 *Austromenopon paululum*
Procellariphaga pinguis (Kellogg) 见 *Austromenopon pinguis*
procephalic [= protocephalic] 原头的
procephalic antenna 第一触角 < 见于其他节肢动物，同 antennule>
procephalic lobe 1. 头前叶，原头叶；2. 头褶 < 家蚕的 >
procephalon [= protocephalon] 原头
Proceras 条草螟属
Proceras argyrolepidus Hampson 见 *Chilo argyrolepia*
Proceras indicus (Kapur) 见 *Chilo sacchariphagus indicus*
Proceras sacchariphagus Bojer 见 *Chilo sacchariphagus*
Proceras venosatus (Walker) 同 *Chilo sacchariphagus*
Proceratium 长猛蚁属，盾角针蚁属
Proceratium formosicola Terayama 蓬莱长猛蚁
Proceratium itoi (Forel) 伊藤长猛蚁，伊藤盾角蚁，伊藤盾角针蚁
Proceratium japonicum Santschi 日本长猛蚁，日本盾角蚁，日本盾角针蚁
Proceratium longigaster Karavaiev 长腹长猛蚁，长腹卷尾猛蚁
Proceratium zhaoi Xu 赵氏长猛蚁，赵氏卷尾猛蚁
Procercopidae 原沫蝉科
procerebral 1. 脑前的；2. 前脑的
procerebral lobe 前脑叶
procerebrum [= protocerebrum] 前脑
process 突起
process of labrum 上唇端片 < 见于蜜蜂类中，同小附器 (appendicle)>
Processina 干大叶蝉属
Processina dashahensis Yang *et* Li 大沙河干大叶蝉
Processina nigroscens (Yang *et* Meng) 黑颜干大叶蝉，黑颜窗翅叶蝉
Processina ruiliensis Yang, Meng *et* Li 瑞丽干大叶蝉
Processina sexmaculata Yang, Meng *et* Li 六斑干大叶蝉
Processina taiwanana Yang, Deitz *et* Li 台湾干大叶蝉
processionary moth [= thaumetopoeid moth, thaumetopoeid] 异舟

蛾 < 异舟蛾科 Thaumetopoeidae 昆虫的通称 >
Processus 大突叶蝉属，长突叶蝉属
Processus bifasciatus Huang 双带大突叶蝉，双带长突叶蝉
Processus bistigmanus (Li *et* Zhang) 叉突大突叶蝉，叉突长突叶蝉，叉突横脊叶蝉
Processus midfascianus (Wang *et* Li) 中带大突叶蝉，中带长突叶蝉，中带脊额叶蝉
Processus wui (Cai, He *et* Zhu) 吴氏大突叶蝉，吴氏长突叶蝉，吴氏横脊叶蝉
Prochaetostricha 前毛赤眼蜂属
Prochaetostricha monticola Lin 山栖前毛赤眼蜂
Prochasma 淡黄小尺蛾属
Prochasma dentilinea (Warren) 齿纹淡黄小尺蛾
Prochiloneurus 原长缘跳小蜂属
Prochiloneurus io (Girault) 岛原长缘跳小蜂
Prochiloneurus nagasakiensis (Ishii) 长崎原长缘跳小蜂
Prochiloneurus nigricornis (Girault) 黑角原长缘跳小蜂
Prochironomus 原摇蚊属
Prochironomus atrinervis Kieffer 黑脉原摇蚊
Prochironomus formosanus Kieffer 台原摇蚊
Prochoreutis 前舞蛾属
Prochoreutis scutellariae Yang *et* Yang 黄芩前舞蛾
prochyta satyr [*Mygona prochyta* (Hewitson)] 俊眼蝶
procidentia 背中突 < 指一些雄性膜翅目昆虫第七腹节背片的中央突出 >
procilla beauty [*Panacea procilla* Hewitson] 熄炬蛱蝶
Prociphilus 卷叶绵蚜属，卷绵蚜属
Prociphilus aomoriensis (Matsumura) 西山卷叶绵蚜，西山尼绵蚜
Prociphilus aurus Zhang *et* Qiao 金卷叶绵蚜
Prociphilus bumiliae (Schrank) 蜡树卷叶绵蚜，布迷粒卷绵蚜
Prociphilus cheni Tao 陈氏卷叶绵蚜
Prociphilus corrugatans (Sirrine) 皱褶卷叶绵蚜，皱褶卷绵蚜
Prociphilus crataegicola Shinji [crataegus leaf aphid] 苹果卷叶绵蚜，苹果卷绵蚜，苹卷叶绵蚜
Prociphilus dilonicearae Zhang 金银花卷叶绵蚜，金银花卷绵蚜
Prociphilus emeiensis Zhang 峨眉卷叶绵蚜
Prociphilus formosanus Takahashi 台湾卷叶绵蚜，白蜡树卷叶瘿蚜
Prociphilus fraxini (Fabricius) [fraxinus aphid] 梣卷叶绵蚜，梣卷绵蚜
Prociphilus fraxinifolii (Riley) [leafcurl ash aphid, woolly ash aphid] 洋白蜡卷叶绵蚜
Prociphilus gambosae Zhang *et* Zhang 丁香卷叶绵蚜
Prociphilus imbricator (Fitch) 见 *Grylloprociphilus imbricator*
Prociphilus konoi Hori 川野卷叶绵蚜，川野卷绵蚜
Prociphilus kuwanai Monzen [Kuwana pear aphid] 梨卷叶绵蚜，梨卷绵蚜，梨绵蚜，桑名氏梨绵蚜
Prociphilus ligustrifoliae (Tseng *et* Tao) 女贞卷叶绵蚜，女贞卷绵蚜
Prociphilus micheliae Lambers 含笑卷叶绵蚜，含笑卷绵蚜
Prociphilus nidificus Loew 同 *Prociphilus fraxini*
Prociphilus oriens Mordvilko 东方卷叶绵蚜，东方卷绵蚜
Prociphilus osmanthae Essig *et* Kuwana [osmanthus woolly aphid] 木樨卷叶绵蚜，木樨卷绵蚜
Prociphilus pini Tao 松根卷叶绵蚜
Prociphilus piniradius Tao 瘿卷叶绵蚜，松根瘿蚜
Prociphilus sasaki Monzen [apple leaf aphid] 苹叶卷叶绵蚜，苹叶绵蚜
Prociphilus tessellatus (Fitch) [woolly alder aphid, maple blight aphid] 赤杨卷叶绵蚜，美赤杨卷绵蚜，赤杨副卷叶绵蚜
Prociphilus trinus Zhang 三卷叶绵蚜
Prociphilus xylostei (De Geer) 忍冬卷叶绵蚜
Procirrina 环腹翅甲亚族
Procirrus 环腹隐翅甲属
Procirrus lewisii Sharp 莱氏环腹隐翅甲
Procladius 前突摇蚊属，原摇蚊属
Procladius abetus Roback 阿前突摇蚊
Procladius barbatulus Sublette 巴前突摇蚊，前突摇蚊
Procladius bellus (Loew) 贝前突摇蚊
Procladius choreus (Meigen) 花翅前突摇蚊，花纹前突摇蚊
Procladius clavus Roback 克拉前突摇蚊
Procladius crassinervis (Zetterstedt) 交叉前突摇蚊
Procladius culiciformis (Linnaeus) 蚊形前突摇蚊，库蚊前突摇蚊
Procladius denticulatus Sublette 齿前突摇蚊
Procladius fimbriatus Wülker 费前突摇蚊
Procladius freemani Sublette 锐曼前突摇蚊
Procladius gretis Roback 格前突摇蚊
Procladius imicola Kieffer 伊米前突摇蚊
Procladius insularis (Kieffer) 岛前突摇蚊，客前突摇蚊，海岛摇蚊
Procladius iris (Kieffer) 虹前突摇蚊
Procladius lacteiclava (Kieffer) 岩前突摇蚊，白棒前突摇蚊，白棍摇蚊
Procladius lugens Kieffer 普前突摇蚊，鄂前突摇蚊
Procladius macrotrichus Roback 大刺前突摇蚊
Procladius nipponicus Tokunaga 日本前突摇蚊，尼前突摇蚊
Procladius paludicola Skuse 帕前突摇蚊
Procladius philippinensis Kieffer 菲岛前突摇蚊
Procladius riparius (Malloch) 瑞前突摇蚊
Procladius rufovittatus (van der Wulp) 带前突摇蚊
Procladius ruris Roback 鲁前突摇蚊
Procladius sagittalis (Kieffer) 撒前突摇蚊
Procladius transiens (Kieffer) 翼前突摇蚊，过客前突摇蚊，过客摇蚊
Procleomenes 原纤天牛属
Procleomenes bialbofasciatus Hayashi 双带原纤天牛
Procleomenes borneensis Niisato 婆罗原纤天牛
Procleomenes brevis Holzschuh 短原纤天牛
Procleomenes elongatithorax Gressitt *et* Rondon 长胸原纤天牛，原纤天牛
Procleomenes jianfenglingensis Hua 尖峰原纤天牛
Procleomenes longicollis Niisato 长领原纤天牛
Procleomenes malayanus Niisato 马来亚原纤天牛
Procleomenes philippinensis Niisato *et* Vives 菲律宾原纤天牛
Procleomenes robustior Niisato 莲华粗腿天牛
Procleomenes robustus Niisato 台湾原纤天牛
Procleomenes taoi Niisato 陶氏原纤天牛
proclimax 原顶极群落，原顶极植物群落
Proclinopyga 断脉溪舞虻属

Proclinopyga pervaga Collin 远东断脉溪舞虻
Proclithrophorus 巨颚茧蜂属
Proclithrophorus mandibularis Tobias *et* Belokobylskij 巨颚茧蜂，颚原茧蜂
Proclitus 纤姬蜂属
Proclitus ganicus Sheng *et* Sun 赣纤姬蜂
Proclitus liaoicus Sheng *et* Sun 辽纤姬蜂
Proclitus linearis Sheng *et* Sun 线纤姬蜂
Proclitus wuyiensis Sheng *et* Sun 武夷纤姬蜂
Procloeon 原二翅蜉属
Procloeon tatualis Waltz *et* McCafferty 台湾原二翅蜉
Proclossiana 铂蛱蝶属
Proclossiana eunomia (Esper) [bog fritillary, ocellate bog fritillary] 铂蛱蝶
Proclossiana eunomia eunomia (Esper) 铂蛱蝶指名亚种
Proclossiana eunomia gieysztori Krzywicki 铂蛱蝶吉氏亚种
Prococcophagus 原食蚧蚜小蜂属
Prococcophagus albifuniculatus Huang 见 *Coccophagus albifuniculatus*
Prococcophagus anchoroides Huang 见 *Coccophagus anchoroides*
Prococcophagus caudatus Huang 见 *Coccophagus caudatus*
Prococcophagus dilatatus Huang 见 *Coccophagus dilatatus*
Prococcophagus equifuniculatus Huang 见 *Coccophagus equifuniculatus*
Prococcophagus lii Huang 见 *Coccophagus lii*
Prococcophagus pellucidus Huang 见 *Coccophagus pellucidus*
Prococcus 原蚧属
Prococcus acutissimus (Green) [banana-shaped scale] 香蕉形原蚧，香蕉形软蚧，锐蚧，锐软蜡蚧，浪板介壳虫
Proconiidae [= Cicadellidae] 大叶蝉科
Proconiini 脊大叶蝉族
Procontarinia 普瘿蚊属
Procontarinia mangicola (Shi) 居杧普瘿蚊，岛普瘿蚊，杧果侵叶瘿蚊，檬果瘿蚋
Procontarinia matteiana Kieffer *et* Cecconi 杧果普瘿蚊，杧果茅翅瘿蚊
Procontarinia robusta Li, Bu *et* Zhang 壮铗普瘿蚊，檬果壮铗普瘿蚋
Procordulia 褐伪蜻属
Procordulia asahinai Karube 朝比奈褐伪蜻
procoria 前胸前膜 < 位于前胸之前的膜 >
procoxa [pl. procoxae; = fore coxa, forecoxa] 前足基节
procoxae [s. procoxa; = fore coxae, forecoxae] 前足基节
procoxal 足基节的
procoxal cavitiy 中足基节窝
Procraerus 根叩甲属，原克叩甲属
Procraerus basilaris Kishii 基根叩甲
Procraerus koshunensis (Miwa) 见 *Pengamethes koshunensis*
Procraerus ligatus (Candèze) 黄带根叩甲，利原克叩甲
Procraerus malus (Fleutiaux) 见 *Dolinolus malus*
Procraerus sauteri Schimme 索氏根叩甲
Procraerus sonami (Miwa) 仁博根叩甲，索原克叩甲
Procraerus suturalis (Matsumura) 缝根叩甲
Procraerus variegatus (Candèze) 变根叩甲，变原克叩甲
Procraerus yagii Kishii 八木根叩甲
Procridinae 小斑蛾亚科
Procris 尖斑蛾属
Procris dolosa (Staudinger) 见 *Adscita dolosa*
Procris dolosa subdolosa Staudinger 见 *Procris subdolosa*
Procris formosana Matsumrua 台尖斑蛾
Procris pruni (Denis *et* Schiffermüller) 见 *Rhagades pruni*
Procris pruni chinensis (Felder *et* Felder) 见 *Rhagades pruni chinensis*
Procris subdolosa Staudinger 亚尖斑蛾
Procris volgensis Möschler 涡尖斑蛾
Procrustes analysis 普氏分析
Procryphalus mucronatus (LeConte) 杨前隐小蠹
Procryphalus utahensis Hopkins 柳前隐小蠹
procryptic color 原隐色 < 意同保护色 >
Proctacanthus gigas Eversmann 见 *Satanas gigas*
proctiger 载肛突 < 即具有肛门开口的小突起 >
proctocele-larva 1. 脱肛幼虫；2. 脱肛蚕
proctodaeal 肛道的 < 或称后肠的 >
proctodaeal valve 肛道瓣 < 即幽门瓣 (pyloric valve)>
proctodaeum [= proctodeum] 1. 后肠；2. 肛道
proctodeum 见 proctodaeum
proctodone 后肠激素 < 发现于欧洲玉米螟后肠肠壁细胞中，与加速滞育发育有关 >
proctolin 直肠肽
Proctorenyxa 修复细蜂属
Proctorenyxa chaoi (Yang) 赵修复细蜂
Proctorenyxidae 修复细蜂科
Proctotrupes 细蜂属
Proctotrupes bistriatus Möller 双条细蜂
Proctotrupes brachypterus (Schrank) 短翅细蜂
Proctotrupes gravidator (Linnaeus) 膨腹细蜂，步甲真细蜂
Proctotrupes sinensis He *et* Fan 中华细蜂
proctotrupid 1. [= proctotrupid wasp] 细蜂 < 细蜂科 Proctotrupidae 昆虫的通称 >；2. 细蜂科的
proctotrupid wasp [= proctotrupid] 细蜂
Proctotrupidae [= Proctotrypidae, Serphidae] 细蜂科
Proctotrupinae 细蜂亚科
Proctotrupini 细蜂族
Proctotrupoidea [= Serphoidea, Proctotrypoidea] 细蜂总科
Proctotrypidae 见 Proctotrupidae
Proctotrypoidea 见 Proctotrupoidea
procumbent 平伏的，平卧的
procuticle 原表皮
Procyclotelus 环剑虻属
Procyclotelus sinensis Yang, Zhang *et* An 中华环剑虻
Procystiphora 原囊瘿蚊属
Procystiphora phyllostachys Jiao *et* Bu 刚竹原囊瘿蚊
Prodasineura 微桥原蟌属，微桥蟌属，朴蟌属
Prodasineura auricolor (Fraser) 金脊微桥原蟌，金脊微桥蟌
Prodasineura autumnalis (Fraser) 乌微桥原蟌，乌微桥蟌，乌齿原蟌，乌齿朴蟌
Prodasineura croconota (Ris) 朱背微桥原蟌，朱背微桥蟌，朱背朴蟌，藏红齿原蟌
Prodasineura fujianensis Xu 福建微桥原蟌，福建微桥蟌
Prodasineura hanzhongensis Yang *et* Li 汉中微桥原蟌，汉中微桥蟌，汉中原蟌

Prodasineura huai Zhou *et* Zhou 华氏微桥原蟌，华氏齿原蟌
Prodasineura longjingensis (Zhou) 龙井微桥原蟌，龙井微桥蟌，龙井齿原蟌
Prodasineura nigra (Fraser) 黑微桥原蟌，黑微桥蟌，黑齿原蟌
Prodasineura sita (Kirby) 黄条微桥原蟌，黄条微桥蟌，条齿原蟌
Prodasineura verticalis (Sélys) 赤微桥原蟌，赤微桥蟌，红顶齿原蟌
Prodasycnemis inornata (Butler) 阴勃罗螟
Prodegeeria 纤芒寄蝇属
Prodegeeria chaetopygialis (Townsend) 鬃尾纤芒寄蝇，鬃尾寄蝇
Prodegeeria gracilis Shima 瘦纤芒寄蝇
Prodegeeria japonica (Mesnil) 日本纤芒寄蝇
Prodegeeria javana Brauer-Bergenstamm 爪哇纤芒寄蝇，爪哇寄蝇
Prodegeeria tircincta (Villeneuve) 同 *Prodegeeria javana*
Prodegeeria villeneuvei (Baranov) 见 *Lixophaga villeneuvei*
Prodelphax 普罗飞虱属
Prodelphax formosana Yang 台湾普罗飞虱，黑原飞虱
Prodendrocerus ratzeburgi (Ashmead) 同 *Dendrocerus ramicornis*
Prodenia eridania (Cramer) 见 *Spodoptera eridania*
Prodenia littoralis Boisduval 见 *Spodoptera littoralis*
Prodenia litura Fabricius 见 *Spodoptera litura*
Prodenia ornithogalli (Guenée) 见 *Spodoptera ornithogalli*
Prodeniini 灰翅夜蛾族
Prodiamesa 原寡角摇蚊属
Prodiamesa cubita Garrett 肘原寡角摇蚊，肘原递摇蚊
Prodiamesa levanidovae Makarchenko 列原寡角摇蚊，列维多瓦原寡角摇蚊
Prodiamesa olivacea (Meigen) 橄榄原寡角摇蚊，榄原寡角摇蚊，榄原递摇蚊
Prodiamesinae 原寡角摇蚊亚科
Prodiaspis 原盾蚧属，盘盾蚧属
Prodiaspis sinensis (Danzig) 中国原盾蚧，柽柳原盾蚧，中国盘盾蚧
Prodiaspis tamaricicola Young 同 *Prodiaspis sinensis*
Prodiaspis tamaricicola (Malenotti) 塔原盾蚧
Prodioctes 铺象甲属，铺象属
Prodioctes chinensis Voss 华铺象甲，华铺象
Prodioctes formosanus Heller 台铺象甲，台铺象
Prodiplous 原平隘步甲属
Prodiplous businskyi (Casale *et* Sciaky) 布氏原平隘步甲
Prodonacia kweilina (Chen) 见 *Donacia kweilina*
Prodonacia shishona Chen 同 *Donaciasta assama*
prodorsum 前背板
prodoxid 1. [= prodoxid moth, yucca moth] 丝兰蛾 < 丝兰蛾科 Prodoxidae 昆虫的通称 >；2. 丝兰蛾科的
prodoxid moth [= prodoxid, yucca moth] 丝兰蛾
Prodoxidae [= Lamproniidae] 丝兰蛾科
Prodrasterius 同刻叩甲属，单脊叩甲属
Prodrasterius brahminus (Candèze) 黄足同刻叩甲，黄边单脊叩甲
prodromal 1. 先兆的；2. 渐进的 < 指种群数量 >
prodrome 前驱症状
Prodromopsis basalis Poppius 同 *Prodromus clypeatus*
Prodromus 蕉盲蝽属，前盲蝽属
Prodromus clypeatus Distant 黄唇蕉盲蝽，唇基前盲蝽
Prodromus nigrivittatus Liu *et* Mu 黑带蕉盲蝽
Prodromus subflavus Distant 淡黄蕉盲蝽
producer 生产者 < 常指植物作为营养物制造者 >
productivity 1. 生产力；2. 繁殖力
Produsa 突袖蜡蝉属
Produsa concava (Yang *et* Wu) 台中突袖蜡蝉，台中昔袖蜡蝉
Produsa cubica (Yang *et* Wu) 棕黑突袖蜡蝉，棕黑昔袖蜡蝉
Proegmena 方胸萤叶甲属
Proegmena bipunctata Chen 二点方胸萤叶甲
Proegmena impressicollis (Jacoby) 西藏方胸萤叶甲
Proegmena pallidipennis Weise 褐方胸萤叶甲
Proegmena smaragdina Gressitt *et* Kimoto 四川方胸萤叶甲
Proegmena taiwana Takizawa 见 *Arthrotus taiwanus*
Proeidosa 珀弄蝶属
Proeidosa polysema (Lower) [polysema skipper, spinifex skipper, spinifex sand-skipper] 珀弄蝶
Proelautobius 原齿颚象甲属
Proelautobius erythropterus (Voss) 红翅原齿颚象甲，红翅虎象甲，红翅虎象
proembryo 原胚，原芽体
proeminent 凸出的
proenzyme [= zymogen] 酶原
proepimeron [= proepimerum] 前胸后侧片 < 见于蜻蜓目，为前胸侧板的后片 >
proepimerum 见 proepimeron
proepisternum 前胸前侧片 < 见于蜻蜓目，为前胸侧板的前片 >
Proesochtha 昔祝蛾属
Proesochtha loxosa Wu 昔祝蛾
Profenusa 原潜叶蜂属
Profenusa canadensis (Marlatt) 原潜叶蜂，桤木潜叶蜂
Profenusa collaris MacGillivary [leafmining cherry sawfly] 樱桃原潜叶蜂，樱桃潜叶蜂
Profenusa mainensis Smith 美国原潜叶蜂，美国潜叶蜂
Profenusa pygmaea (Klug) [oak leaf-mining sawfly] 栎原潜叶蜂，栎疱潜叶蜂
Profenusa thomsoni (Kônow) [amber-marked birch leafminer] 桦原潜叶蜂，桦潜叶蜂
Profenusa xanthocephala Wei 黄首原潜叶蜂
profitability 有利性，盈利性，盈利能力
Proforcipomyia 原蠓亚属
Proformica 原蚁属
Proformica aenescens 见 *Cataglyphis aenescens*
Proformica aenescens aenescens 见 *Cataglyphis aenescens aenescens*
Proformica aenescens aterrima (Pisarski) 见 *Cataglyphis aenescens aterrima*
Proformica aenescens chatklensis (Tarbinsky) 见 *Cataglyphis aenescens chatklensis*
Proformica buddhaensis Ruzsky 不丹原蚁
Proformica epinotalis Kuznetsov-Ugamsky 草原原蚁
Proformica flavosetosa (Viehmeyer) 黄毛原蚁
Proformica jacoti (Wheeler) 贾氏原蚁，贾氏蚁
Proformica kaszabi Dlussky 卡氏原蚁
Proformica lefevrei (Wheeler) 同 *Proformica buddhaensis*
Proformica mongolica Emery 蒙古原蚁
Proformica nitida Kuznetsov-Ugamsky 光泽原蚁
Proformica pallida Mayr 淡色箭蚁

Proformica pilosiscapus Dlussky 毛柄原蚁

Proformica splendida Dlussky 华丽原蚁

profundal 1. 湖底的；2. 深海底的

profundal zone 深底带

profurca [= anterior furca] 前胸叉骨；前叉骨

progeny 后代

progeny of hybrid 杂种后代

prognathous 前口式的

prognathous type 前口式

prognosis 1. 预报，预测；2. 预后

progoneate 前 (位生) 殖孔的 < 即生殖孔开口于前体节的 >

progonia 后翅顶角 < 即后翅的前角 >

Progonia 铺洛夜蛾属，三角须裳蛾属

Progonia brunnealis (Wileman *et* South) 棕铺洛夜蛾

Progonia oileusalis (Walker) 奥铺洛夜蛾，目三角须裳蛾

Progoniogryllus 原哑蟋属

Progonomyia 原祖大蚊亚属

progradation 上升 (状态) < 指种群数量 >

progrediens type 进育型 < 在球蚜中，在第二寄主上第三代子代的一型，其若虫即发育为无翅孤雌生殖雌蚜者；为停育型 (sistens type) 的对义词组 >

progrediente 进育蚜 < 在球蚜中，侨蚜进育型的无翅子代 >

progression 骤进 (状态) < 常指种群数量 >

progressive infection 蔓延性侵染，连续侵染

progressive provisioning 零饲 < 指独居的蜜蜂类和胡蜂类对开室中的幼虫连续供食的习性 >

progressive succession 进展演替

prohaemocyte [= prohemocyte] 原血细胞

prohemocyte 见 prohaemocyte

Prohimerta 安螽属，角螽属

Prohimerta* (*Anisotima*) *choui (Kang *et* Yang) 周氏安螽，周氏安树螽

Prohimerta* (*Anisotima*) *dispar (Bey-Bienko) 歧安螽，异安树螽

Prohimerta* (*Anisotima*) *fujianensis Gorochov *et* Kang 福建安螽

Prohimerta* (*Anisotima*) *guizhouensis Gorochov *et* Kang 贵州安螽

Prohimerta* (*Anisotima*) *hubeiensis Gorochov *et* Kang 湖北安螽

Prohimerta* (*Anisotima*) *sichuanensis Gorochov *et* Kang 四川安螽

Prohimerta* (*Anisotima*) *yunnanea (Bey-Bienko) 云南安螽，云南安树螽

proinstar 前龄 < 末龄幼虫的储存营养和生长阶段，参阅 metainstar>

Proisotoma 原等䖴属

Proisotoma fraterna Rusek 广东原等䖴

Proisotoma huadongensis Chen 见 *Dimorphotoma huadongensis*

Proisotoma minuta (Tullberg) 微小原等䖴，小原等䖴

Proisotoma subminuta Denis 亚微小原等䖴

Proisotoma tenella (Reuter) 柔原等䖴

Proisotoma xinjiangica Hao *et* Huang 新疆原等䖴，新疆原等跳虫

projapygid 1. [= projapygid dipluran] 原铗虮，原铗尾虫 < 原铗虮科 Projapygidae 昆虫的通称 >；2. 原铗虮科的

projapygid dipluran [= projapygid] 原铗虮，原铗尾虫

Projapygidae 原铗虮科，原铗尾虫科，原虮科

Projapygoidea 原铗虮总科

projection neuron [abb. PN] 投射神经元

Projectothrips 腹毛梳蓟马属

Projectothrips imitans (Priesner) 番石榴腹毛梳蓟马，番石榴蓟马，番石榴普蓟马

Projectothrips longicornis (Zhang) 长角腹毛梳蓟马，长角普蓟马

Prokempia 前蠓亚属

prola beauty [= red flasher, *Panacea prola* (Doubleday)] 炬蛱蝶

Prolabiscinae 元螋亚科

prolamella 前叶

Prolauthia circumdata (Winnertz) 山楂蓬座丛瘿蚊

proleg 1. [= false leg, spurious leg, proped, pseudopod, pseudopodium] 腹足，伪足；2. 原足 < 在蠋型幼虫中，同 abdominal leg>

Proleptoconops 原蠓亚属

proleucocyte 原白细胞，原白血球，成白血球细胞 < 指昆虫血液中的一种幼态白血球 >

proliferate [v.] 1. 增生；2. 增殖

proliferation [n.] 1. 增生，增生现象；2. 增殖

Prolimacodes 船刺蛾属

Prolimacodes badia (Hübner) [skiff moth] 褐斑船刺蛾

proline [abb. Pro] 脯氨酸

Prolipophleps 原大蚊亚属

Prolivatis 三突飞虱属

Prolivatis hainanensis Chen *et* Hou 海南三突飞虱

Prolobothrix 缘毛象甲属

Prolobothrix carinerostris (Boheman) 脊喙缘毛象甲

proloma 后翅前缘

prolong headed lanternfly [= dictyopharid, dictyopharid planthopper] 象蜡蝉 < 象蜡蝉科 Dictyopharidae 昆虫的通称 >

Prolophota 缘斑夜蛾属

Prolophota trigonifera Hampson 三角缘斑夜蛾

Prolucanus 原锹甲属

Prolucanus beipiaoensis Qi, Tihelka, Cai, Song *et* Ai 北票原锹甲

Prolygus 始丽盲蝽属

Prolygus bakeri (Poppius) 贝氏始丽盲蝽，贝氏草盲蝽

Prolygus kirkaldyi (Poppius) 柯氏始丽盲蝽，达盲蝽，克氏草盲蝽

Prolygus niger (Poppius) 黑始丽盲蝽，黑草盲蝽

Prolygus nigriclavus (Poppius) 黑斑始丽盲蝽，黑爪草盲蝽

Prolygus tainanensis (Poppius) 台南始丽盲蝽，台南草盲蝽

Promachus 叉胫虫虻属，叉胫食虫虻属，长吻虫虻属，挑战者食虫虻属

Promachus albopilosus (Macquart) 白毛叉胫虫虻，白毛叉胫食虫虻，白毛长吻虫虻

Promachus anicius (Walker) 广州叉胫虫虻，广州叉胫食虫虻，安长吻虫虻，安尼食虫虻

Promachus apivorus (Walker) 海南叉胫虫虻，海南叉胫食虫虻，琼长吻虫虻

Promachus bastardii (Macquart) 巴氏叉胫虫虻，巴氏叉胫食虫虻，巴氏长吻虫虻

Promachus canus (Wiedemann) 白发叉胫虫虻，白发食虫虻

Promachus chinensis Ricardo 中华叉胫虫虻，中华叉胫食虫虻，中华长吻虫虻

Promachus formosanus Matsumura 台湾叉胫虫虻，台湾叉胫食虫虻，台湾长吻虫虻，松村食虫虻

Promachus fulviventris (Becker) 褐腹叉胫虫虻，四川叉胫食虫虻，褐腹长吻虫虻，凤山食虫虻，棕腹钻虫虻

Promachus horishanus Matsumura 埔里叉胫虫虻，埔里叉胫食

虫虻，埔里长吻虫虻，埔里食虫虻
Promachus indigenus (Beeker) 印叉胫虫虻，印叉胫食虫虻，杂长吻虫虻，大林食虫虻，土著钻虫虻
Promachus leucopareus van der Wulp 白铗叉胫虫虻，白铗叉胫食虫虻
Promachus leucopygus (Walker) 白臀叉胫虫虻，白颊叉胫食虫虻，白臀长吻虫虻
Promachus longius (Chou *et* Lee) 长叉胫虫虻
Promachus maculatus (Fabricius) 斑叉胫虫虻，斑叉胫食虫虻，斑驳长吻虫虻
Promachus nicobarensis (Schiner) 尼科叉胫虫虻，尼科叉胫食虫虻
Promachus nigrobarbatus (Becker) 黑须叉胫虫虻，黑须叉胫食虫虻，黑须长吻虫虻，黑须食虫虻，黑须钻虫虻
Promachus nussus Oldroyd 努叉胫虫虻，努叉胫食虫虻
Promachus opacus Becker 暗叉胫虫虻，暗叉胫食虫虻，暗长吻虫虻，幽暗食虫虻
Promachus pallipennis (Macquart) 帕叉胫虫虻，帕叉胫食虫虻，天山长吻虫虻
Promachus palmensis Frey 帕尔马叉胫虫虻
Promachus ramakrishnai Bromley 拉氏叉胫虫虻，拉马叉胫食虫虻
Promachus ruepelli Loew 鲁氏叉胫虫虻，鲁氏叉胫食虫虻，鲁长吻虫虻
Promachus taiwanensis (Chou *et* Lee) 宝岛叉胫虫虻，台湾挑战者食虫虻
Promachus testaceipes (Macquart) 黄褐叉胫虫虻，黄褐叉胫食虫虻，黄褐长吻虫虻，砖色食虫虻，黄褐钻虫虻
Promachus vertebratus (Say) 广叉胫虫虻，江苏长吻虫虻
Promachus viridiventris (Macquart) 绿腹叉胫虫虻，绿腹叉胫食虫虻，绿腹长吻虫虻
Promachus yesonicus Bigot 盐尼叉胫虫虻，盐尼叉胫食虫虻，盐尼长吻虫虻
Promacrochilo ambiguellus (Snellen) 疑原禾草螟
Promalactis 锦织蛾属，棉织蛾属
Promalactis albiapicalis Lvovsky 白端锦织蛾
Promalactis albilateralis Du, Wang *et* Li 侧白锦织蛾
Promalactis albipunctata Park *et* Park 白点锦织蛾
Promalactis albisquama Kim *et* Park 越南锦织蛾
Promalactis amphicopa Meyrick 双刀锦织蛾
Promalactis apicibilobata Wang 端叶锦织蛾
Promalactis apicicircularis Du, Wang *et* Li 端圆锦织蛾
Promalactis apiciconcava Wang 端凹锦织蛾
Promalactis apicidentata Wang 端齿锦织蛾
Promalactis apicisetifera Du, Li *et* Wang 端毛锦织蛾
Promalactis apicispinifera Wang, Kendric *et* Sterling 端刺锦织蛾
Promalactis autoclina Meyrick 斜锦织蛾
Promalactis autoclina autoclina Meyrick 斜锦织蛾指名亚种
Promalactis autoclina javanica Lvovsky 斜锦织蛾爪哇亚种，爪哇锦织蛾
Promalactis balikpapana Lvovsky 巴锦织蛾
Promalactis baotianmanensis Wang, Li *et* Zheng 宝天曼锦织蛾
Promalactis basifasciaria Wang 基带锦织蛾
Promalactis bathroclina Meyrick 深带锦织蛾
Promalactis bellatula Wang 雅锦织蛾
Promalactis bifasciaria Wang, Li *et* Zheng 二带锦织蛾
Promalactis bifurca Wang 叉锦织蛾
Promalactis bifurciprocessa Du *et* Wang 叉突锦织蛾
Promalactis biovata Wang, Kendrick *et* Sterling 卵锦织蛾
Promalactis bitaenia Park 双线锦织蛾
Promalactis bitrigoha Kim *et* Park 三角锦织蛾
Promalactis brevisaccata Du, Wang *et* Li 短囊锦织蛾
Promalactis brevivalva Lvovsky 菱颚锦织蛾
Promalactis brevivalvaris Wang 短瓣锦织蛾
Promalactis buonluoi Lvovsky 邦雷锦织蛾
Promalactis calathiscias Meyrick 筐锦织蛾
Promalactis callimetalla Meyrick 亮锦织蛾
Promalactis caniceps Lvovsky 犬头锦织蛾
Promalactis canvexa Du *et* Wang 凸锦织蛾
Promalactis carinata Du, Li *et* Wang 纵脊锦织蛾
Promalactis chishuiensis Wang *et* Li 赤水锦织蛾
Promalactis circulignatha Wang 圆颚锦织蛾
Promalactis clavata Du, Li *et* Wang 棒锦织蛾
Promalactis clinometra Meyrick 刀瓣锦织蛾
Promalactis colacephala Wang, Li *et* Zheng 丽头锦织蛾
Promalactis commotica Meyrick 饰锦织蛾
Promalactis cornigera Meyrick 角锦织蛾
Promalactis crenopa Meyrick 切口锦织蛾
Promalactis curviunca Wang 弯爪锦织蛾
Promalactis densidentalis Wsng *et* Li 密齿锦织蛾
Promalactis densimacularis Wang, Li *et* Zheng 密纹锦织蛾
Promalactis diehli Lvovsky 短背锦织蛾
Promalactis dierli Lvovsky 迪锦织蛾
Promalactis dilatata Du, Wang *et* Li 膨锦织蛾
Promalactis dilatignatha Wang *et* Li 宽颚锦织蛾
Promalactis dimolybda Meyrick 灰带锦织蛾，递锦织蛾
Promalactis diorbis Kam *et* Park 双圆锦织蛾
Promalactis disparatunca Wang 离爪锦织蛾
Promalactis dolokella Lvovsky 多洛锦织蛾
Promalactis dorsoprojecta Wang 背突锦织蛾
Promalactis enopisema (Butler) [cotton seedworm] 白线锦织蛾，恩锦织蛾，棉织蛾，白线织蛾
Promalactis epistacta Meyrick 显锦织蛾
Promalactis ermolenkoi Lvovsky 叶氏锦织蛾
Promalactis falsijezonica Wang *et* Zheng 拟银锦织蛾
Promalactis fansipanella Lvovsky 番锦织蛾
Promalactis fascispinata Du, Li *et* Wang 丛刺锦织蛾
Promalactis fengxianica Wang, Zheng *et* Li 凤县锦织蛾
Promalactis fengyangensis Wang 凤阳锦织蛾
Promalactis flagellaris Wang, Du *et* Li 鞭锦织蛾
Promalactis flavescens Wang, Zheng *et* Li 黄锦织蛾
Promalactis flavicapitata Du, Wang *et* Li 黄头锦织蛾
Promalactis folivalva Wang 叶瓣锦织蛾
Promalactis forticosta Kim *et* Park 强背锦织蛾
Promalactis geometrica Meyrick 折带锦织蛾
Promalactis grandisticta Wang *et* Zheng 大斑锦织蛾
Promalactis guangxiensis Wang 广西锦织蛾
Promalactis hainanensis Du, Li *et* Wang 海南锦织蛾
Promalactis haliclysta Meyarick 弯颚锦织蛾
Promalactis heterojuxta Wang *et* Li 异茎锦织蛾

P

Promalactis hoenei Lvovsky 赫锦织蛾
Promalactis holozona Meyrick 全带锦织蛾
Promalactis infulata Wang, Li *et* Zheng 饰带锦织蛾
Promalactis irinae Lvovsky 伊锦织蛾
Promalactis isodora Meyrick 等囊锦织蛾
Promalactis isopselia (Meyrick) 弯瓣锦织蛾
Promalactis isothea Meyrick 剪锦织蛾
Promalactis jacobsoni Lvovsky 雅各锦织蛾
Promalactis javana Lvavsky 微刺锦织蛾
Promalactis jezonica (Matsumura) 银斑锦织蛾，银锦织蛾
Promalactis jiyuanica Wang 济源锦织蛾
Promalactis jongi Lvovsky 乔锦织蛾
Promalactis kalimantana Lvovsky 加锦织蛾
Promalactis kumanoensis Fujisawa 熊野锦织蛾
Promalactis kuznetzovi Lvovsky 斜带锦织蛾
Promalactis latericlavata Wang 棒突锦织蛾
Promalactis latijuxta Wang *et* Li 阔茎锦织蛾
Promalactis latiloba Du, Wang *et* Li 阔叶锦织蛾
Promalactis lobatifera Wang, Kendrick *et* Sterling 卵叶锦织蛾
Promalactis longiuncata Wang, Kendrick *et* Sterling 长爪锦织蛾
Promalactis lungtanella Lvovsky 龙潭锦织蛾
Promalactis lunisequa Meyrick 月形锦织蛾
Promalactis lunularis Du, Li *et* Wang 新月锦织蛾
Promalactis maculosa (Wang *et* Li) 多斑锦织蛾
Promalactis magnifurcata Wang 壮叉锦织蛾
Promalactis magnipuncti Kim *et* Park 细突锦织蛾
Promalactis manoi Fujisawa 真野锦织蛾
Promalactis matsuurae Fujisawa 松浦锦织蛾
Promalactis mentawirella Lvovsky 端斑锦织蛾
Promalactis merangirella Lvovsky 方额锦织蛾
Promalactis meyi Lvovsky 梅氏锦织蛾
Promalactis meyricki Wang 亚圆锦织蛾
Promalactis multimaculella Lvovsky 多点锦织蛾
Promalactis nabokovi Lvovsky 散锦织蛾
Promalactis nataliae Lvovsky 纳塔锦织蛾
Promalactis naumanni Lvovsky 诺氏锦织蛾
Promalactis nebrias Meyrick 黑斑锦织蛾
Promalactis neixiangensis Wang 内乡锦织蛾
Promalactis novilaba Wang, Kendrick *et* Sterling 异叶锦织蛾
Promalactis octacantha Wang 八齿锦织蛾
Promalactis orphanopa Meyrick 双斑锦织蛾
Promalactis palawanella Lvovsky 异角锦织蛾
Promalactis palmata Du *et* Wang 掌锦织蛾
Promalactis papillata Du *et* Wang 乳突锦织蛾
Promalactis parasuzukiella Wang 拟点线锦织蛾
Promalactis parki Lvovsky 朴锦织蛾
Promalactis parvignatha Wang *et* Li 小颏锦织蛾
Promalactis peculiaris Wang *et* Li 特锦织蛾
Promalactis polyspina Kim *et* Park 小囊锦织蛾
Promalactis procerella (Denis *et* Schiffermüller) 黑带锦织蛾
Promalactis projecta Wang 突锦织蛾
Promalactis proximaculosa Wang 仿多斑锦织蛾
Promalactis proximipulchra Wang, Zheng *et* Li 仿丽线锦织蛾
Promalactis pulchra Wang, Zheng *et* Li 丽线锦织蛾
Promalactis punctuata Wang 密点锦织蛾
Promalactis quadratitabularis Du *et* Wang 方锦织蛾
Promalactis quadrilineata Wang, Zheng *et* Li 四线锦织蛾
Promalactis quadriloba Du *et* Wang 四叶锦织蛾
Promalactis quadrimacularis Wang *et* Zheng 四斑锦织蛾
Promalactis quinacuspis Wang 五突锦织蛾
Promalactis quinilineata Wang, Kendrick *et* Sterling 五线锦织蛾
Promalactis ramispinea Du *et* Wang 枝刺锦织蛾
Promalactis raptitalella Lvovsky 拉锦织蛾
Promalactis rectifascia Kim *et* Park 直带锦织蛾
Promalactis recurva Meyrick 曲线锦织蛾
Promalactis roesleri Lvovsky 罗锦织蛾
Promalactis rostriformis Du, Li *et* Wang 喙锦织蛾
Promalactis rubra Wang, Zheng *et* Li 红锦织蛾
Promalactis ruficolor Meyrick 红斑锦织蛾
Promalactis ruiliensis Wang 瑞丽锦织蛾
Promalactis sakaiella (Matsumura) 褐头锦织蛾，褐头织蛾
Promalactis saligna Du *et* Wang 柳叶锦织蛾，柳形锦织蛾
Promalactis scalmotoma Meyrick 舟形锦织蛾
Promalactis scleroidea Wang 坚锦织蛾
Promalactis scorpioidea Du *et* Wang 蝎尾锦织蛾
Promalactis semantris (Meyrick) 缘点锦织蛾，点线锦织蛾，点线织蛾
Promalactis serpenticapitata Du *et* Wang 蛇头锦织蛾
Promalactis serrata Du, Li *et* Wang 锯齿锦织蛾
Promalactis serriprocessa Wang 齿突锦织蛾
Promalactis similiconvexa Du *et* Wang 拟凸锦织蛾
Promalactis similiflora Wang 花锦织蛾
Promalactis similinfulata Wang, Kendrick *et* Sterling 拟饰带锦织蛾
Promalactis similipulchra Wang 拟丽线锦织蛾
Promalactis similitamdaoella Wang 拟三岛锦织蛾
Promalactis simplex Wang 简锦织蛾
Promalactis sinevi Lvovsky 西锦织蛾
Promalactis spatulata Wang 匙锦织蛾
Promalactis sphaerograpta Meyrick 球形锦织蛾
Promalactis spiculata Wang 刺锦织蛾
Promalactis spiniformis Wang 刺爪锦织蛾
Promalactis spinosa Wang *et* Li 多刺锦织蛾
Promalactis spinosicornuta Du *et* Wang 刺角锦织蛾
Promalactis spintheritis Meyrick 棘锦织蛾
Promalactis splendida Wang 丽斑锦织蛾
Promalactis sponsalis Meyrick 花环锦织蛾
Promalactis striola Park *et* Park 细线锦织蛾
Promalactis strumifera Du *et* Wang 瘤突锦织蛾
Promalactis subclavata Du, Wang *et* Li 拟棒锦织蛾
Promalactis subcolacephala Du *et* Wang 仿丽头锦织蛾
Promalactis submentawirella Lvovsky 拟端斑锦织蛾
Promalactis subsuzukiella Lvovsky 亚点线锦织蛾
Promalactis sulawesiella Lvovsky 姝锦织蛾
Promalactis suriiatrana Lvovsky 苏锦织蛾
Promalactis suzukiella (Matsumura) 点线锦织蛾
Promalactis svetlanae Lvovsky 斯锦织蛾
Promalactis symbolopa Meyrick 同 *Promalactis jezonica*
Promalactis taibaiensis Wang, Zheng *et* Li 太白锦织蛾
Promalactis tamdaoella Lvovsky 三岛锦织蛾

Promalactis tauricornis Du, Li *et* Wang 牛角锦织蛾
Promalactis teleutopa Meyrick 斜斑锦织蛾，特锦织蛾
Promalactis thiasitis Meyrick 峰锦织蛾
Promalactis trapezia Wang 梯颚锦织蛾
Promalactis tricuspidata Wang *et* Li 三突锦织蛾
Promalactis tridentata Wang *et* Li 三齿锦织蛾
Promalactis trigonilancis Kim 角瓣锦织蛾
Promalactis trigonilobata Wang 角突锦织蛾
Promalactis trilineata Wang *et* Zheng 三线锦织蛾
Promalactis uncinata Wang 钩锦织蛾
Promalactis uncinispinea Du *et* Wang 钩刺锦织蛾
Promalactis varilineata Wang *et* Zheng 异线锦织蛾
Promalactis varirrtorplra Wang *et* Li 异形锦织蛾
Promalactis varivalvata Wang *et* Li 异瓣锦织蛾
Promalactis venustella (Christoph) 沙锦织蛾
Promalactis veridica Meyrick 真锦织蛾
Promalactis vittapenna Kim *et* Park 斑翅锦织蛾
Promalactis wanjuensis Park *et* Park 原州锦织蛾
Promalactis wegneri Lvovsky 温锦织蛾
Promalactis xianfengensis Wang *et* Li 咸丰锦织蛾
Promalactis yaeyamaensis Fujisawa 八重山锦织蛾
Promalactis zhejiangensis Wang *et* Li 浙江锦织蛾
Promalactis zhengi Wang *et* Li 郑氏锦织蛾
Promargarodes 原珠蚧属
Promargarodes sinensis Silvestri 中国原珠蚧
promastacid 1. [= promastacid grasshopper] 原蜢 < 原蜢科 Promastacidae 昆虫的通称 >；2. 原蜢科的
promastacid grasshopper [= promastacid] 原蜢
Promastacidae 原蜢科
Promastax 原蜢属
Promastax archaicus Handlirsch 古原蜢
Promecotheca 原铁甲属
Promecotheca cumingii Baly [coconut leaf miner beetle, coconut leaf miner] 椰子原铁甲，椰子缢胸叶甲
Promecotheca cyanipes (Erichson) 蓝原铁甲
Promecotheca trilbyi Thomson 同 *Promecotheca cumingii*
promelittin 原蜂毒溶血肽
promerous 第一腹节 < 指鳞翅目幼虫的 >
Promesosternus 胸铧蝗属
Promesosternus himalayicus Yin 喜马拉雅胸铧蝗
Promesosternus vittatus Yin 暗纹胸铧蝗
prometamorphosis 原变态
promethea moth [= promethea silkmoth, spicebush silkmoth, *Callosamia promethea* (Drury)] 普罗丽大蚕蛾，普罗大蚕蛾
promethea silkmoth 见 promethea moth
Promethes 低孔姬蜂属
Promethes okadai Uchida 辽宁低孔姬蜂，冈田低孔姬蜂，蚜蝇低孔姬蜂
Promethes sulcator (Gravenhorst) 甘肃低孔姬蜂
Promethis 大轴甲属，弯粉甲属，长拟步行虫属
Promethis angulicollis Kasza 突角大轴甲，狭弯粉甲
Promethis barbereti (Fairmaire) 巴氏大轴甲，巴弯粉甲
Promethis brevicornis (Westwood) 短角大轴甲，短角弯粉甲，簇弯粉甲
Promethis chinensis Kaszab 中国大轴甲，华弯粉甲
Promethis cordicollis Kaszab 心形大轴甲，心弯粉甲
Promethis crassihornis Ba *et* Ren 粗角大轴甲
Promethis crenatostriata (Motschulsky) 毛列大轴甲，克弯粉甲
Promethis cribrifrons (Fairmaire) 同 *Promethis glabricula*
Promethis cupripennis (Boheman) 铜翅大轴甲，铜翅弯粉甲
Promethis evanescens (Gebien) 毛颏大轴甲，微毛弯粉甲
Promethis formosana (Masumoto) 蓬莱大轴甲，台岛弯粉甲，蓬莱长拟步行虫，台塞坦拟步甲
Promethis frontosulcatis Ren *et* Yang 沟额大轴甲
Promethis glabricula (Motschulsky) 光大轴甲，光弯粉甲
Promethis guangxiensis Ren *et* Yang 广西大轴甲
Promethis hamatilis Ren *et* Yang 同 *Promethis tonkinensis*
Promethis harmandi Allard 哈氏大轴甲，哈弯粉甲
Promethis heros (Gebien) 粗大轴甲，赫弯粉甲
Promethis kaoshana (Masumoto) 靠山大轴甲，考弯粉甲，黑泽长拟步行虫，考塞坦拟步甲
Promethis kempi (Gravely) 肯氏大轴甲，肯弯粉甲
Promethis kempi kempi (Gravely) 肯氏大轴甲指名亚种，指名肯弯粉甲
Promethis kempi vientianei Kaszab 肯氏大轴甲万象亚种
Promethis kurosawai (Masumoto) 黑泽大轴甲，库弯粉甲，昆阳长拟步行虫
Promethis manillarum (Fairmaire) 马尼拉大轴甲，曼弯粉甲
Promethis microcephala (Fairmaire) 小头大轴甲，微头弯粉甲，微头奈克拟步甲
Promethis microthorax Kaszab 小胸大轴甲，微胸弯粉甲
Promethis nitouana Kaszab 尼头大轴甲，尼托弯粉甲
Promethis oshimana (Miwa) 大岛大轴甲
Promethis parallela (Fairmaire) 平行大轴甲，平行弯粉甲
Promethis parallela cheni Kaszab 平行大轴甲陈氏亚种，陈平行弯粉甲
Promethis parallela parallela (Fairmaire) 平行大轴甲指名亚种，指名平行弯粉甲
Promethis pascoei Macleay 同 *Promethis quadricollis*
Promethis pauperula (Gebien) 粗点大轴甲，贫弯粉甲
Promethis penicilligera (Gebien) 同 *Promethis puncticollis*
Promethis piluensis Masumoto, Akita *et* Lee 光滑大轴甲，碧绿长拟步行虫
Promethis punctatostriata (Motschulsky) 点条大轴甲，点纹弯粉甲
Promethis puncticollis (Motschulsky) 颈点大轴甲，点弯粉甲
Promethis quadricollis Pascoe 方胸大轴甲
Promethis rectangula (Motschulsky) 直角大轴甲，直角弯粉甲
Promethis semisulcata (Fairmaire) 同 *Promethis rectangula*
Promethis sinuatocollis Kaszab 波颈大轴甲，波弯粉甲
Promethis striatipennis (Lewis) 细沟大轴甲，纹翅弯粉甲
Promethis subrobusta (Motschulsky) 壮大轴甲，壮弯粉甲
Promethis subrobusta indochinensis Kaszab 壮大轴甲印支亚种，印支壮弯粉甲
Promethis subrobusta subrobusta (Motschulsky) 壮大轴甲指名亚种
Promethis subvalgipes (Chûjô) 浅弯大轴甲，瓦弯粉甲，巨长拟步行虫
Promethis sulcicollis Kaszab 沟颈大轴甲，浅沟弯粉甲
Promethis sulcigera (Boisduval) 条纹大轴甲，沟弯粉甲，南洋长拟步行虫

Promethis szetchuanica Kaszab 四川大轴甲，川弯粉甲
Promethis taiwana (Masumoto) 台湾大轴甲，台湾粉甲，台湾长拟步行虫
Promethis tatsienlua Kaszab 打箭炉大轴甲，泸定弯粉甲
Promethis tibialis (Guérin-Méneville) 胫大轴甲，胫弯粉甲
Promethis tonkinensis (Gebien) 越北大轴甲，越弯粉甲，东京常拟步行虫
Promethis transversicollis (Motschulsky) 阔颈大轴甲，横弯粉甲
Promethis valgipes (Marseul) 弯胫大轴甲，弓腿弯粉甲，腿弯粉甲，弓足塞坦伪步甲
Promethis valgipes subvalgipes (Chûjô) 见 *Promethis subvalgipes*
Promethis valgipes valgipes (Marseul) 弯胫大轴甲指名亚种
Promethis vietnamica (Kaszab) 越南大轴甲，越南弯粉甲
Promethis wenxiana Ren *et* Bai 文县大轴甲
Promethis yunnanica Kaszab 云南大轴甲，滇弯粉甲
Prometopia 原枚露尾甲属
Prometopia quadrimaculata Motschulsky 四斑原枚露尾甲
Prometopus 原井夜蛾属
Prometopus flavicollis (Leech) 白斑原井夜蛾，原井夜蛾
Prometopus nanlingensis Wang *et* Yoshimoto 南岭原井夜蛾
prominent [= notodontid moth, notodontid] 舟蛾，天社蛾 < 舟蛾科 Notodontidae 昆虫的通称 >
prominent moth [= yellow-necked caterpillar, *Datana ministra* (Drury)] 苹黄颈配片舟蛾，苹黄颈天社蛾
prominentspot flitter [*Zographetus doxus* Eliot] 光荣肿脉弄蝶
Promolophilus 原磨大蚊亚属
Promorphostenophanes 原窄亮轴甲属
Promorphostenophanes atavus Kaszab 见 *Morphostenophanes atavus*
promoter [= promotor] 1. 促进剂；2. 前伸肌
promoter side 启动子部位
promoting substance 激素，促进剂
promotor 见 promoter
promuscidate 具伸喙的
promuscis 1. 喙；2. 伸喙
Promylea lunigerella Ragonot 铁杉源齿螟，铁杉源齿螟蛾
pronesurface [= superficies] 腹面
prong-gilled mayfly [= leptophlebiid mayfly, leptophlebiid] 细裳蜉 < 细裳蜉科 Leptophlebiidae 昆虫的通称 >
Pronocera 扁胸天牛属
Pronocera brevicollis (Gebler) 短领扁胸天牛，扁胸天牛，原扁胸天牛
Pronomaea 凹颏隐翅甲属
Pronomaea taiwanensis Pace 台湾凹颏隐翅甲
Pronomaeini 凹颏隐翅甲族
Pronomis 山甲野螟属
Pronomis austa (Strand) 奥山甲野螟
Pronomis delicatalis (South) 见 *Anania delicatalis*
Pronomis flavicolor Munroe *et* Mutuura 见 *Anania flavicolor*
Pronophila 黧眼蝶属
Pronophila cordillera Westwood 山地黧眼蝶
Pronophila isobelae Pyrcz [Isobel's butterfly] 伊氏黧眼蝶
Pronophila juliani Adams *et* Bernard 朱丽安黧眼蝶
Pronophila orchewitsoni Adams *et* Bernard 淡紫黧眼蝶
Pronophila orcus (Latreille) 冥黧眼蝶
Pronophila rosenbergi Lathy 白斑黧眼蝶
Pronophila thelebe Doubleday 黧眼蝶
Pronophila timanthes Salvin 提黧眼蝶
Pronophila unifasciata Lathy 黄梢黧眼蝶
Pronophila variabilis Butler 多形黧眼蝶
pronotal carina 前 (胸) 背隆线
pronotal comb 前 (胸) 背栉 < 见于蚤类中 >
pronotum 前胸背板
pronta longtail [*Urbanus pronta* Evans] 皮罗长尾弄蝶
Prontaspis yanonensis Kuwana 见 *Unaspis yanonensis*
pronymph 1. 预若虫 < 常指新孵出来的蜻蜓若虫，尚有胚胎期外形，并有一层发亮的骨化鞘，此虫期极短暂；某些直翅目昆虫中也有此情况 >；2. 前若虫
Pronyssa 原虎甲属
Pronyssa nodicollis (Bates) 多节原虎甲，诺尼树虎甲，球胸七齿虎甲
Pronyssiformia 似七齿虎甲属
Pronyssiformia excoffieri (Fairmaire) 幽似七齿虎甲
Prooedema 肿额野螟属
Prooedema inscisale (Walker) 肿额野螟，肿额螟
Prooppia 熟寄蝇属
Prooppia latipalpis (Shima) 宽须熟寄蝇
Prooppia stulta (Zetterstedt) 愚熟寄蝇
prop-leg 腹足 < 同 proleg>
Propachys 厚须螟属 *Arctioblepsis* 的异名
Propachys flavifrontalis Leech 见 *Trebania flavifrontalis*
Propachys nigrivena Walker 同 *Arctioblepsis rubida*
propagating method 繁殖方法
propagation 1. 传播；2. 繁殖，生殖
propagule pressure 繁殖压力，定殖压力，繁殖体压力
propalticid 1. [= propalticid beetle] 皮跳甲 < 皮跳甲科 Propalticidae 昆虫的通称 >；2. 皮跳甲科的
propalticid beetle [= propalticid] 皮跳甲
Propalticidae 皮跳甲科
Propalticus 皮跳甲属
Propalticus oculatus Sharp 大眼皮跳甲
proparaptera 前上侧片 < 实为 preparaptera 之误 >
propargite 克螨特，炔螨特
Propealiothrips 前滑管蓟马属
Propealiothrips moundi Reyes 孟氏前滑管蓟马
proped [= propede, false leg, proleg, spurious leg, pseudopod, pseudopodium] 腹足，伪足
propede 1. 前足；2. [= proped, false leg, proleg, spurious leg, pseudopod, pseudopodium] 腹足，伪足
Propedicellus 突梗天牛属
Propedicellus guoliangi Huang, Huang *et* Liu 郭亮突梗天牛
Propedicellus qiului Huang, Huang *et* Liu 邱鹭突梗天牛
Propedicellus vitalisi (Pic) 韦氏突梗天牛，韦氏刺猬天牛
propeoceptor [= propioreceptor] 内感器
Properipsocus 原围蛄属
Properipsocus bicornis (Thornton) 双角原围蛄
Properipsocus gracilis Li 细齿原围蛄
Properipsocus quadartus Li 方肛原围蛄
propertius duskywing [= western oak duskywing, *Erynnis propertius* Scudder *et* Burgess] 大橡暗珠弄蝶
propertius skipper [*Propertius propertius* (Fabricius)] 占弄蝶

Propertius 占弄蝶属

Propertius propertius (Fabricius) [propertius skipper] 占弄蝶

Propesolomonthrips 似所罗门管蓟马属

Propesolomonthrips mindorensis Reyes 似所罗门管蓟马

propesticide 原农药

prophalangopsid 1.[= prophalangopsid katydid] 鸣 螽 < 鸣 螽 科 Prophalangopsidae 昆虫的通称 >；2. 鸣螽科的

prophalangopsid katydid [= prophalangopsid] 鸣螽

Prophalangopsidae 鸣螽科

Prophalangopsinae 鸣螽亚科

Prophalangopsis 鸣螽属

Prophalangopsis obscura (Walker) 暗鸣螽

Prophantis 狭翅野螟属

Prophantis adusta Inoue 宽缘狭翅野螟，黄缘狭翅野螟

Prophantis octoguttalis (Felder *et* Rogenhofer) 咖啡浆果狭翅野螟，八点瘦翅野螟

Prophantis smaragdina Butler [coffee berry moth] 咖啡狭翅野螟，小果咖啡螟，小果咖啡螟蛾

propharynx 前咽背

prophase 前期

prophcromone 前信息素

prophragma 前悬骨 < 中胸节前的悬骨 >

Prophthalmus 三锥象甲属，三锥象属

Prophthalmus longirostris Gyllenhal 长喙三锥象甲，长喙三锥象

Prophthalmus pugnator Power 岛三锥象甲

Prophthalmus tridentatus Fabricius 翅子树三锥象甲，翅子树三锥象

Prophthalmus wichmanni Kleine 韦氏三锥象甲，韦氏三锥象

prophydrotropism 向湿性

prophylaxis 防病，预防

Propicroscytus 瘿蚊金小蜂属

Propicroscytus mirificus (Girault) 斑腹瘿蚊金小蜂

Propicroscytus oryzae (Subba Rao) 四齿瘿蚊金小蜂

propionic acid 丙酸

propioreceptor 见 propeoceptor

Propiromorpha 星卷蛾属

Propiromorpha rhodophana (Herrich-Schäffer) 毛茛星卷蛾

proplegmatia [s. proplegmatium] 前侧褶区 < 见于金龟子幼虫，位于侧褶区之前，或同亚缘褶 (submarginal striae)>

proplegmatium [pl. proplegmatia] 前侧褶区

propleura [s. propleuron] 前胸侧板

propleural bristle [= prothoracic bristle] 前侧鬃 < 双翅目昆虫前胸侧板即在前足基节之上的鬃 >

propleuron [pl. propleura] 前胸侧板

propneustic 前气门式，前气门的

propneustic respiratory system 前气门式呼吸系统

propodea [s. propodeum; = propodeums] 并胸腹节

Propodea 狭并叶蜂属

Propodea spinosa (Cameron) 具刺狭并叶蜂

Propodea ussuriensis (Malaise) 同 *Tenthredo rufonotalis*

Propodea xanthocera Wei *et* Niu 黄角狭并叶蜂

propodeal 并胸腹节的

propodeal spin 并胸腹节刺

propodeal spiracle 并胸腹节气门

propodeal triangle 并胸腹节三角片

propodeon [= mediary segment, propodeum (pl. propodea 或 propodeums), propodium(pl. propodia), median segment, Latreille's segment] 并胸腹节

propodeonis scutum 并胸腹节盾片

propodeum [pl. propodea 或 propodeums; = mediary segment, propodium (pl. propodia), propodeon, median segment, Latreille's segment] 并胸腹节

propodeums [s. propodeum; = propodea, mediary segments, propodia (s. propodium), median segments, Latreille's segments] 并胸腹节

propodia [s. propodium; = mediary segments, propodea (s. propodeum), propodeums (s. propodeum), median segments, Latreille's segments] 并胸腹节

propodium [pl. propodia; = mediary segment, propodeum (pl. propodea 或 propodeums), propodeon, median segment, Latreille's segment] 并胸腹节

propolis 蜂胶

Propomacrus 棕臂金龟甲属，褐臂金龟甲属，姬长臂金龟属

Propomacrus davidi Deyrolle 戴棕臂金龟甲，戴褐臂金龟甲，戴褐臂金龟，戴褐长臂金龟，大卫姬长臂金龟

Propomacrus davidi davidi Deyrolle 戴棕臂金龟甲指名亚种

Propomacrus davidi fujianensis Wu *et* Wu 戴棕臂金龟甲福建亚种

Propomacrus muramotoae Fujioka 高原棕臂金龟甲，玛氏棕臂金龟

propria mermbrane 固有膜

proprioreceptive organ 见 propeoceptor

proprioreceptor 见 proprioreceptive organ

Propsilocerus 裸须摇蚊属

Propsilocerus akamusi (Tokunaga) 红色裸须摇蚊，红裸须摇蚊，阿细毛摇蚊，阿得永摇蚊

Propsilocerus paradoxus (Lundström) 等叶裸须摇蚊

Propsilocerus saetheri Wang, Liu *et* Paasivirta 萨裸须摇蚊

Propsilocerus sinicus Sæther *et* Wang 中华裸须摇蚊

Propsilocerus taihuensis (Wen, Zhou *et* Rong) 太湖裸须摇蚊，太湖德永摇蚊

Propsococerastis 前触蝎属

Propsococerastis jiangkouensis Li *et* Yang 江口前触蝎

Proptilona yunnana Zia 见 *Sophira yunnana*

propupa 前蛹 < 指盾蚧 *Aspidiotes* 的最后一个若虫期，视为蛹的前期 >

propygidium 前臀板

propygium [= hypopygium] 肛下板

Propylea 龟纹瓢虫属 < 此属学名有误写为 *Propylaea* 者 >

Propylea dissecta (Mulsant) 西南龟纹瓢虫，西南龟瓢虫

Propylea japonica (Thunberg) 龟纹瓢虫

Propylea luteopustulata (Mulsant) 黄室龟纹瓢虫，黄室盘瓢虫

Propylea quatuordecimpunctata (Linnaeus) [fourteen-spot lady beetle, 14-spotted ladybird beetle, P-14] 方斑瓢虫，方斑龟纹瓢虫

Propyropterus 裂红萤属

Propyropterus kanoi Nakane 鹿野裂红萤，卡原派红萤

Propyropterus plateroides Kazantsev 伪裂红萤，伪短沟红萤

Propyropterus pygidialis Nakane 弯腹裂红萤，臀原派红萤

Prorasea 沟额野螟属

Prorasea arcilinearis Chen *et* Wang 弓沟额野螟

Proretinata 斑带网蝉属
Proretinata fuscula Chou *et* Yao 见 *Angamiana fuscula*
Proretinata vemacula Chou *et* Yao 见 *Angamiana vemacula*
Proretinata yunnanensis Chou *et* Yao 见 *Angamiana yunnanensis*
Proreus 首垫跗螋属，绵跗螋属
Proreus coalescens (Borelli) 谊首垫跗螋
Proreus inermis Bey-Bienko 简首垫跗螋，云南跗螋
Proreus ritsemae (Bormans) 见 *Schizoproreus ritsemae*
Proreus simulans (Stål) 黄翅首垫跗螋，首垫跗螋，仿跗螋，黄翅绵跗螋
Proreus tezpurensis (Srivastava) 太首垫跗螋
Proreus unidentatus Bey-Bienko 齿首垫跗螋，单齿跗螋
Proreus weissi Burr 末首垫跗螋，威氏跗螋
Prorhinia rantaizana Wileman 见 *Psilalcis rantaizana*
Prorhinotermes 原鼻白蚁属
Prorhinotermes hainanensis Ping *et* Xu 海南原鼻白蚁
Prorhinotermes japonicus (Holmgren) 台湾原鼻白蚁，东洋原鼻白蚁
Prorhinotermes simplex (Hagen) 简单原鼻白蚁
Prorhinotermes spectabilis Ping *et* Xu 奇丽原鼻白蚁
Prorhinotermes xishaensis Li *et* Tsai 西沙原鼻白蚁
Prorodes 原洛螟属
Prorodes mimica Swinhoe 仿原洛螟
Prosapia 前附沫蝉属
Prosapia bicincta (Say) [two-lined spittlebug] 双斑前附沫蝉，双线沫蝉
Prosaspicera 剑盾狭背瘿蜂属
Prosaspicera confusa Ros-Farré 异剑盾狭背瘿蜂
Prosaspicera fujianensis Wang, Ros-Farré *et* Wang 福建剑盾狭背瘿蜂
Prosaspicera orientalis Pujade-Villar 东方剑盾狭背瘿蜂
Prosaspicera tianmunensis Wang, Ros-Farré *et* Wang 天目剑盾狭背瘿蜂
Prosaspicera validispina Kiffer 脊剑盾狭背瘿蜂
Prosceles 原异蝽属
Prosceles balteatus Chen *et* He 粒带原异蝽
Prosceles guangxiensis Chen *et* He 广西原异蝽
Proschistis 勃洛卷蛾属
Proschistis marmaropa (Meyrick) 玛勃洛卷蛾
Proschistis stygnopa Meyrick 勃洛卷蛾
Prosciara 首眼蕈蚊属，原黑翅蕈蚋属
Prosciara anfracta Vilkamaa *et* Hippa 曲尾首眼蕈蚊，弯曲黑翅蕈蚋
Prosciara angusta Shi *et* Huang 窄尾首眼蕈蚊
Prosciara bisulcata Vilkamaa *et* Hippa 双槽首眼蕈蚊
Prosciara breviuscula (Yang, Zhang *et* Yang) 短首眼蕈蚊
Prosciara columellata Shi *et* Huang 柱尾首眼蕈蚊
Prosciara crassidens Hippa *et* Vilkamaa 粗齿首眼蕈蚊
Prosciara decamera Hippa *et* Vilkamaa 十刺首眼蕈蚊
Prosciara duplicidens Vilkamaa *et* Hippa 双簇首眼蕈蚊
Prosciara ellipsoidea Shi *et* Huang 卵尾首眼蕈蚊
Prosciara euryacantha Shi *et* Huang 粗刺首眼蕈蚊
Prosciara exsecta Vilkamaa *et* Hippa 裂尾首眼蕈蚊
Prosciara extumida Shi *et* Huang 巨突首眼蕈蚊
Prosciara falcicula Vilkamaa *et* Hippa 镰尾首眼蕈蚊
Prosciara fossulata Shi *et* Huang 沟尾首眼蕈蚊
Prosciara furcifera Hippa *et* Vilkamaa 叉尾首眼蕈蚊
Prosciara furtiva Vilkamaa *et* Hippa 隐尾首眼蕈蚊，隐密黑翅蕈蚋
Prosciara globoidea Shi *et* Huang 圆尾首眼蕈蚊
Prosciara gyracantha Shi *et* Huang 环刺首眼蕈蚊
Prosciara hemicrypta Shi *et* Huang 半隐首眼蕈蚊
Prosciara latifurca Hippa *et* Vilkamaa 侧叉首眼蕈蚊
Prosciara latilingula Hippa *et* Vilkamaa 舌尾首眼蕈蚊
Prosciara longispina Shi *et* Huang 长刺首眼蕈蚊
Prosciara megachaeta Hippa *et* Vilkamaa 大刺首眼蕈蚊
Prosciara meracula Vilkamaa *et* Hippa 台湾首眼蕈蚊，微锐黑翅蕈蚋
Prosciara myriacantha Shi *et* Huang 多刺首眼蕈蚊
Prosciara oligotricha Shi *et* Huang 疏毛首眼蕈蚊
Prosciara paucispina Shi *et* Huang 疏刺首眼蕈蚊
Prosciara pentadactyla Hippa *et* Vilkamaa 五刺首眼蕈蚊
Prosciara pollex Hippa *et* Vilkamaa 大指首眼蕈蚊
Prosciara producta (Tuomikoski) 长尾首眼蕈蚊
Prosciara prolixa Vilkamaa *et* Hippa 展尾首眼蕈蚊
Prosciara quadridigitata (Yang, Zhang *et* Yang) 四指首眼蕈蚊
Prosciara sinensis Shi *et* Huang 中华首眼蕈蚊
Prosciara ternidigitata Shi *et* Huang 寡刺首眼蕈蚊
Prosciara tetracantha Shi *et* Huang 四刺首眼蕈蚊
Prosciara triloba Hippa *et* Vilkamaa 双叶首眼蕈蚊
proscopiid 1. [= proscopiid grasshopper, stick grasshopper, jumping stick] 蜢蜢，蜢蝗，枝蝗 <蜢蜢科 Proscopiidae 昆虫的通称>；2. 蜢蜢科的
proscopiid grasshopper [= proscopiid, stick grasshopper, jumping stick] 蜢蜢，蜢蝗，枝蝗
Proscopiidae 蜢蜢科，蜢蝗科，枝蝗科
proscutellum 前胸小盾片 <指前胸背板的小盾片>
proscutum 前胸盾片
Prosemanotus 原杉天牛属
Prosemanotus elongatus Pic 长原杉天牛
Prosena 长喙寄蝇属，长足喙寄蝇属
Prosena siberita (Fabricius) 金龟长喙寄蝇，金龟甲足喙寄蝇
Proseninae 长足寄蝇亚科
Prosentoria 长腹瓣蝽属
Prosentoria bannaensis Chen *et* He 版纳长腹瓣蝽
proserosa 前浆膜 <在缨尾目等原始昆虫的胚胎发育中，胚带位于卵的后端，为一原始的上皮细胞层所遮蔽，该层的大部分称前浆膜>
Proserpina leafwing [great leafwing, *Memphis proserpina*(Salvin)] 冥后尖蛱蝶
Proserpinus 波翅天蛾属
Proserpinus proserpina (Pallas) 青波翅天蛾
Prosevania 脊额旗腹蜂属
Prosevania bradleyi (Enderlein) 布氏脊额旗腹蜂，布氏旗腹蜂
Prosevania formosana (Enderlein) 台湾脊额旗腹蜂，台湾旗腹蜂
Prosevania pilosa (Hedicke) 毛脊额旗腹蜂
Prosevania quadrata He 方盾脊额旗腹蜂
Prosevania rufoniger (Enderlein) 红黑脊额旗腹蜂，红黑旗腹蜂
Prosevania sauteri (Enderlein) 索氏脊额旗腹蜂，索氏旗腹蜂
Prosevania sinica He 中华脊额旗腹蜂
Prosheliomyia 卷寄蝇属，普寄蝇属

Prosheliomyia formosensis (Townsend) 台湾卷寄蝇，台普寄蝇，台生寄蝇

Proshizonotus 普金小蜂属

Proshizonotus primus Bouček 原普金小蜂

Prosimuliini 原蚋族

Prosimulium 原蚋属，原蚋亚属

Prosimulium (Helodon) alpestre Dorogostaisky, Rubtsov *et* Vlasenko 见 *Helodon alpestris*

Prosimulium nevexalatamus Sun 突板原蚋

Prosimulium (Prosimulium) hirtipes (Fries) 毛足原蚋

Prosimulium (Prosimulium) irritans Rubtsov 刺扰原蚋

Prosimulium (Prosimulium) liaoningense Sun *et* Xue 辽宁原蚋

Prosintis florivora Meyrick 杧果锐端遮颜蛾

Prosoblapsia 脊琵甲亚属

Prosodes 侧琵甲属，侧琵甲亚属

Prosodes degenerata Semenow 见 *Prosodes (Prosodes) rugulosa degenerata*

Prosodes dilaticollis Motschulsky 见 *Prosodes (Prosodes) dilaticollis*

Prosodes edmundi Semenow 见 *Prosodes (Prosodes) edmundi*

Prosodes (Gebleria) philacoides (Fischer von Waldheim) 草原侧琵甲，族侧琵甲

Prosodes (Gebleria) regeli Semenov 里格侧琵甲，雷侧琵甲

Prosodes karelini Gebler 见 *Prosodes (Peltarium) karelini*

Prosodes kreitneri Frivaldsky 克氏侧琵甲

Prosodes nitidula Motschulsky 见 *Prosodes (Prosodes) rugulosa nitidula*

Prosodes (Oliprosodes) trisulcata Bates 三肋侧琵甲，三沟侧琵甲

Prosodes pekinensis Fairmaire 见 *Prosodes (Prosodes) pekinensis*

Prosodes (Peltarium) karelini (Gebler) 卡瑞侧琵甲，卡侧琵甲

Prosodes philacoides (Fischer von Waldheim) 见 *Prosodes (Gebleria) philacoides*

Prosodes (Prosodes) dilaticollis Motschulsky 突颊侧琵甲，膨隆侧琵甲，草原侧琵甲，草原拟步甲，亮柔拟步甲

Prosodes (Prosodes) edmundi Semenov 埃德侧琵甲，埃氏侧琵甲

Prosodes (Prosodes) gracilis Faust 细长侧琵甲

Prosodes (Prosodes) pekinensis Fairmaire 北京侧琵甲

Prosodes (Prosodes) przewalskii Semenov 横皱侧琵甲

Prosodes (Prosodes) rugulosa (Gebler) 皱纹侧琵甲，皱侧琵甲

Prosodes (Prosodes) rugulosa degenerata Semenov 皱纹侧琵甲隆脊亚种，隆脊侧琵甲，迪侧琵甲

Prosodes (Prosodes) rugulosa nitidula Motschulsky 皱纹侧琵甲光亮亚种，光亮侧琵甲，亮侧琵甲

Prosodes (Prosodes) rugulosa rugulosa (Gebler) 皱纹侧琵甲指名亚种

Prosodes (Prosodes) zarudenyi Medvedev 中亚侧琵甲

Prosodes przewalskii Semenov 见 *Prosodes (Prosodes) przewalskii*

Prosodes regeli Semenov 见 *Prosodes (Gebleria) regeli*

Prosodes rugulosa (Gebler) 见 *Prosodes (Prosodes) rugulosa*

Prosodes striata (Reitter) 纹侧琵甲

Prosodes trisulcata Bates 见 *Prosodes (Oliprosodes) trisulcata*

Prosodes (Uroprosodes) costifera Kraatz 显肋侧琵甲

Prosodina 侧琵甲亚族

Prosoligosita 四棒赤眼蜂属

Prosoligosita perplexa Hayat *et* Husain 印度四棒赤眼蜂

prosoma 前躯，前体

prosomal 前体的

Prosomoeus 钝角长蝽属

Prosomoeus brunneus Scott 褐色钝角长蝽

Prosomoeus pygmaeus Zheng 短小钝角长蝽

Prosopalictus micans Strand 同 *Lasioglossum (Hemihalictus) micante*

Prosopalpus 虚弄蝶属

Prosopalpus debilis (Plötz) [western dwarf skipper] 虚弄蝶

Prosopalpus saga Evans [branded dwarf skipper] 松散虚弄蝶

Prosopalpus styla Evans [widespread dwarf skipper] 尖虚弄蝶

Prosopaspis 盾头隐翅甲属

Prosopaspis pluvialis Smetana 棕色盾头隐翅甲

Prosopea 前寄蝇属

Prosopea nigricans (Egger) 黑前寄蝇，染黑前寄蝇

prosopidid 1. [= prosopidid bee] 叶舌花蜂 < 叶舌花蜂科 Prosopididae 昆虫的通称 >；2. 叶舌花蜂科的

prosopidid bee [= prosopidid] 叶舌花蜂

Prosopididae 叶舌花蜂科

Prosopigastra 普罗泥蜂属

Prosopigastra globiceps (Morawitz) 球须普罗泥蜂

Prosopis 普分舌蜂亚属，普分舌蜂属

Prosopis albitarsis (Morawitz) 见 *Hylaeus albitarsis*

Prosopis asiatica Dalla Torre 见 *Hylaeus asiaticus*

Prosopis communis (Nylander) 见 *Hylaeus communis*

Prosopis communis communis (Nylander) 见 *Hylaeus communis communis*

Prosopis communis nigricornis (Förster) 见 *Hylaeus nigricornis*

Prosopis floralis Smith 见 *Hylaeus floralis*

Prosopis indistincta (Morawitz) 见 *Hylaeus indistinctus*

Prosopis medialis (Morawitz) 见 *Hylaeus medialis*

Prosopis mediolucens Cockerell 见 *Hylaeus mediolucens*

Prosopis mongolica Morawitz 见 *Hylaeus mongolicus*

Prosopis nigrocallosa (Morawitz) 见 *Hylaeus nigrocallosus*

Prosopis potanini (Morawitz) 见 *Hylaeus potanini*

Prosopis przewalskyi (Morawitz) 见 *Hylaeus przewalskyi*

Prosopis sibiricus Strand 见 *Hylaeus sibiricus*

Prosopis sjostedti Alfken 同 *Hylaeus sibiricus*

Prosopis tsingtauensis Strand 见 *Hylaeus tsingtauensis*

Prosopistoma 鲎蜉属

Prosopistoma annamense Soldán *et* Braasch 越南鲎蜉

Prosopistoma sinense Tong *et* Dudgeon 中华鲎蜉

Prosopistoma trispinum Zhou *et* Zheng 三刺鲎蜉

Prosopistoma unicolor Zhou *et* Zheng 单色鲎蜉

prosopistomatid 1. [= prosopistomatid mayfly] 鲎蜉，蝌蚪蜉 < 鲎蜉科 Prosopistomatidae 昆虫的通称 >；2. 鲎蜉科的

prosopistomatid mayfly [= prosopistomatid] 鲎蜉，蝌蚪蜉

Prosopistomatidae 鲎蜉科，蝌蚪蜉科

Prosoplecta 瓢蠊属

Prosoplecta bipunctata (Brunner von Wattenwyl) 二斑瓢蠊

Prosoplecta coccinella Saussure 瓢形瓢蠊

Prosoplecta coccinelloides Walker 类瓢瓢蠊

Prosoplecta coelophoroides Shelford 横纹瓢蠊

Prosoplecta dexteralleni Hanitsch 德氏瓢蠊

Prosoplecta fieberi (Brunner von Wattenwyl) 费氏瓢蠊

Prosoplecta gutticollis Walker 斑胸瓢蠊

Prosoplecta jacobsoni (Hanitsch) 雅氏瓢蠊

Prosoplecta ligata (Brunner von Wattenwyl) 丽瓢蠊
Prosoplecta mimas Shelford 拟态瓢蠊
Prosoplecta nigra Shelford 黑瓢蠊
Prosoplecta nigroplagiata Shelford 黑纹瓢蠊
Prosoplecta quadriplagiata Walker 四纹瓢蠊
Prosoplecta semperi Shelford 斯氏瓢蠊
Prosoplecta sexpunctata Hanitsch 六斑瓢蠊
Prosoplecta signata (Shelford) 斑纹瓢蠊
Prosoplecta sumatrana (Shelford) 苏门瓢蠊
Prosoplecta trifaria Walker 三纹瓢蠊
Prosoplecta uniformis (Hebard) 一致瓢蠊
Prosoplecta vietnamensis Anisyutkin 越南瓢蠊
Prosoplus 截突天牛属
Prosoplus banki (Fabricius) 本氏截突天牛
Prosoplus metallicus Pic 云南截突天牛
Prosopocera gigantea Breuning 大普天牛
Prosopochrysa 丽额水虻属
Prosopochrysa chusanensis Ôuchi 舟山丽额水虻，舟山普水虻
Prosopochrysa sinensis Lindner 中华丽额水虻，中华普水虻
Prosopochrysa vitripennis (Doleschall) 透翅丽额水虻
Prosopocoilus 前锹甲属，锯锹甲属，锯锹属，锯锹形虫属
Prosopocoilus approximatus (Parry) 伪布达前锹甲，伪布达锯锹，邻佛前锹甲
Prosopocoilus astacoides (Hope) 两点前锹甲，两点锯锹，阿前锹甲
Prosopocoilus astacoides astacoides (Hope) 两点前锹甲指名亚种，两点锯锹指名亚种，指名阿前锹甲
Prosopocoilus astacoides blanchardi (Parry) 两点前锹甲普通亚种，两点锯锹普通亚种，两点前锹甲布氏亚种，两点锯锹形虫，黄褐前锹甲，布前锹甲
Prosopocoilus astacoides castaneus (Hope) 两点前锹甲樟木亚种，两点锯锹樟木亚种
Prosopocoilus astacoides dubernardi (Planet) 两点前锹甲滇西北亚种，两点锯锹滇西北亚种，杜阿前锹甲，杜昧锹甲
Prosopocoilus astacoides fraternus (Hope) 两点前锹甲滇南亚种，两点锯锹滇南亚种
Prosopocoilus astacoides kachinensis Bomans *et* Miyashita 两点前锹甲藏东南亚种，两点锯锹藏东南亚种
Prosopocoilus biplagiatus (Westwood) 黄纹前锹甲，宽带前锹甲，黄纹锯锹甲，黄纹锯锹，双纹昧锹甲
Prosopocoilus blanchardi (Parry) 见 *Prosopocoilus astacoides blanchardi*
Prosopocoilus buddha approximatus (Parry) 见 *Prosopocoilus approximatus*
Prosopocoilus christophei Bomans 克前锹甲
Prosopocoilus cilipes (Thomson) 纤毛前锹甲
Prosopocoilus confucius (Hope) 孔前锹甲，孔夫子锯锹甲，孔夫子锯锹
Prosopocoilus crenulidens (Fairmaire) 克齿前锹甲
Prosopocoilus doris Kriescbe 平齿前锹甲，平齿锯锹
Prosopocoilus duplodentatus Benesh 倍齿前锹甲
Prosopocoilus elegans Bomans 丽前锹甲
Prosopocoilus flavidus (Parry) 暗黄前锹甲
Prosopocoilus forficula (Thomson) 圆翅前锹甲，壮前锹甲，圆翅锯锹
Prosopocoilus forficula austerus (De Lisle) 圆翅前锹甲南方亚种，奥壮前锹甲，圆翅锯锹形虫
Prosopocoilus forficula forficula (Thomson) 圆翅前锹甲指名亚种，指名壮前锹甲
Prosopocoilus formosanus (Miwa) 见 *Miwanus formosanus*
Prosopocoilus fulgens (Didier) 毛刷前锹甲，毛刷锯锹
Prosopocoilus giraffa (Olivier) 长颈鹿前锹甲，戈齿前锹甲，长颈鹿锯锹甲，长颈鹿锯锹
Prosopocoilus giraffa giraffa (Olivier) 长颈鹿前锹甲指名亚种，长颈鹿锯锹指名亚种，指名鹿前锹甲
Prosopocoilus gracilis (Saunders) 同 *Prosopocoilus flavidus*
Prosopocoilus hiekei (De Lisle) 见 *Prosopocoilus jenkinsi hiekei*
Prosopocoilus inclinatus (Motschulsky) 东北前锹甲，东北锯锹，倾前锹甲
Prosopocoilus inclinatus inclinatus (Motschulsky) 东北前锹甲指名亚种，东北锯锹指名亚种
Prosopocoilus inquinatus Westwood 三色前锹甲，三色锯锹甲
Prosopocoilus inquinatus inquinatus Westwood 三色前锹甲指名亚种，三色锯锹甲指名亚种，三色锯锹指名亚种
Prosopocoilus inquinatus yazakii Nagai 三色前锹甲藏缅亚种，三色锯锹藏缅亚种，三色锯锹甲藏缅亚种
Prosopocoilus jenkinsi (Westwood) 毛胫四点前锹甲，毛胫四点锯锹
Prosopocoilus jenkinsi hiekei (De Lisle) 毛胫四点前锹甲希氏亚种，希前锹甲
Prosopocoilus jenkinsi jenkinsi (Westwood) 毛胫四点前锹甲指名亚种
Prosopocoilus laterotarsus (Houlbert) 沙缘前锹甲，砂缘锯锹
Prosopocoilus maclellandi (Hope) 四点前锹甲，四点锯锹
Prosopocoilus motschulskii (Waterhouse) 高砂前锹甲，高砂锯锹形虫，高砂锯锹甲，高砂锯锹，莫前锹甲，莫氏锯锹形虫 <该种学名有误写为 *Prosopocoilus motschulskyi* (Waterhouse) 及 *Prosopocoilus motschulskyii* (Waterhouse) 者>
Prosopocoilus oweni (Hope *et* Westwood) 欧文前锹甲，欧文锯锹
Prosopocoilus oweni melli Kriesche 欧文前锹甲中国亚种，欧文锯锹中国亚种
Prosopocoilus oweni oweni (Hope *et* Westwood) 欧文前锹甲指名亚种，指名阿前锹甲
Prosopocoilus passaloides (Hope *et* Westwood) 钉前锹甲
Prosopocoilus politus (Parry) 亮前锹甲，亮锯锹
Prosopocoilus porrectus Bomans 歧齿前锹甲，歧齿锯锹，伸前锹甲
Prosopocoilus prosopocoeloides (Houlbert) 普前锹甲
Prosopocoilus reni Huang *et* Chen 任氏锯锹甲，任氏锯锹
Prosopocoilus speciosus Boileau 殊前锹甲
Prosopocoilus spineus (Didier) 红背前锹甲，红背锯锹
Prosopocoilus suturalis (Olivier) 丫纹前锹甲，丫纹锯锹，缝前锹甲，缝昧锹甲
Prosopocoilus tarsalis Ritsema 跗前锹甲
Prosopocoilus thibeticus (Westwood) 滇东南前锹甲，滇东南锯锹
Prosopocoilus wimberleyi (Parry) 韦前锹甲
Prosopocoilus wuchaoi Huang *et* Chen 吴氏前锹甲，吴氏锯锹
Prosopocoilus yazakii Nagai 三色锯锹甲，三色锯锹
Prosopodopsis 爪寄蝇属，类前寄蝇属
Prosopodopsis appendiculata (de Meijere) 赘爪寄蝇，澳门类前寄

蝇，澳门寄蝇

Prosopodopsis quadrisetosa (Baranov) 四毛爪寄蝇，四毛类前寄蝇，四毛寄蝇

Prosopodopsis ruficornis (Chao) 黄角爪寄蝇，红角类前寄蝇

Prosopogryllacris 饰蟋螽属，原蟋螽属

Prosopogryllacris chinensis Li, Liu *et* Li 同 *Eugryllacris elongata*

Prosopogryllacris cylindrigera (Karny) 见 *Eugryllacris cylindrigera*

Prosopogryllacris incisa Li, Liu *et* Li 同 *Eugryllacris longifissa*

Prosopogryllacris japonica Matsumura *et* Shiraki 见 *Eugryllacris japonica*

Prosopogryllacris personata (Serville) 面饰蟋螽，面具原蟋螽

Prosopogryllacris personata malacca Gorochov 面饰蟋螽具斑亚种

Prosopogryllacris personata moeschi (Griffini) 面饰蟋螽莫氏亚种

Prosopogryllacris personata personata (Serville) 面饰蟋螽指名亚种

Prosopophorella 凹额缟蝇属

Prosopophorella yoshiyasui Sasakawa 吉安氏凹额缟蝇

Prosopophorella zhuae Shi *et* Yang 朱氏凹额缟蝇

Prosorrhyncha 前喙亚目

prososmotaxis 趋流性

Prosotas 波灰蝶属

Prosotas aluta (Druce) 阿波灰蝶，阿娜灰蝶

Prosotas aluta aluta (Druce) 阿波灰蝶指名亚种

Prosotas aluta coelestis (Wood-Mason *et* de Nicéville) 阿波灰蝶蓝色亚种，蓝色阿波灰蝶，柯娜灰蝶

Prosotas atra Tite 阿塔波灰蝶

Prosotas bhutea (de Nicéville) 布波灰蝶

Prosotas caliginosa Druce 波灰蝶

Prosotas datarica Snellen 达塔波灰蝶

Prosotas dubiosa (Semper) [tailless lineblue, purple line-blue] 疑波灰蝶，杜娜灰蝶

Prosotas dubiosa asbolodes Hsu *et* Yen 疑波灰蝶密纹亚种，密纹波灰蝶

Prosotas dubiosa dubiosa (Semper) 疑波灰蝶指名亚种

Prosotas ella Toxopeus 依拉波灰蝶，艾波灰蝶

Prosotas elsa Grose-Smith 爱沙波灰蝶

Prosotas felderi (Murray) [Felder's line blue, short-tailed line blue, small-tailed line blue] 费波灰蝶

Prosotas gracilis (Röber) 纤细波灰蝶，窄翅波灰蝶

Prosotas lutea (Martin) 黄波灰蝶

Prosotas lutea lutea (Martin) 黄波灰蝶指名亚种

Prosotas lutea sivoka (Evans) 黄波灰蝶西南亚种，西南黄波灰蝶

Prosotas nelides (de Nicéville) 奈里波灰蝶

Prosotas nora (Felder) [common lineblue, long-tailed line-blue] 娜拉波灰蝶，波普灰蝶，诺娜灰蝶

Prosotas nora ardates (Moore) [Indian common lineblue] 娜拉波灰蝶印度亚种，阿波灰蝶

Prosotas nora dilata Evans [Nicobar common lineblue] 娜拉波灰蝶尼岛亚种

Prosotas nora formosana (Fruhstorfer) 娜拉波灰蝶台湾亚种，波灰蝶，姬波纹小灰蝶，安汶波灰蝶，小黑波纹灰蝶，娜拉波纹小灰蝶，台湾波灰蝶

Prosotas nora fulva Evans [Andaman common lineblue] 娜拉波灰蝶安岛亚种

Prosotas nora kanoi (Omoto) 娜拉波灰蝶鹿野亚种，卡波灰蝶

Prosotas nora nora (Felder) 娜拉波灰蝶指名亚种

Prosotas noreia Felder 诺蕾波灰蝶

Prosotas norina Toxopeus 挪丽波灰蝶

Prosotas papuana Tite 巴布亚波灰蝶

Prosotas pia Toxopeus 皮波灰蝶

Prosotas talasea Tite 塔拉波灰蝶

Prospalta 普夜蛾属

Prospalta contigua Leech 比星普夜蛾

Prospalta cyclica (Hampson) 圆点普夜蛾

Prospalta griseata (Leech) 灰星普夜蛾

Prospalta leucospila Walker 肾星普夜蛾

Prospalta multicolor (Warren) 同 *Lignispalta incertissima*

Prospalta parva Leech 小星普夜蛾

Prospalta siderea Leech 聚星普夜蛾

Prospalta stellata Moore 卫星普夜蛾

Prospalta xylocola Strand 木星普夜蛾

Prospaltella 扑虱蚜小蜂属

Prospaltella aurantii (Howard) 红圆蚧扑虱蚜小蜂

Prospaltella berlesei (Howard) 桑盾蚧扑虱蚜小蜂

Prospaltella ishii Silvestri 长腹扑虱蚜小蜂

Prospaltella maculata (Howard) 见 *Encarsia maculata*

Prospaltella niigatae Nakayama 见 *Encarsia niigatae*

Prospaltella smithi Silvestri 黄盾扑虱蚜小蜂

Prospheniscus 前叶实蝇属，普罗斯芬实蝇属

Prospheniscus miyakei Shiraki 三宅前叶实蝇，宫普罗斯芬实蝇，宫宅原斯实蝇，原球实蝇

Prospilocosmia octavia Munro 见 *Spilocosmia octavia*

Prospilocosmia punctata Shiraki 见 *Spilocosmia punctata*

Prospilocosmia punctata kotoshoensis Shiraki 见 *Spilocosmia kotoshoensis*

Prostemma 花姬蝽属

Prostemma fasciatum (Stål) 平带花姬蝽

Prostemma flavipennis Fukui 同 *Prostemma kiborti*

Prostemma fulvipennis Lindberg 同 *Prostemma kiborti*

Prostemma hilgendorffi Stein 角带花姬蝽

Prostemma kiborti Jakovlev 黄翅花姬蝽

Prostemma longicolle (Reuter) 长胸花姬蝽

prostemmatic [= anteocular] 眼前区的，眼前的

prostemmatic organ [= anteocular organ] 眼前器 < 同弹尾目昆虫中的角后器 (postantennal organ)>

Prostemmatinae 花姬蝽亚科 < 此亚科有误写为 Prostemminae 者 >

Prostemmatini 花姬蝽族

Prostephanus 尖帽胸长蠹属

Prostephanus apax Lesne 长毛尖帽胸长蠹

Prostephanus arizonicus Fisher 大尖帽胸长蠹

Prostephanus punctatus (Say) 斑尖帽胸长蠹

Prostephanus truncatus (Horn) [larger grain borer, greater grain borer, scania beetle] 大尖帽胸长蠹，大谷蠹，大谷长蠹

prosternal 前胸腹板的

prosternal epimera 前胸后侧片

prosternal episterna 前胸前侧片

prosternal furrow 前胸腹沟 < 指在猎蝽科 Reduviidae 昆虫前胸腹板上一条具有横条的纵沟，能藕喙的刮擦而发声 >

prosternal groove 前胸腹板沟 < 指叩甲科 Elateridae 昆虫前胸腹

板上用以收纳触角的侧沟 >

prosternal lobe 前胸腹板叶 < 部分鞘翅目昆虫前胸腹板的前伸部分，掩于口器下 >

prosternal organ 前腹器官

prosternal process 前胸腹突 < 为鞘翅目水生昆虫前胸腹板上的构造 >

prosternal spine 前胸腹板刺 < 指叩甲科 Elateridae 昆虫由前胸伸入中胸腹板腔中的弯锐突；在直翅目昆虫中，指二前足间的锥状或瘤状突起 >

prosternal sulcus 前胸腹侧沟 < 指前胸划分腹板与侧板的沟 >

prosternellum 前胸小盾片

Prosternon 北区叩甲属

Prosternon egregium Denisova 中国北区叩甲

Prosternon montanum Gurjeva 山地北区叩甲

Prosternon sericeum (Gebler) 古北区叩甲

Prosternon tesselatum (Linnaeus) 毛背北区叩甲

prosternum [= prostethium] 前胸腹板

prostethium 见 prosternum

prostheca [= lacinia mandibulate, lacinia mobilis] 臼叶

Prosthecarthron 异角蚁甲属，原蚁甲属

Prosthecarthron insulanus Yin *et* Huang 海岛异角蚁甲

Prosthecarthron sauteri Raffray 绍氏异角蚁甲，索原蚁甲

prosthetic group 辅基

Prosthiochaeta 前毛广口蝇属，普洛扁口蝇属

Prosthiochaeta cyaneiventris Enderlein 蓝腹前毛广口蝇，青腹普洛扁口蝇，蓝腹广口蝇

Prosthiochaeta emeishana Wang *et* Chen 峨眉前毛广口蝇

Prosthiochaeta formosa Hara 宝岛前毛广口蝇，台普洛扁口蝇，宝岛广口蝇，台普扁足蝇

Prosthiochaeta fuscipennis Wang *et* Chen 褐翅前毛广口蝇

Prosthiochaeta pictipennis Wang *et* Chen 花翅前毛广口蝇

prostigma 1. 翅痣 < 在膜翅目昆虫中，同 stigma>；2. 前气门

prostomial 口前叶的

prostomial ganglion 脑 < 即环节动物的原脑 >

prostomial lobe 口前叶 < 构成前胸成对的侧叶 >

prostomid 1. [= prostomid beetle, jugular-horned beetle] 颚甲，尖颚扁虫 < 颚甲科 Prostomidae 昆虫的通称 >；2. 颚甲科的

prostomid beetle [= prostomid, jugular-horned beetle] 颚甲，尖颚扁虫

Prostomidae 颚甲科，尖颚扁虫科

Prostomis 颚甲属，尖颚扁虫属

Prostomis mandibularis (Fabricius) 欧洲颚甲

Prostomis taiwanensis Ito *et* Yoshitomi 台湾颚甲，台湾尖颚扁虫

prostomium [= acron] 口前叶 < 指环节动物体躯口前的不分节部分 >

Prostomomyia atronitens Kertész 见 *Monacanthomyia atronitens*

prostomum [= mouth cone] 口锥 < 见于虱属 *Pediculus* 中，相当于别的昆虫的喙 (proboscis 或 rostrum)>

Protaboilus 原阿波鸣螽属

Protaboilus amblus Ren *et* Meng 模糊原阿波鸣螽

Protaboilus lini Ren *et* Meng 林氏原阿波鸣螽

Protaboilus rudis Ren *et* Meng 野生原阿波鸣螽

Protacheron 足翅蝶角蛉属

Protacheron guangxiensis Sun *et* Wang 同 *Protacheron philippinensis*

Protacheron philippinensis (van der Weele) 菲律宾足翅蝶角蛉

protaesthesis 原感觉器

Protaetia 星花金龟甲属，星花金龟属，白点花金龟属

Protaetia aerata (Erichson) 凸星花金龟甲，凸星花金龟，伊坡花金龟

Protaetia agglomerata (Solsky) 团斑星花金龟甲，团斑星花金龟

Protaetia alboguttata Vigors 小白斑星花金龟甲，小白斑星花金龟

Protaetia andamanarum Janson 绒星花金龟甲，绒星花金龟

Protaetia aterrima Nonfried 最黑星花金龟甲，最黑坡花金龟

Protaetia aurichalcea (Fabricius) 白斑星花金龟甲

Protaetia bokonjici Mikšić 波氏星花金龟甲，波库星花金龟

Protaetia brevitarsis (Lewis) [white-spotted flower chafer, Far East marble beetle] 白星滑花金龟甲，白星花金龟甲，白星花金龟，白斑花金龟，白斑金龟甲，白纹铜花金龟甲，向日葵白星花金龟，白星花潜，白星金龟子，铜色白纹金龟子，白纹铜花金龟，短跗星花金龟，铜色金龟子，铜克螂，白星滑花金龟

Protaetia brevitarsis brevitarsis (Lewis) 白星花金龟甲指名亚种

Protaetia brevitarsis fairmairei (Kraatz) 白星花金龟甲费氏亚种，费氏白星滑花金龟

Protaetia brevitarsis seulensis (Kolbe) 白星花金龟甲首尔亚种，首尔白星滑花金龟

Protaetia cathaica Bates 疏纹星花金龟甲，疏纹星花金龟，卡坡花金龟

Protaetia culta (Waterhouse) 库星花金龟甲，库星花金龟，铜点花金龟

Protaetia culta bokonjici Mikšić 见 *Protaetia bokonjici*

Protaetia culta culta (Waterhouse) 库星花金龟甲指名亚种，指名库星花金龟

Protaetia culta multimaculata Kurosawa 同 *Protaetia culta culta*

Protaetia cyanescens (Kraatz) 蓝星花金龟甲，蓝坡花金龟

Protaetia davidiana (Fairmaire) 大卫星花金龟甲，达氏花金龟甲，达氏花金龟，大卫坡花金龟

Protaetia delavayi (Fairmaire) 德星花金龟甲，德星花金龟

Protaetia elegans (Komitani) 金绿星花金龟甲，金绿星花金龟，丽星花金龟甲，丽星花金龟，绿艳花金龟，丽坡花金龟

Protaetia exasperata (Fairmaire) 激星花金龟甲，激星花金龟

Protaetia exasperata exasperata (Fairmaire) 激星花金龟甲指名亚种，指名激星花金龟

Protaetia exasperata satoi Nakane 激星花金龟甲佐藤亚种

Protaetia famelica (Janson) 多纹星花金龟甲，多纹星花金龟，珐坡花金龟

Protaetia ferruginea (Gory *et* Percheron) 锈星花金龟甲，锈星花金龟

Protaetia formosana (Moser) 紫星花金龟甲，紫艳花金龟，台坡花金龟

Protaetia fusca (Herbst) 棕星花金龟甲，棕星花金龟，灰白点花金龟，纺星花金龟

Protaetia guerini (Eydoux) 戈星花金龟甲，戈星花金龟

Protaetia hungarica (Herbst) 匈星花金龟甲，匈坡花金龟

Protaetia hungarica hungarica (Herbst) 匈星花金龟甲指名亚种

Protaetia hungarica inderiensis (Krynicki) 匈星花金龟甲多斑亚种，多斑星花金龟

Protaetia hungarica sibirica (Gebler) 匈星花金龟甲西伯亚种，西伯匈坡花金龟

Protaetia impavida (Janson) 蓝星花金龟甲，蓝星花金龟，蓝紫

坡花金龟甲，蓝紫星花金龟甲，蓝紫星花金龟，蓝紫坡花金龟

Protaetia inquinata Arrow 亮背星花金龟甲，艳星花金龟甲，蓝艳白点花金龟

Protaetia intricata Saunders 殷星花金龟甲，殷星花金龟

Protaetia ishigakia (Fairmaire) 石桓星花金龟甲，石桓坡花金龟

Protaetia kurosawai Kobayashi 黑泽星花金龟甲，黑泽白点花金龟

Protaetia laevicostata Fairmaire 光肋星花金龟甲，光肋星花金龟，光缘坡花金龟

Protaetia (Liocola) brevitarsis (Lewis) 见 *Protaetia brevitarsis*

Protaetia lugubrides (Schürhoff) 暗星花金龟甲，暗坡花金龟

Protaetia lugubris (Herbst) 乌星花金龟甲，暗坡花金龟

Protaetia lugubris kalinka Kemal *et* Kocak 乌星花金龟甲卡林卡亚种

Protaetia lugubris lugubris (Herbst) 乌星花金龟甲指名亚种

Protaetia mandschuriensis (Schürhoff) 光星花金龟甲，光星花金龟，东北卡星花金龟

Protaetia marginicollis (Ballion) 缘星花金龟甲，缘坡花金龟甲，缘坡花金龟

Protaetia metallica (Herbst) 铜绿星花金龟甲，铜绿星花金龟，闪光坡花金龟

Protaetia multifoveolata (Reitter) 多坑星花金龟甲，多坑星花金龟，多窝玷坡花金龟，多窝坡花金龟

Protaetia neglecta Hope [cherry blossom beetle] 樱桃星花金龟甲，樱桃花金龟

Protaetia neonata Löbl 新背星花金龟甲

Protaetia nigropurpurea Yamata 黑紫星花金龟甲，黑紫星花金龟，铜艳白点花金龟

Protaetia nitididorsis (Fairmaire) 亮绿星花金龟甲，亮绿星花金龟，光背坡花金龟

Protaetia orientalis (Gory *et* Percheron) [oriental flower beetle] 凸星花金龟甲，凸星花金龟，东方星花金龟，东方白点花金龟

Protaetia orientalis confuciusana Thomson 凸星花金龟甲孔家亚种，孔伊坡花金龟

Protaetia orientalis orientalis (Gory *et* Percheron) 凸星花金龟甲指名亚种

Protaetia orientalis sakaii Kobayashi 凸星花金龟甲酒井亚种，东方白点花金龟

Protaetia potanini (Kraatz) 肋凹缘星花金龟甲，肋凹缘花金龟

Protaetia procera (White) 刺星花金龟甲，刺星花金龟

Protaetia rufescens Ma 铜翅星花金龟甲，淡红星花金龟

Protaetia sauteri (Moser) 索星花金龟甲，索星花金龟，曹德白点花金龟

Protaetia seulensis (Kolbe) 南方白星花金龟甲，南方白星花金龟

Protaetia speciosa (Adams) 美丽星花金龟甲，美丽花金龟

Protaetia speciosa cyanochlora Schauer 美丽星花金龟甲蓝色亚种

Protaetia speciosa jousselini (Gory *et* Percheron) 美丽星花金龟甲红胸亚种

Protaetia speciosa speciosa (Adams) 美丽星花金龟甲指名亚种

Protaetia speciosa venusta (Ménétriès) 美丽星花金龟甲美神亚种

Protaetia speculifera (Swartz) 殊星花金龟甲，殊坡花金龟

Protaetia spinosa Moser 同 *Protaetia procera*

Protaetia sutchuenica Mikšić 四川星花金龟甲，川星花金龟

Protaetia szechenyii (Frivaldszky) 史氏星花金龟甲，史氏星花金龟甲，史氏花金龟

Protaetia taiwana Niijima *et* Kinoshita 同 *Protaetia fusca*

Protaetia thibetana Kraatz 藏星花金龟甲，西藏斑金龟，藏坡花金龟

Protaetia ventralis Fairmaire 褐绒星花金龟甲，褐线星花金龟

Protaetia yunnana (Mikšić) 云南星花金龟甲，滇多窝坡花金龟

Protagonista 稀刺蠊属

Protagonista lugubris Shelford 小稀刺蠊

protamine 精蛋白

Protamphibion 原两生类 < 为蜉蝣目、蜻蜓目及襀翅目的假想共同祖先 >

Protancepaspis 铲盾蚧属

Protancepaspis bidentata Borchsenius *et* Bustshik 双铲盾蚧

protandry 雄性先熟 < 雄虫出现季节较雌虫为早 >

Protanilla 原细蚁属

Protanilla furcomandibula Xu *et* Zhang 叉颚原细蚁

Protanilla jongi Hsu, Hsu, Hsiao *et* Lin 钟氏原细蚁

Protanilla lini Terayama 林氏原细蚁

Protanisoptera 原差翅亚目

Protantigius 祖灰蝶属

Protantigius superans (Oberthür) 祖灰蝶，超原灰蝶

Protanyderus 原颈蠓属

Protanyderus esakii Alexander 江琦原颈蠓

Protapanteles 原绒茧蜂属

Protapanteles acherontiae (Cameron) 骷髅天蛾原绒茧蜂，骷髅天蛾绒茧蜂

Protapanteles buzurae (You, Xiong *et* Zhou) 油桐尺蠖原绒茧蜂

Protapanteles colemani (Viereck) 柯氏原绒茧蜂

Protapanteles corbetti (Wilkinson) 广西原绒茧蜂

Protapanteles femoratus (Ashmead) 腿原绒茧蜂

Protapanteles hydroeciae (You *et* Xiong) 角剑夜蛾原绒茧蜂

Protapanteles inclusus (Ratzeburg) 闭原绒茧蜂

Protapanteles lamborni (Wilkinson) 兰氏原绒茧蜂，兰氏绒茧蜂，油茶斑蛾绒茧蜂

Protapanteles liparidis (Bouché) 毒蛾原绒茧蜂

Protapanteles longiantennatus (You *et* Xiong) 长角原绒茧蜂

Protapanteles minor (Ashmead) 小原绒茧蜂

Protapanteles pallipes (Reinhard) 淡色原绒茧蜂

Protapanteles phragmataeciae (You *et* Zhou) 灰苇毒蛾原绒茧蜂

Protapanteles theivorae (Shenefelt) 茶细蛾原绒茧蜂，茶细蛾绒茧蜂，金纹细蛾绒茧蜂，台湾原绒茧蜂

Protapanteles thompsoni (Lyle) 汤氏原绒茧蜂

Protapanteles yunnanensis (You *et* Xiong) 云南原绒茧蜂，油桐尺蠖原绒茧蜂

Protaphelinus 原蚜小蜂属

Protaphidius 珠角蚜茧蜂属

Protaphidius nawaii Ashmead 那坝珠角蚜茧蜂

Protaphis 原蚜属

Protaphis elongata (Nevsky) 长原蚜

Protaphis middletonii (Thomas) [corn root aphid, erigeron root aphid] 玉米根原蚜，玉米根蚜

Protapion 原梨象甲属

Protapion trifolii (Linnaeus) [clover seed weevil, red clover seed weevil] 苜蓿原梨象甲

Protarchanara 蒲夜蛾属

Protarchanara abrupta (Eversmann) 崖蒲夜蛾

Protarchus 前姬蜂属

Protarchus maculatus Sheng, Sun *et* Li 斑前姬蜂

Protarchus testatorius (Thunberg) 褐前姬蜂

Protarcys 原蟦属

Protarcys caudata Klapálek 具尾原蟦，四川原蟦

Protarcys lutescens Klapálek 黄色原蟦，土黄原蟦

protarsus 前足跗节 < 昆虫中指前足的跗节；在蜱类中，指跗节前的节 >

protaxis 反应本能

Protaxymyia 原极蚊属 < 此属学名有误写为 *Protaxymia* 者 >

Protaxymyia melanoptera Mamaev *et* Krivosheina 黑翅原极蚊

Protaxymyia sinica Yang 中华原极蚊

Protaxymyia taiwanensis Papp 台湾原极蚊

protea charaxes [= protea emperor, *Charaxes pelias* (Cramer)] 泥螯蛱蝶

protea emperor 见 protea charaxes

protea scarlet [= orange-banded protea, *Capys alphaeus* (Cramer)] 红带锯缘灰蝶

protean [= proteiform] 多型的

protean display 窜飞

protease [= proteinase] 蛋白酶

protective adaptation 保护适应

protective colo(u)ration 保护色

protective enzyme 保护酶

protective layer 保护层

protective mimicry 保护性拟态

protective necrosis 保护性坏死

protective potential 自卫能

protective tissue 保护组织

Proteides 银光弄蝶属，银斑弄蝶属

Proteides mercurius (Fabricius) [mercurial skipper] 橙头银光弄蝶

proteiform 见 protean

protein 蛋白质

protein binding transcription factor activity 蛋白结合转录因子活性

protein-coding gene [abb. PCG; = protein-encoding gene] 蛋白质编码基因

protein-encoding gene [abb. PEG; = protein-coding gene] 蛋白质编码基因

protein kinase 蛋白激酶

protein metabolism 蛋白质代谢

protein subunit 蛋白质亚单位

protein weight matrix 蛋白质权重矩阵

proteinase 见 protease

proteinase activity 蛋白酶活性

Proteininae 原隐翅甲亚科

Proteinini 原隐翅甲族

proteinoid [= plastein] 类蛋白

protelum 第十一节

Protembiidae 古丝蚁科

Protembioptera 古丝蚁亚目

Protemphytus 原曲叶蜂属

Protemphytus albinigripes (Malaise) 窄锯原曲叶蜂

Protemphytus cheni Wei 陈氏原曲叶蜂

Protemphytus coreanus (Takeuchi) 朝鲜原曲叶蜂

Protemphytus formosanus (Rohwer) 台湾原曲叶蜂，台普洛叶蜂

Protemphytus genatus Wei 短颊原曲叶蜂

Protemphytus hainanicus Wei *et* Nie 海南原曲叶蜂

Protemphytus rufithoracinus Wei 红转原曲叶蜂

Protemphytus sauteri (Rohwer) 索氏原曲叶蜂，索氏普洛叶蜂

Protemphytus tenuisomatus Wei *et* Nie 纤体原曲叶蜂

Protemphytus tianmunicus Wei *et* Nie 天目原曲叶蜂

Protemphytus togashii Wei, Nie *et* Taege 富氏原曲叶蜂，蓬莱欧叶蜂

Protenomus 普廷象甲属

Protenomus saisanensis Shcoenherr 塞普廷象甲，塞普廷象

Protensus 背突叶蝉属

Protensus choui Zhang *et* Dai 周氏背突叶蝉

Protensus dentatus Zhang *et* Dai 茎齿背突叶蝉

Protensus kiushiuensis (Vilbaste) 对柄背突叶蝉

Protensus lii Zhang *et* Xing 李氏背突叶蝉

Protensus nigrifrons Li *et* Xing 黑额背突叶蝉

Protensus yanheensis Li *et* Xing 沿河背突叶蝉

protentomid 1. [= protentomid proturan] 始蚖 < 始蚖科 Protentomidae 昆虫的通称 >；2. 始蚖科的

protentomid proturan [= protentomid] 始蚖

Protentomidae 始蚖科

Protentominae 始蚖亚科

protentomon 原昆虫 < 为假想的有翅昆虫原始型或祖先型昆虫 >

proteolysis 蛋白水解作用，蛋白水解

proteolytic enzyme 蛋白水解酶

proteome 蛋白组

proteometabolism 蛋白质代谢

proteomic 蛋白组的

proteomics 蛋白组学

Proteostrenia 傲尺蛾属

Proteostrenia costimacula ochrispila Wehrli 同 *Abaciscus costimacula*

Proteostrenia eumimeta Wehrli 尤傲尺蛾，白斑尺蛾

Proteostrenia leda (Butler) 里傲尺蛾，里弗尺蛾

Proteostrenia ochrimacula Wileman 橘斑傲尺蛾

Proteostrenia ochrimacula ochrimacula Wileman 橘斑傲尺蛾指名亚种

Proteostrenia ochrimacula ochrispila Wehrli 同 *Abaciscus costimacula*

Proteostrenia pica Wileman 点傲尺蛾

Proteoteras 普小卷蛾属

Proteoteras aesculana Riley [maple twig borer moth, early proteoteras, maple tip moth, maple seed caterpillar] 槭普小卷蛾，槭籽小卷蛾

Proteoteras moffatiana Fernald 魔普小卷蛾，魔方小卷蛾

Proteoteras willingana (Kearfott) [boxelder twig borer] 梣普小卷蛾，灰叶枫小卷蛾，梣细蛾

Protephritis sonani Shiraki 见 *Quadrimelaena sonani*

proterandric 二型雄的 < 有两种雄性的 >

Proterebia 原红眼蝶属

Proterebia afra (Fabricius) [Dalmatian ringlet] 原红眼蝶

Proterebia afra afra (Fabricius) 原红眼蝶指名亚种

Proterebia afra bardines (Fruhstorfer) 原红眼蝶阿尔泰亚种，巴阿红眼蝶

protergite [= prescutum, praescutum] 前盾片

protergum 前胸背板

proterhinid 1. [= proterhinid beetle] 原象甲 < 原象甲科 Proterhinidae 昆虫的通称 >；2. 原象甲科的
proterhinid beetle [= proterhinid] 原象甲
Proterhinidae 原象甲科，原象虫科
Proteriococcus 柯毡蚧属
Proteriococcus acutispinus Borchsenius 尖刺柯毡蚧，星绒蚧
Proteriococcus corniculatus (Ferris) 角刺柯毡蚧，角刺星绒蚧
proterogomphid 1. [= proterogomphid dragonfly] 古春蜓，古箭蜓 < 古春蜓科 Proterogomphidae 昆虫的通称 >；2. 古春蜓科的
proterogomphid dragonfly [= proterogomphid] 古春蜓，古箭蜓
Proterogomphidae 古春蜓科，古箭蜓科
proterogyny 雌性先熟
proterophragma 前悬骨
Proteropini 前眼茧蜂族
Proterops 前眼茧蜂属
Proterops decoloratus Shestakov 褪色前眼茧蜂
Proterops nigripennis Wesmael 黑翅前眼茧蜂
proterosoma 前半体
proterotype [= primary type] 原始模式标本，原模式标本
protesilaus kite swallowtail [= great kite-swallowtail, *Eurytides protesilaus* (Linnaeus)] 海神阔凤蝶
protest sound 挣扎声
Proteuclasta 原野螟属
Proteuclasta stotzneri (Caradja) 旱柳原野螟，司原淘螟，司托野螟
Proteurrhypara 脊野螟属
Proteurrhypara chekiangensis Munroe *et* Mutuura 见 *Anania chekiangensis*
Proteurrhypara cuspidata Zhang, Li *et* Wang 尖突脊野螟
Proteurrhypara occidentalis Munroe *et* Mutuura 见 *Anania occidentalis*
proteus scale [= common parlatoria scale, sanseveria scale, orchid parlatoria scale, orchid scale, cattleya scale, small brown scale, elongate parlatoria scale, *Parlatoria proteus* (Curtis)] 黄片盾蚧，橘黄褐蚧，黄糠蚧，黄片介壳虫，黄片盾介壳虫
Protexara 前刺股蝇属
Protexara sinica Yang 中华前刺股蝇
Protexarnis 异夜蛾属
Protexarnis barbara (Corti *et* Draudt) 同 *Actebia squalida*
Protexarnis confinis (Staudinger) 同 *Actebia squalida*
Protexarnis confinis terracota Boursin 同 *Actebia squalida*
Protexarnis confusa (Alphéraky) 见 *Actebia confusa*
Protexarnis dormitans (Corti *et* Draudt) 同 *Actebia laetifica*
Protexarnis laetifica (Staudinger) 赖异夜蛾
Protexarnis obumbrata (Staudinger) 索异夜蛾，奥异夜蛾
Protexarnis opisoleuca (Staudinger) 奥皮异夜蛾
Protexarnis paralia (Corti *et* Draudt) 泛异夜蛾
Protexarnis poecila (Alphéraky) 间色异夜蛾
Protexarnis sollertina (Corti *et* Draudt) 贾异夜蛾，索异夜蛾
Protexarnis subuniformis (Corti *et* Draudt) 完异夜蛾，一致异夜蛾
Prothema 长跗天牛属，纸翅红天牛属
Prothema astutum Holzschuh 灵巧长跗天牛
Prothema auratum Gahan 裸纹长跗天牛，弧纹长跗天牛
Prothema auratum auratum Gahan 裸纹长跗天牛指名亚种，指名裸纹长跗天牛
Prothema auratum cariniscapum Gressitt 裸纹长跗天牛黄条亚种，硫裸纹长跗天牛，硫纹长跗天牛，黄条长跗天牛
Prothema auratum interruptum Pic 裸纹长跗天牛间断亚种，断裸纹长跗天牛，断纹长跗天牛，断纹硫纹长跗天牛
Prothema cakli Heyrovský 卡氏长跗天牛
Prothema cariniscapa Gressitt 见 *Prothema auratum cariniscapum*
Prothema exclamationis Pesarini *et* Sabbadini 人纹长跗天牛
Prothema laosensis Gressitt *et* Rondon 老挝长跗天牛
Prothema lineatum Pic 西藏长跗天牛，藏长跗天牛
Prothema ochraceosignatum Pic 赭点长跗天牛，黄点纸翅红天牛，淡黑红天牛，胸条纸翅红天牛
Prothema signatum Pascoe 长跗天牛
Prothema similis Gressitt *et* Rondon 米纹长跗天牛
Prothemini 长跗天牛族
Prothemus 圆胸花萤属，圆胸菊虎属
Prothemus benesi Švihla 本氏圆胸花萤
Prothemus bimaculaticollis (Pic) 二斑圆胸花萤，二斑花萤
Prothemus chaoi Wittmer 赵氏圆胸花萤，赵圆胸花萤
Prothemus chinensis Wittmer 中华圆胸花萤，中华圆胸菊虎，华圆胸花萤
Prothemus ciusianus (Kiesenwetter) 闭圆胸花萤
Prothemus emeiensis Wittmer 峨眉圆胸花萤
Prothemus grouvellei (Pic) 格氏圆胸花萤
Prothemus hisamatsui Wittmer 灰胸圆胸花萤，灰胸圆胸菊虎，希圆胸花萤
Prothemus impressiventris (Fairmaire) 痕腹圆胸花萤，痕腹特花萤
Prothemus kanoi Wittmer 鹿野氏圆胸花萤，鹿野氏圆胸菊虎，卡圆胸花萤
Prothemus kiukianganus (Gorham) 九江圆胸花萤
Prothemus kopetzi Švihla 考氏圆胸花萤
Prothemus laticornis Yang *et* Yang 宽角圆胸花萤
Prothemus limbolarius (Fairmaire) 边纹圆胸花萤，边纹圆胸菊虎，缘圆胸花萤，利花萤
Prothemus lycoceroides Kazantsev 异圆胸花萤
Prothemus maculithorax Wittmer 黑斑圆胸花萤
Prothemus minor Wittmer 姬圆胸花萤，姬圆胸菊虎，小圆胸花萤
Prothemus monochrous (Fairmaire) 单圆胸花萤，单花萤，单特花萤
Prothemus mupinensis Wittmer 宝兴圆胸花萤
Prothemus neimongolanus Wang *et* Yang 内蒙圆胸花萤
Prothemus notsui Wittmer 野津氏圆胸花萤，野津氏圆胸菊虎，诺圆胸花萤
Prothemus opacipennis (Pic) 暗翅圆胸花萤，暗翅花萤
Prothemus piluensis Wittmer 碧绿圆胸花萤，碧绿圆胸菊虎，台东圆胸花萤
Prothemus purpureipennis (Gorham) 紫翅圆胸花萤，红翅圆胸花萤
Prothemus sanguinosus (Fairmaire) 红圆胸花萤，血红特花萤
Prothemus shibatai Okushima 柴田氏圆胸花萤，柴田氏圆胸菊虎
Prothemus similithorax (Pic) 似胸圆胸花萤
Prothemus subobscurus (Pic) 类暗圆胸花萤

P

Prothemus szechwanus Wittmer 川圆胸花萤
Prothemus varicolor Wittmer 多色圆胸花萤，多色圆胸菊虎
Prothemus venustus Wittmer 广西圆胸花萤
Prothemus vrianatanganus (Pic) 西藏圆胸花萤
Prothemus vuilleti (Pic) 乌圆胸花萤
Prothemus watanabei Okushima *et* Satô 渡边氏圆胸花萤，渡边氏圆胸菊虎
Prothemus yunnanus Wittmer 滇圆胸花萤
prothetely 先成现象，早熟现象
prothetic effect 先成作用
Prothoe 璞蛱蝶属
Prothoe australis (Guérin-Méneville) 澳大利亚璞蛱蝶
Prothoe calydonia Hewitson 彩璞蛱蝶，马来璞蛱蝶
Prothoe franck (Godart) [blue begum] 璞蛱蝶
Prothoe franck franck (Godart) 璞蛱蝶指名亚种
Prothoe franck nausikaa Fruhstorfer 璞蛱蝶越南亚种
Prothoe franck vilma Fruhstorfer 璞蛱蝶中泰亚种，中泰璞蛱蝶
Prothoe ribbei Rothschild 丽贝璞蛱蝶
prothoracic 前胸的
prothoracic bristle 前胸鬃 < 见于双翅目昆虫中 >
prothoracic ganglion 前胸神经节
prothoracic gland 前胸腺
prothoracic gland hormone 前胸腺激素
prothoracic leg 前胸足
prothoracic scutum 前胸盾片
prothoracic segment 前胸节
prothoracic shield [= cervical shield] 前胸盾
prothoracic spiracle 前胸气门
prothoracicostatic hormone [abb. PTSH] 前胸腺抑制激素
prothoracicostatic peptide [abb. PTSP] 抑前胸腺肽
prothoracicotropic hormone [abb. PTTH; = prothoracicotropin] 促前胸腺激素
prothoracicotropin 见 prothoracicotropic hormone
prothoracotheca 前胸鞘 < 指前胸的蛹被 >
prothorax [= manitrunk, manitruncus, pereion, corselet, protothorax] 前胸
Prothyma 原瘤虎甲属
Prothyma birmanica Rivalier 缅甸原瘤虎甲
Prothyma lautissima (Dohtouroff) 见 *Cylindera lautissima*
Prothyma proxima Chaudoir 近原瘤虎甲
Prothyma pseudocylindriformis Horn 见 *Cylindera pseudocylindriformis*
Prothyma triumphalis Horn 见 *Probstia triumphalis*
Prothyma triumphaloides Sawada *et* Wiesner 见 *Probstia triumphaloides*
Protichneumon 原姬蜂属
Protichneumon chinensis (Uchida) 中华原姬蜂
Protichneumon flavitrochanterus Uchida 黄原姬蜂，黄转原姬蜂
Protichneumon karenkoensis Uchida 花莲原姬蜂
Protichneumon moiwanus (Matsumura) 茂原姬蜂，藻岩原姬蜂
Protichneumon nakanensis (Matsumura) 京都原姬蜂
Protichneumon pieli Uchida 枇原姬蜂，皮氏原姬蜂
Protichneumon platycerus (Kriechbaumer) 扁角原姬蜂
Protichneumon superomediae Uchida 超原姬蜂
Protichneumon superomediae scopus Uchida 超原姬蜂泛赭亚种，超中原姬蜂
Protichneumon superomediae superomediae Uchida 超原姬蜂指名亚种
Protichneumon watanabei Uchida 瓦原姬蜂
Protidricerus 原完眼蝶角蛉属，完眼蝶角蛉属
Protidricerus elwesi (McLachlan) 宽原完眼蝶角蛉，宽完眼蝶角蛉，艾氏普蝶角蛉
Protidricerus exilis (McLachlan) 原完眼蝶角蛉，小普蝶角蛉
Protidricerus japonicus (McLachlan) 日本原完眼蝶角蛉，日普蝶角蛉
Protidricerus palliventralis Yang 同 *Protidricerus elwesi*
Protidricerus philippinensis Esben-Petersen 菲原完眼蝶角蛉，菲律宾完眼蝶角蛉
Protidricerus steropterus Wang *et* Yang 狭翅原完眼蝶角蛉，狭翅完眼蝶角蛉
proto-cooperation 基本合作
protoaphin 原蚜色素
protoarthropodan 原节肢动物 < 假想的原始祖先节肢动物 >
Protoblaps 原琵甲属
Protoblaps kashkarovi Medvedev 四川原琵甲
Protoboarmia 原雕尺蛾属
Protoboarmia amabilis Inoue 原雕尺蛾，碎齿纹尺蛾，阿玛碎纹尺蛾，娇原托尺蛾
Protoboarmia porcelaria Guenée [porcelain gray moth, dash-lined looper, dotted-line looper] 虚线原雕尺蛾，虚线尺蛾
protobranchiate 直肠气管鳃 < 见于蜻蜓稚虫中 >
Protocalliphora 原丽蝇属
Protocalliphora azurea (Fallén) 青原丽蝇
Protocalliphora chrysorrhoea (Meigen) 蓝原丽蝇
Protocalliphora lii Fan 李氏原丽蝇
Protocalliphora maruyamensis Kano *et* Shinonaga 钝叶原丽蝇
Protocalliphora proxima Grunin 细叶原丽蝇
Protocalliphora rognesi Thompson *et* Pont 罗氏原丽蝇
protocephalic [= procephalic] 原头的
protocephalic region 原头部
protocephalon [= procephalon] 原头
protocerebral 前脑的
protocerebral bridge 前脑桥
protocerebral lobe 前脑叶
protocerebral neurosecretory cell 前脑神经分泌细胞
protocerebral region 前脑部
protocerebral segment [= optic segment] 视神经节，前脑节
protocerebrum [= procerebrum] 前脑
Protocerius 原托象甲属
Protocerius grandis Guérin-Méneville 大原托象甲，大原托象
Protochanda 原梯翅蛾属
Protochanda bicuneata Meyrick 双原梯翅蛾
Protochoristella 原始小蝎蛉属
Protochoristella formosa Sun, Ren *et* Shi 美丽原始小蝎蛉
Protochoristella polyneura Sun, Ren *et* Shi 多脉原始小蝎蛉
protochrysalis 前蛹
Protocollyris 原树虎甲属，小叶虎甲属
Protocollyris grossepunctata (Horn) 粗点原树虎甲，刻点小叶虎甲
Protocollyris ngaungakshani Wiesner 牛押山原树虎甲，牛押山小叶虎甲
Protocollyris sauteri (Horn) 索氏原树虎甲，索尼树虎甲，索特小

叶虎甲
protocorm 原躯
protocormic 原躯的
protocormic region 原躯部
protocosta 原前缘 < 指鳞翅目昆虫翅的加厚前缘 >
protocranium 后头盖 < 指头盖的后部 >
Protocypus 原腐隐翅甲属，原腐隐翅虫属，原迅隐翅虫属
Protocypus admirabilis He *et* Zhou 异原腐隐翅甲，异原腐隐翅虫
Protocypus beckeri (Bernhauer) 贝克原腐隐翅甲，贝克原腐隐翅虫，贝氏原迅隐翅虫
Protocypus canis Smetana 犬原腐隐翅甲，犬原腐隐翅虫，湖北原迅隐翅虫，犬原迅隐翅虫
Protocypus dorsalis (Sharp) 背原腐隐翅甲，背原迅隐翅虫
Protocypus felis Smetana 猫原腐隐翅甲，猫原腐隐翅虫，陕西原迅隐翅虫，猫原迅隐翅虫
Protocypus fulvotomentosus (Eppelsheim) 黄茸原腐隐翅甲，黄茸原腐隐翅虫，陇原迅隐翅虫，红足原迅隐翅虫
Protocypus hagai (Naomi) 哈氏原腐隐翅甲，哈氏原迅隐翅虫
Protocypus lativentris Smetana 宽腹原腐隐翅甲，宽腹原腐隐翅虫，宽原迅隐翅虫，宽腹原迅隐翅虫
Protocypus latro Smetana 盗原腐隐翅甲，盗原腐隐翅虫，盗原迅隐翅虫
Protocypus lupus Smetana 狼原腐隐翅甲，狼原腐隐翅虫，小原迅隐翅虫，狼原迅隐翅虫
Protocypus meles Smetana 獾原腐隐翅甲，獾原腐隐翅虫，美原迅隐翅虫，獾原迅隐翅虫
Protocypus pilifer Smetana 绒毛原腐隐翅甲，绒毛原腐隐翅虫，毛原迅隐翅虫，密毛原迅隐翅虫
Protocypus taibaiensis He *et* Zhou 太白原腐隐翅甲，太白原腐隐翅虫
Protocypus ursus Smetana 熊原腐隐翅甲，熊原腐隐翅虫，熊原迅隐翅虫
Protocypus vulpes Smetana 狐原腐隐翅甲，狐原腐隐翅虫，狐原迅隐翅虫
Protocypus wrasei Smetana 沃森原腐隐翅甲，沃森原腐隐翅虫，拉氏原迅隐翅虫
Protodacnusa 扩颚离颚茧蜂属
Protodacnusa tristis (Nees) 暗扩颚离颚茧蜂
Protodeltote 白臀俚夜蛾属，原德夜蛾属
Protodeltote distinguenda (Staudinger) [rice false looper] 稻白臀俚夜蛾，稻俚夜蛾，卓越原德夜蛾，卓越夜蛾，白斑小夜蛾
Protodeltote pygarga (Hüfnagel) [marbled white spot] 白臀俚夜蛾，臀原德夜蛾
Protodeltote wiscotti (Staudinger) 直白臀俚夜蛾
Protodermaptera 原革翅部，原革翅总科
protodeutocerebral 前中脑的
Protodexiini 原折麻蝇族
Protodiptera 原双翅目
Protodonata 原蜻蜓目
Protoetiella 原荚斑螟属
Protoetiella venustella (Hampson) 文原荚斑螟，文荚斑螟
protogeny 原雌
protogonia 顶角，前翅顶角
Protogonomyia 典祖大蚊亚属
protograph 原模图
Protographium 指凤蝶属
Protographium leosthenes (Doubleday) [four-barred swordtail] 指凤蝶
Protographium marcellus (Cramer) [zebra swallowtail] 马赛指凤蝶，马赛阔凤蝶，淡黄阔凤蝶
protogynous 雌性先熟的
Protohalictus 古隧蜂亚属
Protohelius 初光大蚊属，原大蚊属
Protohelius issikii Alexander 一色初光大蚊，一色原大蚊
Protohelius nigricolor Alexander 黑初光大蚊，黑原大蚊
Protohelius tinkhami Alexander 丁氏初光大蚊，丁原大蚊，廷氏初光大蚊
Protohermes 星齿蛉属
Protohermes acutatus Liu, Hayashi *et* Yang 尖突星齿蛉
Protohermes arunachalensis Ghosh 滇印星齿蛉
Protohermes assamensis Kimmins 阿萨姆星齿蛉
Protohermes basiflavus Yang 同 *Protohermes striatulus*
Protohermes basimaculatus Liu, Hayashi *et* Yang 基斑星齿蛉
Protohermes cangyuanensis Yang *et* Yang 沧源星齿蛉
Protohermes cavaleriei Navás 卡氏星齿蛉
Protohermes changninganus Yang *et* Yang 昌宁星齿蛉
Protohermes chebalingensis Liu *et* Yang 车八岭星齿蛉
Protohermes concolorus Yang *et* Yang 全色星齿蛉
Protohermes costalis (Walker) 花边星齿蛉，稀纹鱼蛉，黄纹鱼蛉
Protohermes curvicornis Liu, Hayashi *et* Yang 弯角星齿蛉
Protohermes davidi van der Weele 大卫星齿蛉，达氏星齿蛉
Protohermes differentialis (Yang *et* Yang) 异角星齿蛉，异角黑齿蛉
Protohermes dimaculatus Yang *et* Yang 双斑星齿蛉
Protohermes dulongjiangensis Liu, Hayashi *et* Yang 独龙星齿蛉
Protohermes fangchengensis Yang 同 *Protohermes differentialis*
Protohermes festivus Navás 报喜星齿蛉，灿星齿蛉
Protohermes flavinervus Liu, Hayashi *et* Yang 黄脉星齿蛉
Protohermes flavipennis Navás 黄茎星齿蛉，黄翅星齿蛉
Protohermes fruhstorferi (van der Weele) 黑色星齿蛉，弗氏星齿蛉
Protohermes fujianensis Yang *et* Yang 福建星齿蛉
Protohermes grandis (Thunberg) 大星齿蛉，星齿蛉
Protohermes griseus Stitz 同 *Protohermes costalis*
Protohermes guangxiensis Yang *et* Yang 同 *Protohermes differentialis*
Protohermes gutianensis Yang *et* Yang 古田星齿蛉
Protohermes hainanensis Yang *et* Yang 海南星齿蛉
Protohermes horni Navás 赫氏星齿蛉，贺星齿蛉
Protohermes hubeiensis Yang *et* Yang 湖北星齿蛉
Protohermes hunanensis Yang *et* Yang 湖南星齿蛉
Protohermes infectus (McLachlan) 污星齿蛉
Protohermes latus Liu *et* Yang 宽胸星齿蛉
Protohermes lii Liu, Hayashi *et* Yang 李氏星齿蛉
Protohermes maculipennis (Gray) 斑翅黑星齿蛉
Protohermes motuoensis Liu *et* Yang 墨脱星齿蛉
Protohermes niger Yang *et* Yang 黑胸星齿蛉
Protohermes orientalis Liu, Hayashi *et* Yang 东方星齿蛉
Protohermes parcus Yang *et* Yang 寡斑星齿蛉
Protohermes rubidus Stitz 同 *Protohermes xanthodes*

Protohermes selysi (van der Weele) 塞利斯黑星齿蛉，塞利斯黑齿蛉
Protohermes sichuanensis Yang *et* Yang 同 *Protohermes similis*
Protohermes similis Yang *et* Yang 滇蜀星齿蛉
Protohermes sinensis Yang *et* Yang 中华星齿蛉
Protohermes spectabilis Liu, Hayashi *et* Yang 显赫星齿蛉
Protohermes stigmosus Liu, Hayashi *et* Yang 多斑星齿蛉
Protohermes striatulus Navás 条斑星齿蛉
Protohermes subnubilus Kimmins 淡云斑星齿蛉
Protohermes subparcus Liu *et* Yang 拟寡斑星齿蛉
Protohermes sumatrensis (van der Weele) 苏门黑星齿蛉
Protohermes tengchongensis Yang *et* Yang 同 *Protohermes subnubilus*
Protohermes tibetanus Yang *et* Yang 同 *Protohermes infectus*
Protohermes tonkinensis (van der Weele) 黄胸黑星齿蛉，黄胸黑齿蛉，越南黑齿蛉
Protohermes trapezius Li *et* Liu 梯星齿蛉
Protohermes triangulatus Liu, Hayashi *et* Yang 迷星齿蛉
Protohermes weelei Navás 威利星齿蛉，惠勒星齿蛉
Protohermes wuyishanicus Li *et* Liu 武夷山星齿蛉
Protohermes xanthodes Navás 炎黄星齿蛉，黄星齿蛉
Protohermes xingshanensis Liu *et* Yang 兴山星齿蛉
Protohermes yangi Liu, Hayashi *et* Yang 杨氏星齿蛉
Protohermes yunnanensis Yang *et* Yang 云南星齿蛉
Protohermes zhuae Liu, Hayashi *et* Yang 朱氏星齿蛉
Protolabia 原叶螋属
Protolabia aroliata Bey-Bineko 滇原叶螋
Protolachnus agilis (Kaltenbach) 见 *Eulachnus agilis*
Protolampra 原夜蛾属，初夜蛾属
Protolampra sobrina (Duponchel) 桦木原夜蛾，桦木普夜蛾，庶弓夜蛾，适初夜蛾，适芒夜蛾，亲异歹夜蛾
Protolechia 原麦蛾属
Protolechia mesochra Lower 桉原麦蛾
Protolepidoptera 原鳞翅类 <指毛顶蛾科 Eriocraniidae 昆虫外颚叶和上颚明显，而卷喙不发达者>
protolog 原记述
protoloma 前缘，前翅前缘
Protolychnis 灯祝蛾属
Protolychnis ipnosa Wu 炉灯祝蛾
Protomecoptera 原长翅亚目
protomesal areole [= protomesal cell] 前中小翅室 <膜翅目昆虫翅，于前缘室和外缘之间的小翅室>
protomesal cell 见 protomesal areole
Protomiltogramma 盾斑蜂麻蝇属
Protomiltogramma fasciata (Meigen) 带盾斑蜂麻蝇，横带盾斑蜂麻蝇
Protomiltogramma jaxartianum (Rohdendorf) 拟带盾斑蜂麻蝇，拟横带盾斑蜂麻蝇
Protomiltogramma stackelbergi (Rohdendorf) 斯氏盾斑蜂麻蝇，史氏盾斑蜂麻蝇
Protomiltogramma yunnanense (Fan) 滇南盾斑蜂麻蝇
Protomiltogramma yunnanicum (Chao *et* Zhang) 云南盾斑蜂麻蝇
Protonebula 朦尺蛾属
Protonebula altera (Bastelberger) 银白纹朦尺蛾，阿草莓尺蛾
Protonebula cupreata (Moore) 铜朦尺蛾
Protonebula egregia Inoue 大白斑朦尺蛾
Protonecrodes 腐粗腿葬甲属
Protonecrodes nigricornis (Harold) 见 *Necrodes nigricornis*
Protonemura 原叉鲼属
Protonemura bidigitata Du *et* Wang 双突原叉鲼
Protonemura biintrans Li *et* Yang 凹缘原叉鲼
Protonemura macrodactyla Du *et* Zhou 巨突原叉鲼
Protonemura recurvata (Wu) 反曲原叉鲼
Protonemura trifurcata (Wu) 三叉原叉鲼
protoneurid 1. [= protoneurid damselfly, threadtail, bambootail] 原蟌，朴蟌 <原蟌科 Protoneuridae 昆虫的通称>；2. 原蟌科的
protoneurid damselfly [= protoneurid, threadtail, bambootail] 原蟌，朴蟌
Protoneuridae 原蟌科，朴蟌科
Protonoceras 波野螟属
Protonoceras capitalis (Fabricius) 栀子波野螟
Protonoceras dolopsalis (Walker) 朵波野螟
Protonoceras tropicalis (Walker) 同 *Archernis capitalis*
Protonoma 原巢蛾属
Protonoma glomeratrix Meyrick 格原巢蛾
Protonymphidia senta (Hewitson) 见 *Adelotypa senta*
Protoparachronistis 原平麦蛾属
Protoparachronistis concolor Omelko 色原平麦蛾
Protoparachronistis initialis Omelko 原平麦蛾
protoparasite 初寄生物
protoparasitism [= primary parasitism] 初寄生，原寄生
Protoparce convolvuli (Linnaeus) 见 *Agrius convolvuli*
Protopaussus 原棒角甲属
Protopaussus kaszabi Luna *de* Carvalho 卡氏原棒角甲
Protopaussus walkeri Waterhouse 沃原棒角甲
Protophormia 原伏蝇属
Protophormia terraenovae (Robineau-Desvoidy) [northern blowfly, bluebottle fly, blue-assed fly, subarctic brow fly] 新陆原伏蝇
Protopiophila 原酪蝇属，角酪蝇属
Protopiophila contecta Walker 潜原酪蝇
protoplasm 原生质
protoplasmic membrane 原生质膜
protoplast 原生质体
Protoploea 鹊斑蝶属
Protoploea apatela (Joicey *et* Talbot) [magpie] 鹊斑蝶
protopod 原足期
protopod larva 原足幼虫
protopod phase 原足相
protopodite 原肢节
Protopterocallis 原翅斑蚜属
Protopterocallis fumipennella (Fitch) [hickory aphid, black hickory aphid] 黑原翅斑蚜，山核桃黑蚜
Protopulvinaria 原绵蚧属，原绵蜡蚧属
Protopulvinaria fukayai (Kuwana) 日本原绵蚧，浙原绵蜡蚧
Protopulvinaria ixorae (Green) 锡兰原绵蚧
Protopulvinaria longivalvata Green 胡椒原绵蚧
Protopulvinaria mangiferae (Green) 杧果原绵蚧，杧果原绵蜡蚧
Protopulvinaria pyriformis (Cockerell) [pyriform scale] 梨形原绵蚧，梨形原绵蜡蚧，厚缘原绵介壳虫
Protopulvinaria tessellata Green 网背原绵蚧
protorostral seta 原喙毛

Protorthophlebia 原直脉蝎蛉属
Protorthophlebia latipennis Tillyard 宽茎原直脉蝎蛉
Protorthophlebia punctata Soszyńska-Maj *et* Krzemiński 多斑原直脉蝎蛉
protorthophlebiid 1. [= protorthophlebiid scorpionfly] 原直脉蝎蛉 < 原直脉蝎蛉科 Protorthophlebiidae 昆虫的通称 >；2. 原直脉蝎蛉科的
protorthophlebiid scorpionfly [= protorthophlebiid] 原直脉蝎蛉
Protorthophlebiidae 原直脉蝎蛉科
Protorthoptera 原直翅目
Protoschinia 宽胫夜蛾属
Protoschinia scutata (Staudinger) 盾宽胫夜蛾，原希夜蛾
Protoschinia scutosa (Denis *et* Schiffermüller) [spotted clover moth] 宽胫夜蛾，盾原希夜蛾，伪希夜蛾
Protoseudyra 原修虎蛾属
Protoseudyra flavoides Poole 黄原修虎蛾
Protoseudyra picta (Hampson) 皮原修虎蛾
Protoseudyra secunda (Leech) 次原修虎蛾
Protosilvanus 原齿扁甲属
Protosilvanus lateritius (Reitter) 侧原齿扁甲，脊鞘谷盗
Protosmylinae 少脉溪蛉亚科
protospecies 原种
Protosphindinae 原姬蕈甲亚科
Protostegana femorata Duda 见 *Parastegana femorata*
Protosternini 前胸牙甲族，原胸牙甲族
Protosternum 前胸牙甲属，原胸牙甲属
Protosternum abnormale (d'Orchymont) 异特前胸牙甲，异特原胸牙甲，奇原牙甲，殊指牙甲，异特原胸牙虫
Protosternum atomarium Sharp 阿氏前胸牙甲，原子原胸牙甲，原子原胸牙虫
Protosternum hainanense Fikáček, Liang, Hsiao, Jia *et* Vondráček 海南前胸牙甲，海南原胸牙甲，海南原胸牙虫
Protosternum longicarinatum Bameul 长脊前胸牙甲，长脊原胸牙甲
Protosternum malayanum Fikáček, Liang, Hsiao, Jia *et* Vondráček 马来前胸牙甲，马来原胸牙甲，马来亚原胸牙虫
Protosternum newtoni Bameul 牛顿前胸牙甲，牛顿原胸牙甲
Protosternum obscurum Bameul 褐前胸牙甲，褐原胸牙甲
Protosticta 原扁蟌属
Protosticta beaumonti Wilson 黄颈原扁蟌
Protosticta caroli Van Tol 卡罗原扁蟌
Protosticta curiosa Fraser 奇异原扁蟌
Protosticta grandis Asahina 暗色原扁蟌
Protosticta khaosoidaoensis Asahina 泰国原扁蟌
Protosticta kiautai Zhou 克氏原扁蟌，斑始蟌
Protosticta nigra Kompier 黑胸原扁蟌
Protosticta taipokauensis Asahina *et* Dudgeon 白瑞原扁蟌，香港始蟌
Protosticta zhengi Yu *et* Bu 同 *Protosticta curiosa*
prototergite 前腹背板
Protothea 凸胸瓢虫属
Protothea mirabilis (Hoàng) 异凸胸瓢虫，异网瓢虫
prototheorid 1. [= prototheorid moth, African primitive ghost moth] 原蝠蛾 < 原蝠蛾科 Prototheoridae 昆虫的通称 >；2. 原蝠蛾科的
prototheorid moth [= prototheorid, African primitive ghost moth] 原蝠蛾
Prototheoridae 原蝠蛾科
protothorax 见 prothorax
prototype 原始型
protoxin 原毒素，毒素原
protozoal disease 原虫病
Protozygoptera 原束翅亚目，原束翅目
protracted mouthparts 伸缩口器
protractor [= protractor muscle] 牵引肌
protractor muscle 见 protractor
Protrigonometopus 尖额缟蝇属，原缟蝇属
Protrigonometopus maculifrons Hendel 斑尖额缟蝇，斑额原缟蝇
Protrigonometopus shatalkini Papp 沙氏尖额缟蝇
Protrinemura 原土鱼属
Protrinemura orientalis Silvestri 东方原土鱼
protuberance 突起
protuberantia 隆凸
Protuliocnemis 丝尺蛾属
Protuliocnemis candida Han, Galsworthy *et* Xue 洁丝尺蛾
Protuliocnemis castalaria (Oberthür) 泉丝尺蛾，卡丝尺蛾
Protuliocnemis dissimilis Han, Galsworthy *et* Xue 异丝尺蛾
Protuliocnemis falcipennis (Yazaki) 莲丝尺蛾
Protuliocnemis partita (Walker) 伴丝尺蛾
Protura [= Mirientomata] 原尾目，蚖虫目
proturan 1. 原尾虫；2. 原尾目的，原尾纲的
Proturentomon 原蚖属
Proturentomon chinensis Yin 中国原蚖
Protyndarichoides 普如跳小蜂属
Protyndarichoides aligarhensis (Fatma *et* Shafee) 阿普如跳小蜂
Protyndarichoides indicus Singh *et* Agarwal 印度普如跳小蜂
Protyndarichoides longicornis Zhang *et* Huang 长角普如跳小蜂
proupsilon 叉骨臂 < 双翅目昆虫叉骨的丫状臂 >
Proutia 普袋蛾属
Proutia chinensis Hattenschwiler *et* Chao 中华普袋蛾
Proutista 斑袖蜡蝉属
Proutista moesta (Westwood) 甘蔗斑袖蜡蝉
Proutista pseudomoesta Muirrecn 拟甘蔗斑袖蜡蝉
Proutista wilemani Muir 韦勒斑袖蜡蝉，台湾斑袖蜡蝉
Prouvost's aslauga [*Aslauga prouvosti* Libert *et* Bouyer] 普维灰蝶
Provençal fritillary [*Melitaea deione* (Geyer)] 普罗网蛱蝶
Provençal short-tailed blue [*Everes alcetas* (Hoffmannsegg)] 爱蓝灰蝶
Provence Chalkhill blue [*Polyommatus hispana* (Herrich-Schäffer)] 蓬松眼灰蝶
Provence hairstreak [*Tomares ballus* (Fabricius)] 巴托灰蝶，托灰蝶
Provence orange tip [*Anthocharis euphenoides* (Staudinger)] 普岛襟粉蝶
proventricular 前胃的
proventricular valvule 前胃小瓣 < 见于褶蚊属 *Ptychoptera* 中 >
proventriculus [= gizzard, cardia] 前胃
proventriculus anterior 前前胃 < 蜚蠊属 *Blatta* 中，前胃厚骨化的前半 >
proventriculus posterior 后前胃 < 蜚蠊属 *Blatta* 中，前胃的较

细的后半 >

Provespa 原胡蜂属

Provespa barthelemyi (du Buysson) 平唇原胡蜂，巴氏原胡蜂

province 部 < 动物区划中用语 >

provincialism 地区性

provirus 原病毒

provisional mandible 暂时上颚 < 某些鞘翅目昆虫蛹在羽化时用以割破蛹茧的上颚部分 >

prowing 原翅

proxacalyptera [s. proxacalypteron; = calyptrae, calyptras, squamae, squamulae, calyptra, calyptera, calypters, tegulae, alulae, squamae thoracales] 腋瓣

proxacalypteron [pl. proxacalyptera; = squama, squamula, calyptron, calypteron, alula, tegula, calypter, calyptra, squama thoracalis] 腋瓣

proxadentes [s. proxadentis] 基齿 < 由臼齿至上颚的端部的齿 >

proxadentis [pl. proxadentes] 基齿

proxagalea [= basigalea] 外颚叶基

Proxenus 原委夜蛾亚属，原委夜蛾属

Proxenus lepigone (Möschler) 见 *Athetis lepigone*

Proxenus mindara (Barnes *et* McDunnough) 见 *Athetis mindara*

proximad 基向

proximal 近基的

proximal lobe 内叶

proximal sensory area [= haptolachus] 基感区

Proxylocopa 突眼木蜂亚属，突眼木蜂属

Proxylocopa altaica (Popov) 同 *Xylocopa* (*Proxylocopa*) *przewalskyi*

Proxylocopa **(*****Ancylocopa*****)** ***altaica*** (Popov) 同 *Xylocopa* (*Proxylocopa*) *przewalskyi*

Proxylocopa **(*****Ancylocopa*****)** ***andarabana*** (Hedicke) 见 *Xylocopa* (*Proxylocopa*) *andarabana*

Proxylocopa **(*****Ancylocopa*****)** ***andarabana xinjiangensis*** Wu 同 *Xylocopa* (*Proxylocopa*) *andarabana*

Proxylocopa **(*****Ancylocopa*****)** ***nitidiventris*** (Smith) 见 *Xylocopa* (*Proxylocopa*) *nitidiventris*

Proxylocopa **(*****Ancylocopa*****)** ***nix*** Maa 见 *Xylocopa* (*Proxylocopa*) *nix*

Proxylocopa **(*****Ancylocopa*****)** ***nix rufotarsa*** Wu 同 *Xylocopa* (*Proxylocopa*) *nix*

Proxylocopa **(*****Ancylocopa*****)** ***nix xinjiangensis*** Wu 同 *Xylocopa* (*Proxylocopa*) *nix*

Proxylocopa **(*****Ancylocopa*****)** ***parviceps*** Morawitz 见 *Xylocopa* (*Proxylocopa*) *parviceps*

Proxylocopa **(*****Ancylocopa*****)** ***parviceps xinjiangensis*** Wu 同 *Xylocopa* (*Proxylocopa*) *parviceps*

Proxylocopa **(*****Ancylocopa*****)** ***pavlovskyi*** (Popov) 同 *Xylocopa* (*Proxylocopa*) *nitidiventris*

Proxylocopa **(*****Ancylocopa*****)** ***przewalskyi*** (Morawitz) 见 *Xylocopa* (*Proxylocopa*) *przewalskyi*

Proxylocopa **(*****Ancylocopa*****)** ***xinjiangensis*** Wu 同 *Xylocopa* (*Proxylocopa*) *andarabana*

Proxylocopa andarabana Hedicke 见 *Xylocopa* (*Proxylocopa*) *andarabana*

Proxylocopa mongolicus Wu 见 *Xylocopa* (*Proxylocopa*) *mongolicus*

Proxylocopa nitidiventris (Smith) 见 *Proxylocopa* (*Ancylocopa*) *nitidiventris*

Proxylocopa nix rufotarsa Wu 见 *Proxylocopa* (*Ancylocopa*) *nix rufotarsa*

Proxylocopa nix xinjiangensis Wu 同 *Proxylocopa* (*Ancylocopa*) *nix rufotarsa*

Proxylocopa parviceps xinjiangensis Wu 见 *Proxylocopa* (*Ancylocopa*) *xinjiangensis*

Proxylocopa pavlovskyi (Popov) 见 *Proxylocopa* (*Ancylocopa*) *pavlovskyi*

Proxylocopa przewalskyi (Morawitz) 见 *Proxylocopa* (*Ancylocopa*) *przewalskyi*

Proxylocopa rufa (Friese) 见 *Xylocopa* (*Proxylocopa*) *rufa*

Proxylocopa sinensis Wu 同 *Xylocopa* (*Proxylocopa*) *wui*

Proxylocopa xinjiangensis Wu 同 *Xylocopa* (*Proxylocopa*) *andarabana*

Proxylocoris 前仓花蝽亚属

Proxystomima composita Séguy 见 *Therobia composita*

Proxystomima vulpes Séguy 见 *Therobia vulpes*

prozona (前胸) 沟前区 < 如直翅目及叩甲科 Elateridae 昆虫前胸背板的前部 >

PRR [pattern recognition receptor 的缩写] 模式识别受体

pruinescence 粉被

pruinose [= pruinosus, pruinous] 被粉的

pruinosus 见 pruinose

pruinous 见 pruinose

Prumna 翘尾蝗属

Prumna arctica (Zhang *et* Jin) 北极翘尾蝗

Prumna cavicerca (Zhang) 凹须翘尾蝗

Prumna jingpohu (Huang) 镜泊湖翘尾蝗

Prumna mandshurica (Ramme) 白纹翘尾蝗

Prumna ningana (Ren *et* Zhang) 宁安翘尾蝗

Prumna primnoa (Motschulsky) 翘尾蝗

Prumna primnoides (Ikonnikov) 宛翘尾蝗

Prumna tristis (Mistshenko) 暗郁翘尾蝗

Prumna ussuriensis (Tarbinsky) 乌苏里翘尾蝗

Prumna wuchangensis (Huang) 五常翘尾蝗

prune leafhopper [*Edwardsiana prunicola* (Edwards)] 梅爱小叶蝉，梅埃小叶蝉，梅实叶蝉

prunus aphid [*Myzus inuzakurae* Shinji] 李瘤蚜，李瘤额蚜

prunus bud moth [= ume bud moth, peach bud moth, *Illiberis nigra* Leech] 桃鹿斑蛾，桃叶斑蛾，桃斑蛾，黑星毛虫，黑叶斑蛾，杏星毛虫，梅熏蛾

prunus leafminer beetle [*Trachys inconspicuus* Saunders] 白纹潜吉丁甲，白纹潜吉丁，梅潜吉丁甲，梅潜吉丁，梅矮吉丁虫，樱桃小吉丁

Prx [peroxiredoxin 的缩写] 过氧化物酶

Pryer mulberry leaf roller [= Pryer's mulberry leaf roller, *Glyphodes pryeri* (Butler)] 狭带绢丝野螟，狭带绢野螟，普氏桑野螟

Pryeria 长毛斑蛾属，毛斑蛾属

Pryeria sinica Moore [euonymus leaf notcher, euonymous defoliator moth, pellucid zygaenid] 中国长毛斑蛾，大叶黄杨长毛斑蛾，黄杨斑蛾，冬青卫矛斑蛾，中国毛斑蛾，大叶黄杨斑蛾，黄杨黄毛斑蛾

Pryer's mulberry leaf roller 见 Pryer mulberry leaf roller

Przewalskia 方漠王属

Przewalskia dilatata Reitter 阔方漠王，方漠王

Przewalskia trinkleri Gebien 黑方漠王

Przhevalskiana 遂皮蝇属
Przhevalskiana aenigmatica Grunin 黄羊遂皮蝇
Przhevalskiana orongonis (Grunin) 羚遂皮蝇
Przibram's rule 勃氏法则
Psacadium 角厚蝎属，粗啮虫属
Psacadium bilimbatum Enderlein 边角厚蝎，双边粗啮虫
Psacothea 黄星天牛属
Psacothea hilaris (Pascoe) [yellow-spotted longicorn beetle, Asiatic yellow-spotted longicorn beetle] 桑黄星天牛，黄星天牛，黄星桑天牛，黄星长角天牛
Psacothea hilaris botelensis Ohbayashi *et* Ohbayashi 桑黄星天牛兰屿亚种，黄星天牛兰屿亚种，兰屿黄星天牛
Psacothea hilaris hilaris (Pascoe) 桑黄星天牛指名亚种，指名黄星天牛
Psacothea nigrostigma Wang, Jiang *et* Zheng 黑星黄星天牛，黑星斑天牛
Psacothea rubra Gressitt 红褐黄星天牛
Psacothea rubra nigrostigma Wang, Jiang *et* Zheng 红褐黄星天牛黑斑亚种，黑斑黄星天牛
Psacothea rubra rubra Gressitt 红褐黄星天牛指名亚种
Psacothea szetschuanica Breuning 四川黄星天牛
Psacothea tonkinensis (Aurivillius) 白黄星天牛，白星桑天牛
Psaeudogonia 拟膝芒寄蝇属
Psaeudogonia rufifrons Wiedemann 黄额拟膝芒寄蝇
Psalidae [= Psalididae] 肥螋科，普萨蠼螋科
psalidid 1. [= psalidid earwig] 肥螋 < 肥螋科 Psalididae 昆虫的通称 >；2. 肥螋科的
psalidid earwig [= psalidid] 肥螋
Psalididae 见 Psalidae
Psalidium 黑象甲属
Psalidoremus 赛锹甲属，洒锹甲属
Psalidoremus lesnei (Planet) 见 *Lucanus lesnei*
Psalidoremus sinicus (Boileau) 见 *Pseudorhaetus sinicus*
Psalidothrips 剪管蓟马属
Psalidothrips amens Priesner 爪哇剪管蓟马，阿枚剪蓟马
Psalidothrips armatus Okajima 具齿剪管蓟马，武剪蓟马
Psalidothrips ascitus (Ananthakrishnan) 黑头剪管蓟马，剪蓟马
Psalidothrips bicoloratus Wang, Tong *et* Zhang 两色剪管蓟马，二色剪管蓟马
Psalidothrips chebalingicus Zhang *et* Tong 车八岭剪管蓟马
Psalidothrips elagatus Wang, Tong *et* Zhang 梭腺剪管蓟马，锥剪管蓟马
Psalidothrips lewisi (Bagnall) 残翅剪管蓟马，刘氏剪蓟马
Psalidothrips longidens Wang, Tong *et* Zhang 长齿剪管蓟马，长剪管蓟马
Psalidothrips simplus Haga 缺眼剪管蓟马，简剪蓟马
Psalis 剪毒蛾属
Psalis pennatula (Fabricius) [yellow hairy caterpillar, rice hairy caterpillar] 翼剪毒蛾，钩毒蛾，钩茸毒蛾，甘蔗毒蛾
Psalitrus 萨牙甲属
Psalitrus sauteri d'Orchymont 索萨牙甲
Psallopinae 撒盲蝽亚科
Psallops 撒盲蝽属，普萨盲蝽属，萨盲蝽属
Psallops badius Liu *et* Mu 褐撒盲蝽
Psallops chinensis Lin 中国撒盲蝽
Psallops formosanus Lin 台湾撒盲蝽，台湾普萨盲蝽，台湾萨盲蝽
Psallops leeae Lin 李氏撒盲蝽，李氏普萨盲蝽，李氏萨盲蝽
Psallops luteus Lin 橙斑撒盲蝽，橙斑普萨盲蝽，橙斑萨盲蝽
Psallops myiocephalus Yasunaga 蝇头撒盲蝽
Psallopsis 斑膜盲蝽属
Psallopsis halostachydis Putshkov 盐穗草斑膜盲蝽
Psallopsis kirgisicus (Becker) 吉尔吉斯斑膜盲蝽
Psallopsis minimus (Wagner) 小斑膜盲蝽
Psallus 杂盲蝽属
Psallus alpestris Reuter 见 *Orthonotus alpestris*
Psallus ater Josifov 黑杂盲蝽
Psallus betuleti (Fallén) 桦杂盲蝽
Psallus castaneae Josifov 栗杂盲蝽
Psallus clarus Kerzhner 亮杂盲蝽
Psallus falleni Reuter 泛杂盲蝽
Psallus flavescens Kerzhner 黄角杂盲蝽
Psallus fortis Li *et* Liu 壮杂盲蝽
Psallus fukienanus Zheng *et* Li 福建杂盲蝽，闽杂盲蝽
Psallus guttatus Zheng *et* Li 斑点杂盲蝽，斑杂盲蝽
Psallus hani Zheng *et* Li 韩氏杂盲蝽，韩杂盲蝽
Psallus henanensis Li *et* Liu 河南杂盲蝽
Psallus holomelas Reuter 全黑杂盲蝽
Psallus hsiaoi Li *et* Liu 萧氏杂盲蝽
Psallus innermongolicus Qi *et* Nonnaizab 内蒙古杂盲蝽
Psallus kerzhneri Qi *et* Nonnaizab 克氏杂盲蝽
Psallus koreanus Josifov 朝鲜杂盲蝽
Psallus loginovae Josifov 槭树杂盲蝽
Psallus luridus (Reuter) 浅黄杂盲蝽
Psallus mali Zheng *et* Li 苹杂盲蝽
Psallus opacus Reuter 见 *Phoenicocoris opacus*
Psallus tesongsanicus Josifov 韩国杂盲蝽
Psallus tonnaichanus Muramoto 鄂杂盲蝽
Psallus ulmi Kerzhner *et* Josifov 榆杂盲蝽
Psallus varians (Herrich-Schäffer) 多变杂盲蝽
Psallus vittatus (Fieber) 落叶松杂盲蝽，条纹杂盲蝽
Psalmocharias quaerula Distant 同 *Psalmocharias querula*
Psalmocharias querula (Pallas) 琴蝉
psamathium 海滨群落
psamathophilus 适海滨的，喜海滨的
Psammaecius 沙滑胸泥蜂属
Psammaecius punctulatus (van der Linden) 齿脊沙滑胸泥蜂
Psammestus 粒土甲属
Psammestus dilatatus (Reitter) 宽粒土甲
Psammochares 玳瑁蜂属
Psammochares cinctellus rufa Haupt 同 *Agenioideus cinctellus*
Psammochares formosensis (Rohwer) 台湾玳瑁蜂，台原蛛蜂
Psammochares reflexus (Smith) 赤腰玳瑁蜂
Psammochares sericeus (Vander Linden) 见 *Agenioideus sericeus*
Psammocharidae 见 Pompilidae
Psammocharoidea 蛛蜂总科
Psammodes 敲拟步甲属
Psammodes striatus (Fabricius) [striped toktokkie beetle] 红纹敲拟步甲
Psammodiina 沙蜉金龟甲亚族，普蜉金龟亚族

P

Psammodiini 沙蜉金龟甲族，普蜉金龟族
Psammodius 沙蜉金龟甲属，沙蜉金龟属，普蜉金龟属，蛛蜉金龟属 < 该属学名有误写为 *Psammobius* 者 >
Psammodius ainu Lewis 见 *Rakovicius ainu*
Psammodius convexus Waterhouse 隆背沙蜉金龟甲，隆背普蜉金龟，滩沙蜉金龟，凸蛛蜉金龟
Psammodius coreanus Kim 见 *Rakovicius coreanus*
Psammodius hybridus (Reitter) 同 *Rhyssemodes orientalis*
Psammodius indicus Harold 见 *Leiopsammodius indicus*
Psammodius kobayashii Nomura 小林沙蜉金龟甲，柯蛛蜉金龟，小林沙蜉金龟
Psammodius sinicus Rakovič 见 *Granulopsammodius sinicus*
Psammodius subopacus Nomura 见 *Rakovicius subopacus*
Psammodius thailandicus (Balthasar) 泰沙蜉金龟甲，泰蛛蜉金龟
Psammodius tienshanicus Pittino 见 *Granulopsammodius tienshanicus*
Psammoecus 沙锯谷盗甲属，沙锯谷盗属
Psammoecus stultus Grouvelle 斯沙锯谷盗甲，斯沙锯谷盗
Psammoecus triguttatus Reitter 三星沙锯谷盗甲，三星谷盗，三星扁甲
Psammoecus x-notatus Grouvelle X–斑沙锯谷盗甲，X–斑沙锯谷盗
Psammolestes 沙锥猎蝽属
Psammolestes arthuri (Pinto) 亚氏沙锥猎蝽
Psammolestes coreodes Bergroth 蚀沙锥猎蝽
Psammolestes tertius Lent *et* Jurberg 三沙锥猎蝽
psammophilous 喜沙的，沙栖的
Psammoporus 沙栖金龟甲属
Psammoporus wassuensis Petrovitz 瓦萨沙栖金龟甲，瓦萨金龟
Psammoris 沙祝蛾属
Psammoris meninx Wu 蒙沙祝蛾
psammosere 海滨演替系列
Psammotettix 沙叶蝉属
Psammotettix albomarginatus Wagner 白缘沙叶蝉
Psammotettix alienulus Vilbaste 异条沙叶蝉
Psammotettix amurensis Anufriev 阿穆尔沙叶蝉
Psammotettix dubius Ossiannilsson 疑沙叶蝉
Psammotettix hungaricus Orosz 匈沙叶蝉
Psammotettix maculatus Kuoh 大斑沙叶蝉
Psammotettix mongolicus Dlabola 蒙沙叶蝉
Psammotettix notatus (Melichar) 显沙叶蝉
Psammotettix obscurus Emelianov 暗沙叶蝉
Psammotettix pallidinervis (Dahlbom) 淡脉沙叶蝉
Psammotettix pictipennis (Kirschbaum) 斑翅沙叶蝉
Psammotettix queketus Kuoh 缺刻条沙叶蝉，缺刻沙叶蝉
Psammotettix shensis Kuoh 深色条沙叶蝉，深色沙叶蝉
Psammotettix similis Wagner 类沙叶蝉
Psammotettix sordidus Kuoh 暗盾沙叶蝉，新疆沙叶蝉
Psammotettix striatus (Linnaeus) [striate-punctate leafhopper] 条沙叶蝉，小麦条沙叶蝉，条纹沙叶蝉，条斑叶蝉，火燎子，麦吃蚤，麦猴子
Psammotettix zhangi Yang 张氏沙叶蝉
Psammotis 沙螟属
Psammotis hyalinalis Hübner 透沙螟
Psammotis orientalis Munroe *et* Mutuura 东方沙螟
Psammotis pulveralis Hübner [peppermint pyralid] 薄荷沙螟，薄荷螟

Psaphidinae 帕夜蛾亚科，纷冬夜蛾亚科
Psaphidini 帕夜蛾族
Psara 切叶野螟属
Psara aegrotalis Zeller 见 *Patania aegrotalis*
Psara basalis Walker 见 *Herpetogramma basale*
Psara dilatatipes (Walker) 见 *Herpetogramma dilatatipes*
Psara elongalis (Warren) 见 *Herpetogramma elongale*
Psara hipponalis (Walker) 见 *Herpetogramma hipponale*
Psara intensalis Swinhoe 见 *Placosaris intensalis*
Psara intensalis rubellalis Caradja 见 *Placosaris rubellalis*
Psara licarsisalis (Walker) 见 *Herpetogramma licarsisale*
Psara rudis (Warren) 见 *Herpetogramma rudis*
Psausia radiata (Kuwayama) 见 *Homotoma radiatum*
Psecadia 塞麦蛾属
Psecadia issikii (Takahashi) 见 *Scythropiodes issikii*
Psecadioides 类塞麦蛾属
Psecadioides tanylopha (Meyrick) 台湾类塞麦蛾
Psectra 啬褐蛉属
Psectra decorata (Nakahara) 装饰啬褐蛉，德啬褐蛉，美安褐蛉
Psectra diptera (Burmeister) 双翅啬褐蛉
Psectra iniqua (Hagen) 阴啬褐蛉，台安褐蛉
Psectra siamica Nakahara *et* Kuwayama 暹罗啬褐蛉
Psectra yunu Yang 玉女啬褐蛉
Psectrocladius 刀突摇蚊属，刮枝摇蚊属
Psectrocladius (***Allopsectrocladius***) ***obvius*** (Walker) 明显刀突摇蚊，隐刀突摇蚊，隐普塞摇蚊
Psectrocladius formosae Kieffer 台湾刀突摇蚊，北投刀突摇蚊，北投摇蚊
Psectrocladius longipennis Wang *et* Zheng 长铗刀突摇蚊
Psectrocladius (***Mesopsectrocladius***) ***barbatipes*** Kieffer 鬌丝刀突摇蚊
Psectrocladius (***Psectrocladius***) ***barbimanus*** (Edwards) 巴比刀突摇蚊，奇刀突摇蚊，奇普塞摇蚊
Psectrocladius (***Psectrocladius***) ***limbatellus*** (Holmgren) 缘刀突摇蚊
Psectrocladius (***Psectrocladius***) ***schlienzi*** Wülker 施氏刀突摇蚊
Psectrocladius (***Psectrocladius***) ***sordidellus*** (Zetterstedt) 污刀突摇蚊，污普塞摇蚊
Psectrocladius sokolovae Zelentzov *et* Makarchenko 苏科刀突摇蚊
Psectrosema 柽瘿蚊属
Psectrosema barbatum (Marikovskij) 毛尾柽瘿蚊
Psectrosema dentipes (Marikovskij) 齿腿柽瘿蚊
Psectrosema iliense (Marikovskij) 伊犁柽瘿蚊
Psectrosema noxium (Marikovskij) 害柽瘿蚊
Psectrosema turkmenica Mamaev *et* Becknazharova 土库曼柽瘿蚊
Psectrosema xinjiangense Bu *et* Zheng 新疆柽瘿蚊
Psectrotanypus 伪长足摇蚊属
Psectrotanypus discolor (Coquillett) 淡色伪长足摇蚊
Psectrotanypus dyari (Coquillett) 歹伪长足摇蚊，歹普长跗摇蚊
Psectrotanypus lateralis Cheng *et* Wang 竖伪长足摇蚊
Psectrotanypus pictipennis (Zetterstedt) 斑翅伪长足摇蚊
Psectrotanypus varius (Fabricius) 法布伪长足摇蚊
psedarthrosis 拟关节
pselaphid 1. [= pselaphid beetle, short-winged mold beetle, ant-loving beetle] 蚁甲 < 蚁甲科 Pselaphidae 昆虫的通称 >；2. 蚁

甲科的

pselaphid beetle [= pselaphid, short-winged mold beetle, ant-loving beetle] 蚁甲

Pselaphidae 蚁甲科

Pselaphinae 蚁甲亚科

Pselaphini 蚁甲族，皮蚁甲族

Pselaphitae 蚁甲超族

Pselaphodes 长角蚁甲属

Pselaphodes aculeus Yin, Li *et* Zhao 突长角蚁甲

Pselaphodes aduncus Huang, Li *et* Yin 钩刺长角蚁甲

Pselaphodes anhuianus Yin *et* Li 安徽长角蚁甲

Pselaphodes anjiensis Huang, Li *et* Yin 安吉长角蚁甲

Pselaphodes antennarius Huang, Li *et* Yin 奇角长角蚁甲

Pselaphodes baoxingensis Huang, Li *et* Yin 宝兴长角蚁甲

Pselaphodes biwenxuani Yin, Li *et* Zhao 毕氏长角蚁甲

Pselaphodes bomiensis Yin, Li *et* Zhao 波密长角蚁甲

Pselaphodes condylus Yin, Li *et* Zhao 瘤长角蚁甲

Pselaphodes cornutus Yin, Li *et* Zhao 长突长角蚁甲

Pselaphodes cuonaus Yin, Li *et* Zhao 错那长角蚁甲

Pselaphodes daii Yin *et* Hlaváč 戴氏长角蚁甲

Pselaphodes daweishanus Huang, Li *et* Yin 大围山长角蚁甲

Pselaphodes dayaoensis Yin *et* Li 大瑶山长角蚁甲

Pselaphodes declinatus Yin, Li *et* Zhao 异角长角蚁甲

Pselaphodes distincticornis Yin *et* Li 奇茎长角蚁甲

Pselaphodes elongates Huang, Li *et* Yin 长棒长角蚁甲

Pselaphodes erlangshanus Yin *et* Li 二郎山长角蚁甲

Pselaphodes fengtingae Yin, Li *et* Zhao 封氏长角蚁甲

Pselaphodes flexus Yin *et* Li 曲角长角蚁甲

Pselaphodes gongshanensis Yin, Li *et* Zhao 贡山长角蚁甲

Pselaphodes grebennikovi Yin *et* Hlaváč 格氏长角蚁甲，格雷氏长角蚁甲

Pselaphodes hainanensis Yin *et* Li 海南长角蚁甲

Pselaphodes hanmiensis Yin, Li *et* Zhao 汗密长角蚁甲

Pselaphodes hlavaci Yin, Li *et* Zhao 哈氏长角蚁甲，赫氏长角蚁甲

Pselaphodes hui Yin *et* Li 胡氏长角蚁甲

Pselaphodes jizushanus Yin, Li *et* Zhao 鸡足山长角蚁甲

Pselaphodes kishimotoi Yin *et* Nomura 岸本长角蚁甲

Pselaphodes kuankuoshuiensis Yin *et* Li 宽阔水长角蚁甲

Pselaphodes latilobus Yin, Li *et* Zhao 宽茎长角蚁甲

Pselaphodes lianghongbini Yin 红斌长角蚁甲

Pselaphodes linae Yin, Li *et* Zhao 林氏长角蚁甲

Pselaphodes longilobus Yin *et* Hlaváč 长茎长角蚁甲

Pselaphodes maoershanus Yin *et* Li 猫儿山长角蚁甲

Pselaphodes maolanensis Huang, Li *et* Yin 茂兰长角蚁甲

Pselaphodes meniscus Yin, Li *et* Zhao 弯月长角蚁甲

Pselaphodes miraculum Yin, Li *et* Zhao 珍奇长角蚁甲

Pselaphodes monoceros Yin *et* Hlaváč 独角长角蚁甲

Pselaphodes nomurai Yin, Li *et* Zhao 野村长角蚁甲

Pselaphodes paraculeus Huang, Li *et* Yin 类突长角蚁甲

Pselaphodes parvus Yin, Li *et* Zhao 迷你长角蚁甲

Pselaphodes pectinatus Yin, Li *et* Zhao 梳胫长角蚁甲，梳长角蚁甲

Pselaphodes pengi Yin *et* Li 彭氏长角蚁甲

Pselaphodes posticas Huang, Li *et* Yin 后股长角蚁甲

Pselaphodes prominulus Huang, Li *et* Yin 曲胫长角蚁甲

Pselaphodes pseudowalkeri Yin *et* Li 拟沃氏长角蚁甲，拟沃克氏长角蚁甲

Pselaphodes shii Yin *et* Li 史氏长角蚁甲

Pselaphodes songxiaobini Huang, Li *et* Yin 宋氏长角蚁甲

Pselaphodes spinosus Champion 刺长角蚁甲

Pselaphodes subtilissimus Yin, Li *et* Zhao 修身长角蚁甲，细长长角蚁甲

Pselaphodes tianmuensis Yin, Li *et* Zhao 天目长角蚁甲

Pselaphodes tiantongensis Yin *et* Li 天童山长角蚁甲，天童长角蚁甲

Pselaphodes walkeri (Sharp) 沃氏长角蚁甲，沃克氏长角蚁甲，窝优蚁甲

Pselaphodes wrasei Yin *et* Li 拉氏长角蚁甲，莱氏长角蚁甲

Pselaphodes yanbini Yin, Li *et* Zhao 彦斌长角蚁甲

Pselaphodes yunnanicus (Hlaváč, Noma *et* Zhou) 滇长角蚁甲

Pselaphodes zhongdianus Yin *et* Li 中甸长角蚁甲

Pselaphogenius 长须蚁甲属

Pselaphogenius crassiusculus Löbl 粗长须蚁甲，粗狄蚁甲

Pselaphogenius kintaroi Nomura 台湾长须蚁甲

Pselaphorrhynchites 普塞象甲属

Pselaphorrhynchites mongolianus Voss 蒙古普塞象甲，蒙古普塞象

pselaphotheca 须鞘 < 指蛹壳被覆在须上的部分 >

Pselaphoykodes 膨须隐翅甲属

Pselaphoykodes taiwanense Pace 台湾膨须隐翅甲

Pselliophora 比栉大蚊属

Pselliophora ardens (Wiedemann) 印尼比栉大蚊，雅比栉大蚊

Pselliophora biaurantia Alexander 粤比栉大蚊

Pselliophora bifascipennis Brunetti 双斑比栉大蚊，翅二带比栉大蚊，二带翅栉大蚊

Pselliophora cavaleriei Alexander 球突比栉大蚊

Pselliophora ctenophorina Riedel 干沟比栉大蚊，干沟栉大蚊

Pselliophora enderleini (Alexander *et* Alexander) 台湾比栉大蚊，恩比栉大蚊，安氏栉大蚊

Pselliophora flavibasis Edwards 基黄比栉大蚊

Pselliophora formosana Enderlein 同 *Pselliophora enderleini*

Pselliophora fumiplena (Walker) 烟翅比栉大蚊

Pselliophora fuscolimbata Alexander 黑边比栉大蚊，棕缘比栉大蚊

Pselliophora guangxiensis Yang *et* Yang 广西比栉大蚊

Pselliophora hainanensis Yang *et* Yang 海南比栉大蚊

Pselliophora hoffmanni Alexander 霍氏比栉大蚊，贺比栉大蚊

Pselliophora hoppo Matsumura 半红比栉大蚊，北埔比栉大蚊，北埔栉大蚊

Pselliophora jinxiuensis Yang *et* Yang 金秀比栉大蚊

Pselliophora jubilata Alexander 阴那比栉大蚊，鬃比栉大蚊

Pselliophora kershawi Alexander 垂突比栉大蚊

Pselliophora laneipes Edwards 多斑比栉大蚊，兰比栉大蚊，绒毛栉大蚊

Pselliophora lauta Alexander 华美比栉大蚊

Pselliophora longshengensis Yang *et* Yang 龙胜比栉大蚊

Pselliophora ningmingensis Yang *et* Yang 宁明比栉大蚊

Pselliophora pallitibia Yang *et* Yang 白胫比栉大蚊

Pselliophora quadrivittata Edwards 同 *Pselliophora xanthopimplina*

Pselliophora scalator Alexander 台东比栉大蚊，梯比栉大蚊，台东栉大蚊
Pselliophora scurra Alexander 福建比栉大蚊
Pselliophora stabilis Alexander 淡翅比栉大蚊，稳比栉大蚊
Pselliophora sternoloba Alexander 船尾比栉大蚊，胸叶比栉大蚊
Pselliophora taprobanes (Walker) 锡兰比栉大蚊，锡兰栉大蚊
Pselliophora xanthopimplina Enderlein 拟蜂比栉大蚊，黄泉比栉大蚊
Pselliopus 突肩猎蝽属
Pselliopus barberi Davis [orange assassin bug] 橘色突肩猎蝽
Pselnophorus 冬羽蛾属
Pselnophorus japonicus Marumo 日本冬羽蛾，日饰羽蛾
Pselnophorus vilis (Butler) [butterbur plume moth] 款冬羽蛾，日足饰羽蛾
Psen 三室泥蜂属，三室短柄泥蜂属
Psen affinis Gussakovskij 邻三室泥蜂，邻三室短柄泥蜂
Psen affinis affinis Gussakovskij 邻三室泥蜂指名亚种
Psen affinis atayal Tsuneki 邻三室泥蜂台湾亚种，台邻三室短柄泥蜂
Psen alishanus Tsuneki 阿里山三室泥蜂，阿三室短柄泥蜂
Psen ater (Olivier) 扁角三室泥蜂，扁角三室短柄泥蜂
Psen bettoh (Tsuneki) 倍三室泥蜂，倍三室短柄泥蜂
Psen bettoh attenuatus (Tsuneki) 倍三室泥蜂尖锐亚种，锐倍三室短柄泥蜂
Psen bettoh bettoh (Tsuneki) 倍三室泥蜂指名亚种
Psen bnun Tsuneki 布农三室泥蜂，布农三室短柄泥蜂
Psen foveicornis Tsuneki 窝角三室泥蜂，窝角三室短柄泥蜂
Psen hakusanus seminitidus van Lith 见 *Psen seminitidus*
Psen koreanus Tsuneki 朝三室泥蜂，朝三室短柄泥蜂
Psen koreanus formosensis Tsuneki 朝三室泥蜂台湾亚种，台朝三室短柄泥蜂
Psen koreanus koreanus Tsuneki 朝三室泥蜂指名亚种
Psen kulingensis van Lith 牯岭三室泥蜂，牯岭三室短柄泥蜂
Psen lieftincki van Lith 列氏三室泥蜂，列氏三室短柄泥蜂
Psen lieftincki lieftincki van Lith 列氏三室泥蜂指名亚种
Psen lieftincki nigripennis Tsuneki 列氏三室泥蜂黑翅亚种
Psen nitidus van Lith 光三室泥蜂，光三室短柄泥蜂
Psen nitidus himalayensis van Lith 光三室泥蜂喜马亚种
Psen nitidus nitidus van Lith 光三室泥蜂指名亚种
Psen nitidus takasago Tsuneki 光三室泥蜂台湾亚种，台光三室短柄泥蜂
Psen rufoannulatus Cameron 红角三室泥蜂，红角三室短柄泥蜂
Psen sauteri van Lith 索氏三室泥蜂，索氏三室短柄泥蜂
Psen seminitidus van Lith 半光三室泥蜂，半光三室短柄泥蜂
Psen seriatispinosus Ma *et* Li 排刺三室泥蜂，排刺三室短柄泥蜂
Psen shirozui Tsuneki 白水三室泥蜂，白水三室短柄泥蜂
Psen shukuzanus Tsuneki 台岛三室泥蜂，台岛三室短柄泥蜂
Psen tanoi Tsuneki 田野三室泥蜂，多纳三室短柄泥蜂
Psen terayamai Tsuneki 寺山三室泥蜂，寺山三室短柄泥蜂
Pseneo 拟三室泥蜂属，拟三室短柄泥蜂属
Pseneo exaratus (Eversmann) 雕拟三室泥蜂，雕拟三室短柄泥蜂
Pseneo exaratus exaratus (Eversmann) 雕拟三室泥蜂指名亚种
Pseneo exaratus taiwanus (Tsuneki) 雕拟三室泥蜂台湾亚种，台雕拟三室短柄泥蜂
psenid 1. [= psenid wasp] 三室泥蜂 < 三室泥蜂科 Psenidae 昆虫的通称 >；2. 三室泥蜂科的
psenid wasp [= psenid] 三室泥蜂
Psenidae 三室泥蜂科
Psenini 三室泥蜂族
Psenulus 脊三室泥蜂属，脊短柄泥蜂属
Psenulus bicinctus Turner 双带脊三室泥蜂，双带脊短柄泥蜂
Psenulus carinifrons (Cameron) 脊额脊三室泥蜂，脊额脊短柄泥蜂
Psenulus carinifrons carinifrons (Cameron) 脊额脊三室泥蜂指名亚种
Psenulus carinifrons rohweri van Lith 脊额脊三室泥蜂罗氏亚种，罗氏脊额脊短柄泥蜂
Psenulus ephippius Taylor, Barthélémy, Chi *et* Guénard 马鞍山脊三室泥蜂，马鞍山三室泥蜂
Psenulus formosicola Strand 皱颊脊三室泥蜂，皱颊脊短柄泥蜂
Psenulus gibbus Taylor, Barthélémy, Chi *et* Guénard 驼背脊三室泥蜂，驼背三室泥蜂
Psenulus hoozanius van Lith 和仁脊三室泥蜂，和仁脊短柄泥蜂
Psenulus ornatus (Ritsema) 饰脊三室泥蜂，饰脊短柄泥蜂
Psenulus ornatus kankauensis Strand 饰脊三室泥蜂干沟亚种，干沟饰脊短柄泥蜂
Psenulus ornatus ornatus (Ritsema) 饰脊三室泥蜂指名亚种
Psenulus ornatus pempuchiensis Tsuneki 饰脊三室泥蜂南投亚种，南投饰脊短柄泥蜂
Psenulus pallens Taylor, Barthélémy, Chi *et* Guénard 淡色脊三室泥蜂，淡色三室泥蜂
Psenulus parvidentatus van Lith 小齿脊三室泥蜂，小齿脊短柄泥蜂
Psenulus quadridentatus van Lith 四齿脊三室泥蜂，四齿脊短柄泥蜂
Psenulus quadridentatus formosanus Tsuneki 四齿脊三室泥蜂台湾亚种
Psenulus quadridentatus quadridentatus van Lith 四齿脊三室泥蜂指名亚种
Psenulus suifuensis van Lith 四川脊三室泥蜂，四川脊短柄泥蜂
Psenulus taihorinis Strand 台脊三室泥蜂，台脊短柄泥蜂
Psenulus xanthonotus van Lith 黄背脊三室泥蜂，黄背脊短柄泥蜂
Psenulus yingfeng Tsuneki 樱峰脊三室泥蜂，樱峰脊短柄泥蜂
Psephactus 塞天牛属，小翅锯天牛属
Psephactus amplipennis Gressitt 见 *Drumontiana amplipennis*
Psephactus remiger Harold 塞天牛
Psephactus remiger remiger Harold 塞天牛指名亚种，指名塞天牛
Psephactus remiger taiwanus Kôno 见 *Psephactus taiwanus*
Psephactus taiwanus Kôno 台湾塞天牛，台湾小翅锯天牛，微翅锯天牛
psephenid 1. [= psephenid beetle, water-penny beetle] 扁泥甲 < 扁泥甲科 Psephenidae 昆虫的通称 >；2. 扁泥甲科的
psephenid beetle [= psephenid, water-penny beetle] 扁泥甲
Psephenidae 扁泥甲科
Psephenoides 肖扁泥甲属
Psephenoides fluviatilis Yang 清溪肖扁泥甲
Psephenoides magnioculus Yang 硕目肖扁泥甲
Psephenothrips 暗管蓟马属
Psephenothrips baiheensis Wang *et* Lin 白河暗管蓟马

Psephenothrips cinnamomi Okajima 樟暗管蓟马
Psephenothrips cymbidas Wang *et* Lin 兰暗管蓟马
Psephenothrips eriobotryae Dang *et* Qiao 枇杷暗管蓟马
Psephenothrips leptoceras Okajima 细暗管蓟马
Psephenothrips machili (Moulton) 润楠暗管蓟马，润楠滑管蓟马，楠滑蓟马，马氏暗管蓟马
Psephenothrips strasseni Reyes 施氏暗管蓟马
Pseudaboilus 拟阿博鸣螽属
Pseudaboilus ningchengensis Wang, Fang, Wang *et* Zhang 宁城拟阿博鸣螽
Pseudabraxas 虚星尺蛾属
Pseudabraxas taiwana Inoue 台虚星尺蛾，仿金星尺蛾
Pseudabris 伪斑芫菁亚属，伪斑芫菁属
Pseudabris brevipilosa Pan *et* Bologna 见 *Mylabris* (*Pseudabris*) *brevipilosa*
Pseudabris hingstoni (Blair) 见 *Mylabris* (*Pseudabris*) *hingstoni*
Pseudabris latimaculata Pan *et* Bologna 见 *Mylabris* (*Pseudabris*) *latimaculata*
Pseudabris longiventris (Blair) 见 *Mylabris* (*Pseudabris*) *longiventris*
Pseudabris przewalskyi (Dokhtouroff) 见 *Mylabris* (*Pseudabris*) *przewalskyi*
Pseudabris regularis Pan *et* Bologna 见 *Mylabris* (*Pseudabris*) *regularis*
Pseudabris tigriodera Fairmaire 见 *Mylabris* (*Pseudabris*) *tigriodera*
Pseudacanthoneura 帕塞达实蝇属
Pseudacanthoneura aberrans Hardy 异翅帕塞达实蝇
Pseudacanthoneura sexguttata (de Meijere) 赛克古帕塞达实蝇
Pseudacanthotermes 拟棘白蚁属
Pseudacanthotermes militaris (Hagen) [sugarcane termite] 好斗拟棘白蚁
Pseudachorutes 拟亚姚属，伪亚姚属
Pseudachorutes jeonjuensis Lee *et* Kim 吉林伪亚姚
Pseudachorutes jianxiucheni Gao, Yin *et* Palacios-Vargas 陈建秀拟亚姚，建秀伪亚姚
Pseudachorutes lishanensis Gao, Yin *et* Palacios-Vargas 骊山拟亚姚，骊山伪亚姚
Pseudachorutes longisetis Yosii 长毛拟亚姚
Pseudachorutes polychaetosus Gao *et* Palacios-Vargas 多毛拟亚姚，多毛伪亚姚
Pseudachorutes wandae Gao, Yin *et* Palacios-Vargas 旺达伪亚姚
pseudachorutid 1. [= pseudachorutid springtail] 拟亚姚，伪亚姚 <拟亚姚科 Pseudachorutidae 昆虫的通称>；2. 拟亚姚科的
pseudachorutid springtail [= pseudachorutid] 拟亚姚，伪亚姚
Pseudachorutidae 拟亚姚科，伪亚姚科
Pseudacidia hemileoides Munro 见 *Breviculala hemileoides*
Pseudacidia turgida Hering 见 *Acidiella turgida*
Pseudacophora 伪守瓜属
Pseudacraea 伪珍蛱蝶属
Pseudacraea acholica Riley 端伪珍蛱蝶
Pseudacraea amaurina Neustetter 阿伪珍蛱蝶
Pseudacraea annakae Knoop [montane false acraea] 山伪珍蛱蝶
Pseudacraea boisduvali (Doubleday) [Boisduval's false acraea] 波伪珍蛱蝶，斑凤蛱蝶
Pseudacraea clarki Butler *et* Rothschild [Clark's false acraea] 红裙伪珍蛱蝶
Pseudacraea deludens Neave 带伪珍蛱蝶
Pseudacraea dolichiste Hall 多丽伪珍蛱蝶
Pseudacraea dolomena Hewitson [variable false acraea] 狡伪珍蛱蝶
Pseudacraea eurytus (Linnaeus) [false wanderer] 伪珍蛱蝶
Pseudacraea glaucina Guérin-Méneville 银伪珍蛱蝶
Pseudacraea gottbergi Dewitz 荀伪珍蛱蝶
Pseudacraea hostilia Drury [western incipient false acraea] 豹纹伪珍蛱蝶
Pseudacraea imitator Trim 艺伪珍蛱蝶
Pseudacraea kuenowi Dewitz [Kuenow's false acraea] 库伪珍蛱蝶
Pseudacraea kumothales Overlaet 古伪珍蛱蝶
Pseudacraea lucretia (Cramer) [false diadem, false chief] 玉斑伪珍蛱蝶
Pseudacraea poggei Dewitz [false monarch, monarch false acraea] 环斑伪珍蛱蝶
Pseudacraea rubrobasalis Aurivillius [lesser variable false acraea] 红基伪珍蛱蝶
Pseudacraea ruhama Hewitson 柔伪珍蛱蝶
Pseudacraea semire (Cramer) [green false acraea] 多斑伪珍蛱蝶
Pseudacraea simulator Butle 仿伪珍蛱蝶
Pseudacraea striata Butler 条伪珍蛱蝶
Pseudacraea tarquinius 五斑伪珍蛱蝶
Pseudacraea warburgi Aurivillius [incipient false acraea] 华伪珍蛱蝶
Pseudacrobasis 伪峰斑螟属
Pseudacrobasis nankingella Raesler 南京伪峰斑螟，叉纹拟峰斑螟
Pseudacrossus 弗蜉金龟甲属，弗蜉金龟属
Pseudacrossus absconditus Balthasar 阿弗蜉金龟甲，阿普蜉金龟
Pseudacrossus przewalskyi (Reitter) 弗蜉金龟甲，弗蜉金龟
Pseudacteon 蚍蚤蝇属
Pseudacteon hexasetalis Liu *et* Wang 六鬃蚍蚤蝇
Pseudacteon obtusatus Liu *et* Cai 钝片蚍蚤蝇
Pseudacteon quadrisetalis Liu *et* Cai 四鬃蚍蚤蝇
Pseudacuminiseta 伪锐小粪蝇属
Pseudacuminiseta formosana Papp 台湾伪锐小粪蝇
Pseudadelosia 伪隐步甲属
Pseudadelosia laevipunctatus Tschitschérine 见 *Pterostichus laevipunctatus*
Pseudadelosia punctatipennis Tschitschérine 同 *Pterostichus solskyi*
Pseudadimonia 麻萤叶甲属
Pseudadimonia dilatata Jiang 膨胸麻萤叶甲
Pseudadimonia femoralis Jiang 花股麻萤叶甲
Pseudadimonia hirtipes Jiang 毛麻萤叶甲
Pseudadimonia microphthalma Achard 微麻萤叶甲
Pseudadimonia parafemoralis Jiang 拟花股麻萤叶甲
Pseudadimonia pararugosa Jiang 显皱麻萤叶甲
Pseudadimonia punctipennis Jiang 粗点麻萤叶甲
Pseudadimonia rugosa Laboissiére 皱麻萤叶甲
Pseudadimonia variolosa (Hope) 黑麻萤叶甲，麻萤叶甲
Pseudaeolesthes 伪闪天牛属
Pseudaeolesthes aurosignatus (Pic) 见 *Aeolesthes aurosignata*

Pseudaeolesthes chrysothrix (Batas) 见 *Aeolesthes* (*Pseudaeolesthes*) *chrysothrix*
Pseudaeolesthes chrysothrix tibetanus Gressitt 见 *Aeolesthes* (*Pseudaeolesthes*) *chrysothrix tibetaus*
Pseudagapanthia chinensis (Breuning) 拟多节天牛
Pseudagapetus 似突目石蛾属
Pseudagapetus chinensis Mosley 中华似突目石蛾
Pseudagenia 拟颊蛛蜂属
Pseudagenia blanda (Guérin-Méneville) 见 *Auplopus blandus*
Pseudagenia exortiva Haupt 外拟颊蛛蜂
Pseudagenia formosana Yasumatsu 台拟颊蛛蜂
Pseudagenia frequens Haupt 常拟颊蛛蜂
Pseudagenia ochracea Haupt 赭拟颊蛛蜂
Pseudagenia opacifrons Haupt 暗额拟颊蛛蜂
Pseudagenia pekinensis Haupt 北京拟颊蛛蜂
Pseudagenia punctata Haupt 点拟颊蛛蜂
Pseudagenia tsunekii Yasumatsu 串拟颊蛛蜂
Pseudagenius 拟环斑金龟甲属，拟环斑金龟属
Pseudagenius testaceipennis Heller 褐翅拟环斑金龟甲，褐翅拟花金龟
Pseudagenius viridicatus Ma 绿拟环斑金龟甲，绿拟环斑金龟
Pseudaglossa 俏夜蛾属
Pseudaglossa pryeri (Butler) 黄肾俏夜蛾，紫黑奴裳蛾
Pseudagrion 斑蟌属
Pseudagrion australasiae Sélys 亚澳斑蟌
Pseudagrion daponshanensis Zhou *et* Zhou 大磐山斑蟌
Pseudagrion decorum (Rambur) 大斑蟌
Pseudagrion elongatum Needham 同 *Pseudagrion pruinosum*
Pseudagrion microcephalum (Rambur) 绿斑蟌，瘦面细蟌
Pseudagrion pilidorsum (Brauer) 红玉斑蟌，弓背细蟌，毛背斑蟌
Pseudagrion pruinosum (Burmeister) 赤斑蟌
Pseudagrion rubriceps Sélys 丹顶斑蟌
Pseudagrion spencei Fraser 褐斑蟌
Pseudalbara 三线钩蛾属
Pseudalbara fuscifascia Watson 月三线钩蛾
Pseudalbara parvula (Leech) 三线钩蛾
Pseudalcis 伪武尺蛾属
Pseudalcis trispinaria (Walker) 三刺伪武尺蛾
Pseudale 伪天牛属
Pseudale fasciata Schwarzer 带伪天牛
Pseudaletia 拟黏夜蛾亚属，拟黏夜蛾属
Pseudaletia albicosta (Moore) 见 *Mythimna albicosta*
Pseudaletia pallidicosta (Hampson) 见 *Mythimna pallidicosta*
Pseudaletia separata (Walker) 见 *Mythimna separata*
Pseudaletia unipuncta (Haworth) 见 *Mythimna unipuncta*
Pseudaletis 埔灰蝶属
Pseudaletis agrippina Druce 埔灰蝶
Pseudaletis angustimargo Hawker-Smith 安沽埔灰蝶
Pseudaletis antimachus Staud 安埔灰蝶
Pseudaletis arrhon Druce 阿埔灰蝶
Pseudaletis batesi Druce 贝茨埔灰蝶
Pseudaletis busoga van Someren 步埔灰蝶
Pseudaletis catori Bethune-Baker 卡埔灰蝶
Pseudaletis clymenus (Druce) 珂埔灰蝶
Pseudaletis dardanella Riley 达埔灰蝶
Pseudaletis leonis Staud [West African fantasy] 狮埔灰蝶
Pseudaletis lusambo Stempffer 露埔灰蝶
Pseudaletis malangi Collins *et* Larsen [Malang's fantasy] 玛朗埔灰蝶
Pseudaletis mazangouli Neave 玛埔灰蝶
Pseudaletis nigra Holland 黑埔灰蝶
Pseudaletis richardi Stempffer [Richard's fantasy] 里查德埔灰蝶
Pseudaletis spolia Riley 斯玻埔灰蝶
Pseudaletis ugandas Riley 乌干达埔灰蝶
Pseudaletis zebra Holland [zebra fantasy] 斑马纹埔灰蝶
Pseudaleurolobus maesae Takahashi 见 *Asialeyrodes maesae*
Pseudalidus fulvofasciculatus (Pic) 伪壮天牛
pseudalis 拟翅基片 <见于某些直翅目昆虫中，在翅基片侧面，邻近前盾片的小骨片>
Pseudallata 伪奇舟蛾亚属
Pseudalmenus 毛纹灰蝶属
Pseudalmenus chlorinda (Blanchard) [silky hairstreak, chlorinda hairstreak, Australian hairstreak,Victorian hairstreak, Tasmanian hairstreak, orange tit] 丝毛纹灰蝶，毛纹灰蝶
Pseudalmenus myrsilus Westwood 迷尔毛纹灰蝶，指名毛纹灰蝶
Pseudalophus tibetanus Suvorov 见 *Trichalophus tibetanus*
Pseudalosterna 拟矩胸花天牛属，黑腹花天牛属 <该属学名有误写为 *Pseudallosterna* 者>
Pseudalosterna aritai Ohbayashi 红肩拟矩胸花天牛
Pseudalosterna binotata (Gressitt) 二点拟矩胸花天牛，双星黑腹花天牛，小红肩黑花天牛
Pseudalosterna binotata binotata (Gressitt) 二点拟矩胸花天牛指名亚种，指名二点拟矩胸花天牛
Pseudalosterna binotata tippmanni Hayashi 二点拟矩胸花天牛福建亚种，闽二点拟矩胸花天牛，挂墩二点拟矩胸花天牛
Pseudalosterna breva (Gressitt) 短拟矩胸花天牛，蓝艳黑腹花天牛，小腿红琉璃花天牛
Pseudalosterna cuneata Holzschuh 楔拟矩胸花天牛
Pseudalosterna discalis (Gressitt) 短斑拟矩胸花天牛
Pseudalosterna elegantula misella (Bates) 见 *Pseudalosterna misella*
Pseudalosterna fuscopurpurea Ohbayashi *et* Shimomura 紫翅拟矩胸花天牛，紫翅黑腹花天牛
Pseudalosterna gorodinskii Holzschuh 戈氏拟矩胸花天牛
Pseudalosterna imitata Holzschuh 黔拟矩胸花天牛
Pseudalosterna jitkae Tichý *et* Viktora 伊氏拟矩胸花天牛
Pseudalosterna longigena Holzschuh 陕西拟矩胸花天牛
Pseudalosterna misella (Bates) 邻黄条拟矩胸花天牛，粗点拟矩胸花天牛
Pseudalosterna mupinensis (Gressitt) 宝兴拟矩胸花天牛
Pseudalosterna pullata (Matsushita) 墨拟矩胸花天牛，淡红黑腹花天牛，小黑花天牛
Pseudalosterna submetallica Hayashi 埔里拟矩胸花天牛，埔里黑腹花天牛，姬黑花天牛
Pseudalosterna takagii Hayashi 白腹拟矩胸花天牛
Pseudalosterna tryznai Holzschuh 特氏拟矩胸花天牛
Pseudalosterna wolongana Holzschuh 卧龙拟矩胸花天牛
Pseudaltha 白刺蛾属
Pseudaltha sapa Solovyev 沙坝白刺蛾
Pseudamblyopus 似玉蕈甲属

Pseudamblyopus palmipes (Lewis) 阔足似玉蕈甲
Pseudamblyopus similis (Lewis) 近似玉蕈甲
Pseudamblyopus sinicus Liu *et* Li 中国似玉蕈甲
Pseudamblyopus varicolor (Arrow) 多变似玉蕈甲，多变胖蕈甲
Pseudamphinotus 拟双背蚱属
Pseudamphinotus yunnanensis Zheng 云南拟双背蚱
Pseudanaesthetis 伪昏天牛属，平山天牛属
Pseudanaesthetis langana Pic 伪昏天牛
Pseudanaesthetis mizunumai Hayashi 南投伪昏天牛，望洋平山天牛，水沼茶翅天牛
Pseudanaesthetis nigripennis Breuning 黑翅伪昏天牛
Pseudanaesthetis rufa Gressitt 红伪昏天牛
Pseudanaesthetis rufipennis (Matsushita) 红尾伪昏天牛，红翅平山天牛
Pseudanaesthetis seticornis Gressitt 窝点伪昏天牛
Pseudanaesthetis sordidus Gressitt 利川伪昏天牛
Pseudanaesthetis whitehaedi Gressitt 海南伪昏天牛
Pseudanalthes 突角野螟属
Pseudanalthes idyalis (Walker) 缨突角野螟
Pseudanaphes 宽翅缨小蜂属
Pseudanaphes lincolni (Girault) 林宽翅缨小蜂
Pseudanaphes particoxae (Girault) 部基宽翅缨小蜂
Pseudanaphes zhaoi Lin 赵氏宽翅缨小蜂
Pseudanaphothrips 齐毛蓟马属
Pseudanaphothrips querci (Moulton) [quercus thrips] 栎齐毛蓟马，栎等毛蓟马，栎蓟马，栎同蓟马
Pseudanastatus albitarsis Ashmead 见 *Mesocomys albitarsis*
Pseudancylis 伪镰翅小卷蛾属
Pseudancylis acrogypsa (Turner) 伪镰翅小卷蛾
Pseudanisentomon 拟异蚖属
Pseudanisentomon cangshanense Imadaté, Yin *et* Xie 苍山拟异蚖
Pseudanisentomon dolichempodium (Yin *et* Zhang) 长垫拟异蚖
Pseudanisentomon guangxiensis (Yin *et* Zhang) 广西拟异蚖
Pseudanisentomon huichouense Zhang *et* Yin 惠州拟异蚖
Pseudanisentomon jiangxiensis Yin 江西拟异蚖
Pseudanisentomon lishuiensis Bu, Gao *et* Luan 丽水拟异蚖
Pseudanisentomon meihwa (Yin) 梅花拟异蚖
Pseudanisentomon minystigmum (Yin) 小孔拟异蚖
Pseudanisentomon molykos Zhang *et* Yin 软拟异蚖
Pseudanisentomon paurophthalmum Zhang *et* Yin 小眼拟异蚖
Pseudanisentomon pedanempodium (Zhang *et* Yin) 短垫拟异蚖
Pseudanisentomon sheshanensis (Yin) 佘山拟异蚖
Pseudanisentomon sininotialis Zhang *et* Yin 华南拟异蚖
Pseudanisentomon songkiangensis (Yin) 松江拟异蚖
Pseudanisentomon trilinum (Zhang *et* Yin) 三纹拟异蚖
Pseudanisentomon wanense Zhang 皖拟异蚖
Pseudanisentomon yaoshanensis Zhang *et* Yin 瑶山拟异蚖
Pseudanisentomon yongxingense Yin 永兴拟异蚖
Pseudanostirus 伪诺叩甲属
Pseudanostirus densatus (Reitter) 密伪诺叩甲
Pseudanostirus juldanus (Reitter) 贾伪诺叩甲
Pseudanthonomus validus Dietz [currant fruit weevil] 茶藨果象甲
Pseudantonina 跛粉蚧属，拟竹粉蚧属
Pseudantonina bambusae Green 锡兰跛粉蚧
Pseudantonina magnotubulata Borchsenius 广东跛粉蚧，广州拟竹粉蚧
Pseudanurophorus 拟缺姚属
Pseudanurophorus zhejiangensis Chen 见 *Isotomodella zhejiangensis*
Pseudaonidia 网盾蚧属，网纹盾蚧属，网背盾介壳虫属
Pseudaonidia corbetti (Hall *et* Willemse) 考氏网盾蚧
Pseudaonidia duplex (Cockerell) [camphor scale, camellia scale, Japanese camphor scale] 蛇眼臀网盾蚧，樟网盾蚧，樟圆蚧，樟盾蚧，樟介壳虫，蛇眼蚧，山茶圆介壳虫，茶圆介壳虫，茶树蛇眼蚧，网背盾介壳虫
Pseudaonidia iota Green *et* Laing 同 *Duplaspidiotus claviger*
Pseudaonidia manilensis Robinson 豆网盾蚧
Pseudaonidia obsita (Cockerell *et* Robinson) 桑网盾蚧
Pseudaonidia paeoniae (Cockerell) [peony scale, Japanese camellia scale] 牡丹网盾蚧
Pseudaonidia trilobitiformis (Green) [trilobite scale, cashew scale, gingging scale] 三叶网盾蚧，三叶网纹圆盾蚧，蛇目网盾蚧，蚌臀网盾蚧，三叶网背盾介壳虫
Pseudaoria 伪厚缘肖叶甲属
Pseudaoria floccosa Tan 见 *Aoria* (*Pseudaoria*) *floccosa*
Pseudaoria irregulare Tan 见 *Aoria* (*Pseudaoria*) *irregulare*
Pseudaoria petri Warchałowski 见 *Aoria* (*Pseudaoria*) *petri*
Pseudaoria rufina Gressitt *et* Kimoto 见 *Aoria* (*Pseudaoria*) *rufina*
Pseudaoria yunnana Tan 见 *Aoria* (*Pseudaoria*) *yunnana*
Pseudaphycus 玉棒跳小蜂属
Pseudaphycus malinus Gahan 粉蚧玉棒跳小蜂
Pseudapis 毛带蜂属，毛带蜂亚属
Pseudapis diversipes (Latreille) 见 *Pseudapis* (*Nomiapis*) *diversipes*
Pseudapis femoralis (Pallas) 见 *Pseudapis* (*Nomiapis*) *femoralis*
Pseudapis mandschurica (Hedicke) 见 *Pseudapis* (*Nomiapis*) *mandschurica*
Pseudapis* (*Nomiapis*) *bispinosa (Brullé) 红角毛带蜂
Pseudapis* (*Nomiapis*) *diversipes (Latreille) 苜蓿毛带蜂，异伪艳斑蜂
Pseudapis* (*Nomiapis*) *femoralis (Pallas) 粗腿毛带蜂，腿伪艳斑蜂，粗腿彩带蜂
Pseudapis* (*Nomiapis*) *fugax (Morawitz) 逃毛带蜂
Pseudapis* (*Nomiapis*) *mandschurica (Hedicke) 北方毛带蜂，东北伪艳斑蜂
Pseudapis* (*Nomiapis*) *squamata (Morawitz) 鳞毛带蜂
Pseudapis* (*Nomiapis*) *trigonotarsis (He *et* Wu) 三角胫毛带蜂，三角跗彩带蜂
Pseudapis oxybeloides (Smith) 大叶毛带蜂，大叶彩带蜂
Pseudapis* (*Pseudapis*) *siamensis (Cockerell) 暹罗毛带蜂
Pseudapriona 假肩天牛属
Pseudapriona flavoantennata Breuning 黄角假肩天牛，假肩天牛
Pseudaraeopus 双脊飞虱属
Pseudaraeopus sacchari (Muir) 甘蔗双脊飞虱
Pseudargopus 伪凹唇跳甲属
Pseudargopus clypeatus Chen 伪凹唇跳甲
Pseudargynnis 伪豹蛱蝶属
Pseudargynnis hegemone (Godart) [false fritillary] 伪豹蛱蝶
Pseudargyria 银草螟属
Pseudargyria acuta Song *et* Chen 尖银草螟
Pseudargyria conisphoralis Hampson 见 *Ptychopseustis conisphoralis*
Pseudargyria interruptella (Walker) 黄纹银草螟

Pseudargyria nivalis (Caradja) 雪莲银草螟，尼优螟
Pseudargyria paralella (Zeller) 平行银草螟
Pseudargyrotoza 次卷蛾属
Pseudargyrotoza aeratana (Kennel) 同 *Pseudargyrotoza conwagana*
Pseudargyrotoza calvicaput (Walsingham) 见 *Minutargyrotoza calvicaput*
Pseudargyrotoza conwagana (Fabricius) 黄次卷蛾
Pseudargyrotoza diticinctana (Walsingham) 见 *Dicanticinta diticinctana*
pseudarolia [s. pseudarolium] 拟中垫 < 假中垫；跗节的突起，形似中垫且位置相似；在一些半翅目昆虫中，爪下的成对构造 >
pseudarolium [pl. pseudarolia] 拟中垫
Pseudartabanus 拟乐扁蜡属
Pseudartabanus formosanus Esaki *et* Matsuda 台拟乐扁蜡
Pseudasphondylia 伪安瘿蚊属
Pseudasphondylia diospyri Mo *et* Xu 柿伪安瘿蚊
Pseudasphondylia zanthoxyli Mo, Bu *et* Li 花椒伪安瘿蚊
Pseudaspidapion 拟盾梨象甲属
Pseudaspidapion rufopiceum (Wagner) 红褐拟盾梨象甲，红褐梨象
Pseudaspidimerus 拟隐胫瓢虫属
Pseudaspidimerus lombatus Hoàng 棕环拟隐胫瓢虫，林巴拟隐胫瓢虫
Pseudaspidoproctus 伪腺绵蚧属
Pseudaspidoproctus armeniacus Borchsenius 针茅伪腺绵蚧
Pseudaspidoproctus hyphaeniacus (Hall) 埃及伪腺绵蚧
Pseudatheta 拟平缘隐翅甲属，伪鞘隐翅虫属
Pseudatheta cooteri Pace 库氏拟平缘隐翅甲
Pseudatheta ghoropanensis Pace 黄肩拟平缘隐翅甲
Pseudatheta indica Cameron 印度拟平缘隐翅甲，印度伪鞘隐翅虫
Pseudatheta spinosa Pace 刺茎拟平缘隐翅甲，刺伪鞘隐翅甲，刺伪鞘隐翅虫
Pseudatheta taiwamajor Pace 大拟平缘隐翅甲，太大伪鞘隐翅虫
Pseudatheta taiwanensis Pace 台湾拟平缘隐翅甲，台湾伪鞘隐翅虫
Pseudathyma 屏蛱蝶属
Pseudathyma callina (Grose-Smith) [Calline false sergeant] 卡屏蛱蝶
Pseudathyma cyrili Chovet 西丽屏蛱蝶
Pseudathyma endjami Libert 恩德屏蛱蝶
Pseudathyma falcata Jackson [falcate false sergeant] 法屏蛱蝶
Pseudathyma jacksoni Carcasson 杰屏蛱蝶
Pseudathyma legeri Larsen *et* Boorman [St. Leger's false sergeant] 圣雷屏蛱蝶
Pseudathyma lucretioides Carpenter *et* Jackson 亮屏蛱蝶
Pseudathyma martini Collins 马丁屏蛱蝶
Pseudathyma michelae Libert 侎屏蛱蝶
Pseudathyma neptidina Karsch [streaked false sergeant] 奈屏蛱蝶
Pseudathyma nzoia van Someren [streaked false sergeant] 茵屏蛱蝶
Pseudathyma plutonica Butler 冥王屏蛱蝶
Pseudathyma sibyllina (Staudinger) [sibylline false sergeant] 屏蛱蝶
Pseudatomoscelis seriatus (Reuter) [cotton fleahopper] 美国棉跳盲蝽，棉跳盲蝽
Pseudaulacaspis 白盾蚧属，拟轮蚧属，拟白轮盾介壳虫属
Pseudaulacaspis abbrideliae (Chen) 类巨腺白盾蚧
Pseudaulacaspis brideliae (Takahashi) 土蜜树白盾蚧，栎拟白轮盾介壳虫
Pseudaulacaspis camelliae (Chen) 山茶白盾蚧，山茶袋盾蚧
Pseudaulacaspis canarium Hu 橄榄白盾蚧
Pseudaulacaspis celtis (Kuwana) 朴白盾蚧
Pseudaulacaspis centreesa (Ferris) 中棘白盾蚧
Pseudaulacaspis chinensis (Cockerell) [Chinese elongata cottony scale] 中国白盾蚧，中国雪盾蚧，中华长绵蚧
Pseudaulacaspis cockerelli (Cooley) [false oleander scale, oleander scale, oyster scale, Fullaway oleander scale, magnolia white scale, mango scale] 考氏白盾蚧，考氏雪盾蚧，考氏拟轮蚧，椰子拟白轮盾介壳虫
Pseudaulacaspis dendrobii (Kuwana) 石斛白盾蚧，石斛雪盾蚧，石斛袋盾蚧
Pseudaulacaspis dryina (Ferris) 见 *Chionaspis dryina*
Pseudaulacaspis ericacea (Ferris) 越橘白盾蚧，越橘雪盾蚧
Pseudaulacaspis eucalypticola Tang 细叶桉白盾蚧
Pseudaulacaspis eugeniae (Maskell) 丁子香白盾蚧
Pseudaulacaspis ficicola Tang 榕白盾蚧
Pseudaulacaspis frutescens (Hu) 寄生藤白盾蚧，寄生藤袋盾蚧
Pseudaulacaspis fujicola (Kuwana) 紫藤白盾蚧，紫藤雪盾蚧
Pseudaulacaspis hainanensis Hu 见 *Neoquernaspis hainanensis*
Pseudaulacaspis hwangyensis Chen 黄岩白盾蚧
Pseudaulacaspis inday (Banks) 菲律宾白盾蚧
Pseudaulacaspis kentiae (Kuwana) 棕榈白盾蚧，居茶白盾蚧
Pseudaulacaspis kuishiuensis (Kuwana) [cyclbalanopsis scale] 柞白盾蚧，九州岛长蚧，槲粉蚧 < 此种学名有误写为 *Pseudaulacaspis kiushiuensis* (Kuwana) 者 >
Pseudaulacaspis latisoma (Chen) 宽体白盾蚧
Pseudaulacaspis loncerae Tang 金银花白盾蚧
Pseudaulacaspis major (Cockerell) [large snow scale, lychee bark scale] 大白盾蚧
Pseudaulacaspis manni (Green) 茶白盾蚧，茶拟白轮盾介壳虫
Pseudaulacaspis megacauda Takagi 巨尾白盾蚧，大尾拟白轮盾介壳虫
Pseudaulacaspis mirabilis Hu 紫茉莉白盾蚧
Pseudaulacaspis momi (Kuwana) 杉白盾蚧，油杉雪盾蚧
Pseudaulacaspis nishikigi (Kanda) 朝鲜白盾蚧
Pseudaulacaspis osmanthi (Ferris) 见 *Chionaspis osmanthi*
Pseudaulacaspis papayae Takahashi 泰国白盾蚧
Pseudaulacaspis pentagona (Tagioni-Tozzetti) [white peach scale, white mulberry scale, mulberry scale, mulberry white scale, papaya scale, West Indian peach scale] 桑白盾蚧，桑盾蚧，桃介壳虫，桑白蚧，桑介壳虫，桑拟轮蚧，桑拟白轮盾介壳虫，桃白介壳虫，桑蚧，梓白边蚧
Pseudaulacaspis poloosta (Ferris) 海桐白盾蚧
Pseudaulacaspis prunicola Maskell 李白盾蚧
Pseudaulacaspis pudica (Ferris) 匍白盾蚧
Pseudaulacaspis sasakawai Takagi 五风藤白盾蚧，野木瓜拟白轮盾介壳虫
Pseudaulacaspis subcorticalis (Green) 广东白盾蚧，木豆雪盾蚧，杧果雪盾蚧
Pseudaulacaspis surrhombica (Chen) 仿菱白盾蚧，仿菱袋盾蚧 < 此种学名有误写为 *Pseudaulacaspis surbrhombica* (Chen) 者 >
Pseudaulacaspis syzygicola Tang 蒲桃白盾蚧

Pseudaulacaspis taiwana (Takahashi) 台湾白盾蚧，台湾盾介壳虫
Pseudaulacaspis takahashii (Ferris) 高桥白盾蚧，高桥拟轮蚧，柿拟白轮盾介壳虫
Pseudaulacaspis ulmicola Tang 榆白盾蚧
Pseudaulacaspis zhenyuanessis Wei *et* Feng 镇远白盾蚧
Pseudcolenis 棘球蕈甲属，棘小葬甲属
Pseudcolenis hilleri Reitter 希氏棘球蕈甲
Pseudcolenis hoshinai Park *et* Ahn 韩国棘球蕈甲
Pseudcolenis* (*Pseudcolenis*) *forticornis Daffner 粗角棘球蕈甲，粗角棘小葬甲，粗角伪球蕈甲
Pseudcolenis* (*Pseudcolenis*) *klapperichi Daffner 克氏棘球蕈甲，克氏棘小葬甲
Pseudcolenis* (*Pseudcolenis*) *picea (Hisamatsu) 暗棘球蕈甲，暗棘小葬甲
Pseudebenia 拟黑寄蝇属
Pseudebenia trisetosa Shima *et* Tachi 三鬃拟黑寄蝇
Pseudebulea 羚野螟属
Pseudebulea fentoni Butler 芬氏羚野螟
Pseudebulea hainanensis Munroe *et* Mutuura 海南羚野螟
Pseudebulea kuatunensis Munroe *et* Mutuura 挂墩羚野螟
Pseudebulea kuatunensis ichangensis Munroe *et* Mutuura 挂墩羚野螟宜昌亚种，宜昌挂墩羚野螟
Pseudebulea kuatunensis kuatunensis Munroe *et* Mutuura 挂墩羚野螟指名亚种
Pseudebulea lungtanensis Munroe *et* Mutuura 龙潭羚野螟
Pseudectroma 秀德跳小蜂属
Pseudectroma longicauda Xu 长尾秀德跳小蜂
Pseudelimaea 拟掩螽亚属
Pseudelydna rufoflava (Walker) 见 Aiteta rufoflava
Pseudempusa 孔雀螳属
Pseudempusa pinnapavonis Brunner von Wattenwyl 华丽孔雀螳
Pseudendestes 伪长细坚甲属，伪长细坚虫属
Pseudendestes andrewesi (Grouvelle) 安氏伪长细坚甲，安氏伪长细坚虫
Pseudepaphius 伪帕行步甲亚属，伪帕行步甲属
Pseudepaphius budhaicus (Deuve) 见 *Epaphiopsis budhaica*
Pseudepaphius perreaui (Deuve) 见 *Epaphiopsis perreaui*
Pseudepione 仁尺蛾属
Pseudepipona 拟蜾蠃属
Pseudepipona augusta (Morawitz) 名拟蜾蠃
Pseudepipona herrichii (Saussure) 赤足拟蜾蠃，赫氏拟蜾蠃，赫氏直盾蜾蠃
Pseudepipona kozhevnikovi (Kostylev) 科氏拟蜾蠃
Pseudepipona lativentris (de Saussure) 侧腹拟蜾蠃
Pseudepipona przewalskyi (Morawitz) 普氏拟蜾蠃，普直盾蜾蠃
Pseudepipona punctulata Bai, Chen *et* Li 双糙拟蜾蠃
Pseudepipona straminea (André) 稿杆拟蜾蠃
pseudepisematic color 拟辨识色 <即侵袭拟态和引诱色>
Pseudepisothalma 伪翼尺蛾属
Pseudepisothalma ocellata (Swinhoe) 伪翼尺蛾
Pseudepitettix 拟后蚱属
Pseudepitettix guangxiensis Zheng *et* Jiang 广西拟后蚱
Pseudepitettix guibeiensis Zheng *et* Jiang 桂北拟后蚱
Pseudepitettix linaoshanensis Liang *et* Jiang 李闹山拟后蚱
Pseudepitettix nigritibis Zheng *et* Jiang 黑胫拟后蚱
Pseudepitettix yunnanensis Zheng 云南拟后蚱
Pseuderesia 仆灰蝶属
Pseuderesia beni Stempffer 伯尼仆灰蝶
Pseuderesia bicolor Grose-Smith *et* Kirby 双色仆灰蝶
Pseuderesia clenchi Stempffer 克伦仆灰蝶
Pseuderesia cornesi Stempffer 科尼斯仆灰蝶
Pseuderesia eleaza (Hewitson) [variable harlequin] 仆灰蝶
Pseuderesia isca Hewitson 伊斯卡仆灰蝶
Pseuderesia issia Stempffer 伊莎仆灰蝶
Pseuderesia jacksoni Stempffer 杰克逊仆灰蝶
Pseuderesia nigeriana Stempffer 尼日利亚仆灰蝶
Pseuderesia osheba Holland 奥舍巴仆灰蝶
Pseuderesia ouesso Stempffer 奥仆灰蝶
Pseuderesia paradoxa Schultze 天堂仆灰蝶
Pseuderesia phaeochiton Grünberg 黑仆灰蝶
Pseuderesia rougeoti Stempffer 罗仆灰蝶
Pseuderesia rutilo Druce 金红仆灰蝶
Pseuderesia vidua Talbot 韦仆灰蝶
pseudergate 拟工蛰 <澳白蚁科 Mastotermitidae、原白蚁科 Termopsidae 和木白蚁科 Kalotermitidae 等无真正的工蛰，而以这种体大、无眼、无翅而形似若虫的拟工蛰做工蛰的工作>
Pseudergolinae 秀蛱蝶亚科
Pseudergolis 秀蛱蝶属
Pseudergolis avesta Felder *et* Felder 指名秀蛱蝶
Pseudergolis wedah (Kollar) [tabby] 秀蛱蝶，三线灿蛱蝶
Pseudergolis wedah chinensis Fruhstorfer 秀蛱蝶中国亚种，中国秀蛱蝶
Pseudergolis wedah wedah (Kollar) [tabby] 秀蛱蝶指名亚种
Pseuderiopus 毛足夜蛾属
Pseuderiopus albiscripta (Hampson) 毛足夜蛾，拟瑞夜蛾
Pseuderistalis 拟管蚜蝇属，伪玉蚜蝇属
Pseuderistalis bicolor (Shiraki) 双色拟管蚜蝇，双色蚜蝇，二色伪管蚜蝇，二色亮蚜蝇
Pseuderistalis nigra (Wiedemann) 黑拟管蚜蝇
Pseudespera 丝萤叶甲属
Pseudespera femoralis Chen, Wang *et* Jiang 花股丝萤叶甲
Pseudespera paulowniae Jiang 桐丝萤叶甲
Pseudespera sericea Chen, Wang *et* Jiang 灰黄丝萤叶甲
Pseudespera shennongjiana Chen, Wang *et* Jiang 神农架丝萤叶甲
Pseudespera sodalis Chen, Wang *et* Jiang 近黄丝萤叶甲
Pseudespera subfemoralis Jiang 近花股丝萤叶甲
Pseudethas 伪细甲属
Pseudethas convexigena (Ren *et* Shi) 隆颊伪细甲，隆颊印细甲
Pseudethas jaegeri Schawaller 迦氏伪细甲
Pseudethas monticola (Blair) 山伪细甲，山类拟步甲
Pseudethira 喜通缘步甲亚属
Pseudeuchlora 绿花尺蛾属
Pseudeuchlora kafebera (Swinhoe) 绿花尺蛾
Pseudeuchromia 拟鹿尺蛾属
Pseudeuchromia maculifera (Felder *et* Rogenhofer) 圆斑拟鹿尺蛾
Pseudeuchromia maculifera catachroma Schultze 同 *Pseudeuchromia maculifera maculifera*
Pseudeucosma commodestana (Rössler) 同 *Pelochrista mollitana*
Pseudeulia 灰卷蛾属
Pseudeulia asinana (Hübner) 弧灰卷蛾，亚洲伪逗卷蛾

Pseudeulia vermicularis (Meyrick) 蠕纹灰卷蛾，蠕纹伪逗卷蛾
Pseudeurina 伪东风秆蝇属，拟颜脊秆蝇属
Pseudeurina guizhouensis Yang *et* Yang 见 *Sineurina guizhouensis*
Pseudeurina maculata de Meijere 具斑伪东风秆蝇，黄斑拟颜脊秆蝇，黄斑秆蝇
Pseudeurostus 褐蛛甲属
Pseudeurostus hilleri (Reitter) 褐蛛甲，日伪角缨甲，希氏伪蛛甲
Pseudeuseboides albovittipennis Breuning 伪长筒天牛
Pseudeustrotia 清文夜蛾属，文夜蛾属
Pseudeustrotia bipartita (Wileman) 二部清文夜蛾，二部文夜蛾
Pseudeustrotia candidula (Denis *et* Schiffermüller) 清文夜蛾
Pseudeustrotia semialba (Hampson) 内白清文夜蛾，内白文夜蛾，半白文夜蛾
Pseudeustrotiini 清文夜蛾族
Pseudexechia 伪菌蚊属
Pseudexechia sinica Wu *et* Yang 中华伪菌蚊
Pseudexentera 弱蚀卷蛾属
Pseudexentera cressoniana Clemens [shagbark hickory leafroller, oak olethreutid leafroller, oak leaf roller moth] 栎弱蚀卷蛾
Pseudexentera habrosana (Heinrich) 华美弱蚀卷蛾
Pseudexentera mali Freeman [pale apple leafroller, pale apple budworm] 苹果弱蚀卷蛾
Pseudexentera oregonana (Walsingham) 西部弱蚀卷蛾
Pseudhemilea longistigma (Shiraki) 见 *Hemilea longistigma*
Pseudichneutes 拟探茧蜂属
Pseudichneutes flavicephalus He, Chen *et* van Achterberg 黄头拟探茧蜂
pseudidola [s. pseudidolum; = nymphs, nymphae (s. nympha)] 若虫
pseudidolum [pl. pseudidola; = nymph, nympha (pl.nymphae)] 若虫
Pseudidonauton 细刺蛾属
Pseudidonauton admirabile Hering 细刺蛾
Pseudidonauton chihpyh Solovyev 知本细刺蛾
pseudimago 拟成虫 < 即亚成虫 (subimago)>
Pseudindalmus 拟伪瓢虫属
Pseudindalmus longicornis Tomaszewska 长角拟伪瓢虫，长角伪瓢甲
Pseudiotimana 伪饰天牛属
Pseudiotimana undulata Pascoe 波纹伪饰天牛
Pseudiphra 细眼天牛属
Pseudiphra apicale (Schwarzer) 黑尾细眼天牛，细眼天牛，黑尾棕天牛，黑端饴色天牛
Pseudiphra shigarorogi Kôno 宽尾细眼天牛
Pseudipocregyes 伪缨象天牛属
Pseudipocregyes albosignatus Breuning 白纹伪缨象天牛
Pseudipocregyes maculatus Pic 斑伪缨象天牛，伪缨象天牛
Pseudips 类齿小蠹属，拟齿小蠹属，假齿小蠹属
Pseudips concinnus (Mannerheim) [Sitka spruce engraver, Sitka spruce ips] 锡特加类齿小蠹，锡特加云杉齿小蠹，粒点假齿小蠹
Pseudips mexicanus (Hopkins) [Monterey pine engraver] 墨西哥类齿小蠹，西黄松类齿小蠹，西黄松齿小蠹，墨西哥假齿小蠹
Pseudips orientalis (Wood *et* Yin) 东方类齿小蠹，东方齿小蠹，东方微齿小蠹，东方拟齿小蠹
Pseudiragoides 拟焰刺蛾属
Pseudiragoides spadix Solovyev *et* Witt 拟焰刺蛾
Pseudisotoma 伪等蛛属
Pseudisotoma monochaeta (Kos) 单毛伪等䖴
Pseudisotoma sensibilis (Tullberg) 敏感伪等䖴
Pseudlibanocampa 拟黎虮属
Pseudlibanocampa sinensis Xie *et* Yang 中国拟黎虮
pseudo-annuliform 伪节形
pseudo-cephalon 伪头 < 指蝇类幼虫的第一体节，一般能缩入前体节内 >
pseudo-host 伪寄主 < 常指蚜虫能暂时赖以生活而不能正常繁殖后代的寄主 >
pseudo-linkage 拟连锁
pseudo-maternal inheritance 假母性遗传
Pseudoacanthococcus 拟毡蚧属
Pseudoacanthococcus osbeckiae (Green) 金锦香拟毡蚧，金锦香毡蚧
Pseudoaerumnosa 伪阿眼蕈蚊属，伪拙眼蕈蚊属
Pseudoaerumnosa inviolata Rudzinski 圣伪阿眼蕈蚊，台湾伪拙眼蕈蚊
Pseudoanthidium 伪黄斑蜂属
Pseudoanthidium campulodonta (Wu) 弯齿伪黄斑蜂，弯齿准黄斑蜂
Pseudoanthidium scapulare (Latreille) 富伪黄斑蜂
pseudoapomorphy 假衍征
pseudoaposematic color 拟警戒色 < 导向保护拟态的颜色 >
Pseudoartabanus 拟乐扁蝽属
Pseudoartabanus brachypterus Kormilev 短拟乐扁蝽
Pseudoartabanus formosanus Esaki *et* Matsuda 台拟乐扁蝽
Pseudoasonus 拟无声蝗属
Pseudoasonus baiyuensis Zheng 白玉拟无声蝗
Pseudoasonus kangdingensis Yin 康定拟无声蝗
Pseudoasonus orthomarginis Zheng, Chen *et* Lin 直缘拟无声蝗
Pseudoasonus yushuensis Yin 玉树拟无声蝗
pseudoatrium 拟气门室
Pseudobaptria 假漆尺蛾属
Pseudobaptria corydalaria (Graeser) 假漆尺蛾
Pseudobax formosus Kraatz 台副拟步甲
Pseudobironium 短足出尾蕈甲属，伪出尾蕈甲属
Pseudobironium carinense (Achard) 卡琳短足出尾蕈甲
Pseudobironium confusum Löbl *et* Tang 疑短足出尾蕈甲
Pseudobironium feai Pic 费短足出尾蕈甲
Pseudobironium fujianum Löbl *et* Tang 福建短足出尾蕈甲
Pseudobironium hisamatsui Löbl 久松短足出尾蕈甲，亥氏伪出尾蕈甲
Pseudobironium languei (Achard) 兰格短足出尾蕈甲，郎氏伪出尾蕈甲
Pseudobironium merkli Löbl *et* Tang 麦克短足出尾蕈甲
Pseudobironium plagifer Löbl 纹短足出尾蕈甲，纹伪出尾蕈甲
Pseudobironium plagiferum Löbl 斑短足出尾蕈甲，具纹伪出尾蕈甲
Pseudobironium pseudobicolor Löbl *et* Tang 伪二色短足出尾蕈甲，伪二色伪出尾蕈甲
Pseudobironium sinicum Pic 中华短足出尾蕈甲，华伪出尾蕈甲
Pseudobironium spinipes Löbl *et* Tang 刺胫短足出尾蕈甲
Pseudobissetia 拟碧色草螟属

Pseudobissetia cicatricella (Hübner) 斑痕拟碧色草螟
Pseudobissetia terrestrella (Christoph) 尖拟碧色草螟，伪比草螟
Pseudoblaps javanus (Wiedemann) 见 *Notocorax javanus*
Pseudoborbo 拟籼弄蝶属
Pseudoborbo bevani (Moore) [Beavan's swift, lesser rice swift, Bevan's rice swift, Bevan's swift] 拟籼弄蝶，假禾弄蝶，小纹褐弄蝶，假籼弄蝶，伪禾弄蝶，倍稻弄蝶
Pseudobothrideres 伪坚甲属
Pseudobothrideres velatus Grouvelle 威伪坚甲
Pseudobrachida 波舌隐翅甲属
Pseudobrachida hongkongensis Pace 香港波舌隐翅甲
Pseudocadra 拟果斑螟属
Pseudocadra cuprotaeniella (Christoph) 铜带拟果斑螟
Pseudocadra exiguella Roesler 艾拟果斑螟，艾伪卡螟
Pseudocadra obscurella Roesler 暗拟果斑螟，暗伪卡螟
pseudocaeciliid 1. [= pseudocaeciliid barklouse] 叉蛄 < 叉蛄科 Pseudocaeciliidae 昆虫的通称 >; 2. 叉蛄科的
pseudocaeciliid barklouse [= pseudocaeciliid] 叉蛄
Pseudocaeciliidae 叉蛄科，叉啮虫科
Pseudocaeciliinae 叉蛄亚科
Pseudocaecilioidea 叉蛄总科
Pseudocaecilius 叉蛄属，叉啮虫属
Pseudocaecilius bibalbus Li 双球叉蛄
Pseudocaecilius bicostatus Li 双纹叉蛄
Pseudocaecilius ceratocercus Li 角尾叉蛄
Pseudocaecilius elutus Enderlein 淡色叉蛄
Pseudocaecilius euryocercus Li 宽尾叉蛄
Pseudocaecilius formosanus (Banks) 台湾叉蛄，台湾叉啮虫
Pseudocaecilius galactozonatus Li 白条叉蛄
Pseudocaecilius immaculatus Li 无斑叉蛄
Pseudocaecilius largicellus Li 大室叉蛄
Pseudocaecilius monotaeniatus Li 单带叉蛄
Pseudocaecilius octomaculatus (Li) 八斑叉蛄
Pseudocaecilius papillaris Li 乳形叉蛄
Pseudocaecilius plagiozonalis Li 斜带叉蛄
Pseudocaecilius sexdentatus Li 六齿叉蛄
Pseudocaecilius undecimimaculatus Li 十一斑叉蛄
Pseudocaecilius utricularis Li 袋叉蛄
Pseudocaecilius venimaculatus Li 脉斑叉蛄
Pseudocalamobius 竿天牛属，细角瘦天牛属
Pseudocalamobius discolineatus Pic 三条竿天牛
Pseudocalamobius filiformis Fairmarie 线竿天牛
Pseudocalamobius filiformis filiformis Fairmaire 线竿天牛指名亚种，指名线竿天牛
Pseudocalamobius filiformis taiwanensis Matsushita 线竿天牛台湾亚种，台湾线竿天牛
Pseudocalamobius japonicus (Bates) 日本竿天牛
Pseudocalamobius leptissimus Gressitt 棕竿天牛，阿里山瘦天牛，高山细胴天牛
Pseudocalamobius luteonotatus Pic 黄斑竿天牛
Pseudocalamobius niisatoi Hasegawa 新里氏竿天牛，新里氏细角瘦天牛
Pseudocalamobius piceus Gressitt 凹尾竿天牛
Pseudocalamobius pubescens Hasegawa 毛竿天牛，毛细角瘦天牛
Pseudocalamobius rondoni Breuning 五条竿天牛
Pseudocalamobius rufipennis Gressitt 红翅竿天牛，核桃竿天牛，核竿天牛
Pseudocalamobius szetschuanicus Breuning 川西竿天牛
Pseudocalamobius szetschuanicus moupinensis Breuning 川西竿天牛宝兴亚种，宝兴川西竿天牛
Pseudocalamobius szetschuanicus szetschuanicus Breuning 川西竿天牛指名亚种，指名川西竿天牛
Pseudocalamobius taiwanensis Matsushita 台湾竿天牛，台湾细角瘦天牛，台湾细胴天牛
Pseudocalamobius talianus Pic 大理竿天牛
Pseudocalamobius truncatus Breuning 核桃竿天牛，截尾竿天牛
Pseudocalamobius yunnanus Breuning 云南竿天牛，白盐井竿天牛
Pseudocallidium 肖扁胸天牛属
Pseudocallidium obscuraeneum Hayashi 台湾肖扁胸天牛，绿艳长翅天牛，房须青扁天牛
Pseudocallidium violaceum Plavilstshikov 紫肖扁胸天牛
Pseudocapritermes 钩歪白蚁属
Pseudocapritermes jiangchengensis Yang, Zhu *et* Huang 江城钩歪白蚁
Pseudocapritermes largus Li *et* Huang 大钩歪白蚁
Pseudocapritermes minutus (Tsai *et* Chen) 小钩歪白蚁
Pseudocapritermes planimentus Yang, Zhu *et* Huang 平颏钩歪白蚁
Pseudocapritermes pseudolaetus (Tsai *et* Chen) 隆额钩歪白蚁
Pseudocapritermes sinensis Ping *et* Xu 中华钩歪白蚁
Pseudocapritermes sowerbyi (Light) 圆囟钩歪白蚁
pseudocardia 拟心脏 < 即背血管 (dorsal vessel)>
Pseudocatharylla 白草螟属
Pseudocatharylla aurifimbriella (Hampson) 黄色白草螟
Pseudocatharylla distictella (Hampson) 同 *Pseudocatharylla duplicella*
Pseudocatharylla duplicella (Hampson) 双纹白草螟
Pseudocatharylla inclaralis (Walker) 稻黄缘白草螟，荫小草螟
Pseudocatharylla infixella (Walker) 短突白草螟，黄额白草螟
Pseudocatharylla innotalis (Hampson) 大突白草螟
Pseudocatharylla latiola Song *et* Chen 宽突白草螟
Pseudocatharylla mandarinella (Caradja) 同 *Pseudocatharylla aurifimbriella*
Pseudocatharylla mea (Strand) 孤白草螟，枚草螟
Pseudocatharylla simplex (Zeller) 纯白草螟
pseudocelli [s. pseudocellus] 拟单眼器 < 分布于某些弹尾目和原尾目昆虫体躯上的感觉器官 >
pseudocellus [pl. pseudocelli] 拟单眼器
pseudocellula [= accessory cell] 副室
Pseudocentema 拟刺背蝽属
Pseudocentema bispinatum Chen *et* He 双棘拟刺背蝽
Pseudocephaleia 拟腮扁叶蜂属
Pseudocephaleia praeteritorum (Semenov) 短尾须拟腮扁叶蜂，昔扁叶蜂
Pseudocera 伪丛螟属
Pseudocera elliptica Rong *et* Li 椭颚伪丛螟
Pseudocera microda Rong *et* Li 对微齿伪丛螟
Pseudocera rubrescens (Hampson) 红伪丛螟

pseudocercus [= median circus, median caudal filament, filum terminale] 尾丝 <= 中尾丝 >
Pseudocerylon 伪皮坚甲属
Pseudocerylon rugosum Slipinski 皱伪皮坚甲
Pseudochariotheca major Pic 见 *Steneucyrtus major*
Pseudochazara 寿眼蝶属
Pseudochazara alpina (Staudinger) 云斑寿眼蝶
Pseudochazara amymone (Brown) 埃米寿眼蝶
Pseudochazara anthelea (Hübner) [white banded grayling] 白斑寿眼蝶
Pseudochazara atlantis (Austaut) 摩洛哥寿眼蝶
Pseudochazara baldiva (Moore) 双星寿眼蝶，巴姆仁眼蝶
Pseudochazara beroe (Herrich-Schäffer) 玻灰寿眼蝶
Pseudochazara cingovskii Gross [Macedonian grayling] 辛氏寿眼蝶
Pseudochazara daghestana Holik 灰晕寿眼蝶
Pseudochazara droshica (Tytler) 德罗寿眼蝶
Pseudochazara euxina (Kusnetsov) 黄带寿眼蝶
Pseudochazara geyeri (Herrich-Schäffer) 灰翅寿眼蝶
Pseudochazara graeca (Staudinger) 希腊寿眼蝶
Pseudochazara guriensis (Staudinger) 黄裙寿眼蝶
Pseudochazara hippolyte (Esper) [Nevada grayling] 寿眼蝶，希仁眼蝶，希眼蝶
Pseudochazara hippolyte gigantea (Bang-Haas) 同 *Pseudochazara hippolyte richthofeni*
Pseudochazara hippolyte hippolyte (Esper) 寿眼蝶指名亚种
Pseudochazara hippolyte mercurius (Staudinger) 寿眼蝶变幻亚种，枚希眼蝶
Pseudochazara hippolyte pallida (Staudinger) 见 *Pseudochazara pallida*
Pseudochazara hippolyte richthofeni (Bang-Haas) 寿眼蝶瑞氏亚种，瑞希眼蝶
Pseudochazara kanishka Aussem 尖翅寿眼蝶
Pseudochazara kopetdaghi Dubatolov 宽带寿眼蝶
Pseudochazara lehana (Moore) 莱哈寿眼蝶
Pseudochazara lydia (Staudinger) 莉迪亚寿眼蝶
Pseudochazara mamurra (Herrich-Schäffer) 浅黄寿眼蝶
Pseudochazara mniszechii (Herrich-Schäffer) [dark grayling] 敏思寿眼蝶，姆仁眼蝶
Pseudochazara orestes (De Prins *et* Poorten) 天神寿眼蝶
Pseudochazara pakistana Gross 亮带寿眼蝶
Pseudochazara pallida (Staudinger) 淡色寿眼蝶，淡希眼蝶
Pseudochazara panjshira Wyat *et* Omoto 磐寿眼蝶
Pseudochazara pelopea (Klug) 泥色寿眼蝶
Pseudochazara regeli (Alphéraky) 雷格尔寿眼蝶，瑞仁眼蝶
Pseudochazara sagina 帕米尔寿眼蝶
Pseudochazara schahrudensis (Staudinger) 断带寿眼蝶
Pseudochazara schakuhensis (Staudinger) 隐斑寿眼蝶
Pseudochazara thelephassa (Geyer) 妖头寿眼蝶
Pseudochazara turkestana (Grum-Grshimailo) 突厥寿眼蝶，土胡眼蝶
Pseudochazara watsoni Clench *et* Shoumatoff 沃氏寿眼蝶
Pseudochelidura 伪刻球螋属
Pseudochelidura sinuata Lafresnaye 浙伪刻球螋
Pseudochermes 黄毡蚧属
Pseudochermes betula (Wu *et* Liu) 红桦黄毡蚧，红桦隙毡蚧
Pseudochermes fraxini (Kaltenbach) [ash bark scale, ash scale, ash coccus, felted ash scale, felted ash coccus] 白蜡黄毡蚧
Pseudochionaspis hainanensis Hu 见 *Neoquernaspis hainanensis*
Pseudochionaspis quercus Hu 见 *Neoquernaspis quercus*
Pseudochironomini 伪摇蚊族
Pseudochoeromorpha 伪柯象天牛属
Pseudochoeromorpha siamensis Breuning 泰国伪柯象天牛
pseudocholine esterase 拟胆碱酯酶，假胆碱酯酶
Pseudochorthippus 拟皱蝗属
Pseudochorthippus montanus (Charpentier) 山拟皱蝗
Pseudochorthippus parallelus (Zetterstedt) [meadow grasshopper] 平行拟皱蝗
Pseudochoutagus 拟周瓢蜡蝉属
Pseudochoutagus curvativus Che, Zhang *et* Wang 拟周瓢蜡蝉
Pseudochromaphis 伪黑斑蚜属
Pseudochromaphis coreanus (Paik) 刺榆伪黑斑蚜
pseudochrysalis [= semipupa] 先蛹
Pseudochrysodema 雕翅彩吉丁甲亚属
pseudocircle 伪环 < 鳞翅目昆虫幼虫腹足上趾钩的排列包括一个很发达的中带和一行小钩 >
Pseudocistela 拟朽木甲属，伪朽木甲属
Pseudocistela elliptica Fairmaire 卵形拟朽木甲，椭伪朽木甲
Pseudocistela maculicornis Fairmaire 角斑拟朽木甲，鞍角伪朽木甲
Pseudocistela rubroflava Fairmaire 红黄拟朽木甲，红黄伪朽木甲
Pseudocistela ustiventris (Fairmaire) 焦腹拟朽木甲，乌伪朽木甲
Pseudoclanis postica Walker 背吊兰天蛾
Pseudoclasper 伪抱握器，伪阳基侧突
Pseudoclasseya 拟白条草螟属，伪喀拉螟属
Pseudoclasseya inopinata Bassi 弯刺拟白条草螟
Pseudoclasseya minuta Bassi 小拟白条草螟
Pseudoclasseya mirabilis Bassi 奇拟白条草螟
Pseudoclasseya sinuosella (South) 曲拟白条草螟，波伪喀拉螟，波平螟
Pseudoclavellaria 伪棒锤角叶蜂属
Pseudoclavellaria amerinae (Linnaeus) 杨柳伪棒锤角叶蜂，亚美棒锤角叶蜂
Pseudoclavellaria beijingensis (Huang) 北京伪棒锤角叶蜂
Pseudoclavellaria gracilenta Mocsáry 细伪棒锤角叶蜂
Pseudoclematus 拟枝蛸属
Pseudoclematus xanthozonatus Li 黄带拟枝蛸
Pseudoclerops klapperichi Pic 见 *Clerus klapperichi*
Pseudoclerops sinensis Pic 见 *Clerus sinensis*
Pseudoclivina 伪蝼步甲属
Pseudoclivina memnonia (Dejean) 门农伪蝼步甲
Pseudocloeon 假二翅蜉属，伪二翅蜉属
Pseudocloeon klapelini Klapálek 克氏假二翅蜉，克氏伪二翅蜉
Pseudocloeon latum (Agnew) 宽假二翅蜉，宽伪二翅蜉，双尾蜉蝣
Pseudocloeon purpurata Gui, Zhou *et* Su 紫假二翅蜉
Pseudocloeon ultimum Müller-Liebenau 同 *Acentrella gnom*
Pseudoclyzomedus 伪克天牛属
Pseudoclyzomedus hainanus Yamasako *et* Liu 海南伪克天牛
Pseudoclyzomedus ohbayashii Yamasako 大林伪克天牛

P

Pseudocneorhinus 遮眼象甲属，伪锉象甲属，伪锉象属，伪麻象甲属 < 该属学名有误写为 *Pseudocneorrhinus* 及 *Pseudocneorhynchus* 者 >

Pseudocneorhinus adamsi Roelofs 东北遮眼象甲，东北遮眼象，阿氏遮眼象，阿氏伪麻象

Pseudocneorhinus alternans Marshall 交替遮眼象甲，交替伪麻象

Pseudocneorhinus bifasciatus Roelofs [two-banded Japanese weevil, gooseberry weevil] 二带遮眼象甲，双带伪锉象甲，双横带伪麻象甲，二带遮眼象

Pseudocneorhinus hirsutus (Formánek) 毛遮眼象甲，毛遮眼象，毛犀齿象

Pseudocneorhinus minimus Roelofs 小遮眼象甲，小伪锉象，小遮眼象，最小遮眼象

Pseudocneorhinus obesus Roelofs 壮遮眼象甲，胖伪麻象，壮遮眼象

Pseudocneorhinus sellatus Marshall 塞遮眼象甲，鞍伪麻象，塞遮眼象

Pseudocneorhinus setosus Roelofs 刚毛遮眼象甲，刚毛遮眼象，刚毛伪麻象

Pseudocneorhinus squamosus Marshall 鳞片遮眼象甲，鳞片遮眼象，鳞遮眼象，鳞伪麻象

Pseudocneorhinus subcallosus (Voss) 瘤状遮眼象甲，瘤状伪锉象，瘤状遮眼象

pseudococcid 1. [= pseudococcid mealybug, mealybug, pseudococcid scale, pseudococcid scale insect] 粉蚧，粉介壳虫 < 粉蚧科 Pseudococcidae 昆虫的通称 >；2. 粉蚧科的

pseudococcid mealybug 见 pseudococcid

pseudococcid scale 见 pseudococcid

pseudococcid scale insect 见 pseudococcid

Pseudococcidae 粉蚧科，粉介壳虫科

Pseudococcinae 粉蚧亚科

Pseudococcobius 秀柯跳小蜂属

Pseudococcobius flavicornis Xu 黄角秀柯跳小蜂

Pseudococcus 粉蚧属，粉介壳虫属

Pseudococcus affinis (Maskell) 同 *Pseudococcus viburni*

Pseudococcus albizziae Maskell 见 *Melanococcus albizziae*

Pseudococcus aurilanatus Maskell 见 *Nipaecoccus aurilanatus*

Pseudococcus bambusicola Takahashi 见 *Formicococcus bambusicola*

Pseudococcus boninsis Kuwana 见 *Dysmicoccus boninsis*

Pseudococcus calceolariae (Maskell) [citrophilus mealybug] 柑橘栖粉蚧，嗜橘粉蚧，堆蜡粉蚧

Pseudococcus casuarinae (Takahashi) 木麻黄粉蚧

Pseudococcus citri (Risso) 见 *Planococcus citri*

Pseudococcus citriculus Green 同 *Pseudococcus cryptus*

Pseudococcus comstocki (Kuwana) [Comstock mealybug, catalpa mealybug] 康氏粉蚧，梨粉蚧，李粉蚧，桑粉蚧，康氏粉介壳虫

Pseudococcus crotonis Green 同 *Planococcus lilacinus*

Pseudococcus cryptus Hempel [citrus mealybug, citriculus mealybug, cryptic mealybug, Comstock mealybug, Japanese mealybug, coffee root mealybug] 柑橘棘粉蚧，橘小粉蚧

Pseudococcus debregeasiae Green 水麻粉蚧

Pseudococcus dybasi Beardsley 地巴斯粉蚧

Pseudococcus filamentosus Cockerell 橘丝粉蚧

Pseudococcus gahani Green 同 *Pseudococcus calceolariae*

Pseudococcus gilbertensis Beardsley 吉剥岛粉蚧

Pseudococcus jackbeardsleyi Gimpel *et* Miller 杰氏粉蚧，杰克贝尔氏粉蚧

Pseudococcus katsurae Shinji 同 *Phenacoccus pergandei*

Pseudococcus kusaiensis Beardsley 库载岛粉蚧

Pseudococcus longispinus (Targioni-Tozzetti) [long-tailed mealybug] 长尾粉蚧，长尾粉介壳虫

Pseudococcus macarangae Takahashi 见 *Formicococcus macarangae*

Pseudococcus macrocirculus Beardsley 大腹脐粉蚧

Pseudococcus maritimus (Ehrhorn) [grape mealybug, American grape mealybug, Baker's mealybug, ocean mealybug, Baker mealybug] 真葡萄粉蚧，海粉蚧，葡萄粉蚧

Pseudococcus marshallensis Beardsley 马歇尔粉蚧

Pseudococcus matsudoensis Kanda 同 *Dysmicoccus wistariae*

Pseudococcus microadonidum Beardsley 小长尾粉蚧

Pseudococcus multiductus Beardsley 多管腺粉蚧

Pseudococcus neomaritimus Beardsley 新葡萄粉蚧

Pseudococcus ogasawarensis Kawai 蓬宁岛粉蚧

Pseudococcus orchidicola Takahashi 兰花粉蚧

Pseudococcus philippinicus Williams 菲律宾粉蚧

Pseudococcus pini Kuwana 见 *Crisicoccus pini*

Pseudococcus piricola Shiraiwa 同 *Dysmicoccus wistariae*

Pseudococcus sacchari Cockerell 见 *Saccharicoccus sacchari*

Pseudococcus saccharicola Takahashi 东亚蔗粉蚧，台蔗粉蚧，甘蔗粉介壳虫

Pseudococcus solomonensis Williams 所罗门粉蚧

Pseudococcus trukensis Beardsley 面包果粉蚧

Pseudococcus viburni (Signoret) [obscure mealybug, tuber mealybug] 拟葡萄粉蚧，暗色粉蚧

Pseudococcus yapensis Beardsley 也本岛粉蚧

Pseudococcus zamiae (Lucas) 苏铁粉蚧

Pseudococcyx posticana (Zetterstedt) [dark pine shoot, Warren's shoot moth] 瓦氏伪仁卷蛾，华氏梢卷蛾

pseudocoel 假腔

Pseudocoenosia 伪秽蝇属

Pseudocoenosia fletcheri (Malloch) 乌拉尔伪秽蝇

Pseudocoenosia heilongjianga Xue 黑龙江伪秽蝇

Pseudocoenosia solitaria (Zetterstedt) 孤独伪秽蝇

Pseudocoladenia 襟弄蝶属

Pseudocoladenia dan (Fabricius) [fulvous pied flat] 襟弄蝶，黄襟弄蝶

Pseudocoladenia dan dan (Fabricius) 襟弄蝶指名亚种

Pseudocoladeina dan dea (Leech) 见 *Pseudocoladenia dea*

Pseudocoladenia dan decora (Evans) 见 *Pseudocoladenia dea decora*

Pseudocoladenia dan fabia (Evans) [Himalayan fulvous pied flat] 襟弄蝶中南亚种，海南黄襟弄蝶

Pseudocoladenia dan festa (Evans) 见 *Pseudocoladenia festa*

Pseudocoladenia dan sadakoe (Sonan *et* Mitono) 襟弄蝶台湾亚种，丹黄斑弄蝶，八仙山褐弄蝶，八仙山弄蝶

Pseudocoladenia dea (Leech) 黄襟弄蝶，大襟弄蝶，四川黄襟弄蝶

Pseudocoladenia dea dea (Leech) 黄襟弄蝶指名亚种

Pseudocoladenia dea decora (Evans) 黄襟弄蝶中南亚种，华东黄襟弄蝶

Pseudocoladenia fatua (Evans) 短带襟弄蝶
Pseudocoladenia festa (Evans) 密带襟弄蝶，云南黄襟弄蝶
Pseudocoladenia pinsbukana Shimonoya *et* Myrayama 拼襟弄蝶
Pseudocolaspis candens Ancey 见 *Macrocoma candens*
Pseudocolaspis himalayensis Jacoby 见 *Macrocoma himalayensis*
Pseudocollinella 伪丘小粪蝇属
Pseudocollinella humida (Haliday) 湿刺伪丘小粪蝇，湿伪丘小粪蝇
Pseudocollinella (Spinotarsella) parahumida Su 赝湿刺伪丘小粪蝇
Pseudocollinella (Spinotarsella) pseudohumida Papp 同 *Pseudocollinella humida*
Pseudocollix 假考尺蛾属
Pseudocollix hyperythra (Hampson) 假考尺蛾
Pseudocollix hyperythra catalalia (Prout) 假考尺蛾日本亚种，锈斑波尺蛾，假考尺蛾，卡假考尺蛾
Pseudocollix hyperythra hyperythra (Hampson) 假考尺蛾指名亚种，指名假考尺蛾
Pseudoconderis longipennis Pic 见 *Conderis longipennis*
pseudocone 拟晶锥 <某些昆虫的复眼中有一种软胶质的锥体，用以替代在其他种类中的晶锥>
pseudocone eye 拟晶锥眼
Pseudocopaeodes 黑脉端弄蝶属
Pseudocopaeodes eunus (Edwards) [alkali skipper] 黑脉端弄蝶
Pseudocophora 伪守瓜属
Pseudocophora bicolor Jacoby 双色伪守瓜
Pseudocophora carinata Yang 脊伪守瓜
Pseudocophora cochleata Yang 匙伪守瓜
Pseudocophora femoralis Laboissière 股伪守瓜
Pseudocophora flaveola Baly 黑腹伪守瓜
Pseudocophora pectoralis Baly 浅凹伪守瓜，黄伪守瓜
Pseudocophora uniplagiata Jacoby 背斑伪守瓜
Pseudocophora uniplagiata uniplagiata Jacoby 背斑伪守瓜指名亚种
Pseudocophora uniplagiata yunnana Chen 背斑伪守瓜云南亚种，云南背斑伪守瓜
Pseudocoremia 丛枝尺蛾属
Pseudocoremia fenerata Felder 针叶树丛枝尺蛾
Pseudocoremia leucelaea Meyrick 银丛枝尺蛾
Pseudocoremia productata Walker 新西兰松丛枝尺蛾
Pseudocoremia suavis Butler 甘饴丛枝尺蛾
Pseudocoruncanius 拟钻瓢蜡蝉属
Pseudocoruncanius flavostriatus Meng, Qin *et* Wang 黄纹拟钻瓢蜡蝉
Pseudocorylophidae [= Discolomatidae, Notiophygidae, Aphaenocephalidae, Discolomidae] 盘甲科
Pseudocosmetura 拟饰尾螽属
Pseudocosmetura anjiensis (Shi *et* Zheng) 安吉拟饰尾螽
Pseudocosmetura curva Shi *et* Bian 弯尾拟饰尾螽
Pseudocosmetura fengyangshanensis Liu, Zhou *et* Bi 凤阳山拟饰尾螽
Pseudocosmetura henanensis (Liu *et* Wang) 河南拟饰尾螽
Pseudocosmetura multicolor (Shi *et* Du) 杂色拟饰尾螽
Pseudocosmetura nanlingensis Shi *et* Bian 南岭拟饰尾螽
Pseudocosmetura wanglangensis Shi *et* Zhao 王朗拟饰尾螽
Pseudocosmia 斑白夜蛾属
Pseudocosmia maculata Kononenko 斑白夜蛾
Pseudocossonus 假朽木象甲属
Pseudocossonus planatus Marshall 平坦假朽木象甲，平坦假朽木象
Pseudocossus 假古蝉属
Pseudocossus ancylivenius Wang *et* Ren 弯脉假古蝉
Pseudocossus bellus Wang *et* Ren 美丽假古蝉
Pseudocossus punctulosus Wang *et* Ren 多点假古蝉
Pseudocreobotra 刺花螳属
Pseudocreobotra wahlbergi Stål [spiny flower mantis] 瓦氏刺花螳，刺花螳，刺花螳螂
Pseudocricotopus 伪环足摇蚊亚属，伪环足亚属
Pseudocroesia 伪长翅卷蛾属
Pseudocroesia coronaria Razowski 冠伪长翅卷蛾，伪克卷蛾
pseudocrop 拟嗉囊 <在半翅目昆虫中，中胃前区的扩大部分>
Pseudocsikia 拟斯叩甲属
Pseudocsikia formosana (Ôhira) 台湾拟斯叩甲，台湾斯氏叩甲
pseudocubitus 复肘脉 <指草蛉科 Chrysopidae 昆虫极复杂的肘脉>
Pseudoculicoides 类库蠓亚属
pseudoculi [s. pseudoculus] 1. 假眼；2. 拟眼器
pseudoculus [pl. pseudoculi] 1. 假眼；2. 拟眼器
Pseudocyanopterus 伪中脊茧蜂属
Pseudocyanopterus pagiophloeusis Samartsev *et* Li 齿喙象甲伪中脊茧蜂
Pseudocyanopterus raddeivorus Cao, van Achterberg *et* Yang 栗山天牛伪中脊茧蜂
Pseudocyriocrates 伪星天牛属
Pseudocyriocrates strandi Breuning 斯氏伪星天牛，伪星天牛
Pseudodacus pallens (Coquillett) 见 *Anastrepha pallens*
Pseudodavara 膨须斑螟属
Pseudodavara haemaphoralis (Hampson) 眼斑膨须斑螟，血红匙须螟
Pseudodeltote 拟沼夜蛾属
Pseudodeltote coenia (Swinhoe) 普拟沼夜蛾
Pseudodeltote formosana (Hampson) 宝岛拟沼夜蛾
Pseudodeltote postvittata (Wileman) 斑拟沼夜蛾
Pseudodeltote subcoenia (Wileman *et* South) 台湾拟沼夜蛾
Pseudodendrothrips 伪棍蓟马属，山蓟马属
Pseudodendrothrips bhattii Kudô 巴氏伪棍蓟马
Pseudodendrothrips fumosus Chen 灰伪棍蓟马，观音山蓟马
Pseudodendrothrips lateralis Wang 侧伪棍蓟马
Pseudodendrothrips mori (Niwa) [mulberry thrips] 桑伪棍蓟马，伪棍桑蓟马，桑蓟马
Pseudodendrothrips puerariae Zhang *et* Tong 葛藤伪棍蓟马
Pseudodendrothrips ulmi Zhang *et* Tong 榆伪棍蓟马，榆伪葛藤蓟马
Pseudodentroides 伪齿赤翅甲属
Pseudodentroides umenoi (Kôno) 梅野伪齿赤翅甲，尤拟派赤翅甲
Pseudodentroides uriana Kôno 乌莱伪齿赤翅甲
Pseudodera 双行跳甲属，双条背叶蚤属
Pseudodera apicalis Chen 双行跳甲
Pseudodera inornata Chen 无饰双行跳甲
Pseudodera leigongshannensis Yu 雷公山双行跳甲

Pseudodera xanthospila Baly 黄斑双行跳甲，黄斑双条背叶蚤
Pseudoderopeltis 伪大蠊属
Pseudoderopeltis dimidiata (Walker) 异形伪大蠊
Pseudodexilla 拟长足寄蝇属
Pseudodexilla gui (Chao) 顾氏拟长足寄蝇
pseudodiagastric type 伪横腹型
Pseudodiamesa 伪寡角摇蚊属，伪径摇蚊属
Pseudodiamesa branickii (Nowicki) 布兰妮伪寡角摇蚊，布伪寡角摇蚊，布伪径摇蚊
Pseudodiamesa nivosa (Goetghebuer) 雪伪寡角摇蚊，雪伪径摇蚊
Pseudodiamesa pertinax (Garrett) 顽伪寡角摇蚊，顽伪径摇蚊
Pseudodiceros 伪花金龟甲属
Pseudodiceros nigrocyaneus (Bourgoin) 墨伪花金龟甲，墨伪花金龟
Pseudodinotomus tricolor Uchida 同 *Agrothereutes abbreviatus*
Pseudodiopsis 拟突眼蝇属，伪柄眼蝇属
Pseudodiopsis detrahens (Walker) 寡拟突眼蝇，德拟突眼蝇，南洋柄眼蝇
Pseudodipsas 藓灰蝶属
Pseudodipsas cephenes Hewitson [bright forest-blue] 啬藓灰蝶
Pseudodipsas eone (Felder *et* Felder) [dark forest-blue] 藓灰蝶
Pseudododa 拟多达叶蝉属
Pseudododa orientalis Zhang, Wei *et* Webb 东方拟多达叶蝉
Pseudodoniella 泡盾盲蝽属
Pseudodoniella chinensis Zheng 肉桂泡盾盲蝽，肉桂盲蝽
Pseudodoniella pacifica China *et* Carvalho 太平洋泡盾盲蝽
Pseudodoniella typica (China *et* Carvalho) 八角泡盾盲蝽
Pseudodoxia 仿织蛾属
Pseudodoxia achlyphanes (Meyrick) 枯仿织蛾
Pseudodrephalys 锦弄蝶属
Pseudodrephalys atinas (Mabille) 锦弄蝶
Pseudodrephalys hypargus (Mabille) [hypargus skipper] 辉锦弄蝶
Pseudodrephalys sohni Burns 索氏锦弄蝶
Pseudodryinus 拟螯蜂属
Pseudodryinus sinensis Olmi 华拟螯蜂
Pseudodura dasychiroides Strand 同 *Olene dudgeoni*
Pseudodura disparilis (Staudinger) 见 *Numenes disparilis*
Pseudoechthistatus 猫眼天牛属 <该属名有误写为 *Pseudechthistatus* 者>
Pseudoechthistatus acutipennis Chiang 尖翅猫眼天牛
Pseudoechthistatus chiangshunani Bi *et* Lin 蒋书楠猫眼天牛
Pseudoechthistatus glabripennis Bi *et* Lin 光翅猫眼天牛
Pseudoechthistatus granulatus Breuning 粒翅猫眼天牛
Pseudoechthistatus holzschuhi Bi *et* Lin 霍氏猫眼天牛
Pseudoechthistatus obliquefasciatus Pic 斜带猫眼天牛
pseudodominance 假显性
pseudoelytra [s. pseudoelytron] 拟平衡棒，拟鞘翅 <指捻翅目昆虫的退化前翅>
pseudoelytron [pl. pseudoelytra; = pseudohaltere] 拟平衡棒，拟鞘翅
Pseudoeoscyllina 拟埃蝗属 <此属学名有误写为 *Pseudoeocyllina* 者>
Pseudoeoscyllina brevipennis Sun *et* Zheng 短翅拟埃蝗
Pseudoeoscyllina brevipennisoides Zhang, Zheng *et* Yang 拟短翅拟埃蝗
Pseudoeoscyllina golmudensis Zheng *et* Chen 格尔木拟埃蝗
Pseudoeoscyllina helanshanensis Zheng, Zeng *et* Zhang 贺兰山拟埃蝗
Pseudoeoscyllina longicorna Liang *et* Jia 长角拟埃蝗
Pseudoeoscyllina rufitibialis (Li, Ji *et* Lin) 红胫拟埃蝗，红胫埃蝗
Pseudoeoscyllina xilingensis Zheng, Lin *et* Qiu 锡林拟埃蝗
Pseudoergolini 秀蛱蝶族
Pseudoeuselates 拟丽花金龟甲属
Pseudoeuselates setipes (Westwood) 塞拟丽花金龟甲，塞背花金龟
Pseudofentonia 拟纷舟蛾属，拟纷舟蛾亚属
Pseudofentonia argentifera (Moore) 见 *Pseudofentonia* (*Pseudofentonia*) *argentifera*
Pseudofentonia argentifera antiflavus Schintlmeister 见 *Pseudofentonia* (*Pseudofentonia*) *argentifera antiflavus*
Pseudofentonia argentifera argentifera (Moore) 见 *Pseudofentonia* (*Pseudofentonia*) *argentifera argentifera*
Pseudofentonia bipunctata Okano 见 *Libido bipunctata*
Pseudofentonia brechlini Schintlmeister 布氏拟纷舟蛾，布拟纷舟蛾
Pseudofentonia brechlini brechlini Schintlmeister 布氏拟纷舟蛾指名亚种，布拟纷舟蛾
Pseudofentonia brechlini nanlingensis Kishida *et* Wang 布氏拟纷舟蛾南岭亚种，布拟纷舟蛾南岭亚种，南岭拟纷舟蛾
Pseudofentonia difflua Schintlmeister 散拟纷舟蛾
Pseudofentonia difflua ampat Schintlmeister 散拟纷舟蛾中南亚种
Pseudofentonia difflua difflua Schintlmeister 散拟纷舟蛾指名亚种
Pseudofentonia diluta (Hampson) 见 *Pseudofentonia* (*Disparia*) *diluta*
Pseudofentonia diluta abraama (Schaus) 见 *Pseudofentonia* (*Disparia*) *diluta abraama*
Pseudofentonia diluta variegata (Wileman)见*Pseudofentonia* (*Disparia*) *diluta variegata*
Pseudofentonia (***Disparia***) ***diluta*** (Hampson) 弱拟纷舟蛾，稀拟纷舟蛾，稀蚁舟蛾
Pseudofentonia (***Disparia***) ***diluta abraama*** (Schaus) 弱拟纷舟蛾西南亚种，阿稀拟纷舟蛾，阿纷舟蛾
Pseudofentonia (***Disparia***) ***diluta diluta*** (Hampson) 弱拟纷舟蛾指名亚种
Pseudofentonia (***Disparia***) ***diluta variegata*** (Wileman) 弱拟纷舟蛾台湾亚种，变稀拟纷舟蛾，异拟纷舟蛾，雾回舟蛾，弱拟纷舟蛾
Pseudofentonia (***Disparia***) ***dua*** Schintlmeister 段拟纷舟蛾
Pseudofentonia (***Disparia***) ***grisescens*** Gaede 灰拟纷舟蛾，斜带新林舟蛾
Pseudofentonia (***Disparia***) ***kobayashii*** (Wu) 小林纷舟蛾，小林氏回舟蛾
Pseudofentonia (***Disparia***) ***mediopallens*** (Sugi) 中白拟纷舟蛾，雪拟纷舟蛾
Pseudofentonia (***Disparia***) ***wilemani*** (Matsumura) 韦氏纷舟蛾，韦氏回舟蛾
Pseudofentonia (***Dymantis***) ***tiga*** Schintlmeister 黛拟纷舟蛾
Pseudofentonia emiror Schintlmeister 见 *Pseudofentonia* (*Eufentonia*) *emiror*
Pseudofentonia (***Eufentonia***) ***emiror*** Schintlmeister 黑带拟纷舟

蛾，黑带新林舟蛾，埃拟纷舟蛾

Pseudofentonia* (*Eufentonia*) *nakamurai (Sugi) 中村拟纷舟蛾，藕色新林舟蛾，中村氏拟纷舟蛾

Pseudofentonia grisescens Gaede 见 *Pseudofentonia* (*Disparia*) *grisescens*

Pseudofentonia maculata (Moore) 见 *Pseudofentonia* (*Polystictina*) *maculata*

Pseudofentonia marginalis (Matsumura) 见 *Neodrymonia* (*Neodrymonia*) *marginalis*

Pseudofentonia mars Kobayashi *et* Wang 玛拟纷舟蛾

Pseudofentonia medioalbida Nakamura 见 *Pseudofentonia* (*Mimus*) *medioalbida*

Pseudofentonia mediopallens (Sugi) 见 *Pseudofentonia* (*Disparia*) *mediopallens*

Pseudofentonia* (*Mimus*) *medioalbida Nakamura 白中拟纷舟蛾

Pseudofentonia* (*Mimus*) *nigrofasciata (Wileman) 黑纹拟纷舟蛾，黑带拟纷舟蛾，高山回舟蛾，平回舟蛾，黑带纷舟蛾

Pseudofentonia nakamurai (Sugi) 见 *Pseudofentonia* (*Eufentonia*) *nakamurai*

Pseudofentonia nigrofasciata (Wileman) 见 *Pseudofentonia* (*Mimus*) *nigrofasciata*

Pseudofentonia nivala Yang 同 *Pseudofentonia* (*Disparia*) *mediopallens*

Pseudofentonia plagiviridis (Moore) 见 *Pseudofentonia* (*Viridifentonia*) *plagiviridis*

Pseudofentonia plagiviridis maximum Schintlmeister 见 *Pseudofentonia* (*Viridifentonia*) *plagiviridis maximum*

Pseudofentonia plagiviridis plagiviridis (Moore) 见 *Pseudofentonia* (*Viridifentonia*) *plagiviridis plagiviridis*

Pseudofentonia* (*Polystictina*) *maculata (Moore) 斑拟纷舟蛾，波斑回舟蛾

Pseudofentonia* (*Pseudofentonia*) *argentifera (Moore) 银拟纷舟蛾，拟纷舟蛾

Pseudofentonia* (*Pseudofentonia*) *argentifera antiflavus Schintlmeister 银拟纷舟蛾西南亚种

Pseudofentonia* (*Pseudofentonia*) *argentifera argentifera (Moore) 银拟纷舟蛾指名亚种

Pseudofentonia terminalis (Kiriakoff) 端拟纷舟蛾

Pseudofentonia terminalis anmashanensis Kishida 端拟纷舟蛾鞍马山亚种，鞍马山端拟纷舟蛾

Pseudofentonia terminalis terminalis (Kiriakoff) 端拟纷舟蛾指名亚种

Pseudofentonia variegata (Wileman) 见 *Pseudofentonia* (*Disparia*) *diluta variegata*

Pseudofentonia* (*Viridifentonia*) *plagiviridis (Moore) 绿拟纷舟蛾，绿间掌舟蛾，绿纹拟纷舟蛾

Pseudofentonia* (*Viridifentonia*) *plagiviridis maximum Schintlmeister 绿拟纷舟蛾大型亚种

Pseudofentonia* (*Viridifentonia*) *plagiviridis plagiviridis (Moore) 绿拟纷舟蛾指名亚种

Pseudoficalbia 伪费蚊亚属，穴蚊亚属

Pseudoformicaleo 齿爪蚁蛉属

Pseudoformicaleo jakobsoni Weele 同 *Pseudoformicaleo nubecula*

Pseudoformicaleo nubecula (Gerstaecker) 暗齿爪蚁蛉，齿爪蚁蛉

Pseudoformicaleo pallidius Yang 淡齿爪蚁蛉，淡齐脉蚁蛉

Pseudogargetta 愚舟蛾属

Pseudogargetta marmorata (Kiriakoff) 愚舟蛾，石纹布舟蛾

Pseudogaurax 长盾秆蝇属

Pseudogaurax densipilus Duda 见 *Gaurax densipilus*

pseudogene 假基因

Pseudogenius 拟环斑金龟甲属

Pseudogenius viridicatus Ma 绿拟环斑金龟甲

Pseudogignotettix 拟扁蚱属

Pseudogignotettix emeiensis Zheng 峨眉拟扁蚱

Pseudogignotettix guangdongensis Liang 广东拟扁蚱

Pseudoglochina 假突细大蚊亚属

Pseudoglomeris dubia Hanitsch 同 *Corydidarum magnifica*

Pseudognaptodon 拟塬腹茧蜂属

Pseudognaptodon sinensis Tan *et* van Achterberg 中华拟塬腹茧蜂

Pseudognaptorina 伪琵甲属

Pseudognaptorina exsertogena Shi, Ren *et* Merkl 隆颊伪琵甲

Pseudognaptorina flata Liu *et* Ren 扁平伪琵甲

Pseudognaptorina obtuse Shi, Ren *et* Merkl 钝脊伪琵甲

Pseudognathaphanus 伪颚步甲属

Pseudognathaphanus punctilabris (MacLeay) 点唇伪颚步甲

Pseudogonatopus 伪双距螯蜂属

Pseudogonatopus bicuspis Olmi 见 *Gonatopus bicuspis*

Pseudogonatopus lankae Ponomarenko 见 *Gonatopus lankae*

Pseudogonatopus malesiae Olmi 见 *Gonatopus malesiae*

Pseudogonatopus nepalensis Olmi 见 *Gonatopus nepalensis*

Pseudogonatopus nudus Perkins 见 *Gonatopus nudus*

Pseudogonatopus pusanus Olmi 同 *Gonatopus nigricans*

Pseudogonatopus sarawakensis (Olmi) 见 *Gonatopus sarawakensis*

Pseudogonatopus sogatea Rohwer 同 *Gonatopus nigricans*

Pseudogonatopus validus Olmi 见 *Gonatopus validus*

Pseudogonerilia 拟工灰蝶属

Pseudogonerilia kitawakii (Koiwaya) 北协拟工灰蝶，北协珂灰蝶

Pseudogonia 拟芒寄蝇属

Pseudogonia rufifrons (Wiedemann) 红额拟芒寄蝇，红额拟膝芒寄蝇，红颜寄蝇

Pseudogoniopsita 伪角秆蝇属

Pseudogoniopsita siphonelloides (Becker) 长管伪角秆蝇，高雄秆蝇，管奥秆蝇，长管异影秆蝇

Pseudogousa 绿脉螳属

Pseudogousa sinensis Tinkham 中华绿脉螳

pseudogyna 伪母 < 指进行孤雌生殖的雌性昆虫；在蚁类中，特指一种无翅工蚁状蚁，其大小及腹部似工蚁，而胸部特征似雌蚁 >

pseudogyna fundatrices [s. pseudogyna fundatrix; = stem mothers, fundatrices (s. fundatrix)] 干母 < 见于蚜虫中 >

pseudogyna fundatrix [pl. pseudogyna fundatrices; = stem mother, fundatrix (pl. fundatrices)] 干母

pseudogyna gemman 干母后裔 < 指蚜虫干母或有翅迁移蚜的无翅后代 >

pseudogyna migran 干母翅裔 < 指蚜虫干母的有翅后代 >

pseudogyna pupifera 产性伪母 < 指蚜虫干母后裔的最后世代，产生真有性蚜 >

Pseudogyrtona 伪基夜蛾属

Pseudogyrtona marmorea (Wileman) 玛伪基夜蛾，玛修裳蛾

Pseudogyrtona ochreopuncta Wileman *et* South 赭点伪基夜蛾

Pseudohadena 拟哈夜蛾属

Pseudohadena armata Alphéraky 拟哈夜蛾
Pseudohadena commoda (Staudinger) 康拟哈夜蛾
Pseudohadena crassipuncta (Püngeler) 粗点拟哈夜蛾
Pseudohadena immunda (Eversmann) 伊拟哈夜蛾
Pseudohadena laciniosa (Christoph) 拉拟哈夜蛾
Pseudohadena sergia (Püngeler) 塞拟哈夜蛾
Pseudohadena siri (Erschoff) 西拟哈夜蛾
Pseudohaetera 拟晶眼蝶属
Pseudohaetera hypaesia (Hewitson) 拟晶眼蝶，水晶眼蝶，白粉眼蝶
Pseudohagala 拟阿博鸣螽属
Pseudohagala shihi Li, Ren *et* Wang 史氏拟阿博鸣螽
pseudohaltere [= pseudoelytron] 拟平衡棒，拟鞘翅
Pseudohampsonella 拟汉刺蛾属
Pseudohampsonella argenta Solovyev *et* Saldaitis 银拟汉刺蛾
Pseudohampsonella bayizhena Wu *et* Pan 八一拟汉刺蛾
Pseudohampsonella erlanga Solovyev *et* Saldaitis 二郎拟汉刺蛾
Pseudohampsonella hoenei Solovyev *et* Saldaitis 赫氏拟汉刺蛾
Pseudohaptoderus 藏通缘步甲亚属
Pseudohedya 发小卷蛾属
Pseudohedya retracta Falkovitsh 缩发小卷蛾，伪赫卷蛾
Pseudohemitaxonus 拟尖叶蜂属
Pseudohemitaxonus taiwanus Naito 台湾拟尖叶蜂
Pseudohercostomus 伪寡长足虻属
Pseudohercostomus sinensis Yang *et* Grootaert 中华伪寡长足虻
Pseudohermenias 翅小卷蛾属
Pseudohermenias ajanensis Falkovitsh 灰翅小卷蛾
Pseudohermenias clausthaliana (Saxesen) 黑翅小卷蛾
Pseudohermonassa 拟狭翅夜蛾属，黑卡夜蛾属
Pseudohermonassa melancholica (Lederer) 黑拟狭翅夜蛾，黑卡夜蛾
Pseudohermonassa ononensis (Bremer) 漫拟狭翅夜蛾，漫卡夜蛾
Pseudohermonassa owadai Ronkay, Ronkay, Fu *et* Wu 高山拟狭翅夜蛾
Pseudohesperus 伪长须隐翅甲属，伪金星隐翅甲属
Pseudohesperus luteus Li *et* Zhou 见 *Eccoptolonthus luteus*
Pseudohesperus pedatiformis Li *et* Zhou 见 *Eccoptolonthus pedatiformis*
Pseudohesperus rutiliventris (Sharp) 见 *Eccoptolonthus rutiliventris*
Pseudohesperus sparsipunctatus Li *et* Zhou 见 *Eccoptolonthus sparsipunctatus*
Pseudohesperus tripartitus Li *et* Zhou 见 *Eccoptolonthus tripartitus*
pseudohibernation 假冬蛰
Pseudoholocampsa 伪全结翅蠊属
Pseudoholocampsa formosana Shiraki 同 *Holocompsa debilis*
Pseudoholostrophus 类全斑蕈甲属
Pseudoholostrophus klapperichi (Pic) 克氏类全斑蕈甲，克哈长朽木甲
Pseudohoplia 伪单爪鳃金龟甲亚属，伪单爪鳃金龟属
Pseudohoplia campestris (Fairmaire) 见 *Hoplia campestris*
Pseudohoplia gabriellina (Fairmaire) 见 *Hoplia gabriellina*
Pseudohoplia shibatai Miyake 见 *Hoplia shibatai*
Pseudohoplia shibatai makiharai Miyake 见 *Hoplia shibatai makiharai*
Pseudohoplia shibatai matsudai Miyake 同 *Hoplia shibatai shibatai*
Pseudohoplia shibatai shibatai Miyake 见 *Hoplia shibatai shibatai*
Pseudohoplia shibatai yushana Miyake 同 *Hoplia shibatai shibatai*
Pseudohoplitis 弱舟蛾属
Pseudohoplitis vernalis infuscata Gaede 见 *Shachia vernalis infuscata*
Pseudohylesinus 平海小蠹属
Pseudohylesinus dispar Blackman 散平海小蠹
Pseudohylesinus dispar dispar Blackman 散平海小蠹指名亚种
Pseudohylesinus dispar pullatus Blackman 散平海小蠹暗色亚种，暗色平海小蠹
Pseudohylesinus grandis Swaine [grand fir barkbeetle] 圆鳞平海小蠹
Pseudohylesinus granulatus (LeConte) [fir root bark-beetle] 粗点平海小蠹，颗瘤平海小蠹
Pseudohylesinus maculosus Blackman 烟斑平海小蠹
Pseudohylesinus nebulosus (LeConte) [Douglas fir pole beetle, Douglas fir hylesinus] 齿缘平海小蠹
Pseudohylesinus nobilis Swaine [noble fir bark beetle] 宽鳞平海小蠹，高雅平海小蠹
Pseudohylesinus pini Wood 松齿平海小蠹
Pseudohylesinus sericeus (Mannerheim) [silver fir beetle] 银杉平海小蠹，绢丝平海小蠹
Pseudohylesinus sitchensis Swaine 宽额平海小蠹
Pseudohylesinus tsugae Swaine [western hemlock bark-beetle] 铁杉平海小蠹
Pseudohyllisia 伪骇天牛属
Pseudohyllisia laosensis Breuning 老挝伪骇天牛
Pseudohyorrhynchus 伪喙小蠹属
Pseudohyorrhynchus wadai Murayama 大和伪喙小蠹
pseudohypognathous 拟下口式的 <指头部的前部弯曲使昆虫形似前口式而实为下口式的>
Pseudoinope 暮斑蛾属
Pseudoinope fusca (Leech) 暮斑蛾，小黑斑蛾
Pseudoips 饰夜蛾属，碧夜蛾属
Pseudoips amarilla (Draft) 矫饰夜蛾，衡碧夜蛾
Pseudoips fagana (Fabricius) 饰夜蛾，碧夜蛾
Pseudoips magnifica (Leech) 同 *Pseudoips sylpha*
Pseudoips nereida (Draudt) 内饰夜蛾，内碧夜蛾
Pseudoips prasinana (Linnaeus) [green silver lines] 山毛榉饰夜蛾，山毛榉青实蛾，饰夜蛾，葱绿碧夜蛾，碧夜蛾
Pseudoips sylpha (Butler) 希饰夜蛾，淑碧夜蛾，白条青实蛾
Pseudoips sylphina Sugi 台湾饰夜蛾
Pseudojana incandescens (Walker) 丝光带蛾
Pseudokamikiria 伪叉尾天牛属
Pseudokamikiria gressitti (Tippman) 嘉氏伪叉尾天牛
Pseudokerana 伪角弄蝶属
Pseudokerana fulgur (de Nicéville) [orange-banded lancer] 伪角弄蝶
Pseudoklobea 拟科蝤属
Pseudoklobea immaculata (Li) 无斑拟科蝤
Pseudoklobea nigrisetosa Li 黑毛拟科蝤
Pseudoklobea phaea Li 暗条拟科蝤
Pseudoklobea xanthoptera Li 黄翅拟科蝤
Pseudoklobea xuthosticta Li 黄褐拟科蝤
Pseudokuzicus 拟库螽属，拟库螽亚属
Pseudokuzicus (Pseudokuzicus) acinacus Shi, Mao *et* Chang 弯端

拟库螽

Pseudokuzicus (Pseudokuzicus) furcicaucdus (Mu, He *et* Wang) 叉尾拟库螽，叉尾剑螽

Pseudokuzicus (Pseudokuzicus) pieli (Tinkham) 比尔拟库螽，皮氏拟库螽，皮氏剑螽

Pseudokuzicus (Pseudokuzicus) platynus Di, Bian, Shi *et* Chang 宽端拟库螽

Pseudokuzicus (Pseudokuzicus) spinus Shi, Mao *et* Chang 刺端拟库螽

Pseudokuzicus (Pseudokuzicus) trianglus Di, Bian, Shi *et* Chang 角突拟库螽

Pseudokuzicus (Similkuzicus) longidentatus Chang, Zheng *et* Wang 长齿似库螽

Pseudokuzicus (Similkuzicus) quadridentatus Shi, Mao *et* Chang 四齿似库螽

Pseudolasius 拟毛蚁属，伪毛山蚁属

Pseudolasius binghami Emery 宾氏拟毛蚁

Pseudolasius binghami binghami Emery 宾氏拟毛蚁指名亚种

Pseudolasius binghami taiwanae Forel 宾氏拟毛蚁台湾亚种，台湾拟毛蚁，台湾伪毛蚁，台湾伪毛山蚁，台秉氏拟毛蚁

Pseudolasius cibdelus Wu *et* Wang 污黄拟毛蚁

Pseudolasius emeryi Forel 埃氏拟毛蚁

Pseudolasius familiaris (Smith) 普通拟毛蚁

Pseudolasius hummeli Stitz 小拟毛蚁

Pseudolasius risii Forel 里氏拟毛蚁

Pseudolasius sauteri Forel 邵氏拟毛蚁，邵氏伪毛蚁，索氏拟毛蚁，邵氏伪毛山蚁

Pseudolasius taiwanae Forel 见 *Pseudolasius binghami taiwanae*

Pseudolathra 伪线隐翅甲属，伪隆线隐翅虫属

Pseudolathra bipectinata Assing 双栉伪线隐翅甲

Pseudolathra cylindrata Li, Solodovnikov *et* Zhou 筒伪线隐翅甲

Pseudolathra glabra Peng *et* Li 光伪线隐翅甲

Pseudolathra lineata Herman 丝伪线隐翅甲，黑纹伪隆线隐翅虫

Pseudolathra pulchella (Kraatz) 丽伪线隐翅甲，丽伪隆线隐翅虫

Pseudolathra regularis (Sharp) 常伪线隐翅甲，常伪隆线隐翅虫

Pseudolathra transversiceps Assing 横伪线隐翅甲

Pseudolathra unicolor (Kraatz) 单色伪线隐翅甲，方头隆线隐翅虫

Pseudoleptonema 拟细纹石蛾属

Pseudoleptonema quinquefasciatum (Martynov) 五带拟细纹石蛾，五带巨角纹石蛾

Pseudolepturini 折天牛族

Pseudolestes 拟丝蟌属

Pseudolestes mirabilis Kirby 丽拟丝蟌，丽拟大丝蟌

pseudolestid 1. [= pseudolestid damselfly] 拟丝蟌 <拟丝蟌科 Pseudolestidae 昆虫的通称>；2. 拟丝蟌科的

pseudolestid damselfly [= pseudolestid] 拟丝蟌

Pseudolestidae 拟丝蟌科

Pseudolestomerus 拟隶盗猎蝽属

Pseudolestomerus gracilis Villiers 细拟隶盗猎蝽

Pseudolichas 伪花甲属

Pseudolichas nigronotatus Pic 见 *Dascillus nigronotatus*

Pseudolichas nivipictus Fairmaire 见 *Dascillus nivipictus*

Pseudolichas ruficornis Pic 同 *Pseudolichas nivipictus*

Pseudolichas sulcifrons Deyrolle *et* Fairmaire 见 *Petalon sulcifrons*

Pseudolichas superbus Pic 见 *Dascillus superbus*

Pseudolichas suturellus Fairmaire 缝伪花甲

Pseudolichas uniformis Pic 一致伪花甲

Pseudoligomerus 伪利蛩属

Pseudoligomerus hummeli Pic 哈伪利蛩

Pseudoligosita 伪寡赤眼蜂属

Pseudoligosita acuticlavata (Lin) 尖角伪寡赤眼蜂，尖角寡索赤眼蜂

Pseudoligosita brecicilia (Girault) 短毛伪寡赤眼蜂，短毛寡索赤眼蜂

Pseudoligosita curvata (Lin) 弯管伪寡赤眼蜂，弯管寡索赤眼蜂

Pseudoligosita elongata (Lin) 长索伪寡赤眼蜂，长索寡索赤眼蜂

Pseudoligosita grandiocella (Lin) 大眼伪寡赤眼蜂，大眼寡索赤眼蜂

Pseudoligosita krygeri (Girault) 肿脉伪寡赤眼蜂，肿脉寡索赤眼蜂

Pseudoligosita longicornis (Lin) 长角伪寡赤眼蜂，长角寡索赤眼蜂

Pseudoligosita nephotettica (Mani) 叶蝉伪寡索赤眼蜂，叶蝉寡索赤眼蜂

Pseudoligosita spiniclavata (Lin) 刺角伪寡赤眼蜂，刺角寡索赤眼蜂

Pseudoligosita stenostigma (Lin) 窄痣伪寡赤眼蜂，窄痣寡索赤眼蜂

Pseudoligosita transiscutata (Lin) 横盾伪寡赤眼蜂，横盾寡索赤眼蜂

Pseudoligosita yasumatsui (Viggiani *et* Subba Rao) 飞虱伪寡赤眼蜂，飞虱寡索赤眼蜂

Pseudolimnophila 准拟大蚊属，塘大蚊属，伪沼大蚊属

Pseudolimnophila autumnalis Alexander 见 *Austrolimnophila (Austrolimnophila) autumnalis*

Pseudolimnophila bruneinota Alexander 布氏准拟大蚊，棕斑准拟大蚊，棕斑伪沼大蚊

Pseudolimnophila chikurina Alexander 竹林准拟大蚊，竹林塘大蚊，台伪沼大蚊

Pseudolimnophila concussa Alexander 海南准拟大蚊，震动准拟大蚊，汇伪沼大蚊

Pseudolimnophila descripta Alexander 峦山准拟大蚊，峦山塘大蚊

Pseudolimnophila inconcussa (Alexander) 东京准拟大蚊，东京塘大蚊，非汇伪沼大蚊

Pseudolimnophila marcida Alexander 见 *Austrolimnophila (Austrolimnophila) marcida*

Pseudolimnophila projecta Alexander 凸准拟大蚊，凸伪沼大蚊

Pseudolimnophila seticostata Alexander 毛准拟大蚊，毛缘准拟大蚊，毛缘伪沼大蚊

Pseudolina 拟金叶甲属

Pseudoliodes chinensis Hlisnikovsky 同 *Pseudcolenis hilleri*

Pseudoliprus 伪束跳甲属

Pseudoliprus bisulcatus Chen *et* Wang 双沟伪束跳甲

Pseudoliprus chinensis Medvedev 中国伪束跳甲

Pseudoliprus hirtus (Baly) 毛伪束跳甲，毛长跳甲

Pseudoliprus kimotonis Komiya 木元伪束跳甲

Pseudoliprus kurosawai (Nakane) 台湾伪束跳甲

Pseudoliprus lalashanensis Komiya 拉拉山伪束跳甲

Pseudoliprus saigusai Kimoto 南投伪束跳甲

Pseudoliroetis 凸胸萤叶甲属

Pseudoliroetis fulvipennis (Jacoby) 见 *Siemssenius fulvipennis*

Pseudoliroetis metallipennis Chûjô 见 *Siemssenius metallipennis*
Pseudoliroetis nigriceps Laboissière 见 *Siemssenius nigriceps*
Pseudoliroetis rufipennis Chûjô 见 *Siemssenius rufipennis*
Pseudoliroetis trifasciatus (Jiang) 见 *Siemssenius trifasciatus*
pseudolobe 拟叶突 < 部分介壳虫在臀板缘内的似叶状突出 >
Pseudolontha canaliculata Fairmaire 见 *Brahmina canaliculata*
Pseudoloxops 突额盲蝽属
Pseudoloxops chinensis (Hsiao) 见 *Michailocoris chinensis*
Pseudoloxops guttatus Zou 紫斑突额盲蝽，斑突额盲蝽
Pseudoloxops lateralis (Poppius) 侧突额盲蝽，侧带盲蝽
Pseudoloxops marginatus Zou 红缘突额盲蝽
Pseudolucanus 伪锹甲亚属，伪锹甲属
Pseudolucanus atratus (Hope) 见 *Lucanus atratus*
Pseudolucanus denticulus Boucher 见 *Noseolucanus denticulus*
Pseudolucanus prometheus Boucher *et* Huang 见 *Lucanus prometheus*
Pseudolucia 莹灰蝶属
Pseudolucia andina (Bartlett-Calvert) [Andean blue] 安莹灰蝶
Pseudolucia annamaria (Bálint *et* Johnson) 安娜莹灰蝶
Pseudolucia argentina (Balletto) [Argentine blue] 翠秀莹灰蝶
Pseudolucia asafi (Benyamini, Bálint *et* Johnson) 阿萨莹灰蝶
Pseudolucia aureliana (Bálint *et* Johnson) 华丽莹灰蝶
Pseudolucia avishai (Benyamini, Bálint *et* Johnson) 阿卫莹灰蝶
Pseudolucia benyamini (Bálint *et* Johnson) [Dubi's blue, benyamini blue] 斑莹灰蝶
Pseudolucia charlotte (Bálint *et* Johnson) 茶莹灰蝶
Pseudolucia chilensis (Blanchard) 莹灰蝶
Pseudolucia clarea (Bálint *et* Johnson) 克莱莹灰蝶
Pseudolucia collina (Philippi) 点莹灰蝶
Pseudolucia grata (Kohler) 戈来莹灰蝶
Pseudolucia hazeorum (Bálint *et* Johnson) 雅莹灰蝶
Pseudolucia humbert (Bálint *et* Johnson) 土莹灰蝶
Pseudolucia kinbote Bálint *et* Johnson [flashing blue, Kinbote's blue] 闪莹灰蝶
Pseudolucia lanin (Bálint *et* Johnson) 羊毛莹灰蝶
Pseudolucia lyrnessa (Hewitson) 丽莹灰蝶
Pseudolucia magellana (Benyamini, Bálint *et* Johnson) 玛莹灰蝶
Pseudolucia neuqueniensis (Bálint *et* Johnson) 纽莹灰蝶
Pseudolucia oligocyanea (Ureta) [tumbre blue] 青蓝莹灰蝶
Pseudolucia parana (Bálint) 帕莹灰蝶
Pseudolucia patago (Mabille) 边带莹灰蝶
Pseudolucia penai (Bálint *et* Johnson) 佩娜莹灰蝶
Pseudolucia plumbea (Butler) 羽莹灰蝶
Pseudolucia scintilla (Balletto) 神莹灰蝶
Pseudolucia shapiroi (Bálint *et* Johnson) 沙莹灰蝶
Pseudolucia sibylla (Kirby) [southern blue] 丝比莹灰蝶
Pseudolucia talia (Benyamini, Bálint *et* Johnson) 塔利亚莹灰蝶
Pseudolucia tamara (Bálint *et* Johnson) 塔莹灰蝶
Pseudolucia vera (Bálint *et* Johnson) 维拉莹灰蝶
Pseudolucia whitakeri (Bálint *et* Johnson) 威莹灰蝶
Pseudolucia zina (Bálint *et* Johnson) 择娜莹灰蝶
Pseudolycaena 伪灰蝶属
Pseudolycaena damo (Druce) [sky-blue hairstreak, damo hairstreak] 斑伪灰蝶
Pseudolycaena marsyas (Linnaeus) [Cambridge blue, giant hairstreak, Marsyas hairstreak] 蓝伪灰蝶
Pseudolycoriella 伪厉眼蕈蚊属
Pseudolycoriella bruckii (Winnertz) 台湾伪厉眼蕈蚊
Pseudolycoriella mecocteniuni (Zhang *et* Yang) 长梳伪厉眼蕈蚊，长梳迟眼蕈蚊
Pseudolycoriella microcteniuni (Yang *et* Zhang) 小梳伪厉眼蕈蚊，小梳迟眼蕈蚊
Pseudolycoriella pammela (Edwards) 全伪厉眼蕈蚊，马来伪厉眼蕈蚊
Pseudolynchia 拟虱蝇属
Pseudolynchia canariensis (Macquart) [pigeon fly] 家鸽拟虱蝇，鸽虱蝇，家鸽虱蝇
Pseudolynchia exornata (Speiser) 同 *Pseudolynchia canariensis*
Pseudolynchia garzettae (Róndani) 夜鹰拟虱蝇，夜鹰虱蝇
Pseudolynchia maura (Bigot) 同 *Pseudolynchia canariensis*
Pseudolytta 伪绿芫菁亚属
Pseudomacedna 伪玛螽属
Pseudomacedna nigrogeniculata Liu 黑膝伪玛螽
Pseudomacedna obscura Liu 暗色伪玛螽
Pseudomacrochenus 伪鹿天牛属
Pseudomacrochenus albipennis Chiang 白尾伪鹿天牛
Pseudomacrochenus antennatus (Gahan) 伪鹿天牛
Pseudomacrochenus oberthuri Breuning 奥氏伪鹿天牛
Pseudomacrochenus spinicollis Breuning 尖尾伪鹿天牛
Pseudomacrochenus wusuae He, Liu *et* Wang 午苏伪鹿天牛
Pseudomacromotettix 伪大磨蚱属
Pseudomacromotettix taiwanensis Zheng, Li *et* Lin 台湾伪大磨蚱
Pseudomacrophya 短唇钩瓣叶蜂亚属
Pseudomadasumma 伪玛蟋属
Pseudomadasumma maculata Shiraki 斑伪玛蟋
pseudomaesa dart [= Indian dart, common dart, *Potanthus pseudomaesa* (Moore)] 拟美黄室弄蝶，木黄室弄蝶
Pseudomaladera 伪玛绢金龟甲属，毛金龟属
Pseudomaladera nitidifrons Nomura 光额伪玛绢金龟甲，光额伪玛绢金龟，伪绒毛金龟
Pseudomallada 叉草蛉属，拟玛草蛉属
Pseudomallada albofrontata (Yang *et* Yang) 白面叉草蛉，白面纳草蛉
Pseudomallada allochroma (Yang *et* Yang) 异色叉草蛉，纳草蛉
Pseudomallada alviolata (Yang *et* Yang) 槽叉草蛉，槽纳草蛉
Pseudomallada ancistroidea (Yang *et* Yang) 钩叉草蛉，钩纳草蛉
Pseudomallada angustivittata (Dong, Cui *et* Yang) 窄带叉草蛉
Pseudomallada arcuata (Dong, Cui *et* Yang) 拱形叉草蛉
Pseudomallada aromatica (Yang *et* Yang) 香叉草蛉，香玛草蛉
Pseudomallada barkamana (Yang,Yang *et* Wang) 马尔康叉草蛉
Pseudomallada brachychela (Yang *et* Yang) 短唇叉草蛉，短唇纳草蛉
Pseudomallada carinata (Dong, Cui *et* Yang) 脊背叉草蛉
Pseudomallada chaoi (Yang *et* Yang) 赵氏叉草蛉，赵氏纳草蛉
Pseudomallada choui (Yang *et* Yang) 周氏叉草蛉，周氏玛草蛉
Pseudomallada cognatella (Okamoto) 鲁叉草蛉，鲁玛草蛉
Pseudomallada cordata (Wang *et* Yang) 心叉草蛉，心纳草蛉
Pseudomallada decolor (Navás) 褪色叉草蛉，德纳草蛉，褪色辛草蛉
Pseudomallada deqenana (Yang, Yang *et* Wang) 德钦叉草蛉
Pseudomallada diaphana (Yang *et* Yang) 亮叉草蛉，亮纳草蛉

Pseudomallada epunctata (Yang *et* Yang) 无斑叉草蛉，无斑纳草蛉
Pseudomallada estriata (Yang *et* Yang) 粗脉叉草蛉，粗脉纳草蛉
Pseudomallada eumorpha (Yang *et* Yang) 优模叉草蛉，优模纳草蛉
Pseudomallada fanjingana (Yang *et* Wang) 梵净叉草蛉，梵净纳草蛉
Pseudomallada flammefrontata (Yang *et* Yang) 红面叉草蛉，红面纳草蛉
Pseudomallada flavinotata (Dong, Cui *et* Yang) 顶斑叉草蛉
Pseudomallada flexuosa (Yang *et* Yang) 曲叉草蛉，曲纳草蛉
Pseudomallada forcipata (Yang *et* Yang) 钳形叉草蛉
Pseudomallada formosana (Matsumura) 台湾叉草蛉
Pseudomallada fuscineura (Yang, Yang *et* Wang) 褐脉叉草蛉
Pseudomallada gradata (Yang *et* Yang) 黑阶叉草蛉
Pseudomallada hainana (Yang *et* Yang) 海南叉草蛉，海南纳草蛉
Pseudomallada hespera (Yang *et* Yang) 和叉草蛉，和纳草蛉
Pseudomallada heudei (Navás) 震旦叉草蛉，震旦拟玛草蛉，赫氏纳草蛉，赫草蛉
Pseudomallada huashanensis (Yang *et* Yang) 华山叉草蛉，华山纳草蛉，华山玛草蛉
Pseudomallada hubeiana (Yang *et* Wang) 鄂叉草蛉
Pseudomallada ignea (Yang *et* Yang) 跃叉草蛉，跃纳草蛉
Pseudomallada illota (Navás) 重斑叉草蛉，斜斑叉草蛉，伊拟玛草蛉，伊草蛉
Pseudomallada jiuzhaigouana (Yang *et* Wang) 九寨沟叉草蛉
Pseudomallada joannisi (Navás) 乔氏叉草蛉，沪叉草蛉，沪拟玛草蛉，沪草蛉
Pseudomallada kiangsuensis (Navás) 江苏叉草蛉，江苏纳草蛉，江苏拟玛草蛉，江苏草蛉
Pseudomallada lii (Yang *et* Yang) 李氏叉草蛉
Pseudomallada longwangshana (Yang) 龙王山叉草蛉
Pseudomallada lophophora (Yang *et* Yang) 冠叉草蛉，冠纳草蛉
Pseudomallada mangkangensis (Dong, Cui *et* Yang) 芒康叉草蛉
Pseudomallada mediata (Yang *et* Yang) 间绿叉草蛉
Pseudomallada medogana (Yang) 墨脱叉草蛉，墨脱拟玛草蛉，墨脱草蛉
Pseudomallada nigricornuta (Yang *et* Yang) 黑角叉草蛉，黑角纳草蛉
Pseudomallada phantosula (Yang *et* Yang) 显沟叉草蛉，显沟纳草蛉
Pseudomallada pieli (Navás) 郑氏叉草蛉，皮氏叉草蛉，皮氏纳草蛉
Pseudomallada pilinota (Dong, Li, Cui *et* Yang) 长毛叉草蛉
Pseudomallada prasina (Burmeister) 弓弧叉草蛉
Pseudomallada punctilabris (McLachlan) 麻唇叉草蛉
Pseudomallada qingchengshana (Yang, Yang *et* Wang) 青城山叉草蛉
Pseudomallada qinlingensis (Yang *et* Yang) 秦岭叉草蛉，秦岭玛草蛉
Pseudomallada sana (Yang *et* Yang) 康叉草蛉，康纳草蛉
Pseudomallada triangularis (Yang *et* Wang) 角斑叉草蛉
Pseudomallada tridentata (Yang *et* Yang) 三齿叉草蛉，三齿纳草蛉
Pseudomallada truncatata (Yang, Yang *et* Li) 截角叉草蛉
Pseudomallada verna (Yang *et* Yang) 春叉草蛉，春玛草蛉
Pseudomallada vitticlypea (Yang *et* Wang) 唇斑叉草蛉
Pseudomallada wangi (Yang, Yang *et* Wang) 王氏叉草蛉
Pseudomallada wuchangana (Yang *et* Wang) 武昌叉草蛉
Pseudomallada xiamenana (Yang *et* Yang) 厦门叉草蛉
Pseudomallada yangi (Yang *et* Wang) 杨氏叉草蛉
Pseudomallada yunnana (Yang *et* Wang) 云南叉草蛉
Pseudomallada yuxianensis (Bian *et* Li) 盂县叉草蛉，盂县纳草蛉
Pseudomalus 闪青蜂属
Pseudomalus auratus (Linnaeus) 金闪青蜂
Pseudomalus conradti (Bischoff) 康氏闪青蜂
Pseudomalus corensis (Uchida) 韩闪青蜂
Pseudomalus hypocritus (du Buysson) 丽闪青蜂
Pseudomalus joannisi (du Buysson) 约氏闪青蜂
Pseudomalus sinensis (Tsuneki) 中华闪青蜂，中华亮青蜂
Pseudomalus triangulifer (Abeille) 三角闪青蜂
Pseudomalus tshingiz (Semenov) 新疆闪青蜂
Pseudomalus violaceus (Scopoli) 紫闪青蜂
Pseudomaniola 羞眼蝶属
Pseudomaniola dryadina Schaus 齿缘羞眼蝶
Pseudomaniola euripides Weymer 羞眼蝶
Pseudomaniola gerlinda Thieme 格林羞眼蝶
Pseudomaniola gigas Godman *et* Salvin [orange-bordered satyr] 大羞眼蝶
Pseudomaniola ilsa Thieme 伊萨羞眼蝶
Pseudomaniola loxo Dognin 灰褐羞眼蝶
Pseudomaniola mena Grose *et* Smith 月亮羞眼蝶
Pseudomaniola phaselis Hewitson 法塞羞眼蝶
Pseudomaniola rogersi Grose *et* Smith 橙斑羞眼蝶
Pseudomaniola schreineri Foetterle 黄斑羞眼蝶
Pseudomaraces 类马姬蜂属
Pseudomaraces melli (Heinrich) 梅氏类马姬蜂，梅氏马姬蜂
Pseudomaseus 北通缘步甲亚属
pseudomedia 复中脉 <指草蛉科 Chrysopidae 昆虫极复杂的中脉>
Pseudomegachile 拟切叶蜂亚属
Pseudomeges 伪俫天牛属
Pseudomeges aureus Bi, Chen *et* Lin 金斑伪俫天牛
Pseudomeges marmoratus (Westwood) 伪俫天牛
Pseudomenarus 伪月步甲属
Pseudomenarus flavomaculatus Shibata 黄斑伪月步甲
Pseudomenopon 拟鸡虱属，拟鸟虱属
Pseudomenopon concretum (Piaget) 紫水鸭拟鸡虱，紫水鸭拟鸟虱
Pseudomenopon crecis Bechet 长脚秧鸡拟鸡虱
Pseudomenopon dolium (Rudow) 凤头鸊鷉拟鸡虱
Pseudomenopon grebenjukae Kasiev 普通秧鸡拟鸡虱
Pseudomenopon jacintoi Tenderio 同 *Pseudomenopon pilosum*
Pseudomenopon phoenicuri Price 白胸鹡鸰拟鸡虱
Pseudomenopon pilosum (Scopoli) 骨顶鸡拟鸡虱
Pseudomenopon qadrii Eichler 斑胸田鸡拟鸡虱 <此种学名有误写为 *Pseudomenopon gadrii* 者>
Pseudomenopon rostratulae Bedford 彩鹬拟鸡虱
Pseudomenopon scopulacorne Denny 峭角拟鸡虱
pseudomeris metalmark [= unspotted bluemark, *Lasaia pseudomeris* (Clench)] 伪腊蚬蝶
Pseudomeristomerinx 异瘦腹水虻属
Pseudomeristomerinx flavimarginis Yang, Zhang *et* Li 黄缘异瘦腹水虻
Pseudomeristomerinx nigricornis Hollis 黑角异瘦腹水虻

Pseudomeristomerinx nigromaculatus Yang, Zhang *et* Li 黑斑异瘦腹水虻
Pseudomeristomerinx nigroscutellus Yang, Zhang *et* Li 黑盾异瘦腹水虻
Pseudomeromacrus 艳管蚜蝇属
Pseudomeromacrus setipenitus Li 刺茎艳管蚜蝇
Pseudomesauletes 伪枚齿颚象甲属
Pseudomesauletes formosanus (Voss) 台湾伪枚齿颚象甲，台同奥卷象甲，台同奥卷象
Pseudomesauletes subtuberculatus (Voss) 小突伪枚齿颚象甲，近瘤奥卷象
Pseudomesauletes tuberculatus (Voss) 突伪枚齿颚象甲，瘤奥卷象
Pseudomesothes 伪枚窃蠹属
Pseudomesothes pulverulentus (Pic) 粉伪枚窃蠹
Pseudomesothes pulverulentus latior (Pic) 粉伪枚窃蠹宽体亚种，宽绒枚窃蠹
Pseudomesothes pulverulentus pulverulentus (Pic) 粉伪枚窃蠹指名亚种
Pseudometa 伪极枯叶蛾属
Pseudometa andersoni Tams 安氏伪极枯叶蛾
Pseudometa viola Aurivillius 紫伪极枯叶蛾
Pseudometaxis 齿缘肖叶甲属
Pseudometaxis atra Pic 见 *Demotina atra*
Pseudometaxis inhirsuta Pic 见 *Demotina inhirsuta*
Pseudometaxis minutus Pic 小齿缘肖叶甲，云南锯胸肖叶甲
Pseudometaxis nanus Chen 同 *Pseudometaxis submaculatus*
Pseudometaxis niger Chen 见 *Hyperaxis niger*
Pseudometaxis nigrescens Chûjô 见 *Hyperaxis nigrescens*
Pseudometaxis robusta Pic 同 *Demotina inhirsuta*
Pseudometaxis serraticollis (Baly) 锯齿缘肖叶甲，台湾锯胸肖叶甲
Pseudometaxis submaculatus (Pic) 华齿缘肖叶甲，九江锯胸肖叶甲
Pseudomethocini 假蚁蚁蜂族
Pseudometopius 拟盾姬蜂属
Pseudometopius egawai (Uchida) 艾拟盾姬蜂
Pseudomezira 似喙扁蝽属
Pseudomezira bicaudata (Kormilev) 双脊似喙扁蝽
Pseudomezira kashmirensis (Kormilev) 克什米尔似喙扁蝽
Pseudomiccolamia 伪沟胫天牛属
Pseudomiccolamia pulchra Pic 伪沟胫天牛，云南伪沟胫天牛
Pseudomicromus angulatus (Stephens) 见 *Micromus angulatus*
Pseudomicromus igorotus (Banks) 见 *Micromus igorotus*
Pseudomicronia 类一点燕蛾属
Pseudomicronia aculeata (Guenée) 见 *Micronia aculeata*
Pseudomicronia advocataria (Walker) 二点类一点燕蛾，二点燕蛾
Pseudomicronia archilis (Oberthür) 三点类一点燕蛾，三点燕蛾，阿一点燕蛾
Pseudomicronia coelata Moore 点类一点燕蛾，二点燕蛾
Pseudomicronia fasciata Wileman 带类一点燕蛾，带燕蛾
Pseudomicronia tibetana Bytinski-Satz 藏类一点燕蛾，藏燕蛾
pseudomicropyle 假卵孔
Pseudomictis 伪侎缘蝽属
Pseudomictis brevicornis Hsiao 凸腹伪侎缘蝽
Pseudomictis distinctus Hsiao 长腹伪侎缘蝽，长腹侎缘蝽
Pseudomictis obtusispinus Xiong 钝刺伪侎缘蝽，长腹伪侎缘蝽
Pseudomictis quadrispinus Hsiao 见 *Pternistria quadrispinus*
Pseudomirufens 类断赤眼蜂属
Pseudomirufens curtifuniculus Lou *et* Yuan 短索类断赤眼蜂
Pseudomiza 白尖尺蛾属，普尺蛾属
Pseudomiza argentilinea (Moore) 束白尖尺蛾
Pseudomiza aurata Wileman 顶斑白尖尺蛾，顶斑黄普尺蛾，褐斑黄普尺蛾
Pseudomiza cruentaria (Moore) 赤链白尖尺蛾
Pseudomiza cruentaria cruentaria (Moore) 赤链白尖尺蛾指名亚种，指名赤链白尖尺蛾
Pseudomiza cruentaria flavescens (Swinhoe) 赤链白尖尺蛾黄色亚种，黄赤链白尖尺蛾
Pseudomiza flava (Moore) 见 *Dissoplaga flava*
Pseudomiza flava amydra Wehrli 见 *Dissoplaga flava amydra*
Pseudomiza flava conistica Wehrli 见 *Dissoplaga flava conistica*
Pseudomiza flava flava (Moore) 见 *Dissoplaga flava flava*
Pseudomiza flava sanguiflua (Moore) 见 *Pseudomiza sanguiflua*
Pseudomiza flavitincta (Wileman) 绿绒白尖尺蛾，绿绒普尺蛾，黄纹弥尺蛾
Pseudomiza haemonia Wehrli 血红白尖尺蛾，白尖尺蛾
Pseudomiza leucogonia Hampson 黑顶白尖尺蛾，黑顶斑黄普尺蛾
Pseudomiza obliquaria (Leech) 紫白尖尺蛾，灰褐普尺蛾
Pseudomiza punctinalis Beyer 点线白尖尺蛾
Pseudomiza sanguiflua (Moore) 粉红白尖尺蛾，粉红黄白尖尺蛾
Pseudomohunia 拟痕叶蝉属
Pseudomohunia nigrifascia Li, Chen *et* Zhang 黑带拟痕叶蝉
pseudomola 伪颚臼 <类似颚臼的构造>
Pseudomopidae [= Phyllodromiidae] 姬蠊科
Pseudomopinae 姬蠊亚科
Pseudomorphacris 似橄蝗属
Pseudomorphacris hollisi Kevan 曲尾似橄蝗
pseudomorphid 1. [= pseudomorphid beetle] 隐角甲 <隐角甲科 Pseudomorphidae 昆虫的通称>; 2. 隐角甲科的
pseudomorphid beetle [= pseudomorphid] 隐角甲
Pseudomorphidae 隐角甲科
Pseudomycalesis 秀眼蝶属
Pseudomycalesis tanuki Tsukada *et* Nishiyama 秀眼蝶
Pseudomyla 类光缘蝽属
Pseudomyla spinicollis (Spinola) 刺类光缘蝽
Pseudomylothris 伪迷粉蝶属
Pseudomylothris leonora (Kruger) 伪迷粉蝶
Pseudomyopina 伪额花蝇属
Pseudomyopina fumidorsis probola Fan 见 *Botanophila probola*
Pseudomyopina pamirensis Ackland 见 *Botanophila pamirensis*
Pseudomyopina unicrucianella Xue *et* Zhang 见 *Botanophila unicrucianella*
Pseudomyrmecinae 伪切叶蚁亚科，拟家蚁亚科
Pseudomyrmecini 伪切叶蚁族，拟家蚁族
Pseudomyrmex 伪切叶蚁属
Pseudomyrmex ferruginea Smith [acacia ant] 锈色伪切叶蚁，锈色拟切叶蚁，相思树蚁
Pseudomyrmex gracilis (Fabricius) [graceful twig ant, Mexican twig ant, slender twig ant, elongated twig ant] 细伪切叶蚁
Pseudomyrmex maculatus (Smith) 斑伪切叶蚁
Pseudomyrmex santschii (Enzmann) 桑氏伪切叶蚁
Pseudomyrmex spinicola (Emery) 棘伪切叶蚁

Pseudomyrmosa 假拟蚁蜂属

Pseudomyrmosa kashgarica Lelej 喀什假拟蚁蜂，喀什伪蚁蜂

Pseudonacaduba 伪娜灰蝶属

Pseudonacaduba aethiops (Mabille) [dark line blue, dark African line blue] 伪娜灰蝶

Pseudonacaduba sichela (Wallengren) [African line blue, dusky blue] 蓝伪娜灰蝶

Pseudonadagara 伪那尺蛾属

Pseudonadagara semicolor (Warren) 半伪那尺蛾，半濮尺蛾

Pseudonapomyza 拟菁潜蝇属

Pseudonapomyza asiatica Spencer 亚洲拟菁潜蝇，南亚拟菁潜蝇

Pseudonapomyza atrata (Malloch) 黑拟菁潜蝇

Pseudonapomyza spicata (Malloch) 锐角拟菁潜蝇

Pseudonausibius 伪锯谷盗属

Pseudonausibius maximus (Grouvelle) 大伪锯谷盗，中华锯谷盗

Pseudonautes 恼拟步甲属

Pseudonautes purpurivittatus (Marseul) 紫条恼拟步甲，紫斑回木虫

Pseudoneaveia 拟南灰蝶属

Pseudoneaveia jacksoni Stempffer 拟南灰蝶

Pseudonemophas 拟居天牛属

Pseudonemophas versteegi (Ritsema) [citrus trunk borer, citrus longhorn beetle, orange trunk borer] 灰拟居天牛，灰星天牛，灰翅星天牛，灰安天牛

Pseudoneothemara 帕塞东实蝇属

Pseudoneothemara exul (Curran) 埃克帕塞东实蝇

Pseudoneothemara repleta (Walker) 列波帕塞东实蝇

Pseudoneptis 伪环蛱蝶属

Pseudoneptis bugandensis Stoneham [blue sailer, blue sergeant] 布干达伪环蛱蝶

pseudoneureclipsid 1. [= pseudoneureclipsid caddisfly] 背突石蛾 < 背突石蛾科 Pseudoneureclipsidae 昆虫的通称 >；2. 背突石蛾科的

pseudoneureclipsid caddisfly [= pseudoneureclipsid] 背突石蛾

Pseudoneureclipsidae 背突石蛾科

Pseudoneureclipsis 背突石蛾属

Pseudoneureclipsis tiani Li 田氏背突石蛾

pseudoneurium 假脉 < 由翅褶厚化所形成的而非真正的翅脉 >

Pseudoneuroptera [= Archiptera] 拟脉翅类 < 为不全变态的网翅目昆虫，包括现存的蜉蝣目、蜻蜓目、襀翅目、等翅目和啮目 >

Pseudoneuroterus 光瘿蜂属

Pseudoneuroterus macropterus (Hartig) 大翅光瘿蜂

Pseudonirmides 肖刺蛾属

Pseudonirmides cyanopasta (Hampson) 思肖刺蛾

Pseudonirvana 拟隐脉叶蝉属 *Sophonia* 的异名

Pseudonirvana alba Kuoh 同 *Sophonia rosae*

Pseudonirvana erythrolinea Kuoh *et* Kuoh 见 *Sophonia erythrolinea*

Pseudonirvana furcilinea Kuoh *et* Kuoh 见 *Sophonia furcilinea*

Pseudonirvana longitudinalis (Distant) 见 *Sophonia longitudinalis*

Pseudonirvana lushana Kuoh 见 *Sophonia lushana*

Pseudonirvana orientalis (Matsumura) 见 *Sophonia orientalis*

Pseudonirvana rubrolimbata Kuoh *et* Kuoh 同 *Nirvana placida*

Pseudonirvana rufa Kuoh *et* Kuoh 见 *Sophonia rufa*

Pseudonirvana rufofascia Kuoh *et* Kuoh 同 *Sophonia orientalis*

Pseudonirvana rufolineata Kuoh 见 *Concaveplana rufolineata*

Pseudonirvana unicolor Kuoh *et* Kuoh 见 *Sophonia unicolor*

Pseudonirvana unilineata Kuoh *et* Kuoh 见 *Sophonia unilineata*

Pseudonoeeta alini Hering 见 *Noeeta alini*

Pseudonoorda 拟诺螟属

Pseudonoorda minor Munroe 小拟诺螟

Pseudonoorda nigropunctalis (Hampson) 黑点拟诺螟

Pseudonortonia 窄蜾蠃属

Pseudonortonia abbreviaticornis Giordani Soika 缩角窄蜾蠃

pseudonotum [= postfrenum, postfroenum, postscutellum] 后小盾片

Pseudonupedia 伪原泉蝇属

Pseudonupedia intersecta (Meigen) 缢头伪原泉蝇

Pseudonupedia trigonalis (Karl) 三角伪原泉蝇

pseudonychia [s. pseudonychium] 1. 爪间突 < 同 empodium>；2. 爪侧齿 < 同 paronychia>

pseudonychium [pl. pseudonychia] 1. 爪间突；2. 爪侧齿

Pseudonychiurinae 拟棘䖴亚科

Pseudonychiurus 拟棘䖴属

Pseudonychiurus shanghaiensis Lin 上海拟棘䖴

pseudonymph [= semipupa] 先蛹

Pseudonympha 仙眼蝶属

Pseudonympha arnoldi van Son [Arnold's brown] 阿诺德仙眼蝶

Pseudonympha camdeboo Dickson [cyclops brown] 赭黄仙眼蝶

Pseudonympha cyclops van Son 独眼神仙眼蝶

Pseudonympha detecta Trimen 苔仙眼蝶

Pseudonympha gaika Riley [gaika brown] 盖卡仙眼蝶

Pseudonympha hippia (Cramer) [Burchell's brown] 仙眼蝶

Pseudonympha hyperbius (Linnaeus) 双瞳仙眼蝶

Pseudonympha loxophthalma Vári [big-eye brown] 大眼仙眼蝶

Pseudonympha machacha Riley [Machacha brown] 边纹仙眼蝶

Pseudonympha magoides van Son [false silver-bottom brown] 白雾仙眼蝶

Pseudonympha magus (Fabricius) [silver-bottom brown] 魔幻仙眼蝶

Pseudonympha narycia Wallengren [spotted-eye brown, small hillside brown] 三瞳仙眼蝶

Pseudonympha paludis Riley [paludis brown] 沼泽仙眼蝶

Pseudonympha paragaika Vári [golden gate brown] 帕仙眼蝶

Pseudonympha penningtoni Riley [Pennington's brown] 灰带仙眼蝶

Pseudonympha poetula Trimen [Drakenberg brown] 诗仙眼蝶

Pseudonympha southeyi Pennington [Southey's brown] 索塞仙眼蝶

Pseudonympha swanepoeli van Son [Swanepoel's brown] 云斑仙眼蝶

Pseudonympha trimenii Butler [Trimen's brown] 白脉仙眼蝶

Pseudonympha varii van Son [Vari's brown] 凡仙眼蝶

Pseudonymphidia 伪蛱蚬蝶属

Pseudonymphidia agave (Godman *et* Salvin) [white-trailed metalmark, agave metalmark] 白尾伪蛱蚬蝶

Pseudonymphidia clearista (Butler) [clearing metalmark, clearista metalmark] 伪蛱蚬蝶

Pseudoogeton 邻烁甲属，伪卵拟步甲属

Pseudoogeton amplipenne (Fairmaire) 壶翅邻烁甲，壶翅伪卵拟步甲，壶翅近烁甲

Pseudoogeton gebieni Masumoto 格氏邻烁甲，格伪卵拟步甲

Pseudoogeton ovipenne (Fairmaire) 卵翅邻烁甲，卵翅伪卵拟步甲

Pseudoogeton uenoi (Masumoto) 上野邻烁甲，愉伪卵拟步甲

Pseudopachybrachius 圆眼长蝽属

Pseudopachybrachius guttus (Dallas) 圆眼长蝽
Pseudopachybrachius vinctus (Say) 维圆眼长蝽，奥长蝽
Pseudopachychaeta 伪近脉秆蝇属
Pseudopachychaeta orientalis Yang, Kanmiya *et* Yang 东方伪近脉秆蝇
Pseudopachymerus 阔腿豆象甲属
Pseudopachymerus quadridentatus Pic 见 *Horridobruchus quadridentatus*
Pseudopagyda 拟尖须野螟属
Pseudopagyda acutangulata (Swinhoe) 锐角拟尖须野螟
Pseudopagyda ingentalis (Caradja) 大拟尖须野螟，大脂野螟
Pseudopanolis 伪小眼夜蛾属
Pseudopanolis azusa Sugi 阿伪小眼夜蛾
Pseudopanolis flavimacula (Wileman) 黄斑伪小眼夜蛾，黄斑掌舟蛾，伪小眼夜蛾
Pseudopanolis heterogyna (Bang-Haas) 长线伪小眼夜蛾
Pseudopanolis kansuensis Chen 甘伪小眼夜蛾
Pseudopanolis lala Owada 拉拉山伪小眼夜蛾
Pseudopanolis takao Inaba 塔伪小眼夜蛾，伪小眼夜蛾
Pseudopanolis yazakii Yoshimoto *et* Suzuki 雅伪小眼夜蛾
Pseudopanthera 假狐尺蛾属
Pseudopanthera chrysopteryx Wehrli 金翅假狐尺蛾
Pseudopanthera corearia Leech 朝假狐尺蛾
Pseudopanthera flavaria (Leech) 黄假狐尺蛾
Pseudopanthera himalayica (Kollar) 喜马拉雅假狐尺蛾
Pseudopanthera lozonaria Oberthür 洛松假狐尺蛾，洛考尺蛾
Pseudopanthera oberthuri Alphéraky 奥假狐尺蛾，奥考尺蛾
Pseudopanthera triangulum Oberthür 三角假狐尺蛾，特考尺蛾
pseudoparasitism 假寄生
Pseudopareophora 齿李叶蜂属
Pseudopareophora wui Wei *et* Nie 吴氏齿李叶蜂
Pseudoparmena borchmanni Breuning 闽天牛
pseudopederin 拟青腰虫素
Pseudopegadomyia 异革水虻属
Pseudopegadomyia glabra (Bezzi) 光异革水虻
Pseudopegadomyia nuda (James) 裸异革水虻
Pseudopelmatops 拟突眼实蝇属，短柄眼实蝇属，拟柄眼实蝇属
Pseudopelmatops angustifasciatus Zia *et* Chen 窄带拟突眼实蝇，狭条短柄眼实蝇，尖带伪佩实蝇
Pseudopelmatops continentalis Zia *et* Chen 宽条拟突眼实蝇，黑带短柄眼实蝇，大陆黑缘伪佩实蝇
Pseudopelmatops indiaensis Chen 印度拟突眼实蝇
Pseudopelmatops nigrocostalis Shiraki 黑股拟突眼实蝇，黑缘短柄眼实蝇，黑缘伪佩实蝇，黑腿拟柄眼实蝇
Pseudopelmatops nigricostalis continentalis Zia *et* Chen 见 *Pseudopelmatops continentalis*
Pseudopelmatops yunnanensis Chen 云南拟突眼实蝇
pseudopenis 伪阳茎
Pseudopeplia 伪蚬蝶属
Pseudopeplia grande (Godman *et* Salvin) 伪蚬蝶
Pseudoperichaeta 赛寄蝇属
Pseudoperichaeta nigrolineata (Walker) 稻苞虫赛寄蝇
Pseudoperichaeta palesioidea (Robineau-Desvoidy) 帕莱赛寄蝇
Pseudoperichaeta roseanella (Baranov) 罗斯赛寄蝇，玫瑰赛寄蝇，玫瑰寄蝇
Pseudoperomyia 锥瘿蚊属
Pseudoperomyia humilis Jaschhof *et* Hippa 小锥瘿蚊
Pseudoperomyia psittacephala Li *et* Bu 鹦铗锥瘿蚊
Pseudophacopteron 星室木虱属
Pseudophacopteron album (Yang *et* Tsay) 橄榄星室木虱，青果星室木虱
Pseudophacopteron alstonis Yang *et* Li 鸭脚木星室木虱
Pseudophacopteron alstonium Yang *et* Li 星室木虱，伪木虱
Pseudophacopteron aphanamixis Yang *et* Li 山楝星室木虱
Pseudophacopteron canarium Yang *et* Li 卡星室木虱，卡伪木虱
Pseudophacopteroninae 星室木虱亚科
Pseudophacusa 类毛斑蛾属
Pseudophacusa multidentata Efetov *et* Tarmann 多齿类毛斑蛾
Pseudophaea 溪蟌属 *Euphaea* 的异名
Pseudophaea decorata Hagen 见 *Euphaea decorata*
Pseudophaea masoni (Sélys) 见 *Euphaea masoni*
Pseudophaea opaca (Sélys) 见 *Euphaea opaca*
Pseudophaea ornata Campion 见 *Euphaea ornata*
pseudophallus 伪阳茎
pseudophasmatid 1. [= pseudophasmatid walkingstick, pseudophasmatid stick insect, pseudophasmatid phasmid, striped walkingstick] 拟蛸 < 拟蛸科 Pseudophasmatidae 昆虫的通称 >; 2. 拟蛸科的
pseudophasmatid phasmid 见 pseudophasmatid
pseudophasmatid stick insect 见 pseudophasmatid
pseudophasmatid walkingstick 见 pseudophasmatid
Pseudophasmatidae 拟蛸科
Pseudophasmatinae 拟蛸亚科
Pseudophilippia 拟菲绵蚧属
Pseudophilippia quaintancii Cockerell [woolly pine scale] 松拟菲绵蚧，松绵蚧
Pseudophilotes 塞灰蝶属
Pseudophilotes abencerragus (Pierret) [false baton blue] 斑塞灰蝶
Pseudophilotes barbagiae De Prins *et* Poorten [Sardinian blue] 蓝毛塞灰蝶
Pseudophilotes baton (Bergsträsser) [baton blue] 塞灰蝶，巴敦灰蝶
Pseudophilotes bavius (Eversmann) [bavius blue] 巴塞灰蝶
Pseudophilotes jacuticus Korshunov *et* Viidalep 佳塞灰蝶
Pseudophilotes panoptes (Hübner) [panoptes blue] 蓝帕塞灰蝶
Pseudophilotes sinaicus Nakamura [Sinai baton blue] 曲棍塞灰蝶
Pseudophilotes vicrama (Moore) [eastern baton blue] 彼塞灰蝶，威巴敦灰蝶
Pseudophilotes vicrama cashmirensis (Moore) [Kashmir chequered blue] 彼塞灰蝶克什米尔亚种，克什巴敦灰蝶
Pseudophilotes vicrama vicrama (Moore) 彼塞灰蝶指名亚种
Pseudophilothrips 粗蓟马属
Pseudophilothrips ichini (Hood) [Brazilian peppertree thrips] 胡椒粗蓟马
Pseudophilothrips perseae (Watson) 鳄梨粗蓟马
Pseudophloeinae 棒缘蝽亚科
Pseudophonus 伪丰步甲属
Pseudophonus calceatus (Duftschmid) 白伪丰步甲，白奥佛步甲
Pseudophonus griseus Panzerern 灰伪丰步甲
Pseudophoraspis 拟光蠊属
Pseudophoraspis fruhstorferi Shelford 福氏拟光蠊，弗氏伪大蠊

Pseudophoraspis parvula Liu, Zhu, Dai *et* Wang 小拟光蠊
Pseudophoraspis tramlapensis Anisyutkin 斑腹拟光蠊
Pseudophyllidae 拟叶螽科
Pseudophyllinae 拟叶螽亚科
Pseudophyllini 拟叶螽族
Pseudophyllodromiinae 透胸蠊亚科，伪姬蠊亚科
Pseudophyllus 拟叶螽属
Pseudophyllus ligatus (Brunner von Wattenwyl) 广东拟叶螽，广东伪叶螽，贯脉菱螽
Pseudophyllus neriifolius (Lichtenstein) [bush cricket] 粒胸拟叶螽
Pseudophyllus simplex Beier 小单拟叶螽
Pseudophyllus titan White [giant false leaf katydid] 巨拟叶螽，广州伪叶螽
Pseudopidonia gibbicollis marginata Pic 同 *Pidonia gibbicollis*
Pseudopieris 伪粉蝶属
Pseudopieris aequatorialis Felder 爱伪粉蝶
Pseudopieris nehemia (Boisduval) [clean mimic-white] 伪粉蝶
Pseudopieris penia Hoppfer 喷纳伪粉蝶
Pseudopieris viridula (Felder *et* Felder) 绿伪粉蝶
Pseudopiezotrachelus 梯胸象甲属，梯胸象属
Pseudopiezotrachelus collaris (Schilsky) 领梯胸象甲，领梯胸象
Pseudopiezotrachelus frieseri Alonso Zarazaga 紫薇梯胸象甲，紫薇梨象
Pseudopiezotrachelus simplicirostris Korotyaev 简喙梯胸象甲，简喙拟皮梨象
Pseudopimpla 伪瘤姬蜂属
Pseudopimpla carinata He *et* Chen 全脊伪瘤姬蜂
Pseudopimpla glabripropodeum He *et* Chen 光腰伪瘤姬蜂
Pseudopisara quadripunctata Shiraki 同 *Crocidolomia pavonana*
Pseudopitettix 拟后蚱属
Pseudopitettix linaoshanensis Liang *et* Jiang 李闹山拟后蚱
Pseudopityophthorus 髭额小蠹属
Pseudopityophthorus minutissimum (Zimmerman) [oak bark beetle, small oak bark beetle] 栎髭额小蠹
Pseudopityophthorus peregrinus Wood *et* Huang 奇髭额小蠹
Pseudopityophthorus pruinosus (Eichhoff) 霜髭额小蠹
Pseudopityophthorus pubipennis (LeConte) [western oak bark beetle, western oak beetle] 西栎髭额小蠹
Pseudoplandria 伪粗角隐翅甲属，柱舌隐翅虫属
Pseudoplandria anjiensis Pace 安吉伪粗角隐翅甲
Pseudoplandria bicornis Pace 双突伪粗角隐翅甲，二角柱舌隐翅虫
Pseudoplandria bicubicularis Pace 腔褒伪粗角隐翅甲，岛柱舌隐翅虫
Pseudoplandria chengkangensis Pace 镇康伪粗角隐翅甲，镇康柱舌隐翅虫
Pseudoplandria contusa Pace 平囊伪粗角隐翅甲，康柱舌隐翅虫
Pseudoplandria curticornis Cameron 短角伪粗角隐翅甲，短角柱舌隐翅虫
Pseudoplandria difficultatis Pace 困伪粗角隐翅甲，困柱舌隐翅虫
Pseudoplandria divisa Pace 暗红伪粗角隐翅甲，分柱舌隐翅虫
Pseudoplandria fellowesi Pace 费氏伪粗角隐翅甲
Pseudoplandria formosae Cameron 宝岛粗角隐翅甲，宝岛台柱舌隐翅虫
Pseudoplandria formosensis Pace 蓬莱伪粗角隐翅甲，蓬莱柱舌隐翅虫
Pseudoplandria gibba Pace 驼茎伪粗角隐翅甲
Pseudoplandria intrastriata Pace 内纹伪粗角隐翅甲，内纹柱舌隐翅虫
Pseudoplandria lacustris Pace 黑尾伪粗角隐翅甲，湖柱舌隐翅虫
Pseudoplandria longitudinis Pace 纵伪粗角隐翅甲，纵柱舌隐翅虫
Pseudoplandria magnataiwanica Pace 寡毛伪粗角隐翅甲，大柱舌隐翅虫
Pseudoplandria mediostriata Pace 中纹伪粗角隐翅甲，中纹柱舌隐翅虫
Pseudoplandria meifengensis Pace 梅峰伪粗角隐翅甲，梅峰柱舌隐翅虫
Pseudoplandria neglecta Pace 暗色伪粗角隐翅甲
Pseudoplandria osellaiana Pace 奥伪粗角隐翅甲，奥柱舌隐翅虫
Pseudoplandria rougemonti Pace 劳氏伪粗角隐翅甲
Pseudoplandria sinofestiva Pace 黄褐伪粗角隐翅甲
Pseudoplandria stricta Pace 纹伪粗角隐翅甲，纹柱舌隐翅虫
Pseudoplandria taiwasubtilis Pace 台湾伪粗角隐翅甲，台湾柱舌隐翅虫
Pseudoplatychirus 拟宽跗蚜蝇属
Pseudoplatychirus peteri Doesburg 彼得拟宽跗蚜蝇，倍伪首角蚜蝇
Pseudoplusia includens (Walker) 见 *Chrysodeixis includens*
pseudopod [= false leg, proleg, spurious leg, proped, pseudopodium] 腹足，伪足
Pseudopodabrus 伪拟足花萤属
Pseudopodabrus atriceps (Pic) 黑头伪拟足花萤，黑头拟足花萤
pseudopodia [s. pseudopodium] 腹足，伪足
pseudopodium [pl. pseudopodia; = false leg, proleg, spurious leg, proped, pseudopod] 腹足，伪足
Pseudopolygrammodes 拟波纹野螟属
Pseudopolygrammodes priscalis (Caradja) 普拟波纹野螟，普纹野螟
pseudopomyzid 1. [= pseudopomyzid fly] 伪蝇 < 伪蝇科 Pseudopomyzidae 昆虫的通称 >; 2. 伪蝇科的
pseudopomyzid fly [= pseudopomyzid] 伪蝇
Pseudopomyzidae 伪蝇科
Pseudoponera 拟猛蚁属
Pseudoponera stigma Fabricius 烙印拟猛蚁，烙印粗针蚁
Pseudopontia 蓝粉蝶属
Pseudopontia cepheus Ehrmann 谢蓝粉蝶
Pseudopontia paradoxa (Felder *et* Felder) 蓝粉蝶
Pseudopoophagus 伪普象甲属，伪普象属
Pseudopoophagus constricticollis (Kojima *et* Morimoto) 缩颈伪普象甲
Pseudopoophagus rufitarsis Voss 红跗伪普象甲，红跗伪普象
pseudopositor 拟产卵管 < 某些昆虫的雌虫腹部在后部的若干节特化成细管状，作产卵用 >
Pseudopostega 伪遮颜蛾属，遮颜蛾属
Pseudopostega epactaea (Meyrick) 叉颚伪遮颜蛾，叉颚遮颜蛾
Pseudopostega similantis Puples *et* Robinson 长钩伪遮颜蛾，长钩遮颜蛾
Pseudopotamorites 刺突沼石蛾属
Pseudopotamorites peniculus Forsslund 二叉刺突沼石蛾，齿茎窄片沼石蛾
Pseudopotamorites rufescens (Martynov) 淡红刺突沼石蛾，淡红平沼石蛾

Pseudopristilophus 长脊叩甲属
Pseudopristilophus alineae Piguet 艾琳长脊叩甲
Pseudoproscopia 大枝蝗属
Pseudoproscopia scabra (Klug) [horsehead grasshopper] 糙纹大枝蝗，马头蚱蜢
Pseudopsacothea 白点天牛属
Pseudopsacothea albonotata Pic 白点天牛
Pseudopsinae 背脊隐翅甲亚科，伪隐翅虫亚科
Pseudopsis 背脊隐翅甲属
Pseudopsis dabaensis Zerche 大巴山背脊隐翅甲
Pseudopsis gansuensis Zerche 甘肃背脊隐翅甲
Pseudopsis gonggaensis Zerche 贡嘎背脊隐翅甲
Pseudopsis hermani Zerche 赫氏背脊隐翅甲
Pseudopsis puetzi Zerche 红黄背脊隐翅甲
Pseudopsis schuelkei Zerche 暗棕背脊隐翅甲
Pseudopsis smetanai Zerche 斯氏背脊隐翅甲
Pseudopsis yunnanensis Zerche 云南背脊隐翅甲
Pseudopsocus 伪沼啮属
Pseudopsocus acarinatus Li 无脊伪沼啮
Pseudopsocus carinatus Li 脊伪沼啮
Pseudopsyche 拟蓑斑蛾属
Pseudopsyche endoxantha Püngeler 恩拟蓑斑蛾
Pseudopsyche yarka Oberthür 亚拟蓑斑蛾
Pseudopsyllipsocus 拟跳啮属
Pseudopsyllipsocus gangliigerus Li 瘤突拟跳啮
Pseudopsyra 拟缘螽属
Pseudopsyra bilobata Karny 见 *Holochlora bilobata*
Pseudopsyra hainani Liu *et* Kang 海南拟缘螽
Pseudopsyra yunnani Liu *et* Kang 云南拟缘螽
Pseudoptera 拟翅类 < 曾用于介壳虫类的目名 >
Pseudoptycta 拟皱啮属
Pseudoptycta pinicola Li 松拟皱啮
Pseudoptygonotinae 拟凹背蝗亚科
Pseudoptygonotus 拟凹背蝗属
Pseudoptygonotus gunshanensis Zheng *et* Liang 贡山拟凹背蝗
Pseudoptygonotus jinshaensis Zheng, Shi *et* Chen 金沙拟凹背蝗
Pseudoptygonotus kunmingensis Cheng 昆明拟凹背蝗
Pseudoptygonotus liangshanensis Zheng *et* Zhang 凉山拟凹背蝗
Pseudoptygonotus prominemarginis Zheng *et* Mao 突缘拟凹背蝗
Pseudoptygonotus xianglingensis Zheng *et* Zhang 相岭拟凹背蝗
Pseudopulex 似蚤属
Pseudopulex jurassicus Gao, Shih *et* Ren 侏罗似蚤
Pseudopulex magnus Gao, Shih *et* Ren 巨大似蚤
pseudopulicid 1. [= pseudopulicid flea] 似蚤 < 似蚤科 Pseudopulicidae 昆虫的通称 >；2. 似蚤科的
pseudopulicid flea [= pseudopulicid] 似蚤
Pseudopulicidae 似蚤科
Pseudopulvinaria 伪绵蚧属
Pseudopulvinaria sikkimensis Atkinson 锡金伪绵蚧，锡金绵盘蚧
Pseudopulvinariinae 伪绵蚧亚科
pseudopupa [pl. pseudopupae] 1. 伪蛹；2. 先蛹 < 常指鞘翅目昆虫幼虫在化蛹前的静止虫态 >
pseudopupae [s. pseudopupa] 1. 伪蛹；2. 先蛹
pseudopupal stage 伪蛹期
pseudopupil [= pseudopupilla] 伪瞳孔，伪瞳 < 在蜻蜓目活虫复眼上可见到的黑点 >
pseudopupilla 见 pseudopupil
Pseudopyrochroa 伪赤翅甲属，拟派赤翅甲属，伪赤翅萤属
Pseudopyrochroa acuminata Young 尖伪赤翅甲，尖拟派赤翅甲，锐尖伪赤翅萤
Pseudopyrochroa atripennis (Lewis) 黑鞘伪赤翅甲，黑鞘拟派赤翅甲
Pseudopyrochroa brevitarsis (Lewis) 黑跗伪赤翅甲，黑跗拟派赤翅甲
Pseudopyrochroa carinifrons Kôno 脊额伪赤翅甲，脊额拟派赤翅甲，隆额伪赤翅萤
Pseudopyrochroa choui Young 周氏伪赤翅甲，周氏伪赤翅萤
Pseudopyrochroa costatipennis (Pic) 棱突伪赤翅甲，缘翅拟派赤翅甲
Pseudopyrochroa depressa (Pic) 压印伪赤翅甲，德拟派赤翅甲，压印伪赤翅萤
Pseudopyrochroa donckieri Pic 董氏伪赤翅甲，董拟派赤翅甲
Pseudopyrochroa facialis (Fairmaire) 颜脊伪赤翅甲，镰伪赤翅甲，镰拟派赤翅甲
Pseudopyrochroa fainanensis (Pic) 台南伪赤翅甲，珐拟派赤翅甲，台南伪赤翅萤
Pseudopyrochroa grzymalae Young 格氏伪赤翅甲，格氏伪赤翅萤
Pseudopyrochroa klapperichi Pic 克氏伪赤翅甲，克拟派赤翅甲
Pseudopyrochroa latevittata Pic 宽条伪赤翅甲，宽条拟派赤翅甲
Pseudopyrochroa lineaticollis Pic 线伪赤翅甲，线拟派赤翅甲
Pseudopyrochroa obtusicristata Young 钝冠伪赤翅甲，钝冠伪赤翅萤
Pseudopyrochroa punctifrons Young 点额伪赤翅甲，点额伪赤翅萤
Pseudopyrochroa taiwana Kôno 同 *Pseudopyrochroa depressa*
Pseudopyrochroa tumidifrons Young 鼓额伪赤翅甲，鼓额拟派赤翅甲，肿额伪赤翅萤
Pseudopyrochroa umenoi Kôno 见 *Pseudodentroides umenoi*
Pseudopyrochroa velutina (Fairmaire) 绒伪赤翅甲，绒拟派赤翅甲
Pseudoregma 伪角蚜属，角扁蚜属
Pseudoregma albostriata Liao 同 *Pseudoregma bambusicola*
Pseudoregma alexanderi (Takahashi) 爱伪角蚜，爱氏伪角蚜，亚力山扁蚜
Pseudoregma bambusicola (Takahashi) [bamboo woolly aphid, bamboo aphid, larger bamboo horned aphid] 居竹伪角蚜，竹茎扁蚜，笋大角蚜
Pseudoregma cantonensis (Takahashi) 同 *Pseudoregma bambusicola*
Pseudoregma koshunensis (Takahashi) 高雄伪角蚜，狮头山舞蚜，狮头山瘿蚜，锡陶山舞蚜，恒春扁蚜
Pseudoregma panicola (Takahashi) 禾伪角蚜，洲际扁蚜，居黍伪角蚜
Pseudoregma sundanica (van der Goot) 山丹伪角蚜
Pseudorellia 拟莱实蝇属
Pseudorellia nigrinotum Shiraki 黑背拟莱实蝇
Pseudorhaetus 拟鹿锹甲属，拟鹿锹属，类锹甲属，伪鹿角锹形虫属
Pseudorhaetus oberthuri Planet 红背拟鹿锹甲，红背拟鹿锹
Pseudorhaetus sinicus (Boileau) 拟鹿锹甲，拟鹿锹，漆黑鹿角，华来锹甲，华剪锹甲
Pseudorhaetus sinicus concolor Benesh 拟鹿锹甲台湾亚种，拟鹿锹台湾亚种，类锹甲一色亚种，素华类锹甲，漆黑鹿角锹形虫

Pseudorhaetus sinicus sinicus (Boileau) 拟鹿锹甲指名亚种，拟鹿锹指名亚种，类锹甲指名亚种，指名华类锹甲
Pseudorhicnoessa 伪岸蝇属，拟岸蝇属
Pseudorhicnoessa spinipes Malloch 多刺伪岸蝇，刺拟岸蝇，棘足湿蝇
Pseudorhodania 轮粉蚧属 *Brevennia* 的异名
Pseudorhodania marginata Borchsenius 同 *Brevennia rehi*
Pseudorhodania oryzae Tang 同 *Brevennia rehi*
Pseudorhynchota [= Anoplura] 虱目
Pseudorhynchus 拟矛螽属
Pseudorhynchus antennalis (Stål) 触角拟矛螽
Pseudorhynchus concisus (Walker) 伙拟矛螽
Pseudorhynchus crassiceps (de Hann) 粗头拟矛螽，厚头拟矛螽
Pseudorhynchus gigas Redtenbacher 巨大拟矛螽，大拟矛螽
Pseudorhynchus minor Redtenbacher 小拟矛螽，米拟矛螽
Pseudorhynchus nobilis (Walker) 荣华拟矛螽，显拟矛螽
Pseudorhynchus parvus Bey-Bienko 细拟矛螽
Pseudorhynchus pyrgocoryphus (Karny) 锥拟矛螽
Pseudorhysopus 类锐步甲属
Pseudorhysopus fukiensis (Jedlička) 闽类锐步甲
Pseudorhysopus suensoni Kataev *et* Wrase 同 *Pseudorhysopus fukiensis*
Pseudorhyssa 拟皱姬蜂属
Pseudorhyssa maculiventris Sheng *et* Sun 斑拟皱姬蜂
Pseudorhyssa nigricornis (Ratzeburg) 黑角拟皱姬蜂，黑角拟皱背姬蜂
Pseudorhyssini 拟皱姬蜂族
Pseudorientis 大须隐翅甲属，尖须隐翅虫属
Pseudorientis gongga Smetana 贡嘎山大须隐翅甲，贡嘎山尖须隐翅虫
Pseudorientis rotundiceps Smetana 圆头大须隐翅甲，圆头尖须隐翅虫
Pseudorientis uenoi Smetana 上野大须隐翅甲，上野尖须隐翅虫
Pseudorobitis 伪橘象甲属
Pseudorobitis axeli (Alonso-Zarazaga) 阿氏伪橘象甲
Pseudorobitis gibbus Redtenbachaer 紫薇伪橘象甲，驼伪橘象甲，驼伪罗象，紫薇梨象
Pseudorobitis miwai (Kôno) 三轮伪橘象甲，三轮橘梨象
Pseudorsidis 伪奥天牛属
Pseudorsidis griseomaculatus (Pic) 灰斑伪奥天牛，灰斑污天牛
Pseudorthocladius 伪直突摇蚊属
Pseudorthocladius binarius Ren, Lin *et* Wang 双附器伪直突摇蚊
Pseudorthocladius cristagus Stur *et* Sæther 背脊伪直突摇蚊
Pseudorthocladius curtistylus (Goetghebuer) 短铗伪直突摇蚊，短刺伪直突摇蚊
Pseudorthocladius cylindratus Ren, Lin *et* Wang 柱尖伪直突摇蚊
Pseudorthocladius digitus Ren, Lin *et* Wang 指尖伪直突摇蚊
Pseudorthocladius jintutridecimus (Sasa) 富士伪直突摇蚊
Pseudorthocladius macrovirgatus Sæther *et* Sublette 长刺突伪直突摇蚊，双刺突伪直突摇蚊
Pseudorthocladius morsei Sæther *et* Sublette 摩尔斯伪直突摇蚊
Pseudorthocladius ovatus Ren, Lin *et* Wang 椭圆伪直突摇蚊
Pseudorthocladius paucus Ren, Lin *et* Wang 寡毛伪直突摇蚊
Pseudorthocladius uniserratus Sæther *et* Sublette 锯形伪直突摇蚊
Pseudorthocladius wingoi Sæther *et* Sublette 温戈伪直突摇蚊
Pseudorthotylus 伪合垫盲蝽亚属
Pseudorychodes 伪长喙锥象甲属，伪长喙锥象属
Pseudorychodes insignis (Lewis) 台湾伪长喙锥象甲，台湾伪长喙锥象
Pseudorychodes mandschuricus Kleine 东北伪长喙锥象甲，东北伪长喙锥象
Pseudorychodes sauteri Kleine 索伪长喙锥象甲，索伪长喙锥象
pseudosacci [s. pseudosaccus] 伪尖突
pseudosaccus [pl. pseudosacci] 伪尖突
Pseudosarbia 秀弄蝶属
Pseudosarbia phoenicicola Berg 红尾秀弄蝶，秀弄蝶
Pseudoscada 莹绡蝶属
Pseudoscada adasa (Hewitson) 阿达莹绡蝶
Pseudoscada aureola (Bates) 暗莹绡蝶
Pseudoscada erruca (Hewitson) 游莹绡蝶
Pseudoscada florula (Hewitson) 花神莹绡蝶
Pseudoscada lavinia (Hewitson) 老莹绡蝶
Pseudoscada seba (Hewitson) 晒莹绡蝶
Pseudoscada utilla (Hewitson) 莹绡蝶
Pseudoschinia scutosa (Denis *et* Schiffermüller) 见 *Protoschinia scutosa*
Pseudosciaphila 灰小卷蛾属
Pseudosciaphila branderiana (Linnaeus) 杨灰小卷蛾，伪斯卷蛾
Pseudoscottiinae 脉叉蛄亚科
pseudoscutum 假盾区
Pseudoscymnus 方突毛瓢虫属 *Sasajiscymnus* 的异名
Pseudoscymnus amplus Yang *et* Wu 见 *Sasajiscymnus amplus*
Pseudoscymnus ancistroides Pang *et* Huang 见 *Sasajiscymnus ancistroides*
Pseudoscymnus anmashanus Yang 见 *Sasajiscymnus anmashanus*
Pseudoscymnus changi Yang 见 *Sasajiscymnus changi*
Pseudoscymnus curvatus Yu 见 *Sasajiscymnus curvatus*
Pseudoscymnus dapae Hoàng 见 *Sasajiscymnus dapae*
Pseudoscymnus disselasmatus Pang *et* Huang 见 *Sasajiscymnus disselasmatus*
Pseudoscymnus fulvihumerus Yang *et* Wu 见 *Sasajiscymnus fulvihumerus*
Pseudoscymnus fuscus Yang 见 *Sasajiscymnus fuscus*
Pseudoscymnus gibbosus Yu 见 *Sasajiscymnus gibbosus*
Pseudoscymnus hamatus Yu *et* Pang 见 *Sasajiscymnus hamatus*
Pseudoscymnus harejus (Weise) 见 *Sasajiscymnus harejus*
Pseudoscymnus heijia Yu *et* Montgomery 见 *Sasajiscymnus heijia*
Pseudoscymnus kurohime (Miyatake) 见 *Sasajiscymnus kurohime*
Pseudoscymnus lamellatus Yang *et* Wu 见 *Sasajiscymnus lamellatus*
Pseudoscymnus lancetapicalis (Pang *et* Gordon) 见 *Sasajiscymnus lancetapicalis*
Pseudoscymnus lewisi (Kamiya) 见 *Sasajiscymnus lewisi*
Pseudoscymnus montanus Yang 同 *Sasajiscymnus parenthesis*
Pseudoscymnus nagasakiensis (Kamiya) 见 *Sasajiscymnus nagasakiensis*
Pseudoscymnus nepalius Miyatake 见 *Sasajiscymnus nepalius*
Pseudoscymnus ocellatus Yu 见 *Sasajiscymnus ocellatus*
Pseudoscymnus ohtai Yang *et* Wu 见 *Sasajiscymnus ohtai*
Pseudoscymnus orbiculatus Yang 见 *Sasajiscymnus orbiculatus*
Pseudoscymnus paltatus Pang *et* Huang 见 *Sasajiscymnus paltatus*

Pseudoscymnus pronotus Pang *et* Huang 见 *Sasajiscymnus pronotus*
Pseudoscymnus quinquepunctatus (Weise) 见 *Sasajiscymnus quinquepunctatus*
Pseudoscymnus seboskii (Ohta) 见 *Sasajiscymnus seboskii*
Pseudoscymnus shixingiensis Pang 见 *Sasajiscymnus shixingiensis*
Pseudoscymnus sylvaticus (Lewis) 见 *Sasajiscymnus sylvaticus*
Pseudoscymnus tainanensis (Ohta) 见 *Sasajiscymnus tainanensis*
Pseudoscymnus truncatulus Yu 见 *Sasajiscymnus truncatulus*
pseudosematic 保护拟态
pseudosematic color 拟辨识色，保护拟色 < 拟警戒或信号色 >
Pseudosepharia 宽缘萤叶甲属
Pseudosepharia dilatipennis (Fairmaire) 膨宽缘萤叶甲
Pseudosepharia nigriceps Jiang 黑头宽缘萤叶甲
Pseudosepharia pallinotata Jiang 淡胸宽缘萤叶甲
Pseudosericania 伪绢金龟属
Pseudosericania gibiventris Kobayashi 驼伪绢金龟甲，驼伪绢金龟，伪褐绒毛金龟
Pseudosericania makiharai Hirasawa 艳伪绢金龟甲，艳伪褐毛金龟
pseudoserosa 伪浆膜 < 在多胚生殖的膜翅目昆虫，如多胚跳小蜂属 *Litomastix*，胚胎发育中除滋羊膜外，还具有胚盘在桑椹胚期分层而形成的内膜，称伪浆膜 >
pseudosessile 拟无柄的 < 有些有柄膜翅目昆虫，其腹部紧接于胸部似无柄的 >
Pseudoshirakia 二叉茧蜂属，叉齿茧蜂属
Pseudoshirakia flavus Wang, Chen *et* He 黄褐二叉茧蜂
Pseudoshirakia yokohamensis (Cameron) 白螟二叉茧蜂，白螟叉齿茧蜂
Pseudosieversia 钝突花天牛属 < 此属学名有误写为 *Pseudosiversia* 者 >
Pseudosieversia japonica (Ohbayashi) 日本钝突花天牛
Pseudosieversia rufa Kraatz 红拟钝突花天牛
Pseudosieversia shikokensis Hayashi 同色钝突花天牛
Pseudosinella 拟裸长蛛属
Pseudosinella bellingeri Wang, Christiansen *et* Chen 贝氏拟裸长蛛
Pseudosinella caoi Wang, Christiansen *et* Chen 曹氏拟裸长蛛
Pseudosinella chiangdaoensis Deharveng 清道拟裸长蛛
Pseudosinella grinnellia Wang, Christiansen *et* Chen 格拟裸长蛛
Pseudosinella hui Wang, Christiansen *et* Chen 胡氏拟裸长蛛
Pseudosinella mutabilis Wang, Christiansen *et* Chen 异拟裸长蛛
Pseudosinella petterseni Börner 佩氏拟裸长蛛
Pseudosinella sexoculata Schött 六眼拟裸长蛛
Pseudosinella tridentifera Rusek 三齿拟裸长蛛
Pseudosinella tumula Wang, Christiansen *et* Chen 凸拟裸长蛛
Pseudosinghala 短丽金龟甲属
Pseudosinghala dalmanni Gyllenhal 无沟短丽金龟甲，无沟拟短丽金龟
Pseudosinghala transversa (Burmeister) 横带拟丽金龟甲，横带拟短丽金龟
Pseudosipyloidea 拟管蛸属
Pseudosipyloidea damingshanensis Ho 大明山拟管蛸
Pseudosipyloidea shuchuni Ho 树椿拟管蛸
Pseudosmittia 伪施密摇蚊属
Pseudosmittia aizaiensis Wang 见 *Allocladius aizaiensis*
Pseudosmittia albipennis (Goethgebuer) 白翅伪施密摇蚊
Pseudosmittia angusta (Edwards) 角伪施密摇蚊
Pseudosmittia baueri Strenzke 巴伪施密摇蚊
Pseudosmittia bifurcata (Tokunaga) 双叉伪施密摇蚊
Pseudosmittia brevifurcata (Edwards) 短叉伪施密摇蚊
Pseudosmittia conjuncta (Edwards) 连伪施密摇蚊
Pseudosmittia cristagata Ferrington *et* Sæther 大端脊伪施密摇蚊
Pseudosmittia danconai (Marcuzzi) 钩附伪施密摇蚊
Pseudosmittia digitata Sæther 纹伪施密摇蚊
Pseudosmittia digitrienta Ferrington *et* Sæther 三指伪施密摇蚊
Pseudosmittia duplicata Caspers 二叉伪施密摇蚊，倍伪施密摇蚊
Pseudosmittia forcipata (Goetghebuer) 三叉伪施密摇蚊，钳伪施密摇蚊
Pseudosmittia gracilis (Goetghebuer) 细伪施密摇蚊
Pseudosmittia guineensis (Kieffer) 几内亚伪施密摇蚊
Pseudosmittia hirtella (Freeman) 毛伪施密摇蚊
Pseudosmittia holsata Thienemann *et* Strenzke 短角伪施密摇蚊
Pseudosmittia insulsa (Johannsen) 岛伪施密摇蚊
Pseudosmittia kraussi (Tokunaga) 珂伪施密摇蚊
Pseudosmittia lamasi Andersen, Sæther *et* Mendes 拉伪施密摇蚊
Pseudosmittia laticauda Ferrington *et* Sæther 宽尾伪施密摇蚊
Pseudosmittia longicornia Ferrington *et* Sæther 长角伪施密摇蚊
Pseudosmittia malickyi Ferrington *et* Sæther 玛氏伪施密摇蚊
Pseudosmittia mathildae Albu 叉铗伪施密摇蚊
Pseudosmittia melanostola (Kieffer) 黑伪施密摇蚊
Pseudosmittia nana Andersen, Sæther *et* Mendes 娜娜伪施密摇蚊
Pseudosmittia nishiharaensis Sasa *et* Hasegawa 西原町伪施密摇蚊，西原伪施密摇蚊
Pseudosmittia palpina Andersen, Sæther *et* Mendes 须伪施密摇蚊
Pseudosmittia pinhoi Andersen, Sæther *et* Mendes 皮伪施密摇蚊
Pseudosmittia reyei (Freeman) 瑞伪施密摇蚊
Pseudosmittia rostriformes Makarchenko *et* Makarchenko 喙伪施密摇蚊
Pseudosmittia rotunda Caspers *et* Reiss 圆伪施密摇蚊
Pseudosmittia siamensis Ferrington *et* Sæther 泰伪施密摇蚊
Pseudosmittia simplex Strenzke *et* Thienemann 简伪施密摇蚊
Pseudosmittia spinispinata Ferrington *et* Sæther 刺伪施密摇蚊
Pseudosmittia subtrilobata (Freeman) 拟三叶伪施密摇蚊
Pseudosmittia tericristata Ferrington *et* Sæther 圆端脊伪施密摇蚊
Pseudosmittia tokunagai Ferrington *et* Sæther 德永伪施密摇蚊
Pseudosmittia topei Lehmann 陶伪施密摇蚊
Pseudosmittia triangula (Tokunaga) 三角伪施密摇蚊
Pseudosmittia trilobata (Edwards) 三叶伪施密摇蚊
Pseudosmittia xanthostola (Kieffer) 黄伪施密摇蚊
Pseudosogata 伪长唇基飞虱属
Pseudosogata vatrena (Fennah) 海南伪长唇基飞虱，海南长唇基飞虱，伪长唇基飞虱
Pseudosomera 仿夜舟蛾属
Pseudosomera inexpecta Schintlmeister 怡仿夜舟蛾
Pseudosomera noctuiformis Bender *et* Steiniger 仿夜舟蛾，夜伪索舟蛾
Pseudosomera noctuiformis noctuiformis Bender *et* Steiniger 仿夜舟蛾指名亚种
Pseudosomera noctuiformis yunwu Schintlmeister *et* Fang 仿夜舟蛾云雾亚种，金丝舟蛾，仿夜舟蛾
Pseudosophira 拟索菲实蝇属

Pseudosophira bakeri Malloch 贝克拟索菲实蝇
Pseudospheniscus 伪斯芬实蝇属
Pseudospheniscus angulatus Hendel 见 *Philophylla angulata*
Pseudospheniscus connexus Hendel 见 *Philophylla connexa*
Pseudospheniscus fossatus (Fabricius) 见 *Philophylla fossata*
Pseudospheniscus humeralis Hendel 见 *Philophylla humeralis*
Pseudospheniscus miyakei Shiraki 见 *Philophylla miyakei*
Pseudospheniscus superfluctus (Enderlein) 见 *Philophylla superflucta*
Pseudosphetta 社夜蛾属
Pseudosphetta moorei (Cotes *et* Swinhoe) 莫氏社夜蛾，社夜蛾，拟模夜蛾
Pseudosphex 泥蜂灯蛾属
Pseudosphex laticincta Hampson 宽带泥蜂灯蛾
Pseudospinaria 假囊腹茧蜂属
Pseudospinaria attenuata (Westwood) 纤细假囊腹茧蜂
pseudospiracle [= false spiracle] 拟气门
Pseudostegana 斑翅果蝇属
Pseudostegana acutifoliolata Li, Gao *et* Chen 尖叶斑翅果蝇
Pseudostegana angustifasciata Chen *et* Wang 狭纹斑翅果蝇
Pseudostegana bifasciata Chen *et* Wang 双带斑翅果蝇
Pseudostegana bilobata Li, Gao *et* Chen 裂叶斑翅果蝇
Pseudostegana dolichopoda Chen *et* Wang 长足斑翅果蝇
Pseudostegana insularis Li, Chen *et* Gao 海岛斑翅果蝇
Pseudostegana latipalpis (Sidorenko) 宽须斑翅果蝇
Pseudostegana minutpalpula Li, Gao *et* Chen 小须斑翅果蝇
Pseudostegana nitidifrons Chen *et* Wang 光额斑翅果蝇
Pseudostegana pallidemaculata Chen *et* Wang 淡色斑翅果蝇
Pseudostegana silvana Li, Chen *et* Gao 森林斑翅果蝇
Pseudostegana xanthoptera Chen *et* Wang 黄条斑翅果蝇
Pseudostegania 掩尺蛾属
Pseudostegania defectata (Christoph) 掩尺蛾
Pseudostegania distinctaria (Leech) 显掩尺蛾，显水尺蛾
Pseudostegania straminearia (Leech) 草黄掩尺蛾，草水尺蛾
Pseudostenophylax 伪突沼石蛾属
Pseudostenophylax alcor Schmid 阿伪突沼石蛾
Pseudostenophylax amplus (MacLachlan) 长颈伪突沼石蛾，胀哈勒沼石蛾
Pseudostenophylax auriculatus Tian *et* Li 耳须伪突沼石蛾
Pseudostenophylax bifurcatus Tian *et* Li 双叉伪突沼石蛾
Pseudostenophylax bimaculatus Tian *et* Li 宽片伪突沼石蛾
Pseudostenophylax brevis Banks 短伪突沼石蛾
Pseudostenophylax capitatus Yang *et* Yang 毛头伪突沼石蛾
Pseudostenophylax clavatus Tian *et* Li 棒须伪突沼石蛾
Pseudostenophylax difficilior Schmid 叉角伪突沼石蛾
Pseudostenophylax difficilis Martynov 双片伪突沼石蛾
Pseudostenophylax dorsoproceris Leng *et* Yang 背角伪突沼石蛾
Pseudostenophylax elongatus Tian *et* Li 三叶伪突沼石蛾
Pseudostenophylax euphorion Schmid 三突伪突沼石蛾
Pseudostenophylax falvidus Tian *et* Yang 黄斑伪突沼石蛾
Pseudostenophylax fumosus Martymov 福伪突沼石蛾
Pseudostenophylax fumosus fumosus Martymov 福伪突沼石蛾指名亚种
Pseudostenophylax fumosus grahami Martymov 福伪突沼石蛾格氏亚种，格福伪突沼石蛾
Pseudostenophylax granulatus Martynov 细皱伪突沼石蛾
Pseudostenophylax hebeiensis Leng *et* Yang 河北伪突沼石蛾
Pseudostenophylax himalayanus Martynov 喜马伪突沼石蛾
Pseudostenophylax hirsutus Forsslund 双叶伪突沼石蛾
Pseudostenophylax ichtar Schmid 伊伪突沼石蛾
Pseudostenophylax jugosignatus Martynov 居伪突沼石蛾
Pseudostenophylax kriton Malicky 克伪突沼石蛾
Pseudostenophylax latiproceris Leng *et* Yang 侧凸伪突沼石蛾
Pseudostenophylax latus Ulmer 宽伪突沼石蛾
Pseudostenophylax linquidus Leng *et* Yang 弱端伪突沼石蛾
Pseudostenophylax macrogonus Leng *et* Yang 钝角伪突沼石蛾
Pseudostenophylax major Martynov 首伪突沼石蛾
Pseudostenophylax melkor Schmid 莫伪突沼石蛾
Pseudostenophylax mimicus Banks 仿伪突沼石蛾
Pseudostenophylax minimus Banks 最小伪突沼石蛾
Pseudostenophylax minor Martynov 小伪突沼石蛾
Pseudostenophylax monticola Banks 同 *Pseudostenophylax hirsutus*
Pseudostenophylax morsei Leng *et* Yang 莫氏伪突沼石蛾
Pseudostenophylax obscurus Forsslund 暗伪突沼石蛾
Pseudostenophylax qinghaiensis Leng *et* Yang 青海伪突沼石蛾
Pseudostenophylax sokrates Malicky 溲伪突沼石蛾
Pseudostenophylax sophar Schmid 新月伪突沼石蛾
Pseudostenophylax striatus Forsslund 纹伪突沼石蛾
Pseudostenophylax szetschwanensis Martynov 川伪突沼石蛾
Pseudostenophylax triquetrus Leng *et* Yang 三角伪突沼石蛾
Pseudostenophylax tubercularis Leng *et* Yang 小瘤伪突沼石蛾
Pseudostenophylax uncatus Leng *et* Yang 钩肢伪突沼石蛾
Pseudostenophylax unicornis Mey *et* Yang 独角伪突沼石蛾
Pseudostenophylax xanthippe Malicky 黄伪突沼石蛾
Pseudostenophylax xuthus Mey 越南伪突沼石蛾
Pseudostenophylax yunnanensis Hwang 滇伪突沼石蛾
Pseudostenotrupis 伪狭象甲属
Pseudostenotrupis orientalis Zimmerman 东方伪狭象甲，东方伪狭象
pseudosternite [= epiphallus] 阳茎基背片，阳基背片，阳具基背片
Pseudosteroma 齿眼蝶属
Pseudosteroma pronophila (Felder *et* Felder) 齿眼蝶
Pseudostesilea rondoni Breuning 锐尾天牛
pseudostigma 假气门
pseudostigmata [= pseudostigmatal organ] 假气门器
pseudostigmatal organ 见 pseudostigmata
pseudostigmatid 1. [= pseudostigmatid damselfly, helicopter damselfly, giant damselfly, forest giant] 畸痣蟌 < 畸痣蟌科 Pseudostigmatidae 昆虫的通称 >；2. 畸痣蟌科的
pseudostigmatid damselfly [= pseudostigmatid, helicopter damselfly, giant damselfly, forest giant] 畸痣蟌
Pseudostigmatidae 畸痣蟌科
Pseudostilobezzia 忌蠓属
Pseudostilobezzia wirthi Yu *et* Yan 卫氏忌蠓
Pseudostromboceros 浅沟叶蜂属
Pseudostromboceros atratus (Enslin) 黑蕨浅沟叶蜂，黑蕨叶蜂，黑拟蕨叶蜂
Pseudostromboceros sinensis (Fonius) 中华浅沟叶蜂
Pseudostromboceros sinensis perplexus (Zombori) 中华浅沟叶蜂黑肩亚种，混中华拟蕨叶蜂
Pseudostromboceros sinensis sinensis (Fonius) 中华浅沟叶蜂指名

亚种，指名中华拟蕨叶蜂
Pseudosubhimalus 类饴叶蝉属
Pseudosubhimalus bicolor (Singh-Pruthi) 二色类饴叶蝉
Pseudosubhimalus yatungensis (Singh-Pruthi) 亚腾类饴叶蝉，亚腾饴叶蝉
Pseudosubria 拟辅螽属
Pseudosubria bispinosa Ingrisch 双刺拟辅螽
pseudosutural fovea [= humeral pit] 肩窝，肩陷 < 见双翅目昆虫中 >
Pseudosymmachia 拟鳃金龟甲属，拟鳃金龟属，黄鳃金龟属
Pseudosymmachia babai (Kobayashi) 马场拟鳃金龟甲，巴黄鳃金龟，马场黄金龟
Pseudosymmachia brevispina (Nomura) 短刺拟鳃金龟甲，短刺黄鳃金龟，短毛黄金龟
Pseudosymmachia callosiceps (Frey) 粗头拟鳃金龟甲，粗头黄鳃金龟
Pseudosymmachia costata (Gu *et* Zhang) 显肋拟鳃金龟甲，显肋黄鳃金龟
Pseudosymmachia excisa (Frey) 毁拟鳃金龟甲，毁黄鳃金龟
Pseudosymmachia flavescens (Brenske) 小黄拟鳃金龟甲，小黄鳃金龟甲，小黄鳃金龟
Pseudosymmachia formosana (Niijima *et* Kinoshita) 台湾拟鳃金龟甲，台黄鳃金龟，台湾黄金龟
Pseudosymmachia fukiensis (Frey) 福建拟鳃金龟甲，闽黄鳃金龟
Pseudosymmachia glabroa (Zhang) 光拟鳃金龟甲
Pseudosymmachia longiuscula (Zhang) 长沟拟鳃金龟甲
Pseudosymmachia manifesta (Kobayashi) 长毛拟鳃金龟甲，长毛黄金龟
Pseudosymmachia manifesta manifesta (Kobayashi) 长毛拟鳃金龟甲指名亚种
Pseudosymmachia manifesta nantauensis (Kobayashi) 长毛拟鳃金龟甲南投亚种，南投曼黄鳃金龟，南投长毛黄金龟
Pseudosymmachia montana (Kobayashi) 山拟鳃金龟甲，山黄鳃金龟，深山黄金龟
Pseudosymmachia nitididorsis (Kobayashi) 缺毛拟鳃金龟甲，缺毛黄金龟
Pseudosymmachia similaris Zhang 湖南拟鳃金龟甲
Pseudosymmachia similis (Kobayashi) 拟短刺拟鳃金龟甲，拟黄鳃金龟，拟短毛黄金龟
Pseudosymmachia tuberculifrons (Nomura) 瘤额拟鳃金龟甲，瘤额黄鳃金龟，双瘤黄金龟
Pseudosymmachia tumidifrons (Fairmaire) 鲜黄拟鳃金龟甲，鲜黄鳃金龟
Pseudosymmachia wulaiensis (Kobayashi) 乌来拟鳃金龟甲，乌莱黄鳃金龟，乌来黄金龟
Pseudosymmachia yunnanensis (Gu *et* Zhang) 云南拟鳃金龟甲，云南黄鳃金龟
pseudosymphile 拟客栖，寄生共生
Pseudosymplanella 长杯瓢蜡蝉属
Pseudosymplanella nigrifasciata Che, Zhang *et* Webb 长杯瓢蜡蝉
Pseudotachinus 伪圆胸隐翅甲属
Pseudotachinus assingi Schülke 暗黑伪圆胸隐翅甲
Pseudotachinus bilobus Yin *et* Li 双叶伪圆胸隐翅甲
Pseudotachycines 伪疾灶螽属
Pseudotachycines deformis Qin, Liu *et* Li 异形伪疾灶螽
Pseudotachycines inermis Qin, Liu *et* Li 无毛伪疾灶螽
Pseudotachycines ovalilobatus (Gorochov) 卵叶伪疾灶螽
Pseudotachycines trapezialis Qin, Liu *et* Li 梯伪疾灶螽
Pseudotachycines volutus Qin, Liu *et* Li 折伪疾灶螽
Pseudotachycines yueyangensis Qin, Liu *et* Li 岳阳伪疾灶螽
Pseudotajuria 伪双尾灰蝶属
Pseudotajuria donatana (de Nicéville) [golden royal] 伪双尾灰蝶
Pseudotanymecus 伪坦象甲属
Pseudotanymecus foveipennis Voss 窝翅伪坦象甲，窝翅伪坦象
Pseudotapeina tapeiniformis Breuning 耙天牛
Pseudotaphoxenus 拟塔步甲属，伪葬步甲属
Pseudotaphoxenus brevipennis (Semenow) 短翅拟塔步甲，短翅伪葬步甲
Pseudotaphoxenus brucei (Andrewes) 布拟塔步甲，布塔福步甲
Pseudotaphoxenus csikii (Jedlička) 克拟塔步甲，克塔福步甲，西氏伪葬步甲
Pseudotaphoxenus dauricus (Fischer van Waldheim) 达乌拟塔步甲，达乌塔福步甲
Pseudotaphoxenus ganglbaueri Casale 同 *Pseudotaphoxenus jureceki*
Pseudotaphoxenus gansuensis (Jedlička) 甘肃拟塔步甲，甘肃塔福步甲
Pseudotaphoxenus gracilicornis (Frivaldsky) 丽角拟塔步甲，丽角塔福步甲
Pseudotaphoxenus hauseri Jedlička 豪拟塔步甲
Pseudotaphoxenus hiekei Casale 同 *Pseudotaphoxenus reichardti*
Pseudotaphoxenus jureceki (Jedlička) 句氏拟塔步甲
Pseudotaphoxenus kalganus (Jedlička) 卡拟塔步甲，卡塔福步甲
Pseudotaphoxenus kryzhanovskii (Vereschagina) 同 *Pseudotaphoxenus jureceki*
Pseudotaphoxenus kryzhanovskiji Casale 克利拟塔步甲
Pseudotaphoxenus mihoki (Jedlička) 弥拟塔步甲，弥塔福步甲
Pseudotaphoxenus mongolicus (Jedlička) 蒙古拟塔步甲，蒙古伪葬步甲
Pseudotaphoxenus montanus Casale 山拟塔步甲
Pseudotaphoxenus originalis (Schaufuss) 原拟塔步甲，原塔福步甲，原伪葬步甲
Pseudotaphoxenus parvulus Semenov 小拟塔步甲
Pseudotaphoxenus parvulus biroi (Jedlička) 小拟塔步甲比氏亚种，比塔福步甲
Pseudotaphoxenus parvulus parvulus Semenov 小拟塔步甲指名亚种
Pseudotaphoxenus pfefferi (Jedlička) 普拟塔步甲，普塔福步甲
Pseudotaphoxenus potanini (Semenov) 见 *Eosphodrus potanini*
Pseudotaphoxenus reflexipennis Semenov 见 *Reflexisphodrus reflexipennis*
Pseudotaphoxenus reichardti (Lutshnik) 雷氏拟塔步甲
Pseudotaphoxenus rugipennis (Faldermann) 皱翅拟塔步甲，皱翅塔福步甲，皱翅伪葬步甲
Pseudotaphoxenus schaufussi (Jedlička) 绍氏伪葬步甲
Pseudotaphoxenus semiopacus Lassalle 半黯伪葬步甲
Pseudotaphoxenus sinicus Casale 中国伪葬步甲，华拟塔步甲
Pseudotaphoxenus staudingeri (Jedlička) 斯氏伪葬步甲，斯氏拟塔步甲，司陶塔福步甲
Pseudotaphoxenus sterbai (Jedlička) 斯特伪葬步甲，斯特拟塔步甲，斯特塔福步甲

P

Pseudotaphoxenus subcostatus (Ménétriés) 次肋伪葬步甲，亚缘塔福步甲

Pseudotaphoxenus subcostatus elongatus (Motschulsky) 次肋伪葬步甲狭长亚种

Pseudotaphoxenus subcostatus subcostatus (Ménétriés) 次肋伪葬步甲指名亚种

Pseudotaphoxenus tarantsha Kabak 塔兰奇伪葬步甲

Pseudotaphoxenus thibetanus Casale 藏伪葬步甲，藏拟塔步甲

Pseudotaphoxenus tianshanicus (Semenov) 天山伪葬步甲，天山拟塔步甲，天山塔福步甲

Pseudotaphoxenus xiahensis Lassalle 夏河伪葬步甲

Pseudotaphoxenus yunnanus Casale *et* Sciaky 云南伪葬步甲

Pseudotaphoxenus yupeiyui Casale 虞佩玉伪葬步甲，虞拟塔步甲

Pseudotaphoxenus zvarici Vereschagina *et* Kabak 兹氏伪葬步甲

Pseudotelphusa 伪黑麦蛾属

Pseudotelphusa acrobrunella Park 栎伪黑麦蛾

Pseudotelphusa paripunctella (Thunberg) [tawny groundling] 帕伪黑麦蛾

Pseudoterinaea bicoloripes (Pic) 斜顶天牛

Pseudotermitoxenia 秀蚤蝇属，异蛩蝇属，伪白蚁蚤蝇属

Pseudotermitoxenia nitobei Shiraki 新渡秀蚤蝇，新渡异蛩蝇，新户蚤蝇

Pseudoterpna 假垂耳尺蛾属

Pseudoterpna simplex Alphéraky 平假垂耳尺蛾，简拟特尺蛾

Pseudoterpnini 假垂耳尺蛾族

pseudotetramera 拟四节，假四节，隐五节

pseudotetramerous 拟四节的，假四节的，隐五节的 < 指外观似四节而实为五节的，见于一些鞘翅目昆虫的跗节数 >

Pseudothaia 拟白翅叶蝉属

Pseudothaia caudata Song *et* Li 钩尾拟白翅叶蝉

Pseudothaia striata Kuoh 拟白翅叶蝉

Pseudothalera 拟特尺蛾属

Pseudothalera stigmatica Warren 痣拟特尺蛾，痣蹼尺蛾

Pseudothaumaspis 拟杉螽属

Pseudothaumaspis furcocercus Wang *et* Liu 叉尾拟杉螽

Pseudothemis 玉带蜻属

Pseudothemis zonata (Burmeister) [pied skimmer] 玉带蜻，黄纫蜻蜓，腰明蜻

Pseudotheraptus 拟特缘蝽属

Pseudotheraptus devastans (Distant) [rubber coreid] 橡胶拟特缘蝽，橡胶缘蝽

Pseudotheraptus wayi Brown [coconut bug] 可可拟特缘蝽，东非可可缘蝽

Pseudothylacus 拟袋鳞蛄属

Pseudothylacus acisopterus Li 尖翅拟袋鳞蛄

Pseudothyrsocnema 伪特麻蝇亚属，伪特麻蝇属

Pseudothyrsocnema caudagalli (Böttcher) 见 *Sarcophaga (Pseudothyrsocnema) caudagalli*

Pseudothyrsocnema crinitula (Quo) 见 *Sarcophaga (Pseudothyrsocnema) crinitula*

Pseudothyrsocnema lhasae (Fan) 见 *Sarcophaga (Pseudothyrsocnema) lhasae*

Pseudotmethis 疙蝗属

Pseudotmethis alashanicus Bey-Bienko 贺兰疙蝗

Pseudotmethis brachyptera Li 短翅疙蝗

Pseudotmethis rubimarginis Li 红缘疙蝗

Pseudotmethis rufifemoralis Zheng *et* He 粉股疙蝗

Pseudotolida 伪花蚤属

Pseudotolida awana (Kôno) 阿伪花蚤，阿虚花蚤，阿格瘦花蚤

Pseudotolida morimotoi Nomura 森本伪花蚤，莫虚花蚤

Pseudotolida sinica Fan *et* Yang 中华伪花蚤，中华异须花蚤

Pseudotomoides 球果小卷蛾属

Pseudotomoides strobilellus (Linnaeus) 见 *Cydia strobilella*

Pseudotorbda ceresia Uchida 见 *Schreineria ceresia*

Pseudotorynorrhina 伪阔花金龟属

Pseudotorynorrhina fortunei (Saunders) 横纹伪阔花金龟甲，横纹伪阔花金龟

Pseudotorynorrhina japonica (Hope) 日铜伪阔花金龟甲，日铜伪阔花金龟，日罗花金龟

pseudotrachea 唇瓣环沟，拟气管，假气管 < 见于双翅目昆虫的唇瓣中 >

Pseudotrachystola 伪糙天牛属

Pseudotrachystola rugiscapus (Fairmaire) 伪糙天牛

Pseudotrachystola yei Xiang, Xie *et* Wang 叶氏伪糙天牛

pseudotrimera 拟三节，假三节，隐四节

pseudotrimerous 拟三节的，假三节的，隐四节的 < 指外观似为三节而实为四节的，见于一些鞘翅目昆虫的跗节数 >

Pseudotrioza 伪个木虱属，伪叉木虱属

Pseudotrioza malloticola Yang 粗糠柴伪个木虱，粗糠柴伪叉木虱

Pseudotritoma 拟宽蕈甲属，拟托大蕈甲属

Pseudotritoma duodecimpunctata (Heller) 十二斑拟宽蕈甲

Pseudotritoma maedai (Kiyoyama) 玛氏拟宽蕈甲，玛氏拟托大蕈甲

pseudotroglobiotic 假洞居的，假洞生的

pseudotype 伪模标本 < 指选定错误的属模标本 >

pseudova [s. pseudovum] 伪卵 < 为孤雌生殖蚜虫产生的生殖细胞，或未受精卵；同 virgin egg>

Pseudovadonia 伪滨花天牛属

Pseudovadonia livida (Fabricius) 黄翅伪滨花天牛

pseudovary 拟卵巢 < 指单性生殖昆虫的生殖细胞块 >

Pseudovelia 伪宽肩蝽属，伪宽黾蝽属

Pseudovelia anthracina Ye, Polhemus *et* Bu 黑伪宽肩蝽

Pseudovelia contorta Ye, Polhemus *et* Bu 弯跗伪宽肩蝽

Pseudovelia esaki Miyamoto 江崎伪宽肩蝽

Pseudovelia extensa Ye, Polhemus *et* Bu 毛腹伪宽肩蝽

Pseudovelia fulva Ye, Polhemus *et* Bu 茶色伪宽肩蝽

Pseudovelia globosa Ye, Polhemus *et* Bu 球跗伪宽肩蝽

Pseudovelia heissi Hecher 海斯伪宽肩蝽

Pseudovelia hirashimai Miyamoto 平岛伪宽肩蝽

Pseudovelia hsiaoi Ye, Polhemus *et* Bu 萧氏伪宽肩蝽

Pseudovelia kalami Nieser 开氏伪宽肩蝽

Pseudovelia koreana Miyamoto *et* Lee 朝鲜伪宽肩蝽

Pseudovelia koutali Nieser 酷氏伪宽肩蝽

Pseudovelia lata Sehnal 扁伪宽肩蝽

Pseudovelia longiseta Ye, Polhemus *et* Bu 长鬃伪宽肩蝽

Pseudovelia longitarsa Andersen 长跗伪宽肩蝽，长跗伪宽黾蝽

Pseudovelia piliformis Ye, Polhemus *et* Bu 多毛伪宽肩蝽

Pseudovelia pusilla Hecher 稀毛伪宽肩蝽

Pseudovelia recava Ye *et* Bu 凹伪宽肩蝽

Pseudovelia sichuanensis Ye *et* Bu 四川伪宽肩蝽

Pseudovelia simplex Hecher 简伪宽肩蝽

Pseudovelia spiculata Ye *et* Bu 细刺伪宽肩蝽
Pseudovelia taiwanensis Ye, Polhemus *et* Bu 台湾伪宽肩蝽
Pseudovelia tibialis Esaki *et* Miyamoto 胫突伪宽肩蝽
Pseudovelia vittiformis Ye, Polhemus *et* Bu 横带伪宽肩蝽
Pseudovelia yangae Hecher *et* Zettel 杨氏伪宽肩蝽
Pseudovenanides 拟麦蛾茧蜂属
Pseudovenanides hunanus Xiao *et* You 湖南拟麦蛾茧蜂
Pseudovipio 假簇毛茧蜂属
Pseudovipio tataricus (Kokujev) 刻纹假簇毛茧蜂
pseudovitellus 拟卵黄体 <在半翅目昆虫中，其腹部有大型圆而明显的细胞小群，其功能不明>
Pseudovolucella 拟蜂蚜蝇属，伪飞蚜蝇属
Pseudovolucella apiformis (de Meijere) 高山拟蜂蚜蝇
Pseudovolucella apimima Hull 爪哇拟蜂蚜蝇
Pseudovolucella decipiens (Hervé-Bazin) 二斑拟蜂蚜蝇
Pseudovolucella dimorpha Huo *et* Lan 二态拟蜂蚜蝇
Pseudovolucella fasciata Curran 带拟蜂蚜蝇
Pseudovolucella hengduanshanensis Huo *et* Lan 横断山拟蜂蚜蝇
Pseudovolucella himalayensis (Brunetti) 喜马拟蜂蚜蝇
Pseudovolucella hingstoni Coe 辛氏拟蜂蚜蝇
Pseudovolucella malayana (Curran) 马来拟蜂蚜蝇
Pseudovolucella mimica Shiraki 拟蜂蚜蝇，明星蚜蝇，仿伪飞蚜蝇
Pseudovolucella ochracea Hull 黄拟蜂蚜蝇
Pseudovolucella sinepollex Reemer *et* Hippa 无突拟蜂蚜蝇
pseudovum [pl. pseudova] 伪卵
Pseudowallacea 伪华水虻属，伪华氏水虻属
Pseudowallacea sinica Lindner 见 *Gabaza sinica*
Pseudowallacea tsudai Ôuchi 见 *Gabaza tsudai*
Pseudowebbia 类桩截小蠹属
Pseudowebbia trepanicauda (Eggers) 多突类桩截小蠹
Pseudoxenos 蜾蠃蝙属
Pseudoxenos insularis Kifune 岛蜾蠃蝙
Pseudoxenos minor Kifune *et* Maeta 小蜾蠃蝙
Pseudoxistrella 拟希蚱属
Pseudoxistrella eurymera Liang 宽跗拟希蚱
Pseudoxya 伪稻蝗属
Pseudoxya diminuta (Walker) 赤胫伪稻蝗
Pseudoxylechinus 拟鳞小蠹属
Pseudoxylechinus piceae Chen *et* Yin 云杉拟鳞小蠹
Pseudoxylechinus rugatus Wood *et* Huang 皱拟鳞小蠹，皱伪鳞小蠹
Pseudoxylechinus sinensis Wood *et* Huang 中华拟鳞小蠹，中华伪鳞小蠹
Pseudoxylechinus tibetensis Wood *et* Huang 西藏拟鳞小蠹，藏伪鳞小蠹
Pseudoxylechinus uniformis Wood *et* Huang 同拟鳞小蠹，一致伪鳞小蠹
Pseudoxylechinus variegatus Wood *et* Huang 变异拟鳞小蠹，变异伪鳞小蠹
Pseudoxyroptila 伪奥羽蛾属
Pseudoxyroptila tectonica (Meyrick) 柚木伪奥羽蛾
Pseudoxythrips 伪蓟马属
Pseudoxythrips dentatus (Knechtel) 齿伪蓟马
Pseudozaena 拟察步甲属
Pseudozaena orientalis Klug 东方拟察步甲
Pseudozaena orientalis opaca (Chaudoir) 东方拟察步甲暗色亚种
Pseudozaena orientalis orientalis Klug 东方拟察步甲指名亚种
Pseudozarba plumbicilia (Draudt) 黑带文夜蛾
Pseudozizeeria 酢浆灰蝶属
Pseudozizeeria karsandra Moore 见 *Zizeeria karsandra*
Pseudozizeeria maha (Kollar) [pale grass blue] 酢浆灰蝶
Pseudozizeeria maha argia (Ménétriés) 酢浆灰蝶北方亚种，阿酢浆灰蝶
Pseudozizeeria maha chandala (Moore) 同 *Pseudozizeeria maha maha*
Pseudozizeeria maha diluta (Felder *et* Felder) 酢浆灰蝶宽体亚种，狄酢浆灰蝶
Pseudozizeeria maha japonica (Murray) 同 *Pseudozizeeria maha maha*
Pseudozizeeria maha maha (Kollar) 酢浆灰蝶指名亚种，指名酢浆灰蝶
Pseudozizeeria maha marginata (Poujade) 同 *Pseudozizeeria maha maha*
Pseudozizeeria maha okinawana (Matsumura) 酢浆灰蝶台湾亚种，蓝灰蝶，冲绳小灰蝶，台湾酢浆灰蝶
Pseudozizeeria maha opalina (Poujade) 同 *Pseudozizeeria maha maha*
Pseudozizeeria maha saishutonis Matsumura 酢浆灰蝶韩国亚种，赛酢浆灰蝶
Pseudozizeeria maha serica (Felder) 酢浆灰蝶香港亚种，丝酢浆灰蝶，丝玛吉灰蝶
Pseudozumia 刚蜾蠃属，伪蜾蠃属
Pseudozumia indica (Saussure) 印度刚蜾蠃，印度伪蜾蠃，闽芒蜾蠃
Pseudozumia indosinensis Giordani Soika 黑金刚蜾蠃，印中伪蜾蠃，漆黑钟腰蜾蠃
Pseudozumia taiwana (Sonan) 台湾刚蜾蠃，台湾伪蜾蠃，台芒蜾蠃
Pseudozygoneura 伪轭眼蕈蚊属
Pseudozygoneura hexacantha Shi *et* Huang 六刺伪轭眼蕈蚊
Pseuduraecha 伪泥色天牛属
Pseuduraecha punctiventris (Heller) 粗点伪泥色天牛
Pseuduraecha sulcaticeps Pic 黄条伪泥色天牛
Pseuduscana 似尤赤眼蜂属
Pseuduscana changbaiensis (Lou *et* Cao) 长白似尤赤眼蜂，长白尤氏赤眼蜂
Pseuduscana setifera (Lin) 毛角似尤赤眼蜂，毛角尤氏赤眼蜂
Pseuduvarus 伪乌龙虱属，缝龙虱属
Pseuduvarus vitticollis (Boheman) 纹伪乌龙虱，伪无缝龙虱，条夙龙虱
Pseumenes 饰蜾蠃属
Pseumenes depressus (de Saussure) 四刺饰蜾蠃，勾纹亮胸蜾蠃
Pseumenes imperatrix (Smith) 酋饰蜾蠃
Psichacra 普瘿蜂属
Psichacra sauteri Hedicke 同 *Mirandicola sericea*
Psidopala 美波纹蛾属
Psidopala apicalis (Leech) 螺美波纹蛾，端波纹蛾
Psidopala ebba Bryk 益漂美波纹蛾，益漂波纹蛾
Psidopala kishidai Yoshimoto 显美波纹蛾，岸田美波纹蛾，基漂波纹蛾
Psidopala opalescens (Alphéraky) 美波纹蛾，漂波纹蛾，奥波纹蛾
Psidopala ornata (Leech) 华美波纹蛾，饰波纹蛾

Psidopala ornata indecorata Werny 同 *Psidopala ornata ornata*

Psidopala ornata ornata (Leech) 华美波纹蛾指名亚种

Psidopala ornata yuennanensis Werny 同 *Psidopala ornata ornata*

Psidopala paeoniola László, Ronkay, Ronkay *et* Witt 太白美波纹蛾

Psidopala pennata (Wileman) 台美波纹蛾，羽漂波纹蛾

Psidopala pseudoornata Werny 同 *Psidopala ornata*

Psidopala pseudoornata indecorata Werny 同 *Psidopala ornata*

Psidopala roseola Werny 瑰美波纹蛾，玫漂波纹蛾

Psidopala shirakii (Matsumura) 净美波纹蛾，素美波纹蛾，素木漂波纹蛾

Psidopala tenuis (Hampson) 镰美波纹蛾

Psidopala undulans (Hampson) 浪美波纹蛾

Psidopala warreni László, Ronkay, Ronkay *et* Witt 大巴美波纹蛾

Psidopaloides minutus Forbes 见 *Horipsestis minutus*

Psila 茎蝇属

Psila acmocephala Shatalkin 端锐茎蝇

Psila albiseta Becker 白毛茎蝇

Psila caucasica Mik 高加索茎蝇

Psila celidoptera Shatalkin 腹纹茎蝇

Psila crassula Shatalkin 厚茎蝇

Psila debilis Egger 同 *Psila pallida*

Psila faciplagata Wang *et* Yang 颜斑茎蝇

Psila facivittata (Yang *et* Wang) 纹面茎蝇

Psila lineata Hendel 线茎蝇

Psila nigricornis Meigen [chrysanthemum stool miner] 菊茎潜蝇，菊茎蝇

Psila obscurior Strobl 同 *Psila pallida*

Psila pallida (Fallén) 淡茎蝇

Psila potanini Shatalkin 波塔茎蝇

Psila pullparva Wang *et* Yang 暗小茎蝇

Psila rosae (Fabricius) 见 *Chamaepsila rosae*

Psila sibirica (Frey) 西伯茎潜蝇，西伯顶茎蝇，西伯利亚顶茎蝇

Psila szechuana Shatalkin 巴蜀茎蝇

Psilacantha 细小卷蛾属

Psilacantha pryeri (Walsingham) 精细小卷蛾，普菲拉卷蛾

Psilalcis 拟霜尺蛾属，皮鹿尺蛾属，普西尺蛾属

Psilalcis abraxidia Satô *et* Wang 金星拟霜尺蛾，金星皮鹿尺蛾，金星碎尺蛾

Psilalcis albibasis (Hampson) 白基拟霜尺蛾，白皮鹿尺蛾，白基土黄拟霜尺蛾，半黄碎纹尺蛾，白基碎尺蛾

Psilalcis bisinuata (Hampson) 碧拟霜尺蛾

Psilalcis breta (Swinhoe) 布拟霜尺蛾，布皮鹿尺蛾，布普西尺蛾，博碎尺蛾

Psilalcis breta breta (Swinhoe) 布拟霜尺蛾指名亚种，布普西尺蛾指名亚种

Psilalcis breta rantaizana (Wileman) 见 *Psilalcis rantaizana*

Psilalcis conspicuata (Moore) 碎斑拟霜尺蛾，碎斑皮鹿尺蛾

Psilalcis dignampta (Prout) 鼎拟霜尺蛾

Psilalcis diorthogonia (Wehrli) 屈带拟霜尺蛾，茶担皮鹿尺蛾，茶担冥尺蛾，屈带锯线尺蛾，茶担尺蛾，碎尺蛾

Psilalcis fui Satô 傅氏拟霜尺蛾，傅氏皮鹿尺蛾

Psilalcis galsworthyi Satô 尕拟霜尺蛾

Psilalcis grisea Satô *et* Wang 格拟霜尺蛾

Psilalcis hongshana (Wehrli) 项拟霜尺蛾，项阴霜尺蛾

Psilalcis inceptaria (Walker) 阴拟霜尺蛾，阴霜尺蛾

Psilalcis inceptaria hongshana (Wehrli) 见 *Psilalcis hongshana*

Psilalcis insecura (Prout) 颖拟霜尺蛾

Psilalcis menoides (Wehrli) 天目拟霜尺蛾，天目皮鹿尺蛾，明鹰尺蛾，深山碎纹拟霜尺蛾，深山碎纹尺蛾，明霜尺蛾，梅碎尺蛾

Psilalcis nigrifasciata (Wileman) 黄星拟霜尺蛾，黄星皮鹿尺蛾，黄星尺蛾，宽黑带碎纹尺蛾，黑带霜尺蛾

Psilalcis pallidaria (Moore) 大拟霜尺蛾，大皮鹿尺蛾

Psilalcis parvogrisea Satô *et* Wang 帕拟霜尺蛾

Psilalcis polioleuca (Wehrli) 袍拟霜尺蛾，袍皮鹿尺蛾，颇霜尺蛾，袍碎尺蛾

Psilalcis pulveraria (Wileman) 碎纹拟霜尺蛾，碎纹皮鹿尺蛾，碎纹尺蛾

Psilalcis rantaizana (Wileman) 峦大山拟霜尺蛾，峦大山皮鹿尺蛾，伦普西尺蛾，峦大山小尺蛾，伦原沦尺蛾

Psilalcis rantaizana rantaizana (Wileman) 峦大山拟霜尺蛾指名亚种，指名伦普西尺蛾

Psilalcis rotundata Inoue 暗斑拟霜尺蛾，暗斑皮鹿尺蛾，暗斑碎纹尺蛾

Psilalcis vietnamensis Satô 越拟霜尺蛾

Psilephydra 裸颜水蝇属

Psilephydra cyanoprosopa Hendel 蓝裸颜水蝇

Psilephydra guangxiensis Zhang *et* Yang 广西裸颜水蝇

Psilephydra sichuanensis Zhang *et* Yang 四川裸颜水蝇

psilid 1. [= psilid fly, rust fly] 茎蝇，折翅蝇 < 茎蝇科 Psilidae 昆虫的通称 >；2. 茎蝇科的

psilid fly [= psilid, rust fly] 茎蝇，折翅蝇

Psilidae 茎蝇科，折翅蝇科

Psilistus 裸异姬蝽亚属

Psilocephala 亮丽剑虻属，秃头剑虻属

Psilocephala argentea Kröber 银色亮丽剑虻，银色剑虻

Psilocephala chekiangensis Ôuchi 浙江亮丽剑虻

Psilocephala frontata Kröber 同 *Irwiniella kroeberi*

Psilocephala menglongensis Yang, Liu *et* Dong 勐龙亮丽剑虻

Psilocephala obscura Kröber 幽暗亮丽剑虻，幽暗剑虻

Psilocephala protuberans Yang, Liu *et* Dong 突亮丽剑虻

Psilocephala sauteri Kröber 见 *Irwiniella sauteri*

Psilocephala wusuensis Yang, Liu *et* Dong 乌苏亮丽剑虻

Psilocera 尖盾金小蜂属

Psilocera clavicorne (Ashmead) 尖盾金小蜂

Psilochorema excisum Ulmer 见 *Apsilochorema excisum*

Psilochorema hwangi Fischer 见 *Apsilochorema hwangi*

Psilochorema longipennis Hwang 同 *Apsilochorema hwangi*

Psilococcus 莎草蚧属

Psilococcus ruber Borchsenius 红色莎草蚧

Psiloconopa 滨合大蚊亚属

Psilocoris 皮缘蝽属

Psilocoris clavipes Hsiao 皮缘蝽

Psilocorsis faginella (Chambers) [beech leaf tier] 山毛榉织叶蛾

Psilocorsis quercicella Clemens [oak leaf-tier] 栎织叶蛾

Psilocricotopus 光环足摇蚊亚属，光环足亚属

Psilogramma 霜天蛾属

Psilogramma casuarinae (Walker) [Australasian privet hawk moth, Australian privet hawk moth] 澳洲霜天蛾

Psilogramma choui Eitschberger 同 *Psilogramma discistriga*

P

Psilogramma discistriga (Walker) [large brown hawkmoth] 大霜天蛾
Psilogramma hainanensis Eitschberger 同 *Psilogramma discistriga*
Psilogramma increta (Walker) [plain grey hawkmoth] 丁香霜天蛾，丁香天蛾，细斜纹霜天蛾，细斜纹天蛾，霜降天蛾
Psilogramma jordana Bethune-Baker 约霜天蛾
Psilogramma menephron (Cramer) [privet hawk moth, large brown hawkmoth, grey hawk moth] 霜天蛾，泡桐灰天蛾，梧桐天蛾，灰翅天蛾
Psilogramma menephron strobi Boisduval 同 *Psilogramma increta*
Psilogramma wannanensis Meng 小霜天蛾，皖南霜天蛾
Psilokempia 多赘蠓亚属
Psilolaena schusteri Heller 见 *Laena schusteri*
Psilolobus 光叶茧蜂属
Psilolobus achterbergi Yang *et* Chen 阿克氏光叶茧蜂
Psilolobus postfurcalis Chen *et* Yang 后叉光叶茧蜂
Psilomantispa 裸足螳蛉属
Psilomantispa abnormis Lu, Wang, Zhang, Ohl, Engel *et* Liu 奇异裸足螳蛉
Psilomastax 凹顶姬蜂属
Psilomastax pyramidalis Tischbein 锥盾凹顶姬蜂
Psilomerus 突眼天牛属
Psilomerus albifrons Aurivillius 白额突眼天牛
Psilomerus angustus Chevrolat 角突眼天牛
Psilomerus bimaculatus Gahan 二斑突眼天牛
Psilomerus flavopictus Holzschuh 黄斑突眼天牛
Psilomerus fortepunctatus Gressitt *et* Rondon 深点突眼天牛
Psilomerus laosensis Gressitt *et* Rondon 老挝突眼天牛
Psilomerus maculipes Fåhraeus 斑足突眼天牛
Psilomerus rubricollis Dauber 红领突眼天牛
Psilomerus rufescens Dauber 红突眼天牛
Psilomerus suturalis Gressitt *et* Rondon 连纹突眼天牛
Psilometriocnemus 裸中足摇蚊属
Psilometriocnemus europaeus Tuiskunen 欧裸中足摇蚊
Psilometriocnemus saetheri Ren *et* Wang 萨特裸中足摇蚊
Psilometriocnemus triannulatus Sæther 三环裸中足摇蚊
Psilommiscus 裸折茧蜂属
Psilommiscus sumatranus Enderlein 黑裸折茧蜂
Psilonyx 缺突虫虻属，缺突食虫虻属，裸刺食虫虻属
Psilonyx annuliventris Hsia 牯岭缺突虫虻，环腹缺突虫虻，牯岭缺突食虫虻，环腹缺突食虫虻
Psilonyx dorsiniger Zhang *et* Yang 黑背缺突虫虻，黑背缺突食虫虻
Psilonyx flavican Shi 黄缺突虫虻，黄缺爪细腹食虫虻
Psilonyx flavicoxa Zhang *et* Yang 黄基缺突虫虻，黄基缺突食虫虻
Psilonyx hsiai Shi 夏缺突虫虻，夏缺爪细腹食虫虻
Psilonyx humeralis Hsia 天目缺突虫虻，天目缺突食虫虻，肩缺突虫虻
Psilonyx nigricoxa Hsia 台湾缺突虫虻，黑基缺突虫虻，台湾缺突食虫虻，黑基缺突食虫虻，黑股食虫虻
Psilopa 凸额水蝇属，裸水蝇属
Psilopa bella Becker 丽裸水蝇
Psilopa compta (Meigen) 头饰凸额水蝇
Psilopa flaviantennalis Miyagi 黄角凸额水蝇
Psilopa flavimana Hendel 黄足凸额水蝇，黄凸额水蝇，黄裸水蝇，黄手渚蝇
Psilopa girschneri von Röder 葛氏凸额水蝇，葛氏渚蝇，哥瑞克那凸额水蝇
Psilopa incerta Becker 同 *Hydrellia griseola*
Psilopa leucostoma (Meigen) 后斑凸额水蝇
Psilopa marginella (Fallén) 褐缘凸额水蝇
Psilopa nana Loew 矮凸额水蝇
Psilopa nigritella Stennammar 小黑凸额水蝇
Psilopa nitidula (Fallén) 光亮凸额水蝇
Psilopa pillinosa (Kertész) 细粉凸额水蝇，细粉渚蝇
Psilopa polita (Macquart) 磨光凸额水蝇
Psilopa quadratula (Becker) 方形凸额水蝇，方凸额水蝇，方裸水蝇，方埃水蝇
Psilopa rufipes (Hendel) 红足凸额水蝇，红裸水蝇，红足渚蝇
Psilopa sinensis Canzoneri 中华凸额水蝇
Psilopa singaporensis (Kertész) 新加坡凸额水蝇，星岛渚蝇
Psilopa sorella Becker 同 *Typopsilopa chinensis*
Psilopa wangi Zhou, Yang *et* Zhang 王氏凸额水蝇
Psilopepla 滑苔蛾属
Psilopepla fasciata (Moore) 见 *Nudaria fasciata*
Psilopepla margaritacea (Walker) 见 *Nudaria margaritacea*
Psilopholis 无鳞鳃金龟甲属
Psilopholis vestita Sharp 橡胶无鳞鳃金龟甲，橡胶无鳞鳃金龟
Psilophrys 细柄跳小蜂属
Psilophrys brachycornis Shi *et* Wang 短角细柄跳小蜂
Psilophrys tenuicornis Graham 红蚧细柄跳小蜂
Psiloptera 等跗吉丁甲属
Psiloptera attenuata (Fabricius) 尖尾等跗吉丁甲，尖尾裸吉丁
Psiloptera cupreosplendens Saunders 刺柏等跗吉丁甲，刺柏等跗吉丁
Psiloptera fastuosa Fabricius 绿紫等跗吉丁甲，绿紫等跗吉丁
Psiloptera viridicuprea (Saunders) 见 *Lampetis viridicuprea*
Psilopterna 翅角石蛾属
Psilopterna pevzovi Martynov 佩翅角石蛾
Psilopterna sinensis Banks 见 *Stenophylax sinensis*
Psiloscapha 裸艾蕈甲亚属
Psilotagma 染尺蛾属
Psilotagma decorata Warren 德染尺蛾，染尺蛾，德垂缘尺蛾
Psilotanupus 光长足摇蚊亚属
Psilotarsus 刺跗天牛属
Psilotarsus brachypterus (Gebler) 短翅刺跗天牛，刺跗天牛，短翅锯天牛
Psilotarsus brachypterus alpherakii (Semenov) 短翅刺跗天牛宽齿亚种，草刺跗天牛
Psilotarsus brachypterus brachypterus (Gebler) 短翅刺跗天牛指名亚种
Psilotarsus hirticollis Motschulsky 毛胸刺跗天牛，毛胸短翅锯天牛
Psilothrips 裸蓟马属
Psilothrips bimaculatus (Priesner) 双斑裸蓟马
Psilothrips indicus Bhatti 印度裸蓟马
Psilothrips minutus zur Strassen 小裸蓟马
Psilothrips pardalotus Hood 帕裸蓟马
Psilotreta 裸齿角石蛾属
Psilotreta anfracta Yuan *et* Yang 弯钩裸齿角石蛾
Psilotreta apiculata Yuan *et* Yang 细尖裸齿角石蛾
Psilotreta applanata Yuan *et* Yang 宽扁裸齿角石蛾
Psilotreta bicruris Yuan *et* Yang 二叉裸齿角石蛾

Psilotreta brevispinosa Qiu *et* Yan 短刺裸齿角石蛾
Psilotreta chinensis Banks 中华裸齿角石蛾
Psilotreta cuboides Yuan, Yang *et* Sun 方背裸齿角石蛾
Psilotreta daidalos Malicky 内钩裸齿角石蛾
Psilotreta dardanos Malicky 翼状裸齿角石蛾
Psilotreta dehiscentis Yuan, Sun *et* Yang 背裂裸齿角石蛾
Psilotreta excavata Yuan, Yang *et* Sun 凹入裸齿角石蛾
Psilotreta expers Yuan *et* Yang 缺肢裸齿角石蛾
Psilotreta furcata Qiu *et* Yan 双叉裸齿角石蛾
Psilotreta grossa Yuan *et* Yang 粗裸齿角石蛾
Psilotreta horrida Yuan *et* Yang 多刺裸齿角石蛾
Psilotreta jaroschi Malicky 加氏裸齿角石蛾
Psilotreta kwantungensis Ulmer 广东裸齿角石蛾
Psilotreta lobopennis Hwang 叶茎裸齿角石蛾
Psilotreta monacantha Yuan *et* Yang 单刺裸齿角石蛾
Psilotreta ochina Mosely 靴形裸齿角石蛾
Psilotreta orientalis Hwang 东方裸齿角石蛾
Psilotreta paulula Yuan *et* Yang 小叶裸齿角石蛾
Psilotreta porrecta Yuan, Sun *et* Yang 前伸裸齿角石蛾
Psilotreta qinglingshanensis Mey *et* Yang 秦岭裸齿角石蛾
Psilotreta quatrata Schmid 方形裸齿角石蛾
Psilotreta rectangula Yuan *et* Yang 直角裸齿角石蛾
Psilotreta spinata Yuan *et* Yang 具刺裸齿角石蛾
Psilotreta superposita Yuan *et* Yang 叠肢裸齿角石蛾
Psilotreta tenuispina Yuan *et* Yang 细刺裸齿角石蛾
Psilotreta trispinosa Schmid 三刺裸齿角石蛾
Psilotreta vertebrata Yuan, Yang *et* Sun 脊状裸齿角石蛾
Psilotreta yunnanensis Yuan *et* Yang 云南裸齿角石蛾
Psimada 洒夜蛾属
Psimada quadripennis Walker 洒夜蛾，藕紫缘角裳蛾
Psithyristriina 寖蝉亚族
Psithyrus 拟熊蜂亚属，拟熊蜂属
Psithyrus acutisquameus Maa 同 *Bombus* (*Psithyrus*) *coreanus*
Psithyrus bohemicus Seidl 见 *Bombus* (*Psithyrus*) *bohemicus*
Psithyrus branickii Radoszkowski 见 *Bombus* (*Psithyrus*) *branickii*
Psithyrus branickii leechuanlungi Maa 见 *Bombus* (*Psithyrus*) *branickii leechuanlungi*
Psithyrus campestris Panzer 见 *Bombus* (*Psithyrus*) *campestris*
Psithyrus chinensis Morawitz 见 *Bombus* (*Psithyrus*) *chinensis*
Psithyrus chinensis honei Bischoff 同 *Bombus friseanus*
Psithyrus chinganicus Reinig 同 *Bombus* (*Psithyrus*) *bohemicus*
Psithyrus coreanus Yasumatsu 见 *Bombus* (*Psithyrus*) *coreanus*
Psithyrus cornutus Frison 见 *Bombus* (*Psithyrus*) *cornutus*
Psithyrus decoomani Maa 同 *Bombus* (*Psithyrus*) *turneri*
Psithyrus expolitus Tkalců 见 *Bombus* (*Psithyrus*) *expolitus*
Psithyrus* (*Fernaldaepsithyrus*) *gansuensis Popov 同 *Bombus* (*Psithyrus*) *skorikovi*
Psithyrus kuani Tkalců 同 *Bombus* (*Psithyrus*) *skorikovi*
Psithyrus monozonus Friese 见 *Bombus monozonus*
Psithyrus morawitzi Friese 同 *Bombus* (*Psithyrus*) *chinensis*
Psithyrus norvegicus Sparre-Schneider 见 *Bombus* (*Psithyrus*) *norvegicus*
Psithyrus pieli Maa 同 *Bombus* (*Psithyrus*) *bellardii*
Psithyrus pyramideus Maa 同 *Bombus* (*Psithyrus*) *coreanus*
Psithyrus richardsi (Popov) 同 *Bombus* (*Psithyrus*) *barbutellus*
Psithyrus richardsi licenti Maa 同 *Bombus* (*Psithyrus*) *barbutellus*
Psithyrus richardsi richardsi (Popov) 同 *Bombus* (*Psithyrus*) *barbutellus*
Psithyrus rupestris (Fabricius) 见 *Bombus* (*Psithyrus*) *rupestris*
Psithyrus rupestris eriophoroides Reinig 同 *Bombus* (*Psithyrus*) *branickii*
Psithyrus skorikovi Popov 见 *Bombus* (*Psithyrus*) *skorikovi*
Psithyrus sylvestris Peletier 见 *Bombus* (*Psithyrus*) *sylvestris*
Psithyrus tajushanensis Chiu 同 *Bombus* (*Psithyrus*) *bellardii*
Psithyrus tibetans (Morawitz) 见 *Bombus* (*Psithyrus*) *tibetanus*
Psithyrus turneri Richards 见 *Bombus* (*Psithyrus*) *turneri*
psittacina skipper [*Chloeria psittacina* Felder] 鹦鹉弄蝶
Psittaconirmus lybartota Ansari 见 *Neopsittaconirmus lybartota*
Psix 普缘腹细蜂属
Psix lacunatus Johnson *et* Masner 暗普缘腹细蜂
Psoa 无瘤长蠹属
Psoa dubia Rossi 疑无瘤长蠹，疑丽长蠹
Psoa maculata (LeConte) 斑无瘤长蠹
Psoa quadrisignata (Horn) 四点无瘤长蠹
Psoa viennensis Herbst 越南无瘤长蠹
Psocathropos 窃跳蛄属，拟窃啮虫属 < 此属学名有误写为 *Psocatropos* 者 >
Psocathropos cameriferus Li 具室窃跳蛄
Psocathropos domesticus Li 家栖窃跳蛄
Psocathropos dyadoclemus Li 二支窃跳蛄
Psocathropos lachlani Ribaga 拉氏窃跳蛄，拉氏拟窃啮虫
Psocathropos microps (Enderlein) 同 *Psocathropos lachlani*
Psocathropos pleurotaenus Li 侧带窃跳蛄
Psocathropos purpuripsarous Li 紫斑窃跳蛄
Psocathropos sinensis Li 中华窃跳蛄
Psocathropos tridymus Li 三出窃跳蛄
Psocatropetae 窃跳蛄组
Psocatropos microps (Enderlein) 同 *Psocathropos lachlani*
Psocetae 蛄组
psocid 1. 蛄，啮虫 < 泛指蛄目 Psocoptera 昆虫 >；2. [= psocid barklouse, common barklouse] 蛄，啮虫 < 蛄科 Psocidae 昆虫的通称 >；3. 蛄科的
psocid barklouse [= psocid, common barklouse] 蛄，啮虫
Psocid News 啮虫新闻 < 期刊名 >
Psocidae 蛄科，啮虫科
Psocidus 肖蛄属
Psocidus bifurcatus Li 二歧肖蛄
Psocidus femoratus (McLachlan) 腕肖蛄
Psocidus filicornis (Enderlein) 同 *Sigmatoneura subcostalis*
Psocidus formosanus (Okamoto) 蓬莱肖蛄，蓬莱拟啮虫
Psocidus guilinensis Li 桂林肖蛄
Psocidus hainanensis Li 海南肖蛄
Psocidus luotongshanicus Li 罗通山肖蛄
Psocidus sauteri (Enderlein) 梭氏肖蛄，梭氏拟啮虫
Psocidus strictus Thornton 束肖蛄
Psocidus tacaoensis (Enderlein) 达开肖蛄，高雄拟啮虫
Psocidus validus Thornton 壮肖蛄
Psocinae 蛄亚科
Psocini 蛄族
Psococerastis 触蛄属，角啮虫属

Psococerastis albimaculata Li *et* Yang 白斑触蛄
Psococerastis ampullaris Li 瓶茎触蛄
Psococerastis aurata Li 金黄触蛄
Psococerastis baihuashanensis Li 百花山触蛄
Psococerastis baishanzuica Li 百山祖触蛄
Psococerastis betulisuga Li 岳桦触蛄
Psococerastis bomiensis Li *et* Yang 波密触蛄
Psococerastis boseiensis Li 百色触蛄
Psococerastis brachyneura Li 短脉触蛄
Psococerastis brachypoda Li 短柄触蛄
Psococerastis capitata (Enderlein) 头角触蛄，头角啮虫，头蛄
Psococerastis capitulatis Li 小头触蛄，小头触啮虫
Psococerastis chebalingensis Li 车八岭触蛄
Psococerastis curvivalvae Li 弯瓣触蛄
Psococerastis cuspidata Li 尖瓣触蛄
Psococerastis deflecta Li 偏突触蛄
Psococerastis denticuligis Li 多齿触蛄
Psococerastis dicoccis Li 双球触蛄
Psococerastis dissidens Li 奇齿触蛄
Psococerastis duoipunctata Li 二斑触蛄
Psococerastis emeiensis Li 峨眉触蛄
Psococerastis exilis Li 小触蛄
Psococerastis fenestralis Li 窗斑触蛄
Psococerastis ficivorella (Okamoto) 雀榕触蛄，雀榕角啮虫
Psococerastis fluctimarginalis Li 波缘触蛄
Psococerastis formosa Li 丽触蛄
Psococerastis galeata Li 盔瓣触蛄
Psococerastis gansuiensis Li 甘肃触蛄
Psococerastis gibbosa (Sulzer) 驼背触蛄
Psococerastis gracilescens Li 细角触蛄
Psococerastis guangxiensis Li 广西触蛄
Psococerastis guizhouensis Li *et* Yang 贵州触蛄
Psococerastis hainanensis Li 海南触蛄
Psococerastis huangshanensis Li 黄山触蛄
Psococerastis huapingana Li 花坪触蛄
Psococerastis hunaniensis Li 湖南触蛄
Psococerastis linearis Li 线斑触蛄
Psococerastis macrotaenialis Li 长带触蛄
Psococerastis malleata Li *et* Yang 锤形触蛄
Psococerastis melanostigma Li 黑痣触蛄
Psococerastis microdonta Li 小齿触蛄
Psococerastis moganshanensis Li 莫干山触蛄
Psococerastis nigriventris Li 黑腹触蛄
Psococerastis pandurata Li 琴形触蛄
Psococerastis parallelica Li 平行触蛄
Psococerastis pellucidatis Li *et* Yang 透翅触蛄
Psococerastis pingtangensis Li 平塘触蛄
Psococerastis pingxiangensis Li 凭祥触蛄
Psococerastis platynota Li 宽痣触蛄
Psococerastis platypis Li 阔茎触蛄
Psococerastis platyraphis Li 叶形触蛄
Psococerastis platytaenia Li 宽带触蛄
Psococerastis plicata Li 褶皱触蛄
Psococerastis polygonalis Li 多角触蛄
Psococerastis polystictis Li *et* Yang 多斑触蛄
Psococerastis protractis Li 长肛触蛄
Psococerastis psaronipunctata Li 斑触蛄
Psococerastis punctulosa Li 多点触蛄
Psococerastis pyriformis 梨形触蛄
Psococerastis quadrisecta Li 四裂触蛄
Psococerastis quinidentata Li 五齿触蛄
Psococerastis sangzhiensis Li 桑植触蛄
Psococerastis scissilis Li 裂口触蛄
Psococerastis sexpunctata Li 六点触蛄
Psococerastis shanxiensis Li 山西触蛄
Psococerastis shennongjiana Li 神农架触蛄
Psococerastis sinensis Thorvton 中华触蛄
Psococerastis spatiosis Li 大触蛄
Psococerastis stipularis Li 柄茎触蛄
Psococerastis stulticaulis Li 粗茎触蛄
Psococerastis taprobanes (Hagen) 塔触蛄
Psococerastis tianmushanenis Li 天目山触蛄
Psococerastis tibetensis Li *et* Yang 西藏触蛄
Psococerastis tokyoensis (Enderlein) 东京触蛄，东京角啮虫
Psococerastis trichotoma Li *et* Yang 三叉触蛄
Psococerastis trilobata Li *et* Yang 三叶触蛄
Psococerastis turriformis Li 塔形触蛄
Psococerastis urceolaris Li 壶形触蛄
Psococerastis venigra Li *et* Yang 黑脉触蛄
Psococerastis venimacula Li *et* Yang 脉斑触蛄
Psococerastis weijuni Li 维均氏触蛄
Psococerastis yunnanensis Li 云南触蛄
Psococerastis zayuensis Li *et* Yang 察隅触蛄
Psococerastis zhaoi Li 赵氏触蛄
Psocodea [= Psocoptera, Corrodentia, Copeognatha] 蛄目，啮虫目
Psocoidea 蛄总科
Psocomesites 丽斑蛄属
Psocomesites bimaculatum Li 同 *Atrichadenotecnum trifurcatum*
Psocomesites edentalum Li 同 *Atrichadenotecnum trifurcatum*
Psocomesites guangzhouense Li 见 *Atrichadenotecnum guangzhouense*
Psocomesites laricolum Li 见 *Atrichadenotecnum laricolum*
Psocomesites multidontatum Li 见 *Atrichadenotecnum multidontatum*
Psocomesites nudum (Thornton) 见 *Atrichadenotecnum nudum*
Psocomesites trifurcatum (Li) 见 *Atrichadenotecnum trifurcatum*
Psocomorpha 蛄亚目，啮虫亚目
Psocoptera [= Corrodentia, Psocodea, Copeognatha] 蛄目，啮虫目
psocopteran 1. [= psocopteron, corrodent, psocopterous insect] 蛄，啮虫 <蛄目 Psocoptera 昆虫的通称>；2. 啮虫的
psocopterist [= psocopterologist] 蛄学者，蛄目工作者
psocopterological 蛄学的，啮虫学的
psocopterologist 见 psocopterist
psocopterology 蛄学，啮虫学
psocopteron [= psocopteran, corrodent, psocopterous insect] 蛄，啮虫 <蛄目 Psocoptera 昆虫的通称>
psocopterous insect 见 psocopteron
Psocus 蛄属
Psocus capitatus Okamoto 见 *Psococerastis capitata*
Psocus formosanus Okamoto 见 *Symbiopsocus formosanus*
Psocus kolbei (Enderlein) 见 *Sigmatoneura kolbei*
Psocus mucronicaudatus Li 尖尾蛄

P

Psocus socialis Li 群栖石蛄

Psocus vannivalvulus Li 扇瓣蛄

Psodos 普索尺蛾属

Psodos altissimaria Oberthür 同 *Gnophopsodos gnophosaria*

Psodos gnophosaria Oberthür 见 *Gnophopsodos gnophosaria*

Psoinae 无瘤长蠹亚科

Psoini 无瘤长蠹族

Psolodesmus 褐顶色蟌属

Psolodesmus mandarinus McLachlan 中华褐顶色蟌，褐顶色蟌，中华珈蟌

Psolodesmus mandarinus dorothea Williamson 中华褐顶色蟌南台亚种，中华珈蟌南台亚种，台褐顶色蟌

Psolodesmus mandarinus mandarinus McLachlan 中华褐顶色蟌指名亚种，中华珈蟌指名亚种，中华珈蟌原名亚种

Psolos 烟弄蝶属

Psolos fuligo (Mabille) [pale spotted coon, dusky partwing, coon] 淡斑烟弄蝶，烟弄蝶

Psolos fuligo fuligo (Mabille) 淡斑烟弄蝶指名亚种

Psolos fuligo subfasciatus Moore [Indian dusky partwing] 淡斑烟弄蝶亚带亚种

Psolos pulligo (Mabille) 黑烟弄蝶

Psolos ulunda Staudinger 污烟弄蝶，指名烟弄蝶

Psophis 梭头猎蝽属

Psophis consanguinea Distant 红梭头猎蝽

Psophis parva Miller 小梭头猎蝽

Psophus 乌饰蝗属

Psophus stridulus (Linnaeus) 乌饰蝗

Psoquilla 圆蛄属，圆翅啮虫属

Psoquilla marginepunctata Hagen 缘斑圆蛄，黑茶蛀虫

Psoquilla microps (Enderlein) 同 *Psocathropos lachlani*

psoquillid 1. [= psoquillid barklouse, bird nest barklouse] 圆蛄，圆翅蛄，圆翅啮虫 < 圆蛄科 Psoquillidae 昆虫的通称 >；2. 圆蛄科的

psoquillid barklouse[= psoquillid, bird nest barklouse] 圆蛄，圆翅蛄，圆翅啮虫

Psoquillidae 圆蛄科，圆翅蛄科，圆翅啮虫科

Psoquilloidea 圆蛄总科

Psoraleococcus 洋链蚧属

Psoraleococcus browni Lambdin *et* Kosztarab 勃浪洋链蚧

Psoraleococcus costatus Borchsenius 思茅洋链蚧，思茅屑盘蚧，思茅球链蚧

Psoraleococcus cremastogastri (Takahashi) 见 *Lecanodiaspis cremastogastri*

Psoraleococcus foochowensis (Takahashi) 福州洋链蚧，福州屑盘蚧，福州球链蚧

Psoraleococcus lombokanus Lambdin *et* Kosztarab 峨眉洋链蚧，峨眉屑盘蚧，印尼洋链蚧

Psoraleococcus multicribratus Lambdin *et* Kosztarab 多筛洋链蚧

Psoraleococcus multipori (Morrison) 多孔洋链蚧

Psoraleococcus quercus (Cockerell) [false evergreen oak scale] 伪槲洋链蚧，伪槲球蚧，栎树球链蚧

Psoraleococcus verrucosus Borchsenius 云南洋链蚧，云南屑盘蚧

Psoralis 癣弄蝶属

Psoralis exclamationis Mabille 惊讶癣弄蝶

Psoralis idea (Weeks) 癣弄蝶

Psoralis mirnae Siewert, Nakamura *et* Mielke 玛丽癣弄蝶

Psoricoptera 粗翅麦蛾属

Psoricoptera gibbosella (Zeller) [humped crest] 核桃楸粗翅麦蛾，核桃楸麦蛾

Psorosa 簇斑螟属

Psorosa (Sopsora) taishanella Roesler 泰山簇斑螟，泰山普索螟

Psorosa taishanella Roesler 见 *Psorosa* (*Sopsora*) *taishanella*

Psorosina hammondi (Riley) [apple-leaf skeletonizer] 苹潜叶螟

Psorosticha 灰织蛾属

Psorosticha melanocrepida Clarke [citrus leaf-roller moth] 橘灰织蛾

Psorosticha xylinopis Meyrick 见 *Agonopterix xylinopis*

Psorosticha zizyphi Stainton [citrus leaf-roller moth] 灰织蛾，柑橘小灰蛾，小灰蛾

Psycha formosana (Tokunaga) 见 *Psychoda formosana*

Psyche 剑桥昆虫学报 < 期刊名 >

psyche [= black-spotted white, *Leptosia nina* (Fabricius)] 纤粉蝶

Psyche 袋蛾属，无瑕袋蛾属

Psyche casta (Pallas) [common bagworm moth, grass bagworm moth, persimmon bagworm] 无瑕袋蛾，卡小袋蛾

Psyche ferevitrea (Joannis) 见 *Chalioides ferevitrea*

Psyche hedini (Caradja) 赫袋蛾，赫小袋蛾

Psyche semnodryas (Meyrick) 塞袋蛾，塞小袋蛾

Psyche taiwana (Wileman *et* South) 台湾袋蛾，台小袋蛾

Psyche takahashii Sonan 高桥袋蛾

Psyche viciella detrita Lederer 见 *Megalophanes viciella detrita*

psychid 1. [= psychid moth, bagworm moth, bagworm, bagmoth] 袋蛾，蓑蛾 < 袋蛾科 Psychidae 昆虫的通称 >；2. 袋蛾科的

psychid moth [= psychid, bagworm moth, bagworm, bagmoth] 袋蛾，蓑蛾

Psychidae 袋蛾科，蓑蛾科

Psychidea 拟袋蛾属

Psychidea alpherakii (Heylaerts) 见 *Psychidopsis alpherakii*

Psychidea proxima Lederer 见 *Bijugis proxima*

Psychidopsis 近袋蛾属

Psychidopsis alpherakii (Heylaerts) 阿近袋蛾，阿拟袋蛾

Psychidopsis flavescens (Heylaerts) 黄近袋蛾，黄蕾袋蛾

Psychidopsis flavescens flavescens (Heylaerts) 黄近袋蛾指名亚种

Psychidopsis flavescens kuldchaensis (Heylaerts) 黄近袋蛾新疆亚种，库黄蕾袋蛾

Psychoda 蛾蠓属，毛蠓属，蛾蚋属

Psychoda acanthostyla Tokunaga 荆棘蛾蠓，尖刺毛蠓，荆棘蛾蚋

Psychoda alabangensis Rosario 菲岛蛾蠓，阿毛蠓，菲岛蛾蚋

Psychoda alternata Say 星斑蛾蠓，星斑毛蠓，星斑蛾蚋

Psychoda brevicerca Huang *et* Chen 短尾蛾蠓，短尾毛蠓，短尾蛾蚋

Psychoda duplilamnata Tokunaga 双魔蛾蠓，都毛蠓，双魔蛾蚋

Psychoda erminea Eaton 白须蛾蠓，埃毛蠓

Psychoda formosana Tokunaga 台湾蛾蠓，台湾毛蠓，台湾真毛蠓，台湾蛾蚋

Psychoda formosensis Tokunaga 南台蛾蠓，台岛毛蠓，南台蛾蚋，台依蛉

Psychoda fungicola Tokunaga 松菌蛾蠓，松菌毛蠓

Psychoda harrisi Satchell 哈氏蛾蠓，哈氏毛蠓，哈氏蛾蚋

Psychoda longivirga Huang *et* Chen 长杆蛾蠓，长杆毛蠓，长杆蛾蚋

Psychoda makati Rosario 马卡蛾蠓，马氏毛蠓，马卡蛾蚋
Psychoda musae Rosario 仙女蛾蠓，牧毛蠓，仙女蛾蚋
Psychoda pellucida Quate 透明蛾蠓，透毛蠓，透明蛾蚋
Psychoda phalaenoides (Linnaeus) 小蛾蠓，小毛蠓，虎蛾蛾蚋
Psychoda platilobata Tokunaga 宽片蛾蠓，平叶毛蠓，平叶蛾蚋
Psychoda pseudobrevicornis Tokunaga 伪短角蛾蠓，伪短角毛蠓，窄角蛾蚋，平叶蛾蠓
Psychoda pseudominuta Wagner 伪叶蛾蠓，伪叶毛蠓，伪叶蛾蚋
Psychoda savaiiensis Edwards 萨瓦蛾蠓，萨瓦毛蠓，萨瓦蛾蚋，萨氏毛蠓
Psychoda setigera Tonnoir 刺毛蛾蠓，刺毛毛蠓，刺毛蛾蚋
Psychoda subquadrilobata Tokunaga 潮州蛾蠓，似四叶毛蠓，潮州蛾蚋
Psychoda trilobata Tokunaga 三叶蛾蠓，三叶毛蠓，三叶蛾蚋
psychodid 1. [= psychodid fly, moth fly, sand fly, drain fly, sink fly, filter fly, sewer fly, sewer gnat] 蛾蠓，毛蠓，蛾蚋 < 蛾蠓科 Psychodidae 昆虫的通称 >；2. 蛾蠓科的
psychodid fly [= psychodid, moth fly, sand fly, drain fly, sink fly, filter fly, sewer fly, sewer gnat] 蛾蠓，毛蠓，蛾蚋
Psychodidae 蛾蠓科，毛蠓科，蛾蚋科
Psychodinae 蛾蠓亚科
Psychodoidea 蛾蠓总科，毛蠓总科
Psychoidea 袋蛾总科，蓑蛾总科
Psychomyia 蝶石蛾属，管石蛾属
Psychomyia adriel Malicky 阿蝶石蛾
Psychomyia aristophanes Malicky 芒蝶石蛾
Psychomyia babai (Kobayashi) 见 *Psychomyiella babai*
Psychomyia biacicularis Li, Qiu *et* Morse 双刺蝶石蛾
Psychomyia complexa Li, Morse *et* Peng 复杂蝶石蛾
Psychomyia cuspidata Li, Qiu *et* Morse 尖蝶石蛾
Psychomyia dactylina Sun 指茎蝶石蛾
Psychomyia didymos Li, Qiu *et* Morse 双突蝶石蛾
Psychomyia ensiformis Li, Qiu *et* Morse 剑形蝶石蛾
Psychomyia erecta Li, Qiu *et* Morse 直蝶石蛾
Psychomyia extensa Li, Sun *et* Yang 广布蝶石蛾
Psychomyia fukienensis Hwang 福建蝶石蛾
Psychomyia hirta Li, Qiu *et* Morse 毛蝶石蛾
Psychomyia humecta Li, Qiu *et* Morse 湿蝶石蛾
Psychomyia longa Li, Qiu *et* Morse 长蝶石蛾
Psychomyia machengensis Li, Qiu *et* Morse 麻城蝶石蛾
Psychomyia mahadenna Schmid 玛哈德纳蝶石蛾
Psychomyia martynovi Hwang 马氏蝶石蛾
Psychomyia meridionalis Li, Qiu *et* Morse 南方蝶石蛾
Psychomyia morisitai Tsuda 森下蝶石蛾，森下管石蛾
Psychomyia polyacantha Li, Qiu *et* Morse 多刺蝶石蛾
Psychomyia rhombiformis Li, Qiu *et* Morse 菱形蝶石蛾
Psychomyia rivalis Qiu, Morse *et* Wiberg-Larsen 溪蝶石蛾
Psychomyia similis Li, Qiu *et* Morse 类蝶石蛾
Psychomyia spinosa Tian 齿蝶石蛾
Psychomyia trilobata Li, Qiu *et* Morse 三叶蝶石蛾
Psychomyia trotispina Li, Qiu *et* Morse 刺蝶石蛾
Psychomyia valida Li, Qiu *et* Morse 壮蝶石蛾
Psychomyiella 类蝶石蛾属
Psychomyiella babai Kobayashi 马场类蝶石蛾，马场管石蛾，巴蝶石蛾
Psychomyiella hamus Hwang 钩类蝶石蛾，钩蝶石蛾
psychomyiid 1. [= psychomyiid caddisfly, trumpet-net caddisfly, tube-making caddisfly] 蝶石蛾，管石蛾 < 蝶石蛾科 Psychomyiidae 昆虫的通称 >；2. 蝶石蛾科的
psychomyiid caddisfly [= psychomyiid, trumpet-net caddisfly, tube-making caddisfly] 蝶石蛾，管石蛾
Psychomyiidae 蝶石蛾科，管石蛾科
Psychomyiinae 蝶石蛾亚科
Psychomyiodea 蝶石蛾总科
Psychonotis 灵灰蝶属
Psychonotis browni Druce *et* Bethune-Baker 布灵灰蝶
Psychonotis caelius (Felder) [small green banded blue, white-banded blue] 白带灵灰蝶，灵灰蝶
Psychonotis hebes Druce 神灵灰蝶
Psychonotis kruera Druce 克灵灰蝶
Psychonotis melane Joicey *et* Talbot 黑灵灰蝶
Psychonotis nerine Grose-Smith *et* Kirby 奈灵灰蝶
Psychonotis purpurea Druce 紫灵灰蝶
Psychonotis schneideri Ribbe 施灵灰蝶
psychopsid 1. [= psychopsid neuropteran, psychopsid lacewing, silky lacewing] 蝶蛉，蛾蛉 < 蝶蛉科 Psychopsidae 昆虫的通称 >；2. 蝶蛉科的
psychopsid lacewing [= psychopsid, psychopsid neuropteran, silky lacewing] 蝶蛉，蛾蛉
psychopsid neuropteran 见 psychopsid lacewing
Psychopsidae 蝶蛉科，蛾蛉科
Psychopsis 蝶蛉属
Psychopsis birmana McLachlan 见 *Balmes birmanus*
Psychopsis formosa Kuwayama 见 *Balmes formosus*
Psychostenus densistriatus Uchida 见 *Ateleute densistriata*
Psychostrophia 蛱凤蛾属，蛱蛾属
Psychostrophia hemimelaena Seitz 拟小字蛱凤蛾，拟小字黄蛱蛾
Psychostrophia melanargia Butler 小字蛱凤蛾，小字黄蛱蛾
Psychostrophia nymphidiaria (Oberthür) 仙蛱凤蛾，黑边白蛱蛾，稚蝶蛱蛾
Psychostrophia picaria Leech 宽黑边蛱凤蛾，宽黑边白蛱蛾，皮蝶蛱蛾
psychric 凉土群落
Psychristus 凉步甲属
Psychristus shibatai (Ito) 柴田凉步甲，希慢步甲
psychrometer 湿度计，干湿计
Psydus marginicollis Gebien 见 *Cleomis marginicollis*
Psylaephagus 木虱跳小蜂属
Psylaephagus caillardiae Sugonjaev 胖木虱跳小蜂
Psylaephagus colposceniae Trjapitzin 柽木虱跳小蜂
Psylaephagus elaeagni Trjapitzin 丽木虱跳小蜂
Psylaephagus longiventris Trjapitzin 长腹木虱跳小蜂
Psylaephagus nartshukae Trjapitzin 纳氏木虱跳小蜂
Psylaephagus nikolskajae Trjapitzin 尼氏木虱跳小蜂
Psylaephagus ogazae Sugonjaev 欧氏木虱跳小蜂
psylla 木虱
Psylla 木虱属
Psylla abhippophaes Li *et* Yang 见 *Cacopsylla abhippophaes*
Psylla abietis Kuwayama 见 *Cacopsylla abieti*
Psylla acaciaedecurrentis Froggatt 见 *Acizzia acaciaedecurrentis*

Psylla aceris Loginova 槭木虱
Psylla aili Yang *et* Li 见 *Cacopsylla aili*
Psylla albiumbellatae Li *et* Yang 见 *Cacopsylla albiumbellatae*
Psylla alni (Linnaeus) [alder psylla, alder sucker, Japanese alder sucker] 赤杨木虱，艾梨木虱，伪蚜木虱，桦木虱
Psylla alnicola Li 辽东桤木虱
Psylla alnifasciata Li 黄带桤木虱
Psylla alniformosanaesuga Lauterer, Yang *et* Fang 台桤木虱
Psylla ambigua Förster 见 *Cacopsylla ambigua*
Psylla americana Crawford 美洲木虱
Psylla ancylocaula Li 弯茎桦木虱
Psylla atrisalicis Li *et* Yang 见 *Cacopsylla atrisalicis*
Psylla aurea Li 金黄木虱
Psylla aureicapita Li 金头木虱
Psylla baphicacanthi Yang 板兰木虱
Psylla betulae (Linnaeus) [birch psylla, Japanese white birch sucker] 桦木虱，白桦木虱
Psylla betulaefoliae Yang *et* Li 见 *Cacopsylla betulaefoliae*
Psylla betulibetuliae Li 岳桦桦木虱
Psylla bomihippophaes Li *et* Yang 见 *Cacopsylla bomihippophaes*
Psylla buxi (Linnaeus) [boxwood psyllid, box sucker] 黄杨褐尾木虱，黄杨木虱
Psylla candida Froggatt 白蜡木虱
Psylla canditata Yang 见 *Cacopsylla canditata*
Psylla capricornis Li 羊角木虱
Psylla chaenomelei Li *et* Yang 棠梨木虱，木瓜喀木虱
Psylla cheilophilae Li *et* Yang 见 *Cacopsylla cheilophilae*
Psylla chinensis Yang *et* Li 见 *Cacopsylla chinensis*
Psylla citricola Yang *et* Li 见 *Cacopsylla citricola*
Psylla citrisuga Yang *et* Li 见 *Cacopsylla citrisuga*
Psylla clauda Yang 见 *Cacopsylla clauda*
Psylla coccinea Kuwayama 见 *Cacopsylla coccinea*
Psylla cotoneastricola Li 栒子木虱
Psylla curticapita Li 短头木虱
Psylla damingana Li *et* Yang 大明木虱
Psylla deflua Yang 奋起湖木虱
Psylla dianli Yang *et* Li 见 *Cacopsylla dianli*
Psylla elaeagni Kuwayama 见 *Cacopsylla elaeagni*
Psylla elsholtziae Li *et* Yang 见 *Cacopsylla elsholtziae*
Psylla eriobotryacola Yang 枇杷木虱，枇杷喀木虱
Psylla eriobotryae Yang 芦枝木虱
Psylla evodiae Miyadate 见 *Cacopsylla evodiae*
Psylla fagarae Fang *et* Yang 见 *Cacopsylla fagarae*
Psylla fatsiae Jensen 见 *Cacopsylla fatsiae*
Psylla formosana Yang 常春藤木虱
Psylla fulguralis Kuwayama 见 *Cacopsylla fulguralis*
Psylla grata Yang 垂柳木虱
Psylla gubeiensis Lin 古北木虱，台湾木虱
Psylla haimatsucola Miyatake 见 *Cacopsylla haimatsucola*
Psylla heterobetulaefoliae Yang *et* Li 见 *Cacopsylla heterobetulaefoliae*
Psylla hexastigma Horváth 见 *Cyamophila hexastigma*
Psylla himalayisalicis Li *et* Yang 见 *Cacopsylla himalayisalicis*
Psylla hippophae Li 沙棘木虱
Psylla hippophaes Foerster 见 *Cacopsylla hippophaes*
Psylla huabeialnia Li 华北桦木虱
Psylla hui Li *et* Yang 胡氏木虱
Psylla hungtouensis Fang *et* Yang 见 *Tridentipsylla hungtouensis*
Psylla ignescens Li *et* Yang 同 *Cacopsylla coccinae*
Psylla ileicis Li 黄杨木虱
Psylla indicata Yang 日柳木虱
Psylla infesta Yang 天池木虱
Psylla jamatonica Kuwayama 见 *Neoacizzia jamatonica*
Psylla japonica Kuwayama 见 *Cacopsylla japonica*
Psylla jiangli Yang *et* Li 同 *Cacopsylla bidens*
Psylla juiliensis Yang 见 *Cacopsylla juiliensis*
Psylla kiushuensis Kuwayama 见 *Cacopsylla kiushuensis*
Psylla kunmingli Crawford 见 *Cacopsylla kunmingli*
Psylla kuwayamai Crawford 见 *Epiacizzia kuwayamai*
Psylla lanceolata Yang 矛形木虱
Psylla liaoli Yang *et* Li 见 *Cacopsylla liaoli*
Psylla liuheica Li 柳河木虱
Psylla longicauda Konovalova 长腹木虱
Psylla longicauda Li *et* Yang 同 *Psylla mecoura*
Psylla maculiumbellatae Li *et* Yang 见 *Cacopsylla maculiumbellatae*
Psylla magnifera Kuwayama [giant jumping plant louse] 大跳木虱
Psylla mala Yang 短翅木虱
Psylla mali Schmidberger 见 *Cacopsylla mali*
Psylla malivorella Matsumura [black apple sucker] 苹黑木虱
Psylla mecoura Li 长尾木虱
Psylla megaloproctae Li *et* Yang 大肛木虱
Psylla multijuga Yang 见 *Cacopsylla multijuga*
Psylla multipunctata Miyatake 多斑木虱
Psylla namjabarwana Li *et* Yang 见 *Cacopsylla nanjagbarwana*
Psylla negundinis Mally [boxelder psyllid, boxelder psylla] 梣木虱
Psylla nyingchisalicis Li *et* Yang 见 *Cacopsylla nyingchiasalicis*
Psylla obunca Yang 见 *Cacopsylla obunca*
Psylla oluanpiensis Yang 见 *Cacopsylla oluanpiensis*
Psylla opulenta Yang 见 *Cacopsylla opulenta*
Psylla parvidenticulatae Li *et* Yang 见 *Cacopsylla parvidenticulatae*
Psylla phaeocarpae Yang *et* Li 见 *Cacopsylla phaeocarpae*
Psylla picciconica Li 黑锥木虱
Psylla pieridis Li *et* Yang 见 *Cacopsylla pieridis*
Psylla plagiosticta Li 斜斑木虱
Psylla prima Fang *et* Yang 见 *Cacopsylla prima*
Psylla prona (Li *et* Yang) 弯茎沙棘木虱
Psylla pulla Yang 见 *Cacopsylla pulla*
Psylla pyri (Linnaeus) 见 *Cacopsylla pyri*
Psylla pyricola Förster 见 *Cacopsylla pyricola*
Psylla pyrisuga Förster [pear sucker, pear leaf sucker] 梨黄木虱，梨木虱
Psylla qianirubra Li *et* Yang 黔红木虱，黔红喀木虱
Psylla qianli Li *et* Yang 见 *Cacopsylla qianli*
Psylla rhombiani (Li *et* Yang) 菱肛木虱
Psylla rigida Yang 太平山木虱
Psylla rubescens Li *et* Yang 同 *Cacopsylla coccinae*
Psylla salicicola Förster 见 *Cacopsylla saliceti*
Psylla sasakii Miyatake 佐佐木木虱
Psylla schefflerae Yang 鹅掌柴木虱
Psylla simaoli Li *et* Yang 见 *Cacopsylla simaoli*
Psylla spadica Kuwayama 褐木虱

Psylla sphenoidalis Li *et* Yang 楔木虱

Psylla stranvaesiae Yang 红果树木虱

Psylla tayulinensis Yang 大禹岭木虱

Psylla tetrapanaxae Yang 通脱木木虱

Psylla tetrotaenialis Li *et* Yang 四条木虱

Psylla thibetihippophaes Li *et* Yang 见 *Cacopsylla thibetihippophaes*

Psylla thibetisorbi Li *et* Yang 见 *Cacopsylla thibetsorbi*

Psylla tingriana Li *et* Yang 见 *Cacopsylla tingriana*

Psylla tobirae Miyatake 见 *Cacopsylla tobirae*

Psylla toddaliae Yang 见 *Cacopsylla toddaliae*

Psylla toroenensis Kuwayama 见 *Cacopsylla toroenensis*

Psylla toroensis Kuwayama 同 *Cacopsylla toroenensis*

Psylla tubercularis Li *et* Yang 黑瘤木虱

Psylla turpinae Li *et* Yang 山香圆红木虱

Psylla vaccinii Miyatake 见 *Cacopsylla vaccinii*

Psylla viburni Li *et* Yang 同 *Cacopsylla viburicola*

Psylla viburnii Loew 见 *Cacopsylla viburnii*

Psylla viccifoliae Li *et* Yang 见 *Cacopsylla viccifoliae*

Psylla vulgahippophaes Li *et* Yang 见 *Cacopsylla vulgahippophaes*

Psylla willieti Wu 见 *Cacopsylla willieti*

Psylla wulinensis Yang 同 *Psylla multipunctata*

Psylla xanthisma Yang *et* Li 见 *Cacopsylla xanthisma*

Psylla xantholi Yang *et* Li 同 *Cacopsylla xanthisma*

Psylla xiaguanli Li 见 *Cacopsylla xiaguanli*

Psylla yadongsalicis Li *et* Yang 见 *Cacopsylla yadongsalicis*

Psylla yakouensis Yang 见 *Cacopsylla yakouensis*

Psylla yunli Yang *et* Li 见 *Cacopsylla yunli*

Psylla zanghippophaes Li *et* Yang 见 *Cacopsylla zanghippophaes*

Psylla zangrubra Li *et* Yang 同 *Cacopsylla coccinea*

Psylla zangsalicis Li *et* Yang 见 *Cacopsylla zangsalicis*

Psyllaephagus 木虱跳小蜂属

Psyllaephagus diaphorinae Lin *et* Tao 同 *Diaphorencyrtus aligarhensis*

Psyllaephagus latiscapus Xu 柄木虱跳小蜂

Psyllaephagus stenopsyllae (Tachikawa) 窄木虱跳小蜂

Psyllaephagus taiwanus Xu, Chou *et* Hong 台湾木虱跳小蜂

psyllid 1. [= jumping plant louse (pl. jumping plant lice)] 木虱 < 木虱科 Psyllidae 昆虫的通称 >; 2. 木虱科的

psyllid sugar 木虱蜡粒 < 马铃薯线角木虱分泌的一种形似糖粒的蜡 >

psyllid yellow 马铃薯黄化病 < 由马铃薯线角木虱传播的马铃薯叶片黄化病害 >

Psyllidae 木虱科 < 该科学名有一个曾用名 Chermidae >

Psyllinae 木虱亚科

Psylliodes 蚤跳甲属

Psylliodes abdominalis Wang 腹蚤跳甲

Psylliodes affinis (Paykull) [potato flea beetle] 马铃薯蚤跳甲，马铃薯跳甲

Psylliodes angusticollis Baly 同 *Psylliodes viridana*

Psylliodes attenuata (Koch) [European hop flea beetle, hop flea beetle, hop cone flea, hemp flea-beetle] 大麻蚤跳甲

Psylliodes balyi Jacoby [eggplant flea beetle] 茄蚤跳甲，茄青黑小跳甲

Psylliodes brettinghami Baly 红足蚤跳甲

Psylliodes burangana Chen *et* Wang 普兰蚤跳甲

Psylliodes cantonensis Gruev 广州蚤跳甲

Psylliodes chlorophana Erichson 黄绿蚤跳甲

Psylliodes chrysocephala (Linnaeus) [cabbage stem flea beetle] 油菜蚤蓝跳甲，油菜蓝跳甲，甘蓝茎叶甲

Psylliodes chujoe Madar 中条蚤跳甲

Psylliodes cucullata (Illiberg) 隐头蚤跳甲

Psylliodes cucullata cucullata (Illiberg) 隐头蚤跳甲指名亚种

Psylliodes cucullata gansuica Jacobson 同 *Psylliodes cucullata cucullata*

Psylliodes elongata Wang 长蚤跳甲

Psylliodes gyirongana Chen *et* Wang 吉隆蚤跳甲

Psylliodes huaxiensis Wang 花溪蚤跳甲

Psylliodes hyoscyami (Linnaeus) [henbane flea beetle] 宽角蚤跳甲，天仙子跳甲

Psylliodes japonica Jacoby 同 *Psylliodes attenuata*

Psylliodes longicornis Wang 长角蚤跳甲

Psylliodes napi (Fabricius) 纳氏蚤跳甲

Psylliodes nyalamana Chen *et* Wang 聂拉木蚤跳甲

Psylliodes obscurofasciata Chen 模带蚤跳甲

Psylliodes parallela Weise 中亚蚤跳甲

Psylliodes plana Maulik 窜蚤跳甲

Psylliodes punctifrons Baly [rape flea beetle, radish flea beetle, cabbage flea beetle, daikon flea beetle] 油菜蚤跳甲，点额黑跳甲，菜蓝跳甲

Psylliodes punctulatus Melsheimer [hop flea beetle, metallic blue-green flea beetle, cabbage stem flea beetle] 蛇麻蚤跳甲，蛇麻跳甲，大麻跳甲

Psylliodes reitteri Weise 芦苇蚤跳甲

Psylliodes sinensis Chen 同 *Psylliodes viridana*

Psylliodes sophiae Heikertinger 芥蚤跳甲

Psylliodes subrugosa Jacoby 黑腹蚤跳甲

Psylliodes taiwana Takizawa 宝岛蚤跳甲

Psylliodes taiwanica Chûjô 台湾蚤跳甲

Psylliodes tibetana Chen 西藏蚤跳甲

Psylliodes tsinghaina Chen *et* Zia 青海蚤跳甲

Psylliodes viridana Motschulsky [eggplant flea beetle, solanum flea beetle] 狭胸蚤跳甲，茄窄颈跳甲

Psylliodes yuae Nadein *et* Lee 余氏蚤跳甲

psyllipsocid 1. [= psyllipsocid booklouse, cave barklouse] 跳蛄，裸啮虫，叶啮虫 < 跳蛄科 Psyllipsocidae 昆虫的通称 >; 2. 跳蛄科的

psyllipsocid booklouse [= psyllipsocid, cave barklouse] 跳蛄，裸啮虫，叶啮虫

Psyllipsocidae 跳蛄科，裸啮虫科，叶啮虫科

Psyllipsocoidea 跳蛄总科

Psyllipsocus 跳蛄属，裸啮虫属

Psyllipsocus maculatus Li 斑跳蛄

Psyllipsocus metamicropterus (Enderlein) 台湾跳蛄，台湾窃跳蛄，后微翅裸啮虫

Psyllipsocus minutissimus (Enderlein) 微小跳蛄，微小裸啮虫

Psyllipsocus sanxiaensis Li 三峡跳蛄

Psyllipsocus sauteri (Enderlein) 索氏窃跳蛄，梭氏窃跳蛄，梭氏裸啮虫

Psyllipsocus sinicus Li *et* Yang 中华跳蛄，中华窃跳蛄

Psyllobora 食菌瓢虫属

Psyllobora vigintiduopunctata (Linnaeus) [twenty-two-spot ladybird, 22-

spot ladybird] 二十二星食菌瓢虫，二十二星菌瓢虫，二十二星瓢虫
Psyllobora vigintimaculata (Say) [twenty-spotted lady beetle] 二十星食菌瓢虫，二十星菌瓢虫
Psylloborini 食菌瓢虫族
Psylloidea 木虱总科
Psyllopsis 近木虱属
Psyllopsis fraxini (Linnaeus) [ash psylla, ash leaf gall sucker] 白蜡近木虱，白蜡赛洛木虱
Psyra 渣尺蛾属，黄绒尺蛾属
Psyra angulifera (Walker) 黑渣尺蛾
Psyra bluethgeni (Püngeler) 渣尺蛾
Psyra boarmiata (Graeser) 小渣尺蛾
Psyra breviprocessa Liu, Xue *et* Han 短渣尺蛾
Psyra conferta Inoue 密渣尺蛾，密斑黄绒尺蛾，康渣尺蛾
Psyra cuneata Walker 楔渣尺蛾
Psyra cuneata cuneata Walker 楔渣尺蛾指名亚种
Psyra cuneata dsagara Wehrli 见 *Psyra dsagara*
Psyra cuneata lidjiangica Wehrli 同 *Psyra szetschwana*
Psyra cuneata matsumurai Bastelberger 楔渣尺蛾台湾亚种，角斑黄绒尺蛾
Psyra cuneata szetschwana Wehrli 见 *Psyra szetschwana*
Psyra dsagara Wehrli 钩渣尺蛾，德楔渣尺蛾
Psyra falcipennis Yazaki 小斑渣尺蛾
Psyra gracilis Yazaki 薄渣尺蛾
Psyra matsumurai Bastelberger 松村渣尺蛾
Psyra moderata Inoue 平渣尺蛾
Psyra rufolinearia Leech 碎渣尺蛾
Psyra similaria Moore 同渣尺蛾
Psyra spurcataria Walker 大渣尺蛾，双斑黄绒尺蛾
Psyra szetschwana Wehrli 四川渣尺蛾
Psyrana 缘螽属，黑缘螽属
Psyrana heptagona Liu 七角缘螽
Psyrana japonica (Shiraki) 日本缘螽，日本黑缘螽
Psyrana magna Liu 大缘螽
Psyroides 拟渣尺蛾属
Psyroides pentagramma Wehrli 五线拟渣尺蛾
Psyroides ramphodes Wehrli 拉拟渣尺蛾
Psyttalia 短背茧蜂属
Psyttalia carinata (Thomson) 脊短背茧蜂
Psyttalia concolor (Szépligeti) 橘色短背茧蜂
Psyttalia cyclogaster (Thomson) 扩颚潜蝇茧蜂
Psyttalia cyclogastroides (Tobias) 同 *Psyttalia cyclogaster*
Psyttalia extensa Weng *et* Chen 同 *Psyttalia cyclogaster*
Psyttalia fletcheri (Silvestri) 弗氏短背茧蜂，弗蝇潜蝇茧蜂
Psyttalia incisi (Silvestri) 切割短背茧蜂
Psyttalia latinervis Wu *et* van Achterberg 宽脉短背茧蜂
Psyttalia lounsburyi (Silvestri) 劳氏短背茧蜂，切割潜蝇茧蜂
Psyttalia majocellata Wu *et* van Achterberg 大眼短背茧蜂
Psyttalia makii (Sonan) 麦氏短背茧蜂，马氏潜蝇茧蜂，牧茂蝇潜蝇茧蜂
Psyttalia romani (Fahringer) 罗氏短背茧蜂，罗氏潜蝇茧蜂
Psyttalia sakhalinica (Tobias) 黑背短背茧蜂
Psyttalia spectabilis van Achterberg 丽短背茧蜂
Ptecticus 指突水虻属，德水虻属
Ptecticus apicalis Loew 同 *Ptecticus wulpii*
Ptecticus aurifer (Walker) 金黄指突水虻，丽普特水虻，黄金水虻
Ptecticus australis Schiner 南方指突水虻，南方水虻，澳普特水虻
Ptecticus bicolor Yang, Zhang *et* Li 双色指突水虻
Ptecticus bifidus Rozkošný *et* Kovac 二叉指突水虻
Ptecticus bilobatus Rozkošný *et* Kovac 二叶指突水虻
Ptecticus brevispinus Yang, Chen *et* Yang 短刺指突水虻
Ptecticus brunescens Ôuchi 烟棕指突水虻，棕普特水虻
Ptecticus cingulatus Loew 横带指突水虻，束带水虻
Ptecticus confusus McFadden 混指突水虻
Ptecticus elegans Rozkošný *et* Kovac 丽指突水虻
Ptecticus elongatus Yang, Zhang *et* Li 狭指突水虻
Ptecticus erectus Rozkošný *et* Kovac 直指突水虻
Ptecticus flaviceps Bigot 黄头指突水虻
Ptecticus flavifemoratus Rozkosny 黄股指突水虻
Ptecticus flavipes Loew 黄足指突水虻
Ptecticus fukienensis Rozkošný *et* Hauser 福建指突水虻
Ptecticus furcatus McFadden 叉指突水虻
Ptecticus fuscipennis McFadden 褐翅指突水虻
Ptecticus grandis Ôuchi 见 *Sargus grandis*
Ptecticus guangxiensis Yang, Chen *et* Yang 广西指突水虻
Ptecticus illucens Schine 同 *Ptecticus tenebrifer*
Ptecticus immaculatus McFadden 无斑指突水虻
Ptecticus indicus Rozkošný *et* Hauser 印度指突水虻
Ptecticus insignis (Macquart) 同 *Ptecticus aurifer*
Ptecticus insularis James 岛指突水虻
Ptecticus japonicus (Thunberg) 日本指突水虻
Ptecticus kerteszi de Meijere 克氏指突水虻
Ptecticus longipennis (Wiedemann) 长翅指突水虻
Ptecticus longipes (Walker) 长足指突水虻
Ptecticus longispinus Rozkošný *et* Kovac 长刺指突水虻
Ptecticus maculipennis Lindner 斑翅指突水虻
Ptecticus magnicornis Lindner 大角指突水虻
Ptecticus malayensis Rozkošný *et* Kovac 马来指突水虻
Ptecticus matsumurae Lindner 松村指突水虻
Ptecticus melanothorax McFadden 黑胸指突水虻
Ptecticus menlanurus (Walker) 黑尾指突水虻
Ptecticus mexicanus James 墨指突水虻
Ptecticus minimus Rozkošný *et* Kovac 小指突水虻
Ptecticus mirabilis Rozkošný *et* Kovac 奇指突水虻
Ptecticus niger Lindner 黑指突水虻
Ptecticus nigrifrons Enderlein 黑颜指突水虻
Ptecticus nigritarsis Lindner 黑跗指突水虻
Ptecticus nigropygialis Lindner 黑尾指突水虻
Ptecticus ochraceus Enderlein 褐指突水虻
Ptecticus okinawaensis Ôuchi 冲绳指突水虻
Ptecticus philippinensis Rozkošný *et* Kovac 菲指突水虻
Ptecticus rectinervis de Meijere 直脉指突水虻
Ptecticus rufipes Lindner 红足指突水虻
Ptecticus salomonensis Lindner 所罗门指突水虻
Ptecticus sarawakensis Rozkošný *et* Hauser 沙捞越指突水虻
Ptecticus sauteri (Enderlein) 邵氏指突水虻，邵氏水虻
Ptecticus shirakii Nagatomi 白木指突水虻
Ptecticus siamensis Rozkošný *et* Kovac 东方指突水虻
Ptecticus simplex James 简指突水虻

P

Ptecticus sinchangensis Ôuchi 新昌指突水虻，辛普特水虻
Ptecticus sinensis Pleske 同 *Ptecticus tenebrifer*
Ptecticus srilankai Rozkošný *et* Hauser 斯里兰卡指突水虻
Ptecticus tenebrifer (Walker) 黑色指突水虻，喜暗普特水虻
Ptecticus thailandicus Rozkošný *et* Courtney 泰国指突水虻
Ptecticus tricolor Wulp 三色指突水虻
Ptecticus trivittatus (Say) 三带指突水虻
Ptecticus vulpianus (Enderlein) 狡猾指突水虻
Ptecticus woodleyi James 伍氏指突水虻
Ptecticus wulpii Brunetti 端普特水虻
Ptecticus xanthipes Blanchard 黄足指突水虻
Ptecticus zhejiangensis Yang *et* Yang 浙江指突水虻
Ptelina 普灰蝶属
Ptelina carnuta (Hewitson) [bordered buff] 普灰蝶
Ptelina subhyalina (Joicey *et* Talbot) 透翅普灰蝶
Ptenothrix 锯蛛属，环节圆蛛属
Ptenothrix aequituberculata (Stach) 见 *Papirioides aequituberculatus*
Ptenothrix annulatus Lin *et* Xia 环锯蛛，环锯跳虫
Ptenothrix atra (Linnaeus) 黑锯蛛，黑伪圆蛛
Ptenothrix caishijiensis Wu *et* Chen 见 *Papirioides caishijiensis*
Ptenothrix denticulata (Folsom) 齿锯蛛，具齿环节圆蛛
Ptenothrix dinghuensis Lin *et* Xia 鼎湖锯蛛，鼎湖锯跳虫
Ptenothrix gaoligongshanensis Itoh *et* Zhao 高黎贡山锯蛛
Ptenothrix gigantisetae Lin *et* Xia 大毛锯蛛，大毛锯跳虫
Ptenothrix huangshanensis Chen *et* Christiansen 黄山锯蛛
Ptenothrix mirabilis Denis 见 *Papirioides mirabilis*
Ptenothrix narumii Uchida 吉林锯蛛
Ptenothrix palmisetaceus Lin *et* Xia 掌毛锯蛛，掌毛锯跳虫
Ptenothrix sinensis Lin *et* Xia 中华锯蛛，中华锯跳虫
Ptenothrix suzhouensis Guo *et* Chen 见 *Papirioides suzhouensis*
Ptenothrix yunnana Itoh *et* Zhao 见 *Papirioides yunnanus*
pteralia 腋片，翅基片，翅关节片
Pterallastes 伪斜环蚜蝇属
Pterallastes bettyae Thompson 贝伪斜环蚜蝇，贝氏铺蚜蝇
Pterallastes bomboides Thompson 蜂伪斜环蚜蝇，熊蜂铺蚜蝇
Pteranabropsis 翼糜螽属，普蟋螽属
Pteranabropsis angusta Ingrisch 窄翅翼糜螽
Pteranabropsis bavi Ingrisch 河内翼糜螽
Pteranabropsis carli (Griffini) 卡氏翼糜螽，卡氏普蟋螽，透明翅蟋螽，卡氏拟蟋螽
Pteranabropsis carnarius Gorochov 隆线翼糜螽
Pteranabropsis copia Ingrisch 山罗翼糜螽
Pteranabropsis crenatis Song, Bian *et* Shi 齿翼糜螽
Pteranabropsis cuspis Ingrisch 刺翼糜螽
Pteranabropsis guadun Ingrisch 挂墩翼糜螽
Pteranabropsis incisa Song, Bian *et* Shi 凹翼糜螽
Pteranabropsis infuscatus Wang, Liu *et* Li 褐翼糜螽
Pteranabropsis karnyi Wang, Liu *et* Li 凯氏翼糜螽
Pteranabropsis parallelus Wang, Liu *et* Li 平行翼糜螽
Pteranabropsis pusilla Ingrisch 小翼糜螽
Pteranabropsis tenchongensis Wang, Liu *et* Li 腾冲翼糜螽
Pteranabropsis tibetensis Wang, Liu *et* Li 西藏翼糜螽
Pterelachisus 普大蚊亚属
Pterella 小翅蜂麻蝇属，小翅蝇属
Pterella asiatica Rohdendorf *et* Verves 亚洲小翅蜂麻蝇
Pterella fasciata (Meigen) 带纹小翅蜂麻蝇，带纹小翅蝇
Pterella grisea (Meigen) 灰小翅蜂麻蝇
Pterella yunnanensis Fan 滇小翅蜂麻蝇
Pterellina 小翅蜂麻蝇亚族
pterergate 有翅工蚁
pteridine 蝶啶
pterigostium [= pterygostium] 翅脉
Pterilia 蕨瓢蜡蝉属，翼瓢蜡蝉属
Pterilia formosana Kato 同 *Sarimodes taimokko*
Pterilia taiwanensis Kato 同 *Sarimodes taimokko*
Pteriliina 裙杯瓢蜡蝉亚族
pterin 蝶呤
Pternistria 跗凹缘蝽属
Pternistria levipes Horváth 苗圃跗凹缘蝽
Pternistria macromera Guérin-Méneville 大裂球跗凹缘蝽
Pternistria quadrispinus (Hsiao) 四刺跗凹缘蝽
Pternoscirta 踵蝗属
Pternoscirta bimaculata (Thunberg) 二斑踵蝗
Pternoscirta calliginosa (De Haan) 黄翅踵蝗
Pternoscirta longipennis Xia 长翅踵蝗
Pternoscirta pulchripes Uvarov 红胫踵蝗
Pternoscirta sauteri (Karny) 红翅踵蝗
Pternoscirta villosa Thunberg 多毛踵蝗
pternotorma [pl. pternotormae] 唇根侧突 < 金龟甲幼虫中，在左内唇根 (laeotorma)，有时在右内唇根 (dexotorma) 的端部弯曲粗突起 >
pternotormae [s. pternotorma] 唇根侧突
Pterobates 麟蜂虻属
Pterobates apicalis (Wiedemann) 端麟蜂虻
Pterobates chrysogaster Bezzi 黄腹麟蜂虻
Pterobates incertus Balogh *et* Mahunka 疑麟蜂虻
Pterobates pennipes (Wiedemann) 幽麟蜂虻
Pterobates shelkovnikovi (Paramonov) 舍麟蜂虻
pterobilin 蝶蓝素
Pterobosca 蕨蠓亚属，翼铗蠓亚属
Pterobosca fidens Macfie 见 *Forcipomyia fidens*
Pterobosca latipes Macfie 见 *Forcipomyia latipes*
Pterocallidae 邻斑蝇科
Pterocallis 翅斑蚜属，斑蚜属
Pterocallis alni (De Geer) [common alder aphid, alder aphid] 桤木翅斑蚜，桤木副长斑蚜
Pterocallis corylicola (Higuchi) 见 *Mesocallis corylicola*
Pterocallis corylicola yunnanensis (Zhang) 见 *Mesocallis yunnanensis*
Pterocallis heterophyllus Quednau 榛翅斑蚜
Pterocallis montanus (Higuchi) 山翅斑蚜，山角斑蚜
Pterocallis pteleae (Matsumura) 见 *Mesocallis pteleae*
Pterocallis* (*Reticallis*) *alnijaponicae (Matsumura) [Morioka aphid] 赤杨翅斑蚜，赤杨斑蚜，森冈氏野蚜
Pterocallis* (*Reticallis*) *pseudoalni (Takahashi) 桦木翅斑蚜，桦木斑蚜
Pterocheilus 长须蜾蠃属
Pterocheilus mandibularis Morawitz 颚长须蜾蠃
Pterochila 坡翅实蝇属，普特罗实蝇属
Pterochila scorpioides Richter *et* Kandybina 三楔坡翅实蝇，斯科普特罗实蝇

Pterochilus 羽蜾蠃属
Pterochilus bensoni Giordani Soika 见 *Onychopterocheilus bensoni*
Pterochilus crabroniformis Morawitz 见 *Onychopterocheilus crabroniformis*
Pterochilus eckloni Morawitz 见 *Onychopterocheilus eckloni*
Pterochilus mongolicus Kohl 蒙古羽蜾蠃
Pterochilus napalkovi Kurzenko 纳氏羽蜾蠃
Pterochilus tibetanus Meade-Waldo 见 *Onychopterocheilus tibetanus*
Pterochilus waltoni Meade-Waldo 见 *Onychopterocheilus waltoni*
Pterochlorus 纹翅大蚜属
Pterochlorus persicae (Chlodkovsky) [peach black aphid, clouded peach bark aphid, clouded peach stem aphid, giant black aphid] 桃纹翅大蚜
Pterococcus 翅链蚧属
Pterococcus durianus (Takahashi) 榴莲翅链蚧
Pterocoma 脊漠甲属
Pterocoma amandana Reitter 见 *Pterocoma* (*Mesopterocoma*) *amandana*
Pterocoma amandana amandana Reitter 见 *Pterocoma* (*Mesopterocoma*) *amandana amandana*
Pterocoma amandana edmundi Skopin 见 *Pterocoma* (*Mesopterocoma*) *amandana edmundi*
Pterocoma autumnalis Semenow 见 *Pterocoma* (*Pterocoma*) *autumnalis*
Pterocoma beicki Skopin 见 *Pterocoma* (*Pterocoma*) *beicki*
Pterocoma convexa Bates 见 *Pterocoma* (*Propterocoma*) *convexa*
Pterocoma denticulata Gebler 见 *Pterocoma* (*Pterocoma*) *denticulata*
Pterocoma denticulata denticulata Gebler 见 *Pterocoma* (*Pterocoma*) *denticulata denticulata*
Pterocoma denticulata reducta Skopin 见 *Pterocoma* (*Pterocoma*) *denticulata reducta*
Pterocoma ganglbaueri Reitter 见 *Pterocoma* (*Pterocoma*) *ganglbaueri*
Pterocoma ganglbaueri punctipleuris Skopin 见 *Pterocoma* (*Pterocoma*) *ganglbaueri punctipleuris*
Pterocoma gebleri Skopin 见 *Pterocoma* (*Pterocoma*) *gebleri*
Pterocoma hedini Schuster 同 *Pterocoma* (*Parapterocoma*) *vittata*
Pterocoma iliensis Semenow 伊犁脊漠甲
Pterocoma lepechini Semenow 见 *Pterocoma* (*Pterocoma*) *lepechini*
Pterocoma loczyi Frivaldsky 见 *Pterocoma* (*Mesopterocoma*) *loczyi*
Pterocoma* (*Mesoptemocoma*) *semicarinata Bates 半脊漠甲
Pterocoma* (*Mesopterocoma*) *amandana Reitter 宽翅脊漠甲
Pterocoma* (*Mesopterocoma*) *amandana amandana Reitter 宽翅脊漠甲指名亚种，指名宽翅脊漠甲
Pterocoma* (*Mesopterocoma*) *amandana edmundi Skopin 宽翅脊漠甲埃氏亚种，埃氏脊漠甲，埃氏宽翅脊漠甲
Pterocoma* (*Mesopterocoma*) *loczyi Frivaldszky 洛氏脊漠甲
Pterocoma* (*Mongolopterocoma*) *parvula Frivaldszky 小脊漠甲
Pterocoma* (*Mongolopterocoma*) *reitteri Frivaldszky 莱氏脊漠甲，莱脊漠甲
Pterocoma pachyscelis Skopin 厚脊漠甲
Pterocoma* (*Parapterocoma*) *vittata Frivaldszky 泥脊漠甲
Pterocoma parvula Frivaldsky 见 *Pterocoma* (*Mongolopterocoma*) *parvula*
Pterocoma* (*Poopterocoma*) *zaidamica Skopin 柴脊漠甲
Pterocoma* (*Propterocoma*) *convexa Bates 隆脊漠甲，隆背脊漠甲
Pterocoma* (*Propterocoma*) *tibialis Bates 胫脊漠甲
Pterocoma* (*Propterocoma*) *tibialis fuscopilosa Reitter 胫脊漠甲黑色亚种
Pterocoma* (*Propterocoma*) *tibialis tibialis Bates 胫脊漠甲指名亚种
Pterocoma* (*Pseudopimelia*) *mongolica Kaszab 蒙古脊漠甲
Pterocoma* (*Pseudopimelia*) *tuberculata Motschulskv 瘤脊漠甲，瘤突脊漠甲
Pterocoma* (*Pterocoma*) *autumnalis Semenov 秋脊漠甲
Pterocoma* (*Pterocoma*) *beicki Skopin 贝氏脊漠甲，贝脊漠甲
Pterocoma* (*Pterocoma*) *denticulata Gebler 齿脊漠甲
Pterocoma* (*Pterocoma*) *denticulata denticulata Gebler 齿脊漠甲指名亚种
Pterocoma* (*Pterocoma*) *denticulata reducta Skopin 齿脊漠甲小型亚种，齿脊漠甲，缩齿脊漠甲
Pterocoma* (*Pterocoma*) *ganglbaueri Reitter 冈氏脊漠甲，耿脊漠甲
Pterocoma* (*Pterocoma*) *ganglbaueri ganglbaueri Reitter 冈氏脊漠甲指名亚种
Pterocoma* (*Pterocoma*) *ganglbaueri punctipleuris Skopin 冈氏脊漠甲具刻亚种，侧点耿脊漠甲
Pterocoma* (*Pterocoma*) *gebleri Skopin 格氏脊漠甲，格脊漠甲
Pterocoma* (*Pterocoma*) *grigorievi Semenov 格瑞脊漠甲
Pterocoma* (*Pterocoma*) *lepechini Semenov 李氏脊漠甲，勒脊漠甲
Pterocoma* (*Pterocoma*) *nikolskii Semenov 尼氏脊漠甲
Pterocoma* (*Pterocoma*) *submetallica Semenov 亚光脊漠甲，闪光脊漠甲
Pterocoma* (*Pterocoma*) *subnuda Reitter 暗褐脊漠甲，近裸脊漠甲
Pterocoma reitteri Frivaldsky 见 *Pterocoma* (*Mongolopterocoma*) *reitteri*
Pterocoma semicarinata Bates 见 *Pterocoma* (*Mesoptemocoma*) *semicarinata*
Pterocoma submetallica Semenov 见 *Pterocoma* (*Pterocoma*) *submetallica*
Pterocoma subnuda Reitter 见 *Pterocoma* (*Pterocoma*) *subnuda*
Pterocoma tibialis Bates 见 *Pterocoma* (*Propterocoma*) *tibialis*
Pterocoma tuberculata Motschuslky 见 *Pterocoma* (*Pseudopimelia*) *tuberculata*
Pterocoma vittata Frivaldsky 见 *Pterocoma* (*Parapterocoma*) *vittata*
Pterocoma zaidamica Skopin 见 *Pterocoma* (*Poopterocoma*) *zaidamica*
Pterocomma 粉毛蚜属
Pterocomma anyangense Zhang 安阳粉毛蚜
Pterocomma bailangense Zhang 白郎粉毛蚜
Pterocomma henanense Zhang 豫柳粉毛蚜
Pterocomma konoi Hori 见 *Pterocomma pilosum konoi*
Pterocomma kormion Zhang, Chen, Zhong *et* Li 树干粉毛蚜
Pterocomma lhasapopuleum Zhang 拉萨粉毛蚜，拉萨杨粉毛蚜
Pterocomma neimongolense Zhang 内蒙粉毛蚜，内蒙古粉毛蚜
Pterocomma pilosum Buckton 粉毛蚜
Pterocomma pilosum konoi Hori 粉毛蚜科诺亚种，川野粉毛蚜，柯氏粉毛蚜
Pterocomma pilosum pilosum Buckton 粉毛蚜指名亚种
Pterocomma populeum (Kaltenbach) [poplar bark aphid, poplar aphid] 黑杨粉毛蚜
Pterocomma salicis (Linnaeus) [black willow aphid, black willow bark aphid, osier aphid] 柳粉毛蚜，柳黑粉毛蚜

Pterocomma salijaponica (Shinji) 日本柳粉毛蚜，日本柳粉卷毛蚜
Pterocomma sanpunum Zhang 三堡粉毛蚜
Pterocomma sinipopulifoliae Zhang 华杨粉毛蚜
Pterocomma smithiae Monell 史氏粉毛蚜
Pterocomma steinheili Mordvilko 施氏粉毛蚜
Pterocomma tibetasalicis Zhang 藏柳粉毛蚜
Pterocomma yezoensis Hori 野柱粉毛蚜
Pterocommatinae 粉毛蚜亚科
Pterocormus 并区姬蜂属
Pterocormus adelungi (Kokujev) 见 *Ichneumon adelungi*
Pterocormus albiger (Wesmael) 见 *Ichneumon albiger*
Pterocormus arisanus (Uchida) 见 *Ichneumon arisanus*
Pterocormus chinensis (Kokujev) 见 *Ichneumon chinensis*
Pterocormus contemptus (Kokujev) 见 *Ichneumon contemptus*
Pterocormus deliratorius (Linnaeus) 见 *Coelichneumon deliratorius*
Pterocormus furiosus (Kokujev) 见 *Ichneumon furiosus*
Pterocormus generosus (Smith) 同 *Ichneumon yumyum*
Pterocormus gracilicornis (Gravenhorst) 见 *Ichneumon gracilicornis*
Pterocormus hirtus Kokujev 见 *Ichneumon hirtus*
Pterocormus hummeli (Roman) 见 *Ichneumon hummeli*
Pterocormus kozlovi (Kokujev) 见 *Ichneumon kozlovi*
Pterocormus lautatorius (Desvignes) 见 *Ichneumon lautatorius*
Pterocormus mandarinus (Kokujev) 见 *Ichneumon mandarinus*
Pterocormus ornativentris Kokujev 见 *Ichneumon ornativentris*
Pterocormus sarcitorius (Linnaeus) 见 *Ichneumon sarcitorius*
Pterocormus sarcitorius chosensis (Uchida) 见 *Ichneumon sarcitorius chosensis*
Pterocormus sarcitorius sarcitorius (Linnaeus) 见 *Ichneumon sarcitorius sarcitorius*
Pterocormus schansensis (Uchida) 见 *Ichneumon schansensis*
Pterocormus subhirtus Kokujev 见 *Ichneumon subhirtus*
Pterocormus tibetanus (Kokujev) 见 *Ichneumon tibetanus*
Pterocormus tsunekii (Uchida) 见 *Ichneumon tsunekii*
Pterocormus yasumatsui (Uchida) 见 *Ichneumon yasumatsui*
Pterocormus zaydamensis (Kokujev) 同 *Ichneumon sarcitorius*
Pterodecta 锚纹蛾属
Pterodecta felderi (Bremer) 费氏锚纹蛾，翅锚纹蛾，锚纹蛾
pterodicera 有翅二角类 < 指有翅及二触角者 >
Pterodontia 普小头虻属
Pterodontia waxelli (Klug) 瓦普小头虻，瓦氏普小头虻
Pterogenia 美翅广口蝇属，翅扁口蝇属
Pterogenia eurysterna Hendel 广胸美翅广口蝇，优翅扁口蝇，美翅广口蝇
Pterogenia flavopicta Hering 黄彩美翅广口蝇，黄纹翅扁口蝇，黄彩广口蝇
Pterogenia hologaster Hendel 全腹美翅广口蝇，同翅扁口蝇，全腹广口蝇
Pterogenia luctuosa Hendel 忧郁美翅广口蝇，忧翅扁口蝇，忧伤广口蝇
Pterogenia minuspicta Hering 微彩美翅广口蝇，台翅扁口蝇，微彩广口蝇
Pterogenia ornata Hering 文彩美翅广口蝇，纹翅扁口蝇，文彩广口蝇
Pterogenia rectivena Enderlein 台南美翅广口蝇，直脉翅扁口蝇，台南广口蝇
pterogeniid 1. [= pterogeniid beetle] 阔头甲 < 阔头甲科 Pterogeniidae 昆虫的通称 >；2. 阔头甲科的
pterogeniid beetle [= pterogeniid] 阔头甲
Pterogeniidae 阔头甲科
Pterogenius 阔头甲属
Pterogenius nietneri Candèze 尼阔头甲
Pterogonia 裁夜蛾属
Pterogonia aurigutta (Walker) 点肾裁夜蛾
Pterogonia chinensis (Berio) 华裁夜蛾
Pterogonia episcopalis Swinhoe 裁夜蛾
Pterogospidea diversa Leech 同 *Gerosis sinica*
pterogostia [= wing vein] 翅脉
pterogostic 翅脉的
Pterographium 普蚬蝶属
Pterographium aphaniodes Stichel 普蚬蝶
Pterographium velegans (Schaus) 华美普蚬蝶
Pterolamia strandi Breuning 坡沟胫天牛
pterologist 翅学家
pterology 翅学，翅脉学
Pteroloma kozlovi (Semenow *et* Znoiko) 见 *Apteroloma kozlovi*
Pterolophia 坡天牛属，锈天牛属
Pterolophia aberrans Aurivillius 无粒坡天牛
Pterolophia adachii (Hayashi) 足立坡天牛
Pterolophia aequabilis Breuning 等坡天牛
Pterolophia aethiopica Breuning 埃塞坡天牛
Pterolophia affinis Breuning 连坡天牛
Pterolophia agraria (Pascoe) 阿格坡天牛
Pterolophia albanina Gressitt 见 *Anaches albaninus*
Pterolophia albertisi Breuning 阿贝氏坡天牛
Pterolophia albescens Breuning 浅白坡天牛
Pterolophia albicans Breuning 白色坡天牛
Pterolophia albicollis Breuning 白纹坡天牛
Pterolophia albivenosa (Pascoe) 白脉坡天牛
Pterolophia alboantennata Breuning 白触坡天牛
Pterolophia albofasciata Breuning 苍白带坡天牛
Pterolophia albohumeralis Breuning 白肩坡天牛
Pterolophia albolateralis Breuning 白侧坡天牛
Pterolophia albomaculata Breuning 足白纹坡天牛
Pterolophia albomaculipennis Breuning 胖坡天牛
Pterolophia albomarmorata Breuning 白大理纹坡天牛
Pterolophia albonigra Gressitt 琼坡天牛，海南坡天牛
Pterolophia alboplagiata Gahan 胖坡天牛
Pterolophia albopunctulata Breuning 白刻坡天牛
Pterolophia albosignata Breuning 白绣坡天牛
Pterolophia albotarsalis Breuning 白跗坡天牛
Pterolophia albovaria Breuning 白异坡天牛
Pterolophia albovariegata Breuning 白变坡天牛
Pterolophia albovittata Breuning 白条坡天牛
Pterolophia alorensis Breuning 阿洛坡天牛
Pterolophia alternata Gressitt 环角坡天牛
Pterolophia andamanensis Breuning 拟安坡天牛
Pterolophia andamanica Breuning 安达曼坡天牛
Pterolophia andrewsi Breuning 安得氏坡天牛
Pterolophia angulata (Kolbe) 角坡天牛
Pterolophia angulata albocincta Gahan 角坡天牛白束亚种，白束

P

角坡天牛
Pterolophia angulata angulata (Kolbe) 角坡天牛指名亚种
Pterolophia angulata marshalli Breuning 角坡天牛马氏亚种，马氏角坡天牛
Pterolophia angusta (Bates) 伟坡天牛，东北坡天牛
Pterolophia annamensis Breuning 安南坡天牛
Pterolophia annobonae Aurivillius 安诺坡天牛
Pterolophia annularis Breuning 饰环坡天牛
Pterolophia annulata (Chevrolat) 斑角坡天牛，桑坡天牛，轮纹锈天牛
Pterolophia annulitarsis (Pascoe) 缢柄坡天牛
Pterolophia anoplagiata Aurivillius 臀纹坡天牛
Pterolophia antennata Breuning *et* de Jong 触角坡天牛
Pterolophia anticemaculata Breuning 前斑坡天牛
Pterolophia apicefasciata Breuning 端带坡天牛
Pterolophia apicefasciculata Breuning 尾带坡天牛
Pterolophia apicefusca Breuning 端锤坡天牛
Pterolophia apicemaculata Breuning 端合斑坡天牛
Pterolophia apiceplagiata Breuning 三黄纹坡天牛
Pterolophia apicespinosa Breuning 端刺坡天牛
Pterolophia approximata Breuning 毗坡天牛
Pterolophia arctofasciata Gressitt 弧纹坡天牛
Pterolophia arcuata Breuning 贵州坡天牛
Pterolophia armata Gahan 武装坡天牛
Pterolophia arrowi Breuning 阿罗坡天牛
Pterolophia arrowiana Breuning 肖阿罗坡天牛
Pterolophia assamana Breuning 阿萨坡天牛
Pterolophia assamensis Breuning 阿萨姆坡天牛
Pterolophia assimilis Breuning 相似坡天牛
Pterolophia aurivillii Breuning 奥氏坡天牛
Pterolophia australica Breuning 澳国坡天牛
Pterolophia australiensis Breuning 澳大利亚坡天牛
Pterolophia australis Breuning 澳洲坡天牛
Pterolophia baiensis Pic 假荔枝坡天牛，挂墩坡天牛
Pterolophia bambusae Breuning 竹坡天牛
Pterolophia bangi Pic 邦氏坡天牛
Pterolophia bankii (Fabricius) 邦克氏坡天牛
Pterolophia banksi Breuning 本氏坡天牛
Pterolophia basalis (Pascoe) 南威坡天牛
Pterolophia basicristata Breuning 合卵斑坡天牛
Pterolophia basilana Breuning 胸纵纹坡天牛
Pterolophia basileensis Lepesme *et* Breuning 贝西里坡天牛
Pterolophia basispinosa Breuning 基刺坡天牛
Pterolophia baudoni Breuning 包氏坡天牛
Pterolophia beccarii Gahan 倍氏坡天牛
Pterolophia bedoci Pic 贝氏坡天牛
Pterolophia beesoni Breuning 比氏坡天牛
Pterolophia benjamini Breuning 本贾坡天牛
Pterolophia biarcuata (Thomson) 双弧坡天牛
Pterolophia biarcuatoides Breuning 肖双弧坡天牛
Pterolophia bicarinata Breuning 二脊坡天牛
Pterolophia bicirculata Breuning 双眶斑坡天牛
Pterolophia bicostata Breuning 重脊坡天牛
Pterolophia bicristata Aurivillius 双脊坡天牛
Pterolophia bicristulata Breuning 双冠坡天牛
Pterolophia bifuscomaculata Breuning 二暗斑坡天牛
Pterolophia bigibbera (Newman) [artocarpus long-horned beetle, mangifera long-horned beetle, solandra long-horned beetle, tabeluia long-horned beetle] 双突坡天牛，双瘤锈天牛，坡天牛
Pterolophia bigibbosa Breuning 双凸坡天牛
Pterolophia bigibbulosa (Pic) 二凸坡天牛
Pterolophia bigibbulosoides Breuning 拟二凸坡天牛
Pterolophia bilatevittata Breuning 邵武坡天牛
Pterolophia bilineaticeps Pic 双线坡天牛
Pterolophia bilineaticollis (Pic) 二线坡天牛
Pterolophia biloba Breuning 二叶坡天牛
Pterolophia bilunata Breuning 双月纹坡天牛
Pterolophia bimaculata Gahan 双斑坡天牛
Pterolophia bimaculaticeps Pic 二斑坡天牛
Pterolophia binaluana Breuning 拜纳坡天牛
Pterolophia binaluanica Breuning *et* de Jong 类拜纳坡天牛
Pterolophia binhana Pic 越并坡天牛
Pterolophia bipartita Pic 草黄带坡天牛
Pterolophia birmanica Breuning 缅甸坡天牛
Pterolophia bisbinodula (Quedenfeldt) 双节坡天牛
Pterolophia bispinosa Breuning 双刺坡天牛
Pterolophia bisulcaticollis Pic 双沟坡天牛
Pterolophia bituberata Breuning 双瘤坡天牛
Pterolophia bituberculata Breuning 双凸突坡天牛，双突坡天牛
Pterolophia bituberculatithorax (Pic) 刺桑坡天牛
Pterolophia bituberculatoides Breuning 拟双突坡天牛
Pterolophia bizonata MacLeay 重带坡天牛
Pterolophia blairiella Breuning 布雷坡天牛
Pterolophia borneensis Fisher 婆罗坡天牛
Pterolophia brevegibbosa Pic 斜尾坡天牛
Pterolophia brevicornis Breuning 短角坡天牛
Pterolophia brunnea Breuning 棕坡天牛
Pterolophia brunnescens Breuning 淡棕坡天牛
Pterolophia bryanti Breuning 布赖氏坡天牛
Pterolophia burgeoni Breuning 波氏坡天牛
Pterolophia caballina (Gressitt) 白斑坡天牛，白斑尖天牛
Pterolophia caenosa Matsushita 灰带坡天牛
Pterolophia caffrariae Breuning 卡弗坡天牛
Pterolophia calceoides Breuning *et* de Jong 卡尔坡天牛
Pterolophia camela Pic 驼胸坡天牛，瘤胸坡天牛
Pterolophia camura Newman 宽肩坡天牛
Pterolophia canescens Breuning 灰鞘坡天牛
Pterolophia capensis Breuning 开普坡天牛
Pterolophia capreola (Pascoe) 卷坡天牛
Pterolophia carinata (Gahan) 脊坡天牛
Pterolophia carinipennis Gressitt 脊翅坡天牛，脊坡天牛
Pterolophia carinulata Breuning 拟脊坡天牛
Pterolophia casta (Pascoe) 卡斯坡天牛
Pterolophia castaneivora Ohbayashi *et* Hayashi 拟小坡天牛
Pterolophia caudata (Bates) 尾坡天牛
Pterolophia caudata caudata (Bates) 尾坡天牛指名亚种
Pterolophia caudata curtipennis Makihara 尾坡天牛短翅亚种，短翅尾坡天牛
Pterolophia celebensis Breuning 西里坡天牛
Pterolophia cervina Gressitt 玉米坡天牛

Pterolophia ceylonensis Breuning 拟斯里脊坡天牛
Pterolophia ceylonica Breuning 斯里脊坡天牛
Pterolophia chapaensis Pic 查帕坡天牛
Pterolophia chebana (Gahan) 车坡天牛
Pterolophia chekiangensis Gressitt 四突坡天牛
Pterolophia chinensis Breuning 中国坡天牛
Pterolophia circulata Schwarzer 环坡天牛
Pterolophia cochinchinensis Breuning 交趾坡天牛
Pterolophia colasi Breuning 科氏坡天牛
Pterolophia collarti Breuning 柯氏坡天牛
Pterolophia compacta Breuning 鞘基粒坡天牛
Pterolophia concreta (Pascoe) 康坡天牛
Pterolophia conformis (Pascoe) 康福坡天牛
Pterolophia confusa Breuning 混坡天牛
Pterolophia conjecta (Pascoe) 足黄纹坡天牛
Pterolophia consimilis Breuning 拟似坡天牛
Pterolophia consularis (Pascoe) 高脊坡天牛
Pterolophia convexa Breuning 凸坡天牛
Pterolophia costalis (Pascoe) 肋坡天牛
Pterolophia costulata Breuning 双棱坡天牛
Pterolophia coxalis Breuning 毛胫坡天牛
Pterolophia crassepuncta Breuning 粗点坡天牛
Pterolophia crassipes (Wiedemann) 菠萝蜜坡天牛
Pterolophia crenatocristata Breuning 齿脊坡天牛
Pterolophia curvatocostata Aurivillius 弯脊坡天牛
Pterolophia cylindricollis Gressitt 筒胸坡天牛
Pterolophia cylindripennis Breuning 筒翅坡天牛
Pterolophia dalbergiae Breuning 拟黄檀坡天牛
Pterolophia dalbergicola Gressitt 黄檀坡天牛
Pterolophia dapensis Pic 达普坡天牛
Pterolophia dayremi Breuning 德氏坡天牛
Pterolophia declivis Breuning 陡坡天牛
Pterolophia decolorata (Heller) 德柯坡天牛
Pterolophia deducta (Pascoe) 分高脊坡天牛
Pterolophia deformis Breuning 畸坡天牛
Pterolophia densefasciculata Breuning 锥瘤坡天牛
Pterolophia densepunctata Breuning 侧黄斑坡天牛
Pterolophia dentaticornis Pic 真齿角坡天牛
Pterolophia denticollis (Jordan) 小齿坡天牛
Pterolophia dentifera (Olivier) 齿坡天牛
Pterolophia detersa (Pascoe) 净坡天牛
Pterolophia devittata Aurivillius 无纹坡天牛
Pterolophia digesta (Newman) 分坡天牛
Pterolophia discalis Gressitt 南方坡天牛
Pterolophia diversefasciculata Breuning 毛束坡天牛
Pterolophia dohrni (Pascoe) 朵氏坡天牛
Pterolophia dorsalis (Pascoe) 白腰坡天牛，波带坡天牛
Pterolophia dorsotubercularis Hayashi 背突坡天牛，圆纹坡天牛，粿背锈天牛
Pterolophia dubiosa Breuning 杜坡天牛
Pterolophia duplicata (Pascoe) 倍坡天牛
Pterolophia dystasioides Breuning 圆尾坡天牛
Pterolophia ecaudata Kolbe 埃考坡天牛
Pterolophia elegans Breuning 丽坡天牛
Pterolophia elongata Pic 长坡天牛
Pterolophia elongatissima Breuning 细长坡天牛
Pterolophia elongatula Breuning 拟长坡天牛
Pterolophia enganensis Gahan 恩根坡天牛
Pterolophia ephippiata (Pascoe) 表坡天牛
Pterolophia eritreensis Breuning 厄利坡天牛
Pterolophia excavata Breuning 窝坡天牛
Pterolophia excisa Breuning 阉坡天牛
Pterolophia exigua Breuning 简坡天牛
Pterolophia extememaculata Breuning 缘斑坡天牛
Pterolophia fasciata (Gressitt) 同 *Pterolophia gressitti*
Pterolophia fasciata (Schwarzer) 带坡天牛，昇条锈天牛
Pterolophia fascicularis Breuning 束坡天牛
Pterolophia fasciolata (Fairmaire) 翅端斑坡天牛
Pterolophia ferrugata (Pascoe) 铁红坡天牛
Pterolophia ferruginea Breuning 锈色坡天牛
Pterolophia ferrugineotincta Aurivillius 锈带坡天牛
Pterolophia finitima Breuning 费尼坡天牛
Pterolophia flavofasciata Breuning 黄带坡天牛
Pterolophia flavolineata Breuning 黄线坡天牛
Pterolophia flavomarmorata Breuning 截尾坡天牛
Pterolophia flavopicta Breuning 黄点坡天牛
Pterolophia flavoplagiata Breuning 正黄纹坡天牛
Pterolophia flavovittata Breuning 黄条坡天牛
Pterolophia fletcheri Breuning 弗勒氏坡天牛
Pterolophia formosana Schwarzer 台湾坡天牛，台湾月坡天牛，虹纹锈天牛
Pterolophia forticornis Breuning 壮角坡天牛
Pterolophia fractilinea (Pascoe) 曲线坡天牛
Pterolophia freyi Breuning 弗莱坡天牛
Pterolophia fuchsi Breuning 福氏坡天牛
Pterolophia fukiena Gressitt 福建坡天牛
Pterolophia fulva Breuning 缺粒坡天牛
Pterolophia fulvescens Breuning 淡棕褐坡天牛
Pterolophia fulvisparsa Gahan 棕褐坡天牛
Pterolophia fulvobasalis Breuning *et* de Jong 棕基坡天牛
Pterolophia funebris Breuning 凡坡天牛
Pterolophia fuscoapicata Breuning 棕尾坡天牛
Pterolophia fuscobiplagiata Breuning *et* de Jong 褐双纹坡天牛
Pterolophia fuscofasciata Breuning 棕带坡天牛
Pterolophia fuscolineata Breuning 棕线坡天牛
Pterolophia fuscomaculata Breuning 截棕斑坡天牛
Pterolophia fuscoplagiata Breuning 棕纹坡天牛
Pterolophia fuscoscutellata Breuning 棕盾坡天牛
Pterolophia fuscosericea Breuning 棕列坡天牛
Pterolophia fuscostictica Breuning 棕点坡天牛
Pterolophia gabonica Breuning 加蓬坡天牛
Pterolophia gahani (Pic) 华南坡天牛
Pterolophia gardneri Schwarzer 嘎氏坡天牛
Pterolophia gardneriana Breuning 拟嘎氏坡天牛
Pterolophia geelwinkiana Breuning 基尔坡天牛
Pterolophia gibbosipennis Pic 凸翅坡天牛，瘤翅锈天牛
Pterolophia gibbosipennis gibbosipennis Pic 凸翅坡天牛指名亚种，指名凸翅坡天牛
Pterolophia gibbosipennis iriomotei Breuning *et* Ohbayashi 凸翅坡天牛西表亚种，伊氏凸翅坡天牛

P

Pterolophia gibbosipennis kuniyoshii Hayashi 凸翅坡天牛国义亚种，国义凸翅坡天牛
Pterolophia gibbosipennis subcristipennis Breuning *et* Ohbayashi 凸翅坡天牛脊翅亚种，脊翅凸翅坡天牛国义亚种，凸翅坡天牛
Pterolophia gigantea Breuning 巨坡天牛
Pterolophia gigas Pic 拟巨坡天牛
Pterolophia gilmouri Breuning 基氏坡天牛
Pterolophia globosa Breuning 球坡天牛
Pterolophia graciosa Breuning 格坡天牛
Pterolophia granulata Breuning 同 *Pterolophia granulataria*
Pterolophia granulata (Motschulsky) 三脊坡天牛，后纹坡天牛，后纹锈天牛
Pterolophia granulataria Hua 基粒坡天牛
Pterolophia granulosa Breuning 拟基粒坡天牛
Pterolophia gregalis Fisher 簇坡天牛
Pterolophia gressitti Hubweber 灰斑坡天牛
Pterolophia griseofasciata Breuning 灰带坡天牛
Pterolophia griseofasciatipennis Breuning 暗条坡天牛
Pterolophia griseovaria Breuning 异灰坡天牛
Pterolophia grisescens (Pascoe) 浅灰坡天牛
Pterolophia grossepunctata Breuning 大点坡天牛
Pterolophia grossepuncticollis Breuning 大刻坡天牛
Pterolophia grossescapa Breuning 粗柄坡天牛
Pterolophia guineensis (Thomson) 几内亚坡天牛
Pterolophia guineensis guineensis (Thomson) 几内亚坡天牛指名亚种
Pterolophia guineensis ugandicola Breuning 几内亚坡天牛乌干达亚种，乌干达几内亚坡天牛
Pterolophia hebridarum Breuning 瓦努坡天牛
Pterolophia henrirenaudi Breuning 亨氏坡天牛
Pterolophia hirsuta Breuning 毛坡天牛
Pterolophia holzschuhi Breuning 红薯坡天牛
Pterolophia honesta Breuning 荣坡天牛
Pterolophia hongkongensis Gressitt 香港坡天牛
Pterolophia horrida Breuning 糙突坡天牛
Pterolophia humeralis Breuning 肩斑坡天牛
Pterolophia humerigibbosa Pic 肩突坡天牛
Pterolophia humerosa (Thomson) 宽肩坡天牛，平肩坡天牛
Pterolophia humerosopunctata Breuning 三隆坡天牛
Pterolophia hybrida Newman 杂坡天牛
Pterolophia idonea Fisher 适坡天牛
Pterolophia idoneoides Breuning 肖适坡天牛
Pterolophia illicita (Pascoe) 伊利坡天牛
Pterolophia inaequalis (Fabricius) 不等坡天牛
Pterolophia incerta Breuning 殷坡天牛
Pterolophia indica Breuning 印度坡天牛
Pterolophia indistincta Breuning 不显坡天牛
Pterolophia indistinctemaculata Breuning 不显斑坡天牛
Pterolophia inexpectata Breuning 尖尾坡天牛
Pterolophia infirmior Breuning 坚坡天牛
Pterolophia ingrata (Pascoe) 茵坡天牛
Pterolophia instabilis Aurivillius 不稳坡天牛
Pterolophia insulana Breuning 岛坡天牛
Pterolophia insularis Breuning 拟岛坡天牛
Pterolophia insulicola Breuning 侧隆坡天牛
Pterolophia intuberculata (Pic) 无突坡天牛
Pterolophia izumikurana (Hayashi) 弧脊坡天牛
Pterolophia jacta (Newman) 嘉坡天牛
Pterolophia javana Breuning 爪哇坡天牛
Pterolophia javanica Breuning 拟爪哇坡天牛
Pterolophia javicola Fisher 双黑纹坡天牛
Pterolophia jeanvoinei Pic 奢坡天牛
Pterolophia jugosa (Bates) 中白坡天牛，曲纹坡天牛
Pterolophia jugosa carinissima Takakuwa 中白坡天牛具脊亚种，脊中白坡天牛
Pterolophia jugosa jugosa (Bates) 中白坡天牛指名亚种
Pterolophia kaleea (Bates) 疏点坡天牛，姬后纹锈天牛
Pterolophia kaleea inflexa Gressitt 疏点坡天牛尾环亚种，尾环疏点坡天牛，华南姬后纹锈天牛
Pterolophia kaleea kaleea (Bates) 疏点坡天牛指名亚种，指名疏点坡天牛
Pterolophia kaleea latenotata (Pic) 疏点坡天牛多点亚种，多点疏点坡天牛
Pterolophia kanoi Hayashi 鹿野坡天牛，鹿野氏锈天牛
Pterolophia kaszabi Breuning 卡茨坡天牛
Pterolophia kenyana Breuning 类肖基岛坡天牛
Pterolophia keyana Breuning 肖基岛坡天牛
Pterolophia keyensis Breuning 基岛坡天牛
Pterolophia kiangsina Gressitt 江西坡天牛
Pterolophia kubokii Hayashi 窪木氏坡天牛，窪木氏锈天牛，洼木坡天牛
Pterolophia kyushuensis Takakuwa 九州坡天牛
Pterolophia lama Breuning 喇嘛坡天牛，高原坡天牛，西藏坡天牛
Pterolophia laosensis Pic 显脊坡天牛
Pterolophia latefascia Schwarzer 宽带坡天牛，白缘坡天牛，横带锈天牛
Pterolophia lateraliplagiata Breuning 侧纹坡天牛
Pterolophia lateralis Gahan 东方坡天牛，鹊肾树坡天牛
Pterolophia laterialba (Schwarzer) 白缘坡天牛，白边坡天牛，白缘锈天牛
Pterolophia lateripicta (Fairmaire) 侧绣坡天牛
Pterolophia lateritia Breuning 侧白坡天牛
Pterolophia latipennis (Pic) 宽翅坡天牛
Pterolophia leiopodina (Bates) 小坡天牛
Pterolophia lemoulti Breuning 勒莫氏坡天牛
Pterolophia lepida Breuning 洁坡天牛
Pterolophia lesnei Breuning 勒氏坡天牛
Pterolophia leucoloma (Castelnau) 白非坡天牛
Pterolophia lichenea (Duvivier) 地衣坡天牛
Pterolophia ligata (Pascoe) 束腰坡天牛
Pterolophia lineatipennis Breuning 台东坡天牛，条翅锈天牛
Pterolophia lobata Breuning 叶坡天牛
Pterolophia lombokensis Breuning 龙目岛坡天牛，龙波岛坡天牛
Pterolophia longula Breuning 棕三角斑坡天牛
Pterolophia loochooana Matsushita 琉球坡天牛
Pterolophia luctuosus (Pascoe) 海南坡天牛
Pterolophia lundbladi Breuning 龙氏坡天牛
Pterolophia lunigera Aurivillius 月坡天牛

Pterolophia lunigera formosana Schawarzer 见 *Pterolophia formosana*
Pterolophia luteomarmorata Breuning 黄石纹坡天牛
Pterolophia luzonica Breuning 拟吕宋坡天牛
Pterolophia luzonicola Breuning 吕宋坡天牛
Pterolophia maacki (Blessig) 点胸坡天牛
Pterolophia macra Breuning 大坡天牛
Pterolophia major Breuning 硕坡天牛
Pterolophia malabarica Breuning 马拉坡天牛
Pterolophia malaisei Breuning 玛坡天牛
Pterolophia mandshurica Breuning 阿木尔坡天牛
Pterolophia marmorata Breuning 大理纹坡天牛
Pterolophia marmorea Breuning 玛摩坡天牛
Pterolophia marshalliana Breuning 马坡天牛
Pterolophia matsushitai Breuning 扁平坡天牛，松下氏锈天牛
Pterolophia mediocarinata Breuning 中脊坡天牛
Pterolophia mediochracea Breuning 巴新坡天牛
Pterolophia mediofasciata Breuning 中带坡天牛
Pterolophia mediomaculata Breuning 中斑坡天牛
Pterolophia mediopicta Breuning 中绣坡天牛
Pterolophia medioplagiata Breuning 中纹坡天牛
Pterolophia melanura (Pascoe) 黑坡天牛
Pterolophia meridionalis Breuning 非南坡天牛
Pterolophia metallescens Breuning 闪光坡天牛
Pterolophia mimicus (Gressitt) 黑点坡天牛
Pterolophia mimoconsularis Breuning 斑背坡天牛
Pterolophia mindanaonis Breuning 棉兰坡天牛
Pterolophia mindoroensis Breuning 民都洛坡天牛
Pterolophia minima Breuning 最小坡天牛
Pterolophia ministrata (Pascoe) 细点坡天牛
Pterolophia minuta Breuning 微小坡天牛
Pterolophia minutior Breuning 肖微小坡天牛
Pterolophia minutissima Pic 极微小坡天牛
Pterolophia misella Breuning 迷坡天牛
Pterolophia modesta Gahan 庸坡天牛
Pterolophia montium (Hintz) 山坡天牛
Pterolophia moupinensis Breuning 宝兴坡天牛
Pterolophia mucronata Breuning 细尖坡天牛
Pterolophia multicarinata Breuning 繁脊坡天牛
Pterolophia multicarinatoides Breuning 拟繁脊坡天牛
Pterolophia multicarinipennis Breuning 多脊翅坡天牛
Pterolophia multifasciculata Pic 壮坡天牛
Pterolophia multigibbulosa Pic 多簇坡天牛
Pterolophia multimaculata Pic 多斑坡天牛
Pterolophia multinotata Pic 多点坡天牛，多斑坡天牛
Pterolophia multisignata Pic 多纹坡天牛
Pterolophia murina (Pascoe) 鼠色坡天牛
Pterolophia mutata Breuning 变坡天牛
Pterolophia neopomeriana Breuning 尼颇坡天牛
Pterolophia niasana Breuning 尼亚斯坡天牛
Pterolophia niasica Breuning 尼亚坡天牛
Pterolophia nicobarica Breuning 尼可坡天牛
Pterolophia nigricans Breuning 真黑坡天牛
Pterolophia nigrita (Pascoe) 肖黑坡天牛
Pterolophia nigrobiarcuata Breuning 黑双弧坡天牛
Pterolophia nigrocincta Gahan 正黑带坡天牛
Pterolophia nigrocirculata Breuning 黑环坡天牛
Pterolophia nigrocirculatipennis Breuning 尾黑环坡天牛
Pterolophia nigroconjuncta Breuning *et* de Jong 黑合带坡天牛
Pterolophia nigrodorsalis Breuning 合斑坡天牛
Pterolophia nigrofasciata Breuning 墨带坡天牛
Pterolophia nigrofasciculata Breuning 黑带坡天牛
Pterolophia nigrolineaticollis Breuning 黑线坡天牛
Pterolophia nigropicta Breuning 黑缝纹坡天牛
Pterolophia nigroplagiata Breuning 黑肩纹坡天牛
Pterolophia nigrosignata Breuning *et* de Jong 黑纹坡天牛
Pterolophia nigrosparsa Kolbe 黑稀坡天牛
Pterolophia nigrotransversefasciata Breuning 黑横带坡天牛
Pterolophia nigrovirgulata Breuning 黑枝纹坡天牛
Pterolophia nilghirica Breuning 尼尔吉里坡天牛
Pterolophia nitidomaculata (Pic) 光斑坡天牛
Pterolophia nivea Breuning 雪白坡天牛
Pterolophia nobilis Breuning 显著坡天牛
Pterolophia nodicollis Breuning 结坡天牛
Pterolophia nousopae Breuning 心斑坡天牛
Pterolophia obducta (Pascoe) 披毛坡天牛
Pterolophia obliquata Breuning *et* de Jong 小毛簇坡天牛
Pterolophia obliquefasciculata Breuning *et* de Jong 白斜带坡天牛
Pterolophia obliquelineata Breuning 斜线坡天牛
Pterolophia obliqueplagiata Breuning 斜纹坡天牛
Pterolophia obliquestriata Breuning 赭斜纹坡天牛
Pterolophia obovata (Hayashi) 奥勃坡天牛
Pterolophia obscura Schwarzer 暗褐坡天牛，藤花锈天牛
Pterolophia obscura obscura Schwarzer 暗褐坡天牛指名亚种，指名暗褐坡天牛
Pterolophia obscura postmaculatoides Breuning 暗褐坡天牛尾斑亚种，尾斑暗褐坡天牛，昙纹锈天牛
Pterolophia obscurata Breuning 晦坡天牛
Pterolophia obscuricolor Breuning 暗色坡天牛
Pterolophia obscuroides Breuning 拟晦坡天牛
Pterolophia occidentalis Schwarzer 西方坡天牛
Pterolophia ochraceolineata Breuning 赭线坡天牛
Pterolophia ochreomaculata Breuning 赭斑坡天牛
Pterolophia ochreopunctata Breuning *et* de Jong 赭点坡天牛
Pterolophia ochreoscutellaris Báguena *et* Breuning 赭盾坡天牛
Pterolophia ochreostictica Breuning 赭小点坡天牛
Pterolophia ochreotriangularis Breuning 赭三角坡天牛
Pterolophia ochreotriangularoices Breuning 拟赭三角坡天牛
Pterolophia ochreovittata Breuning 赭条坡天牛
Pterolophia oculata Breuning 环坡天牛
Pterolophia olivacea Breuning *et* de Jong 榄色坡天牛
Pterolophia omeishana Gressitt 峨眉坡天牛
Pterolophia oopsida Gahan 类卵形坡天牛
Pterolophia orientalis Breuning 坦桑坡天牛
Pterolophia oshimana Breuning 钝尾坡天牛
Pterolophia ovalis Breuning 拟卵形坡天牛
Pterolophia ovata Breuning 卵形坡天牛
Pterolophia ovatula Breuning 肖卵形坡天牛
Pterolophia ovipennis Breuning 卵翅坡天牛
Pterolophia palauana Matsushita 巴劳坡天牛

Pterolophia palawanica Breuning 巴拉望坡天牛
Pterolophia pallida MacLeay 淡色坡天牛
Pterolophia pallidifrons Breuning 淡额坡天牛
Pterolophia papuana Breuning 巴甫坡天牛
Pterolophia parachapaensis Breuning 拟查帕坡天牛
Pterolophia paraconsularis Breuning 脊腿坡天牛，脊突坡天牛
Pterolophia paraflavescens Breuning 拟浅黄坡天牛
Pterolophia paralaosensis Breuning 副老坡天牛，刺角坡天牛
Pterolophia parallela Breuning 同 *Pterolophia albovariegata*
Pterolophia parallela kenyana Breuning 见 *Pterolophia kenyana*
Pterolophia parassamensis Breuning 副阿坡天牛
Pterolophia parobiquata Breuning 突尾坡天牛
Pterolophia parovalis Breuning 近卵形坡天牛
Pterolophia partealbicollis Breuning 部白纹坡天牛，白纹坡天牛
Pterolophia partenigroantennalis Breuning 粗角坡天牛
Pterolophia partepostflava Breuning 黄尾坡天牛
Pterolophia parvula Breuning 微坡天牛
Pterolophia pascoei Breuning 帕氏坡天牛
Pterolophia pendleburyi Breuning 品氏坡天牛
Pterolophia penicillata (Pascoe) 簇毛坡天牛
Pterolophia peraffinis Breuning 拟邻坡天牛
Pterolophia perakensis Breuning 霹雳坡天牛
Pterolophia perplexa (Gahan) 泼坡天牛
Pterolophia persimilis Gahan 金合欢坡天牛
Pterolophia persimiloides Breuning 川坡天牛
Pterolophia phungi (Pic) 冯氏坡天牛
Pterolophia pici Breuning 皮氏坡天牛
Pterolophia pictula Breuning 肖皮氏坡天牛
Pterolophia pilosella (Pascoe) 疏毛坡天牛
Pterolophia pilosipennis Breuning 毛翅坡天牛
Pterolophia pilosipes Pic 脊毛坡天牛
Pterolophia plicata (Kolbe) 褶坡天牛
Pterolophia ploemi (Lacordaire) 普罗坡天牛
Pterolophia plurialbostictica Breuning 更多白点坡天牛
Pterolophia pluricarinipennis Breuning 更多脊翅坡天牛
Pterolophia plurifasciculata Breuning 更多带坡天牛
Pterolophia postalbofasciata Breuning 后白带坡天牛
Pterolophia postbalteata Breuning 剜坡天牛
Pterolophia postfasciculata Pic 后带坡天牛
Pterolophia postflava Breuning 后黄带坡天牛
Pterolophia postfuscomaculata Breuning 尾暗斑坡天牛
Pterolophia postmedioalba Breuning 后毛簇坡天牛
Pterolophia postscutellaris Breuning 后盾坡天牛
Pterolophia postsubflava Breuning 后脊坡天牛
Pterolophia principis Aurivillius 普林坡天牛
Pterolophia propinqua (Pascoe) 邻坡天牛
Pterolophia proxima Gahan 近坡天牛
Pterolophia pseudapicata Breuning 窄白缝坡天牛
Pterolophia pseudobasalis Breuning 伪基坡天牛
Pterolophia pseudobscuroides Breuning 伪拟晦坡天牛
Pterolophia pseudocarinata Breuning 伪脊坡天牛
Pterolophia pseudocaudata Breuning 拟尾坡天牛
Pterolophia pseudocostalis Breuning 伪肋坡天牛
Pterolophia pseudoculata Breuning 拟眶坡天牛
Pterolophia pseudodapensis Breuning 老挝坡天牛
Pterolophia pseudolaosensis Breuning 拟老坡天牛
Pterolophia pseudolunigera Breuning 月纹坡天牛
Pterolophia pseudomucronata Breuning 拟细尖坡天牛
Pterolophia pseudoprincipis Breuning 伪普林坡天牛
Pterolophia pseudosecuta Breuning 伪黑网坡天牛
Pterolophia pseudotincta Breuning 拟色带坡天牛
Pterolophia pulchra Aurivillius 丽坡天牛
Pterolophia pulla Breuning 普拉坡天牛
Pterolophia punctigera (Pascoe) 后白斑坡天牛
Pterolophia pusilla Breuning 极小坡天牛
Pterolophia pygmaea Breuning 臀坡天牛
Pterolophia qnnulata (Chevrolat) 中山坡天牛
Pterolophia quadricristata Breuning 四脊冠坡天牛
Pterolophia quadricristulata Breuning 拟四脊冠坡天牛
Pterolophia quadrifasciata Gahan 肩横带坡天牛
Pterolophia quadrifasciculata Breuning 四带坡天牛
Pterolophia quadrifasciculatipennis Breuning 凸柄坡天牛
Pterolophia quadrigibbosa Pic 四驼坡天牛，四凸坡天牛
Pterolophia quadrigibbosipennis Breuning 鞘四脊坡天牛，四脊坡天牛
Pterolophia quadrilineatus (Hope) 四线坡天牛
Pterolophia quadrimaculata Breuning 四斑坡天牛
Pterolophia quadrinodosa Breuning *et* de Jong 四结坡天牛
Pterolophia quadrituberculata Breuning *et* de Jong 四凸坡天牛
Pterolophia quadrivittata Breuning 细点坡天牛
Pterolophia queenslandensis Breuning 昆士兰坡天牛
Pterolophia reducta (Pascoe) 细角坡天牛
Pterolophia reduplicata Gressitt 三角斑坡天牛，八仙锈天牛
Pterolophia riantennalis Breuning 大埔林坡天牛，大埔林锈天牛
Pterolophia rigida (Bates) 柳坡天牛，柳翅坡天牛
Pterolophia riouensis Breuning 屡坡天牛
Pterolophia robinsoni (Gahan) 鲁氏坡天牛
Pterolophia robusta (Pic) 强坡天牛
Pterolophia robustior Breuning 粗壮坡天牛
Pterolophia romani Breuning 罗氏坡天牛
Pterolophia rondoni Breuning 郎氏坡天牛
Pterolophia rondoniana Breuning 长柄坡天牛
Pterolophia rosacea Breuning 玫坡天牛
Pterolophia rubra Breuning 红色坡天牛
Pterolophia rubricornis Gressitt 红角坡天牛
Pterolophia rufescens (Pic) 泛红坡天牛
Pterolophia rufipennis (Pic) 红翅坡天牛
Pterolophia rufobrunnea Breuning 红棕坡天牛
Pterolophia rufula Breuning 淡红坡天牛
Pterolophia rufuloides Breuning 拟淡红坡天牛
Pterolophia rustenburgi Distant 卢氏坡天牛
Pterolophia saigonensis Pic 西贡坡天牛
Pterolophia salebrosa Breuning 不平坡天牛
Pterolophia salomonum Breuning 萨洛蒙坡天牛
Pterolophia sanghirica Gilmour 桑希坡天牛
Pterolophia sanghiriensis Breuning 桑希里坡天牛
Pterolophia sassensis Breuning 萨斯坡天牛
Pterolophia schoudeteni Breuning 孝氏坡天牛
Pterolophia schultzeana Breuning 拟许氏坡天牛
Pterolophia schultzei Breuning 许氏坡天牛

Pterolophia scopulifera (Pascoe) 岩坡天牛
Pterolophia scripta (Gerstaecker) 描坡天牛
Pterolophia scutellaris Breuning *et* de Jong 拟盾坡天牛
Pterolophia secuta (Pascoe) 黑网坡天牛
Pterolophia semiarcuata Breuning 半弧坡天牛
Pterolophia semicircularis Breuning 半环坡天牛
Pterolophia semilunaris Breuning 半月坡天牛
Pterolophia serrata Gressitt 齿角坡天牛
Pterolophia serraticornis Breuning *et* de Jong 肖齿角坡天牛
Pterolophia serricornis Gressitt 锯角坡天牛
Pterolophia servilis Breuning 塞氏坡天牛
Pterolophia siamana Breuning 泰坡天牛
Pterolophia siamensis Breuning 泰国坡天牛
Pterolophia sibuyana Aurivillius 肖锡布坡天牛
Pterolophia sibuyensis Breuning 锡布坡天牛
Pterolophia sikkimana Breuning 肖锡金坡天牛
Pterolophia sikkimensis Breuning 锡金坡天牛
Pterolophia similata (Pascoe) 肖坡天牛
Pterolophia similis (Jordan) 近似坡天牛
Pterolophia simillima Breuning 拟肖坡天牛
Pterolophia simplicior Breuning 朴坡天牛
Pterolophia simulans Breuning *et* de Jong 仿坡天牛
Pterolophia simulata Gahan 梯额坡天牛
Pterolophia sinensis (Fairmaire) 中华坡天牛
Pterolophia siporensis Breuning 锡波坡天牛
Pterolophia sobrina (Pascoe) 聪坡天牛
Pterolophia sordidata Pascoe 污坡天牛
Pterolophia speciosa Breuning 灿坡天牛
Pterolophia spinicornis Breuning 刺角坡天牛
Pterolophia spinifera (Quedenfeldt) 刺尾坡天牛
Pterolophia spinifera guineana Breuning 刺尾坡天牛几内亚亚种，几内亚刺尾坡天牛
Pterolophia spinifera spinifera (Quedenfeldt) 刺尾坡天牛指名亚种
Pterolophia spinosa Breuning 刺坡天牛
Pterolophia sterculiae Breuning 史特氏坡天牛
Pterolophia sthenioides Breuning 尾突坡天牛
Pterolophia sthenioides grossepunctipennis Breuning 尾突坡天牛粗刻亚种，粗刻尾突坡天牛
Pterolophia sthenioides sthenioides Breuning 尾突坡天牛指名亚种
Pterolophia strandi Breuning 赭额坡天牛
Pterolophia strandiella Breuning 斯特伦坡天牛
Pterolophia strumosa (Pascoe) 斯特鲁坡天牛
Pterolophia subaequalis Breuning *et* de Jong 长眼坡天牛
Pterolophia subaffinis Breuning 老坡天牛，邻坡天牛
Pterolophia subalbofasciata Gilmour *et* Breuning 近苍白带坡天牛
Pterolophia subbicarinata Breuning 近二脊坡天牛
Pterolophia subbicolor Breuning 近二色坡天牛
Pterolophia subchapaensis Breuning 越南坡天牛
Pterolophia subcostata Breuning 足竖毛坡天牛
Pterolophia subdentaticornis Breuning 象耳豆坡天牛
Pterolophia subfasciata Gahan 类带坡天牛
Pterolophia subflavescens Breuning 近浅黄坡天牛
Pterolophia subforticornis Breuning 匀坡天牛
Pterolophia subfusca Breuning 近棕坡天牛
Pterolophia subminutissima Breuning 超微小坡天牛
Pterolophia subobscuricolor Breuning 斜带坡天牛
Pterolophia subropicoides Breuning 黔坡天牛
Pterolophia subsellata (Pascoe) 近塞坡天牛
Pterolophia subsignata Breuning 近纹坡天牛
Pterolophia subtincta (Pascoe) 猫眼坡天牛
Pterolophia subtriangularis Breuning 盾后斑坡天牛
Pterolophia subtubericollis Breuning *et* Heyrovsky 毛突坡天牛，黑突坡天牛
Pterolophia subunicolor Breuning 一色坡天牛，单色锈天牛
Pterolophia subvariolosa Breuning 肖瓦利坡天牛
Pterolophia suginoi Makihara 杉野坡天牛，杉野氏坡天牛，杉野氏锈天牛
Pterolophia suisapana Gressitt 利川坡天牛
Pterolophia sulcaticornis Breuning *et* de Jong 沟角坡天牛
Pterolophia sulcatipennis Breuning *et* de Jong 沟翅坡天牛
Pterolophia sulcatithorax Pic 沟胸坡天牛
Pterolophia sulcatithorax humerogibbosa Pic 沟胸坡天牛肩突亚种，肩突沟胸坡天牛
Pterolophia sulcatithorax sulcatithorax Pic 沟胸坡天牛指名亚种
Pterolophia sumatrana Breuning 拟苏门坡天牛
Pterolophia sumatrensis Breuning 苏门坡天牛
Pterolophia sumbawana Breuning 松巴哇坡天牛
Pterolophia sumbawensis Breuning 松巴坡天牛
Pterolophia szetschuanensis Breuning 蜀坡天牛
Pterolophia szetschuanica Breuning 四川坡天牛
Pterolophia szewezycki Lepesme *et* Breuning 斯策坡天牛
Pterolophia tenebrica Breuning 黄毛坡天牛
Pterolophia tenebricoides Breuning 拟黄毛坡天牛
Pterolophia ternatensis Breuning 特尔纳提坡天牛
Pterolophia theresae (Pic) 特蕾莎坡天牛，特雷坡天牛，特蕾莎缝角天牛
Pterolophia thibetana Pic 西藏坡天牛
Pterolophia thomensis Breuning 托姆坡天牛
Pterolophia tibialis Breuning 胫坡天牛
Pterolophia timorana Breuning 东帝汶坡天牛
Pterolophia timorensis Breuning 帝汶坡天牛
Pterolophia tonkinensis Breuning 越坡天牛
Pterolophia transversefasciata Breuning 横带坡天牛
Pterolophia transversefasciatipennis Breuning 横带翅坡天牛
Pterolophia transverselineata Breuning 横线坡天牛
Pterolophia transverseplagiata Breuning 五斑坡天牛
Pterolophia transverseunifasciata Breuning 横单带坡天牛
Pterolophia transversevittata Breuning 横条纹坡天牛
Pterolophia triangularis Breuning 三角合斑坡天牛
Pterolophia trichofera Breuning 发坡天牛
Pterolophia trichotibialis Breuning 短坡天牛
Pterolophia tricolor Breuning 三色坡天牛
Pterolophia tricoloripennis Breuning 三色翅坡天牛
Pterolophia trifasciculata Breuning 三带坡天牛
Pterolophia trilineicollis Gressitt 嫩竹坡天牛
Pterolophia tristis Breuning 郁色坡天牛
Pterolophia tristoides Breuning 郁坡天牛
Pterolophia trivittata Breuning 三纹坡天牛

Pterolophia truncatella Breuning 截坡天牛

Pterolophia truncatipennis (Pic) 白缝坡天牛

Pterolophia tsurugiana (Matsushita) 坡黄带坡天牛

Pterolophia tuberculatrix (Fabricius) 瘤突坡天牛

Pterolophia tuberculifera Breuning 瘤坡天牛

Pterolophia tuberculithorax Breuning 隆胸坡天牛

Pterolophia tubericollis Breuning 瘤鞘坡天牛

Pterolophia tuberipennis Breuning 瘤翅坡天牛

Pterolophia tuberosicollis Breuning 凸背坡天牛

Pterolophia tuberosithorax Breuning 瘤胸坡天牛

Pterolophia ugandae Breuning 乌坡天牛

Pterolophia undulata (Pascoe) 波纹坡天牛

Pterolophia uniformis (Pascoe) 纯坡天牛

Pterolophia univinculata (Heller) 后赭带坡天牛

Pterolophia vagans Gahan 游坡天牛

Pterolophia vagestriata Breuning 痕纹坡天牛

Pterolophia vagevittata Breuning 暗侧纹坡天牛

Pterolophia variabilis (Pascoe) 多变坡天牛

Pterolophia varians Breuning 黄斑坡天牛

Pterolophia variantennalis Breuning 异角坡天牛，大埔林锈天牛

Pterolophia variegatus (Thomson) 变异坡天牛

Pterolophia varievittata Breuning 三纵脊坡天牛

Pterolophia variolosa Kolbe 瓦利坡天牛

Pterolophia varipennis (Thomson) 齿斑坡天牛

Pterolophia vientiannensis Breuning 万象坡天牛

Pterolophia villaris (Pascoe) 威拉坡天牛

Pterolophia villosa (Pascoe) 绒坡天牛

Pterolophia virgulata Breuning 枝坡天牛

Pterolophia viridana Breuning 绿坡天牛

Pterolophia viridegrisea Breuning 灰绿坡天牛

Pterolophia vittata Breuning 肩条坡天牛

Pterolophia vittaticollis Breuning *et* de Jong 肖条纹坡天牛

Pterolophia vitticollis Newman 条纹坡天牛

Pterolophia wittmeri Breuning 韦氏坡天牛

Pterolophia yenae Breuning 黑斑坡天牛

Pterolophia yunnana Breuning 云南坡天牛

Pterolophia yunnanensis Breuning, 1974 滇坡天牛

Pterolophia yunnanensis Breuning, 1982 同 *Pterolophia yunnanica*

Pterolophia yunnanica Hubweber 云坡天牛，滇坡天牛

Pterolophia zebrina (Pascoe) 麻斑坡天牛，白斑锈天牛，麻斑尖天牛

Pterolophia zebrina reductesignata Breuning 麻斑坡天牛消痣亚种，消斑坡天牛

Pterolophia zebrina zebrina (Pascoe) 麻斑坡天牛指名亚种

Pterolophia zebrinoides Breuning W 纹坡天牛

Pterolophia ziczac Breuning 之纹坡天牛

Pterolophia zonata (Bates) 黄色带坡天牛，半灰坡天牛，黄带坡天牛，白尾锈天牛

Pteroma 蛀袋蛾属 < 此属名曾误用于舟蛾科的部分种类（中名为蛀羽舟蛾属），因此部分种类中文名称存在错误 >

Pteroma dealbata Dierl 德蛀袋蛾；德蛀羽舟蛾 < 误 >

Pteroma eugenia Staudinger 见 *Pterotes eugenia*

Pteroma pendula (de Joannis) [oil-palm bagworm, oil-palm psychid] 棕榈蛀袋蛾，丝叶袋蛾

Pteroma plagiophleps Hampson 斜蛀袋蛾；斜蛀羽舟蛾 < 误 >

Pteroma postica (Sonan) 台湾蛀袋蛾；台湾羽舟蛾 < 误 >

Pteromalestes 特盗猎蝽属

Pteromalestes nyassae (Distant) 马拉维特盗猎蝽

pteromalid 1. [= pteromalid wasp] 金小蜂 < 金小蜂科 Pteromalidae 昆虫的通称 >；2. 金小蜂科的

pteromalid wasp [= pteromalid] 金小蜂

Pteromalidae 金小蜂科

Pteromalus 金小蜂属

Pteromalus altus (Walker) 鞘蛾长柄金小蜂

Pteromalus bifoveolatus Förster 舟蛾双窝金小蜂，贝弗金小蜂

Pteromalus calandrae Howard 见 *Anisopteromalus calandrae*

Pteromalus chrysos (Walker) 金色金小蜂，克瑞金小蜂

Pteromalus coleophorae Yang *et* Yao 落叶松鞘蛾金小蜂

Pteromalus matsukemushii Matsumura 同 *Mesopolobus subfumatus*

Pteromalus miyunensis Yao *et* Yang 杨潜叶跳象金小蜂

Pteromalus orgyiae Yang *et* Yao 古毒蛾金小蜂

Pteromalus procerus Graham 皮金小蜂

Pteromalus puparum (Linnaeus) 蝶蛹金小蜂，凤蝶金小蜂

Pteromalus qinghaiensis Liao 草原毛虫金小蜂

Pteromalus sanjiangyuanicus Yang 三江源金小蜂，三江源草原毛虫金小蜂

Pteromalus semotus (Walker) 长腹金小蜂，塞茅金小蜂，离种子金小蜂

Pteromalus sequester Walker 隐金小蜂

Pteromalus shanxiensis Huang 山西金小蜂

Pteromalus smaragdus Graham 绿金小蜂，司马金小蜂

Pteromalus squamifer (Thomson) 斯库金小蜂

Pteromicra 窄翅沼蝇属，小翅沼蝇属

Pteromicra leucodactyla (Hendel) 白纹窄翅沼蝇，白跗小翅沼蝇，白趾沼蝇

pteromorpha 翅形体

pteromorpha hinge 翅形体铰链

pteronarcyid 1. [= pteronarcyid stonefly, giant stonefly, salmonfly, salmon fly] 大蜻，大石蝇<大蜻科 Pteronarcyidae 昆虫的通称>；2. 大蜻科的

pteronarcyid stonefly [= pteronarcyid, giant stonefly, salmonfly, salmon fly] 大蜻，大石蝇

Pteronarcyidae 大蜻科，大石蝇科 < 该科学名有误写为 Pteronarcidae 者 >

Pteronarcyoidea 大蜻总科

Pteronarcys 大蜻属

Pteronarcys excavata Wu *et* Claassen 同 *Pteronarcys sachalina*

Pteronarcys sachalina Klapálek 萨哈林大蜻，东北大蜻

Pteronemobiini 异针蟋族

Pteronemobius 异针蟋属，拟针蟋属

Pteronemobius ambiguus Shiraki 污斑异针蟋，污斑拟针蟋

Pteronemobius caudatus (Shiraki) 尾异针蟋，长翅异针蟋

Pteronemobius choui He *et* Ma 周氏异针蟋

Pteronemobius concolor (Walker) 素色异针蟋，褐异针蟋

Pteronemobius fascipes Walker 束异针蟋，束拟针蟋

Pteronemobius gifuensis (Shiraki) 岐阜异针蟋

Pteronemobius heydenii (Fischer) 异针蟋

Pteronemobius heydenii concolor (Walker) 见 *Pteronemobius concolor*

Pteronemobius heydenii heydenii (Fischer) 异针蟋指名亚种

Pteronemobius indicus (Walker) 印度异针蟋

Pteronemobius mikado (Shiraki) 见 *Nemobius mikado*

Pteronemobius neimongolensis Kang *et* Mao 内蒙异针蟋，内蒙古异针蟋，蒙古异针蟋

Pteronemobius nigrescens (Shiraki) 黑异针蟋

Pteronemobius nitidus (Bolívar) 亮褐异针蟋，亮拟针蟋

Pteronemobius ohmachii (Shiraki) 欧姆异针蟋，奥氏拟针蟋

Pteronemobius pantelchopardorum Shishodia *et* Varshney 浙江异针蟋

Pteronemobius pilicornis Chopard 毛角异针蟋

Pteronemobius qinghaiensis Yin 青海异针蟋，青海拟针蟋

Pteronemobius taibaiensis Xu *et* Deng 太白异针蟋，太白拟针蟋

Pteronemobius taprobanensis Walker 台城异针蟋，台城拟针蟋

Pteronemobius yezoensis (Shiraki) 北海道异针蟋

Pteronemobius yunnanicus Li, He *et* Liu 云南异针蟋

Pteronymia 美绡蝶属

Pteronymia agalla (Godman *et* Salvin) 阿美绡蝶

Pteronymia aletta (Hewitson) 美绡蝶

Pteronymia amandes Kaye 阿曼美绡蝶

Pteronymia antisao (Bates) 安提美绡蝶

Pteronymia apuleia (Hewitson) 阿普耳美绡蝶

Pteronymia artena (Hewitson) [artena clearwing] 阿尔泰纳美绡蝶

Pteronymia asellia (Höpffer) 阿萨拉美绡蝶

Pteronymia auricula (Haensch) 耳美绡蝶

Pteronymia barilla (Haensch) 巴利美绡蝶

Pteronymia cotytto (Guérin-Méneville) [broad-tipped clearwing, cotytto clearwing] 多美绡蝶

Pteronymia donata (Haensch) 礼美绡蝶

Pteronymia euritea (Cramer) 优美绡蝶

Pteronymia fulvescens (Godman *et* Salvin) 黄褐美绡蝶

Pteronymia fulvimargo (Butler *et* Druce) 褐缘美绡蝶

Pteronymia fumida (Schaus) 烟美绡蝶

Pteronymia huamba Haensch 黄美绡蝶

Pteronymia latilla (Hewitson) 拉美绡蝶

Pteronymia laura (Staudinger) 月桂美绡蝶

Pteronymia lilla (Hewitson) 利拉美绡蝶

Pteronymia lonera (Butler *et* Druce) 龙美绡蝶

Pteronymia notilla (Butler *et* Druce) 娜美绡蝶

Pteronymia nubivaga Fox 浮云美绡蝶

Pteronymia parva (Salvin) 小美绡蝶

Pteronymia picta (Salvin) 绣美绡蝶

Pteronymia primula (Bates) 第一美绡蝶

Pteronymia pronuba (Hewitson) 媒美绡蝶

Pteronymia simplex (Salvin) 简美绡蝶

Pteronymia ticida (Hewitson) 缔美绡蝶

Pteronymia tigranes (Godman *et* Salvin) 条纹美绡蝶

Pteronymia veia (Hewitson) 沃美绡蝶

Pteronymia vestilla (Hewitson) [vestilla clearwing] 衣美绡蝶

Pteronymia zabina (Hewitson) 札比美绡蝶

Pteronymia zerlina (Hewitson) 泽林美绡蝶

pteropega 翅窝 < 翅插入其中的窝或腔 >

Pterophalla 鹤麻蝇亚属，鹤麻蝇属

Pterophalla oitana (Hori) 见 *Sarcophaga* (*Pterophalla*) *oitana*

pterophasmatid 1. [= pterophasmatid stick insect] 翼蛸 < 翼蛸科 Pterophasmatidae 昆虫的通称 >；2. 翼蛸科的

pterophasmatid stick insect [= pterophasmatid] 翼蛸

Pterophasmatidae 翼蛸科

pterophorid 1. [= pterophorid moth, pterophorid plume moth, plume moth] 羽蛾 < 羽蛾科 Pterophoridae 昆虫的通称 >；2. 羽蛾科的

pterophorid moth [= pterophorid, pterophorid plume moth, plume moth] 羽蛾

pterophorid plume moth 见 pterophorid moth

Pterophoridae 羽蛾科

Pterophorinae 羽蛾亚科

Pterophoroidea 羽蛾总科

Pterophorus 羽蛾属

Pterophorus albidus (Zeller) 白羽蛾

Pterophorus candidalis (Walker) 肯羽蛾

Pterophorus chosokeialis (Strand) 却羽蛾

Pterophorus elaeopus (Meyrick) 刺突羽蛾

Pterophorus lacteipennis (Walker) 拉羽蛾

Pterophorus melanopoda (Fletcher) 黑足羽蛾

Pterophorus monodactylus Linnaeus 见 *Emmelina monodactyla*

Pterophorus niveodactyla (Pagenstecher) 白指羽蛾

Pterophorus pentadactyla (Linnaeus) [white plume moth] 五指羽蛾

Pterophorus periscelidactylus Fitch [grape plume moth, grape gartered plum moth] 葡萄羽蛾

Pterophylla camellifolia (Fabricius) [common true katydid, northern true katydid, rough-winged katydid] 夜鸣夏日螽

pteropleura [s. pteropleuron] 1. 翅侧片；2. 中胸上后侧片；3. [= metepimera, anepimera, pteropleurites] 后胸后侧片

pteropleural bristle 具翅侧片鬃 < 见于双翅目昆虫着生在翅侧片上的鬃 >

pteropleurite [= pteropleura, anepimeron, metepimeron] 后胸后侧片

pteropleuron [pl. pteropleura] 1. 翅侧片；2. 中胸上后侧片；3. [= metepimeron, anepimeron, pteropleurite] 后胸后侧片

Pteroptrix 四节蚜小蜂属

Pteroptrix albocincta (Flanders) 浅三角片四节蚜小蜂，香港卡姬小蜂

Pteroptrix chinensis (Howard) 中华四节蚜小蜂，中华卡姬小蜂

Pteroptrix dimidiata Westwood 盾蚧四节蚜小蜂

Pteroptrix flagellata Huang 鞭角四节蚜小蜂

Pteroptrix koebelei (Howard) 香港四节蚜小蜂，柯氏阿尔姬小蜂

Pteroptrix longicornis Huang 长角四节蚜小蜂

Pteroptrix smithi (Compere) 斯氏四节蚜小蜂，史氏卡姬小蜂

Pteroptrix stenoptera Huang 窄翅四节蚜小蜂

Pteroptrix variicolor Huang 色角四节蚜小蜂

Pteroptrix wanhsiensis (Compere) 万县四节蚜小蜂，四川卡姬小蜂

Pteroptyx 曲翅萤属

Pteroptyx maipo Ballantyne 香港曲翅萤，米埔曲翅萤

Pteropyx 萤叶蝉属

Pteropyx sugonjaevi Emeljanov 苏伊氏萤叶蝉

pterorhodin 蝶呤二聚物

Pterosarcophaga 翼麻蝇亚属，翼麻蝇属

Pterosarcophaga emeishanensis Ye *et* Ni 见 *Sarcophaga* (*Pterosarcophaga*) *emeishanensis*

Pterosarcophaga membranocorporis (Sugiyama) 见 *Sarcophaga* (*Pterosarcophaga*) *membranocorporis*

Pterosemigastra 半圆腹金小蜂属

Pterosemigastra oenone Girault *et* Dodd 半圆腹金小蜂

Pterostichina 通缘步甲亚族
Pterostichini 通缘步甲族
Pterostichus 通缘步甲属
Pterostichus acutidens (Fairmaire) 突角通缘步甲，尖齿通缘步甲，尖齿奥马步甲
Pterostichus adstrictus Eschscholtz 暗通缘步甲，阿通缘步甲
Pterostichus aemiliae Facchini *et* Sciaky 艾米通源步甲
Pterostichus aeneocupreus (Fairmaire) 铜绿通缘步甲，铜色扁步甲
Pterostichus agilis Allergo *et* Sciaky 捷通缘步甲
Pterostichus agonus Horn 珊通缘步甲
Pterostichus algidus LeConte 黄杉通缘步甲，黄杉种食步甲
Pterostichus andrewesi Jedlička 安氏通缘步甲，安通缘步甲
Pterostichus anomostriatus Sciaky 异脊通缘步甲
Pterostichus arrowi Jedlička 阿通缘步甲，阿罗通缘步甲
Pterostichus arrowianus Jedlička 拟阿通缘步甲，拟阿罗通缘步甲
Pterostichus atrox (Andrewes) 魔通缘步甲
Pterostichus baenningeri Jedlička 本宁通缘步甲
Pterostichus balthasari Jedlička 巴通缘步甲
Pterostichus barbarae Sciaky *et* Facchini 芭通缘步甲
Pterostichus barbarae barbarae Sciaky *et* Facchini 芭通缘步甲指名亚种
Pterostichus barbarae batangensis Sciaky *et* Facchini 芭通缘步甲巴塘亚种
Pterostichus barbarae cavazzutii Sciaky *et* Facchini 芭通缘步甲卡氏亚种
Pterostichus barbarae constricticollis Sciaky *et* Facchini 芭通缘步甲狭胸亚种
Pterostichus barbarae daochengensis Sciaky *et* Facchini 芭通缘步甲稻城亚种
Pterostichus barbarae obliquotruncatus Sciaky *et* Facchini 芭通缘步甲斜截亚种
Pterostichus barbarae sumdoensis Sciaky *et* Facchini 芭通缘步甲桑堆亚种
Pterostichus batesianus Lutshnik 见 *Poecilus batesianus*
Pterostichus beneshi Sciaky 贝氏通缘步甲
Pterostichus berezowskii (Tschitschérine) 别氏通缘步甲，倍通缘步甲
Pterostichus bicoloratus Jedlička 同 *Stereocerus haematopus*
Pterostichus bituberculatus (Tschitschérine) 双瘤通缘步甲，双突通缘步甲
Pterostichus bowanus Sciaky 博瓦通缘步甲
Pterostichus brevicornis (Kirby) 短角通缘步甲
Pterostichus bullatus Allergo *et* Sciaky 蟾通缘步甲
Pterostichus caoi Tian *et* Ding 操氏通缘步甲
Pterostichus carinatus Sciaky *et* Facchini 脊通缘步甲
Pterostichus catei Sciaky *et* Wrase 卡特通缘步甲
Pterostichus catei catei Sciaky *et* Wrase 卡特通缘步甲指名亚种
Pterostichus catei rotundithorax Sciaky *et* Wrase 卡特通缘步甲圆胸亚种
Pterostichus cathaicus Sciaky 华夏通缘步甲
Pterostichus cervenkai Sciaky 切氏通缘步甲
Pterostichus chinensis Jedlička 华通缘步甲
Pterostichus chotanensis (Tschitschérine) 和田通缘步甲
Pterostichus chunghusorum Lutshnik 同 *Pterostichus sulcitarsis*
Pterostichus chungkingi Jedlička 重庆通缘步甲
Pterostichus clepsydra Sciaky *et* Wrase 沙璃通缘步甲
Pterostichus comatus Shi *et* Sciaky 多毛通缘步甲
Pterostichus commixtiformis Roubal 混通缘步甲
Pterostichus comorus Jedlička 朝鲜通缘步甲
Pterostichus conaensis Schmidt *et* Tian 错那通缘步甲
Pterostichus confucius Sciaky *et* Wrase 孔子通缘步甲
Pterostichus consors (Tschitschérine) 弟兄通缘步甲
Pterostichus corallipes Jedlička 同 *Pterostichus agonus*
Pterostichus costulatus Motschulsky 同 *Pterostichus nigrita*
Pterostichus crassiapex Shi *et* Sciaky 厚端通缘步甲
Pterostichus cuii Tian *et* He 崔氏通缘步甲
Pterostichus cupreus (Linnaeus) 铜色通缘步甲
Pterostichus curtatus Fairmaire 短通缘步甲
Pterostichus curvatus Sciaky *et* Facchini 曲通缘步甲
Pterostichus davidi (Tschitschérine) 大卫通缘步甲，达通缘步甲，达费朗步甲
Pterostichus deceptor Tschitschérine 同 *Pterostichus deceptrix*
Pterostichus deceptrix (Tschitschérine) 诡通缘步甲
Pterostichus dentellus Facchini *et* Sciaky 齿通缘步甲
Pterostichus dentifer Allergo *et* Sciaky 肩齿通缘步甲
Pterostichus dilutipes elmbergi Poppuis 见 *Pterostichus elmbergi*
Pterostichus distinctissimus Jedlička 台湾通缘步甲，显通缘步甲
Pterostichus diversus (Fairmaire) 异质通缘步甲，裂通缘步甲，裂奥马步甲
Pterostichus doris Jedlička 海神通缘步甲，朵通缘步甲
Pterostichus dundai Sciaky 敦达通缘步甲，邓氏通缘步甲
Pterostichus eichingeri Jedlička 同 *Pterostichus potanini*
Pterostichus elmbergi Poppuis 艾氏通缘步甲，艾迪通缘步甲
Pterostichus emei Sciaky 峨眉通缘步甲
Pterostichus eschscholtzii (Germar) 埃氏通缘步甲，埃通缘步甲
Pterostichus expeditus (Tschitschérine) 川北通缘步甲，考通缘步甲
Pterostichus farkaci Sciaky 法尔通缘步甲
Pterostichus fastidiosus (Mannerheim) 同 *Pterostichus brevicornis*
Pterostichus filum (Tschitschérine) 线通缘步甲，费通缘步甲，菲费朗步甲
Pterostichus forticornis (Fairmaire) 粗角通缘步甲，粗角闪光步甲
Pterostichus fortipes (Chaudoir) 见 *Poecilus fortipes*
Pterostichus fortis Morawitz 同 *Pterostichus eschscholtzii*
Pterostichus freudei Jedlička 同 *Pterostichus potanini*
Pterostichus fulvescens (Motschulsky) 黄通缘步甲
Pterostichus gagates (Hope) 墨通缘步甲
Pterostichus gallopavo Sciaky *et* Wrase 火鸡通缘步甲
Pterostichus gaoligongensis Wrase *et* Schmid 高黎贡通缘步甲
Pterostichus geberti Sciaky *et* Wrase 格氏通缘步甲，格通缘步甲，通缘步甲
Pterostichus giacomazzoi Sciaky 贾氏通缘步甲
Pterostichus gibbicollis (Motschulsky) 拱胸通缘步甲
Pterostichus glabricollis Jedlička 光胸通缘步甲，亮通缘步甲
Pterostichus glabripennis Jedlička 光鞘通缘步甲，光翅通缘步甲
Pterostichus gongga Sciaky 贡嘎通缘步甲
Pterostichus gravis Jedlička 重通缘步甲，格拉通缘步甲
Pterostichus guizhouensis Sciaky 贵州通缘步甲
Pterostichus haesitatus Fairmaire 坚通缘步甲，赫通缘步甲
Pterostichus hanhaicus Tschitschérine 见 *Poecilus hanhaicus*
Pterostichus hanwang Tian *et* He 汉王通缘步甲

Pterostichus haptoderoides (Tschitschérine) 暗通缘步甲，哈通缘步甲，哈尤瑞步甲
Pterostichus heptapotamicus (Lutshnik) 七河通缘步甲，七通缘步甲
Pterostichus homalonotus Tschitschérine 霍通缘步甲
Pterostichus huashanus Sciaky 华山通缘步甲
Pterostichus hubeicus Facchini *et* Sciaky 湖北通缘步甲
Pterostichus hummeli Jedlička 见 *Synuchus hummeli*
Pterostichus ignavus (Tschitschérine) 懒通缘步甲，伊通缘步甲，伊费朗步甲
Pterostichus interruptus (Dejean) 断通缘步甲
Pterostichus irideus Sciaky 虹通缘步甲
Pterostichus jaechi Krischenhofer 雅氏通缘步甲
Pterostichus jaechianus Sciaky *et* Facchini 雅通缘步甲
Pterostichus janatai Sciaky *et* Wrase 亚氏通缘步甲
Pterostichus jani Sciaky *et* Facchini 扬通缘步甲
Pterostichus jani becvari Sciaky *et* Facchini 扬通缘步甲贝氏亚种
Pterostichus jani jani Sciaky *et* Facchini 扬通缘步甲指名亚种
Pterostichus jankowskyi (Tschitschérine) 扬柯通缘步甲
Pterostichus japonicus (Motschulsky) 日本通缘步甲
Pterostichus jarkendis Jedlička 见 *Poecilus jarkendis*
Pterostichus jelepus Andrewes 耶通缘步甲
Pterostichus jugivagus Tschitschérine 浪通缘步甲，居通缘步甲
Pterostichus jureceki (Jedlieka) 尤氏通缘步甲，居新哈步甲
Pterostichus kajimurai Habu *et* Tanaka 梶村通缘步甲
Pterostichus kalabi Sciaky 卡氏通缘步甲
Pterostichus kambaiti (Andrewes) 甘拜迪通缘步甲，缅甸缘步甲
Pterostichus kanssuensis (Tschitschérine) 同 *Pterostichus aeneocupreus*
Pterostichus kansuensis Jedlička 甘肃通缘步甲
Pterostichus kiangsu Jedlička 江苏通缘步甲
Pterostichus kleinfeldianus Sciaky *et* Wrase 克莱通缘步甲，克莱氏通缘步甲
Pterostichus komalus Jedlička 柯通缘步甲，柯新哈步甲
Pterostichus koslovi (Tschitschérine) 见 *Poecilus koslovi*
Pterostichus kozlovi Solodovnikov 科氏通缘步甲，柯氏通缘步甲
Pterostichus krali Sciaky 克氏通缘步甲
Pterostichus kucerai Sciaky 库氏通缘步甲
Pterostichus laemostenomimus (Lutshnik) 同 *Poecilus fortipes*
Pterostichus laevipunctatus (Tschitschérine) 润通缘步甲，光点通缘步甲，光点伪隐步甲
Pterostichus lamproderus Chaudoir 见 *Poecilus lamproderus*
Pterostichus lanista Tschitschérine 角斗通缘步甲
Pterostichus laticollis (Motschulsky) 宽胸通缘步甲
Pterostichus latitemporis Sciaky *et* Wrase 宽颊通缘步甲
Pterostichus latitemporis inflaticeps Sciaky *et* Wrase 宽颊通缘步甲阔头亚种
Pterostichus latitemporis latitemporis Sciaky *et* Wrase 宽颊通缘步甲指名亚种
Pterostichus lederi Tschitschérine 同 *Pterostichus lucidus*
Pterostichus licenti Jedlička 李通缘步甲
Pterostichus liciniformis Csiki 盘胸通缘步甲，利通缘步甲
Pterostichus lingshanus Sciaky *et* Wrase 岭山通缘步甲
Pterostichus liodactylus Tschitschérine 光趾通缘步甲，里奥通缘步甲
Pterostichus longinquus Bates 长通缘步甲
Pterostichus lucidus (Motschulsky) 历通缘步甲
Pterostichus macer (Marsham) 隐通缘步甲
Pterostichus macer funerarius (Tschitschérine) 隐通缘步甲暗色亚种
Pterostichus macer macer (Marsham) 隐通缘步甲指名亚种
Pterostichus machulkai Jedlička 马氏通缘步甲，玛通缘步甲
Pterostichus maderi Jedlička 麦通缘步甲
Pterostichus magoides (Straneo) 迈通缘步甲，迈费朗步甲
Pterostichus major Motschulsky 见 *Poecilus major*
Pterostichus mandzhuricus (Lutschnik) 满洲通缘步甲，东北扁步甲
Pterostichus maryseae Sun *et* Shi 马丽通缘步甲
Pterostichus maximus (Tschitschérine) 伟通缘步甲，巨通缘步甲，最大独步甲
Pterostichus megacephalus Sciaky *et* Allergo 巨首通缘步甲
Pterostichus megaloderus Sciaky 巨胸通缘步甲
Pterostichus melanodes (Chaudoir) 乌通缘步甲，黑通缘步甲
Pterostichus mengtzei (Jedlička) 蒙自通缘步甲，敏通缘步甲
Pterostichus meyeri Jedlička 迈尔通缘步甲，枚通缘步甲
Pterostichus microbus Sciaky *et* Facchini 小通缘步甲
Pterostichus microcephalus (Motschulsky) 小头通缘步甲
Pterostichus miles Tschitschérine 同 *Pterostichus militaris*
Pterostichus militaris Tschitschérine 武通缘步甲
Pterostichus ming Sciaky *et* Wrase 明通缘步甲
Pterostichus minshanus Jedlička 同 *Pterostichus potanini*
Pterostichus mirabilis Jedlička 奇通缘步甲
Pterostichus miroslavi Sciaky *et* Wrase 米罗通缘步甲
Pterostichus mirus (Tschitschérine) 迷通缘步甲
Pterostichus molopsoides Jedlička 球通缘步甲，漠通缘步甲
Pterostichus monostigma Tschitschérine 单孔通缘步甲
Pterostichus monostigma harbinensis Straneo 单孔通缘步甲哈尔滨亚种，哈单痣通缘步甲
Pterostichus monostigma monostigma Tschitschérine 单孔通缘步甲指名亚种，指名单痣通缘步甲
Pterostichus montigena (Tschitschérine) 颊通缘步甲，山通缘步甲
Pterostichus morawitzianus Lutshnik 莫氏通缘步甲
Pterostichus muelleri (Straneo) 穆勒通缘步甲
Pterostichus mukdenensis Breit 沈阳通缘步甲
Pterostichus mulensis Sciaky 木里通缘步甲
Pterostichus mundus Jedlička 洁通缘步甲，曼通缘步甲
Pterostichus nigellatus Kirschenhofer 煤通缘步甲
Pterostichus niger (Schaller) 大黑通缘步甲
Pterostichus niger niger (Schaller) 大黑通缘步甲指名亚种
Pterostichus niger planipennis (Sahlberg) 大黑通缘步甲平翅亚种，大黑通缘步甲，平翅黑通缘步甲
Pterostichus nigrita (Paykull) 小黑通缘步甲
Pterostichus nimbatidius (Chaudoir) 尼通缘步甲
Pterostichus nitidicollis (Motschulsky) 见 *Poecilus nitidicollis*
Pterostichus noguchii Bates 野口通缘步甲，诺通缘步甲
Pterostichus nowitzii (Tschitschérine) 诺氏通缘步甲
Pterostichus oblongopunctatus (Fabricius) 长孔通缘步甲
Pterostichus ompoensis Jedlička 奥通缘步甲
Pterostichus oreophilus (Tschitschérine) 山乐通缘步甲，奥里通缘步甲
Pterostichus orestes (Jedlieka) 岳通缘步甲，山新哈步甲
Pterostichus orientalis (Motschulsky) 东方通缘步甲
Pterostichus orientalis antiquus (Motschulsky) 东方通缘步甲原始

亚种，东方通缘步甲
Pterostichus orientalis orientalis (Motschulsky) 东方通缘步甲指名亚种
Pterostichus parvicollis Sciaky *et* Wrase 小胸通缘步甲
Pterostichus peculiaris Tschitschérine 同 *Poecilus hanhaicus*
Pterostichus peilingi Jedlička 平凉通缘步甲，培通缘步甲，佩氏通缘步甲
Pterostichus perhoplites Schmidt *et* Tian 铠通缘步甲
Pterostichus perlutus Jedlička 土行通缘步甲，泼通缘步甲
Pterostichus platyops Sciaky 小眼通缘步甲
Pterostichus pohnerti Jedlička 波纳通缘步甲，剖通缘步甲
Pterostichus polychromus (Tschitschérine) 见 *Poecilus polychromus*
Pterostichus potanini Tschitschérine 波氏通缘步甲，波塔通缘步甲，坡通缘步甲
Pterostichus prattii Bates 硕通缘步甲，普拉通缘步甲
Pterostichus procax Morawitz 莽通缘步甲
Pterostichus prolongatus Morawitz 同 *Pterostichus japonicus*
Pterostichus przewalskyi Tschitschérine 普氏通缘步甲，普通缘步甲
Pterostichus pseudobarbarae Sciaky *et* Facchini 拟芭通缘步甲
Pterostichus pseudodiversus Shi *et* Sciaky 川滇通缘步甲
Pterostichus pseudojugivagus Schmidt *et* Tian 伪浪通缘步甲
Pterostichus pseudoplatyderus Sciaky 平胸通缘步甲
Pterostichus pseudorotundus Sciaky *et* Facchini 拟圆胸通缘步甲
Pterostichus pseudosinensis Sciaky *et* Facchini 拟华通缘步甲
Pterostichus pseudosinensis pseudosinensis Sciaky *et* Facchini 拟华通缘步甲指名亚种
Pterostichus pseudosinensis thibetanus Sciaky *et* Facchini 拟华通缘步甲藏南亚种
Pterostichus pseudosinensis thibeticus Sciaky *et* Facchini 拟华通缘步甲藏北亚种
Pterostichus pucholti Jedlička 见 *Poecilus pucholti*
Pterostichus pulcher Sciaky *et* Allergo 俊通缘步甲
Pterostichus punctibasis (Chaudoir) 见 *Poecilus punctibasis*
Pterostichus punctibasis punctibasis (Chaudoir) 见 *Poecilus punctibasis punctibasis*
Pterostichus punctibasis szetschuanus Jedlička 见 *Poecilus punctibasis szetschuanus*
Pterostichus ravus Lutshnik 见 *Poecilus ravus*
Pterostichus regeli (Tschitschérine) 列氏通缘步甲
Pterostichus rotundangulus Morawitz 圆角通缘步甲
Pterostichus rotundus Sciaky 圆胸通缘步甲
Pterostichus rugosiceps Schmidt 颦通缘步甲
Pterostichus sahlbergi (Tschitschérine) 同 *Pterostichus fulvescens*
Pterostichus saueri Sciaky 绍尔通缘步甲
Pterostichus scalptus Sciaky *et* Wrase 刻纹通缘步甲
Pterostichus schneideri Sciaky *et* Facchini 施氏通缘步甲
Pterostichus schuelkei Sciaky *et* Wrase 许氏通缘步甲
Pterostichus scuticollis (Fairmaire) 盾通缘步甲，盾斯特步甲
Pterostichus semirugosus (Andrewes) 绉通缘步甲
Pterostichus septemtrionalis Sciaky *et* Facchini 北斗通缘步甲，北方通缘步甲
Pterostichus setipes Tschitschérine 毛跗通缘步甲，塞通缘步甲
Pterostichus shennongjianus Facchini *et* Sciaky 神农架通缘步甲
Pterostichus silvestris Sun *et* Shi 林地通缘步甲
Pterostichus simillimus Fairmaire 惑通缘步甲，似通缘步甲
Pterostichus sinensis Jedlička 中华通缘步甲，中国通缘步甲
Pterostichus sinensis barongensis Sciaky *et* Facchini 中华通缘步甲麻绒亚种
Pterostichus sinensis jiulongensis Sciaky *et* Facchini 中华通缘步甲九龙亚种
Pterostichus sinensis liliputanus Sciaky 中华通缘步甲高城亚种
Pterostichus sinensis litangensis Sciaky *et* Facchini 中华通缘步甲理塘亚种
Pterostichus sinensis maniganggo Sciaky *et* Facchini 中华通缘步甲马尼干戈亚种
Pterostichus sinensis sertarensis Sciaky *et* Facchini 中华通缘步甲色达亚种
Pterostichus sinensis sinensis Jedlička 中华通缘步甲指名亚种
Pterostichus singularis Tschitschérine 孤通缘步甲，独通缘步甲
Pterostichus sinicus (Tschitschérine) 中国通缘步甲，中华通缘步甲，华费朗步甲
Pterostichus solskyi (Chaudoir) 索氏通缘步甲，索通缘步甲
Pterostichus songoricus (Motschulsky) 准噶尔通缘步甲
Pterostichus ssemenovi Tschitschérine 谢氏通缘步甲，西通缘步甲
Pterostichus ssemenovi bicoloripalpis Facchini *et* Sciaky 谢氏通缘步甲异须亚种
Pterostichus ssemenovi ssemenovi Tschitschérine 谢氏通缘步甲指名亚种
Pterostichus sterbai Jedlička 什氏通缘步甲，史通缘步甲
Pterostichus stictopleurus (Fairmaire) 麻肋通缘步甲，侧斑通缘步甲，侧斑奥马步甲
Pterostichus stictopleurus cangshanensis Sbfi *et* Sciaky 麻肋通缘步甲苍山亚种
Pterostichus stictopleurus stictopleurus (Fairmaire) 麻肋通缘步甲指名亚种
Pterostichus straneellus Jedlička 九龙通缘步甲，史特通缘步甲
Pterostichus strenuus (Panzer) 劲通缘步甲
Pterostichus strigosus Sciaky *et* Wrase 狭通缘步甲
Pterostichus subovatus (Motschulsky) 亮通缘步甲，卵圆通缘步甲
Pterostichus subtilissimus Sciaky 修通缘步甲
Pterostichus sulcitarsis Morawitz 沟跗通缘步甲
Pterostichus syleus Kirschenhofer 大头通缘步甲
Pterostichus szekessyi Jedlička, 1956 同 *Orthomus balearicus*
Pterostichus szekessyi Jedlička, 1962 同 *Pterostichus szekessyianus*
Pterostichus szekessyianus Sciaky 塞氏通缘步甲
Pterostichus szetschuanensis (Tschitschérine) 四川通缘步甲，川通缘步甲，川独步甲
Pterostichus tachongi Jedlička 大通通缘步甲，塔中通缘步甲
Pterostichus tantillus (Fairmaire) 矮通缘步甲，坦通缘步甲
Pterostichus tiankeng Tian *et* Huang 天坑通缘步甲，天坑华通缘步甲
Pterostichus tienmushanus Sciaky 天目通缘步甲
Pterostichus toledanoi Facchini *et* Sciaky 托莱通缘步甲
Pterostichus triangularis Sciaky *et* Facchini 角通缘步甲
Pterostichus tuberculiger (Tschitschérine) 瘤通缘步甲
Pterostichus turfanus Jedlička 同 *Pterostichus macer funerarius*
Pterostichus validior Tschitschérine 瓦通缘步甲
Pterostichus vernalis (Panzer) 春通缘步甲
Pterostichus vladivostokensis Lafer 远东通缘步甲
Pterostichus wenxianensis Allergo *et* Sciaky 文县通缘步甲

Pterostichus xilingensis Allergo *et* Sciaky 西岭通缘步甲
Pterostichus yunnanensis Jedlička 云南通缘步甲，滇通缘步甲
Pterostichus yunnanus (Fairmaire) 同 *Pterostichus aeneocupreus*
Pterostichus zhejiangensis Kirschenhofer 浙江通缘步甲
Pterostichus zoiai Sciaky 佐亚通缘步甲
pterostigma [pl. pterostigmata; = stigma (pl. stigmata), bathmis, parastigma (pl. parastigmas 或 parastigmata);] 翅痣
pterostigmata [s. pterostigma; = stigmata (s. stigma), parastigmas 或 parastigmata (s. parastigma)] 翅痣
Pterostoma 羽舟蛾属
Pterostoma gigantina Staudinger 山羽舟蛾，大羽舟蛾
Pterostoma griseum (Bremer) 灰羽舟蛾
Pterostoma griseum griseum (Bremer) 灰羽舟蛾指名亚种
Pterostoma griseum occidenta Sehintlmeister 灰羽舟蛾西部亚种
Pterostoma hoenei Kiriakoff 红羽舟蛾
Pterostoma palpina (Clerck) 塔城羽舟蛾
Pterostoma pterostomina (Kiriakoff) 毛羽舟蛾，翅羽舟蛾
Pterostoma sinicum Moore [snout prominent] 槐羽舟蛾，国槐羽舟蛾，白杨天社蛾，中华杨天社蛾
Pterotarsus 普跗叩甲属
Pterotarsus auricolor (Bonbouloir) 见 *Galbites auricolor*
Pterotarsus borealis Hisamatsu 见 *Galbites borealis*
Pterotarsus chrysocomus Hope 见 *Galbites chrysocoma*
Pteroteinon 佬弄蝶属
Pteroteinon caenira (Hewitson) [white-banded red-eye] 普佬弄蝶
Pteroteinon capronnieri (Plötz) [Capronnier's red-eye] 凯氏佬弄蝶
Pteroteinon ceucaenira (Druce) [pale white-banded red-eye] 淡斑佬弄蝶
Pteroteinon concaenira Belcastro *et* Larsen [narrow-banded red-eye] 狭带佬弄蝶
Pteroteinon iricolor (Holland) [green-winged red-eye] 暗佬弄蝶
Pteroteinon laterculus (Holland) [brown-winged red-eye] 褐翅佬弄蝶
Pteroteinon laufella (Hewitson) [blue red-eye] 蓝佬弄蝶
Pteroteinon pruna Evans [Evans' red-eye] 伊佬弄蝶
Pterotermes 大木白蚁属
Pterotermes occidentis (Walker) 西部大木白蚁
Pterotes 羽舟蛾属
Pterotes eugenia (Staudinger) 姹羽舟蛾，尤普舟蛾
pterotheca 翅鞘
pterothoracic 翅胸节的
pterothorax 翅胸，具翅胸节
pterothysanid 1. [= pterothysanid moth, parnassian moth, feather winged moth] 缨翅蛾 < 缨翅蛾科 Pterothysanidae 昆虫的通称 >; 2. 缨翅蛾科的
pterothysanid moth [= pterothysanid, parnassian moth, feather winged moth] 缨翅蛾
Pterothysanidae 缨翅蛾科
Pterothysanus 缨翅蛾属
Pterothysanus atratus Butler 黑缨翅蛾
Pterothysanus lanaris Butler 同 *Pterothysanus laticilia*
Pterothysanus laticilia Walker 柔缨翅蛾，缨翅蛾
Pterothysanus laticilia lanaris Butler 同 *Pterothysanus laticilia laticilia* < 该亚种学名有误写为 *Pterothysanus lacticilia lanaris* Butler 者 >
Pterothysanus laticilia laticilia Walker 柔缨翅蛾指名亚种
Pterothysanus noblei Swinhoe 同 *Pterothysanus laticilia*
Pterothysanus orleans Oberthür 同 *Pterothysanus laticilia*
Pterothysanus pictus Butler 丽缨翅蛾
Pterotmetus 修地长蝽属
Pterotmetus staphyliniformis (Schilling) 短翅修地长蝽
Pterotocera 羽尺蛾属
Pterotocera sinuosaria Leech [fruit tree looper] 果羽尺蛾
Pterotocera ussurica Djakonov 乌苏里羽尺蛾
Pterotocera verecundaria Leech 羞羽尺蛾
Pterotopteryx 翅翼蛾属
Pterotopteryx koreana Byun 韩国翅翼蛾
Pterotopteryx spilodesma (Meyrick) 点带翅翼蛾，点带白羽蛾，点带多羽蛾
Pterotosoma 翅燕蛾属
Pterotosoma castanea (Warren) 栗色翅燕蛾，栗色双尾蛾，暗带双尾蛾
pteroylglutamic acid [= vitamin B_c, folic acid] 维生素 B_c；叶酸
Pterygida 翅球螋属，翅螋属
Pterygida eurypyga (Bey-Bienko) 宽翅球螋
Pterygida maculata (Bey-Bienko) 斑翅球螋，具斑翅球螋
Pterygida ornaticapitata (Shiraki) 妆翅球螋，稚头翅螋，饰异多球螋
Pterygida proxima (Hincks) 见 *Cranopygia* (*Paracranopygia*) *proxima*
Pterygida siamensis (Dohrn) 见 *Cranopygia* (*Paracranopygia*) *siamensis*
Pterygida tagalensis Borelli 塔加翅球螋
Pterygida vishnu (Burr) 威翅球螋，滇翅球螋
pterygium 翅后基叶 < 指鳞翅目昆虫中后翅基部的小翅叶 >；喙侧叶 < 有些鞘翅目昆虫喙的侧扩张 >
pterygode [pl. patagia; = patagium] 领片
Pterygogenea 有翅亚纲
Pterygogramma 长脉赤眼蜂属
Pterygogramma breviclavatum Lin 短棒长脉赤眼蜂
Pterygogramma longium Lin 长角长脉赤眼蜂
Pterygogramma rotundum Lin 圆脸长脉赤眼蜂
pterygoid 翅形
Pterygomia 异缘蝽属
Pterygomia caelestis Dispons 见 *Derepteryx caelestis*
Pterygomia grayi (White) 见 *Derepteryx grayii*
Pterygomia humeralis (Hsiao) 见 *Breddinella humeralis*
Pterygomia mengluna Han 见 *Derepteryx mengluna*
Pterygomia obscurata (Stål) 见 *Derepteryx obscurata*
Pterygomia sinensis Dispons 见 *Derepteryx sinensis*
Pterygomia yunnanana Ren 见 *Derepteryx yunnanana*
pterygopolymorphic 翅多型的
pterygopolymorphism 翅多型现象
pterygopolymorphosis 翅多型，多形翅态
pterygostia [s. pterygostium; = pterigostia, wing veins] 翅脉
pterygostium [pl. pterygostia; = pterigostium, wing vein] 翅脉
Pterygota 有翅亚纲
pterygote 有翅的
Pteryngium duclouxi Grouvelle 同 *Micrambe sinensis*
Ptetica 小驼背蝗属
Ptetica cristulata Saussrue 小驼背蝗
PTGS [post transcriptional gene silencing 的缩写] 转录后基因沉默
pthirid 1. [= pubic louse, crab louse] 阴虱 < 阴虱科 Pthiridae 昆虫

的通称 >；2. 阴虱科的

Pthiridae 阴虱科，耻阴虱科 < 该科学名有误写为 Pthiriidae 或 Phthiriidae 者 >

Pthirus 阴虱属

Pthirus gorillae Ewing [gorilla louse] 猩猩阴虱

Pthirus pubis (Linnaeus) [crab louse, pubic louse] 阴虱，耻阴虱

ptiliid 1. [= ptiliid beetle, feather-wing beetle, feather-winged beetle] 缨甲 < 缨甲科 Ptiliidae 昆虫的通称 >；2. 缨甲科的

ptiliid beetle [= ptiliid, feather-wing beetle, feather-winged beetle] 缨甲

Ptiliidae 缨甲科，樱毛蕈虫科

ptilinal suture 额囊缝，额胞缝

Ptilineurus 纹窃蠹属

Ptilineurus marmoratus (Reitter) [pectinate-horned beetle, tatami mat beetle] 大理纹窃蠹，大理窃蠹，石纹龙蕈甲，大理羽脉窃蠹，云斑窃蠹，番死虫

Ptilineurus pictipennis (Fairmaire) 绣翅纹窃蠹，绣翅糙窃蠹

Ptilininae 类翼窃蠹亚科，细脉窃蠹亚科

ptilinum [= head vesicle] 额囊，额泡；破蛹泡

Ptilinus 类翼窃蠹属，细脉窃蠹属

Ptilinus basalis LeConte 贮木类翼窃蠹

Ptilinus formosanus Kôno *et* Kim 见 *Indanobium formosanum*

Ptilinus fuscus Geoffroy 类翼窃蠹，棕类窃蠹，脊翅栉角窃蠹，栉角窃蠹

Ptilinus ruficornis Say 红角类翼窃蠹

Ptilocera 枝角水虻属

Ptilocera brunnicornis Macquart 褐角枝角水虻

Ptilocera continua Walker 连续枝角水虻

Ptilocera flavescens James 黄枝角水虻

Ptilocera flavispina Yang, Zhang *et* Li 黄刺枝角水虻

Ptilocera latiscutella Yang, Zhang *et* Li 宽盾枝角水虻

Ptilocera nigricornis Robineau-Desvoidy 黑角枝角水虻

Ptilocera quadridentata (Fabricius) 方斑枝角水虻

Ptilocerus 羽猎蝽属

Ptilocerus kanoi Esaki 羽猎蝽

Ptilocnemus 羽足猎蝽属

Ptilocnemus lemur (Westwood) [feather-legged assassin bug] 黄胸羽足猎蝽

Ptilodactyla 毛泥甲属，长花蚤属，柔沼甲属

Ptilodactyla diversepunctata Pic 分点毛泥甲，分点柔沼甲

Ptilodactyla formosana Nakane 台湾毛泥甲

Ptilodactyla furcata Pic 叉毛泥甲，叉柔沼甲

Ptilodactyla klapperichi Pic 克氏毛泥甲，克柔沼甲

Ptilodactyla nitidissima Pic 滑毛泥甲，滑柔沼甲

Ptilodactyla sinensis Pic 中华毛泥甲

Ptilodactyla sinensis sauteri Pic 中华毛泥甲索氏亚种，索华柔沼甲

Ptilodactyla sinensis sinensis Pic 中华毛泥甲指名亚种

ptilodactylid 1. [= ptilodactylid beetle, toe-winged beetle] 毛泥甲，长花蚤 < 毛泥甲科 Ptilodactylidae 昆虫的通称 >；2. 毛泥甲科的

ptilodactylid beetle [= ptilodactylid, toe-winged beetle] 毛泥甲，长花蚤

Ptilodactylidae 毛泥甲科，长花蚤科

Ptilodon 羽齿舟蛾属

Ptilodon amplius Schintlmeister *et* Fang 影带羽齿舟蛾

Ptilodon atrofusa (Hampson) 暗羽齿舟蛾

Ptilodon autumnalis Schintlmeister 秋羽齿舟蛾

Ptilodon capucina (Linnaeus) [coxcomb prominent] 细羽齿舟蛾，卡羽齿舟蛾

Ptilodon capucina capucina (Linnaeus) 细羽齿舟蛾指名亚种

Ptilodon capucina kuwayamae (Matsumura) 细羽齿舟蛾东亚亚种，细羽齿舟蛾

Ptilodon flavistigma (Moore) 板突羽齿舟蛾，黄点羽齿舟蛾

Ptilodon hoegei (Graeser) 侯羽齿舟蛾，霍羽齿舟蛾

Ptilodon huabeiensis Yang *et* Lee 同 *Ptilodon capucina*

Ptilodon kobayashii Schintlmeister 小林羽齿舟蛾

Ptilodon kuwayamae (Matsumura) 见 *Ptilodon capucina kuwayamae*

Ptilodon ladislai (Oberthür) 富羽齿舟蛾，富舟蛾，拉羽齿舟蛾

Ptilodon longexsertus Wu *et* Fang 长突羽齿舟蛾

Ptilodon pseudorobusta Schintlmeister *et* Fang 拟粗羽齿舟蛾

Ptilodon robusta (Matsumura) 粗羽齿舟蛾

Ptilodon saturata (Walker) [Japanese maple prominent] 绚羽齿舟蛾，槭天社蛾

Ptilodon sezerin Schintlmeister 严羽齿舟蛾

Ptilodon spinosa Schintlmeister 刺突羽齿舟蛾，板突羽齿舟蛾

Ptilodon spinosa enzoi Schintlmeister 刺突羽齿舟蛾中国亚种

Ptilodon spinosa spinosa Schintlmeister 刺突羽齿舟蛾指名亚种

Ptilodon utrius Schintlmeister 优羽齿舟蛾

Ptilodontidae [= Notodontidae, Ceruridae, Dicranuridae] 舟蛾科，天社蛾科

Ptilodontinae 羽齿舟蛾亚科，齿舟蛾亚科

Ptilodontosia 毛舟蛾属

Ptilodontosia crenulata (Hampson) 毛舟蛾，刻洛舟蛾，克肖羽齿舟蛾

Ptilomera 毛足涧黾蝽属

Ptilomera laticaudata (Hardwicke) 宽尾羽腿黾蝽

Ptilomera tigrina Uhler 虎纹毛足涧黾蝽，虎纹毛足涧黾，虎纹毛足羽腿黾蝽

Ptilomyia 羽水蝇属

Ptilomyia angustigenis (Becker) 窄颊羽水蝇

Ptilomyia chinensis Wang, Tao, Zhang, Yang *et* Si 中华羽水蝇

Ptilomyia madeirensis (Enderlein) 美地羽水蝇

Ptilona 邻实蝇属，普提实蝇属，普提隆实蝇属，黑翅实蝇属

Ptilona confinis (Walker) 竹邻实蝇，康芬普提实蝇，竹笋普提隆实蝇，联羽实蝇，线黑翅实蝇

Ptilona conformis Zia 同 *Ptilona persimilis*

Ptilona continua Hardy 连斑邻实蝇，连斑普提实蝇，连斑普提隆实蝇

Ptilona dorolosa Hering 背邻实蝇，背普提实蝇，背羽实蝇

Ptilona malaisei Hering 马氏邻实蝇，马氏普提实蝇，马氏羽实蝇

Ptilona maligna Hering 同 *Ptilona persimilis*

Ptilona nigrifacies Hardy 黑颜邻实蝇，黑颜普提实蝇，黑颜普提隆实蝇

Ptilona nigriventris Bezzi 同 *Ptilona confinis*

Ptilona persimilis Hendel 珀邻实蝇，佩斯普提实蝇，珀辛普提隆实蝇，台羽实蝇，普西黑翅实蝇

Ptilona poeciloptera Kertész 见 *Phaeospilodes poeciloptera*

Ptilona xizangensis Wang 西藏邻实蝇，西藏普提实蝇，西藏普提隆实蝇

Ptilophora 翼舟蛾属

Ptilophora ala Schintlmeister *et* Fang 秦岭翼舟蛾

Ptilophora horieaurea Kishida *et* Kobayashi 川翼舟蛾

Ptilophora jezoensis Matsumura 薄翼舟蛾，耶拟羽齿舟蛾

Ptilophora jezoensis ala Schintlmeister *et* Fang 见 *Ptilophora ala*

Ptilophora jezoensis jezoensis Matsumura 薄翼舟蛾指名亚种

Ptilophora jezoensis rufula Kobayashi 见 *Ptilophora rufula*

Ptilophora nanlingensis Chen, Huang *et* Wang 南岭翼舟蛾

Ptilophora rufula Kobayashi 台湾翼舟蛾，薄翅栗舟蛾，薄翼舟蛾

Ptilopodius formosanus Browne 见 *Ernoporus formosanus*

Ptilopsinini 毛眼寄蝇族

Ptilostenodes 窄翅大蚊亚属 < 此亚属学名有误写为 *Ptilostenoides* 者 >

ptilota 有翅昆虫

Ptilotachina 珀追寄蝇亚属

Ptilothrix 毛胸蜜蜂属

Ptilothrix relata (Holmberg) 黄带毛胸蜜蜂

Ptilotrigona 毛无刺蜂属

Ptilotrigona lurida (Smith) 黄毛无刺蜂

Ptilurodes 狸翅舟蛾属

Ptilurodes castor Kiriakoff 狸翅舟蛾

Ptilurodes pollux Kiriakoff 坡狸翅舟蛾

ptinid 1. [= ptinid beetle, spider beetle] 蛛甲 < 蛛甲科 Ptinidae 昆虫的通称 >；2. 蛛甲科的

ptinid beetle [= ptinid, spider beetle] 蛛甲

Ptinidae 蛛甲科，蛛蠹科

Ptininae 蛛甲亚科

Ptinini 蛛甲族

Ptinoidea 蛛甲总科

Ptinus 蛛甲属，食骸甲属

Ptinus albidiceps Pic 见 *Kedirinus albidiceps*

Ptinus clavipes Panzer [brown spider beetle] 褐蛛甲，褐角蛛甲，棕蛛甲

Ptinus fur (Linnaeus) [white-marked spider beetle] 白纹蛛甲，白斑蛛甲

Ptinus japonicus Reitter 日本蛛甲

Ptinus kuronis Ohta 见 *Myrmecoptinus kuronis*

Ptinus latro Fabricius 拉蛛甲

Ptinus ocellus Brown [Australian spider beetle, unspotted spider beetle] 澳洲蛛甲

Ptinus sauteri Pic 见 *Myrmecoptinus sauteri*

Ptinus sexpunctatus Panzer 短毛蛛甲，六点蛛甲

Ptinus sulcithorax Pic 沟胸蛛甲

Ptinus tectus Boieldieu 澳洲蛛甲

Ptinus villiger (Reitter) [hairy spider beetle] 四纹蛛甲

Ptiolina 短角鹬虻属，丢鹬虻属

Ptiolina attennata Nagatomi 漂浮短角鹬虻，漂浮鹬虻

Ptiolina latifrons Nagatomi 宽额短角鹬虻，宽额普鹬虻

Ptisciana 洁夜蛾属

Ptisciana seminivea Walker 半白洁夜蛾，洁夜蛾，半白普涕夜蛾

Ptocheuusa 曲麦蛾属

Ptocheuusa paupella (Zeller) 旋覆花曲麦蛾

Ptochomyza 简潜蝇属

Ptochomyza asparagi Hering [asparagus leafminer] 天门冬简潜蝇

Ptochophyle 屈展尺蛾属

Ptochophyle marginata (Warren) 缘屈展尺蛾

Ptochophyle togata Fabricius 乌木屈展尺蛾

Ptochoryctis intacta Meyrick 见 *Metathrinca intacta*

Ptochoryctis tsugensis Kearfott 见 *Metathrinca tsugensis*

Ptochus 普托象甲属，普托象属

Ptochus czikii Reitter 同 *Prolobothrix carinerostris*

Ptochus eurynotus Reitter 优普托象甲，优普托象

Ptochus indemnis Faust 荫普托象甲，荫普托象

Ptochus koltzei Reitter 克普托象甲，克普托象

Ptochus obliquesignatus Reitter 斜纹普托象甲

Ptochus piliferus Motschulsky 毛普托象甲，毛普托象

Ptochus potanini Reitter 坡普托象甲，坡普托象

Ptochus shansiensis Kôno *et* Morimoto 山西普托象甲，山西普托象

Ptochus suvorovi Suvorov 同 *Prolobothrix carinerostris*

Ptomaphagini 尸小葬甲族

Ptomaphaginus 锯尸小葬甲属，毛胫球蕈甲属

Ptomaphaginus franki Perreau 弗氏锯尸小葬甲，法氏毛胫球蕈甲

Ptomaphaginus gracilis Schweiger 丽锯尸小葬甲，丽普拟葬甲

Ptomaphaginus guangxiensis Wang *et* Zhou 广西锯尸小葬甲

Ptomaphaginus gutianshanicus Wang *et* Zhou 古田山锯尸小葬甲

Ptomaphaginus luoi Wang *et* Zhou 罗氏锯尸小葬甲

Ptomaphaginus newtoni Wang *et* Zhou 牛顿锯尸小葬甲

Ptomaphaginus perreaui Wang *et* Zhou 佩罗锯尸小葬甲

Ptomaphaginus pingtungensis Perreau 屏东锯尸小葬甲，屏东毛胫球蕈甲

Ptomaphaginus quadricalcarus Wang *et* Zhou 四斑锯尸小葬甲

Ptomaphaginus ruzickai Wang *et* Zhou 鲁氏锯尸小葬甲

Ptomaphaginus sauteri (Portevin) 索氏锯尸小葬甲，索普拟葬甲，苏氏毛胫球蕈甲

Ptomaphaginus shennongensis Wang *et* Zhou 神农架锯尸小葬甲

Ptomaphaginus similis Schweiger 似锯尸小葬甲，似普拟葬甲

Ptomaphaginus wenboi Wang *et* Zhou 台湾锯尸小葬甲

Ptomaphaginus wuzhishanicus Wang *et* Zhou 五指山锯尸小葬甲

Ptomaphaginus yui Wang *et* Zhou 于氏锯尸小葬甲

Ptomaphagus 条鞘球蕈甲属，尸小葬甲属

Ptomaphagus amamianus Nakane 同 *Ptomaphagus kuntzeni*

Ptomaphagus chenggongi Wang, Nishikawa, Perreau, Růžička *et* Hayashi 成功条鞘球蕈甲，成功尸小葬甲

Ptomaphagus funiu Wang, Perreau, Růžička *et* Nishikawa 伏牛条鞘球蕈甲，伏牛尸小葬甲

Ptomaphagus haba Wang, Perreau, Růžička *et* Nishikawa 哈巴条鞘球蕈甲，哈巴尸小葬甲

Ptomaphagus hayashii Wang, Růžička, Perreau, Nishikawa *et* Park 林氏条鞘球蕈甲，林氏尸小葬甲

Ptomaphagus hirtus (Tellkampf) 绒条鞘球蕈甲，绒尸小葬甲

Ptomaphagus kuntzeni Sokolowski 库氏条鞘球蕈甲，库岑尸小葬甲

Ptomaphagus masumotoi Nishikawa 升本条鞘球蕈甲，升本尸小葬甲

Ptomaphagus nepalensis Perreau 尼泊尔条鞘球蕈甲，尼泊尔尸小葬甲

Ptomaphagus piccoloi Wang, Růžička, Nishikawa, Perreau *et* Hayashi 短笛条鞘球蕈甲，短笛尸小葬甲

Ptomaphagus sibiricus Jeannel 西伯条鞘球蕈甲，西伯利亚尸小葬甲

Ptomaphagus tingtingae Wang, Nishikawa, Perreau, Růžička *et* Hayashi 婷婷条鞘球蕈甲，婷婷尸小葬甲

Ptomaphagus yasutoshii Nishikawa 泰利条鞘球蕈甲，泰利尸小葬甲

Ptomascopus 冥葬甲属

Ptomascopus morio Kraatz 黑冥葬甲，蠢黑葬甲，大黑葬甲

Ptomascopus plagiatus (Ménétriés) 双斑冥葬甲，纹黑葬甲

Ptomascopus pseudoplagiatus Li 同 *Ptomascopus plagiatus*

Ptomascopus zhangla Háva, Schneider *et* Růžička 漳腊冥葬甲

Ptomatosaiva 尸蜡蝉属

Ptomatosaiva endea Zhang, Sun *et* Zhang 乏尸蜡蝉

Ptomister 光折阎甲亚属

Ptosima 黄斑吉丁甲属，黄斑吉丁属，斑吉丁甲属，花斑吉丁属，普托吉丁属

Ptosima barri Volkovish 丽兰黄斑吉丁甲，丽兰黄斑吉丁

Ptosima bilyi Holynski 同 *Ptosima chinensis*

Ptosima bowringii Waterhouse 蓝翅黄斑吉丁甲，蓝翅黄斑吉丁，波氏斑吉丁甲，波普托吉丁

Ptosima chinensis Marseul 四黄斑吉丁甲，四黄斑吉丁虫，桃四黄斑吉丁，四黄斑吉丁，黄斑吉丁虫，桃黄斑吉丁虫，华普托吉丁，黄纹吉丁虫

Ptosima elegans Nonfried 同 *Ptosima chinensis*

Ptosima indica Laporte *et* Gory 印度黄斑吉丁甲

Ptosima sennae Nonfried 同 *Ptosima chinensis*

Ptosima undecimmaculata (Herbst) 十一星黄斑吉丁甲

Ptosimini 黄斑吉丁甲族，黄斑吉丁族

Ptosoproctus 折尾螽属

Ptosoproctus baishishanicus Shen, Yin, Lee *et* He 白石山折尾螽

Ptosoproctus lanzhouensis Shen, Yin *et* He 兰州折尾螽

Ptotonoceras capitalis Fabricius 三条螟蛾

Ptox 普陀灰蝶属

Ptox catreus (de Nicéville) 普陀灰蝶

Ptox corythus (de Nicéville) 卡普陀灰蝶

PTSH [prothoracicostatic hormone 的缩写] 前胸腺抑制激素

PTSP [prothoracicostatic peptide 的缩写] 抑前胸腺肽

PTTH [prothoracicotropic hormone 的缩写；=prothoracicotropin] 促前胸腺激素

ptunarra brown [*Oreixenica ptunarra* Couchman] 巧克力金眼蝶

Ptychandra 紫眼蝶属

Ptychandra leucogyne Felder *et* Felder 断线紫眼蝶

Ptychandra leytensis Banks, Holloway *et* Barlow 连线紫眼蝶

Ptychandra lorquini Felder *et* Felder 紫眼蝶

Ptychandra ohtanii Hayashi 欧氏紫眼蝶

Ptychandra schadenbergi Semper 斯氏紫眼蝶

Ptychandra talboti Hobby 无标紫眼蝶

ptychoid 叠缝型

Ptycholoma 铅卷蛾属

Ptycholoma imitator (Walsingham) 樱桃铅卷蛾，铅卷蛾，仿铅卷蛾

Ptycholoma lecheana (Linnaeus) [Leche's twist moth] 环铅卷蛾

Ptycholoma micantana (Kennel) 闪铅卷蛾，迷铅卷蛾

Ptycholoma plumbeolana (Bremer) 见 *Clepsis plumbeolana*

Ptycholomoides 松卷蛾属

Ptycholomoides aeriferana (Herrich-Schäffer) [larch twist, larch webworm, maple leaf roller] 落叶松卷蛾，槭卷蛾，槭卷叶蛾

Ptychopoda 折足尺蛾属

Ptychopoda biselata extincta (Staudinger) 见 *Idaea biselata extincta*

Ptychopoda deleta Wileman *et* South 见 *Idaea deleta*

Ptychopoda denudaria Prout 见 *Idaea denudaria*

Ptychopoda elongaria pecharia Staudinger 见 *Idaea pecharia*

Ptychopoda emarginata (Linnaeus) 见 *Idaea emarginata*

Ptychopoda foedata (Butler) 见 *Idaea foedata*

Ptychopoda impexa Butler 见 *Idaea impexa*

Ptychopoda indigata Wileman 见 *Idaea indigata*

Ptychopoda invalida (Butler) 见 *Idaea invalida*

Ptychopoda jakima (Butler) 见 *Idaea jakima*

Ptychopoda limbaria Wielman 同 *Pylargosceles steganioides*

Ptychopoda muricata (Hüfnagel) 见 *Idaea muricata*

Ptychopoda muricata minor Sterneck 见 *Idaea muricata minor*

Ptychopoda nielseni (Hedemann) 见 *Idaea nielseni*

Ptychopoda nitidata (Herrich-Schäffer) 见 *Idaea nitidata*

Ptychopoda obfuscaria Leech 见 *Idaea obfuscaria*

Ptychopoda paraula Wileman 见 *Idaea paraula*

Ptychopoda proximaria Leech 见 *Idaea proximaria*

Ptychopoda rantaizanensis Wileman 见 *Scopula rantaizanensis*

Ptychopoda roseolimbata (Poujade) 见 *Idaea roseolimbata*

Ptychopoda rusticata (Denis *et* Schiffermüller) 见 *Idaea rusticata*

Ptychopoda sinuata Wileman *et* South 同 *Lophophleps informis*

Ptychopoda tainanensis Wileman *et* South 同 *Scopula adeptaria*

Ptychopoda taiwana Wileman *et* South 见 *Idaea taiwana*

Ptychopseustis 谱螟属

Ptychopseustis conisphoralis (Hampson) 亢线谱螟，亢银草螟

Ptychopseustis plumbeolinealis (Hampson) 铜线谱螟，铅线阿基野螟

Ptychoptera 褶蚊属，细腰大蚊属 < 该属名有一个尺蛾科的次同名，见 *Ptygmatophora* >

Ptychoptera bannaensis Kang, Yao *et* Yang 版纳褶蚊

Ptychoptera bellula Alexander 小丽褶蚊，江西褶蚊，江西细腰大蚊

Ptychoptera clitellaria Alexander 鞍背褶蚊，四川褶蚊，川细腰大蚊

Ptychoptera formosensis Alexander 台湾褶蚊，台湾细腰大蚊

Ptychoptera gutianshana Yang *et* Chen 古田山褶蚊

Ptychoptera lii Kang, Yao *et* Yang 李氏褶蚊

Ptychoptera longwangshana Yang *et* Chen 龙王山褶蚊

Ptychoptera lushuiensis Kang, Yao *et* Yang 泸水褶蚊

Ptychoptera qinggouensis Kang, Yao *et* Yang 青沟褶蚊

Ptychoptera staudingeri Christoph 见 *Ptygmatophora staudingeri*

Ptychoptera wangae Kang, Yao *et* Yang 王氏褶蚊

Ptychoptera xinglongshana Yang 兴隆山褶蚊

ptychopterid 1. [= ptychopterid cranefly, phantom crane fly] 褶蚊，细腰蚊 < 属褶蚊科 Ptychopteridae 昆虫的通称 >；2. 褶蚊科的

ptychopterid cranefly [= ptychopterid, phantom crane fly] 褶蚊，细腰蚊

Ptychopteridae [= Liriopeidae] 褶蚊科，细腰蚊科，细腰大蚊科

Ptychopterinae 褶蚊亚科

Ptychopteroidea 褶蚊总科

Ptycta 皱蝎属

Ptycta curvata Li 弯曲皱蝎

Ptycta elegantula Li 雅皱蝎

Ptycta flavipalpi Li *et* Yang 黄须皱蝎

Ptycta furcata Li 叉斑皱蝎

Ptycta incurvata Thornton 内弯皱蛄

Ptycta revoluta Li 外卷皱蛄

Ptyctini 皱蛄族

Ptyelinellus 拟普沫蝉属

Ptyelinellus praefractus Distant 柚木拟普沫蝉，柚木沫蝉，拟普沫蝉

Ptyelini 脊沫蝉族

Ptyelus 脊沫蝉属，普沫蝉属

Ptyelus colonus Jacobi 东北脊沫蝉，东北普沫蝉

Ptyelus flavescens Fabricius 非金合欢脊沫蝉，非金合欢沫蝉

Ptyelus grossus Fabricius 蓖麻脊沫蝉，蓖麻沫蝉

Ptyelus nebulus Turton 檀香脊沫蝉，檀香沫蝉

Ptyelus tamahonis Matsumura 台湾脊沫蝉，拟阿里山脊沫蝉，拟阿里山长沫蝉，台湾普沫蝉

Ptyelus vittatus Kato 纹脊沫蝉，纵条纹脊沫蝉

Ptygmatophora 双沟尺蛾属

Ptygmatophora staudingeri (Christoph) 斯氏双沟尺蛾，双沟尺蛾

Ptygomastax 褶蜢属

Ptygomastax abaensis Zheng, Ye *et* Yin 阿坝褶蜢

Ptygomastax heimahoensis Cheng *et* Hang 黑马河褶蜢

Ptygomastax longifemora Yin 长足褶蜢

Ptygomastax sinica Bey-Bienko 中华褶蜢

Ptygonotus 凹背蝗属

Ptygonotus brachypterus Yin 筱翅凹背蝗

Ptygonotus chinghaiensis Yin 青海凹背蝗

Ptygonotus gansuensis Zheng *et* Chang 甘肃凹背蝗

Ptygonotus gurneyi Chang 戈氏凹背蝗

Ptygonotus hocashanensis Cheng *et* Hang 河卡山凹背蝗

Ptygonotus semenovi Tarbinsky 薛氏凹背蝗

Ptygonotus semenovi antennatus Mistsbenko 薛氏凹背蝗长角亚种，长角凹背蝗

Ptygonotus semenovi semenovi Tarbinsky 薛氏凹背蝗指名亚种

Ptygonotus sichuanensis Zheng 四川凹背蝗

Ptygonotus tarbinskii Uvarov 达氏凹背蝗

Ptygonotus xinglongshanensis Zheng, Wang, Pan, Zhang *et* Zhang 兴隆山凹背蝗

Ptyobathra 袋斑螟属

Ptyobathra atrisquamella (Hampson) 黑鳞袋斑螟，黑鳞小斑螟

Ptyobathra hypolepidota Turner 黑缘袋斑螟

Ptyobathra recta Liu *et* Li 直袋斑螟

Ptyomaxia 谱第螟属

Ptyomaxia swinhoeella (Ragonot) 斯谱第螟

Ptyomaxia syntaractis (Turner) 辛谱第螟

Ptyonota 羽夜蛾属

Ptyonota formosa Hampson 羽夜蛾

pubes [= pubescence] 短柔毛

pubescence 见 pubes

pubescent 具柔毛的

pubescent anobiid [*Nicobium castaneum* (Olivier)] 浓毛窃蠹，毛窃蠹

pubescent round bark beetle [*Sphaerotrypes pila* Blandford] 密毛球小蠹，茶球小蠹

pubic louse 1. [= crab louse, *Pthirus pubis* (Linnaeus)] 阴虱，耻阴虱；2. [= crab louse, pthirid] 阴虱 < 阴虱科 Pthiridae 昆虫的通称 >

pubis 前胸侧部

publius theope [= shaded theope, bell-banded theope, *Theope publius* (Felder *et* Felder)] 柔毛娆蚬蝶

puddling behavio(u)r [= mud puddling behavio(u)r] 趋泥行为

pudgy short-legged springtail [= neanurid collembolan, neanurid springtail, neanurid] 疣蛛 < 疣蛛科 Neanuridae 昆虫的通称 >

Pudicitia 羞弄蝶属

Pudicitia pholus (de Nicéville) [spotted redeye] 斑羞弄蝶，羞弄蝶

Puerto Rican skipper [*Choranthus borincona* (Watson)] 波多潮弄蝶

Puerto Rican yellow [*Eurema portoricensis* (Dewitz)] 波多黎各黄粉蝶

Puerto Rico mole cricket [= West Indian mole cricket, changa, changa mole cricket, *Neoscapteriscus didactylus* (Latreille)] 西印新掘蝼蛄，西印地安掘蝼蛄

puff 膨突，泡起

pug moth 1. 波尺蛾 < 泛指波尺蛾科 Larentiidae 昆虫 >；2. [= four-spotted greenish geometrid, *Comibaena obsoletaria* Leech] 四点绿尺蛾

Puget sound wireworm [prairie grain wireworm, *Ctenicera aeripennis* (Kirby)] 铜足辉叩甲，铜足叩甲，普季特湾金针虫

Pugionipsylla 匕木虱属

Pugionipsylla lysidice Li 仪花匕木虱

Pugionipsylla zhangi Li 张氏匕木虱

pugnacious lancer [*Pemara pugnans* (de Nicéville)] 斗弄蝶

Pugniphalera 拳新林舟蛾亚属

Pugniphalera rufa Yang 见 *Neodrymonia* (*Pugniphalera*) *rufa*

Pujolina 睫寄蝇属 *Blepharella* 的异名

Pujolina leucaniae Chao *et* Jin 见 *Blepharella leucaniae*

Pulcheria 璞夜蛾属

Pulcheria catomelas Alphéraky 璞夜蛾

pulchra banner [= scarlet knight, *Temenis pulchra* (Hewitson)] 红带余蛱蝶

Pulchriphyllium 丽叶䗛亚属

Pulchrocicada guangxiensis He 同 *Salvazana mirabilis*

Pulchrocicada sinensis He 同 *Salvazana mirabilis*

Pulex 蚤属

Pulex irritans Linnaeus [human flea] 人蚤，致痒蚤

Pulia 扑舟蛾属

Pulia albimaculata (Okano) 白斑扑舟蛾

Pulicalvaria coniferella (Kearfott) 见 *Coleotechnites coniferella*

Pulicalvaria piceaella (Kearfott) 见 *Coleotechnites piceaella*

Pulicalvaria thujaella (Kearfott) 见 *Coleotechnites thujaella*

pulicid 1. [= pulicid flea] 蚤 < 蚤科 Pulicidae 昆虫的通称 >；2. 蚤科的

pulicid flea [= pulicid] 蚤

Pulicidae 蚤科

Pulicinae 蚤亚科

Puliciphora 蛇蚤蝇属，跳蚤蝇属

Puliciphora fungicola Yang *et* Wang 蘑菇蛇蚤蝇

Puliciphora kerteszi Brues 克氏蛇蚤蝇，柯氏真蚤蝇，克氏蚤蝇

Puliciphora qianana Yang *et* Wang 黔蛇蚤蝇

Puliciphora togata Schmitz 盔背蛇蚤蝇，盔腹真蚤蝇

Pulicoidea 蚤总科

Pullimosina 方小粪蝇属

Pullimosina heteroneura (Haliday) 异方小粪蝇

Pullimosina meta Su 锥方小粪蝇

Pullimosina quadripulata Su, Liu *et* Xu 四突方小粪蝇
Pullimosina vulgesta Roháček 叉方小粪蝇
Pullus 小瓢虫亚属
Pullus niponicus (Lewis) 同 *Scymnus* (*Neopullus*) *fuscatus*
Pullus nubilus (Mulsant) 见 *Scymnus* (*Scymnus*) *nubilus*
Pullus sodalis Weise 见 *Scymnus* (*Pullus*) *sodalis*
pulmonaria [s. pulmonarium] 背侧连膜
pulmonarium [pl. pulmonaria; = pulmonary space] 背侧连膜
pulmonary space [= pulmonarium] 背侧连膜
pulsatile organ 搏动器
pulsating membrane 搏动膜
pulsation 搏动
pulse 脉搏
pulse beetle 1. [= adzuki bean weevil, southern cowpea weevil, cowpea bruchid, Chinese bean weevil, Chinese bruchid, *Callosobruchus chinensis* (Linnaeus)] 绿豆象甲，绿豆象，中国瘤背豆象甲，中华豆象，中华粗腿豆象；2. 豆象
pulse labelling 脉冲标记
pulse pod borer moth [= limabean pod borer, gold-banded etiella moth, legume pod moth, pea pod borer, *Etiella zinckenella* (Treitschke)] 豆荚斑螟，豆荚螟
pulse velocity 脉搏速度
pulverulent [= pulverulentus] 粉状的，被粉的
pulverulentus 见 pulverulent
pulvicoria 跗端膜
pulvilli [s. pulvillus; = onychii, palmulae, pads] 爪垫
pulvilliform 垫状
pulvillus [pl. pulvilli; = pad, palmula] 爪垫
Pulvinaria 绵蚧属，绵蜡蚧属，绵介壳虫属
Pulvinaria acericola (Walsh *et* Riley) [cottony maple leaf scale, cottony maple scale, maple leaf scale, maple cushion scale] 槭叶绵蚧
Pulvinaria aestivalis Danzig 远东柳绵蚧
Pulvinaria amygdali Cockerell [conttony peach scale] 桃绵蚧
Pulvinaria aurantii Cockerell [cottony citrus scale, citrus cottony scale, orange pulvinaria scale, citrus soft scale] 橘绿绵蚧，柑橘绵蚧，橘绵蚧，黄绿絮蚧，柑橘绿绵蚧，橘绿绵蜡蚧
Pulvinaria azadirachtae Green 千绵蚧
Pulvinaria betulae (Linnaeus) 桦树绵蚧
Pulvinaria borchsenii Danzig 鲍氏绵蚧
Pulvinaria camellicola Signoret 同 *Pulvinaria floccifera*
Pulvinaria citricola (Kuwane) [smaller citrus cottony scale, cottony citrus scale, citrus string cottony scale] 橘小绵蚧，橘绵蜡蚧，橘小绵蜡蚧，柑橘真绵蚧，橘带绵蚧，柑黑盔蚧，柑橘珠蜡蚧
Pulvinaria coccolobae (Borchsenius) 黄蓼绵蚧，黄蓼绿绵蚧
Pulvinaria costata Borchsenius 海边绵蚧，筋囊绵蜡蚧
Pulvinaria crassispina Danzig 珍珠梅绵蚧
Pulvinaria durantae Takahashi 连翘绵蚧，连翘绵蜡蚧，金露绵介壳虫
Pulvinaria enkianthi Takahashi 吊钟花绵蚧
Pulvinaria flavida Takahashi 山矾绵蚧
Pulvinaria floccifera (Westwood) [cottony camellia scale, camellia scale, cushion scale, camellia cottony scale, woolly camellia scale, woolly maple scale, camellia pulvinaria, tea cottony scale] 蜡丝绵蚧，油茶绿绵蚧，茶长绵蚧，山茶绵蚧，茶绿绵蜡蚧，绿绵蜡蚧，茶绵蚧，蜡丝蚧，茶絮蚧
Pulvinaria fujisana Kanda 富士山绵蚧
Pulvinaria gamazumii Kanda 荚蒾绵蚧，荚蒾绵蚧
Pulvinaria hazeae Kuwana 野漆树绵蚧
Pulvinaria horii Kuwana 见 *Nipponpulvinaria horii*
Pulvinaria hydrangeae Steinweden [hydrangea scale, cottony hydrangea scale] 八仙花绵蚧
Pulvinaria iceryi (Signoret) [cottony grass scale] 甘蔗绵蚧，甘蔗软蜡蚧，甘蔗长绵介壳虫
Pulvinaria idesiae Kuwana 缘绵蚧
Pulvinaria inconspigua Danzig 桤木绵蚧
Pulvinaria innumerabilis (Rathvon) [cottony maple scale] 槭绵蚧，葡萄绵蚧
Pulvinaria katsurae Shinji [katsura cottony scale] 桂绵蚧
Pulvinaria kirgisica Borchsenius 小桦绵蚧
Pulvinaria kuwacola Kuwana [cottony mulberry scale, mulberry cottony scale] 桑树绵蚧，桑绵蚧，桑绵蜡蚧
Pulvinaria maxima Green 见 *Megapulvinaria maxima*
Pulvinaria neocellulosa Takahashi 新角绵蚧，角绵蜡蚧，月橘原绵介壳虫
Pulvinaria nerii Kanda 夹竹桃绵蚧，山西绵蚧
Pulvinaria nishigaharae (Kuwana) [mulberry lecanium] 日本桑绵蚧，桑蜡蚧
Pulvinaria okitsuensis Kuwana [Okitsu citrus cottony scale] 冲绳绵蚧，日本绿绵蚧，油茶绵蚧，橙绿绵蜡蚧
Pulvinaria oyamae Kuwana [willow cottony scale] 日本柳绵蚧，柳绵蚧
Pulvinaria polygonata Cockerell [cottony citrus scale, mango green shield scale, mango mealy scale, polygonal pulvinaria] 多角绵蚧，多角绿绵蚧，卵绿绵蜡蚧，杧果绿绵蚧，柑橘网纹绵蚧，柑橘大绵介壳虫
Pulvinaria populeti Borchsenius 小杨绵蚧，杨绵蜡蚧
Pulvinaria populi Signoret 杨树绵蚧
Pulvinaria psidii Maskell [green shield scale, guava mealy scale, mongo scale, green top louse, green mealy scale] 绿盾绵蚧，咖啡绿绵蚧，黄绿绵蚧，垫囊绿绵蜡蚧，刷毛绿绵蚧，垫囊绿绵蚧，黄绿绵介壳虫，柿绵蚧，囊绿绵蜡蚧
Pulvinaria rhizophila Borchsenius 蒿根绵蚧
Pulvinaria ribesiae Signoret 茶藨子绵蚧
Pulvinaria salicicola Borchsenius 柳绵蚧，柳绵蜡蚧，柳树绵蚧
Pulvinaria taiwana Takahashi 杧果绵蚧，台湾绿绵蚧，台湾绿绵蜡蚧，檬果绵介壳虫
Pulvinaria terrestris Borchsenius 地下绵蚧
Pulvinaria torreyae Takahashi 胀绵蚧，榧杉绿绵蚧
Pulvinaria tremulae Signoret 山杨绵蚧
Pulvinaria vitis (Linnaeus) [cottony grape scale, grape-vine scale, horse chestnut scale insect, woolly currant scale, woolly vine scale, woolly vine scale insect] 桦绵蚧，葡萄绵蜡蚧，葡萄绵蚧
Pulvinariella 拟绵蚧属
Pulvinariella mesembrianthemi (Vallot) 松菊拟绵蚧
pulvinate [= pulvinatus] 稍凸的
pulvinatus 见 pulvinate

pulvinis 毛垫 < 被盖于跗节的腹面，构成爪垫的狭毛突块 >

pulvinulus 跗端球 < 在跗节末端的软球 >

pumpkin beetle [= pumpkin flea beetle, *Aulacophora hilaris* (Boisduval)] 西葫芦守瓜

pumpkin flea beetle 见 pumpkin beetle

pumpkin fly [= greater pumpkin fly, African pumpkin fly, two spotted pumpkin fly, pumpkin fruit fly, *Dacus bivittatus* (Bigot)] 葫芦寡鬃实蝇

pumpkin fruit fly 1. [*Bactrocera* (*Paradacus*) *depressa* (Shiraki)] 南瓜果实蝇，日本南瓜实蝇，南瓜实蝇，扁副寡鬃实蝇；2. [*Bactrocera* (*Zeugodacus*) *tau* (Walker)] 南亚果实蝇，南瓜实蝇，南亚果实蝇，南亚实蝇，南瓜寡鬃实蝇，南亚大果实蝇；3. [*Bactrocera* (*Paradacus*) *decipiens* (Drew)] 西葫芦实蝇，新不列颠果实蝇；4. [= greater pumpkin fly, pumpkin fly, African pumpkin fly, two spotted pumpkin fly, *Dacus bivittatus* (Bigot)] 葫芦寡鬃实蝇

puna chequered blue [*Madeleinea koa* Druce] 刺槐蚂灰蝶，洋槐蚂灰蝶

Punargenteus 璞眼蝶属

Punargenteus lamna Thieme 璞眼蝶

punch [= tailed punch, *Dodona eugenes* Bates] 银纹尾蚬蝶

punchinello [*Zemeros flegyas* (Cramer)] 波蚬蝶，密点蚬蝶，麻型蚬蝶

Punctacorona 刻点冠土蝽属

Punctacorona triplosticha Wang, Du, Yao *et* Ren 三列刻点冠土蝽

punctate 具刻点的

punctate-striate 具点条的

punctate substance [= medullary substance, medullary tissue, neuropile] 髓质

punctation [= punctuation, puncturation, punctum, puncture] 刻点

punctiform [= punctiformis] 点状的

punctiformis 见 punctiform

puncto-striatus 点条

Punctobracon 刻点茧蜂亚属

punctuation 见 punctation

punctulate [= punctulatus] 具小刻点的

punctulatus 见 punctulate

punctum 见 punctation

punctum hairstreak [*Olynthus punctum* (Herrich-Schäffer)] 多点奥仑灰蝶

puncturation 见 punctation

puncture 见 punctation

punctured 有刻点的

Pundaluoya affinis Schumacher 见 *Phyllodinus affinis*

puniceus 紫赤色

punky [= ceratopogonid midge, ceratopogonid, biting midge, no-see-um, sand fly] 蠓 < 蠓科 Ceratopogonidae 昆虫的通称 >

Puno clouded yellow [*Colias euxanthe* Felder *et* Felder] 优黄豆粉蝶

Punta 船弄蝶属

Punta punta Evans 船弄蝶

pupa [pl. pupae 或 pupas] 蛹

pupa adheraena 悬蛹 < 指头部向下，悬挂成垂直形的蛹 >

pupa angularis [pl. pupae angulares] 角蛹 < 指背上有一锥形或鼻形突起的蛹 >

pupa-chromogenic phase 蛹显色期 < 指双翅目果蝇科 Drosophilidae 等的蛹，羽化前身体上和附肢上出现色素的时期 >

pupa conica 锥蛹

pupa contigua 缢蛹 < 指胸部束丝以保持在一个垂直物件上的蛹 >

pupa custodiata 护蛹 < 指有保护物的蛹；或处于部分开口的茧内的蛹 >

pupa dermata 皮蛹 < 保留幼虫皮，无将来附肢痕迹的蛹 >

pupa exarata [= exarate pupa, sculptured pupa, free pupa] 离蛹，裸蛹

pupa folliculata 裹蛹 < 处于囊内或茧内的蛹 >

pupa incompleta 不全蛹 < 鳞翅目昆虫中，蛹的附肢常部分分离，且有 3 节以上的腹节是可以活动的 >

pupa larvata 隐蛹 < 一个有外被的蛹，其形成成虫的各部分可从外面看出痕迹 >

pupa libera 动蛹 < 鳞翅目昆虫中，许多体节可以活动的蛹 >

pupa nuda 裸蛹 < 无任何附着物的裸露蛹 >

pupa obtecta [= obtect pupa] 被蛹

pupa-phanerocephalic substage 蛹显头亚期 < 在双翅目果蝇科 Drosophilidae 等昆虫中，当蛹期显出成虫头部的时期 >

pupa remover 排蛹装置 < 养蚕的 >

pupa shell [= pupal shell] 蛹壳

pupa subterraneae 埋蛹 < 藏于地面下的蛹 >

pupa-teleomorphic phase 蛹显态期 < 双翅目果蝇科 Drosophilidae 等昆虫中成虫的外部构造，如足、翅、喙等，可透过蛹壳显示出来的时期 >

pupae [s. pupa; = pupas] 蛹

pupae angulares [s. pupa angularis; = angular pupae] 角蛹

pupal 蛹的

pupal diapause 蛹滞育

pupal duration 蛹期

pupal pedogenesis 蛹幼体生殖

pupal sac 蛹囊 < 指一些蚊类头部和胸部的薄而半透明的包被 >

pupal shell 见 pupa shell

pupal stage 蛹期

pupal weight 蛹重

pupaparity 蛹胎生

puparia [s. puparium] 1. 围蛹 < 在高等双翅目昆虫中，蛹化在坚厚桶形的幼虫皮内者 >；2. 伪蛹壳 < 指某些介壳虫的包被，雌性捻翅目成虫藏身的第七龄幼虫皮 >

puparium [pl. puparia] 1. 围蛹；2. 伪蛹壳

puparium formation 蛹壳形成

pupas [s. pupa; = pupaes] 蛹

pupate [v.] 化蛹

pupation [n.] 化蛹，蛹化

pupation hormone 化蛹激素

pupation rate 化蛹率

pupicidal 杀蛹的

pupicidal activity 杀蛹活性

pupicidal effect 杀蛹效果
pupicide 杀蛹剂
pupiferous 性母的 < 指产生有性个体的一代蚜虫 >
pupigenous [= pupiparous] 蛹生的
pupigerous 成围蛹的 < 即形成幼虫蛹壳的 >
pupil [= pupilla] 瞳 < 具有瞳点的中央点 >
pupil control 瞳孔调节
pupilla 见 pupil
pupillarial palm scale [= halimococcid scale, halimococcid] 榈蚧 < 榈蚧科 Halimococcidae 昆虫的通称 >
pupillate [= pupillatus] 具瞳的
pupillatus 见 pupillate
pupilled skipper [*Polites pupillus* (Plötz)] 稚玻弄蝶
Pupipara [= Epoboscidea, Homaloptera, Nymphipara, Omaloptera] 蛹蝇类，蛹生类，蛹蝇派
pupiparid 蛹生昆虫
pupiparous 见 pupigenous
pupivorous 食蛹的 < 特别指膜翅目寄生昆虫寄生于蛹期的 >
pura skipperling [*Dalla pura* Steinhauser] 普拉达弄蝶
purace skipperling [*Dalla puracensis* Steinhauser] 布拉克达弄蝶
Purana 洁蝉属，姬蝉属
Purana apicalis (Matsumura) 台湾洁蝉，台湾姬蝉
Purana davidi Distant 大卫洁蝉
Purana dimidia Chou *et* Lei 半洁蝉
Purana gigas (Kato) 大洁蝉
Purana guttularis (Walker) 广东洁蝉
Purana notatissima Jacobi 饰洁蝉
Purana samia (Walker) 见 *Leptopsaltria samia*
pure blood 纯血统
pure breed 纯种
pure breeding 纯育，同系交配，近亲交配
pure culture 纯培养
pure line 纯系
pure line breeding 纯种繁育
pure line separation 纯系分离
pure selection 纯系选择
pure-variety breeding 纯品种繁殖
purepecha skipperling [*Piruna purepecha* Warren *et* González-Cota] 璞璧弄蝶
Puriella problematica Strand 同 *Trichophysetis rufoterminalis*
purification 提纯，纯化，净化
purifying selection 纯化选择，净化选择
purine 嘌呤
purine base 嘌呤碱基
Puriplusia 淡银锭夜蛾亚属，淡银夜蛾属
Puriplusia purissima (Butler) 见 *Macdunnoughia purissima*
Puriplusia zayuensis Chou *et* Lu 同 *Macdunnoughia tetragona*
puriri moth [= ghost moth, *Aenetus virescens* Doubleday] 鬼魂蝙蝠蛾
Purlisa 普尔灰蝶属
Purlisa giganteus (Distant) 普尔灰蝶
Purohita 叶角飞虱属
Purohita cervina Distant 竹扁叶角飞虱，竹扁角飞虱，粗脚飞虱
Purohita fuscovenosa Muir 澳门叶角飞虱
Purohita maculata Muir 斑点叶角飞虱，斑叶角飞虱
Purohita nigripes Muir 黑跗叶角飞虱，暗黑叶角飞虱
Purohita picea Yang *et* Yang 沥黑叶角飞虱，黑叶角飞虱
Purohita sinica Huang *et* Ding 中华叶角飞虱
Purohita taiwanensis Muir 台湾叶角飞虱
Purohita theognis Fennah 纹翅叶角飞虱，华南叶角飞虱
purple-and-gold flitter [*Zographetus satwa* (de Nicéville)] 黄裳肿脉弄蝶
purple-backed cabbageworm [*Evergestis pallidata* (Hüfnagel)] 淡薄翅野螟，甘蓝紫背螟
purple beak [*Libythea geoffroyi* Godart] 紫喙蝶，紫朴喙蝶 < 此种学名也有误拼写为 *Libythea geoffroy* Godart>
purple bog fritillary [= Titania's fritillary, *Clossiana titania* (Esper)] 提珍蛱蝶
purple borer [= Asiatic pink stem borer, gramineous stem borer, pink gramineous borer, pink borer, pink rice stem borer, pink rice borer, pink stem borer, purple stem borer, ragi stem borer, purplish stem borer, *Sesamia inferens* (Walker)] 稻蛀茎夜蛾，大螟，紫螟，盗污阴夜蛾，盗蛀茎夜蛾
purple branded redeye [= purple redeye, *Matapa purpurascens* Elwes *et* Edwards] 紫玛弄蝶
purple brood 紫仔病 < 指蜜蜂上 >
purple brown-eye [= purple dusk-flat, *Chaetocneme porphyropis* (Meyrick *et* Lower)] 带纹铜弄蝶
purple-brown hairstreak [= common hairstreak, *Hypolycaena philippus* (Fabricius)] 菲利浦旖灰蝶
purple-brown tailless oakblue [*Arhopala arvina* (Hewitson)] 无尾娆灰蝶
purple bushbrown [*Mycalesis orseis* Hewitson] 蓝色眉眼蝶
purple butterfly [*Apatura ilia substituta* Butler] 柳紫闪蛱蝶华北亚种，华北柳紫闪蛱蝶，日本淡紫蛱蝶，紫蛱蝶
purple cerulean [*Jamides phaseli* (Mathew)] 珐雅灰蝶
purple copper [= Bathurst copper butterfly, purple copper butterfly, Bathurst copper wing, Bathurst-lithgow copper, Bathurst copper, *Paralucia spinifera* Edwards *et* Common] 巴瑟斯特耙灰蝶
purple copper butterfly 见 purple copper
purple crow [= dwarf crow, eastern brown crow, small brown crow, *Euploea tulliolus* (Fabricius)] 妒丽紫斑蝶，小紫斑蝶
purple dusk-flat 见 purple brown-eye
purple-edged copper [*Palaeochrysophanus hippothoe* (Linnaeus)] 古灰蝶
purple emperor [*Apatura iris* (Linnaeus)] 紫闪蛱蝶，紫蛱蝶
purple flat [*Eagris decastigma* Mabille] 十斑犬弄蝶，乌干达幼苗弄蝶
purple gem [*Desmolycaena mazoensis* Trimen] 戴斯灰蝶
purple giant epitola [*Epitola urania* Kirby] 巴西蛱灰蝶
purple-glazed oakblue [*Arhopala agaba* (Hewitson)] 阿娆灰蝶
purple hairstreak [*Favonius quercus* (Linnaeus)] 栎艳灰蝶
purple hawkmoth [*Craspedortha porphyria* (Butler)] 月柯天蛾
purple jewel beetle [*Chlorocala africana oertzeni* (Kolbe)] 非宽花金龟甲紫色亚种
purple king shoemaker [= blue king shoemaker, Omphale's king shoemaker, *Prepona omphale* (Hübner)] 脐靴蛱蝶
purple lamb's quarters mealy aphid [= chenopod aphid, *Hayhurstia*

P

atriplicis (Linnaeus)] 藜蚜
purple lancer [*Salanoemia fuscicornis* (Elwes *et* Edwards)] 暗褐劭弄蝶
purple leaf beetle [= aspen skeletonizer, *Phratora purpurea* Brown] 紫弗叶甲
purple leaf blue [= leaf blue, *Amblypodia anita* Hewitson] 紫昂灰蝶
purple line-blue [= tailless lineblue, *Prosotas dubiosa* (Semper)] 疑波灰蝶，杜娜达蝶
purple-lined borer [= Asiatic rice borer, rice stem borer, rice stalk borer, striped rice borer, striped stem borer, striped rice stalk borer, striped rice stem borer, rice chilo, rice borer, pale-headed striped borer, sugarcane moth borer, *Chilo suppressalis* (Walker)] 二化螟
purple loosestrife flower weevil [= loosestrife seed weevil, flower bud weevil, loosestrife weevil, *Nanophyes marmoratus* (Goeze)] 千屈菜橘象甲，千屈菜橘象
purple lycaenid [= Japanese oakblue, *Arhopala japonica* (Murray)] 日本娆灰蝶，日本紫灰蝶，紫灰蝶，紫小灰蝶
purple moonbeam [= common moonbeam, *Philiris innotatus* (Miskin)] 印菲灰蝶
purple owl [*Caligo beltrao* (Illiger)] 丹顶猫头鹰环蝶，标枪猫头鹰环蝶
purple pitcher-plant mosquito [= pitcher-plant mosquito, *Wyeomyia smithii* (Coquillett)] 猪笼草长足蚊
purple redeye 见 purple branded redeye
purple sapphire [*Heliophorus epicles* (Godart)] 斜斑彩灰蝶，彩灰蝶
purple scale [= mussel scale, mussel purple scale, citrus mussel scale, orange scale, comma scale, *Lepidosaphes beckii* (Newman)] 紫蛎盾蚧，紫牡蛎蚧，紫牡蛎盾蚧，橘紫蛎蚧，紫蛎蚧，橘紫蛎盾蚧，牡蛎盾介壳虫，橘紫蛎盾介壳虫
purple-shaded gem [*Euchalcia variabilis* (Piller)] 变异纹夜蛾
purple-sheened metalmark [= victrix metalmark, *Metacharis victrix* (Hewitson)] 微克黑纹蚬蝶
purple shield bug [*Carpocoris purpureipennis* (De Geer)] 紫翅果蝽，异色椿象，紫黄四条椿象
purple-shot copper [*Heodes alciphron* (Rottenburg)] 尖翅貉灰蝶
purple skimmer [*Libellula jesseana* Williamson] 紫蜻
purple-spotted flitter [*Zographetus ogygia* (Hewitson)] 海神岛肿脉弄蝶，奥肿脉弄蝶
purple-spotted lily aphid [*Macrosiphum lilii* (Monell)] 百合紫斑长管蚜
purple spotted swallowtail [*Graphium weiskei* (Ribbe)] 玫瑰青凤蝶，异斑青凤蝶
purple-stained skipper [*Zenis jebus* (Plötz)] 紫憎弄蝶，憎弄蝶
purple stem borer 1. [=Asiatic pink stem borer, gramineous stem borer, pink gramineous borer, pink borer, pink rice stem borer, pink rice borer, pink stem borer, purple borer, ragi stem borer, purplish stem borer, *Sesamia inferens* (Walker)] 稻蛀茎夜蛾，大螟，紫螟，盗污阴夜蛾，盗蛀茎夜蛾；2. [= corn stem borer, greater sugarcane borer, sorghum stem borer, stem corn borer, dura stem borer, large corn borer, pink sugarcane borer, sugarcane pink borer, sorghum borer, pink corn borer, maize borer, durra stem borer, *Sesamia cretica* Lederer] 高粱蛀茎夜蛾
purple-striped shoot worm [*Zeiraphera unfortunana* Ferris et Kruse] 紫带线小卷蛾
purple swift 1. [*Caltoris tulsi* (de Nicéville)] 紫白斑珂弄蝶，白斑珂弄蝶；2. [*Mimene atropatene* (Fruhstorfer)] 阿托冥弄蝶
purple tiger [= chrysanthemum arctid, *Rhyparia purpurata* (Linnaeus)] 伪浑黄灯蛾，黄灯蛾
purple tip [= common purple tip, Bushveld purple tip, violet tip, *Colotis ione* (Godart)] 紫袖珂粉蝶
purple-topped euselasia [*Euselasia regipennis* (Butler *et* Druce)] 帝王优蚬蝶
purple tufted lancer [*Isma protoclea* (Herrich-Schäffer)] 缨矛弄蝶
purple-washed euselasia [= euoras euselasia, *Euselasia euoras* (Hewitson)] 傲优蚬蝶
purple-washed eyed-metalmark [= purple-washed eyemark, *Mesosemia lamachus* (Hewitson)] 腊美眼蚬蝶
purple-washed eyemark 见 purple-washed eyed-metalmark
purple-washed skipper 1. [*Panoquina leucas* (Herrich-Schäffer)] 长斑盘弄蝶；2. [*Panoquina sylvicola* (Herrich-Schäffer)] 紫盘弄蝶
purplish bent-skipper [= termon skipper, *Camptopleura termon* (Hopffer)] 玻利维亚凸翅弄蝶
purplish-black skipper [*Nisoniades rubescens* (Möschler)] 红黑霓弄蝶
purplish copper [*Epidemia helloides* (Boisduval)] 紫点帘灰蝶
purplish stem borer 见 purple borer
Purpuricenus 紫天牛属
Purpuricenus caputorubens Yu 红头紫天牛
Purpuricenus globifer Fairmaire 缺缘紫天牛
Purpuricenus globiger ambrusi Danilevsky 缺缘紫天牛安氏亚种，安布缺缘紫天牛
Purpuricenus globifer globifer Fairmaire 缺缘紫天牛指名亚种
Purpuricenus innotatus Pic 红背紫天牛
Purpuricenus katerinae Danilevsky 黑带紫天牛
Purpuricenus lameerei Plavilstshikov 黑胸紫天牛
Purpuricenus lituratus Ganglbauer 异斑紫天牛，帽斑紫天牛
Purpuricenus malaccensis (Lacordaire) 黄带紫天牛
Purpuricenus montanus White 中山紫天牛，丘紫天牛，黑条紫天牛
Purpuricenus petasifer Fairmaire 帽斑紫天牛
Purpuricenus sanguinolentus Olivier 黑条紫天牛，红紫天牛
Purpuricenus schaiblei (Nonfried) 二斑紫天牛
Purpuricenus sideriger Fairmaire 圆斑紫天牛
Purpuricenus sideriger richardi Danilevsky 圆斑紫天牛理氏亚种，理查圆斑紫天牛
Purpuricenus sideriger sideriger Fairmaire 圆斑紫天牛指名亚种
Purpuricenus spectabilis Motschulsky 二点紫天牛，黑缘红天牛
Purpuricenus subnotatus Pic 五点紫天牛
Purpuricenus temminckii (Guérin-Méneville) [bamboo red longhorn beetle] 竹紫天牛，竹红天牛
Purpuricenus temminckii oliveri Danilevsky 竹紫天牛奥氏亚种，奥利弗竹紫天牛
Purpuricenus temminckii sinensis White 竹紫天牛中华亚种，中华竹紫天牛，中华红天牛
Purpuricenus temminckii temminckii (Guérin-Méneville) 竹紫天牛指名亚种
Purpuricenus wachanrui Levrat 杨紫天牛
purse-case caddisfly [= hydroptilid caddisfly, microcaddisfly,

hydroptilid] 小石蛾 < 小石蛾科 Hydroptilidae 昆虫的通称 >
purus skipper [*Methionopsis purus* Bell] 璞乌弄蝶
Purvigallia 布尔维叶蝉属
Purvigallia maculata Viraktamath, Dai *et* Zhang 多斑布尔维叶蝉
push-pull strategy 推拉策略
pusilla crescent [*Dagon pusilla* Salvin] 丹蛱蝶
pusilla purplewing [*Eunica pusilla* Bates] 普西神蛱蝶
pusilla skipper [*Sostrata pusilla* Godman *et* Salvin] 普西蓑弄蝶
Pusillarolium 小垫蝗属
Pusillarolium albonemum Zheng 白纹小垫蝗
Pusilloderes hoscheki Obenberger 见 *Metasambus hoscheki*
puss caterpillar [= southern flannel moth, asp, Italian asp, woolly slug, opossum bug, puss moth, tree asp, asp caterpillar, *Megalopyge opercularis* (Smith)] 美绒蛾，具盖绒蛾
puss moth 1. [= willow prominent, *Cerura vinula* (Linnaeus)] 二尾舟蛾，银色天社蛾；2. 舟蛾，天社蛾 < 属舟蛾科 Notodontidae>；3. [= southern flannel moth, asp, Italian asp, woolly slug, opossum bug, puss caterpillar, tree asp, asp caterpillar, *Megalopyge opercularis* (Smith)] 美绒蛾，具盖绒蛾
pustula [= pustule] 1. 色点；2. 小疱
pustulated hair 疱毛 < 指食毛亚目昆虫中由未骨化间隙发生的毛 >
pustule 见 pustula
pustule scale [= akee fringed scale, oleander pit scale, oleander scale, *Russellaspis pustulans* (Cockerell)] 普食珞链蚧，普露链蚧，夹竹桃斑链蚧，夹竹桃链蚧，黄链介壳虫
pustulosus [= postulate, pustulous] 有小疱的
pustulous 见 pustulosus
Putnam scale [= false San Jose scale, *Diaspidiotus ancylus* (Putnam)] 弯钩灰圆盾蚧，弯钩圆蚧
Putnam's looper moth [= Lempke's gold spot, rice semi-looper, *Plusia putnami* (Grote)] 稻金翅夜蛾，普氏弧翅夜蛾
Puto 泡粉蚧属
Puto antennata (Signoret) [conifer mealybug] 松杉泡粉蚧
Puto asteri (Takahashi) 台湾泡粉蚧
Puto borealis (Borchsenius) [alpine mealybug] 乌拉泡粉蚧，乌拉麻粉蚧
Puto caucasicus Hadzibejli 高加索泡粉蚧
Puto cupressi (Coleman) [California nutmeg mealybug, cypress puto, cottony cypress scale, fir mealybug] 柏橄榄泡粉蚧
Puto graminis Danzig 禾草泡粉蚧
Puto huangshanensis Wu 黄山泡粉蚧
Puto jarudensis Tang 内蒙泡粉蚧
Puto kondarensis (Borchsenius) 艾蒿拉泡粉蚧，艾蒿麻粉蚧
Puto konoi Takahashi 冷杉泡粉蚧
Puto laticribellum McKenzie [pine bark mealybug] 松皮泡粉蚧
Puto megriensis (Borchsenius) 石竹拉泡粉蚧，石竹麻粉蚧
Puto orientalis Danzig 东方泡粉蚧
Puto ornatus (Green) 锡兰泡粉蚧
Puto profusus McKenzie [Douglas fir mealybug] 花旗松泡粉蚧
Puto sandini Washburn [spruce mealybug] 桧刺泡粉蚧，云杉粉蚧
Puto superbus (Leonardi) [superb mealybug] 多食泡粉蚧，多食麻粉蚧
putoid 1. [= giant mealybug, putoid scale] 泡粉蚧 < 泡粉蚧科 Putoidae 昆虫的通称 >；2. 泡粉蚧科的
putoid scale [= giant mealybug, putoid] 泡粉蚧

Putoidae 泡粉蚧科
Putonia 波蝽属
Putonia asiatica Jakovlev 亚洲波蝽，亚洲铺蝽
Puton's stink bug [*Carbula putoni* (Jakovlev)] 北方辉蝽，黑龙江辉蝽
putus skipper [*Vehilius putus* Bell] 璞帏罩弄蝶
puzzle-mark skipperling [= Dognin's skipperling, big-patched skipperling, *Dalla dognini* Mabille] 多氏达弄蝶
puzzling acraea [*Acraea actinotina* Lathy] 束光珍蝶
PVA [population viability analysis 的缩写] 种群生存力分析
PWP [posterior wing process 的缩写] 后背翅突
Pycnacritus 密纹阎甲亚属
Pycanum 比蝽属
Pycanum alternatum (Peletier *et* Serville) [giant shield bug, Simpoh ayer shield bug, gambier large bug] 红比蝽
Pycanum ochraceum Distant 比蝽
Pycanum ponderosum Stål 黄比蝽
Pycanum rubens (Fabricius) 同 *Pycanum alternatum*
Pycina 丰蛱蝶属
Pycina zamba Doubleday 丰蛱蝶
Pycna 蛉蛄属
Pycna coelestia Distant 青蛉蛄，高蛉蛄
Pycna repanda (Linnaeus) 蛉蛄
Pycnarmon 卷野螟属
Pycnarmon aeriferalis (Moore) 伊卷野螟
Pycnarmon caberalis (Guenée) 同 *Pycnarmon cribrata*
Pycnarmon chinensis (South) 华卷野螟，华贾卷野螟
Pycnarmon cribrata (Fabricius) 泡桐卷野螟，泡桐卷叶野螟蛾
Pycnarmon frenulalis (Strand) 同 *Pycnarmon cribrata*
Pycnarmon geminipuncta Hampson 格卷野螟
Pycnarmon jaguaralis (Guenée) 虎斑卷野螟，贾卷野螟
Pycnarmon jaguaralis chinensis (South) 见 *Pycnarmon chinensis*
Pycnarmon jaguaralis jaguaralis (Guenée) 虎斑卷野螟指名亚种
Pycnarmon lactiferalis (Walker) 乳翅卷野螟
Pycnarmon marginalis (Snellen) 黑缘卷野螟，圆斑卷野螟
Pycnarmon meritalis (Walker) 双环卷野螟
Pycnarmon pantherata (Butler) 豹纹卷野螟
Pycnarmon radiata (Warren) 显纹卷野螟，辐卷野螟
Pycnarmon radiata benesignata Caradja 显纹卷野螟棕纹亚种，本辐卷野螟
Pycnarmon radiata radiata (Warren) 显纹卷野螟指名亚种
Pycnarmon tylostegalis (Hampson) 淡黄卷野螟
Pycnarmon virgatalis Moore 条纹卷野螟，威卷野螟
Pycnetron 扁腹长尾金小蜂属
Pycnetron curculionidis Gahan 松扁腹长尾金小蜂
Pycnobracon 集点茧蜂属
Pycnobracon niger Cameron 黑集点茧蜂
Pycnofurius pallidiscutum Poppius 见 *Ernestinus pallidiscutum*
Pycnomerus 派坚甲属
Pycnomerus sculpturatus Sharp 刻纹派坚甲，刻纹品坚甲
Pycnopalpa 斑叶螽属
Pycnopalpa bicordata (Saint-Fargeau *et* Serville) 二心斑叶螽
pycnoscelid 1. [= pycnoscelid cockroach] 蔗蠊，潜蠊 < 蔗蠊科 Pycnoscelidae 昆虫的通称 >；2. 蔗蠊科的
pycnoscelid cockroach [= pycnoscelid] 蔗蠊，潜蠊

Pycnoscelidae 蔗蠊科，潜蠊科
Pycnoscelidinae 见 Pycnoscelinae
Pycnoscelinae [= Pycnoscelidinae] 蔗蠊亚科
Pycnoscelus 蔗蠊属，潜蠊属
Pycnoscelus indicus (Fabricius) 印度蔗蠊
Pycnoscelus janetscheki Bey-Bienko 贾氏蔗蠊
Pycnoscelus nigra (Brunner von Wattenwyl) 黑蔗蠊
Pycnoscelus surinamensis (Linnaeus) [Surinam cockroach, greenhouse cockroach, black field cockroach] 苏里南蔗蠊，蔗蠊，蔗绿蜚蠊，苏里南潜蠊
pycnosis 固缩 < 幼虫组织分解时，染色质分布在分解组织的结中的情况 >
Pycsymnus luteoviridis Parent 见 *Sympycnus luteoviridis*
Pycsymnus maculatus Parent 见 *Sympycnus maculatus*
Pydna 皮舟蛾属
Pydna albifusa Wileman 见 *Besaia* (*Achepydna*) *albifusa*
Pydna dispar Kiriakoff 见 *Periergos* (*Periergos*) *dispar*
Pydna formosicola Strand 同 *Besaia virgata*
Pydna frugalis Leech 见 *Besaia* (*Curuzza*) *frugalis*
Pydna goddrica Schaus 见 *Besaia* (*Besaia*) *goddrica*
Pydna insignis Leech 见 *Besaia* (*Mimopydna*) *insignis*
Pydna ochracea (Moore) 见 *Saliocleta ochracaea*
Pydna pallida Butler 见 *Besaia* (*Mimopydna*) *pallida*
Pydna pseudotestacea Strand 同 *Periergos* (*Periergos*) *kamadena*
Pydna suisharyonis Strand 同 *Besaia* (*Besaia*) *sordida*
Pydna testacea Walker 皮舟蛾
Pydnella 小皮舟蛾属
Pydnella rosacea (Hampson) 小皮舟蛾
Pygaera 拟扇舟蛾属
Pygaera anachoreta Fabricius 见 *Clostera anachoreta*
Pygaera anastomosis Linnaeus 见 *Clostera anastomosis*
Pygaera bucephala Linnaeus 见 *Phalera bucephala*
Pygaera cupreata (Butler) 见 *Clostera cupreata*
Pygaera fulgurita (Walker) 见 *Clostera fulgurita*
Pygaera restitura Walker 见 *Clostera restitura*
Pygaera timon (Hübner) 拟扇舟蛾
Pygaerinae 扇舟蛾亚科
pygal 臀的
Pygalataspis 毕齿盾蚧属
Pygalataspis miscanthi Ferris 茅毕齿盾蚧，茅蓖盾蚧，芒蓖盾介壳虫
Pyganthophora 臀条蜂亚属
pygas eighty-eight [*Callicore pygas* (Godart)] 臀红图蛱蝶
pygidia [s. pygidium; = pygidial plates] 臀板
pygidial 臀板的
pygidial area 臀板区
pygidial fringe 臀板缝 < 指介壳虫臀板侧缘的突出和齿缺 >
pygidial gland 臀腺 < 常指鞘翅目昆虫肛门附近的成对腺体，能分泌刺激性和腐蚀性的液体 >
pygidial incision 臀板切迹 < 某些介壳虫臀板后缘中间的深凹痕 >
pygidial margin 臀板侧缘 < 见于介壳虫中 >
pygidial plate [= pygidium] 臀板
pygidial seta 臀板毛 < 指介壳虫臀板基部的小毛 >
Pygidicranales [= Pygidicranoidea] 大尾螋总科
pygidicranid 1. [= pygidicranid earwig] 大尾螋，筒螋 < 大尾螋科 Pygidicranidae 昆虫的通称 >；2. 大尾螋科的
pygidicranid earwig [= pygidicranid] 大尾螋，筒螋
Pygidicranidae 大尾螋科，大尾蠼螋科，筒螋科
Pygidicraninae 大尾螋亚科
Pygidicranoidea 见 Pygidicranales
pygidium [pl. pygidia; = pygidial plate] 臀板
pygiopsyllid 1. [= pygiopsyllid flea] 臀蚤 < 臀蚤科 Pygiopsyllidae 昆虫的通称 >；2. 臀蚤科的
pygiopsyllid flea [= pygiopsyllid] 臀蚤
Pygiopsyllidae 臀蚤科
Pygiopsyllinae 臀蚤亚科
Pygmaeothrips 矮管蓟马属
Pygmaeothrips angusticeps (Hood) 窄矮管蓟马
Pygmaeothrips columniceps Karny 同 *Pygmaeothrips angusticeps*
Pygmaeothrips ganodermae (De Santis) 灵芝矮管蓟马
Pygmaeothrips longipilosus (Watson) 长毛矮管蓟马
pygmy 1. [= nepticulid, pygmy leafmining moth, nepticulid moth] 微蛾 < 微蛾科 Nepticulidae 昆虫的通称 >；2. [*Thyris fenestrella* (Scopli)] 尖尾网蛾
pygmy backswimmer [= pleid bug, pleid water bug, pleid] 固蝽，固头蝽 < 固蝽科 Pleidae 昆虫的通称 >
pygmy devil [= tetrigid grasshopper, grouse locust, groundhopper, pygmy grasshopper, pigmy locust, tetrigid] 蚱，菱蝗 < 蚱科 Tetrigidae 昆虫的通称 >
pygmy grass-hopper [= pygmy scrub hopper, *Aeromachus pygmaeus* (Fabricius)] 侏儒锷弄蝶，小锷弄蝶
pygmy grasshopper 见 pygmy devil
pygmy leafmining moth [= nepticulid, nepticulid moth, pygmy] 微蛾
pygmy scrub hopper 见 pygmy grass-hopper
pygofer 尾节 < 特指半翅目昆虫腹部末节，其侧缘出现于腹面者 >
Pygolampis 刺胸猎蝽属
Pygolampis angusta Hsiao 窄刺胸猎蝽
Pygolampis bidentata (Goeze) 双刺胸猎蝽
Pygolampis biguttata Reuter 同 *Pygolampis foeda*
Pygolampis brevipterus Ren 短翅刺胸猎蝽
Pygolampis foeda Stål 污刺胸猎蝽
Pygolampis longipes Hsiao 小刺胸猎蝽
Pygolampis notabilis Miller 橘角刺胸猎蝽
Pygolampis rufescens Hsiao 赭刺胸猎蝽
Pygolampis simulipes Hsiao 中刺胸猎蝽
Pygolampis styx Miller 粗角刺胸猎蝽
Pygolampis tuberosa Tomokuni *et* Cai 瘤刺胸猎蝽
Pygoluciola 突尾熠萤属
Pygoluciola qingyu Fu *et* Ballantyne 穹宇突尾熠萤，穹宇萤
Pygophora 尾秽蝇属
Pygophora apicalis Schiner 顶生尾秽蝇
Pygophora brunneisquama Xue 棕瓣尾秽蝇
Pygophora capitata Cui *et* Xue 锤尾秽蝇
Pygophora choui Cui *et* Xue 周氏尾秽蝇
Pygophora confusa Stein 露尾秽蝇，台南臂蝇
Pygophora curva (Cui *et* Xue) 弯叶尾秽蝇
Pygophora digitata Cui *et* Xue 指尾秽蝇
Pygophora immacularis Cui *et* Xue 异斑尾秽蝇
Pygophora immaculipennis Frey 净翅尾秽蝇，锡兰臂蝇
Pygophora lepidofera (Stein) 鳞尾秽蝇，带鳞臂蝇

Pygophora longicornis (Stein) 长角尾秽蝇，长角臂蝇
Pygophora maculipennis Stein 斑翅尾秽蝇，斑翅臂蝇
Pygophora microchaeta Crosskey 小鬃尾秽蝇
Pygophora nigribasis (Stein) 黑基尾秽蝇，黑基臂蝇
Pygophora nigrimargiala Xue *et* Zhang 黑缘尾秽蝇
Pygophora nigromaculata Crosskey 黑斑尾秽蝇
Pygophora orbiculata Cui *et* Xue 球尾秽蝇
Pygophora pallens (Stein) 苍白尾秽蝇，淡色臂蝇
Pygophora planiseta Xue *et* Cui 扁毛尾秽蝇
Pygophora recta (Cui *et* Xue) 直叶尾秽蝇
Pygophora respondens (Walker) 侧毛尾秽蝇，印度尼西亚臂蝇
Pygophora submacularis Xue *et* Cui 亚斑尾秽蝇
Pygophora torrida (Wiedemann) 干尾秽蝇
Pygophora trimaculata Karl 三斑尾秽蝇，三斑臂蝇
Pygophora trina (Wiedemann) 三支尾秽蝇
Pygophora tumidiventris (Stein) 膨腹尾秽蝇
Pygophora unicolor (Stein) 单色尾秽蝇
pygophore 1. 生殖囊；2. 上生殖片 < 半翅目昆虫外生殖器的大上片 >
Pygoplatys 突肩荔蝽属
Pygoplatys acutus Dallas 锐突肩荔蝽
Pygoplatys tenangau Magnien, Smets, Pluot-Sigwalt *et* Constant 截突肩荔蝽
Pygopleurus 蜂绒毛金龟甲属
Pygopleurus israelitus (Muche) 以蜂绒毛金龟甲
Pygopleurus psilotrichius (Faldermann) 寡毛蜂绒毛金龟甲
pygopod 尾肢 < 为第十腹节附肢之统称 >
Pygopteryx 殿夜蛾属
Pygopteryx fulva Chang 茶褐殿夜蛾
Pygopteryx suava Staudinger 殿夜蛾
Pygospila 黑野螟属，黑翅野螟属
Pygospila incertalis Caradja 见 *Udea incertalis*
Pygospila minoralis Caradja 迷翅野螟，迷黑翅野螟
Pygospila tyres (Cramer) 白斑黑野螟，白斑黑翅野螟
Pygospila yuennanensis Caradja 滇黑野螟，滇黑翅野螟
Pygostenini 凹窝隐翅甲族
Pygostolini 毡腹茧蜂族
Pygostolus 毡腹茧蜂属
Pygostolus falcatus (Nees) 弯毡腹茧蜂
Pygostolus tibetensis Chen *et* van Achterberg 西藏毡腹茧蜂
Pygostrangalia 长尾花天牛属，华夏花天牛属
Pygostrangalia bilineatithorax (Pic) 双绒长尾花天牛，双线长尾花天牛
Pygostrangalia castaneonigra (Gressitt) 三斑长尾花天牛
Pygostrangalia invittaticollis (Pic) 无条长尾花天牛
Pygostrangalia kurodai Hayashi 黑田长尾花天牛，黑田华夏花天牛
Pygostrangalia kurosawai Hayashi 红鞘长尾花天牛
Pygostrangalia kwangtungensis (Gressitt) 广东长尾花天牛
Pygostrangalia silvestrii (Tippmann) 薛氏长尾花天牛
Pygostrangalia tienmushana (Gressitt) 天目长尾花天牛
Pygotettix 皮格叶蝉属
Pygotettix botelensis Matsumura 兰屿皮格叶蝉，皮格叶蝉，台岛尾叶蝉
Pygotettix formosanus Matsumura 台湾皮格叶蝉，台湾尾叶蝉
pygotheca 生殖器鞘 < 半翅目昆虫中，内含外生殖器的部分 >
pygothripid 1. [= pygothripid thrips] 臀蓟马 < 臀蓟马科 Pygothripidae 昆虫的通称 >；2. 臀蓟马科的
pygothripid thrips [= pygothripid] 臀蓟马
Pygothripidae 臀蓟马科
Pygothripini 臀管蓟马族
Pylaemenes 瘤蝽属
Pylaemenes gulinqingensis Gao *et* Xie 古林箐瘤蝽
Pylaemenes guangxiensis (Bi *et* Li) 广西瘤蝽
Pylaemenes hainanensis Chen *et* He 海南瘤蝽
Pylaemenes pui Ho 蒲氏瘤蝽
Pylargosceles 严尺蛾属
Pylargosceles steganioides (Butler) [two-wavy-lined geometrid] 双珠严尺蛾，双波纹尺蛾
Pylargosceles steganioides limbaria (Wileman) 双珠严尺蛾双带亚种，双带褐姬尺蛾
Pylargosceles steganioides steganioides (Butler) 双珠严尺蛾指名亚种
Pyloetis mimosae Stainton 见 *Spatularia mimosae*
Pylorgus 蒴长蝽属
Pylorgus colon (Thunberg) 柳杉蒴长蝽
Pylorgus ishiharai Hidaka *et* Izzard 石原蒴长蝽，红褐蒴长蝽
Pylorgus obscurus Scudder 红褐蒴长蝽
Pylorgus orientalis Zheng, Zou *et* Hsiao 同 *Pylorgus praeceps*
Pylorgus porrectus Zheng, Zou *et* Hsiao 长喙蒴长蝽
Pylorgus praeceps (Bergroth) 黄荆蒴长蝽
Pylorgus sordidus Zheng, Zou *et* Hsiao 灰褐蒴长蝽
Pylorgus tibetanus Zheng 西藏蒴长蝽
pyloric 幽门的
pyloric chamber 幽门腔
pyloric sphincter 幽门括约肌
pyloric valve 幽门瓣
pyloric valvule 幽门小瓣
pylorus 幽门
pymetrozine 吡蚜酮
pyracmon eighty-eight [= false numberwing, *Paulogramma pyracmon* (Godart)] 开心蛱蝶
Pyradena 角翅野螟属
Pyradena mirifica (Caradja) 角翅野螟，弥派拉螟
pyragrid 1. [= pyragrid earwig] 毛螋 < 毛螋科 Pyragridae 昆虫的通称 >；2. 毛螋科的
pyragrid earwig [= pyragrid] 毛螋
Pyragridae 毛螋科
pyralid 1. [= pyralid moth, snout moth] 螟蛾 < 螟蛾科 Pyralidae 昆虫的通称 >；2. 螟蛾科的
pyralid moth [= pyralid, snout moth] 螟蛾
pyralid pod borer [= bean pod borer, soybean pod borer, stringbean pod borer, limabean pod borer, maruca pod borer, legume pod borer, leguminous pod-borer, spotted pod borer, mung moth, mung bean moth, arhar pod borer, *Maruca vitrata* (Fabricius)] 豆荚野螟，豆荚螟，豆野螟，豇豆荚螟
Pyralidae 螟蛾科
pyralina skipper [= variegated skipper, *Gorgythion begga* (Prittwitz)] 斑驳弄蝶
Pyralinae 螟蛾亚科
Pyralis 螟属，螟蛾属

P

Pyralis albiguttata (Warren) 白点紫褐螟
Pyralis bankiana Fabricius 见 *Deltote bankiana*
Pyralis centralis (Shibuya) 中心螟
Pyralis costimacula Wileman *et* South 同 *Salma validalis*
Pyralis costinotalis Hampson 缘点螟
Pyralis farinalis (Linnaeus) [meal moth] 紫斑谷螟，大斑粉螟，粉螟
Pyralis fimbrialis Hübner 同 *Hypsopygia costalis*
Pyralis gerontesalis (Walker) 同 *Pyralis manihotalis*
Pyralis ingentalis Caradja 同 *Pyralis manihotalis*
Pyralis intermedialis Caradja 中间螟
Pyralis lienigialis (Zeller) [northern meal moth] 拟紫斑谷螟
Pyralis manihotalis Guenée 曼螟
Pyralis manihotalis ingentalis Caradja 同 *Pyralis manihotalis*
Pyralis moupinalis South 松潘紫褐螟，茅坪紫褐螟
Pyralis obscuralis Caradja 暗螟
Pyralis pallidiscalis Caradja *et* Meyrick 淡螟
Pyralis pictalis (Curtis) 锈纹螟，东半球谷螟
Pyralis prepialis Hampson 前螟
Pyralis proboscidalis (Strand) 原螟
Pyralis pygmaealis Caradja 臀螟
Pyralis ravolalis Walker 拉螟
Pyralis regalis (Denis *et* Schiffermüller) [tea pyralid] 茶野螟，金黄螟
Pyralis taihorinalis Shibuya 嘉义螟
Pyraloidea 螟蛾总科 < 此总科名称有误写为 Pyralidoidea 者 >
Pyrameis indica Herbst 见 *Vanessa indica*
Pyramica ailaoshana Xu *et* Zhou 见 *Strumigenys ailaoshana*
Pyramica canina (Brown *et* Boisvert) 见 *Strumigenys canina*
Pyramica japonica (Ito) 见 *Strumigenys japonica*
Pyramica mutica (Brown) 见 *Strumigenys mutica*
Pyramica nankunshana Zhou 见 *Strumigenys nankunshana*
Pyramica sauteri Forel 见 *Strumigenys sauteri*
Pyramica tisiphone Bolton 见 *Strumigenys tisiphone*
Pyramica wilsoni Wang 见 *Strumigenys wilsoni*
pyramid ant [*Dorymyrmex pyramicus* (Roger)] 金字塔蚁
pyramid of number 数量金字塔，数量锥体
pyramidal [= pyramidate, pyramiform] 金字塔形的，角锥形的
pyramidate 见 pyramidal
pyramidate fascia 角横带 < 意为形成角的横带 >
Pyramidotettix mali Yang 见 *Zyginella mali*
pyramiform 见 pyramidal
Pyramisternum 角锥蝗属
Pyramisternum herbaceum Huang 草栖角锥蝗
pyramus opal [*Poecilmitis pyramus* Pennington] 彩丽幻灰蝶
Pyranthe 脊翅金吉丁甲亚属
Pyrausta 野螟属
Pyrausta aerealis (Hübner) 绿野螟
Pyrausta aerealis aerealis (Hübner) 绿野螟指名亚种
Pyrausta aerealis glaucalis Caradja 绿野螟青灰亚种，青灰绿野螟
Pyrausta ainsliei Heinrich 同 *Ostrinia obumbratalis*
Pyrausta auranticilialis Caradja 见 *Placosaris auranticilialis*
Pyrausta aurata (Scopoli) [mint moth, small purple-and-gold, small purple & gold, peppermint pyrausta] 黄纹野螟，薄荷野螟，薄荷螟
Pyrausta austa Strand 奥斯野螟
Pyrausta baibarensis Shibuya 台中野螟
Pyrausta bambucivora Moore 刚竹野螟
Pyrausta bieti Oberthür 比特野螟
Pyrausta celatalis Walker 见 *Paliga celatalis*
Pyrausta cespitalis (Denis *et* Schiffermüller) 同 *Pyrausta despicata koenigiana*
Pyrausta cespitalis yangtsealis Caradja 见 *Pyrausta despicata yangtsealis*
Pyrausta clausalis (Christoph) 见 *Goniorhynchus clausalis*
Pyrausta clausalis subclausalis Caradja *et* Meyrick 见 *Goniorhynchus clausalis subclausalis*
Pyrausta coclesalis (Walker) 见 *Crypsiptya coclesalis*
Pyrausta contigualis South 黄缘红带野螟
Pyrausta contristalis Caradja 康野螟
Pyrausta culminivola Caradja 库野螟
Pyrausta curvalis Leech 曲野螟
Pyrausta damoalis (Walker) 同 *Ostrinia furnacalis*
Pyrausta deductalis (Walker) 德野螟
Pyrausta delicatalis South 见 *Anania delicatalis*
Pyrausta despicata (Scopoli) 褐小野螟
Pyrausta despicata despicata (Scopoli) 褐小野螟指名亚种
Pyrausta despicata koenigiana (Müller) 褐小野螟柯宁亚种
Pyrausta despicata yangtsealis Caradja 褐小野螟长江亚种，长江褐野螟
Pyrausta diniasalis (Walker) 见 *Botyodes diniasalis*
Pyrausta diniasalis capnosalis Caradja 同 *Botyodes diniasalis*
Pyrausta discimaculalis Hampson 同 *Anania ocellalis*
Pyrausta draesekei Caradja 德拉野螟
Pyrausta eriopisalis Walker 艾野螟
Pyrausta ferrifusalis (Hampson) 弗野螟
Pyrausta fibulalis Christoph 费野螟
Pyrausta flavalis (Denis *et* Schiffermüller) 见 *Mecyna flavalis*
Pyrausta flavofimbriata Moore 黄缘野螟
Pyrausta fuliginata Yamanaka 烟翅野螟
Pyrausta fumoferalis (Hulst) 见 *Saucrobotys fumoferalis*
Pyrausta fuscalis Schiffermüller 褐野螟
Pyrausta fuscobrunnealis South 见 *Anania fuscobrunnealis*
Pyrausta genialis South 圆突野螟
Pyrausta genialis genialis South 圆突野螟指名亚种
Pyrausta genialis reductalis Caradja 圆突野螟云南亚种，瑞锦野螟
Pyrausta gracilis (Butler) 见 *Mecyna gracilis*
Pyrausta gracilis meridionalis Caradja *et* Meyrick 同 *Mecyna gracilis*
Pyrausta griseocilialis South 灰纤野螟
Pyrausta hampsoni South 汉野螟
Pyrausta holophaealis Hampson 见 *Evergestis holophaealis*
Pyrausta hoozana Strand 霍野螟
Pyrausta incoloralis (Guenée) 同 *Pyrausta testalis*
Pyrausta inornatalis (Fernald) [inornate pyrausta moth] 粉红野螟
Pyrausta kosemponalis Strand 高雄野螟
Pyrausta kukunorensis Sauber 青海野螟
Pyrausta latefascialis Toll 宽带野螟
Pyrausta leechi South 李野螟
Pyrausta limbata (Butler) 边缘野螟
Pyrausta luteorubralis Caradja 见 *Anania luteorubralis*

Pyrausta machoeralis Walker 见 *Eutectona machaeralis*
Pyrausta maenialis Oberthür 枚野螟，枚恩尼螟
Pyrausta mandarinalis South 大陆野螟
Pyrausta masculina Strand 玛野螟
Pyrausta memnialis Walker 酸模野螟
Pyrausta minimalis Caradja 最小野螟
Pyrausta minnehaha Pryer 见 *Udea minnehaha*
Pyrausta moderatalis Christoph 见 *Herpetogramma moderatale*
Pyrausta moupinalis South 松潘野螟
Pyrausta mutuurai Inoue 蚪纹野螟
Pyrausta mystica Caradja 迈野螟
Pyrausta mystica mystica Caradja 迈野螟指名亚种
Pyrausta mystica taitungensis Heppner 迈野螟台东亚种
Pyrausta nigrescens Moore 淡黑野螟
Pyrausta noctualis Yamanaka 直纹野螟
Pyrausta oberthuri South 奥野螟
Pyrausta obliquata Moore 斜野螟
Pyrausta obscurior Caradja 暗野螟
Pyrausta obstipalis South 奥布野螟
Pyrausta ochracealis Walker 赭野螟
Pyrausta odontogrammalis Caradja 大纹野螟
Pyrausta panopealis (Walker) 山香野螟
Pyrausta pata Strand 帕达野螟
Pyrausta persimilis Caradja 泼野螟
Pyrausta phoenicealis Hübner [perilla leaf roller] 紫苏野螟
Pyrausta postalbalis South 后白野螟
Pyrausta pullatalis (Christoph) 黄斑野螟
Pyrausta punctilinealis South 点线野螟
Pyrausta pygmaealis South 派格野螟
Pyrausta quadrimaculalis South 滴斑野螟
Pyrausta rubellalis (Snellen) 淡红野螟
Pyrausta rueckbeili Sauler 鲁克野螟
Pyrausta rufalis South 鲁珐野螟
Pyrausta salentialis (Snellen) 同 *Ostrinia furnacalis*
Pyrausta sanguinalis (Linnaeus) 红缘红带野螟
Pyrausta sericealis (Wileman *et* South) 见 *Gynenomis sericealis*
Pyrausta signatalis Hampson 标野螟
Pyrausta sikkima Moore 锡金野螟
Pyrausta solaris Caradja 索拉野螟
Pyrausta splendida Caradja 灿野螟
Pyrausta stotzneri Caradja 见 *Proteuclasta stotzneri*
Pyrausta subcrocealis (Snellen) 亚克野螟
Pyrausta suisharyella Strand 苏野螟
Pyrausta suisharyonalis Strand 同 *Syngamia falsidicalis*
Pyrausta sumptuosalis Caradja 萨姆野螟
Pyrausta tamsi Caradja 同 *Ostrinia zealis*
Pyrausta tapaishanensis Caradja 太白山野螟
Pyrausta terminalis Wileman *et* South 端野螟
Pyrausta testalis (Fabricius) 红缘野螟
Pyrausta tithonialis (Zeller) 红黄野螟
Pyrausta tortualis South 托尔野螟
Pyrausta varialis Bremer 见 *Ostrinia zealis varialis*
Pyrausta vicinalis South 见 *Anania vicinalis*
Pyrausta vinacealis Caradja 威野螟
Pyraustidae 野螟科
Pyraustinae 野螟亚科
Pyrdalus 焰弄蝶属
Pyrdalus corbulo (Stoll) [corbulo skipper] 焰弄蝶
Pyrellia 碧蝇属
Pyrellia cyanicolor Zetterstedt 见 *Eudasyphora cyanicolor*
Pyrellia habaheensis Fan *et* Qian 哈巴河碧蝇
Pyrellia rapax (Harris) 粉背碧蝇
Pyrellia secunda Zimin 双毛碧蝇
Pyrellia vivida Robineau-Desvoidy 马粪碧蝇
Pyrestes 折天牛属，角焰天牛属
Pyrestes bicolor Gressitt *et* Rondon 点胸折天牛
Pyrestes caridinalis Pascoe 褐折天牛
Pyrestes curticornis Pic 钝肩折天牛，姬黑角焰天牛，台湾樟红天牛
Pyrestes doherti Gahan 横线折天牛
Pyrestes haematicus Pascoe 暗红折天牛，折天牛
Pyrestes hypomelas Fairmaire 云南折天牛
Pyrestes longicollis Pic 长折天牛，细樟红天牛
Pyrestes minima Gressitt *et* Rondon 横点折天牛
Pyrestes nigricollis Pic 黑折天牛
Pyrestes pascoei Gressitt 突肩折天牛
Pyrestes quinquesignata Fairmaire 五斑折天牛
Pyrestes rufipes Pic 横脊折天牛
Pyrestes rugicollis Fairmaire 皱胸折天牛
Pyrestes rugosa Gressitt *et* Rondon 点翅折天牛
pyrethrin 除虫菊酯
pyrethroid 拟除虫菊酯
pyrethroid insecticide 拟除虫菊酯类杀虫剂
pyrethrolone 除虫菊醇酮
pyrethrum 除虫菊
pyrethrum thrips [= chrysanthemum thrips, *Thrips nigropilosus* Uzel] 黑毛蓟马，菊蓟马，菊褐斑蓟马，莉黑蓟马，豆黄蓟马
Pyrginae 花弄蝶亚科
Pyrgini 花弄蝶族
Pyrgo 绒叶甲属
Pyrgo orphana Erichson 见 *Pyrgoides orphana*
Pyrgocorypha 锥头螽属
Pyrgocorypha annulata (Karny) 环角锥头螽
Pyrgocorypha dorsalis (Walker) 同 *Pyrgocorypha subulata*
Pyrgocorypha formosana Matsumura *et* Shiraki 同 *Pyrgocorypha planispina*
Pyrgocorypha gracilis Liu 瘦锥头螽
Pyrgocorypha parva Liu 小锥头螽
Pyrgocorypha planispina (De Hann) 平刺锥头螽，平刺塔锥头螽
Pyrgocorypha sikkimensis (Karny) 锡金锥头螽
Pyrgocorypha subulata (Thunberg) 钻状锥头螽，闽塔锥头螽
Pyrgocorypha uncinata (Harris) [hook-faced conehead katydid] 钩额锥头螽
Pyrgocorypha velutina Redtenbacher 绒塔锥头螽
Pyrgodera 驼背蝗属
Pyrgodera armata Fischer von Waldheim 驼背蝗
Pyrgoides 类绒叶甲属
Pyrgoides orphana (Erichson) [fire-blight beetle] 冷杉类绒叶甲，冷杉绒叶甲
Pyrgomorpha 锥头蝗属
Pyrgomorpha bispinosa Walker 二刺锥头蝗
Pyrgomorpha bispinosa bispinosa Walker 二刺锥头蝗指名亚种

Pyrgomorpha bispinosa deserti Bey-Bienko *et* Mistshenko 二刺锥头蝗沙漠亚种，锥头蝗，沙漠锥头蝗

Pyrgomorpha bispinosa mongolica (Sjöstedt) 二刺锥头蝗蒙古亚种，蒙古锥头蝗，内蒙负蝗

Pyrgomorpha conica deserti Bey-Bienko *et* Mistshenko 见 *Pyrgomorpha bispinosa deserti*

Pyrgomorpha conica mongolica (Sjöstedt) 见 *Pyrgomorpha bispinosa mongolica*

pyrgomorphid 1. [= pyrgomorphid grasshopper, gaudy grasshopper] 锥头蝗 < 锥头蝗科 Pyrgomorphidae 昆虫的通称 >；2. 锥头蝗科的

pyrgomorphid grasshopper [= pyrgomorphid, gaudy grasshopper] 锥头蝗

Pyrgomorphidae 锥头蝗科

Pyrgomorphinae 锥头蝗亚科

Pyrgonota arborea Funkhouser 见 *Funkhouserella arborea*

pyrgotid 1. [= pyrgotid fly] 蜣蝇，出头蝇 < 蜣蝇科 Pyrgotidae 昆虫的通称 >；2. 蜣蝇科的

pyrgotid fly [= pyrgotid] 蜣蝇，出头蝇

Pyrgotidae 蜣蝇科，出头蝇科

Pyrgotis plagiatana Walker 新西兰桉松卷蛾

Pyrgus 花弄蝶属

Pyrgus adepta (Plötz) 阿德花弄蝶

Pyrgus aladaghensis de Prins *et* Poorten [Aladagh skipper] 阿拉达花弄蝶

Pyrgus albescens Plötz [white checkered skipper] 白带花弄蝶

Pyrgus alpinus (Erschoff) 高山花弄蝶

Pyrgus alveus Hübner [large grizzled skipper] 北方花弄蝶

Pyrgus alveus alveus Hübner 北方花弄蝶指名亚种

Pyrgus alveus reverdini (Oberthür) 北方花弄蝶四川亚种，四川北方花弄蝶

Pyrgus alveus schansiensis (Reverdin) 北方花弄蝶陕西亚种，陕西弄蝶

Pyrgus alveus sifanicus Grum-Grshimailo 北方花弄蝶西北亚种，西北派弄蝶

Pyrgus alveus speyeri (Staudinger) 北方花弄蝶东北亚种，东北北方花弄蝶

Pyrgus americanus (Blanchard) 美洲花弄蝶

Pyrgus andromedae (Wallengren) [alpine grizzled skipper] 阿尔卑斯花弄蝶

Pyrgus armoricanus (Oberthür) [Oberthür's grizzled skipper] 阿莫灰花弄蝶

Pyrgus barrosi (Ureta) 巴氏花弄蝶

Pyrgus bellieri (Oberthür) [Foulquier's grizzled skipper] 贝氏花弄蝶

Pyrgus bieti (Oberthür) 中华花弄蝶，华花弄蝶，比弄蝶

Pyrgus bieti bieti (Oberthür) 中华花弄蝶指名亚种

Pyrgus bieti yunnana (Oberthür) 中华花弄蝶云南亚种

Pyrgus bocchoris (Hewitson) 宝超花弄蝶

Pyrgus bolkariensis de Prins *et* Poorten 博尔卡花弄蝶

Pyrgus breti Oberthür 布雷特花弄蝶

Pyrgus cacaliae (Rambur) [dusky grizzled skipper] 暗灰花弄蝶

Pyrgus carlinae (Rambur) [Carline skipper] 船梁花弄蝶

Pyrgus carthami (Hübner) [safflower skipper] 红花花弄蝶

Pyrgus cashmirensis Moore 克什米尔花弄蝶

Pyrgus centaureae (Rambur) [northern grizzled skipper, grizzled skipper, alpine checkered skipper] 灰白花弄蝶

Pyrgus cinarae (Rambur) [sandy grizzled skipper] 沙点花弄蝶

Pyrgus cirsii (Rambur) [cinquefoil skipper] 艳丽花弄蝶

Pyrgus communis (Grote) [common checkered skipper] 多型花弄蝶，同花弄蝶

Pyrgus darwazicus Grum-Grshimailo 达皮花弄蝶

Pyrgus dejeani (Oberthür) 三纹花弄蝶

Pyrgus fides Evans 菲德花弄蝶

Pyrgus jupei (Alberti) [Caucasian skipper] 朱氏花弄蝶

Pyrgus limbata (Erschoff) 缘花弄蝶

Pyrgus maculatus (Bremer *et* Grey) [smaller maculated skipper] 花弄蝶，茶斑弄蝶

Pyrgus maculatus bocki (Oberthür) 花弄蝶华南亚种，华南花弄蝶，播带弄蝶

Pyrgus maculatus maculatus (Bremer *et* Gory) 花弄蝶指名亚种，指名花弄蝶

Pyrgus maculatus thibetanus (Oberthür) 花弄蝶华西亚种，华西花弄蝶，西藏弄蝶

Pyrgus malvae (Linnaeus) [grizzled skipper] 锦葵花弄蝶

Pyrgus malvae malvae (Linnaeus) 锦葵花弄蝶指名亚种，指名锦葵花弄蝶

Pyrgus malvoides (Elwes *et* Edwards) [southern grizzled skipper] 马沃花弄蝶

Pyrgus melotis (Duponchel) [Aegean skipper] 美洛花弄蝶

Pyrgus notatus (Blanchard) 标记花弄蝶

Pyrgus oberthuri (Leech) 奥花弄蝶

Pyrgus oberthuri delavayi (Oberthür) 奥氏花弄蝶云南亚种

Pyrgus oberthuri oberthuri (Leech) 奥花弄蝶指名亚种

Pyrgus oileus (Linnaeus) [tropical checkered skipper] 满天星花弄蝶

Pyrgus onopordi (Rambur) [rosy grizzled skipper] 红灰花弄蝶

Pyrgus philetas Edwards [desert checkered skipper] 沙漠花弄蝶

Pyrgus ruralis (Boisduval) [two-banded checkered skipper] 双带花弄蝶

Pyrgus scriptura (Boisduval) [small checkered skipper] 旷野花弄蝶

Pyrgus serratulae (Rambur) [olive skipper] 色拉花弄蝶，橄榄绿花弄蝶

Pyrgus serratulae serratulae (Rambur) 色拉花弄蝶指名亚种

Pyrgus serratulae uralensis (Warren) 色拉花弄蝶乌拉尔斯克亚种

Pyrgus sibirica (Reverdin) 阿尔泰花弄蝶

Pyrgus sidae (Esper) [yellow-banded skipper] 黄带花弄蝶

Pyrgus speyeri (Staudinger) 斯拜尔花弄蝶，浅斑花弄蝶

Pyrgus tethys Ménétriès 见 *Daimio tethys*

Pyrgus veturius Plötz 巴西花弄蝶

Pyrgus warrenensis (Verity) [Warren's skipper] 沃伦花弄蝶

Pyrgus xanthus Edwards [mountain checkered skipper] 黄花弄蝶

pyridaben 哒螨灵

pyridaphenthion 哒嗪硫磷，除虫净，必芬松，苯哒磷，苯哒嗪硫磷，哒净硫磷，哒净松，杀虫净，打杀磷

pyridoxal [= pyridoxine, pyridoxamine, vitamin B_6] 维生素 B_6；抗皮肤炎维生素

pyridoxamine 见 pyridoxal

pyridoxine 见 pyridoxal

pyriform 梨形

pyriform scale [*Protopulvinaria pyriformis* (Cockerell)] 梨形原绵蚧，梨形原绵蜡蚧，厚缘原绵介壳虫

Pyrilla 短足象蜡蝉属

Pyrilla perpusilla Walker [Indian sugarcane planthopper] 印度蔗短足象蜡蝉，印度蔗短足蜡蝉，印度蔗飞虱

Pyrilla pusana Distant 同 *Pyrilla perpusilla*

pyrimidine 嘧啶

pyrimidine base 嘧啶碱基

Pyrinioides 派网蛾属

Pyrinioides aurea Butler 金派网蛾

Pyrinioides sinuosa (Warren) 波派网蛾，金盏窗蛾

pyrippe metalmark [*Mesene pyrippe* Hewitson] 梨纹迷蚬蝶

pyripropoxyfen [= pyriproxyfen] 吡丙醚，蚊蝇醚

pyriproxyfen 见 pyripropoxyfen

Pyrobombus 燃红熊蜂亚属，火熊蜂亚属

Pyrobombus wutaishanensis Tkalců 同 *Bombus* (*Melanobombus*) *pyrosoma*

Pyrocalymma 朱红花天牛属，山焰艳花天牛属

Pyrocalymma conspicua Gahan 显朱红花天牛，显红花天牛

Pyrocalymma diversicornis Pic 异角朱红花天牛，异角朱花天牛

Pyrocalymma pyrochroides Thomson 朱红花天牛，胭红花天牛，朱花天牛，阿里山焰艳花天牛

Pyrochroa 赤翅甲属

Pyrochroa serraticornis (Scopoli) [common cardinal beetle] 主教赤翅甲

pyrochroid 1. [= pyrochroid beetle, fire-colo(u)red beetle] 赤翅甲，赤翅萤 < 赤翅甲科 Pyrochroidae 昆虫的通称 >；2. 赤翅甲科的

pyrochroid beetle [= pyrochroid, fire-colo(u)red beetle] 赤翅甲，赤翅萤

Pyrochroidae 赤翅甲科，赤翅萤科

Pyrocleptria 黄盾胫夜蛾亚属，派珞夜蛾属

Pyrocleptria cora (Eversmann) 见 *Periphanes cora*

Pyrocoelia 窗萤属，派花萤属

Pyrocoelia amplissima Olivier 胀窗萤，胀来萤

Pyrocoelia analis (Fabricius) 金边窗萤，臀派花萤，大陆窗萤，臀来萤，黄缘窗萤，台湾窗萤

Pyrocoelia anylissima Olivier 凹背窗萤，凹背锯角萤，拟臀派花萤，阿利火腹萤

Pyrocoelia atripennis Lewis 黑翅窗萤，黑翅来萤

Pyrocoelia atripes Pic 黑窗萤，黑来萤

Pyrocoelia aurita (Motschulsky) 金窗萤，金来萤

Pyrocoelia enervis (Olivier) 恩窗萤，恩来萤

Pyrocoelia flaviventris (Fairmaire) 见 *Vesta flaviventris*

Pyrocoelia formosana Olivier 红胸窗萤

Pyrocoelia fumata (Fairmaire) 烟窗萤，烟来萤

Pyrocoelia grandicollis (Fairmaire) 大窗萤，大来萤

Pyrocoelia incostata Pic 荫窗萤，荫来萤

Pyrocoelia kanamarui Kishida 堪氏窗萤，堪派花萤

Pyrocoelia lampyroides (Olivier) 见 *Diaphanes lampyroides*

Pyrocoelia motschulskyi (Motschlsjy) 莫氏窗萤，莫派花萤

Pyrocoelia moupinensis (Fairmaire) 宝兴窗萤，宝兴来萤

Pyrocoelia nigroflava (Fairmaire) 同 *Pyrocoelia motschulskyi*

Pyrocoelia pectoralis Olivier 胸窗萤，正窗萤，佩派花萤，佩来萤

Pyrocoelia pekinensis (Gorham) 北京窗萤，北京来萤

Pyrocoelia praetexta Olivier 山窗萤，前派花萤，前来萤

Pyrocoelia prolongata Jeng *et* Lai 突胸窗萤，突胸派花萤

Pyrocoelia pygidialis Pic 云南窗萤，臀派花萤，臀来萤

Pyrocoelia rufa (Olivier) 红窗萤，红来萤

Pyrocoelia sanguiniventer Olivier 赤腹窗萤，赤腹派花萤，血红派花萤，血红来萤

Pyrocoelia scutellaris Pic 盾窗萤，盾来萤

Pyrocoelia signaticollis (Olivier) 标窗萤，标来萤

Pyrocoelia sternalis Bourgeois 暗胸窗萤，胸来萤

Pyrocoelia thibetana Olivier 西藏窗萤，藏来萤

Pyrocoelia tonkinensis Olivier 越南窗萤，越来萤

Pyrocoelia tsushimana Matsumura 同 *Pyrocoelia rufa*

Pyrocorennys 朱花天牛属

Pyrocorennys latipennis (Pic) 宽鞘朱花天牛

Pyrocorennys latipennis latipennis (Pic) 宽鞘朱花天牛指名亚种

Pyrocorennys latipennis prescutellaris (Pic) 宽鞘朱花天牛前盾亚种，短翅毛角花天牛，短翅红花天牛，越毛角花天牛

Pyrocorennys latipennis taiwanensis (Hayashi) 宽鞘朱花天牛台湾亚种

Pyroderces 菊尖蛾属，派尖翅蛾属

Pyroderces argyrogrammos (Zeller) 银线菊尖蛾

Pyroderces bifurcata Zhang *et* Li 二歧菊尖蛾

Pyroderces nephelopyrrha (Meyrick) 见 *Anatrachyntis nephelopyrrha*

Pyroderces ptilodelta Meyrick 见 *Anatrachyntis ptilodelta*

Pyroderces rileyi (Walsingham) 见 *Anatrachyntis rileyi*

Pyroderces sarcogypsa (Meyrick) 白边菊尖蛾

Pyroderces simplex Walsingham 见 *Anatrachyntis simplex*

Pyrodocoris 派猎蝽属

Pyrodocoris fenestratus Miller 红派猎蝽

pyrogallol 焦性没食子酸，邻苯三酚

pyrogen 热原

pyrogenic effect 热原效应，发热效应

Pyrolachnus 梨大蚜属

Pyrolachnus macroconus Zhang *et* Zhong 巨锥梨大蚜，巨锥大蚜，飞锥梨大蚜

Pyrolachnus macrorhinarious Tao 台湾梨大蚜

Pyrolachnus pyri (Buckton) [pear large aphid] 梨大蚜

Pyromorpha 红斑蛾属

Pyromorpha dimidiata Herrich-Schäffer [orange-patched smoky moth] 二色红斑蛾

pyromorphid 1. [= pyromorphid moth, smoky moth] 烟翅蛾 < 烟翅蛾科 Pyromorphidae 昆虫的通称 >；2. 烟翅蛾科的

pyromorphid moth [= pyromorphid, smoky moth] 烟翅蛾

Pyromorphidae 烟翅蛾科

Pyroneura 火脉弄蝶属

Pyroneura agnesia (Eliot) 艾格火脉弄蝶

Pyroneura aurantiaca (Elwes *et* Edwards) 橙色火脉弄蝶

Pyroneura callineura (Felder *et* Felder) [peninsular lancer] 半岛火脉弄蝶，指名火脉弄蝶

Pyroneura derna (Evans) [pointedspot lancer, spot-pointed lancer] 德尔火脉弄蝶

Pyroneura flavia (Staudinger) 黄翅火脉弄蝶

Pyroneura helena (Butler) 海伦娜火脉弄蝶

Pyroneura klanga (Evans) [brown-veined lancer] 克朗火脉弄蝶

Pyroneura latoia (Hewitson) [short-streaked lancer, yellow vein lancer] 黄脉火脉弄蝶

Pyroneura margherita (Doherty) [Indian yellow-veined lancer, yellow vein lancer] 火脉弄蝶

Pyroneura margherita manda (Evans) 火脉弄蝶海南亚种，曼勒弄蝶

Pyroneura margherita margherita (Doherty) 火脉弄蝶指名亚种

Pyroneura margherita miriam (Evans) [spot-conjoined lancer] 火脉弄蝶连斑亚种，海南火脉弄蝶

Pyroneura natuna (Fruhstorfer) [small yellowvein lancer, yellow-based lancer] 纳图火脉弄蝶

Pyroneura niasana (Fruhstorfer) [redvein lancer, Burmese lancer]

尼雅火脉弄蝶
Pyroneura perakana (Evans) [great red-vein lancer] 玻拉火脉弄蝶
Pyroneura vermiculata (Hewitson) 饰火脉弄蝶
Pyronia 火眼蝶属
Pyronia bathseba (Fabricius) [Spanish gatekeeper] 西班牙火眼蝶，北非火眼蝶
Pyronia cecilia (Vallentin) [southern gatekeeper] 南方火眼蝶
Pyronia coenonympha Felder 喜马拉雅火眼蝶
Pyronia janiroides (Herrich-Schäffer) 纺锤火眼蝶
Pyronia tithonus (Linnaeus) [gatekeeper, hedge brown] 火眼蝶
Pyronota festiva (Fabricius) [manuka beetle, manuka chafer, kekerewai manuka chafer] 麦卢卡树金龟甲，幼林派诺金龟甲
Pyrophaena 派蚜蝇属，派食蚜蝇属
Pyrophaena granditarsis (Förster) 厚跗派蚜蝇
Pyrophaena platygastra Loew 平腹派蚜蝇，平腹派食蚜蝇，平夺派蚜蝇
Pyrophleps 火透翅蛾属
Pyrophleps bicella Xu *et* Arita 双室火透翅蛾
Pyrophorinae 萤叩甲亚科
Pyrophorini 萤叩甲族
Pyrophorus 萤叩甲属，光叩甲属
Pyrophorus divergens Eschscholtz 岐萤叩甲
Pyrophorus luminosus (Illiger) [cucubano] 光萤叩甲
Pyrophorus noctilucus (Linnaeus) [headlight elater] 夜光萤叩甲，夜萤叩甲
Pyrophorus nyctophanus Germar [headlight beetle] 巴西萤叩甲
Pyrophorus punctatissimus Blanchard 胸斑萤叩甲
Pyrophorus termitilluminans Costa 蛩巢萤叩甲
Pyropotosia 派花金龟甲属，派花金龟属
Pyropotosia pryeri (Janson) 普派花金龟甲，普派花金龟
Pyrops 东方蜡蝉属
Pyrops candelaria (Linnaeus) [litchi lantern bug, Chinese lantern fly] 龙眼鸡，龙眼东方蜡蝉，华南灯蜡蝉
Pyrops chinensis Distant 见 *Zanna chinensis*
Pyrops distanti Schmidt 同 *Zanna chinensis*
Pyrops heringi (Schmidt) 赫氏东方蜡蝉
Pyrops jianfenglingensis Wang, Xu *et* Qin 尖峰岭东方蜡蝉
Pyrops lathburii (Kirby) 拉氏东方蜡蝉，拉氏灯蜡蝉
Pyrops nigripennis (Chou *et* Wang) 黑翅东方蜡蝉，黑翅蜡蝉
Pyrops oculatus (Westwood) 眼东方蜡蝉
Pyrops oculatus oculatus (Westwood) 眼东方蜡蝉指名亚种
Pyrops oculatus subocellatus (Guérin-Méneville) 眼东方蜡蝉南亚亚种，南亚灯蜡蝉
Pyrops philippinus (Stål) 菲东方蜡蝉
Pyrops spinolae (Westwood) 弧头东方蜡蝉，弧头蜡蝉，截突蜡蝉
Pyrops viridirostris (Westwood) 绿喙东方蜡蝉，绿喙蜡蝉
Pyrops watanabei (Matsumura) 白翅东方蜡蝉，白翅蜡蝉，渡边氏东方蜡蝉
Pyrops watanabei atroalba (Distant) 白翅东方蜡蝉白斑亚种，白斑长吻白蜡蝉
Pyrops watanabei watanabei (Matsumura) 白翅东方蜡蝉指名亚种
Pyropterus fukiensis Kleine 见 *Paralopheros fukiensis*
Pyrosis 黑枯叶蛾属
Pyrosis eximia Oberthür 栎黑枯叶蛾
Pyrosis fulviplaga (de Joannis) 三角黑枯叶蛾
Pyrosis idiota Graeser 杨黑枯叶蛾，白杨枯叶蛾，柳星枯叶蛾，杨柳枯叶蛾，白杨毛虫
Pyrosis ni (Wang *et* Fan) 倪黑枯叶蛾，弥新冥枯叶蛾，弥新枯叶蛾
Pyrosis potanini Alphéraky 宽缘黑枯叶蛾
Pyrosis rotundipennis (de Joannis) 柳黑枯叶蛾
Pyrosis schintlmeisteri Zolotuhin *et* Witt 申氏黑枯叶蛾
Pyrosis undulosa (Walker) 杉黑枯叶蛾
Pyrosis wangi Zolotuhin *et* Witt 王氏黑枯叶蛾，王氏冥枯叶蛾，王氏枯叶蛾
Pyrrhalta 毛萤叶甲属，毛萤金花虫属
Pyrrhalta aenescens (Fairmaire) [elm leaf beetle] 榆绿毛萤叶甲，榆绿叶甲，丽翅毛萤金花虫，东北萤叶甲，榆蓝叶甲
Pyrrhalta alishanensis Lee *et* Bezděk 阿里山毛萤叶甲
Pyrrhalta angulaticollis Gressitt *et* Kimoto 凹翅毛萤叶甲
Pyrrhalta annulicornis (Baly) 荚蒾毛萤叶甲
Pyrrhalta bruneipes Gressitt *et* Kimoto 棕黑毛萤叶甲
Pyrrhalta calmariensis (Linnaeus) 内蒙毛萤叶甲，内蒙小萤叶甲
Pyrrhalta cavicollis (LeConte) [cherry leaf beetle] 樱桃毛萤叶甲，樱桃叶甲
Pyrrhalta chinensis (Jacoby) 中华毛萤叶甲
Pyrrhalta corpulenta Gressitt *et* Kimoto 光瘤毛萤叶甲
Pyrrhalta crassipunctata Yang 粗点毛萤叶甲
Pyrrhalta decora (Say) [gray willow leaf beetle] 灰柳毛萤叶甲，柳灰叶甲
Pyrrhalta decora carbo (LeConte) [Pacific willow leaf beetle] 灰柳毛萤叶甲太平洋亚种，太平洋柳毛萤叶甲，太平洋柳叶甲
Pyrrhalta decora decora (Say) 灰柳毛萤叶甲指名亚种，柳灰叶甲
Pyrrhalta dimidiaticornis (Jacoby) 见 *Menippus dimidiaticornis*
Pyrrhalta discalis Gressitt *et* Kimoto 利川毛萤叶甲
Pyrrhalta dorsalis (Chen) 背毛萤叶甲
Pyrrhalta erosa (Hope) 广东毛萤叶甲
Pyrrhalta esakii Kimoto 江崎毛萤叶甲
Pyrrhalta formosanensis Lee *et* Bezděk 宝岛毛萤叶甲
Pyrrhalta fossata (Chen) 窝毛萤叶甲
Pyrrhalta fuscipennis (Jacoby) [maple leaf beetle] 槭毛萤叶甲，槭叶甲
Pyrrhalta gracilicornis (Chen) 细角毛萤叶甲
Pyrrhalta gressitti Kimoto 嘉氏毛萤叶甲，嘉理斯毛萤金花虫
Pyrrhalta griseovillosa (Jacoby) 灰毛萤叶甲
Pyrrhalta houjayi Lee *et* Bezděk 绿缘毛萤叶甲
Pyrrhalta huangshana Chen 黄山毛萤叶甲
Pyrrhalta humeralis (Chen) 黑肩毛萤叶甲
Pyrrhalta hupehensis Gressitt *et* Kimoto 黑头毛萤叶甲
Pyrrhalta igai Kimoto 伊介毛萤叶甲，伊贺毛萤金花虫
Pyrrhalta ishiharai Kimoto 石原毛萤叶甲，石原毛萤金花虫
Pyrrhalta jungchani Lee *et* Bezděk 黑缝毛萤叶甲
Pyrrhalta kobayashii Kimoto 小林毛萤叶甲
Pyrrhalta kwangtungensis Gressitt *et* Kimoto 广州毛萤叶甲
Pyrrhalta limbata (Chen) 同 *Pyrrhalta pseudolimbata*
Pyrrhalta lineola (Fabricius) [brown willow leaf beetle, brown willow beetle, elm tree beetle] 柳褐毛萤叶甲，柳小萤叶甲，柳褐守瓜
Pyrrhalta longipilosa (Chen) 长毛萤叶甲，长毛毛萤叶甲
Pyrrhalta lopatini Beenen 丽翅毛萤叶甲
Pyrrhalta lui Lee *et* Bezděk 路氏毛萤叶甲
Pyrrhalta luteola (Müller) [elm leaf beetle] 条纹毛萤叶甲，榆黄毛萤叶甲
Pyrrhalta maculata Gressitt *et* Kimoto 十斑毛萤叶甲，黑点毛萤金花虫

Pyrrhalta maculicollis (Motschulsky) 榆黄毛萤叶甲，榆斑颈毛萤叶甲，榆黄叶甲
Pyrrhalta meifena Kimoto 南投毛萤叶甲，梅峰毛萤金花虫
Pyrrhalta meihuai Lee *et* Bezděk 淡褐毛萤叶甲
Pyrrhalta metallica Gressitt *et* Kimoto 黑角毛萤叶甲
Pyrrhalta nigromaculata Yang 黑斑毛萤叶甲
Pyrrhalta nigromarginata (Jacoby) 黑缘毛萤叶甲
Pyrrhalta ningpoensis Gressitt *et* Kimoto 宁波毛萤叶甲
Pyrrhalta nymphaeae (Linnaeus) 见 *Galerucella nymphaeae*
Pyrrhalta ochracea Gressitt *et* Kimoto 赭毛萤叶甲
Pyrrhalta ohbayashii Kimoto 大林毛萤叶甲
Pyrrhalta orientalis (Ogloblin) 东方毛萤叶甲
Pyrrhalta pseudolimbata Yang 山西毛萤叶甲
Pyrrhalta pusilla (Dufschmidt) 黄褐毛萤叶甲
Pyrrhalta qianana Nie *et* Yang 黔毛萤叶甲
Pyrrhalta ruficollis Gressitt *et* Kimoto 红棕毛萤叶甲
Pyrrhalta salicicola Wilcox 黄毛萤叶甲
Pyrrhalta salicis Gressitt *et* Kimoto 同 *Pyrrhalta salicicola*
Pyrrhalta scutellata (Hope) 盾毛萤叶甲
Pyrrhalta semifulva (Jacoby) 半黄毛萤叶甲，小红毛萤金花虫
Pyrrhalta semifulva limbata (Chen) 同 *Pyrrhalta pseudolimbata*
Pyrrhalta seminigra (Jacoby) 半黑毛萤叶甲
Pyrrhalta sericea (Weise) 见 *Menippus sericea*
Pyrrhalta shirozui Kimoto 白水毛萤叶甲，白水毛萤金花虫
Pyrrhalta sikanga Gressitt *et* Kimoto 四川毛萤叶甲
Pyrrhalta silfverbergi Lopatin 西氏毛萤叶甲
Pyrrhalta subaenea (Ogloblin) 三点毛萤叶甲
Pyrrhalta sulcatipennis (Chen) 沟翅毛萤叶甲，粗角毛萤叶甲
Pyrrhalta tahsiangi Lee *et* Bezděk 四纹毛萤叶甲
Pyrrhalta taiwana Kimoto 台湾毛萤叶甲，台湾毛萤金花虫
Pyrrhalta takizawai Kimoto 泷泽毛萤叶甲，泷泽毛萤金花虫
Pyrrhalta tenella (Linnaeus) 菊毛萤叶甲
Pyrrhalta tianmuensis Chen 天目毛萤叶甲
Pyrrhalta tibialis (Baly) 黑跗毛萤叶甲，黑胫毛萤叶甲
Pyrrhalta tsoui Bezděk *et* Lee 曹氏毛萤叶甲
Pyrrhalta tumida Gressit *et* Kiomoto 同 *Pyrrhalta scutellata*
Pyrrhalta unicostata (Pic) 单脊毛萤叶甲
Pyrrhalta viridipennis Kimoto 绿翅毛萤叶甲，皱翅绿毛萤金花虫
Pyrrhalta wilcoxi Gressitt *et* Kimoto 韦氏毛萤叶甲，褐毛萤叶甲
Pyrrhalta wulaiensis Lee *et* Bezděk 乌来毛萤叶甲
Pyrrhalta xizangana Chen *et* Jiang 钟毛萤叶甲，西藏毛萤叶甲
Pyrrhalta yuae (Lee *et* Bezděk) 余氏毛萤叶甲
Pyrrharctia isabella (Smith) [Isabella tiger moth, banded woolly bear, woollybear, woolly worm] 伊赤目夜蛾，具带灯蛾
Pyrrhia 焰夜蛾属
Pyrrhia abrasa Draudt 同 *Pyrrhia hedemanni*
Pyrrhia bifasciata (Staudinger) 双纹焰夜蛾，核桃兜夜蛾
Pyrrhia hedemanni (Staudinger) 落焰夜蛾
Pyrrhia purpurina (Esper) 紫焰夜蛾
Pyrrhia stupenda Draudt 缘焰夜蛾，麻焰夜蛾
Pyrrhia umbra (Hüfnagel) [bordered sallow, tobacco striped caterpillar, rose budworm, Japanese tobacco striped caterpillar] 烟焰夜蛾，焰夜蛾，豆黄夜蛾，烟火焰夜蛾
Pyrrhidivalva 污禾夜蛾属，水蕲夜蛾属
Pyrrhidivalva sordida (Butler) 污禾夜蛾，污水蕲夜蛾，水蕲夜蛾，污脾夜蛾
Pyrrhocalles 朱弄蝶属
Pyrrhocalles antiqua (Herrich-Schäffer) [Caribbean skipper] 朱弄蝶
Pyrrhochalcia 火冠弄蝶属
Pyrrhochalcia iphis (Drury) [African giant skipper] 火冠弄蝶
pyrrhocorid 1. [= pyrrhocorid bug, red bug] 红蝽 < 红蝽科 Pyrrhocoridae 昆虫的通称 >；2. 红蝽科的
pyrrhocorid bug [= pyrrhocorid, red bug] 红蝽
Pyrrhocoridae 红蝽科
Pyrrhocorinae 红蝽亚科
Pyrrhocoris 红蝽属
Pyrrhocoris apterus (Linnaeus) [red firebug] 始红蝽
Pyrrhocoris carduelis Stål 见 *Pyrrhopeplus carduelis*
Pyrrhocoris fieberi Kuschakevich 费氏红蝽
Pyrrhocoris fuscopunctatus Stål 褐点红蝽
Pyrrhocoris marginatus (Kolenati) 缘红蝽
Pyrrhocoris sibiricus Kuschakewitsch 先地红蝽，地红蝽
Pyrrhocoris sinuaticollis Reuter 曲缘红蝽
Pyrrhocoris tibialis Stål 地红蝽
Pyrrhogyra 火蛱蝶属
Pyrrhogyra amphiro Bates [amphiro redring] 宽带火蛱蝶
Pyrrhogyra crameri Aurivillius [Cramer's redring] 克火蛱蝶
Pyrrhogyra docella Moschlor 狭斑火蛱蝶
Pyrrhogyra edocla Doubleday [edocla redring, green-spotted redring] 狭室火蛱蝶
Pyrrhogyra irenaea Cramer 和平火蛱蝶
Pyrrhogyra juanti Staudinger 连带火蛱蝶
Pyrrhogyra nasica Staudinger 绿斑火蛱蝶
Pyrrhogyra neaerea (Linnaeus) [banded banner, neaerea redring] 火蛱蝶
Pyrrhogyra ophni Butler 白斑火蛱蝶
Pyrrhogyra otolais Bates [otolais redring] 耳朵火蛱蝶
Pyrrhogyra stratonicus Fruhstorfer 矩火蛱蝶
Pyrrhogyra tipha (Linnaeus) 绨火蛱蝶
Pyrrhogyra typhaeus Felder 烟火蛱蝶
Pyrrhona 赤花天牛属
Pyrrhona laeticolor Bates 赤花天牛
Pyrrhopeplus 直红蝽属
Pyrrhopeplus carduelis (Stål) 东方直红蝽，直红蝽
Pyrrhopeplus impictus Hsiao 素直红蝽
Pyrrhopeplus posthumus Horváth 斑直红蝽，小圆斑直红蝽
Pyrrhopyge 红臀弄蝶属
Pyrrhopyge aesculapus Staudinger 医神红臀弄蝶
Pyrrhopyge araxes (Hewitson) [dull firetip] 蓝红臀弄蝶
Pyrrhopyge arizonae Godman *et* Salvin 亚利桑那红臀弄蝶
Pyrrhopyge aziza (Hewitson) [aziza firetip] 白斑褐红臀弄蝶
Pyrrhopyge caribe Orellana [Caribbean firetip] 加勒比红臀弄蝶
Pyrrhopyge charybdis (Scudder) [charybdis firetip] 女妖红臀弄蝶
Pyrrhopyge chloris Evans 克罗红臀弄蝶
Pyrrhopyge cometes Cramer 白带红臀弄蝶
Pyrrhopyge cosyra Druce 考西拉红臀弄蝶
Pyrrhopyge creon Druce 克瑞翁红臀弄蝶
Pyrrhopyge crida (Hewitson) [white-banded firetip] 克里达红臀弄蝶
Pyrrhopyge latifasciata Butler 边带红臀弄蝶
Pyrrhopyge maculosa (Hewitson) 黄腋红臀弄蝶
Pyrrhopyge pelota Plötz [pelota firetip] 皮洛红臀弄蝶
Pyrrhopyge phidias (Linnaeus) [phidias firetip, original firetip] 红臀弄蝶
Pyrrhopyge ruficauda Hayward 蓝光红臀弄蝶，红臀蓝弄蝶

Pyrrhopyge spatiosa (Hewitson) 白裙红臀弄蝶
Pyrrhopyge telassa (Hewitson) [telassa firetip] 黑脉褐红臀弄蝶
Pyrrhopyge thericles Mabille [impostor firetip] 黄边红臀弄蝶
Pyrrhopyge zenodorus Godman *et* Salvin [red-headed firetip] 隐带红臀弄蝶
Pyrrhopyginae 红臀弄蝶亚科
Pyrrhopygini 红臀弄蝶族
Pyrrhopygopsis 翩弄蝶属
Pyrrhopygopsis agaricon Druce [agaricon skipper] 阿嘉翩弄蝶
Pyrrhopygopsis romula (Druce) [romula skipper] 罗穆翩弄蝶
Pyrrhopygopsis socrates (Ménétriès) [socrates skipper] 翩弄蝶
Pyrrhosoma 红蟌属
Pyrrhosoma latiloba Yu, Yang *et* Bu 见 *Huosoma latiloba*
Pyrrhosoma nymphula (Sulzer) [large red damselfly] 大红蟌
Pyrrhosoma tinctipenne (McLachlan) 见 *Huosoma tinctipenne*
pyruvate dehydrogenase 丙酮酸脱氢酶
pyruvate oxidase 丙酮酸氧化酶
pyruvic acid 丙酮酸
pythamid 1. [= pythamid leafhopper] 狭顶叶蝉 < 狭顶叶蝉科 Pythamidae 昆虫的通称 >； 2. 狭顶叶蝉科的
pythamid leafhopper [= pythamid] 狭顶叶蝉
Pythamidae 狭顶叶蝉科
Pythamus 片脊叶蝉属
Pythamus albovenosus (Li *et* Webb) 见 *Transvenosus albovenosus*
Pythamus biramosus Viraktamath *et* Webb 双突片脊叶蝉
Pythamus bispinasus Viraktamath *et* Webb 双叉片脊叶蝉
Pythamus chiabaotawow Huang 同 *Riseveinus sinensis*
Pythamus dealbatus Viraktamath *et* Webb 白边片脊叶蝉
Pythamus decoratus Baker 装饰片脊叶蝉
Pythamus emarginatus (Li *et* Wang) 见 *Transvenosus emarginatus*
Pythamus hainanensis Wang *et* Zhang 海南片脊叶蝉
Pythamus hyalipictatus Li *et* Wang 见 *Cunedda hyalipictata*
Pythamus macrus Cai *et* He 大片脊叶蝉
Pythamus melichari Baker 梅氏片脊叶蝉
Pythamus moutanus Viraktamath *et* Webb 山地片脊叶蝉
Pythamus productus Baker 前带片脊叶蝉
Pythamus punctatus Li *et* Zhang 见 *Cunedda punctata*
Pythamus rufus Wang *et* Zhang 红纹片脊叶蝉
Pythamus signumus (Li *et* Webb) 见 *Transvenosus signumus*
Pythamus sinensis (Jacobi) 见 *Riseveinus sinensis*
Pythamus vietuamus (Li *et* Webb) 越南片脊叶蝉
pythid 1. [= pythid beetle, dead log bark beetle] 树皮甲 < 树皮甲科 Pythidae 昆虫的通称 >； 2. 树皮甲科的
pythid beetle [= pythid, dead log bark beetle] 树皮甲
Pythidae 树皮甲科
Pytho 树皮甲属
Pytho kolwensis Sahlberg 北欧树皮甲
python skipper [*Atrytonopsis python* (Edwards)] 黄斑墨弄蝶
Pythonides 牌弄蝶属
Pythonides assecla Mabille 豪牌弄蝶
Pythonides grandis Mabille [grandis blue skipper] 宏牌弄蝶
Pythonides herrenius Geyer [herennius blue skipper] 蓝裙牌弄蝶
Pythonides jovianus (Stoll) [variable blue-skipper, jovianus blue skipper] 牌弄蝶
Pythonides lancea (Hewitson) 白斑牌弄蝶
Pythonides lerina (Hewitson) [lerina blue skipper] 勒里娜牌弄蝶
Pythonides limaea (Hewitson) [limaea blue skipper] 利马牌弄蝶

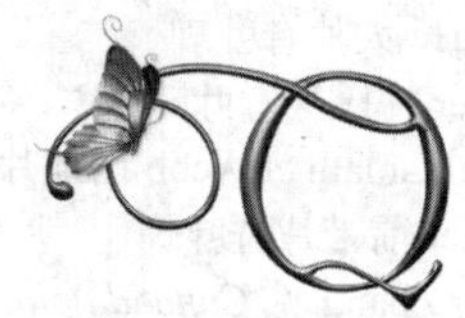

Q-fly [= Queensland fruit fly, *Bactrocera* (*Bactrocera*) *tryoni* (Froggatt)] 昆士兰果实蝇，昆士兰实蝇
q. v. [quod vide 的缩写] 参阅
Q$_{10}$ 十度系数 < 指温度的生物效应 >
Qadria 优小叶蝉属
Qadria bannaensis Song *et* Li 版纳优小叶蝉
Qadria cucullata Song *et* Li 匙突优小叶蝉
Qadria daliensis Song *et* Li 大理优小叶蝉
Qadria dongfanga Song *et* Li 东方优小叶蝉
Qadria guiyanga Song *et* Li 贵阳优小叶蝉
Qadria pakistanica (Ahmed) 印巴优小叶蝉
Qianaphaenops 黔盲步甲属
Qianaphaenops emersoni Tian *et* Clarke 艾黔盲步甲
Qianaphaenops longicornis Uéno 长角黔盲步甲
Qianaphaenops pilosus Uéno 毛黔盲步甲
Qianaphaenops rotundicollis Uéno 圆胸黔盲步甲
Qianaphaenops rowselli Tian *et* Chen 劳氏黔盲步甲
Qianaphaenops tenuis Uéno 纤黔盲步甲
Qiangopatrobus 羌隘步甲属
Qiangopatrobus andrewesi (Zamotajlov) 安氏羌隘步甲
Qiangopatrobus dentatus (Zamotajlov *et* Sawada) 齿羌隘步甲
Qiangopatrobus koiwayai (Zamotajlov *et* Sawada) 小岩屋羌隘步甲

Qiangopatrobus koiwayai demulensis (Zamotajlov *et* Sawada) 小岩屋羌隘步甲德姆拉亚种
Qiangopatrobus koiwayai koiwayai (Zamotajlov *et* Sawada) 小岩屋羌隘步甲指名亚种
Qianlia 倩丽飞虱属
Qianlia citristriata Ding 橘条倩丽飞虱
Qianlongius 潜龙盲步甲属
Qianlongius zhoui Tian *et* Jia 周氏潜龙盲步甲
Qianotrechus 黔行步甲属
Qianotrechus congcongae Tian *et* Zhao 小葱黔行步甲，小葱黔穴步甲
Qianotrechus fani Uéno 见 *Uenoaphaenops fani*
Qianotrechus tenuicollis Uéno 细颈黔行步甲
Qiao 倍花乔蚜属
Qiaojinshaensise Hébert, Xu, Yang *et* Favret 金沙倍花乔蚜
Qilianiblatta 祁连蠊属
Qilianiblatta namurensis Zhang, Schneider *et* Hong 纳缪尔祁连蠊
Qinghai spruce bark beetle [*Ips nitidus* Eggers] 光臀八齿小蠹
Qingryllus 秦蟋属
Qingryllus striofemorus Chen *et* Zheng 见 *Goniogryllus striofemorus*
Qiniella 秦摇蚊属
Qiniella lii Wang *et* Sæther 李氏秦摇蚊
Qinlingacris 秦岭蝗属
Qinlingacris choui Li, Feng *et* Wu 周氏秦岭蝗
Qinlingacris elaeodes Yin *et* Chou 橄榄秦岭蝗
Qinlingacris microfurcula Zheng, Nui *et* Lin 小尾片秦岭蝗
Qinlingacris taibaiensis Yin *et* Chou 太白秦岭蝗
Qinlingea 秦岭螽属
Qinlingea brachyptera (Liu *et* Wang) 短翅秦岭螽
Qinlingea brachystylata (Liu *et* Wang) 短突秦岭螽
qinococcid 1. [= qinococcid scale] 始珠蚧 < 始珠蚧科 Qinococcidae 昆虫的通称 >；2. 始珠蚧科的
qinococcid scale [= qinococcid] 始珠蚧
Qinococcidae 始珠蚧科
Qinococcus 始珠蚧属
Qinococcus podocarpus Wu, Xu *et* Zheng 罗汉松始珠蚧
Qinophora 秦沫蝉属
Qinophora sinica Chou *et* Liang 中华秦沫蝉
Qinorapala 秦灰蝶属
Qinorapala qinlingana Chou *et* Wang 秦灰蝶
Qinshuiacris 清水蝗属
Qinshuiacris viridis Zheng *et* Mao 绿清水蝗
Qiongphasma 琼蝻属
Qiongphasma jianfengense Chen *et* He 尖峰琼蝻
Qisciara 奇眼蕈蚊属
Qisciara bellula Yang, Zhang *et* Yang 丽奇眼蕈蚊
Qitianniu 齐天牛属
Qitianniu zhihaoi Lin *et* Bai 志浩齐天牛
Qiyangiricania 祁阳蜡蝉属
Qiyangiricania cesta Lin 杂色祁阳蜡蝉
Qiyangiricaniidae 祁阳蜡蝉科
QMP [queen mandibular pheromone 的缩写] 蜂王上颚腺信息素
quackreass aphid [*Sipha kurdjumovi* Mordvilko] 冰草伪毛蚜
Quadraceps 夸鸟虱属
Quadraceps altoasiaticus (Timmermann) 鹮嘴鹬夸鸟虱，鹮嘴鹬培鸟虱
Quadraceps ambestrix (Timmermann) 角嘴海雀夸鸟虱，角嘴海雀亢鸟虱
Quadraceps anagrapsus (Nitzsch) 须浮鸥夸鸟虱
Quadraceps antiquus (Timmermann) 扁嘴海雀夸鸟虱，扁嘴海雀亢鸟虱
Quadraceps auratus (Haan) 蛎鹬夸鸟虱
Quadraceps bicuspis (Nitzsch) 黑领鸻夸鸟虱
Quadraceps birostris (Giebel) 白燕鸥夸鸟虱
Quadraceps bryki Timmermann 楔尾鸥夸鸟虱
Quadraceps caspius (Giebel) 巨鸥夸鸟虱
Quadraceps conformis (Blagoveshtshenskyi) 同 *Quadraceps obtusus*
Quadraceps decipiens (Denny) 骗夸鸟虱，骗鹊虱
Quadraceps eugrammicus (Burmeister) 小鸥夸鸟虱
Quadraceps eugrammicus bryki Timmermann 见 *Quadraceps bryki*
Quadraceps fissus (Burmeister) 剑鸻夸鸟虱，剑鸻亢鸟虱
Quadraceps furvus (Burmeister) 鹤鹬夸鸟虱
Quadraceps griseus (Rudow) 灰夸鸟虱
Quadraceps hiaticulae (Denny) 剑鸻夸鸟虱，剑鸻洽鸟虱
Quadraceps insignis Timmerman 黄嘴河燕鸥夸鸟虱

Quadraceps junceus (Scopoli) 凤头麦鸡夸鸟虱
Quadraceps kekra Ansari 鸥嘴噪鸥夸鸟虱
Quadraceps lahorensis Ansari 流苏鹬夸鸟虱
Quadraceps legatus Timmermnn 褐翅燕鸥夸鸟虱
Quadraceps lepidus (Kellogg *et* Kuwana) 同 *Quadraceps strepsilaris*
Quadraceps lineolatus (Nitzsch) 三趾鸥夸鸟虱
Quadraceps macrocephalus (Waterston) 白领鸻夸鸟虱
Quadraceps maritimus (Kellogg *et* Chapman) 角嘴海雀夸鸟虱
Quadraceps normifer stellaepolaris Timmermann 见 *Quadraceps stellaepolaris*
Quadraceps nycthemerus (Burmeister) 白额燕鸥夸鸟虱
Quadraceps obscurus (Burmeister) 林鹬夸鸟虱
Quadraceps obtusus (Kellogg *et* Kuwana) 台湾夸鸟虱
Quadraceps ochropi (Denny) 腰草鹬夸鸟虱
Quadraceps opacus (Kellogg *et* Chapman) 同 *Quadraceps fissus*
Quadraceps orarius (Kellogg) 金鸻夸鸟虱
Quadraceps ornatus (Grube) 饰夸鸟虱
Quadraceps ornatus ornatus (Grube) 饰夸鸟虱指名亚种
Quadraceps ornatus paupschulzei (Timmermann) 饰夸鸟虱鲍氏亚种，鲍氏夸鸟虱
Quadraceps pallasi Timmermann 同 *Quadraceps ptyadis*
Quadraceps paupschulzei (Timmermann) 见 *Quadraceps ornatus paupschulzei*
Quadraceps phaeonotus (Nitzsch) 黑鸥夸鸟虱
Quadraceps phalaropi (Denny) 灰瓣蹼鹬夸鸟虱，灰瓣蹼鹬第氏鸟虱
Quadraceps ptyadis (Seguy) 蒙古沙鸻夸鸟虱
Quadraceps ptyadis pallasi Timmermann 同 *Quadraceps ptyadis*
Quadraceps punctatus (Burmeister) 红嘴鸥夸鸟虱
Quadraceps punctatus punctatus (Burmeister) 红嘴鸥夸鸟虱指名亚种
Quadraceps punctatus regressus Timmermann 红嘴鸥夸鸟虱银鸥亚种，银鸥夸鸟虱
Quadraceps quadrisetaceus (Piaget) 彩鹬夸鸟虱
Quadraceps ravus (Kellogg) 矶鹬夸鸟虱
Quadraceps retractus Zlotorzycka 同 *Quadraceps macrocephalus*
Quadraceps sellatus (Burmeister) 普通燕鸥夸鸟虱
Quadraceps semipalmatus Timmermann 牛蹼鹬夸鸟虱
Quadraceps separatus (Kellogg *et* Kuwana) 白顶玄鸥夸鸟虱，白顶玄鸥鸥鸟虱
Quadraceps signatus (Piaget) 反嘴鹬夸鸟虱
Quadraceps stellaepolaris Timmermann 中贼鸥夸鸟虱
Quadraceps strepsilaris (Denny) 翻石鹬夸鸟虱
Quadraceps striolatus (Nitzsch) 北极鸥夸鸟虱
Quadraceps subfuscus (Blagoveshtshensky) 同 *Quadraceps ravus*
Quadraceps thapari Tandan 肖黄嘴河燕鸥夸鸟虱
quadrangle 四方室 < 指束翅亚目蜻蜓的翅中，由 M_4、Cu、弓脉 (Arc) 和 m_4 -cu 横脉所围成的翅室，其位置与差翅亚目中的三角室相似 >
quadrangular [= tetragonum, tetragonal] 四角形的
quadrangular polyhedrosis [= quadrangle polyhedrosis] 四角形多角体
quadrangule polyhedrosis 见 quadranglar polyhedrosis
Quadrartus 四扁蚜属
Quadrartus yoshinomiyai Monzen 尤氏四扁蚜
Quadraspidiotus 灰圆盾蚧属 *Diaspidiotus* 的异名
Quadraspidiotus cryptoxanthus (Cockerell) 见 *Diaspidiotus cryptoxanthus*
Quadraspidiotus forbesi (Johnson) 见 *Diaspidiotus forbesi*
Quadraspidiotus gigas (Thiem *et* Gerneck) 见 *Diaspidiotus gigas*
Quadraspidiotus juglansregiae (Comstock) 见 *Diaspidiotus juglansregiae*
Quadraspidiotus liaoningensis Tang 见 *Diaspidiotus liaoningensis*
Quadraspidiotus macroporanus Takagi 见 *Comstockaspis macroporana*
Quadraspidiotus ostreaeformis (Curtis) 见 *Diaspidiotus ostreaeformis*
Quadraspidiotus paraphyses Takagi 见 *Diaspidiotus paraphyses*
Quadraspidiotus perniciosus (Comstock) 见 *Comstockaspis perniciosa*
Quadraspidiotus populi Bodenheimer 同 *Diaspidiotus slavonicus*
Quadraspidiotus slavonicus (Green) 见 *Diaspidiotus slavonicus*
Quadraspidiotus ternstroemiae Ferris 见 *Diaspidiotus ternstroemiae*
Quadraspidiotus zonatus (Frauenfeldt) 见 *Diaspidiotus zonatus*
Quadrastichus 胯姬小蜂属
Quadrastichus anysis (Walker) 安胯姬小蜂，安跨啮小蜂
Quadrastichus citrella Reina *et* LaSalle 橘胯姬小蜂
Quadrastichus erythrinae Kim [erythrina gall wasp] 刺桐胯姬小蜂，刺桐姬小蜂，刺桐釉小蜂
Quadrastichus johnlasallei Gates, Chao, Lin *et* Yang 方强恩胯姬小蜂
Quadrastichus lasallei Gates, Chao, Lin *et* Yang 拉萨尔胯姬小蜂
Quadrastichus liriomyzae Hansson *et* LaSalle 潜蝇胯姬小蜂
quadrat 样方 < 生物学研究中的取样单位 >
quadrata skipper [*Tisias quadrata* (Herrich-Schäffer)] 方形迪喜弄蝶
quadrate plate 方形板 < 见于膜翅目针尾类昆虫，与三角形板在其背和后角连接的大板 >
Quadricalcarifera 胯舟蛾属 *Syntypistis* 的异名
Quadricalcarifera chlorotricha (Hampson) 同 *Syntypistis viridipicta*
Quadricalcarifera cupreonitens Kiriakoff 同 *Syntypistis nachiensis*
Quadricalcarifera cyanea (Leech) 见 *Syntypistis cyanea*
Quadricalcarifera fasciata (Moore) 见 *Syntypistis fasciata*
Quadricalcarifera gutianshana Yang 见 *Syntypistis perdix gutianshana*
Quadricalcarifera nigribasalis (Wileman) 见 *Syntypistis nigribasalis*
Quadricalcarifera notoprocta Yang 同 *Syntypistis nigribasalis*
Quadricalcarifera perdix (Moore) 见 *Syntypistis perdix*
Quadricalcarifera pryeri (Leech) 见 *Syntypistis pryeri*
Quadricalcarifera punctatella (Motschulsky) 见 *Syntypistis punctatella*
Quadricalcarifera saitonis Matsumura 同 *Syntypistis nigribasalis*
Quadricalcarifera subgeneris (Strand) 见 *Syntypistis subgeneris*
Quadricalcarifera subgriseoviridis Kiriakoff 见 *Syntypistis subgriseoviridis*
Quadricalcarifera umbrosa Matsumura 见 *Syntypistis umbrosa*
Quadricalcarifera virescens (Moore) 见 *Stauropus virescens*
Quadricalcarifera viridigutta Kiriakoff 同 *Syntypistis nachiensis*
Quadricalcarifera viridimacula Matsumura 同 *Syntypistis comatus*
Quadricalcarifera viridipicta (Wileman) 见 *Syntypistis viridipicta*
Quadricalcarifera witoldi Schintlmeister 见 *Syntypistis witoldi*
quadricapsular 四囊的
quadricolor skipper [*Mimoniades montra* Evans] 蒙伶弄蝶
quadridentate [= quadridentatus] 具四齿的
quadridentatus 见 quadridentate
quadrigonal 四角形的
quadrimaculate [= quadrimaculatus] 具四斑的
quadrimaculatus 见 quadrimaculate

Quadrimelaena 四斑实蝇属
Quadrimelaena sonani (Shiraki) 楚南四斑实蝇，索纳麻点暗翅实蝇，楚南拟广翅实蝇，巢南原花翅实蝇，八点缘斑实蝇
quadripinnate [= quadripinnatus] 具四羽的
quadripinnatus 见 quadripinnate
quadristriga skipperling [*Dalla quadristriga* Mabille] 四沟达弄蝶
Quadristruma 四节蚁属，四瘤家蚁属
Quadristruma emmae (Emery) 见 *Strumigenys emmae*
quadrivalvate [= quadrivalvular] 具四瓣的
quadrivalvular 见 quadrivalvate
Quadriverticis 方额蝗属
Quadriverticis elegans Zheng 小方额蝗
Quadrus 矩弄蝶属
Quadrus cerialis (Stoll) [common blue skipper, peppered blue skipper] 矩弄蝶
Quadrus contubernalis (Mabille) [striped blue skipper] 密矩弄蝶
Quadrus deyrollei Mabille [Deyrolle's blue skipper] 德氏矩弄蝶
Quadrus fanda Evans [fanda blue skipper] 芳达矩弄蝶
Quadrus lugubris (Felder) [tanned blue-skipper] 伶矩弄蝶
Quadrus truncata Hewitson 短矩弄蝶
quaker [= common quaker, *Neopithecops zalmora* (Butler)] 一点灰蝶，白灰蝶，黑点灰蝶，姬黑星小灰蝶，白斑黑星灰蝶，小斑里白灰蝶
qualitative relation 种别关系
Quandrus 库姬蜂属
Quandrus pepsoides (Smith) 天蛾库姬蜂，天蛾卡姬蜂
quantitative character 数量性状
quantitative inheritance 数量遗传
quantitative major gene 数量主要基因
quantitative relation 数量关系
quarantine 检疫
quarantine area 检疫区
quarantine entomology 检疫昆虫学
quarantine insect pest 检疫性害虫
quarantine pest 检疫性有害生物
quarantine prevention 检疫防控
quarternary hybrid 四元杂种
quarternary parasite 四重寄生物
Quartinia 夸胡蜂属
Quartinia mongolica (Morawitz) 蒙古夸胡蜂
Quasimellana 准弄蝶属
Quasimellana agnesae (Bell) [coastal mellana] 艾格准弄蝶
Quasimellana andersoni Burns [Anderson's mellana] 安准弄蝶
Quasimellana angra (Evans) [angra mellana, angra skipper] 怒准弄蝶
Quasimellana antipazina Burns [Costa Rican mellana] 哥准弄蝶
Quasimellana aurora (Bell) [bright mellana] 极光准弄蝶
Quasimellana balsa (Bell) [sullied mellana] 轻木准弄蝶
Quasimellana eulogius (Plötz) 见 *Mellana eulogius*
Quasimellana fieldi (Bell) [Field's mellana] 费准弄蝶
Quasimellana meridiani (Hayward) [Meridian's skipper, Meridian mellana] 梅准弄蝶
Quasimellana mexicana (Bell) 见 *Mellana mexicana*
Quasimellana mulleri (Bell) [Muller's mellana] 穆氏准弄蝶
Quasimellana myron (Godman) [greenish mellana] 米伦准弄蝶
Quasimellana nayana (Bell) [nayarit mellana] 娜亚娜准弄蝶
Quasimellana servilius (Möschler) [green mellana] 绿准弄蝶
Quasimellana sethos (Mabille) [small mellana] 小准弄蝶
Quasimellana siblinga Burns [sibling mellana] 类准弄蝶
quasimodo fly [= curtonotid fly, curtonotid] 拟果蝇，细果蝇 < 拟果蝇科 Curtonotidae 昆虫的通称 >
Quasimus 微叩甲属
Quasimus ami Kishii 阿美微叩甲
Quasimus atayal (Kishii) 珑微叩甲
Quasimus ellipticus (Candèze) 椭微叩甲
Quasimus formosanus (Ôhira) 台微叩甲
Quasimus horishanus Miwa 埔里微叩甲
Quasimus luteipes Candèze 黄足微叩甲
Quasimus miwai Ôhira 扁体微叩甲
Quasimus ovalis (Candèze) 卵形微叩甲
Quasimus reclinatus Ôhira 弯角微叩甲
Quasimus satoi Ôhira 佐藤微叩甲
Quasimus shaxianensis Jiang 沙县微叩甲
Quasimus shirakii Miwa 波脊微叩甲
Quasimus vunun Kishii 伟微叩甲
Quasimus yunnanus Schimmel *et* Tarnawski 云南微叩甲
Quasipenetretus 亚壮隘步甲属，准培步甲属
Quasipenetretus berezovskii (Kurnakov) 贝氏亚壮隘步甲，贝氏准培步甲，贝培尼步甲
Quasipuer 夸螟属
Quasipuer colon (Christoph) 科夸螟
Quasipuer infamella Roesler 同 *Quasipuer colon*
Quasirhabdochaeta 卡锡实蝇属
Quasirhabdochaeta singularis Hardy 特翅卡锡实蝇
quasisocial insect 准社会性昆虫
quasispecies 准种
Quassitagma 摇祝蛾属，夸卷麦蛾属
Quassitagma comparata Gozmány 齿摇祝蛾，康夸卷麦蛾
Quassitagma duplicata Gozmány 双摇祝蛾，双夸卷麦蛾
Quassitagma glabrata Wu *et* Liu 光摇祝蛾
Quassitagma indigens (Meyrick) 台湾摇祝蛾，土夸卷麦蛾
Quassitagma platomona Wu 宽摇祝蛾
Quassitagma stimulata Wu 刺瓣摇祝蛾
QuEChERS 快易萃取法，分散固相萃取法 < 一种快速、简便、低廉、有效、可信、安全的农药多残留分析方法，源于 Quick、Easy、Cheap、Effective、Rugged、Safe 等 6 个英文单词 >
Quedara 奎弄蝶属
Quedara albifascia (Moore) [banded flitter] 白带奎弄蝶
Quedara basiflava de Nicéville [yellow-base flitter, golden tree flitter, golden flitter] 黄基奎弄蝶
Quedara flavens Devyatkin 黄奎弄蝶
Quedara monteithi (Wood-Mason *et* de Nicéville) [dubious flitter] 蒙氏奎弄蝶
Quedara singularis (Mabille) 新奎弄蝶
Quediina 颊脊隐翅甲亚族
Quediinae 颊脊隐翅甲亚科，肩隐翅虫亚科
Quedionuchus 刺足隐翅甲属，皮鞘隐翅虫属
Quedionuchus reitterianus (Bernhauer) 莱氏刺足隐翅甲，里特皮鞘隐翅甲，里特皮鞘隐翅虫
Quedius 颊脊隐翅甲属，颊脊隐翅虫属

Quedius adjacens Cameron 见 *Quedius* (*Microsaurus*) *adjacens*
Quedius adustus Sharp 燃颊脊隐翅甲，燃眼脊隐翅虫
Quedius aereipennis Bernhauer 见 *Quedius* (*Raphirus*) *aereipennis*
Quedius assamensis Cameron 见 *Quedius* (*Raphirus*) *assamensis*
Quedius beesoni Cameron 见 *Quedius* (*Microsaurus*) *beesoni*
Quedius bernhauerianus Korge 见 *Quedius* (*Microsaurus*) *bernhauerianus*
Quedius chinensis Bernhauer 见 *Quedius* (*Raphirus*) *chinensis*
Quedius douglasi Bernhauer 见 *Quedius* (*Microsaurus*) *douglasi*
Quedius* (*Distichalius*) *bipictus Smetana 双彩颊脊隐翅甲，双彩颊脊隐翅虫
Quedius* (*Distichalius*) *biprominulus Cai *et* Zhou 双突颊脊隐翅甲，双突颊脊隐翅虫
Quedius* (*Distichalius*) *causarius Smetana 残颊脊隐翅甲，残颊脊隐翅虫
Quedius* (*Distichalius*) *daedalus Smetana 代达颊脊隐翅甲，代颊脊隐翅虫
Quedius* (*Distichalius*) *elpenor Smetana 浅缘颊脊隐翅甲，厄颊脊隐翅虫
Quedius* (*Distichalius*) *fusus Cai *et* Zhou 梭颊脊隐翅甲，梭颊脊隐翅虫
Quedius* (*Distichalius*) *gyges Smetana 裘格斯颊脊隐翅甲，裘颊脊隐翅虫
Quedius* (*Distichalius*) *gynaikos Smetana 阴颊脊隐翅甲，阴颊脊隐翅虫
Quedius* (*Distichalius*) *iaculifer Smetana 尖颊脊隐翅甲，尖颊脊隐翅虫
Quedius* (*Distichalius*) *kozlovi Boháč 柯氏颊脊隐翅甲，科氏颊脊隐翅虫，柯眼脊隐翅虫
Quedius* (*Distichalius*) *ladas Smetana 黑颊脊隐翅甲，拉颊脊隐翅虫
Quedius* (*Distichalius*) *laetepictus Smetana 亮彩颊脊隐翅甲，亮彩颊脊隐翅虫
Quedius* (*Distichalius*) *lin Smetana 高山颊脊隐翅甲，临颊脊隐翅虫，俯附点颊脊隐翅虫
Quedius* (*Distichalius*) *meng Smetana 条斑颊脊隐翅甲，朦颊脊隐翅虫
Quedius* (*Distichalius*) *menippus Smetana 黄褐颊脊隐翅甲，梅颊脊隐翅虫
Quedius* (*Distichalius*) *numa Smetana 狭颊脊隐翅甲，努颊脊隐翅虫
Quedius* (*Distichalius*) *paululus Cai *et* Zhou 微颊脊隐翅甲，微颊脊隐翅虫
Quedius* (*Distichalius*) *phormio Smetana 黑头颊脊隐翅甲，福颊脊隐翅虫
Quedius* (*Distichalius*) *pretiosus Sharp 黄侧颊脊隐翅甲，珍颊脊隐翅虫，日本附点颊脊隐翅虫
Quedius* (*Distichalius*) *quinctius Smetana 黄肩颊脊隐翅甲，奎因颊脊隐翅虫，颊脊隐翅甲
Quedius* (*Distichalius*) *quiris Smetana 黄缘颊脊隐翅甲，奎里颊脊隐翅虫
Quedius* (*Distichalius*) *rabirius Smetana 黄条颊脊隐翅甲，拉比颊脊隐翅虫
Quedius* (*Distichalius*) *regularis Bernhauer *et* Schubert 正颊脊隐翅甲，正颊脊隐翅虫，规眼脊隐翅虫
Quedius* (*Distichalius*) *rhinton Smetana 纹翅颊脊隐翅甲，莱因颊脊隐翅虫
Quedius* (*Distichalius*) *shiow Smetana 暗中颊脊隐翅甲，秀颊脊隐翅虫
Quedius* (*Distichalius*) *stouraci Hromadka 斯氏颊脊隐翅甲，斯氏颊脊隐翅虫
Quedius* (*Distichalius*) *tibetanus Boháč 西藏颊脊隐翅甲，西藏颊脊隐翅虫，藏眼脊隐翅虫
Quedius* (*Distichalius*) *tincticeps Smetana 彩首颊脊隐翅甲，彩首颊脊隐翅虫
Quedius* (*Distichalius*) *wangi Zheng, Wang *et* Liu 王氏颊脊隐翅甲，王氏颊脊隐翅虫，王氏附点颊脊隐翅虫
Quedius* (*Distichalius*) *wolong Zheng, Wang *et* Liu 卧龙颊脊隐翅甲，卧龙颊脊隐翅虫，卧龙附点颊脊隐翅虫
Quedius* (*Distichalius*) *xian Zheng, Wang *et* Liu 仙颊脊隐翅甲，仙附点颊脊隐翅虫
Quedius flavicornis Sharp 见 *Quwatanabius flavicornis*
Quedius hauseri peneckei Bernhauer 同 *Quedius* (*Raphirus*) *hauseri*
Quedius inquietus (Champion) 见 *Quedius* (*Microsaurus*) *inquietus*
Quedius insulanus Cameron 见 *Quedius* (*Microsaurus*) *insulanus*
Quedius kalganensis Bernhauer 见 *Quedius* (*Raphirus*) *kalganensis*
Quedius kiangsiensis Bernhauer 见 *Quedius* (*Microsaurus*) *kiangsiensis*
Quedius kozlovi Bohac 见 *Quedius* (*Distichalius*) *kozlovi*
Quedius kurosawai Shibata 见 *Quedius* (*Raphirus*) *kurosawai*
Quedius maculiventris Bernhauer 见 *Quedius* (*Raphirus*) *maculiventris*
Quedius masuzoi Watanabae 见 *Quedius* (*Microsaurus*) *masuzoi*
Quedius* (*Microsaurus*) *acco Smetana 艾科颊脊隐翅甲，阿克颊脊隐翅虫
Quedius* (*Microsaurus*) *aculeatus Cai, Zhao *et* Zhou 刺颊脊隐翅甲，刺颊脊隐翅虫
Quedius* (*Microsaurus*) *acututlus Cai, Zhao *et* Zhou 锐颊脊隐翅甲，锐颊脊隐翅虫
Quedius* (*Microsaurus*) *adjacens Cameron 近颊脊隐翅甲，邻眼脊隐翅虫
Quedius* (*Microsaurus*) *albiorix Smetana 尖叶颊脊隐翅甲，阿颊脊隐翅虫
Quedius* (*Microsaurus*) *altus Cai, Zhao *et* Zhou 高颊脊隐翅甲，高颊脊隐翅虫
Quedius* (*Microsaurus*) *amicorum Smetana 淡色颊脊隐翅甲，友颊脊隐翅虫
Quedius* (*Microsaurus*) *ana Smetana 暗颊脊隐翅甲，暗颊脊隐翅虫
Quedius* (*Microsaurus*) *antennalis Cameron 黄角颊脊隐翅甲，触角颊脊隐翅虫
Quedius* (*Microsaurus*) *antoni Smetana 安氏颊脊隐翅甲，安颊脊隐翅虫
Quedius* (*Microsaurus*) *arcus Cai, Zhao *et* Zhou 弧颊脊隐翅甲，弧颊脊隐翅虫
Quedius* (*Microsaurus*) *auchenias Smetana 牛颊脊隐翅甲，牛颊脊隐翅虫
Quedius* (*Microsaurus*) *becvari Smetana 贝氏颊脊隐翅甲，贝氏颊脊隐翅虫
Quedius* (*Microsaurus*) *beesoni Cameron 比氏颊脊隐翅甲，比氏眼脊隐翅虫
Quedius* (*Microsaurus*) *bernhauerianus Korge 伯氏颊脊隐翅甲，

贝眼脊隐翅虫

Quedius* (*Microsaurus*) *biann Smetana 辨颊脊隐翅甲，辨颊脊隐翅虫

Quedius* (*Microsaurus*) *bihamatus 双颊脊隐翅甲，双颊脊隐翅虫

Quedius* (*Microsaurus*) *bilobus Cai, Zhao *et* Zhou 双叶颊脊隐翅甲，双叶颊脊隐翅虫

Quedius* (*Microsaurus*) *bito Smetana 比特颊脊隐翅甲，比特颊脊隐翅虫

Quedius* (*Microsaurus*) *bohemorum Smetana 细叶颊脊隐翅甲，捷克颊脊隐翅虫

Quedius* (*Microsaurus*) *budha Smetana 布达颊脊隐翅甲，布达颊脊隐翅虫

Quedius* (*Microsaurus*) *capillus Cai, Zhao *et* Zhou 发颊脊隐翅甲，发颊脊隐翅虫

Quedius* (*Microsaurus*) *cavazzutii Smetana 卡氏颊脊隐翅甲，卡氏颊脊隐翅虫

Quedius* (*Microsaurus*) *cephalus Smetana 圆头颊脊隐翅甲，首颊脊隐翅虫

Quedius* (*Microsaurus*) *chiangi Smetana 蒋氏颊脊隐翅甲，常氏颊脊隐翅虫

Quedius* (*Microsaurus*) *chremes Smetana 黑腹颊脊隐翅甲，克莱颊脊隐翅虫

Quedius* (*Microsaurus*) *cingulatus Smetana 棕缘颊脊隐翅甲，环颊脊隐翅虫

Quedius* (*Microsaurus*) *cornutus Cai, Zhao *et* Zhou 角颊脊隐翅甲，角颊脊隐翅虫

Quedius* (*Microsaurus*) *decius Smetana 黑头黄尾颊脊隐翅甲，德斯颊脊隐翅虫

Quedius* (*Microsaurus*) *douglasi Bernhauer 道氏颊脊隐翅甲，道眼脊隐翅虫

Quedius* (*Microsaurus*) *duh Smetana 黑头赤翅颊脊隐翅甲，妒颊脊隐翅虫

Quedius* (*Microsaurus*) *echion Smetana 棕翅颊脊隐翅甲，伊颊脊隐翅虫

Quedius* (*Microsaurus*) *emei Smetana 峨眉颊脊隐翅甲，峨眉山颊脊隐翅虫

Quedius* (*Microsaurus*) *ennius Smetana 阔胸颊脊隐翅甲，恩尼颊脊隐翅虫

Quedius* (*Microsaurus*) *ephialtes Smetana 黑头赤胸颊脊隐翅甲，厄菲颊脊隐翅虫

Quedius* (*Microsaurus*) *epytus Smetana 棕褐颊脊隐翅甲，伊颊脊隐翅虫

Quedius* (*Microsaurus*) *equus Smetana 骏颊脊隐翅甲，骏颊脊隐翅虫

Quedius* (*Microsaurus*) *erriapo Smetana 黑头红翅颊脊隐翅甲，土卫颊脊隐翅虫

Quedius* (*Microsaurus*) *erythras Smetana 黑头棕翅颊脊隐翅甲，厄里颊脊隐翅虫

Quedius* (*Microsaurus*) *euander Smetana 黑头棕体颊脊隐翅甲，埃万颊脊隐翅虫

Quedius* (*Microsaurus*) *euanderoides Smetana 拟红棕颊脊隐翅甲，肖埃万颊脊隐翅虫

Quedius* (*Microsaurus*) *euryalus Smetana 欧氏红颊脊隐翅甲，尤瑞颊脊隐翅甲，尤瑞颊脊隐翅虫

Quedius* (*Microsaurus*) *faang Smetana 仿颊脊隐翅甲，仿颊脊隐翅虫

Quedius* (*Microsaurus*) *fabbrii Smetana 法布里颊脊隐翅甲，法比氏颊脊隐翅虫

Quedius* (*Microsaurus*) *farkaci Smetana 法氏颊脊隐翅甲，法氏颊脊隐翅虫

Quedius* (*Microsaurus*) *feihuensis Smetana 飞虎颊脊隐翅甲，飞虎颊脊隐翅虫

Quedius* (*Microsaurus*) *fonteius Smetana 缩翅颊脊隐翅甲，芳提颊脊隐翅虫

Quedius* (*Microsaurus*) *fulgidus (Fabricius) 闪颊脊隐翅甲，闪颊脊隐翅虫

Quedius* (*Microsaurus*) *germanorum Smetana 横纹颊脊隐翅甲，德人颊脊隐翅虫

Quedius* (*Microsaurus*) *gongga Smetana 贡嘎颊脊隐翅甲，贡嘎山颊脊隐翅虫

Quedius* (*Microsaurus*) *goong Smetana 褐胸颊脊隐翅甲，固颊脊隐翅虫

Quedius* (*Microsaurus*) *guey Smetana 贵颊脊隐翅甲，贵颊脊隐翅虫

Quedius* (*Microsaurus*) *guoi Zheng *et* Zheng 郭氏颊脊隐翅甲，郭氏穆隐翅虫

Quedius* (*Microsaurus*) *haan Smetana 罕颊脊隐翅甲，颊脊隐翅虫

Quedius* (*Microsaurus*) *haemon Smetana 汗氏颊脊隐翅甲，黑穆颊脊隐翅虫

Quedius* (*Microsaurus*) *hailuogou Smetana 海螺沟颊脊隐翅甲，海螺颊脊隐翅虫

Quedius* (*Microsaurus*) *hanno Smetana 汉诺颊脊隐翅甲，汉诺颊脊隐翅虫

Quedius* (*Microsaurus*) *haw Smetana 赤颜颊脊隐翅甲，好颊脊隐翅虫

Quedius* (*Microsaurus*) *hei Smetana 何氏脊隐翅甲，黑颊脊隐翅虫

Quedius* (*Microsaurus*) *holzschuhi Smetana 郝氏颊脊隐翅甲，侯氏颊脊隐翅虫

Quedius* (*Microsaurus*) *huenn Smetana 奇叶颊脊隐翅甲，混颊脊隐翅虫

Quedius* (*Microsaurus*) *indigestus Cai, Zhao *et* Zhou 淆颊脊隐翅甲，淆颊脊隐翅虫

Quedius* (*Microsaurus*) *inexspectatus Smetana 点鞘颊脊隐翅甲，惊颊脊隐翅甲，惊颊脊隐翅虫

Quedius* (*Microsaurus*) *inquietus (Champion) 淡胸颊脊隐翅甲，乱颊脊隐翅甲，阴眼脊隐翅虫

Quedius* (*Microsaurus*) *insulanus Cameron 紫蓝颊脊隐翅甲，岛眼脊隐翅虫

Quedius* (*Microsaurus*) *jaang Smetana 将脊隐翅甲，长颊脊隐翅虫

Quedius* (*Microsaurus*) *jaangoides Smetana 拟将脊隐翅甲，拟长颊脊隐翅虫

Quedius* (*Microsaurus*) *janatai Smetana 甲氏颊脊隐翅甲，詹氏颊脊隐翅虫

Quedius* (*Microsaurus*) *jyr Smetana 小翅颊脊隐翅甲，引颊脊隐翅虫

Quedius* (*Microsaurus*) *kabateki Smetana 卡巴颊脊隐翅甲，凯氏颊脊隐翅虫

Quedius* (*Microsaurus*) *katerinae Smetana 卡特颊脊隐翅甲，凯特颊脊隐翅虫
Quedius* (*Microsaurus*) *kiangsiensis Bernhauer 江西颊脊隐翅甲，江西眼脊隐翅虫
Quedius* (*Microsaurus*) *kishimotoi Smetana 黄翅颊脊隐翅甲，基氏颊脊隐翅虫
Quedius* (*Microsaurus*) *klapperichi Smetana 克氏颊脊隐翅甲，克氏颊脊隐翅虫
Quedius* (*Microsaurus*) *koei Smetana 棕鞘颊脊隐翅甲，傀颊脊隐翅虫
Quedius* (*Microsaurus*) *koen Smetana 捆颊脊隐翅甲，捆颊脊隐翅虫
Quedius* (*Microsaurus*) *koltzei Eppelsheim 科策颊脊隐翅甲，科策颊脊隐翅虫
Quedius* (*Microsaurus*) *krali Smetana 平目颊脊隐翅甲，克莱氏颊脊隐翅虫
Quedius* (*Microsaurus*) *kuatunensis Smetana 挂墩颊脊隐翅甲，挂墩颊脊隐翅虫
Quedius* (*Microsaurus*) *kubani Smetana 库氏颊脊隐翅甲，库氏颊脊隐翅虫
Quedius* (*Microsaurus*) *kucerai Smetana 短翅颊脊隐翅甲，库瑟颊脊隐翅虫
Quedius* (*Microsaurus*) *kurbatovi Smetana 库尔颊脊隐翅甲，库尔颊脊隐翅虫
Quedius* (*Microsaurus*) *kwang Smetana 红褐颊脊隐翅甲，诓颊脊隐翅虫
Quedius* (*Microsaurus*) *lanugo Smetana 侧毛颊脊隐翅甲，柔毛颊脊隐翅虫
Quedius* (*Microsaurus*) *leang Smetana 白角颊脊隐翅甲，两颊脊隐翅虫
Quedius* (*Microsaurus*) *liang Smetana 丽翅颊脊隐翅甲，靓颊脊隐翅虫
Quedius* (*Microsaurus*) *liangshanensis Zheng *et* Zheng 凉山颊脊隐翅甲，凉山隐翅虫
Quedius* (*Microsaurus*) *liau Smetana 黄边颊脊隐翅甲，撩颊脊隐翅虫
Quedius* (*Microsaurus*) *lih Smetana 丽颊脊隐翅甲，丽颊脊隐翅虫
Quedius* (*Microsaurus*) *lii Zheng, Xiao *et* Li 李氏颊脊隐翅甲，李氏二点颊脊隐翅虫
Quedius* (*Microsaurus*) *liukuensis Smetana 六库颊脊隐翅甲，六库颊脊隐翅虫
Quedius* (*Microsaurus*) *longmen Smetana 龙门颊脊隐翅甲，龙门洞颊脊隐翅虫
Quedius* (*Microsaurus*) *luai Smetana 路颊脊隐翅甲，路颊脊隐翅虫
Quedius* (*Microsaurus*) *masasatoi Smetana 中红颊脊隐翅甲，佐藤颊脊隐翅虫
Quedius* (*Microsaurus*) *masuzoi Watanabe 增泽颊脊隐翅甲，增泽氏颊脊隐翅虫，马眼脊隐翅虫
Quedius* (*Microsaurus*) *medius Cai, Zhao *et* Zhou 中颊脊隐翅甲，中颊脊隐翅虫
Quedius* (*Microsaurus*) *miwai Bernhauer 小红颊脊隐翅甲，米氏颊脊隐翅虫，三轮眼脊隐翅虫
Quedius* (*Microsaurus*) *mnemon Smetana 毛腹颊脊隐翅甲，尼莫颊脊隐翅虫
Quedius* (*Microsaurus*) *moeris Smetana 阔胸颊脊隐翅甲，摩利颊脊隐翅虫
Quedius* (*Microsaurus*) *mukuensis Bernhauer 暗褐颊脊隐翅甲，牧眼脊隐翅虫
Quedius* (*Microsaurus*) *myau Smetana 苗条颊脊隐翅甲，苗条颊脊隐翅虫
Quedius* (*Microsaurus*) *myrmex Maruyama *et* Smetana 蚁颊脊隐翅甲，蚁颊脊隐翅虫
Quedius* (*Microsaurus*) *nian Smetana 黏颊脊隐翅甲，黏颊脊隐翅虫
Quedius* (*Microsaurus*) *nigridius Smetana 黛颊脊隐翅甲，黛颊脊隐翅虫
Quedius* (*Microsaurus*) *nireus Smetana 四点柔颊脊隐翅甲，尼柔颊脊隐翅虫
Quedius* (*Microsaurus*) *nishikawai Watanabe 尼氏颊脊隐翅甲，尼氏颊脊隐翅虫
Quedius* (*Microsaurus*) *noboruitoi Hayashi 宽胸颊脊隐翅甲，伊藤颊脊隐翅虫
Quedius* (*Microsaurus*) *noboruitoi beichuanensis Zheng, Li *et* Yang 宽胸颊脊隐翅甲北川亚种，北川颊脊隐翅虫
Quedius* (*Microsaurus*) *noboruitoi erlangshanus Zheng, Li *et* Yang 宽胸颊脊隐翅甲二郎山亚种，二郎山颊脊隐翅虫
Quedius* (*Microsaurus*) *noboruitoi noboruitoi Hayashi 宽胸颊脊隐翅甲指名亚种
Quedius* (*Microsaurus*) *noboruitoi piankouatilis Zheng, Li *et* Yang 宽胸颊脊隐翅甲片口亚种，片口颊脊隐翅虫
Quedius* (*Microsaurus*) *norvegorum Smetana 挪威颊脊隐翅甲，挪威颊脊隐翅虫
Quedius* (*Microsaurus*) *oreinos Smetana 山居颊脊隐翅甲，山居颊脊隐翅虫
Quedius* (*Microsaurus*) *orestes Smetana 俄颊脊隐翅甲，俄颊脊隐翅虫
Quedius* (*Microsaurus*) *otho Smetana 窄头托颊脊隐翅甲，奥托颊脊隐翅虫
Quedius* (*Microsaurus*) *pallens Smetana 浅色颊脊隐翅甲，浅色颊脊隐翅虫
Quedius* (*Microsaurus*) *perlucidus Cai, Zhao *et* Zhou 透明颊脊隐翅甲，透明颊脊隐翅虫
Quedius* (*Microsaurus*) *petilius Smetana 棕红颊脊隐翅甲，佩蒂颊脊隐翅虫
Quedius* (*Microsaurus*) *postangulus Cai, Zhao *et* Zhou 后角颊脊隐翅甲，后角颊脊隐翅虫
Quedius* (*Microsaurus*) *przewalskii Reitter 普氏颊脊隐翅甲，普眼脊隐翅虫
Quedius* (*Microsaurus*) *puer Smetana 童颊脊隐翅甲，童颊脊隐翅虫
Quedius* (*Microsaurus*) *purus Cai, Zhao *et* Zhou 纯颊脊隐翅甲，纯颊脊隐翅虫
Quedius* (*Microsaurus*) *pyn Smetana 紧颊脊隐翅甲，紧颊脊隐翅虫
Quedius* (*Microsaurus*) *raan Smetana 头渐窄颊脊隐翅甲，缓颊脊隐翅虫
Quedius* (*Microsaurus*) *rectus Cai, Zhao *et* Zhou 直颊脊隐翅甲，直颊脊隐翅虫

Quedius (***Microsaurus***) ***rong*** Smetana 绚颊脊隐翅甲，荣颊脊隐翅虫

Quedius (***Microsaurus***) ***rubigo*** Smetana 锈颊脊隐翅甲，锈颊脊隐翅虫

Quedius (***Microsaurus***) ***schuelkeanus*** Smetana 舒尔克颊脊隐翅甲，舒尔克颊脊隐翅虫

Quedius (***Microsaurus***) ***schuelkei*** Smetana 叙氏颊脊隐翅甲，舒氏颊脊隐翅虫

Quedius (***Microsaurus***) ***shibatai*** Smetana 柴田颊脊隐翅甲，柴田氏颊脊隐翅虫

Quedius (***Microsaurus***) ***shuang*** Smetana 双颊脊隐翅甲，双颊脊隐翅虫

Quedius (***Microsaurus***) ***simulans*** 装颊脊隐翅甲，仿眼脊隐翅虫

Quedius (***Microsaurus***) ***songpan*** Smetana 松潘颊脊隐翅甲，松潘颊脊隐翅虫

Quedius (***Microsaurus***) ***songpanoides*** Smetana 拟松潘颊脊隐翅甲，拟松潘颊脊隐翅虫

Quedius (***Microsaurus***) ***subwrasei*** Cai, Zhao *et* Zhou 拟赖氏颊脊隐翅甲，拟赖氏颊脊隐翅虫

Quedius (***Microsaurus***) ***syh*** Smetana 黄尾颊脊隐翅甲，似颊脊隐翅虫

Quedius (***Microsaurus***) ***szechuanus*** Bernhauer 四川颊脊隐翅甲，川眼脊隐翅虫

Quedius (***Microsaurus***) ***tangi*** Zhu, Li *et* Hayashi 汤氏颊脊隐翅甲，汤氏颊脊隐翅虫

Quedius (***Microsaurus***) ***tarvos*** Smetana 红翅颊脊隐翅甲，塔颊脊隐翅虫

Quedius (***Microsaurus***) ***telesto*** Smetana 凹叶颊脊隐翅甲，忒颊脊隐翅虫

Quedius (***Microsaurus***) ***terng*** Smetana 腾颊脊隐翅甲，腾颊脊隐翅虫

Quedius (***Microsaurus***) ***trachelos*** Smetana 宽颊脊隐翅甲，宽颊脊隐翅虫

Quedius (***Microsaurus***) ***tronqueti*** Smetana 特氏颊脊隐翅甲，特氏颊脊隐翅虫

Quedius (***Microsaurus***) ***turnai*** Smetana 乌颊脊隐翅甲，特纳颊脊隐翅虫

Quedius (***Microsaurus***) ***tyrrhus*** Smetana 针叶颊脊隐翅甲，特赫斯颊脊隐翅虫

Quedius (***Microsaurus***) ***tzwu*** Smetana 类颊脊隐翅甲，簇颊脊隐翅虫

Quedius (***Microsaurus***) ***utis*** Smetana 尤颊脊隐翅甲，尤颊脊隐翅虫

Quedius (***Microsaurus***) ***vafer*** Smetana 宽头颊脊隐翅甲，特颊脊隐翅虫

Quedius (***Microsaurus***) ***varius*** Cai, Zhao *et* Zhou 变颊脊隐翅甲，变颊脊隐翅虫

Quedius (***Microsaurus***) ***viridicans*** Smetana 绿鞘颊脊隐翅甲，绿鞘颊脊隐翅虫

Quedius (***Microsaurus***) ***viridinotus*** Smetana 绿翅颊脊隐翅甲，绿翅颊脊隐翅虫

Quedius (***Microsaurus***) ***wrasei*** Smetana 黑亮颊脊隐翅甲，赖氏颊脊隐翅虫

Quedius (***Microsaurus***) ***xiaoae*** Zheng, Xiao *et* Li 肖氏颊脊隐翅甲，肖氏二点颊脊隐翅虫

Quedius (***Microsaurus***) ***yaoqi*** Smetana 硗碛颊脊隐翅甲，硗碛颊脊隐翅虫

Quedius (***Microsaurus***) ***yean*** Smetana 眼颊脊隐翅甲，眼颊脊隐翅虫

Quedius (***Microsaurus***) ***yeleensis*** Zheng *et* Zheng 冶勒颊脊隐翅甲，冶勒颊脊隐翅虫

Quedius (***Microsaurus***) ***yun*** Smetana 云颊脊隐翅甲，云颊脊隐翅虫

Quedius (***Microsaurus***) ***zenon*** Smetana 锥叶颊脊隐翅甲，泽农颊脊隐翅虫

Quedius (***Microsaurus***) ***zheduo*** Smetana 折多颊脊隐翅甲，折多山颊脊隐翅虫

Quedius miwai Bernhauer 见 *Quedius* (*Microsaurus*) *miwai*

Quedius mukuensis Bernhauer 见 *Quedius* (*Microsaurus*) *mukuensis*

Quedius muscicola Cameron 见 *Quedius* (*Raphirus*) *muscicola*

Quedius optabilis Bernhauer 见 *Quedius* (*Raphirus*) *optabilis*

Quedius przewalskii Reitter 见 *Quedius* (*Microsaurus*) *przewalskii*

Quedius (***Raphirus***) ***aereipennis*** Bernhauer 窄叶颊脊隐翅甲，铜毛颊脊隐翅虫

Quedius (***Raphirus***) ***angustiarum*** Smetana 山道颊脊隐翅甲

Quedius (***Raphirus***) ***assamensis*** Cameron 阿萨姆颊脊隐翅甲，虹腹眼脊隐翅虫

Quedius (***Raphirus***) ***bann*** Smetana 半颊脊隐翅甲，半颊脊隐翅虫

Quedius (***Raphirus***) ***barbarossa*** Smetana 毛斑颊脊隐翅甲，红毛颊脊隐翅虫

Quedius (***Raphirus***) ***bih*** Smetana 碧颊脊隐翅甲，碧颊脊隐翅虫

Quedius (***Raphirus***) ***bisignatus*** Smetana 双斑颊脊隐翅甲，双斑颊脊隐翅虫

Quedius (***Raphirus***) ***bleptikos*** Smetana 视颊脊隐翅甲，视颊脊隐翅虫

Quedius (***Raphirus***) ***caesar*** Smetana 恺撒颊脊隐翅甲，恺撒颊脊隐翅虫

Quedius (***Raphirus***) ***chang*** Smetana 畅颊脊隐翅甲，畅颊脊隐翅虫

Quedius (***Raphirus***) ***chi*** Smetana 高冷颊脊隐翅甲，炽颊脊隐翅虫

Quedius (***Raphirus***) ***chinensis*** Bernhauer 中华颊脊隐翅甲，华眼脊隐翅虫

Quedius (***Raphirus***) ***chion*** Smetana 雪颊脊隐翅甲，雪颊脊隐翅虫

Quedius (***Raphirus***) ***chongqingensis*** Zheng 重庆颊脊隐翅甲，重庆颊脊隐翅虫

Quedius (***Raphirus***) ***chrysogonus*** Smetana 克里颊脊隐翅甲，克里颊脊隐翅虫

Quedius (***Raphirus***) ***collinsi*** Smetana 柯林颊脊隐翅甲，柯氏颊脊隐翅虫

Quedius (***Raphirus***) ***coprobius*** Zheng, Xiao *et* Li 粪颊脊隐翅甲，粪一点颊脊隐翅虫

Quedius (***Raphirus***) ***cupreogutta*** Smetana 铜点颊脊隐翅甲，铜点颊脊隐翅虫

Quedius (***Raphirus***) ***cupreonotus*** Smetana 铜色颊脊隐翅甲，铜色颊脊隐翅虫

Quedius (***Raphirus***) ***cupreostigma*** Smetana 铜斑颊脊隐翅甲，铜斑颊脊隐翅虫

Quedius (***Raphirus***) ***dih*** Smetana 弟颊脊隐翅甲，弟颊脊隐翅虫

Quedius* (*Raphirus*) *distigma Smetana 双铜颊脊隐翅甲，双铜颊脊隐翅虫

Quedius* (*Raphirus*) *doan Smetana 短颊脊隐翅甲，短颊脊隐翅虫

Quedius* (*Raphirus*) *dryas Smetana 黑胫颊脊隐翅甲，德颊脊隐翅虫

Quedius* (*Raphirus*) *egregious Smetana 显颊脊隐翅甲，显颊脊隐翅虫

Quedius* (*Raphirus*) *erl Smetana 儿颊脊隐翅甲，儿颊脊隐翅虫

Quedius* (*Raphirus*) *fangi Smetana 方氏颊脊隐翅甲，方氏颊脊隐翅虫

Quedius* (*Raphirus*) *fen Smetana 分颊脊隐翅甲，分颊脊隐翅虫

Quedius* (*Raphirus*) *filiolus Smetana 拟宽翅颊脊隐翅甲，子颊脊隐翅虫

Quedius* (*Raphirus*) *freyanus Smetana 弗氏颊脊隐翅甲，弗莱颊脊隐翅虫

Quedius* (*Raphirus*) *gang Smetana 刚颊脊隐翅甲，刚颊脊隐翅虫

Quedius* (*Raphirus*) *goang Smetana 宽茎脊隐翅甲，广颊脊隐翅虫

Quedius* (*Raphirus*) *hauseri Bernhauer 豪氏颊脊隐翅甲，豪氏颊脊隐翅虫

Quedius* (*Raphirus*) *hecato Smetana 赫氏托颊脊隐翅甲，赫颊脊隐翅虫

Quedius* (*Raphirus*) *hegesias Smetana 赫格颊脊隐翅甲，赫格颊脊隐翅虫

Quedius* (*Raphirus*) *herbicola Smetana 植颊脊隐翅甲，从林颊脊隐翅虫

Quedius* (*Raphirus*) *huann Smetana 晃颊脊隐翅甲，晃颊脊隐翅虫

Quedius* (*Raphirus*) *hubeiensis Cai *et* Zhou 湖北颊脊隐翅甲，湖北颊脊隐翅虫

Quedius* (*Raphirus*) *iapetus Smetana 棕颊脊隐翅甲，伊阿颊脊隐翅虫

Quedius* (*Raphirus*) *impressiventris Smetana 压痕颊脊隐翅甲，凹腹颊脊隐翅虫

Quedius* (*Raphirus*) *io Smetana 小棕颊脊隐翅甲，伊欧颊脊隐翅虫

Quedius* (*Raphirus*) *jindrai Smetana 金氏颊脊隐翅甲，金达颊脊隐翅虫

Quedius* (*Raphirus*) *kalganensis Bernhauer 卡尔干颊脊隐翅甲，喀眼脊隐翅虫

Quedius* (*Raphirus*) *kirklarensis Korge 柯克颊脊隐翅甲，柯克拉尔颊脊隐翅虫

Quedius* (*Raphirus*) *kuay Smetana 加颊脊隐翅甲，加颊脊隐翅虫

Quedius* (*Raphirus*) *kuiro Smetana 霭颊脊隐翅甲，霭颊脊隐翅虫

Quedius* (*Raphirus*) *kurosawai Shibata 黑泽颊脊隐翅甲，黑泽明颊脊隐翅甲，黑泽氏颊脊隐翅虫，库眼脊隐翅虫

Quedius* (*Raphirus*) *leeng Smetana 冷颊脊隐翅甲，冷颊脊隐翅虫

Quedius* (*Raphirus*) *leigongshanus Li, Tang *et* Zhu 雷公山脊隐翅甲，雷公山脊隐翅虫

Quedius* (*Raphirus*) *li Smetana 钮叶颊脊隐翅甲，力颊脊隐翅虫

Quedius* (*Raphirus*) *liangtangi Smetana 汤亮颊脊隐翅甲，汤亮颊脊隐翅虫

Quedius* (*Raphirus*) *maculiventris Bernhauer 斑腹颊脊隐翅甲，斑腹颊脊隐翅虫，斑腹眼脊隐翅虫

Quedius* (*Raphirus*) *maoxingi Hu, Li *et* Cao 茂兴颊脊隐翅甲，茂兴颊脊隐翅虫

Quedius* (*Raphirus*) *meei Smetana 美颊脊隐翅甲，美颊脊隐翅虫

Quedius* (*Raphirus*) *meilixue Smetana 梅里雪颊脊隐翅甲，梅里雪颊脊隐翅虫

Quedius* (*Raphirus*) *michaeli Smetana 迈克颊脊隐翅甲，麦克颊脊隐翅虫

Quedius* (*Raphirus*) *microsauroides Smetana 拟小眼颊脊隐翅甲，类二点颊脊隐翅虫

Quedius* (*Raphirus*) *mniophilus Smetana 毛叶颊脊隐翅甲，亲苔颊脊隐翅虫

Quedius* (*Raphirus*) *muscicola Cameron 宽翅颊脊隐翅甲，黄足眼脊隐翅虫

Quedius* (*Raphirus*) *nabanhensis Hu, Li *et* Cao 纳板河颊脊隐翅甲，纳板颊脊隐翅虫

Quedius* (*Raphirus*) *nemo Smetana 卒颊脊隐翅甲，卒颊脊隐翅虫

Quedius* (*Raphirus*) *nesonaster Smetana 驻岛颊脊隐翅甲，驻岛颊脊隐翅虫

Quedius* (*Raphirus*) *nigror Smetana 墨颊脊隐翅甲，墨颊脊隐翅虫

Quedius* (*Raphirus*) *ningxiaensis Cai *et* Zhou 宁夏颊脊隐翅甲，宁夏颊脊隐翅虫

Quedius* (*Raphirus*) *nujiang Smetana 怒江颊脊隐翅甲，怒江颊脊隐翅虫

Quedius* (*Raphirus*) *optabilis Bernhauer 欲颊脊隐翅甲，欲眼脊隐翅虫

Quedius* (*Raphirus*) *oros Smetana 小褐颊脊隐翅甲，峰颊脊隐翅虫

Quedius* (*Raphirus*) *oui Smetana 欧氏颊脊隐翅甲，区氏颊脊隐翅虫

Quedius* (*Raphirus*) *perng Smetana 朋颊脊隐翅甲，朋颊脊隐翅虫

Quedius* (*Raphirus*) *pian Smetana 短鞘颊脊隐翅甲，骗颊脊隐翅虫

Quedius* (*Raphirus*) *pluvialis Smetana 雨颊脊隐翅甲，雨颊脊隐翅虫

Quedius* (*Raphirus*) *pseudonymos Smetana 毛端颊脊隐翅甲，误颊脊隐翅虫

Quedius* (*Raphirus*) *puetzi Smetana 漂氏颊脊隐翅甲，普氏颊脊隐翅虫

Quedius* (*Raphirus*) *rivulorum Smetana 紫翅颊脊隐翅甲，溪颊脊隐翅虫

Quedius* (*Raphirus*) *rou Smetana 柔颊脊隐翅甲，柔颊脊隐翅虫

Quedius* (*Raphirus*) *rubor Smetana 红颊脊隐翅甲，红颊脊隐翅虫

Quedius* (*Raphirus*) *ruoh Smetana 弱颊脊隐翅甲，弱颊脊隐翅虫

Quedius* (*Raphirus*) *schneideri Smetana 施氏颊脊隐翅甲，施氏颊脊隐翅虫

Quedius* (*Raphirus*) *shan Smetana 山颊脊隐翅甲，山颊脊隐翅虫

Quedius* (*Raphirus*) *shu Zheng 蜀颊脊隐翅甲，蜀颊脊隐翅虫

Quedius* (*Raphirus*) *shunichii Smetana 俊一颊脊隐翅甲，俊一颊脊隐翅虫

Quedius* (*Raphirus*) *spissus Cai *et* Zhou 密颊脊隐翅甲，密颊脊隐

翅虫

Quedius* (*Raphirus*) *taiwanensis Shibata 台湾颊脊隐翅甲，台眼脊隐翅虫

Quedius* (*Raphirus*) *tarng Smetana 塘颊脊隐翅甲，塘颊脊隐翅虫

Quedius* (*Raphirus*) *tenuiculus Cai *et* Zhou 窄颊脊隐翅甲，窄颊脊隐翅虫

Quedius* (*Raphirus*) *tergimpressus Smetana 背陷颊脊隐翅甲，背凹颊脊隐翅虫

Quedius* (*Raphirus*) *tian Smetana 天颊脊隐翅甲，天颊脊隐翅虫

Quedius* (*Raphirus*) *torrentum Smetana 激流颊脊隐翅甲，急流颊脊隐翅虫

Quedius* (*Raphirus*) *viridimicans Smetana 闪绿颊脊隐翅甲，亮绿颊脊隐翅虫

Quedius* (*Raphirus*) *wanyan Smetana 蜿蜒颊脊隐翅甲，完颜颊脊隐翅虫

Quedius* (*Raphirus*) *wassu Smetana 棕绿颊脊隐翅甲，映秀颊脊隐翅虫

Quedius* (*Raphirus*) *weii Zheng 魏氏颊脊隐翅甲，韦氏颊脊隐翅虫

Quedius* (*Raphirus*) *wuh Smetana 雾颊脊隐翅甲，雾颊脊隐翅虫

Quedius* (*Raphirus*) *yann Smetana 艳颊脊隐翅甲，艳颊脊隐翅虫

Quedius* (*Raphirus*) *zetes Smetana 黑胸颊脊隐翅甲，泽颊脊隐翅虫

Quedius* (*Raphirus*) *zhoui Zheng 周氏颊脊隐翅甲，周氏颊脊隐翅虫

Quedius* (*Raphirus*) *zhu Zheng 竹颊脊隐翅甲，竹颊脊隐翅虫

Quedius regularis Bernhauer *et* Schubert 见 *Quedius* (*Distichalius*) *regularis*

Quedius reitterianus Bernhauer 颊脊隐翅甲，来眼脊隐翅虫

Quedius simulans Sharp 见 *Quedius* (*Microsaurus*) *simulans*

Quedius szechuanus Bernhauer 见 *Quedius* (*Microsaurus*) *szechuanus*

Quedius taiwanensis Shibata 见 *Quedius* (*Raphirus*) *taiwanensis*

Quedius tibetanus Bohac 见 *Quedius* (*Distichalius*) *tibetanus*

Quedius* (*Velleius*) *arthuui Solodovnikov 栉颊脊隐翅甲，栉梳角隐翅虫

Quedius* (*Velleius*) *dilatatus (Fabricius) 膨颊脊隐翅甲，膨梳角隐翅虫

Quedius* (*Velleius*) *pectintus (Sharp) 栉角颊脊隐翅甲

Quedius* (*Velleius*) *rectilatus Zhao *et* Zhou 直线颊脊隐翅甲，直线梳角隐翅虫

Quedius* (*Velleius*) *setosus (Sharp) 多毛颊脊隐翅甲，多毛梳角隐翅虫

queen 1. 后 <如蜂和蚁的>，王，母虫 <指社会性昆虫中专事生殖的雌虫，如蜂后、蚁后、蜚后等>；2. [*Danaus gilippus* (Cramer)] 女王斑蝶，女皇斑蝶

Queen Alexandra's birdwing [*Ornithoptera alexandrae* (Rothschild)] 亚历山大鸟翼凤蝶

Queen Alexandra's sulphur [= Alexandra sulfur, ultraviolet sulfur, *Colias alexandra* Edwards] 艳黄豆粉蝶

queen mandibular pheromone [abb. QMP] 蜂王上颚腺信息素

queen of Spain fritillary [*Issoria lathonia* (Linnaeus)] 珠蛱蝶

queen page [= androgeus swallowtail, queen swallowtail, *Papilio androgeus* Cramer] 安凤蝶，安芷凤蝶，激雄芷凤蝶

queen pheromone 蜂王信息素，母蜂外激素

queen purple tip [= arge violet tip, regal purple tip, *Colotis regina* (Trimen)] 女皇珂粉蝶

queen substance 蜂王信息素

queen swallowtail 见 queen page

Queen Victoria's birdwing [*Ornithoptera victoriae* (Gray)] 维多利亚鸟翼凤蝶

Queensland bollworm [= yellow peach moth, durian fruit borer, castor capsule borer, yellow peach borer, cone moth, castor seed caterpillar, castor borer, maize moth, peach pyralid moth, smaller maize borer, *Conogethes punctiferalis* (Guenée)] 桃蛀螟，桃多斑野螟，桃蛀野螟，桃蠹螟，桃实螟蛾，豹纹蛾，豹纹斑螟，桃斑螟，桃斑蛀螟

Queensland fruit fly [= Q-fly, *Bactrocera* (*Bactrocera*) *tryoni* (Froggatt)] 昆士兰果实蝇，昆士兰实蝇

Queensland pine beetle [*Calymmaderus incisus* Lea] 昆士兰松窃蠹

Queensland pink bollworm [*Pectinophora scutigera* (Holdaway)] 昆士兰铃麦蛾，昆士兰平麦蛾，昆士兰红铃虫

Queeslandacus 昆离腹寡毛实蝇亚属

Quelaestrygon 巨隐翅甲属，颚脊隐翅虫属

Quelaestrygon puetzi Smetana 漂氏巨隐翅甲，普氏颚脊隐翅虫

Quemetopon 额点隐翅甲属，额脊隐翅虫属

Quemetopon grandipenis (Zhu, Li *et* Hayashi) 巨茎额点隐翅甲，巨额脊隐翅虫

Quercetanus 质猎蝽属

Quercetanus atromaculatus Distant 黑斑质猎蝽

quercetin 槲皮素

quercus caterpillar [= yellow-tipped prominent moth, narrow yellow-tipped prominent, *Phalera assimilis* (Bremer *et* Grey)] 栎掌舟蛾，栎黄斑天社蛾，黄斑天社蛾，榆天社蛾，彩节天社蛾，麻栎毛虫，肖黄掌舟蛾，栎黄掌舟蛾，榆掌舟蛾，细黄端天社蛾，台掌舟蛾

quercus gall midge [*Ametrodiplosis acutissima* Monzen] 栎瘿蚊

quercus gall wasp [*Biorhiza nawai* (Ashmead)] 栎双瘿蜂，木樨草瘿蜂

quercus hornet moth [*Sphecodoptera rhynchioides* (Butler)] 黑棕透翅蛾，黑赤腰透翅蛾

quercus lasiocampid [= oak caterpillar, *Kunugia undans* (Walker)] 波纹杂枯叶蛾，麻栎枯叶蛾，波纹杂毛虫，栎毛虫，麻栎库枯叶蛾

quercus spined aphid [= oak aphid, *Tuberculatus* (*Acanthocallis*) *quercicola* (Matsumura)] 居栎侧棘斑蚜，栎大侧棘斑蚜，栎角斑蚜

quercus stink bug [*Urostylis westwoodi* Scott] 黑门娇异蝽

quercus sucker [*Trioza quercicola* Shinji] 栎个木虱

quercus thrips [*Pseudanaphothrips querci* (Moulton)] 栎齐毛蓟马，栎等毛蓟马，栎蓟马，栎同蓟马

Quernaphis 栎扁蚜属，脉胸扁蚜属

Quernaphis chiulungensis Takagi 见 *Neoquernaspis chiulungensis*

Quernaphis chui Zhang 朱栎扁蚜

Quernaphis tuberculatus (Takahashi) 瘤栎扁蚜，单脉虱蚜

Quernaspis tengjiensis Hu 见 *Neoquernaspis tengjiensis*

Queskallion 杯隐翅甲属，盅脊隐翅甲属，盅脊隐翅虫属

Queskallion dispersepunctatum (Scheerpeltz) 刻点杯隐翅甲，散点盅脊隐翅甲，散点盅脊隐翅虫

Queskallion montanum Smetana 山杯隐翅甲，山蛊脊隐翅虫
Queskallion schuelkei Smetana 舒氏杯隐翅甲，舒氏蛊脊隐翅虫
Queskallion seronatum Smetana 多毛杯隐翅甲，多毛蛊脊隐翅虫
Queskallion tangi Smetana 汤氏杯隐翅甲，汤氏蛊脊隐翅虫
quest constant 搜索常数 < 指天敌昆虫的 >
question mark [*Polygonia interrogationis* (Fabricius)] 长尾钩蛱蝶，美洲多角钩蛱蝶
Quetarsius 跗节隐翅甲属，膝跗隐翅虫属
Quetarsius jeau (Smetana) 脚跗节隐翅甲，脚膝跗隐翅虫
Quetarsius neu (Smetana) 女跗节隐翅甲，女膝跗隐翅虫
Quetarsius peteri Solodovnikov 彼氏跗节隐翅甲，皮氏膝跗隐翅虫
quichua skipper [*Eutocus quichua* Lindsey] 魁优弄蝶
Quickelberge's copper [*Aloeides quickelbergei* Tite *et* Dickson] 活泼乐灰蝶
quiescence [= quiescene] 1. 静止期；2. 休眠
quiescene 见 quiescence
quiescent 静止的 < 常用以形容全变态的蛹期 >
quiescent stage 静止期，休眠期
quiet 不显著的 < 指色泽或斑纹 >
quilla skipperling [*Butleria quilla* (Evans)] 羽仆弄蝶
Quilta 稞蝗属
Quilta mitrata Stål 短翅稞蝗，短翅稞稻蝗
Quilta oryzae Uvarov 稻稞蝗
quilted metalmark [*Napaea umbra* (Boisduval)] 阴纳蚬蝶
quince cottony scale [= Suwako cottony-cussion scale, *Coccura suwakoensis* (Kuwana *et* Toyoda)] 日本盘粉蚧，黑龙江粒粉蚧
quince curculio [*Conotrachelus crataegi* Walsh] 卡氏球颈象甲，榅桲象甲
quince mealybug [= borchsenius-quince mealybug, *Heliococcus glacialis* (Newstead)] 双腺星粉蚧，狗牙根星粉蚧
quince scale [= latania scale, grape vine aspidiotus, palm scale, *Hemiberlesia lataniae* (Signoret)] 棕榈栉圆盾蚧，椰子栉圆盾介壳虫
quince treehopper [*Glossonotus crataegi* (Fitch)] 榅桲膜翅角蝉，榅桲角蝉
quinhydrone 醌氢醌
quinine effect 奎宁反应 < 指昆虫脂肪酶的 >
quinine weevil [*Alcides cinchonae* Marshal] 金鸡纳枝长足象甲，金鸡纳枝长足象，金鸡纳蛀茎象甲
quino checkerspot [*Euphydryas editha quino* (Behr)] 艾地堇蛱蝶葵依亚种
quinone 苯醌
quinquedentate 具五齿的
Quinta 琨弄蝶属
Quinta cannae (Herrich-Schäffer) [mimic skipper, canna skipper] 琨弄蝶
Quintilia 干蝉属
Quintilia kozanensis Ôuchi 同 *Kosemia mogannia*
Quintilia soulii Distant 见 *Melampsalta soulii*
quod vide [abb. q. v.] 参阅
Quwatanabius 圆头隐翅甲属，光表隐翅虫属
Quwatanabius chiaw (Smetana) 漂圆头隐翅甲，漂光表隐翅虫
Quwatanabius dayaoensis Hu, Li *et* Zhao 大瑶圆头隐翅甲，大瑶光表隐翅虫
Quwatanabius flavicornis (Sharp) 黄角圆头隐翅甲，黄角眼脊隐翅虫
Quwatanabius yanbini Hu, Li *et* Zhao 黄缘圆头隐翅甲，艳斌光表隐翅虫
Quwatanabius zhejiangensis Hu, Li *et* Zhao 浙江圆头隐翅甲，浙江光表隐翅虫

R [radial vein 或 radius 的缩写] 径脉
r-m [radiomedial crossvein 的缩写] 径中横脉
r-organism r 选择种类
r-selection r 选择
r-strategist r 对策昆虫，r 对策者
R_0 [net reproductive rate 的缩写] 净繁殖率，净增殖率，净生殖率
R_2 generation 回交后代
R_s [radial sector 的缩写] 径分脉
Raabeina 然小叶蝉属
Raabeina acutata Zhang *et* Cao 锥顶然小叶蝉
Raabeina alae Dworakowska 翼斑然小叶蝉
Raabeina biangulara Zhang *et* Cao 双角然小叶蝉
Raabeina bubengensis Zhang *et* Cao 补蚌然小叶蝉
Raabeina curtihamata Zhang *et* Cao 钩突然小叶蝉
Raabeina fuscofasciata Dworakowska 褐带然小叶蝉
Raabeina gracila Zhang *et* Cao 凹板然小叶蝉
Raabeina hsui Chiang *et* Knight 胡氏然小叶蝉
Raapia 拉隐唇叩甲属
Raapia sauteri Fleutiaux 索拉隐唇叩甲
Rabaulia 拉巴实蝇属
Rabaulia fascifacies Malloch 颜带拉巴实蝇
Rabaulia invittata Hering 黄颜拉巴实蝇
Rabaulia nigrotibia Hering 黑足拉巴实蝇
Rabauliomorpha 拉保实蝇属
Rabauliomorpha gibbosa Hardy 凸颜拉保实蝇
rabbit ear beetle [*Eupatorus birmanicus* Arrow] 兔耳尤犀金龟甲，兔耳尤犀金龟
rabbit louse [*Haemodipsus ventricosus* (Denny)] 兔血渴虱，巨腹兔虱，兔盲虱
Rabdophaga 柳瘿蚊属，梢瘿蚊属 <该属学名有误写为 *Rhabdophaga* 者>
Rabdophaga aceris (Shimer) [soft maple leaf midge] 槭柳瘿蚊，槭梢瘿蚊，槭瘿蚊
Rabdophaga giraudiana Kieffer [poplar branch gall midge] 山杨柳瘿蚊，山杨梢瘿蚊，山杨纺锤瘿蚊
Rabdophaga mangiferae Mani [mango blister midge, mango shoot gall midge] 杧果柳瘿蚊，杧果梢瘿蚊
Rabdophaga marginemtorquens (Bremi) [osier leaf-folding midge, willow leaf-rolling gall midge] 卷叶柳瘿蚊，柳卷叶瘿蚊
Rabdophaga rileyana Felt 瑞柳瘿蚊，瑞梢瘿蚊，瑞蕾瘿蚊
Rabdophaga rosaria (Loew) [rosette willow gall midge, European rosette willow gall midge, willow-rosette gall midge] 玫柳瘿蚊，玫叶瘿蚊，柳梢瘿蚊，柳梢棒瘿蚊
Rabdophaga saliciperda (Dufour) 见 *Helicomyia saliciperda*
Rabdophaga salicis (Schrank) [willow twig gall midge, salix gall-midge] 食柳瘿蚊，柳梢瘿蚊，柳瘿蚊，柳棒瘿蚊，柳叶瘿蚊
Rabdophaga strobilina (Bremi) 球果柳瘿蚊
Rabdophaga swainei Felt [spruce bud midge] 云杉柳瘿蚊，云杉梢瘿蚊，云杉芽瘿蚊
Rabdophaga terminalis (Loew) [bat willow gall midge] 顶芽柳瘿蚊，顶芽梢瘿蚊，柳端叶瘿蚊
Rabdostigma 惑粉虱属
Rabdostigma alocasia Ko 姑婆芋惑粉虱，姑婆芋粉虱
Rabdostigma erythrophloiae Ko 琼楠惑粉虱，琼楠粉虱
Rabdostigma shintenensis Takahashi 新店惑粉虱，新店粉虱
Rabigus 同须隐翅甲属，暴隐翅虫属
Rabigus alienus Eppelsheim 阿同须隐翅甲，阿暴隐翅虫
Rabigus basipilosus (Schubert) 基同须隐翅甲
Rabigus inconstans (Sharp) 变同须隐翅甲
Rabigus pullus (Nordmann) 暗色同须隐翅甲，暗暴隐翅虫
Rabigus ruficapillus (Reitter) 红胸同须隐翅甲，红胛暴隐翅虫
Rabigus tenuis (Fabricius) 狭同须隐翅甲
Rabtala cristata (Oberthür) 见 *Euhampsonia cristata*
Rabtala splendida (Oberthür) 见 *Euhampsonia splendida*
race 1. 宗；2. 品种
race preservation 品种保存
race restoration 品种复壮
racemose [= racemous] 1. 总状的；2. 葡萄状的
racemous 见 racemose
Rachelia 逐弄蝶属
Rachelia extrusus (Felder *et* Felder) [blue-flash skipper] 逐弄蝶
Rachia 峭舟蛾属
Rachia lineata (Matsumura) 线峭舟蛾
Rachia nodyna (Swinhoe) 诺峭舟蛾
Rachia plumosa Moore 羽峭舟蛾
Rachia striata Hampson 纹峭舟蛾，带纹峭舟蛾
Rachiades 岩舟蛾属
Rachiades albimaculata (Okano) 见 *Rachiades lichenicolor albimaculata*
Rachiades lichenicolor (Oberthür) 苔岩舟蛾，利拟峭舟蛾
Rachiades lichenicolor albimaculata (Okano) 苔岩舟蛾台湾亚种，白菇舟蛾，白斑利拟峭舟蛾，白斑拟峭舟蛾，白斑内斑舟蛾
Rachiades lichenicolor lichenicolor (Oberthür) 苔岩舟蛾指名亚种，指名利拟峭舟蛾
Rachiades lichenicolor murzini Schintlmeister *et* Fang 苔岩舟蛾陕甘亚种
Rachiades lichenicolor siamensis (Sugi) 苔岩舟蛾南方亚种
rachicerid 1. [= rachicerid fly] 肋角虻，栉角树虻 <肋角虻科 Rachiceridae 昆虫的通称>；2. 肋角虻科的
rachicerid fly [= rachicerid] 肋角虻，栉角树虻 <此科学名有误写为 Rachyceridae 者>
Rachiceridae 肋角虻科，栉角树虻科
Rachicerus 肋角虻属，栉角树虻属 <此属学名有误写为 *Rhachicerus* 者>
Rachicerus brevicornis Kertész 窄角肋角虻，窄角栉角树虻，短角拉腐木虻
Rachicerus fenestratus Kertész 窗点肋角虻，窗点栉角树虻，窗拉腐木虻
Rachicerus hainanensis Yang *et* Yang 海南肋角虻

Rachicerus kotoshensis Nagatomi 兰屿肋角虻，兰屿栉角树虻，花莲拉腐木虻
Rachicerus maai Nagatomi 马氏肋角虻，马氏拉腐木虻
Rachicerus meihuashanus Yang 梅花肋角虻
Rachicerus orientalis Ôuchi 东方肋角虻，东方拉腐木虻
Rachicerus pantherinus Nagatomi 广东肋角虻，豹斑拉腐木虻
Rachicerus patagiatus Enderlein 金绿肋角虻，金绿栉角树虻，镶边拉腐木虻
Rachicerus pictipennis Kertész 青翅肋角虻，青翅栉角树虻，纹翅拉腐木虻
Rachicerus proximus Kertész 大林肋角虻，大林栉角树虻，近拉腐木虻
Rachionotomyia 星毛蚊亚属，紫蚊亚属
rachis 1. 分脊 < 鳞翅目幼虫中分隔吐丝管的脊或龙骨 >; 2. 触角干 < 当触角节生有侧刺或其他突起时的触角节主干 >
Rachispoda 刺足小粪蝇属
Rachispoda breviprominens Su 短突刺足小粪蝇
Rachispoda filiforceps (Duda) 蹑刺足小粪蝇，越南刺足小粪蝇，越南大附蝇
Rachispoda fuscipennis (Haliday) 棕刺足小粪蝇
Rachispoda hamata Su 钩刺足小粪蝇
Rachispoda hebetis Su 钝刺足小粪蝇
Rachispoda modesta (Duda) 腐刺足小粪蝇
Rachispoda pseudooctisetosa (Duda) 伪鬃刺足小粪蝇，澳洲刺足小粪蝇，澳洲大附蝇
Rachispoda sauteri (Duda) 索刺足小粪蝇，索氏刺足小粪蝇，邵氏大附蝇
Rachispoda subtinctipennis (Brunetti) 斑刺足小粪蝇，印度大附蝇
racidula sailor [*Dynamine racidula* Hewitson] 白斑权蛱蝶
Racotis 皱尺蛾属，拉克尺蛾属
Racotis boarmiaria (Guenée) 薄皱尺蛾，拉克尺蛾，皱纹尺蛾
Racotis boarmiaria boarmiaria (Guenée) 薄皱尺蛾指名亚种
Racotis boarmiaria japonica Inoue 薄皱尺蛾日本亚种，日拉克尺蛾
racta skipper [*Racta racta* Evans] 雷弄蝶
Racta 雷弄蝶属
Racta racta Evans [racta skipper] 雷弄蝶
Radcliffe's dagger moth [*Acronicta radcliffei* Harvey] 拉剑纹夜蛾
Raddea 瑞夜蛾亚属，瑞夜蛾属
Raddea alpina Chen 见 *Xestia alpina*
Raddea anaxia Boursin 见 *Xestia anaxia*
Raddea boursini Bryk 见 *Xestia boursini*
Raddea carriei Boursin 见 *Xestia carriei*
Raddea digna Alphéraky 见 *Xestia digna*
Raddea hoeferi (Corti) 见 *Xestia hoeferi*
Raddea hoenei Boursin 见 *Xestia hoenei*
Raddea kangdingensis Chen 见 *Xestia kangdingensis*
Raddea kuangi Chen 见 *Xestia kuangi*
Raddea panda (Leech) 见 *Xestia panda*
Raddea richthofeni (Boursin) 见 *Xestia richthofeni*
Radhica 角枯叶蛾属
Radhica elisabethae de Lajonquière 绿角枯叶蛾，艾黄纹枯叶蛾
Radhica flavovittata Moore 黄角枯叶蛾，黄纹枯叶蛾，黄条枯叶蛾
Radhica flavovittata flavovittata Moore 黄角枯叶蛾指名亚种
Radhica flavovittata taiwanensis (Matsumura) 黄角枯叶蛾台湾亚种，黄斑枯叶蛾，台黄角枯叶蛾，台黄条枯叶蛾
radial 1. 放射的；2. 径脉的
radial area 径域 < 直翅目昆虫亚前缘脉和径脉间的翅域 >
radial cell 径室
radial cellule [= marginal cellule] 缘小室，径小室 < 翅膜近翅尖的区域，由翅的外缘与由脉端起始通向翅尖的翅脉所包围的小翅室 >
radial crossvein 径横脉
radial cuneate area 径楔域 < 指某些脉翅目昆虫 R_5 外段与 M 之间，或 R_5 分支之间的翅域扩伸部分 >
radial migration 放射状迁移
radial planate vein 径平脉 < 蚁蛉科 Myrmeleonidae 昆虫的翅中，横贯径间域 (在向翅尖的方向) 与 R_s 的分支相交叉的脉 >
radial sector [abb. R_s] 径分脉
radial stem vein 径干脉
radial vein [= radius; abb. R] 径脉
radialis 辐腋片 < 指腋膜的最大和最重要的腋片，由 Sc、R 和 M 脉联并构成 >
radially 放射的
radians skipper [*Choranthus radians* (Lucas)] 潮弄蝶
radiant energy 辐射能
radiant skipper [= radiola skipper, *Callimormus radiola* (Mabille)] 射线美睦弄蝶
Radiaphis 丁化长管蚜属 *Chitinosiphum* 的异名
Radiaphis saussureae Pashtshenko 同 *Chitinosiphum abdomenigrum*
radiate [= radiated, radiatus] 放射形的
radiate veins 放射脉 < 常指后翅臀域中作扇状展开的纵脉，即臀脉 (analveins)>
radiated 见 radiate
radiation 1. 辐射，照射；2. 放射线
radiation absorbed dose 辐射吸收剂量
radiation breeding 辐射育种
radiation dose 辐射剂量
radiation induced sterile insect technique [abb. RISIT] 辐射诱导昆虫不育技术
radiation-induced sterility 辐射诱导不育
radiation sterility 辐射不育
radiatus 见 radiate
radicantia 有柄生物
Radicisiphum 丁化长管蚜属 *Chitinosiphum* 的异名
Radicisiphum cirsomilos Zhang, Chen, Zhong *et* Li 同 *Chitinosiphum cirsorhizum*
radicle [= radicula] 触角基节
Radicoccus 珠粉蚧属
Radicoccus cocois (Williams) 椰子珠粉蚧
radicola [pl. radicolae] 根瘤蚜 < 指根瘤蚜属 *Phylloxera* 之形成根瘤者 >
radicolae [s. radicola] 根瘤蚜
radicula 见 radicle
radioactive decay 放射衰变
radioactive isotope 放射性同位素
radioactive label 放射性标记
radioautograph 放射自显影

radioautography 放射自显影
radiola skipper [= radiant skipper, *Callimormus radiola* (Mabille)] 射线美睦弄蝶
radiomedial crossvein [abb. r-m] 径中横脉
radiomimetic agent 辐射模拟剂
radiotracer 放射性示踪元素
Radisectaphis 径分脉蚜属
Radisectaphis gyirongensis Zhang 吉隆径分脉蚜
radish flea beetle [= rape flea beetle, daikon flea beetle, cabbage flea beetle, *Psylliodes punctifrons* Baly] 油菜蚤跳甲，点额黑跳甲，莱蓝跳甲
radius [= radial vein; abb. R] 径脉
radix 翅基 < 指翅的基部及翅的着生点 >
Radoszkowskius 拉蚁蜂属
Radoszkowskius conversus (Chen) 逆拉蚁蜂
Radoszkowskius oculatus (Fabricius) 眼斑拉蚁蜂，眼斑驼盾蚁蜂
Radoszkowskius oculatus amartanus (Zavattari) 同 *Radoszkowskius oculatus oculatus*
Radoszkowskius oculatus oculatus (Fabricius) 眼斑拉蚁蜂指名亚种
Radoszkowskius retinulus (Chen) 来拉蚁蜂
Radotanypus 拉多长足摇蚊属
Radotanypus florens (Johannsen) 闪拉多长足摇蚊
radula [= raster] 复毛区
Raetzer's ringlet [*Erebia christi* Rätzer] 克理红眼蝶，油红眼蝶
raffinose 蜜三糖；棉子糖
Raffray's white [*Belenois raffrayi* (Oberthür)] 蓝斑黑贝粉蝶
raft 卵筏 < 指一些蚊科 Culicidae 昆虫漂浮于水面的筏状卵块 >
rag 颈部
Ragadia 玳眼蝶属
Ragadia annulata Grose-Smith 环纹玳眼蝶
Ragadia crisilda Hewitson [striped ringlet] 玳眼蝶
Ragadia crisilda crisilda Hewitson 玳眼蝶指名亚种
Ragadia crislida crisildina Joicey *et* Talbot 玳眼蝶海南亚种，海南玳眼蝶
Ragadia crisilda latifascaita Leech 玳眼蝶华西亚种，华西玳眼蝶
Ragadia crito de Nicéville 南亚玳眼蝶
Ragadia critolaus de Nicéville 缅泰玳眼蝶
Ragadia crohonica Semper 克罗玳眼蝶
Ragadia luzonia Felder *et* Felder 吕宋玳眼蝶
Ragadia maganda Yamaguchi *et* Aoki 马甘玳眼蝶
Ragadia makuta (Horsfield) [Malayan ringlet] 玛玳眼蝶，指名玳眼蝶
Ragadia melindena Felder *et* Felder 美林玳眼蝶
Ragadiinae 玳眼蝶亚科
ragged skipper [*Caprona pillaana* Wallengren] 指名彩弄蝶
ragged spruce gall adelgid [=ragged spruce gall aphid, *Pineus similis* Gillette] 白云杉松球蚜
ragged spruce gall aphid 见 ragged spruce gall adelgid
ragi stem borer [= Asiatic pink stem borer, pink stem borer, gramineous stem borer, pink borer, pink gramineous borer, pink rice borer, pink rice stem borer, purple borer, purple stem borer, purplish stem borer, *Sesamia inferens* (Walker)] 稻蛀茎夜蛾，大螟，紫螟，盗污阴夜蛾，盗蛀茎夜蛾
Raglius 弯齿长蝽属
Raglius alboacuminatus (Goeze) 弯齿长蝽
Raglius simplex (Jakovlev) 简弯齿长蝽
ragweed borer [= stem-galling moth, *Epiblema strenuanum* (Walker)] 豚草白斑小卷蛾，豚草卷蛾，猪草小卷蛾，猪草小卷叶蛾
ragweed leaf beetle [*Ophraella communa* LeSage] 广聚萤叶甲，猪草条纹萤金花虫
ragweed plant bug [*Chlamydatus associatus* (Uhler)] 猪草蓬盲蝽，猪草小黑盲蝽，猪草盲蝽
Ragwelellus 拉盲蝽属
Ragwelellus rubrinus Hu *et* Zheng 红色拉盲蝽
ragwort crown-boring plume moth [= ragwort plume moth, *Platyptilia isodactyla* (Zeller)] 等片羽蛾
ragwort leafminer [= chrysanthemum leaf miner, cineraria leafminer, chrysanthemum leafminer, *Chromatomyia syngenesiae* (Hardy)] 菊花彩潜蝇，菊植潜蝇，菊潜蝇，菊潜叶蝇
ragwort plume moth 见 ragwort crown-boring plume moth
Rahinda bieti (Oberthür) 见 *Pantoporia bieti*
raiding behavio(u)r 袭击行为
rail-fly [= caddis fly, caddisfly, sedge-fly, caddicefly, cadises, casefly, trichopteran, trichopteron, trichopterous insect] 石蛾 < 毛翅目 Trichoptera 昆虫的通称 >
rain beetle [= pleocomid beetle, pleocomid rain beetle, pleocomid] 毛金龟甲 < 毛金龟甲科 Pleocomidae 昆虫的通称 >
rain-forest faceted-skipper [= silius skipper, *Synapte silius* (Latreille)] 雨林散弄蝶，散弄蝶
rain-forest hoary-skipper [*Carrhenes calidius* Godman *et* Salvin] 凯丽苍弄蝶
rain gauge 雨量计
rain tree wax scale [= mango mealy bug, downey snow line mealy bug, *Rastrococcus iceryoides* (Green)] 吹绵平刺粉蚧，吹绵垒粉蚧，吹绵梳粉蚧，平刺粉蚧
rain worm [= nutgrass armyworm, African armyworm, mystery armyworm, true armyworm, hail worm, black armyworm, *Spodoptera exempta* (Walker)] 非洲贪夜蛾，非洲黏虫，莎草黏虫
rainbow dung beetle [= rainbow scarab beetle, *Phanaeus vindex* MacLeay] 彩虹蜣螂
rainbow leaf beetle [= Snowdon beetle, *Chrysolina cerealis* (Linnaeus)] 虹金叶甲
rainbow milkweed locust [*Phymateus saxosus* Coquerel] 彩虹齿脊蝗，马达加斯加齿脊蝗，彩虹乳草蝗虫
rainbow scarab beetle 见 rainbow dung beetle
rainbow sheath click beetle [*Campsosternus gemma* Candèze] 朱肩丽叩甲，红肋丽叩甲，彩虹叩头虫
rainbow shield bug [*Calidea dregii* Germar] 德氏棉盾蝽
rainbow tussock moth [= serva tussock moth, ficus tussock moth, crescent-moon tussock moth, *Lymantria serva* Fabricius] 虹毒蛾
rainforest acraea [*Acraea boopis* Wichgraf] 布珍蝶
rainforest brown [*Cassionympha cassius* (Godart)] 桂眼蝶
railroad worm [= apple maggot, apple fruit fly, *Rhagoletis pomonella* (Walsh)] 苹绕实蝇，苹实蝇，苹果实蝇
Rainieria 绒瘦足蝇属，蝶微脚蝇属
Rainieria leucochira Czerny 亮翅绒瘦足蝇，白翅微脚蝇
Rainieria triseta Li, Liu *et* Yang 三鬃绒瘦足蝇

raisin moth [*Cadra figulilella* (Gregson)] 葡萄干果斑螟，干果粉斑螟
Raivuna 彩象蜡蝉属
Raivuna cummingi (Distant) 弯曲彩象蜡蝉，台湾象蜡蝉
Raivuna formosicola (Matsumura) 台湾彩象蜡蝉，台象蜡蝉
Raivuna futana (Matsumura) 二名彩象蜡蝉，福坦象蜡蝉
Raivuna graminea (Fabricius) 禾本彩象蜡蝉
Raivuna manchuricola (Matsumura) 具斑彩象蜡蝉，东北象蜡蝉
Raivuna nakanonis (Matsumura) [Nakano longnosed planthopper] 中野彩象蜡蝉，中野象蜡蝉，中野尖头光蝉，中野长鼻蜡蝉
Raivuna ochracea (Lallemand) 黄褐彩象蜡蝉
Raivuna patruelis (Stål) 伯瑞彩象蜡蝉，伯瑞象蜡蝉，苹果象蜡蝉，长头蜡蝉，象蜡，象蜡蝉
Raivuna sinica (Walker) 中华彩象蜡蝉，中华象蜡蝉，华尖蜡蝉，中华透翅蜡蝉，黑背象蜡，黑背长头蜡蝉
Raivuna tomon (Matsumura) 托蒙彩象蜡蝉，东北象蜡蝉
Rajah Brooke's birdwing [*Trogonoptera brookiana* (Wallace)] 翠叶红颈凤蝶，翠叶凤蝶，红颈鸟翼凤蝶
Raja's soft scale [*Luzulaspis rajae* Kozár] 珞佳鲁丝蚧
rajgira weevil [*Hypolixus truncatulus* (Fabricius)] 平截亥象甲，滇刺枣象甲
Rakosina 苇金小蜂属
Rakosina deplanata Bouček 扁苇金小蜂
Rakovicius 拉蜉金龟甲属，拉科维茨沙蜉金龟属
Rakovicius ainu (Lewis) 环拉蜉金龟甲，环沙蜉金龟，艾蛛蜉金龟
Rakovicius coreanus (Kim) 韩国拉蜉金龟甲
Rakovicius lanae Masumoto 蓝氏拉蜉金龟甲，蓝氏拉科维茨沙蜉金龟
Rakovicius subopacus (Nomura) 淡黑拉蜉金龟甲，淡黑拉科维茨沙蜉金龟，暗蛛蜉金龟
Rakta 赤叉脉叶蝉属
Rakta sinuata Christopher 波茎赤叉脉叶蝉
ralie-rooivlerkie [= eastern scarlet, commom scarlet, scarlet butterfly, *Axiocerses tjoane* Wallengren] 丽斑轴灰蝶
Rallicola 秧鸡鸟虱属
Rallicola clayae Tandan 白胸苦恶鸟秧鸡鸟虱 <此种学名有误写为 *Rallicola clayi* Tandan 者>
Rallicola cuspidatus (Scopoli) 普通秧鸡秧鸡鸟虱
Rallicola ferrisi Emerson 费氏秧鸡鸟虱
Rallicola fulicae (Denny) 骨顶鸡秧鸡鸟虱
Rallicola indicus Emerson *et* Elbel 铜翅水雉秧鸡鸟虱
Rallicola microcephalus Uchida 同 *Rallicola minutus*
Rallicola minutus (Nitzsch) 小秧鸡鸟虱
Rallicola mystax (Giebel) 斑胸田鸡秧鸡鸟虱
Rallicola ortygometrae (Schrank) 长脚秧鸡秧鸡鸟虱
Rallicola parani Eichler 黑水鸡秧鸡鸟虱
Rallicola porzanae Piaget 波氏秧鸡鸟虱
Rallicola sulcatus (Piaget) 水秧鸡雉鸟虱，水雉扒鸟虱
Rallicola thompsoni Teneiro 紫水鸡秧鸡鸟虱
Ramachandran plot 拉氏图，拉曼图
Ramadasa 枝夜蛾属
Ramadasa pavo (Walker) 枝夜蛾，洛玛夜蛾
ramal 分枝的
Ramburiella 土库曼蝗属
Ramburiella bolivari (Kuthy) 无斑土库曼蝗
Ramburiella foveolata Tarbinsky 裸垫土库曼蝗
Ramburiella turcomana (Fischer von Waldheim) 土库曼蝗
Ramdasoma 拉氏广肩小蜂属
Ramdasoma simplexus Narendran 简拉氏广肩小蜂
ramellus 中脉残 <在姬蜂前翅中，中脉不完全时的末端残段>
Ramesa 枝舟蛾属
Ramesa albistriga (Moore) 豹枝舟蛾，豹舟蛾，白纹枝舟蛾，白纹托舟蛾
Ramesa baenzigeri Schintlmeister *et* Fang 贝枝舟蛾
Ramesa bhutanica (Bänziger) 不丹枝舟蛾
Ramesa huaykaeoensis (Bänziger) 圆顶枝舟蛾，怀枝舟蛾
Ramesa siamica (Bänziger) 泰枝舟蛾
Ramesa tosta Walker 枝舟蛾，姬豹舟蛾
rami [pl. ramus] 分支
rami valvularum 产卵瓣基支 <指第一、第二产卵瓣基部常细长而着生于负瓣片的部分>
ramie caterpillar [= ramie moth, false nettle noctuid, China grass banded caterpillar, *Arcte coerula* (Guenée)] 苎麻封夜蛾，苎麻夜蛾
ramie leaf moth [= brown tussock moth, hairy tussock moth, *Dasychira mendosa* (Hübner)] 沁茸毒蛾，茶叶褐毒蛾，基斑毒蛾，柑毒蛾，茶青带毒蛾
ramie longicorn beetle [= blue-tinted longhorn woodborer, *Paraglenea fortunei* (Saunders)] 苎麻双脊天牛，苎麻天牛
ramie moth 见 ramie caterpillar
ramification 分枝
ramify 分枝
Ramila 盾额禾螟属
Ramila acciusalis Walker 橙缘盾额禾螟
Ramila marginella Moore 褐缘盾额禾螟
Ramivena 枝脉蝽属
Ramivena emeiensis (Ling) 峨眉枝脉蝽，峨眉真蝽
Ramivena mosaica (Hsiao *et* Cheng) 斑枝脉蝽，斑真蝽
Ramivena nigrivitta Fan *et* Liu 黑线枝脉蝽
Ramivena parazhengi Fan *et* Liu 拟郑氏枝脉蝽
Ramivena zhengi (Rider) 郑氏枝脉蝽，郑氏真蝽
Rammeacris gracilis (Ramme) 同 *Ceracris fasciata fasciata*
Rammeacris kiangsu (Tsai) 见 *Ceracris kiangsu*
Ramobia 耳尺蛾属，拉茅尺蛾属
Ramobia anmashana Satô 鞍马山耳尺蛾
Ramobia basifuscaria (Leech) 褐基耳尺蛾，褐基拉茅尺蛾
Ramobia catachrysa (Wehrli) 卡耳尺蛾，卡霜尺蛾
Ramobia catocirra (Wehrli) 卡托耳尺蛾，卡托霜尺蛾
Ramobia diodontota (Wehrli) 刺耳尺蛾，刺霜尺蛾
Ramonda 拉寄蝇亚属，拉寄蝇属
Ramonda delphinensis Villeneuve 见 *Periscepsia* (*Ramonda*) *delphinensis*
Ramonda prunaria (Rondani) 见 *Periscepsia* (*Ramonda*) *prunaria*
Ramonda spathulata (Fallén) 同 *Periscepsia* (*Ramonda*) *prunaria*
Ramon's blue [*Hemiargus ramon* (Dognin)] 蓝褐灰蝶
ramose [= ramosus, ramous] 分枝的
ramose seta 枝毛
Ramosia bibionipennis (Boisduval) 见 *Synanthedon bibionipennis*
Ramosia mellinipennis (Boisduval) 见 *Synanthedon mellinipennis*
Ramosia rhododendri (Beutenmüller) 见 *Synanthedon rhododendri*

ramosus 见 ramose
ramous 见 ramose
Ramulini 短角枝蛸族
Ramuliseta 枝芒蝇属
Ramuliseta palpifera Keiser 须枝芒蝇
Ramuliseta thaica Korneyev 泰国枝芒蝇
Ramulus 短角棒蛸属，短肛竹节虫属
Ramulus acutus (Chen *et* He) 尖突角棒蛸，尖突短肛蛸
Ramulus altissimus (Chen *et* Zhang) 高山短角棒蛸，高山短肛蛸
Ramulus annuliventris (Chen *et* He) 环腹短角棒蛸，环腹短肛蛸
Ramulus antennatus (Chen *et* Li) 显角短角棒蛸，显角短肛蛸
Ramulus arrogans (Brunner von Wattenwyl) 硕短角棒蛸，硕短肛蛸
Ramulus asaphus (Chen *et* He) 隐脊短角棒蛸，隐脊短肛蛸
Ramulus baishuijiangius (Chen) 白水江短角棒蛸，白水江短肛蛸，白水江瘦枝蛸
Ramulus bannaensis (Chen, Shang *et* Pei) 版纳短角棒蛸，版纳仿短肛蛸
Ramulus bifarius (Chen *et* He) 二列短角棒蛸，二列短肛蛸
Ramulus bituberculatus (Redtenbacher) 见 *Sceptrophasma bituberculatum*
Ramulus bomiensis (Chen *et* He) 波密短角棒蛸，波密短肛蛸
Ramulus brachycerus (Chen *et* He) 小角短角棒蛸，小角短肛蛸
Ramulus brevianalus (Chen *et* He) 短臀短角棒蛸，短臀短肛蛸
Ramulus brevicercatus (Chen) 短须短角棒蛸，短须短肛蛸
Ramulus brunneus (Chen *et* He) 褐纹短角棒蛸，褐纹短肛蛸，褐纹短肛棒蛸
Ramulus caii (Brock *et* Seow-Choen) 蔡氏短角棒蛸，蔡氏短肛蛸
Ramulus chinensis (Brunner von Wattenwyl) 见 *Baculonistria chinense*
Ramulus chongxinensis (Chen *et* He) 崇信短角棒蛸，崇信短肛蛸
Ramulus coomani (Chen *et* Shang) 考氏短角棒蛸
Ramulus diaoluoshanensis (Ho) 吊罗山短角棒蛸，吊罗山短角枝蛸
Ramulus dolichocercatus (Bi *et* Wang) 长须短角棒蛸，长须短肛蛸
Ramulus ecarinatus (Bi *et* Lian) 缺隆短角棒蛸，缺隆线短肛蛸
Ramulus elaboratus (Brunner von Wattenwyl) 细粒短角棒蛸，细粒短肛蛸，广东短肛蛸
Ramulus fasciatus (Chen *et* He) 横纹短角棒蛸，横纹短肛蛸
Ramulus femoratus (Chen) 奇股短角棒蛸，畸股短肛蛸
Ramulus flavofasciatus (Chen *et* He) 黄带短角棒蛸，黄带短肛蛸
Ramulus flavovittatus (Chen *et* Li) 黄纵条短角棒蛸，黄纵条短肛蛸
Ramulus formosanus (Shiraki) 台湾短角棒蛸，台湾短肛竹节虫，台湾短肛蛸
Ramulus fuscothoracicus (Liu *et* Cai) 棕胸短角棒蛸，棕胸短肛蛸
Ramulus gansuensis(Chen *et* Wang) 甘肃短角棒蛸，甘肃短肛蛸
Ramulus giganteus (Chert *et* Li) 大短角棒蛸，大短肛蛸
Ramulus grandis (Chen *et* He) 梵净大短角棒蛸，梵净大短肛蛸
Ramulus granulatus (Shiraki) 颗粒短角棒蛸，颗粒短肛竹节虫，颗粒短肛蛸
Ramulus granulosus (Chen *et* He) 密粒短角棒蛸，密粒短肛蛸
Ramulus hainanensis (Chen *et* He) 海南短角棒蛸，海南短肛蛸
Ramulus huayingensis (Chen *et* He) 华蓥短角棒蛸，华蓥短肛蛸
Ramulus inermus (Bi) 无锥短角棒蛸，无锥短肛蛸
Ramulus interdentatus (Chen) 间齿短角棒蛸，间齿短肛蛸
Ramulus interruptus (Chen *et* He) 断脊短角棒蛸，断脊短肛蛸
Ramulus intersulcatus (Chen *et* He) 断沟短角棒蛸，断沟短肛蛸
Ramulus irregulariterdentatus (Brunner von Wattenwyl) 乱齿短角棒蛸
Ramulus jianfenglingensis (Chen *et* He) 尖峰岭短角棒蛸，尖峰岭短肛蛸
Ramulus jigongshanensis (Chen *et* Li) 鸡公山短角棒蛸，鸡公山短肛蛸
Ramulus jinnanensis (Chen) 晋南短角棒蛸，晋南短肛蛸
Ramulus jinxiuensis (Chen *et* He) 金秀短角棒蛸，金秀短肛蛸
Ramulus kangxianensis (Chen *et* Wang) 康县短角棒蛸，康县短肛蛸
Ramulus lanceus Liu *et* Cai 剑臀短角棒蛸
Ramulus lianxianensis (Chen, He *et* Chen) 连县短角棒蛸，连县短肛蛸
Ramulus liboensis (Chen *et* Ran) 荔波短角棒蛸，荔波短肛蛸
Ramulus lineaticeps (Brunner von Wattenwyl) 黄线短角棒蛸，黄线短肛蛸
Ramulus lineatus (Liu *et* Cai) 线纹短角棒蛸，线纹短肛蛸
Ramulus longianalus (Chen *et* He) 长臀短角棒蛸，长臀短肛蛸
Ramulus longmenensis(Chen *et* He) 龙门短角棒蛸，龙门短肛蛸
Ramulus luopingensis (Chen *et* Yin) 罗平短角棒蛸，罗平短肛蛸
Ramulus maoershanensis (Chen *et* He) 猫儿山短角棒蛸，猫儿山短肛蛸
Ramulus magnus (Brunner von Wattenwyl) 见 *Baculonistria magna*
Ramulus maolanensis (Chen *et* Ran) 茂兰短角棒蛸，茂兰短肛蛸
Ramulus mikado (Rehn) 异齿短肛棒蛸
Ramulus minutidentatus (Chen *et* He) 小齿短角棒蛸，小齿短肛蛸
Ramulus nigrifactus (Chen *et* Li) 黑胸短角棒蛸，黑胸短肛蛸
Ramulus nigrolineatus (Chen *et* He) 黑线短角棒蛸，黑线短肛蛸
Ramulus obliquus (Chen *et* He) 歪角短角棒蛸，歪角短肛蛸
Ramulus obnoxius (Brunner von Wattenwyl) 小短角棒蛸，小短肛蛸
Ramulus paulus (Chen *et* He) 寡粒短角棒蛸，寡粒短肛蛸
Ramulus perfidus (Giglio-Tos) 基氏短角棒蛸，基氏短肛蛸
Ramulus phyllodeus (Chen *et* He) 叶角短角棒蛸，叶角短肛蛸
Ramulus pingliensis (Chen *et* He) 平利短角棒蛸，平利短肛蛸
Ramulus platycercatus (Chen *et* He) 扁须短角棒蛸，扁须短肛蛸
Ramulus porrectus (Brunner von Wattenwyl) 叶足短角棒蛸，叶足短肛蛸
Ramulus pseudoarrogans (Chen *et* He) 拟硕短角棒蛸，拟硕短肛蛸
Ramulus rotundus (Chen *et* He) 圆粒短角棒蛸，圆粒短肛蛸
Ramulus rotunginus (Giglio-Tos) 藏短角棒蛸，藏短肛蛸
Ramulus scalpratus Liu *et* Cai 刀臀短角棒蛸
Ramulus sparsidentatus (Chen *et* He) 疏齿短角棒蛸，疏齿短肛蛸
Ramulus sparsihirtus (Chen *et* He) 稀毛短角棒蛸，稀毛短肛蛸
Ramulus spatulatus (Bi) 匙瓣短角棒蛸，匙瓣短肛蛸
Ramulus spinulosus (Chen *et* Wang) 小刺短角棒蛸，小刺短肛蛸
Ramulus thaii (Hausleithner) 泰短角棒蛸，泰短肛蛸
Ramulus tianmushanensis (Chen *et* He) 天目山短角棒蛸，天目山短肛蛸
Ramulus tiantaiensis (Zhou) 天台短角棒蛸，天台短肛蛸

R

Ramulus trilineatus (Chen *et* He) 三线短角棒䗛，三线短肛䗛
Ramulus versicolorus (Chen *et* Wang) 花角短角棒䗛，花角短肛䗛
Ramulus vicinus (Chen) 邻短角棒䗛，邻短肛䗛
Ramulus viridulus (Chen *et* Li) 绿线短角棒䗛，绿线短肛䗛
Ramulus wenxianensis (Chen *et* Wang) 文县短角棒䗛，文县短肛䗛
Ramulus wuyishanensis (Chen) 武夷山短角棒䗛，武夷山短肛䗛
Ramulus xiaguanensis (Chen *et* He) 下关短角棒䗛，下关短肛䗛
Ramulus xinganensis (Chen *et* He) 兴安短角棒䗛，兴安短肛䗛
Ramulus xingshanensis (Chert *et* He) 兴山短角棒䗛，兴山短肛䗛
Ramulus xixiaensis (Cher) 西峡短角棒䗛，西峡短肛䗛
Ramulus yongrenensis (Chen *et* He) 永仁短角棒䗛，永仁短肛䗛
ramus [pl. rami] 分支
ramusis scarlet-eye [*Dyscophellus ramusis* (Cramer)] 枝傣弄蝶
Ranacridinae 蛙蝗亚科
Ranacris 蛙蝗属
Ranacris albicornis You *et* Lin 白斑蛙蝗
Ranacris jinpingensis Zheng, Lin, Deng *et* Shi 金平蛙蝗
Ranatra 螳蝎蝽属
Ranatra chinensis Mayr [Chinese water scorpion] 中华螳蝎蝽，华杆蝎蝽，螳蝽，中华螳蝽，螳蝎蝽
Ranatra falloui Montandon 等瀑螳蝎蝽，法螳蝽
Ranatra filiformis Fabricius 纤长螳蝎蝽，丝螳蝽
Ranatra incisa Chen, Nieser *et* Ho 刻螳蝎蝽，长足螳蝎蝽
Ranatra lansburyi Chen, Nieser *et* Ho 兰氏螳蝎蝽，兰斯布瑞螳蝎蝽
Ranatra linearis (Linnaeus) 线形螳蝎蝽，修螳蝽
Ranatra longipes Stål 长足螳蝎蝽，长螳蝽
Ranatra recta Chen, Nieser *et* Ho 直螳蝎蝽
Ranatra sterea Chen, Nieser *et* Ho 固螳蝎蝽
Ranatra unicolor Scott [small water scorpion] 一色螳蝎蝽，一色杆蝎蝽，小蝎蝽
Ranatrinae 螳蝎蝽亚科
Randall's pine weevil [*Pissodes affinis* Randall] 拉氏木蠹象甲
random amplified polymorphic DNA 随机引物多态性扩增 DNA
random arrangement 随机排列
random distribution 1. 随机分布 <= Poisson distribution 泊松分布，波松分布，普阿松分布，普瓦松分布 >；2. 随机分配
random error 偶然误差
Random Forest [abb. RF] 随机森林 < 一种生态学和机器学习方法 >
random mating 随机交配
random predator equation 随机捕食方程
random primer 随机引物
random sample 随机样品
random sampling 1. 随机取样；2. 随机抽样法
random seed 随机数种子
randomized replication 随机重复
range caterpillar [*Hemileuca oliviae* Cockerell] 行列半白大蚕蛾，牧草大蚕蛾，牧草天蚕蛾
range crane fly [*Tipula simplex* Doane] 牧场大蚊
rank 等级
ranka skipper [*Thoon ranka* Evans] 阶腾弄蝶
rapacious [= predatory, predacious, ratatory, raptorial, predaceous] 捕食性的，捕食的
Rapala 燕灰蝶属
Rapala abnormis Elwes 雅燕灰蝶
Rapala affinis Röber 拟似燕灰蝶
Rapala arata (Bremer) [Japanese flash, bush-clover lycaenid, tiger hairstreak] 宽带燕灰蝶，胡枝子灰蝶
Rapala arata arata (Bremer) 宽带燕灰蝶指名亚种
Rapala arata tyrianthina (Butler) 同 *Rapala arata arata*
Rapala betuloides Blanchard 黄燕灰蝶，倍燕灰蝶
Rapala bomiensis Lee 波密燕灰蝶
Rapala buxaria de Nicéville 布燕灰蝶
Rapala caerulea (Bremer *et* Grey) 蓝燕灰蝶
Rapala caerulea caerulea (Bremer *et* Grey) 蓝燕灰蝶指名亚种
Rapala caerulea formosicola Matsumura 同 *Rapala caerulea liliacea*
Rapala caerulea liliacea Nire 蓝燕灰蝶淡紫亚种，堇彩燕灰蝶，淡紫小灰蝶，燕灰蝶，橙斑痣灰蝶，彩燕灰蝶，台湾蓝燕灰蝶
Rapala caerulea tatakkana Matsumura 同 *Rapala caerulea liliacea*
Rapala cassidyi Takanami [Cassidy's flash] 凯氏燕灰蝶
Rapala catena South 卡燕灰蝶
Rapala cindy d'Abrera 兴燕灰蝶
Rapala cowani Corbet 珂燕灰蝶
Rapala cyrhestica Fruhstorfer 塞燕灰蝶
Rapala damona Swinhoe 大漠燕灰蝶
Rapala dieneces (Hewitson) 苔燕灰蝶
Rapala dioetas (Hewitson) 滴燕灰蝶
Rapala diopetes Hewitson 地奥燕灰蝶
Rapala domitia (Hewitson) [yellow flash] 多米提燕灰蝶
Rapala donganensis Wang, Li *et* Niu 东安燕灰蝶
Rapala drasmos Druce 德燕灰蝶
Rapala elcia (Hewitson) 爱丝燕灰蝶
Rapala extensa Evans 艾克燕灰蝶
Rapala formosicola tatakkana Matsumura 同 *Rapala caerulea liliacea*
Rapala hades (de Nicéville) 哈德燕灰蝶
Rapala hinomaru Fujioka 日之丸燕灰蝶
Rapala iarbus (Fabricius) [common red flash] 红燕灰蝶
Rapala koshunna Sonan 同 *Deudorix epijarbas*
Rapala lankana Moore 兰开燕灰蝶
Rapala manea (Hewitson) [slate flash] 麻燕灰蝶
Rapala manea manea (Hewitson) 麻燕灰蝶指名亚种
Rapala manea schistacea Moore [Bengal slate flash] 麻燕灰蝶孟加拉国亚种，泥黄燕灰蝶
Rapala melampus (Stoll) [Indian red flash] 印度燕灰蝶
Rapala melida Fruhstorfer 莫丽燕灰蝶
Rapala micans (Bremer *et* Grey) 美燕灰蝶，迷燕灰蝶
Rapala micans haniae Huang 美燕灰蝶哈尼亚种
Rapala micans micans (Bremer *et* Grey) 美燕灰蝶指名亚种
Rapala mikaae Sinkai *et* Morita 迷燕灰蝶
Rapala nemorensis Oberthür 奈燕灰蝶
Rapala nissa (Kollar) 霓纱燕灰蝶
Rapala nissa hirayamana Matsumura 霓纱燕灰蝶平山亚种，霓彩燕灰蝶，平山小灰蝶，闪蓝长尾灰蝶，雾社小灰蝶，蓝紫痣灰蝶，霓燕灰蝶，平山霓沙燕灰蝶
Rapala nissa nissa (Kollar) 霓纱燕灰蝶指名亚种，指名霓沙燕灰

蝶

Rapala pheretima (Hewitson) [copper flash] 绯烂燕灰蝶

Rapala pheretima petosiris (Hewitson) 绯烂燕灰蝶海南亚种，海南绯烂燕灰蝶

Rapala pheretima pheretima (Hewitson) 绯烂燕灰蝶指名亚种

Rapala rectivitta (Moore) 直带燕灰蝶

Rapala refulgens de Nicéville 闪烁燕灰蝶

Rapala renata Fruhstorfer 容纳燕灰蝶

Rapala repercussa Leech 白带燕灰蝶

Rapala rhoda de Nicéville 蔷薇燕灰蝶

Rapala rhodopis de Nicéville 玫瑰燕灰蝶

Rapala rhoecus de Nicéville 罗燕灰蝶

Rapala ribbei Röber 丽贝燕灰蝶

Rapala rosacea de Nicéville 玫花燕灰蝶

Rapala rubida Tytler 红韵燕灰蝶

Rapala sankakuhonis Matsumura 见 *Deudorix sankakuhonis*

Rapala scintilla de Nicéville 火花燕灰蝶

Rapala scintilla scintilla de Nicéville 火花燕灰蝶指名亚种，指名火花燕灰蝶

Rapala selira (Moore) 彩燕灰蝶

Rapala sphinx (Fabricius) [brilliant flash] 灿燕灰蝶

Rapala subpurpurea Leech 亚燕灰蝶，亚紫燕灰蝶

Rapala suffusa (Moore) 点染燕灰蝶

Rapala suffusa catula (Fruhstorfer) 点染燕灰蝶印尼亚种，卡森燕灰蝶

Rapala suffusa suffusa (Moore) 点染燕灰蝶指名亚种，指名点染燕灰蝶

Rapala sylvana (Oberthür) 见 *Deudorix sylvana*

Rapala takasagonis Matsumura 高砂子燕灰蝶，高砂燕灰蝶，高砂小灰蝶，高砂长尾灰蝶，高砂痣灰蝶

Rapala tara de Nicéville 塔燕灰蝶

Rapala tyrianthina (Butler) 同 *Rapala arata*

Rapala vajana Corbet 佛燕灰蝶，瓦燕灰蝶

Rapala varuna (Horsfield) [indigo flash] 燕灰蝶

Rapala varuna formosana Fruhstorfer 燕灰蝶垦丁亚种，垦丁小灰蝶，埔里小灰蝶，枣长尾灰蝶，台湾燕灰蝶

Rapala varuna lazulina Moore [Lazuli flash] 燕灰蝶拉氏亚种

Rapala varuna orseis Hewitson [variable indigo flash] 燕灰蝶多变亚种，海南燕灰蝶

Rapala varuna rogersi Swinhoe [Nicobar indigo flash] 燕灰蝶尼岛亚种

Rapala varuna varuna (Horsfield) 燕灰蝶指名亚种

Rapala xenophon (Fabricius) 同 *Rapala dieneces*

Rapala xenophon catulus Fruhstorfer 见 *Rapala suffusa catula*

Raparna 瑰夜蛾属

Raparna discoinsignita Strand 狄瑰夜蛾

Raparna nebulosa (Moore) 暗瑰夜蛾

Raparna obenbergeri Strand 奥瑰夜蛾

Raparna roseata Wileman *et* South 红纹瑰夜蛾

Raparna sordida (Wileman *et* South) 污瑰夜蛾

Raparna transversa Moore 横线瑰夜蛾

rape beetle [= common pollen beetle, rape pollen beetle, *Brassicogethes aeneus* (Fabricius)] 油菜花露尾甲，铜菜花露尾甲，油菜露尾甲

rape flea beetle [= daikon flea beetle, radish flea beetle, cabbage flea beetle, *Psylliodes punctifrons* Baly] 油菜蚤跳甲，点额黑跳甲，菜蓝跳甲

rape pollen beetle 见 rape beetle

rape worm [*Evergestis extimalis* (Scopoli)] 茴香薄翅野螟，油菜螟

Raphanocera 锥角水虻属

Raphanocera turanica Pleske 图兰锥角水虻

raphe 丝压背棍 < 鳞翅目幼虫吐丝器中压丝器背壁的中骨化棍 >

Raphia 莽夜蛾属

Raphia corax Draudt 鸦莽夜蛾，柯莽夜蛾

Raphia peusteria Püngeler 波莽夜蛾

Raphidia 蛇蛉属

Raphidia formosana Okamoto 见 *Mongoloraphidia* (*Formosoraphidia*) *formosana*

Raphidia sinica Steinmann 中华蛇蛉，中国蛇蛉

raphidian [=raphidiopteron，raphidiopterous insect,raphidiopteran, snakefly,serpentfly] 蛇蛉 < 蛇蛉目 Raphidiidae 昆虫的通称 >

raphidiid 1. [= raphidiid snakefly] 蛇蛉 < 蛇蛉科 Raphidiidae 昆虫的通称 >；2. 蛇蛉科的

raphidiid snakefly [= raphidiid] 蛇蛉

Raphidiidae 蛇蛉科 < 此科学名有误写为 Raphididae 者 >

Raphidiodea 见 Raphidioptera

Raphidioidea 见 Raphidioptera

Raphidioptera[= Raphidioidea，Raphidiodea，Rhaphidioptera，Aponeuroptera，Tetramera] 蛇蛉目

raphidiopteran 见 raphidian

raphidiopterist [= raphidiopterologist] 蛇蛉学者，蛇蛉目工作者

raphidiopterological 蛇蛉学的

raphidiopterologist 见 raphidiopterist

raphidiopterology 蛇蛉学

raphidiopteron 见 raphidian

raphidiopterous 蛇蛉的，蛇蛉目昆虫的

raphidiopterous insect 见 raphidian

Raphiglossidae 长唇胡蜂科

Raphiinae 莽夜蛾亚科

rapid plant bug [*Adelphocoris rapidus* (Say)] 速苜蓿盲蝽，苜蓿褐盲蝽

Rapisma 山蛉属

Rapisma changqingense Liu 长青山蛉

Rapisma chikuni Liu 集昆山蛉

Rapisma daianum Yang 傣族山蛉

Rapisma xizangense Yang 西藏山蛉

Rapisma yanhuangi Yang 炎黄山蛉

Rapisma zayuanum Yang 同 *Rapisma xizangense*

Rapites 迅盗猎蝽属

Rapites elongatum Villiers 长迅盗猎蝽

Rappardiella 冉帕氏蚜属

Rappardiella cymigalla Qiao *et* Zhang 冉帕氏蚜

raptatory 见 rapacious

Raptoria 捕食类 < 指螳螂目等前足适于捕捉者 >

raptorial 见 rapacious

raptorial antenna 捕捉触角

raptorial leg [= pedes raptorri] 捕捉足

raptorious 见 rapacious

Raractocetus 拉筒蠹属

Raractocetus emarginatus (LaPorte) 茶色拉筒蠹，茶色短鞘筒蠹
Rarasanus subfasciatus Matsushita 见 *Nanohammus subfasciatus*
rare albatross [= orange albatross, *Appias ada* (Stoll)] 淡黄尖粉蝶
rare brown dots [*Micropentila flavopunctata* Stempffer *et* Bennett] 黄点晓灰蝶
rare click beetle [= cerophytid beetle, cerophytid] 树叩甲 < 树叩甲科 Cerophytidae 昆虫的通称 >
rare elf [*Procampta rara* Holland] 罕弄蝶
rare emperor [*Doxocopa linda* (Felder)] 林达荣蛱蝶
rare leaf sitter [*Gorgyra sola* Evans] 稀槁弄蝶
rare musanga acraea [*Acraea vesperalis* Grose-Smith] 伟珍蝶
rare skipper [*Problema bulenta* (Boisduval *et* LeConte)] 褐砖弄蝶
rare species 稀有种
rare tufted-skipper [= confused pellicia, angra skipper, *Pellicia angra* Evans] 安皮弄蝶
rare white spot skipper [= yellow ochre, *Trapezites lutea* (Tepper)] 白点梯弄蝶
rarefaction 稀疏化
rarefaction curve 稀疏性曲线，稀释性曲线
Rasahus 冉盗猎蝽属
Rasahus abolitus Swanson 小冉盗猎蝽
Rasahus aeneus (Walker) 铜冉盗猎蝽
Rasahus albomaculatus (Mayr) 白斑冉盗猎蝽
Rasahus amapaensis Coscarón 阿马帕冉盗猎蝽
Rasahus arcitenens Stål 月冉盗猎蝽
Rasahus arcuiger (Stål) 绒冉盗猎蝽
Rasahus bifurcatus Champion 叉冉盗猎蝽
Rasahus biguttatus (Say) 双斑冉盗猎蝽
Rasahus brasiliensis Coscarón 巴西冉盗猎蝽
Rasahus castaneus Coscarón 栗冉盗猎蝽
Rasahus deliquus Swanson 少斑冉盗猎蝽
Rasahus flavovittatus Stål 黄带冉盗猎蝽
Rasahus grandis Fallou 巨冉盗猎蝽
Rasahus guttatipennis (Stål) 点冉盗猎蝽
Rasahus hamatus (Fabricius) 钩冉盗猎蝽
Rasahus maculipennis (Peletier *et* Serville) 方斑冉盗猎蝽
Rasahus myrmecinus (Erichson) 碟冉盗猎蝽
Rasahus paraguayaensis Coscarón 巴拉圭冉盗猎蝽
Rasahus peruensis Coscarón 秘鲁冉盗猎蝽
Rasahus scutellaris (Fabricius) 褐冉盗猎蝽
Rasahus setosus Berenger, Gil-Santana *et* Pluot-Sigwalt 扁冉盗猎蝽
Rasahus sulcicollis (Serville) 条冉盗猎蝽
Rasahus surinamensis Coscarón 苏里南冉盗猎蝽
Rasahus thoracicus Stål 异胸冉盗猎蝽
Rasivalva 端毛茧蜂属
Rasivalva longivena Song *et* Chen 长脉端毛茧蜂
rasorial 搔拨的 < 指昆虫之用足搔拨 >
rasp 刮器，音锉
raspa skipper [*Paratrytone raspa* (Evans)] 草地棕色弄蝶
raspberry aphid [= large raspberry aphid, European large raspberry aphid, *Amphorophora idaei* Börner] 悬钩子膨管蚜，莓膨管蚜
raspberry beetle 1. [= European raspberry fruitworm, *Byturus tomentosus* (De Geer)] 绒树小花甲，绒树莓小花甲，罗甘莓小花甲，树莓小花甲；2. [= common raspberry fruitworm, raspberry fruitworm, *Byturus unicolor* Say] 悬钩子小花甲
raspberry borer [= rose stem borer, rose stem girdler, bronze cane borer, cane fruit borer, *Agrilus cuprescens* (Ménétriés)] 铜光窄吉丁甲，蔷薇窄吉丁甲，蔷薇窄吉丁，蔷薇茎长吉丁，金色窄吉丁
raspberry bud dagger [= raspberry bud dagger moth, raspberry bud moth, southern oak dagger moth, peach sword stripe night moth, *Acronicta increta* Morrison] 阴剑纹夜蛾
raspberry bud dagger moth 见 raspberry bud dagger
raspberry bud moth 1. [*Lampronia rubiella* (Bjerkand)] 悬钩子亮丝兰蛾，悬钩子芽穿孔蛾；2. [= raspberry bud dagger moth, raspberry bud dagger, southern oak dagger moth, peach sword stripe night moth, *Acronicta increta* Morrison] 阴剑纹夜蛾
raspberry cane borer [*Oberea bimaculata* (Olivier)] 悬钩子沟胫天牛
raspberry cane maggot [*Pegomya rubivora* (Coquillett)] 悬钩子泉蝇，悬钩子花蝇
raspberry crown borer [= raspberry root borer, blackberry clearwing borer, *Pennisetia marginata* (Harris)] 悬钩子羽角透翅蛾，悬钩子透翅蛾，悬钩子根透翅蛾
raspberry fruitworm [= common raspberry fruitworm, raspberry beetle, *Byturus unicolor* Say] 悬钩子小花甲
raspberry horntail [*Hartigia cressoni* (Kirby)] 悬钩子哈茎蜂
raspberry ketone acetate [abb. RKA] 覆盆子酮乙酸酯
raspberry ketone formate [abb. RKF] 覆盆子酮甲酸酯
raspberry leaf roller [*Olethreutes permundana* (Clemens)] 悬钩子新小卷蛾，悬钩子小卷蛾，悬钩子小卷叶蛾
raspberry root borer 见 raspberry crown borer
raspberry sawfly [*Monophadnoides geniculatus* (Hartig)] 悬钩子叶刃叶蜂，悬钩子叶蜂
rasping-sucking mouthparts 锉吸式口器
Rasputinka 戟额斑螟属
Rasputinka longifasciaria Liu *et* Li 长带戟额斑螟
raspy cricket [= gryllacridid cricket, leaf-rolling cricket, wolf cricket, gryllacridid] 蟋螽 < 蟋螽科 Gryllacrididae 昆虫的通称 >
raster [pl. rastri] 复毛区 < 金龟子幼虫最后腹节腹面，在肛门前的一复杂而有一定排列的裸区、毛及刺。同 radula>
rastra 颚叶毛列 < 位于或邻近内颚叶或外颚叶缘的刚毛行 >
rastrate [= rastratus] 有抓痕的
rastratus 见 rastrate
rastri [s. raster] 复毛区
Rastrococcus 平刺粉蚧属，梳粉蚧属，垒粉蚧属，平粉介壳虫属
Rastrococcus cappariae Avasthi *et* Shafee 印度平刺粉蚧，印度垒粉蚧
Rastrococcus chinensis Ferris 中华平刺粉蚧，中华垒粉蚧，中华梳粉蚧
Rastrococcus iceryoides (Green) [mango mealy bug, downey snow line mealy bug, rain tree wax scale] 吹绵平刺粉蚧，吹绵垒粉蚧，吹绵梳粉蚧，平刺粉蚧
Rastrococcus invadens Williams 西非平刺粉蚧，西非垒粉蚧，西非平粉蚧
Rastrococcus mangiferae (Green) [mango shield scale] 杧果平刺粉蚧，杧果垒粉蚧，杧果梳粉蚧，檬果平粉介壳虫
Rastrococcus spinosus (Robinson) [Philippine mango mealybug] 多

刺平刺粉蚧，多刺垒粉蚧，蛛丝平刺粉蚧，刺梳粉蚧，刺平粉介壳虫

rat-bitten cocoon 鼠口茧 < 家蚕的 >

rat-tailed larva 鼠尾蛆 < 属蚜蝇科 Syrphidae>

rat-tailed maggot [= drone fly, *Eristalis tenax* (Linnaeus)] 长尾管蚜蝇，蜂蝇，顽固蚜蝇，管尾蛆 < 幼虫 >

Ratarda 缺缰蛾属

Ratarda excellens (Strand) 优缺缰蠹蛾，缺缰蠹蛾

Ratarda tertia Strand 缺缰蛾，缺缰木蠹蛾

ratardid 1. [= ratardid moth, oriental parnassian moth] 缺缰蛾，缺缰木蠹蛾，缺缰蠹蛾 < 缺缰蛾科 Ratardidae 昆虫的通称 >；2. 缺缰蛾科的

ratardid moth [= ratardid, oriental parnassian moth] 缺缰蛾，缺缰木蠹蛾，缺缰蠹蛾

Ratardidae 缺缰蛾科，缺缰木蠹蛾科，缺缰蠹蛾科

rate of development 发育速率

rate of fertilization 受精卵率

rate of growth 生长速率

rate of incidencerate 感染率

rate of morfality 死亡率

rate of survival 成活率

Ratemia 马虱属

Ratemia asiatica Chin 亚洲马虱

Ratemia squamulata (Neurmann) 小鳞马虱

ratemiid 1. [= ratemiid louse] 马虱，鼠虱 < 马虱科 Ratemiidae 昆虫的通称 >；2. 马虱科的

ratemiid louse [= ratemiid] 马虱，鼠虱

Ratemiidae 马虱科，鼠虱科

Rathinda 豹纹灰蝶属

Rathinda amor (Fabricius) [monkey puzzle] 豹纹灰蝶

ratio of cocoon shell 茧层率 < 家蚕的 >

ratio of double cocoon 同宫茧率 < 家蚕的 >

ratio of length to width of cocoon 茧长幅率

Rattana 藤高腹茧蜂属

Rattana sinica He *et* Chen 中华藤高腹茧蜂

rattlebox moth [= bella moth, ornate bella moth, ornate moth, *Utetheisa ornatrix* (Linnaeus)] 美丽星灯蛾，美丽灯蛾，雅星灯蛾，响盒蛾，响盒灯蛾

Ratzeburg tortricid [= Ratzeburg's bell moth, spruce tip tortrix, spruce bud moth, spruce aphid moth, *Zeiraphera ratzeburgiana* (Saxesen)] 阿氏云杉线小卷蛾

Ratzeburg's bell moth 见 Ratzeburg tortricid

raumparasitismus 体内共生

Rauserodes 饶蟦属

Rauserodes epiproctalis (Zwick) 肛突饶蟦

Ravanoa xiphialis (Walker) 克西拉瓦螟

Ravenalites 乌蚊亚属

Ravenna 冷灰蝶属

Ravenna nivea (Nire) 冷灰蝶，朗灰蝶，白灰蝶，白小灰蝶

Ravenna nivea howarthi Saigusa 冷灰蝶福建亚种，福建冷灰蝶

Ravenna nivea koiwayai Yoshino 冷灰蝶四川亚种

Ravenna nivea nivea (Nire) 冷灰蝶指名亚种，指名冷灰蝶

ravenous 贪食的

Ravinia 拉麻蝇属

Ravinia erythrura (Meigen) 见 *Blaesoxipha erythura*

Ravinia haematodes (Meigen) 同 *Ravinia pernix*

Ravinia pernix (Harris) 股拉麻蝇，红尾拉麻蝇，捷拉麻蝇

Ravinia striata (Fabricius) 同 *Ravinia pernix*

Raviniina 拉麻蝇亚族

Raviniini 拉麻蝇族

Ravitria 腊透翅蛾属

Ravitria confusa (Gorbunov *et* Arita) 繁腊透翅蛾

Ravola ceres forester [*Euphaedra ravola* (Hewitson)] 拉夫栎蛱蝶

raw cocoon 原料茧

raw material cocoon 原料茧

raw silk 生丝

Rawasia 三齿长角象甲属

Rawasia ritsemae Roelofs 雷氏三齿长角象甲，雷氏三齿长角象

Rawson's calephelis [= Rawson's metalmark, *Calephelis rawsoni* McAlpine] 罗森细纹蚬蝶

Rawson's metalmark 见 Rawson's calephelis

rayed blue 1. [*Candalides heathi* (Cox)] 希特坎灰蝶；2. [*Actizera lucida* (Trimen)] 黑缘籽灰蝶

Raymondia 雷蝠蝇属，雷蝠虱蝇属

Raymondia pseudopagodarum Jobling 拟雷蝠蝇，拟雷蝠虱蝇

Ray's midget [= small elm midget, *Phyllonorycter schreberella* (Fabricius)] 黑桤木小潜细蛾，黑桤木潜叶细蛾

RB [rod-like brochosome 的缩写] 棒状网粒体

RCA [rolling circle amplification 的缩写] 滚环扩增技术，滚环扩增

RCR [relative consumption rate 的缩写] 相对消耗率，相对取食率

RDA [redundancy analysis 的缩写] 冗余度分析

rDNA [ribosomal DNA 的缩写] 核糖体 DNA

reaction 反应，激应

reaction rate 反应速率

reactive oxygen 活性氧

reactive oxygen metabolization 活性氧代谢

read-through protein [abb. RTP] 通读蛋白

Reakirt's blue [*Echinargus isola* (Reakirt)] 黑点依灰蝶

real golden cialda [= speckled brown cicada, *Platypleura hilpa* Walker] 黄蟪蛄

real time PCR 实时荧光定量 PCR

realized heritability 现实遗传力

realm 界

Real's wood white [*Leptidea reali* Reissinger] 雷小粉蝶

reaper dart [= dark-sided cutworm, *Euxoa messoria* (Harris)] 暗绿切夜蛾，暗绿地蚕

rearing 1. 饲育，养蚕；2. 饲育法

rearing bed 蚕座

rearing bed making 定座 < 养蚕的 >

rearing condition 饲育条件

rearing density 饲育密度

rearing early-age silkworm 稚蚕饲育，小蚕饲育

rearing experiment 饲育试验

rearing form 饲育形式

rearing humidity 饲育湿度

rearing instrument 1. 饲养设备；2. 蚕具

rearing rack 蚕架 < 养蚕的 >

rearing room 1. 饲养室；2. 蚕室

rearing season 蚕期
rearing seat 蚕座
rearing seat space 蚕座面积
rearing stand 蚕架
rearing table 蚕台
rearing temperature 饲养温度
rearing the grown silkworms 大蚕饲育，壮蚕饲育
rearing the young silkworms 小蚕饲育，稚蚕饲育
rearing tool 1. 饲养工具；2. 蚕具
rearing tray 蚕匾，蚕箔
rearranging 匀座 < 养蚕的 >
Rebelia flavescens (Heylaerts) 见 *Psychidopsis flavescens*
Rebelia flavescens kuldchaensis (Heylaerts) 见 *Psychidopsis flavescens kuldchaensis*
Rebel's hairstreak [*Satyrium myrtale* (Klug)] 穆洒灰蝶
Reburrus 立毛虫虻属，立毛食虫虻属
Reburrus pedestris (Becker) 点立毛虫虻，点立毛食虫虻
recapitulation 重演
recapturing 重捕，重新捕捉
receiver operating characteristic [abb. ROC] 受试者工作特征
receiver operating characteristic curve 受试者工作特征曲线，ROC 曲线
receptacula ovorum 贮卵器
receptaculum seminis 受精囊
receptive apparatus 感受器
receptive field 光感受野
receptivity 1. 感受性；2. 感受率；3. 敏感性
receptor 1. 受体；2. 感受器
receptor activity 受体活性
recessivation 隐性化
recessive character 隐性性状
recessive gene 隐性基因
recessive inheritance 隐性遗传
recessive mutation 隐性突然变异
recessiveness 隐性
Recilia 纹叶蝉属，电光叶蝉属
Recilia coronifer (Marshall) 花冠纹叶蝉 < 此种学名有写为 *Recilia coronifera* (Marshall) 者 >
Recilia distincta (Motschulsky) 见 *Maiestas distinctus*
Recilia dorsalis (Motschulsky) 见 *Maiestas dorsalis*
Recilia glabra Cai *et* Britton 见 *Maiestas glabra*
Recilia heuksandoensis Kwon *et* Lee 见 *Maiestas heuksandoensis*
Recilia horvathi (Then) 见 *Maiestas horvathi*
Recilia obongsanensis Kwon *et* Lee 见 *Maiestas obongsanensis*
Recilia oryzae (Matsumura) 见 *Maiestas oryzae*
Recilia schmidtgeni (Wagner) 见 *Maiestas schmidtgeni*
Recilia tobae (Matsumura) 见 *Alobaldia tobae*
recipient 1. 受体；2. 容器
reciprocal back-cross 相互回交
reciprocal cross 正反交
reciprocal crossing 正反交
reciprocal hybrid 正反交杂种
reciprocal infection 相互感染
reciprocal mimicry 交互拟态
reciprocal nutritive disjunctive symbiosis 相互营养的隔离共栖
reciprocal parasitism 交互寄生
reciprocal symbiosis 互惠共生
recirculation 再循环
Reclada 筒头长蝽属
Reclada moesta Buchanan-White 筒头长蝽
reclinate [= reclinatus] 后曲的 < 如蝇类的背鬃 >
reclinatus 见 reclinate
Reclinervellus 斜脉姬蜂属
Reclinervellus dorsiconcavus He *et* Ye 背凹斜脉姬蜂
Reclinervellus nielseni (Roman) 尼氏斜脉姬蜂
Reclinervellus tuberculatus (Uchida) 瘤凸斜脉姬蜂
reclivate [= reclivatus] 重弯的 < 有二重弯的 >
reclivatus 见 reclivate
recombinant 交换个体，重组个体
recombinant baculovirus 重组杆状病毒
recombination 1. 交换；2. 重组
recombination percent 重组率
recombination value 交换值，重组值
recondite [= reconditus] 隐藏的 < 常指螯刺之隐藏于腹内 >
reconditus 见 recondite
Recontracta 短祝蛾属
Recontracta frisilina Gozmány 弗氏短祝蛾，短祝蛾，弗瑞卷麦蛾
recopulation 再交
recrossing 重复杂交
recruitment 1. 征召；2. 新添量
recta [s. rectum] 直肠
rectacuta 头颚膜片 < 指接连头和上颚的膜内的骨片 >
rectal 直肠的
rectal caecum [= rectal sac] 直肠囊
rectal cauda 管尾 < 常指一些半翅目昆虫雄虫腹部末端的管状突起或“尾” >
rectal gill 直肠鳃
rectal gland 直肠腺
rectal pad 直肠垫
rectal papilla 直肠乳突
rectal sac 见 rectal caecum
rectal tracheal gill 直肠 (气管) 鳃 < 即直肠鳃 (rectal gill)>
rectal valve 直肠瓣 < 位于前后肠与直肠之间的肠壁上的一种环状或叶状褶瓣 >
Rectala 直透翅蛾属
Rectala asyliformis Bryk 阿直透翅蛾，直透翅蛾
rectangularity 矩形度
Recticallis 直斑蚜属
Recticallis alnijaponicae Matsumura [alnus spirted aphid] 赤杨直斑蚜，日本桤木直斑蚜
Recticallis pseudoalni (Takahashi) 拟桤直斑蚜
Rectielimaea 直缘掩耳螽亚属
Rectimarginalis 直缘螽属
Rectimarginalis fuscospinosa (Brunner von Wattenwyl) 黑刺直缘螽
Rectimarginalis profunda Liu *et* Kang 深裂直缘螽
Rectimargipodisma 直缘秃蝗属
Rectimargipodisma medogensis Zheng, Li *et* Wang 墨脱直缘秃蝗
Rectivertex 方头飞虱属

Rectivertex saccatus Guo *et* Liang 囊茎方头飞虱

Rectizele 直赛茧蜂属

Rectizele chinensis He *et* Lou 中华直赛茧蜂

Rectizele parki van Achterberg 朴氏直赛茧蜂

rectocele 脱肛

rectocele silkworm 脱肛蚕

rectotendon 缩肌腱

rectum [pl. recta] 直肠

recurrent nerve [= stomogastric nerve] 回神经，逆走神经，胃神经

recurrent nervure 回中横脉 < 见于膜翅目昆虫中 >

recurrent parent 回交亲本

recurrent vein 迴脉 < 指一些脉翅目昆虫的肩横脉，因向翅基部后弯并分支，故名 >

Recurvaria 曲麦蛾属，弯麦蛾属

Recurvaria albidorsella Snellen 见 *Agnippe albidorsella*

Recurvaria comprobata (Meyrick) 花楸曲麦蛾，花楸弯麦蛾

Recurvaria milleri Busck 见 *Coleotechnites milleri*

Recurvaria nanella (Hübner) [lesser bud moth] 嫩芽曲麦蛾，小芽麦蛾

Recurvaria stanfordia Keifer 见 *Coleotechnites stanfordia*

Recurvaria syrictis Meyrick 见 *Agnippe syrictis*

recurvate [= recurvatus, recurved, recurvus] 反曲的 < 指作弓状弯的 >

recurvatus 见 recurvate

recurved 见 recurvate

Recurvidris 角腹蚁属，弯家蚁属

Recurvidris glabriceps Zhou 光亮角腹蚁

Recurvidris nuwa Xu *et* Zheng 女娲角腹蚁

Recurvidris recurvispinosa (Forel) 弯刺角腹蚁，弯针弯家蚁

recurvus 见 recurvate

recuspine 逆刺 < 指刺尖向后的刺 >

red admiral [*Vanessa atalanta* (Linnaeus)] 优红蛱蝶，红纹丽蛱蝶

red and black citrus leafminer [= black and red leaf miner, *Throscoryssa citri* Maulik] 橘潜叶跳甲，橘斯洛跳甲，黑胸柑橘金花虫

red-and-black froghopper [= black-and-red froghopper, *Cercopis vulnerata* (Rossi)] 红黑沫蝉

red ant [= tropical fire ant, fire ant, brown ant, stinging ant, *Solenopsis geminata* (Fabricius)] 火蚁，热带火家蚁，热带火蚁

red-antennaed green bug [= rice leaf bug, *Trigonotylus caelestialium* (Kirkaldy)] 条赤须盲蝽，稻叶赤须盲蝽 < 此种的学名有时被错误地写为 *Trigonotylus coelestialium* (Kirkaldy) >

red armed mantis [*Hierodula venosa* Olivier] 脉斧螳，亮翅斧螳

red-back phytometra [*Phytometra pyropia* Butler] 红背肖银纹夜蛾，红背金翅夜蛾

red-backed cutworm [*Euxoa ochrogaster* (Guenée)] 红背切夜蛾，红背切根虫，岛切夜蛾

red-band fritillary [= spotted fritillary, *Melitaea didyma* (Esper)] 狄网蛱蝶

red-banded altinote [*Altinote dicaeus* Latreille] 双纹黑珍蝶

red banded birch aphid [*Callipterinella tuberculata* (van Heyden)] 瘤带斑蚜

red-banded euselasia [*Euselasia labdacus* (Cramer)] 喇叭优蚬蝶

red-banded fiestamark [*Symmachia sepyra* (Hewitson)] 红带树蚬蝶

red-banded hairstreak [*Calycopis cecrops* (Fabricius)] 红带俏灰蝶，俏灰蝶

red-banded jezebel [= union jack, *Delias mysis* (Fabricius)] 红带斑粉蝶，糠虾斑粉蝶

red-banded leafhopper [= rhododendron leaf hopper, rhododendron hopper, candy-striped leafhopper, *Graphocephala coccinea* (Förster)] 杜鹃大叶蝉

red-banded leafroller [*Argyrotaenia velutinana* (Walker)] 红带卷蛾

red-banded pereute [*Pereute leucodrosime* (Kollar)] 红带黑粉蝶

red-banded sand wasp [*Ammophila sabulosa* (Linnaeus)] 多沙泥蜂，沙泥蜂

red-banded setabis [*Setabis rhodinosa* (Stichel)] 玫瑰瑟蚬蝶

red-banded shield bug [= legume stink bug, soybean stink bug, *Piezodorus hybneri* (Gmelin)] 海璧蝽，璧蝽，小璧蝽，小黄蝽

red-banded stink bug [= small green stink bug, *Piezodorus guildinii* (Westwood)] 红带璧蝽

red-banded thrips [= cacao thrips, *Selenothrips rubrocinctus* (Giard)] 红带滑胸针蓟马，赤带蓟马，红带月蓟马，荔枝网纹蓟马，荔枝红带网纹蓟马，可可红带蓟马

red-barred amarynthis [= orange-dotted metalmark, meneria metalmark, *Amarynthis meneria* (Cramer)] 红纹星蚬蝶

red-barred twist moth [= brown oak tortrix, *Archips crataeganus* (Hübner)] 山楂黄卷蛾

red-based fiestamark [*Symmachia fassli* Hall *et* Willmott] 红基树蚬蝶

red-based tiger longicorn [*Brachyclytus singularis* Kraatz] 黑胸短虎天牛，黑胸葡虎天牛，黑胸虎天牛

red-bellied clerid [*Enoclerus sphegeus* (Fabricius)] 红凸美洲郭公甲，红凸美洲郭公虫

red-belly tussock moth [= fumida tussock moth, *Lymantria fumida* Butler] 烟毒蛾，红腹毒蛾

red-belted bumble bee [*Bombus rufocinctus* Morawitz] 红须熊蜂

red-belted clearwing [= apple clearwing moth, *Synanthedon myopaeformis* (Borkhausen)] 苹果红带兴透翅蛾，苹果透翅蛾，苹透翅蛾

red birch midget [*Phyllonorycter ulmifoliella* (Hübner)] 欧洲白桦小潜细蛾，欧洲白桦潜叶细蛾

red-bodied swallowtail [*Pachliopta polydorus* (Linnaeus)] 红身珠凤蝶

red bollworm [= red cotton bollworm, red Sudan bollworm, red Sudan cotton worm, *Diparopsis castanea* Hampson] 苏丹棉铃虫，赤棉铃虫

red-bordered metalmark [*Caria ino* Godman *et* Salvin] 伊诺咖蚬蝶

red-bordered pixie [= pixie, *Melanis pixe* (Boisduval)] 红顶黑蚬蝶

red-bordered satyr [*Gyrocheilus patrobas* (Hewitson)] 红缘眼蝶

red borer [= coffee carpenter, red coffee borer, red branch borer, *Polyphagozerra coffeae* (Nietner)] 咖啡广食蠹蛾，咖啡蠹蛾，咖啡豹蠹蛾，豹纹木蠹蛾，咖啡木蠹蛾，咖啡黑点木蠹蛾，棉茎木蠹蛾，枣豹纹蠹蛾，六星黑点木蠹蛾，茶枝木蠹蛾

red branch borer 见 red borer

red bud borer [= red bud maggot, *Resseliella oculiperda* (Ruebsaamen)]

红芽雷瘿蚊，红芽茎托马瘿蚊

red bud leaffolder [*Fascista cercerisella* (Chambers)] 紫荆麦蛾，红芽麦蛾

red bud maggot 见 red bud borer

red bug [= pyrrhocorid bug, pyrrhocorid] 红蝽 <红蝽科 Pyrrhocoridae 昆虫的通称>

red cabbage bug [=ornate shieldbug, *Eurydema ornata* (Linnaeus)] 甘蓝菜蝽，昌吉菜蝽

red caliph [*Enispe euthymius* (Doubleday)] 西藏矩环蝶，优矩环蝶

red carpenter ant[= ferruginous carpenter ant, rust-colored carpenter ant, *Camponotus chromaiodes* Bolton] 锈胸弓背蚁，红弓背蚁，锈色大黑蚁，金毛双色弓背蚁

red-cedar bark beetle [= eastern juniper bark beetle, cedar bark beetle, juniper bark borer, *Phloeosinus dentatus* (Say)] 齿肤小蠹

red cedar cone midge [*Mayetiola thujae* (Hedlin)] 崖柏喙瘿蚊，金钟柏枝生瘿蚊

red cedar tip moth [= cedar tip moth, cedar shoot borer, mahogany shoot-borer, meliaceae shoot borer, *Hypsipyla robusta* (Moore)] 粗壮楝斑螟，柚木梢斑螟，麻楝蛀斑螟，桃花心木芽斑螟

red-clover blue [*Actizera stellata* (Trimen)] 星籽灰蝶

red clover chalcid [= clover seed chalcid, trefoil seed chalcid, *Bruchophagus platypterus* (Walker)] 三叶草种子广肩小蜂，苜蓿籽蜂，车轴草广肩小蜂，红苜蓿种子广肩小蜂

red clover gall gnat [*Campylomyza ormerodi* (Kieffer)] 红苜蓿弯瘿蚊，红苜蓿瘿蚊

red clover seed weevil 1. [*Tychius stephensi* Schoenherr] 红三叶草籽象甲，红苜蓿籽象甲；2. [= clover seed weevil, *Protapion trifolii* (Linnaeus)] 苜蓿原梨象甲；3. [= clover pear shaped weevil, clover seed weevil, *Apion apricans* Herbst] 暧长喙小象甲，苜蓿暧长喙小象甲，苜蓿暧象甲；4. [= clover seed weevil, *Apion assimile* Kirby] 苜蓿长喙小象甲，苜蓿象甲

red clover thrips [*Haplothrips niger* (Osborn)] 黑简管蓟马，黑单管蓟马，跗单管蓟马

red coast charaxes [= wild-bamboo charaxes, *Charaxes macclouni* Butler] 美新螯蛱蝶

red coffee borer 见 red borer

red-collared firetip [*Mysoria affinis* (Herrich-Schäffer)] 阿菲尖蓝翅弄蝶

red copper [*Aloeides thyra* (Linnaeus)] 明窗乐灰蝶

red corner blind bug [= red corner bug, *Trigonotylus ruficornis* (Geoffroy)] 赤须盲蝽

red corner bug 见 red corner blind bug

red cotton bollworm 见 red bollworm

red cotton bug [= cotton stainer, red cotton stainer, kapok bug, oriental cotton bug, oriental cotton stainer, *Dysdercus cingulatus* (Fabricius)] 离斑棉红蝽，棉红蝽，棉二点红蝽，二点星红蝽

red cotton stainer 见 red cotton bug

red cracker [*Hamadryas amphinome* (Linnaeus)] 蛤蟆蛱蝶

red-crescent scrub hairstreak [*Strymon rufofusca* (Hewitson)] 红棕螯灰蝶

red cross beetle [*Collops balteatus* LeConte] 十字胶囊花萤

red date palm scale [= red date scale, Marlatt scale, date palm scale, *Phoenicococcus marlatti* Cockerell] 马氏战蚧，海枣管蚧

red date scale 见 red date palm scale

red demon 1. [*Mesene epalia* (Godart)] 埃迷蚬蝶；2. [*Ancistroides armatus* (Druce)] 红色钩弄蝶

red-disc bushbrown [*Mycalesis oculus* Marshall] 红斑眉眼蝶

red-disked alpine [*Erebia discoidalis* Kirby] 大斑红眼蝶

red dotted planthopper [= Amazonian wax-tailed fulgorid, *Lystra lanata* (Linnaeus)] 莱蜡蝉

red edge [*Semanga superba* (Druce)] 赛灰蝶

red-edged acleris moth [*Acleris albicomana* (Clemens)] 红缘长翅卷蛾，栎叶弧翅卷蛾，栎长毛卷蛾，栎长毛卷叶蛾，白栎卷蛾

red-edged jewelmark [= kupris jewelmark, *Anteros kupris* Hewitson] 库安蚬蝶

red-edged playboy [*Deudorix galathea* (Swainson)] 红缘玳灰蝶

red-edged white [*Belenois rubrosignata* (Weymer)] 边点贝粉蝶

red elm bark weevil [*Magdalis armicollis* (Say)] 红榆大盾象甲，榆皮红象甲

red elm gall aphid [*Kaltenbachiella ulmifusa* (Walsh *et* Riley)] 榆卡绵蚜，榆红瘿拟四脉绵蚜

red elm pigmy [*Stigmella lemniscella* (Zeller)] 榆痣微蛾

red eyed devil [= greater arid-land katydid, red eyed katydid, giant Texas katydid, *Neobarrettia spinosa* (Caudell)] 红眼新巴猎螽，恶魔螽斯，红眼恶魔螽

red eyed katydid 见 red eyed devil

red-eyed-nymph 末龄若虫 <粉虱，因部分粉虱的末龄若虫复眼红色>

red-eyed wood-nymph [= Mead's wood-nymph, *Cercyonis meadii* (Edwards)] 红目双眼蝶

red-faced jewelmark [= renaldus jewelmark, *Anteros renaldus* (Stoll)] 云安蚬蝶

red-feather carl [*Tischeria complanella* Hübner] 红皮冠潜蛾

red firebug [*Pyrrhocoris apterous* (Linnaeus)] 始红蝽

red flasher [= prola beauty, *Panacea prola* (Doubleday)] 炬蛱蝶

red flat bark beetle [*Cucujus clavipes* Fabricius] 红扁甲

red flitter [*Zographetus ogygioides* Elwes *et* Edwards] 龙宫肿脉弄蝶

red flour beetle [= rust red flour beetle, bran bug, red grain beetle, red meal beetle, *Tribolium castaneum* (Herbst)] 赤拟粉甲，赤拟谷盗，拟谷盗

red forest ant [= red wood ant, southern wood ant, horse ant, *Formica rufa Linnaeus*] 红褐林蚁，棕色林蚁，丝光褐林蚁，棕蚁，红林蚁

red geomark [*Mesene mygdon* (Schaus)] 暮迷蚬蝶

red glider [*Tramea transmarina* Brauer] 海神斜痣蜻，海霸蜻蜓

red grain beetle 见 red flour beetle

red gram leaf roller [= soybean leafroller, soybean leafminer, *Caloptilia soyella* (van Deventer)] 大豆丽细蛾，大豆花细蛾，大豆细蛾，大豆潜叶细蛾

red grass thrips [*Aptinothrips rufus* (Haliday)] 淡红缺翅蓟马，草红蓟马

red grasshawk [= common parasol, grasshawk dragonfly, *Neurothemis fluctuans* (Fabricius)] 月斑脉蜻，漂脉蜻

red-haired bark beetle [= red-haired pine bark beetle, golden haired bark beetle, *Hylurgus ligniperda* (Fabricius)] 长林小蠹，松红毛林小蠹

red-haired pine bark beetle 见 red-haired bark beetle

red-haired velvet ant [= orange and black velvet ant, red velvet ant, Pacific velvet ant, *Dasymutilla aureola* (Cresson)] 橘背毛蚁蜂

red hairy caterpillar 1. [*Amsacta albistriga* Walker] 花生缘灯蛾，花生红灯蛾；2. [*Amsacta moori* Butler] 桑缘灯蛾，桑灯蛾

red harlequin [*Mimeresia dinora* (Kirby)] 滴靡灰蝶

red harvest ant [*Pogonomyrmex barbatus* (Smith)] 红收获切叶蚁，红农蚁

red-head blister beetle [*Epicauta hirticornis* (Haag-Rutenberg)] 毛角豆芫菁，豆芫菁，豆芫青，豆地胆

red-headed ash borer [*Neoclytus acuminatus* (Fabricius)] 梣红头新荣天牛，梣红头天牛，梣红天牛

red-headed bell [= red-headed fir tortricid, cantab bell moth, cantab leaf roller, *Zeiraphera rufimitrana* (Herrich-Schäffer)] 冷杉线小卷蛾

red-headed blister beetle [*Epicauta ruficeps* Illiger] 红头豆芫菁，红头黑芫菁，红头芫菁

red headed bush cricket [= handsome bush cricket, handsome trig, *Phyllopalpus pulchellus* Uhler] 红头须蛉蟋

red-headed fir tortricid 见 red-headed bell

red-headed firetip [*Pyrrhopyge zenodorus* Godman *et* Salvin] 隐带红臀弄蝶

red-headed jack pine sawfly 1. [= brown-headed jack-pine sawfly, *Neodiprion rugifrons* Middleton] 北美短叶松红头新松叶蜂；2. [*Neodiprion virginianus* Rohwer] 弗吉尼亚新松叶蜂

red-headed pigmy [*Stigmella ruficapitella* Haworth] 红头痣微蛾，红头微蛾

red-headed pine sawfly [= LeConte's sawfly, *Neodiprion lecontei* (Fitch)] 红头新松叶蜂，松红头锯角叶蜂

red-headed roadside skipper [= orange-headed roadside-skipper, *Amblyscirtes phylace* (Edwards)] 狮头缎弄蝶

red helen [*Papilio helenus* Linnaeus] 玉斑凤蝶，玉斑美凤蝶

red hill copper [*Aloeides egerides* (Riley)] 爱杰乐灰蝶

red-humped caterpillar [= redhumped caterpillar, *Schizura concinna* (Smith)] 红山背舟蛾，红疣社蛾

red-humped oakworm [= red-humped oakworm moth, *Symmerista canicosta* Franclemont] 橘红瘤舟蛾

red-humped oakworm moth 见 red-humped oakworm

red imperial [*Suasa lisides* (Hewitson)] 红索灰蝶，索灰蝶

red imported fire ant [*Solenopsis invicta* Buren] 红火蚁，外引红火蚁，强火蚁，红入侵火家蚁，入侵红火蚁

red jumping plant louse [*Cacopsylla coccinea* (Kuwayama)] 木通红喀木虱，红木虱，木通火红木虱，木通火红喀木虱，野木瓜木虱

red lacewing 1. [*Cethosia cydippe* (Linnaeus)] 锯蛱蝶；2. [= common lacewing, batik lacewing, *Cethosia biblis* (Drury)] 红锯蛱蝶，丽蛱蝶，齿缘红蛱蝶

red-legged flea beetle [*Derocrepis erythropus* (Melsheimer)] 红足跳甲

red-legged flea weevil [*Rhynchaenus sanguinipes* Roelofs] 红腿跳象甲

red-legged grasshopper [*Melanoplus femurrubrum* (De Geer)] 红足黑蝗，赤胫黑蝗，红股黑蝗，红足蝗，红腿蝗，赤腿蚱蜢

red-legged ham beetle [= copra beetle, ham beetle, *Necrobia rufipes* (De Geer)] 赤足尸郭公甲，赤足尸郭公虫，赤足郭公虫，红足郭公虫，赤足隐跗郭公虫

red-legged ichneumon [= black slip wasp, *Pimpla rufipes* (Miller)] 红足瘤姬蜂，红足长尾瘤姬蜂

red-legged predatory stink bug [*Pinthaeus sanguinipes* (Fabricius)] 红足并蝽，并蝽，血红足并蝽

red-legged robberfly [*Antipalus pedestris* Becker] 陆安提虫虻，束缚食虫虻

red-legged shieldbug [= forest bug, *Pentatoma rufipes* (Linnaeus)] 红足真蝽，栗蝽，森林红蝽，森林红足蝽，赤腿椿象

red lily beetle [= scarlet lily beetle, lily leaf beetle, *Lilioceris lilii* (Scopoli)] 东北分爪负泥虫

red-line sapphire [= red-line sapphire blue, *Iolaus sidus* Trimen] 灰蓝瑶灰蝶

red-line sapphire blue 见 red-line sapphire

red-lined scrub hairstreak [*Strymon bebrycia* (Hewitson)] 墨西哥螯灰蝶

red locust [= red-winged locust, *Nomadacris septemfasciata* (Serville)] 七带红蝗，红蝗，红翅蝗

red louse [= cattle biting louse, *Bovicola bovis* (Linnaeus)] 牛嚼虱，牛羽虱，牛畜虱，牛毛虱

red-maculated leafhopper [*Tautoneura mori* (Matsumura)] 桑斑翅叶蝉，桑叶蝉，桑斑叶蝉，血斑浮尘子

red-mantled saddlebags [= red saddlebags, *Tramea onusta* Hagen] 红斜痣蜻

red mapwing [*Hypanartia kefersteini* (Doubleday)] 端黑虎蛱蝶

red marsh trotter [= keyhole glider, wheeling glider, *Tramea basilaris* (Palisot de Beauvois)] 基斜痣蜻，旋斜痣蜻

red mason bee [*Osmia rufa* (Linnaeus)] 深红壁蜂，红切叶蜂

red meal beetle 见 red flour beetle

red milkweed beetle [*Tetraopes tetrophthalmus* (Förster)] 马利筋雉天牛，马利筋红天牛

red muscardine 红僵病，赤僵病

red neck longhorned beetle [= red-necked longicorn, peach borer, peach longicorn beetle, peach musk beetle, peach red necked longhorn, plum and peach longhorn, *Aromia bungii* (Faldermann)] 桃红颈天牛，桃颈天牛，红颈天牛，铁炮虫，木花，哈虫

red-necked bacon beetle [= red-shouldered ham beetle, ham beetle, *Necrobia ruficollis* (Fabricius)] 赤颈尸郭公甲，赤颈郭公虫，赤颈隐跗郭公虫，双色琉璃郭公虫

red-necked bark beetle [*Ambrosiodmus rubricollis* (Eichhoff)] 红胸粗胸小蠹，红栗小蠹，瘤细粗胸小蠹， 瘤胸材小蠹，红颈菌材小蠹，红颈小蠹

red-necked cane borer [*Agrilus ruficollis* (Fabricius)] 悬钩子红颈窄吉丁甲，悬钩子红颈吉丁

red-necked footman [*Atolmis rubricollis* (Linnaeus)] 红颈尾苔蛾，红颈文灯蛾，红网苔蛾

red-necked longicorn 见 red neck longhorned beetle

red-necked peanutworm [*Stegasta basqueella* (Chambers)] 花生盖麦蛾，花生红颈麦蛾

red-necked tiger longicorn [*Xylotrechus rufilius* Bates] 白蜡脊虎天牛，红颈虎天牛，巨胸脊虎天牛

red-nucleus granulocyte [abb. RNG] 红核粒血细胞

red-nucleus oenocytoid 红核类绛血胞

red-nucleus plasmatocyte [abb. RNP] 红核浆血细胞

red oak borer [*Enaphalodes rufulus* (Haldeman)] 红栎恩伐天牛，栎红天牛，红橡木甲虫，美洲红栎壮天牛

red oak clearwing borer [= oak clearwing borer, *Paranthrene simulans* (Grote)] 并准透翅蛾

red orange scale [= California red scale, red scale, orange scale, *Aonidiella aurantii* (Maskell)] 红肾圆盾蚧，红圆蚧，橘红肾圆盾介壳虫

red oystershell scale 1. [= fig scale, greater fig mussel scale, fig oystershell scale, Mediterranean fig scale, pear oystershell scale, apple bark-louse, narrow fig scale, *Lepidosaphes conchiformis* (Gmelin)] 沙枣蛎盾蚧，梨蛎盾蚧，梨牡蛎蚧，梅蛎盾蚧，梅牡蛎盾蚧，榕蛎蚧；2. [= oystershell scale, apple oystershell scale, mussel scale, apple mussel scale, appletree bark louse, butternut bark-louse, fig scale, fig oystershell scale, greater fig mussel scale, linden oystershell scale, Mediterranean fig scale, oyster-shell scale, oyster-shell bark-louse, pear oystershell scale, poplar oystershell scale, vine mussel scale, *Lepidosaphes ulmi* (Linnaeus)] 榆蛎盾蚧，榆蛎蚧，苹蛎蚧，榆牡蛎蚧

red palm weevil [= Asian palm weevil, sago palm weevil, *Rhynchophorus ferrugineus* (Olivier)] 棕榈象甲，红棕象甲，棕榈象，锈色棕象，锈色棕榈象，椰子隐喙象，椰子甲虫，亚洲棕榈象甲，印度红棕象甲，椰子大象鼻虫，红鼻隐喙象 < 此种学名有误写为 *Rhynchophorus ferugineus* (Olivier) 者 >

red passion flower butterfly [= crimson-patched longwing, small postman, red postman, *Heliconius erato* (Linnaeus)] 艺神袖蝶

red-patch epitolina [*Epitolina catori* Bethune-Baker] 卡皑灰蝶

red-patch liptena [*Liptena catalina* (Grose-Smith *et* Kirby)] 线下琳灰蝶

red-patched metalmark [*Xenandra desora* (Schaus)] 带束丛蚬蝶

red pear scale [= European pear scale, Italian pear scale, gray pear scale, pear-tree oyster scale, *Epidiaspis leperii* (Signoret)] 梨灰盾蚧，意大利梨灰盾蚧，桃白圆盾蚧

red pierrot [*Talicada nyseus* (Guérin-Méneville)] 红塔丽灰蝶，塔丽灰蝶

red pine cone beetle [*Conophthorus resinosae* Hopkins] 红松果小蠹，红松齿小蠹

red pine gall midge [= red-pine needle midge, *Thecodiplosis piniresinosae* Kearby *et* Benjamin] 美加松鞘瘿蚊，美加松盒瘿蚊

red-pine needle midge 见 red pine gall midge

red pine sawfly [*Neodiprion nanulus* Schedl] 美加红松新松叶蜂，红松锯角叶蜂

red pine scale [*Matsucoccus resinosae* Bean *et* Godwin] 红松干蚧，赤松松干蚧，美国赤松松干蚧，红松蚧

red pine tip moth [*Rhyacionia busckana* Heinrich] 拟松梢小卷蛾

red plum maggot [= plum fruit moth, cherry budworm, *Grapholita funebrana* (Treitschke)] 李小食心虫，樱桃小卷蛾，樱桃小卷叶蛾

red poplar leaf beetle [= large poplar leaf beetle, poplar leaf beetle, *Chrysomela populi* Linnaeus] 杨叶甲

red postman 见 red passion flower butterfly

red pumpkin beetle 1. [*Aulacophora foveicollis* Lucas] 印度红守瓜，红守瓜，南瓜守瓜；2. [= plain pumpkin beetle, northern pumpkin beetle, *Aulacophora abdominalis* (Fabricius)] 西葫芦红守瓜

red-rayed euselasia [*Euselasia hieronymi* (Godman *et* Salvin)] 哲罗姆优蚬蝶

red rim [= crimson-banded black, *Biblis hyperia* (Cramer)] 朱履蛱蝶

red-rimmed euselasia [*Euselasia pellonia* (Stichel)] 佩龙优蚬蝶

red ring skirt [*Hestina assimilis* (Linnaeus)] 黑脉蛱蝶

red-ringed bush brown [*Bicyclus anisops* Karsch] 阿尼蔽眼蝶

red rippening silkworm 赤熟蚕

red roller [*Ancylis mitterbacheriana* (Denis *et* Schiffermüller)] 栎镰翅小卷蛾

red rot egg 赤死卵

red rove beetle [*Oxyporus rufus* (Linnaeus)] 红巨须隐翅甲，朱红斧须隐翅虫，朱红斧须隐翅甲

red rust banana thrips [= banana rust thrips, banana thrips, red rust thrips, *Chaetanaphothrips signipennis* (Bagnall)] 长点毛呆蓟马，蕉黄鬃蓟马，香蕉黄蓟马

red rust thrips 见 red rust banana thrips

red saddlebags 见 red-mantled saddlebags

red satyr [*Megisto rubricata* (Edwards)] 红蒙眼蝶

red scale 1.[= California red scale, red orange scale, orange scale, *Aonidiella aurantii* (Maskell)] 红肾圆盾蚧，红圆蚧，橘红肾圆盾介壳虫；2. [= brown scale, false Florida red scale, bifascicaulate scale, *Chrysomphalus bifasciculatus* Ferris] 酱褐圆盾蚧，拟褐圆金顶盾蚧，拟褐圆盾介壳虫

red-shanked bumble bee [= red-shanked carder bee, *Bombus* (*Thoracobombus*) *ruderarius* (Müller)] 红柄熊蜂，荒芜熊蜂

red-shanked carder bee 见 red-shanked bumble bee

red-shouldered bostrichid [= red-shouldered hickory borer beetle, *Xylobiops basilaris* (Say)] 基刺瘤木长蠹，山核桃刺瘤木长蠹，山核桃红肩长蠹

red-shouldered bug [= goldenrain-tree bug, soapberry bug, *Jadera haematoloma* (Herrich-Schäffer)] 红肩美姬缘蝽

red-shouldered ham beetle 见 red-necked bacon beetle

red-shouldered hickory borer beetle 见 red-shouldered bostrichid

red slug 1. [*Eterusia aedea* (Clerck)] 茶柄脉锦斑蛾，茶红斑蛾，茶斑蛾，红斑蛾，茶叶斑蛾；2. [*Heterusia cingata* Moore] 绿翅白点斑蛾

red-splashed sulphur [*Phoebis avellaneda* (Herrich-Schäffer)] 红菲粉蝶

red spot assassin bug [= red-spotted assassin bug, *Platymeris rhadamanthus* Gerstaecker] 红斑宽猎蝽

red spot diadem [= usambara diadem, *Hypolimnas usambara* Ward] 雾洒斑蛱蝶

red-spot duke [*Dophla evelina* (Stoll)] 绿蛱蝶，艾翠蛱蝶

red-spot false dots [*Liptena helena* (Druce)] 海琳灰蝶

red-spot silverline [*Cigaritis menelas* (Druce)] 红斑席灰蝶

red-spotted apollo [*Parnassius bremeri* Bremer] 红珠绢蝶

red-spotted assassin bug 见 red spot assassin bug

red-spotted hairstreak [= larger lantana butterfly, pineapple caterpillar, *Tmolus echion* (Linnaeus)] 驼灰蝶，美洲菠萝小灰蝶

red-spotted hemmark [= Hewitson's metalmark, *Nymphidium onaeum* (Hewitson)] 傲蛱蚬蝶

red-spotted jezebel [= wood white, *Delias aganippe* (Donovan)] 澳洲斑粉蝶

red-spotted leaf beetle [*Galerucella semifluva* Jacoby] 红星小萤叶甲

red-spotted lily weevil [= moose face lily weevil, *Brachycerus ornatus* (Drury)] 红斑短角象甲，红斑百合象

red-spotted mottlemark [= cea metalmark, *Calydna cea* (Hewitson)] 色点蚬蝶

red-spotted patch [= Marina checkerspot, *Chlosyne marina* (Geyer)] 麻利巢蛱蝶

red-spotted plant bug [*Deraeocoris* (*Deraeocoris*)*ruber* (Linnaeus)] 红齿爪盲蝽

red-spotted purple [= white admiral, American white admiral, *Basilarchia arthemis* (Drury)] 拟斑蛱蝶

red-spotted swallowtail [= ruby-spotted swallowtail, *Papilio anchisiades* Esper] 拟红纹凤蝶，拟红纹芷凤蝶，南美无尾麝馨凤蝶

red-spotted tussock moth [*Orgyia gonostigma approximans* Butler] 角斑古毒蛾赤纹亚种，梨赤纹毒蛾

red-spotted yellowmark [*Baeotis nesaea* (Godman *et* Salvin)] 奈桑苞蚬蝶

red-stained metalmark [*Comphotis ignicauda* (Godman *et* Salvin)] 红斑孔蚬蝶

red-streaked hairstreak [*Tmolus crolinus* (Butler *et* Druce)] 克罗驼灰蝶

red stripe weevil [= red-striped weevil, *Rhynchophorus schach* Olivier] 红条鼻隐喙象甲

red-striped golden stink-bug [= clown stink bug, *Poecilocoris lewisi* (Distant)] 金绿宽盾蝽，红条金松蝽，拉维斯氏宽盾椿象，异色花龟蝽，红条绿盾背椿象

red-striped leafwing [= scarlet leafwing, *Siderone galanthis* (Cramer)] 格兰喜蛱蝶

red-striped metalmark [*Xenandra helius* (Cramer)] 丛蚬蝶

red-striped needleworm moth [= spruce tip moth, *Epinotia radicana* (Heinrich)] 云杉尖小卷蛾

red-striped stink-bug [= stripe bug, *Graphosoma rubrolineatum* (Westwood)] 赤条蝽，红条蝽

red-striped weevil 见 red stripe weevil

red-studded skipper 1. [*Noctuana stator* (Godman *et* Salvin)] 红点瑙弄蝶；2. [= tomato-studded skipper, *Noctuana haematospila* (Felder *et* Felder)] 血点瑙弄蝶

red Sudan bollworm 见 red bollworm

red Sudan cotton worm 见 red bollworm

red tab policeman [*Coeliades keithloa* (Wallengren)] 黑竖翅弄蝶

red-tail moth [= pale tussock moth, hop dog, yellow tussock moth, *Calliteara pudibunda* (Linnaeus)] 丽毒蛾，茸毒蛾，苹叶纵纹毒蛾，苹毒蛾，苹红尾毒蛾，苹果红尾毒蛾，苹果古毒蛾

red tail wasp [*Cardiochiles nigriceps* Viereck] 黑头折脉茧蜂，红尾茧蜂

red-tailed bumblebee [*Bombus lapidarius* (Linnaeus)] 红端熊蜂

red-tailed clearmark [= octauius swordtail, *Chorinea octauius* (Fabricius)] 长尾凤蚬蝶

red-tailed fiestamark [= topo fiestamark, *Symmachia busbyi* Hall *et* Willmott] 曲缘树蚬蝶

red-tailed flesh fly [*Sarcophaga* (*Bercaea*) *cruentata* Meigen] 红尾粪麻蝇

red-tailed marquis [*Bassarona recta* (de Nicéville)] 直贝蛱蝶

red-tailed stingless bee [*Trigona fulviventris* Guérin-Méneville] 黄腹无刺蜂

red-tailed tachina [*Winthemia quadripustulata* (Fabricius)] 四点温寄蝇，红尾寄蝇

red tip [= large orange tip, *Colotis antevippe* (Boisduval)] 安特珂粉蝶

red-tipped eucosmid [= summer shoot moth, Elgin shoot moth, pine tip moth, pine shoot moth, reddish-winged tip moth, double shoot moth, *Rhyacionia duplana* (Hübner)] 夏梢小卷蛾，松红端小卷蛾，松红端小卷叶蛾

red-tipped white butterfly [= great orange tip, *Hebomoia glaucippe* (Linnaeus)] 鹤顶粉蝶

red turnip beetle 1. [*Entomoscelis americana* Brown] 红油菜叶甲，芜菁红叶甲；2. [*Entomoscelis adonidis* (Pallas)] 丽色油菜叶甲，丽色叶甲

red turpentine beetle [*Dendroctonus valens* LeConte] 红脂大小蠹，红松脂小蠹，强大小蠹

red-undersided huge-comma moth [*Speiredonia martha* Butler] 晦旋目夜蛾

red underwing [= Yezo red-hindwinged catocala, *Catocala nupta* (Linnaeus)] 杨裳夜蛾，裳夜蛾，北海道红肋绶夜蛾，柏裳夜蛾，红条夜蛾，梨红裳夜蛾，后红裳蛾

red-underwing skipper [*Spialia sertorius* (Hoffmannsegg)] 花饰弄蝶，塞饰弄蝶

red velvet ant 1. [= eastern velvet ant, common eastern velvet ant, *Dasymutilla occidentalis* (Linnaeus)] 黑带毛蚁蜂；2. [= orange and black velvet ant, red-haired velvet ant, Pacific velvet ant, *Dasymutilla aureola* (Cresson)] 橘背毛蚁蜂

red-washed satyr [*Pierella helvina* Hewitson] 海维娜柔眼蝶

red wasp [= Siberian hornet, *Vespula rufa* (Linnaeus)] 红环黄胡蜂，北方黄胡蜂，红黄胡蜂

red wax scale [= pink wax scale, ruby scale, *Ceroplastes rubens* Maskell] 红蜡蚧，红龟蜡蚧，红蜡介壳虫

red weevil [= slender red weevil, Australian belid weevil, *Rhinotia haemoptera* Kirby] 红矛象甲，红鲨象甲

red wheat blossom midge [= wheat midge, orange wheat blossom midge, wheat blossom midge, *Sitodiplosis mosellana* (Géhin)] 麦红吸浆虫

red-winged locust 见 red locust

red-winged pine beetle [= spruce beetle, eastern spruce bark-beetle, Engelmann spruce beetle, Alaska spruce beetle, Sitka-spruce beetle, *Dendroctonus rufipennis* (Kirby)] 红翅大小蠹，云杉红翅小蠹，狭长大小蠹，东部云杉小蠹

red wood ant 1. [= southern wood ant, horse ant, red forest ant, *Formica rufa Linnaeus*] 红褐林蚁，棕色林蚁，丝光褐林蚁，棕蚁，红林蚁；2. [= Scottish wood ant, *Formica aquilonia* Yarrow] 北方蚁

redbase jezebel [*Delias pasithoe* (Linnaeus)] 报喜斑粉蝶，斑马粉蝶，花点粉蝶，艳粉蝶，红肩粉蝶，檀香粉蝶，藤粉蝶，褐基粉蝶

redbreast [*Papilio alcmenor* Felder *et* Felder] 红基美凤蝶

redbreast jezebel [*Delias acalis* (Godart)] 红腋斑粉蝶，红基粉蝶，红基黑粉蝶

redcostate tiger moth [*Amsacta lactinea* Cramer] 红缘缘灯蛾，红缘灯蛾，红袖灯蛾

reddish alpine [*Erebia lafontainei* (Troubridge *et* Philip)] 拉氏红眼蝶

reddish brown plum aphid [= plum aphid, waterlily aphid, *Rhopalosiphum nymphaeae* (Linnaeus)] 莲缢管蚜，睡莲蚜，李

蚜

reddish clearwing-satyr [*Haetera macleannania* Bates] 显纹晶眼蝶

reddish epeolus [*Epeolus rufulus* Cockerell] 红绒斑蜂

reddish mapwing [*Hypanartia trimaculata* Willmott, Hall *et* Lamas] 三斑虎蛱蝶

reddish-margined yellow arctiid [= clouded buff, *Diacrisia sannio* (Linnaeus)] 排点通灯蛾，红缘黄灯蛾

reddish oraesia [= fruit-piercing moth, *Oraesia excavata* (Butler)] 鸟嘴壶夜蛾，鸟嘴壶裳蛾，葡萄实紫褐夜蛾

reddish pubescent dried-fish beetle [*Dermestes tesselatocollis* Motschulsky] 赤毛皮蠹，赤毛鲞蠹

reddish skipper [*Miltomiges cinnamomea* (Herrich-Schäffer)] 旭弄蝶

reddish tiger moth [*Lemyra flammeola* (Moore)] 火焰望灯蛾，火焰污灯蛾，火焰坦灯蛾，红灯蛾

reddish-winged tip moth 见 red-tipped eucosmid

reddish Yezo bark beetle [*Polygraphus gracilis* Niijima] 北海道四眼小蠹，北海道红小蠹

redeye bushbrown [*Mycalesis adolphei* (Guérin-Méneville)] 红眼眉眼蝶

redeye palmer [= orange-ciliate palmer, *Zela zeus* de Nicéville] 禅弄蝶

REDfly [Regulatory Element Database for Drosophila and other insects 的缩写] 果蝇调节元素数据库

redheaded looper [= Packard's girdle moth, *Enypia packardata* Taylor] 红头恩尺蛾，红头秋白尺蛾

redhumped caterpillar 见 red-humped caterpillar

redline doctor [= meliboeus swordtail, *Ancyluris meliboeus* (Fabricius)] 弧曲蚬蝶

Redoa 点足毒蛾属

Redoa anser Collenette 鹅点足毒蛾

Redoa anserella Collenette 直角点足毒蛾

Redoa crocophala Collenette 簪黄点足毒蛾

Redoa crocoptera (Collenette) 冠点足毒蛾，藏分穴毒蛾

Redoa cygnopsis Collenette 白点足毒蛾

Redoa dentata Chao 齿点足毒蛾

Redoa gracilis Chao 丽点足毒蛾

Redoa leucoscela Collenette 丝点足毒蛾，白缘雪毒蛾

Redoa phaeocraspeda Collenette 茶点足毒蛾

Redoa phrika Collenette 弗点足毒蛾

Redoa sordida Chao 污点足毒蛾

Redoa submarginata Walker 缘点足毒蛾

Redoa verduya Chao 绿点足毒蛾

Redonda 泪眼蝶属

Redonda empetrus Thieme 泪眼蝶

redox potential [= oxidation-reduction potential] 氧化还原电位

redspot [*Zesius chrysomallus* Hübner] 泽灰蝶

redspot jezebel [*Delias descombesi* (Boisduval)] 红肩斑粉蝶，得失斑粉蝶

redspot sawtooth [*Prioneris clemanthe* (Doubleday)] 红肩锯粉蝶

redtail [*Ceriagrion aeruginosum* (Brauer)] 红尾黄蟌，截尾黄蟌

Redtenbacheria 回寄蝇属

Redtenbacheria insignis Egger 显回寄蝇

reduce 减缩 < 指昆虫一些构造变小或缩小 >

reduced organ 退化器官

reductant 还原剂

reduction division 减数分裂

reduction mitosis 减数 [有丝] 分裂

reduction of feeding 食欲减退

reductional division 减数分裂

reductus 1. 锯齿形斑；2. 皱褶

redundancy analysis [abb. RDA] 冗余度分析

redundant skipper [*Corticea corticea* (Plötz)] 郁弄蝶

redulysin 猎蝽细胞溶解素

reduvenom 猎蝽毒物

reduviid 1. [= assassin bug, reduviid bug] 猎蝽 < 猎蝽科 Reduviidae 昆虫的通称 >；2. 猎蝽科的

reduviid bug [= reduviid, assassin bug] 猎蝽

Reduviidae 猎蝽科

Reduviinae 猎蝽亚科

Reduvioidea 猎蝽总科

Reduviolus sauteri Poppius 见 *Nabis sauteri*

Reduvius 猎蝽属

Reduvius bicolor Ren 双色猎蝽

Reduvius decliviceps Hsiao 同 *Reduvius xantusi*

Reduvius fasciatus Reuter 黑腹猎蝽

Reduvius flavonotus Cai *et* Shen 黄背猎蝽

Reduvius froeschneri Cai *et* Shen 福氏猎蝽

Reduvius gregoryi China 双色背猎蝽

Reduvius humeralis (Scott) 台湾猎蝽

Reduvius lateralis Hsiao 红缘猎蝽

Reduvius montanus Cai *et* Shen 山猎蝽

Reduvius montosus Cai *et* Shen 岳猎蝽

Reduvius nigerrimus Hsiao 黑背猎蝽

Reduvius nigrorufus Hsiao 红斑猎蝽

Reduvius personatus (Linnaeus) [masked hunter] 伪装猎蝽，假装猎蝽，臭猎蝽，臭虫猎蝽

Reduvius renae Cai *et* Shen 任氏猎蝽

Reduvius ruficeps Hsiao 红头猎蝽

Reduvius tenebrosus Walker 橘红背猎蝽

Reduvius testaceus Herrich-Schäffer 伏刺猎蝽

Reduvius xantusi (Horváth) 背同色猎蝽

redvein lancer [= Burmese lancer, *Pyroneura niasana* (Fruhstorfer)] 尼雅火脉弄蝶

redwood bark beetle [*Phloeosinus sequoiae* Hopkins] 红杉肤小蠹，红木肤小蠹

redwood mealybug [*Spilococcus sequoiae* (Coleman)] 红木匹粉蚧

redwood scale [*Aonidia shastae* (Coleman)] 北美红杉囡圆盾蚧

reed aphid [= bamboo aphid, *Melanaphis bambusae* (Fullaway)] 竹色蚜，竹粉蚜，竹蚜，竹红蚜

reed dagger [= white-veined rice noctuid, *Simyra albovenosa* (Goeze)] 辉刀夜蛾，稻白脉夜蛾

reed leopard [= giant borer, *Phragmataecia castaneae* (Hübner)] 芦苇蠹蛾，蔗褐木蠹蛾

reed tussock [*Laelia coenosa* (Hübner)] 素毒蛾

reelable cocoon 普通茧，上茧，上车茧

reeled up cocoon 自然落绪茧

reeling cocoon in alive 活蛹缫丝

Reeses' uncas skipper [*Hesperia uncas reeseorum* (Austin *et*

McGuire)] 温卡斯弄蝶里斯亚种
refaunation 再发共生
reflected [= reflex, reflexed, reflexus] 反射的
reflector cells 反射细胞 < 见于萤等发光器官中，其细胞质中富有尿酸盐颗粒 >
reflector layer 反射层 < 昆虫发光器官中用的反射光线的细胞层 >
reflex 1. 反射 < 指动物中的神经反射活动 >；2. [= reflected, reflexed, reflexus] 反射的
reflex activity 反射活动
reflex arc 反射弧
reflex bleeding 反射出血，反射放血 < 某些昆虫对外来刺激以关节放血作为反应 >
reflex process 反射过程
reflexed 见 reflected
Reflexisphodrus 折强步甲属，卷葬步甲属，翘步甲属
Reflexisphodrus eugrammus (Vereschagina) 光沟折强步甲
Reflexisphodrus formosus (Semenov) 丽折强步甲，台湾卷葬步甲，台塔福步甲
Reflexisphodrus gracilior Lassalle *et* Marcilhac 狭折强步甲
Reflexisphodrus graciliusculus (Vereschagina) 细折强步甲，丽卷葬步甲，丽塔福步甲
Reflexisphodrus lanzouicus Lassalle *et* Marcilhac 兰州折强步甲
Reflexisphodrus marginipennis(Fairmaire) 缘翅折强步甲，缘翅卷葬步甲，缘翅翘步甲，缘翅安惕步甲
Reflexisphodrus ollivieri Lassalle 奥氏折强步甲，欧氏卷葬步甲，欧氏翘步甲
Reflexisphodrus refleximargo (Reitter) 翘缘折强步甲，翘缘卷葬步甲，卷葬步甲，转索福步甲
Reflexisphodrus reflexipennis (Semenov) 折翅折强步甲，亮翅卷葬步甲，亮翅翘步甲，亮翅塔福步甲
Reflexisphodrus reflexipennis depressipennis (Jedlička) 折翅折强步甲平翅亚种
Reflexisphodrus reflexipennis reflexipennis (Semenov) 折翅折强步甲指名亚种
Reflexisphodrus remondorum Lassalle *et* Marcilhac 雷氏折强步甲
Reflexisphodrus stenocephalus (Vereschagina) 长头折强步甲
Reflexisphodrus wuduensis Lassalle *et* Marcilhac 武都折强步甲
reflexus 见 reflected
refracted [= refractus] 折射的
refractive index 折光系数
refractometer 折光仪
refractoriness 不应态
refractus 见 refracted
refrigerated centrifuge 冷冻离心机
refrigerated eggs 1. 冷藏卵；2. 冷藏种 < 家蚕的 >
refringent 屈折的 < 指光线 >
refuge [= fuge, refugium] 避难所，残遗种分布区，残遗种保护区
refuge plant 避难所植物
refugia [s. refugium] 避难所，残遗种分布区，残遗种保护区
refugial 避难所的
refugial area 避难区域
refugial isolation 避难所隔离
refugial population 避难所种群
refugium [pl. refugia; = fuge, refuge] 避难所，残遗种分布区，残遗种保护区
refuse beetle [*Anisodactylus signatus* (Panzer)] 麦穗斑步甲，标异指步甲，麦穗步甲，斑步甲
regal apollo [*Parnassius charltonius* Gray] 姹瞳绢蝶
regal fritillary [*Speyeria idalia* (Drury)] 斑豹蛱蝶
regal greatstreak [= regal hairstreak, *Evenus regalis* (Cramer)] 帝王丽灰蝶
regal hairstreak 见 regal greatstreak
regal metalmark [= regalis metalmark, *Metacharis regalis* Butler] 黄褐黑纹蚬蝶
regal moth 1. [= citheroniid moth, royal moth, citheroniid] 犀额蛾，角蠋蛾 < 犀额蛾科 Citheroniidae 昆虫的通称 >；2. [= hickory horned devil, *Citheronia regalis* (Fabricius)] 棉斑犀额蛾，棉斑角蠋蛾
regal purple tip [= arge violet tip, queen purple tip, *Colotis regina* (Trimen)] 女皇珂粉蝶
regal sarota [*Sarota subtessellata* (Schaus)] 梳小尾蚬蝶
regal stick insect [= goliath stick insect, *Eurycnema goliath* (Gray)] 巨宽胫蝻
regal swallowtail [*Papilio rex* Oberthür] 荣德凤蝶
regalis metalmark 见 regal metalmark
regeneration 再生，再生现象
regenerative cell 再生细胞
regenerative crypt 再生胞窝 < 见于肠壁细胞层中 >
regenerative cycst 再生胞囊
regent skipper [*Euschemon rafflesia* (Macleay)] 黄斑缰蝶，缰蝶
Regimbartia 赖牙甲属，瑞牙甲属
Regimbartia attenuata (Fabricius) [Japanese water scavenger beetle] 梭形赖牙甲，梭形瑞牙甲
Regimbartia majorobtusa Mai, Jia *et* Jäch 大钝赖牙甲
region 部
regional environment 区域环境
regional zoogeography [= faunistic zoogeography] 动物区系地理学
regionality 区域性
regression 1. 衰降 < 指种群数量 >；2. 回归；3. 退化
regressive development [=retrogressive development] 退化发育
regular woolly legs [*Lachnocnema regularis* (Libert)] 平毛足灰蝶
regulated insect pest 限定性害虫
regulated pest 限定性有害生物
regulation of development 发育调节
regulation of eclosion 1. 羽化调节；2. 发蛾调节 < 家蚕的 >
regulator gene 调节基因
Regulatory Element Database for Drosophila and other insects [abb. REDfly] 果蝇调节元素数据库
regurgitate 回吐，呕吐，吐液
regurgitation 1. 回吐作用；2. 反哺作用；3. 吐液 < 蝗虫等的 >
Rehimena 紫翅野螟属
Rehimena phrynealis (Walker) 黄斑紫翅野螟
Rehimena reductalis Caradja 瑞紫翅野螟
***Rehimena stramineali*s** South 草紫翅野螟
Rehimena striolalis (Snellen) 沟紫翅野螟
Rehimena surusalis (Walker) 狭斑紫翅野螟，小斑紫翅野螟
Reichardtiella tibetana Kaszab 见 *Reichardtiellina tibetana*
Reichardtiellina 莱土甲属

Reichardtiellina tibetana (Kaszab) 西藏莱土甲，藏来拟步甲
Reichardtiolus 稀阎甲属，来阎甲属
Reichardtiolus duriculus (Reitter) 杜芮稀阎甲，杜来阎甲
Reichenbachia 来蚁甲属
Reichenbachia coelestis Raffray 柯来蚁甲
Reichenbachia implicata Raffray 见 *Trissemus implicitus*
Reichenbachia mamilla (Schaufuss) 见 *Trissemus mamilla*
Reimer's katydid [*Pardalota reimeri* La Baume] 雷氏花螽
reindeer nose botfly [*Cephenemyia trompe* (Modeer)] 驯蜂鹿蝇，驯鹿狂蝇
reindeer warble fly [= caribou warble fly, *Oedemagena tarandi* (Linnaeus)] 驯鹿狂皮蝇
reinfection 再侵染，再感染
reinfestation 1. 再次蔓延；2. 再次扰害
Reinhold's creamy glider [*Cymothoe reinholdi* (Plötz)] 白斑漪蛱蝶，淡黄漪蛱蝶
reinoculation 再接种
Reinwardtiinae 邻家蝇亚科
Reinwardtiini 邻家蝇族
reiterative behavio(u)r 重演行为
Reitterelater 雷叩甲属
Reitterelater pappi Platia *et* Schimmel 帕氏雷叩甲
rejected name 否定名
rejectment 排泄物，粪便
rejuvenation [= rejuvenescence] 复壮，复壮现象
rejuvenescence 见 rejuvenation
Rekoa 余灰蝶属
Rekoa bourkei [Jamaican hairstreak, Hispaniolan hairstreak] 牙买加余灰蝶
Rekoa malina (Hewitson) 玛丽余灰蝶
Rekoa marius (Lucas) [marius hairstreak] 玛露余灰蝶
Rekoa meton (Cramer) [meton hairstreak] 余灰蝶
Rekoa palegon (Stoll) [gold-bordered hairstreak] 帕莱余灰蝶
Rekoa stagira (Hewitson) [smudged hairstreak] 斯塔余灰蝶
Rekoa zebina (Hewitson) [zebina hairstreak] 择碧余灰蝶
related breeding 亲缘繁殖
related crossing 亲缘交配
relationship 关系，亲缘关系
relative consumption rate [abb. RCR] 相对消耗率，相对取食率
relative control efficiency 相对防治效果，相对控制效果
relative development 相对发育
relative error 相对误差
relative growth 相对生长
relative growth rate [abb. RGR] 相对生长率
relative humidity 相对湿度
relative respiratory rate 相对呼吸率
relative toxicity ratio 相对毒性比
relaxation 舒张；松弛
relaxation-oscillation 起伏波动
relay neuron [= association neurone, internuncial neurone, connector neuron, local circuit neuron, intermediate neuron, interneuron] 联络神经元，联系神经元，跨节联系神经元，中间神经元
release of insects carrying a dominant lethal gene [abb. RIDL] 释放携带显性致死基因的昆虫
releaser pheromone 释放信息素
releasing 释放
relict damselfly [= devadattid damselfly, devadattid] 德丽蟌 < 德丽蟌科 Devadattidae 昆虫的统称 >
relict fritillary [*Clossiana kriemhild* (Strecker)] 瑰珍蛱蝶
Rellimocoris 棒光猎蝽属
Rellimocoris minutus Dougherty 小棒光猎蝽
Rema 桨夜蛾属
Rema costimacula (Guenée) 桨夜蛾，前缘斑裳蛾，莱夜蛾
remarkable eriococcin [= conspicuous felt scale, remarkable felt scale, *Anophococcus insignis* (Newstead)] 标帜根毡蚧
remarkable felt scale 见 remarkable eriococcin
Remaudiereana 斑足长蝽属
Remaudiereana annulipes (Baerensprung) 双环斑足长蝽，双环鼓胸长蝽
Remaudiereana flavipes (Motschulsky) 褐斑足长蝽，褐鼓胸长蝽
Remaudiereana sobrina (Distant) 台湾斑足长蝽，台鼓胸长蝽
Rembus elongatus Bates 见 *Diplocheila elongata*
Rembus gigas Bates 同 *Diplocheila zealandica*
Rembus laevis Lesne 见 *Diplocheila laevis*
Rembus latifrons Dejean 见 *Diplocheila latifrons*
Rembus minimus (Jedlička) 见 *Diplocheila minima*
Rembus zeelandicus Redtenbacher 见 *Diplocheila zeelandica*
Remelana 莱灰蝶属
Remelana davisi Jumalon 大卫莱灰蝶
Remelana jangala (Horsfield) [chocolate royal] 莱灰蝶
Remelana jangala andamanica Wood-Mason *et* de Nicéville [powdery chocolate royal] 莱灰蝶粉被亚种
Remelana jangala hainanensis (Joicey *et* Talbot) 莱灰蝶海南亚种，海南莱灰蝶
Remelana jangala jangala (Horsfield) 莱灰蝶指名亚种
Remelana jangala mudra (Fruhstorfer) 莱灰蝶广东亚种，广东莱灰蝶
Remelana jangala ravata Moore [northern chocolate royal] 莱灰蝶北方亚种，云南莱灰蝶
Remelanini 莱灰蝶族，璃灰蝶族
Remella 染弄蝶属
Remella duena Evans [narrow-banded remella, Guatemalan remella] 杜娜染弄蝶
Remella remus (Fabricius) [black-spot remella, whitened remella] 黑点染弄蝶，染弄蝶
Remella rita Evans [Rita's remella] 礼染弄蝶
Remella vopiscus (Herrich-Schäffer) [cryptic remella, tri-stigma remella] 三斑染弄蝶
remiform 桨形
Remigia 毛跗夜蛾属，实毛胫夜蛾属
Remigia frugalis (Fabricius) 见 *Mocis frugalis*
remigial 臀前区的，臀前域的
remigial area [= preanal region, remigial region, preclavus, remigium, preanal area] 臀前区，臀前域
remigial region 见 remigial area
remigium 见 remigial area
remigration 1. 返回迁移；2. 再迁移
remiped 具桡足的
Remmigabara 雷夜蛾属

Remmigabara secunda (Remm) 雷夜蛾
remnant egg 残存卵 < 家蚕的 >
Remodes angulosa Warren 见 *Sauris angulosa*
Remodes cinerosa Warren 同 *Sauris interruptaria*
Remodes interruptaria Moore 见 *Sauris interruptaria*
Remodes triseriata Moore 同 *Sauris interruptaria*
Remotaspidiotus 微圆盾蚧属
Remotaspidiotus bossieae (Maskell) 南方微圆盾蚧
remotor 后曳肌
remounting 再上蔟 < 家蚕的 >
Remphan 侧齿天牛属
Remphan hopei Waterhouse 霍氏侧齿天牛，刺角细齿天牛
Remphanini 侧齿天牛族
Remus 桨隐翅甲属
Remus corallicolus (Fairmaire) 珊瑚桨隐翅甲
Rena 任氏叶蜂属 *Renothredo* 的异名
Rena maculata Wei 见 *Renothredo maculata*
renal cell 集聚细胞 < 即肾细胞 (nephrocyte)>
renaldus jewelmark [= red-faced jewelmark, *Anteros renaldus* (Stoll)] 云安蚬蝶
renewal restoration 更新，复壮
renewal vaccination 重新接种
reniculus 肾形点
reniform 肾形
reniform spot 肾形斑 < 常指蛾类翅上中室端部的肾形色斑 >
reniform stigma 肾形纹
Renothredo 任氏叶蜂属
Renothredo maculata (Wei) 斑背任氏叶蜂
renovation 复壮，更新
Reomyia 雷欧长足摇蚊属
Reomyia wartinbei (Roback) 沃氏雷欧长足摇蚊
reovirus 呼肠孤病毒
repagula 卵杆体 < 指围绕于蝶角蛉科 Ascalaphidae 昆虫卵块，在草茎、嫩枝等上的杆状体 >
repand [= repandus] 波状的
repandus 见 repand
repeat motif 重复基元
repeat type 重复类型
repeatability 重复率
repeated backcross 重复回交
repeated crossing 重复杂交
repeated selection 重复选择
repeated test 重复试验
repellency 驱避性，驱避作用
repellent 忌避剂，拒避剂
repellent action 驱避作用
repellent rate 驱避率
Repens 蕊弄蝶属
Repens florus (Godman) [false roadside-skipper] 花蕊弄蝶
Repens repens Evans 蕊弄蝶
Repertotium Entomologicum 昆虫学报道 < 期刊名 >
replacement cell 更替细胞
replacement name 替代名
replete [= plerergate, rotund] 贮蜜蚁
replica plating 影印培养
replicate [= replicatus] 重折的 < 常指如鞘翅目昆虫可折的后翅 >
replicatile 后折的
replication 复制，重复
replicatus 见 replicate
reproduction 生殖
reproduction potential 繁殖力
reproduction rate 生殖率，繁殖率
reproduction stagnation 生殖停滞
reproductive capacity 生殖能力
reproductive cell 生殖细胞
reproductive diapause 生殖滞育
reproductive fitness 生殖适应度
reproductive growth 生殖生长
reproductive incompatibility 生殖不相容性
reproductive isolation 生殖隔离
reproductive organ 生殖器官
reproductive period 生殖期
reproductive phase 生殖相
reproductive potential 生殖势能
reproductive process 生殖过程，繁殖过程
Reptalus 瑞脊菱蜡蝉属
Reptalus basiprocessus Guo *et* Wang 基刺瑞脊菱蜡蝉
Reptalus quadricinctus (Matsumura) 四带瑞脊菱蜡蝉，四带脊菱蜡蝉
Reptalus quinquecostatus (Dufour) 五脊瑞脊菱蜡蝉，五脊脊菱蜡蝉
Reptalus shunxiwuensis Bai, Guo *et* Feng 顺溪坞瑞脊菱蜡蝉
repugnatorial 驱拒的
repugnatorial gland 驱拒腺
Resapamea 衍陆夜蛾属
Resapamea hedeni (Graeser) 赫氏衍陆夜蛾，衍陆夜蛾，赫陆夜蛾
rescalure 红圆蚧引诱剂
reserve cocoon 待添茧，预备茧 < 家蚕的 >
reserved young larva 预备蚕 < 家蚕的 >
reservoir 贮液囊
residence time 居留时
residual action 残效，后效
residual effect 残效
residual elongation 残留伸长
residual film bioassay 药膜法
residual spray 滞留喷洒
residual toxicity 残留毒性，残留
residue 残余物，残留物，残渣
residue specific gap propensity 残基特异空位倾向
residue specific penalty 残基特异扣分
resilient 1. 反弹的；2. 有弹性的
resilin 弹性蛋白
resin bug 黏猎蝽
resing stage 休眠期
resinous 树脂色的，树脂的
resistance 抗性
resistance factor 抵抗因子
resistance gene 抗性基因
resistance gene frequency 抗性基因频率

resistance index 1. 抗性指数；2. 抗药性指数
resistance management 抗性治理
resistance-related gene 抗性相关基因
resistance selection 抗性选育，抗性汰选
resistant population 抗性种群
resistant variety 抗性品种
resistibility 抗性，抵抗力
resistivity 抗性
resonator 共鸣器
resorb 重吸
resorption 回收
resource concentration hypothesis 资源集中假说
resource specialization hypothesis 资源专化假说
respiration 呼吸
respiration rate 呼吸率
respiration trachea [pl.respiration tracheae; = ventilation tracheae] 呼吸气管，换气气管，通风气管
respiration tracheae [s.respiration trachea; = ventilation trachea] 呼吸气管，换气气管，通风气管
respiratoria [s. respiratorium; = respiratory plates] 呼吸叶 < 见于某些双翅目昆虫幼虫中 >
respiratorium [pl. respiratoria; = respiratory plate] 呼吸叶
respiratory atrium 气门室
respiratory capacity 呼吸量
respiratory centre 呼吸中心
respiratory channel [= aeropyle] 气洞，气孔，呼吸道 <为卵壳构造，如见于半翅目昆虫中>
respiratory enzyme 呼吸酶
respiratory intensity 呼吸强度
respiratory metabolism 呼吸代谢
respiratory organ 呼吸器官
respiratory plates [= respiratoria (s. respiratorium)] 呼吸叶 < 见于某些双翅目幼虫中 >
respiratory quotient [abb.RQ] 呼吸商
respiratory rhythm 呼吸节律
respiratory siphon 呼吸管
respiratory system 呼吸系统
respiratory tissue 呼吸组织
respiratory trumpet 呼吸角 < 见于某些水生双翅目昆虫蛹中 >
respirometer 呼吸测定计
resplendent shield bearer [*Coptodisca splendoriferella* (Clemens)] 闪盾辉日蛾，闪盾日蛾
response index 反应指数
Resseliella 雷瘿蚊属
Resseliella citrifrugis Jiang 橘实雷瘿蚊，柚实雷瘿蚊，柚瘿蚊 < 此学名为裸名 >
Resseliella clavula Beutenmüller [dogwood club gall midge] 瑞木雷瘿蚊，瑞木棒瘿蚊
Resseliella kadsurae Yukawa, Sato *et* Xu 南五味子雷瘿蚊
Resseliella oculiperda (Ruebsaamen) [red bud borer, red bud maggot] 红芽雷瘿蚊，红芽茎托马瘿蚊
Resseliella odai Inouye [cryptomeria bark midge, sugi pitch midge, sugi bark midge] 柳杉雷瘿蚊，柳杉瘿蚊
Resseliella quadrifasciata (Niwa) [banded mulberry midge, mulberry banded gall-midge] 桑四斑雷瘿蚊，四斑雷瘿蚊，桑四带双瘿蚊，桑四带瘿蚊桑
Resseliella sibirica (Mamaev) 落叶松雷瘿蚊，西伯雷瘿蚊
Resseliella soya (Monzen) [soybean stem midge] 大豆雷瘿蚊
Ressia 栎尖蛾属
Ressia auriculata Zhang *et* Li 耳瓣栎尖蛾
Ressia didesmococcusphaga (Yang) 见 *Cyanarmostis didesmococcusphaga*
Ressia quercidentella Sinev 柞栎尖蛾
resting 休眠，静止
resting egg 休眠卵
resting form 1. 休眠型；2. 潜伏型
restitution 回复，再生
restoration 恢复，复原，更新
restoring gene 恢复基因
restricted 限制的 < 意为限于一有界限的区域的 >
restricted demon [*Notocrypta curvifascia* (Felder *et* Felder)] 曲纹袖弄蝶，袖弄蝶，黑弄蝶，白纹黑弄蝶，羌黄蝶，曲带普勒弄蝶
restriction fragment length polymorphism [abb. RFLP] 限制性长度片段多态性
resupinate [= resupinatus] 1. 颠倒的；2. 横倒的
resupinatus 见 resupinate
Retalia 凹陷姬蜂属
Retalia nigrescens Kusigemati 黑凹陷姬蜂，黑雷姬蜂
Retalia rubida Kusigemati 红凹陷姬蜂，红雷姬蜂
retardant 生长抑制素
retardation 阻滞
retarded dagger moth [*Acronicta retardata* Walker] 钝剑纹夜蛾
retarding effect 抑制作用
rete 1. 脂肪质；2. 膜层 < 指一般无结构的膜层 >
rete mucosum [= hypodermis] 真皮
retecious 网状的
Reticulaphis 网扁蚜属，网胸虱蚜属
Reticulaphis asymmetrica Hille Ris Lambers *et* Takahashi 腔网扁蚜，歪体网体虱蚜
Reticulaphis distylii (van der Goot) 金缕梅网扁蚜，圆体网体虱蚜
Reticulaphis distylii asymmetrica Hille Ris Lambers *et* Takahashi 见 *Reticulaphis asymmetrica*
Reticulaphis distylii distylii (van der Goot) 金缕梅网扁蚜指名亚种
Reticulaphis distylii fici (Takahashi) 见 *Reticulaphis fici*
Reticulaphis distylii foveolatae (Takahashi) 见 *Reticulaphis foveolatae*
Reticulaphis fici (Takahashi) 无花果网扁蚜，榕蚊母网扁蚜
Reticulaphis fici foveolatae (Takahashi) 见 *Reticulaphis foveolatae*
Reticulaphis foveolatae (Takahashi) 细毛网扁蚜，坑蚊母网扁蚜
Reticulaphis inflata Yeh *et* Hsu 肿胀网扁蚜，肿胸网体虱蚜
Reticulaphis mirabilis (Takahashi) 紫茉莉网扁蚜，粗毛网体虱蚜
Reticulaphis rotifera Hille Ris Lambers *et* Takahashi 轮形网扁蚜，轮网体虱蚜
Reticulaphis septica Yeh *et* Hsu 棱网扁蚜，棱果榕网体虱蚜
reticular [= reticulate, reticulated, reticulatus, reticulose, reticulosus] 网状的
reticular tissue 网状组织
reticulata skipper [*Saturnus reticulata* (Plötz)] 网铅弄蝶
reticulate 见 reticular
reticulate lubber grasshopper [= horse lubber grasshopper, *Taeniopoda*

reticulata (Fabricius)] 网翅带足小翅蜢

reticulate-winged booklouse [*Lepinotus reticulatus* Enderlein] 网翅鳞蛄，网翅书虱

reticulated 见 reticular

reticulated beetle [= cupedid beetle, cupedid] 长扁甲 < 长扁甲科 Cupedidae 昆虫的通称 >

Reticulatitergum 网腹蜻属

Reticulatitergum hui Du, Yao *et* Ren 胡氏网腹蜻

reticulatus 见 reticular

Reticulitermes 散白蚁属

Reticulitermes aculabialis Tsai *et* Hwang 尖唇散白蚁

Reticulitermes affinis Hsia *et* Fan 肖若散白蚁

Reticulitermes altus Gao *et* Pen 高山散白蚁

Reticulitermes ampliceps Wang *et* Li 扩头散白蚁

Reticulitermes ancyleus Ping 钩颚散白蚁

Reticulitermes angustatus He *et* Qiu 狭胸散白蚁

Reticulitermes angusticephalus Ping *et* Xu 窄头散白蚁

Reticulitermes assamensis Gardner 突额散白蚁

Reticulitermes auranlius Ping *et* Xu 橙黄散白蚁

Reticulitermes bicristatus He *et* Qiu 双瘤散白蚁

Reticulitermes bitumulus Ping *et* Xu 双峰散白蚁

Reticulitermes brachygnathus Li, Ping *et* Ji 短颚散白蚁

Reticulitermes brevicurvatus Ping *et* Xu 短弯颚散白蚁

Reticulitermes cancrifemuris Zhu 蟹腿散白蚁

Reticulitermes castanus Ping 褐胸散白蚁

Reticulitermes chayuensis Tsai *et* Huang 察隅散白蚁

Reticulitermes chinensis Snyder 黑胸散白蚁

Reticulitermes chinensis chinensis Snyder 黑胸散白蚁指名亚种

Reticulitermes chinensis leptomandibularis Hsia *et* Fan 见 *Reticulitermes leptomandibularis*

Reticulitermes choui Ping *et* Zhang 周氏散白蚁

Reticulitermes chryseus Ping 金黄散白蚁

Reticulitermes citrinus Ping *et* Li 柠黄散白蚁

Reticulitermes conus Xia *et* Fan 锥颚散白蚁

Reticulitermes croceus Ping *et* Xu 深黄散白蚁

Reticulitermes curticeps Yang, Zhu *et* Huang 短头散白蚁

Reticulitermes curvatus Xia *et* Fan 弯颚散白蚁

Reticulitermes cymbidii Ping *et* Xu 幽兰散白蚁

Reticulitermes dabieshanensis Wang *et* Li 大别山散白蚁

Reticulitermes dantuensis Gao *et* Zhu 丹徒散白蚁

Reticulitermes dichrous Ping 双色散白蚁

Reticulitermes dinghuensis Ping, Zhu *et* Li 鼎湖散白蚁

Reticulitermes emei Gao, Zhu, Gong *et* Han 峨眉散白蚁

Reticulitermes fengduensis Ping *et* Chen 丰都散白蚁

Reticulitermes flaviceps (Oshima) [yellow-thorax termite] 黄肢散白蚁，黄胸散白蚁，黄胸白蚁，台湾长头散白蚁，大和白蚁，黄脚网白蚁

Reticulitermes flavipes (Kollar) [eastern subterranean termite] 北美散白蚁，欧美散白蚁，黄胸散白蚁

Reticulitermes fukienensis Light 花胸散白蚁

Reticulitermes fulvimarginalis Wang *et* Li 褐缘散白蚁

Reticulitermes gaoshi Li *et* Ma 大囟散白蚁

Reticulitermes gaoyaoensis Tsai *et* Li 高要散白蚁

Reticulitermes grandis Hsia *et* Fan 大头散白蚁

Reticulitermes guangzhouensis Ping 广州散白蚁

Reticulitermes guilinensis Li *et* Xiao 桂林散白蚁

Reticulitermes guizhouensis Ping *et* Xu 贵州散白蚁

Reticulitermes gulinensis Gao *et* Ma 古蔺散白蚁

Reticulitermes hainanensis Tsai *et* Huang 海南散白蚁

Reticulitermes hesperus Banks [western subterranean termite] 美国散白蚁，西方犀白蚁

Reticulitermes huapingensis Li 花坪散白蚁

Reticulitermes hubeiensis Ping *et* Huang 湖北散白蚁

Reticulitermes hypsofrons Ping *et* Li 高额散白蚁

Reticulitermes jiangchengensis Yang, Zhu *et* Huang 江城散白蚁

Reticulitermes labralis Hsia *et* Fan 圆唇散白蚁

Reticulitermes largus Li *et* Ma 大型散白蚁

Reticulitermes latilabris Ping 宽唇散白蚁

Reticulitermes leiboensis Gao *et* Xia 雷波散白蚁

Reticulitermes leptogulus Ping *et* Xu 细额散白蚁

Reticulitermes leptomandibularis Hsia *et* Fan 细颚散白蚁

Reticulitermes levatoriceps He *et* Qiu 隆头散白蚁

Reticulitermes lianchengensis Li *et* Ma 连城散白蚁

Reticulitermes lii Ping *et* Huang 李氏散白蚁

Reticulitermes lingulatus Ping 舌唇散白蚁

Reticulitermes longicephalus Tsai *et* Chen 长头散白蚁

Reticulitermes longigulus Ping *et* Li 长颏散白蚁

Reticulitermes longipennis Wang *et* Li 长翅散白蚁

Reticulitermes luofunicus Zhu, Ma *et* Li 罗浮散白蚁

Reticulitermes microcephalus Zhu 小头散白蚁

Reticulitermes minutus Ping *et* Xu 侏儒散白蚁

Reticulitermes mirogulus He *et* Qiu 奇颏散白蚁

Reticulitermes mirus Gao, Zhu *et* Zhao 陌宽散白蚁

Reticulitermes nanjiangensis Chen *et* Ping 南江散白蚁

Reticulitermes neochinensis Li *et* Huang 新中华散白蚁

Reticulitermes ovatilabrum Xia *et* Fan 卵唇散白蚁

Reticulitermes paralucifugus Zhang *et* Ping 似暗散白蚁

Reticulitermes parvus Li 小散白蚁

Reticulitermes perangustus Gao, Zhu *et* Shi 狭颏散白蚁

Reticulitermes perilabralis Ping *et* Xu 近圆唇散白蚁

Reticulitermes perilucifugus Ping 近暗散白蚁

Reticulitermes pingjiangensis Tsai *et* Ping 平江散白蚁

Reticulitermes planifrons Li *et* Ping 平额散白蚁

Reticulitermes pseudaculabialis Gao *et* Shi 拟尖唇散白蚁

Reticulitermes qingdaoensis Li *et* Ma 青岛散白蚁

Reticulitermes qingjiangensis Gao *et* Fang 清江散白蚁

Reticulitermes rectis Xia *et* Fan 直缘散白蚁

Reticulitermes setosus Li *et* Xiao 刚毛散白蚁

Reticulitermes solidimandibulas (Li *et* Xiao) 坚颚散白蚁

Reticulitermes speratus (Kolbe) 栖北散白蚁，黄胸散白蚁，栖北网蜚

Reticulitermes sublongicapitatus Ping 似长头散白蚁

Reticulitermes testudineus Li *et* Ping 龟唇散白蚁

Reticulitermes tibetanus (Huang *et* Han) 西藏散白蚁，西藏异白蚁

Reticulitermes tibialis Banks [arid land subterranean termite] 跗散白蚁

Reticulitermes translucens Ping *et* Xu 端明散白蚁

Reticulitermes trichocephalus Ping 毛头散白蚁

Reticulitermes tricholabralis Ping *et* Li 毛唇散白蚁

R

Reticulitermes trichothorax Ping *et* Xu 毛胸散白蚁
Reticulitermes tricolorus Ping *et* Li 三色散白蚁，三色网螱
Reticulitermes virginicus Banks 南方散白蚁
Reticulitermes wuganensis Huang *et* Yin 武冈散白蚁
Reticulitermes wugongensis Li *et* Huang 武宫散白蚁
Reticulitermes wuyishanensis Li *et* Huang 武夷山散白蚁
Reticulitermes xingyiensis Ping *et* Xu 兴义散白蚁
Reticulitermes yaeyamanus Morimoto 日本散白蚁
Reticulitermes yinae (Zhu, Huang *et* Li) 尹氏散白蚁，尹氏异白蚁
Reticulitermes yizhangensis Huang *et* Tong 宜章散白蚁
Reticulitermes yongdingensis Ping 永定散白蚁
Reticulitermes yunsiensis (Li *et* Huang) 云寺散白蚁，云寺异白蚁
Reticulitermes zhaoi Ping *et* Li 赵氏散白蚁
reticulo-endothelial system 网状内皮系统
reticulose 见 reticular
reticulosus 见 reticular
reticulum 网状构造
Reticulum 网有孔虫属 <该属名曾有一叶蝉科昆虫的次同名，后者的新名为 *Neoreticulum*>
Reticulum transvittatum Dai, Li *et* Chen 见 *Neoreticulum transvittatum*
Reticuluma 网背叶蝉属
Reticuluma bipennata Xu, Yu, Dai *et* Yang 见 *Chanohirata bipennata*
Reticuluma citrana Cheng *et* Li 柑橘网背叶蝉
Reticuluma dactyla Fu *et* Zhang 见 *Chanohirata dactyla*
Reticuluma lini Cheng *et* Li 见 *Chanohirata lini*
Reticuluma spinata Cheng *et* Li 见 *Chanohirata spinata*
Reticuluma testacea (Kuoh) 同 *Chanohirata theae*
retina 视网膜
retina cell 网膜细胞
Retina 纹脂锦斑蛾属
Retina rubrivitta Walker 红带纹脂锦斑蛾，红带网斑蛾
retinaculum 1. 系缰钩，翅缰钩，抱刺钩，容缰器；2. 臼突
retinal 网膜的
retinal pigment 网膜色素
retinal pigment cell 网膜色素细胞
retinal response 网膜反应 <即网膜照光时所产生的电反应>
retinal 1. 网膜的；2. [= retinaldehyde, retinene$_1$] 视黄醛
retinaldehyde [= retinene$_1$, retinal] 视黄醛
retinene 视黄素，视黄醛，视杆视色素
retinene$_1$ 见 retinaldehyde
retinene$_2$ [= dehydroretinaldehyde, dehydroretinal] 脱氢视黄醛
retineria [pl. retineriae] 跗毛突 <指跗节下面的微小似毛突起>
retineriae [s. retineria] 跗毛突
Retinia 实小卷蛾属
Retinia coeruleostriana (Caradja) 银实小卷蛾，淡黑实小卷蛾
Retinia cristata (Walsingham) [pine tip moth] 松实小卷蛾
Retinia monopunctata (Oku) 一点实小卷蛾
Retinia perangustana (Snellen) 落叶松实小卷蛾
Retinia pseudotsugaicola Liu *et* Wu 黄杉实小卷蛾
Retinia resinella (Linnaeus) [pine resin-gall moth] 红松实小卷蛾
Retinia teleopa (Meyrick) 全实小卷蛾，埃勿卷蛾
Retinodiplosis 松瘿蚊属
Retinodiplosis resinicola (Osten-Sacken) 见 *Cecidomyia resinicola*
Retinodiplosis resinicoloides (Williams) 见 *Cecidomyia resinicoloides*
retinophora [= retinula] 视小网膜，小网膜 <在小眼基部，由一群细长的色素细胞组成>
retinula 见 retinophora
retinular 视小网膜的，小网膜的
Retipenna 罗草蛉属
Retipenna callioptera Yang *et* Yang 彩翼罗草蛉
Retipenna chaoi Yang *et* Yang 赵氏罗草蛉
Retipenna chione (Banks) 中华罗草蛉，基罗草蛉
Retipenna dasyphlebia (McLachlan) 云南罗草蛉，达罗草蛉
Retipenna diana Yang *et* Wang 滇罗草蛉
Retipenna grahami (Banks) 淡脉罗草蛉，格罗草蛉
Retipenna guangdongana Yang *et* Yang 广东罗草蛉
Retipenna hasegawai (Nakahara) 台湾罗草蛉，长谷川罗草蛉
Retipenna huai Yang *et* Yang 华氏罗草蛉
Retipenna inordinata (Yang) 紊脉罗草蛉，紊脉草蛉
Retipenna irregularis (Navás) 乱罗草蛉
Retipenna maculosa Yang *et* Wang 瑕罗草蛉
Retipenna parvula Yang *et* Wang 小罗草蛉
Retipenna sichuanica Yang, Yang *et* Wang 四川罗草蛉
Retithrips 网蓟马属
Retithrips bicolor Brgnall 同 *Rhipiphorothrips pulchellus*
Retithrips javanicus Karny 爪洼网蓟马
Retithrips syriacus (Mayet) [black vine thrips] 葡萄网蓟马，葡萄黑蓟马，苏拉蓟马
retort-shaped organs 甑形器 <半翅目昆虫两对口针的膨大基部的腺体组织的卵形区>
retracted [= retractus] 收缩的，缩入的 <为 prominent 的反义词>
retracted head 缩头 <专指头部和口器缩入前胸的>
retracted mouthparts 收缩口器
retractile 可缩的
retractor 牵缩肌
retractor angulis oris [= retractores angulorum oris] 口角牵缩肌 <一对起源于背面额区、着生于舌悬骨上的肌肉>
retractor hypopharyngis 舌牵缩肌
retractor of the claw 爪牵缩肌
retractor of the mouth angles 见 retractor angulis oris
retractor ventriculi 肠牵缩肌 <用以支持消化道的细肌肉>
retractus 见 retracted
retroarcuate 弯向后的
retrocerebral glands 后脑腺 <昆虫中除脑神经分泌细胞以外的其他内分泌腺的总称，包括心侧体、咽侧体、头背腺、前脑腺、围心腺等；或在环裂双翅目幼虫中，为环腺>
retrocession 倒退
retrogradation 下降状态
retrograde stigma 退化气门
retrogression 退化
retrogressive development [= regressive development] 退化发育 <趋向于器官简化（如翅的消失）的发育>
retrogressive succession 倒退演替
retroposon 反转录转座子
retrorse [= retrorsus] 向后的
retrorsus 见 retrorse
retrotransposon 反转录转座子
returning vein 回脉 <指某些多食性鞘翅目昆虫翅中，不完全骨化的 M 脉>
retuse [= retusus] 凹端的

retusus 见 retuse

Reuteriola annulicornis Hsiao *et* Meng 同 *Opuna annulata*

Reuterista 罗盲蝽属

Reuterista unicolor Rosenzweig 一色罗盲蝽

Reuteronabis potanini (Bianchi) 见 *Nabis potanini*

Reutlinger's large woolly legs [*Lachnocnema reutlingeri* Holland] 卢毛足灰蝶

Revatra 异角叶蜂属

Revatra sinica Wei *et* Nie 中华异角叶蜂

revealing coloration [= warning coloration] 警戒色

Reverdin's blue [*Lycaeides argyrognomon* (Bergsträsser)] 红珠灰蝶

reverse 1. 相反；2. 回复，倒退，逆转

reverse mutation 回复突变

reverse transcriptase 逆转录酶；反转录酶

reverse transcription PCR [abb. RT-PCR] 反转录 PCR

reversed ovum 逆卵系

reversed roadside skipper [*Amblyscirtes reversa* Jones] 锈褐缎弄蝶

reversible atavism 返祖现象

reversible inhibitor 可逆性抑制剂

reversible mutant 回复突变型

reversing thermometer 颠倒温度计

reversion 1. 回复；2. 返祖

Review of Applied Entomology 应用昆虫学评论 < 期刊名 >

revolute [= revolutus] 旋转的

revolutus 见 revolute

revolving mountage 回转蔟 < 家蚕的 >

Rexa 重草蛉属

Rexa almerai (Navás) 后弯重草蛉

Rexa lordina Navás 同 *Rexa almerai*

Rexa raddai (Hölzel) 拉氏重草蛉

Reynvaania 苞红蚧属

Reynvaania spinatus Hu *et* Li 刺苞红蚧

Rezia ceres forester [*Euphaedra rezia* (Hewitson)] 静栎蛱蝶，瑞兹栎蛱蝶

Rezia skipper [*Phanes rezia* Plötz] 雷矿藏弄蝶

RF [Random Forest 的缩写] 随机森林 < 一种生态学和机器学习方法 >

Rf 比移值

RFLP [restriction fragment length polymorphism 的缩写] 限制性长度片段多态性

RGR [relative growth rate 的缩写] 相对生长率

Rhabdiopteryx lunata Kimmins 同 *Mesyatsia karakorum*

Rhabdiopteryx nohirae Okamoto 见 *Strophopteryx nohirae*

rhabdite 叶突 < 指螯刺或产卵器的叶状部分 >

Rhabdoblatta 大光蠊属，麻蠊属

Rhabdoblatta abdominalis (Kirby) 腹带大光蠊，褐带大光蠊

Rhabdoblatta alligata (Walker) 皆大光蠊，香港麻蠊

Rhabdoblatta antecedens Anisyutkin 前大光蠊

Rhabdoblatta asymmetrica Bey-Bienko 歪大光蠊

Rhabdoblatta atra Bey-Bienko 三刺大光蠊

Rhabdoblatta bazyluki Bey-Bienko 巴氏大光蠊，巴氏麻蠊

Rhabdoblatta beybienkoi Anisyutkin 贝氏大光蠊

Rhabdoblatta brunneonigra Caudell 黑带大光蠊，棕黑麻蠊

Rhabdoblatta carinata Liu, Zhu, Dai *et* Wang 隆线大光蠊

Rhabdoblatta elegans Anisyutkin 横带大光蠊

Rhabdoblatta formosana (Shiraki) 台湾大光蠊，台湾麻蠊

Rhabdoblatta guttigera (Shiraki) 带滴大光蠊，带滴麻蠊

Rhabdoblatta hainanica Liu, Zhu, Dai *et* Wang 海南大光蠊

Rhabdoblatta humeralis (Shiraki) 地生大光蠊，地生麻蠊

Rhabdoblatta imperatrix (Kirby) 残斑大光蠊

Rhabdoblatta incisa Bey-Bienko 凹缘麻蠊

Rhabdoblatta karnyi (Shiraki) 卡氏大光蠊，卡氏麻蠊

Rhabdoblatta kryzhanovskii Bey-Bienko 科氏大光蠊，克氏麻蠊

Rhabdoblatta luteola Anisyutkin 黄色大光蠊

Rhabdoblatta marginata Bey-Bienko 黄边大光蠊，广东麻蠊

Rhabdoblatta marmorata (Brunner von Wattenwyl) 云斑大光蠊，云斑麻蠊

Rhabdoblatta mascifera Bey-Bienko 云南大光蠊，云南麻蠊

Rhabdoblatta mentiens Anisyutkin 伪大光蠊

Rhabdoblatta monochroma Anisyutkin 单色大光蠊

Rhabdoblatta monticola (Kirby) 丘大光蠊

Rhabdoblatta nigrovittata Bey-Bienko 黑带大光蠊，黑带麻蠊

Rhabdoblatta olivacea (Saussure) 橄色大光蠊，橄翅大光蠊，榄色麻蠊

Rhabdoblatta omei Bey-Bienko 峨眉大光蠊，峨眉麻蠊

Rhabdoblatta orlovi Anisyutkin 奥氏大光蠊

Rhabdoblatta parvula Bey-Bienko 黄腹大光蠊，小大光蠊，小麻蠊

Rhabdoblatta pisarskii Bey-Bienko 皮氏大光蠊

Rhabdoblatta princisi Bey-Bienko 普氏大光蠊，普氏麻蠊，平氏大光蠊

Rhabdoblatta puncticulosa Anisyutkin 黄斑大光蠊

Rhabdoblatta punkiko Asahina 奋起湖大光蠊，奋起湖麻蠊

Rhabdoblatta rattanakiriensis Anisyutkin 拉大光蠊

Rhabdoblatta regina (Saussure) 星翅大光蠊，越南麻蠊

Rhabdoblatta ridleyi (Kirby) 叉突大光蠊，李氏大光蠊，叉突麻蠊

Rhabdoblatta rustica (Stål) 褐点大光蠊，乡村麻蠊

Rhabdoblatta segregata Anisyutkin 缘斑大光蠊

Rhabdoblatta simlansis (Baijal *et* Kapoor) 相似大光蠊

Rhabdoblatta sinensis (Walker) 中华大光蠊，四川麻蠊

Rhabdoblatta sinuata Bey-Bienko 波缘大光蠊，小钩口大光蠊，小钩口麻蠊

Rhabdoblatta takahashii Asahina 高桥大光蠊，高桥麻蠊

Rhabdoblatta vittata Bey-Bienko 条纹大光蠊，条纹麻蠊

Rhabdoblatta xiai Liu *et* Zhu 夏氏大光蠊

Rhabdoblattella 棒光蠊属

Rhabdoblattella alexeevi Anisyutkin *et* Yushkova 阿氏棒光蠊

Rhabdoblattella annamensis (Hanitsch) 安南棒光蠊

Rhabdoblattella cambodiensis Anisyutkin 柬埔寨棒光蠊

Rhabdoblattella delicata Anisyutkin 丽棒光蠊

Rhabdoblattella disparis Wang, Yang *et* Wang 异棒光蠊

Rhabdoblattella euptera Anisyutkin *et* Yushkova 真翅棒光蠊

Rhabdoblattella hainanensis Wang, Yang *et* Wang 海南棒光蠊

Rhabdoblattella vietnamensis Anisyutkin 越南棒光蠊

Rhabdochaeta 平裂翅实蝇属，绕巴多实蝇属，棒毛实蝇属

Rhabdochaeta affinis Zia 邻平裂翅实蝇，邻棒实蝇

Rhabdochaeta ampla Hardy 斑平裂翅实蝇，二黑斑绕巴多实蝇

Rhabdochaeta assidua Ito 三黑平裂翅实蝇，三黑绕巴多实蝇
Rhabdochaeta asteria Hendel 见霜黄平裂翅实蝇，心斑绕巴多实蝇，星棒实蝇，星棒毛实蝇
Rhabdochaeta bakeri Bezzi 贝克平裂翅实蝇，贝克绕巴多实蝇
Rhabdochaeta brachycera Hardy 短角平裂翅实蝇，短角绕巴多实蝇
Rhabdochaeta centralis Hendel 见 *Rhochmopterum centralis*
Rhabdochaeta cockeri Curran 科氏平裂翅实蝇，科克绕巴多实蝇
Rhabdochaeta convergens Hardy 短角平裂翅实蝇，星聚绕巴多实蝇
Rhabdochaeta dorsosetosa Hardy 背鬃平裂翅实蝇，背绕巴多实蝇
Rhabdochaeta formosana Shiraki 四鬃平裂翅实蝇，台湾绕巴多实蝇，台棒实蝇，宝岛棒毛实蝇
Rhabdochaeta melanura Bezzi 暗色平裂翅实蝇，暗色绕巴多实蝇
Rhabdochaeta multilineata Hering 多斑平裂翅实蝇，多斑绕巴多实蝇
Rhabdochaeta naevia Ito 点斑平裂翅实蝇，点斑绕巴多实蝇，痣棒毛实蝇
Rhabdochaeta parva Hardy 小平裂翅实蝇，帕尔瓦绕巴多实蝇
Rhabdochaeta pluscula Hardy 澳平裂翅实蝇，澳绕巴多实蝇
Rhabdochaeta pulchella de Meijere 丽平裂翅实蝇，普尔绕巴多实蝇
Rhabdochaeta tribulosa Hering 三泡平裂翅实蝇，三泡绕巴多实蝇
Rhabdochaeta venusta de Meijere 美平裂翅实蝇，维纳斯绕巴多实蝇
Rhabdoclytus 林虎天牛属
Rhabdoclytus alternans (Holzschuh) 陕林虎天牛
Rhabdocnemis 棒象甲属
Rhabdocnemis maculatus carinicollis Voss 同 *Rhabdoscelus maculatus*
Rhabdocnemis obscurus (Boisduval) 见 *Rhabdoscelus obscurus*
Rhabdocosma 纹冠翅蛾属
Rhabdocosma aurepurpurata Li 紫金纹冠翅蛾
Rhabdocosma semicircularis Li 半圆纹冠翅蛾
rhabdoid 1. 棒状的；2. 棒状体
rhabdom 感杆束
Rhabdomantis 棒蝗弄蝶属
Rhabdomantis galatia (Hewitson) [branded large fox] 棒蝗弄蝶
Rhabdomantis sosia Mabille [common large fox] 索棒蝗弄蝶
Rhabdomastix 棒大蚊属
Rhabdomastix holomelania Alexander 黑棒大蚊，全黑棒大蚊
Rhabdomastix minicola Alexander 微棒大蚊，小棒大蚊
Rhabdomastix omeina Alexander 峨眉棒大蚊
Rhabdomastix shansica Alexander 山西棒大蚊
rhabdomere 感杆，感梢
Rhabdomiris 杆盲蝽属
Rhabdomiris pulcherrimus (Lindberg) 美丽杆盲蝽
Rhabdomiris striatellus (Fabricius) 纹盾杆盲蝽
Rhabdophaga aceris (Shimer) 见 *Rabdophaga aceris*
Rhabdophaga giraudiana Kieffer 见 *Rabdophaga giraudiana*
Rhabdophaga mangiferae Mani 见 *Rabdophaga mangiferae*
Rhabdophaga marginemtorquens (Bremi) 见 *Rabdophaga marginemtorquens*
Rhabdophaga rileyana Felt 见 *Rabdophaga rileyana*
Rhabdophaga rosaria (Loew) 见 *Dasineura rosaria*
Rhabdophaga saliciperda (Dufour) 见 *Helicomyia saliciperda*
Rhabdophaga salicis (Schrank) 见 *Rabdophaga salicis*
Rhabdophaga swainei Felt 见 *Rabdophaga swainei*
Rhabdophaga terminalis (Loew) 见 *Rabdophaga terminalis*
Rhabdopterus picipes (Olivier) [cranberry rootworm] 酸果蔓根叶甲
Rhabdoscelus 甘蔗象甲属
Rhabdoscelus maculatus (Gyllenhal) 斑甘蔗象甲，斑棒象
Rhabdoscelus obscurus (Boisduval) [New Guinea sugarcane weevil, New Guinea cane weevil borer, Hawaiian sugarcane borer, sugarcane weevil, cane weevil borer] 新几内亚甘蔗象甲，新几内亚蔗象甲，新几内亚甘蔗象，暗棒象甲，夏威夷蔗象甲，暗棒甲
Rhabdotis 条花金龟甲属
Rhabdotis aulica (Fabricius) 贵条花金龟甲
Rhabinogana 锐夜蛾属
Rhabinogana albistriga Draudt 锐夜蛾
rhachicerid 1. [= rhachicerid fly] 腐木虻，羽角虻 < 腐木虻科 Rhachiceridae 昆虫的通称 >；2. 腐木虻科的
rhachicerid fly [= rhachicerid] 腐木虻，羽角虻
Rhachiceridae 腐木虻科，羽角虻科
Rhachisphora 脊粉虱属
Rhachisphora alishanensis Ko 阿里山脊粉虱
Rhachisphora ardisiae (Takahashi) 紫金牛脊粉虱
Rhachisphora koshunensis (Takahashi) 樟脊粉虱，恒春脊粉虱
Rhachisphora kuraruensis (Takahashi) 见 *Singhiella kuraruensis*
Rhachisphora machili (Takahashi) 楠脊粉虱，樟脊粉虱
Rhachisphora maesae (Takahashi) 杜茎山脊粉虱，斜脊粉虱，山桂花脊粉虱
Rhachisphora oblongata Ko 狭长脊粉虱
Rhachisphora reticulata (Takahashi) 网脊粉虱
Rhachisphora sanhsianensis Ko 三峡脊粉虱
Rhachisphora taiwana Ko 台湾脊粉虱
Rhachisphora takahashii Martin *et* Lau 高木脊粉虱
Rhacochlaena 前光沟实蝇亚属
Rhacochlaena japonica Ito 见 *Euphranta japonica*
Rhacodinella 多寄蝇属
Rhacodinella aurata Mesnil 金多寄蝇
Rhacodineura pallipes Fallén 见 *Ocytata pallipes*
Rhacognathus 雷蝽属
Rhacognathus corniger Hsiao *et* Cheng 角雷蝽
Rhacognathus distinctus Schouteden 同 *Rhacognathus punctatus*
Rhacognathus punctatus (Linnaeus) 雷蝽
Rhaconotus 条背茧蜂属
Rhaconotus aciculatus Ruthe 针刺条背茧蜂
Rhaconotus affinis Belokobylskij *et* Chen 联条背茧蜂
Rhaconotus albiflagellus Shi *et* Chen 白鞭条背茧蜂
Rhaconotus asulcus Shi *et* Chen 缺沟条背茧蜂
Rhaconotus bisulcus Chen *et* Shi 双沟条背茧蜂
Rhaconotus chinensis Belokobylskij *et* Chen 中华条背茧蜂
Rhaconotus cleanthes Nixon 同 *Spathiohormius sauteri*
Rhaconotus concinnus (Enderlein) 齐条背茧蜂
Rhaconotus flavistigma Telenga 同 *Hormiopterus sulcativentris*

Rhaconotus formosanus Watanabe 台湾条背茧蜂
Rhaconotus forticarinatus Chen *et* Shi 粗脊条背茧蜂
Rhaconotus fujianus Belokobylskij *et* Chen 福建条背茧蜂
Rhaconotus glaphyrus Chen *et* Shi 光滑条背茧蜂
Rhaconotus hei Belokobylskij *et* Chen 何氏条背茧蜂
Rhaconotus heterotrichus Belokobylskij *et* Chen 多毛条背茧蜂
Rhaconotus hexatermus Belokobylskij 六点条背茧蜂，六节条背茧蜂
Rhaconotus icterus Shi *et* Chen 黄条背茧蜂
Rhaconotus intermedius Belokobylskij *et* Chen 中介条背茧蜂
Rhaconotus ipodoryctoides Belokobylskij *et* Chen 甲矛条背茧蜂
Rhaconotus iterabilis Belokobylskij *et* Chen 重复条背茧蜂
Rhaconotus kerzhneri Belokobylskij 克氏条背茧蜂
Rhaconotus lacertosus Chen *et* Shi 壮条背茧蜂
Rhaconotus longus Shi *et* Chen 长条背茧蜂
Rhaconotus luteosetosus Belokobylskij *et* Chen 黄毛条背茧蜂
Rhaconotus maculatus Belokobylskij 斑条背茧蜂
Rhaconotus maculistigma Chen *et* Shi 斑痣条背茧蜂
Rhaconotus magnus Belokobylskij *et* Chen 大条背茧蜂
Rhaconotus menippus Nixon 象甲条背茧蜂
Rhaconotus nadezhdae (Tobias *et* Belokobylskij) 那氏条背茧蜂
Rhaconotus oriens Belokobylskij *et* Chen 东方条背茧蜂
Rhaconotus oryzae Wilkinson 同 *Hormiopterus sulcativentris*
Rhaconotus rufiventris Chen *et* Shi 红腹条背茧蜂
Rhaconotus rugosus Chen *et* Shi 皱条背茧蜂
Rhaconotus sauteri (Watanabe) 索氏条背茧蜂，索氏柄索茧蜂
Rhaconotus schoenobivorus (Rohwer) 三化螟条背茧蜂
Rhaconotus scirpophagae (Wilkinson) 白螟条背茧蜂
Rhaconotus signatus Belokobylskij 标记条背茧蜂
Rhaconotus signipennis (Walker) 斑翅条背茧蜂
Rhaconotus sulcativentris (Enderlein) 沟腹条背茧蜂
Rhaconotus tergalis Belokobylskij *et* Chen 背甲条背茧蜂
Rhaconotus testacea (Szépligeti) 壳条背茧蜂
Rhaconotus thayi Belokobylskij 泰氏条背茧蜂
Rhaconotus tianmushanus Belokobylskij *et* Chen 天目山条背茧蜂
Rhaconotus vagrans (Bridwell) 离条背茧蜂
Rhaconotus yaoae Belokobylskij *et* Chen 姚氏条背茧蜂
Rhaconotus zarudnyi Belokobylskij 泽氏条背茧蜂
rhacotis bush brown [*Bicyclus rhacotis* Hewitson] 拉考蔽眼蝶
Rhadinastis 拉谷蛾属
Rhadinastis serpula Meyrick 塞拉谷蛾，塞罗尖翅蛾
Rhadinoceraea 雅角叶蜂属
Rhadinoceraea dioscoreae Xiao 山药雅角叶蜂，山药叶蜂
Rhadinoceraea micans (Klug) [iris sawfly] 鸢尾雅角叶蜂，鸢尾叶蜂
Rhadinoceraea nodicornis Kônow 节角雅角叶蜂，节角百合叶蜂
Rhadinomerus 细腿象甲属
Rhadinomerus conciliatus Faust 细腿象甲，细腿象
Rhadinomerus contemptus Faust 黄色细腿象甲，黄色细腿象
Rhadinomerus granulicollis Faust 粒细腿象甲，粒细腿象
Rhadinopsylla 纤蚤属
Rhadinopsylla accola Wagner 近缘纤蚤
Rhadinopsylla altaica (Wagner) 阿尔泰纤蚤
Rhadinopsylla aspalacis Ioff *et* Tiflov 鼢鼠纤蚤
Rhadinopsylla biconcava Chen, Ji *et* Wu 双凹纤蚤
Rhadinopsylla bivirgis Rothschild 长鬃纤蚤
Rhadinopsylla caiae Zheng *et* Wu 蔡氏纤蚤
Rhadinopsylla cedestis Rothschild 宽臂纤蚤
Rhadinopsylla concava Ioff *et* Tiflov 凹纤蚤
Rhadinopsylla dahurica Jordan *et* Rothschild 五侧纤蚤
Rhadinopsylla dahurica dahurica Jordan *et* Rothschild 五侧纤蚤指名亚种，指名五侧纤蚤
Rhadinopsylla dahurica declinica Tiflov 五侧纤蚤倾斜亚种，倾斜五侧纤蚤
Rhadinopsylla dahurica dorsiprojecta Wu *et* Li 五侧纤蚤背突亚种
Rhadinopsylla dahurica tjanschan Ioff *et* Tiflov 五侧纤蚤天山亚种，天山五侧纤蚤
Rhadinopsylla dahurica vicina Wagner 五侧纤蚤邻近亚种，邻近五侧纤蚤
Rhadinopsylla dahurica vicinoides Smit 五侧纤蚤似邻近亚种
Rhadinopsylla dives Jordan 吻短纤蚤
Rhadinopsylla eothenomus Wang *et* Liu 绒鼠纤蚤
Rhadinopsylla flattispina Wu, Liu *et* Cai 扁鬃纤蚤
Rhadinopsylla guyuanensis Bai, Yu *et* Chai 固原纤蚤
Rhadinopsylla insolita Jordan 不常纤蚤
Rhadinopsylla ioffi Wagner 两列纤蚤
Rhadinopsylla jaonis Jordan 吻长纤蚤
Rhadinopsylla leii Xie, Gong *et* Duan 雷氏纤蚤
Rhadinopsylla li Argyropulo 腹窦纤蚤
Rhadinopsylla li li Argyropulo 腹窦纤蚤指名亚种
Rhadinopsylla li murium Ioff *et* Tiflov 腹窦纤蚤浅短亚种，浅短腹窦纤蚤
Rhadinopsylla li ventricosa Ioff *et* Tiflov 腹窦纤蚤深广亚种，深广腹窦纤蚤
Rhadinopsylla pseudodahurica Scalon 假五侧纤蚤
Rhadinopsylla rothschildi Ioff 宽圆纤蚤
Rhadinopsylla rotunditruncata Wu, Li *et* Cai 圆截纤蚤
Rhadinopsylla semenovi Argyropulo 窄臂纤蚤
Rhadinopsylla stenofronta Xie 狭额纤蚤
Rhadinopsylla tenella Jordan 弱纤蚤
Rhadinopsylla ulangensis Cai *et* Wu 乌兰纤蚤
Rhadinopsylla valenti Darskaya 壮纤蚤，壮纤纤蚤
Rhadinopsylla xizangensis Cai *et* Zheng 西藏纤蚤
Rhadinopsyllinae 纤蚤亚科
Rhadinopus 毛棒象甲属
Rhadinopus centriniformis Faust 毛棒象甲，毛棒象
Rhadinopus confinis Voss 红黄毛棒象甲，红黄毛棒象
Rhadinopus contristatus Voss 纹毛棒象甲，纹毛棒象
Rhadinopus rhyosomatoides Voss 皱毛棒象甲，皱毛棒象
Rhadinopus separandus Voss 离毛棒象甲，离毛棒象
Rhadinopus subornatus Voss 圆锥毛棒象甲，圆锥毛棒象
Rhadinosa 准铁甲属
Rhadinosa abnormis Gressitt *et* Kimoto 同 *Rhodtrispa dilaticornis*
Rhadinosa fleutiauxi (Baly) 细角准铁甲
Rhadinosa lebongensis Maulik 疏毛准铁甲
Rhadinosa nigrocyanea (Motschulsky) 蓝黑准铁甲
Rhadinosa parvula (Motschulsky) 小准铁甲
Rhadinosa reticulata (Baly) 同 *Rhadinosa parvula*
Rhadinosa yunnanica Chen *et* Sun 云南准铁甲
Rhadinoscelidia 棒青蜂属

Rhadinoscelidia delta Liu, Yao *et* Xu 海南棒青蜂
Rhadinoscolops 楝小卷蛾属
Rhadinoscolops koenigiana (Fabricius) 苦楝小卷蛾
Rhadinosomus 突鞘象甲属
Rhadinosomus lacordairei Pascoe [thin strawberry weevil] 草莓突鞘象甲，草莓树象甲
Rhaebelimaea 后掩耳螽亚属
Rhaebinae 弯足豆象甲亚科
Rhaebini 弯足豆象甲族，弯足豆象族
Rhaebus 弯足豆象甲属，弯足豆象属
Rhaebus komarovi Lukjanovitsh 绿绒弯足豆象甲，绿绒弯足豆象，绿绒豆象甲，绿绒豆象
Rhaebus mannerheimi Motschulsky 蓝绿弯足豆象甲，蓝绿弯足豆象
Rhaebus solskyi Kraatz 绿齿弯足豆象甲，绿齿弯足豆象，绿齿豆象甲，绿齿豆象
Rhaetulus 鹿角锹甲属，鹿角锹属
Rhaetulus crenatus Westwood 鹿角锹甲，鹿角锹，鹿角锹形虫，脊来锹甲
Rhaetulus crenotus boileaui Didier 鹿角锹甲版纳亚种，鹿角锹版纳亚种
Rhaetulus crenatus crenatus Westwood 鹿角锹甲指名亚种，鹿角锹指名亚种
Rhaetulus crenatus rubrifemoratus Nagai 鹿角锹甲华南亚种，鹿角锹华南亚种
Rhaetulus minor Kriesche 同 *Rhaetulus crenatus*
Rhaetulus sauteri Mollenkamp 同 *Rhaetulus crenatus*
Rhaetulus sinicus Boileau 见 *Pseudorhaetus sinicus*
Rhaetus 巨鹿锹甲属，巨鹿锹属，鹿锹甲属
Rhaetus westwoodi (Parry) 巨鹿锹甲，巨鹿锹，金刚鹿
Rhaetus westwoodi kazumiae Nagai 巨鹿锹甲独龙江亚种
Rhaetus westwoodi westwoodi (Parry) 巨鹿锹甲指名亚种
Rhagades 拉锦斑蛾属
Rhagades chinensis (Felder *et* Felder) 见 *Rhagades pruni chinensis*
Rhagades pruni (Denis *et* Schiffermüller) 李拉锦斑蛾，李纤斑蛾，李尖斑蛾
Rhagades pruni chinensis (Felder *et* Felder) 李拉锦斑蛾中华亚种
Rhagades pruni pruni (Denis *et* Schiffermüller) 李拉锦斑蛾指名亚种
Rhagades pseudomaerens Alberti 伪玛拉锦斑蛾
Rhagadotarsinae 缢腹涧黾蝽亚科
Rhagadotarsus 缢腹涧黾蝽属
Rhagadotarsus kraepelini Beeddin 柯氏缢腹涧黾蝽，柯氏缢腹涧黾，柯氏缢腹黾蝽
Rhagadus 暴通缘步甲亚属
Rhagastis 白肩天蛾属
Rhagastis acuta aurifera (Butler) 见 *Rhagastis castor aurifera*
Rhagastis albomarginatus (Rothschild) 白缘白肩天蛾
Rhagastis albomarginatus albomarginatus (Rothschild) 白缘白肩天蛾指名亚种
Rhagastis albomarginatus dichroae Mell 白缘白肩天蛾二色亚种，狄白缘白肩天蛾，缘白肩天蛾
Rhagastis albomarginatus sauteri (Mell) 同 *Rhagastis binoculata*
Rhagastis aurifera (Butler) 见 *Rhagastis castor aurifera*
Rhagastis aurifera chinesis Mell 同 *Rhagastis castor jordani*
Rhagastis aurifera formosana Clark 见 *Rhagastis castor formosana*
Rhagastis binoculata Matsumura 双斑白肩天蛾，拜白肩天蛾，云带天蛾
Rhagastis castor (Walker) 喀白肩天蛾
Rhagastis castor aurifera (Butler) 喀白肩天蛾锯线亚种，锯线白肩天蛾
Rhagastis castor castor (Walker) 喀白肩天蛾指名亚种
Rhagastis castor formosana Clark 喀白肩天蛾台湾亚种，台湾白肩天蛾，锯线白肩天蛾，胸点天蛾，台卡白肩天蛾，台锯线白肩天蛾
Rhagastis castor jordani Oberthür 喀白肩天蛾约氏亚种，约白肩天蛾
Rhagastis chinesis Clark 同 *Rhagastis confusa*
Rhagastis confusa Rothschild *et* Jordan 康白肩天蛾
Rhagastis confusa chinesis Clark 同 *Rhagastis confusa*
Rhagastis elongata (Clark) 同 *Rhagastis binoculata*
Rhagastis gloriosa (Butler) 东方白肩天蛾
Rhagastis jordani Oberthür 见 *Rhagastis castor jordani*
Rhagastis leucocraspis Hampson 同 *Acosmerycoides harterti*
Rhagastis lunata (Rothschild) 滇白肩天蛾
Rhagastis lunata yunnanaria Chu *et* Wang 同 *Rhagastis lunata*
Rhagastis mjobergi Clark 同 *Rhagastis rubetra*
Rhagastis mongoliana (Butler) 蒙古白肩天蛾，白肩天蛾，实点天蛾
Rhagastis mongoliana centrosinaria Chu *et* Wang 同 *Rhagastis albomarginatus dichroae*
Rhagastis mongoliana mongoliana (Butler) 蒙古白肩天蛾指名亚种，指名白肩天蛾
Rhagastis mongoliana pallicosta Mell 蒙古白肩天蛾广东亚种，广东白肩天蛾
Rhagastis olivacea (Moore) 青白肩天蛾
Rhagastis rubetra Rothschild *et* Jordan 红白肩天蛾
Rhagastis velata (Walker) 隐纹白肩天蛾，维拉达白肩天蛾，白心点天蛾，威白肩天蛾
Rhagastis yunnana Chu *et* Wang 同 *Rhagastis lunata*
Rhagastis yunnanaria Chu *et* Wang 同 *Rhagastis lunata*
Rhagiini 皮花天牛族
Rhagina 曲脉鹬虻属
Rhagina bimaculata Yang, Dong *et* Zhang 双斑曲脉鹬虻
Rhagina digitata Yang, Dong *et* Zhang 指突曲脉鹬虻
Rhagina flavalata Yang, Dong *et* Zhang 黄翅曲脉鹬虻
Rhagina pallitibia Yang, Dong *et* Zhang 白胫曲脉鹬虻
Rhagina sinensis Yang *et* Nagatomi 中华曲脉鹬虻
Rhagina wuzhishana Yang, Dong *et* Zhang 五指山曲脉鹬虻
Rhagina yinggelingana Yang, Dong *et* Zhang 鹦哥岭曲脉鹬虻
Rhagio 鹬虻属
Rhagio acutatus Yang, Dong *et* Zhang 尖痣鹬虻
Rhagio albus Yang, Yang *et* Nagatomi 淡色鹬虻
Rhagio apiciflavus Yang *et* Yang 端黄鹬虻
Rhagio apiciniger Yang, Zhu *et* Gao 黑端鹬虻
Rhagio asticta Yang *et* Yang 无痣鹬虻
Rhagio basiflavus Yang *et* Yang 基黄鹬虻
Rhagio basimaculatus Yang *et* Yang 基黑鹬虻
Rhagio basiniger Yang, Dong *et* Zhang 基斑鹬虻
Rhagio bawanglinganus Yang, Dong *et* Zhang 霸王岭鹬虻

Rhagio bisectus Yang, Yang *et* Nagatomi 双裂鹬虻
Rhagio centrimaculatus Yang *et* Yang 中黑鹬虻
Rhagio chonganus Yang, Dong *et* Zhang 崇安鹬虻
Rhagio chongqingensis Yang, Dong *et* Zhang 重庆鹬虻
Rhagio choui Yang *et* Yang 周氏鹬虻
Rhagio crassitibia Yang, Dong *et* Zhang 粗胫鹬虻
Rhagio dashahensis Yang, Dong *et* Zhang 大沙河鹬虻
Rhagio dulongjianganus Yang, Dong *et* Zhang 独龙江鹬虻
Rhagio fanjingshanus Yang, Dong *et* Zhang 梵净山鹬虻
Rhagio flavimarginatus Yang, Dong *et* Zhang 黄缘鹬虻
Rhagio flavimedius (Coquillett) 中黄鹬虻
Rhagio formosus Bezzi 台湾鹬虻
Rhagio gansuensis Yang *et* Yang 甘肃鹬虻
Rhagio guangxiensis Yang *et* Yang 广西鹬虻
Rhagio guizhouensis Yang *et* Yang 贵州鹬虻
Rhagio hainanensis Yang *et* Yang 海南鹬虻
Rhagio hangzhouensis Yang *et* Yang 杭州鹬虻
Rhagio henanensis Yang, Zhu *et* Gao 河南鹬虻
Rhagio huangi Yang, Dong *et* Zhang 黄氏鹬虻
Rhagio huashanensis Yang *et* Yang 华山鹬虻
Rhagio huoae Yang, Dong *et* Zhang 霍氏鹬虻
Rhagio jinxiuensis Yang *et* Yang 金秀鹬虻
Rhagio latifrons Yang, Dong *et* Zhang 宽额鹬虻
Rhagio longshengensis Yang *et* Yang 龙胜鹬虻
Rhagio longzhouensis Yang *et* Yang 龙州鹬虻
Rhagio maolanus Yang *et* Yang 茂兰鹬虻
Rhagio meridionalis Yang *et* Yang 南方鹬虻
Rhagio mongolicus Lindner 蒙古鹬虻
Rhagio nagatomii Yang *et* Yang 永富鹬虻
Rhagio napoensis Yang, Dong *et* Zhang 那坡鹬虻
Rhagio neimengensis Yang, Dong *et* Zhang 内蒙鹬虻
Rhagio nigrifemur Yang, Dong *et* Zhang 黑腿鹬虻
Rhagio nigritibia Yang, Dong *et* Zhang 黑胫鹬虻
Rhagio pallipilosus Yang, Zhu *et* Gao 白毛鹬虻
Rhagio perdicaceus Frey 鹧鸪鹬虻，培鹬虻
Rhagio pilosus Yang, Yang *et* Nagatomi 多毛鹬虻
Rhagio pseudasticta Yang *et* Yang 有痣鹬虻
Rhagio scolopaceus (Linnaeus) [downlooker snipefly] 普通鹬虻
Rhagio separatus Yang, Yang *et* Nagatomi 离眼鹬虻
Rhagio shaanxiensis Yang *et* Yang 陕西鹬虻
Rhagio sheni Yang, Zhu *et* Gao 申氏鹬虻
Rhagio shennonganus Yang *et* Yang 神农鹬虻
Rhagio shirakii Szilády 素木鹬虻
Rhagio sinensis Yang *et* Yang 中华鹬虻
Rhagio singularis Yang, Yang *et* Nagatomi 黄胸鹬虻
Rhagio songae Yang, Dong *et* Zhang 宋氏鹬虻
Rhagio stigmosus Yang, Yang *et* Nagatomi 多斑鹬虻
Rhagio tuberculatus Yang, Yang *et* Nagatomi 斑腹鹬虻
Rhagio wenxianus Yang, Zhu *et* Gao 文县鹬虻
Rhagio wuyishanus Yang, Dong *et* Zhang 武夷山鹬虻
Rhagio xanthodes Yang, Dong *et* Zhang 黄角鹬虻
Rhagio zhaoae Yang, Dong *et* Zhang 赵氏鹬虻
Rhagio zhejiangensis Yang *et* Yang 浙江鹬虻
Rhagio zhuae Yang, Dong *et* Zhang 朱氏鹬虻
rhagionid 1. [= rhagionid fly, snipe fly] 鹬虻 < 鹬虻科 Rhagionidae 昆虫的通称 >；2. 鹬虻科的
rhagionid fly [= rhagionid, snipe fly] 鹬虻
Rhagionidae 鹬虻科
Rhagium 皮花天牛属，灰花天牛属
Rhagium fortecostatum Jurecek 斑翅皮花天牛
Rhagium inquisitor (Linnaeus) [ribbed pine borer, mottled gray beetle, greyish longicorn beetle] 松皮花天牛，灰天牛，皮花天牛，松脊花天牛，松皮天牛
Rhagium inquisitor inquisitor (Linnaeus) 松皮花天牛指名亚种
Rhagium inquisitor japonicum (Bates) 见 *Rhagium japonicum*
Rhagium inquisitor morrisonensis Kôno 见 *Rhagium morrisonense*
Rhagium inquisitor rugipenne Reitter 松皮花天牛密皱亚种，密皱皮花天牛，皱纹皮花天牛，黑皮花天牛
Rhagium japonicum (Bates) 日松皮花天牛，松皮花天牛，日本松脊花天牛，日本松皮天牛
Rhagium morrisonense Kôno 玉山皮花天牛，玉山灰花天牛，玉山灰色花天牛，金毛松皮花天牛，金毛皮花天牛，金毛松脊花天牛
Rhagium pseulujapnicun Podany 松点皮花天牛
Rhagium qinghaiensis Chen *et* Chiang 青海皮花天牛
Rhagium rugipenne Reitter 见 *Rhagium inquisitor rugipenne*
Rhagium sinense Fairmaire 中华皮花天牛
Rhagoletis 绕实蝇属
Rhagoletis adusta Foote 暗褐绕实蝇，巴西暗褐实蝇
Rhagoletis alternata (Fallén) 蔷薇绕实蝇
Rhagoletis blanchardi Aczel 橘绕实蝇，阿根廷橘褐实蝇
Rhagoletis boycei Cresson 黑绕实蝇，核桃黑实蝇
Rhagoletis cerasi (Linnaeus) [European cherry fruit fly, cherry fruit fly] 樱桃绕实蝇，樱桃实蝇，欧洲樱桃实蝇
Rhagoletis chumsanica (Rohdendorf) 小檗绕实蝇
Rhagoletis cingulata (Loew) [cherry fruit fly, eastern cherry fruit fly, western cherry fruit fly, cherry maggot, white-banded cherry fruit fly] 白带绕实蝇，樱桃白带实蝇，东部樱桃实蝇
Rhagoletis completa Cresson [walnut husk fly, husk maggot] 核桃绕实蝇，核桃壳实蝇，胡桃实蝇
Rhagoletis fausta (Osten-Sacken) [black cherry fruit fly, dark cherry fruit fly] 黑樱桃绕实蝇，黑樱桃实蝇，黑绕实蝇，樱桃黑实蝇
Rhagoletis ferruginea Hendel 锈绕实蝇，南美锈实蝇
Rhagoletis indifferens Curran [western cherry fruit fly] 西美绕实蝇，樱桃细实蝇
Rhagoletis juglandis Cresson 淡色绕实蝇，核桃实蝇
Rhagoletis lycopersella Smyth 南美番茄绕实蝇，南美番茄实蝇
Rhagoletis macquartii (Loew) 马氏绕实蝇，马夸提实蝇
Rhagoletis mendax Curran [blueberry maggot] 越橘绕实蝇，越橘实蝇
Rhagoletis metallica (Schiner) 高山绕实蝇，高山实蝇
Rhagoletis nova (Schiner) 茄绕实蝇，智利茄实蝇
Rhagoletis penela Foote 彭纳绕实蝇，彭纳实蝇
Rhagoletis pomonella (Walsh) [apple fruit fly, apple maggot, railroad worm] 苹绕实蝇，苹实蝇，苹果实蝇
Rhagoletis psalida Hendel 马铃薯绕实蝇，马铃薯实蝇
Rhagoletis reducta Hering 忍冬绕实蝇，缩绕实蝇，缩拉实蝇
Rhagoletis rhytida Hendel 拉巴斯绕实蝇，拉巴斯实蝇
Rhagoletis ribicola Doane [dark currant fly] 茶藨绕实蝇，暗色茶藨实蝇

Rhagoletis scutellata Zia 斑盾绕实蝇，黄盾绕实蝇，盾拉实蝇
Rhagoletis striatella Wulp 酸浆绕实蝇，酸浆实蝇
Rhagoletis suavis Loew [walnut husk maggot] 美国核桃绕实蝇，美国核桃实蝇，胡桃实蝇
Rhagoletis suavis completa Cresson 见 *Rhagoletis completa*
Rhagoletis tabellaria (Fitch) 山茱萸绕实蝇，山茱萸实蝇
Rhagoletis tomatis Foote 智利番茄绕实蝇，智利番茄实蝇
Rhagoletis willinki Aczel 阿根廷绕实蝇，阿根廷实蝇
Rhagoletis zephyria Snow [snowberry fruit fly] 雪果绕实蝇，雪果实蝇
Rhagoletis zoqui Bush 邹氏绕实蝇，墨西哥核桃实蝇
Rhagonycha 丝角花萤属，黑姬花萤属，黑姬菊虎属
Rhagonycha albolimbata Pic 白缘丝角花萤，白缘裂花萤
Rhagonycha atronotata Pic 见 *Lycocerus atronotatus*
Rhagonycha bimucronata Švihla 二钉突丝角花萤
Rhagonycha bothridera Fairmaire 见 *Micropodabrus bothriderus*
Rhagonycha coomani Pic 同 *Fissocantharis walteri*
Rhagonycha diversipennis Pic 同 *Micropodabrus notatithorax*
Rhagonycha formosana Pic 见 *Fissocantharis formosana*
Rhagonycha gansuensis Švihla 甘肃丝角花萤
Rhagonycha gressitti (Wittmer) 见 *Fissocantharis gressitti*
Rhagonycha hubeiana Wittmer 湖北丝角花萤，湖北角花萤
Rhagonycha japonica Kiesenwetter 见 *Lycocerus japonicus*
Rhagonycha jindrai Švihla 金氏丝角花萤
Rhagonycha licenti Pic 李氏丝角花萤，李氏裂花萤，李裂花萤
Rhagonycha longiceps Pic 见 *Micropodabrus longiceps*
Rhagonycha micheli Okushima *et* Yang 米榭丝角花萤，米榭黑姬花萤，米榭黑姬菊虎
Rhagonycha nigricoloriceps (Pic) 同 *Micropodabrus bothriderus*
Rhagonycha nigrosubapicalis Pic 同 *Micropodabrus semifumatus*
Rhagonycha obscurioripes Pic 同 *Fissocantharis formosana*
Rhagonycha pallidiceps Pic 见 *Micropodabrus pallidiceps*
Rhagonycha pekinensis Švihla 北京丝角花萤，北京角花萤
Rhagonycha robustula Wittmer 壮丝角花萤，壮裂花萤
Rhagonycha safraneki Švihla 萨氏丝角花萤
Rhagonycha suturalis Pic 见 *Lycocerus suturalis*
Rhagonycha taiwanonigra Wittmer 台湾丝角花萤，台湾黑姬花萤，台湾黑姬菊虎，台黑裂花萤
Rhagonycha weichowensis Wittmer 威州丝角花萤
rhagophthalmid 1. [= rhagophthalmid beetle, rhagophthalmid firefly] 凹眼萤，雌光萤 < 凹眼萤科 Rhagophthalmidae 昆虫的通称 >; 2. 凹眼萤科的
rhagophthalmid beetle [= rhagophthalmid, rhagophthalmid firefly] 凹眼萤，雌光萤
rhagophthalmid firefly 见 rhagophthalmid beetle
Rhagophthalmidae 凹眼萤科，萤科，雌光萤科
Rhagophthalmus 凹眼萤属，裂亮萤属，雌光萤属
Rhagophthalmus angulatus Wittmer 角凹眼萤
Rhagophthalmus beigansis Ho 北竿凹眼萤，北竿雌光萤
Rhagophthalmus brevipennis (Fairmaire) 短翅凹眼萤
Rhagophthalmus burmensis Wittmer 缅甸凹眼萤
Rhagophthalmus confusus Olivier 杂色凹眼萤，惑雌光萤
Rhagophthalmus elongatus Wittmer 长凹眼萤
Rhagophthalmus filiformis Olivier 细线凹眼萤
Rhagophthalmus flavus Kawashima *et* Satô 黄凹眼萤
Rhagophthalmus formosanus Kawashima *et* Sugaya 蓬莱凹眼萤，蓬莱雌光萤
Rhagophthalmus fugongensis Li *et* Lang 福贡凹眼萤
Rhagophthalmus giallolateralus Ho 黄缘凹眼萤，东莒黄缘雌光萤
Rhagophthalmus gibbosulus Fairmaire 横突凹眼萤，凸裂亮萤
Rhagophthalmus giganteus Fairmaire 窄缘大凹眼萤，巨裂亮萤
Rhagophthalmus ingens Fairmaire 宽缘大凹眼萤，大裂亮萤
Rhagophthalmus jenniferae Kawashima *et* Satô 郁雯凹眼萤，赖氏雌光萤
Rhagophthalmus kiangsuensis Wittmer 江苏凹眼萤
Rhagophthalmus laosensis Pic 老挝凹眼萤
Rhagophthalmus longipennis Pic 长翅凹眼萤，长翅裂亮萤
Rhagophthalmus lufengensis Li *et* Ohba 禄丰凹眼萤
Rhagophthalmus minutus Kawashima *et* Satô 小凹眼萤
Rhagophthalmus motschulskyi Olivier 莫氏凹眼萤，莫裂亮萤
Rhagophthalmus neoobscurus Wittmer 新暗色凹眼萤
Rhagophthalmus notaticollis Pic 褐黄胸凹眼萤
Rhagophthalmus obscurus Pic 暗色凹眼萤
Rhagophthalmus ohbai Wittmer 大场凹眼萤，大场雌光萤
Rhagophthalmus sausai Wittmer 梭氏凹眼萤
Rhagophthalmus scutellatus Motschulsky 北京凹眼萤，盾裂亮萤
Rhagophthalmus semisulcatus Wittmer 半胸沟凹眼萤
Rhagophthalmus semiustus (Pascoe) 半燃凹眼萤
Rhagophthalmus sulcatus Olivier 印度胸沟凹眼萤
Rhagophthalmus sulcicollis Olivier 西藏凹眼萤，西藏胸沟凹眼萤，沟裂亮萤
Rhagophthalmus sumatrensis Olivier 苏门凹眼萤，苏门答腊雌光萤
Rhagophthalmus tienmushanensis Wittmer 天目山凹眼萤
Rhagophthalmus tonkinensis Fairmaire 越南凹眼萤，东京凹眼萤
Rhagophthalmus xanthogenus Olivier 窄黄胸凹眼萤，黄裂亮萤
Rhagovelia 裂宽肩蝽属，裂宽黾蝽属
Rhagovelia anderseni Polhemus 安氏裂宽肩蝽
Rhagovelia cubana Polhemus 古巴裂宽肩蝽
Rhagovelia elegans Uhler 丽裂宽肩蝽
Rhagovelia froeschneri Polhemus 福氏裂宽肩蝽
Rhagovelia fulvus Lansbury 黄裂宽肩蝽
Rhagovelia heissi Zettel *et* Bongo 海斯裂宽肩蝽
Rhagovelia hirsuta Lansbury 毛裂宽肩蝽
Rhagovelia kawakamii (Matsumura) 川上氏裂宽肩蝽，川上裂宽黾蝽，川上氏裂宽黾蝽
Rhagovelia nigricans Burmeister 黑裂宽肩蝽，黑阔黾蝽
Rhagovelia obesa Uhler 北美裂宽肩蝽，北美阔黾蝽
Rhagovelia orientalis Lundblad 东方裂宽肩蝽
Rhagovelia singaporensis Yang *et* Polhemus 新加坡裂宽肩蝽
Rhagovelia sumatrensis Lundblad 苏门答腊裂宽肩蝽，苏门裂宽黾蝽，苏门答腊裂宽黾蝽
Rhagovelia yangae Zettel *et* Tran 杨氏裂宽肩蝽
Rhagoveliinae 裂宽肩蝽亚科，裂宽黾蝽亚科
Rhaibophleps 来波实蝇属
Rhaibophleps seclusa Hardy 泰柬来波实蝇
Rhammatocerus 拉剑角蝗属
Rhammatocerus schistocercoides (Rehn) [Mato Grosso locust] 蓝胫拉剑角蝗

Rhamnomia 拉缘蝽属
Rhamnomia dubia (Hsiao) 拉缘蝽
Rhamnomia dubia dubia (Hsiao) 拉缘蝽指名亚种
Rhamnomia dubia serrata Hsiao 拉缘蝽云南亚种，滇拉缘蝽
Rhamnopsis 凹翅刺蛾属
Rhamnopsis arizanella Matsumura 见 *Rhamnosa arizanella*
Rhamnosa 齿刺蛾属
Rhamnosa angulata Fixsen 角齿刺蛾
Rhamnosa angulata angulata Fixsen 角齿刺蛾指名亚种
Rhamnosa angulata kwangtungensis Hering 角齿刺蛾广东亚种，广东刺蛾，角齿刺蛾
Rhamnosa arizanella (Matsumura) 阿里山齿刺蛾，阿里山凹翅刺蛾
Rhamnosa bifurcivalva Wu *et* Fang 叉瓣齿刺蛾
Rhamnosa convergens Hering 康齿刺蛾
Rhamnosa dentifera Hering *et* Hopp 锯齿刺蛾，齿刺蛾，登齿刺蛾
Rhamnosa henanensis Wu 河南齿刺蛾
Rhamnosa kwangtungensis Hering 见 *Rhamnosa angulata kwangtungensis*
Rhamnosa takamukui (Matsumura) 同 *Rhamnosa uniformis*
Rhamnosa uniformis (Swinhoe) 灰齿刺蛾，缘闪刺蛾
Rhamnosa uniformis rufina Hering 灰齿刺蛾红色亚种，红灰齿刺蛾
Rhamnosa uniformis takamukui (Matsumura) 同 *Rhamnosa uniformis*
Rhamnosa uniformis uniformis (Swinhoe) 灰齿刺蛾指名亚种
Rhamnosa uniformoides Wu *et* Fang 类灰齿刺蛾
rhamnose 鼠李糖
rhamnus aphid [*Anuraphis rhamni* Hori] 鼠李圆尾蚜
Rhamnusiini 拉花天牛族
Rhamnusium 拉花天牛属
Rhamnusium rugosipenne Pic 皱鞘拉花天牛
Rhamphina 弯喙象甲亚族，弯喙象亚族
Rhamphini 弯喙象甲族，弯喙象族
Rhamphocoris 光姬蝽属
Rhamphocoris borneensis (Schumacher) 红盾光姬蝽
Rhamphocoris elegantulus (Schumacher) 台湾光姬蝽
Rhamphocoris guizhouensis Zhao *et* Cao 贵州光姬蝽
Rhamphocoris hasegawai (Ishihara) 黑头光姬蝽
Rhamphocoris tibialis Hsiao 黑胫光姬蝽
Rhampholyssa 奇角芫菁属，异角芫菁属
Rhampholyssa steveni (Fischer von Waldheim) 斯氏奇角芫菁，斯氏异角芫菁
Rhamphomyia 猎舞虻属，猎舞虻亚属，钩舞虻属
Rhamphomyia (***Amydroneura***) ***curvicauda*** Frey 弯尾猎舞虻，弯尾钩舞虻，屈尾舞虻
Rhamphomyia basisetosa Saigusa 见 *Rhamphomyia* (*Orientomyia*) *basisetosa*
Rhamphomyia biseta Yao, Wang *et* Yang 见 *Rhamphomyia* (*Rhamphomyia*) *biseta*
Rhamphomyia (***Calorhamphomyia***) ***insignis*** Loew 异翅丽猎舞虻
Rhamphomyia curvicauda Frey 见 *Rhamphomyia* (*Amydroneura*) *curvicauda*
Rhamphomyia curvitibia Saigusa 见 *Rhamphomyia* (*Pararhamphomyia*) *curvitibia*
Rhamphomyia flavella Yu, Liu *et* Yang 见 *Rhamphomyia* (*Rhamphomyia*) *flavella*
Rhamphomyia klapperichi Frey 见 *Rhamphomyia* (*Rhamphomyia*) *klapperichi*
Rhamphomyia longicauda Loew [long-tailed dance fly] 长尾猎舞虻，长尾舞虻
Rhamphomyia maai Saigusa 见 *Rhamphomyia* (*Pararhamphomyia*) *maai*
Rhamphomyia nigricauda Becker 黑尾猎舞虻，黑尾钩舞虻
Rhamphomyia (***Orientomyia***) ***basisetosa*** Saigusa 基鬃猎舞虻，基毛猎舞虻，基毛钩舞虻
Rhamphomyia (***Pararhamphomyia***) ***baotianmana*** Yang, Wang, Zhu *et* Zhang 宝天曼猎舞虻
Rhamphomyia (***Pararhamphomyia***) ***curvitibia*** Saigusa 弯胫猎舞虻，弯足猎舞虻，弯足舞虻
Rhamphomyia (***Pararhamphomyia***) ***maai*** Saigusa 马氏猎舞虻，马氏钩舞虻
Rhamphomyia (***Pararhamphomyia***) ***tachulanensis*** Saigusa 大竹岚猎舞虻，大竹岚钩舞虻
Rhamphomyia projecta Yu, Liu *et* Yang 见 *Rhamphomyia* (*Rhamphomyia*) *projecta*
Rhamphomyia (***Rhamphomyia***) ***biseta*** Yao, Wang *et* Yang 双鬃猎舞虻
Rhamphomyia (***Rhamphomyia***) ***flavella*** Yu, Liu *et* Yang 基黄猎舞虻
Rhamphomyia (***Rhamphomyia***) ***flavipes*** Matsumura 黄猎舞虻
Rhamphomyia (***Rhamphomyia***) ***klapperichi*** Frey 克氏猎舞虻，克氏钩舞虻
Rhamphomyia (***Rhamphomyia***) ***projecta*** Yu, Liu *et* Yang 内突猎舞虻
Rhamphomyia (***Rhamphomyia***) ***spinulosa*** Yang, Wang, Zhu *et* Zhang 小刺猎舞虻
Rhamphomyia rostrifera Bezzi 喙猎舞虻，吻猎舞虻，吻钩舞虻，黄足舞虻
Rhamphomyia sauteri Bezzi 邵氏猎舞虻，索氏猎舞虻，索氏钩舞虻，台南舞虻
Rhamphomyia tachulanensis Saigusa 见 *Rhamphomyia* (*Pararhamphomyia*) *tachulanensis*
Rhamphophasma 喙尾蛸属
Rhamphophasma dianicum Chen *et* He 滇喙尾蛸
Rhamphophasma modestum Brunner von Wattenwyl 褐喙尾蛸
Rhamphophasma obtusum He 钝喙尾蛸
Rhamphophasma pseudomodestum He 疑褐喙尾蛸
Rhamphophasma serratum He 细齿喙尾蛸
Rhamphophasma spinicorne (Stål) 刺角喙尾蛸
Rhamphothrips 长嘴蓟马属，钩蓟马属
Rhamphothrips parviceps (Hood) 微长嘴蓟马，奇蓟马
Rhamphothrips quintus Wang 昆长嘴蓟马，昆钩蓟马
Rhamphus 直角象甲属
Rhamphus hisamatsui Chûjô *et* Morimoto 久松直角象甲，久松直角象
Rhamphus pulicarius Herbst 兔形直角象甲，兔形直角象
Rhamphus pullus Hustache [apple minute weevil] 苹直角象甲，苹细象甲
Rhamphus tsaidamicus Korotyaev 柴达木直角象甲，柴达木直角

象
Rhantaticus 刺龙虱属
Rhantaticus congestus (Klug) 密斑刺龙虱，拟姬龙虱
Rhantus 雀斑龙虱属，姬龙虱属
Rhantus aequimarginatus Falkenström 同 *Rhantus thibetanus*
Rhantus chinensis Falkenström 同 *Rhantus suturalis*
Rhantus fengi Zhao, Jia *et* Balke 冯氏雀斑龙虱
Rhantus formosanus Kamiya 台雀斑龙虱，台湾姬龙虱
Rhantus friedrichi Falkenström 福雀斑龙虱
Rhantus frontalis (Marsham) 前雀斑龙虱
Rhantus grapii (Gyllenhal) 格雀斑龙虱
Rhantus hohxilanus Yang 可可西里雀斑龙虱，可可西里淋龙虱
Rhantus minimus (Zaitzev) 见 *Colymbetes minimus*
Rhantus notaticollis (Aubé) 显雀斑龙虱
Rhantus ovalis Gschwendtner 卵圆雀斑龙虱
Rhantus pederzanii Toledo *et* Mazzoldi 皮氏雀斑龙虱
Rhantus pulverosus Stephens 同 *Rhantus suturalis*
Rhantus sexualis Zimmermann 长雀斑龙虱，性雀斑龙虱
Rhantus sikkimensis Régimbart 锡金雀斑龙虱
Rhantus suturalis (MacLeay) 小雀斑龙虱，缝雀斑龙虱，异爪麻点龙虱，姬龙虱
Rhantus thibetanus Régimbart 西藏雀斑龙虱，藏雀斑龙虱
Rhantus vermiculatus Motschulsky 蠕雀斑龙虱，蠕纹雀斑龙虱
Rhantus yessoensis Sharp 圆雀斑龙虱，耶雀斑龙虱
Rhaphicera 网眼蝶属
Rhaphicera dumicola (Oberthür) 网眼蝶
Rhaphicera moorei Butler [small tawny wall] 小网眼蝶，莫网眼蝶
Rhaphicera satrica (Doubleday) [large tawny wall] 黄网眼蝶
Rhaphicera satrica kabrua (Tytler) 黄网眼蝶卡布亚种，卡黄网眼蝶
Rhaphicera satrica satrica (Doubleday) 黄网眼蝶指名亚种
Rhaphidolabis 针叉大蚊亚属，类棒大蚊亚属，类棒大蚊属
Rhaphidolabis atripes Alexander 见 *Dicranota atripes*
Rhaphidopalpa abdominalis Fabricius 见 *Aulacophora abdominalis*
Rhaphidopalpa chinensis Weise 同 *Aulacophora indica*
Rhaphidopalpa femoralis Motschulsky 同 *Aulacophora indica*
Rhaphidophora 驼螽属，穴螽属
Rhaphidophora biprocera Bian, Zhu *et* Shi 二突驼螽
Rhaphidophora incilis Bian, Zhu *et* Shi 凹驼螽
Rhaphidophora longitabula Bian, Zhu *et* Shi 长突驼螽
Rhaphidophora minuolamella Liu *et* Zhang 小殖板驼螽
Rhaphidophora quadridentata Qin, Jiang, Liu *et* Li 四齿驼螽
Rhaphidophora quadrula Bian, Zhu *et* Shi 方驼螽
Rhaphidophora setiformis Qin, Jiang, Liu *et* Li 毛驼螽
Rhaphidophora sichuanensis Liu *et* Zhang 四川驼螽
Rhaphidophora sinica Bey-Bienko 中华驼螽，中华普蟋螽
Rhaphidophora taiwana Shiraki 台湾驼螽，台湾拉蟋螽
Rhaphidophora wuzhishanensis Qin, Jiang, Liu *et* Li 五指山驼螽
Rhaphidophora xishuang Gorochov 西双驼螽
rhaphidophorid 1. [= rhaphidophorid camel cricket, cave weta, cave cricket, camelback cricket, camel cricket, spider cricket, crider, land shrimp, spricket, sand treader] 驼螽 < 驼螽科 Rhaphidophoridae 昆虫的通称 >；2. 驼螽科的
rhaphidophorid camel cricket [= rhaphidophorid, cave weta, cave cricket, camelback cricket, camel cricket, spider cricket, crider, land shrimp, spricket, sand treader] 驼螽
Rhaphidophoridae 驼螽科，灶马科，穴螽科
Rhaphidophoroidea 驼螽总科
Rhaphidosominae 杆猎蝽亚科
Rhaphidosomoni 杆猎蝽族
Rhaphigaster 润蝽属
Rhaphigaster brevispina Horváth 短刺润蝽，沙枣润蝽，内蒙润蝽
Rhaphigaster disjectus Uhler 见 *Menida disjecta*
Rhaphigaster genitalia Yang 庐山润蝽
Rhaphigaster mongolica Puton 同 *Rhaphigaster brevispina*
Rhaphigaster nebulosa (Poda) [mottled shieldbug] 沙枣润蝽，沙枣蝽
Rhaphiinae 锥长足虻亚科
Rhaphiocerina 对斑水虻属
Rhaphiocerina hakiensis Matsumura 日本对斑水虻，日本拉水虻
Rhaphipodus 细齿天牛属，拉薄翅天牛属
Rhaphipodus fatalis Lameere 多刺细齿天牛
Rhaphipodus fruhstorferi Lameere 寡刺细齿天牛
Rhaphipodus gahani Lameere 短节细齿天牛
Rhaphipodus hopei (Waterhouse) 见 *Remphan hopei*
Rhaphipodus manillae (Newman) 台湾细齿天牛，马尼拉薄翅天牛
Rhaphitelus 棍角金小蜂属
Rhaphitelus angustus Kamijo 狭棍角金小蜂
Rhaphitelus maculatus Walker 桃蠹棍角金小蜂，小蠹棍角金小蜂
Rhaphitropis 额眼长角象甲属，额眼长角象属
Rhaphitropis carinatus Shibata 脊额眼长角象甲，脊额眼长角象
Rhaphitropis communis Shibata 共额眼长角象甲，共额眼长角象
Rhaphitropis cylindricus Shibata 柱额眼长角象甲，柱额眼长角象
Rhaphitropis guttifer (Sharp) 斑额眼长角象甲，斑额眼长角象
Rhaphitropis guttifer guttifer (Sharp) 斑额眼长角象甲指名亚种
Rhaphitropis guttifer taiwanus Shibata 斑额眼长角象甲台湾亚种，台斑额眼长角象
Rhaphitropis pigmaeus Shibata 纹额眼长角象甲，纹额眼长角象
Rhaphium 锥长足虻属，针长足虻属
Rhaphium apicinigrum Yang *et* Saigusa 端黑锥长足虻
Rhaphium apophysatum Tang, Wang *et* Yang 宽基锥长足虻
Rhaphium baihuashanum Yang 百花山锥长足虻
Rhaphium bilobum Tang, Wang *et* Yang 裂须锥长足虻
Rhaphium bisectum Tang, Wang *et* Yang 双叶锥长足虻
Rhaphium daqinggouense Tang, Wang *et* Yang 大青沟锥长足虻
Rhaphium dilatatum Wiedemann 粗突锥长足虻，胀棒长足虻
Rhaphium dispar Coquillett 异突锥长足虻
Rhaphium dorsiseta Tang, Wang *et* Yang 背鬃锥长足虻
Rhaphium eburnrum (Becker) 象牙锥长足虻，象牙长足虻
Rhaphium furcatum Yang *et* Saigusa 叉突锥长足虻
Rhaphium gansuanum Yang 甘肃锥长足虻
Rhaphium heilongjiangense Wang, Yang *et* Masunaga 黑龙江锥长足虻
Rhaphium huzhuense Qilemoge, Lin *et* Yang 互助锥长足虻
Rhaphium lumbricus Wei 滑锥长足虻

Rhaphium mediocre (Becker) 普通锥长足虻，中棒长足虻，普通长足虻
Rhaphium micans (Meigen) 黑鬃锥长足虻
Rhaphium minhense Qilemoge, Lin *et* Yang 民和锥长足虻
Rhaphium neimengense Tang, Wang *et* Yang 内蒙锥长足虻
Rhaphium palliaristatum Yang *et* Saigusa 白芒锥长足虻
Rhaphium parentianum Negrobov 榆林锥长足虻
Rhaphium popularis (Becker) 众棒长足虻，群聚长足虻
Rhaphium qinghaiense Yang 青海锥长足虻
Rhaphium relatum (Becker) 小贩锥长足虻，小贩长足虻，返棒长足虻
Rhaphium riparium (Meigen) 腹鬃锥长足虻
Rhaphium sichuanense Yang *et* Saigusa 四川锥长足虻
Rhaphium sinense Negrobov 中华锥长足虻
Rhaphium wuduanum Wang, Yang *et* Masunaga 武都锥长足虻
Rhaphium xinjiangense Yang 新疆锥长足虻
Rhaphium zhongdianum Yang *et* Saigusa 中甸锥长足虻
Rhaphuma 艳虎天牛属，细虎天牛属
Rhaphuma 4-maculata subobliterata Pic 见 *Rhaphuma quadrimaculata subobliteata*
Rhaphuma acutivittis (Kraatz) 尖纹艳虎天牛
Rhaphuma albicolon Holzschuh 短斑艳虎天牛
Rhaphuma albonotata Pic 白点艳虎天牛
Rhaphuma anongi Gressitt *et* Rondon 阿氏艳虎天牛
Rhaphuma aperta Gressitt 九纹艳虎天牛
Rhaphuma asellaria Holzschuh 门艳虎天牛
Rhaphuma baibarae Matsushita 黑胸艳虎天牛，眉原绿细虎天牛
Rhaphuma bicolorifemoralis Gressitt *et* Rondon 儿纹艳虎天牛
Rhaphuma bii Holzschuh 毕氏艳虎天牛
Rhaphuma binhensis (Pic) 斜尾艳虎天牛
Rhaphuma binhensis binhensis (Pic) 斜尾艳虎天牛指名亚种，指名斜尾艳虎天牛
Rhaphuma binhensis maculicollis Gressitt *et* Rondon 斜尾艳虎天牛工字纹亚种，工字纹艳虎天牛，U- 纹艳虎天牛
Rhaphuma caraganicola Viktora *et* Liu 锦鸡儿艳虎天牛
Rhaphuma circumscripta (Schwarzer) 曲纹艳虎天牛，脸纹细虎天牛，面型细虎天牛 <该种学名有误写为 *Rhaphuma cricumscripta* (Schwarzer) 者>
Rhaphuma clarina Gressitt *et* Rondon 八字纹艳虎天牛
Rhaphuma constricta Gressitt *et* Rondon 三条艳虎天牛
Rhaphuma delicata Kôno 欠纹艳虎天牛，欠纹细虎天牛，黑胸艳虎天牛
Rhaphuma diana Gahan 鼎纹艳虎天牛
Rhaphuma diminuta (Bates) 小艳虎天牛
Rhaphuma diversevittata Pic 五条艳虎天牛
Rhaphuma diversipennis Pic 裂尾艳虎天牛
Rhaphuma elegantula Gahan 美艳虎天牛
Rhaphuma eleodina Gressitt *et* Rondon 晦斑艳虎天牛
Rhaphuma elongata Gressitt 连环艳虎天牛
Rhaphuma familiaris Holzschuh 熟悉艳虎天牛
Rhaphuma filipedes Holzschuh 飞腿艳虎天牛
Rhaphuma formosana Mitono 台湾艳虎天牛
Rhaphuma gracilipes (Faldermann) 丽艳虎天牛，白带艳虎天牛
Rhaphuma griseipes Breuning 灰棒艳虎天牛
Rhaphuma hirtipes Matsushita 狭艳虎天牛
Rhaphuma hooriana Matsushita 粒胸艳虎天牛
Rhaphuma horsfieldi (White) 管纹艳虎天牛
Rhaphuma illicata Holzschuh 箭纹艳虎天牛
Rhaphuma impressiceps Pic 中华艳虎天牛
Rhaphuma incarinata Pic 无脊艳虎天牛
Rhaphuma innotata Pic 黄艳虎天牛
Rhaphuma interrupta Pesarini *et* Sabbadini 同 *Rhaphuma laojunensis*
Rhaphuma jianfenglingensis Viktora *et* Liu 尖峰岭艳虎天牛
Rhaphuma klapperichi Tippmann 挂墩艳虎天牛
Rhaphuma laojunensis Tavakilian 老君艳虎天牛
Rhaphuma lanzhui Holzschuh 回纹艳虎天牛
Rhaphuma laosica Gressitt *et* Rondon 老挝艳虎天牛
Rhaphuma limaticollis Gressitt 天目艳虎天牛
Rhaphuma liyinghuii Viktora *et* Liu 李映辉艳虎天牛
Rhaphuma mekonga Gressitt *et* Rondon 湄公艳虎天牛
Rhaphuma meridiosinica Viktora *et* Tichý 见 *Petraphuma meridiosinica*
Rhaphuma minima Gressitt *et* Rondon 人纹艳虎天牛
Rhaphuma mushana Matsushita 球胸艳虎天牛，雾社细虎天牛，雾社黑细虎天牛
Rhaphuma nigrocincta Matsushita 肩斑艳虎天牛，黑带细虎天牛
Rhaphuma nigrolineata Pic 西藏艳虎天牛
Rhaphuma niisatoi Han 新里艳虎天牛，新里氏细虎天牛
Rhaphuma obscurata Pesarini *et* Sabbadini 昏暗艳虎天牛
Rhaphuma ogatai Mitono 淡尾艳虎天牛，绪方氏细虎天牛
Rhaphuma patkaina Gahan 齿纹艳虎天牛
Rhaphuma phiale Gahan 小点艳虎天牛
Rhaphuma pieli Gressitt 米纹艳虎天牛
Rhaphuma pingana Pic 皱胸艳虎天牛
Rhaphuma placida Pascoe 艳虎天牛
Rhaphuma pseudobinhensis Gressitt *et* Rondon 巨斑艳虎天牛
Rhaphuma pseudominuta Gressitt *et* Rondon 瘦艳虎天牛
Rhaphuma quadricolor (Castelnau *et* Gory) 四色艳虎天牛
Rhaphuma quadrimaculata Pic 四点艳虎天牛
Rhaphuma quadrimaculata quadrimaculata Pic 四点艳虎天牛指名亚种，指名四点艳虎天牛
Rhaphuma quadrimaculata subobliterata Pic 四点艳虎天牛四斑亚种，斑四点艳虎天牛，四斑四点艳虎天牛
Rhaphuma quinquenotata Chevrolat 五点艳虎天牛
Rhaphuma quinquenotata atricollis Pic 五点艳虎天牛黑领亚种，黑五点艳虎天牛
Rhaphuma quinquenotata quinquenotata Chevrolat 五点艳虎天牛指名亚种
Rhaphuma quintini Gressitt *et* Rondon 网胸艳虎天牛
Rhaphuma ruficollis Mitono 红艳虎天牛，红领细虎天牛，红胸细虎天牛
Rhaphuma rufobasalis Pic 红基艳虎天牛
Rhaphuma savioi (Pic) 勾纹艳虎天牛
Rhaphuma seminuda Viktora 半裸艳虎天牛
Rhaphuma signaticollis Castel *et* Gory 柳艳虎天牛
Rhaphuma squamulifera Holzschuh 鳞艳虎天牛
Rhaphuma subvarimaculata Gressitt *et* Rondon 门字纹艳虎天牛
Rhaphuma sulpharea Gressitt 泰国艳虎天牛
Rhaphuma testaceiceps Pic 长腿艳虎天牛，蜘蛛细虎天牛，桦色细虎天牛
Rhaphuma testaceicolor Pic 黄褐艳虎天牛

Rhaphuma theryi (Pic) 内蒙艳虎天牛
Rhaphuma tricolor Gressitt *et* Rondon 三色艳虎天牛
Rhaphuma unigena Holzschuh 独艳虎天牛
Rhaphuma ustulatula Holzschuh 赤褐艳虎天牛
Rhaphuma virens Matsushita 绿艳虎天牛，钩纹绿细虎天牛，键纹绿细虎天牛，拱纹艳虎天牛
Rhaphuma virgo Viktora *et* Tichý 处艳虎天牛
Rhaphuma xenisca Bates 东亚艳虎天牛
Rhaphuma zonalis Holzschuh 带形艳虎天牛
Rhectothyris 枚野螟属
Rhectothyris gratiosalis (Walker) 艳枚野螟，艳瘦翅野螟
Rhegmatophila 裂舟蛾属
Rhegmatophila vinculum Hering 基裂舟蛾，文来舟蛾
Rhegmoclema formosana (Duda) 见 *Thripomorpha formosana*
Rhegmoclematini 瑞粪蚊族
Rhembobius 多突姬蜂属
Rhembobius hokutensis (Uchida) 台湾多突姬蜂
rheobiotic 流性的，流生的
Rheocricotopus 趋流摇蚊属
Rheocricotopus baishanensis Wang *et* Zheng 白山趋流摇蚊
Rheocricotopus bifasciatus Wang *et* Zheng 二带趋流摇蚊
Rheocricotopus brachypus Wang *et* Zheng 短足趋流摇蚊
Rheocricotopus chalybeatus (Edwards) 见 *Rheocricotopus (Psilocricotopus) chalybeatus*
Rheocricotopus effusus (Walker) 散步趋流摇蚊，铺展趋流摇蚊，散趋流摇蚊
Rheocricotopus emeiensis Wang *et* Zheng 见 *Rheocricotopus (Psilocricotopus) emeiensis*
Rheocricotopus fuscipes (Kieffer) 褐色趋流摇蚊，灰褐趋流摇蚊，灰褐流环足摇蚊
Rheocricotopus kongi Lin *et* Wang 孔氏趋流摇蚊，孔氏趋流环足摇蚊
Rheocricotopus nepalensis Lehmann 尼趋流摇蚊
Rheocricotopus nigrus Wang *et* Zheng 见 *Rheocricotopus (Psilocricotopus) nigrus*
Rheocricotopus orientalis Wang 东方趋流摇蚊
Rheocricotopus (Psilocricotopus) atripes (Kieffer) 黑足趋流摇蚊
Rheocricotopus (Psilocricotopus) brochus Liu, Lin *et* Wang 齿状趋流摇蚊
Rheocricotopus (Psilocricotopus) calviculus Wang *et* Sæther 光裸趋流摇蚊
Rheocricotopus (Psilocricotopus) chalybeatus (Edwards) 钢灰趋流摇蚊
Rheocricotopus (Psilocricotopus) constrictus Yan *et* Wang 缢尖趋流摇蚊
Rheocricotopus (Psilocricotopus) emeiensis Wang *et* Zheng 峨眉趋流摇蚊
Rheocricotopus (Psilocricotopus) glabricollis (Meigen) 光亮趋流摇蚊，亮趋流摇蚊
Rheocricotopus (Psilocricotopus) imperfectus Makarchenko *et* Makarchenko 残缺趋流摇蚊
Rheocricotopus (Psilocricotopus) insularis Makarchenko *et* Makarchenko 岛趋流摇蚊
Rheocricotopus (Psilocricotopus) nigrus Wang *et* Zheng 黑趋流摇蚊
Rheocricotopus (Psilocricotopus) robacki (Beck *et* Beck) 罗氏趋流摇蚊
Rheocricotopus (Psilocricotopus) rotundus Liu, Lin *et* Wang 圆趋流摇蚊
Rheocricotopus (Psilocricotopus) serratus Liu, Lin *et* Wang 锯齿趋流摇蚊
Rheocricotopus (Psilocricotopus) tamabrevis (Sasa *et* Suzuki) 藤岛趋流摇蚊
Rheocricotopus (Psilocricotopus) valgus Chaudhuri *et* Sinharay 光趋流摇蚊
Rheocricotopus (Psilocricotopus) villiculus Wang *et* Sæther 簇毛趋流摇蚊
Rheocricotopus (Rheocricotopus) heterochros Liu, Song *et* Wang 异色趋流摇蚊
Rheocricotopus (Rheocricotopus) inaxeyeus Sasa, Kitami *et* Suzuki 伊眼趋流摇蚊
Rheocricotopus (Rheocricotopus) pauciseta Sæther 多毛趋流摇蚊
Rheocricotopus taiwanensis Wang, Yan *et* Maa 台湾趋流摇蚊
Rheocricotopus tibialis Wang *et* Zheng 长胫趋流摇蚊
Rheocricotopus tuberculatus Caldwell 瘤趋流摇蚊
rheokinesis 走流性
Rheopelopia 流粗腹摇蚊属
Rheopelopia acra Roback 阿流粗腹摇蚊
Rheopelopia bellus (Loew) 贝流粗腹摇蚊
Rheopelopia maculipennis (Zetterstedt) 斑翅流粗腹摇蚊，马流粗腹摇蚊
Rheopelopia ornata (Meigen) 欧流粗腹摇蚊，饰流粗腹摇蚊，雕饰粗腹摇蚊，饰雷摇蚊
Rheopelopia paramaculipennis Roback 拟斑翅流粗腹摇蚊
Rheopelopia perda Roback 普流粗腹摇蚊
Rheopelopia tuberculata Chaudhuri *et* Debnath 突流粗腹摇蚊
rheophilae 急流生物
Rheorthocladius 流直突摇蚊属，直突摇蚊属
Rheorthocladius saxicola Kieffer 石栖流直突摇蚊
Rheotanytarsus 流长跗摇蚊属，流水长跗摇蚊属，溪畔摇蚊属
Rheotanytarsus acerbus (Johannsen) 尖流长跗摇蚊
Rheotanytarsus aestuarius (Tokunaga) 圆流长跗摇蚊
Rheotanytarsus aphelus Wang *et* Guo 平流长跗摇蚊
Rheotanytarsus apiculus Wang *et* Guo 刺状流长跗摇蚊
Rheotanytarsus baihualingensis Yao *et* Lin 百花岭流长跗摇蚊
Rheotanytarsus brevipalpus Wang *et* Guo 短节流长跗摇蚊
Rheotanytarsus buculicaudus Kyerematen *et* Sæther 牛尾流长跗摇蚊
Rheotanytarsus bullus Wang *et* Guo 泡流长跗摇蚊
Rheotanytarsus diaoluoensis Yao *et* Lin 吊罗流长跗摇蚊
Rheotanytarsus exiguus (Johannsen) 尖流长跗摇蚊，短小流长跗摇蚊，短小流水长跗摇蚊
Rheotanytarsus formosae Kieffer 安平流长跗摇蚊，安平摇蚊
Rheotanytarsus fundus Wang *et* Guo 簇流长跗摇蚊
Rheotanytarsus liuae Wang *et* Guo 刘氏流长跗摇蚊
Rheotanytarsus muscicola Thienemann 纽流长跗摇蚊
Rheotanytarsus pentapodus (Kieffer) 五柄流长跗摇蚊
Rheotanytarsus polychaetus Wang *et* Guo 多毛流长跗摇蚊
Rheotanytarsus quadratus Wang *et* Guo 矩流长跗摇蚊
Rheotanytarsus tamaquartus Sasa 巨跗流长跗摇蚊

Rheotanytarsus tamatertius Sasa 宽流长跗摇蚊
rheotaxis 趋流性
rheotropism 向流性
Rhesala 欢夜蛾属
Rhesala imparata Walker 印度欢夜蛾，蕊裳蛾，怡枞夜蛾
Rhesala inconcinnalis (Walker) 白格欢夜蛾
Rhesala moestalis (Walker) 东方欢夜蛾
Rhesala punctilinea (Wileman *et* South) 同 *Rhesala imparata*
Rhesus serricollis Motschulsky 柏木飒天牛
rhesus skipper [*Polites rhesus* (Edwards)] 白斑玻弄蝶
rhetenor blue morpho [*Morpho rhetenor* (Cramer)] 尖翅蓝闪蝶
Rhetus 松蚬蝶属
Rhetus arcius (Linnaeus) [long-tailed metalmark] 长尾松蚬蝶
Rhetus arthurianus Sharpe 闪紫松蚬蝶
Rhetus coerulans Zikan 阔松蚬蝶
Rhetus dysonii (Saunders) [Dyson's metalmark] 紫松蚬蝶
Rhetus periander (Cramer) [periander metalmark, variable beautymark] 白条松蚬蝶
Rheumaptera 汝尺蛾属
Rheumaptera abraxidia (Hampson) 金星汝尺蛾
Rheumaptera acutata Xue *et* Meng 尖汝尺蛾
Rheumaptera affinis Xue *et* Meng 邻汝尺蛾
Rheumaptera albidia Xue 洁斑汝尺蛾
Rheumaptera albiplaga (Oberthür) 白斑汝尺蛾
Rheumaptera albiplaga albiplaga (Oberthür) 白斑汝尺蛾指名亚种，指名白斑汝尺蛾
Rheumaptera albofasciata Inoue 斑缘汝尺蛾
Rheumaptera alternata (Staudinger) 交汝尺蛾，交替郁尺蛾
Rheumaptera alternata alternata (Staudinger) 交汝尺蛾指名亚种，指名交汝尺蛾
Rheumaptera alternata nudaria (Leech) 交汝尺蛾四川亚种，努交汝尺蛾，努拉波尺蛾
Rheumaptera chinensis (Leech) 中国汝尺蛾，华哈拉波尺蛾
Rheumaptera confusaria (Leech) 茫汝尺蛾，康拉波尺蛾
Rheumaptera confusaria confusaria (Leech) 茫汝尺蛾指名亚种，指名茫汝尺蛾
Rheumaptera confusaria tarachodes (Prout) 茫汝尺蛾锡金亚种，塔茫汝尺蛾
Rheumaptera empodia (Prout) 乌斑汝尺蛾
Rheumaptera fasciaria (Leech) 中带汝尺蛾，富司柯尺蛾
Rheumaptera fasciata Staudinger 带汝尺蛾，带选丽壳尺蛾
Rheumaptera flavipes (Ménétriès) 黑星汝尺蛾
Rheumaptera flavipes flavipes (Ménétriès) 黑星汝尺蛾指名亚种
Rheumaptera flavipes interruptaria (Leech) 黑星汝尺蛾间断亚种，间黑星汝尺蛾，间司柯尺蛾
Rheumaptera fuscaria (Leech) 暗汝尺蛾，带丽壳尺蛾
Rheumaptera grisearia (Leech) 灰汝尺蛾，灰司柯尺蛾
Rheumaptera hastata (Linnaeus) [argent-and-sable moth, spear-marked black moth] 黑白汝尺蛾，矛巾尺蛾，哈拉波尺蛾
Rheumaptera hastata hastata (Linnaeus) 黑白汝尺蛾指名亚种
Rheumaptera hastata plotothrymma (Prout) 黑白汝尺蛾四川亚种，普黑白汝尺蛾
Rheumaptera hastata rikovskensis (Matsumura) 黑白汝尺蛾东北亚种，瑞黑白汝尺蛾
Rheumaptera hedemannaria (Oberthür) 灰红汝尺蛾
Rheumaptera hydatoplex (Prout) 净斑汝尺蛾
Rheumaptera inanata (Christoph) 缺距汝尺蛾
Rheumaptera incertata (Staudinger) 边汝尺蛾
Rheumaptera latifasciaria (Leech) 宽带汝尺蛾
Rheumaptera lugens (Oberthür) 黑波汝尺蛾，路巾尺蛾，鲁枚尺蛾
Rheumaptera lugens consolabilis (Prout) 黑波汝尺蛾德钦亚种，康黑波汝尺蛾，康路巾尺蛾
Rheumaptera lugens lugens (Oberthür) 黑波汝尺蛾指名亚种，指名黑波汝尺蛾
Rheumaptera lugens maculifera (Warnecke) 黑波汝尺蛾青海亚种，斑黑波汝尺蛾
Rheumaptera marmoraria (Leech) 石纹汝尺蛾，石纹司柯尺蛾
Rheumaptera melanoplagia (Hampson) 角斑汝尺蛾
Rheumaptera moniliferaria (Oberthür) 楔斑汝尺蛾
Rheumaptera multilinearia (Leech) 复线汝尺蛾，多线司柯尺蛾
Rheumaptera naseraria (Oberthür) 粉汝尺蛾，纳纹粉尺蛾
Rheumaptera nengkaoensis Inoue 能高汝尺蛾，宁汝尺蛾
Rheumaptera nigralbata (Warren) 巨斑汝尺蛾
Rheumaptera nigrifasciaria (Leech) 黑带汝尺蛾，黑带拉波尺蛾
Rheumaptera pharcis Xue 皱纹汝尺蛾
Rheumaptera prunivorata (Ferguson) [Ferguson's scallop shell moth, cherry scallop shell moth] 樱桃汝尺蛾
Rheumaptera sideritaria (Oberthür) 铁缨汝尺蛾
Rheumaptera subhastata (Nolcken) 亚黑白汝尺蛾
Rheumaptera titubata (Prout) 长突汝尺蛾，替丽壳尺蛾
Rheumaptera tremulata (Guenée) 震汝尺蛾
Rheumaptera tristis (Prout) 郁汝尺蛾，特丽壳尺蛾
Rheumaptera undulata (Linnaeus) [scallop shell moth] 波纹汝尺蛾，波湿尺蛾，樱桃丽壳尺蛾
Rheumaptera valentula (Prout) 健汝尺蛾，强丽壳尺蛾
Rheumaptera veternata (Christoph) 束带汝尺蛾
Rheumapterini 汝尺蛾族
Rheumatobates 擒角黾蝽属
Rheumatobates rileyi Bergroth 赖氏擒角黾蝽
Rhicnoda 点光蠊属
Rhicnogryllus 直脉蛉属
Rhicnogryllus annulipes Chopard 环足直脉蛉
Rhicnogryllus bipunctatus Ingrisch 双斑直脉蛉
Rhicnogryllus elegans (Bolívar) 丽直脉蛉
Rhicnogryllus fallax He 相似直脉蛉
Rhicnogryllus nanlingensis He, Zhang *et* Ma 南岭直脉蛉
Rhicnogryllus ogasawarensis Shiraki 琉球直脉蛉
Rhicnogryllus paetensis Tan, Yap *et* Baroga-Barbecho 菲直脉蛉
Rhicnogryllus xuandan He 玄丹直脉蛉
Rhicnopeltella eucalypti Gahan 见 *Ophelimus eucalypti*
Rhimphoctona 暗姬蜂属
Rhimphoctona carinata Sheng *et* Sun 脊暗姬蜂
Rhimphoctona immaculata Luo *et* Sheng 无斑暗姬蜂
Rhimphoctona lucida Clément 露暗姬蜂
Rhimphoctona maculifemoralis Luo *et* Sheng 斑腿暗姬蜂
Rhimphoctona rufocoxalis (Clément) 褐基暗姬蜂
Rhina 黑锉象甲属
Rhina barbirostris (Fabricius) 见 *Rhinostomus barbirostris*
Rhinagrion 鲨山蟌属

Rhinagrion hainanense Wilson *et* Reels 海南鲨山蟌
Rhinaphe 肿额拟斑螟属
Rhinaphe apotomella (Meyrick) 阿肿额拟斑螟
Rhinaphe flavescentella (Hampson) 黄肿额拟斑螟
Rhinaphe nigricostalis (Walker) 黑缘肿额拟斑螟
Rhinaphe stictella (Hampson) 见 *Emmalocera stictella*
Rhinaphe vectiferella Ragonot 同 *Maliarpha separatella*
Rhinaplomyia 瑞纳寄蝇属
Rhinaplomyia nasuta (Villeneuve) 鼻瑞纳寄蝇，犀鼻寄蝇
rhinarium 1. [= anterior clypeus, anticlypeus, clypeus anterior, anteclypeus, clypeolus, preclypeus, infraclypeus, second clypeus] 前唇基；2. 鼻片
Rhinaulax zonalis Matsumura 见 *Eoscarta zonalis*
Rhineimegopis 薄翅扁天牛属
Rhineimegopis cordieri (Lameere) 考氏薄翅扁天牛，薄翅扁天牛
Rhinelephas 瑞尼灰蝶属
Rhinelephas arrhina (Toxopeus) 瑞尼灰蝶
Rhinelephas cyanicornis (Snellen) 青蓝瑞尼灰蝶
Rhingia 鼻颜蚜蝇属，喙颜食蚜蝇属，粗蚜蝇属
Rhingia aureola Huo *et* Ren 艳色鼻颜蚜蝇
Rhingia austriaca Meigen 南鼻颜蚜蝇
Rhingia bimaculata Huo *et* Ren 二斑鼻颜蚜蝇
Rhingia binotata Brunetti 四斑鼻颜蚜蝇，二斑蚜蝇，二斑喙颜蚜蝇
Rhingia borealis Ringdahl 北鼻颜蚜蝇
Rhingia brachyrrhyncha Huo, Ren *et* Zheng 短喙鼻颜蚜蝇
Rhingia campestris Meigen 黑边鼻颜蚜蝇，黑缘鼻颜蚜蝇，黑边喙颜食蚜蝇，黑边喙颜蚜蝇
Rhingia cincta de Meijere 带鼻颜蚜蝇，桂冠蚜蝇，带喙颜蚜蝇
Rhingia formosana Shiraki 台湾鼻颜蚜蝇，太平蚜蝇，台湾喙颜蚜蝇
Rhingia fuscipes Bezzi 褐足鼻颜蚜蝇
Rhingia laevigata Loew 亮黑鼻颜蚜蝇，短喙喙颜食蚜蝇，亮黑喙颜蚜蝇
Rhingia lateralis Curran 边鼻颜蚜蝇，砖红喙颜蚜蝇
Rhingia laticincta Brunetti 黄喙鼻颜蚜蝇，黄鼻喙颜蚜蝇
Rhingia louguanensis Huo, Ren *et* Zheng 楼观鼻颜蚜蝇
Rhingia nigra Macquart 黑鼻颜蚜蝇
Rhingia nigrimargina Huo, Ren *et* Zheng 黑缘鼻颜蚜蝇
Rhingia nigriscutella Yuan, Huo *et* Ren 黑盾鼻颜蚜蝇
Rhingia orthoneurina Speiser 直脉鼻颜蚜蝇
Rhingia rostrata (Linnaeus) 喙鼻颜蚜蝇
Rhingia semicaerulea Austen 半鼻颜蚜蝇
Rhingia sexmaculata Brunetti 六斑鼻颜蚜蝇
Rhingia trivittata Curran 三纹鼻颜蚜蝇
Rhingia xanthopoda Huo, Ren *et* Zheng 黄足鼻颜蚜蝇
Rhingiina 鼻颜蚜蝇亚族
Rhingiini 鼻颜蚜蝇族
Rhinia 鼻蝇属，鲨蝇属
Rhinia apicalis (Wiedemann) 黄褐鼻蝇
Rhinia discolor (Fabricius) 见 *Stomorhina discolor*
Rhinia sauteri Peris 索氏鼻蝇，邵氏鲨蝇，索氏口鼻蝇
rhiniid 1. [= rhiniid fly, rhiniid blowfly, nose fly] 鼻蝇 <鼻蝇科 Rhiniidae 昆虫的通称>；2. 鼻蝇科的
rhiniid blowfly [= rhiniid fly, rhiniid, nose fly] 鼻蝇
rhiniid fly 见 rhiniid blowfly
Rhiniidae 鼻蝇科
Rhiniinae 鼻蝇亚科
rhinoceros beetle 1. [= dynastid beetle, dynastid] 犀金龟甲，犀金龟 <犀金龟甲科 Dynastidae 昆虫的通称>；2. [= American rhinoceros beetle, unicorn beetle, *Xyloryctes jamaicensis* (Drury)] 牙买加犀金龟甲，牙买加犀金龟
rhinoceros katydid [= rhinoceros spearbearer, *Copiphora rhinoceros* Pictet] 犀角螽
rhinoceros spearbearer 见 rhinoceros katydid
Rhinocolinae 象木虱亚科
Rhinocolini 象木虱族
Rhinocylapidius 无齿细爪盲蝽属
Rhinocylapidius velocipedoides Poppius 台无齿细爪盲蝽
Rhinocypha 鼻蟌属
Rhinocypha albistigma Sélys 白痣鼻蟌，白痣鼻隼蟌
Rhinocypha arguta Hämäläinen *et* Divasiri 黄侧鼻蟌
Rhinocypha baibarana Sélys 同 *Aristocypha fenestrella*
Rhinocypha biforata Sélys 见 *Heliocypha biforata*
Rhinocypha chaoi Wilson 见 *Aristocypha chaoi*
Rhinocypha drusilla Needham 线纹鼻蟌，线纹鼻隼蟌
Rhinocypha fenestrella Rambur 见 *Aristocypha fenestrella*
Rhinocypha huai (Zhou *et* Zhou) 华氏鼻蟌，华氏太阳隼蟌
Rhinocypha iridea Sélys 见 *Aristocypha iridea*
Rhinocypha katharina Needham 见 *Indocypha katharina*
Rhinocypha maculata Matsumura 同 *Heliocypha perforata*
Rhinocypha maolanensis (Zhou *et* Bao) 同 *Rhinocypha drusilla*
Rhinocypha ogasawarensis (Oguma) 小笠原鼻蟌，高鼻隼蟌
Rhinocypha orea Hämäläinen *et* Karube 翠顶鼻蟌
Rhinocypha perforata (Percheron) 见 *Heliocypha perforata*
Rhinocypha spuria Sélys 见 *Aristocypha spuria*
Rhinocypha taiwana Wang *et* Chang 台湾鼻蟌，朱环鼓蟌
Rhinocypha trimaculata Sélys 三纹鼻蟌，三点鼻蟌
Rhinocypha uenoi Asahina 上野鼻蟌，尤氏鼻蟌，象鼻隼蟌
Rhinodontus 犀齿象甲属
Rhinodontus hirsutus Formánek 见 *Pseudocneorhinus hirsutus*
Rhinodontus ignatus Faust 伊犀齿象甲，伊犀齿象，伊遮眼象
Rhinoestrus 鼻狂蝇属
Rhinoestrus latifrons Gan 宽额鼻狂蝇
Rhinoestrus purpureus (Brauer) [horse nasal-myiasis fly, horse nostril fly, horse nasal bot fly, cavicole horse bot fly, Russian botfly] 紫鼻狂蝇
Rhinoestrus usbekistanicus Gan 亚非鼻狂蝇
Rhinomaceridae [= Doydirhynchidae, Cimberidae, Nemonychidae] 毛象甲科，毛象虫科，毛象科
Rhinomegilla 鼻条蜂亚属
Rhinomirini 鲨盲蝽族
Rhinomiris 鲨盲蝽属
Rhinomiris conspersus (Stål) 散鲨盲蝽
Rhinomiris vicarius (Walker) 斑鲨盲蝽
Rhinomyodes 突寄蝇属，伦寄蝇属
Rhinomyodes emporomyioides Townsend 帝突寄蝇，恩伦寄蝇，彦伯寄蝇
Rhinoncomimus 齿腿象甲属
Rhinoncomimus continuus Huang, Yoshitake *et* Zhang 连续齿腿象

甲

Rhinoncomimus klapperichi Wagner 克氏齿腿象甲，克犀象

Rhinoncomimus latipes Korotyaev 侧足齿腿象甲

Rhinoncomimus niger Chûjô *et* Morimoto 黑色齿腿象甲

Rhinoncomimus rhytidosomoides (Wagner) 皱纹齿腿象甲，皱邻象

Rhinoncomimus robustus Voss 粗齿腿象甲，壮犀象

Rhinoncomimus rubripes Korotyaev 棕色齿腿象甲

Rhinoncus 龟板象甲属，伦犀象属

Rhinoncus bruchoides Herbst 布龟板象甲，布伦犀象

Rhinoncus castor (Fabricius) 狸龟板象甲，卡伦犀象

Rhinoncus fukienensis Wagner 闽龟板象甲，闽伦犀象

Rhinoncus inconspectus (Herbst) 台湾龟板象甲，台湾灰象

Rhinoncus mongolicus Reitter 蒙龟板象甲，蒙伦犀象

Rhinoncus pericarpius (Linnaeus) [hemp weevil] 大麻龟板象甲，泼伦犀象，大麻小象甲，蓼龟象甲，皮光腿象

Rhinoncus sibiricus Faust 西伯龟板象甲，西伯伦犀象

Rhinopalpa 黑缘蛱蝶属

Rhinopalpa polynice (Cramer) [wizard] 黑缘蛱蝶

Rhinopalpa polynice birmana Fruhstorfer [Myanmarese wizard] 黑缘蛱蝶缅甸亚种

Rhinopalpa polynice polynice (Cramer) 黑缘蛱蝶指名亚种

rhinophorid 1. [= rhinophorid fly, woodlouse fly] 短角寄蝇 < 短角寄蝇科 Rhinophoridae 昆虫的通称 >；2. 短角寄蝇科的

rhinophorid fly [= rhinophorid, woodlouse fly] 短角寄蝇

Rhinophoridae 短角寄蝇科

Rhinopsylla machilae Li 见 *Neorhinopsylla machilae*

Rhinopsylla shuiliensis Yang 见 *Neorhinopsylla shuiliensis*

Rhinopsylla spatulata Li 见 *Neorhinopsylla spatulata*

Rhinopsylla taishanica Li 见 *Neorhinopsylla taishanica*

Rhinopsylla takahashii Bosell 见 *Neorhinopsylla takahashii*

rhinorhipid 1. [= rhinorhipid beetle] 驴甲 < 驴甲科 Rhinorhipidae 昆虫的通称 >；2. 驴甲科的

rhinorhipid beetle [= rhinorhipid] 驴甲

Rhinorhipidae 驴甲科

Rhinorhipus 驴甲属

Rhinorhipus tamborinensis Lawrence 坦博里驴甲

Rhinoscapha 鳞象甲属

Rhinoscapha amicta Wiedemann 咖啡绿灰鳞象甲

Rhinostomus barbirostris (Fabricius) [bearded weevil, bottle brush weevil, bottlebrush weevil] 须喙足刺象甲，毛刷象鼻虫，胡须象鼻虫，椰黑锉象甲

Rhinotermes 鼻白蚁属

Rhinotermes intermedius Brauer [pineapple termite] 菠萝鼻白蚁

rhinotermitid 1. [= rhinotermitid termite, subterranean termite, moist wood termite] 鼻白蚁，犀白蚁 < 鼻白蚁科 Rhinotermitidae 昆虫的通称 >；2. 鼻白蚁科的

rhinotermitid termite [= rhinotermitid, subterranean termite, moist wood termite] 鼻白蚁，犀白蚁

Rhinotermitidae 鼻白蚁科，犀白蚁科

Rhinotia 矛象甲属，红鲨象甲属

Rhinotia bidentata (Donovan) [two spotted weevil] 二点箭矛象甲，二点箭矛象

Rhinotia haemoptera Kirby [slender red weevil, red weevil, Australian belid weevil] 红矛象甲，红鲨象甲

Rhinotmethis 突鼻蝗属

Rhinotmethis bailingensis Xi *et* Zheng 同 *Rhinotmethis pulchris*

Rhinotmethis hummeli Sjöstedt 突鼻蝗

Rhinotmethis pulchris Xi *et* Zheng 丽突鼻蝗

rhinotorid 1. [= rhinotorid fly] 粗臂蝇 < 粗臂蝇科 Rhinotoridae 昆虫的通称 >；2. 粗臂蝇科的

rhinotorid fly [= rhinotorid] 粗臂蝇

Rhinotoridae 粗臂蝇科

Rhinotorus 犀姬蜂属

Rhinotorus nigrus Sheng, Li *et* Sun 黑犀姬蜂

Rhinotropidia 短喙蚜蝇属

Rhinotropidia rostrata (Shiraki) 黄短喙蚜蝇

Rhinthon 嶙弄蝶属

Rhinthon cubana (Herrich-Schäffer) [branded skipper, Cuban skipper] 嶙弄蝶

Rhinyptia 瑞金龟甲属，瑞金龟属

Rhinyptia indica Burmeister 印度瑞金龟甲，印度瑞金龟

Rhipheus dasycephalus Swainson 同 *Chrysiridia rhipheus*

Rhipicera 羽角甲属

Rhipicera femomta Kirby 股羽角甲

rhipicerid 1. [= rhipicerid beetle, cicada parasite beetle, cedar beetle] 羽角甲，蝉寄甲 < 羽角甲科 Rhipiceridae 昆虫的通称 >；2. 羽角甲科的

rhipicerid beetle [= rhipicerid, cicada parasite beetle, cedar beetle] 羽角甲，蝉寄甲

Rhipiceridae 羽角甲科，蝉寄甲科 < 该科学名有误写为 Rhipiceratidae 者 >

Rhipiceroidea 羽角甲总科

Rhipidia 栉形大蚊属，栉形大蚊亚属

Rhipidia (***Eurhipidia***) ***expansimacula*** (Alexander) 大斑栉形大蚊

Rhipidia (***Eurhipidia***) ***formosana*** Alexander 台湾栉形大蚊，蓬莱亮大蚊

Rhipidia (***Eurhipidia***) ***garrula*** (Alexander) 响栉形大蚊

Rhipidia (***Eurhipidia***) ***garruloides*** (Alexander) 拟响栉形大蚊

Rhipidia (***Rhipidia***) ***bilobata*** Zhang, Li *et* Yang 双叶栉形大蚊

Rhipidia (***Rhipidia***) ***chenwenyoungi*** Zhang, Li *et* Yang 杨氏栉形大蚊，杨氏亮大蚊

Rhipidia (***Rhipidia***) ***flava*** Zhang, Li *et* Yang 黄背栉形大蚊

Rhipidia (***Rhipidia***) ***griseipennis*** Edwards 灰翅栉形大蚊

Rhipidia (***Rhipidia***) ***hypomelania*** (Alexander) 端黑栉形大蚊

Rhipidia (***Rhipidia***) ***lobifera*** Zhang, Li *et* Yang 具突栉形大蚊

Rhipidia (***Rhipidia***) ***longa*** Zhang, Li *et* Yang 长突栉形大蚊

Rhipidia (***Rhipidia***) ***maculata*** Meigen 斑栉形大蚊

Rhipidia (***Rhipidia***) ***monoctenia*** (Alexander) 单栉形大蚊

Rhipidia (***Rhipidia***) ***pulchra*** de Meijere 丽栉形大蚊

Rhipidia (***Rhipidia***) ***reductispina*** Savchenko 短刺栉形大蚊

Rhipidia (***Rhipidia***) ***sejuga*** Zhang, Li *et* Yang 六栉栉形大蚊

Rhipidia (***Rhipidia***) ***septentrionis*** Alexander 北方栉形大蚊

Rhipidia (***Rhipidia***) ***servilis*** (Alexander) 卑栉形大蚊，民答那峨亮大蚊

Rhipidia (***Rhipidia***) ***shennongjiensis*** Zhang, Li *et* Yang 神农架栉形大蚊

Rhipidia (***Rhipidia***) ***spinosa*** Zhang, Li *et* Yang 多刺栉形大蚊

Rhipidia (***Rhipidia***) ***synspilota*** (Alexander) 连斑栉形大蚊

Rhipidia (***Rhipidia***) ***triarmata*** (Alexander) 三刺栉形大蚊，三节草

大蚊，三食亮大蚊
Rhipidius longicollis Schlider 见 *Ripidius longicollis*
Rhipidius pectinicornis (Thunberg) 见 *Ripidius pectinicornis*
Rhipidoceridae [= Rhipiceratidae] 羽角甲科
Rhipidolestes 扇山蟌属，棘腹蟌属，蹒蟌属
Rhipidolestes aculeatus Ris 棘扇山蟌，尖齿棘腹蟌，芽痣蹒蟌，尖齿大丝蟌
Rhipidolestes alleni Wilson 艾伦扇山蟌
Rhipidolestes apicatus Navás 尖扇山蟌，浙江大丝蟌
Rhipidolestes bastiaani Zhu *et* Yang 巴斯扇山蟌
Rhipidolestes bidens Schmidt 二齿扇山蟌，双齿棘腹蟌，二星大丝蟌
Rhipidolestes chaoi Wilson 赵氏扇山蟌
Rhipidolestes cyanoflavus Wilson 黄蓝扇山蟌
Rhipidolestes fascia Zhou 褐带扇山蟌
Rhipidolestes janetae Wilson 珍妮扇山蟌
Rhipidolestes laui Wilson *et* Reels 劳氏扇山蟌
Rhipidolestes lii Zhou 李氏扇山蟌
Rhipidolestes nectans (Needham) 水鬼扇山蟌，联纹棘腹蟌，黑大丝蟌
Rhipidolestes owadai Asahina 黄白扇山蟌
Rhipidolestes pallidistigma (Fraser) 淡点扇山蟌，淡点丽山蟌
Rhipidolestes rubripes (Navás) 红足扇山蟌，红大丝蟌
Rhipidolestes truncatidens Schmidt 褐顶扇山蟌，截齿棘腹蟌，裂尾大丝蟌
Rhipidolestes yangbingi Davies 杨冰扇山蟌
Rhipidothrips 扇蓟马属
Rhipidothrips brunneus Williams 褐扇蓟马
Rhipidoxylomyia 扇瘿蚊属
Rhipidoxylomyia aequabilis Jiang *et* Bu 长茎扇瘿蚊
Rhipidoxylomyia concava (Yukawa) 日本扇瘿蚊
Rhipidoxylomyia elongata Jiang *et* Bu 长铗扇瘿蚊
Rhipidoxylomyia longilobata Jiang *et* Bu 长瓣扇瘿蚊
Rhipidoxylomyia orbiculata Jiang *et* Bu 圆板扇瘿蚊
Rhipidoxylomyia simplicis Jiang *et* Bu 短须扇瘿蚊
Rhipidoxylomyia yunnanensis Jiang *et* Bu 云南扇瘿蚊
rhipiphorid beetle [= ripiphorid, wedge-shaped beetle, ripiphorid beetle] 大花蚤 < 大花蚤科 Ripiphoridae 昆虫的通称 >
Rhipiphoridae [= Ripiphoridae] 大花蚤科
Rhipiphorothrips 皱针蓟马属，皱纹蓟马属
Rhipiphorothrips africanus Wilson 非洲皱针蓟马，非洲皱纹蓟马
Rhipiphorothrips concoloratus Zhang *et* Tong 同色皱针蓟马
Rhipiphorothrips cruentatus Hood [grapevine thrips, rose thrips] 腹突皱针蓟马，腹钩蓟马，葡萄蓟马
Rhipiphorothrips karna Ramakrishna 卡皱针蓟马，卡蓟马
Rhipiphorothrips miemsae Jacot-Guillarmod 美皱针蓟马
Rhipiphorothrips pulchellus Morgan 丽色皱针蓟马，茄苳蓟马，茶腹钩蓟马
Rhipiphorus chalcidoides Gressitt 见 *Ripiphorus chalcidoides*
Rhipiphorus davidis (Fairmaire) 见 *Ripiphorus davidis*
Rhipiphorus minor Gressitt 见 *Ripiphorus minor*
Rhipiphorus subdipterus Bosc 见 *Ripiphorus subdipterus*
Rhipiphorus tenthredinoides Gressitt 见 *Ripiphorus tenthredinoides*
Rhipiptera 见 Rhipidioptera
Rhipiscytina 革翅小蝉属，革翅蝉属
Rhipiscytina brimis Lin 大扇革小翅蝉，大扇革翅蝉
Rhithrogena 溪颏蜉属
Rhithrogena ampla Kang *et* Yang 宽溪颏蜉
Rhithrogena bajkovae Sowa 贝氏溪颏蜉
Rhithrogena lepnevae Brodsky 赖氏溪颏蜉，黑龙江溪颏蜉
Rhithrogena lutea Zhou *et* Zheng 黄溪颏蜉
Rhithrogena orientalis You 东方溪颏蜉
Rhithrogena parva (Ulmer) 小溪颏蜉
Rhithrogena sangangensis You 同 *Rhithrogena orientalis*
Rhithrogena unicolor Chernova 同 *Rhithrogena lepnevae*
Rhithrogena wuyiensis (Gui, Zhou *et* Su) 武夷溪颏蜉，武夷赞蜉
Rhithrogeniella 似溪颏蜉属
Rhithrogeniella sangangensis You 同 *Rhithrogena orientalis*
Rhizaspidiotus 根圆盾蚧属
Rhizaspidiotus amoiensis Tang 厦门根圆盾蚧
Rhizaspidiotus canariensis (Lindinger) 朝鲜根圆盾蚧
Rhizaspidiotus taiyuensis Tang 太岳根圆盾蚧
Rhizedra 内夜蛾属
Rhizedra lutosa (Hübner) 内夜蛾
Rhizedra pallidipennis Warren 后白内夜蛾
Rhizobius 暗色瓢虫属
Rhizobius ventralis (Erichson) [black lady beetle] 暗色瓢虫，黑根瓢虫
Rhizococcus 根毡蚧属
Rhizococcus abaii (Danzig) 见 *Anophococcus abaii*
Rhizococcus agropyri Borchsenius 见 *Anophococcus agropyri*
Rhizococcus araucariae (Mask) 见 *Uhleria araucariae*
Rhizococcus cingulatus (Kiritchenko) 见 *Anophococcus cingulatus*
Rhizococcus cingulatus orientalis (Danzig) 见 *Rhizococcus orientalis*
Rhizococcus coccineus (Cockerell) 见 *Eriococcus coccineus*
Rhizococcus confusus Danzig 见 *Anophococcus confusus*
Rhizococcus cynodontis (Kiritchenko) 同 *Anophococcus formicicolus*
Rhizococcus deformis (Wang) 变型根毡蚧，狭腹根绒蚧
Rhizococcus devoniensis Green [heather scale] 石南根毡蚧，石南绒蚧
Rhizococcus evelinae Kozár 见 *Anophococcus evelinae*
Rhizococcus festucae (Lindinger) [festuca scale] 羊茅囊根毡蚧，羊茅囊毡蚧
Rhizococcus herbaceus Danzig 见 *Anophococcus herbaceus*
Rhizococcus iljiniae Danzig 见 *Anophococcus iljiniae*
Rhizococcus inermis (Green) 见 *Anophococcus inermis*
Rhizococcus insignis (Newstead) 见 *Anophococcus insignis*
Rhizococcus isodoni Nan *et* Wu 香茶菜根毡蚧
Rhizococcus kondarensis Borchsenius 见 *Anophococcus kondarensis*
Rhizococcus minimus (Tang) 小型根毡蚧，小根绒蚧
Rhizococcus multispinatus Tang *et* Hao 多刺根毡蚧
Rhizococcus oblongus Borchsenius 见 *Anophococcus oblongus*
Rhizococcus oligacanthus Danzig 寡刺根毡蚧
Rhizococcus orientalis (Danzig) 东方根毡蚧，芪根绒蚧
Rhizococcus oxyacanthus (Danzig) 见 *Anophococcus oxyacanthus*
Rhizococcus palustris Dziedzicka *et* Koteja [Polish felt scale] 波兰根毡蚧
Rhizococcus philippinensis Morrison 菲律宾根毡蚧
Rhizococcus pseudinsignis (Green) 见 *Anophococcus pseudinsignis*

Rhizococcus rugosus (Wang) 毛竹根毡蚧

Rhizococcus salsolae Borchsenius 见 *Anophococcus salsolae*

Rhizococcus terrestris Matesova 同 *Anophococcus cingulatus*

Rhizococcus thymi (Schrank) 瑞香根毡蚧

Rhizococcus trispinatus (Wang) 三刺根毡蚧

Rhizococcus zygophylli (Archangelskaya) 霸王根毡蚧

Rhizoecinae 根粉蚧亚科

Rhizoecus 根粉蚧属

Rhizoecus advenoides Takagi *et* Kawai 日本根粉蚧

Rhizoecus albidus Goux [white root mealybug] 古北根粉蚧

Rhizoecus amorphophalli Betrem 爪哇根粉蚧

Rhizoecus cacticans (Hambleton) 仙人掌根粉蚧

Rhizoecus desertus Ter-Grigorian 沙漠根粉蚧

Rhizoecus dianthi Green 石竹根粉蚧

Rhizoecus elongatus Green 长形根粉蚧

Rhizoecus falcifer Kunckel d'Herculais [ground mealybug] 广食根粉蚧，地粉蚧

Rhizoecus franconiae Schmutterer [Franconian root mealybug] 德国根粉蚧

Rhizoecus hibisci Kawai *et* Takagi 海氏根粉蚧

Rhizoecus inconspicuus Danzig 远东根粉蚧

Rhizoecus kazachstanus Matesova 哈萨克根粉蚧

Rhizoecus kondonis Kuwana 见 *Ripersiella kondonis*

Rhizoecus leucosomus Cockerell [white ground mealybug] 白根粉蚧

Rhizoecus mesembryanthemi Green 松叶菊根粉蚧

Rhizoecus ornatoides Tang 红色根粉蚧

Rhizoecus pallidus Tereznikova 乌克兰根粉蚧

Rhizoecus theae Kawai *et* Takagi 茶根粉蚧

Rhizoecus tricirculus Wu *et* Liu 三裂根粉蚧

Rhizoecus vitis Borchsenius 葡萄根粉蚧

Rhizomaria 大根蚜属

Rhizomaria piceae (Hartig) 同 *Pachypappa tremulae*

Rhizomyia 根瘿蚊属

Rhizomyia acroleptosipha Jiao, Zhou *et* Bu 端细管根瘿蚊

Rhizomyia hirta Felt 粗根瘿蚊

Rhizomyia leptodicrata Jiao *et* Bu 细叉根瘿蚊

Rhizomyia meniscata Jiao *et* Bu 新月根瘿蚊

Rhizomyia rossica Mamaev *et* Zaitzev 俄根瘿蚊

Rhizomyia turriformis Fedotova *et* Sidorenko 塔根瘿蚊

rhizophagid 1. [= rhizophagid beetle] 根露尾甲，唼蜡虫 < 根露尾甲科 Rhizophagidae 昆虫的通称 >; 2. 根露尾甲科的

rhizophagid beetle [= rhizophagid] 根露尾甲，唼蜡虫

Rhizophagidae 根露尾甲科，唼蜡虫科 < 该科学名有写为 Rhyzophagidae 者 >

Rhizophagus 根露尾甲属

Rhizophagus suturalis Jelínek 缝根露尾甲

Rhizopulvinaria 根绵蚧属

Rhizopulvinaria hissarica Borchsenius 石竹根绵蚧

Rhizopulvinaria minima Borchsenius 小根绵蚧

Rhizopulvinaria polispina Matesova 多刺根绵蚧

Rhizopulvinaria pyrethri Borchsenius 中亚根绵蚧

Rhizopulvinaria quadrispina Matesova 四刺根绵蚧

Rhizopulvinaria solitudina Matesova 沙漠根绵蚧

Rhizopulvinaria transcaspica Borchsenius 无刺根绵蚧

Rhizopulvinaria turkestanica (Archangelskaya) 石蚕根绵蚧

Rhizopulvinaria turkmenica Borchsenius 紫菀根绵蚧

Rhizopulvinaria variabilis Borchsenius 艾类根绵蚧

Rhizopulvinaria virgulata Borchsenius 绿褐根绵蚧

Rhizopulvinaria zaisanica Matesova 蒿类根绵蚧

Rhizosthenes 根木蛾属

Rhizosthenes falciformis Meyrick 法根木蛾

Rhizotrogina 根鳃金龟甲亚族，根鳃金龟亚族

Rhizotrogus 根鳃金龟甲属，根鳃金龟属

Rhizotrogus aequinoctialis Herbst [April beetle] 四月根鳃金龟甲，四月根鳃金龟

Rhizotrogus aestivus (Olivier) 普通根鳃金龟甲，普通根鳃金龟

Rhizotrogus breviceps Fairmaire 短头根鳃金龟甲，短头根鳃金龟

Rhizotrogus cribellatus Fairmaire 同 *Miridiba sinensis*

Rhizotrogus diversifrons Fairmaire 见 *Bunbunius diversifrons*

Rhizotrogus frontalis Fairmaire 同 *Miridiba castanea*

Rhizotrogus impressifrons Fairmaire 扁额根鳃金龟甲，扁额根鳃金龟

Rhizotrogus latesulcatus Fairmaire 宽沟根鳃金龟甲，宽沟根鳃金龟

Rhizotrogus tauricus Blanchard 见 *Holochelus tauricus*

Rhizotrogus vernus (Germar) 见 *Holochelus vernus*

Rho group Rho 群 < 鳞翅目幼虫的一刚毛群 >

Rhochmopterum 杂裂翅实蝇属，罗齐莫实蝇属，粗毛实蝇属

Rhochmopterum centralis (Hendel) 中杂裂翅实蝇，中心罗齐莫实蝇，二黑粗毛实蝇，中棒实蝇

Rhochmopterum subsolanum Ito 琉球杂裂翅实蝇，琉球罗齐莫实蝇

Rhochmopterum venustum (de Meijere) 三楔杂裂翅实蝇，长节罗齐莫实蝇

Rhodambulyx 拉天蛾属

Rhodambulyx davidi Mell 戴氏拉天蛾，戴氏天蛾

Rhodambulyx schnitzleri Cadiou 施克尼拉天蛾

Rhodania 卵粉蚧属

Rhodania porifera Goux [pore-bearing mealybug] 全北卵粉蚧

rhodesgrass mealybug [= rhodesgrass scale, grass-root antonina, felted grass coccid, *Antonina graminis* (Maskell)] 九龙安粉蚧，草竹粉蚧，禾白尾粉蚧，罗德草粉蚧，印度禾粉介壳虫

rhodesgrass scale 见 rhodesgrass mealybug

Rhodesian fruit fly [= five spotted fruit fly, Zimbabwean fruit fly, *Ceratitis quinaria* (Bezzi)] 五点小条实蝇

Rhodesian tobacco capsid [= tobacco capsid, tobacco leaf bug, tomato mirid, tomato suck bug, *Nesidiocoris tenuis* (Reuter)] 烟盲蝽，烟草盲蝽

Rhodesiella 锥秆蝇属

Rhodesiella basiflava Yang *et* Yang 基黄锥秆蝇

Rhodesiella chui Kanmiya 崔氏锥秆蝇，朱氏锥秆蝇，朱锥秆蝇，朱氏秆蝇

Rhodesiella digitata Yang *et* Yang 指状锥秆蝇

Rhodesiella dimidiata (Becker) 分隔锥秆蝇，半锥秆蝇，分隔秆蝇

Rhodesiella elegantula (Becker) 雅锥秆蝇，丽锥秆蝇，优雅秆蝇

Rhodesiella finitima (Becker) 见 *Neorhodesiella finitima*

Rhodesiella fujianensis Yang *et* Yang 福建锥秆蝇

Rhodesiella guangdongensis Xu *et* Yang 广东锥秆蝇

Rhodesiella hainana Yang 海南锥秆蝇
Rhodesiella hirtimana (Malloch) 双刺锥秆蝇
Rhodesiella kanoi Kanmiya 鹿野锥秆蝇，加纳秆蝇，加纳锥秆蝇
Rhodesiella kunmingana Yang *et* Yang 昆明锥秆蝇
Rhodesiella latizona Yang *et* Yang 宽带锥秆蝇
Rhodesiella monticola Kanmiya 山锥秆蝇，高山锥秆蝇，高山秆蝇
Rhodesiella nigrovenosa (de Meijere) 黑脉锥秆蝇，黑脉秆蝇
Rhodesiella nitidifrons (Becker) 亮额锥秆蝇，光额秆蝇
Rhodesiella pallipes (Duda) 黄腿锥秆蝇
Rhodesiella pernigra Kanmiya 极黑锥秆蝇，全黑锥秆蝇，极黑秆蝇
Rhodesiella postinigra Yang *et* Yang 后黑锥秆蝇
Rhodesiella ruiliensis Yang *et* Yang 瑞丽锥秆蝇
Rhodesiella sauteri (Duda) 邵德锥秆蝇，索氏锥秆蝇，邵德秆蝇，索迈果蝇
Rhodesiella scutellata (de Meijere) 齿腿锥秆蝇，小盾秆蝇
Rhodesiella serrata Yang *et* Yang 见 *Neorhodesiella serrata*
Rhodesiella simulans Kanmiya 尖突锥秆蝇
Rhodesiella xizangensis Yang *et* Yang 西藏锥秆蝇
Rhodesiella yamagishii Kanmiya 山岸锥秆蝇，长腿秆蝇
Rhodesiella yunnanensis Yang *et* Yang 见 *Neorhodesiella yunnanensis*
Rhodesiella zonalis Yang *et* Yang 带突锥秆蝇
Rhodesiellinae 锥秆蝇亚科
Rhodinia 透目大蚕蛾属，天蚕蛾属
Rhodinia davidi Oberthür 线透目大蚕蛾
Rhodinia fugax Butler [pellucid silk moth] 透目大蚕蛾，透目王蛾
Rhodinia fugax fugax Butler 透目大蚕蛾指名亚种
Rhodinia fugax szechuanensis Mell 透目大蚕蛾四川亚种，川透目大蚕蛾
Rhodinia jankowskii Oberthür 曲线透目大蚕蛾
Rhodinia rudloffi Brechlin 露透目大蚕蛾，露透目王蛾
Rhodinia vercunda Inoue 银透目大蚕蛾，银目天蚕蛾，威透目大蚕蛾
Rhodites 犁腹瘿蜂属
Rhodites japonicus Walker 见 *Diplolepis japonica*
Rhodites mayri Schlechtendal 见 *Diplolepis mayri*
Rhodites radicum (Osten Sacken) 见 *Diplolepis radicum*
Rhodniini 热锥猎蝽族，热猎蝽族
Rhodnius 热锥猎蝽属，红猎蝽属
Rhodnius amazonicus Almeida, Santos *et* Sposina 亚马逊热锥猎蝽
Rhodnius barretti Abad-Franch, Palomeque *et* Monteiro 巴氏热锥猎蝽
Rhodnius brethesi Matta 布氏热锥猎蝽
Rhodnius colombiensis Mejia, Galvão *et* Jurberg 哥伦比亚热锥猎蝽
Rhodnius dalessandroi Carcavallo *et* Barreto 达氏热锥猎蝽
Rhodnius domesticus Neiva *et* Pinto 本地热锥猎蝽
Rhodnius ecuadoriensis Lent *et* León 厄瓜多尔热锥猎蝽
Rhodnius marabaensis Souza, Atzingen, Furtado, de Oliveira, Nascimento, Vendrami *et* Gardimet Rosa 马拉巴热锥猎蝽
Rhodnius micki Zhao, Galvão *et* Cai 米克热锥猎蝽
Rhodnius milesi Carcavallo, Rocha, Galvão *et* Jurberg 迈氏热锥猎蝽
Rhodnius montenegrensis Rosa, Rocha, Gardim, Pinto, Mendonça, Filho, Carvalho, Camargo, Oliveira, Nascimento, Cilense *et* Almeida 门的内哥罗热锥猎蝽
Rhodnius nasutus Stål 长鼻热锥猎蝽
Rhodnius neglectus Lent 忽视热锥猎蝽
Rhodnius neivai Lent 内氏热锥猎蝽
Rhodnius pallescens Barber 浅色热锥猎蝽
Rhodnius paraensis Sherlock, Guitton *et* Miles 帕拉热锥猎蝽
Rhodnius pictipes Stål 斑腿热锥猎蝽
Rhodnius prolixus Stål 普热锥猎蝽，普热猎蝽，长红猎蝽，吸血椿象
Rhodnius robustus Larrousse 壮热锥猎蝽，壮热猎蝽
Rhodnius stali Lent, Jurberg *et* Galvão 斯氏热锥猎蝽
Rhodnius zeledoni Jurberg, Rocha *et* Galvão 塞氏热锥猎蝽
Rhodobaenus tredecimpunctatus (Illiger) [cocklebur weevil] 十三点象甲，十三星象甲
Rhodobates 连宇谷蛾属
Rhodobates asymmetricus Xiao *et* Li 异连宇谷蛾
Rhodobates curvativus Li *et* Xiao 曲连宇谷蛾
Rhodobates sinensis Petersen 华连宇谷蛾，华洛谷蛾
Rhodobium 玫瑰蚜属
Rhodobium porosum (Sanderson) [yellow rose aphid] 黄玫瑰蚜，黄蔷薇蚜，玫瑰蚜，蔷薇黄无网长管蚜
Rhodochlanis 笠木虱属
Rhodochlanis ancistrocalis Li 钩茎笠木虱
Rhodochlanis qixianana Li 祁县笠木虱
Rhodochlanis salicorniae (Klimaszewski) 盐爪爪笠木虱
Rhodococcus 褐球蚧属，朝球蚧属
Rhodococcus perornatus (Cockerell *et* Parrott) 蔷薇褐球蚧
Rhodococcus rosaeluteae Borchsenius 中亚褐球蚧
Rhodococcus sariuoni Borchsenius [Korean lecanium scale, globular apple scale] 苹果褐球蚧，朝鲜褐球蚧，沙里院球蚧，沙果院球坚蚧，沙里院褐球蚧，樱桃朝球蚧，辽宁樱桃朝球蜡蚧，樱桃朝球蜡蚧
Rhodococcus spiraeae (Borchsenius) 绣线菊褐球蚧，绣朝球蜡蚧
Rhodococcus turanicus (Archangelskaya) 吐伦褐球蚧，中亚朝球蜡蚧
Rhodocosmaria 距小卷蛾属
Rhodocosmaria occidentalis Diakonoff 双距小卷蛾，西络网蛾，西拉朵科卷蛾
Rhodocosmariae 距小卷蛾亚族
rhododendron borer [*Synanthedon rhododendri* Beutenmüller] 杜鹃花兴透翅蛾，杜鹃透翅蛾
rhododendron hopper [= red-banded leafhopper, rhododendron leaf hopper, candy-striped leafhopper, *Graphocephala coccinea* (Förster)] 杜鹃大叶蝉
rhododendron lace bug [*Stephanitis rhododendri* Horváth] 石楠冠网蝽，杜鹃网蝽
rhododendron leaf hopper 见 rhododendron hopper
rhododendron stem borer [= dogwood twig borer, *Oberea tripunctata* (Swederus)] 梾木三点筒天牛，瑞木枝天牛
rhododendron whitefly 1. [*Dialeurodes chittendeni* Laing] 杜鹃裸粉虱，杜鹃粉虱，杜鹃硬壳粉虱；2. [*Pealius rhododendri* Takahashi] 映山红皮粉虱，杜鹃粉虱，杜鹃齿粉虱，桑粉虱

Rhodogastria 腹灯蛾属
Rhodogastria astrea hainana Rothschild 同 *Amerila astreus*
Rhodogastria atrivena Hampson 见 *Dubatolovia atrivena*
Rhodogastria piepersi (Snellen) 见 *Amerila piepersi*
Rhodometra 玫尺蛾属
Rhodometra sacraria (Linnaeus) 玫尺蛾
Rhodometrini 玫尺蛾族
Rhodoneura 黑线网蛾属，纹窗蛾属
Rhodoneura acaciusalis (Walker) 锈黑线网蛾，锈网蛾
Rhodoneura acaciusalis strigatula Felder *et* Felder 同 *Rhodoneura acaciusalis*
Rhodoneura acutalis Walker 云线黑线网蛾，云线网蛾
Rhodoneura acutalis acutalis Walker 云线黑线网蛾指名亚种
Rhodoneura acutalis hamifera (Moore) 见 *Rhodoneura hamifera*
Rhodoneura alikangensis Gaede 阿枯网蛾
Rhodoneura alternata (Moore) 斑黑线网蛾，斑网蛾
Rhodoneura angustifasciata Gaede 角带黑线网蛾
Rhodoneura argentalis Walker 银黑线网蛾
Rhodoneura atristrigulalis Hampson 中线黑线网蛾，中线赭网蛾
Rhodoneura bacula Chu *et* Wang 棒带黑线网蛾，棒带网蛾
Rhodoneura bibacula Chu *et* Wang 见 *Hypolamprus bibacula*
Rhodoneura bimelasma Chu *et* Wang 两点黑线网蛾，两点银网蛾
Rhodoneura bullifera (Warren) 宽带黑线网蛾，宽带褐网蛾
Rhodoneura candidatalis Swinhoe 见 *Epaena candidatalis*
Rhodoneura curvita Chu *et* Wang 五弧黑线网蛾，五弧网蛾
Rhodoneura emblicalis (Moore) 枯黑线网蛾，枯网蛾
Rhodoneura emblicalis alikangensis Gaede 见 *Rhodoneura alikangensis*
Rhodoneura emblicalis emblicalis (Moore) 枯黑线网蛾指名亚种
Rhodoneura erecta (Leech) 直黑线网蛾，直线网蛾
Rhodoneura erubrescens Warren 虹黑线网蛾，虹丝网蛾
Rhodoneura excavata Leech 同 *Pyrinioides sinuosa*
Rhodoneura exusta Butler 焰黑线网蛾
Rhodoneura fasciata (Moore) 斜带黑线网蛾，斜带网蛾
Rhodoneura fuscusa Chu *et* Wang 棕赤黑线网蛾，棕赤网蛾
Rhodoneura fuzirecticula Chu *et* Wang 混目黑线网蛾，混目网蛾
Rhodoneura grisa Chu *et* Wang 灰棕黑线网蛾，灰棕网蛾
Rhodoneura guttata Christoph 见 *Sericophara guttata*
Rhodoneura guttata lucidulina (Poujade) 同 *Sericophara guttata*
Rhodoneura hamifera (Moore) 钩黑线网蛾，肖云线网蛾
Rhodoneura hemibruna Chu *et* Wang 半褐黑线网蛾，半褐网蛾
Rhodoneura heterogenalis Caradja 异频黑线网蛾
Rhodoneura hoenei Gaede 见 *Epaena hoenei*
Rhodoneura hyphaema Westwood 亥黑线网蛾
Rhodoneura kirrhosa Chu *et* Wang 见 *Epaena kirrhosa*
Rhodoneura kosemponis Strand 同 *Hypolamprus ypsilon*
Rhodoneura lactiguttata Hampson 红斑黑线网蛾
Rhodoneura leptiphoralis Caradja 勒黑线网蛾
Rhodoneura lobulatus (Moore) 棍黑线网蛾，棍网蛾
Rhodoneura mediostrigata (Warren) 白眉黑线网蛾，白眉网蛾
Rhodoneura melli Gaede 梅黑线网蛾
Rhodoneura midfascia Chou *et* Wang 中带黑线网蛾，中带网蛾
Rhodoneura minicula Guenée 明黑线网蛾
Rhodoneura mixisa Chu *et* Wang 乱纹黑线网蛾，乱纹网蛾
Rhodoneura mollis Warren 褶黑线网蛾
Rhodoneura mollis mollis Warren 褶黑线网蛾指名亚种
Rhodoneura mollis yunnanensis Chu *et* Wang 褶黑线网蛾云南亚种，中褶黑线网蛾，中褶网蛾
Rhodoneura moorei (Warren) 三线黑线网蛾，三线赭网蛾
Rhodoneura myrsusalis Walker 豆蔻黑线网蛾，豆蔻网蛾
Rhodoneura myrtaea Drury 桃金娘黑线网蛾，桃金娘网蛾
Rhodoneura naevina Moore 漂白黑线网蛾，漂白网蛾
Rhodoneura pallida (Butler) 后中线黑线网蛾，后中线网蛾
Rhodoneura parallelina Leech 平行线黑线网蛾
Rhodoneura plagiatula (Warren) 群星黑线网蛾，群星网蛾
Rhodoneura reticulalis Moore 网黑线网蛾，银网蛾
Rhodoneura roseus (Gaede) 见 *Striglina roseus*
Rhodoneura setifera Swinhoe 烟熏黑线网蛾，烟熏网蛾
Rhodoneura sphoraria (Swinhoe) 褐带黑线网蛾，中带褐网蛾
Rhodoneura splendida (Rutler) 小黑线网蛾，小绢网蛾
Rhodoneura strigatula Felder *et* Felder 同 *Rhodoneura acaciusalis*
Rhodoneura subcostalis Hampson 花窗黑线网蛾，花窗网蛾
Rhodoneura sublucens (Warren) 中丫黑线网蛾，中丫网蛾
Rhodoneura sugitanii Matsumura 杉谷黑线网蛾，苏黑线网蛾
Rhodoneura taneiata Warren 三带黑线网蛾，三带网蛾
Rhodoneura tanyvalva Chu *et* Wang 长抱黑线网蛾，长抱银网蛾
Rhodoneura vitulla Guenée 壮硕黑线网蛾，壮硕网蛾，中纹网蛾，中纹窗蛾
Rhodoneura ypsilon (Warren) 见 *Hypolamprus ypsilon*
Rhodoneura yunnana Chu *et* Wang 见 *Epaena yunnana*
rhodope [= tropical dotted border, common dotted border, *Mylothris rhodope* (Fabricius)] 玫瑰迷粉蝶，白黄迷粉蝶
Rhodophaea bellulella Ragonot 见 *Acrobasis bellulella*
Rhodophaea marmorea Haworth [dark pear pyralid] 梨暗纹斑螟，梨暗纹螟
Rhodophaea pyrivorella (Matsumura) 见 *Acrobasis pyrivorella*
Rhodopina 棒角天牛属，瘤角天牛属
Rhodopina albomaculata (Gahan) 白斑棒角天牛
Rhodopina formosana (Breuning) 台湾棒角天牛，蓬莱瘤角天牛，台湾棍棒长须天牛
Rhodopina lewisi (Bates) 嘉义棒角天牛
Rhodopina nasui Kojima *et* Kusama 台岛棒角天牛
Rhodopina sinica (Pic) 中华棒角天牛
Rhodopina strandi (Breuning) 南京棒角天牛
Rhodopina subuniformis Gressitt 台中棒角天牛，八仙瘤角天牛
Rhodopina tuberculicollis (Gressitt) 四川棒角天牛
Rhodoprasina 弧线天蛾属
Rhodoprasina callantha Jordan 雾带弧线天蛾，卡络天蛾
Rhodoprasina corolla Cadiou *et* Kitching 科罗弧线天蛾，科罗拉天蛾
Rhodoprasina floralis Butler 藏南弧线天蛾，藏南槭天蛾
Rhodoprasina mateji Brechlin *et* Melichar 红基弧线天蛾，红基雾带天蛾
Rhodoprasina nanlingensis Kishida *et* Wang 南岭弧线天蛾，南岭雾带天蛾
Rhodoprasina viksinjaevi Brechlin 白云弧线天蛾，白云雾带天蛾
rhodopsin 视紫红质
Rhodopsona 眉锦斑蛾属，杜鹃斑蛾属
Rhodopsona costata (Walker) 赤眉锦斑蛾，赤眉斑蛾
Rhodopsona decolorata Hering 素色眉锦斑蛾
Rhodopsona marginata (Wileman) 细缘眉锦斑蛾，细缘杜鹃斑蛾，

R

黑缘红斑蛾
Rhodopsona matsumotoi Owada *et* Horie 松本眉锦斑蛾，松本赤眉斑蛾
Rhodopsona rubiginosa Leech 黑心赤眉锦斑蛾，黑心眉锦斑蛾
Rhodopsona rutila Jordan 宽缘眉锦斑蛾，宽缘杜鹃斑蛾
Rhodoptera 无翅吸吮类 <过去用于无翅昆虫之具有吸吮口器者>
Rhodosoma 斑天蛾属 *Hayesiana* 的异名
Rhodosoma farintaenia Chu *et* Wang 见 *Hayesiana farintaenia*
Rhodosoma flavidus Chu *et* Wang 同 *Aleuron neglectum*
Rhodosoma triopus (Westwood) 见 *Hayesiana triopus*
Rhodostrophia 红旋尺蛾属
Rhodostrophia acidaria Staudinger 亚红旋尺蛾
Rhodostrophia adauctata (Staudinger) 阿红旋尺蛾
Rhodostrophia anchotera Prout 邻红旋尺蛾
Rhodostrophia bicolor Warren 双色红旋尺蛾
Rhodostrophia bisinuata Warren 白顶红旋尺蛾
Rhodostrophia bisinuata bisinuata Warren 白顶红旋尺蛾指名亚种
Rhodostrophia bisinuata wilemani Prout 白顶红旋尺蛾台湾亚种，白顶红旋尺蛾，白顶姬尺蛾
Rhodostrophia farinosa Leech 同 *Rhodostrophia philolaches*
Rhodostrophia grumaria (Alphéraky) 颗粒红旋尺蛾，貉红旋尺蛾
Rhodostrophia jacularia (Hübner) 贾红旋尺蛾
Rhodostrophia jacularia jacularia (Hübner) 贾红旋尺蛾指名亚种
Rhodostrophia jacularia minor Alphéraky 同 *Rhodostrophia jacularia jacularia*
Rhodostrophia meonaria Guenée 迷红旋尺蛾
Rhodostrophia olivacea Warren 橄榄红旋尺蛾
Rhodostrophia pelloniaria (Guenée) 斜直红旋尺蛾，佩红旋尺蛾
Rhodostrophia peregrina (Kollar) 奇红旋尺蛾
Rhodostrophia philolaches (Oberthür) 菲红旋尺蛾，花斑红旋尺蛾
Rhodostrophia philolaches philolaches (Oberthür) 菲红旋尺蛾指名亚种
Rhodostrophia philolaches tibetaria Staudinger 菲红旋尺蛾西藏亚种，藏菲红旋尺蛾
Rhodostrophia plesiochora Prout 近赭红旋尺蛾，近红旋尺蛾
Rhodostrophia reisseri Cui, Xue *et* Jiang 芮瑟红旋尺蛾
Rhodostrophia similata (Moore) 似红旋尺蛾
Rhodostrophia sinuosaria Leech 见 *Craspediopsis sinuosaria*
Rhodostrophia stueningi Cui, Xue *et* Jiang 斯氏红旋尺蛾
Rhodostrophia tremiscens Prout 孔红旋尺蛾，特红旋尺蛾
Rhodostrophia tristrigalis Butler 点红旋尺蛾
Rhodostrophia vastaria Christoph 哇红旋尺蛾
Rhodostrophia vibicaria Clerck 鞭红旋尺蛾，威红旋尺蛾
Rhodostrophia vibicaria unicolorata (Staudinger) 鞭红旋尺蛾单色亚种
Rhodostrophia vibicaria vibicaria Clerck 鞭红旋尺蛾指名亚种
Rhodostrophia vinacearia sinensis Prout 同 *Rhodostrophia bisinuata*
Rhodostrophia yunnanaria (Oberthür) 云南红旋尺蛾
Rhodostrophiini 红旋尺蛾族
Rhodothemis 胭蜻属
Rhodothemis flavostigma Navás 同 *Crocothemis servilia*
Rhodothemis rufa (Rambur) 红胭蜻
Rhodotritoma 绯蕈甲属，红大蕈甲属
Rhodotritoma albofasciata Nakane 白带绯蕈甲，白带红大蕈甲
Rhodotritoma coccinea (Crotch) 洋红绯蕈甲
Rhodotritoma manipurica Arrow 曼邦绯蕈甲
Rhodotritoma rubicunda Araki 栗红绯蕈甲，锈尾红大蕈甲，鲁红大蕈甲
rhodtestolin 猎蝽睾丸抑制素 <英文单词来源于 *Rhodnius* testis inhibitory factor>
Rhodussa 玫绡蝶属
Rhodussa cantobrica (Hewitson) [cantobrica tiger] 玫绡蝶
Rhodussa pamina (Haensch) 帕玫绡蝶
Rhodussa viola (Haensch) 堇草玫绡蝶
Rhoecocoris 青铜蝽属
Rhoecocoris sulciventris Stål 见 *Musgraveia sulciventris*
Rhoenanthopsis 红纹蜉属 *Rhoenanthus* 的异名
Rhoenanthopsis amabilis (Eaton) 见 *Rhoenanthus amabilis*
Rhoenanthopsis magnificus Ulmer 见 *Rhoenanthus magnificus*
Rhoenanthus 红纹蜉属
Rhoenanthus amabilis (Eaton) 广东红纹蜉
Rhoenanthus hunanensis (You *et* Gui) 湖南红纹蜉，湖南新河花蜉
Rhoenanthus magnificus (Ulmer) 大红纹蜉，壮严红纹蜉
Rhoenanthus obscurus Navás 褐红纹蜉
Rhoenanthus youi (Wu *et* You) 尤氏红纹蜉，尤氏新河花蜉
Rhogadopsis 无凹茧蜂属
Rhogadopsis mediocarinata (Tobias) 纵脊无凹茧蜂，纵脊潜蝇茧蜂
Rhogogaster 齿唇叶蜂属，绿黑叶蜂属
Rhogogaster chlorosoma Benson 淡绿齿唇叶蜂，淡绿黑叶蜂
Rhogogaster convergens Malaise 敛眼齿唇叶蜂，近齿唇叶蜂，近绿黑叶蜂
Rhogogaster dryas Benson 山杨齿唇叶蜂，山杨绿黑叶蜂，山杨叶蜂
Rhogogaster femorata Wei 股齿唇叶蜂
Rhogogaster kaszabi Zombori 蒙古齿唇叶蜂，蒙古绿黑叶蜂
Rhogogaster longicornis Niu *et* Wei 长角齿唇叶蜂
Rhogogaster naias Benson 长附齿唇叶蜂
Rhogogaster nigriventris Malaise 黑腹齿唇叶蜂，黑腹绿黑叶蜂
Rhogogaster nigrospina Wei 黑刺齿唇叶蜂
Rhogogaster pseudorubusta Niu *et* Wei 圆盾齿唇叶蜂
Rhogogaster punctulata Klug 点齿唇叶蜂，点绿黑叶蜂
Rhogogaster robusta Jakovlev 脊盾齿唇叶蜂，强齿唇叶蜂，强绿黑叶蜂，强绿叶蜂
Rhogogaster stigmata Wei 暗痣齿唇叶蜂
Rhogogaster virescens (Jakovlev) 绿齿唇叶蜂，绿洛叶蜂
Rhogogaster viridis (Linnaeus) [green sawfly] 梯斑齿唇叶蜂，碧绿黑叶蜂，梯斑绿叶蜂，绿叶蜂，碧绿洛叶蜂
Rhogogaster zhangae Niu *et* Wei 张氏齿唇叶蜂
rhoium 溪流群落
rhomb [= rhombus] 菱形
rhombic-marked leafhopper [*Hishimonus sellatus* (Uhler)] 凹缘菱纹叶蝉，菱纹叶蝉
rhombic planthopper [*Oliarus apicalis* (Uhler)] 端斑脊菱蜡蝉，黑尾菱蜡蝉，黑头麦蜡蝉，黑尾麦蛰，黑头禾菱蜡蝉，黑头菱飞虱

Rhombissus 菱瓢蜡蝉属
Rhombissus auriculiformis Che, Zhang *et* Wang 耳突菱瓢蜡蝉
Rhombissus brevispinus Che, Zhang *et* Wang 短突菱瓢蜡蝉
Rhombissus harimensis (Matsumura) [broad wedge-shaped planthopper] 阔肩菱瓢蜡蝉，阔肩瓢蜡蝉
Rhombissus longus Che, Zhang *et* Wang 长突菱瓢蜡蝉
Rhombodera 圆胸螳属，菱背螳属
Rhombodera basalis (de Haan) [giant Asian shield mantis] 基圆胸螳
Rhombodera boschmai Deeleman-Reinhold 博氏圆胸螳
Rhombodera brachynota (Wang *et* Dong) 同 *Rhombomantis fusca*
Rhombodera crassa (Giglio-Tos) 厚圆胸螳
Rhombodera deflexa (Saussure) 同 *Rhombodera basalis*
Rhombodera doriana Laidlaw 多利安圆胸螳
Rhombodera dubia Giglio-Tos 同 *Rhombodera titania*
Rhombodera extensicollis (Serville) 长颈圆胸螳
Rhombodera extraordinaria Beier 奇圆胸螳
Rhombodera flava (de Haan) 同 *Rhombodera lingulata*
Rhombodera fratricida Wood-Mason 匈圆胸螳
Rhombodera fusca (Lombardo) 见 *Rhombomantis fusca*
Rhombodera handschini Werner 汉氏圆胸螳
Rhombodera javana (Giglio-Tos) 爪哇圆胸螳
Rhombodera javanica Werner 同 *Rhombodera javana*
Rhombodera keiana Giglio-Tos 凯氏圆胸螳
Rhombodera kirbyi Beier 柯氏圆胸螳
Rhombodera laticollis (Burmeister) 宽胸圆胸螳
Rhombodera latipronotum Zhang 宽圆胸螳，宽胸斧螳
Rhombodera lingulata (Stål) 舌圆胸螳
Rhombodera longa Yang 长圆胸螳，长菱背螳
Rhombodera macropsis (Giebel) 同 *Rhombodera extensicollis*
Rhombodera megaera Rehn 麦加圆胸螳
Rhombodera mjobergi (Werner) 穆氏圆胸螳
Rhombodera morokana (Giglio-Tos) 莫氏圆胸螳
Rhombodera ornatipes Werner 丽足圆胸螳
Rhombodera palawanensis Beier 巴拉望圆胸螳
Rhombodera papuana Werner 巴布亚圆胸螳
Rhombodera rennellana Beier 伦氏圆胸螳
Rhombodera rhomboidalis (Saussure) 同 *Rhombodera extensicollis*
Rhombodera rollei Beier 罗氏圆胸螳
Rhombodera rotunda Giglio-Tos 同 *Rhombodera valida*
Rhombodera saussurii Kirby 同 *Rhombodera kirbyi*
Rhombodera sjostedti (Werner) 舍氏圆胸螳
Rhombodera stalii Giglio-Tos 斯氏圆胸螳
Rhombodera taprobanae (Wood-Mason) 塔氏圆胸螳
Rhombodera titania Stål 大圆胸螳
Rhombodera valida (Burmeister) 广腹圆胸螳
Rhombodera zhangi (Wang *et* Dong) 张氏圆胸螳，张氏斧螳
rhomboid [= rhomboidal] 菱形的
rhomboid tortrix moth [*Acleris rhombana* (Denis *et* Schiffermüller)] 菱长翅卷蛾
rhomboidal 见 rhomboid
Rhombomantis 菱盾螳属
Rhombomantis fusca (Lombardo) [brown shield mantis] 褐菱盾螳，褐菱背螳，短背斧螳
Rhomboptera 菱螽属
Rhomboptera ligata (Brunner von Wattenwly) 见 *Pseudophyllus ligatus*
Rhomborhina 见 *Rhomborrhina*
Rhomborista 绿菱尺蛾属
Rhomborista devexata (Walker) 弯斑绿菱尺蛾
Rhomborista megaspilaria (Guenée) 见 *Spaniocentra megaspilaria*
Rhomborista megaspilaria incomptaria Leech 见 *Spaniocentra incomptaria*
Rhomborista megaspilaria lyra Swinhoe 见 *Spaniocentra lyra*
Rhomborista monosticta (Wehrli) 孤斑绿菱尺蛾，单点绿菱尺蛾
Rhomboristini 绿菱尺蛾族
Rhomborrhina 罗花金龟甲属，罗花金龟属 <此属学名有写成 *Rhomborhina* 者>
Rhomborrhina aokii Sakai 黑罗花金龟甲，黑铜骚金龟
Rhomborrhina apicalis Westwood 端罗花金龟
Rhomborrhina aurora Bourgoin 同 *Torynorrhina pilifera*
Rhomborrhina cupripes Nonfried 同 *Pseudotorynorrhina japonica*
Rhomborrhina diffusa Fairmaire 狄罗花金龟甲，狄罗花金龟
Rhomborrhina distincta Hope 见 *Torynorrhina distincta*
Rhomborrhina formosana Moser 同 *Torynorrhina pilifera*
Rhomborrhina fortunei Saunders 横纹罗花金龟甲，横纹罗花金龟
Rhomborrhina fulvopilosa (Moser) 见 *Torynorrhina fulvopilosa*
Rhomborrhina fuscipes Fairmaire 见 *Rhomborrhina* (*Pseudorhomborrhina*) *fuscipes*
Rhomborrhina gestroi Moser 紫罗花金龟甲，格罗花金龟
Rhomborrhina heros Gory *et* Percheron 赫罗花金龟甲，赫罗花金龟，靛缘罗花金龟甲，赫丽罗花金龟
Rhomborrhina hiekei Ruter 希罗花金龟甲，希罗花金龟
Rhomborrhina hyacinthina (Hope) 靛蓝罗花金龟甲，海罗花金龟
Rhomborrhina ignita Nonfried 同 *Pseudotorynorrhina japonica*
Rhomborrhina insularis Moser 见 *Diphyllomorpha olivacea insularis*
Rhomborrhina japonica Hope 见 *Pseudotorynorrhina japonica*
Rhomborrhina japonica ignita Nonfried 同 *Pseudotorynorrhina japonica*
Rhomborrhina japonica occidentalis Ruter 同 *Pseudotorynorrhina japonica*
Rhomborrhina jeanneli Ruter 耶罗花金龟
Rhomborrhina knirschi Schurhoff 见 *Rhomborrhina* (*Rhomborrhina*) *mellyi knirschi*
Rhomborrhina kurosawai Masumoto *et* Sakai 库罗花金龟甲，库罗花金龟，姬黑骚金龟
Rhomborrhina kuytchuensis Ruter 同 *Pseudotorynorrhina japonica*
Rhomborrhina maculicrus Fairmaire 同 *Neophaedimus auzouxi*
Rhomborrhina mellyi (Gory *et* Percheron) 见 *Rhomborrhina* (*Rhomborrhina*) *mellyi*
Rhomborrhina mellyi diffusa Fairmaire 见 *Rhomborrhina* (*Rhomborrhina*) *mellyi diffusa*
Rhomborrhina mellyi dives Fairmaire 同 *Rhomborrhina* (*Rhomborrhina*) *mellyi mellyi*
Rhomborrhina mellyi knirschi Schurhoff 见 *Rhomborrhina* (*Rhomborrhina*) *mellyi knirschi*
Rhomborrhina mellyi mellyi (Gory *et* Percheron) 见 *Rhomborrhina* (*Rhomborrhina*) *mellyi mellyi*
Rhomborrhina mellyi setchuenensis Ruter 同 *Rhomborrhina*

(*Rhomborrhina*) *mellyi diffusa*
Rhomborrhina nickerlii Nonfried 同 *Pseudotorynorrhina japonica*
Rhomborrhina nigra Saunders 同 *Pseudotorynorrhina japonica*
Rhomborrhina nigroolivacea Medevedev 同 *Diphyllomorpha olivacea*
Rhomborrhina occidentalis Ruter 同 *Pseudotorynorrhina japonica*
Rhomborrhina olivacea Janson 见 *Diphyllomorpha olivacea*
Rhomborrhina opalina Hope 见 *Torynorrhina opalina*
Rhomborrhina parryi Westwood 赤纹罗花金龟甲，帕罗花金龟
Rhomborrhina pilifera Moser 见 *Torynorrhina pilifera*
Rhomborrhina polita Waterhosue 光滑罗花金龟甲，光滑罗花金龟
Rhomborrhina (***Pseudorhomborrhina***) ***fuscipes*** Fairmaire 长胸罗花金龟甲，长胸罗花金龟
Rhomborrhina resplendens (Swartz) 见 *Rhomborrhina* (*Rhomborrhina*) *resplendens*
Rhomborrhina resplendens heros (Gory *et* Percheron) 见 *Rhomborrhina heros*
Rhomborrhina (***Rhomborrhina***) ***mellyi*** (Gory *et* Percheron) 细纹罗花金龟甲
Rhomborrhina (***Rhomborrhina***) ***mellyi diffusa*** Fairmaire 细纹罗花金龟甲红后亚种，红后罗花金龟甲，红后罗花金龟
Rhomborrhina (***Rhomborrhina***) ***mellyi knirschi*** Schurhoff 细纹罗花金龟甲克氏亚种，克罗花金龟
Rhomborrhina (***Rhomborrhina***) ***mellyi mellyi*** (Gory *et* Percheron) 细纹罗花金龟甲指名亚种，指名梅罗花金龟
Rhomborrhina (***Rhomborrhina***) ***resplendens*** (Swartz) 丽罗花金龟甲，丽罗花金龟
Rhomborrhina (***Rhomborrhina***) ***resplendens resplendens*** (Swartz) 丽罗花金龟甲指名亚种
Rhomborrhina splendida Moser 翠绿罗花金龟甲，翠绿罗花金龟，金艳骚金龟
Rhomborrhina taiwana Sawada 台湾罗花金龟甲，台湾罗花金龟，台湾黑骚金龟
Rhomborrhina tonkinensis Ruter 同 *Rhomborrhina* (*Rhomborrhina*) *mellyi diffusa*
Rhomborrhina unicolor Motschulsky 绿罗花金龟甲
Rhomborrhina unicolor continentalis Ruter 同 *Rhomborrhina unicolor vernicata*
Rhomborrhina unicolor formosana Moser 绿罗花金龟甲台湾亚种，台绿罗花金龟
Rhomborrhina unicolor unicolor Motschulsky 绿罗花金龟甲指名亚种，指名绿罗花金龟
Rhomborrhina unicolor vernicata Fairmaire 绿罗花金龟甲漆色亚种，漆罗花金龟
Rhomborrhina vernicata Fairmaire 见 *Rhomborrhina unicolor vernicata*
Rhomborrhina violacea Schürhoff 绿紫罗花金龟甲，紫罗花金龟
Rhomborrhina yunnana Moser 云罗花金龟甲，滇罗花金龟
Rhombosternum 箭胸牙甲属
Rhombosternum birmanense Balfour-Browne 缅甸箭胸牙甲
Rhombotoya 菱飞虱属
Rhombotoya pseudonigripennis (Muir) 黑翅菱飞虱，透翅真菱飞虱
rhombus 见 rhomb
Rhondia 肩花天牛属，角肩花天牛属
Rhondia bicoloripes (Pic) 福建肩花天牛
Rhondia formosa Matsushita 台湾肩花天牛，蓬莱角肩花天牛，肩角花天牛
Rhondia formosa maculithorax Pu 见 *Rhondia maculithorax*
Rhondia hubeiensis Wang *et* Chiang 鄂肩花天牛
Rhondia kabateki Viktora *et* Liu 卡氏肩花天牛
Rhondia maculithorax Pu 斑胸肩花天牛
Rhondia oxyoma (Fairmaire) 瘤胸肩花天牛
Rhondia petrae Viktora *et* Liu 佩特肩花天牛
Rhondia placida Heller 黄钝肩花天牛，钝肩花天牛
Rhondia pugnax (Dohrn) 锐肩花天牛
Rhopaea 灌金龟甲属
Rhopaea magnicornis Blackburn 大角灌金龟甲
Rhopalandrothrips orchidii Ananthakrishnan 同 *Mycterothrips nilgiriensis*
Rhopaliceschatus 球盾盲蝽属，棒盲蝽属
Rhopaliceschatus flavicanus Liu *et* Mu 灰黄球盾盲蝽
Rhopaliceschatus quadrimaculatus Reuter 四斑球盾盲蝽，四斑棒盲蝽，棒盲蝽
Rhopalicus 罗葩金小蜂属
Rhopalicus guttatus (Ratzeburg) 隆胸罗葩金小蜂
Rhopalicus quadratus (Ratzeburg) 平背罗葩金小蜂
Rhopalicus tutela (Walker) 长痣罗葩金小蜂
rhopalid 1. [= rhopalid bug, corizid bug, scentless plant bug] 姬缘蝽，草地缘蝽 ＜姬缘蝽科 Rhopalidae 昆虫的通称＞；2. 姬缘蝽科的
rhopalid bug [= rhopalid, corizid bug, scentless plant bug] 姬缘蝽，草地缘蝽
Rhopalidae [= Corizidae] 姬缘蝽科，草地缘蝽科
Rhopalinae 姬缘蝽亚科
Rhopalobates 棒粉甲属
Rhopalobates villardi Fairmaire 威氏棒粉甲
Rhopalocampta 绿翅弄蝶属
Rhopalocampta benjaminii (Guérin-Méneville) 见 *Choaspes benjaminii*
Rhopalocampta benjamini japonica Murray 见 *Choaspes benjaminii japonica*
Rhopalocampta translucida Leech 见 *Capila translucida*
Rhopalocera 锤角亚目，锤角类
Rhopalomastix 粗跗家蚁属
Rhopalomastix mazu Terayama 妈祖粗跗家蚁
Rhopalomastix omotoensis Terayama 茂登粗跗家蚁
Rhopalomelissa 锤腹蜂亚属，棒腹蜂属
Rhopalomelissa burmica (Cockerell) 见 *Lipotriches* (*Rhopalomelissa*) *burmica*
Rhopalomelissa elongata (Friese) 见 *Lipotriches elongata*
Rhopalomelissa esakii Hirashima 同 *Lipotriches* (*Rhopalomelissa*) *ceratina*
Rhopalomelissa hainanensis Wu 同 *Lipotriches* (*Rhopalomelissa*) *pulchriventris*
Rhopalomelissa (***Lepidorhopalomelissa***) ***burmica*** (Cockerell) 见 *Lipotriches* (*Rhopalomelissa*) *burmica*
Rhopalomelissa mediorufa (Cockerell) 同 *Lipotriches* (*Rhopalomelissa*) *ceratina*
Rhopalomelissa montana Ebmer 见 *Lipotriches montana*
Rhopalomelissa nigra Wu 见 *Lipotriches nigra*
Rhopalomelissa (***Tropirhopalomelissa***) ***mediorufa*** (Cockerell) 同 *Lipotriches* (*Rhopalomelissa*) *ceratina*

Rhopalomelissa yasumatsui Hirashima 见 *Lipotriches* (*Rhopalomelissa*) *yasumatsui*

Rhopalomelissa yunnanensis Wu *et* He 见 *Lipotriches* (*Rhopalomelissa*) *yunnanensis*

Rhopalomelissa zeae Wu 见 *Lipotriches zeae*

rhopalomerid 1. [= rhopalomerid fly] 树脂蝇，树蜡蝇 < 树脂蝇科 Rhopalomeridae 昆虫的通称 >；2. 树脂蝇科的

rhopalomerid fly [= rhopalomerid] 树脂蝇，树蜡蝇

Rhopalomeridae 树脂蝇科，树蜡蝇科

Rhopalomutillinae 棒蚁蜂亚科

Rhopalomutillini 棒蚁蜂族

Rhopalomyia 菊瘿蚊属，艾瘿蚊属

Rhopalomyia castaneae Felt 栗菊瘿蚊，栗艾瘿蚊

Rhopalomyia chrysanthemi (Ahlberg) [chrysanthemum gall midge] 真菊瘿蚊，菊艾瘿蚊，菊瘿蚊

Rhopalomyia chrysanthemum Monzen [Japanese chrysanthemum gall midge, chrysanthemum gall midge] 日菊菊瘿蚊，日菊艾瘿蚊

Rhopalomyia giraldii Kieffer *et* Trotter 吉菊瘿蚊

Rhopalomyia longicauda Sato, Ganaha *et* Yukawa 长尾菊瘿蚊

Rhopalomyia lonicera Felt 忍冬菊瘿蚊，忍冬艾瘿蚊

Rhopalomyia struma Monzen 深山菊瘿蚊，深山艾瘿蚊

Rhopalomyzus 缢瘤蚜属

Rhopalomyzus ascalonicus Doncaster 见 *Myzus ascalonicus*

Rhopalomyzus lonicerae (Siebold) 忍冬缢瘤蚜

Rhopalomyzus poae (Gillette) [bluegrass aphid] 早熟禾缢瘤蚜，早熟禾缢管蚜

Rhopalopselion thompsoni Schedl 加纳汤姆逊小蠹

Rhopalopsole 诺䗛属，诺石蝇属

Rhopalopsole ampulla Du *et* Qian 钩须诺䗛

Rhopalopsole apicispina Yang *et* Yang 端刺诺䗛

Rhopalopsole baishanzuensis Yang *et* Li 百山祖诺䗛

Rhopalopsole basinigra Yang *et* Yang 基黑诺䗛

Rhopalopsole bispina (Wu) 双刺诺䗛，二刺诺䗛

Rhopalopsole curvispina Qian *et* Du 刺须诺䗛

Rhopalopsole dentata Klapálek 锐刺诺䗛，锐刺诺石蝇，齿诺䗛

Rhopalopsole dentiloba (Wu) 齿叶诺䗛

Rhopalopsole duyuzhoui Sivec *et* Harper 杜氏诺䗛

Rhopalopsole emeishan Sivec *et* Harper 峨眉山诺䗛

Rhopalopsole exiguspina Du *et* Qian 衍刺诺䗛

Rhopalopsole fengyangshanensis Yang, Shi *et* Li 凤阳山诺䗛

Rhopalopsole flata Yang *et* Yang 扁突诺䗛

Rhopalopsole furcata Yang *et* Yang 叉突诺䗛，叉突诺石蝇

Rhopalopsole furcospina (Wu) 叉刺诺䗛

Rhopalopsole guangdongensis Li *et* Yang 广东诺䗛

Rhopalopsole gutianensis Yang *et* Yang 古田诺䗛

Rhopalopsole hainana Li *et* Yang 海南诺䗛

Rhopalopsole hamata Yang *et* Yang 钩突诺䗛

Rhopalopsole hongpingana Sivec *et* Harper 红坪诺䗛

Rhopalopsole horvati Sivec *et* Harper 哈氏诺䗛

Rhopalopsole intonsa Qian *et* Du 鬃板诺䗛，须毛诺䗛

Rhopalopsole jialingensis Sivec *et* Harper 同 *Rhopalopsole apicispina*

Rhopalopsole lii Li, Li *et* Yang 李氏诺䗛

Rhopalopsole longispina Yang *et* Yang 长刺诺䗛

Rhopalopsole longtana Li, Kong *et* Yang 龙潭诺䗛

Rhopalopsole meilan Sivec *et* Harper 美兰诺䗛

Rhopalopsole memorabilis Qian *et* Du 追忆诺䗛，追忆卷䗛

Rhopalopsole minutospina Li *et* Yang 小刺诺䗛

Rhopalopsole ningxiana Li *et* Yang 宁夏诺䗛

Rhopalopsole orientalis (Chu) 见 *Paraleuctra orientalis*

Rhopalopsole pseudodentata Sivec *et* Shimizu 拟锐刺诺䗛

Rhopalopsole qinlinga Sivec *et* Harper 秦岭诺䗛

Rhopalopsole recurvispina (Wu) 曲刺诺䗛

Rhopalopsole shaanxiensis Yang *et* Yang 陕西诺䗛，陕西诺石蝇

Rhopalopsole shimentaiensis Yang, Li *et* Zhu 石门台诺䗛

Rhopalopsole siculiformis Qian *et* Du 盾板诺䗛，短剑诺䗛

Rhopalopsole sinensis Yang *et* Yang 中华诺䗛，中华诺石蝇

Rhopalopsole spiniplatta (Wu) 刺板诺䗛

Rhopalopsole subnigra Okamoto 亚黑诺䗛，褐诺石蝇，近黑诺䗛

Rhopalopsole taiwanica Sivec *et* Shimizu 台湾诺䗛

Rhopalopsole tianmuana Sivec *et* Harper 天目山诺䗛

Rhopalopsole tricuspis Qian *et* Du 三刺诺䗛，三尖诺䗛

Rhopalopsole triseriata Qian *et* Du 尖突诺䗛

Rhopalopsole wolong Li *et* Yang 卧龙诺䗛

Rhopalopsole wulingensis Sivec *et* Shimizu 武陵诺䗛

Rhopalopsole xui Yang, Li *et* Zhu 许氏诺䗛

Rhopalopsole yajunae Li *et* Yang 雅君诺䗛

Rhopalopsole yangdingi Sivec *et* Harper 杨氏诺䗛

Rhopalopsole yunnana Sivec *et* Harper 云南诺䗛

Rhopalopsole zhejiangensis Yang *et* Yang 浙江诺䗛

Rhopalopsyche 棒天蛾属

Rhopalopsyche nycteris (Kollar) 尼棒天蛾

Rhopalopus 扁鞘天牛属

Rhopalopus aurantiicollis Plaviltshikov 光胸扁鞘天牛

Rhopalopus nubigena Semenov 西藏扁鞘天牛

Rhopalopus ruber Gressitt 红扁鞘天牛

Rhopalopus ruficollis Matsumura 点胸扁鞘天牛

Rhopalopus signaticollis Solsky 褐扁鞘天牛

Rhopalopus speciosus Plavilstshikov 赤胸扁鞘天牛

Rhopaloscelis 角胸天牛属

Rhopaloscelis bifasciatus Kraatz 双带角胸天牛

Rhopaloscelis maculatus Bates 台湾角胸天牛

Rhopaloscelis unifasciatus Blessig 柳角胸天牛

Rhopalosiphini 缢管蚜族

Rhopalosiphoninus 囊管蚜属

Rhopalosiphoninus cephalosinulosus Tao 弯头囊管蚜

Rhopalosiphoninus deutzifoliae Shinji 溲疏囊管蚜，肿管蚜

Rhopalosiphoninus hydrangeae Matsumura [hydrangea aphid] 紫阳花囊管蚜

Rhopalosiphoninus ichigo (Shinji) [rubus hairy aphid] 悬钩子囊管蚜，悬钩子膨管蚜

Rhopalosiphoninus latysiphon (Davidson) [bulb and potato aphid] 马铃薯囊管蚜，侧囊管蚜

Rhopalosiphoninus latysiphon latysiphon (Davidson) 马铃薯囊管蚜指名亚种

Rhopalosiphoninus latysiphon panaxis Zhang 马铃薯囊管蚜食参亚种，西洋参囊管蚜

Rhopalosiphoninus multirhinarious Tao 糙囊管蚜

Rhopalosiphoninus staphyleae (Koch) [mangold aphid] 荞麦囊管蚜

Rhopalosiphoninus yuzhongensis Zhang, Chen, Zhong *et* Li 同 *Liosomaphis ornata*

Rhopalosiphum 缢管蚜属

Rhopalosiphum fitchii (Sanderson) 同 *Rhopalosiphum oxyacanthae*

Rhopalosiphum fraxinicola (Matsumura) 同 *Rhopalosiphum padi*

Rhopalosiphum insertum (Walker) 同 *Rhopalosiphum oxyacanthae*

Rhopalosiphum maidis (Fitch) [corn leaf aphid, corn aphid, maize aphid, cereal leaf aphid] 玉米缢管蚜，玉米叶蚜，玉米蚜，玉蜀黍蚜

Rhopalosiphum nymphaeae (Linnaeus) [waterlily aphid, plum aphid, reddish brown plum aphid] 莲缢管蚜，睡莲蚜，李蚜

Rhopalosiphum oxyacanthae (Schrank) [apple-grass aphid, apple grain aphid] 苹红缢管蚜，苹果缢管蚜，苹草缢管蚜

Rhopalosiphum padi (Linnaeus) [bird cherry-oat aphid, bird cherry aphid, oat bird-cherry aphid, apple grain aphid, apple oat aphid, oat aphid] 禾谷缢管蚜，禾缢管蚜，黍缢管蚜，粟缢管蚜，粟缢蚜，麦缢管蚜，麦黍缢管蚜，稠李缢管蚜，小米蚜，稻麦蚜

Rhopalosiphum poae Gillette 见 *Rhopalomyzus poae*

Rhopalosiphum prunifoliae (Fitch) 同 *Rhopalosiphum padi*

Rhopalosiphum pseudobrassicae (Davis) 见 *Lipaphis pseudobrassicae*

Rhopalosiphum rostellum Zhang, Chen, Zhong *et* Li 同 *Aphis umbrella*

Rhopalosiphum rufiabdominale (Sasaki) 同 *Tetraneura* (*Tetraneurella*) *nigriabdominalis*

Rhopalosiphum rufiabdominalis (Sasaki) 见 *Tetraneura* (*Tetraneurella*) *nigriabdominalis*

Rhopalosiphum rufomaculatum Wilson 见 *Coloradoa rufomaculata*

rhopalosomatid 1. [= rhopalosomatid wasp] 刺角胡蜂，刺角蜂 < 刺角胡蜂科 Rhopalosomatidae 昆虫的通称 >；2. 刺角胡蜂科的

rhopalosomatid wasp [= rhopalosomatid] 刺角胡蜂，刺角蜂

Rhopalosomatidae 刺角胡蜂科，刺角蜂科

Rhopalotettix 棒蚱属

Rhopalotettix borneensis Tinkham 加里曼丹棒蚱

Rhopalotettix chinensis Tinkham 中华棒蚱

Rhopalotettix clavipes Hancock 曲足棒蚱

Rhopalotettix clavipes borneensis Tinkham 见 *Rhopalotettix borneensis*

Rhopalotettix guangxiensis Zheng *et* Jiang 广西棒蚱

Rhopalotettix hainanensis Tinkham 海南棒蚱

Rhopalotettix taipeiensis Zhang, Yin *et* Yin 台北棒角蚱

Rhopalotettix taiwanensis Liang 台湾棒蚱

Rhopalotettix uncusivertex Zheng 钩顶棒蚱

Rhopalovalva 筒小卷蛾属

Rhopalovalva catharotorna (Meyrick) 粗刺筒小卷蛾，卡洛帕卷蛾

Rhopalovalva exartemana (Kennel) 极刺筒小卷蛾

Rhopalovalva grapholitana (Caradja) 筒小卷蛾，格洛帕卷蛾

Rhopalovalva orbiculata Zhang *et* Li 圆筒小卷蛾

Rhopalovalva ovata Zhang *et* Li 卵筒小卷蛾

Rhopalovalva pulchra (Butler) 丽筒小卷蛾

Rhopaltriplasia 直茎小卷蛾属

Rhopaltriplasia spinalis Yu *et* Li 尖角直茎小卷蛾

Rhopalum 棒柄泥蜂属，杖泥蜂属

Rhopalum angustipetiolatum Tsuneki 见 *Rhopalum* (*Latrorhopalum*) *angustipetiolatum*

Rhopalum ataiyal Tsuneki 见 *Rhopalum* (*Rhopalum*) *ataiyal*

Rhopalum (***Calceorhopalum***) ***bohartum*** Tsuneki 鲍氏棒柄泥蜂，博杖泥蜂 < 该种学名有误写为 *Rhopalum bohartorum* Tsuneki 者 >

Rhopalum (***Calceorhopalum***) ***eurytibiale*** Li *et* Xue 阔胫棒柄泥蜂

Rhopalum (***Calceorhopalum***) ***formosanum*** Tsuneki 台湾棒柄泥蜂，台杖泥蜂

Rhopalum (***Calceorhopalum***) ***odontodorsale*** Li *et* He 背齿棒柄泥蜂

Rhopalum (***Calceorhopalum***) ***poecilofemorale*** Li *et* Xue 花足棒柄泥蜂

Rhopalum (***Calceorhopalum***) ***rubigabdominale*** Li *et* He 锈腹棒柄泥蜂

Rhopalum (***Calceorhopalum***) ***spinicollum*** Tsuneki 刺领棒柄泥蜂，刺杖泥蜂

Rhopalum (***Calceorhopalum***) ***watanabei*** Tsuneki 渡边棒柄泥蜂，渡边杖泥蜂

Rhopalum (***Calceorhopalum***) ***watanabei tsuifenicum*** Tsuneki 渡边棒柄泥蜂翠峰亚种，翠峰渡边杖泥蜂

Rhopalum (***Calceorhopalum***) ***watanabei watanabei*** Tsuneki 渡边棒柄泥蜂指名亚种

Rhopalum changi Tsuneki 见 *Rhopalum* (*Latrorhopalum*) *changi*

Rhopalum coarctatum (Scopoli) 见 *Rhopalum* (*Corynopus*) *coarctatum*

Rhopalum (***Corynopus***) ***coarctatum*** (Seopoli) 刻胸棒柄泥蜂，古新杖泥蜂

Rhopalum (***Corynopus***) ***gonopleurale*** Li *et* Xue 角胸棒柄泥蜂

Rhopalum (***Corynopus***) ***xinjiangense*** Li *et* Xue 新疆棒柄泥蜂

Rhopalum erraticum Tsuneki 见 *Rhopalum* (*Latrorhopalum*) *erraticum*

Rhopalum formosanum Tsuneki 见 *Rhopalum* (*Calceorhopalum*) *formosanum*

Rhopalum hombceanum Tsuneki 见 *Rhopalum* (*Latrorhopalum*) *hombceanum*

Rhopalum latronum (Kohl) 盗棒柄泥蜂，盗杖泥蜂

Rhopalum (***Latrorhopalum***) ***angustipetiolatum*** Tsuneki 窄柄棒柄泥蜂，角柄杖泥蜂

Rhopalum (***Latrorhopalum***) ***changi*** Tsuneki 张氏棒柄泥蜂，张氏杖泥蜂

Rhopalum (***Latrorhopalum***) ***erraticum*** Tsuneki 游荡棒柄泥蜂，迷杖泥蜂

Rhopalum (***Latrorhopalum***) ***expeditionis*** Leclercq 敏捷棒柄泥蜂

Rhopalum (***Latrorhopalum***) ***hombceanum*** Tsuneki 南投棒柄泥蜂，贺杖泥蜂

Rhopalum (***Latrorhopalum***) ***laticorne*** (Tsuneki) 侧角棒柄泥蜂

Rhopalum (***Latrorhopalum***) ***murotai*** Tsuneki 室田棒柄泥蜂，室田杖泥蜂

Rhopalum (***Latrorhopalum***) ***sauteri*** Tsuneki 索氏棒柄泥蜂，索氏杖泥蜂

Rhopalum (***Latrorhopalum***) ***shirozui*** Tsuneki 白水棒柄泥蜂，白水杖泥蜂

Rhopalum (***Latrorhopalum***) ***taipingshanum*** Tsuneki 太平山棒柄泥蜂，太平山杖泥蜂

Rhopalum (***Latrorhopalum***) ***wusheense*** Tsuneki 雾社棒柄泥蜂，雾社杖泥蜂

Rhopalum murotai Tsuneki 见 *Rhopalum* (*Latrorhopalum*) *murotai*

Rhopalum mushaense Tsuneki 见 *Rhopalum* (*Rhopalum*) *mushaense*

Rhopalum (Rhopalum) antennatum Li *et* He 常角棒柄泥蜂
Rhopalum (Rhopalum) ataiyal Tsuneki 阿泰棒柄泥蜂，台湾杖泥蜂
Rhopalum (Rhopalum) cornilabiatum Li *et* He 角唇棒柄泥蜂
Rhopalum (Rhopalum) dentiobliquum Li *et* He 斜齿棒柄泥蜂
Rhopalum (Rhopalum) gansuense Li *et* He 甘肃棒柄泥蜂
Rhopalum (Rhopalum) kuwayamai Tsuneki 桑山棒柄泥蜂
Rhopalum (Rhopalum) mushaense Tsuneki 木沙棒柄泥蜂，南投杖泥蜂
Rhopalum (Rhopalum) succineicollare (Tsuneki) 琥颈棒柄泥蜂，琥珀领杖泥蜂
Rhopalum (Rhopalum) succineicollare succineicollare (Tsuneki) 琥颈棒柄泥蜂指名亚种
Rhopalum (Rhopalum) succineicollare taiwanum Tsuneki 琥颈棒柄泥蜂台湾亚种，台琥珀领杖泥蜂
Rhopalum (Rhopalum) tayalum Tsuneki 塔亚棒柄泥蜂，塔杖泥蜂
Rhopalum (Rhopalum) varicoloratum Li *et* He 异色棒柄泥蜂
Rhopalum sauteri Tsuneki 见 *Rhopalum (Latrorhopalum) sauteri*
Rhopalum shirozui Tsuneki 见 *Rhopalum (Latrorhopalum) shirozui*
Rhopalum spinicollum Tsuneki 见 *Rhopalum (Calceorhopalum) spinicollum*
Rhopalum succineicollare (Tsuneki) 见 *Rhopalum (Rhopalum)* ***succineicollare***
Rhopalum succineicollare succineicollare (Tsuneki) 见 *Rhopalum (Rhopalum) succineicollare succineicollare*
Rhopalum succineicollare taiwanum Tsuneki 见 *Rhopalum (Rhopalum) succineicollare taiwanum*
Rhopalum taipingshanum Tsuneki 见 *Rhopalum (Latrorhopalum) taipingshanum*
Rhopalum tayalum Tsuneki 见 *Rhopalum (Rhopalum) tayalum*
Rhopalum watanabei Tsuneki 见 *Rhopalum (Calceorhopalum) watanabei*
Rhopalum watanabei tsuifenicum Tsuneki 见 *Rhopalum (Calceorhopalum) watanabei tsuifenicum*
Rhopalum watanabei watanabei Tsuneki 见 *Rhopalum (Calceorhopalum) watanabei watanabei*
Rhopalum wusheense Tsuneki 见 *Rhopalum (Latrorhopalum) wusheense*
Rhopalus 伊缘蝽属
Rhopalus albicarinus Liu *et* Nonnaizab 同 *Rhopalus distinctus*
Rhopalus communis Hsiao 同 *Rhopalus sapporensis*
Rhopalus distinctus (Signoret) 显伊缘蝽，红肖姬缘蝽
Rhopalus kerzhneri Gollner-Scheiding 克氏伊缘蝽，克氏肖姬缘蝽
Rhopalus latus (Jakovlev) 点伊缘蝽，侧点伊缘蝽，大伊缘蝽，点肖姬缘蝽
Rhopalus maculatus (Fieber) [carrot bug] 黄伊缘蝽，斑肖姬缘蝽，斑姬缘蝽
Rhopalus nigricornis (Hsiao) 黑角伊缘蝽，二色伊缘蝽，黑角肖姬缘蝽
Rhopalus parumpunctatus Schilling 棕点伊缘蝽，棕点肖姬缘蝽
Rhopalus sapporensis (Matsumura) [Sapporo bug] 褐伊缘蝽，札幌伊缘蝽，日本肖姬缘蝽，北海道缘蝽
Rhopalus subrufus (Gmelin) 小伊缘蝽，小肖姬缘蝽
Rhopalus tibetanus Liu *et* Zheng 藏伊缘蝽，西藏肖姬缘蝽
Rhophitoides 拟软隧蜂亚属

Rhophoteira [= Siphonaptera，Aphaniptera，Suctoria] 蚤目
Rhopica 罗蚤蝇属
Rhopica obtusata Liu 钝突罗蚤蝇
Rhopobota 黑痣小卷蛾属
Rhopobota antrifera (Mevrick) 臀钩黑痣小卷蛾，安花小卷蛾
Rhopobota bicolor Kawabe 二色黑痣小卷蛾，二色痣小卷蛾
Rhopobota blanditana Kuzuetzov 泰黑痣小卷蛾
Rhopobota eclipticodes (Meyrick) 埃克黑痣小卷蛾，埃克剑小卷蛾
Rhopobota falcata Nasu 镰翅黑痣小卷蛾
Rhopobota furcata Zhang, Li *et* Wang 叉黑痣小卷蛾
Rhopobota latipennis (Walsingham) 李黑痣小卷蛾，宽翅黑痣小卷蛾
Rhopobota naevana (Hübner) [holly tortrix moth, holly leaf tier, black-headed fireworm] 苹黑痣小卷蛾，酸果蔓卷蛾，酸果蔓卷叶蛾
Rhopobota okui Nasu 奥黑痣小卷蛾，奥氏黑痣小卷蛾
Rhopobota orbiculata Zhang, Li *et* Wang 圆黑痣小卷蛾
Rhopobota shikokuensis (Oku) 四国黑痣小卷蛾
Rhopobota symbolias (Mevrick) 反黑痣小卷蛾
Rhopobota unipunctana Haworth 单斑黑痣小卷蛾，黑痣小卷蛾
Rhopobota ustomaculata (Curtis) 越橘黑痣小卷蛾，乌黑痣小卷蛾
Rhopographus 长叶蜂属
Rhopographus babai Togashi 马场长叶蜂，马场拟洛叶蜂
Rhopographus formosanus Malaise 凤山长叶蜂，台拟洛叶蜂
Rhoptria semiorbiculata (Christoph) 见 *Aporhoptrina semiorbiculata*
Rhoptria semiorbiculata brunnearia (Leech) 同 *Aporhoptrina semiorbiculata*
Rhoptrispa 棒角铁甲属
Rhoptrispa arisana (Chûjô) 台湾棒角铁甲
Rhoptrispa clavicornis Chen *et* Tan 瘤鞘棒角铁甲
Rhoptrispa dilaticornis (Duvivier) 刺鞘棒角铁甲
Rhoptrocentrus 窄腹矛茧蜂属
Rhoptrocentrus piceus Marshall 天牛窄腹矛茧蜂
Rhoptrocentrus quercusi Yang *et* Cao 同 *Rhoptrocentrus piceus*
Rhoptroceros 桫椤叶蜂属
Rhoptroceros cyatheae (Wei *et* Wang) 黑背桫椤叶蜂
Rhoptromeris 等径匙胸瘿蜂属
Rhoptromeris punctata Quinlan 点状等径匙胸瘿蜂
Rhoptromyrmex 棒切叶蚁属，鼓家蚁属
Rhoptromyrmex rothneyi taivanensis Wheeler 同 *Rhoptromyrmex wroughtonii*
Rhoptromyrmex wroughtonii Forel 罗氏棒切叶蚁，骆氏鼓蚁，骆氏鼓家蚁
Rhoptromyrmex wroughtonii rothneyi Forel 同 *Rhoptromyrmex wroughtonii wroughtonii*
Rhoptromyrmex wroughtonii wroughtonii Forel 罗氏棒切叶蚁指名亚种
Rhopus 裂脖跳小蜂属
Rhopus brachypterous Xu 短翅裂脖跳小蜂
Rhopus flavus Xu 黄色裂脖跳小蜂
Rhopus hanni Zu *et* Li 韩氏裂脖跳小蜂
Rhopus nigroclavatus (Ashmead) 黑棒裂脖跳小蜂，黑棒扁体跳小蜂
Rhopus sulphureus (Westwood) 硫黄裂脖跳小蜂

Rhorus 壮姬蜂属
Rhorus bimaculatus Sheng, Sun *et* Li 双斑壮姬蜂
Rhorus carinatus Sheng, Sun *et* Li 脊壮姬蜂
Rhorus concavus Sheng, Sun *et* Li 端凹壮姬蜂
Rhorus dandongicus Sheng *et* Sun 丹东壮姬蜂
Rhorus dauricus Kasparyan 大壮姬蜂
Rhorus denticlypealis Sheng, Sun *et* Li 齿唇壮姬蜂
Rhorus facialis Sheng, Sun *et* Li 颜壮姬蜂
Rhorus flavofacialis Sheng, Sun *et* Li 黄颜壮姬蜂
Rhorus flavus Sheng, Sun *et* Li 黄壮姬蜂
Rhorus huinanicus Sheng, Sun *et* Li 辉南壮姬蜂
Rhorus jinjuensis (Lee *et* Cha) 简壮姬蜂
Rhorus koreensis Kasparyan, Choi *et* Lee 朝壮姬蜂
Rhorus lannae Reshchikov *et* Xu 岚壮姬蜂
Rhorus liaoensis Sheng, Sun *et* Li 辽壮姬蜂
Rhorus lishuicus Sheng, Sun *et* Li 丽水壮姬蜂
Rhorus maculatus Sheng *et* Sun 斑壮姬蜂
Rhorus mandibularis Sheng, Sun *et* Li 颚壮姬蜂
Rhorus melanogaster Kasparyan 黑腹壮姬蜂
Rhorus melanus Sheng, Sun *et* Li 黑壮姬蜂
Rhorus nigriantenntus Sheng, Sun *et* Li 黑角壮姬蜂
Rhorus nigriclypealis Sheng, Sun *et* Li 黑唇壮姬蜂
Rhorus nigripedalis Sheng, Sun *et* Li 黑足壮姬蜂
Rhorus nigritarsis (Hedwig) 黑跗壮姬蜂
Rhorus orientalis (Cameron) 东方壮姬蜂
Rhorus petiolatus Sheng, Sun *et* Li 柄壮姬蜂
Rhorus recavus Sheng, Sun *et* Li 凹唇壮姬蜂
Rhorus urceolatus Sheng, Sun *et* Li 瓶壮姬蜂
Rhotala 罗颖蜡蝉属
Rhotala dimidiata Jacobi 闽罗颖蜡蝉
Rhotala fanjingshana Chen *et* Yang 梵净罗颖蜡蝉
Rhotala formosana Matsumura 台罗颖蜡蝉
Rhotala nawae Matsumura 见 *Errada nawae*
Rhotala vittata Matsumura 条纹罗颖蜡蝉
Rhotana 广袖蜡蝉属
Rhotana coccinea Matsumura 见 *Saccharodite coccinea*
Rhotana formosana Matsumura 台湾广袖蜡蝉，黄白广袖蜡蝉
Rhotana hopponis Matsumura 同 *Sumangala sufflava*
Rhotana inoptata Yang *et* Wu 四斑广袖蜡蝉，南投广袖蜡蝉
Rhotana inorata Yang *et* Wu 引广袖蜡蝉，矩角广袖蜡蝉
Rhotana kagoshimana Matsumura 见 *Saccharodite kagoshimana*
Rhotana maculata Matsumura 条斑广袖蜡蝉，斑翅广袖蜡蝉
Rhotana obaerata Yang *et* Wu 欧广袖蜡蝉，白广袖蜡蝉
Rhotana satsumana Matsumura 褐带广袖蜡蝉
Rhotana satsumana contracta Fennah 褐带广袖蜡蝉华南亚种，华南广袖蜡蝉
Rhotana satsumana satsumana Matsumura 褐带广袖蜡蝉指名亚种
Rhotana toroensis Matsumura 见 *Saccharodite toroensis*
Rhotanella 小袖蜡蝉属
Rhotanella novemmacula Wang, Chou *et* Yuan 九斑小袖蜡蝉
Rhotanini 广袖蜡蝉族
rhubarb curculio [*Lixus concavus* Say] 大黄筒喙象甲，大黄象甲
rhubarb hairstreak [*Callophrys mystaphia* Miller] 大黄卡灰蝶
Rhusaphalara 漆木虱属
Rhusaphalara philopistacia (Li) 黄连木漆木虱
Rhyacia 沁夜蛾属
Rhyacia auguridis (Rothschild) 冬麦沁夜蛾
Rhyacia auguroides (Rothschild) 同 *Rhyacia auguridis*
Rhyacia caradrinoides (Staudinger) 卡沁夜蛾
Rhyacia cia Strand 见 *Diarsia cia*
Rhyacia geochroa (Boursin) 土沁夜蛾，基沁夜蛾
Rhyacia homichlodes Boursin 霍沁夜蛾
Rhyacia junonia (Staudinger) 雍沁夜蛾
Rhyacia ledereri (Erschov) 来沁夜蛾
Rhyacia mirabilis Boursin 异沁夜蛾，奇沁夜蛾
Rhyacia musculus (Staudinger) 牧沁夜蛾
Rhyacia putris Linnaeus 见 *Axylia putris*
Rhyacia similis (Staudinger) 似沁夜蛾
Rhyacia simulans (Hüfnagel) 肖沁夜蛾
Rhyacionia 梢小卷蛾属
Rhyacionia adana Heinrich [adana tip moth, adana pine tip moth, pine tip moth] 亚松梢小卷蛾
Rhyacionia buoliana (Denis *et* Schiffermüller) [European pine shoot moth, pine shoot moth] 欧松梢小卷蛾，欧松梢卷叶蛾
Rhyacionia busckana Heinrich [red pine tip moth] 拟松梢小卷蛾
Rhyacionia bushnelli (Busck) [westem pine tip moth] 西方松梢小卷蛾，布氏美松梢小卷蛾
Rhyacionia dativa Heinrich 马尾松梢小卷蛾
Rhyacionia dolichotubula Liu *et* Bai 长梢小卷蛾
Rhyacionia duplana (Hübner) [summer shoot moth, Elgin shoot moth, pine tip moth, pine shoot moth, reddish-winged tip moth, double shoot moth, red-tipped eucosmid] 夏梢小卷蛾，松红端小卷蛾，松红端小卷叶蛾
Rhyacionia frustrana (Comstock) [Nantucket pine tip moth] 美松梢小卷蛾，松梢卷蛾，松梢卷叶蛾
Rhyacionia frustrana bushnelli (Busck) 见 *Rhyacionia bushnelli*
Rhyacionia insulariana Liu 云南松梢小卷蛾
Rhyacionia leptotubula Liu *et* Bai 细梢小卷蛾
Rhyacionia montana (Busck) 蒙他那梢小卷蛾
Rhyacionia neomexicana (Dyar) [southwestern pine tip moth] 西南松梢小卷蛾
Rhyacionia pasadenana (Kearfott) [Monterey pine tip moth] 蒙地松梢小卷蛾
Rhyacionia pinicolana (Doubleday) [orange-spotted shoot moth] 松梢小卷蛾
Rhyacionia pinivorana Zeller [spotted shoot moth] 褐松梢小卷蛾
Rhyacionia resinella Linnaeus 见 *Retinia resinella*
Rhyacionia rigidana (Fernald) [pitch pine tip moth] 脂松梢小卷蛾，硬叶松卷蛾，硬叶松卷叶蛾
Rhyacionia simulata Heinrich 类松梢小卷蛾
Rhyacionia sonia Miller [yellow jack pine tip moth, yellow jack pine tip borer] 黄松梢小卷蛾
Rhyacionia subcervinana (Walsingham) 下颈梢小卷蛾
Rhyacionia subtropica Miller [subtropical pine tip moth] 亚热松梢小卷蛾
Rhyacionia turoniana (Hübner) 同 *Blastesthia turionella*
Rhyacionia zozana (Kearfott) [ponderosa pine tip moth, lodgepole-pine tip moth] 西黄松梢小卷蛾
Rhyacobates 大涧黾蝽属，大涧黾属

Rhyacobates abdominalis Andersen *et* Chen 腹大涧黾蝽
Rhyacobates anderseni Tran *et* Yang 安氏大涧黾蝽
Rhyacobates chinensis Hungerford *et* Matsuda 中华大涧黾蝽，中华大涧黾
Rhyacobates edentatus Andersen *et* Chen 无齿大涧黾蝽
Rhyacobates esakii Miyamoto *et* Lee 江崎大涧黾蝽
Rhyacobates gongvo Tran *et* Yang 宫大涧黾蝽
Rhyacobates imadatei Miyamoto 今立大涧黾蝽
Rhyacobates lundbladi (Hungerford) 伦氏大涧黾蝽，伦氏大涧黾
Rhyacobates malaisei Andersen *et* Chen 玛氏大涧黾蝽
Rhyacobates recurvus Anderson *et* Chen 反曲大涧黾蝽
Rhyacobates scorpio Anderson *et* Chen 四川大涧黾蝽
Rhyacobates svenhedini (Lundblad) 斯氏大涧黾蝽，斯氏大涧黾
Rhyacobates takahashii Esaki 高桥大涧黾蝽，高桥大涧黾
Rhyacophila 原石蛾属，流石蛾属 < 此属学名有误写为 *Rhacophila* 者 >
Rhyacophila alticola Kimmins 高山原石蛾
Rhyacophila altoincisiva Hwang 中凹原石蛾
Rhyacophila amblyodonta Sun *et* Yang 齿肢原石蛾
Rhyacophila anatina Morton 安原石蛾
Rhyacophila angulata Martynov 角原石蛾
Rhyacophila atomaria Navás 阿托原石蛾
Rhyacophila bidens Kimmins 暗褐叉突原石蛾，双齿原石蛾，暗叉突原石蛾
Rhyacophila bifida Kimmins 黄褐叉突原石蛾
Rhyacophila bivitta Sun 双带原石蛾
Rhyacophila brevitergata Qiu 短背原石蛾
Rhyacophila bucina Malicky *et* Sun 喇叭原石蛾
Rhyacophila celata Sun *et* Yang 隐片原石蛾
Rhyacophila claviforma Sun *et* Yang 槌形原石蛾
Rhyacophila clemens Tsuda 椭圆原石蛾，椭圆流石蛾
Rhyacophila coclearis Hsu *et* Chen 匙形原石蛾，匙形流石蛾
Rhyacophila complanata Tian *et* Li 阔胫原石蛾
Rhyacophila cruciata Forsslund 十字原石蛾
Rhyacophila cuneata Sun *et* Yang 楔肢原石蛾
Rhyacophila curvata Morton 金斑原石蛾
Rhyacophila euryphylla Sun *et* Yang 宽片原石蛾
Rhyacophila eurystheus Malicky *et* Sun 欧律原石蛾
Rhyacophila euterpe Malicky *et* Sun 欧忒原石蛾
Rhyacophila excavata Martynov 内蒙原石蛾
Rhyacophila exilis Sun *et* Yang 小片原石蛾
Rhyacophila falcifera Schmid 弯镰原石蛾
Rhyacophila fides Malicky *et* Sun 裂背原石蛾
Rhyacophila flora Malicky *et* Sun 植原石蛾
Rhyacophila forcipata Malicky *et* Sun 钳形原石蛾
Rhyacophila formosae Iwata 拟台原石蛾
Rhyacophila formosana Ulmer 台原石蛾
Rhyacophila furcata Hwang 裂肢原石蛾，裂肢流石蛾
Rhyacophila furva Malicky *et* Sun 暗色原石蛾
Rhyacophila geminispina Sun 双刺侧突原石蛾
Rhyacophila grahami Banks 格氏原石蛾
Rhyacophila hamifera Kimmins 长肢原石蛾
Rhyacophila haplostephana Sun *et* Yang 附托突茎原石蛾
Rhyacophila haplostephanodes Qiu 拟冠原石蛾
Rhyacophila hingstoni Martynov 亨氏原石蛾
Rhyacophila hobsoni Martynov 贺氏原石蛾
Rhyacophila hokkaidensis Iwata 北海道原石蛾
Rhyacophila kaohsiungensis Hsu *et* Chen 高雄原石蛾，高雄流石蛾
Rhyacophila khiympa Schmid 裂突原石蛾
Rhyacophila kimminsi Ross 基氏原石蛾，金氏流石蛾
Rhyacophila kiyrongpa Schmid 弯棒原石蛾
Rhyacophila lata Martynov 扁胫原石蛾，异突原石蛾
Rhyacophila liliputana Banks 利点原石蛾
Rhyacophila longiramata Qiu 长枝原石蛾
Rhyacophila longistyla Sun *et* Yang 长侧突原石蛾
Rhyacophila maculipennis Ulmer 见 *Himalopsyche maculipennis*
Rhyacophila madalensis Hsu *et* Chen 马达拉原石蛾，马达拉流石蛾
Rhyacophila magnahamata Hsu *et* Chen 大钩原石蛾
Rhyacophila manuleata Martynov 长袖原石蛾
Rhyacophila marcida Banks 枯原石蛾
Rhyacophila matanyii Kiss 岛原石蛾
Rhyacophila melli Ulmer 梅氏原石蛾
Rhyacophila mimiclaviforma Sun *et* Yang 拟槌原石蛾
Rhyacophila minuta Banks 微小原石蛾
Rhyacophila morsei Malicky *et* Sun 莫氏原石蛾
Rhyacophila narvae Navás 纳维原石蛾
Rhyacophila ngorpa Schmid 恩戈帕原石蛾
Rhyacophila nigra Martynov 黑原石蛾
Rhyacophila nigrocephala Iwata 黑头原石蛾
Rhyacophila pentagona Malicky *et* Sun 五角原石蛾
Rhyacophila pepingensis Ulmus 北京原石蛾
Rhyacophila peripenis Sun *et* Yang 围茎原石蛾
Rhyacophila pieli Navás 皮氏原石蛾
Rhyacophila poda Schmid 靴形原石蛾
Rhyacophila ramulina Malicky *et* Sun 小突原石蛾
Rhyacophila remingtoni Ross 雷氏原石蛾，雷氏流石蛾
Rhyacophila retracta Martynov 隐缩原石蛾
Rhyacophila rima Sun *et* Yang 二裂臀原石蛾，裂臀原石蛾
Rhyacophila schismatica Sun *et* Yang 裂肢原石蛾，叉肢流石蛾
Rhyacophila scissa Morton 剪肢原石蛾，裂原石蛾
Rhyacophila shaanxiensis Malicky *et* Sun 陕西原石蛾
Rhyacophila shikotsuensis Iwata 支笏原石蛾
Rhyacophila similis Martynov 似原石蛾
Rhyacophila spinalis Martynov 宽带原石蛾，中华原石蛾
Rhyacophila stenostyla Martynov 窄刺原石蛾
Rhyacophila tecta Morton 裸原石蛾
Rhyacophila tetraphylla Sun *et* Yang 四叶背原石蛾
Rhyacophila tianmushanensis Malicky *et* Sun 天目山原石蛾
Rhyacophila triangularis Schmid 三角原石蛾，三角肛肢原石蛾
Rhyacophila tridentata Tian *et* Li 三齿原石蛾
Rhyacophila trinacriformis Tian *et* Li 三叉原石蛾，特原石蛾
Rhyacophila truncata Kimmins 截肢原石蛾，截原石蛾
Rhyacophila ulmeri Navás 阿氏原石蛾
Rhyacophila unisegmentalis Malicky *et* Sun 单节原石蛾
Rhyacophila vascula Malicky *et* Sun 花瓶原石蛾
Rhyacophila wuyanensis Sun *et* Yang 婺源原石蛾
Rhyacophila wuyiensis Sun *et* Yang 武夷原石蛾
Rhyacophila yamazakii Tsuda 山崎原石蛾

rhyacophilid 1. [= rhyacophilid caddisfly] 原石蛾，流石蛾 < 原石蛾科 Rhyacophilidae 昆虫的通称 >；2. 原石蛾科的
rhyacophilid caddisfly [= rhyacophilid] 原石蛾，流石蛾
Rhyacophilidae 原石蛾科，流石蛾科
Rhyacophiloidea 原石蛾总科
Rhynchaenus 跳象甲属，跳象属
Rhynchaenus alni (Linnaeus) 榆跳象甲，榆犀跳象
Rhynchaenus basirostris Voss 基喙跳象甲，基喙犀跳象
Rhynchaenus cruentatus (Fabricius) 见 *Rhynchophorus cruentatus*
Rhynchaenus dorsoplanatus (Roelofs) 平背跳象甲，平背犀跳象
Rhynchaenus empopulifolis Chen 杨潜叶跳象甲，杨潜叶跳象，杨潜叶犀跳象
Rhynchaenus fagi (Linnaeus) [beech leaf mining weevil, beech flea weevil, beech leaf miner] 山毛榉跳象甲，山毛榉跳象
Rhynchaenus funicularis Voss 范跳象甲，范犀跳象
Rhynchaenus guliensis Yang *et* Dai 古里柞跳象甲，古里柞跳象
Rhynchaenus maculosus Yang *et* Zhang 多斑柞跳象甲，多斑柞跳象
Rhynchaenus mangiferae Marshall [mango leaf weevil, mango flea weevil, mango leaf flea weevil, mango seed weevil] 杧果跳象甲，杧果跳象
Rhynchaenus nigrofasciculatus Voss 黑带跳象甲，黑带犀跳象
Rhynchaenus nomizo (Kôno) 诺跳象甲，诺犀跳象
Rhynchaenus pallicornis (Say) [apple flea weevil] 苹果跳象甲，苹跳象甲
Rhynchaenus parvidens Voss 小齿跳象甲，小齿犀跳象
Rhynchaenus rufipes (LeConte) [willow flea weevil] 柳跳象甲，柳跳象
Rhynchaenus rusci (Herbst) 卢氏跳象甲，卢犀跳象
Rhynchaenus salicis (Linnaeus) 柳跳象甲，柳犀跳象
Rhynchaenus sanguinipes Roelofs [red-legged flea weevil] 红腿跳象甲
Rhynchaenus subfasciatus Faust 带跳象甲，带犀跳象
Rhynchaglaea 长喙夜蛾属
Rhynchaglaea hemixantha Sugi 分明长喙夜蛾，半黄喙恰夜蛾，半邻夜蛾
Rhynchaglaea labiscitula Kobayachi *et* Owada 隐长喙夜蛾
Rhynchaglaea leuteomixta Hreblay *et* Ronkay 橘长喙夜蛾
Rhynchaglaea nanlingensis Owada *et* Wang 南岭长喙夜蛾，南岭邻夜蛾
Rhynchaglaea perscitula Kobayashi *et* Owada 枯纹长喙夜蛾，皮邻夜蛾
Rhynchaglaea taiwana Sugi 台湾长喙夜蛾，台喙恰夜蛾，台邻夜蛾
Rhynchaglaea terngjyi Chang 藤枝长喙夜蛾
Rhynchalastor 历蜾蠃属
Rhynchalastor morawitzi (Kurzenko) 见 *Stenodynerus morawitzi*
Rhyncheforcipomyia 喙蠓亚属
Rhynchina 口夜蛾属
Rhynchina abducalis (Walker) 曲口夜蛾
Rhynchina angustalis (Warren) 尖口夜蛾
Rhynchina blepharota Strand 见 *Naarda blepharota*
Rhynchina columbaris (Butler) 鸽口夜蛾
Rhynchina cramboides (Butler) 洁口夜蛾
Rhynchina desquamata Strand 德口夜蛾
Rhynchina pionealis Guenée 口夜蛾，胖口夜蛾
Rhynchina plusioides Butler 见 *Zekelita plusioides*
Rhynchina striga (Felder) 纹口夜蛾
Rhynchites 虎象甲属，虎象属
Rhynchites aequatus (Linnaeus) 见 *Tatianaerhynchites aequatus*
Rhynchites aterrimus Voss 最黑虎象甲，最黑虎象
Rhynchites auratus (Scopoli) [apricot weevil, cherry weevil, cherry-fruit weevil, golden green snout weevil] 樱桃虎象甲，樱桃虎象，樱桃虎，樱桃虎卷象，金虎象
Rhynchites auricapillus Voss 金毛虎象甲，金毛虎象
Rhynchites bacchoides Voss 同 *Rhynchites fulgidus*
Rhynchites bacchus (Linnaeus) [peach weevil, leafroller weevil] 欧洲苹虎象甲，欧洲苹虎象，欧洲苹虎，梨虎象甲，梨实小象，巴虎象
Rhynchites betulae (Linnaeus) 见 *Byctiscus betulae*
Rhynchites betuleti (Fabricius) 同 *Byctiscus betulae*
Rhynchites betuleti motschulskyi Lewis 见 *Rhynchites motschulskyi*
Rhynchites bicolor (Fabricius) 见 *Merhynchites bicolor*
Rhynchites bisulcatus Voss 见 *Japonorhynchites bisulcatus*
Rhynchites brunneus (Voss) 见 *Perrhynchitoides brunneus*
Rhynchites carinulatus Voss 脊虎象甲，脊虎象
Rhynchites coeruleus (De Geer) [apple twig cutter] 苹蓝虎象甲，苹折枝象甲
Rhynchites confragosicollis Voss 同 *Rhynchites fulgidus*
Rhynchites contristatus Voss 印度虎象甲，印度虎象
Rhynchites coreanus Kôno 同 *Rhynchites heros*
Rhynchites cumulatus Voss 堆虎象甲，堆虎象
Rhynchites cupreus (Linnaeus) 见 *Involvulus cupreus*
Rhynchites davidis Fairmaire 达虎象甲，达虎象
Rhynchites decipiens Voss 欺虎象甲，欺虎象
Rhynchites egenus Voss 缺虎象甲，缺虎象
Rhynchites erythropterus Voss 见 *Proelautobius erythropterus*
Rhynchites faldermanni Schöenherr 同 *Rhynchites fulgidus*
Rhynchites fasciculosus Voss 见 *Ecnomonychus fasciculosus*
Rhynchites foveipennis Fairmaire 同 *Rhynchites heros*
Rhynchites fukienensis Voss 闽虎象甲，闽虎象
Rhynchites fulgidus Faldermann 杏虎象甲，杏虎象，杏虎，桃虎
Rhynchites fulvihirtus Voss 褐毛虎象甲，褐毛虎象
Rhynchites gemma Semenov *et* Terminassion 芽虎象甲，芽虎象
Rhynchites giganteus Schöenherr [large pear fruit rhynchites] 大虎象甲，大虎象，南欧梨虎象
Rhynchites gracilicornis Voss 丽角虎象甲，大虎象
Rhynchites heros Roelofs [peach curculio, pear curculionid] 梨虎象甲，梨虎象，日本虎象甲，桃实象甲，梨虎，赫虎象，日本苹虎象，梨象鼻虫，梨果象甲，梨猴
Rhynchites homalinus Voss 贺虎象甲，贺虎象
Rhynchites ignitus Voss 同 *Rhynchites heros*
Rhynchites impressicollis Voss 见 *Taiwanorhynchites impressicollis*
Rhynchites impressus Fairmaire 拟痕虎象甲，拟痕虎象
Rhynchites indubius Voss 确虎象甲，确虎象
Rhynchites interruptus Voss 见 *Neocoenorrhinus interruptus*
Rhynchites lepidus Voss 丽虎象甲，丽虎象
Rhynchites leucoscutellatus Voss 白盾虎象甲，白盾虎象
Rhynchites mandschuricus Voss 东北虎象甲，东北虎象
Rhynchites meyeri Voss 枚虎象甲，枚虎象

Rhynchites monticola Voss 山虎象甲，山虎象

Rhynchites motschulskyi Lewis [maple rhynchites] 莫氏虎象甲，莫氏槭象甲

Rhynchites obscurus Voss 暗虎象甲，暗虎象

Rhynchites obsitus Voss 安虎象甲，安虎象

Rhynchites pilositessellatus Voss 见 *Mecorhis pilositessellata*

Rhynchites pilosus Roelofs 见 *Involvulus pilosus*

Rhynchites planiusculus Voss 平坦虎象甲，平坦虎象

Rhynchites plumbeus Roelofs [long-snout leaf-rolling weevil] 羽虎象甲，羽虎象，铅色卷叶象甲

Rhynchites rostralis Voss 喙虎象甲，喙虎象

Rhynchites satrapa Voss 王虎象甲，王虎象

Rhynchites schenklingi Voss 见 *Metarhynchites schenklingi*

Rhynchites subcumulatus Voss 似堆虎象甲，似堆虎象

Rhynchites suborichalceus Voss 奥虎象甲，奥虎象

Rhynchites tonkinensis Voss 越虎象甲，越虎象

Rhynchites yunnanensis Voss 见 *Involvulus yunnanensis*

rhynchitid 1. [= rhynchitid beetle, rhynchitid weevil, tooth-nosed snout weevil] 齿颚象甲，锯齿象鼻虫 <齿颚象甲科 Rhynchitidae 昆虫的通称>；2. 齿颚象甲科的

rhynchitid beetle [= rhynchitid, rhynchitid weevil, tooth-nosed snout weevil] 齿颚象甲，锯齿象鼻虫

rhynchitid weevil 见 rhynchitid beetle

Rhynchitidae 齿颚象甲科，齿颚象科，锯齿象鼻虫科

Rhynchitina 齿颚象甲亚族，虎象甲亚族，虎象亚族

Rhynchitinae 齿颚象甲亚科，虎象甲亚科

Rhynchitini 齿颚象甲族，齿颚象族，虎象甲族，虎象族

Rhynchium 喙蜾蠃属

Rhynchium atrissimum van der Vecht 漆黑原喙蜾蠃

Rhynchium atrum Saussure 兰屿喙蜾蠃

Rhynchium brunneum (Fabricius) 黄唇喙蜾蠃，棕喙蜾蠃，赭黄原喙蜾蠃，黄喙蜾蠃，黄唇蜾蠃

Rhynchium fahitense Saussure 黑背喙蜾蠃

Rhynchium fukaii Cameron 见 *Rhynchium quinquecinctum fukaii*

Rhynchium haemorrhoidalis (Fabricius) 血红喙蜾蠃，血红直盾蜾蠃

Rhynchium mellyi Saussure 棕腹喙蜾蠃

Rhynchium quinquecinctum (Fabricius) 黄喙蜾蠃

Rhynchium quinquecinctum brunneum (Fabricius) 见 *Rhynchium brunneum*

Rhynchium quinquecinctum fukaii Cameron 黄喙蜾蠃福氏亚种，福氏黄喙蜾蠃，福喙蜾蠃

Rhynchium quinquecinctum quinquecinctum (Fabricius) 黄喙蜾蠃指名亚种，指名黄喙蜾蠃

Rhynchium quinquecinctum tahitense de Saussure 黄喙蜾蠃黑背亚种，黑背喙蜾蠃

Rhynchium tahitense Saussure 见 *Rhynchium quinquecinctum tahitense*

Rhynchobaissoptera 喙巴依萨蛇蛉属

Rhynchobaissoptera hui Lu, Zhang, Wang, Engel *et* Liu 胡氏喙巴依萨蛇蛉

Rhynchobanchus 长栉姬蜂属

Rhynchobanchus flavomaculatus Li, Li, Yan *et* Sheng 黄点长栉姬蜂

Rhynchobanchus flavopictus Heinrich 黄斑长栉姬蜂

Rhynchobanchus maculicornis Sheng, Liu *et* Wang 斑角长栉姬蜂

Rhynchobanchus minomensis (Uchida) 米长栉姬蜂

Rhynchobanchus niger Sheng, Liu *et* Pang 全黑长栉姬蜂

Rhynchobanchus rufus Sheng *et* Sun 赤长栉姬蜂

Rhynchobapta 印尺蛾属

Rhynchobapta cervinaria (Moore) 鹿印尺蛾

Rhynchobapta eburnivena (Warren) 线角印尺蛾，白脉枯叶纹尺蛾

Rhynchobapta flaviceps Butler 黄须印尺蛾

Rhynchobapta flavicostaria Leech 黄缘印尺蛾

Rhynchobapta pernitens Wehrli 泼印尺蛾

Rhynchobapta punctilinearia Leech 点线印尺蛾

Rhynchocephalus kozlovi Paramonov 见 *Nemestrinus kozlovi*

Rhynchocheilus 阔胫隐翅甲属

Rhynchocheilus monstrosipes (Schillhammer) 毛翅阔胫隐翅甲

Rhynchocoris 棱蝽属，枍蝽属

Rhynchocoris alatus Distant 翼棱蝽

Rhynchocoris humeralis (Thunberg) [citrus green bug, citrus green stink bug, citrus stink bug, lime shieldbug] 橘棱蝽，棱蝽，橘大绿蝽，大绿蝽，角肩蝽，角肩椿象，肩蝽，长吻蝽，枍蝽，柑橘大绿椿象，水稻大绿蝽

Rhynchocoris nigridens Stål 黑角棱蝽

Rhynchocoris plagiatus (Walker) 小棱蝽

Rhynchodontodes 齿口夜蛾属

Rhynchodontodes angulata (Walker) 角齿口夜蛾

Rhynchodontodes biformatalis (Leech) 二形齿口夜蛾

Rhynchodontodes diagonalis (Alphéraky) 狄齿口夜蛾

Rhynchodontodes mandarinalis (Leech) 中齿口夜蛾，大陆齿口夜蛾

Rhynchodontodes plusioides (Butler) 丑齿口夜蛾

Rhynchodontodes sagittata (Butler) 弓齿口夜蛾，箭齿口夜蛾

Rhyncholaba 斜绿天蛾属

Rhyncholaba acteus (Cramer) 斜绿天蛾，栎鼻天蛾

Rhynchomydaea 鼻颜蝇属

Rhynchomydaea tuberculifacies (Stein) 瘤鼻颜蝇

Rhynchopalpus 须瘤蛾属

Rhynchopalpus scripta (Moore) 纹喙须瘤蛾

Rhynchophora 象虫组，象甲亚目

rhynchophorid 1. [= rhynchophorid beetle] 隐喙象甲 <隐喙象甲科 Rhynchophoridae 昆虫的通称>；2. 隐喙象甲科的

rhynchophorid beetle [= rhynchophorid] 隐喙象甲

Rhynchophoridae 隐喙象甲科

Rhynchophorinae 隐喙象甲亚科，椰象亚科

Rhynchophorini 隐喙象甲族，棕榈象甲族，棕榈象族

Rhynchophorus 鼻隐喙象甲属，棕榈象甲属，大象鼻虫属

Rhynchophorus cruentatus (Fabricius) [palmetto weevil, giant palm weevil, Florida palmetto weevil, palmetto pill bug] 矮棕榈鼻隐喙象甲，矮棕榈跳象甲

Rhynchophorus ferrugineus (Olivier) [red palm weevil, Asian palm weevil, sago palm weevil] 棕榈象甲，红棕象甲，棕榈象，锈色棕象，锈色棕榈象，椰子隐喙象，椰子甲虫，亚洲棕榈象甲，印度红棕象甲，椰子大象鼻虫，红鼻隐喙象 <此种学名有误写为 *Rhynchophorus fsrugineus* (Olivier) 者>

Rhynchophorus longimanus (Fabricius) 同 *Cyrtotrachelus thompsoni*

Rhynchophorus palmarum (Linnaeus) [South American palm weevil] 南美鼻隐喙象甲，美洲棕象甲，油棕象甲，棕榈象甲，棕榈象，

巨棕象甲虫

Rhynchophorus papuanus Kirsch [black palm weevil] 棕榈鼻隐喙象甲，棕榈黑象甲

Rhynchophorus phoenicis (Fabricius) [palm weevil] 棕榈红鼻隐喙象甲，棕榈红隐喙象甲

Rhynchophorus schach Olivier [red stripe weevil, red-striped weevil] 红条鼻隐喙象甲

Rhynchophthirina 象鸟虱亚目，象虱亚目

Rhynchopsilopa 裸喙水蝇属

Rhynchopsilopa guangdongensis Zhang, Yang *et* Mathis 广东裸喙水蝇

Rhynchopsilopa huangkengensis Zhang, Yang *et* Mathis 黄坑裸喙水蝇

Rhynchopsilopa jinxiuensis Zhang, Yang *et* Mathis 金秀裸喙水蝇

Rhynchopsilopa longicornis (Okada) 长角裸喙水蝇

Rhynchopsilopa magnicornis Hendel 大角裸喙水蝇

Rhynchopsilopa shixingensis Zhang, Yang *et* Mathis 始兴裸喙水蝇

Rhynchopygia kwangtungialis Caradja *et* Meyrick 粤伦科螟

Rhynchota [= Rhyngota] 有喙目 < 即广义半翅目 >

Rhynchothrips champakae Ramakrishna *et* Margabandhu 见 *Liothrips champakae*

Rhynchothrips raoensis Ramakrishna 见 *Liothrips raoensis*

Rhynchothrips turkestanicus John 见 *Liothrips turkestanicus*

Rhynchothrips vichitravarna Ramakrishna 见 *Liophloeothrips vichitravarna*

Rhynchoticida 突喙长尾小蜂属

Rhynchoticida caudata Bouček 尾突喙长尾小蜂

rhynchus [= promuscis] 喙

Rhyncocheilus 喙隐翅甲属，喙隐翅虫属

Rhyncocheilus aureus (Fabricius) 金喙隐翅甲，金喙隐翅虫

Rhyncocheilus magnificus Semenov *et* Kirshenblat 大喙隐翅甲，大喙隐翅虫

Rhyncolaba acteus Cramer 栎鼻天蛾

Rhyncolus 短鼻木象甲属

Rhyncolus chinensis Voss 中华短鼻木象甲，短鼻木象

Rhyncolus nefarius Faust 内短鼻木象甲，内短鼻木象

Rhyncomya 鼻彩蝇属，喙蝇属

Rhyncomya flavibasis (Senior-White) 黄基鼻彩蝇

Rhyncomya notata (van der Wulp) 显斑鼻彩蝇，背鼻彩蝇

Rhyncomya pollinosa (Townsend) 粉被鼻彩蝇

Rhyncomya setipyga Villeneuve 鬃尾鼻彩蝇，毛尾喙蝇

Rhyncosoma 短柄木象甲属

Rhyngota [= Rhynchota] 有喙目 < 即广义半翅目 >

Rhynocorini 瑞猎蝽族

Rhynocoris 瑞猎蝽属

Rhynocoris altaicus Kiritshenko 独环瑞猎蝽，独环真猎蝽

Rhynocoris annulatus (Linnaeus) 环瑞猎蝽

Rhynocoris costalis (Stål) 山彩瑞猎蝽，山彩真猎蝽，山真猎蝽

Rhynocoris dauricus Kiritshenko 双环瑞猎蝽，双环真猎蝽

Rhynocoris dudae (Horváth) 杜瑞猎蝽，杜真猎蝽

Rhynocoris fuscipes (Fabricius) 红彩瑞猎蝽，红彩真猎蝽

Rhynocoris incertis (Distant) 云斑瑞猎蝽，云斑真猎蝽

Rhynocoris iracundus (Poda) 丽瑞猎蝽，丽真猎蝽

Rhynocoris leucospilus (Stål) [indigo-backed assassin bug] 青背瑞猎蝽，青背真猎蝽

Rhynocoris marginellus (Fabricius) 黄缘瑞猎蝽，黄缘真猎蝽

Rhynocoris mendicus (Stål) 红股瑞猎蝽，红股真猎蝽

Rhynocoris monticola Oshanin 大瑞猎蝽

Rhynocoris reuteri (Distant) 黑缘瑞猎蝽，黑缘真猎蝽

Rhynocoris rubrogularis (Horváth) 红胸瑞猎蝽

Rhynocoris rubromarginatus Jakovlev 红缘瑞猎蝽，红缘真猎蝽

Rhynocoris sibiricus Jakovlev 斑缘瑞猎蝽，斑缘真猎蝽

Rhynocoris tristis (Stål) 小瑞猎蝽

Rhynonirmus 伦鸟虱属

Rhynonirmus helvolus (Burmeister) 丘鹬伦鸟虱

Rhynonirmus scolopacis (Denny) 扇尾沙锥伦鸟虱

Rhynonirmus stenurae Timmermann 针尾沙锥伦鸟虱

Rhyothemis 丽翅蜻属

Rhyothemis fuliginosa Sélys 黑丽翅蜻，黑裳蜻，黑翅蜻蜓

Rhyothemis obsolescens Kirby 青铜丽翅蜻，褐丽翅蜻

Rhyothemis phyllis (Sulzer) 臀斑丽翅蜻，多斑裳蜻

Rhyothemis plutonia Sélys 曜丽翅蜻，全黑丽翅蜻

Rhyothemis regia (Brauer) 灰黑丽翅蜻，王者丽翅蜻，蓝黑蜻蜓

Rhyothemis severini Ris 赛琳丽翅蜻，赛琳蜻蜓

Rhyothemis triangularis Kirby 三角丽翅蜻，三角蜻蜓

Rhyothemis variegata (Linnaeus) [common picture wing, variegated flutterer] 斑丽翅蜻，彩裳蜻蜓，彩裳丽翅蜻

Rhyothemis variegata aria (Drury) 斑丽翅蜻多斑亚种，彩裳蜻蜓

Rhyothemis variegata imperatrix Sélys 斑丽翅蜻显领亚种，领裳蜻

Rhyothemis variegata variegata (Linnaeus) 斑丽翅蜻指名亚种，多变裳蜻

Rhyparia 黄灯蛾属

Rhyparia idaria Oberthür 见 *Obeidia idaria*

Rhyparia largeteaui Oberthür 见 *Euryobeidia largeteaui*

Rhyparia leopardaria Oberthür 见 *Epobeidia tigrata leopardaria*

Rhyparia purpurata (Linnaeus) [purple tiger, chrysanthemum arctid] 伪浑黄灯蛾，黄灯蛾

Rhyparia rongaria Oberthür 见 *Microbeidia rongaria*

Rhyparida 亚澳肖叶甲属，群肖叶甲属，岛屿猿金花虫属

Rhyparida dentipes (Chen) 齿股亚澳肖叶甲，齿股角胸肖叶甲，齿腿角胸叶甲

Rhyparida discopunctulata Blackburn [black swarming leaf beetle] 黑亚澳肖叶甲，黑群肖叶甲

Rhyparida formosana Ashlam 台湾亚澳肖叶甲，台湾污肖叶甲，蓬莱岛屿猿金花虫

Rhyparida kotoensis Chûjô 宽背亚澳肖叶甲，台岛污肖叶甲

Rhyparida limbatipennis Jacoby [brown swarming leaf beetle] 褐亚澳肖叶甲，褐群肖叶甲

Rhyparida sakisimensis Yuasa 岛屿亚澳肖叶甲，兰屿污肖叶甲，巨岛屿猿金花虫

Rhyparioides 浑黄灯蛾属

Rhyparioides amurensis (Bremer) 肖浑黄灯蛾，阿通灯蛾

Rhyparioides amurensis amurensis (Bremer) 肖浑黄灯蛾指名亚种

Rhyparioides amurensis meridei Daniel 同 *Rhyparioides amurensis amurensis*

Rhyparioides amurensis nipponensis Kishida *et* Inomata 肖浑黄灯蛾日本亚种

Rhyparioides metelkana (Lederer) 点浑黄灯蛾

Rhyparioides metelkana kiangsui Daniel 同 *Rhyparioides metelkana metelkana*
Rhyparioides metelkana metelkana (Lederer) 点浑黄灯蛾指名亚种
Rhyparioides nebulosa Butler 浑黄灯蛾
Rhyparioides subvaria (Walker) 红点浑黄灯蛾，亚异菲灯蛾
Rhyparioides subvaria flavidior Oberthür 同 *Rhyparioides subvaria subvaria*
Rhyparioides subvaria subvaria (Walker) 红点浑黄灯蛾指名亚种
Rhyparobia 污蠊属
Rhyparobia maderae (Fabricius) [Madeira cockroach] 马德拉污蠊，马得拉蜚蠊，污尖翅蠊
rhyparochromid 1. [= rhyparochromid bug, dirt-colored seed bug] 地长蝽 < 地长蝽科 Rhyparochromidae 昆虫的通称 >; 2. 地长蝽科的
rhyparochromid bug [= rhyparochromid, dirt-colored seed bug] 地长蝽
Rhyparochromidae 地长蝽科
Rhyparochrominae 地长蝽亚科
Rhyparochromini 地长蝽族
Rhyparochromus 地长蝽属
Rhyparochromus adspersus Mulsant *et* Rey 淡边地长蝽，淡边狭地长蝽
Rhyparochromus albomaculatus (Scott) 白斑地长蝽，白斑狭地长蝽，白斑板长蝽，白斑长蝽
Rhyparochromus albomaculatus csikii (Horváth) 见 *Rhyparochromus csikii*
Rhyparochromus csikii (Horváth) 黑斑地长蝽，黑斑狭地长蝽，V- 纹地长蝽，齐氏板长蝽
Rhyparochromus jakowlewi Seidenstucker 同 *Naphiellus irroratus*
Rhyparochromus japonicus (Stål) 点边地长蝽，点边狭地长蝽，日本狭地长蝽，日本板长蝽，日本长蝽
Rhyparochromus (***Naphiellus***) ***irroratus*** (Jakovlev) 见 *Naphiellus irroratus*
Rhyparochromus pini (Linnaeus) 松地长蝽
Rhyparochromus simplex (Jakovlev) 见 *Raglius simplex*
Rhyparochromus sinae Stål 见 *Pamerana sinae*
Rhyparochromus sordidus (Fabricius) 同 *Elasmolomus pallens*
Rhyparochromus v-album Stål 见 *Elasmolomus valbum*
Rhyparochromus vulgaris (Schilling) 普通地长蝽
Rhyparothesus 拟地长蝽属
Rhyparothesus dudgeoni (Distant) 拟地长蝽
Rhyparothesus orientalis (Distant) 淡拟地长蝽
Rhyparus 秽蜉金龟甲属，秽蜉金龟属，棱蜉金龟属
Rhyparus chinensis Balthasar 中华秽蜉金龟甲，中华秽蜉金龟
Rhyparus helephoroides Fairmaire 赫秽蜉金龟甲，赫秽蜉金龟，微棱背蜉金龟，微棱背马粪金龟
Rhyparus kitanoi Miyatake 基秽蜉金龟甲，基秽蜉金龟
Rhyparus klapperichorus Paulian 克氏秽蜉金龟甲，克氏棱蜉金龟
Rhyparus loebli Paulian 罗伯秽蜉金龟甲，罗伯棱蜉金龟
Rhyparus peninsularis Arrow 马来秽蜉金龟甲，马来棱蜉金龟，马来棱背马粪金龟，拼秽蜉金龟
Rhyparus philippinensis Arrow 菲秽蜉金龟甲，菲秽蜉金龟
Rhyparus simplicicollis Fairmaire 见 *Sybacodes simplicicollis*
Rhyphidae [= Anisopodidae, Phryneidae, Sylvicolidae] 殊蠓科，伪大蚊科，蚊蚋科
rhypophagous [= rypophagous] 食污的
Rhysella 小皱姬蜂属
Rhysella approximator (Fabricius) 黑小皱姬蜂
Rhysipolis 皱腰茧蜂属
Rhysipolis bicarinator Belokobylskij 双脊皱腰茧蜂
Rhysipolis decorator (Haliday) 红头皱腰茧蜂
Rhysipolis enukidzei Tobias 恩氏皱腰茧蜂
Rhysipolis longicaudatus Belokobylskij 长尾皱腰茧蜂
Rhysipolis meditator (Haliday) 中皱腰茧蜂
Rhysipolis mongolicus Belokobylskij 蒙古皱腰茧蜂
Rhysipolis parnarae Belokobylskij *et* Kon 稻苞虫皱腰茧蜂，稻弄蝶直脊茧蜂
Rhysipolis taiwanicus Belokobylskij 台湾皱腰茧蜂
Rhysipolis townesi Belokobylskij 汤氏皱腰茧蜂
Rhysodes 条脊甲属
Rhysodes sulcatus (Fabricius) 条脊甲
rhysodid 1. [= rhysodid beetle, wrinkled bark beetle] 条脊甲，背条虫 < 条脊甲科 Rhysodidae 昆虫的通称 >; 2. 条脊甲科的
rhysodid beetle [= rhysodid, wrinkled bark beetle] 条脊甲，背条虫
Rhysodidae 条脊甲科，背条虫科
Rhysodoidea 条脊甲总科
Rhysostethus 皱背猎蝽属
Rhysostethus glabellus Hsiao 皱背猎蝽
Rhyssa 皱背姬蜂属
Rhyssa amoena Gravenhorst 可爱皱背姬蜂
Rhyssa jozana Matsumura 同 *Rhyssa amoena*
Rhyssa lineolata (Kirby) 直边皱背姬蜂
Rhyssa persuasoria (Linnaeus) 黑背皱背姬蜂，树蜂梳姬蜂，皱背姬蜂
Rhyssa persuasoria himalayensis Wilkinson 黑背皱背姬蜂喜马亚种
Rhyssa persuasoria nepalensis Kamath *et* Gupta 黑背皱背姬蜂尼泊尔亚种
Rhyssa persuasoria nigrofacialis Meyer 黑背皱背姬蜂黑带亚种
Rhyssa persuasoria persuasoria (Linnaeus) 黑背皱背姬蜂指名亚种
Rhyssella 小皱背姬蜂属，小皱姬蜂属
Rhyssella approximator (Fabricius) 黑小皱背姬蜂，黑小皱姬蜂
Rhyssemodes 类皱蜉金龟甲属
Rhyssemodes orientalis (Mulsant *et* Godart) 东方类皱蜉金龟甲
Rhyssemus 皱蜉金龟甲属，皱蜉金龟属，卵形蜉金龟属
Rhyssemus germanus (Linnaeus) 德国皱蜉金龟甲，德皱蜉金龟，德国蜉金龟
Rhyssemus inscitus Walker 荫皱蜉金龟甲，荫皱蜉金龟
Rhyssemus malasiacus Lansberg 马来皱蜉金龟甲，马来卵形蜉金龟
Rhyssemus nanshanchicus Masumoto 南皱蜉金龟甲，南皱蜉金龟，南山溪卵形蜉金龟
Rhyssemus samurai Balthasar 见 *Myrhessus samurai*
Rhyssinae 皱背姬蜂亚科
Rhyssini 皱背姬蜂族
rhythm 节律

rhythmic [= rhythmical] 有节奏的
rhythmic behavior 节律性行为
rhythmic process 节律过程
rhythmical 见 rhythmic
rhythmicity 节律性
Rhytidoclerus rufiventris (Westwood) 见 *Stigmatium rufiventris*
Rhytidodera 脊胸天牛属，胸天牛属
Rhytidodera bowringii White [Asian mango long-horned beetle, mango stem borer] 脊胸天牛
Rhytidodera grandis Thomson 桁角脊胸天牛
Rhytidodera integra Kolbe 榕脊胸天牛
Rhytidodera simulans (White) [mango branch borer] 南亚脊胸天牛
Rhytidodus 冠纹叶蝉属，皱背叶蝉属
Rhytidodus decimusquartus (Schrank) 多斑冠纹叶蝉，多斑皱背叶蝉
Rhytidodus melanthes Anufriev 黄斑冠纹叶蝉，黄斑皱背叶蝉
Rhytidodus poplara Li *et* Yan 杨冠纹叶蝉，杨皱背叶蝉
Rhytidodus zalantunensis Li *et* Zhang 扎兰屯冠纹叶蝉，扎兰屯皱背叶蝉
Rhytidodus zhenyuanensis Xing, Cao *et* Li 镇原冠纹叶蝉，镇原皱背叶蝉
Rhytidophaena 皱亮虎甲属
Rhytidophaena limbata (Wiedemann) 同 *Rhytidophaena tetraspilota*
Rhytidophaena tetraspilota (Chaudoir) 四斑皱亮虎甲
Rhytidoponera 皱猛蚁属
Rhytidoponera metallica (Smith) [green-head ant, green ant, metallic pony ant] 绿头皱猛蚁，热带绿头蚁
Rhytidortalis 皱广口蝇属，莱扁口蝇属
Rhytidortalis cribrata Hendel 筛皱广口蝇，筛莱扁口蝇，高雄广口蝇
Rhytiphora 锐天牛属
Rhytiphora albocincta (Guérin-Méneville) 白带锐天牛，白带宽幅天牛
Rhytiphora neglecta (Pascoe) [grey ringbarker] 灰锐天牛
Rhytiphora nigrovirens (Donovan) [green longhorn beetle, green-striped longhorn beetle, dark brown longicorn beetle] 绿翅锐天牛，绿条宽幅天牛
Rhytiphora vestigialis (Pascoe) 黄体锐天牛，黄体宽幅天牛
Rhyzodiastes 狼条脊甲属
Rhyzodiastes rimoganensis (Miwa) 台北狼条脊甲，瑞条脊甲
Rhyzodiastes (***Temoana***) ***xii*** Wang 习氏狼条脊甲
Rhyzopertha 谷蠹属
Rhyzopertha dominica (Fabricius) [lesser grain borer, American wheat weevil, Australian wheat weevil, stored grain borer] 谷蠹，米长蠹 < 此种学名有误写为 *Rhizopertha dominica* (Fabricius) 者 >
Ribaga's organ 利氏器，利氏器官 < 臭虫属 *Cimex* 中，位于腹部腹面的囊状构造，交配时精子由此进入体内 >
Ribautiana tenerrima (Herrich-Schäffer) [bramble leafhopper] 黑莓小叶蝉，黑莓叶蝉
Ribautodelphax 黎氏飞虱属
Ribautodelphax albifascia (Matsumura) 见 *Unkanodes albifascia*
Ribautodelphax altaica Vilbaste 阿尔泰黎氏飞虱
Ribautodelphax bidentatus Anufriev 双齿黎氏飞虱
Ribautodelphax exquisita Anufriev 精美黎氏飞虱
Ribautodelphax notabilis Logvinenko 名黎氏飞虱，名飞虱
Ribautodelphax pusilla Emeljanov 普思黎氏飞虱
Ribautodelphax siculiformis Ding *et* Wang 剑鞘黎氏飞虱
Ribautodelphax tuvinus Anufriev 叉刺黎氏飞虱
ribbed apple leaf miner [= pear leaf blister moth, apple leaf miner, silver wing leaf-mining moth, *Leucoptera malifoliella* (Costa)] 旋纹潜蛾，旋纹潜叶蛾，旋纹条潜蛾
ribbed bud gall wasp [*Callirhytis gemmaria* (Ashmead)] 花蕾丽瘿蜂
ribbed cocoon maker [= bucculatricid moth, bucculatricid] 颊蛾 < 颊蛾科 Bucculatricidae 昆虫的通称 >
ribbed pine borer [= mottled gray beetle, greyish longicorn beetle, *Rhagium inquisitor* (Linnaeus)] 松皮花天牛，灰天牛，皮花天牛，松脊花天牛，松皮天牛
Ribbe's glassy acraea [*Acraea leucographa* Ribbe] 白描珍蝶
riboflavin [= vitamin B_2] 维生素 B_2；核黄素
ribonuclease 核糖核酸酶
ribonucleic acid [abb. RNA] 核糖核酸
ribose 核糖
ribose nucleic acid 核糖核酸
ribosomal DNA [abb. rDNA] 核糖体 DNA
ribosomal RNA [abb. rRNA] 核糖体 RNA
ribosome 核糖体，核糖核蛋白体
ribosome RNA 核糖体 RNA
ribothymidine 胸腺嘧啶核糖核酸
ribovirus 核糖核酸病毒
rica skipper [= Costa Rican peacock-skipper, *Artines rica* Steinhauser *et* Austin] 黎加鹰弄蝶
Ricania 广翅蜡蝉属
Ricania apicalis (Walker) 端点广翅蜡蝉
Ricania berezovskii Melichar 别氏广翅蜡蝉
Ricania binotata Walker 双圆点广翅蜡蝉
Ricania cacaonis Chou *et* Lu 可可广翅蜡蝉
Ricania equestris Dalman 马广翅蜡蝉
Ricania fenestrata Fabricius 檀香广翅蜡蝉
Ricania flabellum Noualhier 琼边广翅蜡蝉
Ricania formosana Esaki 同 *Ricanoides pipera*
Ricania fumosa (Walker) 暗带广翅蜡蝉
Ricania japonica Melichar [Japanese broad-winged planthopper] 琥珀广翅蜡蝉
Ricania marginalis (Walker) 缘纹广翅蜡蝉
Ricania pulverosa Stål 见 *Ricanula pulverosa*
Ricania quadrimaculata Kato 四斑广翅蜡蝉
Ricania shantungensis Chou *et* Lu 见 *Pochazia shantungensis*
Ricania simulans (Walker) 钩纹广翅蜡蝉，条纹广翅蜡蝉
Ricania speculum (Walker) [black planthopper, coffee plant hopper] 八点广翅蜡蝉，八点广蜡蝉，咖啡黑褐蛾蜡蝉，八点光蝉，八点蜡蝉，橘八点光蝉，黑羽衣
Ricania sublimata Jacobi 见 *Ricanula sublimata*
Ricania taeniata Stål [smaller pellucid broad-winged planthopper] 褐带广翅蜡蝉，二带广翅蜡蝉
Ricania zigzac Jacobi 福建广翅蜡蝉
ricaniid 1. [= ricaniid planthopper, broad-winged planthopper] 广翅蜡蝉 < 广翅蜡蝉科 Ricaniidae 昆虫的通称 >；2. 广翅蜡蝉科的

ricaniid planthopper [= ricaniid, broad-winged planthopper] 广翅蜡蝉

Ricaniidae 广翅蜡蝉科

Ricanoides 类广蜡蝉属

Ricanoides flabellum (Noualhier) 琼边类广蜡蝉，肖广翅蜡蝉，琼边广翅蜡蝉，端点广翅蜡蝉，圣扇广翅蜡蝉

Ricanoides liboensis Zhang, Yang *et* Chen 荔波类广蜡蝉

Ricanoides melanicus Zhang, Yang *et* Chen 黑背类广蜡蝉

Ricanoides pipera (Distant) 胡椒类广翅蜡蝉，台湾类广蜡蝉，黑星广翅蜡蝉

Ricanoides rotundatus Zhang, Yang *et* Chen 圆点类广蜡蝉

Ricanopsis 膜广翅蜡蝉属

Ricanopsis semihyalina Melichar 半透膜广翅蜡蝉

Ricanula 拟广翅蜡蝉属

Ricanula pulverosa (Stål) 可可拟广翅蜡蝉，粉黛广翅蜡蝉

Ricanula sublimata (Jacobi) 柿拟广翅蜡蝉，白痣广翅蜡蝉，柿广翅蜡蝉，柿广蜡蝉

rice aculeated thrips [= grass thrips, rice phloeothrips, cereal thrips, rye thrips, *Haplothrips aculeatus* (Fabricius)] 稻简管蓟马，稻单管蓟马，稻管蓟马，稻皮蓟马

rice armyworm 1. [= northern armyworm, oriental armyworm, southern armyworm, armyworm, rice ear-cutting caterpillar, paddy armyworm, ear-cutting caterpillar, *Mythimna separata* (Walker)] 黏虫，东方黏虫，分秘夜蛾，黏秘夜蛾；2. [= paddy swarming caterpillar, lawn armyworm, rice swarming caterpillar, paddy armyworm, paddy cutworm, grass armyworm, nutgrass armyworm, *Spodoptera mauritia* (Boisduval)] 灰翅夜蛾，灰翅贪夜蛾，眉纹夜蛾；3. [= cosmopolitan, false army worm, nightfeeding rice armyworm, Lorey army worm, Loreyi leaf worm, *Leucania loreyi* (Duponchel)] 白点黏夜蛾，白点秘夜蛾，劳氏黏虫，劳氏秘夜蛾，劳氏光腹夜蛾，罗氏秘夜蛾

rice beetle [*Dyscinetus morator* (Fabricius)] 蔗黑犀金龟甲

rice black bug [= Malayan rice black bug, black rice bug, black paddy bug, *Scotinophara coarctata* (Thunberg)] 褐黑蝽，马来亚稻黑蝽

rice black froghopper [= rice spittle bug, *Callitettix versicolor* (Fabricius)] 稻沫蝉，稻赤斑沫蝉，赤斑黑沫蝉

rice borer [= Asiatic rice borer, rice stem borer, rice stalk borer, striped rice borer, striped stem borer, striped rice stalk borer, striped rice stem borer, rice chilo, pale-headed striped borer, purple-lined borer, sugarcane moth borer, *Chilo suppressalis* (Walker)] 二化螟

rice brown planthopper [= brown planthopper, brown rice planthopper, *Nilaparvata lugens* (Stål)] 褐飞虱，稻褐飞虱，褐稻虱

rice brown semi-looper [= sugarcane looper, brown semi-looper, grain semi-looper, *Mocis frugalis* (Fabricius)] 实毛胫夜蛾，毛跗夜蛾

rice brown stink bug [= brown rice stink bug, rice stink bug, *Niphe elongata* (Dallas)] 稻褐蝽，稻长褐蝽，白边蝽，长稻褐蝽，水稻褐蝽，稻椿象

rice bubble scale [= gum-tree scale, blue gum scale, common gum scale, white egg scale, eucalyptus scale, *Eriococcus coriaceus* Maskell] 桉树毡蚧

rice bug 1. [= rice seed bug, rice sapper, narrow rice bug, paddy bug, tropical rice bug, rice green coreid, Asian rice bug, paddy fly, *Leptocorisa acuta* (Thunberg)] 异稻缘蝽，大稻缘蝽，稻蛛缘蝽；2. [*Stenocoris apicalis* (Westwood)] 稻狭缘蝽，稻缘蝽

rice butterfly [= horned caterpillar, rice greenhorned caterpillar, rice horn caterpillar, rice leaf butterfly, rice horned caterpillar, grain leaf butterfly, *Melanitis leda ismene* Cramer] 稻眼蝶，暮眼蝶喜稻亚种，海南暮眼蝶

rice caddice fly [*Setodes argentatus* Matsumura] 银条姬长角石蛾，稻银星筒石蚕

rice case bearer [= paddy case bearer, rice caseworm, *Parapoynx stagnalis* (Zeller)] 三点筒水螟，稻三点水螟

rice caseworm 1. [= rice leafroller, rice leaffolder, *Cnaphalocrocis medinalis* (Guenée)] 稻纵卷叶野螟，稻纵卷叶螟，稻纵卷螟，稻纵卷叶虫，瘤野螟；2. [= paddy case bearer, rice case bearer, *Parapoynx stagnalis* (Zeller)] 三点筒水螟，稻三点水螟

rice caterpillar [= fall armyworm, fall armyworm moth, southern grass worm, southern grassworm, alfalfa worm, buckworm, budworm, corn budworm, corn leafworm, cotton leaf worm, daggy's corn worm, grass caterpillar, grass worm, maize budworm, overflow worm, southern armyworm, wheat cutworm, whorlworm, *Spodoptera frugiperda* (Smith)] 草地贪夜蛾，草地夜蛾，秋黏虫，草地黏虫，甜菜贪夜蛾

rice chilo 见 rice borer

rice chironomid [= rice seed midge, rice midge, *Cricotopus* (*Isocladius*) *sylvestris* (Fabricius)] 稻环足摇蚊，稻环摇蚊，林间环足摇蚊

rice-climbing cutworm [= true armyworm, rice cutworm, common armyworm, armyworm, armyworm moth, ear-cutting caterpillar, paddy cutworm, white-speck, white-specked wainscot moth, wheat armyworm, aka common armyworm, American armyworm, Amcrican wainscot, *Mythimna unipuncta* (Haworth)] 白点黏虫，一点黏虫，一星黏虫，美洲黏虫

rice cone-headed katydid [*Euconocephalus varius* (Walker)] 稻优草螽，稻锥头螽，稻锥头螽斯

rice crane fly [*Tipula aino* Alexander] 稻大蚊

rice curculio [= rice plant weevil, rice root weevil, *Echinocnemus squameus* Billberg] 稻象甲，稻象，稻象鼻虫，稻鳞象虫，水稻象鼻虫，稻根象甲

rice cutworm 1. [= true armyworm, common armyworm, armyworm, armyworm moth, rice-climbing cutworm, ear-cutting caterpillar, paddy cutworm, white-speck, white-specked wainscot moth, wheat armyworm, aka common armyworm, American armyworm, Amcrican wainscot, *Mythimna unipuncta* (Haworth)] 白点黏虫，一点黏虫，一星黏虫，美洲黏虫；2. [= taro caterpillar, oriental leafworm moth, armyworm, cluster caterpillar, common cutworm, cotton leafworm, cotton worm, Egyptian cotton leafworm, tobacco budworm, tobacco caterpillar, tobacco leaf caterpillar, tobacco cutworm, tropical armyworm, *Spodoptera litura* (Fabricius)] 斜纹夜蛾，斜纹贪夜蛾，莲纹夜蛾，烟草近尺蠖夜蛾，夜老虎，五花虫，麻麻虫

rice delphacid [= American white-backed rice planthopper, *Sogatodes orizicola* (Muir)] 美洲淡背飞虱，美洲稻飞虱

rice ear bug [= slender rice bug, *Leptocorisa oratoria* (Fabricius)] 大稻缘蝽，稻蛛缘蝽，稻穗缘蝽

rice ear-cutting caterpillar [= northern armyworm, oriental armyworm, southern armyworm, armyworm, rice armyworm, paddy armyworm, ear-cutting caterpillar, *Mythimna separata* (Walker)] 黏虫，东方黏虫，分秘夜蛾，黏秘夜蛾

rice ephydrid [*Ephydra macellaria* Egger] 稻水蝇

rice false looper 1. [*Protodeltote distinguenda* (Staudinger)] 稻白臀俚夜蛾，稻俚夜蛾，卓越原德夜蛾，卓越夜蛾，白斑小夜蛾；2. [*Sugia stygia* (Butler)] 稻阴俚夜蛾，阴俚夜蛾，阴酥夜蛾，酥夜蛾，条纹螟蛉，稻条纹螟蛉，双星小夜蛾，淡白斑小夜蛾

rice fly [= rice stem gall midge, Asian rice gall midge, rice gall midge, paddy gall fly, rice gall fly, *Orseolia oryzae* (Wood-Mason)] 稻瘿蚊，亚洲稻瘿蚊，亚洲山稻瘿蚊

rice gall fly 见 rice fly

rice gall midge 见 rice fly

rice grain moth [= grain moth, Angoumois grain moth, rice moth, *Sitotroga cerealella* (Olivier)] 麦蛾，禾麦蛾

rice grasshopper [= Chinese cane grasshopper, *Hieroglyphus banian* (Fabricius)] 等岐蔗蝗

rice green coreid [= rice seed bug, rice sapper, narrow rice bug, paddy bug, tropical rice bug, rice bug, Asian rice bug, paddy fly, *Leptocorisa acuta* (Thunberg)] 异稻缘蝽，大稻缘蝽，稻蛛缘蝽

rice green leafhopper [= green leafhopper, oriental green rice leafhopper, green rice leafhopper, green paddy leafhopper, *Nephotettix virescens* (Distant)] 二点黑尾叶蝉，绿黑尾叶蝉，台湾黑尾叶蝉

rice greenhorned caterpillar 见 rice butterfly

rice ground beetle [=dusty brown beetle, common ground beetle, dusty bark eater, false wireworm, barkeating beetle, *Gonocephalum simplex* (Fabricius)] 尘土甲，土甲，咖啡被尘拟步甲

rice hairy caterpillar [= yellow hairy caterpillar, *Psalis pennatula* (Fabricius)] 翼剪毒蛾，钩毒蛾，钩茸毒蛾，甘蔗毒蛾

rice hesperiid [= common straight swift, rice skipper, paddy skipper, rice plant skipper, rice leaf tier, *Parnara guttata* (Bermer *et* Grey)] 直纹稻弄蝶，直纹稻苞虫，稻弄蝶，单带弄蝶，一字纹稻苞虫，禾九点弄蝶，一文字弄蝶，一字弄蝶

rice hispa [= rice hispid, spiny leaf beetle, paddy hispid, paddy hispa, hispa, army weevil, rice leaf beetle, *Dicladispa armigera* (Olivier)] 水稻铁甲，稻铁甲虫，铁甲虫

rice hispid 1. [= rice hispa, spiny leaf beetle, paddy hispid, paddy hispa, hispa, army weevil, rice leaf beetle, *Dicladispa armigera* (Olivier)] 水稻铁甲，稻铁甲虫，铁甲虫；2. [*Trichispa sericea* (Guérin-Méneville)] 非洲毛铁甲，非洲铁甲

rice horn caterpillar 见 rice butterfly

rice horned caterpillar 见 rice butterfly

rice leaf beetle 1. [*Oulema oryzae* (Kuwayama)] 水稻负泥虫，稻负泥虫，水稻禾谷负泥虫；2. [= rice hispa, rice hispid, paddy hispid, paddy hispa, spiny leaf beetle, hispa, army weevil, *Dicladispa armigera* (Olivier)] 水稻铁甲，稻铁甲虫，铁甲虫

rice leaf bug [= red-antennaed green bug, *Trigonotylus caelestialium* (Kirkaldy)] 条赤须盲蝽，稻叶赤须盲蝽 <此种的学名有时被错误地写为 *Trigonotylus coelestialium* (Kirkaldy)>

rice leaf butterfly 见 rice butterfly

rice leaf caterpillar 见 rice butterfly

rice leaf miner 1. [= Japanese rice leafminer, *Agromyza oryzae* (Munakata)] 日本稻潜蝇，稻潜蝇，稻潜叶蝇；2. [= rice stem maggot, *Chlorops oryzae* Matsumura] 稻秆蝇，稻黄潜蝇

rice leaf roller [= Japanese rice leaf roller, Fijian leaf folder, Fijian rice leaffolder, *Cnaphalocrocis exigua* (Butler)] 稻显纹纵卷叶野螟，稻显纹纵卷水螟，稻显纹纵卷螟，稻显纹纵卷叶螟，枇杷卷叶螟，显纹刷须野螟，黄纵卷叶螟

rice leaf tier 见 rice hesperiid

rice leaffolder 1. [= eufala skipper, *Lerodea eufala* (Edwards)] 鼠弄蝶，美洲稻弄蝶；2. [= rice caseworm, rice leafroller, *Cnaphalocrocis medinalis* (Guenée)] 稻纵卷叶野螟，稻纵卷叶螟，稻纵卷螟，稻纵卷叶虫，瘤野螟

rice leafhopper 1. [= paddy white jassid, white jassid, white paddy cicadellid, white rice leafhopper, *Cofana spectra* (Distant)] 白可大叶蝉，白大叶蝉，白翅褐脉叶蝉，稻大白叶蝉；2. [= green leafhopper, green rice leafhopper, spotted jassid, *Nephotettix cincticeps* (Uhler)] 黑尾叶蝉，伪黑尾叶蝉

rice leafminer [= smaller rice leafminer, barley fly, barley mining fly, cereal leaf miner, rice whorl maggot, *Hydrellia griseola* (Fallén)] 小灰毛眼水蝇，大麦毛眼水蝇，大麦水蝇

rice leafroller [= rice caseworm, rice leaffolder, *Cnaphalocrocis medinalis* (Guenée)] 稻纵卷叶野螟，稻纵卷叶螟，稻纵卷螟，稻纵卷叶虫，瘤野螟

rice looper 1. [*Phytometra festata* Graeser] 稻肖银纹夜蛾，稻金翅夜蛾；2. [= gold spot, *Plusia festucae* (Linnaeus)] 金翅夜蛾

rice maculated leafhopper [*Maiestas oryzae* (Matsumura)] 稻愈叶蝉，稻角顶叶蝉，稻斑叶蝉，稻纹叶蝉，稻叶蝉

rice meal moth [= rice moth, *Corcyra cephalonica* (Stainton)] 米蛾，米螟

rice mealy scale [= tuttle mealybug, rice mealybug, *Brevennia rehi* (Lindinger)] 稻轮粉蚧，稻异粉蚧，稻峰粉蚧，水稻粉红粉介壳虫，云南绣粉蚧，伪土粉蚧，碎粉蚧，景东禾鞘粉蚧

rice mealybug 见 rice mealy scale

rice midge 1. [= rice seed midge, rice chironomid, *Cricotopus* (*Isocladius*) *sylvestris* (Fabricius)] 稻环足摇蚊，稻环摇蚊，林间环足摇蚊；2. [*Chironomus oryzae* Matsumura] 稻摇蚊

rice moth 1. [= grain moth, rice grain moth, Angoumois grain moth, *Sitotroga cerealella* (Olivier)] 麦蛾，禾麦蛾；2. [= rice meal moth, *Corcyra cephalonica* (Stainton)] 米蛾，米螟

rice paper [= paper kite, large tree nymph, white tree nymph, wood nymph, tree nymph, *Idea leuconoe* (Erichson)] 大帛斑蝶，大白斑蝶

rice phloeothrips 见 rice aculeated thrips

rice plant skipper 见 rice hesperiid

rice plant weevil 见 rice curculio

rice planthopper red dryinid wasp [*Haplogonatopus apicalis* Perkins] 稻虱红单节螯蜂，稻虱红螯蜂

rice root aphid 1. [*Rhopalosiphum rufiabdominalis* (Sasaki)] 红腹缢管蚜，水稻根蚜，长毛角蚜；2. [= root aphid, Japanese rice root aphid, *Tetraneura* (*Tetraneurella*) *nigriabdominalis* (Sasaki)] 黑腹四脉绵蚜，陆稻黑腹绵蚜，粗长毛禾根绵蚜，陆稻根四条绵蚜，秋四脉绵蚜，榆瘿蚜，高粱根蚜，红腹缢管蚜，水稻根蚜，长毛角蚜，阿拟四脉绵蚜，稻根蚜

rice root mealybug [*Geococcus oryzae* (Kuwana)] 稻根地粉蚧

rice root weevil 见 rice curculio

rice root worm 1. [*Donacia provostii* Fairmaire] 长腿水叶甲，稻根长腿水叶甲，莲藕食根金花虫，稻食根叶甲，稻食根虫，

食根蛆；2. [*Donacia lenzi* Schönfeldt] 多齿水叶甲，稻根多齿水叶甲，食根金花虫

rice sapper 见 rice green coreid

rice satyrid 1. [= common evening brown, evening brown, green horned caterpillar, lesser grass satyrid, *Melanitis leda* (Linnaeus)] 暮眼蝶，树荫蝶，暗褐稻眼蝶，稻暮眼蝶，伏地目蝶，树间蝶，珠衣蝶，普通昏眼蝶，日月蝶青虫，淡色树荫蝶，蛇目蝶，青虫，日月蝶；2. [Chinese bushbrown, *Mycalesis gotama* Moore] 稻眉眼蝶，稻黄褐眼蝶

rice seed bug 见 rice green coreid

rice seed midge 见 rice chironomid

rice seedling fly [= bibit fly, *Atherigona exigua* Stein] 短柄芒蝇，短柄斑芒蝇，印度尼西亚稻秧芒蝇

rice semi-looper [= Lempke's gold spot, Putnam's looper moth, *Plusia putnami* (Grote)] 稻金翅夜蛾，普氏弧翅夜蛾

rice shield bug [= rice stink bug, *Diploxys fallax* Stål] 非洲稻蝽

rice shoot fly [= Malayan rice seedling fly, *Atherigona oryzae* Malloch] 稻芒蝇，稻斑芒蝇，马来亚稻芒蝇，马来亚稻芒角蝇，稻生芒蝇

rice skipper 1. [= bright-orange darter, *Telicota augias* (Linnaeus)] 紫翅长标弄蝶，褐条特弄蝶，安长标弄蝶；2. [= common straight swift, rice plant skipper, paddy skipper, rice hesperiid, rice leaf tier, *Parnara guttata* (Bermer *et* Grey)] 直纹稻弄蝶，直纹稻苞虫，稻弄蝶，单带弄蝶，一字纹稻苞虫，禾九点弄蝶，一文字弄蝶，一字弄蝶；3. [= continental swift, *Parnara ganga* Evans] 曲纹稻弄蝶，曲纹稻苞虫，竹弄蝶；4. [= paddy hesperid, paddy skipper, small branded swift, dark small-branded swift, lesser millet skipper, black branded swift, common branded swift, *Pelopidas mathias* (Fabricius)] 隐纹谷弄蝶，隐纹稻苞虫，玛稻弄蝶；5. [= little branded swift, obscure branded swift, *Pelopidas agna* (Moore)] 南亚谷弄蝶，尖翅褐弄蝶，尖翅谷弄蝶，南亚稻苞虫，尖翅褐弄蝶；6. [= African straight swift, straight swift, grey swift, Ceylon swift, *Parnara bada* (Moore)] 幺纹稻弄蝶，小稻弄蝶，姬单带弄蝶，姬稻弄蝶，灰谷弄蝶，秋弄蝶，姬一文字弄蝶，姬一字弄蝶，凹纹稻弄蝶，小稻苞虫

rice spiny coreid [*Cletus punctiger* (Dallas)] 稻棘缘蝽，稻棘缘椿象

rice spittle bug 见 rice black froghopper

rice stalk borer 1. [= Asiatic rice borer, rice stem borer, rice borer, striped rice borer, striped stem borer, striped rice stalk borer, striped rice stem borer, rice chilo, pale-headed striped borer, purple-lined borer, sugarcane moth borer, *Chilo suppressalis* (Walker)] 二化螟；2. [= rice stalk borer moth, *Chilo plejadellus* Zincken] 七星禾草螟，七星稻螟

rice stalk borer moth [= rice stalk borer, *Chilo plejadellus* Zincken] 七星禾草螟，七星稻螟

rice stalk-eyed fly [= stalk-eyed rice borer, *Diopsis apicalis* Dalman] 稻瘦突眼蝇

rice stem borer 1. [= Asiatic rice borer, rice borer, rice stalk borer, striped rice borer, striped stem borer, striped rice stalk borer, striped rice stem borer, rice chilo, pale-headed striped borer, purple-lined borer, sugarcane moth borer, *Chilo suppressalis* (Walker)] 二化螟；2. [= stalk-eyed rice borer, *Diopsis macrophthalma* Dalman] 稻突眼蝇

rice stem-case-borer [*Elophila fengwhanalis* (Pryer)] 黄纹塘水螟，枫湾艾乐螟，稻筒螟，稻筒卷叶螟，白纹水螟，稻水螟，台湾水螟

rice stem gall midge 见 rice fly

rice stem maggot [= rice leaf miner, *Chlorops oryzae* Matsumura] 稻秆蝇，稻黄潜蝇

rice stink bug 1. [= brown rice stink bug, rice brown stink bug, *Niphe elongata* (Dallas)] 稻褐蝽，稻长褐蝽，白边蝽，长稻褐蝽，水稻褐蝽，稻椿象；2. [*Oebalus pugnax* (Fabricius)] 稻肩刺蝽，稻臭蝽；美洲稻盾蝽 < 误 >，美洲稻缘蝽 < 误 >；3. [= rice shield bug, *Diploxys fallax* Stål] 非洲稻蝽；4. [= brown rice stink bug, Japanese rice stink bug, *Starioides degenerus* (Walker)] 褐类丽蝽，褐稻臭蝽

rice swarming caterpillar [= paddy swarming caterpillar, lawn armyworm, paddy armyworm, paddy cutworm, rice armyworm, grass armyworm, nutgrass armyworm, *Spodoptera mauritia* (Boisduval)] 灰翅夜蛾，灰翅贪夜蛾，眉纹夜蛾

rice swift [= Formosan swift, *Borbo cinnara* (Wallace)] 稻籼弄蝶，籼弄蝶，禾弄蝶，台湾单带弄蝶，台湾稻弄蝶，山弄蝶，幽灵弄蝶，台湾一文字弄蝶，台湾籼弄蝶

rice thrips [= paddy thrips, oriental rice thrips, *Stenchaetothrips biformis* (Bagnall)] 稻直鬃蓟马，稻蓟马，稻芽蓟马

rice tussock moth [*Euproctis minor* (Snellen)] 稻黄毒蛾，稻黄毛白毒蛾

rice water weevil [*Lissorhoptrus oryzophilus* Kuschel] 稻水象甲，稻象甲，稻根象甲，水稻水象鼻虫

rice webworm [= angled grass moth, false borer, false rice borer, *Ancylolomia chrysographella* (Kollar)] 金纹巢草螟，稻巢螟，金纹稻巢螟，铅条草螟

rice weevil [= lesser grain weevil, small rice weevil, lesser rice weevil, *Sitophilus oryzae* (Linnaeus)] 米象，米象甲，小米象

rice white borer [= sugarcane top borer, top borer, white rice borer, white top borer, yellow-tipped pyralid, yellow-tipped white sugarcane borer, *Scirpophaga nivella* (Fabricius)] 黄尾白禾螟，甘蔗白禾螟，蔗白螟，橙尾白禾螟

rice white stem borer [= white paddy stem borer, white rice borer, white stem borer, white rice stem borer, yellow paddy stem borer, *Scirpophaga innotata* (Walker)] 稻白禾螟，稻白螟，淡尾蛀禾螟

rice white-winged leafhopper [= yellow rice leafhopper, orange leafhopper, orange-headed leafhopper, *Thaia subrufa* (Motschulsky)] 楔形白翅叶蝉，黄稻白翅叶蝉，白翅微叶蝉，红幺叶蝉

rice whitefly [*Vasdavidius iudicus* (David *et* Subramamiam)] 稻卫粉虱，稻粉虱，稻白粉虱，稻立粉虱，禾粉虱，白背粉虱

rice whorl maggot 1. [*Hydrellia philippina* Ferino] 菲岛毛眼水蝇，菲律宾稻水蝇；2. [= smaller rice leafminer, barley fly, barley mining fly, rice leafminer, cereal leaf miner, *Hydrellia griseola* (Fallén)] 小灰毛眼水蝇，大麦毛眼水蝇，大麦水蝇；3. [= paddy stem maggot, black rice stem fly, *Hydrellia sasakii* Yuasa *et* Ishitani] 稻茎毛眼水蝇，稻黑水蝇，稻毛眼水蝇

rich brown coon [= pale demon, Watson's demon, *Stimula swinhoei* (Elwes *et* Edwards)] 斯帅弄蝶，帅弄蝶

rich factor 富集因子

rich sailer [*Neptis anjana* Moore] 安环蛱蝶

Richardia 粗股蝇属

Richardia lichtwardti Hendel [hammerhead fly] 利氏粗股蝇

richardiid 1. [= richardiid fly] 粗股蝇 < 粗股蝇科 Richardiidae 昆虫的通称 >; 2. 粗股蝇科的

richardiid fly [= richardiid] 粗股蝇

Richardiidae 粗股蝇科

Richard's fantasy [*Pseudaletis richardi* Stempffer] 里查德埔灰蝶

Richard's morpho [*Morpho richardus* Fruhstorfer] 瑞彻闪蝶

Richard's skipper [*Vettius richardi* (Weeks)] 理铂弄蝶

Richardsia 理小粪蝇属

Richardsia mongolica (Papp) 蒙古理小粪蝇

Richmond birdwing [*Ornithoptera richmondia* (Gray)] 里士满鸟翼凤蝶

Richmond's skipper [*Choranthus richmondi* Mille] 瑞潮弄蝶

ricini longwing [*Heliconius ricini* (Linnaeus)] 蓖麻袖蝶

ricini moth [= eri silkworm, *Samia cynthia ricini* (Boisduval)] 蓖麻蚕，蓖麻大蚕蛾

ricinid 1. [= ricinid louse] 鸟虱，鸟羽虱 < 鸟虱科 Ricinidae 昆虫的通称 >; 2. 鸟虱科的

ricinid louse [= ricinid] 鸟虱，鸟羽虱

Ricinidae 鸟虱科，鸟羽虱科

Ricinus 鸟虱属，雀虱属

Ricinus dolichocephalus (Scopoli) 金黄鹂鸟虱

Ricinus elongatus (Olfers) 槲东鸟虱

Ricinus frenatus (Burmeister) 鷦鷯鸟虱

Ricinus fringillae De Geer 雀鸟虱，苍头燕雀鸟虱

Ricinus japonicus rheinwaldi Mey 同 *Ricinus fringillae*

Ricinus marginatus Children 蓝侯歌鸫鸟虱

Ricinus meinertzhageni Rheinwald 田鹨鸟虱

Ricinus serratus (Durrant) 骄百灵鸟虱

Ricinus similis (Giebel) 同 *Ricinus marginatus*

Ricinus thoracicus (Packard) 雪鸫鸟虱

Ricinus uragi Mey 长尾雀鸟虱

rickettsiosis 立克次体病

Rickman's hairstreak [*Symbiopsis rickmani* (Schaus)] 瑞合灰蝶

Ridens 丽弄蝶属

Ridens allyni Freeman [Allyn's ridens] 尖臀丽弄蝶

Ridens bidens Austin 毕丽弄蝶

Ridens boilleyi (Mabille) [Biolley's ridens] 宝丽弄蝶

Ridens bridgmani (Weeks) 布氏丽弄蝶

Ridens crison Godman *et* Salvin [many-spotted ridens] 克里松丽弄蝶

Ridens harpagus (Felder *et* Felder) 钩丽弄蝶

Ridens mephitis Hewitson [Hewitson's ridens] 美丽弄蝶

Ridens mercedes Steinhauser [white-tailed ridens] 白尾丽弄蝶

Ridens miltas (Godman *et* Salvin) [Mexican ridens] 墨西哥丽弄蝶

Ridens pacasa (Williams) 帕丽弄蝶

Ridens panche (Williams) [panche ridens] 显斑丽弄蝶

Ridens ridens (Hewitson) 丽弄蝶

Ridens toddi Steinhauser [Todd's skipper] 图丽弄蝶

Ridens tristis (Draudt) 啼丽弄蝶

Ridesa 戾璐蜡蝉属

Ridesa tortriciformis Schumacher 卷蛾戾璐蜡蝉

ridge 嵴

ridge-winged fungus beetle [*Thes bergrothi* (Reitter)] 四行薪甲，脊翅蕈甲，隆翅薪甲

ridged scale [= palm fiorinia scale, avocado scale, European fiorinia scale, camellia scale, fiorinia scale, *Fiorinia fioriniae* (Targioni-Tozzetti)] 少腺围盾蚧，少腺单蜕盾蚧，围盾介壳虫

ridiaschinid 1. [= ridiaschinid moth] 隐脉瘿蛾 < 隐脉瘿蛾科 Ridiaschinidae 昆虫的通称 >; 2. 隐脉瘿蛾科的

ridiaschinid moth [= ridiaschinid] 隐脉瘿蛾

Ridiaschinidae 隐脉瘿蛾科

Riding's satyr [*Neominois ridingsii* (Edwards)] 绦眼蝶

RIDL [release of insects carrying a dominant lethal gene 的缩写] 释放携带显性致死基因的昆虫

Riedelia 月寄蝇属

Riedelia bicolor Mesnil 双色月寄蝇，双色类寄蝇

riffle beetle [= elmid beetle, elmid] 溪泥甲，长角泥甲 < 溪泥甲科 Elmidae 昆虫的通称 >

riffle bug [= veliid bug, veliid, water cricket, ripple bug, small water strider, broad-shouldered water strider] 宽肩蝽，宽黾蝽，宽肩水黾 < 宽肩蝽科 Veliidae 昆虫的通称 >

rigid cypress borer [= cypress borer, cypress and cedar borer, Oeme rigida Say] 柏天牛

right paramere 右抱握器，右抱器 < 半翅目昆虫等 >

Rihirbus 齿胫猎蝽属

Rihirbus sinicus Hsiao *et* Ren 华齿胫猎蝽

Rihirbus trochantericus Stål 多变齿胫猎蝽

Rikiosatoa 佐尺蛾属

Rikiosatoa bhutanica Inoue 钵佐尺蛾

Rikiosatoa euphiles (Prout) 丫佐尺蛾，尤佐尺蛾

Rikiosatoa fucataria (Wileman) 大佐尺蛾，大雄帅尺蛾，佐藤大尺蛾

Rikiosatoa grisea Butler 灰佐尺蛾

Rikiosatoa hoenensis (Wehrli) 洪佐尺蛾

Rikiosatoa mavi (Prout) 雄佐尺蛾，雄帅尺蛾

Rikiosatoa shibatai (Inoue) 紫带佐尺蛾

Rikiosatoa subdsagaria Satô *et* Wang 暗佐尺蛾，灰帅尺蛾

Rikiosatoa transversa Inoue 横线佐尺蛾，小帅尺蛾

Rikiosatoa vandervoordeni (Prout) 中国佐尺蛾，万玛尺蛾

Rileyiana 莱丽夜蛾属

Rileyiana fovea (Treitschke) [singer moth] 淡斑莱丽夜蛾

Riley's constable [*Dichorragia nesseus rileyi* Hall] 长波电蛱蝶赖利亚种，瑞内电蛱蝶

Riley's copper [*Aloeides rileyi* Tite *et* Dickson] 赖利乐灰蝶

Riley's graphium [*Graphium rileyi* Berger] 赖利青凤蝶

Riley's opal [*Poecilmitis rileyi* Dickson] 赖利幻灰蝶

Riley's skolly [*Thestor rileyi* Pennington] 赖利秀灰蝶

Rilipertus 宽鞘缘茧蜂属

Rilipertus zhongnanshanius Li 钟氏宽鞘缘茧蜂

rima [pl. rimae] 裂口

rimae [s. rima] 裂口

rimose [= rimosus, rimous] 有罅裂的

rimosus 见 rimose

rimous 见 rimose

Rinaca 霖王蛾属

Rinaca japonica (Moore) 日本霖王蛾

Rinaca nanlingensis Brechlin 南岭霖王蛾

Rinaca simla (Westwood) 希霖王蛾

Rinaca sinjaevi Brechlin 辛霖王蛾

Rinaca thibeta (Westwood) 藏霖王蛾

ring gland [= Weismann's ring] 环腺，魏司曼环 < 见于环裂部双翅目幼虫中 >

ring-joint 环节 < 指触角鞭节的分节 >

ring-legged earwig [*Euborellia annulipes* (Lucas)] 环纹小肥螋，环足肥螋，环足白角肥螋，环纹肥螋

ring-vein [= ambient vein] 围脉 < 专用于缨翅目昆虫 >

ringant termite [*Neotermes insularis* (Walker)] 环纹新白蚁，环纹木白蚁

ringbarker phasmid [= gregarious phasmid, plague phasmid, ringbarker stick insect, *Podacanthus wilkinsoni* Macleay] 魏氏群居䗛

ringbarker stick insect 见 ringbarker phasmid

Ringdahlia 林纤蕨蝇属

Ringdahlia curtigena (Ringdahl) 短颊林纤蕨蝇

ringed argus [*Callerebia annada* (Moore)] 安艳眼蝶

ringed carpet [*Cleora cinctaria* (Denis *et* Schiffermüller)] 落叶松霜尺蛾，落叶松双肩尺蛾，双肩尺蛾，苦霜尺蛾，带拟霜尺蛾

ringed china-mark [*Parapoynx stratiotata* (Linnaeus)] 斯筒水螟，三点水螟，黑纹水螟，稻三点螟

ringed tortoise beetle [*Ischnocodia annulus* (Fabricius)] 环纹瘦龟甲

ringed xenica [*Geitoneura acantha* (Donovan)] 刺纹结眼蝶

ringens [= ringent] 开口的

ringent 见 ringens

Ringer solutions 林格氏溶液

ringlet [*Aphantopus hyperantus* (Linnaeus)] 阿芬眼蝶

Riodina 蚬蝶属

Riodina calpharnia (Saunders) 美雅蚬蝶

Riodina delphinia (Staudinger) 戴尔妃蚬蝶

Riodina lycisca (Hewitson) [lycisca metalmark] 黄缘蚬蝶，指名蚬蝶

Riodina lysimachus Stichel 路西蚬蝶

Riodina lysippoides Berg 拟斜带蚬蝶

Riodina lysippus (Linnaeus) [lysippus metalmark] 斜带蚬蝶

Riodina lysistratus (Burmeister) 鲁斯蚬蝶

riodinid 1. [= riodinid butterfly, metalmark] 蚬蝶 < 蚬蝶科 Riodinidae 昆虫的通称 >；2. 蚬蝶科的

riodinid butterfly [= riodinid, metalmark] 蚬蝶

Riodinidae [= Plebejidae, Nemeobiidae, Erycinidae] 蚬蝶科 < 此科学名有误写为 Rhiodinidae 者 >

Rioxa 脉实蝇属，里奥实蝇属

Rioxa discalis (Walker) 前缘脉实蝇，迪斯卡里奥实蝇

Rioxa erebus Róndani 暗色脉实蝇，暗色里奥实蝇

Rioxa lanceolata Walker 径斑脉实蝇，新加坡里奥实蝇

Rioxa lucifer Hering 光脉实蝇，卢斯里奥实蝇

Rioxa megispilota Hardy 大斑脉实蝇，麦吉里奥实蝇

Rioxa parvipunctata de Meijere 小斑脉实蝇，帕维里奥实蝇

Rioxa quinquemaculata Bezzi 同 *Rioxa sexmaculata*

Rioxa sexmaculata (van der Wulp) 缘斑脉实蝇，缘斑里奥实蝇

Rioxa sumatrana Enderlein 苏门脉实蝇，苏门答腊里奥实蝇

Rioxa vinnula Hardy 柬埔寨脉实蝇，柬埔寨里奥实蝇

Rioxa vittata Zia 同 *Rioxa sexmaculata*

Rioxoptilona desperata Hering 见 *Acanthonevra desperata*

Rioxoptilona parvisetalis Hering 见 *Acanthonevra parvisetalis*

Rioxoptilona speciosa Hendel 见 *Acanthonevra speciosa*

riparian [= ripicolous] 岸栖的

Ripart's anomalous blue [*Polyommatus ripartii* (Freyer)] 里眼灰蝶

ripe silkworm 熟蚕

Ripeacma 斑织蛾属

Ripeacma acuminiptera Wang *et* Li 尖翅斑织蛾

Ripeacma angusta Wang *et* Zheng 窄翅斑织蛾

Ripeacma bilobata Wang 茎裂斑织蛾

Ripeacma cotyliformis Wang 杯斑织蛾

Ripeacma fopingensis Wang *et* Zheng 佛坪斑织蛾

Ripeacma qinlingensis Wang *et* Zheng 秦岭斑织蛾

Ripeacma setosa Wang 毛斑织蛾

Ripeacma trapezialis Wang 梯斑织蛾

Ripeacma yamadai Moriuti 山田斑织蛾

ripeness 1. 成熟；2. 成熟度

ripening 成熟

Ripersia 瑞粉蚧属

Ripersia resinophila Green 脂瑞粉蚧

Ripersiella 土粉蚧属

Ripersiella caesii (Schmutterer) 石竹土粉蚧

Ripersiella carolinensis (Beardsley) 小印尼土粉蚧

Ripersiella cynodontis (Green) 绊根草土粉蚧

Ripersiella halophila (Hardy) [Hardy root mealybug] 海生土粉蚧

Ripersiella helanensis Tang 贺兰土粉蚧

Ripersiella hibisci (Kawai *et* Takagi) 木槿土粉蚧

Ripersiella kondonis (Kuwana) [citrus ground mealybug, Kondo mealybug] 柑橘土粉蚧，柑橘根粉蚧

Ripersiella nicotiana Liu *et* Wu 烤烟土粉蚧

Ripersiella parva (Danzig) 高加索土粉蚧

Ripersiella plurostiolatus Wu *et* Liu 多裂土粉蚧

Ripersiella poltavae (Laing) [Laing's root mealybug] 乌克兰土粉蚧

Ripersiella saintpauliae (Williams) 泰国土粉蚧

Ripersiella sasae (Takagi *et* Kawai) 箬竹土粉蚧

Ripersiella theae (Kawai *et* Takagi) 茶树土粉蚧

Ripersiella tritici (Borchsenius) 小麦土粉蚧

ripicolous 见 riparian

Ripidius 类大花蚤属，噬蟑大花蚤属，蠊大花蚤属 < 此属学名有误写为 *Rhipidius* 者 >

Ripidius longicollis (Schlider) 长胸类大花蚤，长类大花蚤，长胸大花蚤，长胸噬蟑大花蚤

Ripidius pectinicornis (Thunberg) 栉角类大花蚤，小翅栉角大花蚤，扇角大花蚤，扇角噬蟑大花蚤

ripiphorid 1. [= ripiphorid beetle, wedge-shaped beetle, rhipiphorid-beetle] 大花蚤 < 大花蚤科 Ripiphoridae 的通称 >；2. 大花蚤科的

ripiphorid beetle [= ripiphorid, wedge-shaped beetle, rhipiphorid beetle] 大花蚤

Ripiphoridae [= Rhipiphoridae] 大花蚤科

Ripiphorus 大花蚤属 < 该属学名有误写为 *Rhipiphorus* 者 >

Ripiphorus chalcidoides Gressitt 小蜂大花蚤

Ripiphorus davidis (Fairmaire) 达大花蚤

Ripiphorus minor Gressitt 小大花蚤

Ripiphorus subdipterus Bosc 短鞘大花蚤

Ripiphorus tenthredinoides Gressitt 叶蜂大花蚤
ripple bug [= veliid bug, veliid, water cricket, riffle bug, small water strider, broad-shouldered water strider] 宽肩蝽，宽黾蝽，宽肩水黾 < 宽肩蝽科 Veliidae 昆虫的通称 >
Rippon's birdwing [*Troides hypolitus* (Cramer)] 海滨裳凤蝶，鹂裳凤蝶
Riptortus 蜂缘蝽属
Riptortus clavatus Thunberg 同 *Riptortus pedestris*
Riptortus linearis (Fabricius) 条蜂缘蝽
Riptortus parvus Hsiao 小蜂缘蝽
Riptortus pedestris (Fabricius) [bean bug] 点蜂缘蝽，豆蜂缘蝽
Risefronta 突额叶蝉属
Risefronta albicincta Li *et* Wang 白带突额叶蝉
Riseveinus 突脉叶蝉属
Riseveinus albiveinus (Li) 白脉突脉叶蝉，白脉弯头叶蝉
Riseveinus asymmetricus Zhang, Zhang *et* Wei 单钩突脉叶蝉
Riseveinus baoshanensis Li *et* Li 保山突脉叶蝉
Riseveinus compressus Zhang, Zhang *et* Wei 扁茎突脉叶蝉
Riseveinus sinensis (Jacobi) 中华突脉叶蝉，中华片脊叶蝉，中华翘头叶蝉
risilin 节肢弹性蛋白
RISIT [radiation induced sterile insect technique 的缩写] 辐射诱导昆虫不育技术
risk analysis 风险分析
risk assessment 风险评估
Rismethus 瑞斯叩甲属
Rismethus ryukyuensis Ôhira 琉球瑞斯叩甲
Rismethus scobinula (Candèze) 司瑞斯叩甲
Risoba 长角皮夜蛾属，长角瘤蛾属
Risoba basalis Moore 基白长角皮夜蛾，基白长角瘤蛾
Risoba diversipennis (Walker) 前白长角皮夜蛾
Risoba literata Moore 文长角皮夜蛾，利长角皮夜蛾
Risoba obstructa Moore 紫薇长角皮夜蛾
Risoba prominens Moore 显长角皮夜蛾，显长角瘤蛾，长角皮蛾
Risoba rectiliena Draudt 直线长角皮夜蛾
Risoba repugnana (Walker) 长角皮夜蛾，屡长角皮夜蛾
Risoba tenuipoda (Strand) 细足长角皮夜蛾
Risoba yanagitai Nakao, Fukuda *et* Hayashi 柳田长角夜蛾，柳田氏长角瘤蛾，雅长角皮夜蛾
Risobinae 长角皮夜蛾亚科，长角瘤蛾亚科
Risophilus andrewesi (Jedlička) 见 *Peliocypas andrewesi*
Risophilus horni (Jedlička) 见 *Peliocypas horni*
Risophilus olemartini Kirschenofer 见 *Peliocypas olemartini*
Risophilus suensoni (Kirschenofer) 见 *Peliocypas suensoni*
Risophilus suturalis (Schmidt-Göbel) 见 *Peliocypas suturalis*
rita blue [= desert buckwheat blue, *Euphilotes rita* (Barnes *et* McDunnough)] 丽优灰蝶
Rita's remella [*Remella rita* Evans] 礼染弄蝶
Ritra 红剑灰蝶属
Ritra aurea (Druce) [orange imperial] 红剑灰蝶
Ritsemia 榆粉蚧属
Ritsemia pupifera Lichtenstein [elm bark scale] 欧洲榆粉蚧
rival song 争偶声
rivalry behavio (u) r 争偶行为
rivalry sound 争偶声
Rivellia 带广口蝇属，沟扁口蝇属
Rivellia alini Enderlein 连带广口蝇，阿沟扁口蝇
Rivellia apicalis Hendel [soybean root-gall fly] 端带广口蝇，蚕豆沟扁口蝇，蚕豆根扁口蝇，蚕豆根沟扁口蝇，大豆根瘤蝇
Rivellia asiatica Hennig 亚带广口蝇
Rivellia basilaris (Wiedemann) 基沟带广口蝇，基沟扁口蝇
Rivellia basilaroides Hendel 四川带广口蝇，拟基沟扁口蝇
Rivellia charbinensis Enderlein 哈尔滨带广口蝇，哈尔滨沟扁口蝇
Rivellia cladis Hendel 分支带广口蝇，克沟扁口蝇
Rivellia depicta Hennig 绘带广口蝇，德沟扁口蝇
Rivellia fusca (Thomson) 暗带广口蝇，棕色沟扁口蝇，棕色广口蝇
Rivellia mandschurica Hennig 帽儿山带广口蝇，东北沟扁口蝇
Rivellia sauteri Hendel 邵氏带广口蝇，索氏沟扁口蝇，邵德广口蝇
Rivellia scutellaris Hendel 盾带广口蝇
Rivellia sphenisca Hendel 楔带广口蝇，斯沟扁口蝇
river sailer [= serene sailer, *Neptis serena* Overlaet] 色润环蛱蝶
river-sand grass-dart [= sandy grass-dart, *Taractrocera dolon* (Plötz)] 暗黄弄蝶，沙色黄弄蝶
riverine ranger [= African bush hopper, *Ampittia capenas* (Hewitson)] 非洲黄斑弄蝶
riverine sedge-skipper [= six-spot skipper, *Hesperilla sexguttata* Herrich-Schäffer] 六斑帆弄蝶
rivose [= rivosus] 有波沟的
rivosus 见 rivose
Rivula 涓夜蛾属
Rivula aequalis (Walker) 等涓夜蛾，埃涓夜蛾
Rivula angulata Wileman 角涓夜蛾
Rivula arizanensis (Wileman *et* South) 阿涓夜蛾，阿里山涓裳蛾
Rivula auripalpis (Butler) 黄须涓夜蛾，黄须涓裳蛾
Rivula basalis Hampson 暗基涓夜蛾，暗基涓裳蛾
Rivula biatomea Moore [bamboo rivula] 竹涓夜蛾
Rivula bioculalis Moore 银斑黄涓夜蛾，银斑黄涓裳蛾
Rivula cognata Hampson 暗角斑涓夜蛾，暗角斑涓裳蛾
Rivula curvifera (Walker) 曲纹涓夜蛾，曲涓夜蛾，曲纹涓裳蛾，库涓夜蛾
Rivula leucanioides (Walker) 明涓夜蛾，明涓裳蛾
Rivula niveipuncta Swinhoe 白点斑涓夜蛾，白点斑涓裳蛾
Rivula plumipes Hampson 朴涓夜蛾
Rivula sericealis (Scopoli) [leguminose rivula] 豆涓夜蛾，涓夜蛾，豆夜蛾
Rivula striatura Swinhoe 斜线涓夜蛾，斜线涓裳蛾
Rivulinae 涓夜蛾亚科，暗裳蛾亚科
Rivulophilus 溪沼石蛾属
Rivulophilus continentis Mey *et* Yang 大陆溪沼石蛾
RKA [raspberry ketone acetate 的缩写] 覆盆子酮乙酸酯
RKF [raspberry ketone formate 的缩写] 覆盆子酮甲酸酯
r_m [innate capacity for increase，intrinsic rate of increase 的缩写] 内禀增长率，内禀增长力，内禀增长能力
RNA [ribonucleic acid 的缩写] 核糖核酸
RNA interference [abb. RNAi] RNA 干扰
RNAi [RNA interference 的缩写] RNA 干扰

RNG [red-nucleus granulocyte 的缩写] 红核粒血细胞
RNP [red-nucleus plasmatocyte 的缩写] 红核浆血细胞
roach [= cockroach] 蜚蠊，蟑螂 < 泛指蜚蠊目 Blattodea 昆虫 >
roach-like stonefly [= peltoperlid stonefly, roachfly, peltoperlid] 扁蜻，扁石蝇 < 扁蜻科 Peltoperlidae 昆虫的通称 >
roachfly 见 roach-like stonefly
roadside rambler 1. [= common sootywing, *Pholisora catullus* (Fabricius)] 碎滴弄蝶；2. [= Celia's roadside-skipper, *Amblyscirtes celia* Skinner] 棕黑缎弄蝶
Robackia 罗摇蚊属
Robackia parallela Yan *et* Wang 平行罗摇蚊
Robackia pilicauda Sæther 尾毛罗摇蚊
robba skipper [*Cynea robba* Evans] 柔塞尼弄蝶
robber fly 虫虻，食虫虻，盗虻 < 虫虻科 Asilidae 昆虫的通称 >
robbing pheromone 掠夺信息素
Robertson's blue [*Lepidochrysops robertsoni* Cottrell] 淡红鳞灰蝶
Robertson's brown [*Stygionympha robertsoni* (Riley)] 罗伯逊魆眼蝶
Robigus 娆袖蜡蝉属
Robigus flavozona (Wang *et* Chou) 黄带娆袖蜡蝉
Robigus flexuosus (Uhler) 曲纹娆袖蜡蝉
Robigus ruber (Wang *et* Chou) 红娆袖蜡蝉
Robigus rubipunctatus (Chou *et* Wang) 红点娆袖蜡蝉
Robigus rubiundatus (Chou *et* Wang) 红波娆袖蜡蝉
Robigus rubrostriatus (Schumacher) 红线娆袖蜡蝉
Robineauella 叉麻蝇亚属，叉麻蝇属
Robineauella anchoriformis (Fan) 见 *Sarcophaga* (*Robineauella*) *anchoriformis*
Robineauella caerulescens (Zetterstedt) 见 *Sarcophaga* (*Robineauella*) *caerulescens*
Robineauella coei Rohdendorf 见 *Sarcophaga* (*Robineauella*) *coei*
Robineauella daurica (Grunin) 见 *Sarcophaga* (*Robineauella*) *daurica*
Robineauella doleschalli (Johnston *et* Tiegs) 同 *Sarcophaga* (*Robineauella*) *javana*
Robineauella grunini (Rohdendorf) 见 *Sarcophaga* (*Robineauella*) *grunini*
Robineauella huangshanensis (Fan) 见 *Sarcophaga* (*Robineauella*) *huangshanensis*
Robineauella javana (Macquart) 见 *Sarcophaga* (*Robineauella*) *javana*
Robineauella nigribasicosta Ye 见 *Sarcophaga* (*Robineauella*) *nigribasicosta*
Robineauella pseudoscoparia (Kramer) 见 *Sarcophaga* (*Robineauella*) *pseudoscoparia*
Robineauella scoparia (Pandellé) 见 *Sarcophaga* (*Robineauella*) *scoparia*
Robineauella sinensis Enderlein 中华叉麻蝇 < 该名为裸名 >
Robineauella uemotoi Kôno *et* Field 见 *Sarcophaga* (*Robineauella*) *uemotoi*
Robineauella walayari (Senior-White) 见 *Sarcophaga* (*Robineauella*) *walayari*
Robin's carpenterworm moth [= carpenterworm moth, carpenterworm, locust borer, *Prionoxystus robiniae* (Peck)] 刺槐木蠹蛾，洋槐木蠹蛾，榆木蠹蛾
Robin's pin cushion gall wasp [= rose bedeguar gall wasp, moss gall wasp, mossy rose gall wasp, *Diplolepis rosae* (Linnaeus)] 玫瑰犁瘿蜂，蔷薇瘿蜂
Robinson's acleris moth [*Acleris robinsoniana* (Forbes)] 罗长翅卷蛾
Robsonomyia 罗菌蚊属
Robsonomyia sciaraeformis (Okada) 东方罗菌蚊
Robsonomyiini 罗菌蚊族
robust basketail [*Epitheca spinosa* (Hagen)] 壮毛伪蜻
robust bot fly [= cuterebrid fly, cuterebrid bot fly, cuterebrid maggot, cuterebrid] 疽蝇 < 疽蝇科 Cuterebridae 昆虫的通称 >
robust hopper [= large hopper, *Platylesches robustus* Neave] 罗扁弄蝶
robust themis forester [*Euphaedra permixtum* (Butler)] 壮栎蛱蝶
Robustanoplodera 壮缘花天牛属，大滑胸花天牛属
Robustanoplodera bicolorimembris (Pic) 二色壮缘花天牛
Robustanoplodera inauraticollis (Pic) 四川壮缘花天牛
Robustanoplodera lepesmei (Pic) 云南壮缘花天牛
Robustanoplodera taiyal Shimomura 深毛壮缘花天牛，泰雅大滑胸天牛
Robustanoplodera tricolor (Gressitt) 三色壮缘花天牛，三色大滑胸花天牛，红胸琉璃花天牛
Robustopenetretus 壮隘步甲属
Robustopenetretus daliangensis Zamotajlov, Sciaky *et* Ito 大凉壮隘步甲
Robustopenetretus farkaci Zamotajlov, Sciaky *et* Ito 法氏壮隘步甲
Robustopenetretus kasantsevi (Zamotajlov *et* Sciaky) 卡氏壮隘步甲
Robustopenetretus microphthalmus (Fairmaire) 滇壮隘步甲，小副培步甲，小隘步甲
Robustopenetretus saueri (Zamotajlov *et* Sciaky) 索氏壮隘步甲，萨氏副培步甲
Robustopenetretus xilinensis (Zamotajlov *et* Wrase) 西岭壮隘步甲，西岭副培步甲
robustness 稳健性
ROC [receiver operating characteristic 的缩写] 受试者工作特征
Rocalia 短叶蜂属
Rocalia sichuanensis Naito *et* Huang 四川短叶蜂
Rocalia similis Wei 横沟短叶蜂
Rocaliinae 短叶蜂亚科
rocena hairstreak [*Janthecla rocena* (Hewitson)] 螺绽灰蝶
Roche's liptena [*Liptena rochei* Stempffer] 绕琳灰蝶
rock bush brown [*Bicyclus pavonis* Butler] 缤纷蔽眼蝶
rock crawler 1.[= grylloblattid insect, grylloblattid, icebug, ice crawler] 蛩蠊 < 蛩蠊目 Grylloblattodea 昆虫的通称 >；2. [= gladiator bug, gladiator, heelwalker, mantophasmid, manto] 螳螂 < 螳螂目 Mantophasmatodea 昆虫的通称 >
rock grass-dart [= northern grass-dart, *Taractrocera ilia* Waterhouse] 伊丽黄弄蝶，岩黄弄蝶
rock grasshopper [= lichen grasshopper, *Trimerotropis saxatilis* McNeill] 岩拟地衣蝗
rock grayling [*Hipparchia alcyone* (Denis *et* Schiffermüller)] 单仁眼蝶，蛇眼蝶，赫眼蝶
rock ringlet [*Hypocysta euphemia* Westwood] 慧眼蝶
rock skolly [*Thestor petra* Pennington] 蓝褐秀灰蝶
Rockland skipper [*Hesperia meskei pinocayo* (Gatrelle *et* Minno)] 麦氏弄蝶罗克兰亚种
rockslide checkerspot [*Charidryas whitneyi* (Behr)] 岩滑纱蛱蝶

Rocky Mountain clearwing [= California clearwing, *Hemaris thetis* Boisduval] 加州黑边天蛾

Rocky Mountain dotted blue [*Euphilotes ancilla* (Barnes *et* McDunnough)] 优灰蝶

Rocky Mountain duskywing [*Erynnis telemachus* Burns] 灰带珠弄蝶

Rocky Mountain grasshopper [= Rocky Mountain locust, *Melanoplus spretus* (Walsh)] 落基山黑蝗，落基山蝗，石栖黑蝗，落基山蚱蜢

Rocky Mountain locust 见 Rocky Mountain grasshopper

Rocky Mountain parnassian [= mountain parnassian, *Parnassius smintheus* Doubleday] 田鼠绢蝶

Rocky Mountain sleepy duskywing [*Erynnis brizo burgessi* (Skinner)] 双串珠弄蝶落基山亚种

rod-like brochosome [abb. RB] 棒状网粒体

Rodaba 红瑰歧角螟属

Rodaba angulipennis Moore 红瑰歧角螟

rodent beetle 寄居甲 <属寄居甲科 Leptinidae>

rodent chewing louse [= gyropid louse, gyropid] 鼠羽虱，鼠鸟虱 <鼠羽虱科 Gyropidae 昆虫的通称>

Rodolia 短角瓢虫属 *Novius* 的异名

Rodolia breviuscula Weise 见 *Novius breviusculus*

Rodolia cardinalis (Mulsant) 见 *Novius cardinalis*

Rodolia chapaensis Hoàng 见 *Novius chapaensis*

Rodolia concolor Lewis 见 *Novius concolor*

Rodolia formosana Korschefsky 见 *Novius formosanus*

Rodolia fumida (Mulsant) 见 *Novius fumidus*

Rodolia guerinii (Crotch) 同 *Novius sexnotatus*

Rodolia hauseri (Mader) 见 *Novius hauseri*

Rodolia limbata (Mostchulsky) 见 *Novius limbatus*

Rodolia marginata Bielawski 见 *Novius marginatus*

Rodolia octoguttata Weise 见 *Novius octoguttatus*

Rodolia pumila Weise 见 *Novius pumilus*

Rodolia quadrimaculata Mader 见 *Novius quadrimaculatus*

Rodolia rubea Mulsant 见 *Novius rubeus*

Rodolia rufocincta Lewis 见 *Novius rufocinctus*

Rodolia rufopilosa Mulsant 见 *Novius rufopilosus*

Rodolia sexnotata (Mulsant) 同 *Novius octoguttatus*

Rodolia xianfengensis Xiao 同 *Novius chapaensis*

Rodrigama 绕姬蜂属

Rodrigama longissima (Sheng *et* Sun) 长绕姬蜂

Rodrigama maculatum (Sheng *et* Sun) 斑绕姬蜂

Rodrigamini 绕姬蜂族

Roeberella 络蚬蝶属

Roeberella calvus (Staudinger) 络蚬蝶

Roeberella gerres (Thieme) 瑰络蚬蝶

Roeberella lencates (Hewitson) [lencates metalmark] 林络蚬蝶

Roederiodes 细吻溪舞虻属

Roederiodes chvalai Horvat 库氏细吻溪舞虻

Roederiodes wolongensis Horvat 卧龙细吻溪舞虻

Roelofsia borealis Jordan 见 *Cyrtotrachelus borealis*

Roelofsideporaus affectatus Faust 伪切叶象甲，伪切叶象

Roeselia albula Denis *et* Schiffermüller 见 *Meganola albula*

Roeselia basifascia Inoue 见 *Meganola basifascia*

Roeselia cuneifera Walker 见 *Meganola cuneifera*

Roeselia formosana Wileman *et* West 见 *Meganola albula formosana*

Roeselia fumosa Butler 见 *Meganola fumosa*

Roeselia gigantula Staudinger 见 *Meganola gigantula*

Roeselia grisea Reich 见 *Meganola grisea*

Roeselia lignifera (Walker) 见 *Sarbena lignifera*

Roeselia longiventris Poujade 见 *Suerkenola longiventris*

Roeselia lugens (Walker) 见 *Uraba lugens*

Roeselia maculata Staudinger 同 *Meganola gigas*

Roeselia mandschuriana (Oberthür) 见 *Evonima mandschuriana*

Roeselia mesotherma Hampson 见 *Meganola albula mesotherma*

Roeselia metallopa Meyrick 同 *Roeselia lugens*

Roeselia nitida Hampson 见 *Meganola nitida*

Roesel's bush-cricket [*Metrioptera roeseli* (Hagenbach)] 罗氏姬螽，欧洲丛林蝈蝈，罗氏短翅螽

Roeslerstammia 纤蛾属，罗蛾属，褐邻荣蛾属

Roeslerstammia erxlebella (Fabricius) [copper ermel, brown-copper ermel moth] 褐铜纤蛾，褐铜罗蛾，褐铜巢蛾

Roeslerstammia tianpingshana Hirowatari, Huang *et* Wang 天平山纤蛾

roeslerstammiid 1. [= roeslerstammiid moth] 纤蛾，玫蛾，罗蛾 <纤蛾科 Roeslerstammiidae 昆虫的通称>; 2. 纤蛾科的

roeslerstammiid moth [= roeslerstammiid] 纤蛾，玫蛾，罗蛾

Roeslerstammiidae [= Amphitheridae] 纤蛾科，玫蛾科，罗蛾科，罗氏蛾科，四眼蛾科，印麦蛾科，毛足谷蛾科

Roever's skipperling [*Dalla roeveri* Miller *et* Miller] 罗氏达弄蝶

Rogadina 内茧蜂亚族

Rogadinae 内茧蜂亚科

Rogadini 内茧蜂族

Rogas 内茧蜂属

Rogas cariniventris Enderlein 脊腹内茧蜂

Rogas dendrolimi Matsumura 松毛虫内茧蜂

Rogas dimidiatus (Spinola) 半分内茧蜂

Rogas drymoniae Watanabe 舟蛾内茧蜂

Rogas flavus Chen *et* He 黄内茧蜂

Rogas fuscomaculatus Ashmead 褐斑内茧蜂

Rogas hyphantriae Gahan 美国白蛾内茧蜂

Rogas japonicus Ashmead 桑尺蠖内茧蜂，桑尺蠖脊茧蜂

Rogas laphygmae Viereck 贪夜蛾内茧蜂

Rogas lymantriae Watanabe 毒蛾内茧蜂

Rogas narangae Rohwer 螟蛉内茧蜂

Rogas nigricans Chen *et* He 黑内茧蜂

Rogas nigristigma Chen *et* He 黑痣内茧蜂

Rogas pallidinervis Cameron 白脉内茧蜂

Rogas praetor Reinhard 柳天蛾内茧蜂

Rogas tristis Wesmael 暗色内茧蜂

Rogas unicolor (Wesmael) 单色内茧蜂

Rogasodes 拟内茧蜂属

Rogasodes masaicus Chen *et* He 斑拟内茧蜂

Rogers' blue [*Eicochrysops rogersi* Bethune-Baker] 罗氏烟灰蝶

Rogers' large legionnaire [*Acraea rogersi* Hewitson] 黑斑珍蝶

Rogers' orange tip [*Colotis rogersi* Dixey] 罗氏珂粉蝶

Rogers' pentila [*Pentila rogersi* Druce] 罗杰斯盆灰蝶

Rogers' random predator equation 罗杰随机捕食方程

Roger's sailer [*Neptis rogersi* Eltringham] 柔环蛱蝶

rogor 乐果

R

Rohana 罗蛱蝶属
Rohana macar Wallace 美罗蛱蝶
Rohana nakula (Moore) 娜罗蛱蝶
Rohana parisatis (Westwood) [black prince] 罗蛱蝶
Rohana parisatis hainana (Fruhstorfer) 罗蛱蝶海南亚种，海南罗蛱蝶
Rohana parisatis parisatis (Westwood) 罗蛱蝶指名亚种，指名罗蛱蝶
Rohana parisatis pseudosiamensis Nguyen-Phung [Siamese black prince] 罗蛱蝶中南亚种，罗蛱蝶暹罗亚种
Rohana parisatis siamensis (Fruhstorfer) 见 *Rohana tonkiniana siamensis*
Rohana parisatis staurakius (Fruhstorfer) 罗蛱蝶华南亚种，华南罗蛱蝶
Rohana paruta Moore 珍稀罗蛱蝶
Rohana rhea Felder *et* Felder 雅罗蛱蝶
Rohana ruficincta Lathy 淡红罗蛱蝶
Rohana tonkiniana Fruhstorfer [Tonkin black prince] 越罗蛱蝶
Rohana tonkiniana siamensis (Fruhstorfer) 越罗蛱蝶泰国亚种，泰罗蛱蝶
Rohana tonkiniana tonkiniana Fruhstorfer 越罗蛱蝶指名亚种
Rohdendorfia 罗登蚜蝇属
Rohdendorfia dimorpha Smirnov 二型罗登蚜蝇，二型珞氏蚜蝇
rolled-winged stonefly [= leuctrid stonefly, needlefly, leuctrid] 卷𫌀 < 卷𫌀科 Leuctridae 昆虫的通称 >
rolling circle amplification [abb. RCA] 滚环扩增技术，滚环扩增
Rolstoniellus 鳖蝽属
Rolstoniellus boutanicus (Dallas) 不丹鳖蝽，鳖蝽
Rolstoniellus malacanicus (Yang) 短线鳖蝽，短线鳖椿象
Rolstoniellus neoexstimulatus (Yang) 邻鳖蝽，二跗节蝽
roly-poly oak gall wasp [= succulent oak gall wasp, *Dryocosmus quercuspalustris* (Osten-Sacken)] 栎栗瘿蜂，栗瘿蜂
Romalea 小翅蜢属
Romalea guttata (Houttuyn) 同 *Romalea microptera*
Romalea microptera (Palisot de Beauvois) [eastern lubber grasshopper, southeastern lubber grasshopper, lubber grasshopper] 东部小翅蜢，东方小翅蜢，东部小翅笨蝗
romaleid 1. [= romaleid grasshopper, lubber grasshopper] 小翅蜢 < 小翅蜢科 Romaleidae 昆虫的通称 >；2. 小翅蜢科的
romaleid grasshopper [= romaleid, lubber grasshopper] 小翅蜢
Romaleidae 小翅蜢科
Romaleinae 小翅蜢亚科
Romaleum 栎壮天牛属
Romaleum cortiphagus Craighead 见 *Enaphalodes cortiphagus*
Romaleum rufulum Haldeman 见 *Enaphalodes rufulus*
romula skipper [*Pyrrhopygopsis romula* (Druce)] 罗穆翩弄蝶
Rondania 罗寄蝇属
Rondania cucullata Robineau-Desvoidy 勺罗寄蝇
Rondaniella 隆菌蚊属
Rondaniella aspergilliformida Yu *et* Wu 刷状隆菌蚊
Rondaniella aspidoida Yu *et* Wu 盾形隆菌蚊
Rondaniella gutianshanana Yu *et* Wu 古田山隆菌蚊
Rondaniella schistocauda Yu *et* Wu 裂尾隆菌蚊
Rondaniella simplex Yu *et* Wu 简单隆菌蚊
Rondaniella tianmuana Yu *et* Wu 天目隆菌蚊
Rondaniella unguiculata Yu *et* Wu 爪突隆菌蚊

ronded mottle [*Logania regina* (Druce)] 帝王陇灰蝶
Rondibilis 方额天牛属，刺翅天牛属
Rondibilis albonotata (Pic) 棒腿方额天牛，棒腿集天牛
Rondibilis bispinosa Thomson 双刺方额天牛
Rondibilis bispinosoides Hubweber 类双刺方额天牛
Rondibilis chengtuensis Gressitt 成都方额天牛
Rondibilis femorata Gressitt 毛点方额天牛，欠纹刺翅天牛
Rondibilis grisescens (Pic) 灰方额天牛，灰集天牛
Rondibilis horiensis Kôno 晦带方额天牛，埔里刺翅天牛，胡麻斑刺翅天牛
Rondibilis horiensis hongshana Gressitt 晦带方额天牛项山亚种，山晦带方额天牛，项山晦带方额天牛
Rondibilis horiensis horiensis Kôno 晦带方额天牛指名亚种，指名晦带方额天牛
Rondibilis laosica (Breuning) 宽斑方额天牛，宽斑集天牛
Rondibilis lineaticollis Pic 海南方额天牛，老挝方额天牛
Rondibilis microdentata (Gressitt) 微齿方额天牛，微齿集天牛
Rondibilis multinotatus Gressitt 多斑方额天牛
Rondibilis paralaosica (Breuning) 密点方额天牛，密点集天牛
Rondibilis paralineaticollis Breuning 缝纹方额天牛
Rondibilis parcesetosa Gressitt 疏毛方额天牛
Rondibilis phontiouensis (Breuning) 刺尾方额天牛，刺尾集天牛
Rondibilis plagiata Gahan 酒瓶树方额天牛，酒瓶树集天牛
Rondibilis saperdina (Bates) 方额天牛，集天牛
Rondibilis semielongatus Hayashi 高雄方额天牛，六龟刺翅天牛
Rondibilis shibatai (Hayashi) 柴田方额天牛，嘉义集天牛，柴田氏细条天牛
Rondibilis similis (Breuning) 同 *Rondibilis subquadrinotata*
Rondibilis similis Gahan 类方额天牛
Rondibilis subquadrinotata Huang *et* Vitali 瘦方额天牛，瘦集天牛
Rondibilis szetchuanica (Breuning) 四川方额天牛，四川集天牛
Rondibilis taiwana (Hayashi) 台湾方额天牛，台湾集天牛，台湾刺翅天牛
Rondibilis undulata (Pic) 多斑方额天牛，密斑集天牛
Rondibilis vitticollis (Breuning) 凹尾方额天牛，凹尾集天牛
Rondibilis yunnana (Breuning) 云南方额天牛，云南集天牛
Rondonia 郎天牛属
Rondonia bisignata Hayashi 台湾郎天牛，双纹矮天牛，双纹粗须小天牛
Rondonia ropicoides Breuning 郎天牛，郎氏天牛
Rondotia 桑蟥属
Rondotia diaphana (Hampson) 类桑蟥
Rondotia lineata Leech 线桑蟥
Rondotia lurida Fixsen 亮桑蟥，淡黄桑蟥
Rondotia menciana Moore [mulberry white caterpillar] 桑蟥
Rondotia menciana lurida Fixsen 见 *Rondotia lurida*
Rondotia menciana menciana Moore 桑蟥指名亚种
roodepoort copper [*Aloeides dentatis* (Swierstra)] 坦乐灰蝶
rooibaadjie [= koppie foam grasshopper, *Dictyophorus spumans* (Thunberg)] 泡沫鞍锥蝗
Rooiberg skolly [*Thestor rooibergensis* Heath] 柔秀灰蝶
rookery 筑巢处
root aphid 1. [= rice root aphid, Japanese rice root aphid, *Tetraneura* (*Tetraneurella*) *nigriabdominalis* (Sasaki)] 黑腹四脉绵蚜，陆稻

黑腹绵蚜，粗长毛禾根绵蚜，陆稻根四条绵蚜，秋四脉绵蚜，榆瘿蚜，高粱根蚜，红腹缢管蚜，水稻根蚜，长毛角蚜，阿拟四脉绵蚜，稻根蚜；2. [*Aphidounguis mali* Takahashi] 苹果爪绵蚜，苹蚜

root borer [= sugarcane root stock borer, sugarcane root borer, root-stock borer, cane root borer, *Emmalocera depressella* Swinhoe] 蔗根沟须拟斑螟

root collar weevil [= conifer seedling weevil, plantation weevil, *Steremnius carinatus* (Boheman)] 脊森林象甲，森林象甲

root-eating ant [*Dorylus orientalis* Westwood] 东方食植行军蚁

root-eating beetle 1. [= monotomid beetle, monotomid] 球棒甲，小扁甲 <球棒甲科 Monotomidae 昆虫的通称>；2. 食根甲

root fly [= cabbage fly, cabbage root fly, root maggot, turnip fly, cabbage maggot, *Delia radicum* (Linnaeus)] 甘蓝地种蝇，甘蓝种蝇

root gnat 眼蕈蚊，尖眼蕈蚊

root maggot 1. 根蛆 <泛指蛀食植物地下部分的双翅目幼虫>；2. [= cabbage fly, cabbage root fly, root fly, turnip fly, cabbage maggot, *Delia radicum* (Linnaeus)] 甘蓝地种蝇，甘蓝种蝇

root-maggot fly [= anthomyiid, anthomyiid fly] 花蝇 <花蝇科 Anthomyiidae 昆虫的通称>

root mealybug [= Russian root mealybug, *Mirococcopsis subterranea* (Newstead)] 中欧小粉蚧，中欧隹粉蚧

root pouring 灌根 <一种药剂施用方法>

root-stock borer 见 root borer

rooted tree 有根树

Ropalidia 铃腹胡蜂属

Ropalidia* (*Antreneida*) *fasciata (Fabricius) 带铃腹胡蜂，褐色钟胡蜂，草蜢蜂，牛尿蜂

Ropalidia* (*Antreneida*) *taiwana Sonan 台湾铃腹胡蜂，钟胡蜂

Ropalidia aristocratica (de Saussure) 毛织铃腹胡蜂

Ropalidia artifex (de Saussure) 新铃腹胡蜂，黄缘铃腹胡蜂

Ropalidia bicolorata van der Vecht 双色铃腹胡蜂，二色铃腹胡蜂

Ropalidia bicolorata bicolorata van der Vecht 双色铃腹胡蜂指名亚种

Ropalidia bicolorata parvula van der Vecht 双色铃腹胡蜂淡色亚种，淡双色铃腹胡蜂，小二色铃腹胡蜂

Ropalidia binghami van der Vecht 宾氏铃腹胡蜂

Ropalidia birmanica van der Vecht 缅甸铃腹胡蜂

Ropalidia cyathiformis (Fabricius) 杯型铃腹胡蜂

Ropalidia fasciata (Fabricius) 见 *Ropalidia* (*Antreneida*) *fasciata*

Ropalidia ferruginea (Fabricius) 锈边铃腹胡蜂，红铃腹胡蜂

Ropalidia flavopicta (Smith) 黄绣铃腹胡蜂

Ropalidia formosana Kuo 同 *Ropalidia* (*Antreneida*) *taiwana*

Ropalidia hongkongensis (de Saussure) 香港铃腹胡蜂

Ropalidia magnanima van der Vecht 大铃腹胡蜂

Ropalidia malaisei van der Vecht 马氏铃腹胡蜂

Ropalidia marginata (Peletier) 缘铃腹胡蜂

Ropalidia mathematica (Smith) 精铃腹胡蜂

Ropalidia obscura Gusenleitner 褐铃腹胡蜂

Ropalidia opifex van der Vecht 助铃腹胡蜂，云南铃腹胡蜂

Ropalidia ornaticeps (Cameron) 饰铃腹胡蜂，丽头铃腹胡蜂

Ropalidia parartifex Tan *et* van Achterberg 近新铃腹胡蜂，褐腹铃腹胡蜂

Ropalidia rufocollaris (Cameron) 红领铃腹胡蜂

Ropalidia santoshae Das *et* Gupta 桑铃腹胡蜂，印度铃腹胡蜂

Ropalidia scitula (Bingham) 丽铃腹胡蜂

Ropalidia sculpturata Gusenleitner 刻点铃腹胡蜂

Ropalidia speciosa (de Saussure) 红腰铃腹胡蜂，灿铃腹胡蜂

Ropalidia stigma (Smith) 点铃腹胡蜂，痣铃腹胡蜂

Ropalidia sumatrae (Weber) 刺铃腹胡蜂，苏门铃腹胡蜂

Ropalidia taiwana Sonan 见 *Ropalidia* (*Antreneida*) *taiwana*

Ropalidia variegata (Smith) 多色铃腹胡蜂

ropalidiid 1. [= ropalidiid wasp] 铃腹胡蜂 <铃腹胡蜂科 Ropalidiidae 昆虫的通称>；2. 铃腹胡蜂科的

ropalidiid wasp [= ropalidiid] 铃腹胡蜂

Ropalidiidae 铃腹胡蜂科

Ropalidiinae 铃腹胡蜂亚科

Ropalophorus 绕茧蜂属

Ropalophorus polygraphus Yang 四眼蠹绕茧蜂，四眼小蠹绕茧蜂

Ropalophorus sichuanicus Yang 云杉小蠹绕茧蜂

Ropalophorus subelongatae Yang 八齿小蠹绕茧蜂

Ropalopus 扁鞘天牛属

Ropalopus nubigena Semenov *et* Plavilstshikov 西藏扁鞘天牛

Ropalopus ruber Gressitt 红扁鞘天牛

Ropalopus signaticollis Solsky 褐扁鞘天牛

Ropalopus speciosus Plavilstshikov 赤胸扁鞘天牛

Ropaloteres 条纹虎甲属

Ropaloteres desgodinsi (Fairmare) 德氏条纹虎甲

Rophites 软隧蜂属，软隧蜂亚属，无沟隧蜂属

Rophites canus Eversmann 见 *Rophites* (*Rhophitoides*) *canus*

Rophites* (*Rhophitoides*) *canus Eversmann 灰拟软隧蜂，灰无沟隧蜂，新疆洛隧蜂

Rophites* (*Rophites*) *gruenwaldti Ebmer 中华软隧蜂

Rophites* (*Rophites*) *quinquespinosus Spinola 刺软隧蜂，五刺隧蜂

Rophitinae 无沟隧蜂亚科

Ropica 缝角天牛属，双星锈天牛属

Ropica bicostata (Pic) 双脊缝角天牛

Ropica chinensis Breuning 中华缝角天牛

Ropica coenosa (Matsushita) 污缝角天牛

Ropica dorsalis Schwarzer 双星缝角天牛，双星锈天牛

Ropica formosana Bates 台湾缝角天牛，台湾双星锈天牛，淡双纹锈天牛

Ropica fuscolaterimaculata Hayashi 兰屿缝角天牛，兰屿缘纹锈天牛，兰屿横纹锈天牛

Ropica griseosparsa Pic 灰线缝角天牛

Ropica honesta Pascoe 褐背缝角天牛，兰屿双星锈天牛

Ropica ngauchilae Gressitt 五指山缝角天牛

Ropica nitidomaculata Pic 光斑缝角天牛

Ropica rondoni Breuning 白带缝角天牛

Ropica sublineata Gressitt 毛纹缝角天牛，短纹缝角天牛

Ropica subnotata Pic 桑缝角天牛，缝角天牛

Ropica trichantennalis Breuning 老挝缝角天牛

Ropica umbrata Gressitt 红角缝角天牛，长汀缝角天牛

Ropica variabilis Schwarzer 双纹缝角天牛，双纹锈天牛

Ropicosybra spinipennis (Pic) 双条缝角天牛

Ropronia 窄腹细蜂属

Ropronia abdominalis He *et* Xu 兜肚窄腹细蜂

Ropronia bimaculata He *et* Chen 双斑窄腹细蜂
Ropronia bituberculata He *et* Tong 双瘤窄腹细蜂
Ropronia brevicornis Townes 短角窄腹细蜂
Ropronia changmingi He *et* Xu 长明窄腹细蜂
Ropronia dilata Wei 肿腮窄腹细蜂
Ropronia fanjingshanensis He *et* Chen 梵净山窄腹细蜂
Ropronia fossula He *et* Xu 槽沟窄腹细蜂
Ropronia guangxiensis He *et* Xu 广西窄腹细蜂
Ropronia henanensis He *et* Xu 河南窄腹细蜂
Ropronia insularis Lin 宝岛窄腹细蜂，岛窄腹细蜂
Ropronia jingxiani He *et* Xu 经贤窄腹细蜂
Ropronia laevigata He *et* Xu 光滑窄腹细蜂
Ropronia lii He *et* Chen 李氏窄腹细蜂
Ropronia liui Wei 刘氏窄腹细蜂
Ropronia maai Lin 马氏窄腹细蜂
Ropronia minuta Wei 小窄腹细蜂
Ropronia nanlingensis He *et* Xu 南岭窄腹细蜂
Ropronia nasata He *et* Xu 鼻形窄腹细蜂
Ropronia oligopilosa Wei 裸角窄腹细蜂
Ropronia pectipes He *et* Zhu 斑足窄腹细蜂
Ropronia rufiabdominalis He *et* Zhu 红腹窄腹细蜂
Ropronia rugifasciata He *et* Xu 皱带窄腹细蜂
Ropronia spinata He *et* Xu 具刺窄腹细蜂
Ropronia szechuanensis Chao 四川窄腹细蜂
Ropronia tongi He *et* Xu 童氏窄腹细蜂
Ropronia undaclypeus He *et* Zhu 浪唇窄腹细蜂
Ropronia wolongensis He *et* Xu 卧龙窄腹细蜂
Ropronia xizangensis He *et* Xu 西藏窄腹细蜂
Ropronia yongzhouensis He *et* Xu 永州窄腹细蜂
Ropronia zhejiangensis He 浙江窄腹细蜂
roproniid 1. [= roproniid wasp] 窄腹细蜂 < 窄腹细蜂科 Roproniidae 昆虫的通称 >；2. 窄腹细蜂科的
roproniid wasp [= roproniid] 窄腹细蜂
Roproniidae 窄腹细蜂科
Roptrocerus 小蠹长尾金小蜂属
Roptrocerus cryphalus Yang 梢小蠹长尾金小蜂
Roptrocerus eccoptogastri (Ratzeburg) 伊氏小蠹长尾金小蜂
Roptrocerus ipius Yang 西北小蠹长尾金小蜂
Roptrocerus mirus (Walker) 奇异小蠹长尾金小蜂，奇长尾金小蜂
Roptrocerus qinlingensis Yang 秦岭小蠹长尾金小蜂
Roptrocerus xylophagorum (Ratzeburg) 木小蠹长尾金小蜂
Roptrocerus yunnanensis Yang 云南小蠹长尾金小蜂
ropy brood [= American foulbrood] 美洲幼虫腐臭病，美洲污仔病
rorulent [= rorulentus] 被粉的
rorulentus 见 rorulent
rosaceous leaf roller [= oblique-banded leaf roller, *Choristoneura rosaceana* (Harris)] 玫瑰色卷蛾，蔷薇斜条卷蛾，蔷薇斜条卷叶蛾
Rosalia 丽天牛属，红星天牛属
Rosalia alpina LeConte [rosalia longicorn, alpine longhorn beetle] 高山丽天牛，丽天牛
Rosalia batesi Harold 柳丽天牛，贝茨丽天牛
Rosalia binotata Heyrovský 二点丽天牛
Rosalia bouvieri Boppe 棕黄丽天牛
Rosalia bouvieri bouvieri Boppe 棕黄丽天牛指名亚种，指名棕黄丽天牛
Rosalia bouvieri diversepunctata Heyrovský 棕黄丽天牛多点亚种，多点棕黄丽天牛
Rosalia coelestis Semenov 蓝丽天牛
Rosalia decempunctata (Westwood) 红丽天牛
Rosalia dejeani Vuillet 四川丽天牛
Rosalia formosa (Saunders) 双带丽天牛，丽天牛，台湾红星天牛
Rosalia formosa conviva Csiki 双带丽天牛台湾亚种，台湾丽天牛，甲仙红星天牛
Rosalia formosa formosa Saunders 双带丽天牛指名亚种，指名台岛丽天牛
Rosalia formosa nigroapicalis (Pic) 双带丽天牛黑尾亚种，黑尾丽天牛，黑尾岛丽天牛
Rosalia formosa pallens Gressitt 双带丽天牛贵州亚种，贵州丽天牛，贵州台岛丽天牛
Rosalia funebris Motschulsky [banded alder borer] 桤木带丽天牛，接骨木天牛
Rosalia gravida Lameere 烦丽天牛
Rosalia houlberti Vuillet 西藏丽天牛
Rosalia lameerei Brongniart 茶丽天牛，台湾姬蓝星天牛
Rosalia lateritia (Hope) 栎丽天牛
Rosalia lesnei Boppe 五斑丽天牛，总角红星天牛
rosalia longicorn [=alpine longhorn beetle, *Rosalia alpina* LeConte] 高山丽天牛，丽天牛
Rosaliini 丽天牛族
Rosama 玫舟蛾属
Rosama albifasciata (Hampson) 同 *Rosama auritracta*
Rosama auritracta (Moore) 金纹玫舟蛾，球玫舟蛾
Rosama cinnamomea Leech 肉桂玫舟蛾，银角玫舟蛾，樟玫舟蛾
Rosama eminens Bryk 同 *Rosama xmagnum*
Rosama excellens Bryk 同 *Rosama ornata*
Rosama fusca Cai 同 *Rosama plusioides*
Rosama lijiangensis Cai 同 *Rosama xmagnum*
Rosama ornata (Oberthür) 锈玫舟蛾
Rosama plusioides Moore 暗玫舟蛾，银玫舟蛾
Rosama sororella Bryk 胞银玫舟蛾
Rosama strigosa Walker 纹玫舟蛾
Rosama xmagnum Bryk 黑纹玫舟蛾，丽江玫舟蛾，大玫舟蛾 < 该种学名曾写为 *Rosama x-magnum* Bryk >
Rosapha 多毛水虻属
Rosapha bicolor (Bigot) 同 *Rosapha habilis*
Rosapha bimaculata Wulp 双斑多毛水虻
Rosapha brevispinosa Kovac *et* Rozkošný 短刺多毛水虻
Rosapha flagellicornis Enderlein 鞭角多毛水虻
Rosapha flavipes Kovac *et* Rozkošný 黄足多毛水虻
Rosapha flavistigmatica Kovac *et* Rozkošný 黄痣多毛水虻
Rosapha habilis Walker 易多毛水虻
Rosapha handschini (Frey) 汉氏多毛水虻
Rosapha longispina (Chen, Liang *et* Yang) 长刺多毛水虻
Rosapha obscurata de Meijere 暗多毛水虻
Rosapha philippinensis Brunetti 菲多毛水虻
Rosapha stigmatica Kovac *et* Rozkošný 痣多毛水虻

Rosapha umbripennis Lindner 赭翅多毛水虻
Rosapha variegata de Meijere 杂色多毛水虻
Rosapha yunnana Chen, Liang *et* Yang 云南多毛水虻
rose aphid [*Macrosiphum rosae* (Linnaeus)] 蔷薇长管蚜
rose argid sawfly [*Arge nigrinodosa* Motschulsky] 黑节三节叶蜂
rose beauty [= northern segregate, blind eighty-eight, *Haematera pyrame* (Hübner)] 血塔蛱蝶
rose bedeguar gall wasp [= Robin's pin cushion gall wasp, moss gall wasp, mossy rose gall wasp, *Diplolepis rosae* (Linnaeus)] 玫瑰犁瘿蜂，蔷薇瘿蜂
rose beetle [*Adoretus hirtellus* Olivier] 蔷薇丽金龟甲，蔷薇丽金龟
rose bud midge [= rose midge, *Dasineura rhodophaga* (Coquillet)] 蔷薇芽叶瘿蚊，蔷薇瘿蚊
rose budworm [= bordered sallow, tobacco striped caterpillar, Japanese tobacco striped caterpillar, *Pyrrhia umbra* (Hüfnagel)] 烟焰夜蛾，焰夜蛾，豆黄夜蛾，烟火焰夜蛾
rose chafer 1. [*Macrodactylus subspinosus* (Fabricius)] 蔷薇刺鳃角金龟甲，蔷薇刺金龟；2. [*Macrodactylus angustatus* (Palisot de Beauvois)] 蔷薇金龟甲，蔷薇金龟；3. [*Cetonia aurata* (Linnaeus)] 金花金龟甲，金花金龟，金绿花金龟
rose clearwing moth [*Paranthrenopsis constricta* Butler] 蔷薇副透翅蛾，蔷薇近准透翅蛾
rose curculio [= rose snout beetle, *Merhynchites bicolor* (Fabricius)] 蔷薇美剪枝象甲，蔷薇剪枝象甲，蔷薇双色象甲
rose eucosmid [= Doubleday's notocelia moth, common rose bell, *Notocelia rosaecolana* (Doubleday)] 玫双刺小卷蛾，玫瑰双刺小卷蛾，玫瑰小卷蛾，玫白斑小卷蛾，白玫小卷蛾
rose-grain aphid [= rose-grass aphid, *Metopolophium dirhodum* (Walker)] 麦无网蚜，麦无网长管蚜，蔷薇谷蚜，蔷薇麦蚜
rose-grass aphid 见 rose-grain aphid
rose-hip chalcid [= rose seed megastigmus, rose torymid, *Megastigmus aculeatus* (Swederus)] 蔷薇大痣小蜂
rose hooktip moth [*Oreta rosea* (Walker)] 玫山钩蛾
rose leaf beetle 1. [*Nodonota puncticollis* (Say)] 蔷薇背结肖叶甲，蔷薇肖叶甲；2. [= blue rose leaf beetle, *Cryptocephalus approximatus* Baly] 瑰隐头肖叶甲，瑰隐头叶甲
rose leaf midge [*Dasineura rosae* (Bremi)] 蔷薇叶瘿蚊
rose leafcutter [*Megachile nipponica* Cockerell] 日本切叶蜂，蔷薇切叶蜂，月季切叶蜂
rose leafhopper [*Edwardsiana rosae* (Linnaeus)] 蔷薇爱小叶蝉，蔷薇埃小叶蝉，蔷薇小叶蝉，蔷薇斑小叶蝉
rose looper [*Heterolocha laminaria* Herrich-Schäffer] 蔷薇隐尺蛾，蔷薇红腹尺蠖，片隐尺蛾
rose midge 见 rose bud midge
rose muscardine 赤僵病
rose myrtle lappet moth [*Trabala vishnou* (Lefèbvre)] 栗黄枯叶蛾，青柱枯叶蛾，绿黄枯叶蛾，蓖麻黄枯叶蛾，绿黄毛虫，栗黄毛虫，栎黄枯叶蛾，黄枯叶蛾
rose root aphid [*Maculolachnus submaculus* (Walker)] 蔷薇斑大蚜，蔷薇根斑大蚜，蔷薇根蚜
rose root gall wasp [*Diplolepis radicum* (Osten Sacken)] 蔷薇犁瘿蜂，蔷薇根瘿蜂
rose scale 1. [= scurfy scale, blackberry scale, *Aulacaspis rosae* (Bouché)] 蔷薇白轮盾蚧，蔷薇白蚧，玫瑰白轮蚧，玫瑰轮盾介壳虫；2. [= black araucaria scale, *Lindingaspis rossi* (Maskell)] 蔷薇轮圆盾蚧，夹竹桃林圆盾介壳虫，夹竹桃林圆盾蚧
rose seed megastigmus 见 rose-hip chalcid
rose shoot sawfly [*Hartigia trimaculata* (Say)] 三斑哈茎蜂
rose snout beetle 见 rose curculio
rose stem borer [= rose stem girdler, bronze cane borer, cane fruit borer, raspberry borer, *Agrilus cuprescens* (Ménétriés)] 铜光窄吉丁甲，蔷薇窄吉丁甲，蔷薇窄吉丁，蔷薇茎长吉丁，金色窄吉丁
rose stem girdler 见 rose stem borer
rose stem sawfly [*Syrista similis* Mocsáry] 蔷薇旋茎蜂，蔷薇西茎蜂，黑跗旋茎蜂
rose thrips [= grapevine thrips, *Rhipiphorothrips cruentatus* Hood] 腹突皱针蓟马，腹钩蓟马，葡萄蓟马
rose tip infesting sawfly [*Ardis pallipes* (Serville)] 玫瑰殊鞘叶蜂
rose tortrix [= rose twist moth, *Archips rosanus* (Linnaeus)] 蔷薇黄卷蛾，玫瑰黄卷蛾
rose torymid 见 rose-hip chalcid
rose twist moth 见 rose tortrix
rose windmill [*Byasa latreillei* (Donovan)] 纨裤麝凤蝶，瑰丽麝凤蝶
roseate [= roseous, roseus] 蔷薇色的
roseate emperor moth [*Eochroa trimenii* Felder] 粉帝大蚕蛾
roseate skimmer [*Orthemis ferruginea* (Fabricius)] 玫直腹蜻
roselle spiral borer [= spiral borer, *Agrilus acutus* (Thunberg)] 玫瑰茄窄吉丁甲，玫瑰茄旋蛀吉丁甲，玫瑰茄旋蛀吉丁
Rosellea 突亚麻蝇亚属
rosemary grasshopper [*Schistocerca ceratiola* Hubbell *et* Walker] 迷迭香沙漠蝗
Rosenus 玫角顶叶蝉属
Rosenus acutus (Beamer) 锐玫角顶叶蝉
roseous 见 roseate
roseslug [*Endelomyia aethiops* (Fabricius)] 蔷薇异黏叶蜂，蔷薇黏叶蜂
rosette willow gall midge [= European rosette willow gall midge, willow-rosette gall midge, *Rabdolophaga rosaria* (Loew)] 玫柳瘿蚊，玫叶瘿蚊，柳梢瘿蚊，柳梢棒瘿蚊
roseus 见 roseate
rosey swirled hawkmoth [= rosy swirled hawkmoth, *Marumba spectabilis* (Butler)] 枇杷六点天蛾
Rosingothrips 蔷薇管蓟马属
Rosingothrips ommatus Reyes 蔷薇管蓟马
Rosiora 薇舟蛾亚属
rosita patch [*Chlosyne rosita* Hall] 玫瑰巢蛱蝶
Rosner's hairstreak [= cedar hairstreak, *Mitoura rosneri* (Johnson)] 罗敏灰蝶
Ross' skipper [*Hylephila rossi* MacNeill] 罗氏火弄蝶
Rossomyrmex 俄蚁属
Rossomyrmex quandratinodum Xia *et* Zheng 方结俄蚁
Rossouw's copper [*Aloeides rossouwi* Henning *et* Henning] 罗索乐灰蝶
Rossouw's skolly [*Thestor rossouwi* Dickson] 开普省秀灰蝶
Ross's alpine [= arctic alpine, *Erebia rossi* Curtis] 罗氏红眼蝶，洛红眼蝶
rostellum 小喙 <常用于虱的口器；或用于半翅目昆虫的喙>

rostral 喙的
rostral filament 喙丝 < 指介壳虫中如细丝状的 4 根口针 >
rostral groove 喙沟
rostral seta 喙毛
rostral shield 喙盾
rostral though 喙槽
rostralis 颚吸管 < 指半翅目昆虫由上、下颚构成的吸管 >
rostrate [= rostratus] 有喙的
rostratus 见 rostrate
Rostria 日本半翅学会会刊 < 期刊名 >
Rostricephalus 钩头叩甲属
Rostricephalus vitalisi Fleutiaux 韦钩头叩甲
rostriform 喙形
Rostrinirmus refractariolus Zlotorzycka 见 *Sturnidoecus refractariolus*
Rostrinirmus rostratus Mey 褐头鸻钩鸟虱
Rostrolatum 喙瓢蜡蝉属
Rostrolatum separatum Che, Zhang *et* Wang 二叉喙瓢蜡蝉
rostrulum 小喙 < 专指蚤类的喙 >
rostrum [= beak, snout] 喙
Roswellia 罗绡蝶属
Roswellia acrisione (Hewitson) 罗绡蝶
rosy apple aphid [= mealy apple aphid, bluebug, appletree aphid, *Dysaphis plantaginea* (Passerini)] 车前西圆尾蚜，苹粉红劣蚜，车前草蚜，苹果瘤蚜
rosy cloaked shoot [= poplar shoot-borer, European poplar shoot borer moth, poplar twig borer, poplar cloaked bell moth, *Gypsonoma aceriana* Duponchel] 杨梢叶柳小卷蛾
rosy crown satin [= Dognin's satin, *Aithorape roseicornis* Dognin] 粉角雪绒蛾
rosy dahira [*Dahira rubiginosa* Moore] 红达天蛾，赭色斜带天蛾，赭色天蛾，暗点天蛾，暗斜带天蛾
rosy grizzled skipper [*Pyrgus onopordi* (Rambur)] 红灰花弄蝶
rosy gypsy moth [= pink moth, rosy Russian gypsy moth, pink gypsy moth, *Lymantria mathura* Moore] 栎毒蛾，枫首毒蛾，苹果大毒蛾，苹叶波纹毒蛾，栎舞毒蛾
rosy leaf-curling aphid [= rosy leaf-curling apple aphid, *Dysaphis devecta* (Walker)] 苹果红西圆尾蚜，粉红卷叶蚜
rosy leaf-curling apple aphid 见 rosy leaf-curling aphid
rosy-legged greenish geometrid [*Culpinia diffusa* (Walker)] 赤线尺蛾，红足绿尺蠖，红足青尺蛾，赤脚尺蛾
rosy maple moth [= green-striped maple worm, *Dryocampa rubicunda* (Fabricius)] 槭绿条大蚕蛾，绿条犀额蛾，槭绿条犀额蛾，玫瑰枫叶蛾，玫瑰色枫叶蛾
rosy oakblue [*Arhopala alea* (Hewitson)] 阿莱娆灰蝶
rosy Russian gypsy moth 见 rosy gypsy moth
rosy swirled hawkmoth 见 rosey swirled hawkmoth
rosy underwing [*Catocala electa* (Vieweg)] 柳裳夜蛾，红后勋绶夜蛾
Rotastruma 罗塔蚁属
Rotastruma stenoceps Forel 狭罗塔蚁
rotate 辐状的
rotation 1. 转动；2. 轮作
rotative [= rotatory] 旋转的
rotator 旋肌 < 司任一构造转动的肌肉 >
rotatory 见 rotative
rotaxis [= axillary membrane] 腋膜
rotenone 鱼藤酮
Rothneyia 洛姬蜂属
Rothneyia glabripleuralis He 光侧洛姬蜂
Rothneyia jiangxiensis Sun *et* Sheng 江西洛姬蜂
Rothneyia sinica He 中华洛姬蜂
Rothneyia tibetensis He, Chen *et* Ma 西藏洛姬蜂
Rothneyiina 洛姬蜂亚族
Roth's telipna [*Telipna rothi* Grose-Smith] 罗袖灰蝶
Rothschildia 罗大蚕蛾属，罗氏天蚕蛾属
Rothschildia xanthina Rothschild 黄罗大蚕蛾
Rothschild's birdwing [*Ornithoptera rothschildi* (Kenrick)] 黄绿鸟翼凤蝶，罗氏鸟翼凤蝶
Rotoa 辐夜蛾属
Rotoa distincta (Bang-Haas) 显辐夜蛾，辐夜蛾
rotten cane stalk borer [= West Indian sugarcane root borer, West Indian cane weevil, West Indian sugarcane root weevil, *Metamasius hemipterus* (Linnaeus)] 西印度蔗象甲，西印度蔗象
rotula [= torquillus] 小圆节 < 有时存在于触角节间或须节间的小圆节 >
rotule 转基 < 同转节 trochanter>
rotund [=plerergate, replete] 贮蜜蚁
Rotunda 圆端蚕蛾属
Rotunda rotundapex (Miyata *et* Kishida) 圆端蚕蛾，圆端家蚕，黄蚕蛾
Rotundata 圆顶叶蝉属
Rotundata octopunctata Zhang 八点圆顶叶蝉
rotundate [= rotundatus] 圆的
rotundatus 见 rotundate
Rotundiforma 阔瓢蜡蝉属
Rotundiforma nigrimaculata Meng, Wang *et* Qin 黑斑阔瓢蜡蝉
Rougeot's eresina [*Eresina rougeoti* Stempffer] 罗厄灰蝶
Rougeot's sapphire gem [*Iridana rougeoti* Stempffer] 罗吟灰蝶
rough bollworm [= rough cotton bollworm, *Earias huegeli* Rogenhofer] 澳洲钻夜蛾，澳洲金刚钻
rough cotton bollworm 见 rough bollworm
rough harvester ant [*Pogonomyrmex rugosus* (Emery)] 糙收获切叶蚁，罗纹须蚁，罗格斯石竹蚁
rough-headed corn-stalk beetle [= sugarcane beetle, *Euetheola rugiceps* (LeConte)] 糙头真蔗犀金龟甲，甘蔗犀金龟，皱明胖金龟
rough prominent [= white-dotted prominent, green oak caterpillar, *Nadata gibbosa* Abbott *et* Smith] 北美栎绿舟蛾
rough-shouldered longhorned beetle [= citrus longhorn beetle, citrus trunk borer, citrus longhorned beetle, citrus-root cerambycid, black and white citrus longhorn, *Anoplophora chinensis* (Förster)] 华星天牛，星天牛，橘星天牛
rough-skinned cutworm [*Athetis mindara* (Barnes *et* McDunnough)] 糙委夜蛾，糙肤切根夜蛾，糙肤切根虫
rough strawberry root weevil [*Otiorhynchus rugosostriatus* (Goeze)] 粗草莓根耳象甲，草莓糙象甲
rough-winged katydid [= common true katydid, northern true katydid, *Pterophylla camellifolia* (Fabricius)] 夜鸣夏日螽
round bamboo scale [= bamboo round scale, *Froggattiella inusitata*

(Green)] 小竹丝绵盾蚧，竹圆蚧，竹圆盾蚧
round fungus beetle [= leiodid, leiodid beetle] 球蕈甲，圆蕈甲 < 球蕈甲科 Leiodidae 昆虫的通称 >
round-headed apple-tree borer [= saskatoon borer, *Saperda candida* Fabricius] 苹楔天牛，苹圆头天牛，二星天牛
round-headed cone borer [*Paratimia conicila* Fisher] 圆锥天牛，西海岸圆头天牛
round-headed fir borer [*Tetropium abietis* Fall] 冷杉断眼天牛，冷杉圆头天牛
round-headed hemlock borer [= western larch borer, *Tetropium velutinum* LeConte] 铁杉断眼天牛
round-headed katydid 圆头螽 < 属露螽亚科 Phaneropterinae>
round-headed pine beetle [*Dendroctonus adjunctus* Blandford] 圆头松大小蠹，松圆头小蠹，间大小蠹
round-headed wood borer [= longhorned beetle, longhorn beetle, longicorn, longicorn beetle, cerambycid, cerambycid beetle] 天牛 < 天牛科 Cerambycidae 昆虫的通称 >
round Japanese cedar scale [*Aspidiotus cryptomeriae* Kuwana] 柳杉圆盾蚧，柳杉薄圆盾介壳虫
round-necked blister beetle [*Meloe corvinus* Marseul] 圆胸短翅芫菁，圆颈短翅芫菁，圆颈绿芫菁，圆颈芫菁
round pear scale [= San José scale, California scale, Chinese scale, pernicious scale, *Comstockaspis perniciosa* (Comstock)] 圣琼斯康盾蚧，梨圆蚧，梨灰圆盾蚧，梨圆盾蚧，梨圆介壳虫，梨笠圆盾蚧，梨枝圆盾蚧，梨笠盾蚧，梨夸圆蚧
round reddish scale [= oriental yellow scale, oriental red scale, oriental scale, *Aonidiella orientalis* (Newstead)] 东方肾圆盾蚧，东方圆红蚧
round sand beetle [= omophronid beetle, omophronid] 圆甲 < 圆甲科 Omophronidae 昆虫的通称 >
round spot [= orbicular spot] 圆点
round-spotted silverdrop [= pepper-spotted silverdrop, *Epargyreus socus* Hübner] 索库饴弄蝶
round-spotted ticlear [*Hypothyris lycaste* (Fabricius)] 红环闩绡蝶
round winged orange tip [*Colotis euippe* (Linnaeus)] 彩袖珂粉蝶
round-winged skipper [= caura skipper, chocolate brown-skipper, *Thargella caura* (Plötz)] 黢弄蝶
round-winged vagrant [*Nepheronia pharis* (Boisduval)] 发乃粉蝶
rounded bolla [*Bolla oiclus* (Mabille)] 噢杂弄蝶
rounded calephelis [= rounded metalmark, *Calephelis perditalis* Barms *et* McDunnough] 排细纹蚬蝶
rounded metalmark 见 rounded calephelis
rounded palm-redeye [= Sikkim palm dart, Sikkim palm red-eye, banana skipper, banana leafroller, giant skipper, torus skipper, *Erionota torus* Evans] 黄斑蕉弄蝶，香蕉弄蝶，巨弄蝶，芭蕉弄蝶，蕉弄蝶
rounded pierrot [*Tarucus extricatus* Butler] 艾斯藤灰蝶
rounded purplewing [*Eunica pomona* (Felder *et* Felder)] 果神蛱蝶
rounded six-line blue [= large purple line-blue, *Nacaduba berenice* (Herrich-Schäffer)] 百娜灰蝶
roundness 似圆度
Rovartani Lapok 匈牙利昆虫学报 < 期刊名 >
rove beetle [= staphylinid beetle, staphylinid] 隐翅甲，隐翅虫 < 隐翅甲科 Staphylinidae 昆虫的通称 >
Rowleyella 罗氏蚤属
Rowleyella nujiangensis Lin *et* Xie 怒江罗氏蚤
Roxasellana 丽斑叶蝉属
Roxasellana stellata Zhang *et* Zhang 星茎丽斑叶蝉
Roxita 细草螟属
Roxita acutispinata Li *et* Li 锐棘细草螟
Roxita apicella Gaskin 顶纹细草螟
Roxita bipunctella (Wileman *et* South) 齿纹细草螟
Roxita capacunca Li *et* Li 阔爪细草螟
Roxita eurydyce Blesynski 宽带细草螟
Roxita fujianella Sung *et* Chen 福建细草螟
Roxita szetschwanella (Caradja) 四川细草螟，川细草螟
Roxita yunnanella Sung *et* Chen 云南细草螟
royal assyrian [*Terinos terpander* Hewitson] 紫彩帖蛱蝶
royal blue [= whitened bluewing, blue-banded purplewing, tropical blue wave, blue wave, *Myscelia cyaniris* Doubleday] 青鼠蛱蝶
royal blue butterfly [= blue wing, Mexican bluewing, MX bug, *Myscelia ethusa* (Boisduval)] 白条蓝鼠蛱蝶
royal cerulean [*Jamides caerulea* (Druce)] 凯雅灰蝶
royal chamber 王室
Royal Entomological Society of London 伦敦皇家昆虫学会
royal goliath beetle [*Goliathus regius* Klug] 皇家巨花金龟甲
royal jelly 王浆
royal jewel [*Hypochrysops polycletus* (Linnaeus)] 白纹链灰蝶
royal midget [*Phyllonorycter pastorella* (Zeller)] 帕小潜细蛾，柳潜叶细蛾，柳细蛾
royal moth [= citheroniid moth, regal moth, citheroniid] 犀额蛾，角蠋蛾 < 犀额蛾科 Citheroniidae 昆虫的通称 >
royal pairs [= royalties] 虫偶 < 指社会性昆虫中的生殖型雌虫及雄虫 >
royal palm borer beetle [*Sphenophorus lineatocollis* Heller] 棕白条尖隐喙象甲，棕白条尖隐喙象
royal palm bug [= thaumastocorid bug, thaumastocorid, palm bug] 榈蝽 < 榈蝽科 Thaumastocoridae 昆虫的通称 >
royal sapphire [*Iolaus eurisus* (Cramer)] 瑶灰蝶
royal spurwing [= small spurwing, *Antigonus corrosus* Mabille] 蚀铁锈弄蝶
royalisin 王浆抗菌肽，王浆素
royalties 见 royal pairs
rRNA [ribosomal RNA 的缩写] 核糖体 RNA
RT-PCR [reverse transcription PCR 的缩写] 反转录 PCR
RTP [read-through protein 的缩写] 通读蛋白
Ruba 红水虻属
Ruba bimaculata Yang, Zhang *et* Li 双斑红水虻
Ruba fuscipennis Enderlein 褐翅红水虻
Ruba maculipennis Yang, Zhang *et* Li 斑翅红水虻
Ruba nigritibia Yang, Zhang *et* Li 黑胫红水虻
rubber coreid [*Pseudotheraptus devastans* (Distant)] 橡胶拟特缘蝽，橡胶缘蝽
rubber hawkmoth [= ello sphinx, cassava hawkmoth, cassava caterpillar, cassava hornworm, rubber leaf caterpillar, *Erinnyis ello* (Linnaeus)] 木薯天蛾
rubber leaf caterpillar 见 rubber hawkmoth
rubber plantation litter beetle [*Luprops tristis* (Fabricius)] 黑色垫甲，暗色小垫甲
rubber shot-hole borer [*Xyleborus similis* (Ferrari)] 四粒方胸小

蠹，四粒材小蠹，相似方胸小蠹

rubber termite [*Coptotermes curvignathus* Holmgren] 曲颚乳白蚁，大家白蚁

ruber 纯红色

rubescent 成红色的

Rubiconia 珠蝽属

Rubiconia intermedia (Wolff) 珠蝽

Rubiconia peltata Jakovlev 圆颊珠蝽，暗珠蝽

rubiginose [= rubiginosus, rubiginous] 锈红色的

rubiginosus 见 rubiginose

rubiginous 见 rubiginose

Rubina metalmark [= Chinese lantern, orange-abbed fiestamark, *Symmachia rubina* Bates] 黄带树蚬蝶

rubineous [= rubineus] 似红玉的

rubineus 见 rubineous

rubricans 栗色；灰黑色

Rubrocuneocoris 红楔盲蝽属

Rubrocuneocoris falcis Lin 镰红楔盲蝽

Rubrocuneocoris lanceus Li *et* Liu 矛红楔盲蝽

Rubrocuneocoris maculosus Lin 斑红楔盲蝽

Rubrocuneocoris nodus Lin 棒红楔盲蝽

Rubrocuneocoris trifidus Lin 三叉红楔盲蝽

Rubrocuneocoris wudingensis Li *et* Liu 武定红楔盲蝽

Rubropsichia 尖翅卷蛾属

Rubropsichia fuesliniana (Stoll) 花斑尖翅卷蛾

rubrosterone 暗红牛膝甾酮

rubus caterpillar [*Polia thalossina* Rottemburg] 悬钩子灰夜蛾

rubus fritillary butterfly [*Brenthis daphne rabdia* Butler] 小豹蛱蝶悬钩子亚种，悬钩子蛱蝶

rubus hairy aphid [*Rhopalosiphoninus ichigo* (Shinji)] 悬钩子囊管蚜，悬钩子膨管蚜

ruby meadowhawk [*Sympetrum rubicundulum* (Say)] 红背赤蜻

ruby scale [= pink wax scale, red wax scale, *Ceroplastes rubens* Maskell] 红蜡蚧，红龟蜡蚧，红蜡介壳虫

ruby-spotted swallowtail [= red-spotted swallowtail, *Papilio anchisiades* Esper] 拟红纹凤蝶，拟红纹芷凤蝶，南美无尾麝馨凤蝶

ruby-tail wasp [= chrysidid wasp, cuckoo wasp, emerald wasp, ruby-tailed wasp, ruby wasp, chrysidid] 青蜂 < 青蜂科 Chrysididae 昆虫的通称 >

ruby-tailed wasp 1. [*Chrysis ignita* Linnaeus] 火青蜂；2. [= chrysidid wasp, cuckoo wasp, emerald wasp, chrysidid, ruby-tail wasp, ruby wasp] 青蜂

ruby tiger [= flax arctid, *Phragmatobia amurensis* Seitz] 阿篱灯蛾

ruby wasp 见 ruby-tail wasp

ruddy carpet [*Catarhoe rubidata* (Schiffermüller)] 红溢尺蛾，红巾尺蛾

ruddy copper [*Chalceria rubidus* (Behr)] 红铜灰蝶，铜灰蝶

ruddy dagger moth [*Acronicta rubricoma* Guenée] 红剑纹夜蛾

ruddy daggerwing [= northern segregate, *Marpesia petreus* (Cramer)] 剑尾凤蛱蝶

ruddy hairstreak [*Electrostrymon hugon* (Godart)] 红电灰蝶

ruddy marsh skimmer [= oriental scarlet, scarlet skimmer, *Crocothemis servilia* (Drury)] 红蜻，猩红蜻蜓

ruderal bumblebee [= large garden bumblebee, *Bombus ruderatus* (Fabricius)] 大园熊蜂

rudiaeschnid 1. [= rudiaeschnid dragonfly] 野蜓 < 野蜓科 Rudiaeschnidae 昆虫的通称 >；2. 野蜓科的

rudiaeschnid dragonfly [= rudiaeschnid] 野蜓

Rudiaeschnidae 野蜓科

rudiment 原基，轫

rudimentary 未发育的，初萌态的

rudimentary organ 遗痕器官

rudimentary spiracle 退化气门

Rudiraphidia 野蛇蛉属

Rudisociaria 轮小卷蛾属

Rudisociaria expeditana (Snellen) 光轮小卷蛾，禄迪卷蛾

Rudisociaria velutinum (Walsingham) 毛轮小卷蛾

Rufalda absolutella Roesler 绝卢玹螟

rufescens [= rufescent] 带红色的

rufescent 见 rufescens

Rufitidia 红光叶蝉属

Rufitidia forficata Song *et* Li 二叉红光叶蝉

Rufohammus rufescens Breuning 红毛天牛

rufous [= rufus] 淡红色

rufous-banded pyralid moth [= barberpole caterpillar, *Mimoschinia rufofascialis* (Stephens)] 标棒红带螟

rufous grasshopper [*Gomphocerippus rufus* (Linnaeus)] 红拟棒角蝗，红槌角蝗

rufous leaf sitter [*Gorgyra rubescens* Holland] 红槁弄蝶

rufous-margined button moth [= tufted button, *Acleris cristana* (Denis *et* Schiffermüller)] 鹅耳枥长翅卷蛾

rufous-winged elfin [= rufous-winged flat, *Eagris nottoana* (Wallengren)] 诺犬弄蝶

rufous-winged flat 见 rufous-winged elfin

rufus 见 rufous

ruga [pl. rugae] 皱纹

rugae [s. ruga] 皱纹

Ruganotus 皱背蝗属

Ruganotus rufipes Yin 红足皱背蝗

Rugaspidiotus 潜盾蚧属

Rugaspidiotus arizonicus (Cockerell) [Arizona rugaspidiotus scale] 亚利桑那潜盾蚧，阿利桑那潜盾蚧

Rugaspidiotus communis Hu 芦苇潜盾蚧，芦苇潜圆盾蚧

rugged 粗糙的

Rugiluclivina 脊头蝼步甲属

Rugiluclivina wrasei Balkenohl 宽唇脊头蝼步甲

Rugilus 皱纹隐翅甲属，皱隐翅甲属，皱隐翅虫属

Rugilus ceylanensis (Kraatz) 见 *Rugilus* (*Eurystilicus*) *ceylanensis*

Rugilus chinensis (Bernhauer) 见 *Rugilus* (*Eurystilicus*) *chinensis*

Rugilus* (*Eurystilicus*) *bifidus Assing 裂叶皱纹隐翅甲

Rugilus* (*Eurystilicus*) *ceylanensis (Kraatz) 锡兰皱纹隐翅甲，斯皱隐翅甲，斯皱隐翅虫，斯里多齿隐翅虫

Rugilus* (*Eurystilicus*) *chinensis (Bernhauer) 中华皱纹隐翅甲，中华皱隐翅甲，华皱隐翅虫，华多齿隐翅虫

Rugilus* (*Eurystilicus*) *japonicus Watanabe 日本皱纹隐翅甲

Rugilus* (*Eurystilicus*) *rufescens (Sharp) 红棕皱纹隐翅甲，红皱隐翅甲，红皱隐翅虫，红多齿隐翅虫

Rugilus* (*Eurystilicus*) *simlaensis (Cameron) 西姆拉皱纹隐翅甲

Rugilus* (*Eurystilicus*) *velutinus (Fauvel) 柔毛皱纹隐翅甲，绒皱

隐翅甲，绒皱隐翅虫，绒多齿隐翅虫
Rugilus reitteri (Bernhauer) 同 *Stilicoderus signatus*
Rugilus rufescens (Sharp) 见 *Rugilus* (*Eurystilicus*) *rufescens*
Rugilus (***Rugilus***) ***aequabilis*** Assing 同形皱纹隐翅甲
Rugilus (***Rugilus***) ***confluens*** Assing 连点皱纹隐翅甲
Rugilus (***Rugilus***) ***dabaicus*** Assing 大巴山皱纹隐翅甲
Rugilus (***Rugilus***) ***daxuensis*** Assing 大雪山皱纹隐翅甲
Rugilus (***Rugilus***) ***emeiensis*** Assing 峨眉皱纹隐翅甲
Rugilus (***Rugilus***) ***fodens*** Assing 细突皱纹隐翅甲
Rugilus (***Rugilus***) ***gansuensis*** Rougemont 甘肃皱纹隐翅甲
Rugilus (***Rugilus***) ***gonggaicus*** Assing 贡嘎皱纹隐翅甲
Rugilus (***Rugilus***) ***huanghaoi*** Hu, Song *et* Li 黄氏皱纹隐翅甲
Rugilus (***Rugilus***) ***mordens*** Assing 尖细皱纹隐翅甲
Rugilus (***Rugilus***) ***parvincisus*** Assing 凹皱纹隐翅甲
Rugilus (***Rugilus***) ***reticulatus*** Assing 腹纹皱纹隐翅甲
Rugilus velutinus (Fauvel) 见 *Rugilus* (*Eurystilicus*) *velutinus*
rugose [= rugosus, rugous] 有皱纹的
rugose spiraling whitefly [*Aleurodicus rugioperculatus* Martin] 皱旋复孔粉虱，皱旋盘粉虱
rugose stag beetle [*Sinodendron rugosum* Mannerheim] 皱拟锹甲
rugosissimus 很皱的
rugosus 见 rugose
rugous 见 rugose
rugula [pl. rugulae] 小皱
rugulae [s. rugula] 小皱
rugulose [= rugulosus] 微皱的
rugulosus 见 rugulose
Ruidocollaris 糙颈螽属，糙颈露螽属，粗绿螽属
Ruidocollaris apennis Liu *et* Kang 近凸糙颈螽，近凸糙颈露螽
Ruidocollaris convexipennis (Caudell) 凸翅糙颈螽，凸翅糙颈露螽，凸翅粗绿螽，凸翅光颈螽
Ruidocollaris ferruginescens Liu *et* Kang 朱腹糙颈螽，朱腹糙颈露螽
Ruidocollaris latilobalis Liu *et* Kang 宽叶糙颈螽，宽叶糙颈露螽
Ruidocollaris longicaudalis Liu *et* Kang 长尾糙颈螽，长尾糙颈露螽
Ruidocollaris obscura Liu 污翅糙颈螽，污翅糙颈露螽
Ruidocollaris parapennis Liu *et* Kang 非凸糙颈螽，西藏糙颈露螽
Ruidocollaris rubescens Liu *et* Kang 同 *Ruidocollaris truncatolobata*
Ruidocollaris sinensis Liu *et* Kang 中华糙颈螽，中华糙颈露螽
Ruidocollaris truncatolobata (Brunner von Wattenwyl) 截叶糙颈螽，切叶糙颈螽，截叶糙颈露螽，宽翅粗绿螽
rumex aphid [*Anuraphis rumecicola* Hori] 酸模圆尾蚜
rumex black cutworm [*Naenia contaminata* (Walker)] 褐宽翅夜蛾
rumula [pl. rumulae; = rumule] 乳突 <指幼虫身上的乳头状肉质突起>
rumulae [s. rumula; = rumules] 乳突
rumule [= rumula] 乳突
Runaria 三节茸蜂属，梨室蜂属
Runaria abrupta (Maa) 见 *Blasticotoma abrupta*
Runaria hunannica Wei 见 *Blasticotoma hunannica*
Runaria punctata Wei 见 *Blasticotoma punctata*
Runaria shaanxinica Wei 见 *Blasticotoma shaanxinica*
Runaria taiwana Shinohara 见 *Blasticotoma taiwana*
runcinate [= runcinatus] 锯形的，有缺口的
runcinatus 见 runcinate
running gel 电泳胶
ruona elfin [*Sarangesa ruona* Evans] 卢刷胫弄蝶
Rupa 卢帕步甲属
Rupa uenoi Habu 优卢帕步甲
Rupela albinella (Cramer) [South American white stem borer, white stem borer, South American white rice borer, South American white borer] 南美稻白螟
Rüppell's dotted border [= twin dotted border, *Mylothris rueppelli* (Koch)] 橙基迷粉蝶
ruptor ovi [= egg burster] 破卵器
rural skipper [*Ochlodes agricola* (Boisduval)] 田园赭弄蝶
Ruralidae [= Lycaenidae] 灰蝶科
rursus 向后的
rush veneer [*Nomophila noctuella* (Denis *et* Schiffermüller)] 麦牧野螟
Rusicada 茹夜蛾属
Rusicada combinans Walker 见 *Anomis combinans*
Rusicada fulvida (Guenée) 广布茹夜蛾，黄褐锦葵裳蛾，超桥夜蛾，超如斯夜蛾，吸果夜蛾
Rusicada leucolopha Prout 巨茹夜蛾，莱如斯夜蛾，巨仿桥夜蛾
Rusicada nigritarsis Walker 见 *Anomis nigritarsis*
Rusicada privata (Walker) [hibiscus leaf caterpillar] 红棕茹夜蛾，红棕锦葵裳蛾，浦如斯夜蛾，坎仿桥夜蛾，坎桥夜蛾，木槿桥夜蛾
Rusostigma 纹粉虱属
Rusostigma radiirugosa Quaintance *et* Baker 玫纹粉虱，路粉虱
Rusostigma tokyonis (Kuwana) [bird lime tree whitefly] 菩提树纹粉虱，菩提树粉虱
Rusostigma tristylii (Takahashi) 杨桐纹粉虱，三刺路粉虱
ruspinoid telipna [*Telipna ruspinoides* Schultze *et* Aurivillius] 拟刺袖灰蝶
Ruspolia 钩顶螽属，钩额螽属
Ruspolia differens (Serville) 异钩顶螽
Ruspolia dubia (Redtenbacher) 疑钩顶螽，疑钩额螽，贵州钩额螽
Ruspolia indica (Redtenbacher) 印度钩顶螽，印锥头螽
Ruspolia jezoensis (Matsumura *et* Shiraki) 稻钩顶螽，稻螽，云南稻螽
Ruspolia liangshangensis Lian *et* Liu 凉山钩顶螽
Ruspolia lineosa (Walker) 黑胫钩顶螽，线条钩额螽，尖头草螽，南方稻草螽
Ruspolia nitidula (Scopoli) 鲜丽钩顶螽，光亮钩额螽
Ruspolia yunnana Lian *et* Liu 云南钩顶螽
Ruspoliella 茹盲蝽属
Ruspoliella coffeae (China) [coffee capsid, coffee capsid bug, coffee flower bud-feeding mirid] 咖啡茹盲蝽，咖啡盲蝽
Russellaspis 珞链蚧属
Russellaspis pustulans (Cockerell) [akee fringed scale, oleander pit scale, oleander scale, pustule scale] 普食珞链蚧，普露链蚧，夹竹桃斑链蚧，夹竹桃链蚧，黄链介壳虫
Russellaspis sumatrae (Russell) 印尼珞链蚧
russet protea [*Capys disjunctus* Trimen] 迪斯锯缘灰蝶
russet skipperling [*Piruna pirus* (Edwards)] 璧弄蝶

Russian botfly [= horse nasal-myiasis fly, horse nostril fly, horse nasal bot fly, cavicole horse bot fly, *Rhinoestrus purpureus* (Brauer)] 紫鼻狂蝇

Russian Entomological Journal 俄罗斯昆虫学杂志 < 期刊名 >

Russian grayling [*Hipparchia autonoe* (Esper)] 俄仁眼蝶，仁眼蝶

Russian heath [*Coenonympha leander* (Esper)] 黧黄珍眼蝶

Russian leather beetle [= hermit beetle, *Osmoderma eremita* (Scopoli)] 隐奥斑金龟甲，隐居甲虫，隐士甲虫

Russian melon fly [= melon fruit fly, Baluchistan melon fly, melon fly, *Carpomya paradalina* (Bigot)] 甜瓜咔实蝇，甜瓜迷实蝇，甜瓜实蝇，短脉咔实蝇

Russian roach [= German cockroach, croton bug, crouton bug, steam fly, *Blattella germanica* (Linnaeus)] 德国小蠊，德国姬蠊，德国蟑螂

Russian root mealybug [= root mealybug, *Mirococcopsis subterranea* (Newstead)] 中欧小粉蚧，中欧佳粉蚧

Russian wheat aphid [*Diuraphis noxia* (Kurdjumov)] 麦双尾蚜，俄罗斯麦蚜，俄罗斯小麦蚜虫

Russian wheat-aphid lady beetle [= variegated ladybird, Adonis' ladybird, white collared ladybird, spotted amber ladybird, *Hippodamia variegata* (Goeze)] 多异长足瓢虫，多异瓢虫

russula emesis [*Emesis russula* (Stichel)] 淡红螟蚬蝶

rust-colored carpenter ant [= ferruginous carpenter ant, red carpenter ant, *Camponotus chromaiodes* Bolton] 锈胸弓背蚁，红弓背蚁，锈色大黑蚁，金毛双色弓背蚁

rust fly [= psilid fly, psilid] 茎蝇，折翅蝇 < 茎蝇科 Psilidae 昆虫的通称 >

rust red flour beetle [= red flour beetle, bran bug, red grain beetle, red meal beetle, *Tribolium castaneum* (Herbst)] 赤拟粉甲，赤拟谷盗，拟谷盗

rust-red grain beetle [= rusty grain beetle, flat grain beetle, *Cryptolestes ferrugineus* (Stephens)] 锈赤扁谷盗，锈扁谷盗，角胸粉扁虫

rusted fiestamark [*Symmachia leena* Hewitson] 凌树蚬蝶

rustic [*Cupha erymanthis* (Drury)] 黄襟蛱蝶，台湾黄斑蝶，台湾黄斑蛱蝶，鲁花黄斑蝶，驼蛱蝶，柞蛱蝶

rustic borer [*Xylotrechus colonus* (Fabricius)] 粗脊虎天牛，乡村虎天牛

rustic shoulder-knot [= bordered apamea, wheat earworm, wheat cutworm, *Apamea sordens* (Hüfnagel)] 秀夜蛾，麦穗夜蛾

rusty banded aphid [= hawthorn-parsley aphid, parsley aphid, *Dysaphis apiifolia* (Theobald)] 锈条西圆尾蚜，锈条蚜

rusty bar [*Spindasis apelles* (Oberthür)] 阿牌银线灰蝶

rusty birch button [*Acleris notana* (Donovan)] 显长翅卷蛾

rusty bird grasshopper [*Schistocerca rubiginosa* (Harris)] 锈色沙漠蝗

rusty brown-skipper [= rusty skipper, *Methion melas* Godman] 蔑弄蝶

rusty button moth [= rusty oak button, *Acleris ferrugana* (Denis *et* Schiffermüller)] 山毛榉长翅卷蛾，锈色长翅卷蛾

rusty clearwing [= morgane clearwing, thick-tipped greta, *Greta morgane* (Geyer)] 莫尔黑脉绡蝶

rusty crescent [*Tegosa etia* Hewitson] 隘苔蛱蝶

rusty dot pearl [*Udea ferrugalis* (Hübner)] 锈黄缨突野螟，萝卜黄野螟，壳缨突野螟

rusty forester [*Lethe bhairava* (Moore)] 帕拉黛眼蝶，布黛眼蝶

rusty gourd-shaped weevil [*Scepticus griseus* (Roelofs)] 锈赤戎葫形象甲

rusty grain beetle 见 rust-red grain beetle

rusty longicorn beetle [*Arhopalus rusticus* (Linnaeus)] 褐梗天牛，梗天牛，松褐天牛

rusty metalmark [= variable lenmark, mycone metalmark, *Synargis mycone* (Hewitson)] 木拟螟蚬蝶

rusty mountain satyr [*Lymanopoda ferruginosa* Butler] 锈色徕眼蝶

rusty oak button 见 rusty button moth

rusty-patched bumble bee [*Bombus affinis* Cresson] 锈斑熊蜂

rusty-patched euselasia [*Euselasia leucon* (Schaus)] 白星优蚬蝶

rusty pierrot [*Tarucus alteratus* (Moore)] 缘斑藤灰蝶

rusty pine cone moth [= webbing coneworm, *Dioryctria disclusa* Heinrich] 松开球果梢斑螟

rusty pine needle weevil [*Scythropus ferrugineus* Casey] 蒙地松飞象甲

rusty plum aphid [= brown sugarcane aphid, *Hysteroneura setariae* (Thomas)] 一条脉蚜，一条蚜，李蔗锈色一条蚜，无肘脉蚜，锈李蚜，狗尾草超瘤蚜，狗尾草蚜

rusty sister [= Felder's sister, *Adelpha felderi* (Boisduval)] 菲儿悌蛱蝶

rusty skipper 1. [= rusty brown-skipper, *Methion melas* Godman] 蔑弄蝶；2. [= compta skipper, *Morys compta* (Butler)] 伯爵颉弄蝶

rusty-spotted satyr [*Cissia labe* Butler] 唇细眼蝶

rusty swift [*Borbo detecta* (Trimen)] 非洲籼弄蝶

rusty-tipped page [*Siproeta epapha* (Latreille)] 红端帘蛱蝶

rusty tussock moth [= vapourer, common vapourer, common vapourer moth, vapourer moth, *Orgyia antiqua* (Linnaeus)] 古毒蛾，缨尾毛虫，落叶松毒蛾，角斑台毒蛾，杨白纹毒蛾，囊尾毒蛾，角斑古毒蛾，白刺古毒蛾

Rutelidae 丽金龟甲科，丽金龟科

Rutelinae 丽金龟甲亚科，丽金龟亚科

ruteline beetle 丽金龟甲 < 丽金龟甲亚科 Rutelinae 昆虫的通称 >

Rutherfordia 络盾蚧属

Rutherfordia major (Cockerell) 台湾络盾蚧

Rutherfordia malloti Rutherford 牡荆络盾蚧

Rutherfordia uniloba (Young) 云南络盾蚧

rutherglen bug [*Nysius vinitor* Bergroth] 澳洲小长蝽

rutilous [= rutilus] 铜赤色

rutilus 见 rutilous

rutin 芸香苷，芦丁

Ruttellerona 辰尺蛾属

Ruttellerona pallicostaria (Moore) 淡缘辰尺蛾，淡露尺蛾

Ruttellerona pseudocessaria Holloway 笠辰尺蛾，尾黄后锯尺蛾

Rutylapa 如菌蚊属

Rutylapa longa Cao *et* Xu 延长如菌蚊

Rya 儒雅叶蜂属，瑞雅叶蜂属

Rya tegularis Malaise 白鳞儒雅叶蜂，白肩瑞雅叶蜂，白肩瑞叶蜂，翅基莱叶蜂

ryanodine receptor [abb. RyR] 鱼尼丁受体

Rybinskiella 来莽甲属

Rybinskiella bodoana Reitter 波来莽甲

R

Rybinskiella daurica Motschulsky 达来莽甲

rye jointworm [*Harmolita secale* (Fitch)] 黑麦茎广肩小蜂

rye strawworm [= Webster's wheat strawworm, *Harmolita websteri* (Howard)] 裸麦茎广肩小蜂

rye thrips 1.[= barley thrips, *Limothrips denticornis* Haliday] 齿角泥蓟马，黑麦蓟马；2.[= grass thrips, rice aculeated thrips, cereal thrips, rice phloeothrips, *Haplothrips aculeatus* (Fabricius)] 稻简管蓟马，稻单管蓟马，稻管蓟马，稻皮蓟马

Rymosia 瑞菌蚊属

Rymosia elliptica Wu *et* Xu 椭圆瑞菌蚊

Rymosia inflata Wu *et* Xu 膨大瑞菌蚊

Rymosia intorta Wu *et* Xu 扭曲瑞菌蚊

Rymosia retusa Wu *et* Xu 微凹瑞菌蚊

Rypellia 璃蝇属，污蝇属

Rypellia difficila Feng 恼璃蝇

Rypellia faeca Feng 粪璃蝇

Rypellia flavipes Malloch 黄足璃蝇

Rypellia flora Feng 花璃蝇

Rypellia malaisei (Emden) 中缅璃蝇

Rypellia semilutea (Malloch) 半透璃蝇，浅黄污蝇

ryphea leafwing [= flamingo leafwing, *Fountainea ryphea* (Cramer)] 红扶蛱蝶

rypophagous [= rhypophagous] 食污的

RyR [ryanodine receptor 的缩写] 鱼尼丁受体

Rysops 郁灰蝶属

Rysops scintilla (Mabille) 闪光郁灰蝶

Ryukyucardiophorus 冲盾叩甲属

Ryukyucardiophorus babai Kishii 马场冲盾叩甲

Ryukyucardiophorus loochooensis (Miwa) 琉球冲盾叩甲

Ryukyulygus 琉球拟丽盲蝽亚属

s. l. [sensu lato 的缩写； = s. lat., sens. lat.] 广义

s. lat. 见 s. l.

s. m. interspace [= submedian interspace] 亚中区

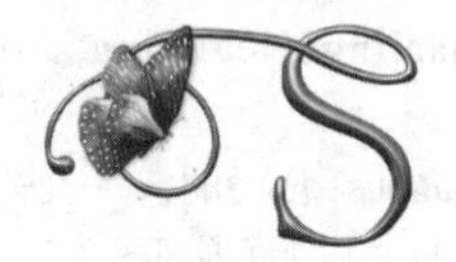

s. s. [sensu stricto 或 senso stricto 的缩写；= s. str., sens. str., sens. strict.] 狭义
s. str. 见 s. s.
s. t. line [= subterminal line] 亚端线 < 见于鳞翅目昆虫的翅中 >
s. t. space [= subterminal transverse space] 亚端横区
S_1 自交第一代
S_2 自交第二代
S3EM [serial section scanning electron microscopy 的缩写] 扫描电镜连续切片技术
Sabactiopus 萨盲蝽属
Sabactiopus sauteri (Poppius) 邵氏萨盲蝽
Sabaeus 刺角蝽属
Sabaeus humeralis (Dallas) 红斑刺角蝽，肩沙蝽
Sabaria 飒尺蛾属
Sabaria incitata (Walker) 飒尺蛾
Sabaria intexta Swinhoe 阴飒尺蛾
Sabaria likianga Wehrli 丽江飒尺蛾
Sabaria rosearia (Leech) 玫飒尺蛾，玫扑利尺蛾
Sabaria rosearia campsa Wehrli 玫飒尺蛾卡姆亚种，卡玫飒尺蛾
Sabaria rosearia researia (Leech) 玫飒尺蛾指名亚种
Sabatoga 奇眼蝶属
Sabatoga mirabilis Staudinger 奇眼蝶
Sabera 条弄蝶属
Sabera aruana (Plötz) 阿条弄蝶
Sabera biaga Evans 苾条弄蝶
Sabera caesina (Hewitson) [white-clubbed swift, black and white swift] 条弄蝶
Sabera dobboe (Plötz) [yellow-streaked swift, Miskin's swift] 金条弄蝶
Sabera dorena Evans 祷条弄蝶
Sabera expansa Evans 扩条弄蝶
Sabera fuliginosa (Miskin) [white-fringed swift] 白缘条弄蝶
Sabera fusca Joicey *et* Talbot 带条弄蝶
Sabera iloda Parsons 伊条弄蝶
Sabera kumpia Evans 酷条弄蝶
Sabera madrella Parsons 玛条弄蝶
Sabera metallica de Jong 美条弄蝶
Sabera misola Evans 咪条弄蝶
Sabera tabla (Swinhoe) 塔条弄蝶
sabertooth longhorn beetle [= giant jawed sawyer, *Macrodontia cervicornis* (Linnaeus)] 长角大颚天牛，鹿角巨牙天牛，长夹大天牛，红长牙天牛，长牙天牛
Sabethes 煞蚊属
Sabethes cyaneus (Fabricius) [paddle-legged beauty] 羽足煞蚊
Sabethini 煞蚊族
Sabima stellifera Distant 见 *Thagria stellifera*
Sabimamorpha speciossima Jacobi 同 *Pachymetopius decoratus*
Sabina 萨拜弄蝶属
Sabina sabina (Plötz) 萨拜弄蝶
Sabine albatross [= albatross white, *Appias sabina* (Felder *et* Felder)] 桧尖粉蝶
sable silkworm 煤灰色蚕
Sablia 壮秘夜蛾亚属
Sablones 萨布象甲属
Sablones setosus Reitter 刚毛萨布象甲，刚毛萨布象
Saborma forcipella Ragonot 福萨播螟
Sabourasca 长板叶蝉亚属
Sabphora 萨沫蝉属
Sabphora holonbairuna Matsumura 东北萨沫蝉
Sabphora takagii (Matsumura) 日本萨沫蝉，高木尖胸沫蝉
Sabphora tsuruana (Matsumura) 铁杉萨沫蝉，黑点尖胸沫蝉，褐翅黑点尖胸沫蝉
Sabra 萨钩蛾属
Sabra harpagula (Esper) [scarce hook-tip] 稀萨钩蛾，古钩蛾
Sabra harpagula bitorosa (Watson) 稀萨钩蛾浅斑亚种，浅斑古钩蛾
Sabra harpagula emarginata (Watson) 稀萨钩蛾尖翅亚种，尖翅古钩蛾
Sabra harpagula harpagula (Esper) 稀萨钩蛾指名亚种，指名古钩蛾
Sabra sinica (Yang) 中华萨钩蛾，中华古钩蛾
Sabra taibaishanensis (Chou *et* Xiang) 太白山萨钩蛾，太白山古钩蛾
Sabulodes caberata Guenée [omnivorous looper] 杂食尺蛾，杂食尺蠖
sac 囊
sac tube 针囊管 < 指虱目昆虫口针囊口的延伸部分，为由一对半管组成的槽 >
Sacada 短须螟属
Sacada amoyalis Caradja 厦门短须螟，厦柯枚螟，厦德克螟
Sacada confutsealis Caradja 杂纹短须螟
Sacada contigua South 邻短须螟
Sacada discinota (Moore) 狄短须螟
Sacada fasciata (Butler) 带短须螟，带达塘螟
Sacada flexuosa Snellen 弗短须螟
Sacada hoenei Caradja 霍短须螟
Sacada prasinalis Hampson 乌干达短须螟，乌干达草绿螟
Sacada szetschwanalis (Caradja) 川短须螟
sacaline aphid [= sanguisorba aphid, *Macchiatiella itadori* (Shinji)] 蓼圈圆尾蚜，虎杖无尾蚜
Sacapome 萨小叶蝉属
Sacapome formosana Schumacher 台湾萨小叶蝉
sacapulas calephelis [*Calephelis sacapulas* McAlpine] 沙卡细纹蚬蝶
sacbrood 囊仔病 < 蜜蜂的 >
Sacbrood virus [abb. SBV] 囊状幼虫病毒
Saccata 囊突叶蝉属
Saccata insolita Cao *et* Zhang 大毛囊突叶蝉

saccate 囊状的

saccharase 蔗糖酶

Saccharicoccus 蔗粉蚧属，糖粉蚧属

Saccharicoccus bambusus (Tang) 同 *Palmicultor lumpurensis*

Saccharicoccus penium Williams [William's grass mealybug] 旧北蔗粉蚧，旧北糖粉蚧

Saccharicoccus saccharii (Cockerell) [pink sugarcane mealybug, pink mealybug, sugarcane mealybug, grey sugarcane mealybug, cane mealybug] 热带蔗粉蚧，糖粉蚧，红甘蔗粉蚧，蔗粉蚧，糖梳粉介壳虫，蔗粉红蚧，甘蔗荚粉蚧，蔗红粉蚧

saccharidase 糖酶

saccharify 糖化

saccharimeter [= saccharometer] 糖量计

Saccharipulvinaria 蔗绵蚧属

Saccharipulvinaria bambusicola Tang 杭竹蔗绵蚧

Saccharipulvinaria iceryi (Signoret) 吹绵蔗绵蚧，吹绵蔗绵蜡蚧

Saccharodite 萨袖蜡蝉属

Saccharodite acuta Yang *et* Wu 尖突萨袖蜡蝉，尖萨袖蜡蝉

Saccharodite basipunctulata (Melichar) 基斑萨袖蜡蝉

Saccharodite caudata Yang *et* Wu 尾突萨袖蜡蝉，尾萨袖蜡蝉

Saccharodite coccinea (Matsumura) 胭脂萨袖蜡蝉，矩颜萨袖蜡蝉，猩红广袖蜡蝉

Saccharodite kagoshimana (Matsumura) 双线萨袖蜡蝉，双线广袖蜡蝉

Saccharodite matsumurae (Muir) 松村萨袖蜡蝉，松村勒袖蜡蝉

Saccharodite obtusa Yang *et* Wu 钝萨袖蜡蝉，嘉义萨袖蜡蝉

Saccharodite singularis Yang *et* Wu 单茎萨袖蜡蝉，南投萨袖蜡蝉

Saccharodite toroensis (Matsumura) 哆罗焉萨袖蜡蝉

Saccharolecanium 蔗蜡蚧属

Saccharolecanium fujianense Tang 闽蔗蜡蚧

saccharometabolism 糖代谢

saccharometer 见 saccharimeter

saccharose 蔗糖

Saccharosydne 长飞虱属

Saccharosydne procerus (Matsumura) [green slender planthopper] 绿长飞虱，长绿飞虱，稻绿飞虱

Saccharosydne saccharivora (Westwood) [West Indian cane fly, West Indian sugarcane leafhopper, black blight, sugarcane fly] 稻长飞虱，长稻虱，稻长绿飞虱

Saccharosydnini 长飞虱族

Sacchiphantes 糖球蚜亚属，糖球蚜属

Sacchiphantes abietis (Linnaeus) 见 *Adelges* (*Sacchiphantes*) *abietis*

Sacchiphantes roseigallis Li *et* Tsai 见 *Adelges* (*Sacchiphantes*) *roseigallis*

Sacchiphantes viridis (Ratzeburg) 见 *Adelges* (*Sacchiphantes*) *viridis*

saccoid gill 囊状鳃

saccular [= sacculated] 袋状的

sacculated 见 saccular

saccule 小囊

sacculi [s. sacculus] 背囊

sacculi lateralis 1. 侧胞；2. 诱惑腺

Sacculifer 囊鞘盲蝽属

Sacculifer picticeps Kerzhner 囊鞘盲蝽

Sacculifer rufinervis (Jakovlev) 北方囊鞘盲蝽

Sacculocornutia 腹刺斑螟属

Sacculocornutia flavipalpella Yamanaka 黄须腹刺斑螟

Sacculocornutia monotonella (Caradja) 单腹刺斑螟，单萨库螟，单云翅斑螟

Sacculocornutia sinicolella (Caradja) 中国腹刺斑螟，中国腹栗斑螟

Sacculocornutia zhengi Du, Li *et* Wang 郑氏腹刺斑螟，郑氏腹栗斑螟

sacculus 1. [pl. sacculi] 背囊；2. 抱器腹

saccus 囊形突 < 见于鳞翅目昆虫外生殖器中 >

Saceseurus 短蝽属

Saceseurus insignis (Distant) 短蝽

Sachalinobia 网花天牛属

Sachalinobia koltzei (Heyden) 黄斑网花天牛，冷杉网花天牛，内蒙古网花天牛，冷杉皱翅网花天牛

Sachalinobia rugipennis Newman 皱翅网花天牛，网花天牛

Sacharolecanium 食蔗蚧属

Sacharolecanium krugeri (Zehntner) 爪哇食蔗蚧

sachem [= field skipper, *Atalopedes campestris* (Boisduval)] 尘弄蝶

Sachtlebenia 沙赫姬蜂属

Sachtlebenia sexmaculata Townes 六斑沙赫姬蜂，六点沙赫姬蜂

sack-bearer moth [= mimallonid moth, mimallonid] 美钩蛾，袋栎蛾 < 美钩蛾科 Mimallonidae 昆虫的通称 >

Sacodes 萨沼甲属

Sacodes elongata Yoshitomi 长萨沼甲

Sacodes humeralis (Yoshitomi *et* Satô) 肩萨沼甲

Sacodes leei Yoshitomi *et* Satô 李氏萨沼甲

Sacodes taiwanensis (Yoshitomi *et* Satô) 台湾萨沼甲

Sacopsocus 栖蛄属

Sacopsocus quadricornis Li 四角栖蛄

sacral seta 骶毛

Sacrator 神弄蝶属

Sacrator polites Godman *et* Salvin [polites skipper] 礼神弄蝶

Sacrator sacrator (Godman *et* Salvin) 神弄蝶

sacred scarab beetle [*Scarabaeus sacer* Linnaeus] 圣蜣螂，神圣蜣螂，神圣金龟甲，大蜣螂

sad fiestamark [*Symmachia emeralda* Hall *et* Willmott] 悲树蚬蝶

Sadaotakagia 高山圆盾蚧属

Sadaotakagia sishanensia (Tang) 西山高圆盾蚧

saddle 肛管鞍板 < 指蚊幼虫尾肛管上的骨板 >

saddle gall midge [*Haplodiplosis marginata* (von Roser)] 鞍单瘿蚊，鞍瘿蚊

saddleback caterpillar [*Acharia stimulea* (Clemens)] 六星鞍刺蛾，鞍背刺蛾，鞍背矛刺蛾

saddleback looper [= saddlebacked looper, hieroglyphic moth, small engrailed moth, engrailed, small engrailed, *Ectropis crepuscularia* (Denis *et* Schiffermüller)] 鞍形埃尺蛾，松埃尺蛾，鞍形尺蛾，埃尺蛾

saddlebacked looper 见 saddleback looper

saddled leafhopper [*Colladonus clitellarius*(Say)] 鞍形叶蝉

saddled prominent caterpillar [= saddled prominent moth, maple prominent moth, *Heterocampa guttivitta* (Walker)] 鞍斑美洲舟蛾，鞍形天社蛾，北美槭舟蛾

saddled prominent moth 见 saddled prominent caterpillar

Sadoletus 撒长蝽属

Sadoletus bakeri Bergroth 巴撒长蝽

Sadoletus planus Gao *et* Malipatil 扁撒长蝽
Saemundssonia 塞鸟虱属
Saemundssonia acutipecta (Kellogg) 角嘴海塞鸟虱
Saemundssonia alaskensis (Kellogg *et* Kuwana) 阿拉斯加塞鸟虱
Saemundssonia canuti (Denny) 同 *Saemundssonia tringae*
Saemundssonia chenamycha (Séguy) 同 *Saemundssonia platygaster*
Saemundssonia clayae Hopkins 丘鹬塞鸟虱
Saemundssonia congener (Giebel) 同 *Saemundssonia lari*
Saemundssonia cordiceps (Giebel) 林鹬塞鸟虱
Saemundssonia frater (Giebel) 矶鹬塞鸟虱
Saemundssonia haematopi (Linnaeus) 蛎鹬塞鸟虱
Saemundssonia hopkinsi Clay 黄嘴河燕塞鸟虱
Saemundssonia humeralis (Denny) 白腰杓鹬塞鸟虱
Saemundssonia interger (Nitzsch) 灰鹤塞鸟虱
Saemundssonia kratochvili Balát 扇尾沙锥塞鸟虱
Saemundssonia lari (Fabricius) 北极鸥塞鸟虱
Saemundssonia lari lari (Fabricius) 北极鸥塞鸟虱指名亚种
Saemundssonia lari waterstoni Timmermann 同 *Saemundssonia lari lari*
Saemundssonia limosae (Denny) 斑尾塍鹬塞鸟虱
Saemundssonia lobaticeps (Giebel) 黑浮鸥塞鸟虱，叶塞鸟虱
Saemundssonia melanocephalus (Burmeister) 白额燕鸥塞鸟虱
Saemundssonia meridiana Timmermann 褐翅燕鸥塞鸟虱
Saemundssonia mollis (Nitzsch) 红脚鹬塞鸟虱
Saemundssonia montereyi (Kellogg) 斑海雀塞鸟虱
Saemundssonia muelleri Eichler 同 *Saemundssonia lari*
Saemundssonia nitzschi (Giebel) 鹤鹬塞鸟虱
Saemundssonia parva (Piaget) 同 *Saemundssonia lari*
Saemundssonia petersi Ward 乌燕鸥塞鸟虱
Saemundssonia platygaster (Denny) 剑鸻塞鸟虱
Saemundssonia platygaster platygaster (Denny) 剑鸻塞鸟虱指名亚种
Saemundssonia platygaster semivittata (Giebel) 剑鸻塞鸟虱小嘴鸻亚种，小嘴鸻塞鸟虱
Saemundssonia scolopacisphaeopodis (Schrank) 塞鸟虱
Saemundssonia semivittata (Giebel) 见 *Saemundssonia platygaster semivittata*
Saemundssonia sternae (Linnaeus) 普通燕鸥塞鸟虱
Saemundssonia thompsoni Timmermann 黑尾塍鹬塞鸟虱
Saemundssonia tridactylae Timmermann 同 *Saemundssonia lari*
Saemundssonia tringae (Fabricius) 红腹滨鹬塞鸟虱
Saetheria 萨特摇蚊属
Saetheria digitata Yan, Sæther *et* Wang 指状萨特摇蚊
Saetheria glabra Yan, Sæther *et* Wang 裸叶萨特摇蚊
Saetheria reissi Jackson 瑞氏萨特摇蚊
Saetheria separata Yan, Sæther *et* Wang 分离萨特摇蚊
safety evaluation 安全性评价
safflower aphid [= turnip aphid, mustard-turnip aphid, wild crucifer aphid, mustard aphid, *Lipaphis erysimi* (Kaltenbach)] 芥十蚜，萝卜蚜，菜缢管蚜，菜蚜，伪菜蚜，芜菁明蚜
safflower bug [*Dolycoris indicus* Stål] 云南斑须蝽
safflower skipper [*Pyrgus carthami* (Hübner)] 红花花弄蝶
saffron [*Mota massyla* (Hewitson)] 模特灰蝶
saffron-barred pigmy [= short-barred pigmy, *Stigmella luteella* Stainton] 桦黄痣微蛾，桦黄微蛾
saffron sapphire [*Iolaus pallene* (Wallengren)] 葩瑶灰蝶
saffron skipper [= Aaron's skipper, *Poanes aaroni* (Skinner)] 亚伦黄袍弄蝶
safranine 藏花红，藏红
saga 亚螽属
Saga pedo (Pallas) [predatory bush cricket, spiked magician, matriarchal katydid] 草原亚螽，窜螽
Sagba mountain cupid [*Euchrysops sagba* Libert] 萨棕灰蝶
sage skipper [*Muschampia proto* Ochsenheimer] 点弄蝶
sagebrush checkerspot [*Charidryas acastus* (Edwards)] 尖纱蛱蝶
sagebrush defoliator [*Aroga websteri* Clarke] 蒿针瓣麦蛾，山艾麦蛾，蒿麦蛾
sagebrush grasshopper [*Melanoplus bowditchi* Scudder] 蒿黑蝗
sagebrush white [= Becker's white, Great Basin white, *Pontia beckerii* (Edwards)] 贝氏云粉蝶
Saghalien cimbex [= birch sawfly, *Cimbex femorata* (Linnaeus)] 风桦锤角叶蜂，大桦锤角叶蜂
Saghalien cutworm [*Agrotis karafutonis* Matsumura] 库页岛地夜蛾，库页岛地老虎
Saginae 亚螽亚科
sagitta [pl. sagittae] 1. 矢形突 < 指膜翅目昆虫外生殖器中，位于铗间的内铗 >；2. 矢形纹 < 如许多昆虫翅上的箭形斑 >
sagitta skipper [*Vinius sagitta* (Mabille)] 多斑翁弄蝶
sagittae [s. sagitta] 1. 矢形突；2. 矢形纹
sagittal plane 纵分面 < 指将动物分成左右两半的纵垂直面 >
Sagittalata 矢蝗蛉属
Sagittalata asiatica Yang 亚矢蝗蛉
Sagittalata ata Yang 黑矢蝗蛉
Sagittalata yuata Yang *et* Peng 豫黑矢蝗蛉
sagittate [= sagittatus] 镞形的
sagittatus 见 sagittate
sago palm weevil [= red palm weevil, Asian palm weevil, *Rhynchophorus ferrugineus* (Olivier)] 棕榈象甲，红棕象甲，棕榈象，锈色棕象，锈色棕榈象，椰子隐喙象，椰子甲虫，亚洲棕榈象甲，印度红棕象甲，椰子大象鼻虫，红鼻隐喙象 < 此种学名有误写为 *Rhynchophorus ferugineus* (Olivier) 者 >
Sagra 茎甲属，粗腿金花虫属
Sagra borneensis Jacoby 同 *Sagra femorata*
Sagra buqueti (Lesson) [frog-legged leaf beetle] 蛙腿茎甲
Sagra femorata (Drury) 股茎甲，腿茎甲，琉璃粗腿金花虫
Sagra femorata femorata (Drury) 股茎甲指名亚种
Sagra femorata purpurea Lichtenstein 同 *Sagra femorata femorata*
Sagra femorata tonkinensis Kuntzen 同 *Sagra femorata femorata*
Sagra futgida Weber 耀茎甲，紫茎甲
Sagra fulgida fulgida Weber 耀茎甲指名亚种，指名耀茎甲
Sagra fulgida janthina Chen 同 *Sagra fulgida fulgida*
Sagra fulgida minuta Pic 耀茎甲紫红亚种，紫红耀茎甲
Sagra humeralis Jacoby 肩茎甲
Sagra jansoni Baly 狭茎甲
Sagra longipes Baly 同 *Sagra femorata*
Sagra moghanii Chen 千斤拔茎甲
Sagra mouhoti Baly 蓝缝茎甲
Sagra odontopus Gistl 毛胫茎甲
Sagra (***Sagrinola***) ***fulgida*** Weber 见 *Sagra fulgida*

Sagra tridentata Weber 同 *Sagra femorata*

sagrid 1. [= sagrid beetle] 茎甲，曲胫叶甲 <茎甲科 Sagridae 昆虫的通称>；2. 茎甲科的

sagrid beetle [= sagrid] 茎甲，曲胫叶甲

Sagridae 茎甲科，曲胫叶甲科

Sagrinae 茎甲亚科

Sagriva 飒兜蝽属

Sagriva banna Rédei 版纳飒兜蝽

Sagriva vittata Spinola 中线飒兜蝽，中线阿特蝽

Sahara Desert ant [*Cataglyphis bicolor* (Fabricius)] 二色箭蚁

Sahara swallowtail [*Papilio saharae* Oberthür] 沙金凤蝶

Saharan silver ant [*Cataglyphis bombycinus* (Roger)] 银毛箭蚁

Saharan silverline [*Apharitis nilus* Hewitson] 尼鲁富丽灰蝶

Sahel cupid [*Chilades alberta* (Butler)] 白纹紫灰蝶

Sahelian tree locust [= tree locust, *Anacridium melanorhodon* (Walker)] 撒哈拉树刺胸蝗，树蝗

Sahlbergella singularis Haglund [cocoa capsid, cocoa mirid] 可可褐盲蝽

Sahlbergotettix 短板叶蝉属

Sahlbergotettix salicicola (Flor) 柳短板叶蝉

Sahulana 沙灰蝶属

Sahulana scintillata (Lucas) [glistening blue, glistening line-blue] 沙灰蝶

Sahyadrassus 萨蝠蛾属

Sahyadrassus malabaricus Moore [teak sapling borer, phassus borer] 马拉巴萨蝠蛾

Sahyadri banded ace [*Halpe hindu* Evans] 萨酣弄蝶

Sahyadri clear sailer [*Neptis nata hampsoni* Moore] 娜环蛱蝶萨亚德里亚种

Sahyadri clipper [*Parthenos sylvia virens* Moore] 丽蛱蝶萨亚德里亚种

Sahyadri common imperial [*Cheritra freja butleri* Cowan] 常剑灰蝶萨亚德里亚种

Sahyadri common tinsel [*Catapaecilma major callone* Fruhstorfer] 三尾灰蝶萨亚德里亚种

Sahyadri cruiser [*Vindula erota saloma* de Nicéville] 文蛱蝶萨亚德里亚种

Sahyadri dartlet [= Tamil dartlet, *Oriens concinna* (Elwes)] 南亚偶侣弄蝶

Sahyadri great orange tip [*Hebomoia glaucippe australis* Butler] 鹤顶粉蝶澳洲亚种

Sahyadri orange ace [= Madras ace, *Thoressa honorei* de Nicéville] 印度陀弄蝶

Sahyadri orange awlet [*Burara jaina fergusonii* deNicéville] 橙翅暮弄蝶萨亚德里亚种

Sahyadri rustic [*Cupha erymanthis maja* Fruhstorfer] 黄襟蛱蝶萨亚德里亚种

Sahyadri small palm bob [*Suastus minutus bipunctus* Swinhoe] 小素弄蝶萨赫亚种

Sahyadri yellowback sailer [*Lasippa viraja kanara* Evans] 味蜡蛱蝶萨亚德里亚种

Saicinae 盲猎蝽亚科

Saigona 鼻象蜡蝉属

Saigona anisomorpha Zheng, Yang *et* Chen 异突鼻象蜡蝉

Saigona capitata (Distant) 尖鼻象蜡蝉

Saigona daozhenensis Zheng, Yang *et* Chen 道真鼻象蜡蝉

Saigona dicondylica Zheng, Yang *et* Chen 二突鼻象蜡蝉

Saigona fulgoroides (Walker) 瘤鼻象蜡蝉

Saigona fuscoclypeata Liang *et* Song 黑唇鼻象蜡蝉，暗唇基鼻象蜡蝉

Saigona gibbosa Matsumura 同 *Saigona fulgoroides*

Saigona henanensis Liang *et* Song 河南鼻象蜡蝉

Saigona ishidae (Matsumura) 同 *Saigona ussuriensis*

Saigona latifasciata Liang *et* Song 宽带鼻象蜡蝉

Saigona robusta Liang *et* Song 粗突鼻象蜡蝉

Saigona saccus Zheng *et* Chen 囊突鼻象蜡蝉

Saigona sinicola Liang *et* Song 中华鼻象蜡蝉，中国鼻象蜡蝉

Saigona sinicola Matsumura < 裸名，同 *Saigona sinicola*>

Saigona taiwanella Matsumura 台湾鼻象蜡蝉

Saigona tenuisa Zheng, Yang *et* Chen 细顶鼻象蜡蝉

Saigona ussuriensis (Lethierry) 乌苏里鼻象蜡蝉，尖鼻象蜡蝉

Saigusaia 赛菌蚊属，三枝菌蚊属

Saigusaia aberrans Niu, Wu *et* Yu 特异赛菌蚊

Saigusaia monacanthus Niu, Wu *et* Yu 单刺赛菌蚊

Saigusaia praegnans Niu, Wu *et* Yu 肿大赛菌蚊

Saigusaia spinibarbis Niu, Wu *et* Yu 刺状赛菌蚊

Saigusaia taiwana (Saigusa) 台湾赛菌蚊，台湾三枝菌蚊，台湾播菌蚊

Saigusaozephyrus 三枝灰蝶属

Saigusaozephyrus atabyrius (Oberthür) 三枝灰蝶，阿赛灰蝶

Saileriolinae 版纳蝽亚科

Sailor's lemmark [= irenea metalmark, *Thisbe irenea* (Stoll)] 洁蚬蝶

Saint Francis' satyr [*Neonympha mitchellii francisci* Parshall *et* Kral] 米氏环眼蝶圣福亚种

Saint Helena earwig [= Saint Helena giant earwig, *Labidura herculeana* (Fabricius)] 圣螻螋

Saint Helena giant earwig 见 Saint Helena earwig

Sais 赛绡蝶属

Sais paraensis (Haensch) 赛绡蝶

Sais rosalia (Cramer) 黄斑赛绡蝶

Sais zitella Hewitson 小红赛绡蝶

Saissetia 黑盔蚧属，盔蚧属，珠蜡蚧属

Saissetia anthurii (Boisduval) 同 *Saissetia coffeae*

Saissetia beaumontiae (Douglas) 同 *Saissetia coffeae*

Saissetia bobuae Takahashi 山矾黑盔蚧，红盔蚧，红珠蜡蚧，山矾硬介壳虫

Saissetia catori Green 卡特黑盔蚧

Saissetia citricola (Kuwana) 见 *Pulvinaria citricola*

Saissetia coffeae (Walker) [hemispherical scale, brown coffee scale, brown scale, brown shield scale, nigra scale, coffee helmet scale, helmet scale, brown bug] 咖啡黑盔蚧，咖啡盔蚧，咖啡硬介壳虫，咖啡珠蜡蚧，橘盔蚧，咖啡蜡蚧，黑盔介壳虫，黑盔蚧，半球盔蚧，网球蜡蚧

Saissetia farquharsoni Newstead 法氏黑盔蚧

Saissetia filicum (Boisduval) 同 *Saissetia coffeae*

Saissetia hemisphaerica (Targioni-Tozzetti) 同 *Saissetia coffeae*

Saissetia miranda (Cockerell) 美洲黑盔蚧

Saissetia neglecta De Lotto 佛洲黑盔蚧

Saissetia nigra (Nietner) 见 *Parasaissetia nigra*

S

Saissetia oleae (Bernard) [olive black-scale, Mediterranean black scale, citrus black scale, black scale, black olive scale, brown olive scale, olive scale, olive soft scale] 橄榄黑盔蚧，榄珠蜡蚧，工脊硬介壳虫，工脊硬蚧，黑蜡蚧

Saissetia puerensis Zhang *et* Feng 普洱盔蚧

Saiva 锥头蜡蝉属

Saiva coccinea (Walker) 齐锥头蜡蝉

Saiva formosana Kato 台湾锥头蜡蝉，台锥头蜡蝉

Saiva gemmata (Westwood) 锥头蜡蝉

Sakencyrtus 塞克跳小蜂属

Sakencyrtus longicaudus Xu 长尾塞克跳小蜂

sakhalin fir bark beetle [*Cryphalus piceus* Eggers] 红皮臭梢小蠹，椴松小蠹

sakhalin fir psylla [= abies psylla, *Cacopsylla abieti* (Kuwayama)] 冷杉喀木虱，椴松木虱，冷杉木虱

sakhalin fir yellow-spotted weevil [*Pissodes cembrae* Motschulsky] 黑木蠹象甲，椴松黄星象甲，黑木蠹象

sakhalin silk moth [= Japanese hemlock caterpillar, white-lined silk moth, Yesso spruce lasiocampid, *Dendrolimus superans* (Butler)] 落叶松毛虫

sal borer [= sal heartwood borer, *Hoplocerambyx spinicornis* (Newman)] 刺角沟额天牛

sal heartwood borer 见 sal borer

saladin saliana [= violet-tipped saliana, *Saliana saladin* Evans] 紫端颂弄蝶

Salambria banner [*Catonephele salambria* (Felder *et* Felder)] 盐黑蛱蝶

Salaminia 萨萤叶甲属

Salaminia concinna (Baly) 萨萤叶甲

Salamis 矩蛱蝶属

Salamis anacardi (Linnaeus) 安矩蛱蝶

Salamis anteva (Ward) 红矩蛱蝶

Salamis augustina Boisduval 矩蛱蝶

Salamis cacta (Fabricius) [lilac mother-of-pearl, lilac beauty] 仙人掌矩蛱蝶，塞拉矩蛱蝶

Salamis cytora Doubleday 蓝褐矩蛱蝶

Salamis duprei Vinson [silver salamis] 杜伯矩蛱蝶，黑顶喙蛱蝶

Salamis parhassus (Druce) 绿贝矩蛱蝶，帕绿矩蛱蝶

Salamis strandi Röber 斯特朗矩蛱蝶

Salamis temora Felder [blue salamis] 蓝矩蛱蝶，紫矩蛱蝶

Salang hawkmoth [*Hyles salangensis* (Ebert)] 萨朗白眉天蛾

Salanoemia 劭弄蝶属

Salanoemia fuscicornis (Elwes *et* Edwards) [purple lancer] 暗褐劭弄蝶

Salanoemia noemi (de Nicéville) [spotted yellow lancer] 南亚劭弄蝶

Salanoemia sala (Hewitson) [maculate lancer] 劭弄蝶

Salanoemia similis (Elwes *et* Edwards) [similar streak darter] 类劭弄蝶

Salanoemia tavoyana (Evans) [yellow-streaked lancer] 塔沃劭弄蝶

Salapia glasswing [*Ithomia salapia* Hewitson] 沙地绡蝶

Salassa 猫目大蚕蛾属

Salassa lola Westwood 鸱猫目大蚕蛾，鸱目大蚕蛾，乌目大蚕蛾

Salassa olivacea Oberthür 鹗猫目大蚕蛾，鹗目大蚕蛾

Salassa thespis (Leech) 猫目大蚕蛾，猫目王蛾

Salassa tibaliva Chu *et* Wang 西藏猫目大蚕蛾，西藏鹗目大蚕蛾

salatis skipper [*Salatis salatis* (Stoll)] 萨弄蝶

Salatis 萨弄蝶属

Salatis fulrius Plötz 福萨弄蝶

Salatis salatis (Stoll) [salatis skipper] 萨弄蝶

Salatura genutia Cramer 见 *Danaus genutia*

Salda 跳蝽属，黑跳蝽属

Salda kiritshenkoi Cobben 基氏黑跳蝽

Salda littoralis (Linnaeus) 泽黑跳蝽

Salda morio Zetterstedt 亮黑跳蝽

Salda recticollis Horváth 见 *Saldula recticollis*

Salda sahlbergi Reuter 暗条黑跳蝽

saldid 1. [= saldid bug, shore bug] 跳蝽 < 跳蝽科 Saldidae 昆虫的通称 >；2. 跳蝽科的

saldid bug [= saldid, shore bug] 跳蝽

Saldidae 跳蝽科

Saldoida 突胸跳蝽属

Saldoida armata Horváth 蚁状突胸跳蝽，突胸跳蝽

Saldoidea 跳蝽总科

Saldula 沙跳蝽属，跳蝽属

Saldula areniola (Scholtz) 沙跳蝽

Saldula arsenjevi Vinokurov 分明沙跳蝽

Saldula burmanica Lindskog 缅甸沙跳蝽，缅甸跳蝽

Saldula fucicola (Sahlberg) 地衣沙跳蝽

Saldula fukiena Drake *et* Maa 同 *Saldula recticollis*

Saldula hasegawai Cobben 见 *Micracanthia hasegawai*

Saldula melanoscela (Fieber) 灰暗沙跳蝽，灰暗跳蝽

Saldula niveolimbata (Reuter) 鲜明沙跳蝽

Saldula nobilis (Horváth) 显赫沙跳蝽

Saldula opacula (Zetterstedt) 影斑沙跳蝽

Saldula ornatula (Reuter) 见 *Micracanthia ornatula*

Saldula orthochila (Fieber) 直边沙跳蝽

Saldula pallipes (Fabricius) 广沙跳蝽

Saldula palustris (Douglas *et* Scott) 泛沙跳蝽，泛跳蝽，纹胫小跳蝽

Saldula pilosella (Thomson) 毛顶沙跳蝽，毛顶跳蝽

Saldula recticollis (Horváth) 直领沙跳蝽

Saldula saltatoria (Linnaeus) 黄颊沙跳蝽

Saldula taiwanensis Cobben 台湾沙跳蝽

Saldula xanthochila (Fieber) 黄沙跳蝽

Salebria 脊斑螟属

Salebria amoenella Zeller 厦脊斑螟，厦鳃斑螟

Salebria atrotrichella Caradja 黑脊斑螟，黑鳃斑螟

Salebria betulae Göze 见 *Ortholepis betulae*

Salebria cantonella Caradja 见 *Oligochroa cantonella*

Salebria ellenella Roesler 小脊斑螟，小鳃斑螟，瘦斑螟

Salebria fractella Caradja 弗脊斑螟，弗鳃斑螟

Salebria griseotincta Caradja 灰脊斑螟，弗利鳃斑螟

Salebria icterella Ragonot 伊脊斑螟，伊鳃斑螟，伊半红鳃斑螟

Salebria laetella Zerny 拉脊斑螟，拉鳃斑螟

Salebria laruata Heinrich 同 *Dioryctria pryeri*

Salebria morosalis (Saalmüller) 见 *Pempelia morosalis*

Salebria romanoffella Ragonot 罗脊斑螟，罗鳃斑螟

Salebria rosella Zerny 玫脊斑螟，玫鳃斑螟

Salebria roseostriatella Caradja 玫纹脊斑螟，玫纹鳃斑螟

Salebria semirubella (Scopoli) 见 *Oncocera semirubella*
Salebria semirubella icterella Ragonot 见 *Salebria icterella*
Salebria sinensis Caradja 中华脊斑螟，华鳃斑螟
Salebria taishanensis Caradja 泰山脊斑螟，泰山鳃斑螟
Salebria taishanensis sinensis Caradja 见 *Salebria sinensis*
Salebria vinacea (Inoue) 脉纹脊斑螟，威鳃斑螟
Salebria wolfi Roesler 沃氏脊斑螟，窝鳃斑螟
Salebria yuennanella Caradja 云南脊斑螟，滇鳃斑螟
Salebriopsis 鳃斑螟属
Salebriopsis albicilla (Herrich-Schäffer) 白纤鳃斑螟，白纤后萨螟
salebrose [= salebrosus, salebrous] 粗糙的
salebrosus 见 salebrose
salebrous 见 salebrose
Salentia 塞伦剑虻属
Salentia merindionalis Yang, Liu *et* Dong 岭南塞伦剑虻
salenus faceted-skipper [*Synapte salenus* (Mabille)] 暗带散弄蝶
Saletara 沙粉蝶属
Saletara cycinna (Hewitson) 宽边沙粉蝶
Saletara giscon Grose-Smith 黑沙粉蝶
Saletara liberia (Cramer) 沙粉蝶
Saletara liberia distanti (Butler) [Malaysian albatross] 沙粉蝶马来亚种
Saletara liberia liberia (Cramer) 沙粉蝶指名亚种
Saletara panda (Godart) 窄边沙粉蝶
Saletara panda nathalia (Felder *et* Felder) 窄边沙粉蝶岩崎亚种，南尖粉蝶，岩崎粉蝶，纳平萨粉蝶
Saletara panda panda (Godart) 窄边沙粉蝶指名亚种
Salganea 木蠊属
Salganea biglunis (Saussure) 双片木蠊，云南木蠊
Salganea concinna (Feng *et* Woo) 丽木蠊
Salganea graggei Roth 拉氏木蠊
Salganea gressitti Roth 嘉氏木蠊，谷氏木蠊
Salganea incerta (Brunner von Wattenwyl) 可疑木蠊，疑弯翅蠊
Salganea morio (Burmeister) 黑晶木蠊，小木蠊
Salganea raggei Roth 拉氏木蠊
Salganea taiwanensis Roth 台湾木蠊
Saliana 颂弄蝶属
Saliana antoninus (Latreille) [persistent saliana, square-spotted saliana, antoninus saliana] 安东尼颂弄蝶
Saliana chiomara Hewitson [chiomara saliana] 齐奥颂弄蝶
Saliana esperi Evans [perching saliana, Esper's saliana] 希望颂弄蝶
Saliana fischer (Latreille) [Fischer saliana] 菲颂弄蝶
Saliana fusta Evans [suffused saliana, fuzzy saliana] 黄颂弄蝶
Saliana hewitsoni (Riley) [green saliana, bronze saliana] 休氏颂弄蝶
Saliana longirostris (Sepp) [shy saliana] 长须颂弄蝶
Saliana mamurra (Plötz) 玛颂弄蝶
Saliana morsa Evans [morsa saliana] 茂颂弄蝶
Saliana nigel Evans [nigel saliana] 尼颂弄蝶
Saliana placens (Butler) 盘颂弄蝶
Saliana saladin Evans [violet-tipped saliana, saladin saliana] 紫端颂弄蝶
Saliana salius (Cramer) [sullied saliana, salius saliana] 颂弄蝶
Saliana salona Evans [salona saliana] 萨颂弄蝶
Saliana severus (Mabille) [dark saliana] 塞维颂弄蝶
Saliana triangularis Kaye [triangular saliana, Kaye's saliana] 三角颂弄蝶
salianish skipper [= false saliana, *Justinia norda* Evans] 北贾斯廷弄蝶
Salicarus 柳盲蝽属
Salicarus fulvicornis (Jakovlev) 黄角柳盲蝽
Salicarus qilianus (Zheng *et* Li) 祁连柳盲蝽
Salicarus roseri (Herrich-Schäffer) 黄毛柳盲蝽
Salicicola 柳盾蚧属
Salicicola indiaeorientalis (Lindinger) 印东柳盾蚧
Saliciphaga 月小卷蛾属，弯月小卷蛾属
Saliciphaga archris (Butler) 弯月小卷蛾
Saliciphaga caesia Falkovitsh 大弯月小卷蛾
salicylic acid 水杨酸
salient 突出的
saliferous 含盐的
Salignus 棱额盲蝽属
Salignus distinguendus (Reuter) 原棱额盲蝽，裂草盲蝽
Salignus duplicatus (Reuter) 柳棱额盲蝽
Saligranta 颠花天牛属，细花天牛属
Saligranta puyuma (Chou *et* Ohbayashi) 普悠玛颠花天牛，普悠玛细花天牛
Saligranta svihlai (Holzschuh) 斯维颠花天牛
Salina 盐长䖴属
Salina affinis Folsom 邻盐长䖴
Salina anhuiensis Ma 安徽盐长䖴
Salina auriculae Lin 木耳盐长䖴
Salina bicolor Oliveira *et* Cipola 二色盐长䖴
Salina bidentata (Handschin) 二齿盐长䖴
Salina celebensis (Schäffer) 港台盐长䖴
Salina indica (Imms) 印度盐长䖴
Salina javana (Handschin) 爪哇盐长䖴
Salina maculata Folsom 斑盐长䖴
Salina mutabilis Lee *et* Park 台盐长䖴
Salina okinawana Yoshii 冲绳盐长䖴
Salina sinensis Lin 中华盐长䖴
Salina vietnamensis Stach 越南盐长䖴
Salina yunnanensis Denis 滇盐长䖴，滇钩长䖴
Salina zhangi Bellini *et* Cipola 张氏盐长䖴
saline 盐水，含盐的，盐泽的
salinity 盐度；盐碱度
Saliocleta 姬舟蛾属，箩舟蛾属
Saliocleta argus (Schintlmeister) 光姬舟蛾，光箩舟蛾
Saliocleta aristion (Schintlmeister) 长纹姬舟蛾，长纹角瓣舟蛾，尖瓣舟蛾
Saliocleta aurora (Kiriakoff) 黎明姬舟蛾，黎明箩舟蛾
Saliocleta dabashanica (Schintlmeister) 褐姬舟蛾，褐箩舟蛾
Saliocleta dejoannisi Schintlmeister 帝姬舟蛾，帝箩舟蛾
Saliocleta distineo (Schintlmeister) 显姬舟蛾，显箩舟蛾
Saliocleta dorsisuffusa (Kiriakoff) 锯缘姬舟蛾，锯缘角瓣舟蛾，背托舟蛾
Saliocleta eustachus (Schintlmeister) 齿瓣姬舟蛾，齿瓣箩舟蛾
Saliocleta eustachus brefkaensis Schintlmeister 齿瓣姬舟蛾西方亚种，齿瓣箩舟蛾西方亚种

Saliocleta eustachus eustachus (Schintlmeister) 齿瓣姬舟蛾指名亚种，齿瓣篓舟蛾指名亚种
Saliocleta goergneri (Sehintlmeister) 箭纹姬舟蛾，箭纹篓舟蛾
Saliocleta guanyin (Schintlmeister *et* Fang) 观音姬舟蛾，观音篓舟蛾
Saliocleta longipennis (Moore) 长茎姬舟蛾，长茎篓舟蛾
Saliocleta malayana (Schintlmeister) 马来姬舟蛾，马来篓舟蛾
Saliocleta margarethae (Kiriakoff) 凹缘姬舟蛾，凹缘篓舟蛾
Saliocleta nevus Kobayashi *et* Wang 蚋姬舟蛾，脉篓舟蛾
Saliocleta niveipicta (Kiriakoff) 见 *Armiana niveipicta*
Saliocleta nonagrioides Walker 姬舟蛾
Saliocleta nubila Kiriakoff 云姬舟蛾，努姬舟蛾
Saliocleta obliqua (Hampson) 斜姬舟蛾，斜篓舟蛾
Saliocleta ochracaea (Moore) 黄姬舟蛾，黄篓舟蛾，赭皮舟蛾
Saliocleta postfusca (Kiriakoff) 浅黄姬舟蛾，浅黄篓舟蛾
Saliocleta postica (Moore) 点姬舟蛾，后姬舟蛾
Saliocleta retrofusca (de Joannis) 竹姬舟蛾，竹篓舟蛾
Saliocleta seacona (Swinhoe) 棕斑姬舟蛾，棕斑篓舟蛾
Saliocleta symmetricus (Schintlmeister) 希姬舟蛾
Saliocleta virgata (Wileman) 见 *Besaia virgata*
Saliocleta widagdoi Schintlmeister 伟姬舟蛾，伟篓舟蛾
Saliohelea 盐蠓亚属
salius saliana [= sullied saliana, *Saliana salius* (Cramer)] 颂弄蝶
Salius 萨蛛蜂属
Salius atrox (Smith) 阿萨蛛蜂
Salius chinensis Morawitz 见 *Priocnemis chinensis*
Salius fenestrata (Smith) 见 *Hemipepsis fenestrata*
Salius fenestratus Gussakovskij 台湾萨蛛蜂，台湾蛛蜂
Salius flavus (Fabricius) 见 *Mygnimia flava*
Salius formosus Morawitz 见 *Malloscelis formosus*
Salius gyrifrons Morawitz 见 *Cryptocheilus gyrifrons*
Salius madraspatanus (Smith) 见 *Dentagenia madraspatana*
Salius peregrinus (Smith) 同 *Cyphononyx confusus*
Salius terauchii (Matsumura) 寺内萨蛛蜂
Salius vespiformis (Smith) 胡蜂形萨蛛蜂
Salius zelotypus Bingham 见 *Leptodialepis zelotypus*
saliva 唾液；涎
salivarium 唾液窦，唾窦，涎窦
salivary amylase 唾液淀粉酶
salivary canal [= salivary meatus, salivary duct] 唾液管，唾道，涎道
salivary duct 见 salivary canal
salivary effector 唾液效应子
salivary elicitor 唾液激发子
salivary gland [= sialisterium] 唾液腺，唾腺，涎腺
salivary gland chromosome 唾腺染色体
salivary injector [= infunda, salivary pump] 唾液泵，唾泵，涎泵
salivary meatus 见 salivary canal
salivary pump 见 salivary injector
salivary receptacle 贮唾囊，贮涎囊 < 位于唾管开口上的小腔，在下唇和舌之间 >
salivary reservoir 唾液囊 < 与贮唾囊 (salivary receptacle) 同义 >
salivary sheath protein [abb. Shp] 唾液鞘蛋白
salivary stylet 涎针，唾针
salivary syringe 唾液注射器
salivia [pl. saliviae] 舌前片 < 在两边支持舌前半部的骨片 >
saliviae [s. salivia] 舌前片
salivos 唾腺口
salix black hairy aphid [*Chaitophorus matsumurai* Hille Ris Lambers] 松村毛蚜，柳黑毛蚜
salix gall-midge [= willow twig gall midge, *Rhabdophaga salicis* (Schrank)] 食柳瘿蚊，柳梢瘿蚊，柳瘿蚊，柳棒瘿蚊，柳叶瘿蚊
salix leafhopper [*Athysanopsis salicis* Matsumura] 八字纹肖顶带叶蝉，柳叶蝉
salix noctuid [= European lesser belle, lesser belle, *Colobochyla salicalis* (Denis *et* Schiffermüller)] 柳残夜蛾，残夜蛾
salix phylloxera [*Phylloxerina salicis* (Lichtenstein)] 柳倭蚜，柳根瘤蚜
salix wingless aphid [*Chaitophorus saliapterus* Shinji] 食叶毛蚜，柳无翅毛蚜
Salka 山小叶蝉属
Salka abbotta Chiang *et* Knight 圆点山小叶蝉，阿山小叶蝉
Salka acicula Song *et* Li 棘突山小叶蝉
Salka addonica Chiang *et* Knight 奇山小叶蝉，加山小叶蝉
Salka arenaria Sohi *et* Mann 安芮山小叶蝉
Salka armata Dworakowska 臂山小叶蝉，台山小叶蝉，台刹叶蝉
Salka asna Dworakowska 直板山小叶蝉，台岛山小叶蝉，台岛刹叶蝉
Salka belanda Sohi *et* Mann 贝拉山小叶蝉
Salka cambera Song *et* Li 拱茎山小叶蝉
Salka canara Sohi *et* Mann 迦南山小叶蝉
Salka ceruiprocessa Song *et* Li 鹿突山小叶蝉
Salka congjianga Song *et* Li 从江山小叶蝉
Salka crassiprocessa Zhang, Yang *et* Huang 钝突山小叶蝉
Salka diacora Chiang *et* Knight 黄腿山小叶蝉，迪山小叶蝉
Salka diaoluoensis Zhang, Yang *et* Huang 吊罗山小叶蝉
Salka extrela Chiang *et* Knight 黑圆斑山小叶蝉，极山小叶蝉
Salka fanjinga Song *et* Li 梵净山小叶蝉
Salka fujiwara Chiang *et* Knight 藤原山小叶蝉，福济山小叶蝉
Salka guilinensis Song *et* Li 桂林山小叶蝉
Salka hadija Sohi *et* Mann 哈狄山小叶蝉
Salka jaga Sohi *et* Mann 尖齿山小叶蝉
Salka jianfengensis Zhang, Yang *et* Huang 尖峰山小叶蝉
Salka jiangshiensis Zhang, Yang *et* Huang 江石山小叶蝉
Salka lamella Zhang, Yang *et* Huang 片突山小叶蝉
Salka lanpinga Sogn *et* Li 兰平山小叶蝉
Salka lobata Dworakowska 灰脉山小叶蝉，叶小山叶蝉，叶刹叶蝉
Salka longihamata Zhang, Yang *et* Huang 长钩山小叶蝉
Salka longiprocessa Zhang, Yang *et* Huang 长突山小叶蝉
Salka musica Sohi *et* Mann 阿里山小叶蝉
Salka nangongensis Zhang, Yang *et* Huang 南贡山小叶蝉
Salka nigricans (Matsumura) 黑山小叶蝉，黑纹么叶蝉，尼山小叶蝉
Salka rubronigra Sohi *et* Mann 方斑山小叶蝉
Salka sawna Song *et* Li 锯缘山小叶蝉
Salka singularis Zhang, Yang *et* Huang 单突山小叶蝉
Salka sinica Sohi *et* Mann 中华山小叶蝉

Salka songae Song *et* Li 宋氏山小叶蝉
Salka taoyuanensis Song *et* Li 桃源山小叶蝉
Salka triangula Chiang *et* Knight 三角山小叶蝉
Salka triprocessa Song *et* Li 三突山小叶蝉
Salka xepima Sohi *et* Mann 轮缘山小叶蝉
Salka zoza Sohi *et* Mann 焰顶山小叶蝉
sallow button [= Hast's button, *Acleris hastiana* (Linnaeus)] 黑氏长翅卷蛾
sallow leaf-vein aphid [= willow aphid, *Chaitophorus salicti* (Schrank)] 灰毛柳毛蚜，柳树毛蚜，柳毛蚜
sallow leafroller moth [= poplar sober, *Anacampsis populella* (Clerck)] 杨背麦蛾，杨麦蛾
sallow pigmy [= fasciate sallow pigmy moth, *Stigmella salicis* (Stainton)] 柳痣微蛾，柳微蛾
sallow stem galler [= poplar twiggall fly, *Hexomyza schineri* (Giraud)] 杨枝瘿潜蝇，杨柳潜叶蝇
Sally's mottled-skipper [*Codatractus sallyae* Warren] 跃铐弄蝶
Salma 萨尔玛螟属
Salma amica (Butler) 阿萨尔玛螟，阿米网聚螟蛾
Salma edetalis (Strand) 见 *Orthaga edetalis*
Salma validalis (Walker) 瓦萨尔玛螟
salmon Arab [= large salmon Arab, *Colotis fausta* (Oliver)] 黑边珂粉蝶，珐珂粉蝶
salmon-branded bushbrown [*Mycalesis misenus* de Nicéville] 密纱眉眼蝶
salmon fly[= pteronarcyid stonefly, giant stonefly, salmonfly, pteronarcyid] 大蜻，大石蝇 < 大蜻科 Pteronarcyidae 昆虫的通称 >
salmonfly 见 salmon fly
salome yellow [*Eurema salome* (Felder *et* Felder)] 尖尾黄粉蝶
Salomona 所罗门螽属
Salomona ogatai Shiraki 兰屿所罗门螽，台湾萨洛螽
salona saliana [*Saliana salona* Evans] 萨颂弄蝶
salpensa sailor [*Dynamine salpensa* Felder] 沙星权蛱蝶
salpingid 1. [= salpingid beetle, narrow-waisted bark beetle] 角甲 < 角甲科 Salpingidae 昆虫的通称 >; 2. 角甲科的
salpingid beetle [= salpingid, narrow-waisted bark beetle] 角甲
Salpingidae 角甲科，树皮甲科，微树皮虫科
Salpingothrips 长吻蓟马属，伞蓟马属
Salpingothrips aimotofus Kudô 葛藤长吻蓟马，双色伞蓟马，号角蓟马
Salpingothrips hoodi Ananthakrishnan 豪长吻蓟马
Salpingothrips minimus Hood 小长吻蓟马
Salpingus 角甲属，微树皮虫属
Salpingus taiwanus Masumoto, Hirano *et* Akita 台湾角甲，台湾微树皮虫
Salpinia 柱天牛属
Salpinia laosensis Gressitt *et* Rondon 黑斑柱天牛
Salpinx vestigiata (Butler) 见 *Euploea eunice vestigiata*
Salsolaius 盐拟花萤属
Salsolaius biserratus Liu, Ślipiński *et* Pang 双锯齿盐拟花萤
salt-and-pepper moth [*Utetheisa lotrix* (Cramer)] 拟三色星灯蛾
salt-marsh caterpillar [*Estigmene acrea* (Drury)] 盐泽顶灯蛾，盐泽灯蛾，棉黑纹灯蛾
salt marsh skipper [*Panoquina panoquin* (Scudder)] 盘弄蝶
Saltatoria 跳跃类 < 指直翅目昆虫中能跳跃者，包括蝗、螽斯、蟋蟀等 >
saltatorial [= saltatory] 跳跃的
saltatorial appendage [= saltatory appendage] 弹器，跳器 < 指弹尾目昆虫的弹跳构造 >
saltatorial leg [= jumping leg] 跳跃足
saltatory 见 saltatorial
saltatory appendage 见 saltatorial appendage
saltbush blue [*Theclinesthes serpentata* (Herrich-Schäffer)] 紫小灰蝶
Saltella 盐生鼓翅蝇属，林鼓翅蝇属
Saltella basalis Haliday 同 *Saltella sphondylii*
Saltella orientalis (Hendel) 东方盐生鼓翅蝇，东方林鼓翅蝇，东方潘鼓翅蝇
Saltella sphondylii (Schrank) 斯氏盐生鼓翅蝇，斯氏林鼓翅蝇
Saltelliseps niveipennis robusta Duda 同 *Australosepsis niveipennis*
saltgrass skipper [= sandhill skipper, *Polites sabuleti* (Boisduval)] 山玻弄蝶
salting in 盐溶
salting out 盐析
Saltisedes 缩足蚁甲属
Saltisedes hainanensis Yin *et* Nomura 海南缩足蚁甲
saltmarsh bell [*Eucosma tripoliana* (Barrett)] 盐泽花小卷蛾
saltmarsh meadow katydid [*Conocephalus spartinae* (Fox)] 盐沼草螽
saltmarsh mosquito [*Aedes sollicitans*(Walker)] 盐泽伊蚊
Saltoblattella 跳蠊属
Saltoblattella montistabularis Bohn, Picker, Klass *et* Colville [leaproach] 山跳蠊
Saltusaphidinae 跳蚜亚科
Saltusaphis 跳蚜属
Saltusaphis scirpus Theobald 灯芯草跳蚜
Saluria 飒鲁螟属
Saluria albivenella (Ragonot) 见 *Goya albivenella*
Saluria claricostella (Ragonot) 亮缘飒鲁螟
Saluria rosella (Hampson) 见 *Maliarpha rosella*
Saluria sepicostella Ragonot 塞飒鲁螟
Salurnis 缘蛾蜡蝉属
Salurnis bipunctata (Walker) 二斑缘蛾蜡蝉
Salurnis estora Medler 埃缘蛾蜡蝉
Salurnis formosanus Jacobi 同 *Salurnis marginella*
Salurnis hesita Medler 海缘蛾蜡蝉
Salurnis lastendis Medler 红带缘蛾蜡蝉
Salurnis kershawi Kirkaldy 同 *Salurnis marginella*
Salurnis marginella (Guérin-Méneville) 褐缘蛾蜡蝉，青蛾蜡蝉
salvanus skipper [*Virga salvanus* (Hayward)] 飒棍弄蝶
Salvazana mirabilis Distant 丽蝉
salvia aphid [*Aphis salviae* Walker] 鼠尾草蚜
salvia blue [*Harpendyreus notoba* (Trimen)] 诺特泉灰蝶
Salvianus 赛蜻属
Salvianus lunatus (Distant) 赛蜻
Salvianus vitalisanus Distant 越赛蜻
Salvin's anetia [*Anetia cubana* (Salvin)] 古巴豹斑蝶
Salvin's bolla [*Bolla evippe* (Godman *et* Salvin)] 伊维杂弄蝶
Salvin's clearwing [= Salvin's ticlear, *Episcada salvinia* (Bates)] 蜜

黄神绡蝶

Salvin's empress [= Bolivian banner, Bolivian beauty, *Cybdelis boliviana* Salvin] 玻利维亚柯蛱蝶

Salvin's kite swallowtail [*Eurytides salvini* (Bates)] 黄衫阔凤蝶

Salvin's satyr [*Cissia cleophes* (Godman *et* Salvin)] 克雷细眼蝶

Salvin's ticlear 见 Salvin's clearwing

Salyavata 飒猎蝽属

Salyavata variegata Amyot *et* Serville 多变飒猎蝽

Salyavatinae 飒猎蝽亚科

Samaria ardentella Ragonot [camellia webworm, camellia leafminer] 山茶斑螟，山茶螟

Sambus 刺腿吉丁甲属，刺腿吉丁属，齿腿吉丁甲属，齿腿吉丁属，灰吉丁虫属

Sambus argenteus Kerremans 同 *Sambus quadricolor*

Sambus binhensis Descarpentries *et* Villiers 滨河刺腿吉丁甲，滨河刺腿吉

Sambus caesar Obenberger 恺撒刺腿吉丁甲，恺撒刺腿吉丁，克齿腿吉丁甲，克齿腿吉丁

Sambus cochinchinae Obenberger 印支刺腿吉丁甲，印支齿腿吉丁甲，印支齿腿吉丁

Sambus davidi Théry 戴维刺腿吉丁甲，戴维刺腿吉丁，达氏齿腿吉丁甲，达齿腿吉丁

Sambus deyrollei Thomson 戴氏刺腿吉丁甲，戴氏刺腿吉丁，德氏齿腿吉丁甲

Sambus elegans Théry 同 *Sambus deyrollei*

Sambus fastidiosus Théry 同 *Sambus deyrollei*

Sambus femoralis Kerremans 平翅刺腿吉丁甲，平翅刺腿吉丁

Sambus formosanus Miwa *et* Chûjô 台湾刺腿吉丁甲，台湾齿腿吉丁甲，台齿腿吉丁

Sambus horni Kerremans 同 *Agrilus acastus*

Sambus kanssuensis Ganglbauer 甘肃刺腿吉丁甲，甘肃刺腿吉丁，甘肃齿腿吉丁甲，甘肃齿腿吉丁

Sambus melanoderus Kerremans 绿胸刺腿吉丁甲，绿胸刺腿吉丁，暗齿腿吉丁甲

Sambus nigritus Kerremans 黑褐刺腿吉丁甲，黑褐刺腿吉丁

Sambus novus Théry 棕绒刺腿吉丁甲，棕绒刺腿吉丁

Sambus optatus Théry 密纹刺腿吉丁甲，密纹刺腿吉丁，喜齿腿吉丁甲，喜齿腿吉丁

Sambus parryi Théry 同 *Sambus melanoderus*

Sambus quadricolor Saunders 多色刺腿吉丁甲，四色齿腿吉丁甲，四色灰吉丁虫

Sambus quadricolor angentens Kerremans 多色刺腿吉丁甲铜黑亚种

Sambus quadricolor quadricolor Saunders 多色刺腿吉丁甲指名亚种

Sambus quinquefasciatus Miwa *et* Chûjô 双绒刺腿吉丁甲，双绒刺腿吉丁，五带齿腿吉丁甲，五带齿腿吉丁，云纹灰吉丁虫

Sambus sauteri Kerremans 见 *Parasambus sauteri*

Sambus vitalisi Descarpentries *et* Villiers 维塔利刺腿吉丁甲，维塔利刺腿吉丁

Sambus yunnanicolus Obenberger 同 *Sambus deyrollei*

Samea exigua Butler 见 *Cnaphalocrocis exigua*

samenta skipper [*Ochlodes samenta* Dyar] 萨门特赭弄蝶

Sameodes 萨野螟属

Sameodes aptalis (Walker) 褐萨野螟

Sameodes bistigmalis Pryer 见 *Pessocosma bistigmalis*

Sameodes cancellalis (Zeller) 网萨野螟，网纹拱翅野螟

Sameodes miltochristalis Hampson 见 *Eusabena miltochristalis*

Sameodes peritalis (Walker) 见 *Epipagis peritalis*

Sameodes pictalis Swinhoe 皮克萨野螟

Samia 樗蚕蛾属，眉纹天蚕蛾属

Samia canningii (Hutton) 宽带樗蚕

Samia cynthia (Drury) [cynthia moth, cynthia silkmoth, ailanthus silkmoth, tree of heaven silkmoth] 樗蚕，小柏天蚕蛾，小柏天蚕

Samia cynthia canningii (Hutton) 见 *Samia canningii*

Samia cynthia cynthia (Drury) 樗蚕指名亚种，指名樗蚕

Samia cynthia insularis (Vollenhofen) 樗蚕细带亚种，细带樗蚕

Samia cynthia pryeri (Butler) 樗蚕日本亚种，日樗蚕

Samia cynthia ricini (Boisduval) [eri silkworm, ricini moth] 蓖麻蚕，蓖麻大蚕蛾

Samia cynthia walkeri (Felder *et* Felder) 樗蚕眉纹亚种，眉纹天蚕蛾

Samia cynthia watsoni (Oberthür) 见 *Samia watsoni*

Samia formosana Matsumura 见 *Samia watsoni formosana*

Samia wangi Naumann *et* Peigler 王氏樗蚕，眉纹天蚕蛾，王氏眉纹天蚕蛾，王樗王蛾

Samia watsoni (Oberthür) 角斑樗蚕，大眉纹天蚕蛾

Samia watsoni formosana Matsumura 角斑樗蚕台湾亚种，大樗蚕蛾，大眉纹天蚕蛾

Samia watsoni watsoni (Oberthür) 角斑樗蚕指名亚种

Samos grayling [= Mersin grayling, *Hipparchia mersina* (Staudinger)] 波臀仁眼蝶

Samphire blue [*Theclinesthes sulpitius* (Miskin)] 素小灰蝶

sample 试样，试料，样品

sample plot 样地，实验地

sampling 取样，抽样，扦样，采样

sampling error 抽样误差

sampling unit 取样单位

Sampsonius 占坑小蠹属

Sampsonius alvarengai Bright 阿氏占坑小蠹

Sampsonius conifer Wood *et* Bright 松占坑小蠹

Sampsonius giganteus Schoenherr 大占坑小蠹

Sampsonius kuazi Petrov *et* Mandelshtam 库氏占坑小蠹

Sampsonius mexicanus Bright 墨西哥占坑小蠹

Sampsonius obtusicornis Schedl 粗角占坑小蠹

San Emigdio blue [*Plebejus emigdionis* (Grinnel)] 爱美豆灰蝶

San José scale [= California scale, Chinese scale, pernicious scale, round pear scale, *Comstockaspis perniciosa* (Comstock)] 圣琼斯康盾蚧，梨圆蚧，梨灰圆盾蚧，梨圆盾蚧，梨圆介壳虫，梨笠圆盾蚧，梨枝圆盾蚧，梨笠盾蚧，梨夸圆蚧

Sanaa 珊螽属

Sanaa imperialis (White) 翠格珊螽

Sanaa intermedia Beier [flower katydid] 黄斑珊螽，丑螽

Sanatana 萨小叶蝉属

Sanatana malaica Dworakowska 马来萨小叶蝉

sand bordered bloom [*Isturgia arenacearia* (Denis *et* Schiffermüller)] 黄伊斯尺蛾，阿灰尺蛾

sand cockroach [= corydiid cockroach, corydiid] 地鳖蠊

sand cricket [= stenopelmatid cricket, Jerusalem cricket, stone cricket, stenopelmatid, king cricket] 沙螽 < 沙螽科 Stenopelmatidae 昆虫的通称 >

sand dart [*Agrotis desertorum* Boisduval] 浦地夜蛾，远东地夜蛾

sand-dune opal [*Poecilmitis pyroeis* (Trimen)] 梨幻灰蝶

sand-dune widow [*Tarsocera cassina* (Butler)] 泡眼蝶

sand fly 1. [= ceratopogonid midge, ceratopogonid, biting midge, no-see-um, punky] 蠓 < 蠓科 Ceratopogonidae 昆虫的通称 >；2. [= psychodid fly, moth fly, sink fly, sewer gnat, drain fly, sewer fly, filter fly, psychodid] 蛾蠓，毛蠓，蛾蚋 < 蛾蠓科 Psychodidae 昆虫的通称 >

cicada hawk [= cicada killer, eastern cicada killer, sand hornet, *Sphecius speciosus* (Drury)] 杀蝉泥蜂，蝉泥蜂

sand-loving scarab beetle [= ochodaeid beetle, ochodaeid scarab beetle, ochodaeid] 红金龟甲 < 红金龟甲科 Ochodaeidae 昆虫的通称 >

sand-loving wasp 小唇泥蜂，小唇沙蜂 < 属小唇泥蜂科 Larridae>

sand tailed digger wasp [*Cerceris arenaria* (Linnaeus)] 沙地节腹泥蜂

sand treader [= rhaphidophorid camel cricket, cave weta, cave cricket, camelback cricket, camel cricket, spider cricket, crider, land shrimp, spricket, rhaphidophorid] 驼螽 < 驼螽科 Rhaphidophoridae 昆虫的通称 >

sand wasp 1. [= bembicid wasp, bembicid] 沙蜂 <沙蜂科 Bembicidae 昆虫的通称 >；2. [= sphecid wasp, mud dauber, thread-waisted wasp, sphecid] 泥蜂，细腰蜂 < 泥蜂科 Sphecidae 昆虫的通称 >

sand wireworm [*Horistonotus uhlerii* Horn] 沙地叩甲，沙地金针虫

Sandalidae [= Rhipiceratidae] 羽角甲科

Sandalus 树羽角甲属，蝉寄甲属

Sandalus bourgeoisii Théry 保树羽角甲

Sandalus chinensis Fairmaire 华树羽角甲

Sandalus kani Sakai *et* Sakai 菅氏羽角甲

Sandalus niger Knoch 黑树羽角甲，黑船羽角甲

Sandalus nigripennis Pic 黑翅树羽角甲

Sandalus sauteri Emden 索树羽角甲，曹德氏蝉寄甲

Sandalus sauteri lanyuensis Lee, Satô *et* Sakai 索树羽角甲兰屿亚种，曹德氏蝉寄甲兰屿亚种

Sandalus sauteri sauteri Emden 索树羽角甲指名亚种

Sandalus segnis Lewis 日本树羽角甲，日本蝉寄甲

Sandalus semitestaceus Pic 同 *Sandalus segnis*

Sandalus taiwanicus Lee, Satô *et* Sakai 台湾树羽角甲，台湾蝉寄甲

Sandalus truncatus Bourgeois 截树羽角甲

sandbar purplewing [= clytia purplewing, *Eunica clytia* (Hewitson)] 光荣神蛱蝶

sandcherry weevil [*Coccotorus hirsutus* (Bruner)] 樱桃瘿孔象甲，沙地樱桃象甲

Sanderson bumble bee [*Bombus sandersoni* Franklin] 桑氏熊蜂，斯氏熊蜂

sandgroper [= cylindrachetid] 筒蝼，短足蝼 < 筒蝼科 Cylindrachetidae 昆虫的通称 >

sandhill ant [*Formica bradyeyi* Wheeler] 沙丘蚁

sandhill skipper [= saltgrass skipper, *Polites sabuleti* (Boisduval)] 山玻弄蝶

sandia hairstreak [*Sandia mcfarlandi* Clench *et* Ehrlich] 伞灰蝶

Sandia 伞灰蝶属 < 该属名有一个叶蝉科的同名 >

Sandia mcfarlandi Clench *et* Ehrlich [sandia hairstreak] 伞灰蝶

Sandrabatis crassiella Ragonot 长缨冠额斑螟

Sandracottus 宽龙虱属，沙龙虱属

Sandracottus fasciatus (Fabricius) 同 *Sandracottus festivus*

Sandracottus festivus (Illiger) 灿宽龙虱，灿沙龙虱，沙龙虱

Sandracottus mixtus (Blanchard) 混宽龙虱，混沙龙虱

sandstone ochre [= Taori skipper, *Trapezites taori* Atkins] 桃氏梯弄蝶

sandwich click beetle [*Melanotus punctolineatus* (Pelerin)] 点纹梳爪叩甲

sandy grass-dart [= river-sand grass-dart, *Taractrocera dolon* (Plötz)] 暗黄弄蝶，沙色黄弄蝶

sandy grizzled skipper [*Pyrgus cinarae* (Rambur)] 沙点花弄蝶

sandy skipper [*Zopyrion sandace* Godman *et* Salvin] 佐弄蝶

Sangariola 细角跳甲属，细角叶蚤属

Sangariola costata Chûjô 同 *Sangariola punctatostriata*

Sangariola fortunei (Baly) 缝细角跳甲

Sangariola hiroshimai Kimoto 平岛细角跳甲，阿里山细角跳甲，平岛细角叶蚤

Sangariola punctatostriata (Motschulsky) [lily leaf beetle] 百合细角跳甲

Sangariola yuae Lee 条背细角跳甲，条背细角叶蚤

Sangatissa subcurvifera Walker 散带蛾

Sangeeta 萨吉叶蝉属

Sangeeta sinuomacula Li, Dai *et* Li 曲斑萨吉叶蝉

Sangina 桑瓢蜡蝉属

Sangina kabuica Meng, Qin *et* Wang 卡布桑瓢蜡蝉

Sangina singularis Meng, Qin *et* Wang 桑瓢蜡蝉

Sanguinary ant [*Formica rubicunda* Emery] 血红蚁

sanguine [= sanguineous, sanguineus] 血色的

sanguine telipna [*Telipna sanguinea* Plötz] 红血袖灰蝶

sanguineous 见 sanguine

sanguineus 见 sanguine

sanguinivorous 食血的

sanguinolent 1. 血色的；2. 血状的

sanguisorba aphid [= sacaline aphid, *Macchiatiella itadori* (Shinji)] 蓼圈圆尾蚜，虎杖无尾蚜

Saniderus 亮胸隐翅甲属

Saniderus cooteri Rougemont 库氏亮胸隐翅甲

Sannina uroceriformis Walker [persimmon borer] 柿树透翅蛾，柿透翅蛾

Sanninoidea exitiosa (Say) [peach tree borer] 桃透翅蛾，桃旋皮虫

Sanninoidea exitiosa exitiosa (Say) 桃透翅蛾指名亚种

Sanninoidea exitiosa graefi (Edwards) [western peach borer, western peach-tree borer, wild cherry borer] 桃透翅蛾西部亚种

sanquinivore 食血类

sanseveria scale [= proteus scale, common parlatoria scale, orchid parlatoria scale, orchid scale, cattleya scale, small brown scale, elongate parlatoria scale, *Parlatoria proteus* (Curtis)] 黄片盾蚧，橘黄褐蚧，黄糠蚧，黄片介壳虫，黄片盾介壳虫

Santa skipper [*Carrhenes santes* Bell] 圣苍弄蝶

Santa vittata Hampson 斑缘麽夜蛾

santopene [= santopenta] 五氯酚

santopenta 见 santopene
Sanyangia 凸头姬小蜂属
Sanyangia propinquae Yang 榆小蠹凸头姬小蜂
Saontarana 爽蝽属
Saontarana burmanica Distant 缅爽蝽
sap beetle [= nitidulid beetle, sap-feeding beetle, nitidulid] 露尾甲 < 露尾甲科 Nitidulidae 昆虫的通称 >
sap chafer 花金龟甲，花金龟
sap feeder 吸液汁类
sap-feeding beetle 见 sap beetle
Sapaia 玄吉丁甲属
Sapaia brodskyi Bílý 四斑玄吉丁甲，四斑玄吉丁
Saperda 楔天牛属，多星天牛属
Saperda alberti Plavilstshikov [ten-spotted longicorn beetle] 光点楔天牛，十星天牛
Saperda balsamifera Motschulsky 锈斑楔天牛
Saperda bilineatocollis Pic 双条楔天牛
Saperda bipunctata Hopping 同 *Saperda candida*
Saperda brunnipes Gahan 棕楔天牛
Saperda calcarata Say [poplar borer] 杨黄斑楔天牛，杨天牛
Saperda candida Fabricius [round-headed apple-tree borer, saskatoon borer] 苹楔天牛，苹圆头天牛，二星天牛
Saperda carcharias (Linnaeus) [large poplar borer, large willow borer, large poplar longhorn, large poplar longhorn beetle, poplar longhorn] 山杨楔天牛，杨楔天牛，大青杨天牛
Saperda concolor LeConte 同 *Saperda inornata*
Saperda decempunctata Gebler 同 *Saperda alberti*
Saperda fayi Bland [thorn-limb borer] 北美刺楔天牛
Saperda harbinensis Chiang 双斑楔天牛
Saperda inornata Say [poplar gall borer, poplar-gall saperda] 杨瘿楔天牛，杨瘤楔天牛
Saperda internescalaris Pic 中华楔天牛
Saperda interrupta Gebler 断条楔天牛，条楔天牛
Saperda interrupta interrupta Gebler 断条楔天牛指名亚种
Saperda interrupta laterimaculata Motschulsky 断条楔天牛侧斑亚种，断条楔天牛
Saperda jansonis Wang 斜条楔天牛
Saperda kojimai Makihara *et* Nakamura 台湾楔天牛，小岛氏黄肩天牛
Saperda mariangelae Pesarini *et* Sabbadini 玛丽楔天牛
Saperda messageei Breuning 老挝楔天牛
Saperda nigra Gressitt 黑楔天牛
Saperda obliqua Say [alder borer] 桤木楔天牛
Saperda octomaculata Blessig 八点楔天牛
Saperda pallidipennis Gressitt 宝鸡楔天牛
Saperda perforata (Pallas) [eyed squeaker] 十星楔天牛
Saperda populnea (Linnaeus) [small poplar borer] 青杨楔天牛，小杨天牛
Saperda scalaris (Linnaeus) [ladder-marked longhorn beetle] 白桦楔天牛，白桦梯楔天牛，白杨梯楔天牛
Saperda scalaris hieroglyphica (Pallas) 同 *Saperda scalaris*
Saperda similis Laicharting 北亚楔天牛，密点楔天牛
Saperda simulans Gahan 齿尾楔天牛，尖翅楔天牛
Saperda subscalaris Breuning 肖梯形楔天牛
Saperda tetrastigma Bates 四纹楔天牛，胸纹多星天牛，四点楔天牛
Saperda tridentata Olivier [elm borer] 榆楔天牛，榆天牛，榆直脊天牛
Saperda vestita Say [linden borer] 椴六点楔天牛，菩提天牛
Saperda viridipennis Gressitt 绿翅楔天牛
Saperdini 楔天牛族
Saperdoglenea 楔脊天牛属
Saperdoglenea glenioides Breuning 楔脊天牛
Saperdoglenea hunanensis Hua 湖南楔脊天牛
sapho longwing [*Heliconius sapho* (Drury)] 白裳蓝袖蝶
Saphonecrus 副客瘿蜂属
Saphonecrus albidus Lobato-Vila *et* Pujade-Villar 白脉副客瘿蜂
Saphonecrus chaodongzhui Melika, Ács *et* Bechtold 朝东副客瘿蜂
Saphonecrus chinensis Tang *et* Schwéger 同 *Saphonecrus lithocarpi*
Saphonecrus emarginatus Liu, Zhu *et* Pang 凹缘副客瘿蜂，刻腹缺缘客瘿蜂
Saphonecrus fabris Pujade-Villar, Wang, Guo *et* Chen 白栎副客瘿蜂
Saphonecrus flavitibialis Wang *et* Chen 黄胫副客瘿蜂
Saphonecrus gilvus Melika *et* Schwéger 红副客瘿蜂
Saphonecrus globosus Schwéger *et* Tang 球副客瘿蜂
Saphonecrus hupingshanensis Liu, Yang *et* Zhu 见 *Synergus hupingshanensis*
Saphonecrus leleyi Melika *et* Schwéger 蒙古栎副客瘿蜂
Saphonecrus lithocarpi Pujade-Villar, Guo, Wang *et* Chen 石栎副客瘿蜂
Saphonecrus lithocarpii Schwéger *et* Melika 同 *Saphonecrus taiwanensis*
Saphonecrus longinuxi Schwéger *et* Melika 长果青冈副客瘿蜂
Saphonecrus lusitanicus Tavares 路西塔尼亚副客瘿蜂
Saphonecrus morii Schwéger *et* Tang 莫氏副客瘿蜂
Saphonecrus naiquanlini Melika, Ács *et* Bechtold 乃铨副客瘿蜂
Saphonecrus nantoui Tang, Schwéger *et* Melika 南投副客瘿蜂
Saphonecrus nichollsi Schwéger *et* Melika 尼氏副客瘿蜂
Saphonecrus pachylomai Schwéger, Tang *et* Melika 卷斗栎副客瘿蜂
Saphonecrus robustus Schwéger *et* Melika 壮副客瘿蜂
Saphonecrus saliciniai Melika, Tang *et* Schwéger 柳副客瘿蜂
Saphonecrus segmentatus Lobato-Vila *et* Pujade-Villar 多节副客瘿蜂
Saphonecrus shanzhukui Melika *et* Tang 山猪窟副客瘿蜂
Saphonecrus shirakashii (Shinji) 白樫副客瘿蜂
Saphonecrus sinicus Belizin 中国副客瘿蜂，中华萨瘿蜂
Saphonecrus taitungi Schwéger, Tang *et* Melika 台东副客瘿蜂
Saphonecrus taiwanensis Pujade-Villar 台湾副客瘿蜂
Saphonecrus tianmushanensis Wang et Chen 同 *Saphonecrus shirakashii*
Sapintus 萨蚁形甲属
Sapintus anguliceps (LaFerté-Sénectère) 角头萨蚁形甲
Sapintus formosanus (Pic) 台湾萨蚁形甲
Sapintus marseuli (Pic) 玛氏萨蚁形甲
Sapintus pectilis (Pic) 佩萨蚁形甲，佩蚁形甲
Sapintus sodalis (Pic) 伴萨蚁形甲
Sapintus takaosus (Pic) 塔萨蚁形甲，塔蚁形甲

S

Sapintus testaceicolor (Pic) 黄褐萨蚁形甲，黄褐蚁形甲
Sapintus testaceicolor subsuturalis (Pic) 黄褐萨蚁形甲亚缝亚种
Sapintus testaceicolor testaceicolor (Pic) 黄褐萨蚁形甲指名亚种
sapodilla borer [= sapota midrib folder, *Banisia myrsusalis* (Walker)] 迈二星网蛾
saponin 皂角苷
sapota midrib folder 见 sapodilla borer
sapote fruit fly [= serpentine fruit fly, *Anastrepha serpentina* (Wiedemann)] 山榄按实蝇
Sappaphis 扎圆尾蚜属
Sappaphis crataegi (Kaltenbach) 见 *Dysaphis crataegi*
Sappaphis devecta (Walker) 见 *Dysaphis devecta*
Sappaphis dipirivora Zhang 梨北京扎圆尾蚜，梨北京圆尾蚜
Sappaphis montana Zhang, Chen, Zhong *et* Li 同 *Sappaphis sinipiricola*
Sappaphis petroselini (Börner) 见 *Dysaphis apiifolia petroselini*
Sappaphis piri Matsumura 梨扎圆尾蚜，梨圆尾蚜
Sappaphis pruni (Shinji) 同 *Rhopalosiphum rufiabdominalis*
Sappaphis pyri (Boyer de Fonscolombe) 见 *Dysaphis pyri*
Sappaphis sinipiricola Zhang 梨中华扎圆尾蚜，梨中华圆尾蚜
sapphire-eyed spreadwing [= scalloped spreadwing, *Lestes praemorsus* Hagen] 舟尾丝蟌
sapphire moonbeam [*Philiris sappheira* Sands] 蔚蓝菲灰蝶
sapphire weevil [= Botany Bay diamond weevil, Botany Bay diamond beetle, *Chrysolopus spectabilis* (Fabricius)] 钻石象甲
sapphirine [= sapphirinus] 青玉色的
sapphirinus 见 sapphirine
sappho bent-skipper [= sappho bentwing, *Ebrietas sapho* Steinhauser] 萨酒弄蝶
sappho bentwing 见 sappho bent-skipper
Sappocallis 札幌斑蚜属
Sappocallis ulmicola Matsumura 见 *Tinocallis ulmicola*
Sapporia 萨夜蛾属，萨坡夜蛾属
Sapporia fasciculata (Leech) 带萨夜蛾，萨坡夜蛾
Sapporia repetita (Butler) 萨夜蛾，屡萨坡夜蛾
Sapporo bark beetle [*Hypothenemus sapporoensis* (Niijima)] 北海道褐小蠹，北海道小蠹
Sapporo bug [*Rhopalus sapporensis* (Matsumura)] 褐伊缘蝽，札幌伊缘蝽，日本肖姬缘蝽，北海道缘蝽
Sapporo bumblebee [*Bombus* (*Bombus*) *hypocrita sapporensis* Cockerell] 小峰熊蜂北海道亚种，北海道亥熊蜂
sapraclypeal mark 额上斑 < 指蜜蜂类在唇基上方的浅色斑 >
Saprininae 腐阎甲亚科
Saprinus 腐阎甲属，腐阎甲亚属
Saprinus addendus Dahlgren 阿登腐阎甲
Saprinus aeneolus Marseul 埃腐阎甲，同色腐阎甲
Saprinus aeneus (Fabricius) 同 *Saprinus chalcites*
Saprinus biguttatus (Steven) 双斑腐阎甲，二点腐阎甲，双斑腐阎虫
Saprinus bimaculatus Dahlgren 圆斑腐阎甲，二斑腐阎甲
Saprinus caerulescens (Hoffmann) 蓝斑腐阎甲，变色腐阎甲
Saprinus caerulescens caerulescens (Hoffmann) 蓝斑腐阎甲指名亚种
Saprinus caerulescens punctisternus Lewis 蓝斑腐阎甲点胸亚种，点胸腐阎甲，点胸半点腐阎甲
Saprinus centralis Dahlgren 中央腐阎甲，中腐阎甲
Saprinus chalcites (Illiger) 金泽腐阎甲
Saprinus concinus (Gebler) 齐腐阎甲
Saprinus cyaneus (Fabricius) 蓝腐阎甲
Saprinus dives Lewis 同 *Saprinus optabilis*
Saprinus dussaulti Marseul 缓腐阎甲，杜腐阎甲
Saprinus externus (Fischer von Waldheim) 外突腐阎甲
Saprinus flexuosofasciatus Motschulsky 丽斑腐阎甲，弯带腐阎甲
Saprinus frontistrius Marseul 额纹腐阎甲
Saprinus graculus Reichardt 寒鸦腐阎甲，鸦腐阎甲
Saprinus havajirii Kapler 哈氏腐阎甲
Saprinus himalajicus Dahlgren 喜马拉雅腐阎甲，喜马腐阎甲
Saprinus immundus (Gyllenhal) 污腐阎甲
Saprinus intractabilis Reichardt 铜泽腐阎甲，殷腐阎甲
Saprinus maculatus Rossi 具斑腐阎甲，具斑阎甲
Saprinus niponicus Dahlgren 日本腐阎甲
Saprinus optabilis Marseul 丽鞘腐阎甲，欲腐阎甲
Saprinus ornatus Erichson 扭斑腐阎甲，饰腐阎甲
Saprinus ovalis Marseul 同 *Saprinus splendens*
Saprinus pecuinus Marseul 派腐阎甲，牲腐阎甲
Saprinus pharao Marseul 法老腐阎甲
Saprinus planiusculus Motschulsky 平盾腐阎甲，平腐阎甲，平腐阎虫
Saprinus punctisternus Lewis 见 *Saprinus caerulescens punctisternus*
Saprinus quadriguttatus (Fabricius) 侧斑腐阎甲，四点腐阎甲
Saprinus sedakovii Motschulsky 谢氏腐阎甲，塞腐阎甲
Saprinus semipunctatus (Fabricius) 同 *Saprinus caerulescens caerulescens*
Saprinus semipunctatus punctisternus Lewis 见 *Saprinus caerulescens punctisternus*
Saprinus semistriatus (Scriba) 半线腐阎甲，半纹腐阎甲，半纹腐阎虫
Saprinus sinae Marseul 见 *Hypocaccus sinae*
Saprinus speciosus Erichson 同 *Saprinus splendens*
Saprinus spernax Marseul 斯博腐阎甲，史腐阎甲
Saprinus splendens (Paykull) 灿腐阎甲
Saprinus sternifossa Müller 斯达腐阎甲，胸沟腐阎甲
Saprinus subcoerulus Thérond 淡黑腐阎甲
Saprinus subnitescens Bickhardt 光泽腐阎甲，黑腐阎甲，光泽腐阎虫
Saprinus subvirescens (Ménétriès) 见 *Hemisaprinus subvirescens*
Saprinus tenuistrius Marseul 细纹腐阎甲，细纹腐阎虫
Saprinus tenuistrius sparsutus Solsky 细纹腐阎甲欧亚亚种，细纹腐阎甲稀疏亚种，稀细纹腐阎甲
Saprinus tenuistrius tenuistrius Marseul 细纹腐阎甲指名亚种
Saprinus varians Schmidt 见 *Hypocaccus varians*
saprobia 污水生物
saprobic 污水生的
saprobiotic 1. 腐生的；2. 污水生的；3. 污水生物的
Sapromyza 双鬃缟蝇属，腐朽缟蝇属，萨缟蝇属
Sapromyza conferta Wiedemann 康双鬃缟蝇，康萨缟蝇
Sapromyza deceptor Malloch 同 *Homoneura lamellata*
Sapromyza flavopleura Malloch 见 *Sapromyza* (*Sapromyza*) *flavopleura*
Sapromyza levis Wiedemann 勒双鬃缟蝇，勒萨缟蝇
Sapromyza (***Notiosapromyza***) ***hainanensis*** Shi, Li *et* Yang 海南双鬃缟蝇

Sapromyza* (*Notiosapromyza*) *longimentula Sasakawa 长茎双鬃缟蝇，长颏双鬃缟蝇

Sapromyza pollinifrons Malloch 见 *Sapromyza* (*Sapromyza*) *pollinifrons*

Sapromyza rubricornis Becker 见 *Sapromyza* (*Sapromyza*) *rubricornis*

Sapromyza* (*Sapromyza*) *agromyzina (Kertész) 亮双鬃缟蝇，南投双鬃缟蝇，南投缟蝇

Sapromyza* (*Sapromyza*) *albiceps Fallén 白头双鬃缟蝇

Sapromyza* (*Sapromyza*) *annulifera Malloch 环双鬃缟蝇

Sapromyza* (*Sapromyza*) *conjuncta Sasakawa 连双鬃缟蝇

Sapromyza* (*Sapromyza*) *fasciatifrons (Kertész) 纹额双鬃缟蝇，带额双鬃缟蝇，带额缟蝇 < 此种学名有误写为 *Sapromyza* (*Sapromyza*) *faciatifrons* (Kertész) 者 >

Sapromyza* (*Sapromyza*) *flavopleura Malloch 黄侧双鬃缟蝇，黄肋缟蝇，黄侧萨缟蝇

Sapromyza* (*Sapromyza*) *pleuralis (Kertész) 侧斑双鬃缟蝇，侧板双鬃缟蝇，侧板缟蝇

Sapromyza* (*Sapromyza*) *pollinifrons Malloch 粉额双鬃缟蝇，粉面缟蝇，粉额萨缟蝇

Sapromyza* (*Sapromyza*) *rubricornis Becker 红角双鬃缟蝇，红角萨缟蝇

Sapromyza* (*Sapromyza*) *septemnotata Sasakawa 七带双鬃缟蝇

Sapromyza* (*Sapromyza*) *sexmaculata Sasakawa 点斑双鬃缟蝇

Sapromyza* (*Sapromyza*) *sexpunctata Meigen 六斑双鬃缟蝇

Sapromyza* (*Sapromyza*) *terminalis Sasakawa 顶双鬃缟蝇

Sapromyza* (*Sapromyza*) *ventistriata Shi, Li *et* Yang 腹带双鬃缟蝇

Sapromyza* (*Sapromyza*) *zebra (Kertész) 斑马双鬃缟蝇，斑纹双鬃缟蝇，斑纹缟蝇

Sapromyzidae [= Lauxaniidae] 缟蝇科

saprophage 腐食类

saprophagous 腐食性的，食腐的

saprophilous 适腐的，喜腐的

saprophyte 腐生生物

saprophytic 腐生的

saprophytophagous 食腐木的，食腐物的

saproplankton 污水浮游生物

Saprosites 筒蜉金龟甲属，筒蜉金龟属，萨普蜉金龟属

Saprosites imperfuscus Schmidt 同 *Saprosites japonicus*

Saprosites japonicus Waterhouse 日本筒蜉金龟甲，日本筒蜉金龟，黑筒型马粪金龟，日本萨普蜉金龟

Saprosites longethorax Paulian 长胸筒蜉金龟甲，长胸筒蜉金龟

Saprosites narae Lewis 奈良筒蜉金龟甲，奈良萨普蜉金龟

Saprosites yanoi Nomura 矢野筒蜉金龟甲，矢野筒蜉金龟，雅萨普蜉金龟

Saprostichus chinensis Holmgren 同 *Meteorus rufus*

saproxinous 偶来污水的

saproxylobios 死木生物，腐木生物

saprozoic 1. 腐食类，腐食动物；2. 食腐的

Saptha 闪舞蛾属

Saptha angustistriata (Issiki) 紫带闪舞蛾，尖纹托谷蛾

Saptha beryllitis (Meyrick) 绿纹闪舞蛾

Saptha divitiosa Walker 叉纹闪舞蛾，双尤透翅蛾

Saptha pretiosa (Walker) 白角闪舞蛾

sapwood timberworm [*Hylecoetus lugubris* (Say)] 杨桦边材筒蠹，边材筒蠹

Sapyga 寡毛土蜂属

Sapyga coma Yasumatsu *et* Sugihara 黄条斑寡毛土蜂，叉唇寡毛土蜂，叉唇毛土蜂，江苏寡毛土蜂

Sapyga quinquepunctata (Fabricius) [five-spotted club-horned wasp, white-spotted sapyga] 白寡毛土蜂

sapygid 1. [= sapygid wasp, club-horned wasp] 寡毛土蜂 < 寡毛土蜂科 Sapygidae 昆虫的通称 >；2. 寡毛土蜂科的

sapygid wasp [= sapygid, club-horned wasp] 寡毛土蜂

Sapygidae 寡毛土蜂科

sara longwing [*Heliconius sara* (Fabricius)] 拴袖蝶

sara sailor [*Dynamine sara* Bates] 星衣杈蛱蝶

Saraca disruptalis Walker 见 *Pangrapta disruptalis*

Saragossa 枘跗夜蛾属

Saragossa siccanorum (Staudinger) 枘跗夜蛾

Sarah's skipper [*Anatrytone sarah* Burns] 萨阿弄蝶

Sarangesa 刷胫弄蝶属

Sarangesa astrigera Butler [white-speckled elfin] 阿斯刷胫弄蝶

Sarangesa aza Evans 阿杂刷胫弄蝶

Sarangesa bouvieri Mabille [Bouvier's elfin] 黄翅刷胫弄蝶

Sarangesa brigida (Plötz) [Brigid's elfin] 博刷胫弄蝶

Sarangesa dasahara (Moore) [common small flat] 刷胫弄蝶

Sarangesa dasahara dasahara (Moore) 刷胫弄蝶指名亚种，指名刷胫弄蝶

Sarangesa dasahara davidsoni Swinhoe 刷胫弄蝶达氏亚种

Sarangesa eliminata Holland 撤哈拉刷胫弄蝶

Sarangesa exprompta Holland 艾克刷胫弄蝶

Sarangesa gaerdesi Evans [Namibian elfin] 盖刷胫弄蝶

Sarangesa grisea Hewitson 灰刷胫弄蝶

Sarangesa haplopa Swinhoe 哈刷胫弄蝶

Sarangesa laelius (Mabille) [grey elfin] 莱刷胫弄蝶

Sarangesa lucidella (Mabille) [lucidella elfin] 明刷胫弄蝶

Sarangesa maculata Mabille 黑带刷胫弄蝶

Sarangesa motozi (Wallengren) [forest elfin, elfin skipper] 摩刷胫弄蝶

Sarangesa pandaensis Joicey *et* Talbot 潘达刷胫弄蝶

Sarangesa phidyle (Walker) [orange flat, small elfin] 橙色刷胫弄蝶

Sarangesa princei Karsch 普林刷胫弄蝶

Sarangesa purendra Moore [spotted small flat] 斑纹刷胫弄蝶

Sarangesa ruona Evans [ruona elfin] 卢刷胫弄蝶

Sarangesa sati de Nicéville [tiny flat] 小刷胫弄蝶

Sarangesa seineri Strand [dusted elfin, dark elfin] 网刷胫弄蝶

Sarangesa tertullianus (Fabricius) [blue-dusted elfin] 蓝刷胫弄蝶

Sarangesa thecla (Plötz) [common elfin] 苔刷胫弄蝶

Sarangesa tricerata Mabille [tricerate elfin] 三角刷胫弄蝶

Sara's orange tip [*Anthocharis sara* Lucas] 捷襟粉蝶

Sarasaeschna 沼蜓属，飒蜓属

Sarasaeschna chiangchinlii Chen *et* Yeh 台湾沼蜓，江氏飒蜓，钩铗晏蜓

Sarasaeschna gaofengensis Yeh *et* Kiyoshi 高峰沼蜓，高峰飒蜓

Sarasaeschna kaoi Yeh, Lee *et* Wong 曹氏沼蜓，高氏飒蜓，短铗晏蜓

Sarasaeschna lieni (Yeh *et* Chen) 连氏沼蜓，连氏飒蜓，日清晏蜓，南澳小蜓，南澳晏蜓

Sarasaeschna niisatoi (Karube) 尼氏沼蜓

Sarasaeschna pyanan (Asahina) 源垭沼蜓，帕亚飒蜓，源垭晏蜓，源垭小蜓，台湾寡蜓

Sarasaeschna sabre (Wilson *et* Reels) 刃尾沼蜓，军刀飒蜓
Sarasaeschna tsaopiensis (Yeh *et* Chen) 锋刀沼蜓，草埤飒蜓，刃铗晏蜓，草埤小蜓，草埤晏蜓
Sarasaeschna zhuae Xu 朱氏沼蜓，朱氏飒蜓
Saratoga spittlebug [*Aphrophora saratogensis* (Fitch)] 萨拉托加尖胸沫蝉，萨拉托加沫蝉
Sarbanissa 修虎蛾属
Sarbanissa albifascia (Walker) 白斑修虎蛾，白带萨虎蛾
Sarbanissa bala (Moore) 高山修虎蛾，巴萨虎蛾
Sarbanissa catocaloides (Walker) 背点修虎蛾，卡萨虎蛾
Sarbanissa cirrha (Jordan) 马氏修虎蛾，马氏虎蛾
Sarbanissa flavida (Leech) 黄修虎蛾
Sarbanissa insocia Walker 黑星修虎蛾，阴萨虎蛾
Sarbanissa interposita (Hampson) 白灰修虎蛾，间萨虎蛾，白灰虎蛾，伊修虎蛾
Sarbanissa interposita interposita (Hampson) 白灰修虎蛾指名亚种
Sarbanissa interposita kuangtungensis (Mell) 同 *Sarbanissa interposita interposita*
Sarbanissa longipennis (Walker) 羽修虎蛾，长翅萨虎蛾
Sarbanissa mandarina (Leech) 小修虎蛾，大陆萨虎蛾
Sarbanissa subalba (Leech) 酥修虎蛾
Sarbanissa subflava (Moore) [grape tiger moth, Boston ivy tiger moth] 葡萄修虎蛾，葡萄虎蛾
Sarbanissa transiens (Walker) 白云修虎蛾
Sarbanissa venusta (Leech) 艳修虎蛾
Sarbanissa venusta venusta (Leech) 艳修虎蛾指名亚种
Sarbanissa venusta yunnana (Mell) 艳修虎蛾云南亚种，滇艳修虎蛾
Sarbena 子瘤蛾属
Sarbena lignifera Walker 河子瘤蛾，利洛瘤蛾
Sarbena ustipennis (Hampson) 条子瘤蛾，榄仁绒瘤蛾
Sarbia 悍弄蝶属
Sarbia antias (Felder) 安提悍弄蝶
Sarbia damippe (Mabille *et* Boullet) 达米悍弄蝶
Sarbia pertyi (Plötz) [Perty's firetip] 珀蒂悍弄蝶
Sarbia xanthippe (Latreille) [xanthippe firetip] 悍弄蝶
Sarcinodes 沙尺蛾属
Sarcinodes aequilinearia (Walker) 三线沙尺蛾，银沙尺蛾
Sarcinodes carnearia Guenée 二线沙尺蛾，卡沙尺蛾
Sarcinodes debitaria Walker 德沙尺蛾
Sarcinodes fortis Yazaki 福沙尺蛾
Sarcinodes lilacina Moore 里沙尺蛾
Sarcinodes mongaku Marumo 蒙沙尺蛾，一线点沙尺蛾，金沙尺蛾
Sarcinodes restitutaria (Walker) 沙尺蛾
Sarcinodes susana Swinhoe 苏珊沙尺蛾
Sarcinodes yaeyamana Inoue 八重山沙尺蛾，一线沙尺蛾
Sarcinodes yeni Sommerer 颜氏沙尺蛾
sarcocystatin 麻蝇胱抑蛋白，麻蝇半胱氨酸蛋白酶抑制蛋白
Sarcodexiini 德麻蝇族
sarcolemma 肌纤维膜，肌膜
sarcolysis 肌肉分解
sarcolyte 肌屑 < 指肌肉分解于血液中的肌肉碎片，或有核的断片 >
sarcomere 肌节，肌原纤维节
sarcomeric 肌原节的
sarcophaga 食肉动物
Sarcophaga 麻蝇属，肉蝇属
Sarcophaga albiceps Meigen 见 *Sarcophaga* (*Parasarcophaga*) *albiceps*
Sarcophaga aldrichi Parker 埃氏麻蝇
Sarcophaga argyrostoma (Robineau-Desvoidy) 见 *Sarcophaga* (*Liopygia*) *argyrostoma*
Sarcophaga* (*Asceloctella*) *bihami (Qian *et* Fan) 拜氏阿斯麻蝇，双钩细麻蝇，双钩开麻蝇
Sarcophaga* (*Asceloctella*) *calicifera (Böttcher) 卡阿斯麻蝇，杯细麻蝇，丽杯麻蝇
Sarcophaga* (*Asiopierretia*) *ugamskii (Rohdendorf) 乌氏阿西麻蝇，乌氏麻蝇，上海细麻蝇，上海杯麻蝇
Sarcophaga* (*Australopierretia*) *australis (Johnston *et* Tiegs) 奥麻蝇
Sarcophaga* (*Bellieriomima*) *baoxingensis (Feng *et* Ye) 宝兴钳麻蝇，宝兴铿麻蝇
Sarcophaga* (*Bellieriomima*) *diminuta Thomas 微刺钳麻蝇，缩钳麻蝇，微刺细麻蝇
Sarcophaga* (*Bellieriomima*) *genuforceps Thomas 膝叶钳麻蝇，颊钳麻蝇，膝叶细麻蝇，膝叶铿麻蝇
Sarcophaga* (*Bellieriomima*) *globovesica (Ye) 球钳麻蝇，球膜细麻蝇，球模范麻蝇
Sarcophaga* (*Bellieriomima*) *graciliforceps Thomas 瘦叶钳麻蝇，丽钳麻蝇，瘦叶细麻蝇，瘦叶开麻蝇
Sarcophaga* (*Bellieriomima*) *josephi Böttcher 台南钳麻蝇，约钳麻蝇，台南肉蝇，台南细麻蝇
Sarcophaga* (*Bellieriomima*) *lingulata (Ye) 端舌钳麻蝇，端舌细麻蝇，端舌波麻蝇
Sarcophaga* (*Bellieriomima*) *lini Sugiyama 见 *Sarcophaga* (*Sarcorohdendorfia*) *lini*
Sarcophaga* (*Bellieriomima*) *pterygota Thomas 翼阳钳麻蝇，翅钳麻蝇，翼阳细麻蝇
Sarcophaga* (*Bellieriomima*) *situliformis (Zhong *et* Fan) 戽斗钳麻蝇，瓮钳麻蝇，戽斗细麻蝇，戽斗铿麻蝇
Sarcophaga* (*Bellieriomima*) *stackelbergi (Rohdendorf) 乌苏里钳麻蝇，斯钳麻蝇，乌苏里细麻蝇，乌苏里开麻蝇
Sarcophaga* (*Bellieriomima*) *tenuicornis (Rohdendorf) 细角钳麻蝇，细角细麻蝇
Sarcophaga* (*Bellieriomima*) *uniseta Baranov 单毛钳麻蝇
Sarcophaga* (*Bellieriomima*) *yaanensis (Feng) 雅安钳麻蝇
Sarcophaga* (*Bellieriomima*) *zhouquensis (Ye *et* Liu) 舟曲钳麻蝇，舟曲细麻蝇
Sarcophaga* (*Bercaea*) *africa (Wiedemann) 非洲粪麻蝇
Sarcophaga* (*Bercaea*) *cruentata Meigen [red-tailed flesh fly] 红尾粪麻蝇
Sarcophaga* (*Bottcherisca*) *peregrina (Robineau-Desvoidy) 棕尾别麻蝇，游荡肉蝇
Sarcophaga bullata Parker [grey flesh fly] 灰麻蝇
Sarcophaga calicifera Böttcher 杯状麻蝇，杯状肉蝇
Sarcophaga crassimargo Pandellé 粗麻蝇
Sarcophaga crassipalpis Macquart 粗须麻蝇
Sarcophaga* (*Dinemomyia*) *nigribasicosta Chen 黑鳞须麻蝇，黑鳞肉蝇

Sarcophaga fenchihuensis Sugiyama 见 *Sugiyamamyia fenchihuensis*
Sarcophaga (Fengia) ostindicae Senio-White 印东冯麻蝇，印东肉蝇，印东冯刺蝇
Sarcophaga formosensis (Jerner *et* Lopes) 蓬莱麻蝇，蓬莱肉蝇
Sarcophaga (Harpagophalla) kempi Senior-White 曲突钩麻蝇
Sarcophaga (Helicophagella) abramovi (Rohdendorf) 海北欧麻蝇
Sarcophaga (Helicophagella) bajkalensis (Rohdendorf) 贝加尔欧麻蝇
Sarcophaga (Helicophagella) curvifemoralis (Li) 曲股欧麻蝇
Sarcophaga (Helicophagella) depressifrons (Zetterstedt) 扁额欧麻蝇，郭氏欧麻蝇
Sarcophaga (Helicophagella) helanshanensis (Han, Zhao *et* Ye) 同 *Sarcophaga* (*Helicophagella*) *kozlovi*
Sarcophaga (Helicophagella) heptapotamica (Rohdendorf) 狭额欧麻蝇
Sarcophaga (Helicophagella) kozlovi (Rohdendorf) 贺兰山欧麻蝇，开枝欧麻蝇
Sarcophaga (Helicophagella) macromembrana (Ye) 巨膜欧麻蝇
Sarcophaga (Helicophagella) maculata (Meigen) 斑黑麻蝇
Sarcophaga (Helicophagella) melanura Meigen 黑尾黑麻蝇，黑尾肉蝇，黑尾黑麻蝇
Sarcophaga (Helicophagella) plotnikovi (Rohdendorf) 长端欧麻蝇
Sarcophaga (Helicophagella) proxima (Rondani) 邻欧麻蝇，长插欧麻蝇
Sarcophaga (Helicophagella) pseudagnata (Rohdendorf) 伪柔黑麻蝇，伪黑麻蝇
Sarcophaga (Helicophagella) quoi (Fan) 郭氏欧麻蝇
Sarcophaga (Helicophagella) rohdendorfi (Grunin) 瘦叶黑麻蝇
Sarcophaga (Helicophagella) shnitnikovi (Rohdendorf) 细纽欧麻蝇
Sarcophaga (Helicophagella) spatulifera (Chen *et* Lu) 匙突欧麻蝇
Sarcophaga (Helicophagella) tenupenialis (Chao *et* Zhang) 细基欧麻蝇
Sarcophaga (Helicophagella) tsinanensis (Fan) 济南欧麻蝇
Sarcophaga (Heteronychia) vagans (Meigen) 游荡欧麻蝇
Sarcophaga (Horiisca) hozawai Hori 鹿角堀麻蝇
Sarcophaga (Hosarcophaga) serrata Ho 锯形琦麻蝇，锯形肉蝇
Sarcophaga (Kalshovenella) flavibasis Baranov 同 *Sarcophaga* (*Kalshovenella*) *otiophalla*
Sarcophaga (Kalshovenella) otiophalla (Fan *et* Chen) 耳阳卡麻蝇，耳阳细麻蝇，奥梅麻蝇
Sarcophaga (Kozlovea) tshernovi (Rohdendorf) 复斗库麻蝇
Sarcophaga (Kramerea) schuetzei Kramer 舞毒蛾克麻蝇，舞蛾肉蝇
Sarcophaga krameri Böttcher 同 *Sarcophaga* (*Seniorwhitea*) *princeps*
Sarcophaga (Leucomyia) alba (Schiner) 苍白麻蝇，白麻蝇
Sarcophaga (Leucomyia) cinerea (Fabricius) 同 *Sarcophaga* (*Leucomyia*) *alba*
Sarcophaga (Leucomyia) dukoica Zhang *et* Chao 同 *Sarcophaga* (*Leucomyia*) *alba*
Sarcophaga (Lioproctia) basiseta Baranov 基毛缅麻蝇，鬃毛肉蝇，基鬃所麻蝇，底毛何麻蝇
Sarcophaga (Lioproctia) beesoni Senior-White 松毛虫缅麻蝇，松毛肉蝇，比森亮麻蝇
Sarcophaga (Lioproctia) glaueana (Enderlein) 青缅麻蝇
Sarcophaga (Lioproctia) pattoni Senior-White 盘突缅麻蝇，盘突肉蝇，巴顿光麻蝇
Sarcophaga (Lioproctia) prosbaliina Baranov 披阳缅麻蝇，普缅麻蝇，披阳细麻蝇，披阳肉蝇
Sarcophaga (Lioproctia) taiwanensis (Kôno *et* Lopes) 台湾缅麻蝇，台湾肉蝇，台湾约麻蝇
Sarcophaga (Liopygia) argyrostoma (Robineau-Desvoidy) 银滑臀麻蝇，将麻蝇，黑口利麻蝇
Sarcophaga (Liopygia) crassipalpis Macquart 粗须滑臀麻蝇，肥须亚麻蝇，肥须利麻蝇
Sarcophaga (Liopygia) ruficornis (Fabricius) 红角滑臀麻蝇，红角肉蝇，绯角亚麻蝇，绯角利麻蝇
Sarcophaga (Liosarcophaga) aegyptica Salem 埃及酱麻蝇，埃及利麻蝇，埃及亚麻蝇
Sarcophaga (Liosarcophaga) angarosinica (Rohdendorf) 安酱麻蝇，安利麻蝇，华北亚麻蝇，华北酱麻蝇
Sarcophaga (Liosarcophaga) brevicornis Ho 短角酱麻蝇，短角亚麻蝇，短角利麻蝇，粗角肉蝇
Sarcophaga (Liosarcophaga) dux Thomson 达酱麻蝇，达利麻蝇，酱亚麻蝇，酱麻蝇，知本肉蝇
Sarcophaga (Liosarcophaga) emdeni (Rohdendorf) 直叶酱麻蝇，埃氏利麻蝇，直叶亚麻蝇
Sarcophaga (Liosarcophaga) fedtshenkoi (Rohdendorf) 同 *Sarcophaga* (*Liosarcophaga*) *feralis*
Sarcophaga (Liosarcophaga) feralis Pape 长突酱麻蝇
Sarcophaga (Liosarcophaga) harpax Pandellé 贪食酱麻蝇，钩利麻蝇，贪食亚麻蝇
Sarcophaga (Liosarcophaga) hinglungensis (Fan) 兴隆酱麻蝇，兴隆利麻蝇，兴隆亚麻蝇
Sarcophaga (Liosarcophaga) idmais Séguy 巧酱麻蝇，伊利麻蝇，巧亚麻蝇
Sarcophaga (Liosarcophaga) jacobsoni (Rohdendorf) 蝗尸酱麻蝇，贾氏利麻蝇，蝗尸亚麻蝇
Sarcophaga (Liosarcophaga) jaroschevskyi (Rohdendorf) 波突酱麻蝇，加氏利麻蝇，波突亚麻蝇
Sarcophaga (Liosarcophaga) kanoi Park 拟对岛酱麻蝇，鹿野拟潘麻蝇，拟对岛亚麻蝇，六郎酱麻蝇
Sarcophaga (Liosarcophaga) kirgizica (Rohdendorf) 三鬃酱麻蝇，吉利麻蝇，三鬃亚麻蝇
Sarcophaga (Liosarcophaga) kitaharai Miyazaki 裂突酱麻蝇，基氏利麻蝇，裂突亚麻蝇
Sarcophaga (Liosarcophaga) kobayashii Hopri 垂叉酱麻蝇，柯氏利麻蝇，垂叉亚麻蝇
Sarcophaga (Liosarcophaga) liui (Ye *et* Zhang) 刘氏酱麻蝇，刘氏利麻蝇，柳氏酱麻蝇
Sarcophaga (Liosarcophaga) liukiuensis (Fan) 六龟酱麻蝇，六龟利麻蝇，琉球酱麻蝇
Sarcophaga (Liosarcophaga) nanpingensis (Ye) 南平酱麻蝇，南平利麻蝇，南坪亚麻蝇
Sarcophaga (Liosarcophaga) pleskei (Rohdendorf) 天山酱麻蝇，佩利麻蝇，天山亚麻蝇
Sarcophaga (Liosarcophaga) portschinskyi (Rohdendorf) 急钩酱麻蝇，坡氏利麻蝇，急钩亚麻蝇
Sarcophaga (Liosarcophaga) scopariiformis Senior-White 叉形酱

麻蝇，斯利麻蝇，叉形亚麻蝇，叉形肉蝇

Sarcophaga* (*Liosarcophaga*) *tsushimae Senior-White 对马拟潘麻蝇

Sarcophaga* (*Liosarcophaga*) *tuberosa Pandellé 瘤酱麻蝇，瘤利麻蝇，结节亚麻蝇，瘤突肉蝇，结节酱麻蝇

Sarcophaga* (*Mehria*) *nemoralis Kramer 线梅麻蝇，林细麻蝇，林铿麻蝇

Sarcophaga* (*Mehria*) *olsoufjevi (Rohdendorf) 宽突梅麻蝇，宽突细麻蝇，宽突帚麻蝇

Sarcophaga* (*Mehria*) *sexpunctata (Fabricius) 六斑梅麻蝇，六斑帚麻蝇

Sarcophaga* (*Mehria*) *tsintaoensis (Yeh) 青岛梅麻蝇，青岛细麻蝇，青岛帚麻蝇

Sarcophaga* (*Myorhina*) *fani (Li *et* Ye) 范氏细麻蝇，范氏云南麻蝇

Sarcophaga* (*Myorhina*) *lageniharpes (Xue *et* Feng) 葫突细麻蝇，葫突薛麻蝇

Sarcophaga* (*Myorhina*) *recurvata (Chen *et* Yao) 拟单疣细麻蝇，曲叶梅麻蝇，拟单疣铿麻蝇

Sarcophaga* (*Myorhina*) *sororcula (Rohdendorf) 多突细麻蝇，缘铿麻蝇

Sarcophaga* (*Myorhina*) *villeneuvei Böttcher 单疣细麻蝇，单瘤细麻蝇，单疣铿麻蝇

Sarcophaga* (*Nihonea*) *hokurikuensis (Hopri) 北陆尼麻蝇，贺尼麻蝇

Sarcophaga* (*Nudicerca*) *furutonensis (Kôno *et* Okazaki) 古利根裸尾麻蝇，古利根细麻蝇

Sarcophaga orchidea Böttcher 同 *Sarcophaga* (*Parasarcophaga*) *misera*

Sarcophaga* (*Pandelleisca*) *hui Ho 胡拟潘麻蝇，胡氏亚麻蝇，胡氏酱麻蝇

Sarcophaga* (*Pandelleisca*) *iwuensis Ho 义乌拟潘麻蝇，义乌野畔麻蝇，义乌亚麻蝇，义乌肉蝇，义乌酱麻蝇

Sarcophaga* (*Pandelleisca*) *kawayuensis Kôno 川汤拟潘麻蝇，拟野亚麻蝇，卡拟潘麻蝇，拟野酱麻蝇

Sarcophaga* (*Pandelleisca*) *pingi Ho 秉氏拟潘麻蝇，秉氏野畔麻蝇，秉氏亚麻蝇，秉氏酱麻蝇

Sarcophaga* (*Pandelleisca*) *polystylata Ho 多刺拟潘麻蝇，多突野畔麻蝇，多突亚麻蝇，多突酱麻蝇

Sarcophaga* (*Pandelleisca*) *similis Meade 相似拟潘麻蝇，野畔麻蝇，野亚麻蝇，野酱麻蝇

Sarcophaga* (*Pandelleisca*) *tristylata Böttcher 三刺拟潘麻蝇，三突肉蝇，三枝酱麻蝇

Sarcophaga* (*Pandelleisca*) *yunnanensis (Fan) 云南拟潘麻蝇，云南亚麻蝇，云南酱麻蝇

Sarcophaga* (*Parasarcophaga*) *abaensis (Feng *et* Qiao) 阿坝亚麻蝇

Sarcophaga* (*Parasarcophaga*) *albiceps Meigen 白头亚麻蝇，垦丁肉蝇

Sarcophaga* (*Parasarcophaga*) *dux Thomson 见 *Sarcophaga* (*Liosarcophaga*) *dux*

Sarcophaga* (*Parasarcophaga*) *hirtipes Wiedemann 毛亚麻蝇

Sarcophaga* (*Parasarcophaga*) *macroauriculata Ho 巨耳亚麻蝇

Sarcophaga* (*Parasarcophaga*) *misera Walker 黄须亚麻蝇，黄酱肉蝇

Sarcophaga* (*Parasarcophaga*) *taenionota Wiedemann 褐须亚麻蝇，条斑亚麻蝇，带小亚麻蝇

Sarcophaga* (*Parasarcophaga*) *unguitigris (Rohdendorf) 虎爪亚麻蝇

Sarcophaga peshelicis (Senior-White) 佩麻蝇，佩库麻蝇

Sarcophaga* (*Phallantha*) *sichotealini (Rohdendorf) 锡霍珐麻蝇，锡霍细麻蝇，西珐麻蝇，锡霍花麻蝇

Sarcophaga* (*Phallanthisca*) *shirakii (Kôno *et* Field) 素木拟珐麻蝇

Sarcophaga* (*Phallosphaera*) *amica (Ma) 友谊球麻蝇

Sarcophaga* (*Phallosphaera*) *gravelyi Senior-White 华南球麻蝇，葛氏肉蝇

Sarcophaga* (*Phallosphaera*) *konakovi (Rohdendorf) 东北球麻蝇

Sarcophaga* (*Pseudothyrsocnema*) *caudagalli Böttcher 鸡尾伪特麻蝇，鸠尾肉蝇，鸡尾细麻蝇，考伪晒麻蝇

Sarcophaga* (*Pseudothyrsocnema*) *crinitula Quo 小灰伪特麻蝇，小灰细麻蝇，毛伪晒麻蝇

Sarcophaga* (*Pseudothyrsocnema*) *lhasae Fan 拉萨伪特麻蝇，拉萨细麻蝇，拉萨伪晒麻蝇

Sarcophaga* (*Pterophalla*) *oitana Hori 大分翅麻蝇，大分鹤麻蝇

Sarcophaga* (*Pterosarcophaga*) *emeishanensis (Ye *et* Ni) 峨眉翼麻蝇

Sarcophaga* (*Pterosarcophaga*) *membranocorporis Sugiyama 竹崎麻蝇，竹崎肉蝇，膜翼麻蝇，膜麻蝇

Sarcophaga* (*Robineauella*) *anchoriformis (Fan) 锚形叉麻蝇，锚形肉蝇

Sarcophaga* (*Robineauella*) *caerulescens (Zetterstedt) 暗蓝叉麻蝇，雪雁叉麻蝇

Sarcophaga* (*Robineauella*) *coei (Rohdendorf) 峨眉叉麻蝇，峨眉亚麻蝇，科叉麻蝇，科氏酱麻蝇

Sarcophaga* (*Robineauella*) *daurica (Grunin) 达乌利叉麻蝇

Sarcophaga* (*Robineauella*) *grunini (Rohdendorf) 阔叶叉麻蝇

Sarcophaga* (*Robineauella*) *huangshanensis (Fan) 黄山叉麻蝇

Sarcophaga* (*Robineauella*) *javana Macquart 爪哇叉麻蝇，爪哇酱麻蝇

Sarcophaga* (*Robineauella*) *nigribasicosta (Ye) 同 *Sarcophaga picibasicosta*

Sarcophaga* (*Robineauella*) *picibasicosta Pape 暗鳞叉麻蝇

Sarcophaga* (*Robineauella*) *pseudoscoparia Kramer 伪叉麻蝇

Sarcophaga* (*Robineauella*) *scoparia Pandellé 巨叉麻蝇

Sarcophaga* (*Robineauella*) *uemotoi (Kôno *et* Field) 上本叉麻蝇，韦氏叉麻蝇

Sarcophaga* (*Robineauella*) *walayari Senior-White 瓦氏叉麻蝇

Sarcophaga* (*Rosellea*) *aratrix Pandellé 犁头亚麻蝇

Sarcophaga* (*Rosellea*) *gigas Thomas 巨板突亚麻蝇，巨亚麻蝇

Sarcophaga* (*Rosellea*) *khasiensis Senior-White 卡西亚麻蝇

Sarcophaga* (*Sarcophaga*) *variegata (Scopoli) 常麻蝇

Sarcophaga* (*Sarcorohdendorfia*) *antilope Böttcher 羚足鬃麻蝇，岭足鬃麻蝇，羚羊肉蝇，安毛麻蝇

Sarcophaga* (*Sarcorohdendorfia*) *gracilior (Chen) 瘦钩鬃麻蝇，瘦钩肉蝇，细鬃麻蝇

Sarcophaga* (*Sarcorohdendorfia*) *inextricata Walker 拟羚足鬃麻蝇，芦山肉蝇

Sarcophaga* (*Sarcorohdendorfia*) *lini Sugiyama 林氏鬃麻蝇，林氏肉蝇，林钳麻蝇，林氏铿麻蝇

Sarcophaga* (*Sarcorohdendorfia*) *mimobasalis Ma 银翅鬃麻蝇
Sarcophaga* (*Sarcorohdendorfia*) *seniorwhitei Ho 金翅鬃麻蝇
Sarcophaga* (*Sarcosolomonia*) *aureomarginata (Shinonaga *et* Tumrasvin) 金缘所麻蝇
Sarcophaga* (*Sarcosolomonia*) *crinita (Parker) 恒春所麻蝇，长毛肉蝇
Sarcophaga* (*Sarcosolomonia*) *harinasutai Kano *et* Sooksri 倭叶所麻蝇
Sarcophaga* (*Sarcosolomonia*) *hongheensis Li *et* Ye 红河所麻蝇
Sarcophaga* (*Sarcosolomonia*) *kaushanensis Nandi 甘肃所麻蝇
Sarcophaga* (*Sarcosolomonia*) *susainathani Pape 六叉所麻蝇
Sarcophaga* (*Seniorwhitea*) *phoenicoptera (Böttcher) 凤喙辛麻蝇，凤喙钩麻蝇，凤喙肉蝇
Sarcophaga* (*Seniorwhitea*) *princeps Wiedemann 拟东方辛麻蝇，南山钩麻蝇，南山肉蝇，首辛麻蝇
Sarcophaga* (*Seniorwhitea*) *reciproca (Walker) 同 *Sarcophaga* (*Seniorwhitea*) *princeps*
Sarcophaga sericea Walker 同 *Sarcophaga* (*Parasarcophaga*) *taenionota*
Sarcophaga shanghaiensis Quo 同 *Sarcophaga* (*Asiopierretia*) *ugamskii*
Sarcophaga* (*Sinonipponia*) *concreata (Séguy) 刚刺麻蝇，刚刺肉蝇，刚亚麻蝇
Sarcophaga* (*Sinonipponia*) *hainanensis (Ho) 海南刺麻蝇，海南肉蝇，海南亚麻蝇
Sarcophaga* (*Sinonipponia*) *hervebazini (Séguy) 立刺麻蝇，刺麻蝇，乌来肉蝇，立亚麻蝇
Sarcophaga* (*Sinonipponia*) *javi Salem 贾氏刺麻蝇，贾氏麻蝇
Sarcophaga* (*Sinonipponia*) *musashinensis (Kôno *et* Okazaki) 武藏野刺麻蝇，武藏野亚麻蝇
Sarcophaga* (*Thyrsocnema*) *kentejana (Rohdendorf) 肯特特麻蝇，肯特细麻蝇，肯特麻蝇
Sarcophaga tsengi Sugiyama 见 *Sugiyamamyia tsengi*
Sarcophaga* (*Varirosellea*) *uliginosa Kramer 槽叶瓦麻蝇，潮瓦麻蝇，槽叶亚麻蝇，槽叶利麻蝇
Sarcophaga* (*Ziminisca*) *semenovi Rohdendorf 沙洲麻蝇，沙洲亚麻蝇，西济民麻蝇
sarcophage 食肉类
sarcophagid 1. [= sarcophagid fly, flesh fly] 麻蝇，肉蝇 <麻蝇科 Sarcophagidae 昆虫的通称>；2. 麻蝇科的
sarcophagid fly [= sarcophagid, flesh fly] 麻蝇，肉蝇
Sarcophagidae 麻蝇科，肉蝇科
Sarcophagina 麻蝇亚族
Sarcophaginae 麻蝇亚科
Sarcophagini 麻蝇族
Sarcophagoidea 麻蝇总科
sarcophagous 食肉的，肉食性的
Sarcophila 麻野蝇属
Sarcophila japonica (Rohdendorf) 日本麻野蝇
Sarcophila latifrons (Fallén) 蒙古麻野蝇，宽额麻野蝇
Sarcophila mongolica Chao *et* Zhang 同 *Sarcophila latifrons*
Sarcophila rasnitzyni Verves 拉氏麻野蝇
sarcoplasm(a) 肌质，肌浆
Sarcopolia 红棕灰夜蛾属，萨珂夜蛾属
Sarcopolia illoba (Butler) [mulberry caterpillar] 红棕灰夜蛾，红棕萨珂夜蛾，萨珂夜蛾，桑紫褐夜蛾，桑夜盗虫，苜蓿紫夜蛾，桑甘蓝夜蛾
Sarcopteron 萨翅夜蛾属
Sarcopteron punctimargo Hampson 萨翅夜蛾
Sarcorohdendorfia 鬃麻蝇亚属，鬃麻蝇属
Sarcorohdendorfia antilope (Bottcher) 见 *Sarcophaga* (*Sarcorohdendorfia*) *antilope*
Sarcorohdendorfia aurata (Walker) 同 *Sarcophaga* (*Sarcorohdendorfia*) *seniorwhitei*
Sarcorohdendorfia gracilior (Chen) 见 *Sarcophaga* (*Sarcorohdendorfia*) *gracilior*
Sarcorohdendorfia inextricata (Walker) 见 *Sarcophaga* (*Sarcorohdendorfia*) *inextricata*
Sarcorohdendorfia mimobasalis (Ma) 见 *Sarcophaga* (*Sarcorohdendorfia*) *mimobasalis*
Sarcorohdendorfia seniorwhitei (Ho) 见 *Sarcophaga* (*Sarcorohdendorfia*) *seniorwhitei*
Sarcosolomonia 所麻蝇亚属，所麻蝇属
Sarcosolomonia aureomarginata Shinonaga *et* Tumrasvin 见 *Sarcophaga* (*Sarcosolomonia*) *aureomarginata*
Sarcosolomonia basiseta (Baranov) 见 *Sarcophaga* (*Lioproctia*) *basiseta*
Sarcosolomonia crinita (Parker) 见 *Sarcophaga* (*Sarcosolomonia*) *crinita*
Sarcosolomonia harinasutai Kôno *et* Sooksri 见 *Sarcophaga* (*Sarcosolomonia*) *harinasutai*
Sarcosolomonia hongheensis Li *et* Ye 见 *Sarcophaga* (*Sarcosolomonia*) *hongheensis*
Sarcosolomonia kausaninensis Nandi 见 *Sarcophaga* (*Sarcosolomonia*) *kaushanensis*
Sarcosolomonia nathani Lopes *et* Kôno 同 *Sarcophaga susainathani*
Sarcosolomonia* (*Parkerimyia*) *harinasutai Kano *et* Sooksri 见 *Sarcophaga* (*Sarcosolomonia*) *harinasutai*
Sarcosolomonia* (*Parkerimyia*) *kaushanensis Nandi 见 *Sarcophaga* (*Sarcosolomonia*) *kaushanensis*
sarcosome 肌粒 <肌纤维中的大型线粒体>
sarcostyle [= fibrilla] 肌原纤维
Sarcotachina 阿麻蝇属，寄麻蝇属
Sarcotachina subcylindrica Portschinsky 近筒阿麻蝇，近柱寄麻蝇
Sarcotachinella 斑麻蝇属
Sarcotachinella sinuata (Meigen) 股斑麻蝇
Sarcotachinellina 斑麻蝇亚族
Sarcotachinini 阿麻蝇族
sarcotoxin 麻蝇毒素，麻蝇素
Sardia 喙头飞虱属
Sardia pluto (Kirkaldy) 叉突喙头飞虱
Sardia rostrata Melichar 喙头飞虱
Sardinian blue [*Pseudophilotes barbagiae* De Prins *et* Poorten] 蓝毛塞灰蝶
Sardinian meadow brown [*Maniola nurag* Ghiliani] 撒丁莽眼蝶
sargeant emperor [*Mimathyma chevana* (Moore)] 迷蛱蝶
Sarginae 瘦腹水虻亚科
Sargus 瘦腹水虻属，海水虻属
Sargus baculventerus Yang *et* Chen 棒瘦腹水虻
Sargus brevis Yang, Zhang *et* Li 短突瘦腹水虻
Sargus flavipes Meigen 黄足瘦腹水虻
Sargus gemmifer Walkera 芽瘦腹水虻

Sargus goliath (Curran) 巨瘦腹水虻
Sargus grandis (Ôuchi) 大瘦腹水虻，大淄水虻，大普特水虻
Sargus huangshanensis Yang, Yu *et* Yang 黄山瘦腹水虻
Sargus insignis Macquart 同 *Ptecticus aurifer*
Sargus latifrons Yang, Zhang *et* Li 宽额瘦腹水虻
Sargus lii Chen, Liang *et* Yang 李氏瘦腹水虻
Sargus mactans Walker 红斑瘦腹水虻，屠瘦腹水虻
Sargus mandarinus Schiner 华瘦腹水虻，柑橘瘦腹水虻，大陆瘦腹水虻
Sargus melallinus Yang *et* Chen 同 *Sargus metallinus*
Sargus metallinus Fabricius 丽瘦腹水虻，灰淄水虻，金色水虻
Sargus nigricoxa Yang, Zhang *et* Li 黑基瘦腹水虻
Sargus nigrifacies Yang, Zhang *et* Li 黑颜瘦腹水虻
Sargus niphonensis Bigot 日本瘦腹水虻，日淄水虻
Sargus punctatus McFadden 点瘦腹水虻
Sargus rufifrons (Pleske) 红额瘦腹水虻
Sargus sichuanensis Yang, Zhang *et* Li 四川瘦腹水虻
Sargus tricolor Yang, Zhang *et* Li 三色瘦腹水虻
Sargus vandykei (James) 万氏瘦腹水虻，万带兰瘦腹水虻
Sargus viridiceps Macquart 绿纹瘦腹水虻，绿头瘦腹水虻
Saribia 沙蚬蝶属
Saribia decaryi (Le Cerf) 德沙蚬蝶
Saribia perroti (Riley) 佩沙蚬蝶
Saribia tepahi (Boisduval) 沙蚬蝶
Saridoscelis 萨巢蛾属
Saridoscelis sphenias Meyrick 斯萨巢蛾
Sarima 萨瓢蜡蝉属
Sarima bifurcum Meng *et* Wang 双叉萨瓢蜡蝉
Sarima formosana Schumacher 见 *Eusarima formosana*
Sarima formosanum Matsumura 同 *Eusarima matsumurai*
Sarima koshunense Matsumura 见 *Eusarima koshunense*
Sarima kuyanianum Matsumura 见 *Eusarima kuyanianum*
Sarima nigrifacies Jacobi 黑萨瓢蜡蝉，闽卵瓢蜡蝉
Sarima nigroclypeata Melichar 黑唇萨瓢蜡蝉，黑唇楔叶蝉
Sarima pallizona Mastumura 见 *Parasarima pallizona*
Sarima rinkihonis Matsumura 见 *Eusarima rinkihonis*
Sarima tappanum Matsumura 条萨瓢蜡蝉，达邦卵瓢蜡蝉
Sarima versicolor Kato 见 *Eusarima versicolor*
Sarimissus 弥萨瓢蜡蝉属
Sarimissus bispinus Meng, Qin *et* Wang 双突弥萨瓢蜡蝉
Sarimites 类萨瓢蜡蝉属
Sarimites linearis Che, Zhang *et* Wang 线类萨瓢蜡蝉
Sarimites spatulatus Che, Zhang *et* Wang 匙类萨瓢蜡蝉
Sarimodes 萨瑞瓢蜡蝉属
Sarimodes clavatus Meng *et* Wang 棒突萨瑞瓢蜡蝉
Sarimodes parallelus Meng *et* Wang 平突萨瑞瓢蜡蝉
Sarimodes taimokko Matsumura 萨瑞瓢蜡蝉，拟卵瓢蜡蝉
Sarina 帚麻蝇属
Sarina olsoufjevi (Rohdendorf) 见 *Sarcophaga* (*Mehria*) *olsoufjevi*
Sarina sexpunctata (Fabricius) 见 *Sarcophaga* (*Mehria*) *sexpunctata*
Sarina tsintaoensis (Yeh) 见 *Sarcophaga* (*Mehria*) *tsintaoensis*
Sarisophora 槐祝蛾属
Sarisophora cerussata Wu 灰白槐祝蛾
Sarisophora dactylisana Wu 指瓣槐祝蛾
Sarisophora idonea Wu 欣槐祝蛾
Sarisophora lygrophthalma Meyrick 来槐祝蛾，来刹谷蛾
Sarisophora neptigota Wu 小槐祝蛾
Sarisophora serena Gozmány 丝槐祝蛾，塞刹谷蛾
Sarisophora simulatrix Gozmány 见 *Lecithocera simulatrix*
Sarissohelea 矛蠓亚属
Sarju 萨蝽属
Sarju burmana Ghauri 缅甸萨蝽，缅萨蝽
Sarju nigricollis (Westwood) 黑角萨蝽
Sarju taungyiana Ghauri 东枝萨蝽
Sarju taungyiana chapa Ghauri 东枝萨蝽长叶亚种，长叶萨蝽
Sarju taungyiana taungyiana Ghauri 东枝萨蝽指名亚种
Sarmalia radiata Walker 白黄带蛾
Sarmientola 伤弄蝶属
Sarmientola eriopis Hewitson 亚马孙伤弄蝶
Sarmientola phaselis (Hewitson) 伤弄蝶
Sarmientola similis (Mielke) [similis skipper] 类伤弄蝶
Sarmydus 扁角天牛属
Sarmydus antennatus Pascoe 扁角天牛，扁角锯天牛，扁须锯天牛
Sarmydus cheni Drumont *et* Bi 陈氏扁角天牛
Sarmydus dulongensis Bi *et* Drumont 独龙扁角天牛
Sarmydus fujishiroi Drumont 毛扁角天牛
Sarmydus loebli Drumont *et* Weigel 娄氏扁角天牛
Sarmydus panda Drumont *et* Bi 熊猫扁角天牛
Sarmydus subcoriaceus Hope 黄带扁角天牛，黄节扁角天牛
Sarmydus trichodes Chen *et* Feng 同 *Sarmydus fujishiroi*
Sarobides 金鳞夜蛾属
Sarobides inconclusa (Walker) 金鳞夜蛾，飒罗夜蛾
Saronaga 花太波纹蛾亚属，洒波纹蛾属
Saronaga albicosta (Moore) 见 *Tethea* (*Saronaga*) *albicosta*
Saronaga albicostata Bremer 见 *Tethea* (*Tethea*) *albicostata*
Saronaga c-album Masumura 见 *Tethea* (*Saronaga*) *consimilis calbum*
Saronaga commifera Warren 见 *Tethea* (*Saronaga*) *consimilis commifera*
Saronaga oberthuri Houlbert 见 *Tethea* (*Saronaga*) *oberthueri*
Saronaga taiwana Matsumura 见 *Tethea* (*Saronaga*) *oberthueri taiwana*
Saropogon 并角虫虻属，并角食虫虻属
Saropogon melampygus (Loew) 黑臀并角虫虻，黑臀并角食虫虻
Saropogon subauratus (Walker) 亚金并角虫虻，亚金并角食虫虻，近金并角虫虻
Sarops 沙罗离颚茧蜂属
Sarops popovi Tobias 波波夫沙罗离颚茧蜂，波波夫离颚茧蜂
Sarops taershanensis Zheng *et* Chen 塔尔山沙罗离颚茧蜂
Sarota 小尾蚬蝶属
Sarota acanthoides (Herrich-Schäffer) 刺小尾蚬蝶
Sarota acantus (Stoll) [acantus sarota] 锯小尾蚬蝶
Sarota chrysus (Stoll) [common jewelmark, Stoll's sarota, chrysus sarota] 小尾蚬蝶
Sarota completa Hall [complete jewelmark] 全小尾蚬蝶，全尾蚬蝶
Sarota craspediodonta (Dyar) [Veracruzan sarota] 克拉小尾蚬蝶
Sarota dematria (Westwood) 彩小尾蚬蝶
Sarota estrada (Schaus) [Schaus' sarota] 艾小尾蚬蝶
Sarota gamelia (Godman *et* Salvin) [Panamanian sarota] 戈小尾蚬蝶
Sarota gyas (Cramer) [Guyanan sarota, gyas sarota] 钩小尾蚬蝶

Sarota lasciva (Stichel) [lascivious jewelmark, lasciva sarota] 艳小尾蚬蝶，艳尾蚬蝶
Sarota miranda Brevignon [Miranda's jewelmark, Miranda sarota] 侏小尾蚬蝶，侏尾蚬蝶
Sarota myrtea (Godman *et* Salvin) [white-checked jewelmark, Godman's sarota] 木小尾蚬蝶
Sarota neglecta Stichel [neglected sarota] 忘小尾蚬蝶，忘尾蚬蝶
Sarota psaros (Godman *et* Salvin) [Guatemalan sarota] 普小尾蚬蝶
Sarota spicata (Staudinger) [dark jewelmark] 尖小尾蚬蝶
Sarota subtessellata (Schaus) [regal sarota] 梳小尾蚬蝶
Sarota turrialbensis (Schaus) 突小尾蚬蝶
Sarota willmotti Hall [Hall's jewelmark] 韦氏小尾蚬蝶，韦尾蚬蝶
Sarothrias 萨短跗甲属
Sarothrias sinicus Bi *et* Chen 中华萨短跗甲，中华短跗甲
Sarothrocera 硬天牛属
Sarothrocera lowi White 中山硬天牛，肿胫天牛
sarothrum 采粉跗节 <即采花粉的蜂的后足跗基节 (metatarsus)>
sarpedobilin 青凤蝶胆色素
Sarpedon 栉角隐唇叩甲属，栉角伪叩头虫属
Sarpedon bipectinatus Fleutiaux 红翅栉角隐唇叩甲，红翅栉角伪叩头虫
Sarritor attenuatus Funkhouser 见 *Hemicentrus attenuatus*
Sarritor conutus Funkhouser 见 *Hemicentrus cornutus*
Sarrothripina 皮夜蛾亚族
Sarrothripinae 皮夜蛾亚科
Sarrothripini 皮夜蛾族
Sarrothripus oblongatus Mell 见 *Nycteola oblongata*
Sarrothripus revayana (Scopoli) 见 *Nycteola revayana*
Sarucallis 撒露斑蚜属
Sarucallis kahawaluokalani (Kirkaldy) [crapemyrtle aphid] 紫薇撒露斑蚜，紫薇长斑蚜，桃金娘角斑蚜，百日红长美蚜，紫薇蜥蜴斑蚜，绉绸爱神木蚜，紫薇斑蚜
Sarucallis nigripunctatus Tao 见 *Tinocallis nigropunctatus*
sasa gall-midge [*Hasegawaia sasacola* Monzen] 小竹瘿蚊
Sasajiscymnus 方突毛瓢虫属，方瓢虫属
Sasajiscymnus amplus (Yang *et* Wu) 大方突毛瓢虫，大方瓢虫
Sasajiscymnus ancistroides (Pang *et* Huang) 双钩方突毛瓢虫，双钩方瓢虫
Sasajiscymnus anmashanus (Yang) 鞍马山方突毛瓢虫，安方瓢虫，鞍马山方瓢虫
Sasajiscymnus bivalvis (Yu) 二瓣方突毛瓢虫
Sasajiscymnus changi (Yang) 张氏方突毛瓢虫，张氏方瓢虫
Sasajiscymnus curvatus (Yu) 弯斑方突毛瓢虫，弧斑方瓢虫
Sasajiscymnus dapae (Hoàng) 裂臀方突毛瓢虫，裂臀方瓢虫
Sasajiscymnus disselasmatus (Pang *et* Huang) 方突毛瓢虫，双膜方瓢虫
Sasajiscymnus fulvihumerus (Yang *et* Wu) 双膜方突毛瓢虫，黄肩方瓢虫
Sasajiscymnus fuscus (Yang) 棕色方突毛瓢虫，棕色方瓢虫，台湾方瓢虫
Sasajiscymnus gibbosus (Yu) 瘤叶方突毛瓢虫，瘤叶方瓢虫
Sasajiscymnus hamatus (Yu *et* Pang) 钩方突毛瓢虫，钩方瓢虫
Sasajiscymnus harejus (Weise) 哈里方突毛瓢虫，哈里方瓢虫，双斑方瓢虫
Sasajiscymnus heijia (Yu *et* Montgomery) 黑颊方突毛瓢虫
Sasajiscymnus hosonaga Kitano 熊本方突毛瓢虫
Sasajiscymnus jenai Kitano 耶拿方突毛瓢虫
Sasajiscymnus kuriharai Kitano 栗原方突毛瓢虫
Sasajiscymnus kurohime (Miyatake) 黑方突毛瓢虫，黑方瓢虫
Sasajiscymnus lamellatus (Yang *et* Wu) 片方突毛瓢虫，片方瓢虫
Sasajiscymnus lancetapicalis (Pang *et* Gordon) 小矛端方突毛瓢虫，小矛端方瓢虫
Sasajiscymnus lewisi (Kamiya) 里氏方突毛瓢虫，里氏方瓢虫
Sasajiscymnus montanus (Yang) 同 *Sasajiscymnus parenthesis*
Sasajiscymnus nagasakiensis (Kamiya) 纳格方突毛瓢虫，纳格方瓢虫
Sasajiscymnus nepalius (Miyatake) 尼方突毛瓢虫，尼泊尔方瓢虫
Sasajiscymnus ocellatus (Yu) 眼斑方突毛瓢虫，眼斑方瓢虫
Sasajiscymnus ohtai (Yang *et* Wu) 太田方突毛瓢虫，太田方瓢虫，渥氏方瓢虫
Sasajiscymnus orbiculatus (Yang) 圆斑方突毛瓢虫，圆斑方瓢虫，黑方突毛瓢虫
Sasajiscymnus paltatus (Pang *et* Huang) 矛端方突毛瓢虫，矛端方瓢虫
Sasajiscymnus parenthesis (Weise) 弧斑方突毛瓢虫，弧斑方瓢虫
Sasajiscymnus pronotus (Pang *et* Huang) 黄胸方突毛瓢虫，黄胸方瓢虫
Sasajiscymnus quinquepunctatus (Weise) 五斑方突毛瓢虫，五斑方瓢虫
Sasajiscymnus seboshii (Ohta) 独斑方突毛瓢虫，独斑方瓢虫，瑟方瓢虫
Sasajiscymnus seminigrinus (Yu *et* Pang) 半黑方突毛瓢虫
Sasajiscymnus shixingiensis (Pang) 始兴方突毛瓢虫，始兴方瓢虫
Sasajiscymnus sylvaticus (Lewis) 枝斑方突毛瓢虫，枝斑方瓢虫
Sasajiscymnus tainanensis (Ohta) 台南方突毛瓢虫，台南方瓢虫，台南小毛瓢虫
Sasajiscymnus truncatulus (Yu) 截端方突毛瓢虫，截端方毛瓢虫
Sasaki cherry aphid [*Tuberocephalus sasakii* (Matsumura)] 佐佐木瘤头蚜，莎氏瘤头蚜，萨氏瘤头蚜，佐佐木樱桃瘤额蚜，艾瘤头蚜，艾锥尾蚜
Sasakia charonda (Hewitson) [Japanese emperor, great purple emperor] 大紫蛱蝶 <本种为日本国蝶>
Sasakia charonda charonda (Hewitson) 大紫蛱蝶指名亚种
Sasakia charonda coreana (Leech) 大紫蛱蝶韩国亚种，朝大紫蛱蝶
Sasakia charonda formosana Shirôzu [large purple fritillary, empress] 大紫蛱蝶台湾亚种，台大紫蛱蝶
Sasakia charonda submelania Mell 大紫蛱蝶近黑亚种，枚大紫蛱蝶
Sasakia charonda yunnanensis 大紫蛱蝶云南亚种，滇大紫蛱蝶
Sasakia fulguralis Matsumura 见 *Euthalia irrubescens fulguralis*
Sasakia funebris (Leech) 黑紫蛱蝶，紫蛱蝶，范芒蛱蝶
Sasakia funebris funebris (Leech) 黑紫蛱蝶指名亚种，指名黑紫蛱蝶
Sasakia funebris genestieri Oberthür 黑紫蛱蝶云南亚种，云南黑紫蛱蝶
Sasakia pulcherrima Chou *et* Li 最美紫蛱蝶

Sasakia tetra Chou, Yuan *et* Zhang 第四紫蛱蝶
Sasakiaspis pentagona Targioni-Tozzetti 见 *Pseudaulacaspis pentagona*
saskatoon borer [= round-headed apple-tree borer, *Saperda candida* Fabricius] 苹楔天牛，苹圆头天牛，二星天牛
sassafras caloptilia moth [= sassafras leaf miner, *Caloptilia sassafrasella* (Chambers)] 檫木丽细蛾，檫木细蛾
sassafras leaf miner 见 sassafras caloptilia moth
Sassula 纱娜蜡蝉属
Sassula lungchowensis Chou *et* Lu 龙州纱娜蜡蝉，龙川纱娜蜡蝉
Sastracella 粗腿萤叶甲属
Sastracella cinnamomea Yang 樟粗腿萤叶甲
Sastracella laosensis Kimoto 老挝粗腿萤叶甲
Sastragala 锥同蝽属
Sastragala edessoides Distant 副锥同蝽
Sastragala esakii Hasegawa 伊锥同蝽
Sastragala firmata (Walker) 见 *Acanthosoma firmatum*
Sastragala heterospila Walker 异锥同蝽
Sastragala javanensis Distant 爪哇锥同蝽
Sastragala murreeana Distant 见 *Acanthosoma murreeanum*
Sastragala parmata Distant 棕锥同蝽
Sastragala scutellata (Scott) 盾锥同蝽
Sastragala sigillata (Stål) 小斑锥同蝽，小斑翘同蝽
Sastragala versicolor (Distant) 变色锥同蝽，变色同蝽
Sastragala yunnana (Hsiao *et* Liu) 锥同蝽，滇翘同蝽
Sastrapada 梭猎蝽属
Sastrapada baerensprungi (Stål) 娇梭猎蝽
Sastrapada brevipennis China 短翅梭猎蝽，梭猎蝽
Sastrapada hsiaoi Maldonado 同 *Sastrapada martimora*
Sastrapada marmorata Hsiao 同 *Sastrapada martimora*
Sastrapada martimora Putshkov 石纹梭猎蝽，肖氏梭猎蝽
Sastrapada oxyptera Bergroth 敏梭猎蝽
Sastrapada robusta Hsiao 同 *Sastrapada robustoides*
Sastrapada robustoides Putshkov 壮梭猎蝽
Sastroides 沙萤叶甲属
Sastroides lividus (Laboissière) 铅色沙萤叶甲
Sastroides purpurascens (Hope) 紫沙萤叶甲
Sastroides submetallicus (Gressitt *et* Kimoto) 蓝沙萤叶甲，亚金角胸萤叶甲
Sastroides violaceus (Weise) 紫缘沙萤叶甲
Sasunaga 幻夜蛾属
Sasunaga apiciplaga Warren 尖纹幻夜蛾
Sasunaga basiplaga Warren 纹幻夜蛾
Sasunaga interrupta Warren 间纹幻夜蛾，间纹魔夜蛾
Sasunaga leucorina (Hampson) 霉幻夜蛾，白幻夜蛾
Sasunaga longiplaga Warren 长斑幻夜蛾，长须幻夜蛾
Sasunaga oenistis (Hampson) 酒色幻夜蛾
Sasunaga tenebrosa (Moore) 昏色幻夜蛾，幻夜蛾，昏色魔夜蛾
satake swallowtail [*Papilio maackii satakei* Matsumura] 绿带翠凤蝶深山亚种，深山黑凤蝶
Satanas beetle [*Dynastes satanas* Moser] 撒旦犀金龟甲，撒旦犀金龟，撒旦大兜虫
Satanas 魔虫虻属，魔食虫虻属，萨虫虻属
Satanas agha Engel 黏魔虫虻，黏魔食虫虻，阿萨虫虻
Satanas chan Engel 地魔虫虻，地魔食虫虻，勤萨虫虻
Satanas fuscanipennis (Macquart) 棕毛魔虫虻，棕毛魔食虫虻，棕翅萨虫虻
Satanas gigas (Eversmann) 巨魔虫虻，巨魔食虫虻，大臀刺虫虻
Satanas minor (Portschinsky) 小魔虫虻，小魔食虫虻
Satanas nigra Shi 黑魔虫虻，黑魔食虫虻，黑萨虫虻
Satanas testaceicornis (Macquart) 褐角魔虫虻，壳角魔食虫虻，褐角萨虫虻
satanic skipper [*Aethilla eleusinia* Hewitson] 穹弄蝶
Satarupa 飒弄蝶属
Satarupa diversa (Leech) 同 *Gerosis sinica*
Satarupa formosibia Strand 台湾飒弄蝶，台湾大白裙弄蝶，台湾大环弄蝶，福飒弄蝶
Satarupa gopala Moore [large white flat] 飒弄蝶，白腹大环型蝶
Satarupa gopala gopala Moore 飒弄蝶指名亚种
Satarupa gopala majasra Fruhstorfer 飒弄蝶小纹亚种，小纹飒弄蝶，大白裙弄蝶，大环弄蝶，玛飒弄蝶
Satarupa intermedia Evans 同 *Satarupa nymphalis khamensis*
Satarupa lii Okano *et* Okano 同 *Satarupa monbeigi*
Satarupa majasra Fruhstorfer 见 *Satarupa gopala majasra*
Satarupa monbeigi Oberthür 密纹飒弄蝶
Satarupa nigroguttatus Matsumura 同 *Seseria formosana*
Satarupa nymphalis (Speyer) 蛱型飒弄蝶
Satarupa nymphalis khamensis Alphéraky 蛱型飒弄蝶四川亚种，四川蛱型飒弄蝶
Satarupa nymphalis nymphalis (Speyer) 蛱型飒弄蝶指名亚种，指名蛱型飒弄蝶
Satarupa nymphalis sugitanii Matsumura 同 *Satarupa nymphalis nymphalis*
Satarupa ouvrardi Oberthür 见 *Satarupa zulla ouvrardi*
Satarupa phisara (Moore) 见 *Gerosis phisara*
Satarupa sambara (Moore) 见 *Seseria sambara*
Satarupa sinica (Felder *et* Felder) 见 *Gerosis sinica*
Satarupa splendens Tytler 斯飒弄蝶
Satarupa splendens intermedia Evans 同 *Satarupa nymphalis khamensis*
Satarupa tethys Ménétriès 见 *Daimio tethys*
Satarupa tethys chinesis (Staudinger) 同 *Daimio tethys moori*
Satarupa tethys lineata Mabille *et* Boullet 同 *Daimio tethys*
Satarupa valentini Oberthür 四川飒弄蝶，瓦飒弄蝶
Satarupa zulla Tytler [equal white flat] 苏飒弄蝶
Satarupa zulla ouvrardi Oberthür 苏飒弄蝶云南亚种，奥飒弄蝶
Satarupa zulla zulla Tytler 苏飒弄蝶指名亚种
Sataspes 木蜂天蛾属
Sataspes infernalis (Westwood) 荫木蜂天蛾，木蜂天蛾
Sataspes tagalica Boisduval [brilliant carpenter-bee hawkmoth] 木蜂天蛾
Sataspes tagalica chinensis (Clark) 同 *Sataspes tagalica tagalica*
Sataspes tagalica collaris (Rothschild *et* Jordan) 同 *Sataspes tagalica tagalica*
Sataspes tagalica hauxwelli (de Nicéville) 同 *Sataspes tagalica tagalica*
Sataspes tagalica tagalica Boisduval 木蜂天蛾指名亚种，指名木蜂天蛾
Sataspes tagalica thoracica (Rothschild *et* Jordan) 同 *Sataspes tagalica tagalica*
Sataspes ventralis (Butler) 同 *Sataspes tagalica tagalica*
Sataspes xylocoparis (Butler) 同 *Sataspes infernalis*
Sathrax 树齣虱属

Sathrax durus Johnson 硬棘树啮虱，硬树啮虱
Sathrobrota rileyi (Walsingham) 见 *Anatrachyntis rileyi*
Sathrophyllia 腐叶螽属
Sathrophyllia femorata (Fabricius) 纹腿腐叶螽
Sathrophyllia rugosa (Linnaeus) [Indian bush cricket] 皱腐叶螽，具皱紫铆螽
Sathytes 糙蚁甲属，萨蚁甲属
Sathytes aequalis Yin 颀角糙蚁甲
Sathytes alpicola Yin *et* Shen 高原糙蚁甲
Sathytes asura Yin 阿修罗糙蚁甲
Sathytes australis Yin *et* Shen 华南糙蚁甲
Sathytes caichenyangi Yin 蔡氏糙蚁甲
Sathytes chayuensis Yin *et* Shen 察隅糙蚁甲
Sathytes dawai Yin 达娃糙蚁甲
Sathytes duojii Yin 多吉糙蚁甲
Sathytes huapingensis Yin *et* Shen 花坪糙蚁甲
Sathytes laticornis Yin 宽角糙蚁甲
Sathytes linzhiensis Yin *et* Li 林芝糙蚁甲
Sathytes longitrabis Yin *et* Li 长节糙蚁甲
Sathytes magnus Yin *et* Li 巨型糙蚁甲
Sathytes maoershanus Yin *et* Shen 猫儿山糙蚁甲
Sathytes nujiangensis Yin *et* Shen 怒江糙蚁甲
Sathytes panzhaohuii Yin *et* Shen 潘氏糙蚁甲
Sathytes paulus Yin *et* Li 迷你糙蚁甲
Sathytes pengzhongi Yin 彭氏糙蚁甲
Sathytes proclivis Yin 斜角糙蚁甲
Sathytes pseudograndis Yin 伪硕糙蚁甲
Sathytes rufus Raffray 红糙蚁甲，红萨蚁甲
Sathytes shennong Yin *et* Shen 神农糙蚁甲
Sathytes sichuanicus Yin *et* Li 四川糙蚁甲
Sathytes simplex Löbl 陋角糙蚁甲
Sathytes sympatricus Yin 长柄糙蚁甲
Sathytes tanqliangi Yin *et* Li 汤氏糙蚁甲
Sathytes tianquanus Yin *et* Shen 天全糙蚁甲
Sathytes transverses Yin *et* Shen 突角糙蚁甲
Sathytes virupaksa Yin 广目糙蚁甲
Sathytes xingdoumontis Yin *et* Shen 星斗山糙蚁甲
Sathytes xizangensis Yin *et* Shen 西藏糙蚁甲
Sathytes yigongensis Yin 易贡糙蚁甲
Sathytes yunnanicus Yin *et* Li 云南糙蚁甲
satiation threshold 饱食阈值，饱和阈值
satin azure [= amaryllis azure, *Ogyris amaryllis* Hewitson] 蓝澳灰蝶
satin blue [= clear-spotted blue, *Zetona delospila* (Waterhouse)] 指灰蝶
satin-green forester [*Pollanisus viridipulverulentus* (Guérin-Méneville)] 闪绿林斑蛾
satin moth [= white satin moth, *Leucoma salicis* (Linnaeus)] 雪毒蛾，柳叶毒蛾，柳毒蛾，杨毒蛾
satin opal [*Nesolycaena albosericea* (Miskin)] 鸢灰蝶
satirical hairstreak [= satyroides greatstreak, *Evenus satyroides* (Hewitson)] 萨丽灰蝶
Satoblephara 墨纹尺蛾属
Satoblephara owadai (Inoue) 腹毛墨纹尺蛾
Satonius 佐藤淘甲属
Satonius jaechi Hájek, Yoshitomi, Fikáček, Hayashi *et* Jia 耶氏佐藤淘甲
Satonius fui Hájek, Yoshitomi, Fikáček, Hayashi *et* Jia 傅氏佐藤淘甲
Satonius kurosawai (Satô) 黑泽佐藤淘甲
Satonius schoenmanni Hájek *et* Fikáček 申氏佐藤淘甲，舍氏佐藤淘甲
Satonius stysi Hájek *et* Fikáček 斯氏佐藤淘甲，什氏华淘甲
Satonius wangi Hájek *et* Fikáček 王氏佐藤淘甲
Satotrechus 佐藤盲步甲属
Satotrechus longlinensis Deuve *et* Tian 隆林佐藤盲步甲
Satotrechus rieae Uéno 广西佐藤盲步甲
Satrapia 萨展足蛾属
Satrapia pyrotechnica Meyrick 派萨展足蛾，派萨谷蛾
Satrius 撒姬蜂属
Satrius bellus (Cushman) 美撒姬蜂
Satsuma albilinea Riley 见 *Cissatsuma albilinea*
Satsuma chalybeia Leech 见 *Thecla chalybeia*
Satsuma chalybeia pluto Leech 见 *Ahlbergia pluto*
Satsuma circe Leech 见 *Ahlbergia circe*
Satsuma frosted chafer [*Melolontha satsumensis* Niijima *et* Kinoshita] 鹿儿岛鳃金龟甲，鹿儿岛鳃角金龟
Satsuma nicevillei Leech 见 *Ahlbergia nicevillei*
Satsuma pratti (Leech) 见 *Novosatsuma pratti*
satto disease 家蚕猝倒病
saturata emesis [= Oaxacan emesis, skipperish tanmark, *Emesis saturata* Godman *et* Salvin] 瓦哈卡螟蚬蝶
saturn [*Zeuxidia amethystus* Butler] 蓝带尖翅环蝶
Saturnia 目大蚕蛾属，目天蚕蛾属
Saturnia centralis Naumann *et* Löffler 中部目大蚕蛾
Saturnia cognata (Jordan) 江苏目大蚕蛾，江苏樟蚕
Saturnia japonica (Moore) 见 *Caligula japonica*
Saturnia japonica arisana (Shiraki) 见 *Caligula japonica arisana*
Saturnia jonasii fukudai (Sonan) 绿目大蚕蛾，绿目天蚕蛾
Saturnia lucifera Jordan 四川目大蚕蛾，四川樟蚕
Saturnia pavonia (Linnaeus) [small emperor moth, emperor moth, lesser emperor moth] 蔷薇目大蚕蛾，蔷薇大蚕蛾，四黑目天蚕
Saturnia pyretorum Westwood 樟蚕，四黑目天蚕蛾，天蚕，枫蚕，渔丝蚕
Saturnia pyretorum fusca (Watson) 樟蚕褐色亚种
Saturnia pyretorum melli (Bryk) 樟蚕梅氏亚种，梅氏樟蚕
Saturnia pyretorum pearsoni (Watson) 同 *Saturnia pyretorum pyretorum*
Saturnia pyretorum pyretorum Westwood 樟蚕指名亚种，指名樟蚕
Saturnia pyri (Denis *et* Schiffermüller) [giant peacock moth, great peacock moth, giant emperor moth, Viennese emperor] 大目大蚕蛾，巨型孔雀蛾，大孔雀蛾
Saturnia spini (Denis *et* Schiffermüller) [sloe emperor moth] 斯目大蚕蛾，斯蔷薇大蚕蛾
Saturnia thibeta okurai (Okano) 见 *Caligula thibeta okurai*
saturniid 1. [= saturniid moth, saturniid silkworm] 大蚕蛾，天蚕蛾＜大蚕蛾科 Saturniidae 昆虫的通称＞；2. 大蚕蛾科的
saturniid moth [= saturniid, saturniid silkworm] 大蚕蛾，天蚕蛾
saturniid silkworm 见 saturniid moth

Saturniidae 大蚕蛾科，天蚕蛾科

Saturniinae 大蚕蛾亚科，天蚕蛾亚科

saturnus skipper 1. [= ubiquitous skipper, *Callimormus saturnus* (Herrich-Schäffer)] 黄斑美睦弄蝶；2. [*Saturnus saturnus* (Fabricius)] 萨铅弄蝶，铅弄蝶

Saturnus 铅弄蝶属

Saturnus metonidia (Schaus) [metonidia skipper] 美铅弄蝶

Saturnus obscurus (Bell) [Bell's skipper] 暗铅弄蝶

Saturnus reticulata (Plötz) [reticulata skipper] 网铅弄蝶

Saturnus reticulata obscurus (Bell) 见 *Saturnus obscurus*

Saturnus reticulata reticulata (Plötz) 网铅弄蝶指名亚种

Saturnus reticulata tiberius Möschler 见 *Saturnus tiberius*

Saturnus saturnus (Fabricius) [saturnus skipper] 萨铅弄蝶，铅弄蝶

Saturnus tiberius Möschler [skid-marked skipper] 台比留铅弄蝶

satyr [= satyrid, brown, satyrid butterfly] 眼蝶 <眼蝶科 Satyridae 昆虫的通称>

satyr anglewing [= satyr comma, *Polygonia satyrus* (Edwards)] 沙土钩蛱蝶

satyr charaxes [= satyr emperor, *Charaxes ethalion* Boisduval] 爱草螯蛱蝶

satyr comma 见 satyr anglewing

satyr emperor 见 satyr charaxes

satyr metalmark [*Leucochimona lepida* (Godman *et* Salvin)] 丽环眼蚬蝶

satyrid 1. [= satyrid butterfly, brown, satyr] 眼蝶 <眼蝶科 Satyridae 昆虫的通称>；2. 眼蝶科的

satyrid butterfly 见 satyr

Satyridae 眼蝶科

Satyrinae 眼蝶亚科

Satyrium 洒灰蝶属

Satyrium abdominalis Gerhard [Gerhard's black hairstreak] 阿布洒灰蝶

Satyrium acaciae (Fabricius) [sloe hairstreak] 阿卡洒灰蝶

Satyrium acadica (Edwards) [Acadian hairstreak] 阿卡迪洒灰蝶

Satyrium auretorum (Boisduval) 华丽洒灰蝶

Satyrium austrinum (Murayama) 南方洒灰蝶，南风洒灰蝶，白底乌小灰蝶，白背乌小灰蝶，里白乌小灰蝶，灰线灰蝶

Satyrium behrii (Edwards) [Behr's hairstreak] 伯利洒灰蝶

Satyrium calanus (Hübner) [banded hairstreak] 美洒灰蝶

Satyrium californica (Edwards) [California hairstreak] 线点洒灰蝶

Satyrium caryaevorum (McDunnough) [hickory hairstreak] 卡雅洒灰蝶

Satyrium dejeani (Riley) 德洒灰蝶，德幽灰蝶

Satyrium dindymus (Cramer) 汀洒灰蝶

Satyrium edwardsii (Grote *et* Robinson) [Edward's hairstreak] 爱德华洒灰蝶

Satyrium esakii Shirôzu 江崎洒灰蝶，江崎乌小灰蝶，文仲乌小灰蝶，姬乌小灰蝶，姬线灰蝶，江崎幽灰蝶

Satyrium esculi (Hübner) [false ilex hairstreak] 埃洒灰蝶

Satyrium eximium (Fixsen) 优秀洒灰蝶，新秀洒灰蝶，雾社乌小灰蝶，线灰蝶，优秀幽灰蝶

Satyrium eximium eximium (Fixsen) 优秀洒灰蝶指名亚种

Satyrium eximium fixseni (Leech) 同 *Satyrium eximium eximium*

Satyrium eximium kanonis (Matsumura) 同 *Satyrium eximium eximium*

Satyrium eximium mushanum (Matsumura) 优秀洒灰蝶台湾亚种，秀洒灰蝶，雾社乌小灰蝶，线灰蝶，新秀洒灰蝶，优秀洒灰蝶，台湾优秀洒灰蝶，雾社乌灰蝶，台湾优秀幽灰蝶，雾社线灰蝶

Satyrium favonius (Smith *et* Abbot) 见 *Euristrymon favonius*

Satyrium formosanum (Matsumura) 台湾洒灰蝶，蓬莱乌小灰蝶，台湾乌小灰蝶，蓬莱线灰蝶，台湾幽灰蝶

Satyrium fuliginosum (Edwards) [sooty hairstreak] 洒灰蝶

Satyrium grandis (Felder *et* Felder) 大洒灰蝶，大幽灰蝶

Satyrium guichardi Higgins 盖洒灰蝶

Satyrium ilicis (Esper) [ilex hairstreak] 黄斑洒灰蝶

Satyrium inouei (Shirôzu) 井上洒灰蝶，井上乌小灰蝶，井上线灰蝶，清潭乌小灰蝶，井上幽灰蝶

Satyrium iyonis (Oxta *et* Kusunoki) 幽洒灰蝶

Satyrium iyonis harutai (Inomata) 幽洒灰蝶春田亚种，哈幽洒灰蝶，祁连幽灰蝶

Satyrium iyonis iyonis (Oxta *et* Kusunoki) 幽洒灰蝶指名亚种，指名幽洒灰蝶

Satyrium iyonis koiwayi (Inomata) 幽洒灰蝶华西亚种，华西幽洒灰蝶，华西幽灰蝶

Satyrium jebelia Nakamura 斋洒灰蝶

Satyrium kingi (Klots *et* Clench) [King's hairstreak] 金洒灰蝶

Satyrium kongmingi Murayama 孔明洒灰蝶

Satyrium kuboi Chou *et* Tong 久保洒灰蝶

Satyrium lais (Leech) 拉洒灰蝶，拉幽灰蝶

Satyrium latior (Fixsen) 北方洒灰蝶，北方刺痣洒灰蝶，北方刺痣幽灰蝶，宽依线灰蝶

Satyrium ledereri (Boisduval) [orange banded hairstreak] 莱德洒灰蝶

Satyrium liparops (Boisduval *et* LeConte) [striped hairstreak] 黎洒灰蝶

Satyrium lunulata Erschoff 月纹洒灰蝶

Satyrium mackwoodi (Evans) [Mackwood's hairstreak] 马克洒灰蝶，麦鳌灰蝶

Satyrium marcidus Riley 马慈洒灰蝶

Satyrium mardinus van Oorschot, van den Brink *et* van Oorschot 马丁洒灰蝶

Satyrium mera Janson 麦拉洒灰蝶

Satyrium minshanicum Murayama 岷山洒灰蝶

Satyrium myrtale (Klug) [Rebel's hairstreak] 穆洒灰蝶

Satyrium neoeximium Murayama 新秀洒灰蝶

Satyrium neosinica (Lee) 新洒灰蝶，新幽灰蝶

Satyrium oenone Leech 欧洒灰蝶，欧幽灰蝶，衣线灰蝶

Satyrium oenone benzilanensis (Yoshino) 欧洒灰蝶四川亚种

Satyrium oenone minyonensis (Yoshino) 欧洒灰蝶云南亚种

Satyrium oenone oenone Leech 欧洒灰蝶指名亚种

Satyrium ornata (Leech) 饰洒灰蝶，饰幽灰蝶，饰线灰蝶

Satyrium patrius Leech 父洒灰蝶，父幽灰蝶

Satyrium percomis (Leech) 礼洒灰蝶，礼幽灰蝶，泼线灰蝶

Satyrium persimilis Riley 像洒灰蝶，像幽灰蝶

Satyrium phyllodendri Elwes 非洒灰蝶，非幽灰蝶

Satyrium proba Godman *et* Salvin 普罗巴洒灰蝶

Satyrium pruni (Linnaeus) [black hairstreak] 苹洒灰蝶，苹果斯灰蝶，苹果乌灰蝶

Satyrium pruni jezoensis (Matsumura) 苹洒灰蝶东北亚种，苹果

斯灰蝶东北亚种，虾夷苹灰蝶

Satyrium pruni pruni (Linnaeus) 苹洒灰蝶指名亚种

Satyrium prunoides (Staudinger) 普洒灰蝶，普幽灰蝶，普乌灰蝶

Satyrium pseudopruni Murayama 都江堰洒灰蝶，拟杏洒灰蝶

Satyrium redae Bozano 莱洒灰蝶

Satyrium rubicundulum (Leech) 红斑洒灰蝶，红斑幽灰蝶

Satyrium saepium (Boisduval) [hedgerow hairstreak] 赛朴洒灰蝶

Satyrium saitua Tytler 赛图洒灰蝶

Satyrium sassanides (Kollar) [white-line hairstreak] 沙森洒灰蝶，萨线灰蝶

Satyrium siguniangshanicum (Murayama) 四姑娘洒灰蝶

Satyrium spini (Denis *et* Schiffermüller) [blue spot hairstreak] 刺痣洒灰蝶

Satyrium spini latior (Fixsen) 见 *Satyrium latior*

Satyrium spini melantho (Klug) 刺痣洒灰蝶暗色亚种，枚刺痣洒灰蝶

Satyrium spini spini (Denis *et* Schiffermüller) 刺痣洒灰蝶指名亚种

Satyrium sylvinus (Boisduval) [sylvan hairstreak] 树洒灰蝶

Satyrium tanakai (Shirôzu) 田中洒灰蝶，田中乌小灰蝶，田中线灰蝶，文智乌小灰蝶，小乌小灰蝶，田中幽灰蝶

Satyrium tengstoemi Erschoff 无尾洒灰蝶，廷洒灰蝶

Satyrium tetra (Edwards) [mountain mahogany hairstreak] 四洒灰蝶

Satyrium thalia (Leech) 塔洒灰蝶，塔幽灰蝶

Satyrium uncatum Wang *et* Niu 钩茎洒灰蝶

Satyrium valbum (Oberthür) 白 V 纹洒灰蝶，维幽灰蝶，白纹灰蝶 <此种学名曾写为 *Satyrium v-album* (Oberthür)>

Satyrium villa Hewitson 维拉洒灰蝶

Satyrium volt (Sugiyama) 伏洒灰蝶

Satyrium walbum (Knoch) 白洒灰蝶，达幽灰蝶 <此种学名曾写为 *Satyrium w-album* (Knoch)>

Satyrium walbum fentoni (Bremer) 白洒灰蝶芬氏亚种，芬白线灰蝶

Satyrium walbum walbum (Knoch) 白洒灰蝶指名亚种

Satyrium watarii (Matsumura) 见 *Fixsenia watarii*

Satyrium xumini Huang 苏洒灰蝶

Satyrium yangi (Riley) 杨氏洒灰蝶，杨氏幽灰蝶

Satyrodes 纱眼蝶属

Satyrodes appalachia Chermock [Appalachian brown, woods eyed brown] 森林纱眼蝶

Satyrodes eurydice (Linnaeus) [eyed brown, marsh eyed brown] 纱眼蝶

satyroides hairstreak [= satirical greatstreak, *Evenus satyroides* (Hewitson)] 萨丽灰蝶

satyrus skipper [*Timochreon satyrus* (Felder *et* Felder)] 惕弄蝶

Satyrus 眼蝶属

Satyrus actaea (Esper) [black satyr] 罂眼蝶

Satyrus actaea bryce Hübner 同 *Satyrus ferula*

Satyrus actaea liupinschani Bang-Haas 同 *Satyrus ferula liupiuschani*

Satyrus aello Hübner 魔眼蝶

Satyrus alcyone (Denis *et* Schiffermüller) 同 *Hipparchia hermione*

Satyrus alcyone chinensis Seok 见 *Hipparchia hermione chinensis*

Satyrus amasinus Staudinger 双带裳眼蝶

Satyrus anthe Ochsenheimer 同 *Chazara persephone*

Satyrus autonoe (Esper) 见 *Hipparchia autonoe*

Satyrus autonoe extreme Alphéraky 见 *Hipparchia autonoe extreme*

Satyrus autonoe maxima Bang-Haas 见 *Hipparchia autonoe maxima*

Satyrus autonoe ochromenus Fruhstorfer 见 *Hipparchia autonoe ochromenus*

Satyrus bischoffii (Herrich-Schäffer) 墨眼蝶

Satyrus brahminus Blanchard 见 *Aulocera brahminus*

Satyrus brahminus brahminoides Moore 见 *Aulocera brahminoides*

Satyrus daubi Grose *et* Ebert 乌裳眼蝶

Satyrus effendi Nekrutenko 黑裳眼蝶

Satyrus favonius Staudinger 吉祥眼蝶

Satyrus ferula (Fabricius) [great sooty satyr] 玄裳眼蝶，云裳眼蝶

Satyrus ferula bryce Hübner 同 *Satyrus ferula*

Satyrus ferula ferula (Fabricius) 玄裳眼蝶指名亚种

Satyrus ferula liupiuschani Bang-Haas 玄裳眼蝶六盘山亚种

Satyrus gigantea Bang-Haas 同 *Pseudochazara hippolyte richthofeni*

Satyrus hermione Linnaeus 见 *Hipparchia hermione*

Satyrus heydenreichi (Lederer) 见 *Chazara heydenreichi*

Satyrus heydenreichi heyesander (Fruhstorfer) 见 *Chazara heydenreichi heyesander*

Satyrus heydenreichi shandura (Marshall) 见 *Chazara heydenreichi shandura*

Satyrus hippolyte (Esper) 见 *Pseudochazara hippolyte*

Satyrus hippolyte hippolyte Esper 见 *Pseudochazara hippolyte hippolyte*

Satyrus hippolyte gigantea Bang-Haas 同 *Pseudochazara hippolyte richthofeni*

Satyrus hippolyte mercurius Staudinger 见 *Pseudochazara hippolyte mercurius*

Satyrus hippolyte pallida Staudinger 见 *Pseudochazara pallida*

Satyrus hippolyte richthofeni Bang-Haas 希眼蝶瑞氏亚种，瑞希眼蝶

Satyrus huebneri (Felder *et* Felder) 见 *Karanasa huebneri*

Satyrus huebneri decolorata Staudinger 见 *Karanasa decolorata*

Satyrus huebneri turkestana Grum-Grshimailo 见 *Pseudochazara turkestana*

Satyrus iranicus Schwingenschuss 黄晕裳眼蝶

Satyrus maculosa Leech 见 *Aphantopus maculosa*

Satyrus manzorum Poujade 见 *Lethe manzora*

Satyrus nagasawae Matsumura 见 *Minois nagasawae*

Satyrus nana Staudinger 娜娜裳眼蝶

Satyrus orphei Shchetkin 奥菲裳眼蝶

Satyrus parisatis (Kollar) 见 *Hipparchia parisatis*

Satyrus parisatis xizangensis Chou 见 *Hipparchia parisatis xizangensis*

Satyrus paupera Alphéraky 见 *Minois paupera*

Satyrus pimpla Felder *et* Felder 弓带裳眼蝶

Satyrus semele (Linnaeus) 女神眼蝶

Satyrus stheno Grum-Grshimailo 白点眼蝶

Satyrus stulta Staudinger 天山眼蝶

Satyrus virbius Herrich-Schäffer 拟蛇眼蝶

saucer bug [= naucorid bug, naucorid, creeping water bug, water creeper, toe biter] 潜蝽，潜水蝽 <潜蝽科 Naucoridae 昆虫的通称>

Saucrobotys 索野螟属

Saucrobotys fumoferalis (Hulst) [dusky saucrobotys moth] 松球果索野螟，松球果野螟

Saucromyia 索克罗实蝇属
Saucromyia bicolor Hardy 双色索克罗实蝇
Saula 姿伪瓢虫属，黄色伪瓢甲属
Saula chujoi Sasaji 中条姿伪瓢虫，中条氏黄色伪瓢甲
Saula japonica Gorham 日姿伪瓢虫，黄伪瓢虫
Saula nigripes Gerstaecker 黑姿伪瓢虫
Saula taiwana Chûjô 台姿伪瓢虫，台湾黄色伪瓢甲
Saunders' bee hawkmoth [*Hemaris saundersii* (Walker)] 桑氏黑边天蛾
Saunders' eresina [*Eresina saundersi* Stempffer] 桑厄灰蝶
Saunder's sister [*Adelpha saundersii* (Hewitson)] 花黄悌蛱蝶
Sauris 三叶尺蛾属，绉翅波尺蛾属
Sauris angulosa (Warren) 角三叶尺蛾，剑簇绉翅波尺蛾
Sauris angustifasciata (Inoue) 狭带三叶尺蛾，绉翅波尺蛾
Sauris eupena Prout 见 *Episteira eupena*
Sauris hirudinata Guenée 希三叶尺蛾
Sauris inscissa Prout 荫三叶尺蛾
Sauris interrupta (Moore) 缺角三叶尺蛾，缺角绉翅波尺蛾
Sauris interruptaria (Moore) 间三叶尺蛾
Sauris marginepunctata (Warren) 缘点三叶尺蛾，黑后角绉翅波尺蛾
Sauris olivacea Warren 同 *Phthonoloba fasciata*
Sauris patefacta Prout 见 *Tympanota patefacta*
Sauris plagulata Bastelberger 普三叶尺蛾
Sauris remodesaria Walker 桨三叶尺蛾
Saussurella 股沟蚱属
Saussurella acuticornis Zheng 尖角股沟蚱
Saussurella borneensis Hancock 加里曼丹股沟蚱
Saussurella cornuta (De Haan) 角股沟蚱
Saussurella curticoru Hancock 短角股沟蚱
Saussurella decurva Brunner von Wattenwyl 钩角股沟蚱
Saussurella longiptera (Yin) 长翅股沟蚱，长翅胄蚱
Saussurella xizangensis Zheng, Lin *et* Shi 藏股沟蚱
Saussurella yunnanensis Mao, Han *et* Li 云南股沟蚱
Saussure's bush brown [= white-banded bush brown, *Bicyclus saussurei* (Dewitz)] 直带蔽眼蝶
Saussure's mantid [*Hierodula saussurei* Kirby] 索氏斧螳，苏氏斧螳，拟宽腹螳螂
Sauterellus planiscutellatus Enderlein 见 *Leptobatopsis planiscutellata*
Sauteromyia alboapicata Malloch 见 *Diplochasma alboapicata*
Sava 巨盾猎蝽属
Sava tuberculata (Gray) 瘤巨盾猎蝽
Savang vatthanai Breuning 柄筒天牛
savanna brown [*Neita extensa* (Butler)] 爱馁眼蝶
savanna demon charaxes [*Charaxes viola* Butler] 堇色螯蛱蝶
savanna dotted border [*Mylothris aburi* Larsen *et* Collins] 草原迷粉蝶
savanna elf [*Eretis lugens* Rogenhofer] 卢迩弄蝶
savanna fairy hairstreak [*Hypolycaena anara* Larsen] 草原旖灰蝶
savanna pathfinder skipper [*Pardaleodes incerta* (Snellen)] 疑嵌弄蝶
savanna pied pierrot [*Tuxentius cretosus* (Butler)] 克莱图灰蝶
savanna sailer [= Morose sailer, *Neptis morosa* Overlaet] 摩尔沙环蛱蝶
Savannah charaxes [= scarce forest emperor, *Charaxes etesipe* (Godart)] 四季螯蛱蝶
Savtshenkia 萨大蚊亚属
saw 产卵锯 < 见于叶蜂总科 Tenthredinoidea 昆虫 >
saw guide 导锯器 < 指膜翅目昆虫产卵器的两外部扁板 >
saw-grass skipper [= Palatka skipper, *Euphyes pilatka* (Edwards)] 熏鼬弄蝶
saw-toothed grain beetle [*Oryzaephilus surinamensis* (Linnaeus)] 锯谷盗，锯胸谷盗，锯胸粉扁虫
saw-toothed root cerambycid [*Paraphrus granulosus* Thomson] 蔗根锯天牛
sawfly [= tenthredinid sawfly, tenthredinid] 叶蜂 < 叶蜂科 Tenthredinidae 昆虫的通称 >
sawfly leafminer [= leafmining sawfly] 潜叶叶蜂
sawyer [= sawyer beetle] 墨天牛 < 墨天牛属 *Monochamus* 昆虫的通称 >
sawyer beetle 见 sawyer
Saxesen ambrosia beetle [= fruit-tree pinhole borer, lesser shothole borer, keyhole ambrosia beetle, cosmopolitan ambrosia beetle, common Eurasian ambrosia beetle, Asian ambrosia beetle, *Xyleborinus saxesenii* (Ratzeburg)] 小粒绒盾小蠹，小粒材小蠹，小沥材小蠹，小粒盾材小蠹
Saxetophilus 石栖蝗属
Saxetophilus chinghaiensis Cheng *et* Hang 见 *Oreoptygonotus chinghaiensis*
Saxetophilus gansuensis Wang, Zheng *et* Lian 甘肃石栖蝗
Saxetophilus petulans Umnov 石栖蝗
Saxetophilus qinghaiensis Zheng, Chen *et* Lin 青海石栖蝗
saxicolous 岩栖的
Say blister beetle [*Lytta sayi* LeConte] 赛氏芫菁，佐井氏芫菁
Say stink bug [*Chlorochroa sayi* Stål] 赛氏楚蝽，赛氏蝽，佐井氏蝽
SB [small spherical brochosome 的缩写] 小球形网粒体
SBEM [= SBSEM, SBFSEM; serial block face scanningelectron microscopy 的缩写] 串联黑体扫描电子显微镜技术
SBFSEM 见 SBEM
SBSEM 见 SBEM
SBV [*Sacbrood virus* 的缩写] 囊状幼虫病毒
SC [suspension concentrate 或 suspoemulsion 的缩写] 悬浮剂
SCA [similarity clustering analysis 的缩写] 相似性聚类分析
scabellum 平衡棒基 < 指双翅目昆虫平衡棒柄略膨大的基部 >
scaber [= scabrose, scabrosus, scabrous] 粗皱的
Scabinopsis 糙大蠊属
Scabinopsis yunnanea Bey-Bienko 云南糙大蠊
scabious sawfly [= club horned sawfly, *Abia sericea* (Linnaeus)] 丝兰丽锤角叶蜂，丝兰阿锤角叶蜂
scabriculous 细皱
scabrose 见 scaber
scabrosus 见 scaber
scabrous 见 scaber
Scada 洒绡蝶属
Scada ethica (Hewitson) 艾洒绡蝶
Scada gazoria (Godart) 健洒绡蝶
Scada karschina (Herbst) 洒绡蝶
Scada kusa (Hewitson) 苦洒绡蝶
Scada perpuncta (Kaye) 多点洒绡蝶

Scada reckia (Hübner) [Hübner's glasswing] 雷洒绡蝶
Scada theaphia (Bates) 娆洒绡蝶
Scada zemira (Hewitson) 折洒绡蝶
Scada zibia (Hewitson) [zibia clearwing] 针洒绡蝶
Scadra 斯猎蝽属
Scadra amoenula Miller 变斯猎蝽
Scadra annulicornis Reuter 角斯猎蝽
Scadra atricapilla Distant 黑头斯猎蝽
Scadra consimilis Miller 糊斯猎蝽
Scadra costalis (Lethierry) 缘斯猎蝽
Scadra dohertyi Miller 多氏斯猎蝽
Scadra fuscicra (Stål) 双斑斯猎蝽
Scadra gemella Miller 孪斯猎蝽
Scadra hanitschi Miller 哈氏斯猎蝽
Scadra illuminata Distant 灿斯猎蝽
Scadra lanius (Stål) 伯劳斯猎蝽
Scadra militaris Distant 红斯猎蝽
Scadra minuta Shi *et* Cai 小斯猎蝽
Scadra okinawensis (Matsumura) 褐斯猎蝽
Scadra rubida Hsiao 滇斯猎蝽，滇红斯猎蝽
Scadra rufidens Stål 朱斯猎蝽
Scadra scutellaris Distant 盾斯猎蝽
Scadra sinica Shi *et* Cai 华斯猎蝽
Scadra tibialis Distant 颈斯猎蝽
Scadra wuchengfui China 同 *Scadra okinawensis*
Scadrana 隆猎蝽属
Scadrana bakeri Miller 贝氏隆猎蝽
Scadroides 遁猎蝽属
Scadroides nigra (Li) 黑遁猎蝽
Scaeosopha 窗尖蛾属
Scaeosopha erecta Li *et* Zhang 竖鳞窗尖蛾
Scaeosopha hongkongensis Li *et* Zhang 香港窗尖蛾
Scaeosopha nigrimarginata Li *et* Zhang 黑缘窗尖蛾
Scaeosopha nullivalvella Li *et* Zhang 无瓣窗尖蛾
Scaeosopha rotundivalvula Li 圆瓣窗尖蛾
Scaeosopha sattleri Li 萨氏窗尖蛾
Scaeosopha sinevi Ponomarenko *et* Park 西氏窗尖蛾
Scaeosopha tuberculata Li *et* Zhang 瘤突窗尖蛾
Scaeosophidae 窗尖蛾科，斯蛾科
Scaeosophinae 窗尖蛾亚科，斯蛾亚科
Scaeva 鼓额蚜蝇属，鼓额食蚜蝇属
Scaeva albomaculata (Macquart) 大斑鼓额蚜蝇，大斑鼓额食蚜蝇
Scaeva altaica Violovitsh 阿勒泰鼓额蚜蝇，阿勒泰鼓额食蚜蝇
Scaeva caucasica Kuznetzov 高加索鼓额蚜蝇，高加索鼓额食蚜蝇
Scaeva dignota (Rondani) 壮月鼓额蚜蝇，壮月鼓额食蚜蝇
Scaeva hwangi He 黄氏鼓额蚜蝇，黄氏鼓额食蚜蝇
Scaeva komabensis (Matsumura) 弯斑鼓额蚜蝇，弯斑鼓额食蚜蝇
Scaeva lapponicus Zetterstedt 拉鼓额蚜蝇，拉鼓额食蚜蝇
Scaeva latimaculata (Brunetti) 条颜鼓额蚜蝇，条颜鼓额食蚜蝇，条斑鼓额蚜蝇
Scaeva lunata (Wiedemann) 眉斑鼓额蚜蝇，真月斑鼓额蚜蝇
Scaeva nanjingensis He *et* Chu 南京鼓额蚜蝇，南京鼓额食蚜蝇
Scaeva opimius (Walker) 小鼓额蚜蝇
Scaeva pyrastri (Linnaeus) 斜斑鼓额蚜蝇，斜斑鼓额食蚜蝇
Scaeva selenitica (Meigen) 月斑鼓额蚜蝇，月斑鼓额食蚜蝇
Scaeva sinensis (Sack) 中华鼓额蚜蝇
scalariform 梯形
Scalarignathia 叠透翅蛾属，梯透翅蛾属
Scalarignathia kaszabi Căpuşe 凯叠透翅蛾，卡氏梯透翅蛾
Scalarignathia sinensis (Hampson) 见 *Bembecia sinensis*
scale 1. 鳞片；2. [= coccid, coccid scale, coccid insect, scale insect, soft scale, tortoise scale, wax scale] 蚧，介壳虫；3. [= test] 介壳；4. 翅瓣
scale cell 鳞毛细胞
scale insect [= scale, coccid insect, coccid scale, coccid, soft scale, tortoise scale, wax scale] 蚧，介壳虫 < 蚧科 Coccidae 昆虫的通称 >
scale parasite 蚧小蜂 <属蚜小蜂科 Aphelinidae>
scale picnic beetle [*Cybocephalus nipponicus* Endröby-Younga] 日本方头甲，日本方头出尾虫
Scalida 刺板螽属，草螽属
Scalida bazyluki Bey-Bienko 巴氏刺板螽
Scalida biclavata Bey-Bienko 异向刺板螽，云南刺板螽
Scalida brunnea Hanitsch 褐刺板螽
Scalida ectobiodes (Saussure) 外刺板螽
Scalida latiusvittata (Brunner von Wattenwyl) 宽纹刺板螽
Scalida puchihungi Bey-Bienko 见 *Sigmella puchihlungi*
Scalida schenklingi (Karny) 见 *Sigmella schenklingi*
Scalida simplex Bey-Bienko 简刺板螽
Scalida sordida Princis 见 *Sigmella sordida*
Scalida spinosolobata Bey-Bienko 刺叶刺板螽，刺叶弯螽
Scalidion 掘步甲属
Scalidion hilare Schmidt-Göbel 希掘步甲
Scalidion xanthophanum Bates 黄掘步甲
Scalidion xanthophanum nigrans (Bates) 黄掘步甲黑色亚种
Scalidion xanthophanum xanthophanum Bates 黄掘步甲指名亚种
scallop-patched theope [*Theope cratylus* (Godman *et* Salvin)] 彩娆蚬蝶
scallop shell moth [*Rheumaptera undulata* (Linnaeus)] 波纹汝尺蛾，波湿尺蛾，樱桃丽壳尺蛾
scalloped 扇状的
scalloped epitola [*Epitola marginata* Kirby] 马尔蛱灰蝶
scalloped false sailer [= scalloped sailer, *Neptidopsis ophione* (Cramer)] 蛇纹蛱蝶
scalloped grass yellow [*Eurema alitha* (Felder *et* Felder)] 安里黄粉蝶，台湾黄粉蝶
scalloped judy [*Abisara rutherfordi* (Hewitson)] 卢氏褐蚬蝶
scalloped oak [*Crocallis elinguaria* (Linnaeus)] 埃克罗尺蛾
scalloped red glider [*Cymothoe excelsa* Neustetter] 卓越漪蛱蝶
scalloped sailer 见 scalloped false sailer
scalloped snout-skipper [*Anisochoria minorella* Mabille] 小彗弄蝶
scalloped sootywing [= Hayhurst's scallopwing, *Staphylus hayhurstii* (Edwards)] 黑贝弄蝶
scalloped spreadwing [= sapphire-eyed spreadwing, *Lestes praemorsus* Hagen] 舟尾丝蟌
scalloped yellow glider [*Cymothoe fumana* (Westwood)] 福满漪蛱

蝶

Scalmogomphus 刀春蜓属

Scalmogomphus bistrigatus (Hagen) 黄条刀春蜓，双条刀春蜓

Scalmogomphus dingavani (Fraser) 丁格刀春蜓，丁格显春蜓

Scalmogomphus falcatus Chao 镰状刀春蜓

Scalmogomphus guizhouensis Zhou *et* Li 贵州刀春蜓

Scalmogomphus wenshanensis Zhou, Zhou *et* Lu 文山刀春蜓

scalpel 解剖刀，手术刀

scalpella [s. scalpellum；=scalpelli] 针，口针

scalpelli [s. scalpellum] 针，口针

scalpellum [pl. scalpelli，scalpella] 针，口针

scalpriform 凿形

scaly cricket [= mogoplistid cricket, mogoplistid] 鳞蟋，钲蟋 < 鳞蟋科 Mogoplistidae 昆虫的通称 >

scaly hairs [= pectinae] 鳞状毛 < 见于介壳虫中 >

scaly-mouth caddisfly [= lepidostomatid caddisfly, lepidostomatid] 鳞石蛾 < 鳞石蛾科 Lepidostomatidae 昆虫的通称 >

scaly-winged barklouse [= lepidopsocid barklouse, lepidopsocid] 鳞蛄 < 鳞蛄科 Lepidopsocidae 昆虫的通称 >

Scambus 曲姬蜂属

Scambus brevicorinis Gravenhorst 短角曲姬蜂

Scambus brunneus (Brischke) 棕曲姬蜂

Scambus buolianae (Hartig) 小卷蛾曲姬蜂，欧松梢小卷蛾曲姬蜂

Scambus calobatus (Gravenhorst) 平曲姬蜂

Scambus eurygenys Wang *et* Yue 宽颊曲姬蜂

Scambus flavicrus Gupta *et* Tikar 红胸曲姬蜂

Scambus foliae (Cushman) 弗氏曲姬蜂

Scambus giranus (Sonan) 格兰曲姬蜂，基曲姬蜂

Scambus inanis (Schrank) 空曲姬蜂

Scambus indicus Gupta *et* Tikar 印度曲姬蜂

Scambus latustergus Wang 宽背曲姬蜂

Scambus lineipes (Morley) 线足曲姬蜂

Scambus nigricans (Thomson) 黑曲姬蜂

Scambus perparvulus Kusigemati 小曲姬蜂

Scambus planatus (Hartig) 同 *Scambus calobatus*

Scambus punctatus Wang *et* Yue 密点曲姬蜂

Scambus qinghaiicus Sheng, Sun *et* Li 青海曲姬蜂

Scambus striatus Gupta *et* Tikar 刻条曲姬蜂

Scambus sudeticus Glowack 球象甲曲姬蜂

Scambus taiwanus Tikar 台湾曲姬蜂

Scambus ventricosus (Tschek) 同 *Scambus calobatus*

Scambus vulgaris Momoi 常曲姬蜂，平曲姬蜂

scania beetle [= larger grain borer, greater grain borer, *Prostephanus truncatus* (Horn)] 大尖帽胸长蠹，大谷蠹，大谷长蠹

scanning electron microscope [abb. SEM] 扫描电子显微镜，扫描电镜

scanning electron microscopy 扫描电子显微镜技术，扫描电镜技术

scansorial 攀附的 < 常用于适于攀附毛发的足 >

scansorial leg 攀附足

scansorial wart [= ampulla] 坛突

Scantinius 扩鼻瓢蜡蝉属

Scantinius bruchoides (Walker) 布扩鼻瓢蜡蝉

Scanthius formosanus Bergroth 同 *Pyrrhocoris sibiricus*

Scanthius reticulatus (Signoret) 同 *Pyrrhocoris sibiricus*

Scantinius shelfordi Gnezdilov *et* Wilson 福德扩鼻瓢蜡蝉

Scantius 喙红蝽属

Scapanes 柄犀金龟甲属

Scapanes australis (Boisduval) [Melanesian rhinoceros beetle] 美柄犀金龟甲

scape 1. [= scapus] 柄节 < 指触角的第一节 >；2. [= oviscape] 产卵管基节 < 双翅目昆虫的 >

scape moth [= ctenuchid moth, wasp moth, ctenuchid, amatid, amatid moth] 鹿蛾 < 鹿蛾科 Ctenuchidae 昆虫的通称 >

Scapexocentrus spiniscapus Breuning 柄刺勾天牛

Scaphidema 舟菌甲属，舟拟步甲属

Scaphidema angustatum Pic 狭舟菌甲，狭舟拟步甲

Scaphidema emeishanum Schawaller 峨眉山舟菌甲

Scaphidema formosanum Masumoto 蓬莱舟菌甲，台舟拟步甲，蓬莱艳拟步行虫

Scaphidema insularis Medvedev *et* Kompantseva 岛舟菌甲

Scaphidema jureceki (Pic) 尤氏舟菌甲，居微基拟步甲

Scaphidema kayokoae Chûjô 韩舟菌甲

Scaphidema khnzoriani Kaszab 同 *Scaphidema jureceki*

Scaphidema michihidei Chûjô *et* Lee 米氏舟菌甲

Scaphidema ornatellum Lewis 饰舟菌甲，饰舟拟步甲

Scaphidema satoi Masumoto, Lee *et* Akita 佐藤舟菌甲，佐藤艳拟步行虫

Scaphidema shaanxicum Schawaller 陕西舟菌甲

Scaphidema sichuanum Schawaller 四川舟菌甲，四川舟拟步甲

Scaphidema trimaculatum Chûjô 三斑舟菌甲，三斑舟拟步甲，三纹艳拟步行虫

Scaphidema turnai Schawaller 图氏舟菌甲

scaphidiid 1. [= scaphidiid beetle, shining fungus beetle] 出尾蕈甲，舟甲 < 出尾蕈甲科 Scaphidiidae 昆虫的通称 >；2. 出尾蕈甲科的

scaphidiid beetle [= scaphidiid, shining fungus beetle] 出尾蕈甲，舟甲

Scaphidiidae 出尾蕈甲科

Scaphidiinae 出尾蕈甲亚科，舟甲亚科

Scaphidiini 出尾蕈甲族

Scaphidium 出尾蕈甲属

Scaphidium ahrensi Tu *et* Tang 阿伦斯出尾蕈甲

Scaphidium amurense Solsky 阿穆尔出尾蕈甲

Scaphidium bayibini Tang, Li *et* He 巴氏出尾蕈甲

Scaphidium becvari Löbl 贝氏出尾蕈甲，贝克出尾蕈甲

Scaphidium biwenxuani He, Tang *et* Li 毕氏出尾蕈甲

Scaphidium brunneonotatum Pic 棕背出尾蕈甲

Scaphidium carinense Achard 卡琳出尾蕈甲

Scaphidium castanicolor Csiki 栗色出尾蕈甲

Scaphidium chinensis Li 中国出尾蕈甲

Scaphidium comes Löbl 群居出尾蕈甲

Scaphidium connexum Tang, Li *et* He 连斑出尾蕈甲

Scaphidium coomani (Pic) 若曼出尾蕈甲

Scaphidium crypticum Tang, Li *et* He 隐秘出尾蕈甲

Scaphidium delatouchei Achard 德出尾蕈甲，德拉塔出尾蕈甲

Scaphidium direprum Tang *et* Li 离斑出尾蕈甲

Scaphidium dureli (Achard) 都瑞出尾蕈甲

Scaphidium egregium Achard 优出尾蕈甲，黄出尾蕈甲

S

Scaphidium fainanense Pic 台南出尾蕈甲
Scaphidium falsum He, Tang *et* Li 伪出尾蕈甲
Scaphidium flavomaculatum Miwa *et* Mitono 黄斑出尾蕈甲
Scaphidium formosanum Pic 台湾出尾蕈甲，台出尾蕈甲
Scaphidium frater He, Tang *et* Li 兄弟出尾蕈甲
Scaphidium fukienense Pic 福建出尾蕈甲，闽出尾蕈甲 < 此种学名有误写为 *Scaphidium fukiense* Pic 者 >
Scaphidium grande Gestro 巨出尾蕈甲，大出尾蕈甲
Scaphidium inexspectatum Löbl 黄腹出尾蕈甲，奇出尾蕈甲
Scaphidium inflexitibiale Tang *et* Li 弯胫出尾蕈甲
Scaphidium jinmingi Tang *et* He 金明出尾蕈甲
Scaphidium jizuense Löbl 鸡足山出尾蕈甲
Scaphidium klapperichi Pic 柯氏出尾蕈甲，克出尾蕈甲
Scaphidium kubani Löbl 库氏出尾蕈甲
Scaphidium kurbatovi Löbl 柯巴出尾蕈甲，库巴出尾蕈甲
Scaphidium laxum Tang *et* Li 宽背出尾蕈甲
Scaphidium linwenhsini Tang *et* Li 林氏出尾蕈甲
Scaphidium longipenne Achard 长出尾蕈甲
Scaphidium longum Tang *et* Li 长背出尾蕈甲
Scaphidium lunare Löbl 月斑出尾蕈甲，月出尾蕈甲
Scaphidium melli Löbl 美丽出尾蕈甲，梅出尾蕈甲
Scaphidium montivagum Shirozu *et* Morimoto 山出尾蕈甲
Scaphidium nigrocinctulum Oberthür 黑带出尾蕈甲
Scaphidium okinawaense Hoshina *et* Morimoto 冲绳出尾蕈甲
Scaphidium pallidum He, Tang *et* Li 白斑出尾蕈甲
Scaphidium quadrimaculatum Oliver 四斑出尾蕈甲
Scaphidium reni Tang *et* Li 任氏出尾蕈甲
Scaphidium robustum Tang, Li *et* He 壮出尾蕈甲
Scaphidium sauteri Miwa *et* Nitono 绍氏出尾蕈甲，索出尾蕈甲
Scaphidium schuelkei Löbl 叙氏出尾蕈甲，舒克出尾蕈甲
Scaphidium semilimbatum Pic 半唇出尾蕈甲
Scaphidium shibatai Kimura 柴田出尾蕈甲，柴田索露尾甲，希出尾蕈甲
Scaphidium shrakii Miwa *et* Nitono 素木出尾蕈甲
Scaphidium sichuanum Löbl 四川出尾蕈甲
Scaphidium sinense Pic 中华出尾蕈甲，华出尾蕈甲
Scaphidium sinuatum Csiki 环斑出尾蕈甲，波出尾蕈甲
Scaphidium spinatum Tang *et* Li 刺腿出尾蕈甲
Scaphidium stigmatinotum Löbl 点斑出尾蕈甲
Scaphidium takahashii Miwa *et* Nitono 高桥出尾蕈甲
Scaphidium unicolor Achard 一色出尾蕈甲
Scaphidium unifasciatum Pic 单带出尾蕈甲，单斑出尾蕈甲
Scaphidium varifasciatum Tang, Li *et* He 变斑出尾蕈甲
Scaphidium vernicatum (Pic) 清亮出尾蕈甲，春出尾蕈甲
Scaphidium vicinum Pic 棕黄出尾蕈甲，邻出尾蕈甲
Scaphidium wuyongxiangi He, Tang *et* Li 吴氏出尾蕈甲
Scaphidium yinziweii Tang *et* Li 殷氏出尾蕈甲
Scaphidium yunnanum Fairmaire 云南出尾蕈甲，滇出尾蕈甲
Scaphidium yuzhizhoui Tang, Tu *et* Li 余之舟出尾蕈甲
Scaphidium zhoushuni He, Tang *et* Li 周顺出尾蕈甲，周氏出尾蕈甲
scaphiform 舟形
Scaphiini 光胫出尾蕈甲族
Scaphimyia 舟寄蝇属
Scaphimyia castanea Mesnil 栗色舟寄蝇
Scaphimyia nigrobasicasta Chao *et* Shi 黑基舟寄蝇，黑鳞舟寄蝇
Scaphimyia takanoi Mesnil 高野舟寄蝇，蝠蝠蛾舟寄蝇
Scaphinotus angusticollis (Mannerheim) 食蝼大步甲
Scaphisoma 细角出尾蕈甲属，铲出尾蕈甲属 < 此属学名有误写为 *Scaphosoma* 者 >
Scaphisoma acclivum Löbl 斜细角出尾蕈甲
Scaphisoma aciculare Löbl 尖细角出尾蕈甲
Scaphisoma adustum Löbl 燃细角出尾蕈甲，燃铲出尾蕈甲
Scaphisoma apertum Löbl 开细角出尾蕈甲
Scaphisoma asper Löbl 糙细角出尾蕈甲，糙铲出尾蕈甲
Scaphisoma atronotatum Pic 条斑细角出尾蕈甲
Scaphisoma bellax Löbl 细角出尾蕈甲，贝铲出尾蕈甲
Scaphisoma brunneonotatum Pic 褐胸细角出尾蕈甲，褐胸铲出尾蕈甲
Scaphisoma cippum Löbl 岛细角出尾蕈甲，岛铲出尾蕈甲
Scaphisoma conforme Löbl 同形细角出尾蕈甲，康铲出尾蕈甲
Scaphisoma dilatatum Löbl 胖细角出尾蕈甲
Scaphisoma dispar Löbl 歧细角出尾蕈甲，歧铲出尾蕈甲
Scaphisoma dumosum Löbl 黑黄细角出尾蕈甲
Scaphisoma emeicum Löbl 峨眉细角出尾蕈甲
Scaphisoma fibrosum Löbl 小细角出尾蕈甲
Scaphisoma funiculatum Löbl 范细角出尾蕈甲，范铲出尾蕈甲
Scaphisoma haemorrhoidale Reitter 赤细角出尾蕈甲，血红铲出尾蕈甲
Scaphisoma heishuiense Löbl 黑水细角出尾蕈甲
Scaphisoma invertum Löbl 逆角细角出尾蕈甲
Scaphisoma irruptum Löbl 端黄细角出尾蕈甲
Scaphisoma klapperichi Löbl 克细角出尾蕈甲，克铲出尾蕈甲
Scaphisoma laevigatum Löbl 滑细角出尾蕈甲，滑铲出尾蕈甲
Scaphisoma lautum Löbl 劳细角出尾蕈甲，劳铲出尾蕈甲
Scaphisoma linum Löbl 线细角出尾蕈甲
Scaphisoma mendax Löbl 敏细角出尾蕈甲，敏铲出尾蕈甲
Scaphisoma migrator Löbl 迁细角出尾蕈甲
Scaphisoma nakanei Löbl 中根细角出尾蕈甲，中根铲出尾蕈甲，纳铲出尾蕈甲
Scaphisoma neglectum Löbl 寻常细角出尾蕈甲
Scaphisoma oppositum Löbl 逆细角出尾蕈甲
Scaphisoma parasolutum Löbl 拟疏细角出尾蕈甲
Scaphisoma paravarium Löbl 拟变细角出尾蕈甲
Scaphisoma pseudosolutum Löbl 伪疏细角出尾蕈甲
Scaphisoma pseudovarium Löbl 伪变细角出尾蕈甲
Scaphisoma punctaticolle Löbl 刻领细角出尾蕈甲，刻领铲出尾蕈甲
Scaphisoma rufum Achard 红细角出尾蕈甲，红铲出尾蕈甲
Scaphisoma serosum Löbl 血红细角出尾蕈甲
Scaphisoma styloides Löbl 针尾细角出尾蕈甲
Scaphisoma subtile Löbl 瘦细角出尾蕈甲
Scaphisoma suspiciosum Löbl 疑细角出尾蕈甲
Scaphisoma taiwanum Löbl 台湾细角出尾蕈甲，台铲出尾蕈甲
Scaphisoma tetrastictum Champion 四斑细角出尾蕈甲，四斑铲出尾蕈甲
Scaphisoma unicolor Achard 一色细角出尾蕈甲，一色铲出尾蕈甲
Scaphisoma vestigator Löbl 少黄细角出尾蕈甲
Scaphisoma vexator Löbl 半黑细角出尾蕈甲

Scaphisoma volitatum Löbl 双色细角出尾蕈甲
Scaphisoma wolong Löbl 卧龙细角出尾蕈甲
Scaphisomatini 细角出尾蕈甲族
scaphium 颚形突，下齿形突，匙形突 <雄性鳞翅目昆虫中，第十腹节腹面位于钩形突 (uncus) 之下的突起>
Scaphobaeocera 隆背出尾蕈甲属
Scaphobaeocera amicalis Löbl 善隆背出尾蕈甲
Scaphobaeocera cyrta Löbl 弓隆背出尾蕈甲
Scaphobaeocera dispar Löbl 异隆背出尾蕈甲
Scaphobaeocera molesta Löbl 辛隆背出尾蕈甲
Scaphobaeocera pseudovalida Löbl 伪显隆背出尾蕈甲
Scaphoidella 类带叶蝉属，拟带叶蝉属
Scaphoidella acaudata Zhang *et* Dai 尖突类带叶蝉
Scaphoidella arboricola Vilbaste 类带叶蝉，拟带叶蝉
Scaphoidella brevissima Dai, Xing *et* Li 短突类带叶蝉
Scaphoidella clavatella Dai *et* Dietrich 棒茎类带叶蝉
caphoidella datianensis Xing, Dai *et* Li 同 *Monobazus distinctus*
Scaphoidella denticlestyla Xing *et* Li 齿板类带叶蝉
Scaphoidella dirtrichi Xing *et* Li 迪氏类带叶蝉
Scaphoidella inermis Cai *et* He 同 *Scaphoidella unihamata*
Scaphoidella stenopaea Anufriev 多斑类带叶蝉
Scaphoidella transoersa Li *et* Xing 见 *Parascaphoidella transversa*
Scaphoidella undosa Zhang *et* Dai 褐纹类带叶蝉
Scaphoidella unihamata (Li et Kuoh) 单钩类带叶蝉，单钩带叶蝉
Scaphoidella wideaedeaga (Wang *et* Li) 宽茎类带叶蝉，宽茎带叶蝉
Scaphoidella zhangi (Viraktamath *et* Mohan) 张氏类带叶蝉
Scaphoideus 带叶蝉属
Scaphoideus acutistyleus Li *et* Zhang 尖板带叶蝉
Scaphoideus alboguttatus Matsumura 乳斑带叶蝉，白点带叶蝉
Scaphoideus albomaculatus Li 白斑带叶蝉
Scaphoideus albotaeniatus Kuoh 同 *Scaphoideus maai*
Scaphoideus albovittatus Matsumura 白条带叶蝉
Scaphoideus anlongensis Chen, Yang *et* Li 安龙带叶蝉
Scaphoideus annulatus Li 环纹带叶蝉
Scaphoideus apicalis Li 端斑带叶蝉
Scaphoideus aurantiacus Kuoh 橙横带叶蝉
Scaphoideus bannaensis Li 版纳带叶蝉
Scaphoideus bilineus Li 双线带叶蝉
Scaphoideus bimaculatus Li *et* Wang 双斑带叶蝉
Scaphoideus biprocessus Li, Song *et* Song 双突带叶蝉
Scaphoideus breviplateus Li 短板带叶蝉
Scaphoideus changjinganus Li 长茎带叶蝉
Scaphoideus coliateralis Li 侧突带叶蝉
Scaphoideus conicaplateus Li *et* Dai 锥板带叶蝉
Scaphoideus coniceus Li 锥茎带叶蝉
Scaphoideus curvanus Li *et* Wang 曲茎带叶蝉
Scaphoideus curvatureus Li, Song *et* Song 弯茎带叶蝉
Scaphoideus dentaedeagus Li *et* Wang 齿茎带叶蝉
Scaphoideus dentatestyleus Li *et* Wang 齿突带叶蝉
Scaphoideus destitutus Xing *et* Li 无突带叶蝉
Scaphoideus diminutus Matsumura 尖顶带叶蝉，角突带叶蝉
Scaphoideus erythraeous Li 红横带叶蝉
Scaphoideus exsertus Li 突瓣带叶蝉
Scaphoideus fanjingensis Li *et* Dai 梵净带叶蝉
Scaphoideus fasciatus Osborn 带纹带叶蝉
Scaphoideus festivus Matsumura [pale-spotted rice leafhopper] 阔横带叶蝉，横带叶蝉，稻灰点叶蝉
Scaphoideus formosus Boheman 见 *Metalimnus formosus*
Scaphoideus graciliplateus Li *et* Wang 细板带叶蝉
Scaphoideus guizhouensis Li *et* Wang 贵州带叶蝉
Scaphoideus hainanensis Li 海南带叶蝉
Scaphoideus hamateadeagus Li 钩茎带叶蝉
Scaphoideus harpagous Li *et* Dai 钩突带叶蝉
Scaphoideus hieroglyphicus Distant 见 *Mimotettix hieroglyphicus*
Scaphoideus intermedius Matsumura 黑斑带叶蝉
Scaphoideus kotoshonis Matsumura 兰屿带叶蝉
Scaphoideus kumamotonis Matsumura 白背带叶蝉，箭带叶蝉
Scaphoideus liui Li *et* Wang 刘氏带叶蝉
Scaphoideus longistyleus Li *et* Kuoh 长突带叶蝉
Scaphoideus luchunensis Chen, Yang *et* Li 绿春带叶蝉
Scaphoideus luteolus van Duzee [white-banded elm leafhopper] 榆白带叶蝉
Scaphoideus maai Kitbamroong *et* Freytag 白纵带叶蝉，马氏带叶蝉，玛艾带叶蝉
Scaphoideus maculatus Li 斑腿带叶蝉
Scaphoideus matsumurai Freytag 松村带叶蝉
Scaphoideus midvittatus Li *et* Wang 中横带叶蝉
Scaphoideus morosus Melichar 纵纹带叶蝉，纵带叶蝉
Scaphoideus multipunctus Li *et* Dai 同 *Scaphoidella stenopaea*
Scaphoideus nigrifacies Cai *et* Shen 黑面带叶蝉
Scaphoideus nigrigenatus Li 黑颊带叶蝉
Scaphoideus nigrisignus Li 黑纹带叶蝉
Scaphoideus nigrivalveus Li *et* Wang 黑瓣带叶蝉
Scaphoideus nitobei Matsumura 黑横带叶蝉
Scaphoideus ornatus Melichar 双钩带叶蝉
Scaphoideus palingus Li *et* Dai 栅栏带叶蝉
Scaphoideus pallidiventris Li *et* Wang 白腹带叶蝉
Scaphoideus pingtungisis (Dai *et* Li) 屏东带叶蝉，屏东二色叶蝉
Scaphoideus punctateus Li *et* Zhang 一点带叶蝉
Scaphoideus rubroguttatus Matsumura 红斑带叶蝉
Scaphoideus rufilineatus Li 红色带叶蝉
Scaphoideus rufomaculatus Kuoh 红点带叶蝉
Scaphoideus rugaes Li 皱突带叶蝉
Scaphoideus shovelaedeagus Li, Song *et* Song 铲茎带叶蝉
Scaphoideus speciosus Schumacher 同 *Scaphoideus ornatus*
Scaphoideus spiniplateus Li *et* Wang 刺板带叶蝉
Scaphoideus spinulosus Li, Song *et* Song 刺茎带叶蝉
Scaphoideus taperus Li 端突带叶蝉
Scaphoideus testaceous Li 褐横带叶蝉
Scaphoideus tibensis Li 西藏带叶蝉
Scaphoideus transvittatus Li *et* Dai 宽横带叶蝉
Scaphoideus trimaculatus Wang *et* Li 三斑带叶蝉
Scaphoideus turbinatus Li *et* Wang 锥顶带叶蝉
Scaphoideus umbrinus Schmacher 白腹带叶蝉，双斑带叶蝉
Scaphoideus ungulaedeagus Wang *et* Li 瓜茎带叶蝉
Scaphoideus unihamatus Li *et* Kuoh 见 *Scaphoidella unihamata*
Scaphoideus unipunctatus Li 单斑带叶蝉
Scaphoideus wideaedeagus Wang *et* Li 见 *Scaphoidella wideaedeagus*
Scaphoideus widesternanus Li *et* Wang 宽板带叶蝉

Scaphoideus yaanensis Yang, Chen *et* Li 雅安带叶蝉
Scaphoideus yinjiangensis Wang *et* Li 盈江带叶蝉
Scaphoideus zangi Li *et* Liang 藏氏带叶蝉
Scaphoideus zhoui Li *et* Xing 周氏带叶蝉
Scaphomonoides 类透斑叶蝉属
Scaphomonoides redstripeus (Li *et* Wang) 红纹类透斑叶蝉，红纹拟带叶蝉
Scaphomonus 透斑叶蝉属
Scaphormonus indicus (Distant) 印度透斑叶蝉
Scaphomonus flataedeagus Li 片茎透斑叶蝉
Scaphomonus furcatus Xing *et* Li 叉茎透斑叶蝉
Scaphomonus longistyleus (Li *et* Wang) 长板透斑叶蝉，长板拟带叶蝉
Scaphomonus splinterus (Li *et* Wang) 刺茎透斑叶蝉，刺茎拟带叶蝉
Scaphomonus widestyleus Li 宽突透斑叶蝉
Scaphotettix 拟带叶蝉属
Scaphotettix fanjingensis Li *et* Wang 见 *Mimotettix fanjingensis*
Scaphotettix indicus (Distant) 印度拟带叶蝉
Scaphotettix longistyleus Li *et* Wang 见 *Scaphomonus longistyleus*
Scaphotettix pectinatus Dai *et* Zhang 齿茎拟带叶蝉
Scaphotettix redstripeus Li *et* Wang 见 *Scaphomonoides redstripeus*
Scaphotettix slenderus Li *et* Wang 见 *Mimotettix slenderus*
Scaphotettix splinterus Li *et* Wang 见 *Scaphomonus splinterus*
Scaphotettix striatus Dai *et* Zhang 白条拟带叶蝉，纵条拟带叶蝉
Scaphotettix viridis Matsumura 绿色拟带叶蝉，拟带叶蝉
Scaphoxium 异缘出尾蕈甲属，斯出尾蕈甲属
Scaphoxium puetzi Löbl 漂氏异缘出尾蕈甲
Scaphoxium taiwanum Löbl 台湾异缘出尾蕈甲，台斯出尾蕈甲
Scaphytopiini 锥顶叶蝉族
Scapsipedus mandibularis (Saussure) 同 *Velarifictorus aspersus*
Scapsipedus micado Saussure 见 *Velarifictorus micado*
Scapteriscus 掘蝼蛄属
Scapteriscus abbreviatus Scudder 见 *Neoscapteriscus abbreviatus*
Scapteriscus acletus Rehn *et* Hebard 同 *Neoscapteriscus borellii*
Scapteriscus borellii Giglio-Tos 见 *Neoscapteriscus borellii*
Scapteriscus didactylus (Latreille) 见 *Neoscapteriscus didactylus*
Scapteriscus imitatus Nickle *et* Castner 见 *Neoscapteriscus imitatus*
Scapteriscus vicinus Scudder 见 *Neoscapteriscus vicinus*
Scaptesyle 斯苔蛾属
Scaptesyle bicolor Walker 二色斯苔蛾
Scaptesyle bicolor bicolor Walker 二色斯苔蛾指名亚种
Scaptesyle bicolor integra Swinhoe 二色斯苔蛾台湾亚种
Scaptocorinae 根土蝽亚科
Scaptocorini 根土蝽族
Scaptodrosophila 花果蝇属
Scaptodrosophila alternata (de Meijere) 互替花果蝇，互替潜土果蝇
Scaptodrosophila bambuphila (Gupta) 喜竹花果蝇
Scaptodrosophila brunnea de Meijere 暗红花果蝇，暗红潜土果蝇
Scaptodrosophila bryani (Malloch) 布氏花果蝇
Scaptodrosophila clunicrus (Duda) 鳞翅花果蝇，鳞翅果蝇
Scaptodrosophila compressiceps (Duda) 扁头花果蝇，扁头果蝇
Scaptodrosophila coracina (Kikkawa *et* Peng) 黑花果蝇
Scaptodrosophila decipiens (Duda) 华丽花果蝇，华丽果蝇
Scaptodrosophila divergens Duda 扬脉花果蝇，扬脉果蝇
Scaptodrosophila dorsata (Duda) 黑背花果蝇，黑背果蝇
Scaptodrosophila dorsocentralis (Okada) 背中花果蝇
Scaptodrosophila fuscilimba Liu *et* Chen 褐缘花果蝇
Scaptodrosophila fusciventricula Liu *et* Chen 褐背花果蝇
Scaptodrosophila helvpecta Liu *et* Chen 黄胸花果蝇
Scaptodrosophila lebanonensis (Wheeler) 黎巴嫩花果蝇
Scaptodrosophila longispinata Liu *et* Chen 长刺花果蝇
Scaptodrosophila lurida (Walker) 浅黄花果蝇
Scaptodrosophila maculata Liu, Guo *et* Chen 斑背花果蝇
Scaptodrosophila marginata (Duda) 缘边花果蝇，缘边果蝇
Scaptodrosophila melanogaster Liu, Guo *et* Chen 黑腹花果蝇
Scaptodrosophila minima (Okada) 小花果蝇，小身果蝇
Scaptodrosophila multipunctata (Duda) 点状花果蝇，多点花果蝇，点状果蝇，多点虚果蝇，斑点拟杆斑果蝇
Scaptodrosophila neomedleri (Gupta *et* Panigrahy) 新梅氏花果蝇
Scaptodrosophila nigricostata Liu, Guo *et* Chen 黑侧花果蝇
Scaptodrosophila nigripecta Liu, Guo *et* Chen 黑胸花果蝇
Scaptodrosophila nigrolimbata Liu *et* Chen 黑缘花果蝇
Scaptodrosophila novoguineensis (Duda) 新几内亚花果蝇，新几花果蝇，新几内亚果蝇
Scaptodrosophila obscurata Liu, Guo *et* Chen 暗胸花果蝇
Scaptodrosophila oralis (Duda) 口须花果蝇，口须果蝇
Scaptodrosophila parabrunnea (Tsacas *et* Chassagnard) 拟褐花果蝇，类暗红花果蝇
Scaptodrosophila pilicra (Duda) 纤毛花果蝇，纤毛果蝇
Scaptodrosophila pilopalpa (Lin *et* Ting) 毛须花果蝇，毛须果蝇
Scaptodrosophila pressobrunnea (Tsacas *et* Chassagnard) 印记花果蝇，近暗红花果蝇
Scaptodrosophila protenipenis Liu, Guo *et* Chen 突茎花果蝇
Scaptodrosophila rhina Liu, Guo *et* Chen 显颜脊花果蝇
Scaptodrosophila riverata (Singh *et* Gupta) 河花果蝇
Scaptodrosophila rufifrons (Loew) 红额花果蝇
Scaptodrosophila scutellimargo (Duda) 盾缘花果蝇，长腰果蝇，盾异果蝇
Scaptodrosophila setaria (Parshad *et* Singh) 刚毛花果蝇
Scaptodrosophila simplex (de Meijere) 尾简花果蝇，尾简果蝇
Scaptodrosophila subacuticornis (Duda) 急角脉花果蝇，急角脉果蝇
Scaptodrosophila subtilis (Kikkawa *et* Peng) 细花果蝇
Scaptodrosophila throckmortoni (Okada) 斯氏花果蝇，斯罗克氏花果蝇
Scaptodrosophila trivittata Liu *et* Chen 三纹花果蝇
Scaptodrosophila ventriobscurata Liu *et* Chen 暗背花果蝇
Scaptodrosophila zebrina Liu *et* Chen 纹背花果蝇
Scaptomyza 姬果蝇属
Scaptomyza bocharensis Hackman 同 *Scaptomyza unipunctum*
Scaptomyza choi Kang, Lee *et* Bahng 曹氏姬果蝇
Scaptomyza clavata Okada 锤状姬果蝇
Scaptomyza consimilis Hackman 似草姬果蝇
Scaptomyza elmoi Takada 尔姆氏姬果蝇
Scaptomyza flava (Fallén) 黄姬果蝇
Scaptomyza grahami Hackman 格氏姬果蝇，格雷厄姆氏姬果蝇
Scaptomyza graminum (Fallén) 草姬果蝇

Scaptomyza griseola (Zetterstedt) 淡姬果蝇
Scaptomyza himalayana Takada 喜马姬果蝇，喜马拉雅姬果蝇
Scaptomyza kikkawai (Burla) 凯氏姬果蝇
Scaptomyza montium (de Meijere) 芒姬果蝇
Scaptomyza montium atropyga (Duda) 同 *Scaptomyza kikkawai*
Scaptomyza montium xanthopyga (Duda) 同 *Scaptomyza kikkawai*
Scaptomyza pallida (Zetterstedt) 灰姬果蝇
Scaptomyza parasplendens Okada 拟丽姬果蝇
Scaptomyza polygonia Okada 蓼姬果蝇
Scaptomyza sichuania Sidorenko 四川姬果蝇
Scaptomyza singularis (Duda) 单姬果蝇
Scaptomyza sinica Lin *et* Ting 中华姬果蝇
Scaptomyza subsplendens (Duda) 亚丽姬果蝇
Scaptomyza substrigata de Meijere 亚纹姬果蝇，下纹姬果蝇
Scaptomyza taiwanica Lin *et* Ting 台湾姬果蝇
Scaptomyza unipunctum (Zetterstedt) 单斑姬果蝇
Scaptomyza unipunctum bocharensis Hackman 同 *Scaptomyza unipunctum*
scapula [pl. scapulae] 1. 肩板，肩突；2. 小盾侧片 < 复数时指鳞翅目昆虫中的领片 (patagia)，膜翅目昆虫的中胸背板盾侧片；单数时指半翅目昆虫中胸背板的下侧面 >
scapulae [s. scapula] 1. 肩板，肩突；2. 小盾侧片
scapular 肩板的
scapular area 1. 肩域 < 翅之最近肩的部分 >；2. 径域 < 在直翅目昆虫中，同 radial area>
scapular piece 1. 前侧片 < 同 episternum>；2. 肩板 < 同 scapula>
scapular seta 胛毛
scapular vein 径脉 < 指直翅目昆虫中的径脉 (radius，R)>
scapularia [= mesoepisternum] 中胸前侧片
scapularis and ulnaris [= area mediastinal] 缘、径、肘域 <指直翅目昆虫的缘脉、径脉和肘脉前的翅域>
scapulate bamboo binglet [= western painted ringlet, western bamboo binglet, *Aphysoneura scapulifascia* Joicey *et* Talbot] 带纹淡眼蝶
scapus [= scape] 柄节
SCAR [sequence characterized amplified region 的缩写] 特征序列扩增区域
scar bank gem [= silver U-tail, *Ctenoplusia limbirena* (Guenée)] 赭红梳夜蛾，宝石弧翅夜蛾
scarab [= scarab beetle, scarabaeid, scarabaeid beetle] 金龟甲，金龟子 < 金龟甲科 Scarabaeidae 昆虫的通称 >
scarab beetle 见 scarab
scarabaeid 1. [= scarab, scarab beetle, scarabaeid beetle] 金龟甲，金龟子；2. 金龟甲科的
scarabaeid beetle 见 scarab
Scarabaeidae 金龟甲科，金龟科，金龟子科
Scarabaeinae 金龟甲亚科，金龟亚科，蜣螂亚科
Scarabaeini 金龟甲族，蜣螂族
scarabaeoid 蛴螬形的
Scarabaeoidea 金龟甲总科，金龟总科，金龟子总科
Scarabaeus 蜣螂 < 期刊名 >
Scarabaeus 蜣螂属，金龟甲属
Scarabaeus babori Balthasar 拜氏蜣螂
Scarabaeus cristatus Fabricius 冠蜣螂
Scarabaeus erichsoni (Harold) 艾氏蜣螂，艾金龟，艾氏泽蜣螂
Scarabaeus falcatus Wulfen 见 *Onitis falcatu*
Scarabaeus molossus Linnaeus 见 *Catharsius molossus*
Scarabaeus oryx Fabricius 同 *Onthophagus sagittarius*
Scarabaeus reflexus Fabricius 见 *Microcopris reflexus*
Scarabaeus sacer Linnaeus [sacred scarab beetle] 圣蜣螂，神圣蜣螂，神圣金龟甲，大蜣螂
Scarabaeus sagittarius Fabricius 见 *Onthophagus sagittarius*
Scarabaeus typhon Fischer von Waldheim 台风蜣螂，多毛金龟
scarabidoid 蛴螬形 < 常指芫菁幼虫发育中似蛴螬的虫期 >
scarce alder pigmy [= white-barred alder pigmy, *Stigmella glutinosae* (Stainton)] 桦痣微蛾，桦微蛾
scarce aspen knot-hom moth [*Sciota hostilis* (Stephens)] 灰肩阴翅斑螟，灰肩云斑螟，灰肩云翅斑螟
scarce bamboo page [= longwing dido, green heliconia, *Philaethria dido* (Linnaeus)] 绿袖蝶
scarce black arches [*Nola aerugula* (Hübner)] 锈点瘤蛾
scarce blue-banded bush brown [*Bicyclus iccius* Hewitson] 依柯蔽眼蝶
scarce blue oakleaf [*Kallima alompra* Moore] 印缅枯叶蛱蝶，蓝带枯叶蛱蝶
scarce blue tiger [*Tirumala gautama* (Moore)] 骈纹青斑蝶
scarce bordered straw moth [= cotton bollworm, northern budworm, corn earworm, African bollworm, Old World bollworm, maize cobworm, gram pod borer, gram caterpillar, grain caterpillar, *Helicoverpa armigera* (Hübner)] 棉铃虫，棉铃实夜蛾
scarce bush hopper [= banded bush hopper, *Ampittia maroides* de Nicéville] 拟黄斑弄蝶
scarce catseye [*Coelites nothis* Westwood] 蓝穹眼蝶
scarce chaser [*Libellula fulva* Müller] 珍蜻
scarce chocolate-tip [= poplar prominent, *Clostera anachoreta* (Denis *et* Schiffermüller)] 杨扇舟蛾，白杨天社蛾，白杨灰天社蛾，杨树天社蛾，小叶杨天社蛾，端扇舟蛾，安黑舟蛾
scarce clubbed sailer [*Neptis nicobule* Holland] 尼克环蛱蝶
scarce commander [*Euryphura isuka* Stoneham] 等翅肋蛱蝶
scarce conformist [= Softly's shoulder-knot, *Lithophane consocia* (Borkhausen)] 暗石冬夜蛾，李石冬夜蛾
scarce copper [*Heodes virgaureae* (Linnaeus)] 斑貉灰蝶
scarce costus skipper [*Hypoleucis sophia* Evans] 稀白衬弄蝶
scarce crepuscular skipper [*Gretna lacida* Hewitson] 拉塞达礤弄蝶
scarce dagger [*Acronicta auricoma* (Denis *et* Schiffermüller)] 华剑纹夜蛾
scarce dart [*Andronymus hero* Evans] 英雄昂弄蝶
scarce duskywing [= meliboea duskywing, *Anastrus meliboea* (Godman *et* Salvin)] 美安弄蝶
scarce evening brown [*Cyllogenes janetae* de Nicéville] 珍贵污斑眼蝶
scarce fig-tree blue [= lesser fig-tree blue, *Myrina dermaptera* (Wallengren)] 带宽尾灰蝶
scarce forest emperor [= Savannah charaxes, *Charaxes etesipe* (Godart)] 四季螯蛱蝶
scarce forest swift [*Melphina tarace* (Mabille)] 塔拉斯美尔弄蝶
scarce fritillary [*Euphydryas maturna* (Linnaeus)] 豹纹堇蛱蝶，马堇蛱蝶

scarce gem [*Zeritis sorhagenii* (Dewitz)] 索来蜘灰蝶
scarce grass yellow [*Eurema lacteola* (Distant)] 细斑黄粉蝶，拉宽边黄粉蝶
scarce green-striped white [*Euchloe falloui* (Allard)] 贵罗端粉蝶
scarce hairstreak [*Hypolycaena kadiskos* Druce] 凯地旖灰蝶
scarce Haitian swallowtail [*Papilio aristor* Godart] 海地芷凤蝶
scarce heath [*Coenonympha hero* (Linnaeus)] 英雄珍眼蝶
scarce hook-tip [*Sabra harpagula* (Esper)] 稀萨钩蛾，古钩蛾
scarce jester [*Symbrenthia silana* de Nicéville] 喜来盛蛱蝶
scarce large blue [*Maculinea teleius* (Bergsträsser)] 胡麻霾灰蝶
scarce largest dart [*Paronymus nevea* (Druce)] 稀印弄蝶
scarce lilacfork [*Lethe dura* (Marshall)] 黛眼蝶，幽眼蝶
scarce marble [*Falcuna campinus* Holland] 柔福灰蝶
scarce merveille du jour [*Moma alpium* (Osbeck)] 缤夜蛾
scarce midget [*Phyllonorycter distentella* (Zeller)] 栎距小潜细蛾，栎距潜叶细蛾
scarce mountain argus [*Callerebia kalinda* (Moore)] 岳艳眼蝶
scarce mountain copper [*Argyrocupha malagrida* (Wallengren)] 银弯灰蝶
scarce oak midget [*Phyllonorycter kuhlweiniella* (Zeller)] 栎梢小潜细蛾
scarce palm nightfighter [*Zophopetes haifa* Evans] 海法白边弄蝶
scarce pathfinder skipper [*Pardaleodes sator* (Westwood)] 黄嵌弄蝶
scarce pied flat [*Coladenia agnioides* Elwes *et* Edwards] 明窗弄蝶
scarce pug [*Eupithecia extensaria* (Freyer)] 展小花尺蛾
scarce ranger [= scarce skipper, *Kedestes nerva* (Fabricius)] 脉肯弄蝶
scarce red forester [*Lethe distans* Butler] 稀珍黛眼蝶
scarce savanna charaxes [*Charaxes penricei* Rothschild] 翩螯蛱蝶
scarce scarlet [= golden flash, *Bowkeria phosphor* (Trimen)] 报喜灰蝶
scarce silver Y [*Syngrapha interrogationis* (Linnaeus)] Y锌纹夜蛾，锌纹夜蛾，伏锌美金翅夜蛾
scarce silverstreak [*Iraota rochana* (Horsfield)] 落桑异灰蝶
scarce skipper 见 scarce ranger
scarce streaky-skipper [= West-Texas streaky-skipper, *Celotes limpia* Burns] 大脊弄蝶
scarce striped forester [*Euphaedra melpomene* Hecq] 稀栎蛱蝶
scarce swallowtail [*Iphiclides podalirius* (Linnaeus)] 稀旖凤蝶，旖凤蝶
scarce tawny rajah [*Charaxes aristogiton* Felder *et* Felder] 亚力螯蛱蝶
scarce tortoiseshell [= yellow-legged tortoiseshell, *Nymphalis xanthomelas* (Denis *et* Schiffermüller)] 朱蛱蝶，东部大龟壳红蛱蝶，榆蛱蝶
scarce umber moth [*Erannis aurantiaria* (Hübner)] 橙枝松尺蛾，橙枝尺蠖
scarce vapourer moth [*Orgyia recens* (Hübner)] 再同古毒蛾，角斑台毒蛾
scarce white commodore [*Sumalia zulema* (Doubleday *et* Hewitson)] 竹肃蛱蝶
scarce wood case-bearer [*Coleophora curucipennella* Zeller] 黄白鞘蛾
scarce woodbrown [*Lethe siderea* Marshall] 细黛眼蝶
Scardamia 银线尺蛾属
Scardamia aurentiacaria Bremer 橘红银线尺蛾，橘红银色尺蛾
Scardamia metallaria Guenée 闪银线尺蛾，闪银色尺蛾
Scardamia rectistrigata Wehrli 直纹银线尺蛾，直纹银色尺蛾
Scardamia xylosmaria Sato, Fu *et* Kawakami 柞木银线尺蛾
Scardia 橘谷蛾属
Scardia amurensis Zagulajev 阿橘谷蛾
Scardia baibata Christoph 橘谷蛾
Scardia pharetrodes Meyrick 珐橘谷蛾
Scardostrenia 奥尺蛾属
Scardostrenia reticulata Sterneck 网奥尺蛾；网司舟蛾 < 误 >
scarified 具搔痕的 < 指表面有不规则细沟的 >
scariose [= scarious] 干鳞状
scarious 见 scariose
Scarites 蝼步甲属，黑步甲属
Scarites acutidens Chaudoir 双齿蝼步甲，尖齿珠步甲，二棘锹步甲
Scarites aterrimus Morawitz 最黑蝼步甲，最黑珠步甲
Scarites atronitens Fairmaire 黑亮蝼步甲
Scarites bengalensis Dejean 孟蝼步甲
Scarites ceylonicus Chaudoir 斯里蝼步甲
Scarites estriatus Fairmaire 艾蝼步甲
Scarites lubricipennis Minowa 滑翅蝼步甲
Scarites mandarinus Bänninger 大陆蝼步甲
Scarites mandibularis (Minowa) 同 *Scarites minowai*
Scarites minowai Habu 颚蝼步甲
Scarites nitidulus Klug 瘦蝼步甲
Scarites procerus Dejean 巨黑步甲
Scarites semirugosus Chaudoir 半皱蝼步甲
Scarites similis Chaudoir 似蝼步甲
Scarites sulcatus Olivier 大蝼步甲，巨蝼黑步甲，沟珠步甲
Scarites sulcatus fokienensis Bänninger 大蝼步甲福建亚种，闽大蝼步甲
Scarites sulcatus sulcatus Olivier 大蝼步甲指名亚种，指名大蝼步甲
Scarites tenuis Fairmaire 同 *Scarites nitidulus*
Scarites terricola Bonelli 单齿蝼步甲
Scarites terricola pacificus Bates 单齿蝼步甲海洋亚种，太平地栖珠步甲
Scarites terricola terricola Bonelli 单齿蝼步甲指名亚种
Scarites unicus Minowa 独蝼步甲
Scarites urbanus Minowa 城蝼步甲
Scaritina 蝼步甲亚族
Scaritini 蝼步甲族
scarlet acraea [*Acraea atolmis* Westwood] 阿托珍蝶
scarlet-bodied wasp moth [Cosmosoma myrodora (Dyar)] 红蜂灯蛾
scarlet butterfly [= eastern scarlet, commom scarlet, ralie-rooivlerkie, *Axiocerses tjoane* Wallengren] 丽斑轴灰蝶
scarlet darter 见 scarlet dragonfly
scarlet dragonfly [= broad scarlet, common scarlet-darter, scarlet darter, *Crocothemis erythraea* (Brullé)] 长尾红蜻，透翅红蜻
scarlet jezebel [= northern jezebel, *Delias argenthona* (Fabricius)] 银白斑粉蝶
scarlet knight [= pulchra banner, *Temenis pulchra* (Hewitson)] 红

带余蛱蝶

scarlet leafwing [= red-striped leafwing, *Siderone galanthis* (Cramer)] 格兰喜蛱蝶

scarlet lily beetle [= red lily beetle, lily leaf beetle, *Lilioceris lilii* (Scopoli)] 东北分爪负泥虫

scarlet malachite beetle [*Malachius aeneus* (Linnaeus)] 鲜红囊花萤

scarlet mormon [= scarlet swallowtail, *Papilio rumanzovia* Eschscholtz] 红斑美凤蝶，红斑大凤蝶，基红凤蝶，红斑瓯蝶，红基凤蝶

scarlet peacock [= brown peacock, *Anartia amathea* (Linnaeus)] 白斑红纹蛱蝶，红条蛱蝶

scarlet shield bug [= harlequin cabbage red bug, harlequin bug, small cabbage bug, *Eurydema dominulus* (Scopoli)] 菜蝽，河北菜蝽，六斑菜蝽，云南菜蝽

scarlet skimmer [= oriental scarlet, ruddy marsh skimmer, *Crocothemis servilia* (Drury)] 红蜻，猩红蜻蜓

scarlet swallowtail 见 scarlet mormon

scarlet tip [= crimson tip, *Colotis danae* (Fabricius)] 斑袖珂粉蝶

Scarodytes 司龙虱属

Scarodytes halensis (Fabricius) 哈司龙虱

scarse sister [*Adelpha nea* Hewitson] 新悌蛱蝶

Scasiba 台透翅蛾属，斯透翅蛾属

Scasiba caryavora Xu 同 *Sphecodoptera sheni*

Scasiba okinawana (Matsumura) 见 *Sphecodoptera okinawana*

Scasiba rhynchioides (Butler) 见 *Sphecodoptera rhynchioides*

Scasiba sheni (Arita *et* Xu) 见 *Sphecodoptera sheni*

Scasiba taikanensis Matsumura 见 *Sphecodoptera taikanensis*

Scatella 温泉水蝇属，斯卡水蝇属

Scatella bullacosta Cresson 见 *Scatella* (*Scatella*) *bullacosta*

Scatella* (*Scatella*) *bullacosta Cresson 厚脉温泉水蝇，泡缘斯卡水蝇，镶边渚蝇

Scatella* (*Scatella*) *henanensis Zhang *et* Yang 河南温泉水蝇

Scatella* (*Scatella*) *lutosa Haliday 露沙温泉水蝇

Scatella* (*Scatella*) *stagnalis (Fallén) 静水温泉水蝇，瑞典斯卡水蝇，瑞典渚蝇

Scatella* (*Scatella*) *tenuicosta Collin 细脉温泉水蝇

Scatella stagnalis (Fallén) 见 *Scatella* (*Scatella*) *stagnalis*

Scathophaga 粪蝇属，拟花蝇属 < 此属学名有误写为 *Scatophaga* 者 >

Scathophaga albidohirta (Becker) 白毛粪蝇

Scathophaga amplipennis (Portschinsky) 长翅粪蝇，宽翅粪蝇

Scathophaga analis (Meigen) 红尾粪蝇

Scathophaga chinensis (Malloch) 华西粪蝇

Scathophaga curtipilata Feng 短毛粪蝇

Scathophaga flavihirta Sun 黄毛粪蝇

Scathophaga gigantea (Aldrich) 巨型粪蝇

Scathophaga gigantea gigantea (Aldrich) 巨型粪蝇指名亚种

Scathophaga gigantea obscura (Aldrich) 同 *Scathophaga gigantea gigantea*

Scathophaga infumatum (Becker) 底下粪蝇

Scathophaga inquinata (Meigen) 巧粪蝇

Scathophaga kaszabi (Sifner) 卡氏粪蝇

Scathophaga magnipennis (Portschinsky) 巨翅粪蝇

Scathophaga mellipes (Coquillett) 蜜足粪蝇，中国拟花蝇

Scathophaga mollis (Becker) 柔毛粪蝇

Scathophaga odontosternita Feng 齿腹粪蝇

Scathophaga scybalaria (Linnaeus) 丝翅粪蝇

Scathophaga sinensis Sun 中华粪蝇

Scathophaga stercoraria (Linnaeus) [yellow dung fly, golden dung fly, dung fly] 小黄粪蝇，稀粪蝇，黄粪蝇

Scathophaga suilla (Fabricius) 猪粪蝇，豕粪蝇

Scathophaga taeniopa (Rondani) 带状粪蝇

Scathophaga xinjiangensis Sun 新疆粪蝇

scathophagid 1. [= scathophagid fly, dung fly] 粪蝇 < 粪蝇科 Scathophagidae 昆虫的通称 >；2. 粪蝇科的

scathophagid fly [= scathophagid, dung fly] 粪蝇

Scathophagidae [= Cordyluridae, Scopeumatidae, Scatomyzidae] 粪蝇科，拟花蝇科

Scathophaginae 粪蝇亚科

Scathophagini 粪蝇族

scatology 粪便学，粪粒研究

Scatomyzidae 见 Scathophagidae

scatophagous [= merdivorous] 食粪的

Scatophila 白斑水蝇属

Scatophila caviceps (Stenhammar) 凹颜白斑水蝇

Scatophila despecta (Haliday) 突颜白斑水蝇

Scatopsciara 粪眼蕈蚊属

Scatopsciara aberrantia Mohrig *et* Mamaev 讹粪眼蕈蚊，异粪眼蕈蚊

Scatopsciara amplituda Rudzinski 多粪眼蕈蚊，扩尾粪眼蕈蚊，阔粪眼蕈蚊

Scatopsciara atomaria (Zetterstedt) 原粪眼蕈蚊，微点粪眼蕈蚊

Scatopsciara brevitarsi Yang, Zhang *et* Yang 短跗粪眼蕈蚊

Scatopsciara curvatibia Yang, Zhang *et* Yang 弯胫粪眼蕈蚊

Scatopsciara dispositata Rudzinski 趋粪眼蕈蚊，列粪眼蕈蚊

Scatopsciara glorificata Rudzinski 光粪眼蕈蚊，高雄粪眼蕈蚊，丽带粪眼蕈蚊

Scatopsciara necopinata Rudzinski 异粪眼蕈蚊，南投粪眼蕈蚊

Scatopsciara oligoseta Yang *et* Zhang 寡毛粪眼蕈蚊

Scatopsciara philosopha Rudzinski 哲粪眼蕈蚊，台湾粪眼蕈蚊

Scatopsciara postgeophila Mohrig *et* Menzel 钻粪眼蕈蚊，低粪眼蕈蚊

Scatopsciara qunana (Yang *et* Zhang) 黔基粪眼蕈蚊

Scatopsciara suprema Rudzinski 超粪眼蕈蚊，高粪眼蕈蚊

Scatopsciara trispina Zhang *et* Yang 三刺粪眼蕈蚊

Scatopsciara vitripennis (Meigen) 尾粪眼蕈蚊，西藏粪眼蕈蚊

Scatopse 粪蚊属，毛蚊属，邻毛蚊属

Scatopse chinensis Cook 中国粪蚊，中华粪蚊

Scatopse fuscipes Meigen 见 *Coboldia fuscipes*

Scatopse mastoidea Yang 乳突粪蚊

Scatopse nivemaculata Yang *et* Cheng 雪斑粪蚊

Scatopse notata (Linnaeus) 显著粪蚊

scatopsid 1. [= scatopsid fly, minute black scavenger fly, dung midge] 粪蚊，邻毛蚊，伪毛蚋 < 粪蚊科 Scatopsidae 昆虫的通称 >；2. 粪蚊科的

scatopsid fly [= scatopsid, minute black scavenger fly, dung midge] 粪蚊，邻毛蚊，伪毛蚋

Scatopsidae 粪蚊科，邻毛蚊科，伪毛蚋科

Scatopsini 粪蚊族；伪毛蚋属 < 误 >

scavenger 1. 腐食类；2. 食腐动物

scavenger bollworm [= pink cornworm, pink bud moth, pink scavenger, pink scavenger worm, pink scavenger caterpillar, *Anatrachyntis rileyi* (Walsingham)] 玉米簇尖蛾，玉米尖翅蛾，玉米红虫，粉红尖翅蛾

scavenger moth [= blastobasid moth, blastobasid] 遮颜蛾，痣蛾 <遮颜蛾科 Blastobasidae 昆虫的通称>

scavenger receptor [abb. SCR] 清道夫受体

scavenger scarab beetle [= hybosorid beetle, hybosorid scarab beetle, hybosorid] 驼金龟甲，驼金龟 <驼金龟甲科 Hybosoridae 昆虫的通称>

SCBI [sodium channel blocker insecticide 的缩写] 钠通道阻滞剂

Scedella 斯实蝇属，斯切实蝇属，西迭拉实蝇属

Scedella formosella (Hendel) 蟛蜞菊斯实蝇，台湾斯切实蝇，丽史塞实蝇，宝岛西迭拉实蝇

Scedopla 浑夜蛾属

Scedopla umbrosa (Wileman) 暗浑夜蛾，穴裳蛾

Scelidopetalon 胖蕈甲属

Scelidopetalon arrowi Delkeskamp 阿氏胖蕈甲

Scelidopetalon biwenxuani Dai *et* Zhao 毕氏胖蕈甲

Scelidopetalon fasciatus (Arrow) 带胖蕈甲

Scelidopetalon similis (Arrow) 似胖蕈甲

Scelidopetalon solidus (Arrow) 壮胖蕈甲

Scelidopetalon varicolor (Arrow) 见 *Pseudamblyopus varicolor*

Scelimena 刺翼蚱属

Scelimena brevispina Zheng *et* Cao 短刺刺翼蚱

Scelimena dentiumeris (Hancock) 齿刺翼蚱

Scelimena guangxiensis Zheng *et* Jiang 广西刺翼蚱

Scelimena melli Günther 梅氏刺翼蚱

Scelimena nitidogranulosa Günther 亮刺翼蚱

Scelimena spiculata (Stål) 尖刺翼蚱

Scelimena spicupennis Zheng *et* Ou 尖翅刺翼蚱

Scelimena wulingshana Zheng 武陵山刺翼蚱

Scelimenidae 刺翼蚱科

Scelio 蝗卵蜂属，黑卵蜂属，史黑卵蜂属

Scelio facialis Kieffer 蝗卵蜂，亚洲飞蝗史黑卵蜂

Scelio luggeri Riley 同 *Seclio opaca*

Scelio nikolskyi Ogloblin 尼氏蝗卵蜂，尼黑卵蜂

Scelio opaca (Provancher) 暗色蝗卵蜂

Scelio orientalis Dodd 东方蝗卵蜂

Scelio oxyae Timberlake 稻蝗蝗卵蜂

Scelio pembertoni Timberlake 稻蜢蝗卵蜂，稻蜢黑卵蜂

Scelio uvarovi Ogloblin 飞蝗蝗卵蜂，飞蝗黑卵蜂，飞蝗史黑卵蜂

scelionid 1. [= scelionid wasp] 缘腹细蜂，缘腹卵蜂 <缘腹细蜂科 Scelionidae 昆虫的通称>; 2. 缘腹细蜂的

scelionid wasp [= scelionid] 缘腹细蜂，缘腹卵蜂

Scelionidae 缘腹细蜂科，缘腹卵蜂科

Scelioninae 缘腹细蜂亚科

Sceliphrinae 壁泥蜂亚科

Sceliphron 壁泥蜂属

Sceliphron bengalense Dahlbom 孟壁泥蜂

Sceliphron caementarium (Drury) 四川壁泥蜂

Sceliphron deforme (Smith) 见 *Sceliphron* (*Prosceliphron*) *deforme*

Sceliphron deforme atripes (Morawitz) 见 *Sceliphron* (*Prosceliphron*) *deforme*

Sceliphron deforme deforme (Smith) 见 *Sceliphron* (*Prosceliphron*) *deforme deforme*

Sceliphron destillatorium (Illiger) 黄盾壁泥蜂

Sceliphron formosum (Smith) 台湾壁泥蜂

Sceliphron javanum (Peletier) 黑盾壁泥蜂

Sceliphron javanum chinense Breugel 黑盾壁泥蜂中国亚种，中国黑盾壁泥蜂

Sceliphron javanum javanum (Peletier) 黑盾壁泥蜂指名亚种

Sceliphron madraspatanum (Fabricius) 见 *Sceliphron* (*Sceliphron*) *madraspatanum*

Sceliphron madraspatanum formosanum Vecht 见 *Sceliphron* (*Sceliphron*) *madraspatanum formosanum*

Sceliphron madraspatanum kohli Sickmann 见 *Sceliphron* (*Sceliphron*) *madraspatanum kohli*

Sceliphron madraspatanum madraspatanum (Fabricius) 见 *Sceliphron* (*Sceliphron*) *madraspatanum madraspatanum*

Sceliphron madraspatanum tubifex (Latreille) 见 *Sceliphron* (*Sceliphron*) *madraspatanum tubifex*

Sceliphron* (*Prosceliphron*) *deforme (Smith) 驼腹壁泥蜂

Sceliphron* (*Prosceliphron*) *deforme atripes (Morawitz) 驼腹壁泥蜂黑足亚种

Sceliphron* (*Prosceliphron*) *deforme deforme (Smith) 驼腹壁泥蜂指名亚种，驼腹壁泥蜂驼腹亚种

Sceliphron* (*Sceliphron*) *madraspatanum (Fabricius) 黄腰壁泥蜂，黄柄壁泥蜂，墙壁泥蜂

Sceliphron* (*Sceliphron*) *madraspatanum formosanum van der Vecht 黄腰壁泥蜂台湾亚种，黄柄壁泥蜂台湾亚种，台湾黄柄壁泥蜂

Sceliphron* (*Sceliphron*) *madraspatanum kohli Sickmann 黄腰壁泥蜂科氏亚种，黄柄壁泥蜂科氏亚种，科氏黄柄壁泥蜂

Sceliphron* (*Sceliphron*) *madraspatanum madraspatanum (Fabricius) 黄腰壁泥蜂指名亚种

Sceliphron* (*Sceliphron*) *madraspatanum tubifex (Latreille) 黄腰壁泥蜂吐吡亚种，吐黄柄壁泥蜂

Sceliphronini 壁泥蜂族

Scelisus sanguineus Candèze 见 *Lacon sanguineus*

Scellus 齿角长足虻属

Scellus gallicanus Becker 加利齿角长足虻

Scellus sinensis Yang 中华齿角长足虻

Scelodonta 沟顶肖叶甲属 *Heteraspis* 的异名

Scelodonta dillwyni (Stephens) 见 *Heteraspis dillwyni*

Scelodonta granulosa Baly 见 *Heteraspis granulosa*

Scelodonta lesnei (Berlioz) 见 *Trichochrysea lesnei*

Scelodonta lewisii Baly 见 *Heteraspis lewisii*

Scelodonta sauteri Chûjô 见 *Heteraspis sauteri*

Scelodonta strigicollis (Motschulsky) [grape flea beetle, grape vine flea beetle] 鬃沟顶肖叶甲，鬃沟顶叶甲

Scelolyperus 角叶萤叶甲属

Scelolyperus altaicus (Mannerheim) 阿角叶萤叶甲，阿尔泰露萤叶甲

Scelolyperus grandis (Jacobson) 大角叶萤叶甲

Scelolyperus tibialis (Chen *et* Jiang) 黄胫角叶萤叶甲，黄胫托萤叶甲

Scelotrichia levis Wells *et* Dudgeon 勒斯小石蛾

Scenedra 黄纹螟属

Scenedra orthotis (Meyrick) 见 *Perisseretma orthotis*
Scenocharops 小室姬蜂属
Scenocharops exareolata He 无小室姬蜂
Scenocharops flavipetiolus (Sonan) 黄柄小室姬蜂
Scenocharops flavipetiolus flavipetiolus (Sonan) 黄柄小室姬蜂指名亚种
Scenocharops flavipetiolus philippinensis Gupta *et* Maheshwary 黄柄小室姬蜂菲律宾亚种
Scenocharops koreanus Uchida *et* Momoi 朝鲜小室姬蜂
Scenocharops longipetiolaris Uchida 同 *Scenocharops flavipetiolus*
Scenocharops parasae He 竹刺蛾小室姬蜂
scenopinid 1. [= scenopinid fly, window fly, windowfly] 窗虻 < 窗虻科 Scenopinidae 昆虫的通称 >；2. 窗虻科的
scenopinid fly [= scenopinid, window fly, windowfly] 窗虻
Scenopinidae [= Omphralidae] 窗虻科 < 此科学名有误写为 Scenopidae 者 >
Scenopinus 窗虻属
Scenopinus beijingensis Yang, Liu *et* Dong 北京窗虻
Scenopinus bilobatus Yang, Liu *et* Dong 双叶窗虻
Scenopinus fenestralis (Linnaeus) [window fly, house windowfly] 家窗虻，窗虻，奥窗虻
Scenopinus latus Yang, Liu *et* Dong 宽窗虻
Scenopinus microgaster (Séguy) 小窗虻，小头奥窗虻
Scenopinus nitidulus Loew 光泽窗虻
Scenopinus papuanus (Kröber) 关岭窗虻
Scenopinus sinensis (Kröber) 中华窗虻，中华奥窗虻
Scenopinus tenuibus Yang, Liu *et* Dong 细长窗虻
Scenopinus tibetensis Yang, Liu *et* Dong 西藏窗虻
Scenopinus trapeziformis Yang, Liu *et* Dong 梯形窗虻
Scenopinus zhangyensis Yang, Liu *et* Dong 张掖窗虻
scent brush 臭毛刷
scent efferent system 臭腺传输系统
scent gland [= scent organ] 臭腺，臭器官
scent gland orifice [= scent pore] 臭腺孔
scent organ 见 scent gland
scent pore 见 scent gland orifice
scent scale [= androconium (pl. androconia)] 香鳞
scent tuft 臭毛丛
scentless plant bug [= corizid bug, rhopalid, rhopalid bug] 姬缘蝽，草地缘蝽 <姬缘蝽科 Rhopalidae 昆虫的通称>
Scepticus 葫形象甲属
Scepticus griseus (Roelofs) [rusty gourd-shaped weevil] 锈赤戎葫形象甲
Scepticus insularis Roelofs [striped gourd-shaped weevil] 条葫形象甲，条葫形象
Scepticus tigrinus (Roelofs) [gourd-shaped ground weevil] 斑葫形象甲，斑葫形象，虎纹球胸象
Scepticus uniformis Kôno 普通葫形象甲
Sceptonia 斯菌蚊属
Sceptonia cryptocauda Chandler 隐尾斯菌蚊
Sceptonia euloma Wu *et* Yang 饰边斯菌蚊
Sceptonia sinica Wu *et* Yang 中华斯菌蚊
Sceptrophasma 枝棒蛸属
Sceptrophasma bituberculatum (Redtenbacher) 双瘤枝棒蛸，双瘤短角棒蛸
Sceptuchus 柔螳属
Sceptuchus simplex Hebard 绿柔螳
schadonophan 卵蛹
Schaffgotsch's swordtail [*Graphium schaffgotschi* (Niepelt)] 斯卡青凤蝶
Schaller's acleris moth [= viburnum button, *Acleris schalleriana* (Linnaeus)] 忍冬长翅卷蛾，司长翅卷蛾
Schaus' emesis [= Schaus' tanmark, *Emesis vimena* Schaus] 威螟蚬蝶
Schaus' hairstreak [*Siderus guapila* (Schaus)] 绍斯溪灰蝶
Schaus' metalmark [*Calephelis schausi* (McAlpine)] 肖氏细纹蚬蝶
Schaus' sarota [*Sarota estrada* (Schaus)] 艾小尾蚬蝶
Schaus' skipperling [*Dalla lethaea* (Schaus)] 六斑达弄蝶
Schaus' swallowtail [= island swallowtail, *Papilio aristodemus* Esper] 阿里斯凤蝶，阿里斯芷凤蝶
Schaus' tanmark 见 Schaus' emesis
Schausinna affinis Aurivillius 肯松枯叶蛾
Schedlia 表异小蠹属
Schedlia allecta (Schedl) 粒鞘表异小蠹
Schedlia sumatrana (Hagedorn) 刺鞘表异小蠹
Schedorhinotermes 长鼻白蚁属
Schedorhinotermes fortignathus Xia *et* He 强颚长鼻白蚁
Schedorhinotermes ganlanbaensis Xia *et* He 橄榄坝长鼻白蚁
Schedorhinotermes insolitus Xia *et* He 异盟长鼻白蚁
Schedorhinotermes javanicus Kemner 爪哇长鼻白蚁
Schedorhinotermes lamanianus Sjöstedt 驼长鼻白蚁
Schedorhinotermes magnus Tsai *et* Chen 大长鼻白蚁
Schedorhinotermes medioobscurus (Holmgren) 中暗长鼻白蚁
Schedorhinotermes pyricephalus Xia *et* He 梨头长鼻白蚁
Schedorhinotermes sarawakensis (Holmgren) 沙捞越长鼻白蚁
Schedorhinotermes tarakanensis (Oshima) 小长鼻白蚁
Schedotrioza multitudinea (Maskell) 澳多情木虱
Schellbach's copper [*Tharsalea arota schellbachi* Tilden] 闪紫灰蝶施氏亚种
Schema 隐鬃水蝇属
Schema minutum Becker 小型隐鬃水蝇，小型水蝇
Schenkia 斑蛾姬蜂属
Schenklingia 长柄跳甲属
Schenklingia miwai Chûjô 见 *Halticorcus miwai*
Schenklingia ornatipennis (Chen) 见 *Halticorcus ornatipennis*
Schenklingia saigusai Kimoto 见 *Halticorcus saigusai*
Schenklingia sasajii Kimoto 见 *Halticorcus sasajii*
Schenklingia sauteri (Chen) 见 *Halticorcus sauteri*
Schevodera 缘伪叶甲属
Schevodera glabricollis Chen *et* Xia 同 *Cerogria flavicornis*
Schevodera gracilicornis (Borchmann) 黄角缘伪叶甲，丽角奢伪叶甲
Schevodera inflata (Borchmann) 宽缘伪叶甲，股奢伪叶甲
Schidium 蝻猎蝽属
Schidium confine Wygodzinsky 台湾蝻猎蝽
Schidium marcidum (Uhler) 三叶蝻猎蝽
Schilleriella 思奇跳小蜂属
Schilleriella brervipterus Xu 短翅思奇跳小蜂
Schineria 嗜寄蝇属

Schineria gobica Zimin 戈壁嗜寄蝇
Schineria majae Zimin 马亚嗜寄蝇
Schineria tergestina Róndani 榆毒蛾嗜寄蝇
Schinia 尖角夜蛾属
Schinia bieneri (Rebel) 北尖角夜蛾
Schinia copiosa (Leech) 尖角夜蛾，兴夜蛾
Schinia nundina (Drury) [goldenrod flower moth] 鼠尾草尖角夜蛾
Schinia purpurascens (Tauscher) 紫尖角夜蛾，紫实夜蛾
Schinia scutosa (Denis *et* Schiffermüller) 见 *Protoschinia scutosa*
Schinostethus 扇角扁泥甲属，扇角扁泥虫属
Schinostethus brevicornis Lee, Jäch *et* Yang 短角扇角扁泥甲
Schinostethus brevis (Lewis) 短扇角扁泥甲
Schinostethus brevis brevis (Lewis) 短扇角扁泥甲指名亚种
Schinostethus brevis takeuchii (Nakane) 同 *Schinostethus brevis brevis*
Schinostethus flabellatus Lee, Yang *et* Brown 鞭角扇角扁泥甲
Schinostethus indicus (Pic) 同 *Schinostethus nigricornis*
Schinostethus jii Lee, Jäch *et* Yang 姬氏扇角扁泥甲
Schinostethus laosensis Lee, Jäch *et* Yang 老挝扇角扁泥甲
Schinostethus luzonicus Lee, Jäch *et* Yang 吕宋扇角扁泥甲
Schinostethus maculatus Lee, Jäch *et* Yang 斑扇角扁泥甲
Schinostethus masatakai Lee, Yang *et* Jaech 洼田扇角扁泥甲
Schinostethus minutus Lee, Yang *et* Brown 小扇角扁泥甲
Schinostethus niger Lee, Yang *et* Brown 黑扇角扁泥甲
Schinostethus nigricornis Waterhouse 黑角扇角扁泥甲，黑角兴扁泥甲
Schinostethus pacholatkoi Lee, Jäch *et* Yang 帕氏扇角扁泥甲
Schinostethus priscus Lee, Jäch *et* Yang 褐扇角扁泥甲
Schinostethus satoi Lee, Yang *et* Brown 乌来扇角扁泥甲，乌来扇角扁泥虫
Schinostethus satoi junghuaensis Lee, Yang *et* Brown 同 *Schinostethus satoi satoi*
Schinostethus satoi satoi Lee, Yang *et* Brown 乌来扇角扁泥甲指名亚种
Schinostethus sichuanensis Lee, Jäch *et* Yang 四川扇角扁泥甲
Schinostethus vietnamensis Lee, Jäch *et* Yang 越南扇角扁泥甲
Schintlmeistera 申舟蛾属
Schintlmeistera lupanaria (Schintlmeister) 罗申舟蛾，卢辛舟蛾
Schiodtella 根土蝽属
Schiodtella formosana (Takano *et* Yanagihara) 台湾根土蝽，台尼土蝽
Schiodtella japonica Imura *et* Ishikawa 日本根土蝽
Schiodtella secunda Lis 小眼根土蝽
Schiodtella struempeli (Lis) 福建根土蝽
Schistocerca 沙漠蝗属
Schistocerca albolineata (Thomas) [white-lined bird grasshopper] 白纹沙漠蝗
Schistocerca alutacea (Harris) [leather-colored bird grasshopper] 皮色沙漠蝗
Schistocerca americana (Drury) [American bird grasshopper, American grasshopper] 美洲沙漠蝗，美洲蚱蜢
Schistocerca cancellata (Serville) [South American locust] 南美沙漠蝗
Schistocerca ceratiola Hubbell *et* Walker [rosemary grasshopper] 迷迭香沙漠蝗
Schistocerca damnifica (Saussure) [mischievous bird grasshopper] 恶沙漠蝗
Schistocerca emarginata (Scudder) [prairie bird locust] 草原沙漠蝗
Schistocerca flavofasciata (De Geer) 黄带沙漠蝗
Schistocerca gregaria (Forskål) [desert locust] 沙漠蝗
Schistocerca gregaria flaviventris (Burmeister) 沙漠蝗黄腹亚种
Schistocerca gregaria gregaria (Forskål) 沙漠蝗指名亚种
Schistocerca lineata Scudder [spotted bird grasshopper] 斑沙漠蝗
Schistocerca literosa (Walker) [small painted locust] 小沙漠蝗
Schistocerca melanocera (Stål) [large painted locust] 大沙漠蝗
Schistocerca nitens (Thunberg) [gray bird grasshopper, vagrant grasshopper] 灰沙漠蝗
Schistocerca obscura (Fabricius) [obscure bird grasshopper] 褐沙漠蝗
Schistocerca pallens (Thunberg) 淡沙漠蝗
Schistocerca piceifrons (Walker) [Central American locust] 中美沙漠蝗
Schistocerca rubiginosa (Harris) [rusty bird grasshopper] 锈色沙漠蝗
Schistocerca shoshone (Thomas) [green bird grasshopper, green valley grasshopper, bright green hopper] 绿沙漠蝗
Schistoceros bimaculatus Olivier 双斑潜枝长蠹
Schistogenia 裂隐翅甲属
Schistogenia bicolor Fenyes 二色裂隐翅甲，二色裂隐翅虫
Schistogenia crenicollis Kraatz 刻胸裂隐翅甲，裂隐翅虫
Schistogenia dubia Fenyes 疑裂隐翅甲，疑裂隐翅虫
Schistogeniina 麻隐翅甲亚族
Schistonota 裂盾蜉亚目
Schistoperla collaris Banks 见 *Kiotina collaris*
Schistophleps 珠苔蛾属
Schistophleps bipuncta Hampson 珠苔蛾
Schistophyle 角尺蛾属
Schistophyle falcifera Warren 格纹角尺蛾
Schistopselaphus sonani Kôno 楚南裂拟天牛
Schistopterini 裂翅实蝇族，星斑实蝇族
Schistopterum 裂翅实蝇属，斯基实蝇属
Schistopterum ismayi Hardy 巴布裂翅实蝇，巴布斯基实蝇
Schistorhynx 层夜蛾属
Schistorhynx lobata Prout 白纹层夜蛾，叶希斯夜蛾
schistostatin 沙蝗抑咽侧体肽
Schistostege 裂尺蛾属
Schistostege nubilaria (Hübner) 努裂尺蛾
Schistostoma 隆颜小室舞虻属
Schistostoma nigricauda (Becker) 黑尾隆颜小室舞虻
Schizandrasca 叉脉叶蝉属
Schizandrasca rubrifrons (Matsumura) 红颜叉脉叶蝉
Schizandrasca ussurica (Vilbaste) 优叉脉叶蝉，优叉脉小叶蝉
Schizaphis 二叉蚜属
Schizaphis graminum (Rondani) [spring-grain aphid, greenbug, wheat aphid] 麦二叉蚜
Schizaphis piricola (Matsumura) [pear aphid] 梨二叉蚜
Schizaphis rotundiventris (Signoret) [oil palm aphid, false sweet flag aphid] 菖蒲二叉蚜，菖蒲二岔蚜，圆腹二叉蚜，球腹二叉蚜，莎草细毛足蚜

S

Schizaphis scirpi (Passerini) [bulrush aphid] 藨草二叉蚜，莎草粗毛足蚜
Schizaphis siniscirpi Zhang 同 *Schizaphis piricola*
Schizaspidia 亮蚁小蜂属
Schizaspidia scutellaris Masi 盾亮蚁小蜂
Schizaspidia taiwanensis Ishii 台湾亮蚁小蜂
Schizaspis 裂圆盾蚧属
Schizaspis lobata Cockerell *et* Robinson 桑树裂圆盾蚧
schizechenosy 裂出
Schizobremia 裂瘿蚊属
Schizobremia formosana Felt 见 *Diadiplosis formosana*
Schizocephala 裂头螳属
Schizocephala bicornis (Linnaeus) 二角裂头螳
Schizocephalinae 裂头螳螂亚科
Schizochelisoches 裂铗垫跗螋属
Schizochelisoches formosanus (Burr) 台湾裂铗垫跗螋
schizocoele 裂体腔 < 许多昆虫中，体壁中的胚层和脏壁中的胚层之间的空腔 (体腔囊)，当体壁中的胚层形成肌肉时，与神经上窦并合而成裂体腔，也就是“伪体腔” (pseudocoele)>
Schizocoelioxys 裂尖腹蜂亚属
Schizoconops 裂蠓属
Schizoconops indicus Kieffer 印度裂蠓
schizodactylid 1. [= dune cricket, splay-footed cricket] 裂跗螽 < 裂跗螽科 Schizodactylidae 昆虫的通称 >；2. 裂跗螽科的
Schizodactylidae 裂跗螽科，裂趾蟋科
Schizodactylinae 裂跗螽亚科，裂趾蟋亚科
Schizodactyloidea 裂跗螽总科
Schizodactylus 裂跗螽属
Schizodactylus brevinotus Ingrisch 端背裂跗螽
Schizodactylus burmanus Uvarov 缅甸裂跗螽
Schizodactylus jimo He 寂寞裂跗螽
Schizodactylus minor Ander 小裂跗螽
Schizodactylus salweenensis Dawwrueng, Panitvong, Mooltham, Meebenjamart *et* Jaitrong 萨尔温裂跗螽
Schizodactylus tuberculatus Ander 瘤裂跗螽
Schizodiplatys 裂丝螋属
Schizodiplatys nigriceps (Kirby) 黑裂丝螋
Schizodiplatys subangustatus Steinmann 深裂丝尾螋，狭长裂丝螋
schizodorsal plate 裂背板
Schizoforcipomyia 裂蠓亚属
schizogastric type 裂腹型
schizogony 裂殖生殖
Schizolachnus 钝喙大蚜属，单脉大蚜属
Schizolachnus obscurus Börner [waxy brown pine needle aphid] 褐钝喙大蚜
Schizolachnus orientalis (Takahashi) 见 *Cinara orientalis*
Schizolachnus pineti (Fabricius) [grey waxy pine needle aphid, waxy grey pine aphid, pine mealy aphid] 松针钝喙大蚜，欧松钝喙大蚜，欧松针蚜，松针粉大蚜
Schizolachnus piniradiatae (Davidson) [woolly pine needle aphid] 美松钝喙大蚜，美松针蚜，松针毛蚜
Schizolachnus tomentosus (De Geer) 同 *Cinara pineti*
Schizoloma 裂唇姬蜂属
Schizoloma amictum (Fabricius) 见 *Heteropelma amictum*
Schizoloma capitatum Desvignes 同 *Heteropelma amictum*
Schizomyia 合欢瘿蚊属
Schizomyia acaciae Mani [tomentose gall midge] 白韧金合欢瘿蚊，相思树瘿蚊
Schizomyia mimosae Tavares 含羞草合欢瘿蚊
Schizoneuraphis 裂扁蚜属
Schizoneuraphis gallarum van der Goot 瘿裂扁蚜，瘿叶裂扁蚜
Schizoneuraphis himalayensis (Ghosh *et* Raychaudhuri) 喜马拉雅裂扁蚜
Schizoneurella 小裂绵蚜属
Schizoneurella gei Bozhko 同 *Eriosoma japonicum*
Schizoneurella indica Hille Ris Lambers 印度小裂绵蚜
Schizonotus 叶甲金小蜂属
Schizonotus incurvulus Jiao *et* Xiao 弯柄叶甲金小蜂
Schizonotus latus (Walker) 宽头叶甲金小蜂，白杨叶甲金小蜂，宽裂金小蜂
Schizonotus plagioderae Yang 柳蓝叶甲金小蜂
Schizonotus sieboldi (Ratzeburg) 杨叶甲金小蜂，柳叶甲金小蜂，柳叶甲裂金小蜂
schizont 裂殖体
Schizonycha 裂爪鳃金龟甲属
Schizonycha mucorea Fairmaire 霉裂爪鳃金龟甲
Schizonycha obscurata Fairmaire 见 *Dasylepida obscurata*
Schizonycha ruficollis (Fabricius) 红裂爪鳃金龟甲，红裂爪鳃金龟
Schizonycha tenebrosa Fairmaire 暗裂爪鳃金龟甲，暗裂爪鳃金龟
Schizophora 有缝组
Schizophthirus 裂虱属
Schizophthirus dyromydis Blagoveschtchensky 林睡鼠裂虱
Schizopinae 裂足吉丁甲亚科，裂足吉丁亚科
schizopodid 1. [= schizopodid beetle, false jewel beetle] 伪吉丁甲，伪吉丁 < 伪吉丁甲科 Schizopodidae 昆虫的通称 >；2. 伪吉丁甲科的
schizopodid beetle [= schizopodid, false jewel beetle] 伪吉丁甲，伪吉丁
Schizopodidae 伪吉丁甲科，伪吉丁科
Schizoproreus 歧垫跗螋属
Schizoproreus kozlovi Semenov *et* Bey-Bienko 柯歧垫跗螋
Schizoproreus ritsemae (Bormans) 歧垫跗螋
Schizoproreus shaffii (Bharadwaj *et* Kapoor) 沙歧垫跗螋
Schizoprymnus 全盾茧蜂属
Schizoprymnus beitun (Chou *et* Hsu) 背全盾茧蜂
Schizoprymnus bicolor (Chou *et* Hsu) 双色全盾茧蜂
Schizoprymnus borpian (Chou *et* Hsu) 薄片全盾茧蜂
Schizoprymnus calvus (Chou *et* Hsu) 光滑全盾茧蜂
Schizoprymnus chiu (Chou *et* Hsu) 球全盾茧蜂
Schizoprymnus chouwen (Chou *et* Hsu) 皱纹全盾茧蜂
Schizoprymnus chunji (Chou *et* Hsu) 唇基全盾茧蜂
Schizoprymnus curvatus (Chou *et* Hsu) 弯曲全盾茧蜂
Schizoprymnus distinctus (Chou *et* Hsu) 特殊全盾茧蜂
Schizoprymnus fessus (Chou *et* Hsu) 弱全盾茧蜂
Schizoprymnus hui (Chou *et* Hsu) 喙全盾茧蜂
Schizoprymnus imitatus Papp 仿全盾茧蜂
Schizoprymnus ketiao (Chou *et* Hsu) 刻条全盾茧蜂

Schizoprymnus kueichia (Chou *et* Hsu) 盔甲全盾茧蜂
Schizoprymnus lienhuachihensis (Chou *et* Hsu) 莲花池全盾茧蜂
Schizoprymnus loi (Chou *et* Hsu) 罗氏全盾茧蜂
Schizoprymnus ovatus (Chou *et* Hsu) 卵全盾茧蜂
Schizoprymnus pallidipennis (Herrich-Schäffer) 白翅全盾茧蜂，瘦白翅端裂茧蜂
Schizoprymnus plenus (Chou *et* Hsu) 完整全盾茧蜂
Schizoprymnus robustus (Chou *et* Hsu) 强壮全盾茧蜂
Schizoprymnus shan (Chou *et* Hsu) 山全盾茧蜂
Schizoprymnus telengai Tobias 泰氏全盾茧蜂
Schizoprymnus tungpuensis (Chou *et* Hsu) 东埔全盾茧蜂
schizopterid 1. [= schizopterid bug, jumping soil bug] 毛角蝽 < 毛角蝽科 Schizopteridae 昆虫的通称 >；2. 毛角蝽科的
schizopterid bug [= schizopterid, jumping soil bug] 毛角蝽
Schizopteridae 毛角蝽科
Schizopus 伪吉丁甲属
Schizopus laetus LeConte 悦伪吉丁甲，悦伪吉丁
Schizopyga 裂臀姬蜂属
Schizopyga circulator (Panzer) 圈裂臀姬蜂
Schizopyga flavifrons Holmgren 黄脸裂臀姬蜂
Schizopyga flavifrontalis (Uchida *et* Momoi) 黄额裂臀姬蜂
Schizopyga frigida Cresson 寒地裂臀姬蜂
Schizopyga pictifrons (Thomson) 斑额裂臀姬蜂
Schizopyga punctata (Uchida *et* Momoi) 点腹裂臀姬蜂
Schizopyga quannanica Sun *et* Sheng 全南裂臀姬蜂
Schizotus 裂赤翅甲属
Schizotus cardinalis (Mannerheim) 深红裂赤翅甲
Schizotus yamaguchii Kóno 山口裂赤翅甲
Schizura 山背舟蛾属
Schizura concinna (Smith) [red-humped caterpillar] 红山背舟蛾，红疣天社蛾
Schizura ipomeae Doubleday 糖槭山背舟蛾
Schizura unicornis (Smith) [unicorn caterpillar moth, unicorn prominent, variegated prominent] 独角山背舟蛾，独角天社蛾
Schlechtendalia 倍蚜属
Schlechtendalia chinensis (Bell) [Chinese sumac aphid, Chinese gall aphis, horned gall aphid] 角倍蚜，五棓子蚜，盐肤木棓蚜
Schlechtendalia elongallis (Tsai *et* Tang) 红麸杨倍蚜
Schlechtendalia microgallis Xiang 微瘿倍蚜
Schlechtendalia mimmifushi Zhang, Qiao *et* Chen 同 *Schlechtendalia chinensis*
Schlechtendalia peitan (Tsai *et* Tang) 倍蛋蚜
Schletererius 施氏冠蜂属
Schletererius determinatoris Madl 赫伯特施氏冠蜂，施冠蜂
Schmidt layer 施氏层
Schmidtiacris 施蝗属
Schmidtiacris longdongensis (Zheng) 陇东施蝗，陇东雏蝗
Schmidtiacris schmidti (Ikonnikov) 褐背施蝗
Schmitt's eresina [*Eresina schmitti* Larsen] 斯厄灰蝶
Schneider's surprise [*Tiradelphe schneideri* Ackery *et* Vane-Wright] 拓斑蝶
Schoenbaueria 逊蚋亚属
Schoeniopta ichneumonoides Breuning 追踪索天牛
Schoenlandella 黄体茧蜂属
Schoenlandella szepligetii (Enderlein) 赛氏黄体茧蜂
Schoenobiinae 禾螟亚科
Schoenobius 禾螟属
Schoenobius alpherakii Staudinger 阿禾螟
Schoenobius bipunctiferus Walker 同 *Scirpophaga incertulas*
Schoenobius brunnescens Meyrick 同 *Scirpophaga nivella*
Schoenobius forficellus Thunberg 见 *Donaceus forficella*
Schoenobius gigantellus (Denis *et* Schiffermüller) [aquatic reed borer, boatsman] 大禾螟
Schoenobius incertulas Walker 见 *Scirpophaga incertulas*
Schoenobius lineatus Butler 见 *Scirpophaga lineata*
Schoenobius micralis Hampson 迷禾螟
Schoenomyza 芦蝇属
Schoenomyza litorella (Fallén) 滨芦蝇
Schoenotenes 苇卷蛾属
Schoenotenes discreta Diakouoff 斯苇卷蛾
Schoenotenini 苇卷蛾族
Scholastinae 逸广口蝇亚科
Schonherria brenskei (Nonfried) 见 *Leucopholis brenskei*
Schottus 肖猎蝽属
Schottus agilis Miller 灵肖猎蝽
Schottus baramensis Miller 巴拉肖猎蝽
Schottus buruensis Miller 布鲁肖猎蝽
Schottus crassicorniis (Stål) 壮肖猎蝽
Schottus dapitanensis Miller 达肖猎蝽
Schottus gracilis Miller 纤肖猎蝽
Schottus histrio Miller 美肖猎蝽
Schottus luctuosus Miller 专肖猎蝽
Schottus luteicollis (Walker) 黄肖猎蝽
Schottus perakensis Miller 霹雳肖猎蝽
Schottus sulicus (Walker) 坚肖猎蝽
Schoutedenia 刚毛蚜属
Schoutedenia emblica (Patel *et* Kulkarni) 酸果藤刚毛蚜
Schoutedenia lutea (van der Goot) 黄刚毛蚜
Schoutedenia ralumensis Rübsaamen 拉鲁刚毛蚜
Schoutedenia viridis (van der Goot) 台湾刚毛蚜，单脉短毛群蚜
Schoutedeniastes 尧吉丁甲属，尧吉丁属，细吉丁甲属，细吉丁虫属
Schoutedeniastes igorrota (Heller) 黄斑尧吉丁甲，黄斑尧吉丁，黄星细吉丁甲，黄星细吉丁虫
Schoutedeniini 刚毛蚜族
Schphophorus interctitialis Gyllenhal 剑麻象甲
schradan 八甲磷
Schrankia 窄翅夜蛾属
Schrankia costaestrigalis (Stephens) 直窄翅夜蛾
Schrankia seinoi Inoue 清野窄翅夜蛾，清野氏系裳蛾
Schrankia separatalis (Herz) 晕窄翅夜蛾
Schreber's coach moth [*Phtheochroa schreibersiana* (Frölich)] 杨榆斑纹卷蛾，杨榆条细卷蛾
schreckensteiniid 1. [= schreckensteiniid moth, bristle-legged moth] 茎蛾 < 茎蛾科 Schreckensteiniidae 昆虫的通称 >；2. 茎蛾科的
schreckensteiniid moth [= schreckensteiniid, bristle-legged moth] 茎蛾
Schreckensteiniidae 茎蛾科
Schreineria 蛀姬蜂属
Schreineria ceresia (Uchida) 蜡天牛蛀姬蜂，中国拟胀钩腹姬蜂

Schreineria geniculata (Uchida) 结蛀姬蜂，膝蛀姬蜂
Schreineria indentata Sheng *et* Sun 无齿蛀姬蜂
Schreineria populnea (Giraud) 杨蛀姬蜂
Schreineria recava Sheng *et* Ding 凹蛀姬蜂
Schreineria similiceresia Sheng *et* Sun 拟蛀姬蜂
Schreineria taiwana Gupta *et* Gupta 台湾蛀姬蜂，台蛀姬蜂
Schrenck's emperor [*Mimathyma schrenckii* (Ménétriés)] 白斑迷蛱蝶
Schroederella 双日蝇属，斯日蝇属
Schroederella iners (Meigen) 黄褐双日蝇，黄褐斯日蝇
Schroederella pectinulata (Czerny) 梳双日蝇
Schroederella segnis Czerny 迟双日蝇，懒斯日蝇
Schroederella svenhedini Hendel 同 *Schroederella iners*
Schroetteria polita (Gebler) 见 *Megatrachelus politus*
Schryver's elfin [= stonecrop elfin, Moss's elfin, *Deciduphagus mossii* (Edwards)] 摩西斗灰蝶
Schuelkelia 缺窝苔甲属
Schuelkelia unicornis Jaloszyński 独角缺窝苔甲
Schultze's acraea [*Acraea alticola* Schultze] 阿丽珍蝶
Schultze's lurid glider [*Cymothoe hesiodina* Schultze] 荷漪蛱蝶
Schultze's nymph [*Euriphene schultzei* (Aurivillius)] 舒幽蛱蝶
Schultze's sailer [*Neptis camarensis* Schultze] 卡玛环蛱蝶
Schumann's dotted border [*Mylothris schumanni* Suffert] 舒曼迷粉蝶
Schummelia 毛脉大蚊亚属
Schwartz's skipper [*Choranthus schwartzi* Gali] 斯潮弄蝶
Schwarzerium 施华天牛属，铜天牛属
Schwarzerium provosti (Fairmaire) 榆施华天牛，榆绿天牛
Schwarzerium quadricolle (Bates) [green longicorn beetle] 杨施华天牛，杨绿天牛，四丛腿绿天牛，方颈绿天牛
Schwarzerium quadricolle manchuricum (Matsushita) 杨施华天牛东北亚种，东北杨绿天牛
Schwarzerium quadricolle quadricolle (Bates) 杨施华天牛指名亚种，指名杨绿天牛
Schwarzerium semivelutinum (Schwarzer) 紫施华天牛，施华天牛，紫青铜天牛
Schwarzerium sifanicum (Plavilstshikov) 陷胸施华天牛，陷胸绿天牛
Schwarzerium yunnanum Vives *et* Lin 云南施华天牛
Schwarz's pine weevil [= Yosemite bark weevil, *Pissodes schwarzi* Hopkins] 施氏松木蠹象甲，尤塞米提松脂象甲
Schwenckfeldina 瓣眼蕈蚊属，施眼蕈蚊属
Schwenckfeldina custodiata Rudzinski 堡瓣眼蕈蚊，台湾瓣眼蕈蚊，护施眼蕈蚊
Schwenckfeldina pravitata Rudzinski 郁瓣眼蕈蚊，歪形瓣眼蕈蚊，纹施眼蕈蚊
Sciades 刺胸琐天牛属
Sciades botelensis (Gressitt) 红头刺胸琐天牛，红头琐天牛
Sciades changi Kusama *et* Oda 张氏刺胸琐天牛，张氏琐天牛
Sciades fasciatus (Matsushita) 黑带刺胸琐天牛
Sciades fasciatus fasciatus (Matsushita) 黑带刺胸琐天牛指名亚种
Sciades fasciatus nobuoi (Breuning *et* Ohbayashi) 黑带刺胸琐天牛信夫亚种
Sciades fasciatus okinawanus Makihara 黑带刺胸琐天牛冲绳亚种
Sciades fasciatus taiwanensis Kusa *et* Oda 黑带刺胸琐天牛台湾亚种，黑带刺胸天牛
Sciades fasciatus yaeyamanus Ohbayashi 黑带刺胸琐天牛八重山亚种
Sciades granulicollis (Gressitt) 粿刺胸琐天牛，粿胸琐天牛
Sciades subfasciata (Schwarzer) 灰带刺胸琐天牛，灰带琐天牛
Sciadionopsocus 伞蛄属
Sciadionopsocus fenzelianae Li 葵花松伞蛄
Sciadoceratidae [= Sciadoceridae] 澳蝇科
sciadocerid 1. [= sciadocerid fly] 澳蝇 < 澳蝇科 Sciadoceridae 昆虫的通称 >; 2. 澳蝇科的
sciadocerid fly [= sciadocerid] 澳蝇
Sciadoceridae [= Sciadoceratidae] 澳蝇科
Sciaphila 灰小卷蛾属
Sciaphila branderiana (Linnaeus) 杨灰小卷蛾
Sciaphila duplex (Walsingham) [poplar leaf-roller] 灰小卷蛾
Sciaphilacris 拟苔蝗属
Sciaphilacris alata Descamps 丽拟苔蝗
Sciaphilus 土色象甲属
Sciaphilus asperatus Boisduval 土色象甲
Sciaphobus squalidus (Gyllenhal) [gray bud weevil] 果芽象甲
Sciapodinae 丽长足虻亚科
Sciapteron regale Butler 葡萄透翅蛾
Sciapteryx laeta Kônow 溃痣剪唇叶蜂
Sciapus 丽长足虻属，幽长足虻属
Sciapus aequalis Becker 南台丽长足虻，南台长足虻，等斯长足虻
Sciapus arctus Becker 粗壮丽长足虻，北斗长足虻，弓斯长足虻
Sciapus aurichalceus Becker 金铜丽长足虻，金铜长足虻，奥斯长足虻
Sciapus flexicornis Parent 弯角丽长足虻，弯角丽长足虻，弯角斯长足虻
Sciapus laetus (Meigen) 绮丽长足虻
Sciapus latitarsus Becker 宽跗丽长足虻，宽跗长足虻
Sciapus matatus Becker 善变丽长足虻，善变长足虻，变斯长足虻
Sciapus nervosus (Lehmann) 多脉丽长足虻
Sciapus piger Becker 疏懒丽长足虻，疏懒长足虻，尾斯长足虻
Sciapus rectus (Wiedemann) 平直丽长足虻，平直长足虻
Sciapus subtilis Becker 纤细丽长足虻，纤细长足虻，骤斯长足虻
Sciapus tardus Becker 愚鲁丽长足虻，愚鲁长足虻，懒斯长足虻
Sciapus turbidus Becker 混浊丽长足虻，混浊长足虻
Sciapus villeneuvei Parent 同 *Sciapus laetus*
Sciara 眼蕈蚊属，黑翅蕈蚋属
Sciara bruckii Winneertz 布氏眼蕈蚊，布氏黑翅蕈蚋
Sciara copiosa Lengersdorf 多眼蕈蚊，空眼蕈蚊，丰岛黑翅蕈蚋
Sciara fera Winneertz 野兽眼蕈蚊，野兽黑翅蕈蚋
Sciara hamatilis Yang, Zhang *et* Yang 同 *Sciara humeralis*
Sciara hemerobioides (Scopoli) 鹤眼蕈蚊
Sciara humeralis Zetterstedt 钩臂眼蕈蚊，钩肩眼蕈蚊，披肩黑翅蕈蚋
Sciara insignis Winneertz 标致眼蕈蚊，标致黑翅蕈蚋
Sciara isopalpi Zhang *et* Yang 等须眼蕈蚊，单须眼蕈蚊
Sciara lugubris Winneertz 不详眼蕈蚊，不详黑翅蕈蚋

Sciara maolana Yang, Zhang *et* Yang 茂兰眼蕈蚊

Sciara pectoralis (Stæger) [moss fly] 沼泽眼蕈蚊，沼泽尖眼蕈蚊，胸甲黑翅蕈蚋

Sciara pullula Winneertz 多产眼蕈蚊，多产黑翅蕈蚋

Sciara pycnacantha Yang, Zhang *et* Yang 密刺眼蕈蚊

Sciara ruficauda Meigen 裸刺眼蕈蚊，红尾眼蕈蚊

Sciara rufithorax Wulp 红胸眼蕈蚊

Sciara sclerocerci Yang, Zhang *et* Yang 坚尾眼蕈蚊

Sciara selliformis Yang, Zhang *et* Yang 鞍形眼蕈蚊

Sciara thomae (Linnaeus) 多玛眼蕈蚊，多玛黑翅蕈蚋

Sciara transpacifica Curran 泛太平洋眼蕈蚊

Sciara triseriata Winneertz 欧洲眼蕈蚊，欧洲黑翅蕈蚋

Sciara vallestris Lengersdorf 挪威眼蕈蚊，挪威黑翅蕈蚋

Sciara xizangana Yang *et* Zhang 西藏眼蕈蚊

Sciara yadongensis Yang *et* Zhang 亚东眼蕈蚊

sciarid 1.[= sciarid fly, dark-winged fungus gnat, fungus gnat] 眼蕈蚊，尖眼蕈蚊 < 眼蕈蚊科 Sciaridae 昆虫的通称 >；2. 眼蕈蚊科的

sciarid fly [= sciarid, dark-winged fungus gnat, fungus gnat] 眼蕈蚊，尖眼蕈蚊

Sciaridae 眼蕈蚊科，尖眼蕈蚊科，黑翅蕈蚋科

Sciaroidea 眼蕈蚊总科 < 此总科学名有误写为 Sciarioidea 者 >

Sciarokeroplatinae 蕈角菌蚊亚科

Sciarokeroplatus 蕈角菌蚊属，眼角蕈蚊属

Sciarokeroplatus pileatus Papp *et* Ševčík 毡帽蕈角菌蚊，台湾眼角蕈蚊

Sciasmomyia 影缟蝇属

Sciasmomyia decussata Shi, Gaimari *et* Yang 叉影缟蝇

Sciasmomyia leishanenisis Shi, Gaimari *et* Yang 雷山影缟蝇

Sciasmomyia longicurvata Shi, Gaimari *et* Yang 长弯影缟蝇

Sciasmomyia longissima Shi, Gaimari *et* Yang 极影缟蝇

Sciasmomyia lui Shi, Gaimari *et* Yang 卢影缟蝇

Sciasmomyia meijerei Hendel 梅氏影缟蝇

Sciasmomyia quadricuspis Shi, Gaimari *et* Yang 四尖影缟蝇

Sciasmomyia supraorientalis (Papp) 东影缟蝇

Sciasmomyia tubata Shi, Gaimari *et* Yang 管影缟蝇

sciathic bush brown [*Bicyclus sciathis* Hewitson] 鬼影蔽眼蝶

Science of Sericulture 蚕业科学 <期刊名，以前曾用 Acta Sericologica Sinica>

scientific name 学名

Scieroptera 暗翅蝉属，黑翅蝉属

Scieroptera crocea (Guérin-Méneville) 藏红暗翅蝉

Scieroptera distanti Schmidt 广东暗翅蝉

Scieroptera formosana Schmidt 台湾暗翅蝉，红脚黑翅蝉

Scieroptera formosana albifascia Kato 同 *Scieroptera formosana formosana*

Scieroptera formosana ater Kato 同 *Scieroptera formosana formosana*

Scieroptera formosana formosana Schmidt 台湾暗翅蝉指名亚种

Scieroptera formosana trigutta Kato 同 *Scieroptera formosana formosana*

Scieroptera sanguinea De Geer 见 *Huechys sanguinea*

Scieroptera splendidula (Fabricius) 灿暗翅蝉

Scieroptera splendidula Matsumura 同 *Scieroptera formosana*

Scierus annectens LeConte 云杉暗小蠹

Scintharista 土色蝗属

Scintharista formosana Ramme 台湾土色蝗，台湾皱蝗

scintillating fairy hairstreak [*Hypolycaena scintillans* Stempffer] 烁旖灰蝶

Scintillatrix 针斑吉丁甲属

Scintillatrix chinganensis (Obenberger) 同 *Lamprodila suyfunensis*

Scintillatrix djingischani (Obenberger) 同 *Lamprodila pretiosa*

Scintillatrix hoscheki (Obenberger) 见 *Lamprodila hoscheki*

Scintillatrix kamikochiana (Obenberger) 见 *Lamprodila decipiens kamikochiana*

Scintillatrix limbata (Gebler) 见 *Lamprodila limbata*

Scintillatrix nobilissima (Mannerheim) 见 *Lamprodila nobilissima*

Scintillatrix pretiosa (Mannerheim) 见 *Lamprodila pretiosa*

Scintillatrix provostii (Fairmaire) 见 *Lamprodila provostii*

Scintillatrix savioi (Pic) 见 *Lamprodila savioi*

Scintillatrix tschitscherini (Semenov) 见 *Lamprodila tschitscherini*

Sciocoris 片蝽属

Sciocoris* (*Aposciocoris*) *macrocephalus Fieber 柄眼片蝽，大头片蝽

Sciocoris* (*Aposciocoris*) *microphthalmus Flor 褐片蝽

Sciocoris* (*Aposciocoris*) *umbrinus (Wolff) 黑点片蝽，暗片蝽

Sciocoris brevicollis (Fieber) 同 *Sciocoris* (*Aposciocoris*) *umbrinus*

Sciocoris deltocephalus Fieber 见 *Sciocoris* (*Sciocoris*) *deltocephalus*

Sciocoris delutus Jakovlev 见 *Sciocoris* (*Sciocoris*) *dilutus*

Sciocoris distinctus Fieber 见 *Sciocoris* (*Sciocoris*) *distinctus*

Sciocoris indicus Dallas 见 *Sciocoris* (*Sciocoris*) *indicus*

Sciocoris lateralis Fieber 见 *Sciocoris* (*Sciocoris*) *lateralis*

Sciocoris lugubris Walker 台湾片蝽

Sciocoris macrocephalus Fieber 见 *Sciocoris* (*Aposciocoris*) *macrocephalus*

Sciocoris* (*Masthletinus*) *abbreviatus (Reuter) 短翅片蝽，短翅蝽

Sciocoris* (*Masthletinus*) *nigriventris (Jakovlev) 同 *Sciocoris* (*Masthletinus*) *abbreviatus*

Sciocoris microphthalmus Flor 见 *Sciocoris* (*Aposciocoris*) *microphthalmus*

Sciocoris* (*Sciocoris*) *deltocephalus Fieber 宽头片蝽，角头片蝽

Sciocoris* (*Sciocoris*) *dilutus Jakovlev 新疆片蝽

Sciocoris* (*Sciocoris*) *distinctus Fieber 异片蝽，显片蝽

Sciocoris* (*Sciocoris*) *indicus Dallas 印度片蝽

Sciocoris* (*Sciocoris*) *lateralis Fieber 小片蝽

Sciocoris umbrinus (Wolff) 见 *Sciocoris* (*Aposciocoris*) *umbrinus*

Sciodrepoides 鬼球蕈甲属，鬼小葬甲属，阴拟葬甲属

Sciodrepoides distinctus Portevin 同 *Thanatophilus rugosus*

Sciodrepoides fumatus (Spence) 烟鬼球蕈甲，鬼小葬甲，烟阴拟葬甲

Sciodrepoides sulcatus Szymczakowski 沟鬼球蕈甲，沟鬼小葬甲，沟阴拟葬甲

Sciodrepoides watsoni (Spence) 瓦氏鬼球蕈甲，瓦氏鬼小葬甲，瓦阴拟葬甲

Sciomyza 沼蝇属

Sciomyza causta Hendel 见 *Pherbellia causta*

Sciomyza dryomyzina Zetterstedt 圆头沼蝇

Sciomyza propinqua Thomson 邻沼蝇

sciomyzid 1. [= sciomyzid fly, marsh fly, snail-killing fly] 沼蝇 < 沼蝇科 Sciomyzidae 昆虫的通称 >；2. 沼蝇科的

sciomyzid fly [= sciomyzid, marsh fly, snail-killing fly] 沼蝇

Sciomyzidae 沼蝇科

Sciomyzinae 沼蝇亚科

Sciomyzini 沼蝇族

Sciomyzoidea 沼蝇总科

Scionecra 臀蝻属

Scionecra spinosa Ho 刺突臀蝻

Scionomia 芽尺蛾属

Scionomia anomala (Butler) 芽尺蛾

Scionomia anomala anomala (Butler) 芽尺蛾指名亚种

Scionomia anomala nasuta Prout 芽尺蛾那苏亚种，那苏尺蛾

Scionomia mendica (Butler) 明芽尺蛾

Scionomia praeditaria (Leech) 大芽尺蛾，大乌耳褐尺蛾，普宽带尺蛾

Scionomia sinuosa (Wileman) 波芽尺蛾，乌耳褐尺蛾，波宽带尺蛾，波兜尺蛾

Sciophila 黏菌蚊属

Sciophila baishanzua Wu 百山祖黏菌蚊

Sciophila bicuspidata Zaitzev 双尖黏菌蚊

Sciophila concava Wu 凹黏菌蚊

Sciophila dispansa Wu 裂口黏菌蚊

Sciophila fujiana Wu 福建黏菌蚊

Sciophila gutianshana Wu 古田山黏菌蚊

Sciophila lobula Wu 开叉黏菌蚊，开叉山黏菌蚊

Sciophila lutea Macquart 金黄黏菌蚊

Sciophila modesta Zaitzev 北美黏菌蚊，静黏菌蚊

Sciophila nebulosa Wu 杂毛黏菌蚊

Sciophila ochracea Walker 淡黄黏菌蚊

Sciophila pilusolenta Wu 多毛黏菌蚊

Sciophila qingyuanensis Wu 庆元黏菌蚊

Sciophila septentrionalis Zaitzev 北方黏菌蚊

Sciophila yangi Wu 杨氏黏菌蚊

sciophilid 1. [= sciophilid fly] 黏蚊，黏菌蚊 < 黏蚊科 Sciophilidae 昆虫的通称 >；2. 黏蚊科的

sciophilid fly [= sciophilid] 黏蚊，黏菌蚊

Sciophilidae 黏蚊科，黏菌蚊科

Sciophilinae 黏菌蚊亚科

sciophilous [= heliophilous] 喜日光的，喜阳的

Sciopithes 暗星象甲属

Sciopithes obscurus Horn [obscure root weevil] 暗星象甲，暗星象，晦暗根象甲

Sciota 阴翅斑螟属

Sciota adelphella (Fischer von Röslerstamm) 柳阴翅斑螟，杨云翅斑螟

Sciota cynicella (Christoph) 青阴翅斑螟

Sciota fumella (Eversmann) 烟灰阴翅斑螟

Sciota hostilis (Stephens) [scarce aspen knot-hom moth] 灰肩阴翅斑螟，灰肩云斑螟，灰肩云翅斑螟

Sciothrips cardamomi (Ramakrishnan) [cardamom thrips] 美人蕉阴蓟马，棉带蓟马

Sciphilocoris 船猎蝽属

Sciphilocoris ornata Miller 丽船猎蝽

Scipinia 轮刺猎蝽属

Scipinia horrida (Stål) 轮刺猎蝽

Scipinia rotunda Huang, Zhao *et* Cai 圆腹轮刺猎蝽

Scipinia subula Hsiao *et* Ren 角轮刺猎蝽

sciras skipper [*Falga sciras* Godman *et* Salvin] 斯珐弄蝶

sciron ochre [= sciron skipper, *Trapezites sciron* Waterhouse *et* Lyell] 稀斑梯弄蝶

sciron skipper 见 sciron ochre

Scirpophaga 白禾螟属

Scirpophaga adunctella Chen, Song *et* Wu 钩突白禾螟

Scirpophaga auriflua Zeller 同 *Scirpophaga novella*

Scirpophaga excerptalis Walker [white top borer, white sugarcane borer, white sugarcane top borer, sugarcane top borer, sugarcane tip borer, sugarcane stem borer, sugarcane top moth borer, top-shoot borer, scirpus pyralid] 红尾白禾螟，蔗草白禾螟，藨草野螟，甘蔗红尾白螟，白螟 < 此种学名有误写为 *Scirpophaga excerpalis* Walker 者 >

Scirpophaga flavidorsalis (Hampson) 黄翅白禾螟

Scirpophaga fusciflua Hampson 棕白禾螟

Scirpophaga gilviberbis Zeller 基白禾螟

Scirpophaga gotoi Lewvanich 郭白禾螟

Scirpophaga humilis Wang, Li *et* Chen 小白禾螟

Scirpophaga incertulas (Walker) [yellow stem borer, rice yellow stem borer, yellow paddy stem borer, white paddy stem borer, yellow rice borer, paddy borer, paddy stem borer] 三化螟，白禾螟

Scirpophaga innotata (Walker) [white stem borer, rice white stem borer, white rice stem borer, white rice borer, yellow paddy stem borer, white paddy stem borer] 稻白禾螟，稻白螟，淡尾蛀禾螟

Scirpophaga intacta Snellen 同 *Scirpophaga excerptalis*

Scirpophaga khasis Lewvanich 卡西白禾螟

Scirpophaga lineata (Butler) 纹白禾螟，纹禾螟

Scirpophaga linguatella Chen, Song *et* Wu 舌突白禾螟

Scirpophaga magnella Joannis 大白禾螟

Schoenobius melanostigmus Turner 同 *Scirpophaga flavidorsalis*

Scirpophaga monostigma Zeller 同 *Scirpophaga excerptalis*

Scirpophaga nivella (Fabricius) [sugarcane top borer, top borer, white rice borer, white top borer, rice white borer, yellow-tipped pyralid, yellow-tipped white sugarcane borer] 黄尾白禾螟，甘蔗白禾螟，蔗白螟，橙尾白禾螟

Scirpophaga parvalis (Wileman) 细白禾螟

Scirpophaga praelata Scopoli [mat-rush pyralid] 荸荠白禾螟，无纹白野螟，无纹白螟，纯白禾螟

Scirpophaga tongyaii Lewvanich 唐白禾螟

Scirpophaga virginia Schultze 威白禾螟

Scirpophaga xanthogastrella (Walker) 黄腹白禾螟

Scirpophaga xanthopygata Schawerda 荸荠白禾螟

scirpus pyralid [= white top borer, white sugarcane borer, white sugarcane top borer, sugarcane top borer, sugarcane tip borer, sugarcane stem borer, sugarcane top moth borer, top-shoot borer, *Scirpophaga excerptalis* (Walker)] 红尾白禾螟，蔗草白禾螟，藨草野螟，甘蔗红尾白螟，白螟

Scirtes 沼甲属，硬沼甲属，圆花蚤属

Scirtes borneensis Pic 婆沼甲，婆硬沼甲

Scirtes elongatus Waterhouse 长沼甲，长硬沼甲

Scirtes japonicus Kiesenwetter 日本沼甲，日硬沼甲

Scirtes nigricans Waterhouse 黑沼甲，黑硬沼甲

Scirtes rufonotatus Pic 赤背沼甲，赤背硬沼甲

Scirtes sinensis Pic 华沼甲，华硬沼甲

Scirtesidae [= Scirtidae, Helodidae, Elodiidae, Cyphonidae] 沼甲科，圆花蚤科

scirtid 1. [= scirtid beetle, marsh beetle] 沼甲 < 沼甲科 Scirtidae 昆虫的通称 >；2. 沼甲科的

scirtid beetle [= scirtid, marsh beetle] 沼甲

Scirtidae [= Helodidae, Elodiidae, Cyphonidae, Scirtesidae] 沼甲科，圆花蚤科

Scirtothrips 硬蓟马属，跳蓟马属

Scirtothrips acus Wang 肖楠硬蓟马，肖楠跳蓟马

Scirtothrips africanus Faure 非洲硬蓟马

Scirtothrips akakia Hoddle *et* Mound 阿卡硬蓟马

Scirtothrips albomaculuts Bianchi 白斑硬蓟马

Scirtothrips albosilvicola Johansen *et* Mojica-Guzman 白林硬蓟马

Scirtothrips albus (Jones) 淡硬蓟马

Scirtothrips angusticomis Karny 角硬蓟马

Scirtothrips asinus Wang 红桧硬蓟马，桧木跳蓟马

Scirtothrips aurantii Faure [South African citrus thrips, citrus thrips] 橘硬蓟马

Scirtothrips australiae Hood 澳硬蓟马

Scirtothrips bispinosus (Bagnall) 二刺硬蓟马

Scirtothrips bondari Moulton 波硬蓟马

Scirtothrips brevipennis Hood 短翅硬蓟马

Scirtothrips citri (Moulton) [California citrus thrips, citrus thrips] 淡黄硬蓟马，橘实蓟马，橘硬蓟马

Scirtothrips dobroskyi Moulton 多布硬蓟马

Scirtothrips dorsalis Hood [chilli thrips, chillie thrips, yellow tea thrips, Assam thrips, castor thrips, strawberry thrips] 茶黄硬蓟马，小黄蓟马，脊丝蓟马，茶黄蓟马

Scirtothrips flavus Masumoto *et* Okajima 黄硬蓟马

Scirtothrips hainanensis Han 海南硬蓟马

Scirtothrips hengduanicus Han 横断硬蓟马

Scirtothrips ikelus Mound *et* Marullo 伊硬蓟马

Scirtothrips katsura Masumoto *et* Okajima 桂硬蓟马

Scirtothrips kenyensis Mound 肯硬蓟马

Scirtothrips kirrhos Hoddle *et* Mound 珂硬蓟马

Scirtothrips longipennis (Bagnall) 长翅硬蓟马

Scirtothrips machili Masumoto *et* Okajima 玛硬蓟马

Scirtothrips mangiferae Priesner [Mediterranean mango thrips, mango thrips] 中东硬蓟马，杧果硬蓟马

Scirtothrips mangorum Johansen *et* Mojica-Guzman 杧果硬蓟马

Scirtothrips manihoti Bondar 曼硬蓟马

Scirtothrips martingonzalezi Johansen *et* Mojica-Guzman 马丁硬蓟马

Scirtothrips mugambii Mound 穆硬蓟马

Scirtothrips multistriatus Hood 多纹硬蓟马

Scirtothrips musciaffinis Johansen *et* Mojica-Guzman 斑硬蓟马

Scirtothrips novomangorum Johansen *et* Mojica-Guzman 新芒硬蓟马

Scirtothrips nubicus Priesner 努硬蓟马

Scirtothrips oligochaetus (Karny) 寡毛硬蓟马

Scirtothrips pan Mound *et* Walker 盘硬蓟马

Scirtothrips panamensis Hood 巴硬蓟马

Scirtothrips pendulae Han 龙爪槐硬蓟马，槐硬蓟马

Scirtothrips quadriseta Hoddle *et* Mound 四毛硬蓟马

Scirtothrips ruthveni Shull 茹硬蓟马

Scirtothrips signipennis Bagnall 见 *Chaetanaphothrips signipennis*

Scirtothrips silvatropicalis Johansen *et* Mojica-Guzman 热带硬蓟马

Scirtothrips silvicola Johansen *et* Mojica-Guzman 林硬蓟马

Scirtothrips spinosus Faure 刺硬蓟马

Scirtothrips taxendii Hood 塔硬蓟马

Scirtothrips tehachapi Bailey 特硬蓟马

Scirtothrips texoloensis Johansen *et* Mojica-Guzman 墨硬蓟马

Scirtothrips willihennigi Johansen *et* Mojica-Guzman 威硬蓟马

scissorial area 剪区 < 即蛴螬上颚上的一个区域 >

Sclerina 坚土甲亚族

sclerite 骨片

scleritization 骨片形成

Sclerobia pimatella Caradja 见 *Parasclerobia pimatella*

Sclerocona acutellus (Eversmann) [thatch pearl] 尖斯克尔螟

Sclerodermus 硬皮肿腿蜂属

Sclerodermus abdominalis Westwood 腹硬皮肿腿蜂

Sclerodermus alternatusi Yang 松褐天牛硬皮肿腿蜂，松褐天牛肿腿蜂

Sclerodermus bicolor Smith 二色硬皮肿腿蜂

Sclerodermus brevicornis Kieffer 短角硬皮肿腿蜂

Sclerodermus breviventris Ashmead 短腹硬皮肿腿蜂

Sclerodermus cereicollis Kieffer 黄领硬皮肿腿蜂

Sclerodermus concinnus Saunders 丽硬皮肿腿蜂

Sclerodermus cylindricus Westwood 柱硬皮肿腿蜂

Sclerodermus domesticus (Klug) 家栖硬皮肿腿蜂

Sclerodermus ephippius Saunders 鞍硬皮肿腿蜂

Sclerodermus fasciatus Westwood 带硬皮肿腿蜂

Sclerodermus fonscolombei (Westwood) 方氏硬皮肿腿蜂

Sclerodermus formiciformis Westwood 蚁形硬皮肿腿蜂

Sclerodermus fulvicornis Westwood 黄角硬皮肿腿蜂

Sclerodermus fuscicornis Westwood 褐角硬皮肿腿蜂

Sclerodermus fuscus (Nees) 紫红硬皮肿腿蜂

Sclerodermus gracilis Saunders 纤硬皮肿腿蜂

Sclerodermus guani Xiao *et* Wu 管氏硬皮肿腿蜂，管氏肿腿蜂

Sclerodermus hainanica Xiao 海南硬皮肿腿蜂

Sclerodermus harmandi (Buysson) 哈氏硬皮肿腿蜂，哈氏肿腿蜂

Sclerodermus intermedius Westwood 间硬皮肿腿蜂

Sclerodermus linearis Westwood 线硬皮肿腿蜂

Sclerodermus macrogaster Ashmead 巨腹硬皮肿腿蜂

Sclerodermus minutus Westwood 小硬皮肿腿蜂

Sclerodermus nigriventris Ashmead 黑腹硬皮肿腿蜂

Sclerodermus nigrus Kieffer 黑硬皮肿腿蜂

Sclerodermus nihoaensis Timberlake 尼豪硬皮肿腿蜂

Sclerodermus nipponicus Yuasa 日本硬皮肿腿蜂

Sclerodermus nitidus Westwood 壮硬皮肿腿蜂

Sclerodermus nivifemur (Evans) 白股硬皮肿腿蜂

Sclerodermus pedunculus Westwood 足硬皮肿腿蜂

Sclerodermus piceus Westwood 漆黑硬皮肿腿蜂

Sclerodermus pictiventris Kieffer 斑腹硬皮肿腿蜂

Sclerodermus pupariae Yang *et* Yao 白蜡吉丁硬皮肿腿蜂，白蜡吉丁肿腿蜂

Sclerodermus rufa (Foerster) 红硬皮肿腿蜂

Sclerodermus rufescens (Nees) 棕硬皮肿腿蜂

Sclerodermus sichuanensis Xiao 川硬皮肿腿蜂

Sclerodermus spilonotum Evans 斑背硬皮肿腿蜂

Sclerodermus tantalus Bridwell 坦硬皮肿腿蜂

Sclerodermus turkmenicum Mamaev *et* Kravchenko 土库曼硬皮肿腿蜂
Sclerodermus variegatus Krombein 闪硬皮肿腿蜂
Sclerodermus ventura Evans 文硬皮肿腿蜂
Sclerodermus vigilans Westwood 劲硬皮肿腿蜂
Sclerodermus wilsoni Evans 威氏硬皮肿腿蜂
Sclerodermus wollastonii Westwood 沃氏硬皮肿腿蜂
Sclerodermus yakushimensis Terayama 屋久岛硬皮肿腿蜂
Sclerogenia 锢夜蛾属
Sclerogenia jessica (Butler) 白曲斑锢夜蛾，斯科夜蛾，黑银纹夜蛾
Sclerogibba 短节蜂属
Sclerogibba rossi Olmi 罗斯短节蜂
sclerogibbid 1. [= sclerogibbid wasp] 短节蜂 < 短节蜂科 Sclerogibbidae 昆虫的通称 >；2. 短节蜂科的
sclerogibbid wasp [= sclerogibbid] 短节蜂
Sclerogibbidae 短节蜂科
Sclerogryllinae 铁蟋亚科
Sclerogryllini 铁蟋族
Sclerogryllus 铁蟋属
Sclerogryllus coriaceus (de Haan) 革翅铁蟋，磬蛉
Sclerogryllus punctatus (Brunner von Wattenwyl) 刻点铁蟋，刻点磬蟋
Sclerogryllus tympanalis Yin *et* Liu 单耳铁蟋
Sclerolips 硬皮象甲属
Sclerolips horridus Heller 糙硬皮象甲，糙硬皮象
scleroma [pl. scleromata; = sclerome] 骨环 < 指昆虫体节的骨化环，以区别于节间膜 >
scleromata [s. scleroma] 骨环
sclerome 见 scleroma
Scleron 坚土甲属，硬拟步甲属
Scleron ferrugineum (Fabricius) 锈色坚土甲，淡红硬拟步甲，锈斑潜沙虫
scleronoduli 骨结
Scleropatroides 近坚土甲属
Scleropatroides seidlitzi (Reitter) 塞近坚土甲，塞伪坚土甲
Scleropatrum 伪坚土甲属
Scleropatrum carinatum (Gebler) 脊伪坚土甲，脊亲拟步甲
Scleropatrum csikii (Kaszab) 希氏伪坚土甲
Scleropatrum horridum Reitter 粗背伪坚土甲，贺亲拟步甲
Scleropatrum mongolicum (Kaszab) 蒙古伪坚土甲
Scleropatrum placosalinus Ren *et* Yang 扁瘤伪坚土甲
Scleropatrum prescotti (Faldermann) 普氏伪坚土甲
Scleropatrum seidlitzi Reitter 见 *Scleropatroides seidlitzi*
Scleropatrum striatogranulatum Reitter 同 *Scleropatrum tuberculiferum*
Scleropatrum tuberculatum Reitter 瘤翅伪坚土甲，瘤亲拟步甲
Scleropatrum tuberculiferum Reitter 条脊伪坚土甲，肖瘤亲拟步甲
Sclerophaedon 固猿叶甲属
Sclerophaedon daccordii Lopatin 达考特固猿叶甲
Sclerophaedon fulvicornis (Chen) 黄肩固猿叶甲，黄角猿叶甲
Sclerophaedon kabaki Daccordi *et* Ge 卡巴克固猿叶甲
Sclerophaedon murzini Daccordi *et* Ge 穆氏固猿叶甲
Sclerophaedon orientalis Daccordi *et* Ge 东方固猿叶甲
Sclerophaedon punctatus Daccordi *et* Ge 粗点固猿叶甲
Sclerophaedon rufipes Daccordi *et* Ge 红足固猿叶甲
Sclerophaedon shennongi Daccordi *et* Ge 神农固猿叶甲
Sclerophion 骨瘦姬蜂属
Sclerophion longicornis Uchida 长角骨瘦姬蜂
Scleropterus 磬蛉属
Scleropterus coriaceus (de Haan) 见 *Sclerogryllus coriaceus*
Scleropterus punctatus Brunner von Wattenwyl 见 *Sclerogryllus punctatus*
Scleroracus flavopictus Ishihara 见 *Limotettix flavopicta*
Scleroracus hamulus Kuoh 见 *Euscelis hamulus*
Scleroracus vaccinii (van Duzee) 见 *Limotettix vaccinii*
sclerosis 硬化
Sclerotia 背萤属
Sclerotia flavida (Hope) 条背萤
Sclerotia fui Ballantyne 付氏背萤，付氏萤
sclerotic 骨质的
sclerotin 骨蛋白 < 昆虫表皮中的鞣化蛋白 >
sclerotization 骨化，硬化，骨化作用
sclerotized 硬化的，骨化的
Sclethrus 筒虎天牛属
Sclethrus amoenus (Gory) 筒虎天牛
Sclethrus stenocylindricus Fairmaire 窄筒虎天牛，大筒虎天牛
Sclomina 刺猎蝽属
Sclomina erinacea Stål 齿缘刺猎蝽
Sclomina guangxiensis Ren 广西刺猎蝽
Sclomina pallens Zhao *et* Cai 淡色刺猎蝽
Sclomina parva Zhao *et* Cai 小刺猎蝽
Sclomina xingrensis Zhao *et* Cai 兴仁刺猎蝽
Scobicia 锉屑长蠹属
Scobicia arizonica Lesne 亚利桑那锉屑长蠹
Scobicia barbata (Wollaston) 唇须锉屑长蠹
Scobicia barbifrons (Wollaston) 额须锉屑长蠹
Scobicia bidentata (Horn) 双齿锉屑长蠹
Scobicia chevrieri (Villa) 瘦小锉屑长蠹
Scobicia declivis (LeConte) [leadcable borer] 坡面锉屑长蠹，干硬木长蠹，电缆长蠹
Scobicia ficicola (Wollaston) 尖尾锉屑长蠹
Scobicia lesnei Fisher 莱森锉屑长蠹
Scobicia monticola Fisher 山地锉屑长蠹
Scobicia pustulata (Fabricius) 小疱锉屑长蠹
Scobicia suturalis (Horn) 突缝锉屑长蠹
scobination 结节
Scobura 须弄蝶属
Scobura cephala (Hewitson) [forest bob] 林须弄蝶，指名须弄蝶
Scobura cephaloides (de Nicéville) [large forest bob] 长须弄蝶
Scobura cephaloides cephaloides (de Nicéville) 长须弄蝶指名亚种
Scobura cephaloides kinka Evans 长须弄蝶中越亚种，肯须弄蝶
Scobura coniata Hering 黄须弄蝶，须弄蝶
Scobura evansi Devyatkin 埃文斯须弄蝶
Scobura eximia Devyatkin 超凡须弄蝶
Scobura hainana (Gu *et* Wang) 海南须弄蝶
Scobura isota (Swinhoe) [Swinhoe's forest bob, Khasi forest bob] 伊索须弄蝶

Scobura lyso (Evans) 离斑黄须弄蝶，利旖弄蝶
Scobura masutaroi Sygiyama 都江堰须弄蝶，四川须弄蝶
Scobura phiditia (Hewitson) [Malay forest bob] 菲须弄蝶
Scobura tytleri (Evans) [Tytler's bob] 泰须弄蝶
Scobura woolletti (Riley) [Woollett's bob] 无斑须弄蝶，伍来须弄蝶，务须弄蝶
Scodiona fagaria Thunberg 见 *Dyscia fagaria*
scoleciasis 蠋害病 < 为人或动物受鳞翅目幼虫的侵害 >
scoli [s. scolus] 枝刺 < 指天蚕蛾幼虫和蛱蝶幼虫体上的成分枝的刺 >
Scolia 土蜂属
Scolia annulata (Fabricius) 见 *Campsomeris* (*Campsomeriella*) *annulata*
Scolia apakaensis Tsuneki 内蒙土蜂
Scolia aureipennis Peletier 金翅土蜂
Scolia bnun Tsuneki 布农土蜂
Scolia* (*Carinoscolia*) *fascinata (Smith) 带土蜂，带黑脊土蜂
Scolia* (*Carinoscolia*) *hoozanensis (Betrem) 凤山土蜂
Scolia* (*Carinoscolia*) *melanosoma de Saussure 黑脊土蜂，黑土蜂
Scolia* (*Carinoscolia*) *melanosoma fascinata (Smith) 见 *Scolia* (*Carinoscolia*) *fascinata*
Scolia* (*Carinoscolia*) *melanosoma melanosoma de Saussure 黑脊土蜂指名亚种
Scolia* (*Carinoscolia*) *vittifrons Sichel 斑额土蜂，赤纹土蜂
Scolia* (*Carinoscolia*) *vittifrons hoozanensis (Betrem) 见 *Scolia* (*Carinoscolia*) *hoozanensis*
Scolia* (*Carinoscolia*) *yunnanensis Betrem 云南土蜂，滇土蜂
Scolia clypeata (Sickmann) 见 *Scolia* (*Discolia*) *clypeata*
Scolia clypeata clypeata (Sickmann) 见 *Scolia* (*Discolia*) *clypeata clypeata*
Scolia clypeata grahami Betrem 见 *Scolia* (*Discolia*) *clypeata grahami*
Scolia clypeata pseudovollenhoveni Betrem 见 *Scolia* (*Discolia*) *clypeata pseudovollenhoveni*
Scolia clypeata rufohirta Betrem 见 *Scolia* (*Discolia*) *clypeata rufohirta*
Scolia dejeani Linden 黄头土蜂
Scolia* (*Discolia*) *clypeata (Sickmann) 唇土蜂
Scolia* (*Discolia*) *clypeata clypeata (Sickmann) 唇土蜂指名亚种，指名唇土蜂
Scolia* (*Discolia*) *clypeata grahami Betrem 唇土蜂格氏亚种，格氏唇土蜂
Scolia* (*Discolia*) *clypeata pseudovollenhoveni Betrem 唇土蜂拟窝亚种，拟窝唇土蜂
Scolia* (*Discolia*) *clypeata rufohirta Betrem 唇土蜂红毛亚种，红毛唇土蜂
Scolia* (*Discolia*) *desidiosa Bingham 黄肩土蜂
Scolia* (*Discolia*) *formosicola Betrem 宝岛土蜂
Scolia* (*Discolia*) *inouyei Okamoto 井山土蜂
Scolia* (*Discolia*) *minowai Uchida 箕轮土蜂，门氏土蜂
Scolia* (*Discolia*) *nobilis de Saussure 显贵土蜂，诺土蜂
Scolia* (*Discolia*) *nobilis hopponis (Matsumura) 显贵土蜂北埔亚种，北埔显贵土蜂
Scolia* (*Discolia*) *nobilis nobilis de Saussure 显贵土蜂指名亚种
Scolia* (*Discolia*) *oculata (Matsumura) 眼斑土蜂
Scolia* (*Discolia*) *quadripustulata (Fabricius) 四点土蜂
Scolia* (*Discolia*) *quadripustulata formosensis Betrem 四点土蜂台湾亚种，台四点土蜂
Scolia* (*Discolia*) *quadripustulata humeralis de Saussure 四点土蜂显肩亚种，肩四点土蜂
Scolia* (*Discolia*) *quadripustulata quadripustulata (Fabricius) 四点土蜂指名亚种
Scolia* (*Discolia*) *sikkimensis Micha 黑红腹土蜂，锡金土蜂
Scolia* (*Discolia*) *sinensis de Saussure 中华土蜂
Scolia* (*Discolia*) *superciliaris de Saussure 黑土蜂
Scolia* (*Discolia*) *superciliaris sauteri Betrem 黑土蜂索氏亚种，索氏黑土蜂，索氏土蜂
Scolia* (*Discolia*) *superciliaris superciliaris de Saussure 黑土蜂指名亚种
Scolia* (*Discolia*) *taiwana Tsuneki 台湾土蜂
Scolia* (*Discolia*) *tigrimaculosa Yamane 美斑土蜂
Scolia* (*Discolia*) *watanabei (Matsumura) 见 *Scolia* (*Scolia*) *watanabei*
Scolia* (*Discolia*) *wusheensis Tsuneki 雾社土蜂
Scolia erythrosoma Burmeister 见 *Liacos erythrosoma*
Scolia erythrosoma chosensis Uchida 见 *Liacos erythrosoma chosensis*
Scolia erythrosoma sikkimensis Micha 见 *Scolia* (*Discolia*) *sikkimensis*
Scolia fascinata (Smith) 见 *Scolia* (*Carinoscolia*) *fascinata*
Scolia formosicola Betrem 见 *Scolia* (*Discolia*) *formosicola*
Scolia grossiformis (Betrem) 见 *Campsomeris* (*Megacampsomeris*) *grossiformis*
Scolia hainanensis (Betrem) 见 *Campsomeris rubromaculata hainanensis*
Scolia histrionica (Fabricius) 希土蜂
Scolia histrionica histriconica (Fabricius) 希土蜂指名亚种
Scolia histrionica japonica Smith 希土蜂日本亚种，日希土蜂，日本土蜂
Scolia iris Peletier 虹土蜂
Scolia japonica Smith 见 *Scolia histrionica japonica*
Scolia manilae Ashmead 东方丽金龟甲土蜂
Scolia melanosoma (de Saussure) 见 *Scolia* (*Carinoscolia*) *melanosoma*
Scolia minowai Uchida 见 *Scolia* (*Discolia*) *minowai*
Scolia nobilis de Saussure 见 *Scolia* (*Discolia*) *nobilis*
Scolia nobilis hopponis (Matsumura) 见 *Scolia* (*Discolia*) *nobilis hopponis*
Scolia nobilis nobilis de Saussure 见 *Scolia* (*Discolia*) *nobilis nobilis*
Scolia oculata (Matsumura) 见 *Scolia* (*Discolia*) *oculata*
Scolia pekingensis Betrem 同 *Scolia* (*Scolia*) *watanabei*
Scolia pseudounifasciata Betrem 同 *Scolia* (*Discolia*) *oculata*
Scolia quadripustulata (Fabricius) 见 *Scolia* (*Discolia*) *quadripustulata*
Scolia quadripustulata formosensis Betrem 见 *Scolia* (*Discolia*) *quadripustulata formosensis*
Scolia quadripustulata humeralis de Saussure 见 *Scolia* (*Discolia*) *quadripustulata humeralis*
Scolia rubiginosa Fabricius 褐赤土蜂，锈色三土蜂
Scolia ruficeps Smith 红头土蜂
Scolia rufispina Morawitz 红刺土蜂
Scolia sauteri Betrem 见 *Scolia* (*Discolia*) *superciliaris sauteri*
Scolia schrenckii Eversman 兴氏土蜂
Scolia* (*Scolia*) *watanabei (Matsumura) 间色黑土蜂
Scolia* (*Scolia*) *watanabei shirakii Matsumura 间色黑土蜂白水亚种
Scolia* (*Scolia*) *watanabei watanabei (Matsumura) 间色黑土蜂指名亚种
Scolia sikkimensis Micha 见 *Scolia* (*Discolia*) *sikkimensis*
Scolia sinensis de Saussure 见 *Scolia* (*Discolia*) *sinensis*

Scolia superciliaris de Saussure 见 *Scolia* (*Discolia*) *superciliaris*
Scolia superciliaris sauteri Betrem 见 *Scolia* (*Discolia*) *superciliaris sauteri*
Scolia taiwana Tsuneki 见 *Scolia* (*Discolia*) *taiwana*
Scolia vespiformis Swederus 胡蜂形土蜂
Scolia vittifrons de Saussure *et* Sichel 见 *Scolia* (*Carinoscolia*) *vittifrons*
Scolia watanabei (Matsumura) 见 *Scolia* (*Scolia*) *watanabei*
Scolia wusheensis Tsuneki 见 *Scolia* (*Discolia*) *wusheensis*
Scolia yunnanensis Betrem 见 *Scolia* (*Carinoscolia*) *yunnanensis*
scoliid 1. [= scoliid wasp] 土蜂 < 土蜂科 Scoliidae 昆虫的通称 >; 2. 土蜂科的
scoliid wasp [= scoliid] 土蜂
Scoliidae 土蜂科
Scoliocentra 曲日蝇属，斯科日蝇属
Scoliocentra engeli (Czerny) 恩曲日蝇，恩氏斯科日蝇，恩氏日蝇
Scoliocentra obscuriventris Gorodkov 暗曲日蝇，暗毛日蝇，暗腹斯科日蝇
Scoliocentra ventricosa (Becker) 腹缘曲日蝇，腹缘斯科日蝇，腹缘畸日蝇
Scolioidea 土蜂总科
Scoliokona 矛透翅蛾属
Scoliokona nanlingensis Kallies *et* Arita 南岭矛透翅蛾
Scoliokona shimentai Kallies *et* Wu 石门台矛透翅蛾
Scoliokona spissa Kallies *et* Arita 密矛透翅蛾
Scolioneura betuleti (Klug) 桦大潜叶叶蜂
Scolioneurinae 曲脉叶蜂亚科
Scoliophthalmus 曲眼秆蝇属
Scoliophthalmus albipennis Becker 同 *Calamoncosis sorella*
Scoliophthalmus augustifrons (Duda) 狭额曲眼秆蝇，狭额眼秆蝇，狭额秆蝇
Scoliophthalmus formosanus (Duda) 台湾曲眼秆蝇，台曲眼秆蝇，台湾秆蝇
Scoliophthalmus pallidinervis Becker 浅色曲眼秆蝇，白脉曲眼秆蝇，浅色秆蝇
Scoliopteryginae 棘翅夜蛾亚科，棘翅裳蛾亚科
Scoliopteryx 棘翅夜蛾属
Scoliopteryx libatrix (Linnaeus) 棘翅夜蛾
Scolitantides 珞灰蝶属
Scolitantides lanty (Oberthür) 见 *Sinia lanty*
Scolitantides orion (Pallas) [chequered blue] 珞灰蝶
Scolitantides orion coreana (Matsumura) 同 *Scolitantides orion ornata*
Scolitantides orion jeholana (Matsumura) 珞灰蝶朝鲜亚种，热克灰蝶
Scolitantides orion jezoensis (Matsumura) [Jozan lycaenid] 珞灰蝶北海道亚种，约山长尾灰蝶
Scolitantides orion matsumuranus (Bryk) 同 *Scolitantides orion ornata*
Scolitantides orion orion (Pallas) 珞灰蝶指名亚种
Scolitantides orion orithyia (Grum-Grshimailo) 珞灰蝶奥瑞亚种，奥珞灰蝶
Scolitantides orion ornata (Staudinger) 珞灰蝶新疆亚种，新疆珞灰蝶
Scolobates 齿胫姬蜂属
Scolobates argeae Sheng, Sun *et* Li 叶蜂齿胫姬蜂
Scolobates auriculatus (Fabricius) 耳齿胫姬蜂
Scolobates fulvus Sheng, Sun *et* Li 黄齿胫姬蜂
Scolobates maculatus Sheng, Sun *et* Li 斑齿胫姬蜂
Scolobates nigriabdominalis Uchida 黑齿胫姬蜂
Scolobates nigriventralis He *et* Tong 黑腹齿胫姬蜂
Scolobates oppositus Sheng, Sun *et* Li 对脉齿胫姬蜂
Scolobates parallelis Sheng, Sun *et* Li 平齿胫姬蜂
Scolobates pyrthosoma He *et* Tong 火红齿胫姬蜂
Scolobates rufiabdominalis Sheng, Sun *et* Li 褐腹齿胫姬蜂
Scolobates ruficeps Uchida 红头齿胫姬蜂
Scolobates ruficeps mesothoracica He *et* Tong 红头齿胫姬蜂红胸亚种
Scolobates ruficeps ruficeps Uchida 红头齿胫姬蜂指名亚种
Scolobates shinicus Sheng, Sun *et* Li 亮齿胫姬蜂
Scolobates tergitalis Sheng, Sun *et* Li 节齿胫姬蜂
Scolobates testaceus Morley 黄褐齿胫姬蜂
Scolobates trapezius Sheng, Sun *et* Li 梯齿胫姬蜂
Scolobatini 齿胫姬蜂族
Scolocolus 斯科实蝇属
Scolocolus bicolor Hardy 双色斯科实蝇
Scolopaceps 鹬鸟虱属
Scolopaceps ambigua (Burmeister) 见 *Cummingsiella ambigua*
Scolopaceps aurea (Hopkins) 见 *Cummingsiella aurea*
Scolopaceps brelihi (Timmermann) 见 *Cummingsiella brelihi*
scolopale [pl. scolopalia; = sense rod] 感橛，剑梢体
scolopalia [s. scolopale] 感橛，剑梢体
scolopes [s. scolops] 感橛
scolophore 具橛神经胞，体壁弦音器，剑梢神经细胞 < 常附着于体壁的纺锤状感器束 >
scolopidium 具橛感器
Scolopini 齿股花蝽族
Scolopita 刺蝉属
Scolopita mokanshanensis (Ôuchi) 莫干山刺蝉
scolopoid body 剑梢体
scolopophorous sensillum [= sensillum scolopophorum, scolopophorus organ] 具橛感器，剑梢感器
scolopophorus organ 见 scolopophorous sensillum
Scoloposcelis 齿股花蝽属
Scoloposcelis obscurella (Zetterstedt) 暗齿股花蝽
Scoloposcelis parallela (Motschulsky) 双齿股花蝽，平行宽花蝽
Scoloposcelis pulchella (Zetterstedt) 丽齿股花蝽
Scolopostethus 斑长蝽属
Scolopostethus abdominalis Jakovlev 褐腹斑长蝽
Scolopostethus chinensis Zheng 中国斑长蝽
Scolopostethus hirsutus Zheng *et* Zou 毛斑长蝽
Scolopostethus montanus Distant 藏斑长蝽
Scolopostethus quadratus Zheng 方胸斑长蝽
scolops [pl. scolopes] 感橛
Scolothrips 食螨蓟马属
Scolothrips acariphagus Jachontow 食螨蓟马
Scolothrips asura Ramakrishna *et* Margabandhu 缩头食螨蓟马，红斑食螨蓟马
Scolothrips chui Chen 见 *Ethirothrips chui*
Scolothrips dilongicornis Han *et* Zhang 肖长角食螨蓟马，肖长角六点蓟马
Scolothrips indicus Priesner 印度食螨蓟马

Scolothrips latipennis Priesner 阔翅食螨蓟马

Scolothrips longicornis Priesner 长角食螨蓟马，长角六点蓟马

Scolothrips maculatus Priesner 斑食螨蓟马

Scolothrips moundi zur Strassen 孟德食螨蓟马

Scolothrips pallidus (Beach) 淡食螨蓟马

Scolothrips quadrimaculatus Priesner 四斑食螨蓟马

Scolothrips quadrinotata Han *et* Zhang 同 *Scolothrips asura*

Scolothrips rhagebianus Priesner 黄色食螨蓟马

Scolothrips sexmaculatus (Pergande) [six-spotted thrips] 六点食螨蓟马，六点蓟马，六星针蓟马

Scolothrips takahashii Priesner 高桥食螨蓟马，塔六点蓟马，宽翅六斑蓟马

Scolothrips virgulae Chen 见 *Ethirothrips virgulae*

scolus [pl. scoli] 枝刺

Scolypopa australis (Walker) [passionvine hopper, passion vine hopper] 澳洲广翅蜡蝉

scolytid 1. [= scolytid beetle, scolytid bark beetle, bark beetle, bark and ambrosia beetle] 小蠹 < 小蠹科 Scolytidae 昆虫的通称 >；2. 小蠹科的

scolytid bark beetle [= scolytid beetle, scolytid, bark beetle, bark and ambrosia beetle] 小蠹

scolytid beetle 见 scolytid bark beetle

Scolytidae 小蠹科，棘胫小蠹科

Scolytinae 小蠹亚科

Scolytini 小蠹族

Scolytitae 小蠹总族

Scolytogenes 拟脐小蠹属

Scolytogenes darwini Eichhoff 达拟脐小蠹

Scolytogenes fulvipennis (Nobuchi) 褐翅拟脐小蠹

Scolytoidea 小蠹总科

Scolytomimus 切刺小蠹属

Scolytomimus andamanensis Wood 安达曼切刺小蠹

Scolytomimus mimusopis Wood 牛油果切刺小蠹

Scolytomimus philippinensis (Eggers) 菲律宾切刺小蠹

Scolytomimus quadridens Wood 四齿切刺小蠹

Scolytomimus woodi Browne 伍德切刺小蠹

scolytoplatypodid 1. [= scolytoplatypodid beetle] 锉小蠹，锉胫小蠹 < 锉小蠹科 Scolytoplatypodidae 昆虫的通称 >；2. 锉小蠹科的

scolytoplatypodid beetle [= scolytoplatypodid] 锉小蠹，锉胫小蠹

Scolytoplatypodidae 锉小蠹科，锉胫小蠹科

Scolytoplatypodinae 锉小蠹亚科

Scolytoplatypodini 锉小蠹族

Scolytoplatypus 锉小蠹属

Scolytoplatypus acuminatus Schedl 尖细锉小蠹

Scolytoplatypus blandfordi Gebhardt 布氏锉小蠹，布莱福德小蠹

Scolytoplatypus calvus Beaver *et* Liu 秃头锉小蠹，秃头小蠹

Scolytoplatypus daimio Blandford 钻石锉小蠹，大名锉小蠹

Scolytoplatypus darjeelingi Stebbing 印锉小蠹

Scolytoplatypus mikado Blandford 大和锉小蠹

Scolytoplatypus minimus Hagedorn 小锉小蠹

Scolytoplatypus pubescens Hagedorn 绒毛锉小蠹，毛茸茸菌生小蠹，微毛锉小蠹

Scolytoplatypus raja Blandford 毛刺锉小蠹

Scolytoplatypus shogum Blandford 将军锉小蠹

Scolytoplatypus sinensis Tsai *et* Huang 中国锉小蠹

Scolytoplatypus superciliosus Tsai *et* Huang 束发锉小蠹

Scolytoplatypus tycon Blandford 太康锉小蠹

Scolytoplatypus zahradniki Knížek 扎氏锉小蠹

Scolytus 小蠹属

Scolytus abaensis Tsai *et* Yin 枸子木小蠹，枸子木小蠹

Scolytus amurensis Eggers 白桦小蠹

Scolytus aratus Blandford [ume bark beetle] 梅小蠹

Scolytus butovitschi Stark 角胸小蠹

Scolytus chikisanii Niijima 微脐小蠹 < 此种学名有误写为 *Scolytus shikisani* Niijima 者 >

Scolytus claviger Blandford 棒小蠹

Scolytus confusus Eggers 同 *Scolytus japonicus*

Scolytus dahuricus Chapuis 枫桦小蠹

Scolytus esuriens Blandford 三刺小蠹

Scolytus fagi Walsh [beech bark beetle] 山毛榉小蠹

Scolytus frontalis Blandford 凹额小蠹

Scolytus intricatus (Ratzeburg) [European oak bark beetle, oak bark beetle] 橡木小蠹，毛束小蠹，栎小蠹

Scolytus jacobsoni Spessivtseff 指瘤小蠹

Scolytus japonicus Chapuis [Japan bark beetle, Japanese bark beetle] 果树小蠹，日本棘胫小蠹，日本小蠹

Scolytus kirschi Skalitzki 基氏黑小蠹，基小蠹

Scolytus laevis Chaps 平瘤小蠹

Scolytus laricis Blackman [larch engraver] 国外落叶松小蠹

Scolytus major Stebbing 硕小蠹

Scolytus mali (Bechstein) [larger shothole borer, apple bark beetle, large elm bark beetle, large fruit bark beetle] 苹果小蠹，山楂小蠹，大苹荆胫小蠹，马六齿小蠹

Scolytus morawitzi Semenov 落叶松小蠹

Scolytus multistriatus (Marsham) [smaller European elm bark beetle, European elm bark beetle] 波纹小蠹，波纹棘胫小蠹，欧洲榆小蠹

Scolytus muticus Say [hackberry engraver, hackberry beetle] 粒额小蠹，朴棘胫小蠹

Scolytus nakanei Nobuchi 中根小蠹，中根小蠹虫

Scolytus nitidus Schedl 藏西小蠹，亮小蠹

Scolytus parviclaviger Yin *et* Huang 长脐小蠹

Scolytus piceae (Swaine) [spruce scolytus, spruce engraver beetle] 美云杉小蠹

Scolytus pilosus Yin *et* Huang 毛脐小蠹

Scolytus pomi Yin *et* Huang 樱小蠹

Scolytus praeceps LeConte 头状小蠹

Scolytus quadrispinosus Say [hickory bark beetle] 多瘤小蠹，胡桃棘胫小蠹

Scolytus querci Yin *et* Huang 瘤唇小蠹

Scolytus ratzeburgi Janson [birch bark beetle, birch sapwood borer] 欧桦小蠹，皱小蠹，桦边材小蠹，欧桦小蠹虫 < 此种学名有误写为 *Scolytus ratzburgi* Janson 者 >

Scolytus rugulosus (Müller) [shot-hole borer, apple tree beetle, fruit tree bark beetle] 皱小蠹，皱纹棘胫小蠹，果树皱皮小蠹

Scolytus schevyrewi Semenov [banded elm bark beetle] 脐腹小蠹

Scolytus scolytus (Fabricius) [larger European elm bark beetle, larger elm bark beetle] 欧洲榆小蠹，大榆棘胫小蠹，欧洲大榆小蠹

Scolytus semenovi (Spessivtseff) 副脐小蠹
Scolytus seulensis Murayama 多毛小蠹
Scolytus shanhaiensis Yin *et* Huang 山海小蠹
Scolytus sinensis Eggers 同 *Scolytus schevyrewi*
Scolytus sinopiceus Tsai 云杉小蠹
Scolytus squamosus Yin *et* Huang 鳞腹小蠹
Scolytus tsugae (Swaine) [hemlock engraver] 铁杉小蠹
Scolytus unispinosus LeConte [Douglas fir engraver, Douglas fir engraver beetle] 针叶小蠹，黄杉棘胫小蠹
Scolytus ventralis LeConte [fir engraver, fir engraver beetle] 弱瘤小蠹，冷杉棘胫小蠹
Scolytus yablonianus Murayama 雅布小蠹
scopa [pl. scopae] 花粉刷，花粉栉 < 采花粉的膜翅目昆虫在后足胫节上的刷状粗毛 >
scopae [s. scopa] 花粉刷，花粉栉
Scopaeothrips unicolor Hood 单色小蠹
Scopaeus 四齿隐翅甲属，四齿隐翅虫属
Scopaeus dilutus Motschulsky 方头四齿隐翅甲，方头四齿隐翅虫
Scopaeus filiformis Wollaston 丝四齿隐翅甲，丝四齿隐翅虫
Scopaeus kreyenbergi Bernhauer 同 *Scopaeus virilis*
Scopaeus laevigatus Gyllenhal 滑四齿隐翅甲，滑四齿隐翅虫
Scopaeus pallidulus Kraatz 黄四齿隐翅甲，黄四齿隐翅虫
Scopaeus schuelkei Frisch 舒氏四齿隐翅甲，舒氏四齿隐翅虫
Scopaeus testaceus Motschulsky 粗胸四齿隐翅甲，粗胸四齿隐翅虫
Scopaeus velutinus Motschulsky 密绒四齿隐翅甲，密绒四齿隐翅虫
Scopaeus virilis Sharp 强四齿隐翅甲，强四齿隐翅虫
Scoparia 苔螟属
Scoparia afghanorum Leraut 阿富汗苔螟
Scoparia ambigualis (Treitschke) 广苔螟，疑苔螟
Scoparia ancipitella (La Harpe) 突囊苔螟
Scoparia bifaria Li, Li *et* Nuss 双列苔螟
Scoparia brevituba Li, Li *et* Nuss 短管苔螟
Scoparia brunnea (Leraut) 褐苔螟
Scoparia caradjai Leraut 喀氏苔螟，卡拉苔螟
Scoparia congestalis Walker 囊刺苔螟，康苔螟
Scoparia cordata Li 草苔螟
Scoparia frequentella Stainton 同 *Eudonia mercurella*
Scoparia indica Leraut 印度苔螟
Scoparia ingratella (Zeller) 隐苔螟
Scoparia isochroalis Hampson 狭翅苔螟
Scoparia jiuzhaiensis Li, Li *et* Nuss 九寨苔螟
Scoparia kiangensis Leraut 同 *Scoparia spinata*
Scoparia kwangtungialis Caradjia 广东苔螟，粤苔螟
Scoparia largispinea Li, Li *et* Nuss 大刺苔螟
Scoparia matsuii Inoue 松井苔螟
Scoparia metaleucalis Hampson 狭瓣苔螟，后白苔螟
Scoparia molestalis Inoue 莫苔螟，摩苔螟
Scoparia murificalis Walker 牧苔螟
Scoparia nipponalis Inoue 日本苔螟
Scoparia promiscua Wileman *et* South 见 *Eudonia promiscua*
Scoparia sinensis Leraut 中华苔螟
Scoparia spinata Inoue 刺苔螟
Scoparia spinosa Li, Li *et* Nuss 多刺苔螟
Scoparia staudingeralis (Mabille) 淡足苔螟
Scoparia stoetzneri Caradja 斯氏苔螟
Scoparia subgracilis Sasaki 华雅苔螟，细苔螟
Scoparia submedinella Caradja 蜀苔螟
Scoparia taiwanensis Sasaki 台湾苔螟
Scoparia tohokuensis Inoue 东北苔螟，托苔螟
Scoparia uncinata Li, Li *et* Nuss 钩苔螟
Scoparia utsugii Inoue 宇津苔螟
Scoparia vinotinctalis Hampson 巍苔螟
Scoparia yamanakai Inoue 山中苔螟，雅苔螟
Scopariinae 苔螟亚科
scopate 具花粉刷的
Scopelodes 球须刺蛾属
Scopelodes bicolor Wu *et* Fang 双带球须刺蛾
Scopelodes brunnea Hering 同 *Scopelodes venosa*
Scopelodes contracta Walker [small blackish cochlid, Japanese small blackish cochlid] 纵带球须刺蛾，球须刺蛾，小星刺蛾，黑刺蛾
Scopelodes kwangtungensis Hering 显脉球须刺蛾，粤显脉球须刺蛾
Scopelodes melli Hering 美球须刺蛾，黄脉灰褐球须刺蛾
Scopelodes sericea Butler 灰褐球须刺蛾
Scopelodes tantula melli Hering 见 *Scopelodes melli*
Scopelodes testacea Butler 黄褐球须刺蛾
Scopelodes unicolor Westwood 单色球须刺蛾，素色球须刺蛾
Scopelodes ursina Butler 小黑球须刺蛾
Scopelodes venosa Walker 喜马球须刺蛾，显脉球须刺蛾，粤显脉球须刺蛾
Scopelodes venosa brunnea Hering 同 *Scopelodes venosa venosa*
Scopelodes venosa kwangtungensis Hering 见 *Scopelodes kwangtungensis*
Scopelodes venosa venosa Walker 喜马球须刺蛾指名亚种，显脉球须刺蛾指名亚种
Scopesis 视姬蜂属
Scopesis frontator (Thunberg) 额视姬蜂
Scopeuma stercoraria (Linnaeus) 见 *Scathophaga stercoraria*
Scopeumatidae [= Cordyluridae, Scatomyzidae, Scathophagidae] 粪蝇科，拟花蝇科
Scophosternus 瘤疣象甲属
Scophosternus rugosus Roelofs [empress tree granulated weevil] 梧桐瘤疣象甲，梧桐瘤象甲
scopiferous antenna 具刷触角
scopiform 刷形
scopiped 刷状垫 < 指爪垫之密被刷状毛者 >
Scopiprosbole 帚形结蝉属
Scopiprosbole caespis Lin 簇状帚形结蝉
scopula [pl. scopulae] 毛丛 < 采花粉的膜翅目昆虫中，覆盖在基跗节里面的硬毛丛 >
Scopula 岩尺蛾属，紫线尺蛾属
Scopula absconditaria (Walker) 见 *Scopula nesciaria absconditaria*
Scopula acharis Prout 藏岩尺蛾
Scopula achrosta Prout 克岩尺蛾
Scopula actuaria (Walker) 见 *Craspediopsis actuaria*
Scopula adeptaria (Walker) 浪纹岩尺蛾，浪纹姬尺蛾，脂岩尺蛾
Scopula aegrefasciata Sihvonen 川岩尺蛾
Scopula aequifasciata (Christoph) 桩岩尺蛾
Scopula albiceraria (Herrich-Schäffer) 白须岩尺蛾
Scopula albiceraria albiceraria (Herrich-Schäffer) 白须岩尺蛾指

名亚种

Scopula albiceraria vitellinaria (Eversmann) 白须岩尺蛾黄斑亚种，威白丫尺蛾

Scopula albilarvata (Warren) 淡纹白岩尺蛾，淡纹白姬尺蛾

Scopula ambigua Prout 枉岩尺蛾

Scopula anatreces Prout 台湾岩尺蛾，台湾姬尺蛾，安岩尺蛾

Scopula anfractata Sihvonen 蜿岩尺蛾

Scopula annularia (Swinhoe) 环岩尺蛾

Scopula ansulata (Lederer) 安岩尺蛾，柄岩尺蛾，柄丫尺蛾

Scopula ansulata ansulata (Lederer) 安岩尺蛾指名亚种

Scopula ansulata characteristica (Alphéraky) 安岩尺蛾新疆亚种

Scopula apicipunctata (Christoph) 端点岩尺蛾

Scopula asthena Inoue 弱岩尺蛾

Scopula attentata (Walker) 小波岩尺蛾，小波姬尺蛾，弱岩尺蛾

Scopula attentata attentata (Walker) 小波岩尺蛾指名亚种

Scopula axiata (Püngeler) 简单岩尺蛾

Scopula beckeraria (Lederer) 拜氏岩尺蛾，倍岩尺蛾，倍丫尺蛾

Scopula bifalsaria (Prout) 比岩尺蛾

Scopula bifalsaria bifalsaria (Prout) 比岩尺蛾指名亚种

Scopula bifalsaria falsificata Prout 比岩尺蛾西藏亚种

Scopula bimacularia (Leech) 双斑岩尺蛾

Scopula caesaria (Walker) 暗缘岩尺蛾，暗缘姬尺蛾，客岩尺蛾

Scopula caricaria (Reutti) 菊岩尺蛾，卡岩尺蛾

Scopula cineraria (Leech) 灰岩尺蛾

Scopula confusa (Butler) 康岩尺蛾

Scopula corrivalaria (Kretschmar) 可岩尺蛾，同溪岩尺蛾

Scopula cumulata (Alphéraky) 积岩尺蛾，库岩尺蛾，库丫尺蛾

Scopula decorata (Denis *et* Schiffermüller) 蓝斑岩尺蛾

Scopula decorata armeniaca (Thierry-Mieg) 蓝斑岩尺蛾喜杏亚种

Scopula decorata decorata (Denis *et* Schiffermüller) 蓝斑岩尺蛾指名亚种

Scopula decorata przewalskii Viidaleppp 蓝斑岩尺蛾普氏亚种

Scopula defectiscripta (Prout) 淡纹灰岩尺蛾，淡纹灰姬尺蛾

Scopula deliciosaria (Walker) 柔岩尺蛾，德缘尺蛾

Scopula delitata (Prout) 德岩尺蛾，德丫尺蛾

Scopula dignata (Guenée) 良岩尺蛾

Scopula dimorphata (Snellen) 双形岩尺蛾，狄岩尺蛾

Scopula dimorphata dimorphata (Snellen) 双形岩尺蛾指名亚种

Scopula dimorphata hainanica Prout 双形岩尺蛾海南亚种，琼岩尺蛾

Scopula divisaria (Walker) 见 *Antitrygodes divisaria*

Scopula divisaria divisaria (Walker) 见 *Antitrygodes divisaria divisaria*

Scopula divisaria perturbata (Prout) 见 *Antitrygodes divisaria perturbata*

Scopula dubernardi (Oberthür) 斜缘岩尺蛾

Scopula elwesi Prout 埃氏岩尺蛾

Scopula elwesi achlyoides Prout 埃氏岩尺蛾内蒙亚种

Scopula elwesi elwesi Prout 埃氏岩尺蛾指名亚种

Scopula emissaria (Walker) 叉岩尺蛾，双点灰岩尺蛾，双点灰姬尺蛾

Scopula emissaria emissaria (Walker) 叉岩尺蛾指名亚种，指叉岩尺蛾

Scopula emissaria lactea (Butler) 叉岩尺蛾日本亚种，日本叉岩尺蛾

Scopula emma (Prout) 埃玛岩尺蛾

Scopula emma emma (Prout) 埃玛岩尺蛾指名亚种

Scopula emma jordani (West) 埃玛岩尺蛾连点亚种，连点岩尺蛾，连点姬尺蛾，约埃玛岩尺蛾

Scopula eunupta Vasilenko 悠岩尺蛾

Scopula extimaria (Walker) 外岩尺蛾

Scopula farinaria (Leech) 珐岩尺蛾，珐丫尺蛾

Scopula ferrilineata (Moore) 明岩尺蛾

Scopula fibulata (Guenée) 扣岩尺蛾

Scopula flaccidaria (Zeller) 福岩尺蛾，弗丫尺蛾

Scopula floslactata (Haworth) 花岩尺蛾

Scopula formosana Prout 细纹岩尺蛾，细纹姬尺蛾，台湾岩尺蛾

Scopula francki Prout 弗氏岩尺蛾，弗岩尺蛾

Scopula gnophosaria (Leech) 异成岩尺蛾

Scopula haematophaga Bänziger *et* Fletcher 嗜岩尺蛾

Scopula halimodendrata (Erschov) 哈利岩尺蛾

Scopula hanna (Butler) 汉岩尺蛾，汉丫尺蛾

Scopula hesycha Prout 赫岩尺蛾

Scopula humifusaria (Eversmann) 展岩尺蛾

Scopula ignobilis (Warren) 伊岩尺蛾，单小岩尺蛾，单小姬尺蛾

Scopula impersonata (Walker) 距岩尺蛾

Scopula incanata (Linnaeus) 灰白岩尺蛾，灰白丫尺蛾

Scopula indicataria (Walker) 印岩尺蛾，印递尺蛾

Scopula insolata (Butler) 荫岩尺蛾，皓岩尺蛾

Scopula insolata insolata (Butler) 荫岩尺蛾指名亚种

Scopula insolata satsumaria (Leech) 荫岩尺蛾萨摩亚种，萨荫岩尺蛾

Scopula isomerica Prout 灰小岩尺蛾，灰小姬尺蛾，等岩尺蛾

Scopula kagiata (Bastelberger) 嘉义岩尺蛾，灰姬尺蛾，灰岩尺蛾，卡艾姆尺蛾

Scopula kawabei Inoue 川边岩尺蛾

Scopula klaphecki Prout 克氏岩尺蛾，克岩尺蛾

Scopula lacriphaga Bänziger *et* Fletcher 拉岩尺蛾

Scopula lactaria (Walker) 特岩尺蛾，特丫尺蛾

Scopula latelineata (Graeser) 宽线岩尺蛾，宽线丫尺蛾

Scopula leuraria (Prout) 平滑岩尺蛾

Scopula limbata (Wileman) 电波岩尺蛾，电波姬尺蛾，缘岩尺蛾

Scopula luridata (Zeller) 浅黄岩尺蛾

Scopula luridata luridata (Zeller) 浅黄岩尺蛾指名亚种

Scopula luridata sternecki Prout 同 *Scopula luridata luridata*

Scopula lutearia (Leech) 路岩尺蛾，路丫尺蛾

Scopula luteicollis Prout 同 *Scopula marcidaria*

Scopula manes Djakonov 松岩尺蛾，曼岩尺蛾

Scopula manifesta (Prout) 津岩尺蛾，曼尼岩尺蛾，曼丫尺蛾

Scopula marcidaria (Leech) 玛岩尺蛾，玛丫尺蛾

Scopula marginepunctata (Goeze) 缘岩尺蛾

Scopula marginepunctata marginepunctata (Goeze) 缘岩尺蛾指名亚种

Scopula marginepunctata terrigena Prout 缘岩尺蛾中亚亚种

Scopula mecysma (Swinhoe) 三线岩尺蛾，三线姬尺蛾

Scopula mendicaria (Leech) 见 *Somatina mendicaria*

Scopula mishmica Prout 米岩尺蛾

Scopula modicaria (Leech) 摩岩尺蛾，琴岩尺蛾

Scopula monosema Prout 莽岩尺蛾

Scopula moorei (Cotes *et* Swinhoe) 摩尔岩尺蛾

Scopula moorei achrosta Prout 见 *Scopula achrosta*

Scopula nemoraria (Hübner) 森林岩尺蛾，内岩尺蛾，内丫尺蛾
Scopula nesciaria (Walker) 微点岩尺蛾，微点姬尺蛾
Scopula nesciaria absconditaria (Walker) 微点岩尺蛾黑斑亚种，微点姬尺蛾，阿内岩尺蛾，阿岩尺蛾
Scopula nesciaria nesciaria (Walker) 微点岩尺蛾指名亚种
Scopula nictata (Guenée) 同 *Scopula pulchellata*
Scopula nigropunctata (Hüfnagel) [sub-angled wave] 黑点岩尺蛾
Scopula nigropunctata imbella (Warren) 黑点岩尺蛾伊穆亚种，伊黑点岩尺蛾
Scopula nigropunctata nigropunctata (Hüfnagel) 黑点岩尺蛾指名亚种
Scopula nigropunctata subcandidata Walker 黑点岩尺蛾麻岩亚种，麻岩尺蛾，角岩尺蛾，角姬尺蛾
Scopula ochricrinita Prout 赭毛岩尺蛾
Scopula opicata (Fabricius) 奥岩尺蛾
Scopula ornata (Scopoli) 饰岩尺蛾
Scopula ornata ornata (Scopoli) 饰岩尺蛾指名亚种
Scopula ornata subornata (Prout) 饰岩尺蛾亚饰亚种，亚饰岩尺蛾
Scopula oxysticha Prout 隐带岩尺蛾，锐岩尺蛾
Scopula parallelaria (Warren) 平行岩尺蛾，平行威丫尺蛾
Scopula permutata (Staudinger) 成岩尺蛾，泼岩尺蛾，泼丫尺蛾
Scopula personata (Prout) 遮岩尺蛾，真小姬尺蛾
Scopula plumbearia (Leech) 羽岩尺蛾
Scopula polyterpes Prout 坡岩尺蛾，珀利岩尺蛾
Scopula praecanata (Staudinger) 斜岩尺蛾，普岩尺蛾，普丫尺蛾
Scopula preumenes Prout 粉调岩尺蛾
Scopula propinquaria (Leech) 褐斑岩尺蛾，花边灰岩尺蛾，花边灰姬尺蛾
Scopula prosthiostigma Prout 前斑岩尺蛾
Scopula prouti Djakonov 普氏岩尺蛾，普岩尺蛾
Scopula proximaria (Leech) 近岩尺蛾
Scopula proximaria indigenata (Wileman) 近岩尺蛾玛璃亚种，玛璃岩尺蛾，玛璃姬尺蛾
Scopula proximaria proximaria (Leech) 近岩尺蛾指名亚种
Scopula pseudocorrivalaria (Wehrli) 伪柯岩尺蛾，伪柯丫尺蛾
Scopula pudicaria (Motschulsky) 三线岩尺蛾，银岩尺蛾
Scopula pulchellata (Fabricius) 丽岩尺蛾，秀波姬尺蛾
Scopula pulchellata pulchellata (Fabricius) 丽岩尺蛾指名亚种，指名丽岩尺蛾
Scopula pulchellata takowensis Prout 丽岩尺蛾高雄亚种，塔丽岩尺蛾
Scopula punctatissima (Bastelberger) 大斑纹岩尺蛾，大斑纹姬尺蛾
Scopula rantaizanensis (Wileman) 峦大山岩尺蛾，歪纹白岩尺蛾，歪纹白姬尺蛾，伦折足尺蛾
Scopula remotata (Guenée) 陌岩尺蛾
Scopula rivularia (Leech) 波岩尺蛾
Scopula rubiginata (Hübner) [tawny wave] 红岩尺蛾，红丫尺蛾，橘点岩尺蛾，暗红岩尺蛾
Scopula rufigrisea Prout 红灰岩尺蛾，红灰摩丫尺蛾
Scopula rufistigma (Warren) 红痣岩尺蛾
Scopula sauteri Prout 索岩尺蛾，四点灰姬尺蛾
Scopula sedataria (Leech) 塞达岩尺蛾，塞丫尺蛾
Scopula segregata Prout 离岩尺蛾，塞岩尺蛾
Scopula sinopersonata (Wehrli) 华岩尺蛾
Scopula sjostedti Djakonov 史岩尺蛾
Scopula spilodorsata Warren 背斑岩尺蛾
Scopula spilodorsata cosmeta Prout 背斑岩尺蛾柯斯亚种，柯背斑岩尺蛾
Scopula spilodorsata spilodorsata Warren 背斑岩尺蛾指名亚种
Scopula subalbulata (Sterneck) 近白岩尺蛾，近白黑点丫尺蛾
Scopula subpulchellata Prout 亚丽岩尺蛾，亚美岩尺蛾
Scopula subpunctaria (Herrich-Schäffer) [tea silvery geometrid] 亚点岩尺蛾，亚星岩尺蛾，点线银尺蠖，小白尺蠖，青尺蠖，茶银尺蠖，茶银尺蛾
Scopula substrigaria (Staudinger) 亚纹岩尺蛾，亚纹丫尺蛾
Scopula superciliata (Prout) 长毛岩尺蛾
Scopula superior (Butler) 超岩尺蛾
Scopula sybillaria (Swinhoe) 笛岩尺蛾
Scopula szechuanensis (Prout) 四川岩尺蛾
Scopula tenuisocius Inoue 薄岩尺蛾
Scopula ternata (Schrank) 忑岩尺蛾，忑丫尺蛾
Scopula tessellaria (Boisduval) 黑波岩尺蛾
Scopula tsekuensis Prout 白斑岩尺蛾
Scopula turbidaria (Hübner) 陀螺岩尺蛾
Scopula umbelaria (Hübner) 巨岩尺蛾，乌岩尺蛾，乌丫尺蛾
Scopula violacea (Warren) 堇岩尺蛾
Scopula virgulata (Denis *et* Schiffermüller) [streaked wave] 条纹岩尺蛾，威丫尺蛾，黑缘岩尺蛾
Scopula virgulata rossica Djakonov 条纹岩尺蛾玫色亚种
Scopula virgulata virgulata (Denis *et* Schiffermüller) 条纹岩尺蛾指名亚种
Scopula yamanei Inoue 山根岩尺蛾，山根姬尺蛾
Scopula yihe Yang 颐和岩尺蛾
scopulae [s. scopula] 毛丛
Scopulini 岩尺蛾族
scopulipedes 集粉肢类 < 指蜜蜂类之足上具有采集花粉构造者 >
scopurid 1. [= scopurid stonefly] 裸蜻 < 裸蜻科 Scopuridae 昆虫的通称 >；2. 裸蜻科的
scopurid stonefly [= scopurid] 裸蜻
Scopuridae 裸蜻科，粗石蝇科
Scopuroidea 裸蜻总科
scorched wing [*Plagodis dolabraria* (Linnaeus)] 斧木纹尺蛾
Scordonia 司尺蛾属
Scordonia fausta Thierry-Mieg 玹司尺蛾
scoriaceous 似灰色的
scorpion-beetle [*Onychocerus albitarsis* (Pascoe)] 白跗蝎天牛
scorpion fly 蝎蛉 < 泛指长翅目昆虫 >
scorpion wasp [= ichneumon fly, ichneumon wasp, ichneumon, ichneumonid, ichneumonid wasp, Darwin wasp] 姬蜂 < 姬蜂科 Ichneumonidae 昆虫的通称 >
Scorpioteleia 蝎锤角细蜂属
Scorpioteleia compressa (Kieffer) 窄蝎锤角细蜂
Scotaeus 暗轴甲属，暗拟步甲属
Scotaeus focalis Gebien 福暗轴甲，福暗拟步甲
Scotaeus seriatopunctatus Heller 点列暗轴甲，红足轴甲，点列暗拟步甲
Scotch annulet [= Scottish annulet, *Gnophos obfuscata* (Denis *et*

Schiffermüller)] 灰褐幽尺蛾
Scotch argus [*Erebia aethiops* (Esper)] 艾诺红眼蝶，伊红眼蝶
Scotch bent-wing [= inverness gold-dot bentwing moth, *Leucoptera sinuella* (Reutti)] 杨白纹潜蛾，杨白条潜蛾，杨白潜蛾，杨白潜叶蛾，白杨潜叶蛾，辛副潜蛾
Scotch burnet [= mountain burnet, *Zygaena exulans* (Hohenwarth)] 爱斑蛾
Scotinophara 黑蝽属，稻黑蝽属
Scotinophara bispinosa (Fabricius) 双刺黑蝽，双刺黑椿象
Scotinophara coarctata (Thunberg) [Malayan rice black bug, black paddy bug, black rice bug, rice black bug] 褐黑蝽，马来亚稻黑蝽
Scotinophara horvathi Distant 弯刺黑蝽
Scotinophara limosa (Walker) 栗黑蝽
Scotinophara lurida (Burmeister) [black rice bug, Japanese black rice bug] 稻黑蝽，黑椿象
Scotinophara malayensis (Distant) 马来黑蝽
Scotinophara nigra (Dallas) 长刺黑蝽，江苏黑蝽
Scotinophara obscura (Dallas) 暗黑蝽
Scotinophara ochracea (Distant) 赭黑蝽
Scotinophara parva Yang 小黑蝽
Scotinophara scotti Horváth [smaller black rice bug] 短刺黑蝽，小黑稻蝽，短刺黑椿象
Scotinophara scutellata Scott 盾黑蝽
Scotinophara serrata (Vollenhoven) 齿缘黑蝽
Scotinophara sicula (Costa) 斯黑蝽
Scotinophara tarsalis (Vellenhoven) 跗黑蝽
Scotiomyia 沼长足虻属
Scotiomyia opercula (Wei) 盖沼长足虻
Scotiophyes 双卷蛾属
Scotiophyes faeculosa (Meyrick) 颚双卷蛾，思科卷蛾
Scotiophyes subtriangulata Wang 近三角双卷蛾
Scotocampa 脊额夜蛾属
Scotocampa indigesta Staudinger 脊额夜蛾，司珂夜蛾
Scotodonta 暗齿舟蛾属
Scotodonta costiguttatus (Matsumura) 双线暗齿舟蛾
Scotodonta tenebrosa (Moore) 暗齿舟蛾
Scotogramma nana (Hüfnagel) 小幽夜蛾
Scotogramma submarginalis Walker 亚缘幽夜蛾
Scotogramma trifolii (Hüfnagel) 见 *Anarta trifolii*
Scotomedes 斯捷蝽属
Scotomedes alienus (Distant) 滇斯捷蝽
Scotomedes alienus alienus (Distant) 滇斯捷蝽指名亚种
Scotomedes alienus sikkimensis van Doesburg 滇斯捷蝽锡金亚种
Scotomedes ater Stål 黑斯捷蝽
Scotomedes biguttulata (Reuter) 双斑斯捷蝽
Scotomedes distanti van Doesburg 迪氏斯捷蝽
Scotomedes doesburgi Ren 杜氏斯捷蝽
Scotomedes formosanus van Doesburg *et* Ishikawa 台湾斯捷蝽
Scotomedes gedehensis van Doesburg 爪哇斯捷蝽
Scotomedes guangxiensis Ren 广西斯捷蝽
Scotomedes lemoulti van Doesburg 勒氏斯捷蝽
Scotomedes maai van Doesburg 马氏斯捷蝽
Scotomedes minor (Breddin) 小斯捷蝽
Scotomedes polis van Doesburg 菲斯捷蝽
Scotomedes priscus (Bergroth) 褐斯捷蝽
Scotomedes priscus jacobsoni van Doesburg 褐斯捷蝽雅氏亚种
Scotomedes priscus priscus (Bergroth) 褐斯捷蝽指名亚种
Scotomedes rudolfi van Doesburg 茹氏斯捷蝽
Scotomedes sumatrensis van Doesburg 苏门斯捷蝽
Scotomedes thai van Doesburg 泰斯捷蝽
Scotomedes yunnanensis Ren 云南斯捷蝽
Scotominettia 暗黑缟蝇亚属，暗黑缟蝇属
Scotopais 黝斑蛾属
Scotopais tristis (Mell) 红颈黝斑蛾，斯斑蛾，特弗斑蛾
scotophase 暗期，暗相，人工暗期
scotopsin 暗视蛋白
Scotopteryx 掷尺蛾属
Scotopteryx adornata Staudinger 阿掷尺蛾，阿直里尺蛾
Scotopteryx appropinquaria (Staudinger) 邻掷尺蛾，近直里尺蛾
Scotopteryx burgaria (Eversmann) 保掷尺蛾，保直里尺蛾
Scotopteryx chenopodiata (Linnaeus) 柴掷尺蛾
Scotopteryx chenopodiata chenopodiata (Linnaeus) 柴掷尺蛾指名亚种
Scotopteryx chenopodiata sibirica (Bang-Haas) 柴掷尺蛾西伯利亚亚种，西伯柴掷尺蛾
Scotopteryx delitescens Bastelberger 见 *Gnophos delitescens*
Scotopteryx dorytata Xue 大戟掷尺蛾
Scotopteryx duplicata (Warren) 矛掷尺蛾，倍直里尺蛾
Scotopteryx duplicata duplicata (Warren) 矛掷尺蛾指名亚种
Scotopteryx duplicata subfimbriata (Prout) 矛掷尺蛾四川亚种，亚矛掷尺蛾，亚倍直里尺蛾
Scotopteryx eurypeda (Prout) 阔掷尺蛾，尤直里尺蛾
Scotopteryx flavophasgania Xue 黄剑掷尺蛾
Scotopteryx junctata (Staudinger) 联掷尺蛾
Scotopteryx junctata junctata (Staudinger) 联掷尺蛾指名亚种，指名联掷尺蛾
Scotopteryx kashgara (Moore) 卡掷尺蛾，卡直里尺蛾
Scotopteryx moeniata (Scopoli) [fortified carpet] 莫掷尺蛾，莫直里尺蛾
Scotopteryx sartata (Alphéraky) 萨掷尺蛾，萨直里尺蛾
Scotopteryx scotophasgania Xue 黑剑掷尺蛾
Scotopteryx semenovi (Alphéraky) 黑波掷尺蛾
Scotopteryx semenovi ouanguemetaria (Oberthür) 黑波掷尺蛾四川亚种，奥黑波掷尺蛾
Scotopteryx semenovi semenovi (Alphéraky) 黑波掷尺蛾指名亚种，指名黑波掷尺蛾
Scotopteryx similaria (Leech) 同掷尺蛾，相似直里尺蛾，相似尤博尺蛾
Scotopteryx sinensis (Alphéraky) 华掷尺蛾，华直里尺蛾
Scotopteryx supproximaria (Staudinger) 肃掷尺蛾，肃直里尺蛾
Scotoscymnus bicolor (Kamiya) 见 *Scymnomorphus bicolor*
Scotoscymnus japonica (Kamiya) 见 *Scymnomorphus japonicus*
Scotosia adornata Staudinger 见 *Amnesicoma adornata*
Scotosia albiplaga Oberthür 见 *Rheumaptera albiplaga*
Scotosia atrostrigata Bremer 见 *Photoscotosia atrostrigata*
Scotosia bipunctularia Leech 见 *Philereme bipunctularia*
Scotosia fasciaria Leech 见 *Rheumaptera fasciaria*
Scotosia grisearia Leech 见 *Rheumaptera grisearia*
Scotosia interruptaria Leech 见 *Rheumaptera flavipes interruptaria*

Scotosia marmoraria Leech 见 *Rheumaptera marmoraria*
Scotosia melanoplagia Hampson 见 *Rheumaptera melanoplagia*
Scotosia multilinearia Leech 见 *Rheumaptera multilinearia*
Scotosia nigralbata Warren 见 *Rheumaptera nigralbata*
Scotosia seseraria (Oberthür) 见 *Triphosa seseraria*
Scotosia sideritaria Oberthür 见 *Rheumaptera sideritaria*
Scotosia tremulata Guenée 见 *Rheumaptera tremulata*
Scots pine adelges [= pine adelgid, Eurasian pine adelgid, Scots pine adelgid, pine woolly aphid, spruce pine chermes, *Pineus pini* (Goeze)] 欧洲赤松球蚜，苏格兰松球蚜
Scots pine adelgid 见 Scots pine adelges
Scots pine aphid [*Cinara pini* (Linnaeus)] 赤松长足大蚜
Scottish annulet 见 Scotch annulet
Scottish soft scale [*Luzulaspis scotica* Goux] 苏格兰鲁丝蚧
Scottish wood ant [= red wood ant, *Formica aquilonia* Yarrow] 北方蚁
SCP [supercooling point 的缩写] 过冷却点
SCR [scavenger receptor 的缩写] 清道夫受体
scrambling competition 分摊竞争
Scranciinae 司舟蛾亚科，狭翅舟蛾亚科
scraper 1. 跗凹 < 指蜜蜂中由基跗节形成的半圆形凹，作清洁触角之用 >；2. 刮器，摩擦器 < 指发音器中擦刮发音的构造 >
Scrapter 扁栉距蜂属
Scrapter simpliciceps Strand 同 *Ctenoplectra davidi*
Scrapter tuberculiceps Strand 同 *Ctenoplectra cornuta*
Scraptia 拟花蚤属
Scraptia chinensis Pic 华拟花蚤
Scraptia cribriceps (Champion) 筛头拟花蚤，筛头肯拟花蚤
Scraptia distincta Pic 显拟花蚤
scraptiid 1. [= scraptiid beetle, false flower beetle] 拟花蚤 < 拟花蚤科 Scraptiidae 昆虫的通称 >；2. 拟花蚤科的
scraptiid beetle [= scraptiid, false flower beetle] 拟花蚤
Scraptiidae 拟花蚤科
scratching mouthparts 刮吸式口器
scree alpine [*Erebia anyuica* Kurenzov] 坡红眼蝶
screech-beetle [= hygrobiid beetle, hygrobiid water beetle, squeak beetle, hygrobiid] 水甲 < 水甲科 Hygrobiidae 昆虫的通称 >
screening 筛选
screening pigment 屏蔽色素
screwworm [= New World screw-worm fly, primary screwworm, *Cochliomyia hominivorax* (Coquerel)] 嗜人锥蝇，美洲锥蝇，旋丽蝇，新大陆螺旋蝇，螺旋蝇，螺旋锥蝇
scripton 转录子
Scriptoplusia 钞夜蛾属
Scriptoplusia nigriluna (Walker) 双点钞夜蛾，伲金翅夜蛾，河口弧翅夜蛾，河口刺瓣夜蛾，黑月粉斑夜蛾，黑点夜蛾
scriptus 文字状的
scrobe 1. 窝；2. 触角窝 < 指接纳或隐藏附器的沟。在象鼻虫中，指接纳触角柄节的沟；在膜翅目昆虫中，指额上有触角柄节在内转动的沟；在直翅目昆虫中，指着生触角的凹陷 >
scrobiculate 具粒陷的 < 常指表皮表面具有深圆粒状凹陷的 >
Scrobigera 豪虎蛾属
Scrobigera albomarginata (Moore) 白边豪虎蛾
Scrobigera amatrix (Westwood) 豪虎蛾
Scrobigera arnatrix amatrix (Westwood) 豪虎蛾指名亚种，指名豪虎蛾
Scrobigera arnatrix chinensis Jordan 豪虎蛾湖北亚种，华豪虎蛾
Scrobigera amatrix media Jordan 豪虎蛾中间亚种，中豪虎蛾
Scrobigera proxima (Walker) 近豪虎蛾
Scrobigera vulcania (Butler) 神豪虎蛾
Scrobipalpa 沟须麦蛾属
Scrobipalpa artemisiella (Treitschke) [thyme moth] 麝香草沟须麦蛾，麝香草麦蛾
Scrobipalpa chinensis Povolny 华沟须麦蛾
Scrobipalpa heliopa (Lower) [tobacco stem borer] 烟草沟须麦蛾，烟草蛀茎麦蛾，赫块茎麦蛾，烟草蛀茎蛾，烟草麦蛾，烟草瘦蛾，烟草茎蛾
Scrobipalpa proclivella (Fuchs) 蒿沟须麦蛾
Scrobipalpa zouhari Povolny 周沟须麦蛾
Scrobipalpula 拟须麦蛾属
Scrobipalpula artemisiella (Kearfott) [thyme moth] 麝香草拟须麦蛾，麝香草黑显麦蛾
Scrobipalpula ramosella (Müller-Rutz) 飞蓬拟须麦蛾
scroll gall 卷叶瘿
scrotal membrane [= scrotum] 睾丸膜
scrotiform 囊形
scrotum 见 scrotal membrane
scrub cicada [*Diceroprocta semicincta* (Davis)] 灌木榆蝉
scrub darter [= iris skipper, *Arrhenes dschilus* (Plötz)] 迪斯艾弄蝶
SCTN [sex comb tooth number 的缩写] 性栉齿数
Scudderia 叉尾螽属
Scudderia furcata Brunner von Wattenwyl [fork-tailed bush katydid, Scudder's bush katydid] 山林叉尾螽，叉尾山林螽，叉尾螽斯
Scudder's bush katydid [= fork-tailed bush katydid, *Scudderia furcata* Brunner von Wattenwyl] 山林叉尾螽，叉尾山林螽，叉尾螽斯
Scudder's duskywing [*Erynnis scudderi* (Skinner)] 斯氏珠弄蝶
Sculptobracon 刻纹茧蜂亚属
Sculptocoris 雕毛角蝽属
Sculptocoris guangxiensis Ren *et* Yang 广西雕毛角蝽
Sculptolobus 刻胸茧蜂属
Sculptolobus bannaensis Yang *et* Chen 版纳刻胸茧蜂
Sculptolobus sulcifer Yang, van Achterberg *et* Chen 沟叶刻胸茧蜂
Sculptolobus tobiasi Yang *et* Chen 托氏刻胸茧蜂
Sculptolobus tongmuensis Chen *et* Yang 桐木刻胸茧蜂
Sculptolobus zoui Yang, van Achterberg *et* Chen 邹氏刻胸茧蜂
sculpture 刻纹
sculptured 有刻纹的
sculptured pine borer 1. [*Chalcophora angulicollis* (LeConte)] 松雕脊吉丁甲，松颈角吉丁；2. [= Virginia pine borer, larger flat-headed pine borer, large flat-headed pine heartwood borer, large flat-head pine heartwood borer, western pine borer, *Chalcophora virginiensis* (Drury)] 大松吉丁甲，大脊吉丁甲，金大吉丁，大扁头星吉丁
sculptured pupa [= exarate pupa, pupa exarata] 离蛹，裸蛹
scurfy bark louse [= Harris's bark-louse, scurfy scale, *Chionaspis furfura* (Fitch)] 糠皮雪盾蚧，皮屑长蚧
scurfy scale 1. [= Harris's bark-louse, scurfy bark louse, *Chionaspis furfura* (Fitch)] 糠皮雪盾蚧，皮屑长蚧；2. [= rose scale, blackberry scale, *Aulacaspis rosae* (Bouché)] 蔷薇白轮盾蚧，蔷薇白蚧，玫瑰白轮蚧，玫瑰轮盾介壳虫

scuta [s. scutum] 1. 盾片；2. 骨片，骨板
scutal 1. 盾片的；2. 盾片
scutal seta 盾板毛
scutal sulcus [= scutal suture] 盾沟
scutal suture 见 scutal sulcus
scutala 盾板毛
scutalaria [= posterior notal wing process] 后背翅突
scutarea 小盾片 < 用于半翅目昆虫中的 scutellum>
scutate [= scutatus] 1. 盾形的 < 同 scutiform>；2. 具大鳞的；3. 具盾片的
scutatus 见 scutate
scutcheon 1. 小盾片 < 同 scutellum>；2. 前胸背板 < 用于半翅目昆虫 >
scute [= scutum] 盾片 < 指幼虫身体上的骨化盾或骨片 >
scutel [= scutellum] 小盾片
scutellaire 盾腋片 < 指后翅基部的第一腋片，同 first axillaire sigmoidea>
scutellar angle 小盾角 < 指鞘翅伸展时，邻近小盾片的角 >
scutellar bridge 小盾桥 < 在双翅目昆虫中，小盾片在每侧连接盾片并横经间沟的小脊 >
scutellar space 间盾 < 螳螂中触角与唇基之间的区域 >
scutellary 小盾片的
scutellate [= scutellatus] 小片状的 < 指表皮分成小片的 >
Scutellathous 盾叩甲属
Scutellathous spinosus Platia *et* Schimmel 刺盾叩甲
Scutellathous yamashitai Arimoto 山下盾叩甲
scutellatus 见 scutellate
Scutellera 长盾蝽属
Scutellera amethystina (Germar) 米字长盾蝽，米字蝽
Scutellera fasciata (Panzer) 同 *Scutellera amethystina*
Scutellera nobilis (Fabricius) 同 *Scutellera perplexa*
Scutellera perplexa (Westwood) 长盾蝽，显长盾蝽
scutellerid 1. [= scutellerid bug, shield bug, shield-backed bug] 盾蝽 < 盾蝽科 Scutelleridae 昆虫的通称 >；2. 盾蝽科的
scutellerid bug [= scutellerid, shield bug, shield-backed bug] 盾蝽
Scutelleridae 盾蝽科，盾椿象科
Scutellerinae 盾蝽亚科
Scutelleroidea 盾蝽总科
scutelli [s. scutellum] 小盾片
Scutellista 长盾金小蜂属
Scutellista caerulea (Fonscolombe) 蓝色长盾金小蜂
Scutellista cyanea (Motschulsky) [black scale parasite] 蜡蚧长盾金小蜂
scutellum [pl. scutelli] 小盾片
Scutibracon 小盾茧蜂属
Scutibracon fujianensis Wang, Chen, Wu *et* He 福建小盾茧蜂
Scutibracon hispae (Viereck) 铁甲小盾茧蜂
scutiform [= scutate] 盾形
Scutiphora 澳盾蝽属
Scutiphora pedicellata (Kirby) 柄澳盾蝽
Scutisotoma 短尾蛛属
Scutisotoma kolymica Potapov, Babenko *et* Fjellberg 科累马短尾蛛
Scutisotoma potapovi Xie *et* Chen 波氏短尾蛛
Scutisotoma stepposa (Martynova) 草原短尾蛛
Scutisotoma trichaetosa Huang *et* Potapov 三毛短尾蛛
Scutomyia 盾蚊亚属
scutoprescutum 中胸前盾片 < 指膜翅目昆虫中，中胸背板的前片 >
scutoscutellar sulcus 盾间沟
scuttle fly [= phorid fly, humpbacked fly, phorid] 蚤蝇 < 蚤蝇科 Phoridae 昆虫的通称 >
scutulis 小盾片 < 指半翅目昆虫中，小盾片的盾形部分 >
scutum [pl. scuta] 1. 盾片；2. 骨片，骨板
scydmaenid 1. [= scydmaenid beetle, ant-like stone beetle] 苔甲，藓苔虫 < 苔甲科 Scydmaenidae 昆虫的通称 >；2. 苔甲科的
scydmaenid beetle [= scydmaenid, ant-like stone beetle] 苔甲，藓苔虫
Scydmaenidae 苔甲科，藓苔虫科
Scydmaeninae 苔甲亚科
Scydmaenitae 苔甲超族
Scydmaenus 苔甲属，藓苔虫属
Scydmaenus chinensis Franz 华苔甲
Scydmaenus csikii Franz 克苔甲
Scydmaenus formosanus Csiki 丽苔甲
Scydmaenus kiautunensis Franz 挂墩苔甲
Scydmaenus sinensis Franz 唐苔甲
Scydmaenus szechuanensis Franz 川苔甲
Scydmaenus taihorinus Reitter 嘉义苔甲
Scydmaenus taiwanensis Franz 台岛苔甲
Scydmaenus taiwanicus Franz 台湾苔甲，台苔甲
Scydmaenus vestitoides Reitter 拟赤苔甲
Scydmaenus vestitus (Sharp) 赤苔甲
Scydosella 微瘿甲属
Scydosella musawasensis Hall 穆微瘿甲
Scylaticus 长节虫虻属，长节食虫虻属，魁梧食虫虻属
Scylaticus degener Schiner 南方长节虫虻，南方长节食虫虻，杂长节虫虻，舶来食虫虻
Scylaticus lutescens Hermann 黄长节虫虻
scylax tigerwing [*Melinaea scylax* (Salvin)] 横纹苹绡蝶
Scylax 长头蝽属
Scylax porrectus Distant 突肩长头蝽
scylla firetip [*Elbella scylla* (Ménétriès)] 礁弄蝶
Scymninae 小毛瓢虫亚科
Scymnini 小毛瓢虫族
Scymnomorphus 展唇瓢虫属
Scymnomorphus bicolor (Kamiya) 双色展唇瓢虫，双色暗小毛瓢虫
Scymnomorphus cuspidatus Wang *et* Ren 尖茎展唇瓢虫
Scymnomorphus isolateralis Wang *et* Ren 方叶展唇瓢虫
Scymnomorphus japonicus (Reitter) 日本展唇瓢虫
Scymnomorphus magnopunctatus Wang *et* Ren 深点展唇瓢虫
Scymnomorphus monticola (Sasaji) 褐色唇展瓢虫，台湾拟展唇瓢虫
Scymnomorphus xiaomengyangus Wang *et* Ren 小勐养展唇瓢虫
Scymnomorphus yadongensis Wang *et* Ren 亚东展唇瓢虫
Scymnus 小毛瓢虫属，小毛瓢虫亚属，毛瓢虫属
Scymnus accamptus Pang *et* Pu 弯端小毛瓢虫，弯端小瓢虫
Scymnus acidotus Pang *et* Huang 端丝小毛瓢虫
Scymnus akonis (Ohta) 见 *Diomus akonis*

Scymnus alishanensis Pang *et* Yu 见 *Scymnus* (*Parapullus*) *alishanensis*

Scymnus andamanensis Kapur 同 *Scymnus apiciflavus*

Scymnus apiciflavus (Motschulsky) 黄端小毛瓢虫

Scymnus auritus (Thunberg) 短叶小毛瓢虫

Scymnus axinoides Ren *et* Pang 斧端小毛瓢虫

Scymnus chinensis Jordan 中华小毛瓢虫

Scymnus cladocerus Ren *et* Pang 枝角小毛瓢虫，枝角小瓢虫

Scymnus comperei Pang *et* Gordon 细管小毛瓢虫

Scymnus compoceratus Pang *et* Huang 弯角小毛瓢虫

Scymnus contemptus (Weise) 尖帽小毛瓢虫

Scymnus cristiformis Yu 冠端小毛瓢虫，冠端小瓢虫

Scymnus cryphaconicus Ren *et* Pang 隐剑小毛瓢虫，隐剑小瓢虫

Scymnus curvus Yang 见 *Scymnus* (*Pullus*) *curvus*

Scymnus dactylicus Pang 指突小毛瓢虫

Scymnus dichorionicus Pang *et* Huang 叶突小毛瓢虫

Scymnus dicorycus Pang *et* Huang 双囊小毛瓢虫

Scymnus dipterygicus Ren *et* Pang 双翼小毛瓢虫

Scymnus dissolobus Pang *et* Huang 双叶小毛瓢虫

Scymnus dorcatomoides Weise 见 *Scymnus* (*Pullus*) *dorcatomoides*

Scymnus dorytatus Pang 矛管小毛瓢虫

Scymnus exocorycus Pang *et* Huang 外囊小毛瓢虫

Scymnus fanjingicus Ren *et* Pang 见 *Scymnus* (*Pullus*) *fanjingicus*

Scymnus ferrugatus (Moll) 端锈小毛瓢虫

Scymnus filippovi Ukrainsky 拱叶小毛瓢虫

Scymnus frontalis Fabricius 见 *Scymnus* (*Scymnus*) *frontalis*

Scymnus fujianensis Pang *et* Gordon 福建小毛瓢虫

Scymnus fuscatus Boheman 见 *Scymnus* (*Neopullus*) *fuscatus*

Scymnus giganteus Kamiya 大黑小毛瓢虫

Scymnus hainanensis Pang *et* Gordon 海南小毛瓢虫

Scymnus hatomensis Kamiya 见 *Scymnus* (*Pullus*) *hatomensis*

Scymnus hingstoni Kapur 印氏小毛瓢虫

Scymnus hoffmanni Weise 见 *Scymnus* (*Neopullus*) *hoffmanni*

Scymnus huashansong Yu 见 *Scymnus* (*Pullus*) *huashansong*

Scymnus impexus Mulsant 疱小毛瓢虫

Scymnus inderihensis Mulsant 见 *Scymnus* (*Scymnus*) *inderihensis*

Scymnus japonicus Weise 见 *Scymnus* (*Pullus*) *japonicus*

Scymnus jigongshan Yu 见 *Scymnus* (*Pullus*) *jigongshan*

Scymnus kaguyahime Kamiya 真实小毛瓢虫

Scymnus kawamurai (Ohta) 暗黑背小毛瓢虫，黑背小瓢虫

Scymnus klapperichi Pang *et* Gordon 同 *Scymnus filippovi*

Scymnus koebelei (Pang *et* Gordon) 凯氏小毛瓢虫，哥氏凯瓢虫

Scymnus leo Yang 见 *Scymnus* (*Pullus*) *leo*

Scymnus linanicus Yu *et* Pang 临安小毛瓢虫，临安小瓢虫

Scymnus longisiphonulus Cao *et* Xiao 同 *Scymnus* (*Pullus*) *tenuis*

Scymnus loxiphyllus Ren *et* Pang 曲叶小毛瓢虫，曲叶小瓢虫

Scymnus (***Neopullus***) ***babai*** Sasaji 黑背小毛瓢虫，黑背毛瓢虫

Scymnus (***Neopullus***) ***brevicollis*** Chen *et* Ren 短领小毛瓢虫

Scymnus (***Neopullus***) ***brunnescens*** Motschulsky 棕色小毛瓢虫，棕色毛瓢虫

Scymnus (***Neopullus***) ***camptodromus*** Yu *et* Liu 弧结小毛瓢虫，弧结毛瓢虫

Scymnus (***Neopullus***) ***fuscatus*** Bohema 薄明小毛瓢虫，棕色毛瓢虫

Scymnus (***Neopullus***) ***hoffmanni*** Weise 黑襟小毛瓢虫，黑襟毛瓢虫

Scymnus (***Neopullus***) ***lijiangensis*** Yu 丽江小毛瓢虫

Scymnus (***Neopullus***) ***lulangicus*** Chen *et* Ren 鲁朗小毛瓢虫

Scymnus (***Neopullus***) ***lycotropus*** Yu 马蹄小毛瓢虫，马蹄毛瓢虫

Scymnus (***Neopullus***) ***miniscúlus*** Yu *et* Pang 小缝小毛瓢虫

Scymnus (***Neopullus***) ***nigromarginalis*** Yu 黑缘小毛瓢虫

Scymnus (***Neopullus***) ***nigroventralis*** Chen *et* Ren 黑腹小毛瓢虫

Scymnus (***Neopullus***) ***ningshanensis*** Yu *et* Yao 宁陕小毛瓢虫，宁陕毛瓢虫

Scymnus (***Neopullus***) ***sinuanodulus*** Yu *et* Yao 波结小毛瓢虫

Scymnus (***Neopullus***) ***tachengicus*** Yu 塔城小毛瓢虫，塔城毛瓢虫

Scymnus (***Neopullus***) ***thecacontus*** Ren *et* Pang 套小毛瓢虫

Scymnus nigrosuturalis Kamiya 同 *Scymnus* (*Scymnus*) *nubilus*

Scymnus notidanus Pang *et* Huang 鳍突小毛瓢虫

Scymnus notus Pang *et* Pu 同 *Scymnus* (*Pullus*) *pangi*

Scymnus nubilus Mulsant 见 *Scymnus* (*Scymnus*) *nubilus*

Scymnus obsoletus Weise 见 *Nephus* (*Sidis*) *obsoletus*

Scymnus oestocraerus Pang *et* Huang 见 *Scymnus* (*Pullus*) *oestocraerus*

Scymnus oncosiphonos Cao *et* Xiao 钩管小毛瓢虫，钩管小瓢虫

Scymnus orientalis Mader 东方小毛瓢虫

Scymnus paganus (Lewis) 见 *Scymnus* (*Scymnus*) *paganus*

Scymnus paralleus Yu *et* Pang 平叶小毛瓢虫，平叶毛瓢虫

Scymnus (***Parapullus***) ***aduncatus*** Chen, Ren *et* Wang 钩端小毛瓢虫，钩端拟小瓢虫

Scymnus (***Parapullus***) ***alishanensis*** Pang *et* Yu 阿里山小毛瓢虫，阿里山拟小瓢虫

Scymnus (***Parapullus***) ***malleatus*** Chen, Ren *et* Wang 锤囊小毛瓢虫，锤囊拟小瓢虫

Scymnus (***Parapullus***) ***secula*** Yang 立拟小毛瓢虫，立拟小瓢虫

Scymnus paratenuis Ren *et* Pang 拟长管小毛瓢虫，拟长管小瓢虫

Scymnus pelecoides Pang *et* Huang 见 *Scymnus* (*Pullus*) *pelecoides*

Scymnus posticalis Sicard 后斑小毛瓢虫

Scymnus prosericatus Pang 同 *Scymnus* (*Pullus*) *centralis*

Scymnus prosphykontus Pang *et* Huang 同 *Scymnus dissolobus*

Scymnus prostylotus Pang *et* Huang 附桩小毛瓢虫

Scymnus (***Pullus***) ***ambonoidea*** Pang 刀突小毛瓢虫，刀突小瓢虫

Scymnus (***Pullus***) ***ancontophyllus*** Ren *et* Pang 箭叶小毛瓢虫，箭叶小瓢虫

Scymnus (***Pullus***) ***bicolor*** Yang 同 *Scymnus* (*Pullus*) *yangi*

Scymnus (***Pullus***) ***bistortus*** Yu 双旋小毛瓢虫，双旋小瓢虫

Scymnus (***Pullus***) ***centralis*** Kamiya 中黑小毛瓢虫，中黑小瓢虫

Scymnus (***Pullus***) ***cnidatus*** Pang *et* Pu 刺端小毛瓢虫，刺端小瓢虫

Scymnus (***Pullus***) ***curvus*** Yang 弯小毛瓢虫

Scymnus (***Pullus***) ***dorcatomoides*** Weise 锈色小毛瓢虫，锈色小瓢虫

Scymnus (***Pullus***) ***endocorycus*** Pang *et* Huang 同 *Scymnus* (*Pullus*) *yangi*

Scymnus (***Pullus***) ***fanjingicus*** Ren *et* Pang 梵净小毛瓢虫，梵净小瓢虫

Scymnus (***Pullus***) ***formosanus*** (Weise) 丽小毛瓢虫，丽小瓢虫

Scymnus (***Pullus***) ***hatomensis*** Kamiya 鸠间小毛瓢虫，鸠间小瓢虫，哈图小毛瓢虫

Scymnus (***Pullus***) ***heptaspilicus*** Ren *et* Pang 七斑小毛瓢虫，七斑

小瓢虫

Scymnus (**Pullus**) ***heyuanus*** Yu 河源小毛瓢虫，河源小瓢虫

Scymnus (**Pullus**) ***huashansong*** Yu 华山松小毛瓢虫，华山松小瓢虫

Scymnus (**Pullus**) ***japonicus*** Weise 日本小毛瓢虫，日本小瓢虫

Scymnus (**Pullus**) ***jigongshan*** Yu 鸡公山小毛瓢虫，鸡公山小瓢虫

Scymnus (**Pullus**) ***klapperichi*** Pang *et* Gordon 同 *Scymnus filippovi*

Scymnus (**Pullus**) ***leo*** Yang 狮色小毛瓢虫，狮色小瓢虫

Scymnus (**Pullus**) ***liupanshanus*** Chen *et* Ren 六盘山小毛瓢虫，六盘山小瓢虫

Scymnus (**Pullus**) ***lonchiatus*** Pang *et* Huang 矛端小毛瓢虫，矛端小瓢虫

Scymnus (**Pullus**) ***mastigoides*** Ren *et* Pang 鞭丝小毛瓢虫，鞭丝小瓢虫

Scymnus (**Pullus**) ***menglianicus*** Chen *et* Ren 勐连小毛瓢虫

Scymnus (**Pullus**) ***mongolicus*** Weise 蒙古小毛瓢虫，蒙古小瓢虫

Scymnus (**Pullus**) ***nankunicus*** Pang 南昆小毛瓢虫，南昆小瓢虫

Scymnus (**Pullus**) ***nephrospilus*** Ren *et* Pang 肾斑小毛瓢虫，肾斑小瓢虫

Scymnus (**Pullus**) ***novenus*** Yu 山地小毛瓢虫

Scymnus (**Pullus**) ***oestocraerus*** Pang *et* Huang 箭端小毛瓢虫，箭端小瓢虫

Scymnus (**Pullus**) ***ovimaculatus*** Sasaji 卵斑小毛瓢虫，卵斑小瓢虫

Scymnus (**Pullus**) ***pangi*** Fürsch 庞氏小毛瓢虫，庞氏小瓢虫，紫背小毛瓢虫

Scymnus (**Pullus**) ***pelecoides*** Pang *et* Huang 斧端小毛瓢虫，斧端小瓢虫

Scymnus (**Pullus**) ***perdere*** Yang 盖端小毛瓢虫，盖端小瓢虫

Scymnus (**Pullus**) ***petalinus*** Yu 扁叶小毛瓢虫，扁叶小瓢虫

Scymnus (**Pullus**) ***phylloides*** Yu 类叶小毛瓢虫

Scymnus (**Pullus**) ***podoides*** Yu *et* Pang 足印小毛瓢虫，足印小瓢虫

Scymnus (**Pullus**) ***posticalis*** Sicard 后斑小毛瓢虫，后斑小瓢虫

Scymnus (**Pullus**) ***quadrillum*** Motschulsky 四点小毛瓢虫，四斑小瓢虫

Scymnus (**Pullus**) ***ruficeps*** (Ohta) 红头小毛瓢虫

Scymnus (**Pullus**) ***shirozui*** Kamiya 弯叶小毛瓢虫，弯叶小瓢虫

Scymnus (**Pullus**) ***sodalis*** (Weise) 束小毛瓢虫，束小瓢虫，台湾小瓢虫，伴小毛瓢虫

Scymnus (**Pullus**) ***spirosiphonicus*** Ren *et* Pang 旋管小毛瓢虫，旋管小瓢虫

Scymnus (**Pullus**) ***taiwanus*** (Ohta) 台湾小毛瓢虫，台湾小瓢虫

Scymnus (**Pullus**) ***takabayashii*** (Ohta) 端手小毛瓢虫，端手小瓢虫

Scymnus (**Pullus**) ***takasago*** Kamiya 高砂小毛瓢虫，高砂小瓢虫

Scymnus (**Pullus**) ***tenuis*** Yang 长管小毛瓢虫，细管小毛瓢虫，长管小瓢虫

Scymnus (**Pullus**) ***trimaculatus*** Yu *et* Pang 三斑小毛瓢虫，三斑小瓢虫

Scymnus (**Pullus**) ***vimhphuensis*** Hoàng 同 *Scymnus* (*Pullus*) *yangi*

Scymnus (**Pullus**) ***yaling*** Yu 哑铃小毛瓢虫，哑铃小瓢虫

Scymnus (**Pullus**) ***yangi*** Yu *et* Pang 内囊小毛瓢虫，内囊小瓢虫，内条小毛瓢虫

Scymnus (**Pullus**) ***yunshanpingensis*** Yu 云杉坪小毛瓢虫，云杉坪小瓢虫

Scymnus *quadrillum* Motschulsky 见 *Scymnus* (*Pullus*) *quadrillum*

Scymnus *quadrivulneratus* Mulsant 连斑小毛瓢虫

Scymnus *rhachiatus* Pang *et* Huang 针端小毛瓢虫

Scymnus *rhamphiatus* Pang *et* Huang 柳端小毛瓢虫

Scymnus *ruficeps* (Ohta) 见 *Scymnus* (*Pullus*) *ruficeps*

Scymnus *runcatus* Yu *et* Pang 倒齿小毛瓢虫，倒齿小瓢虫

Scymnus *scalpratus* Yu 匙叶小毛瓢虫，匙叶小瓢虫

Scymnus *scapanulus* Pang *et* Huang 拳爪小毛瓢虫

Scymnus *scrobiculatus* Yu 凹叶小毛瓢虫，凹叶小瓢虫

Scymnus (**Scymnus**) ***apiciflavus*** (Motschulsky) 端黄小毛瓢虫

Scymnus (**Scymnus**) ***bifurcatus*** Yu 二歧小毛瓢虫

Scymnus (**Scymnus**) ***crinitus*** Fürsch 长毛小毛瓢虫

Scymnus (**Scymnus**) ***decemmaculatus*** Yu *et* Pang 十斑小毛瓢虫

Scymnus (**Scymnus**) ***dolichonychus*** Yu *et* Pang 长爪小毛瓢虫

Scymnus (**Scymnus**) ***folchinii*** Canepari 长隆小毛瓢虫

Scymnus (**Scymnus**) ***frontalis*** (Fabricius) 四斑小毛瓢虫

Scymnus (**Scymnus**) ***grammicus*** Yu 线管小毛瓢虫

Scymnus (**Scymnus**) ***inderihensis*** Mulsant 连斑小毛瓢虫，殷小毛瓢虫

Scymnus (**Scymnus**) ***kabakovi*** Hoàng 内卷小毛瓢虫

Scymnus (**Scymnus**) ***longmenicus*** Pang 龙门小毛瓢虫

Scymnus (**Scymnus**) ***manipulus*** Fürsch *et* Kreissl 草旗小毛瓢虫

Scymnus (**Scymnus**) ***mimulus*** Capra *et* Fürsch 小小毛瓢虫

Scymnus (**Scymnus**) ***najaformis*** Yu 蛇形小毛瓢虫

Scymnus (**Scymnus**) ***nubilus*** Mulsant 云小毛瓢虫

Scymnus (**Scymnus**) ***paganus*** Lewis 乡舍小毛瓢虫

Scymnus (**Scymnus**) ***pallipes*** Mulsant 黄足小毛瓢虫

Scymnus (**Scymnus**) ***pinguis*** Yu 肥厚小毛瓢虫

Scymnus (**Scymnus**) ***schmidi*** Fürsch 施氏小毛瓢虫

Scymnus *shixingicus* Yu *et* Pang 始兴小毛瓢虫，始兴小瓢虫

Scymnus *singularis* Mader 独斑小毛瓢虫

Scymnus *sodalis* (Weise) 见 *Scymnus* (*Pullus*) *sodalis*

Scymnus *sternitus* Pang *et* Gordon 同 *Keiscymnus taiwanensis*

Scymnus *subvillosus* (Goeze) 亚毛小毛瓢虫

Scymnus *syoitii* Sasaji 细毛小毛瓢虫

Scymnus *tainanensis* (Ohta) 见 *Sasajiscymnus tainanensis*

Scymnus *takasago* Kamiya 见 *Scymnus* (*Pullus*) *takasago*

Scymnus *tegminalis* Hoàng 中脊小毛瓢虫

Scymnus *toxosiphonius* Pang *et* Huang 箭管小毛瓢虫

Scymnus *tympanus* Yu *et* Pang 鼓膜小毛瓢虫，鼓膜小瓢虫

Scymnus *vilis* (Weise) 镰小毛瓢虫

Scymnus *xanthostethus* Pang *et* Pu 同 *Scymnus koebelei*

Scymnus *yamato* Kamiya 长突小毛瓢虫，长突毛瓢虫

Scyphophorus 黑环象甲属

Scyphophorus *acupunctatus* Gyllenhal [sisal weevil, agave weevil] 剑麻黑环象甲，剑麻黑象甲

Scyphophorus *interstitialis* Gyllenhal 同 *Scyphophorus acupunctatus*

Scythia 马头蚧属

Scythia *cranium-equinum* Kiritchenko 中亚马头蚧

Scythia *sinensis* Wu 中华马头蚧

Scythis 杯鳖甲属

Scythis *affinis* Ballion 邻杯鳖甲

Scythis *altaicus* Medvedev 阿尔泰杯鳖甲

Scythis angusticollis (Gebler) 狭背杯鳖甲，狭杯鳖甲
Scythis ardoini Skopin 阿尔杯鳖甲
Scythis arenarius (Faldermann) 沙栖杯鳖甲，沙杯鳖甲
Scythis athelea Reitter 亚赛杯鳖甲
Scythis banghaasi Reitter 班氏杯鳖甲
Scythis bulganicus Kaszab 布尔干杯鳖甲
Scythis intermedia Ballion 中亚杯鳖甲，间杯鳖甲
Scythis intermedia intemedia Ballion 中亚杯鳖甲指名亚种，指名间杯鳖甲
Scythis intermedia scythiformis (Reitter) 中亚杯鳖甲南疆亚种，南疆杯鳖甲，晒间杯鳖甲
Scythis latithorax Skopin 宽胸杯鳖甲
Scythis sculptilis Reitter 雕纹杯鳖甲
Scythis sulciceps (Gebler) 沟杯鳖甲，沟高鳖甲
Scythis tatarica Gebler 塔杯鳖甲
Scythis tatarica gracilis Ballion 塔杯鳖甲美丽亚种，丽塔杯鳖甲
Scythis tatarica pseudoscythis (Reitter) 塔杯鳖甲侧圆亚种，侧圆杯鳖甲
Scythis tatarica tatarica Gebler 塔杯鳖甲指名亚种
Scythis tenuimarginis Ren *et* Ba 细边杯鳖甲
Scythis tenuis (Bogachev) 细长杯鳖甲
Scythis vtorovianus Skopin 维托杯鳖甲
Scython 斯隐唇叩甲属
Scython coloratus Bonvouloir 色斯隐唇叩甲
Scython maculicollis Bonvouloir 斑斯隐唇叩甲
scythrid 1. [= scythrid moth] 绢蛾 < 绢蛾科 Scythridae 昆虫的通称 >; 2. 绢蛾科的
scythrid moth [= scythrid] 绢蛾
Scythridae [= Scythrididae] 绢蛾科
Scythrididae 见 Scythridae
Scythris 绢蛾属
Scythris chrysopygella Caradja 金绢蛾
Scythris pyrropyga Filipjev 藜绢蛾
Scythris scotinopa Meyrick 斯绢蛾
Scythris sinensis (Felder *et* Rogenhofer) 中华绢蛾，四点绢蛾，四纹绢蛾
Scythropia crataegella (Linnaeus) [hawthorn webworm] 山楂织蛾
Scythropiodes 绢祝蛾属
Scythropiodes approximans (Caradja) 邻近绢祝蛾，近奥木蛾
Scythropiodes barbellatus Park *et* Wu 刺瓣绢祝蛾
Scythropiodes bispinus Wang *et* Li 双刺绢祝蛾
Scythropiodes dentirotatus Wang *et* Li 齿突绢祝蛾
Scythropiodes elasmatus Park *et* Wu 片瓣绢祝蛾
Scythropiodes foliiformis Wang *et* Li 叶绢祝蛾
Scythropiodes gnophus Park *et* Wu 暗褐绢祝蛾
Scythropiodes grandimacularis Wang *et* Li 大斑绢祝蛾
Scythropiodes hamatellus Park *et* Wu 钩瓣绢祝蛾
Scythropiodes issikii (Takahashi) [Isshiki xyloryctid] 梅绢祝蛾，梅木蛾，五点木蛾，五点梅木蛾，樱桃堆沙蛀蛾，卷边虫，石木氏堆沙蛀蛾，梅奥木蛾，一色塞麦蛾
Scythropiodes jiulianae Park *et* Wu 九连绢祝蛾
Scythropiodes longicornis Wang *et* Li 长角绢祝蛾
Scythropiodes malivora (Meyrick) 苹果绢祝蛾，乌桕木蛾，乌桕祝蛾
Scythropiodes multicornutus Wang *et* Li 多刺绢祝蛾
Scythropiodes oncinius Park *et* Wu 钩茎绢祝蛾
Scythropiodes siculiformis Wang *et* Li 剑绢祝蛾
Scythropiodes triangulus Park *et* Wu 三角绢祝蛾
Scythropiodes tribula (Wu) 三叉绢祝蛾
Scythropiodes velipotens (Meyrick) 峨眉绢祝蛾，威奥木蛾
Scythropochroa 叶眼蕈蚊属
Scythropochroa exposita Rudzinski 裸叶眼蕈蚊，露尾叶眼蕈蚊
Scythropochroa magistrata Rudzinski 原叶眼蕈蚊，大层叶眼蕈蚊
Scythropochroa micropalpa Mohrig 微须叶眼蕈蚊，小须叶眼蕈蚊
Scythropochroa radialis Lengersdorf 辐叶眼蕈蚊，辐射叶眼蕈蚊
Scythropochroa robusta Rudzinski 壮叶眼蕈蚊，粗短叶眼蕈蚊
Scythropus 飞象甲属
Scythropus californicus Horn 加州飞象甲
Scythropus elegans (Couper) [elegant pine weevil] 山地松飞象甲
Scythropus ferrugineus Casey [rusty pine needle weevil] 蒙地松飞象甲
Scythropus yasumatsui Kôno *et* Morimoto 见 *Pachyrhinus yasumatsui*
Scytinoptera 革翅蝉属
Scytinoptera tongchuanensis Zhang, Zheng *et* Zhang 铜川革翅蝉
scytinopterid 1. 革翅蝉 < 革翅蝉科 Scytinopteridae 昆虫的通称 >; 2. 革翅蝉科的
Scytinopteridae 革翅蝉科
Scytopsocopsis 革叉蛄属
Scytopsocopsis corniculatus Li 短突革叉蛄
Scytopsocopsis quadrangulus Li 四角革叉蛄
Scytopsocopsis wuxianensis Li 巫峡革叉蛄
Scytosoma 圆鳖甲属
Scytosoma dissitimarginis Ren *et* Ba 裂缘圆鳖甲
Scytosoma fascia Ren *et* Zheng 显带圆鳖甲
Scytosoma funebris Reitter 微毛圆鳖甲
Scytosoma humeridens (Reitter) 狭胸圆鳖甲
Scytosoma obesea Ren *et* Zheng 粗壮圆鳖甲
Scytosoma opacum (Reitter) 暗色圆鳖甲
Scytosoma ovadis Ren *et* Zheng 卵翅圆鳖甲
Scytosoma pygmaeum (Gebler) 小圆鳖甲
Scytosoma rufiabdomina Ren *et* Zheng 棕腹圆鳖甲
Scytosoma scalaris Ren *et* Zheng 梯胸圆鳖甲
sea-shore mealybug [*Balanococcus boratynskii* Williams] 英国平粉蚧
sea-side plume [= cliff plume, *Agdistis meridionalis* (Zeller)] 崖金羽蛾
seabeach fly [= helcomyzid fly, helcomyzid] 拟沼蝇，滨沼蝇 < 拟沼蝇科 Helcomyzidae 昆虫的通称 >
seabuckthorn carpenter moth [*Eogystia hippophaecola* (Hua *et* Chou)] 沙棘木蠹蛾，沙棘线角木蠹蛾
seabuckthorn hawkmoth [*Hyles hippophaes bienerti* (Staudinger)] 沙枣白眉天蛾沙棘亚种
seal-brown 褐色，海豹色
sealpoint metalmark [= falcate metalmark, *Apodemia hypoglauca* (Godman *et* Salvin)] 银衬花蚬蝶
searching efficiency 寻找效应，寻找效率
searchlight-trap 探照灯诱捕器（探照诱虫灯）
seashore earwig [*Anisolabis littorea* (White)] 海滨肥螋

seaside earwig [= maritime earwig, *Anisolabis maritima* (Bonelli)] 海肥螋，滨海肥螋

Seasogonia 洋大叶蝉属，暗大叶蝉属

Seasogonia impubisa Yang, Meng *et* Li 无毛洋大叶蝉

Seasogonia indosinica (Jacobi) 印支洋大叶蝉，印支暗大叶蝉，印支双突叶蝉

Seasogonia lanceolata Yang, Meng *et* Li 矛突洋大叶蝉

Seasogonia nigromaculata Kuoh 黑斑洋大叶蝉，黑斑暗大叶蝉

Seasogonia rosea Kuoh 红斑洋大叶蝉，红斑暗大叶蝉

Seasogonia rufipenna Li *et* Wang 同 *Seasogonia nigromaculata*

Seasogonia sandaracata (Distant) 橙斑洋大叶蝉，沙暗大叶蝉

Seasogonia sanguinea Kuoh *et* Zhuo 同 *Seasogonia indosinica*

seasonal aspect 季相

seasonal coloration 季节色泽 < 指因季节不同而变化的色泽 >

seasonal cycle 季节周期

seasonal frequency 季节频率

seasonal history 季节生活史

seasonal maximum 季节最高量

seasonal migration 季节性迁飞，季节性迁移

seasonal minimum 季节最低量

seasonal succession 季节演替

seasonal viviparity 季节胎生

seat paper 蚕座纸 < 家蚕的 >

seat rearrangement 整座 < 家蚕的 >

seathorn hawkmoth [*Hyles hippophaes* (Esper)] 沙枣白眉天蛾

seaweed fly 1. [= coelopid fly, coelopid, kelp fly] 扁蝇 < 扁蝇科 Coelopidae 昆虫的通称 >；2. [= bristly-legged seaweed fly, kelp fly, *Coelopa frigida* (Fabricius)] 海藻扁蝇

sebaceous[= sebific] 脂肪的

sebaldus scarlet-eye [*Dyscophellus sebaldus* (Stoll)] 傣弄蝶

Sebastia 冠丽灯蛾亚属，冠丽灯蛾属

Sebastia argus (Walker) 见 *Calpenia arga*

Sebastonyma 异弄蝶属

Sebastonyma dolopia (Hewitson) [tufted ace] 异弄蝶

Sebastonyma medoensis Lee [Medo ace] 墨脱异弄蝶，墨脱银弄蝶

Sebastonyma medoensis albostriata Huang 墨脱异弄蝶白纹亚种

Sebastonyma medoensis medoensis Lee 墨脱异弄蝶指名亚种

Sebastonyma suthepiana Murayama *et* Kimura [Doi Suthep's ace] 苏太异弄蝶

Sebastosema bubonaria Warren 布庄尺蛾

Sebessia 双囊螻亚属

sebific 见 sebaceous

sebific duct 胶管 < 指输送黏腺分泌物至交配囊的管 >

sebific gland 胶腺 < 同黏腺 (colleterial gland)>

secapin 镇静肽

Secchi disc 光明度板

secernent 1. 分泌的；2. 分泌管

secernment 分泌

second antennae 第二触角 < 为甲壳类后脑节的附肢，同角后附肢 (postantennal appendage)>

second antennal segment 第二触角节

second axillary 第二腋片

second basal cell 第二基室 < 见于双翅目昆虫中，即在第一基室之后的翅室 >

second clypeus [= anterior clypeus, anticlypeus, clypeus anterior, anteclypeus, clypeolus, preclypeus, infraclypeus, rhinarium] 前唇基

second costal cell 翅痣 < 用于膜翅目昆虫，同 stigma>

second gonapophyses [s. second gonapophysis; = second valvulae, inner valvulae] 内产卵瓣，第二产卵瓣

second gonapophysis [pl. second gonapophyses; = second valvula, inner valvula] 内产卵瓣，第二产卵瓣

second inner apical vein 第二内端脉 < 膜翅目昆虫中的中脉到与中横脉相接处的部分，亦称亚缘脉 (submarginal nervure)>

second jugal vein [= vena cardinalis] 第二轭脉

second lateral thoracic sulcus 后胸侧沟 < 指蜻蜓目昆虫中由后翅基部至后足基节后部的沟 >

second longitudinal vein 第二纵脉 < 双翅目昆虫的 R_{2+3} 脉 >

second maturatlon division 第二次成熟分裂

second maxilla 第二下颚 < 即下唇 (labium)>

second maxillary segment 第二下颚节

second median area 第二中域 < 指翅的中域 (median area)，同小翅室 (areola)>

second median plate 第二中板 < 指沿翅基褶凸折于第一中板之外的骨片，若不存在，则以中脉和肘脉的并合基部为代表 >

second optic chiasm [= second optic chiasmum] 第二视交叉

second optic chiasmum 见 second optic chiasm

second parapteron [= medalifera，posterior basalare] 后前上侧片

second spermatocyte 次级精母细胞

second spiracle 第二气门 < 即后胸气门，常位于后胸侧板的前缘，或中、后侧板之间，或中胸侧板的后缘 >

second submarginal nervure 第二亚缘脉 < 指膜翅目昆虫的 R_5 脉 >

second trochanter 第二转节 < 同腿前节 (prefemur) 或坐肢节 (ischiopodite)，在昆虫中常与第一转节合并 >

second valvifer 第二负瓣片 < 在有翅亚纲昆虫产卵器中，支持第二产卵瓣的骨片 >

second valvula [pl. second valvulae; = inner valvula, second gonapophysis] 内产卵瓣，第二产卵瓣

second valvulae [s. second valvula; = inner valvulae, second gonapophyses] 内产卵瓣，第二产卵瓣

second vein 第二脉 < 双翅目昆虫的 R_{2+3} 脉 >

second ventral groove 第二腹槽 < 亦称原肠槽，为某些昆虫（例如蝗虫）在胚胎发育初期中胚带腹面中央的深槽，其顶端的细胞层分裂而产生内层（以后形成内胚层和中胚层）>

second wing [= hind wing, hindwing, metathoracic wing, secondary wing, inferior wing, secundarie wing, posterior wing, under wing, metala, ala inferior, ala postica, ala posterior] 后翅

secondary adaptation 后生适应

secondary anal vein 次生臀脉 < 在蜻蜓目昆虫翅上曾误认为真臀脉的纵脉，从臀叉端部伸至翅基部 >

secondary community 次生群落

secondary consumer 次级 < 或二级 > 消费者

secondary drying 二冲 < 蚕茧的 >

secondary endosymbiont 次级共生物

secondary freezing point 二次冰点

secondary gonopore 阳茎口，次生生殖孔

secondary hair [= secondary seta] 后生刚毛 < 常指鳞翅目幼虫身体上许多分布无固定位置的刚毛 >

secondary host 第二寄主 < 常指蚜虫的侨居寄主 >

secondary infection 继发感染，二次侵染
secondary iris cell 次（级）虹膜细胞
secondary metabolite 次生代谢物
secondary oocyte 次级卵母细胞
secondary oogonium 次级卵原细胞
secondary parasite 二重寄生
secondary parasitism 二次寄生，次寄生，二重寄生
secondary screwworm [*Cochliomyia macellaria*(Fabricius)] 副螺旋锥蝇，副螺旋蝇，次生锥蝇
secondary segment 次生节
secondary segmentation 次生分节，次生分节现象
secondary seta 见 secondary hair
secondary sexual character 次级性征，第二性征
secondary somatic hermaphrodite 次生体质雌雄同体 < 一昆虫有一性的生殖腺及该性的次生性构造，而在同一个体中又具有若干两性的次级性征 >
secondary spermatocyte 次级精母细胞
secondary spermatogonium 次级精原细胞
secondary succession 次生演替
secondary symbiont 次生共生菌
secondary type 次级模式标本，次模 < 非任何形式的原始模式标本，包括补模标本、地模标本和同模标本 >
secondary viviparae 第二寄主的孤雌胎生蚜
secondary wing 见 second wing
secrete 分泌，分泌物
secreting gland 分泌腺
secretion 1. 分泌；2. 分泌物
secretion centre 分泌中心
secretionary covering 泌被盖 < 指盾蚧中，蛹壳被盖于蜕上的部分 >
secretionary supplement 泌补盖 < 指盾蚧伸展于蜕后方或周围的部分 >
secretogogue 促泌素，促分泌物质，促泌剂 < 任何能引起腺体分泌活动的物质 >
secretome 分泌组
secretory 分泌的
secretory cavity 分泌腔
secretory cell 分泌细胞
secretory duct 分泌导管
secretory granule 分泌颗粒
secretory potential 分泌电位
secretory tissue 分泌组织
secretory tube 分泌管
secretory tubule 分泌小管
sectaseta [pl. sectasetae] 蜡腺毛
sectasetae [s. sectaseta] 蜡腺毛
section 1. 切面，截面；2. 切片
section staining 切片染色
sectorial crossvein 分横脉 < 指 R_{2+3} 脉伸至 R_{4+5} 脉，或 R_3 脉伸至 R_4 脉的横脉 ˒
sectoris coconis 破茧器 < 鳞翅目昆虫羽化时切破茧的构造 >
sectors 分脉
Sectus 叉蛉蟋属
Sectus integrus Ma *et* Pan 鸣叉蛉蟋
Secucuni shadefly [*Coenyra rufiplaga* Trimen] 淡红纹眼蝶
secundarie wing 见 second wing
securiform 斧形
sedentary 静止的，固定的，固着的
sedge darner [= common hawker, moorland hawker, *Aeshna juncea* (Linnaeus)] 峻蜓，天蓝蜓，灯芯草状蜓
sedge darter [*Telicota eurotas* (Felder)] 黑翅长标弄蝶
sedge-fly [= caddis fly, caddisfly, caddicefly, rail-fly, cadises, casefly, trichopteran, trichopteron, trichopterous insect] 石蛾 ＜毛翅目 Trichoptera 昆虫的通称＞
sedge mealybug [*Boreococcus ingricus* Danzig] 莎草包粉蚧
sedge moth [= glyphipterigid moth, glyphipterigid] 雕蛾 < 雕蛾科 Glyphipterigidae 昆虫的通称 >
sedge root worm [*Donacia simplex* Fabricius] 隐尾水叶甲，赤腿根叶甲，莲根水叶甲
sedge soft scale [*Luzulaspis pieninica* Koteja *et* Zak-Ogaza] 旧北鲁丝蚧
sedge tussock moth [*Laelia coenosa sangaica* Moore] 素毒蛾莎草亚种，莎草素毒蛾
sedge witch [= dun skipper, dun sedge skipper, *Euphyes vestris* (Boisduval)] 莎草鼬弄蝶
sedimentation coefficient 沉降系数
sedimentation equilibrium 沉降平衡
sedimentation velocity 沉降速度
Sedina 苍夜蛾属
Sedina buettneri (Hering) 布氏苍夜蛾，苍夜蛾，布塞丁夜蛾
seed beetle 1. [= bruchid beetle, bean weevil, bruchid] 豆象甲，豆象 < 豆象甲科 Bruchidae 昆虫的通称 >；2. [= cowpea weevil, four-spotted bean weevil, cowpea seed beetle, *Callosobruchus maculatus* (Fabricius)] 四纹豆象甲，四纹豆象，四纹瘤背豆象甲
seed bug [= lygaeid bug, lygaeid] 长蝽 < 长蝽科 Lygaeidae 昆虫的通称 >
seed chalcid [= eurytomid wasp, eurytomid] 广肩小蜂 ＜广肩小蜂科 Eurytomidae 昆虫的通称＞
seed coating [= seed pelleting, seed dressing] 种子包衣
seed-crusher 碎种蚁 < 指大头兵蚁 >
seed dressing 见 seed coating
seed lac 粒胶 < 即由紫胶虫的枝胶 (stick lac) 制成的胶粒 >
seed pelleting 见 seed coating
seed weevil 实象 < 属豆象科 Bruchidae>
seedcorn beetle [= LeConte's seedcorn beetle, *Stenolophus lecontei* (Chaudoir)] 玉米狭胸步甲，玉米籽粟褐步甲
seedcorn maggot [= bean seed fly, *Delia platura* (Meigen)] 灰地种蝇，种蝇，欧洲花蝇
seedling missing rate 缺苗率
Seeldrayer's sailer [*Neptis seeldrayersii* Aurivillius] 西环蛱蝶
segmacoria [= intersegmental membrane] 节间膜
segment 1. 体节，环节；2. 切片；3. 部分
segmental appendage 节肢
segmental dorsum 背面
segmental factor 体节因素 < 指昆虫走步的 >
segmental pleural area 侧区
segmental spine 节刺 < 常指食蚜蝇幼虫每体节上有 12 根主要的鬃，排列成一横行，并有一定的位置 >
segmental venter 腹面

S

segmentate 分节的
segmentation 1. 分节；2. 卵裂 < 同 cleavage>
segmentation cavity [= blastocoele, cleavage cavity] 囊胚腔，卵裂腔，原腔，分裂腔
segmentation gene 分节基因
segmentation zone 分节区
segregate 分离，分隔
segregated 分离的
segregated white cocoon 分离白茧
segregation 分离
segregation of character 性状分离
segregation of posterity 后代分离
segregation phenomenon 分离现象
Sehirinae 光土蝽亚科
Sehirus 光土蝽属
Sehirus dubius (Scopoli) 见 *Canthophorus dubius*
Sehirus niviemarginatus (Scott) 见 *Canthophorus niviemarginatus*
Sehirus parens Mulsant *et* Rey 斜光土蝽
Sehirus xinjiangensis Jorigtoo *et* Nonnaizab 新疆光土蝽
seine-making caddisfly [= hydropsychid caddisfly, net-spinning caddisfly, hydropsychid] 纹石蛾 < 纹石蛾科 Hydropsychidae 昆虫的通称 >
Seioptera 森斑蝇属，绥扁口蝇属
Seioptera demonstrans Hering 多曲森斑蝇，德绥扁口蝇
Seiphora seitonis Matsumura 见 *Aphrophora seitonis*
Seioptera vibrans (Linnaeus) 多振森斑蝇
Seira 链长䗛属
Seira formosana Denis 见 *Willowsia formosana*
Seira oligoseta Lee *et* Park 寡毛链长䗛
seirocastnia skipperling [*Dalla seirocastnia* Draudt] 塞罗达弄蝶
seismotropism 向震性
Seitneria 环腹瘿蜂属
Seitneria austriaca Tavares 奥赛环腹瘿蜂
Sejanus 斑楔盲蝽属
Sejanus amami Yasunaga 奄美斑楔盲蝽
Sejanus crassicornis (Poppius) 厚斑楔盲蝽，粗角约盲蝽
Sejanus funerellus Schuh 拟污斑楔盲蝽
Sejanus hongkong Schuh 香港斑楔盲蝽，香港壮盲蝽
Sejanus interruptus (Reuter) 横断斑楔盲蝽，四川斯盲蝽
Sejanus juglandis Yasunaga 胡桃斑楔盲蝽
Sejanus neofunereus Schuh 新污斑楔盲蝽
Sejanus niveoarcuatus (Reuter) 棒角斑楔盲蝽，尼斯盲蝽
Sejanus potanini (Reuter) 波氏斑楔盲蝽，波氏斯盲蝽
sejugal furrow 分颈缝
sejugal suture 颈缝
sejunctus 不连的
Seladerma 塞拉金小蜂属
Seladerma breviscutum Huang 短盾塞拉金小蜂
Seladerma brunneolum Huang 微棕塞拉金小蜂
Seladerma conoideum Huang 锥腹塞拉金小蜂
Seladerma costatellum Huang 微棱塞拉金小蜂
Seladerma geniculatum (Zetterstedt) 平胸塞拉金小蜂
Seladerma longivena Huang 长脉塞拉金小蜂
Seladerma politum Huang 亮塞拉金小蜂
Seladerma scabiosum (Liao) 片脊塞拉金小蜂
Seladonia 光隧蜂亚属
Selagia 亮斑螟属，塞拉螟属
Selagia argyrella (Denis *et* Schiffermüller) 银翅亮斑螟，银塞拉螟
Selagia nigrella Caradja 黑亮斑螟，黑塞拉螟
Selagia spadicella (Hübner) 褐翅亮斑螟，斯塞拉螟
Selandria 沟胸叶蜂属
Selandria antennata (Malaise) 触角沟胸叶蜂，触角真蕨叶蜂
Selandria melanosterna (Serville) 宽鞘沟胸叶蜂
Selandria serva (Fabricius) 黄腹沟胸叶蜂，黄腹蕨叶蜂，黄腹真蕨叶蜂
Selandria sixi Vollenhoven 同 *Selandria melanosterna*
Selandriinae 蕨叶蜂亚科
Selaserica alternata Nomura 见 *Trioserica alternata*
Selaserica antennanlis Nomura 见 *Trioserica antennalis*
Selaserica rufocastanea Kobayashi 同 *Trioserica macrophthalma*
Selatosomus 金叩甲属，亮叩甲属
Selatosomus aeneomicans (Fairmaire) 铜紫金叩甲，铜耀亮叩甲
Selatosomus aeneus (Linnaeus) 铜光金叩甲，铜光亮叩甲
Selatosomus aeripennis (Kirby) 谷金叩甲，谷叩甲
Selatosomus albipubens (Reitter) 白茸金叩甲，白毛亮叩甲
Selatosomus anxius (Gebler) 同 *Selatosomus melancholicus melancholicus*
Selatosomus huanghaoi Qiu 黄氏金叩甲
Selatosomus impressus (Fabricius) 印纹金叩甲，印纹亮叩甲
Selatosomus inflatus (Say) 见 *Corymbites inflatus*
Selatosomus laevicollis (Mannerheim) 见 *Hypoganomorphus laevicollis*
Selatosomus latus (Fabricius) 宽背金叩甲，宽背金针虫，宽背亮叩甲，侧亮叩甲
Selatosomus luhuaensis Qiu 芦花金叩甲
Selatosomus melancholicus (Fabricius) 暗黑金叩甲
Selatosomus melancholicus melancholicus (Fabricius) 暗黑金叩甲指名亚种
Selatosomus melancholicus tianshanicus (Denisova) 暗黑金叩甲天山亚种，天山亮叩甲
Selatosomus nigricornis (Panzer) 褐角金叩甲，褐角亮叩甲
Selatosomus obscuroaeneus (Koenig) 见 *Paraphotistus obscuroaeneus*
Selatosomus onerosus (Lewis) 斑带金叩甲，虎斑亮叩甲
Selatosomus prezwalskyi (Koenig) 见 *Paraphotistus prezwalskyi*
Selatosomus prezwalskyi rufolimbatus Denisova 同 *Paraphotistus roubali*
Selatosomus puberulus (Candèze) 柔毛金叩甲，柔毛亮叩甲
Selatosomus puncticollis Motschulsky [coppery click beetle] 铜色金叩甲，小铜色叩甲，日斑亮叩甲
Selatosomus reichardti Denisova 理查金叩甲，里查亮叩甲，理查亮叩甲
Selatosomus roubali (Jagemann) 见 *Paraphotistus roubali*
Selatosomus rufolimbatus Denisova 同 *Paraphotistus roubali*
Selatosomus rugosus Germar 多皱金叩甲，多皱亮叩甲
Selatosomus semenovi (Koenig) 见 *Paraphotistus semenovi*
Selatosomus semipalatinus (Jacobson) 见 *Aplotarsus semipalatinus*
Selatosomus tibialis (Schwarz) 见 *Aplotarsus tibialis*
selection 选择，淘汰
selection index 选择指数
selective absorption 选择吸收
selective culture 选择培养
selective dreeding 选择育种
selective fertilization 选择受精

selective inhibitory ratio 选择抑制比
selective species 选择种，偏宜种
selective sweep 选择性清除
selective toxicity 选择毒性，选择毒力
selective value 选择值
selectivity 选择性
selectivity of fertilization 受精选择性
Selenaspidus 刺圆盾蚧属
Selenaspidus articulatus (Morgan) 苏铁刺圆盾蚧，刺圆盾介壳虫
Selenaspidus rubidus McKenzie 大戟刺圆盾蚧
Selene crescent [*Eresia selene* (Röber)] 西冷袖蛱蝶
Selenephera 小枯叶蛾属 *Cosmotriche* 的异名
Selenephera lunigera Esper 同 *Cosmotriche lobulina*
Selenephera lunigera monbeigi Gaede 见 *Cosmotriche lobulina monbeigi*
Selenephera malchani Bang-Haas 同 *Cosmotriche lobulina mongolica*
Selenephera malchani monbeigi Gaede 见 *Cosmotriche lobulina monbeigi*
Selenephera malchani mongolica Grum-Grshimailo 见 *Cosmotriche lobulina mongolica*
Selenepherides monotona Daniel 见 *Cosmotriche monotona*
Selenepherides monotona likiangica Daniel 见 *Cosmotriche monotona likiangica*
Selenia 月尺蛾属
Selenia bilinearia Leech 同 *Paraleptomenes exaridaria*
Selenia crenularia Leech 见 *Leptomiza crenularia*
Selenia hypomelathiaria Oberthür 下月尺蛾
Selenia sordidaria Leech 污月尺蛾
Selenia tetralunaria (Hüfnagel) 四月尺蛾
Selenia trigona Wehrli 三角月尺蛾
Seleniopsis 螳尺蛾属
Seleniopsis evanescens (Butler) 淡斑螳尺蛾，淡斑突缘尺蛾
Seleniopsis francki Prout 弗螳尺蛾
Seleniopsis grisearia Leech 灰螳尺蛾
Selenocephalinae 沟顶叶蝉亚科
Selenocephalus 沟顶叶蝉属
Selenocephalus conspersus (Herrich-Schäffer) 斑沟顶叶蝉，斑短头叶蝉
Selenocephalus guttatus (Walker) 见 *Glossocratus guttatus*
Selenocephalus nuchalis Jacobi 见 *Drabescoides nuchalis*
Selenocephalus taiwanus Matsumura 见 *Goniagnathus taiwanus*
Selenomphalus 角圆盾蚧属
Selenomphalus distylli Takagi 日本角圆盾蚧
Selenomphalus euryae (Takahashi) 台湾角圆盾蚧
Selenophanes 月纹环蝶属
Selenophanes cassiope (Cramer) [cassiope owlet] 月纹环蝶
Selenophanes josephus (Godman *et* Salvin) 耀月纹环蝶
Selenophanes supremus Stichel 红波月纹环蝶
Selenothrips 滑胸针蓟马属，赤带蓟马属，月蓟马属
Selenothrips rubrocinctus (Giard) [red-banded thrips, cacao thrips] 红带滑胸针蓟马，赤带蓟马，红带月蓟马，荔枝网纹蓟马，荔枝红带网纹蓟马，可可红带蓟马
Selepa 细皮夜蛾属
Selepa celtis Moore 细皮夜蛾
Selepa discigera (Walker) 腊肠细皮夜蛾
Selepa docilis Butler 加纳茄细皮夜蛾
Selepa molybdea Hampson 莫细皮夜蛾
Selepa renirotunda Berio 肾圆细皮夜蛾
Selepa smilacis Mell 斯细皮夜蛾
Selepa striata Wileman *et* South 纹细皮夜蛾
seleroderma 硬化病
Seleuca 塞吕象甲属，塞吕象属
Seleuca horridula Voss 糙塞吕象甲，糙塞吕象
Seleuca niphadoides Voss 尼塞吕象甲，尼塞吕象
Seleuca simillima Voss 似塞吕象甲，似塞吕象
Seleuca tienmuschanica Voss 天目塞吕象甲，天目塞吕象
Seleucini 杉姬蜂族
Seleucus 杉姬蜂属
Seleucus cuneiformis Holmgren 楔形杉姬蜂，楔形三滴水杉姬蜂
self-acting thermostat 自调恒温器
self-actuated controller 自动控制器
self antigen 自体抗原
self-cross 自交
self-differentiation 自体分化
self-duplication 自体复制
self-fertilization 自体受精
self-line 自交系
self-mounting 自然上蔟，自动上蔟 < 家蚕的 >
self-mounting chemical 登蔟剂 < 养蚕的 >
self-propelled particles model 自推进粒子模型
self-regulating phenomenon 自体调节现象
self-sufficient ecosystem 自给生态系
selfed progeny 自交后代
selfing 自交
Selibaizongia 角叶瘿绵蚜亚属
Selidopogon octonotatus rubidus Hermann 同 *Dasypogon diadema*
Selidosema 塞里尺蛾属
Selidosema catotaeniaria Poujade 卡塞里尺蛾
Selidosematidae [= Geometridae] 尺蛾科，尺蠖科
selina hairstreak [= selina tiger-stripe, *Thestius selina* (Hewitson)] 西冷环灰蝶
selina tiger-stripe 见 selina hairstreak
Selina westermanni Motschulsky 驼毛须步甲
Selina's onyx [*Horaga selina* Grose-Smith] 西冷斑灰蝶
selinenol 凤蝶醇
Seliza 涩蛾蜡蝉属
Seliza angulifrons Jacobi 同 *Seliza lignaria*
Seliza ferruginea Walker 锈涩蛾蜡蝉
Seliza lignaria (Walker) 木涩蛾蜡蝉
Seliza punctifrons Walker 同 *Seliza lignaria*
sellate 鞍状的
Selysia 蜻蜓学通讯 < 期刊名 >
Selysiothemis 赛丽蜻属
Selysiothemis nigra (Vander Linden) [black pennant] 黑赛丽蜻
SEM [scanning electron microscope 的缩写] 扫描电子显微镜，扫描电镜
Semachrysa 饰草蛉属
Semachrysa decorata (Esben-Petersen) 退色饰草蛉，美饰草蛉，长角草蛉
Semachrysa guangxiensis Yang *et* Yang 广西饰草蛉
Semachrysa matsumurae (Okamoto) 松村饰草蛉，松村草蛉

Semachrysa phanera (Yang) 显脉饰草蛉，显脉草蛉

Semachrysa polystricta Yang *et* Wang 多斑饰草蛉

Semachrysa yananica Yang *et* Yang 延安饰草蛉

Semacia sexmaculata Laboissière 见 *Paridea* (*Semacia*) *sexmaculata*

Semalea 绅弄蝶属

Semalea arela (Mabille) [arela dart, arela skipper, brown silky skipper] 傲绅弄蝶

Semalea atrio (Mabille) [small silky skipper] 小绅弄蝶

Semalea kola Evans [Evans' silky skipper] 伊绅弄蝶

Semalea pulvina (Plötz) [silky dart, silky skipper, branded silky skipper] 印绅弄蝶，绅弄蝶

Semalea sextilis Plötz [dark silky skipper] 六分绅弄蝶

Semanga 赛灰蝶属

Semanga helena Röber 海仑赛灰蝶

Semanga superba (Druce) [red edge] 赛灰蝶

Semanotus 杉天牛属，矮桧天牛属

Semanotus amethystinus (LeConte) [amethyst cedar borer] 紫晶云杉天牛

Semanotus bifasciatus (Motschulsky) [juniper bark borer] 双条杉天牛

Semanotus bifasciatus sinoauster Gressitt 见 *Semanotus sinoauster*

Semanotus japonicus (Lacordaire) [cryptomeria bark borer] 柳杉天牛

Semanotus ligneus (Fabricius) [cedartree borer] 西洋杉天牛，雪松天牛

Semanotus litigiosus (Casey) [firtree borer] 冷杉天牛

Semanotus semenovi Okunev 新疆杉天牛

Semanotus sinoauster Gressitt [China fir borer] 粗鞘双条杉天牛，粗鞘杉天牛，肖双条杉天牛，矮桧天牛

Semanotus undatus (Linnaeus) 曲纹杉天牛

Semaranga 鬃背秆蝇属

Semaranga dorsocentralis Becker 鬃背秆蝇，背中背秆蝇

sematic color 保护色

sematophore 精球 < 由精液和附腺的分泌物混合而成的精球 >

sematurid 1. [= sematurid moth] 锤角蛾 < 锤角蛾科 Sematuridae 昆虫的通称 >；2. 锤角蛾科的

sematurid moth [= sematurid] 锤角蛾

Sematuridae 锤角蛾科

sembling [= assembling] 会集，集合

Semblis 趋石蛾属，塞石蛾属

Semblis atrata (Gmelin) 深黑趋石蛾，黑塞石蛾

Semblis melaleuca (McLachlan) 黑白趋石蛾

Semblis phalaenoides (Linnaeus) 亮斑趋石蛾，珐塞石蛾，珐脉石蛾

Semelaspidus 隔圆盾蚧属，环纹盾介壳虫属

Semelaspidus mangiferae Takahashi 杧果隔圆盾蚧，檬果环纹盾介壳虫

semen 精液

Semenovilia 圆角芫菁属

Semenovilia fischeri (Gebler) 费氏圆角芫菁

Semenowia chalcea Weise 见 *Chrysolina* (*Semenowia*) *chalcea*

Semenowia mirabilis Daccordi 见 *Chrysolina* (*Semenowia*) *mirabilis*

semi-aquatic 半水生的

semi-barred slender moth [= maple slender moth, *Caloptilia semifascia* (Haworth)] 栓皮槭丽细蛾，栓皮槭花细蛾

semi-checked metalmark [= dot-bordered grey, cadmeis metalmark, *Exoplisia cadmeis* (Hewitson)] 交蚬蝶

semi-looper [*Trigonodes hyppasia* (Cramer)] 短带分夜蛾，分夜蛾，分裳蛾，短带三角夜蛾

semi-lunuled silkworm 普通斑蚕

semi-natural 半自然的

semi-opaque [= semi-translucent, semi-transparent, semitransparent, translucent, semihyaline] 半透明的

semi-quantitative risk analysis 半定量风险评估

semi-translucent 见 semi-opaque

semi-transparent 见 semi-opaque

Semia 半瓣蝉属，幽蝉属

Semia hainanensis Yang *et* Wei 海南半瓣蝉

Semia klapperichi Jacobi 柯氏半瓣蝉，福建昔蝉

Semia lachna (Lei *et* Chou) 白毛半瓣蝉

Semia watanabei (Matsumura) 渡边氏半瓣蝉，广西昔蝉，渡边幽蝉，渡边虹蝉

Semiadalia decimguttata Jing 见 *Hippodamia decimguttata*

Semiaphis 半蚜属，粉蚜属

Semiaphis heraclei (Takahashi) [celery aphid, carrot mealy aphid] 胡萝卜半蚜，胡萝卜微管蚜，芹菜粉蚜

Semiaphis montana van der Goot 见 *Brachysiphoniella mantana*

Semiaphis tumurensis Zhang 托峰半蚜

Semibetatropis 半脊缘蜡蝉属

Semibetatropis animosa Chen *et* Yang 活泼半脊缘蜡蝉

Semibetatropis cruenta Chen, Yang *et* Wilson 缺脊半脊缘蜡蝉

Semibetatropis denticulata (Fennah) 齿半脊缘蜡蝉，齿马颖蜡蝉

Semibetatropis horishana (Matsumura) 刺突半脊缘蜡蝉，台湾脊缘颖蜡蝉

Semibetatropis mukwaensis Chen, Yang *et* Wilson 木瓜半脊缘蜡蝉

Semibetatropis nitobei (Matsumura) 新渡部半脊缘蜡蝉

Semibetatropis patungkuanensis Chen, Yang *et* Wilson 八通半脊缘蜡蝉，八通关半颖蜡蝉

Semibetatropis punicea Chen, Yang *et* Wilson 红半脊缘蜡蝉

Semicarinata 半隆螽属

Semicarinata colorata Liu *et* Kang 彩色半隆螽

Semichionaspis 絮盾蚧属

Semichionaspis jambosicola Tang 蒲桃絮盾蚧

Semichionaspis putianensis Tang 莆田絮盾蚧

semicircular 半圆的

semicordate 半心形的

semicoronate 半刺缘的 < 指边缘部分围有刺、钩等的 >

semicoronet 半刺缘

semicylindrical 半圆筒形的

Semidalis 重粉蛉属

Semidalis albata Enderlein 同 *Semidalis aleyrodiformis*

Semidalis aleyrodiformis (Stephens) 广重粉蛉，粉虱重粉蛉，白重粉蛉

Semidalis anchoroides Liu *et* Yang 锚突重粉蛉

Semidalis bicornis Liu *et* Yang 双角重粉蛉

Semidalis biprojecta Yang *et* Liu 双突重粉蛉

Semidalis daqingshana Liu *et* Yang 大青山重粉蛉

Semidalis macleodi Meinander 马氏重粉蛉

Semidalis rectangula Yang *et* Liu 直角重粉蛉

Semidalis unicornis Meinander 一色重粉蛉

Semidalis ypsilon Liu *et* Yang 丫重粉蛉

Semidonta 半齿舟蛾属，裙舟蛾属

Semidonta basalis (Moore) 大半齿舟蛾，银裙舟蛾，基半齿舟蛾

Semidonta biloba (Oberthür) 二叶半齿舟蛾，半齿舟蛾

Semidonta kosemponica (Strand) 甲仙半齿舟蛾，甲仙裙舟蛾，甲仙暗齿舟蛾，甲仙舟蛾，双线亥齿舟蛾

semiglobate [= semiglobose, semiglobosus, hemispherical, hemispheric, hemisphaericum] 半球状的，半球形的

semiglobose 见 semiglobate

semiglobosus 见 semiglobate

Semihemerobius subacutus (Nakahara) 同 *Hemerobius cercodes*

semihyaline 见 semi-opaque

semilooper 拟尺蠖，步曲

semilunar 半月形

semilunar marking 半月斑

semilunar valve 心瓣 < 指卫护心门的瓣 >

seminal cup 卵突环 < 在半翅目昆虫中，围绕卵盖的卵壳突起小环 >

seminal duct [= vasa deferentia] 输精管

seminal fluid 精液

seminal fluid protein [abb. SFP] 精液蛋白

seminal receptacle [= spermatheca] 受精囊

seminal vesicle [= vesicula seminalis] 贮精囊

seminary 1. 苗床，苗圃；2. 精液的

semination 1. 授精；2. 射精

seminiferous 生精的

seminose [= mannose] 甘露糖

semiochemical 信息化学物质，化学信息素，信息化合物，化学信息物质，化学传讯素

Semiocladius 半突摇蚊属

Semiocladius endocladiae (Tokunaga) 内突半突摇蚊

semiology [= symptomatology] 症状学

Semiophora 歌梦尼夜蛾亚属

Semioscopis avellanella (Hübner) [early flat-body, hazel flat-body moth] 榛麦蛾

Semiotellus 糙刻金小蜂属

Semiotellus diversus (Walker) 多变糙刻金小蜂

Semiotellus electrus Xiao *et* Huang 珀翅糙刻金小蜂

Semiotellus longispinus Xiao *et* Huang 长距糙刻金小蜂

Semiotellus mundus (Walker) 整洁糙刻金小蜂

Semiotellus nudus Xiao *et* Huang 光室糙刻金小蜂

Semiotellus plagiotropus Xiao *et* Huang 斜棒糙刻金小蜂，纹半金小蜂

Semiotellus tumidulus Xiao *et* Huang 膨痣糙刻金小蜂

Semiothisa 庶尺蛾属

Semiothisa acutaria Walker 尖庶尺蛾

Semiothisa aestimaria kuldschana Wehrli 见 *Godonela aestimaria kuldschana*

Semiothisa anomalata Alphéraky 庶尺蛾

Semiothisa arisana Wehrli 见 *Oxymacaria normata arisana*

Semiothisa avitusaria odataria Swinhoe 同 *Godonela avitusaria*

Semiothisa bicolorata Fabricius 双色庶尺蛾

Semiothisa cacularia (Oberthür) 卡庶尺蛾，卡玛尺蛾

Semiothisa cinerearia (Bremer *et* Grey) [Chinese scholar tree looper] 槐庶尺蛾，槐尺蠖，槐尺蛾，国槐尺蠖，吊死鬼，灰奇尺蛾

Semiothisa cinerearia cinerearia (Bremer *et* Grey) 槐庶尺蛾指名亚种

Semiothisa cinerearia eurytaenia (Wehrli) 槐庶尺蛾广布亚种，尤灰奇尺蛾

Semiothisa clathrata (Linnaeus) 见 *Chiasmia clathrata*

Semiothisa clathrata tschangkuensis Wehrli 同 *Chiasmia clathrata*

Semiothisa clivicola Prout 坡庶尺蛾

Semiothisa compsogramma Wehrli 康庶尺蛾

Semiothisa continuaria mesembrina Wehrli 同 *Godonela hebesata*

Semiothisa cymatodes Wehrli 西庶尺蛾

Semiothisa defixaria (Walker) 合欢庶尺蛾，德玛尺蛾

Semiothisa diplotata Felder *et* Rogenhofer 镶庶尺蛾

Semiothisa eleonora (Cramer) 玉带庶尺蛾

Semiothisa emersaria (Walker) 显庶尺蛾

Semiothisa epicharis Wehrli 污带庶尺蛾，表奇尺蛾

Semiothisa epicharis epicharis Wehrli 污带庶尺蛾指名亚种

Semiothisa epicharis pinodes Wehrli 污带庶尺蛾品瑙亚种，品污带庶尺蛾

Semiothisa fidoniata Guenée 倚庶尺蛾

Semiothisa flexilinea (Warren) 弗庶尺蛾，弗阿察尺蛾

Semiothisa fulvida (Warren) 褐庶尺蛾，褐阿察尺蛾

Semiothisa fulvimargo Warren 黄缘庶尺蛾

Semiothisa granitata (Guenée) 见 *Macaria granitata*

Semiothisa hebesata (Walker) 见 *Godonela hebesata*

Semiothisa immaculata Sterneck 无斑庶尺蛾，无斑玛尺蛾

Semiothisa intermediaria (Leech) 四斑庶尺蛾，间庶尺蛾，间中玛尺蛾，四斑奇尺蛾，四黑斑带尾尺蛾，四黑斑尾尺蛾

Semiothisa intersectaria (Leech) 荫玛尺蛾

Semiothisa kanshireiensis Wileman 堪庶尺蛾

Semiothisa khasiana (Moore) 同 *Semiothisa diplotata*

Semiothisa khasiana sinotibetaria Wehrli 同 *Semiothisa diplotata*

Semiothisa kirina Wehrli 吉庶尺蛾

Semiothisa monticolaria (Leech) 绵庶尺蛾，山玛尺蛾

Semiothisa monticolaria monticolaria (Leech) 绵庶尺蛾指名亚种

Semiothisa monticolaria notia Wehrli 绵庶尺蛾诺迹亚种，诺绵庶尺蛾

Semiothisa nora Walker 诺庶尺蛾

Semiothisa normata (Alphéraky) 见 *Oxymacaria normata*

Semiothisa normata hongshanica Wehrli 见 *Oxymacaria normata hongshanica*

Semiothisa normata normata (Alphéraky) 见 *Oxymacaria normata normata*

Semiothisa normata proximaria Leech 见 *Semiothisa proximaria*

Semiothisa notata kirina (Wehrli) 见 *Macaria notata kirina*

Semiothisa ornataria Leech 纹庶尺蛾，饰玛尺蛾，文庶尺蛾

Semiothisa ozararia (Walker) 胜利庶尺蛾

Semiothisa pluviata (Fabricius) 雨庶尺蛾，雨尺蛾，羽玛尺蛾

Semiothisa pluviata hebesata (Walker) 见 *Semiothisa hebesata*

Semiothisa pluviata sinicaria (Walker) 见 *Semiothisa sinicaria*

Semiothisa proditaria Bremer 原庶尺蛾，原羽玛尺蛾

Semiothisa proximaria Leech 近庶尺蛾，近常庶尺蛾，近玛尺蛾，近诺奇尺蛾

Semiothisa richardsi Prout 里氏庶尺蛾，里玛尺蛾

Semiothisa sexmaculata (Packard) 见 *Macaria sexmaculata*
Semiothisa shanghaisaria (Walker) 见 *Macaria shanghaisaria*
Semiothisa sinicaria (Walker) 华庶尺蛾，华羽玛尺蛾
Semiothisa stenotrigonum Wehrli 寺庶尺蛾
Semiothisa streniataria Walker 韧庶尺蛾
Semiothisa suprasordida Wehrli 超庶尺蛾
Semiothisa temeraria (Swinhoe) 见 *Oxymacaria temeraria*
Semiothisa tsekua Wehrli 测庶尺蛾
Semiothisa verecundaria (Leech) 勿庶尺蛾，勿玛尺蛾，威灰尺蛾
Semiothisa wauaria (Linnaeus) 林奈庶尺蛾
Semiothisa yunnana Wehrli 滇庶尺蛾
semipupa 先蛹 <指化蛹前的一个幼虫期，特别指复变态昆虫中介于活动的幼虫期和真正蛹期之间的一个虫期>
semisagittate 半镞形的
Semiscopis 榛麦蛾属
semisocial 半社会性的
semisocial insect 半社会性昆虫
semispecies 半种，半分化种
semisynthetic diet 准合成饲料
Semitransparent 见 semi-opaque
semivoltine 半化性
Semnostola 褐斑小卷蛾属
Semnostola magnifica (Kuznetsov) 大褐斑小卷蛾，大塞姆卷蛾
Semnostola mystica Diakonoff 迷褐斑小卷蛾
Semnostola thrasyplaca (Fletcher) 半圆褐斑小卷蛾
Semnostoma barathrota Meyrick 印大花紫薇细蛾
Semomesia 纹眼蚬蝶属
Semomesia aetherea Stihel 艾纹眼蚬蝶
Semomesia alyattes Zikan 阿里纹眼蚬蝶
Semomesia capanea (Cramer) [capanea eyemark] 黑眉纹眼蚬蝶
Semomesia croesus (Fabricius) [croesus eyemark] 纹眼蚬蝶
Semomesia geminus (Fabricius) 细纹眼蚬蝶
Semomesia macaris (Hewitson) 白条纹眼蚬蝶
Semomesia marisa (Hewitson) [marisa eyemark] 马利纹眼蚬蝶
Semomesia tenella Stichel [tenella eyemark] 泰纹眼蚬蝶
Semonini 圆额菱蜡蝉族
Semper cell 森氏细胞，晶锥细胞
Semper's rib 森氏肋 <在鳞翅目昆虫翅腔内正常气管旁的退化气管>
Semudobia 籽瘿蚊属
Semudobia betulae (Winnertz) [birch seed gall midge, birch seed midge] 桦籽瘿蚊
semul shoot borer [*Tonica niviferana* Walker] 木棉宽蛾，木棉织叶蛾，木棉织蛾
Sencera exquisita Nakahara 见 *Ankylopteryx* (*Sencera*) *exquisita*
senecio moth [= magpie moth, cineraria moth, *Nyctemera amica* (White)] 千里光蝶灯蛾
Senegal blue policeman [*Coeliades aeschylus* (Plötz)] 塞竖翅弄蝶
Senegal grasshopper [= Senegalese grasshopper, *Oedaleus senegalensis* (Krauss)] 塞小车蝗
Senegal hairstreak [*Hypolycaena condamini* Stempffer] 康达旖灰蝶
Senegal palm forester [*Bebearia senegalensis* Herrich-Schäffer] 塞内加尔舟蛱蝶
Senegalese grasshopper 见 Senegal grasshopper
senescence 老化，衰老
senility 衰老
Seniorwhitea 辛麻蝇亚属，辛麻蝇属
Seniorwhitea phoenicoptera (Boettcher) 见 *Sarcophaga* (*Seniorwhitea*) *phoenicoptera*
Seniorwhitea princeps (Wiedemann) 见 *Sarcophaga* (*Seniorwhitea*) *princeps*
Seniorwhitea reciproca (Walker) 见 *Sarcophaga* (*Seniorwhitea*) *reciproca*
Seniorwhiteina 辛麻蝇亚族
Senoclidea 角瓣叶蜂属
Senoclidea decora (Kônow) 白唇角瓣叶蜂，优美蔺叶蜂，优美森蔺叶蜂
Senoclidea formosana Takeuchi 能高角瓣叶蜂，能高蔺叶蜂，台森蔺叶蜂
Senoclidea koreana (Kônow) 朝鲜角瓣叶蜂，朝森蔺叶蜂
Senoclidea sinica Wei 中华角瓣叶蜂
Senodonia 方胸叩甲属，森叩甲属
Senodonia quadricollis (Laporte) 方胸叩甲，方森叩甲
Senodonia sculpticollis (Fairmaire) 皱背方胸叩甲，刻纹森叩甲
Senodonia sinensis Jagemann 同 *Senodonia quadricollis*
Senodoniini 方胸叩甲族
Senometopia 裸基寄蝇属
Senometopia cariniforceps (Chao *et* Liang) 脊叶裸基寄蝇，龙骨叶狭颊寄蝇
Senometopia clara (Chao *et* Liang) 亮裸基寄蝇，明亮狭颊寄蝇
Senometopia confundens (Rondani) 紊裸基寄蝇，紊狭颜寄蝇
Senometopia dentata (Chao *et* Liang) 齿肛裸基寄蝇，齿肛狭颊寄蝇
Senometopia distincta (Baranov) 肿须裸基寄蝇，显狭颜寄蝇，卓杰寄蝇
Senometopia excisa (Fallén) 隔离裸基寄蝇，隔离狭颊寄蝇
Senometopia fujianensis (Chao *et* Liang) 福建裸基寄蝇，福建狭颊寄蝇
Senometopia grossa (Baranov) 巨裸基寄蝇，厚狭颜寄蝇，无花果寄蝇
Senometopia illota (Curran) 污裸基寄蝇
Senometopia interfrontalia (Chao *et* Liang) 粉额裸基寄蝇，粉额狭颜寄蝇
Senometopia jilinensis (Chao *et* Liang) 吉林裸基寄蝇，吉林狭颊寄蝇
Senometopia lena (Richter) 长肛裸基寄蝇，长肛狭颜寄蝇
Senometopia longiepandriuma (Chao *et* Liang) 长尾裸基寄蝇，长生节狭颊寄蝇
Senometopia mimoexcisa (Chao *et* Liang) 拟隔离裸基寄蝇，拟隔离狭颊寄蝇
Senometopia orientalis (Shima) 东方裸基寄蝇
Senometopia pilosa (Baranov) 毛叶裸基寄蝇
Senometopia pollinosa (Mesnil) 细腹裸基寄蝇，细腹狭颜寄蝇
Senometopia polyvalens (Villeneuve) 壮裸基寄蝇，粗壮狭颜寄蝇，粗壮寄蝇
Senometopia prima (Baranov) 野螟裸基寄蝇，角野螟裸基寄蝇，原狭颜寄蝇，原始寄蝇
Senometopia quarta (Baranov) 四斑裸基寄蝇，四狭颜寄蝇，第四寄蝇

Senometopia quinta (Baranov) 宽颜裸基寄蝇，五裸基寄蝇，五狭颜寄蝇，第五寄蝇
Senometopia ridibunda (Walker) 宽尾裸基寄蝇，雷迪狭颜寄蝇
Senometopia rondaniella (Baranov) 龙达裸基寄蝇，龙达狭颜寄蝇，龙蛋寄蝇
Senometopia secunda (Baranov) 继裸基寄蝇，次裸基寄蝇，次狭颜寄蝇，第二寄蝇
Senometopia separata (Rondani) 离裸基寄蝇
Senometopia shimai (Chao *et* Liang) 岛洪裸基寄蝇
Senometopia subferrifera (Walker) 亚锈叶裸基寄蝇,红裸基寄蝇,红狭颜寄蝇，染红寄蝇
Senometopia susurrans (Rondani) 苏苏裸基寄蝇
Senometopia tertia (Baranov) 三点裸基寄蝇，第三裸基寄蝇，第三狭颜寄蝇，第三寄蝇
Senometopia xishuangbannanica (Chao *et* Liang) 版纳裸基寄蝇，西双版纳狭颊寄蝇
Senotainia 赛蜂麻蝇属
Senotainia aegyptiaca Rohdendorf 埃及赛蜂麻蝇
Senotainia albifrons (Rondani) 白额赛蜂麻蝇
Senotainia barchanica Rohdendorf 喀喇赛蜂麻蝇，巴赛蜂麻蝇
Senotainia caspica Rohdendorf 里海赛蜂麻蝇，戈壁赛蜂麻蝇
Senotainia conica Fallén 锥赛蜂麻蝇
Senotainia deserta Rohdendorf 沙漠赛蜂麻蝇
Senotainia fani Verves 范氏赛蜂麻蝇
Senotainia hainanensis Xue *et* Verves 海南赛蜂麻蝇
Senotainia imberbis (Zetterstedt) 泥蜂赛蜂麻蝇
Senotainia mongolica Chao *et* Zhang 同 *Senotainia fani*
Senotainia mongolica Rohdendorf *et* Verves 蒙古赛蜂麻蝇
Senotainia neimengguensis Chao *et* Zhang 同 *Senotainia fani*
Senotainia puncticornis (Zetterstedt) 刺角赛蜂麻蝇，刻角赛蜂麻蝇
Senotainia sibirica Rohdendorf 西伯利亚赛蜂麻蝇，西伯赛蜂麻蝇
Senotainia sinerea Chao *et* Zhang 同 *Macronychia lemariei*
Senotainia tricuspis (Meigen) 三斑赛蜂麻蝇
Senotainia turkmenica Rohdendorf 土库曼赛蜂麻蝇
Senotainia xizangensis (Rohdendorf) 西藏赛蜂麻蝇
Senotainiina 赛蜂麻蝇亚族
sens. lat. [sensu lato 的缩写；= s. l., s. lat.] 广义
sens. str. [sensu stricto 或 senso stricto 的缩写；= s. s., s. str., sens. strict.] 狭义
sens. strict. 见 sens. str.
sensatation 感觉作用
sense-bristle [= sensillum chaeticum(pl. sensilla chaetica), sense hair] 刺形感器
sense cell 感觉细胞
sense cells of type Ⅰ 第一式感觉细胞 < 指位于体壁下的或在外胚层感觉器官上皮之下的，常为双极的神经细胞 >
sense cells of type Ⅱ 第二式感觉细胞 < 指位于身体里面及消化道壁上的双极或多极的感觉细胞 >
sense cone 感觉锥
sense dome [= sensillum campaniformium (pl. sensilla campaniformia), bell organ, umbrella organ] 钟形感器
sense-ecology 感觉生态学
sense hair 1. 感觉毛；2. [= sensillum chaeticum(pl. sensilla chaetica), sense-bristle] 刺形感器
sense organ 感觉器，感器
sense pore 感觉孔
sense rod [= scolopale] 感橛，剑梢体
sensilla [s. sensillum] 感器，感受器
sensilla basiconica [s. sensillum basiconicum; = basiconic sensilla] 锥形感器
sensilla campaniformia [s. sensillum campaniformium] 钟形感器
sensilla chaetica [s. sensillum chaeticum] 刺形感器
sensilla mammilliformia 乳头形感受器
sensilla styloconica [s. sensillum styloconicum; = styloconic sensilla (s. styloconic sensillum)] 栓锥感器
sensilla trichodea [s. sensillum trichodeum; = trichoid sensilla, tactile sensilla] 毛形感器
sensillar esterase 感器酯酶
sensillary base 感毛基
sensillum [pl. sensilla] 感器，感受器
sensillum ampullaceum [= ampullaceous sensillum, champagne-cork organ] 坛形感器，坛形感受器
sensillum basiconicum [pl. sensilla basiconica; = basiconic sensillum] 锥形感器
sensillum campaniformium [pl. sensilla campaniformia; = bell organ, umbrella organ, sense dome] 钟形感器
sensillum chaeticum [pl. sensilla chaetica; = sense-bristle, sense hair] 刺形感器
sensillum coceloconicum [= coeloconic sensilla] 腔锥感器，腔锥感受器
sensillum opticum 光感器
sensillum placodeum [= placoid sensilla] 板形感器
sensillum scolopophorum [= scolopophorous sensillum, scolopophorus organ] 具橛感器，剑梢感器
sensillum squamiformium [= squamiform sensillum] 鳞形感器
sensillum styloconicum [pl. sensilla styloconica; = styloconic sensillum (pl. styloconic sensilla)] 栓锥感器
sensillum trichodeum [pl. sensilla trichodea; = trichoid sensillum, tactile sensillum] 毛形感器
sensim 渐次
sensitivity 感受性，敏感性，敏感度
sensitizing pigment 光敏色素
senso stricto [abb. s.s., s. str., sens. str., sens. strict.; 同 sensu stricto] 狭义
sensoria [s. sensorium] 感觉圈,感圈 < 专指蚜虫触角上的感觉器，以及环裂类双翅目昆虫幼虫头部的肉质钉状感觉器 >
sensorium [pl. sensoria] 感觉圈，感圈
sensory 感觉的
sensory behavio(u)r 感觉行为
sensory cell 感觉细胞
sensory chaeta [pl. sensory chaetae; = sensory seta] 感觉毛，感觉毫，感毛
sensory chaetae [s. sensory chaeta; = sensory setae] 感觉毛，感觉毫，感毛
sensory club 感棒，觫
sensory hair 感觉毛
sensory nerve 感觉神经
sensory nerve cell 感觉神经细胞

sensory nervous system 感觉神经系统
sensory neuron 感觉神经元
sensory neuron membrane protein [abb. SNMP] 感觉神经元膜蛋白
sensory organ 感觉器官
sensory pit 感觉窝
sensory pitting 感觉陷
sensory plate 感觉板 < 特指蚤类第九腹节背板上的被认为有感觉作用的构造 >
sensory receptor 感觉感受器
sensory rod 感棒，觫
sensory seta [pl. sensory setae; = sensory chaeta] 感觉毛，感觉毫，感毛
sensory setae [s. sensory seta; = sensory chaetae] 感觉毛，感觉毫，感毛
sensu lato [abb. s. l., s. lat., sens. lat.] 广义
sensu stricto [abb. s.s., s. str., sens. str., sens. strict.; 同 senso stricto] 狭义
senta metalmark [*Adelotypa senta* (Hewitson)] 星塔悌蚬蝶，森蛱蚬蝶
senta skipper [= spotted grass-skipper, *Neohesperilla senta* (Miskin)] 星斑新弄蝶
Senta 糜夜蛾属
Senta flammea (Curtis) 糜夜蛾
sentinel arctic [*Oeneis alpina* Kurentzov] 碎纹酒眼蝶
sentus [pl. sentusi] 毛刺 < 常指瓢虫幼虫体壁生出的长锥形突起，不同于有分枝的枝刺，而是仅在干上有少数短粗刚毛 >
sentusi [s. sentus] 毛刺
Seokia 瑟蛱蝶属
Seokia pratti (Leech) 锦瑟蛱蝶
Seokia pratti coreana (Matsumura) 锦瑟蛱蝶朝鲜亚种
Seokia pratti eximia (Moltrecht) 锦瑟蛱蝶远东亚种
Seokia pratti pratti (Leech) 锦瑟蛱蝶指名亚种
Seopsis 色重蜡属
Seopsis badia Li 褐色重蜡
Seopsis beijingensis Li 北京色重蜡
Seopsis concava Li 凹缘色重蜡
Seopsis cycloptera Li 圆翅色重蜡
Seopsis eucalla Li 丽色重蜡
Seopsis guibeiensis Li 桂北色重蜡
Seopsis hirtella Li 粗毛色重蜡
Seopsis longisquama Li 长鳞色重蜡
Seopsis magna Li 大色重蜡
Seopsis metodicra Li 后叉色重蜡
Seopsis multisquama Li 多鳞色重蜡
Seopsis nanjingensis Li 南京色重蜡
Seopsis qinlingensis Li 秦岭色重蜡
SFP [seminal fluid protein 的缩写] 精液蛋白
separata stripestreak [= zebra teaser, *Arawacus separata* (Lathy)] 赛崖灰蝶
Separatatus 裂腹反颚茧蜂属
Separatatus carinatus Chen *et* Wu 脊背裂腹反颚茧蜂，脊背反颚茧蜂
Separatatus* (*Parabobekoides*) *yinshani Zhang *et* van Achterberg 银山裂腹反颚茧蜂
Separatatus parallelus Zhu, van Achterberg *et* Chen 平行裂腹反颚茧蜂
Separatatus sinicus (Zheng, Chen *et* Yang) 中国裂腹反颚茧蜂
Sepedon 长角沼蝇属，腐沼蝇属
Sepedon aenescens Wiedemann 铜色长角沼蝇
Sepedon ferruginosa Wiedemann 锈色长角沼蝇，锈色沼蝇
Sepedon hispanica Loew 艳足长角沼蝇
Sepedon lobifera Hendel 裂叶长角沼蝇，小叶沼蝇
Sepedon neanias Hendel 台南长角沼蝇，台南沼蝇，尼长角沼蝇
Sepedon noteoi Steyskal 东南长角沼蝇，诺长角沼蝇
Sepedon oriens Steyskal 升长角沼蝇
Sepedon plumbella Wiedemann 曲跗长角沼蝇，羽长角沼蝇，镶铅沼蝇
Sepedon sauteri Hendel 同 *Sepedon aenescens*
Sepedon senex Wiedemann 伪曲跗长角沼蝇，耄耋长角沼蝇，耄耋沼蝇
Sepedon sinensis Mayer 同 *Sepedon aenescens*
Sepedon sphegea (Fabricius) 伪铜色长角沼蝇，高雄沼蝇
Sepedon spinipes (Scopol) 刺长角沼蝇，具刺长角沼蝇
Sepedon violaceus Hendel 同 *Sepedon aenescens*
Sepedophilus 毛背隐翅甲属，朽隐翅虫属
Sepedophilus aequalis Naomi *et* Maruyama 等毛背隐翅甲，等朽隐翅虫
Sepedophilus alexandrovi (Bernhauer) 亚力毛背隐翅甲，亚力朽隐翅虫
Sepedophilus armatus (Sharp) 双点毛背隐翅甲
Sepedophilus attenuatus Naomi *et* Maruyama 尖毛背隐翅甲，尖朽隐翅虫
Sepedophilus bipustulatus (Gravenhorst) 双毛背隐翅甲，双丘朽隐翅虫
Sepedophilus fimbriatus (Sharp) 缨毛背隐翅甲，缨朽隐翅虫
Sepedophilus formosanus (Cameron) 台湾毛背隐翅甲，台朽隐翅虫
Sepedophilus germanus (Sharp) 德毛背隐翅甲，德朽隐翅虫
Sepedophilus humeralis (Eppelsheim) 肩毛背隐翅甲，肩朽隐翅虫
Sepedophilus pedicularius (Gravenhorst) 佩毛背隐翅甲，佩朽隐翅虫
Sepedophilus plagiatus (Fauvel) 纹毛背隐翅甲，纹朽隐翅虫
Sepedophilus pseudolitoreus (Bernhauer) 伪滨毛背隐翅甲，伪滨朽隐翅虫
Sepedophilus testaceus (Fabricius) 黄褐毛背隐翅甲，黄褐朽隐翅虫
Sepedophilus varicornis Sharp 异角毛背隐翅甲，异角朽隐翅虫
Sepedophilus yasutoshii Naomi *et* Maruyama 泰利毛背隐翅甲，泰利朽隐翅虫
Sephena cinerea Kirkaldy 澳新桉松蛾蜡蝉
Sephilus 塞叩甲属
Sephilus formosanus Schwarz 台塞叩甲
Sephilus shibatai Kishii 柴田塞叩甲
Sephisa 帅蛱蝶属
Sephisa chandra (Moore) [eastern courtier] 东帅蛱蝶，帅蛱蝶，缤纷蛱蝶
Sephisa chandra androdamas Fruhstorfer 东帅蛱蝶台湾亚种，灿蛱蝶，黄斑蛱蝶，栎缭斑蛱蝶，东方帅蛱蝶，黄胡麻斑蛱蝶，

雌黑黄斑蛱蝶，白裙帅蛱蝶
Sephisa chandra chandra (Moore) 东帅蛱蝶指名亚种，指名帅蛱蝶
Sephisa chandra zhejiangana Tong 东帅蛱蝶浙江亚种
Sephisa daimio Matsumura 台湾帅蛱蝶，台湾灿蛱蝶，白裙黄斑蛱蝶，台湾缭斑蛱蝶，高沙黄斑蛱蝶，台湾黄胡麻斑蛱蝶，台湾黄斑蛱蝶
Sephisa dichroa (Kollar) [western courtier] 西帅蛱蝶，狄帅蛱蝶
Sephisa dichroa chinensis Nguyen 西帅蛱蝶中华亚种，华狄帅蛱蝶
Sephisa dichroa dichroa (Kollar) 西帅蛱蝶指名亚种，指名帅蛱蝶
Sephisa dichroa tsekouensis Nguyen 西帅蛱蝶茨开亚种，泽狄帅蛱蝶
Sephisa princeps (Fixsen) 黄帅蛱蝶
Sephisa princeps albomacula Leech 同 *Sephisa princeps princeps*
Sephisa princeps princeps (Fixsen) 黄帅蛱蝶指名亚种，指名黄帅蛱蝶
Sephisa princeps tamla Sugiyama 黄帅蛱蝶云南亚种
Sephisa rex Wileman 同 *Sephisa chandra androdamas*
sepia baskettail [*Epitheca sepia* (Gloyd)] 色毛伪蜻
sepiapterin 墨蝶呤
Sepontia 似丸蝽属
Sepontia aenea Distant 见 *Sepontiella aenea*
Sepontia variolosa (Walker) 见 *Spermatodes variolosus*
Sepontiella 安丸蝽属
Sepontiella aenea (Distant) 安丸蝽，紫黑丸蝽
sepsid 1. [= sepsid fly, black scavenger fly, ensign fly, spiny-legged fly] 鼓翅蝇 < 鼓翅蝇科 Sepsidae 昆虫的通称 >；2. 鼓翅蝇科的
sepsid fly [= sepsid, black scavenger fly, ensign fly, spiny-legged fly] 鼓翅蝇
Sepsidae 鼓翅蝇科，艳细蝇科
Sepsidoscinis 鼓翅秆蝇属，塞秆蝇属
Sepsidoscinis maculipennis Hendel 斑翅鼓翅秆蝇，鼓翅秆蝇，鼓翅塞秆蝇，海南秆蝇
sepsis 败血症
Sepsis 鼓翅蝇属，艳细蝇属
Sepsis albolimbata de Meijere 同 *Sepsis dissimilis*
Sepsis albopunctata Lamb 同 *Sepsis dissimilis*
Sepsis barbata Becker 须状鼓翅蝇，须鼓翅蝇，长毛艳细蝇
Sepsis bicolor Wiedemann 见 *Dicranosepsis bicolor*
Sepsis bicolor appendiculata de Meijere 见 *Dicranosepsis appendiculata*
Sepsis bicolor bipilosa Duda 同 *Dicranosepsis revocans*
Sepsis bicolor gracilis Duda 同 *Dicranosepsis transita*
Sepsis bicolor mediotibialis Duda 同 *Dicranosepsis hamata*
Sepsis bicornuta Ozerov 长角鼓翅蝇
Sepsis biflexuosa Strobl 双曲鼓翅蝇
Sepsis chinensis Ozerov 中华鼓翅蝇
Sepsis complicata Wiedemann 同 *Sepsis lateralis*
Sepsis coprophila de Meijere 喜粪鼓翅蝇，食粪鼓翅蝇，星岛艳细蝇
Sepsis dissimilis Brunetti 不等鼓翅蝇，异鼓翅蝇
Sepsis flavimana Meigen 黄领鼓翅蝇，黄鼓翅蝇
Sepsis formosanus Matsumura 同 *Toxopoda viduata*
Sepsis frontalis Walker 额带鼓翅蝇
Sepsis humeralis Brunetti 肩角鼓翅蝇，肩鼓翅蝇
Sepsis indica Wiedemann 印鼓翅蝇，印度艳细蝇
Sepsis inpunctata Macquart 同 *Sepsis lateralis*
Sepsis javanica de Meijere 见 *Dicranosepsis javanica*
Sepsis javanica acuta de Meijere 同 *Dicranosepsis revocans*
Sepsis javanica breviappendiculata de Meijere 见 *Dicranosepsis breviappendiculata*
Sepsis lateralis Wiedemann 侧突鼓翅蝇，侧鼓翅蝇，双肋艳细蝇
Sepsis latiforceps Duda 宽钳鼓翅蝇，宽铗鼓翅蝇，宽铗艳细蝇
Sepsis lindneri Hennig 林氏鼓翅蝇，林奈鼓翅蝇
Sepsis monostigma Thomson 单斑鼓翅蝇，单纹鼓翅蝇，单痣艳细蝇
Sepsis neocynipsea Melander *et* Spuler 新瘿小鼓翅蝇
Sepsis nitens Wiedemann 亮鼓翅蝇，光泽艳细蝇
Sepsis niveipennis Becker 无暇鼓翅蝇
Sepsis puncta (Fabricius) 螯斑鼓翅蝇，螯斑鼓翅蝇，斑点艳细蝇
Sepsis richterae Ozerov 克氏鼓翅蝇
Sepsis sauteri de Meijere 见 *Meroplius sauteri*
Sepsis thoracica (Robineau-Desvoidy) 胸廓鼓翅蝇，胸鼓翅蝇，普通艳细蝇
Sepsis trivittata Bigot 三条鼓翅蝇
Sepsis unipilosa Duda 见 *Dicranosepsis unipilosa*
Sepsis viduata Thomson 见 *Toxopoda viduata*
Sepsis violacea Meigen 紫鼓翅蝇
Sepsis zuskai Iwasa 祖卡鼓翅蝇，珠鼓翅蝇，台湾艳细蝇
septa [= septula] 1. 三角区 < 指蜻蜓目昆虫中胸背板在前翅着生处前的三角形区 >；2. 腋胛 < 同 axillary calli>；3. [s. septum] 膈
septasternum [= coxosternum, pleurosternum, coxosternal plate] 基腹板
septate desmosome 线状隔膜
septicaemia 败血病
septicemia 败血病
septula [pl. septulae] 1. 小膈；2. 肛膈 < 见于金龟子幼虫中 >；3. [= septa] 三角区
septulae [s. septula] 1. 小膈；2. 肛膈
septum [pl. septa] 膈
sequence 1. 序列；2. 连续性
sequence characterized amplified region [abb. SCAR] 特征序列扩增区域
sequence-related amplified polymorphism [abb. SRAP] 序列扩增多态性，序列相关扩增多态性
sequential evolution 顺序进化
sequential sampling 序贯抽样法
sequoia cone borer [*Phymatodes nitidus* LeConte] 耀棍腿天牛
sequoia pitch moth [*Synanthedon sequoiae* (Edwards)] 美洲杉兴透翅蛾，美洲杉小透翅蛾，水杉拟蜂透翅蛾，水杉透翅蛾
Ser [serine 的缩写] 丝氨酸
seral 演替系列的
seral community 演替系列群落
seral unit 演替系列单位
Serangiella 拟刀角瓢虫属
Serangiella okinawense (Miyatake) 见 *Microserangium okinawense*
Serangiella sababensis Sasaji 见 *Microserangium sababensis*
Serangiini 刀角瓢虫族

Serangium 刀角瓢虫属，角瓢虫属
Serangium centrale Wang *et* Ren 中斑刀角瓢虫
Serangium clauseni (Chapin) 海南刀角瓢虫，海南铲角瓢虫
Serangium contortum Wang *et* Ren 弯茎刀角瓢虫
Serangium digitiforme Wang *et* Ren 指茎刀角瓢虫
Serangium drepnicum Xiao 镰叶刀角瓢虫
Serangium dulongjiang Wang, Ren *et* Chen 独龙江刀角瓢虫
Serangium formosanum (Miyatake) 台湾刀角瓢虫
Serangium japonicum Chapin 日本刀角瓢虫，刀角瓢虫
Serangium latilobum Wang *et* Ren 宽叶刀角瓢虫
Serangium leigongicus Wang *et* Ren 雷公山刀角瓢虫
Serangium magnipunctatum Wang *et* Ren 大点刀角瓢虫
Serangium punctum Miyatake 刻点刀角瓢虫
Serangium trimaculatum Wang *et* Ren 三斑刀角瓢虫
Serangium yasumatsui (Sasaji) 铲刀角瓢虫，铲角瓢虫
Serdis 香弄蝶属
Serdis fractifascia Felder 直带香弄蝶
Serdis statius (Plötz) [muted serdis] 香弄蝶
Serdis venezulae (Westwood) [Venezuelan serdis] 委内瑞拉香弄蝶
Serdis viridicans Felder [tres cruces skipper] 绿香弄蝶
sere 演替系列
Serendiba 塞猎蝽属
Serendiba hymenoptera China 蜂形塞猎蝽
Serendiba nigrospina Hsiao 黑刺塞猎蝽
Serendus 雅猎蝽属
Serendus flavonotus Hsiao 黄背雅猎蝽
Serendus geniculatus Hsiao 斑腹雅猎蝽
serene sailer [= river sailer, *Neptis serena* Overlaet] 色润环蛱蝶
Serenthia nexilis Drake 见 *Agramma nexile*
sergeant-major [*Abrota ganga* Moore] 婀蛱蝶
Sergentia 瑟摇蚊属
Sergentia baueri Wülker, Kiknadze, Kerkis *et* Nevers 包氏瑟摇蚊
Sergentia prima Proviz *et* Proviz 原始瑟摇蚊
Sergentomyia 司蛉属
Sergentomyia anhuiensis Ge *et* Leng 安徽司蛉
Sergentomyia arpaklensis Perfiliew 阿帕克司蛉
Sergentomyia bailyi (Sinton) 贝氏司蛉
Sergentomyia barraudi (Sinton) 鲍氏司蛉，鲍氏白蛉，鲍劳德白蛉
Sergentomyia campester (Sinton) 平原司蛉
Sergentomyia fanglianensis (Leng) 方亮司蛉
Sergentomyia fukienensis Tang *et* Tang 福建司蛉
Sergentomyia fupingensis (Wu) 富平司蛉，富平白蛉
Sergentomyia hunanensis Leng, Li *et* Zhang 湖南司蛉
Sergentomyia indica (Theodor) 印度司蛉，印地格蛉
Sergentomyia iyengari (Sinton) 应氏司蛉，应氏白蛉
Sergentomyia iyengari iyengari (Sinton) 应氏司蛉指名亚种
Sergentomyia iyengari taiwanensis (Cate *et* Lien) 同 *Sergentomyia iyengari iyengari*
Sergentomyia kachekensis (Yao *et* Wu) 嘉吉司蛉，嘉积司蛉，嘉积白蛉
Sergentomyia khawi (Raynal) 许氏司蛉
Sergentomyia koloshanensis Yao *et* Wu 歌乐山司蛉
Sergentomyia kueichenae Leng *et* He 贵真司蛉
Sergentomyia kwangsiensis Yao *et* Wu 广西司蛉，广西鲍氏白蛉
Sergentomyia lanzhouensis Xiong, Jin *et* Zuo 兰州司蛉
Sergentomyia lushanensis Leng, Li *et* Zhang 庐山司蛉
Sergentomyia malayensis (Theodor) 马来司蛉，海南司蛉
Sergentomyia nankingensis Ho, Tan *et* Wu 南京司蛉
Sergentomyia pooi Yao *et* Wu 浦氏司蛉，蒲氏司蛉
Sergentomyia quanzhouensis Leng *et* Zhang 泉州司蛉
Sergentomyia rudnicki Lewis 卢氏司蛉
Sergentomyia schwetzi (Adler, Theodor *et* Parrot) 施氏司蛉
Sergentomyia sinkiangensis (Ting *et* Ho) 新疆司蛉
Sergentomyia sintoni Pringle 辛东司蛉，阿帕克司蛉
Sergentomyia squamipleuris (Newstead) 鳞胸司蛉，鳞胸白蛉
Sergentomyia squamirostris (Newstead) 鳞喙司蛉
Sergentomyia sumbarica (Perfiliew) 松巴司蛉，山拔里司蛉
Sergentomyia suni (Wu) 孙氏司蛉，孙氏白蛉
Sergentomyia tangi Xiong, Chai *et* Jin 唐氏司蛉
Sergentomyia turfanensis Hsiung, Guan *et* Jin 吐鲁番司蛉
Sergentomyia wangi Leng *et* Zhang 王氏司蛉
Sergentomyia wuyishanensis Leng *et* Zhang 武夷山司蛉
Sergentomyia yaoi Theodor 姚氏司蛉
Sergentomyia yini Leng *et* Lin 尹氏司蛉
Sergentomyia yunnanensis He *et* Leng 云南司蛉
Sergentomyia zhengjiani Leng *et* Yin 征鉴司蛉
Sergentomyia zhongi Wang *et* Leng 钟氏司蛉
sergestus ruby-eye [= Cramer's ruby-eye, *Talides segestus* (Cramer)] 赛格斜弄蝶
sergia euselasia [*Euselasia sergia* (Godman *et* Salvin)] 瑟优蚬蝶
serial 行 < 指鳞翅目幼虫腹足趾钩的排列 >
serial block face scanningelectron microscopy [abb. SBEM, SBSEM 或 SBFSEM] 串联黑体扫描电子显微镜技术
serial homology 连续同源
serial section scanning electron microscopy [abb. S3EM] 扫描电镜连续切片技术
serial section transmission electron microscopy [abb. SSTEM] 透射电镜连续切片技术
serial vein 序脉
Seriana 赛小叶蝉属
Seriana bacilla Tan, Yuan *et* Song 长杆赛小叶蝉
Seriana barna Song *et* Li 同 *Seriana bacilla*
Seriana equata (Singh) 顶冠赛小叶蝉
Seriana indefinita Dworakowska 纵纹赛小叶蝉，赛小叶蝉
Seriana kovka Dworakowska 缺冠赛小叶蝉
Seriana menglaensis Song *et* Li 勐腊赛小叶蝉
Seriana ochrata Dworakowska 越南赛小叶蝉，赭赛小叶蝉
seriatim 顺序 < 意为排列成纵行的 >
seriation 列线 < 意为排列成平行系列的线，如见于半翅目划蝽科 Corixidae 昆虫者 >
Serica 绢金龟甲属，绢金龟属
Serica adspersa Frey 撒绢金龟甲，撒绢金龟
Serica albosquamosa Frey 同 *Serica pulvinosa*
Serica benesi Ahrens 贝氏绢金龟甲，贝氏绢金龟
Serica boops Waterhouse 突眼绢金龟甲，突眼麻绢金龟
Serica brunnea (Linnaeus) [brown chafer] 棕绢金龟甲，棕绢金龟，褐玛绢金龟
Serica brunnescens Frey 见 *Maladera brunnescens*
Serica chengtuensis Ahrens 成都绢金龟甲，成都绢金龟

Serica chinensis Moser 见 *Maladera chinensis*
Serica delicta Brenske 同 *Maladera renardi*
Serica excisa (Frey) 断绢金龟甲，断毛绢金龟
Serica famelica Brenske 同 *Serica orientalis*
Serica feisintsiensis Ahrens 格氏绢金龟甲，格氏绢金龟
Serica formosana Moser 台绢金龟甲，台绢金龟，蓬莱长角绒毛金龟
Serica fusifemorata Nomura 锤腿绢金龟甲，锤腿绢金龟，宽脚长角绒毛金龟
Serica gansuensis Miyake *et* Yamaya 见 *Maladera gansuensis*
Serica heydeni (Reitter) 脊臀毛绢金龟甲，脊臀毛绢金龟，海氏绢金龟，赫毛绢金龟
Serica horishana Niijima *et* Kinoshita 见 *Pachyserica horishana*
Serica karafutoensis Niijima *et* Kinoshita 卡绢金龟甲，卡绢金龟
Serica klapperichi (Frey) 克氏绢金龟甲，克拉毛绢金龟
Serica koltzei Reitter 见 *Nipponoserica koltzei*
Serica korgei Petrovitz 同 *Maladera formosae*
Serica lalashana Kobayashi 拉拉山绢金龟甲，拉拉山绢金龟，拉拉山长角绒毛金龟
Serica longula Frey 长绢金龟甲，长绢金龟
Serica motschulskyi Brenske 见 *Maladera motschulskyi*
Serica moupinensis (Fairmaire) 宝兴绢金龟甲，宝兴麻绢金龟
Serica nakayamai Murayama 同 *Maladera renardi*
Serica nigrobrunnea Moser 见 *Maladera nigrobrunnea*
Serica nigromaculosa Fairmaire 黑斑绢金龟甲，黑斑绢金龟，内斑绢金龟，黑斑长角绒毛金龟
Serica nigropicta Fairmaire 见 *Microserica nigropicta*
Serica nigrovariata Lewis 黑异绢金龟甲，黑异绢金龟
Serica niitakana Sawada 见 *Taiwanoserica niitakana*
Serica nipponica (Nomura) 日本绢金龟甲，日麻绢金龟
Serica opacithorax Nomura 暗胸绢金龟甲，暗胸绢金龟，缺纹长角绒毛金龟
Serica orientalis Motschulsky 见 *Maladera orientalis*
Serica ovatula Fairmaire 小阔胫绢金龟甲，小阔胫绢金龟
Serica pallida Burmeister 见 *Maladera pallida*
Serica pekingensis Brenske 同 *Maladera orientalis*
Serica plutenkoi Ahrens 似玫瑰绢金龟甲，似玫瑰绢金龟
Serica polita (Gebler) 饰毛绢金龟甲，饰毛绢金龟，坡毛绢金龟
Serica puetzi Ahrens 普氏绢金龟甲，普氏绢金龟
Serica pulvinosa Frey 垫绢金龟甲，垫绢金龟
Serica qinlingshanica Ahrens 秦岭绢金龟甲，秦岭绢金龟
Serica rosinae Pic 拟突眼绢金龟甲，拟突眼绢金龟，玫麻绢金龟
Serica schoenfeldti Murayama 同 *Maladera motschulskyi*
Serica shaanxiensis Ahrens 陕西绢金龟甲，陕西绢金龟
Serica sibirica Brensk 同 *Maladera renardi*
Serica similis Lewis 似绢金龟甲，似绢金龟，似玛绢金龟
Serica spissigrada Brenske 见 *Maladera spissigrada*
Serica squamifera (Frey) 见 *Pachyserica squamifera*
Serica subtruncata Fairmaire 见 *Maladera subtruncata*
Serica sudhausi Ahrens 苏氏绢金龟甲，苏氏绢金龟
Serica taibashanica Ahrens 太白山绢金龟甲，太白山绢金龟
Serica tenebrosa Frey 同 *Maladera lignicolor*
Serica thibetana Brenske 藏绢金龟甲，藏麻绢金龟
Serica tristis LeConte 黯绢金龟甲，黯绢金龟
Serica tsienluana Brenske 同 *Maladera cardoni*
Serica ursina Brenske 见 *Neoserica ursina*
Sericanaphe lutea Kiriakoff 同 *Doratoptera virescens*
Sericanaphe rufistriga Kiriakoff 同 *Doratoptera nicevillei*
Sericania 条绢金龟甲属
Sericania carinata Brenske 脊条绢金龟甲，脊条绢金龟
Sericania fuscolineata Motschulsky 褐条绢金龟甲，褐条绢金龟，黑条鳃角金龟
Sericania hasegawai Murayama 同 *Sericania yamauchii*
Sericania latisulcata Murayama 宽沟条绢金龟甲，宽沟条绢金龟
Sericania yamauchii Sawada 山口条绢金龟甲，山口条绢金龟
sericate [= sericatus, sericeous, sericeus] 丝状的
sericatus 见 sericate
sericeous 见 sericate
Sericesthis 丝绢金龟甲属
Sericesthis geminata Boiseduval 双丝绢金龟甲
sericeus 见 sericate
sericid 1. [= sericid beetle] 绢金龟甲，绢金龟 <绢金龟甲科 Sericidae 昆虫的通称>; 2. 绢金龟甲科的
sericid beetle [= sericid] 绢金龟甲，绢金龟
Sericidae 绢金龟甲科，绢金龟科
sericigenous 产丝的
sericigenous insect 产丝昆虫
sericin [= sericine] 丝胶蛋白
Sericina 绢金龟甲亚族，绢金龟亚族
sericinase 丝胶蛋白酶
sericine 见 sericin
Sericini 绢金龟甲族，绢金龟族
Sericinus 丝带凤蝶属
Sericinus absurdus Bryk 同 *Sericinus montela*
Sericinus cressonii Resakirt 同 *Sericinus montela* f. telamon
Sericinus montela Gray [dragon swallowtail] 丝带凤蝶
***Sericinus montela* f. amlirensis** (Staudinger) 丝带凤蝶华北型
***Sericinus montela* f. guangxiensis** Pai *et* Wang 丝带凤蝶南方型
***Sericinus montela* f. montelus** Gray 丝带凤蝶华东型
***Sericinus montela* f. telamon** Donovan 丝带凤蝶西方型
Sericinus telamon Donovan 同 *Sericinus montela*
Sericinus telamon absurdus Bryk 同 *Sericinus montela*
Sericinus telamon hoenei Bryk 同 *Sericinus montela*
Sericinus telamon hunanensis Hering 同 *Sericinus montela*
Sericinus telamon magnus Fruhstorfer 同 *Sericinus montela*
Sericinus telamon mandschuricus Bang-Haas 同 *Sericinus montela*
Sericinus telamon roseni Bryk 同 *Sericinus montela*
Sericinus telamon rudolphi Bryk 同 *Sericinus montela*
Sericinus telamon shantungensis Hering 同 *Sericinus montela*
Sericinus telamon telemachus Staudinger 同 *Sericinus montela*
Sericoderus 丝拟球甲属
Sericoderus lateralis (Gyllenhal) 黄足丝拟球甲
Sericologia 蚕丝学 <期刊名>
sericologia 蚕丝学，蚕学
sericologist 蚕学家，蚕学工作者
sericology 蚕学，蚕丝学
Sericomyia 丝蚜蝇属
Sericomyia completa Curran 全态丝蚜蝇，完美蚜蝇，全丝蚜蝇
Sericomyia dux (Stackelberg) 姬丝蚜蝇

Sericomyia khamensis Thompson *et* Xie 康丝蚜蝇
Sericomyia lappona (Linnaeus) 黄斑丝蚜蝇，拉丝蚜蝇
Sericomyia sachalinica Stackelberg 萨哈林丝蚜蝇
Sericomyiini 丝蚜蝇族
Sericophara 丝网蛾属
Sericophara guttata Christoph 点丝网蛾，点黑线网蛾
Sericopimpla 蓑瘤姬蜂属
Sericopimpla albocinctus (Morley) 白环蓑瘤姬蜂
Sericopimpla maculata Sheng *et* Sun 斑蓑瘤姬蜂
Sericopimpla sagrae (Vollenhoven) 蓑瘤姬蜂
Sericopimpla sagrae sagrae (Vollenhoven) 蓑瘤姬蜂指名亚种
Sericopimpla sagrae sauteri (Cushman) 蓑瘤姬蜂索氏亚种，蓑瘤姬蜂苏氏亚种，苏氏蓑瘤姬蜂
sericose 丝腺口 < 指膜翅目昆虫幼虫丝腺的缝形开口 >
sericostomatid 1. [= sericostomatid caddisfly, bushtailed caddisfly] 毛石蛾 < 毛石蛾科 Sericostomatidae 昆虫的通称 >；2. 毛石蛾科的
sericostomatid caddisfly [= sericostomatid, bushtailed caddisfly] 毛石蛾
Sericostomatidae 毛石蛾科
Sericostomatoidea 毛石蛾总科
Sericothripinae 绢蓟马亚科
Sericothrips 绢蓟马属
Sericothrips cingulatus Hinds 带纹绢蓟马，丝蓟马
Sericothrips dentatus Steinweden *et* Moulton 见 *Hydatothrips dentatus*
Sericothrips houjii (Chou *et* Feng) 后稷绢蓟马，后稷扁蓟马
Sericothrips melilotus (Han) 草木樨绢蓟马，草木樨近绢蓟马
Sericothrips tabulifer Priesner 见 *Neohydatothrips tabulifer*
Sericothrips variabilis (Beach) [soybean thrips] 大豆绢蓟马，大豆蓟马
Sericozenillia 蚕寄蝇属
Sericozenillia albipila (Mesnil) 白毛蚕寄蝇
sericteria [s. sericterium] 1. 丝腺；2. 泌丝器
sericterium [pl. sericteria] 1. 丝腺；2. 泌丝器
serictory silk gland 丝腺
sericultural consulting center 蚕业指导所
sericultural cooperative association 养蚕合作组
sericultural experiment station 蚕业试验场
sericultural farm 养蚕农户
sericultural farm management 蚕业经营
sericultural industry 蚕丝业
sericultural institute 蚕业研究所
sericultural management 蚕业经营
Sericultural Science 蚕学通讯 < 期刊名 >
sericultural science 养蚕学
sericultural society 蚕丝学会
sericulture 养蚕，养蚕业，蚕业
sericulturist 养蚕家，养蚕业者
Sericus 毛叩甲属
Sericus formosanus (Ôhira) 台湾毛叩甲，台湾叉角叩甲
Sericus (Sericoderma) siteki Platia *et* Gudenzi 西氏毛叩甲
Sericus (Sericoderma) vavrai Platia *et* Gudenzi 瓦氏毛叩甲
Serida 颖璐蜡蝉属
Serida elasmoscelis (Jacobi) 哎颖璐蜡蝉，倍璐蜡蝉
Serida latens Walker 颖璐蜡蝉
series 组 < 作为分类阶元中的名称 >
serific gland [= silk gland] 丝腺
serine [abb. Ser] 丝氨酸
serine hydroxymethyltransferase [abb. SHMT] 丝氨酸羟甲基转移酶
serine protease [abb. SP] 丝氨酸蛋白酶
serine protease inhibitor [abb. serpin, SPI] 丝氨酸蛋白酶抑制蛋白，丝氨酸蛋白酶抑制剂
Serinetha 红缘蝽属
Serinetha abdominalis (Fabricius) 见 *Leptocoris abdominalis*
Serinetha augur (Fabricius) 见 *Leptocoris augur*
Serinetha capitis Hsiao 见 *Leptocoris capitis*
Serinetha dispar Hsiao 见 *Leptocoris dispar*
serious symptom 重症
Serixia 小楔天牛属
Serixia abbreviata Gressitt 海南小楔天牛
Serixia albopleura Gressitt 白缘小楔天牛，白侧细角天牛
Serixia albosternalis Breuning 白斑小楔天牛
Serixia apicefuscipennis Breuning 褐尾小楔天牛
Serixia atripennis Pic 黑翅小楔天牛
Serixia aurescens Breuning 棕尾小楔天牛
Serixia binhensis Pic 棕角小楔天牛
Serixia botelensis Pic 兰屿小楔天牛
Serixia chinensis Breuning 中华小楔天牛
Serixia formosana Breuning 台湾小楔天牛，蓬莱细角天牛
Serixia fuscovittata Breuning 棕带小楔天牛
Serixia griseipennis Gressitt 灰翅小楔天牛
Serixia hayashii Hayashi 段小楔天牛，林氏细角天牛
Serixia juisuiensis Hayashi 花莲小楔天牛，瑞穗细角天牛
Serixia kisana (Matsushita) 五列小楔天牛，旗山细角天牛
Serixia laosensis Breuning 老挝小楔天牛
Serixia maxima Breuning 点胸小楔天牛
Serixia nigrocornis Breuning 黑角小楔天牛
Serixia nigrofasciata Pic 龟纹小楔天牛
Serixia prolata (Pascoe) 短小楔天牛，海南小楔天牛
Serixia prolata major Breuning 短小楔天牛粗壮亚种，壮小楔天牛
Serixia prolata prolata (Pascoe) 短小楔天牛指名亚种
Serixia pubescens Gressitt 长毛小楔天牛
Serixia rondoni Breuning 黑肩小楔天牛
Serixia rubripennis Pic 红翅小楔天牛
Serixia rufobasipennis Breuning 红基小楔天牛
Serixia sedata Pascoe 黑尾小楔天牛
Serixia sedata gigantea Breuning 黑尾小楔天牛大型亚种，大黑尾小楔天牛
Serixia sedata sedata Pascoe 黑尾小楔天牛指名亚种，指名黑尾小楔天牛
Serixia sedata unicolor Breuning 黑尾小楔天牛一色亚种，一色小楔天牛
Serixia sericeipennis Breuning 丝绒小楔天牛
Serixia signaticornis Schwarzer 斑角小楔天牛，环节细角天牛
Serixia sinica Gressitt 项山小楔天牛
Serixia subrobusta Breuning 硕小楔天牛
Serixia testaceicollis Kôno 黄褐小楔天牛，褐胸细角天牛
Serixia truncatipennis Breuning 截尾小楔天牛

Sermyloides 额凹萤叶甲属

Sermyloides baishanzuia Yang 百山祖额凹萤叶甲

Sermyloides biconcava Yang 双凹额凹萤叶甲

Sermyloides bimaculata Gressitt *et* Kimoto 二斑额凹萤叶甲

Sermyloides coomani Laboissière 库额凹萤叶甲

Sermyloides cribellata Yang 筛额凹萤叶甲，筛凹萤叶甲

Sermyloides decorata Chen 广西额凹萤叶甲

Sermyloides inoranta Chen 海南额凹萤叶甲

Sermyloides lii Yang *et* Li 李氏额凹萤叶甲，李氏凹萤叶甲

Sermyloides nigripennis Gressitt *et* Kimoto 黑翅额凹萤叶甲

Sermyloides pilifera Yang 毛斑额凹萤叶甲

Sermyloides pilosa Yang 多毛额凹萤叶甲

Sermyloides semiornata Chen 横带额凹萤叶甲，横带额凹缘萤叶甲

Sermyloides sexmaculata Yang 六斑额凹萤叶甲

Sermyloides sichuana Medvedev 四川额凹萤叶甲

Sermyloides umbonata Yang 突额凹萤叶甲

Sermyloides varicolor Chen 变色额凹萤叶甲

Sermyloides wangi Yang 王氏额凹萤叶甲

Sermyloides yunnanensis Yang 云南额凹萤叶甲

serodiagnosis 血清学诊断

serological reaction 血清学反应，血清反应

serology 血清学

seron false flasher [*Neoxeniades seron* (Godman)] 色新形弄蝶

seroreaction 血清反应

serosa 浆膜

serosal cuticle 浆膜表皮 < 指昆虫卵中由浆膜所产生的表皮 >

serotinal 晚夏的

serotonin [= 5-hydroxytryptamine] 血清素，5- 羟色胺

serotype 血清型

serous 血浆的

serous cell 浆液细胞

serous fluid 浆液

serous membrane 浆膜

serpentfly[= raphidiopteron, raphidiopterous insect,raphidian,raphitdiopteran,snakefly, camel-fly, camel neck fly] 蛇蛉 < 蛇蛉目昆虫的通称 >

serpentine fruit fly [= sapote fruit fly, *Anastrepha serpentina* (Wiedemann)] 山榄按实蝇

serpentine leafminer 1. [= cabbage leafminer, crucifer leafminer, *Liriomyza brassicae* (Riley)] 菜斑潜蝇，甘蓝斑潜蝇，白菜斑潜蝇，螺痕潜蝇；2. [= American serpentine leafminer, legume leafminer , celery leafminer, chrysanthemum leaf miner, *Liriomyza trifolii* (Burgess)] 三叶草斑潜蝇，三叶斑潜蝇，非洲菊斑潜蝇；3. [*Agromyza pusilla* (Meigen)] 螺痕潜蝇；4.[= pea leafminer, South American leafminer, *Liriomyza huidobrensis* (Blanchard)] 南美斑潜蝇，拉美豌豆斑潜蝇，拉美斑潜蝇，拉美甜菜斑潜蝇，惠斑潜蝇

serpentinous [= serpentinus] 暗绿色的

serpentinus 见 serpentinous

Serphidae [= Proctotrupidae] 细蜂科

Serphoidea [= Proctotrupoidea, Proctotrypoidea] 细蜂总科

Serphus gravidator (Linnaeus) 见 *Proctotrupes gravidator*

serpia crescent [*Tegosa serpia* Higgins] 乌苔蛱蝶

serpin [= SPI; serine protease inhibitor 的缩写] 丝氨酸蛋白酶抑制蛋白，丝氨酸蛋白酶抑制剂

serra [pl. serrae] 1. 锯；2. 锯器

Serraca crassestrigata Christoph 见 *Hypomecis crassestrigata*

Serraca punctinalis conferenda Butler 见 *Hypomecis punctinalis conferenda*

serrae [s. serra] 1. 锯；2. 锯器

Serramargina 齿缘叶蝉属

Serramargina laciniata (Fan, Li *et* Chen) 锯突齿缘叶蝉，锯突丽叶蝉

Serrataspis 锯盾蚧属

Serrataspis maculata Ferris 蒲桃锯盾蚧

serrate [= serratus, serrulous, serrulosus] 锯齿形的

serrate-dentate [= serratodentatus] 锯齿状的

serrate-horned sawfly [= antler sawfly, *Cladius pectinicornis* (Geoffroy)] 玫瑰枝角叶蜂，蔷薇栉角叶蜂

serrate longicorn beetle [*Prionus insularis* Motschulsky] 岛锯天牛，锯天牛

serrate plate [= pectina] 齿状突 < 见于介壳虫中 >

serrated duct 齿状腺 < 见于介壳虫中 >

Serratella 锯形蜉属

Serratella acutiformis Zhou 锐锯形蜉

Serratella albostriata Tong *et* Dudgeon 同 *Teloganopsis jinghongensis*

Serratella brevicauda Jacobus, Zhou *et* McCafferty 短尾锯形蜉

Serratella fusongensis (Su *et* You) 抚松锯形蜉，抚松小蜉

Serratella hainanensis She, Gui *et* You 同 *Teloganopsis jinghongensis*

Serratella ignita (Poda) 西伯利亚锯形蜉，西伯利亚小蜉

Serratella jinghongensis (Xu, You *et* Hsu) 见 *Teloganopsis jinghongensis*

Serratella longforceps Gui, Zhou *et* Su 见 *Torleya longforceps*

Serratella longipennis Zhou, Gui *et* Su 同 *Serratella fusongensis*

Serratella nigromaculata (Xu, You *et* Su) 同 *Cincticostella gosei*

Serratella setigera (Bajkova) 黑鬃锯形蜉

Serratella tianmushanensis (Xu, You, Su *et* Su) 同 *Cincticostella gosei*

Serratella tumiforceps Zhou *et* Su 同 *Torleya nepalica*

Serratella xiasimaensis (You) 下司马锯形蜉，下司马小蜉，下司马微蜉

Serratella zapekinae Bajkova 亚氏锯形蜉

serration 锯齿列

serratodentatus 见 serrate-dentate

Serratomaria 长跗隐食甲属

Serratomaria tarsalis Nakane *et* Hisamatsu 栗色长跗隐食甲

Serratomaria vulgaris Sasaji 双斑长跗隐食甲

serratulate 具小齿的

serratus 见 serrate

Serricornia 锯角类 < 鞘翅目昆虫触角为锯齿状者 >

Serridonus longistylus Linnavuori 长刺锯齿叶蝉

Serrifermora 齿股蝗属

Serrifermora antennata Liu 同 *Sikkimiana darjeelingensis*

serriferous 具产卵锯的 < 如锯蜂之具有锯状产卵器的 >

serriform 锯形

Serrifornax 齿隐唇叩甲属

Serrifornax tumidicollis (Redtenbacher) 彭领齿隐唇叩甲，胀福隐唇叩甲

Serrimargo 齿缘步甲属

Serrimargo schenklingi (Dupuis) 施氏齿缘步甲，兴明翅步甲

Serrinotus albopilosus Tan 见 *Acolastus albopilosus*
Serrinotus batangenis Tan 见 *Acolastus batangenis*
Serritermes 齿白蚁属
Serritermes serrifer (Bates) 巴西齿白蚁
serritermitid 1. [= serritermitid termite] 齿白蚁 < 齿白蚁科 Serritermitidae 昆虫的通称 >; 2. 齿白蚁科的
serritermitid termite [= serritermitid] 齿白蚁
Serritermitidae 齿白蚁科
Serrodes 斑翅夜蛾属
Serrodes campana Guenée 铃斑翅夜蛾，铃斑翅裳蛾；铃斑翅夜蛾 < 误 >
Serrodes curvilinea Prout 曲线斑翅夜蛾
Serrognathus 扁锹甲属，扁锹属，锯锹甲属
Serrognathus consentaneus (Albers) 尖腹扁锹甲，尖腹扁锹，细齿扁锹，康锯锹甲，康陶锹甲，康阔颈锹甲
Serrognathus intricatus (Lacroix) 见 *Dorcus intricatus*
Serrognathus kyanrauensis (Miwa) 深山扁锹甲，深山扁锹，基锯锹甲，深山刀锹甲，建陶锹甲，深山扁锹形虫
Serrognathus platymelus (Saunders) 见 *Serrognathus titanus platymelus*
Serrognathus platymelus sika (Kriesche) 见 *Serrognathus titanus sika*
Serrognathus reichei (Hope) 瑞氏扁锹甲，瑞齿扁锹甲，瑞奇大锹，雷阔颈锹甲，瑞奇刀锹甲，雷陶锹甲
Serrognathus reichei hirticornis (Jacowlew) 瑞氏扁锹甲毛角亚种，毛角阔颈锹甲，毛角大锹
Serrognathus reichei reichei (Hope) 瑞氏扁锹甲指名亚种
Serrognathus taurus gypaetus (Laporte de Castelnau) 见 *Dorcus taurus gypaetus*
Serrognathus titanus (Boisduval) [giant stag beetle] 巨扁锹甲，扁锹，巨锯锹甲，巨阔颈锹甲，巨陶锹甲，扁锹形虫
Serrognathus titanus castanicolor Motschulsky 巨扁锹甲东北亚种，扁锹东北亚种，对马扁锹，栗巨陶锹甲
Serrognathus titanus fafner (Kriesche) 巨扁锹甲越南亚种，扁锹越南亚种
Serrognathus titanus palawanicus (Lacroix) [Palawan stag beetle] 巨扁锹甲巴拉望亚种，巴拉望扁锹
Serrognathus titanus platymelus (Saunders) 巨扁锹甲典型亚种，扁锹典型亚种，大扁锹甲华南亚种，扁锯锹甲，扁阔颈锹甲，扁巨陶锹甲，中国扁锹，中华扁锹
Serrognathus titanus sika (Kriesche) 巨扁锹甲台湾亚种，扁锹台湾亚种，西巨陶锹甲，台湾扁锹形虫
Serrognathus titanus titanus (Boisduval) 巨扁锹甲指名亚种，扁锹指名亚种
Serrognathus titanus typhoniformis (Nagel) 巨扁锹甲云贵亚种，扁锹云贵亚种
Serrognathus titanus westermanni (Hope) 巨扁锹甲南亚亚种，韦巨陶锹甲，南亚扁锹
Serrolecanium 锯粉蚧属，锯尾粉蚧属
Serrolecanium bambusae Shinji 同 *Serrolecanium tobai*
Serrolecanium ferrisi Wu *et* Lu 费氏锯粉蚧
Serrolecanium indocalamus Wu 网孔锯粉蚧，网孔箣安粉蚧，竹锯尾粉蚧
Serrolecanium jiuhuaensis Wu 九华锯粉蚧，九华箣安粉蚧，九华锯尾粉蚧
Serrolecanium kawaii Hendricks *et* Kosztarab 卡氏锯粉蚧
Serrolecanium tobai (Kuwana) [toba bamboo scale] 苦竹锯粉蚧，苦竹锯尾粉蚧，竹锯尾粉蚧，锯尾粉蚧
Serromyia 蠓属
Serromyia hainana Yu *et* Yan 海南锯蠓
Serropalpidae [= Melandryidae] 长朽木甲科
Serropalpus 须长朽木甲属，须朽木甲属
Serropalpus iriei Toyoshima *et* Ishikawa 入江须长朽木甲
Serropalpus substriatus Haldeman [blazed-tree borer, striated false darkling beetle] 纹须长朽木甲，纹须朽木甲，朽木甲
serrulate 具小锯齿的
serrulate plate 齿状突
serrulosus 见 serrate
serrulous 见 serrate
serum [=blood plasma] 血浆
serum diagnostics 血清诊断法，血清诊断学
serum precipition reaction 血清沉淀反应
serum reaction 血清反应
serum therapy 血清疗法
serva tussock moth [= ficus tussock moth, crescent-moon tussock moth, rainbow tussock moth, *Lymantria serva* Fabricius] 虹毒蛾
Servaisia 锚折麻蝇属
Servaisia cothurnata (Hsue) 靴锚折麻蝇，靴折麻蝇
Servaisia erythrura (Meigen) 宽阳锚折麻蝇，宽阳折麻蝇，埃折麻蝇，埃拉麻蝇
Servaisia jakovlevi (Rohdendorf) 膨端锚折麻蝇，膨端折麻蝇，贾氏折麻蝇
Servaisia kozlovi (Rohdendorf) 科氏锚折麻蝇，红尾折麻蝇
Servaisia mixta (Rohdendorf) 见 *Mantidophaga mixta*
Servaisia nigridorsalis (Chao *et* Zhang) 黑背锚折麻蝇，黑背折麻蝇
Servaisia rossica (Villeneuve) 毛股锚折麻蝇，毛股折麻蝇，俄折麻蝇
Servaisia subamericana (Rohdendorf) 钩阳锚折麻蝇，钩阳折麻蝇，近美折麻蝇
Serville kite swallowtail [= orange-clubbed kite-swallowtail, *Eurytides serville* (Godart)] 橘黄阔凤蝶
Servillia 寄蝇属 *Tachina* 的异名
Servillia ardens Zimin 见 *Tachina* (*Tachina*) *ardens*
Servillia linabdomenalis Chao 同 *Tachina* (*Tachina*) *cheni*
Servillia planiforceps Chao 同 *Tachina* (*Tachina*) *sobria*
sesame gall midge [= sesamum gall midge, simsim gall midge, *Asphondylia sesami* Felt] 芝麻波瘿蚊，芝麻阿斯瘿蚊，芝麻瘿蚊
sesame root grub [*Holotrichia helleri* Brenske] 胡麻齿爪鳃金龟甲，胡麻齿爪鳃金龟，胡麻锈鳃角金龟
sesame shoot borer [= simsim webworm, *Antigastra catalaunalis* Duponchel] 芝麻荚野螟，胡麻芽蛀螟
Sesamia 蛀茎夜蛾属
Sesamia botanephaga Toms *et* Bowden [West African pink borer] 西非蛀茎夜蛾
Sesamia calamistis Hampson [African pink stalk borer, pink stalk borer, pink stem borer] 枚蛀茎夜蛾，蛀茎夜蛾
Sesamia confusa (Sugi) 混蛀茎夜蛾，噻蛀茎夜蛾
Sesamia cretica Lederer [corn stem borer, greater sugarcane borer, sorghum stem borer, stem corn borer, durra stem borer, large corn borer, pink sugarcane borer, sugarcane pink borer, sorghum

borer, pink corn borer, maize borer, purple stem borer, dura stem borer] 高粱蛀茎夜蛾
Sesamia hirayamae (Matsumura) 希蛀茎夜蛾
Sesamia inferens (Walker) [Asiatic pink stem borer, gramineous stem borer, pink gramineous borer, pink borer, pink rice stem borer, pink rice borer, pink stem borer, purple stem borer, ragi stem borer, purplish stem borer, purple borer] 稻蛀茎夜蛾，大螟，紫螟，盗污阴夜蛾，盗蛀茎夜蛾
Sesamia nigropunctata (Wileman) 台湾蛀茎夜蛾，台湾污阴夜蛾
Sesamia nonagrioides (Lefebvre) [Mediterranean corn borer, pink stalk borer, corn stalk borer] 中东蛀茎夜蛾，蛀茎夜蛾，农蛀茎夜蛾
Sesamia nonagrioides botanephaga Toms *et* Bowden 见 *Sesamia botanephaga*
Sesamia punctivena (Wileman) 斑脉蛀茎夜蛾
Sesamia submarginalis (Hampson) 直缘蛀茎夜蛾，直缘纹夜蛾
Sesamia turpis (Butler) 黑蛀茎夜蛾，污杆夜蛾，吐诺纳夜蛾
Sesamia uniformis (Dudgeon) 蔗蛀茎夜蛾，同形蛀茎夜蛾，列点大螟
Sesamia vuteria Stoll 同 *Sesamia calamistis*
Sesamiina 蛀茎夜蛾亚族
sesamum gall midge 见 sesame gall midge
Sesapa 萨灯蛾属
Sesapa erubescens Butler 同 *Sesapa inscripta*
Sesapa inscripta (Walker) 阴塞萨灯蛾；阴塞萨尺蛾 < 误 >
Sesapa rhodophila (Walker) 见 *Stigmatophora rhodophila*
Sesapa rivalis (Leech) 同 *Miltochrista ziczac*
Sesapa sanguinea (Moore) 红萨灯蛾
Sesapa sinica (Moore) 同 *Lyclene strigipennis*
Sesapa ziczac (Walker) 见 *Miltochrista ziczac*
sesbania stem borer [*Azygophleps scalaris* (Fabricius)] 梯弧蠹蛾，斯弧蠹蛾
sesbania thrips [= black thrips, groundnut thrips, cotton thrips, *Caliothrips indicus* (Bagnall)] 印度巢针蓟马，印度巢蓟马，棉褐蓟马
Sesellius parallelus (Motschulsky) 见 *Scoloposcelis parallela*
Seseria 瑟弄蝶属
Seseria affinis (Druce) [Malayan white flat] 阿菲瑟弄蝶
Seseria dohertyi Watson [contiguous seseria] 锦瑟弄蝶
Seseria dohertyi dohertyi Watson 锦瑟弄蝶指名亚种
Seseria dohertyi salex Evans 锦瑟弄蝶海南亚种，海南锦瑟弄蝶
Seseria dohertyi scona Evans 锦瑟弄蝶云南亚种，云南锦瑟弄蝶
Seseria formosana (Fruhstorfer) 台湾瑟弄蝶，大黑星弄蝶，台湾黑星弄蝶
Seseria nigroguttata (Matsumura) 同 *Seseria formosana*
Seseria sambara Moore [small white flat, notched seseria] 白腹瑟弄蝶，散飒弄蝶
Seseria sambara indosinica (Fruhstorfer) 白腹瑟弄蝶越南亚种，越南白腹瑟弄蝶
Seseria sambara sambara Moore 白腹瑟弄蝶指名亚种
Seseria strigata Evans [Evans's white flat] 条纹瑟弄蝶
Sesia 透翅蛾属
Sesia apiformis (Clerck) [hornet moth, hornet clearwing] 大杨透翅蛾，杨大透翅蛾，埃赤腰透翅蛾，黄蜂蛾
Sesia gloriosa (Le Cerf) 沙柳透翅蛾，荣赤腰透翅蛾
Sesia huaxica Xu 花溪透翅蛾
Sesia molybdoceps Hampson 赤腰透翅蛾，黄尾透翅蛾，板栗透翅蛾，栗透翅蛾
Sesia oberthueri (Le Cerf) 奥氏透翅蛾，奥赤腰透翅蛾
Sesia ommatiaeformis (Moore) 眼形透翅蛾
Sesia przewalskii (Alphéraky) 天山透翅蛾，普赤腰透翅蛾
Sesia rhynchioides (Butler) 见 *Sphecodoptera rhynchioides*
Sesia sangaica (Zukowsky) 同 *Toleria abiaeformis*
Sesia sheni Arita *et* Xu 见 *Sphecodoptera sheni*
Sesia siningensis (Hsu) [poplar pole clearwing moth, poplar bole clearwing moth, poplar-trunk clearwing moth] 杨干透翅蛾，杨干赤腰透翅蛾
Sesia tibetensis Arita *et* Xu 西藏透翅蛾
Sesia tibialis (Harris) [American hornet moth, poplar clearwing borer, cottonwood crown borer] 杨透翅蛾
sesiid 1. [= sesiid moth, clearwing moth] 透翅蛾 < 透翅蛾科 Sesiidae 昆虫的通称 >；2. 透翅蛾科的
sesiid moth [= sesiid, clearwing moth] 透翅蛾
Sesiidae [= Aegeriidae] 透翅蛾科
Sesiinae 透翅蛾亚科
Sesioidea 透翅蛾总科
Sesiosa laosensis Breuning 锤柄天牛
sesquialterous fascia 贯翅横带
sesquialterous ocellus [= sesquiocellus] 套眼点
sesquiocellus 见 sesquialterous ocellus
sesquiterpene 倍半萜
sesquitertious fascia 三四比横带 < 指翅或鞘翅上一整个横带和另一个三分之一的横带 >
sessile 无柄的；无腹柄的
sessile antibody 联胞抗体
sessilis metalmark [= gray lasaia, *Lasaia sessilis* (Schaus)] 靴腊蚬蝶
Sessiliventres [= Symphyta, Bomboptera, Chalastogastra] 广腰亚目
Sessinia sinensis Gemminger 见 *Eobia sinensis*
Setabis 瑟蚬蝶属
Setabis alcmaeon (Hewitson) [blue-rayed setabis, blue-rayed metalmark] 爱酷瑟蚬蝶
Setabis amethystina Butler 紫瑟蚬蝶
Setabis buckleyi (Grose-Smith) [blue setabis] 蓝瑟蚬蝶
Setabis butleri Bates 巴特勒瑟蚬蝶
Setabis cleomedes (Hewitson) [cleomedes setabis, cleomedes metalmark] 克莱瑟蚬蝶
Setabis cruentata Butler 克罗瑟蚬蝶
Setabis disparilis Bates 迪瑟蚬蝶
Setabis epilecta (Stichel) [cream-banded setabis] 顶瑟蚬蝶
Setabis epitus (Cramer) [epitus metalmark] 丰前瑟蚬蝶
Setabis extensa (Lathy) 艾瑟蚬蝶
Setabis fassli (Seitz) 珐瑟蚬蝶
Setabis flammula Bates 福来瑟蚬蝶
Setabis gelasine Bates 胶结瑟蚬蝶
Setabis hellee (Godmen) 海瑟蚬蝶
Setabis hippocrete Godman 斑马瑟蚬蝶
Setabis lagus (Cramer) [common setabis, lagus metalmark, northern setabis] 瑟蚬蝶
Setabis luceres (Hewitson) [orange setabis] 橘瑟蚬蝶

Setabis magelia (Stichel) 玛瑟蚬蝶
Setabis monotone Stichel 单列瑟蚬蝶
Setabis myrtis (Westwood) [dull setabis, myrtis metalmark] 米瑟蚬蝶
Setabis phecdon (Godmen) 帅瑟蚬蝶
Setabis piagiania Grose-Smith 牌瑟蚬蝶
Setabis preciosa (Stichel) 波细瑟蚬蝶
Setabis pythia (Hewitson) 皮瑟蚬蝶
Setabis pythioides Butler [white-banded setabis] 拟皮瑟蚬蝶
Setabis rhodinosa (Stichel) [red-banded setabis] 玫瑰瑟蚬蝶
Setabis salvini (Staudinger) 萨瑟蚬蝶
Setabis serica (Westwood) 丝瑟蚬蝶
Setabis staudingeri (Shichel) 斯氏瑟蚬蝶
Setabis tapaja Saunders 塔瑟蚬蝶
Setabis tutana Godart 涂瑟蚬蝶
Setabis velutina (Butler) [velutina metalmark] 维拉瑟蚬蝶
Setabis xanthodemz (Stichel) 黄瑟蚬蝶
setaceous [= setaceus] 鬃形的，刚毛状的
setaceous hebrew character [= spotted cutworm, lesser black-letter dart moth, black c-moth, *Xestia cnigrum* (Linnaeus)] 八字地老虎 < 该种学名以前曾拼写为 *Xestia c-nigrum* (Linnaeus) >
Setacera 双芒水蝇属
Setacera breviventris (Loew) 短腹双芒水蝇
setaceus 见 setaceous
seta [pl. setae] 毛，刚毛 < 同大毛 (macrotrichium) >
setae [s. seta] 毛，刚毛
setae dispersion stage 疏毛期
setal 毛的，刚毛的
setal alveolus 毛窝，刚毛窝
setal map 毛序图，刚毛图
setal membrane 毛窝膜
setal patch 刚毛片
setal sense organ [= setiferous sense organ] 刚毛感器，刚毛感觉器
Setaleyrodes 毛粉虱属
Setaleyrodes mirabilis Takahashi 千金藤毛粉虱，千金藤粉虱，奇刚毛粉虱，泥沼毛粉虱
Setaleyrodes quercicola Takahashi 栓皮栎毛粉虱，栓皮栎粉虱，栎刚毛粉虱
Setalunula 鬃月寄蝇属
Setalunula blepharipoides Chao *et* Yang 拟饰腹鬃月寄蝇，饰腹鬃月寄蝇
Setanta 截唇姬蜂属
Setanta apicalis (Uchida) 端截唇姬蜂
Setanta formosana (Uchida) 台湾截唇姬蜂，台截唇姬蜂
Setanta nigricans (Uchida) 黑截唇姬蜂
Setanta nigrifrons (Uchida) 黑颚截唇姬蜂
setarious [= aristate] 具芒的
setation 毛列，毛式
Setenis 大轴甲属 *Promethis* 的异名
Setenis aritai Chûjô 同 *Promethis tonkinensis*
Setenis biangulata Gebein 同 *Promethis rectangula*
Setenis brevicornis (Westwood) 见 *Promethis brevicornis*
Setenis cribrifrons (Fairmaire) 同 *Promethis glabricula*
Setenis davidis (Fairmaire) 同 *Promethis valgipes*
Setenis formosana Masumoto 见 *Promethis formosana*
Setenis gebieni Kaszab 同 *Promethis parallela*
Setenis kaoshana Masumoto 见 *Promethis kaoshana*
Setenis manilabrum Fairmaire 见 *Promethis manillarum*
Setenis nitidula Chûjô 同 *Promethis formosana*
Setenis quadricollis Kaszab 同 *Promethis evanescens*
Setenis semiculcata Fairmaire 同 *Promethis rectangula*
Setenis valgipes Marseul 见 *Promethis valgipes*
Setenis villosipes Marseul 同 *Promethis valgipes*
Seticornuta 毛角姬蜂属
Seticornuta nigra Sheng *et* Sun 黑毛角姬蜂
setiferous [= setigerous, setose, setosus, setous] 具刚毛的
setiferous sense organ 见 setal sense organ
setiferous tubercle 刚毛瘤
setiform [= setiformis] 刚毛形
setiformis 见 setiform
setigenous cell 生毛细胞
setigerous 见 setiferous
setigerous tubercle 生毛瘤 < 常用于双翅目昆虫小盾片或足上的瘤，其上生有一根刚毛或刺 >
Setihercostomus 毛颜长足虻属，毛颜寡长足虻属
Setihercostomus huangi (Zhang, Yang *et* Masunaga) 黄氏毛颜长足虻
Setihercostomus setifacies (Stackelberg) 毛颜长足虻
Setihercostomus taiwanensis Zhang *et* Yang 台湾毛颜长足虻
Setihercostomus wuyangensis (Wei) 舞阳毛颜长足虻
Setihercostomus zonalis (Yang, Yang *et* Li) 同 *Setihercostomus wuyangensis*
Setina 塞苔蛾属；塞灯蛾属
Setina flava Bremer *et* Grey 见 *Stigmatophora flava*
Setina griseata Leech 见 *Asura griseata*
Setina modesta Leech 见 *Asura modesta*
Setina unipuncta Leech 见 *Asura unipuncta*
Setipalpia 锥须蜻亚目
setiparous 生毛的
setireme 桡肢 < 指水生昆虫中有毛的桨状足 >
Setodes 姬长角石蛾属，弯突石蛾属
Setodes ancala Yang *et* Morse 曲臂姬长角石蛾
Setodes angulatus Chen *et* Morse 宽角姬长角石蛾，宽角弯突石蛾
Setodes argentatus Matsumura [rice caddice fly] 银条姬长角石蛾，稻银星筒石蚕
Setodes bispinus Yang *et* Morse 双刺姬长角石蛾
Setodes brevicaudatus Yang *et* Morse 短尾姬长角石蛾
Setodes carinatus Yang *et* Morse 显脊姬长角石蛾
Setodes distinctus Yang *et* Morse 独异姬长角石蛾
Setodes diversus Yang *et* Morse 多异姬长角石蛾
Setodes fluvialis Kimmins 溪流姬长角石蛾
Setodes hainanensis Yang *et* Morse 海南姬长角石蛾
Setodes iris Hagen 虹彩姬长角石蛾
Setodes longicaudatus Yang *et* Morse 长尾姬长角石蛾
Setodes pellucidulus Schmid 明丽姬长角石蛾
Setodes peniculus Yang *et* Morse 簇状姬长角石蛾
Setodes perpendicularis Chen *et* Morse 直角姬长角石蛾，直角弯突石蛾

Setodes pulcher Martynov 俏丽姬长角石蛾
Setodes punctatus (Fabricius) 银星姬长角石蛾
Setodes quadratus Yang *et* Morse 方肢姬长角石蛾
Setodes schmidi Yang *et* Morse 斯氏姬长角石蛾
Setodes trilobatus Yang *et* Morse 三叶姬长角石蛾
Setodes yunnanensis Yang *et* Morse 云南姬长角石蛾
Setodocis 赛眼蝶属
Setodocis periboea (Fabricius) 赛眼蝶
Setolebia 毛盆步甲属
Setolebia sterbai (Jedlička) 斯氏毛盆步甲，史盆步甲
Setomesosa rondoni Breuning 毛象天牛
Setomorpha 叶谷蛾属，篱谷蛾属，透窝蛾属
Setomorpha rutella Zeller [tropical tobacco moth, tobacco moth] 烟草叶谷蛾，烟透窝蛾，干烟透窝蛾，红透窝蛾，红篱谷蛾，热带烟草蛾，热带烟草螟，热带烟蛾
Setomorpha tineoides Walsingham 见 *Platysceptra tineoides*
setomorphid 1. [= setomorphid moth] 叶谷蛾 < 叶谷蛾科 Setomorphidae 昆虫的通称 >；2. 叶谷蛾科的
setomorphid moth [= setomorphid] 叶谷蛾
Setomorphidae 叶谷蛾科，透窝蛾科
Setomorphinae 叶谷蛾亚科
Setophionea 毛细颈步甲属
Setophionea ishii (Habu) 见 *Ophionea ishiii*
Setora 褐刺蛾属
Setora baibarana (Matsumura) 窄斑褐刺蛾，台南褐刺蛾，南投眉刺蛾，眉原褐刺蛾，贝褐刺蛾，台中扁刺蛾，褐刺蛾
Setora mongolica Hering 同 *Setora baibarana*
Setora nitens (Walker) 铜斑褐刺蛾
Setora postornata (Hampson) [brownish slug moth] 桑褐刺蛾，八字褐刺蛾，八字眉刺蛾，中华褐刺蛾，褐扁刺蛾，褐刺蛾，后纹扁刺蛾
Setora postornata hampsoni (Strand) 同 *Setora postornata*
Setora postornata postornata (Hampson) 桑褐刺蛾指名亚种
Setora sinensis Moore 同 *Setora postornata*
Setora suberecta Hering 同 *Setora baibarana*
Setora suberecta kwangtungensis Hering 同 *Setora baibarana*
Setoropica laosensis Breuning 毛缝角天牛
setose [= setiferous, setigerous, setosus, setous] 具刚毛的
Setostylus 瑟菌蚊属
Setostylus chinensis Cao, Evenhuis *et* Zhou 中华瑟菌蚊
setosus 见 setose
setous 见 setose
setting newly hatched larva 搁蚁 < 家蚕的 >
setting rearing seat 定座 < 养蚕的 >
setula [pl. setulae] 小鬃，小刺毛，小刚毛 < 常指蛆体腹面行走区内非骨化且无色的圆锥突；或指双翅目昆虫亚前缘脉末端的小刺 >
setulae [s. setula] 小鬃，小刺毛，小刚毛
setulose 具钝毛的 < 钝毛指末端不尖或截头的刚毛 >
Setylaides 粒蜉金龟甲属，粒蜉金龟属
Setylaides foveatus (Schmidt) 凹头粒蜉金龟甲，凹头粒蜉金龟，狄蜉金龟甲
Seudyra 修虎蛾属 *Sarbanissa* 的异名
Seudyra bala (Moore) 见 *Sarbanissa bala*
Seudyra catocalina (Walker) 同 *Sarbanissa insocia*
Seudyra flavida (Leech) 见 *Sarbanissa flavida*
Seudyra mandarina Leech 见 *Sarbanissa mandarina*
Seudyra subalba (Leech) 见 *Sarbanissa subalba*
Seudyra subflava Moore 见 *Sarbanissa subflava*
Seudyra transiens (Walker) 见 *Sarbanissa transiens*
Seudyra venusta (Leech) 见 *Sarbanissa venusta*
Seudyra venusta venusta (Leech) 见 *Sarbanissa venusta venusta*
Seudyra venusta yunnana (Mell) 见 *Sarbanissa venusta yunnana*
seven-river spruce borer [= Staudinger spruce borer, *Tetropium staudingeri* Pic] 凹胸断眼天牛
seven-spot ladybird [= sevenspotted lady beetle, seven-spotted ladybug, 7 spotted lady beetle, 7-spot ladybird, *Coccinella septempunctata* Linnaeus] 七星瓢虫
seven-spotted cockroach [= desert cockroach, Indian domino cockroach, *Therea petiveriana* (Linnaeus)] 七斑鳖蠊
seven-spotted ladybug 见 seven-spot ladybird
seven-striped liptena [*Liptena septistrigata* (Bethune-Baker)] 七带琳灰蝶
sevenspotted lady beetle 见 seven-spot ladybird
Severinia 塞毛石蛾属
Severinia crassicornis Ulmer 见 *Neoseverinia crassicornis*
sevin 西维因
Sewa 哑铃带钩蛾属
Sewa taiwana (Wileman) 台湾哑铃带钩蛾，台湾波纹带钩蛾
sewer fly [= psychodid fly, moth fly, sand fly, drain fly, sink fly, sewer gnat, filter fly, psychodid] 蛾蠓，毛蠓，蛾蚋 < 蛾蠓科 Psychodidae 昆虫的通称 >
sewer gnat 见 sewer fly
sex allocation 性别分配，性比分配
sex attractant 性引诱剂，性引诱物质
sex-biased 偏性的，性别偏向的
sex-biased dispersal 偏性扩散，性别偏向扩散
sex cell 性细胞
sex-change 性变化
sex chromosome 性染色体
sex comb 性栉，性梳
sex comb pattern 性栉型
sex comb tooth 性栉齿
sex comb tooth number [abb. SCTN] 性栉齿数
sex-controlled inlleritance 伴性遗传
sex determination 性别决定
sex differentiation 性别分化
sex-discrimination 雌雄鉴别
sex distributcon 性别分布
sex-expression 性表现
sex hormone 性激素
sex hybrid 有性杂种
sex-inhibitory pheromone 性抑制外激素
sex limitation 限性，性连锁
sex-limite inlleritance 限性遗传
sex-limited character 限性性状
sex-limited race 限性品种
sex-linkage 性连锁，伴性
sex-linkaged character 伴性性状
sex-linkaged inheritance 伴性遗传

sex-linkaged lethal 伴性致死
sex-linkaged phenomenon 伴性现象
sex-linkaged translucent silkworm 伴性油蚕
sex maturity 性成熟
sex mosaic 性嵌合体
sex organ 性器官
sex parapheromone 类性信息素，拟性信息素
sex peptide 性肽
sex pheromone 性信息素，性外感素，性引诱素
sex pheromone gland 性信息素腺体
sex pheromone trapping 性信息素诱捕
sex ratio 性比
sex ratio alteration [abb. SRA] 性比改变，性比改变法 < 一种害虫遗传防治方法 >
sex reversal 性反转
sex selection 性选择
sex-separation 雌雄分离
sex-specific gene expression 性特异基因表达
sex-specific survival 性别特征存活曲线
sex transformation 性反转，性转化
sex type 性型
sexangle polyhedron 六角形多角体
Sexava coriacea (Linnaeus) [coconut treehopper, palm longhorned grasshopper] 椰绿螽
sexing 1. 雌雄鉴别；2. 雌雄分离
sexton beetle [= silphid beetle, carrion beetle, large carrion beetle, burying beetle, silphid] 葬甲，埋葬甲 < 葬甲科 Silphidae 昆虫的通称 >
sexual 性的
sexual ability 生殖力
sexual attraction 性诱，性吸引
sexual balance 性平衡
sexual cannibalism 性相残
sexual cell 性细胞
sexual character 性特征
sexual conflict 性冲突
sexual cycle 性周期
sexual dimorphism 雌雄二型
sexual division 有性分裂
sexual generation 有性世代
sexual gland 生殖腺
sexual hybrid 有性杂种
sexual hybridization 有性杂交
sexual isolation 性隔离
sexual maturation 性成熟 < 强调过程 >
sexual mature 性成熟 < 强调状态 >
sexual maturity 性成熟 < 强调程度 >
sexual organ 生殖器
sexual process 有性过程
sexual progeny 有性后代
sexual propagation 有性繁殖
sexual reproduction 有性生殖
sexual selection 性选择
sexuale 性蚜
sexupara [pl. sexuparae] 性母
sexuparae [s. sexupara] 性母
Seybou's ochre liptena [*Liptena seyboui* Warren-Gash *et* Larsen] 瑟琳灰蝶
Seychelles crow [*Euploea mitra* Moore] 塞舌尔紫斑蝶
Seychelles fluted scale [= Seychelles scale, yellow cottony cushion scale, Okada cottony-cushion scale, silvery cushion scale, *Icerya seychellarum* (Westwood)] 银毛吹绵蚧，黄毛吹绵蚧，黄吹绵介壳虫，冈田吹绵介壳虫
Seychelles leaf insect [= Gray's leaf insect, *Phyllium* (*Phyllium*) *bioculatum* Gray] 双斑叶䗛
Seychelles scale 见 Seychelles fluted scale
Seychelles stick insect [= common Seychelles stick insect, *Carausius sechellensis* (Bolívar)] 印竹异䗛，印卡棒䗛
SfMNPV [*Spodoptera frugiperda multiple nucleopolyhedrovirus* 或 *Spodoptera frugiperda nucleopolyhedrovirus* 的缩写] 草地贪夜蛾核型多角体病毒
SG [suboesophageal ganglion 的缩写] 咽下神经节，食道下神经节
Shaanxi shield bug [*Acanthosoma shensiense* Hsiao *et* Liu] 陕西同蝽
Shaanxiana 陕灰蝶属，陕西灰蝶属
Shaanxiana pauper Sugiyama 四川陕灰蝶
Shaanxiana takashimai Koiwaya 高鸟陕灰蝶，陕灰蝶，陕西灰蝶
Shaanxichorista 陕西蝎蛉属
Shaanxichorista hejiafangensis Hong 何家坊陕西蝎蛉
Shaanxijapyx 陕铗虮属
Shaanxijapyx xianensis Chou 陕铗虮
Shachia 涟舟蛾属
Shachia circumscripta (Butler) 绮涟舟蛾
Shachia eingana (Schaus) 艾涟舟蛾，埃绮涟舟蛾，埃纷舟蛾
Shachia vernalis (Gaede) 春涟舟蛾
Shachia vernalis infuscata (Gaede) 春涟舟蛾暗色亚种，春弱舟蛾，阴新伪霍舟蛾
Shachia vernalis vernalis (Gaede) 春涟舟蛾指名亚种
Shaddai 沙小叶蝉属
Shaddai distanti Dworakowska 迪氏沙小叶蝉
Shaddai shaanxiensis Ma 陕西沙小叶蝉
Shaddai typicus Distant 斜纹沙小叶蝉，泰普沙小叶蝉
Shaddai xianensis Ma 西安沙小叶蝉
shade-perching skipper [= ina brown-skipper, ina skipper, *Methionopsis ina* (Plötz)] 伊娜乌弄蝶
shade tree bagworm [= evergreen bagworm, eastern bagworm, common bagworm, common basket worm, North American bagworm, *Thridopteryx ephemeraeformis* (Haworth)] 常绿树袋蛾，林阴树袋蛾，常绿蓑蛾
shaded-blue leafwing [= laertes prepona, *Prepona laertes* (Hübner)] 紫靴蛱蝶
shaded theope [= publius theope, bell-banded theope, *Theope publius* (Felder *et* Felder)] 柔毛娆蚬蝶
shaded umber moth [= bronzed cutworm, bronze cutworm, *Nephelodes minians* Guenée] 铜色切夜蛾，青铜地蚕
Shadelphax 沙飞虱属
Shadelphax eforiae (Dlabola) 獐毛草飞虱
Shadelphax kashiensis Chen *et* Yang 喀什飞虱

shadowdamsel [= platystictid damselfly, platystictid] 扁蟌，短脉蟌 < 扁蟌科 Platystictidae 昆虫的通称 >
shadowed metalmark [*Metacharis umbrata* (Stichel)] 荫下黑纹蚬蝶
shaft louse [*Menopon gallinae* (Linnaeus)] 白鹇鸡禽虱，鸡短角鸟虱，鸡羽虱，鸡虱
shaft of antenna 触角干
shagbark hickory leafroller [= oak leaf roller moth，oak olethreutid leafroller,pseudexentera cressoniana clemens] 栎弱蚀卷蛾
shaggy psocid [= dasydemellid] 离蛄 < 离蛄科 Dasydemellidae 昆虫的通称 >
shagreen 胶皮区
shagreened 粗糙的 < 常指某些幼虫体表面 >
shagreened slug moth [*Apoda biguttata* (Packard)] 二斑歧刺蛾
Shaira 显萤叶甲属
Shaira atra Chen, Jiang *et* Wang 全黑显萤叶甲
Shaira chujoi Kimoto 中条显萤叶甲
Shaira fulvicollis Chen, Jiang *et* Wang 黄胸显萤叶甲
Shaira hemipteroides Lopatin 半鞘显萤叶甲
Shaira quadriguttata Chen, Jiang *et* Wang 四斑显萤叶甲
Shaira tenuipes (Chen *et* Jiang) 尖显萤叶甲，瘦足短鞘萤叶甲
Shairella 雪萤叶甲属，雪萤金花虫属
Shairella aeneipennis Chûjô 黑雪萤叶甲，黑雪萤金花虫，铜翅拟显萤叶甲
Shairella cheni Lee *et* Beenen 台东雪萤叶甲，台东雪萤金花虫
Shairella chungi Lee *et* Beenen 大汉山雪萤叶甲，大汉山雪萤金花虫
Shairella guoi Lee *et* Beenen 桧谷雪萤叶甲，桧谷雪萤金花虫
Shairella motienensis Lee *et* Beenen 摩天雪萤叶甲，摩天雪萤金花虫
Shairella tsoui Lee *et* Beenen 中台雪萤叶甲，中台雪萤金花虫
Shaka 沙舟蛾属
Shaka atristrigatus Yang *et* Lee 同 *Shaka atrovittata atrovittata*
Shaka atrovittata (Bremer) 黑条沙舟蛾，沙舟蛾
Shaka atrovittata atrovittata (Bremer) 黑条沙舟蛾雾社亚种，指名沙舟蛾
Shaka atrovittata mushana (Matsumura) 黑条沙舟蛾指名亚种，沙舟蛾台湾亚种，雾社沙舟蛾
Shaka's ranger [= Shaka's skipper, *Kedestes chaca* (Trimen)] 查卡肯弄蝶
Shaka's skipper 见 Shaka's ranger
Shakshainia 锡花蝇属
Shakshainia rametoka Suwa 锡花蝇，拉锡花蝇
shallot aphid [*Myzus ascalonicus* Doncaster] 冬葱瘤蚜，冬葱缢瘤蚜，冬葱瘤额蚜
Shan common mottle [= Long's brownie, *Miletus longeana* (de Nicéville)] 长云灰蝶
Shangomyia 商摇蚊属
Shangomyia impectinata Sæther *et* Wang 无齿商摇蚊
shank [= tibia] 胫节
Shansia 晋土蝽属
Shansia clavicornis Esaki *et* Ishihara 棒角晋土蝽
Shansiaspis 晋盾蚧属
Shansiaspis ovalis Chen 卵圆晋盾蚧，柽柳晋盾蚧，卵圆柽柳晋盾蚧
Shansiaspis sinensis Tang 中国晋盾蚧，晋盾蚧
Shanxiblatta 山西蠊属
Shanxiblatta striata Hong 脊纹山西蠊
Shanxiblatta suni Hong 孙氏山西蠊
Shaogomphus 邵春蜓属
Shaogomphus lieftincki Chao 黎氏邵春蜓
Shaogomphus postocularis (Sélys) 寒冷邵春蜓
Shaogomphus postocularis epophthalmus (Sélys) 寒冷邵春蜓欧亚亚种，寒冷邵春蜓
Shaogomphus postocularis postocularis (Sélys) 寒冷邵春蜓指名亚种
Shaogomphus schmidti (Asahina) 施氏邵春蜓
shape discrimination 形状辨别
Shapiro's skipper [*Hylephila shapiroi* MacNewil] 夏氏火弄蝶
shard [= elytron] 鞘翅
shark [*Cucullia umbratica* (Linnaeus)] 冬夜蛾
sharp-angled carpet [*Euphyia unangulata* (Haworth)] 平游尺蛾
sharp-angled peacock [*Macaria alternaria* (Hübner)] 交替玛尺蛾
sharp banded-skipper [*Autochton zarex* (Hübner)] 乳带幽弄蝶
Sharp diving beetle [*Dytiscus sharpi* Wehncke] 夏氏黑龙虱，黑龙虱
sharp-edged longwing [= lybia longwing, *Eueides lybia* (Fabricius)] 花佳袖蝶
sharp-nosed leafhopper [= watercress sharpshooter, tenderfoot leafhopper, *Draeculacephala mollipes* (Say)] 尖鼻闪叶蝉
sharp tanmark [= fatimella emesis, *Emesis fatimella* Westwood] 菲螟蚬蝶
sharp-toothed bark beetle [= engraver beetle, *Ips acuminatus* (Gyllenhal)] 六齿小蠹，尖六齿小蠹
Sharpe's fig tree blue [*Myrina sharpie* Bathune-Baker] 沙宽尾灰蝶
sharpshooter 叶蝉 < 属叶蝉科 Cicadellidae>
shasta blue [*Aricia shasta* (Edwards)] 洒爱灰蝶
Shatalkinella 沙氏缟蝇属
Shatalkinella deceptor (Malloch) 四列沙氏缟蝇
Shaverdolena 莎裂缘隐翅甲属
Shaverdolena edeltraudae Schillhammer 嗜食莎裂缘隐翅甲
Shaverdolena kantonensis Schillhammer 广东莎裂缘隐翅甲
Shaverdolena leigongshana Schillhammer 雷公山莎裂缘隐翅甲
Shaw's dwarf [*Baltia shawii* (Bates)] 莎侏粉蝶，淆侏粉蝶
she-oak root-borer [*Stigmodera heros* Gehin] 木麻黄痣颈吉丁甲，木麻黄痣颈吉丁
sheath 鞘
sheath of penis 阳茎兜 < 指蜻蜓目昆虫抱握器间的中央兜状片 >
shedder bug [*Creontiades pallidus* (Rambur)] 花生淡盲蝽，花生黄盲蝽
sheep biting louse [= sheep body louse, *Bovicola ovis* (Schrank)] 羊牛嚼虱，羊羽虱，绵羊嚼虱
sheep body louse 见 sheep biting louse
sheep bot fly [= sheep gad fly, *Oestrus ovis* Linnaeus] 羊狂蝇，羊鼻蝇，嗜羊狂蝇
sheep face louse [= long-nosed louse, sheep sucking louse, sheep sucking body louse, bloodsucking body louse, *Linognathus ovillus* (Neumann)] 绵羊颚虱，羊盲虱
sheep foot louse [*Linognathus pedalis* (Osborn)] 足颚虱

sheep gad fly 见 sheep bot fly

sheep green blowfly [= common green bottle fly, green bottle fly, European green blowfly, sheep maggot fly, *Lucilia sericata* (Meigen)] 丝光绿蝇，丝光铜绿蝇，绿瓶藻丽蝇

sheep ked [*Melophagus ovinus* (Linnaeus)] 羊蜱蝇，羊虱蝇，绵羊虱蝇

sheep maggot fly 见 sheep green blowfly

sheep moth [= common sheep moth, western sheep moth, brown day moth, *Hemileuca eglanterina* (Boisduval)] 鲜黄半白大蚕蛾

sheep skipper [*Atrytonopsis edwardsii* Barnes *et* McDunnough] 灰墨弄蝶

sheep sucking body louse 见 sheep face louse

sheep sucking louse 见 sheep face louse

shelf rearing 棚饲，蚕台育，蚕架育 < 家蚕的 >

Shelfordia 纹腹茧蜂属

Shelfordia chinensis Wang, Chen *et* He 中华纹腹茧蜂

Shelfordia fulva Li, He *et* Chen 黄褐纹腹茧蜂

Shelfordia longicaudata van Achterberg 长尾纹腹茧蜂

Shelfordia obscuripennis Li, He *et* Chen 暗翅纹腹茧蜂

Shelfordina 拟刺蠊属

Shelfordina flavomarginata (Shiraki) 黄缘拟刺蠊，黄缘扁蠊

Shelfordina uniformis (Hanitsch) 一色拟刺蠊

Shelfordina volubilis Wang 见 *Duryodana volubilis*

shell 壳

shell gland 壳腺 < 指甲壳中高度特化的肾管 >

shell percentage 壳重百分比

shellac 片胶 < 即制成片状的虫胶 >

shelves in the magnanerie 梯形蚕架 < 养蚕的 >

shema flat [*Celaenorrhinus shema* Hewitson] 圭亚那星弄蝶

Shenaphaenops 神盲步甲属，仙盲步甲属

Shenaphaenops cursor Uéno 见 *Shiqianaphaenops cursor*

Shenaphaenops humeralis Uéno 肩神盲步甲

Shenaphaenops majusculus Uéno 见 *Shiqianaphaenops majusculus*

Shenia 申氏叶蜂属

Shenia rufocincta Wei *et* Nie 红环申氏叶蜂

Shennongilla 神农螽属

Shennongilla inermis (Liu) 无刺神农螽

Shennongipodisma 神农秃蝗属

Shennongipodisma lativertex Zhong *et* Zheng 宽顶神农秃蝗

Shenoblemus 神穴步甲属

Shenoblemus minusculus Tian *et* Fang 小神穴步甲

Shenophorus obscurus (Boisduval) 见 *Rhabdoscelus obscurus*

Shensia 陕萤叶甲属

Shensia parvula Chen 同 *Paraplotes antennalis*

Shensiplusia nigribursa Chou *et* Lu 同 *Chrysodeixis acuta*

Shenzhousia 神州原蜓属

Shenzhousia qilianshanensis Zhang *et* Hong 祁连山神州原蜓

Shepherd's fritillary [*Boloria pales* (Denis *et* Schiffermüller)] 龙女宝蛱蝶

Sheppard's buff [*Deloneura sheppardi* Stevenson] 塞黛灰蝶

Sheridan's hairstreak [= white-lined green hairstreak, *Callophrys sheridanii* (Carpenter)] 谢里丹卡灰蝶，白线卡灰蝶

shichito mat-grass pyralid [= mat grass pyralid, *Calamotropha shichito* (Marumo)] 毛髓草螟，席草苞螟

shidasterone 水龙骨甾酮

shield 盾 < 指覆盖一体节背面的大部分的骨片，如在鳞翅目幼虫中 >

shield-backed bug [= scutellerid bug, scutellerid, shield bug] 盾蝽 < 盾蝽科 Scutelleridae 昆虫的通称 >

shield-backed epeolus [*Epeolus scutellaris* Say] 盾绒斑蜂

shield-backed jewel bug [*Poecilocoris druraei* (Linnaeus)] 桑宽盾蝽，桑盾蝽，杜莱氏宽盾椿象

shield bearer [= heliozelid moth, heliozelid] 日蛾 < 日蛾科 Heliozelidae 昆虫的通称 >

shield bug 1. [= scutellerid bug, shield-backed bug, scutellerid] 盾蝽 < 盾蝽科 Scutelleridae 昆虫的通称 >; 2. [= pentatomid bug, stink bug, pentatomid] 蝽，椿象 < 蝽科 Pentatomidae 昆虫的通称 >; 3. [= plataspidid bug, plataspidid shield-backed bug, shield-backed bug, plataspidid] 龟蝽，圆蝽，平腹蝽 < 龟蝽科 Plataspididae 昆虫的通称 >; 4. [= acanthosomatid bug, acanthosomatid stinkbug, acanthosomatid shield bug, parent bug, acanthosomatid] 同蝽 < 同蝽科 Acanthosomatidae 昆虫的通称 >

shield mantis [= hood mantis, hooded mantis, leaf mantis, leafy mantis] 叶背螳 < 叶背螳属 *Choeradodis* 昆虫的通称 >

shiitake crane fly [*Ula shiitakea* Nobuchi] 香菇胶大蚊，稀他克尤拉大蚊

shiitake fungus moth [*Morophagoides moriutii* Robinson] 森内类魔谷蛾

shiitake fungusgnat [*Exechia shiitakevora* Okada] 香菇伊菌蚊，香菇蚀食蕈蚊

Shijidelphax 世纪飞虱属

Shijidelphax albithoracalis Ding 白胸世纪飞虱

Shijimia 山灰蝶属

Shijimia moorei (Leech) [bicolor cupid, Moore's cupid] 山灰蝶，森灰蝶，台湾棋石小灰蝶，棋石灰蝶，棋石燕小灰蝶，莫欣灰蝶

Shijimia moorei moorei (Leech) 山灰蝶指名亚种，指名莫欣灰蝶

Shijimia moorei taiwana Matsumura 山灰蝶台湾亚种，台湾莫欣灰蝶，台湾棋石小灰蝶

Shijimiaeoides 欣灰蝶属

Shijimiaeoides divina (Fixsen) 欣灰蝶，拟欣灰蝶

Shijimiaeoides divina divina (Fixsen) 欣灰蝶指名亚种，指名拟欣灰蝶

Shilinotrechus 石林穴步甲属

Shilinotrechus intricatus Huang *et* Tian 复杂石林穴步甲

shimmering adoxophyes moth [= shimmering gold adoxophyes, *Adoxophyes negundana* (McDunnough)] 梣叶槭长卷蛾

shimmering forester [*Bebearia micans* Hecq] 闪光舟蛱蝶

shimmering gold adoxophyes 见 shimmering adoxophyes moth

shin [= tibia] 胫节

shining black ant [= jet ant, jet black ant, shining jet black ant, shining black wood ant, black odoreous ant, *Lasius fuliginosus* (Latreille)] 亮毛蚁，黑草蚁

shining black wood ant 见 shining black ant

shining blue forester [*Bebearia carshena* Hewitson] 凯森舟蛱蝶

shining-blue grayler [= menander metalmark, blue tharops butterfly, *Menander menander* (Stoll)] 媚蚬蝶

shining-blue lasaia [= black-patched metalmark, black-patched bluemark, *Lasaia agesilas* (Latreille)] 蓝腊蚬蝶

shining blue leaf beetle [= blue milkweed leaf beetle, Chinese

chrysochus leaf beetle, sweetpotato leaf beetle, *Chrysochus chinensis* Baly] 中华萝藦肖叶甲，中华萝蒙叶甲，中华萝藦叶甲，中华肖叶甲，中华甘薯叶甲
shining bolla [*Bolla zorilla* (Plötz)] 褐杂弄蝶
shining cerulean [= amarauge cerulean, *Jamides amarauge* Druce] 阿马雅灰蝶
shining fairy hairstreak [*Hypolycaena coerulea* Aurivillius] 闪旖灰蝶
shining flower beetle [= phalacrid beetle, phalacrid] 姬花甲，姬花萤，亮花甲 < 姬花甲科 Phalacridae 昆虫的通称 >
shining fungus beetle [= scaphidiid beetle, scaphidiid] 出尾蕈甲，舟甲 < 出尾蕈甲科 Scaphidiidae 昆虫的通称 >
shining green forester [*Bebearia barce* (Doubleday)] 铜绿舟蛱蝶
shining jet black ant 见 shining black ant
shining leaf chafer 丽金龟甲，丽金龟
shining oak-blue [= common oakblue, *Arhopala micale* Boisduval] 米卡娆灰蝶
shining pencil-blue [*Candalides helenita* (Semper)] 海伦尼特坎灰蝶
shining purplewing [= alpais purplewing, *Eunica alpais* (Godart)] 高山神蛱蝶
shining red charaxes [*Charaxes zingha* (Stoll)] 红螯蛱蝶
shining scrub-hairstreak [*Strymon monopeteinus* Schwartz *et* Miller] 魔螯灰蝶
shining slave-maker [= slave-making ant] 奴蚁
shining spot 辉点 < 柞蚕的 >
shining wasp 闪光胡蜂 < 属植食胡蜂科 Masaridae>
Shinjia 小跗蚜属，足蕨蚜属
Shinjia orientalis (Mordvilko) 蕨小跗蚜，小跗足蕨蚜
Shinploca 申氏波纹蛾属
Shinploca shini Kim 申氏波纹蛾
shiny chafer [*Anomala lucens* Ballion] 光亮异丽金龟甲，光亮异丽金龟
shiny mole cricket [*Gryllotalpa nitidula* Serville] 露尾蝼蛄
shiny-spotted bob [*Isoteinon lamprospilus* Felder *et* Felder] 白斑旖弄蝶，旖弄蝶
shiny velvet bob [= bright red velvet bob, *Koruthaialos sindu* (Felder *et* Felder)] 新红标弄蝶
shiny wing [= stilbopterygid] 亮翅蛉 < 亮翅蛉科 Stilbopterygidae 昆虫的通称 >
ship cockroach [= Bombay canary, waterbug, American cockroach, kakerlac, *Periplaneta americana* (Linnaeus)] 美洲大蠊，美洲家蠊，美洲蟑螂
ship-timber beetle [= lymexylid beetle, lymexylid] 筒蠹 < 筒蠹科 Lymexylidae 昆虫的通称 >
Shiqianaphaenops 石阡盲步甲属
Shiqianaphaenops cursor (Uéno) 捷石阡盲步甲
Shiqianaphaenops majusculus (Uéno) 大石阡盲步甲
Shirahoshizo 角胫象甲属，角胫象属
Shirahoshizo coniferae Chao 球果角胫象甲，球果角胫象
Shirahoshizo erectus Chen 立毛角胫象甲，立毛角胫象
Shirahoshizo flavonotatus (Voss) 长角角胫象甲，长角角胫象
Shirahoshizo insidiosus (Roelofs) [pine white-spotted weevil] 马尾松白斑角胫象甲，马尾松白斑角胫象
Shirahoshizo lineonus Chen 隆脊角胫象甲，隆脊角胫象
Shirahoshizo patruelis (Voss) 马尾松角胫象甲，马尾松角胫象
Shirahoshizo pini Morimoto 粗足角胫象甲，粗足角胫象
Shirahoshizo rufescens Roelofs 松拟角胫象甲，松拟角胫象
Shirahoshizo squamesus Chen 鳞毛角胫象甲，鳞毛角胫象
Shirahoshizo tuberosus Chen 多瘤角胫象甲，多瘤角胫象
Shirai Chinese sumac gall aphid [*Nurudea shiraii* (Matsumura)] 方孔圆角倍蚜，倍花蚜，方孔倍花蚜，花冠棓样蚜，花冠棓蚜
Shirakia jokohamensis (Cameron) 同 *Pseudoshirakia yokohamensis*
Shirakia schoenobii (Viereck) 同 *Amauromorpha accepta*
Shirakiacris 素木蝗属
Shirakiacris brachyptera Zheng 短翅素木蝗
Shirakiacris shirakii (Bolívar) 长翅素木蝗，长翅黑背蝗
Shirakiacris tenuistris Huang 狭纹素木蝗
Shirakiacris yunkweiensis (Chang) 云贵素木蝗
Shirakiana 素木袖蜡蝉属
Shirakiana infumata (Matsumura) 素木袖蜡蝉
shirane bamboo scale [*Nikkoaspis shiranensis* Kuwana] 库页岛泥盾蚧，白根竹长蚧
Shirozua 诗灰蝶属
Shirozua jonasi (Janson) [orange hearstreak] 诗灰蝶
Shirozua melpomene (Leech) 媚诗灰蝶
Shirozuella 长唇瓢虫属
Shirozuella alishanensis Yu *et* Pang 阿里山长唇瓢虫
Shirozuella appendiculata Yu *et* Pang 附肢长唇瓢虫
Shirozuella bimaculata Yu 双斑长唇瓢虫
Shirozuella mirabilis Sasaji 奇特长唇瓢虫
Shirozuella quadrimacularis Yu *et* Montgomery 四斑长唇瓢虫
Shirozuellini 长唇瓢虫族
Shirozulus formosanus Ôhira 见 *Sericus formosanus*
Shisa excellens Strand 希毒蛾
shisham leaf binder [= shisham leaf-roller, *Dichomeris eridantis* Meyrick] 印度黄檀棕麦蛾
shisham leaf-miner [*Leucoptera sphenograpta* Meyrick] 印度黄檀纹潜蛾
shisham leaf-roller 1. [*Apoderus sissu* Marshall] 印度黄檀卷象甲，印度黄檀卷叶象；2. [= shisham leaf binder, *Dichomeris eridantis* Meyrick] 印度黄檀棕麦蛾
Shivaphis 绵叶蚜属
Shivaphis catalpinari Quednau *et* Remaudière 肖朴绵叶蚜
Shivaphis celti Das [Asian woolly hackberry aphid, celtis shiraphis] 朴绵叶蚜，朴树绵蚜
Shivaphis cinnamomophila Zhang 同 *Machilaphis machili*
Shivaphis pteroceltis Jiang, An, Li *et* Qiao 青檀绵叶蚜
Shivaphis similicelti Zhang *et* Zhang 同 *Shivaphis catalpinari*
Shivaphis* (*Sinishivaphis*) *hangzhouensis Zhang *et* Zhong 杭州绵叶蚜，杭州华绵叶蚜
Shivaphis* (*Sinishivaphis*) *szelegiewiczi Quednau 斯氏绵叶蚜
Shivaphis* (*Sinishivaphis*) *tilisucta Zhang 椴绵叶蚜
Shivaphis szelegiewiczi Quednau 见 *Shivaphis* (*Sinishivaphis*) *szelegiewiczi*
Shiva's sunbeam [*Curetis siva* Evans] 斯瓦银灰蝶
shivering pinion [*Lithophane querquera* Grote] 碎斑石冬夜蛾
Shizuka 饰袖蜡蝉属
Shizuka curva Yang *et* Wu 曲饰袖蜡蝉

Shizuka formosana Matsumura 台湾饰袖蜡蝉

SHMT [serine hydroxymethyltransferase 的缩写] 丝氨酸羟甲基转移酶

shona hopper [*Platylesches shona* Evans] 少扁弄蝶

shoot borer [= yellow top borer, sugarcane shoot borer, sugarcane stem borer, millet borer, early shoot borer, gela top borer, gele top borer, yellow sugarcane borer, *Chilo infuscatellus* Snellen] 粟灰螟，二点螟，甘蔗二点螟，谷子钻心虫

shoot galling sawfly [*Euura amerinae* (Linnaeus)] 美芽瘿叶蜂

shoot rearing 条桑育 < 蚕的 >

shoot rearing of grown silkworm 大蚕条桑育 < 蚕的 >

shoot rearing throughout seasons 全年条桑育 < 蚕的 >

shore bug [= saldid bug, saldid] 跳蝽 < 跳蝽科 Saldidae 昆虫的通称 >

shore fly [= ephydrid fly, ephydrid, brine fly] 水蝇 < 水蝇科 Ephydridae 昆虫的通称 >

short banded sailer 1. [*Neptis columella* (Cramer)] 短带环蛱蝶，柱环蛱蝶，矩三纹蛱蝶；2. [*Phaedyma columella* (Cramer)] 柱菲蛱蝶

short-barred pigmy [= saffron-barred pigmy, *Stigmella luteella* Stainton] 桦黄痣微蛾，桦黄微蛾

short-beaked clover aphid [= clover aphid, *Nearctaphis bakeri* (Cowen)] 苜蓿新熊蚜，北美苜蓿圆尾蚜，车轴草圆尾蚜

short-day diapause 短日照滞育

short-day insect 短日照昆虫

short-faced scorpionfly [= panorpodid scorpionfly, panorpodid] 拟蝎蛉 < 拟蝎蛉科 Panorpodidae 昆虫的通称 >

short-haired bumble bee [= short-haired humble-bee, *Bombus* (*Subterraneobombus*) *subterraneus* (Linnaeus)] 短毛熊蜂，地下熊蜂，盗地下熊蜂

short-haired humble-bee 见 short-haired bumble bee

short-horned baronia [*Baronia brevicornis* Salvin] 短角宝凤蝶

short-horned grasshopper [= acridid grasshopper, acridid] 剑角蝗，蝗 < 剑角蝗科 Acrididae 昆虫的通称 >

short-legged leafbeetle [*Donacia frontalis* Jacoby] 短腿水叶甲，短腿根叶甲，短腿食根叶甲，短脚水金花虫

short-lined kite-swallowtail [*Eurytides agesilaus* (Guérin-Méneville)] 地神阔凤蝶

short-nosed cattle louse [*Haematopinus eurysternus* (Nitzsch)] 阔胸血虱，牛血虱，牛盲虱，大短鼻牛虱

short sector 短分脉 < 见于蜻蜓目中，即康氏脉系之 M_4 脉 >

short-streaked lancer [= yellow vein lancer, *Pyroneura latoia* (Hewitson)] 黄脉火脉弄蝶

short-tail cricket [= big head cricket, large brown cricket, big brown cricket, Taiwan giant cricket, *Tarbinskiellus portentosus* (Liehtenstein)] 花生大蟋，华南大蟋，大蟋蟀，华南蟋蟀，台湾大蟋蟀

short-tailed black swallowtail [= cliff swallowtail, indra swallowtail, *Papilio indra* Reakirt] 短尾金凤蝶

short-tailed blue [= tailed cupid, *Everes argiades* (Pallas)] 蓝灰蝶

short-tailed clearmark [= sylphina angel, *Chorinea sylphina* (Bates)] 红臀凤蚬蝶

short-tailed cricket [= De Geer's short-tailed cricket, *Anurogryllus muticus* (De Geer)] 小短尾蟋，短尾蟋

short-tailed flasher [*Astraptes brevicauda* (Plötz)] 短尾蓝闪弄蝶

short-tailed line blue [= Felder's line blue, small-tailed line blue, *Prosotas felderi* (Murray)] 费波灰蝶

short-tailed skipper [*Zestusa dorus* (Edwards)] 短尾赜弄蝶

short-tailed swallowtail [*Papilio brevicauda* Saunders] 短尾黑凤蝶

short-tongued burrowing bee 短舌地花蜂 < 属地蜂科 Andrenidae>

short-winged bark beetle [*Xylosandrus brevis* (Eichhoff)] 短翅足距小蠹，短材小蠹，短翅材小蠹，短翅棘胫小蠹

short-winged cricket 吟蟋 < 属吟蟋亚科 Mogoplistinae>

short-winged flower beetle [= kateretid beetle, kateretid] 短翅甲 < 短翅甲科 Kateretidae 昆虫的通称 >

short-winged katydid [*Decticus annaelisae* Ramme] 短翅盾螽，短翅德克螽，短翅斑螽

short-winged mold beetle [= pselaphid beetle, pselaphid, ant-loving beetle] 蚁甲 < 蚁甲科 Pselaphidae 昆虫的通称 >

short-winged rice grasshopper [= Japanese rice grasshopper, *Oxya japonica* (Thunberg)] 日本稻蝗，小翅稻蝗，长翅蝗

Shortcrowna 窄冠叶蝉属，短冠叶蝉属

Shortcrowna biguttata (Li *et* Wang) 二点窄冠叶蝉，二点短冠叶蝉，二点斜脊叶蝉

Shortcrowna flavocapitata (Kato) 黄头窄冠叶蝉，黄头短冠叶蝉，黄头斜脊叶蝉

Shortcrowna leishanensis Li *et* Li 雷山窄冠叶蝉，雷山短冠叶蝉

Shortcrowna nigrimargina (Li *et* Wang) 黑缘窄冠叶蝉，黑缘短冠叶蝉，黑缘斜脊叶蝉

shorthorn ace [= amber ace, *Halpe veluvana* Fruhstorfer] 绒酣弄蝶

shortleaf pine cone borer moth [= eastern pine coneworm, *Eucosma cocana* Kearfott] 火炬松花小卷蛾

shortneedle conifer scale [= shortneedle evergreen scale, *Dynaspidiotus tsugae* (Marlatt)] 松杉等角圆盾蚧，松杉圆盾蚧

shortneedle evergreen scale 见 shortneedle conifer scale

shortwinged mole cricket [*Neoscapteriscus abbreviatus* (Scudder)] 短翅新掘蝼蛄，短翅掘蝼蛄

shot-hole borer 1. [= apple tree beetle, fruit tree bark beetle, *Scolytus rugulosus* (Müller)] 皱小蠹，皱纹棘胫小蠹，果树皱皮小蠹；2. [= island pinhole borer, sugarcane ambrosia beetle, *Xyleborus perforans* (Wollaston)] 对粒材小蠹，蔗小蠹；3. [= trunk borer, girdler, cashew wood borer, *Apate terebrans* (Pallas)] 钻孔奸狡长蠹，烟洋椿长蠹；4. [= black coffee borer, black coffee twig borer, black twig borer, tea stem borer, castanopsis ambrosia beetle, *Xylosandrus compactus* (Eichhoff)] 小滑足距小蠹，黑色枝小蠹，楝枝小蠹，楝枝塞小蠹，楝枝足距小蠹；5. 小蠹（幼虫）< 属小蠹科 Scolytidae>

shot-hole gall midge [= willow wood midge, willow shot hole midge, *Helicomyia saliciperda* (Dufour)] 中西欧柳木瘿蚊，拟柳叶瘿蚊

shoulder 1. 肩；2. 肩角

shoulder-striped wainscot [*Leucania comma* (Linnaeus)] 广黏夜蛾，黏夜蛾

shouldered brown [*Heteronympha penelope* Waterhouse] 俳框眼蝶

shovel 铲节 < 蜉蝣目中掘土稚虫足的扁平节 >

Shoveliteratura 铲畸螽属

Shoveliteratura triangula Shi, Bian *et* Chang 三角铲畸螽

shower of gold [*Argyrogrammana sticheli* (Talbot)] 斯提银蚬蝶

Shp [salivary sheath proteind 的缩写] 唾液鞘蛋白

shrinkage after moulting 1. 起缩症；2. 起缩蚕

sHSP [small heat shock protein 的缩写] 小热休克蛋白，小分子热休克蛋白

Shuangheaphaenops 双河盲步甲属

Shuangheaphaenops elegans Tian 丽双河盲步甲

Shuaphaenops 蜀盲步甲属，渝盲步甲属

Shuaphaenops parvicollis Uéno 金佛蜀盲步甲，金佛渝盲步甲

Shublemus 蜀盲步甲亚属

Shuraboprosbole 舒拉布螽蝉属

Shuraboprosbole daohugouensis Wang *et* Zhang 道虎沟舒拉布螽蝉

Shuraboprosbole media Wang *et* Zhang 中等舒拉布螽蝉

Shuraboprosbole minuta Wang *et* Zhang 娇小舒拉布螽蝉

shy bug [= needle-nosed hop bug, hop capsid, *Calocoris fulvomaculatus* (De Geer)] 忽布卡丽盲蝽，忽布丽盲蝽

shy emerald damselfly [= migrant spreadwing, *Lestes barbarus* (Fabricius)] 刀尾丝蟌

shy saliana [*Saliana longirostris* (Sepp)] 长须颂弄蝶

shy yellow [= Anglice shy yellow, *Eurema messalina* (Fabricius)] 美纱黄粉蝶

Siagonium 眼角隐翅甲属，西隐翅虫属

Siagonium haroldi Weise 哈氏眼角隐翅甲，哈氏西隐翅虫

Siagonium miyamotoi Takai *et* Nakane 宫本眼角隐翅甲，迷西隐翅虫

Siagonium vittatum Fauvel 红缘眼角隐翅甲，条西隐翅甲，条西隐翅虫

sialid 1. [= alderfly, alder fly, orlfly, orl fly] 泥蛉 < 泥蛉科 Sialidae 昆虫的通称 >；2. 泥蛉科的

Sialidae 泥蛉科

Sialis 泥蛉属

Sialis australis Liu, Hayashi *et* Yang 南方泥蛉

Sialis elegans Liu *et* Yang 优雅泥蛉

Sialis formosana Petersen 同 *Nipponosialis kumejimae*

Sialis henanensis Liu *et* Yang 河南泥蛉

Sialis japonica Weele 日本泥蛉

Sialis jianfengensis Yang, Yang *et* Hu 尖峰泥蛉

Sialis jiyuni Liu, Hayashi *et* Yang 计云泥蛉

Sialis kumejimae Okamoto 久米泥蛉，南方日泥蛉，台湾泥蛉，库泥蛉

Sialis kunmingensis Liu *et* Yang 昆明泥蛉

Sialis longidens Klingstedt 长刺泥蛉

Sialis luohanbaensis Liu, Hayashi *et* Yang 罗汉坝泥蛉

Sialis lutaria (Linnaeus) 欧洲泥蛉

Sialis navasi Liu, Hayashi *et* Yang 纳氏泥蛉

Sialis primitivus Liu, Hayashi *et* Yang 原脉泥蛉

Sialis sibirica McLachlan 古北泥蛉

Sialis sinensis Banks 中华泥蛉

Sialis versicoloris Liu *et* Yang 异色泥蛉

sialisterium [= salivary gland] 唾液腺，唾腺，涎腺

Sialoidea 泥蛉总科

Siamese black prince [*Rohana parisatis pseudosiamensis* Nguyen-Phung] 罗蛱蝶中南亚种，罗蛱蝶暹罗亚种

Siamese brush ace [*Onryza siamica* Riley *et* Godfrey] 泰国讴弄蝶

Siamese rhinoceros beetle [= brown rhinoceros beetle, Gideon kever, *Xylotrupes gideon* (Linnaeus)] 橡胶木犀金龟甲，橡胶木犀金龟，奇木犀金龟

Siamusotima 泰草螟属

Siamusotima aranea Solis *et* Yen [lygodium spider moth] 蛛泰草螟，海金沙蛛蛾

sib-mating 同蛾区交配 < 家蚕的 >

Sibatania 夕尺蛾属

Sibatania arizana (Wileman) 阿里山夕尺蛾，阿里山绒波尺蛾，阿里山巾尺蛾

Sibatania arizona arizona (Wileman) 阿里山夕尺蛾指名亚种，指名阿里山夕尺蛾

Sibatania arizona placata (Prout) 阿里山夕尺蛾宁波亚种，普阿里山夕尺蛾

Sibatania mactata (Felder *et* Rogenhofer) 迈夕尺蛾，迈巾尺蛾，迈拉波尺蛾

Sibataniozephyrus 柴谷灰蝶属

Sibataniozephyrus fujisanus (Matsumura) 柴谷灰蝶

Sibataniozephyrus kuatui Hsu *et* Lin 台湾柴谷灰蝶，夸父璀灰蝶，夸父绿小灰蝶，插天山绿小灰蝶

Sibataniozephyrus lijinae Hsu 贵州柴谷灰蝶

Siberian apollo [*Parnassius arcticus* (Eisner)] 阿斯提绢蝶

Siberian brown [*Triphysa phryne* (Pallas)] 蟾眼蝶

Siberian cocklebur stem borer [*Ostrinia orientalis* Mutuura *et* Munroe] 远东秆野螟，远东苍耳螟，苍耳螟，苍耳蠹虫

Siberian conifer silk moth [= Siberian moth, Siberian lasiocampid, Siberian silk moth, Siberian spinning moth, larch caterpillar, *Dendrolimus sibiricus* Tschetverikov] 西伯利亚松毛虫，落叶松毛虫

Siberian grasshopper [*Gomphocerus sibiricus* (Linnaeus)] 西伯利亚槌角蝗，西伯利亚大足蝗，西伯利亚蝗

Siberian hawker [*Aeshna crenata* Hagen] 琉璃蜓，锯齿蜓

Siberian hornet [= red wasp, *Vespula rufa* (Linnaeus)] 红环黄胡蜂，北方黄胡蜂，红黄胡蜂

Siberian lasiocampid 见 Siberian conifer silk moth

Siberian moth 见 Siberian conifer silk moth

Siberian silk moth 见 Siberian conifer silk moth

Siberian spinning moth 见 Siberian conifer silk moth

Siberian white-toothed moth [= maple tussock moth, *Dasychira albodentata* Bremer] 槭茸毒蛾，槭毒蛾

Sibine 矛刺蛾属

Sibine stimulea Clemens 见 *Acharia stimulea*

Sibiracanthella 西伯刺䖴属，西伯利亚刺䖴属

Sibiracanthella rara (Dunger) 稀有西伯刺䖴，稀有西伯利亚刺䖴

Sibirarctia 西伯灯蛾属

Sibirarctia kindermanni (Staudinger) 丽西伯灯蛾，丽小灯蛾，肯小灯蛾，肯篱灯蛾

Sibirarctia kindermanni albovittata (Rothschild) 丽西伯灯蛾白条亚种，白条肯小灯蛾

Sibirarctia kindermanni kindermanni (Staudinger) 丽西伯灯蛾指名亚种

Sibirarctia kindermanni pretiosa (Staudinger) 丽西伯灯蛾古北亚种

Sibiricobombus 西伯熊蜂亚属，西熊蜂亚属

sibling mellana [*Quasimellana siblinga* Burns] 类准弄蝶

sibling species 姐妹种

Sibyllinae 巫螳螂亚科

sibylline false sergeant [*Pseudathyma sibyllina* (Staudinger)] 屏蛱蝶

Sibynae 尖额蚱属

Sibynae guangdongensis Liang *et* Zheng 广东尖额蚱

sic 如此<常放在括弧内，有时后跟以感叹号，意为“原文如此”>

sicania ruby-eye [= yellow-spotted ruby-eye, *Carystoides sicania* Hewitson] 黄斑白梢弄蝶

Siccia 干苔蛾属

Siccia baibarensis Matsumura 南投干苔蛾

Siccia fumeola Hampson 烟干苔蛾，暗小苔蛾

Siccia hengshanensis Fang 衡山干苔蛾

Siccia kuangtungensis Daniel 斑带干苔蛾

Siccia nilgirica (Hampson) 见 *Aemene nilgirica*

Siccia nilgirica cinereicolor (Hampson) 见 *Aemene nilgirica cinereicolor*

Siccia punctata Fang 点干苔蛾

Siccia sagittifera (Moore) 箭干苔蛾

Siccia sordida (Butler) 污干苔蛾，弱干苔蛾，波纹苔蛾

Siccia stellatus Fang 星干苔蛾

Siccia taiwana Wileman 台干苔蛾，纷点苔蛾

Siccia taprobanis (Walker) 齿纹干苔蛾

Siccia taprobanis likiangensis Daniel 齿纹干苔蛾丽江亚种，丽江齿纹干苔蛾

Siccia taprobanis taprobanis (Walker) 齿纹干苔蛾指名亚种

Siccia tripuncta (Wileman) 细斑干苔蛾，细斑白苔蛾

Siccia vnigra Hampson 昏干苔蛾

Sichuan bush bob [*Pedesta serena* Evans] 宁静徘弄蝶，宁徘弄蝶，塞酣弄蝶

Sichuan scentless plant bug [*Stictopleurus sichuananus* Liu *et* Zheng] 川环缘蝽

Sichuan spruce woolly aphid [*Pineus sichuannanus* Zhang] 蜀云杉松球蚜，蜀云杉松蚜

Sichuana 川螽属

Sichuana cryptospina Shen *et* Yin 遁刺川螽

Sichuanotrechus 川盲步甲属

Sichuanotrechus albidraconis Uéno 淡脊川盲步甲

Sichuanotrechus anxuanensis Uéno 安县川盲步甲

Sichuanotrechus dakangensis Huang *et* Tian 大康川盲步甲

Sichuanotrechus rhinocerus Uéno 犀川盲步甲

Sichuanotrechus wani Deuve 万氏川盲步甲

Siciforda 拟孕蚜属

Siciforda sexiarticulata Zhang 六节拟孕蚜

sickle-winged skipper 1. [= sicklewing skipper, *Achlyodes mithridates* (Fabricius)] 美钩翅弄蝶；2. [*Achlyodes thraso* (Hübner)] 镰形钩翅弄蝶

sicklewing skipper [= sickle-winged skipper, *Achlyodes mithridates* (Fabricius)] 美钩翅弄蝶

sickness prevention 疾病预防

sickness rate 发病率

Siculidae [= Siculodidae, Thyrididae] 网蛾科，窗蛾科

Siculifer 剑苔蛾属

Siculifer bilineatus Hampson 剑苔蛾

Siculinae 剑网蛾亚科

Siculodidae 见 Siculidae

Sicus 锡眼蝇属

Sicus abdominalis Kröber 腹锡眼蝇，腹锈锡眼蝇

Sicus ferrugineus (Linnaeus) 锈锡眼蝇

Sicus ferrugineus abdominalis Kröber 见 *Sicus abdominalis*

Sicus fusenensis Ôuchi 赴战锡眼蝇

Sicus nishitapensis (Matsumura) 日本锡眼蝇，尼锡眼蝇

side piece 抱握器，生殖侧片 < 常用于雄蚊中 >

side plate [= lateral plate] 侧板

Sidelloides 长索乌叶蝉属

Sidelloides histrica Evans 红额长索乌叶蝉

Sidemia 袭夜蛾属

Sidemia bremeri (Erschov) 布氏袭夜蛾，布袭夜蛾，袭夜蛾

Sidemia spilogramma (Rambur) 克袭夜蛾

Sideridis 寡夜蛾属

Sideridis alblcolon (Hübner) 同 *Sideridis turbida*

Sideridis albicosta (Moore) 见 *Analetia* (*Anapoma*) *albicosta*

Sideridis caesia (Denis *et* Schiffermüller) 见 *Hadena caesia*

Sideridis distincta Moore 见 *Mythimna distincta*

Sideridis egena (Lederer) 甘蓝寡夜蛾，白甘蓝夜蛾

Sideridis evidens Hübner 同 *Sideridis lampra*

Sideridis eximia (Staudinger) 白寡夜蛾

Sideridis fraterna Moore 见 *Mythimna fraterna*

Sideridis honeyi (Yoshimatsu) 见 *Mythimna honeyi*

Sideridis incommoda (Staudinger) 烦寡夜蛾，茵寡夜蛾

Sideridis kitti (Schawerda) 凯氏寡夜蛾，织网夜蛾

Sideridis lampra (Schawerda) 显寡夜蛾

Sideridis mandarina (Leech) 亚寡夜蛾，亚唳盗夜蛾

Sideridis reticulata (Goeze) [bordered gothic] 网寡夜蛾，网夜蛾，网行军虫

Sideridis rivularis (Fabricius) [campion] 唳寡夜蛾，唳迷夜蛾，唳盗夜蛾

Sideridis simplex (Staudinger) 见 *Mythimna simplex*

Sideridis texturata (Alphéraky) 织寡夜蛾，织网夜蛾，织网盗夜蛾，特网夜蛾

Sideridis turbida (Esper) [white colon] 灰褐寡夜蛾

Sideridis unica (Leech) 楔斑寡夜蛾

Sideridis unicolor (Alphéraky) 网寡夜蛾

Sideridis unipuncta Haworth 见 *Mythimna unipuncta*

Siderodactylus sagittarius Olivier 尼日利亚桉柚木象甲

Siderone 喜蛱蝶属

Siderone galanthis (Cramer) [scarlet leafwing, red-striped leafwing] 格兰喜蛱蝶

Siderone mars Bates 马斯喜蛱蝶

Siderone marthesia (Cramer) 喜蛱蝶

Siderone nemesis (Illiger) 红喜蛱蝶

Siderone syntyche Hewitson 合喜蛱蝶

Siderostigma 铁斑祝蛾属

Siderostigma symbionea Wu 荷铁斑祝蛾

Siderostigma xanthosa Wu 浅黄铁斑祝蛾

Siderus 溪灰蝶属

Siderus guapila (Schaus) [Schaus' hairstreak] 绍斯溪灰蝶

Siderus parvinotus Kaye 小溪灰蝶

Siderus philinna (Hewitson) [bold-spotted hairstreak] 宽斑溪灰蝶

Siderus tephraeus (Geyer) [pearly-gray hairstreak] 珠溪灰蝶，溪灰蝶

Sidima 西迪灰蝶属

Sidima idamis (Fruhstorfer) 西迪灰蝶

Sidima nearcha (Fruhstorfer) 奈西迪灰蝶
Sidis 星弯叶毛瓢虫亚属
Sidublemus 四都穴步甲属
Sidublemus solidus Tian *et* Yin 壮四都穴步甲
Sidyma 锡苔蛾属
Sidyma albifinis Walker 白顶锡苔蛾，白顶华苔蛾
Sidyma vittata (Leech) 条锡苔蛾，条华苔蛾
Sieboldius 施春蜓属
Sieboldius albardae Sélys 艾氏施春蜓
Sieboldius alexanderi (Chao) 亚力施春蜓
Sieboldius deflexus (Chao) 折尾施春蜓，阔腹春蜓
Sieboldius herculeus Needham 环纹施春蜓
Sieboldius maai Chao 马氏施春蜓
Sieboldius nigricolor (Fraser) 黑纹施春蜓，黑施春蜓
Siebold's organ 薛氏器 < 指螽斯前足跗节上的弦音器 >
Siemssenius 胸缘萤叶甲属，胸缘萤金花虫属，拟隶萤叶甲属
Siemssenius cheni Lee 黑翅胸缘萤叶甲，黑翅胸缘萤金花虫
Siemssenius fulvipennis (Jacoby) 褐翅胸缘萤叶甲，褐翅拟隶萤叶甲，黄翅凸胸萤叶甲，凸胸萤叶甲
Siemssenius jungchani Lee 大汉山胸缘萤叶甲，大汉山胸缘萤金花虫
Siemssenius liui Lee 太平山胸缘萤叶甲，太平山胸缘萤金花虫
Siemssenius metallipennis (Chûjô) 丽翅胸缘萤叶甲，丽翅萤金花虫，台湾凸胸萤叶甲
Siemssenius modestus Weise 武夷胸缘萤叶甲，武夷拟隶萤叶甲
Siemssenius nigriceps (Laboissière) 黑腹胸缘萤叶甲，黑腹凸胸萤叶甲
Siemssenius rufipennis (Chûjô) 茶翅胸缘萤叶甲，茶翅萤金花虫，红翅凸胸萤叶甲
Siemssenius trifasciatus (Jiang) 三带胸缘萤叶甲
Siemssenius tsoui Lee 台北胸缘萤叶甲，台北胸缘萤金花虫
Siemssenius yuae Lee 余氏胸缘萤叶甲，余氏胸缘萤金花虫
sienna 褐橙色的
Sierola 西肿腿蜂属
Sierola sinensis Fullaway 中华西肿腿蜂
Sierolomorpha 拟柄土蜂属，拟西肿腿蜂属
Sierolomorpha atropos Nagy 不屈拟柄土蜂，不屈拟西肿腿蜂
sierolomorphid 1. [= sierolomorphid wasp] 拟柄土蜂 < 拟柄土蜂科 Sierolomorphidae 昆虫的通称 >; 2. 拟柄土蜂科的
sierolomorphid wasp [= sierolomorphid] 拟柄土蜂
Sierolomorphidae 拟柄土蜂科
Sierra green sulfur [= Behr's sulphur, *Colias behrii* Edwards] 黑缘绿豆粉蝶
Sierra Leone dots [*Micropentila mabangi* Bethune-Baker] 马晓灰蝶
Sierra Leone nymph [*Euriphene leonis* Aurivillius] 莱昂幽蛱蝶，黄带幽蛱蝶
Sierra Leone yellow glider [*Cymothoe adela* Staudinger] 黄漪蛱蝶
Sierra Madre banded-skipper [*Autochton siermadror* Burns] 幽弄蝶
Sierra Nevada blue 1. [= Nevada blue, *Polyommatus golgus* (Hübner)] 内华达山眼灰蝶；2. [= arrowhead arctic blue, gray blue, *Agriades podarce* (Felder *et* Felder)] 灰灿灰蝶
Sierra skipper [*Hesperia miriamae* MacNeill] 橙黄翅弄蝶
Sierran rain beetle [*Pleocoma rubiginosa* Hovore] 棕红毛金龟甲
Sigalphinae 屏腹茧蜂亚科
Sigalphus 屏腹茧蜂属，节甲茧蜂属
Sigalphus anomis You *et* Zhou 棉小造桥虫屏腹茧蜂，棉小造桥虫节甲茧蜂
Sigalphus flavistigmus He *et* Chen 黄痣屏腹茧蜂，黄痣屏腹茧蜂
Sigalphus gyrodontus He *et* Chen 圆齿屏腹茧蜂
Sigalphus hunanus You *et* Tong 湖南屏腹茧蜂，湖南节甲茧蜂
Sigalphus liaoningensis He *et* Chen 辽宁屏腹茧蜂
Sigalphus nigripes He *et* Chen 黑足屏腹茧蜂
Sigalphus rufiabdominalis He *et* Chen 红腹屏腹茧蜂
Sigara 烁划蝽属
Sigara assimilis (Fieber) 钩抱烁划蝽，同烁划蝽
Sigara bellula (Horváth) 见 *Sigara* (*Tropocorixa*) *bellula*
Sigara chinensis (Lundblad) 中华烁划蝽，中华丽划蝽
Sigara distincta (Fieber) 离烁划蝽
Sigara distorta (Distant) 横纹烁划蝽
Sigara esakii Lundblad 同 *Sigara septemlineata*
Sigara fallax (Horváth) 伐烁划蝽
Sigara falleni (Fieber) 费氏烁划蝽
Sigara fissa Lundblad 同 *Sigara distorta*
Sigara formosana (Mastsumura) 台烁划蝽，烁划蝽
Sigara fossarum (Leach) 广烁划蝽
Sigara gaginae Jaczewski 嘎烁划蝽
Sigara himalayensis Jaczewski 喜马烁划蝽
Sigara horni Jaczewski 同 *Xenocorixa vittipennis*
Sigara jaczewskii Lundblad 雅氏烁划蝽
Sigara kempi Hutchinson 冠烁划蝽
Sigara kerzhneri Jaczewski 复烁划蝽
Sigara lateralis (Leach) 见 *Sigara* (*Vermicorixa*) *lateralis*
Sigara nigroventralis (Mastsumura) 黑腹烁划蝽
Sigara scripta (Rambur) 绘烁划蝽，烁划蝽
Sigara septemlineata (Paiva) 曲纹烁划蝽，暗线烁划蝽
Sigara sibirica Jaczewski 西伯烁划蝽
Sigara spatulata Hungerford 见 *Hesperocorixa spatulata*
Sigara striata (Linnaeus) 纹斑烁划蝽，纹划蝽
Sigara substriata (Uhler) 似纹迹烁划蝽，横纹划蝽，小烁划蝽
Sigara takahashii Hungerford 高桥烁划蝽，高桥昏划蝽，泰氏划蝽
Sigara (***Tropocorixa***) ***bellula*** (Horváth) 钟烁划蝽，炼划蝽
Sigara (***Vermicorixa***) ***lateralis*** (Leach) 纹迹烁划蝽
Sigara weymarni Hungerford 韦氏烁划蝽，砂氏烁划蝽
Sigela 细夜蛾属
Sigela prosticta (Hampson) 细夜蛾，细裳蛾
Siglophora 血斑夜蛾属
Siglophora bella Butler 洁血斑夜蛾
Siglophora ferreilutea Hampson 锈血斑夜蛾，锈血斑瘤蛾，铁黄血斑夜蛾
Siglophora haemoxantha Zemy 哈血斑夜蛾
Siglophora sanguinolenta (Moore) 内黄血斑夜蛾，内黄血斑瘤蛾
sigma 尾叉 < 见于双翅目昆虫中 >
sigma virus 西格玛病毒 < 造成二氧化碳过敏，见于果蝇中 >
Sigmaboilus 曲阿博鸣螽属
Sigmaboilus fuscus Gu, Zhao *et* Ren 棕色曲阿博鸣螽
Sigmaboilus peregrinus Gu, Zhao *et* Ren 奇异曲阿博鸣螽
Sigmacallis 埃斯蚜属

Sigmacallis pilosa Zhang 毛埃斯蚜
Sigmasoma 象棘蝉属
Sigmasoma chakratongi Maa 洽氏象棘蝉
Sigmatoneura 曲蛄属，曲啮虫属 < 此属学名有误写为 *Stigmatoneura* 者 >
Sigmatoneura aquilis Liu, Li *et* Liu 暗色曲蛄
Sigmatoneura atratus (Banks) 同 *Sigmatoneura longicornis*
Sigmatoneura chinensis Li *et* Yang 见 *Sigmatoneura* (*Longifolia*) *chinensis*
Sigmatoneura clara Li *et* Yang 见 *Sigmatoneura* (*Sigmatoneura*) *clara*
Sigmatoneura formosa (Banks) 丽曲蛄
Sigmatoneura hakodatensis (Okamoto) 同 *Sigmatoneura kolbei*
Sigmatoneura kolbei (Enderlein) 科氏曲蛄，科氏曲啮虫，科氏蛄
Sigmatoneura longicornis (Banks) 长角曲蛄
Sigmatoneura* (*Longifolia*) *chinensis Li *et* Yang 中华长叶曲蛄，中华短叶曲蛄
Sigmatoneura* (*Longifolia*) *ellipsoidalis Li 椭瓣长叶曲蛄
Sigmatoneura* (*Longifolia*) *macroloba Li 长叶长叶曲蛄
Sigmatoneura* (*Longifolia*) *octofasciata Li 八字长叶曲蛄
Sigmatoneura* (*Longifolia*) *spicata Li 长钉长叶曲蛄
Sigmatoneura orientalis (New) 东方曲蛄
Sigmatoneura pinbiensis Liu, Li *et* Liu 屏边曲蛄
Sigmatoneura* (*Sigmatoneura*) *antenniflava Li 黄角短叶曲蛄
Sigmatoneura* (*Sigmatoneura*) *baiyunica Li 白云短叶曲蛄
Sigmatoneura* (*Sigmatoneura*) *brachyura Li 短尾短叶曲蛄
Sigmatoneura* (*Sigmatoneura*) *clara Li *et* Yang 淡斑短叶曲蛄
Sigmatoneura* (*Sigmatoneura*) *coronata Li 冠短叶曲蛄
Sigmatoneura* (*Sigmatoneura*) *flaviventris Li 黄腹短叶曲蛄
Sigmatoneura* (*Sigmatoneura*) *triaristata Li 三角短叶曲蛄
Sigmatoneura singularis (Okamoto) 同 *Sigmatoneura kolbei*
Sigmatoneura subcostalis (Enderlein) 亚肋曲蛄，亚肋曲啮虫
Sigmatoneurinae 曲蛄亚科
Sigmella 乙螽属
Sigmella biguttata (Bey-Bienko) 短囊乙螽
Sigmella hainanica Liu, Zhu, Dai *et* Wang 海南乙螽
Sigmella puchihlungi (Bey-Bienko) 普氏乙螽，蒲氏弯螽
Sigmella schenklingi (Karny) 申氏乙螽，沈西弯螽，沈氏草螽
Sigmella sordida (Princis) 污乙螽，江西弯螽，污刺板螽
Sigmella unispinosa Liu, Zhu, Dai *et* Wang 单刺乙螽
sigmoid [= sigmoidal] S 形的
sigmoid fungus beetle [*Cryptophagus varus* Woodroffe *et* Coombs] 弯隐食甲
sigmoid prominent [*Clostera albosigma* Fitch] 白纹扇舟蛾
sigmoidal 见 sigmoid
sigmoidea S 形片 < 常用以指 parapteron、humerus、first axillary。在后翅中，为盾腋片 (scutellaire)，或前腋片 (anterior axillary)；在前翅中，为肩腋片 (grand humeral)>
Sigmoidella puchihlungi (Bey-Bienko) 见 *Sigmella puchihlungi*
Sigmoidella schenklingi (Karny) 见 *Sigmella schenklingi*
Sigmoidella simplex (Bey-Bienko) 见 *Scalida simplex*
Sigmoidella sordida (Princis) 见 *Sigmella sordida*
Sigmoidella spinosolobata (Bey-Bienko) 见 *Scalida spinosolobata*
Sigmuncus 夕蕊夜蛾属
Sigmuncus albigrisea (Warren) 白灰夕蕊夜蛾
sign 病征；症兆 < 指疾病的 >
signa [s. signum] 囊突
signal fly [= platystomatid fly, platystomatid] 广口蝇，扁口蝇 < 广口蝇科 Platystomatidae 昆虫的通称 >
signal peptide 信号肽
signal transduction 信号转导
signaling molecule 信号分子
signaling pathway 信号通路，信号转导途径
signata skipper [*Hylephila signata* (Blanchard)] 标记火弄蝶
signate [= signatus] 具字记的
signate pinion [*Lithophane signosa* (Walker)] 显石冬夜蛾
signatura [= signature] 字记
signature 见 signatura
signatus 见 signate
Signeta 盾弄蝶属
Signeta flammeata (Butler) [bright shield-skipper] 亮盾弄蝶，盾弄蝶
Signeta tymbophora (Meyrick *et* Lower) [dark shield-skipper, dingy shield skipper] 暗盾弄蝶
significance 显著性
significance test 显著性检定
significant level 显著水平
Signiphora 兴棒小蜂属
Signiphora flavella Girault 黄兴棒小蜂，黄棒小蜂
Signiphora merceti Malenotti 莫赛兴棒小蜂
signiphorid 1. [= signiphorid wasp] 棒小蜂，横盾小蜂 < 棒小蜂科 Signiphoridae 昆虫的通称 >；2. 棒小蜂科的
signiphorid wasp [= signiphorid] 棒小蜂，横盾小蜂
Signiphoridae [= Thysanidae] 棒小蜂科，横盾小蜂科
Signiphorina 棒小蜂属
Signiphorina mala Nikol'skaya 同 *Chartocerus subaeneus*
Signochrysa 长柄草蛉属
Signochrysa ornatissima (Nakahara) 黑斑长柄草蛉，饰西草蛉
Signoretia 长胸叶蝉属
Signoretia aureola Distant 金翅长胸叶蝉
Signoretia bimaculata Li *et* Wang 双斑长胸叶蝉
Signoretia malaya (Stål) 白色长胸叶蝉
Signoretia yangi Li 杨氏长胸叶蝉
Signoretiidae 长胸叶蝉科
Signoretiinae 长胸叶蝉亚科
signum [pl. signa] 囊突
signum bursae 交配囊片 < 指鳞翅目雌虫交配囊壁上的骨化片 >
Sikaiana 西袖蜡蝉属
Sikaiana makii Muir 梅氏西袖蜡蝉
Sikkim ace [*Halpe sikkima* Moore] 褐色酣弄蝶，锡金酣弄蝶
Sikkim common tit [*Hypolycaena erylus himavantus* Fruhstorfer] 常旖灰蝶锡金亚种，云南旖灰蝶
Sikkim dart [*Potanthus mara* (Evans)] 马拉黄室弄蝶
Sikkim freak [*Calinaga gautama* Moore] 格奥绢蛱蝶
Sikkim Hill jezebel [*Delias belladonna ithiela* Butler] 艳妇斑粉蝶锡金亚种
Sikkim palm dart [= rounded palm-redeye, Sikkim palm red-eye, banana skipper, banana leafroller, giant skipper, torus skipper, *Erionota torus* Evans] 黄斑蕉弄蝶，香蕉弄蝶，巨弄蝶，芭蕉弄蝶，蕉弄蝶
Sikkim palm red-eye 见 Sikkim palm dart

Sikkim short-banded sailer [*Phaedyma columella ophiana* Moore] 柱菲蛱蝶锡金亚种
Sikkim white yellow-breasted flat [*Gerosis sinica narada* (Moore)] 中华捷弄蝶那拉达亚种，捷弄蝶
Sikkim yellow gorgon [*Meandrusa payeni evan* (Doubleday)] 钩凤蝶云南亚种，云南钩凤蝶
Sikkimasca 锡小叶蝉属
Sikkimasca annulata Dworakowska 环锡小叶蝉
Sikkimia 地萤叶甲属，地萤金花虫属
Sikkimia babai (Kimoto) 马场地萤叶甲，马场地萤金花虫，巴台勒萤叶甲
Sikkimia meihuai Lee *et* Bezděk 台东地萤叶甲，台东地萤金花虫
Sikkimia rufa (Chen) 红地萤叶甲，红异角萤叶甲
Sikkimia sufangae Lee *et* Bezděk 春日地萤叶甲，春日地萤金花虫
Sikkimia tsoui Lee *et* Bezděk 曹氏地萤叶甲，曹氏地萤金花虫
Sikkimia yuae Lee *et* Bezděk 桃源地萤叶甲，桃源地萤金花虫
Sikkimiana 锡金蝗属
Sikkimiana darjeelingensis (Bolívar) 大吉岭锡金蝗
Sikkimiana jinzhongshanensis Jiang *et* Zheng 金钟山锡金蝗
silaceous [= silaceus] 黄赭色的
silaceus 见 silaceous
Silba 双鬃尖尾蝇属，狮鼻尖尾蝇属，狮鼻黑艳蝇属
Silba atratula (Walker) 黑双鬃尖尾蝇，黑衣狮鼻尖尾蝇，黑衣黑艳蝇
Silba excisa (Kertész) 离双鬃尖尾蝇，刺激狮鼻尖尾蝇，截仰尖尾蝇，刺激黑艳蝇
Silba flavitarsis MacGowan 黄足双鬃尖尾蝇，黄跗狮鼻尖尾蝇
Silba fragranti MacGowan 香山双鬃尖尾蝇
Silba intermedia (MacGowan) 宽茎双鬃尖尾蝇
Silba nigrispicata MacGowan 黑刺双鬃尖尾蝇
Silba perplexa (Walker) 结双鬃尖尾蝇，紊乱狮鼻尖尾蝇，紊乱黑艳蝇
Silba schachti MacGowan 沙赫双鬃尖尾蝇，沙氏狮鼻尖尾蝇
Silba setifera (de Meijere) 多毛双鬃尖尾蝇，多毛狮鼻尖尾蝇，多毛黑艳蝇
Silba srilanka McAlpine 斯里兰卡双鬃尖尾蝇
Silba taiwanica (Hennig) 台湾双鬃尖尾蝇，台湾狮鼻尖尾蝇，台卡尖尾蝇，台湾黑艳蝇
Silba trigena MacGowan 三突双鬃尖尾蝇，三颊狮鼻尖尾蝇
Silbomyia 闪迷蝇属
Silbomyia cyanea (Matsumura) 宽颊闪迷蝇，蓝狮液蝇
Silbomyia hoeneana Enderlein 华南闪迷蝇
Silbomyia sauteri Enderlein 台湾闪迷蝇，邵氏鼻蝇
silent substitution 沉默替换
Silesis 截额叩甲属，阔嘴叩甲属
Silesis absimilis Candèze 方胸截额叩甲
Silesis coomani Fleutiaux 见 *Ctenoplus coomani*
Silesis duporti Fleutiaux 红胸截额叩甲，杜截额叩甲
Silesis erberi Platia 神农架截额叩甲
Silesis florentini Fleutiaux 福氏截额叩甲
Silesis musculus Candèze [broad-mouth click beetle] 阔嘴截额叩甲，阔嘴叩甲，褐截额叩甲
Silesis mutabilis Bates 变截额叩甲
Silesis rufipes Candèze 红足截额叩甲
Silesis sauteri Miwa 索氏截额叩甲
Silesis sinensis Fleutiaux 见 *Lanecarus sinensis*
Silesis unicus Fleutiaux 同 *Lanecarus sinensis*
Silinae 荧花萤亚科，荧菊虎亚科
Silini 荧花萤族，荧菊虎族
Silinus 沟颚阎甲属，泡阎甲属
Silinus procerus (Lewis) 沟颚阎甲，仲泡阎甲，仲平阎甲，仲坑阎甲
Silinus reichardti Kryzhanovskij 同 *Silinus procerus*
Siliquofera 盾背螽属
Siliquofera grandis (Blanchard) [giant shield-back bush-cricket] 大盾背螽
Silis 西花萤属
Silis bidentata (Say) 双齿西花萤，双齿丝花萤
Silis bifossicollis Wittmer 二沟西花萤
Silis diversihamata Pic 同 *Podosilis donkieri*
Silis donkieri Pic 见 *Podosilis donkieri*
Silis nitidissima Pic 见 *Podosilis nitidissima*
Silis obscurissima Pic 见 *Podosilis obscurissima*
Silis pallidiventris Fairmaire 见 *Podosilis pallidiventris*
Silis sexdentata Mannerheim 见 *Crudosilis sexdentata*
Silis sinensis Pic 见 *Podosilis sinensis*
Silis subspinosa (Pic) 见 *Laemoglyptus subspinosus*
Silis thibetana Pic 见 *Podosilis thibetana*
silius skipper [= rain-forest faceted-skipper, *Synapte silius* (Latreille)] 雨林散弄蝶，散弄蝶
silk 丝
silk boiling 煮丝 < 养蚕的 >
silk button gall wasp [*Neuroterus numismalis* Geoffroy] 钱形纽瘿蜂
silk colour 丝色
silk douppioni 熟织双宫绸 < 家蚕的 >
silk ejector 泌丝器 < 指纺足目昆虫前足第一、第二跗节腹面中空的小突起，以细管与里面的小丝腺腔相通 >
silk fibroin 丝纤蛋白
silk gland [=serific gland] 丝腺
silk gland cell 丝腺细胞
silk grower 养蚕者
silk industry 蚕丝业
silk layer 茧层
silk mill 缫丝厂
silk moth [= silkworm, silkmoth, domesticated silkmoth, common silkworm, China silkmoth, *Bombyx mori* Linnaeus] 家蚕
silk oil 丝油
silk press 压丝器
silk-raising industry 蚕业，养蚕业
silk reeling 缫丝
silk-regulator 纺丝调节器
silk-spinning hair 纺丝毛
silk toxicity 丝中毒 < 即氨基酸过多症，见于家蚕中 >
SilkDB [Silkworm Knowledgebase 的缩写] 家蚕基因组数据库
silken fungus beetle [= cryptophagid beetle, cryptophagid] 隐食甲 < 隐食甲科 Cryptophagidae 昆虫的通称 >
silkmoth 见 silk moth
SilkPathDB [Silkworm Pathogen Database 的缩写] 家蚕病原数据

库

SilkSatDb [Silkworm Microsatellite Database 的缩写] 家蚕微卫星数据库

Silkworm Knowledgebase [abb. SilkDB] 家蚕基因组数据库

silkworm 见 silk moth

silkworm after moulting 起蚕

silkworm body 蚕体

silkworm breeding 蚕育种，蚕品种选育

silkworm chrysalisais 蚕蛹

silkworm cocoon 蚕茧

silkworm cocooning room 蔟室 < 家蚕的 >

silkworm disease 蚕病

silkworm drug 蚕用药剂

silkworm egg 蚕种，蚕卵

silkworm eggs on card 平附蚕种

silkworm eggs production 蚕种制造，制蚕种

silkworm eggs reproduction 蚕种繁育

silkworm faeces [= silkworm feces] 蚕粪，蚕沙

silkworm feces 见 silkworm faeces

silkworm flacherie virus 家蚕空头性软化病病毒

silkworm larva 蚕

silkworm litter 蚕沙

silkworm maggot 1. [*Blepharipa sericariae* (Rondani)] 丝饰腹寄蝇，蚕寄蝇；2. 家蚕多化性寄生蝇；3. 蛔蛆蝇

ilkworm Microsatellite Database [abb. SilkSatDb] 家蚕微卫星数据库

silkworm moth 蚕蛾

silkworm mounting room 蔟室 < 家蚕的 >

Silkworm Pathogen Database [abb. SilkPathDB] 家蚕病原数据库

silkworm pupa 蚕蛹

silkworm race 蚕品种

silkworm rearing 养蚕

silkworm rearing season 蚕期

silkworm rearing seat [= silkworm seat] 蚕座

silkworm rearing seat paper [= silkworm seat paper] 蚕座纸

silkworm room 蚕室

silkworm seat 见 silkworm rearing seat

silkworm seat paper 见 silkworm rearing seat paper

silkworm strain 家蚕品系，家蚕品种

silkworm tachina fly 1. 家蚕多化性寄生蝇；2. 蛔蛆蝇

silkworm viral flacherie 家蚕空头性软化病

silkworm waste manure 蚕沙堆肥

silky ant [= large black ant, *Formica fusca* Linnaeus] 丝光蚁，丝光褐蚁，丝光褐林蚁

silky azure [*Ogyris oroetes* Hewitson] 奥罗澳灰蝶

silky cane weevil [*Metamasius sericeus* (Olivier)] 丝光蔗象甲，蔗丝光象甲

silky dart [= silky skipper, branded silky skipper, *Semalea pulvina* (Plötz)] 印绅弄蝶，绅弄蝶

silky hairstreak [= chlorinda hairstreak, Australian hairstreak, Victorian hairstreak, Tasmanian hairstreak, orange tit, *Pseudalmenus chlorinda* (Blanchard)] 丝毛纹灰蝶，毛纹灰蝶

silky jewel [= Diggle's jewel, Diggle's blue, Diggles' blue, Diggles's blue, *Hypochrysops digglesii* (Hewitson)] 滴链灰蝶

silky lacewing [= psychopsid neuropteran, psychopsid lacewing, psychopsid] 蝶蛉，蛾蛉 < 蝶蛉科 Psychopsidae 昆虫的通称 >

silky oakblue [*Arhopala alax* Evans] 阿拉娆灰蝶

silky owl [*Taenaris catops* (Westwood)] 开眼环蝶

silky ringlet [*Erebia gorge* (Hübner)] 沟谷红眼蝶

silky skipper 见 silky dart

silky wanderer [= eleone white, *Leptophobia eleone* (Doubleday)] 黎粉蝶

Sillybiphora 原小卷蛾属

Sillybiphora devia Kuznetsov 庐原小卷蛾，西里卷蛾

Sillybiphora pauliprotuberans Zhang *et* Wang 微凸原小卷蛾

Silpha 葬甲属，扁尸甲属

Silpha andrewesi (Portevin) 见 *Necrophila* (*Eusilpha*) *andrewesi*

Silpha auripilosa Portevin 同 *Thanatophilus sinuatus*

Silpha bicolor Fairmaire 同 *Necrophila* (*Calosilpha*) *brunnicollis*

Silpha businskyorum Háva, Schneider *et* Růžička 隆葬甲

Silpha carinata Herbst 脊葬甲，脊扁葬甲

Silpha cyaneocephala Portevin 见 *Necrophila* (*Calosilpha*) *cyaneocephala*

Silpha cyaneocincta Fairmaire 见 *Necrophila* (*Eusilpha*) *cyaneocincta*

Silpha daurica Gebler 见 *Aclypea daurica*

Silpha distincta Portevin 同 *Silpha obscura*

Silpha hypocrita Portevin 见 *Oiceoptoma hypocrita*

Silpha jakowlewi Semenow 见 *Necrophila* (*Eusilpha*) *jakowlewi*

Silpha japonica Motschulsky 见 *Necrophila* (*Eusilpha*) *japonica*

Silpha latericarinata (Motschulsky) 见 *Thanatophilus latericarinatus*

Silpha nakabayashii Miwa 见 *Oiceoptoma nakabayashii*

Silpha nuda Motschulsky 同 *Aclypea bicarinata*

Silpha obscura Linnaeus 暗扁葬甲，暗色埋葬虫

Silpha perforata Gebler 隧葬甲，钻扁葬甲，小扁尸甲

Silpha picescens Fairmaire 见 *Oiceoptoma picescens*

Silpha plana Semenow 同 *Aclypea calva*

Silpha quinlinga Schawaller 秦岭葬甲

Silpha rugosa Linnaeus 见 *Thanatophilus rugosus*

Silpha schawalleri Háva, Schneider *et* Růžička 瘦葬甲

Silpha subcaudata Fairmaire 见 *Necrophila* (*Eusilpha*) *subcaudata*

Silpha subrufa Lewis 见 *Oiceoptoma subrufum*

Silpha tibetana Fairmaire 见 *Necrophila* (*Eusilpha*) *thibetana*

Silpha undata (Müller) 无毛葬甲，无毛埋葬虫

silphid 1. [= silphid beetle, carrion beetle, large carrion beetle, burying beetle, sexton beetle] 葬甲，埋葬甲 < 葬甲科 Silphidae 昆虫的通称 >；2. 葬甲科的

silphid beetle [= silphid, carrion beetle, large carrion beetle, burying beetle, sexton beetle] 葬甲，埋葬甲

Silphidae 葬甲科，埋葬甲科，埋葬虫科

Silphinae 葬甲亚科

Silusa 弧缘隐翅甲属，昔隐翅虫属

Silusa aliena Bernhauer 黄肩弧缘隐翅甲，阿昔隐翅虫

Silusa chinensis Pace 中华弧缘隐翅甲

Silusa cooteri Pace 库氏弧缘隐翅甲

Silusa infuscata Camperon 无带弧缘隐翅甲，无带昔隐翅虫

Silusa leprusoides Pace 暗褐弧缘隐翅甲

Silusa sichuanensis Pace 四川弧缘隐翅甲

Silusina 弧缘隐翅甲亚族

silvan flat bark beetle [= silvanid beetle, silvanid, silvanid flat bark beetle, flat bark beetle, flat grain beetle] 锯谷盗，细扁甲 < 锯谷盗科 Silvanidae 昆虫的通称 >

silvanid 1. [= silvanid beetle, silvan flat bark beetle, silvanid flat bark beetle, flat bark beetle, flat grain beetle] 锯谷盗，细扁甲；2. 锯谷盗科的

silvanid beetle 见 silvan flat bark beetle

silvanid flat bark beetle 见 silvan flat bark beetle

Silvanidae 锯谷盗科，细扁甲科

Silvaninae 锯谷盗亚科

Silvanoprus 拟齿扁甲属

Silvanoprus angusticollis (Reitter) 狭拟齿扁甲，狭胸谷盗

Silvanoprus birmanicus (Gourvelle) 缅甸拟齿扁甲，缅齿扁甲

Silvanoprus cephalotes (Reitter) 头拟齿扁甲，东南亚谷盗

Silvanoprus fagi (Guérin-Méneville) 山毛榉拟齿扁甲，山毛榉扁甲

Silvanoprus javanicus (Grouvelle) 同 *Silvanoprus longicollis*

Silvanoprus longicollis (Reitter) 长拟齿扁甲，长胸谷盗

Silvanoprus scuticollis (Walker) 盾拟齿扁甲，尖胸谷盗

Silvanopsis 副齿扁甲属

Silvanopsis simoni Grouvelle 西副齿扁甲，钝齿锯谷盗

Silvanus 齿扁甲属，细扁甲属

Silvanus bidentatus (Fabricius) 双齿扁甲，二针锯谷盗，双齿谷盗

Silvanus birmanicus Grouvelle 见 *Silvanoprus birmanicus*

Silvanus difficilis Halstead 狄齿扁甲，缢胸谷盗

Silvanus lateritius Reitter 见 *Protosilvanus lateritius*

Silvanus lewisi Reitter 刘齿扁甲，大眼谷盗

Silvanus recticollis Reitter 直齿扁甲，小眼谷盗

Silvanus unidentatus (Olivier) 单齿扁甲，单齿谷盗

silvaticus skipper [= gray pug, *Ludens silvaticus* (Hayward)] 灰卢弄蝶

silver-and-yellow palmer [*Unkana mytheca* (Hewitson)] 鞘雾弄蝶

silver arrowhead [= hooked copper, *Phasis thero* (Linnaeus)] 相灰蝶

silver-banded hairstreak [*Chlorostrymon simaethis* (Drury)] 细纹灰蝶

silver-banded sister [*Adelpha ethelda* (Hewitson)] 埃塞儿悌蛱蝶

silver-barred alder pigmy [= common alder pigmy, *Stigmella alnetella* Stainton] 桤木痣微蛾，桤木微蛾

silver-barred charaxes [= silver-barred emperor, *Charaxes druceanus* Butler] 朱衣螯蛱蝶

silver-barred emperor 见 silver-barred charaxes

silver-berry dagger moth [*Acronicta pulverosa* (Hampson)] 尘剑纹夜蛾，龙须菜剑纹夜蛾，绒普拉夜蛾

silver-berry scale [*Aulacaspis crawii* (Cockerell)] 米兰白轮盾蚧，茶花白轮盾蚧，牛奶子轮盾介壳虫

silver birch aphid [*Euceraphis betulae* (Koch)] 短绵斑蚜

silver birdwing [*Troides plato* Wallace] 帝纹岛裳凤蝶，银纹裳凤蝶

silver blue [*Lepidochrysops glauca* (Trimen)] 银鳞灰蝶

silver-bordered fritillary [= small pearl-bordered fritillary, *Clossiana selene* (Denis *et* Schiffermüller)] 北冷珍蛱蝶

silver-bottom brown [*Pseudonympha magus* (Fabricius)] 魔幻仙眼蝶

silver cloud [*Egira conspicillaris* (Linnaeus)] 栖夜蛾，康埃基夜蛾

silver-dotted hawk moth [*Parum colligata* (Walker)] 构月天蛾，构天蛾，白点天蛾，构星天蛾

silver-drop skipper [*Epargyreus exadeus* (Cramer)] 红头饴弄蝶

silver emperor [*Doxocopa laure* (Drury)] 白黄带荣蛱蝶

silver fir adelges [= silver fir chermes, balsam woolly aphid, *Adelges* (*Dreyfusia*) *piceae* (Ratzeburg)] 冷杉球蚜，冷杉皮球蚜，凤仙花根瘤球蚜，云杉椎球蚜

silver fir aphid [= green-striped fir aphid, *Cinara pectinatae* Noerdlander] 欧洲冷杉蚜

silver fir beetle [*Pseudohylesinus sericeus* (Mannerheim)] 银杉平海小蠹，绢丝平海小蠹

silver fir chermes 见 silver fir adelges

silver fir migratory adelges [= spruce-fir chermes, *Adelges nordmannianae* (Eckstein)] 冷杉迁移球蚜，银枞迁移球蚜

silver fir weevil [*Brachyxystus subsignatus* Faust] 雪松象甲

silver fish 衣鱼 < 属衣鱼科 Lepismatidae>

silver fly [= chamaemyiid fly, chamaemyiid, aphid fly] 斑腹蝇，蚜小蝇 < 斑腹蝇科 Chamaemyiidae 昆虫的通称 >

silver forget-me-not 1.[*Catochrysops lithargyria* Moore] 石银咖灰蝶；2. [= pale pea-blue, *Catochrysops panormus* (Felder)] 蓝咖灰蝶

silver gem [*Chloroselas argentea* Riley] 银黄绿灰蝶

silver hairstreak [*Chrysozephyrus syla* (Kollar)] 喜来金灰蝶，晒泽灰蝶

silver king shoemaker [= Hübner's shoemaker, banded king shoemaker, two-spotted prepona, *Archaeoprepona demophoon* (Hübner)] 大古靴蛱蝶

silver-lined skipper [= silver-striped skipper, *Leptalina unicolor* (Bremer *et* Grey)] 银条小弄蝶，小弄蝶，银条弄蝶

silver-lined yellowmark [= bacaenis metalmark, *Baeotis bacaenis* (Hewitson)] 白斑苞蚬蝶

silver palmer [= dull white palmer, *Acerbas martini* (Distant *et* Pryer)] 马丁圣弄蝶

silver-plated skipper [= cloud-forest fantastic-skipper, *Vettius coryna* (Hewitson)] 银铂弄蝶

silver-rayed skipper [*Adopaeoides bistriata* Godman] 银斑射晖弄蝶

silver-red silverline [= cinnamon silverline, *Spindasis rukma* (de Nicéville)] 露银线灰蝶

silver ringlet [= silvery ringlet, *Ypthima albida* Butler] 银灰矍眼蝶

silver royal [*Ancema blanka* (de Nicéville)] 白衬安灰蝶

silver salamis [*Salamis duprei* Vinson] 杜伯矩蛱蝶，黑顶喙蛱蝶

silver sedge-skipper [= silvered skipper, *Hesperilla crypsargyra* (Meyrick)] 银斑帆弄蝶

silver shade [*Eana argentana* Clerck] 银山卷蛾

silver-spot lancer [= chequered lancer, silver-spotted lancer, *Plastingia naga* (de Nicéville)] 小串弄蝶

silver-spotted grey [*Crudaria leroma* (Wallengren)] 科灰蝶

silver-spotted halisidota [= silver-spotted tiger moth, *Halysidota argentata* Packard] 银星哈灯蛾，银星灯蛾

silver-spotted lancer 见 silver-spot lancer

silver-spotted ochre [= silver spotted skipper, *Trapezites argenteoornatus* (Hewitson)] 阿根梯弄蝶

silver-spotted skipper 1. [*Epargyreus clarus* (Cramer)] 银斑饴弄蝶，饴弄蝶，美洲银星弄蝶，银星弄蝶，银斑弄蝶；2. [= silver-spotted ochre, *Trapezites argenteoornatus* (Hewitson)] 阿根梯弄蝶；

3. [= common branded skipper, *Hesperia comma* (Linnaeus)] 银斑弄蝶，饰珠弄蝶，弄蝶

silver-spotted tiger moth 见 silver-spotted halisidota

silver-streak acacia blue [= silver-streaked acacia blue, *Zinaspa todara* (Moore)] 银带陶灰蝶，陶灰蝶

silver-streaked acacia blue 见 silver-streak acacia blue

silver-striped charaxes [*Charaxes lasti* Grose-Smith] 红衫螯蛱蝶

silver-striped phaloniid [*Epiblema quinquefasciana* (Matsumura)] 银条白斑小卷蛾，银条斑纹卷蛾，银条细卷蛾

silver-striped skipper 见 silver-lined skipper

silver striped vine moth [*Hippotion celerio* (Linnaeus)] 银条斜线天蛾，葡萄根银线天蛾，葡萄银线天蛾

silver-studded blue [*Plebejus argus* (Linnaeus)] 阿豆灰蝶，豆灰蝶，豆小灰蝶，银蓝灰蝶

silver-studded leafwing [= jazzy leafwing, marbled leafwing, *Hypna clytemnestra* (Cramer)] 钩翅蛱蝶

silver-studded ochre [= iacchoides skipper, *Trapezites iacchoides* Waterhouse] 山形梯弄蝶

silver-studded ruby-eye [= fantastic ruby-eye, silvered ruby-eye, *Lycas argentea* (Hewitson)] 赉弄蝶

silver U-tail [= scar bank gem, *Ctenoplusia limbirena* (Guenée)] 赭红梳夜蛾，宝石弧翅夜蛾

silver-underside lycaenid [*Curetis acuta paracuta* de Nicéville] 尖翅银灰蝶银腹亚种，银腹灰蝶，帕银灰蝶

silver-washed fritillary [= Kaisermantel, *Argynnis paphia* (Linnaeus)] 绿豹蛱蝶

silver wing leaf-mining moth [= pear leaf blister moth, ribbed apple leaf miner, apple leaf miner, *Leucoptera malifoliella* (Costa)] 旋纹潜蛾，旋纹潜叶蛾，旋纹条潜蛾

silver xenica [= common silver xenica, *Oreixenica lathoniella* (Westwood)] 金眼蝶

silver-Y moth [= green garden looper, southern silver-Y moth, green looper, garden looper, green semilooper caterpillar, *Chrysodeixis eriosoma* (Doubleday)] 南方锞纹夜蛾，南方银灰夜蛾

silverberry capitophorus [= artichoke aphid, thistle aphid, oleaster thistle aphid, *Capitophorus elaeagni* (del Guercio)] 胡颓子钉毛蚜，蓟钉毛蚜，北美龙须钉毛蚜，龙须菜钉毛蚜

silverbreast ace [*Sovia albipectus* (de Nicéville)] 白胸索弄蝶

silvered brown veneer [*Angustalius malacellus* (Duponchel)] 银纹狭翅草螟，银纹窄翅草螟

silvered ruby-eye 见 silver-studded ruby-eye

silvered skipper 见 silver sedge-skipper

silverfish [= urban silverfish, fishmoth, *Lepisma saccharina* Linnaeus] 台湾衣鱼，普通衣鱼，西洋衣鱼，衣鱼

silverfish moth 衣鱼 <属衣鱼科 Lepismatidae>

silverleaf whitefly [= sweetpotato whitefly strain B, *Bemisia argentifolii* Bellows *et* Perring, *Bemisia tabaci* strain B, *Bemisia tabaci* biotype B] 银叶粉虱，B 型烟粉虱

silverstreak blue [*Iraota timoleon* (Stoll)] 铁木莱异灰蝶，异灰蝶

silvery argus [*Aricia nicias* (Meigen)] 霓爱灰蝶

silvery bar [*Spindasis phanes* (Trimen)] 法奈银线灰蝶

silvery blue [*Glaucopsyche lygdamus* (Doubleday)] 甜灰蝶

silvery checkerspot [*Charidryas nycteis* (Doubleday)] 橙黑纱蛱蝶

silvery cushion scale [= Seychelles scale, Seychelles fluted scale, yellow cottony cushion scale, Okada cottony-cushion scale, *Icerya seychellarum* (Westwood)] 银毛吹绵蚧，黄毛吹绵蚧，黄吹绵介壳虫，冈田吹绵介壳虫

silvery demon charaxes [*Charaxes catachrous* Staudinger] 黑螯蛱蝶

silvery hedge blue [*Celastrina ladonides* (d'Orza)] 银色琉璃灰蝶，拉璃灰蝶

silvery metalmark [*Chimastrum argenteum* (Bates)] 泉蚬蝶

silvery ringlet 见 silver ringlet

silvery Y [= silvery Y moth, beet worm, gamma owlet, *Autographa gamma* (Linnaeus)] 丫纹夜蛾

silvery Y moth 见 silvery Y

Silvestraspis 翼片盾蚧属

Silvestraspis uberifera (Lindinger) 中华翼片盾蚧，菱角盾介壳虫

Silvestrichilis 希蛃属

Silvestrichilis confucius (Silvestri) 孔子希蛃，中国前蛃

Silvestrichilis heterotarsus (Silvestri) 异跗希蛃

Silvestrichilis trispina (Wygodzinsky) 三刺希蛃

Silvestridinae 薛蚖亚科

Silvestriola 林瘿蚊属

Silvestriola tyrophagi (Dombrovskaja) 食酪螨林瘿蚊，螨类寄生瘿蚊（该种学名被误写为 *Silvestrina tyrophagi* Dombrovskaja）

silvicolous 林栖的

Silvius 林虻属，姬虻属

Silvius anchoricallus Chen 锚胛林虻

Silvius chongmingensis Zhang *et* Xu 崇明林虻

Silvius cordicallus Chen *et* Quo 心胛林虻，心瘤林虻

Silvius dorsalis Cocquillett 背林虻

Silvius fascipennis Wehr 同 *Chrysops flavescens*

Silvius formosiensis Ricardo 台岛林虻，台湾林虻，台湾姬虻

Silvius omishanensis Wang 峨眉山林虻

Silvius shirakii Philip *et* Mackerras 素木林虻，施氏林虻，素木姬虻

Silvius suifui Philip *et* Mackerras 宜宾林虻，橙腹林虻

Simaethidae [= Choreutidae, Hemerophilidae] 舞蛾科，伪卷蛾科

Simaethis amethystodes Meyrick 见 *Choreutis amethystodes*

Simaethis fulminea Neyrick 同 *Choreutis sexfasciella*

Simaethis leechi South 李氏拟卷蛾

Simaonukia 思茅叶蝉属

Simaonukia longispinus Li *et* Li 长刺思茅叶蝉

Simeliria viridans (Guérin-Méneville) 绿昔弥沫蝉

Simianellus melanocephalus Emden 见 *Simianus melanocephalus*

Simianus 西羽角甲属

Simianus melanocephalus (Emden) 橙西羽角甲，橙细栉角虫，橙栉角虫，西羽角甲

Simianus rubriollis (Pic) 红西羽角甲，红贺丽羽角甲

similar ace [= golden-spot ace, *Halpe aurifera* (Elwes *et* Edwards)] 金色酣弄蝶

similar awlking [*Choaspes xanthopogon* (Kollar)] 黄毛绿弄蝶，黄色绿弄蝶

similar coefficient [= similarity coefficient, coefficient of similarity] 相似性系数，相似系数

similar joint action 相似联合作用

similar liptena [*Liptena similis* (Kirby)] 细琳灰蝶

similar skipper [*Corticea similea* (Bell)] 类郁弄蝶

similar streak darter [*Salanoemia similis* (Elwes *et* Edwards)] 类

劭弄蝶
similar yellow [*Mimeresia similis* Kirby] 似靡灰蝶
similarity 相似性
similarity clustering analysis [abb. SCA] 相似性聚类分析
similarity coefficient 见 similar coefficient
Similipepsis 蛛蜂透翅蛾属
Similipepsis lasiocera Hampson 多毛蛛蜂透翅蛾
similis skipper [*Sarmientola similis* (Mielke)] 类伤弄蝶
Similonedine 肖斑背天牛属
Similonedine brunniofasciata Hua 棕带肖斑背天牛
Similosodus 球腿天牛属，粿胸天牛属
Similosodus chinensis Gressitt 中华球腿天牛
Similosodus choumi Breuning 胸斑球腿天牛
Similosodus punctiscapus Breuning 横线球腿天牛
Similosodus taiwanus Hayashi 台湾球腿天牛，黄条粿胸天牛
Similosodus torui Holzschuh 桃源球腿天牛，下村氏粿胸天牛
Similosodus transversefasciatus Breuning 横带球腿天牛
Simiskina 犀灰蝶属
Simiskina pasira (Moulton) 帕犀灰蝶
Simiskina pavonica de Nicéville 孔雀犀灰蝶
Simiskina pediadia (Hewitson) 俳犀灰蝶
Simiskina phalena (Hewitson) [broad-branded brilliant] 宽带犀灰蝶
Simiskina phalia (Hewitson) 蓝犀灰蝶
Simiskina pharyge (Hewitson) 珐犀灰蝶
Simiskina pheretia (Hewitson) 犀灰蝶
Simiskina philura (Druce) 飞犀灰蝶
Simiskina proxima de Nicéville 菩犀灰蝶
Simiskina sibatika Eliot 斯巴犀灰蝶
simius roadside skipper [*Amblyscirtes simius* Edwards] 拟缎弄蝶
Simodactylus 西模叩甲属
Simodactylus yamianus Ôhira 雅西模叩甲
Simoma 西蒙寄蝇属
Simoma grahami Aldrich 黑鳞西蒙寄蝇，黑鳞伺寄蝇，同鳞司寄蝇
simple antenna 单锤触角 <即仅有一节的锤形触角>
simple checkerspot [= simple patch, *Chlosyne hippodrome* (Geyer)] 褐巢蛱蝶
simple eye [= ocellus, ocella] 单眼
simple lateral eye 单侧眼 <有些成虫头部两边单一或成群的眼或真单眼，但非小眼>
simple liptena [*Liptena simplicia* Möschler] 黑端白琳灰蝶
simple nymph [*Euriphene simplex* Staudinger] 素朴幽蛱蝶
simple ocellus [=ocellus simplex] 简单眼点
simple on-off [*Tetrarhanis simplex* Aurivillius] 素朴泰灰蝶
simple orange forester [*Euphaedra simplex* Hecq] 素栎蛱蝶
simple patch 见 simple checkerspot
simple random sampling 简单随机抽样法
simple sequence repeat [abb. SSR] 简单重复序列 <即微卫星 (microsatellite)>
simple skipper [= simplex skipper, *Tigasis simplex* (Bell)] 简恬弄蝶
simple skipperling [*Dalla simplicis* Steinhauser] 素朴达弄蝶
simplex skipper 见 simple skipper
Simplex oberthuri (Borelli) 同 *Eparchus simplex*
Simplex panfilovi (Bey-Bienko) 见 *Gonolabis panfilovi*
Simplicia 贫夜蛾属，贫裳蛾属
Simplicia bimarginata (Walker) 弧缘贫夜蛾，弧缘贫裳蛾，毕贫夜蛾
Simplicia caeneusalis (Walker) 同 *Simplicia cornicalis*
Simplicia cornicalis (Fabricius) 小贫夜蛾，小贫裳蛾，考贫夜蛾
Simplicia discosticta (Hampson) 齿纹贫夜蛾，齿纹圆黑点贫裳蛾，黑点贫裳蛾，双锯脉贫夜蛾
Simplicia formosana (Strand) 蓬莱贫夜蛾
Simplicia marginata Moore 缘贫夜蛾
Simplicia mistacalis (Guenée) 灰缘贫夜蛾，小黑带贫裳蛾
Simplicia niphona (Butler) 曲线贫夜蛾，雪疽夜蛾，日本贫裳蛾
Simplicia pseudoniphona Sugi 拟尼贫夜蛾
Simplicia rectalis (Eversman) 黑点贫夜蛾，直贫夜蛾
Simplicia rhyal Wu, Fu *et* Owada 土贫夜蛾，土贫裳蛾，牢贫夜蛾
Simplicia robustalis (Walker) 锯线贫夜蛾，白条茶褐夜蛾
Simplicia schaldusalis (Walker) 斜线贫夜蛾
Simplicia similis (Moore) 似贫夜蛾
Simplicia simplicissima Wileman *et* South 简贫夜蛾，基空贫裳蛾
Simplicia stictogramma Prout 狭纹贫夜蛾
Simplicia unipuncta (Wileman) 单点贫夜蛾，单点贫裳蛾
Simplicia xanthoma Prout 黄褐贫夜蛾，黄褐贫裳蛾，棕贫裳蛾，刻贫夜蛾
Simplicia zanclognathalis (Strand) 赞贫夜蛾
Simplicibracon 简腹茧蜂属
Simplicibracon maculigaster Quicke 斑腹简腹茧蜂
Simpliperia 简蜻属，简石蝇属
Simpliperia obscurofulva Wu 深褐简蜻，深褐简石蝇
Simplocaria 素丸甲属
Simplocaria apicalis Pic 端素丸甲，端简丸甲
Simplocaria atayal Pütz 泰雅素丸甲
Simplocaria bunun Pütz 布农素丸甲
Simplocaria hispidula Fairmaire 多刺素丸甲，多刺简丸甲
Simplocaria ivani Pütz 伊氏素丸甲
Simplocaria nenkaoshan Pütz 能高山素丸甲
Simplocaria paiwan Pütz 排湾素丸甲
Simplocaria qinlingensis Pütz 秦岭素丸甲
Simplocaria rukai Pütz 鲁凯素丸甲
Simplocaria saysiat Pütz 赛夏素丸甲
Simplocaria schuelkei Pütz 许氏素丸甲
Simplocaria smetanai Pütz 斯氏素丸甲
Simplocaria taiwanica Pütz 台湾素丸甲
Simplocaria taroko Pütz 太鲁阁素丸甲
Simplocaria tsou Pütz 邹族素丸甲
Simpoh ayer shield bug [= giant shield bug, gambier large bug, *Pycanum alternatum* (Peletier *et* Serville)] 红比蝽
Simpson index 辛普森指数，优势度指数
simsim gall midge [= sesamum gall midge, sesame gall midge, *Asphondylia sesami* Felt] 芝麻波瘿蚊，芝麻阿斯瘿蚊，芝麻瘿蚊
simsim webworm [= sesame shoot borer, *Antigastra catalaunalis* Duponchel] 芝麻荚野螟，胡麻芽蛀螟
Simulatacalles 惜象甲属
Simulatacalles simulator (Roelofs) 仿惜象甲，仿惜象

simulation experiment 模拟试验

simuliid 1. [= simuliid blackfly, simuliid fly, black fly, blackfly, buffalo gnat, Turkey gnat, white sock] 蚋，墨蚊 < 蚋科 Simuliidae 昆虫的通称 >；2. 蚋科的

simuliid blackfly [= simuliid fly, simuliid, black fly, blackfly, buffalo gnat, Turkey gnat, white sock] 蚋，墨蚊

simuliid fly 见 simuliid blackfly

Simuliidae 蚋科，墨蚊科

Simuliinae 蚋亚科

Simuliini 蚋族

Simulium 蚋属

Simulium acontum Chen, Zhang *et* Huang 尖板蚋

Simulium aemulum Rubtsov 角逐蚋

Simulium alajense Rubtsov 巨蚋，巨特蚋

Simulium albivirgulatum Wanson *et* Henrard 呈白蚋

Simulium alizadei (Dzhafarov) 阿氏山蚋

Simulium altayense Cai, An *et* Li 阿勒泰绳蚋

Simulium ambiguum Shiraki 含糊蚋，黄腹蚋

Simulium angustatum Rubtsov 窄形纺蚋

Simulium angustifurca (Rubtsov) 窄替维蚋

Simulium angustipes Edwards 窄足真蚋，窄拉真蚋

Simulium angustitarse (Lundström) 窄跗纺蚋

Simulium antlerum Chen 鹿角绳蚋，鹿角魔蚋

Simulium aokii (Takahashi) 青木蚋

Simulium arakawae Matsumura 阿拉蚋

Simulium arenicolum Liu, Gong, Zhang, Luo *et* An 沙柳真蚋

Simulium argyreatum Meigen 辽宁蚋

Simulium arisanum Shiraki 阿里山蚋，天南蚋 < 该种学名有误写为 *Simulium arishanum* Shiraki 者 >

Simulium armeniacum (Rubtsov) 山溪真蚋

Simulium asakoae Takaoka *et* Davies 麻子绳蚋

Simulium atruncum Chen, Ma *et* Wen 无茎特蚋

Simulium aureohirtum Brunetti 黄足纺蚋，筋毛蚋

Simulium aureum (Fries) 金毛真蚋，黄毛真蚋

Simulium bahense Chen 坝河蚋

Simulium bannaense Chen *et* Zhang 版纳绳蚋

Simulium barraudi Puri 包氏蚋

Simulium beiwanense Guo, Zhang *et* An 北湾真蚋

Simulium bicorne Dorogostaisky, Rubtsov *et* Vlasenko [two-horned black fly] 双角纺蚋，双角真蚋

Simulium bidentatum (Shiraki) 双齿蚋

Simulium bifengxiaense Huang, Zhang *et* Chen 碧峰峡蚋

Simulium bimaculatum Rubtsov 双斑蚋

Simulium biseriatum Rubtsov 成双欧蚋

Simulium brivetruncum Chen *et* Chen 短茎绳蚋

Simulium cangshanense Xue 苍山纺蚋

Simulium caohaiense Chen *et* Zhang 草海蚋，草海短蚋

Simulium chamlongi Takaoka *et* Suzuki 昌隆蚋

Simulium cheni Xue 陈氏纺蚋

Simulium chenzhouense Chen, Zhang *et* Bi 郴州纺蚋

Simulium cherraense Sun 山谷纺蚋

Simulium chiangmaiense Takaoka *et* Suzuki 清迈蚋

Simulium chitoense Takaoka 溪头纺蚋，溪头蚋，查头纺蚋

Simulium cholodkovskii Rubtsov 黑角蚋，黑角吉蚋

Simulium chongqingense Zhu *et* Wang 重庆绳蚋，重庆蚋

Simulium chowi Takaoka 周氏山蚋，周氏门蚋，周氏蚋

Simulium christophersi Puri 克氏蚋

Simulium chuanbeiense Chen, Zhang *et* Liu 川北山蚋

Simulium chungi Takaoka *et* Huang 钟氏蚋

Simulium coarctatum Rubtsov 正直特蚋，正直蚋

Simulium cognatum An *et* Yan 同源蚋

Simulium concavustylum Deng, Zhang *et* Chen 凹端山蚋，凹端门蚋

Simulium curvastylum Chen *et* Zhang 曲端绳蚋

Simulium curvitarse Rubtsov 曲跗蚋

Simulium damingense Chen, Zhang *et* Zhang 大明蚋

Simulium damnosum Theobald 恶蚋

Simulium dasguptai (Datta) 达氏山蚋

Simulium decimatum Dorogostaisky *et* Vlasenko 十分蚋，荒林吉蚋

Simulium dentastylum Yang, Chen *et* Luo 齿端蚋

Simulium dentatum Puri 细齿蚋

Simulium desertorum Rubtsov 沙特蚋，沙独蚋

Simulium digitatum Puri 地记蚋

Simulium dissimilum Chen *et* Lian 异形纺蚋

Simulium dudgeon Takaoka *et* Davies 杜氏绳蚋

Simulium dunhuangense Liu *et* An 敦煌维蚋

Simulium emeinese An, Xue *et* Song 峨眉短蚋，峨眉蚋

Simulium enhense Xu, Yang *et* Chen 恩和蚋

Simulium epauletum Guo, Zhang *et* An 肩章绳蚋

Simulium ephippioidum Chen *et* Wen 鞍阳蚋

Simulium equinum (Linnaeus) 马维蚋，马蚋

Simulium equinum equinum Linnaeus 马维蚋指名亚种

Simulium equinum ivashentzovi Rubtsov 马维蚋依瓦亚种

Simulium erythrocephalum (De Geer) 红头厌蚋

Simulium eurybrachium Chen, Wen *et* Wei 宽臂维蚋

Simulium euryplatamus Sun *et* Song 宽板门蚋

Simulium exiguum Lutz 轻微蚋

Simulium falcoe Shiraki 猎鹰纺蚋，镰刀纺蚋，红集蚋

Simulium fanjingshanense Chen, Zhang *et* Wen 梵净山绳蚋

Simulium ferganicum Rubtsov 斑短蚋，班生蚋

Simulium flavoantennatum Rubtsov 黄色逊蚋

Simulium fluviatile Radzivilovskaya 河流纺蚋

Simulium foliatum Chen, Jiang *et* Zhang 叶片蚋

Simulium fuzhouense Zhang *et* Wang 福州蚋

Simulium gansuense Chen, Jiang *et* Zhang 甘肃蚋

Simulium gejgelense (Dzhafarov) 格吉格纺蚋

Simulium geniculare Shiraki 结合纺蚋

Simulium germuense Liu, Gong *et* An 格尔木维蚋

Simulium ghoomense Datta 库姆山蚋，库姆门蚋

Simulium gracile Datta 纤细纺蚋

Simulium gravelyi Puri 格氏蚋

Simulium griseifrons Brunetti 灰额蚋

Simulium grisescens Brunetti 格勒斯蚋，灰色蚋

Simulium guangxiense Sun 广西绳蚋

Simulium guiyangense Chen, Liu *et* Yang 贵阳厌蚋

Simulium guizhouense Chen, Zhang *et* Yang 贵州绳蚋

Simulium hailuogouense Chen, Huang *et* Zhang 海螺沟山蚋

Simulium hainanensis Long *et* An 海南绳蚋

Simulium hanbini Deng, Long, Liang, Zhang, An *et* Yang 汉彬蚋

S

Simulium heishuiense Wen *et* Chen 黑水山蚋
Simulium helanshanense Chen, Wang *et* Yang 贺兰山特蚋
Simulium henanense Wen, Wei *et* Chen 河南纺蚋
Simulium hengshanense Bi *et* Chen 衡山蚋
Simulium heteroparum Sun 异枝绳蚋
Simulium himalayense Puri 喜山蚋，喜马拉雅蚋
Simulium hirtipannus Puri 粗毛蚋
Simulium hongpingense Chen, Luo *et* Yang 红坪蚋
Simulium howletti Puri 赫氏蚋
Simulium huangshanens Cai, Chu, An *et* Wang 黄山蚋
Simulium huguangense Sun 湖广绳蚋
Simulium hunanense Zhang *et* Chen 湖南绳蚋
Simulium immortalis Cai, An, Li *et* Yan 仙人蚋
Simulium indicum Becher 印度蚋，印度喜山蚋
Simulium inthanonense Takaoka *et* Suzuki 因他绳蚋，因杂绳蚋
Simulium ishikawai Takahashi 同 *Simulium pavlovskii*
Simulium iwatense Shiraki 一洼短蚋，一洼蚋
Simulium jacuticum Rubtsov 短飘蚋，亮胸吉蚋
Simulium japonicum Matsumura 日本蚋
Simulium jenningsi Malloch 詹氏真蚋
Simulium jiajinshanense Zhang *et* Chen 夹金山山蚋
Simulium jianfengensis An *et* Long 尖峰绳蚋
Simulium jieyangense An, Yan, Yang *et* Hao 揭阳蚋
Simulium jilinense Chen *et* Cao 吉林纺蚋
Simulium jinbianense Zhang *et* Chen 金鞭绳蚋
Simulium jingfui Cai, An *et* Li 经甫蚋
Simulium jisigouense Chen, Zhang *et* Liu 吉斯沟山蚋
Simulium jiulianshanense Kang, Zhang *et* Chen 九连山绳蚋
Simulium kangi Sun, Yu *et* An 康氏绳蚋
Simulium karenkoense (Shiraki) 花莲港蚋，卡任蚋
Simulium kariyai (Takahashi) 白斑希蚋，东北希蚋
Simulium katoi Shiraki 加藤蚋，卡氏蚋，卡头蚋
Simulium kawamurae Matsumura 川村蚋，卡瓦蚋
Simulium kirgisorum Rubtsov 清溪门蚋，吉尔门蚋，吉尔真蚋
Simulium kozlovi Rubtsov 扣子特蚋，扣子蚋
Simulium kuandianense (Chen *et* Cao) 宽甸真蚋
Simulium lama Rubtsov 沼泽维蚋
Simulium laoshanstum Ren, An *et* Kang 崂山绳蚋
Simulium latifile Rubtsov 宽丝纺蚋，宽纺蚋
Simulium latipes (Meigen) 宽体蚋，宽足真蚋
Simulium latizonum Rubtsov 同 *Simulium angustipes*
Simulium ledongense Yang *et* Chen 乐东蚋
Simulium leigongshanense Chen *et* Zhang 雷公山纺蚋，雷公山真蚋
Simulium lerbiferum Chen, Yang *et* Xu 草原真蚋
Simulium liaodongense Sun 辽东纺蚋
Simulium liaoningense Sun 辽宁蚋
Simulium lichuanense Chen, Luo *et* Yang 利川蚋
Simulium lineatum Meigen 力行维蚋
Simulium lingziense Deng, Zhang *et* Chen 林芝山蚋，林芝门蚋 < 此种学名有误写为 *Simulium lingzhiense* Deng, Zhang *et* Chen 者 >
Simulium liubaense Liu *et* An 留坝蚋
Simulium liupanshanense Chen, Wang *et* Fan 六盘山真蚋
Simulium longchatum Chen, Zhang *et* Huang 矛板蚋
Simulium longgengen Sun 龙岗特蚋
Simulium longipalpe Beltyukova 长须蚋，长衣蚋
Simulium longitruncum Zhang *et* Chen 长茎绳蚋
Simulium longshengense Chen, Zhang *et* Zhang 龙胜绳蚋
Simulium longtanstum Ren, An *et* Kang 龙潭纺蚋
Simulium ludingense Chen, Zhang *et* Huang 泸定纺蚋
Simulium lundstromi (Enderlein) 新月纺蚋
Simulium lushanense Chen, Kang *et* Zhang 庐山蚋
Simulium lvliangense Chen *et* Lian 吕梁山蚋
Simulium maculatum Meigen 班布蚋
Simulium malyschevi Dorogostaisky *et* Vlasenko 淡足蚋，淡足吉蚋 < 该种学名有误写为 *Simulium malyshevi* Dorogostaisky *et* Vlasenko 者 >
Simulium maritimum (Rubtsov) 海真蚋
Simulium meadow Mahe, Ma *et* An 草地绳蚋
Simulium medianum Chen *et* Jiang 中突纺蚋
Simulium mediaxisus An, Guo *et* Xu 中柱蚋
Simulium meigeni Rubtsov *et* Carlsson 梅氏希蚋，梅氏纺蚋
Simulium mengi Chen, Zhang *et* Wen 孟氏绳蚋
Simulium menglaense Chen 勐腊蚋
Simulium metallicum Bellardi 金蚋
Simulium metatarsale Brunetti 后宽绳蚋，白胫蚋
Simulium miaolingense Wen *et* Chen 苗岭绳蚋
Simulium mie Ogata *et* Sasa 三重纺蚋
Simulium morsitans Edwards 短须蚋
Simulium moxiense Chen, Huang *et* Zhang 磨西山蚋
Simulium multifurcatum Zhang *et* Wang 多叉蚋
Simulium nacojapi Smart 纳克蚋
Simulium nakhonense Takaoka *et* Suzuki 那空蚋
Simulium nanyangense Guo, Yan *et* An 南阳蚋
Simulium neavei Roubaud 蟹蚋
Simulium nemorivagum Datta 线丝门蚋
Simulium neoacontum Chen, Xiu *et* Zhang 新尖板蚋
Simulium neorufibasis Sun 新红色蚋
Simulium nigrifacies Datta 黑颜蚋
Simulium nigrofemoralum Chen *et* Zhang 黑股绳蚋
Simulium nigrostriatum Chen, Yang *et* Wang 黑带真蚋
Simulium nigrum Meigen 尼格逊蚋
Simulium nikkoense Shiraki 樱花蚋
Simulium ningxiaum Yang, Wang *et* Chen 宁夏纺蚋，宁夏蚋 < 此种学名有误写为 *Simulium ningxiaense* Yang, Wang *et* Chen 者 >
Simulium nitidithorax Puri 亮胸蚋
Simulium nodosum Puri 节蚋
Simulium noelleri Friederichs 淡额蚋
Simulium novigracile Deng, Zhang *et* Chen 新纤细纺蚋
Simulium nujiangense Xue 怒江蚋
Simulium ochraceum Walker 淡黄蚋
Simulium oitanum Shiraki 青木蚋
Simulium omorii Takahasi 窄手蚋，小森短蚋
Simulium ornatum Meigen 装饰短蚋，庄氏蚋，庄氏短蚋，华丽短蚋
Simulium oyapockense Floch *et* Abonnenc 元蚋
Simulium pallidofemur Deng, Zhang, Xue *et* Chen 淡股蚋
Simulium palustre Rubtsov 沼生蚋
Simulium paracorniferum Yankovsky 副角纺蚋
Simulium parawaterfallum Zhang, Yang *et* Chen 副瀑布蚋

Simulium pattoni Senior-White 怕氏绳蚋
Simulium pavlovskii Rubtsov 帕氏蚋，长须蚋，长须吉蚋
Simulium pekingense Sun 北京维蚋
Simulium peliastrias Sun 黑足蚋
Simulium pelius Sun 黑色蚋
Simulium penis Sun 刺绳蚋
Simulium pingtungense Huang *et* Takaoka 屏东蚋
Simulium pingxiangense An, Hao *et* Mai 凭祥绳蚋
Simulium pinnatum Chen, Zhang *et* Jiang 翼骨维蚋
Simulium polyhookum Chen, Wu *et* Huang 多钩纺蚋
Simulium polyprominulum Chen *et* Lian 多裂山蚋
Simulium praetargum Datta 宽头纺蚋
Simulium prominentum Chen *et* Zhang 显著蚋
Simulium promorsitans Rubtsov 桑叶蚋
Simulium pseudequinum Séguy 伪马维蚋，准维蚋
Simulium pugetense Dyar *et* Shannon 普格纺蚋
Simulium pulanotum An, Guo *et* Xu 普拉蚋
Simulium puliense Takaoka 埔里蚋，王早蚋
Simulium purii Datta 扑氏纺蚋
Simulium pygmaeum (Zelttestedt) 同 *Simulium meigeni*
Simulium qianense Chen *et* Chen 黔蚋
Simulium qiaolaoense Chen 桥落纺蚋
Simulium qinghaiense Liu, Gong, Zhang, Luo *et* An 青海维蚋
Simulium qingshuiense Chen 清水纺蚋
Simulium qingxilingense Cai *et* An 清西陵维蚋
Simulium qini Cao, Wang *et* Chen 秦氏蚋
Simulium qinlingense Xiu *et* Chen 秦岭纺蚋
Simulium qiongzhouense Chen, Zhang *et* Yang 琼州纺蚋
Simulium quadrivittatum Loew 四岔蚋
Simulium quattuorfile Chen, Wu *et* Yang 四丝厌蚋
Simulium quinquestriatum (Shiraki) 五条蚋，五纹蚋
Simulium ramulosum Chen 多枝蚋
Simulium raohense Cai et An 饶河纺蚋
Simulium reginae Terteryan 皇后真蚋，黄后真蚋
Simulium remotum Rubtsov 远蚋
Simulium reptans Linnaeus 爬蚋
Simulium rheophilum Tan *et* Chow 溪蚋，雷短蚋
Simulium rhomboideum Chen, Lian *et* Zhang 菱骨特蚋
Simulium rotifilis Chen *et* Zhang 轮丝蚋
Simulium rubroflavifemur Rubtsov 如伯蚋
Simulium rufibasis Brunetti 红色蚋，铜背蚋
Simulium rufipes Tan *et* Chow 红足蚋，红足吉蚋
Simulium rugosum Wu, Wen *et* Chen 皱板蚋
Simulium saceatum Rubtsov 萨擦蚋，囊吉蚋
Simulium sakishimaense Takaoka 崎岛蚋，先岛蚋
Simulium sanyaense Cai, Liu *et* An 三亚蚋
Simulium satsumense Takaoka 萨特真蚋
Simulium schizolomum Deng, Zhang *et* Chen 裂缘山蚋
Simulium schizostylum Chen *et* Zhang 端裂山蚋
Simulium separatum Chen, Xiu *et* Zhang 离板山蚋
Simulium septentrionale Tan *et* Chow 北方蚋，北方短蚋
Simulium serenum Huang *et* Takaoka 淡白蚋，齿蚋
Simulium serratum Chen, Zhang *et* Jiang 锯突纺蚋
Simulium shandongense Sun *et* Li 山东纺蚋
Simulium shangchuanense An, Hao *et* Yan 上川蚋
Simulium shanxiense Cai, An, Li *et* Yan 山西蚋
Simulium shennongjiaense Yang, Luo *et* Chen 神农架蚋
Simulium shirakii Kôno *et* Takahasi 素木蚋
Simulium shogakii (Rubtsov) 憎木绳蚋，槽木刮蚋
Simulium silvestre Rubtsov 林纺蚋
Simulium simianshanense Wang, Li *et* Sun 四面山绳蚋
Simulium sinense (Enderlein) 中华厌蚋
Simulium spiculum Chen, Huang *et* Yang 刺毛蚋
Simulium splendidum Rubtsov 华丽蚋
Simulium spoonatum An, Hao *et* Yan 匙蚋
Simulium subcostatum Takahasi 丝肋纺蚋
Simulium subgriseum Rubtsov 灰背纺蚋，灰背真蚋
Simulium subvariegatum Rubtsov 北蚋
Simulium suzukii Rubtsov 铃木蚋
Simulium synanceium Chen *et* Cao 狭谷绳蚋
Simulium syuhaiense Huang *et* Takaoka 苏海绳蚋，旭海蚋
Simulium tachengense An *et* Maha 塔城特蚋，塔城蚋
Simulium taipei (Shiraki) 台北真蚋，台北纺蚋，台北蚋
Simulium taipokauense Takaoka, Davies *et* Dudgeon 香港蚋
Simulium taishanense Sun *et* Li 泰山山蚋
Simulium taitungense Huang *et* Takaoka 台东绳蚋，台东蚋
Simulium taiwanicum Takaoka 台湾蚋
Simulium takahasii (Rubtsov) 高桥维蚋，高桥蚋
Simulium tanae Xue 谭氏山蚋，谭氏蚋
Simulium tanetchovi Yankovsky 谭周氏蚋
Simulium tarnogradskii Rubtsov 塔氏蚋
Simulium tashikulganense Mahe, Ma *et* An 塔什库尔干绳蚋
Simulium taulingense Takaoka 透林纺蚋，大禹岭蚋
Simulium tenuatum Chen 细板蚋
Simulium tenuistylum Yang, Fan *et* Chen 细端真蚋
Simulium thailandicum Takaoka *et* Suzuki 泰国蚋
Simulium tianchi Chen, Zhang *et* Yang 天池蚋
Simulium tibetense Deng, Xue, Zhang *et* Chen 西藏山蚋，西藏门蚋
Simulium tibiale Tan *et* Chow 曲胫逊蚋
Simulium tongbaishanense Chen *et* Luo 桐柏山维蚋
Simulium transiens Rubtsov 宽跗副布蚋，宽跗布蚋，宽副布蚋
Simulium triangustum An, Guo *et* Xu 角突蚋
Simulium truncrosum Guo, Zhang *et* An 树干蚋
Simulium tuenense Takaoka 图讷绳蚋，慈恩绳蚋，图纳绳蚋，慈恩蚋
Simulium tumidilfilum Luo, Yang *et* Chen 膨丝蚋
Simulium tumulosum Rubtsov 山状蚋
Simulium tumum Chen *et* Zhang 膨股绳蚋
Simulium turgaicum Rubtsov 褐足维蚋
Simulium uchidai Takahasi 内田纺蚋
Simulium ufengense Takaoka 五峰蚋，优分蚋
Simulium uncum Zhang *et* Chen 钩突蚋
Simulium veltistshevi Rubtsov 沟额维蚋
Simulium vernum Macquart 宽足纺蚋
Simulium vittatum (Zetterstedt) 饰纹真蚋
Simulium vulgare Dorogostaisky, Rubtsov *et* Vlasenko 伏尔加蚋
Simulium wangxianense Chen, Zhang *et* Bi 王仙纺蚋
Simulium waterfallum Zhang, Yang *et* Chen 瀑布蚋
Simulium weiningense Chen *et* Zhang 威宁真蚋

Simulium weisiense Deng, Xue *et* Chen 维西山蚋
Simulium wulaofengense Chen *et* Zhang 五老峰山蚋
Simulium wulindongense An *et* Yan 五林洞纺蚋
Simulium wulingense Zhang *et* Chen 武陵蚋
Simulium wushiense Maha, An *et* Yan 乌什维蚋
Simulium wutaishanense An *et* Yan 五台山特蚋
Simulium wuyishanense Zhao, Gao *et* Cai 武夷山绳蚋
Simulium wuzhishanense Chen 五指山蚋
Simulium xiangxiense Sun 湘西绳蚋
Simulium xiaodaoense Liu, Shi *et* An 小岛特蚋
Simulium xiaolongtanense Chen, Luo *et* Yang 小龙潭蚋
Simulium xinbinen Sun 新宾蚋
Simulium xinbinense Chen *et* Cao 新宾纺蚋
Simulium xingyiense Chen *et* Zhang 兴义维蚋
Simulium xinzhouense Chen *et* Zhang 忻州山蚋
Simulium xizangense An, Zhang *et* Deng 西藏绳蚋
Simulium xueae Sun 薛氏纺蚋
Simulium yadongense Deng *et* Chen 亚东蚋
Simulium yonakuniense Takaoka 屿岛洼蚋，兰屿蚋，育蛙蚋
Simulium yuanbaoshanense Chen, Zhang *et* Zhang 元宝山绳蚋
Simulium yui An *et* Yan 虞氏蚋
Simulium yunnanense Chen *et* Zhang 云南绳蚋
Simulium yuntaiense Wen, Wei *et* Chen 云台山蚋
Simulium yushangense Takaoka 玉山纺蚋，玉山蚋，油丝纺蚋
Simulium zayuense An, Zhang *et* Deng 察隅绳蚋
Simulium zhangjiajiense Chen, Zhang *et* Bi 张家界纺蚋
Simulium zhangyense Chen, Zhang *et* Jiang 张掖维蚋
Simulium zunyiense Chen, Xiu *et* Zhang 遵义蚋
simultaneous inoculation 同时接种
simultaneous mounting 一齐上蔟
Simyra 刀夜蛾属
Simyra albicilia Staudinger 白纤刀夜蛾，白纤亮刀夜蛾
Simyra albovenosa (Goeze) [reed dagger, white-veined rice noctuid] 辉刀夜蛾，稻白脉夜蛾
Simyra nervosa (Denis *et* Schiffermüller) 刀夜蛾
Simyra saepestriata (Alphéraky) 仿辉刀夜蛾，色刀夜蛾
Simyra splendida Staudinger 亮刀夜蛾
Simyra splendida albicilia Staudinger 见 *Simyra albicilia*
Sin 生灰蝶属
Sin chandrana (Moore) 生灰蝶
Sinablatta brunnea Princis 棕华蠊
Sinacidia 曲带实蝇属，西纳斯实蝇属
Sinacidia esakii (Ito) 离曲带实蝇，江崎西纳斯实蝇，埃萨基西纳斯实蝇
Sinacidia flexnosa (Zia) 连曲带实蝇，锯齿带西纳实蝇，弯辛实蝇
Sinacris 华蝗属，旭蝗属
Sinacris hunanensis Fu *et* Zheng 湖南华蝗
Sinacris longipennis Liang 长翅华蝗
Sinacris oreophilus Tinkham 见 *Tauchira oreophila*
Sinacroneuria 华钮蜻属
Sinacroneuria bicornuata Stark *et* Sivec 双角华钮蜻
Sinacroneuria dabieshana Li *et* Murányi 大别山华钮蜻
Sinacroneuria flavata (Navás) 黄色华钮蜻，黄钩蜻
Sinacroneuria longwangshana (Yang *et* Yang) 龙王山华钮蜻，龙王山钮蜻
Sinacroneuria orientalis Yang *et* Yang 东方华钮蜻
Sinacroneuria quadriplagiata (Wu) 四斑华钮蜻，四斑钮蜻
Sinacroneuria wui (Yang *et* Yang) 吴氏华钮蜻
Sinacroneuria yiui (Wu) 四川华钮蜻
Sinadelius 华缝茧蜂属
Sinadelius guangxiensis He *et* Chen 广西华缝茧蜂
Sinadelius nigricans He *et* Chen 黑华缝茧蜂
Sinagonia 断脊甲属，断脊甲亚属
Sinagonia angulata (Chen *et* Tan) 见 *Agonita angulata*
Sinagonia foveicollis (Chen *et* Tan) 见 *Agonita foveicollis*
Sinagonia maculigera (Gestro) 见 *Agonita maculigera*
Sinai baton blue [*Pseudophilotes sinaicus* Nakamura] 曲棍塞灰蝶
Sinai grayling [= desert grayling, *Hipparchia pisidice* Klug] 豆斑仁眼蝶
Sinaloan calephelis [*Calephelis sinaloensis* McAlpine] 西纳细纹蚬蝶
Sinaloan skipperling [*Piruna maculata* Freeman] 斑璧弄蝶
Sinaltica 小跳甲属
Sinaltica exigua Chen 华西小跳甲，甘肃跳甲
Sinanoplomus 辛实蝇属，华诺实蝇属
Sinanoplomus sinensis Zia 中华辛实蝇，中华华诺实蝇，中国辛南实蝇
Sinaphaenops 华盲步甲属
Sinaphaenops banshanicus Tian, Chen *et* Tang 半山华盲步甲
Sinaphaenops bidraconis Uéno 二脊华盲步甲
Sinaphaenops chengguangyuani Ma, Huang *et* Tian 程广源华盲步甲
Sinaphaenops gracilior Uéno *et* Ran 瘦华盲步甲
Sinaphaenops lipoi Chen, Huang *et* Tian 荔波华盲步甲
Sinaphaenops mirabilissimus Uéno *et* Wang 奇华盲步甲
Sinaphaenops mochongensis Tian *et* Huang 墨冲华盲步甲
Sinaphaenops orthogenys Uéno 直颊华盲步甲
Sinaphaenops pilosulus Deuve *et* Tian 毛华盲步甲
Sinaphaenops pulcherrimus (Magrini, Vanni *et* Zanon) 美华盲步甲
Sinaphaenops trisetiger Uéno 三毛华盲步甲
Sinaphaenops wangorum Uéno *et* Ran 王氏华盲步甲
Sinaphaenops xuxiakei Deuve *et* Tian 徐霞客华盲步甲
Sinaphaenops yaolinensis Tian, Chen *et* Yang 尧林华盲步甲
Sinarachna 毁蛛姬蜂属
Sinarachna maculata He *et* Ye 斑腹毁蛛姬蜂
Sinarachna nigricornis (Holmgren) 黑角毁蛛姬蜂
Sinarella 辛夜蛾属
Sinarella aegrota (Butler) 弱辛夜蛾，辛那夜蛾
Sinarella cristulalis (Staudinger) 淡色辛夜蛾
Sinarella formosensis Wu, Fu *et* Owada 蓬莱辛夜蛾，蓬莱辛裳蛾
Sinarella interrupta (Wileman) 间纹辛夜蛾，间纹辛裳蛾
Sinarella itoi Owada 伊藤辛夜蛾，伊辛那夜蛾
Sinarella japonica (Butler) 重斑辛夜蛾
Sinarella nigrisigna (Leech) 黑斑辛夜蛾，黑点辛那夜蛾，黑点辛裳蛾
Sinarella punctalis (Herz) 基暗辛夜蛾
Sinarella sinensis (Leech) 华辛夜蛾
Sinarella takasago Wu, Fu *et* Owada 高砂辛夜蛾，高砂辛裳蛾

Sinarge 中华三节叶蜂属
Sinarge typica Forsius 模中华三节叶蜂
Sinarista 新环蝶属
Sinarista adoptiva Weymer 新环蝶
Sinaspidytes 秦壁甲属
Sinaspidytes wrasei (Balke, Ribera *et* Beutel) 瓦秦壁甲，乌拉秦壁甲
Sinchula procne (Leech) 见 *Lethe procne*
Sinchula sidonis Hewiston 见 *Lethe sidonis*
Sinchula violaceopicta (Poujade) 见 *Lethe violaceopicta*
sinciput 额 <一般同 frons 或 front，在鞘翅目昆虫中，为头顶的眼间部分>
Sindia 单梳龟甲属
Sindia sedecimmaculata (Boheman) 十六斑单梳龟甲
Sindiola 双梳龟甲亚属，双梳龟甲属
Sindiola burmensis Spaeth 见 *Laccoptera* (*Sindiola*) *burmensis*
Sindiola hospita (Boheman) 见 *Laccoptera* (*Sindiola*) *hospita*
Sindiola vigintisexnotata (Boheman) 见 *Laccoptera* (*Sindiola*) *vigintisexnotata*
sine tipo 无模式标本
Sinea 西猎蝽属
Sinea diadema (Fabricius) [spined assassin bug] 强西猎蝽，刺猎蝽
Sinea spinies (Herrich-Schäffer) 刺西猎蝽，刺猎蝽
Sinelipsocus 华叉蝎属，华沼啮虫属
Sinelipsocus villosus Li 毛华叉蝎，毛华沼啮虫
Sinelipsocus yangi Li 杨氏华叉蝎，杨氏华沼啮虫
Sinella 裸长角姚属，裸长角跳虫属
Sinella abietis Zhao *et* Zhang 杉裸长角姚
Sinella affluens Chen *et* Christiansen 丰裸长角姚
Sinella browni Chen *et* Christiansen 布朗裸长角姚
Sinella bui Xu, Zhao *et* Huang 卜氏裸长角姚
Sinella christianseni Ma *et* Chen 克氏裸长角姚
Sinella caeca Schött 同 *Coecobrya caeca*
Sinella colorata Zhang, Qu *et* Deharveng 彩裸长角姚
Sinella colubra Xu *et* Chen 蛇地裸长角姚
Sinella curviseta Brook 曲毛裸长角姚，曲毛裸长姚，弯毛裸长角姚
Sinella fuyanensis Chen *et* Christiansen 付岩裸长角姚
Sinella gei Pan, Zhang *et* Shi 葛氏裸长角姚
Sinella gracilis Zhang 纤裸长角姚
Sinella hexaseta Qu, Zhang *et* Chen 六毛裸长角姚
Sinella hoefti Schäffer 见 *Coecobrya hoefti*
Sinella hunanica Zhao *et* Zhang 湖南裸长角姚
Sinella insolens Chen *et* Christiansen 稀少裸长角姚
Sinella lipsae Zhang *et* Deharveng 黎氏裸长角姚
Sinella liuae Zhao *et* Zhang 刘氏裸长角姚
Sinella longiantenna Zhang *et* Deharveng 长触裸长角姚
Sinella longisensilla Zhang 长毛裸长角姚
Sinella longiungula Zhang *et* Deharveng 长爪裸长角姚
Sinella maolanensis Wu, Huang *et* Luan 茂兰裸长角姚
Sinella minuta Zhao *et* Zhang 小裸长角姚
Sinella monoculata Denis 滇裸长角姚
Sinella pauciseta Qu, Zhang *et* Chen 稀毛裸长角姚
Sinella plebia Chen *et* Christiansen 普通裸长角姚
Sinella pseudobrowni Zhang 类布朗裸长角姚
Sinella qixiaensis Zhao *et* Zhang 栖霞裸长角姚
Sinella qufuensis Chen *et* Christiansen 曲阜裸长角姚
Sinella quinocula Chen *et* Christiansen 五眼裸长角姚
Sinella quinseta Zhao *et* Zhang 五毛裸长角姚
Sinella sacellum Zhang 梳裸长角姚
Sinella sineocula Chen *et* Christiansen 无眼裸长角姚
Sinella straminea (Folsom) 白裸长角姚，白裸长角跳虫
Sinella sunae Pan, Zhang *et* Shi 孙氏裸长角姚
Sinella tiani Zhao *et* Zhang 田氏裸长角姚
Sinella tigris Zhao *et* Zhang 纹裸长角姚
Sinella transoculata Pan *et* Yuan 横眼裸长角姚
Sinella triocula Chen *et* Christiansen 三眼裸长角姚
Sinella triseta Yuan *et* Pan 三毛裸长角姚
Sinella trogla Chen *et* Christiansen 洞穴裸长角姚
Sinella umesaoi Yosii 梅氏裸长角姚，吉林裸长角姚
Sinella uniseta Zhao *et* Zhang 单毛裸长角姚
Sinella whitteni Zhang *et* Deharveng 威氏裸长角姚
Sinella wui Wang *et* Christiansen 吴氏裸长角姚
Sinella yasumatsui Uchida 山西裸长角姚
Sinella yui Zhang 于氏裸长角姚
Sinella yunnanica Zhang *et* Deharveng 云南裸长角姚
Sinella zhangi Xu *et* Chen 张氏裸长角姚
sinentomid 1. [= sinentomid proturan] 华蚖，中国蚖 <华蚖科 Sinentomidae 昆虫的通称>；2. 华蚖科的
sinentomid proturan [= sinentomid] 华蚖，中国蚖
Sinentomidae 华蚖科，中国蚖科，中国原尾虫科
Sinentomon 华蚖属
Sinentomon erythranum Yin 红华蚖
Sinesarima 华萨瓢蜡蝉属
Sinesarima caduca Yang 喀华萨瓢蜡蝉
Sinesarima dubiosa Yang 笃华萨瓢蜡蝉，黑额华瓢蜡蝉
Sinesarima pannosa Yang 平华萨瓢蜡蝉，锐突华瓢蜡蝉
Sinetomata 华蚖目，华蚖亚目
Sineudonia 辛纽螟属
Sineudonia brunnea Leraut 棕辛纽螟
Sineudonia brunnea brunnea Leraut 棕辛纽螟指名亚种
Sineudonia brunnea hoenei Leraut 棕辛纽螟贺氏亚种，贺棕辛纽螟
Sineugraphe 扇夜蛾属
Sineugraphe bipartita (Graeser) 扇夜蛾
Sineugraphe disgnosta (Boursin) 同 *Sineugraphe bipartita*
Sineugraphe elkalandozta Ronkay, Ronkay, Fu *et* Wu 遥扇夜蛾，旅扇夜蛾
Sineugraphe exusta (Butler) 紫棕扇夜蛾
Sineugraphe exusta exusta (Butler) 紫棕扇夜蛾指名亚种
Sineugraphe exusta sinica (Boursin) 同 *Sineugraphe exusta exusta*
Sineugraphe longipennis (Boursin) 同 *Sineugraphe oceanica*
Sineugraphe longipennis sinensis Boursin 同 *Sineugraphe oceanica*
Sineugraphe megaptera (Boursin) 大翅扇夜蛾
Sineugraphe oceanica (Kardakoff) 华长扇夜蛾
Sineugraphe rhytidoprocta Boursin 夹扇夜蛾
Sineugraphe rhytidoprocta melanstigma Boursin 同 *Sineugraphe megaptera*
Sineugraphe rhytidoprocta rhytidoprocta Boursin 夹扇夜蛾指名亚

种，指名夹扇夜蛾
Sineugraphe rhytidoprocta yunanensis Boursin 同 *Sineugraphe rhytidoprocta rhytidoprocta*
Sineugraphe scotina Chen 暗扇夜蛾
Sineugraphe stolidoprocta Boursin 后扇夜蛾
Sineugraphe stolidoprocta mienshanensis Boursin 同 *Sineugraphe stolidoprocta stolidorprocta*
Sineugraphe stolidoprocta stolidorprocta Boursin 后扇夜蛾指名亚种，指名后扇夜蛾
Sineugraphe tianpingia Chen 天平扇夜蛾
Sineuleia consobrina (Zia) 见 *Acidiella consobrina*
Sineuleia retroflexa Wang 见 *Acidiella retroflexa*
Sineurina 华颜脊秆蝇属
Sineurina guizhouensis (Yang *et* Yang) 贵州华颜脊秆蝇，贵州拟颜脊秆蝇
Sineuronema 华脉线蛉属
Sineuronema bomeana Yang 同 *Neuronema sinense*
Sineuronema gyironganum Yang 同 *Neuronema angusticollum*
Sineuronema hani Yang 见 *Neuronema hani*
Sineuronema magmangana Yang 同 *Neuronema sinense*
Sineuronema nyingchianaYang 见 *Neuronema nyingcltianum*
Sineuronema quxamanum Yang 同 *Neuronema huangi*
Sineuronema shensiensis Yang 同 *Neuronema simile*
Sineuronema simile (Banks) 见 *Neuronema simile*
Sineuronema sinense (Tjeder) 见 *Neuronema sinense*
Sineuronema yadongana Yang 同 *Neuronema sinense*
Sineuronema yunica Yang 见 *Neuronema yunicum*
Sineuronema zhamana Yang 见 *Neuronema zhamanum*
Sinevia 息奈盲蝽属
Sinevia atritota Liu *et* Mu 暗息奈盲蝽
Sinevia pallidipes (Zheng *et* Liu) 淡足息奈盲蝽
Singapora 新小叶蝉属
Singapora arifi Ghauri 阿氏新小叶蝉
Singapora bannaensis Song *et* Li 版纳新小叶蝉
Singapora fopingensis Chou *et* Ma 佛坪新小叶蝉
Singapora indica (Ramakrishnan *et* Menon) 东南新小叶蝉
Singapora karnatakana Viraktamath *et* Dworakowska 卡纳新小叶蝉
Singapora nigropunctata Mahmood 黑斑新小叶蝉，印度新小叶蝉
Singapora shinshana (Matsumura) 桃点新小叶蝉，桃一点新小叶蝉，桃一点叶蝉，茶新小叶蝉，颜点斑叶蝉，颜点幺叶蝉
Singapora shivae Dworakowska 艾氏新小叶蝉
Singapora victoreena Chiang *et* Knight 黄绿新小叶蝉，伟新小叶蝉
Singapore ant [*Monomorium destructor* (Jerdon)] 细纹小家蚁，破坏单家蚁
Singapore oakblue [*Amblypodia yendava* Smith] 新加坡昂灰蝶
singer moth [*Rileyiana fovea* (Treitschke)] 淡斑莱丽夜蛾
Singhalesia 锡兰盲蝽属，辛辛盲蝽属
Singhalesia obscuricornis (Poppius) 暗角锡兰盲蝽，暗角辛盲蝽，暗角邻盲蝽
Singhaliella simplicipalpis (Strand) 见 *Emmalocera simplicipalpis*
Singhardina 扁雅小叶蝉亚属
Singhiella 突孔粉虱属，迷粉虱属
Singhiella bicolor (Singh) 二色突孔粉虱，海南蒲桃双色粉虱
Singhiella chinensis Takahashi 中华突孔粉虱
Singhiella chitinosa (Takahashi) 坚硬突孔粉虱，坚硬粉虱，铠粉虱
Singhiella citrifolii (Morgan) [internal teeth bare whitefly, cloudy-winged whitefly, cloud-winged whitefly] 柑橘突孔粉虱，大橘裸粉虱，橘云翅粉虱，内齿裸粉虱
Singhiella dioscoreae (Takahashi) 薯蓣突孔粉虱，茨蓣粉虱
Singhiella elaeagni (Takahashi) 胡颓子突孔粉虱，胡颓子粉虱
Singhiella kuraruensis (Takahashi) 龟子角突孔粉虱，龟子角粉虱，润楠脊粉虱
Singhiella longisetae Chou *et* Yan 长毛突孔粉虱
Singhiella melanolepis Chen *et* Ko 墨鳞突孔粉虱
Singhiella piperis (Takahashi) 风藤突孔粉虱，胡椒粉虱，风藤粉虱
Singhiella simplex (Singh) 单突孔粉虱
Singhiella subrotunda (Takahashi) 近圆突孔粉虱，近圆粉虱，亚园粉虱
Singhiella tetrastigmae (Takahashi) 崖爬藤突孔粉虱，崖爬藤粉虱
Singhiella vanieriae (Takahashi) 拓树突孔粉虱，拓粉虱，拓树粉虱
Singhikalia 新红瓢虫属
Singhikalia duodecimguttata Xiao 十二斑新红瓢虫
Singhikalia ornata Kapur 饰新红瓢虫
Singhikalia subfasciata Miyatake 横带新红瓢虫，突唇新红瓢虫
Singhikaliini 新红瓢虫族
Singhius 辛粉虱属
Singhius hibisci (Kotinsky) 木槿辛粉虱，木槿弧粉虱，扶桑粉虱
Singhius russellae (David *et* Subramaniam) 印辛粉虱
Singilis hirsutus (Bates) 见 *Dasiosoma hirsutum*
Singillatus 光滑叶蝉属
Singillatus laminus (Nielson) 腹片光滑叶蝉，腹片单突叶蝉
Singillatus signatus (Zhang) 带斑光滑叶蝉，带斑单突叶蝉
Singillatus xanthopronotatus (Zhang) 黄胸光滑叶蝉，黄胸单突叶蝉
single band of crochets 单带趾钩 < 指趾钩排列成一中带者 >
single capsid virus 单粒包埋型病毒
single cross 单交
single embedded virus 单粒包埋型病毒
single rearing of bivoltine race 二化一放 < 柞蚕的 >
single ring bushbrown [*Mycalesis sangaica* Butler] 僧袈眉眼蝶
single selection 一次选择，单个选择
single silverstripe [*Lethe ramadeva* (de Nicéville)] 银纹黛眼蝶
single-species population 单种种群
single-spined mole-cricket [= Mongolia mole cricket, giant mole cricket, one-spined mole cricket, *Gryllotalpa unispina* Saussure] 华北蝼蛄，单刺蝼蛄，大蝼蛄，蒙古蝼蛄
single stranded DNA 单链 DNA
singleleaf pinon cone beetle [*Conophthorus monophyllae* Hopkins] 单叶松果小蠹
singularis skipper [*Euphyes singularis* (Herrich-Schäffer)] 斑黝弄蝶
Sinhalohelea 辛蠓属
Sinhalohelea dayongi Yu 大勇辛蠓

Sinhalohelea pingyii Yu 平益辛蠓
Sinhippus alini Ramme 同 *Euchorthippus unicolor*
Sinia 僖灰蝶属
Sinia lanty (Oberthür) [Yunnan chequered blue] 烂僖灰蝶，蓝珞灰蝶
Sinia lanty honei (Förster) 烂僖灰蝶川西亚种，川西烂僖灰蝶
Sinia lanty lanty (Oberthür) 烂僖灰蝶指名亚种，指名烂僖灰蝶
Sinia lanty leechi Förster 见 *Sinia leechi*
Sinia leechi Förster 乐僖灰蝶，僖灰蝶，蓝僖灰蝶
Siniamphipsocini 华双蛄族
Siniamphipsocus 华双蛄属
Siniamphipsocus acutus Li 锐尖华双蛄
Siniamphipsocus aureus Li 鲜黄华双蛄
Siniamphipsocus beijianicus Li 北疆华双蛄
Siniamphipsocus bellulus Li 精美华双蛄
Siniamphipsocus betulicolus Li 岳桦华双蛄
Siniamphipsocus biconjugarus Li 双八华双蛄
Siniamphipsocus bilinearis Li 二条华双蛄
Siniamphipsocus changbaishanicus Li 长白山华双蛄
Siniamphipsocus chiloscotius Li 褐唇华双蛄
Siniamphipsocus deltoides Li 三角华双蛄
Siniamphipsocus dichasialis Li 二歧华双蛄
Siniamphipsocus emeiensis Li 峨眉华双蛄
Siniamphipsocus flavifrontus Li 黄额华双蛄
Siniamphipsocus fusconervosa (Enderlein) 褐脉华双蛄，褐脉科啮虫，褐脉科蛄
Siniamphipsocus huashaniensis Li 华山华双蛄
Siniamphipsocus mecocephalus Li 长头华双蛄
Siniamphipsocus pedatus Li 足形华双蛄
Siniamphipsocus pertenius Li 纤细华双蛄
Siniamphipsocus platyocheilus Li 阔唇华双蛄
Siniamphipsocus sunae Li 孙氏华双蛄
Siniamphipsocus yangzijiangiensis Li 扬子江华双蛄
Siniara 华叶蜂属
Siniara bicolor Malaise 双色华叶蜂，双色信叶蜂
Siniarus 簇脊菱蜡蝉属
Siniarus formosanus (Matsumura) 台湾簇脊菱蜡蝉，台湾脊菱蜡蝉
Siniarus scalenus (Tsaur *et* Hsu) 木麻黄簇脊菱蜡蝉，木麻黄脊菱蜡蝉
Siniasinensis 凹长蝽属
Siniasinensis brevis (Motschulsky) 短凹长蝽
Sinibotys 东方野螟属，绒野螟属
Sinibotys butleri (South) 巴东方野螟，巴绒野螟
Sinibotys evenoralis (Walker) 见 *Torulisquama evenoralis*
Sinibotys habisalis (Walker) 小竹东方野螟，小竹绒野螟
Sinibotys hoenei (Caradja) 贺氏东方野螟，贺绒野螟，贺绒螟
Sinibotys nectariphila (Strand) 内竹东方野螟，内竹绒野螟
Sinibotys obliquilinealis Inoue 斜纹东方野螟，斜纹绒野螟
Sinibotys ptyophora (Hampson) 扇翅东方野螟，扇翅绒野螟
Sinicaepermania 华邻绢蛾属，华貂蛾属，貂蛾属
Sinicaepermania taiwanella Heppner 台湾华邻绢蛾，台湾貂蛾
Sinicephus 华茎蜂属
Sinicephus giganteus (Enderlein) 扁腹华茎蜂，巨耿华茎蜂，巨耿茎蜂
Sinicephus incisus Wei *et* Nie 见 *Syrista incisa*
Sinicephus rufiabdominalis Wei *et* Nie 见 *Syrista rufiabdominalis*
Sinichella 多点列隐翅甲属
Sinichella chengkou Bordoni 黄褐多点列隐翅甲
Sinicivanhornia 华颚细蜂属
Sinicivanhornia guizhouensis He *et* Chu 贵州华颚细蜂
Sinicohelea 华蠓属
Sinicohelea xuanjui Yu, Wang *et* Chen 选举华蠓
Siniconops 唐眼蝇属
Siniconops cheni Qiao *et* Chao 陈氏唐眼蝇
Siniconops elegans Chen 丽唐眼蝇
Siniconops fuscatus Qiao *et* Chao 暗黑唐眼蝇
Siniconops grandens Camras 巨唐眼蝇
Siniconops maculifrons (Kröber) 斑额唐眼蝇
Siniconops splendens Camras 闪光唐眼蝇
Sinicossus 华木蠹蛾属
Sinicossus danieli Clench 见 *Catopta danieli*
Sinicossus qinlingensis Hua *et* Chou 秦岭华木蠹蛾，秦岭木蠹蛾
Sinictinogomphus 新叶春蜓属
Sinictinogomphus clavatus (Fabricius) 黄新叶春蜓，大团扇春蜓，细钩春蜓，大春蜓
Sininocellia 华盲蛇蛉属
Sininocellia chikun Liu, Aspöck, Zhan *et* Aspöck 集昆华盲蛇蛉
Sininocellia gigantos Yang 硕华盲蛇蛉
Siniphanerotomella 华甲腹茧蜂属
Siniphanerotomella fanjingshana He, Chen *et* van Achterberg 梵净山华甲腹茧蜂
Siniphes 华蛉属
Siniphes delicatus Ren *et* Yi 精细华蛉
Sinishivaphis 华绵叶蚜亚属，中华绵叶蚜属
Sinishivaphis hangzhouensis Zhang *et* Zhong 见 *Shivaphis* (*Sinishivaphis*) *hangzhouensis*
Sinishivaphis tilisucta Zhang 见 *Shivaphis* (*Sinishivaphis*) *tilisucta*
Sinispa 并爪铁甲属
Sinispa tayana (Gressitt) 大屿并爪铁甲
Sinispa yunnana Uhmann 云南并爪铁甲
sinistrad 左向
sinistral 向左的
sinistrocaudad 左尾向的 <意为由左方斜伸向尾部的>
sinistrocephalad 左头向的 <意为由左方斜伸向头部的>
sinistron 体左 <意为昆虫体的左边>
Sinitinea 华蛾属
Sinitinea pyrigalla Yang 见 *Blastodacna pyrigalla*
Sinitineidae 华蛾科
Sinitrioza rubisuga Li *et* Yang 见 *Phylloplecta rubisuga*
sink fly [= psychodid fly, moth fly, sand fly, drain fly, sewer fly, sewer gnat, filter fly, psychodid] 蛾蠓，毛蠓，蛾蚋 <蛾蠓科 Psychodidae 昆虫的通称>
sinking rate 下沉速率
Sinlathrobium 粗点隐翅甲属
Sinlathrobium lobrathioides (Assing) 双斑粗点隐翅甲
Sinna 豹夜蛾属
Sinna dohertyi Elwes 斗豹夜蛾
Sinna extrema (Walker) 胡桃豹夜蛾，胡桃豹瘤蛾，极豹夜蛾
Sinna floralis Hampson 花豹夜蛾，弗豹夜蛾

Sinna ornatissima Alphéraky 同 *Sinna extrema*
Sinnamarynus 星盗猎蝽属
Sinnamarynus rasahusoides Maldonado-Capriles *et* Bérenger 白斑星盗猎蝽
Sino-Korean owl moth [*Brahmaea certhia* (Fabricius)] 黄褐箩纹蛾
Sinoala 华沫蝉属，中国沫蝉属
Sinoala parallelivena Wang, Zhang *et* Szwedo 平行华沫蝉，平行中国沫蝉
Sinoalidae 华沫蝉科，中国沫蝉科
Sinoaphidius 华蚜茧蜂属
Sinoaphidius zhejiangensis Shi *et* Chen 同 *Papilloma luteum*
Sinoarctia 华灯蛾属
Sinoarctia forsteri (Daniel) 福氏华灯蛾，福小灯蛾
Sinoarctia kasnakovi Dubatolov 卡氏华灯蛾，卡华灯蛾
Sinobaenus sedlaceki Winkler 见 *Emmepus sedlaceki*
Sinobathyscia 华冥小葬甲属
Sinobathyscia kurbatovi Perreau 库夫华冥小葬甲
Sinobathyscia tianma Wang, Perreau, Růžička *et* Song 天马华冥小葬甲
Sinocalon 厚皮长蠹属
Sinocalon pilosulum Lesne 多毛厚皮长蠹
Sinocalon reticulatum Lesne 网厚皮长蠹
Sinocalon vestitum Lesne 大厚皮长蠹
Sinocampa 华虮属
Sinocampa huangi Chou *et* Chen 黄氏华虮
Sinocampa zayuensis Chou *et* Chen 察隅华虮
Sinocapritermes 华扭白蚁属，华歪白蚁属
Sinocapritermes albipennis (Tsai *et* Chen) 白翅华扭白蚁，白翅华歪白蚁
Sinocapritermes fujianensis Ping *et* Xu 闽华扭白蚁，闽华歪白蚁
Sinocapritermes guangxiensis Ping *et* Xu 桂华扭白蚁，桂华歪白蚁
Sinocapritermes magnus Ping *et* Xu 大华扭白蚁，大华歪白蚁
Sinocapritermes mushae (Oshima *et* Maki) 台湾华扭白蚁，台华扭白蚁，台华歪白蚁，雾社歪白蚁
Sinocapritermes parvulus (Yu *et* Ping) 小华扭白蚁，小华歪白蚁
Sinocapritermes planifrons Ping *et* Xu 平额华扭白蚁，平额华歪白蚁
Sinocapritermes sinesis Ping *et* Xu 华扭白蚁，华歪白蚁
Sinocapritermes sinicus (Li *et* Xiao) 中国扭白蚁，中国歪白蚁，中国马扭白蚁
Sinocapritermes songtaoensis He 松桃华扭白蚁
Sinocapritermes tianmuensis Gao 天目华扭白蚁，天目华歪白蚁
Sinocapritermes vicinus (Xia, Gao *et* Tang) 川华扭白蚁，川华歪白蚁
Sinocapritermes xiai Gao *et* Lam 夏氏华扭白蚁，夏氏华歪白蚁
Sinocapritermes xiushanensis He 秀山华扭白蚁，秀山华歪白蚁
Sinocapritermes yunnanensis Ping *et* Xu 滇华扭白蚁，滇华歪白蚁
Sinocatops 华脊小葬甲属
Sinocatops ruzickai Wang *et* Zhou 鲁氏华脊小葬甲
Sinocaulus 锯角花甲属
Sinocaulus clypeatus Jin, Ślipiński *et* Pang 盾锯角花甲
Sinocaulus laticollis Fairmaire 宽胸锯角花甲，宽华花甲
Sinocaulus omiensis Jin, Ślipiński *et* Pang 峨眉锯角花甲
Sinocaulus rubrovelutinus (Fairmaire) 红绒锯角花甲，黑血红花甲，红绒华花甲
Sinocentrus 华角蝉属
Sinocentrus sinensis Yuan 华角蝉
Sinocephus 华茎蜂属
Sinocephus haifanggouensis Hong 海房沟华茎蜂
Sinochaitophorus 华毛蚜属，中华毛蚜属
Sinochaitophorus maoi Takahashi 榆华毛蚜
Sinocharinae 瑕夜蛾亚科
Sinocharis 瑕夜蛾属
Sinocharis korbae Püngeler 瑕夜蛾
Sinochauliodes 华鱼蛉属
Sinochauliodes fujianensis (Yang *et* Yang) 福建华鱼蛉
Sinochauliodes griseus (Yang *et* Yang) 灰翅华鱼蛉，灰翅斑鱼蛉
Sinochauliodes maculosus Liu *et* Yang 多斑华鱼蛉
Sinochauliodes squalidus Liu *et* Yang 污翅华鱼蛉
Sinochelus chinensis (Boheman) 同 *Dichelomorpha ochracea*
Sinochelus limbatus Fairmaire 见 *Dichelomorpha limbata*
Sinochirosia 华蕨蝇属
Sinochirosia variegata (Stein) 变色华蕨蝇
Sinochlora 华绿螽属
Sinochlora aequalis Liu *et* Kang 等刺华绿螽
Sinochlora apicalis Wang, Lu *et* Shi 端华绿螽
Sinochlora gracilisulcula Shi *et* Zheng 同 *Sinochlora szechwanensis*
Sinochlora hainanensis Tinkham 海南华绿螽，海南华绿树螽
Sinochlora kiangsuensis Tinkham 同 *Sinochlora szechwanensis*
Sinochlora longifissa (Matsumura *et* Shiraki) [citrus katydid] 长裂华绿螽，凸肛华绿树螽，长尾华绿螽，橘绿螽，橘长螽
Sinochlora mesominora Liu *et* Kang 湖南华绿螽
Sinochlora nonspinosa Liu *et* Kang 广西华绿螽
Sinochlora retrolateralis Liu *et* Kang 侧反华绿螽
Sinochlora semicircula Liu 半圆华绿螽
Sinochlora sinensis Tinkham 中华华绿螽，中国华绿树螽
Sinochlora stylosa Shi *et* Chang 特突华绿螽
Sinochlora szechwanensis Tinkham 四川华绿螽，四川华绿树螽
Sinochlora tibetensis Liu *et* Kang 西藏华绿螽
Sinochlora trapezialis Liu *et* Kang 折板华绿螽
Sinochlora trispinosa Shi *et* Chang 三叉华绿螽
Sinochresta 中辛隆脊瘿蜂属
Sinochresta insularis Lin 无脊中辛隆脊瘿蜂
Sinochresta prostata Lin 胸脊中辛隆脊瘿蜂
Sinochroma 华绿天牛属
Sinochroma sinense Bentanachs *et* Drouin 红股华绿天牛
Sinochrysa 华草蛉属
Sinochrysa hengduana Yang 横断华草蛉
Sinoclavigerodes 锤角蚁甲属
Sinoclavigerodes yalianae Yin *et* Hlaváč 亚连锤角蚁甲
Sinocnemis 华山蟌属，华蟌属
Sinocnemis dumonti Wilson *et* Zhou 杜氏华山蟌，杜氏华蟌
Sinocnemis henanensis Wang 同 *Sinocnemis yangbingi*
Sinocnemis yangbingi Wilson *et* Zhou 杨氏华山蟌，杨氏华蟌
Sinococcus 华粉蚧属
Sinococcus ulmi Wu *et* Zheng 榆华粉蚧
Sinocoides 华蠓亚属

Sinocrepis 沟基跳甲属，沟基叶蚤属
Sinocrepis fulva Kimoto 黄沟基跳甲
Sinocrepis micans Chen 同 *Sinocrepis obscurofasciata*
Sinocrepis nigripennis Chen 黑翅沟基跳甲
Sinocrepis obscurofasciata (Jacoby) 木槿沟基跳甲，暗带沟基跳甲，锦葵沟基叶蚤
Sinocupido 华枯灰蝶属
Sinocupido lokiangensis Lee 华枯灰蝶，唐枯灰蝶
Sinocymbachus 华伪瓢虫属，辛伪瓢虫属
Sinocymbachus angustefasciatus (Pic) 狭斑华伪瓢虫，狭斑辛伪瓢虫
Sinocymbachus bimaculatus (Pic) 双斑华伪瓢虫，双斑辛伪瓢虫
Sinocymbachus decorus Strohecker *et* Chûjô 华美辛伪瓢虫
Sinocymbachus excisipes (Strohecker) 六斑华伪瓢虫，六斑辛伪瓢虫，艾角伪瓢虫
Sinocymbachus fanjingshanensis Chang *et* Bi 梵净山华伪瓢虫
Sinocymbachus humerosus (Mader) 肩斑华伪瓢虫，肩斑辛伪瓢虫
Sinocymbachus koreanus (Chûjô *et* Lee) 朝鲜华伪瓢虫
Sinocymbachus longipennis Chang *et* Bi 长鞘华伪瓢虫
Sinocymbachus luteomaculatus (Pic) 浅斑华伪瓢虫，浅斑辛伪瓢虫，黄斑角伪瓢虫
Sinocymbachus parvimaculatus (Mader) 小斑华伪瓢虫，小斑辛伪瓢虫
Sinocymbachus politus Strohecker *et* Chûjô 光亮华伪瓢虫，光亮辛伪瓢虫
Sinocymbachus quadrimaculatus (Pic) 八斑华伪瓢虫，八斑辛伪瓢虫
Sinocymbachus quadriundulatus (Chûjô) 四波华伪瓢虫，四波辛伪瓢虫，四波埃伪瓢虫
Sinocymbachus sinicus Chang *et* Bi 中华华伪瓢虫
Sinocymbachus wangyinjiei Chang *et* Bi 王氏华伪瓢虫
Sinocyrtaspis 华穹螽属
Sinocyrtaspis angustisulca Chang, Bian *et* Shi 见 *Paracosmetura angustisulca*
Sinocyrtaspis brachycercus Chang, Bian *et* Shi 见 *Paracosmetura brachycerca*
Sinocyrtaspis huangshanensis Liu 黄山华穹螽
Sinocyrtaspis lushanensis Liu 庐山华穹螽
Sinocyrtaspis spina Shi *et* Du 刺华穹螽
Sinocyrtaspis truncata Liu 截缘华穹螽
Sinodacus 华实蝇亚属，华离腹寡毛实蝇亚属，华实蝇属
Sinodacus chonglui Chao *et* Lin 见 *Bactrocera (Sinodacus) chonglui*
Sinodacus hainanus Chao *et* Lin 见 *Bactrocera (Sinodacus) hainana*
Sinodacus jiannanus Chao *et* Lin 见 *Bactrocera (Sinodacus) jiannana*
Sinodacus jieni Chao *et* Lin 见 *Bactrocera (Sinodacus) jieni*
Sinodacus qionganus Chao *et* Lin 见 *Bactrocera (Sinodacus) qiongana*
Sinodacus rubzovi Chao *et* Lin 见 *Bactrocera (Sinodacus) rubzovi*
Sinodasynus 华黛缘蝽属
Sinodasynus angulatus Ren 角肩华黛缘蝽
Sinodasynus spiraculus Hsiao 云华黛缘蝽，云黛缘蝽
Sinodasynus stigmatus Hsiao 华黛缘蝽
Sinodecma 华涤螽属
Sinodecma acuta Shi, Bian *et* Chang 尖顶华涤螽
Sinodemanga 短钩角蝉属
Sinodemanga xizangensis Chou *et* Yuan 西藏短钩角蝉
Sinodendridae 拟锹甲科
Sinodendron 拟锹甲属
Sinodendron cylindricum (Linnaeus) [horned stag beetle] 北方拟锹甲，北方拟锹，欧洲拟锹，独角拟锹甲，圆筒拟锹甲
Sinodendron persicum Ritter 珀拟锹甲
Sinodendron rugosum Mannerheim [rugose stag beetle] 皱拟锹甲
Sinodendron yunnanense Král 云南拟锹甲，云南拟锹
Sinodessus 华夏龙虱属，华龙虱属
Sinodessus tianmingyii (Zhao *et* Jia) 田氏华夏龙虱，田氏华龙虱
Sinodiaptera 长盾蜉金龟甲属，长盾蜉金龟属
Sinodiaptera yushana Li *et* Wang 玉山长盾蜉金龟甲，玉山长盾蜉金龟
Sinodiaptera zeni (Ochi) 全长盾蜉金龟甲，全长盾蜉金龟
Sinodictya tukana Matsumura 华象蜡蝉
Sinodiopsis 华突眼蝇属 *Eosiopsis* 的异名
Sinodiopsis orientalis (Ôuchi) 见 *Eosiopsis orientalis*
Sinodiopsis pumila Yang *et* Chen 见 *Eosiopsis pumila*
Sinodiopsis sinensis (Ôuchi) 见 *Eosiopsis sinensis*
Sinodorcadion 华草天牛属
Sinodorcadion chinense Xie *et* Wang 中华华草天牛
Sinodorcadion jiangi Xie, Shi *et* Wang 蒋氏华草天牛
Sinodorcadion magnispinicolle Xie, Shi *et* Wang 大刺华草天牛
Sinodorcadion punctulatum Gressitt 天目华草天牛，华草天牛
Sinodorcadion punctuscapum Xie, Shi *et* Wang 刻柄华草天牛
Sinodorcadion zenghuaae Xie *et* Wang 增华华草天牛
Sinodorcus 多刺刀锹甲属，多刺刀锹属
Sinodorcus sawaii (Tsukawaki) 多刺刀锹甲，多刺刀锹
Sinodrapetis 华合室舞虻属
Sinodrapetis basiflava Yang, Gaimari *et* Grootaert 基黄华合室舞虻
Sinodrepanus 华镰角蜣螂属，司蜣螂属，辛蜣螂属
Sinodrepanus besucheti Simonis 贝氏华镰角蜣螂，贝辛蜣螂
Sinodrepanus rex (Boucomont) 猫华镰角蜣螂，猫司蜣螂
Sinodrepanus rosannae Simonis 罗氏华镰角蜣螂，罗辛蜣螂
Sinodrepanus similis Simonis 类华镰角蜣螂
Sinodrepanus thailondicus Ochi, Kon *et* Masumoto 泰国华镰角蜣螂
Sinodrepanus tsaii Masumoto, Yang *et* Ochi 蔡氏华镰角蜣螂，蔡氏华镰角蜣，蔡辛蜣螂
Sinodrepanus uenoi Ochi, Kon *et* Masumoto 贵州华镰角蜣螂
Sinoecia 华鳖甲属
Sinoecia puncticollis Chatanay 点刻华鳖甲，点信诺拟步甲
Sinofenusa 华潜叶蜂属
Sinofenusa lui Wei 吕氏华潜叶蜂
Sinogeotrupes 华齿股粪金龟甲亚属，华齿股粪金龟甲属
Sinogeotrupes taiwanus Miyake *et* Yamaya 见 *Phelotrupes (Sinogeotrupes) taiwanus*
Sinogodavaria 华戈蚤蝇属
Sinogodavaria bathmis (Liu) 小痣华戈蚤蝇，小痣阔蚤蝇
Sinogodavaria multiformis Liu 多型华戈蚤蝇
Sinogodavaria tenebrosa Liu 暗华戈蚤蝇
Sinogomphus 华春蜓属，华箭蜓属
Sinogomphus asahinai Chao 朝比奈华春蜓
Sinogomphus formosanus Asahina 台湾华春蜓，铰剪春蜓

Sinogomphus leptocercus Chao 细尾华春蜓
Sinogomphus orestes (Lieftinck) 三尖华春蜓，峰顶华箭蜓
Sinogomphus peleus (Lieftinck) 黄侧华春蜓，无点华箭蜓
Sinogomphus pylades (Lieftinck) 无裂华春蜓
Sinogomphus scissus (McLachlan) 长角华春蜓，岐尾华箭蜓
Sinogomphus shennongjianus Liu 同 *Sinogomphus scissus*
Sinogomphus suensoni (Lieftinck) 修氏华春蜓，健尾华箭蜓
Sinogomphus telamon (Lieftinck) 双纹华春蜓，双斑华箭蜓
Sinohaplotropis 华笨蝗属
Sinohaplotropis elunchuna Cao *et* Yin 鄂伦春华笨蝗
Sinohilara 华喜舞虻属
Sinohilara shennongana Zhou, Li *et* Yang 神农华喜舞虻
Sinohylemya 华种蝇属
Sinohylemya craspedodenta Hsue 缘齿华种蝇
Sinohylemya ctenocnema Hsue 栉足华种蝇
sinois ruby-eye [*Talides sinois* Hübner] 斯斜弄蝶，斜弄蝶
Sinokele 奇吉丁甲属，奇吉丁属，华吉丁甲属
Sinokele mirabilis Bílý 长奇吉丁甲，长奇吉丁，奇华吉丁甲，奇辛诺吉丁
Sino-Korean owl moth [*Brahmaea certhia*(Fabricius)] 黄褐箩纹蛾
Sinolachnus 华大蚜属
Sinolachnus niitakayamensis (Takahashi) 新高山华大蚜，榿梧大蚜 < 此种学名有误写为 *Sinolachnus niitakayamaensis* (Takahashi) 者 >
Sinolachnus taiwanus Tao 台湾华大蚜，台湾中华大蚜
Sinolacme 茎刺飞虱属
Sinolacme sinuosa Yang 蜿蜒茎刺飞虱，弯突阳刺飞虱
Sinolacme terrea Yang 见 *Yangsinolacme terrea*
Sinolacme tortilla (Kuoh) 扭旋茎刺飞虱
Sinolacme tortuosa (Kuoh) 扭曲茎刺飞虱
Sinolacme tyranna Fennah 闽南茎刺飞虱，暴阳刺飞虱
Sinolanguria alternata Zia 同 *Paederolanguria holdhausi*
Sinolanguria bicoloripennis Chûjô 见 *Paederolanguria bicoloripennis*
Sinolanguria elegans Chûjô 见 *Paederolanguria elegans*
Sinolanguria formosana Chûjô 见 *Paederolanguria formosana*
Sinolanguria tuberculata Zia 同 *Paederolanguria klapperichi*
Sinolatindia 纤蠊属
Sinolatindia petila Qiu, Che *et* Wang 素色纤蠊
Sinolestes 华综蟌属，绿山蟌属，华洵蟌属
Sinolestes editus Needham 黄肩华综蟌，赤条绿山蟌，黄肩洵蟌，白条华综蟌
Sinolestes ornatus Needham 同 *Sinolestes editus*
Sinolestes truncatus Needham 同 *Sinolestes editus*
Sinolochmostylia 华丛芒蝇属
Sinolochmostylia sinica Yang 中华丛芒蝇
Sinoluperus 华露萤叶甲属
Sinoluperus subcostatus Gressitt *et* Kimoto 华露萤叶甲
Sinoluperus wuyiensis Yang *et* Wu 武夷华露萤叶甲
Sinomacropis 中华宽痣蜂亚属
Sinomantis 华螳属
Sinomantis denticulata Beier 齿华螳
Sinomantis maculata Yang 斑华螳
Sinomastax 华蜢属
Sinomastax longicornea Yin 长角华蜢
Sinomegoura 华修尾蚜属，中华修尾蚜属，修尾蚜属
Sinomegoura citricola (van der Goot) [gamphor aphid] 樟华修尾蚜，樟修尾蚜，月橘蚜，橘修尾蚜，茶修尾蚜
Sinomegoura elaeocarpi Tao 杜英华修尾蚜，锡兰橄榄蚜
Sinomegoura evodiae (Takahashi) 吴茱萸华修尾蚜，吴茱萸修尾蚜
Sinomegoura photiniae (Takahashi) 石楠华修尾蚜，石楠修尾蚜，石楠蚜
Sinomegoura rhododendri (Takahashi) 杜鹃华修尾蚜，杜鹃蚜
Sinomelecta 中华毛斑蜂属
Sinomelecta oreina Baker 东方中华毛斑蜂
Sinometis 拟沟蜻属
Sinometis emeiensis Zheng *et* Liu 峨眉拟沟蜻
Sinometis lingxianensis Lin *et* Zhang 酃县拟沟蜻
Sinomimovelleda 华天牛属
Sinomimovelleda dentihumeralis Chiang 齿肩华天牛
Sinomiopteryx 华小翅螳属
Sinomiopteryx brevifrons Wang *et* Bi 短额华小翅螳
Sinomiopteryx grahami Tinkham 格华小翅螳，格氏华小翅螳
Sinomiopteryx guangxiensis Wang *et* Bi 广西华小翅螳
Sinomiopteryx yunnanensis Xu 云南华小翅螳
Sinomphisa 楸蠹野螟属
Sinomphisa plagialis (Wileman) [Manchurian catalpa shoot borer] 楸蠹野螟，楸蛀野螟
Sinonamuropteris 华纳缪尔翅蛉属，中国纳缪尔翅蛉属
Sinonamuropteris ningxiaensis Peng, Hong *et* Zhang 宁夏华纳缪尔翅蛉，宁夏纳缪尔翅蛉，宁夏中国纳缪尔翅蛉
Sinonasutitermes 华象白蚁属
Sinonasutitermes admirabilis Ping *et* Xu 奇异华象白蚁
Sinonasutitermes dimorphus Li 二型华象白蚁
Sinonasutitermes erectinasus (Tsai *et* Chen) 翘鼻华象白蚁，翘鼻象白蚁
Sinonasutitermes grandinasus (Tsai *et* Chen) 大鼻华象白蚁，大鼻象白蚁
Sinonasutitermes guangxiensis Ping *et* Huang 广西华象白蚁
Sinonasutitermes hainanensis Li *et* Ping 海南华象白蚁
Sinonasutitermes mediocris Ping *et* Xu 居中华象白蚁
Sinonasutitermes planinasus Ping *et* Xu 平鼻华象白蚁
Sinonasutitermes platycephalus (Ping *et* Xu) 扁头华象白蚁
Sinonasutitermes trimorphus Li *et* Ping 三型华象白蚁
Sinonasutitermes xiai Ping *et* Xu 夏氏华象白蚁
Sinonasutitermes yui Ping *et* Xu 尤氏华象白蚁
Sinoneoneurus 华蚁茧蜂亚属，华蚁茧蜂属
Sinoneoneurus obscuripennis He, Chen *et* van Achterberg 见 *Elasmosoma* (*Sinoneoneurus*) *obscuripennis*
Sinoneoneurus pallidipennis He, Chen *et* van Achterberg 见 *Elasmosoma* (*Sinoneoneurus*) *pallidipennis*
Sinoneurorthus 华泽蛉属
Sinoneurorthus yunnanicus Liu, Aspöck *et* Aspöck 云南华泽蛉
Sinonipponaphis 中日扁蚜属
Sinonipponaphis formosana (Takahashi) 台湾中日扁蚜，楠木虱蚜
Sinonipponaphis monzeni (Takahashi) 见 *Nipponaphis monzeni*
Sinonipponia 刺麻蝇亚属，刺麻蝇属
Sinonipponia concreata (Séguy) 见 *Sarcophaga* (*Sinonipponia*) *concreata*
Sinonipponia hainanensis (Ho) 见 *Sarcophaga* (*Sinonipponia*)

hainanensis
Sinonipponia hervebazini (Séguy) 见 *Sarcophaga* (*Sinonipponia*) *hervebazini*
Sinonipponia musashinensis (Kôno *et* Okazaki) 见 *Sarcophaga* (*Sinonipponia*) *musashinensis*
Sinonirvana 类隐脉叶蝉属
Sinonirvana hirsuta Gao *et* Zhang 多毛类隐脉叶蝉
Sinonitidulina 华滑露尾甲属
Sinonitis thaidina (Boisduval) 见 *Bhutanitis thaidina*
Sinonympha 华眼蝶属
Sinonympha amoena Lee 同 *Sinonympha avinoffi*
Sinonympha avinoffi (Schaus) 阿氏华眼蝶，阿古眼蝶
Sinopanorpa 华蝎蛉属
Sinopanorpa digitiformis Huang *et* Hua 指形华蝎蛉
Sinopanorpa nangongshana Cai *et* Hua 南宫山华蝎蛉
Sinopanorpa tincta (Navás) 染翅华蝎蛉，染翅蝎蛉，始蝎蛉
Sinopelta 华圆蝇属
Sinopelta latifrons Xue *et* Zhang 宽额华圆蝇
Sinopelta maculiventra Xue *et* Zhang 斑腹华圆蝇
Sinoperkinsiella 华飞虱属
Sinoperkinsiella sacciolepis Ding 囊颖草华飞虱，囊颖草飞虱
Sinoperla Pin 古华蝽属
Sinoperla Wu 华蝽属，华石蝇属 *Chinoperla* 的异名
Sinoperla abdominalis Ping 腹古华蝽
Sinoperla furcomacula Wu 同 *Chinoperla nigrifrons*
Sinoperla nigroflavata Wu 见 *Chinoperla nigroflavata*
Sinoperlodes 华网蝽属
Sinoperlodes zhouchangfai Chen 长发华网蝽
Sinophaonia 华棘蝇属
Sinophaonia pectinitibia Xue 栉胫华棘蝇
Sinophasma 华枝䗛属，虫䗛属，华竹节虫属
Sinophasma angulata Liu 角臀华枝䗛，角华枝䗛
Sinophasma atratum Chen *et* He 暗黑华枝䗛
Sinophasma biacuminatum Chen *et* He 双尖华枝䗛
Sinophasma brevipenne Günther 垂臀华枝䗛
Sinophasma conicum Chen *et* He 同 *Sinophasma hainanense*
Sinophasma crassum Chen *et* He 同 *Sinophasma mirabile*
Sinophasma curvatum Chen *et* He 曲腹华枝䗛
Sinophasma damingshanensis Ho 大明山华枝䗛
Sinophasma daoyingi Ho 道英华枝䗛
Sinophasma furcatum Chen *et* He 叉臀华枝䗛
Sinophasma hainanense Liu 海南华枝䗛
Sinophasma hoenei Günther 瓦腹华枝䗛
Sinophasma hoenei formosanum Huang 瓦腹华枝䗛台湾亚种，拟瓦腹华虫䗛，拟瓦腹华竹节虫
Sinophasma hoenei hoenei Günther 瓦腹华枝䗛指名亚种
Sinophasma jinxiuense Chen *et* He 金秀华枝䗛
Sinophasma klapperichi Günther 克氏华枝䗛
Sinophasma largum Chen *et* Chen 广华枝䗛
Sinophasma latisectum Chen *et* Chen 臀沟华枝䗛
Sinophasma longicauda Bi 见 *Pachyscia longicauda*
Sinophasma maculicruralis Chen 斑腿华枝䗛
Sinophasma mirabile Günther 异尾华枝䗛
Sinophasma obvium (Chen *et* He) 扁尾华枝䗛
Sinophasma pseudomirabile Chen *et* Chen 拟异尾华枝䗛
Sinophasma rosarum Chen *et* He 同 *Sinophasma jinxiuense*
Sinophasma rugicollis Chen 粗粒华枝䗛
Sinophasma striatum Chen *et* He 斑华枝䗛
Sinophasma trispinosum Chen *et* Chen 三棘华枝䗛
Sinophasma truncata (Shiraki) 截臀华枝䗛，栎细颈杆䗛
Sinophasma unispinosum Chen *et* Chen 单棘华枝䗛
Sinophilus 白蚁隐翅甲属，华隐翅甲属
Sinophilus xiai Kistner 夏氏白蚁隐翅甲，夏华隐翅虫
Sinophilus yukoae Maruyama *et* Iwata 优子白蚁隐翅甲
Sinophlaeoba 华佛蝗属
Sinophlaeoba bannaensis Niu *et* Zheng 版纳华佛蝗
Sinophlaeoba zhengi Luo *et* Mao 郑氏华佛蝗
Sinophora 华沫蝉属
Sinophora choui Yuan *et* Liang 周氏华沫蝉
Sinophora dipectinae Chou *et* Liang 二齿华沫蝉
Sinophora fusca Metcalf *et* Horton 皱胸华沫蝉
Sinophora hatimantaiana Matsumura 八幡平华沫蝉
Sinophora japonica Matsumura 同 *Sinophora submacula*
Sinophora maculosa Matsumura 同 *Sinophora submacula*
Sinophora maculosa Melichar [black-maculated froghopper] 松华沫蝉
Sinophora metcalfi Anufriev 梅氏华沫蝉
Sinophora parva Chou *et* Yuan 小华沫蝉
Sinophora shaanxiensis Chou *et* Liang 陕西华沫蝉
Sinophora shennongjiaensis Chou *et* Yuan 神农架华沫蝉
Sinophora submacula Metcalf *et* Horton 疣胸华沫蝉
Sinophora tibetana Chou *et* Yuan 西藏华沫蝉
Sinophora tongmaiensis Liang 通麦华沫蝉，通迈华沫蝉
Sinophora unipectinae Chou *et* Yuan 一齿华沫蝉
Sinophora wolongensis Chou *et* Yuan 卧龙华沫蝉
Sinophorbia 华草花蝇属
Sinophorbia tergiprotuberans Xue 背叶华草花蝇
Sinophorus 棱柄姬蜂属
Sinophorus alkae (Elliger *et* Sachtleben) 同 *Sinophorus turionus*
Sinophorus exartemae (Uchida) 桑小卷蛾棱柄姬蜂
Sinophorus fuscicarpus (Thomson) 褐棱柄姬蜂
Sinophorus katoensis Sanborne 喀棱柄姬蜂，台湾柄棱姬蜂
Sinophorus pleuralis (Thomson) 侧棱柄姬蜂
Sinophorus psycheae Sonan 茶黑蓑蛾棱柄姬蜂
Sinophorus turionus (Ratzeburg) 玉米螟棱柄姬蜂
Sinophorus wushensis Sanborne 雾社棱柄姬蜂
Sinophorus xanthostomus 黄口棱柄姬蜂
Sinopieris 苏粉蝶属
Sinopieris kozlovi (Alphéraky) 科氏苏粉蝶
Sinopieris sherpae (Epstein) 喜苏粉蝶
Sinopieris stoetzneri (Draeseke) 斯托苏粉蝶
Sinopieris venata (Leech) 脉纹苏粉蝶
Sinopierretia 华细开麻蝇亚属
Sinopodisma 蹦蝗属
Sinopodisma bidenta Liang 二齿蹦蝗
Sinopodisma fanjingshana Yin, Zhi *et* Yin 梵净山蹦蝗
Sinopodisma formosana (Shiraki) 台湾蹦蝗，台湾秃蝗
Sinopodisma guizlmuensis Zheng 贵州蹦蝗
Sinopodisma hengshanica Fu 衡山蹦蝗
Sinopodisma huoshana Huang 霍山蹦蝗

Sinopodisma hsinchuensis Ye, Shi *et* Yin 新竹蹦蝗
Sinopodisma huangi Yin, Ye *et* Yin 黄氏蹦蝗
Sinopodisma huangshana Huang 黄山蹦蝗
Sinopodisma hunanensis Yin, Yang *et* Zhi 湖南蹦蝗
Sinopodisma jiulianshana Huang 九连山蹦蝗
Sinopodisma kawakamii (Shiraki) 川上蹦蝗
Sinopodisma kazzokamii (Shiraki) 克氏蹦蝗
Sinopodisma kelloggii (Chang) 卡氏蹦蝗
Sinopodisma kodamae (Shiraki) 儿玉蹦蝗，柯蹦蝗，柯氏蹦蝗
Sinopodisma lofaoshana (Tinkham) 山蹦蝗
Sinopodisma lushiensis Zhang 卢氏蹦蝗
Sinopodisma microfurcula Wang, Li *et* Yin 小尾片蹦蝗
Sinopodisma orchofemura Ye, Shi *et* Yin 黄股蹦蝗
Sinopodisma pieli (Chang) 比氏蹦蝗
Sinopodisma qinlingensis Zheng 秦岭蹦蝗
Sinopodisma quadraticerus Zheng *et* Xie 方尾蹦蝗
Sinopodisma rostellocerca You 喙尾蹦蝗
Sinopodisma rufofemoralis Fu *et* Zheng 红股蹦蝗
Sinopodisma sanqingshana Liang *et* Jia 三清山蹦蝗
Sinopodisma shirakii (Tinkham) 素木蹦蝗，素木玛蝗
Sinopodisma spinocerca Zheng *et* Liang 针尾蹦蝗
Sinopodisma splendida (Tinkham) 丽色蹦蝗，灿玛蝗
Sinopodisma sunzishanensis Zheng, Shi *et* Chen 笋子山蹦蝗
Sinopodisma tsaii (Chang) 蔡氏蹦蝗
Sinopodisma tsinlingensis Cheng 见 *Pedopodisma tsinlingensis*
Sinopodisma wulingshana Peng *et* Fu 武陵山蹦蝗
Sinopodisma wuyishana Zheng, Lian *et* Xi 武夷山蹦蝗
Sinopodisma xiai Yin, Zhi *et* Yin 夏氏蹦蝗
Sinopodisma xui Yin, Ye *et* Yin 徐氏蹦蝗
Sinopodisma yangi Yin, Ye *et* Yin 杨氏蹦蝗
Sinopodisma yaoshanensis Li 瑶山蹦蝗
Sinopodisma yingdensis Liang 英德蹦蝗
Sinopodisma yunnana Zheng 云南蹦蝗
Sinopodisma zhengi Liang *et* Lin 郑氏蹦蝗
Sinopodismoides 拟蹦蝗属
Sinopodismoides prasina Gong, Zheng *et* Lian 草绿拟蹦蝗
Sinopodismoides qianshanensis Gong, Zheng *et* Lian 千山拟蹦蝗
Sinopoppia 华波叶蜂属
Sinopoppia nigroflagella Wei 黑鞭华波叶蜂
Sinoporus 华龙虱属 <该属名有一个现生龙虱科的次同名，见华夏龙虱属 *Sinodessus*>
Sinoporus lineatus Prokin *et* Ren 纹华龙虱
Sinoporus tianmingyii Zhao *et* Jia 见 *Sinodessus tianmingyii*
Sinoprinceps 华凤蝶亚属
Sinoprosa 华花蝇属
Sinoprosa aertaica Qian *et* Fan 阿尔泰华花蝇
Sinops 华水蝇属
Sinops sichuanensis Zhang, Yang *et* Mathis 四川华水蝇
Sinopsaltria bifasciata Chen 见 *Becquartina bifasciata*
Sinopsephenoides 华肖扁泥甲属
Sinopsephenoides filitarsus Yang 丝跗华肖扁泥甲
Sinopsephenoides subopacus (Pic) 暗华肖扁泥甲，暗微扁泥甲
Sinopsilonyx 驼跗虫虻属，驼跗食虫虻属
Sinopsilonyx tibialis Hsia 胫驼跗虫虻，驼跗食虫虻
Sinopticula sinica Yang 同 *Glaucolepis oishiella*
Sinoquernaspis 华栎盾蚧属
Sinoquernaspis gracilis Takagi *et* Tang 福建华栎盾蚧，华栎盾蚧，桦栎盾介壳虫
Sinoreophilus 华通缘步甲亚属
Sinorogomphus 华春蜓亚属，华春蜓属
Sinorogomphus suzukii (Oguma) 见 *Chlorogomphus* (*Sinorogomphus*) *suzukii*
Sinoropeza 华纤足大蚊亚属
Sinorsillus 扁长蝽属
Sinorsillus piliferus Usinger 杉木扁长蝽
Sinosciapus 华丽长足虻属
Sinosciapus liuae Yang *et* Zhu 刘氏华丽长足虻
Sinosciapus tianmushanus Yang 天目山华丽长足虻
Sinosciapus yunlonganus Yang *et* Saigusa 云龙华丽长足虻
Sinosemia 华蝉属
Sinosemia shirakii Matsumura 华蝉
Sinosiphoniella kuwayamai (Takahashi) 见 *Macrosiphoniella kuwayamai*
Sinosmylus 华溪蛉属
Sinosmylus hengduanus Yang 横断华溪蛉
Sinosteropus 康通缘步甲亚属
Sinosticta 华扁蟌属
Sinosticta debra Wilson 黛波华扁蟌
Sinosticta hainanense Wilson *et* Reels 海南华扁蟌
Sinosticta ogatai (Matsuki *et* Saito) 绪方华扁蟌
Sinosticta sylvatica Yu *et* Bu 深林华扁蟌
Sinostrangalis 华花天牛属
Sinostrangalis basiplicatus (Fairmaire) 半环华花天牛，红翅华花天牛
Sinostrangalis elegans (Tippmann) 丽华花天牛
Sinostrangalis ikedai (Mitono *et* Tamanuki) 池田华花天牛，池田氏华花天牛
Sinostrangalis simianshana Chen *et* Chiang 同 *Sinostrangalis ikedai*
Sinostrangalis yamasakii (Mitono) 链环华花天牛
Sinotagus 鼻缘蝽属
Sinotagus nasutus Kiritshenko 棱须鼻缘蝽
Sinotagus rubromaculus Hsiao 红斑鼻缘蝽
Sinotephritis melaena Hering 见 *Campiglossa melaena*
Sinotephritis propria Chen 见 *Campiglossa propria*
Sinotermes 华白蚁属
Sinotermes hainanensis He *et* Xia 海南华白蚁
Sinotermes luxiensis Huang *et* Zhu 潞西华白蚁
Sinotermes yunnanensis He *et* Xia 云南华白蚁
Sinothaumaspis 华杉螽属
Sinothaumaspis damingshanicus Wang, Liu *et* Li 大明山华杉螽
Sinotherioaphis pterothorax Zhang *et* Zhong 同 *Chuansicallis chengtuensis*
Sinothuama 中国稀奇蝎蛉属
Sinothuama ladinica Hong *et* Li 拉丁尼中国稀奇蝎蛉
Sinotibetomyia 华藏粉蝇属
Sinotibetomyia curvifemura Xue *et* Fei 弯股华藏粉蝇
Sinotilla 中华蚁蜂属，西蚁蜂属
Sinotilla ansula (Chen) 柄中华蚁蜂，柄西蚁蜂，柄小蚁蜂
Sinotilla boheana (Chen) 波中华蚁蜂，波西蚁蜂
Sinotilla contractula (Chen) 短中华蚁蜂，短西蚁蜂
Sinotilla cyaneiventris (André) 蓝腹中华蚁蜂，青腹小蚁蜂

Sinotilla cyaneiventris cyaneiventris (André) 蓝腹中华蚁蜂指名亚种，指名蓝腹西蚁蜂
Sinotilla cyaneiventris gobiana (Chen) 蓝腹中华蚁蜂戈壁亚种，戈壁蓝腹西蚁蜂
Sinotilla decora (Smith) 美中华蚁蜂，美西蚁蜂
Sinotilla hong Lelej 云南中华蚁蜂
Sinotilla pekiniana (André) 北京中华蚁蜂，北京西蚁蜂
Sinotilla serpa (Zavattari) 台湾中华蚁蜂，台西蚁蜂
Sinotilla subparallela (Chen) 平行中华蚁蜂，平行西蚁蜂
Sinotipula 华大蚊亚属
Sinotmethis 华癞蝗属
Sinotmethis amicus 友谊华癞蝗
Sinotmethis brachypterus Zheng *et* Xi 短翅华癞蝗
Sinotmethis yabraiensis Xi *et* Zheng 雅布赖华癞蝗
Sinotocyphus chinensis Babiy 见 *Minotocyphus chinensis*
Sinotrichopeza 华舞虻属
Sinotrichopeza sinensis (Yang, Grootaert *et* Horvat) 中华华舞虻
Sinotrichopeza taiwanensis (Yang *et* Horvat) 台湾华舞虻
Sinotrisus 缩茎蚁甲属
Sinotrisus kishimotoi Yin *et* Nomura 岸本缩茎蚁甲
Sinotrisus sinensis Yin *et* Nomura 中华缩茎蚁甲
Sinotroglodytes 华穴步甲属
Sinotroglodytes ariagnoi Deuve 阿氏华穴步甲
Sinotroglodytes bedosae Deuve 盘龙华穴步甲，盘龙穴步甲
Sinotroglodytes yanwangi Huang, Tian *et* Faille 阎王华穴步甲
Sinotympana 华鼓蝉属
Sinotympana incomparabilis Lee 无双华鼓蝉
Sinowatsonia 华瓦灯蛾属
Sinowatsonia hoenei (Daniel) 西南华瓦灯蛾，西南小灯蛾
Sinowatsonia hoenei alpicola (Daniel) 西南华瓦灯蛾高山亚种，阿西南小灯蛾
Sinowatsonia hoenei hoenei (Daniel) 西南华瓦灯蛾指名亚种
Sinowatsonia mussoti (Oberthür) 玛氏华瓦灯蛾，玛斑灯蛾，玛篱灯蛾
Sinoxizicus 华栖螽属
Sinoxizicus breviatus Gorochov *et* Kang 短尾华栖螽
Sinoxizicus carinatus Wang *et* Liu 隆线华栖螽
Sinoxylini 双棘长蠹族
Sinoxylon 双棘长蠹属
Sinoxylon anale Lesne 阿双棘长蠹，双棘长蠹
Sinoxylon angolense Lesne 安哥拉双棘长蠹
Sinoxylon atratum Lesne 墨面双棘长蠹，暗黑双棘长蠹，暗黑棘长蠹
Sinoxylon bellicosum Lesne 三齿双棘长蠹
Sinoxylon birmanum Lesne 缅甸双棘长蠹
Sinoxylon brazzai Lesne 西非双棘长蠹，巴氏双棘长蠹，巴氏棘长蠹
Sinoxylon bufo Lesne 皱皮双棘长蠹
Sinoxylon cafrum Lesne 红腿双棘长蠹
Sinoxylon capillatum Lesne 长毛双棘长蠹
Sinoxylon ceratoniae Linnaeus 角豆双棘长蠹
Sinoxylon circuitum Lesne 圆双棘长蠹
Sinoxylon conigerum Gerstaecker 黑双棘长蠹，具粒双棘长蠹，具粒棘长蠹
Sinoxylon crassum Lesne 粗双棘长蠹，粗实双棘长蠹，粗实棘长蠹
Sinoxylon cucumella Lesne 钝齿双棘长蠹
Sinoxylon cuneolus Lesne 小楔双棘长蠹
Sinoxylon dichroum Lesne 毛胸双棘长蠹
Sinoxylon divaricatum Lesne 阔齿双棘长蠹
Sinoxylon doliolum Lesne 海樽双棘长蠹
Sinoxylon epipleurale Lesne 折缘双棘长蠹
Sinoxylon erasicauda Lesne 大双棘长蠹
Sinoxylon eucerum Lesne 优双棘长蠹
Sinoxylon flabrarius Lesne 拟双棘长蠹
Sinoxylon indicum Lesne 印度双棘长蠹
Sinoxylon japonicum Lesne 日本双棘长蠹，双齿长蠹，二齿茎长蠹
Sinoxylon mangiferae Chûjô 杧果双棘长蠹
Sinoxylon marseuli Lesne 马塞双棘长蠹
Sinoxylon pachyodon Lesne 厚皮双棘长蠹
Sinoxylon perforans (Schrank) 侧突双棘长蠹
Sinoxylon pubens Lesne 柔毛双棘长蠹
Sinoxylon pugnax Lesne 显脊双棘长蠹
Sinoxylon pygmaeum Lesne 侏儒双棘长蠹，臀双棘长蠹
Sinoxylon rejectum Hope 劣双棘长蠹
Sinoxylon ruficorne Fåhraeus 红角双棘长蠹，红角棘长蠹
Sinoxylon rufobasale Fairmaire 弯齿双棘长蠹
Sinoxylon senegalense Karsch 三胝双棘长蠹
Sinoxylon sexdentatum (Olivier) 六齿双棘长蠹
Sinoxylon succisum Lesne 萨西双棘长蠹
Sinoxylon sudanicum Lesne 苏丹双棘长蠹，红角双棘长蠹，染丹棘长蠹
Sinoxylon tignarium Lesne 椽子双棘长蠹，钻木双棘长蠹
Sinoxylon transvaalense Lesne 小横双棘长蠹，横位双棘长蠹，横位棘长蠹
Sinoxylon villosum Lesne 多毛双棘长蠹
Sinoxyna notabilis Chen 同 *Oxyna variabilis*
Sinstauchira 板齿蝗属
Sinstauchira gressitti (Tinkham) 嘉氏板齿蝗，嘉氏板突蝗
Sinstauchira hui Li, Lu, Jiang *et* Meng 胡氏板齿蝗
Sinstauchira pui Liang *et* Zheng 蒲氏板齿蝗
Sinstauchira ruficornis Huang *et* Xia 红角板齿蝗
Sinstauchira yaoshanensis Li 瑶山板齿蝗
Sinstauchira yunnana Zheng 云南板齿蝗
Sintagona 华琵甲属
Sintagona miranda Medvedev 奇异华琵甲
Sinthusa 生灰蝶属
Sinthusa chandrana (Moore) [broad spark] 生灰蝶
Sinthusa chandrana chandrana (Moore) 生灰蝶指名亚种
Sinthusa chandrana grotei Moore [East Himalayan broad spark] 生灰蝶东喜马亚种，华东生灰蝶
Sinthusa chandrana kuyaniana (Matsumura) 生灰蝶嘉义亚种，闪灰蝶，嘉义小灰蝶，悬钩子灰蝶，牡灰蝶
Sinthusa indrasari Snellen 荫生灰蝶
Sinthusa malika (Horsfield) 蓝裙生灰蝶
Sinthusa mindanaensis Fruhstorfer 棉兰花生灰蝶
Sinthusa nasaka (Horsfield) [narrow broad] 娜生灰蝶
Sinthusa nasaka amba Kirby [Malayan narrow broad] 娜生灰蝶马来亚种

Sinthusa nasaka nasaka (Horsfield) 娜生灰蝶指名亚种
Sinthusa nasaka pallidior Fruhstorfer [West Himalayan narrow broad] 娜生灰蝶西喜马亚种
Sinthusa natsumiae Hayashi 青裙生灰蝶
Sinthusa peregrinus Staudinger 游生灰蝶
Sinthusa rayata Riley 拉生灰蝶
Sinthusa tomokoae Hayashi *et* Wa 鳞生灰蝶
Sinthusa verena Grose-Smith 沃生灰蝶
Sinthusa verriculata Snellen 瓦丽生灰蝶
Sinthusa virgo (Elwes) [pale broad] 韦生灰蝶
Sinthusa zhejiangensis Yoshino 浙江生灰蝶
Sintor 斜纹长角象甲属
Sintor dorsalis (Sharp) 背斜纹长角象甲
Sintor dorsalis dorsalis (Sharp) 背斜纹长角象甲指名亚种
Sintor dorsalis intermedius Shibata 背斜纹长角象甲居间亚种，间背斜纹长角象
Sintor fasciatus Jordan 带斜纹长角象甲，带斜纹长角象
Sintor pustulatus Shibata 点斜纹长角象甲，点斜纹长角象
sinuate [= sinuated, sinuatus] 波曲的
sinuate lady beetle [*Hippodamia sinuata* Mulsant] 波纹长足瓢虫
sinuate peartree borer [*Agrilus sinuatus*(Olivier)] 梨窄吉丁甲，梨窄吉丁，梨长吉丁
sinuated 见 sinuate
sinuatoconvex 曲凸的
sinuatolobate 曲裂的 < 意为弯曲分叶的 >
sinuatotruncate 曲截的
sinuatus 见 sinuate
Sinuonemopsylla 曲脉木虱属
Sinuonemopsylla excetrodendri Li *et* Yang 蚬木曲脉木虱
Sinuonemopsyllinae 曲脉木虱亚科
Sinuonemopsyllini 曲脉木虱族
Sinuothrips 曲管蓟马属
Sinuothrips hasta Collins 剑曲管蓟马
sinuous 波状的
sinus 窦
Siobla 侧跗叶蜂属，西叶蜂属，红叶蜂属
Siobla acutiscutella Wei *et* Nie 尖盾侧跗叶蜂
Siobla acutiserrula Niu *et* Wei 尖刃侧跗叶蜂
Siobla acutitheca Niu *et* Wei 斜刃侧跗叶蜂
Siobla albomaculata Niu *et* Wei 白斑侧跗叶蜂
Siobla annulicornis Niu *et* Wei 环角侧跗叶蜂
Siobla apicalis Takeuchi 黑足侧跗叶蜂，端西叶蜂
Siobla atra Malaise 无斑侧跗叶蜂，黑西叶蜂
Siobla basifusca Niu *et* Wei 半氲侧跗叶蜂
Siobla bengalensis Saini, Singh, Singh *et* Singh 孟加侧跗叶蜂
Siobla bomeica Niu *et* Wei 波密侧跗叶蜂
Siobla breviantennata Saini *et* Vasu 短角侧跗叶蜂
Siobla brevipilosa Niu *et* Wei 短毛侧跗叶蜂
Siobla caerulea Niu *et* Wei 暗蓝侧跗叶蜂
Siobla carinoclypea Niu et Wei 脊唇侧跗叶蜂
Siobla cavaleriei Malaise 半环侧跗叶蜂，卡氏西叶蜂
Siobla centralia Niu *et* Wei 中原侧跗叶蜂
Siobla chayuica Niu *et* Wei 察隅侧跗叶蜂
Siobla chengi Niu *et* Wei 程氏侧跗叶蜂
Siobla clavicornis Wei *et* Niu 棒角侧跗叶蜂
Siobla compressicornis Malaise 扁角侧跗叶蜂，扁角西叶蜂
Siobla curvata Niu *et* Wei 弯毛侧跗叶蜂
Siobla darjilingia Saini, Singh, Singh *et* Singh 大吉侧跗叶蜂
Siobla davidi Saini *et* Vasu 纹首侧跗叶蜂
Siobla dian Niu *et* Wei 滇西侧跗叶蜂
Siobla dianzangica Niu *et* Wei 滇藏侧跗叶蜂
Siobla elevatina Niu *et* Wei 凸缘侧跗叶蜂
Siobla emeiensis Niu *et* Wei 峨眉侧跗叶蜂
Siobla femorata Malaise 方刃侧跗叶蜂，腿西叶蜂
Siobla ferox (Smith) 凶猛侧跗叶蜂，凶猛西叶蜂，沃西叶蜂
Siobla formosana Takeuchi 蓬莱侧跗叶蜂，蓬莱西叶蜂，蓬莱红叶蜂
Siobla foveata Niu *et* Wei 大窝侧跗叶蜂
Siobla frigida (Mocsáry) 寒水侧跗叶蜂，川鄂西叶蜂
Siobla fulva Takeuchi 黄侧跗叶蜂，黄西叶蜂，黄红叶蜂
Siobla fulvitarsus Saini *et* Vasu 黄跗侧跗叶蜂
Siobla fulvolobata Malaise 矢斑侧跗叶蜂，黄叶西叶蜂
Siobla fulvomarginata Wei *et* Nie 黄缘侧跗叶蜂
Siobla fumipennis Malaise 灰翅侧跗叶蜂，灰翅西叶蜂，灰翅红叶蜂
Siobla glabroorbita Niu *et* Wei 滑颊侧跗叶蜂
Siobla glabrotempralis Niu *et* Wei 光眶侧跗叶蜂
Siobla grahami Malaise 光盾侧跗叶蜂，格氏西叶蜂
Siobla grossa Malaise 粗壮侧跗叶蜂
Siobla harpeata Saini *et* Bharti 黄茎侧跗叶蜂
Siobla hirasana Takeuchi 端黑侧跗叶蜂
Siobla hummeli Malaise 同 *Siobla venusta venusta*
Siobla indica Saini *et* Bharti 印度侧跗叶蜂
Siobla infuscata Saini, Singh, Singh *et* Singh 亮蓝侧跗叶蜂
Siobla insularis Malaise 岛屿侧跗叶蜂，岛屿西叶蜂，岛屿红叶蜂
Siobla iridipennis Malaise 方头侧跗叶蜂，虹茎西叶蜂
Siobla japonica Shinohara, Wei *et* Niu 日本侧跗叶蜂
Siobla jiangi Niu *et* Wei 江氏侧跗叶蜂
Siobla jucunda (Moçsáry) 北亚侧跗叶蜂，愉西叶蜂
Siobla kalatopi Saini, Singh, Singh *et* Singh 长颊侧跗叶蜂
Siobla kangba Niu *et* Wei 康巴侧跗叶蜂
Siobla leucocincta Niu *et* Wei 白环侧跗叶蜂
Siobla leucotarsis Niu *et* Wei 白跗侧跗叶蜂
Siobla listoni Niu *et* Wei 李氏侧跗叶蜂
Siobla liui Wei 刘氏侧跗叶蜂
Siobla longepilosa Malaise 长毛侧跗叶蜂
Siobla longipennis Niu *et* Wei 长翅侧跗叶蜂
Siobla macuilpennis Niu *et* Wei 斑翅侧跗叶蜂
Siobla malaisei Mallach 马氏侧跗叶蜂，马氏西叶蜂
Siobla maxima Turner 大黄侧跗叶蜂，大黄西叶蜂
Siobla melanogaster Niu *et* Wei 窄腹侧跗叶蜂
Siobla metallica Takeuchi 金蓝侧跗叶蜂
Siobla mooreana Cameron 平盾侧跗叶蜂，莫氏西叶蜂
Siobla mooreana melaena Malaise 平盾侧跗叶蜂黑色亚种，黑莫氏西叶蜂
Siobla mooreana mooreana Cameron 平盾侧跗叶蜂指名亚种
Siobla muotuoensis Niu *et* Wei 墨脱侧跗叶蜂
Siobla nanlingia Wei 同 *Siobla zhangi*
Siobla nigricruris Lee *et* Ryu 朝鲜侧跗叶蜂

Siobla nigrolateralis Wei *et* Niu 侧带侧跗叶蜂
Siobla obtusiscutellata Niu *et* Wei 低盾侧跗叶蜂
Siobla pacifica (Smith) 同 *Siobla sturmii*
Siobla parallela Niu *et* Wei 并沟侧跗叶蜂
Siobla plesia Malaise 黄柄侧跗叶蜂
Siobla pseudoferox Wei *et* Nie 小斑侧跗叶蜂
Siobla pseudoplesia Niu *et* Wei 柔刃侧跗叶蜂，尖鞘侧跗叶蜂
Siobla pulchra Shinohara, Wei *et* Niu 丽侧跗叶蜂
Siobla punctata (Cameron) 刻点侧跗叶蜂
Siobla qinba Niu *et* Wei 秦巴侧跗叶蜂
Siobla reticulatia Wei 网刻侧跗叶蜂
Siobla robustiserrula Niu *et* Wei 巨刃侧跗叶蜂
Siobla rohweri Malaise 见 *Siobla venusta rohweri*
Siobla ruficornis (Gimmerthal) 红肩侧跗叶蜂，红角西叶蜂
Siobla rufipes Malaise 同 *Siobla atra*
Siobla rufopropodea Wei 红基侧跗叶蜂
Siobla rufoscapa Wei 同 *Siobla villosa*
Siobla rugosipropodea Niu *et* Wei 纹背侧跗叶蜂
Siobla scapeata Saini *et* Bharti 短柄侧跗叶蜂
Siobla scutellata Muche 滑背侧跗叶蜂
Siobla semipicta Malaise 黑痣侧跗叶蜂，半纹西叶蜂
Siobla shaanxi Niu *et* Wei 陕西侧跗叶蜂
Siobla sheni Wei 申氏侧跗叶蜂
Siobla shennongjiana Niu *et* Wei 神农侧跗叶蜂
Siobla sibirica Malaise 同 *Siobla ruficornis*
Siobla sinica Niu *et* Wei 中华侧跗叶蜂
Siobla spinola Wei 刺胸侧跗叶蜂
Siobla straminea Malaise 枯黄侧跗叶蜂，草西叶蜂
Siobla straminea immaculata Wei 枯黄侧跗叶蜂无斑亚种
Siobla straminea straminea Malaise 枯黄侧跗叶蜂指名亚种
Siobla sturmii (Klug) 欧亚侧跗叶蜂
Siobla sturmii plesia Malaise 见 *Siobla plesia*
Siobla szechuanica Malaise 四川侧跗叶蜂，四川西叶蜂
Siobla taegeri Niu *et* Wei 泰戈侧跗叶蜂
Siobla taiwanica Malaise 吴凤侧跗叶蜂，吴凤西叶蜂，吴凤红叶蜂
Siobla takeuchii Shinohara, Wei *et* Niu 竹内侧跗叶蜂
Siobla trilineata Niu *et* Wei 三条侧跗叶蜂
Siobla trimaculata Wei *et* Niu 三斑侧跗叶蜂
Siobla tuberculatana Wei 同 *Siobla malaisei*
Siobla turneri Malaise 白尾侧跗叶蜂
Siobla unicincta Niu *et* Wei 单环侧跗叶蜂
Siobla vardalae Niu *et* Wei 紫翅侧跗叶蜂
Siobla varia Saini, Blank *et* Smith 双色侧跗叶蜂
Siobla venusta (Kônow) 环丽侧跗叶蜂，环丽西叶蜂，迷西叶蜂，中国斜脉叶蜂
Siobla venusta rohweri Malaise 环丽侧跗叶蜂宽环亚种，宽环侧跗叶蜂，洛氏迷西叶蜂
Siobla venusta venusta (Kônow) 环丽侧跗叶蜂指名亚种
Siobla vernalis Malaise 端白侧跗叶蜂，春西叶蜂
Siobla villosa Malaise 散毛侧跗叶蜂，长毛侧跗叶蜂，多毛西叶蜂
Siobla vulgaria Niu *et* Wei 狭颊侧跗叶蜂
Siobla weiweii Niu *et* Wei 巍巍侧跗叶蜂
Siobla weni Niu *et* Wei 文氏侧跗叶蜂
Siobla xizangensis Xiao, Huang *et* Zhou 西藏侧跗叶蜂，西藏西叶蜂
Siobla yunanensis Haris *et* Roller 云南侧跗叶蜂
Siobla zenaida (Dovnar-Zapolskij) 橙足侧跗叶蜂，黄足侧跗叶蜂，曾乃西叶蜂
Siobla zhangi Wei 张氏侧跗叶蜂
Siobla zhongi Wei 钟氏侧跗叶蜂
Siobla zuoae Wei 左氏侧跗叶蜂
Siona 纹粉尺蛾属
Siona naseraria Oberthür 见 *Rheumaptera naseraria*
Sipalinus 松瘤象甲属，松瘤象属
Sipalinus chinensis (Fairmaire) 同 *Sipalinus gigas*
Sipalinus gigas (Fabricius) [Japanese giant weevil] 大松瘤象甲，大异隐喙象甲，松瘤象
Sipalinus yunnanensis Vanrie 云南松瘤象甲，滇松瘤象，滇萨帕象
Sipalomimus 西帕象甲属，西帕象属
Sipalomimus singularis Voss 独西帕象甲，独西帕象
Sipalus chinensis Fairmaire 同 *Sipalinus gigas*
Sipha 伪毛蚜属
Sipha arenarii Mordvilko 剪草伪毛蚜
Sipha elegans del Guercio 丽伪毛蚜，华美伪毛蚜
Sipha flava (Forbes) [yellow sugarcane aphid] 黄伪毛蚜，美甘蔗伪毛蚜，蔗黄伪毛蚜，黄蔗蚜，甘蔗伪毛蚜，牛鞭草蚜，甘蔗黄蚜虫，甘蔗蚜，甘蔗黄蚜
Sipha kurdjumovi Mordvilko [quackreass aphid] 冰草伪毛蚜
Sipha maydis Passerini 玉米伪毛蚜
Siphanta 丝蛾蜡蝉属
Siphanta acuta (Walker) [torpedo bug, green planthopper] 锐丝蛾蜡蝉
Siphimedia 喙姬蜂属
Siphimedia bifasciata Cameron 双区喙姬蜂
Siphimedia flavipes (Cameron) 黄喙姬蜂
Siphimedia gradnipes (Morley) 大喙姬蜂
Siphimedia intermedia Sonan 见 *Yezoceryx intermedia*
Siphimedia nigricephala Sonan 见 *Yezoceryx nigricephala*
Siphimedia nigriscuta Sheng *et* Sun 黑盾喙姬蜂
Siphimedia purpuratda Sonan 见 *Yezoceryx purpurata*
Siphimedia rishiriensis Uchida 日本喙姬蜂
Siphimedia varicolor Cushman 见 *Yezoceryx varicolor*
Siphimedia varipes (Cameron) 异喙姬蜂
siphlaenigmatid 1. [= siphlaenigmatid mayfly] 残蜉 < 残蜉科 Siphlaenigmatidae 昆虫的通称 >；2. 残蜉科的
siphlaenigmatid mayfly [= siphlaenigmatid] 残蜉
Siphlaenigmatidae 残蜉科
siphlonurid 1. [= siphlonurid mayfly, primitive minnow mayfly] 短丝蜉，二尾蜉 < 短丝蜉科 Siphlonuridae 昆虫的通称 >；2. 短丝蜉科的
siphlonurid mayfly [= siphlonurid, primitive minnow mayfly] 短丝蜉，二尾蜉
Siphlonuridae [= Siphluridae] 短丝蜉科，二尾蜉科
Siphlonuroidea 短丝蜉总科 < 该总科学名有误写为 Siphluroidea 者 >
Siphlonurus 短丝蜉属
Siphlonurus davidi (Navás) 达氏短丝蜉，戴氏短丝蜉

Siphlonurus zetterstedti (Bengtsson) 柴氏短丝蜉
Siphluridae 见 Siphlonuridae
Siphluruscus 拟短丝蜉属
Siphluruscus chinensis Ulmer 中国拟短丝蜉，中国短丝蜉
siphon [= syphon] 1. 管；2. 管形口器；3. 呼吸管
Siphona 长唇寄蝇属，长喙寄蝇属，寄蝇属
Siphona boreata Mesnil 北方长唇寄蝇，北方长喙寄蝇
Siphona confusa Mesnil 见 *Siphona* (*Siphona*) *confusa*
Siphona cristata (Fabricius) 见 *Siphona* (*Siphona*) *cristata*
Siphona geniculata (De Geer) 见 *Siphona* (*Siphona*) *geniculata*
Siphona paludosa Mesnil 见 *Siphona* (*Siphona*) *paludosa*
Siphona pauciseta Róndani 袍长唇寄蝇，袍长喙寄蝇
Siphona perispoliata (Mesnil) 掠长唇寄蝇，围长喙寄蝇，围阿寄蝇，围阿克寄蝇
Siphona selecta (Pandellé) 择长唇寄蝇，赛莱长喙寄蝇，赛莱异唇喙寄蝇
Siphona (***Siphona***) ***confusa*** Mesnil 闪斑长唇寄蝇
Siphona (***Siphona***) ***cristata*** (Fabricius) 冠毛长唇寄蝇
Siphona (***Siphona***) ***foliacea*** (Mesnil) 阔长唇寄蝇
Siphona (***Siphona***) ***geniculata*** (De Geer) 大蚊长唇寄蝇，大纹长唇寄蝇，大蚊长喙寄蝇
Siphona (***Siphona***) ***paludosa*** Mesnil 湿地长唇寄蝇
Siphonaleyrodes 管个木虱属
Siphonaleyrodes formosanus Takahashi 台湾管个木虱；台湾管粉虱 <误>
Siphonata 吸管类 <指半翅目昆虫>
Siphonellopsinae 奇鬃秆蝇亚科，管秆蝇亚科
siphonet [= siphuncule, siphuncle, siphunculus (pl. siphunculi), siphonulus (pl. siphonuli), cornicle, honey tube] 腹管 <见于蚜虫腹部>
siphoning mouthparts 虹吸式口器
Siphonini 长唇寄蝇族
Siphoninus 虹管粉虱属
Siphoninus phillyreae (Haliday) 石榴虹管粉虱
Siphonophora 瓢虫类 <相当于瓢虫科 Coccinellidae；此名称现已不用于昆虫，因已先用于腔肠动物>
siphonuli [s. siphonulus; = siphunculi, siphuncules, siphuncles, cornicles, siphonets, honey tubes] 腹管
siphonulus [pl. siphonuli; = siphuncule, siphuncle, siphunculus (pl. siphunculi), cornicle, siphonet, honey tube] 腹管
siphuncle 见 siphonulus
Siphunculata [= Anoplura, Pseudorhynchota, Ellipoptera, Phthiraptera] 虱目
Siphonaptera [= Aphaniptera, Rhophoteira, Suctoria] 蚤目
siphunculate 具管的
siphuncule 见 siphonulus
siphunculi [s. siphunculus] 1. 吸吮口器；2. [= siphuncle, siphonulus (pl. siphonuli), siphuncule, cornicle, siphonet, honey tube] 腹管
Siphunculina 短脉秆蝇属
Siphunculina bella Kanmiya 俊秀短脉秆蝇，俊秀秆蝇
Siphunculina fasciata Cherian 粉带短脉秆蝇
Siphunculina intonsa Larab 须毛短脉秆蝇
Siphunculina minima (de Meijere) 小短脉秆蝇，微小秆蝇
Siphunculina nitidissima Kanmiya 光额短脉秆蝇，亮短脉秆蝇
Siphunculina striolata (Wiedemann) 网纹短脉秆蝇，条纹秆蝇
siphunculus [pl. siphunculi] 1. 吸吮口器；2. [pl. Siphunculi; = siphuncle, siphuncule, siphonulus (pl. siphonuli), cornicle, siphonet, honey tube] 腹管
Siproeta 帘蛱蝶属
Siproeta epapha (Latreille) [rusty-tipped page] 红端帘蛱蝶
Siproeta superba (Bates) [broad-banded page] 白带帘蛱蝶
Siproeta trayja (Hübner) 帘蛱蝶
Sipyloidea 管蝻属，细颈杆蝻属，细颈竹节虫属
Sipyloidea adelpha Günther 宽翅管蝻，闽细颈杆蝻
Sipyloidea amica Bey-Bienko 见 *Huananphasma amica*
Sipyloidea biplagiata Redtenbacher 双斑管蝻，两斑细颈杆蝻
Sipyloidea brevicerca Chen *et* He 短须管蝻
Sipyloidea cavata Chen *et* He 凹臀管蝻
Sipyloidea completa Chen *et* He 全臀管蝻
Sipyloidea okunii Shiraki 大国氏管蝻，台细颈杆蝻，大国氏细颈竹节虫
Sipyloidea sarpedon (Westwood) 细颈管蝻，细颈杆蝻
Sipyloidea shukayi Bi, Zhang *et* Lau 树基管蝻，树基细颈杆蝻，树基杆竹节虫
Sipyloidea sipylus (Westwood) [pink winged stick insect, pink wing stick insect, Madagascan stick insect, pink-winged phasmid] 棉管蝻，棉细颈杆蝻，棉杆竹节虫
Sipyloidea truncata Shiraki 见 *Sinophasma truncata*
Sipyloidea wuzhishanensis (Chen *et* He) 五指山管蝻
Sipylus 楔角蝉属
Sipylus albifasciatus Kato 同 *Kotogargara guttulinervis*
Sipylus albomarginis Yuan *et* Cui 白边楔角蝉
Sipylus auriculatus Funkhouser 丫纹楔角蝉，海南盾角蝉
Sipylus guttulinervis (Matsumura) 点脉楔角蝉，点脉盾角蝉
Sipylus latifasciatus Kato 同 *Kotogargara guttulinervis*
Sipylus lineatus Kato 同 *Kotogargara guttulinervis*
Sipylus minutus (Kato) 见 *Kotogargara minuta*
Sipylus nigrer Yuan *et* Fan 黑楔角蝉
Sipylus sericeus Funkhouser 丝楔角蝉，丝盾角蝉
Sipylus typicus (Kato) 楔角蝉，中脊盾角蝉
Sira japonica Folsom 见 *Willowsia japonica*
siren [*Hestina persimilis* (Westwood)] 拟斑脉蛱蝶
sirex wasp [= sirex woodwasp, European woodwasp, steel-blue, steel blue wood wasp, horntail borer, *Sirex noctilio* Fabricius] 松树蜂，云杉蓝树蜂，云杉树蜂，银枞树蜂
sirex woodwasp 见 sirex wasp
Sirex 树蜂属
Sirex areolatus (Cresson) [western horntail] 西方树蜂
Sirex behrensii (Cresson) [Behrens's horntail, Behrens horntail] 贝氏树蜂，松树蜂
Sirex cyaneus Fabricius [blue horntail] 蓝树蜂，钢青树蜂，杨柳蓝树蜂
Sirex ermak (Semenov) 落叶松树蜂
Sirex gigas (Linnaeus) 见 *Urocerus gigas*
Sirex juvencus (Linnaeus) [small blue horntail] 蓝黑树蜂，钢青小树蜂
Sirex juvencus imperialis Kirby 蓝黑树蜂黑足亚种，黑足树蜂
Sirex juvencus juvencus (Linnaeus) 蓝黑树蜂指名亚种，指名蓝黑树蜂
Sirex longicauda Middlekauff 长尾树蜂

Sirex nitobei Matsumura 斑翅树蜂，新渡户树蜂，新渡树蜂

Sirex noctilio Fabricius [sirex woodwasp, European woodwasp, sirex wasp, steel blue, steel-blue wood wasp, horntail borer] 松树蜂，云杉蓝树蜂，云杉树蜂，银枞树蜂

Sirex piceus Xiao *et* Wu 云杉树蜂

Sirex rufiabdominis Xiao *et* Wu 红腹树蜂

Sirex sinicus Maa 中华树蜂

Sirex tianshanicus (Semenov) 天山树蜂

Sirex vates Mocsáry 蜀黑树蜂

siricid 1. [= siricid woodwasp, siricid wasp, horntail, wood wasp] 树蜂 <树蜂科 Siricidae 昆虫的通称>；2. 树蜂科的

siricid wasp [= siricid woodwasp, siricid, horntail, wood wasp] 树蜂

siricid woodwasp 见 siricid wasp

Siricidae[=Uroceridae] 树蜂科

Siricinae 树蜂亚科

Siricoidea 树蜂总科

Sirinopteryx 黄尾尺蛾属

Sirinopteryx ablunata Guenée 双线黄尾尺蛾

Sirinopteryx parallela Wehrli 黄尾尺蛾

Sirinopteryx punctifera Wehrli 点斑黄尾尺蛾，点黄尾尺蛾

Sirinopteryx quadripunctata (Moore) 四点黄尾尺蛾

Sirinopteryx rosinaria Oberthür 双月黄尾尺蛾

Sirinopteryx rufilineata Warren 红线黄尾尺蛾

Sirinopteryx undulifera Warren 曲线黄尾尺蛾

siris bean weevil [*Bruchidius terrenus* (Sharp)] 合欢锥胸豆象甲，合欢锥胸豆象，合欢豆象甲，合欢豆象，黑斑豆象

siris leaf-like moth [*Hypopyra vespertilio* (Fabricius)] 柿变色夜蛾，变色夜蛾，变色裳蛾，威变色夜蛾

siris psylla [*Neoacizzia jamatonica* (Kuwayama)] 合欢新羞木虱，东方木虱，合欢羞木虱

siRNA [small interfering RNA 的缩写] 小 RNA 干扰

Sirocalodes 昔洛象甲属，昔洛象属

Sirocalodes mixtus (Mulsant *et* Frey) 混昔洛象甲，混昔洛象

Sirthenea 锥头盗猎蝽属，黄足猎蝽属

Sirthenea africana Distant 非洲锥头盗猎蝽

Sirthenea amazona Stål 亚马逊锥头盗猎蝽

Sirthenea caiana Chłond 彩氏锥头盗猎蝽

Sirthenea dimidiata Horváth 半黄锥头盗猎蝽，半黄足猎蝽

Sirthenea flaviceps (Signoret) 黄头锥头盗猎蝽

Sirthenea flavipes (Stål) 黄足锥头盗猎蝽，黄足直头盗猎蝽，黄足猎蝽

Sirthenea jamaicensis Willemse 牙买加锥头盗猎蝽

Sirthenea koreana Lee *et* Kerzhner 北方锥头盗猎蝽，韩黄足猎蝽

Sirthenea laevicollis Horváth 褐黄锥头盗猎蝽

Sirthenea melanota Cai *et* Lu 黑胸锥头盗猎蝽，黑胸黄足猎蝽

Sirthenea nigra Cai *et* Tomokuni 黑锥头盗猎蝽

Sirthenea nitida Chłond 小锥头盗猎蝽

Sirthenea obscura Stål 暗褐锥头盗猎蝽

Sirthenea pedestris Horváth 红缘锥头盗猎蝽

Sirthenea peruviana Drake *et* Harris 秘鲁锥头盗猎蝽

Sirthenea picescens Reuter 墨锥头盗猎蝽

Sirthenea stria (Fabricius) 红革锥头盗猎蝽

Sirthenea vittata Distant 淡纹锥头盗猎蝽

sisal weevil [= agave weevil, *Scyphophorus acupunctatus* Gyllenhaal] 剑麻黑环象甲，剑麻黑象甲

sisamnus dartwhite [*Catasticta sisamnus* (Fabricius)] 白带彩粉蝶

Siseme 溪蚬蝶属

Siseme alectryo Westwood [twin-spot duke, brown-and-white raymark, alectryo metalmark] 阿莱溪蚬蝶，溪蚬蝶

Siseme aristoteles (Latreille) [variable raymark] 白纹溪蚬蝶

Siseme hellotis Thieme 海螺溪蚬蝶

Siseme hothuras Berg 豪溪蚬蝶

Siseme luculenta Erschoff 荧光溪蚬蝶

Siseme neurodes Felder *et* Felder [orange-spot duke, stub-tailed raymark, neurodes metalmark] 玉带溪蚬蝶

Siseme pallas (Latreille) [yellow-banded raymark] 泊溪蚬蝶

Siseme peculiaris (Druce) 倍溪蚬蝶

Siseme pedias (Godman) [Godman's raymark] 足溪蚬蝶

Siseme pseudopallas (Weymer) 伪泊溪蚬蝶

Sishanaspis 滇片盾蚧属

Sishanaspis quercicola Ferris 阴腺滇片盾蚧

Sishanaspis templorum Balachowsky 缺腺滇片盾蚧

Sishania 鞋绵蚧属

Sishania flavopilata Tang *et* Hao 黄毛鞋绵蚧

Sishania nigropilata Ferris 黑毛鞋绵蚧

Sispocnis 拟横皱叶蝉亚属

sistens [pl. sistentes] 1. 尼母；2. 停育蚜 <指球蚜中，迁移蚜的无翅后代中停止发育的蚜型；参阅 progrediens>

sistens type 停育型 (蚜) <在球蚜第三代若虫中，有一段时间停止发育的蚜型；参阅 progrediens type>

sistentes [s. sistens] 1. 尼母；2. 停育蚜

sister 悌蛱蝶 <悌蛱蝶属 *Adelpha* 昆虫的通称>

sister chromosomes 姐妹染色体

sister group 姐妹群

sister metalmark [*Synargis phliasus* (Cramer)] 福来拟螟蚬蝶

sisterly care 同代照顾 <同一世代的昆虫相互照顾的行为，同 brotherly care>

sistosterol 食物固醇

Sisyphini 西蜣螂族

Sisyphus 西蜣螂属

Sisyphus bowringi White 保氏西蜣螂，保氏新西蜣螂，波西蜣螂

Sisyphus denticrus Fairmaire 齿西蜣螂

Sisyphus indicus Hope 印度西蜣螂，印度锡金龟甲

Sisyphus longipes (Olivier) 长西蜣螂

Sisyphus neglectus Gory 内西蜣螂

Sisyphus popovi Kryzhanovskii *et* Medvedev 坡西蜣螂

Sisyphus schaefferi (Linnaeus) 赛氏西蜣螂，赛西蜣螂

Sisyphus schaefferi morio Arrow 赛氏西蜣螂摩瑞亚种

Sisyphus schaefferi schaefferi (Linnaeus) 赛氏西蜣螂指名亚种

Sisyphus thoracicus Sharp 胸西蜣螂

Sisyra 水蛉属

Sisyra aurorae Navás 曙光水蛉，金水蛉

Sisyra curvata Yang *et* Gao 弯突水蛉

Sisyra hainana Yang *et* Gao 海南水蛉

Sisyra nervata Yang *et* Gao 畸脉水蛉

Sisyra yunana Yang 云水蛉

sisyrid 1. [= spongillafly, spongefly] 水蛉 <水蛉科 Sisyridae 昆虫的通称>；2. 水蛉科的

Sisyridae 水蛉科

Sisyrina 阶水蛉属
Sisyrina fashengi Yang *et* Liu 法圣阶水蛉
Sisyrina qiong Yang *et* Gao 琼阶水蛉
Sisyrina vietnamica Yang *et* Liu 越南阶水蛉
Sisyropa 皮寄蝇属
Sisyropa formosa Mesnil 台湾皮寄蝇
Sisyropa heterusiae (Coquillett) 异皮寄蝇，竹山寄蝇
Sisyropa picta (Baranov) 花彩皮寄蝇，花彩寄蝇
Sisyropa prominens (Walker) 突飞皮寄蝇，双刺皮寄蝇，突出寄蝇
Sisyropa soror Mesnil 同 *Sisyropa prominens*
Sisyropa stylata (Townsend) 尾叶皮寄蝇，刺皮寄蝇，尖锥寄蝇
Sisyrophora pfeifferae Lederer 见 *Cydalima pfeifferae*
Sisyrostolinae [= Brachyscleromatinae] 短胸姬蜂亚科
Sisyrura pectinata Navás 见 *Isoscelipteron pectinatum*
SIT [sterile insect technique 的缩写] 昆虫不育技术
sitala ace [= Nilgiri plain ace, Tamil ace, *Thoressa sitala* de Nicéville] 斯陀弄蝶
Sitarea stigmataspis (Wiedemann) 见 *Chaetostomella stigmataspis*
Sitaris 琴芫菁属，琴芫菁亚属
Sitaris pectoralis Bates 新疆琴芫菁
site 生境
site index 生境指数
site-likelihood 位点似然值
Sithon 喜东灰蝶属
Sithon micea Hewitson 美喜东灰蝶
Sithon nedymond (Cramer) [plush] 喜东灰蝶
Sitka bumble bee [*Bombus sitkensis* Nylander] 锡特卡熊蜂
Sitka gall aphid [= Douglas fir chermes, Cooley spruce gall aphid, Sitka spruce gall aphid, blue spruce gall aphid, spruce gall aphid, *Adelges cooleyi* (Gillette)] 黄杉球蚜
Sitka-spruce beetle [= spruce beetle, eastern spruce bark-beetle, Engelmann spruce beetle, Alaska spruce beetle, red-winged pine beetle, *Dendroctonus rufipennis* (Kirby)] 红翅大小蠹，云杉红翅小蠹，狭长大小蠹，东部云杉小蠹
Sitka spruce engraver [= Sitka spruce ips, *Pseudips concinnus* (Mannerheim)] 锡特加类齿小蠹，锡特加云杉齿小蠹，粒点假齿小蠹
Sitka spruce gall aphid 见 Sitka gall aphid
Sitka spruce ips 见 Sitka spruce engraver
Sitka spruce weevil [= white pine weevil, *Pissodes strobi* (Peck)] 白松木蠹象甲，西特卡云杉象甲，白松木蠹象，乔松木蠹象
Sitobion 谷网蚜属，芒蚜属
Sitobion avenae (Fabricius) [English grain aphid, grain aphid] 禾谷网蚜，麦长管蚜
Sitobion dismilaceti (Zhang) 菝葜谷网蚜
Sitobion fragariae (Walker) [blackberry-cereal aphid, blackberry-grass aphid, blackberry-grain aphid, blackberry aphid] 悬钩子谷网蚜，悬钩子长管蚜
Sitobion ibarae (Matsumura) 蔷薇谷网蚜，月季蚜，玫瑰蚜，蔷薇绿长管蚜
Sitobion miscanthi (Takahashi) [Indian grain aphid] 荻草谷网蚜，萱芒蚜
Sitobion perillae Zhang 紫苏谷网蚜， 白苏长管蚜
Sitobion phyllanthi (Takahashi) 叶下珠谷网蚜，油柑长网管蚜
Sitobion quinghaiense (Zhang, Chen, Zhong *et* Li) 青海谷网蚜，青海指管蚜
Sitobion rosaeformis (Das) 蔷形谷网蚜，中印玫瑰蚜
Sitobion rosivorum (Zhang) 月季谷网蚜，月季长管蚜
Sitobion smilacicola (Takahashi) 居菝葜谷网蚜，黄背芒蚜
Sitobion smilacifolaie (Takahashi) 蝎子草谷网蚜，黑背芒蚜，菝葜黑长管蚜
Sitochroa 双突野螟属
Sitochroa palealis (Denis *et* Schiffermüller) 伞双突野螟
Sitochroa umbrosalis (Warren) 黄翅双突野螟
Sitochroa verticalis (Linnaeus) [lesser pearl] 尖双突野螟，尖锥额野螟，黄草地螟，黄草地网螟，黄草地野螟，黑麦黄野螟
Sitodiplosis 禾谷瘿蚊属
Sitodiplosis latiaedeagis Liu *et* Mo 粗尾禾谷瘿蚊
Sitodiplosis mosellana (Géhin) [red wheat blossom midge, wheat midge, orange wheat blossom midge, wheat blossom midge] 麦红吸浆虫
Sitona 根瘤象甲属，根瘤象属
Sitona amurensis Faust 阿穆根瘤象甲，阿穆根瘤象，黑龙江根瘤象
Sitona callosus Gyllenhal 硬皮根瘤象甲，硬皮根瘤象
Sitona crinitus (Herbst) [spotted bean weevil, spotted pea weevil] 豆根瘤象甲，豆根瘤象
Sitona cylindricollis Fåhraeus [sweetclover weevil] 筒胸根瘤象甲，筒胸根瘤象，向日葵象甲
Sitona discoideus Gyllenhal 盘根瘤象甲
Sitona foedus Gyllenhyl 同 *Sitona hispidula*
Sitona hispidula (Fabricius) [clover root curculio, clover weevil] 长毛根瘤象甲，长毛根瘤象，车轴草根瘤象甲，车轴草根瘤象
Sitona japonica Roelofs 日本根瘤象甲
Sitona lepidus Gyllenhal [clover root weevil] 浅黄根瘤象甲，浅黄根瘤象
Sitona lineata (Linnaeus) [pea leaf weevil, pea and bean weevil] 直条根瘤象甲，豌豆根瘤象甲，豌豆叶象甲
Sitona lineellus (Bonsdorff) [alfalfa curculio] 细纹根瘤象甲，细纹根瘤象，线纹根瘤象
Sitona lividipes Fåhraeus 绿足根瘤象甲，绿足根瘤象
Sitona ovipennis Hochhuth 卵圆根瘤象甲，卵圆根瘤象，豌豆根瘤象
Sitona simillimus Korotyaev 黄芪根瘤象甲，黄芪根瘤象
Sitona sulcifrons (Thunberg) 沟额根瘤象甲
Sitona suturalis Stephens 点线根瘤象甲，点线根瘤象
Sitona tibialis (Herbst) 金光根瘤象甲，金毛根瘤象，二带根瘤象
Sitoninae 根瘤象甲亚科，根瘤象亚科
Sitonini 根瘤象甲族，根瘤象族
Sitophilus 米象甲属，米象属
Sitophilus glandium (Marshall) 栎实米象甲， 栎实象甲
Sitophilus granarius (Linnaeus) [wheat weevil, grain weevil, granary weevil] 谷象，谷米象甲
Sitophilus linearis (Herbst) [tamarind weevil, tamarind fruit weevil, tamarind seed weevil] 罗望子米象甲，酸豆谷象，罗望子谷象，罗望子象
Sitophilus oryzae (Linnaeus) [rice weevil, lesser rice weevil, lesser grain weevil, small rice weevil] 米象，米象甲，小米象
Sitophilus rugicollis Casey 皱米象甲，皱实象甲

Sitophilus sasakii (Takahashi) 同 *Sitophilus oryzae*

Sitophilus zeamais (Motschulsky) [maize weevil, greater grain weevil, greater rice weevil, northern corn billbug] 玉米象，玉米象甲

sitosterol 谷甾醇

Sitotroga 麦蛾属

Sitotroga cerealella (Olivier) [Angoumois grain moth, grain moth, rice grain moth, rice moth] 麦蛾，禾麦蛾

siva hairstreak [*Mitoura siva* Edwards] 斯敏灰蝶

Sivacrypticus 隐头拟步甲属，隐头拟步行虫属

Sivacrypticus taiwanicus Kaszab 台湾隐头拟步甲，台西拟步甲，台湾隐头拟步行虫

Sivalimnobia 拟细大蚊亚属

Sivaloka 席瓢蜡蝉属

Sivaloka damnosus Chou *et* Lu 见 *Dentatissus damnosus*

Sivana 隆花天牛属

Sivana bicolor (Ganglbauer) 红翅隆花天牛

Sivatipula 长角大蚊亚属

six-bar swordtail [*Pazala euroa* (Leech)] 升天剑凤蝶，优青凤蝶

six-dotted appletree borer [*Chrysobothris affinis* Fabricius] 栎星吉丁甲，栎星吉丁，六星吉丁，六星铜吉丁

six-maculated longicorn beetle [*Olenecamptus clarus* Pascoe] 黑点粉天牛，六点天牛

six-spined engraver beetle [= six-spined ips, coarse writing engraver, western six-spined engraver, *Ips calligraphus* (Germar)] 粗齿小蠹，北美乔松齿小蠹，美雕齿小蠹

six-spined ips 见 six-spined engraver beetle

six spot ground beetle [= domino beetle, *Anthia sexguttata* (Fabricius)] 六斑剑齿步甲

six-spot skipper [= riverine sedge-skipper, *Hesperilla sexguttata* Herrich-Schäffer] 六斑帆弄蝶

six-spotted angle [= green larch looper, larch looper, *Macaria sexmaculata* Packard] 落叶松玛尺蛾，落叶松绿庶尺蛾

six-spotted buprestid [*Chrysobothris succedanea* Saunders] 六星吉丁甲，六星吉丁，六星吉丁虫，六点吉丁，柑橘星吉丁，柑橘吉丁，六星金蛀虫，六星金蛀甲，六斑吉丁虫，粗孔星吉丁

six-spotted carpenter ant [*Camponotus sexguttatus* (Fabricius)] 六斑弓背蚁

six-spotted green tiger beetle [= six-spotted tiger beetle, *Cicindela sexguttata* Fabricius] 六斑虎甲

six spotted hawk moth [= tobacco hornworm, Carolina sphinx, six-spotted sphinx moth, *Manduca sexta* (Linnaeus)] 烟草天蛾，烟草曼天蛾

six-spotted leaf-cut weevil [*Apoderus praecellens* Sharp] 六星卷象甲，六星卷叶象甲，普卷象

six-spotted leafhopper [*Cicadula sexnotata* (Fallén)] 六点叶蝉，六点三点叶蝉，六点浮尘子

Neolema sexpunctata (Olivier) [six-spotted neolema] 六斑新合爪负泥虫

six-spotted pear sucker [*Cyamophila hexastigma* (Horv ά th)] 六点豆木虱，六痣豆木虱，梨六星木虱

six-spotted sphinx moth 见 six spotted hawk moth

six-spotted thrips [*Scolothrips sexmaculatus* (Pergande)] 六点食螨蓟马，六点蓟马，六星针蓟马

S

six-spotted tiger beetle 见 six-spotted green tiger beetle

six-toothed bark beetle 1. [*Ips sexdentatus* (Börner)] 枞十二齿小蠹，松十二齿小蠹，十二齿小蠹；2. [= six-toothed spruce bark beetle, *Pityogenes chalcographus* (Linnaeus)] 中穴星坑小蠹

six-toothed spruce bark beetle [= six-toothed bark beetle, *Pityogenes chalcographus* (Linnaeus)] 中穴星坑小蠹

six-yellow-spotted leaf beetle [*Galerucida lewisi* Jacoby] 六黄星萤叶甲

sixola metalmark [= greater calephelis, *Calephelis sixola* (McAlpine)] 喜细纹蚬蝶

sixth longitudinal vein 第六纵脉 < 在双翅目 Diptera 昆虫中，即康氏脉系的 1A 脉 >

size of animal 1. 动物数量；2. 动物大小

size of food 1. 食物数量；2. 食物大小

Sjoestedt's dotted border [*Mylothris sjostedti* Aurivillius] 黑角白迷粉蝶

skatole 甲基吲哚

Skeatia 邻驼姬蜂属

Skeatia clypeata Sheng *et* Sun 唇邻驼姬蜂

Skeatia fuscinervis (Cameron) 棕邻驼姬蜂

Skeatia mysorensis Jonathan *et* Gupta 迈索尔邻驼姬蜂

skeletal 骨骼的

skeletal muscle 体壁肌

skeletomized leafwing [= itys leafwing, *Zaretis itys* (Cramer)] 缺翅蛱蝶

skeleton 骨骼

skeletonizer 雕叶虫 < 指取食叶肉而残留叶脉及上、下表皮的有关幼虫 >

Skeloceras 虞索金小蜂属

Skeloceras chagyabensis (Liao) 察雅虞索金小蜂

Skeloceras glaucum Delucchi 裸肘虞索金小蜂

Skeloceras novickyi Delucchi 毛肘虞索金小蜂

Skeloceras strumiferum Huang 瘤柄虞索金小蜂

Skeloceras transversum Huang 横虞索金小蜂

Skeloceras validum Huang 壮虞索金小蜂

Skeloceras xizangensis (Liao) 西藏虞索金小蜂，西藏哈金小蜂

Skiapus 短颚姬蜂属

Skiapus niger Sheng 黑短颚姬蜂

skid-marked skipper [*Saturnus tiberius* Möschler] 台比留铅弄蝶

skiff beetle [= hydroscaphid beetle, hydroscaphid] 水缨甲，水藻甲，出尾水虫 < 水缨甲科 Hydroscaphidae 昆虫的通称 >

skiff moth 1. [= crowned slug moth, *Isa textula* (Herrich-Schäffer)] 绿冠刺蛾；2. [*Prolimacodes badia* (Hübner)] 褐斑船刺蛾

skimmer 1. [= libellulid dragonfly, libellulid, common skimmer, percher] 蜻，蜻蜓 < 蜻科 Libellulidae 昆虫的通称 >；2. [= macromiid dragonfly, cruiser, macromiid] 大伪蜻，大蜻 < 大伪蜻科 Macromiidae 昆虫的通称 >

skin 皮肤，外皮

skin beetle 1. 皮蠹 [= dermestid, dermestid beetle, skin beetle, tallow beetle] 皮蠹 <皮蠹科 Dermestidae 昆虫的通称>；2. 皮金龟 < 属皮金龟亚科 Troginae>

skin degerming 皮肤消毒

skin miner 细蛾 < 属细蛾科 Gracilariidae>

skin moth [*Monopis rusticella* (Clerck)] 皮斑谷蛾，皮谷蛾

Skinner's cloudywing [*Achalarus albociliatus* (Mabille)] 白缘昏弄

蝶

skipjack [= elaterid beetle, elater, elaterid, snapping beetle, spring beetle, wireworm, click beetle] 叩甲，叩头虫，金针虫 < 叩甲科 Elateridae 昆虫的通称 >

skipper 1. 水黾 <属水黾科 Gerridae>；2. [= hesperiid butterfly, hesperiid] 弄蝶 < 弄蝶科 Hesperiidae 昆虫的通称 >；3. 酪蝇 <属酪蝇科 Piophilidae>

skipperish tanmark [= Oaxacan emesis, saturata emesis, *Emesis saturata* Godman *et* Salvin] 瓦哈卡螟蚬蝶

Skobeleva 绫蟦属，绫石蝇属

Skobeleva apicalis (Kimmins) 见 *Perlodinella apicalis*

Skobeleva microlobata (Wu) 见 *Perlodinella microlobata*

Skobeleva tau (Klapálek) 见 *Filchneria tau*

Skobeleva unimacula (Klapálek) 见 *Perlodinella unimacula*

skototaxis 趋暗性

sky-blue cupid [*Chilades eleusis* (Demaison)] 蓝紫灰蝶

sky-blue hairstreak [= damo hairstreak, *Pseudolycaena damo* (Druce)] 斑伪灰蝶

slant agar 琼脂斜面

slant culture 斜面培养

slant-faced grasshopper 1. [*Truxalis nasuta* (Linnaeus)] 印巴荒地蝗，印巴乔松蝗，蟼蝗；2. 尖头蚱蜢

slash pine flower thrips [= pine thrips, *Gnophothrips fuscus* (Morgan)] 松蓟马

slash pine sawfly [*Neodiprion merkeli* Ross] 湿地新松叶蜂，湿地松锯角叶蜂

slash pine seedworm [*Laspeyresia anaranjada* Miller] 湿地松皮小卷蛾，湿地松小卷蛾，湿地松小卷叶蛾

slate awl [*Hasora anura* de Nicéville] 无趾弄蝶，无尾绒毛弄蝶

slate flash [*Rapala manea* (Hewitson)] 麻燕灰蝶

slate royal [*Maneca bhotea* (Moore)] 玛乃灰蝶

slaty 板石色的

slaty duskywing [= mithrax duskywing, slaty skipper, *Chiomara mithrax* (Möschler)] 蓝灰旗弄蝶，旗弄蝶

slaty roadside-skipper [*Amblyscirtes nereus* (Edwards)] 白带缎弄蝶

slaty skimmer [*Libellula incesta* Hagen] 暗蜻

slaty skipper 见 slaty duskywing

slaty tanmark [= lucinda metalmark, lucinda emesis, white-patched emesis, *Emesis lucinda* (Cramer)] 亮褐螟蚬蝶

slave gene 从属基因

slave-making ant [= shining slave-maker] 奴蚁

slavonic mealybug [*Peliococcus slavonicus* (Laing)] 斯拉夫品粉蚧

sleeping chironomid [*Polypedilum vanderplanki* Hinton] 范氏多足摇蚊

sleepy duskywing [*Erynnis brizo* (Boisduval *et* LeConte)] 双串珠弄蝶

slender baskettail [= stripe-winged baskettail, *Epitheca costalis* (Sélys)] 细毛伪蜻

slender bodied digger wasp [= large shield wasp, *Crabro cribrarius* (Linnaeus)] 斑盾方头泥蜂

slender burnished-brass moth [= soybean looper, pea semilooper, *Thysanoplusia orichalcea* (Fabricius)] 弧金杂翅夜蛾，弧金翅夜蛾，金弧弧翅夜蛾，奥粉斑夜蛾

slender clearwing [= graceful clearwing, *Hemaris gracilis* (Grote *et* Robinson)] 细黑边天蛾

slender duck louse [*Anaticola crassicornis* (Scopoli)] 鸭安长鸟虱，绿头鸭雁鸭虱，细鸭虱

slender fly [= megamerinid fly, megamerinid] 刺股蝇，细蝇 < 刺股蝇科 Megamerinidae 昆虫的通称 >

slender goose louse [*Anaticola anseris* (Linnaeus)] 灰安长鸟虱，灰雁鸭虱，细鹅虱

slender guinea louse [*Lipeurus numidae* (Denny)] 珍珠鸡长鸟虱，珍珠鸡长圆虱

slender guineapig louse [*Gliricola porcelli* (Schrank)] 豚鼠长虱

slender hairy aphid [*Mollitrichosiphum tenuicorpum* (Okajima)] 瘦声毛管蚜，窄体声毛管蚜，细长毛管蚜，长毛毛管蚜

slender-horned flour beetle [*Gnathocerus maxillosus* (Fabricius)] 细角谷盗，窄角拟步甲，细角谷甲，细拟谷盗

slender-horned horsefly [*Hybomitra montana* (Meigen)] 突额瘤虻，山瘤虻

slender lacewing [= nymphid lacewing, split-footed lacewing, nymphid] 细蛉 < 细蛉科 Nymphidae 昆虫的通称 >

slender mealybug [*Atrococcus cracens* Williams] 细长黑粉蚧

slender pigeon louse [*Columbicola columbae* (Linnaeus)] 长鸽鸽鸟虱，长鸽虱，鸽长羽虱，鸽长圆羽虱

slender red weevil [= red weevil, Australian belid weevil, *Rhinotia haemoptera* Kirby] 红矛象甲，红鲨象甲

slender rice bug 1.[*Cletus trigonus* (Thunberg)] 长肩棘缘蝽，大针缘蝽，肩棘缘蝽；2. [= rice ear bug, *Leptocorisa oratoria* (Fabricius)] 大稻缘蝽，稻蛛缘蝽，稻穗缘蝽

slender seedcorn beetle [*Clivina impressifrons* LeConte] 玉米籽小蝼步甲，玉米籽细步甲，玉米籽步甲，玉米籽栗褐步甲

slender springtail [= entomobryid springtail, entomobryid collembolan, entomobryid] 长角䖴，长角跳虫 < 长角䖴科 Entomobryidae 昆虫的通称 >

slender Turkey louse [= Turkey wing louse, *Oxylipeurus polytrapezius* (Burmeister)] 土耳其长角羽虱，火鸡翅虱

slender twig ant [= graceful twig ant, Mexican twig ant, elongated twig ant, *Pseudomyrmex gracilis* (Fabricius)] 细伪切叶蚁

SlGV [= SpliGV, *Spodoptera litura granulovirus* 的缩写] 斜纹夜蛾颗粒体病毒

slice 薄片

Sliceaedeagusa 片茎叶蝉属

Sliceaedeagusa dentatusa Fan *et* Li 齿缘片茎叶蝉

sliced sheet 切片

slicer 切片刀，切片机

slicker 缨尾虫 <属缨尾目 Thysanura>

slide-dip method 玻片浸渍法

sliding semilandmarks 滑动半标点法

slodius parnassian [*Parnassius clodius* Ménétriés] 加州绢蝶

sloe bug [= sloe shieldbug, hairy shieldbug, fine-hairy stink-bug, sugarbeet stink bug, *Dolycoris baccarum* (Linnaeus)] 斑须蝽，细毛蝽，斑角蝽

sloe emperor moth [*Saturnia spini* (Denis *et* Schiffermüller)] 斯目大蚕蛾，斯蔷薇大蚕蛾

sloe hairstreak [*Satyrium acaciae* (Fabricius)] 阿卡洒灰蝶

sloe shieldbug 见 sloe bug

Slosson's dotted skipper [*Hesperia attalus slossonae* (Skinne)] 星点暗翅弄蝶斯氏亚种

slow-evolving gene 慢速进化基因

slow growing silkworm 迟蚕

slow release formulation [abb. SR] 缓释剂

slug 1. 蛞蝓型幼虫 < 常指某些叶蜂和有些鞘翅目幼虫，其外观黏滑，身体紧贴于植物，貌似蛞蝓 >；2. 蛞蝓

slug caterpillar moth [= limacodid moth, limacodid caterpillar, limacodid, slug moth, cup moth] 刺蛾 < 刺蛾科 Limacodidae 昆虫的通称 >

slug moth 见 slug caterpillar moth

sluggish weevil [= large thistle weevil, *Cleonus pigra* (Scopoli)] 欧洲方喙象甲，欧洲方喙象

small alder chafer [*Anomala multistriata* Motschulsky] 赤杨小异丽金龟甲，赤杨小丽金龟

small alder midget [= Nieelli's alder midget moth, *Phyllonorycter stettinensis* (Nicelli)] 尼氏小潜细蛾，尼氏桤木潜叶细蛾

small alpine xenica [*Oreixenica latialis* Waterhouse *et* Lyell] 黄翅金眼蝶

small ant-blue [*Acrodipsas myrmecophila* (Waterhouse *et* Lyell)] 蚁散灰蝶

small apollo [= phoebus apollo, *Parnassius phoebus* (Fabricius)] 福布绢蝶

small aspen leaftier moth [*Acleris fuscana* (Barnes *et* Busck)] 角斑长翅卷蛾

small aspen pigmy moth [= aspen pigmy, *Stigmella assimilella* (Zeller)] 青杨痣微蛾，青杨微蛾

small banana weevil [= banana corm weevil, *Polytus mellerborgi* (Boheman)] 麦氏光象甲，蜜稻象甲，蜜稻象，麦氏光象鼻虫

small banded pine weevil [= banded pine weevil, lesser banded pine weevil, minor pine weevil, pine banded weevil, *Pissodes castaneus* (De Geer)] 带木蠹象甲，松脂象甲

small bath white [*Pontia chloridice* (Hübner)] 绿云粉蝶，淡脉绿粉蝶

small bean bug [= stalk-eyed seed bug, stalk-eyed bug, *Chauliops fallax* Scott] 豆突眼长蝽

small beech pigmy [= white-barred beech pigmy moth, *Stigmella tityrella* (Stainton)] 山毛榉白条痣微蛾，山毛榉白条微蛾

small birch leafminer [= large birch pigmy, *Ectoedemia occultella* (Linnaeus)] 桦外微蛾

small birch midget [*Phyllonorycter anderidae* (Fletcher)] 桦小潜叶细蛾

small birch pigmy [*Eriocrania sakhalinella* Kozlov] 桦毛顶蛾

small birch purple [*Eriocrania salopiella* Stainton] 桦紫毛顶蛾

small black bush brown [*Bicyclus buea* Strand] 布埃亚蔽眼蝶

small black evening moth [*Macroglossum bombylans* Boisduval] 青背长喙天蛾，小黑天蛾，双带长喙天蛾

small black liptena [*Liptena despecta* (Holland)] 台斯琳灰蝶

small blackish cochlid [= Japanese small blackish cochlid, *Scopelodes contracta* Walker] 纵带球须刺蛾，球须刺蛾，小星刺蛾，黑刺蛾

small blue 1. [= little blue, *Cupido minimus* (Füssly)] 小枯灰蝶，枯灰蝶；2. [*Philotiella speciosa* (Edwards)] 菲罗灰蝶

small blue cattle louse [= little blue cattle louse, hairy cattle louse, tubercle-bearing louse, *Solenopotes capillatus* Enderlein] 侧管管虱，牛管虱，小短鼻牛虱，水牛盲虱

small blue horntail [*Sirex juvencus* (Linnaeus)] 蓝黑树蜂，钢青小树蜂

small blue-legged grasshopper [*Epacromius coerulipes* (Ivanov)] 大垫尖翅蝗

small blue longicorn [*Praolia citrinips* Bates] 台湾柔天牛，蓝艳细角天牛，小蓝天牛

small branded swift [= rice skipper, paddy hesperid, paddy skipper, dark small-branded swift, lesser millet skipper, black branded swift, common branded swift, *Pelopidas mathias* (Fabricius)] 隐纹谷弄蝶，隐纹稻苞虫，玛稻弄蝶

small brindled beauty [*Apocheima hispidaria* (Denis *et* Schiffermüller)] 小春尺蛾

small bronze azure [*Ogyris otanes* Felder *et* Felder] 娥澳灰蝶

small brown crow 1. [= dwarf crow, eastern brown crow, purple crow, *Euploea tulliolus* (Fabricius)] 妒丽紫斑蝶，小紫斑蝶；2. [*Euploea darchia* MacLeay] 达尔文紫斑蝶

small brown planthopper [= small brown rice planthopper, *Laodelphax striatellus* (Fallén)] 灰飞虱，稻灰飞虱，小褐稻虱

small brown rice planthopper 见 small brown planthopper

small brown scale [= proteus scale, common parlatoria scale, orchid parlatoria scale, sanseveria scale, cattleya scale, orchid scale, elongate parlatoria scale, *Parlatoria proteus* (Curtis)] 黄片盾蚧，橘黄褐蚧，黄糠蚧，黄片介壳虫，黄片盾介壳虫

small brush flitter [= brush flitter, brush tree flitter, *Hyarotis microsticta* (Wood-Mason *et* de Nicéville)] 小纹希弄蝶

small cabbage bug [= harlequin cabbage red bug, harlequin bug, scarlet shield bug, *Eurydema dominulus* (Scopoli)] 菜蝽，河北菜蝽，六斑菜蝽，云南菜蝽

small cabinet beetle [= variegated carpet beetle, varied carpet beetle, *Anthrenus verbasci* (Linnaeus)] 小圆皮蠹，红斑皮蠹，花圆皮蠹

small carion beetle [= leptodirid beetle, leptodirid] 球蕈甲 < 球蕈甲科 Leptodiridae 昆虫的通称 >

small carl [*Tischeria dodonaea* Heyden] 小冠潜蛾

small carpenter [= ceratinid bee, ceratinid, small carpenter bee] 芦蜂 < 芦蜂科 Ceratinidae 昆虫的通称 >

small carpenter bee 见 small carpenter

small cedar-bark borer [= small cedar borer, *Atimia confusa* (Say)] 雪松截尾天牛，雪松小幽天牛

small cedar borer 见 small cedar-bark borer

small cerarian mealybug [*Peliococcopsis parviceraria* (Goux)] 中欧晶粉蚧

small checkered skipper [*Pyrgus scriptura* (Boisduval)] 旷野花弄蝶

small chestnut weevil [*Curculio sayi* Gyllenhal] 栗小象甲

small chrysanthemum aphid [= green chrysanthemum aphid, pale chrysanthemum aphid, *Coloradoa rufomaculata* (Wilson)] 红斑卡蚜，淡菊卡蚜，菊小长管蚜，蒿蚜，菊绿缢管蚜

small citrus butterfly [= lime swallowtail, common lime butterfly, chequered swallowtail butterfly, common lime swallowtail, lime butterfly, lemon butterfly, chequered swallowtail, dingy swallowtail, citrus swallowtail, *Papilio demoleus* Linnaeus] 达摩凤蝶，达摩翠凤蝶，无尾凤蝶，花凤蝶，黄花凤蝶，黄斑凤蝶，柠檬凤蝶

small citrus dog [= Asian swallowtail, xuthus swallowtail, smaller citrus dog, Chinese yellow swallowtail, *Papilio xuthus* Linnaeus]

柑橘凤蝶，花椒凤蝶，橘金凤蝶

small clover case-bearer [= clover case-bearer, *Coleophora alcyonipennella* (Kollar)] 三叶草鞘蛾

small cocoon 小型茧

small copper 1. [= grassland copper, chequered copper, *Lucia limbaria* (Swainson)] 褐裙灰蝶；2. [= common copper, American copper, *Lycaena phlaeas* (Linnaeus)] 红灰蝶

small cotton bug [= small oriental cotton stainer, *Dysdercus poecillus* (Herrich-Schäffer)] 联斑棉红蝽，姬赤星椿象

small cotton measuring worm [= cotton semilooper, tropical anomis, white-pupiled scallop moth, orange cotton moth, cotton measuringworm, green semilooper, cotton leaf caterpillar, okra semilooper, cotton looper, yellow cotton moth, *Anomis flava* (Fabricius)] 棉小造桥虫，小桥夜蛾，小造桥夜蛾，小造桥虫，红麻小造桥虫，棉夜蛾

small crossvein 小横脉 < 见于双翅目昆虫中，同前横脉 >

small cupid [*Chilades contracta* (Butler)] 淡紫灰蝶

small cypress bark beetle [= Mediterranean cypress bark beetle, small cyprus bark-beetle, *Phloeosinus aubei* (Perris)] 柏肤小蠹，柏木合场肤小蠹，柏木肤小蠹，侧柏小蠹

small cypress jewel beetle [= small cypress pine jewel beetle, *Diadoxus erythrurus* (White)] 小松柏吉丁甲，小松柏吉丁

small cypress pine jewel beetle 见 small cypress jewel beetle

small cyprus bark-beetle 见 small cypress bark beetle

small darter [*Telicota brachydesma* Lower] 小长标弄蝶

small death's head hawkmoth [= eastern death's-head hawkmoth, bean sphinx moth, lesser death's head hawkmoth, death's head sphinx moth, bee robber, death's head hawkmoth, *Acherontia styx* Westwood] 芝麻面形天蛾，芝麻鬼脸天蛾，茄天蛾，小骷髅天蛾，后黄人面天蛾

small dingy skipper [= wide-brand sedge-skipper, *Hesperilla crypsigramma* (Meyrick *et* Lower)] 黑褐帆弄蝶

small-dorsal-recti-muscle 小背直肌 < 位于昆虫体侧部的大背直肌与背腹肌之间的较狭的背纵肌 >

small dung beetle 蜉金龟 < 属蜉金龟科 Aphodiidae>

small dung fly [= sphaerocerid fly, lesser corpse fly, sphaerocerid, lesser dung fly] 小粪蝇 < 小粪蝇科 Sphaeroceridae 昆虫的通称 >

small dusky-blue [*Candalides erinus* (Fabricius)] 艾坎灰蝶

small earwig [= lesser earwig, *Labia minor* (Linnaeus)] 小姬螋，小蠼螋，小副苔螋

small eggar [= small eggar moth, birch lasiocampid, *Eriogaster lanestris* (Linnaeus)] 桦斑翅枯叶蛾，桦枯叶蛾，棉枯叶蛾

small eggar moth 见 small eggar

small elephant hawk-moth [*Deilephila porcellus* (Linnaeus)] 闪红天蛾

small elfin [= orange flat, *Sarangesa phidyle* (Walker)] 橙色刷胫弄蝶

small elm midget [= Ray's midget, *Phyllonorycter schreberella* (Fabricius)] 黑榿木小潜细蛾，黑榿木潜叶细蛾

small emerald damselfly [= small spreadwing, *Lestes virens* (Charpentier)] 绿丝蟌

small emperor moth [= emperor moth, lesser emperor moth, *Saturnia pavonia* (Linnaeus)] 蔷薇目大蚕蛾，蔷薇大蚕蛾，四黑目天蚕

small engrailed [= saddlebacked looper, saddleback looper, hieroglyphic moth, engrailed, small engrailed moth, *Ectropis crepuscularia* (Denis *et* Schiffermüller)] 鞍形埃尺蛾，松埃尺蛾，鞍形尺蛾，埃尺蛾

small engrailed moth 见 small engrailed

small ermine moth 1. [= orchard ermine, cherry ermine moth, plum small ermine, few-spotted ermine moth, ermine moth, *Yponomeuta padella* (Linnaeus)] 苹果巢蛾，苹巢蛾，樱桃巢蛾；2. [= apple ermine moth, apple hyponomeut, *Yponomeuta malinella* (Zeller)] 小苹果巢蛾，苹叶巢蛾，苹果巢蛾

small-eyed flour beetle [*Palorus ratzeburgi* (Wissmann)] 小眼粉盗，小眼谷盗，姬拟粉盗，姬帕谷甲，姬拟谷盗，姬粉盗

small-eyed sailor [= artemisia sailor, *Dynamine artemisia* (Fabricius)] 眼镜权蛱蝶

small false click beetle [= throscid beetle, false metallic wood-boring beetle, throscid] 粗角叩甲，粗角叩头虫 < 粗角叩甲科 Throscidae 昆虫的通称 >

small fig blue [= West African fig-tree blue, *Myrina subornata* Lathy] 苏宽尾灰蝶

small fir bark beetle [*Cryphalus piceae* (Ratzeburg)] 广布梢小蠹

small flame-bordered charaxes [*Charaxes anticlea* (Drury)] 红裙螯蛱蝶，暗褐螯蛱蝶

small flitter [*Zographetus rama* (Mabille)] 罗摩肿脉弄蝶

small flower click beetle [*Melanotus erythropygus* Candèze] 小花梳爪叩甲，小花叩甲

small four-line blue [*Nacaduba pavana* (Horsfield)] 孔雀娜灰蝶，帕娜灰蝶

small fruit tortrix [= apple seed moth, smaller fruit tortrix moth, *Grapholita lobarzewskii* (Nowicki)] 苹籽小食心虫，山楂小食心虫，拟杏小食心虫

small garden bumblebee [= garden bumblebee, *Bombus* (*Megabombus*) *hortorus* (Linnaeus)] 长颊熊蜂，园熊蜂，霍熊蜂 < 此种学名有误写为 *Bombus hortorum* (Linnaeus) 者 >

small gifu butterfly [= small luehdorfia, *Luehdorfia puziloi inexpecta* Sheljuzhko] 虎凤蝶本州亚种

small golden ant [*Pheidole morrisi* Forel] 莫氏大头蚁

small goldenfork [*Lethe atkinsonia* (Hewitson)] 小金斑黛眼蝶

small granular granulocyte 小颗粒粒血细胞

small grape plume-moth [= grape plume-moth, *Nippoptilia vitis* (Sasaki)] 葡萄日羽蛾，葡萄尼波羽蛾，小葡萄羽蛾，葡萄尼坡羽蛾，葡萄小羽蛾

small grass blue [= black-spotted grass blue, *Famegana alsulus* (Herrich-Schäffer)] 珐灰蝶

small grass yellow 1. [= broad bordered grass yellow, no brand grass yellow, *Eurema brigitta* (Stoll)] 无标黄粉蝶；2. [= bordered sulphur, *Eurema smilax* (Donovan)] 斯美黄粉蝶

small greasy [= glasswing, *Acraea andromacha* (Fabricius)] 透翅珍蝶，帝王珍蝶

small green awlet [= green-streaked awlet, *Burara amara* (Moore)] 耳暮弄蝶

small green banded blue [= white-banded blue, *Psychonotis caelius* (Felder)] 白带灵灰蝶，灵灰蝶

small green chrysanthemum aphid [*Myzus rosarum* (Kaltenbach)] 菊瘤蚜，菊瘤额蚜

small green stink bug [= red-banded stink bug, *Piezodorus guildinii* (Westwood)] 红带璧蝽

small green underwing [*Albulina metallica* (Felder *et* Felder)] 耀婀灰蝶

small hawk moth [= olive-green hawk moth, *Theretra japonica* (Boisduval)] 日本斜纹天蛾，雀斜纹天蛾，日斜纹天蛾，雀纹天蛾，爬山虎天蛾，葡萄叶绿褐天蛾，葡萄绿褐天蛾，黄胸斜纹天蛾

small Hazel purple [*Eriocrania chrysolepidella* Zeller] 金毛顶蛾

small-headed fly [= acrocerid fly, hunch-back fly, spider fly, acrocerid] 小头虻 < 小头虻科 Acroceridae 昆虫的通称 >

small-headed froghopper [*Eoscarta assimilis* (Uhler)] 黑腹曙沫蝉，黑腹直脉曙沫蝉，褐色曙沫蝉，小头沫蝉，尤氏曙沫蝉，同化黎现沫蝉，拟曙沫蝉

small heat shock protein [abb. sHSP] 小热休克蛋白，小分子热休克蛋白

small heath [*Coenonympha pamphilus* (Linnaeus)] 潘非珍眼蝶

small heath bumblebee [= heath humble-bee, *Bombus* (*Pyrobombus*) *jonellus* (Kirby)] 健熊蜂

small hillside brown [= spotted-eye brown, *Pseudonympha narycia* Wallengren] 三瞳仙眼蝶

small hive beetle [*Aethina tumida* Murray] 蜂箱奇露尾甲，蜂巢奇露尾甲，蜂箱小甲虫

small hopper [*Platylesches tina* Evans] 蒂娜扁弄蝶

small interfering RNA [abb. siRNA] 小 RNA 干扰

small intestine [= intestina parva, ileum] 回肠，小肠

small Japanese cedar longhorned beetle [= Japanese cedar longhorned beetle, *Callidiellum rufipenne* (Motschulsky)] 红翅小扁天牛，柳杉古扁胸天牛，柳杉小天牛，姬杉天牛

small jewel blue [*Plebejus christophi* (Staudinger)] 克豆灰蝶

small lappet [= small lappet moth, *Phyllodesma ilicifolia* (Linnaeus)] 榆枯叶蛾，榆小毛虫

small lappet moth 见 small lappet

small larch sawfly [= common sawfly, larch sawfly, *Pristiphora laricis* (Hartig)] 落叶松槌缘叶蜂，落叶松锉叶蜂，小落叶松叶蜂

small leaf psylla [= cotton psyllid, small leaf psyllose, *Paurocephala gossypii* Russel] 棉褐小头木虱，棉褐小木虱，棉褐木虱

small leaf psyllose 见 small leaf psylla

small-leafed oak scale [*Chionaspis saitamaensis* Kuwana] 柞雪盾蚧，栎雪盾蚧

small-leaved oak cottony aphid [*Diphyllaphis konarae* (Shinji)] 枹迪叶蚜，小桴叶蚜

small leopard [*Phalanta alcippe* (Stoll)] 奥绮珐蛱蝶

small long-brand bushbrown [*Mycalesis igilia* Fruhstorfer] 小长斑眉眼蝶

small luehdorfia 见 small gifu butterfly

small magpie [*Eurrhypara hortulata* (Linnaeus)] 夏枯草线须野螟

small marbled bush Brown [*Bicyclus auricruda* Butler] 金蔽眼蝶

small marbled elf [*Eretis umbra* (Trimen)] 暗迩弄蝶

small mellana [*Quasimellana sethos* (Mabille)] 小准弄蝶

small milkweed bug [= common milkweed bug, *Lygaeus kalmii* Stål] 小红长蝽，小乳草长蝽

small moth borer [= sugarcane stalk borer, sugarcane borer, sugarcane moth borer, sugarcane moth, sugarcane borer moth, American sugarcane borer, small sugarcane moth borer, small sugarcane borer, *Diatraea saccharalis* (Fabricius)] 小蔗秆草螟，蔗螟，小蔗螟

small mottled willow moth [= lesser armyworm, beet armyworm, *Spodoptera exigua* (Hübner)] 甜菜夜蛾，贪夜蛾，白菜褐夜蛾，甜菜斜纹夜蛾，小卡夜蛾

small mountain ringlet [= mountain ringlet, *Erebia epiphron* (Knoch)] 黑珠红眼蝶

small narrowspot lancer [*Isma miosticta* (de Nicéville)] 迷缨矛弄蝶

small oak bark beetle [= oak bark beetle, *Pseudopityophthorus minutissimum* (Zimmerman)] 栎鬃额小蠹

small oakblue [= white oak-blue, *Arhopala wildei* Miskin] 维尔娆灰蝶

small obscure moth 遮颜蛾 < 属遮颜蛾科 Blastobasidae>

small ochre liptena [*Liptena eketi* Bethune-Baker] 伊克琳灰蝶

small orange acraea [= orange acraea, *Acraea eponina* (Cramer)] 黄宝石珍蝶

small orange legionnaire [= dancing acraea, *Acraea serena* (Fabricius)] 小黄珍蝶

small orange ochre [= orange white-spot skipper, *Trapezites heteromacula* Meyrick *et* Lower] 橙点梯弄蝶

small orange tip 1. [= little orange tip, *Colotis etrida* Boisduval] 小橙角珂粉蝶；2. [= desert orange tip, tiny orange tip, three spot crimson tip, *Colotis evagore* (Klug)] 漫游珂粉蝶

small oriental cotton stainer 见 small cotton bug

small owl [*Narope minor* Casagrande] 小纳环蝶

small painted locust [*Schistocerca literosa* (Walker)] 小沙漠蝗

small palm bob [*Suastus minutus* (Moore)] 小素弄蝶

small-patched metalmark [*Caria domitianus* (Fabricius)] 多斑咖蚬蝶

small pearl-bordered fritillary [= silver-bordered fritillary, *Clossiana selene* (Denis *et* Schiffermüller)] 北冷珍蛱蝶

small pearl white [*Elodina walkeri* Butler] 小药粉蝶

small pepper weevil [= lesser pepper weevil, *Lophobaris piperis* Marshall] 胡椒蛀果象甲，胡椒果象甲

small Peruvian bollworm [= Peruvian lesser bollworm, cotton boll-borer, *Mescinia peruella* Schaus] 棉铃蛀螟

small phigalia moth [*Apocheima strigataria* (Minot)] 斯春尺蛾

small pied blue [*Megisba strongyle* (Felder)] 斯美姬灰蝶

small pigeon louse [*Campanulotes bidentatus* (Scopoli)] 鸽小羽虱，斑尾林鸽小羽虱

small pit scale [= golden pit scale, pit making oak scale, oak pit scale, golden oak scale, *Asterodiaspis variolosa* (Ratzeburg)] 光泽栎链蚧，栎凹点镣蚧，柞树栎链蚧

small poplar borer [*Saperda populnea* (Linnaeus)] 青杨楔天牛，小杨天牛

small postman [= crimson-patched longwing, red passion flower butterfly, red postman, *Heliconius erato* (Linnaeus)] 艺神袖蝶

small psychid moth [= tea bagworm, *Acanthopsyche snelleni* Heylaerts] 斯氏桉袋蛾，斯氏茶蓑蛾

small purple & gold [= mint moth, small purple-and-gold, peppermint pyrausta, *Pyrausta aurata* (Scopoli)] 黄纹野螟，薄荷野螟，薄荷螟

small purple-and-gold 见 small purple & gold

small red bob [*Idmon obliquans* (Mabille)] 红伊弄蝶，红曜弄蝶

small red damselfly [*Ceriagrion tenellum* (de Villers)] 小尾黄蟌

small redeye [= Martin's redeye, *Gangara sanguinocculus* (Martin)] 暗红椰弄蝶

small Réunion swallowtail [=papillon la pature, *Papilio phorbanta* Linnaeus] 留尼汪岛德凤蝶

small rice casebearer [= small rice caseworm, *Parapoynx vittalis* (Bremer)] 稻黄筒水螟，稻筒水螟，稻水螟

small rice caseworm 见 small rice casebearer

small rice froghopper [*Clovia puncta* (Walker)] 一点铲头沫蝉，刻点铲头沫蝉

small rice stink bug [= South American rice bug，*Oebalus poecilus* (Dallas)] 小肩刺蝽，南美稻蝽

small rice weevil [= rice weevil, lesser rice weevil, lesser grain weevil, *Sitophilus oryzae* (Linnaeus)] 米象，米象甲，小米象

small sal buprestid [*Acmaeodera stictipennis* Laporte *et* Gory] 小柳安花颈吉丁甲，小柳安花颈吉丁

small salmon Arab [= topaz Arab, *Colotis amata* (Fabricius)] 珂粉蝶

small scallop [*Idaea emarginata* (Linnaeus)] 凹缘波姬尺蛾，凹缘折足尺蛾

small seed weevil [= avocado weevil, *Conotrachelus perseae* Barber] 鳄梨球颈象甲，鳄梨象

small silky skipper [*Semalea atrio* (Mabille)] 小绅弄蝶

small silverfork [*Lethe jalaurida* (de Nicéville)] 小云斑黛眼蝶

small skipper [*Thymelicus sylvestris* (Poda)] 有斑豹弄蝶

small smoky acraea [*Acraea eugenia* Karsch] 油珍蝶

small snow scale [= cotton white scale, hibiscus snow scale, lesser snow scale, *Pinnaspis strachani* (Cooley)] 突叶并盾蚧，棉并盾蚧，山榄并盾介壳虫

small snowy angle [*Darpa pteria dealbata* Distant] 贝达弄蝶小型亚种，贝毛弄蝶小型亚种

small soldier fly [*Odontomyia garatas* Walker] 黄绿斑短角水虻，小水虻，黄绿斑水虻，小优水虻

small somber-colored moth 小灰螟 < 属拟螟科 Pyraustidae>

small southern pine engraver [*Ips avulsus* (Eichhoff)] 美东最小齿小蠹，小松齿小蠹

small spherical brochosome [abb. SB] 小球形网粒体

small-spot plain ace [*Thoressa fucsa* (Elwes)] 赭陀弄蝶

small-spotted flasher [*Astraptes egregius* (Butler)] 小斑蓝闪弄蝶

small spreadwing [=small emerald damselfly，*Lestes virens* (Charpentier)] 绿丝蟌

small spruce adelges [*Pineus pineoides* Cholodovsky] 云杉松球蚜

small spruce bark beetle 1. [*Polygraphus poligraphus* (Linnaeus)] 云杉小四眼小蠹，云杉四眼小蠹；2. [= eight-toothed spruce bark beetle, *Ips amitinus* (Eichhoff)] 北欧八齿小蠹

small spruce bell moth [= European spruce needleminer, green spruce leafminer, dwarf spruce bell moth, *Epinotia nanana* Treitschke] 云杉叶小卷蛾

small spurwing [= royal spurwing, *Antigonus corrosus* Mabille] 蚀铁锈弄蝶

small squaregill mayfly [= caenid, caenid mayfly] 细蜉 < 细蜉科 Caenidae 昆虫的通称 >

small staff sergeant [*Athyma zeroca* Moore] 孤斑带蛱蝶，泽达科蛱蝶

small stately bush brown [*Bicyclus evadne* (Cramer)] 埃娃蔽眼蝶

small streaked sailer [= streaked sailer, *Neptis goochi* Trimen] 古环蛱蝶

small striped flea beetle 1. [= turnip flea beetle, cabbage flea beetle, yellow-striped flea beetle, *Phyllotreta nemorum* (Linnaeus)] 绿胸菜跳甲，芜菁淡足跳甲；2. [= lesser striped flea beetle, turnip flea beetle, *Phyllotreta undulata* Kutschera] 波条菜跳甲，芜菁细条跳甲

small striped swordtail [= common swordtail, *Graphium policenes* (Cramer)] 非洲青凤蝶

small stripestreak [*Arawacus hypocrita* (Schaus)] 小崖灰蝶

small sugarcane borer [= sugarcane stalk borer, sugarcane borer, sugarcane moth borer, sugarcane moth, sugarcane borer moth, American sugarcane borer, small moth borer, small sugarcane moth borer, *Diatraea saccharalis* (Fabricius)] 小蔗秆草螟，蔗螟，小蔗螟

small sugarcane moth borer 见 small sugarcane borer

small swift [*Borbo perobscura* Druce] 佩罗籼弄蝶

small-tailed line blue [= Felder's line blue, short-tailed line blue, *Prosotas felderi* (Murray)] 费波灰蝶

small tawny wall [*Rhaphicera moorei* Butler] 小网眼蝶

small telemiades [*Telemiades fides* Bell] 小电弄蝶

small thistle moth [*Tebenna micalis* (Mann)] 小特舞蛾，一色雕蛾，心点舞蛾

small three ring [*Ypthima norma* Westwood] 无斑矍眼蝶

small tiger longicorn [*Plagionotus pulcher* Blessig] 栎丽虎天牛，丽虎天牛

small tiger moth [= wood tiger moth, wood tiger, black-and-white tiger moth, *Parasemia plantaginis* (Linnaeus)] 车前灯蛾

small tortoiseshell [*Aglais urticae* (Linnaeus)] 荨麻蛱蝶

small water scorpion [*Ranatra unicolor* Scott] 一色螳蝎蝽，一色杆蝎蝽，小蝎蝽

small water strider [= veliid bug, veliid, water cricket, riffle bug, ripple bug, broad-shouldered water strider] 宽肩蝽，宽黾蝽，宽肩水黾 < 宽肩蝽科 Veliidae 昆虫的通称 >

small waved umber [*Horisme vitalbata* (Denis *et* Schiffermüller)] 维界尺蛾

small webworm [= Hawaiian beet webworm, Hawaiian beet webworm moth, beet webworm, beet webworm moth, beet leaftier, spinach moth, maize moth, *Spoladea recurvalis* (Fabricius)] 甜菜青野螟，甜菜白带野螟，夏威夷甜菜螟，甜菜白带螟，白带野螟

small white [= cabbage white butterfly, cabbage white, small white butterfly, imported cabbageworm, European cabbage butterfly, brassica butterfly, *Pieris rapae* (Linnaeus)] 菜粉蝶，菜白蝶，菜青虫，白粉蝶

small white-banded froghopper [*Aphrophora obliqua* Uhler] 小白尖胸带沫蝉，小白带沫蝉，小白带尖胸沫蝉

small white butterfly 见 small white

small white-farded geometrid [*Hemistola chrysoprasaria* (Esper)] 净无缰青尺蛾，小无缰青尺蛾

small white flat [= notched seseria, *Seseria sambara* Moore] 白腹瑟弄蝶，散飒弄蝶

small white-lady swordtail [= white lady swallowtail, white lady, *Graphium morania* (Angas)] 墨蓝青凤蝶

small whiteface [= white-faced darter, *Leucorrhinia dubia* (Vander Linden)] 短斑白颜蜻，白面蜻

small willow aphid [= willow aphid, *Aphis farinosa* Gmelin] 柳蚜，小柳蚜

small winter stonefly [= capniid stonefly, capniid] 黑蜻 < 黑蜻科 Capniidae 昆虫的通称 >

small wood-nymph [= dark wood-nymph, *Cercyonis oetus* (Boisduval)] 黑双眼蝶

small woodbrown [*Lethe nicetella* de Nicéville] 优美黛眼蝶

small yellow-banded acraea [= small yellow-banded legionnaire, falls acraea, sweetpotato butterfly, *Acraea acerata* Hewitson] 褐缘小珍蝶，甘薯珍蝶

small yellow-banded legionnaire 见 small yellow-banded acraea

small yellow sailer [*Neptis miah* Moore] 弥环蛱蝶

small yellowvein lancer [= yellow-based lancer, *Pyroneura natuna* (Fruhstorfer)] 纳图火脉弄蝶

smaller alder bark beetle [= black timber bark beetle, alnus ambrosia beetle, black stem borer, smaller alnus bark beetle, tea root borer, *Xylosandrus germanus* (Blandford)] 光滑足距小蠹，桤材小蠹，桤塞小蠹，光滑材小蠹

smaller alnus bark beetle 见 smaller alder bark beetle

smaller apple leafroller [= summer fruit tortrix, smaller tea tortrix, apple peel tortrix, citrus leaf-roller, *Adoxophyes orana* (Fischer von Röslerstamm)] 苹褐带卷蛾，棉褐带卷蛾，苹小卷叶蛾，苹卷蛾，棉卷蛾，茶小卷叶蛾，茶小卷蛾，拟小黄卷蛾，橘小褐带卷蛾，橘小黄卷蛾，橘小黄卷叶蛾

smaller atlas moth 蓖麻蚕

smaller auricled leafhopper [*Petalocephala discolor* Uhler] 乳条片头叶蝉，小耳叶蝉

smaller bamboo satyrid [*Lethe callipteris* (Butler)] 姬黄斑黛眼蝶，竹小眼蝶，卡哈丽眼蝶

smaller bean narrow-mouth weevil [*Apion frequens* Matsumura] 豆窄口长喙小象甲，豆窄口象甲

smaller black leaf-cut weevil [*Apoderus rufiventris* Roelofs] 小黑卷象甲，小黑卷叶象

smaller black rice bug [*Scotinophara scotti* Horváth] 短刺黑蝽，小黑稻蝽，短刺黑椿象

smaller brown skipper [*Thoressa varia* (Murray)] 日本陀弄蝶，小褐弄蝶

smaller brownish chafer [*Paraserica grisea* Motschulsky] 小褐异绢金龟甲，小褐金龟甲，小褐金龟

smaller cherry chafer [*Anomala geniculata* (Motschulsky)] 樱桃小异丽金龟甲，樱桃小异丽金龟，樱桃小丽金龟

smaller chrysanthemum aphid [*Micraphis artimisiae* (Takahashi)] 茵陈蒿蚜，菊小蚜，蒿小蚜

smaller citrus cottony scale [= cottony citrus scale, citrus string cottony scale, *Pulvinaria citricola* (Kuwane)] 橘小绵蚧，橘绵蜡蚧，橘小绵蜡蚧，柑橘真绵蚧，橘带绵蚧，柑黑盔蚧，柑橘珠蜡蚧

smaller citrus dog [= Asian swallowtail, xuthus swallowtail, small citrus dog, Chinese yellow swallowtail, *Papilio xuthus* Linnaeus] 柑橘凤蝶，花椒凤蝶，橘金凤蝶

smaller citrus leafhopper [*Zyginella citri* (Matsumura)] 柑橘塔叶蝉，小橘塔叶蝉

smaller dartlet [*Oriens goloides* (Moore)] 双子偶侣弄蝶

smaller European elm bark beetle [= European elm bark beetle, *Scolytus multistriatus* (Marsham)] 波纹小蠹，波纹棘胫小蠹，欧洲榆小蠹

smaller false chinch bug [*Nysius plebejus* Distant] 日本小长蝽，小拟长蝽

smaller flea beetle [*Altica viridicyanea* (Baly)] 老鹳草跳甲，白菜蓝绿跳甲

smaller flower chafer [*Ectinohoplia obducta* (Motschulsky)] 广布平爪鳃金龟甲，广布平爪鳃金龟，小潜花鳃角金龟

smaller four-spotted leafhopper [*Empoascanara limbata* (Matsumura)] 双纹顶斑叶蝉，缘顶斑叶蝉，稻小斑叶蝉，双纹斑叶蝉

smaller fruit tortrix moth [= apple seed moth, small fruit tortrix, *Grapholita lobarzewskii* (Nowicki)] 苹籽小食心虫，山楂小食心虫，拟杏小食心虫

smaller globular stink bug [= two-spotted globular stink bug, *Coptosoma biguttulum* Motschulsky] 双痣圆龟蝽 < 此种学名有误写为 *Coptosoma biguttula* Motschulsky 者 >

smaller green flower chafer [= citrus flower chafer, *Gametis jucunda* (Faldermann)] 小青花金龟甲，小青花金龟，银点花金龟

smaller green leafhopper 1. [= peach green leafhopper, tea green fly, green frogfly, *Edwardsiana flavescens* (Fabricius)] 小绿爱小叶蝉，小绿叶蝉，桃小绿叶蝉，花生小绿叶蝉，茶小绿叶蝉；2. [*Empoasca vitis* (Göthe)] 假眼小绿叶蝉，葡萄小绿叶蝉

smaller green wood moth [= apple-tree hanging moth, *Charagia lignivora* Lewin] 小绿蝠蛾

smaller Japanese cedar longicorn [*Callidium rufipenne* Motschulsky] 红翅扁胸天牛，日本杉小天牛

smaller lantana butterfly [= lantana scrub hairstreak, lesser lantana butterfly, *Strymon bazochii* (Godart)] 小螯灰蝶

smaller long-headed locust 1. [*Gonista bicolor* (de Haan)] 二色戛蝗，小长头蝗，光背蚱蜢；2. [= oriental long-headed locust, *Atractomorpha lata* (Motschulsky)] 长额负蝗，大尖头蝗

smaller maculated skipper [*Pyrgus maculatus* (Bremer *et* Grey)] 花弄蝶，茶斑弄蝶

smaller maize borer [= yellow peach moth, durian fruit borer, castor capsule borer, yellow peach borer, cone moth, castor seed caterpillar, castor borer, maize moth, peach pyralid moth, Queensland bollworm, *Conogethes punctiferalis* (Guenée)] 桃蛀螟，桃多斑野螟，桃蛀野螟，桃蠹螟，桃实螟蛾，豹纹蛾，豹纹斑螟，桃斑螟，桃斑蛀螟

smaller marmorated leafhopper [*Diomma pulchra* (Matsumura)] 四点戴小叶蝉，丽戴小叶蝉，斑翅花叶蝉，桑普小叶蝉

smaller mountain froghopper [*Peuceptyelus matsumuri* Metcalf *et* Horton] 白头卵沫蝉

smaller mulberry leaf roller [*Olethreutes morivora* (Matsumura)] 模新小卷蛾，模小卷蛾，模芽小卷蛾，模桑小卷蛾

smaller network-marked leafhopper [*Matsumurella kogotensis* (Matsumura)] 网白脉叶蝉，网松村叶蝉，小网眼叶蝉

smaller okame cricket [*Velarifictorus aspersus* (Walker)] 长颚斗蟋，长颚蟋，小油葫芦

smaller pear aphid [*Melanaphis siphonella* (Essig *et* Kuwana)] 小管色蚜，梨小长毛蚜，木瓜大尾蚜

smaller pellucid broad-winged planthopper [*Ricania taeniata* Stål] 褐带广翅蜡蝉，二带广翅蜡蝉

smaller pine shoot borer [= splendid knot-horn moth, pine salebria moth, pine coneworm, *Dioryctria pryeri* Ragonot] 松梢斑螟，松小梢斑螟，果梢斑螟，油松球果螟，松球果螟，松果梢斑螟，

松小斑螟

smaller rice crane fly [*Tipula* (*Yamatotipula*) *latemarginata* Alexander] 小稻大蚊

smaller rice leafminer [= cereal leaf miner, barley fly, barley mining fly, rice leafminer, rice whorl maggot, *Hydrellia griseola* (Fallén)] 小灰毛眼水蝇，大麦毛眼水蝇，大麦水蝇

smaller rusty grain beetle [= flour mill beetle, *Cryptolestes turcicus* (Grouvelle)] 小锈扁谷盗，小锈赤扁谷盗，土耳其扁谷盗

smaller sugarbeet tortoise beetle [*Cassida piperata* Hope] 虾钳菜披龟甲，甜菜小龟甲，茶斑龟金花虫

smaller swamp ash bark beetle [*Alniphagus costatus* (Blandford)] 缘胸刺小蠹，日本海小蠹

smaller tea tortrix 1. [= apple leaf-curling moth, Asian orchid tortrix, *Adoxophyes privatana* (Walker)] 柑橘褐带卷蛾，茶角纹小卷蛾，茶角纹小卷叶蛾，普褐带卷蛾；2. [= summer fruit tortrix, *Adoxophyes honmai* Yasuda] 棉褐带卷蛾；3. [= summer fruit tortrix, apple peel tortrix, citrus leaf-roller, smaller apple leafroller, *Adoxophyes orana* (Fischer von Röslerstamm)] 苹褐带卷蛾，棉褐带卷蛾，苹小卷叶蛾，苹卷蛾，棉卷蛾，茶小卷叶蛾，茶小卷蛾，拟小黄卷蛾，橘小褐带卷蛾，橘小黄卷蛾，橘小黄卷叶蛾

smaller turnip maggot [= western radish maggot, *Delia planipalpis* (Stein)] 毛尾地种蝇，小萝卜蝇

smaller velvety chafer [= oriental brown chafer, oriental bud chafer, *Maladera orientalis* (Motschulsky)] 东方玛绢金龟甲，东方绢金龟，东方金龟子，东方金龟，黑绒金龟甲，黑绒金龟，黑绒金龟子，黑绒鳃金龟，黑绒鳃金龟甲，天鹅绒金龟子，黑桶金龟子，稻鳃角金龟，小天鹅绒鳃金龟，小天鹅绒鳃角金龟

smaller western pine engraver [*Orthotomicus latidens* (LeConte)] 偏齿瘤小蠹，西部松瘤小蠹，北美西部松小蠹

smaller white tussock moth [*Arctornis alba* (Bremer)] 茶白毒蛾，茶叶白毒蛾，白毒蛾

smaller willow shoot sawfly [*Euura atra* (Jurine)] 山杨芽瘿叶蜂

smaller wood nymph [*Ideopsis gaura* (Horsfield)] 小木神旖斑蝶，告旖斑蝶

smaller yellow ant [*Acanthomyops claviger* (Roger)] 小黄蚁

smaller yellow-stipped prominent [*Phalera minor* Nagano] 小掌舟蛾，迈掌舟蛾，小黄尾舟蛾

smallest longhomed weevil [*Tropideres nodulosus* Sharp] 微小三纹长角象甲，微小长鞭象甲

Small's metalmark [*Metacharis smalli* Hall] 斯毛黑纹蚬蝶

smaltinus 暗蓝色的

Smaragdina 光肖叶甲属，光叶甲属，长筒金花虫属

Smaragdina aethiops Lopatin 黑光肖叶甲，黑光叶甲

Smaragdina affinis (Illberg) 邻光肖叶甲，邻光叶甲

Smaragdina apiciflava (Chûjô) 黄端光肖叶甲，黄端光叶甲，黄尾光叶甲

Smaragdina atriceps (Pic) 见 *Physosmaragdina atriceps*

Smaragdina aurita (Linnaeus) 柳光肖叶甲，柳光叶甲

Smaragdina aurita aurita (Linnaeus) 柳光肖叶甲指名亚种

Smaragdina aurita hammarstraemi (Jacobson) 柳光肖叶甲哈氏亚种，杨柳光肖叶甲，杨柳光叶甲

Smaragdina blackwelderi Gressittt *et* Kimoto 赭跗光肖叶甲，赭跗光叶甲

Smaragdina boreosinica Gressittt *et* Kimoto 赭斑光肖叶甲，赭斑光叶甲

Smaragdina bothrionota Tan 背沟光肖叶甲，背沟光叶甲

Smaragdina centromaculata Medvedev 心斑光肖叶甲，心斑光叶甲

Smaragdina collaris (Fabricius) 淡尾光肖叶甲，淡尾光叶甲

Smaragdina compressipennis (Pic) 扁背光肖叶甲，扁背光叶甲

Smaragdina concolor (Fabricius) 单色光肖叶甲，山西光叶甲

Smaragdina costata Tan *et* Wang 脊鞘光肖叶甲，脊鞘光叶甲

Smaragdina cribripenne Tan 粗刻光肖叶甲，粗刻光叶甲

Smaragdina cyanea (Fabricius) 同 *Smaragdina salicina*

Smaragdina divisa (Jacoby) 二裂光肖叶甲，二裂光叶甲

Smaragdina divisoides (Chûjô) 同 *Smaragdina fulveola*

Smaragdina emarginata Medvedev 凹缘光肖叶甲，凹缘光叶甲

Smaragdina flavicoxis Medvedev 黄基光肖叶甲，黄基光叶甲

Smaragdina flaviforns Gressitt *et* Kimoto 黄额光肖叶甲，黄额光叶甲

Smaragdina flavilabris (Breit) 青海光肖叶甲，青海光叶甲

Smaragdina flavimana (Chûjô) 同 *Smaragdina nipponensis*

Smaragdina fulveola (Jacoby) 湖北光肖叶甲，湖北光叶甲

Smaragdina guillebeaui (Pic) 云南光肖叶甲，云南光叶甲

Smaragdina impressicollis Tan 沟背光肖叶甲，沟背光叶甲

Smaragdina insulana Medvedev 舰港光肖叶甲，舰港光叶甲

Smaragdina kimotoi Lopatin 木元光肖叶甲，木元光叶甲

Smaragdina kuromon Kimoto 黑门光肖叶甲，黑门光叶甲，库光叶甲，大八星长筒金花虫

Smaragdina kurosuji Kimoto 大八斑光肖叶甲，大八斑光叶甲，黑纹光叶甲，纵条长筒金花虫

Smaragdina labilis (Weise) 菱斑光肖叶甲，滑光叶甲，滑头光叶甲

Smaragdina labilis labilis (Weise) 菱斑光肖叶甲指名亚种

Smaragdina labilis sahlbergi (Jacobson) 菱斑光肖叶甲萨氏亚种

Smaragdina laboissierei (Pic) 拉氏光肖叶甲，拉氏光叶甲

Smaragdina laevicollis (Jacoby) 光肖叶甲，光叶甲

Smaragdina laosensis Kimoto *et* Gressitt 老挝光肖叶甲，老挝光叶甲

Smaragdina levi Lopatin 微光肖叶甲，微光叶甲

Smaragdina maculicollis (Chûjô) 斑胸光肖叶甲，斑胸光叶甲，斑光叶甲

Smaragdina mandzhura (Jacobson) 酸枣光肖叶甲，酸枣光叶甲，东北隐叶甲

Smaragdina mangkamensis Tan *et* Wang 芒康光肖叶甲，芒康光叶甲

Smaragdina micheli Medvedev 米氏光肖叶甲，米氏光叶甲

Smaragdina miyakei Kimoto 三宅光肖叶甲，三宅光叶甲，三宅长筒金花虫，宫宅光叶甲

Smaragdina miyatakei Kimoto 宫武光肖叶甲，宫武光叶甲，南投光叶甲

Smaragdina moutoni (Pic) 宽头光肖叶甲，宽头光叶甲，红角光叶甲

Smaragdina nigrifrons (Hope) 黑额光肖叶甲，黑额光叶甲

Smaragdina nigripennis (Chûjô) 黑翅光肖叶甲，黑翅光叶甲

Smaragdina nigrocyanea (Motschulsky) 蓝黑光肖叶甲，蓝黑光叶甲

Smaragdina nigroguttata Lopatin 黑斑光肖叶甲，黑斑光叶甲

Smaragdina nigrosignata (Pic) 斜斑光肖叶甲，斜斑光叶甲，黑斑光叶甲

Smaragdina nigrosternum Erber *et* Medvedev 黑腹光肖叶甲，黑腹光叶甲

Smaragdina nigroviolacea Lopatin 紫黑光肖叶甲，紫黑光叶甲

Smaragdina nipponensis (Chûjô) 日本光肖叶甲，日本光叶甲

Smaragdina nomurai Kimoto 野村光肖叶甲，野村光叶甲，南山光叶甲，卵黄长筒金花虫

Smaragdina oblonga Lopatin *et* Konstantinov 长光肖叶甲，长光叶甲

Smaragdina obscuripes (Weise) 紫翅光肖叶甲，紫翅光叶甲

Smaragdina octomaculata (Chûjô) 八星光肖叶甲，八星光叶甲，八斑光叶甲，八星长筒金花虫

Smaragdina oculata Medvedev 大眼光肖叶甲，大眼光叶甲

Smaragdina peplopteroides (Weise) 见 *Exomis peplopteroides*

Smaragdina potanini Medvedev 波氏光肖叶甲，波氏光叶甲

Smaragdina quadrimaculata Lopatin 四斑光肖叶甲，四斑光叶甲

Smaragdina salicina (Scopoli) 蓝光肖叶甲，蓝光叶甲

Smaragdina scalaris (Pic) 黑缝光肖叶甲，黑缝光叶甲

Smaragdina schereri Lopatin 谢氏光肖叶甲，谢氏光叶甲

Smaragdina semiaurantiaca (Fairmaire) 梨光肖叶甲，梨光叶甲

Smaragdina semiviridis (Pic) 西藏光肖叶甲，西藏光叶甲，半绿光叶甲

Smaragdina subacuminata (Pic) 黑足光肖叶甲，黑足光叶甲

Smaragdina subsiganata (Fairmaire) 浙江光肖叶甲，浙江光叶甲

Smaragdina symmetria Tan 对称光肖叶甲，对称光叶甲

Smaragdina szechuana Medvedev 四川光肖叶甲，四川光叶甲

Smaragdina tani Lopatin 谭氏光肖叶甲，谭氏光叶甲

Smaragdina thoracica (Fischer von Waldheim) 胸斑光肖叶甲，胸斑光叶甲

Smaragdina tianmuensis Wang *et* Zhou 天目光肖叶甲，天目光叶甲

Smaragdina variabilis (Chûjô) 多变光肖叶甲，多变光叶甲，异纹长筒金花虫

Smaragdina virgata Lopatin 虎纹光肖叶甲，虎纹光叶甲

Smaragdina viridipennis (Pic) 绿翅光肖叶甲，绿翅光叶甲，绿光叶甲

Smaragdina volkovitshi Lopatin 沃氏光肖叶甲，沃氏光叶甲

Smaragdina yajiangensis Wang *et* Zhou 雅江光肖叶甲，雅江光叶甲

Smaragdina yangae Wang *et* Zhou 杨氏光肖叶甲，杨氏光叶甲

Smaragdina yunnana Medvedev 滇光肖叶甲，滇光叶甲

Smaragdina zhangi Wang *et* Zhou 张氏光肖叶甲，张氏光叶甲

smaragdine [= smaragdinus] 绿玉色的

smaragdinus 见 smaragdine

smartweed borer [*Ostrinia obumbratalis* (Lederer)] 杂草秆野螟，杂草蛀秆野螟，杂草蛀螟，蓼车野螟

smear 涂片

smear-spotted skipper [= Aladdin's skipper, *Xeniades orchamus* (Cramer)] 客弄蝶

smeared dagger moth [*Acronicta oblinita* (Smith)] 污迹剑纹夜蛾，污斑剑纹夜蛾

Smerdalea 拟苔角蝉属

Smerdalea circumflexa Cryan 弯拟苔角蝉

Smerdalea horrescens Fowler 直拟苔角蝉

Smerina 森蛱蝶属

Smerina manoro (Ward) 森蛱蝶

Smerinthinae 短吻天蛾亚科

Smerinthini 短吻天蛾族

Smerinthulus 拟目天蛾属，索天蛾属

Smerinthulus chinensis Rothschild *et* Jordan 见 *Cypoides chinensis*

Smerinthulus flavomaculatus Inoue 见 *Smerinthulus perversa flavomaculatus*

Smerinthulus perversa Rothschild 泼拟目天蛾，霉斑天蛾

Smerinthulus perversa flavomaculatus Inoue 泼拟目天蛾黄斑亚种，黄斑索天蛾，黄云天蛾，黄斑拟目天蛾

Smerinthulus perversa perversa Rothschild 泼拟目天蛾指名亚种

Smerinthus 目天蛾属

Smerinthus caecus Ménétries 杨目天蛾

Smerinthus cerisyi Kirby [one-eyed sphinx, Cerisy's sphinx] 塞氏目天蛾

Smerinthus kindermanni Lederer 合目天蛾

Smerinthus litulinea Zhu *et* Wang 同 *Smerinthus szechuanus*

Smerinthus minor Mell 小目天蛾

Smerinthus ocellatus (Linnaeus) [eyed hawk moth] 灰目天蛾

Smerinthus planus Walker [oriental eyed hawk moth, eastern eyed hawk moth, eyed hawk moth, cherry horn worm] 蓝目天蛾，蓝目灰天蛾，柳天蛾

Smerinthus planus alticola Clark 同 *Smerinthus planus planus*

Smerinthus planus chosensis (Matsumura) 同 *Smerinthus planus planus*

Smerinthus planus clarissimus (Mell) 同 *Smerinthus planus planus*

Smerinthus planus distinctus (Mell) 同 *Smerinthus planus planus*

Smerinthus planus juennanus Mell 同 *Smerinthus planus planus*

Smerinthus planus kuangtungensis Mell 同 *Smerinthus planus planus*

Smerinthus planus meridionalis Closs 同 *Smerinthus planus planus*

Smerinthus planus planus Walker 蓝目天蛾指名亚种，指名蓝目天蛾

Smerinthus planus unicolor (Matsumura) 同 *Smerinthus planus planus*

Smerinthus populi Linnaeus 见 *Amorpha populi*

Smerinthus szechuanus (Clark) 川目天蛾，川安天蛾，曲线目天蛾

Smerkata 斯蚕蛾属

Smerkata fusca (Kishida) 赭斯蚕蛾，赭桦蛾，赭蚕蛾

Smerkata uliae (Zolotuhin) 乌斯蚕蛾

Smetanaetha 常囊隐翅甲属

Smetanaetha bellicosa Pace 暗红常囊隐翅甲

Smetanaetha smetanai Pace 斯氏常囊隐翅甲

Smetanaetha taiwanicola Pace 台湾常囊隐翅甲

smicripid 1. [= smicripid beetle, palmetto beetle] 短甲，微扁甲 <短甲科 Smicripidae 昆虫的通称>；2. 短甲科的

smicripid beetle [= smicripid, palmetto beetle] 短甲，微扁甲

Smicripidae 短甲科，微扁甲科

Smicrips 短甲属

Smicrips palmicola LeConte [palmetto beetle] 棕榈短甲，棕榈微扁甲

Smicromyrme 小蚁蜂属

Smicromyrme ansula Chen 见 *Sinotilla ansula*

Smicromyrme basirufa Chen 见 *Taiwanomyrme basirufus*

Smicromyrme chinensis (Smith) 中华小蚁蜂

Smicromyrme chuchiana Tsuneki 竹崎小蚁蜂

Smicromyrme columnata Chen 赣小蚁蜂
Smicromyrme cyaneiventris (André) 见 *Sinotilla cyaneiventris*
Smicromyrme cyaneiventris cyaneiventris (André) 见 *Sinotilla cyaneiventris cyaneiventris*
Smicromyrme davidi (André) 见 *Andreimyrme davidi*
Smicromyrme diploglossata Chen 双舌小蚁蜂
Smicromyrme drola (Zavatari) 见 *Ephucilla drola*
Smicromyrme drola drola (Zavatari) 见 *Ephucilla drola drola*
Smicromyrme drola lodra Chen 见 *Ephucilla drola lodra*
Smicromyrme exacta (Smith) 见 *Mickelomyrme exacta*
Smicromyrme friekae (Zavatari) 见 *Taiwanomyrme friekae*
Smicromyrme griseamaculata (André) 灰斑小蚁蜂
Smicromyrme gutrunae (Zavattari) 见 *Zavatilla gutrunae*
Smicromyrme gutrunae flavotegulata Chen 见 *Zavatilla flavotegulata*
Smicromyrme gutrunae gutranae (Zavattari) 见 *Zavatilla gutrunae gutrunae*
Smicromyrme hombuceiana Tsuneki 霍小蚁蜂
Smicromyrme kuanfuana Tsuneki 光复小蚁蜂
Smicromyrme levinaris Chen 闽小蚁蜂
Smicromyrme lewisi Mickel 刘氏小蚁蜂
Smicromyrme limi Chen 见 *Nemka limi*
Smicromyrme limi limi Chen 见 *Nemka limi limi*
Smicromyrme morna 见 *Trogaspidia morna*
Smicromyrme orientalis (Mickel) 同 *Nemka philippa*
Smicromyrme orientalis taiwanensis (Mickel) 见 *Nemka taiwanensis*
Smicromyrme rapa (Zavattari) 见 *Petersenidia rapa*
Smicromyrme rufipes (Fabricius) 红足小蚁蜂
Smicromyrme rufipes rufipes (Fabricius) 红足小蚁蜂指名亚种
Smicromyrme rufipes strandi (Zavattari) 见 *Smicromyrme strandi*
Smicromyrme scaphella Chen 见 *Petersenidia scaphella*
Smicromyrme spinicauda Chen 刺尾小蚁蜂
Smicromyrme spiracularis Chen 见 *Petersenidia spiracularis*
Smicromyrme spiracularis dilutemacula Chen 见 *Petersenidia spiracularis dilutemacula*
Smicromyrme spiracularis spiracularis Chen 见 *Petersenidia spiracularis spiracularis*
Smicromyrme strandi (Zavattari) 史氏小蚁蜂
Smicromyrme substituta (André) 滇小蚁蜂
Smicromyrme substriolata Chen 亚条小蚁蜂
Smicromyrme tekensis Shorikov 新疆小蚁蜂
Smicromyrme thia Mickel 台小蚁蜂
Smicromyrme triguttata Mickel 三斑小蚁蜂
Smicromyrme triguttata latisquamula Chen 三斑小蚁蜂宽鳞亚种，宽鳞三斑小蚁蜂
Smicromyrme triguttata triguttata Mickel 三斑小蚁蜂指名亚种，指名三斑小蚁蜂
Smicromyrme trisecta Chen 三裂小蚁蜂
Smicromyrme yakushimensis Yasumatsu 同 *Neotrogaspidia pustulata*
Smicromyrmini 小蚁蜂族
Smicronyx 小爪象甲属
Smicronyx rubricatus Kôno 红小爪象甲，红小爪象
Smicronyx sculpticollis Casey [dodder gall weevil] 菟丝子小爪象甲，菟丝子瘿象甲，刻纹小爪象
Smicroplectrus 联姬蜂属
Smicroplectrus salixis Sheng, Li *et* Sun 柳联姬蜂
Smicrotatodelphax 小特飞虱属
Smicrotatodelphax ferinus Yang 见 *Ishiharodelphax ferinus*
Smicrotatodelphax maritimus Yang 海岸小特飞虱
Smicrotatodelphax paucus Yang 少齿小特飞虱
Smidtia 锥腹寄蝇属
Smidtia amoena (Meigen) 松毛虫锥腹寄蝇，愉锥腹寄蝇
Smidtia amurensis (Borisova-Zinovjeva) 黑龙江锥腹寄蝇
Smidtia antennalis Shima 触角锥腹寄蝇
Smidtia candida Chao *et* Liang 亮丽锥腹寄蝇
Smidtia conspersa (Meigen) 长鬃锥腹寄蝇
Smidtia fukushii Shima 福氏锥腹寄蝇
Smidtia fumiferanae (Tothill) 云杉色卷蛾锥腹寄蝇，云杉色卷蛾奥寄蝇
Smidtia gemina (Mesnil) 孪锥腹寄蝇，玛锥腹寄蝇
Smidtia japonica (Mesnil) 日本锥腹寄蝇
Smidtia laeta (Mesnil) 喜锥腹寄蝇
Smidtia longicauda Chao *et* Liang 长尾锥腹寄蝇，长肛锥腹寄蝇
Smidtia paucbaeta Shima 灰锥腹寄蝇
Smidtia winthemioides (Mesnil) 拟温锥腹寄蝇，纹眉锥腹寄蝇，纹眉寄蝇
Smidtia yichunensis Chao *et* Liang 伊春锥腹寄蝇
Smilacicola 菝盾蚧属
Smilacicola apicalis Takagi 台湾菝盾蚧，台湾菝葜盾蚧，菝葜盾介壳虫
Smilacicola crenatus Takagi 香港菝盾蚧
Smilacicola heimi (Balachowsky) 越南菝盾蚧
smilax aphid [*Amphorophora smilacis* Matsumura] 牛尾菜膨管蚜
smilax long-horned aphid [*Impatientinum impatiens* (Shinji)] 凤蚜，百强蚜，牛尾菜长管蚜
smilax scale 1. [*Aulacaspis spinosa* (Maskell)] 菝葜白轮盾蚧，牛尾菜白蚧，菝葜轮盾介壳虫，菝葜黑圆盾介壳虫；2. [= brown pineapple scale, *Melanaspis smilacis* (Comstock)] 菝葜黑圆盾蚧，菝葜癞蛎盾蚧，菝葜黑圆盾介壳虫
Smilepholcia 睨夜蛾属
Smilepholcia luteifascia (Hampson) 睨夜蛾，司迈夜蛾，黄带塞迷夜蛾
Smiliinae 膜翅角蝉亚科
smiling skipper [= band-spotted skipper, chalestra skipper, *Xeniades chalestra* Hewitson] 查客弄蝶
Smilothrips 楔蓟马属
Smilothrips productus Bhatti 长楔蓟马
sminthurid 1. [= sminthurid springtail, sminthurid collembolan, globular springtail] 圆䖴，圆跳虫 < 圆䖴科 Sminthuridae 昆虫的通称 >；2. 圆䖴科的
sminthurid collembolan [= sminthurid, sminthurid springtail, globular springtail] 圆䖴，圆跳虫
sminthurid springtail 见 sminthurid collembolan
Sminthuridae 圆䖴科，圆跳虫科
Sminthurides 似圆䖴属
Sminthurides potamobius Yosii 吉林似圆䖴
Sminthurides trinotatus (Axelson) 见 *Sminthurinus trinotatus*
sminthuridid 1. [= sminthuridid springtail] 握角圆䖴 < 握角圆䖴科 Sminthurididae 昆虫的通称 >；2. 握角圆䖴科的
sminthuridid springtail [= sminthuridid] 握角圆䖴
Sminthurididae 握角圆䖴科

Sminthuridoidea 握角圆蛛总科
Sminthurinus 拟圆蛛属
Sminthurinus cantonensis Rusek 广州拟圆蛛
Sminthurinus orientalis Stach 东方拟圆蛛
Sminthurinus pekingensis Stach 北京拟圆蛛
Sminthurinus trinotatus Axelson 三点拟圆蛛，三点似圆蛛
Sminthurus 圆蛛属（此属学名有被误写为 *Smynthurus* 者）
Sminthurus pruinosus Thunberg 见 *Cassagnaudiella pruinosa*
Sminthurus viridis (Linnaeus) [lucerne flea, clover flea, clover springtail, green clover springtail, lucerne earth flea, South Australian lucerne flea] 绿圆蛛，绿圆跳虫
Sminthurus wutaii Uchida 五台圆蛛
Smithistruma 瘤蚁属，瘤家蚁属
Smithistruma benten Terayama, Lin *et* Wu 见 *Strumigenys benten*
Smithistruma elegantula Terayama *et* Kubota 见 *Strumigenys elegantula*
Smithistruma formosimonticola Terayama, Lin *et* Wu 见 *Strumigenys formosimonticola*
Smithistruma incerta Brown 见 *Strumigenys incerta*
Smithistruma japonica (Ito) 见 *Strumigenys japonica*
Smithistruma kichijo Terayama, Lin *et* Wu 见 *Strumigenys kichijo*
Smithistruma leptothrix (Wheeler) 见 *Strumigenys leptothrix*
Smithistruma mazu Terayama, Lin *et* Wu 见 *Strumigenys mazu*
Smith's bush brown [*Bicyclus smithi* Aurivillius] 史密斯蔽眼蝶
Smith's giant-skipper [*Stallingsia smithi* (Druce)] 史密斯巨大弄蝶
Smith's pixie [*Melanis smithae* (Westwood)] 红腋黑蚬蝶
Smittia 施密摇蚊属，史氏摇蚊属
Smittia acares Wang 微尖施密摇蚊
Smittia admiranda Makarchenko *et* Makarchenko 圆齿施密摇蚊
Smittia akanduodecima Sasa *et* Kamimura 阿寒施密摇蚊
Smittia alpilonga Rossaro *et* Lencioni 高山施密摇蚊
Smittia aterrima (Meigen) 黑施密摇蚊
Smittia brevicornis Tokunaga 短角施密摇蚊
Smittia californiensis Robertson 加州施密摇蚊
Smittia celtica Rossaro *et* Delettre 高卢施密摇蚊
Smittia contingens (Walker) 邻指施密摇蚊
Smittia controversa Makarchenko *et* Makarchenko 对向施密摇蚊
Smittia edwardsi Goetghebuer 爱氏施密摇蚊
Smittia gunmaquinta Sasa *et* Tanaka 本州施密摇蚊
Smittia gusukuensis Sasa *et* Hasegawa 首里施密摇蚊
Smittia hidakaijea Sasa *et* Suzuki 日高施密摇蚊
Smittia indica Chaudhuri *et* Bhattacharyay 印度施密摇蚊
Smittia joganbrevicosta Sasa *et* Okazawa 短脉施密摇蚊
Smittia kisoquadrata Sasa *et* Kondo 方施密摇蚊
Smittia kojimagrandis Sasa 顶刺施密摇蚊
Smittia kurobepubeocula (Sasa *et* Okazawa) 黑部施密摇蚊
Smittia leucopogon (Meigen) 白施密摇蚊
Smittia longivirga Makarchenko *et* Makarchenko 长阳突施密摇蚊
Smittia niitakana (Tokunaga) 玉山施密摇蚊，台施密摇蚊，新高摇蚊
Smittia nudipennis (Goetghebuer) 裸尖施密摇蚊，裸翅施密摇蚊
Smittia pratorum (Goetghebuer) 草地施密摇蚊
Smittia ressi Rossaro *et* Orendt 雷氏施密摇蚊
Smittia rostrata Goetghebuer 吻施密摇蚊
Smittia rostrata Wang *et* Wang 同 *Smittia seppfittkaui*
Smittia sainokoensis Sasa 端喙施密摇蚊
Smittia seiryuvewea Sasa, Suzuki *et* Sakai 无中鬃施密摇蚊
Smittia seiryuwexea Sasa, Suzuki *et* Sakai 日吉施密摇蚊
Smittia sekii Sasa 关井施密摇蚊
Smittia seppfittkaui Ashe *et* O'connor 喙施密摇蚊
Smittia shofukuduodecima Sasa 锥形施密摇蚊
Smittia shofukuquardecima Sasa 小阳突施密摇蚊
Smittia shofukutridecima Sasa 背基毛施密摇蚊
Smittia togapenis Sasa,Watanabe *et* Arakawa 尾施密摇蚊
Smittia toyamasetea Sasa 指突施密摇蚊
Smittia truncatocaudata (Tokunaga) 截尾施密摇蚊，粗尾摇蚊
Smittia tusimoyezea Sasa *et* Suzuki 膨施密摇蚊
Smittia uresiefea Sasa *et* Suzuki 嬉野施密摇蚊
Smitypsylla 斯氏蚤属
Smitypsylla qudrata Xie *et* Li 方突斯氏蚤
Smodicum 斯天牛属
Smodicum cucujiforme (Say) [flat oak borer, flat powder-post beetle] 栎扁斯天牛
smokey buckeye [= mangrove buckeye, West Indian buckeye, *Junonia evarete* (Cramer)] 烟色眼蛱蝶
smoking agent 熏烟剂
smoky bean cupid [= common smoky blue, *Euchrysops malathana* (Boisduval)] 马拉棕灰蝶
smoky bematistes [*Bematistes vestalis* (Felder)] 轻衣线珍蝶
smoky chalk blue [*Thermoniphas fumosa* Stempffer] 富温灰蝶
smoky dotted border [*Mylothris rembina* Plötz] 雷比迷粉蝶
smoky lichen moth [= black and yellow lichen moth, *Lycomorpha pholus* (Drury)] 二色萤灯蛾
smoky marbled piercer moth [= beech moth, beech seed moth, large beech piercer, *Cydia fagiglandana* (Zeller)] 山毛榉小卷蛾，山毛榉皮小卷蛾
smoky moth 1. [= pyromorphid moth, pyromorphid] 烟翅蛾 < 烟翅蛾科 Pyromorphidae 昆虫的通称 > ; 2. [= zygaenid moth, leaf skeletonizer moth, burnet moth, forester moth, zygaenid] 斑蛾 < 斑蛾科 Zygaenidae 昆虫的通称 >
smoky tigerwing [*Eutresis dilucida* (Staudinger)] 迪悠绡蝶
smoky-winged poplar aphid [= poplar leaf aphid, *Chaitophorus populicola* Thomas] 杨树毛蚜
smokybrown cockroach [*Periplaneta fuliginosa* (Serville)] 黑胸大蠊，黑褐大蠊，烟色大蠊，黑褐家蠊
smooth angle-wing katydid [*Microcentrum suave* Hebard] 钝角翅螽
smooth-banded geomark [*Mesene cyneas* (Hewitson)] 黑边迷蚬蝶
smooth-banded sister [*Adelpha cytherea* (Linnaeus)] 神女悌蛱蝶
smooth-edged clearmark [= Amazon angel, *Chorinea amazon* (Saunders)] 亚马孙凤蚬蝶
smooth epeolus [*Epeolus glabratus* Cresson] 平滑绒斑蜂
smooth-eyed bushbrown [= nigger, dusky bush-brown, *Orsotriaena medus* (Fabricius)] 奥眼蝶
smooth felt scale [*Greenisca placida* (Green)] 英国瓣毡蚧
smooth shoulder-star longicorn [= Asian longhorn beetle, Asian long-horn beetle, basicosta white-spotted longicorn beetle, starry sky beetle, *Anoplophora glabripennis* (Motschulsky)] 光肩星天牛
smooth spider beetle [*Gibbium aequinoctiale* Boieldieu] 拟裸蛛甲

smooth sugarcane beetle [*Heteronychus lioderes* Redtenvacher] 滑异爪蔗龟甲，滑异爪蔗龟，滑异爪犀金龟

smudged crescent [*Castilia eranites* (Hewitson)] 爱群蛱蝶

smudged hairstreak [*Rekoa stagira* (Hewitson)] 斯塔余灰蝶

smut beetle [*Phalacrus politus* Melsheimer] 平滑姬花甲，平滑花甲

Smynthurodes 斯绵蚜属

Smynthurodes betae Westwood [bean root aphid] 菜豆根蚜，甜菜根蚜，棉根蚜

Smynthurus viridis (Linnaeus) 见 *Sminthurus viridis*

Smyrna 没药蛱蝶属

Smyrna blomfildia (Fabricius) [Blomfild's beauty] 没药蛱蝶

Smyrna karwinskii Geyer [Karwinski's beauty] 卡儿没药蛱蝶

snail-case caddisfly [= helicopsychid caddisfly, helicopsychid caddis, helicopsychid trichopteran, helicopsychid] 螺巢石蛾 < 螺巢石蛾科 Helicopsychidae 昆虫的通称 >

snail-killing fly [= sciomyzid fly, marsh fly, sciomyzid] 沼蝇 < 沼蝇科 Sciomyzidae 昆虫的通称 >

snake gourd semilooper [*Anadevidia peponis* (Fabricius)] 葫芦夜蛾，葫芦弧翅夜蛾

snake-mimic caterpillar [= snake mimicking moth, *Hemeroplanes triptolemus*(Cramer)] 白纹拟蛇天蛾，拟蛇蛾

snake mimicking moth 见 snake-mimic caterpillar

snakefly [= raphidiopteron,raphidiopterous insect，raphidian，raphid-iopteran,serpentfly, long-necked snakefly, camel-fly, camel neck fly] 蛇蛉 < 蛇蛉目 Raphidioptera 昆虫的通称 >

snapping beetle [= elaterid beetle, elater, elaterid, spring beetle, skipjack, wireworm, click beetle] 叩甲，叩头虫，金针虫 < 叩甲科 Elateridae 昆虫的通称 >

snappy mottlemark [= sturnula metalmark, *Calydna sturnula* (Geyer)] 星点蚬蝶

snazzy skipper [*Pheraeus odilia* (Plötz)] 傅弄蝶

sneak attack 偷袭

Snellenita 天舟蛾属 < 此属学名有被误写为 *Snellentia* 者 >

Snellenita divaricata (Gaede) 天舟蛾

Snellenius 陡胸茧蜂属，脊背茧蜂属

Snellenius bicolor Shenefelt 二色陡胸茧蜂

Snellenius gelleus Nixon 硬陡胸茧蜂，硬脊背茧蜂

Snellenius guizhouensis Luo *et* You 贵州陡胸茧蜂

Snellenius latigenus Luo *et* You 宽颊陡胸茧蜂

Snellenius maculipennis (Szépligeti) 斑翅陡胸茧蜂

Snellenius manilae (Ashmead) 马尼拉陡胸茧蜂，马尾拉脊背茧蜂，马尼拉小茧蜂

Snellenius nigellus Long *et* van Achterberg 黑陡胸茧蜂

Snellenius philippinensis (Ashmead) 菲陡胸茧蜂

Snellenius radicalis (Wilkinson) 平鞭陡胸茧蜂，平鞭脊背茧蜂，辐侧沟茧蜂

Snellenius similis Long *et* van Achterberg 类陡胸茧蜂

Snellenius tricolor Shenefelt 三色陡胸茧蜂

Snellen's cerulean [*Jamides snelleni* (Röber)] 斯雅灰蝶

snipe fly [= rhagionid fly, rhagionid] 鹬虻 < 鹬虻科 Rhagionidae 昆虫的通称 >

SNMP [sensory neuron membrane protein 的缩写] 感觉神经元膜蛋白

snout [= rostrum, beak] 喙

snout beetle 象甲，象鼻虫 < 属象甲科 Curculionidae>

snout butterfly [= libytheid butterfly, libytheid] 喙蝶 < 喙蝶科 Libytheidae 昆虫的通称 >

snout moth 1. [= pyralid moth, pyralid] 螟蛾 < 螟蛾科 Pyralidae 昆虫的通称 >；2. [= lasiocampid moth, lappet moth, eggar, lasiocampid] 枯叶蛾 < 枯叶蛾科 Lasiocampidae 昆虫的通称 >

snout prominent [*Pterostoma sinicum* Moore] 槐羽舟蛾，国槐羽舟蛾，白杨天社蛾，中华杨天社蛾

snow apollo [= parnassiid butterfly, parnassian, parnassiid] 绢蝶 < 绢蝶科 Parnassiidae 昆虫的通称 >

snow flea 1. 䖴，跳虫，弹尾虫；2. [= boreid mecopteran, boreid, snow scorpionfly] 雪蝎蛉 < 雪蝎蛉科 Boreidae 昆虫的通称 >

snow-fringed skipper [*Poanes niveolimbus* (Mabille)] 雪边袍弄蝶

snow-horned nightfighter [= common snow-horned skipper, *Chondrolepis niveicornis* (Plötz)] 软鳞弄蝶

snow mealybug [*Heliococcus nivearum* Balachowsky] 小脐星粉蚧

snow scorpionfly [= boreid mecopteran, boreid, snow flea] 雪蝎蛉 < 雪蝎蛉科 Boreidae 昆虫的通称 >

snow-white linden moth [= elm spanworm, *Ennomos subsignaria* (Hübner)] 榆秋黄尺蛾，榆角尺蠖

snowball aphid [*Ceruraphis viburnicola* (Gillette)] 雪球角圆尾蚜，雪球圆尾蚜，雪球新角蚜

snowball-spotted skipper [*Paratrytone aphractoia* Dyar] 圆斑棕色弄蝶

snowberry clearwing [*Hemaris diffinis* (Boisduval)] 异黑边天蛾

snowberry fruit fly [*Rhagoletis zephyria* Snow] 雪果绕实蝇，雪果实蝇

Snowdon beetle [= rainbow leaf beetle, *Chrysolina cerealis* (Linnaeus)] 虹金叶甲

Snow's skipper [*Paratrytone snowi* (Edwards)] 斯诺棕色弄蝶

snowy angle [*Darpa pteria* (Hewitson)] 贝达弄蝶，贝毛弄蝶

snowy missile [*Meza indusiata* (Mabille)] 盖媚弄蝶

snowy-shouldered acleris moth [*Acleris nivisellana* (Walsingham)] 白肩长翅卷蛾

snowy tree cricket [= thermometer cricket, *Oecanthus fultoni* Walker] 雪白树蟋

snowy-veined apamea [*Apamea niveivenosa* Grote] 雪脉秀夜蛾

soapberry bug [= red-shouldered bug, goldenrain-tree bug, *Jadera haematoloma* (Herrich-Schäffer)] 红肩美姬缘蝽

soapberry hairstreak [*Phaeostrymon alcestis* (Edwards)] 暗灰蝶

Sobarocephala 昂头腐木蝇属

Sobarocephala mitsuii Sasakawa *et* Mitsui 三井昂头腐木蝇

Sobarocephalinae 昂头腐木蝇亚科

Sobrala 索布小叶蝉属

Sobrala acanthophylla Kang *et* Zhang 刺叶索布小叶蝉

Sobrala dactylina Kang *et* Zhang 指突索布小叶蝉

Sobrala lamellaris Kang *et* Zhang 片突索布小叶蝉，雷姆小叶蝉

Sobrala quadrilatera Kang *et* Zhang 方突索布小叶蝉，阔达小叶蝉

Sobrala tmava Dworakowska 花突索布小叶蝉

sociability 群集度

social 社会性的，群居的

social aggregation 社会性群集

social animal 群居动物，社会性动物

social facilitation 社会性易化

social homeostasis 社群稳态
social hormone 社会性群聚激素
social immunity 社会性免疫
social insect 社会性昆虫，群居昆虫
social parasite 群居寄生物
social parasitism 群居寄生
social pheromone 社会信息素
social symbiosis 群居共生
sociation [= microassociation] 小社会
socies 演替系列组合
society 1. 社会；2. 组合；3. 学会
socii [s. socius] 1. 尾突 < 指毛翅目及鳞翅目昆虫第十腹节的侧附突 >；2. 背兜侧突 < 鳞翅目雄虫外生殖器中，靠近爪形突 (uncus) 或在其基部的背兜 (tegumen) 后缘的一对细长延长物 >
Sociobiology 社会生物学 < 期刊名 >
socius [pl. socii] 1. 尾突；2. 背兜侧突
socrates skipper [*Pyrrhopygopsis socrates* (Ménétriès)] 翩弄蝶
SOD [superoxide dismutase 的缩写] 超氧化物歧化酶
Sodalia 苏弄蝶属
Sodalia sodalis (Butler) [sodalis skipper] 苏弄蝶
sodalis skipper 见 *Sodalia sodalis*
sodium channel 钠离子通道，钠通道
sodium channel blocker insecticide [abb. SCBI] 钠通道阻滞剂
sodium metasilicate 硅酸钠
sodium pump 钠离子泵，钠泵
sodium thiosulfate 硫代硫酸钠
Sofota 连唇步甲属
Sofota chujoi Jedlička 台连唇步甲，中条梭步甲
Sofota nanlingense Zhao *et* Tian 南岭连唇步甲
Sofota nigrum Tian *et* Chen 黑连唇步甲
soft bamboo scale [bamboo scale, bamboo pit scale, bamboo soft scale, bamboo fringed scale, *Bambusaspis bambusae* (Boisduval)] 广布竹链蚧，竹斑链蚧，广布竹镣蚧，竹缨镣蚧，竹缨链蚧，鞘竹链介壳虫
soft-bodied plant beetle [= dascillid beetle, dascillid] 花甲 < 花甲科 Dascillidae 昆虫的通称 >
soft boll scale [= brown soft scale, soft brown scale, *Coccus hesperidum* Linnaeus] 广食褐软蚧，褐软蜡蚧，褐软蚧，杧果褐软蚧，软蚧，扁坚介壳虫
soft brown scale 见 soft boll scale
soft disease 软化病
soft excrement 软粪
soft green scale 1. [*Coccus alpinus* De Lotto] 绿软蚧；2. [= green scale, green coffee scale, *Coccus viridis* (Green)] 刷毛缘软蚧，绿蚧，咖啡绿软蚧，咖啡绿蚧，咖啡绿软蜡蚧
soft maple leaf midge [*Rabdophaga aceris* (Shimer)] 槭柳瘿蚊，槭梢瘿蚊，槭瘿蚊
soft scale 1. [= coccid insect, coccid scale, scale, scale insect, coccid, tortoise scale, wax scale] 蚧，介壳虫 < 蚧科 Coccidae 昆虫的通称 >；2. 软蚧
soft wax scale [= white wax scale, white citrus wax scale, white waxy scale, white scale, citrus waxy scale, African white wax scale, *Ceroplastes destructor* Newstead] 非洲龟蜡蚧，橘白龟蜡蚧
soft winged flower beetle 1. [= dasytid beetle, dasytid] 拟花萤 < 拟花萤科 Dasytidae 昆虫的通称 >；2. [= malachiid beetle, malachiid] 囊花萤，拟花萤 < 囊花萤科 Malachiidae 昆虫的通称 >
Softly's shoulder-knot [= scarce conformist, *Lithophane consocia* (Borkhausen)] 暗石冬夜蛾，李石冬夜蛾
softness of cocoon 茧子紧松度
softwood powder-post beetle [= California deathwatch beetle, Pacific deathwatch beetle, *Hemicoelus gibbicollis* (LeConte)] 软木腹窃蠹，美桁条地板窃蠹
Sogana 梭扁蜡蝉属
Sogana clara Liang *et* Wang 彩梭扁蜡蝉
Sogana extrema Melichar 浙江梭扁蜡蝉
Sogana hopponis Matsumura 北埔梭扁蜡蝉
Sogana longiceps Fennah 长头梭扁蜡蝉
Sogata 长唇基飞虱属
Sogata arisana (Matsumura) 阿里山长唇基飞虱
Sogata dohertyi Distant 多氏长唇基飞虱
Sogata hakonensis (Matsumura) 白带长唇基飞虱
Sogata heitonis (Matsumura) 台湾长唇基飞虱
Sogata hyalipennis (Matsumura) 透翅长唇基飞虱
Sogata jamiana Matsumura 佳长唇基飞虱
Sogata mukwaensis Yang 木瓜长唇基飞虱
Sogata nigrifrons (Muir) 黑额长唇基飞虱，黑额长突飞虱
Sogata pallidula (Matsumura) 淡色长唇基飞虱
Sogata taiwanella (Matsumura) 拟台长唇基飞虱
Sogata vatrenus Fennah 见 *Pseudosogata vatrenus*
Sogatella 白背飞虱属
Sogatella chenhea Kuoh 同 *Sogatella kolophon*
Sogatella diachenhea Kuoh 大橙褐白背飞虱
Sogatella fulva Yang 同 *Toya terryi*
Sogatella furcifera (Horváth) [white-backed rice planthopper] 白背飞虱
Sogatella hedai Kuoh 同 *Toya attenuata*
Sogatella kolophon (Kirkaldy) 烟翅白背飞虱
Sogatella lima Yang 同 *Toya terryi*
Sogatella longifurcifera (Esaki *et* Ishihara) 同 *Sogatella vibix*
Sogatella panicicola (Ishihara) 同 *Sogatella vibix*
Sogatella sirokata (Matsumura *et* Ishihara) 白颈白背飞虱
Sogatella terryi Muir 见 *Toya terryi*
Sogatella vibix (Haupt) [panicium planthopper] 稗白背飞虱，稗飞虱，黍白背飞虱
Sogatellana 淡背飞虱属
Sogatellana costata Ding 连脊淡背飞虱
Sogatellana fusca Tian *et* Ding 暗面淡背飞虱
Sogatellana marginata Kuoh 断脊淡背飞虱
Sogatellana semicirculara Yang 同 *Himeunka tateyamaella*
Sogatodes 淡背飞虱属 *Sogatellana* 的异名
Sogatodes assimilis Yang 同 *Tagosodes pusanus*
Sogatodes cubanus (Crawford) 见 *Tagosodes cubanus*
Sogatodes eupompe (Kirkaldy) 见 *Latistria eupompe*
Sogatodes incanus Yang 见 *Tagosodes incanus*
Sogatodes infestus Yang 同 *Latistria eupompe*
Sogatodes orizicola (Muir) [American white-backed rice planthopper, rice delphacid] 美洲淡背飞虱，美洲稻飞虱
Sogatodes pusanus (Distant) 见 *Tagosodes pusanus*

Soikiella 斯赤眼蜂属

Soikiella asiatica Lou *et* Yuan 亚洲斯赤眼蜂

Soikiella mongibelli Nowicki 火山斯赤眼蜂

Soikiella occidentalis Velten *et* Pinto 北斯赤眼蜂

soil entomology 土壤昆虫学

soil insect 土壤昆虫

soil insect pest 土壤害虫

soil macrofauna 土栖大型动物区系

soil mesofauna 土栖中型动物区系

soil microfauna 土栖小型动物区系

soiled cocoon 污染茧

Soita 索依实蝇属

Soita baltazarae Hardy 狭缘带索依实蝇，狭缘带透翅索依实蝇

Soita cylindrica (Hendel) 长透翅索依实蝇，长透翅实蝇

Soita ensifera Hardy 透翅索依实蝇

sol 溶胶

Solander's bell moth [= birch-aspen leafroller, poplar leaf-roller, *Epinotia solandriana* (Linnaeus)] 榛叶小卷蛾，纸桦叶小卷蛾

Solander's brown [*Heteronympha solandri* Waterhouse] 飞鸟框眼蝶

solandra long-horned beetle [= artocarpus long-horned beetle, mangifera long-horned beetle, tabeluia long-horned beetle, *Pterolophia bigibbera* (Newman)] 双突坡天牛，双瘤锈天牛，坡天牛

Solanophila admirabilis (Crotch) 见 *Epilachna admirabilis*

solanum flea beetle [= eggplant flea beetle, *Psylliodes viridana* Motschulsky] 狭胸蚤跳甲，茄窄颈跳甲

solanum fruit fly [= chili fruit fly, Malaysian fruit fly, *Bactrocera* (*Bactrocera*) *latifrons* (Hendel)] 辣椒果实蝇，辣椒实蝇，三瓣寡毛实蝇，宽额寡鬃实蝇

solar radiation 太阳辐射

solaxeroris 新月形蜡孔群 < 见于某些介壳虫中 >

soldier 1. 兵虫，兵蚁，兵螱；2. [= tropical queen, *Danaus eresimus* (Cramer)] 热带女王斑蝶

soldier ant [= dinergate] 兵蚁

soldier beetle [= cantharid beetle, cantharid, leather-winged beetle, leatherwing] 花萤 < 花萤科 Cantharidae 昆虫的通称 >

soldier commodore [= soldier pansy, *Junonia terea* (Druce)] 黄带眼蛱蝶

soldier fly [= stratiomyid fly, stratiomyid] 水虻 < 水虻科 Stratiomyidae 昆虫的通称 >

soldier pansy 见 soldier commodore

solea [pl. solese] 跖 < 跗节的下面，包括褥垫 >

solenaria 旋舌管 < 指吮吸口器的二筒形管 >

solenidia [s. solenidion] 感棒，觫

solenidion [pl. solenidia] 感棒，觫

Solenopotes 管虱属，牛虱属

Solenopotes capillatus Enderlein [little blue cattle louse, small blue cattle louse, hairy cattle louse, tubercle-bearing louse] 侧管管虱，牛管虱，小短鼻牛虱，水牛盲虱

Solenopotes muntiacus Thompson 麂管虱，管虱

Solenopotes sinensis Chin 同 *Solenopotes capillatus*

Solenopsidini 火蚁族，火家蚁族

solenopsis mealybug [= cotton mealybug, *Phenacoccus solenopsis* Tinsley] 扶桑绵粉蚧，棉花粉蚧

Solenopsis 火蚁属，火家蚁属，红火蚁属

Solenopsis fugax (Latreille) 奔火蚁

Solenopsis geminata (Fabricius) [tropical fire ant, fire ant, brown ant, red ant, stinging ant] 火蚁，热带火家蚁，热带火蚁

Solenopsis geminata rufa (Jerdon) 同 *Solenopsis geminata*

Solenopsis indagatrix Wheeler 猎食火蚁，猎食火家蚁，搜火蚁

Solenopsis invicta Buren [red imported fire ant] 红火蚁，外引红火蚁，强火蚁，红入侵火家蚁，入侵红火蚁

Solenopsis jacoti Wheeler 贾氏火蚁

Solenopsis molesta (Say) [thief ant] 窃叶火蚁，窃叶蚁

Solenopsis richteri Forel [black imported fire ant, imported fire ant] 黑火蚁，阿根廷火蚁，里氏火蚁

Solenopsis saevissima richteri Forel 见 *Solenopsis richteri*

Solenopsis soochowensis Wheeler 苏州火蚁

Solenopsis soochowensis pieli Santschi 苏州火蚁皮氏亚种，皮氏苏州火蚁

Solenopsis soochowensis soochowensis Wheeler 苏州火蚁指名亚种

Solenopsis tipuna Forel 知本火蚁，知本火家蚁

Solenopsis xyloni McCook [southern fire ant] 南美火蚁，南美螯蚁

Solenosoma 阴垫跗螋属

Solenosoma birmanum (Bormans) 阴垫跗螋，缅索垫跗螋

Solenosthedium 沟盾蝽属

Solenosthedium chinense Stål 华沟盾蝽，华沟盾椿象，棉龟蝽，橘沟盾蝽

Solenosthedium citri Shiraki 同 *Solenosthedium chinense*

Solenosthedium rubropunctatum (Guérin-Méneville) 红斑沟盾蝽，沟盾蝽，红星橘蝽

solenostome 环管口

Solenothrips rubrocinctus (Giard) 见 *Selenothrips rubrocinctus*

Solenoxyphus 沟刺盲蝽属

Solenoxyphus lepidus (Puton) 蒿沟刺盲蝽

Solenura 管腹金小蜂属

Solenura ania (Walker) 安管腹金小蜂，丽锥腹金小蜂

Solephyma alticoides Gressitt *et* Kimoto 见 *Cassena alticoides*

Solephyma bicolor Gressitt *et* Kimoto 见 *Cassena bicolor*

Solephyma termialis Gressitt *et* Kimoto 见 *Cassena terminalis*

Solephyma tinkhami Gressitt *et* Kimoto 同 *Cassena collaris*

Solephyma tricolor Gressitt *et* Kimoto 见 *Cassena tricolor*

solese [s. solea] 跖

solid 固结的 < 意为牢固结合的，为分节构造的若干节形成一块的，例如某些棒状触角的棒头 >

solid black blister beetle [= black blister beetle, *Epicauta pennsylvanica* (De Geer)] 黑豆芫菁，黑芫菁

solid-borne sound 固导声

solid phase microextraction [abb. SPME] 固相微萃取

solidify 固体化，固化

Solierella 阳完眼泥蜂属

Solierella cerinusipedalis Zhang *et* Li 金足阳完眼泥蜂

Solieria 索寄蝇属

Solieria munda Richter 洁索寄蝇

Solieria pacifica (Meigen) 太平索寄蝇，太平洋索寄蝇

Solitanea 晖尺蛾属

Solitanea defricata (Püngeler) 晖尺蛾

solitaria 散居型
solitarious phase 散居型，独栖型
solitarius [= solitary] 独居的，散居的，独栖的
solitarization 散居化，独栖化
solitary 见 solitarius
solitary ant 蚁蜂
solitary bee [= andrenid, andrenid bee, mining bee, miner bee, digger bee] 地蜂，地花蜂 < 地蜂科 Andrenidae 昆虫的通称 >
solitary bolla [*Bolla solitaria* Steinhauser] 独杂弄蝶
solitary endoparasitoid 散居内拟寄生物
solitary feeding 单独取食
solitary mealybug [*Trionymus singularis* Schmutterer] 孤独条粉蚧
solitary midge [= thaumaleid midge, trickle midge, thaumaleid] 山蚋 < 山蚋科 Thaumaleidae 昆虫的通称 >
solitary oak leaf-miner [= white blotch oak leaf miner, *Cameraria hamadryadella* (Clemens)] 栎橡细蛾，栎独潜叶细蛾
solitary parasitism [= monoparasitism] 单寄生
solitary predation 单独捕食
solitary specialist parasitoid 散居专一拟寄生物
solitary species 独居种类
solon scarlet-eye [*Nascus solon* (Plötz)] 索伦娜虎弄蝶
Solskia 索砚甲属
Solskia aurita (Pallas) 见 *Cyphogenia* (*Cyphogenia*) *aurita*
Solskia caporiaecoi Gridelli 卡氏索砚甲
Solskia grombczewskii (Semenov) 格氏索砚甲
Solskia lhasana Ren *et* Yu 拉萨索砚甲
Solskia parvicollis (Kraatz) 细颈索砚甲，小梭拟步甲
Solubea 稻蝽属
Solubea poecila Dallas 见 *Oebalus poecilus*
Solubea pugnax (Fabricius) 见 *Oebalus pugnax*
solubility 溶解度
soluble power [abb.sp] 可溶粉剂
soluble toxin 可溶毒素 < 与外毒素同义 >
Solva 粗腿木虻属，拟树虻属
Solva apicimacula Yang *et* Nagatomi 端斑粗腿木虻
Solva aurifrons James 金额粗腿木虻，金额索木虻，金额拟树虻
Solva basiflava Yang *et* Nagatomi 黄基粗腿木虻
Solva chekiangensis Ôuchi 见 *Xylomya chekiangensis*
Solva clavata Yang *et* Nagatomi 棒突粗腿木虻
Solva completa (de Meijere) 完全粗腿木虻
Solva concavifrons James 凹额粗腿木虻，凹额索木虻，凹额拟树虻
Solva crassifemur Yang *et* Nagatomi 同 *Solva completa*
Solva dorsiflava Yang *et* Nagatomi 背黄粗腿木虻
Solva flavipilosa Yang *et* Nagatomi 黄毛粗腿木虻
Solva gracilipes Yang *et* Nagatomi 雅粗腿木虻
Solva hubensis Yang *et* Nagatomi 湖北粗腿木虻
Solva inamoena Walker 不愉粗腿木虻，不愉索木虻
Solva japonica Frey 日本粗腿木虻
Solva kusigematii Yang *et* Nagatomi 栉下町粗腿木虻
Solva maculata (Meigen) 见 *Xylomya maculata*
Solva marginata (Meigen) 背圆粗腿木虻
Solva matsumurai Nagatomi *et* Tanaka 松村粗腿木虻
Solva mediomacula Yang *et* Nagatomi 中斑粗腿木虻
Solva melanogaster Daniels 黑腹粗腿木虻
Solva mera Yang *et* Nagatomi 中突粗腿木虻
Solva minuta Frey 小粗腿木虻
Solva nigricoxis Enderlein 黑基粗腿木虻，印度拟树虻
Solva planifrons Yang *et* Nagatomi 平额粗腿木虻
Solva sauteri James 见 *Xylomya sauteri*
Solva schnitnikowi Pleske 黄腿粗腿木虻
Solva shanxiensis Yang *et* Nagatomi 山西粗腿木虻
Solva shikokuana Miyatake 四国粗腿木虻
Solva sinensis Yang *et* Nagatomi 中华粗腿木虻
Solva striata Yang *et* Nagatomi 条斑粗腿木虻
Solva takachihoi Ôuchi 同 *Xylomya longicornis*
Solva tigrina Yang *et* Nagatomi 长角粗腿木虻
Solva tuberculata Webb 瘤粗腿木虻
Solva uniflava Yang *et* Nagatomi 纯黄粗腿木虻
Solva ussuriensis Pleske 同 *Xylomya moiwana*
Solva varia (Meigen) 北方粗腿木虻
Solva yasumatsui Nagatomi *et* Tanaka 安松粗腿木虻
Solva yunnanensis Yang *et* Nagatomi 云南粗腿木虻
solvent 溶剂；溶媒
Solvidae [= Xylomyidae] 木虻科，拟树虻科
Solvinae 粗腿木虻亚科，木虻亚科
Solyginae 矛肛螳螂亚科
soma [pl. somata] 1. 躯体，体干；2. 营养体；3. 体细胞
Somadasys 光枯叶蛾属
Somadasys brevivenis (Butler) 日光枯叶蛾，光枯叶蛾，直缘苹枯叶蛾，直缘枯叶蛾
Somadasys catacoides (Strand) 台光枯叶蛾，大元宝枯叶蛾，月斑枯叶蛾，卡斑枯叶蛾 < 此种学名有误写为 *Somadasys catocoides*(Strand) 者 >
Somadasys kibunensis Matsumura 同 *Somadasys brevivenis*
Somadasys lunatus de Lajonquière 月光枯叶蛾，月斑枯叶蛾，月纹苹枯叶蛾
Somadasys saturatus Zolotuhin 新光枯叶蛾
Somali acraea [= desert acraea, *Acraea miranda* Riley] 索马里珍蝶
Somali gem [*Chloroselas esmeralda* Butler] 黄绿灰蝶
Somali silverline [*Cigaritis somalinac* (Butler)] 搔席灰蝶
Somaphantus 索鸟虱属
Somaphantus spencei Emerson 绿孔雀索鸟虱
somata [s. soma] 1. 躯体，体干；2. 营养体；3. 体细胞
somatic 体的
somatic cell 体细胞
somatic cell division 体细胞分裂
somatic layer [= somatopleure] 体壁层
somatic meiosis 体细胞减数分裂
somatic mutation 体细胞突变
somatic nerve 体神经
somatic reduction 体细胞减数
Somatina 花边尺蛾属
Somatina anaemica Prout 台湾花边尺蛾，框姬尺蛾
Somatina anthophilata Guenée 安花边尺蛾
Somatina centrofasciaria (Leech) 中带花边尺蛾
Somatina densifasciaria Inoue 密带花边尺蛾，花边尺蛾
Somatina discata Warren 盘花边尺蛾，狄花边尺蛾
Somatina indicataria (Walker) 忍冬花边尺蛾

Somatina indicataria indicataria (Walker) 忍冬花边尺蛾指名亚种
Somatina indicataria morata Prout 见 *Somatina morata*
Somatina indicataria sufflava Prout 同 *Somatina indicataria indicataria*
Somatina macroanthophilata Xue 大花边尺蛾
Somatina maeandrata Prout 云花边尺蛾，枚花边尺蛾
Somatina mendicaria (Leech) 铅花边尺蛾，民岩尺蛾，民丫尺蛾
Somatina morata Prout 莫花边尺蛾，摩忍冬花边尺蛾
Somatina obscuriciliata Wehrli 暗花边尺蛾，昏花边尺蛾
Somatina plurilinearia Moore 见 *Laciniodes plurilinearia*
Somatina plynusaria (Walker) 沙花边尺蛾 ，波点姬尺蛾
Somatina rosacea Swinhoe 玫花边尺蛾
Somatina rosacea anaemica Prout 见 *Somatina anaemica*
Somatina rosacea rosacea Swinhoe 玫花边尺蛾指名亚种，指名玫花边尺蛾
Somatina transvehens Prout 见 *Problepsis transvehens*
Somatina wiltshirei Prout 威花边尺蛾
Somatipionina 短须蚁甲亚族，硕蚁甲亚族
Somatochlora 金光伪蜻属
Somatochlora alpestris (Sélys) [alpine emerald] 高地金光伪蜻，阿金光伪蜻
Somatochlora arctica (Zetterstedt) [northern emerald] 北极金光伪蜻，弧金光伪蜻
Somatochlora dido Needham 绿金光伪蜻
Somatochlora exuberata Bartenef 日本金光伪蜻，黑龙江金光伪蜻
Somatochlora graeseri Sélys 格氏金光伪蜻
Somatochlora lingyinensis Zhou *et* Wei 灵隐金光伪蜻
Somatochlora metallica (Vander Linden) 凝翠金光伪蜻
Somatochlora shanxiensis Zhu *et* Zhang 山西金光伪蜻
Somatochlora shennong Zhang, Vogt *et* Cai 神农金光伪蜻
Somatochlora taiwana Inoue *et* Yokota 台湾金光伪蜻，台湾弓蜓
Somatochlora uchidai Förster 内田金光伪蜻
Somatochlora viridiaenaea (Uhler) 黑绿金光伪蜻
somatoplasm 体质 < 指完成一生活周而死亡的身体组织 >
somatopleure 见 somatic layer
somatotheca 腹鞘 < 指蛹壳包盖在腹节上的部分；同 gasterotheca>
somber skipper [= phainis skipper, *Papias phainis* (Godman)] 珐笆弄蝶
Somena scintillans Walker [yellow tail tussock moth, castor tussock moth] 黑翅黄毒蛾，缘黄毒蛾，双线盗毒蛾，棕衣黄毒蛾，闪黄毒蛾
Somera 索舟蛾属
Somera virens Dierl 绿索舟蛾
Somera virens virens Dierl 绿索舟蛾指名亚种
Somera virens watsoni Schintlmeister 绿索舟蛾瓦氏亚种，绿索舟蛾
Somera viridifusca Walker 棕斑索舟蛾，绿胯白舟蛾，瑟舟蛾，褐斑绿舟蛾
Sominella 齿胫水叶甲属
Sominella longicornis (Jacoby) 长角齿胫水叶甲，长角水叶甲，长角齿胫水甲，黄足长角萤叶甲
Sominella macrocnemia (Fischer von Waldheim) 长胫齿胫水叶甲，长胫水叶甲，长胫齿胫水甲
somite [= metamere, metamera, arthromere] 体节，节
Somotrichus 梭模步甲属
Somotrichus elevatus Fabricius 同 *Somotrichus unifasciatus*
Somotrichus unifasciatus (Dejean) 单带梭模步甲
Sonagara 岔纹网蛾属
Sonagara bifurcatis Huang, Owada *et* Wang 两叉岔纹网蛾，两叉索网蛾
Sonagara strigipennis Moore 纹翅岔纹网蛾，岔纹窗蛾，索网蛾
sonagram 声响图
Sondax 俗长铗螋属
Sondax potanini Bey-Bienko 波俗长铗螋，波氏爽球螋
Sondax pubescens Liu 同 *Eudohrnia metallica*
Sonesimia 纹大叶蝉属
Sonesimia grossa (Signoret) 厚纹大叶蝉，厚伪大叶蝉
Songga 宋蝉属
Songga scitula (Distant) 小宋蝉，小螂蝉
Songius 梯胸蚁甲属
Songius hlavaci Zhao, Yin *et* Li 哈氏梯胸蚁甲
Songius kiwi Yin *et* Li 几维梯胸蚁甲
Songius lasiuohospes Yin, Li *et* Zhao 喜毛蚁梯胸蚁甲
Songius pseudohlavaci Yin *et* Li 拟哈氏梯胸蚁甲
songster 鸣虫
sonic attraction 声波引诱，声波引诱作用
sonifaction [= stridulation] 摩擦发音
Sonoran banded-skipper [*Autochton pseudocellus* (Coolidge *et* Clemence)] 黄带幽弄蝶，伪金带昏弄蝶
Sonoran blue [= stonecrop blue, *Philotes sonorensis* (Felder *et* Felder)] 橙点灰蝶
Sonoran bumble bee [*Bombus pensylvanicus sonorous* Say] 美洲熊蜂索诺兰亚种
Sonoran hairstreak [*Hypostrymon critola* (Hewitson)] 慧灰蝶
Sonoran marble [*Euchloe guaymasensis* Opler] 瓜伊玛端粉蝶
Sonoran metalmark [= Mexican metalmark, *Apodemia mejicanus* (Behr)] 索诺兰花蚬蝶
Sonoran Province 北美部
Sonoran skipper [*Polites sonora* (Scudder)] 金斑红玻弄蝶
Sonoran tent caterpillar [*Malacosoma tigris*(Dyar)] 底格枯叶蛾，底格天幕毛虫，虎纹天幕毛虫
sonorific 发音的
Sonotrella 隐蟋属
Sonotrella major Liu, Yin *et* Wang 大隐蟋
Sonotrella quadrivittata Liu, Shi *et* Ou 四纹隐蟋
Soonius 短叉叶蝉属
Soonius anderi (Ossiannilsson) 安氏短叉叶蝉
soothsayer [= mantis, mantid, praying mantis, praying mantid, preying mantid, mantodean] 螳螂 < 螳螂目 Mantodea 昆虫的通称 >
sooty azure [= dusky azure, spring sooty, *Celastrina nigra* (Forbes)] 暗琉璃灰蝶
sooty bomolocha moth [*Hypena minualis* Guenée] 暗髯须夜蛾
sooty copper [*Heodes tityrus* (Poda)] 提貉灰蝶
sooty hairstreak [*Satyrium fuliginosum* (Edwards)] 洒灰蝶
sooty orange tip [*Zegris eupheme* (Esper)] 欧眉粉蝶，眉粉蝶
sooty ringlet [*Erebia pluto* (de Prunner)] 冥王红眼蝶
sooty saddlebags [*Tramea binotata* (Rambur)] 乌黑斜痣蜻
Sophianus 奇树盲蝽属，奇树蝽属
Sophianus formosanus Lin *et* Yang 同 *Alcecoris linyangorum*

Sophianus kerzhneri Lin 克氏奇树盲蝽，肯氏奇树蝽，肯氏奇树椿象
Sophianus lamellatus Ren *et* Yang 雁山奇树盲蝽，雁山奇树蝽
Sophiothrips 瘤眼管蓟马属，短头管蓟马属
Sophiothrips bicolor Watson *et* Preer 二色瘤眼管蓟马
Sophiothrips boltoni (Mound) 波顿瘤眼管蓟马，波顿短头管蓟马
Sophiothrips nigrus Ananthakrishnan 黑瘤眼管蓟马，黑短头管蓟马，黑巧蓟马
Sophiothrips typicus (Ananthakrishnan) 标志瘤眼管蓟马，标志短头管蓟马，典型巧蓟马
Sophira 索菲实蝇属
Sophira appendiculata Enderlein 苏门答腊索菲实蝇
Sophira biangulata (de Meijere) 双拱索菲实蝇
Sophira bistriga Walker 双条索菲实蝇
Sophira caeca (Bezzi) 凯卡索菲实蝇
Sophira concinna Walker 优美索菲实蝇
Sophira disjuncta Hardy 迪斯朱索菲实蝇
Sophira excellens (Hendel) 见 *Tritaeniopteron excellens*
Sophira extranea (de Meijere) 埃斯特索菲实蝇
Sophira flava (Edwards) 透翅索菲实蝇
Sophira flavicans (Edwards) 暗端索菲实蝇
Sophira flavomaculata (de Meijere) 黄斑索菲实蝇
Sophira holoxantha Hering 霍洛索菲实蝇
Sophira insueta Hering 因苏索菲实蝇
Sophira kurahashii Hardy 库拉索菲实蝇
Sophira limbata Enderlein 林巴达索菲实蝇
Sophira limbata borneensis Hering 林巴达索菲实蝇婆罗洲亚种，婆罗洲索菲实蝇
Sophira limbata limbata Enderlein 林巴达索菲实蝇指名亚种
Sophira linduensis Hardy 林杜索菲实蝇
Sophira mantissa Hering 曼提沙索菲实蝇
Sophira manto (Osten Sacken) 曼图索菲实蝇
Sophira medioflava Hardy 梅迪索菲实蝇
Sophira metatarsata (de Meijere) 钩跗索菲实蝇
Sophira philippinensis Hardy 菲律宾索菲实蝇
Sophira phlox Munro 普洛索菲实蝇
Sophira plagifera (Walker) 普拉索菲实蝇
Sophira signata (Walker) 褐缘索菲实蝇
Sophira signifera (Walker) 长斑索菲实蝇
Sophira simillima (Hering) 斯米索菲实蝇
Sophira spectabilis Hardy 弧纹索菲实蝇
Sophira venusta Walker 褐脉索菲实蝇
Sophira vittata (Hardy) 色条索菲实蝇
Sophira yunnana (Zia) 云南索菲实蝇，滇垂实蝇
Sophista 聪弄蝶属
Sophista aristoteles (Westwood) [Aristotle's skipper] 聪弄蝶
Sophista latifasciata Spitz 边带聪弄蝶
Sophonia 拟隐脉叶蝉属
Sophonia adorana Li, Li *et* Xing 饰纹拟隐脉叶蝉
Sophonia albula Cai *et* Shen 见 *Longiconnecta albula*
Sophonia albuma Li *et* Wang 白色拟隐脉叶蝉
Sophonia anushamata Chen *et* Li 肛突拟隐脉叶蝉
Sophonia arcana Chen *et* Li 弧纹拟隐脉叶蝉
Sophonia aurantiaca Cai *et* Shen 同 *Sophonia rosae*
Sophonia bilineara Li *et* Chen 双线拟隐脉叶蝉
Sophonia biramosa Li *et* Du 双枝拟隐脉叶蝉
Sophonia branchuma Li *et* Wang 枝突拟隐脉叶蝉
Sophonia concava Cai *et* He 同 *Sophonia bilineara*
Sophonia contrariesa Li, Li *et* Xing 逆突拟隐脉叶蝉
Sophonia cyatheana Li *et* Wang 桫椤拟隐脉叶蝉
Sophonia erythrolinea (Kuoh *et* Kuoh) 红纹拟隐脉叶蝉
Sophonia flanka Li, Li *et* Xing 侧突拟隐脉叶蝉
Sophonia flava Cai *et* He 见 *Longiconnecta flava*
Sophonia furcilinea (Kuoh *et* Kuoh) 同 *Sophonia longitudinalis*
Sophonia fuscomarginata Li *et* Wang 褐缘拟隐脉叶蝉
Sophonia hairlinea Li, Li *et* Xing 细线拟隐脉叶蝉
Sophonia lineala Li *et* Wang 细纹拟隐脉叶蝉
Sophonia longitudinalis (Distant) 长线拟隐脉叶蝉，双线拟隐脉叶蝉
Sophonia lushana (Kuoh) 庐山拟隐脉叶蝉
Sophonia microstaina Li, Li *et* Xing 细点拟隐脉叶蝉
Sophonia nigricostana Li, Li *et* Xing 黑边拟隐脉叶蝉
Sophonia nigrifrons (Kuoh) 黑面拟隐脉叶蝉
Sophonia nigrilineata Chen *et* Li 黑线拟隐脉叶蝉
Sophonia nigromarginata Cai *et* Shen 同 *Sophonia nigrilineata*
Sophonia obliguizonata Li *et* Wang 见 *Neobiprocessa obliquizonata*
Sophonia orientalis (Matsumura) 东方拟隐脉叶蝉，长线拟隐脉叶蝉，东方隐脉叶蝉
Sophonia pointeda Li, Li *et* Xing 尖板拟隐脉叶蝉
Sophonia rosae Li *et* Wang 蔷薇拟隐脉叶蝉 < 此种学名有误写为 *Sophonia rosea* Li *et* Wang 者 >
Sophonia rubrolimbata (Kuoh *et* Kuoh) 同 *Nirvana placida*
Sophonia rufa (Kuoh *et* Kuoh) 红色拟隐脉叶蝉
Sophonia ruficincta Li *et* Wang 同 *Extensus latus*
Sophonia rufofascia (Kuoh *et* Kuoh) 同 *Sophonia orientalis*
Sophonia rufolineata (Kuoh) 见 *Concaveplana rufolineata*
Sophonia spathulata Chen *et* Li 剑突拟隐脉叶蝉
Sophonia spinula Li, Li *et* Xing 端刺拟隐脉叶蝉
Sophonia tortuosa Li, Li *et* Xing 曲茎拟隐脉叶蝉
Sophonia transvittata Li *et* Chen 横纹拟隐脉叶蝉，横带拟隐脉叶蝉
Sophonia unicolor (Kuoh *et* Kuoh) 纯色拟隐脉叶蝉
Sophonia unilineata (Kuoh *et* Kuoh) 单线拟隐脉叶蝉
Sophonia yingjianga Li, Li *et* Xing 盈江拟隐脉叶蝉
Sophonia yunnanensis Li *et* Chen 云南拟隐脉叶蝉
Sophonia zhangi Li *et* Chen 张氏拟隐脉叶蝉
Sophonia zonulata Li *et* Wang 同 *Extensus latus*
sophonisba purplewing [= glorious purplewing, *Eunica sophonisba* (Cramer)] 蓝裙神蛱蝶
Sophriopsis 索菲奥实蝇属
Sophriopsis calcarata Hardy 假脉索菲奥实蝇
Sophriopsis improbata (Hering) 黄色索菲奥实蝇
Sophronia 智麦蛾属
Sophronia albomarginata Li *et* Zheng 白边智麦蛾
Sophronia orientalis Li *et* Zheng 东方智麦蛾
Sophronica 健天牛属
Sophronica apicalis (Pic) 黄斑健天牛
Sophronica atripennis (Pic) 黑翅健天牛
Sophronica bicoloripes (Pic) 二色健天牛
Sophronica bowringii (Gressitt) 红翅健天牛

Sophronica chinensis Breuning 中华健天牛
Sophronica koreana Gressitt 朝鲜健天牛
Sophronica obrioides (Bates) 东亚健天牛，女贞健天牛，水蜡锈天牛
Sophronica subcarissae Breuning 老挝健天牛
Sophronica tonkinensis Breuning 南方健天牛
Sophrops 霉鳃金龟甲属，索鳃金龟甲属，野鳃金龟甲属
Sophrops acalcarium Gu *et* Zhang 无距霉鳃金龟甲，无距索鳃金龟
Sophrops acutangularis (Moser) 锐角霉鳃金龟甲，锐角微毛鳃金龟
Sophrops brevisetosa Frey 短毛霉鳃金龟甲，短毛霉鳃金龟
Sophrops cantonensis Petrovitz 广州霉鳃金龟甲，广州霉鳃金龟
Sophrops cephalotes (Burmeister) 头霉鳃金龟甲，头霉鳃金龟，大头霉鳃金龟，大头鳃金龟，头雷金龟子
Sophrops chinensis (Brenske) 华霉鳃金龟甲，华霉鳃金龟
Sophrops cotesi Brenske 柯特思霉鳃金龟甲，柯特思霉鳃金龟
Sophrops formosana (Moser) 丽霉鳃金龟甲，丽霉鳃金龟，蓬莱姬黑金龟，姬黑金龟，台湾栗色金龟
Sophrops hauseri Balthasar 豪霉鳃金龟甲，豪霉鳃金龟
Sophrops heydeni (Brenske) 海霉鳃金龟甲，赫霉鳃金龟
Sophrops lata Frey 宽霉鳃金龟甲，宽霉鳃金龟
Sophrops latiscula Nomura 厚霉鳃金龟甲，厚霉鳃金龟，粗姬黑金龟
Sophrops longiflahellum Gu *et* Zhang 长角霉鳃金龟甲，长角索鳃金龟甲
Sophrops parviceps Fairmaire 帕霉鳃金龟甲，帕霉鳃金龟
Sophrops pexicollis (Fairmaire) 多毛霉鳃金龟甲，多毛霉鳃金龟
Sophrops planicollis (Burmeister) 平胸霉鳃金龟甲，平胸霉鳃金龟
Sophrops pruinosipyga Gu *et* Zhang 粉臀霉鳃金龟甲，粉臀索鳃金龟
Sophrops purkynei Balthasar 泼霉鳃金龟甲，泼霉鳃金龟
Sophrops roeri Frey 罗霉鳃金龟甲，罗霉鳃金龟
Sophrops rugipennis (Frey) 皱霉鳃金龟甲，皱黄鳃金龟
Sophrops stenocorpus Gu *et* Zhang 细体霉鳃金龟甲，细体索鳃金龟
Sophrops striata Brenske 畦霉鳃金龟甲，畦霉鳃金龟
Sophrops taiwana Nomura 台霉鳃金龟甲，台霉鳃金龟，台湾姬黑金龟
Sophrops yangbiensis Gu *et* Zhang 漾濞霉鳃金龟甲，漾濞索鳃金龟
Sophta 草孔夜蛾属
Sophta diplochorda (Hampson) 顶钩草孔夜蛾，顶钩凹翅拉裳蛾
Sophta olivata (Hampson) 橄榄草孔夜蛾，橄榄拉裳蛾
Sophta ruficeps (Walker) 赭草孔夜蛾，赭索夜蛾
sophus forester [*Bebearia sophus* (Fabricius)] 慧舟蛱蝶
Sora 丘伪叶甲属
Sora aeneipennis (Pic) 铜翅丘伪叶甲
Sora angulicollis (Pic) 狭丘伪叶甲
Sora cavalerieri Pic 卡丘伪叶甲
Sora cognata (Borchmann) 同 *Anisostira rugipennis*
Sora humeralis (Pic) 肩丘伪叶甲
Sora inopaca (Pic) 暗丘伪叶甲
Sora klapperichi Pic 克氏丘伪叶甲
Sora longissima (Pic) 长丘伪叶甲
Sora mimica (Pic) 仿丘伪叶甲
Sora nigripes (Pic) 同 *Anisostira rugipennis*
Sora purpureipennis Borchmann 紫色丘伪叶甲
Sora ruguilicollis (Fairmaire) 皱丘伪叶甲
Sora sinensis (Pic) 华丘伪叶甲
Sora subcordicollis Pic 心丘伪叶甲
Sora subrecticollis (Pic) 直丘伪叶甲
Sora testaceithorax (Pic) 同 *Anisostira rugipennis*
Sora thibetana (Pic) 藏丘伪叶甲
Sora viridimetallica (Pic) 见 *Casnonidea viridimetallica*
Soractellus 叉茎叶蝉属
Soractellus jianfengensis Xing *et* Li 尖峰叉茎叶蝉
Soraida 索拉实蝇属
Soraida tenebricosa Hering 透翅索拉实蝇
sorana eighty-eight [*Callicore sorana* (Godart)] 衬图蛱蝶
sorata satyr [*Oressinoma sorata* Godman *et* Salvin] 索拉银柱眼蝶
Sorbaphis 花楸蚜属
Sorbaphis chaetosiphon Shaposhnikov 毛管花楸蚜
sorbent 吸着剂
sorbic acid 山梨酸
sorbitol 山梨糖醇，山梨醇
sorbose 山梨糖
sordid bomolocha moth [= sordid hypena moth, *Hypena sordidula* Grote] 暗褐髯须夜蛾
sordid emperor [*Chitoria sordida* (Moore)] 斜带铠蛱蝶
sordid hypena moth 见 sordid bomolocha moth
Sorghothrips 额伸蓟马属，首高蓟马属
Sorghothrips fuscus Ananthakrishnan 褐额伸蓟马
Sorghothrips jonnaphilus (Ramakrishna) 印额伸蓟马
Sorghothrips longistylus (Trybom) 长突额伸蓟马
Sorghothrips meishanensis Chen 梅山额伸蓟马，梅山蓟马
sorghum aphid [= yellow sugarcane aphid, dura asyl fly, sugarcane aphid, green sugarcane aphid, cane aphid, grey aphid, *Melanaphis sacchari* (Zehntner)] 高粱蚜，甘蔗蚜，甘蔗黄蚜，蔗蚜，高粱黍蚜，长鞭蚜
sorghum borer [= corn stem borer, greater sugarcane borer, sorghum stem borer, stem corn borer, dura stem borer, large corn borer, pink sugarcane borer, sugarcane pink borer, pink corn borer, maize borer, purple stem borer, durra stem borer, *Sesamia cretica* Lederer] 高粱蛀茎夜蛾
sorghum chinch-bug [*Dimorphopterus pallipes* (Distant)] 大狭长蝽，高粱长蝽
sorghum earhead worm [= sorghum webworm, cob borer, Old World webworm, jowar web-worm, *Stenachroia elongella* Hampson] 高粱长螟，长斯廷螟
sorghum midge [= dura gall midge, jola earhead fly, *Stenodiplosis sorghicola* (Coquillett)] 高粱狭瘿蚊，高粱种瘿蚊，高粱康瘿蚊，高粱瘿蚊
sorghum plant bug [*Stenotus rubrovittatus* (Matsumura)] 赤条纤盲蝽，高粱红带盲蝽，高粱窄盲蝽，红条丽盲蝽
sorghum shoot fly 1. [= sorghum stem fly, cholam fly, great millet stem maggot, *Atherigona soccata* Rondani] 高粱芒蝇，高粱斑芒蝇；2. [*Anatrichus erinaceus* Meigen] 高粱猬秆蝇，高粱黄潜蝇

sorghum stem borer 1. [= maize stalk borer, maize stem borer, corn stem borer, spotted stalk borer, *Chilo partellus* (Swinhoe)] 斑禾草螟，玉米禾螟，禾草螟，蛀茎斑螟，高粱螟虫；2. [= corn stem borer, greater sugarcane borer, sorghum borer, stem corn borer, dura stem borer, large corn borer, pink sugarcane borer, sugarcane pink borer, pink corn borer, maize borer, purple stem borer, durra stem borer, *Sesamia cretica* Lederer] 高粱蛀茎夜蛾

sorghum stem fly [= sorghum shoot fly, cholam fly, great millet stem maggot, *Atherigona soccata* Rondani] 高粱芒蝇，高粱斑芒蝇

sorghum webworm 1.[*Nola cereella* (Bosc)] 高粱点瘤蛾，高粱瘤蛾；2. [= sorghum earhead worm, cob borer, Old World webworm, jowar web-worm, *Stenachroia elongella* Hampson] 高粱长螟，长斯廷螟

Sorhoanus 草叶蝉属

Sorhoanus assimilis (Fallén) 凹缘草叶蝉

Sorhoanus binotatus Kuoh 二点草叶蝉

Sorhoanus binotatus Li *et* Dai 同 *Bambusananus lii*

Sorhoanus bipunctotus Li 见 *Bambusananus bipunctatus*

Sorhoanus cryptonotatus Kuoh 隐斑草叶蝉

Sorhoanus huanglutus Kuoh 黄绿草叶蝉

Sorhoanus kerzhneri Emeljanov 同 *Sorhoanus tritici*

Sorhoanus lii McKamey *et* Hicks 见 *Bambusananus lii*

Sorhoanus longivittatus Kuoh 纵条草叶蝉

Sorhoanus maculipennis Li *et* Wang 见 *Bambusananus maculipennis*

Sorhoanus minutus Vilbaste 微突草叶蝉

Sorhoanus tritici (Matsumura) [wheat leafhopper, Yano leafhopper] 麦绿草叶蝉，小麦角顶叶蝉，小麦叶蝉

Sorhoanus xanthoneurus (Fieber) 黄脉草叶蝉

Sorineuchora 丘蠊属，革蠊属

Sorineuchora bivitta (Bey-Bienko) 双带丘蠊，双纹革蠊，双条革蠊

Sorineuchora formosana (Matsumura) 台湾丘蠊，台湾革蠊

Sorineuchora lativitrea (Walker) 莱特丘蠊

Sorineuchora nigra (Shiraki) 黑背丘蠊，黑革蠊

Sorineuchora pallens (Bey-Bienko) 淡色丘蠊，淡色革蠊

Sorineuchora punctipennis (Princis) 点翅丘蠊，点翅革蠊

Sorineuchora setchuana (Bey-Bienko) 变色丘蠊，变色革蠊

Sorineuchora shanensis (Princis) 山丘蠊，云南革蠊

Sorineuchora undulata (Bey-Bienko) 波丘蠊，波革蠊

Soritia 黄点黑斑蛾属，褐锦斑蛾属，狭翅萤斑蛾属

Soritia angustipennis (Röber) 角翅黄点黑斑蛾，角翅褐锦斑蛾

Soritia azurea Yen 天蓝黄点黑斑蛾，天蓝狭翅萤斑蛾

Soritia bicolor (Moore) 二色黄点黑斑蛾，二色褐锦斑蛾

Soritia choui Yen *et* Yang 周氏黄点黑斑蛾，周氏褐锦斑蛾，周氏狭翅萤斑蛾

Soritia elizabetha (Walker) 伊氏黄点黑斑蛾，伊氏褐锦斑蛾，埃褐锦斑蛾，褐斑蛾

Soritia flavomaculata Möschler 黄斑黄点黑斑蛾，黄斑褐锦斑蛾

Soritia major (Jordan) 大斑黄点黑斑蛾，大褐锦斑蛾，大褐斑蛾

Soritia microcephala Felder *et* Felder 小头黄点黑斑蛾，小头褐锦斑蛾

Soritia nigribasalis Hampson 黑基黄点黑斑蛾，黑基褐锦斑蛾

Soritia octopunctata Möschler 八斑黄点黑斑蛾，八斑褐锦斑蛾

Soritia proprimarginata (Prout) 殊边黄点黑斑蛾

Soritia pulchella (Kollar) 丽黄点黑斑蛾，丽褐锦斑蛾，茶六斑锦蛾

Soritia pulchella leptalina Kollar 丽黄点黑斑蛾细堆亚种，丽褐锦斑蛾细堆亚种，细堆褐锦斑蛾，细堆锦斑蛾

Soritia pulchella leptarinoides (Strand) 丽黄点黑斑蛾狭翅亚种，丽褐锦斑蛾狭翅亚种，史氏狭翅萤斑蛾

Soritia pulchella pulchella Kollar 丽黄点黑斑蛾指名亚种

Soritia pulchella sexpunctata Doubleday 丽黄点黑斑蛾六斑亚种，丽褐锦斑蛾六斑亚种，茶六斑褐锦斑蛾，六点塞斑蛾

Soritia strandi Kishida 史氏黄点黑斑蛾，史氏狭翅萤斑蛾，黄点黑斑蛾

Soritia unipunctata Dufrane 单斑黄点黑斑蛾，单斑褐锦斑蛾

Sorolopha 尾小卷蛾属

Sorolopha aeolochlora (Meyrick) 艾尾小卷蛾

Sorolopha agana (Falkovitsh) 青尾小卷蛾

Sorolopha archimedias (Meyrick) 樟尾小卷蛾，中弧青尾小卷蛾

Sorolopha asphaeropa Diakonoff 异球尾小卷蛾

Sorolopha bryana (Felder *et* Rogenhofer) 布尾小卷蛾

Sorolopha camarotis (Meyrick) 卡青尾小卷蛾

Sorolopha chlorotica Liu *et* Bai 同 *Sorolopha rubescens*

Sorolopha dactyloidea Yu *et* Li 指状尾小卷蛾

Sorolopha elaeodes (Lower) 岛尾小卷蛾

Sorolopha ferrugmosa Kawabe 锈尾小卷蛾

Sorolopha herbifera (Meyrick) 淡尾小卷蛾

Sorolopha identaeolochloca Yu *et* Li 类艾尾小卷蛾

Sorolopha karsholti Kawabe 卡氏尾小卷蛾

Sorolopha liochlora (Meyrick) 丽尾小卷蛾

Sorolopha longurus Liu *et* Bai 同 *Sorolopha camarotis*

Sorolopha micheliacola Liu 同 *Sorolopha camarotis*

Sorolopha muscida (Wileman *et* Stringer) 苔色尾小卷蛾

Sorolopha phyllochlora (Meyrick) 叶尾小卷蛾，绿叶青尾小卷蛾

Sorolopha plinthograpta (Meyrick) 台尾小卷蛾，普青尾小卷蛾，樟圆点小卷蛾，樟卷叶蛾

Sorolopha plumboviridis Diakonoff 羽尾小卷蛾，铅绿青尾小卷蛾

Sorolopha rubescens Diakonoff 红尾小卷蛾

Sorolopha saitoi Kawabe 斋藤尾小卷蛾，赛尾小卷蛾

Sorolopha semiculta (Meyrick) 半尾小卷蛾，半青尾小卷蛾

Sorolopha sphaerocopa (Meyrick) 球尾小卷蛾

Sorolopha stygiaula (Meyrick) 纹尾小卷蛾

Sorolopha tenuirurus Liu *et* Bai 细尾小卷蛾，细青尾小卷蛾

Sorolophae 尾小卷蛾亚族

Soronia 索露尾甲属

Soronia fracta Reitter 大索露尾甲

Soronia grisea (Linnaeus) 灰索露尾甲

Soronia laevigata Kirejtshuk 睫索露尾甲，睫华滑露尾甲

Soronia maxima Heller 同 *Soronia fracta*

Soronia merkli Kirejtshuk 默氏索露尾甲

Soronia minima Grouvelle 小索露尾甲

Soronia shibatai Hisamatsu *et* Hisamatsu 柴田索露尾甲

sorrel cutworm [= knot grass moth, knot grass, *Acronicta rumicis* (Linnaeus)] 梨剑纹夜蛾，梨剑蛾，酸模剑纹夜蛾，梨未夜蛾

sorrel sapphire [*Heliophorus sena* Kollar] 花边彩灰蝶

Sortosa japonica (Banks) 见 *Dolophilodes japonica*

Sortosa obrussa Ross 见 *Kisaura obrussa*

Sortosa pectinata Ross 见 *Kisaura pectinata*

Sosibia 健蛸属
Sosibia brachyptera Chen *et* He 短翅健蛸
Sosibia cornuta Chen *et* He 角臀健蛸
Sosibia flavomarginata Chen *et* He 黄边健蛸
Sosibia guangdongensis Chen *et* Chen 广东健蛸
Sosibia hainanensis Chen *et* He 海南健蛸
Sosibia medogensis Chen *et* He 墨脱健蛸
Sosibia qiongensis Ho 琼健蛸
Sosibia truncata Chen *et* Chen 截臀健蛸
Sosibia yunnana Chen *et* He 云南健蛸
Sospita 鹿瓢虫属，梅鹿瓢虫属
Sospita bissexnotata Jing 十二星中鹿瓢虫，十二星中齿瓢虫
Sospita chinensis Mulsant 华鹿瓢虫
Sospita gebleri (Crotch) 黑鹿瓢虫，黑中齿瓢虫
Sospita horni (Crotch) 霍氏鹿瓢虫，霍氏中齿瓢虫
Sospita* (*Myzia*) *sexvittata Kitano 见 *Sospita sexvittata*
Sospita oblongoguttata (Linnaeus) 长斑鹿瓢虫，长斑中齿瓢虫，方斑中齿瓢虫
Sospita quadrivittata Miyatake 见 *Calvia quadrivittata*
Sospita sexvittata Kitano 六条鹿瓢虫，六条中齿瓢虫
Sostrata 蓑弄蝶属
Sostrata bifasciata (Ménétriés) [blue-studded skipper] 蓑弄蝶
Sostrata cronion Felder 克罗蓑弄蝶
Sostrata festiva (Erichson) [festiva skipper] 喜庆蓑弄蝶
Sostrata grippa Evans [grippa skipper] 格丽蓑弄蝶
Sostrata nordica Evans [blue-studded skipper] 蓝蓑弄蝶
Sostrata pusilla Godman *et* Salvin [pusilla skipper] 普西蓑弄蝶
Soteira 索刺蛾属
Soteira grandis (Hering) 大索刺蛾，大绿刺蛾，哥绿刺蛾
Soteira ostia (Swinhoe) 漫索刺蛾，漫绿刺蛾，浸绿刺蛾
Soteira prasina (Alphéraky) 葱索刺蛾，葱绿刺蛾
Soteira shaanxiensis (Cai) 陕索刺蛾，陕绿刺蛾
Sotik acraea [= Sotika legionnaire, *Acraea sotikensis* Sharpe] 彩带珍蝶
Sotika legionnaire 见 Sotik acraea
Soto's skipperling [*Butleria sotoi* (Reed)] 索托仆弄蝶
Sounama 叟沫蝉属
Sounama bimaculata (Matsumura) 二斑叟沫蝉，二斑贺沫蝉，二斑管尾沫蝉
Sounama horishana (Matsumura) 埔里叟沫蝉，埔里贺沫蝉
Sounama koshunella (Matsumura) 恒春叟沫蝉，恒春库沫蝉
Soupha nouvangi Breuning 苏天牛
South African citrus thrips [= citrus thrips, *Scirtothrips aurantii* Faure] 橘硬蓟马
South African Province 南非部
South African Subregion 南非亚区
South American cactus moth [= cactus moth, nopal moth, *Cactoblastis cactorum* (Berg)] 仙人掌螟
South American cucurbit fruit fly [*Anastrepha grandis* (Macquart)] 瓜按实蝇
South American fruit fly [*Anastrepha fraterculus* (Wiedemann)] 南美按实蝇
South American leafminer [= pea leafminer, serpentine leafminer, *Liriomyza huidobrensis* (Blanchard)] 南美斑潜蝇，拉美豌豆斑潜蝇，拉美斑潜蝇，拉美甜菜斑潜蝇，惠斑潜蝇
South American locust [*Schistocerca cancellata* (Serville)] 南美沙漠蝗
South American rice bug [= small rice stink bug, *Oebalus poecilus* (Dallas)] 小肩刺蝽，南美稻蝽
South American palm weevil [*Rhynchophorus palmarum* (Linnaeus)] 南美鼻隐喙象甲，美洲棕榈象，油棕象甲，棕榈象甲，棕榈象，巨棕象甲虫
South American stem borer [= orchid weevil, *Diorymerellus laevimargo* Champ] 兰象甲
South American tomato leaf miner [= tomato leafminer, South American tomato moth, South American tomato pinworm, *Phthorimaea absoluta* Meyrick] 番茄茎麦蛾，番茄潜麦蛾，番茄潜叶蛾，番茄麦蛾
South American tomato moth 见 South American tomato leaf miner
South American tomato pinworm 见 South American tomato leaf miner
South American white borer [= South American white stem borer, white stem borer, South American white rice borer, *Rupela albinella* (Cramer)] 南美稻白螟
South American white rice borer 见 South American white borer
South American white stem borer 见 South American white borer
South Australian lucerne flea [= lucerne flea, clover flea, clover springtail, green clover springtail, lucerne earth flea, *Sminthurus viridis* (Linnaeus)] 绿圆䗛，绿圆跳虫
South China bushbrown [*Mycalesis zonata* Matsumura] 切翅眉眼蝶，切翅单环蝶，截翅眉眼蝶，草目蝶，平顶眉眼蝶，剪翅单眼蛇目蝶，剪翅单环蝶，方角眉眼蝶
South China moon moth [= Chinese moon moth, Golden moon moth, Asian moon moth, Asiatic moon moth, *Actias sinensis* (Walker)] 华尾大蚕蛾
south-eastern dry-wood termite [*Kalotermes snyderi* Light] 东南美木白蚁，斯氏木白蚁
South India small tussore [= tasar silkworm, tassar silkworm, tropical tasar silk moth, Indian silkworm moth, Indian tasar silk insect, *Antheraea paphia* (Linnaeus)] 印度目大蚕蛾，意大利大蚕，意大利大蚕蛾，透纱蚕，塔萨大蚕蛾
South Indian blue oakleaf [*Kallima horsfieldi* Kollar] 蓝枯叶蛱蝶
South Nicobar common sailer [*Neptis hylas sambilanga* Evans] 中环蛱蝶尼岛亚种
South Nicobar three-spot grass yellow [*Eurema blanda grisea* (Evans)] 檗黄粉蝶南尼亚种
South Sea fly [= island fruit fly, boatman fly, *Dirioxa pornia* (Walker)] 海岛迪实蝇，海岛实蝇，南洋弟实蝇
southeastern gray twig pruner [= oak pruner, oak twig-pruner, twig pruner, maple tree pruner, apple-tree pruner, *Anelaphus villosus* (Fabricius)] 栎剪枝牡鹿天牛，多毛天牛
southeastern lubber grasshopper [= eastern lubber grasshopper, lubber grasshopper, *Romalea microptera* (Palisot de Beauvois)] 东部小翅蜢，东方小翅蜢，东部小翅笨蝗
southeastern Queensland glow-worm [*Arachnocampa flava* Harrison] 黄织网菌蚊
southern armyworm 1. [*Spodoptera eridania* (Cramer)] 南方贪夜蛾，南方灰翅夜蛾，南部灰翅夜蛾，亚热带黏虫，秋黏虫；2. [= northern armyworm, oriental armyworm, armyworm, ear-cutting caterpillar, rice armyworm, rice ear-cutting caterpillar,

paddy armyworm, *Mythimna separata* (Walker)] 黏虫，东方黏虫，分秘夜蛾，黏秘夜蛾；3. [= fall armyworm, fall armyworm moth, southern grass worm, southern grassworm, alfalfa worm, buckworm, budworm, corn budworm, corn leafworm, cotton leaf worm, daggy's corn worm, grass caterpillar, grass worm, maize budworm, overflow worm, rice caterpillar, wheat cutworm, whorlworm, *Spodoptera frugiperda* (Smith)] 草地贪夜蛾，草地夜蛾，秋黏虫，草地黏虫，甜菜贪夜蛾

southern aspen leaf-rolling sawfly [*Pamphilius latifrons* Fallén] 北中欧颤杨扁蜂，北中欧颤杨扁叶蜂

southern bamboo aphid [*Glyphynaphis bambusae* van der Goot] 竹密角蚜，竹毛扁蚜

southern beet webworm [= two-spotted herpetogramma, *Herpetogramma bipunctale* (Fabricius)] 二星切叶野螟，南方甜菜网螟，甜菜二星瘤螟

southern birdwing [*Troides minos* (Cramer)] 印度裳凤蝶

southern blue 1. [*Pseudolucia sibylla* (Kirby)] 丝比莹灰蝶；2. [*Lepidochrysops australis* Tite] 澳大利亚鳞灰蝶

southern broken-dash [*Wallengrenia otho* (Smith)] 暗瓦弄蝶

southern brown argus [*Aricia cramera* (Eschscholtz)] 克莱爱灰蝶

southern buffalo gnat [*Cnephia pecuarum* (Riley)] 水牛克蚋，南部水牛蚋

southern cabbage butterfly [= southern cabbageworm, checkered white, *Pontia protodice* (Boisduval *et* LeConte)] 多形云粉蝶，南美菜粉蝶

southern cabbageworm 见 southern cabbage butterfly

southern chestnut bob [*Iambrix salsala luteipalpis* Plötz] 洒雅弄蝶南部亚种

southern chinch bug [*Blissus insularis* Barber] 南部土长蝽，南部麦长蝽

southern Chinese peacock [*Papilio dialis* Leech] 穹翠凤蝶

southern clipper [= common bird-dropping skipper, pilumnus skipper, *Milanion pilumnus* (Mabille *et* Boullet)] 常米兰弄蝶

southern cloudywing [*Thorybes bathyllus* (Smith)] 褐弄蝶

southern cobweb skipper [*Hesperia metea intermedia* (Gatrelle)] 蜘蛛弄蝶南部亚种

southern comma [*Polygonia egea* (Cramer)] 小钩蛱蝶，埃黄沟蛱蝶，新疆角蛱蝶

southern corn billbug [= southern corn bug, curlew bug, curlew billbug, *Calendra callosa* (Olivier)] 坚皮长喙象甲，坚皮谷象，南方玉米长喙象甲

southern corn bug 见 southern corn billbug

southern corn rootworm 1. [=*Diabrotica undecimpunctata* Mannerheim, western spotted cucumber beetle, spotted cucumber beetle] 十一星根萤叶甲，南部玉米根虫，黄瓜点叶甲，黄瓜十一星叶甲，十一星黄瓜甲虫，十一星瓜叶甲；2. [= spotted cucumber beetle, *Diabrotica undecimpunctata howardii* Barber] 十一星根萤叶甲霍氏亚种，黄瓜十一星叶甲食根亚种，南部玉米根虫，南瓜十一星叶甲

southern corn stalk borer [*Diatraea crambidoides* (Grote)] 南方玉米秆草螟，玉米草螟

southern cowpea weevil [= adzuki bean weevil, pulse beetle, cowpea bruchid, Chinese bean weevil, Chinese bruchid, *Callosobruchus chinensis* (Linnaeus)] 绿豆象甲，绿豆象，中国瘤背豆象甲，中华豆象，中华粗腿豆象

southern cricket [= Bordeaux cricket, *Eumodicogryllus bordigalensis* (Latreille)] 布德真姬蟋，布德悍蟋，波尔多蟋蟀

southern cuckoo bumblebee [= vestal cuckoo bumble bee, *Bombus vestalis* (Geoffroy)] 贞熊蜂

southern cypress bark beetle [= southern cypress beetle, *Phloeosinus taxodii* Blackman] 南柏木肤小蠹

southern cypress beetle 见 southern cypress bark beetle

southern dart [= green grass-dart, greenish grass-dart, yellow-banded dart, *Ocybadistes walkeri* Heron] 绿丫纹弄蝶，丫纹弄蝶

southern dogface [*Zerene cesonia* (Stoll)] 菊黄花粉蝶

southern duffer [*Discophora lepida* (Moore)] 鳞斑方环蝶

southern dusted skipper [= loammi skipper, *Atrytonopsis loammi* (Whitney)] 白带墨弄蝶

southern emerald [= synthemistid dragonfly, tigertail, synthemistid] 综蜻，聚蜻 < 综蜻科 Synthemistidae 昆虫的通称 >

southern epeolus [*Epeolus australis* Mitchell] 南部绒斑蜂

southern festoon [*Zerynthia polyxena* (Denis *et* Schiffermüller)] 锯凤蝶

southern field cricket [= Mediterranean field cricket, two-spotted cricket, Vietnamese fighting cricket, black cricket, African field cricket, *Gryllus bimaculatus* De Geer] 双斑大蟋，双斑蟋，地中海蟋蟀，黄斑黑蟋蟀，咖啡两点蟋，甘蔗蟋

southern fire ant [*Solenopsis xyloni* McCook] 南美火蚁，南美螫蚁

southern flannel moth [= woolly slug, asp, Italian asp, tree asp, opossum bug, puss caterpillar, puss moth, asp caterpillar, *Megalopyge opercularis* (Smith)] 美绒蛾，具盖绒蛾

southern garden leafhopper [*Empoasca solana* DeLong] 茄小绿叶蝉，茄微叶蝉

southern gatekeeper [*Pyronia cecilia* (Vallentin)] 南方火眼蝶

southern golden bell [= pagoda bell cricket, *Xenogryllus marmoratus* (Haan)] 云斑金蟋，云斑金吉蟋，金蛄蛉，金吉蛉，金琵琶，宝塔蛉，铜琵琶

southern grass-skipper [= Anderson's skipper, *Toxidia andersoni* (Kirby)] 长斑陶弄蝶

southern grass worm [= fall armyworm, fall armyworm moth, alfalfa worm, southern grassworm, buckworm, budworm, corn budworm, corn leafworm, cotton leaf worm, daggy's corn worm, grass caterpillar, grass worm, maize budworm, overflow worm, rice caterpillar, southern armyworm, wheat cutworm, whorlworm, *Spodoptera frugiperda* (Smith)] 草地贪夜蛾，草地夜蛾，秋黏虫，草地黏虫，甜菜贪夜蛾

southern grassworm 见 southern grass worm

southern grayling [*Hipparchia aristaeus* (Bonelli)] 红褐仁眼蝶

southern green shield bug [= green stink bug, southern green stink bug, green vegetable bug, green tomato bug, *Nezara viridula* (Linnaeus)] 稻绿蝽，南方绿椿象

southern green stink bug 见 southern green shield bug

southern grizzled skipper [*Pyrgus malvoides* (Elwes *et* Edwards)] 马沃花弄蝶

southern ground cricket [*Allonemobius socius* (Scudder)] 南部类针蟋

southern hairstreak [= southern oak hairstreak, oak hairstreak, *Euristrymon favonius* (Smith *et* Abbot)] 悠灰蝶

southern hermit [*Chazara prieuri* (Pierret)] 北非岩眼蝶

S

southern house mosquito [*Culex quinquefasciatus* Say] 致倦库蚊，尖音库蚊五带亚种，五带淡色库蚊，热带家蚊

southern large darter [= large darter, *Telicota anisodesma* Lower] 淡色长标弄蝶

southern lyctus beetle [*Lyctus planicollis* LeConte] 南方粉蠹，平颈粉蠹

southern marbled skipper [*Carcharodus baeticus* (Rambur)] 苦薄荷卡弄蝶

southern masked chafer [*Cyclocephala immaculata* (Olivier)] 南部圆头犀金龟甲，圆头无斑犀金龟

southern migrant hawker [= blue-eyed hawker, *Aeshna affinis* van der Linden] 硕斑蜓，近缘蜓

southern mole cricket [*Neoscapteriscus borellii* (Giglio-Tos)] 南美新掘蝼蛄，南美掘蝼蛄，南美蝼蛄，南方蝼蛄

southern monarch [*Danaus erippus* (Cramer)] 伊丽斑蝶

southern moon moth 见 [= southern old lady moth, southern old lady, peacock moth, granny moth, southern wattle moth, large brown house-moth, golden cloak moth, owl moth, *Dasypodia selenophora* Guenée] 南澳月夜蛾，澳金合欢篷夜蛾

southern oak dagger moth [= raspberry bud dagger, raspberry bud dagger moth, peach sword stripe night moth, raspberry bud moth, *Acronicta increta* Morrison] 阴剑纹夜蛾

southern oak hairstreak 见 southern hairstreak

southern old lady 见 southern moon moth

southern old lady moth 见 southern moon moth

southern pearl-white [= common pearl white, *Elodina angulipennis* (Lucas)] 角翅药粉蝶

southern pearly-eye [= pearly-eye, *Enodia portlandia* (Fabricius)] 串珠眼蝶

southern pied woolly legs [*Lachnocnema laches* (Fabricius)] 南毛足灰蝶

southern pine beetle [*Dendroctonus frontalis* Zimmerman] 瘤额大小蠹，南部松小蠹，南部松大小蠹

southern pine coneworm [= southern pineconeworm moth, *Dioryctria amatella* (Hulst)] 南方松梢斑螟，南部松斑螟

southern pine engraver beetle [= eastern five-spined engraver, five-spined bark beetle, *Ips grandicollis* (Eichhoff)] 南部松齿小蠹

southern pine root weevil [*Hylobius aliradicis* Warner] 南方松树皮象甲，南部松根象甲

southern pine sawyer [*Monochamus titillator* (Fabricius)] 南美松墨天牛，南部云杉天牛

southern pineconeworm moth 见 southern pine coneworm

southern pit scale [*Asterodiaspis bella* (Russell)] 南欧栎链蚧

Southern Plains bumble bee [*Bombus fraternus* (Smith)] 南部熊蜂

southern potato wireworm [*Conoderus falli* (Lane)] 南方单叶叩甲，南方马铃薯叩甲，南部马铃薯金针虫

southern purple [*Aslauga australis* Cottrell] 澳洲维灰蝶，澳大利亚维灰蝶

southern purple azure [= Genoveva azure, *Ogyris genoveva* Hewitson] 波缘澳灰蝶

southern rain beetle [*Pleocoma australis* Fall] 南方毛金龟

southern Rocky Mountain orange tip [*Anthocharis julia* (Edwards)] 朱莉亚襟粉蝶

southern rubus aphid [*Matsumuraja rubifoliae* Takahashi] 悬钩指瘤蚜，川康指角蚜，蔗指瘤蚜

southern sapphire [*Iolaus silas* (Westwood)] 红臀瑶灰蝶

southern scalloped sootywing [= mazans scallopwing, *Staphylus mazans* (Reakirt)] 双带贝弄蝶

southern sedge-darter [= dingy darter, *Telicota eurychlora* Lower] 污长标弄蝶

southern short-tailed admiral [*Antanartia hippomene* (Hübner)] 弧红赭蛱蝶

southern silver ochre [*Trapezites praxedes* (Plötz)] 方斑梯弄蝶

southern silver-Y moth [= green garden looper, silver-Y moth, green looper, garden looper, green semilooper caterpillar, *Chrysodeixis eriosoma* (Doubleday)] 南方锞纹夜蛾，南方银灰夜蛾

southern skipperling [*Copaeodes minimus* (Edwards)] 小金弄蝶

southern small white [*Pieris mannii* (Mayer)] 曼妮粉蝶

southern spotted ace [= unbranded ace, *Thoressa astigmata* (Swinhoe)] 阿陀弄蝶

southern sullied sailer [*Neptis clinia* Moore] 柯环蛱蝶

southern swallowtail 1. [*Papilio alexanor* Esper] 黑带金凤蝶；2. [*Iphiclides feisthamelii* (Duponchel)] 非洲旖凤蝶

southern tailed birdwing [*Ornithoptera meridionalis* (Rothschild)] 美丽丝尾鸟翼凤蝶，极乐鸟翼凤蝶

southern wartbiter [= white-faced bush cricket, white-frons katydid, Mediterranean wart-biter, *Decticus albifrons* (Fabricius)] 白额盾螽，白额德克螽，白额螽

southern wattle moth 见 southern moon moth

southern white admiral [*Limenitis reducta* (Staudinger)] 棕黑线蛱蝶

southern wood ant [= red wood ant, horse ant, red forest ant, *Formica rufa* Linnaeus] 红褐林蚁，棕色林蚁，丝光褐林蚁，棕蚁，红林蚁

southern yellow thrips [= palm thrips, melon thrips, *Thrips palmi* Karny] 棕榈蓟马，瓜蓟马，棕黄蓟马，南黄蓟马，节瓜蓟马

southern zestusa [= cloud-forest zesty-skipper, *Zestusa staudingeri* (Mabille)] 赜弄蝶

Southey's blue [*Lepidochrysops southeyae* Pennington] 素淡鳞灰蝶

Southey's brown [*Pseudonympha southeyi* Pennington] 索塞仙眼蝶

Southey's widow [*Tarsocera southeyae* Dickson] 南方泡眼蝶

Southwest-Mexican faceted-skipper [*Synapte silna* Evans] 墨散弄蝶

Southwest-Mexican skipperling [*Piruna microstictus* (Godman)] 小斑璧弄蝶

southwestern angle-wing katydid [*Microcentrum latifrons* Spooner] 西南角翅螽

southwestern corn borer [= southwestern corn stalk borer, *Diatraea grandiosella* (Dyar)] 西南玉米秆草螟，巨座玉米螟，西南部玉米螟

southwestern corn stalk borer 见 southwestern corn borer

Southwestern Entomologist 西南昆虫学家 < 期刊名 >

southwestern hercules beetle [*Dynastes grandi* Horn] 大犀金龟甲，大犀金龟

southwestern orange tip [*Anthocharis sara thoosa* (Scudder)] 捷襟粉蝶西南亚种

southwestern pine tip moth [*Rhyacionia neomexicana* (Dyar)] 西

南松梢小卷蛾

southwestern tent caterpillar [= southwestern tent caterpillar moth, *Malacosoma incurvum* (Edwards)] 西南幕枯叶蛾，西南天幕毛虫，弯曲天幕毛虫

southwestern tent caterpillar moth 见 southwestern tent caterpillar

Souvanna phoumai Breuning 梭氏天牛

sovereign 蛱蝶

Sovia 索弄蝶属

Sovia albipectus (de Nicéville) [silverbreast ace] 白胸索弄蝶

Sovia eminens Devyatkin 白网纹索弄蝶

Sovia fangi Huang *et* Wu 方氏索弄蝶

Sovia grahami Evans [Graham's ace] 格氏索弄蝶

Sovia grahami grahami Evans 格氏索弄蝶指名亚种

Sovia grahami miliaohuae Huang 格氏索弄蝶云南亚种

Sovia hyrtacus de Nicéville [bicolour ace, white-branded ace] 海尔索弄蝶

Sovia lucasii (Mabille) [Lucas' ace] 卢索弄蝶，索弄蝶，鲁酣弄蝶

Sovia malta Evans [Manipur ace] 曼索弄蝶

Sovia separata (Moore) [chequered ace] 远斑索弄蝶，多变索弄蝶

Sovia separata magna (Evans) 远斑索弄蝶印北亚种

Sovia separata motokana Huang 远斑索弄蝶墨脱亚种

Sovia separata separata (Moore) 远斑索弄蝶指名亚种

Sovia subflava (Leech) 黄索弄蝶，下黄索弄蝶，近黄酣弄蝶

sow thistle aphid [= blackcurrant-sowthistle aphid, currant-lettuce aphid, currant sowthistle aphid, *Hyperomyzus lactucae* (Linnaeus)] 茶藨子苦菜超瘤蚜，茶藨苦菜超瘤蚜，茶藨苦菜蚜

soya miner [= soybean stem fly, soybean stem miner, soybean fly, *Melanagromyza sojae* (Zehntner)] 豆秆黑潜蝇，大豆黑潜蝇，大豆茎潜蝇

soybean aphid [*Aphis glycines* Matsumura] 大豆蚜

soybean beetle [= Japanese alder chafer, *Anomala rufocuprea* Motschulsky] 红铜异丽金龟甲，赤杨异丽金龟甲，赤杨丽金龟，莫异丽金龟

soybean black leafminer [= soybean leafminer, *Japanagromyza tristella* (Thomson)] 豆叶东潜蝇，蚕豆日潜蝇

soybean caterpillar [= velvetbean caterpillar, velvetbean moth, *Anticarsia gemmatalis* (Hübner)] 豆干煞夜蛾，大豆夜蛾，黎豆夜蛾

soybean flea beetle [*Luperomorpha tenebrosa* (Jacoby)] 大豆寡毛跳甲

soybean fly 1. [*Agromyza dolichostigma* de Meijere] 大豆长痣潜蝇；2. [*Agromyza sojae* Zehntner] 大豆铜黑潜蝇；3. [= soybean stem fly, soybean stem miner, soya miner, *Melanagromyza sojae* (Zehntner)] 豆秆黑潜蝇，大豆黑潜蝇，大豆茎潜蝇

soybean leaf folder [= bean-leaf webworm moth, bean pyralid, bean leaf webber, *Omiodes indicata* (Fabricius)] 豆啮叶野螟，啮叶野螟，豆蚀叶野螟，豆卷叶螟

soybean leafminer 1. [= soybean leafroller, red gram leaf roller, *Caloptilia soyella* (van Deventer)] 大豆丽细蛾，大豆花细蛾，大豆细蛾，大豆潜叶细蛾；2. [= soybean black leafminer, *Japanagromyza tristella* (Thomson)] 豆叶东潜蝇，蚕豆日潜蝇

soybean leafroller 1. [= adzuki pod worm, soybean podworm, bean borer, adzuki bean podworm, *Matsumuraeses phaseoli* (Matsumura)] 豆小卷蛾，豆小卷叶蛾，日豆小卷蛾，小豆小卷蛾；2. [= red gram leaf roller, soybean leafminer, *Caloptilia soyella* (van Deventer)] 大豆丽细蛾，大豆花细蛾，大豆细蛾，大豆潜叶细蛾

soybean looper 1. [*Chrysodeixis includens* (Walker)] 大豆裸纹夜蛾，大豆夜蛾，大豆尺蠖，黄豆银纹夜蛾；2. [= slender burnished-brass moth, pea semilooper, *Thysanoplusia orichalcea* (Fabricius)] 弧金杂翅夜蛾，弧金翅夜蛾，金弧翅夜蛾，奥粉斑夜蛾

soybean pod borer 1. [*Leguminivora glycinivorella* (Matsumura)] 大豆食心虫，大豆钻心虫，大豆蛀荚蛾，蛀荚蛾，蛀荚虫，小红虫；2. [= bean pod borer, stringbean pod borer, limabean pod borer, legume pod borer, maruca pod borer, leguminous pod-borer, spotted pod borer, mung moth, mung bean moth, arhar pod borer, pyralid pod borer, *Maruca vitrata* (Fabricius)] 豆荚野螟，豆荚螟，豆野螟，豇豆荚螟

soybean pod gall-midge [*Asphondylia ervi* Rubsamen] 大豆波瘿蚊，大豆阿斯瘿蚊，大豆荚瘿蚊

soybean podworm [= adzuki pod worm, soybean leafroller, bean borer, adzuki bean podworm, *Matsumuraeses phaseoli* (Matsumura)] 豆小卷蛾，豆小卷叶蛾，日豆小卷蛾，小豆小卷蛾

soybean root-gall fly [*Rivellia apicalis* Hendel] 蚕豆沟扁口蝇，蚕豆根扁口蝇，蚕豆根沟扁口蝇，大豆根瘤蝇

soybean root miner [*Ophiomyia shibatsuji* (Kato)] 豆根蛇潜蝇，蚕豆根蛇潜蝇

soybean sawfly [*Takeuchiella pentagona* Malaise] 五角竹内叶蜂

soybean scale 1. [*Eriococcus sojae* Kuwana] 大豆囊毡蚧，大豆绒蚧；2. [= white partridge pea bug, Genista's giant scale insect, *Crypticerya genistae* (Hempel)] 豆隐绵蚧

soybean semilooper [= green semilooper, *Argyrogramma signata* (Fabricius)] 小圆点银纹夜蛾，小圆点银夜蛾，大豆金斑蛾

soybean stalk weevil [*Sternechus subsignatus* Boheman] 大豆茎象甲，大豆茎象，大豆茎象鼻虫

soybean stem fly [= soybean stem miner, soya miner, soybean fly, *Melanagromyza sojae* (Zehntner)] 豆秆黑潜蝇，大豆黑潜蝇，大豆茎潜蝇

soybean stem midge [*Resseliella soya* (Monzen)] 大豆雷瘿蚊

soybean stem miner 见 soybean stem fly

soybean stink bug [= legume stink bug, red-banded shield bug, *Piezodorus hybneri* (Gmelin)] 海璧蝽，璧蝽，小璧蝽，小黄蝽

soybean thrips 1. [*Sericothrips variabilis* (Beach)] 大豆绢蓟马，大豆蓟马；2. [= oriental soybean thrips, *Mycterothrips glycines* (Okamoto)] 豆喙蓟马，大豆奇菌蓟马，豆双毛蓟马

soybean tortricid[= strawberry leafroller, sweet-gale tortrix, *Choristoneura lafauryana* (Ragonot)] 角色卷蛾，东方草莓卷蛾

SP 1. [serine protease 的缩写] 丝氨酸蛋白酶；2. [stress protein 的缩写] 应激蛋白；3. [soluble power 的缩写] 可溶粉剂

sp. [species 的缩写] 种

sp. ind. [= sp. indet.; species indeterminata 的缩写] 未定种

sp. indet. [= sp. ind.; species indeterminata 的缩写] 未定种

sp. n. [species novum (pl. species nova) 的缩写；= sp. nov.; novum species (pl. nova species; abb. nov. sp., n. sp.); new species] 新种

sp. nov. [species novum (pl. species nova) 的缩写；= sp. n.; novum species (pl. nova species; abb. nov. sp., n. sp.); new species] 新种

space environment 宇宙环境

spacer gel 成层胶

spacing 扩座，分匾 < 养蚕的 >
spacing of seats 分匾 < 养蚕的 >
spacing pheromone [= dispersing pheromone, antiaggregation pheromone, epideictic pheromone] 抗聚集信息素，疏散信息素，扩散信息素
spade-marked underskipper [= mys skipper, *Zariaspes mys* (Hübner)] 铲斑彰弄蝶，彰弄蝶
spadiceous 栗色的
spado 工蜂，工蚁
Spadotettix 宦蚱属
Spadotettix hainanensis Günther 海南宦蚱
Spaelotis 矛夜蛾属
Spaelotis clandestina (Harris) [w-marked cutworm] 双钩纹矛夜蛾，双钩纹切根虫
Spaelotis deplorata (Staudinger) 狄矛夜蛾
Spaelotis havilae (Grote) [western w-marked cutworm] 山纹矛夜蛾，山纹切根虫
Spaelotis lucens Butler 鲁矛夜蛾
Spaelotis ravida (Denis *et* Schiffermüller) 拉矛夜蛾，矛夜蛾，昏模夜蛾
Spaelotis sennina Boursin 森矛夜蛾，塞矛夜蛾
Spaelotis sinophysa Boursin 卑矛夜蛾
Spaelotis stoetzneri (Corti) 实矛夜蛾，史托矛夜蛾
Spaelotis valida (Walker) 褐矛夜蛾，壮矛夜蛾
Spainish red scale [= dictyospermum scale, Morgan's scale, palm scale, western red scale, *Chrysomphalus dictyospermi* (Morgan)] 橙褐圆盾蚧，蔷薇轮蚧，橙圆金顶盾蚧，橙褐圆盾介壳虫
Spalangia 俑小蜂属
Spalangia cameroni Perkins 皱肩俑小蜂，家蝇俑小蜂
Spalangia drosophilae Ashmead 平胸俑小蜂
Spalangia endius Walker 蝇蛹俑小蜂
Spalangia erythromera Förster 皱带俑小蜂
Spalangia erythromera brachyceps Bouček 皱带俑小蜂短头亚种
Spalangia erythromera erythromera Förster 皱带俑小蜂指名亚种
Spalangia fuscipes Nees 光肩俑小蜂，褐俑小蜂
Spalangia gemina Bouček 双生俑小蜂
Spalangia granata Huang 微粒俑小蜂，微粒俑金小蜂
Spalangia heterendius Huang 异蝇蛹俑小蜂
Spalangia nigra Latreille 黑俑小蜂
Spalangia punctuata Huang 刻胸俑小蜂
Spalangia rufipes Huang 赤足俑小蜂，红俑小蜂
Spalangia simplex Perkins 沟盾俑小蜂
Spalangia subpunctata Förster 微点俑小蜂
spalangiid 1. [= spalangiid wasp] 俑小蜂 < 俑小蜂科 Spalangiidae 昆虫的通称 >; 2. 俑小蜂科的
spalangiid wasp [= spalangiid] 俑小蜂
Spalangiidae 俑小蜂科
Spalangiinae 俑小蜂亚科
Spalgini 熙灰蝶族
Spalgis 熙灰蝶属
Spalgis epeus (Westwood) [apefly] 熙灰蝶
Spalgis epeus dilama (Moore) 熙灰蝶白纹亚种，白纹黑灰蝶，白纹黑小灰蝶，蚧灰蝶，台湾熙灰蝶
Spalgis epeus epeus (Westwood) 熙灰蝶指名亚种，指名熙灰蝶
Spalgis epeus nubilus Moore [Nicobar apefly] 熙灰蝶尼岛亚种
Spalgis lemolea Druce [lemolea harvester, African apefly] 莱熙灰蝶
Spalgis takanamii Eliot 高波熙灰蝶
Spallanzania 飞跃寄蝇属
Spallanzania hebes (Fallén) 梳飞跃寄蝇
Spallanzania multisetosa (Rondani) 多鬃飞跃寄蝇
Spallanzania sillemi (Baranov) 西利飞跃寄蝇
Spallanzania sparipruinatus Chao *et* Shi 亮黑飞跃寄蝇
span-worm [= geometrid, geometrid moth, geometer, inchworm, looper, cankerworm, spanworm,measuring worm] 尺蠖，尺蛾 < 尺蛾科 Geometridae 昆虫的通称 >
spanworm 见 span-worm
Spanagonicus albofasciatus (Reuter) [black fleahopper, white-marked fleahopper] 白纹黑盲蝽 < 此种学名有误写为 *Spanogonicus albofasciatus* (Reuter) 者 >
spangle [= spangle swallowtail, *Papilio protenor* Cramer] 蓝凤蝶，蓝美凤蝶，黑凤蝶，无尾黑凤蝶
spangle swallowtail 见 spangle
spangle wasp [= currant gall wasp, *Neuroterus quercusbaccarum* (Linnaeus)] 葡萄形纽瘿蜂
spangled plushblue [*Flos asoka* (de Nicéville)] 锁铠花灰蝶
spangled skimmer [*Libellula cyanea* Fabricius] 灿蜻
spangled skipper [= spangled sylph, spotted sylph, fairy, *Astictopterus stellatus* (Mabille)] 仙女腌翅弄蝶
spangled sylph 见 spangled skipper
Spaniocelyphus 狭须甲蝇属，罕铠蝇属
Spaniocelyphus badius Tenorio 栗色狭须甲蝇
Spaniocelyphus chinensis (Jacobson) 中国狭须甲蝇，华盾狭须甲蝇
Spaniocelyphus cupreus Yang *et* Liu 铜绿狭须甲蝇
Spaniocelyphus delfinadoae Tenerio 戴氏狭须甲蝇
Spaniocelyphus dentatus Tenorio 齿突狭须甲蝇，贝齿铠蝇
Spaniocelyphus formosanus Malloch 同 *Spaniocelyphus fuscipes*
Spaniocelyphus fuscipes (Macquart) 棕足狭须甲蝇，褐足铠蝇
Spaniocelyphus hangchowensis Ôuchi 杭州狭须甲蝇
Spaniocelyphus hirtus Tenerio 糙胸狭须甲蝇，多毛铠蝇
Spaniocelyphus maolanicus Yang *et* Liu 茂兰狭须甲蝇
Spaniocelyphus palmi Frey 异色狭须甲蝇
Spaniocelyphus palmi badius Tenorio 见 *Spaniocelyphus badius*
Spaniocelyphus palmi palmi Frey 异色狭须甲蝇指名亚种
Spaniocelyphus papposus Tenerio 华毛狭须甲蝇
Spaniocelyphus pilosus Tenerio 毛胸狭须甲蝇
Spaniocelyphus scutatus chinensis (Jacobson) 见 *Spaniocelyphus chinensis*
Spaniocelyphus sinensis Yang *et* Liu 中华狭须甲蝇
Spaniocelyphus stigmaticus Hendel 多斑狭须甲蝇，斑点铠蝇
Spaniocentra 环斑绿尺蛾属
Spaniocentra hollowayi Inoue 荷氏环斑绿尺蛾，荷氏绿尺蛾，豪环斑绿尺蛾
Spaniocentra incomptaria (Leech) 旷环斑绿尺蛾，阴大绿菱尺蛾
Spaniocentra kuniyukii Yazaki 琨环斑绿尺蛾
Spaniocentra lyra (Swinhoe) 环斑绿尺蛾，来大绿菱尺蛾
Spaniocentra megaspilaria (Guenée) 巨斑环斑绿尺蛾
Spaniocentra pannosa Moore 品环斑绿尺蛾
Spaniocentra spicata Holloway 斯环斑绿尺蛾
Spaniothrix 斯潘尼实蝇属

Spaniothrix vittata Hardy 色条斯潘尼实蝇

Spaniotoma 摇蚊属；斯蠓属 < 误 >

Spaniotoma fuscipygma Tokunaga 见 *Limnophyes fuscipygmus*

Spaniotoma multiannulata Tokunaga 见 *Tsudayusurika multiannulata*

Spaniotoma takahashii Tokunaga 见 *Stenochironomus takahashii*

Spaniotoma tipuliformis Tokunaga 见 *Parakiefferiella tipuliformis*

Spanioza cinnamomi Boselli 见 *Trioza cinnamomi*

Spanioza taiwanica Boselli 见 *Trioza taiwanica*

Spanish argus [*Aricia morronensis* (Ribbe)] 黑四爱灰蝶，莫爱灰蝶

Spanish brassy ringlet [*Erebia hispania* Butler] 西班牙红眼蝶

Spanish festoon [*Zerynthia rumina* (Linnaeus)] 缘锯凤蝶

Spanish fly [*Lytta vesicatoria* (Linnaeus)] 疱绿芫菁，西班牙绿芫菁，西班牙芫菁

Spanish fritillary [*Euphydryas desfontainii* (Godart)] 西班牙堇蛱蝶

Spanish gatekeeper [*Pyronia bathseba* (Fabricius)] 西班牙火眼蝶，北非火眼蝶

Spanish heath [*Coenonympha iphioides* Staudinger] 西班牙珍眼蝶

Spanish marbled white [*Melanargia ines* (Hoffmannsegg)] 西班牙白眼蝶

Spanish moth [= convict caterpillar, *Xanthopastis timais* (Cramer)] 西黄斑夜蛾

Spanish purple hairstreak [*Laeosopis roboris* (Esper)] 浪灰蝶

Spanish red scale [= false purplescale, black scale, *Chrysomphalus pinnulifer* (Maskell)] 黑圆盾蚧，黑圆蚧

Sparasion 斯黑卵蜂属

Sparasion cellulare Strand 室斯黑卵蜂

Sparasion sinense Walker 中华斯黑卵蜂

Sparattidae 扁姬螋科

Sparattinae 扁姬螋亚科，纳苔螋亚科

Sparedropsis davidis (Fairmaire) 见 *Sparedrus davidis*

Sparedropsis subserratus Gressitt 见 *Sparedrus subserratus*

Sparedrus 斯拟天牛属

Sparedrus davidis Fairmaire 达斯拟天牛，达司拟天牛

Sparedrus sasajii Švihla 台湾斯拟天牛

Sparedrus subserratus (Gressitt) 锯斯拟天牛，锯司拟天牛

Sparganothidae [= Tortricidae, Agapetidae, Carpocapsidae, Cnephasiidae, Cochylidae, Epiblemidae, Eucosmidae, Graptolithidae, Olethreutidae] 卷蛾科，卷叶蛾科

Sparganothinae 长须卷蛾亚科

Sparganothini 长须卷蛾族

sparganothis fruitworm moth [= blueberry leafroller, *Sparganothis sulfureana* (Clemens)] 硫长须卷蛾

Sparganothis 长须卷蛾属

Sparganothis acerivorana (Mackay) 隆长须卷蛾

Sparganothis bistriata Kearfott 双纹长须卷蛾

Sparganothis boweri Powell *et* Brown 泊长须卷蛾

Sparganothis cana (Robinson) 卡长须卷蛾

Sparganothis distincta (Walsingham) [distinct sparganothis moth] 显长须卷蛾

Sparganothis matsudai Yasuda 松田长须卷蛾，玛氏长须卷蛾

Sparganothis pilleriana (Denis *et* Schiffermüller) [grape leafroller, vine tortrix moth, long-palpi tortrix, leaf-rolling tortrix] 葡萄长须卷蛾，葡萄长须卷叶蛾

Sparganothis reticulatana (Clemens) 网纹长须卷蛾

Sparganothis robinsonana Powell *et* Brown 罗长须卷蛾

Sparganothis rubicundana (Herrich-Schäffer) 红尾长须卷蛾

Sparganothis striata (Walsingham) 纹长须卷蛾

Sparganothis sulfureana (Clemens) [sparganothis fruitworm moth, blueberry leafroller] 硫长须卷蛾

Sparganothis sullivani Powell *et* Brown 苏丽长须卷蛾

Sparganothis tristriata Kearfott 黯淡长须卷蛾

Sparganothis unicolorana (Powell *et* Brown) 单色长须卷蛾

Sparganothis unifasciana (Clemens) 一带长须卷蛾

Sparganothis xanthoides (Walker) 黄长须卷蛾

sparkling archaic sun moth [= eriocraniid moth, eriocraniid] 毛顶蛾 < 毛顶蛾科 Eriocraniidae 昆虫的通称 >

sparsate [= sparse, sparsus] 稀疏的

sparse 见 sparsate

sparse cocoon 薄茧

sparse eating stage 少食期

sparse rearing 薄饲，稀饲 < 家蚕的 >

sparsus 见 sparsate

Spartimas 长角水虻属，树丛水虻属

Spartimas apiciniger Zhang *et* Yang 端黑长角水虻

Spartimas formosanus Enderlein 台湾长角水虻，台湾水虻

Spartimas hainanensis Zhang *et* Yang 海南长角水虻

Spartimas ornatipes Enderlein 丽足长角水虻，彩足水虻

Spartopteryx 螺纹尺蛾属

Spartopteryx kindermannaria (Staudinger) 肯螺纹尺蛾，肯斯帕尺蛾，肯参尺蛾

Spartopteryx kindermannaria tibetica Wehrli 见 *Spartopteryx tibetica*

Spartopteryx tibetica Wehrli 藏螺纹尺蛾，藏斯帕尺蛾

spasm [= spasmus] 痉挛

spasmodicity 生长不定性

spasmus 见 spasm

Spasskia 壳茧蜂属

Spasskia anastasiae Belokobylskij 见 *Wroughtonia anastasiae*

Spasskia brevicarinata Yan *et* Chen 见 *Wroughtonia brevicarinata*

Spasskia indica Singh, Belokobylskij *et* Chauhan 见 *Wroughtonia indica*

spastic 痉挛的

spasticitas 痉挛状态

spasticity 痉挛状态

Spatalia 金舟蛾属

Spatalia argyropeza Oberthür 同 *Allata* (*Pseudallata*) *laticostalis*

Spatalia decorata Schintlmeister 德金舟蛾

Spatalia dives Oberthür 丽金舟蛾，碎金斑舟蛾

Spatalia dives dives Oberthür 丽金舟蛾指名亚种，指名丽金舟蛾

Spatalia doerriesi Graeser 艳金舟蛾

Spatalia plusiotis (Oberthür) 富金舟蛾

Spatalia procne Schintlmeister 顶斑金舟蛾

Spatalina 华舟蛾属

Spatalina argentata (Moore) 银华舟蛾，华舟蛾

Spatalina birmalina (Bryk) 双突华舟蛾，华舟蛾，缅华舟蛾

Spatalina desiccata (Kiriakoff) 同 *Spatalina ferruginosa*

Spatalina ferruginosa (Moore) 红华舟蛾，干华舟蛾

Spatalina melanopa Schintlmeister 黑华舟蛾

Spatalina suppleo Schintlmeister 超华舟蛾

Spatalina umbrosa (Leech) 荫华舟蛾，荫羽舟蛾，暗华舟蛾

Spataliodes angustipennis Okano 同 *Spatalia dives*
Spatalistis 彩翅卷蛾属
Spatalistis aglaoxantha Meyrick 黄丽彩翅卷蛾，阿彩翅卷蛾，阿格彩翅卷蛾 < 此种学名有误写为 *Spatalistis agaoxantha* Meyrick 及 *Spatalistis aglaoxanthha* (Meyrick) 者 >
Spatalistis bifasciana (Hübner) 越橘彩翅卷蛾
Spatalistis christophana (Walsingham) 珍珠彩翅卷蛾
Spatalistis egesta Razowski 等突彩翅卷蛾
spatha [pl. spathae] (阳端) 剑形突 < 见于膜翅目昆虫中 >
spathae [s. spatha] (阳端) 剑形突
Spathicopis 扁瓣茧蜂属
Spathicopis flavocephala van Achterberg 黄头扁瓣茧蜂
Spathiinae 柄腹茧蜂亚科
Spathiini 柄腹茧蜂族
Spathilepia 镰弄蝶属
Spathilepia clonius (Cramer) [falcate skipper, angulate spreadwing] 镰弄蝶
Spathiohormius 柄索茧蜂属
Spathiohormius ornatulus Enderlein 雅致柄索茧蜂
Spathiohormius sauteri Watanabe 见 *Rhaconotus sauteri*
Spathius 柄腹茧蜂属
Spathius acclivis Shi *et* Chen 峻柄腹茧蜂
Spathius aciculatus Tang, Belokobylskij *et* Chen 细纹柄腹茧蜂
Spathius aethis Chen *et* Shi 稀柄腹茧蜂
Spathius agrili Yang 同 *Spathius sinicus*
Spathius albithorax Tang, Belokobylskij *et* Chen 白胸柄腹茧蜂
Spathius albuginosus Chen *et* Shi 白斑柄腹茧蜂
Spathius alipes Wilkinson 同 *Spathius antennalis*
Spathius alternecoloratus Chao 间色柄腹茧蜂
Spathius alutacius Shi *et* Chen 甲柄腹茧蜂
Spathius amabilis Chao 阿柄腹茧蜂
Spathius amoenus Belokobylskij 妙柄腹茧蜂
Spathius angustalatus Tang, Belokobylskij *et* Chen 狭翅柄腹茧蜂
Spathius angustus Shi *et* Chen 窄柄腹茧蜂
Spathius annuliventris (Enderlein) 环腹柄腹茧蜂，环腹窄幻茧蜂
Spathius anomalosis Chen *et* Shi 皱额柄腹茧蜂
Spathius antennalis Szépligeti 角柄腹茧蜂
Spathius apicalis (Westwood) 广柄腹茧蜂
Spathius applanatus Chen *et* Shi 同 *Spathius phymatodis*
Spathius araeceri (Enderlein) 窄角柄腹茧蜂
Spathius arcuatus Shi *et* Chen 拱柄腹茧蜂
Spathius aspersus Chao 扼柄腹茧蜂
Spathius aspratilis Chen *et* Shi 皱柄腹茧蜂
Spathius aspratiloides Tang, Belokobylskij *et* Chen 近皱柄腹茧蜂
Spathius basalis Tang, Belokobylskij *et* Chen 齿基柄腹茧蜂
Spathius beatoides Tang, Belokobylskij *et* Chen 拟辟柄腹茧蜂
Spathius beatus Chao 辟柄腹茧蜂
Spathius bellus Chao 同 *Spathius sinicus*
Spathius blandus Chen *et* Shi 光滑柄腹茧蜂
Spathius brevicaudis Ratzeburg 短领柄腹茧蜂
Spathius brevicornis Shi *et* Chen 短角柄腹茧蜂
Spathius brunneus Chao 同 *Spathius chaoi*
Spathius capillaris Shi *et* Chen 茸毛柄腹茧蜂
Spathius capys Nixon 短跗柄腹茧蜂
Spathius carinus Shi *et* Chen 脊柄腹茧蜂
Spathius carterus Chen *et* Shi 强柄腹茧蜂
Spathius cassidorus Nixon 盔柄腹茧蜂
Spathius cavus Belokobylskij 腔柄腹茧蜂
Spathius cephalus Tang, Belokobylskij *et* Chen 头柄腹茧蜂
Spathius changbaishanensis Chen *et* Shi 同 *Spathius oriens*
Spathius chaoi Shi 赵氏柄腹茧蜂
Spathius chunliuae Chao 纯鎏柄腹茧蜂，纯柄腹茧蜂
Spathius clavator Tang, Belokobylskij *et* Chen 棒柄腹茧蜂
Spathius colophon Nixon 柯柄腹茧蜂，优柯柄腹茧蜂
Spathius convexitemporalis Belokobylskij 凸颊柄腹茧蜂
Spathius crebristriatus Chao 同 *Spathius araeceri*
Spathius crossospilus Chao 双斑柄腹茧蜂
Spathius cyparissus Nixon 落羽杉柄腹茧蜂
Spathius daweiensis Tang, Belokobylskij *et* Chen 大围柄腹茧蜂
Spathius deplanatus Chao 低柄腹茧蜂
Spathius depressithorax Belokobylskij 扁胸柄腹茧蜂
Spathius dinoderi Gahan 同 *Spathiohormius ornatulus*
Spathius esakii Watanabe 江崎柄腹茧蜂，埃氏柄腹茧蜂
Spathius eunyce Nixon 长尾柄腹茧蜂，广西柄腹茧蜂
Spathius euthyradius Chao 直径柄腹茧蜂
Spathius evideus Chao 玲柄腹茧蜂
Spathius exarator (Linnaeus) 纹腹柄腹茧蜂，刻纹柄腹茧蜂，古北柄腹茧蜂
Spathius fasciatus Walker 圆口柄腹茧蜂，带柄腹茧蜂
Spathius femoralis (Westwood) 红腿柄腹茧蜂
Spathius ferrugineus Tang, Belokobylskij *et* Chen 锈红柄腹茧蜂
Spathius flavicorpus Tang, Belokobylskij *et* Chen 黄体柄腹茧蜂
Spathius fukiensis Chao 同 *Spathius japonicus*
Spathius fuscipennis Ashmead 二化螟柄腹茧蜂
Spathius galinae Belokobylskij *et* Strazanac 加琳娜柄腹茧蜂
Spathius generosus Wilkinson 普柄腹茧蜂
Spathius gutianensis Tang, Belokobylskij *et* Chen 古田山柄腹茧蜂
Spathius habui Belokobylskij *et* Maeto 土生柄腹茧蜂
Spathius hainanensis Chao 海南柄腹茧蜂
Spathius hainanicola Tang, Belokobylskij *et* Chen 琼柄腹茧蜂
Spathius helle Nixon 黄头柄腹茧蜂
Spathius hephaestus Nixon 赫菲柄腹茧蜂
Spathius hikoensis Belokobylskij 英彦柄腹茧蜂
Spathius honghuaensis Chen *et* Shi 红花柄腹茧蜂
Spathius ibarakius Belokobylskij *et* Maeto 茨城柄腹茧蜂
Spathius imbecillus (Enderlein) 弱柄腹茧蜂
Spathius ishigakus Belokobylskij 石垣柄腹茧蜂
Spathius japonicus Watanabe 日本柄腹茧蜂
Spathius jilinensis Chao 同 *Spathius generosus*
Spathius konishii Belokobylskij 小西柄腹茧蜂
Spathius korainensis Ma, Wang *et* Song 小矗柄腹茧蜂
Spathius kunashiri Belokobylskij 国后柄腹茧蜂
Spathius labdacus Nixon 平胸柄腹茧蜂，拉布柄腹茧蜂
Spathius leschii Belokobylskij 莱氏柄腹茧蜂
Spathius leucippus Nixon 吕西柄腹茧蜂
Spathius longduensis Chen *et* Shi 龙渡柄腹茧蜂
Spathius longicornis Chao 长角柄腹茧蜂
Spathius longipetiolus Belokobylskij *et* Maetô 长足柄腹茧蜂
Spathius longulator Tang, Belokobylskij *et* Chen 尖柄腹茧蜂
Spathius longus Chen *et* Shi 长柄腹茧蜂

S

Spathius lunganjiding Chao 同 *Spathius verustus*
Spathius macrurus Tang, Belokobylskij *et* Chen 长鞘柄腹茧蜂
Spathius maculosus Chen *et* Shi 黑斑柄腹茧蜂
Spathius magnus Chao 大柄腹茧蜂
Spathius medon Nixon 间柄腹茧蜂
Spathius melpomene Nixon 蛛形柄腹茧蜂
Spathius miletus Nixon 密柄腹茧蜂，台岛柄腹茧蜂
Spathius mimeticus (Enderlein) 近柄腹茧蜂，模窄幻茧蜂
Spathius moderabilis Wilkinson 适柄腹茧蜂
Spathius montivagans Chao 崇山柄腹茧蜂
Spathius moscoides Tang, Belokobylskij *et* Chen 近莫柄腹茧蜂
Spathius mundus Chao 同 *Spathius araeceri*
Spathius nanpingensis Chao 南平柄腹茧蜂
Spathius nehebrus Tang, Belokobylskij *et* Chen 疑天琴柄腹茧蜂
Spathius neleiformis Tang, Belokobylskij *et* Chen 无情柄腹茧蜂
Spathius nigripetiolus Chao 黑柄柄腹茧蜂
Spathius nixoni Belokobylskij *et* Maetô 尼氏柄腹茧蜂
Spathius nungdaensis Chao 同 *Spathius generosus*
Spathius ochus Nixon 爆皮虫柄腹茧蜂
Spathius omiensis Chao 峨眉柄腹茧蜂
Spathius opis Nixon 后柄腹茧蜂
Spathius opis opis Nixon 后柄腹茧蜂指名亚种
Spathius opis rufovariegatus Nixon 后柄腹茧蜂红异亚种，红异后柄腹茧蜂
Spathius oriens Belokobylskij 东方柄腹茧蜂
Spathius pammelas Chao 全黑柄腹茧蜂
Spathius parachromus Chen *et* Shi 浅色柄腹茧蜂
Spathius paracritolaus Belokobylskij 白须柄腹茧蜂
Spathius parallelus Tang, Belokobylskij *et* Chen 平行柄腹茧蜂
Spathius paramoenus Belokobylskij *et* Maetô 副妙柄腹茧蜂
Spathius parimbecillus Tang, Belokobylskij *et* Chen 近细长柄腹茧蜂
Spathius parochus Belokobylskij *et* Maetô 拟爆皮虫柄腹茧蜂
Spathius phymatodis Fischer 瘤柄腹茧蜂
Spathius piperis Wilkinson 胡椒象柄腹茧蜂
Spathius planus Belokobylskij 扁体柄腹茧蜂
Spathius poecilopterus Chao 斑翅柄腹茧蜂
Spathius proximoscus Tang, Belokobylskij *et* Chen 拟莫柄腹茧蜂
Spathius pseudaphareus Tang, Belokobylskij *et* Chen 拟裸柄腹茧蜂
Spathius pseudaspersus Belokobylskij 假扼柄腹茧蜂
Spathius pseudido Tang, Belokobylskij *et* Chen 黑胸柄腹茧蜂
Spathius pseudocritolaus Tang, Belokobylskij *et* Chen 假白须柄腹茧蜂
Spathius pumilio Belokobylskij 小柄腹茧蜂
Spathius punctatus Chen *et* Shi 刻点柄腹茧蜂
Spathius quasiasander Tang, Belokobylskij *et* Chen 德森柄腹茧蜂
Spathius rectangulus Tang, Belokobylskij *et* Chen 陡盾柄腹茧蜂
Spathius reticulatus Chao *et* Chen 网脊柄腹茧蜂
Spathius rubidus (Rossi) 北方柄腹茧蜂
Spathius ruficeps (Smith) 红柄腹茧蜂
Spathius rugosivertex Tang, Belokobylskij *et* Chen 皱顶柄腹茧蜂
Spathius sedulus Chao 细柄腹茧蜂
Spathius shennongensis Chen *et* Shi 同 *Spathius verustus*
Spathius sinicus Chao 中华柄腹茧蜂
Spathius spinosus Tang, Belokobylskij *et* Chen 多刺柄腹茧蜂
Spathius strigatus Chen *et* Shi 条柄腹茧蜂
Spathius striolatiformis Tang, Belokobylskij *et* Chen 拟多缘柄腹茧蜂
Spathius subcyparissus Tang, Belokobylskij *et* Chen 近落羽杉柄腹茧蜂
Spathius suberymanthus Tang, Belokobylskij *et* Chen 近埃柄腹茧蜂
Spathius subtilis Chao 飒柄腹茧蜂
Spathius taiwanicus Belokobylskij 台湾柄腹茧蜂
Spathius tanae Tang, Belokobylskij *et* Chen 谭氏柄腹茧蜂
Spathius tanycoleosus Shi *et* Chen 同 *Spathius exarator*
Spathius testaceitarsis (Cameron) 长跗柄腹茧蜂，褐跗柄腹茧蜂
Spathius verustus Chao 妍柄腹茧蜂
Spathius virgulatus Tang, Belokobylskij *et* Chen 条腹柄腹茧蜂
Spathius vladimiri Belokobylskij 弗氏柄腹茧蜂
Spathius wuae Tang, Belokobylskij *et* Chen 吴氏柄腹茧蜂
Spathius wusheensis Belokobylskij 雾社柄腹茧蜂
Spathius wuyiensis Chen *et* Shi 武夷柄腹茧蜂
Spathius xanthocephalus Chao 同 *Spathius helle*
Spathius xui Tang, Belokobylskij *et* Chen 徐氏柄腹茧蜂
Spathius yinggenensis Chao 营根柄腹茧蜂
Spathius yunnanensis Chao 云南柄腹茧蜂
Spathocera obscura (Germar) 片缘蝽
Spathomeles 刺伪瓢虫属
Spathomeles decoratus Gerstaecker 姬刺伪瓢虫
Spathosterninae 板胸蝗亚科
Spathosternum 板胸蝗属
Spathosternum prasiniferum (Walker) 长翅板胸蝗
Spathosternum prasiniferum prasiniferum (Walker) 长翅板胸蝗指名亚种
Spathosternum prasiniferum sinense Uvarov 长翅板胸蝗中华亚种，中华板胸蝗
Spathosternum prasiniferum xizangense Yin 长翅板胸蝗西藏亚种，西藏板胸蝗
spathulate 剑形的
Spathulina 匙斑实蝇属，斯帕图实蝇属，斯帕实蝇属
Spathulina acroleuca (Schiner) 端匙斑实蝇，奥克罗斯帕图实蝇，阿克罗斯帕实蝇，白顶斯帕实蝇，端白匙斑实蝇
spatial configuration 空间构型
spatial distribution 空间分布
spatial integration 空间整合
spatial isolation 地区隔离，空间隔离
spatial phylogenetic variation [abb. SPV] 空间系统发育变异，空间系统进化变异
spatial vision 空间视觉
spatio-temporal distribution 时空分布
spatula 1. 匙突；2. 胸骨 < 见于瘿蚊幼虫中 >
Spatularia mimosae Stainton 金合欢豆荚籽潜蛾
spatulate 匙状的
spatulate sootywing [= mauve bolla, *Bolla eusebius* (Plötz)] 优杂弄蝶
Spatulifimbria 匙刺蛾属
Spatulifimbria castaneiceps Hampson 栗匙刺蛾
Spatulifimbria castaneiceps castaneiceps Hampson 栗匙刺蛾指名

亚种

Spatulifimbria castaneiceps opprimata Hering 栗匙刺蛾南方亚种，奥栗匙刺蛾

Spatulignatha 匙唇祝蛾属

Spatulignatha chrysopteryx Wu 金翅匙唇祝蛾

Spatulignatha hemichrysa (Meyrick) 半匙唇祝蛾，半匙卷麦蛾

Spatulignatha idiogena Wu 异匙唇祝蛾

Spatulignatha olaxana Wu 花匙唇祝蛾，花匙唇折角蛾

Spatulina 凹头鹬虻属

Spatulina sinensis Yang, Yang *et* Nagatomi 中华凹头鹬虻

Spatulipalpia 匙须斑螟属，匙须螟属

Spatulipalpia albistrialis Hampson 白条匙须斑螟，白匙须螟

Spatulipalpia effosella Ragonot 叶匙须斑螟

Spatulipalpia haemaphoralis Hampson 见 *Pseudodavara haemaphoralis*

spawning 1. 产卵的；2. 产卵

spawning biology 产卵生物学

spawning migration 产卵迁移

Spazigaster 平腹蚜蝇属

Spazigaster allochromus Cheng 异色平腹蚜蝇

Spazigasteroides 拟柄腹蚜蝇属

Spazigasteroides caeruleus Huo 紫色拟柄腹蚜蝇

spear-marked black moth [= argent-and-sable moth, *Rheumaptera hastata* (Linnaeus)] 黑白汝尺蛾，矛巾尺蛾，哈拉波尺蛾

spear-winged fly [= lonchopterid fly, pointed-winged fly, lonchopterid] 尖翅蝇 < 尖翅蝇科 Lonchopteridae 昆虫的通称 >

speared dagger moth [*Acronicta hasta* Guenée] 矛剑纹夜蛾

Speccafrons 球突秆蝇属，斯佩秆蝇属

Speccafrons costalis (Duda) 中脉球突秆蝇，缘斯佩秆蝇

Speccafrons digitiformis Liu *et* Yang 指状球突秆蝇

Speccafrons pallidinervis (Becker) 白脉球突秆蝇，白脉斯佩秆蝇

Special Bulletin of the Lepidopterological Society of Japan 日本鳞翅学会特别通报 < 期刊名 >

Special Publication of the Japanese Hymenopterists' Association 日本膜翅学者协会特别出版物 < 期刊名 >

specialization 特化

specialization degree 特异化程度

specialized 特化的

speciation 物种形成，种化

species 种

species abundance 物种多度

species complex 物种复合体

species concept 物种概念

species delimitation 物种界定

species distribution 物种分布

species distribution model 物种分布模型

species diversity 物种多样性，种的分歧

species diversity index 物种多样性指数，种分歧指数

species group 种团

species hybrid 种间杂种

species hybridization 种间杂交

species indeterminata [abb. sp. indet., sp. ind.] 未定种

species nestedness 物种嵌套

species nova [(s. species novum; abb. sp. nov., sp. n.); = novum species (pl. nova species; abb. nov. sp., n. sp.); new species] 新种

species novum [(pl. species nova; abb. sp. nov., sp. n.); = novum species (pl. nova species; abb. nov. sp., n. sp.); new species] 新种

species pool 物种库，物种池

species richness 物种丰富度

species specificity 种特异性

species turnover 物种周转

specific character 种特征

specific combining ability 特殊配合力

specific name 种名

specific primer 特异引物

specific property 种的特性

specificity 1. 特性，特征，特异性；2. 专一性

specimen 标本

Specinervures 异脉飞虱属

Specinervures basifusca Chen *et* Li 基褐异脉飞虱

Specinervures interrupta Ding *et* Hu 断带异脉飞虱

Specinervures liquida Yang *et* Yang 竹异脉飞虱

Specinervures nigrocarinata Kuoh *et* Ding 黑脊异脉飞虱

speciogenesis 种发生

speciology 物种学

speck 斑点

speckled acleris moth [*Acleris negundana* (Busck)] 斑长翅卷蛾

speckled black cicada [= spotted black cicada, *Gaeana maculata* (Drury)] 斑蝉

speckled brown cicade [= real golden cicada, *Platypleura hilpa* Walker] 黄蟪蛄

speckled footman [*Coscinia cribraria* (Linnaeus)] 筛灯蛾

speckled grasshopper [*Collitera variegata* Sjöstedt] 异松针蝗

speckled larch aphid [= larch aphid, *Cinara laricis* (Hartig)] 落叶松长足大蚜

speckled lilac nymph [*Euryphura concordia* (Höpffer)] 斑肋蛱蝶

speckled line blue [*Catopyrops florinda* (Butler)] 花方标灰蝶

speckled oil beetle [= variegated oil beetle, *Meloe variegatus* Donovan] 斑驳短翅芫菁，斑杂短翅芫菁，杂亮短翅芫菁

speckled orange acraea [*Acraea asema* Hewitson] 阿瑟珍蝶

speckled orchre [= speckled ochre skipper, *Trapezites atkinsi* Williams, Williams *et* Hay] 赭梯弄蝶

speckled orchre skipper 见 speckled ochre

speckled red acraea [*Acraea violarum* Boisduval] 堇草珍蝶

speckled sootywing [= minor scallopwing, *Staphylus minor* Schaus] 小贝弄蝶

speckled sulfur tip [*Colotis agoye* (Wallengren)] 斑点珂粉蝶

speckled wood [*Pararge aegeria* (Linnaeus)] 帕眼蝶

spectacle swordtail [*Pazala glycerion* (Gray)] 格鲁剑凤蝶，格剑凤蝶，剑凤蝶，中华剑凤蝶，粒彩剑凤蝶

spectra [s. spectrum] 光谱；谱

spectral analysis 光谱分析

spectral band 光谱带

spectral selectivity 光谱选择性

Spectrobates 尾司螟属

Spectrobates subcautella Roesler 近尾司螟

spectrophotometer 分光光度计

Spectroreta 窗山钩蛾属

Spectroreta fenestra Chu *et* Wang 同 *Spectroreta hyalodisca*

Spectroreta hyalodisca (Hampson) 透窗山钩蛾

Spectroreta thumba Xin *et* Wang 同 *Neoreta brunhyala*

Spectrotrota catena Wileman *et* South 同 *Tegulifera erythrolepia*
Spectrotrota erythrolepia Hampson 见 *Tegulifera erythrolepia*
spectrum [pl. spectra] 光谱；谱
specula [s. speculum] 1. 透明斑 <指鳞翅目昆虫翅上的透明区域>；2. 响板 <指直翅目雄性昆虫复翅基部的玻璃质区>；3. 颈斑 <指鳞翅目一些幼虫颈上的斑>
specular 镜的
specular membrane 镜膜 <见于雄蝉发音器官中>
Speculitermes 稀白蚁属
Speculitermes angustigulus He 狭颏稀白蚁
speculum [pl. specula] 1. 透明斑；2. 响板；3. 颈斑
Speia 丝培夜蛾属
Speia vuteria (Stoll) 丝培夜蛾
Speidelia 斯波夜蛾属
Speidelia formosa Ronkay 宝岛斯波夜蛾，宝岛波夜蛾
Speidelia taiwana (Wileman) 台湾斯波夜蛾，台湾波夜蛾
Speiredonia 旋目夜蛾属
Speiredonia japonica Guenée 同 *Spirama helicina*
Speiredonia martha Butler [red-undersided huge-comma moth] 晦旋目夜蛾
Speiredonia mutabilis Fabricius 紫旋目夜蛾，紫黯目裳蛾
Speiredonia retorta (Linnaeus) [wavy huge-comma moth] 旋目夜蛾
Speiredonia zamis (Stoll) 萨旋目夜蛾，萨黯目裳蛾
spelaeobiology [= speleobiology] 洞穴生物学
spelaeoentomology [= speleoentomology] 洞穴昆虫学
spelaeology [= speleology] 洞穴学
spelaeozoology [= speleozoology] 洞穴动物学
speleobiology 见 spelaeobiology
speleoentomology 见 spelaeoentomology
speleology 见 spelaeology
speleozoology 见 spelaeozoology
Spelobia 刺尾小粪蝇属
Spelobia circularis Su *et* Liu 圆刺尾小粪蝇
Spelobia clunipes (Meigen) 克刺尾小粪蝇
Spelobia concave Su 凹刺尾小粪蝇
Spelobia longisetula Su *et* Liu 长毛刺尾小粪蝇
Spelobia luteilabris (Rondain) 黄唇刺尾小粪蝇
Spelobia rufilabris (Stenhammar) 红唇刺尾小粪蝇
Speonemobius 奇针蟋属
Speonemobius bifasciatus He, Lu, Wang *et* Li 双带奇针蟋
Speonemobius decoloratus Chopard 淡色奇针蟋
Speonemobius decolyi Chopard 德氏奇针蟋
Speonemobius fulvus He, Lu, Wang *et* Li 黄褐奇针蟋
Speonemobius minor He *et* Ma 小奇针蟋
Speonemobius punctifrons Chopard 点额奇针蟋
Speonemobius sinensis Li, He *et* Liu 中国奇针蟋
spercheid 1. [= spercheid beetle, filterfeeding water scavenger beetle] 毛牙甲 <毛牙甲科 Spercheidae 昆虫的通称>；2. 毛牙甲科的
spercheid beetle [= spercheid, filterfeeding water scavenger beetle] 毛牙甲
Spercheidae 毛牙甲科
Spercheus 毛牙甲属
Spercheus emarginatus (Schaller) 凹缘毛牙甲，欧亚凹唇水龟虫
Spercheus stangli Schwarz *et* Barber 斯氏毛牙甲
sperm 精子
sperm access 环管
sperm capsule 精子囊
sperm competition 精子竞争
sperm cyst [= spermatogonial cyst, spermatocyst] 育精囊 <指睾丸中含精母细胞的细胞囊>
sperm pump 精泵 <在蜜蜂及其他膜翅目昆虫中受精囊管内的特殊构造，被认为有控制精子排出的作用>
sperm transfer 传精器
sperm tube 睾丸管
spermatangium 精子囊
spermatheca [= spermatotheca] 受精囊，储精囊
spermathecal 储精囊的
spermathecal bulb 受精囊球
spermathecal gland 受精囊腺，储精囊腺
spermathecal tube 受精囊管
spermatic cord 精索
spermatid 精子细胞 <指不需再经细胞分裂即可转变成精子的最后细胞>
spermatocyst 见 sperm cyst
spermatocyte 精母细胞 <指由精原细胞所产生的细胞>
spermatodactyl 导精趾
Spermatodes 丸蝽属
Spermatodes variolosus (Walker) 丸蝽
spermatodesm 精子束
spermatogenesis 精子发生，精子形成
spermatogenous cell 精原细胞
spermatogonia [s. spermatogonium] 精原细胞
spermatogonial cyst 见 sperm cyst
spermatogonium [pl. spermatogonia] 精原细胞
spermatophora [= spermatophore] 精包，精荚，精子托，精珠
spermatophoral carrier 导精趾
spermatophoral process 导精趾
spermatophore 见 spermatophora
spermatophore cup 精包杯 <在蟋蟀科 Gryllidae 和螽斯科 Tettigoniidae 昆虫中在阳茎下的杯状腔，用以接纳精包>
spermatophorin 精包蛋白
spermatophorotype 精器
spermatotheca 见 spermatheca
spermatotreme 导精沟
spermatozoa [s. spermatozoon] 精子
spermatozoon [pl. spermatozoa] 精子
spermiogenesis 精子形成
Spermophagus 广颈豆象甲属
Spermophagus abdominalis Fabricius 红腹广颈豆象甲
Spermophagus albonotatus Chûjô 同 *Spermophagus abdominalis*
Spermophagus albosparsus Gyllenhall 白毛广颈豆象甲
Spermophagus canus Baudi 垦广颈豆象甲，垦优豆象
Spermophagus complectus Sharp 多线广颈豆象甲
Spermophagus formosanus Pic 同 *Spermophagus niger*
Spermophagus formosanus subundulatus Pic 同 *Spermophagus variolosopunctatus*
Spermophagus multilineolatus Pic 同 *Spermophagus complectus*
Spermophagus pectoralis Sharp 同 *Spermophagus subfasciatus*
Spermophagus niger Motschulsky 黑广颈豆象甲，黑广颈豆象

Spermophagus rufipennis Pic 同 *Spermophagus abdominalis*
Spermophagus rufiventris Boheman 同 *Spermophagus abdominalis*
Spermophagus sericeus (Geoffroy) 牵牛广颈豆象甲，牵牛广颈豆象，牵牛豆象甲，牵牛豆象
Spermophagus sinensis Pic 中华广颈豆象甲
Spermophagus subdenudatus Motschulsky 同 *Spermophagus sericeus*
Spermophagus subfasciatus (Boheman) 见 *Zabrotes subfasciatus*
Spermophagus tesselatus Motschulsky 同 *Spermophagus albosparsus*
Spermophagus testeceiventris Pic 同 *Spermophagus abdominalis*
Spermophagus undulatus Chûjô 同 *Spermophagus abdominalis*
Spermophagus variolosopunctatus Gyllenhal 点广颈豆象甲，点广颈豆象
spermora 受精囊管口
spermoraria 受精囊管口区
Speudotettix subfusculus (Fallén) [alder elongate leafhopper] 桤木长叶蝉
SpexNPV [*Spodoptera exempta nucleopolyhedrovirus* 的缩写] 非洲贪夜蛾核型多角体病毒
Speyeria 斑豹蛱蝶属
Speyeria adiaste (Edwards) [unsilvered fritillary, adiaste fritillary] 阿迪斑豹蛱蝶
Speyeria aglaja (Linnaeus) 银斑豹蛱蝶，银星豹蛱
Speyeria aglaja aglaja (Linnaeus) 银斑豹蛱蝶指名亚种
Speyeria aglaja bessa (Fruhstorfer) 银斑豹蛱蝶倍萨亚种，倍银斑豹蛱蝶
Speyeria aglaja clavimacula (Matsumura) 银斑豹蛱蝶朝鲜亚种，朝鲜银斑豹蛱蝶
Speyeria aglaja fortuna (Janson) 幸银斑豹蛱蝶
Speyeria aglaja plutus (Oberthür) 同 *Speyeria aglaja aglaja*
Speyeria aglaja taldena 同 *Speyeria aglaja aglaja*
Speyeria aglaja vithata (Moore) 银斑豹蛱蝶天山亚种，天山银斑豹蛱蝶
Speyeria alexandra Ménétriès 亚仙斑豹蛱蝶
Speyeria aphrodite (Fabricius) [aphrodite fritillary] 女神斑豹蛱蝶
Speyeria atlantis (Edwards) [atlantis fritillary] 阿特斑豹蛱蝶
Speyeria callippe (Boisduval) [callippe fritillary] 丽斑豹蛱蝶
Speyeria clara (Blanchard) 见 *Mesoacidalia clara*
Speyeria claudia Fawcett 克劳斑豹蛱蝶
Speyeria coronis (Behr) [coronis fritillary] 阔斑豹蛱蝶
Speyeria cybele (Fabricius) [great spangled fritillary] 黄褐斑豹蛱蝶
Speyeria diana (Cramer) [diana fritillary] 绿带斑豹蛱蝶
Speyeria edwardsii (Reakirt) [Edward's fritillary] 青斑豹蛱蝶
Speyeria egleis (Behr) [egleis fritillary] 隐斑豹蛱蝶
Speyeria hydaspe (Boisduval) [hydaspe fritillary] 黑纹斑豹蛱蝶
Speyeria idalia (Drury) [regal fritillary] 斑豹蛱蝶
Speyeria liauteyi Oberthür 丽美斑豹蛱蝶
Speyeria mormonia (Boisduval) [mormon fritillary] 莫尔斑豹蛱蝶
Speyeria nokomis (Edwards) [nokomis fritillary] 红褐斑豹蛱蝶
Speyeria vitatha Moore 美斑豹蛱蝶
Speyeria zerene (Boisduval) [zerene fritillary] 泽斑豹蛱蝶
Sphaeniscus 楔实蝇属，斯法恩实蝇属，斯发实蝇属，斯菲尼实蝇属，羽纹实蝇属
Sphaeniscus atilius (Walker) 五楔实蝇，奥体斯法恩实蝇，奥体斯发实蝇，阿提斯菲尼实蝇，广布史菲实蝇，四孔羽纹实蝇，阿善实蝇
Sphaeniscus binoculatus (Bezzi) 双斑楔实蝇，宾诺斯法恩实蝇
Sphaeniscus quadrincisus (Wiedemann) 四楔实蝇，爪哇斯法恩实蝇，方形斯发实蝇，四带斯菲尼实蝇，三孔羽纹实蝇
Sphaeniscus sexmaculatus (Macquart) 六斑楔实蝇，六斑斯法恩实蝇
Sphaeniscus sexmaculatus atilia (Walker) 见 *Sphaeniscus atilius*
Sphaeniscus sexmaculatus sexmaculatus (Macquart) 六斑楔实蝇指名亚种
Sphaerelictis hepialella Walker 桉织叶蛾
sphaericus [= spherical] 球状的
Sphaeridae 1. [= Sphaeriusidae, Sphaeriidae] 圆苔甲科，球甲科；2. 泥蚬科 < 贝类 >
Sphaeridia 球圆䖴属
Sphaeridia asiatica Rusek 亚洲球圆䖴
Sphaeridia pumilis (Krausbauer) 短足球圆䖴
Sphaeridiinae 陆牙甲亚科，宽牙甲亚科
Sphaeridium 陆牙甲属，宽牙甲属，球牙甲属
Sphaeridium bipustulatum Fabricius 利刃陆牙甲，二丘球牙甲
Sphaeridium bipustulatum bipustulatum Fabricius 利刃陆牙甲指名亚种，指名二丘球牙甲
Sphaeridium bipustulatum substriatum Faldermann 见 *Sphaeridium substriatum*
Sphaeridium dimidiatum Gory 暗斑陆牙甲，黄尾陆牙甲，黄尾球牙甲，递球牙甲，黄尾陆牙虫
Sphaeridium discolor d'Orchymont 双色陆牙甲，异色球牙甲
Sphaeridium lunatum Fabricius 月纹陆牙甲，月纹球牙甲
Sphaeridium quinquemaculatum Fabricius 五斑陆牙甲，五斑球牙甲
Sphaeridium reticulatum d'Orchymont 网纹陆牙甲，直纹陆牙甲，直纹球牙甲
Sphaeridium scarabaeoides (Linnaeus) 金龟陆牙甲，金龟球牙甲，金龟腐水龟虫
Sphaeridium seriatum d'Orchymont 条纹陆牙甲，列陆牙甲，列球牙甲，球牙甲
Sphaeridium severini d'Orchymont 塞氏陆牙甲，塞氏球牙甲，塞氏宽牙甲
Sphaeridium substriatum Faldermann 亚条陆牙甲，纹陆牙甲，纹球牙甲，纹二丘球牙甲
Sphaeridium vitalisi d'Orchymont 韦氏陆牙甲，韦氏球牙甲
Sphaeridopinae 圆猎蝽亚科
Sphaeriidae 见 Sphaeridae
Sphaeripalpus 大痣金小蜂属
Sphaeripalpus lacunosus Huang 糙腹大痣金小蜂
Sphaeripalpus protensus Huang 长柄大痣金小蜂
Sphaeripalpus vulgaris Huang 普通大痣金小蜂
Sphaerites 扁圆甲属
Sphaerites dimidiatus Jureček 双色扁圆甲，分扁圆甲，分球甲
Sphaerites glabrotus (Fabricius) 黑扁圆甲
Sphaerites involatilis Gusakov 翔扁圆甲
Sphaerites nitidus Löbl 亮扁圆甲
Sphaerites opacus Löbl *et* Háva 暗扁圆甲
Sphaerites perforatus Gusakov 孔扁圆甲
sphaeritid 1. [= sphaeritid beetle] 扁圆甲 < 扁圆甲科 Sphaeritidae 昆虫的通称 >；2. 扁圆甲科的
sphaeritid beetle [= sphaeritid] 扁圆甲

Sphaeritidae 扁圆甲科
Sphaerius 球甲属，圆苔甲属
Sphaerius minutus Liang *et* Jia 小球甲，小圆苔甲
sphaeriusid 1. [= sphaeriusid beetle, minute bog beetle] 球甲，圆苔甲 < 圆苔甲科 Sphaeriusidae 昆虫的通称 >；2. 球甲科的
sphaeriusid beetle [= sphaeriusid, minute bog beetle] 球甲，圆苔甲
Sphaeriusidae 球甲科，圆苔甲科
Sphaerobulbus 球茎隐翅甲属，球茎隐翅虫属
Sphaerobulbus alpinus (Smetana) 高山球茎隐翅甲
Sphaerobulbus bicolor Smetana 双色球茎隐翅甲，二色球茎隐翅虫
Sphaerobulbus biplagiatus Smetana 双斑球茎隐翅甲，双纹球茎隐翅虫
Sphaerobulbus bisinuatus Smetana 双曲球茎隐翅甲，双波球茎隐翅虫
Sphaerobulbus brezinai Smetana 布氏球茎隐翅甲，布氏球茎隐翅虫
Sphaerobulbus cardinalis Smetana 领球茎隐翅甲
Sphaerobulbus murzini Smetana 慕氏球茎隐翅甲，穆氏球茎隐翅虫
Sphaerobulbus nagahatai Smetana 永幡球茎隐翅甲，永幡球茎隐翅虫
Sphaerobulbus nigrita Smetana 黑球茎隐翅甲
Sphaerobulbus ornatus Smetana 饰球茎隐翅甲，饰球茎隐翅虫
Sphaerobulbus pusio Smetana 小球茎隐翅甲，四川球茎隐翅虫
Sphaerobulbus rex Smetana 王球茎隐翅甲，陕西球茎隐翅虫
Sphaerobulbus yulongmontis Smetana 玉龙球茎隐翅甲，玉龙球茎隐翅虫
Sphaerobulbus yunnanus Smetana 云南球茎隐翅甲，云南球茎隐翅虫
Sphaerocera 小粪蝇属
Sphaerocera curvipes Latreille 弯刺小粪蝇
Sphaerocera curvipes curvipes Latreille 弯刺小粪蝇指名亚种
Sphaerocera curvipes qianshanensis Su 弯刺小粪蝇千山亚种，千山小粪蝇
Sphaerocera pseudomonilis Nishijima *et* Yamazaki 黄基小粪蝇
Sphaerocera pseudomonilis asiatica Papp 黄基小粪蝇亚洲亚种
Sphaerocera pseudomonilis hallux Roháček *et* Florén 黄基小粪蝇棒鬃亚种，棒鬃小粪蝇
Sphaerocera pseudomonilis pseudomonilis Nishijima *et* Yamazaki 黄基小粪蝇指名亚种
sphaerocerid 1. [= sphaerocerid fly, small dung fly, lesser dung fly, lesser corpse fly] 小粪蝇 < 小粪蝇科 Sphaeroceridae 昆虫的通称 >；2. 小粪蝇科的
sphaerocerid fly [= sphaerocerid, small dung fly, lesser dung fly, lesser corpse fly] 小粪蝇
Sphaeroceridae [= Borboridae, Copromycidae, Cypselidae, Sphoeroceridae] 小粪蝇科，大附蝇科
Sphaerocerinae 小粪蝇亚科
Sphaeroceroidea 小粪蝇总科
Sphaerococcinae 球粉蚧亚科
Sphaerocoris 球盾蝽属
Sphaerocoris annulus (Fabricius) [Picasso bug, Zulu hud bug] 毕加索球盾蝽，毕加索盾蝽，毕加索蝽
Sphaerodema rustica (Fabricius) 见 *Diplonychus rusticus*
Sphaeroderma 球跳甲属，球叶蚤属
Sphaeroderma acutangulum Jacoby 见 *Bhamoina acutangula*
Sphaeroderma alienum Weise 黑缘球跳甲
Sphaeroderma alishanensis Takizawa 阿里山球跳甲
Sphaeroderma alternatum Chen 凹球跳甲，黑头球跳甲
Sphaeroderma apicale Baly 黍黄尾球跳甲，宽尾球跳甲
Sphaeroderma atrithorax Chen 黑胸球跳甲
Sphaeroderma balyi Jacoby 贝氏球跳甲
Sphaeroderma balyi balyi Jacoby 贝氏球跳甲指名亚种
Sphaeroderma balyi hupeiensis Gressitt *et* Kimoto 贝氏球跳甲红色亚种，红球贝跳甲
Sphaeroderma bambusicola Wang, Ge *et* Li 簕竹黄尾球跳甲
Sphaeroderma bicarinata Wang, Ge *et* Cui 双脊黄尾球跳甲
Sphaeroderma carinatum Wang 脊球跳甲
Sphaeroderma cheni Medvedev 四川球跳甲
Sphaeroderma chongi Chen 云南球跳甲
Sphaeroderma chui Kimoto 同 *Sphaeroderma chongi*
Sphaeroderma confine Chen 红球跳甲
Sphaeroderma flavitarse Wang *et* Li 黄跗球跳甲
Sphaeroderma flavonotatum Chûjô 黄斑球跳甲，淡黄斑球叶蚤
Sphaeroderma fraternale Chen 红翅球跳甲
Sphaeroderma fuscicorne Baly 木通球跳甲
Sphaeroderma kondoi Ohno 康球跳甲
Sphaeroderma kuroashi Kimoto 黑球跳甲
Sphaeroderma maculatum Wang 斑球跳甲
Sphaeroderma melli Chen 广州球跳甲
Sphaeroderma minitipunctata Wang, Ge *et* Yang 细刻黄尾球跳甲
Sphaeroderma minuta Chen 小球跳甲
Sphaeroderma monticola Scherer 山居球跳甲
Sphaeroderma nepalensis Bryant 尼泊尔球跳甲
Sphaeroderma nigripes Kimoto 同 *Sphaeroderma kuroashi*
Sphaeroderma nigroapicale Takizawa 黑尾球跳甲
Sphaeroderma nigrocephalum Wang 黑头球跳甲
Sphaeroderma nilum Gressitt *et* Kimoto 蓝球跳甲
Sphaeroderma orbiculata Motschulsky 同 *Nisotra gemella*
Sphaeroderma piceum Baly 褐球跳甲
Sphaeroderma postfasciatum Chen 红头球跳甲
Sphaeroderma postnigrum Chûjô 后黑球跳甲
Sphaeroderma resinulum Gressitt *et* Kimoto 利川球跳甲
Sphaeroderma rubi Chûjô 湖北球跳甲
Sphaeroderma rufotestaceum Gressitt *et* Kimomto 红黄球跳甲
Sphaeroderma seminigrum Jacoby 二色球跳甲
Sphaeroderma separatum Baly 暗球跳甲
Sphaeroderma seriatum Baly 纵列球跳甲
Sphaeroderma shirakii Csiki 素木球跳甲
Sphaeroderma signata Weise 见 *Euphitrea signata*
Sphaeroderma sinuatum Gressitt *et* Kimoto 黄球跳甲
Sphaeroderma splendens (Gressitt *et* Kimoto) 丽球跳甲，丽凹唇跳甲，云南凹唇跳甲
Sphaeroderma subfurcatum Chen 叉球跳甲
Sphaeroderma tibiale Chûjô 胫球跳甲
Sphaeroderma varicolor Takizawa 异色球跳甲
Sphaeroderma viridis Wang 绿球跳甲
Sphaerogastrella 球腹果蝇属

Sphaerogastrella javana (de Meijere) 爪哇球腹果蝇
Sphaerolecanium 鬃球蚧属，圆球蚧属，圆球蜡蚧属
Sphaerolecanium prunastri (Boyer de Fonscolombe) [globose scale, plum lecanium] 杏树鬃球蚧，杏球蚧，杏蜡蚧，圆球蜡蚧
Sphaeroliodes 圆球蕈甲属
Sphaeroliodes acuminatus Švec 尖突圆球蕈甲
Sphaeromias 球蠓属
Sphaeromias conjuncta Kieffer 联合球蠓，台南球蠓，连球蠓
Sphaeromias connexa Kieffer 连结球蠓，府城球蠓，续球蠓
Sphaeromias inermipes Kieffer 无刺球蠓，细足球蠓
Sphaeromias ornatipennis (Goetghebuer) 修饰球蠓，纹翅球蠓
Sphaeromias spinifera (Kieffer) 刺突球蠓，多刺球蠓，刺球蠓
Sphaeromiini 球蠓族
Sphaeronemoura 球尾叉蜻属
Sphaeronemoura elephas (Zwick) 象形球尾叉蜻，象形球尾石蝇
Sphaeronemoura formosana Shimizu *et* Sivec 台湾球尾叉蜻，蓬莱球尾石蝇
Sphaeronemoura grandicauda (Wu) 巨尾球尾叉蜻，巨尾叉蜻，巨尾叉石蝇
Sphaeronemoura hamistyla (Wu) 钩突球尾叉蜻，钩突叉蜻，钩突叉石蝇
Sphaeronemoura plutonis (Banks) 蛇眼球尾叉蜻，蛇眼球尾石蝇，暗叉蜻
Sphaeronemoura separata Li, Murányi *et* Yang 分叶球尾叉蜻
Sphaeronemoura songshana Li *et* Yang 松山球尾叉蜻
Sphaeronura 球尾蛛属
Sphaeronura chaotica (Yosii) 香港球尾蛛，香港长颚蛛
Sphaerophoria 细腹蚜蝇属，细腹食蚜蝇属，球蚜蝇属
Sphaerophoria abbreviata Zetterstedt 离带细腹蚜蝇，离带细腹食蚜蝇
Sphaerophoria assamensis Joseph 阿萨姆细腹蚜蝇，阿萨姆细腹食蚜蝇
Sphaerophoria asymmetrica Knutson 偏细腹蚜蝇，偏细腹食蚜蝇
Sphaerophoria bankowskae Goeldlin 班细腹蚜蝇，班细腹食蚜蝇
Sphaerophoria bengalensis Macqaurt 孟加拉细腹蚜蝇，孟细腹蚜蝇，孟加拉细腹食蚜蝇
Sphaerophoria bifurcata Knutson 二叉细腹蚜蝇，二叉细腹食蚜蝇
Sphaerophoria biunciata Huo, Ren *et* Zheng 双钩细腹蚜蝇
Sphaerophoria brevipilosa Knutson 短毛细腹蚜蝇，短毛细腹食蚜蝇
Sphaerophoria changanensis Huo, Ren *et* Zheng 长安细腹蚜蝇
Sphaerophoria chuanxiensis Huo *et* Shi 川西细腹蚜蝇
Sphaerophoria cylindrical (Say) 筒形细腹蚜蝇，筒形细腹食蚜蝇
Sphaerophoria evida He *et* Li 婷婷细腹蚜蝇，婷婷细腹食蚜蝇
Sphaerophoria flavescentis Huo, Ren *et* Zheng 黄色细腹蚜蝇
Sphaerophoria flavianusana Li *et* Pang 黄颜细腹蚜蝇，黄颜细腹食蚜蝇
Sphaerophoria formosana (Matsumura) 台湾细腹蚜蝇，蓬莱蚜蝇，台湾细腹食蚜蝇
Sphaerophoria indiana Bigot 印度细腹蚜蝇，印度细腹食蚜蝇
Sphaerophoria infuscata Goeldlin 无带细腹蚜蝇，无带细腹食蚜蝇
Sphaerophoria interrupta (Fabricius) 间断细腹蚜蝇，间断细腹食蚜蝇
Sphaerophoria kaa Violovitsh 卡细腹蚜蝇，卡细腹食蚜蝇
Sphaerophoria laurae Goeldlin 劳细腹蚜蝇，劳细腹食蚜蝇
Sphaerophoria loewi Zetterstedt 黑角细腹蚜蝇，黑角细腹食蚜蝇
Sphaerophoria longipilosa Knutson 长毛细腹蚜蝇，长毛细腹食蚜蝇
Sphaerophoria macrogaster (Thomson) 远东细腹蚜蝇，宽带细腹食蚜蝇，宽带细腹蚜蝇
Sphaerophoria melagena Huo *et* Shi 暗颊细腹蚜蝇
Sphaerophoria menthastri (Linnaeus) 长翅细腹蚜蝇，长翅细腹食蚜蝇
Sphaerophoria nigra Frey 黑细腹蚜蝇，黑细腹食蚜蝇
Sphaerophoria philanthus (Meigen) 暗跗细腹蚜蝇，暗跗细腹食蚜蝇，宽叶细腹蚜蝇
Sphaerophoria pictipes Boheman 纹足细腹蚜蝇，纹足细腹食蚜蝇
Sphaerophoria qinbaensis Huo *et* Ren 秦巴细腹蚜蝇
Sphaerophoria qinlingensis Huo *et* Ren 秦岭细腹蚜蝇
Sphaerophoria quadrituberculata Bezzi 四瘤细腹蚜蝇，四瘤细腹食蚜蝇
Sphaerophoria rueppellii (Wiedemann) 宽尾细腹蚜蝇，宽尾细腹食蚜蝇 < 此种学名有误写为 *Sphaerophoria rueppelli* (Wiedemann) 者 >
Sphaerophoria scripta (Linnaeus) 短翅细腹蚜蝇，短翅细腹食蚜蝇
Sphaerophoria taeniata (Meigen) 连带细腹蚜蝇，叉叶细腹食蚜蝇，叉叶细腹蚜蝇
Sphaerophoria tsaii He *et* Li 蔡氏细腹蚜蝇，蔡氏细腹食蚜蝇
Sphaerophoria viridaenea Brunetti 绿色细腹蚜蝇，绿色细腹食蚜蝇
Sphaerophoria vockerothi Joseph 沃氏细腹蚜蝇，沃氏蚜蝇，沃氏细腹食蚜蝇
Sphaerophoria weemsi Knutson 魏氏细腹蚜蝇，魏氏细腹食蚜蝇
Sphaeroplotina 圆彩瓢虫属，园彩瓢虫属
Sphaeroplotina hainanensis Miyatake 海南圆彩瓢虫，海南园彩瓢虫 < 此种学名有误写为 *Spaeroplotina hainanensis* Miyatake 者 >
sphaeropsocid 1. [= sphaeropsocid bark louse] 瓢蛄 < 瓢蛄科 Sphaeropsocidae 昆虫的通称 >；2. 瓢蛄科的
sphaeropsocid bark louse [= sphaeropsocid] 瓢蛄
Sphaeropsocidae 瓢蛄科，瓢啮虫科，球啮虫科，圆囊虱科
Sphaeropthalminae 球蚁蜂亚科
Sphaeropthalmini 球蚁蜂族
Sphaerotrypes 球小蠹属
Sphaerotrypes coimbatorensis Stebbing 黄须球小蠹
Sphaerotrypes imitans Eggers 麻栎球小蠹
Sphaerotrypes juglansi Tsai *et* Yin 胡桃球小蠹
Sphaerotrypes magnus Tsai *et* Yin 大球小蠹
Sphaerotrypes pila Blandford [pubescent round bark beetle] 密毛球小蠹，茶球小蠹
Sphaerotrypes pyri Tsai *et* Yin 杜梨球小蠹，杜里球小蠹
Sphaerotrypes siwalikensis Stebbing 司瓦丽克球小蠹
Sphaerotrypes tsugae Tsai *et* Yin 铁杉球小蠹
Sphaerotrypes ulmi Tsai *et* Yin 榆球小蠹
Sphaerotrypes yunnanensis Tsai *et* Yin 云南球小蠹

Sphagnodela 暗青尺蛾属

Sphagnodela lucida Warren 双波暗青尺蛾，暗青尺蛾

Sphecapatoclea 拟泥蜂麻蝇属，斯菲麻蝇属

Sphecapatoclea alashanica (Rohdendorf) 阿拉山拟泥蜂麻蝇，阿拉善斯菲麻蝇

Sphecapatodes 泥蜂麻蝇属

Sphecapatodes kaszabi Rohdendorf *et* Verves 卡氏泥蜂麻蝇

Sphecapatodes xuei Zhang, Chu, Pape *et* Zhang 薛氏泥蜂麻蝇

Sphecia 蜂形透翅蛾属

Sphecia tibialis Harris 见 *Sesia tibialis*

sphecid 1. [= sphecid wasp, mud dauber, sand wasp, thread-waisted wasp] 泥蜂，细腰蜂 < 泥蜂科 Sphecidae 昆虫的通称 >；2. 泥蜂科的

sphecid wasp [= sphecid, mud dauber, sand wasp, thread-waisted wasp] 泥蜂，细腰蜂

Sphecidae 泥蜂科，细腰蜂科

Sphecinae 泥蜂亚科

Sphecini 泥蜂族

Sphecius 蝉泥蜂属

Sphecius convallis Patton [Pacific cicada killer] 太平洋蝉泥蜂

Sphecius grandis (Say) [western cicada killer] 东部蝉泥蜂

Sphecius hogardii (Latreille) [Caribbean cicada killer] 加勒比蝉泥蜂

Sphecius pectoralis (Smith) 褐胸蝉泥蜂，胸真泥蜂

Sphecius speciosus (Drury) [cicada killer, cicada hawk, eastern cicada killer, sand hornet] 杀蝉泥蜂，蝉泥蜂

Sphecodes 红腹隧蜂属，红腹蜂属

Sphecodes alfkeni Meyer 阿氏红腹隧蜂，阿氏红腹蜂

Sphecodes candidius Meyer 光红腹隧蜂，光红腹蜂，亮红腹蜂

Sphecodes chinensis Meyer 中国红腹隧蜂，中国红腹蜂

Sphecodes formosanus Cockerell 台湾红腹隧蜂，台湾红腹蜂

Sphecodes galeritus Blüthgen 盔红腹隧蜂，盔红腹蜂

Sphecodes gibbus (Linnaeus) 粗红腹隧蜂，粗红腹蜂

Sphecodes grahami Cockerell 淡翅红腹隧蜂，淡翅红腹蜂

Sphecodes holgeri Astafurova *et* Proshchalykin 霍尔红腹隧蜂，霍氏红腹蜂

Sphecodes howardi Cockerell 霍氏红腹隧蜂，霍氏红腹蜂，哈红腹蜂

Sphecodes kansuensis Blüthgen 甘肃红腹隧蜂，甘肃红腹蜂

Sphecodes kershawi Perkins 柯氏红腹隧蜂，柯氏红腹蜂，克氏红腹蜂

Sphecodes manchurianus Strand *et* Yasumatsu 东北红腹隧蜂，东北红腹蜂，满洲里红腹蜂

Sphecodes pellucidus Smith 明亮红腹隧蜂，亮红腹蜂

Sphecodes pieli Cockerell 暗红腹隧蜂，暗红腹蜂

Sphecodes sauteri Meyer 索氏红腹隧蜂，索氏红腹蜂，萨氏红腹蜂

Sphecodes strandi Meyer 斯氏红腹隧蜂，斯氏红腹蜂，史氏红腹蜂

Sphecodes subfasciatus Blüthgen 拟捆红腹隧蜂，拟捆红腹蜂

Sphecodes tertius Blüthgen 三红腹隧蜂，三红腹蜂，广东红腹蜂

Sphecodes tibeticus Astafurova *et* Niu 西藏红腹隧蜂，西藏红腹蜂

Sphecodina 昼天蛾属

Sphecodina abbottii (Swainson) [Abbott's sphinx] 阿氏昼天蛾

Sphecodina caudata (Bremer *et* Grey) 葡萄昼天蛾

Sphecodina caudata caudata (Bremer *et* Grey) 葡萄昼天蛾指名亚种

Sphecodina caudata meridionalis Mell 葡萄昼天蛾北方亚种，北方葡萄昼天蛾

Sphecodoptera 棕透翅蛾属

Sphecodoptera okinawana Matsumura 冲绳棕透翅蛾，冲绳斯透翅蛾

Sphecodoptera rhynchioides (Butler) [quercus hornetmoth] 黑棕透翅蛾，黑赤腰透翅蛾

Sphecodoptera scribai (Bartel) 斯氏棕透翅蛾

Sphecodoptera sheni (Arita *et* Xu) 山核桃棕透翅蛾，山核桃透翅蛾

Sphecodoptera taikanensis (Matsumura) 台棕透翅蛾，台透翅蛾，太斯透翅蛾，司透翅蛾

Sphecogogastra 棕腹淡脉隧蜂亚属

sphecoid wasp 泥蜂 < 泛指泥蜂总科 Sphecoidea 昆虫 >

Sphecoidea 泥蜂总科

Sphecophaga 胡姬蜂属

Sphecophaga vesparum (Curtis) 胡蜂胡姬蜂

Sphecophagina 胡姬蜂亚族

Sphecos 针尾类昆虫研究者通讯 < 期刊名 >

Sphecosesia 蜂透翅蛾属，泥蜂透翅蛾属

Sphecosesia litchivora Yang *et* Wang 荔枝蜂透翅蛾，荔枝泥蜂透翅蛾

Sphecosesia lushanensis Xu *et* Liu 庐山蜂透翅蛾

Sphecosesia melanostoma Diakonoff 吕宋蜂透翅蛾

Sphecosesia nonggangensis Yang *et* Wang 弄岗蜂透翅蛾，弄岗泥蜂透翅蛾

Sphecosesia rhodites Kallies *et* Arita 玫瑰蜂透翅蛾，玫瑰泥蜂透翅蛾

Sphedanolestes 猛猎蝽属

Sphedanolestes albipilosus Ishikawa, Cai *et* Tomokuni 白毛猛猎蝽

Sphedanolestes anellus Hsiao 小红猛猎蝽

Sphedanolestes annulipes Distant 双环猛猎蝽

Sphedanolestes bicolor Hsiao 同 *Sphedanolestes bicoloroides*

Sphedanolestes bicoloroides Putshkov 二色猛猎蝽

Sphedanolestes granulipes Hsiao *et* Ren 黄颗猛猎蝽

Sphedanolestes gularis Hsiao 红缘猛猎蝽

Sphedanolestes impressicollis (Stål) 环斑猛猎蝽

Sphedanolestes lativentris Villiers 宽腹猛猎蝽

Sphedanolestes nodipes Li 结股猛猎蝽，多节猛猎蝽

Sphedanolestes pilosus Hsiao 斑腹猛猎蝽

Sphedanolestes pubinotus Reuter 赤腹猛猎蝽

Sphedanolestes quadrinotatus Cai, Cai *et* Wang 四点猛猎蝽

Sphedanolestes rubripes Cai, Cai *et* Wang 红股猛猎蝽

Sphedanolestes sinicus Cai *et* Yang 华猛猎蝽

Sphedanolestes subtilis (Jakovlev) 斑缘猛猎蝽

Sphedanolestes trichrous Stål 红猛猎蝽

Sphedanolestes xiongi Cai, Cai *et* Wang 熊氏猛猎蝽

Sphedanolestes zhengi Zhao, Ren, Wang *et* Cai 郑氏猛猎蝽

Sphegigaster 斯夫金小蜂属

Sphegigaster beijingensis Huang 北京斯夫金小蜂

Sphegigaster carinata Huang 脊胸斯夫金小蜂

Sphegigaster ciliatuta Huang 短毛斯夫金小蜂

Sphegigaster cirrhocornis Huang 黄角斯夫金小蜂
Sphegigaster cuspidata Huang 尖斯夫金小蜂
Sphegigaster fusca Huang 棕柄斯夫金小蜂
Sphegigaster hamugurivora Ishii 湖北斯夫金小蜂
Sphegigaster hexomyzae Vikberg 枝瘿斯夫金小蜂
Sphegigaster hypocyrta Huang 微曲斯夫金小蜂
Sphegigaster intersita Graham 短触斯夫金小蜂，间斯夫金小蜂
Sphegigaster jilinensis Huang 吉林斯夫金小蜂
Sphegigaster mutica Thomson 钝胸斯夫金小蜂，削斯夫金小蜂
Sphegigaster panda Huang 曲缘斯夫金小蜂
Sphegigaster pulchra Huang 丽斯夫金小蜂
Sphegigaster shica Huang 沙斯夫金小蜂
Sphegigaster stepicota Bouček 横节斯夫金小蜂
Sphegigaster truncata Thomson 截斯夫金小蜂
Sphegigaster venusta Huang 雅斯夫金小蜂
Sphegigasterini 斯夫金小蜂族
Sphegina 棒腹蚜蝇属，猛蚜蝇属
Sphegina albipes (Bigot) 白足棒腹蚜蝇，端翅蚜蝇
Sphegina apicalis Shiraki 无斑棒腹蚜蝇，端棒腹蚜蝇
Sphegina armatipes Malloch 刺足棒腹蚜蝇
Sphegina biannulata Malloch 双环棒腹蚜蝇
Sphegina brachygaster Hull 短腹棒腹蚜蝇
Sphegina bridwelli Cole 布棒腹蚜蝇
Sphegina californica Malloch 加州棒腹蚜蝇
Sphegina campanulata Robertson 曲环棒腹蚜蝇
Sphegina clavata (Scopoli) 结棒腹蚜蝇
Sphegina claviventris Stackelberg 棍棒腹蚜蝇，棒腹蚜蝇
Sphegina clunipes (Fallén) 后足棒腹蚜蝇，克棒腹蚜蝇
Sphegina cornifera Becker 具角棒腹蚜蝇
Sphegina elegans Schummel 秀棒腹蚜蝇
Sphegina eoa Stackelberg 瑶棒腹蚜蝇
Sphegina fasciata Shiraki 黑条棒腹蚜蝇
Sphegina flavimana Malloch 黄跗棒腹蚜蝇
Sphegina flavomaculata Malloch 黄斑棒腹蚜蝇
Sphegina hennigiana Shiraki *et* Edashige 亨棒腹蚜蝇
Sphegina infuscata Loew 无带棒腹蚜蝇
Sphegina japonica Shiraki *et* Edashige 日本棒腹蚜蝇
Sphegina keeniana Williston 珂棒腹蚜蝇
Sphegina latifrons Egger 宽额棒腹蚜蝇
Sphegina limbipennis Strobl 缘翅棒腹蚜蝇
Sphegina lobata Loew 叶棒腹蚜蝇
Sphegina lobulifera Malloch 具裂棒腹蚜蝇
Sphegina micangensis Huo, Ren *et* Zheng 米仓棒腹蚜蝇
Sphegina montana Becker 山地棒腹蚜蝇
Sphegina nigerrima Shiraki 黑斑棒腹蚜蝇，趋黑蚜蝇
Sphegina nigrapicula Huo, Ren *et* Zheng 端黑棒腹蚜蝇
Sphegina nigrimana Cole 黑跗棒腹蚜蝇
Sphegina occidentalis Malloch 北棒腹蚜蝇
Sphegina orientalis Kertész 东方棒腹蚜蝇，东亚蚜蝇
Sphegina petiolata Coquillett 柄棒腹蚜蝇
Sphegina platychira Szilády 扁棒腹蚜蝇
Sphegina potanini Stackelberg 波棒腹蚜蝇，四川棒腹蚜蝇
Sphegina punctata Cole 刻点棒腹蚜蝇
Sphegina quadrisetae Huo *et* Ren 四鬃棒腹蚜蝇
Sphegina rufa Malloch 红棒腹蚜蝇
Sphegina rufiventris Loew 红腹棒腹蚜蝇
Sphegina spheginea (Zetterstedt) 真棒腹蚜蝇，斯棒腹蚜蝇
Sphegina spiniventris Stackelberg 刺腹棒腹蚜蝇
Sphegina sublatifrons Vujic 窄额棒腹蚜蝇
Sphegina taibaishanensis Huo *et* Ren 太白棒腹蚜蝇
Sphegina tricoloripes Brunetti 三色棒腹蚜蝇
Sphegina univittata Huo, Pen *et* Zheng 单斑棒腹蚜蝇
Sphegina varidissima Shiraki 多色棒腹蚜蝇，杂色蚜蝇，异棒腹蚜蝇
Sphegina varifacies Kassebeer 多变棒腹蚜蝇
Spheginina 棒腹蚜蝇亚族
Spheginінae 棒腹蚜蝇亚科
Spheginobaccha 棒巴蚜蝇属
Spheginobaccha chillcotti Thompson 齐氏棒巴蚜蝇
Spheginobaccha knutsoni Thompson 科氏棒巴蚜蝇
Spheginobaccha macropoda (Bigot) 大足棒巴蚜蝇
Spheginobacchini 棒巴蚜蝇族
Sphenarches 蝶羽蛾属
Sphenarches anisodactylus (Walker) [geranium plume moth, bonavist plume moth] 扁豆蝶羽蛾，扁豆羽蛾，异萼羽蛾
Sphenarches caffer Zeller [bottle gourd plume moth, white plume moth, lablab plume-moth] 桃蝶羽蛾，桃羽蛾，卡萼羽蛾
Sphenaria chotanica (Semenov) 见 *Trichosphaena chotanica*
Sphenaria vestita Reitter 见 *Trichosphaena vestita*
Sphenaspella 斯织蛾属
Sphenaspella droseractis (Meyrick) 德卢斯织蛾，德卢斑蛾
Sphenaspis droseractis Meyrick 见 *Sphenaspella droseractis*
Sphenella 花带实蝇属，条斑实蝇属，双带斑实蝇属
Sphenella indica Schiner 同 *Sphenella sinensis*
Sphenella marginata (Fallén) 千里光花带实蝇，缘斑条斑实蝇
Sphenella nigropiosa de Meijere 黑花带实蝇，黑条斑实蝇
Sphenella novaguincensis Hardy 钩突花带实蝇，钩突条斑实蝇
Sphenella sinensis Schiner 中华花带实蝇，中华条斑实蝇，中华双带斑实蝇
Spheniscomyia 楔实蝇属
Spheniscomyia angulatus (Hendel) 见 *Philophylla angulata*
Spheniscomyia sexmaculata Macquart 见 *Sphaeniscus sexmaculatus*
Spheniscosomus 厚角叩甲属
Spheniscosomus restrictus Candèze 厚角叩甲
Sphenocorynus 斯扁象甲属，斯扁象属 <此属学名有误写为 *Sphenocorynes* 者>
Sphenocorynus cinereus (Illiger) 灰斯扁象甲，灰斯扁象
Sphenocorynus grandis Günther 大斯扁象甲，大斯扁象
Sphenocorynus kosempoensis Janczyk 台斯扁象甲，台斯扁象
Sphenocorynus ocellatus Pascoe 眶斯扁象甲，眶斯扁象，四纹象鼻虫，大四纹象鼻虫，眶冠象
Sphenocorynus perelegans Fairmaire 四目斯扁象甲，四目斯扁象，四目扁象鼻虫
Sphenometopa 楔蜂麻蝇属，楔麻蝇属
Sphenometopa altajica Rohdendorf 同 *Sphenometopa stelviana*
Sphenometopa czernyi (Strobl) 切氏楔蜂麻蝇，捷楔麻蝇
Sphenometopa jacobsoni Rohdendorf 雅氏楔蜂麻蝇，雅可楔麻蝇
Sphenometopa karelini Rohdendorf 卡氏楔蜂麻蝇，卡楔麻蝇
Sphenometopa koulingiana (Séguy) 牯岭楔蜂麻蝇，牯岭楔麻蝇
Sphenometopa kozlovi Rohdendorf 柯氏楔蜂麻蝇，柯楔麻蝇

S

Sphenometopa licenti (Séguy) 利氏椆蜂麻蝇，李楔麻蝇
Sphenometopa luridimacula Chao *et* Zhang 同 *Sphenometopa stackelbergiana*
Sphenometopa matsumurai Rohdendorf 松村椆蜂麻蝇，松村楔麻蝇，马氏椆蜂麻蝇
Sphenometopa mesomelaenae Chao *et* Zhang 同 *Sphenometopa stelviana*
Sphenometopa mongolica (Fan) 蒙古椆蜂麻蝇，蒙古楔麻蝇
Sphenometopa przewalskii Rohdendorf 普氏椆蜂麻蝇，普氏楔麻蝇
Sphenometopa semenovi Rohdendorf 塞氏椆蜂麻蝇，西氏楔麻蝇
Sphenometopa stackelbergiana Rohdendorf 斯塔克椆蜂麻蝇，浅黄斑楔麻蝇
Sphenometopa stelviana (Brauer *et* Bergenstamm) 中黑椆蜂麻蝇，中黑楔麻蝇
Sphenometopiina 椆蜂麻蝇亚族
Sphenophorus 尖隐喙象甲属，尖隐喙象属
Sphenophorus aequalis Gyllenhal [clay-colored billbug] 土色尖隐喙象甲，泥色谷象，土色长喙象甲
Sphenophorus carinicollis Gyllenhal [four-spotted weevil] 四星尖隐喙象甲，四星尖隐喙象
Sphenophorus kuatunensis Voss 挂墩尖隐喙象甲，挂墩司扁象
Sphenophorus lineatocollis Heller [royal palm borer beetle] 棕白条尖隐喙象甲，棕白条尖隐喙象
Sphenophorus maculatus Motschulsky 斑尖隐喙象甲，斑司扁象
Sphenophorus maidis Chittenden [maize billbug] 玉米尖隐喙象甲，玉米谷象，玉米长喙象甲
Sphenophorus parvulus Gyllenhal [blue-grass billbug] 牧草尖隐喙象甲，早熟禾象甲，牧草长喙角象
Sphenophorus planipennis Gyllenhal 同 *Odoiporus longicollis*
Sphenophorus sordidus (Germar) 见 *Cosmopolites sordidus*
Sphenophorus venatus Chittenden 台湾尖隐喙象甲
Sphenophorus venatus venatus Chittenden 台湾尖隐喙象甲指名亚种
Sphenophorus venatus vestitus Chittenden [hunting billbug, zoysia billbug] 台湾尖隐喙象甲多毛亚种，猎象
Sphenoptera 尾吉丁甲属，尾吉丁属，尖翅吉丁甲属，尖翅吉丁属
Sphenoptera amasica Obenberger 阿玛尾吉丁甲，阿玛尖翅吉丁
Sphenoptera andamanensis Waterhouse 安达曼尾吉丁甲，安达曼尾吉丁，安尖翅吉丁甲，安尖翅吉丁
Sphenoptera antiqua (Illiger) 枚尾吉丁甲，枚尖翅吉丁甲
Sphenoptera aterrima Kerremans 洋椿尾吉丁甲，洋椿尖翅吉丁
Sphenoptera auricollis Kerremans 铜紫尾吉丁甲，铜紫尖翅吉丁
Sphenoptera balassogloi Jakovlev 金紫尾吉丁甲，金紫尖翅吉丁
Sphenoptera beckeri Dohrn 见 *Sphenoptera tamarisci beckeri*
Sphenoptera brussae Obenberger 布尾吉丁甲，布尖翅吉丁
Sphenoptera canaliculata (Pallas) 沟纹尖尾吉丁甲，沟纹尖尾吉丁，沟尖翅吉丁甲，沟尖翅吉丁
Sphenoptera chinensis Kerremans 华尾吉丁甲，华尖翅吉丁
Sphenoptera chrysis Jakovlev 同 *Sphenoptera orichalcea*
Sphenoptera commixta Obenberger 混尾吉丁甲，混尖翅吉丁
Sphenoptera cuprina Motschulsky 赤铜尾吉丁甲
Sphenoptera davidis Théry 戴维尾吉丁甲，戴维尾吉丁，达尖翅吉丁甲，达尖翅吉丁
Sphenoptera densesculpta Jakovlev 密鳞尾吉丁甲，密鳞尖翅吉丁
Sphenoptera dianthi (Steven) 同 *Sphenoptera antiqua*
Sphenoptera erratrix Obenberger 同 *Sphenoptera insidiosa*
Sphenoptera euplecta Obenberger 优尾吉丁甲，优尖翅吉丁
Sphenoptera exarata (Fisher von Waldheim) 铜斑尾吉丁甲，铜斑尾吉丁
Sphenoptera extensocarinata Jakovlev 多脊尾吉丁甲，多脊尾吉丁，伸脊尖翅吉丁甲，伸脊尖翅吉丁
Sphenoptera flagrans Semenov 同 *Sphenoptera balassogloi*
Sphenoptera forceps Jakovlev 同 *Sphenoptera insidiosa*
Sphenoptera hetita Obenberger 赫尾吉丁甲，赫尖翅吉丁
Sphenoptera iliensis Obenberger 同 *Sphenoptera sulcata*
Sphenoptera inermis Kerremans 斜顶尾吉丁甲，斜顶尾吉丁，无刺尖翅吉丁甲，无刺尖翅吉丁
Sphenoptera insidiosa Mannerheim 筒形尾吉丁甲，筒形尾吉丁，阴尖翅吉丁甲，阴尖翅吉丁
Sphenoptera irregularis Jakovlev 异尾吉丁甲，异尖翅吉丁甲
Sphenoptera karakusensis Obenberger 同 *Sphenoptera laticeps*
Sphenoptera kaznakovi Jakovlev 卡氏尾吉丁甲，卡尖翅吉丁
Sphenoptera kozlowi Jakovlev 柯氏尾吉丁甲，柯氏尾吉丁
Sphenoptera lafertei Thomson [flat-headed peach tree borer] 桃尾吉丁甲，桃尖翅吉丁甲，桃吉丁
Sphenoptera laportei Saunders 拉氏尾吉丁甲，拉尖翅吉丁
Sphenoptera laportei siciliensis Obenberger 同 *Sphenoptera laportei*
Sphenoptera lateralis Faldermann 梭形尾吉丁甲，梭形尾吉丁，油黑尖翅吉丁甲，油黑尖翅吉丁
Sphenoptera laticeps Jakovlev 粗翅尾吉丁甲，粗翅尾吉丁，宽尖翅吉丁甲，宽尖翅吉丁
Sphenoptera luctifica Jakovlev 油黑尾吉丁甲，油黑尾吉丁
Sphenoptera mandarina Théry 大陆尾吉丁甲，大陆尖翅吉丁
Sphenoptera manderstjernae Jakovlev 紫褐尾吉丁甲，紫褐尾吉丁
Sphenoptera mannerheimii Saunders 曼尾吉丁甲，曼尖翅吉丁
Sphenoptera marseuliana Obenberger 马尾吉丁甲，马尖翅吉丁
Sphenoptera massagetica Obenberger 同 *Sphenoptera laticeps*
Sphenoptera melitta Obenberger 同 *Sphenoptera antiqua*
Sphenoptera mongolica Jakovlev 同 *Sphenoptera sulcata*
Sphenoptera muehlheimi Obenberger 缪尾吉丁甲，码尖翅吉丁
Sphenoptera nana Jakovlev 纳尾吉丁甲，纳尖翅吉丁
Sphenoptera nereis Obenberger 内尾吉丁甲，内尖翅吉丁
Sphenoptera nitens Kerremans 光尾吉丁甲，光尖翅吉丁
Sphenoptera obscuriventris Motschulsky 突缘尾吉丁甲，突缘尾吉丁
Sphenoptera oresitropha Obenberger 山尾吉丁甲，山尖翅吉丁
Sphenoptera orichalcea (Pallas) 异色尾吉丁甲，异色尾吉丁，奥尖翅吉丁甲，奥尖翅吉丁
Sphenoptera orichalcea sinkiangensis (Obenberger) 同 *Sphenoptera orichalcea*
Sphenoptera pallasia (Schönherr) 帕尾吉丁甲，帕尖翅吉丁
Sphenoptera popovi Mannerheim 鄱氏尾吉丁甲，鄱氏尾吉丁，波氏尖翅吉丁甲，坡尖翅吉丁
Sphenoptera potanini Jakovlev 同 *Sphenoptera striatipemis*
Sphenoptera propinqua Kraatz 邻尖翅尾吉丁甲，邻尖翅吉丁
Sphenoptera propinqua karakusensis Obenberger 同 *Sphenoptera laticeps*

Sphenoptera punctatissima Reitter 点尾吉丁甲，点尖翅吉丁
Sphenoptera roborowskyi Jakovlev 同 *Sphenoptera canaliculata*
Sphenoptera sajanensis Obenberger 同 *Sphenoptera irregularis*
Sphenoptera semenovi Jakovlev 瑟氏尾吉丁甲，瑟氏尾吉丁，谢氏尖翅吉丁甲，西尖翅吉丁
Sphenoptera sinkiangensis (Obenberger) 同 *Sphenoptera orichalcea*
Sphenoptera striatipemis Jakovev 条纹尾吉丁甲，条纹尾吉丁
Sphenoptera sulcata (Fischer von Waldheim) 孔翅尾吉丁甲，槽尖翅吉丁甲，槽尖翅吉丁
Sphenoptera sulcata eoa Obenberger 孔翅尾吉丁甲紫光亚种，约槽尖翅吉丁
Sphenoptera sulcata sulcata (Fischer von Waldheim) 孔翅尾吉丁甲指名亚种
Sphenoptera sulcata winkleriana Obenberger 孔翅尾吉丁甲皱纹亚种，文槽尖翅吉丁
Sphenoptera syriae Obenberger 同 *Sphenoptera tragacanthae*
Sphenoptera tamarisci Gory *et* Laporte 金绿尾吉丁甲
Sphenoptera tamarisci beckeri Dohrn 金绿尾吉丁甲贝氏亚种，贝氏尖翅吉丁甲，贝氏扁头吉丁虫，贝尖翅吉丁
Sphenoptera tamarisci tamarisci Gory *et* Laporte 金绿尾吉丁甲指名亚种
Sphenoptera tragacanthae (Klug) 梧桐尾吉丁甲，梧桐尖翅吉丁甲
Sphenoptera vidua Jakovlev 尖顶尾吉丁甲，尖顶尾吉丁
Sphenoptera zichiyi Csiki 同 *Sphenoptera canaliculata*
Sphenopterinae 尾吉丁甲亚科，楔翅吉丁甲亚科，楔翅吉丁亚科
Sphenopterini 尾吉丁甲族，尾吉丁族
Sphenoraia 斯萤叶甲属，扁角萤金花虫属
Sphenoraia anjiensis Yang *et* Li 安吉斯萤叶甲
Sphenoraia berberii Jiang 博氏斯萤叶甲
Sphenoraia chujoi Lee 同 *Gallerucida flaviventris*
Sphenoraia cupreata Jacoby 铜色斯萤叶甲，铜色柱萤叶甲
Sphenoraia duvivieri (Laboissière) 粗点斯萤叶甲
Sphenoraia haizhuensis Yang 海珠斯萤叶甲
Sphenoraia micans (Fairmaire) 细刻斯萤叶甲，彩艳扁角萤金花虫
Sphenoraia nebulosa (Gyllenhal) 十四斑斯萤叶甲
Sphenoraia nigra Wang, Li *et* Yang 黑斯萤叶甲
Sphenoraia nigromaculata Jiang 黑斑斯萤叶甲
Sphenoraia punctipennis Jiang 点翅斯萤叶甲
Sphenoraia rutilans (Hope) 印度斯萤叶甲
Sphenoraia yajiangensis Jiang 雅江斯萤叶甲
spherical [= sphaericus] 球状的
spherical mealybug [*Nipaecoccus viridis* (Newstead)] 柑橘堆粉蚧，橘鳞粉蚧
spherical shape 球形
spherical shaped cocoon 球形茧
spherical virus 球状病毒
sphericity 球状性
spherocyte [= spheroidocyte, spherulocyte, spherule cell] 球形血细胞，球形细胞
spheroid 球状体
spheroidal 似球形的
spheroidin 球状体蛋白
spheroidocyte 见 spherocyte
spheroidosis 球状体病，球体病 < 由痘病毒引起 >
spherulate 具疣列的
spherule 1. 小球；2. 小球体 < 指白细胞细胞质中的折光粒体 >
spherule cell 见 spherocyte
spherule of granule 粒状小球体 < 在双翅目昆虫肌肉中的球体 >
spherulocyte 见 spherocyte
Sphetta 舟夜蛾属
Sphetta apicalis Walker 舟夜蛾
Sphex 泥蜂属，细腰蜂属
Sphex argentatus Fabricius 见 *Sphex* (*Sphex*) *argentatus*
Sphex aurulentus Fabricius 四脊泥蜂
Sphex diabolicus Smith 黄毛泥蜂
Sphex diabolicus diabolicus Smith 黄毛泥蜂指名亚种
Sphex diabolicus flammitrichus Strand 黄毛泥蜂焰色亚种，黄毛泥蜂焰亚种
Sphex funerarius Gussakovskij 葬泥蜂
Sphex haemorrhoidalis Fabricius 见 *Sphex* (*Sphex*) *haemorrhoidalis*
Sphex inusitatus Yasumatsu 东北泥蜂
Sphex kolthoffi Gussakovskij 柯氏泥蜂
Sphex madasummae van der Vecht 马氏泥蜂
Sphex maxillosus Fabricius 异颚泥蜂
Sphex montanus Morawitz 同 *Palmodes mandarinius*
Sphex palmetorum Roth 同 *Palmodes occitanicus*
Sphex praedator Smith 猎泥蜂
Sphex pusillus Gussakovskij 同 *Palmodes melanarius*
Sphex sericeus Fabricius 见 *Sphex* (*Sphex*) *sericeus*
Sphex sericeus fabricii Dahlbom 见 *Sphex* (*Sphex*) *sericeus fabricii*
Sphex sericeus lineolus Peletier 见 *Sphex* (*Sphex*) *sericeus lineolus*
Sphex* (*Sphex*) *argentatus Fabricius 银毛泥蜂
Sphex* (*Sphex*) *haemorrhoidalis Fabricius 黑毛泥蜂
Sphex* (*Sphex*) *sericeus (Fabricius) 四脊泥蜂，黄色穴蜂，丝泥蜂
Sphex* (*Sphex*) *sericeus fabricii Dahlbom 四脊泥蜂法氏亚种，法氏丝泥蜂
Sphex* (*Sphex*) *sericeus lineolus Peletier 四脊泥蜂条线亚种，条线丝泥蜂
Sphex* (*Sphex*) *sericeus sericeus (Fabricius) 四脊泥蜂指名亚种
Sphex subtruncatus Dahlbom 飞蝗泥蜂
Sphex subtruncatus subtruncatus Dahlbom 飞蝗泥蜂指名亚种
Sphex subtruncatus sulciscuta Gribodo 飞蝗泥蜂沟盾亚种
Sphex umbrosus Christ 银毛泥蜂
Sphigmothorax 束胸天牛属
Sphigmothorax bicinctus Gressitt 双带束胸天牛，束胸天牛
Sphigmothorax rondoni (Breuning) 罗氏束胸天牛，束胸天牛
Sphigmothorax tricinctus Gressitt 芒街束胸天牛
sphincter 括约肌
Sphincticraeropsis 楔象甲属，楔象属
Sphincticraeropsis rugosus Voss 皱楔象甲，皱楔象
Sphinctini 单距姬蜂族
Sphinctocoris 括猎蝽属
Sphinctocoris borneensis (Miller) 婆罗括猎蝽
Sphinctocoris corallinus Mayer 冠括猎蝽
Sphinctocoris lobatus (Miller) 叶括猎蝽
Sphinctocoris similis (Miller) 胞括猎蝽

Sphinctogonia 长大叶蝉属
Sphinctogonia lacta Zhang *et* Kuoh 乳斑长大叶蝉
Sphinctogonia lingula Yang *et* Li 见 *Sphinctogoniella lingula*
Sphinctogoniella 拟长大叶蝉属
Sphinctogoniella lingula (Yang *et* Li) 舌突拟长大叶蝉，舌突长大叶蝉
Sphinctotropis 括约长角象甲属，括约长角象属
Sphinctotropis laxus (Sharp) 克括约长角象甲，克括约长角象，颜白须长象鼻虫
Sphinctotropis laxus laxus (Sharp) 克括约长角象甲指名亚种，指名克括约长角象
Sphinctotropis paviei (Lesne) 帕氏括约长角象甲
Sphinctotropis scabrosus Frieser 糙括约长角象甲，糙括约长角象
Sphinctus 单距姬蜂属
Sphinctus carinatus Sheng *et* Sun 脊单距姬蜂
Sphinctus chinensis Uchida 中华单距姬蜂
Sphinctus melanius Sheng *et* Sun 乌单距姬蜂
Sphinctus pilosus Uchida 多毛单距姬蜂
Sphinctus submarginalis Uchida 红缘单距姬蜂
Sphinctus trichiosoma (Cameron) 毛身单距姬蜂
Sphinctus yunnanensis He *et* Chen 云南单距姬蜂
sphindid 1. [= sphindid beetle, cryptic slime mold beetle, dry-fungus beetle] 姬蕈甲 < 姬蕈甲科 Sphindidae 昆虫的通称 >；2. 姬蕈甲科的
sphindid beetle [= sphindid, cryptic slime mold beetle, dry-fungus beetle] 姬蕈甲
Sphindidae 姬蕈甲科
Sphindinae 姬蕈甲亚科
sphingid 1. [= sphingid moth, sphinx moth, hawk moth, hornworm, hummingbird moth] 天蛾 < 天蛾科 Sphingidae 昆虫的通称 >；2. 天蛾科的
sphingid moth [= sphingid, sphinx moth, hawk moth, hornworm, hummingbird moth] 天蛾
Sphingidae 天蛾科
sphingiform 天蛾幼虫型
Sphinginae 天蛾亚科
Sphingini 天蛾族
Sphingoderus 侧觚蝗属
Sphingoderus carinatus (Saussrue) 侧觚蝗
Sphingoidea 天蛾总科
Sphingonaepiopsis 缘斑天蛾属，斯芬天蛾属
Sphingonaepiopsis gorgon (Esper) 同 *Sphingonaepiopsis gorgoniades*
Sphingonaepiopsis gorgoniades (Hübner) [gorgon hawkmoth] 戈缘斑天蛾，戈斯芬天蛾
Sphingonaepiopsis kuldjaensis (Graeser) 库缘斑天蛾，库斯芬天蛾
Sphingonaepiopsis pumilio (Boisduval) 缘斑天蛾，矮斯芬天蛾
Sphingonotus 束颈蝗属
Sphingonotus altayensis Zheng *et* Ren 阿勒束颈蝗
Sphingonotus amplofemurus Huang 粗股束颈蝗
Sphingonotus beybienkoi Mistsbenko 贝氏束颈蝗
Sphingonotus bifasciatus Huang 二纹束颈蝗
Sphingonotus burqinensis Zheng *et* Yang 布尔津束颈蝗
Sphingonotus caerulistriatus Zheng *et* Ren 淡黑纹束颈蝗
Sphingonotus carinarus Zheng *et* Li 隆脊束颈蝗
Sphingonotus carinatus (Saussure) 侧觚束颈蝗，新疆束颈蝗
Sphingonotus coerulipes Uvarov 乌蓝束颈蝗
Sphingonotus coerulipes coerulipes Uvarov 乌蓝束颈蝗指名亚种
Sphingonotus coerulipes uvarovianus Bey-Bienko 乌蓝束颈蝗尤氏亚种，尤氏束颈蝗
Sphingonotus elegans Mistsbenko 雅丽束颈蝗
Sphingonotus erlixensis Zheng, Yang, Zhang *et* Wang 额尔齐斯束颈蝗
Sphingonotus eurasius Mistsbenko 欧亚束颈蝗
Sphingonotus glabimarginis Zheng, Yang, Zhang *et* Wang 平缘束颈蝗
Sphingonotus halocnemi Uvarov 碱土束颈蝗
Sphingonotus halophilus Bey-Bienko 海边束颈蝗，束颈蝗
Sphingonotus hoboksarensis Zheng *et* Ren 和布克萨尔束颈蝗
Sphingonotus hyatopterus Zheng *et* Cao 透翅束颈蝗
Sphingonotus kirgisicus Mistsbenko 吉尔束颈蝗
Sphingonotus kueideensis Yin 贵德束颈蝗
Sphingonotus longipennis Saussure 长翅束颈蝗
Sphingonotus maculates Uvarov 斑束颈蝗
Sphingonotus maculates maculates Uvarov 斑束颈蝗指名亚种
Sphingonotus maculatus petraeus Bey-Bienko 斑束颈蝗石栎亚种，石栎束颈蝗
Sphingonotus micronacrolius Zheng *et* Ren 小垫束颈蝗
Sphingonotus mongolicus Saussrue 蒙古束颈蝗
Sphingonotus nebulosus (Fischer von Waldheim) 岩石束颈蝗
Sphingonotus nebulosus discolor Uvarov 岩石束颈蝗黄色亚种，黄岩束颈蝗
Sphingonotus nebulosus nebulosus (Fischer von Waldheim) 岩石束颈蝗指名亚种
Sphingonotus nigrifemoratus Huang *et* Chen 黑股束颈蝗
Sphingonotus ningsianus Zheng *et* Gow 宁夏束颈蝗
Sphingonotus obscuratus (Walker) 暗束颈蝗
Sphingonotus obscuratus apicalis Saussure 暗束颈蝗端暗亚种
Sphingonotus obscuratus brunneri Saussure 暗束颈蝗布氏亚种
Sphingonotus obscuratus lameerei Finot 暗束颈蝗拉氏亚种
Sphingonotus obscuratus latissimus Uvarov 暗束颈蝗黑翅亚种，黑翅束颈蝗
Sphingonotus obscuratus obscuratus (Walker) 暗束颈蝗指名亚种
Sphingonotus obscuratus samnuensis Usmani *et* Ajaili 暗束颈蝗北非亚种
Sphingonotus octofasciatus (Serville) 八纹束颈蝗
Sphingonotus peliepiproct Zheng *et* Gong 黑肛束颈蝗
Sphingonotus petilocus Huang 细股束颈蝗
Sphingonotus qinghaiensis Yin 青海束颈蝗
Sphingonotus rubescens (Walker) 岸砾束颈蝗
Sphingonotus salinus (Pallas) 瘤背束颈蝗
Sphingonotus savignyi Saussure 黄胫束颈蝗
Sphingonotus striatus Xu *et* Zheng 直纹束颈蝗
Sphingonotus takramaensis Zheng, Xi *et* Lian 塔克拉玛束颈蝗
Sphingonotus taolensis Zheng 陶乐束颈蝗
Sphingonotus tenuipennis Mistsbenko 狭翅束颈蝗
Sphingonotus theodori Uvarov 赛氏束颈蝗
Sphingonotus theodori iranicus Mistshenko 赛氏束颈蝗伊朗亚种，伊朗束颈蝗
Sphingonotus theodori theodori Uvarov 赛氏束颈蝗指名亚种

Sphingonotus tipicus Cheng *et* Hang 铁卜加束颈蝗

Sphingonotus toliensis Zheng *et* Gong 托里束颈蝗

Sphingonotus tristrial Zheng *et* Wang 三纹束颈蝗

Sphingonotus tsinlingensis Zheng, Tu *et* Liang 秦岭束颈蝗

Sphingonotus turcmenus Bey-Bienko 土库曼束颈蝗

Sphingonotus tzaidamicus Mistshenko 柴达木束颈蝗

Sphingonotus wulumuqiensis Gong, Zheng *et* Niu 乌鲁木齐束颈蝗

Sphingonotus yamalikeshanensis Gong, Zheng *et* Niu 雅玛里克山束颈蝗

Sphingonotus yantaiensis Yin, Xu *et* Yin 烟台束颈蝗

Sphingonotus yechengensis Zheng, Xi *et* Lian 叶城束颈蝗

Sphingonotus yenchihensis Cheng *et* Chiu 盐池束颈蝗

Sphingonotus yunnaneus Uvarov 云南束颈蝗

Sphingonotus zadaensis Huang 札达束颈蝗

Sphingonotus zhangi Xu *et* Zheng 张氏束颈蝗

Sphingothrips 缚管蓟马属

Sphingothrips trachypogon (Karny) 粗糙缚管蓟马

Sphingulini 拟天蛾族

sphinx moth [= sphingid moth, sphingid, hawk moth, hornworm, hummingbird moth] 天蛾 < 天蛾科 Sphingidae 昆虫的通称 >

Sphinx 红节天蛾属

Sphinx caligineus (Butler) [Chinese pine hawkmoth, pine hawk moth] 松黑红节天蛾，松红节天蛾，松黑天蛾

Sphinx caligineus brunnescens (Mell) 松黑红节天蛾褐色亚种，布松黑天蛾

Sphinx caligineus caligineus (Butler) 松黑红节天蛾指名亚种

Sphinx caligineus sinicus (Rothschild *et* Jordan) 松黑红节天蛾中华亚种，卡天蛾中华亚种，松黑天蛾中华亚种，中华松黑天蛾

Sphinx chersis (Hübner) [great ash sphinx] 梣红节天蛾，大梣天蛾

Sphinx formosana Riotte 台湾红节天蛾，蓬莱松天蛾，台湾天蛾，松天蛾，台松黑天蛾

Sphinx jordani Mell 约红节天蛾

Sphinx kalmiae Smith [laurel sphinx] 山月桂红节天蛾

Sphinx ligustri Linnaeus [privet hawk moth] 女贞红节天蛾

Sphinx ligustri amurensis Oberthür 女贞红节天蛾阿穆尔亚种，阿红节天蛾

Sphinx ligustri constricta Butler 女贞红节天蛾缢缩亚种，红节天蛾

Sphinx ligustri ligustri Linnaeus 女贞红节天蛾指名亚种

Sphinx morio (Rothschild *et* Jordan) [larch hawk moth, Asian pine hawkmoth] 森尾红节天蛾，松黑红节天蛾，松黑天蛾，莫品松黑天蛾

Sphinx morio arestus (Jordan) 森尾红节天蛾东北亚种，阿品松黑天蛾

Sphinx morio inouei (Owada *et* Kogi) 森尾红节天蛾井上亚种

Sphinx morio morio (Rothschild *et* Jordan) 森尾红节天蛾指名亚种

Sphinx oberthuri Rothschild *et* Jordan 奥红节天蛾，奥松黑天蛾

Sphinx pinastri Linnaeus [pine hawk moth, pine sphingid] 松红节天蛾，松黑天蛾

Sphinx pinastri arestus (Jordan) 见 *Sphinx morio arestus*

Sphinx pinastri morio Rothschild *et* Jordan 见 *Sphinx morio*

Sphinx pinastri pinastri Linnaeus 松红节天蛾指名亚种

Sphinx poecila Stephens [northern apple sphinx, poecila sphinx] 苹果红节天蛾

Sphinx sequoiae Boisduval 杜松红节天蛾

Sphinxis 斯芬象甲属

Sphinxis formosanus Kojima *et* Morimoto 台湾斯芬象甲，台湾斯芬象

Sphinxis lychoui Kojima *et* Morimoto 周氏斯芬象甲，周氏斯芬象

Sphinxis maculipennis Kojima *et* Morimoto 斑翅斯芬象甲，斑翅斯芬象

Sphinxis ovalis Kojima *et* Morimoto 卵形斯芬象甲，卵形斯芬象

Sphiximorpha 腰角蚜蝇属

Sphiximorpha annulifemoralis Yang *et* Cheng 环腿腰角蚜蝇

Sphiximorpha bellifacialis Yang *et* Cheng 丽颜腰角蚜蝇，丽颜腰角食蚜蝇

Sphiximorpha brevilumbata Yang *et* Cheng 短腰角蚜蝇，短腰角食蚜蝇

Sphiximorpha formosensis (Shiraki) 台湾腰角蚜蝇

Sphiximorpha polista (Séguy) 蜂腰角蚜蝇，蜂腰角食蚜蝇

Sphiximorpha sinensis (Ôuchi) 华腰角蚜蝇，华腰角食蚜蝇

Sphodrina 壮步甲亚族

Sphodrini 壮步甲族

Sphodropsis 索福步甲属

Sphodropsis reflaximargo Reitter 见 *Reflexisphodrus refleximargo*

Sphodrus 壮步甲属，强步甲属

Sphodrus leucophthalmus (Linnaeus) 褐壮步甲

Sphoeroceridae [= Sphaeroceridae, Borboridae, Copromycidae, Cypselidae] 小粪蝇科，大附蝇科

Sphrageidus 环毒蛾属

Sphrageidus similis (Füssly) [yellow-tail, gold-tail moth, brown-tail moth, mulberry tussock moth] 黄尾环毒蛾，黄尾黄毒蛾，盗毒蛾，桑毒蛾，黄尾毒蛾，桑毛虫

Sphrageidus similis xanthocampa Dyar [mulberry yellow tail moth, xanthocamp tussok moth] 桑毒蛾，桑毛虫，黄尾白毒蛾，桑褐斑盗毒蛾，桑金毛虫，狗毛虫，黄毛黄毒蛾，桑褐斑毒蛾，金毛虫

Sphrageidus virguncula (Walker) 见 *Euproctis virguncula*

Sphrageidus xuthonepha (Collenette) 云环毒蛾，云黄毒蛾

sphragides [s. sphragis] 封瓣 < 指若干雄性鳞翅目昆虫的生殖突基节 (大瓣)，交配时留存于雌体，以封闭雌虫交配孔 >

Sphragifera 明夜蛾属

Sphragifera biplaga (Walker) 同 *Sphragifera biplagiata*

Sphragifera biplagiata (Walker) 日月明夜蛾，双纹明夜蛾，日月夜蛾

Sphragifera maculata (Hampson) 斑明夜蛾

Sphragifera magniplaga Chen 大斑明夜蛾

Sphragifera mioplaga Chen 小斑明夜蛾

Sphragifera rejecta (Fabricius) 迥明夜蛾

Sphragifera sigillata (Ménétriès) 丹日明夜蛾，丹明夜蛾

Sphragifera sigillata sigillata (Ménétriès) 丹日明夜蛾指名亚种

Sphragifera sigillata taimacula Hreblay *et* Ronkay 丹日明夜蛾台湾亚种，丹日明夜蛾

sphragis [pl. sphragides] 封瓣

Sphragisticus 毛缘长蝽属

Sphragisticus nebulosus (Fallén) 毛缘长蝽
Sphyracephala 锤突眼蝇属
Sphyracephala brevicornis Say 短角锤突眼蝇
Sphyracephala detrahens (Walker) 寡锤突眼蝇
Sphyracephala nigrimana Loew 黑锤突眼蝇
Sphyracephalinae 锤突眼蝇亚科
Sphyracephalini 锤突眼蝇族
Sphyrotheca 针圆姚属
Sphyrotheca formosana Yosii 台针圆姚
Sphyrotheca multifasciata (Reuter) 多带针圆姚
Sphyrotheca spinimucronata Itoh *et* Zhao 齿端针圆姚
SPI [= serpin; serine protease inhibitor 的缩写] 丝氨酸蛋白酶抑制蛋白，丝氨酸蛋白酶抑制剂
Spialia 饰弄蝶属
Spialia abscondita (Plötz) 阿玻饰弄蝶
Spialia agylla (Trimen) [grassveld sandman] 阿吉饰弄蝶
Spialia asterodia (Trimen) [star sandman] 星斑饰弄蝶
Spialia chenga Evans 见 *Spialia galba chenga*
Spialia colotes (Druce) [Bushveld sandman] 克罗饰弄蝶
Spialia confusa (Higgins) [confusing sandman] 纺锤饰弄蝶
Spialia delagoae (Trimen) [Delagoa grizzled skipper, Delagoa sandman] 德拉饰弄蝶
Spialia depauperata Strand [deprived grizzled skipper, wandering sandman] 贫困饰弄蝶
Spialia diomus (Höpffer) [diomus grizzled skipper] 狄奥饰弄蝶
Spialia doris (Walker) [Aden skipper, desert grizzled skipper] 多丽饰弄蝶
Spialia dromus (Plötz) [forest sandman, dromus grizzled skipper, large grizzled skipper] 德罗饰弄蝶
Spialia galba (Fabricius) [Indian skipper, Indian grizzled skipper] 黄饰弄蝶
Spialia galba chenga Evans 黄饰弄蝶海南亚种，陈饰弄蝶
Spialia galba galba (Fabricius) 黄饰弄蝶指名亚种
Spialia geron (Watson) 吉龙饰弄蝶
Spialia kituina Karsch [Kitui grizzled skipper] 吉堆饰弄蝶
Spialia mafa (Trimen) [mafa sandman] 马弗饰弄蝶
Spialia mangana Rebel [Arabian grizzled skipper] 阿拉伯饰弄蝶
Spialia nanus (Trimen) [dwarf sandman] 好望角饰弄蝶
Spialia orbifer (Hübner) [orbed red-underwing skipper, Hungarian skipper] 欧饰弄蝶，俄饰弄蝶，圆斑饰弄蝶，眶弄蝶
Spialia orbifer lugens (Staudinger) 欧饰弄蝶中国亚种
Spialia orbifer orbifer (Hübner) 欧饰弄蝶指名亚种
Spialia osthelderi (Pfeiffer) 奥斯饰弄蝶
Spialia paula (Higgins) [mite sandman] 保拉饰弄蝶
Spialia phlomidis (Herrich-Schäffer) [Persian skipper] 波斯饰弄蝶
Spialia ploetzi Aurivillius [forest grizzled skipper] 西非饰弄蝶
Spialia rebeli Higgins 乌干达饰弄蝶
Spialia sataspes (Trimen) [Boland sandman] 萨塔饰弄蝶
Spialia secessus (Trimen) [Wolkberg sandman] 塞瑟饰弄蝶
Spialia sertorius (Hoffmannsegg) [red-underwing skipper] 花饰弄蝶，塞饰弄蝶
Spialia spio (Linnaeus) [spio grizzled skipper] 斯比奥饰弄蝶
Spialia struvei (Püngeler) 天山饰弄蝶，斯饰弄蝶
Spialia therapne (Rambur) [Corsican red-underwing skipper] 撒丁饰弄蝶
Spialia wrefordi Evans [Wreford's grizzled skipper] 雷弗德饰弄蝶
Spialia zebra Plötz [zebra grizzled skipper] 斑马饰弄蝶
spica dotted border [*Mylothris spica* Möschler] 尖俏迷粉蝶
Spica 金波纹蛾属，钩蛾属
Spica luteola Swinhoe 黄金波纹蛾
Spica parailelangula Alphéraky 金波纹蛾，荞麦钩蛾
spicebush silkmoth [= promethea silkmoth, promethea moth, *Callosamia promethea* (Drury)] 普罗丽大蚕蛾，普罗大蚕蛾
spicebush swallowtail [*Papilio troilus* Linnaeus] 银月豹凤蝶，北美乌樟凤蝶，乌樟凤蝶
Spicipalpia 尖须亚目
spicula [pl. spiculae] 1. 针突；2. 螫刺 < 指膜翅目 Hymenoptera 昆虫的螫刺 >；3. 产卵器 < 同 ovipositor>
spiculae [s. spicula] 1. 针突；2. 螫刺；3. 产卵器
spicule [= spiculum] 小针突
spiculi [s. spiculum; = spicules] 小针突
spiculiform 针形
spiculum [pl. spiculi; = spicule] 小针突
spider beetle [= ptinid, ptinid beetle] 蛛甲 < 蛛甲科 Ptinidae 昆虫的通称 >
spider cricket [= rhaphidophorid camel cricket, cave weta, cave cricket, camelback cricket, camel cricket, crider, land shrimp, spricket, sand treader, rhaphidophorid] 驼螽 < 驼螽科 Rhaphidophoridae 昆虫的通称 >
spider fly [= acrocerid fly, small-headed fly, hunch-back fly, acrocerid] 小头虻 < 小头虻科 Acroceridae 昆虫的通称 >
spider hunter [= pompilid wasp, spider-hunting wasp, spider wasp, pompilid] 蛛蜂 < 蛛蜂科 Pompilidae 昆虫的通称 >
spider-hunting wasp 见 spider hunter
spider jewelmark [= gnidus metalmark, *Helicopis gnidus* (Fabricius)] 须缘蚬蝶
spider wasp 见 spider hunter
spiderling plume moth [*Megalorhipida leucodactyla* (Fabricius)] 白大羽蛾
spike headed katydid [*Panacanthus cuspidatus* (Bolívar)] 绿额刺股草螽，鬼王螽斯
spiked magician [= matriarchal katydid, predatory bush cricket, *Saga pedo* (Pallas)] 草原亚螽，窜螽
spiketail [= cordulegastrid dragonfly, biddy, flying adder, cordulegastrid] 大蜓 < 大蜓科 Cordulegastridae 昆虫的通称 >
spiky banded-skipper [*Autochton neis* (Geyer)] 奈斯幽弄蝶
Spiladelpha 污斑瓢虫属
Spiladelpha barovskii Semenov *et* Dobrzhansky 巴氏污斑瓢虫
Spiladelpha barovskii barovskii Semenov *et* Dobrzhansky 巴氏污斑瓢虫指名亚种
Spiladelpha barovskii kiritschenkoi Barovsky 巴氏污斑瓢虫凯氏亚种
Spiladelpha longula Barowsky 藏污斑瓢虫
Spilarctia 污灯蛾属
Spilarctia alba (Bremer *et* Grey) 净污灯蛾，净雪灯蛾，白色雪灯蛾，白通灯蛾
Spilarctia alba alba (Bremer *et* Grey) 净污灯蛾指名亚种
Spilarctia alba kikuchii (Matsumura) 净污灯蛾菊池亚种，菊池污灯蛾，菊池氏污灯蛾，净雪灯蛾，基污灯蛾
Spilarctia aurocostata (Oberthür) 金缘污灯蛾

Spilarctia bifascia Hampson 双带污灯蛾
Spilarctia bifasciata Butler [two-black-banded tiger moth] 二黑带污灯蛾，二黑带灯蛾
Spilarctia bifrons (Walker) 同 _Spilarctia subcarnea_
Spilarctia bisecta (Leech) 显脉污灯蛾，双污灯蛾，拜尘污灯蛾
Spilarctia bisecta bisecta (Leech) 显脉污灯蛾指名亚种
Spilarctia bisecta shanghaiensis Daniel 同 _Spilarctia bisecta bisecta_
Spilarctia burmanica (Rothschild) 见 _Lemyra burmanica_
Spilarctia caeria (Püngeler) 客污灯蛾
Spilarctia caesarea (Goeze) 见 _Epatolmis caesarea_
Spilarctia casigneta (Kollar) 黑须污灯蛾
Spilarctia casigneta casigneta (Kollar) 黑须污灯蛾指名亚种
Spilarctia casigneta sinica Daniel 黑须污灯蛾中华亚种，华黑须污灯蛾
Spilarctia chekiangi Daniel 浙污灯蛾
Spilarctia chuanxina Fang 川褐带污灯蛾，川褐污灯蛾
Spilarctia clava (Wileman) 棍棒污灯蛾，棒污灯蛾
Spilarctia comma (Walker) 小斑污灯蛾
Spilarctia comma bipunctata Daniel 小斑污灯蛾二点亚种，二点小斑污灯蛾
Spilarctia comma comma (Walker) 小斑污灯蛾指名亚种
Spilarctia contaminata (Wileman) 褐污灯蛾，康红缘灯蛾
Spilarctia costimacula (Leech) 见 _Lemyra costimacula_
Spilarctia dianxi Fang _et_ Cao 滇西污灯蛾
Spilarctia dukouensis Fang 渡口污灯蛾
Spilarctia erubescens Moore 同 _Spilarctia subcarnea_
Spilarctia erythrophleps (Hampson) 赤污灯蛾
Spilarctia flammeola Moore 见 _Lemyra flammeola_
Spilarctia flammeola hunana Daniel 见 _Lemyra flammeola hunana_
Spilarctia flavalis (Moore) 金污灯蛾
Spilarctia fumida (Wileman) 富污灯蛾
Spilarctia gianelli (Oberthür) 淡红污灯蛾
Spilarctia graminivora Inoue 草污灯蛾
Spilarctia howqua Moore 同 _Spilarctia bisecta_
Spilarctia huizenensis Fang 见 _Fangarctia huizenensis_
Spilarctia imparilis Butler 见 _Lemyra imparilis_
Spilarctia inaequalis Butler 见 _Lemyra inaequalis_
Spilarctia irregularis (Rothschild) 昏斑污灯蛾
Spilarctia jankowskii (Oberthür) 见 _Lemyra jankowskii_
Spilarctia jankowskii jankowskii (Oberthür) 见 _Lemyra jankowskii jankowskii_
Spilarctia jankowskii soror Leech 见 _Lemyra jankowskii soror_
Spilarctia japonensis Rothschild 同 _Lemyra inaequalis_
Spilarctia jiangxiensis Fang 见 _Lemyra jiangxiensis_
Spilarctia jordansi Daniel 见 _Eospilarctia jordansi_
Spilarctia kikuchii (Matsumura) 见 _Spilarctia alba kikuchii_
Spilarctia kuangtungensis Daniel 见 _Lemyra kuangtungensis_
Spilarctia leopardina (Kollar) 红黑污灯蛾
Spilarctia lubricipeda (Linnaeus) 见 _Spilosoma lubricipedum_
Spilarctia lungtani Daniel 龙潭污灯蛾
Spilarctia lutea (Hüfnagel) 污灯蛾，污白灯蛾
Spilarctia lutea japonica (Rothschild) 污灯蛾日本亚种，日黄污灯蛾
Spilarctia lutea lutea (Hüfnagel) 污灯蛾指名亚种
Spilarctia mandarina Moore 同 _Spilarctia bisecta_
Spilarctia melanosoma (Hampson) 白腹污灯蛾
Spilarctia melli Daniel 见 _Lemyra melli_
Spilarctia melli melli Daniel 见 _Lemyra melli melli_
Spilarctia melli shensii Daniel 见 _Lemyra melli shensii_
Spilarctia menthastri (Denis _et_ Schiffermüller) 同 _Spilosoma lubricipedum_
Spilarctia minschani Bang-Haas 同 _Spilarctia quercii_
Spilarctia montana (Guérin-Méneville) 山污灯蛾
Spilarctia motuonica Fang 墨脱污灯蛾
Spilarctia multivittata (Walker) 见 _Lemyra multivittata_
Spilarctia multivittata assama (Rothschild) 同 _Lemyra multivittata_
Spilarctia neglecta (Rothschild) 白污灯蛾
Spilarctia nigrodorsata Reich 同 _Spilarctia quercii_
Spilarctia nigrovittata (Matsumura) 连星污灯蛾
Spilarctia nydia Butler 泥污灯蛾
Spilarctia obliqua (Walker) [jute hairy caterpillar, Bihar hairy caterpillar, Bihar hairy moth] 尘污灯蛾，尘白灯蛾，人纹灯蛾，莱菔灯蛾，淡条纹雪灯蛾，淡条纹通灯蛾
Spilarctia obliqua bisecta (Leech) 见 _Spilarctia bisecta_
Spilarctia obliqua fukieni Daniel 见 _Spilarctia sagimfera fukieni_
Spilarctia obliqua obliqua (Walker) 尘污灯蛾指名亚种
Spilarctia obliqua variata Daniel 见 _Spilarctia variata_
Spilarctia obliquivitta Moore 斜线污灯蛾
Spilarctia obliquizonata (Miyake) [oblique banded tiger moth] 斜纹污灯蛾，斜纹灯蛾
Spilarctia pauper (Oberthür) 见 _Eospilarctia pauper_
Spilarctia pilosoides Daniel 见 _Lemyra pilosoides_
Spilarctia postrubida (Wileman) 后红污灯蛾，后红缘灯蛾，橙污灯蛾
Spilarctia pseudohampsoni Daniel 见 _Spilarctia variata pseudohampsoni_
Spilarctia punctaria (Stoll) 见 _Spilosoma punctarium_
Spilarctia pura (Leech) 见 _Chionarctia pura_
Spilarctia quercii (Oberthür) 黑带污灯蛾
Spilarctia robusta (Leech) 强污灯蛾
Spilarctia robusta robusta (Leech) 强污灯蛾指名亚种
Spilarctia robusta tapaishani Daniel 同 _Spilarctia alba_
Spilarctia robusta tsingtauana Rothschild 同 _Spilarctia subcarnea_
Spilarctia rostagnoi (Oberthür) 洛氏污灯蛾，洛雪灯蛾，罗通灯蛾
Spilarctia rubida (Leech) 净白污灯蛾，露污灯蛾
Spilarctia rubilinea (Moore) 红线污灯蛾
Spilarctia rubilinea discinigra Moore 见 _Spilarctia rubilinea rubilinea_
Spilarctia rubilinea rubilinea (Moore) 红线污灯蛾指名亚种
Spilarctia rubitincta punctilinea (Moore) 同 _Lemyra punctilinea_
Spilarctia sagimfera Moore 萨污灯蛾
Spilarctia sagimfera fukieni Daniel 萨污灯蛾福建亚种，闽尘污灯蛾
Spilarctia sagimfera sagimfera Moore 萨污灯蛾指名亚种
Spilarctia sagittifera taiwanensis (Matsumura) 萨污灯蛾台湾亚种
Spilarctia seriatopuntata (Motschulsky) 连星污灯蛾
Spilarctia solitaria (Wileman) 见 _Amsactoides solitaria_
Spilarctia stigmata (Moore) 见 _Lemyra stigmata_
Spilarctia strigata (Walker) 同 _Micraloa lineola_
Spilarctia strigatula (Walker) [peanut tussock moth] 土白污灯蛾，花生灯蛾
Spilarctia subcarnea (Walker) [white tiger moth] 人纹污灯蛾，人

纹雪灯蛾，赤腹通灯蛾，红腹白灯蛾，人字纹灯蛾，桑红腹灯蛾
Spilarctia subcarnea charbyni Daniel 同 *Spilarctia subcarnea subcarnea*
Spilarctia subcarnea subcarnea (Walker) 人纹污灯蛾指名亚种
Spilarctia subtestacea (Rothschild) 黄腹污灯蛾，亚黄褐污灯蛾
Spilarctia subtestacea subtestacea (Rothschild) 黄腹污灯蛾指名亚种
Spilarctia taiwanensis (Matsumura) 赤腹污灯蛾
Spilarctia tengchongensis Fang *et* Cao 腾冲污灯蛾
Spilarctia tienmushanica (Daniel) 天目污灯蛾，天目土苔蛾
Spilarctia tienmushanica tienmushanica (Daniel) 天目污灯蛾指名亚种
Spilarctia tienmushanica werneri Kishida 天目污灯蛾黑须名亚种，黑须污灯蛾
Spilarctia variata Daniel 变异污灯蛾
Spilarctia variata pseudohampsoni Daniel 变异污灯蛾拟汉亚种，拟亨污灯蛾
Spilarctia variata variata Daniel 变异污灯蛾指名亚种
Spilarctia wilemani (Rothschild) 褐赭污灯蛾，威污灯蛾，威通灯蛾，威氏污灯蛾
Spilarctia xanthogastes (Rothschild) 腹黄污灯蛾
Spilarctia yunnanica Daniel 见 *Eospilarctia yuennanica*
Spilarctia zhangmuna Fang 见 *Lemyra zhangmuna*
Spilarctia zhongtiao Fang *et* Can 见 *Fangarctia zhongtiao*
Spilichneumon 斑姬蜂属
Spilichneumon ammonius (Gravenhorst) 羊斑姬蜂，古北斑姬蜂
Spilichneumon jezoensis Uchida 札幌斑姬蜂
Spilichneumon primarius Kokujev 始斑姬蜂
Spilichneumon superbus (Provancher) 华丽斑姬蜂
Spiller's canary white [= Spiller's sulphur yellow, Spiller's yellow, *Dixeia spilleri* (Spiller)] 斯皮迪粉蝶
Spiller's sulphur yellow 见 Spiller's canary white
Spiller's yellow 见 Spiller's canary white
spillover effect 溢出效应
Spilobasis albogrisea Mell 见 *Toelgyfaloca albogrisea*
Spilobasis circumdata Houlbert 见 *Toelgyfaloca circumdata*
Spilobasis curvata Sick 同 *Neotogaria flammifera*
Spilobasis flammifera Houlbert 见 *Neotogaria flammifera*
Spilobasis honei Sick 见 *Neotogaria hoenei*
Spilobasis minor Sick 见 *Horipsestis aenea minor*
Spilobasis pseudomaculata Houlbert 见 *Parapsestis pseudomaculata*
Spilococcus 匹粉蚧属
Spilococcus alhagi (Hall) 骆驼刺匹粉蚧
Spilococcus artemisiphilus (Tang) 艾蒿匹粉蚧，艾蒿巧粉蚧
Spilococcus centaureae (Borchsenius) 矢车菊匹粉蚧
Spilococcus erianthi (Kiritchenko) 双尾匹粉蚧
Spilococcus expressus (Borchsenius) 塔吉克匹粉蚧
Spilococcus falvus (Borchsenius) 蔗茅匹粉蚧
Spilococcus flavidus (Kanda) 松柏匹粉蚧
Spilococcus furcatispinus (Borchsenius) 叉刺匹粉蚧
Spilococcus gouxi (Matile-Ferrero) 法国匹粉蚧
Spilococcus halli Mckenzie *et* Williams 贺氏匹粉蚧
Spilococcus innermongolicus Tang 内蒙古匹粉蚧
Spilococcus juniperi (Ehrhorn) 桧匹粉蚧
Spilococcus mori (Siraiwa) 桑树根匹粉蚧
Spilococcus moricola (Borchsenius) 桑树匹粉蚧
Spilococcus nanae (Schmutterer) [birch mealybug] 桦木匹粉蚧
Spilococcus nellorensis (Avasthi *et* Shafee) 印度匹粉蚧
Spilococcus perforatus de Lotto 明匹粉蚧
Spilococcus sequoiae (Coleman) [redwood mealybug] 红木匹粉蚧
Spilococcus soja (Siraiwa) 大豆匹粉蚧
Spilococcus sorghi (Williams) 高粱匹粉蚧
Spilococcus viktorina (Kozár) 匈牙利匹粉蚧
Spiloconis 瑕粉蛉属，斯粉蛉属
Spiloconis picticornis Banks 彩角瑕粉蛉，彩角斯粉蛉
Spiloconis sexguttata Enderlein 六斑瑕粉蛉，六斑斯粉蛉
Spilocosmia 斜带实蝇属，斯皮罗实蝇属，褐斑实蝇属
Spilocosmia bakeri Bezzi 巴克氏斜带实蝇，黑缘斯皮罗实蝇
Spilocosmia incompleta Wang 浙江斜带实蝇，浙江斯皮罗实蝇
Spilocosmia kotoshoensis (Shiraki) 兰屿斜带实蝇，科托斯皮罗实蝇，兰屿褐斑实蝇，兰屿点普罗斯实蝇
Spilocosmia octavia (Munro) 奥克斜带实蝇，奥克斯皮罗实蝇，八点褐斑实蝇，台普罗斯实蝇
Spilocosmia punctata (Shiraki) 点斜带实蝇，点斯皮罗实蝇，十点褐斑实蝇，点普罗斯实蝇
Spilogaster parcepilosa Stein 同 *Helina calceataeformis*
Spilogaster suspiciosa Stein 同 *Phaonia fusca*
Spilogenes chalazombra Meyrick 恰斑谷蛾
Spilogona 点池蝇属
Spilogona albiarenosa Xue *et* Wang 白沙点池蝇
Spilogona almqvistii (Holmgren) 长喙点池蝇
Spilogona angustifolia Xue *et* Zhang 狭叶点池蝇
Spilogona appendicilia Xue *et* Zhang 附毛点池蝇
Spilogona arenosa (Ringdahl) 沙点池蝇
Spilogona argentea (Stein) 银点池蝇
Spilogona baltica (Ringdahl) 毛股点池蝇
Spilogona binigloba Xue 双突点池蝇
Spilogona bomynensis Hennig 柴达木点池蝇
Spilogona brevipila Xue 短毛点池蝇
Spilogona brunneipinna Xue 褐翅点池蝇
Spilogona capaciatrata Xue *et* Wang 大黑点池蝇
Spilogona carbiarenosa Xue *et* Tong 煤漠点池蝇
Spilogona changbaishanensis Xue 长白山点池蝇
Spilogona cordis Xue *et* Zhang 心点池蝇
Spilogona costalis (Stein) 缘刺点池蝇
Spilogona dasyoomma Xue *et* Tong 毛眼点池蝇
Spilogona depressiuscula (Zetterstedt) 小沉点池蝇，沉点池蝇
Spilogona eximia (Stein) 宽颧点池蝇
Spilogona falleni Pont 法氏点池蝇
Spilogona gobiensis Hennig 戈壁点池蝇
Spilogona impar (Stein) 尖角点池蝇
Spilogona klinocerca Xue 弯须点池蝇
Spilogona kunjirapensis Xue *et* Tong 红其拉甫点池蝇
Spilogona leptocerci Mou 瘦叶点池蝇
Spilogona leptostylata (Xue *et* Xiang) 瘦侧叶点池蝇
Spilogona leucispennis (Xue *et* Xiang) 白翅点池蝇
Spilogona litorea (Fallén) 滨海点池蝇
Spilogona litorea litorea (Fallén) 滨海点池蝇指名亚种
Spilogona litorea yaluensis Ma *et* Wang 滨海点池蝇鸭绿江亚种，鸭绿江点池蝇

Spilogona littoralis Mou 海滨点池蝇，渤海点池蝇
Spilogona lobuliunguis Xue *et* Wang 片爪点池蝇
Spilogona lolliguncula (Xue *et* Xiang) 墨色点池蝇
Spilogona longilabella Xue 长唇点池蝇
Spilogona midlobulus Xue *et* Wang 中叶点池蝇
Spilogona minutiocula Xue *et* Zhang 小眼点池蝇
Spilogona nitidicauda (Schnabl) 亮尾点池蝇
Spilogona nudisetula Xue 裸毛点池蝇
Spilogona orthosurstyla Xue *et* Tian 直叶点池蝇
Spilogona pacifica (Meigen) 和平点池蝇，太平点池蝇
Spilogona paradise Xue *et* Yu 极乐点池蝇
Spilogona ponti Xue *et* Zhang 彭点池蝇
Spilogona psittorhamphos Feng *et* Wang 鹦喙点池蝇
Spilogona qinghеensis Xue 清河点池蝇
Spilogona quadrula (Xue *et* Xiang) 方侧颜点池蝇
Spilogona scutulata (Schnabl) 小盾点池蝇
Spilogona semiglobosa (Ringdah) 半球点池蝇
Spilogona setigera (Stein) 鬃胫点池蝇
Spilogona setimacula Xue *et* Wang 毛点点池蝇
Spilogona shanxiensis Wang *et* Xue 山西点池蝇
Spilogona spinicosta (Stein) 基棘缘点池蝇
Spilogona spinisurstyla (Xue *et* Xiang) 刺侧叶点池蝇
Spilogona spiniterebra (Stein) 棘肛点池蝇
Spilogona subcaliginosa Xue 似杯茎点池蝇
Spilogona subdepressiuscula Xue 亚沉点池蝇
Spilogona subdepressula Xue 似平点池蝇
Spilogona sublitorea Xue 似海滨点池蝇
Spilogona surda (Zetterstedt) 聋点池蝇
Spilogona taheensis Ma *et* Cui 塔河点池蝇
Spilogona tianchia Xue *et* Zhang 天池点池蝇
Spilogona tibetana Hennig 青藏点池蝇
Spilogona unispinata Xue *et* Zhao 单刺点池蝇
Spilogona veterrima (Zetterstedt) 夕阳点池蝇
Spilogona xuei Wang *et* Xu 薛氏点池蝇
Spilolonchoptera 瑕尖翅蝇属
Spilolonchoptera brevicaudata Dong *et* Yang 短尾瑕尖翅蝇
Spilolonchoptera chinica Yang 中华瑕尖翅蝇
Spilolonchoptera curtifurcata Yang 短叉瑕尖翅蝇
Spilolonchoptera hainanensis Gao, Zhang *et* Yang 海南瑕尖翅蝇
Spilolonchoptera longisetosa Yang *et* Chen 长鬃瑕尖翅蝇
Spilolonchoptera pictipennis (Bezzi) 斑翅瑕尖翅蝇
Spilolonchoptera yangi Dong *et* Yang 杨氏瑕尖翅蝇
Spilolonchoptera zhejiangensis Gao, Zhang *et* Yang 浙江瑕尖翅蝇
Spilomantis 瑕螳属，毛螳属
Spilomantis occipitalis (Westwood) 顶瑕螳，毛螳
Spilomelinae 斑野螟亚科
Spilomena 宏痣短柄泥蜂属，宏痣泥蜂属
Spilomena clypei Li *et* He 突唇宏痣短柄泥蜂，突唇宏痣泥蜂
Spilomena ferrugina Li *et* He 褐宏痣短柄泥蜂，褐宏痣泥蜂
Spilomena formosana (Tsuneki) 台湾宏痣短柄泥蜂，台湾斑泥蜂，台泰泥蜂
Spilomena rhytithoracica Li *et* He 皱胸宏痣短柄泥蜂，皱胸宏痣泥蜂
Spilomena zhejiangana Li *et* He 浙江宏痣短柄泥蜂，浙江宏痣泥蜂
Spilomicromus maculatipes (Nakahara) 同 *Micromus calidus*
Spilomistica sinensis Chou *et* Yao 中华刺安蝉 < 此名为裸名 >
Spilomota rhothia Meyrick 节角卷叶蛾
Spilomyia 斑胸蚜蝇属
Spilomyia bidentica Huo 双齿斑胸蚜蝇
Spilomyia chinensis Hull 中华斑胸蚜蝇，华斑胸蚜蝇
Spilomyia curvimaculata Cheng 凹斑斑胸蚜蝇
Spilomyia diophthalma (Linnaeus) 双带斑胸蚜蝇
Spilomyia foxleei Vockeroth 福斑胸蚜蝇
Spilomyia fusca Loew 褐斑胸蚜蝇
Spilomyia interrupta Williston 断斑胸蚜蝇
Spilomyia kahli Snow 卡斑胸蚜蝇
Spilomyia longicornis Loew 长角斑胸蚜蝇
Spilomyia maxima Sack 褐翅斑胸蚜蝇
Spilomyia panfilovi Zimina 连斑斑胸蚜蝇
Spilomyia sayi (Goot) 西斑胸蚜蝇
Spilomyia scutimaculata Huo *et* Ren 楯斑斑胸蚜蝇
Spilomyia sulphurea Sack 黄腹斑胸蚜蝇
Spilomyia suzukii Matsumura 大斑胸蚜蝇
Spilomyia triangulata van Steenis 三角斑胸蚜蝇
Spilonota 白小卷蛾属
Spilonota albicana (Motschulsky) [white fruit moth, larger apple fruit moth, eye-spotted bud moth, apple white fruit moth] 桃白小卷蛾，苹白小食心虫，苹果白小食心虫，白小食心虫，苹果白蠹蛾
Spilonota algosa Meyrick 阿白小卷蛾
Spilonota eremitana Moriuti [larch leafroller] 落叶松白小卷蛾，松白小卷蛾
Spilonota lariciana (Heineman) 松白小卷蛾
Spilonota lechriaspis Meyrick [apple fruit licker] 芽白小卷蛾，苹小卷蛾，苹小卷叶蛾
Spilonota macropetana Meyrick 桉白小卷蛾
Spilonota meleanocopa Meyrick 黑突白小卷蛾
Spilonota ocellana (Denis *et* Schiffermüller) [eyes-potted bud moth, bud moth, apple bud moth] 苹白小卷蛾，苹芽小卷蛾，苹芽小卷叶蛾
Spilonota ochrea Kuznetzov 同 *Spilonota semirufana*
Spilonota prognathana (Snellen) 苹果白小卷蛾，苹果白小食心虫，苹白蛀果小卷蛾，苹白蛀果小卷叶蛾，普白小卷蛾
Spilonota pyrusicola Liu *et* Liu 梨白小卷蛾
Spilonota rhothia Meyrick 见 *Strepsicrates rhothia*
Spilonota semirufana (Christoph) 棕白小卷蛾，半白小卷蛾
Spilonota trilithopa (Meyrick) 特白小卷蛾，特花小卷蛾
Spilopera 俭尺蛾属
Spilopera chui Suning 朱俭尺蛾
Spilopera crenularia Leech 波俭尺蛾
Spilopera crenularia lepta Wehrli 勒波俭尺蛾
Spilopera debilis (Butler) 虚俭尺蛾
Spilopera divaricata (Moore) 金叉俭尺蛾
Spilopera roseimarginaria Leech 玫缘俭尺蛾
Spilopera rubridisca Wileman 中红俭尺蛾
Spilopera serrulata Wehrli 见 *Pareclipsis serrulata*
Spilophion radiatus Uchica 见 *Leptophion radiatus*
Spilopopillia 斑丽金甲属，斑丽金龟属
Spilopopillia quadriguttata Lin 四点斑丽金龟甲，四点斑丽金龟

Spilopopillia sexguttata (Fairmaire) 六点斑丽金龟甲，六点斑丽金龟

Spilopopillia sexmaculata (Kraatz) 短带斑丽金龟甲，短带斑丽金龟

Spilopsyllus cuniculi (Dale) [European rabbit flea] 欧洲兔蚤，兔蚤

Spilopteron 污翅姬蜂属

Spilopteron alishanum Chiu 阿里山污翅姬蜂

Spilopteron apicale (Matsumura) 端污翅姬蜂

Spilopteron baiyanensis Wang 白岩污翅姬蜂

Spilopteron flavicans Sheng 黄污翅姬蜂

Spilopteron fuscomaculatum Wang 褐斑污翅姬蜂

Spilopteron hongmaoensis Wang 红毛污翅姬蜂

Spilopteron latiareolatum Wang 宽区污翅姬蜂

Spilopteron longiareolatum Wang 长区污翅姬蜂

Spilopteron luteum (Uchida) 黄污翅姬蜂

Spilopteron sichuanensis Wang 四川污翅姬蜂

Spilopteron splendidum Wang 华丽污翅姬蜂

Spilopteron tosaense (Uchida) 淘污翅姬蜂

Spiloscapha 艳拟步甲属，艳拟步行虫属

Spiloscapha kobayashii Shibata 小林艳拟步甲，小林艳拟步行虫，柯污拟步甲

Spiloscapha taiwana Masumoto *et* Merkl 台湾艳拟步甲，台湾艳拟步行虫

Spilosmylinae 瑕溪蛉亚科

Spilosmylus 瑕溪蛉属

Spilosmylus asahinai Nakahara 黄痣瑕溪蛉，朝奈比瑕溪蛉，黄痣翼蛉

Spilosmylus epiphanies (Navás) 安氏瑕溪蛉，埃中离溪蛉

Spilosmylus flavicornis MacLachlan 黄角瑕溪蛉

Spilosmylus kruegeri (Esben-Petersen) 克氏瑕溪蛉

Spilosmylus ludinganus Yang 泸定瑕溪蛉

Spilosmylus tuberculatus (Walker) 瘤斑瑕溪蛉，小点翼蛉

Spilosoma 雪灯蛾属

Spilosoma album (Bremer *et* Grey) 见 *Spilarctia alba*

Spilosoma caeria (Püngeler) 炼雪灯蛾

Spilosoma daitoense (Matsumura) 大肸雪灯蛾，歹通灯蛾

Spilosoma extremum Daniel 强斑雪灯蛾

Spilosoma flammeola Moore 火焰雪灯蛾

Spilosoma fujianensis Fang 福建雪灯蛾

Spilosoma fumida (Wileman) 烟污雪灯蛾，烟污灯蛾

Spilosoma ignivagans Rothschild 伊雪灯蛾

Spilosoma imparilis Butler 见 *Lemyra imparilis*

Spilosoma inaequalis Butler 见 *Lemyra inaequalis*

Spilosoma likiangensis Daniel 丽江雪灯蛾

Spilosoma lubricipedum (Linnaeus) [white ermine, buff ermine, European white ermine moth, yellow-belly black-dotted arctiid] 黄星雪灯蛾，黄腹污灯蛾，黄腹斑灯蛾，黄腹斑雪灯蛾，星白雪灯蛾，星白灯蛾

Spilosoma mandli Schawerda 见 *Spilosoma urticae mandli*

Spilosoma melanosoma (Hampson) 黑雪灯蛾

Spilosoma menthastri (Denis *et* Schiffermüller) 同 *Spilosoma lubricipedum*

Spilosoma menthastri extrema Daniel 见 *Spilosoma extremum*

Spilosoma menthastri flavotergata Kardakoff 同 *Spilosoma lubricipedum*

Spilosoma mienshanica Daniel 绵山雪灯蛾

Spilosoma ningyuenfui Daniel 点斑雪灯蛾，宁远雪灯蛾

Spilosoma ningyuenfui flava Daniel 点斑雪灯蛾巴塘亚种，黄宁远雪灯蛾

Spilosoma ningyuenfui ningyuenfui Daniel 点斑雪灯蛾指名亚种

Spilosoma niveus (Ménétriès) 见 *Chionarctia nivea*

Spilosoma obliqua Walker 见 *Spilarctia obliqua*

Spilosoma occidens (Rothschild) 西雪灯蛾

Spilosoma occidens nyangweensis (Strand) 西雪灯蛾刚果亚种，宁西通灯蛾

Spilosoma occidens occidens (Rothschild) 西雪灯蛾指名亚种

Spilosoma punctarium (Stoll) 点雪灯蛾，红星雪灯蛾，点污灯蛾

Spilosoma purum Leech 见 *Chionarctia pura*

Spilosoma purum flavoabdomina Daniel 见 *Chionarctia pura* form flavoabdomina

Spilosoma rhodophila Walker 见 *Lemyra rhodophila*

Spilosoma rhodophila rhodophilodes Hampson 见 *Lemyra rhodophilodes*

Spilosoma rostagnoi (Oberthür) 见 *Spilarctia rostagnoi*

Spilosoma rubidum (Leech) 红雪灯蛾，红狄灯蛾

Spilosoma sangaicum Walker 同 *Spilosoma urticae*

Spilosoma seriatopunctata Motschulsky 连星雪灯蛾

Spilosoma sericeipennis Rothschild 毛翅雪灯蛾

Spilosoma strigatula Walker 见 *Spilarctia strigatula*

Spilosoma subcarnea (Walker) 见 *Spilarctia subcarnea*

Spilosoma taliensis Rothschild 大理雪灯蛾

Spilosoma urticae (Esper) 稀点雪灯蛾，棕雪灯蛾

Spilosoma urticae mandli Schawerda 稀点雪灯蛾曼氏亚种，曼雪灯蛾

Spilosoma urticae urticae (Esper) 稀点雪灯蛾指名亚种

Spilosoma virginicum (Fabricius) [Virginian tiger moth, yellow woollybear] 黄毛雪灯蛾，黄毛灯蛾

Spilosoma wilemani (Rothschild) 见 *Spilarctia wilemani*

Spilostethus 痕腺长蝽属

Spilostethus hospes (Fabricius) 箭痕腺长蝽

Spilostethus pandurus (Scopoli) 短箭痕腺长蝽

Spilota klossi Ohaus 见 *Glenopopillia klossi*

spina [pl. spinae] 内刺突 < 在翅胸中，具刺腹片的中央内突 >

spinach aphid [= green peach aphid, peach-potato aphid, tobacco aphid, *Myzus persicae* (Sulzer)] 桃蚜，桃赤蚜，烟蚜，菜蚜

spinach flea beetle [*Disonycha xanthomelas* (Dalman)] 菠菜跳甲

spinach leafminer [= beet leafminer, *Pegomya hyoscyami* (Panzer)] 菠菜泉蝇，甜菜潜叶蝇，甜菜潜叶花蝇，菠菜潜叶蝇，菠菜潜叶花蝇，天仙子泉蝇

spinach moth [= Hawaiian beet webworm, Hawaiian beet webworm moth, beet webworm, beet webworm moth, small webworm, beet leaftier, maize moth, *Spoladea recurvalis* (Fabricius)] 甜菜青野螟，甜菜白带野螟，夏威夷甜菜螟，甜菜白带螟，白带野螟

Spinadesha 平脉茧蜂属

Spinadesha sinica Wang, Chen *et* He 中华平脉茧蜂

spinae [s. spina] 内刺突

Spinanomala 棘丽金龟甲属

Spinanomala dentipennis (Lin) 齿翅棘丽金龟甲，齿翅勃鳃金龟

Spinanomala hainanensis Lin 海南棘丽金龟甲，海南棘丽金龟

Spinanomala obscurata (Reitter) 暗棘丽金龟甲，暗棘丽金龟

Spinanomala pallidospila (Arrow) 淡色棘丽金龟甲，淡色棘丽金龟

S

Spinaprocessus 刺突飞虱属
Spinaprocessus triacanthus Ding 三刺刺突飞虱
Spinarge 刺背叶蜂属
Spinarge fulvicornis (Mocsáry) 红角刺背叶蜂，红角刺腹三节叶蜂
Spinarge hyalinus Wei *et* Nie 淡翅刺背叶蜂，淡翅刺背三节叶蜂
Spinarge lishui Liu, Li *et* Wei 丽水刺背叶蜂，丽水刺背三节叶蜂
Spinarge liui Wei 刘氏刺背叶蜂
Spinarge sichuanensis Wei 四川刺背叶蜂
Spinaria 刺茧蜂属
Spinaria albiventris Cameron 白腹刺茧蜂
Spinaria armator (Fabricius) 武刺茧蜂
Spinaria fuscipennis Brullé 同 *Spinaria armator*
Spinaria spinator (Guérin-Méneville) 黄刺茧蜂
Spinariina 刺茧蜂亚族
Spinaristobia 双簇天牛属
Spinaristobia rondoni Breuning 条纹双簇天牛，刺簇天牛
spinasternum 具刺腹片
spinate 有刺的
spination 1. 刺式；2. 锯齿状
Spindasis 银线灰蝶属
Spindasis abnormis Moore [abnormal silverline] 阿布银线灰蝶
Spindasis apelles (Oberthür) [rusty bar] 阿牌银线灰蝶
Spindasis avriko Karsch [fine silverline] 阿味银线灰蝶
Spindasis cynica Riley 酷银线灰蝶
Spindasis elima Moore 南亚银线灰蝶
Spindasis ella (Hewitson) [Ella's bar] 爱腊银线灰蝶
Spindasis elwesi Evans 艾维银线灰蝶
Spindasis evansii Tytler 埃文斯银线灰蝶
Spindasis greeni Heron 格林银线灰蝶
Spindasis homeyeri (Dewitz) [Homeyer's bar, Homeyer's silverline] 霍银线灰蝶
Spindasis ictis Hewitson 艺银线灰蝶
Spindasis kutu Corbet 枯银线灰蝶
Spindasis kuyaniana (Matsumura) 黄银线灰蝶，蓬莱虎灰蝶，姬双尾燕蝶，姬双尾小灰蝶，姬斑马灰蝶
Spindasis learmondi Tytler 丽银线灰蝶
Spindasis leechi Swinhoe 里奇银线灰蝶
Spindasis lilacinus Moore 莉拉银线灰蝶
Spindasis lohita (Horsfield) 捞银线灰蝶，银线灰蝶，牵牛灰蝶
Spindasis lohita formosana (Moore) 捞银线灰蝶台湾亚种，虎灰蝶，台湾双尾燕蝶，斑马灰蝶，台富丽灰蝶，台晒富丽灰蝶，台湾银线灰蝶，台豆粒银线灰蝶
Spindasis lohita himalayanus Moore [Himalayan long-banded silverline] 捞银线灰蝶喜马亚种，喜峰银线灰蝶
Spindasis lohita lazularia Moore [Tamil long-banded silverline] 捞银线灰蝶印度亚种
Spindasis lohita sozanensis Kato 同 *Spindasis lohita formosana*
Spindasis lohita zoilus Moore [Andaman long-banded silverline] 捞银线灰蝶佐洛亚种，佐洛富丽灰蝶，佐银线灰蝶
Spindasis lunulifera Moore 月纹银线灰蝶
Spindasis masilikazi Wallengren 银线灰蝶
Spindasis maximus Elwes 大银线灰蝶
Spindasis mishmisensis South 迷银线灰蝶
Spindasis modestus (Trimen) [modest bar] 非洲银线灰蝶
Spindasis mozambica Bertolini [Mozambique bar, Mozambique silverline] 莫桑比克银线灰蝶
Spindasis namaqus (Trimen) [Namaqua bar] 娜银线灰蝶
Spindasis natalensis (Westwood) [Natal bar, Natal barred blue] 纳塔尔银线灰蝶
Spindasis nipalicus Moore 尼泊银线灰蝶
Spindasis nubilus Moore 奴比银线灰蝶
Spindasis nyassae Butler [Nyassa silverline] 倪莎银线灰蝶
Spindasis phanes (Trimen) [silvery bar] 法奈银线灰蝶
Spindasis rukma (de Nicéville) [silver-red silverline, cinnamon silverline] 露银线灰蝶
Spindasis rukmini (de Nicéville) [Khaki silverline] 露珂银线灰蝶
Spindasis schistacea Moore 溪丝银线灰蝶
Spindasis scotti Gabriel 索提银线灰蝶
Spindasis seliga (Fruhstorfer) 赛利加银线灰蝶，瑟银线灰蝶
Spindasis sozanensis Kato 同 *Spindasis lohita formosana*
Spindasis syama (Horsfield) [club silverline] 豆粒银线灰蝶，斑马蝶，斑马灰蝶，三斑虎灰蝶，三星双尾燕蝶，三星斑马灰蝶，三星双尾小灰蝶，晒富丽灰蝶
Spindasis syama formosana (Moore) 见 *Spindasis lohita formosana*
Spindasis syama hainana Eliot 豆粒银线灰蝶海南亚种，海南豆粒银线灰蝶，斑马蝶
Spindasis syama latipicta (Fruhstorfer) 豆粒银线灰蝶宽点亚种，宽点晒富丽灰蝶
Spindasis syama peguanus (Moore) 豆粒银线灰蝶佩挂亚种，佩晒富丽灰蝶，倍豆粒银线灰蝶
Spindasis syama sepulveda (Fruhstorfer) 豆粒银线灰蝶塞普亚种，塞晒富丽灰蝶，广西豆粒银线灰蝶
Spindasis syama syama (Horsfield) 豆粒银线灰蝶指名亚种，指名豆粒银线灰蝶
Spindasis takanonis (Matsumura) 塔银线灰蝶，塔富丽灰蝶
Spindasis takanonis ducalis (Fruhstorfer) 塔银线灰蝶杜卡亚种，杜塔富丽灰蝶
Spindasis takanonis takanonis (Matsumura) 塔银线灰蝶指名亚种
Spindasis takanonis zebrinus (Moore) 塔银线灰蝶柴布亚种，柴塔富丽灰蝶
Spindasis tavetensis Lathy [Taveta silverline] 塔维银线灰蝶
Spindasis trifurcata Moore 三伏银线灰蝶
Spindasis victoriae (Butler) [Victoria's bar, Victoria silverline] 维多利亚银线灰蝶
Spindasis vixinga (Hewitson) 微丝银线灰蝶
Spindasis vulcanus Fabricius [common silverline] 红带银线灰蝶
Spindasis zhengweilie Huang 西藏银线灰蝶
spindle 纺锤体
spindle ermine moth [*Yponomeuta cognatella* (Hübner)] 寡斑卫矛巢蛾，卫矛巢蛾
spindle poison 纺锤体毒素
spindle-shaped [= fusiform, fusiformate] 纺锤形的
spindle shaped cocoon 纺锤形茧
spindle virosis 纺锤体病毒病
spine 刺
spine duct 刺管 < 见于介壳虫中，同 plate>
spine mealybug [= cactus spine scale, cactus eriococcin, cactus mealybug, woolly cactus scale, felt scale, cactus felt scale, *Eriococcus coccineus* Cockerell] 仙人掌毡蚧，仙人掌根毡蚧

S

spine-necked longhorn beetle [= ponderous borer, timberworm, pine sawyer beetle, spiny wood borer beetle, ponderous pine borer beetle, *Ergates spiculatus* (LeConte)] 西黄松埃天牛

spined [= spiniferous, spinose, spinosus, spinous] 具刺的

spined assassin bug [*Sinea diadema* (Fabricius)] 强西猎蝽，刺猎蝽

spined bark borer [*Elaphidion mucronatum* (Say)] 纺织牡鹿天牛

spined grouse locust [*Criotettix japonicus* (de Haan)] 日本羊角蚱，日本背刺菱蝗，日本刺叶蝗

spined legume bug [*Cletus bipunctatus* (Herrich-Schäffer)] 刺额棘缘蝽，菲棘缘蝽

spined rat louse [*Polyplax spinulosa* (Burmeister)] 棘多板虱，鼠鳞虱

spined scale insect [= avocado scale, *Oceanaspidiotus spinosus* (Comstock)] 刺洋圆盾蚧

spined soldier bug [*Podisus maculiventris* (Say)] 斑腹刺益蝽，刺益蝽

spined stilt bug [*Jalysus spinosus* (Say)] 刺锤角蝽

Spineubria reticulata Nakane 见 *Dicranopselaphus reticulatus*

Spineubria yasumatsui Chûjô *et* Satô 同 *Dicranopselaphus rufus*

Spinexocentrus 刺勾天牛属

Spinexocentrus laosensis Breuning 老挝刺勾天牛

Spiniabdomina 翠寄蝇属 *Paratrixa* 的异名

Spiniabdomina flava Shi 见 *Paratrixa flava*

spiniferous 见 spined

spinifex sand-skipper [= polysema skipper, spinifex skipper, *Proeidosa polysema* (Lower)] 珀弄蝶

spinifex skipper 见 spinifex sand-skipper

spiniform 刺形

spinigera bushfly [*Hydrotaea spinigera* (Stein)] 具刺齿股蝇，厚环黑蝇

Spinilimosina 泥刺小粪蝇属

Spinilimosina brevicostata (Duda) 短脉泥刺小粪蝇

Spinilimosina rufifrons (Duda) 赤额泥刺小粪蝇，赤额刺沼小粪蝇

Spinimegopis 刺胸薄翅天牛属

Spinimegopis curticornis Komiya *et* Drumont 短角刺胸薄翅天牛，广东刺胸薄翅天牛

Spinimegopis delahayei Komiya *et* Drumont 德氏刺胸薄翅天牛

Spinimegopis formosana (Matsushita) 台湾刺胸薄翅天牛，台薄翅天牛，蓬莱薄翅天牛，台湾刺薄翅天牛

Spinimegopis formosana formosana (Matsushita) 台湾刺胸薄翅天牛指名亚种，台薄翅天牛指名亚种，指名台薄翅天牛

Spinimegopis formosana lanhsuensis (Hayashi) 台湾刺胸薄翅天牛兰屿亚种，台薄翅天牛兰屿亚种，兰屿台薄翅天牛，兰屿薄翅天牛

Spinimegopis fujitai Komiya *et* Drumont 藤田刺胸薄翅天牛

Spinimegopis guangxiensis (Feng *et* Chen) 广西刺胸薄翅天牛，广西薄翅天牛

Spinimegopis huai Komiya *et* Drumont 华氏刺胸薄翅天牛

Spinimegopis lividipennis (Lameere) 淡翅刺胸薄翅天牛，滇刺胸薄翅天牛，滇南薄翅天牛，淡翅薄翅天牛

Spinimegopis nepalensis (Hayashi) 尼泊尔刺胸薄翅天牛，尼泊尔薄翅天牛，尼薄翅天牛

Spinimegopis nipponica (Matsushita) 日本刺胸薄翅天牛，日本台薄翅天牛，日台薄翅天牛

Spinimegopis nipponica nipponica (Matsushita) 日本刺胸薄翅天牛指名亚种

Spinimegopis nipponica yakushimana (Fujita) 日本刺胸薄翅天牛屋久岛亚种

Spinimegopis perroti (Fuchs) 佩氏刺胸薄翅天牛

Spinimegopis piliventris (Gressitt) 裸翅刺胸薄翅天牛

Spinimegopis piliventris antennalis (Fuchs) 裸翅刺胸薄翅天牛短角亚种，短角裸翅刺胸薄翅天牛

Spinimegopis piliventris piliventris (Gressitt) 裸翅刺胸薄翅天牛指名亚种

Spinimegopis tibialis (White) 胫刺胸薄翅天牛，西藏刺胸薄翅天牛，松薄翅天牛，刺胸薄翅天牛，胫薄翅天牛

Spininola 刺瘤蛾属

Spininola subvesicularis Hu, Wang *et* Han 灰刺瘤蛾，肃刺瘤蛾

Spinipalpa 须刺夜蛾属

Spinipalpa alerts (Hampson) 游须刺夜蛾，阿须刺夜蛾

Spinipalpa ectoplasma Boursin 埃须刺夜蛾

Spinipalpa maculata Alphéraky 须刺夜蛾

Spiniphasma 粗棘蛸属 *Andropromachus* 的异名

Spiniphasma guangxiense Chen *et* He 见 *Andropromachus guangxiensis*

Spiniphilus 栉狭胸天牛属

Spiniphilus spinicornis Lin *et* Bi 栉狭胸天牛

Spiniphilus xiaodongi Bi *et* Lin 晓东栉狭胸天牛

Spiniphora 刺蚤蝇属

Spiniphora genitalis Schmitz 异尾刺蚤蝇，膝刺蚤蝇

Spiniphora unicolor Liu 单色刺蚤蝇

Spinipocregyes 刺象天牛属

Spinipocregyes laosensis Breuning 二斑刺象天牛

Spinipocregyes rufosignatus Breuning 三带刺象天牛

Spinipocregyes wenhsini Bi 文信刺象天牛

spinneret 吐丝器，吐丝管

spinning 1. 吐丝；2. 精纺，纺丝，纺纱

spinning bristle 纺丝鬃 < 纺足目昆虫前足第一、二跗亚节腹面的中空的长鬃，用以排丝 >

spinning gland 纺丝腺 < 啮虫中产生黏性分泌物形成丝线的腺体 >

spinning motion 吐丝运动

spinning nest 营茧地方，蔟

spinning rate 吐丝速度

spinning time 营茧期，蔟中

spinning tube 吐丝管

Spinoagallia 刺圆痕叶蝉属，圆痕叶蝉属

Spinoagallia freytagi Li *et* Li 弗氏刺圆痕叶蝉，佛莱氏圆痕叶蝉

Spinoberea 刺筒天牛属

Spinoberea cephalotes (Gressitt) 四带刺筒天牛，峨眉刺筒天牛

Spinoberea subspinosa (Pic) 红刺筒天牛

Spinococcus 刺粉蚧属

Spinococcus affinis (Ter-Grigorian) 亚美尼刺粉蚧

Spinococcus bispinosus (Morrison) 双棘刺粉蚧

Spinococcus bitubulatus (Borchsenius) 双管刺粉蚧

Spinococcus calluneti (Lindinger) 见 *Peliococcus calluneti*

Spinococcus convolvuli Ezzat 见 *Peliococcus convolvuli*

Spinococcus gorgasalicus (Hadz) 栎树刺粉蚧

Spinococcus insularis (Danzig) 远东刺粉蚧

Spinococcus jartaiensis Tang 见 *Peliococcus jartaiensis*

Spinococcus karaberdi (Borchsenius) 小麦刺粉蚧
Spinococcus limoniastri (Priesner *et* Hosny) 埃及刺粉蚧
Spinococcus marrubii Kiritchenko 见 *Peliococcus marrubii*
Spinococcus minusculus (Borchsenius) 云南刺粉蚧，垒粉蚧
Spinococcus morrisoni (Kiritchenko) 见 *Peliococcus morrisoni*
Spinococcus multispinus (Siraiwa) 见 *Peliococcus multispinus*
Spinococcus multitubulatus (Danzig) 多管刺粉蚧
Spinococcus orientalis (Bazarov) 东方刺粉蚧
Spinococcus persimplex (Borchsenius) 艾类刺粉蚧
Spinococcus shutovae (Danzig) 喇叭茶刺粉蚧
Spinococcus specificus Matesova 野蒿刺粉蚧
Spinococcus tritubulatus (Kiritchenko) 三管刺粉蚧
Spinoleiopus rondoni Breuning 刺利天牛
Spinomacropsis 刺突广头叶蝉亚属
Spinomarmessoidea 刺玛异蛸属
Spinomarmessoidea damingensis Gao *et* Li 大明刺玛异蛸
spinosad 多杀菌素，多杀霉素，艾克敌，赐诺杀，菜喜
spinose 见 spined
spinose skipper [*Muschampia cribrellum* (Eversmann)] 筛点弄蝶，克星点弄蝶，筛弄蝶
spinosus 见 spined
spinous 见 spined
spinous-radiate 具刺环的 < 意为具刺成圈的，或在基部并合的 >
spinous shield bug [*Acanthosoma spinicolle* Jakovlev] 泛刺同蝽
spinula [pl. spinulae; = spinule]1. 小刺；2. 距 < 指胫节末端的刺状突起 >；3. 泌蜡刺 < 指介壳虫中泌蜡的表皮附器 >
spinulae [s. spinula; = spinules] 1. 小刺；2. 距
spinulate [= spinulose, spinulosus] 具小刺的
spinule 小刺
spinulose 见 spinulate
spinulosus 见 spinulate
spiny baskettail [*Epitheca spinigera* (Sélys)] 刺毛伪蜻
spiny blackfly [= citrus spiny whitefly, citrus mealy-wing, orange spiny whitefly, *Aleurocanthus spiniferus* (Quaintance)] 黑刺粉虱，橘刺粉虱，柑橘刺粉虱
spiny bollworm 1. [= Egyptian bollworm, Egyptian stemborer, cotton spotted bollworm, *Earias insulana* (Boisduval)] 埃及钻夜蛾，埃及金刚钻；2. [*Earias biplaga* Walker] 非洲金刚钻
spiny crawler mayfly [= ephemerellid mayfly, ephemerellid] 小蜉 < 小蜉科 Ephemerellidae 昆虫的通称 >
spiny elm caterpillar [= mourning cloak, mourning cloak butterfly, mourningcloak, mourningcloak butterfly, camberwell beauty, grand surprise, white petticoat, willow butterfly, *Nymphalis antiopa* (Linnaeus)] 黄缘蛱蝶，安弟奥培杨榆红蛱蝶，柳长吻蛱蝶，红边酱蛱蝶
spiny epeolus [*Epeolus axillaris* Onuferko] 刺绒斑蜂
spiny flower mantis [*Pseudocreobotra wahlbergi* Stål] 瓦氏刺花螳，刺花螳，刺花螳螂
spiny giraffe weevil [*Hoplapoderus hystrix* (Fabricius)] 木荚豆瘤黄象甲，木荚豆瘤黄象
spiny-headed burrowing mayfly [= palingeniid mayfly, palingeniid burrowing mayfly, palingeniid] 褶缘蜉 < 褶缘蜉科 Palingeniidae 昆虫的通称 >
spiny leaf beetle [= rice hispa, rice hispid, paddy hispid, paddy hispa, hispa, army weevil, rice leaf beetle, *Dicladispa armigera* (Olivier)] 水稻铁甲，稻铁甲虫，铁甲虫
spiny leaf insect [= giant prickly stick insect, Macleay's spectre, Australian walking stick, *Extatosoma tiaratum* (MacLeay)] 昆士兰桉蛸
spiny-legged bug [= leptopodid bug, leptopodid] 细蝽，细足蝽 < 细蝽科 Leptopodidae 昆虫的通称 >
spiny-legged fly [= sepsid fly, sepsid, black scavenger fly, ensign fly] 鼓翅蝇 < 鼓翅蝇科 Sepsidae 昆虫的通称 >
spiny-legged mason wasp [= spiny mason wasp, *Odynerus spinipes* (Linnaeus)] 刺足盾蜾蠃，梅森黄蜂
spiny-legged stingless bee [*Trigona spinipes* (Fabricius)] 刺足无刺蜂
spiny mason wasp 见 spiny-legged mason wasp
spiny oakworm [*Anisota stigma* (Fabricius)] 栎痣茴大蚕蛾，栎痣大蚕蛾，刺犀额蛾
spiny wood borer beetle [= ponderous borer, timberworm, pine sawyer beetle, ponderous pine borer beetle, spine-necked longhorn beetle, *Ergates spiculatus* (LeConte)] 西黄松埃天牛
spio grizzled skipper [*Spialia spio* (Linnaeus)] 斯比奥饰弄蝶
Spioniades 斯弄蝶属
Spioniades abbreviata (Mabille) [white-tipped skipper, pied piper] 短缩斯弄蝶
Spioniades artemides (Stoll) [artemides skipper] 斯弄蝶
Spioniades libethra (Hewitson) 黎斯弄蝶
spira 旋产卵器 < 指瘿蜂科 Cynipidae 昆虫的螺旋状产卵器 >
spiracerore [= parastigmatic pore] 气门蜡孔
spiracla [pl. spiraculae; = spiracula, spiracle] 气门 < 与 stigma 同义 >
spiraclae [s. spiracula; = spiraculae, spiracles] 气门
spiracle [= spiracula] 气门
spiracle gland 气门腺
spiracula [pl. spiraculae; = spiracle] 气门
spiracula antepectoralia 前下胸气门 < 位于前胸腹板及中胸腹板间膜中的气门 >
spiraculae [s. spiracula; = spiraclae, spiracles] 气门
spiracular 气门的
spiracular area 气门区
spiracular atrium 气门室
spiracular cleft 气门裂 < 当气门位于一闭口深腔内时，可有一或两个唇形构造 >
spiracular depression 气门洼 < 见于介壳虫中 >
spiracular gill 气门鳃
spiracular gland 气门腺
spiracular groov 气门沟 < 见于介壳虫中 >
spiracular line [= stigmatal line] 气门线
spiracular muscle 气门肌
spiracular opening 气门孔
spiracular seta [pl. spiracular setae; = spiracular spine] 气门刺 < 见于介壳虫中 >
spiracular setae [s. spiracular seta; = spiracular spines] 气门刺
spiracular sphincter 气门括约肌
spiracular spine [= spiracular seta] 气门刺
spiracular sulcus 气门沟 < 膜翅目昆虫后胸背板上的沟线，自气门伸至顶缘 >
spiracular trachea 气门气管

spiracularia 气门片内骨 < 介壳虫中由气门片里面伸入体腔的突出次内骨 >
spiral 螺旋形的
spiral borer [= roselle spiral borer, *Agrilus acutus* (Thunberg)] 玫瑰茄窄吉丁甲，玫瑰茄旋蛀吉丁甲，玫瑰茄旋蛀吉丁
spiral fiber [= taenidium, spiral thread] 螺旋丝
spiral gall aphid [= poplar spiral gall aphid, *Pemphigus spyrothecae* Passerini] 杨晚螺瘿绵蚜
spiral thread 见 spiral fiber
spiral tongue [= spirignath, spiritrompe] 旋喙 < 指鳞翅目昆虫能旋卷的喙 >
spirales [s. spiralis; = axillary cords, ligamentoes, spring veins] 腋索
spiraling whitefly [= spiralling whitefly *Aleurodicus dispersus* Russell] 螺旋复孔粉虱，螺旋粉虱，螺旋盘粉虱
spiralling whitefly 见 spiraling whitefly
spiralis [pl. spirales; = axillary cord, ligamento, spring vein] 腋索
Spirama 环夜蛾属
Spirama helicina (Hübner) [huge-comma moth] 绕环夜蛾，赫环夜蛾
Spirama retorta (Clerck) [Indian owlet-moth] 环夜蛾
spirea aphid [= green citrus aphid, apple aphid, *Aphis spiraecola* Patch] 绣线菊蚜，异绣线菊蚜，苹果黄蚜
spirea leaftier [= spirea leaftier moth, *Evora hemidesma* (Zeller)] 斑翅加布卷蛾
spirea leaftier moth 见 spirea leaftier
spirignath [= spiritrompe, spiral tongue] 旋喙
Spiris 线灯蛾属
Spiris bipunctata (Staudinger) 二斑线灯蛾
Spiris striata (Linnaeus) [feathered footman] 石南线灯蛾，石南筛灯蛾，石南灯蛾，纹筛灯蛾
spiritrompe 见 spirignath
spirotetramat 螺虫乙酯
Spissistilus 膜翅角蝉属
Spissistilus festinus (Say) [three-cornered alfalfa hopper] 苜蓿膜翅角蝉，苜蓿角蝉
spitfire caterpillar [= mottled cup moth, *Doratifera vulnerans* Lewin] 桉树通刺蛾
spitfire sawfly [= eucalyptus sawfly, *Perga affinis* Kirby] 桉筒腹叶蜂
Spitiella 斯毕萤叶甲属
Spitiella auriculata Laboissiére 同 *Spitiella collaris*
Spitiella collaris (Baly) 凹胸斯毕萤叶甲
spittle insect [= cercopid spittle bug, cuckoo spit insect, froghopper, cercopid, spittlebug] 沫蝉，吹泡虫 < 沫蝉科 Cercopidae 昆虫的通称 >
spittlebug 见 spittle insect
Spitz's skipper [*Udranomia spitzi* Hayward] 斯皮乌苔弄蝶
Spixomyia 思追寄蝇亚属
splanchnic 内脏的 < 同 visceral>
splanchnic layer 脏壁层
splanchnic nerve 脏神经，内脏神经 < 由最后的腹神经节发生和分布于后肠及生殖系统的神经 >
splanchnocyte 小易染白细胞 < 指易染白细胞的最小者 >
splanchnopleure 胚脏壁 < 同脏壁层 (splanchnic layer)>
splay-footed cricket [= dune cricket, schizodactylid] 裂跗螽 < 裂跗螽科 Schizodactylidae 昆虫的通称 >
splendens [= splendent] 耀光的
splendent 见 splendens
splendid ceres forester [*Euphaedra proserpina* Hecq] 煌栎蛱蝶
splendid dagger moth [*Acronicta superans* Guenée] 灿剑纹夜蛾
splendid earth-boring beetle [*Geotrupes splendidus* (Fabricius)] 金绿粪金龟甲，金绿粪金龟
splendid jewel [*Hypochrysops cleon* Grose-Smith] 克仑链灰蝶
splendid knot-horn moth 1. [= smaller pine shoot borer, pine salebria moth, pine coneworm, *Dioryctria pryeri* Ragonot] 松梢斑螟，松小梢斑螟，果梢斑螟，油松球果螟，松球果螟，松果梢斑螟，松小斑螟；2. [= new pine knot-horn, pine tip moth, Japanese pine tip moth, maritime pine borer, larger pine shoot borer, *Dioryctria sylvestrella* (Ratzeburg)] 赤松梢斑螟，薛梢斑螟，松干螟
splendid mapwing [= Godman's mapwing, *Hypanartia godmani* (Bates)] 高特曼虎蛱蝶
splendid ochre [*Trapezites symmomus* Hübner] 丽梯弄蝶，梯弄蝶
splendid royal moth [Citheronia splendens (Druce)] 灿犀额蛾
splendid snouted whirligig [*Porrorhynchus* (*Porrorhynchus*) *landaisi* Régimbart] 阑氏长唇豉甲，郎氏前口豉甲，兰隐盾豉甲
splendid tamarisk weevil [*Coniatus splendidulus* (Fabricius)] 辉煌伞象甲，辉煌伞象
splendid themis forester [*Euphaedra splendens* Hecq] 辉栎蛱蝶
splenic organ 脾 (脏器) < 在蠼螋类、某些直翅目和缨翅目昆虫中，在围心细胞下两侧或在背膈的凹面上的侧细胞群 >
spliceosome 剪接体
SpliGV [= SlGV, *Spodoptera litura granulovirus* 的缩写] 斜纹夜蛾颗粒体病毒
split-banded owlet [*Opsiphanes cassina* Felder] 卡斜条环蝶
split-footed lacewing [= nymphid lacewing, slender lacewing, nymphid] 细蛉 < 细蛉科 Nymphidae 昆虫的通称 >
SPME [solid phase microextraction 的缩写] 固相微萃取
Spodoptera 灰翅夜蛾属，贪夜蛾属，夜盗蛾属
Spodoptera abyssinia Guenée [lawn caterpillar] 阿灰翅夜蛾，阿贪夜蛾，小水稻叶夜蛾，小稻叶夜蛾，小叔叶夜蛾
Spodoptera apertura (Walker) 敞灰翅夜蛾，敞贪夜蛾
Spodoptera cilium Guenée 圆灰翅夜蛾，纤贪夜蛾，隐纹斜纹夜蛾
Spodoptera connexa (Wileman) 连灰翅夜蛾，连贪夜蛾
Spodoptera depravata (Butler) [lawn grass cutworm] 淡剑灰翅夜蛾，淡剑贪夜蛾，淡剑袭夜蛾，淡剑夜蛾，小灰夜蛾
Spodoptera effeminata (Warren) 同 *Spodoptera mauritia*
Spodoptera eridania (Cramer) [southern armyworm] 南方贪夜蛾，南方灰翅夜蛾，南部灰翅夜蛾，亚热带黏虫，秋黏虫
Spodoptera exempta (Walker) [African armyworm, nutgrass armyworm, black armyworm, mystery armyworm, true armyworm, hail worm, rain worm] 非洲贪夜蛾，非洲黏虫，莎草黏虫
Spodoptera exempta nucleopolyhedrovirus [abb. SpexNPV] 非洲贪夜蛾核型多角体病毒
Spodoptera exigua (Hübner) [beet armyworm, small mottled willow moth, lesser armyworm] 甜菜夜蛾，贪夜蛾，白菜褐夜蛾，甜

S

菜斜纹夜蛾，小卡夜蛾

Spodoptera festiva (Donovan) 同 *Spodoptera picta*

Spodoptera frugiperda (Smith) [fall armyworm, fall armyworm moth, southern grass worm, southern grasswom, alfalfa worm, buckworm, budworm, corn budworm, corn leafworm, cotton leaf worm, daggy's corn worm, grass caterpillar, grass worm, maize budworm, overflow worm, rice caterpillar, southern armyworm, wheat cutworm, whorlworm] 草地贪夜蛾，草地夜蛾，秋黏虫，草地黏虫，甜菜贪夜蛾

Spodoptera frugiperda multiple nucleopolyhedrovirus [abb. SfMNPV; = *Spodoptera frugiperda nucleopolyhedrovirus*] 草地贪夜蛾核型多角体病毒

Spodoptera frugiperda nucleopolyhedrovirus 见 *Spodoptera frugiperda multiple nucleopolyhedrovirus*

Spodoptera littoralis (Boisduval) [African cotton leafworm, Egyptian cotton leafworm, Mediterranean brocade moth, cotton leafworm] 棉灰翅夜蛾，海灰翅夜蛾，棉贪夜蛾，棉花近尺蠖夜蛾，棉叶夜蛾，埃及棉叶虫

Spodoptera litura (Fabricius) [taro caterpillar, oriental leafworm moth, armyworm, cluster caterpillar, common cutworm, cotton leafworm, cotton worm, Egyptian cotton leafworm, rice cutworm, tobacco budworm, tobacco caterpillar, tobacco cutworm, tobacco leaf caterpillar, tropical armyworm] 斜纹夜蛾，斜纹贪夜蛾，莲纹夜蛾，烟草近尺蠖夜蛾，夜老虎，五花虫，麻麻虫

Spodoptera litura granulovirus [abb. SlGV, SpliGV] 斜纹夜蛾颗粒体病毒

Spodoptera mauritia (Boisduval) [paddy swarming caterpillar, lawn armyworm, rice swarming caterpillar, paddy armyworm, paddy cutworm, rice armyworm, grass armyworm, nutgrass armyworm] 灰翅夜蛾，灰翅贪夜蛾，眉纹夜蛾

Spodoptera mauritia acronyctoides (Boisduval) 灰翅夜蛾剑纹亚种，剑斜纹夜蛾

Spodoptera mauritia effeminata (Warren) 同 *Spodoptera mauritia mauritia*

Spodoptera mauritia mauritia (Boisduval) 灰翅夜蛾指名亚种

Spodoptera ornithogalli (Guenée) [yellow-striped armyworm] 黄条灰翅夜蛾，黄条黏虫

Spodoptera pecten Guenée 梳灰翅夜蛾，倍贪夜蛾，梳斜纹夜蛾

Spodoptera picta (Guérin-Méneville) 彩灰翅夜蛾，彩剑贪夜蛾，彩翅斜纹夜蛾

Spodoptera praefica (Grote) [western yellow-striped armyworm] 西部黄条灰翅夜蛾，西部黄条黏虫

Spogostylum 楔鳞蜂虻属

Spogostylum afghanicola Francois 阿富汗楔鳞蜂虻

Spogostylum alashanicum Paramonov 阿拉善楔鳞蜂虻

Spogostylum flavescens Sack 黄楔鳞蜂虻

Spogostylum fuscipenne Zaitzev 褐翅楔鳞蜂虻

Spogostylum immaculata Bowden 无斑楔鳞蜂虻

Spogostylum kozlovi Paramonov 白毛楔鳞蜂虻

Spogostylum longipenne (Macquart) 长翅楔鳞蜂虻

Spogostylum monticola Paramonov 山楔鳞蜂虻

Spogostylum obscurum Sack 褐楔鳞蜂虻

Spogostylum robustum Zaitzev 壮楔鳞蜂虻

Spogostylum tripunctatum (Wiedemann) 三斑楔鳞蜂虻

spoile [= exuvia, exuvium] 蜕

spoiled cocoon 屑茧，下脚茧 < 家蚕的 >

Spoladea 青野螟属

Spoladea recurvalis (Fabricius) [Hawaiian beet webworm, Hawaiian beet webworm moth, beet webworm, beet webworm moth, small webworm, beet leaftier, spinach moth, maize moth] 甜菜青野螟，甜菜白带野螟，夏威夷甜菜螟，甜菜白带螟，白带野螟

Spondotriplax 锥蕈甲属，灰大蕈甲属

Spondotriplax bisbimaculata Mader 双斑锥蕈甲，倍斑灰大蕈甲

Spondotriplax diaperina (Gorham) 双纹锥蕈甲

Spondotriplax endomychoides Crotch 恩锥蕈甲，恩灰大蕈甲

Spondotriplax flavofasciata Chûjô 黄带锥蕈甲，黄带灰大蕈甲

Spondotriplax flavomaculata Chûjô 黄斑锥蕈甲

Spondotriplax sorror Arrow 珍珠锥蕈甲

spondyliaspidid 1.[= spondyliaspidid psyllid] 盾木虱 < 盾木虱科 Spondyliaspididae 昆虫的通称 >; 2. 盾木虱科的

spondyliaspidid psyllid [= spondyliaspidid] 盾木虱

Spondyliaspididae 盾木虱科

Spondyliaspis plicatuloides (Froggatt) 澳桉木虱

Spondylidinae 椎天牛亚科

Spondylidini 椎天牛族

Spondylis 椎天牛属

Spondylis buprestoides (Linnaeus) [firewood longhorn beetle] 椎天牛，短角幽天牛

Spondylis upiformis Mannerheim 裳椎天牛

spongefly [= spongillafly, sisyrid] 水蛉 < 水蛉科 Sisyridae 昆虫的通称 >

spongeous [= spongy, spongiose] 海绵状的

spongiform 海绵形

spongillafly 见 spongefly

spongin 海绵硬蛋白

sponging mouthparts 舐吸式口器

spongioplasm [= spongioplasma] 海绵质

spongioplasma 见 spongioplasm

spongiose 见 spongeous

spongiphorid 1. [= spongiphorid earwig, lesser earwig, bark earwig] 苔螋，海绵螋 < 苔螋科 Spongiphoridae 昆虫的通称 >; 2. 苔螋科的

spongiphorid earwig [= spongiphorid, lesser earwig, bark earwig] 苔螋，海绵螋

Spongiphoridae 苔螋科，海绵螋科

Spongiphorinae 苔螋亚科

Spongovostox 绵苔螋属

Spongovostox mucronatus (Stål) 利绵苔螋

Spongovostox semiflavus (de Bormans) 间黄绵苔螋，半黄苔螋，黄绵小蠼螋

spongy 见 spongeous

spongy furrow [= fossula spongiosa, tibiarolium] 海绵窝，海绵沟

spongy oak apple gall wasp [= oak apple gall, oak apple gall wasp, large oak-apple gall, *Amphibolips confluenta* (Harris)] 栎大苹瘿蜂

spongy parenchyma 海绵状实质 < 如瘿蜂所做虫瘿中的中央部分 >

sponsa metalmark [= black-patched greenmark, *Caria sponsa* Staudinger] 黑斑咖蚬蝶

spontaneous infection 自然侵染

spontaneous mutation 自然突变
spontaneous variation 自发变异
spoon 唇匙 <指蜜蜂口器的中唇舌末端，即唇瓣>
spoon-wing lacewing [= nemopterid fly, nemopterid, thread-winged lacewing, spoon-winged lacewing] 旌蛉 <旌蛉科 Nemopteridae 昆虫的通称>
spoon-winged lacewing 见 spoon-wing lacewing
sporadic parthenogenesis 偶发性孤雌生殖
Spordoepipsocus 散上蛄属
Spordoepipsocus formosus (Li) 丽散上蛄，丽上蛄，丽上啮虫
Spordoepipsocus imperforatus Li 无孔散上蛄
Spordoepipsocus perforatus Li 多孔散上蛄
Sportaphis 细长蚜属 *Tenuilongiaphis* 的异名
Sportaphis sporta Zhang, Chen, Zhong *et* Li 同 *Tenuilongiaphis stata*
spot 斑点
spot application 穴施 <颗粒剂>
spot-celled sister [*Adelpha basiloides* (Bates)] 王者悌蛱蝶
spot-conjoined lancer [*Pyroneura margherita miriam* (Evans)] 火脉弄蝶连斑亚种，海南火脉弄蝶
spot judy [*Abisara chela* de Nicéville] 茶褐蚬蝶
spot-pointed lancer [= pointedspot lancer, *Pyroneura derna* (Evans)] 德尔火脉弄蝶
spot puffin [*Appias lalage* (Doubleday)] 兰姬尖粉蝶
spot swordtail [*Pathysa nomius* (Esper)] 红绶绿凤蝶
spotless anglewing [*Polygonia hardoldi* Dewitz] 哈多钩蛱蝶
spotless bob [*Idmon distanti* (Shepard)] 无斑伊弄蝶，无斑曜弄蝶，曜弄蝶
spotless grass-skipper [= inornata skipper, *Toxidia inornatus* (Butler)] 素陶弄蝶
spotless grass yellow [= lined grass-yellow, *Eurema laeta* (Boisduval)] 尖角黄粉蝶，草黄粉蝶，方角小黄蝶
spotless oakblue [*Arhopala fulla* (Hewitson)] 福来娆灰蝶，福来俳灰蝶
spotless policeman [*Coeliades libeon* (Druce)] 丽波竖翅弄蝶
spotted alfalfa aphid [= spotted clover aphid, yellow clover aphid, *Therioaphis trifolii* (Monell)] 三叶草彩斑蚜，苜蓿斑蚜，苜蓿斑翅蚜，车轴草彩斑蚜，苜蓿彩斑蚜
spotted alpine xenica [*Oreixenica orichora* (Meyrick)] 碎斑金眼蝶
spotted amber ladybird [= variegated ladybird, Adonis' ladybird, white collared ladybird, Russian wheat-aphid lady beetle, *Hippodamia variegata* (Goeze)] 多异长足瓢虫，多异瓢虫
spotted angle [*Caprona agama* (Moore)] 彩弄蝶
spotted asparagus beetle [*Crioceris duodecimpunctata* (Linnaeus)] 十二点负泥虫，天门冬十二星叶甲
spotted bean weevil [= spotted pea weevil, *Sitona crinitus* (Herbst)] 豆根瘤象甲，豆根瘤象
spotted beet webworm moth [*Hymenia perspectalis* (Hübner)] 双白带野螟，甜菜斑野螟，甜菜网斑螟，甜菜螟
spotted bird grasshopper [*Schistocerca lineata* Scudder] 斑沙漠蝗
spotted black cicada [= speckled black cicada, *Gaeana maculata* (Drury)] 斑蝉
spotted black crow [*Euploea crameri* Lucas] 克莱默紫斑蝶
spotted black pigmy [*Ectoedemia subbimaculella* (Haworth)] 栎外微蛾，栎斑微蛾
spotted blister beetle 1.[*Epicauta maculata* (Say)] 斑豆芫菁，斑芫菁；2. [*Epicauta pardalis* LeConte] 云纹豆芫菁
spotted bollworm [= bele shoot borer, cotton spotted bollworm, eastern bollworm, okra shoot and fruit borer, northern rough bollworm, *Earias vittella* (Fabricius)] 翠纹钻夜蛾，翠纹金刚钻，绿带金刚钻
spotted borer [= spotted sugarcane borer, cane moth borer, internodal borer, mauritius spotted cane borer, paddy stem borer, stalk moth borer, striped stalk borer, sugarcane internode borer, sugarcane stem borer, sugarcane stalk borer, *Chilo sacchariphagus* (Bojer)] 高粱条螟，蔗禾草螟，甘蔗条螟，高粱钻心虫，蔗条螟，蔗蛀点螟，斑点螟，甘蔗条螟虫，亚洲斑点茎螟
spotted brown [*Heteronympha paradelpha* Lower] 斑框眼蝶
spotted brownish ground beetle [= Asian bombardier beetle, miidera beetle, *Pheropsophus jessoensis* Morawitz] 耶屁步甲
spotted buff [= tropical pentila, spotted pentila, *Pentila tropicalis* (Boisduval)] 热带盆灰蝶
spotted chafer [= oriental beetle, *Exomala orientalis* (Waterhouse)] 东方平丽金龟甲，东方斑丽金龟，东方丽金龟，东方异丽金龟甲，东方异丽金龟，东方勃鳃金龟
spotted clover aphid 见 spotted alfalfa aphid
spotted clover moth [*Protoschinia scutosa* (Denis *et* Schiffermüller)] 宽胫夜蛾，盾原希夜蛾，伪希夜蛾
spotted coffee grasshopper [= northern spotted grasshopper, spotted locust, spotted grasshopper, coffee locust, *Aularches miliaris* (Linnaeus)] 黄星蝗
spotted crow eggfly [*Hypolimnas antilope* (Cramer)] 白纹褐斑蛱蝶，安紫斑蛱蝶
spotted cucumber beetle 1. [= western spotted cucumber beetle, southern corn rootworm, *Diabrotica undecimpunctata* Mannerheim] 十一星根萤叶甲，南部玉米根虫，黄瓜点叶甲，黄瓜十一星叶甲，十一星黄瓜甲虫，十一星瓜叶甲；2. [= southern corn rootworm, *Diabrotica undecimpunctata howardii* Barber] 十一星根萤叶甲霍氏亚种，黄瓜十一星叶甲食根亚种，南部玉米根虫，南瓜十一星叶甲
spotted cutworm [= setaceous hebrew character, lesser black-letter dart moth, black c-moth, *Xestia cnigrum* (Linnaeus)] 八字地老虎 <该种学名以前曾拼写为 *Xestia c-nigrum* (Linnaeus)>
spotted datana [= sumac datana, *Datana perspicua* Grote *et* Robinson] 显配片舟蛾
spotted demon [*Notocrypta feisthamelii* (Boisduval)] 宽纹袖弄蝶，连纹袖弄蝶
spotted diving beetle [= sunburst diving beetle, marbled diving beetle, *Thermonectus marmoratus* (Gray)] 多斑温龙虱
spotted dusky-blue [*Candalides delospila* (Waterhouse)] 斑坎灰蝶
spotted-eye brown [= small hillside brown, *Pseudonympha narycia* Wallengren] 三瞳仙眼蝶
spotted flesh fly [*Wohlfahrtia magnifica* (Schiner)] 黑须污蝇，黑须污麻蝇，壮丽污蝇
spotted fritillary [= red-band fritillary, *Melitaea didyma* (Esper)] 狄网蛱蝶
spotted giant hornet [*Vespa crabro crabroniformis* Smith] 黄边胡蜂具斑亚种，具斑大胡蜂
spotted grass-blue [*Zizeeria karsandra* (Moore)] 吉灰蝶，苋蓝灰蝶，台湾小灰蝶，卡酢浆灰蝶
spotted grass-skipper [= senta skipper, *Neohesperilla senta*

(Miskin)] 星斑新弄蝶
spotted grasshopper 见 spotted coffee grasshopper
spotted gum lerp psyllid [= spotted gum psyllid, *Eucalyptolyma maideni* Froggatt] 柠檬桉木虱
spotted gum psyllid 见 spotted gum lerp psyllid
spotted hairy fungus beetle [*Mycetophagus quadraguttatus* Müller] 四点小蕈甲，四点蕈甲，斑毛小蕈甲
spotted jassid [= rice leafhopper, green leafhopper, green rice leafhopper, *Nephotettix cincticeps* (Uhler)] 黑尾叶蝉，伪黑尾叶蝉
spotted jay [*Graphium arycles* (Boisduval)] 玉兰青凤蝶
spotted jester [= Himalayan jester, *Symbrenthia hypselis* (Godart)] 花豹盛蛱蝶，姬昔蛱蝶，突尾昔蛱蝶
spotted joker [*Byblia ilithyia* (Drury)] 黑纹苾蛱蝶
spotted judy [= spotted plum judy, *Abisara geza* Fruhstorfer] 格札褐蚬蝶，格札蚬蝶
spotted June beetle [= grapevine beetle, spotted pelidnota, *Pelidnota punctata* (Linnaeus)] 葡萄佩丽金龟甲，葡萄丽金龟
spotted lacewing [*Chrysopa intima* MacLachlan] 多斑草蛉
spotted lady beetle [= pink spotted lady beetle, twelve-spotted lady beetle, *Coleomegilla maculata* (De Geer)] 斑点瓢虫，粉红色斑点瓢虫，十二斑点瓢虫
spotted lanternfly [*Lycorma delicatula* (White)] 斑衣蜡蝉
spotted locust 见 spotted coffee grasshopper
spotted manuka moth [*Declana leptomera* (Walker)] 小斑大林尺蛾，细粒大林尺蛾
spotted meadow katydid [*Conocephalus maculatus* (Le Guillou)] 斑翅草螽，斑草螽，褐背细蜇
spotted mealybug [= striped mealybug, cotton scale, grey mealybug, guava mealybug, tailed mealybug, tailed coffee mealybug, white-tailed mealybug, *Ferrisia virgata* (Cockerell)] 双条拂粉蚧，咖啡粉蚧，腺刺粉蚧，丝粉介壳虫
spotted Mediterranean cockroach [= tawny cockroach, ectobid cockroach, *Ectobius pallidus* (Olivier)] 地中海斑椭蠊，茶色椭蠊
spotted mystic [*Lethe tristigmata* Elwes] 三点黛眼蝶，三斑黛眼蝶
spotted opal [*Nesolycaena urumelia* (Tindale)] 尾鸢灰蝶
spotted palmfly [*Elymnias malelas* (Hewitson)] 闪紫锯眼蝶
spotted pea-blue [= gram blue, *Euchrysops cnejus* (Fabricius)] 棕灰蝶，奇波灰蝶，白尾灰蝶，白尾小灰蝶，鸡豆蝶，双珠淡蓝灰蝶，豆荚灰蝶
spotted pea weevil 见 spotted bean weevil
spotted pelidnota 见 spotted June beetle
spotted pentila [= tropical pentila, spotted buff, *Pentila tropicalis* (Boisduval)] 热带盆灰蝶
spotted pierrot [*Tarucus callinara* Butler] 凯丽藤灰蝶
spotted pine aphid [= spotted pineneedle aphid, pine needle aphid, *Eulachnus agilis* (Kaltenbach)] 捷长大蚜，松针蚜，旧世界松针蚜
spotted pine sawyer [*Monochamus clamator* (LeConte)] 松褐斑墨天牛，松斑天牛
spotted pineneedle aphid 见 spotted pine aphid
spotted plum judy 见 spotted judy
spotted pod borer [= bean pod borer, soybean pod borer, stringbean pod borer, limabean pod borer, maruca pod borer, legume pod borer, leguminous pod-borer, mung moth, mung bean moth, arhar pod borer, pyralid pod borer, *Maruca vitrata* (Fabricius)] 豆荚野螟，豆荚螟，豆野螟，豇豆荚螟
spotted poplar sawfly [= poplar sawfly, *Pristiphora conjugata* (Dahlbom)] 黄褐槌缘叶蜂，杨黄褐锉叶蜂
spotted redeye [*Pudicitia pholus* (de Nicéville)] 斑羞弄蝶，羞弄蝶
spotted royal [*Tajuria maculata* (Hewitson)] 豹斑双尾灰蝶
spotted rustic [= common leopard, *Phalanta phalantha* (Drury)] 珐蛱蝶，红拟豹斑蝶，橙豹蛱蝶，柊蛱蝶，红豹斑蝶，拟豹纹蛱蝶
spotted sailer [*Neptis saclava* Boisduval] 带环蛱蝶
spotted sawtooth [*Prioneris thestylis* (Doubleday)] 锯粉蝶
spotted sedge-skipper [= spotted skipper, *Hesperilla ornata* (Leach)] 帆弄蝶
spotted sergeant [*Athyma sulpitia* (Cramer)] 苏带蛱蝶，萨带蛱蝶
spotted shoot moth [*Rhyacionia pinivorana* Zeller] 褐松梢小卷蛾
spotted skipper 见 spotted sedge-skipper
spotted small flat [*Sarangesa purendra* Moore] 斑纹刷胫弄蝶
spotted snow flat [= dark edged snow flat, *Tagiades menaka* (Moore)] 黑边裙弄蝶
spotted springtail [*Papirius maculosus* Schött] 斑盘圆䖴，具斑盘圆跳虫
spotted stalk borer [= maize stalk borer, maize stem borer, corn stem borer, sorghum stem borer, *Chilo partellus* (Swinhoe)] 斑禾草螟，玉米禾螟，禾草螟，蛀茎斑螟，高粱螟虫
spotted strawberry leaf beetle [= strawberry root worm, strawberry leaf beetle, strawberry rootborer, *Paria canella* (Fabricius)] 草莓帕里叶甲，草莓根叶甲
spotted sugar ant [*Camponotus maculatus* (Fabricius)] 斑弓背蚁
spotted sugarcane borer 见 spotted borer
spotted sulphur [= yellow-spotted small noctuid, *Emmelia trabealis* (Scopoli)] 甘薯谐夜蛾，甘薯绮夜蛾，谐绮夜蛾，谐夜蛾，甘薯小绮夜蛾，白薯绮夜蛾
spotted sylph [= spangled sylph, spangled skipper, fairy, *Astictopterus stellatus* (Mabille)] 仙女腌翅弄蝶
spotted tailwing [*Syrmatia nyx* (Hübner)] 燕尾蚬蝶
spotted tentiform leafminer [*Phyllonorycter blancardella* (Fabricius)] 斑幕小潜细蛾，斑幕潜叶蛾
spotted tussock moth [*Halysidota maculata* (Harris)] 果木点哈灯蛾，秣草斑灯蛾
spotted velvet skipper [*Abantis tettensis* Höpffer] 斑弄蝶
spotted-wing drosophila [= cherry drosophila, *Drosophila suzukii* (Matsumura)] 斑翅果蝇，樱桃果蝇，铃木果蝇，铃木氏果蝇
spotted-winged antlion [*Dendroleon obsoletus* (Say)] 斑翅树蚁蛉，斑翅蚁蛉
spotted yellow lancer [*Salanoemia noemi* (de Nicéville)] 南亚劭弄蝶
spotted yellow tussock moth [*Euproctis flavinata* (Walker)] 星黄毒蛾，具斑黄毒蛾
spotted zebra [*Paranticopsis megarus* (Westwood)] 细纹凤蝶
spottedness 斑点
spotworm borer [*Agrilus acutipennis* Mannerheim] 尖羽窄吉丁甲，

S

尖羽窄吉丁

spray 喷雾

spray adjuvant 喷雾助剂

spray height 喷雾高度

spray volume 喷雾量，施药液量

sprayer 喷雾器

spraying experiment 喷雾试验

spraying parameter 喷雾参数

spraying pressure 喷雾压力

spread-winged damselfly [= lestid damselfly, spreadwing, lestid] 丝蟌 < 丝蟌科 Lestidae 昆虫的通称 >

spreading 1. 传播，散布，蔓延；2. 涂布

spreading process 蔓延过程

spreadwing 见 spread-winged damselfly

spreta emesis [*Emesis spreta* Bates] 斯螟蚬蝶

spricket [= rhaphidophorid camel cricket, cave weta, cave cricket, camelback cricket, camel cricket, spider cricket, crider, land shrimp, sand treader, rhaphidophorid] 驼螽 < 驼螽科 Rhaphidophoridae 昆虫的通称 >

sprigged green button moth [= dark-triangle button, broad-barred button moth, *Acleris laterana* (Fabricius)] 杜鹃长翅卷蛾，绿枝长翅卷蛾

spring 弹器 < 指弹尾目中的，或称 furcula>

spring azure [*Celastrina ladon* (Cramer)] 腊琉璃灰蝶

spring beetle [= elaterid beetle, elater, elaterid, snapping beetle, skipjack, wireworm, click beetle] 叩甲，叩头虫，金针虫 < 叩甲科 Elateridae 昆虫的通称 >

spring cankerworm [= pear spring cankerworm, *Paleacrita vernata* (Peck)] 北美春尺蠖，春尺蠖，苹尺蛾

spring cicada [*Yezoterpnosia vacua*(Olivier)] 黑日宁蝉，雨春蝉，黑宁蝉

spring circulation [= spring overturning] 春季循环

spring cocoon 春茧 < 家蚕的 >

spring disease 春季病 < 指黄地老虎的一种细菌病害 >

spring-grain aphid [= greenbug, wheat aphid, *Schizaphis graminum* (Rondani)] 麦二叉蚜

spring mining bee [= vernal colletes, vernal mining bee, early colletes, *Colletes cunicularius* (Linnaeus)] 春分舌蜂

spring overturning 见 spring circulation

spring rearing 春蚕饲养

spring rearing season 春蚕期

spring ringlet [*Erebia epistygne* (Hübner)] 埃红眼蝶，西欧红眼蝶

spring sooty [= dusky azure, sooty azure, *Celastrina nigra* (Forbes)] 暗琉璃灰蝶

spring stonefly [= nemourid stonefly, thread-tailed stonefly, brown stonefly, nemourid] 叉𫌀 < 叉𫌀科 Nemouridae 昆虫的通称 >

spring vein [= spiralis] 腋索

spring white [= Colorado white, California white, *Pontia sisymbrii* (Boisduval)] 黑脉云粉蝶

spring widow [*Tarsocera cassus* (Linnaeus)] 赭泡眼蝶

springfly [= perlodid stonefly, stripetail, perlodid] 网𫌀，网石蝇 < 网𫌀科 Perlodidae 昆虫的通称 >

springtail [= collembolan] 䖴，跳虫，弹尾虫 < 弹尾目 Collembola 昆虫的通称 >

sprinkled rough-wing moth [= lichen button, *Acleris literana* (Linnaeus)] 散斑长翅卷蛾

spruce aphid 1. [= adelgid aphid, woolly conifer aphid, pine aphid, adelgid] 球蚜＜球蚜科 Adelgidae 昆虫的通称＞；2. [= green spruce aphid, *Elatobium abietinum* (Walker)] 云杉高蚜，云杉蜂蚜，云杉举蚜

spruce aphid moth [= spruce bud moth, Ratzeburg's bell moth, spruce tip tortrix, Ratzeburg tortricid, *Zeiraphera ratzeburgiana* (Saxesen)] 阿氏云杉线小卷蛾

spruce argent [= oak-bark argent, *Argyresthia glabratella* Zeller] 欧洲云杉嫩梢银蛾

spruce bark beetle 1. [= European spruce bark beetle, eight-dentated bark beetle, eight-toothed bark beetle, 8-toothed spruce bark beetle, eight-toothed spruce bark beetle, eight-spined engraver, *Ips typographus* (Linnaeus)] 云杉八齿小蠹，云杉树皮甲；2. [= northern spruce engraver, *Ips interpunctus* (Eichhoff)] 阿加云杉齿小蠹

spruce bark tortrix [= oriental fir bark moth, *Cydia pactolana* (Zeller)] 松皮小卷蛾，东方杉皮小卷蛾

spruce beetle [= eastern spruce bark-beetle, Engelmann spruce beetle, Sitka-spruce beetle, Alaska spruce beetle, red-winged pine beetle, *Dendroctonus rufipennis* (Kirby)] 红翅大小蠹，云杉红翅小蠹，狭长大小蠹，东部云杉小蠹

spruce bell moth [= spruce needle miner, spruce needle tortricid, spruce needle tortrix, common spruce bell, *Epinotia tedella* (Clerck)] 欧洲云杉叶小卷蛾，云杉潜叶小卷叶蛾

spruce bud midge [*Rabdophaga swainei* Felt] 云杉柳瘿蚊，云杉梢瘿蚊，云杉芽瘿蚊

spruce bud moth 1. [*Zeiraphera canadensis* Mutuura *et* Freeman] 云杉小卷叶蛾；2. [= Ratzeburg tortricid, Ratzeburg's bell moth, spruce tip tortrix, spruce aphid moth, *Zeiraphera ratzeburgiana* (Saxesen)] 阿氏云杉线小卷蛾

spruce bud sawfly [= spruce tip sawfly, *Pristiphora nigella* (Förster)] 云杉芽槌缘叶蜂，云杉芽锉叶蜂

spruce bud scale 1. [*Physokermes piceae* (Schrank)] 大杉苞蚧，云杉芽蜡蚧；2. [*Physokermes jezoensis* Siraiwa] 远东杉苞蚧，远东杉苞蜡蚧

spruce budworm 1. [= eastern spruce budworm, *Choristoneura fumiferana* (Clemens)] 云杉色卷蛾，云山卷叶蛾；2. [= Himalayan spruce budworm, *Eucosma hypsidryas* Meyrick] 喜马云杉花小卷蛾

spruce carpet [= yellow-spotted looper, *Thera variata* (Denis *et* Schiffermüller)] 黑带尺蛾，黄星尺蠖

spruce coneworm 1. [= dark pine knot-horn, chalgoza cone borer, pine knot-horn moth, pine shoot borer, *Dioryctria abietella* (Denis *et* Schiffermüller)] 冷杉梢斑螟，云杉球果螟，落叶松球果螟，松斑螟，梢斑螟；2. [= fir coneworm, evergreen coneworm moth, *Dioryctria abietivorella* (Groté)] 云杉梢斑螟，云杉斑螟；3. [*Dioryctria reniculelloides* Mutuura *et* Munroe] 针枞梢斑螟，云杉梢斑螟

spruce engraver beetle [= spruce scolytus, *Scolytus piceae* (Swaine)] 美云杉小蠹

spruce-fir chermes [= silver fir migratory adelges, *Adelges nordmannianae* (Eckstein)] 冷杉迁移球蚜，银枞迁移球蚜

spruce gall adelgid [= larch cone adelgid, *Adelges lariciatus* Patch] 美洲落叶松球蚜

spruce gall aphid [= Douglas fir chermes, Cooley spruce gall aphid,

Sitka spruce gall aphid, Sitka gall aphid, blue spruce gall aphid, *Adelges cooleyi* (Gillette)] 黄杉球蚜

spruce gall midge [*Mayetiola piceae* (Felt)] 云杉喙瘿蚊，云杉枝生瘿蚊

spruce limb borer [*Opsimus quadrilineatus* Mannerheim] 美云杉枝天牛

spruce mealybug 1. [*Puto sandini* Washburn] 桧刺泡粉蚧，云杉粉蚧；2. [= heather soft scale, *Eulecanium franconicum* (Lindinger)] 杜鹃球坚蚧；3. [*Phenacoccus piceae* (Loew)] 云杉绵粉蚧

spruce moth [= nun moth, tussock moth, black arches moth, black arched tussock moth, *Lymantria monacha* (Linnaeus)] 模毒蛾，松针毒蛾，僧尼毒蛾，油杉毒蛾，细纹络毒蛾

spruce needle miner 1. [= spruce needle tortricid, spruce needle tortrix, spruce bell moth, common spruce bell, *Epinotia tedella* (Clerck)] 欧洲云杉叶小卷蛾，云杉潜叶小卷叶蛾；2. [*Coleotechnites ducharmei* (Freeman)] 黑云杉鞘麦蛾，黑云杉潜叶麦蛾

spruce needle tortricid 见 spruce bell moth

spruce needle tortrix 见 spruce bell moth

spruce needleminer [*Taniva albolineana* (Kearfott)] 枞针小卷蛾，云杉潜叶小卷蛾，云杉潜叶小卷叶蛾

spruce needleworm moth [= paler dolichomia moth, *Hypsopygia thymetusalis* (Walker)] 黑云杉巢螟，黑云杉双纹螟

spruce pine chermes [= pine adelgid, Eurasian pine adelgid, Scots pine adelgid, pine woolly aphid, Scots pine adelges, *Pineus pini* (Goeze)] 欧洲赤松球蚜，苏格兰松球蚜

spruce pineapple gall adelges [= eastern spruce gall aphid, pineapple gall adelgid, yellow spruce gall aphid, yellow spruce pineapple-gall adelges, *Adelges* (*Sacchiphantes*) *abietis* (Linnaeus)] 云杉瘿球蚜，黄球蚜

spruce pitch nodule moth [*Petrova burkeana* (Kearfott)] 云杉佩实小卷蛾，云杉实小卷蛾

spruce root aphid [= aspen-spruce aphid, aspen aphid, willow hairy aphid, coniferous root aphid, conifer root aphid, *Pachypappa tremulae* (Linnaeus)] 山杨粗毛绵蚜，山杨多毛绵蚜，杨多毛绵蚜，杨钉毛蚜，西北欧山杨蚜

spruce root bark beetle [= hairy spruce bark beetle, *Dryocoetes autographus* (Ratzeburg)] 肾点毛小蠹

spruce sawfly [= European spruce sawfly, *Gilpinia hercyniae* (Hartig)] 欧洲云杉吉松叶蜂，欧洲云杉叶蜂

spruce sawyer [= white-spotted sawyer, *Monochamus scutellatus* (Say)] 白点墨天牛，黑松天牛

spruce scolytus 见 spruce engraver beetle

spruce seed chalcid 1. [*Megastigmus piceae* Rohwer] 云杉大痣小蜂；2. [= spruce seed fly, fir seed fly, *Megastigmus strobilobius* Ratzeburg] 云杉冷杉大痣小蜂

spruce seed midge [*Mayetiola carpophaga* (Tripp)] 白云杉喙瘿蚊，白云杉枝生瘿蚊

spruce seed moth [*Cydia strobilella* (Linnaeus)] 云杉球果小卷蛾，云杉球果皮小卷蛾，云杉球果卷叶蛾

spruce shoot aphid [= brown spruce shoot aphid, brown spruce aphid, *Cinara pilicornis* (Hartig)] 毛角长足大蚜，云杉长足大蚜

spruce shoot gall midge [*Dasineura ezomatsue* Uchida *et* Inouye] 云杉芽叶瘿蚊

spruce shoot midge [= Norway spruce shoot gall midge, *Dasineura abietiperda* Henschel] 杉芽叶瘿蚊

spruce timher beetle [= striped ambrosia beetle, conifer ambrosia beetle, black-striped bark beetle, *Trypodendron lineatum* (Olivier)] 黑条木小蠹，黑条小蠹，豚草条棘胫小蠹

spruce tip moth 1.[= Douglas fir cone moth, dingy larch bell moth, grey larch tortrix, gray larch moth, larch bud moth, Japanese Douglas-fir cone moth, larch tortrix moth, European grey larch moth, *Zeiraphera griseana* (Hübner)] 松线小卷蛾，灰线小卷蛾，落叶松卷蛾，落叶松卷叶蛾；2. [= red-striped needleworm moth, *Epinotia radicana* (Heinrich)] 云杉尖小卷蛾

spruce tip sawfly 见 spruce bud sawfly

spruce tip tortrix 见 spruce aphid moth

spruce web-spinning sawfly [*Cephalcia arvensis* Panzer] 阿佛腮扁蜂，阿佛腮扁叶蜂

spruce webworm [*Eurydoxa advena* Filipjev] 古北拟裳卷蛾，云杉实艺卷蛾

Spudaeus 锥缘姬蜂属

Spudaeus kuandianicus Sheng *et* Sun 宽甸锥缘姬蜂

Spulerina 皮细蛾属

Spulerina astaurota (Meyrick) [pear barkminer moth, pear barkminer] 蔷薇皮细蛾，梨潜皮细蛾，梨枝蛀虫

Spulerina dissotoma (Meyrick) 胡枝子皮细蛾

spun glass slug moth [*Isochaetes beutenmuelleri* (Edwards)] 贝氏等毛刺蛾

spur [= calcarium (pl. calcaria), calcar] 距

spur formula 距列式 < 指前、中、后足胫节上的距数式列 >

spur-throated grasshopper 刺胸蝗

spurge bug [= stenocephalid bug, stenocephalid] 狭蝽 < 狭蝽科 Stenocephalidae 昆虫的通称 >

spurge hawk-moth [*Hyles euphorbiae* (Linnaeus)] 尤白眉天蛾，大戟天蛾

spurina hairstreak [*Thereus spurina* (Hewitson)] 斯普圣灰蝶

Spuriostyloptera 虚果蝇属，拟杆斑果蝇属

Spuriostyloptera multipunctata Duda 见 *Scaptodrosophila multipunctata*

spurious [= spurius] 1. 假的；2. 伪足 < 常指偶然发生的构造；或如某些蝶类发育不全的前足 >

spurious cell 假室 < 见双翅目昆虫中，即康氏脉系的第三臀室 >

spurious leg [= false leg, proleg, proped, pseudopod, pseudopodium] 腹足，伪足

spurious ocellus 假眼点 < 指有瞳点而无虹膜或瞳孔的眼点 >

spurious suture 假缝

spurious vein [= vena spuria] 伪脉，假脉，赝脉

spurius [= spurious] 1. 假的；2. 伪足

Spuropsylla 距蚤属

Spuropsylla monoseta Li, Xie *et* Gong 单毫距蚤

SPV [spatial phylogenetic variation 的缩写] 空间系统发育变异，空间系统进化变异

spying eyed-metalmark [*Mesosemia cecropia* (Druce)] 赛克美眼蚬蝶

squama [pl. squamae] 1.[= proxacalypteron, squamula, calyptron,calypteron,alula, tegula, calypter, calyptra,squama thoracalis] 腋瓣 < 指双翅目昆虫的翅瓣 (alula) 和上腋瓣 (antisquama)>；2. 负须节 < 指蜻蜓目昆虫颏的两侧扩展物，上生下颚和下唇的须 >；3. 领片 < 即鳞翅目中的 patagium>；4. 阳茎背瓣 < 指膜翅目昆虫阳茎基端节背面的一对片状突

起 >；5. 鳞形节 < 指蚁类中如鳞片状的第一腹节 >；6. 刺缘突 < 指盾蚧中的刷状边缘突起 >

squama palpifera 负颚须节

squama thoracalis [pl. squamae thoracales;=proxacalypteron, squama, calyptron,calypteron,alula, tegula, calypter, calyptra,squamula] 腋瓣

squamae[s. squama] 1.[= calyptrae,calyptras,proxacalyptera, squamulae, calyptra,calyptera,calypters, tegulae, alulae,squamae thoracales] 腋瓣；2. 负须节；3. 领片；4. 阳茎背瓣；5. 鳞形节；6. 刺缘突

squamae thoracales[s.squama thoracalis; = calyptrae,calyptras, proxacalyptera, squamae, calyptra,calyptera,calypters, tegulae, alulae,squamulae] 腋瓣

squamate [= squamose, squamosus, squamous, squamulate, squamulose, squamulosus, squamulous] 具鳞的

squamelliform 鳞片形

squamiform 鳞形

squamiform sensillum [= sensillum squamiformium] 鳞形感器

Squamopenna 鳞翅蝗属

Squamopenna gansuensis Lian *et* Zheng 甘肃鳞翅蝗

squamopygidium 肛突 < 专指叩甲科 Elateridae 昆虫中的肛突起 >

Squamosa 鳞刺蛾属

Squamosa brevisunca Wu *et* Fang 短爪鳞刺蛾

Squamosa brevisunca brevisunca Wu *et* Fang 短爪鳞刺蛾指名亚种

Squamosa brevisunca yunnanensis Wu *et* Fang 短爪鳞刺蛾云南亚种

Squamosa chalcites Orhant 姹鳞刺蛾

Squamosa ocellata (Moore) 眼鳞刺蛾

squamose 见 squamate

squamosus 见 squamate

squamous 见 squamate

squamula [pl. squamulae; = squamule] 1. 翅基片 < 指一些昆虫中覆盖前翅基部的小角质鳞片，同 tegula>；2. 翅瓣 < 即双翅目中的 alula>

squamula thoracalis 下腋瓣 < 见于双翅目昆虫中，同 lower squama>

squamula [pl. squamulae] 1.[=proxacalypteron, squama, calyptron,calypteron,alula, tegula, calypter, calyptra,squama thoracalis] 腋瓣；2. [=squamule] 翅基片

squamulae [s.squamula]1.[= calyptrae,calyptras,proxacalyptera, squamae, calyptra,calyptera,calypters, tegulae, alulae,squamae thoracales] 腋瓣；2. [=squamules] 翅基片

squamulose 见 squamate

squamulosus 见 squamate

Squamulotilla 鳞蚁蜂属

Squamulotilla ardescens (Smith) 见 *Bischoffitilla ardescens*

Squamulotilla ardescens ardescens (Smith) 见 *Bischoffitilla ardescens ardescens*

Squamulotilla ardescens strangulata (Smith) 见 *Bischoffitilla strangulata*

Squamulotilla exilipunatata Chen 见 *Bischoffitilla exilipunctata*

Squamulotilla lingnani Mickel 见 *Bischoffitilla sauteri lingnani*

Squamulotilla mammalifera Chen 见 *Bischoffitilla mammalifera*

Squamulotilla trifida Chen 见 *Bischoffitilla trifida*

Squamulotilla tuberosterna Chen 见 *Bischoffitilla tuberosterna*

Squamulotilla tumidula Mickel 见 *Bischoffitilla tumidula*

squamulous 见 squamate

Squamura 鳞拟木蠹蛾属，鳞木蠹蛾属

Squamura dea (Swinhoe) 德鳞拟木蠹蛾，德勒拟木蠹蛾

Squamura disciplaga (Swinhoe) 迪鳞拟木蠹蛾

Squamura discipuncta (Wileman) 盘斑鳞拟木蠹蛾，盘斑拟蠹蛾，第勒拟木蠹蛾

Squamura maculata Heylaerts 斑鳞拟木蠹蛾

Squamura sumatrana Roepke 苏门鳞拟木蠹蛾

Squamura tetraonis Moore 杧果鳞拟木蠹蛾，杧果鳞木蠹蛾

squanda skipper [*Telemiades squanda* Evans] 斯电弄蝶

square barred bell moth [*Epinotia tetraquetrana* Haworth] 欧洲桤木叶小卷蛾

square-headedwasp[= crabronid wasp,crabronid] 方头泥蜂 < 方头泥蜂科 Crabronidae 昆虫的通称 >

square-necked grain beetle [*Cathartus quadricollis* (Guérin-Méneville)] 方颈谷扁甲，方颈扁甲，方斑谷盗

square nosed fungus beetle [= squarenosed fungus beetle, *Latridius minutus* (Linnaeus)] 湿薪甲，小龙骨薪甲，眼湿薪甲，方鼻薪甲，微拟眼薪甲

square spot [= brindled square spot, Japanese linden geometer, *Paradarisa consonaria* (Hübner)] 雅拟毛腹尺蛾，雅埃尺蛾，菩提褐条尺蠖，宜霜尺蛾

square-spotted blue [buckwheat blue，*Euphilotes battoides* (Behr)] 巴特优灰蝶

square-spotted ministreak [= zilda ministreak, *Ministrymon zilda* Hewitson] 方斑迷灰蝶

square-spotted mourning bee [*Melecta luctuosa* (Scopoli)] 方斑毛斑蜂

square-spotted saliana [= persistent saliana, antoninus saliana, *Saliana antoninus* (Latreille)] 安东尼颂弄蝶

square-spotted yellowmark [= bumblebee metalmark, zonata metalmark, *Baeotis zonata* Felder] 珠带苞蚬蝶

square-tipped crescent [*Eresia philyra* Hewitson] 黄带袖蛱蝶

square-winged red charaxes [*Charaxes pleione* (Godart)] 多螯蛱蝶

squarenosed fungus beetle 见 square nosed fungus beetle

Squaroplatacris 方板蝗属

Squaroplatacris elegans Zheng *et* Cao 小方板蝗

Squaroplatacris violatibialis Liang *et* Zheng 紫胫方板蝗

squarraus [= squarrose, squarrosus] 具糙鳞的 < 常指向不同方向直立或不与表面平行的鳞片；或指有皮垢的，粗糙的 >

squarrose 见 squarraus

squarrosus 见 squarraus

squash beetle [= squash lady beetle, *Epilachna borealis* (Fabricius)] 南瓜食植瓢虫，南瓜瓢虫

squash bug 1. 缘蝽 (类)；2. [*Anasa tristis* (De Geer)] 南瓜缘蝽

squash lady beetle 见 squash beetle

squash vine borer [*Melittia cucurbitae* (Harris)] 南瓜藤毛足透翅蛾，南瓜藤透翅蛾

squeak beetle 1. [= hygrobiid beetle, hygrobiid water beetle, screech-beetle, hygrobiid] 水甲 < 水甲科 Hygrobiidae 昆虫的通称 >；2. [*Hygrobia hermanni* (Fabricius)] 欧洲水甲

squiggly yellowmark [*Baeotis attali* Hall *et* Willmott] 曲纹苞蚬蝶

squinting bush brown [*Bicyclus anynana* (Butler)] 偏瞳蔽眼蝶

squirrel flea [*Diamanus montanus* Baker] 高山剑指蚤

SR 1. [synergic ratio 的缩写] 增效比，增效系数；2. [slow release formulation 的缩写] 缓释剂

SRA [sex ratio alteration 的缩写] 性比改变，性比改变法 < 一种害虫遗传防治方法 >

SRAP [sequence-related amplified polymorphism 的缩写] 序列扩增多态性，序列相关扩增多态性

SREBP [sterol-regulatory element binding protein 的缩写] 固醇调节元件结合蛋白

Sri Lankan birdwing [= common birdwing, Ceylon birdwing, *Troides darsius* (Gray)] 锡兰裳凤蝶，斯里兰卡裳凤蝶 < 该蝶为斯里兰卡国蝶 >

Sri Lankan common quaker [*Neopithecops zalmora dharma* Moore] 一点灰蝶斯里兰卡亚种

Sri Lankan pointed lineblue [*Ionolyce helicon viola* Moore] 伊灰蝶斯里兰卡亚种，南方依灰蝶

Sri Lankan rose [= Ceylon rose, *Pachliopta jophon* (Gray)] 耀珠凤蝶

Sri Lankan snouted whirligig [*Porrorhynchus* (*Porrorhynchus*) *indicans* (Walker)] 锡兰长唇豉甲，锡兰前口豉甲，印隐盾豉甲

Srilankamyia 长腹节长足虻属

Srilankamyia dividifolia Wei 裂须长腹节长足虻，裂须斯长足虻

Srilankamyia guizhouensis (Wei) 贵州长腹节长足虻，贵州寡长足虻

Srilankamyia proctus (Wei) 臀长腹节长足虻，臀寡长足虻

Srilankamyia prolixus (Wei) 伸长腹节长足虻，伸寡长足虻

SSR [simple sequence repeat 的缩写] 简单重复序列 < 即微卫星 (microsatellite)>

SSTEM [serial section transmission electron microscopy 的缩写] 透射电镜连续切片技术

St. Johns short-wing grasshopper [= Volusia grasshopper, *Melanoplus adelogyrus* Hubbell] 沃卢斯亚黑蝗

St. Leger's charaxes [*Charaxes legeri* Plantrou] 雷戈螯蛱蝶

St. Leger's false sergeant [*Pseudathyma legeri* Larsen *et* Boorman] 圣雷屏蛱蝶

St. Mark's fly [= hawthorn fly, *Bibio marci* (Linnaeus)] 马氏毛蚊，黑毛蚊，迈氏毛蚊

ST_{50} [= median survival time] 存活中时

stab culture 穿刺培养

stab inoculation 针刺接种

stab vaccination 穿刺接种

stabber 口针 < 指虱类口器中的 >

stability 稳定性

stabilizer 稳定剂

stable fly 1. [= muscid fly, house fly, muscid] 蝇，家蝇 < 蝇科 Muscidae 昆虫的通称 >；2. [= biting house fly, barn fly, dog fly, power mower fly, *Stomoxys calcitrans* (Linnaeus)] 厩螫蝇，厩蝇，畜厩刺蝇

stable maximum 稳定最高度

stable population 稳定种群

Staccia 舟猎蝽属

Staccia diluta (Stål) 舟猎蝽

Staccia javanica Reuter 爪哇舟猎蝽

Stachiella 斯嚼虱属

Stachiella emeryi (Emerson *et* Price) 黄喉貂斯嚼虱，黄喉貂狗嚼虱

Stachorutes 拟亚蛾属

Stachorutes cuihuaensis Gao *et* Yin 翠华山拟亚蛾

Stachycoccus 肖粉蚧属，清粉蚧属，西双粉蚧属

Stachycoccus caulicola Borchsenius 景东肖粉蚧，茎清粉蚧，清粉蚧，西双粉蚧

Stachyomia 拟玉蝽属

Stachyomia flavomaculata Lin *et* Zhang 黄斑拟玉蝽

Stachyomia rubra Chen 赤拟玉蝽

Stachyotropha 长足猎蝽属

Stachyotropha punctifera Stål 斑长足猎蝽，长足猎蝽

stachysterone 旌节花甾酮

Stactobia 滴水小石蛾属

Stactobia parva Wells *et* Dudgeon 小滴水小石蛾

Stactobia salmakis Malicky *et* Chantaramongkol 豆肢滴水小石蛾

Stactobiella 拟滴水小石蛾属，拟滴石蛾属

Stactobiella pulmonaria Xue *et* Yang 肺叶拟滴水小石蛾

stadia [s. stadium] 龄期

stadium [pl. stadia] 龄期

Staelonchodes 长角蝻属

Staelonchodes illepidus (Brunner von Wattenwyl) 同 *Phraortes elongatus*

staff sergeant [*Athyma selenophora* (Kollar)] 新月带蛱蝶

stag beetle [= lucanid beetle, lucanid] 锹甲，锹形虫 < 锹甲科 Lucanidae 昆虫的通称 >

stag fly [*Phytalmia cervicornis* Gerstaecker] 鹿角角实蝇

stage 1. 时期，阶段；2. 虫期，虫态

stage-specific economic threshold 阶段特异性经济阈值

stage-specific gene expression 虫期特异基因表达

staghorn sumac aphid [= sumac gall aphid, *Melaphis rhois* (Fitch)] 北美棓蚜，北美五倍子蚜

Stagmatophora 斑尖蛾属，斯尖蛾属

Stagmatophora leptarga Meyrick 银纹斑尖蛾，瘦斯尖蛾

Stagmatophora niphosticta Meyrick 黑白斑尖蛾，黑白尖翅蛾

Stagmatophora urantha Meyrick 尾斑尖蛾，污斯尖蛾

Stagmomantis 痣螳属

Stagmomantis carolina (Linnaeus) [Carolina mantid, Carolina mantis] 卡罗来纳痣螳，卡罗来纳螳螂，卡罗利纳螳螂

stagnatic water 停滞水

stagnation 停滞，不动

stagnation point 临界点

stagnophile 静水生物

stain 1. 染色剂；2. 污迹，污染

stainability 染色性

stained-back leafroller moth [*Acleris maculidorsana* (Clemens)] 污黑长翅卷蛾

stained cocoon 污染茧 < 家蚕的 >

stained greenstreak [*Cyanophrys agricolor* (Butler *et* Druce)] 野色穹灰蝶

stained scintillant [= orange-stitched metalmark, *Chalodeta chaonitis* (Hewitson)] 朝露蚬蝶

stained white skipper [= omrina white skipper, *Heliopetes omrina* (Butler)] 奥木林白翅弄蝶

staining 染色

staining method 染色法

staining solution 染色液

S

Stalachtis 滴蚬蝶属

Stalachtis calliope (Linnaeus) [calliope metalmark] 华丽滴蚬蝶

Stalachtis euterpe (Linnaeus) 诗神滴蚬蝶

Stalachtis funereus Rebillard 富纳滴蚬蝶

Stalachtis lineata (Guérin-Méneville) [lineata metalmark] 条纹滴蚬蝶

Stalachtis magdalenae (Westwood) 美滴蚬蝶

Stalachtis phaedusa Hübner [phaedusa metalmark] 滴蚬蝶

Stalachtis phlegia (Cramer) [dotted prince, phlegia metalmark] 白点滴蚬蝶

Stalachtis stellidia Schaus 星滴蚬蝶

Stalachtis susanna (Fabricius) 素衫滴蚬蝶

Stalachtis zephyritis (Dalman) 白条滴蚬蝶

Stalagmopygus 斑臀花金龟甲属

Stalagmopygus albellus (Pallas) 白斑臀花金龟甲

Stalia 斯姬蝽属

Stalia daurica (Kiritshenko) 斯姬蝽

Staliastes 片猎蝽属

Staliastes bicolor (Hsiao) 二色片猎蝽

Staliastes rufus (Laporte) 红片猎蝽

stalk 1. 柄；2. 柄节 < 同 pedicel>

stalk borer 1. [*Papaipema nebris* (Guenée)] 普通蛀茎夜蛾；2. [= gold-fringed rice stemborer, sugarcane stalk borer, gold-fringed borer, Taiwan rice stem borer, *Chilo auricilius* Dudgeon] 台湾稻螟，台湾禾草螟，亚洲稻螟蛾

stalk-eyed bug [= stalk-eyed seed bug, small bean bug, *Chauliops fallax* Scott] 豆突眼长蝽

stalk-eyed fly [= diopsid fly, diopsid] 突眼蝇 < 突眼蝇科 Diopsidae 昆虫的通称 >

stalk-eyed rice borer 1. [= rice stalk-eyed fly, *Diopsis apicalis* Dalman] 稻瘦突眼蝇；2. [= rice stem borer, *Diopsis macrophthalma* Dalman] 稻突眼蝇

stalk-eyed seed bug 见 stalk-eyed bug

stalk moth borer [= spotted borer, spotted sugarcane borer, cane moth borer, internodal borer, mauritius spotted cane borer, paddy stem borer, striped stalk borer, sugarcane internode borer, sugarcane stem borer, sugarcane stalk borer, *Chilo sacchariphagus* (Bojer)] 高粱条螟，蔗禾草螟，甘蔗条螟，高粱钻心虫，蔗条螟，蔗蛀点螟，斑点螟，甘蔗条螟虫，亚洲斑点茎螟

stalked body [= pedunculated body, corpus pedunculatum, mushroom body] 蕈状体，有柄体，蕈形体，蕈体，蘑菇体

Stallings' calephelis [*Calephelis stallingsi* McAlpine] 斯塔细纹蚬蝶

Stallings' flat [*Celaenorrhinus stallingsi* Freeman] 明带星弄蝶

Stallingsia 巨大弄蝶属

Stallingsia jacki Stallings, Turner *et* Stallings [Chiapan giant-skipper] 佳克巨大弄蝶

Stallingsia maculosa (Freeman) [manfreda giant-skipper] 巨大弄蝶

Stallingsia smithi (Druce) [Smith's giant-skipper] 史密斯巨大弄蝶

Stamnodes 四斑尺蛾属

Stamnodes danilovi Erschoff 黄四斑尺蛾

Stamnodes danilovi danilovi Erschoff 黄四斑尺蛾指名亚种

Stamnodes daniloli djakonovi Alphéraky 黄四斑尺蛾南山亚种，德黄四斑尺蛾

Stamnodes depeculata (Lederer) 白四斑尺蛾

Stamnodes depeculata depeculata (Lederer) 白四斑尺蛾指名亚种

Stamnodes depeculata discreta Prout 白四斑尺蛾祁连亚种，狄白四斑尺蛾

Stamnodes depeculata lamarum Prout 白四斑尺蛾印度亚种，拉白四斑尺蛾

Stamnodes depeculata narzanica Alphéraky 白四斑尺蛾纳赞亚种，纳白四斑尺蛾

Stamnodes depeculata symmora Prout 白四斑尺蛾思慕亚种，晒白四斑尺蛾

Stamnodes depeculata thibetaria Oberthür 白四斑尺蛾西藏亚种，藏白四斑尺蛾

Stamnodes elwesi Alphéraky 红四斑尺蛾

Stamnodes jomdensis Xue 江达四斑尺蛾

Stamnodes lusoria Prout 集红四斑尺蛾

Stamnodes nitida Xue 洁四斑尺蛾

Stamnodes pauperaria (Eversmann) 屏四斑尺蛾

Stamnodes pauperaria pamphilata (Felder) 屏四斑尺蛾喜马拉雅亚种，潘四斑尺蛾

Stamnodes pauperaria pauperaria (Eversmann) 屏四斑尺蛾指名亚种

Stamnodes rufescentus Xue 散红四斑尺蛾

Stamnodes spectatissima Prout 大四斑尺蛾

Stamnodes squalidus Xue 污四斑尺蛾

Stamoderes 柳象甲属

Stamoderes uniformis Casey [willow weevil] 柳象甲

standard deviation 标准偏差

standard error 标准误差

Standfussiana 立夜蛾属

Standfussiana socors (Corti) 缘立夜蛾，立夜蛾

standing crop 定期产量

standing water environment 静水环境

Stangeia 斯坦羽蛾属

Stangeia siceliota (Zeller) 西斯坦羽蛾

Stantonia 角室茧蜂属

Stantonia achterbergi Chen, He *et* Ma 阿氏角室茧蜂

Stantonia angustata van Achterberg 窄角室茧蜂

Stantonia chaoi Chen, He *et* Ma 赵氏角室茧蜂

Stantonia issikii Watanabe 黄角室茧蜂

Stantonia qui Chen, He *et* Ma 屈氏角室茧蜂

Stantonia ruficornis Enderlein 红角角室茧蜂

Stantonia sauteri Watanabe 索氏角室茧蜂

Stantonia sumatrana Enderlein 苏门角室茧蜂，苏门答腊角室茧蜂

Stantonia tianmushana Chen, He *et* Ma 天目山角室茧蜂

Stantonia xiangqianensis Chen, He *et* Ma 湘黔角室茧蜂

staphylinid 1. [= staphylinid beetle, rove beetle] 隐翅甲，隐翅虫 < 隐翅甲科 Staphylinidae 昆虫的通称 >；2. 隐翅甲科的

staphylinid beetle [= staphylinid, rove beetle] 隐翅甲，隐翅虫

Staphylinidae 隐翅甲科，隐翅虫科

Staphyliniformia [= Staphylinoidea] 隐翅甲总科，隐翅虫总科

Staphylinina 隐翅甲亚族

Staphylininae 隐翅甲亚科，隐翅虫亚科

Staphylinini 隐翅甲族，隐翅虫族

Staphylinoidea 见 Staphyliniformia

Staphylinus 隐翅甲属，隐翅虫属

Staphylinus aenescens (Eppelsheim) 见 *Ocypus aenescens*
Staphylinus* (*Ascialinus*) *beckeri Bernhauer 见 *Ascialinus beckeri*
Staphylinus caesareus Cederhjelm 大王隐翅甲
Staphylinus daimio Sharp 红翅隐翅甲，歹隐翅甲，歹隐翅虫
Staphylinus fraternus Bernhauer 青隐翅甲，青隐翅虫
Staphylinus fuscatus graeseri (Eppelsheim) 见 *Ocypus* (*Pseudocypus*) *graeseri*
Staphylinus griseipennis Fairmaire 见 *Eucibdelus griseipennis*
Staphylinus inornatus Sharp 见 *Platydracus inornatus*
Staphylinus maxillosus Linnaeus 颚隐翅甲，颚隐翅虫
Staphylinus olens Müller [devil's coach horse beetle, cocktail beetle] 排臭隐翅甲
Staphylinus testaceipes (Fairmaire) 见 *Ocypus testaceipes*
Staphylinus yunnanensis Bernhauer 见 *Platydracus yunnanensis*
Staphylus 贝弄蝶属
Staphylus ascalaphus (Staudinger) [mauve scallopwing] 贝弄蝶
Staphylus aurocapilla Staudinger 亮贝弄蝶
Staphylus azteca (Scudder) [Aztec scallopwing] 暗带贝弄蝶
Staphylus ceos (Edwards) [golden-headed sootywing] 黄头贝弄蝶
Staphylus chlora Evans [green-headed sootywing, chlora scallopwing] 绿头贝弄蝶
Staphylus hayhurstii (Edwards) [Hayhurst's scallopwing, scalloped sootywing] 黑贝弄蝶
Staphylus iguala (Williams *et* Bell) [iguala sootywing] 鬣贝弄蝶
Staphylus mazans (Reakirt) [mazans scallopwing, southern scalloped sootywing] 双带贝弄蝶
Staphylus minor Schaus [speckled sootywing, minor scallopwing] 小贝弄蝶
Staphylus oeta (Plötz) [Plötz's sootywing, oeta scallopwing] 欧贝弄蝶
Staphylus tepeca Bell [checkered scallopwing] 特贝弄蝶
Staphylus tierra Evans [West-Mexican scallopwing] 铁贝弄蝶
Staphylus veytius Freeman [Chiapas scallopwing] 恰帕斯贝弄蝶
Staphylus vincula (Plötz) [mountain scallopwing] 温贝弄蝶
Staphylus vulgata (Möschler) [golden-snouted scallopwing] 微红贝弄蝶
star blue [= brilliant blue, *Lepidochrysops asteris* (Godart)] 星鳞灰蝶
star sandman [*Spialia asterodia* (Trimen)] 星斑饰弄蝶
star spot 星状纹
starch-gel electrophoresis 淀粉凝胶电泳
starfruit flowermoth [*Diacrotricha fasciola* (Zeller)] 阳桃乌羽蛾，杨桃羽蛾
Starioides 类丽蝽属
Starioides degenerus (Walker) [brown rice stink bug, Japanese rice stink bug, rice stink bug] 褐类丽蝽，褐稻臭蝽
starred oxeo [= yellow-patched satyr, *Oxeoschistus tauropolis* (Westwood)] 黄斑牛眼蝶
starred skipper [*Arteurotia tractipennis* Butler *et* Druce] 云弄蝶
starry bob [= Malay chestnut bob, *Iambrix stellifer* (Butler)] 射纹雅弄蝶
starry cracker [= starry night cracker, *Hamadryas laodamia* (Cramer)] 蓝点蛤蟆蛱蝶，老城木蛱蝶
starry night cracker 见 starry cracker
starry sky beetle [= Asian longhorn beetle, Asian long-horn beetle, basicosta white-spotted longicorn beetle, smooth shoulder-star longicorn, *Anoplophora glabripennis* (Motschulsky)] 光肩星天牛
start codon [= initiation codon] 起始密码子
startled bush brown [*Bicyclus angulosus* Butler] 多角蔽眼蝶
starvation 饥饿，绝食
stately bush brown [*Bicyclus xeneas* Hewitson] 客蔽眼蝶
stately nawab [= stately rajah, *Polyura dolon* (Westwood)] 针尾蛱蝶，朵埃瑞蛱蝶
stately rajah 见 stately nawab
Statherotis 巨小卷蛾属
Statherotis agitata Meyrick 乌木巨小卷蛾，乌木衡尺卷蛾
Statherotis catharota Meyrick 洁巨小卷蛾，卡巨小卷蛾
Statherotis discana (Felder *et* Rogenhofer) 褐鳞巨小卷蛾，迪巨小卷蛾
Statherotis leucaspis (Meyrick) 三角巨小卷蛾，留巨小卷蛾
Statherotis olenarcha (Meyrick) 奥巨小卷蛾
Statherotis threnodes (Meyrick) 木兰巨小卷蛾
Statherotis towadaensis Kawabe 白云巨小卷蛾
Statherotmantis 明小卷蛾属
Statherotmantis pictana (Kuznetzov) 丽明小卷蛾
Statherotmantis shicotana (Kuznetzov) 苏明小卷蛾，斯达网蛾
Statherotoxys 江小卷蛾属
Statherotoxys hedraea (Meyrick) 白江小卷蛾，思答网蛾
Stathmopoda 展足蛾属，举肢蛾属
Stathmopoda albidorsis Meyrick 同 *Stathmopoda masinissa*
Stathmopoda aprica Meyrick 艾普展足蛾
Stathmopoda auriferella (Walker) [apple heliodinid moth] 桃展足蛾，桃举肢蛾
Stathmopoda balanarcha Meyrick 橡实展足蛾
Stathmopoda baotianmana Li *et* Wang 宝天曼展足蛾
Stathmopoda basiplectra Meyrick 侧基展足蛾，侧基举肢蛾
Stathmopoda brachymochla Meyrick 短带展足蛾，短举肢蛾
Stathmopoda callicarpicolla Terada 紫竹展足蛾
Stathmopoda callopis Meyrick 丽展足蛾
Stathmopoda cirrhaspis Meyrick 同 *Stathmopoda auriferella*
Stathmopoda cissota Meyrick 赛斯展足蛾
Stathmopoda citrinella Sinev 柠黄展足蛾
Stathmopoda commoda Meyrick 饰纹展足蛾
Stathmopoda culcitella Sinev 卡带展足蛾
Stathmopoda dicitra Meyrick 柠檬展足蛾，递原举肢蛾
Stathmopoda diplaspis (Meyrick) 双盘展足蛾
Stathmopoda flavithoracalis Li *et* Wang 黄胸展足蛾
Stathmopoda fusciumeraris Terada 黑肩展足蛾
Stathmopoda gemmiconsuta Terada 合芽展足蛾
Stathmopoda haematosema Meyrick 血斑展足蛾
Stathmopoda hexatyla Meyrick 六结展足蛾
Stathmopoda hexatyla hexatyla Meyrick 六结展足蛾指名亚种
Stathmopoda hexatyla informis Meyrick 六结展足蛾类似亚种，类六结展足蛾
Stathmopoda ignominiosa Meyrick 艾格展足蛾
Stathmopoda leptoclista Meyrick 细环展足蛾
Stathmopoda masinissa Meyrick [persimmon fruit moth] 柿展足蛾，柿举肢蛾，柿蒂虫，柿实蛾
Stathmopoda melitripta Meyrick 三带展足蛾
Stathmopoda moriutiella Kasy 森展足蛾

Stathmopoda neohexatyla Li *et* Wang 新六展足蛾，新六洁展足蛾
Stathmopoda opticaspis Meyrick 白光展足蛾，白光举肢蛾
Stathmopoda orbiculata Meyrick 圆展足蛾
Stathmopoda placida Meyrick 柔展足蛾
Stathmopoda porphyrantha Meyrick 紫花展足蛾
Stathmopoda rufithoracalis Li *et* Wang 红胸展足蛾
Stathmopoda stimulata Meyrick 腹刺展足蛾
Stathmopoda transfasciaria Li *et* Wang 横带展足蛾
Stathmopoda vertebrata Meyrick 拟脊展足蛾，脊举肢蛾
Stathmopoda vietnamella Sinev 越南展足蛾
Stathmopoda xanthomochla Meyrick 黄带展足蛾
stathmopodid 1. [= stathmopodid moth] 展足蛾 <展足蛾科 Stathmopodidae 昆虫的通称>；2. 展足蛾科的
stathmopodid moth [= stathmopodid] 展足蛾
Stathmopodidae 展足蛾科，黄舞小蛾科
Stathmopodinae 展足蛾亚科
Stathrotides 巨小卷蛾亚族
static organ 平衡器 <如见于葡萄根瘤蚜中位于触角基部者>
static sense 平衡感觉
static sense organ 平衡感器
statice thrips [= clover thrips, *Haplothrips leucanthemi* (Schrank)] 含羞简管蓟马，三叶草单管蓟马，黑单管蓟马
Statilia 污斑螳属，静螳属
Statilia agresta Zheng 田野污斑螳
Statilia apicalis (Saussure) 端污斑螳
Statilia chayuensis Zhang *et* Li 察隅污斑螳
Statilia flavobrunnea Zhang *et* Li 黄褐污斑螳
Statilia maculata (Thunberg) 棕污斑螳，棕静螳，小螳螂
Statilia nemoralis (Saussure) 绿污斑螳，绿静螳
Statilia occipivittata Yang 顶带污斑螳，顶带静螳
Statilia parva Yang 小污斑螳，小静螳
Statilia spanis Wang 寡刺污斑螳
Statilia viridibrunnea Zhang *et* Li 绿褐污斑螳
Statilia yangi Niu, Hou *et* Zheng 杨氏污斑螳，杨氏静螳
stationarity 稳定性
statira sulphur [*Phoebis statira* (Cramer)] 双色菲粉蝶
Statirina 突伪叶甲亚族
Statirinae 突伪叶甲亚科
statolith 平衡石 <指葡萄根瘤蚜触角基部的中心体>
statuesque cup moth [*Susica sinensis* (Walker)] 中华素刺蛾，华素刺蛾，素刺蛾
Staudinger spruce borer [= seven-river spruce borer, *Tetropium staudingeri* Pic] 凹胸断眼天牛
Staudingeria 斯斑螟属
Staudingeria deserticola (Staudinger) 沙漠斯斑螟，沙漠异斑螟
Staudingeria steppicola (Caradja) 斯斑螟，斯异斑螟
Staudinger's bee hawkmoth [*Hemaris staudingeri* Leech] 锈胸黑边天蛾
Staudinger's blue [*Cupido staudingeri* Christoph] 斯氏枯灰蝶
Staudinger's forester [*Bebearia staudingeri* Aurivillius] 畸眉舟蛱蝶
Staudinger's owlet [*Narope syllabus* Staudinger] 萨纳环蝶
Staurella 司特实蝇属
Staurella apicalis (Hendel) 见 *Euphranta apicalis*
Staurella camelliae Ito 见 *Euphranta camelliae*
Staurella chrysopila (Hendel) 见 *Euphranta chrysopila*
Staurella jucunda (Enderlein) 见 *Euphranta jucunda*
Staurella lemniscata (Enderlein) 见 *Euphranta lemniscata*
Staurella licenti (Zia) 见 *Euphranta licenti*
Staurella mikado (Matsumura) 见 *Euphranta mikado*
Staurella nigripeda Bezzi 见 *Euphranta nigripeda*
Staurella nigrocingulata Hering 见 *Euphranta nigrocingulata*
Staurella oshimensis Shiraki 见 *Euphranta oshimensis*
Staurella scutellaris Chen 见 *Euphranta scutellaris*
Staurella sexsignata (Hendel) 见 *Euphranta sexsignata*
Staurella suspiciosa Hering 见 *Euphranta suspiciosa*
Staurellina 拟司套实蝇属
Staurellina trypetopsis Hering 特拟司套实蝇
Staurocleis magnifica Uvarov 尼日利亚桉苗幼树蝗
Stauroderus 肿脉蝗属
Stauroderus scalaris (Fischer van Waldheim) 肿脉蝗
Stauroderus yunnaneus (Uvarov) 云南肿脉蝗
Stauronematus 厚爪叶蜂属，叶爪叶蜂属
Stauronematus compressicornis (Fabricius) 同 *Stauronematus platycerus*
Stauronematus platycerus (Hartig) 杨厚爪叶蜂，扁角厚爪叶蜂，杨扁角叶蜂
Stauronematus saliciphilus Liston 柳厚爪叶蜂
Stauronematus sinicus Liu, Li *et* Wei 中华厚爪叶蜂，杨直角叶蜂
Staurophora 干纹夜蛾属
Staurophora celsia (Linnaeus) 干纹夜蛾，干纹冬夜蛾
Staurophora tenuis (Warren) 窄干纹夜蛾，窄干纹冬夜蛾
Stauropinae 蚁舟蛾亚科
Stauroplitis 拟蚁舟蛾属
Stauroplitis accomodus Schintlmeister *et* Fang 双拟蚁舟蛾
Stauropoctonus 棘转姬蜂属
Stauropoctonus bombycivorus (Gravenhorst) 蚕蛾棘转姬蜂
Stauropoctonus bombycivorus variegatus (Uchida) 同 *Stauropoctonus bombycivorus*
Stauropoctonus chezanus Cushman 同 *Stauropoctonus bombycivorus*
Stauropoctonus variegatus (Uchida) 同 *Stauropoctonus bombycivorus*
Stauropus 蚁舟蛾属
Stauropus abitus Kobayashi, Kishida *et* Wang 爱蚁舟蛾
Stauropus alternus Walker [lobster caterpillar, lobster moth, crab caterpillar] 龙眼蚁舟蛾，弓纹蚁舟蛾，南投天社蛾
Stauropus basalis Moore [strawberry prominent] 茅莓蚁舟蛾，褐带蚁舟蛾，草莓天社蛾
Stauropus basalis basalis Moore 茅莓蚁舟蛾指名亚种，指名茅莓蚁舟蛾
Stauropus basalis usuguronis Matsumura 茅莓蚁舟蛾台湾亚种，乌茅莓蚁舟蛾
Stauropus comata Leech 见 *Syntypistis comatus*
Stauropus diluta Hampson 见 *Pseudofentonia* (*Disparia*) *diluta*
Stauropus fagi (Linnaeus) [lobster moth, lobster prominent] 苹蚁舟蛾，苹果天社蛾，玹蚁舟蛾
Stauropus fagi fagi (Linnaeus) 苹蚁舟蛾指名亚种
Stauropus fagi persimilis Butler [apple ants moth, Japanese prominent] 苹蚁舟蛾日本亚种，蚁舟蛾
Stauropus major van Eecke 大蚁舟蛾
Stauropus persimilis Butler 见 *Stauropus fagi persimilis*

Stauropus picteti Oberthür 花蚁舟蛾

Stauropus sikkimensis Moore 锡金蚁舟蛾

Stauropus sikkimensis erdmanni Schintlmeister 锡金蚁舟蛾西南亚种，挨锡金蚁舟蛾

Stauropus sikkimensis lushanus Okano 锡金蚁舟蛾台湾亚种，庐山锡金蚁舟蛾，锡金蚁舟蛾

Stauropus sikkimensis sikkimensis Moore 锡金蚁舟蛾指名亚种

Stauropus skoui Schintlmeister 司寇蚁舟蛾

Stauropus teikichianus Matsumura 台蚁舟蛾，特蚁舟蛾

Stauropus teikichianus fuscus Wang *et* Kobayashi 台蚁舟蛾南岭亚种，台蚁舟蛾大陆亚种

Stauropus teikichianus teikichianus Matsumura 台蚁舟蛾指名亚种

Stauropus virescens Moore 绿蚁舟蛾，绿胯白舟蛾

Stauropus viridescens Walker 同 *Heterocampa biundata*

Staurothyreus 横脊金小蜂属

Staurothyreus bupalusi Yang 松尺蛾横脊金小蜂

Stavsolus 狭蟦属

Stavsolus manchuricus Teslenko 满洲里狭蟦

Stavsolus tenninus (Needham) 网状狭蟦

steady state 恒态，静态

steam cocoon cooking 蒸汽煮茧

steam fly [= German cockroach, croton bug, crouton bug, Russian roach, *Blattella germanica* (Linnaeus)] 德国小蠊，德国姬蠊，德国蟑螂

Steatococcus 腔绵蚧属

Steatococcus assamensis Rao 阿萨腔绵蚧

steatocyte 消脂细胞 < 从成虫脂肪组织中分离出来而用以消除幼虫脂肪细胞的一类变型细胞 >

steel beetle 阎甲，阎魔虫

steel-blue [= sirex woodwasp, European woodwasp, sirex wasp, steel-blue wood wasp, horntail borer, *Sirex noctilio* Fabricius] 松树蜂，云杉蓝树蜂，云杉树蜂，银枞树蜂

steel-blue cricket hunter [= steel-blue cricket-wasp, *Chlorion aerarium* Patton] 蓝绿泥蜂

steel-blue cricket-wasp 见 steel-blue cricket hunter

steel-blue sawfly 1. [*Perga dorsalis* Leach] 钢蓝筒腹叶蜂；2. [= pine false webworm, *Acantholyda erythrocephala* (Linnaeus)] 红头阿扁蜂，红头阿扁叶蜂，松群聚锯蜂

steel-blue wood wasp 见 steel-blue

steelblue jewel beetle [*Phaenops cyanea* (Fabricius)] 蓝长卵吉丁甲，蓝费吉丁甲，松蓝吉丁

steelblue lady beetle [*Halmus chalybeus* (Boisduval)] 钢耀瓢虫，钢蓝瓢虫，钢青瓢虫

steely blue beetle [*Korynetes coeruleus* (De Geer)] 青色隐跗郭公甲，青色科郭公虫，青色郭公虫，淡黑科郭公虫，淡黑柯郭公虫

Stefaniola 旱瘿蚊属

Stefaniola clavifaciens (Marikovskij) 棒形旱瘿蚊

Stefaniola congregata (Marikovskij) 聚生旱瘿蚊

Stefaniola deformans (Marikovskij) 异形旱瘿蚊

Stefaniola iliensis Fedotova 伊犁旱瘿蚊

Stefaniola insignis (Marikovskij) 长翅旱瘿蚊

Stefaniola rotunda Möhn 圆旱瘿蚊

Stegana 冠果蝇属

Stegana acantha Wu, Gao *et* Chen 刺叶冠果蝇

Stegana acutipenis Xu, Gao *et* Chen 尖茎冠果蝇

Stegana adentata Toda *et* Peng 缺齿冠果蝇

Stegana albiventralis Cheng, Gao *et* Chen 白腹冠果蝇

Stegana ancistrophylla Wu, Gao *et* Chen 钩叶冠果蝇

Stegana angulistrata Wu *et* Chen 弯突冠果蝇

Stegana angusigena Cheng, Gao *et* Chen 狭额冠果蝇 < 此种学名有误写为 *Stegana angustigena* Cheng, Gao *et* Chen 者 >

Stegana angustifoliacea Zhang *et* Chen 瘦叶冠果蝇

Stegana antha Zhang, Li *et* Chen 花叶冠果蝇，花冠果蝇

Stegana antila Sidorenko *et* Okada 角突冠果蝇，角冠果蝇

Stegana aotsukai Chen *et* Wang 青塚冠果蝇

Stegana apiciprocera Cao *et* Chen 端突冠果蝇

Stegana apicopubescens Cheng, Xu *et* Chen 端毛冠果蝇

Stegana apicosetosa Cheng, Xu *et* Chen 棘突冠果蝇

Stegana arcygramma Chen *et* Chen 纹胸冠果蝇

Stegana bacilla Chen *et* Aotsuka 棒突冠果蝇，棒叶冠果蝇

Stegana belokobylskiji Sidorenko 贝罗冠果蝇

Stegana brevibarba Cao *et* Chen 短须冠果蝇

Stegana cheni Sidorenko 陈氏冠果蝇

Stegana chitouensis Sidorenko 溪头冠果蝇

Stegana clavispinuta Chen *et* Chen 棒刺冠果蝇

Stegana concave Wang, Gao *et* Chen 凹叶冠果蝇

Stegana convergens (de Meijere) 直脉冠果蝇

Stegana crinata Zhang *et* Chen 帚叶冠果蝇

Stegana ctenaria Nishiharu 梳齿冠果蝇

Stegana curvata Wang, Gao *et* Chen 弯叶冠果蝇

Stegana curvinervis (Hendel) 弯脉冠果蝇

Stegana cyclophylla Chen *et* Chen 圆叶冠果蝇

Stegana cyclostoma Wu *et* Chen 圆口冠果蝇

Stegana cylindrica Wang, Gao *et* Chen 筒叶冠果蝇

Stegana danbaensis Chen *et* Chen 丹巴冠果蝇

Stegana dianensis Chen *et* Chen 滇冠果蝇

Stegana emeiensis Sidorenko 峨眉冠果蝇

Stegana euryphylla Chen *et* Chen 膨叶冠果蝇

Stegana eurystoma Wang, Gao *et* Chen 广口冠果蝇

Stegana femorata (Duda) 灰胫冠果蝇

Stegana flavicauda Zhang *et* Chen 黄尾冠果蝇 < 此种学名有误写为 *Stegana flavicaudua* Zhang *et* Chen 者 >

Stegana flaviclypeata Chen *et* Chen 黄唇冠果蝇

Stegana flavipalpata Chen *et* Chen 黄须冠果蝇

Stegana glabra Chen *et* Chen 光板冠果蝇

Stegana hamata Wang, Gao *et* Chen 小钩冠果蝇

Stegana helvipecta Zhang *et* Chen 黄胸冠果蝇

Stegana hirticeps Wang, Gao *et* Chen 毛头冠果蝇

Stegana hirtipenis Xu, Gao *et* Chen 毛茎冠果蝇

Stegana hirsutina Zhang *et* Chen 密毛冠果蝇 < 此种学名有误写为 *Stegana hirsutinna* Zhang *et* Chen 者 >

Stegana huangjiai Zhang, Li *et* Chen 黄嘉冠果蝇，黄佳冠果蝇

Stegana hylecoeta Zhang *et* Chen 林栖冠果蝇

Stegana izu Sidorenko 伊豆冠果蝇

Stegana jiajinshanensis Chen, Gao *et* Chen 夹金山冠果蝇

Stegana jianfenglingensis Chen, Gao *et* Chen 尖峰岭冠果蝇

Stegana jianqinae Zhang, Tsaur *et* Chen 建琴冠果蝇

Stegana kanmiyai Okada *et* Sidorenko 神宫冠果蝇

Stegana langufoliacea Wu, Gao *et* Chen 弱叶冠果蝇
Stegana lateralis van der Wulp 砖红冠果蝇，侧冠果蝇
Stegana latigena Wang, Gao *et* Chen 宽颊冠果蝇
Stegana latiorificia Zhang, Li *et* Chen 宽口冠果蝇
Stegana latipenis Xu, Gao *et* Chen 宽茎冠果蝇
Stegana leucothorax Chen *et* Chen 白胸冠果蝇
Stegana lineata de Meijere 线冠果蝇
Stegana lingnanensis Cheng, Gao *et* Chen 岭南冠果蝇
Stegana longifibula Takada 长锁冠果蝇
Stegana maculipennis Okada 翅斑冠果蝇
Stegana maichouensis Sidorenko 迈州冠果蝇
Stegana maoershanensis Chen, Gao *et* Chen 猫儿山冠果蝇
Stegana masanoritodai Okada *et* Sidorenko 户田冠果蝇
Stegana mediospinosa Cheng, Xu *et* Chen 中刺冠果蝇
Stegana melanocheilota Chen *et* Chen 黑唇冠果蝇
Stegana melanostigma Chen *et* Chen 黑斑冠果蝇
Stegana melanostoma Chen *et* Chen 黑口冠果蝇
Stegana melanothorax Chen *et* Chen 黑胸冠果蝇
Stegana mengla Cheng, Gao *et* Chen 勐腊冠果蝇
Stegana monoacaena Wang, Gao *et* Chen 单刺冠果蝇
Stegana monodonata Chen *et* Chen 小齿冠果蝇
Stegana montana Chen *et* Chen 山地冠果蝇
Stegana multicaudua Zhang *et* Chen 多鬃冠果蝇
Stegana multidentata Chen, Gao *et* Chen 多齿冠果蝇
Stegana multispinata Cao *et* Chen 多刺冠果蝇
Stegana nigrifoliacea Zhang, Li *et* Chen 黑叶冠果蝇
Stegana nigrifrons de Meijere 黑额冠果蝇
Stegana nigripennis (Hendel) 黑茎冠果蝇，黑翅冠果蝇
Stegana nigripes Zhang *et* Chen 黑足冠果蝇
Stegana nigrithorax Strobl 乌胸冠果蝇，黑胸冠果蝇
Stegana nigrolimbata Duda 黑缘冠果蝇
Stegana nulliseta Cheng, Gao *et* Chen 光叶冠果蝇，无毛冠果蝇
Stegana oligochaeta Chen *et* Chen 寡毛冠果蝇
Stegana ornatipes Wheeler *et* Takada 饰足冠果蝇
Stegana otocondyloda Wu, Gao *et* Chen 耳突冠果蝇
Stegana parvispina Chen *et* Chen 微刺冠果蝇
Stegana pianmaensis Chen *et* Chen 片马冠果蝇
Stegana pililobasa Chen *et* Chen 毛片冠果蝇
Stegana pilosella Cheng, Gao *et* Chen 稀毛冠果蝇，毛冠果蝇
Stegana planiceps Wang, Gao *et* Chen 平头冠果蝇
Stegana polyrhopalia Cao *et* Chen 多棒白果蝇，多突冠果蝇
Stegana polysphyra Zhang *et* Chen 多锤冠果蝇
Stegana polytricapillum Wu *et* Chen 多毛冠果蝇
Stegana prigenti Chen *et* Wang 珀氏冠果蝇
Stegana protuberans Chen *et* Chen 膨突冠果蝇
Stegana psilolobosa Chen *et* Chen 裸片冠果蝇
Stegana qinlingensis Chen, Gao *et* Chen 秦岭冠果蝇
Stegana quadrata Cao *et* Chen 端平冠果蝇
Stegana reni Wang, Gao *et* Chen 任氏冠果蝇
Stegana rhomboica Wang, Gao *et* Chen 菱叶冠果蝇
Stegana rotunda Cao *et* Chen 端圆冠果蝇
Stegana serratoprocessata Chen *et* Chen 鳞叶冠果蝇
Stegana setifrons Sidorenko 毛额冠果蝇
Stegana setivena Wang, Gao *et* Chen 毛脉冠果蝇
Stegana shennongi Chen, Gao *et* Chen 神农冠果蝇
Stegana shirozui Okada 白水冠果蝇，白水氏冠果蝇，白氏冠果蝇
Stegana singularis Sidorenko 形单冠果蝇
Stegana sinica Sidorenko 中国冠果蝇
Stegana sphaerica Wang, Gao *et* Chen 球叶冠果蝇
Stegana taiwana Okada 台湾冠果蝇
Stegana tentaculifera Chen *et* Chen 须鬃冠果蝇
Stegana tiani Wang, Gao *et* Chen 田氏冠果蝇
Stegana tongi Wang, Gao *et* Chen 童氏冠果蝇
Stegana undulata de Meijere 曲叶冠果蝇
Stegana wangi Wang, Gao *et* Chen 王氏冠果蝇
Stegana wanglei Wang, Gao *et* Chen 王乐冠果蝇
Stegana weiqiuzhangi Wang, Gao *et* Chen 维球冠果蝇
Stegana wulai Zhang, Tsaur *et* Chen 乌来冠果蝇
Stegana wuliangi Wang, Gao *et* Chen 吴亮冠果蝇
Stegana wuyishanensis Chen, Gao *et* Chen 武夷山冠果蝇
Stegana xanthosticta Chen, Gao *et* Chen 黄端冠果蝇
Stegana xiaoleiae Cao *et* Chen 晓蕾冠果蝇
Stegana xipengi Lu, Li *et* Chen 夕鹏冠果蝇
Stegana xishuangbanna Chen *et* Chen 版纳冠果蝇
Stegana xuei Hu *et* Toda 薛氏冠果蝇
Stegana xui Wang, Gao *et* Chen 许氏冠果蝇
Stegana yangi Zhang, Tsaur *et* Chen 杨氏冠果蝇
Stegana zhangi Sidorenko 张氏冠果蝇
Stegana zhaofengi Cheng, Gao *et* Chen 赵锋冠果蝇
Stegania 鞘封尺蛾属
Stegania crina Swinhoe 见 *Apostegania crina*
Stegania dalmataria Guenée 达鞘封尺蛾
Stegania dilectaria (Leech) 宠鞘封尺蛾，宠霜尺蛾
Stegania irroraria Leech 同 *Heterostegane hyriaria*
Steganinae 冠果蝇亚科，横眼果蝇亚科
Steganodactyla 褐羽蛾属
Steganodactyla concursa Walsingham 见 *Ochyrotica concursa*
Steganomus 密彩带蜂属
Steganomus taiwanus (Hirashima) 台湾密彩带蜂，台湾彩带蜂
Steganopsis 曲脉缟蝇属，斯缟蝇属，防水缟蝇属
Steganopsis convergens Hendel 聚曲脉缟蝇，康斯缟蝇，安平缟蝇
Steganopsis curvinervis (Thomson) 曲脉缟蝇，曲脉斯缟蝇
Steganopsis multilineata de Meijere 多线曲脉缟蝇
Stegasta 盖麦蛾属，红颈麦蛾属
Stegasta basqueella (Chambers) [red-necked peanutworm] 花生盖麦蛾，花生红颈麦蛾
Stegasta dicondylica Li *et* Zheng 双突盖麦蛾
Stegasta jejuensis Park *et* Omelko 济州盖麦蛾，盖麦蛾
Stegasta variana Meyrick 红颈盖麦蛾，红颈麦蛾，变盖麦蛾
Stegelytra 秀头叶蝉属
Stegelytra alticeps Mulsant *et* Rey 隆额秀头叶蝉
Stegelytra bolivari Signoret 卜氏秀头叶蝉
Stegelytra gavoyi Ribaut 盖氏秀头叶蝉
Stegelytra neveosparsa (Ghauri) 花翅秀头叶蝉
Stegelytra putoni Mulsant *et* Rey 普氏秀头叶蝉
Stegelytra sororcula Dlabola 条带秀头叶蝉
Stegelytrinae 秀头叶蝉亚科
Stegelytrini 秀头叶蝉族

Stegenagapanthia 肖多节天牛属，拟筛天牛属

Stegenagapanthia albovittata Pic 白纹肖多节天牛，白纹拟筛天牛，拟筛天牛，肖多节天牛

Stegenagapanthia aureomaculata Chiang *et* Li 同 *Paragnia fulvomaculata*

Stegobium 药材甲属

Stegobium paniceum (Linnaeus) [drugstore beetle, biscuit beetle, bread beetle] 药材甲，药栈甲虫，药甲，药谷盗，药材谷盗

Stegomyia 覆蚊亚属，斑蚊亚属，斑蚊属

Stegomyia aegypti (Linnaeus) 见 *Aedes aegypti*

Stegomyia alcasidi Huang 见 *Aedes alcasidi*

Stegomyia annandalei Theobald 见 *Aedes annandalei*

Stegomyia desmotes Giles 见 *Aedes desmotes*

Stegomyia gardnerii imitator (Lieicester) 见 *Aedes gardnerii imitator*

Stegomyia patriciae (Mattingly) 见 *Aedes patriciae*

Stegomyia pseudalbopicta Borel 见 *Aedes pseudalbopictus*

Stegopterna 跗突蚋属，斯底蚋属

Stegopterna takeshii Takaoka 日本跗突蚋

Stegopterninae 跗突蚋亚科

Stegothyris 窗水螟属

Stegothyris diagonalis (Guenée) 见 *Bradina diagonalis*

Steingelia 丝珠蚧属

Steingelia gorodetskia Nassonov [birch bark scale] 古北丝珠蚧

steingeliid 1. [= steingeliid scale] 丝珠蚧 < 丝珠蚧科 Steingeliidae 昆虫的通称 >；2. 丝珠蚧科的

steingeliid scale [= steingeliid] 丝珠蚧

Steingeliidae 丝珠蚧科

Steingeliinae 丝珠蚧亚科，干蚧亚科

Steinhauser's skipperling [*Dalla steinhauseri* Freeman] 斯氏达弄蝶

Steinhauser's therra [= cervara skipper, *Vacerra cervara* Steinhauser] 斯氏婉弄蝶

Steirastoma 舟天牛属

Steirastoma breve Sulzer [cacao beetle] 南美短舟天牛

Steleocerellus 剑芒秆蝇属

Steleocerellus cornifer (Becket) 角突剑芒秆蝇

Steleocerellus ensifer (Thomson) 中黄剑芒秆蝇，佩剑秆蝇

Steleocerellus formosus (Becker) 见 *Ensiferella formosa*

Steleocerellus maculicoxa (Kanmiya) 斑基剑芒秆蝇，基黑剑芒秆蝇

Steleocerellus obscurellus (Becker) 褐剑芒秆蝇，阴密秆蝇

Steleocerellus pallisior (Becker) 同 *Steleocerellus cornifer*

Steleocerellus singularis (Becker) 单剑芒秆蝇

Steleocerellus tenellus (Becker) 娇嫩剑芒秆蝇

Steleocerus formosus Becker 见 *Ensiferella formosa*

Steleoneura 柄脉寄蝇属

Steleoneura minuta Yang *et* Chao 小柄脉寄蝇

Stelidae 见 Stelididae

stelidid 1. [= stelidid bee] 白缘花蜂 < 白缘花蜂科 Stelididae 昆虫的通称 >；2. 白缘花蜂科的

stelidid bee [= stelidid] 白缘花蜂

Stelididae[= Stelidae] 白缘花蜂科

Stelidota 柱露尾甲属

Stelidota multiguttata Reitter 多斑柱露尾甲

Stelis 暗蜂属

Stelis aculeata Morawitz 尖腹暗蜂，尖暗蜂

Stelis breviuscula (Nylander) 短暗蜂

Stelis franconica (Blüthgen) 夫暗蜂，新疆暗翅蜂

Stelis inamoena Popov 中亚暗蜂

Stelis melanura Cockerell 黑暗蜂

Stelis minuta Peletier *et* Audinet-Serville 小暗蜂

Stelis scutellaris Morawitz 盾暗蜂

Stelis verticalis Wu 尖顶暗蜂

stella orange tip [*Anthocharis stella* (Edwards)] 星襟粉蝶

stella tigerwing [*Napeogenes stella* (Hewitson)] 星娜绡蝶

stellate [= stellated, stelliform] 星形的

stellate cell [= tracheoblast, tracheal end cell] 端细胞，气管端细胞

stellate scale [*Ceroplastes stellifer* (Westwood)] 七角星蜡蚧，七星蜡蚧，海星蜡介壳虫

stellated 见 stellate

stelliform 见 stellate

stelocyttare 柱巢蜂 < 在群居性胡蜂中，其巢内的窝层由柱支持而不与巢壁相连接者 >

Stelorrhinoides 峰喙象甲属

Stelorrhinoides freyi (Zumpt) 弗氏峰喙象甲，峰喙象甲，峰喙象

stem borer 1. 蛀茎虫，蛀干虫，钻心虫 < 泛指钻蛀植物茎的昆虫 >；2. 天牛

stem corn borer [= corn stem borer, greater sugarcane borer, sorghum stem borer, large corn borer, dura stem borer, maize borer, pink sugarcane borer, sugarcane pink borer, sorghum borer, pink corn borer, purple stem borer, durra stem borer, *Sesamia cretica* Lederer] 高粱蛀茎夜蛾

stem fly 秆蝇 < 指幼虫钻蛀在植物茎内的双翅目昆虫，如黄潜蝇科 Chloropidae 等 >

stem-galling moth [= ragweed borer, *Epiblema strenuanum* (Walker)] 豚草白斑小卷蛾，豚草卷蛾，猪草小卷蛾，猪草小卷叶蛾

stem maggot 秆蝇（幼虫）< 参阅 stem fly>

stem-miner fly [= frit fly, grass fly, eye gnat, pecker gnat, chloropid, chloropid fly] 秆蝇 < 秆蝇科 Chloropidae 昆虫的通称 >

stem mother [pl.fundatrices; = pseudogyna fundatrix，fundatrix] 干母 < 见于蚜虫中 >

stem sawfly [= cephid sawfly, cephid] 茎蜂 < 茎蜂科 Cephidae 昆虫的通称 >

stemapoda 支足 < 指天社蛾幼虫中臀足成为丝状者，如见于二尾舟蛾属 *Cerura*>

stemgroup 干群

Stemhaetothrips biformis (Bagnall) 见 *Baliothrips biformis*

stemma [pl. stemmata; = lateral ocellus] 侧单眼

stemmata [s. stemma; = lateral ocelli] 侧单眼

Stemmatophora 缨须螟属

Stemmatophora aglossalis Caradja 阿缨须螟

Stemmatophora albifimbrialis (Hampson) 白缘缨须螟，白缨双纹螟

Stemmatophora capnosalis Caradja 卡缨须螟

Stemmatophora centralis Shibuya 黄带缨须螟

Stemmatophora elegantalis (Caradja) 丽缨须螟

Stemmatophora flavicaput Shibuya 黄头缨须螟

Stemmatophora fuscibasalis (Snellen) 褐翅缨须螟

Stemmatophora gigantalis Caradja 大缨须螟

Stemmatophora joiceyi Caradja 约缨须螟
Stemmatophora mushana Shibuya 南投缨须螟
Stemmatophora parallelalis Caradja 平行缨须螟
Stemmatophora proboscidalis (Strand) 见 *Hypsopygia proboscidalis*
Stemmatophora rudis (Moore) 见 *Hypsopygia rudis*
Stemmatophora valida (Butler) 缘斑缨须螟
Stemmatophora yuennanensis Caradja 滇缨须螟
Stemonocera 角额实蝇属，斯特蒙实蝇属
Stemonocera bipunctata (Zia) 斑背角额实蝇，双条斯特蒙实蝇，二点斯特实蝇，二点威实蝇
Stemonocera brevialis (Ito) 短角角额实蝇，短角斯特蒙实蝇
Stemonocera cervicornis (Brunetti) 六鬃角额实蝇，杆鬃斯特蒙实蝇
Stemonocera cornuta (Scopoli) 四鬃角额实蝇，异翅形斯特蒙实蝇
Stemonocera corruca (Hering) 黄带角额实蝇，科鲁斯特蒙实蝇
Stemonocera hendeli (Munro) 亨氏角额实蝇，亨得里斯特蒙实蝇
Stemonocera mica (Richter *et* Kandybina) 韩国角额实蝇，韩国斯特蒙实蝇
Stemonocera unicinata (Wang) 独纹角额实蝇，乌尼斯特蒙实蝇
Stempellina 花托摇蚊属，暗眼摇蚊属
Stempellina bausei (Kieffer) 贝氏花托摇蚊，贝氏暗眼摇蚊
Stempellina clavata Guo *et* Wang 棒状花托摇蚊
Stempellinella 拟花托摇蚊属
Stempellinella apicula Guo *et* Wang 短尖拟花托摇蚊
Stempellinella brevilamellae Guo *et* Wang 短附拟花托摇蚊
Stempellinella depilisa Guo *et* Wang 裸拟花托摇蚊
Stempfferia 斯蒂灰蝶属
Stempfferia carcassoni Jackson 斯蒂灰蝶
Stempffer's harlequin [*Mimeresia issia* Stempffer] 伊莎靡灰蝶
Stempffer's on-off [*Tetrarhanis stempfferi* Berger] 斯蒂泰灰蝶
Stempffer's pierrot [*Tuxentius stempfferi* (Kielland)] 斯图灰蝶
Stempffer's tiger blue [*Hewitsonia danae* Stempffer] 达娜海灰蝶
Stenachroia 长螟属
Stenachroia elongella Hampson [sorghum webworm, sorghum earhead worm, cob borer, Old World webworm, jowar web-worm] 高粱长螟，长斯廷螟
Stenadonda 瘦舟蛾属
Stenadonda radialis Gaede 竹瘦舟蛾
Stenadonta 窄大蚊属
Stenadonta radialis Gaed 辐窄大蚊
Stenaesthetini 圆唇隐翅甲族
Stenaesthetus 圆唇隐翅甲属，细缘隐翅虫属
Stenaesthetus formosanus Puthz 蓬莱圆唇隐翅甲，蓬莱细缘隐翅虫
Stenaesthetus nomurai Puthz 野村圆唇隐翅甲，野村细缘隐翅虫
Stenaesthetus sunioides Sharp 森圆唇隐翅甲，森细缘隐翅虫
Stenaesthetus taiwanensis Puthz 台湾圆唇隐翅甲，台湾细缘隐翅虫
Stenagostus 脊角叩甲属
Stenagostus umbratilis (Lewis) 横带脊角叩甲
Stenagostus undulatus (De Geer) 见 *Diacanthous undulatus*
Stenamma 窄结蚁属
Stenamma kashmirense Baroni Urbani 克什米尔窄结蚁
Stenamma owstoni Wheeler 奥氏窄结蚁
Stenanchonus 狭象甲属
Stenanchonus angustus Voss 尖狭象甲，尖狭象
Stenancistrocerus 直沟蜾蠃属
Stenancistrocerus transcaspicus (Kostylev) 横带直沟蜾蠃
Stenanthidiellum 栉伟黄斑蜂亚属
Stenaoplus 斯姬蜂属
Stenaoplus japonicus (Cameron) 日本斯姬蜂
Stenaoplus maculipes (Smith) 斑腿斯姬蜂
Stenaoplus ornatitarsis (Cameron) 纹跗斯姬蜂
Stenaoplus semicirculoris (Uchida) 半环斯姬蜂，半环窄甲姬蜂
Stenaptinus 狭屁步甲属
Stenaptinus insignis Boheman 非洲狭屁步甲，非洲气步甲
Stenaraeus formosanus Szépligeti 见 *Gotra formosana*
Stenaraeus rufipes Szépligeti 同 *Gotra marginata*
Stenarella 窄姬蜂属
Stenarella insidiator (Smith) 中华窄姬蜂
Stenatkina 长冠叶蝉属，凹冠叶蝉属
Stenatkina albopennis Yang 白翅长冠叶蝉
Stenatkina angustata (Young) 角突长冠叶蝉，角长冠叶蝉，长冠凹冠叶蝉
Stenatkina bidentata Yang, Meng *et* Li 双齿长冠叶蝉
Stenatkina bimaculata Yang *et* Li 双斑长冠叶蝉，双斑凹冠叶蝉
Stenatkina heveli Young 赫氏长冠叶蝉
Stenatkina longi Yang, Meng *et* Li 龙氏长冠叶蝉
Stenatkina luteimacula Meng, Yang *et* Li 黄斑长冠叶蝉
Stenatkina moliensis Meng, Yang *et* Li 莫里长冠叶蝉
Stenaulophrys 管尾沫蝉属
Stenaulophrys bimaculata (Matsumura) 见 *Sounama bimaculata*
Stenaulophrys choui Yuan *et* Wu 见 *Kanozata choui*
Stenaulophrys shilloganus (Distant) 见 *Kanozata shillogana*
Stenbergmania 白戚夜蛾属
Stenbergmania albomacularis (Bremer) 白斑白戚夜蛾，白戚夜蛾，白斑窄夜蛾
Stenchaetothrips 直鬃蓟马属，直毛蓟马属
Stenchaetothrips albicornus Zhang *et* Tong 淡角直鬃蓟马，白角直鬃蓟马
Stenchaetothrips apheles Wang 等鬃直鬃蓟马，无齿直毛蓟马
Stenchaetothrips bambusae (Shumsher) 竹直鬃蓟马
Stenchaetothrips banhongensis Hu *et* Feng 班洪直鬃蓟马
Stenchaetothrips basibrunneus Wang 基褐直鬃蓟马，褐翅直毛蓟马
Stenchaetothrips biformis (Bagnall) [rice thrips, paddy thrips, oriental rice thrips] 稻直鬃蓟马，稻蓟马，稻芽蓟马
Stenchaetothrips brochus Wang 白茅直鬃蓟马，侧齿直毛蓟马
Stenchaetothrips caulis Bhatti 新月直鬃蓟马，柄直毛蓟马
Stenchaetothrips cymbopogoni Zhang *et* Tong 香茅直鬃蓟马
Stenchaetothrips divisae Bhatti 离直鬃蓟马
Stenchaetothrips faurei (Bhatti) 禾草直鬃蓟马
Stenchaetothrips fusca (Moulton) 褐直鬃蓟马
Stenchaetothrips gaomiaoensis Zhang *et* Feng 高庙直鬃蓟马
Stenchaetothrips hupingshanensis Man *et* Feng 壶瓶山直鬃蓟马
Stenchaetothrips indicus (Ramakrishna *et* Margabandhu) 印直鬃蓟马，印度直鬃蓟马
Stenchaetothrips karnyianus (Priesner) 卡尼直鬃蓟马，卡尼氏直毛蓟马

Stenchaetothrips minutus (van Deventer) [sugarcane thrips] 蔗直鬃蓟马，蔗小蓟马，无针蓟马，蔗蓟马
Stenchaetothrips oryzae (Williams) 同 *Stenchaetothrips biformis*
Stenchaetothrips pteratus Bhatti 丽翅直鬃蓟马
Stenchaetothrips sacchari (Krüger) [cane thrips] 蔗黄直鬃蓟马，蔗黄蓟马
Stenchaetothrips spinulae Tyagi *et* Kumar 小刺直鬃蓟马
Stenchaetothrips tenebricus (Ananthakrishnan *et* Jagadish) 暗直鬃蓟马
Stenchaetothrips undatus Wang 二色直鬃蓟马，波齿直毛蓟马
Stenchaetothrips victoriensis (Moulton) 威岛直鬃蓟马，直鬃蓟马
Stenchaetothrips zhangi Duan 张氏直鬃蓟马
stencilled hairstreak [= paler blue butterfly, ictinus blue, *Jalmenus ictinus* Hewitson] 仪佳灰蝶，东澳灰蓝灰蝶
Stenelmis 狭溪泥甲属，曲胫长角泥虫属
Stenelmis angustisulcata Zhang *et* Yang 狭沟狭溪泥甲，狭沟溪泥甲
Stenelmis anytus Hinton 安狭溪泥甲
Stenelmis beijingana Zhang *et* Ding 北京狭溪泥甲，北京溪泥甲
Stenelmis capys Hinton 喀狭溪泥甲
Stenelmis casius Hinton 卡狭溪泥甲
Stenelmis centridivisa Zhang, Yang *et* Zhang 中支狭溪泥甲，中支溪泥甲
Stenelmis convexa Zhang, Yang *et* Zhang 隆脊狭溪泥甲，隆脊溪泥甲
Stenelmis decipiens Bollow 德狭溪泥甲
Stenelmis elfriedeae Bollow 埃狭溪泥甲
Stenelmis euronotana Zhang *et* Yang 东南狭溪泥甲，东南溪泥甲
Stenelmis formosana Jeng *et* Yang 蓬莱狭溪泥甲，蓬莱曲胫长角泥虫
Stenelmis fukiensis Bollow 闽狭溪泥甲
Stenelmis gaugleri Bollow 皋狭溪泥甲
Stenelmis granulose Zhang, Yang *et* Zhang 密刻狭溪泥甲，密刻溪泥甲
Stenelmis grossepunctatus Bollow 大点狭溪泥甲
Stenelmis guangxinensis Zhang, Yang *et* Zhang 广西狭溪泥甲，广西溪泥甲
Stenelmis gutianshana Zhang *et* Yang 古田山狭溪泥甲，古田山溪泥甲
Stenelmis kaihuana Zhang *et* Yang 开化溪泥甲
Stenelmis klapperichi Bollow 克狭溪泥甲
Stenelmis kochi Bollow 柯狭溪泥甲
Stenelmis kutzeni Bollow 库狭溪泥甲
Stenelmis mangofoveola Bollow 曼狭溪泥甲
Stenelmis obscurifusca Zhang, Yang *et* Zhang 深褐狭溪泥甲，深褐溪泥甲
Stenelmis orthotibiata Zhang *et* Yang 直胫狭溪泥甲，直胫溪泥甲
Stenelmis peropaca Reitter 泼狭溪泥甲
Stenelmis priapus Hinton 普狭溪泥甲
Stenelmis puberula Reitter 绒狭溪泥甲
Stenelmis punctulatus Bollow 点狭溪泥甲
Stenelmis roii Bollow 罗狭溪泥甲
Stenelmis sauteri Konô 索狭溪泥甲，梭德氏长角泥虫，黄条长角泥虫
Stenelmis scutellicarinata Zhang *et* Yang 盾脊狭溪泥甲，盾脊溪泥甲
Stenelmis sinuata Zhang *et* Yang 端刻狭溪泥甲，端刻溪泥甲
Stenelmis sulmo Hinton 萨狭溪泥甲
Stenelmis szechuanensis Maran 川狭溪泥甲
Stenelmis testacea Grouvelle 黄褐狭溪泥甲
Stenelmis trisulcata Fairmaire 三沟狭溪泥甲
Stenelmis troilus Hinton 特洛狭溪泥甲
Stenelmis tros Hinton 特狭溪泥甲
Stenelmis venticarinata Zhang *et* Yang 腹突狭溪泥甲，腹突溪泥甲
Stenelmis ventiplana Zhang *et* Yang 平腹狭溪泥甲，平腹溪泥甲
Stenelmis wongi Jeng *et* Yang 粗点狭溪泥甲，粗点曲胫长角泥虫
Stenelmis yangi Zhang *et* Ding 杨氏狭溪泥甲，杨氏溪泥甲
Stenemphytus 雅叶蜂属
Stenemphytus minminae Wei *et* Nie 闵雅叶蜂，小雅叶蜂
Stenemphytus superbus Wei *et* Nie 丽雅叶蜂
Stenempria 细曲叶蜂属
Stenepteryx 狭翅虱蝇属
Stenepteryx hirundinis (Linnaeus) [swallow louse fly] 燕狭翅虱蝇，燕短翅虱蝇，蚂蝗虱蝇，蚂蝗短翅虱蝇
Stenerуx 狭花栉甲属
Stenerуx angustatus Pic 窄狭花栉甲，狭斯朽木甲
Stenerуx hauseri Sedlitz 郝氏狭花栉甲
Steneucyrtus 伪鞘拟步甲属，郁拟步甲属
Steneucyrtus major (Pic) 首伪鞘拟步甲，首郁拟步甲
Stenhomalus 狭天牛属，突眼天牛属
Stenhomalus baibarensis Matsushita 暗尾狭天牛，眉原突眼天牛
Stenhomalus cephalotes Pic 四带狭天牛
Stenhomalus cleroides Bates 台岛狭天牛，似郭公突眼天牛
Stenhomalus complicatus Gressitt 复纹狭天牛
Stenhomalus coomani Gressitt 福建狭天牛
Stenhomalus dayaoshanus Niisato et Chou 大瑶山狭天牛
Stenhomalus fenestratus White 四斑狭天牛，四星突眼天牛，四星凸眼天牛
Stenhomalus incongruus Gressitt 江苏狭天牛
Stenhomalus lighti (Gressitt) 东亚狭天牛
Stenhomalus liui Niisato 刘氏狭天牛
Stenhomalus makiharai Niisato *et* Chou 槙原狭天牛
Stenhomalus mirificus Niisato *et* Chou 奇异狭天牛
Stenhomalus pallidus Gressitt 淡色狭天牛，欠纹突眼天牛
Stenhomalus pinicola Holzschuh 松狭天牛
Stenhomalus ruficollis Gressitt 红狭天牛，红领突眼天牛，红颈凸眼天牛
Stenhomalus taiwanus Matsushita 台湾狭天牛，台湾突眼天牛，台湾凸眼天牛
Stenhomalus taiwanus koshunensis Seki 台湾狭天牛恒春亚种，恒春台湾狭天牛，恒春突眼天牛
Stenhomalus taiwanus taiwanus Matshushita 台湾狭天牛指名亚种，指名台湾狭天牛
Stenhypena 轧夜蛾属，狭翅须裳蛾属
Stenhypena adustalis (Hampson) 轧夜蛾，司腾夜蛾
Stenhypena costalis Wileman *et* South 缘轧夜蛾，缘司腾夜蛾，茎狭翅须裳蛾
Stenia 司挺螟属
Stenia charonialis (Walker) 见 *Mabra charonialis*

Stenia minoralis (Snellen) 见 *Symmoracma minoralis*
Stenia nigriscripta (Swinhoe) 见 *Mabra nigriscripta*
Stenia spodinopa (Meyrick) 同 *Symmoracma minoralis*
Stenicarus fuliginosus Marshall 罂粟根象甲
Stenichneumon 尖腹姬蜂属
Stenichneumon appropinquans (Cameron) 点尖腹姬蜂
Stenichneumon flavolineatus Uchida 黄纹尖腹姬蜂，尖腹姬蜂
Stenichneumon guttatus Uchida 同 *Stenichneumon appropinquans*
Stenichneumon maculitarsis (Cameron) 斑跗尖腹姬蜂
Stenichneumon nigriorbitalis (Uchida) 黑眶尖腹姬蜂
Stenichneumon posticalis (Matsumura) 后斑尖腹姬蜂
Stenichneumon rantaizanus Uchida 见 *Aoplus rantaizanus*
Stenichnus 钩颚苔甲属，窄苔甲属
Stenichnus bellulus Jałoszyński 美钩颚苔甲，美窄苔甲
Stenichnus donggonganus Wang *et* Li 洞宫钩颚苔甲
Stenichnus klapperichi Franz 克氏钩颚苔甲，克窄苔甲
Stenichnus taiwanensis (Franz) 宝岛钩颚苔甲，宝岛窄苔甲，台钟形苔甲
Stenichnus taiwanicus Franz 台湾钩颚苔甲，台窄苔甲
Stenichnus zhejiangensis Wang *et* Li 浙江钩颚苔甲
Stenidius 纤足蚁形甲属
Stenidius dolosus Kejval 匕斑纤足蚁形甲
Steninae 虎隐翅甲亚科，突眼隐翅虫亚科，圆角隐翅虫亚科
Stenischia 狭臀蚤属
Stenischia angustifrontalis Xie *et* Gong 锐额狭臀蚤
Stenischia chini Xie *et* Lin 金氏狭臀蚤
Stenischia exiensis Wang *et* Lin 鄂西狭臀蚤
Stenischia humilis Xie *et* Gong 低地狭臀蚤
Stenischia liae Xie *et* Lin 李氏狭臀蚤
Stenischia liui Xie *et* Lin 柳氏狭臀蚤
Stenischia mirabilis Jordan 奇异狭臀蚤，欣奇狭臀蚤
Stenischia montanis Xie *et* Gong 高山狭臀蚤
Stenischia repestis Xie *et* Gong 岩鼠狭臀蚤
Stenischia wui Xie *et* Lin 吴氏狭臀蚤
Stenischia xiei Li 解氏狭臀蚤
Stenister 宽胫阎甲亚属
Stenistoderus 颚沟隐翅甲属
Stenistoderus nothus (Erichson) 暗黑颚沟隐翅甲
Stenistoderus sinicus Bordoni 红翅颚沟隐翅甲
Stenobabinskaia 狭纤蛉属
Stenobabinskaia punctata Lu, Wang *et* Liu 斑翅狭纤蛉
Stenobaissoptera 狭巴依萨蛇蛉属
Stenobaissoptera xiai Lu, Zhang, Wang, Engel *et* Liu 夏氏狭巴依萨蛇蛉
Stenobothroides 拟草地蝗属
Stenobothroides xinjiangensis Xu *et* Zheng 新疆拟草地蝗
Stenobothrus 草地蝗属
Stenobothrus carbonarius (Eversmann) 黑翅草地蝗
Stenobothrus divergentivus Shiraki 广布草地蝗
Stenobothrus eurasius Zubovsky 欧亚草地蝗，欧亚皱蝗
Stenobothrus fischeri (Eversmann) 费氏草地蝗，费氏皱蝗
Stenobothrus formosanus Shiraki 台湾草地蝗
Stenobothrus fumatus Shiraki 烟色草地蝗
Stenobothrus kirgisorum Ikonnikov 内蒙草地蝗，内蒙皱蝗
Stenobothrus lineatus (Panzer) 条纹草地蝗
Stenobothrus macrocera (Fischer von Waldheim) 见 *Chorthippus macrocera*
Stenobothrus magnus Shiraki 大草地蝗
Stenobothrus minor Shiraki 小草地蝗
Stenobothrus nevskii Zubovsky 阿勒泰草地蝗，涅氏草地蝗
Stenobothrus nigromaculatus (Herrich-Schäffer) 斑翅草地蝗
Stenobothrus rubicundus (Germar) 红草地蝗
Stenobothrus werneri Adelung 外高加索草地蝗
Stenobothrus yunnaneus Uvarov 见 *Stauroderus yunnaneus*
Stenobracon 窄茧蜂属，螟茧蜂属
Stenobracon deesae (Cameron) 长尾窄茧蜂，长尾窄狭茧蜂
Stenobracon longatus Li, He *et* Chen 长室窄茧蜂
Stenobracon maculatus Matsumura 同 *Stenobracon oculatus*
Stenobracon nicevillei (Bingham) 白螟黑纹窄茧蜂，白螟窄狭茧蜂
Stenobracon oculatus Szépligeti 黑尾窄茧蜂，眼窄狭茧蜂
Stenobracon trifasciatus Szépligeti 同 *Stenobracon oculatus*
Stenocallimerus micans Corporaal *et* Pic 见 *Callimerus micans*
Stenocallimerus taiwanus Miyatake 见 *Callimerus taiwanus*
Stenocampa 蔺叶蜂属，线叶蜂属
Stenocampa elongata Wei *et* Nie 细长蔺叶蜂，狭线叶蜂
Stenocara 狭拟步甲属
Stenocara gracilipes Solier 细足狭拟步甲
Stenocatantops 直斑腿蝗属，直线斑腿蝗属
Stenocatantops angustifrons (Walker) 角额直斑腿蝗
Stenocatantops brevipennis Zhong *et* Zheng 短翅直斑腿蝗
Stenocatantops mistshenkoi Willemse 短角直斑腿蝗
Stenocatantops nigrovittatus Yin *et* Yin 黑纹直斑腿蝗
Stenocatantops splendens (Thunberg) 长角直斑腿蝗，细线狭斑腿蝗，白条细蝗，细线斑腿蝗，赤脚细蝗，细斑腿蝗
Stenocatantops unicolor Yin *et* Yin 单色直斑腿蝗
stenocephalid 1. [= stenocephalid bug, spurge bug] 狭蝽 < 狭蝽科 Stenocephalidae 昆虫的通称 >；2. 狭蝽科的
stenocephalid bug [= stenocephalid, spurge bug] 狭蝽
Stenocephalidae 狭蝽科
stenocephalous [= stenocephalus] 具狭头的
stenocephalus 见 stenocephalous
Stenocephalus 狭蝽属
Stenocephalus alticolus Zheng 见 *Dicranocephalus alticolus*
Stenocephalus femoralis Reuter 见 *Dicranocephalus femoralis*
Stenocephalus horvathi Reuter 见 *Dicranocephalus horvathi*
Stenocephus 外齿茎蜂属
Stenocephus flavamacula Wei 黄斑外齿茎蜂
Stenocephus fraxini Wei [ash tree stem sawfly] 白蜡外齿茎蜂，白蜡哈茎蜂
Stenocephus oncogaster Shinohara 黑基外齿茎蜂
Stenochilo ciniferalis Caradja 见 *Styxon ciniferalis*
Stenochinus 匿颈拟步甲属，匿颈拟步行虫属
Stenochinus akiyamai Masumoto, Akita *et* Lee 秋山匿颈拟步甲
Stenochinus amplus (Gebien) 台湾匿颈拟步甲，台湾匿颈拟步行虫
Stenochinus carinatus (Gebien) 条纹匿颈拟步甲，条纹匿颈拟步行虫
Stenochinus cylindricus (Gebien) 大匿颈拟步甲，大匿颈拟步行虫

Stenochinus furcifer (Shinbata) 叉匿颈拟步甲
Stenochinus mysticus Masumoto, Akita *et* Lee 迷匿颈拟步甲
Stenochinus unicornis (Shibata) 独角匿颈拟步甲，独角匿颈拟步行虫
Stenochironomus 狭摇蚊属，窄摇蚊属
Stenochironomus akizukii (Tokunaga) 秋月齿斑摇蚊
Stenochironomus annulus Song *et* Qi 环足狭摇蚊
Stenochironomus baishanzliensis Song *et* Qi 百山祖狭摇蚊
Stenochironomus brevissimus Qi, Lin, Liu *et* Wang 短附器狭摇蚊，短附狭摇蚊
Stenochironomus gibbus (Fabricius) 格布狭摇蚊
Stenochironomus hainanus Qi, Shi *et* Wang 海南狭摇蚊
Stenochironomus hilaris (Walker) 黑拉狭摇蚊，毛狭摇蚊
Stenochironomus inalemeus Sasa 印拉狭摇蚊
Stenochironomus koreanus Borkent 朝鲜狭摇蚊
Stenochironomus linanensis Qi, Lin, Liu *et* Wang 临安狭摇蚊
Stenochironomus macateei (Malloch) 麦氏狭摇蚊
Stenochironomus maculatus Borkent 斑头狭摇蚊
Stenochironomus mucronatus Qi, Shi *et* Wang 尖狭摇蚊
Stenochironomus nelumbus (Tokunaga *et* Kuroda) [lotus lily midge] 莲花狭摇蚊，莲狭口摇蚊，莲藕潜叶摇蚊，莲潜叶摇蚊，莲窄摇蚊
Stenochironomus nubilipennis Yamamoto 花翅狭摇蚊
Stenochironomus satorui (Tokunaga *et* Kuroda) 塞特狭摇蚊
Stenochironomus takahashii (Tokunaga) 高桥狭摇蚊，良一摇蚊，高桥摇蚊
Stenochironomus totifuscus Sublette 斑胸狭摇蚊
Stenochironomus xianjuensis Zhang，Gu，Qi *et* Wang 仙居狭摇蚊
Stenochironomus zhengi Lin *et* Liu 郑氏狭摇蚊
Stenocladius 狭棒萤属，垂须萤属
Stenocladius bicoloripes Pic 二色狭棒萤，双色垂须萤
Stenocladius davidi Fairmaire 达狭棒萤
Stenocladius shirakii Nakane 素木狭棒萤
stenocoenose 1. 狭布种的；2. 狭生境的
Stenocorini 脊花天牛族
Stenocoris 狭缘蝽属
Stenocoris apicalis (Westwood) [rice bug] 稻狭缘蝽，稻缘蝽
Stenocorus 脊花天牛属，棱角天牛属
Stenocorus amurensis (Kraatz) 东北脊花天牛
Stenocorus aureopubens (Pic) 金毛突脊花天牛
Stenocorus coeruleipennis (Bates) 绿翅脊花天牛
Stenocorus cursor (Linnaeus) 山西脊花天牛
Stenocorus fortecostatus (Jureček) 强脊花天牛
Stenocorus fuscodorsalis Chiang *et* Chen 暗背脊花天牛
Stenocorus inquisitor (Linnaeus) 见 *Rhagium inquisitor*
Stenocorus inquisitor inquisitor (Linnaeus) 见 *Rhagium inquisitor inquisitor*
Stenocorus inquisitor japonicus (Bates) 见 *Rhagium japonicum*
Stenocorus inquisitor lineatus (Olivier) 同 *Rhagium inquisitor inquisitor*
Stenocorus inquisitor morrisonensis (Kôno) 见 *Rhagium morrisonense*
Stenocorus lepturoides Reitter 细点脊花天牛
Stenocorus longevittatus (Fairmaire) 黄条脊花天牛
Stenocorus meridianus (Linnaeus) 大脊花天牛
Stenocorus minutus (Gebelr) 小脊花天牛
Stenocorus schizotarsus Chen *et* Chiang 裂跗脊花天牛
Stenocorus sinensis (Fairmaire) 中华脊花天牛
Stenocorus tataricus (Gebler) 扁角脊花天牛
Stenocorus vittatus Fischer von Waldheim 黑角脊花天牛
stenocotid 1. [= stenocotid leafhopper] 凸颜叶蝉 < 凸颜叶蝉科 Stenocotidae 昆虫的通称 >；2. 凸颜叶蝉科的
stenocotid leafhopper [= stenocotid] 凸颜叶蝉
Stenocotidae 凸颜叶蝉科
Stenocotini 窄冠叶蝉族
Stenocotis 窄冠叶蝉属
Stenocotis conferta Walker 同 *Stenocotis depressa*
Stenocotis depressa (Walker) [black flat-head leafhopper] 密点窄冠叶蝉
Stenocraninae 长突飞虱亚科
Stenocranus 长突飞虱属
Stenocranus agamopsyche Kirkaldy 长角长突飞虱
Stenocranus anomalus Chen *et* Liang 畸刺长突飞虱
Stenocranus breviceps Matsumura 同 *Stenocranus matsumurai*
Stenocranus castaneus Ding 褐背长突飞虱
Stenocranus chenzhouensis Ding 郴州长突飞虱
Stenocranus cyperi Ding 莎草长突飞虱
Stenocranus danjicus Kuoh 淡脊长突飞虱
Stenocranus fallax Matsumura 伪长突飞虱
Stenocranus formosanus Matsumura 台湾长突飞虱
Stenocranus harimensis Matsumura 播磨长突飞虱，莎草长突飞虱
Stenocranus hongtiaus Kuoh 同 *Stenocranus matsumurai*
Stenocranus hopponis Matsumura 北埔长突飞虱，获朴长突飞虱
Stenocranus japonicus Esaki 同 *Garaga nagaragawana*
Stenocranus jiangpuensis Ding 江浦长突飞虱
Stenocranus linearis Ding 脊条长突飞虱
Stenocranus longicapitis Ding 狭头长突飞虱
Stenocranus macromaculatus Ding 醒斑长突飞虱
Stenocranus magnispinosus Kuoh 见 *Preterkelisia magnispinosus*
Stenocranus matsumurai Metcalf [phragmites planthopper] 芦苇长突飞虱
Stenocranus minutus Fabricius 小长突飞虱
Stenocranus montanus Huang *et* Ding 山类芦长突飞虱，山长突飞虱
Stenocranus nigrifrons Muir 见 *Sogata nigrifrons*
Stenocranus nigrocaudatus Ding 黑尾长突飞虱
Stenocranus pacificus Kirkaldy 三齿长突飞虱
Stenocranus planus Yang 平突长突飞虱，平长突飞虱，台南长突飞虱
Stenocranus qiandainus Kuoh 浅带长突飞虱
Stenocranus rufilinearis Kuoh 赤条长突飞虱
Stenocranus spinosus Ding 多刺长突飞虱
Stenocranus testaceus Ding 黄褐长突飞虱
Stenocranus tonghuaensis Ding 通化长突飞虱
Stenocranus varians Kuoh 见 *Miranus varians*
Stenocranus yasumatsui Ishihara 日本长突飞虱
Stenocranus yuanmaonus Kuoh 缘毛长突飞虱
Stenocranus zalantunensis Ding *et* Hu 扎兰屯长突飞虱
Stenocrobylus 狭瓣蝗属
Stenocrobylus festivus Karsch 尼日利亚桉狭瓣蝗

Stenodacma 狭羽蛾属
Stenodacma pyrrhodes (Meyrick) 派狭羽蛾，鸟羽蛾
Stenodacma wahlbergi (Zeller) 瓦狭羽蛾，瓦巴克羽蛾
Stenodema 狭盲蝽属，狭盲蝽亚属
Stenodema alpestre (Reuter) 见 *Stenodema* (*Stenodema*) *alpestre*
Stenodema alpestris Reuter 见 *Stenodema* (*Stenodema*) *alpestre*
Stenodema alticolum Zheng 见 *Stenodema* (*Stenodema*) *alticolum*
Stenodema angustatum Zheng 见 *Stenodema* (*Stenodema*) *angustatum*
Stenodema (Brachystira) calcaratum (Fallén) [wheat leaf bug] 二刺狭盲蝽
Stenodema (Brachystira) pilosum (Jakovlev) 多毛狭盲蝽
Stenodema (Brachystira) trispinosum Reuter 三刺狭盲蝽
Stenodema brevinotum Lin 见 *Stenodema* (*Stenodema*) *brevinotum*
Stenodema calcaratum (Fallén) 见 *Stenodema* (*Brachystira*) *calcaratum*
Stenodema chinensis Reuter 见 *Stenodema* (*Stenodema*) *chinense*
Stenodema crassipes Kiritshenko 粗腿狭盲蝽
Stenodema deserta Nonnaizab *et* Jorigtoo 同 *Stenodema* (*Stenodema*) *turanicum*
Stenodema elegans Reuter 见 *Stenodema* (*Stenodema*) *elegans*
Stenodema holsatum (Fabricius) 见 *Stenodema* (*Stenodema*) *holsatum*
Stenodema hsiaoi Zheng 见 *Stenodema* (*Stenodema*) *hsiaoi*
Stenodema laevigatum (Linnaeus) 见 *Stenodema* (*Stenodema*) *laevigatum*
Stenodema longicolle Poppius 见 *Stenodema* (*Stenodema*) *longicolle*
Stenodema longulum Zheng 见 *Stenodema* (*Stenodema*) *longulum*
Stenodema nigricallum Zheng 见 *Stenodema* (*Stenodema*) *nigricallum*
Stenodema parvulum Zheng 见 *Stenodema* (*Stenodema*) *parvulum*
Stenodema pilosa (Jakovlev) 见 *Stenodema* (*Brachystira*) *pilosum*
Stenodema pilosipes Kelton 毛足狭盲蝽
Stenodema plebejum Reuter 见 *Stenodema* (*Stenodema*) *plebejum*
Stenodema rubrinerve Horváth 红脉狭盲蝽
Stenodema sericans Fieber 直胫狭盲蝽
Stenodema sibiricum Bergroth 见 *Stenodema* (*Stenodema*) *sibiricum*
Stenodema (Stenodema) alpestre Reuter 山地狭盲蝽
Stenodema (Stenodema) alticolum Zheng 高山狭盲蝽
Stenodema (Stenodema) angustatum Zheng 瘦狭盲蝽
Stenodema (Stenodema) antennatum Zheng 毛角狭盲蝽
Stenodema (Stenodema) brevinotum Lin 短胸狭盲蝽
Stenodema (Stenodema) chinense Reuter 中华狭盲蝽
Stenodema (Stenodema) daliense Zheng 大理狭盲蝽
Stenodema (Stenodema) elegans Reuter 深色狭盲蝽
Stenodema (Stenodema) holsatum (Fabricius) 扩翅狭盲蝽
Stenodema (Stenodema) hsiaoi Zheng 萧氏狭盲蝽
Stenodema (Stenodema) laevigatum (Linnaeus) 光滑狭盲蝽
Stenodema (Stenodema) longicolle Poppius 红褐狭盲蝽，台狭盲蝽
Stenodema (Stenodema) longulum Zheng 长狭盲蝽
Stenodema (Stenodema) mongolicum Nonnaizab *et* Jorigtoo 蒙古狭盲蝽
Stenodema (Stenodema) nigricallum Zheng 黑胝狭盲蝽
Stenodema (Stenodema) parvulum Zheng 小狭盲蝽
Stenodema (Stenodema) plebejum Reuter 川狭盲蝽
Stenodema (Stenodema) qinlingense Tang 秦岭狭盲蝽
Stenodema (Stenodema) sibiricum Bergroth 西伯利亚狭盲蝽
Stenodema (Stenodema) tibetum Zheng 西藏狭盲蝽
Stenodema (Stenodema) turanicum Reuter 中亚狭盲蝽，绿狭盲蝽
Stenodema (Stenodema) virens (Linnaeus) 绿狭盲蝽，长额狭盲蝽
Stenodema tibetum Zheng 见 *Stenodema* (*Stenodema*) *tibetum*
Stenodema trispinosum Reuter 见 *Stenodema* (*Brachystira*) *trispinosum*
Stenodema turanicum Reuter 见 *Stenodema* (*Stenodema*) *turanicum*
Stenodema virens (Linnaeus) 见 *Stenodema* (*Stenodema*) *virens*
Stenodemini 狭盲蝽族
Stenodera 细芫菁属，细芫菁亚属
Stenodera foveicollis Fairmaire 凹背细芫菁，窝胸细芫菁，窝狭芫菁，福细芫菁
Stenoderini 细芫菁族
Stenodes< 该属名曾被线虫纲一属占先，原在此学名下的卷蛾种窄纹卷蛾属昆虫现用 *Cochylimorpha* 属名 >
Stenodes amabilis (Meyrick) 见 *Cochylimorpha amabilis*
Stenodes asiana (Kennel) 见 *Cochylimorpha asiana*
Stenodes bipunctata Bai, Guo *et* Guo 见 *Cochylimorpha bipunctata*
Stenodes conankinensis Ge 见 *Cochylimorpha conankinensis*
Stenodes cultana (Lederer) 见 *Cochylimorpha cultana*
Stenodes cuspidata Ge 见 *Cochylimorpha cuspidata*
Stenodes emiliana (Kennel) 见 *Cochylimorpha emiliana*
Stenodes fuscimacula Falkovitsch 见 *Cochylimorpha fuscimacula*
Stenodes gracilens Ge 见 *Cochylimorpha gracilens*
Stenodes hedemanniana (Snellen) 见 *Cochylimorpha hedemanniana*
Stenodes jaculana (Snellen) 见 *Cochylimorpha jaculana*
Stenodes lungtangensis Razowski 见 *Cochylimorpha lungtangensis*
Stenodes nankinensis Razowski 见 *Cochylimorpha nankinensis*
Stenodes nipponana Razowski 见 *Cochylimorpha nipponana*
Stenodes nomadana (Erschoff) 见 *Cochylimorpha nomadana*
Stenodes pallens Kuznetzov 见 *Cochylimorpha pallens*
Stenodes perturbatana (Kennel) 见 *Cochylimorpha perturbatana*
Stenodes simplicis Bai, Guo *et* Guo 见 *Cochylimorpha simplicis*
Stenodiplosis 狭瘿蚊属，种瘿蚊属
Stenodiplosis bromicola Marikovskii *et* Agafonova [bromegrass seed midge] 雀麦狭瘿蚊，雀麦种瘿蚊，雀麦瘿蚊
Stenodiplosis panici Plotnikov [millet fly, millet small mosquito] 糜子狭瘿蚊，糜子种瘿蚊，糜子吸浆虫，黍瘿蚊，黍吸浆虫
Stenodiplosis sorghicola (Coquillett) [sorghum midge, dura gall midge, jola earhead fly] 高粱狭瘿蚊，高粱种瘿蚊，高粱康瘿蚊，高粱瘿蚊
Stenodontes 狭锯天牛属
Stenodontes dasytomus (Say) [hardwood stump borer] 硬木狭锯天牛
Stenodontus 狭齿姬蜂属
Stenodontus malaisei Roman 马氏狭齿姬蜂
Stenodontus marginellus (Gravenhorst) 缘狭齿姬蜂
Stenodontus regieri Diller 雷氏狭齿姬蜂，里氏狭齿姬蜂
Stenodryas 瘦棍腿天牛属，膨腿棕天牛属
Stenodryas atripes (Pic) 黑足瘦棍腿天牛
Stenodryas bicoloripes (Pic) 黑尾瘦棍腿天牛
Stenodryas clavigera (Bates) 黑棒瘦棍腿天牛
Stenodryas clavigera clavigera Bates 黑棒瘦棍腿天牛指名亚种，指名瘦棍腿天牛
Stenodryas clavigera impuncticollis Hayashi 黑棒瘦棍腿天牛南投亚种，南投瘦棍腿天牛，欠纹膨腿棕天牛，饴色天牛

Stenodryas clavigera insularis Yokoyama 黑棒瘦棍腿天牛台湾亚种，台湾瘦棍腿天牛
Stenodryas cylindricollis Gressitt 筒胸瘦棍腿天牛
Stenodryas inapiclalis (Pic) 越南瘦棍腿天牛
Stenodryas nigromaculatus (Gardner) 四纹瘦棍腿天牛
Stenodryas rufus (Pic) 红瘦棍腿天牛
Stenodryas tripunctatus Gressitt *et* Rondon 双带瘦棍腿天牛
Stenodryas ventralis (Gahan) 白腹瘦棍腿天牛
Stenodyneriellus 平盾蜾蠃属
Stenodyneriellus depressus Li *et* Chen 凹平盾蜾蠃
Stenodyneriellus guttulatus (de Saussure) 斑平盾蜾蠃
Stenodyneriellus maolanensis Li *et* Chen 茂兰平盾蜾蠃
Stenodyneriellus similiguttulatus Li *et* Chen 似斑平盾蜾蠃
Stenodynerus 直盾蜾蠃属
Stenodynerus baronii Giordani Soika 巴氏直盾蜾蠃
Stenodynerus bluethgeni van der Vecht 青直盾蜾蠃，布氏直盾蜾蠃
Stenodynerus chevrieranus (de Saussure) 羊直盾蜾蠃
Stenodynerus chinensis (de Saussure) 中华直盾蜾蠃，中华虹翅直盾蜾蠃
Stenodynerus chinensis chinensis (de Saussure) 中华直盾蜾蠃指名亚种
Stenodynerus chinensis simillimus Yamene *et* Gusenleitner 中华直盾蜾蠃近似亚种，近直盾蜾蠃
Stenodynerus clypeopictus (Kostylev) 凹触直盾蜾蠃
Stenodynerus copiosus Gusenleitner 丰直盾蜾蠃，棕直盾蜾蠃
Stenodynerus dentisquamus (Thomson) 齿直盾蜾蠃，显鳞狭盾蜾蠃，齿鳞直盾蜾蠃
Stenodynerus frauenfeldi (de Saussure) 福直盾蜾蠃
Stenodynerus funebris (André) 丧直盾蜾蠃，葬直盾蜾蠃
Stenodynerus incurvitus Gusenleitner 丽直盾蜾蠃
Stenodynerus morawitzi Kurzenko 莫氏直盾蜾蠃，莫狭盾蜾蠃，莫氏历蜾蠃
Stenodynerus morbillosus Giordani Soika 台狭盾蜾蠃
Stenodynerus nepalensis Giordani Soika 尼泊尔直盾蜾蠃，尼直盾蜾蠃
Stenodynerus ninglangensis Ma *et* Li 宁蒗直盾蜾蠃
Stenodynerus nudus (Morawitz) 裸直盾蜾蠃
Stenodynerus pappi Giordani Soika 帕氏直盾蜾蠃，直盾蜾蠃，毛狭盾蜾蠃
Stenodynerus pappi luteifasciatus Kim *et* Yamane 帕氏直盾蜾蠃黄带亚种
Stenodynerus pappi pappi Giordani Soika 帕氏直盾蜾蠃指名亚种
Stenodynerus picticrus (Thomson) 美直盾蜾蠃
Stenodynerus pullus Gusenleitner 内蒙古直盾蜾蠃，暗直盾蜾蠃
Stenodynerus reflexus Ma *et* Li 翘直盾蜾蠃
Stenodynerus similibaronii Ma *et* Li 类巴氏直盾蜾蠃，类巴直盾蜾蠃
Stenodynerus strigatus Ma *et* Li 纹直盾蜾蠃
Stenodynerus taiwanus Kim *et* Yamane 台湾直盾蜾蠃，台湾盾蜾蠃
Stenodynerus tenuilamellatus Ma *et* Li 窄片直盾蜾蠃
Stenodynerus tergitus Kim 背直盾蜾蠃
Stenogaster 狭腹胡蜂属
Stenogaster seitula (Bingham) 丽狭腹胡蜂
Stenogasteridae [= Stenogastridae] 狭腹胡蜂科
stenogastric 狭腹的
stenogastrid 1. [= stenogastrid wasp] 狭腹胡蜂 < 狭腹胡蜂科 Stenogastridae 昆虫的通称 >；2. 狭腹胡蜂科的
stenogastrid wasp [= stenogastrid] 狭腹胡蜂
Stenogastridae 见 Stenogasteridae
Stenogastrinae 狭腹胡蜂亚科
stenohaline 1. 狭盐性种；2. 狭盐性的
stenohalinous 狭盐性的，狭盐度性的
stenohydric 狭水性的
stenoky 狭栖性
Stenolaba liuii Chen 刘兰纹夜蛾
Stenolecanium 狭体蚧属
Stenolecanium esakii Takahashi 紫金牛狭体蚧
Stenolechia 狭麦蛾属，芽麦蛾属
Stenolechia bathyrodyas Meyrick 糙狭麦蛾，糙芽麦蛾，巴狭麦蛾
Stenolechia cuneata Zheng *et* Li 楔狭麦蛾
Stenolechia curvativalva Zheng *et* Li 弯瓣狭麦蛾
Stenolechia insulalis Park 音狭麦蛾
Stenolechia kodamai Okada 凯狭麦蛾
Stenolechia longivalvas Zheng *et* Li 长瓣狭麦蛾
Stenolechia notomochla Meyrick 暖狭麦蛾
Stenolechia trichaspis Meyrick 毛狭麦蛾，毛芽麦蛾
Stenolemus 细颈蚊猎蝽属
Stenolemus alikakay Rédei *et* Tsai 阿细颈蚊猎蝽
Stenolemus bituberus Stål 二突细颈蚊猎蝽
Stenolemus crassirostris Stål 粗喙细颈蚊猎蝽
Stenolemus giraffa Wygodzinsky 长颈细颈蚊猎蝽
Stenolemus lanipes Wygodzinsky 毛足细颈蚊猎蝽
Stenolemus sinicus Cai *et* Xiong 华细颈蚊猎蝽
Stenoloba 兰纹夜蛾属，蓝纹夜蛾属，藓夜蛾属
Stenoloba albiangulata Mell 白兰纹夜蛾
Stenoloba assimilis (Warren) 异兰纹夜蛾
Stenoloba assimilis assimilis (Warren) 异兰纹夜蛾指名亚种
Stenoloba assimilis taiwana Kononenko *et* Ronkay 异兰纹夜蛾台湾亚种，台湾异绿藓夜蛾
Stenoloba basiviridis Draudt 内斑兰纹夜蛾，内斑蓝纹夜蛾
Stenoloba clara (Leech) 细兰纹夜蛾，亮蓝纹夜蛾
Stenoloba clarescens Kononenko *et* Ronkay 明兰纹夜蛾，明藓夜蛾
Stenoloba confusa (Leech) 交兰纹夜蛾，交蓝纹夜蛾，兰纹夜蛾
Stenoloba domina Kononenko *et* Ronkay 主兰纹夜蛾
Stenoloba jankowskii (Oberthür) 简兰纹夜蛾，简氏蓝纹夜蛾，蓝纹夜蛾，云蓝纹夜蛾
Stenoloba lichenosa Kononenko *et* Ronkay 李兰纹夜蛾，地衣绿藓夜蛾
Stenoloba manleyi (Leech) 曼兰纹夜蛾
Stenoloba manleyi formosana Kononenko *et* Ronkay 曼兰纹夜蛾台湾亚种，曼雷绿藓夜蛾
Stenoloba manleyi manleyi (Leech) 曼兰纹夜蛾指名亚种
Stenoloba marina Draudt 海兰纹夜蛾，海蓝纹夜蛾
Stenoloba nigrabasalis Chang 暗基兰纹夜蛾，暗基绿藓夜蛾
Stenoloba nora Kononenko *et* Ronkay 青兰纹夜蛾，青藓夜蛾
Stenoloba oculata Draudt 灰兰纹夜蛾，灰蓝纹夜蛾

Stenoloba olivacea (Wileman) 橄榄兰纹夜蛾，橄榄绿藓夜蛾
Stenoloba pulla Ronkay 暗兰纹夜蛾，阴绿藓夜蛾，淡缘绿藓夜蛾
Stenoloba ronkayi Sohn *et* Tzuoo 朗兰纹夜蛾，朗氏藓夜蛾
Stenoloba rufosagitta Kononenko *et* Ronkay 橙缘兰纹夜蛾，橙缘绿藓夜蛾，赤兰纹夜蛾
Stenoloba umbrifera Hampson 荫兰纹夜蛾，荫蓝纹夜蛾
Stenoloba yenminia Ronkay 兰纹夜蛾
Stenolophus 狭胸步甲属
Stenolophus agonoides Bates 黄缘狭胸步甲
Stenolophus bousqueti Ito 布氏狭胸步甲
Stenolophus chalceus Bates 同 *Stenolophus difficilis*
Stenolophus connotatus Bates 黑条狭胸步甲，背黑狭胸步甲
Stenolophus difficilis (Hope) 烦狭胸步甲
Stenolophus dorsalis Motschulsky 背狭胸步甲
Stenolophus fulvicornis Bates 黄角狭胸步甲，褐角狭胸步甲
Stenolophus iridicolor Redtenbacher 红狭胸步甲，虹狭胸步甲
Stenolophus lecontei (Chaudoir) [seedcorn beetle, LeConte's seedcorn beetle] 玉米狭胸步甲，玉米籽粟褐步甲
Stenolophus meyeri Jedlička 梅狭胸步甲
Stenolophus quinquepustulatus (Wiedemann) 五斑狭胸步甲
Stenolophus quinquepustulatus apicalis Jedlička 同 *Stenolophus quinquepustulatus quinquepustulatus*
Stenolophus quinquepustulatus quinquepustulatus (Wiedemann) 五斑狭胸步甲指名亚种，指名五斑狭胸步甲
Stenolophus quinquepustulatus tripustulatus Jedlička 同 *Stenolophus quinquepustulatus quinquepustulatus*
Stenolophus quinquepustulatus unipustulatus Jedlička 同 *Stenolophus quinquepustulatus quinquepustulatus*
Stenolophus schaubergeri Jedlička 绍狭胸步甲
Stenolophus sinensis (Tschitschérine) 华狭胸步甲
Stenolophus smaragdulus (Fabricius) 绿狭胸步甲
Stenolophus uenoi Habu 上野狭胸步甲，郁狭胸步甲
Stenolophus unipustulatus Jedlička 同 *Stenolophus quinquepustulatus*
Stenoluperus 瘦跳甲属
Stenoluperus cyanipennis Wang 蓝鞘瘦跳甲
Stenoluperus esakii Kimoto 同 *Mandarella flaviventris*
Stenoluperus flavimembris Chen 黄瘦跳甲
Stenoluperus flavipes Chen 凹胸瘦跳甲
Stenoluperus flaviventris Chen 见 *Mandarella flaviventris*
Stenoluperus itoi Chûjô 伊藤瘦跳甲
Stenoluperus itoi Kimoto 同 *Mandarella flaviventris*
Stenoluperus kimotoi Döberl 同 *Mandarella uenoi*
Stenoluperus lemoides (Weise) 黑瘦跳甲
Stenoluperus matsumurai Takizawa 同 *Mandarella flaviventris*
Stenoluperus minor Kimoto 同 *Mandarella uenoi*
Stenoluperus niger Wang 暗瘦跳甲
Stenoluperus nigrimembris Chen 四川瘦跳甲
Stenoluperus nipponensis (Laboissière) 日本瘦跳甲
Stenoluperus pallipes Gressitt *et* Kimoto 赭足瘦跳甲
Stenoluperus parvus Gressitt *et* Kimoto 利川瘦跳甲
Stenoluperus piceae Wang 褐瘦跳甲
Stenoluperus potanini (Weise) 坡瘦跳甲
Stenoluperus pulchellus (Lopatin) 丽瘦跳甲
Stenoluperus puncticeps Wang 刻头瘦跳甲
Stenoluperus puncticollis Wang 糙胸瘦跳甲
Stenoluperus taiwanus Kimoto 同 *Mandarella uenoi*
Stenoluperus tibialis Chen 棕足瘦跳甲
Stenomacrus dendrolimi (Matsumura) 松毛虫狭姬蜂
Stenomalina 纤金小蜂属
Stenomalina epistena (Walker) 埃纤金小蜂
Stenomalina fontanus (Walker) 芳纤金小蜂
Stenomalina gracilis (Walker) 格纤金小蜂
Stenomalina illudens (Walker) 伊纤金小蜂
Stenomalina laticeps (Walker) 拉纤金小蜂
Stenomalina liparae (Giraud) 丽纤金小蜂
Stenomalina micans (Olivier) 裸纤金小蜂
Stenomalina muscara (Linnaeus) 见 *Pachyneuron muscarum*
Stenomalina pilosa Xiao *et* Huang 毛纤金小蜂
Stenomastax 全脊隐翅甲属，狭囊隐翅虫属
Stenomastax chinensis Pace 中华全脊隐翅甲
Stenomastax contermina Pace 伴全脊隐翅甲
Stenomastax diogenes Pace 淡翅全脊隐翅甲
Stenomastax formosana Pace 台湾全脊隐翅甲，台湾狭囊隐翅虫
Stenomastax kadooriorum Pace 卡多利全脊隐翅甲
Stenomastax opaca (Fenyes) 奥全脊隐翅甲，奥狭囊隐翅虫，荫钝须隐翅虫
Stenomastax pulchra Pace 丽全脊隐翅甲
Stenomastax raptoria Pace 暗棕全脊隐翅甲
Stenomastax serrula Pace 锯茎全脊隐翅甲
Stenomastax subopaca Pace 类奥全脊隐翅甲，类奥狭囊隐翅虫
Stenomastax yunnanensis Pace 云南全脊隐翅甲
Stenomesius 黄斑狭面姬小蜂属
Stenomesius guanshanensis Fan *et* Li 关山黄斑狭面姬小蜂
Stenomesius japonicus (Ashmead) 日本黄斑狭面姬小蜂，日本姬小蜂
Stenomesius hani Fan *et* Li 韩氏黄斑狭面姬小蜂
Stenomesius harbinensis Fan *et* Li 哈尔滨黄斑狭面姬小蜂
Stenomesius maculatus Liao 纵卷叶螟黄斑狭面姬小蜂，稻纵卷叶螟姬小蜂
Stenomesius rufescens (Retzius) 红黄斑狭面姬小蜂
Stenomesius tabashii (Nakayama) 螟蛉黄斑狭面姬小蜂
Stenometopiinae 狭额叶蝉亚科
Stenometopius 棱叶蝉属
Stenometopius formosanus Malsumura 台湾棱叶蝉
Stenometopius midanaoensis Baker 红带棱叶蝉
Stenomicra 斯树洞蝇属
Stenomicra angustiforceps Sabrosky 窄突斯树洞蝇
Stenomicra fascipennis Malloch 带突斯树洞蝇
Stenomicrinae 斯树洞蝇亚科
Stenomicrodon purpureus Hull 同 *Parocyptamus sonamii*
stenomid 1. [= stenomid moth] 狭蛾 < 狭蛾科 Stenomidae 昆虫的通称 >；2. 狭蛾科的
stenomid moth [= stenomid] 狭蛾
Stenomidae 狭蛾科
Stenomimus 狭木象甲属
Stenommatius 窄虫虻属，窄食虫虻属
Stenommatius formosanus Matsumura 宝岛窄虫虻，宝岛食虫虻
Stenomordella 窄花蚤属
Stenomordella longeantennalis Ermisch 长角窄花蚤

Stenomutilla 窄蚁蜂属
Stenomutilla desponsa (Smith) 见 *Orientilla desponsa*
Stenomutilla tausignata Smith 见 *Orientilla tausignata*
Stenomutilla variegata (Smith) 多色窄蚁蜂
Stenomystax 溪泥甲属，溪泥虫属
Stenomystax jengi Kodada, Jäch *et* Ciampor 郑氏溪泥甲，郑氏溪泥虫
Stenonabis 狭姬蝽属
Stenonabis bannaensis Hsiao 同 *Stenonabis tibialis*
Stenonabis fujianus Hsiao 福建狭姬蝽 <该种学名有误写为 *Stenonabis fujianensis* Hsiao 者>
Stenonabis guangsiensis Hsiao 同 *Stenonabis fujianus*
Stenonabis hainana Ren *et* Hsiao 海南狭姬蝽
Stenonabis jinxiuensis Ren 金秀狭姬蝽
Stenonabis quangsiensis Hsiao 同 *Stenonabis fujianus* <*Stenonabis quangsiensis* Hsiao 之名曾被修正为 *Stenonabis guangsiensis* Hsiao>
Stenonabis roseisignis Hsiao 红斑狭姬蝽
Stenonabis taiwanicus Kerzhner 同 *Stenonabis tibialis*
Stenonabis tibialis (Distant) 胫狭姬蝽
Stenonabis uhleri Miyamoto 双齿狭姬蝽
Stenonemobius 细针蟋属
Stenonemobius bicolor (Saussure) 双色细针蟋，黑胸异针蟋
Stenonota 窄花金龟甲属，窄花金龟属
Stenonota semirugata Fairmaire 半皱窄花金龟甲，半皱窄花金龟
stenooxybiont 狭酸性生物
stenooxybiotic [= stenoxybiotic] 狭酸性的，狭酸生的
stenopelmatid 1. [= stenopelmatid cricket, Jerusalem cricket, sand cricket, stone cricket, king cricket] 沙螽 <沙螽科 Stenopelmatidae 昆虫的通称>；2. 沙螽科的
stenopelmatid cricket [= stenopelmatid, Jerusalem cricket, sand cricket, stone cricket, king cricket] 沙螽
Stenopelmatidae 沙螽科，窄跗螽科，穴螽科，条蟋螽科
Stenopelmatoidea 沙螽总科
Stenopelmatus 沙螽属
Stenopelmatus fuscus Haldeman [Jerusalem cricket, dark Jerusalem cricket, potato bug, devil's baby, devil's spawn, devil's child] 耶路撒冷沙螽，耶路撒冷蟋螽，棕色沙螽
Stenopelmini 窄象甲族，窄象族
stenophagous 狭食性的
stenophagy 狭食性
Stenophasmus 断脉柄腹茧蜂亚属
Stenophasmus annuliventris Enderlein 见 *Spathius annuliventris*
Stenophasmus mimeticus Enderlein 见 *Spathius mimeticus*
Stenophyella 叉尾长蝽属
Stenophyella macreta Horváth 叉尾长蝽
Stenophylax 狭沼石蛾属
Stenophylax sinensis (Banks) 中华狭沼石蛾，华翅角石蛾
Stenopirates 光背奇蝽属
Stenopirates chipon (Esaki) 小光背奇蝽
Stenopirates collaris Walker 褐足光背奇蝽
Stenopirates jeanneli Štys 红足光背奇蝽
Stenopirates yami (Esaki) 赤光背奇蝽
Stenoplatypus klapperichi Schedl 克狭长小蠹
Stenopodainae 细足猎蝽亚科
Stenopogon 瘦芒虫虻属，瘦芒食虫虻属
Stenopogon albocilatus Engel 天山瘦芒虫虻，天山瘦芒食虫虻
Stenopogon callosus Pallas 胝瘦芒虫虻，胝瘦芒食虫虻
Stenopogon cinereus Engel 灰瘦芒虫虻，灰瘦芒食虫虻
Stenopogon coracinus (Loew) 江苏瘦芒虫虻，江苏瘦芒食虫虻
Stenopogon coracinus carbonarius Hermann 江苏瘦芒虫虻黑色亚种，黑瘦芒食虫虻
Stenopogon coracinus coracinus (Loew) 江苏瘦芒虫虻指名亚种
Stenopogon damias (Walker) 红瘦芒虫虻，红瘦芒食虫虻
Stenopogon kaltenbachi Engel 卡氏瘦芒虫虻，卡氏瘦芒食虫虻
Stenopogon laevigatus (Loew) 光滑瘦芒虫虻，光滑瘦芒食虫虻
Stenopogon laevigatus laevigatus (Loew) 光滑瘦芒虫虻指名亚种
Stenopogon laevigatus nigripes Engel 光滑瘦芒虫虻黑足亚种，光黑瘦芒食虫虻，黑滑瘦芒虫虻
Stenopogon milvus (Loew) 北京瘦芒虫虻，北京瘦芒食虫虻
Stenopogon nigriventris Loew 黑腹瘦芒虫虻，黑腹窄颌食虫虻
Stenopogon peregrinus Söguy 云南瘦芒虫虻，云南瘦芒食虫虻
Stenopogon strataegus Gerstaecker 胀瘦芒虫虻，胀瘦芒食虫虻
Stenopogon strataegus longulus Engel 胀瘦芒虫虻长体亚种，长瘦芒食虫虻，长胀瘦芒虫虻
Stenopogon strataegus strataegus Gerstaecker 胀瘦芒虫虻指名亚种
Stenopogoninae 瘦芒虫虻亚科，瘦芒食虫虻亚科
Stenoponia 狭蚤属
Stenoponia coelestis Jordan *et* Rothschild 兰狭蚤
Stenoponia conspecta Wagner 重要狭蚤
Stenoponia dabashanensis Zhang *et* Yu 大巴山狭蚤
Stenoponia formozovi Ioff *et* Tiflov 短距狭蚤
Stenoponia himalayana Brelih 喜马狭蚤
Stenoponia ivanovi Ioff *et* Tiflov 双凹狭蚤
Stenoponia montana Darskaya 山狭蚤
Stenoponia polyspina Li *et* Wang 多刺狭蚤
Stenoponia shanghaiensis Liu *et* Wu 上海狭蚤
Stenoponia sidimi Marikovsky 西迪米狭蚤，西迪狭蚤
Stenoponia singularis Ioff *et* Tiflov 独狭蚤
Stenoponia suknevi Ioff *et* Tiflov 短指狭蚤
Stenoponiinae 狭蚤亚科
Stenopotes pallidus Pascoe 辐射松狭饮天牛
Stenoprioptera 狭锯龟甲亚属
Stenopsestis 窄翅波纹蛾属
Stenopsestis alternata (Moore) 窄翅波纹蛾，台苔泊波纹蛾
Stenopsestis bruna Jiang, Yang *et* Xue 褐窄翅波纹蛾
stenopsocid 1. [= stenopsocid bark louse, narrow bark louse] 狭蛄 <狭蛄科 Stenopsocidae 昆虫的通称>；2. 狭蛄科的
stenopsocid bark louse [= stenopsocid, narrow bark louse] 狭蛄
Stenopsocidae 狭蛄科，狭啮虫科
Stenopsocus 狭蛄属
Stenopsocus albus Li 白色狭蛄
Stenopsocus angustifurcus Li 窄叉狭蛄
Stenopsocus angustistriatus Li 窄带狭蛄
Stenopsocus anthraeinus Li 暗唇狭蛄
Stenopsocus aphidiformis Enderlein 蚜狭蛄，蚜肘狭啮虫
Stenopsocus aureus Li 金黄狭蛄
Stenopsocus bellatulus Li 雅狭蛄
Stenopsocus betulus Li 岳桦狭蛄

Stenopsocus bicoloriceps Enderlein 二色狭蛄
Stenopsocus biconicus Li 双锥狭蛄
Stenopsocus biconvexus Li 双瘤狭蛄
Stenopsocus bimaculatus Li 两斑狭蛄
Stenopsocus bipunctatus Li 二星狭蛄
Stenopsocus bombusus Li 竹狭蛄
Stenopsocus brachychilus Li *et* Yang 宽唇狭蛄
Stenopsocus brachycladus Li 短径狭蛄
Stenopsocus brachyodicrus Li 短叉狭蛄
Stenopsocus brevicapitus Li 短头狭蛄
Stenopsocus brevivalvaris Li 短瓣狭蛄
Stenopsocus capacimacularus Li 宽斑狭蛄
Stenopsocus cassideus Li 盔形狭蛄
Stenopsocus ceuthozibrinus Li 隐条狭蛄
Stenopsocus changbaishanicus Li 长白山狭蛄
Stenopsocus chusanensis Navás 舟山狭蛄
Stenopsocus concisus Li 碎斑狭蛄
Stenopsocus dactylinus Li 指瓣狭蛄
Stenopsocus dichospilus Li 离斑狭蛄
Stenopsocus dictyodromus Li 网斑狭蛄
Stenopsocus disphaeroides Li 双球狭蛄
Stenopsocus emeishanicus Li 峨眉山狭蛄
Stenopsocus eucallus Li *et* Yang 黑丽狭蛄
Stenopsocus externus Banks 广狭蛄，外斑狭蛄，外狭啮虫
Stenopsocus fanjingshanicus Li *et* yang 梵净山狭蛄
Stenopsocus faungi Li 黄氏狭蛄
Stenopsocus flavicaudatus Li 淡尾狭蛄
Stenopsocus flavifrons Li 黄额狭蛄
Stenopsocus flavinigrus Li 黄黑狭蛄
Stenopsocus floralis Li 花斑狭蛄
Stenopsocus foliaceus Li 叶形狭蛄
Stenopsocus formosanus Bank 台湾狭蛄，台湾狭啮虫
Stenopsocus frontalis Li 斑额狭蛄
Stenopsocus frontimaculatus Li 额斑狭蛄
Stenopsocus fulivertex Li 黄顶狭蛄
Stenopsocus gansuensis Li 甘肃狭蛄
Stenopsocus genostictus Li 颊斑狭蛄
Stenopsocus gibbulosus Li 小囊狭蛄
Stenopsocus gracilimaculatus Li 细斑狭蛄
Stenopsocus gracillimus Li *et* Yang 线斑狭蛄
Stenopsocus guizhouiensis Li 贵州狭蛄
Stenopsocus hemiostictus Li 半斑狭蛄
Stenopsocus hexagonus Li 六斑狭蛄
Stenopsocus huangshanicus Li 黄山狭蛄
Stenopsocus hunanicus Li 湖南狭蛄
Stenopsocus immaculatus (Stephens) 无斑狭蛄
Stenopsocus isotomus Li 等叉狭蛄
Stenopsocus kunmingiensis Li 昆明狭蛄
Stenopsocus lacteus Li 淡色狭蛄
Stenopsocus laterimaculatus Li 侧斑狭蛄
Stenopsocus liuae Li 刘氏狭蛄
Stenopsocus liupanshanensis Li 六盘山狭蛄
Stenopsocus longicuspis Li 长突狭蛄
Stenopsocus longitudinalis Li 狭长狭蛄
Stenopsocus macrocheirus Li 长指狭蛄
Stenopsocus maculosus Li *et* Yang 多斑狭蛄
Stenopsocus makii Takahashi 真木氏狭蛄，真木狭啮虫
Stenopsocus maximalis Li 大斑狭蛄
Stenopsocus melanocephalus Li 黑头狭蛄
Stenopsocus metostictus Li 后斑狭蛄
Stenopsocus naevicapitatus Li 斑头狭蛄
Stenopsocus niger Enderlein 黑细茶狭蛄，黑细茶啮虫
Stenopsocus obscurus Li 愚笨狭蛄
Stenopsocus oculimaculatus Li 眼斑狭蛄
Stenopsocus parviforficatus Li 小叉狭蛄
Stenopsocus pavonicus Li 孔雀狭蛄
Stenopsocus paxillivalvaris Li 钉瓣狭蛄
Stenopsocus percussus Li 锐尖狭蛄
Stenopsocus periostictus Li 缘斑狭蛄
Stenopsocus perspicuus Li 透翅狭蛄
Stenopsocus phaeostigmus Li 黑痣狭蛄
Stenopsocus phaneostriatus Li 显条狭蛄
Stenopsocus platynotus Li 宽痣狭蛄
Stenopsocus platyocephalus *Li* 扁头狭蛄
Stenopsocus podorphus Li 足状狭蛄
Stenopsocus polyceratus Li 多角狭蛄
Stenopsocus radimaculatus Li 径斑狭蛄
Stenopsocus revolatus Li 卷斑狭蛄
Stenopsocus shennongjiaensis Li 神农架狭蛄
Stenopsocus sichuanicus Li 四川狭蛄
Stenopsocus silvaticus Li 嗜林狭蛄
Stenopsocus spongiosus Li 絮斑狭蛄
Stenopsocus striolatus Li 细条狭蛄
Stenopsocus symipsarous Li 连斑狭蛄
Stenopsocus thermophilus Li 喜温狭蛄
Stenopsocus tibialis Banks 胫狭蛄，胫狭啮虫
Stenopsocus tribulbus Li 三球狭蛄
Stenopsocus tripartibilis Li 三叉狭蛄
Stenopsocus trisetus Li 三毛狭蛄
Stenopsocus turgidus Li 膨突狭蛄
Stenopsocus wuxiaensis Li 巫峡狭蛄
Stenopsocus xanthophaeus Li 黄褐狭蛄
Stenopsocus xanthostigmus Li 黄痣狭蛄
Stenopsocus xilingxianus Li 西陵峡狭蛄
Stenopsocus xisngxiensis Li 湘西狭蛄
Stenopsocus zonatus Li 横带狭蛄
Stenopsyche 角石蛾属
Stenopsyche acanthoclada Xu, Wang *et* Sun 侧刺角石蛾
Stenopsyche anaximander Malicky 阿角石蛾
Stenopsyche angustata Martynov 窄角石蛾，狭窄角石蛾
Stenopsyche appendiculata Hwang 双突角石蛾
Stenopsyche banksi Mosely 贝氏角石蛾
Stenopsyche bergeri Martyno 伯氏角石蛾
Stenopsyche bilobata Tian *et* Li 双叶角石蛾
Stenopsyche bistratosa Xu, Sun *et* Wang 叠尾角石蛾
Stenopsyche brevata Tian *et* Zheng 短突角石蛾
Stenopsyche camor Malicky 宽阔角石蛾，卡角石蛾
Stenopsyche cervaria Xu, Sun *et* Wang 鹿肢角石蛾
Stenopsyche chagyaba Tian 察雅角石蛾
Stenopsyche chekiangana Schmid 浙江角石蛾

S

Stenopsyche chinensis Hwang 中华角石蛾
Stenopsyche cinerea Navás 灰角石蛾
Stenopsyche complanata Tian *et* Li 阔茎角石蛾
Stenopsyche daniel Malicky 达角石蛾
Stenopsyche dentata Navás 广州角石蛾
Stenopsyche denticulata Ulmer 齿突角石蛾
Stenopsyche dentigera Ulmer 瘤突角石蛾
Stenopsyche dirghajihvi Schmid 德氏角石蛾
Stenopsyche drakon Weaver 神龙角石蛾，德拉角石蛾
Stenopsyche dubia Schmid 疑角石蛾
Stenopsyche formosana Kobayashi 宝岛角石蛾，丽角石蛾
Stenopsyche fukienica Schmid 福建角石蛾
Stenopsyche ghaikamaidanwalla Schmid 海短钩角石蛾
Stenopsyche grahami Martynov 格氏角石蛾
Stenopsyche griseipennis Kimmins 灰翅角石蛾，淡色角石蛾
Stenopsyche himalayana Martynov 喜马角石蛾
Stenopsyche huangi Tian 黄氏角石蛾
Stenopsyche jinxiuensis Xu, Wang *et* Sun 金秀角石蛾
Stenopsyche kharbinica (Navás) 哈角石蛾
Stenopsyche laminata Ulmer 叶形角石蛾
Stenopsyche lanceolata Hwang 尖头角石蛾
Stenopsyche levelaga Oláh, Oláh *et* Li 枝叶角石蛾
Stenopsyche longispina Ulmer 长刺角石蛾
Stenopsyche lotus Weaver 洛角石蛾
Stenopsyche marmorata Navás 条纹角石蛾，斑纹角石蛾
Stenopsyche martynovi Banks 马氏角石蛾
Stenopsyche maxima Martynov 最大角石蛾
Stenopsyche moselyi Banks 莫氏角石蛾
Stenopsyche navasi Ulmer 纳氏角石蛾
Stenopsyche ningshanensis Xu, Wang *et* Sun 宁陕角石蛾
Stenopsyche omeiensis Hwang 峨眉角石蛾
Stenopsyche pallidipennis Martynov 淡翅角石蛾
Stenopsyche paranavasi Hwang *et* Tian 短钩角石蛾
Stenopsyche pjasetzkyi Martynov 加氏角石蛾，札氏角石蛾
Stenopsyche pubencens Schmid 短毛角石蛾
Stenopsyche rotundata Schmid 圆突角石蛾
Stenopsyche sauteri Ulmer 色氏角石蛾，梭氏角石蛾
Stenopsyche sichuanensis Tian *et* Zheng 同 *Stenopsyche moselyi*
Stenopsyche sidon Malicky 西顿角石蛾
Stenopsyche simplex Schmid 单枝角石蛾
Stenopsyche sinuolata Xu, Sun *et* Wang 细弯角石蛾
Stenopsyche stotzneri Dohler 斯氏角石蛾
Stenopsyche taiwanensis Weaver 台湾角石蛾
Stenopsyche tapaishana Schmid 同 *Stenopsyche grahami*
Stenopsyche tianlinensis Xu, Sun *et* Wang 田林角石蛾
Stenopsyche tibetana Navás 西藏角石蛾
Stenopsyche tienmushanensis Hwang 天目山角石蛾
Stenopsyche triangularis Schmid 短脊角石蛾
Stenopsyche trilobata Tian *et* Weaver 三叶角石蛾
Stenopsyche ulmeri Navás 乌氏角石蛾
Stenopsyche uncinatella Fisher 钩枝角石蛾
Stenopsyche uniformis Schmid 同色角石蛾
Stenopsyche variabilis Kumanski 多变角石蛾
Stenopsyche vicina Navás 类角石蛾
Stenopsyche yunnanensis Hwang 同 *Stenopsyche lanceolata*
stenopsychid 1. [= stenopsychid caddisfly] 角石蛾 < 角石蛾科 Stenopsychidae 昆虫的通称 >；2. 角石蛾科的
stenopsychid caddisfly [= stenopsychid] 角石蛾
Stenopsychidae 角石蛾科
Stenopsylla 狭个木虱属，狭叉木虱属
Stenopsylla brevimaculae Li *et* Yang 短斑狭个木虱
Stenopsylla euryae (Yang) 粗毛狭个木虱，粗毛柃木虱
Stenopsylla fraxini Li *et* Yang 白蜡树狭个木虱，梣狭个木虱
Stenopsylla guiana Li *et* Yang 桂狭个木虱
Stenopsylla longimaculae Li *et* Yang 长斑狭个木虱
Stenopsylla medimaculae Li *et* Yang 中斑狭个木虱
Stenopsylla nigricornis Kuwayama 黑角狭个木虱，黑角柃木虱，黑角鼻个木虱
Stenopsylla occipitalis Yu 两岸狭个木虱，阔颊木虱，两岸鼻个木虱
Stenopsylla sinica Li *et* Yang 中国狭个木虱
Stenopteridae [= Thripidae] 蓟马科
Stenopterininae 细腹扁口蝇亚科
Stenopteron 狭云卷蛾属
Stenopteron stenopterum (Filipjev) 细狭云卷蛾
stenopterous 狭翅的 < 特指半翅目昆虫中的短翅或狭翅的 >
Stenopterus 狭鞘天牛属
Stenopterus shensiensis Gressitt 圆尾狭鞘天牛
Stenopterus truncatipennis Gressitt 截尾狭鞘天牛
Stenoptilia 细羽蛾属，小羽蛾属
Stenoptilia admiranda Yano 艾细羽蛾，艾小羽蛾
Stenoptilia caroli Arenberger 卡细羽蛾，卡小羽蛾
Stenoptilia emarginata (Snellen) 见 *Fuscoptilia emarginata*
Stenoptilia graphodactyla (Treitschke) 墨细羽蛾，格小羽蛾
Stenoptilia latistriga Rebel 宽纹细羽蛾，宽纹小羽蛾
Stenoptilia nolckeni (Tengstrom) 诺肯细羽蛾
Stenoptilia platanodes Meyrick 岛细羽蛾
Stenoptilia pneumonanthes (Büttner) 斑翅细羽蛾，普小羽蛾
Stenoptilia poculi Arenberger 杯细羽蛾
Stenoptilia pterodactyla (Linnaeus) 翼细羽蛾
Stenoptilia sinuata Qin *et* Zheng 见 *Fuscoptilia sinuata*
Stenoptilia vitis Sasski 见 *Nippoptilia vitis*
Stenoptilia zophodactyla (Duponchel) 佐细羽蛾，佐小羽蛾
Stenoptilodes 秀羽蛾属
Stenoptilodes taprobanes (Felder *et* Rogenhofer) 褐秀羽蛾，塔拟小羽蛾，塔平羽蛾
Stenorhis 狭长角象甲属，狭长角象属
Stenorhis bifoveolatus Shibata 双窝狭长角象甲，双窝狭长角象
Stenorhis cylindratus Frieser 筒狭长角象甲，筒狭长角象
Stenorhyacia 窄沁夜蛾亚属
stenorhynchan 具狭喙的
Stenoria 狭翅芫菁属，狭翅芫菁亚属
Stenoria fasciata (Faldermann) 二斑狭翅芫菁，带柔芫菁
Stenoria hauseri (Escherich) 豪狭翅芫菁，豪柔芫菁
Stenoria laterimaculata (Reitter) 侧斑狭翅芫菁，侧狭翅芫菁，侧斑柔芫菁
Stenoria longipennis (Pic) 长茎狭翅芫菁，长翅柔芫菁
Stenoria tibetana (Escherich) 青藏狭翅芫菁，西藏狭翅芫菁，藏柔芫菁
Stenoscelis 凹盾象甲属

Stenoscelis acerbus Zhang 齿突凹盾象甲，齿突凹盾象
Stenoscelis aceri Konishi 槭凹盾象甲，槭凹盾象
Stenoscelis alni Zhang 赤杨凹盾象甲，赤杨凹盾象
Stenoscelis binodifer Marshall 双凹盾象甲，双凹盾象
Stenoscelis chinensis Voss 中国凹盾象甲，中华凹盾象
Stenoscelis cryptomeriae Konishi 柳杉凹盾象甲，柳杉凹盾象
Stenoscelis foveatus Zhang 圆窝凹盾象甲，圆窝凹盾象
Stenoscelis gracilitarsis Wollaston 日本凹盾象甲，日本凹盾象
Stenoscelis podocarpi Marshall 非洲桧凹盾象甲，点凹盾象
Stenoscelis puncticulatus Zhang 小点凹盾象甲，小点凹盾象
Stenoscelis recavus Zhang 洼喙凹盾象甲，洼喙凹盾象
Stenoscelis yuxianensis Zhang 蔚县凹盾象甲，蔚县凹盾象
Stenoscelodes 拟凹盾象甲属
Stenoscelodes tibetanus Zhang *et* Osella 西藏拟凹盾象甲，西藏拟凹盾象
Stenoscinis 狭秆蝇属
Stenoscinis aequisecta (Duda) 南台狭秆蝇，南台秆蝇
Stenosida 窄鳖甲属
Stenosida indica (Haag-Rutenberg) 中南窄鳖甲
Stenosida striatopunctata (Wiedemann) 条刻窄鳖甲，纹点狭拟步甲
Stenosini 细甲族
Stenosmia 栉壁蜂属
Stenosmia flavicornis Morawitz 黄角栉壁蜂
Stenosmia xinjiangense Wu 新疆栉壁蜂
Stenosophrops 狭霉鳃金龟甲属，狭霉鳃金龟属，细鳃金龟属
Stenosophrops convexpyga Nomura 凸臀狭霉鳃金龟甲，凸臀狭霉鳃金龟，细鳃金龟
Stenosophrops fuscicollis Nomura 锤狭霉鳃金龟甲，锤狭霉鳃金龟，黑胸细鳃金龟
Stenosophrops longicornis Nomura 长角狭霉鳃金龟甲，长角狭霉鳃金龟，长角细鳃金龟
Stenosophrops shykshana Kobayashi 谐狭霉鳃金龟甲，谐狭霉鳃金龟，新山细鳃金龟
Stenosophrops tuberculata Kobayashi 瘤狭霉鳃金龟甲，瘤狭霉鳃金龟，伪细鳃金龟
Stenostigma paucinotata (Hübner) 疏纹冬夜蛾
Stenostola 修天牛属
Stenostola atra Gressitt 黑修天牛
Stenostola basisuturalis Gressitt 黑斑修天牛
Stenostola pallida Gressitt 宝鸡修天牛
Stenotarsoides maculosus (Fairmaire) 见 *Stenotarsus maculosus*
Stenotarsus 狭跗伪瓢虫属，窄跗伪瓢虫属
Stenotarsus aokii Chûjô 青木狭跗伪瓢虫，奥狭跗伪瓢虫，青木窄跗伪瓢虫
Stenotarsus chujoi Strohecker 中条狭跗伪瓢虫，中条窄跗伪瓢虫
Stenotarsus maculosus Fairmaire 斑狭跗伪瓢虫，斑拟狭跗伪瓢虫
Stenotarsus porcellus Strohecker 坡狭跗伪瓢虫
Stenotarsus ryukyuensis Chûjô *et* Kiuchi 琉球狭跗伪瓢虫，琉球窄跗伪瓢虫
Stenotarsus yoshionis Chûjô 兰屿狭跗伪瓢虫，约狭跗伪瓢虫，兰屿窄跗伪瓢虫
Stenothemus 狭胸花萤属，狭胸菊虎属，狭花萤属
Stenothemus acuticollis Yang *et* Yang 锐颈狭胸花萤
Stenothemus alexandrae Švihla 亚氏狭胸花萤
Stenothemus benesi Švihla 柏氏狭胸花萤
Stenothemus benesi benesi Švihla 柏氏狭胸花萤指名亚种
Stenothemus benesi shaanxiensis Švihla 柏氏狭胸花萤陕西亚种
Stenothemus biimpressiceps (Pic) 二痕狭胸花萤，二痕花萤
Stenothemus championi Pic 同 *Falsopodabrus refossicollis*
Stenothemus chinensis (Wittmer) 中华狭胸花萤，华阿特花萤
Stenothemus chongqingensis Yang *et* Liu 重庆狭胸花萤
Stenothemus cou Hsiao 邹狭胸花萤，邹狭胸菊虎
Stenothemus davidi (Pic) 大卫狭胸花萤，达氏跗花萤，达拟足花萤
Stenothemus dentatus Wittmer 齿狭胸花萤
Stenothemus diffusus Wittmer 双色狭胸花萤，狄狭花萤
Stenothemus dinshuiensis Švihla 同 *Stenothemus davidi*
Stenothemus distortirudis Yang *et* Yang 弯突狭胸花萤
Stenothemus dundai Švihla 顿氏狭胸花萤
Stenothemus flavicollis Yang *et* Ge 黄颈狭胸花萤
Stenothemus flavus Yang *et* Yang 暗黄狭胸花萤
Stenothemus fugongensis Yang *et* Yang 福贡狭胸花萤
Stenothemus fukienensis Wittmer 福建狭胸花萤，闽狭花萤
Stenothemus furcatus Wittmer 见 *Habronychus* (*Monohabronychus*) *furcatus*
Stenothemus gemini Hsiao, Okushima *et* Yang 同色狭胸花萤，双子狭胸菊虎
Stenothemus gracilis Yang *et* Yang 窄狭胸花萤
Stenothemus grahami Wittmer 格氏狭胸花萤，格狭花萤
Stenothemus hajeki Švihla 哈氏狭胸花萤
Stenothemus harmandi (Bourgeois) 阿曼狭胸花萤
Stenothemus holosericus Švihla 鞍突狭胸花萤
Stenothemus jindrai Švihla 金氏狭胸花萤
Stenothemus jindraimimus Yang *et* Yang 类金氏狭胸花萤
Stenothemus kansuensis Pic 甘肃狭胸花萤，甘肃狭花萤
Stenothemus kuatunensis Wittmer 挂墩狭胸花萤，挂墩狭花萤
Stenothemus kubani Švihla 库氏狭胸花萤
Stenothemus laticollis Yang *et* Yang 横狭胸花萤
Stenothemus laticornis Yang *et* Liu 宽角狭胸花萤
Stenothemus leishanensis Yang *et* Yang 雷山狭胸花萤
Stenothemus limbatipennis (Pic) 带翅狭胸花萤
Stenothemus longicornis Yang *et* Liu 长角狭胸花萤
Stenothemus lupus Hsiao, Okushima *et* Yang 豺狼狭胸花萤，豺狼狭胸菊虎
Stenothemus mamorui Okushima *et* Satô 棕背狭胸花萤，棕背狭胸菊虎
Stenothemus melleus Švihla 同 *Stenothemus singulaticollis*
Stenothemus minutissimus (Pic) 迷你狭胸花萤
Stenothemus multilimbatus (Pic) 见 *Habronychus* (*Monohabronychus*) *multilimbatus*
Stenothemus nigriceps (Wittmer) 黑头狭胸花萤，黑头异花萤，黑头足花萤
Stenothemus nigricolor Yang *et* Ge 黑色狭胸花萤
Stenothemus orbiculatus Švihla 圆突狭胸花萤
Stenothemus owadai Okushima *et* Satô 大和田氏狭胸花萤，大和田氏狭胸菊虎
Stenothemus pallicolor (Wittmer) 黄狭胸花萤，淡异花萤，淡足花萤

Stenothemus parallelus Yang *et* Yang 平板狭胸花萤
Stenothemus particularis Pic 见 *Falsopodabrus particularis*
Stenothemus prothemoides Švihla 类圆狭胸花萤
Stenothemus seediq Hsiao 赛德克狭胸花萤，赛德克狭胸菊虎
Stenothemus sepiaceus Švihla 深褐狭胸花萤
Stenothemus septimus Yang *et* Yang 七腹狭胸花萤
Stenothemus singulaticollis (Pic) 异狭胸花萤，单异花萤，单足花萤
Stenothemus subnitidus Švihla 暗黑狭胸花萤
Stenothemus taiwanus Okushima *et* Satô 台湾狭胸花萤，台湾狭胸菊虎
Stenothemus tryznai Švihla 特氏狭胸花萤
Stenothemus vulpecula Hsiao, Okushima *et* Yang 稚狐狭胸花萤，稚狐狭胸菊虎
Stenothemus wittmeri Okushima *et* Satô 魏氏狭胸花萤，魏氏狭胸菊虎
Stenothemus yanmenensis Švihla 雁门狭胸花萤
Stenothemus yunnanus Švihla 云南狭胸花萤
stenotherm 狭温性种
stenothermal [= stenothermic] 狭温性的
stenothermic 见 stenothermal
stenothorax 拟胸节 < 指前胸与中胸间的假想环节 >
Stenothrips 狭蓟马属
Stenothrips graminum Uzel [oat thrips] 草狭蓟马
stenotope 狭居生物
Stenotortor 薄扁叶蝉属
Stenotortor albuma Li *et* Wang 见 *Balbillus albumus*
Stenotortor subhimalaya Viraktamath *et* Wesley 红纹薄扁叶蝉
Stenotus 纤盲蝽属
Stenotus binotatus (Fabricius) [two-spotted grass bug, timothy plant bug] 二斑纤盲蝽，梯牧草二斑盲蝽
Stenotus insularis Poppius 台湾纤盲蝽
Stenotus longiceps Poppius 长头纤盲蝽
Stenotus pygmaeus Poppius 小纤盲蝽
Stenotus rubrovittatus (Matsumura) [sorghum plant bug] 赤条纤盲蝽，高粱红带盲蝽，高粱窄盲蝽，红条丽盲蝽
Stenotus viridis (Shiraki) 绿纤盲蝽，绿窄盲蝽
Stenotus yunnananus Zheng 云南纤盲蝽
Stenoxenini 胸蠓族
stenoxybiotic [= stenooxybiotic] 1. 狭酸性的；2. 狭酸生的
stenozonous 狭带性的
Stenozygum 彩蝽属
Stenozygum speciosum (Dallas) 彩蝽，彩椿象
Stenurella 窄花天牛属
Stenurella bifasciata (Müller) 双带窄花天牛
Stenurella melanura (Linnaeus) 黑缝窄花天牛
stenurothripid 1. [= stenurothripid thrips] 宽锥蓟马 < 宽锥蓟马科 Stenurothripidae 昆虫的通称 >；2. 宽锥蓟马科的
stenurothripid thrips [= stenurothripid] 宽锥蓟马
Stenurothripidae 宽锥蓟马科
Stenus 虎隐翅甲属，虎隐翅虫属，突眼隐翅虫属，大眼隐翅虫属
Stenus absconditor Hu *et* Tang 隐藏虎隐翅甲，隐突眼隐翅虫，隐藏突眼隐翅虫
Stenus acutiunguis Feldmann 见 *Stenus* (*Hemistenus*) *acutiunguis*
Stenus aeneonitens Puthz 见 *Stenus* (*Hypostenus*) *aeneonitens*
Stenus aequabilifrons Puthz 虎隐翅甲，均匀虎隐翅虫
Stenus ageus Casey 见 *Stenus* (*Stenus*) *ageus*
Stenus alienoides Puthz 见 *Stenus* (*Stenus*) *alienoides*
Stenus alienus Sharp 见 *Stenus* (*Stenus*) *alienus*
Stenus alioventralis Tang *et* Puthz 近纤虎隐翅甲，近纤虎隐翅虫
Stenus alumoenus Rougemont 似美妙虎隐翅甲，似美妙虎隐翅虫，美斑突眼隐翅虫
Stenus amoenus Benick 见 *Stenus* (*Hypostenus*) *amoenus*
Stenus amurensis Eppelsheim 见 *Stenus* (*Stenus*) *amurensis*
Stenus andamanensis Puthz 安岛虎隐翅甲，安岛虎隐翅虫
Stenus andoi Tang *et* Li 见 *Stenus* (*Hypostenus*) *andoi*
Stenus angusticollis Eppesheim 见 *Stenus* (*Hypostenus*) *angusticollis*
Stenus anthracinus Sharp 见 *Stenus* (*Stenus*) *anthracinus*
Stenus arisanus Cameron 见 *Stenus* (*Metastenus*) *arisanus*
Stenus articulipenis Rougemont 清晰虎隐翅甲，清晰虎隐翅虫
Stenus ascendor Puthz 艾斯虎隐翅甲，艾斯虎隐翅虫
Stenus aspriformis Puthz 隆突虎隐翅甲，隆突虎隐翅虫
Stenus aspripennis Puthz 翅凸虎隐翅甲，翅凸虎隐翅虫
Stenus asprisculptus Puthz 缝凸虎隐翅甲，缝凸虎隐翅虫
Stenus asprivestis Puthz 胸凸虎隐翅甲，胸凸虎隐翅虫
Stenus asprohumilis Zhao *et* Zhou 见 *Stenus* (*Stenus*) *asprohumilis*
Stenus assequens Rey 阿斯虎隐翅甲，阿斯虎隐翅虫
Stenus atrovestis Puthz 黑触角虎隐翅甲，黑触角虎隐翅虫
Stenus aureolus Fauvel 奥卢斯虎隐翅甲，奥卢斯虎隐翅虫，小金突眼隐翅虫
Stenus auriger Eppelsheim 见 *Stenus* (*Metastenus*) *auriger*
Stenus basicornis Kraatz 见 *Stenus* (*Hypostenus*) *basicornis*
Stenus basicornis subtropicus Cameron 见 *Stenus* (*Hypostenus*) *basicornis subtropicus*
Stenus beckeri Benick 见 *Stenus* (*Hemistenus*) *beckeri*
Stenus bidenticollis Puthz 见 *Stenus* (*Hypostenus*) *bidenticollis*
Stenus bigemmatus Puthz 双宝石虎隐翅甲，双宝石虎隐翅虫，双珠突眼隐翅虫
Stenus bigemmosus Puthz 宝石虎隐翅甲，宝石虎隐翅虫
Stenus biguttatus (Linnaeus) 见 *Stenus* (*Stenus*) *biguttatus*
Stenus biluminatus Puthz 双斑点虎隐翅甲，双斑点虎隐翅虫，对斑突眼隐翅虫
Stenus bilunatior Puthz 斑点虎隐翅甲，斑点虎隐翅虫，长斑突眼隐翅虫
Stenus bilunatoides Puthz 类双月虎隐翅甲，类双月虎隐翅虫，月斑突眼隐翅虫
Stenus bioculatus Puthz 双斑虎隐翅甲，双斑虎隐翅虫，双斑突眼隐翅虫
Stenus biplagiatus Puthz 双猎虎隐翅甲，双猎虎隐翅虫
Stenus bispinoides Puthz 见 *Stenus* (*Hypostenus*) *bispinoides*
Stenus bistigmosus Puthz 双气孔虎隐翅甲，双气孔虎隐翅虫，斑突眼隐翅虫
Stenus bivulneratus Motschulsky 见 *Stenus* (*Hypostenus*) *bivulneratus*
Stenus biwenxuani Tang *et* Li 毕氏虎隐翅甲，毕文权虎隐翅虫，毕氏突眼隐翅虫
Stenus bohemicus Machulka 见 *Stenus* (*Hypostenus*) *bohemicus*
Stenus boops Ljungh 牛眼虎隐翅甲，牛眼虎隐翅虫
Stenus bostrychus Tang *et* Puthz 见 *Stenus* (*Hypostenus*) *bostrychus*
Stenus brachati Puthz 布氏虎隐翅甲，布虎隐翅虫

S

Stenus brancuccii Puthz 布兰科虎隐翅甲，布兰科虎隐翅虫
Stenus breviculus Tang *et* Puthz 小型虎隐翅甲，小型虎隐翅虫
Stenus brevilineatus Tang, Liu *et* Dong 半缘虎隐翅甲，半缘突眼隐翅虫
Stenus bucinator Puthz 似漏斗虎隐翅甲，似漏斗虎隐翅虫，喇叭突眼隐翅虫
Stenus bucinifer Puthz 漏斗虎隐翅甲，漏斗虎隐翅虫
Stenus bullatus Liu *et* Tang 小泡虎隐翅甲，气泡虎隐翅虫，小泡突眼隐翅虫
Stenus cactiventris Puthz 见 *Stenus* (*Hypostenus*) *cactiventris*
Stenus calcariventris Puthz 刺腹虎隐翅甲，刺腹突眼隐翅虫，具刺隐翅虫
Stenus calliceps Bernhauer 见 *Stenus* (*Stenus*) *calliceps*
Stenus canaliculatus Gyllenhal 卡纳琳虎隐翅甲，卡纳琳虎隐翅虫
Stenus cangshanus Tang *et* Li 苍山虎隐翅甲，苍山虎隐翅虫，苍山突眼隐翅虫
Stenus canosus Ryvkin 毛虎隐翅甲，毛虎隐翅虫
Stenus cariniventris Tang, Liu *et* Dong 脊茎虎隐翅甲，脊茎突眼隐翅虫
Stenus cham Puthz 长边科虎隐翅甲，长边科虎隐翅虫
Stenus changi Puthz 见 *Stenus* (*Hypostenus*) *changi*
Stenus cicindeloides (Schaller) 见 *Stenus* (*Hypostenus*) *cicindeloides*
Stenus circumflexus Fauvel 见 *Stenus* (*Hemistenus*) *circumflexus*
Stenus cirratitogatus Puthz 披毛虎隐翅甲，细毛虎隐翅虫，披毛突眼隐翅虫
Stenus cirratitunicatus Puthz 轻毛虎隐翅甲，轻毛虎隐翅虫，腹毛突眼隐翅虫
Stenus cirrativestis Puthz 短毛虎隐翅甲，短毛虎隐翅虫，长毛突眼隐翅虫
Stenus cirrativestitus Puthz 刚毛虎隐翅甲，刚毛虎隐翅虫，疏毛突眼隐翅虫
Stenus cirratus Puthz 长毛虎隐翅甲，长毛虎隐翅虫，斜毛突眼隐翅虫
Stenus cirricinctus Puthz 腰束毛虎隐翅甲，腰束毛虎隐翅虫
Stenus cirriger Puthz 承毛虎隐翅甲，承毛虎隐翅虫，曲毛突眼隐翅虫
Stenus cirrimicans Puthz 烁毛虎隐翅甲，烁毛突眼隐翅虫
Stenus cirrimirificus Puthz 金毛虎隐翅甲，金毛虎隐翅虫，显毛突眼隐翅虫
Stenus cirriornatus Puthz 饰毛虎隐翅甲，饰毛虎隐翅虫，饰毛突眼隐翅虫
Stenus cirriostentans Puthz 贴饰毛虎隐翅甲，贴饰毛虎隐翅虫
Stenus cirripraestans Puthz 覆毛虎隐翅甲，覆毛虎隐翅虫
Stenus cirritogatus Puthz 盖毛虎隐翅甲，盖毛虎隐翅虫，被毛突眼隐翅虫
Stenus cirritunicatus Puthz 着毛虎隐翅甲，着毛突眼隐翅虫
Stenus cirrivarians Puthz 区毛虎隐翅甲，区毛虎隐翅虫，辨毛突眼隐翅虫
Stenus cirrivestis Puthz 软毛虎隐翅甲，软毛虎隐翅虫，具毛突眼隐翅虫
Stenus cirrivestitus Puthz 卧毛虎隐翅甲，卧毛虎隐翅虫，背毛突眼隐翅虫
Stenus cirrus Benick 见 *Stenus* (*Hemistenus*) *cirrus*
Stenus claritarsis Puthz 科塔虎隐翅甲，科塔虎隐翅虫
Stenus clavicornis (Scopoli) 见 *Stenus* (*Stenus*) *clavicornis*
Stenus coalitipennis Puthz 见 *Stenus* (*Stenus*) *coalitipennis*
Stenus coelogaster Champion 银毛虎隐翅甲，银毛虎隐翅虫
Stenus comma LeConte 见 *Stenus* (*Stenus*) *comma*
Stenus communicatus Tang *et* Jiang 联突眼隐翅甲
Stenus compressicollis Puthz 见 *Stenus* (*Hypostenus*) *compressicollis*
Stenus concinnus Sharp 齐虎隐翅甲，齐虎隐翅虫
Stenus confertus Sharp 密粒虎隐翅甲，密粒虎隐翅虫，密点突眼隐翅虫
Stenus confusaneus Puthz 淆虎隐翅甲，淆虎隐翅虫
Stenus conseminiger Zhao *et* Zhou 见 *Stenus* (*Stenus*) *conseminiger*
Stenus contaminatus Puthz 见 *Stenus* (*Hemistenus*) *contaminatus*
Stenus cooterianus Puthz 见 *Stenus* (*Hypostenus*) *cooterianus*
Stenus corniculus Tang, Liu *et* Niu 尖形虎隐翅甲，尖形虎隐翅虫，管腹突眼隐翅虫
Stenus coronatus Benick 冠突眼隐翅甲
Stenus correctus Cameron 正虎隐翅甲，正虎隐翅虫
Stenus cribricollis Lea 网背虎隐翅甲，网背虎隐翅虫
Stenus cuneatus Zhao, Cai *et* Zhou 见 *Stenus* (*Hypostenus*) *cuneatus*
Stenus currax Sharp 见 *Stenus* (*Hypostenus*) *currax*
Stenus cyanogaster Rougemont 蓝腹虎隐翅甲，蓝腹突眼隐翅虫，克虎隐翅虫，暗蓝突眼隐翅虫
Stenus dabacola Puthz 大巴山虎隐翅甲，大巴山虎隐翅虫
Stenus dabaensis Puthz 大巴虎隐翅甲，大巴虎隐翅虫
Stenus dabashanus Tang, Liu *et* Niu 巴山虎隐翅甲，大巴山突眼隐翅虫
Stenus daicongchaoi Tang, Liu *et* Niu 戴聪超虎隐翅甲，戴聪超虎隐翅虫，戴氏超突眼隐翅虫
Stenus damingshanus Liu *et* Tang 大明山虎隐翅甲，大明山虎隐翅虫，大明山突眼隐翅虫
Stenus dashaheensis Liu, Tang *et* Luo 大沙河虎隐翅甲，大沙河虎隐翅虫，大沙河突眼隐翅虫
Stenus davidsharpi Puthz 戴翼虎隐翅甲，戴翼虎隐翅虫，大卫突眼隐翅虫
Stenus decens Puthz 见 *Stenus* (*Hypostenus*) *decens*
Stenus deceptiosus Puthz 拟态虎隐翅甲，欺骗虎隐翅虫
Stenus decoratus Benick 饰虎隐翅甲，饰虎隐翅虫，饰斑突眼隐翅虫
Stenus decoripennis Puthz 鞘翅虎隐翅甲，鞘翅虎隐翅虫，丽尾突眼隐翅虫
Stenus dentellus Benick 见 *Stenus* (*Hemistenus*) *dentellus*
Stenus depressus Puthz 地峡虎隐翅甲，扁虎隐翅虫，印记突眼隐翅虫
Stenus detestabilis Puthz 不适虎隐翅甲，不适虎隐翅虫
Stenus detestatus Puthz 不满虎隐翅甲，不满虎隐翅虫
Stenus dissimilis Sharp 见 *Stenus* (*Hypostenus*) *dissimilis*
Stenus distans Sharp 见 *Stenus* (*Stenus*) *distans*
Stenus distinguendus Benick 杰虎隐翅甲，杰虎隐翅虫
Stenus diversiventris Cameron 带沟虎隐翅甲，带沟虎隐翅虫
Stenus diversus Benick 异虎隐翅甲，异虎隐翅虫
Stenus dongbaishanus Tang, Liu *et* Zhao 东白山虎隐翅甲，东白山虎隐翅虫，东白山突眼隐翅虫
Stenus doryphorus Puthz 长矛虎隐翅甲，长矛虎隐翅虫
Stenus electrigemmatus Puthz 琥珀虎隐翅甲，琥珀虎隐翅虫，侧斑突眼隐翅虫

Stenus electrigemmeus Puthz 宝石虎隐翅甲，宝石虎隐翅虫，狭斑突眼隐翅虫
Stenus electristigma Puthz 琥珀痕虎隐翅甲，琥珀痕虎隐翅虫，泪斑突眼隐翅虫
Stenus elegantulus Cameron 见 *Stenus* (*Hypostenus*) *elegantulus*
Stenus emancipatus Puthz 纬度虎隐翅甲，纬度虎隐翅虫
Stenus emeishanus Tang, Liu *et* Dong 峨眉山虎隐翅甲，峨眉山突眼隐翅虫，峨眉突眼隐翅虫
Stenus erlanganus Puthz 二郎岗虎隐翅甲，二郎岗隐翅虫
Stenus erlangmontium Puthz 二郎峰虎隐翅甲，二郎峰虎隐翅虫
Stenus erlangshanus Tang 见 *Stenus* (*Hypostenus*) *erlangshanus*
Stenus eurous Puthz 东方虎隐翅甲，东方突眼隐翅虫
Stenus exesus Liu *et* Tang 缺失虎隐翅甲，缺失突眼隐翅虫，无中钩虎隐翅虫
Stenus expugnator Ryvkin 求索虎隐翅甲，求索虎隐翅虫
Stenus exter Puthz 见 *Stenus* (*Metastenus*) *exter*
Stenus falsator Puthz 二斑虎隐翅甲，二斑虎隐翅虫，伪赝突眼隐翅虫
Stenus falsiloquax Puthz 同纬度虎隐翅甲，同纬度虎隐翅虫
Stenus falsus Benick 见 *Stenus* (*Hemistenus*) *falsus*
Stenus fasciculatus Sahlberg 带纹虎隐翅甲，带纹虎隐翅虫
Stenus feae Fauvel 费虎隐翅甲，费虎隐翅虫
Stenus fellowesi Puthz 见 *Stenus* (*Hypostenus*) *fellowesi*
Stenus fengyangshanus Tang *et* Jiang 凤阳山虎隐翅甲，凤阳山突眼隐翅虫
Stenus flammeus Tang *et* Puthz 见 *Stenus* (*Hypostenus*) *flammeus*
Stenus flavidulus Sharp 见 *Stenus* (*Hypostenus*) *flavidulus*
Stenus flavidulus paederinus Champion 见 *Stenus* (*Hypostenus*) *flavidulus paederinus*
Stenus flavohumeralis Puthz 黄肩虎隐翅甲，黄肩虎隐翅虫
Stenus formosanus Benick 见 *Stenus* (*Stenus*) *formosanus*
Stenus fortunatoris Tang *et* Puthz 运气虎隐翅甲，运气虎隐翅虫
Stenus frater Benick 见 *Stenus* (*Hypostenus*) *frater*
Stenus fraterculus Puthz 见 *Stenus* (*Stenus*) *fraterculus*
Stenus friebi Benick 见 *Stenus* (*Hemistenus*) *friebi*
Stenus fujianensis Liu, Tang *et* Luo 福建虎隐翅甲，福建虎隐翅虫，福建突眼隐翅虫
Stenus fukiensis Benick 和睦虎隐翅甲，和睦虎隐翅虫
Stenus fuscus Hu *et* Tang 深色虎隐翅甲，深色突眼隐翅虫
Stenus gansuensis Puthz 甘肃虎隐翅甲，甘肃虎隐翅虫
Stenus gaoershimontis Puthz 见 *Stenus* (*Stenus*) *gaoershimontis*
Stenus gaoligongmontium Puthz 黎贡山虎隐翅甲，黎贡山虎隐翅虫
Stenus gardneri Cameron 褐虎隐翅甲，褐虎隐翅虫
Stenus gastralis Fauvel 嘎斯虎隐翅甲，嘎斯虎隐翅虫
Stenus gestroi Fauvel 见 *Stenus* (*Hemistenus*) *gestroi*
Stenus gonggashanus Tang *et* Puthz 贡嘎虎隐翅甲，贡嘎虎隐翅虫
Stenus grandimaculatus Benick 见 *Stenus* (*Hemistenus*) *grandimaculatus*
Stenus grebennikovi Puthz 格氏虎隐翅甲，格氏虎隐翅虫
Stenus guangxiensis Rougemont 见 *Stenus* (*Hemistenus*) *guangxiensis*
Stenus guniujiangensis Tang, Li *et* Zhao 牯牛降虎隐翅甲，牯牛降虎隐翅虫，牯牛降突眼隐翅虫
Stenus guttalis Fauve 见 *Stenus* (*Hypostenus*) *guttalis*
Stenus habashanus Puthz 哈巴山虎隐翅甲，哈巴山隐翅虫
Stenus habropus Puthz 见 *Stenus* (*Hemistenus*) *habropus*
Stenus hainanensis Puthz 见 *Stenus* (*Hypostenus*) *hainanensis*
Stenus hainanicola Puthz 海南岛虎隐翅甲，海南岛虎隐翅虫
Stenus hajeki Puthz 哈杰克虎隐翅甲，哈杰克虎隐翅虫
Stenus hammondi Puthz 见 *Stenus* (*Stenus*) *hammondi*
Stenus hanami Hromádka 见 *Stenus* (*Hypostenus*) *hanami*
Stenus hebetifrons Puthz 沙额头虎隐翅甲，沙额头虎隐翅虫
Stenus hechiensis Liu *et* Tang 河池虎隐翅甲，河池虎隐翅虫，河池突眼隐翅虫
Stenus* (*Hemistenus*) *abdominalis Fauvel 粗腹虎隐翅甲，粗腹虎隐翅虫
Stenus* (*Hemistenus*) *acutiunguis Feldmann 尖角虎隐翅甲，尖角虎隐翅虫，突茎突眼隐翅虫
Stenus* (*Hemistenus*) *beckeri Benick 别克虎隐翅甲，贝窄隐翅虫
Stenus* (*Hemistenus*) *bicolon Sharp 长斑虎隐翅甲，短窄隐翅虫
Stenus* (*Hemistenus*) *bicolon bicolon Sharp 长斑虎隐翅甲指名亚种
Stenus* (*Hemistenus*) *bicolon posticus Fauvel 长斑虎隐翅甲台湾亚种
Stenus* (*Hemistenus*) *bilunatus Puthz 双月虎隐翅甲，双月窄隐翅虫
Stenus* (*Hemistenus*) *circumflexus Fauvel 旋虎隐翅甲，圆弯窄隐翅虫
Stenus* (*Hemistenus*) *cirrus Benick 环毛虎隐翅甲，卷窄隐翅虫
Stenus* (*Hemistenus*) *contaminatus Puthz 短虎隐翅甲，康窄隐翅虫
Stenus* (*Hemistenus*) *coronatus Benick 冠虎隐翅甲，冠窄隐翅虫
Stenus* (*Hemistenus*) *crispirugulosus Zhao *et* Zhou 微皱虎隐翅甲，微皱虎隐翅虫
Stenus* (*Hemistenus*) *dentellus Benick 具齿虎隐翅甲，具齿虎隐翅虫
Stenus* (*Hemistenus*) *falsus Benick 伪虎隐翅甲，伪窄隐翅虫
Stenus* (*Hemistenus*) *friebi Benick 福氏虎隐翅甲，褐虎隐翅虫
Stenus* (*Hemistenus*) *gestroi Fauvel 窄胸虎隐翅甲，格窄隐翅虫，格氏突眼隐翅虫
Stenus* (*Hemistenus*) *grandimaculatus Benick 巨斑虎隐翅甲，巨斑窄隐翅虫
Stenus* (*Hemistenus*) *guenai Rougemont 具刺虎隐翅甲，具刺虎隐翅虫
Stenus* (*Hemistenus*) *habropus Puthz 柔美虎隐翅甲，柔窄隐翅虫
Stenus* (*Hemistenus*) *huangganmontium Puthz 黄岗山虎隐翅甲，黄岗山虎隐翅虫
Stenus* (*Hemistenus*) *jaccoudi Rougemont 杰氏虎隐翅甲，贾窄隐翅虫
Stenus* (*Hemistenus*) *lopchuensis Cameron 乐谱虎隐翅甲，乐丘窄隐翅虫
Stenus* (*Hemistenus*) *maculifer Cameron 斑虎隐翅甲，黑须窄隐翅虫
Stenus* (*Hemistenus*) *miwai Bernhauer 台湾虎隐翅甲，三轮窄隐翅虫
Stenus* (*Hemistenus*) *mysterialis Puthz 神秘虎隐翅甲，秘窄隐翅虫
Stenus* (*Hemistenus*) *nefas Puthz 橙无斑虎隐翅甲，内窄隐翅虫
Stenus* (*Hemistenus*) *nigraureolus Ryvkin 黑虎隐翅甲，黑虎隐翅虫

Stenus (Hemistenus) ninii Rougemont 微小虎隐翅甲，尼窄隐翅虫

Stenus (Hemistenus) notaculipennis Puthz 背点虎隐翅甲，背点虎隐翅虫

Stenus (Hemistenus) notaculipennis emeiensis Zheng 背点虎隐翅甲峨眉亚种

Stenus (Hemistenus) notaculipennis notaculipennis Puthz 背点虎隐翅甲指名亚种

Stenus (Hemistenus) oculifer Puthz 眼斑虎隐翅甲，眼斑虎隐翅虫

Stenus (Hemistenus) perroti Puthz 圆斑虎隐翅甲，圆斑虎隐翅虫

Stenus (Hemistenus) pullidistortus Zhao *et* Zhou 黑涡虎隐翅甲，黑涡虎隐翅虫

Stenus (Hemistenus) rimulosoides Feldmann 多裂虎隐翅甲，多裂虎隐翅虫，拟弱皱突眼隐翅虫

Stenus (Hemistenus) rimulosus Feldmann 裂缝虎隐翅甲，裂缝虎隐翅虫

Stenus (Hemistenus) rotulirugulosus Zhao *et* Zhou 轮涡虎隐翅甲，轮涡虎隐翅虫

Stenus (Hemistenus) rugipennis Sharp 黑节虎隐翅甲，红翅窄隐翅虫，暗腹突眼隐翅虫

Stenus (Hemistenus) rugosipennis Cameron 皱鞘虎隐翅甲，皱翅窄隐翅虫

Stenus (Hemistenus) ruidirugulosus Zhou *et* Zhao 粗皱虎隐翅甲，粗皱虎隐翅虫，粗皱突眼隐翅虫

Stenus (Hemistenus) salebrosus Benick 粗糙虎隐翅甲，糙窄隐翅虫，凹背突眼隐翅虫

Stenus (Hemistenus) scopulus Zheng 石岩虎隐翅甲，石岩虎隐翅虫，岩突眼隐翅虫

Stenus (Hemistenus) semilineatus Puthz 半痕虎隐翅甲，半线窄隐翅虫

Stenus (Hemistenus) sibiricus Sahalberg 西伯虎隐翅甲，西伯窄隐翅虫，西伯利亚突眼隐翅虫

Stenus (Hemistenus) signatipennis Puthz 标记虎隐翅甲，标翅窄隐翅虫

Stenus (Hemistenus) solstitialis Zheng 仲夏虎隐翅甲，仲夏虎隐翅虫

Stenus (Hemistenus) spiculus Zheng 锐尖虎隐翅甲，锐尖虎隐翅虫

Stenus (Hemistenus) stigmaticus Fauvel 橙斑虎隐翅甲，橙斑窄隐翅虫

Stenus (Hemistenus) subligurifer Puthz 短鞘虎隐翅甲，短鞘虎隐翅虫

Stenus (Hemistenus) suspectatus Puthz 疑虎隐翅甲，疑虎隐翅虫，疑皱突眼隐翅虫

Stenus (Hemistenus) tenuimargo Cameron 细长虎隐翅甲，锐缘窄隐翅虫

Stenus (Hemistenus) thoracicus Benick 斑胸虎隐翅甲，斑胸虎隐翅虫

Stenus (Hemistenus) toppi Zhao *et* Zhou 托氏虎隐翅甲，托氏虎隐翅虫

Stenus (Hemistenus) trigonuroides Zheng 三角虎隐翅甲，三角虎隐翅虫，三角突眼隐翅虫

Stenus (Hemistenus) uncinulatus Zhao *et* Zhou 钩虎隐翅甲，钩虎隐翅虫

Stenus (Hemistenus) variunguis Feldmann 变茎虎隐翅甲，变茎突眼隐翅虫，多样虎隐翅虫

Stenus (Hemistenus) virgula Fauvel 纤细虎隐翅甲，端刺窄隐翅虫

Stenus (Hemistenus) viridanus Champion 涡饰虎隐翅甲，旋纹窄隐翅虫，闪蓝突眼隐翅虫

Stenus (Hemistenus) vorticipennis Feldmann 涡背虎隐翅甲，涡背突眼隐翅虫，皱虎隐翅虫

Stenus (Hemistenus) vorticipennoides Feldmann 似皱虎隐翅甲，似皱虎隐翅虫，漩背突眼隐翅虫

Stenus (Hemistenus) wanglangus Zheng 王朗虎隐翅甲，王朗虎隐翅虫

Stenus (Hemistenus) watanabeianus Puthz 渡边虎隐翅甲，渡边虎隐翅虫

Stenus (Hemistenus) wuyiensis Puthz 武夷虎隐翅甲，武夷虎隐翅虫，武夷突眼隐翅虫

Stenus (Hemistenus) wuyimontium Puthz 武夷山虎隐翅甲，武夷山虎隐翅虫，武夷山突眼隐翅虫

Stenus (Hemistenus) yasuakii Puthz 林氏虎隐翅甲，林氏虎隐翅虫

Stenus hewenjiae Tang *et* Li 何氏虎隐翅甲，贺文虎隐翅虫，何氏突眼隐翅虫

Stenus hirtellus Sharp 见 *Stenus (Hypostenus) hirtellus*

Stenus hirtiventris Sharp 见 *Stenus (Tesnus) hirtiventris*

Stenus hlavaci Puthz 见 *Stenus (Hypostenus) hlavaci*

Stenus houhanmontis Puthz 侯航山虎隐翅甲，侯航山虎隐翅虫

Stenus hseuhmontis Puthz 雪山岭虎隐翅甲，雪山虎隐翅虫

Stenus huabeiensis Rougemont 见 *Stenus (Stenus) huabeiensis*

Stenus huangganmontium Puthz 见 *Stenus (Hemistenus) huangganmontium*

Stenus huanghaoi Tang *et* Li 见 *Stenus (Hypostenus) huanghaoi*

Stenus huapingensis Tang, Li *et* Wang 花坪虎隐翅甲，花坪虎隐翅虫，花坪突眼隐翅虫

Stenus hui Tang *et* Puthz 胡氏虎隐翅甲，胡氏突眼隐翅虫，回虎隐翅虫

Stenus hujiayaoi Liu *et* Tang 胡佳耀虎隐翅甲，胡佳耀突眼隐翅虫

Stenus (Hypostenus) aeneonitens Puthz 铜色虎隐翅甲，铜色虎隐翅虫

Stenus (Hypostenus) amoenus Benick 美妙虎隐翅甲，愉窄隐翅虫

Stenus (Hypostenus) andoi Tang *et* Li 安腾虎隐翅甲，安腾虎隐翅虫

Stenus (Hypostenus) angusticollis Eppesheim 窄突虎隐翅甲，狭窄隐翅虫

Stenus (Hypostenus) basicornis Kraatz 灰绿虎隐翅甲，基角窄隐翅虫

Stenus (Hypostenus) basicornis basicornis Kraatz 灰绿虎隐翅甲指名亚种

Stenus (Hypostenus) basicornis subtropicus Cameron 灰绿虎隐翅甲小型亚种，基角突眼隐翅虫

Stenus (Hypostenus) bidenticollis Puthz 双齿突虎隐翅甲，二齿窄隐翅虫

Stenus (Hypostenus) bispinoides Puthz 双沟虎隐翅甲，双刺窄隐翅虫，黄腿突眼隐翅虫

Stenus (Hypostenus) bivulneratus Motschulsky 双点虎隐翅甲，

双斑虎隐翅虫

Stenus **(*Hypostenus*)** ***bohemicus*** Machulka 波虎隐翅甲，波窄隐翅虫

Stenus **(*Hypostenus*)** ***bostrychus*** Tang *et* Puthz 纤毛虎隐翅甲，纤毛虎隐翅虫

Stenus **(*Hypostenus*)** ***cactiventris*** Puthz 竖毛虎隐翅甲，竖毛虎隐翅虫

Stenus **(*Hypostenus*)** ***changi*** Puthz 张虎隐翅甲，张窄隐翅虫

Stenus **(*Hypostenus*)** ***cicindeloides*** (Shaller) 黑胫虎隐翅甲，虎甲窄隐翅虫，黑斑足虎隐翅虫，黑膝愈片隐翅虫 < 此种学名有误写为 *Stenus* (*Hypostenus*) *cicindelloides* (Shaller) 者 >

Stenus **(*Hypostenus*)** ***compressicollis*** Puthz 隐突虎隐翅甲，扁窄隐翅虫

Stenus **(*Hypostenus*)** ***cooterianus*** Puthz 库氏虎隐翅甲，库氏虎隐翅虫，库特突眼隐翅虫

Stenus **(*Hypostenus*)** ***corporaali*** Bernhauer 科虎隐翅甲，科窄隐翅虫

Stenus **(*Hypostenus*)** ***cuneatus*** Zhao, Cai *et* Zhou 楔形虎隐翅甲，楔形虎隐翅虫

Stenus **(*Hypostenus*)** ***currax*** Sharp 蓝光虎隐翅甲，捷窄隐翅虫

Stenus **(*Hypostenus*)** ***decens*** Puthz 规则虎隐翅甲，规则虎隐翅虫

Stenus **(*Hypostenus*)** ***dissimilis*** Sharp 似虎隐翅甲，似窄隐翅虫，小黄足虎隐翅虫，异尾突眼隐翅虫

Stenus **(*Hypostenus*)** ***elegantulus*** Cameron 美丽虎隐翅甲，丽窄隐翅虫，艳丽突眼隐翅虫

Stenus **(*Hypostenus*)** ***erlangshanus*** Tang *et* Zhao 二郎山虎隐翅甲，二郎山虎隐翅虫，二郎山突眼隐翅虫

Stenus **(*Hypostenus*)** ***fellowesi*** Puthz 费氏虎隐翅甲，费氏虎隐翅虫，费氏突眼隐翅虫

Stenus **(*Hypostenus*)** ***flammeus*** Tang *et* Puthz 赤褐虎隐翅甲，赤褐虎隐翅虫，牯牛降虎隐翅虫

Stenus **(*Hypostenus*)** ***flavidulus*** Sharp 暗黄虎隐翅甲，黄窄隐翅虫

Stenus **(*Hypostenus*)** ***flavidulus flavidulus*** Sharp 暗黄虎隐翅甲指名亚种

Stenus **(*Hypostenus*)** ***flavidulus paederinus*** (Champion) 暗黄虎隐翅甲类毒亚种，拟毒突眼隐翅虫

Stenus **(*Hypostenus*)** ***frater*** Benick 亲缘虎隐翅甲，睦窄隐翅虫

Stenus **(*Hemistenus*)** ***guangxiensis*** Rougemont 广西虎隐翅甲，广西窄隐翅虫，广西突眼隐翅虫

Stenus **(*Hypostenus*)** ***guttalis*** Fauvel 特化虎隐翅甲，特化虎隐翅虫

Stenus **(*Hypostenus*)** ***hainanensis*** Puthz 海南虎隐翅甲，海南虎隐翅虫

Stenus **(*Hypostenus*)** ***hanami*** Hromádka 花见虎隐翅甲，汉窄隐翅虫

Stenus **(*Hypostenus*)** ***hirtellus*** Sharp 细毛虎隐翅甲，毛窄隐翅虫

Stenus **(*Hypostenus*)** ***hlavaci*** Puthz 哈维虎隐翅甲，哈维虎隐翅虫

Stenus **(*Hypostenus*)** ***huanghaoi*** Tang *et* Li 黄浩虎隐翅甲，黄浩虎隐翅虫，黄氏突眼隐翅虫

Stenus **(*Hypostenus*)** ***ignobilis*** Puthz 普通虎隐翅甲，普通虎隐翅虫

Stenus **(*Hypostenus*)** ***jiulongshanus*** Tang *et* Puthz 九龙虎隐翅甲，九龙虎隐翅虫

Stenus **(*Hypostenus*)** ***lacrimulus*** Benick 滴虎隐翅甲，泪窄隐翅虫，粗刻虎隐翅虫

Stenus **(*Hypostenus*)** ***latefasciatus*** Benick 宽带虎隐翅甲，宽带窄隐翅虫

Stenus **(*Hypostenus*)** ***lijinweni*** Tang *et* Puthz 李金文虎隐翅甲，李金文虎隐翅虫

Stenus **(*Hypostenus*)** ***loebli*** Puthz 平截虎隐翅甲，罗窄隐翅虫

Stenus **(*Hypostenus*)** ***mercator*** Sharp 卡托虎隐翅甲，枚窄隐翅虫，迈克虎隐翅虫

Stenus **(*Hypostenus*)** ***micuba*** Hromádka 稀少虎隐翅甲，迷窄隐翅虫

Stenus **(*Hypostenus*)** ***nanlingmontium*** Tang *et* Li 南岭虎隐翅甲，南岭虎隐翅虫

Stenus **(*Hypostenus*)** ***nigritus*** Tang *et* Li 黑体虎隐翅甲，黑虎隐翅虫

Stenus **(*Hypostenus*)** ***oblitus*** Sharp 污秽虎隐翅甲，忘窄隐翅虫

Stenus **(*Hypostenus*)** ***oligochaetus*** Zhao *et* Zhou 疏毛虎隐翅甲，疏毛虎隐翅虫

Stenus **(*Hypostenus*)** ***ovalis*** Tang *et* Li 卵圆虎隐翅甲，卵圆虎隐翅虫，卵斑突眼隐翅虫

Stenus **(*Hypostenus*)** ***paradecens*** Tang *et* Li 拟雅虎隐翅甲，拟雅虎隐翅虫，拟雅突眼隐翅虫

Stenus **(*Hypostenus*)** ***pectorifossatus*** Tang *et* Zhao 沟胸虎隐翅甲，沟胸突眼隐翅虫，深沟虎隐翅虫

Stenus **(*Hypostenus*)** ***piliferus*** Motschulsky 具毛虎隐翅甲，多毛窄隐翅虫

Stenus **(*Hypostenus*)** ***plagiocephalus*** Benick 猎虎隐翅甲，纹头窄隐翅虫，平头突眼隐翅虫

Stenus **(*Hypostenus*)** ***polychaetus*** Zhao *et* Zhou 密毛虎隐翅甲，密毛虎隐翅虫

Stenus **(*Hypostenus*)** ***primivenatus*** Zhao *et* Zhou 原脉虎隐翅甲，原脉虎隐翅虫

Stenus **(*Hypostenus*)** ***pulchrior*** Puthz 优美虎隐翅甲，美窄隐翅虫，美丽突眼隐翅虫

Stenus **(*Hypostenus*)** ***rufescens*** Sharp 红棕虎隐翅甲，红窄隐翅虫

Stenus **(*Hypostenus*)** ***sedatus*** Sharp 稳健虎隐翅甲，赛窄隐翅虫

Stenus **(*Hypostenus*)** ***shaowuensis*** Puthz 邵武虎隐翅甲，邵武窄隐翅虫

Stenus **(*Hypostenus*)** ***shenshanjiai*** Tang *et* Puthz 沈善佳虎隐翅甲，沈善佳虎隐翅虫

Stenus **(*Hypostenus*)** ***similioides*** Puthz 相近虎隐翅甲，拟肖窄隐翅虫

Stenus **(*Hypostenus*)** ***similis*** (Herbst) 肖虎隐翅甲，肖窄隐翅虫

Stenus **(*Hypostenus*)** ***solutus*** Erichson 多刺虎隐翅甲，多刺虎隐翅虫

Stenus **(*Hypostenus*)** ***splendidulus*** Puthz 光亮虎隐翅甲，灿窄隐翅虫

Stenus **(*Hypostenus*)** ***spurius*** Benick 双叶虎隐翅甲，假窄隐翅虫

Stenus **(*Hypostenus*)** ***sucinigutta*** Puthz 黄斑虎隐翅甲，黄斑虎隐翅虫

Stenus **(*Hypostenus*)** ***testaceopiceus*** Bernhauer 褐黑虎隐翅甲，黄褐窄隐翅虫

Stenus **(*Hypostenus*)** ***thanonensis*** Rougemont 泰国虎隐翅甲，坦窄隐翅虫

Stenus **(*Hypostenus*)** ***trifurcatus*** Zhao, Cai *et* Zhou 三齿虎隐翅甲，三齿虎隐翅虫

Stenus* (*Hypostenus*) *tuberculicollis Cameron 瘤虎隐翅甲，叉瘤窄隐翅虫
Stenus* (*Hypostenus*) *verticalis Benick 高原虎隐翅甲，垂窄隐翅虫，顶穹突眼隐翅虫
Stenus* (*Hypostenus*) *xuwangi Tang *et* Li 王旭虎隐翅甲，王旭虎隐翅虫
Stenus* (*Hypostenus*) *yiae Zhao *et* Zhou 扆氏虎隐翅甲，扆氏虎隐翅虫
Stenus* (*Hypostenus*) *yunnanensis Cameron 云南虎隐翅甲，滇窄隐翅虫
Stenus* (*Hypostenus*) *zhulilongi Tang *et* Puthz 朱利龙虎隐翅甲，朱利龙虎隐翅虫
Stenus* (*Hypostenus*) *zhuxiaoyui Tang *et* Puthz 笑愚虎隐翅甲，笑愚突眼隐翅虫，朱小雨虎隐翅虫
Stenus ignobilis Puthz 见 *Stenus* (*Hypostenus*) *ignobilis*
Stenus illotulus Ryvkin 特征虎隐翅甲，特征虎隐翅虫
Stenus illusor Ryvkin 虚幻虎隐翅甲，虚幻虎隐翅虫
Stenus immarginatus Mäklin 无缘虎隐翅甲，无缘虎隐翅虫，合缘突眼隐翅虫
Stenus immigratus Puthz 见 *Stenus* (*Stenus*) *immigratus*
Stenus immsi Bernhauer 伊氏虎隐翅甲，伊氏虎隐翅虫
Stenus impressicollis Puthz 凹缺虎隐翅甲，凹缺虎隐翅虫
Stenus incrassatus Erichson 入侵虎隐翅甲，入侵虎隐翅虫
Stenus indagator Eppelsheim 带噶虎隐翅甲，带噶虎隐翅虫
Stenus indicus Puthz 印度虎隐翅甲，印度虎隐翅虫
Stenus indinoscibilis Puthz 非凡虎隐翅甲，非凡虎隐翅虫，相似突眼隐翅虫
Stenus insignatus Puthz 无纹虎隐翅甲，无纹虎隐翅虫，独特突眼隐翅虫
Stenus insperabilis Puthz 意外虎隐翅甲，意外虎隐翅虫
Stenus insulanus Puthz 见 *Stenus* (*Stenus*) *insulanus*
Stenus iustus Puthz 忧思虎隐翅甲，忧思虎隐翅虫
Stenus jaccoudi Rougemont 见 *Stenus* (*Hemistenus*) *jaccoudi*
Stenus japonicus Sharp 见 *Stenus* (*Stenus*) *japonicus*
Stenus jiajinshanus Tang, Liu *et* Niu 夹金山虎隐翅甲，夹金山虎隐翅虫，夹金山突眼隐翅虫
Stenus jiangrixini Tang, Liu *et* Dong 姜氏虎隐翅甲，姜氏突眼隐翅虫
Stenus jindingianus Tang, Liu *et* Niu 金顶虎隐翅甲，金顶虎隐翅虫，金顶突眼隐翅虫
Stenus jinxiuensis Liu *et* Tang 金秀虎隐翅甲，金秀虎隐翅虫，金秀突眼隐翅虫
Stenus jiudingshanus Tang, Liu *et* Dong 九顶山虎隐翅甲，九顶山突眼隐翅虫
Stenus jiulongshanus Tang *et* Puthz 见 *Stenus* (*Hypostenus*) *jiulongshanus*
Stenus juno (Paykull) 见 *Stenus* (*Stenus*) *juno*
Stenus kambaitiensis Benick 甘拜迪虎隐翅甲，甘拜迪虎隐翅虫
Stenus kamtschaticus Motschulsky 康斯虎隐翅甲，康斯虎隐翅虫
Stenus kirghisorum Ryvkin 吉氏虎隐翅甲，杰氏虎隐翅虫
Stenus kishimotoianus Puthz 见 *Stenus* (*Stenus*) *kishimotoianus*
Stenus koreanus Puthz 韩国虎隐翅甲，韩国虎隐翅虫
Stenus kraatzi Bernhauer 科瑞虎隐翅甲，科瑞虎隐翅虫
Stenus kuanmontis Puthz 宽山虎隐翅甲，宽山虎隐翅虫
Stenus kuatunensis Benick 见 *Stenus* (*Stenus*) *kuatunensis*
Stenus lacrimulus Benick 见 *Stenus* (*Hypostenus*) *lacrimulus*
Stenus languor Benick 长额虎隐翅甲，长额虎隐翅虫
Stenus lanicutis Puthz 显毛虎隐翅甲，长毛虎隐翅虫
Stenus lanosus Puthz 集毛虎隐翅甲，集毛虎隐翅虫
Stenus lanuginosipes Puthz 长腿毛虎隐翅甲，长腿毛虎隐翅虫，毛腿突眼隐翅虫
Stenus laoticus Puthz 老挝虎隐翅甲，老氏虎隐翅虫
Stenus latipectus Tang *et* Puthz 莱特虎隐翅甲，莱特虎隐翅虫
Stenus latissimus Bernhauer 见 *Stenus* (*Stenus*) *latissimus*
Stenus lewisius Sharp 见 *Stenus* (*Stenus*) *lewisius*
Stenus lewisius pseudoater Bernhauer 见 *Stenus* (*Stenus*) *lewisius pseudoater*
Stenus liangtangi Puthz 亮虎隐翅甲，亮虎隐翅虫
Stenus lianhuashanus Liu *et* Tang 莲花山虎隐翅甲，莲花山虎隐翅虫，莲花山突眼隐翅虫
Stenus lijinweni Tang *et* Puthz 见 *Stenus* (*Hypostenus*) *lijinweni*
Stenus lineatus Tang, Liu *et* Dong 缘腹虎隐翅甲，缘腹突眼隐翅虫
Stenus liupanshanus Tang *et* Li 六盘山虎隐翅甲，六盘山虎隐翅虫，六盘山突眼隐翅虫
Stenus liuyei Gao *et* Tang 刘烨虎隐翅甲，刘烨虎隐翅虫，刘烨突眼隐翅虫
Stenus liuyixiaoi Liu, Tang *et* Luo 刘氏虎隐翅甲，刘氏突眼隐翅虫
Stenus lizipingus Hu *et* Tang 栗子坪虎隐翅甲，栗子坪突眼隐翅虫
Stenus loebli Puthz 见 *Stenus* (*Hypostenus*) *loebli*
Stenus longchimoutain Lü *et* Zhou 龙池山虎隐翅甲，龙池山虎隐翅虫
Stenus lopchuensis Cameron 见 *Stenus* (*Hemistenus*) *lopchuensis*
Stenus luojimontis Puthz 罗集山虎隐翅甲，罗集山虎隐翅虫
Stenus macies Sharp 见 *Stenus* (*Stenus*) *macies*
Stenus maculifer Cameron 见 *Stenus* (*Hemistenus*) *maculifer*
Stenus malickyanus Puthz 马利虎隐翅甲，马利虎隐翅虫
Stenus malickyi Puthz 长粗虎隐翅甲，长粗虎隐翅虫
Stenus mammops Casey 见 *Stenus* (*Stenus*) *mammops*
Stenus mammops bulbicollis Benick 见 *Stenus* (*Stenus*) *mammops bulbicollis*
Stenus mammops mammops Casey 见 *Stenus* (*Stenus*) *mammops mammops*
Stenus mangdangshanus Liu, Tang *et* Luo 茫荡山虎隐翅甲，茫荡山突眼隐翅虫
Stenus maoershanus Pan, Tang *et* Li 猫儿山虎隐翅甲，猫儿山虎隐翅虫，猫儿山突眼隐翅虫
Stenus marginiventris Puthz 线性虎隐翅甲，线性虎隐翅虫
Stenus mawenliae Li, Tang *et* Li 马文虎隐翅甲，马文虎隐翅虫，马氏突眼隐翅虫
Stenus megacephalus Cameron 见 *Stenus* (*Stenus*) *megacephalus*
Stenus melanarius Stephens 见 *Stenus* (*Stenus*) *melanarius*
Stenus melanarius annamita Fauvel 见 *Stenus* (*Stenus*) *melanarius annamita*
Stenus melanopus Marsham 朦胧虎隐翅甲，朦胧虎隐翅虫
Stenus mercator Sharp 见 *Stenus* (*Hypostenus*) *mercator*
Stenus* (*Metastenus*) *arisanus Cameron 双带虎隐翅甲，阿里山窄隐翅虫，阿里山突眼隐翅虫
Stenus* (*Metastenus*) *auriger Eppelsheim 短小虎隐翅甲，奥窄隐翅虫
Stenus* (*Metastenus*) *exter Puthz 外部虎隐翅甲，外部虎隐翅虫，

异邦突眼隐翅虫

Stenus micangmontium Puthz 米仓山虎隐翅甲，米仓山虎隐翅虫

Stenus micuba Hromádka 见 *Stenus* (*Hypostenus*) *micuba*

Stenus mingyueshanus Yu, Tang *et* Yu 明月山虎隐翅甲，明月山虎隐翅虫

Stenus mithracifer Puthz 宝贝虎隐翅甲，宝贝虎隐翅虫

Stenus miwai Bernhauer 见 *Stenus* (*Hemistenus*) *miwai*

Stenus mongolicus Eppelsheim 见 *Stenus* (*Stenus*) *mongolicus*

Stenus montanicolus Puthz 山谷虎隐翅甲，山谷虎隐翅虫

Stenus monticurrens Puthz 高山虎隐翅甲，高山虎隐翅虫，高山突眼隐翅虫

Stenus montifactus Puthz 山地虎隐翅甲，山地虎隐翅虫，山岳突眼隐翅虫

Stenus montignarus Puthz 山坳虎隐翅甲，山坳虎隐翅虫

Stenus montihabitans Puthz 山栖虎隐翅甲，山栖虎隐翅虫

Stenus montinatus Puthz 山区虎隐翅甲，山区虎隐翅虫

Stenus montisedens Puthz 山息虎隐翅甲，山息虎隐翅虫

Stenus montitenens Puthz 山野虎隐翅甲，山野虎隐翅虫

Stenus montivivens Puthz 山岭虎隐翅甲，山岭虎隐翅虫

Stenus morio Gravenhorst 见 *Stenus* (*Stenus*) *morio*

Stenus mysterialis Puthz 见 *Stenus* (*Hemistenus*) *mysterialis*

Stenus nabanhensis Lü *et* Zhou 纳板河虎隐翅甲，纳板河虎隐翅虫

Stenus nanlingmontis Tang *et* Li 南岭虎隐翅甲，南岭虎隐翅虫

Stenus nanus Stephens 侏儒虎隐翅甲，侏儒虎隐翅虫

Stenus napoensis Lü *et* Zhou 那坡虎隐翅甲，那坡虎隐翅虫

Stenus nefas Puthz 见 *Stenus* (*Hemistenus*) *nefas*

Stenus nibamontis Puthz 倪柏山虎隐翅甲，倪柏山隐翅虫

Stenus nigraureolus Ryvkin 见 *Stenus* (*Hemistenus*) *nigraureolus*

Stenus nigritus Tang *et* Li 见 *Stenus* (*Hypostenus*) *nigritus*

Stenus ninii Rougemont 见 *Stenus* (*Hemistenus*) *ninii*

Stenus nitidulus Cameron 闪亮虎隐翅甲，闪亮虎隐翅虫

Stenus notaculipennis emeiensis Zheng 见 *Stenus* (*Hemistenus*) *notaculipennis emeiensis*

Stenus notaculipennis notaculipennis Puthz 见 *Stenus* (*Hemistenus*) *notaculipennis notaculipennis*

Stenus obliquemaculatus Puthz 斜角虎隐翅甲，斜角虎隐翅虫

Stenus oblitus Sharp 见 *Stenus* (*Hypostenus*) *oblitus*

Stenus oculifer Puthz 见 *Stenus* (*Hemistenus*) *oculifer*

Stenus oligochaetus Zhao *et* Zhou 见 *Stenus* (*Hypostenus*) *oligochaetus*

Stenus ovalis Tang *et* Li 见 *Stenus* (*Hypostenus*) *ovalis*

Stenus pallidipes Cameron 离钩虎隐翅甲，离钩虎隐翅虫

Stenus pallitarsis Stephens 派士虎隐翅甲，派士虎隐翅虫

Stenus panyuhongae Gao *et* Tang 潘氏虎隐翅甲，潘氏突眼隐翅虫

Stenus paradecens Tang *et* Li 见 *Stenus* (*Hypostenus*) *paradecens*

Stenus paradoxus Bernhauer 见 *Stenus* (*Stenus*) *paradoxus*

Stenus paraflammeus Tang, Liu *et* Niu 深褐色虎隐翅甲，深褐色虎隐翅虫，拟焰突眼隐翅虫

Stenus* (*Parastemus*) *stigmatipennis Benick 痣翅虎隐翅甲，痣翅窄隐翅虫

Stenus parviformis Puthz 小型虎隐翅甲，小型虎隐翅虫，微型突眼隐翅虫

Stenus parvus Puthz 小足虎隐翅甲，小足虎隐翅虫，微小突眼隐翅虫

Stenus pectorifossatus Tang *et* Zhao 见 *Stenus* (*Hypostenus*) *pectorifossatus*

Stenus pengzhongi Tang, Liu *et* Niu 彭氏虎隐翅甲，钟鹏虎隐翅虫，彭氏突眼隐翅虫

Stenus perfectus Puthz 完美虎隐翅甲，完美虎隐翅虫

Stenus permodestus Puthz 平常虎隐翅甲，平常虎隐翅虫

Stenus permolestus Puthz 困难虎隐翅甲，困难虎隐翅虫

Stenus pernanus Puthz 见 *Stenus* (*Stenus*) *pernanus*

Stenus perodiosus Puthz 可恶虎隐翅甲，可恶虎隐翅虫

Stenus perparvus Puthz 微小虎隐翅甲，微小虎隐翅虫

Stenus perpastus Puthz 雄壮虎隐翅甲，雄壮虎隐翅虫

Stenus perpauper Puthz 惨虎隐翅甲，惨虎隐翅虫

Stenus perpauperculus Puthz 很惨虎隐翅甲，很惨虎隐翅虫

Stenus perpinguis Puthz 丰满虎隐翅甲，丰满虎隐翅虫

Stenus perplicatus Puthz 复杂虎隐翅甲，复杂虎隐翅虫

Stenus perprauper Puthz 宝岛虎隐翅甲，宝岛虎隐翅虫

Stenus perpropinquus Puthz 相近虎隐翅甲，相近虎隐翅虫

Stenus perpunctus Puthz 强刻点虎隐翅甲，强刻点虎隐翅虫

Stenus perpusillus Puthz 很小虎隐翅甲，很小虎隐翅虫

Stenus perrarus Puthz 少虎隐翅甲，少虎隐翅虫

Stenus perroti Puthz 见 *Stenus* (*Hemistenus*) *perroti*

Stenus perscitus Puthz 细腻虎隐翅甲，细腻虎隐翅虫

Stenus persculpturatus Puthz 重雕刻虎隐翅甲，重雕刻虎隐翅虫

Stenus persculptus Puthz 雕刻虎隐翅甲，雕刻虎隐翅虫

Stenus persimplex Puthz 简单虎隐翅甲，简单虎隐翅虫

Stenus perspicabilis Puthz 卓越虎隐翅甲，卓越虎隐翅虫

Stenus persubtilis Puthz 妙建虎隐翅甲，妙建虎隐翅虫

Stenus pertenuis Puthz 超小虎隐翅甲，超小虎隐翅虫

Stenus pertricosus Puthz 错综虎隐翅甲，错综虎隐翅虫

Stenus perturbator Puthz 混淆虎隐翅甲，混淆虎隐翅虫

Stenus pervenustus Puthz 谦虚虎隐翅甲，谦虚虎隐翅虫

Stenus perversor Puthz 扰流板虎隐翅甲，扰流板虎隐翅虫

Stenus pervilis Puthz 便宜虎隐翅甲，便宜虎隐翅虫

Stenus pilicornis Fauvel 毛角虎隐翅甲，毛角虎隐翅虫

Stenus piliferus Motschulsky 见 *Stenus* (*Hypostenus*) *piliferus*

Stenus pilosiventris Bernhauer 见 *Stenus* (*Tesnus*) *pilosiventris*

Stenus plagiocephalus Benick 见 *Stenus* (*Hypostenus*) *plagiocephalus*

Stenus plumbarius Puthz 铅颜虎隐翅甲，铅颜虎隐翅虫

Stenus plumbativestis Puthz 铅色虎隐翅甲，铅色虎隐翅虫

Stenus plumbeus Cameron 垂直虎隐翅甲，垂直虎隐翅虫

Stenus plumbivestis Puthz 铅装虎隐翅甲，铅装虎隐翅虫，伪铅色突眼隐翅虫

Stenus primivenatus Zhao *et* Zhou 见 *Stenus* (*Hypostenus*) *primivenatus*

Stenus proclinatus Benick 见 *Stenus* (*Stenus*) *proclinatus*

Stenus pseudoflammeus Tang, Liu *et* Niu 同赤褐虎隐翅甲，同赤褐虎隐翅虫，伪焰突眼隐翅虫

Stenus pseudolus Puthz 见 *Stenus* (*Stenus*) *pseudolus*

Stenus pseudomicuba Tang, Puthz *et* Yue 同稀少虎隐翅甲，同稀少虎隐翅虫，伪米突眼隐翅虫

Stenus puberulus Sharp 见 *Stenus* (*Stenus*) *puberulus*

Stenus pubiformis Puthz 多毛虎隐翅甲，多毛虎隐翅虫，绒毛突眼隐翅虫

Stenus pulchrior Puthz 见 *Stenus* (*Hypostenus*) *pulchrior*

Stenus punctidorsus Tang, Liu *et* Niu 密刻点虎隐翅甲，密刻点虎隐翅虫，密刻突眼隐翅虫

Stenus pustulatus Bernhauer 朴实虎隐翅甲，朴实虎隐翅虫
Stenus puthzianus Rougemont 普斯虎隐翅甲，普斯虎隐翅虫
Stenus qingliangfengus Tang *et* Jiang 清凉峰虎隐翅甲，清凉峰突眼隐翅虫
Stenus qionglaimontium Puthz 见 *Stenus* (*Stenus*) *qionglaimontium*
Stenus raddei Ryvkin 瑞德虎隐翅甲，瑞德虎隐翅虫
Stenus renjiafenicus Lü *et* Zhou 任家坟虎隐翅甲，任家坟虎隐翅虫
Stenus rimulosoides Feldmann 见 *Stenus* (*Hemistenus*) *rimulosoides*
Stenus rimulosus Feldmann 见 *Stenus* (*Hemistenus*) *rimulosus*
Stenus riukiuensis Puthz 见 *Stenus* (*Stenus*) *riukiuensis*
Stenus rorellus Fauvel 罗虎隐翅甲，罗隐翅虫
Stenus rorellus cursorius Benick 罗虎隐翅甲粗糙亚种，迅捷突眼隐翅虫
Stenus rorellus rorellus Fauvel 罗虎隐翅甲指名亚种
Stenus rotulirugulosus Zhao *et* Zhou 见 *Stenus* (*Hemistenus*) *rotulirugulosus*
Stenus rufescens Sharp 见 *Stenus* (*Hypostenus*) *rufescens*
Stenus rufomaculatus Bernhauer 乳虎隐翅甲，乳虎隐翅虫
Stenus rugatipennis Puthz 褐皱虎隐翅甲，褐皱突眼隐翅虫，螺纹虎隐翅虫，纹突眼隐翅虫
Stenus ruginosipennis Puthz 拟皱虎隐翅甲，拟皱突眼隐翅虫，轩纹虎隐翅虫
Stenus ruginositogatus Puthz 宽皱虎隐翅甲，宽皱突眼隐翅虫，斜纹虎隐翅虫
Stenus ruginosus Puthz 满纹虎隐翅甲，满纹虎隐翅虫
Stenus rugipennis Sharp 见 *Stenus* (*Hemistenus*) *rugipennis*
Stenus rugosiformis Puthz 皱纹虎隐翅甲，皱纹虎隐翅虫
Stenus rugosipennis Cameron 见 *Stenus* (*Hemistenus*) *rugosipennis*
Stenus rugositogatus Puthz 轩鞘虎隐翅甲，轩鞘虎隐翅虫
Stenus rugosivestis Puthz 黑皱虎隐翅甲，黑皱突眼隐翅虫，纹虎隐翅虫
Stenus rugosivestitus Puthz 沟皱虎隐翅甲，沟皱突眼隐翅虫，歪纹虎隐翅虫
Stenus rugulipennis Puthz 股纹虎隐翅甲，股纹虎隐翅虫，微皱突眼隐翅虫
Stenus ruidirugulosus Zhou *et* Zhao 见 *Stenus* (*Hemistenus*) *ruidirugulosus*
Stenus ruralis Erichson 见 *Stenus* (*Stenus*) *ruralis*
Stenus salebrosus Benick 见 *Stenus* (*Hemistenus*) *salebrosus*
Stenus sannio Puthz 索诺虎隐翅甲，索诺虎隐翅虫
Stenus sauterianus Bernhauer 见 *Stenus* (*Stenus*) *sauterianus*
Stenus scabratus Puthz 粗脊虎隐翅甲，粗糙虎隐翅甲，粗糙突眼隐翅虫
Stenus scabripunctus Puthz 粗点虎隐翅甲，粗糙虎隐翅虫
Stenus schuelkei Puthz 迈克虎隐翅甲，迈克虎隐翅虫
Stenus scopulus Zheng 见 *Stenus* (*Hemistenus*) *scopulus*
Stenus secretus Bernhauer 见 *Stenus* (*Stenus*) *secretus*
Stenus sedatus Sharp 见 *Stenus* (*Hypostenus*) *sedatus*
Stenus semilineatus Puthz 见 *Stenus* (*Hemistenus*) *semilineatus*
Stenus separandus Cameron 分离虎隐翅甲，分离虎隐翅虫
Stenus sexualis Sharp 见 *Stenus* (*Stenus*) *sexualis*
Stenus sharpi Bernhauer *et* Schubert 夏氏虎隐翅甲，夏氏虎隐翅虫
Stenus shenshanjiai Tang *et* Puthz 见 *Stenus* (*Hypostenus*) *shenshanjiai*
Stenus shibatai Puthz 柴田虎隐翅甲，柴田虎隐翅虫
Stenus shibataianus Puthz 拟柴田虎隐翅甲，拟柴田虎隐翅虫
Stenus shibataiellus Puthz 类柴田虎隐翅甲，类柴田虎隐翅虫
Stenus sibiricus Sahlberg 见 *Stenus* (*Hemistenus*) *sibiricus*
Stenus signatipennis Puthz 见 *Stenus* (*Hemistenus*) *signatipennis*
Stenus similioides Puthz 见 *Stenus* (*Hypostenus*) *similioides*
Stenus solstitialis Zheng 见 *Stenus* (*Hemistenus*) *solstitialis*
Stenus songxiaobini Yu, Tang *et* Yu 宋小兵虎隐翅甲，宋小兵虎隐翅虫，宋氏突眼隐翅虫
Stenus sparsepilosus Puthz 分离虎隐翅甲，分离虎隐翅虫
Stenus spinulipes Puthz 轴虎隐翅甲，轴虎隐翅虫
Stenus splendidulus Puthz 见 *Stenus* (*Hypostenus*) *splendidulus*
Stenus spurius Benick 见 *Stenus* (*Hypostenus*) *spurius*
Stenus* (*Stenus*) *affinisecretus Zhao *et* Zhou 近缘虎隐翅甲，近缘虎隐翅虫
Stenus* (*Stenus*) *ageus Casey 相似虎隐翅甲，阿窄隐翅虫，阿圆角隐翅虫
Stenus* (*Stenus*) *alienoides Puthz 似异虎隐翅甲，拟阿连窄隐翅虫
Stenus* (*Stenus*) *alienus Sharp 异虎隐翅甲，异突眼隐翅虫，异邦虎隐翅虫，阿连窄隐翅虫
Stenus* (*Stenus*) *ambiseminiger Zhao *et* Zhou 似黑虎隐翅甲，似黑虎隐翅虫
Stenus* (*Stenus*) *amurensis Eppelsheim 黑背虎隐翅甲，东北窄隐翅虫
Stenus* (*Stenus*) *anthracinus Sharp 漆黑虎隐翅甲，安窄隐翅虫
Stenus* (*Stenus*) *asprohumilis Zhao *et* Zhou 粗短虎隐翅甲，粗短虎隐翅虫，粗短突眼隐翅虫
Stenus* (*Stenus*) *biguttatus (Linnaeus) 两斑虎隐翅甲，双斑虎隐翅虫
Stenus* (*Stenus*) *calliceps Bernhauer 亮丽虎隐翅甲，美窄隐翅虫，丽额突眼隐翅虫
Stenus* (*Stenus*) *clavicornis (Scopoli) 锤角虎隐翅甲，棒角窄隐翅虫，枝角突眼隐翅虫
Stenus* (*Stenus*) *coalitipennis Puthz 煤黑虎隐翅甲，煤黑虎隐翅虫
Stenus* (*Stenus*) *comma LeConte 饰斑虎隐翅甲，斑点虎隐翅虫，饰窄隐翅虫
Stenus* (*Stenus*) *conseminiger Zhao *et* Zhou 同黑虎隐翅甲，同黑虎隐翅虫
Stenus* (*Stenus*) *distans Sharp 远虎隐翅甲，远窄隐翅虫，分离突眼隐翅虫
Stenus* (*Stenus*) *formosanus Benick 台湾虎隐翅甲，台窄隐翅虫，台湾突眼隐翅虫
Stenus* (*Stenus*) *fraterculus Puthz 和睦虎隐翅甲，拟睦窄隐翅虫
Stenus* (*Stenus*) *gaoershimontis Puthz 高耳斯山虎隐翅甲，高耳斯山虎隐翅虫
Stenus* (*Stenus*) *guandiensis Zhao *et* Zhou 关帝虎隐翅甲，关帝虎隐翅虫
Stenus* (*Stenus*) *hammondi Puthz 哈蒙虎隐翅甲，哈窄隐翅虫
Stenus* (*Stenus*) *huabeiensis Rougemont 华北虎隐翅甲，华北虎隐翅虫
Stenus* (*Stenus*) *immigratus Puthz 外来虎隐翅甲，外来虎隐翅虫，外来突眼隐翅虫
Stenus* (*Stenus*) *insulanus Puthz 岛屿虎隐翅甲，岛窄隐翅虫

S

Stenus* (*Stenus*) *japonicus Sharp 日本虎隐翅甲，日窄隐翅虫，日本突眼隐翅虫
Stenus* (*Stenus*) *juno (Paykull) 朱诺虎隐翅甲，朱诺虎隐翅虫，居窄隐翅虫，朱诺突眼隐翅虫
Stenus* (*Stenus*) *kishimotoianus Puthz 岸本虎隐翅甲，岸本虎隐翅虫
Stenus* (*Stenus*) *kuatunensis Benick 挂墩虎隐翅甲，挂墩窄隐翅虫，挂墩突眼隐翅虫
Stenus* (*Stenus*) *latissimus Bernhauer 极宽虎隐翅甲，宽窄隐翅虫
Stenus* (*Stenus*) *lewisius Sharp 窄圆虎隐翅甲，刘窄隐翅虫
Stenus* (*Stenus*) *lewisius lewisius Sharp 窄圆虎隐翅甲指名亚种
Stenus* (*Stenus*) *lewisius pseudoater Bernhauer 窄圆虎隐翅甲拟黑亚种，伪黑突眼隐翅虫
Stenus* (*Stenus*) *macies Sharp 纤瘦虎隐翅甲，玛窄隐翅虫，黑胫虎隐翅虫，纤瘦突眼隐翅虫
Stenus* (*Stenus*) *mammops Casey 粗壮虎隐翅甲，曼窄隐翅虫
Stenus* (*Stenus*) *mammops bulbicollis Benick 粗壮虎隐翅甲圆领亚种，麦斯布克虎隐翅虫
Stenus* (*Stenus*) *mammops mammops Casey 粗壮虎隐翅甲指名亚种
Stenus* (*Stenus*) *megacephalus Cameron 大头虎隐翅甲，大头虎隐翅虫
Stenus* (*Stenus*) *melanarius Stephens 黑色虎隐翅甲，黑虎隐翅虫，黑窄隐翅虫，小黑突眼隐翅虫
Stenus* (*Stenus*) *melanarius annamita Fauvel 黑色虎隐翅甲安娜亚种，黑色安娜虎隐翅虫
Stenus* (*Stenus*) *melanarius melanarius Stephens 黑色虎隐翅甲指名亚种
Stenus* (*Stenus*) *mongolicus Eppelsheim 蒙古虎隐翅甲，蒙窄隐翅虫
Stenus* (*Stenus*) *morio Gravenhorst 丑虎隐翅甲，傲窄隐翅虫，晦色突眼隐翅虫
Stenus* (*Stenus*) *paradoxus Bernhauer 奇异虎隐翅甲，奇窄隐翅虫
Stenus* (*Stenus*) *pernanus Puthz 宽阔虎隐翅甲，宽阔虎隐翅虫
Stenus* (*Stenus*) *proclinatus Benick 弯曲虎隐翅虫，原窄隐翅虫
Stenus* (*Stenus*) *providus Erichson 注虎隐翅甲，注窄隐翅虫
Stenus* (*Stenus*) *pseudolus Puthz 古老虎隐翅甲，古老虎隐翅虫，普赛突眼隐翅虫
Stenus* (*Stenus*) *puberulus Sharp 绒毛虎隐翅甲，绒窄隐翅虫
Stenus* (*Stenus*) *puberulus eurous Puthz 见 *Stenus eurous*
Stenus* (*Stenus*) *puberulus puberulus Sharp 绒毛虎隐翅甲指名亚种
Stenus* (*Stenus*) *qionglaimontium Puthz 邛崃山虎隐翅甲，邛崃山虎隐翅虫
Stenus* (*Stenus*) *riukiuensis Puthz 琉球虎隐翅甲，琉球虎隐翅虫，琉球突眼隐翅虫
Stenus* (*Stenus*) *ruralis Erichson 田野虎隐翅甲，乡窄隐翅虫，郊野突眼隐翅虫
Stenus* (*Stenus*) *sauterianus Bernhauer 具肩虎隐翅甲，索窄隐翅虫
Stenus* (*Stenus*) *secretus Bernhauer 毛簇虎隐翅甲，秘密虎隐翅虫，离窄隐翅虫，隐秘突眼隐翅虫
Stenus* (*Stenus*) *sexualis Sharp 无齿虎隐翅甲，性窄隐翅虫
Stenus* (*Stenus*) *szechuanus Puthz 四川虎隐翅甲，川窄隐翅虫
Stenus* (*Stenus*) *tenebricosus Puthz 暗黑虎隐翅甲，暗窄隐翅虫
Stenus* (*Stenus*) *tenuipes Sharp 纤足虎隐翅甲，尖窄隐翅虫，二星突目阴翅虫，细虎隐翅虫，瘦突眼隐翅虫
Stenus* (*Stenus*) *xuemontium Puthz 雪山虎隐翅甲，雪山虎隐翅虫，雪山突眼隐翅虫
Stenus* (*Stenus*) *yanoianus Puthz 矢野虎隐翅甲，雅窄隐翅虫
Stenus stigmatias Puthz 品牌虎隐翅甲，品牌虎隐翅虫
Stenus stigmaticus Fauvel 见 *Stenus* (*Hemistenus*) *stigmaticus*
Stenus stigmifer Puthz 带孔虎隐翅甲，带孔虎隐翅虫，斑翅突眼隐翅虫
Stenus stigmosus Puthz 孔状虎隐翅甲，孔状虎隐翅虫，斑鞘突眼隐翅虫
Stenus subguttalis Puthz 弱斑虎隐翅甲，弱斑虎隐翅虫
Stenus subligurifer Puthz 见 *Stenus* (*Hemistenus*) *subligurifer*
Stenus substrictus Tang *et* Puthz 狭窄虎隐翅甲，狭窄虎隐翅虫
Stenus subthoracicus Puthz 类斑虎隐翅甲，类斑虎隐翅虫
Stenus succinifer Rougemont 环斑虎隐翅甲，环斑虎隐翅虫
Stenus sucinigutta Puthz 见 *Stenus* (*Hypostenus*) *sucinigutta*
Stenus sugayai Puthz 菅谷虎隐翅甲，菅谷虎隐翅虫
Stenus suspectatus Puthz 见 *Stenus* (*Hemistenus*) *suspectatus*
Stenus svenhedini Puthz 斯氏虎隐翅甲，斯氏虎隐翅虫
Stenus szechuanus Puthz 见 *Stenus* (*Stenus*) *szechuanus*
Stenus taibaishanus Tang *et* Puthz 太白山虎隐翅甲，太白山虎隐翅虫
Stenus taiyangshanus Tang *et* Li 太阳山虎隐翅甲，太阳山突眼隐翅虫，狭窄虎隐翅虫
Stenus tangliangi Puthz 汤氏虎隐翅甲，汤氏突眼隐翅虫
Stenus tenebricosus Puthz 见 *Stenus* (*Stenus*) *tenebricosus*
Stenus tenuimargo Cameron 见 *Stenus* (*Hemistenus*) *tenuimargo*
Stenus tenuipes Sharp 见 *Stenus* (*Stenus*) *tenuipes*
Stenus* (*Tesnus*) *hirtiventris Sharp 五角虎隐翅甲，五角虎隐翅虫，竖毛突眼隐翅虫
Stenus* (*Tesnus*) *pilosiventris Bernhauer 银毛虎隐翅甲，毛腹窄隐翅虫，尖钩虎隐翅甲，多毛突眼隐翅虫
Stenus testaceopiceus Bernhauer 见 *Stenus* (*Hypostenus*) *testaceopiceus*
Stenus thanonensis Rougemont 见 *Stenus* (*Hypostenus*) *thanonensis*
Stenus thoracicus Benick 见 *Stenus* (*Hemistenus*) *thoracicus*
Stenus tianmushanus Tang, Puthz *et* Yue 天目山虎隐翅甲，天目山虎隐翅虫，天目山突眼隐翅虫
Stenus tianquanensis Tang *et* Puthz 天泉山虎隐翅甲，天泉山虎隐翅虫
Stenus tonghanggangus Tang, Puthz *et* Yue 桐杭岗虎隐翅甲，桐杭岗突眼隐翅虫，通黄冈虎隐翅虫
Stenus toppi Zhao *et* Zhou 见 *Stenus* (*Hemistenus*) *toppi*
Stenus tortuosus Cameron 扭曲虎隐翅甲，扭曲虎隐翅虫
Stenus tridentipenis Puthz 叉戟虎隐翅甲，叉戟虎隐翅虫，三齿突眼隐翅虫
Stenus trifurcatus Zhao, Cai *et* Zhou 见 *Stenus* (*Hypostenus*) *trifurcatus*
Stenus tronqueti Puthz 特莱虎隐翅甲，特莱虎隐翅虫
Stenus trigonuroides Zheng 见 *Stenus* (*Hemistenus*) *trigonuroides*
Stenus tuberculicollis Cameron 见 *Stenus* (*Hypostenus*) *tuberculicollis*
Stenus tumidulipennis Puthz 低海拔虎隐翅甲，低海拔虎隐翅虫
Stenus tumoripennis Puthz 肿瘤虎隐翅甲，肿瘤虎隐翅虫
Stenus turnai Puthz 特纳虎隐翅甲，特纳虎隐翅虫
Stenus tuyueyei Tang, Puthz *et* Yue 屠氏虎隐翅甲，涂月业虎隐翅

虫，屠氏突眼隐翅虫

Stenus uncinulatus Zhao *et* Zhou 见 *Stenus* (*Hemistenus*) *uncinulatus*

Stenus ussuriensis Ryvkin 乌苏里虎隐翅甲，乌苏里虎隐翅虫

Stenus variipennis Rougemont 异翅虎隐翅甲，异翅虎隐翅虫

Stenus variunguis Feldmann 见 *Stenus* (*Hemistenus*) *variunguis*

Stenus vegetus Puthz 凸轮虎隐翅甲，凸轮虎隐翅虫

Stenus verticalis Benick 见 *Stenus* (*Hypostenus*) *verticalis*

Stenus veselovae Ryvkin 韦氏虎隐翅甲，韦氏虎隐翅虫

Stenus vietnamensis Puthz 越南虎隐翅甲，越南虎隐翅虫

Stenus vinnulus Casey 维纳斯虎隐翅甲，维纳斯虎隐翅虫

Stenus virgula Fauvel 见 *Stenus* (*Hemistenus*) *virgula*

Stenus viridanus Champion 见 *Stenus* (*Hemistenus*) *viridanus*

Stenus viridicans Puthz 蓝绿虎隐翅甲，蓝绿色虎隐翅虫，拟蓝突眼隐翅虫

Stenus viridimicans Puthz 绿蓑衣虎隐翅甲，绿蓑衣虎隐翅虫

Stenus viridivestis Puthz 大蓝虎隐翅甲，大蓝突眼隐翅虫，绿衣虎隐翅虫

Stenus voluptabilis Puthz 乐趣虎隐翅甲，乐趣虎隐翅虫

Stenus vorticipennis Feldmann 见 *Stenus* (*Hemistenus*) *vorticipennis*

Stenus vorticipennoides Feldmann 见 *Stenus* (*Hemistenus*) *vorticipennoides*

Stenus wanglangus Zheng 见 *Stenus* (*Hemistenus*) *wanglangus*

Stenus wasmanni Fauvel 威氏虎隐翅甲，威氏虎隐翅虫

Stenus watanabeianus Puthz 见 *Stenus* (*Hemistenus*) *watanabeianus*

Stenus wugongshanus Yu, Tang *et* Yu 武功山虎隐翅甲，武功山虎隐翅虫，武功突眼隐翅虫

Stenus wuyanlingus Liu, Tang *et* Luo 乌岩岭虎隐翅甲，乌岩岭虎隐翅虫，乌岩岭突眼隐翅虫

Stenus wuyiensis Puthz 见 *Stenus* (*Hemistenus*) *wuyiensis*

Stenus wuyimontium Puthz 见 *Stenus* (*Hemistenus*) *wuyimontium*

Stenus xiaoxiangensis Puthz 肖香玲虎隐翅甲，肖香玲虎隐翅虫

Stenus xichangensis Tang, Liu *et* Dong 西昌虎隐翅甲，西昌突眼隐翅虫

Stenus xilingmontis Tang, Liu *et* Niu 西灵虎隐翅甲，西灵山虎隐翅虫

Stenus xilingshanus Puthz 西灵山虎隐翅甲，西灵山虎隐翅虫

Stenus xuemontium Puthz 见 *Stenus* (*Stenus*) *xuemontium*

Stenus xueshanus Puthz 大雪山虎隐翅甲，大雪山虎隐翅虫

Stenus xuwangi Tang *et* Li 见 *Stenus* (*Hypostenus*) *xuwangi*

Stenus yanoianus Puthz 见 *Stenus* (*Stenus*) *yanoianus*

Stenus yaoluopingus Hu *et* Tang 鹞落坪虎隐翅甲，鹞落坪突眼隐翅虫

Stenus yasuakii Puthz 见 *Stenus* (*Hemistenus*) *yasuakii*

Stenus yinziweii Tang *et* Li 殷氏虎隐翅甲，殷氏突眼隐翅虫

Stenus yunnanensis Cameron 见 *Stenus* (*Hypostenus*) *yunnanensis*

Stenus yuyimingi Liu, Tang *et* Luo 余氏虎隐翅甲，余氏突眼隐翅虫

Stenus zhaiyanbini Tang *et* Li 翟氏虎隐翅甲，翟氏突眼隐翅虫，张彦兵虎隐翅虫

Stenus zhandinghengi Pan, Tang *et* Li 张氏虎隐翅甲，张定恒虎隐翅虫，张氏突眼隐翅虫

Stenus zhangyejunianus Lü *et* Zhou 张叶军虎隐翅甲，张叶军虎隐翅虫

Stenus zhangyuqingi Liu, Tang *et* Luo 雨清虎隐翅甲，张氏突眼隐翅虫

Stenus zhejiangensis Tang, Liu *et* Zhao 浙江虎隐翅甲，浙江虎隐翅虫，浙江突眼隐翅虫

Stenus zhemoshanus Puthz 者摩山虎隐翅甲，者摩山虎隐翅虫

Stenus zhongdianus Puthz 中甸虎隐翅甲，中甸虎隐翅虫

Stenus zhoudeyaoi Tang, Liu *et* Niu 周氏虎隐翅甲，周登耀虎隐翅虫，周氏突眼隐翅虫

Stenus zhujianqingi Tang, Li *et* Wang 朱氏虎隐翅甲，朱氏突眼隐翅虫，朱江青虎隐翅虫

Stenus zhulilongi Tang *et* Puthz 见 *Stenus* (*Hypostenus*) *zhulilongi*

Stenus zhuxiaoyui Tang *et* Puthz 见 *Stenus* (*Hypostenus*) *zhuxiaoyui*

Stenygrinum 拟蜡天牛属 < 该属学名也有误拼写为 *Stenygrium* 的 >

Stenygrinum quadrinotatum Bates [four-spotted oak borer, four-spotted longicorn beetle] 四星拟蜡天牛，四星栗天牛，拟蜡天牛，四星姬天牛，四星天牛

Stenygrium quadrinotatum Bates 见 *Stenygrinum quadrinotatum*

stephanid 1. [= stephanid wasp] 冠蜂，锤腹姬蜂 < 冠蜂科 Stephanidae 昆虫的通称 >；2. 冠蜂科的

stephanid wasp [= stephanid] 冠蜂，锤腹姬蜂

Stephanidae 冠蜂科，锤腹姬蜂科

Stephanitis 冠网蝽属

Stephanitis ambigua Horváth 钓樟冠网蝽

Stephanitis anagustata Bu 狭冠网蝽

Stephanitis aperta Horváth 斑脊冠网蝽，斑冠网蝽

Stephanitis assamana Drake *et* Maa 阿萨姆冠网蝽

Stephanitis chinensis Drake 茶脊冠网蝽，茶冠网蝽

Stephanitis distinctissima Esaki *et* Takeya 同 *Stephanitis gallarum*

Stephanitis esakii Takeya 明脊冠网蝽

Stephanitis exigua Horváth 维脊冠网蝽，维冠网蝽

Stephanitis fasciicarina Takeya 一斑冠网蝽

Stephanitis formosa (Horváth) 亮囊冠网蝽，亮囊网蝽，冠网蝽

Stephanitis gallarum Horváth 黑腿冠网蝽

Stephanitis globulifera Matsumura 同 *Stephanitis takeyai*

Stephanitis gressitti Drake 黑腹冠网蝽

Stephanitis hsiaoi Bu 萧氏冠网蝽

Stephanitis hydrangeae Drake *et* Maa 绣球冠网蝽

Stephanitis illicii Jing 八角冠网蝽

Stephanitis laudata Drake *et* Poor 华南冠网蝽

Stephanitis macaona Drake 樟脊冠网蝽

Stephanitis mendica Horváth 直脊冠网蝽

Stephanitis nashi Esaki *et* Takeya [pear lace bug] 梨冠网蝽，梨花网蝽

Stephanitis nitoris Drake *et* Poor 叉脊冠网蝽

Stephanitis outonana Drake *et* Maa 闽脊冠网蝽，闽冠网蝽

Stephanitis pagana Drake *et* Maa 村脊冠网蝽，村冠网蝽

Stephanitis pyri (Fabricius) [pear lace bug] 梨网蝽

Stephanitis pyrioides (Scott) [azalea lace bug] 杜鹃冠网蝽，拟梨网蝽

Stephanitis qilianensis Bu 祁连冠网蝽

Stephanitis queenslandensis Hack 昆士兰冠网蝽

Stephanitis rhododendri Horváth [rhododen dron lace bug] 石楠冠网蝽，杜鹃网蝽

Stephanitis shintenana Drake 同 *Stephanitis esakii*

Stephanitis sondaica Horváth 褐囊冠网蝽，褐束冠网蝽

Stephanitis subfasciata Horváth 防已冠网蝽

Stephanitis suffusa (Distant) 毛脊冠网蝽

S

Stephanitis svensoni Drake 长脊冠网蝽
Stephanitis takeyai Drake *et* Maa [Andromeda lace bug, camphor lace bug] 樟冠网蝽，樟网蝽
Stephanitis typica (Distant) [banana lace bug, banana tingid] 亮冠网蝽，香蕉冠网蝽，香蕉网蝽
Stephanitis veridica Drake 长板冠网蝽
Stephanocleonus 冠象甲属，冠象属
Stephanocleonus albinae Reitter 白冠象甲，白方喙象甲，白方喙象
Stephanocleonus bicostatus (Gebler) 同 *Stephanocleonus costatus*
Stephanocleonus brunnipes Faust 棕冠象甲，棕冠象
Stephanocleonus canalicuratus (Gebler) 沟冠象甲，沟方喙象甲，沟方喙象
Stephanocleonus chinensis Faust 中华冠象甲，中华冠象
Stephanocleonus costatus (Gebler) 双脊冠象甲，双脊冠象
Stephanocleonus divisiventris Marshall 分腹冠象甲，分腹冠象
Stephanocleonus fenestratus (Pallas) 窗冠象甲，窗冠象
Stephanocleonus giganteus Ter-Minassian 巨冠象甲，巨冠象
Stephanocleonus gobianus Suvorov 戈壁冠象甲，戈壁冠象
Stephanocleonus labilis Faust 尖翅冠象甲，尖翅冠象
Stephanocleonus potanini Faust 坡冠象甲，坡冠象
Stephanocleonus przewalskyi Faust 月斑冠象甲，月斑冠象
Stephanocleonus shansiensis Ter-Minassian 山西冠象甲，山西冠象
Stephanocleonus suspiciosus Faust 疑冠象甲，疑冠象
Stephanocleonus tibeticus Suvorov 藏冠象甲，藏冠象
Stephanocleonus timidus Faust 怯冠象甲，怯冠象
Stephanocleonus tricarinatus Fischer van Waldheim 三脊冠象甲，三脊冠象
Stephanoderes 果小蠹属
Stephanoderes hampei Ferrari 见 *Hypothenemus hampei*
Stephanodes 冠缨小蜂属
Stephanodes orientalis Tagushi 东方冠缨小蜂
Stephanodes reduvioli (Perkins) 刺冠缨小蜂，雷斯缨小蜂
Stephanoidea 冠蜂总科
Stephanopachys 广帽胸长蠹属，寒带长蠹属
Stephanopachys amplus (Casey) 大广帽胸长蠹
Stephanopachys asperulus (Casey) 粗广帽胸长蠹
Stephanopachys brunmes Wellaston 棕广帽胸长蠹
Stephanopachys conicola Fisher 锥广帽胸长蠹
Stephanopachys cribratus (LeConte) 筛点广帽胸长蠹
Stephanopachys densus (LeConte) 密粒广帽胸长蠹
Stephanopachys hispidulus (Casey) 长齿广帽胸长蠹
Stephanopachys linearis (Kugelann) 秃广帽胸长蠹，松寒带长蠹，寒带长蠹
Stephanopachys quadricollis Marseul 四瘤广帽胸长蠹
Stephanopachys rugosus (Olivier) 皱广帽胸长蠹，皱寒带长蠹
Stephanopachys sobrinus (Casey) 拟广帽胸长蠹
Stephanopachys substriatus (Paykull) 纹广帽胸长蠹，美西部松长蠹
Stephanothrips 冠管蓟马属
Stephanothrips formosanus Okajima 台湾冠管蓟马
Stephanothrips japonicus Saikawa 日本冠管蓟马
Stephanothrips kentingensis Okajima 垦丁冠管蓟马，肯廷冠管蓟马，肯丁冠管蓟马
Stephanothrips occidentalis Hood *et* Williams 西方冠管蓟马
Stephanus 冠蜂属
Stephanus bidentatus van Achterberg *et* Yang 二齿冠蜂
Stephanus tridentatus van Achterberg *et* Yang 三齿冠蜂
Stephens Island weta [= Cook Strait giant weta, *Deinacrida rugosa* Buller] 皱巨沙螽
Stephen's skolly [*Thestor stepheni* Swanepoel] 斯蒂芬秀灰蝶
Stephensia brunnichella (Linnaeus) [basil dwarf] 罗勒矮小潜蛾
Stephostethus 冠骨薪甲属，环胸姬薪虫属
Stephostethus chinensis (Reitter) 中国冠骨薪甲，华斯薪甲，中国薪甲，中华环胸姬薪虫
Stephostethus rugicollis (Olivier) 二行冠骨薪甲，二行薪甲
Stephostethus setosus Rücker 塞西亚冠骨薪甲
Stephostethus taiwanus Ho, Rücker *et* Chan 台湾冠骨薪甲，台湾环胸姬薪虫
Stephostethus yuanfengensis Ho, Rücker *et* Chan 鸢峰冠骨薪甲，鸢峰环胸姬薪虫
Steraspis 硬盾吉丁甲属
Steraspis speciosa (Klug) 腊肠树硬盾吉丁甲，腊肠树硬盾吉丁
stercoraceous 粪生的
Steremnia 诗眼蝶属
Steremnia monachella Weymer 黑影诗眼蝶
Steremnia polyxo (Godman *et* Salvin) 诗眼蝶
Steremnia selva Adams 雨林诗眼蝶
Steremnius 森林象甲属
Steremnius carinatus (Boheman) [conifer seedling weevil, root collar weevil, plantation weevil] 脊森林象甲，森林象甲
Steremnius tuberosus Gyllenhal 瘤森林象甲
Stereoborus 坚象甲属
Stereocerus 坚步甲属
Stereocerus haematopus (Dejean) 二色坚步甲
stereokinesis 触动态，趋触性
stereomicroscope 实体显微镜，解剖镜
Stereonychus 梣象甲属，梣象属
Stereonychus angulicollis Voss 尖梣象甲，尖梣象
Stereonychus conotracheloides Voss 科梣象甲，科梣象
Stereonychus hemileucus Wingelmuller 半白梣象甲，半白梣象
Stereonychus thoracicus Forst [Manchurian ash weevil] 满洲里梣象甲，满洲里梣象
Stereopalpus 斯细颈甲属
Stereopalpus asiaticus (Pic) 亚洲斯细颈甲，亚尤细颈甲
Stereopalpus minutus Pic 小斯细颈甲
Stereoptila digressa Meyrick 第坚谷蛾
stereotaxis 趋触性
stereotropism 向触性
Stericta 纹丛螟属
Stericta angustalis Caradja 角纹丛螟
Stericta asopialis (Snellen) 红缘纹丛螟
Stericta atribasalis Hampson 见 *Lepidogma atribasalis*
Stericta corollina Rong *et* Li 冠纹丛螟
Stericta digitata Rong *et* Li 指突纹丛螟
Stericta divitalis Guenée 迪纹丛螟
Stericta dubia Wileman *et* South 同 *Lepidogma melanolopha*
Stericta flavopuncta Inoue *et* Sasaki 垂斑纹丛螟
Stericta hampsoni Wang, Chen *et* Wu 哈氏纹丛螟

Stericta haraldusalis (Walker) 见 *Lista haraldusalis*

Stericta honei Caradja 霍纹丛螟

Stericta kiiensis (Marumo) 日本纹丛螟

Stericta kogii Inoue *et* Sasaki 柯基纹丛螟

Stericta lactealis Caradja 拉纹丛螟

Stericta melanobasis (Hampson) 黑基纹丛螟，黑基鳞丛螟，黑基沟须丛螟，枚鳞丛螟

Stericta melasiversusa Wang, Chen *et* Wu 黑线纹丛螟

Stericta olivacea Warren 见 *Orthaga olivacea*

Stericta penicilasa Wang, Chen *et* Wu 刷纹丛螟

Stericta rubiginetincta Caradja 同 *Lista insulsalis*

Stericta sinuosa Moore 波纹丛螟

Stericta tripartita Wileman *et* South 同 *Stericta melanobasis*

Sterictiphora 脊颜三节叶蜂属

Sterictiphora anchengica Wei 安城脊颜三节叶蜂

Sterictiphora antennata Wei 触角脊颜三节叶蜂

Sterictiphora curvata Wei 波脉脊颜三节叶蜂

Sterictiphora elevata Wei 隆盾脊颜三节叶蜂

Sterictiphora latioculata Malaise 华北脊颜三节叶蜂，华北斯三节叶蜂

Sterictiphora lii Wei 李氏脊颜三节叶蜂

Sterictiphora nigritana Wei 黑色脊颜三节叶蜂

Sterictiphora pedicella Wei 长柄脊颜三节叶蜂

Sterictiphora shanghaiensis Wei 上海脊颜三节叶蜂

Sterictiphora sulcata Wei 沟脊颜三节叶蜂

Sterictiphora xanthogaster Wei 黄腹脊颜三节叶蜂

sterigma 阴片

sterilant 灭菌剂

sterile 1. 不育的，不孕的；2. 无菌的

sterile broth 灭菌水

sterile culture 无菌培养

sterile egg 不受精卵

sterile insect 不育的昆虫

sterile insect technique [abb. SIT] 昆虫不育技术

sterile rearing 无菌饲育

sterility 不育，不育性，不孕

sterilization 1. 消毒，灭菌；2. 绝育

sterna [s. sternum] 腹板

Sternacanista 腹刺天牛属

Sternacanista retrospinosa Tippmann 挂墩腹刺天牛

sternacoila 腹基次关节点 <指小腹片在邻近基节处的钝刺状突起，其作用似第二关节点>

sternacosta 腹内脊

sternacostal sulcus 腹脊沟 <指划分基腹片与小腹片的腹内脊的外沟>

sternal 腹板的

sternal apophyses [s. sternal apophysis] 腹内突

sternal apophysis [pl. sternal apophyses] 腹内突

sternal gland 腹板腺 <见于白蚁中>

sternal laterale [= parasternoidea] 腹侧片 <见于某些低等昆虫中，在腹板或前腹片两侧的骨片>

sternal line 胸线，腹板线

sternal orifice [= furcal orifice] 叉状孔，叉突陷，叉骨陷

sternal seta [= sternalia] 胸毛

sternal spatula [= breast bone, anchor process] 胸叉

sternalia 见 sternal seta

sternannum [= basisternum] 基腹片

sternartis 腹基关节点 <指基节与腹板的关节点>

Sternaulax zelandicus (Marshaul) 见 *Aulacosternus zelandicus*

sternauli [s. sternaulus; = sternaulices] 腹板侧沟 <指膜翅目一些昆虫中胸腹板两侧的短沟>

sternaulices [s. sternaulus; = sternauli] 腹板侧沟

sternaulus [pl. sternauli 或 sternaulices] 腹板侧沟

Sternechosomus 胸象甲属

Sternechosomus octotuberculatus Voss 八瘤胸象甲，八瘤胸象

Sternechus 茎象甲属，茎干象甲属

Sternechus paludatus (Casey) [bean stalk weevil] 豆茎象甲，豆茎象

Sternechus subsignatus Boheman [soybean stalk weevil] 大豆茎象甲，大豆茎象，大豆茎象鼻虫

sternellar 小腹片的

sternellum 小腹片

sternepimera [s. sternepimeron; = meropleura (s. meropleuron), hypoepimera (s. hypoepimeron), katepimera (s. katepimeron), infraepimera (s. infraepimeron), hypopleura (s. hypopleuron)] 下后侧片

sternepimeron [pl. sternepimera; = meropleuron (pl. meropleura), hypoepimeron (pl. hypoepimera), katepimeron (pl. katepimera), infraepimeron (pl. infraepimera), hypopleuron (pl. hypopleura)] 下后侧片

sternepisterna [s. sternepisternum; = katepisterna (s. katepisternum), infraepisterna (s. infraepisternum)] 下前侧片

sternepisternum [pl. sternepisterna; = katepisternum (pl. katepisterna), infraepisternum (pl. infraepisterna)] 下前侧片

sternite 腹片

Sternocampsus 伟叩甲属

Sternocampsus castaneus Jiang 蜡色伟叩甲，腊色伟叩甲

Sternocera 凹头吉丁甲属

Sternocera aequisignata Saunders 金绿凹头吉丁甲，金绿凹头吉丁，金缘凹头吉丁，等凹头吉丁

Sternocera bannaiensis Wu *et* Hou 同 *Sternocera aequisignata*

Sternocera chrysis (Fabricius) 黄翅凹头吉丁甲，黄翅凹头吉丁，金凹头吉丁甲，金凹头吉丁，叶凹头吉丁

Sternocera diardi Gray 笛凹头吉丁甲，笛凹头吉丁

Sternocera interrupta Olivier 间凹头吉丁甲，间凹头吉丁

Sternocera laevigata Olivier 平滑凹头吉丁甲，平滑凹头吉丁

Sternocera menghaienwsis Wu *et* Hou 同 *Sternocera aequisignata*

Sternocera minor Saunders 小凹头吉丁甲，小凹头吉丁

Sternocera sternicornis Linnaeus 硬角凹头吉丁甲，硬角凹头吉丁

sternocervical hair plate 腹颈片毛片

Sternochetus 杧果象甲属

Sternochetus brandti Harold 见 *Eucryptorrhynchus brandti*

Sternochetus frigidus (Fabricius) [mango nut borer, mango pulp weevil] 蛀果杧果象甲，蛀果杧果象，杧果果肉象甲，杧果象鼻虫，果肉杧果象

Sternochetus gravis (Fabricius) 同 *Sternochetus frigidus*

Sternochetus ineffectus (Walker) 同 *Sternochetus mangiferae*

Sternochetus mangiferae (Fabricius) [mango seed weevil, mango weevil, mango stone weevil, mango nut weevil] 果实杧果象甲，

杧果果核象甲，杧果隐喙象甲，印度果核杧果象，杧果核象甲，杧果种子象鼻虫

Sternochetus olivieri (Faust) [mango seed weevil] 果核杧果象甲，果核杧果象，杧果果实象甲，云南果核杧果象，杧果象甲，杧果象

Sternocoelis 腹阎甲属

Sternocoelis fusculus (Schmidt) 褐腹阎甲

sternocosta 腹内脊

sternocoxal 腹基的

Sternodea 隐头隐食甲属

Sternodea chinensis Nikitsky 见 *Himascelis chinensis*

Sternodea japonica Sasaji 日本隐头隐食甲

Sternodea lederi Reitter 莱氏隐头隐食甲

Sternodontus 扩蝽属

Sternodontus obtusus (Mulsant *et* Rey) 钝扩蝽

Sternodontus similis (Stål) 条扩蝽

Sternohammus laosensis Breuning 结天牛

sternoidea 基前桥

Sternolophus 脊胸牙甲属

Sternolophus acutipenis Nasserzadeh *et* Komarek 脊茎脊胸牙甲

Sternolophus inconspicuus (Nietner) 凹尾脊胸牙甲，短突脊胸牙甲，不显脊胸牙甲，短突姬牙虫

Sternolophus mergus (Redtenbacher) 同 *Sternolophus rufipes*

Sternolophus rufipes (Fabricius) 红脊胸牙甲，红毛腿牙甲

Sternoplatys 窄翅叶甲属

Sternoplatys clementzi Jakobson 蓝黑窄翅叶甲，棕爪北亚跳甲

Sternoplatys fulvipes Motschulsky 黄足窄翅叶甲，光翅北亚跳甲

Sternoplatys weisei Csiki 同 *Sternoplatys clementzi*

Sternoplax 宽漠甲属，漠甲属

Sternoplax ballioni Skopin 见 *Sternoplax* (*Parasternoplax*) *ballioni*

Sternoplax bicarinata Ba *et* Ren 双脊宽漠甲

Sternoplax costatissima Reitter 见 *Sternoplax* (*Sternoplax*) *costatissima*

Sternoplax deplanata Krynicky 见 *Sternoplax* (*Parasternoplax*) *deplanata*

Sternoplax deplanata deplanata Krynicky 见 *Sternoplax* (*Parasternoplax*) *deplanata deplanata*

Sternoplax deplanata kuldzhana Skopin 见 *Sternoplax* (*Parasternoplax*) *deplanata kuldzhana*

Sternoplax grandis (Faldermann) 见 *Sternotrigon grandis*

Sternoplax hiekei (Skopin) 见 *Sternotrigon hiekei*

Sternoplax impressicollis Reitter 扁胸宽漠甲，扁胸漠甲

Sternoplax kraatzi (Fraivaldsky) 见 *Sternotrigon kraatzi*

Sternoplax lacerta (Bates) 见 *Sternoplax* (*Pseudosternoplax*) *lacerta*

Sternoplax lineola Ba *et* Ren 隆脊宽漠甲

Sternoplax* (*Mesosternoplax*) *souvorowiana Reitter 苏氏宽漠甲，苏氏漠甲

Sternoplax niana Reitter 尼那宽漠甲，尼那漠甲

Sternoplax opaea Reitter 见 *Sternotrigon opaea*

Sternoplax* (*Parasternoplax*) *ballioni Skopin 巴氏宽漠甲

Sternoplax* (*Parasternoplax*) *deplanata Krynicky 扁平宽漠甲

Sternoplax* (*Parasternoplax*) *deplanata deplanata Krynicky 扁平宽漠甲指名亚种

Sternoplax* (*Parasternoplax*) *deplanata kuldzhana Skopin 扁平宽漠甲库尔勒亚种，库尔勒宽漠甲

Sternoplax* (*Pseudosternoplax*) *lacerta (Bates) 大瘤宽漠甲，大瘤漠甲，拉宽漠甲，拉胖漠甲

Sternoplax setosa (Bates) 见 *Sternotrigon setosa*

Sternoplax setosa juvencus (Reitter) 见 *Sternotrigon setosa juvencus*

Sternoplax souvorowiana Reitter 见 *Sternoplax* (*Mesosternoplax*) *souvorowiana*

Sternoplax* (*Sternoplax*) *costatissima (Reitter) 光胸宽漠甲，光胸漠甲

Sternoplax* (*Sternoplax*) *schusteri Günther 舒氏宽漠甲

Sternoplax* (*Sternoplax*) *szechenyi (Frivaldszky) 谢氏宽漠甲，谢氏漠甲

Sternoplax szechenyi Frivaldszky 见 *Sternoplax* (*Sternoplax*) *szechenyi*

Sternoplax zichyi Csiki 见 *Sternotrigon zichyi*

sternopleura [s. sternopleuron; = sternopleurons] 腹侧板 < 指中胸前侧片的下部 >

sternopleural 腹侧的

sternopleural bristle 下侧鬃 < 见于双翅目昆虫中，或写成 sternopleural>

sternopleural line 腹侧线

sternopleural sulcus 腹侧沟 < 见于双翅目昆虫中，由腹侧板划分中胸侧板的沟 >

sternopleurite 腹侧片 < 指胸节在基节下的侧板骨化并与原腹板合并者；或为由前侧片与腹板合并成的复合板 >

sternopleuron [pl. sternopleura 或 sternopleurons] 腹侧板

sternopleurons [s. sternopleuron; = sternopleura] 腹侧板

sternorhabdite 产卵器原 < 指膜翅目幼虫中形成成虫产卵器的构造或疣 >

Sternorrhyncha 胸喙亚目，胸喙类

Sternotrigon 扁漠甲属

Sternotrigon albipilus Ba *et* Ren 白毛扁漠甲

Sternotrigon grandis (Faldermann) 拱背扁漠甲，大宽漠甲

Sternotrigon hiekei Skopin 海氏扁漠甲，希宽漠甲

Sternotrigon kraatzi (Frivaldszky) 克氏扁漠甲，克宽漠甲，克胖漠甲

Sternotrigon opaea (Reitter) 暗色扁漠甲，暗宽漠甲

Sternotrigon setosa (Bates) 多毛扁漠甲，刚毛宽漠甲，刚毛胖漠甲

Sternotrigon setosa juvencus (Reitter) 多毛扁漠甲居维亚种，居维扁漠甲

Sternotrigon setosa setosa Bates 多毛扁漠甲指名亚种

Sternotrigon zichyi (Csiki) 紫奇扁漠甲，济宽漠甲

Sternotropa 宽胸隐翅甲属，宽胸隐翅虫属

Sternotropa dabamontis Pace 大巴山宽胸隐翅甲，大巴山宽胸隐翅虫

Sternotropa erlangensis Pace 二郎山宽胸隐翅甲，二郎山宽胸隐翅虫

Sternotropa sinensis Pace 中国宽胸隐翅甲，中国宽胸隐翅虫

Sternuchopsis 斯长足象甲属

Sternuchopsis albomaculatus (Kôno) 白斑斯长足象甲，白斑长足象

Sternuchopsis juglans (Chao) 核桃斯长足象甲，核桃长足象

Sternuchopsis trifidus (Pascoe) [bird dropping weevil, black & white weevil] 短胸斯长足象甲，短胸长足象，三裂根长象，鸟粪象鼻虫

Sternuchopsis vitalisi (Marshall) 韦斯长足象甲，韦氏长足象

Sternuchopsis waltoni (Boheman) 甘薯斯长足象甲，甘薯长足象

sternum [pl. sterna] 腹板

S

sternum collare 颈腹片 < 或同颈片；或为外咽片下面的明显骨片 >
sternum pectorale 胸突 < 或指胸叉；或为胸部下的突起隆线 >
steroecious species 狭幅种，狭适种
steroid 1. 甾类化合物，甾族化合物；2. 类固醇
steroidogenic hormones 甾源激素
sterol 甾醇，固醇
sterol-regulatory element binding protein [abb. SREBP] 固醇调节元件结合蛋白
Steroma 齿轮眼蝶属
Steroma bega Westwood [Westwood's mottled satyr] 齿轮眼蝶
Steroma lucillae Pyrcz 白斑齿轮眼蝶
Steroma modesta Weymer [mottled satyr] 优雅齿轮眼蝶
Steroma superba Butler 庄重齿轮眼蝶
Steroma zibia Butler 齐毕亚齿轮眼蝶
sterone 甾醇，固醇
Steropanus 蛮通缘步甲亚属，闪光步甲属
Steropanus forticornis Fairmaire 见 *Pterostichus forticornis*
Steropus licinoides Fairmaire 同 *Pterostichus liciniformis*
Steropus scuticollis Fairmaire 见 *Pterostichus scuticollis*
Sterrha chotaria Swinhoe 见 *Idaea chotaria*
Sterrha impexa Butler 见 *Idaea impexa*
Sterrha jakima Butler 见 *Idaea jakima*
Sterrha muricata minor Sterneck 见 *Idaea muricata minor*
Sterrha parallela Wileman *et* South 同 *Idaea sugillata*
Sterrha sinica Yang 见 *Idaea sinica*
Sterrha villitibia Prout 见 *Idaea villitibia*
Sterrha violacea Hampson 见 *Idaea violacea*
Sterrhidae [= Acidaliidae] 姬尺蛾科，小尺蛾科
Sterrhinae 姬尺蛾亚科，小尺蛾亚科
Sterrhini 姬尺蛾族，小尺蛾族
Sterrhopterix 薄翅袋蛾属 < 该属学名有误写为 *Sterrhopteryx* 者 >
Sterrhopterix fusca Haworth [brown sweep, brown muslin sweep moth] 褐薄翅袋蛾
Sterrhopterix kurenzovi Filipjev 同 *Sterrhopterix standfussi*
Sterrhopterix standfussi (Wocke) 司氏薄翅袋蛾
Sterrhopterix standfussi kurenzovi Filipjev 同 *Sterrhopterix standfussi*
stethidium [= thorax] 胸部
Stethoconus 军配盲蝽属
Stethoconus japonicus Schumacher 日本军配盲蝽，军配盲蝽
Stethoconus praefectus (Distant) 统帅军配盲蝽
Stethoconus pyri (Mella) 扑氏军配盲蝽
Stethoconus rhoksane Linnavuori 罗氏军配盲蝽
Stetholiodes 胸球蕈甲属
Stetholiodes chinense Angelini *et* Švec 中华胸球蕈甲
Stetholiodes magnifica Angelini *et* Cooter 显胸球蕈甲
Stetholiodes nipponica Angelini *et* de Marzo 日本胸球蕈甲
Stetholiodes turnai Angelini *et* Švec 涂氏胸球蕈甲
Stethomostus 直脉叶蜂属，胸性叶蜂属
Stethomostus babai Togashi 斑颚直脉叶蜂，马场胸性叶蜂
Stethomostus flavicollaris (Satô) 黄肩直脉叶蜂，黄胸性叶蜂
Stethomostus fuliginosus (Schrank) 毛茛直脉叶蜂，毛茛胸性叶蜂
Stethomostus vulgaris Wei 普通直脉叶蜂，普通小片叶蜂
Stethorini 食螨瓢虫族
Stethorus 食螨瓢虫属
Stethorus (Allostethorus) amurensis Iablokoff-Khnzorian 阿穆尔食螨瓢虫
Stethorus aptus Kapur 黑囊食螨瓢虫
Stethorus baiyunshanensis Ren *et* Pang 白云山食螨瓢虫
Stethorus bifidus Kapur 双裂食螨瓢虫
Stethorus binchuanensis Pang *et* Mao 宾川食螨瓢虫
Stethorus cantonensis Pang 广东食螨瓢虫
Stethorus chengi Sasaji 束管食螨瓢虫
Stethorus convexus Yu 松突食螨瓢虫
Stethorus dongchuanensis Cao *et* Xiao 东川食螨瓢虫
Stethorus guangxiensis Pang *et* Mao 广西食螨瓢虫
Stethorus hirashimai Sasaji 平岛食螨瓢虫，希氏食螨瓢虫
Stethorus indira Kapur 印度食螨瓢虫
Stethorus klapperichi Yu 克氏食螨瓢虫
Stethorus loi Sasaji 罗氏食满瓢虫，劳氏食螨瓢虫
Stethorus longisiphonulus Pang 长管食螨瓢虫
Stethorus muriculatus Yu 细长食螨瓢虫
Stethorus parapauperculus Pang 拟小食螨瓢虫
Stethorus punctillum Weise 深点食螨瓢虫
Stethorus punctum LeConte 斑点食螨瓢虫
Stethorus pusillus (Herbst) 同 *Stethorus punctillum*
Stethorus rani Kapur 郎氏食螨瓢虫
Stethorus shaanxiensis Pang *et* Mao 同 *Stethorus* (*Allostethorus*) *amurensis*
Stethorus sichuanensis Ren *et* Pang 四川食螨瓢虫
Stethorus siphonulus Kapur 腹管食螨瓢虫
Stethorus truncatus Kapur 截形食螨瓢虫，畸斑食螨瓢虫
Stethorus utilus Horn 有益食螨瓢虫
Stethorus vietnamicus Hoàng 越南食螨瓢虫
Stethorus wulingicus Xiao 武陵食螨瓢虫
Stethorus xinglongicus Li *et* Ren 兴隆食螨瓢虫
Stethorus yingjiangensis Cao *et* Xiao 盈江食螨瓢虫
Stethorus yunnanensis Pang *et* Mao 云南食螨瓢虫
Stethotrypes 小舌甲属
Stethotrypes korschefskyana (Kaszab) 七斑小舌甲，柯呆舌甲
Stethynium 三棒缨小蜂属
Stethynium empoascae Subba Rao 叶蝉三棒缨小蜂
Stethynium triclavatum Enock 模式三棒缨小蜂，三棒缨小蜂，三棒史缨小蜂
Stevensius gregoryi Jeannel 见 *Uenoites gregoryi*
Stevensius lampros Jeannel 炬史提步甲
Stevenson's copper [*Aloeides stevensoni* Tite *et* Dickson] 斯泰乐灰蝶
Sthenaridea 圆束盲蝽属
Sthenaridea piceonigra (Motschulsky) 棕黑圆束盲蝽
Sthenaridea rufescens (Poppius) 红圆束盲蝽，红头盲蝽
Sthenaropsis 宽头盲蝽属
Sthenaropsis gobicus Putshkov 戈壁宽头盲蝽
Sthenarus 斯盲蝽属
Sthenarus interruptus Reuter 见 *Sejanus interruptus*
Sthenarus niveoarcuatus Reuter 见 *Sejanus niveoarcuatus*
Sthenarus potanini Reuter 见 *Sejanus potanini*
Sthenias 突尾天牛属，长角锈天牛属
Sthenias cylindrator Fabricius 圆筒突尾天牛

S

Sthenias cylindricus Gressitt 天目突尾天牛，白纹长角锈天牛，白带粗筒天牛
Sthenias franciscanus Thomson 环斑突尾天牛
Sthenias gahani (Pic) 格氏突尾天牛
Sthenias gracilicornis Gressitt 二斑突尾天牛
Sthenias grisator (Fabricius) [grapevine stem girdler] 灰突尾天牛
Sthenias javanicus Breuning 爪哇突尾天牛
Sthenias leucothorax Breuning 白胸突尾天牛
Sthenias murzini Lazarev 同 *Anaches medioalbus*
Sthenias partealbicollis Breuning 黑尾突尾天牛
Sthenias pascoei Ritsema 条胸突尾天牛
Sthenias pseudodorsalis Breuning 老挝突尾天牛
Sthenias semicylindricus Hayashi 同 *Anaches medioalbus*
Sthenias yunnanus Breuning 云南突尾天牛
Sthenopis 斯蝙蛾属
Sthenopis bouvieri (Oberthür) 波氏斯蝙蛾，波疖蝙蛾
Sthenopis dirschi (Bang-Haas) 狄氏斯蝙蛾，狄疖蝙蛾
Sthenopis purpurascens (Packard) [four-spotted ghost moth] 四斑斯蝙蛾，杨柳四斑蝙蝠蛾
Sthenopis quadriguttatus Grote 同 *Sthenopis purpurascens*
Sthenopis regius (Staudinger) 雷斯蝙蛾
Sthenopis roseus (Oberthür) 玫斯蝙蛾，玫雷疖蝙蛾
Stibadocerella 合脉烛大蚊属，茎大蚊属，巢大蚊属
Stibadocerella albitarsis (de Meijere) 白跗合脉烛大蚊
Stibadocerella formosensis Alexander 台湾合脉烛大蚊，台茎大蚊，台湾巢大蚊
Stibadocerella omeiensis Alexander 峨眉合脉烛大蚊，峨眉茎大蚊
Stibadocerella shennongensis Zhang *et* Yang 神农架合脉烛大蚊
Stibadocerinae 合脉烛大蚊亚科
Stibara 多脊天牛属
Stibara apicalis Pic 黑尾多脊天牛
Stibara beloni Pic 贝氏多脊天牛
Stibara humeralis Thomson 肩斑多脊天牛
Stibara rufina Pascoe 红多脊天牛
Stibara tetraspilota Hope 灰环多脊天牛
Stibara tricolor Fabricius 粗点多脊天牛
Stibaropus 原根土蝽属
Stibaropus formosanus Takado *et* Yamagihara 见 *Schiodtella formosana*
Stibaropus holdbecki Kiritshenko 贺氏原根土蝽，贺氏根土蝽
Stibaropus pseudominor Lis 类小原根土蝽
Stibochiona 饰蛱蝶属
Stibochiona coresia (Hübner) 饰蛱蝶
Stibochiona nicea (Gray) [popinjay] 素饰蛱蝶，缘点棕蛱蝶，缘环蛱蝶
Stibochiona nicea nicea (Gray) 素饰蛱蝶指名亚种，指名素饰蛱蝶
Stibochiona nicea viridicans Fruhstofer 素饰蛱蝶闪绿亚种，绿素饰蛱蝶
Stiboderes 马蹄长角象甲属
Stiboderes impressus Jekel 痕马蹄长角象甲
Stiboderes impressus impressus Jekel 痕马蹄长角象甲指名亚种
Stiboderes impressus stibinus (Jordan) 痕马蹄长角象甲条胸亚种，径痕马蹄长角象，条胸长角象鼻虫，径痕赛长角象
Stiboges 白蚬蝶属
Stiboges calycoides Fruhstorfer 见 *Stiboges nymphidia calycoides*
Stiboges lushanica Chou *et* Yuan 庐山白蚬蝶
Stiboges mara Fruhstorfer 见 *Stiboges nymphidia mara*
Stiboges nymphidia Butler [columbine] 白蚬蝶
Stiboges nymphidia calycoides Fruhstorfer 白蚬蝶白室亚种，卡白蚬蝶，白室蚬蝶
Stiboges nymphidia elodinia Fruhstorfer 白蚬蝶矮罗亚种，中越白蚬蝶，蛱蚬蝶
Stiboges nymphidia mara Fruhstorfer 白蚬蝶中玛拉种，玛白蚬蝶
Stiboges nymphidia nymphidia Butler 白蚬蝶指名亚种
stiched jewelmark [*Anteros acheus* (Stoll)] 雅安蚬蝶
Stichelia 丝蚬蝶属
Stichelia apolecat (Bates) 阿丝蚬蝶
Stichelia arbuscula (Möschler) [arbuscula metalmark] 阿布丝蚬蝶
Stichelia basillssa (Bates) 巴丝蚬蝶
Stichelia bocchoris (Hewitson) 波丝蚬蝶
Stichelia crocostigma (Bates) 绯丝蚬蝶
Stichelia dukinfieldia (Schaus) 杜丝蚬蝶
Stichelia lasis (Godman) 拉丝蚬蝶
Stichelia pelotenis Biezanka, Mielke *et* Wedderhoff 帕罗丝蚬蝶
Stichelia phoenicura (Godman *et* Salvin) [dingy metalmark, phoenicura metalmark] 紫红丝蚬蝶
Stichelia pluto (Stichel) 冥王丝蚬蝶
Stichelia pygmaea (Cramer) 臀丝蚬蝶
Stichelia sagaris (Cramer) 丝蚬蝶
Stichelia simpla (Haye) 素丝蚬蝶
Stichelia suapure (Weeks) 刷丝蚬蝶
Stichel's doctor [*Ancyluris melior* Stichel] 俅曲蚬蝶
Stichillus 弧蚤蝇属，军队蚤蝇属
Stichillus acuminatus Liu *et* Chou 尖尾弧蚤蝇，尖突弧蚤蝇
Stichillus brunneicornis Beyer 棕角弧蚤蝇，棕角蚤蝇
Stichillus japonicus (Matsumura) 日本弧蚤蝇，日弧蚤蝇
Stichillus orbiculatus Liu *et* Chou 圆尾弧蚤蝇
Stichillus polychaetous Liu *et* Chou 毛尾弧蚤蝇
Stichillus sinuosus Schmitz 曲弧蚤蝇，变腹弧蚤蝇，变腹蚤蝇
Stichillus spinosus Liu *et* Chou 刺鞘弧蚤蝇，曲弧蚤蝇
Stichillus suspectus (Brues) 惊弧蚤蝇，可疑蚤蝇
Stichillus tuberculosus Liu *et* Chou 疣尾弧蚤蝇
Sticholotinae 小艳瓢虫亚科
Sticholotini 小艳瓢虫族
Sticholotis 小艳瓢虫属，艳瓢虫属
Sticholotis formosana Weise 丽小艳瓢虫，丽艳瓢虫
Sticholotis hirashimai Sasaji 褐背小艳瓢虫，希拉小艳瓢虫，褐背艳瓢虫
Sticholotis jinpingensis Wang *et* Ren 金平小艳瓢虫
Sticholotis linguiformis Yu 舌形小艳瓢虫
Sticholotis maculata Korschefsky 斑小艳瓢虫
Sticholotis morimotoi Kamiya 四星小艳瓢虫，四星艳瓢虫，摩里小艳瓢虫
Sticholotis petila Yu *et* Pang 短柱小艳瓢虫
Sticholotis punctata Crotch 刻点小艳瓢虫
Sticholotis ruficeps Weise 红额小艳瓢虫
Sticholotis taiwanensis Miyatake 台湾小艳瓢虫，台湾艳瓢虫
Sticholotis tsunekii (Sasaji) 常木小艳瓢虫，五斑尼艳瓢虫
Sticholotis undecimpunctata Miyatake 十一斑小艳瓢虫

Stichophthalma 箭环蝶属

Stichophthalma camadeva (Westwood) [northern jungle queen] 青箭环蝶

Stichophthalma camadeva aborica Tytler [Abor northern jungle queen] 青箭环蝶阿山亚种

Stichophthalma camadeva camadeva (Westwood) 青箭环蝶指名亚种

Stichophthalma camadeva camadevoides de Nicéville [chin northern jungle queen] 青箭环蝶沙地亚种

Stichophthalma camadeva nagaensis Rothschild [Naga northern jungle queen] 青箭环蝶那加亚种

Stichophthalma camadeva nicevillei Röber [Assam northern jungle queen] 青箭环蝶阿萨姆亚种

Stichophthalma cambodia Hewitson [Cambodian jungle queen] 黄箭环蝶

Stichophthalma fruhstorferi Röber 白兜箭环蝶

Stichophthalma godfreyi Rothschild 神箭环蝶

Stichophthalma howqua (Westwood) 箭环蝶

Stichophthalma howqua bowringi Chun 箭环蝶海南亚种，海南箭环蝶

Stichophthalma howqua formosana Fruhstorfer 箭环蝶台湾亚种，环纹蝶，环蝶，台湾箭环蝶

Stichophthalma howqua howqua (Westwood) 箭环蝶指名亚种，指名箭环蝶

Stichophthalma le Joicey *et* Talbot 海南箭环蝶，海南双星白袖箭环蝶

Stichophthalma louisa Wood-Mason 白袖箭环蝶

Stichophthalma louisa louisa Wood-Mason 白袖箭环蝶指名亚种

Stichophthalma louisa siamensis Rothschild 白袖箭环蝶泰国亚种，逻罗白袖箭环蝶

Stichophthalma neumogeni Leech 双星箭环蝶，双星白袖箭环蝶

Stichophthalma neumogeni le Joicey *et* Talbot 见 *Stichophthalma le*

Stichophthalma neumogeni neumogeni Leech 双星箭环蝶指名亚种，指名白双星袖箭环蝶

Stichophthalma neumogeni pacifica Mell 双星箭环蝶太平洋亚种，太平洋双星白袖箭环蝶

Stichophthalma nourmahal (Westwood) [chocolate jungle queen] 暗色箭环蝶，诺箭环蝶

Stichophthalma nourmahal chuni Joicey *et* Talbot 暗色箭环蝶海南亚种，丘诺箭环蝶

Stichophthalma nourmahal nourmahal (Westwood) 暗色箭环蝶指名亚种

Stichophthalma sparta de Nicéville [Manipur jungle queen] 赭色箭环蝶，斯箭环蝶

Stichophthalma tytleri Rothschild 竹地箭环蝶

Stichopogon 微虫虻属，微食虫虻属，别钩食虫虻属

Stichopogon barbiellinii Bezzi 巴氏微虫虻，巴氏微食虫虻

Stichopogon chrysotoma Schiner 金微虫虻

Stichopogon chrysotoma chrysotoma Schiner 金微虫虻指名亚种

Stichopogon chrysotoma variabilis Lehr 金微虫虻多变亚种，中国微食虫虻，多变金微虫虻

Stichopogon elegantulus (Wiedemann) 华丽微虫虻，华丽微食虫虻

Stichopogon infuscatus Bezzi 棕微虫虻，棕微食虫虻，暗微虫虻，棕窦食虫虻

Stichopogon muticus Bezzi 北京微虫虻，北京微食虫虻

Stichopogon peregrinus Osten Sacken 奇微虫虻，奇微食虫虻，游荡食虫虻

Stichopogon rubzovi Lehr 卢氏微虫虻，卢氏微食虫虻，鲁氏微虫虻

Stichopogoninae 微虫虻亚科，微食虫虻亚科

stichotrematid 1. [= stichotrematid strepsipteran] 钩蝙 < 钩蝙科 Stichotrematidae 昆虫的通称 >；2. 钩蝙科的

stichotrematid strepsipteran [= stichotrematid] 钩蝙

Stichotrematidae 钩蝙科，钩捻翅虫科

Stichotrematoidea 钩蝙总科，钩捻翅虫总科

stick-bug [= stick insect, walking stick, bug stick] 杆䗛，棒䗛，杖䗛，竹节虫

stick grasshopper [= proscopiid grasshopper, jumping stick, proscopiid] 蜢蜢，蜢蝗，枝蝗 < 蜢蜢科 Proscopiidae 昆虫的通称 >

stick insect 见 stick-bug

stick katydid [= predatory bush-cricket, predatory katydid] 亚螽 < 亚螽亚科 Saginae 昆虫的通称 >

sticklac 棒胶 < 有干紫胶虫的树枝 >

sticktight flea 1. [= hectopsyllid flea, hectopsyllid] 缩胸蚤 < 缩胸蚤科 Hectopsyllidae 昆虫的通称 >；2. [*Echidnophaga gallinacea* (Westwood)] 禽角头蚤，禽毒蚤

sticky gland 黏腺

Stictacanthus 刺链蚧属

Stictacanthus azadirachtae (Green) 鱼藤刺链蚧

Stictane 点苔蛾属

Stictane fractilinea (Snellen) 弗点苔蛾

Stictane rectilinea (Snellen) 直线点苔蛾

Stictea 桉小卷蛾属

Stictea coriariae (Oku) 桉小卷蛾

Stictocephala 斑头角蝉属，斑头膜翅角蝉属

Stictocephala bisonia Kopp *et* Yonke [American buffalo treehopper] 美洲斑头角蝉，野牛角蝉

Stictocephala bubalus (Fabricius) [buffalo treehopper] 牛斑头角蝉，牛角蝉，水牛形角蝉，瓢形膜翅角蝉；牛形沫蝉 < 误 >

Stictochironomus 齿斑摇蚊属，斑摇蚊属

Stictochironomus akizukii (Tokunaga) 秋月齿斑摇蚊

Stictochironomus crassiforceps (Kieffer) 粗铗齿斑摇蚊，粗铗斑摇蚊

Stictochironomus flavicingulus (Walker) 黄带齿斑摇蚊，黄带斑摇蚊

Stictochironomus juncaii Qi, Shi *et* Wang 俊才齿斑摇蚊，俊才斑摇蚊

Stictochironomus multannulatus (Tokunaga) 多齿斑摇蚊

Stictochironomus pictulus (Meigen) 皮可齿斑摇蚊

Stictochironomus sticticus (Fabricius) 斯蒂齿斑摇蚊

stictococcid 1. [= stictococcid scale insect] 非蚧 < 非蚧科 Stictococcidae 昆虫的通称 >；2. 非蚧科的

stictococcid scale insect [= stictococcid] 非蚧

Stictococcidae 非蚧科

Stictocranius 斑脊隐翅甲属

Stictocranius chinensis Puthz 中华斑脊隐翅甲，华斑脊隐翅虫

Stictodex 锤角小蠹属

Stictodex dimidiatus (Eggers) 锤角小蠹
Stictolampra 麻蠊属
Stictolampra bicolor Guo, Liu *et* Li 双色麻蠊
Stictolampra gracilis Liu, Zhu, Dai *et* Wang 瘦麻蠊
Stictolampra krasnovi (Bey-Bienko) 克氏麻蠊
Stictolampra melancholica Bey-Bienko 黑栗麻蠊，黑褐麻蠊，黑棘蠊
Stictolampra saussurei (Kirby) 萨氏麻蠊，索氏棘蠊
Stictolampra similis Bey-Bienko 相似麻蠊
Stictoleptura 斑花天牛属
Stictoleptura dichroa (Blanchard) 绿斑花天牛，赤杨缘花天牛，赤杨褐天牛，赤缘花天牛，杨伞花天牛，赤杨伞花天牛
Stictoleptura igai (Tamanaui) 异色斑花天牛，异色伞花天牛
Stictoleptura rubra (Linnaeus) 赤斑花天牛，赤缘花天牛，伞花天牛
Stictoleptura succedanea (Lewis) 黑角斑花天牛，黑角伞花天牛
Stictoleptura variicornis (Dalman) 色角斑花天牛
Stictolinus 线隐翅甲属
Stictolinus flavipes (LeConte) 黄点线隐翅甲，黄点线隐翅虫
Stictolissonota 隆斑姬蜂属
Stictolissonota foveata Cameron 凹隆斑姬蜂
Stictomischus 刻柄金小蜂属
Stictomischus alveolus Huang 糙刻柄金小蜂
Stictomischus bellus Huang 精美刻柄金小蜂
Stictomischus fortis Huang 壮刻柄金小蜂
Stictomischus groschkei Delucchi 格刻柄金小蜂
Stictomischus hirsutus Huang 多毛刻柄金小蜂
Stictomischus lanceus Huang 矛腹刻柄金小蜂
Stictomischus longipetiolus Huang 长柄刻柄金小蜂
Stictomischus longus Huang 长痣刻柄金小蜂
Stictomischus nitens Huang 亮刻柄金小蜂
Stictomischus processus Huang 弓胸刻柄金小峰
Stictomischus tumidus (Walker) 胀刻柄金小蜂
Stictomischus varitumidus Huang 异胀刻柄金小蜂
Stictophaula 异缘螽属
Stictophaula brevis (Liu, Zheng *et* Xi) 短板异缘螽，短板斑缘露螽
Stictophaula sinica Gorochov *et* Kang 中华异缘螽
Stictopisthus 横脊姬蜂属
Stictopisthus chinensis (Uchida) 中华横脊姬蜂，中华菱室姬蜂
Stictopisthus complanatus Haliday 同 *Stictopisthus unicinctor*
Stictopisthus takemotoi Kusigemati 竹本横脊姬蜂
Stictopisthus unicinctor (Thunberg) 单横脊姬蜂，平横脊姬蜂
Stictopleurus 环缘蝽属
Stictopleurus abutilon (Rossi) 苘环缘蝽，苘环姬缘蝽
Stictopleurus crassicornis (Linnaeus) [brown scentless plant bug] 棕环缘蝽，棕环姬缘蝽
Stictopleurus minutus Blöte [open ring scentless plant bug] 开环缘蝽，开环姬缘蝽
Stictopleurus nysioides Reuter 封环缘蝽，闭环姬缘蝽
Stictopleurus punctatonervosus (Goeze) [European scentless plant bug] 欧环缘蝽，点脉环姬缘蝽
Stictopleurus sericeus (Horváth) 塞环缘蝽
Stictopleurus sichuananus Liu *et* Zheng [Sichuan scentless plant bug] 川环缘蝽
Stictopleurus subviridis Hsiao [greenish scentless plant bug] 绿环缘蝽
Stictopleurus viridicatus (Uhler) [closed ring scentless plant bug] 闭环缘蝽
Stictoponera menadensis bicolor (Emery) 见 *Gnamptogenys bicolor*
Stictoponera taivanensis Wheeler 见 *Gnamptogenys taivanensis*
Stictoptera 蕊夜蛾属
Stictoptera cucullioides Guenée 蕊夜蛾
Stictoptera ferrifera (Walker) 铁蕊夜蛾
Stictoptera grisea Moore 灰蕊夜蛾
Stictoptera repleta (Walker) 丰蕊夜蛾
Stictoptera semialba (Walker) 玉蕊夜蛾
Stictoptera signifera (Walker) 印蕊夜蛾
Stictoptera trajiciens (Walker) 褐蕊夜蛾
Stictopterinae 蕊夜蛾亚科，蕊翅夜蛾亚科
Stictosisyra 斑水蛉属
Stictosisyra pennyi Yang, Shi, Ren, Wang *et* Pang 佩氏斑水蛉
Stictotarsus 跗龙虱属
Stictotarsus emmerichi (Falkenström) 艾点跗龙虱
Stictothripini 点翅管蓟马族
stifling cocoon 杀蛹
Stigma 黄点尺蛾属，痣尺蛾属
Stigma kuldschaensis Alphéraky 酷黄点尺蛾，库痣尺蛾
stigma [pl. stigmata] 1. 气门；2. 点斑；3. [= pterostigma (pl. pterostigmata), bathmis, parastigma (pl. parastigmas 或 parastigmata)] 翅痣
stigma metathoracis 后胸气门
stigma skipper [*Paramimus stigma* Felder] 污斑帕拉弄蝶
stigma vein [= stigmal vein] 痣脉
stigmacoccid 1. [= stigmacoccid scale] 柱珠蚧 <柱珠蚧科 Stigmacoccidae 昆虫的通称>；2. 柱珠蚧科的
stigmacoccid scale [= stigmacoccid] 柱珠蚧
Stigmacoccidae 柱珠蚧科
Stigmacoccinae 柱珠蚧亚科
stigmal vein 见 stigma vein
stigmasterol 毒扁豆固醇
stigmata [s. stigma] 1. 气门；2. 点斑；3. [= pterostigmata (s. pterostigmata), parastigmas 或 parastigmata (s. parastigma)] 翅痣
stigmatal field 气门区 <指幼虫气门所在的区域>
stigmatal line [= spiracular line] 气门线
stigmatic 气门的
stigmatic aperture 气门穴 <指介壳虫中，雌虫介壳的侧穴，在肛门的两边，内嵌气门突>
stigmatic cicatrix [= stigmatic scar] 气门疤 <指脱皮后原来气门所遗留的疤痕>
stigmatic cleft 气门裂 <指某些介壳虫侧沟终止处的明显齿缺>
stigmatic cord 气门索 <指许多半气门式或无气门式幼虫中退缩成索状构造的气门气管>
stigmatic process 气门突 <指介壳虫中生有气门的突起>
stigmatic scar 见 stigmatic cicatrix
stigmatic spine [= spiracular seta] 气门刺 <见于介壳虫中>
stigmatiferous 具气门的
Stigmatijanus 短痣茎蜂属
Stigmatijanus armeniacae Wu 杏短痣茎蜂
Stigmatijanus stigmaticus(Maa) 黄鳞短痣茎蜂，点铗茎蜂

Stigmatium 痣郭公甲属，痣郭公虫属
Stigmatium ceramboides Motschulsky 狭痣郭公甲，狭痣郭公虫
Stigmatium delatouchei (Fairmaire) 德氏痣郭公甲，德痣郭公虫
Stigmatium diversipes Schenkling 裂痣郭公甲，裂痣郭公虫
Stigmatium formosanum Pic 台湾痣郭公甲，台湾痣郭公虫
Stigmatium mutillaecolor (White) 多色痣郭公甲，多色痣郭公虫
Stigmatium pilosellum (Gorham) 毛痣郭公甲，毛痣郭公虫
Stigmatium rufiventris Westwood 红腹痣郭公甲，红腹痣郭公虫
Stigmatium sauteri Pic 索氏痣郭公甲，索氏痣郭公虫
Stigmatomma 钝针蚁属
Stigmatomma bruni Forel 布农钝针蚁
Stigmatomma luyiae Hsu, Esteves, Chou *et* Lin 露翊钝针蚁
Stigmatomma sakaii Terayama 酒井钝针蚁
Stigmatomma silvestrii Wheeler 西氏钝针蚁
Stigmatomma zaojun (Terayama) 灶君钝针蚁
Stigmatomyia 斯蒂格实蝇属
Stigmatomyia arcuata Hardy 弓形脉斯蒂格实蝇
Stigmatonotum 浅缢长蝽属
Stigmatonotum cephalotes (Kiritschenko) 西藏浅缢长蝽
Stigmatonotum geniculatum (Motschulsky) 膝浅缢长蝽
Stigmatonotum rufipes (Motschulsky) 小浅缢长蝽，山地浅缢长蝽
Stigmatonotum sparsum Lindberg 同 *Stigmatonotum rufipes*
Stigmatophora 痣苔蛾属
Stigmatophora acerba (Leech) 橙痣苔蛾，阿美苔蛾
Stigmatophora albosericea Moore 同 *Stigmatophora micans*
Stigmatophora chekiangensis Daniel 浙痣苔蛾，浙掌痣苔蛾
Stigmatophora confusa Daniel 混痣苔蛾
Stigmatophora conjuncta Fang 甘痣苔蛾
Stigmatophora flava (Bremer *et* Grey) 黄痣苔蛾
Stigmatophora flava flava (Bremer *et* Grey) 黄痣苔蛾指名亚种
Stigmatophora flava leacrita (Swinhoe) 见 *Stigmatophora leacrita*
Stigmatophora grisea Hering 灰痣苔蛾
Stigmatophora hainanensis Fang 琼掌痣苔蛾
Stigmatophora leacrita (Swinhoe) 大黄痣苔蛾，利痣苔蛾，利黄痣苔蛾
Stigmatophora likiangensis Daniel 丽江痣苔蛾
Stigmatophora micans (Bremer *et* Grey) 明痣苔蛾
Stigmatophora obraztsovi Daniel 岔带痣苔蛾，岔痣苔蛾
Stigmatophora palmata (Moore) 掌痣苔蛾，放射纹苔蛾
Stigmatophora rhodophila (Walker) 玫痣苔蛾，玫巴苔蛾
Stigmatophora roseivena (Hampson) 瑰痣苔蛾
Stigmatophora rubivena Fang 红脉痣苔蛾
Stigmatophora tridens (Wileman) 直纹痣苔蛾，直纹苔蛾，三齿美苔蛾
Stigmatophorina 点舟蛾属
Stigmatophorina hammamelis Mell 点舟蛾
Stigmatophorina sericea (Rothschild) 赛点舟蛾
Stigmella 痣微蛾属，微蛾属
Stigmella aladina Puplesis 橡痣微蛾，橡微蛾
Stigmella alnetella Stainton [silver-barred alder pigmy, common alder pigmy] 桤木痣微蛾，桤木微蛾
Stigmella assimilella (Zeller) [aspen pigmy, small aspen pigmy moth] 青杨痣微蛾，青杨微蛾
Stigmella atricapella Haworth [black-headed pigmy] 黑头痣微蛾，黑头微蛾
Stigmella basiguttella Heinemann [base-spotted pigmy] 栎欧斑痣微蛾，栎欧斑微蛾
Stigmella betulicola (Stainton) [common birch pigmy] 拟桦痣微蛾，拟桦微蛾，普通桦微蛾
Stigmella circumargentea van Nieukerken *et* Liu 环痣微蛾，环微蛾
Stigmella clisiotophora Kempermen *et* Wilkinson 栓皮栎痣微蛾，栓皮栎微蛾
Stigmella confusella (Wood *et* Walsingham) [pale birch pigmy, fuscous birch pigmy moth] 桦窄道痣微蛾，桦窄道微蛾
Stigmella continuella (Stainton) [double-barred pigmy, double-barred birch pigmy moth] 桦双条痣微蛾，桦双条微蛾
Stigmella dentatae Puplesis 齿痣微蛾，齿微蛾
Stigmella fervida Puplesis 蒙古栎痣微蛾，蒙古栎微蛾
Stigmella fumida Kemperman *et* Wilkinson 栗痣微蛾，栗微蛾
Stigmella glutinosae (Stainton) [white-barred alder pigmy, scarce alder pigmy] 桦痣微蛾，桦微蛾
Stigmella gossypii (Forbes *et* Leonard) [cotton leafminer] 棉潜叶痣微蛾，棉潜叶微蛾
Stigmella hemargyrella (Kollar) [beech pigmy, gold-barred beech pigmy moth] 山毛榉黄条痣微蛾，山毛榉黄条微蛾
Stigmella hoplometalla Meyrick 后棘痣微蛾，后棘微蛾
Stigmella kao van Nieukerken *et* Liu 栲痣微蛾，栲微蛾
Stigmella lapponica (Wocke) [drab birch pigmy, light birch pigmy moth] 桦灰痣微蛾，桦灰微蛾
Stigmella lemniscella (Zeller) [red elm pigmy] 榆痣微蛾
Stigmella lithocarpella van Nieukerken *et* Liu 柯痣微蛾，柯微蛾
Stigmella luteella Stainton [short-barred pigmy, saffron-barred pigmy] 桦黄痣微蛾，桦黄微蛾
Stigmella malella (Stainton) [apple pigmy] 苹痣微蛾，苹微蛾
Stigmella omelkoi Puplesis 麻栎痣微蛾，麻栎微蛾
Stigmella ruficapitella Haworth [red-headed pigmy] 红头痣微蛾，红头微蛾
Stigmella salicis (Stainton) [sallow pigmy, fasciate sallow pigmy moth] 柳痣微蛾，柳微蛾
Stigmella speciosa (Frey) [barred sycamore pigmy] 假悬铃木痣微蛾，假悬铃木微蛾
Stigmella tiliae Frey [lime pigmy] 菩提痣微蛾，菩提微蛾
Stigmella tityrella (Stainton) [small beech pigmy, white-barred beech pigmy moth] 山毛榉白条痣微蛾，山毛榉白条微蛾
Stigmella trimaculella (Haworth) [black-poplar Pigmy] 三点痣微蛾，三点微蛾
Stigmella ulmivora Fologne [Fologne's elm pigmy] 福氏痣微蛾，福氏榆微蛾
Stigmella vandrieli van Nieukerken *et* Liu 青冈栎痣微蛾，青冈栎微蛾
Stigmella vimineticola (Frey) [Frey's osier pigmy moth] 绢柳痣微蛾，绢柳微蛾
Stigmella viscerella Stainton [gut-mine pigmy] 榆痣微蛾，榆微蛾
Stigmellidae [= Nepticulidae] 微蛾科
Stigmelloidea [= Nepticuloidea] 微蛾总科
Stigmoctenoplusia 痣夜蛾属
Stigmoctenoplusia aeneofusa (Hampson) 块痣夜蛾，块金斑夜蛾
Stigmodera 痣颈吉丁甲属，痣颈吉丁属

Stigmodera cyanipes Saunders 金合欢痣颈吉丁甲，金合欢痣颈吉丁

Stigmodera heros Gehin [she-oak root-borer] 木麻黄痣颈吉丁甲，木麻黄痣颈吉丁

Stigmodera leucosticta Kirby 白点痣颈吉丁甲，白点痣颈吉丁

Stigmodera roei Saunders 红斑痣颈吉丁甲，红斑刻吉丁

Stigmoderinae 痣颈吉丁甲亚科，痣颈吉丁亚科

Stigmothrips chinensis Zhang *et* Tong 见 *Adraneothrips chinensis*

Stigmothrips infirmus Ananthakrishnan 见 *Adraneothrips infirmus*

Stigmothrips inflavus Okajima 见 *Adraneothrips inflavus*

Stigmothrips laticeps Okajima 见 *Adraneothrips laticeps*

Stigmothrips nilgiriensis Ananthakrishnan 见 *Adraneothrips nilgiriensis*

Stigmothrips okajimai Muraleedharan *et* Sen 见 *Adraneothrips okajimai*

Stigmothrips pteris Ananthakrishnan 见 *Adraneothrips pteris*

Stigmothrips russatus (Haga) 见 *Adraneothrips russatus*

Stigmothrips setosus Okajima 见 *Adraneothrips setosus*

Stigmus 痣短柄泥蜂属

Stigmus convergens Tsuneki 台湾痣短柄泥蜂，台痣泥蜂

Stigmus convergens ami Tsuneki 台湾痣短柄泥蜂台北亚种，阿台痣泥蜂

Stigmus convergens convergens Tsuneki 台湾痣短柄泥蜂指名亚种

Stigmus japonicus Tsuneki 日本痣短柄泥蜂

Stigmus kansitakuanus Tsuneki 嘉义痣短柄泥蜂，康西痣泥蜂

Stigmus murotai Tsuneki 室田痣短柄泥蜂，室田痣泥蜂

Stigmus shirozui Tsuneki 白水痣短柄泥蜂，白水痣泥蜂

Stigmus shirozui alishanus Tsuneki 白水痣短柄泥蜂阿里山亚种，阿白水痣泥蜂

Stigmus shirozui shirozui Tsuneki 白水痣短柄泥蜂指名亚种

Stilbina 光夜蛾属

Stilbina koreana Draudt 朝光夜蛾

stilbopterygid 1. [= shiny wing] 亮翅蛉 <亮翅蛉科 Stilbopterygidae 昆虫的通称>；2. 亮翅蛉科的

Stilbopterygidae 亮翅蛉科

Stilbula 分盾蚁小蜂属

Stilbula peethavarna Narendran 岛分盾蚁小蜂

Stilbula polyrhachicida (Wheeler *et* Wheeler) 多刺分盾蚁小蜂

Stilbula ussuriensis Gussakovskiy 乌苏里分盾蚁小蜂，乌苏里斯蚁小蜂

Stilbum 突背青蜂属，光青蜂属

Stilbum calens (Fabricius) 焰突背青蜂

Stilbum chrysocephalum Buysson 红头突背青蜂

Stilbum cyanurum (Förster) 蓝突背青蜂，蓝光青蜂，大绿青蜂，大青蜂，青绿突背青蜂

Stilbum cyanurum cyanurum (Förster) 蓝突背青蜂指名亚种，指名蓝光青蜂

Stilbum cyanurum splendidum (Fabricius) 同 *Stilbum cyanurum cyanurum*

Stilbum viride Guérin-Méneville 绿腹突背青蜂

Stilbus 斯姬花甲属

Stilbus polygramma Flach 见 *Tinodemus polygrammus*

stiletto fly [= therevid fly, therevid] 剑虻 <剑虻科 Therevidae 昆虫的通称>

Stilicina 合缝隐翅甲亚族

Stilicoderus 隆齿隐翅甲属，拟多齿隐翅虫属

Stilicoderus chengrani Yu, Hu *et* Pan 成氏隆齿隐翅甲

Stilicoderus dilatatus Assing 宽隆齿隐翅甲，宽拟多齿隐翅虫

Stilicoderus exiguitas Fauvel 短隆齿隐翅甲，短拟多齿隐翅虫

Stilicoderus feae Fauvel 红翅隆齿隐翅甲

Stilicoderus fenestratus Fauvel 窗隆齿隐翅甲

Stilicoderus formosanus Rougemont 台湾隆齿隐翅甲，台湾拟多齿隐翅虫

Stilicoderus granulifrons (Rougemont) 颗粒隆齿隐翅甲

Stilicoderus kasaharai Shibata 笠原隆齿隐翅甲，笠原拟多齿隐翅虫

Stilicoderus kuani Shibata 细叶隆齿隐翅甲，管拟多齿隐翅虫

Stilicoderus maolini Yu, Hu *et* Pan 茂林隆齿隐翅甲

Stilicoderus minor Cameron 小隆齿隐翅甲

Stilicoderus psittacus Assing 肩斑隆齿隐翅甲

Stilicoderus rastratus Assing 暗黑隆齿隐翅甲

Stilicoderus signatus Sharp 纹隆齿隐翅甲，纹拟多齿隐翅甲

Stilicopsis 突唇隐翅甲属

Stilicopsis setigera (Sharp) 刚毛突唇隐翅甲，刚毛突唇隐翅虫

Stilicopsis strigella Fauvel 网纹突唇隐翅甲，网纹突唇隐翅虫

Stilicus 多齿隐翅甲属，多齿隐翅虫属

Stilicus ceylanensis Kraatz 见 *Rugilus* (*Eruystilicus*) *ceylanensis*

Stilicus chinensis Bernhauer 同 *Rugilus* (*Eruystilicus*) *ceylanensis*

Stilicus reitteri Bernhauer 同 *Stilicoderus signatus*

Stilicus rufescens Sharp 见 *Rugilus* (*Eruystilicus*) *rufescens*

Stilicus velutinus Fauvel 见 *Rugilus* (*Eruystilicus*) *velutinus*

Stilobezzia 柱蠓属，柱蠓亚属

Stilobezzia alba Tokunaga 苍白柱蠓

Stilobezzia ani Yu 安氏柱蠓

Stilobezzia anomalapennis Yu 畸茎柱蠓

Stilobezzia baojia Liu *et* Shi 宝鸡柱蠓

Stilobezzia bessa Yu *et* Zhang 山谷柱蠓

Stilobezzia blaesospira Yu *et* Deng 曲线柱蠓

Stilobezzia chlorogastrula Yu *et* Yuan 绿腹柱蠓

Stilobezzia clavella Yu 小棘柱蠓

Stilobezzia debilipes Das Gupta *et* Wirth 柔弱柱蠓

Stilobezzia decora Kieffer 优雅柱蠓

Stilobezzia dispartheca Das Gupta, Chaudlhuri *et* Sanyal 异囊柱蠓

Stilobezzia distinctifasciata Das Gupta *et* Wirth 明带柱蠓

Stilobezzia erectiseta Liu, Yan *et* Liu 立毛柱蠓

Stilobezzia festiva Kieffer 杂色柱蠓

Stilobezzia filapenis Yu *et* Liu 细茎柱蠓

Stilobezzia flaccisacca Yu *et* Zhang 柔囊柱蠓

Stilobezzia furcellata Remm 叉茎柱蠓

Stilobezzia gracilenta Yu *et* Zou 瘦细柱蠓

Stilobezzia hirtaterga Yu 毛背柱蠓

Stilobezzia immodentis Liu, Yan *et* Liu 坚齿柱蠓

Stilobezzia inermipes Kieffer 残肢柱蠓

Stilobezzia jinggangshana Yu, Liu *et* Ma 井冈山柱蠓

Stilobezzia lengi Yu 冷氏柱蠓

Stilobezzia lijiangi Yu, Zhang *et* Mo 李江柱蠓

Stilobezzia longisacca Yu *et* Deng 长囊柱蠓

Stilobezzia menglaensis Yu *et* Huang 勐腊柱蠓

Stilobezzia niveus Liu, Yan *et* Liu 白雪柱蠓

Stilobezzia notata (de Meijere) 斑柱蠓

Stilobezzia pallidicollis Yu 淡色柱蠓

Stilobezzia paucipictipes Das Gupta *et* Wirth 斑足柱蠓

Stilobezzia punctifemorata Das Gupta *et* Wirth 刺股柱蠓，点腿柱蠓
Stilobezzia robusta Das Gupta *et* Wirth 柔软柱蠓
Stilobezzia royi Das Gupta, Chaudhuri *et* Sanyal 洛伊柱蠓
Stilobezzia vulgaris Yu 普通柱蠓
Stilobezzia wanlinensis Yu *et* Li 万岭柱蠓
Stilobezzia wenganga Yu, Wu *et* Liu 翁昂柱蠓
Stilobezzia wudangshanensis Yu *et* Liu 武当山柱蠓
Stilobezziini 柱蠓族
Stilocladius 柱突摇蚊属
Stilocladius intermedius Wang 中柱突摇蚊
Stilpnina 槽姬蜂亚族
Stilpnotia candida (Staudinger) 见 *Leucoma candida*
Stilpnotia chrysoscela Collenette 见 *Leucoma chrysoscela*
Stilpnotia costalis (Moore) 见 *Leucoma costalis*
Stilpnotia cygna Moore 见 *Arctornis cygna*
Stilpnotia cygnopsis Collenette 见 *Arctornis cygnopsis*
Stilpnotia horridula Collenette 见 *Leucoma horridula*
Stilpnotia impressa (Snellen) 见 *Leucoma impressa*
Stilpnotia leucoscela Collenette 见 *Redoa leucoscela*
Stilpnotia melanoscela Collenette 见 *Leucoma melanoscela*
Stilpnotia moorei Leech 见 *Arctornis moorei*
Stilpnotia niveata (Walker) 见 *Leucoma niveata*
Stilpnotia ochripes Moore 见 *Leucoma ochripes*
Stilpnotia parallela Collenette 见 *Leucoma parallela*
Stilpnotia salicis (Linnaeus) 见 *Leucoma salicis*
Stilpnotia sartus (Erschoff) 见 *Leucoma sartus*
Stilpnus 光姬蜂属
Stilpnus gagatiformis Jussila 台岛光姬蜂
Stilpnus grassator Jussila 刺光姬蜂
Stilpnus henryi Jussila 亨氏光姬蜂
Stilpnus nigricornis Jussila 黑角光姬蜂
Stilpnus taiwanensis Jussila 台湾光姬蜂
Stilpnus vicinus Jussila 邻光姬蜂
Stilpon 短脉舞虻属，柱驼舞虻属
Stilpon freidbergi Shamshev, Grootaert *et* Yang 弗氏短脉舞虻，福氏柱驼舞虻
Stilpon nanlingensis Shamshev, Grootaert *et* Yang 南岭短脉舞虻
stilt bug [= berytid bug, berytid] 跷蝽，锤角蝽 < 跷蝽科 Berytidae 昆虫的通称 >
stilt-legged fly [= micropezid fly, micropezid,stit-legged fly] 瘦足蝇 < 瘦足蝇科 Micropezidae 昆虫的通称 >
stilt proleg 跷足 < 指幼虫特别长的腹足 >
Stimula 帅弄蝶属
Stimula swinhoei (Elwes *et* Edwards) [rich brown coon, pale demon, Watson's demon] 斯帅弄蝶，帅弄蝶
stimulant [= stimulating agent] 刺激剂
stimulant action [= stimulatory function] 刺激作用
stimulating agent 见 stimulant
stimulating factor 刺激因素
stimulatory center 刺激中心 < 即加强刺激效应的神经中央 >
stimulatory function 见 stimulant action
stimulatory organ 刺激器官 < 指具有增强反射兴奋性效应的感觉器官 >
stimuli [s. stimulus] 1. 刺激；2. 小尖刺 < 常见于蛀木材的幼虫身体上小而尖的刺 >
Stimulopalpus 刺重蛄属
Stimulopalpus acutipinnatus Li 尖翅刺重蛄
Stimulopalpus angustivalvus Li 狭瓣刺重蛄
Stimulopalpus baeoivalvus Li 小瓣刺重蛄
Stimulopalpus changjiangicus Li 长江刺重蛄
Stimulopalpus cochleatus Li 匙形刺重蛄
Stimulopalpus concinnus Li 齐叉刺重蛄
Stimulopalpus conflexus Li 曲刺重蛄
Stimulopalpus dolichogonus Li 长角刺重蛄
Stimulopalpus erromerus Li 粗壮刺重蛄
Stimulopalpus estipitatus Li 无柄刺重蛄
Stimulopalpus exilis Li 小刺重蛄
Stimulopalpus furcatus Li 叉刺重蛄
Stimulopalpus galactospilus Li 白斑刺重蛄
Stimulopalpus heteroideus Li 异形刺重蛄
Stimulopalpus huashanensis Li 华山刺重蛄
Stimulopalpus immediatus Li 宽翅刺重蛄
Stimulopalpus introcurvus Li 钩弯刺重蛄
Stimulopalpus isoneurus Li 等脉刺重蛄
Stimulopalpus medifascus Li 中带刺重蛄
Stimulopalpus mimeticus Li 拟刺重蛄
Stimulopalpus peltatus Li 盾形刺重蛄
Stimulopalpus pentospilus Li 五斑刺重蛄
Stimulopalpus phaeospilus Li 褐斑刺重蛄
Stimulopalpus polychaetus Li 多毛刺重蛄
Stimulopalpus psednopetalus Li 瘦瓣刺重蛄
stimulus [pl. stimuli] 1. 刺激；2. 小尖刺
sting 螯针 < 即膜翅目尾针昆虫中的特化产卵器 >
sting gland 螯针腺
sting insect 螯刺昆虫
Stinga 瓷弄蝶属
Stinga morrisoni (Edwards) [Morrison's skipper] 瓷弄蝶
stinging ant [= tropical fire ant, fire ant, brown ant, red ant, *Solenopsis geminata* (Fabricius)] 火蚁，热带火家蚁，热带火蚁
stinging nettle aphid [= common nettle aphid, nettle aphid, *Microlophium carnosum* (Buckton)] 荨麻小无网蚜，荨麻蚜，荨麻小微网蚜
stinging rose caterpillar [*Parasa indetermina* Boisduval] 蔷薇绿刺蛾，蔷薇刺蛾
stink ant [= odorous house ant, *Tapinoma sessile* (Say)] 家酸臭蚁，香家蚁
stink beetle [= stinking beetle, *Nomius pygmaeus* (Dejean)] 臭阳步甲，侏儒步甲，黑步甲
stink bug [= pentatomid bug, shield bug, pentatomid] 蝽，椿象 < 蝽科 Pentatomidae 昆虫的通称 >
stink bug egg parasite [*Trissolcus mitsukurii* (Ashmead)] 稻蝽沟卵蜂，蝽沟卵蜂
stink fly 草蛉 <属草蛉科 Chrysopidae>
stink gland 臭腺
stink locust [= variegated grasshopper, stinking grasshopper, *Zonocerus variegatus* (Linnaeus)] 臭腹腺蝗，臭蝗
stinking beetle 见 stink beetle
stinking grasshopper 见 stink locust
stinky leafwing [= orion, *Historis odius* (Fabricius)] 端突蛱蝶
Stipacoccus 针粉蚧属

Stipacoccus xilinhatus Tang 锡林针粉蚧
stipes [pl. stipites; = eustipes, basistipes] 茎节 < 下颚的一部分；在膜翅目针尾昆虫中雄性外生殖器的成对铗，即阳端矢形片 (sagittae)>
Stiphroneura 硕蚁蛉属
Stiphroneura inclusa (Walker) 黎母硕蚁蛉
stipital 茎节的
stipital flexor 茎节屈肌
stipital region [= prementum, stipula, pars stipitalis labii, eulabium, labiostipites, labiosternite] 前颏
stipitate 具柄的
stipites [s. stipes] 茎节
stipitocardinal 茎轴节的
stipodema 上唇内突
stipula [pl. stipulae; = prementum, stipital region, pars stipitalis labii, eulabium, labiostipites, labiosternite] 前颏
stipulae [s. stipula] 前颏
stipularia 前颏棍 < 由前颏突出的棍状构造 >
Stirellus 矛叶蝉属，眼叶蝉属
Stirellus bicolor (van Duzee) 二色矛叶蝉，二色眼叶蝉
Stirellus biglumis (Matsumura) 双带矛叶蝉，大光锥顶叶蝉
Stirellus brevialatus (Xing, Dai *et* Li) 短翅矛叶蝉，短翅眼叶蝉，短翅角冠叶蝉
Stirellus breviceps (Matsumura) 短突矛叶蝉，短突锥顶叶蝉
Stirellus capitatus (Distant) 头状矛叶蝉
Stirellus centristriataus (Dai *et* Li) 同 *Stirellus indrus*
Stirellus diminutus (Matsumura) 淡脉矛叶蝉，淡脉锥顶叶蝉
Stirellus grandis (Matsumura) 大锥顶矛叶蝉，大锥顶叶蝉，大矛叶蝉
Stirellus indrus (Distant) 二点矛叶蝉，二点大眼叶蝉
Stirellus laticellus (Xing, Dai *et* Li) 宽室矛叶蝉，宽室眼叶蝉，宽室角冠叶蝉
Stirellus orientalis (Matsumura) 东方矛叶蝉，东方锥顶叶蝉
Stirellus productus (Matsumura) [pointed leafhopper] 锥顶矛叶蝉，锥顶叶蝉，日矛叶蝉
Stirellus projectus (Distant) 突冠矛叶蝉
Stirellus rubrolineatus (Distant) 红线矛叶蝉
Stirellus rufolineatus (Melichar) 红纹矛叶蝉，红纹眼叶蝉，红纹角顶叶蝉
Stirellus speciosus (Distant) 红带矛叶蝉，红带楠迪叶蝉，楠迪矛叶蝉
Stirellus viridicans (Distant) 双带矛叶蝉，双斑楠迪叶蝉
Stirexephanes 晦姬蜂属
Stirexephanes albitrochanterus (Uchida) 白转晦姬蜂
Stirexephanes koebelei (Ashmead) 考氏晦姬蜂
Stirexephanes kulingensis (Uchida) 牯岭晦姬蜂
Stirexephanes parvidentatus (Uchida) 小齿晦姬蜂
Stirexephanes signatus (Tosquinet) 标晦姬蜂
Stirexephanes signatus formosanus Uchida 标晦姬蜂台湾亚种，台标晦姬蜂
Stirexephanes signatus signatus (Tosquinet) 标晦姬蜂指名亚种
Stirexephanes tricolor (Uchida) 三色晦姬蜂
Stirogaster 似普猎蝽属
Stirogaster mitis (Ren) 娇似普猎蝽，娇普猎蝽
Stiromella 扁茎飞虱属
Stiromella fusca (Linnavuori) 棕色扁茎飞虱
Stiropis 光额飞虱属
Stiropis nigrifrons (Kusnezov) 黑光额飞虱
stit-legged fly 见 stilt-legged fly
stitched sister [*Adelpha erotia* (Hewitson)] 情人悌蛱蝶
stitchwort case-bearer [*Coleophora lutarea* (Haworth)] 栎潜叶鞘蛾
Stivalius 微棒蚤属
Stivalius aporus Jordan *et* Rothschild 无孔微棒蚤
Stivalius aporus aporus Jordan *et* Rothschild 无孔微棒蚤指名亚种
Stivalius aporus rectodigitus (Li *et* Wang) 无孔微棒蚤直指亚种，直指无孔微棒蚤
Stivalius aporus yenpinensis Lin *et* Chung 无孔微棒蚤延平亚种
Stivalius bispiniformis Li *et* Wang 见 *Aviostivalius klossi bispiniformis*
Stivalius laxilobulus Li, Xie *et* Gong 宽叶微棒蚤
Stizidae 大唇泥蜂科
Stizini 大唇泥蜂族
Stizoides 刺大唇泥蜂属
Stizoides labirubiginus Zhang *et* Li 锈唇刺大唇泥蜂
Stizus 大唇泥蜂属
Stizus fasciatus (Fabricius) 带大唇泥蜂
Stizus pulcherrimus (Smith) 丽大唇泥蜂
Stizus rufescens (Smith) 红大唇泥蜂
Stobeus 斯陀步甲属
Stobeus collucens Fairmaire 柯斯陀步甲
stochastic optical reconstruction microscopy [abb. STORM] 随机光学重建显微技术，随机光学重建显微法
Stochastica 茅麦蛾属
Stochastica virgularia Meyrick 威茅麦蛾
Stolas 网龟甲属
Stolas imperialis (Spaeth) [imperial tortoise beetle] 帝网龟甲，帝王龟甲
Stolidosomatinae 甲长足虻亚科
Stollia 二星蝽属 *Eysarcoris* 的异名
Stollia aeneus (Scopoli) 见 *Eysarcoris aeneus*
Stollia annamita (Breddin) 见 *Eysarcoris annamita*
Stollia egenus (Jakovlev) 见 *Eysarcoris egenus*
Stollia fabricii (Kirkaldy) 同 *Eysarcoris venustissimus*
Stollia guttiger (Thunberg) 见 *Eysarcoris guttiger*
Stollia montivagus (Distant) 见 *Eysarcoris montivagus*
Stollia parvus (Uhler) 见 *Eysarcoris parvus*
Stollia rosaceus (Distant) 见 *Eysarcoris rosaceus*
Stollia trigonus (Kiritschenko) 见 *Eysarcoris trigonus*
Stollia ventralis (Westwood) 见 *Eysarcoris ventralis*
Stoll's aguna [*Aguna coelus* (Stoll)] 天青尖角弄蝶
Stoll's sarota [= chrysus sarota, common jewelmark, *Sarota chrysus* (Stoll)] 小尾蚬蝶
Stolotermes 胄白蚁属
Stolotermes ruficeps Brauer [New Zealand dampwood termite, New Zealand wetwood termite] 新西兰胄白蚁，新西兰草白蚁，松草白蚁
stolotermitid 1. [= stolotermitid termite] 胄白蚁 < 胄白蚁科 Stolotermitidae 昆虫的通称 >; 2. 胄白蚁科的
stolotermitid termite [= stolotermitid] 胄白蚁
Stolotermitidae 胄白蚁科

S

Stolzia 胄蝗属

Stolzia hainanensis (Tinkham) 海南胄蝗，海南草蝗

Stolzia jianfengensis Zheng *et* Ma 尖峰胄蝗

stoma [pl. stomata; = stigma] 气门

stomach [= midgut, mid-intestine, mesenteron, chylostomach, duodenum, chylific ventricle, ventriculus] 中肠，胃

stomach-contact combination toxicity method 胃毒触杀联合毒力法

stomach fly [= gasterophilid fly, horse bot fly, bot fly, gasterophilid] 胃蝇 < 胃蝇科 Gasterophilidae 昆虫的通称 >

stomach mouth 胃入口 < 指前胃与胃相连接处的口状构造 >

stomach toxicity 胃毒，胃毒毒力

stomachic 胃的

stomachic ganglion [= ventricular ganglion] 嗉囊神经节，胃神经节

Stomacoccus platani Ferris [sycamore scale] 悬铃木丝珠蚧，悬铃木绵蚧

Stomacrypeolus ambigua (Fallén) 见 *Agromyza ambigua*

Stomaphis 长喙大蚜属，长吻大蚜属

Stomaphis alni Sorin 赤杨长喙大蚜

Stomaphis japonica Takahashi 日本长喙大蚜

Stomaphis liquidambarus Takahashi 枫香长喙大蚜，褐斑长吻蚜，枫香长吻蚜

Stomaphis pini Takahashi [pine long-proboscis aphid] 松长喙大蚜

Stomaphis quercus (Linnaeus) [giant oak aphid, oak long-proboscis aphid] 栎长喙大蚜

Stomaphis quercus japonica Takahashi 见 *Stomaphis japonica*

Stomaphis quercus pini Takahashi 见 *Stomaphis pini*

Stomaphis rhusivernicifluae Zhang 漆长喙大蚜

Stomaphis sinisalicis Zhang *et* Zhong 柳长喙大蚜

Stomaphis yanonis Takahashi [Yano aphid] 朴长喙大蚜，朴树长吻蚜，矢野长喙大蚜

stomata [s. stoma; = stigma] 气门

stomatodaeum [= stomatodeum, stomodaeum, stomodeum] 口道 < 在昆虫中相当于前肠，在胚胎发育中常用此名，在一般节肢动物中，指胚胎期的原口和食道部分 >

stomatodeum 见 stomatodaeum

stomatogastric nervous system [= stomodeal nervous system, stomodaeal nervous system] 口道神经系统，胃神经系统

stomatotheca 口器鞘 < 指蛹壳覆盖在口器上的部分 >

S

Stomina 宽颊寄蝇属

Stomina angustifrons Kugler 狭额宽颊寄蝇

Stomina caliendrata (Rondani) 丽宽颊寄蝇

Stomina tachinoides (Fallén) 迅宽颊寄蝇

Stomis 长颚步甲属，口步甲属

Stomis benesi Dvorak 贝氏长颚步甲

Stomis brivioi Sciaky 布氏长颚步甲

Stomis brivioi brivioi Sciaky 布氏长颚步甲指名亚种

Stomis brivioi taoyuanensis Lassalle 布氏长颚步甲桃园亚种

Stomis cavazzutii Lassalle 卡氏长颚步甲

Stomis chinensis Jedlička 中国长颚步甲，华口步甲

Stomis collucens (Fairmaire) 灿长颚步甲

Stomis deuvei Marcilhac 德夫长颚步甲

Stomis deuvei deuvei Marcilhac 德夫长颚步甲指名亚种

Stomis deuvei shaanxianus Sciaky *et* Wrase 德夫长颚步甲陕西亚种

Stomis elongatus Tian *et* Pan 瘦长颚步甲

Stomis exilis Sciaky *et* Wrase 纤长颚步甲

Stomis facchinii Sciaky 康定长颚步甲

Stomis fallettii Facchini 张良长颚步甲

Stomis farkaci Sciaky 白马长颚步甲

Stomis gigas Sciaky 大长颚步甲

Stomis habashanensis Lassalle 哈巴山长颚步甲，哈巴山口步甲

Stomis jelineki Lassalle 耶氏长颚步甲

Stomis ludmilae Dvorak 卢氏长颚步甲

Stomis politus Ledoux *et* Roux 沾长颚步甲

Stomis robustus Sciaky 壮长颚步甲

Stomis romani Dvorak 罗曼长颚步甲

Stomis schoenmanni Sciaky 舍氏长颚步甲

Stomis sehnali Lassalle 泽氏长颚步甲，泽氏口步甲

Stomis stefanii Deuve 台湾长颚步甲，斯氏口步甲

Stomis taibashanensis Lassalle 太白山长颚步甲

Stomis titanus Sciaky 巨长颚步甲

Stomis vignai Sciaky 维氏长颚步甲

stomodaeal nervous system 见 stomatogastric nervous system

stomodaeal sympathetic nervous system 口道交感神经系统

stomodaeal valve 口道瓣

stomodaeum 见 stomatodaeum

stomodeal nervous system 见 stomatogastric nervous system

stomodeum 见 stomatodaeum

stomogastric nerve [= recurrent nerve] 回神经，逆走神经，胃神经

Stomonaxus 司步甲属

Stomonaxus striaticollis (Chaudoir) 纹司步甲，纹网步甲

Stomopteryx 花生麦蛾属

Stomopteryx argodoris (Meyrick) 阿花生麦蛾，阿麦蛾

Stomopteryx subsecivella Zeller [groundnut surul] 花生麦蛾，花生须峭麦蛾，卷叶麦蛾，花生卷叶麦蛾，花生卷叶虫，亚斯托麦蛾

Stomopteryx symplegadopa Meyrick 辛花生麦蛾，辛斯托麦蛾

Stomorhina 口鼻蝇属，锥口蝇属

Stomorhina discolor (Fabricius) 异色口鼻蝇，黑色锥口蝇，异色鼻蝇

Stomorhina lunata (Fabricius) 月纹口鼻蝇

Stomorhina melastoma (Wiedemann) 黑嘴口鼻蝇

Stomorhina obsoleta (Wiedemann) 不显口鼻蝇

Stomorhina procula (Walker) 四斑口鼻蝇，普口鼻蝇

Stomorhina sauteri (Peris) 见 *Rhinia sauteri*

Stomorhina unicolor (Macquart) 单色口鼻蝇

Stomorhina veterana Villeneuve 古色口鼻蝇，褪色口鼻蝇，驮兽锥口蝇，驮兽口鼻蝇

Stomorhina xanthogaster (Wiedemann) 黄腹口鼻蝇

Stomosis 膨端叶蝇属

Stomosis melannotala Xi, Yin *et* Yang 黑背膨端叶蝇

stomoxid 1. [= stomoxid fly] 螫蝇 < 螫蝇科 Stomoxyidae 昆虫的通称 >; 2. 螫蝇科的

stomoxid fly [= stomoxid] 螫蝇

Stomoxyidae 螫蝇科

Stomoxyinae 螫蝇亚科

Stomoxyini 螫蝇族

Stomoxys 螫蝇属，刺蝇属
Stomoxys calcitrans (Linnaeus) [stable fly, barn fly, biting house fly, dog fly, power mower fly] 厩螫蝇，厩蝇，畜厩刺蝇
Stomoxys indicus Picard 印度螫蝇，印度刺蝇
Stomoxys nigra Macquart 黑螫蝇
Stomoxys sitiens Róndani 南螫蝇，南方刺蝇
Stomoxys uruma Shinonaga *et* Kôno 琉球螫蝇，八重山刺蝇
stone brood 幼虫结石病，石仔病 < 蜜蜂的 >
stone cricket [= stenopelmatid cricket, Jerusalem cricket, sand cricket, stenopelmatid, king cricket] 沙螽 < 沙螽科 Stenopelmatidae 昆虫的通称 >
stone fly 1.[= plecopteran, stonefly, plecopteron, plecopterous inect] 䗛，石蝇 < 襀翅目 Plecoptera 昆虫的通称 >; 2. 襀翅目昆虫的，襀翅的
stone leek aphid [*Myzus formosanus* Takahashi] 台湾瘤蚜，葱小瘤额蚜，蓼蚜
stone leek leaf beetle [*Galeruca extensa* Motschulsky] 大葱萤叶甲，玉竹萤叶甲
stone leek leaf miner [*Liriomyza cepae* (Hering)] 洋葱斑潜蝇，洋葱潜叶蝇，洋葱潜蝇
stone leek leafminer [*Liriomyza chinensis* (Kato)] 葱斑潜蝇，葱潜叶蝇，韭菜潜叶蝇，中华葱斑潜蝇
stone leek miner [*Acrolepia manganeutis* Meyrick] 葱菜蛾，苏邻菜蛾，葱须鳞蛾，韭菜蛾，韭螟，葱小蛾
stonecase caddisfly [= uenoid caddisfly, uenoid case-maker caddisfly, uenoid] 乌石蛾 < 乌石蛾科 Uenoidae 昆虫的通称 >
stonecrop blue [= Sonoran blue, *Philotes sonorensis* (Felder *et* Felder)] 橙点灰蝶
stonecrop elfin [= Schryver's elfin, Moss's elfin, *Deciduphagus mossii* (Edwards)] 摩西斗灰蝶
stonefly 见 stone fly
Stonemyia 石虻属
Stonemyia bazini (Surcouf) 巴氏石虻
Stonemyia hirticallus Chen *et* Cao 毛胛石虻
stop codon [= termination codon, nonsense codon] 终止密码子
stoplight catone [= blue-frosted banner, blue-frosted catone, Grecian shoemaker, *Catonephele numilia* (Cramer)] 橙斑黑蛱蝶，彩裙黑蛱蝶
storage excretion 储存排泄
storage protein 贮存蛋白
storax skipper [= decorated brown-skipper, *Parphorus storax* (Mabille)] 黄脉弄蝶
stored grain borer [= lesser grain borer, American wheat weevil, Australian wheat weevil, *Rhyzopertha dominica* (Fabricius)] 谷蠹，米长蠹
stored nut moth [= Japanese grain moth, *Paralipsa gularis* (Zeller)] 一点织螟，一点谷螟，一点谷蛾，一点螟蛾，故谷螟
stored product entomology 仓储昆虫学
stored product insect 储藏物昆虫
Storeya 奇金小蜂属
Storeya paradoxa Bouček 奇金小蜂
Storeyinae 奇金小蜂亚科
STORM [stochastic optical reconstruction microscopy 的缩写] 随机光学重建显微技术，随机光学重建显微法
stormy satyr [*Cissia similis* Butler] 似细眼蝶
Storthecoris 乌蝽属
Storthecoris nigriceps Horváth 乌蝽
Stotzia 长刺毡蜡蚧属
Stotzia fuscata Wang 青冈长刺毡蜡蚧
stout barklouse [= peripsocid barklouse, peripsocid] 围蝎，围啮虫 < 围蝎科 Peripsocidae 昆虫的通称 >
stout-bodied springtail [= podurid springtail, podurid] 原姚 < 原姚科 Poduridae 昆虫的通称 >
stout looper [= stout spanworm moth, bear, *Lycia ursaria* (Walker)] 柳狸尺蛾
stout spanworm moth 见 stout looper
Strabena 缀眼蝶属
Strabena affinis Oberthür 拟似缀眼蝶
Strabena albiviltuloides Paulina 拟白带缀眼蝶
Strabena albivittula Mabille 白带缀眼蝶
Strabena andilabe Paulian 安第拉缀眼蝶
Strabena andriana Mabille 橙云缀眼蝶
Strabena argyrina Mabille 银点缀眼蝶
Strabena aurivilliusi d'Abrera 金毛缀眼蝶
Strabena batesii (Felder *et* Felder) 白丫纹缀眼蝶
Strabena cachani Paulian 卡查尼缀眼蝶
Strabena consobrina Oberthür 康索缀眼蝶
Strabena consors Oberthür 命运缀眼蝶
Strabena corynetes Mabille 大白斑缀眼蝶
Strabena dyscola Mabille 狄斯缀眼蝶
Strabena excellens Butler 卓越缀眼蝶
Strabena germanus Oberthür 芽缀眼蝶
Strabena goudoti Mabille 暗赭缀眼蝶
Strabena ibitina Ward 白云缀眼蝶
Strabena impar Oberthür 英帕尔缀眼蝶
Strabena isaolensis Paulian 伊索尔缀眼蝶
Strabena mandraka Paulian 曼德拉缀眼蝶
Strabena martini Oberthür 马丁缀眼蝶
Strabena modesta Oberthür 优秀缀眼蝶
Strabena modestissima Oberthür 优雅缀眼蝶
Strabena mopsus Mabille 摩普缀眼蝶
Strabena niveata Butler 雪缀眼蝶
Strabena perrieri Paulian 毕雷缀眼蝶
Strabena perroti Oberthür 佩罗特缀眼蝶
Strabena rakoto Ward 拉科托缀眼蝶
Strabena smithii Mabille 史氏缀眼蝶，缀眼蝶
Strabena soror Oberthür 索缀眼蝶，索罗斯缀眼蝶
Strabena sufferti Aurivillius 苏佛缀眼蝶
Strabena tamatavae (Boisduval) 塔玛缀眼蝶
Strabena triophthalma Mabille 三目缀眼蝶
Strabena tsaratananae Paulian 查拉缀眼蝶
Strabena vinsoni (Guenée) 文森缀眼蝶
Strabena zanjuca Mabille 波纹缀眼蝶
Strachia 斑蝽属
Strachia crucigera Hahn [cabbage bug] 斑蝽，土字纹蝽，土氏蚊蝽
Stragania matsumurai Metcalf 见 *Batracomorphus matsumurai*
Stragania munda (Uhler) 见 *Batracomorphus mundus*
straight-banded treebrown [*Lethe verma* (Kollar)] 玉带黛眼蝶
straight-line mapwing [*Cyrestis nivea* (Zinken)] 雪白丝蛱蝶

straight-lined theope [= basilea metalmark, *Theope basilea* (Bates)] 巴娆蚬蝶

straight pierrot [*Caleta roxus* (Godart)] 曲纹拓灰蝶

straight plum judy [*Abisara kausambi* Felder *et* Felder] 褐蚬蝶，科森褐蚬蝶，考褐蚬蝶

straight-snouted weevil [= brentid, brentid beetle, primarily xylophagous beetle] 三锥象甲，三锥象，直吻象 < 三锥象甲科 Brentidae 昆虫的通称 >

straight snow flat [*Tagiades parra* Fruhstorfer] 帕裙弄蝶

straight swift 1. [= African straight, *Parnara naso* (Fabricius)] 雾水稻弄蝶，纳稻弄蝶，那索稻弄蝶；2. [= African straight swift, rice skipper, grey swift, Ceylon swift, *Parnara bada* (Moore)] 幺纹稻弄蝶，小稻弄蝶，姬单带弄蝶，姬稻弄蝶，灰谷弄蝶，秋弄蝶，姬一文字弄蝶，姬一字弄蝶，凹纹稻弄蝶，小稻苞虫

straightline royal [*Tajuria diaeus* (Hewitson)] 白日双尾灰蝶

straightwing blue [*Orthomiella pontis* (Elwes)] 锯灰蝶

strain 1. 品系，系；2. 菌株

strainer 滲滤器 < 见于某些蜉蝣稚虫中，为前足胫节上或口器上的一行用以滲滤硅藻等有机物的硬毛 >

Stramenaspis kelloggi (Coleman) [Kellogg scale] 美黄杉盾蚧

Straminalis pallidata (Hüfnagel) 见 *Evergestis pallidata*

stramineous [= stramineus] 淡黄色

stramineus 见 stramineous

Straneostichus 斯步甲属

Straneostichus farkaci Sciaky 法氏斯步甲

Straneostichus fischeri Sciaky 费氏斯步甲

Straneostichus haeckeli Sciaky *et* Wrase 黑氏斯步甲

Straneostichus kirschenhoferi Sciaky 基氏斯步甲

Straneostichus ovipennis Sciaky 卵翅斯步甲

Straneostichus puetzi Sciaky *et* Wrase 皮茨斯步甲

Straneostichus rotundatus (Yu) 圆角斯步甲

Straneostichus vignai Sciaky 维氏斯步甲

Straneostichus vignai romani Sciaky 维氏斯步甲罗曼亚种

Straneostichus vignai vignai Sciaky 维氏斯步甲指名亚种

Straneostichus vignai violaceus Sciaky *et* Wrase 维氏斯步甲紫色亚种

Strangalia 瘦花天牛属

Strangalia abdominalis (Pic) 粗点瘦花天牛

Strangalia angustissima (Gressitt) 见 *Idiostrangalia angustissima*

Strangalia apicicornis Pic 凹尾瘦花天牛

Strangalia arcifera Blanchard 弧斑瘦花天牛

Strangalia argodi Théry 褐腹瘦花天牛

Strangalia attenuata (Linnaeus) 栎瘦花天牛

Strangalia basiplicata Fairmaire 红斑瘦花天牛

Strangalia bilineaticollis (Pic) 双线瘦花天牛

Strangalia binhana Pic 黑腹瘦花天牛，越南瘦花天牛

Strangalia breuningi Gressitt *et* Rondon 布氏瘦花天牛

Strangalia castaneonigra Gressitt 三斑瘦花天牛

Strangalia chekianga Gressitt 浙江瘦花天牛

Strangalia chujoi Mitono 连纹瘦花天牛

Strangalia contracta sozanensis Mitono 见 *Idiostrangalia sozanensis*

Strangalia crebrepunctata Gressitt 见 *Parastrangalis crebrepunctata*

Strangalia davidis (Pic) 黑缝瘦花天牛

Strangalia denticulata (Tamanuki) 斜尾瘦花天牛

Strangalia duffyi Gressitt *et* Rondon 达氏瘦花天牛

Strangalia dulcis Bates 红翅瘦花天牛

Strangalia flavovittata (Aurivillius) 中山瘦花天牛，黄条瘦花天牛

Strangalia fluvialis Gressitt *et* Rondon 金毛瘦花天牛

Strangalia fortunei Pascoe 蚕瘦花天牛

Strangalia fujitai Shimomura 藤田瘦花天牛，藤田细花天牛

Strangalia fukienensis Pic 福建瘦花天牛

Strangalia gigantia Chiang 蜓尾瘦花天牛，蜓尾蚕瘦花天牛

Strangalia guerryi Pic 红角瘦花天牛

Strangalia kappanzanensis Kôno 短颊瘦花天牛

Strangalia klapperichi Pic 克氏瘦花天牛

Strangalia kurosonensis Ohbayashi 黄褐瘦花天牛

Strangalia kwanngtugensis Gressitt 广东瘦花天牛

Strangalia lateri striata (Tamanuki *et* Mitono) 宽条瘦花天牛

Strangalia lateristripicta loimailia Gressitt 黑条瘦花天牛

Strangalia lineigera (Gressitt) 六条瘦花天牛

Strangalia linsleyi Gressitt 赭褪瘦花天牛

Strangalia longicornis obscuricojor Gressitt 黑斑瘦花天牛

Strangalia meridionalis Gressitt 双条瘦花天牛

Strangalia mitonoi Gressitt 宽尾瘦花天牛

Strangalia mutltiguttata Pic 黄翅瘦花天牛

Strangalia ochraceofasciata Motschulsky 见 *Leptura ochraceofasciata*

Strangalia ochraceoventr (Gressitt) 赭腹瘦花天牛

Strangalia platifasciata Chiang 宽带瘦花天牛

Strangalia plavilstshikoviana Heyrovský 弧纹瘦花天牛

Strangalia potanini Ganglbauer 甘肃瘦花天牛

Strangalia quadrifasciata Linnaeus 四带瘦花天牛

Strangalia rahoarei Kôno 蓝翅瘦花天牛

Strangalia rarasanensis Mitono 见 *Idiostrangalia rarasanensis*

Strangalia savioi (Pic) 二点瘦花天牛

Strangalia semenowi Ganglbauer 沟胸瘦花天牛

Strangalia shaownensis Gressitt 邵武瘦花天牛

Strangalia shirakii (Tamanuk *et* Mitono) 见 *Idiostrangalia shirakii*

Strangalia subapicalis (Gressitt) 黑带瘦花天牛

Strangalia tenuis (Solsky) 绿翅瘦花天牛

Strangalia tienmushana Gressitt 天目瘦花天牛

Strangalia tomensa (Tamanuki) 黑绒瘦花天牛

Strangalia vittatipennis Pic 见 *Idiostrangalia vittatipennis*

Strangalia yamasakii Mitono 杨桐瘦花天牛

Strangalia yanoi (Tamanuki) 直条瘦花天牛

Strangaliella 小瘦花天牛属

Strangaliella lateristriata (Tamanhki *et* Mitono) 小瘦花天牛，侧条细小花天牛，黑条细花天牛，宽裂小瘦花天牛

Strangaliella lineigera (Fairmaire) 六条小瘦花天牛

Strangaliella puliensis Hayashi 埔里小瘦花天牛，埔里细小花天牛

Strangaliella subapicalis (Gressitt) 黑带小瘦花天牛，八仙细小花天牛，后纹细花天牛

Strangalomorpha 宽尾花天牛属

Strangalomorpha austera Holzschuh 云南宽尾花天牛

Strangalomorpha lateristriata Tamanuki *et* Mitono 侧条宽尾花天牛

Strangalomorpha marginipennis Hayashi *et* Villiers 缘宽尾花天牛，南凤山细花天牛，缘翅宽尾花天牛

Strangalomorpha mitonoi Hayashi *et* Iga 水户宽尾花天牛，水氏副细花天牛，水户野细花天牛

Strangalomorpha multiguttata (Pic) 黄翅宽尾花天牛

Strangalomorpha shaowuensis (Gressitt) 邵武宽尾花天牛

Strangalomorpha tenuis Solsky 绿翅宽尾花天牛

Strangalomorpha tomentosa Tamanuki 黑宽尾花天牛，毛细花天牛

Strangalomorpha viridiorsalis Chou *et* Ohbayashi 绿背宽尾花天牛，绿背细花天牛

strange forester [*Bebearia elpinice* Hewitson] 好望舟蛱蝶

strange species 稀见种

strange-stigma skipper [*Mnasitheus simpliciissima* (Herrich-Schäffer)] 梦弄蝶

Strashila 恐怖蝇属

Strashila daohugouensis Huang, Nel, Cai, Lin *et* Engel 道虎沟恐怖蝇

Strashila incredibilis Rasnitsyn 奇恐怖蝇

strashilid 1. [= strashilid fly] 恐怖蝇 < 恐怖蝇科 Strashilidae 昆虫的通称 >；2. 恐怖蝇科的

strashilid fly [= strashilid] 恐怖蝇

Strashilidae 恐怖蝇科

strata 层，层聚

Strategus 独疣犀金龟甲属

Strategus aloeus (Linnaeus) [ox beetle, coconut cockle, coconut beetle, elephant beetle] 椰独疣犀金龟甲，椰独疣犀甲，三角龙犀金龟

stratified random sampling 分层随机抽样法

stratigraphy 地层学

Stratioceros 钉角天牛属

Stratioceros princeps Lacordaire 黄纹钉角天牛，钉角天牛

Stratioleptinae 鹬臭虻亚科

Stratioleptis licenti Séguy 见 *Odontosabula licenti*

stratiomyid 1. [= stratiomyid fly, soldier fly] 水虻 < 水虻科 Stratiomyidae 昆虫的通称 >；2. 水虻科的

stratiomyid fly [= stratiomyid, soldier fly] 水虻

Stratiomyidae 水虻科

Stratiomyinae 水虻亚科

Stratiomyoidea 水虻总科 < 此科学名有误写为 Stratiomyioidea 者 >

Stratiomys 水虻属 < 该属学名有误写为 *Stratiomyia* 者 >

Stratiomys annectens James 连水虻

Stratiomys apicalis Walker 陀螺水虻，端水虻，端多毛水虻

Stratiomys approximata Brunetti 顶斑水虻，近水虻

Stratiomys barca Walker 棒水虻，巴水虻

Stratiomys beresowskii Pleske 贝氏水虻

Stratiomys bochariensis Pleske 博克仑水虻

Stratiomys bochariensis bochariensis Pleske 博克仑水虻指名亚种

Stratiomys bochariensis manchurensis Ôuchi 同 *Stratiomys bochariensis bochariensis*

Stratiomys chamaeleon (Linnaeus) 异色水虻，蜥水虻

Stratiomys choui (Lindner) 周斑水虻，周氏水虻

Stratiomys flavoscutellata Lindner 同 *Stratiomys longicornis*

Stratiomys inanimis (Walker) 见 *Odontomyia inanimis*

Stratiomys japonica van der Wulp [Japanese soldierfly] 日本水虻

Stratiomys koslowi Pleske 科氏罗水虻，科氏水虻

Stratiomys kosnakowi Pleske 同 *Stratiomys chamaeleon*

Stratiomys laetimaculata (Ôuchi) 杏斑水虻，宽斑奥丽水虻

Stratiomys licenti Lindner 李氏水虻

Stratiomys longicornis (Scopoli) [long-horned general] 长角水虻，长角多毛水虻

Stratiomys longicornis flavoscutellata Lindner 同 *Stratiomys longicornis longicornis*

Stratiomys longicornis longicornis (Scopoli) 长角水虻指名亚种

Stratiomys lugubris Loew 泸沽水虻

Stratiomys mandshurica (Pleske) 东北水虻，满洲里水虻

Stratiomys mongolica (Lindner) 蒙古水虻

Stratiomys nobilis Loew 高贵水虻

Stratiomys portschinskyana Narshuk *et* Rozkošný 缩眼水虻

Stratiomys potanini Pleske 平头水虻，波氏水虻

Stratiomys roborowskii Pleske 罗氏水虻

Stratiomys rufipennis Macquart 红翅水虻

Stratiomys serica Pleske 同 *Stratiomys ventralis*

Stratiomys sinensis Pleske 中华水虻

Stratiomys singularius (Harris) 独行水虻

Stratiomys turkestanica Pleske 同 *Stratiomys bochariensis*

Stratiomys validicornis (Loew) 正眼水虻，粗角水虻

Stratiomys ventralis Loew 腹水虻

Stratiomys wagneri Pleske 瓦氏水虻

Stratiosphecomyia 拟蜂水虻属

Stratiosphecomyia variegata Brunetti 多斑拟蜂水虻

stratobios 底层生物

stratosphere 平流层

Strauzia 斯实蝇属

Strauzia longipennis (Wiedemann) [sunflower maggot] 向日葵斯实蝇，向日葵实蝇

straw belle [*Aspitates gilvaria* Schiffermüller] 基沙黄尺蛾

straw-coloured acraea [*Acraea viviana* Staudinger] 维维黄珍蝶

straw-coloured tortrix moth [= cyclamen tortrix, cabbage leafroller, *Clepsis spectrana* (Treitschke)] 草色双斜卷蛾

straw nymph [*Euriphene tadema* (Hewitson)] 塔幽蛱蝶

straw worm 广肩小蜂（幼虫）

strawberry aphid [*Chaetosiphon fragaefolii* (Cockerell)] 草莓钉蚜，草莓钉毛蚜，草莓毛管蚜，草莓蚜

strawberry blossom weevil [*Anthonomus rubi* Herbst] 悬钩子花象甲，悬钩子象甲，草莓花象甲

strawberry bud weevil [= strawberry weevil, strawberry clipper, *Anthonomus signatus* Say] 草莓花象甲，草莓象甲

strawberry button moth [= strawberry tortricid, strawberry tortrix moth, strawberry leaf-roller, *Acleris comariana* (Lienig *et* Zeller)] 草莓长翅卷蛾

strawberry capsid [= potato mirid, potato bug, potato capsid, *Closterotomus norvegicus* (Gmelin)] 马铃薯俊盲蝽，马铃薯盲蝽

strawberry clipper 见 strawberry bud weevil

strawberry crown borer [*Tyloderma fragariae* (Riley)] 草莓环根颈象甲，草莓冠象甲

strawberry crown miner [*Aristotelia fragariae* Busck] 草莓带麦蛾，草莓麦蛾，草莓冠麦蛾

strawberry crown moth [*Synanthedon bibionipennis* (Boisduval)] 草莓兴透翅蛾，草莓透翅蛾

strawberry cutworm [*Orbona fragariae* (Vieweg)] 奥峦冬夜蛾，奥冬夜蛾

strawberry fruit weevil [*Barypithes araneiformis* Schrank] 草莓实象甲，草莓实象

strawberry fruitworm [= omnivorous leaftier, long-winged shade, *Cnephasia longana* (Haworth)] 长云卷蛾，杂食卷蛾，杂食卷叶蛾

strawberry ground beetle [*Harpalus rufipes* Dejean] 红跳婪步甲

strawberry leaf beetle 1. [*Galerucella tenella* Linnaeus] 草莓小萤叶甲；2. [*Galerucella vittaticollis* Baly] 纵条小萤叶甲；3. [= spotted strawberry leaf beetle, strawberry root worm, strawberry rootborer, *Paria canella* (Fabricius)] 草莓帕里叶甲，草莓根叶甲

strawberry leaf-roller 1. [= strawberry tortricid, strawberry tortrix moth, strawberry button moth, *Acleris comariana* (Lienig *et* Zeller)] 草莓长翅卷蛾；2. [= Comptan's ancylis moth, *Ancylis comptana* (Frölich)] 草莓镰翅小卷蛾

strawberry prominent [*Stauropus basalis* Moore] 茅莓蚁舟蛾，褐带蚁舟蛾，草莓天社蛾

strawberry rhynchites [*Neocoenorrhinus germanicus* (Herbst)] 草莓新钳颚象甲，草莓芽虎象甲

strawberry root aphid [= strawberry root louse, *Aphis forbesi* Weed] 草莓根蚜

strawberry root louse 见 strawberry root aphid

strawberry root weevil [*Otiorhynchus ovatus* (Linnaeus)] 草莓根耳象甲，草莓根象甲

strawberry root worm [= spotted strawberry leaf beetle, strawberry leaf beetle, strawberry rootborer, *Paria canella* (Fabricius)] 草莓帕里叶甲，草莓根叶甲

strawberry rootborer 见 strawberry root worm

strawberry rootworm [*Paria fragariae* Wilcox] 黑斑帕里叶甲，草莓根叶甲

strawberry sawfly 1. [*Empria fragariae* Rohwer] 草莓斑腹叶蜂，草莓叶蜂；2. [*Allantus albicinctus* (Matsumura)] 草莓平背叶蜂，草莓黑叶蜂，草莓曲叶蜂

strawberry thrips [= chilli thrips, chillie thrips, yellow tea thrips, Assam thrips, castor thrips, *Scirtothrips dorsalis* Hood] 茶黄硬蓟马，小黄蓟马，脊丝蓟马，茶黄蓟马

strawberry tortricid 见 strawberry button moth

strawberry tortrix moth 见 strawberry button moth

strawberry weevil 1. [= strawberry bud weevil, strawberry clipper, *Anthonomus signatus* Say] 草莓花象甲，草莓象甲；2. [= black vine weevil, vine weevil, cyclamen grub, taxus weevil, *Otiorhynchus sulcatus* (Fabricius)] 黑葡萄耳象甲，葡萄黑象甲，藤本象甲

strawberry whitefly [*Trialeurodes packardi* (Morrill)] 草莓蜡粉虱，草莓粉虱

streaked baron [*Euthalia alpheda* (Godart)] V 纹翠蛱蝶

streaked dagger moth [*Acronicta lithospila* Grote] 条斑剑纹夜蛾，条剑纹夜蛾

streaked dotted border [= eastern swamp dotted border, *Mylothris rubricosta* Mabille] 红赭迷粉蝶

streaked false sergeant 1. [*Pseudathyma neptidina* Karsch] 奈屏蛱蝶；2. [*Pseudathyma nzoia* van Someren] 茵屏蛱蝶

streaked sailer [= small streaked sailer, *Neptis goochi* Trimen] 古环蛱蝶

streaked wave [*Scopula virgulata* (Denis *et* Schiffermüller)] 条纹岩尺蛾，威丫尺蛾，黑缘岩尺蛾

streaky leafwing [*Memphis philumena* (Doubleday)] 六线尖蛱蝶

stream glory [= green metalwing, *Neurobasis chinensis* (Linnaeus)] 华艳色蟌，绿翅珈蟌

stream mayfly [= heptageniid mayfly, flattened mayfly, heptageniid] 扁蜉，五节蜉 < 扁蜉科 Heptageniidae 昆虫的通称 >

streblid 1. [= streblid fly, streblid bat fly, bat fly] 蝠蝇，蝙蝠蝇 < 蝠蝇科 Streblidae 昆虫的通称 >；2. 蝠蝇科的

streblid bat fly [= streblid fly, streblid, bat fly] 蝠蝇，蝙蝠蝇

streblid fly 见 streblid bat fly

Streblidae 蝠蝇科，蝙蝠蝇科，蝠虱蝇科

Streblocera 长柄茧蜂属，长柄茧蜂亚属

Streblocera* (*Asiastreblocera*) *cornuta (Chao) 具角长柄茧蜂

Streblocera* (*Asiastreblocera*) *dayuensis (Wang) 大峪长柄茧蜂

Streblocera* (*Asiastreblocera*) *planicornis Chen *et* He 扁角长柄茧蜂

Streblocera* (*Chenia*) *laterostriata Li, Chen *et* van Achterberg 侧条长柄茧蜂

Streblocera* (*Cosmophoridia*) *flaviceps Marshall 黄头长柄茧蜂

Streblocera* (*Eumns*) *sungkangensis Chou 松岗长柄茧蜂

Streblocera* (*Eutanycerus*) *adusta Chou 暗褐长柄茧蜂

Streblocera* (*Eutanycerus*) *amplissima Chou 长角长柄茧蜂

Streblocera* (*Eutanycerus*) *carinifera Li, Chen *et* van Achterberg 钩脊长柄茧蜂

Streblocera* (*Eutanycerus*) *chaoi You *et* Zhou 赵氏长柄茧蜂

Streblocera* (*Eutanycerus*) *cornis Chen *et* van Achterberg 角长柄茧蜂

Streblocera* (*Eutanycerus*) *curta Chou 短脊长柄茧蜂

Streblocera* (*Eutanycerus*) *destituta Chou 缺长柄茧蜂

Streblocera* (*Eutanycerus*) *distincta Chen *et* van Achterberg 显长柄茧蜂

Streblocera* (*Eutanycerus*) *ekphora Chao 钩长柄茧蜂

Streblocera* (*Eutanycerus*) *emeiensis Wang 峨眉长柄茧蜂

Streblocera* (*Eutanycerus*) *gigantea Chen *et* van Achterberg 巨长柄茧蜂

Streblocera* (*Eutanycerus*) *guangxiensis You *et* Xiong 广西长柄茧蜂

Streblocera* (*Eutanycerus*) *hsiufui You 修复长柄茧蜂

Streblocera* (*Eutanycerus*) *janus Chen *et* van Achterberg 神长柄茧蜂

Streblocera* (*Eutanycerus*) *kenchingi Chou 根清长柄茧蜂

Streblocera* (*Eutanycerus*) *laterostriata Li, Chen *et* van Achterberg 侧纹长柄茧蜂

Streblocera* (*Eutanycerus*) *liboensis Chen *et* He 荔波长柄茧蜂

Streblocera* (*Eutanycerus*) *lienhuachihensis Chou 莲花池长柄茧蜂

Streblocera* (*Eutanycerus*) *linearata Chen *et* van Achterberg 线长柄茧蜂

Streblocera* (*Eutanycerus*) *nantouensis Chou 南投长柄茧蜂

Streblocera* (*Eutanycerus*) *nigra Chou 黑胸长柄茧蜂

Streblocera* (*Eutanycerus*) *obtusa Chen *et* van Achterberg 钝长柄茧蜂

Streblocera* (*Eutanycerus*) *octava Chou 八长柄茧蜂

Streblocera* (*Eutanycerus*) *okadai Watanabe 冈田长柄茧蜂

Streblocera* (*Eutanycerus*) *opima Chou 毛长柄茧蜂

Streblocera* (*Eutanycerus*) *primotina Chou 原长柄茧蜂
Streblocera* (*Eutanycerus*) *sichuanensis Wang 四川长柄茧蜂
Streblocera* (*Eutanycerus*) *sungkangensis Chou 见 *Streblocera* (*Eumns*) *sungkangensis*
Streblocera* (*Eutanycerus*) *taiwanensis Chou 台湾长柄茧蜂
Streblocera* (*Eutanycerus*) *tsuifengensis Chou 翠峰长柄茧蜂
Streblocera* (*Eutanycerus*) *uncifera Li, Chen *et* van Achterberg 七钩长柄茧蜂
Streblocera flava You *et* Xiang 黄长柄茧蜂
Streblocera guizhouensis You *et* Lou 同 *Streblocera* (*Villocera*) *villosa*
Streblocera hei You *et* Xiao 见 *Streblocera* (*Streblocera*) *hei*
Streblocera orientalis Chao 同 *Streblocera* (*Eutanycerus*) *okadai*
Streblocera shaanxiensis Wang 同 *Streblocera* (*Eutanycerus*) *okadai*
Streblocera* (*Streblocera*) *chiuae Chou 邱氏长柄茧蜂
Streblocera* (*Streblocera*) *emarginata Chou 凹缘长柄茧蜂
Streblocera* (*Streblocera*) *fulviceps Westwood 红头长柄茧蜂
Streblocera* (*Streblocera*) *hei You *et* Xiao 何氏长柄茧蜂
Streblocera* (*Streblocera*) *helvenaca Chou 蜜黄长柄茧蜂
Streblocera* (*Streblocera*) *immensa Chou 巨节长柄茧蜂
Streblocera* (*Streblocera*) *interrupta Li, Chen *et* van Achterberg 断脊长柄茧蜂
Streblocera* (*Streblocera*) *lalashanensis Chou 拉拉山长柄茧蜂
Streblocera* (*Streblocera*) *latibrocha Chou 阔齿长柄茧蜂
Streblocera* (*Streblocera*) *lini Chou 林氏长柄茧蜂
Streblocera* (*Streblocera*) *meifengensis Chou 梅峰长柄茧蜂
Streblocera* (*Streblocera*) *panda Chou 曲节长柄茧蜂
Streblocera* (*Streblocera*) *shaowuensis Chao 邵武长柄茧蜂
Streblocera* (*Streblocera*) *spasskensis Belokobylskij 斯巴斯克长柄茧蜂
Streblocera* (*Streblocera*) *stigenbergae Li, Chen *et* van Achterberg 斯氏长柄茧蜂
Streblocera* (*Streblocera*) *tachulaniana Chao 大竹岚长柄茧蜂
Streblocera* (*Streblocera*) *tayulingensis Chou 大禹岭长柄茧蜂
Streblocera* (*Streblocera*) *triquetra Chou 三角长柄茧蜂
Streblocera* (*Streblocera*) *trullifera Li, Chen *et* van Achterberg 小勺长柄茧蜂
Streblocera* (*Streblocera*) *tungpuensis Chou 东埔长柄茧蜂
Streblocera* (*Streblocera*) *zoroi Li, Chen *et* van Achterberg 索氏长柄茧蜂
Streblocera* (*Villocera*) *quinaria Chou 五长柄茧蜂
Streblocera* (*Villocera*) *villosa Papp 绒脸长柄茧蜂
Streblocera* (*Villocera*) *xianensis Wang 西安长柄茧蜂
Streblocera zhongmaoensis Wang 同 *Streblocera* (*Eutanycerus*) *okadai*
Streblote 胸枯叶蛾属，旋枯叶蛾属
Streblote abyssinica Aurivillius 深胸枯叶蛾，深旋枯叶蛾
Streblote aculeata Walker 松胸枯叶蛾，松旋枯叶蛾
Streblote bimaculatum (Walker) 二斑胸枯叶蛾
Streblote butiti (Bethune-Baker) 胸枯叶蛾，鹰旋枯叶蛾
Streblote castanea (Swinhoe) 栗色胸枯叶蛾，木麻黄胸枯叶蛾，木麻黄枯叶蛾，木麻黄毛虫，栗第枯叶蛾
Streblote concolor (Walker) 一色胸枯叶蛾
Streblote diplocyma (Hampson) 桉胸枯叶蛾，桉旋枯叶蛾，麻枯叶蛾
Streblote dorsalis Walker 背胸枯叶蛾，背旋枯叶蛾，背塔拉枯叶蛾
Streblote hai Zolotuhin *et* Wu 木麻黄胸枯叶蛾
Streblote igniflua (Moore) 棕胸枯叶蛾 < 此种学名有误写为 *Streblote gniflua* (Moore) 者 >
Streblote livida Holland 蓝胸枯叶蛾，蓝旋枯叶蛾
Streblote panda Hübner 暗胸枯叶蛾
Streblote siva (Lefèbvre) 紫柳胸枯叶蛾，紫柳旋枯叶蛾
Strecker's giant skipper [*Megathymus streckeri* (Skinner)] 黄白纹大弄蝶
strelitzia night-fighter [= banana-tree night-fighter, *Moltena fiara* (Butler)] 融弄蝶
Streltzoviella 斯木蠹蛾属
Streltzoviella insularis (Staudinger) 小斯木蠹蛾，小线角木蠹蛾，小褐木蠹蛾
Streltzoviella insularis extrema Yakovlev 小斯木蠹蛾显纹亚种
Streltzoviella insularis insularis (Staudinger) 小斯木蠹蛾指名亚种
Strepsata 见 Strepsiptera
Strepsicrates 桉小卷蛾属
Strepsicrates coriariae Oku 马桑桉小卷蛾，桉小卷蛾，柯环小卷蛾
Strepsicrates coriariae coriariae Oku 马桑桉小卷蛾指名亚种
Strepsicrates coriariae grisescens Kuznetsov 马桑桉小卷蛾灰色亚种
Strepsicrates holotephras Meyrick [guava bud moth] 番石榴小卷蛾，桉小卷蛾，桉环小卷蛾
Strepsicrates rhothia (Meyrick) 棒桉小卷蛾，棒环小卷蛾
Strepsicrates semicanella (Walker) 圣桉小卷蛾
Strepsigonia 锯线钩蛾属，纹钩蛾属
Strepsigonia diluta (Warren) 淡锯线钩蛾，锯线钩蛾
Strepsigonia diluta diluta (Warren) 淡锯线钩蛾指名亚种
Strepsigonia diluta fujiena Chu *et* Wang 淡锯线钩蛾福建亚种，福建锯线钩蛾
Strepsigonia diluta takamukui (Matsumura) 淡锯线钩蛾枯叶亚种，枯叶纹钩蛾，塔锯线钩蛾，塔丽钩蛾
Strepsimanidae 缺须蛾科
Strepsinoma 绞螟属
Strepsinoma croesusalis (Walker) 克绞螟，橙带川水螟，克纹水螟
Strepsinoma croesusalis angustalis (Caradja) 克绞螟角斑亚种，角克绞螟，角克纹水螟
Strepsinoma croesusalis croesusalis (Walker) 克绞螟指名亚种
Strepsinoma croesusalis hapilistale (Strand) 克绞螟台湾亚种，哈绞螟
Strepsiptera [= Rhipiptera, Rhipidoptera, Strepsata, Rhipidioptera, Strepsipterida, Entomophaga] 捻翅目
strepsiptera[= strepsipterologist] 捻翅学家，捻翅目工作者
strepsipteran 1. [= twisted-wing insect，strepsipterous insect] 蝙，捻翅虫，捻翅目昆虫 < 捻翅目 Strepsiptera 昆虫的通称 >；2. 捻翅目的，捻翅目昆虫的
Strepsipterida 见 Strepsiptera
strepsipterological 捻翅学的
strepsipterologist 见 strepsiptera
strepsipterology 捻翅学
strepsipteron [= twisted-wing insect, strepsipterous insect, strepsipteran] 蝙，捻翅虫，捻翅目昆虫
strepsipterous insect 见 strepsipteron

Streptanus 匙叶蝉属

Streptanus confinis (Reuter) 铲匙叶蝉

Streptanus debilis (Melichar) 弱匙叶蝉，弱真顶带叶蝉

Streptanus dubitans (Melichar) 内蒙匙叶蝉，内蒙真顶带叶蝉

Strepterothrips 俊翅管蓟马属，弯管蓟马属

Strepterothrips apterus Okajima 无翅俊翅管蓟马

Strepterothrips orientalis Ananthakrishnan 东方俊翅管蓟马，东方弯管蓟马，东方斯管蓟马

Strepterothrips tuberculatus (Girault) 管俊翅管蓟马

Strepterothrips uenoi Okajima 头鬃俊翅管蓟马，头鬃弯管蓟马

Streptocranus 窄小蠹属

Streptocranus bicolor (Browne) 二色窄小蠹

Streptocranus bicuspis (Eggers) 二尾窄小蠹

Streptocranus fragilis Browne 锥尾窄小蠹

Streptocranus mirabilis Schedl 突尾窄小蠹

Streptocranus petilus Cognato, Smith *et* Beaver 弯尾窄小蠹

Streptocranus recurvus Browne 同 *Streptocranus bicuspis*

streptomycin 链霉素

Streptothrips 扭管蓟马属

Streptothrips femoralis Okajima 股扭管蓟马

Streptothrips impatiens (Hood) 凤仙花扭管蓟马

Streptothrips jacoti Okajima 佳扭管蓟马

Streptothrips nudus Okajima 裸扭管蓟马

Streptothrips rostratus Bournier 壮扭管蓟马

Streptothrips tibialis Priesner 胫扭管蓟马

Streptothrips tribulatius Mound *et* Minaei 澳扭管蓟马

stress 应力

stress protein [abb. SP] 应激蛋白

stress response 应激反应

stretch receptor 牵引感受器

stria [pl. striae] 条纹，陷线，线 <常指纵平行细刻线，如鞘翅上的脊纹；鳞翅目昆虫中的细横线>

Striacosta 纹缘夜蛾属

Striacosta albicosta (Smith) [western bean cutworm] 豆纹缘夜蛾，豆白缘切根虫

striae [s. stria] 条纹，陷线，线

Striatanus 皱背叶蝉属

Striatanus curvatanus Li *et* Wang 曲突皱背叶蝉

Striatanus daozhenensis Li, Li *et* Xing 道真皱背叶蝉

Striatanus dentatus Li *et* Wang 齿突皱背叶蝉

Striatanus erectus Zhang, Zhang *et* Wei 直突皱背叶蝉，平直皱背叶蝉

Striatanus tibetaensis Li 西藏皱背叶蝉

striate [= striated, striatus] 具印线的，具细线的

striate-punctate 具刻点条的

striate-punctate leafhopper [*Psammotettix striatus* (Linnaeus)] 条沙叶蝉，条纹沙叶蝉，小麦条沙叶蝉，条斑叶蝉，火燎子，麦吃蚤，麦猴子

striated 见 striate

striated angle [*Darpa striata* (Druce)] 纹达弄蝶，纹毛弄蝶

striated border 纹状缘，条纹边 <指肠壁细胞内壁的垂直条纹边缘；参阅 microvilli>

striated emesis [= striated tanmark, *Emesis lacrines* (Hewitson)] 腊螟蚬蝶

striated false darkling beetle [= blazed-tree borer, *Serropalpus substriatus* Haldeman] 纹须长朽木甲，纹须朽木甲，朽木甲

striated hem 条缘 <见于肠壁细胞层中>

striated muscle 横纹肌

striated pearl-white [= chalk white, *Elodina parthia* (Hewitson)] 白药粉蝶

striated satyr [*Aulocera sybillina* (Oberthür)] 小型林眼蝶

striated sister [*Adelpha radiata* Fruhstorfer] 条纹悌蛱蝶

striated tanmark 见 striated emesis

striated white [= gray veined white butterfly, *Pieris melete* Ménétriès] 黑纹粉蝶，黑脉粉蝶，褐脉粉蝶

striation 条纹

striatocryptus 行鞘隐食甲属

striatocryptus polyglandis Leschen 多腺多行鞘隐食甲

striatocryptus wilkinsoni Leschen 威氏行鞘隐食甲

Striatostenus areolatus Uchida 见 *Coesula fulvipes areolata*

striatus 见 striate

strict consensus tree 严格一致树，严格合意树

stricta cochineal [*Dactylopius opuntiae* (Cockerel)] 酢浆草胭蚧

Strictotergum castaneum Zou 见 *Pilophorus castaneus*

stricture 束紧

stridulate [v.; = strigillate] 摩擦发音

stridulation [n. ; = strigillation] 摩擦发音

stridulator 摩擦发音者

stridulatory 摩擦发音的

stridulatory brush 音刷

stridulatory organ 摩擦发音器

stridulatory ridge 摩擦发音脊

stridulitrum 1. 音锉；2. 摩擦发音沟

striga [pl. strigae] 细条 <常指由刻痕形成细长条线>

strigae [s. striga] 细条

strigate 具细线的 <常指甲虫鞘翅上有刻线的>

strigate sailer [*Neptis strigata* Aurivillius] 大白环蛱蝶

strigil [= strigile, strigilis] 1. 摩擦器 <同 scraper；或为胫节上的栉>；2. 净角器 <见于膜翅目昆虫>

strigilator 舐食客 <指蚁群中的一些客虫，因舐食蚁体表面分泌物，故名，如 *Myrmecophila* 属的无翅蟋蟀>

strigile 见 strigil

strigilis 见 strigil

strigillate [v.; = stridulate] 摩擦发音

strigillation [n.; = stridulation] 摩擦发音

Strigiphilus 鸮鸮鸟虱属

Strigiphilus aitkeni Clay 仓鸮鸮鸟虱

Strigiphilus asionis (Eichler) 同 *Strigiphilus barbatus*

Strigiphilus barbatus (Osborn) 长耳鸮鸮鸟虱

Strigiphilus boomae Ansari 领角鸮鸮鸟虱

Strigiphilus ceblebrachys (Denny) 雪鸮鸮鸟虱

Strigiphilus cursitans (Nitzsch) 纵纹腹小鸮鸮鸟

Strigiphilus cursor (Burmeister) 短耳鸮鸮鸟虱

Strigiphilus goniodicerus Eichle 雕鸮鸮鸟虱

Strigiphilus heterocerus (Grube) 长尾林鸮鸮鸟虱

Strigiphilus heterogenitalis Emerson *et* Elbel 异阳鸮鸮鸟虱

Strigiphilus ketupae Emerson *et* Elbel 褐渔鸮鸮鸟虱

Strigiphilus laticephalus (Uchida) 灰林鸮鸮鸟虱

Strigiphilus macrogenitalis Emerson *et* Elbel 斑头鸮鸮鸟虱

Strigiphilus marshalli Clay 栗鸮鸮鸟虱

Strigiphilus pallidus (Giebel) 鬼鸮鸮鸟虱
Strigiphilus portigi Eichler 坡氏鸮鸮鸟虱
Strigiphilus siamensis Emerson *et* Elbel 领鸺鹠鸮鸟虱
Strigiphilus splendens (Giebel) 花头鸺鸮鸟虱
Strigiphilus strigis (Pontoppidan) 肖雕鸮鸮鸟虱
Strigiphilus syrnii (Pacard) 乌林鸮鸮鸟虱
Striglina 斜线网蛾属
Striglina alineola Chu *et* Wang 缺斜线网蛾，缺线网蛾
Striglina bifida Chu *et* Wang 叉斜线网蛾
Striglina bispota Chu *et* Wang 同 *Striglina propatula*
Striglina burgesi Gaede 布氏斜线网蛾
Striglina cancellata (Christoph) 栗斜线网蛾，大斜线网蛾
Striglina clava Chu *et* Wang 棒斜线网蛾
Striglina curvita Chou *et* Wang 曲斜线网蛾，曲线网蛾
Striglina diagema Chu *et* Wang 两点斜线网蛾
Striglina elaphra Chu *et* Wang 浅两点斜线网蛾
Striglina fainta Chu *et* Wang 隐斜线网蛾
Striglina feindrehala Chu *et* Wang 隐圈斜线网蛾，隐圈线网蛾
Striglina glareola (Felder *et* Rogenhofer) [tea thyridid] 茶斜线网蛾，茶网蛾，茶窗蛾，格斜线网蛾
Striglina hala Chu *et* Wang 圈斜线网蛾，圈线网蛾
Striglina irresecta Whalley 黄褐斜线网蛾
Striglina mediofascia Swinhoe 中带斜线网蛾
Striglina mimica Chu *et* Wang 海南斜线网蛾
Striglina nigrilima Owada *et* Huang 污斑斜线网蛾
Striglina paravenia Inoue 葩斜线网蛾
Striglina propatula Whalley 二点线网蛾
Striglina roseus (Gaede) 红斜线网蛾，玫拱肩网蛾，红线拱肩网蛾，玫网蛾
Striglina rothi Warren 络斜线网蛾
Striglina rubricans Owada *et* Huang 黑点斜线网蛾
Striglina scalaria Chu *et* Wang 梯斜线网蛾
Striglina scitaria Walker [daincha leaf webber, derris moth, chestnut thyridid] 一点斜线网蛾，斜线网蛾，斜线窗蛾，鱼藤窗蛾，栗窗蛾
Striglina stricta Chu *et* Wang 直斜线网蛾
Striglina suzukii Matsumura [tea thyridid] 褐带斜线网蛾，铃木窗蛾，铃木线网蛾
Striglina suzukii suzukii Matsumura 褐带斜线网蛾指名亚种
Striglina suzukii szechwanensis Chu *et* Wang 褐带斜线网蛾四川亚种，四川斜线网蛾 <*Striglina susukei szechwanensis* 为错误拼写>
Striglina venia Whalley 脉斜线网蛾，纹斜线网蛾
Striglinae 缺后窗网蛾亚科
Strigoderma dentipennis (Fairmaire) 见 *Trichanomala dentipennis*
Strigoderma fossulata Benderitter 见 *Glenopopillia fossulata*
Strigoptera 扁筒吉丁甲属，扁筒吉丁属
Strigoptera bimaculata (Linnaeus) 双斑扁筒吉丁甲，二斑泉吉丁
Strigoptera obsoleta Chevrolat 晦扁筒吉丁甲，晦泉吉丁
strigosa metalmark [= four-spotted mimicmark, *Pheles strigosa* (Staudinger)] 四斑非蚬蝶
strigose [= hispid] 具硬鬃的
strigose lunate vitta 新月形粗条 <指长蝽科 Lygaeidae 昆虫腹部下面的新月形而略成纵行的粗条>
strigose ventral area 腹粗区 <见于一些蝽科 Pentatomidae 昆虫第四、第五腹节的粗糙腹面>
strigula 短横斑，短横线
strigulated 有短横线的
string cottony scale [*Takahashia japonica* (Cockerell)] 日本纽绵蚧，日本纽绵蜡蚧
Stringaspidiotus 链圆盾蚧属
Stringaspidiotus curculinginis (Green) 泰国链圆盾蚧
stringbean pod borer [= bean pod borer, soybean pod borer, limabean pod borer, legume pod borer, maruca pod borer, leguminous pod-borer, spotted pod borer, mung moth, mung bean moth, arhar pod borer, pyralid pod borer, *Maruca vitrata* (Fabricius)] 豆荚野螟，豆荚螟，豆野螟，豇豆荚螟
stringing cocoon 穿茧 <家蚕的>
Striogyia 条刺蛾属
Striogyia obatera Wu 黑条刺蛾
striolate [= striolatus] 具印线的
striolatus 见 striolate
striole 条迹 <指不发达或不明显的条刻>
striopunctate 具刻点条的
stripe 1. 条；2. 纵条 <常指与底色不同颜色的>
stripe bug [= red-striped stink-bug, *Graphosoma rubrolineatum* (Westwood)] 赤条蝽，红条蝽
stripe-winged baskettail [= slender baskettail, *Epitheca costalis* (Sélys)] 细毛伪蜻
striped albatross [*Appias libythea* (Fabricius)] 利比尖粉蝶，尖粉蝶
striped alder sawfly [= banded alder sawfly, *Hemichroa crocea* (Geoffroy)] 红黄半皮叶蜂，赤杨条叶蜂
striped ambrosia beetle [= spruce timher beetle, conifer ambrosia beetle, black-striped bark beetle, *Trypodendron lineatum* (Olivier)] 黑条木小蠹，黑条小蠹，豚草条棘胫小蠹
striped bent-wing [= Japanese apple leaf miner, *Lyonetia prunifoliella* (Hübner)] 银纹潜蛾
striped black crow [*Euploea doubledayi* Felder *et* Felder] 大蓝紫斑蝶
striped blister beetle [*Epicauta vittata* (Fabricius)] 北美豆芫菁，横带芫菁
striped blue crow [*Euploea mulciber* (Cramer)] 异型紫斑蝶
striped blue skipper [*Quadrus contubernalis* (Mabille)] 密矩弄蝶
striped chafer [*Odontria striata* White] 新西兰齿腮金龟甲
striped citrus root weevil [= citrus weevil, citrus root weevil, can weevil, *Exophthalmus vittatus* (Linnaeus)] 柑橘外侵象甲
striped cucumber beetle [*Acalymma vittatum* (Fabricius)] 条纹瓜叶甲，黄瓜条纹叶甲，瓜条纹叶甲，瓜条叶甲
striped cutworm [= tessellate dart, *Euxoa tessellata* (Harris)] 条纹切夜蛾，条纹切根虫
striped dagger moth [*Acronicta fasciata* Moore] 条剑纹夜蛾
striped dawnfly [*Capila jayadeva* Moore] 大弄蝶
striped earwig [= labidurid earwig, labidurid] 蠼螋 <蠼螋科 Labiduridae 昆虫的通称>
striped euselasia [*Euselasia corduena* (Hewitson)] 心纹优蚬蝶
striped flea beetle 1. [*Phyllotreta chotanica* Duvivier] 西藏菜跳甲，蓝菜叶蚤；2. [*Phyllotreta humulis* Weise] 黄宽条菜跳甲，黄宽条跳甲，宽条菜跳甲；3. [*Phyllotreta rectilineata* Chen] 黄直条菜跳甲，黄直条跳甲，中华菜跳甲；4. [= cabbage flea

S

beetle, turnip flea beetle, *Phyllotreta striolata* (Fabricius)] 黄曲条菜跳甲，黄曲条跳甲，黄条叶蚤；5. [= cabbage flea beetle, *Phyllotreta vittula* (Redtenbacher)] 黄狭条菜跳甲，条菜跳甲，黄狭条跳甲；6. [*Altica latericosta* (Jacoby)] 柳跳甲，具条跳甲

striped fruit fly [*Bactrocera* (*Zeugodacus*) *scutellata* (Hendel)] 宽带果实蝇，具条实蝇，黑盾板寡毛实蝇，条纹镞实蝇，柚实蝇

striped garden caterpillar [*Polia legitima* (Grote)] 具条灰夜蛾

striped glider [*Cymothoe oemilius* Doumet] 串珠漪蛱蝶

striped gourd-shaped weevil [*Scepticus insularis* Roelofs] 条葫形象甲，条葫形象

striped grass looper [= grass semi looper, Guinea grass moth, grass looper, *Mocis repanda* (Fabricius)] 草毛胫夜蛾

striped grayling [*Hipparchia fidia* (Linnaeus)] 尖纹仁眼蝶

striped hairstreak [*Satyrium liparops* (Boisduval *et* LeConte)] 黎洒灰蝶

striped hawk-moth [*Hyles livornica* (Esper)] 八字白眉天蛾，白线纹天蛾，利白条天蛾，利白眉天蛾

striped heart [*Uranothauma poggei* (Dewitz)] 波天奇灰蝶

striped horse fly [*Tabanus lineola* Fabricius] 具条牛虻

striped kermes [= oak scale, kermes berry, *Kermes quercus* (Linnaeus)] 栎红蚧

striped mealybug [= cotton scale, grey mealybug, guava mealybug, spotted mealybug, tailed mealybug, tailed coffee mealybug, white-tailed mealybug, *Ferrisia virgata* (Cockerell)] 双条拂粉蚧，咖啡粉蚧，腺刺粉蚧，丝粉介壳虫

striped pierrot [*Tarucus nara* Kollar] 娜拉藤灰蝶

striped policeman [*Coeliades forestan* (Stoll)] 竖翅弄蝶

striped punch [*Dodona adonira* Hewitson] 红秃尾蚬蝶

striped rice borer [= Asiatic rice borer, rice stem borer, rice stalk borer, rice borer, striped stem borer, striped rice stalk borer, striped rice stem borer, rice chilo, pale-headed striped borer, purple-lined borer, sugarcane moth borer, *Chilo suppressalis* (Walker)] 二化螟

striped rice stalk borer 见 striped rice borer

striped rice stem borer 见 striped rice borer

striped ringlet [*Ragadia crisilda* Hewitson] 玳眼蝶

striped saddlebags [*Tramea calverti* Muttkowski] 具带斜痣蜻

striped shield bug [= Italian striped-bug, minstrel bug, *Graphosoma lineatum* (Linnaeus)] 意条蝽

striped silkworm 黑缟蚕

striped sod webworm [= changeable grass-veneer，blackheaded webworm，*Fissicrambus mutabilis* (Clemens)] 黑头裂草螟，黑头网螟

striped stalk borer [= spotted borer, spotted sugarcane borer, cane moth borer, internodal borer, mauritius spotted cane borer, paddy stem borer, stalk moth borer, sugarcane internode borer, sugarcane stem borer, sugarcane stalk borer, *Chilo sacchariphagus* (Bojer)] 高粱条螟，蔗禾草螟，甘蔗条螟，高粱钻心虫，蔗条螟，蔗蛀点螟，斑点螟，甘蔗条螟虫，亚洲斑点茎螟

striped stem borer 见 striped rice borer

striped sweet potato weevil [*Alcidodes dentipes* (Olivier)] 甘薯条纹长足象甲，甘薯条纹长足象

striped thrips [= banded thrips, *Aeolothrips fasciatus* (Linnaeus)] 横纹蓟马，横纹纹蓟马

striped toktokkie beetle [*Psammodes striatus* (Fabricius)] 红纹敲拟步甲

striped walkingstick [= pseudophasmatid walkingstick, pseudophasmatid stick insect, pseudophasmatid phasmid, pseudophasmatid] 拟蛸 < 拟蛸科 Pseudophasmatidae 昆虫的通称 >

striped xenica [*Oreixenica kershawi* (Miskin)] 黄斑金眼蝶

stripetail [= perlodid stonefly, springfly, perlodid] 网蜻，网石蝇 < 网蜻科 Perlodidae 昆虫的通称 >

stripy alder leafminer [= common alder midget, *Phyllonorycter rajella* (Linnaeus)] 常小潜细蛾

Stristernum 缝隔蝗属

Stristernum rutogensis Liu 日土缝隔蝗

Strobiderus 旋萤叶甲属

Strobiderus guiganus Yang 广西旋萤叶甲

Strobiderus nigirceps Laboissière 黑头旋萤叶甲

Strobiderus nigripennis (Jacoby) 黑鞘旋萤叶甲

Strobiderus xianganus Yang 湖南旋萤叶甲

Strobilomyia 球果花蝇属

Strobilomyia abietis (Huckett) 冷杉球果花蝇

Strobilomyia anthracina (Czerny) 炭色球果花蝇

Strobilomyia baicalensis (Elberg) 贝加尔球果花蝇

Strobilomyia infrequens (Ackland) 稀球果花蝇

Strobilomyia laricicola (Karl) 落叶松球果花蝇

Strobilomyia lijiangensis Roques *et* Sun 丽江球果花蝇

Strobilomyia luteoforceps (Fan *et* Fang) [Mandchurian larch cone fly] 黄尾球果花蝇

Strobilomyia melania (Ackland) 黑胸球果花蝇，黑胸纤目花蝇

Strobilomyia melaniola (Fan) 同 *Strobilomyia melania*

Strobilomyia oriens (Suwa) 东方球果花蝇

Strobilomyia pectinicrus (Hennig) 见 *Lasiomma pectinicrus*

Strobilomyia sanyangii Roques *et* Sun 三阳球果花蝇

Strobilomyia sibirica Michelsen 西伯利亚球果花蝇

Strobilomyia svenssoni Michelsen 斯氏球果花蝇

strobinin [= lanigerin] 蚜橙素

Strobliomyia 等鬃寄蝇属

Strobliomyia fissicornis Strobl 长芒等鬃寄蝇

Strobliomyia tibialis Robineau-Desvoidy 黄胫等鬃寄蝇

Stroggylocephalus 壮缘脊叶蝉属

Stroggylocephalus agrestis (Fallén) [flattened rice leafhopper] 稻壮缘脊叶蝉，稻扁叶蝉

Stroggylocephalus favosus Yang 蜂窝壮缘脊叶蝉，蜂窝圆首叶蝉

Strogylocephala 圆木虱属，圆头木虱属

Strogylocephala confluens (Yu) 胶木圆木虱，完颜木虱，胶木综斑木虱

Strogylocephalidae 圆木虱科

Strogylovelia 壮宽黾蝽属

Strogylovelia formosa Esaki 台壮宽黾蝽 < 此种学名有误写为 *Strogilovelia formosa* Esaki 者 >

Strohekeria 尖角伪瓢虫属

Strohekeria quadrimaculata Tomaszewska 四斑尖角伪瓢虫

Stromatium 凿点天牛属，栎天牛属

Stromatium longicorne (Newman) 长角凿点天牛，长角栎天牛，家天牛

Stromboceros 具柄叶蜂属

Stromboceros delicatulus (Fallén) 斑盾具柄叶蜂

Strombophorus ericius (Schaufuss) 非朴长小蠹

Strongygaster 强寄蝇属
Strongygaster globula (Meigen) 球强寄蝇
Strongygastrini 强寄蝇族
Strongylagria 阔翅伪叶甲属
Strongylagria metallica Pic 闪阔翅伪叶甲，阔翅伪叶甲，闪强伪叶甲
Strongylium 树甲属，长回木虫属
Strongylium albopilosum Gebien 白毛树甲，妮黄长回木虫
Strongylium alishanum Masumoto 阿里山树甲，阿里山长回木虫
Strongylium andoi Masumoto 安腾树甲
Strongylium angustissimum Pic 域树甲，狭树甲
Strongylium anhuiense Masumoto 皖树甲
Strongylium anmashanum Masumoto, Akita *et* Lee 鞍马山树甲
Strongylium anthracinum Mäklin 煤色树甲
Strongylium atritarse Pic 深跗树甲，黑跗树甲
Strongylium aurotum (Laporte) 红金树甲
Strongylium basifemoratum Mäklin 亮黑树甲，基股树甲，基腿树甲
Strongylium binhense Pic 西南树甲
Strongylium brevicorne Lewis 短角树甲
Strongylium brunneum Yuan *et* Ren 棕黑树甲
Strongylium carbonarium Gebien 碳黑树甲，炭树甲，黑长回木虫
Strongylium chihpenense Masumoto 知本树甲
Strongylium chinense Fairmaire 中国树甲，华树甲
Strongylium chutungense Masumoto 竹东树甲
Strongylium claudum (Gebien) 毛足树甲，黑艳树甲，黑艳长回木虫，克喀拟步甲
Strongylium clavipes Mäklin 棒足树甲，棒树甲
Strongylium clermonti Pic 克莱树甲
Strongylium convexipenne Fairmaire 凸翅树甲
Strongylium cultellatum Mäklin 刀脊树甲，刀形树甲，刀树甲
Strongylium cultellatum cultellatum Mäklin 刀脊树甲指名亚种
Strongylium cultellatum taiwanum Nomura 刀脊树甲台湾亚种，台湾背条长回木虫，宝岛树甲
Strongylium dimidiatum Fairmaire 异盾树甲，缩树甲
Strongylium dulongjiangense Ke *et* Yuan 独龙江树甲
Strongylium endoi Masumoto 远藤树甲，恩树甲，远藤长回木虫
Strongylium erythrocephalum (Fabricius) 红颈树甲，柚干红脚树甲，红颈艳翅长回木虫
Strongylium fissicolle Fairmaire 分胸树甲
Strongylium flavilabre Fairmaire 黄唇树甲
Strongylium formosanum Gebien 台湾树甲，台树甲，台湾绿艳长回木虫
Strongylium fujianenses Masumoto 闽树甲
Strongylium fujitai Masumoto 藤田树甲，富树甲，藤田细条长回木虫
Strongylium fuscum Yuan *et* Ren 同 *Strongylium obscuratum*
Strongylium gibbosulum Fairmaire 弯背树甲，驼树甲
Strongylium guizhouense Masumoto 黔树甲
Strongylium habashanense Masumoto 粗壮树甲
Strongylium habashanense habashanense Masumoto 粗壮树甲指名亚种
Strongylium habashanense lijiangense Masumoto 粗壮树甲丽江亚种
Strongylium hsiaoi Masumoto, Akita *et* Lee 萧氏树甲
Strongylium hyacinthinum Kaszab 紫蓝树甲
Strongylium impressipenne Pic 显凹树甲，扁翅树甲
Strongylium jizushanense Masumoto 细长树甲
Strongylium jucundum Mäklin 二叉树甲，居树甲
Strongylium katsumii Masumoto 深绿树甲
Strongylium kentingense Masumoto 垦丁树甲，肯树甲，垦丁回木虫
Strongylium klapperichi Kaszab 克氏树甲，克树甲
Strongylium kuantouense Masumoto 台北树甲
Strongylium kulzeri Kaszab 方点树甲，库氏树甲
Strongylium lanhai Masumoto, Akita *et* Lee 蓝海树甲
Strongylium laszlorum Masumoto 南投树甲
Strongylium lini Masumoto, Akita *et* Lee 林氏树甲
Strongylium lishanum Gebien 梨山树甲，梨山长回木虫
Strongylium longipenne (Fairmaire) 长翅树甲，长尖树甲
Strongylium longissimum Gebien 长树甲，超细长回木虫
Strongylium longurium Fairmaire 瘦长树甲
Strongylium lutaoense Masumoto 绿岛树甲
Strongylium marseuli Lewis 马氏树甲，马树甲
Strongylium masatakai Masumoto Lee *et* Akita 正孝树甲
Strongylium masumotoi Yuan *et* Ren 升本树甲
Strongylium miwai Masumoto 凹胸树甲，巨黑长回木虫
Strongylium multiimpressum Pic 多凹树甲，多痕树甲
Strongylium multipunctatum Pic 多点树甲
Strongylium nakanei Masumoto 宽额树甲，纳树甲，中根长回木虫
Strongylium nanfangum Masumoto 南方树甲，南树甲，四重长回木虫
Strongylium nanrenense Masumoto, Akita *et* Lee 南仁树甲
Strongylium nodieri Pic 同 *Strongylium binhense*
Strongylium obscuratum Yuan *et* Ren 暗红树甲
Strongylium ochii Masumoto 拱行树甲，奥树甲
Strongylium ohmomoi Masumoto, Akita *et* Lee 短额树甲，忆赖树甲，大桃长回木虫
Strongylium okumurai Masumoto 乌来树甲，乌来长回木虫
Strongylium opacicolle Fairmaire 缩颈树甲，荫树甲
Strongylium osawai Masumoto 大泽树甲
Strongylium palingense Masumoto 巴陵树甲
Strongylium pilimarginum Yuan *et* Ren 缘毛树甲
Strongylium pilosulum Fairmaire 多毛树甲，毛树甲
Strongylium pinfaense Masumoto 密点树甲
Strongylium pseudogibbosipenne Masumoto 拟弯背树甲，拟瘤翅树甲，假瘤长回木虫
Strongylium quadrimaculatum Mäklin 四点树甲
Strongylium quadrimaculatum Yuan *et* Ren 同 *Strongylium masumotoi*
Strongylium rufipenne Kollar *et* Redtenbacher 红鞘树甲
Strongylium rufitarse Pic 红跗树甲
Strongylium schenklingi Gebien 申氏树甲，兴氏树甲，金艳长回木虫
Strongylium shigeoi Masumoto, Akita *et* Lee 茂雄树甲
Strongylium sinuatipenne Miwa 波翅树甲，皱纹长回木虫
Strongylium subaeneum Pic 亚铜树甲，铜色树甲
Strongylium sulcielytrum Yuan *et* Ren 凹翅树甲
Strongylium szentivanyi Kaszab 红胸树甲，斯树甲，红颈长回木

S

虫 < 此种学名曾写为 *Strongylium szent-iványi* Kaszab >
Strongylium tabanai Masumoto 眼斑树甲
Strongylium talianum Pic 大理树甲
Strongylium tanikadoi Masumoto 细颈树甲
Strongylium tehuashense Masumoto 特树甲
Strongylium thibetanum Pic 西藏树甲，藏树甲
Strongylium undulatum Fairmaire 三凹树甲，波形树甲
Strongylium undulatum kuatunense Kaszab 三凹树甲挂墩亚种，黄腿树甲
Strongylium undulatum undulatum Fairmaire 三凹树甲指名亚种
Strongylium vientianense Pic 万象树甲
Strongylium viridimembris Pic 绿体树甲
Strongylium wadai Masumoto 和田树甲
Strongylium wuyishanense Yuan *et* Ren 武夷树甲
Strongylium yasuhikoi Masumoto 凹背树甲
Strongylium yasumatsui Chûjô 保松树甲，雅树甲
Strongylium yokoyamai Masumoto 陡额树甲，横山树甲，约树甲，横山长回木虫
Strongylium yunnanicum Masumoto 贡山树甲
Strongylium zhengi Yuan *et* Ren 郑氏树甲
Strongylium zoltani Masumoto 棒角树甲，佐树甲，苏氏长回木虫
Strongylocoris 阔盲蝽属
Strongylocoris leucocephalus (Linnaeus) 黄头阔盲蝽，强盲蝽
Strongylocoris niger (Herrich-Schäffer) 黑阔盲蝽，黑强盲蝽
Strongylogaster 长背叶蜂属，沟叶蜂属
Strongylogaster abdominalis (Takeuchi) 红腹长背叶蜂，红腹沟叶蜂
Strongylogaster formosana (Rohwer) 嘉义长背叶蜂，嘉义沟叶蜂
Strongylogaster fulva Naito *et* Huang 淡黄长背叶蜂，淡黄沟叶蜂
Strongylogaster kangdingensis Naito *et* Huang 康定长背叶蜂，康定沟叶蜂
Strongylogaster lineata (Christ) 狭缘长背叶蜂，窄沟叶蜂
Strongylogaster macula (Klug) 斑腹长背叶蜂，斑点沟叶蜂
Strongylogaster minuta Naito *et* Huang 微小长背叶蜂，微小沟叶蜂
Strongylogaster nantouensis Naito 南投长背叶蜂，南投沟叶蜂
Strongylogaster omeiensis Naito *et* Huang 峨眉长背叶蜂，峨眉沟叶蜂
Strongylogaster sichuanica Naito *et* Huang 四川长背叶蜂，四川沟叶蜂
Strongylogaster takeuchii Naito 纹腹长背叶蜂，竹内沟叶蜂，竹内隆片叶蜂
Strongylogaster tertius Conde 糙腹长背叶蜂，糙腹沟叶蜂，糙腹隆片叶蜂
Strongylogaster tianmunica Li, Liu *et* Wei 天目长背叶蜂
Strongylogaster tibetana Naito *et* Huang 西藏长背叶蜂，西藏沟叶蜂
Strongylogaster xanthoceros (Stephens) 斑角长背叶蜂，黄角沟叶蜂，刻胸长背叶蜂
Strongylogasterinae 长背叶蜂亚科
Strongylognathus 圆颚切叶蚁属
Strongylognathus karawajewi Pisarski 卡氏圆颚切叶蚁
Strongylognathus koreanus Pisarski 朝鲜圆颚切叶蚁
Strongylognathus tylonum Wei, Xu *et* He 瘤点圆颚切叶蚁
Strongyloneura 弧彩蝇属，圆蝇属
Strongyloneura diploura Fang *et* Fan 双尾弧彩蝇
Strongyloneura flavipilicoxa Fang *et* Fan 黄毛弧彩蝇
Strongyloneura prasina Bigot 宽板弧彩蝇，台湾圆蝇
Strongyloneura prolata (Walker) 瘦尾弧彩蝇
Strongyloneura pseudosenomera Fang *et* Fan 拟前尾弧彩蝇
Strongyloneura senomera (Séguy) 钳尾弧彩蝇
Strongylophthalmyia 圆目蝇属，大眼蝇属
Strongylophthalmyia bifasciata Yang *et* Wang 双带圆目蝇
Strongylophthalmyia coarctata Hendel 窄圆目蝇，密集圆目蝇，密集圆茎蝇，收缩大眼蝇
Strongylophthalmyia crinita Hennig 多毛圆目蝇，多毛圆茎蝇，长发大眼蝇
Strongylophthalmyia immaculata Hennig 无斑圆目蝇，无斑圆茎蝇，无斑大眼蝇
Strongylophthalmyia maculipennis Hendel 斑翅圆目蝇，斑翅圆茎蝇，斑翅大眼蝇
Strongylophthalmyia phillindablank Evenhuis 费氏圆目蝇
Strongylophthalmyia punctata Hennig 斑点圆目蝇，斑点圆茎蝇，斑点大眼蝇
Strongylophthalmyia sichuanica Evenhuis 四川圆目蝇
Strongylophthalmyia splendida Yang *et* Wang 华彩圆目蝇
Strongylophthalmyia trifasciata Hennig 三带圆目蝇，三带圆茎蝇，三带大眼蝇
Strongylophthalmyia yaoshana Yang *et* Wang 瑶山圆目蝇
strongylophthalmyiid 1. [= strongylophthalmyiid fly] 圆目蝇，大眼蝇 < 圆目蝇科 Strongylophthalmyiidae 昆虫的通称 >；2. 圆目蝇科的
strongylophthalmyiid fly [= strongylophthalmyiid] 圆目蝇，大眼蝇
Strongylophthalmyiidae 圆目蝇科，大眼蝇科
Strongylophthalmyiinae 圆目蝇亚科，圆茎蝇亚科
Strongylopsalididae 圆铗螋科，强壮螋科
Strongylopsis 实姬蜂属
Strongylopsis chinensis He 中华实姬蜂
Strongylopsis propodealis Sheng *et* Sun 并胸实姬蜂
Strongylopsis punctata Sheng *et* Sun 刻点实姬蜂
Strongylopsis xizangensis He *et* Liu 西藏实姬蜂
Strongylorhinus ochraceus Schoenherr [gregarious gall weevil] 群瘿象甲
Strongylovelia 壮宽肩蝽属，壮宽黾蝽属
Strongylovelia albicollis Esaki 白领壮宽肩蝽，白领壮宽黾蝽
Strongylovelia albopicta Zettel *et* Tran 白斑壮宽肩蝽，白斑壮宽黾蝽
Strongylovelia balteiformis Ye, Chen *et* Bu 环带壮宽肩蝽
Strongylovelia bipunctata Zettel *et* Tran 双斑壮宽肩蝽，双斑壮宽黾蝽
Strongylovelia esakii Lansbury *et* Zettel 江崎壮宽肩蝽，江崎壮宽黾蝽
Strongylovelia fasciaria Ye, Chen *et* Bu 双带壮宽肩蝽
Strongylovelia formosa Esaki 台湾壮宽肩蝽，台湾壮宽黾蝽，蓬莱壮宽肩黾
Strongylovelia hainanensis Ye, Chen *et* Bu 海南壮宽肩蝽
Strongylovelia paitooni Chen, Nieser *et* Sangpradub 派氏壮宽肩蝽
Strongylovelia philippinensis Lansbury *et* Zettel 菲壮宽肩蝽，菲

壮宽龟蝽

Strongylurus 强天牛属

Strongylurus decoratus (McKeown) [branch-pruning longicorn, hoop-pine branchcutter] 梅强天牛，梅干天牛

Strongylurus thoracicus (Pascoe) [pittosporum tree borer, pittosporum longicorn, pittosporum borer] 凹胸强天牛，凹胸干天牛

Strophedra 曲小卷蛾属

Strophedra magna Komai 三角曲小卷蛾

Strophedra nitidana (Fabricius) [little oak piercer, dark silver-striped piercer moth] 栎曲小卷蛾

Strophedra weirana Douglas [little beech piercer, Weir's piercer moth] 韦氏曲小卷蛾

strophic chemotaxis [= topochemotaxis] 趋化源性

strophism 缠绕性

strophius hairstreak [*Allosmaitia strophius* (Godman)] 雅洛灰蝶

Strophopteryx 带蜻属

Strophopteryx nohirae (Okamoto) 野平带蜻，短尾石蛾

Strophosoma 短喙象甲属

Strophosoma capitatum (De Geer) 云杉短喙象甲

Strophosoma laterale (Paykull) [heather weevil] 石南短喙象甲

Strophosoma melanogrammum (Förster) [nut leaf weevil] 坚果短喙象甲，短喙象甲

Strophosomus capitatus De Geer 见 *Strophosoma capitatum*

Strophosomus coryli Fabricius 同 *Strophosoma capitatum*

Strophosomus lateralis Paykull 见 *Strophosoma laterale*

Strotihypera 窄弧夜蛾属，斯特夜蛾属

Strotihypera flavipuncta (Leech) 黄斑窄弧夜蛾，窄弧夜蛾，黄斑斯特夜蛾

Strouhalium 延角隐翅甲属

Strouhalium gracilicorne Scheerpeltz 点胸延角隐翅甲

Struba 尖瓣舟蛾属

Struba argenteodivisa (Kiriakoff) 尖瓣舟蛾

structural biology 结构生物学

structural colo (u) r 结构色

structural convergence 构造趋同

structural gene 结构基因

structural genomics 结构基因组学

structural index 结构指数

structural molecule activity 结构分子活性

Struebingianella 岐飞虱属

Struebingianella detecta (Linnavuori) 裸露岐飞虱，东北斯飞虱

Struebingianella rasnitsyni Anufriev 腊氏岐飞虱，拉氏斯飞虱

struma 瘤状突起

Strumeta 小实蝇属

Strumeta dorsalis (Hendel) 见 *Bactrocera* (*Bactrocera*) *dorsalis*

Strumeta ferruginea Fabricius 同 *Bactrocera* (*Bactrocera*) *dorsalis*

Strumigenys 瘤颚蚁属，鳞蚁属，瘤颚家蚁属

Strumigenys ailaoshana (Xu *et* Zhou) 哀牢山瘤颚蚁

Strumigenys benten (Terayama, Lin *et* Wu) 弁天瘤颚蚁，辨天鳞蚁，辨天角瘤家蚁，辨天瘤蚁

Strumigenys canina (Brown *et* Boisvert) 犬齿瘤颚蚁，湘派拉蚁，犬齿五节蚁，犬齿五节瘤蚁

Strumigenys chuchihensis Lin *et* Wu 屈尺瘤颚蚁，屈尺鳞蚁，屈尺瘤颚家蚁

Strumigenys dayui (Xu) 大禹瘤颚蚁，大禹圆鳞蚁

Strumigenys dohertyi Emery 多氏瘤颚蚁

Strumigenys dyschima (Bolton) 烂枝瘤颚蚁

Strumigenys elegantula (Terayama *et* Kubota) 高雅瘤颚蚁，高雅鳞蚁，高雅角瘤家蚁，高雅瘤蚁

Strumigenys emeswangi (Bolton) 王氏瘤颚蚁

Strumigenys emmae (Emery) 爱美瘤颚蚁，爱美鳞蚁，爱美瘤颚家蚁，爱美四节蚁，爱美四瘤蚁

Strumigenys exilirhina Bolton 长瘤颚蚁

Strumigenys feae Emery 费氏瘤颚蚁

Strumigenys foochowensis Wheeler 同 *Strumigenys membranifera*

Strumigenys formosa (Terayama, Lin *et* Wu) 台湾瘤颚蚁，台湾鳞蚁，台湾角瘤家蚁，台湾圆鳞蚁，台湾宽瘤蚁

Strumigenys formosensis Forel 蓬莱瘤颚蚁，蓬莱鳞蚁，蓬莱六节蚁，蓬莱瘤颚家蚁，索瘤颚蚁

Strumigenys formosimonticola (Terayama, Lin *et* Wu) 山地瘤颚蚁，台湾高山鳞蚁，台湾高山角瘤家蚁，台湾高山瘤蚁

Strumigenys godeffroyi Mayr 戈氏瘤颚蚁，戈氏鳞蚁

Strumigenys heteropha Bolton 异瘤颚蚁

Strumigenys hexamera (Brown) 六节瘤颚蚁，六钝鳞蚁，六钝角瘤家蚁，六钝圆鳞蚁，六钝宽瘤蚁，六节埃皮蚁

Strumigenys hirashimai (Ogata) 平岛瘤颚蚁，平岛鳞蚁，平岛角瘤家蚁，平岛圆鳞蚁，平岛宽瘤蚁

Strumigenys hirsuta Tang, Pierce *et* Guénard 淡毛瘤颚蚁

Strumigenys hispida Lin *et* Wu 粗糙瘤颚蚁，细毛瘤颚蚁，细毛鳞蚁，细毛瘤颚家蚁

Strumigenys incerta (Brown) 困惑瘤颚蚁，疑毛鳞蚁，疑瘤蚁

Strumigenys japonica Ito 日本瘤颚蚁，日本鳞蚁，日本角瘤家蚁，日本瘤蚁，日派拉蚁

Strumigenys jiangxiensis Zhou *et* Xu 江西瘤颚蚁，江西鳞蚁

Strumigenys kichijo (Terayama, Lin *et* Wu) 吉祥瘤颚蚁，吉祥鳞蚁，吉祥角瘤家蚁，吉祥瘤蚁

Strumigenys konteiensis Lin *et* Wu 垦丁瘤颚蚁，垦丁鳞蚁，垦丁瘤颚家蚁

Strumigenys kumadori Yoshimura *et* Onoyama 隈取瘤颚蚁

Strumigenys lachesis (Bolton) 命运瘤颚蚁

Strumigenys lacunosa Lin *et* Wu 凹孔瘤颚蚁，凹孔鳞蚁，凹孔瘤颚家蚁

Strumigenys lantaui Tang, Pierce *et* Guénard 大屿山瘤颚蚁

Strumigenys leptorhina Bolton 异形瘤颚蚁

Strumigenys leptothrix Wheeler 细毛瘤颚蚁，长毛鳞蚁，长毛角瘤家蚁，长毛瘤蚁

Strumigenys lewisi Cameron 刘氏瘤颚蚁，刘氏鳞蚁

Strumigenys lichaensis Lin *et* Wu 利嘉瘤颚蚁，利嘉鳞蚁，利嘉瘤颚家蚁

Strumigenys liukueiensis Terayama *et* Kubota 六龟瘤颚蚁，六龟鳞蚁，六龟六节蚁，六龟瘤颚家蚁

Strumigenys lyroessa (Roger) 琴状瘤颚蚁

Strumigenys mazu (Terayama, Lin *et* Wu) 妈祖瘤颚蚁，妈祖鳞蚁，妈祖角瘤家蚁，妈祖瘤蚁

Strumigenys membranifera Emery 节膜瘤颚蚁，节膜鳞蚁，节膜角瘤家蚁

Strumigenys minutula Terayama *et* Kubota 姬瘤颚蚁，姬鳞蚁，姬六节蚁，姬瘤颚家蚁，微小瘤颚蚁

Strumigenys mitis (Bolton) 温和瘤颚蚁

Strumigenys mutica (Brown) 截头瘤颚蚁，短角鳞蚁，短角瘤家

S

蚁，短平地氏蚁，短寄食瘤蚁，截头平地氏蚁，削派拉蚁
Strumigenys nankunshana (Zhou) 南昆山瘤颚蚁
Strumigenys nanzanensis Lin *et* Wu 南仁瘤颚蚁，南仁鳞蚁，南仁瘤颚家蚁
Strumigenys nathistorisoc Tang, Pierce *et* Guénard 香港瘤颚蚁
Strumigenys nepalensis Baroni Urbani *et* De Andrade 尼泊尔瘤颚蚁
Strumigenys nongba (Xu *et* Zhou) 弄巴瘤颚蚁
Strumigenys orchidensis Lin *et* Wu 兰屿瘤颚蚁，兰屿鳞蚁，兰屿瘤颚家蚁
Strumigenys pilosa Zhou 多毛瘤颚蚁
Strumigenys rallarhina Bolton 薄帘瘤颚蚁
Strumigenys rogeri Emery 罗杰瘤颚蚁
Strumigenys sauteri (Forel) 邵氏瘤颚蚁，索氏鳞蚁，邵氏角瘤家蚁，索氏派拉蚁，邵氏五节蚁，邵氏五瘤蚁，邵氏五节瘤蚁
Strumigenys silvestriana Wheeler 同 *Strumigenys membranifera*
Strumigenys silvestrii Emery 西氏瘤颚蚁
Strumigenys sinensis (Wang) 中华瘤颚蚁
Strumigenys solifontis Brown 阳泉瘤颚蚁，雾社鳞蚁，雾社六节蚁，日本瘤颚蚁，台湾瘤颚蚁，日本瘤颚家蚁
Strumigenys strygax Bolton 粗瘤颚蚁，粗鳞蚁
Strumigenys subterranea Brassard, Leong *et* Guénard 地层瘤颚蚁，澳门瘤颚蚁
Strumigenys sydorata Bolton 寡毛瘤颚蚁
Strumigenys takasago (Terayama, Lin *et* Wu) 高砂瘤颚蚁，高砂鳞蚁，高砂角瘤家蚁
Strumigenys tisiphone (Bolton) 提西瘤颚蚁，提西鳞蚁，梯派拉蚁
Strumigenys trada Lin *et* Wu 多型瘤颚蚁，变异鳞蚁，变异瘤颚家蚁，变异瘤颚蚁
Strumigenys wilsoni (Wang) 威氏瘤颚蚁
Strumigenys wilsoniana Baroni Urbani 离颚瘤颚蚁，威氏瘤颚蚁
Strumigenys yangi (Xu et Zhou) 杨氏瘤颚蚁
Strutt's skolly [*Thestor strutti* van Son] 斯特拉特秀灰蝶
strychnos fruit fly [*Ceratitis pedestris* (Bezzi)] 马线小条实蝇
Strymon 螯灰蝶属，棉灰蝶属
Strymon acadica Edwards 见 *Satyrium acadica*
Strymon acis (Drury) [Caribbean scrub-hairstreak] 尖螯灰蝶
Strymon albata (Felder *et* Felder) [white scrub hairstreak] 白螯灰蝶
Strymon alea (Godman *et* Salvin) [alea hairstreak, Lacey's scrub hairstreak] 阿来螯灰蝶
Strymon amonensis Smith, Johnson, Miller *et* McKenzie [Mona Island scrub-hairstreak] 莫娜岛螯灰蝶
Strymon andrewi Johnson *et* Matusik [Andrew's scrub-hairstreak] 安螯灰蝶
Strymon argona Hewitson 艾螯灰蝶
Strymon astiocha (Prittwitz) [gray-spotted scrub-hairstreak, astiocha scrub hairstreak] 阿斯螯灰蝶
Strymon avalona (Wright) [Avalon hairstreak, Avalon scrub-hairstreak] 加利福尼亚螯灰蝶
Strymon azuba (Hewitson) 阿祖巴螯灰蝶
Strymon bazochii (Godart) [lantana scrub hairstreak, smaller lantana butterfly, lesser lantana butterfly] 小螯灰蝶
Strymon bebrycia (Hewitson) [red-lined scrub hairstreak] 墨西哥螯灰蝶
Strymon beroea (Hewitson) 拜螯灰蝶
Strymon bicolor (Philippi) 双色螯灰蝶
Strymon bubastus (Stoll) [disjunct scrub-hairstreak, bubastus hairstreak] 布螯灰蝶
Strymon cestri (Reakirt) [tailless scrub hairstreak] 白纹螯灰蝶
Strymon christophei (Comstock *et* Huntington) [Hispaniolan scrub-hairstreak] 克里螯灰蝶
Strymon coelebs Herrich-Schäffer 天青螯灰蝶
Strymon colombiana (Johnson, Miller *et* Herrera) 哥伦螯灰蝶，哥伦比亚螯灰蝶
Strymon columella (Fabricius) [columella scrub-hairstreak] 科鲁螯灰蝶
Strymon crambusa (Hewitson) [crambusa scrub hairstreak] 克兰螯灰蝶
Strymon crethona Hewitson 美翼螯灰蝶
Strymon cyanofusca Johnson, Eisele *et* MacPherson 青带螯灰蝶
Strymon davara (Hewitson) [davara hairstreak] 达瓦螯灰蝶
Strymon eremica (Hayward) 荒漠螯灰蝶
Strymon eurytulus Hübner 优螯灰蝶
Strymon flavaria (Ureta) 黄螯灰蝶
Strymon gabatha (Hewitson) [great scrub-hairstreak] 嘉巴螯灰蝶
Strymon glorissima Johnson *et* Salazar 格洛螯灰蝶
Strymon istapa (Reakirt) [mallow scrub hairstreak] 伊斯螯灰蝶
Strymon legota (Hewitson) 雷螯灰蝶
Strymon ligia Hewitson 丽佳螯灰蝶
Strymon limenia (Hewitson) [limenia scrub-hairstreak] 黎螯灰蝶
Strymon lucena (Hewitson) 亮螯灰蝶
Strymon mackwoodi Evans 见 *Satyrium mackwoodi*
Strymon martialis (Herrich-Schäffer) [martial scrub-hairstreak] 战神螯灰蝶
Strymon megarus (Godart) [megarus hairstreak, fruit borer caterpillar, pineapple fruit borer, pineapple dark butterfly] 麦加拉螯灰蝶，菠萝褐灰蝶
Strymon melinus (Hübner) [gray hairstreak, cotton square borer] 灰螯灰蝶，棉灰蝶，螯灰蝶
Strymon monopeteinus Schwartz *et* Miller [shining scrub-hairstreak] 魔螯灰蝶
Strymon mulucha (Hewitson) [mottled scrub-hairstreak, mulucha scrub hairstreak] 墨螯灰蝶
Strymon ochraceus Johnson *et* Salazar 赭螯灰蝶
Strymon ohausi (Spitz) 欧螯灰蝶
Strymon ollantaitamba (Johnson, Miller *et* Herrera) 奥兰螯灰蝶
Strymon oreala (Hewitson) 俄瑞螯灰蝶
Strymon oribata (Weymer) 奥丽螯灰蝶
Strymon rufofusca (Hewitson) [red-crescent scrub hairstreak] 红棕螯灰蝶
Strymon sabinus (Felder et Felder) 萨螯灰蝶
Strymon serapio (Godman *et* Salvin) [bromeliad scrub hairstreak] 塞拉螯灰蝶
Strymon sylea (Hewitson) 西里螯灰蝶
Strymon tegaea (Hewitson) 台加螯灰蝶
Strymon toussainti (Comstock *et* Huntington) [Toussaint's scrub-hairstreak] 图氏螯灰蝶
Strymon tyleri (Dyar) 泰勒螯灰蝶
Strymon veterator (Druce) 微苔螯灰蝶

Strymon wagenknechti (Ureta) 瓦根螯灰蝶
Strymon yojoa (Reakirt) [yojoa scrub hairstreak] 尧螯灰蝶
Strymon ziba (Hewitson) [ziba hairstreak, ziba groundstreak] 蓝紫螯灰蝶
Strymonidia austrina (Murayama) 见 *Satyrium austrinum*
Strymonidia dejeani (Riley) 见 *Satyrium dejeani*
Strymonidia esakii (Shirôzu) 见 *Satyrium esakii*
Strymonidia eximia (Fixsen) 见 *Satyrium eximium*
Strymonidia eximia eximia (Fixsen) 见 *Satyrium eximium eximium*
Strymonidia eximia mushana (Matsumrua) 见 *Satyrium eximium mushanum*
Strymonidia formosana (Matsumura) 见 *Satyrium formosanum*
Strymonidia grandis (Felder *et* Felder) 见 *Satyrium grandis*
Strymonidia inouei Shirôzu 见 *Satyrium inouei*
Strymonidia iyonis harutai (Inomata) 见 *Satyrium iyonis harutai*
Strymonidia iyonis koiwayi (Inomata) 见 *Satyrium iyonis koiwayi*
Strymonidia lais (Leech) 见 *Satyrium lais*
Strymonidia neosinica Lee 见 *Satyrium neosinica*
Strymonidia oenone (Leech) 见 *Satyrium oenone*
Strymonidia ornata (Leech) 见 *Satyrium ornata*
Strymonidia patrius (Leech) 见 *Satyrium patrius*
Strymonidia percomis (Leech) 见 *Satyrium percomis*
Strymonidia persimilis (Riley) 见 *Satyrium persimilis*
Strymonidia phyllodendri (Elwes) 见 *Satyrium phyllodendri*
Strymonidia prunoides (Staudinger) 见 *Satyrium prunoides*
Strymonidia rubicundula (Leech) 见 *Satyrium rubicundulum*
Strymonidia spini latior (Fixsen) 见 *Satyrium latior*
Strymonidia tanakai (Shirôzu) 见 *Satyrium tanakai*
Strymonidia thalia (Leech) 见 *Satyrium thalia*
Strymonidia v-album (Oberthür) 见 *Satyrium valbum*
Strymonidia w-album Knoch 见 *Satyrium walbum*
Strymonidia watarii Matsumura 见 *Satyrium watarii*
Strymonidia yangi (Riley) 见 *Satyrium yangi*
Strysopha 鄂苔蛾属
Strysopha aurantiaca Fang 橙鄂苔蛾
Strysopha klapperichi (Daniel) 见 *Wittia klapperichi*
Strysopha lucida Fang 光鄂苔蛾
Strysopha perdentata Druce 黑带鄂苔蛾，黑带土苔蛾
Strysopha postmaculosa (Matsumura) 两色鄂苔蛾，两色土苔蛾
Strysopha sororcula (Hüfnagel) 见 *Eilema sororcula*
Strysopha sororcula orientis Daniel 见 *Eilema sororcula orientis*
Strysopha xanthocraspis (Hampson) 黄鄂苔蛾
stub-tailed euselasia [*Euselasia eurypus* (Hewitson)] 褐翅优蚬蝶
stub-tailed raymark [= orange-spot duke, neurodes metalmark, *Siseme neurodes* Felder *et* Felder] 玉带溪蚬蝶
stub-tailed satyr [*Taygetis virgilia* (Cramer)] 棘眼蝶
stub-tailed skipper [= xanthaphes skipper, *Niconiades xanthaphes* Hübner] 突尾黄涅弄蝶
studded jewelmark [= elegant anteros, *Anteros chrysoprastus* Hewitosn] 金安蚬蝶
studded sergeant [*Athyma asura* Moore] 珠履带蛱蝶
Studia Dipterologica 双翅学研究 < 期刊名 >
Studia Entomologica 昆虫学研究 < 期刊名 >
stupeous [= stupose] 具织线状的 < 常指有纤维状构造的 >
stupor 昏迷
stupose 见 stupeous
stupulose [= stupulosus] 具倒毛的
stupulosus 见 stupulose
Sturmia 丛毛寄蝇属
Sturmia bella (Meigen) 丽丛毛寄蝇，好战寄蝇
Sturmia oceanica Baranov 海丛毛寄蝇
Sturmia oculata Baranov 见 *Zenillia oculata*
Sturmia sericariae Cornalia 见 *Blepharipa sericariae*
Sturmiopsis 拟丛毛寄蝇属
Sturmiopsis inferens Townsend 大螟拟丛毛寄蝇
Sturnidoecus 椋鸟虱属
Sturnidoecus acutifrons (Uchida) 尖额椋鸟虱
Sturnidoecus aeneas (Piaget) 白鹡鸰椋鸟虱
Sturnidoecus affinis (Piaget) 爪哇八哥椋鸟虱
Sturnidoecus atharea Ansari 蓝喉歌鸲椋鸟虱
Sturnidoecus bituberculatus (Giebel) 黑卷尾椋椋鸟虱
Sturnidoecus capensis (Giebel) 斑椋鸟椋鸟虱
Sturnidoecus graculae (Piaget) 鹩哥椋鸟虱
Sturnidoecus orientalis Mey 黑领椋鸟椋鸟虱
Sturnidoecus pastoris (Denny) 粉红椋鸟椋鸟虱
Sturnidoecus quadrilineatus (Nitzsch) 银喉山雀椋鸟虱
Sturnidoecus refractariolus (Zlotorzycka) 家麻雀椋鸟虱，家麻雀钩鸟虱
Sturnidoecus rostratus (Mey) 褐头鸫椋鸟虱，褐头鸫钩鸟虱
Sturnidoecus ruficeps (Nitzsch) 麻雀椋鸟虱
Sturnidoecus sturni (Schrank) 紫翅椋鸟椋鸟虱
sturnula metalmark [= snappy mottlemark, *Calydna sturnula* (Geyer)] 星点蚬蝶
Styanax 铁象甲属
Styanax apicatus Heller 梨铁象甲，梨铁象
Stygeromyia 袭蝇属
Stygeromyia maculosa Austen 斑袭蝇
stygian ringlet [*Erebia styx* (Freyer)] 幽红眼蝶
Stygiodrina 污夜蛾属
Stygiodrina maurella (Staudinger) 污夜蛾
Stygionympha 魃眼蝶属
Stygionympha dicksoni (Riley) [Disckson's brown] 银基魃眼蝶
Stygionympha geraldi Pennington 杰拉魃眼蝶
Stygionympha irrorata (Trimen) [Karoo brown] 微点魃眼蝶
Stygionympha robertsoni (Riley) [Robertson's brown] 罗伯逊魃眼蝶
Stygionympha scotina Quickelb 凹边魃眼蝶
Stygionympha vansoni (Pennington) 星眼魃眼蝶
Stygionympha vigilans (Trimen) [western hillside brown] 魃眼蝶
Stygionympha wichgrafi van Son [Wichgraf's brown] 威克魃眼蝶
Stygnocoris 卷胸长蝽属
Stygnocoris rusticus (Fallén) 褐色卷胸长蝽
Stygnolepis 暗眼蝶属
Stygnolepis humilis (Felder *et* Felder) 暗眼蝶
stygobiotic 暗层生的
stygophilous 适暗层的，喜暗层的
stygoxenous 偶来暗层的，偶居暗层的
stylate 有针刺或针突的
Stylatopsocini 指蛄族
Stylatopsocus 指蛄属

Stylatopsocus biuncialis Li 双角指蛄
style [pl. styli; = stylus] 1. 尾片 < 指蚜虫的，相当于 cauda>；2. 产卵器 < 指双翅目雌虫的 >；3. 铗下器 < 指大蚊科 Tipulidae 雄虫尾铗下的单一可动器官 >；4. 节芒 < 指双翅目昆虫的具芒触角上的芒 >；5. 针突，刺突 < 指无翅亚纲 Apcerygota 昆虫中的腹部附肢 >；6. 尾须 < 同 cercus>
style of the flagellum 鞭节芒 < 指水虻科 Stratiomyidae 昆虫的最末触角节 >
stylet 1. 小针刺；2. 口针；3. 螯针
stylet sac 口针囊 < 指虱类昆虫的 >
stylet sheath 1. 螯针鞘 < 指膜翅目针尾昆虫螯刺的背部 >；2. 口针鞘 < 半翅目昆虫取食时形成的包在口针外的构造 >
styli [s. stylus；=style] 1. 尾片；2. 产卵器；3. 铗下器；4. 节芒；5. 针突，刺突；6. 尾须
Stylia 透星斑实蝇属
Stylia apiciclara Hardy 越南透星斑实蝇
Stylia iracunda (Hering) 特拉透星斑实蝇
Stylia parvula (Loew) 帕武透星斑实蝇
Stylia philippinensis Hardy 菲律宾透星斑实蝇
Stylia siamensis Hardy 玉带透星斑实蝇
Stylia spenceri Hardy 思佩透星斑实蝇
Stylidia 棘蛛蝇亚属
styliform 针形 < 即似针突 (stylus) 形的 >
styliform appendage 针状附器 < 指蛄目昆虫中的内颚叶 (lacinia)>
styliger plate 具铗片 < 指蜉蝣目昆虫中发生抱握器 (即铗) 的能动骨片 >
styloconic sensilla [s. styloconic sensillum; = sensilla styloconica (s. sensillum styloconicum)] 栓锥感器
styloconic sensillum [pl. styloconic sensilla;=sensillum styloconicum (pl. sensilla styloconica)] 栓锥感器
Styloconops 刺蠓亚属
Stylogaster 似眼蝇属
Stylogaster sinicus Yang 中华似眼蝇
Stylogasterinae 似眼蝇亚科，细腹眼蝇亚科 < 此亚科学名有误写为 Stylogastrinae 者 >
Stylogomphus 尖尾春蜓属
Stylogomphus annamensis Kompier 越中尖尾春蜓
Stylogomphus changi Asahina 张氏尖尾春蜓，球角春蜓，球角华春蜓 < 此种学名有误写为 *Stylogomphus change* Asahina 者 >
Stylogomphus chunliuae Chao 纯鎏尖尾春蜓
Stylogomphus inglisi Fraser 英格尖尾春蜓
Stylogomphus lawrenceae Yang *et* Davies 劳伦斯尖尾春蜓，莱氏尖尾春蜓
Stylogomphus lutantus Chao 肖小尖尾春蜓
Stylogomphus shirozui Asahina 台湾尖尾春蜓，锤角春蜓
Stylogomphus tantulus Chao 小尖尾春蜓
stylop 蝙，捻翅虫 < 泛指蜂蝙科 Stylopidae 昆虫 >
Stylopanorpodes 柱状蝎蛉属
Stylopanorpodes eurypterus Sun, Ren *et* Shi 宽翅柱状蝎蛉
Styloperla 刺鲼属，刺石蝇属
Styloperla flectospina (Wu) 曲刺刺鲼，曲刺芒鲼，曲刺芒石蝇
Styloperla inae Chao 慈母刺鲼
Styloperla jiangxiensis Yang *et* Yang 江西刺鲼
Styloperla obtusispina (Wu) 钝刺刺鲼，钝刺芒鲼，钝刺芒石蝇
Styloperla spinicercia Wu 刺尾刺鲼，刺尾刺石蝇
Styloperla wui Chao 胡氏刺鲼
styloperlid 1. [= styloperlid stonefly] 刺鲼 < 刺鲼科 Styloperlidae 昆虫的通称 >；2. 刺鲼科的
styloperlid stonefly [= styloperlid] 刺鲼
Styloperlidae 刺鲼科
stylophore 口针鞘
Stylopidae [= Hylechthridae] 蜂蝙科，蜂捻翅虫科，蜂螽科，眼蝙科，眼捻翅虫科
Stylopidia 蜂蝙亚目
Stylopiformia 蜂蝙次目
Stylopinae 蜂蝙亚科
stylopization 蝙寄生，捻翅虫寄生 < 指昆虫被雌性蝙所寄生 >
stylopized 蝙寄生的，捻翅虫寄生的
Stylops 蜂蝙属，地蜂捻翅虫属
Stylops fukuiensis Kifune 福井蜂蝙
Stylops japonicus Kifune *et* Hirashima 日本蜂蝙
Stylops montanus Kifune *et* Maeta 山蜂蝙
Stylops nipponicus Kifune *et* Maeta 东瀛蜂蝙
Stylops orientis Kifune *et* Maeta 东方蜂蝙
Stylops pilipedis Pierce 地花蜂蝙，地蜂蝙，地蜂捻翅虫
Styloptera 尖翅果蝇属，杆斑果蝇属
Styloptera formosae Duda 丽尖翅果蝇，美丽杆斑果蝇
stylose 具针刺的
Stylosomus 圆眼叶甲属
Stylosomus* (*Microsomus*) *major Breit 淡足圆眼叶甲
Stylosomus sinensis Lopatin 同 *Stylosomus* (*Stylosomus*) *submetallicus*
Stylosomus* (*Stylosomus*) *cheni Lopatin 陈氏圆眼叶甲
Stylosomus* (*Stylosomus*) *nigrfrons Fleischer 见 *Stylosomus* (*Stylosomus*) *tamarisci nigrifrons*
Stylosomus* (*Stylosomus*) *submetallicus Chen 黑圆眼叶甲
Stylosomus* (*Stylosomus*) *tamarisci (Herrich-Schäffer) 柽柳圆眼叶甲
Stylosomus* (*Stylosomus*) *tamarisci nigrifrons Fleischer 柽柳圆眼叶甲黑额亚种
Stylosomus* (*Stylosomus*) *tamarisci tamarisci (Herrich-Schäffer) 柽柳圆眼叶甲指名亚种
Stylosomus* (*Stylosomus*) *vestitus Chen 棕圆眼叶甲
stylostome 茎口
Stylotermes 木鼻白蚁属，杆白蚁属
Stylotermes acrofrons Ping *et* Liu 丘额木鼻白蚁，丘额杆白蚁
Stylotermes alpinus Ping 高山木鼻白蚁，高山杆白蚁
Stylotermes angustignathus Gao, Zhu *et* Gong 细颚木鼻白蚁，细颚杆白蚁
Stylotermes changtingensis Fan *et* Xia 长汀木鼻白蚁，长汀杆白蚁
Stylotermes chengduensis Gao *et* Zhu 成都木鼻白蚁，成都杆白蚁
Stylotermes chongqingensis Chen *et* Ping 重庆木鼻白蚁，重庆杆白蚁
Stylotermes choui Ping *et* Xu 周氏木鼻白蚁，周氏杆白蚁
Stylotermes crinis Gao, Zhu *et* Gong 多毛木鼻白蚁，多毛杆白蚁
Stylotermes curvatus Ping *et* Xu 弯颚木鼻白蚁，弯颚杆白蚁
Stylotermes fontanellus Gao, Zhu *et* Han 长囟木鼻白蚁，长囟杆白蚁

Stylotermes guiyangensis Ping *et* Gong 贵阳木鼻白蚁，贵阳杆白蚁
Stylotermes halumicus Liang, Wu *et* Li 穿山甲木鼻白蚁
Stylotermes hanyuanicus Ping *et* Liu 汉源木鼻白蚁，汉源杆白蚁
Stylotermes inclinatus (Yu *et* Ping) 倾头木鼻白蚁，倾头杆白蚁
Stylotermes jinyunicus Ping *et* Chen 缙云木鼻白蚁，缙云杆白蚁
Stylotermes labralis Ping *et* Liu 圆唇木鼻白蚁，圆唇杆白蚁
Stylotermes laticrus Ping *et* Xu 阔腿木鼻白蚁，阔腿杆白蚁
Stylotermes latilabrum (Tsai *et* Chen) 宽唇木鼻白蚁，宽唇杆白蚁
Stylotermes latipedunculus (Yu *et* Ping) 阔颏木鼻白蚁，阔颏杆白蚁
Stylotermes lianpingensis Ping 连平木鼻白蚁，连平杆白蚁
Stylotermes longignathus Gao, Zhu *et* Han 长颚木鼻白蚁，长颚杆白蚁
Stylotermes mecocephalus Ping *et* Li 长头木鼻白蚁，长头杆白蚁
Stylotermes minutus (Yu *et* Ping) 侏儒木鼻白蚁，侏儒杆白蚁
Stylotermes mirabilis He *et* Qiu 颏奇木鼻白蚁
Stylotermes orthognathus Ping *et* Xu 直颚木鼻白蚁，直颚杆白蚁
Stylotermes planifrons Chen 平额木鼻白蚁，平额杆白蚁
Stylotermes robustus Ping *et* Li 宏壮木鼻白蚁，宏壮杆白蚁
Stylotermes setosus Li *et* Ping 刚毛木鼻白蚁，刚毛杆白蚁
Stylotermes sinensis (Yu *et* Ping) 中华木鼻白蚁，中华杆白蚁
Stylotermes triplanus Ping *et* Liu 三平木鼻白蚁，三平杆白蚁
Stylotermes tsaii Gao *et* Zhu 蔡氏木鼻白蚁，蔡氏杆白蚁
Stylotermes undulatus Ping *et* Li 波颚木鼻白蚁，波颚杆白蚁
Stylotermes valvules Tsai *et* Ping 短盖木鼻白蚁，短盖杆白蚁
Stylotermes wuyinicus Li *et* Ping 武夷木鼻白蚁，武夷杆白蚁
Stylotermes xichangensis Huang *et* Zhu 西昌木鼻白蚁，西昌杆白蚁
stylotrachealis 气门柱 <如部分双翅目昆虫蛹的头壳上生出的长管，上有气门>
Styloxus bicolor (Champlain *et* Knull) [juniper twig pruner] 美侧柏二色天牛
Stylurus 扩腹春蜓属
Stylurus amicus (Needham) 长节扩腹春蜓
Stylurus annulatus (Diakonov) 环纹扩腹春蜓
Stylurus clathratus (Needham) 黑面扩腹春蜓
Stylurus endicotti (Needham) 恩迪扩腹春蜓
Stylurus erectocornis Liu *et* Chao 竖角扩腹春蜓
Stylurus flavicornis (Needham) 黄角扩腹春蜓
Stylurus flavipes (Charpentier) 黄足扩腹春蜓
Stylurus gaudens (Chao) 愉快扩腹春蜓
Stylurus gideon (Needham) 双斑扩腹春蜓
Stylurus kreyenbergi (Ris) 克雷扩腹春蜓
Stylurus nanningensis Liu 南宁扩腹春蜓
Stylurus nobilis Liu *et* Chao 高尚扩腹春蜓
Stylurus occultus (Sélys) 奇特扩腹春蜓，扁春蜓
Stylurus placidus Liu *et* Chao 文雅扩腹春蜓
Stylurus takashii (Asahina) 深山扩腹春蜓，南山春蜓，美丽扩腹春蜓
Stylurus tongrensis Liu 铜仁扩腹春蜓
stylus [pl. styli; = style] 1. 尾片；2. 产卵器；3. 铗下器；4. 节芒；5. 针突，刺突；6. 尾须
Stymphalus 刺叶蝉属
Stymphalus calliger Melichar 卡刺叶蝉
Stymphalus dilatatus (Perty) 扩刺叶蝉
Stymphalus modestus Linnavuori 中刺叶蝉
Stymphalus rubrolineatus (Stål) 红线刺叶蝉
Stymphalus rubrovittatus (Matsumura) 同 *Stymphalus rubrolineatus*
Styphlomerus 斯短鞘步甲属
Styphlomerus batesi Chaudoir 贝氏斯短鞘步甲，贝史泰庇步甲
Styphlomerus fusciceps Schmidt-Göbel 棕头斯短鞘步甲，棕史泰庇步甲
Styphlomerus korgei (Jedlička) 考氏斯短鞘步甲，可短鞘步甲
Styphlomerus quadrimaculatus (Dejean) 四斑斯短鞘步甲
Stypocladius 基指角蝇属，斯指角蝇属，柄长脚蝇属
Stypocladius appendiculatus (Hendel) 突基指角蝇，悬斯指角蝇，附属长脚蝇
Styracoptinus 戟翅小蠹属
Styracoptinus murex (Blandford) 尖石戟翅小蠹
Styrian ringlet [*Erebia stirius* (Godart)] 斯提红眼蝶
Styringomyia 香大蚊属，斯大蚊属
Styringomyia angustipennis Alexander 狭翅香大蚊，尖翅斯大蚊
Styringomyia ceylonica Edwards 锡兰香大蚊，锡兰斯大蚊
Styringomyia flava Brunetti 黄色香大蚊，黄色斯大蚊
Styringomyia flavitarsis Alexander 黄跗香大蚊，黄跗斯大蚊，黄足香大蚊
Styringomyia formosana Edwards 蓬莱香大蚊，台斯大蚊
Styringomyia kwangtungensis Alexander 广东香大蚊
Styringomyia nipponensis Alexander 日本香大蚊，日斯大蚊
Styringomyia omeiensis Alexander 峨眉香大蚊，峨眉斯大蚊
Styringomyia princeps Alexander 状元香大蚊，始斯大蚊
Styringomyia separata Alexander 离香大蚊，离斯大蚊，分离香大蚊
Styringomyia sinensis Alexander 中华香大蚊，中华斯大蚊
Styringomyia taiwanensis Alexander 台湾香大蚊，台岛斯大蚊
Styriodes 聚弄蝶属
Styriodes lyce Schaus 聚弄蝶
Styx 粉蚬蝶属
Styx infernalis Staudinger 粉蚬蝶
Styxon 冥河草螟属
Styxon ciniferalis (Caradja) 粤冥河草螟，狭禾草螟
Suada 绥弄蝶属
Suada albinus Semper 白绥弄蝶
Suada albolineata Devyatkin 白线绥弄蝶
Suada cataleneos Staudinger 卡他绥弄蝶
Suada swerga (de Nicéville) [grass bob] 绥弄蝶
Suana 巨枯叶蛾属，小大枯叶蛾属
Suana concolor Walker 木麻黄巨枯叶蛾，木麻黄大毛虫
Suana divisa (Moore) 同 *Suana concolor*
Suarius 俗草蛉属
Suarius celsus Yang *et* Yang 雅俗草蛉
Suarius gobiensis (Tjeder) 戈壁俗草蛉
Suarius hainanus Yang *et* Yang 海南俗草蛉
Suarius hamulatus Yang *et* Yang 钩俗草蛉
Suarius helana (Yang) 贺兰俗草蛉
Suarius huashanensis Yang *et* Yang 华山俗草蛉，华山苏草蛉
Suarius kannemeyeri (Esben-Petersen) 见 *Cunctochrysa kannemeyeri*
Suarius mongolicus (Tjeder) 蒙古俗草蛉
Suarius nanchanicus (Navás) 南昌俗草蛉

Suarius nanus (McLachlan) 矮俗草蛉，矮苏草蛉
Suarius posticus (Navás) 端褐俗草蛉，后苏草蛉
Suarius sphenochilus Yang *et* Yang 楔唇俗草蛉，楔唇俗草蛉
Suarius squamosus (Tjeder) 见 *Borniochrysa squamosa*
Suarius trilineatus Yang 三纹俗草蛉
Suarius walsinghami Navás 瓦氏俗草蛉，瓦氏苏草蛉
Suarius walsinghami orientalis Hölzel 瓦氏俗草蛉东方亚种
Suarius walsinghami walsinghami Navás 瓦氏俗草蛉指名亚种
Suarius yasumatsui (Kuwayama) 黄褐俗草蛉，安松苏草蛉，安松纳草蛉
Suasa 索灰蝶属
Suasa lisides (Hewitson) [red imperial] 红索灰蝶，索灰蝶
Suastus 素弄蝶属
Suastus everyx (Mabille) [Malay palm bob] 艾维素弄蝶
Suastus gremius (Fabricius) [oriental palm bob, Indian palm bob, palm bob] 黑星素弄蝶，素弄蝶，黑星弄蝶，葵弄蝶，棕弄蝶
Suastus gremius chilon Doherty 黑星素弄蝶奇龙亚种，奇素弄蝶
Suastus gremius gremius (Fabricius) 黑星素弄蝶指名亚种，指名素弄蝶
Suastus migreus Semper 迁素弄蝶
Suastus minutus (Moore) [small palm bob] 小素弄蝶
Suastus minutus aditia Evans [Himalayan small palm bob] 小素弄蝶喜马亚种
Suastus minutus aditus Moore [Andaman small palm bob] 小素弄蝶印度亚种，锡金小素弄蝶
Suastus minutus bipunctus Swinhoe [Sahyadri small palm bob] 小素弄蝶萨赫亚种
Suastus minutus minutus Moore 小素弄蝶指名亚种
suave citril [*Ceriagrion suave* Ris] 滑尾黄蟌
Suaymyia 丽蚊亚属，帅蚊亚属
sub-angled wave [*Scopula nigropunctata* (Hüfnagel)] 黑点岩尺蛾
subacidity 微酸性
Subacronicta 首剑纹夜蛾亚属
subacute 稍锐的
subacute disease 亚急性病
subaduncate 稍弯的
subalar 翅下的
subalar muscle 翅下肌
subalar sclerite 上侧片
subalare [= postparapteron] 后上侧片
subalpine 亚高山的
subanal laminae [= podical plates] 臀瓣，臀板
subanal plate 肛下板 < 即直翅目的下生殖板 (subgenital plate, subgenital lamina)>
Subancistrocerus 亚沟蜾蠃属
Subancistrocerus camicrus (Cameron) 骆驼亚沟蜾蠃
Subancistrocerus compressus Li *et* Chen 凹亚沟蜾蠃
Subancistrocerus kankauensis (von Schulthess) 港口亚沟蜾蠃
Subancistrocerus jinghongensis Li *et* Chen 景洪亚沟蜾蠃
Subancistrocerus sichelii (de Saussure) 斯氏亚沟蜾蠃
Subantarctic African Province 亚南极洲非洲部
Subantarctic Australian Province 亚南极洲澳洲部
Subantarctic Province 亚南极洲部
subantennal sulcus [= frontogenal suture, frontogenal sulcus, subantennal suture] 额颊沟，角下沟
subantennal suture 见 subantennal sulcus
subapical lobe 抱器端叶 < 见于雄蚊中 >
subapical seta [pl. subapical setae] 亚端毛 < 见于某些介壳虫中 >
subapical setae [s. subapical seta] 亚端毛
subapterous 弱翅的 < 指具有不发达翅的 >
subarctic brow fly [= blue-bottle fly, blue-assed fly, northern blowfly, *Protophormia terraenovae* (Robineau-Desvoidy)] 新陆原伏蝇
subarctic zone 亚北极带
subarcus 下殖弓
subbasal fascia 基横线
Subcallipterus 绿蚜属
Subcallipterus alni De Geer 桤木绿蚜
subcapitulum 下颚体
subcardo [= paracardo] 亚轴节 < 即轴节的基片 >
subcellular localization 亚细胞定位
subcellular structure 亚细胞结构
subcircular scar [= discaloca, vaginal areole, mesodiscaloca, vaginal disc, ventral scar] 盘突域，中盘突域 <见于介壳虫中>
subclade 亚支，分支
subclass 亚纲
subclavate 似棒形的
subclinical infection 无症状传染
subclypeal pump [= oesophageal bulb] 食管泵，唇基下泵 < 指双翅目某些昆虫在食管前入口处的扩大部分 >
subclypeal tube 唇基下管 < 即双翅目某些昆虫的咽 (pharynx)>
Subclytia 亚美寄蝇属
Subclytia rotundiventris (Fallén) 圆腹亚美寄蝇
Subcoccinella 豆形瓢虫属
Subcoccinella vigintiquattuorpunctata (Linnaeus) [twenty-four-spot ladybird, twenty-four-pointed ladybird beetle, 24-spotted lady beetle, 24-spot ladybird, 24-spot] 苜蓿豆形瓢虫，苜蓿瓢虫
Subcoccinellini 豆形瓢虫族
subcontiguous 近接的 < 指几乎相接触的 >
subcord skipper [= subcordata skipper, *Eutychide subcordata* (Herrich-Schäffer)] 亚心优迪弄蝶
subcordata skipper 见 subcord skipper
subcordate 似心形的
subcoriaceous 似革质的
subcorneal 角膜下的
subcortical 树皮下的
subcosta [abb. Sc] 亚前缘脉
subcostal area 亚前缘域 < 指网蝽科 Tingidae 昆虫前翅前缘域后的狭小部 >
subcostal cell 亚前缘室
subcostal crossvein 亚前缘横脉
subcostal fold [= subcostal furrow] 亚前缘褶，亚前缘沟 < 指前缘脉与径脉之间的褶洼 >
subcostal furrow 见 subcostal fold
subcostal nervule 亚前缘脉 < 特指鳞翅目昆虫的后翅中康氏脉系之 1 脉 >
subcostal vein 亚前缘脉 < 指双翅目昆虫中康氏脉系的 R_1 脉；鳞翅目中康氏脉系的 R 脉 >
subcostulata skipper [= jungle skipper, *Papias subcostulata* (Herrich-Schäffer)] 丛林笆弄蝶，笆弄蝶

subcoxa 亚基节
subcoxal 1. 基节下的；2. 亚基节的
subcristate 具次脊的 < 指前胸背板上有中度隆起的脊，如在直翅目昆虫中所见 >
subculture 继代培养
subcutaneous 皮下的
subcutaneous injection 皮下注射
subcuticular 表皮下的
subdominant 亚优势种
subdorsal 侧背的
subdorsal keel 侧背蜡管 < 见于介壳虫中 >
subdorsal line 侧背线，亚背线 < 见于鳞翅目幼虫中 >
subdorsal plate 侧背蜡板
subdorsal ridge 侧背脊 < 指刺蛾科 Eucleidae 幼虫沿腹部侧背行突起的隆起纵线 >
subdorsal seta 亚背毛
subepidermal 皮细胞层下的
subequal 几相等的
suberect 似直立的
suberoded [= suberose, suberosus] 啮状的 < 指似有经咬啮的齿痕的 >
suberose 见 suberoded
suberosus 见 suberoded
subeutaneous inoculation 皮下接种
subfacies 1. 下面；2. 头下面 < 头部的下部包括颊和外咽片 >
subfalcate 似镰状的
subfamily 亚科
subferrugineus skipper [*Euphyes subferrugineus* (Hayward)] 锈鼬弄蝶
subfossorial 拟掘的
subfrontal 1. 亚额的；2. 亚前的
subfrontal shoot 亚前支 < 指蚱蜢后翅的一暗带，正在翅前缘之后，几伸至基部 >
subfulcrum 拟支片 < 为颏和负唇须节间的骨片，很少存在 >
subfusiform 似纺锤形
subgalea [= parastipes] 亚外颚叶 < 即附着于茎节的下颚骨片 >
subgenal 1. 颊下的；2. 亚颊的
subgenal area 颊下区
subgenal ridge 颊下脊
subgenal sulcus [= subgenal suture] 颊下沟
subgenal suture 见 subgenal sulcus
subgeneric name 亚属名
subgeniculate 拟膝形的
subgenital lamina [= subgenital plate, hypandrium, hypoproct, lamina subgenitalis] 下生殖板，肛下板
subgenital plate 见 subgenital lamina
subgenitalis 下生殖板 < 指第八腹节腹板内的生殖下板 >
subgenual organ 膝下器 < 或称鼓膜上器 (supratympanal organ)，为在鼓膜上方不远处的胫节中神经节 >
subgenus 亚属
subglobose 近球形的
subglobular 近圆球形的
subglossa [= mentum] 颏 < 常用于蜻蜓目中 >
subgothic dart [= Gothic dart, *Feltia subgothica* (Haworth)] 恐怖脏切夜蛾，番茄脏切夜蛾
subgusta 前咽后膜
Subhimalus 多室叶蝉属
Subhimalus attenuatus Xing, Dai *et* Li 细突多室叶蝉
Subhimalus triangulus Xing *et* Li 角板多室叶蝉
subhumeral seta 亚肩毛，基节间毛，肩下毛
Subhylemyia 次种蝇属
Subhylemyia dorsilinea (Stein) 背条次种蝇
Subhylemyia lineola (Collin) 同 *Subhylemyia dorsilinea*
Subhylemyia longula (Fallén) 拢合次种蝇
subhypodermal colo(u)r 皮下色
Subibulbistridulous 拟鼓鸣螽属
Subibulbistridulous gracilis Shi 细尾拟鼓鸣螽
subimaginal 亚成虫的
subimago 亚成虫
subinfluent 次影响的 < 指一些生物在有些季节中不显著或不重要 >
subintegumental scolophore 离壁具橛胞 < 指具橛神经胞中其神经末端游离在体腔的 >
Subisotoma 亚等姚属
Subisotoma quadrisensillata Gao, Xiong *et* Potapov 四感器亚等姚
Subisotoma tenuis (Dunger) 狭亚等姚
subjective synonym 主观异名
sublabrum [= epipharynx] 内唇
sublamella 亚叶
sublateral bristle 亚侧鬃 < 在双翅目昆虫胸部的沟前，而与翅内鬃排列成行的鬃 >
sublethal 亚致死的
sublethal concentration 亚致死浓度
sublethal contamination 亚致死污染，微量污染 < 致死量以下的污染 >
sublethal dosage 亚致死剂量，亚致死量
sublethal dose 亚致死剂量，亚致死量
sublethal effect 亚致死效应
sublethal population 亚致死种群
Subleuconycta 梦夜蛾属，剑纹夜蛾属
Subleuconycta calonesiota Kiss, Wu *et* Matov 台湾梦夜蛾，台湾帕剑纹夜蛾，梦夜蛾
Subleuconycta palshkovi (Filipjev) 帕梦夜蛾，梦夜蛾
Subleuconycta sugii Boursin 杉梦夜蛾，杉氏剑纹夜蛾
sublimbata skipper [*Anisochoria sublimbata* Mabille] 异边彗弄蝶
sublingual 舌下的
sublingual gland 舌下腺 < 在蜜蜂中，同腹咽腺 (ventral pharyngeal gland)>
submargin 亚缘 < 指缘内部分 >
submarginal 亚缘的
submarginal area 亚缘区 < 常指后翅在前缘与第一条强脉之间的区域 >
submarginal cell 亚缘室 < 在膜翅目昆虫中，即康氏脉系的径室 (R)；在双翅目昆虫中，为康氏脉系的径 3 室 (R_3)>
submarginal cellule 亚缘小室 < 同肘小室 (cubital cellule)>
submarginal nervure 亚缘脉 < 在膜翅目昆虫中，为与外缘平行伸展的不规则脉；或为由 M_1、M_2、M_3、M_4、中横脉及 Cu_1 脉部分组成的脉 >
submarginal seta [pl. submarginal setae] 亚缘毛，边毛 < 见于某些介壳虫中，在臀板毛前 >

S

submarginal setae [s. submarginal seta] 亚缘毛，边毛
submarginal stria [pl. submarginal striae] 亚缘褶 <同前侧褶区 (proplegmatia)>
submarginal striae [s. submarginal stria] 亚缘褶
submarginal tubercle 亚缘疣 <在介壳虫中，同背瘤 (dorsal tubercle)>
submarginal vein 亚缘脉 <见于小蜂中，同亚前缘脉 (subcostal vein)>
submaritime 近海岸的
submedia 亚中片 <见于翅关节，为第二腋片，或肩板>
submedian cell 亚中室 <见于膜翅目昆虫中，其一室即康氏脉系的 $Cu+Cu_1$ 室，二室即 M_3 室，三室即第二 M_2 室>
submedian interspace 亚中区 <指鳞翅目昆虫前翅中脉与亚中脉间的区域，即康氏脉系的 Cu 室和 1A 室。亚中脉见 submedian vein>
submedian vein 亚中脉 <在鳞翅目昆虫中，由前翅的基部至后角，靠近内缘的 1A 脉；按数字序列为第一脉；在蜻蜓目中，为 Cu 脉>
submental 亚颏的
submental peduncle 外咽柄 <指鞘翅目昆虫中支持颏的外咽片延长部分>
submentum 亚颏
submetallescens skipper [*Moeris submetallescens* (Hayward)] 褐糙弄蝶
submicroscopic 亚显微的
submicroscopic structure 亚显微结构
Submicroterys 亚翅跳小蜂属
Submicroterys cerococci Xu 壶蚧亚翅跳小蜂
Submicroterys eriococci Xu 绒蚧亚翅跳小蜂
Submicroterys eriococcophagus Xu 食绒蚧亚翅跳小蜂
submidian seta 亚中毛
Subniganda 亚尼舟蛾属
Subniganda aurantiistriga Kiriakoff 橙纹亚尼舟蛾，橙篦舟蛾，橙纹篦舟蛾
subnodal sector 结下分脉 <指蜻蜓目中，康氏脉系的 Rs 脉>
subnodus 结下横脉，亚结脉
subnymph 拟蛹
Subobeidia 橘色长翅尺蛾属
Subobeidia aurantiaca (Alphéraky) 橘色长翅尺蛾，橙长翅尺蛾
subocellate 具无瞳点的 <意为具有无瞳的瞳点的>
subocular 眼下的
subocular sulcus 眼下沟
suboesophageal [= infraoesophageal] 食道下的，食管下的
suboesophageal commissure [= substomodaeal commissure] 食道下神经连索，围咽神经连索
suboesophageal ganglion [abb. SG] 咽下神经节，食道下神经节
suboesophageal gland 食道下腺
suboptimal temperature 亚适温，近适温
suborder 亚目
subovate 亚卵形的
subparallel 近平行的
subpectinate 似栉形的
subpedunculate 拟柄状的
subpharyngeal 咽下的
subpharyngeal ganglion 咽下神经节
subpharyngeal gland 咽喉下腺
subpharyngeal nerve 咽下神经 <指由食道下神经连索或食道下神经节前端发生的小神经>
Subphyllobius 亚树叶象甲亚属，亚树叶象甲属
Subphyllobius virideaeris (Laicharting) 见 *Phyllobius virideaeris*
subpopulation 亚种群
subpopulation heterozygosity 群体内遗传多样性均值，群体内遗传多样性指数
subprimary seta [pl. subprimary setae] 亚原生刚毛 <指鳞翅目幼虫中第二龄起才发生的刚毛>
subprimary setae [s. subprimary seta] 亚原生刚毛
Subprionomitus 苏泊跳小蜂属
Subprionomitus frontatus Xu 宽额苏泊跳小蜂
Subpsaltria 枯蝉属
Subpsaltria sienyangensis Chen 同 *Subpsaltria yangi*
Subpsaltria yangi Chen 杨氏枯蝉，枯蝉
subpunctata skipper [*Eutychide subpunctata* Hayward] 褐优迪弄蝶
subpunctate [= subpunctatus] 具微刻点的
subpunctatus 见 subpunctate
subpyriform 似梨形的
subquadrangle 亚四方室 <见于蜻蜓目束翅亚目 Zygoptera 中>
subquadrate 亚四方形的
subreniform 似肾形的
subreniform spot 下肾形点 <指裳夜蛾属 *Catocala* 及其近缘夜蛾前翅上附着于肾形斑或在其下的圆点或环>
subreticulate skipper [*Polites subreticulata* (Plötz)] 网玻弄蝶
Subria sulcata Redtenbacher 沟苏螽
Subrinus 苏蜉金龟甲属
Subrinus sturmi (Harold) 斯苏蜉金龟甲
subrufescens skipper [*Vertica subrufescens* (Schaus)] 斑顶弄蝶
Subsaltusaphis 亚跳蚜属，蓟斑蚜属
Subsaltusaphis ornata (Theobald) 饰亚跳蚜
Subsaltusaphis sinensis Zhang, Zhang *et* Zhong 同 *Nevskya fungifera*
Subsaltusaphis taoi Hsu 莎草亚跳蚜，莎草蓟蚜
subscaphium [= gnathe] 颚形突，下齿形突 <见于鳞翅目昆虫雄性外生殖器中>
subscutella 后小盾下面 <指横内折的后小盾片的下面>
subsegment 亚节
subsellate 近鞍形的
subsere 后成演替系列
subserrate [= denticulate] 具小齿的
subsinuate 微波曲的
subsocial 亚社会性的
subsocial insect 亚社会性昆虫
subspecies 亚种
subspiniform 似刺形
subspiracular area [= subspiracular lobe] 亚气门叶，亚气门区
subspiracular line 气门下线
subspiracular lobe 见 subspiracular area
substigmatal cell 痣下室 <见于蜜蜂中>
substitute community 后成群落，更替群落
substitute king 准王蚁或准王螱
substitute queen 准后蚁或准后螱
substituted food 代用饲料

substomodaeal commissure 食道下神经连索 < 同围咽神经连索 (suboesophageal commissure)>
substrate 底物，基层，基质
substratification 分层
substriate [= substriatus] 稍具条纹的
substriatus 见 substriate
Subsulanoides 扫灰蝶属
Subsulanoides nagata Koiwaya 扫灰蝶
subteres [= subterete] 近圆筒形的
subterete 见 subteres
subterminal 亚端的
subterminal fascia 亚外缘线
subterminal seta 亚端毛
subterminal transverse space 亚端横区 < 指蛾类翅中横贯后线和亚端线间的区域 >
subterminala 亚端毛
subterranean [= hypogaeic] 地下的
subterranean animal 地下动物，土栖动物
subterranean dart moth [= granulated cutworm, granulate cutworm, tawny shoulder, big fat moth, *Feltia subterranea* (Fabricius)] 粒肤脏切夜蛾，粒肤地老虎
subterranean insect 地下昆虫
subterranean insect pest 地下害虫
subterranean layer 地下层
subterranean sod webworm [= topiary grass-veneer moth, cranberry girdler, *Chrysoteuchia topiaria* (Zeller)] 越蔓橘金草螟，越蔓橘草螟，酸果蔓苞螟
subterranean termite [= rhinotermitid termite, rhinotermitid, moist wood termite] 鼻白蚁，犀白蚁 < 鼻白蚁科 Rhinotermitidae 昆虫的通称 >
Subterraneobombus 地下熊蜂亚属，地熊蜂亚属
subtidal community 潮线下群落
subtriangle 亚三角室 < 见于蜻蜓目翅中 >
subtriangular space 内三角室，亚三角室 < 见于蜻蜓目翅中 >
subtribe 亚族
subtropical 亚热带的
subtropical pine tip moth [*Rhyacionia subtropica* Miller] 亚热松梢小卷蛾
subtropical tamarisk beetle [*Diorhabda sublineata* Lucas] 侧脊粗角萤叶甲，侧脊长粗角萤叶甲
subulate [= subulatus, subuliform] 突锥状的
subulatus 见 subulate
Subulatus 锥茎叶蝉属
Subulatus baiseensis Li, Li *et* Xing 百色锥茎叶蝉
Subulatus bipunctatus Yang *et* Zhang 二点锥茎叶蝉
Subulatus flavidus Li, Li *et* Yang 黄背锥茎叶蝉
Subulatus sangzhiensis Zhang, Zhang *et* Wei 桑植锥茎叶蝉
Subulatus trimaculatus Yang *et* Zhang 三斑锥茎叶蝉
subulicorn antenna 锥状触角
Subulicornia 针角类 < 为蜻蜓目和蜉蝣目的旧称 >
subuliform 见 subulate
Subulipalpus myrmecophilus Raffray 嗜蚁亚蚁甲
subunit 亚单位；亚基
subvariety 亚变种
subventral 侧腹的
subventral line 侧腹线 < 指鳞翅目幼虫身体侧面位于足基部上方的一条纹 >
subventral ridge 侧腹脊 < 指刺蛾幼虫腹部沿一列侧腹突的纵隆线 >
subventral space 侧腹区
Subwilemanus modestior Kiriakoff 同 *Fentonia excurvata*
succession 演替
successive selection 连续选择
succinate 琥珀酸盐，琥珀酸酯
succincti 缢蛹，带蛹 < 指蝶类蛹中用丝束缚蛹体以保持一定位置者 >
succineous [= succineus] 琥珀色的
succineus 见 succineous
succinic acid 琥珀酸；丁二酸
succinoxidase 琥珀酸氧化酶
succulent oak gall wasp [= roly-poly oak gall wasp, *Dryocosmus quercuspalustris* (Osten-Sacken)] 栎栗瘿蜂，栎瘿蜂
succursal nest 蔽身巢
succus 汁，液
succus entericus 肠液
succus gastricus 胃液
suchion scale [*Pulvinaria floccifera* Westwood] 蜡丝绵蚧
sucker 吸盘
suckfly [*Tupiocoris notatus* (Distant)] 烟草图盲蝽，烟草黑斑盲蝽，小迪盲蝽，烟草小盲蝽
sucking lice 虱
sucking pump 吸泵
sucking spears 吸矛 < 指褐蛉幼虫特化的上、下颚 >
sucking stomach 吸胃
Suckley cuckoo bumble bee [= Suckley's cuckoo bumble bee, *Bombus suckleyi* Greene] 萨氏熊蜂
Suckley's cuckoo bumble bee 见 Suckley cuckoo bumble bee
sucova skipper [= yellow-legged cynea, *Sucova sucova* (Schaus)] 裟弄蝶
Sucova 裟弄蝶属
Sucova sucova (Schaus) [sucova skipper, yellow-legged cynea] 裟弄蝶
Sucra jujuba Chu 同 *Chihuo zao*
Sucra jujuba nucleopolyhedrovirus [abb. SujuNPV] 枣尺蠖核型多角体病毒
sucrase 蔗糖酶
sucrose 蔗糖
sucrose phosphorylase 蔗糖磷酸化酶
suction sampler 吸虫取样器
suction sampling 吸虫器法，吸虫器取样法
suction trap 吸虫塔
Suctoria [= Siphonaptera, Aphaniptera, Rhophoteira] 蚤目
suctorial [= haustellate] 吸吮的
suctorial vesicle 吸胞 < 指蚊类中与食道相连的膀胱状囊胞 >
Sudan caper white [*Belenois sudanensis* Talbot] 苏丹贝粉蝶
Sudeten ringlet [*Erebia sudetica* Staudinger] 苏红眼蝶
sudias metalmark [= white-banded metalmark, *Hypophylla sudias* (Hewitson)] 素叶蚬蝶
Sudra 锥头叶蝉属
Sudra leigongshanensis Li *et* Zhang 雷公山锥头叶蝉

S

Suensonomyia 苏寄蝇属
Suensonomyia setinerva Mesnil 鬃脉苏寄蝇，毛脉苏寄蝇
Suerkenola 波米瘤蛾属
Suerkenola longiventris (Poujade) 长腹波米瘤蛾，长波米瘤蛾
Suerkenola sublongiventris Shao *et* Han 拟长腹波米瘤蛾
Sueus niisimai (Eggers) 尼苏小蠹
Sufetula 苏费螟属
Sufetula sacchari (Sein) [sugarcane root caterpillar] 蔗苏费螟，蔗根螟
Sufetula sunidesalis (Walker) 散苏费螟
Suffert's commander [*Euryphura togoensis* Suffert] 多哥肋蛱蝶，多哥屏蛱蝶
Suffert's liptena [*Liptena augusta* Suffert] 角琳灰蝶
suffocation 窒息
suffulted pupil 转色瞳 <指有瞳点，其瞳渐变为另一颜色的>
suffused 朦暗的
suffused acraea [*Acraea stenobea* Wallengren] 黑点黄珍蝶
suffused hunter hawkmoth [*Theretra suffusa* (Walker)] 白眉斜纹天蛾，背带后红斜纹天蛾，红里白斜纹天蛾
suffused saliana [= fuzzy saliana, *Saliana fusta* Evans] 黄颂弄蝶
suffused snow flat [= pied flat, large snow flat, immaculate snow flat, *Tagiades gana* (Moore)] 白边裙弄蝶
sugar beet beetle [= sugarbeet chrysomelid, banded tortoise beetle, beet tortoise beetle, beet beetle, *Cassida vittata* Villers] 甜菜龟甲
sugar beet flea beetle [= beet flea beetle, *Chaetocnema* (*Chaetocnema*) *tibialis* (Illiger)] 蚤凹胫跳甲，甜菜胫跳甲蚤，甜菜胫跳甲
sugar beet root aphid 1. [= beet root aphid, *Pemphigus betae* Doane] 甜菜瘿绵蚜，甜菜根绵蚜，菊绵蚜；2. [= beet root aphid, *Pemphigus populivenae* Fitch] 甜菜多脉瘿绵蚜，美国鸡冠叶瘿绵蚜
sugar-beet weevil [= beet weevil, beet root weevil, *Bothynoderes punctiventris* Germar] 点腹甜菜象甲，甜菜象甲，甜菜点腹象甲，甜菜象
sugar-iced bug [= greenhouse orthezia, lantana bug, lantana soft scale, Kew bug, Maui blight, croton bug, greenhouse mealybug, jacaranda bug, marsupial coccid, *Insignorthezia insignis* (Browne)] 明印旌蚧，明旌蚧，橘旌蚧，显拟旌蚧
sugar maple borer [*Glycobius speciosus* (Say)] 糖枫天牛，枫糖天牛
sugar metabolism 糖代谢
sugar pine cone beetle [*Conophthorus lambertianae* Hopkins] 兰伯松果小蠹，糖松齿小蠹
sugar pine matsucoccus [= sugar pine scale, *Matsucoccus paucicicatrices* Morrison] 糖松松干蚧
sugar pine scale 见 sugar pine matsucoccus
sugar pine tortrix [*Choristoneura lambertiana* (Busck)] 兰伯色卷蛾
sugarbag bee [= bush bee, *Tetragonula carbonaria* (Smith)] 黑类四无刺蜂
sugarbeet aphomia [*Aphomia sapozhnikovi* (Krulikowski)] 甜菜谷螟
sugarbeet chrysomelid 见 sugar beet beetle
sugarbeet crown borer [*Hulstia undulatella* (Clemens)] 甜菜蛀冠螟，甜菜根颈虫
sugarbeet leaf bug [= pretty green plant bug, *Orthotylus* (*Melanotrichus*) *flavosparsus* (Sahlberg)] 杂毛合垫盲蝽，藜杂毛盲蝽
sugarbeet root maggot [*Tetanops myopaeformis* (Röder)] 甜菜直斑蝇，美甜菜根斑蝇，甜菜根斑蝇
sugarbeet stink bug [= sloe bug, sloe shieldbug, hairy shieldbug, fine-hairy stink-bug, *Dolycoris baccarum* (Linnaeus)] 斑须蝽，细毛蝽，斑角蝽
sugarbeet thrips [= banded greenhouse thrips, banded glasshouse thrips, *Hercinothrips femoralis* (Reuter)] 温室篱蓟马，温室条蓟马，褐带温室蓟马
sugarbeet webworm [= beet webworm, meadow moth, *Loxostege sticticalis* (Linnaeus)] 草地螟，网锥额野螟，黄绿条螟，玛螟
sugarbeet wireworm [*Limonius californicus* (Mannerheim)] 甜菜凸胸叩甲，甜菜叩甲，甜菜金针虫
sugarcane ambrosia beetle [= island pinhole borer, shot-hole borer, *Xyleborus perforans* (Wollaston)] 对粒材小蠹，蔗小蠹
sugarcane aphid [= yellow sugarcane aphid, dura asyl fly, sorghum aphid, green sugarcane aphid, cane aphid, grey aphid, *Melanaphis sacchari* (Zehntner)] 高粱蚜，甘蔗蚜，甘蔗黄蚜，蔗蚜，高粱黍蚜，长鞭蚜
sugarcane beetle [= rough-headed corn-stalk beetle, *Euetheola rugiceps* (LeConte)] 糙头真蔗犀金龟甲，甘蔗犀金龟，皱明胖金龟
sugarcane black bug [*Cavelerius excavatus* (Distant)] 亮翅异背长蝽
sugarcane borer 1. [= sugarcane stalk borer, sugarcane borer moth, sugarcane moth borer, sugarcane moth, small sugarcane borer, American sugarcane borer, small moth borer, small sugarcane moth borer, *Diatraea saccharalis* (Fabricius)] 小蔗杆草螟，蔗螟，小蔗螟；2. [= banana moth, banana shoot borer, banana fruit borer, sugarcane moth, *Opogona sacchari* (Bojer)] 蔗扁蛾，香蕉果潜蛾
sugarcane borer moth [= sugarcane stalk borer, sugarcane borer, sugarcane moth borer, sugarcane moth, small sugarcane borer, American sugarcane borer, small moth borer, small sugarcane moth borer, *Diatraea saccharalis* (Fabricius)] 小蔗杆草螟，蔗螟，小蔗螟
sugarcane boring dynastid [*Alissonotum impressicolle* Arrow] 突背蔗犀金龟甲，突背蔗龟，突背蔗金龟，黑色蔗犀金龟，埔里蔗龟，蔗龟，突背蔗犀金龟，黑圆金龟
sugarcane bud moth [*Ereunetis flavistriata*(Walsingham)] 鹿芽谷蛾，蔗芽潜蛾
sugarcane cottony aphid [= sugarcane woolly aphid, *Ceratovacuna lanigera* Zehntner] 甘蔗粉角蚜，甘蔗绵蚜，蔗粉蚜
sugarcane fly [= West Indian cane fly, West Indian sugarcane leafhopper, black blight, *Saccharosydne saccharivora* (Westwood)] 稻长飞虱，长稻虱，稻长绿飞虱
sugarcane froghopper [*Aeneolamia varia* (Fabricius)] 黄带宽胸沫蝉，黄带广胸沫蝉，蔗广胸沫蝉，蔗沫蝉
sugarcane giant borer [= banana stem borer, cane sucker moth, giant sugarcane borer, giant moth borer, *Telchin licus* (Drury)] 蔗特蝶蛾，蔗蝶蛾
sugarcane gray borer [= sugarcane shoot borer, grey stalk borer, white borer, white stem borer, white sugarcane borer, grey stem borer, grey sugarcane borer, *Tetramoera schistaceana* (Snellen)]

S

甘蔗小卷蛾，甘蔗黄螟，甘蔗小卷叶螟，蔗灰小卷蛾，蔗灰小蛾，黄螟

sugarcane internode borer [= spotted borer, spotted sugarcane borer, cane moth borer, internodal borer, mauritius spotted cane borer, paddy stem borer, stalk moth borer, striped stalk borer, sugarcane stalk borer, *Chilo sacchariphagus* (Bojer)] 高粱条螟，蔗禾草螟，甘蔗条螟，高粱钻心虫，蔗条螟，蔗蛀点螟，斑点螟，甘蔗条螟虫，亚洲斑点茎螟

sugarcane leafhopper [*Perkinsiella saccharicida* Kirkaldy] 甘蔗扁角飞虱，蔗飞虱

sugarcane leafroller [= Hawaiian sugar-cane leaf roller, *Omiodes accepta* (Butler)] 甘蔗啮叶野螟，甘蔗螟，蔗卷叶蛾，蔗卷蛾，夏威夷蔗网野螟，夏威夷蔗螟

sugarcane longwinged planthopper [*Kamendaka saccharivora* (Matsumura)] 蔗喀袖蜡蝉，日糖长翅蜡蝉，甘蔗尼蜡蝉

sugarcane looper [= rice brown semi-looper, brown semi-looper, grain semi-looper, *Mocis frugalis* (Fabricius)] 实毛胫夜蛾，毛跗夜蛾

sugarcane mealy-wing [*Neomaskellia bergii* (Signoret)] 蔗新马粉虱，蔗斑翅粉虱，甘蔗粉虱，甘蔗伯氏粉虱

sugarcane mealybug [= pink sugarcane mealybug, pink mealybug, grey sugarcane mealybug, cane mealybug, *Saccharicoccus sacchari* (Cockerell)] 热带蔗粉蚧，糖粉蚧，红甘蔗粉蚧，蔗粉蚧，糖梳粉介壳虫，蔗粉红蚧，甘蔗葵粉蚧，蔗红粉蚧

sugarcane moth 1. [= sugarcane stalk borer, sugarcane borer, sugarcane moth borer, sugarcane borer moth, small sugarcane borer, American sugarcane borer, small moth borer, small sugarcane moth borer, *Diatraea saccharalis* (Fabricius)] 小蔗杆草螟，蔗螟，小蔗螟；2. [= banana moth, banana shoot borer, banana fruit borer, sugarcane borer, *Opogona sacchari* (Bojer)] 蔗扁蛾，香蕉果潜蛾

sugarcane moth borer 1. [= Asiatic rice borer, rice stem borer, rice stalk borer, striped rice borer, striped stem borer, striped rice stalk borer, striped rice stem borer, rice chilo, rice borer, pale-headed striped borer, purple-lined borer, *Chilo suppressalis* (Walker)] 二化螟；2. [= sugarcane stalk borer, sugarcane borer, sugarcane moth, sugarcane borer moth, small sugarcane borer, American sugarcane borer, small moth borer, small sugarcane moth borer, *Diatraea saccharalis* (Fabricius)] 小蔗杆草螟，蔗螟，小蔗螟

sugarcane pink borer [= corn stem borer, greater sugarcane borer, sorghum stem borer, stem corn borer, dura stem borer, large corn borer, pink sugarcane borer, maize borer, sorghum borer, pink corn borer, purple stem borer, durra stem borer, *Sesamia cretica* Lederer] 高粱蛀茎夜蛾

sugarcane planthopper [*Perkinsiella saccharicida* Kirkaldy] 甘蔗扁角飞虱，蔗飞虱

sugarcane red bug [*Colobathristes saccharicida* Karsch] 蔗束蝽

sugarcane root aphid [*Geoica lucifuga* (Zehntner)] 蔗根蚜，甘蔗根蚜，点脉根绵蚜

sugarcane root borer [= sugarcane root stock borer, root-stock borer, root borer, cane root borer, *Emmalocera depressella* Swinhoe] 蔗茎毛拟斑螟，蔗茎拟斑螟，蔗根沟须拟斑螟

sugarcane root caterpillar [*Sufetula sacchari* (Sein)] 蔗苏费螟，蔗根螟

sugarcane root stock borer 见 sugarcane root borer

sugarcane root weevil [= citrus weevil, citrus root weevil, cane root borer, sugarcane rootstalk borer weevil, sugarcane rootstalk borer, diaprepes root weevil, West Indian weevil, West Indian sugarcane root borer, apopka weevil, *Diaprepes abbreviatus* (Linnaeus)] 蔗根非耳象甲

sugarcane rootstalk borer 见 sugarcane root weevil

sugarcane rootstalk borer weevil 见 sugarcane root weevil

sugarcane scale 1. [*Aspidiella sacchari* (Cockerell)] 甘蔗小圆盾蚧；2. [= tagalog scale, white stem scale, cane oval scale, *Aulacaspis tegalensis* (Zehntner)] 东洋甘蔗白轮盾蚧，印度轮盾介壳虫，印度尼西亚轮盾介壳虫，特甘蔗白轮盾蚧，蔗黄雪盾蚧，檬果轮盾介壳虫

sugarcane shoot borer 1. [= yellow top borer, shoot borer, sugarcane stem borer, millet borer, early shoot borer, gela top borer, gele top borer, yellow sugarcane borer, *Chilo infuscatellus* Snellen] 粟灰螟，二点螟，甘蔗二点螟，谷子钻心虫；2. [= sugarcane gray borer, grey stalk borer, white borer, white stem borer, white sugarcane borer, grey stem borer, grey sugarcane borer, *Tetramoera schistaceana* (Snellen)] 甘蔗小卷蛾，甘蔗黄螟，甘蔗小卷叶螟，蔗灰小卷蛾，蔗灰小蛾，黄螟

sugarcane shot-hole borer [= oak ambrosia beetle, *Xyleborus affinis* Eichhoff] 橡胶材小蠹

sugarcane stalk borer 1. [= gold-fringed rice stemborer, gold-fringed borer, stalk borer, Taiwan rice stem borer, *Chilo auricilius* Dudgeon] 台湾稻螟，台湾禾草螟，亚洲稻螟蛾；2. [= spotted borer, spotted sugarcane borer, cane moth borer, internodal borer, mauritius spotted cane borer, paddy stem borer, stalk moth borer, striped stalk borer, sugarcane internode borer, sugarcane stalk borer, *Chilo sacchariphagus* (Bojer)] 高粱条螟，蔗禾草螟，甘蔗条螟，高粱钻心虫，蔗条螟，蔗蛀点螟，斑点螟，甘蔗条螟虫，亚洲斑点茎螟；3. [= sugarcane borer, sugarcane moth, sugarcane moth borer, sugarcane borer moth, small sugarcane borer, American sugarcane borer, small moth borer, small sugarcane moth borer, *Diatraea saccharalis* (Fabricius)] 小蔗杆草螟，蔗螟，小蔗螟

sugarcane stem borer 1. [= spotted borer, spotted sugarcane borer, cane moth borer, internodal borer, mauritius spotted cane borer, paddy stem borer, stalk moth borer, striped stalk borer, sugarcane internode borer, sugarcane stalk borer, *Chilo sacchariphagus* (Bojer)] 高粱条螟，蔗禾草螟，甘蔗条螟，高粱钻心虫，蔗条螟，蔗蛀点螟，斑点螟，甘蔗条螟虫，亚洲斑点茎螟；2. [= yellow top borer, shoot borer, sugarcane shoot borer, millet borer, early shoot borer, gela top borer, gele top borer, yellow sugarcane borer, *Chilo infuscatellus* Snellen] 粟灰螟，二点螟，甘蔗二点螟，谷子钻心虫

sugarcane stem maggot [*Atherigona boninensis* Snyder] 小笠原芒蝇，甘蔗芒蝇

sugarcane thrips 1. [*Stenchaetothrips minutus* (van Deventer)] 蔗直鬃蓟马，蔗小蓟马，无针蓟马，蔗蓟马；2. [= cane thrips, *Fulmekiola serrata* (Kobus)] 蔗腹齿蓟马，蔗褐蓟马，锯蓟马，甘蔗蓟马

sugarcane tip borer [= white top borer, white sugarcane borer, white sugarcane top borer, sugarcane top borer, sugarcane top moth borer, sugarcane stem borer, top-shoot borer, scirpus pyralid, *Scirpophaga excerptalis* Walker] 红尾白禾螟，蔗草白禾螟，蔗草野螟，甘蔗红尾白螟，白螟

S

sugarcane top borer 1. [= top borer, white rice borer, white top borer, rice white borer, yellow-tipped pyralid, yellow-tipped white sugarcane borer, *Scirpophaga nivella* (Fabricius)] 黄尾白禾螟，甘蔗白禾螟，蔗白螟，橙尾白禾螟；2. [= white top borer, white sugarcane borer, white sugarcane top borer, sugarcane tip borer, sugarcane top moth borer, sugarcane stem borer, top-shoot borer, scirpus pyralid, *Scirpophaga excerptalis* Walker] 红尾白禾螟，蔗草白禾螟，蔗草野螟，甘蔗红尾白螟，白螟

sugarcane top moth borer 见 sugarcane tip borer

sugarcane weevil [= New Guinea sugarcane weevil, New Guinea cane weevil borer, Hawaiian sugarcane borer, cane weevil borer, *Rhabdoscelus obscurus* (Boisduval)] 新几内亚甘蔗象甲，新几内亚蔗象甲，新几内亚甘蔗象，暗棒象甲，夏威夷蔗象甲，暗棒甲

sugarcane white grub 1. [*Cochliotis melolonthoides* (Gerstaecker)] 蔗根鳃金龟甲；2. [*Lepidiota stigma* (Fabricius)] 痣鳞鳃金龟甲，痣鳞鳃金龟

sugarcane whitefly [*Aleurolobus barodensis* (Maskell)] 蔗三叶粉虱，蔗裂粉虱，甘蔗穴粉虱，甘蔗粉虱，甘蔗裂粉虱

sugarcane wireworm [*Melanotus tamsuyensis* Bates] 蔗梳爪叩甲，根梳爪叩甲

sugarcane woolly aphid 见 sugarcane cottony aphid

sugi bark midge [= cryptomeria bark midge, sugi pitch midge, *Resseliella odai* Inouye] 柳杉雷瘿蚊，柳杉瘿蚊

sugi needle gall midge [= cryptomeria needle gall midge, Japanese cedar gall midge, cedar gall midge, *Contarinia inouyei* Mani] 柳杉浆瘿蚊，柳杉康瘿蚊

sugi pitch midge 见 sugi bark midge

sugi torymid [= Japanese cedar seed chalcid，cryptomeria torymid, *Megastigmus cryptomeriae* Yano] 柳杉大痣小蜂，柳杉籽长尾小蜂

sugi tussock moth [= cedar tussock moth, Japanese cedar tussock moth, *Calliteara argentata* (Butler)] 柳杉丽毒蛾，柳杉茸毒蛾，松毒蛾，马尾松毒蛾，柳杉毒蛾，松毒毛虫

Sugia 阴俚夜蛾属，酥夜蛾属

Sugia erastroides (Draudt) 伴阴俚夜蛾，伴流夜蛾，埃流夜蛾

Sugia idiostygia (Sugi) 苏阴俚夜蛾，苏俚夜蛾

Sugia rufa Ueda 红阴俚夜蛾，红酥夜蛾，红杉夜蛾

Sugia stygia (Butler) [roce false looper] 稻阴俚夜蛾，阴俚夜蛾，阴酥夜蛾，酥夜蛾，稻条纹螟蛉，条纹螟蛉，双星小夜蛾，淡白斑小夜蛾

Sugitania 温冬夜蛾属

Sugitania alarai Sugi 阿奇温冬夜蛾

Sugitania chengshinglini Owada *et* Tzuoo 林氏温冬夜蛾，林氏温夜蛾，陈温冬夜蛾

Sugitania clara Sugi 珂温冬夜蛾

Sugitania lepida (Butler) [camellia flower moth] 温冬夜蛾，山茶花夜蛾

Sugitania uenoi Owada 上野温冬夜蛾，上野温夜蛾

Sugitania uenoi sinovietnamica Owada *et* Wang 上野温冬夜蛾中国亚种，上野温冬夜蛾

Sugitania uenoi uenoi Owada 上野温冬夜蛾指名亚种

Sugiyamamyia 吸麻蝇属

Sugiyamamyia fenchihuensis (Sugiyama) 奋起湖吸麻蝇，奋起湖麻蝇，奋起肉蝇，奋起湖珐麻蝇

Sugiyamamyia tsengi (Sugiyama) 曾氏吸麻蝇，曾氏麻蝇，曾氏肉蝇，曾珐麻蝇

Suhpalacsa formosana Okamoto 见 *Maezous formosanus*

Suhpalacsa fumiala Wang *et* Sun 见 *Maezous fumialus*

Suhpalacsa fuscimarginata Wang *et* Sun 见 *Maezous fuscimarginatus*

Suhpalacsa hainana Yang 同 *Suphalomitus excavatus*

Suhpalacsa jianfanglingana (Yang *et* Wang) 见 *Maezous jianfanglinganus*

Suhpalacsa longialata Yang 同 *Maezous umbrosus*

Suhpalacsa umbrosa Esben-Petersen 见 *Maezous umbrosus*

Suillia 舒日蝇属，宽额日蝇属

Suillia incognita Woźnica 舒日蝇

Suillia nigripes Czerny 黑舒日蝇，黑宽额日蝇

Suillia prima Hendel 原舒日蝇，始宽额日蝇，原始阳蝇

Suillia taiwanensis Okadome 台湾舒日蝇，台宽额日蝇，台湾阳蝇

Suillia takasagoensis Okadome 高山舒日蝇，高山宽额日蝇，高山阳蝇

Suillia takasagomontana Okadome 高砂舒日蝇，高砂宽额日蝇

Suillia uenoi Okadome 上野舒日蝇，上野宽额日蝇，上野阳蝇

Suillia umbrinervis Czerny 暗舒日蝇，暗脉宽额日蝇

Suilliinae 舒日蝇亚科，宽额日蝇亚科 < 此亚科学名有误写为 Suillinae（沟茎飞虱属）者 >

Suilliini 舒日蝇族

Suinzona 梭形叶甲属

Suinzona belousovi (Lopatin) 比氏梭形叶甲

Suinzona bergeali Daccordi *et* Ge 般若梭形叶甲

Suinzona bienkowskii Daccordi *et* Ge 毕扬梭形叶甲

Suinzona cheni Daccordi *et* Yang 陈氏梭形叶甲

Suinzona cuiae Ge *et* Daccordi 崔氏梭形叶甲

Suinzona faldermanni Daccordi *et* Yang 付德曼梭形叶甲

Suinzona gebleri Ge *et* Daccordi 葛布里梭形叶甲

Suinzona jacobsoni Daccordi *et* Ge 嘉氏梭形叶甲

Suinzona konstantinovi Daccordi *et* Ge 康氏梭形叶甲

Suinzona laboissierei Chen 莱氏梭形叶甲，四川波叶甲

Suinzona lopatini Daccordi *et* Ge 娄氏梭形叶甲

Suinzona medvedevi Daccordi *et* Ge 麦氏梭形叶甲

Suinzona menetriesi Daccordi *et* Ge 筒茎梭形叶甲

Suinzona mikhailovi Ge *et* Daccordi 米氏梭形叶甲

Suinzona monticola Chen 高山梭形叶甲，山波叶甲

Suinzona motschulskyi Daccordi *et* Ge 光亮梭形叶甲

Suinzona ogloblini Daccordi *et* Ge 丝光梭形叶甲

Suinzona pallasi Ge *et* Daccordi 长角梭形叶甲

Suinzona parva (Lopatin) 乱点梭形叶甲

Suinzona potanini (Lopatin) 粗点梭形叶甲

Suinzona wangi (Lopatin) 王氏梭形叶甲

Suinzona yangi (Lopatin) 杨氏梭形叶甲

Suinzona yunnana (Lopatin) 云南梭形叶甲

Suisha 毛螗蛄属

Suisha coreana (Matsumura) 朝鲜毛螗蛄，毛螗蛄

Suisha formosana (Kôno) 台湾毛螗蛄，长毛螗蛄

suitable habitat 适生区

suitable humidity 适湿

suitable temperature 适温

Sujitettix ferrugineus Matsumura 见 *Apheliona ferruginea*

SujuNPV [*Sucra jujuba nucleopolyhedrovirus* 的缩写] 枣尺蠖核

S

型多角体病毒
suk playboy [*Deudorix suk* Stempffer] 苏克玳灰蝶
Sukidion 淑女灰蝶属
Sukidion inores (Hewitson) 淑女灰蝶
Sukunahikona bicolor Kamiya 见 *Scymnomorphus bicolor*
Sukunahikona japonica Kamiya 见 *Scymnomorphus japonica*
Sukunahikonini 展唇瓢虫族
Sulawesi blue triangle [*Graphium monticolus* Fruhstorfer] 山地青凤蝶
Sulawesi gull [*Cepora eperia* Boisduval] 山地园粉蝶
Sulawesifulvius 苏盲蝽属
Sulawesifulvius yinggelingensis Mu *et* Liu 鹦苏盲蝽
sulcate [= sulcated, sulcatus] 具深沟的
sulcated 见 sulcate
sulcatol 食菌甲诱醇
sulcatus 见 sulcate
sulci [s. sulcus] 沟
Sulcicnephia 畦克蚋属
Sulcicnephia brevineckoi Wen, Ma *et* Chen 短领畦克蚋，短颈畦克蚋
Sulcicnephia flavipes (Chen) 黄足畦克蚋，黄足刮蚋
Sulcicnephia jeholensis (Takahasi) 褐足畦克蚋，褐足克蚋，河北克蚋，内蒙奈蚋
Sulcicnephia jingpengensis (Chen) 经棚畦克蚋，荆棚畦克蚋，经棚刮蚋
Sulcicnephia kirjanovae Rubtsov 见 *Metacnephia kirjanovae*
Sulcicnephia ovtshinnikovi Rubtsov 奥氏畦克蚋
Sulcicnephia undecimata (Rubtsov) 十一畦克蚋，十一斑克蚋，新疆克蚋
Sulcicnephia vigintistriatum Yang *et* Chen 二十畦克蚋
sulciform 沟状的
Sulcignathos 沟唇阎甲亚属
Sulcobruchus 沟股豆象甲属，沟股豆象属
Sulcobruchus discus Zhang *et* Liu 腹镜沟股豆象甲，腹镜沟股豆象
Sulcobruchus sauteri (Pic) 沼氏沟股豆象甲，索氏豆象，索氏拟沟股豆象
Sulcophanaeus 突蜣螂属
Sulcophanaeus imperator (Chevrolat) 帝王突蜣螂
Sulcophanaeus imperator imperator (Chevrolat) 帝王突蜣螂指名亚种
Sulcophanaeus imperator obscurus Arnaud 帝王突蜣螂暗色亚种
Sulcotropis cyanipes Yin *et* Chou 同 *Haplotropis brunneriana*
Šulc's mealybug [*Heliococcus sulcii* Goux] 苏氏星粉蚧
Sulculus 沟鲍螺亚属 < 曾有飞虱科的次同名，后者现称 *Mahmutkashgaria*（沟茎飞虱属）>
Sulculus liboensis Chen 见 *Mahmutkashgaria liboensis*
Sulculus sulcatus Ding 见 *Mahmutkashgaria sulcatus*
sulcus [pl. sulci] 沟
sulfatase 硫酸酯酶
sulfatide 硫酸脑苷脂，硫酸脂，脑硫脂
sulfonamide 磺胺
sulfonic acid 磺酸
sulfoxaflor 氟啶虫胺腈
sulfoximine 亚砜亚胺
sulfur [= sulphur] 黄粉蝶 < 黄粉蝶亚科 Coliadinae 昆虫的通称 >
Sulkowsky's morpho [*Morpho sulkowskyi* Kollar] 夜光闪蝶，苏氏闪蝶
sullied mellana [*Quasimellana balsa* (Bell)] 轻木准弄蝶
sullied sailer [*Neptis soma* Moore] 娑环蛱蝶
sullied saliana [= salius saliana, *Saliana salius* (Cramer)] 颂弄蝶
Sulphogaeana 硫黄蝉属
Sulphogaeana dolicha Lei 长硫黄蝉
Sulphogaeana sulphurea (Hope) 硫黄蝉
Sulphogaeana vestita (Distant) 衣硫黄蝉
sulphur 见 sulfur
sulphur dotted border [*Mylothris sulphurea* (Aurivillius)] 黄缘迷粉蝶
sulphur metalmark [*Baeotis sulphurea* (Felder)] 硫黄苞蚬蝶
sulphur orange tip [= yellow orange tip, *Colotis auxo* (Lucas)] 黄角珂粉蝶
sulphur pigmy [*Baeotis macularia* (Boisduval)] 斑苞蚬蝶
sulphur slender moth [*Povolnya leucapennella* (Stephens)] 栎珀丽细蛾，栎硫丽细蛾，栎硫花细蛾
sulphur yellow 硫黄色
sulphureous [= sulphureus] 硫黄色的
sulphureus 见 sulphureous
sultan [= giant forest skimmer, *Camacinia gigantea* (Brauer)] 亚洲巨蜻，大喀蜻
Sulzer's lady slipper [*Pierella lamia* (Sulzer)] 女妖柔眼蝶
sumac datana [= spotted datana, *Datana perspicua* Grote *et* Robinson] 显配片舟蛾
sumac gall aphid [= staghorn sumac aphid, *Melaphis rhois* (Fitch)] 北美棓蚜，北美五倍子蚜
sumac stem borer [*Oberea ocellata* Haldeman] 漆树筒天牛
Sumalia 肃蛱蝶属
Sumalia agneya (Doherty) 雅肃蛱蝶
Sumalia chilo Grose-Smith 朝肃蛱蝶
Sumalia daraxa (Doubleday) [green commodore] 肃蛱蝶
Sumalia daraxa daraxa (Doubleday) 肃蛱蝶指名亚种，指名肃蛱蝶
Sumalia zulema (Doubleday *et* Hewitson) [scarce white commodore] 竹肃蛱蝶
Sumangala 素袖蜡蝉属
Sumangala furcata Zelazny 二突素袖蜡蝉
Sumangala hopponis (Matsumura) 同 *Sumangala sufflava*
Sumangala josephinae Zelazny 约瑟芬素袖蜡蝉，黄褐苏袖蜡蝉
Sumangala sufflava (Muir) 大斑素袖蜡蝉
Sumatran bob [*Arnetta verones* (Hewitson)] 苏门突须弄蝶，苏门答腊突须弄蝶
Sumatran chocolate tiger [*Parantica tityoides* (Hagen)] 苏门答腊绢斑蝶，直纹绢斑蝶
Sumatria 苏彩蝇属
Sumatria chiekoae Kurahashi *et* Tumrasvin 因他苏彩蝇，千枝子苏彩蝇
Sumatria flava (Villeneuve) 黄苏彩蝇，黄色海鼻蝇，黄阿里彩蝇
Sumatria vittata (Peris) 三条苏彩蝇，三条阿里彩蝇
Sumatrothrips 苏门管蓟马属
Sumatrothrips filiceps Priesner 苏门管蓟马，苏门答腊管蓟马
Sumbawa tiger [*Parantica philo* (Grose-Smith)] 大松巴哇绢斑蝶

sumithion 杀螟松
summandosa satyr [*Pareuptychia summandosa* (Gosse)] 苏帕眼蝶
summation of temperature 温度总和，积温
summer-autumn rearing 夏秋蚕
summer azure [*Celastrina neglecta* (Edwards)] 夏琉璃灰蝶
summer cabbage fly [= turnip root fly, *Delia floralis* (Fallén)] 萝卜地种蝇，萝卜蝇，白菜蝇
summer chafer [= European June beetle, June beetle, *Amphimallon solstitiale* (Linnaeus)] 马铃薯双绺鳃金龟甲，马铃薯鳃金龟甲，六月金龟子，六月金龟
summer cocoon 夏茧
summer fruit tortrix 1. [= smaller tea tortrix, *Adoxophyes honmai* Yasuda] 棉褐带卷蛾；2. [= smaller tea tortrix, apple peel tortrix, citrus leaf-roller, smaller apple leafroller, *Adoxophyes orana* (Fischer von Röslerstamm)] 苹褐带卷蛾，棉褐带卷蛾，苹小卷叶蛾，苹卷蛾，棉卷蛾，茶小卷叶蛾，茶小卷蛾，拟小黄卷蛾，橘小褐带卷蛾，橘小黄卷蛾，橘小黄卷叶蛾
summer rearing 夏蚕饲养
summer rearing season 夏蚕期
summer shoot moth [= Elgin shoot moth, double shoot moth, pine tip moth, pine shoot moth, reddish-winged tip moth, red-tipped eucosmid, *Rhyacionia duplana* (Hübner)] 夏梢小卷蛾，松红端小卷蛾，松红端小卷叶蛾
summer silkworm 夏蚕
summer stagnation 夏季停滞期
Sumnius 粒眼瓢虫属
Sumnius babai Sasaji 斜角粒眼瓢虫
Sumnius brunneus Jing 红褐粒眼瓢虫
Sumnius cardoni Weise 柄斑粒眼瓢虫
Sumnius nigrofuscus Jing 黑褐粒眼瓢虫
Sumnius petiolimaculatus Jing 小柄斑粒眼瓢虫
Sumnius vestitus (Mulsant) 二斑粒眼瓢虫
Sumnius yunnanus Mader 云南粒眼瓢虫
Sumpigaster 瘦腹寄蝇属
Sumpigaster equatorialis (Townsend) 赤道瘦腹寄蝇
Sumpigaster subcompressa (Walker) 亚扁瘦腹寄蝇
Sumpigaster sumatrensis Townsend 苏门瘦腹寄蝇，苏瘦腹寄蝇
sun-and-moon metalmark [= gigas metalmark, *Pachythone gigas* (Godman *et* Salvin)] 巨宝蚬蝶
sun beetle 沟步甲 < 沟步甲属 *Amara* 昆虫的通称 >
sun fly 1. [= heleomyzid fly, heleomyzid] 日蝇 < 日蝇科 Heleomyzidae 昆虫的通称 >；2. 日光蜂
sun moth 1. [= heliodinid moth, heliodinid] 展足蛾，举肢蛾 < 展足蛾科 Heliodinidae 昆虫的通称 >；2. [= castniid moth, butterfly-moth, castniid] 蝶蛾 < 蝶蛾科 Castniidae 昆虫的通称 >
sunburst diving beetle [= spotted diving beetle, marbled diving beetle, *Thermonectus marmoratus* (Gray)] 多斑温龙虱
sunburst satyr [*Pedaliodes hopfferi* Staudinger] 橙带鄱眼蝶
Sunda Subregion 巽他亚区
Sundaresta 森达实蝇属
Sundaresta hilaris Hering 希尔森达实蝇
sunflower bee [= sunflower long-horned bee, oblique sunflower longhorn, *Svastra obliqua* (Say)] 向日葵斯长角蜜蜂
sunflower beetle [*Zygogramma exclamationis* (Fabricius)] 向日葵叶甲
sunflower long-horned bee 见 sunflower bee
sunflower maggot [*Strauzia longipennis* (Wiedemann)] 向日葵斯实蝇，向日葵实蝇
sunflower moth [= American sunflower moth, *Homoeosoma electellum* (Hulst)] 向日葵同斑螟，向日葵斑螟，向日葵螟，葵螟，美洲葵螟
sunflower patch [= bordered patch, *Chlosyne lacinia* (Geyer)] 带巢蛱蝶
sunflower seed midge [*Neolasioptera murtfeldtiana* Felt] 向日葵新毛瘿蚊，向日葵籽瘿蚊
sunflower spittlebug [*Clastoptera xanthocephala* Germar] 葵长胸沫蝉，向日葵沫蝉
Suniana 隼弄蝶属
Suniana lascivia (Rosenstock) [dark grass-dart] 暗隼弄蝶，隼弄蝶
Suniana marnas Felder 见 *Arrhenes marnas*
Suniana sunias (Felder) [wide-brand grass-dart] 亮隼弄蝶
Sunius 常跗隐翅甲属，逊隐翅虫属
Sunius debilicornis (Wollaston) 弱常跗隐翅甲，弱逊隐翅虫
Sunius furcillatus Assing 暗棕常跗隐翅甲
Sunius sinoseptentrionalis Jacot 见 *Astenus sinoseptentrionalis*
Sunius turgescens Assing 暗黑常跗隐翅甲
sunken cocoon 沉茧 < 家蚕的 >
sunken cooking method 沉缫煮茧法 < 养蚕的 >
sunn pest [= corn bug, *Eurygaster integriceps* Puton] 麦扁盾蝽
Sunotettigarcta 孙氏螽蝉属
Sunotettigarcta hirsuta Li, Wang *et* Ren 覆毛孙氏螽蝉
sunrise skipper [*Adopaeoides prittwitzi* (Plötz)] 射晖弄蝶
sunset daggerwing [= glossy daggerwing, northern segregate, *Marpesia furcula* (Fabricius)] 火纹凤蛱蝶
sunset morpho [*Morpho hecuba* (Linnaeus)] 太阳闪蝶
sunset moth 燕蛾，金燕蛾，日落蛾 < 燕蛾属 *Chrysiridia* 昆虫的通称 >
Supella 带蠊属，皮蠊属
Supella longipalpa (Fabricius) [brown-banded cockroach] 长须带蠊，长须蜚蠊，长须皮蠊
Supella supellectilium (Serville) [brown-banded cockroach] 棕带蠊，褐带蜚蠊，台湾带蠊
super antigen 超抗原
super-termite [= Formosan subterranean termite, Formosan super termite, Formosan termite, oriental soil-nesting termite, oriental subterranean termite, *Coptotermes formosanus* Shiraki] 台湾乳白蚁，台湾家白蚁，家白蚁，家屋白蚁
superb cycadian [= great cycadian, *Eumaeus childrenae* (Gray)] 黄斑美灰蝶
superb leafwing [= nessus leafwing, *Memphis nessus* Latreille] 双带尖蛱蝶
superb mealybug [*Puto superbus* (Leonardi)] 多食泡粉蚧，多食麻粉蚧
superb numberwing [= excelsior eighty-eight, *Callicore excelsior* (Hewitson)] 六字图蛱蝶
superb plant bug [*Adelphocoris superbus* (Uhler)] 丽苜蓿盲蝽，丽盲蝽
superb white charaxes [*Charaxes superbus* Schultze] 雅螯蛱蝶
Superbotrechus 帅穴步甲属
Superbotrechus bennetti Deuve *et* Tian 班氏帅穴步甲

supercilia [s. supercilium] 1. 眉状线 < 指位于眼点或单眼上方的眉状弧线 >；2. 眼上毛 < 指位于复眼上缘上方的刚毛 >
Superciliarinae 眉瓢蜡蝉亚科
Superciliaris 眉瓢蜡蝉属
Superciliaris diaoluoshanis Meng, Qin *et* Wang 吊罗山眉瓢蜡蝉
Superciliaris reticulatus Meng, Qin *et* Wang 眉瓢蜡蝉
superciliary 眼上的
supercilium [pl. supercilia] 1. 眉状线；2. 眼上毛
superclass 总纲
supercontraction 超收缩 < 肌肉的 >
supercooling 过冷却
supercooling ability [= supercooling capability] 过冷却能力
supercooling capability 见 supercooling ability
supercooling point [abb. SCP] 过冷却点，临界点，临界温度
supercrescence 寄生现象
superfamily 总科
superficial cleavage 表面卵裂
superficial germ band 表胚带 < 指胚胎中始终保持在腹面位置的胚带 >
superficies 表面
superficies externa 外表面
superficies inferia 下表面
superficies interna 内表面
supergenus 总属
Supericornia 上角类 < 指半翅目昆虫中触角着生在头侧上部的，如缘蝽科 Coreidae，为下角类 Infericornia 之对义词 >
superimposed eggs 重叠卵
superimposition method 叠印法
superinfection 重复感染，重复传染，重复侵染，超侵染
superior 上肛附器 < 见于蜻蜓目昆虫中 >
superior anal appendage [= supranal appendage] 臀上附肢
superior antenna 上触角 < 触角之着生于头部的上部的，如一般触角 >
superior lobe 上叶
superior orbit 上眼眶 < 同顶眶 (vertical orbit)>
superior pleurotergite 上侧背片
superlingua [pl. superlinguae] 舌上叶
superlinguae [s. superlingua] 舌上叶
superlingual segment 舌上叶节 < 为部分学者所认为的组成头部的体节之一 >
supernatant 1. [= supernatant fluid] 上清液；2. 上清液的
supernatant fluid [= supernatant] 上清液
supernumerary 增加的
supernumerary cell 加翅室 < 指由额外的横脉所形成的增加翅室，如在网翅虻科 Nemestrinidae、蜂虻科 Bombyliidae 等中 >
supernumerary crossvein 加横脉
supernumerary larva 超龄幼虫
supernumerary segment 加节 < 特指瘿蚊科 Cecidomyidae 昆虫头部与前胸节间的一节 >
superorder 总目
superorganism 超个体
superorganistic structure 超个体结构
superoxide dismutase [abb. SOD] 超氧化物歧化酶
superparasite 复寄生物
superparasitism [= polyparasitism] [n.] 超寄生，多寄生，复寄生
superparasitization 超寄生，过寄生
superparasitize [v.] 超寄生，多寄生，复寄生
superparasitized 被超寄生的，被多寄生的，被复寄生的
superposed 重叠的
superposition eye 重叠眼，重叠像眼
superposition image 重叠像
supersecretion 分泌过多
Supersypnoides 高析夜蛾亚属
supertriangle 上三角室 < 见于蜻蜓目昆虫中 >
supertribe 总族
Superturmaspis 崇化盾蚧属
Superturmaspis schizosoma (Takagi) 楠崇化盾蚧
supervised control 监督防治法
superworm [= zophobas, king worm, morio worm, giant mealworm, *Zophobas atratus* (Fabricius)] 大麦甲，大麦虫，麦皮虫，大黑甲
Suphalacsini 逆蝶角蛉族
Suphalomitus 苏蝶角蛉属，丝蝶角蛉属，逆蝶角蛉属
Suphalomitus excavatus Yang 凹腰苏蝶角蛉，凹腰丝蝶角蛉，凹腰蝶角蛉
Suphalomitus formosanus Esben-Petersen 台湾苏蝶角蛉，台湾丝蝶角蛉，台湾蝶角蛉，台蝶角蛉
Suphalomitus lutemaculatus Yang 黄斑苏蝶角蛉，黄斑丝蝶角蛉，黄斑蝶角蛉
Suphalomitus nigrilabiatus Yang 黑唇苏蝶角蛉，黑唇丝蝶角蛉，黑唇蝶角蛉
Suphalomitus rufimaculatus Yang 红斑苏蝶角蛉，红斑丝蝶角蛉，红斑蝶角蛉
Suphalomitus umbrosus (Esben-Petersen) 见 *Maezous umbrosus*
supine surface 上表面
supplement 补脉 < 指蜻蜓翅上的偶生脉 >
supplemental anal loop 加臀套 < 即在蜓科 Aeschnidae 若干属中的第二臀套 >
supplemental incubation 补催青 < 家蚕的 >
supplementary feeding 1. 补充取食；2. 补给桑 < 家蚕的 >
supplementary media 加中脉 < 指蜻蜓目昆虫翅中，在 M_3 及 M_4 与 Cu_1 之间的增加翅脉 >
supplementary nutrition 补充营养
supplementary scale 补鳞 < 或同 intercalary plate>
supplementary sector 加分脉 < 同间脉 interposed sector>
supplementary type 补充模式标本 < 指用以补充或纠正原记述模式标本的标本，包括新模标本、图模标本、近模标本等 >
supporting projection 支撑突 < 蝽类臭腺的 >
suppression 抑制
suppressor [= suppressor gene] 抑制基因；校正基因
suppressor gene 见 suppressor
Supputius 肃蝽属
Supputius cincticeps (Stål) 纹头肃蝽
supr. cit. [supra citato 的缩写] 引证于前
supra citato [abb. supr. cit.] 引证于前
supra-oesophageal ganglion 食道上神经节，脑
supra-optimal temperature 超适温
supraalar 1. 翅上的；2. 翅上鬃
supraalar bristle 翅上鬃 < 见于双翅目昆虫胸部背面翅根上的鬃 >
supraalar cavity [= supraalar groove, supraalar depression] 翅上沟

S

supraalar depression 见 supraalar cavity
supraalar groove 见 supraalar cavity
supraanal [= suranal] 肛上的
supraanal appendage 臀上附器 < 在蜻蜓中，由第十腹节背板发生的一对附器 >
supraanal hook [= uncus] 钩形突 < 见于鳞翅目雄性外生殖器中 >
supraanal membrane 肛上膜 < 同肛上垫 (supraanal pad)>
supraanal pad 肛上垫 < 指退化的肛上板 (epiproct)>
supraanal plate [= anal operculum, lamina analis, lamina supraanalis, supranalis, preanal lamina, supra anal plate, podex] 肛上板
suprabrustia 中上颚毛域 < 指沿上颚正中缘的上颚毛域 (brustia)>
supracerebral gland 脑上唾腺，脑上涎腺 < 指蜜蜂类中位于脑上方的一对唾腺 >
supraclypeal area 唇基上区 < 指膜翅目昆虫头部在触角窝、唇基及额脊间的区域 >
supraclypeus [= postclypeus, nasus] 后唇基
supracoxal 基节上的
supracoxal fold 基节上褶
supracoxal gland 基节上腺
supracoxal seta 基节上毛
supraepimeron 上后侧片 < 指后侧片的上片；同 anepimeron；在鞘翅目中，同翅下后片 (postparapterum)>
supraepisternum 上前侧片 < 指前侧片的上片；同 anepisternum>
supraesophageal organ 食道上器官
supralittoral 岸上的
supranalis 见 supraanal plate
supraneural bridge 神经上桥 < 指蜜蜂中并合的内腹片 >
supraoesophageal 食道上的
supraoesophageal ganglion[= brain, cerebroidae, cerebrum, hyperpharyngeal ganglion, suprapharyngeal ganglion,cerebral ganglion] 脑，脑神经节，咽上神经节
supraorbital 眼上的
suprapedal 足上的
suprapharyngeal ganglion 见 supraoesophageal ganglion
suprascutella 后小盾片 < 即膜翅目分类学家所指的 postscutellum>
supraspinal 1. 刺突上的；2. 神经索上的
supraspinal cord 神经上索 < 在鳞翅目昆虫位于腹部的腹神经索上方的一条纵索；或同 ventral heart>
supraspinal vessel [= pericardial sinus] 围心窦
supraspiracular line [= suprastigmatal line] 气门上线
suprastigmatal line 见 supraspiracular line
suprastomodaeal 1. 口道上的；2. 前肠上的
supratentoria [s. supratentorium] 幕骨背臂
supratentorium [pl. supratentoria] 幕骨背臂
supratriangular crossvein 上三角室横脉 < 见于蜻蜓目中 >
supratriangular space [= hypertrigonal space] 上三角室 < 见于蜻蜓目差翅亚目中 >
supratympanal organ [= subgenual organ] 膝下器，鼓膜上器
supraventral line 上腹线
Suracarta 幼枝沫蝉属
Suracarta tricolor (Peletier *et* Serville) 三色幼枝沫蝉
Suragina 平颊伪鹬虻属
Suragina bimaculata Yang, Dong *et* Zhang 双斑平颊伪鹬虻
Suragina brevis Yang, Dong *et* Zhang 短斑平颊伪鹬虻
Suragina flavifemur Yang, Dong *et* Zhang 黄腿平颊伪鹬虻
Suragina flaviscutellum Yang *et* Nagatomi 黄盾平颊伪鹬虻
Suragina fujianensis Yang *et* Yang 福建平颊伪鹬虻
Suragina guangxiensis Yang *et* Nagatomi 广西平颊伪鹬虻
Suragina jinxiuensis Yang, Dong *et* Zhang 金秀平颊伪鹬虻
Suragina nigriscutellum Yang, Dong *et* Zhang 黑盾平颊伪鹬虻
Suragina shii Yang, Dong *et* Zhang 史氏平颊伪鹬虻
Suragina sinensis Yang *et* Nagatomi 中华平颊伪鹬虻
Suragina yonganensis Yang, Dong *et* Zhang 永安平颊伪鹬虻
Suragina yunnanensis Yang *et* Nagatomi 云南平颊伪鹬虻
Suraka silk moth [= Madagascar bullseye moth, Madagascan emperor, *Antherina suraka* (Boisduval)] 马鹄目大蚕蛾
suranal 见 supraanal
suranal fork [= suranal furcula, furcula supraanalis] 肛上叉 < 指蝗虫肛上板基部的构造 >
suranal furcula 见 suranal fork
suranal plate [= anal plate, epiproct] 臀板，肛上板 < 在鳞翅目幼虫中，同肛上片 (supraanal tergite)>
suranal process [= postcornua] 肛上突 < 指肛门背面的骨化突起 >
Surattha albistigma Wileman *et* South 见 *Prionapteryx albistigma*
Surattha indentella Kearfott 见 *Prionapteryx indentella*
Surcaudaphis supercauda Zhang, Chen, Zhong *et* Li 同 *Tuberocephalus misakurae*
Surendra 酥灰蝶属
Surendra florimel Doherty 花酥灰蝶
Surendra quercetorum (Moore) [common acacia blue] 常酥灰蝶，指名酥灰蝶
Surendra quercetorum biplagiata Butler [Dakhan common acacia blue] 常酥灰蝶达汗亚种
Surendra quercetorum latimargo Moore [Andaman common acacia blue] 常酥灰蝶安岛亚种
Surendra quercetorum quercetorum (Moore) 常酥灰蝶指名亚种
Surendra vivarna (Horsfield) [acacia blue] 酥灰蝶
Surendra vivarna quercetorum (Moore) 见 *Surendra quercetorum*
surf fly [= canacid, canacid fly, canaceid fly, beach fly, canaceid, surge fly] 滨蝇，包蝇 < 滨蝇科 Canaceidae 昆虫的通称 >
surface active agent 表面活性剂
surface activity 表面活性
surface swimmer 豉甲
surface tension instrument mensuration 表面张力仪测定法
surfactant 表面活性剂，表面活性物质
surfactive substance 表面活性物质
surge fly 见 surf fly
Surijokocixiidae 苏菱蜡蝉科
Surijokocixioidea 苏菱蜡蝉总科
Surijokocixius 苏菱蜡蝉属
Surijokocixius tomiensis Becker-Migdisova 托米苏菱蜡蝉
Surinam angle-wing katydid [*Microcentrum surinamense* Piza] 拉美角翅螽
Surinam cockroach [= greenhouse cockroach, black field cockroach, *Pycnoscelus surinamensis* (Linnaeus)] 苏里南蔗蠊，蔗蠊，蔗绿蜚蠊，苏里南潜蠊
Surinam lantern fly [= lantern fly, peanut bug, peanut-headed lanternfly, alligator bug, *Fulgora laternaria* (Linnaeus)] 提灯蜡蝉，南美提灯虫，花生头龙眼鸡

S

Surinam long-horned grasshopper [= longhorned green pasture grasshopper, Caribbean meadow katydid, *Conocephalus cinereus* Thunberg] 苏里南草螽，苏里南螽斯
Surinamellini 苏齿爪盲蝽族
surinamina N– 甲基酪氨酸
Suroifui hairstreak [*Teratozephyrus doni* (Tytler)] 多铁灰蝶
surpedal lobe 足基叶 < 为腹足基部的一分叶或一个区域；在锯蜂幼虫中称为后上侧片 (postepipleurite)>
surprise blue [*Cyclargus sorpresus* Johnson *et* Matusik] 琐凯灰蝶
surstyli [s. surstylus] 背针突 < 为第九腹节背板的成对附器 >
surstylus [pl. surstyli] 背针突
sursum 向上的
survival 生存者，存活的
survival curve 存活曲线
survival potential 生存潜能
survival rate 存活率
surviving silkworm 成活蚕
survivorship 生存
survivorship bias 生存偏差
survivorship curve 生存曲线，存活曲线
Susan's branded skipper [*Hesperia colorado susanae* Miller] 尖角橙翅弄蝶苏珊亚种
Susan's copper [*Aloeides susanae* Tite *et* Dickson] 素衫乐灰蝶
Susana cupressi Rohwer *et* Middleton [cypress sawfly] 柏叶蜂
susceptibility 1. 感染性，易感染；2. 敏感性
susceptible 易感病的，易受感染的
susceptible population 敏感种群
susceptible strain 敏感品系
susceptivity 敏感性
susceptivity baseline [= baseline sensitivity, baseline susceptibility] 敏感基线，敏感性基线
Susica 素刺蛾属
Susica formosana Wileman 同 *Susica sinensis*
Susica hyphorma Hering 希素刺蛾
Susica nasuta Inoue 纳素刺蛾
Susica pallida Walker 淡素刺蛾，素刺蛾
Susica sinensis (Walker) [statuesque cup moth] 中华素刺蛾，华素刺蛾，素刺蛾
suspended animation 滞生
suspensi 垂蛹 < 指蝶类蛹仅用尾部悬挂的 >
suspension 1. 悬浮；2. 悬浮液；3. 悬浮体
Suspension concentrate [= suspoemulsion; abb. SC] 悬浮剂
suspensoid 悬胶体
suspensoria [s. suspensorium] 1. 悬韧带；2. 悬肌 < 即生殖腺的悬带 >；3. 悬骨 < 蜡蝉类 >
suspensorium [pl. suspensoria] 1. 悬韧带；2. 悬肌；3. 悬骨
suspensorium of the hypopharynx [= hypopharyngeal suspensorium, fulturae] 舌悬骨
suspensory ligament 悬韧带
suspensory muscle 悬肌 < 即消化道的张肌 (dilator muscle)>
Sussaba 苏姬蜂属
Sussaba elongata (Provancher) 长苏姬蜂
Sussaba sugiharai (Uchida) 杉原苏姬蜂
Sussaba sugiharai kamikochiensis (Uchida) 杉原苏姬蜂日本亚种，日本杉原苏姬蜂
Sussaba sugiharai sugiharai (Uchida) 杉原苏姬蜂指名亚种
Sussericothrips 近绢蓟马属
Sussericothrips melilotus Han 见 *Sericothrips melilotus*
sustentor 蛹棘 < 即蝶蛹后部的两个突起 >
Sustenus ridens Townes 海南姬蜂
Susumia 纵卷叶野螟属 *Cnaphalocrocis* 的异名
Susumia exigua (Butler) 见 *Cnaphalocrocis exigua*
sutural 缝的
sutural area 缝后域 < 见于网蝽科 Tingididae 中，相当于其他半翅目昆虫前翅的膜质部分 >
sutural groove 缝沟 < 指由缝构成的沟 >
suture 缝
suturiform 缝状的
Suva 苏粒脉蜡蝉属，苏瓦花虱属，苏瓦属
Suva flavimaculata Yang *et* Hu 黄斑苏粒脉蜡蝉，黄斑苏瓦花虱，黄斑黄瓦花虱
Suva longipenna Yang *et* Hu 长翅苏粒脉蜡蝉，长翅苏瓦花虱
Suwaia 诹访粪蝇属
Suwaia longicornis (Hendel) 长谷诹访粪蝇
Suwako cottony-cussion scale [= quince cottony scale, *Coccura suwakoensis* (Kuwana *et* Toyoda)] 日本盘粉蚧，黑龙江粒粉蚧
Suzukia 夙舟蛾属
Suzukia cinerea (Butler) 夙舟蛾
Suzukiana 喜夙舟蛾亚属
Svarciella 索小粪蝇亚属
Svastra 斯长角蜜蜂属
Svastra obliqua (Say) [sunflower bee, sunflower long-horned bee, oblique sunflower longhorn] 向日葵斯长角蜜蜂
Svercacheta 蛮蟋属，斯姬蛉属
Svercacheta semiobscurus (Chopard) 隐蛮蟋
Svercacheta siamensis (Chopard) 暴蛮蟋，黑顶斯姬蛉
Svistella 唧蛉蟋属，斯蛉蟋属
Svistella anhuiensis He, Li *et* Liu 安徽唧蛉蟋
Svistella argentata Ma, Jing *et* Zhang 银翅唧蛉蟋
Svistella bifasciata (Shiraki) 双带唧蛉蟋，双带拟蛉蟋，双带斯蛉蟋
Svistella dubia (Liu, Yin *et* Hsia) 疑唧蛉蟋，疑斯蛉蟋
Svistella fallax He, Li *et* Liu 似唧蛉蟋
Svistella fuscoterminata He *et* Liu 暗端唧蛉蟋
Svistella malu He 马鹿唧蛉蟋，马鹿金蛉蟋
Svistella rufonotata (Chopard) 红胸唧蛉蟋，红胸黄蛉蟋，红胸斯蛉蟋
Svistella tympanalis He, Li *et* Liu 同 *Svistella rufonotata*
Svistella venustul (Saussure) 见 *Paratrigonidium venustulum*
Svistella wuyong He 误用唧蛉蟋
Swaine jack pine sawfly [*Neodiprion swainei* Middleton] 史氏新松叶蜂，斯氏短叶松锯角叶蜂
Swainson's clearmark [*Chorinea heliconides* (Swainson)] 哥伦比亚凤蚬蝶
Swainson's crow [*Euploea swainson* (Godart)] 斯温逊紫斑蝶，菲律宾紫斑蝶，黑岩斑蝶，斯紫斑蝶，史氏紫斑蝶，史氏斑蝶
swallow bug [= American swallow bug, cliff swallow bug, *Oeciacus vicarius* Horváth] 燕臭虫，燕虱
swallow louse fly [*Stenepteryx hirundinis* (Linnaeus)] 燕狭翅虱蝇，燕短翅虱蝇，蚂蝗虱蝇，蚂蝗短翅虱蝇

swallowtail 1. [= papilionid butterfly, swallowtail butterfly, papilionid] 凤蝶 < 凤蝶科 Papilionidae 昆虫的通称 >；2. [= Old World swallowtail, common yellow swallowtail, artemisia swallowtail, giant swallowtail, yellow swallowtail, *Papilio machaon* Linnaeus] 金凤蝶，黄凤蝶 < 本种色斑等变化较大，曾被分为近 40 个亚种 >

swallowtail butterfly [= papilionid butterfly, swallowtail, papilionid] 凤蝶 < 凤蝶科 Papilionidae 昆虫的通称 >

swallowtail moth [= uranid moth, uranid] 燕蛾 < 燕蛾科 Uraniidae 昆虫的通称 >

Swammerdamellini 游粪蚊族

Swammerdamia 腹巢蛾属，褐巢蛾属

Swammerdamia caesiella (Hübner) [birch ermine] 桦腹巢蛾，桦褐巢蛾

Swammerdamia caudinigra Li *et* Fan 黑尾腹巢蛾

Swammerdamia heroldella Hübner 同 *Swammerdamia caesiella*

Swammerdamia pyrella (de Villers) 淡腹巢蛾，淡褐巢蛾

Swammerdamia zhengi Li *et* Fan 郑氏腹巢蛾

swamp darter [= affinis skipper, *Arrhenes marnas* (Felder)] 艾弄蝶

swamp palm forester [*Bebearia paludicola* Holmes] 群舟蛱蝶

swamp ringlet [= marsh ringlet, *Ypthimomorpha itonia* (Hewitson)] 烁眼蝶

swamp tiger [= Malay tiger, *Danaus affinis* (Fabricius)] 爱妃斑蝶

Swanepoel's blue [*Lepidochrysops swanepoeli* Pennington] 矢美鳞灰蝶

Swanepoel's brown [*Pseudonympha swanepoeli* van Son] 云斑仙眼蝶

Swanepoel's copper [*Aloeides swanepoeli* Tite *et* Dickson] 斯乐灰蝶

Swanepoel's opal [*Poecilmitis swanepoeli* Dickson] 斯氏幻灰蝶

Swanepoel's widow [*Dira swanepoeli* (van Son)] 绒络眼蝶

Swargia 司洼跳甲属

Swargia nila Maulik 尼司洼跳甲

swarming 1. 分蜂；2. 婚飞；3. 涌散

Swartberg blue [*Lepidochrysops swartbergensis* Swanepoel] 斯瓦鳞灰蝶

sweat bee [= halictid bee, halictid] 隧蜂，小花蜂 < 隧蜂科 Halictidae 昆虫的通称 >

swede midge [*Contarinia nasturtii* (Kieffer)] 甘蓝浆瘿蚊，甘蓝康瘿蚊，甘蓝瘿蚊

Sweder's slender moth [= yellow-triangle slender, *Caloptilia alchimiella* (Scopoli)] 无柄丽细蛾，无柄花细蛾

sweet fly 食蚜蝇 < 属食蚜蝇科 Syrphidae>

sweet-gale button [= double bay-streaked moth, *Acleris rufana* (Denis *et* Schiffermüller)] 双弯纹长翅卷蛾

sweet gale moth [*Acronicta euphorbiae* (Denis *et* Schiffermüller)] 戟剑纹夜蛾

sweet-gale tortrix [= strawberry leaf-roller, soybean tortricid, *Choristoneuralafauryana* (Ragonot)] 角色卷蛾，东方草莓卷蛾

sweet orange wax scale [= hard wax scale, *Ceroplastes sinensis* Del Guercio] 中华龟蜡蚧，甜橙龟蜡蚧，中华蜡蚧

sweet pepper aphid [= oleander aphid, milkweed aphid, gossypium aphid, nerium aphid, *Aphis nerii* Boyer de Fonscolombe] 夹竹桃蚜，木棉蚜

sweet potato caterpillar [= convolvulus hawkmoth, Palaearctic sweet potato hornworm, sweet potato sphinx, morning glory sphinx, *Agrius convolvuli* (Linnaeus)] 甘薯天蛾，白薯天蛾，甘薯叶天蛾，旋花天蛾，虾壳天蛾，甘薯虾壳天蛾，粉腹天蛾

sweet potato clearwing [*Synanthedon dasysceles* Bradley] 红薯兴透翅蛾

sweet potato hornworm [= pink-spotted hawkmoth, *Agrius cingulatus* (Fabricius)] 美洲甘薯天蛾，甘薯色带天蛾

sweet potato leaf folder [*Helcystogramma triannulella* (Herrich-Schäffer)] 甘薯阳麦蛾，甘薯麦蛾，甘薯卷叶麦蛾，三环甘薯麦蛾，地瓜卷叶蛾，地瓜麦蛾，甘薯卷叶虫，甘薯小蛾，甘薯结叶虫，甘薯包叶虫，甘薯暖地麦蛾

sweet potato leaf miner 1. [= Hawaiian sweet potato leaf miner, blotch-miner moth, *Bedellia orchilella* Walsingham] 甘薯潜蛾，甘薯斑叶潜蛾；2. [= bindweed leaf miner, morning glory leafminer, convolulus leaf miner, *Bedellia somnulentella* (Zeller)] 旋花潜蛾，旋花倍潜蛾，甘薯潜叶蛾

sweet potato leaf roller [= sweet potato moth, sweet potato webworm moth, black leaf folder, *Helcystogramma convolvuli* (Walsingham)] 黑阳麦蛾

sweet potato moth 见 sweet potato leaf roller

sweet potato moth borer [= sweet potato stem borer, *Megastes grandalis* Guenée] 甘薯暗斑螟

sweet potato sphinx 见 sweet potato caterpillar

sweet potato stem borer 见 sweet potato moth borer

sweet potato thrips [*Dendrothripoides innoxius* (Karny)] 无害背刺蓟马，旋花微刺蓟马

sweet potato webworm moth 见 sweet potato leaf roller

sweet potato weevil [*Cylas formicarius* (Fabricius)] 甘薯蚁象甲，甘薯小象甲，甘薯象，甘薯蚁象，甘薯象甲，蚁象，甘薯小象虫，甘薯小象鼻虫，番薯象鼻虫，番薯蚁象

sweetclover aphid [*Therioaphis riehmi* (Börner)] 来氏彩斑蚜，草木樨斑翅蚜

sweetclover root borer [*Walshia miscecolorella* (Chambers)] 草木樨簇尖蛾，草木樨瓦耳希蛾

sweetclover weevil [*Sitona cylindricollis* Fåhraeus] 筒胸根瘤象甲，筒胸根瘤象，向日葵象甲

sweetheart buff [*Teriomima puella* Kirby] 普韦畸灰蝶

sweetpotato borer [*Omphisa illisalis* Walker] 甘薯茎螟

sweetpotato bug [*Physomerus grossipes* (Fabricius)] 广菲缘蝽，菲缘蝽

sweetpotato butterfly [= small yellow-banded acraea, small yellow-banded legionnaire, falls acraea, *Acraea acerata* Hewitson] 褐缘小珍蝶，甘薯珍蝶

sweetpotato flea beetle [*Chaetocnema* (*Chaetocnema*) *confinis* Crotch] 旋花凹胫跳甲，甘薯凹胫跳甲，甘薯跳甲

sweetpotato flea hopper [= oriental garden fleahopper, thick-legged plant bug, garden fleahopper, black garden fleahopper, *Halticus minutus* Reuter] 甘薯跳盲蝽，微小跳盲蝽，黑跳盲蝽，花生黑盲蝽，花生跳盲蝽

sweetpotato leaf beetle 1. [*Typophorus nigritus viridicyaneus* (Crotch)] 甘薯蓝绿叶甲；2. [=blue milkweed leaf beetle, Chinese chrysochus leaf beetle, shining blue leaf beetle, *Chrysochus chinensis* Baly] 中华萝藦肖叶甲，中华萝蒙叶甲，中华萝藦叶甲，中华萝藦肖叶甲，中华肖叶甲，中华甘薯叶甲；3. [*Colasposoma dauricum* Mannerheim] 甘薯肖叶甲，麦颈叶甲，甘薯猿叶虫，甘薯叶甲，甘薯金花虫，蓝黑叶甲，老母虫，牛屎虫，红苕蛀虫，麦茎丽

铁甲

sweetpotato leaf worm [*Aedia leucomelas* (Linnaeus)] 白斑烦夜蛾，烦夜蛾，基白夜蛾

sweetpotato leafroller [*Lygropia tripunctata* (Fabricius)] 甘薯四点野螟，甘薯卷叶螟

sweetpotato plume moth 1. [= T-moth, morning-glory plume moth, common plume moth, common brown plume moth, *Emmelina monodactyla* (Linnaeus)] 甘薯异羽蛾，甘薯羽蛾，甘薯灰褐羽蛾，甘薯褐齿羽蛾；2. [*Ochyrotica concursa* (Walsingham)] 甘薯褐羽蛾，连褐羽蛾，甘薯壮羽蛾，甘薯全翅羽蛾，甘薯鸟羽蛾

sweetpotato stem borer [= sweetpotato vine borer, *Omphisa anastomosalis* (Guenée)] 甘薯蠹野螟，甘薯蔓野螟，甘薯根螟，甘薯茎螟

sweetpotato vine borer 见 sweetpotato stem borer

sweetpotato whitefly [= cotton whitefly, tobacco whitefly, *Bemisia tabaci* (Gennadius)] 烟粉虱，烟草粉虱，棉粉虱，甘薯粉虱，烟草伯粉虱，印度棉粉虱，一品红粉虱，木薯粉虱

sweetpotato whitefly strain B [= silverleaf whitefly, *Bemisia argentifolii* Bellows *et* Perring, *Bemisia tabaci* strain B, *Bemisia tabaci* biotype B] 银叶粉虱，B 型烟粉虱

sweetpotato wireworm 1. [*Melanotus caudex* Lewis] 褐纹梳爪叩甲，甘薯金针虫，褐纹金针虫，纹金针虫，褐梳爪叩甲；2. [*Melanotus fortnumi* Candèze] 红薯梳爪叩甲

Sweltsa 长绿𫌀属

Sweltsa baiyunshana Li, Yang *et* Yao 白云山长绿𫌀

Sweltsa longistyla (Wu) 长突长绿𫌀

Sweltsa recurvata (Wu) 反曲长绿𫌀

Sweltsa wui Stark *et* Sivec 胡氏长绿𫌀

Sweltsa yunnan Tierno de Figueroa *et* Fochetti 云南长绿𫌀

Sweta 淡小叶蝉属，白小叶蝉属

Sweta bambusana Yang, Chen *et* Li 竹淡小叶蝉，竹白小叶蝉

Sweta hallucinata Viraktamath *et* Dietrich 幻淡小叶蝉，幻白小叶蝉

Swezeyia 凸顶袖蜡蝉属

Swezeyia gigantea Yang *et* Wu 巨角凸顶袖蜡蝉

swift moth 1. [*Endoclita excrescens* (Butler)] 敏捷胚蝙蛾，淡缘蝠蛾，淡缘大蝠蛾，柳疖蝙蛾，柳蝙蛾；2. [= hepialid moth, ghost moth, hepialid] 蝠蛾，蝙蝠蛾 < 蝠蛾科 Hepialidae 昆虫的通称 >

swift sedge-skipper [*Hesperilla sarnia* Atkins] 飒帆弄蝶

swimmeret 桡肢 < 指脉翅目某些幼虫身体上的鳃状或片状构造 >

swimming leg [= pedes natatorii, natatorial leg] 游泳足

swimming paddle 尾桡 < 为蚊蛹末端的附器 >

Swinhoe ace [= Burmese ace, Swinhoe's ace, *Halpe burmana* Swinhoe] 缅甸酣弄蝶

Swinhoe's ace 1. [= Burmese ace, Swinhoe ace, *Halpe burmana* Swinhoe] 缅甸酣弄蝶; 2. [= confusing ace, *Halpe wantona* Swinhoe] 纨酣弄蝶，荒唐酣弄蝶

Swinhoe's chocolate tiger [*Parantica swinhoei* (Moore)] 史氏绢斑蝶，斯氏绢斑蝶，小青斑蝶，透翅斑蝶，台湾青斑蝶，台湾淡青斑蝶，暗色透翅斑蝶，黑绢斑蝶，斯黑绢斑蝶

Swinhoe's forest bob [= Khasi forest bob, *Scobura isota* (Swinhoe)] 伊索须弄蝶

Swinhoe's hedge blue [*Monodontides musina* (Snellen)] 穆灰蝶，牧璃灰蝶

Swinhoe's striated hawkmoth [*Hippotion rosetta* (Swinhoe)] 茜草斜线天蛾，茜草后红斜线天蛾，后红斜线天蛾，里红斜线天蛾，洛斜线天蛾

Swiss brassy ringlet [*Erebia tyndarus* (Esper)] 瑞士红眼蝶

swollen epitola [*Epitola tumentia* Druce] 土蛱灰蝶

swollen leaf sitter [*Gorgyra aburae* (Plötz)] 槁弄蝶

sword-bearing cricket 蛉蟋

sword-brand grass-skipper [= xiphiphora skipper, *Neohesperilla xiphiphora* (Lower)] 希菲新弄蝶

sword-tailed flash [= plane, *Bindahara phocides* (Fabricius)] 金尾灰蝶

swordgrass brown [*Tisiphone abeona* (Donovan)] 勺眼蝶

Swynnerton's sailer [*Neptis swynnertoni* Trimen] 雪环蛱蝶

Syachis 胖鳖甲属

Syachis ajmonis Gridelli 阿胖鳖甲

Syachis angustus Ba *et* Ren 窄胖鳖甲

Syachis himalaicus Bates 喜马胖鳖甲

Syachis picicornis Bates 三角胖鳖甲

Syachis truncatus Ba *et* Ren 平腹胖鳖甲

Syachis xizangana Ba *et* Ren 西藏胖鳖甲

Syagrus rugifrons Baly [black cotton beetle, cotton leaf beetle, cotton seed beetle] 棉皱额叶甲

Sybacodes 赛蜉金龟甲属，赛蜉金龟属

Sybacodes simplicicollis (Fairmaire) 简赛蜉金龟甲，简赛蜉金龟，简秽蜉金龟

Sybaris 丝绿芫菁属

Sybaris flavus (Thunberg) 黄丝绿芫菁

sybarite redeye [*Erionota sybirita* (Hewitson)] 塞比蕉弄蝶

Sybistroma 粗柄长足虻属

Sybistroma acutatus (Yang) 尖突粗柄长足虻

Sybistroma angustus (Yang *et* Saigusa) 弯突粗柄长足虻

Sybistroma apicicrassus (Yang *et* Saigusa) 粗端粗柄长足虻

Sybistroma apicilaris (Yang) 端芒粗柄长足虻

Sybistroma biaristatus (Yang) 双芒粗柄长足虻

Sybistroma biniger (Yang *et* Saigusa) 双黑粗柄长足虻，黑粗柄长足虻

Sybistroma brevidigitatus (Yang *et* Saigusa) 短突粗柄长足虻

Sybistroma compressus (Yang *et* Saigusa) 扁角粗柄长足虻

Sybistroma curvatus (Yang) 弯叶粗柄长足虻

Sybistroma digitiformis (Yang, Yang *et* Li) 指突粗柄长足虻

Sybistroma dorsalis (Yang) 背芒粗柄长足虻

Sybistroma emeishanus (Yang) 峨眉粗柄长足虻

Sybistroma fanjingshanus (Yang, Grootaert *et* Song) 梵净山粗柄长足虻

Sybistroma flavus (Yang) 黄斑粗柄长足虻

Sybistroma gansuensis (Yang *et* Saigusa) 甘肃粗柄长足虻

Sybistroma henanus (Yang) 河南粗柄长足虻

Sybistroma incisus (Yang) 凹缺粗柄长足虻

Sybistroma latifacies (Yang *et* Saigusa) 宽颜粗柄长足虻

Sybistroma longaristatus (Yang *et* Saigusa) 长芒粗柄长足虻

Sybistroma longidigitatus (Yang *et* Saigusa) 长突粗柄长足虻

Sybistroma luteicornis (Parent) 黄角粗柄长足虻

Sybistroma miricornis (Parent) 细角粗柄长足虻，奇角粗柄长足虻

Sybistroma neixianganus (Yang) 内乡粗柄长足虻
Sybistroma qinlingensis (Yang *et* Saigusa) 秦岭粗柄长足虻
Sybistroma sheni (Yang *et* Saugsa) 申氏粗柄长足虻
Sybistroma sichuanensis (Yang) 四川粗柄长足虻
Sybistroma songshanensis (Zhang *et* Yang) 松山粗柄长足虻
Sybistroma yunnanensis (Yang) 云南粗柄长足虻
Sybra 散天牛属，矮天牛属，艳纹矮天牛属
Sybra albomaculata Breuning 见 *Mycerinopsis albomaculata*
Sybra albomaculata albomaculata Breuning 见 *Mycerinopsis albomaculata albomaculata*
Sybra albomaculata formosana Breuning 见 *Mycerinopsis albomaculata formosana*
Sybra albostictipennis Breuning 白点散天牛
Sybra alternans (Wiedemann) 东方散天牛
Sybra bioculata Pic 见 *Mycerinopsis bioculata*
Sybra bioculata bioculata Pic 见 *Mycerinopsis bioculata bioculata*
Sybra bioculata quadrinotata Schwarzer 见 *Mycerinopsis bioculata quadrinotata*
Sybra botelensis Breuning *et* Ohbayashi 见 *Mycerinopsis botelensis*
Sybra breuningi Gressitt 窄额散天牛
Sybra chaffanjoni Breuning 贵州散天牛
Sybra flavomaculata Breuning 黄斑散天牛
Sybra flavostriata Hayashi 见 *Mycerinopsis flavostriata*
Sybra fulva (Schwarzer) 黄翅散天牛，黄翅艳纹矮天牛
Sybra kotoensis Matsushita 见 *Mycerinopsis kotoensis*
Sybra laterifuscipennis Breuning 侧斑散天牛
Sybra longicollis Breuning 黑带散天牛
Sybra maculiclunis Matsushita 见 *Mycerinopsis maculiclunis*
Sybra marmorea Breuning 黄点散天牛
Sybra mimobaculina Breuning 见 *Mycerinopsis mimobaculina*
Sybra miscanthivola Makihara 见 *Mycerinopsis miscanthivola*
Sybra multifuscofasciata Breuning 宽尾散天牛
Sybra narai Hayashi 见 *Mycerinopsis narai*
Sybra ordinata flavostriata Hayashi 见 *Mycerinopsis flavostriata*
Sybra paralongicollis Breuning 黑尾散天牛
Sybra pascoei Lameere 见 *Mycerinopsis pascoei*
Sybra pascoei pascoei Lameere 见 *Mycerinopsis pascoei pascoei*
Sybra pascoei taiwanella Gressitt 见 *Mycerinopsis pascoei taiwanella*
Sybra piceomaculata Gressitt 黑斑散天牛
Sybra posticalis (Pascoe) 见 *Mycerinopsis posticalis*
Sybra punctatostriata Bates 见 *Mycerinopsis punctatostriata*
Sybra rondoniana Breuning 见 *Mycerinopsis rondoniana*
Sybra savioi Pic 尖尾散天牛
Sybra taiwanensis (Hayashi) 台湾散天牛，台散天牛
Sybra tenganensis Breuning 中华散天牛
Sybra unipunctata Breuning 香港散天牛
Sybrida 褐叶螟属
Sybrida approximans (Leech) 并纹褐叶螟
Sybrida discinota (Moore) 狭褐叶螟
Sybrida fasciata Butler 柞褐叶螟
Sybrida inordinata Walker 无序褐叶螟
Sybrocentrura 隆线天牛属
Sybrocentrura costigera Holzschuh 脊隆线天牛
Sybrocentrura obscura Breuning 隆线天牛
Sybrocentrura fatalis Holzschuh 肥隆线天牛
Sybrocentrura procerior Holzschuh 长隆线天牛
Sybrocentrura tenera Holzschuh 柔弱隆线天牛
Sybrocentrura tristicula Holzschuh 三隆线天牛
Sybrodiboma 斑突天牛属
Sybrodiboma subfasciata Bates 散斑突天牛
Sybrodiboma taiwanensis Hayashi 台湾斑突天牛，台湾矮天牛
Sycacantha 维小卷蛾属
Sycacantha hilarograpta (Meyrick) 褐维小卷蛾，西喀卷蛾
Sycacantha inodes (Meyrick) 勐维小卷蛾，荫西喀卷蛾
Sycacantha inopinata Diakonoff 淡维小卷蛾，伊诺西喀卷蛾
Sycacanthae 维小卷蛾亚族
sycamore [*Acronicta aceris* (Linnaeus)] 锐剑纹夜蛾
sycamore aphid [*Drepanosiphum platanoides* (Schrank)] 悬铃木长镰管蚜，枫长镰管蚜
sycamore borer [= western sycamore borer, *Synanthedon resplendens* (Edwards)] 埃及榕兴透翅蛾
sycamore clearwing [= ceanothus borer moth, *Synanthedon mellinipennis* (Boisduval)] 梧桐兴透翅蛾，梧桐透翅蛾
sycamore gall midge 1. [= sycamore leaf-roll gall midge, *Contarinia acerplicans* (Kieffer)] 欧亚槭浆瘿蚊，欧亚槭康瘿蚊；2. [*Dasineura irregularis* (Bremi)] 槭叶瘿蚊
sycamore lace bug [*Corythucha ciliata* (Say)] 悬铃木方翅网蝽，枫网蝽
sycamore leaf-roll gall midge [= sycamore gall midge, *Contarinia acerplicans* (Kieffer)] 欧亚槭浆瘿蚊，欧亚槭康瘿蚊
sycamore midget [= sycamore porcelain midget, *Phyllonorycter geniculella* (Ragonot)] 槭小潜细蛾，槭潜叶细蛾
sycamore periphyllus aphid [= maple hairy aphid, *Periphyllus acericola* (Walker)] 槭多态毛蚜
sycamore porcelain midget 见 sycamore midget
sycamore scale [*Stomacoccus platani* Ferris] 悬铃木丝珠蚧，悬铃木绵蚧
sycamore tussock moth [*Halysidota harrisii* Walsh] 悬铃木哈灯蛾，枫灯蛾
Sycanini 犀猎蝽族
Sycanus 犀猎蝽属
Sycanus annulicornis Dohrn 环角犀猎蝽
Sycanus bicolor Hsiao 二色犀猎蝽
Sycanus bifidus (Fabricius) 黑翅犀猎蝽
Sycanus croceovittatus Dohrn 黄带犀猎蝽，中黄猎蝽
Sycanus croceus Hsiao 黄犀猎蝽
Sycanus dichotomus Stål 二叉犀猎蝽
Sycanus falleni Stål 大红犀猎蝽，珐犀猎蝽
Sycanus fuscirostris Dohrn 黄翅犀猎蝽
Sycanus hsiaoi Maldonado-Capriles 同 *Sycanus marginellus*
Sycanus insularis Hsiao 黄背犀猎蝽
Sycanus marginatus Hsiao 同 *Sycanus marginellus*
Sycanus marginellus Putshkov 赭缘犀猎蝽
Sycanus minor Hsiao 小犀猎蝽
Sycanus rufus Hsiao 红犀猎蝽
Sycanus szechuanus Hsiao 四川犀猎蝽
Sychnostigma 长痣姬蜂属
Sychnostigma flavipes (Sonan) 黄足长痣姬蜂
Sychnostigma flavobalteatum (Cameron) 黄带长痣姬蜂
Sychnostigma hyblaenum (Sonan) 台湾长痣姬蜂

Sychnostigma latimandibularis Hu *et* Wang 宽颚长痣姬蜂
Sychnostigma sauteri Kamath *et* Gupta 索氏长痣姬蜂
Sycophila 食瘿广肩小蜂属
Sycophila curta Chen 短食瘿广肩小蜂
Sycophila flava Xu *et* He 黄色食瘿广肩小蜂
Sycophila henryi Narendran 亨利食瘿广肩小蜂
Sycophila maculafacies Chen 斑颜食瘿广肩小蜂
Sycophila petiolata Chen 柄食瘿广肩小蜂
Sycophila townesi Narendran 汤氏食瘿广肩小蜂
Sycophila variegata (Curtis) 杂色食瘿广肩小蜂
Sycoryctes 瘿榕小蜂属
Sycoryctes moneres Chen 莫瘿榕小蜂
Sycoscapter 造瘿榕小蜂属
Sycoscapter gajimaru (Ishii) 造瘿榕小蜂
Sydiva 司冬夜蛾属
Sydiva versicolora Draudt 丽司冬夜蛾，筛迪夜蛾
Sydney azure [= golden azure, *Ogyris ianthis* Waterhouse] 紫澳灰蝶
Sydonia purplewing [= Godart's purplewing, *Eunica sydonia* (Godart)] 悉多尼神蛱蝶
Syfania 西虎蛾属
Syfania bieti (Oberthür) 西虎蛾
Syfania dejeani Oberthür 德西虎蛾
Syfania dubernardi Oberthür 独西虎蛾
Syfania dubernardi kansunina Bryk 同 *Syfania dubernardi*
Syfania dubernardi taipeishanis Mell 同 *Syfania dubernardi*
Syfania giraudeaui Oberthür 纪西虎蛾
Sykes' acraea [*Acraea sykesi* Sharpe] 树丛珍蝶
Sylepta 卷叶野螟属 *Syllepte* 的异名
Sylepta inferior Hampson 见 *Patania inferior*
Sylepta pernitescens (Swinhoe) 见 *Patania pernitescens*
Sylepta ruralis (Scopoli) 见 *Patania ruralis*
Sylepta ruralis dubia (Hampson) 同 *Patania ruralis*
Sylepta sabinusalis (Walker) 见 *Patania sabinusalis*
Sylepta sellalis (Guenée) 见 *Patania sellalis*
Sylepta ultimalis (Walker) 见 *Patania ultimalis*
Sylhet common batwing [*Atrophaneura varuna astorion* (Westwood)] 瓦曙凤蝶海南亚种，海南瓦曙凤蝶
Sylhet oakblue [*Arhopala silhetensis* (Hewitson)] 喜娆灰蝶
Sylhet three-spot grass yellow [*Eurema blanda silhetana* (Wallace)] 檗黄粉蝶锡尔赫特亚种，锡赫黄粉蝶
Sylhet white tufted royal [*Pratapa deva lila* Moore] 珀灰蝶在锡尔赫特亚种
Sylhetia 小板叶蝉属
Sylhetia spinata Mathew *et* Ramakrishnan 双刺小板叶蝉
Syllegomydas 斯拟食虫虻属
Syllegomydas dallonii Séguy 达氏斯拟食虫虻
Syllegopterula 集翅蝇属
Syllegopterula beckeri Pokomy 黑灰集翅蝇
Syllegopterula flava Hsue 黄集翅蝇
Syllepte 卷叶野螟属，叶蛾属
Syllepte adductalis (Walker) 阿都卷叶野螟
Syllepte amoyalis Caradja 厦卷叶野螟
Syllepte angustimaculalis Shibuya 角斑卷叶野螟
Syllepte aurantiacalis Fischer von Roslerstamm 同 *Patania balteata*
Syllepte balteata (Fabricius) 见 *Patania balteata*
Syllepte cantonialis Shibuya 广州卷叶野螟
Syllepte capnosalis Caradja 凯卷叶野螟
Syllepte chalybifascia Hampson 恰卷叶野螟
Syllepte cometa (Warren) 柯卷叶野螟
Syllepte cometa cometa (Warren) 柯卷叶野螟指名亚种
Syllepte cometa tamsi Caradja 柯卷叶野螟塔氏亚种，塔柯卷叶野螟
Syllepte concatenalis Walker 见 *Patania concatenalis*
Syllepte costalis (Moore) 见 *Patania costalis*
Syllepte crotonalis (Walker) 克罗卷叶野螟
Syllepte delicatalis Strand 丽卷叶野螟，德利卷叶野螟
Syllepte derogata (Fabricius) 见 *Haritalodes derogata*
Syllepte distinguenda Hering 卓卷叶野螟
Syllepte fabiusalis (Walker) 珐比卷叶野螟
Syllepte fabiusalis fabiusalis (Walker) 珐比卷叶野螟指名亚种
Syllepte fabiusalis makanalis Caradja 珐比卷叶野螟马卡亚种，马珐比卷叶野螟
Syllepte fraterna (Moore) 弗卷叶野螟
Syllepte fuscomarginalis (Leech) 褐缘卷叶野螟
Syllepte haryoalis Strand 见 *Patania haryoalis*
Syllepte hoenei Caradja 赫卷叶野螟
Syllepte imbutalis taihokualis Strand 同 *Patania sabinusalis*
Syllepte inferior Hampson 见 *Patania inferior*
Syllepte invalidalis South 齿纹卷叶野螟，阴蚀叶野螟
Syllepte iopasalis (Walker) 见 *Patania iopasalis*
Syllepte karenkonis Shibuya 同 *Patania scinisalis*
Syllepte lucidalis Caradja 露卷叶野螟
Syllepte luctuosalis Guenée 见 *Herpetogramma luctuosale*
Syllepte lulalis Strand 卢拉卷叶野螟
Syllepte lunalis (Guenée) 栎卷叶野螟
Syllepte mandarinalis Caradja 大陆卷叶野螟
Syllepte mysisalis (Walker) 同 *Patania balteata*
Syllepte ningpoalis Leech 宁波卷叶野螟
Syllepte orobenalis (Snellen) 见 *Patania orobenalis*
Syllepte pallidinotalis (Hampson) 白斑卷叶野螟，淡斑蚀叶野螟
Syllepte paucistrialis Warren 寡卷叶野螟
Syllepte pernitescens Swinhoe 苎麻卷叶野螟，苎麻扇野螟，苎麻叶螟
Syllepte pilocrocialis (Strand) 毛卷叶野螟，毛赫迪野螟
Syllepte proctizonalis (Hampson) 原卷叶野螟
Syllepte pseudovialis Hampson 伪卷叶野螟
Syllepte quadrimaculalis Kollar 见 *Patania quadrimaculalis*
Syllepte retractalis Hampson 双角卷叶野螟
Syllepte rhyparialis (Oberthür) 来卷叶野螟
Syllepte ruralis (Scopoli) 见 *Patania ruralis*
Syllepte ruricolalis (Snellen) 卢利卷叶野螟
Syllepte sabinusalis (Walker) 见 *Patania sabinusalis*
Syllepte scinisalis Walker 见 *Patania scinisalis*
Syllepte segnalis (Leech) 曲纹卷叶野螟，塞可普尺蛾，塞卷叶野螟
Syllepte sellalis (Guenée) 见 *Patania sellalis*
Syllepte sericealis Wileman *et* South 见 *Gynenomis sericealis*
Syllepte sublituralis (Walker) 亚利卷叶野螟
Syllepte taiwanalis Shibuya 台湾卷叶野螟

Syllepte ultimalis (Walker) 见 *Patania ultimalis*
Syllepte venustalis Swinhoe 文纽卷叶野螟
syllestia [= synechthren] 主盗群聚
syllius flat [*Celaenorrhinus syllius* (Felder *et* Felder)] 西留星弄蝶
sylph [= synlestid damselfly, synlestid, malachite] 综蟌 < 综蟌科 Synlestidae 昆虫的通称 >
Sylphalula 精灵小原蜓属
Sylphalula laliquei Li, Béthoux, Pang *et* Ren 莱利精灵小原蜓
sylphina angel [= short-tailed clearmark, *Chorinea sylphina* (Bates)] 红臀凤蚬蝶
Sylvalitoralis 树蛩蠊属
Sylvalitoralis cheni Zhang, Bai *et* Yang 陈氏树蛩蠊，陈氏西尔瓦蛩蠊
sylvan 林栖的
sylvan anglewing [= oreas comma, oreas anglewing, *Polygonia oreas* (Edwards)] 奥钩蛱蝶
sylvan hairstreak [*Satyrium sylvinus* (Boisduval)] 树洒灰蝶
Sylvicola 殊蠓属，树伪大蚊属，树栖蚊蚋属
Sylvicola adornatus Yang *et* Cui 靓殊蠓
Sylvicola distinctus (Brunrtti) 异殊蠓，显树伪大蚊，印度蚊蚋，不显西伪大蚊
Sylvicola indicus (Brunetti) 印度殊蠓
Sylvicola zhejianganus Yang *et* Cui 浙江殊蠓
Sylvicolidae [= Anisopodidae, Phryneidae, Rhyphidae] 殊蠓科，伪大蚊科，蚊蚋科
Sylvora acerni (Clemens) 见 *Synanthedon acerni*
syma sister [*Adelpha syma* (Godart)] 白联条悌蛱蝶
Symbiocladius 寄蜉摇蚊属
Symbiocladius rhithrogenae (Zavřel) 溪颏寄蜉摇蚊，莱茵寄蜉摇蚊
symbiogenesis 共生起源 < 指蚁类或其他昆虫中社会性共生关系的起源 >
symbion 共生者
symbiont [= symbiote] 共生体，共生物
Symbiopsis 合灰蝶属
Symbiopsis peruviana (Erschoff) 合灰蝶
Symbiopsis pupilla (Draudt) 普合灰蝶
Symbiopsis rickmani (Schaus) [Rickman's hairstreak] 瑞合灰蝶
Symbiopsis smalli Nicolay 司马合灰蝶
Symbiopsis tanais (Godman *et* Salvin) [tanais hairstreak] 塔奈合灰蝶
Symbiopsocus 联蛄属
Symbiopsocus bicruris (Li) 二叉联蛄
Symbiopsocus chaulommaus Li 突眼联蛄
Symbiopsocus diplocyclus Li 双尾联蛄
Symbiopsocus formosanus (Okamoto) 台湾联蛄，台湾蛄
Symbiopsocus leptocladis Li 细茎联蛄
Symbiopsocus longicaulis (Li) 长茎联蛄
Symbiopsocus quadripartitus Li 四突联蛄
Symbiopsocus subrhombeus Li 菱茎联蛄
Symbiopsocus ternatus (Li) 三环联蛄
symbiosis 共生
symbiote 见 symbiont
symbiotic 共生的
Symbrenthia 盛蛱蝶属
Symbrenthia anna Semper 安娜盛蛱蝶
Symbrenthia asthala Moore 同 *Symbrenthia brabira*
Symbrenthia brabira Moore 黄豹盛蛱蝶
Symbrenthia brabira brabira Moore 黄豹盛蛱蝶指名亚种，指名黄豹盛蛱蝶
Symbrenthia brabira leoparda Chou *et* Li 黄豹盛蛱蝶斑豹亚种，斑豹盛蛱蝶
Symbrenthia brabira scatinia Fruhstorfer 同 *Symbrenthia brabira brabira*
Symbrenthia brabira sinica Moore 黄豹盛蛱蝶中华亚种
Symbrenthia dalailama Huang 同 *Symbrenthia doni*
Symbrenthia doni (Tytler) [Tytler's jester] 德盛蛱蝶
Symbrenthia hippalus Felder *et* Felder 褐纹盛蛱蝶
Symbrenthia hippocle Hübner 同 *Symbrenthia hippoclus*
Symbrenthia hippoclus (Cramer) [Malayan jester, common jester] 希盛蛱蝶，盛蛱蝶
Symbrenthia hippoclus hippoclus (Cramer) 希盛蛱蝶指名亚种
Symbrenthia hippoclus javanus Staudinger 希盛蛱蝶爪哇亚种，爪哇希盛蛱蝶
Symbrenthia hippoclus lucina Cramer 希盛蛱蝶卢希亚种，卢希盛蛱蝶
Symbrenthia hypatia (Wallace) 琥珀盛蛱蝶
Symbrenthia hypselis (Godart) [Himalayan jester, spotted jester] 花豹盛蛱蝶，姬昔蛱蝶，突尾昔蛱蝶
Symbrenthia hypselis cotanda Moore 花豹盛蛱蝶喜马亚种，柯花豹盛蛱蝶
Symbrenthia hypselis hypselis (Godart) 花豹盛蛱蝶指名亚种
Symbrenthia hypselis scatinia Fruhstorfer 花豹盛蛱蝶台湾亚种，姬黄三线蝶，黄条褐蛱蝶，斯花豹盛蛱蝶
Symbrenthia hypselis sinica Moore 见 *Symbrenthia brabora sinica*
Symbrenthia intricata Fruhstorfer 阴盛蛱蝶
Symbrenthia leoparda Chou *et* Li 见 *Symbrenthia brabira leoparda*
Symbrenthia lilaea (Hewitson) [peninsular jester, northern common jester, common jester] 散纹盛蛱蝶
Symbrenthia lilaea formosanus Fruhstorfer [yellow three stipe] 散纹盛蛱蝶台湾亚种，黄三线蝶，金带蝶，爪哇黄条褐蛱蝶，台湾散纹盛蛱蝶
Symbrenthia lilaea lilaea (Hewitson) 散纹盛蛱蝶指名亚种，指名散纹盛蛱蝶
Symbrenthia lilaea lucina Cramer 散纹盛蛱蝶华南亚种，大陆散纹盛蛱蝶
Symbrenthia niphanda Moore [bluetail jester] 云豹盛蛱蝶
Symbrenthia silana de Nicéville [scarce jester] 喜来盛蛱蝶
Symbrenthia sinoides Hall 辛盛蛱蝶
Symbrenthia viridilunulata Huang *et* Xue 绿斑盛蛱蝶
Symmachia 树蚬蝶属
Symmachia accusatrix (Hewitson) [feathered fiestamark, accused metalmark] 尖树蚬蝶
Symmachia aconia Hewitson 阿坤树蚬蝶
Symmachia arcuata (Hewitson) 艾库树蚬蝶
Symmachia arion (Felder *et* Felder) 阿龙树蚬蝶
Symmachia asclepia (Hewitson) 阿西树蚬蝶
Symmachia batesi (Staudinger) 贝茨树蚬蝶
Symmachia busbyi Hall *et* Willmott [red-tailed fiestamark, topo fiestamark] 曲缘树蚬蝶
Symmachia calligrapha Hewitson 美纹树蚬蝶

Symmachia calliste Hewitson [dotted fiestamark] 佳丽树蚬蝶
Symmachia championi Godman *et* Salvin [Champion's metalmark] 红肩树蚬蝶
Symmachia cleonyma (Hewitson) 克莱树蚬蝶
Symmachia cribrellum Stichel 克里树蚬蝶
Symmachia emeralda Hall *et* Willmott [sad fiestamark] 悲树蚬蝶
Symmachia eraste (Bates) 艾拉树蚬蝶
Symmachia falcistriga Stichel 镰刀树蚬蝶
Symmachia fassli Hall *et* Willmott [red-based fiestamark] 红基树蚬蝶
Symmachia fulvicauda Stichel 黄尾树蚬蝶
Symmachia hazelana Hall *et* Willmott [yellow-lead fiestamark] 黄斑树蚬蝶
Symmachia hetaerina (Hewitson) 海塔树蚬蝶
Symmachia hippea (Herrich-Schäffer) 斑马树蚬蝶
Symmachia histrica (Stichel) 织密树蚬蝶
Symmachia jugurtha (Staudinger) 结树蚬蝶
Symmachia juratrix Westwood 侏罗树蚬蝶
Symmachia leena Hewitson [rusted fiestamark] 凌树蚬蝶
Symmachia leopardina (Felder *et* Felder) 莱奥树蚬蝶
Symmachia maeonius Staudinger 美树蚬蝶
Symmachia menetas (Drury) 美纳树蚬蝶
Symmachia miron Grose-Smith 奇异树蚬蝶
Symmachia multesima Stichel 木耳树蚬蝶
Symmachia nemesis Rebillard 女神树蚬蝶
Symmachia norina (Hewitson) 娜树蚬蝶
Symmachia pardalia Stichel 攀达树蚬蝶
Symmachia pardalis Hewitson 攀树蚬蝶
Symmachia phaedra (Bates) 黑树蚬蝶
Symmachia praxila (Westwood) 圆翅树蚬蝶
Symmachia probetor (Stoll) [probetor metalmark] 树蚬蝶
Symmachia punctata Butler 斑树蚬蝶
Symmachia rita Staudinger 丽塔树蚬蝶
Symmachia rubina Bates [Chinese lantern, orange-abbed fiestamark, Rubina metalmark] 黄带树蚬蝶
Symmachia sepyra (Hewitson) [red-banded fiestamark] 红带树蚬蝶
Symmachia stigmosissima Stichel 点树蚬蝶
Symmachia suevia Hewitson [zebra-costa fiestamark] 苏树蚬蝶
Symmachia threissa (Hewitson) 云杉树蚬蝶
Symmachia tigrina Hewitson 提格里纳树蚬蝶
Symmachia titiana Hewitson [black-striped fiestamark] 提香树蚬蝶
Symmachia triangularis (Thieme) 三角树蚬蝶
Symmachia tricolor (Hewitson) [tricolored fiestamark, tricolored metalmark] 三色树蚬蝶
Symmachia urichi Kaye 尤里树蚬蝶
Symmachia virgaurea Stichel 维尔树蚬蝶
Symmachia xypete (Hewitson) 霞斑树蚬蝶
Symmacra 司马尺蛾属
Symmacra sinensis Prout 华司马尺蛾
Symmerista 瘤舟蛾属
Symmerista albifrons Abbott *et* Smith [white-headed prominent, white-headed prominent moth, white-headed prominent caterpillar] 栎红瘤舟蛾
Symmerista canicosta Franclemont [red-humped oakworm moth, red-humped oakworm] 橘红瘤舟蛾
Symmerista leucitys Franclemont [orange-humped mapleworm, orange-humped mapleworm moth, orange-humped oakworm] 橙瘤舟蛾，橙瘤天社蛾
Symmerus 同菌蚊属，辛菌蚊属
Symmerus pectinalus Saigusa 栉状同菌蚊，栉辛菌蚊
Symmetricella 对称扁足蝇属，对称扁脚蝇属
Symmetricella kerteszi (Oldenberg) 克氏对称扁足蝇，克氏扁脚蝇
symmetry 对称
symmetry axis 对称轴
Symmixus 短附隐翅甲属
Symmixus sikkimensis Bernhauer 丽短附隐翅甲
Symmoracma 辛摩螟属
Symmoracma minoralis (Snellen) 迷辛摩螟，明司挺螟
Symmorphus 同蜾蠃属
Symmorphus ambotretus Cumming 双孔同蜾蠃，阿姆同蜾蠃，远同蜾蠃
Symmorphus angustatus (Zetterstedt) 窄同蜾蠃，角同蜾蠃
Symmorphus apiciornatus (Cameron) 尖饰同蜾蠃，阿培同蜾蠃，尖盾同蜾蠃
Symmorphus aurantiopictus Giordani Soika 橘色同蜾蠃
Symmorphus bifasciatus (Linnaeus) [willow mason-wasp] 二带同蜾蠃
Symmorphus captivus (Smith) 善捕同蜾蠃，川同蜾蠃
Symmorphus cavatus Li *et* Chen 洞同蜾蠃，凹同蜾蠃
Symmorphus foveolatus Gussakovskij 坑同蜾蠃
Symmorphus fuscipes (Herrich-Schäffer) 褐足同蜾蠃
Symmorphus hoozanensis (von Schulthess) 台湾同蜾蠃，台湾同形蜾蠃
Symmorphus kurzenkoi Kim 库氏同蜾蠃
Symmorphus lucens (Kostylev) 光同蜾蠃
Symmorphus mizuhonis Tsuneki 瑞穗同蜾蠃，岛同蜾蠃
Symmorphus mutinensis (Baldini) 同 *Symmorphus bifasciatus*
Symmorphus nigriclypeus Li *et* Chen 黑唇同蜾蠃
Symmorphus ornatus Gusenleitner 饰同蜾蠃
Symmorphus parvilineatus (Cameron) 细旁同蜾蠃
Symmorphus sichuanensis Lee 四川同蜾蠃
Symmorphus sublaevis Kostylev 小同蜾蠃，滑同蜾蠃
Symmorphus tianchiensis Li *et* Chen 天池同蜾蠃
Symmorphus tsushimanus Yamane 对马同蜾蠃
Symmorphus violaceipennis Giordani Soika 紫翅同蜾蠃
Symmorphus yananensis Gusenleitner 延安同蜾蠃
Symmorphus yunnanensis Gusenleitner 云南同蜾蠃
Sympaestria 并脉螽属
Sympaestria acutelobata Brunner von Wattenwyl 尖叶并脉螽
Sympaestria genualis Karny 黑膝并脉螽，滇游螽
symparasitism 共寄生
sympathetic nervous system [= vagus, vagus nervous system, vagus nerve system] 交感神经系统
sympatric 同域的
sympatric distribution 同域分布
sympatric relation 互感关系 <指社会性昆虫中的>
sympatric speciation 同域物种形成，同地种分化
sympatry 同域性

Sympauropsylla triozoptera (Crawford) 见 *Pauropsylla triozoptera*
Sympecma 黄丝螅属
Sympecma paedisca (Brauer) 三叶黄丝螅
Sympetalistis 辛巢蛾属
Sympetalistis petrograpta Meyrick 佩辛巢蛾，佩辛谷蛾
Sympetrum 赤蜻属
Sympetrum anomalum Needham 暗赤蜻，南京赤蜻
Sympetrum baccha (Sélys) 大赤蜻，赤衣蜻蜓
Sympetrum baccha baccha (Sélys) 大赤蜻指名亚种
Sympetrum baccha matutinum Ris 大赤蜻褐顶亚种，河南赤蜻
Sympetrum commixtum (Sélys) 淆赤蜻，赤蜻
Sympetrum cordulegaster (Sélys) 长尾赤蜻，长尾蜻蜓，大蜓赤蜻
Sympetrum croceolum (Sélys) 半黄赤蜻
Sympetrum daliensis Zhu 大理赤蜻
Sympetrum danae (Sulzer) 黑赤蜻，小黑赤蜻，丹赤蜻
Sympetrum darwinianum Sélys 夏赤蜻，仲夏蜻蜓，夏赤蜻
Sympetrum depressiusculum (Sélys) 扁腹赤蜻，低尾赤蜻，秋赤蜻，秋红蜻蜓，黑龙江赤蜻
Sympetrum eroticum (Sélys) 竖眉赤蜻
Sympetrum eroticum ardens (McLachlan) 竖眉赤蜻多纹亚种，焰红蜻蜓，眉斑赤蜻，赤卒
Sympetrum eroticum eroticum (Sélys) 竖眉赤蜻指名亚种
Sympetrum fatigans Needham 同 *Sympetrum uniforme*
Sympetrum flaveolum (Linnaeus) 黄斑赤蜻，黄尾赤蜻，黄赤蜻
Sympetrum fonscolombii (Sélys) 方氏赤蜻，白条赤蜻，红脉蜻蜓
Sympetrum frequens (Sélys) 秋赤蜻
Sympetrum gracile Oguma 丽赤蜻
Sympetrum haematoneura Fraser 见 *Sympetrum speciosum haematoneura*
Sympetrum hypomelas (Sélys) 旭光赤蜻，黑底赤蜻，黄唇赤蜻
Sympetrum ignotum Needham 同 *Sympetrum eroticum eroticum*
Sympetrum imitans Sélys 黄腿赤蜻
Sympetrum infuscatum (Sélys) 褐顶赤蜻
Sympetrum kunckeli (Sélys) 小黄赤蜻，孔凯蜻蜓
Sympetrum nantouensis Tang, Yeh *et* Chen 南投赤蜻，纤红蜻蜓
Sympetrum nomurai Asahina 牧赤蜻
Sympetrum orientale (Sélys) 东方赤蜻
Sympetrum parvulum (Bartenev) 姬赤蜻，小赤蜻
Sympetrum pedemontanum (Müller) [banded darter] 褐带赤蜻
Sympetrum risi Bartenef 李氏赤蜻，里氏赤蜻，雷氏赤蜻
Sympetrum rubicundulum (Say) [ruby meadowhawk] 红背赤蜻
Sympetrum ruptum Needham 双横赤蜻，双脉赤蜻
Sympetrum sanguineum (Müller) 血红赤蜻
Sympetrum shaanxiensis Zhang 陕西赤蜻
Sympetrum speciosum Oguma 黄基赤蜻，旭光赤蜻，血赤蜻，方氏赤蜻
Sympetrum speciosum haematoneura Fraser 黄基赤蜻微斑亚种，血红赤蜻
Sympetrum speciosum speciosum Oguma 黄基赤蜻指名亚种
Sympetrum speciosum taiwanum Asahina 黄基赤蜻台湾亚种，黄基蜻蜓，台湾赤蜻
Sympetrum striolatum (Charpentier) 条斑赤蜻，纹赤蜻
Sympetrum striolatum commixtum (Sélys) 条斑赤蜻喜马亚种
Sympetrum striolatum imitoides Bartenev 条斑赤蜻黄色亚种，仿纹赤蜻，条斑黄赤蜻
Sympetrum striolatum striolatum (Charpentier) 条斑赤蜻指名亚种
Sympetrum tibiale (Ris) 黄足赤蜻
Sympetrum transmarina propinqua (Lieftinck) 见 *Tramea transmarina propinqua*
Sympetrum uniforme (Sélys) 大黄赤蜻
Sympetrum virginia (Rambur) 见 *Tramea virginia*
Sympetrum vulgatum (Linnaeus) 普赤蜻，黄腿赤蜻，普通赤蜻
Sympetrum xiaoi Han *et* Zhu 肖氏赤蜻
sympherobiid 1. [= sympherobiid lacewing, brown lacewing] 益蛉 <泛指益蛉科 Sympherobiidae 昆虫>；2. 益蛉科的
sympherobiid lacewing [= sympherobiid, brown lacewing] 益蛉
Sympherobiidae 益蛉科
Sympherobiinae 益蛉亚科
Sympherobius 益蛉属
Sympherobius barberi (Banks) [Barber's brown lacewing] 巴氏益蛉
Sympherobius hainanus Yang *et* Liu 海南益蛉
Sympherobius luojiaensis Yang 同 *Sympherobius tessellatus*
Sympherobius manchuricus Nakahara 东北益蛉
Sympherobius matsucocciphagus Yang 同 *Sympherobius tessellatus*
Sympherobius okinawensis Kuwayama 同 *Sympherobius tessellatus*
Sympherobius piceaticus Yang *et* Yang 云杉益蛉
Sympherobius tessellatus Nakahara 卫松益蛉，格益蛉
Sympherobius tuomurensis Yang 托木尔益蛉，托木益蛉
Sympherobius weisong Yang 同 *Sympherobius tessellatus*
Sympherobius wuyianus Yang 武夷益蛉
Sympherobius yunpinus Yang 云松益蛉
Sympherta 利姬蜂属
Sympherta benxica Sheng, Sun et Li 本溪利姬蜂
Sympherta curvivenica Sheng 弓脉利姬蜂
Sympherta kasparyani Hinz 喀利姬蜂
Sympherta linzhiica Sheng, Sun *et* Li 林芝利姬蜂
Sympherta motuoensis Sheng, Sun *et* Li 墨脱利姬蜂
Sympherta orientalis Kusigemati 东方利姬蜂，东方辛姆姬蜂
Sympherta polycolor Sheng, Sun *et* Li 多利姬蜂
Sympherta recava Sheng *et* Sun 凹利姬蜂
symphile 蚁客，蚁真客
symphilia 互惠群聚
symphily 客栖
Symphonia 新丰螟属
Symphonia trivitralis (Warren) 特新丰螟
Symphoromyia 肾角鹬虻属
Symphoromyia crassicornis (Panzer) 粗肾角鹬虻，粗角肾角鹬虻
Symphoromyia incorrupta Yang, Yang *et* Nagatomi 短柄肾角鹬虻
Symphoromyia liupanshana Yang, Dong *et* Zhang 六盘山肾角鹬虻
Symphoromyia nigripilosa Yang, Dong *et* Zhang 黑毛肾角鹬虻
Symphoromyia pallipilosa Yang, Dong *et* Zhang 白毛肾角鹬虻
Symphoromyia sinensis Yang *et* Yang 中华肾角鹬虻
Symphorosiinae 聚木虱亚科
Symphorosius 聚木虱属
Symphorosius longicellus Li 长室聚木虱
symphotia 趋光群聚
Symphrasinae 合螳蛉亚科

Symphyla 综合纲

Symphylax 平束蝽属

Symphylax sphecimorpha Hsiao 平束蝽

Symphylurinus 愈铗虮属

Symphylurinus orientalis Silvestri 东方愈铗虮

Symphypleona 愈腹䖴目，合腹亚目，愈腹亚目

symphysis 膜连 < 指两骨片间以软膜相连的现象 >

Symphyta [= Chalastogastra, Bomboptera, Sessiliventres] 广腰亚目

Sympiesis 羽角姬小蜂属

Sympiesis chaliloides Yao, Yang *et* Li 袋蛾羽角姬小蜂

Sympiesis closterae Yao, Yang *et* Li 舟蛾羽角姬小蜂

Sympiesis derogatae Kamijo 卷蛾羽角姬小蜂，棉大卷叶螟羽角姬小蜂，棉卷叶螟羽角姬小蜂

Sympiesis dolichogaster Ashmead 长腹羽角姬小蜂

Sympiesis hyblaeae Sureka 全须夜蛾羽角姬小蜂

Sympiesis parnarae Chu *et* Liao 同 *Dimmockia secunda*

Sympiesis qinghaiensis Liao 草原毛虫羽角姬小蜂，草原毛虫姬小蜂

Sympiesis sericeicornis (Nees) 细蛾羽角姬小蜂

Sympiesis striatipes (Ashmead) 纹足羽角姬小蜂

Sympiezomias 灰象甲属，灰象属

Sympiezomias beesoni Marshall 毕氏灰象甲，毕氏灰象

Sympiezomias chenggongensis Chao 呈贡灰象甲，呈贡灰象

Sympiezomias cicatricollis Voss 疤灰象甲，疤灰象

Sympiezomias citri Chao 柑橘灰象甲，柑橘灰象

Sympiezomias clarus Chao 铜光灰象甲，铜光灰象

Sympiezomias cribricollis Kôno 台湾灰象甲，台湾灰象

Sympiezomias elongatus Chao 银灰灰象甲，银灰灰象

Sympiezomias frater Marshall [club-legged weevil] 锤腿灰象甲，锤腿灰象

Sympiezomias gemmius Zhang 宝石灰象甲，宝石灰象

Sympiezomias guangxiensis Chao 广西灰象甲，广西灰象

Sympiezomias herzi Faust 北京灰象甲，北京灰象

Sympiezomias lewisi (Roelofs) 日本灰象甲，日本灰象，刘氏球胸象

Sympiezomias menglongensis Chao 勐龙灰象甲，勐龙灰象

Sympiezomias menzhehensis Chao 勐遮灰象甲，勐遮灰象

Sympiezomias shanghaiensis Chao 上海灰象甲，上海灰象

Sympiezomias unicolor Chao 砖灰灰象甲，砖灰灰象

Sympiezomias variabilis Voss 变异灰象甲，变异灰象

Sympiezomias velatus (Chevrolat) [larger pale curculio] 大灰象甲，大灰象

Sympiezoscelis 亮黑象甲属

Sympiezoscelis spencei Waterhouse [black pine weevil] 南洋杉亮黑象甲，南洋杉亮黑象

Sympis 合夜蛾属

Sympis rufibasis Guenée 红基合夜蛾，合夜蛾，合裳蛾

Sympistis 集冬夜蛾属

Sympistis campicola (Lederer) 野爪集冬夜蛾，野爪冬夜蛾，爪冬夜蛾

Sympistis daishi (Alphéraky) 歹集冬夜蛾

Sympistis grumi (Alphéraky) 丘集冬夜蛾，格集冬夜蛾

Sympistis nigrita (Boisduval) 玄集冬夜蛾

Sympistis nigrita nigrita (Boisduval) 玄集冬夜蛾指名亚种

Sympistis nigrita zetterstedti (Staudinger) 玄集冬夜蛾柴氏亚种，柴集冬夜蛾

Sympistis senica (Eversmann) 叉集冬夜蛾

Sympistis zetterstedti (Staudinger) 见 *Sympistis nigrita zetterstedti*

Symplana 斯杯瓢蜡蝉属

Symplana biloba Meng, Qin *et* Wang 二叶斯杯瓢蜡蝉

Symplana brevicephala Chou, Yuan *et* Wang 见 *Symplanella brevicephala*

Symplana brevistrata Chou, Yuan *et* Wang 短线斯杯瓢蜡蝉

Symplana elongata Meng, Qin *et* Wang 长尾斯杯瓢蜡蝉

Symplana lii Chen, Zhang *et* Wang 李氏斯杯瓢蜡蝉

Symplana longicephala Chou, Yuan *et* Wang 长头斯杯瓢蜡蝉

Symplanella 露额杯瓢蜡蝉属，露额瓢蜡蝉属

Symplanella brevicephala (Chou, Yuan *et* Wang) 短头露额杯瓢蜡蝉

Symplanella hainanensis Yang *et* Chen 海南露额杯瓢蜡蝉

Symplanella recurvata Yang *et* Chen 弯突露额杯瓢蜡蝉

Symplanella unipuncta Zhang *et* Wang 圆斑露额杯瓢蜡蝉，圆斑露额瓢蜡蝉

Symplanella zhongtua Yang *et* Chen 中突露额杯瓢蜡蝉

Symplecis 有室姬蜂属

Symplecta 合大蚊属

Symplecta* (*Psiloconopa*) *gobiensis (Alexander) 戈壁滨合大蚊，戈壁毛翅大蚊

Symplecta* (*Psiloconopa*) *luliana (Alexander) 八仙滨合大蚊，八仙毛翅大蚊，鲁毛翅大蚊，八仙绵大蚊

Symplecta* (*Psiloconopa*) *propensa (Alexander) 原滨合大蚊，垂毛翅大蚊

Symplecta* (*Psiloconopa*) *tridenticulata (Alexander) 三齿滨合大蚊，三齿毛翅大蚊

Symplecta* (*Psiloconopa*) *yasumatsui (Alexander) 山西滨合大蚊

Symplecta* (*Symplecta*) *chosenensis (Alexander) 朝鲜合大蚊

Symplecta* (*Symplecta*) *hybrida (Meigen) 驼背合大蚊，杂毛翅大蚊

symplesiomorphy 共同祖征

Symploce 歪尾蠊属，森蠊属

Symploce acuminata (Shiraki) 尖歪尾蠊，尖歪蠊，细尖森蠊

Symploce biligata (Walker) 双印歪尾蠊

Symploce bispota Feng *et* Woo 双斑歪尾蠊，双斑歪蠊 < 此学名有误写为 *Symploce bispot* Feng *et* Woo 者 >

Symploce cheni Bey-Bienko 见 *Episymploce cheni*

Symploce dimorpha Bey-Bienko 见 *Episymploce dimorpha*

Symploce dispar Bey-Bienko 同 *Episymploce dimorpha*

Symploce dispar Princis 见 *Episymploce dispar*

Symploce evidens Wang *et* Che 横带歪尾蠊，显斑歪尾蠊

Symploce fengyangshanica Liu, Zhu, Dai *et* Wang 凤阳山歪尾蠊

Symploce forficula Bey-Bienko 见 *Episymploce forficula*

Symploce formosana (Shiraki) 见 *Episymploce formosana*

Symploce furcata (Shiraki) 分叉歪尾蠊，叉纹歪蠊，叉纹森蠊，叉伊姬蠊

Symploce gigas Asahina 大歪尾蠊，巨歪蠊，巨大森蠊

Symploce guizhouensis Feng *et* Wu 同 *Episymploce longiloba*

Symploce hemiptera Liu, Zhu, Dai *et* Wang 半翅歪尾蠊

Symploce huangshanica Liu, Zhu, Dai *et* Wang 黄山歪尾蠊

Symploce hunanensis Gou *et* Woo 见 *Episymploce hunanensis*

Symploce incuriosa (de Saussure) 弯曲歪尾蠊

Symploce japonica (Shelford) 日本歪尾蠊，日本歪蠊，日本森蠊
Symploce jianfengensis Feng 见 *Episymploce jianfengensis*
Symploce kryzhanovskii Bey-Bienko 见 *Episymploce kryzhanovshii*
Symploce kunmingi Bey-Bienko 见 *Episymploce kunmingi*
Symploce longiloba Bey-Bienko 见 *Episymploce longiloba*
Symploce mamillatus Feng *et* Woo 见 *Episymploce mamillata*
Symploce modestiformis (Karny) 同 *Blattella biligata*
Symploce nigra Liu, Zhu, Dai *et* Wang 暗黑歪尾蠊
Symploce nigromarginata Liu, Zhu, Dai *et* Wang 黑缘歪尾蠊
Symploce pallens (Stephens) 淡色歪尾蠊
Symploce paramarginata Wang *et* Che 拟缘歪尾蠊
Symploce persica Bey-Bienko 同 *Blattella biligata*
Symploce potanini Bey-Bienko 见 *Episymploce potanini*
Symploce prima Bey-Bienko 见 *Episymploce prima*
Symploce princisi Bey-Bienko 见 *Episymploce princisi*
Symploce quadrispinis Woo *et* Feng 同 *Episymploce kunmingi*
Symploce quarta Bey-Bienko 见 *Episymploce quarta*
Symploce radicifera (Hanitsch) 见 *Blattella radicifera*
Symploce rubroverticis Gou *et* Woo 见 *Episymploce rubroverticis*
Symploce sauteri (Karny) 沙氏歪尾蠊
Symploce secunda Bey-Bienko 见 *Episymploce secunda*
Symploce sphaerica Wang *et* Che 球突歪尾蠊
Symploce spinosa Bey-Bienko 见 *Episymploce spinosa*
Symploce splendens Bey-Bienko 见 *Episymploce splendens*
Symploce striata (Shiraki) 纹歪尾蠊，条纹歪蠊，条纹森蠊
Symploce striata striata (Shiraki) 纹歪尾蠊指名亚种
Symploce striata wulaii Asahina 纹歪尾蠊乌氏亚种，乌来歪蠊，乌来森蠊
Symploce subvicina Bey-Bienko 见 *Episymploce subvicina*
Symploce taiwanica Bey-Bienko 见 *Episymploce taiwanica*
Symploce tertia Bey-Bienko 见 *Episymploce tertia*
Symploce testacea (Shiraki) 黄褐歪尾蠊，黄褐歪蠊
Symploce torchaceus Feng *et* Woo 矩歪尾蠊
Symploce tridens Bey-Bienko 见 *Episymploce tridens*
Symploce unicolor (Bey-Bienko) 见 *Episymploce unicolor*
Symploce vietnami Bey-Bienko 同 *Episymploce sundaica*
Symploce wulai Asahina 乌莱歪尾蠊
Symploce wulingensis Feng *et* Woo 见 *Episymploce wulingensis*
Symploce yayeyamana Asahina 八重山歪尾蠊，八重山歪蠊
Symploce zagulajevi Bey-Bienko 见 *Episymploce zagulajevi*
Symplocodes 齿爪蠊属
Symplocodes amicus Bey-Bienko 云南齿爪蠊，爱类歪蠊
Symplocodes brachialis Feng *et* Guo 同 *Symplocodes ridleyi*
Symplocodes euryloba Zheng, Wang, Che *et* Wang 突齿爪蠊
Symplocodes manubria Feng *et* Woo 长柄齿爪蠊，滇类歪蠊
Symplocodes marmorata (Brunner von Wattenwyl) 云斑齿爪蠊
Symplocodes marmorata marmorata (Brunner von Wattenwyl) 云斑齿爪蠊指名亚种
Symplocodes marmorata tsaii Bey-Bienko 云斑齿爪蠊蔡氏亚种，蔡氏齿爪蠊，蔡氏类歪蠊
Symplocodes ridleyi (Shelford) 长鬃齿爪蠊，雷氏类歪蠊
Symplocodes tsaii Bey-Bienko 见 *Symplocodes marmorata tsaii*
sympolyandria 杂居群聚
symporia 迁移群聚
symport 同向转运
Symposiocladius 钻木直突摇蚊亚属
Sympotthastia 同波摇蚊属，似波摇蚊属
Sympotthastia fulva (Johannsen) 黄褐同波摇蚊，黄褐似波摇蚊，棕辛摇蚊
Sympotthastia gemmaformis Makarchenko 芽同波摇蚊，芽似波摇蚊
Sympotthastia macrocera Serra-Tosio 大须同波摇蚊，大须似波摇蚊
Sympotthastia repentina Makarchenko 匍行同波摇蚊
Sympotthastia spinifera Serro-Tosio 具刺同波摇蚊，具刺似波摇蚊
Sympotthastia takatensis (Tokunaga) 高田同波摇蚊，高田似波摇蚊
Sympotthastia wuyiensis Liu, Ferrington *et* Wang 武夷同波摇蚊
symptom 症状
symptomatology [= semiology] 症状学
Sympycna 黄丝蟌属
Sympycna paedisca (Eversmann) 黄丝蟌
Sympycna paedisca annulata Sélys 黄丝蟌三叶亚种，三叶黄丝蟌
Sympycna paedisca paedisca (Eversmann) 黄丝蟌指名亚种
Sympycninae 合长足虻亚科
Sympycnus 合长足虻属，愈合长足虻属
Sympycnus albisignatus (Becker) 白烙合长足虻
Sympycnus apicalis de Meijere 端点合长足虻，端点长足虻
Sympycnus argentipes de Meijere 银足合长足虻，银足长足虻
Sympycnus bisulcus Becker 偶蹄合长足虻，偶蹄长足虻，二沟辛长足虻
Sympycnus collectus (Walker) 群聚合长足虻，群聚长足虻
Sympycnus flaviantenna Tang, Wang *et* Yang 黄角合长足虻
Sympycnus formosinus Becker 大武合长足虻，大武长足虻，丽辛长足虻
Sympycnus glaucus (Becker) 碧绿合长足虻
Sympycnus laetus Becker 丰合长足虻，丰辛长足虻，绮丽长足虻
Sympycnus longipilosus Tang, Wang *et* Yang 长柔毛合长足虻
Sympycnus luteicinctus Parent 黄带合长足虻，黄带辛长足虻
Sympycnus luteoviridis (Parent) 浅绿合长足虻，浅绿长足虻，黄绿派长足虻
Sympycnus maculatus (Parent) 斑点合长足虻，斑点长足虻，斑派长足虻
Sympycnus nodicornis Becker 结角合长足虻，结角长足虻，节角辛长足虻
Sympycnus nudus Becker 赤裸合长足虻，赤裸长足虻，裸辛长足虻
Sympycnus residuus Becker 残存合长足虻，残存长足虻，静辛长足虻
Sympycnus rutilus Becker 红合长足虻，红辛长足虻，鲜红长足虻
Sympycnus tener Becker 娇嫩合长足虻，娇嫩长足虻，柔辛长足虻
Sympycnus triplex Becker 同 *Sympycnus collectus*
Symydobius 毛斑蚜属
Symydobius alniarius (Matsumura) [Japanese alder maculated aphid] 赤杨毛斑蚜，赤杨绵斑蚜

Symydobius* (*Antisymydobius*) *carefasciatus Qiao *et* Zhang 缺带毛斑蚜

Symydobius* (*Antisymydobius*) *kabae (Matsumura) 见 *Symydobius* (*Yezocallis*) *kabae*

Symydobius* (*Antisymydobius*) *paucisensorius Zhang, Zhang *et* Zhong 少圈毛斑蚜

Symydobius brevicapillus Qiao *et* Zhang 短毛毛斑蚜

Symydobius fumus Qiao *et* Zhang 昙毛斑蚜

Symydobius kabae (Matsumura) 见 *Symydobius* (*Yezocallis*) *kabae*

Symydobius oblongus (von Heyden) 长形毛斑蚜

Symydobius* (*Yezocallis*) *kabae (Matsumura) 黑桦毛斑蚜

syn. [synonym 的缩写] 同物异名，异名

Synale 束弄蝶属

Synale cynaxa (Hewitson) [black-veined ruby-eye] 塞束弄蝶

Synale elana (Plötz) [elana ruby-eye] 埃连束弄蝶

Synale hylaspes (Stoll) 束弄蝶

Synallorema 合斑螟属

Synallorema triangulella (Ragonot) 三角合斑螟，三角同斑螟

synandria 群雄同居

Synanthedon 兴透翅蛾属

Synanthedon acerni (Clemens) [maple callus borer, maple borer] 槭兴透翅蛾，槭透翅蛾，槭蛀愈伤透翅蛾

Synanthedon americana (Beutenmüller) 美兴透翅蛾

Synanthedon auripes (Hampson) 白额兴透翅蛾

Synanthedon auriplena (Walker) 粤黄兴透翅蛾

Synanthedon auritincta (Wileman *et* South) 金彩兴透翅蛾，阿兴透翅蛾

Synanthedon bibionipennis (Boisduval) [strawberry crown moth] 草莓兴透翅蛾，草莓透翅蛾

Synanthedon castanevora Yang *et* Wang 板栗兴透翅蛾，栗兴透翅蛾

Synanthedon concavifascia Le Cerf 弧凹兴透翅蛾

Synanthedon culiciformis (Linnaeus) [large red-belted clearwing] 蚊形兴透翅蛾

Synanthedon culiciformis culiciformis (Linnaeus) 蚊形兴透翅蛾指名亚种

Synanthedon culiciformis biannulata Bartel 蚊形兴透翅蛾二环亚

Synanthedon culiciformis triannulata (Spulet) 蚊形兴透翅蛾三环亚种

Synanthedon dasysceles Bradley [sweet potato clearwing] 红薯兴透翅蛾

Synanthedon elaeagnus Zheng, Zhan *et* Yang 翅果兴透翅蛾

Synanthedon flaviventris (Staudinger) 黄腹兴透翅蛾

Synanthedon haitangvora Yang 海棠兴透翅蛾，海棠透翅蛾

Synanthedon hector (Butler) [cherry tree borer] 苹果红带兴透翅蛾，苹果小透翅蛾，苹猛透翅蛾

Synanthedon hippophae Xu 沙棘兴透翅蛾

Synanthedon hongye Yang 红叶兴透翅蛾，红叶透翅蛾

Synanthedon howqua (Moore) 沪兴透翅蛾，贺兴透翅蛾

Synanthedon hunanensis Xu *et* Liu 湘兴透翅蛾

Synanthedon jinghongensis Yang *et* Wang 景洪兴透翅蛾

Synanthedon kunmingensis Yang *et* Wang 昆明兴透翅蛾

Synanthedon leucocyanea Zukowsky 见 *Adixoa leucocyanea*

Synanthedon magnoliae Xu *et* Jin 厚朴兴透翅蛾

Synanthedon manglaensis Yang *et* Wang 勐腊兴透翅蛾

Synanthedon melli (Zukowsky) 蜜兴透翅蛾

Synanthedon mellinipennis (Boisduval) [ceanothus borer moth, sycamore clearwing] 梧桐兴透翅蛾，梧桐透翅蛾

Synanthedon moganensis Wang *et* Li 莫干兴透翅蛾，莫干透翅蛾

Synanthedon molybdoceps (Hampson) 同 *Sphecodoptera scribai*

Synanthedon mushana (Matsumura) 雾社兴透翅蛾，雾社小透翅蛾，雾社康透翅蛾，木山兴透翅蛾

Synanthedon myopaeformis (Borkhausen) [apple clearwing moth, red-belted clearwing] 苹果红带兴透翅蛾，苹果透翅蛾，苹透翅蛾

Synanthedon novaroensis (Edwards) [Douglas fir pitch moth] 黄杉兴透翅蛾，黄杉透翅蛾，黄杉小透翅蛾

Synanthedon pictipes (Grote *et* Robinson) [lesser peachtree borer] 桃兴透翅蛾，桃小透翅蛾

Synanthedon pini (Kellicott) [pitch mass borer] 松兴透翅蛾，松凝脂透翅蛾，松拟蜂透翅蛾，松群透翅蛾

Synanthedon pyri (Harris) [apple bark borer] 美苹兴透翅蛾，苹旋皮虫

Synanthedon quercus (Matsumura) 栎兴透翅蛾，栎小透翅蛾

Synanthedon resplendens (Edwards) [sycamore borer, western sycamore borer] 埃及榕兴透翅蛾

Synanthedon rhododendri Beutenmüller [rhododendron borer] 杜鹃花兴透翅蛾，杜鹃透翅蛾

Synanthedon sassafras Xu 檫兴透翅蛾

Synanthedon scitula (Harris) [dogwood borer, pecan borer, pecan tree borer] 瑞木兴透翅蛾，瑞木透翅蛾，胡桃透翅蛾

Synanthedon sequoiae (Edwards) [sequoia pitch moth] 美洲杉兴透翅蛾，美洲杉小透翅蛾，水杉拟蜂透翅蛾，水杉透翅蛾

Synanthedon sodalis Püngeler 草兴透翅蛾，侣兴透翅蛾

Synanthedon suichangana Xu *et* Jin 遂昌兴透翅蛾

Synanthedon tenuis (Butler) 柿兴透翅蛾，尖兴透翅蛾，薄小透翅蛾

Synanthedon tipuliformis (Clerck) [currant borer] 黑豆兴透翅蛾，茶藨子兴透翅蛾，茶藨透翅蛾

Synanthedon ulmicola Yang *et* Wang 榆兴透翅蛾

Synanthedon unocingulata Bartel 津兴透翅蛾，单环透翅蛾

Synapha 希菌蚊属

Synapha vitripennis (Meigen) 透明希菌蚊

Synaphalara confluens (Yu) 见 *Strogylocephala confluens*

Synapiina 合盾象甲亚族，合盾象亚族

Synapion 合盾象甲属，合盾象属

Synapion kerzhneri (Ter-Minassian) 克氏合盾象甲，克氏合盾象

Synapion kozlovi Korotyaev 考氏合盾象甲，科辛梨象

synapomorphy 共同衍征

synaporium (动物) 聚合 < 专指因不利环境或疾病引起的联合 >

synapse 1. 联会；2. 突触 < 指神经元的 >

synapse part 突触部件

Synapsis 联蜣螂属

Synapsis birmanica Gillet 缅甸联蜣螂

Synapsis brahminus (Hope) 圣联蜣螂

Synapsis davidi Fairmaire 戴联蜣螂，戴维蜣螂，戴维粪球金龟

Synapsis masumotoi Ôchi 益本联蜣螂，益本蜣螂

Synapsis naxiorum Kral *et* Rejsek 窄联蜣螂

Synapsis simplex Sharp 简联蜣螂

Synapsis tmolus (Fischer) 蒂莫联蜣螂

Synapsis tridens Sharp 三齿联蜣螂

Synapsis yama Gillet 阎王联蜣螂

Synapsis yunnanus Arrow 云南联蜣螂

Synapte 散弄蝶属

Synapte malitiosa (Herrich-Schäffer) [malicious skipper] 黄带散弄蝶

Synapte pecta Evans [northern faceted-skipper] 北散弄蝶

Synapte puma Evans [Panamanian faceted-skipper] 狮散弄蝶

Synapte salenus (Mabille) [salenus faceted-skipper] 暗带散弄蝶

Synapte shiva Evans [faded faceted-skipper] 丧散弄蝶

Synapte silius (Latreille) [rain-forest faceted-skipper, silius skipper] 雨林散弄蝶，散弄蝶

Synapte silna Evans [Southwest-Mexican faceted-skipper] 墨散弄蝶

Synapte syraces (Godman) [bold faceted-skipper] 黄斑散弄蝶

Synaptera [= Thysanura, Ectognatha, Ectotrophi] 缨尾目

synapterous 缨尾类的

synaptic 联会的，梢络的，突触的

synaptic cleft 突触间隙

synaptic frequency 突触频率

synaptic gap 突触间隙

synaptic plasticity 突触可塑性

synaptic transmission 突触传递

synaptic transmitter 突触传递素

synaptic vesicle 突触小泡

synaptonemal complex 联会复合体

synaptosome 突触小体

Synargis 拟螟蚬蝶属

Synargis abaris (Cramer) [abaris metalmark] 雅拟螟蚬蝶

Synargis agle Hewitson 雅戈拟螟蚬蝶

Synargis brennus (Stichel) 布林拟螟蚬蝶

Synargis calyce (Felder *et* Felder) [calyce metalmark] 凯露拟螟蚬蝶

Synargis chaonia Hewitson [chaonia metalmark] 巢拟螟蚬蝶

Synargis cyneus (Hewitson) 细拟螟蚬蝶

Synargis ethelinda (Hewitwon) 褐拟螟蚬蝶

Synargis gela (Hewitson) [gela metalmark] 胶拟螟蚬蝶

Synargis maxavalica Seitz 马克拟螟蚬蝶

Synargis mycone (Hewitson) [variable lenmark, rusty metalmark, mycone metalmark] 木拟螟蚬蝶

Synargis nycteus Godman *et* Salvin 黑拟螟蚬蝶

Synargis nymphidioides (Butler) [greater lenmark, greater metalmark] 女神拟螟蚬蝶

Synargis ochra Butes [dreamy lenmark, ochra metalmark] 赭拟螟蚬蝶

Synargis odites (Cramer) 奥迪拟螟蚬蝶

Synargis orestes (Cramer) 拟螟蚬蝶

Synargis orestessa (Hübner) [orestessa metalmark] 奥瑞拟螟蚬蝶

Synargis palaeste Hewitson [palaeste lenmark, palaeste metalmark] 古拟螟蚬蝶

Synargis pelope (Hübner) 倍乐拟螟蚬蝶

Synargis phillone (Godart) 飞龙拟螟蚬蝶

Synargis phliasus (Cramer) [sister metalmark] 福来拟螟蚬蝶

Synargis phylleus (Cramer) 浮叶拟螟蚬蝶

Synargis regulus (Fabricius) 帝王拟螟蚬蝶

Synargis satysoides (Lathy) 沙拟螟蚬蝶

Synargis sorana Stoll 梭拟螟蚬蝶

Synargis sylvarum (Bates) 树拟螟蚬蝶

Synargis tytia (Cramer) 图腾拟螟蚬蝶

Synargis velabrum (Godman *et* Salvin) 维勒拟螟蚬蝶

Synargis vietrix (Rebel) 维特拟螟蚬蝶

synarthrosis 不动关节

syncephalon 合头 < 在胚胎发育中，由口前叶和一个或数个体节合并而成的合头 >

syncerebrum 合脑 < 即昆虫中的复合脑 >

Synchalara 茶木蛾属，茶谷蛾属

Synchalara rhizograpta Meyrick 根茶木蛾，根茶谷蛾

Synchalara rhombota Meyrick 菱茶木蛾，茶回蛀蛾，菱茶谷蛾，菱翅窄蛾，茶灰木蛾，茶谷蛾

syncheimadia 集体越冬群聚

Synchloe belia (Linnaeus) 见 *Anthocharis belia*

Synchloe callidice (Esper) 见 *Pontia callidice*

Synchloe callidice kalora (Moore) 见 *Pontia callidice kalora*

Synchloe chumbiensis de Nicéville 见 *Pieris chumbiensis*

Synchloe dubernardi (Oberthür) 见 *Pieris dubernardi*

Synchloe dubernardi rothschildi (Verity) 见 *Pieris rothschildi*

Synchloe kozlovi (Alphéraky) 见 *Pieris kozlovi*

Synchloe stotzneri Draeseke 见 *Pieris stotzneri*

Synchlora 合绿尺蛾属

Synchlora aerata (Fabricius) [wavy-lined emerald moth, camouflaged looper] 曲线合绿尺蛾

Synchlora aerata aerata (Fabricius) 曲线合绿尺蛾指名亚种

Synchlora aerata albolineata Packard 曲线合绿尺蛾白纹亚种

synchorology 群落分布学

synchoropaedia 多亲群聚

synchroa bark beetle [= synchroid beetle, synchroid] 齿胫甲，长扁朽木虫 < 齿胫甲科 Synchroidae 昆虫的通称 >

Synchroa 齿胫甲属，长扁朽木虫属

Synchroa chinensis Nikitsky 中华齿胫甲

Synchroa elongatula Nikitsky 长形齿胫甲

Synchroa formosana Hsiao 台湾齿胫甲，蓬莱长扁朽木虫

Synchroa melanotoides Lewis 似形齿胫甲

Synchroa pangu Hsiao, Li, Liu *et* Pang 见 *Thescelosynchroa pangu*

Synchroa punctata Newman 点刻齿胫甲

Synchroa quiescens Wickham 静默齿胫甲

synchroid 1. [= synchroid beetle, synchroa bark beetle] 齿胫甲，长扁朽木虫；2. 齿胫甲科的

synchroid beetle [= synchroid, synchroa bark beetle] 齿胫甲，长扁朽木虫

Synchroidae 齿胫甲科，长扁朽木虫科

Synchroina 小齿胫甲属

Synchroina tenuipennis Fairmaire 纤鞘小齿胫甲

synchronism 见 synchrony

synchronization 同步

synchronous growth 同步生长

synchronous muscle 同步肌

synchronous muscle fibril 协同肌纤维

synchrony 见 synchronism

synciput 眼间顶 < 指头顶之在复眼间的部分 >

Synclera 锥须野螟属

Synclera traducalis (Zeller) 特锥须野螟，特尖须野螟
synclerobiosis 偶然共栖 <常指两种蚁类的>
Synclisis 击大蚁蛉属
Synclisis baetica (Rambur) 广击大蚁蛉
Synclisis japonica (MacLachlan) 追击大蚁蛉
Synclisis kawaii (Nakahara) 台湾击大蚁蛉，三齿蚁蛉
Synclita obliteralis (Walker) 见 *Elophila obliteralis*
synclopia 盗窃共生群聚
syncollesia 黏附群聚
Syncopacma 柄麦蛾属
Syncopacma albifrontella (Heinemann) 欧洲柄麦蛾
Syncopacma henanensis Li *et* Wang 河南柄麦蛾
Syncopacma ningxiana Li 宁夏柄麦蛾
Syncopacma shaanxiensis Li 陕西柄麦蛾
Syncopacma tibetensis Li 西藏柄麦蛾
Syncosmia 合异尺蛾属
Syncosmia bicornuta Inoue 双角合异尺蛾
Syncosmia patinata Warren 绿合异尺蛾，绿异尺蛾
Syncosmia trichophora (Hampson) 毛合异尺蛾
Syncricotopus 同环足摇蚊属
Syncricotopus lucidus (Staeg) 发亮同环足摇蚊
Syncricotopus rufiventris (Meigen) 红腹同环足摇蚊
Syncricotopus sessilis Kieffer 低矮同环足摇蚊
syncytial 合胞的，合胞体的 <参阅 syncytium>
syncytium 合胞体 <指原生质体合并而细胞核不合并所形成的原生质团>
Syndelphax 宽片飞虱属
Syndelphax disonymos (Kirkaldy) 长突宽片飞虱，南方综飞虱
Syndemis 综卷蛾属，纹卷蛾属
Syndemis afflictana (Walker) [gray leafroller, dead leaf roller, black-and-gray banded leafroller] 暗灰综卷蛾
Syndemis axigera Diakonoff 见 *Anisotenes axigera*
Syndemis cedricola (Diakonoff) [Lebanese cedar shoot moth] 雪松综卷蛾
Syndemis erythrothorax Diakonoff 红胸综卷蛾
Syndemis musculana (Hübner) [illusory tortricid, afternoon twist moth] 灰综卷蛾，灰纹卷蛾
Syndemis perpulchrana (Kennel) 见 *Tosirips perpulchranus*
Syndemis supervacanea Razowski 尖综卷蛾，超纹卷蛾
Syndemis xanthopterana Kostyuk 黄翅综卷蛾
Syndesinae 拟锹甲亚科
syndesis 膜关节
Syndiamesa 同寡角摇蚊属
Syndiamesa alica Yan, Ye *et* Wang 阿里同寡角摇蚊
Syndiamesa mira (Makarchenko) 奇异同寡角摇蚊
Syndiamesa pertirax (Garrett) 见 *Pseudodiamesa pertinax*
Syndiamesa pubitarsis Zetterstedt 毛跗同寡角摇蚊
Syndiamesa yosiii Tokunaga 尤氏同寡角摇蚊
Syndicus 缩节苔甲属
Syndicus grossepunctatus Yin *et* Li 点胸缩节苔甲
Syndicus hainanicus Yin *et* Li 海南缩节苔甲
Syndicus himalayanus Franz 喜马缩节苔甲
Syndicus jaloszynskii Yin *et* Song 硕缩节苔甲
Syndicus long Zhou *et* Yin 龙缩节苔甲
Syndicus philippinus Yin *et* Zhou 菲缩节苔甲
Syndicus qiong Yin *et* Zhou 琼缩节苔甲
Syndicus schuelkei Jałoszyński 同 *Syndicus sinensis*
Syndicus sichuanicus Yin *et* Zhou 四川缩节苔甲
Syndicus sinensis Jałoszyński 中华缩节苔甲
Syndiposis 合瘿蚊属
Syndiposis petioli (Kieffer) 山杨合瘿蚊
syndrome 1. 综合征状，征候群；2. 综合体
Syndyas 隐脉驼舞虻属，隐驼舞虻属，双舞虻属
Syndyas nigripes (Zetterstedt) 黑色隐脉驼舞虻，黑辛舞虻
Syndyas orientalis Frey 东方隐脉驼舞虻，东方辛舞虻，东洋舞虻
Syndyas sinensis Yang *et* Yang 中华隐脉驼舞虻
Syndyas tibetensis Wang, Yao *et* Yang 西藏隐脉驼舞虻
Syndyas yunmengshanensis Yang 云蒙山隐脉驼舞虻
Syneches 柄驼舞虻属，合舞虻属
Syneches acutatus Saigusa *et* Yang 尖突柄驼舞虻
Syneches ancistroides Li, Zhang *et* Yang 钩突柄驼舞虻
Syneches apiciflavus Yang, Yang *et* Hu 黄端柄驼舞虻，端黄柄驼舞虻
Syneches astigma Wang, Wang *et* Yang 无痣柄驼舞虻
Syneches baotianmana Yang, Wang, Zhu *et* Zhang 宝天曼柄驼舞虻
Syneches basiniger Yang *et* Wang 基黑柄驼舞虻
Syneches bicornutus Yang *et* Yang 双角柄驼舞虻
Syneches bigoti Bezzi 茅埔柄驼舞虻，茅埔舞虻，拜氏柄驼舞虻
Syneches distinctus Wang, Wang *et* Yang 凹柄驼舞虻
Syneches flavicoxa Wang, Wang *et* Yang 黄基柄驼舞虻
Syneches flavitibia Wang, Wang *et* Yang 黄胫柄驼舞虻
Syneches fujianensis Yang *et* Yang 福建柄驼舞虻
Syneches furcatus Saigusa *et* Yang 叉突柄驼舞虻
Syneches guangdongensis Yang *et* Grootaert 广东柄驼舞虻
Syneches guangxiensis Yang 广西柄驼舞虻
Syneches guizhouensis Yang *et* Yang 贵州柄驼舞虻
Syneches indistinctus Wang, Wang *et* Yang 弱凹柄驼舞虻
Syneches latus Yang *et* Grootaert 宽端柄驼舞虻
Syneches lii Yang, Wang, Zhu *et* Zhang 李氏柄驼舞虻
Syneches luanchuanensis Yang *et* Wang 栾川柄驼舞虻
Syneches luctifer Bezzi 甲仙柄驼舞虻，甲仙舞虻，乳柄驼舞虻
Syneches maoershanensis Yang 猫儿山柄驼舞虻
Syneches medoganus Zhao, Ding, Lin *et* Yang 墨脱柄驼舞虻
Syneches muscarius (Fabricius) 斑翅柄驼舞虻，蝇刷柄驼舞虻
Syneches nankunshanensis Li, Zhang *et* Yang 南昆山柄驼舞虻
Syneches nanlingensis Yang *et* Grootaert 南岭柄驼舞虻
Syneches nigrescens Shi, Yao *et* Yang 黑胸柄驼舞虻
Syneches nigritibia Zhao, Ding, Lin *et* Yang 黑胫柄驼舞虻
Syneches praestans Bezzi 星斑柄驼舞虻，星斑舞虻，普柄驼舞虻
Syneches pullus Bezzi 棕色柄驼舞虻，棕色舞虻，暗柄驼舞虻
Syneches serratus Yang, An *et* Gao 齿突柄驼舞虻
Syneches shumuyuanensis Li, Zhang *et* Yang 树木园柄驼舞虻
Syneches singularis Yang *et* Yang 单角柄驼舞虻
Syneches sublatus Yang *et* Grootaert 淡胸柄驼舞虻
Syneches tibetanus Yang *et* Yang 西藏柄驼舞虻
Syneches wangae Wang, Wang *et* Yang 王氏柄驼舞虻
Syneches xanthochromus Yang *et* Yang 黄胸柄驼舞虻

Syneches xiaohuangshanensis Yang *et* Grootaert 小黄山柄驼舞虻
Syneches xui Yang *et* Grootaert 许氏柄驼舞虻
Syneches zhejiangensis Yang *et* Wang 浙江柄驼舞虻
synechorology [= synchorology] 综合分布学
synechthren [= syllestia] 主盗群聚
synecology 群体生态学，群落生态学
synecthran 蚁盗
synecthry 强迫共栖 < 常指强居于蚁巢中的昆虫与该蚁的共栖关系 >
Synegia 浮尺蛾属，锯黄尺蛾属
Synegia angusta Prout 狭浮尺蛾
Synegia angusta angusta Prout 狭浮尺蛾指名亚种
Synegia angusta divergens Wehrli 狭浮尺蛾分离亚种，离角浮尺蛾
Synegia esther Butler 埃浮尺蛾，黑锯黄尺蛾
Synegia estherodes Satô 宽浮尺蛾，宽锯黄尺蛾
Synegia eumeleata Prout 尤浮尺蛾，粗锯黄尺蛾
Synegia hadassa (Butler) 云浮尺蛾
Synegia hadassa hadassa (Butler) 云浮尺蛾指名亚种
Synegia hadassa subomissa Wehrli 云浮尺蛾西南亚种，西南云浮尺蛾
Synegia hormosticta Prout 霍浮尺蛾
Synegia imitaria Walker 仿浮尺蛾
Synegia limitata (Warren) 褐边浮尺蛾，褐边锯黄尺蛾，限信尺蛾
Synegia masuii Satô 隐浮尺蛾，隐锯黄尺蛾
Synegia obliquifasciata Wehrli 斜带浮尺蛾
Synegia omissa Warren 奥浮尺蛾
Synegia pallens Inoue 淡浮尺蛾
Synegia pallens abeliae Satô 淡浮尺蛾双锯亚种，双锯黄尺蛾
Synegia pallens pallens Inoue 淡浮尺蛾指名亚种
Synegia phaiotaeniata Wehrli 暗带浮尺蛾
Synegia purpurascens (Warren) 紫浮尺蛾
Synegia rosearia Leech 同 *Synegia purpurascens*
Synegiodes 赤金尺蛾属
Synegiodes brunnearia (Leech) 褐赤金尺蛾，棕碟尺蛾
Synegiodes diffusifascia Swinhoe 暗带赤金尺蛾，兴尺蛾
Synegiodes elasmlatus Cui, Jiang *et* Han 宽赤金尺蛾
Synegiodes expansus Cui, Jiang *et* Stüning 展赤金尺蛾
Synegiodes histrionaria Swinhoe 花赤金尺蛾，白斑花姬尺蛾
Synegiodes histrionaria histrionaria Swinhoe 花赤金尺蛾指名亚种
Synegiodes histrionaria ornata (Bastelberger) 见 *Synegiodes ornata*
Synegiodes hyriaria (Walker) 白点赤金尺蛾，骇赤金尺蛾
Synegiodes obliquifascia Prtout 斜带赤金尺蛾，黑带赤金尺蛾
Synegiodes ornata (Bastelberger) 台湾赤金尺蛾，白斑花姬尺蛾，黑额花姬尺蛾，饰赤金尺蛾
Synegiodes punicearia Xue 粉斑赤金尺蛾
Synegiodes sanguinaria (Moore) 淡红赤金尺蛾，赤金尺蛾
synergic difference 增效差
synergic ratio [abb. SR] 增效比，增效系数
Synergini 客瘿蜂族
synergism 增效作用；协合作用
synergist 增效剂
synergistic ratio 增效比

Synergus 客瘿蜂属
Synergus belizinellus Schwéger *et* Melika 柏氏客瘿蜂
Synergus castaneus Pujade-Villar, Bernardo *et* Viggiani 栗客瘿蜂
Synergus changtitangi Melika *et* Schwéger 岛客瘿蜂
Synergus chinensis Melika, Ács *et* Bechtold 中国客瘿蜂
Synergus deqingensis Pujade-Villar, Wang *et* Chen 德钦客瘿蜂
Synergus drouarti Pujade-Villa 德氏客瘿蜂
Synergus formosanus Schwéger *et* Melika 台湾客瘿蜂
Synergus gallaepomiformis (Boyer de Fonscolombe) 球瘿客瘿蜂
Synergus gifuensis Ashmead 岐阜客瘿蜂
Synergus huapingshanensis (Liu, Yang *et* Zhu) 花平山客瘿蜂，花平山副客瘿蜂
Synergus ishikarii Melika *et* Schwéger 石狩客瘿蜂
Synergus japonicus Walker 日本客瘿蜂
Synergus jezoensis Uchida *et* Sakagami 虾夷客瘿蜂
Synergus kawakamii Tang *et* Melika 川上客瘿蜂
Synergus khazani Melika *et* Schwéger 克氏客瘿蜂
Synergus mongolicus Pujade-Villar *et* Wang 蒙古客瘿蜂
Synergus pallipes Harting 白足客瘿蜂
Synergus ponsatiae Lobato-Vila *et* Pujade-Villar 珀氏客瘿蜂
Synergus rovirae Lobato-Vila *et* Pujade-Villar 洛氏客瘿蜂
Synergus symbioticus Schwéger *et* Melika 共客瘿蜂
Synergus xiaolongmeni Melika, Ács *et* Bechtold 小龙门客瘿蜂
Synesarga 共褶祝蛾属，兴祝蛾属，辛卷麦蛾属
Synesarga atriptera Xu *et* Wang 黑共褶祝蛾，黑兴祝蛾
Synesarga bleszynskii (Gozmány) 博氏共褶祝蛾，博氏兴祝蛾，博辛卷麦蛾
Synesarga caradjai Gozmány 卡氏共褶祝蛾，卡氏兴祝蛾，卡辛卷麦蛾
Synesarga pseudocathara (Diakonoff) 伪共褶祝蛾，共褶祝蛾，伪兴祝蛾，伪辛卷麦蛾
Syneta 锯胸叶甲属
Syneta abbreviata Gressitt 见 *Aulexis abbreviata*
Syneta adamsi Baly 锯胸叶甲，脊翅锯胸叶甲
Syneta betulae (Fabricius) 桦锯胸叶甲
Syneta brevidentata Gressitt 见 *Aulexis brevidentata*
Syneta carinata (Pic) 见 *Aulexis carinata*
Syneta hainana Gressitt 同 *Aulexis hochi*
Syneta magniscapa Gressitt 同 *Aulexis carinata*
Syneta simplex LeConte 简锯胸叶甲
Syneta unicolor Gressitt 见 *Aulexis unicolor*
Syneta ventralis Gressitt 见 *Aulexis ventralis*
Synetinae 锯胸叶甲亚科
Syngamia 环角野螟属
Syngamia abruptalis (Walker) [ocimum leaf folder] 褐黄环角野螟，环角野螟
Syngamia falsidicalis (Walker) 黄褐珐环角野螟 < 此学名有误写为 *Syngamia falcidicalis* (Walker) 者 >
Syngamia floridalis (Zeller) 见 *Aethaloessa floridalis*
Syngamia floridalis tiphalis (Walker) 同 *Aethaloessa calidalis*
Syngamia latimarginalis (Walker) 宽缘环角野螟
Syngamia vibiusalis Walker 威环角野螟
Syngamoptera 合夜蝇属
Syngamoptera amurensis Schnabl 黑龙江合夜蝇
Syngamoptera angustifrontata Fan 狭额合夜蝇

Syngamoptera brunnescens (Malloch) 棕色合夜蝇，褐色夜蝇

Syngamoptera chekiangensis (Ôuchi) 浙江合夜蝇

Syngamoptera flavipes (Coquillett) 黄足合夜蝇

Syngamoptera gigas Fan 巨合夜蝇

Syngamoptera jirisanensis Fan 智异山合夜蝇，智异合夜蝇

Syngamoptera unilineata Fan 单线合夜蝇

synganglion 合神经节

syngeneic 同基因的

syngenesis 群落演替

syngenetics 演替生态学

Syngenopsyllus 共系蚤属

Syngenopsyllus calceatus (Rothschild) 鞋形共系蚤

Syngenopsyllus calceatus calceatus (Rothschild) 鞋形共系蚤指名亚种

Syngenopsyllus calceatus remotus Li, Xie *et* Pan 鞋形共系蚤边远亚种

Syngenopsyllus lui Li 卢氏共系蚤

Syngrapha 锌纹夜蛾属，美金翅夜蛾属

Syngrapha ain (Hochenwarth) 埃锌纹夜蛾，北方美金翅夜蛾

Syngrapha diasema (Boisduval) 黄裳锌纹夜蛾

Syngrapha egena (Guenée) 见 *Autoplusia egena*

Syngrapha flammifera Chou *et* Lu 同 *Syngrapha interrogationis*

Syngrapha interrogationis (Linnaeus) [scarce silver Y] Y 锌纹夜蛾，锌纹夜蛾，伏锌美金翅夜蛾

syngynia 群雌同居

Synharmonia 和瓢虫属，和谐瓢虫属

Synharmonia bissexnotata (Mulsant) 十二斑和瓢虫

Synharmonia conglobata (Linnaeus) 菱斑和瓢虫

Synharmonia contaminata Ménétriés 褐斑和瓢虫

Synharmonia octomaculata (Fabricius) 八斑和瓢虫

synhesia 交配群聚

synhesma 交配期群聚

Synhoria 拟霍芫菁属，拟红芫菁属

Synhoria maxillosa (Fabricius) 钳齿拟霍芫菁，钳齿拟红芫菁

Syniaxis notaticollis Breuning 黑斑回天牛

Syniaxis strandi Breuning 白斑回天牛

Synista [= Synistata] 共舌类 < 指脉翅目昆虫中口器不发达，而形成一不完全管状构造者 >

Synistata 1. [= Neuroptera] 脉翅目；2. [= Synista] 共舌类

synizesis 凝线期

synlestid 1. [= synlestid damselfly, sylph, malachite] 综蟌 < 综蟌科 Synlestidae 昆虫的通称 >；2. 综蟌科的

synlestid damselfly [= synlestid, sylph, malachite] 综蟌

Synlestidae [= chlorolestidae] 综蟌科，洵蟌科，绿丝蟌科

Synnada 星那象甲属，星那象属

Synnada bicolorata Voss 双色星那象甲，双色星那象

Synochoneura 毛垫卷蛾属

Synochoneura dentana Wang *et* Li 齿毛垫卷蛾

Synochoneura ochriclivis (Meyrick) 长腹毛垫卷蛾，赭斯诺卷蛾，赭棕卷蛾

Synochoneura tapaishani (Candja) 宽板毛垫卷蛾

Synoeca 合巢马蜂属

Synoeca septentrionalis Richards 北部合巢马蜂

synoecium 合巢群聚

synoecy 客栖 < 指蚁类与其客虫以冷淡或容忍方式的共栖 >

synoekete 客虫

synoenocyte 绛色细胞合体 < 见于摇蚊科 Chironomidae 昆虫中成虫的绛色细胞 >

Synolobus modestus Faust 见 *Calomycterus modestus*

Synommatus 星诺象甲属，星诺象属

Synommatus interruptus Pascoe 断星诺象甲，断星诺象

synomone 互益素，互利信息素，互利素

Synona 新丽瓢虫属

Synona consanguinea Poorani, Ślipiński *et* Booth 红颈新丽瓢虫，红胸黑瓢虫，红颈瓢虫

Synona melanaria (Mulsant) 黑新丽瓢虫

Synona obscura Poorani, Ślipiński *et* Booth 褐新丽瓢虫

Synona philippinensis Poorani, Ślipiński *et* Booth 菲新丽瓢虫

Synonycha 突肩瓢虫属，肩瓢虫属

Synonycha grandis (Thunberg) 大突肩瓢虫，大十三星瓢虫，大辛诺瓢虫

synonym [abb. syn.] 同物异名，异名

synonymous 异名的

synonymous nucleotide substitution 核苷酸同义替代数，核苷酸同义替换数

synonymous substitution 同义替换

synonymous substitution rate [abb. Ks] 同义替换率

synoporia 逃逸群聚

Synopsia 参尺蛾属

Synopsia kindermannaria Staudinger 见 *Spartopteryx kindermannaria*

Synopsia sociaria (Hübner) 索参尺蛾

Synopsia sociaria unitaria Prout 同 *Synopsia sociaria*

Synopsia strictaria (Lederer) 密参尺蛾

Synorbitomyia 合眶蜂麻蝇属，环蝇属

Synorbitomyia linearis (Villeneuve) 台湾合眶蜂麻蝇，台合眶蜂麻蝇，线形环蝇

Synorchestes 塞诺象甲属

Synorchestes grisescens Voss 灰塞诺象甲，灰塞诺象

Synorthocladius 同直突摇蚊属

Synorthocladius bifidus Liu *et* Wang 二叉同直突摇蚊

Synorthocladius semivirens (Kieffer) 半绿同直突摇蚊，半同直突摇蚊

Synosternus 合板蚤属

Synosternus longispinus (Wagner) 长鬃合板蚤

synovigenic 兼性的，卵育的，同步的

synovigenic endoparasitoid 兼性内拟寄生物，谐产类内拟寄生物，卵育型内拟寄生物

synovigenic parasitoid 兼性拟寄生物，谐产类拟寄生物，卵育型拟寄生物

synovigeny 兼性拟寄生型，谐产类拟寄生型，卵育型

synparasitism 共寄生

Synpsylla 联木虱属，兴木虱属

Synpsylla wendlandiae Yang 锦联木虱，水锦树缺距木虱，梨斑兴木虱

synsitia 壳外共生

synsternite 合腹节

Synstrophus 辛长朽木甲属

Synstrophus klapperichi Pic 柯辛长朽木甲

Synstrophus rollei (Pic) 罗辛长朽木甲

Syntactus 合姬蜂属

Syntactus delusor (Linnaeus) 山西合姬蜂

Syntactus jiulianicus Sun *et* Sheng 九连合姬蜂

Syntactus niger Sheng, Sun *et* Li 全黑合姬蜂

Syntactus rugosus Sheng, Sun *et* Li 皱合姬蜂

Syntaracta limitata Warren 见 *Synegia limitata*

Syntarucus plinius (Fabricius) 见 *Leptotes plinius*

Syntelia 长阎甲属

Syntelia davidis Fairmaire 大卫长阎甲，达长阎甲，达辛阎甲

Syntelia histeroides Lewis 长阎甲

Syntelia mazuri Zhou 马氏长阎甲

Syntelia sinica Zhou 中华长阎甲

Syntelia westwoodi Sallé 威氏长阎甲

synteliid 1. [= synteliid beetle, false clown beetle] 长阎甲，长阎虫 < 长阎甲科 Synteliidae 昆虫的通称 >；2. 长阎甲科的

synteliid beetle [= synteliid, false clown beetle] 长阎甲，长阎虫

Synteliidae 长阎甲科，长阎虫科

Syntetarca 合跗祝蛾属

Syntetarca pilidia Wu 冠鳞合跗祝蛾

syntexid 1. [= syntexid wasp] 杉蜂，香柏树蜂 < 杉蜂科 Syntexidae 昆虫的通称 >；2. 杉蜂科的

syntexid wasp [= syntexid] 杉蜂，香柏树蜂

Syntexidae 杉蜂科，香柏树蜂科

Syntexis libocedrii Rohwer [incense cedar wasp, incense cedar wood wasp, cedar wood wasp] 香杉树蜂，雪松香杉蜂

synthase 合酶

synthemistid 1. [= synthemistid dragonfly, tigertail, southern emerald] 综蜻，聚蜻 < 综蜻科 Synthemistidae 昆虫的通称 >；2. 综蜻科的

synthemistid dragonfly [= synthemistid, tigertail, southern emerald] 综蜻，聚蜻

Synthemistidae 综蜻科，聚蜻科 < 此科学名有误写为 Synthemidae 者 >

Syntherata 树大蚕蛾属

Syntherata janetta White 白氏树大蚕蛾

Syntherata loepoides Butler 树大蚕蛾

Synthesiomyia 综蝇属，室蝇属

Synthesiomyia nudiseta (van der Wulp) 裸芒综蝇，红尾室蝇

synthetase 合成酶

synthetic 1. 综合的；2. 合成的

synthetic diet 合成饲料

synthetic pheromone 合成信息素

synthlipsis 1. 顶缩 < 指仰泳蝽属 *Notonecta* 头顶基部的缢缩 >；2. 眼接 < 指二复眼在上方相互接近 >；3. 复眼间距

synthorax 合胸 < 指中胸与后胸愈合在一起 >

Synthyridomyia 辛蠓亚属，新蠓亚属

Syntomaula 综尖蛾属

Syntomaula simulatella (Walker) 宽综尖蛾

Syntomeida epilais (Walker) [polka-dot wasp moth, oleander caterpillar] 夹竹桃鹿蛾

Syntomernus 合茧蜂属

Syntomernus ascovertex Chen *et* Yang 革顶合茧蜂

Syntomernus carinatus Yang *et* Chen 脊背合茧蜂

Syntomernus gladius Yang *et* Chen 光顶合茧蜂

Syntomernus longicarinatus Chen *et* Yang 长脊合茧蜂

Syntomernus pusillus Enderlein 小突合茧蜂

Syntomidae [= Euchromiidae, Ctenuchidae, Amatidae] 鹿蛾科，鹿子蛾科，蜂蛾科

Syntomis 鹿蛾属 *Amata* 的异名

Syntomis acrospila (Felder) 见 *Amata acrospila*

Syntomis actea (Swinhoe) 见 *Amata actea*

Syntomis actea swinhoei Leech 见 *Caeneressa swinhoei*

Syntomis bicincta (Kollar) 见 *Amata bicincta*

Syntomis blanchardi Poujade 同 *Eressa multigutta*

Syntomis cingulata Weber 见 *Amata cingulata*

Syntomis consequa (Leech) 见 *Amata consequa*

Syntomis cyssea (Stoll) 见 *Amata cyssea*

Syntomis dichotoma Leech 见 *Amata dichotoma*

Syntomis dichotoma concurrens Leech 见 *Amata concurrens*

Syntomis dichotoma formosensis Wileman 见 *Amata formosensis*

Syntomis divisa Walker 见 *Amata divisa*

Syntomis edwarsdsi taihokuensis Sonan 同 *Amata edwardsii edwardsii*

Syntomis euryzona (Leech) 见 *Amata euryzona*

Syntomis formosae Butler 见 *Amata formosae*

Syntomis fortunei Orza 见 *Amata fortunei*

Syntomis fortunei formosensis Wileman 见 *Amata formosensis*

Syntomis germana Felder 见 *Amata germana*

Syntomis germana hirayamae (Matsumura) 见 *Amata germana hirayamae*

Syntomis germana mandarina Butler 见 *Amata germana mandarinia*

Syntomis graduata Hampson 见 *Caeneressa graduata*

Syntomis grotei Moore 见 *Amata grotei*

Syntomis handelmazettii Zerny 见 *Amata handelmazzettii*

Syntomis herzii Turati 见 *Amata ganssuensis herzii*

Syntomis hoppo Matsumura 同 *Caeneressa diaphana diaphana*

Syntomis horishana Matsumura 同 *Caeneressa diaphana diaphana*

Syntomis hunana Zerny 见 *Amata hunana*

Syntomis interrupta Wileman 同 *Amata persimilis*

Syntomis issikii Sonan 见 *Amata issikii*

Syntomis jankowskyi Rothschild 同 *Amata emma*

Syntomis kolthoffi Bryk 同 *Amata germana genzana*

Syntomis leechi Rothschild 同 *Amata confluens*

Syntomis leucoma Leech 同 *Caeneressa rubrozonata rubrozonata*

Syntomis lucerna Wileman 见 *Amata lucerna*

Syntomis lucerna flava Wileman 见 *Amata flava*

Syntomis luteifascia Hampson 见 *Amata luteifascia*

Syntomis masoni Moore 见 *Amata masoni*

Syntomis melaena Hampson 同 *Caeneressa diaphana diaphana*

Syntomis melanocera Hampson 见 *Amata ganssuensis melanocera*

Syntomis muirheadi Felder *et* Felder 见 *Caeneressa diaphana muirheadi*

Syntomis muirheadi aucta Leech 见 *Amata aucta*

Syntomis multigutta Walker 见 *Eressa multigutta*

Syntomis owstoni (Rothschild) 见 *Amata owstoni*

Syntomis pasca Leech 见 *Amata pasca*

Syntomis passalis Fabricius 见 *Amata passalis*

Syntomis perixantha Hampson 见 *Amata perixanthia*

Syntomis perixantha sinensis (Rothschild) 见 *Amata sinensis*

Syntomis persimilis Leech 见 *Amata persimilis*

Syntomis phegea (Linnaeus) 见 *Amata phegea*

Syntomis phegea leucoma Leech 同 *Caeneressa rubrozonata rubrozonata*

Syntomis polymita Linnaeus 同 *Amata fenestrata*

Syntomis pratti Leech 见 *Caeneressa pratti*

Syntomis rantaisana Sonan 见 *Amata rantaisana*
Syntomis rubrozonata Poujade 见 *Caeneressa rubrozonata*
Syntomis sladeni Moore 见 *Amata sladeni*
Syntomis sperbius Fabricius 见 *Amata sperbius*
Syntomis swinhoei Leech 见 *Caeneressa swinhoei*
Syntomis swinhoei obsoleta Leech 见 *Caeneressa obsoleta*
Syntomis taiwana Miyake 同 *Amata edwardsii edwardsii*
Syntomis torquata Leech 同 *Amata emma*
Syntomis xanthoma Leech 见 *Amata xanthoma*
Syntomis yunnanensis (Rothschild) 见 *Amata yunnanensis*
Syntomoides 拟辛鹿蛾属，鹿蛾属
Syntomoides catena Wileman 同 *Eressa confinis*
Syntomoides finitima Wileman 同 *Eressa confinis*
Syntomoides godarti Boisduval 同 *Syntomoides imaon*
Syntomoides imaon (Cramer) [handmaiden moth] 伊拟辛鹿蛾，伊贝鹿蛾
Syntomopus 矩胸金小蜂属
Syntomopus fuscipes Huang 棕足矩胸金小蜂
Syntomopus incisus Thomson 无脊矩胸金小蜂
Syntomopus incurvus Walker 侧角矩胸金小蜂，弯矩胸金小蜂
Syntomopus oviceps Thomson 卵头矩胸金小蜂，北京矩胸金小蜂
Syntomopus thoracicus Walker 矩胸金小蜂
Syntomosphyrum glossinae Waterston 采采蝇姬小蜂，舌蝇姬小蜂
Syntomoza 拱叶木虱属
Syntomoza homali (Yang *et* Li) 母生拱叶木虱，母生滑头木虱，广西平头木虱
Syntomoza hsenpinensis (Fang *et* Yang) 天料木拱叶木虱，天料木滑头木虱
Syntomoza scolopiae Yang 莿柊拱叶木虱，综木虱
Syntomoza unicolor (Loginova) 无斑拱叶木虱，无斑头滑木虱
Syntomus 辛步甲属
Syntomus cymindulus (Bates) 晒辛步甲，晒后步甲
Syntomus quadripunctatus (Schmidt-Göbel) 四点辛步甲
Syntomus wutaishanicus Krischenoffer 五台山辛步甲
Syntonarcha 辛托螟属
Syntonarcha iriastis Meyrick 伊辛托螟
Syntormon 嵌长足虻属，合长足虻属
Syntormon beijingense Yang 北京嵌长足虻
Syntormon detritum Becker 衰弱嵌长足虻，衰弱长足虻，德联长足虻
Syntormon dukha Hollis 双刺嵌长足虻
Syntormon emeiense Yang *et* Saigusa 峨眉嵌长足虻
Syntormon exceptus Becker 见 *Anasyntormon exceptum*
Syntormon flexibile Becker 柔顺嵌长足虻，柔顺长足虻，弯联长足虻
Syntormon guizhouense Wang *et* Yang 贵州嵌长足虻
Syntormon henanense Yang *et* Saigusa 河南嵌长足虻
Syntormon luchunense Yang *et* Saigusa 绿春嵌长足虻
Syntormon luishuiense Yang *et* Saigusa 泸水嵌长足虻
Syntormon medogense Wang, Yang *et* Masunaga 墨脱嵌长足虻
Syntormon pallipes (Fabricius) 浅色嵌长足虻
Syntormon trisetum Yang 三鬃嵌长足虻
Syntormon xinjiangense Yang 新疆嵌长足虻
Syntormon xizangense Yang 西藏嵌长足虻
Syntormon zhengi Yang 郑氏嵌长足虻
Syntretini 姬蜂茧蜂族
Syntretomorpha 蜜蜂茧蜂属
Syntretomorpha szaboi Papp 斯赞蜜蜂茧蜂
Syntretus 姬蜂茧蜂属，瓢虫茧蜂属
Syntretus bulbus Chen *et* van Achterberg 凸姬蜂茧蜂
Syntretus choui Papp 周氏姬蜂茧蜂
Syntretus extensus Papp 宽姬蜂茧蜂
Syntretus glaber Chen *et* van Achterberg 光姬蜂茧蜂
Syntretus longitergitus Chen *et* He 长背姬蜂茧蜂
Syntretus lyctaea Cole 丽姬蜂茧蜂
Syntretus parvicornis (Ruthe) 小角姬蜂茧蜂
Syntretus secutensus Papp 盾姬蜂茧蜂
Syntretus setosus Chen *et* van Achterberg 毛姬蜂茧蜂
Syntretus subglaber Papp 类光姬蜂茧蜂
Syntretus temporalis Papp 特姬蜂茧蜂
Syntretus testaceus (Capron) 褐姬蜂茧蜂
Syntretus transitus Papp 变姬蜂茧蜂
Syntretus varus Papp 岛姬蜂茧蜂
Syntretus venus Chen *et* van Achterberg 脉姬蜂茧蜂
syntropia 向性群落
syntype 综模标本，全模标本，全模
Syntypistis 胯舟蛾属
Syntypistis abmelana Kobayashi *et* Kishida 布胯舟蛾
Syntypistis acula Kishida *et* Kobayashi 尖胯舟蛾，俄胯舟蛾
Syntypistis ambigua Schintlmeister *et* Fang 糊胯舟蛾
Syntypistis aspera Kobayashi *et* Kishida 阿胯舟蛾
Syntypistis comatus (Leech) 白斑胯舟蛾，白斑胯白舟蛾，柯辛舟蛾，毛蚁舟蛾
Syntypistis cupreonitens (Kiriakoff) 同 *Syntypistis nachiensis*
Syntypistis cyanea (Leech) 青胯舟蛾，青辛舟蛾，青苔胯舟蛾，青胯白舟蛾
Syntypistis defector (Schintlmeister) 防胯舟蛾
Syntypistis fasciata (Moore) 白花胯舟蛾，白斑胯白舟蛾，带辛舟蛾
Syntypistis hercules (Schintlmeister) 篱胯舟蛾，绿绒胯白舟蛾
Syntypistis jupiter (Schintlmeister) 主胯舟蛾
Syntypistis lineata (Okano) 线胯舟蛾
Syntypistis melana Wu *et* Fang 黑胯舟蛾
Syntypistis nachiensis (Marumo) 绿点胯舟蛾
Syntypistis nigribasalis (Wileman) 黑基胯舟蛾，基黑暗胯舟蛾，黑基辛舟蛾，黑基胯白舟蛾
Syntypistis nigribasalis nigribasalis (Wileman) 黑基胯舟蛾指名亚种
Syntypistis nigribasalis tropica (Kiriakoff) 同 *Syntypistis nigribasalis nigribasalis*
Syntypistis pallidifascia (Hampson) 褐丸胯舟蛾
Syntypistis parcevirens (de Joannis) 葩胯舟蛾，帕辛舟蛾
Syntypistis perdix (Moore) 佩胯舟蛾，明胯舟蛾，泼辛舟蛾，佩胯白舟蛾
Syntypistis perdix confusa (Wileman) 佩胯舟蛾混淆亚种，明胯舟蛾
Syntypistis perdix gutianshana (Yang) 佩胯舟蛾古田山亚种，古田山胯舟蛾
Syntypistis perdix perdix (Moore) 佩胯舟蛾指名亚种，指名泼辛

舟蛾
Syntypistis praeclara Kobabyashi *et* Wang 陪胯舟蛾
Syntypistis pryeri (Leech) 普胯舟蛾，普辛舟蛾，普胯白舟蛾
Syntypistis punctatella (Motschulsky) [beech caterpillar] 点胯舟蛾，点胯白舟蛾
Syntypistis sinope Schintlmeister 希胯舟蛾
Syntypistis spadix Kishida *et* Kobayashi 粤胯舟蛾
Syntypistis spitzeri (Schintlmeister) 斯胯舟蛾，斯辛舟蛾
Syntypistis spitzeri inornata Schintlmeister 斯胯舟蛾东南亚种
Syntypistis spitzeri spitzeri (Schintlmeister) 斯胯舟蛾指名亚种
Syntypistis subgeneris (Strand) 亚红胯舟蛾，灰胯白舟蛾，淡纹胯舟蛾，亚杰辛舟蛾，显胯白舟蛾，亚德舟蛾
Syntypistis subgriseoviridis (Kiriakoff) 微灰胯舟蛾，青白胯舟蛾，灰绿辛舟蛾，亚灰绿胯白舟蛾
Syntypistis synechochlora (Kiriakoff) 兴胯舟蛾
Syntypistis taipingshanensis Wu *et* Hsu 太平山胯舟蛾
Syntypistis thetis Schintlmeister 防胯舟蛾
Syntypistis umbrosa (Matsumura) 荫胯舟蛾，荫胯白舟蛾，齿纹胯舟蛾，暗辛舟蛾
Syntypistis victor Schintlmeister *et* Fang 胜胯舟蛾
Syntypistis viridipicta (Wileman) 苔胯舟蛾，苔胯白舟蛾，绿胯舟蛾，绿辛舟蛾
Syntypistis witoldi (Schintlmeister) 威胯舟蛾
Synuchina 齿爪步甲亚族，综步甲亚族，瑟步甲亚族
Synuchus 齿爪步甲属，综步甲属
Synuchus agonoides (Bates) 细胫齿爪步甲，锯综步甲，锯齿步甲
Synuchus agonus (Tschitschérine) 东北齿爪步甲，阿综步甲
Synuchus angustus Habu 窄齿爪步甲，角综步甲
Synuchus angustus aliensis Habu 窄齿爪步甲阿里亚种，阿里角综步甲
Synuchus angustus angustus Habu 窄齿爪步甲指名亚种，指名角综步甲
Synuchus arcuaticollis (Motschulsky) 拱胸齿爪步甲，弧综步甲
Synuchus assamensis Deuve 阿萨姆齿爪步甲
Synuchus bellus Habu 丽齿爪步甲，贝综步甲
Synuchus brevis Lindroth 短齿爪步甲，短综步甲
Synuchus calathinus Lindroth 筐齿爪步甲，卡综步甲
Synuchus cathaicus (Bates) 华夏齿爪步甲，卡塔综步甲，卡锯齿步甲
Synuchus chinensis Lindroth 中华齿爪步甲，华综步甲
Synuchus congruus (Morawitz) 如生齿爪步甲，康综步甲
Synuchus coptopsophus (Putzeys) 同 *Synuchus cathaicus*
Synuchus cycloderus (Bates) 圆胸齿爪步甲，环综步甲，环锯齿步甲
Synuchus formosanus Lindroth 台湾齿爪步甲，台岛综步甲
Synuchus gravidus Lindroth 重齿爪步甲，格综步甲
Synuchus hummeli (Jedlička) 哈齿爪步甲，哈默综步甲，哈默通缘步甲
Synuchus intermedius Lindroth 媒齿爪步甲，中间综步甲
Synuchus jengi Morita 郑氏齿爪步甲
Synuchus laticollis Lindroth 宽胸齿爪步甲，宽综步甲
Synuchus limbalis Lindroth 糙缘齿爪步甲，缘综步甲
Synuchus longissimus Habu 长齿爪步甲，长综步甲
Synuchus macer Habu 大齿爪步甲，马综步甲
Synuchus major Lindroth 硕齿爪步甲，大综步甲
Synuchus masumotoi Morita 增本齿爪步甲，益本综步甲
Synuchus melantho (Bates) 黑齿爪步甲，黑综步甲
Synuchus microtes Habu 微齿爪步甲，微综步甲
Synuchus minimus Lindroth 小齿爪步甲，小综步甲
Synuchus nanpingensis Kirschenhofer 南坪齿爪步甲
Synuchus nitidus (Motschulsky) 烁齿爪步甲，亮综步甲
Synuchus nitidus nitidus (Motschulsky) 烁齿爪步甲指名亚种，指名亮综步甲
Synuchus nitidus reticulatus Lindroth 烁齿爪步甲网纹亚种，网亮综步甲
Synuchus nordmanni (Morawitz) 诺氏齿爪步甲，诺综步甲
Synuchus orbicollis (Morawitz) 盘胸齿爪步甲，眶综步甲
Synuchus pallidulus Habu 苍齿爪步甲，淡综步甲
Synuchus pinguiusculus Habu 臃齿爪步甲，胖综步甲
Synuchus pulcher Habu 美齿爪步甲，丽综步甲
Synuchus rectangulus Lindroth 方胸齿爪步甲，直角综步甲
Synuchus retortapenis 扭茎齿爪步甲
Synuchus robustus Habu 坚齿爪步甲，壮综步甲
Synuchus rufofuscus (Jedlička) 绛齿爪步甲，红褐综步甲，红棕帕贫步甲
Synuchus rufulus Habu 彤齿爪步甲，红综步甲
Synuchus sinomeridionalis Keyimu *et* Deuve 华南齿爪步甲
Synuchus sinuaticollis Habu 曲胸齿爪步甲，波综步甲
Synuchus suensoni Lindroth 苏氏齿爪步甲，苏综步甲
Synuchus taiwanus Habu 台湾齿爪步甲，台综步甲
Synuchus testaceus (Jedlička) 壳齿爪步甲，褐综步甲，黄褐帕贫步甲
Synuchus truncatus Habu 截翅齿爪步甲，截综步甲
Synuchus vivalis (Illiger) 生齿爪步甲
Synuchus vivalis simplex Semenov 生齿爪步甲疏齿亚种
Synuchus vivalis uenoi Lindroth 生齿爪步甲上野亚种
Synuchus vivalis vivalis (Illiger) 生齿爪步甲指名亚种
synusiologic [= ecologic] 生态的
synusium 生态群
synxenic cultivation 合种培养
synzoic 动物传布的
synzoochory 动物传布
syphon [= siphon] 1. 管；2. 管形口器；3. 呼吸管
Sypna 闪夜蛾属
Sypna albilinea Walker 白线闪夜蛾，白闪夜蛾
Sypna amplifascia (Warren) 见 *Sypnoides amplifascia*
Sypna astrigera Butler 见 *Hypersypnoides astrigera*
Sypna chloronebula Ronkay, Wu *et* Fu 绿雾闪夜蛾，绿雾闪裳蛾
Sypna constellata (Moore) 见 *Hypersypnoides constellata*
Sypna cyanivitta Moore 见 *Sypnoides cyanivitta*
Sypna distincta Leech 见 *Hypersypnoides distincta*
Sypna diversa Wileman *et* South 离闪夜蛾，离闪裳蛾
Sypna dubitaria (Walker) 巨闪夜蛾，旋柱兰闪夜蛾
Sypna lucilla Butler 见 *Daddala lucilla*
Sypna martina (Felder *et* Rogenhofer) 双带闪夜蛾，玛巨闪夜蛾
Sypna mormoides Butler 同 *Sypna dubitaria*
Sypna olena Swinhoe 见 *Sypnoides olena*
Sypna picta Butler 见 *Sypnoides picta*
Sypna prunnosa Moore 见 *Sypnoides prunnosa*

Sypna punctosa (Walker) 见 *Hypersypnoides punctosa*
Sypna simplex Leech 见 *Sypnoides simplex*
Sypna sobrina Leech 庶闪夜蛾
Sypnini 闪夜蛾族，闪裳蛾族，析夜蛾族
Sypnoides 析夜蛾属
Sypnoides amplifascia (Warren) 大析夜蛾，大闪夜蛾
Sypnoides chinensis Berio 华析夜蛾，华析裳蛾
Sypnoides curvilinea (Moore) 曲线析夜蛾
Sypnoides cyanivitta (Moore) 粉蓝析夜蛾，粉蓝闪夜蛾，青条析夜蛾
Sypnoides erebina (Hampson) 细线析夜蛾，埃析夜蛾
Sypnoides fletcheri Berio 弗析夜蛾
Sypnoides fumosa (Butler) 异析夜蛾，异纹析夜蛾，烟析夜蛾
Sypnoides hampsoni (Wileman *et* South) 碧带析夜蛾，碧带析裳蛾，汉普森析裳蛾
Sypnoides hercules (Butler) 赫析夜蛾
Sypnoides hoenei Berio 连线析夜蛾，霍析夜蛾
Sypnoides kirbyi (Butler) 克析夜蛾，冠析夜蛾
Sypnoides lilacina (Leech) 浅褐析夜蛾，利析夜蛾
Sypnoides mandarina (Leech) 旗析夜蛾，析夜蛾
Sypnoides missionaria Berio 层析夜蛾，迷析夜蛾
Sypnoides olena (Swinhoe) 肘析夜蛾，肘闪夜蛾
Sypnoides pannosa (Moore) 黑斑析夜蛾，敝衣析夜蛾，敝衣析裳蛾，盘析夜蛾
Sypnoides picta (Butler) [fruit-piercing moth] 涂析夜蛾，涂闪夜蛾，果析夜蛾
Sypnoides prunnosa (Moore) 褐析夜蛾，褐闪夜蛾
Sypnoides reticulata Berio 晕线析夜蛾，网析夜蛾
Sypnoides simplex (Leech) 单析夜蛾，单闪夜蛾
Sypnoides vicina Berio 邻析夜蛾
Syrastrena 痕枯叶蛾属
Syrastrena dorca Zolotuhin 雅痕枯叶蛾
Syrastrena lanaoensis Tams 烂痕枯叶蛾
Syrastrena lanaoensis continentalis Zolotuhin *et* Witt 烂痕枯叶蛾大陆亚种，烂痕枯叶蛾
Syrastrena lanaoensis lanaoensis Tams 烂痕枯叶蛾指名亚种
Syrastrena minor Moore 小无斑枯叶蛾
Syrastrena regia Zolotuhin *et* Witt 弧线痕枯叶蛾
Syrastrena sinensis de Lajonquière 见 *Syrastrena sumatrana sinensis*
Syrastrena sumatrana Tams 双线痕枯叶蛾，双线枯叶蛾，苏痕枯叶蛾
Syrastrena sumatrana obliquilinea Kishida 双线痕枯叶蛾斜线亚种，斜线痕枯叶蛾，斜线苏无斑枯叶蛾，薄翅枯叶蛾
Syrastrena sumatrana sinensis de Lajonquière 双线痕枯叶蛾中国亚种，无痕枯叶蛾，无斑枯叶蛾
Syrastrena sumatrana sumatrana Tams 双线痕枯叶蛾指名亚种
Syrastrenoides horishana Matsumura 见 *Arguda horishana*
Syrastrenopsis 拟痕枯叶蛾属
Syrastrenopsis imperiatus Zolotuhin 云拟痕枯叶蛾
Syrastrenopsis kawabei Kishida 台拟痕枯叶蛾，川边氏枯叶蛾
Syrastrenopsis moltrechti Grunberg 拟痕枯叶蛾
Syrian bee hawkmoth [*Hemaris syra* (Daniel)] 叙黑边天蛾
Syrian rock grayling [= eastern rock grayling, Syrian tree-grayling, *Hipparchia syriaca* (Staudinger)] 喜丽仁眼蝶
Syrian tree-grayling 见 Syrian rock grayling
Syrichtus 点弄蝶属
Syrichtus antonia (Speyer) 见 *Muschampia antonia*
Syrichtus staudingeri (Speyer) 见 *Muschampia staudingeri*
Syrichtus staudingeri prometheus (Grum-Grshimailo) 见 *Muschampia prometheus*
Syrichtus tessellum (Hübner) 见 *Muschampia tessellum*
Syrichtus tessellum dilutior (Ruhl) 见 *Muschampia tessellum dilutior*
Syrichtus tessellum gigas (Bremer) 见 *Muschampia gigas*
Syricoris 管小卷蛾属
Syricoris lacunana (Denis *et* Schiffermüller) [dark strawberry tortrix] 黑莓管小卷蛾，白桦条小卷蛾
syringa aphid [*Aulacorthum syringae* (Matsumura)] 丁香粗额蚜，丁香长管蚜
syringe 注唾腔，注涎腔
Syringilla 管叶木虱属
Syringilla humerosa Loginova 柃管叶木虱
Syringilla viteicia Li 黄荆管叶木虱
Syrista 旋茎蜂属
Syrista incisa (Wei *et* Nie) 裂板旋茎蜂，裂板华茎蜂
Syrista parreyssii (Spinola) 帕氏旋茎蜂
Syrista rufiabdominalis (Wei *et* Nie) 红腹旋茎蜂，红腹华茎蜂
Syrista similis Mocsáry [rose stem sawfly] 蔷薇旋茎蜂，蔷薇西茎蜂，黑跗旋茎蜂
Syrista xiaoi Wei 萧氏旋茎蜂
Syrites persimilis Cushman 见 *Astomaspis persimilis*
Syritta 粗股蚜蝇属，瘦食蚜蝇属，皮蚜蝇属
Syritta albopilosa Lyneborg *et* Barkemeyer 白毛粗股蚜蝇
Syritta barbata Lyneborg *et* Barkemeyer 巴粗股蚜蝇
Syritta bulbus Walker 球粗股蚜蝇
Syritta divergata Lyneborg *et* Barkemeyer 异粗股蚜蝇
Syritta fasciata (Wiedemann) 带粗股蚜蝇
Syritta flaviventris Macquart 黄腹粗股蚜蝇
Syritta hackeri Klocker 哈粗股蚜蝇
Syritta indica (Wiedemann) 印度粗股蚜蝇，印度蚜蝇
Syritta leucopleura Bigot 侧白粗股蚜蝇
Syritta longiseta Lyneborg *et* Barkemeyer 长毛粗股蚜蝇
Syritta noona Lyneborg *et* Barkemeyer 弄粗股蚜蝇
Syritta oceanica Macquart 海洋粗股蚜蝇
Syritta orientalis Macquart 东方粗股蚜蝇
Syritta papua Lyneborg *et* Barkemeyer 巴布粗股蚜蝇
Syritta pipiens (Linnaeus) [thick-legged hoverfly] 黄环粗股蚜蝇，棕环瘦食蚜蝇
Syritta polita Lyneborg *et* Barkemeyer 珀粗股蚜蝇
Syritta snyderi Shiraki 岛粗股蚜蝇
Syritta stigmatica Loew 斑粗股蚜蝇
Syritta vittata Portschinsky 纹粗股蚜蝇
Syrittomyia syrphoides Hendel 见 *Gobrya syrphoides*
Syrmatia 燕尾蚬蝶属
Syrmatia aethiops (Staudinger) [white-tipped tailwing] 艾燕尾蚬蝶
Syrmatia astraea Staudinger 女神燕尾蚬蝶
Syrmatia dorilas (Gramer) 狭翅燕尾蚬蝶
Syrmatia lamia Bates [lamia metalmark] 拉美燕尾蚬蝶
Syrmatia nyx (Hübner) [spotted tailwing] 燕尾蚬蝶
Syrnpistis daishi (Alphéraky) 白毛集冬夜蛾

syrphid 1. [= hover fly, flower fly, syrphid fly] 蚜蝇，食蚜蝇 < 蚜蝇科 Syrphidae 昆虫的通称 >；2. 蚜蝇科的
syrphid fly [= hover fly, flower fly, syrphid] 蚜蝇，食蚜蝇
Syrphidae 蚜蝇科，食蚜蝇科
Syrphinae 蚜蝇亚科，食蚜蝇亚科
Syrphini 蚜蝇族，食蚜蝇族
Syrphoctonus 同姬蜂属，杀蚜蝇姬蜂属
Syrphoctonus flavolineatus (Gravenhorst) 黄线同姬蜂，黄线杀蚜蝇姬蜂
Syrphoctonus intibiaesetus Wang, Ma *et* Wang 无胫刚毛同姬蜂
Syrphoctonus momoii Uchida 末同姬蜂，末杀蚜蝇姬蜂
Syrphoctonus sauteri Uchida 索氏同姬蜂，索氏杀蚜蝇姬蜂
Syrphoidea 蚜蝇总科，食蚜蝇总科
Syrphophagus 蚜蝇跳小蜂属，食蚜蝇跳小蜂属
Syrphophagus aeruginosus (Dalman) 鳞纹蚜蝇跳小蜂，鳞纹食蚜蝇跳小蜂
Syrphophagus aligarhensis (Shafee, Alam *et* Agarwal) 见 *Diaphorencyrtus aligarhensis*
Syrphophagus aphidivorus (Mayr) 蚜虫蚜蝇跳小蜂
Syrphophagus chinensis Liao 中华蚜蝇跳小蜂，中华食蚜蝇跳小蜂
Syrphophagus mercetii (Masi) 莫氏蚜蝇跳小蜂，梅氏花翅跳小蜂
Syrphophagus nigrocyaneus (Ashmead) 黑青蚜蝇跳小蜂
Syrphophagus taiwanus Hayat *et* Lin 台湾蚜蝇跳小蜂，台湾食蚜蝇跳小蜂
Syrphophilus 嗜蚜蝇姬蜂属
Syrphophilus bizonarius (Gravenhorst) 双带嗜蚜蝇姬蜂
Syrphus 蚜蝇属，食蚜蝇属
Syrphus ambiguus Shiraki 疑蚜蝇，疑食蚜蝇，犹豫蚜蝇，可疑蚜蝇
Syrphus aurifrontus Huo *et* Ren 黄额蚜蝇
Syrphus changbaishani Huo *et* Ren 长白山蚜蝇
Syrphus donglingshanensis Huo *et* Ren 东灵山蚜蝇
Syrphus flavus He *et* Li 黄蚜蝇，黄食蚜蝇
Syrphus formosanus Matsumura 同 *Dideoides latus*
Syrphus fulvifacies Brunetti 金黄斑蚜蝇，金黄斑食蚜蝇，褐颜蚜蝇
Syrphus himalayanus Nayar 同 *Syrphus ribesii*
Syrphus hui He *et* Chu 胡氏蚜蝇，胡氏食蚜蝇
Syrphus issikii Shiraki 见 *Epistrophe issikii*
Syrphus japonicus Loew 日本蚜蝇，日本食蚜蝇
Syrphus japonicus Matsumura 同 *Syrphus ribesii*
Syrphus jezoensis Matsumura 同 *Syrphus ribesii*
Syrphus maculifer Matsumura 同 *Syrphus ribesii*
Syrphus magnus He *et* Li 硕蚜蝇，硕食蚜蝇
Syrphus minimus Shiraki 见 *Parasyrphus minimus*
Syrphus moiwanus Matsumura 同 *Syrphus ribesii*
Syrphus nigrilinearus Huo, Ren *et* Zheng 黑条蚜蝇
Syrphus pernicis He *et* Li 敏蚜蝇，敏食蚜蝇
Syrphus ribesii (Linnaeus) 黄颜蚜蝇，黄颜食蚜蝇，黄腿食蚜蝇
Syrphus sonami Shiraki 见 *Meliscaeva sonami*
Syrphus sonami arisanicus Shiraki 同 *Meliscaeva sonami*
Syrphus teshikaganus Matsumura 同 *Syrphus ribesii*
Syrphus torvus Osten-Sacken 野蚜蝇，野食蚜蝇，恐怖蚜蝇
Syrphus vitripennis Meigen 黑足蚜蝇，黑足食蚜蝇，黑腿食蚜蝇，明翅蚜蝇
Syrphus yamahanensis Matsumura 同 *Syrphus ribesii*
Syrrhaptoecus 沙鸡鸟虱属
Syrrhaptoecus bedfordi Waterston 白氏沙鸡鸟虱
Syrrhaptoecus pallasi Waterston 黑腹沙鸡沙鸡鸟虱
Syrrhaptoecus paradoxus (Rudow) 毛腿沙鸡沙鸡鸟虱
Syrrhaptoecus tibetanus Waterston 西藏毛腿沙鸡沙鸡鸟虱
Syrrhizus 联茧蜂亚属
Syrrhodia 双线尺蛾属
Syrrhodia lutea Stoll 见 *Hyperythra lutea*
Syrrhodia obliqua (Warren) 见 *Hyperythra obliqua*
Syrrhodia obliqua lungtanensis Wehrli 见 *Hyperythra obliqua lungtanensis*
Syrrhodia obliqua obliqua (Warren) 见 *Hyperythra obliqua obliqua*
Syrrhodia obliqua pallena Wehrli 见 *Hyperythra obliqua pallena*
Syrrhodia perlutea Wehrli 见 *Erastria perlutea*
sysgenia 雌幼同居
Syspasis 隘室姬蜂属
Syspasis haesitator (Wesmael) 稳隘室姬蜂
Syspasis maruyamensis (Uchida) 日本隘室姬蜂
Syssphingidae [= Citheroniidae, Ceratocampidae] 犀额蛾科，角蠋蛾科
Syssphinx rubicunda (Fabricius) 见 *Dryocampa rubicunda*
Sysstema 统尺蛾属
Sysstema projectaria Leech 原统尺蛾，原西斯尺蛾
Sysstema semicirculata (Moore) 半环统尺蛾，赛魇尺蛾
Systasea 凹翅弄蝶属
Systasea pulverulenta (Felder) [Texas powdered skipper] 连带凹翅弄蝶
Systasea zampa (Edwards) [Arizona powdered skipper] 凹翅弄蝶
Systasis 毛链金小蜂属
Systasis angustula Graham 狭体毛链金小蜂
Systasis encyrtoides Walker 拟跳毛链金小蜂，短腹列毛金小蜂
Systasis longula Bouček 长腹毛链金小蜂，浙江列毛金小蜂
Systasis obolodiplosis Yao *et* Yang 叶瘿蚊毛链金小蜂
Systasis oculi Xiao *et* Huang 巨眼毛链金小蜂
Systasis ovoidea Xiao *et* Huang 圆体毛链金小蜂
Systasis parvula Thomson 微毛链金小蜂
Systasis procerula Xiao *et* Huang 长角毛链金小蜂
Systasis rimata Xiao *et* Huang 裂毛链金小蜂
Systasis tenuicornis Walker 细角毛链金小蜂，尖角列毛金小蜂
Systates 斯切叶象甲属，切叶象属
Systates chirindensis Marshall 希加德斯切叶象甲，希加德切叶象甲
Systates pollinosus Gerstaecker 花粉斯切叶象甲，花粉切叶象甲，咖啡切叶象甲
Systates sexspinosus Marshall 六刺斯切叶象甲，洋椿六刺切叶象甲
Systates smeei Marshall 思美斯切叶象甲，思美切叶象甲
Systates surdus Marshall 聋斯切叶象甲，聋切叶象甲
Systellapha niveitarsis Czerny 见 *Mimegralla sinensis niveitarsis*
Systellognatha 原颚𫌀组，原颚组
system 系统
system analysis 系统分析
systematic 系统的

Systematic Entomology 系统昆虫学 < 期刊名 >
systematic name 分类名称
systematic sampling 系统抽样法，顺序抽样法，机械抽样法
systematical selection 系统选择
systematics 系统学
systematist 分类学家
systemic acquired resistance [abb. SAR] 系统获得抗性
systemic circulation 体循环
systemic insecticide 内吸杀虫剂，内导杀虫剂
systemic mutation 系统突变，体系突变
systemic resistance 系统抗性
systemic selection 1. 系统选择；2. 系统选种
Systena 小跳甲属
Systena blanda Melsheimer [palestriped flea beetle] 苍带小跳甲，苍带跳甲
Systena elongata (Fabricius) [elongate flea beetle] 长小跳甲，长跳甲
Systena marginalis (Illiger) [margined flea beetle, cypress leaf beetle, margined systena] 缘小跳甲
Systenus 合聚脉长足虻属
Systenus sinensis Yang *et* Gaimari 中华合聚脉长足虻
Systoechus 卷蜂虻属
Systoechus arabicus Greathead 阿卷蜂虻
Systoechus atriceps Bowden 黑头卷蜂虻
Systoechus ctenopterus (Mikan) 栉翼卷蜂虻
Systoechus gradatus (Wiedemann) 梯状卷蜂虻
Systoechus nigripes Loew 黑足卷蜂虻
Systoechus pallidipilosus Austen 淡毛卷蜂虻
Systoechus pallidispinis Hesse 淡刺卷蜂虻
Systoechus vulgaris Loew [grasshopper bee fly] 蝗卷蜂虻，蝗蜂虻，蜢寄蜂虻
systole 心缩
Systole 蛀果广肩小蜂属
Systole coriandri Gussakovsky 胡荽蛀果广肩小蜂
systole phase 收缩期 < 心脏的 >
Systolederus 狭顶蚱属
Systolederus abbreviatus Shishodia 印度狭顶蚱
Systolederus affinis Günther 类狭顶蚱
Systolederus angusticeps (Stål) 菲狭顶蚱
Systolederus boettcheri Günther 波氏狭顶蚱
Systolederus brachynotus Zheng *et* Ou 短背狭顶蚱
Systolederus carli Bolívar 卡氏狭顶蚱
Systolederus celebensis Günther 同 *Systolederus ophthalmicus*
Systolederus choui Liang *et* Jia 周氏狭顶蚱
Systolederus cinereus Brunner von Wattenwyl 灰狭顶蚱
Systolederus emeiensis Zheng 峨眉狭顶蚱
Systolederus femoralis (Walker) 股狭顶蚱
Systolederus fruhstorferi Günther 同 *Systolederus ophthalmicus*
Systolederus fujianensis Zheng 福建狭顶蚱
Systolederus gravelyi Günther 格氏狭顶蚱
Systolederus greeni Bolívar 格林狭顶蚱
Systolederus guangxiensis Zheng *et* Jiang 广西狭顶蚱
Systolederus guizhouensis Deng *et* Zheng 贵州狭顶蚱
Systolederus guposhanensis Deng, Zheng *et* Wei 姑婆山狭顶蚱
Systolederus haani Bolívar 汉氏狭顶蚱
Systolederus heishidingensis Zheng *et* Xie 黑石顶狭顶蚱
Systolederus hunanensis Zheng 湖南狭顶蚱
Systolederus injucundus Günther 印尼狭顶蚱
Systolederus japonicus Ichikawa 琉球狭顶蚱
Systolederus lobatus Hancock 见 *Hebarditettix lobatus*
Systolederus longinotus Zheng 长背狭顶蚱
Systolederus longipennis Zheng *et* Jiang 长翅狭顶蚱
Systolederus nigritibis Zheng 黑胫狭顶蚱
Systolederus oculatus Zheng *et* Ou 突眼狭顶蚱
Systolederus ophthalmicus Bolívar 眼狭顶蚱
Systolederus orthonotus Zheng 直背狭顶蚱
Systolederus parvus Hancock 马来狭顶蚱
Systolederus ridleyi Hancock 利氏狭顶蚱
Systolederus siamesicus Günther 泰狭顶蚱
Systolederus spicupennis Zheng *et* Jiang 尖翅狭顶蚱
Systolederus waterstradti Günther 瓦氏狭顶蚱
systolic 心缩的
Systoloneura 西细蛾属
Systoloneura geometropis (Meyrick) 基西细蛾
systox [= demeton] 内吸磷，一〇五九
Systropha 卷须蜂属 < 该属名有一个苔蛾科的同名 >
Systropha curvicornis (Scopoli) 平腹卷须蜂，曲角卷须蜂
Systropha postmaculosa (Matsumura) 见 *Lithosia postmaculosa*
Systropodinae 细蜂虻亚科
Systropus 姬蜂虻属，姬蜂虻亚属，卷蜂虻属
Systropus acuminatus (Enderlein) 黑柄姬蜂虻，尖塞蜂虻，尖腹蜂虻
Systropus ancistrus Yang *et* Yang 钩突姬蜂虻
Systropus annulatus Engel 环姬蜂虻
Systropus aokii Nagatomi, Liu, Tamaki *et* Evenhuis 细突姬蜂虻
Systropus apiciflavus Yang 黄端姬蜂虻
Systropus aurantispinus Evenhuis 金刺姬蜂虻
Systropus barbiellinii Bezzi 巴氏姬蜂虻
Systropus beijinganus Du *et* Yang 同 *Systropus hoppo*
Systropus bicoloripennis Hesse 花翅姬蜂虻
Systropus bicornis Painter *et* Painter 双角姬蜂虻
Systropus bifurcus Evenhuis 双叉姬蜂虻
Systropus brochus Cui *et* Yang 双齿姬蜂虻
Systropus cantonensis (Enderlein) 广东姬蜂虻
Systropus changbaishanus Du, Yang, Yao *et* Yang 长白姬蜂虻
Systropus chinensis Bezzi 中华姬蜂虻
Systropus coalitus Cui *et* Yang 合斑姬蜂虻
Systropus concavus Yang 中凹姬蜂虻
Systropus conopoides Kunckel d'Herculais 柯姬蜂虻
Systropus crinalis Du, Yang, Yao *et* Yang 长绒姬蜂虻
Systropus curtipetiolus Du *et* Yang 短柄姬蜂虻，短柄华姬蜂虻
Systropus curvittatus Du *et* Yang 弯斑姬蜂虻
Systropus cylindratus Du, Yang, Yao *et* Yang 锥状姬蜂虻
Systropus daiyunshanus Yang *et* Du 戴云姬蜂虻
Systropus dashahensis Dong *et* Yang 大沙河姬蜂虻
Systropus denticulatus Du, Yang, Yao *et* Yang 锯齿姬蜂虻
Systropus divulsus (Séguy) 基黄姬蜂虻，离塞蜂虻
Systropus dolichochaetus Yang *et* Du 同 *Systropus chinensis*
Systropus eurypterus Du, Yang, Yao *et* Yang 宽翅姬蜂虻
Systropus excisus (Enderlein) 长突姬蜂虻，阉姬蜂虻
Systropus exsuccus (Séguy) 黑盾姬蜂虻，伸塞蜂虻
Systropus fadillus (Séguy) 陕西姬蜂虻，珐塞蜂虻

Systropus flavalatus Yang *et* Yang 黄翅姬蜂虻

Systropus flavicornis (Enderlein) 黄角姬蜂虻

Systropus flavicoxa (Enderlein) 黄基姬蜂虻

Systropus flavipectus (Enderlein) 黑跗姬蜂虻

Systropus formosanus (Enderlein) 台湾姬蜂虻，台姬蜂虻，台湾蜂虻

Systropus fudingensis Yang 佛顶姬蜂虻

Systropus fujianensis Yang 福建姬蜂虻

Systropus ganquananus Du, Yang, Yao *et* Yang 甘泉姬蜂虻

Systropus gansuanus Du, Yang, Yao *et* Yang 甘肃姬蜂虻

Systropus guiyangensis Yang 贵阳姬蜂虻

Systropus guizhowensis Yang *et* Yang 贵州姬蜂虻

Systropus gutianshanus Yang 古田山姬蜂虻

Systropus henanus Yang *et* Yang 河南姬蜂虻

Systropus hoppo Matsumura 黄边姬蜂虻，霍姬蜂虻，北埔蜂虻

Systropus hubeianus Du, Yang, Yao *et* Yang 湖北姬蜂虻

Systropus ichneumoniformis Hesse 姬蜂型姬蜂虻

Systropus indagatus (Séguy) 黄柄姬蜂虻，搜塞蜂虻

Systropus interlitus (Séguy) 异姬蜂虻，颖塞蜂虻

Systropus jianyanganus Yang *et* Du 建阳姬蜂虻

Systropus joni Nagatomi, Liu, Tamaki *et* Evenhuis 双斑姬蜂虻

Systropus kangxianus Du, Yang, Yao *et* Yang 康县姬蜂虻

Systropus laqueatus (Enderlein) 黑足姬蜂虻，拉塞蜂虻

Systropus limbatus (Enderlein) 棕腿姬蜂虻，边塞蜂虻

Systropus liuae Nagatomi, Tamaki *et* Evenhuis 钝平姬蜂虻

Systropus luridus Zaitsev 黄缘姬蜂虻

Systropus maccus (Enderlein) 离斑姬蜂虻

Systropus maoi Du, Yang, Yao *et* Yang 茅氏姬蜂虻

Systropus melanocerus Du, Yang, Yao *et* Yang 黑角姬蜂虻

Systropus melli (Enderlein) 麦氏姬蜂虻，梅氏塞蜂虻

Systropus microsystropus Evenhuis 小型姬蜂虻，微姬蜂虻

Systropus montivagus (Séguy) 黑带姬蜂虻，高山姬蜂虻

Systropus mucronatus Enderlein 牧姬蜂虻，牧塞蜂虻

Systropus nigricaudus Brunetti 黑尾姬蜂虻

Systropus nigripes Painter *et* Painter 黑腿姬蜂虻

Systropus nigritarsis (Enderlein) 黄腹姬蜂虻，黑跗塞蜂虻

Systropus nitobei Matsumura 亚洲姬蜂虻

Systropus oestrus Yang *et* Du 同 *Systropus chinensis*

Systropus perniger Evenhuis 颇黑姬蜂虻，全黑姬蜂虻

Systropus polistoides Westwood 光姬蜂虻，光塞蜂虻

Systropus rufifemur Enderlein 红股姬蜂虻

Systropus rufiventris Osten Sacken 红腹姬蜂虻

Systropus sauteri (Enderlein) 棕腹姬蜂虻，索氏塞蜂虻，邵氏蜂虻

Systropus serratus Yang *et* Yang 齿突姬蜂虻

Systropus shennonganus Du, Yang, Yao *et* Yang 神农姬蜂虻

Systropus sikkimensis (Enderlein) 锡金姬蜂虻，锡金塞蜂虻

Systropus silvestrii Bezzi 薛氏姬蜂虻

Systropus studyi Enderlein 司徒姬蜂虻，史氏塞蜂虻

Systropus submixtus (Séguy) 三突姬蜂虻，类杂塞蜂虻

Systropus tetradactylus Evenhuis 四指姬蜂虻

Systropus thyriptilotus Yang 窗翅姬蜂虻

Systropus tricuspidatus Yang 三峰姬蜂虻

Systropus tripunctatus Zaitsev 寡突姬蜂虻

Systropus xingshanus Yang *et* Yang 兴山姬蜂虻

Systropus yaeyamensis Nagatomi, Liu *et* Tamaki 日本姬蜂虻

Systropus ypsilus Du, Yang, Yao *et* Yang 燕尾姬蜂虻

Systropus yunnanus Du, Yang, Yao *et* Yang 云南姬蜂虻

Systropus zhaotonganus Yang, Yao *et* Cui 昭通姬蜂虻

Syzeton 塞伪细颈甲属

Syzeton quadrimaculatus (Marseul) 四斑塞伪细颈甲

Syzeuctus 色姬蜂属

Syzeuctus apicifer (Walker) 黑尾色姬蜂

Syzeuctus coreanus Uchida 朝鲜色姬蜂

Syzeuctus immedicatus Chandra *et* Gupta 彩色姬蜂

Syzeuctus longigenus Uchida 长色姬蜂，长颊色姬蜂

Syzeuctus maculatus Sheng 斑色姬蜂

Syzeuctus sambonis Uchida 三宝色姬蜂

Syzeuctus sparsus Sheng 散色姬蜂

Syzeuctus takaozanus Uchida 高冈色姬蜂

Syzeuctus zixiensis Sheng *et* Sun 资溪色姬蜂

Syzeuxis 盘尺蛾属

Syzeuxis calamisteria Xue 花盘尺蛾

Syzeuxis extritonaria Xue 准圣盘尺蛾

Syzeuxis furcalineas Galsworthy *et* Han 叉纹盘尺蛾

Syzeuxis heteromeces Prout 小花盘尺蛾

Syzeuxis miniocalaria Xue 同 *Syzeuxis heteromeces*

Syzeuxis neotritonaria Xue 新圣盘尺蛾

Syzeuxis nigrinotata (Warren) 黑斑盘尺蛾

Syzeuxis pavonata Xue *et* Han 云南盘尺蛾

Syzeuxis subfasciaria (Wehrli) 素盘尺蛾，亚带角叶尺蛾

Syzeuxis tessellifimbria Prout 绿盘尺蛾

Syzeuxis trinotaria (Moore) 三斑盘尺蛾

Szeiinia 斯蜡蝉属

Szeiinia huanglongensis Zhang, Jiang, Szwedo *et* Zhang 黄龙斯蜡蝉

szeiiniid 1. 斯蜡蝉 < 斯蜡蝉科 Szeiiniidae 昆虫的通称 >；2. 斯蜡蝉科的

Szeiiniidae 斯蜡蝉科，斯氏蜡蝉科

Szelegiewicziella 四蚜属

Szelegiewicziella chamaerhodi Holman 蒿四蚜，蒿斯氏蚜

Szombathya 斯佐叩甲属

Szombathya formosana (Szombathy) 台斯佐叩甲

T [= dT; thymidine 的缩写] 胸腺嘧啶脱氧核苷
t. a. line [= transverse anterior line] 横前线
T-moth [= sweetpotato plume-moth, morning-glory plume moth, common plume moth, common brown plume moth, *Emmelina monodactyla* (Linnaeus)] 甘薯异羽蛾，甘薯羽蛾，甘薯灰褐羽蛾，甘薯褐齿羽蛾
t. p. line [= transverse posterior line] 横后线
t-RNA [transfer RNA 的缩写] 转移 RNA
tabanid 1. [= tabanid fly, horse fly, horsefly, deer fly, deerfly, bulldog fly, cleg, greenhead, gad fly, copper head, gadflu] 虻 < 虻科 Tabanidae 昆虫的通称 >; 2. 虻科的; 3. 似虻的
tabanid fly [= tabanid, horse fly, horsefly, deer fly, deerfly, bulldog fly, cleg, greenhead, gad fly, copper head, gadflu] 虻
Tabanidae 虻科
Tabaninae 虻亚科
Tabanoidea 虻总科
Tabanomorpha 虻次目
Tabanus 虻属，原虻属
Tabanus abbreviatus (Bigot) 爪哇虻
Tabanus administrans Schiner 辅助虻，淡水虻
Tabanus agrestis Wiedemann 见 *Atylotus agrestis*
Tabanus albicuspis Wang 白点虻
Tabanus amaenus Walker 原野虻，华广虻，土灰虻
Tabanus amoenatus Séguy 同 *Tabanus signatipennis*
Tabanus anabates Philip 乘客虻
Tabanus angustitriangularis Stekhoven 柱角虻
Tabanus angustofrons Wang 窄额虻
Tabanus arctus Wang 窄带虻，窄条虻
Tabanus argenteomaculatus (Kröber) 银斑虻
Tabanus arisanus Shiraki 阿里山虻
Tabanus atratus Fabricius [black horse fly] 黑牛虻，具条牛虻，黑衣虻
Tabanus atripes Kröber 同 *Hybomitra kansui*
Tabanus aublanti Toumanoff 奥氏虻
Tabanus auratus Wang 同 *Tabanus aurepilus*
Tabanus aurepiloides Xu *et* Deng 拟金毛虻
Tabanus aurepilus Wang 金毛虻
Tabanus aurisetosus Toumanoff 丽毛虻
Tabanus aurisetosus aurisetosus Toumanoff 丽毛虻指名亚种
Tabanus aurisetosus didongensis Wang *et* Xu 丽毛虻地东亚种，地东丽毛虻
Tabanus aurotestaceus Walker 金条虻，金壳虻，金麟虻
Tabanus autumnalis Linnaeus 秋季虻
Tabanus axiridis Wang 同 *Tabanus manipurensis*
Tabanus baohaii Xu *et* Sun 保海虻
Tabanus baojiensis Xu *et* Liu 宝鸡虻
Tabanus benificus Wang 暗黑虻
Tabanus biannularis Philip 双环虻
Tabanus birmanicus (Bigot) 缅甸虻
Tabanus birmanioides Xu 同 *Tabanus manipurensis*
Tabanus borealorieus Burton 亲北虻
Tabanus bovinus Linnaeus 嗜牛虻
Tabanus bromius Linnaeus 多声虻
Tabanus brunneocallosus Olsufjev 棕胛虻
Tabanus brunnicolor Philip 棕色虻
Tabanus brunnipennis Ricardo 棕翼虻，棕尾虻
Tabanus buddha Portschinsky 佛光虻，布虻
Tabanus buddha auricauda Philip 佛光虻金尾亚种，金尾佛光虻
Tabanus buddha buddha Portschinsky 佛光虻指名亚种，指名佛光虻
Tabanus caduceus Burton 徒劳虻
Tabanus calcarius Xu *et* Liao 灰岩虻
Tabanus calidus Walker 速辣虻
Tabanus callogaster Wang 美腹虻
Tabanus candidus Ricardo 纯黑虻，灰胸虻，雪白虻
Tabanus cementus Xu *et* Liao 垩石虻
Tabanus ceylonicus Schiner 锡兰虻
Tabanus chekiangensis Ôuchi 浙江虻
Tabanus chenfui Xu *et* Sun 经甫虻
Tabanus chentangensis Zhu *et* Xu 陈塘虻
Tabanus chinensis Ôuchi 中国虻
Tabanus chonganensis Liu 同 *Tabanus pallidepectoratus*
Tabanus chosenensis Murdoch *et* Takahashi 楚山虻
Tabanus chrysurus Loew 金色虻，黄巨虻
Tabanus chusanensis Ôuchi 见 *Glaucops chusanensis*
Tabanus conicus (Bigot) 锥形虻
Tabanus coquilletti Shiraki 科氏虻
Tabanus cordiger Meigen 柯虻
Tabanus cordigeroides Chen *et* Xu 同 *Tabanus weiningensis*
Tabanus cordigeroides Surcouf 类柯虻
Tabanus coreanus Shiraki 朝鲜虻
Tabanus crassus Walker 同 *Tabanus rufiventris*
Tabanus cylindrocallus Wang 柱胛虻
Tabanus daohaoi Xu *et* Sun 道好虻
Tabanus digdongensis Wang 同 *Tabanus pullomaculatus*
Tabanus diversifrons Ricardo 异额虻
Tabanus exoticus Ricardo 腹纹虻，外来虻，舶来虻
Tabanus filipjevi Olsufjev 斐氏虻，裴虻
Tabanus flavicapitis Wang *et* Liu 黄头虻
Tabanus flavimarginatus Stekhoven-Stekhoven 黄边虻
Tabanus flavohirtus Philip 黄篷虻
Tabanus flavothorax Ricardo 黄胸虻
Tabanus formosiensis Ricardo 台岛虻，台湾虻，蓬莱虻，宝岛虻
Tabanus fujianesis Xu *et* Xu 福建虻
Tabanus fulvicinctus Ricardo 棕带虻，黄腰虻
Tabanus fulvimedioides Shiraki 黄条虻，拟中赤虻
Tabanus fulvimedius Walker 中赤虻

Tabanus fulvus Meigen 见 *Atylotus fulvus*
Tabanus fumifer Walker 雾色虻
Tabanus furvicaudus Xu 暗尾虻
Tabanus fuscicornis Ricardo 黑角虻
Tabanus fuscomaculatus Ricardo 褐斑虻
Tabanus fuscoventris Xu 褐腹虻
Tabanus fuzhouensis Xu *et* Xu 福州虻
Tabanus geminus Szilády 双重虻，双虻
Tabanus gertrudae Philip 黄纹虻，闽台虻
Tabanus glaucopis Meigen 银灰虻
Tabanus golovi Olsufjev 戈氏虻，戈壁虻
Tabanus golovi golovi Olsufjev 戈氏虻指名亚种
Tabanus golovi mediaasiaticus Olsufjev 戈氏虻中亚亚种，明达砂虻，中亚戈壁虻
Tabanus golovi pallidius Olsufjev 同 *Tabanus golovi mediaasiaticus*
Tabanus gonghaiensis Xu 邛海虻
Tabanus grandicaudus Xu 大尾虻
Tabanus grandis Szilády 黑灰虻
Tabanus griseinus Philip 土灰虻，拟灰虻
Tabanus griseipalpis Stekhoven 灰须虻
Tabanus grunini Olsufjev 京密虻
Tabanus guizhouensis Chen *et* Xu 贵州虻
Tabanus hainanensis Stone 海南虻
Tabanus haysi Philip 汉氏虻，海氏虻，水山虻
Tabanus hongchowensis Liu 杭州虻
Tabanus hongkongensis Ricardo 同 *Tabanus administrans*
Tabanus huangshanensis Xu *et* Wu 黄山虻
Tabanus humiloides Xu 拟矮小虻，似矮小虻
Tabanus hybridus Wiedemann 直条虻，直带虻
Tabanus hypomacros Surcouf 下巨虻
Tabanus ichiokai Ôuchi 市冈虻，稻田虻
Tabanus immanis Wiedemann 赤腹虻
Tabanus indianus Ricardo 印度虻
Tabanus iyoensis Shiraki 见 *Hirosia iyoensis*
Tabanus jigongshanensis Xu 鸡公山虻
Tabanus jigongshanoides Xu *et* Huang 似鸡公山虻
Tabanus jinghongensis Yang, Xu *et* Chen 景洪虻
Tabanus jinhuai Xu *et* Sun 金华虻
Tabanus jiulianensis Wang 同 *Tabanus lucifer*
Tabanus johnburgeri Xu *et* Xu 约翰柏杰虻，柏杰虻
Tabanus jucundus Walker 适中虻
Tabanus kabuensis Yao 卡布虻
Tabanus kaburagii Murdoch *et* Takahashi 卡氏虻，倍带原虻
Tabanus karenkoensis Shiraki 花莲港虻，花莲虻
Tabanus kiangsuensis Kröber 同 *Tabanus administrans*
Tabanus kotoshoensis Shiraki 见 *Hirosia kotoshoensis*
Tabanus kunmingensis Wang 昆明虻
Tabanus kwangsinensis Wang *et* Liu 广西虻
Tabanus laevigatus Szilády 光滑虻
Tabanus laotianus (Bigot) 老挝虻
Tabanus laticinctus Schuurmans Stekhoven 近六带虻
Tabanus leleani Austen 里氏虻，白须虻
Tabanus leucocnematus (Bigot) 白膝虻
Tabanus liangqingi Xu *et* Sun 见 *Isshikia liangqingi*
Tabanus liangshanensis Xu 凉山虻
Tabanus lijiangensis Yang *et* Xu 丽江虻
Tabanus limushanensis Xu 黎母山虻
Tabanus lineataenia Xu 线带虻
Tabanus lineola Fabricius [striped horse fly] 具条牛虻
Tabanus lingfengi Xu, Xu *et* Sun 凌峰虻
Tabanus lizhongi Xu *et* Sun 立中虻
Tabanus longibasalis Schuurmans Stekhoven 长鞭虻
Tabanus longistylus Xu, Ni *et* Xu 长芒虻
Tabanus loukashkini Philip 路氏虻，路腹虻
Tabanus loxomaculatus Wang 同 *Tabanus zimini*
Tabanus lucifer Szilády 光亮虻
Tabanus lushanensis Liu 庐山虻
Tabanus macfarlanei Ricardo 麦氏虻
Tabanus mai Liu 见 *Hybomitra mai*
Tabanus makimurai Ôuchi 牧村虻
Tabanus mandarinus Schiner 中华虻，华虻，白纹虻
Tabanus manipurensis Ricardo 曼涅浦虻，黄胸虻
Tabanus matsumotoensis Murdoch *et* Takahashi 松本虻
Tabanus matutinimordicus Xu 晨螫虻
Tabanus meihuashanensis Xu *et* Xu 梅花山虻
Tabanus mengdingensis Xu, Xu *et* Sun 孟定虻
Tabanus mentitus Walker 提神虻，带虻
Tabanus miki Brauer 迈克虻
Tabanus minshanensis Xu *et* Liu 岷山虻
Tabanus miyakei Shiraki 三宅虻，华南虻
Tabanus mongolensis Kröber 同 *Tabanus sabuletorum*
Tabanus monilifer (Bigot) 链珠虻
Tabanus monotaeniatus (Bigot) 一带虻
Tabanus montiasiaticus Olsufjev 高亚虻
Tabanus morulus Liu *et* Wang 同 *Tabanus macfarlanei*
Tabanus motuoensis Yao *et* Liu 墨脱虻
Tabanus multicintus Stekhoven-Stekhoven 多带虻
Tabanus murdochi Philip 麦多虻，茂氏虻
Tabanus mutatus Wang *et* Liu 革新虻
Tabanus nanpingensis Xu, Xu *et* Sun 南平虻
Tabanus nigra Liu *et* Wang 同 *Tabanus macfarlanei*
Tabanus nigrabdominis Wang 黑腹虻
Tabanus nigrefronti Liu 黑额虻
Tabanus nigrhinus Philip 黑螺虻
Tabanus nigricaudus Xu 黑尾虻
Tabanus nigrimaculatus Xu 黑斑虻，黑斑体虻
Tabanus nigrimordicus Xu 昏螫虻，暗螫虻
Tabanus nigroides Wang 同 *Tabanus formosiensis*
Tabanus nipponicus Murdoch *et* Takahashi 日本虻
Tabanus obscurus Xu 暗糊虻
Tabanus obsoletimaculus Xu 弱带虻
Tabanus ochros Schuurmans-Stekhoven 黄赭虻
Tabanus okinawanoides Xu 拟冲绳虻
Tabanus oliviventris Xu 青腹虻
Tabanus oliviventroides Xu 拟青腹虻，似青腹虻
Tabanus omeishanensis Xu 峨眉山虻
Tabanus omnirobustus Wang 壮体虻，壮虻
Tabanus onoi Murdoch *et* Takahashi 灰背虻，小野虻，灰斑虻
Tabanus oreophilus Xu *et* Liao 山生虻
Tabanus orientalis Wiedemann 东方虻

Tabanus orientis Walker 东洋虻，东方虻
Tabanus orphnos Wang 棕胸虻
Tabanus oxyceratus Bigot 窄缘虻
Tabanus paganus Chen 乡村虻
Tabanus pallidepectoratus (Bigot) 浅胸虻，西贡虻
Tabanus pallidiventris Olsufjev 土灰虻
Tabanus pallitarsis Olsufjev 见 *Atylotus pallitarsis*
Tabanus parabactrianus Liu 副菌虻
Tabanus parachinensis Xu, Zhan *et* Sun 副中国虻
Tabanus parachrysater Yao 副金黄虻
Tabanus paradiversifrons Xu *et* Guo 副异额虻
Tabanus paraflavimarginatus Xu *et* Sun 副黄边虻
Tabanus paraichiokai Xu, Xu *et* Sun 副市冈虻
Tabanus pararubidus Yao *et* Liu 副微赤虻
Tabanus parasexcinctus Xu *et* Sun 副六带虻
Tabanus parawuyishanensis Xu *et* Sun 副武夷山虻
Tabanus parviformus Wang 微小虻
Tabanus paviei Burton 派微虻
Tabanus pengquensis Zhu *et* Xu 朋曲虻
Tabanus perakiensis Ricardo 霹雳虻，马来虻
Tabanus petiolatus Szilády 同 *Atylotus petiolateinus*
Tabanus pingbianensis Liu 同 *Tabanus fulvicinctus*
Tabanus pingxiangensis Xu *et* Liao 凭祥虻
Tabanus pleskei Kréber 雁氏虻，僻氏虻
Tabanus polygonus Walker 多元虻
Tabanus prefulventer Wang 前黄腹虻
Tabanus pseudoliviventris Chen *et* Xu 伪青腹虻
Tabanus pullomaculatus Philip 暗斑虻，大棕虻，土棕虻
Tabanus puncturius Xu *et* Liao 刺螯虻
Tabanus pusillus Macquart 细小虻
Tabanus qinlingensis Wang 秦岭虻
Tabanus quinarius Wang *et* Liu 五节虻
Tabanus quinquencinctus Ricardo 五带虻
Tabanus rhinargus Philip 螺胛虻，亮铿虻
Tabanus rouqiangensis Xiang *et* Xu 若羌虻
Tabanus rubicundulus Austen 南方虻
Tabanus rubicundus Macquart 微红虻
Tabanus rubidus Wiedemann 微赤虻
Tabanus rufidens (Bigot) 红齿虻
Tabanus rufiventris Fabricius 红腹面虻，红腹虻
Tabanus rufofrater Walker 红柔虻
Tabanus ruoqiangensis Xiang *et* Xu 若羌虻
Tabanus russatoides Xu *et* Deng 拟棕体虻，似棕体虻
Tabanus russatus Wang 棕体虻
Tabanus sabuletoroides Xu 拟多沙虻，似多沙虻
Tabanus sabuletorum Loew 多沙虻，多沙原虻，锥形瘤虻
Tabanus sanyaensis Xu, Xu *et* Sun 三亚虻
Tabanus sapporoenus Shiraki 札幌虻
Tabanus sauteri Ricardo 同 *Tabanus fuscicornis*
Tabanus sexcinctus Ricardo 六带虻
Tabanus shaanxiensis Xu *et* Wu 陕西虻
Tabanus shantungensis Ôuchi 山东虻
Tabanus shennongjiaensis Xu, Ni *et* Xu 神农架虻
Tabanus signatipennis Portschinsky 重脉虻，星翅虻
Tabanus signifer Walker 角斑虻，中角虻
Tabanus soubiroui Surcouf 薮氏虻，梭氏虻
Tabanus splendens Xu *et* Liu 华丽虻
Tabanus stabilis Wang 稳虻，稳定虻
Tabanus stackelbergiellus Olsufjev 史氏虻，史虻
Tabanus striatus Fabricius 断纹虻
Tabanus striolatus Xu 同 *Tabanus diversifrons*
Tabanus subcordiger Liu 亚柯虻，类柯虻，亚柯原虻，近心形瘤虻
Tabanus subfurvicaudus Wu *et* Xu 亚暗尾虻
Tabanus subhuangshanensis Wang 同 *Tabanus huangshanensis*
Tabanus submalayensis Wang *et* Liu 亚马来虻
Tabanus subminshanensis Chen *et* Xu 同 *Tabanus minshanensis*
Tabanus subolivientris Xu 亚青腹虻
Tabanus subpullomaculatus Xu *et* Zhang 亚暗斑虻
Tabanus subrussatus Wang 亚棕体虻
Tabanus subsabuletorum Olsufjev 亚多沙虻，亚沙虻
Tabanus sziladyi Stek 齐氏虻
Tabanus taipingensis Xu *et* Wu 太平虻
Tabanus taiwanus Hayakawa *et* Takahashi 台湾虻
Tabanus takasagoensis Shiraki 同 *Tabanus signatipennis*
Tabanus tangi Xu *et* Xu 唐氏虻
Tabanus tenens Walker 特柔虻
Tabanus tener Osten-Sacken 同 *Tabanus rufofrater*
Tabanus thermarum Burton 热地虻
Tabanus tianyui Xu *et* Sun 天宇虻
Tabanus tienmuensis Liu 天目虻，天目山虻
Tabanus tieshengi Xu *et* Sun 铁生虻
Tabanus tinctothorax Ricardo 灿胸虻
Tabanus tricolorus Xu 三色虻
Tabanus trigeminus Coquillett 三重虻
Tabanus trigonus Coquillett 三膝虻
Tabanus turkestanus Szilády 土耳其虻
Tabanus varimaculatus Xu 同 *Tabanus borealorieus*
Tabanus weiheensis Xu *et* Liu 渭河虻
Tabanus weiningensis Xu, Xu *et* Sun 威宁虻
Tabanus wuyishanensis Xu *et* Xu 武夷山虻
Tabanus wuzhishanensis Xu 五指山虻
Tabanus xanthos Wang 黄腹虻
Tabanus xuezhongi Xu *et* Guo 学忠虻
Tabanus yablonicus Takagi 亚布力虻
Tabanus yadongensis Xu *et* Sun 亚东虻
Tabanus yamasakii (Ôuchi) 山崎虻
Tabanus yao Macquart 姚氏虻，姚虻，指角虻
Tabanus yishanensis Xu 沂山虻
Tabanus yunnanensis Liu *et* Wang 云南虻
Tabanus zayaensis Xu *et* Sun 察雅虻
Tabanus zayuensis Wang 察隅虻
Tabanus zhongpingi Xu *et* Guo 中平虻
Tabanus zimini Olsufjev 基氏虻，齐氏虻
Tabanus zunmingi Xu *et* Sun 遵明虻
Tabasco skipper [*Turesis tabascoensis* Freeman] 塔托弄蝶
tabby [*Pseudergolis wedah* (Kollar)] 秀蛱蝶
tabby knot-horn moth [*Euzophera pinguis* (Haworth)] 欧洲白蜡暗斑螟，壮暗斑螟
tabeluia long-horned beetle [= artocarpus long-horned beetle,

T

mangifera long-horned beetle, solandra long-horned beetle, *Pterolophia bigibbera* (Newman)] 双突坡天牛，双瘤锈天牛，坡天牛
Tabidia 条纹野螟属
Tabidia candidalis (Warren) 肯条纹野螟，肯塔比螟
Tabidia obvia Du *et* Li 显条纹野螟
Tabidia strigiferalis Hampson 条纹野螟，纹塔比螟
Tabitha's swordtail [*Pathysa dorcus* de Haan] 细长尾绿凤蝶
table mountain beauty [= mountain pride, *Aeropetes tulbaghia* (Linnaeus)] 大眼蝶
Tabuda 特剑虻属
Tabuda varia (Walker) 茧壳特剑虻
Tabulaephorus 塔羽蛾属
Tabulaephorus marptys (Christoph) 玛塔羽蛾
Tabulaephorus ussuriensis (Caradja) 乌塔羽蛾
Tacata 异须隐翅甲属
Tacata chinensis Pace 中华异须隐翅甲
Tachardiaephagus 胶蚧跳小蜂属
Tachardiaephagus tachardiae (Howard) 黄胸胶蚧跳小蜂
Tachardiidae [= Lacciferidae] 胶蚧科
Tachardina 硬胶蚧属
Tachardina decorella (Maskell) 杨梅硬胶蚧
Tachardina theae (Green *et* Menn) 茶硬胶蚧
Tachengia 滇蝽属
Tachengia ascra China 滇蝽
Tachengia viridula Hsiao *et* Cheng 绿滇蝽，绿滇椿象
Tachengia yunnana Hsiao *et* Cheng 紫滇蝽
tachina fly [= tachinid fly, tachinid] 寄蝇，寄生蝇 <寄蝇科 Tachinidae 昆虫的通称>
Tachina 寄蝇属
Tachina albidopilosa (Portschinsky) 白毛寄蝇
Tachina alticola (Malloch) 高山寄蝇，深色寄蝇
Tachina amurensis (Zimin) 见 *Tachina* (*Tachina*) *amurensis*
Tachina anguisipennis (Chao) 见 *Tachina* (*Tachina*) *anguisipennis*
Tachina ardens (Zimin) 见 *Tachina* (*Tachina*) *ardens*
Tachina aurulenta (Chao) 金黄寄蝇
Tachina basalis (Zimin) 基寄蝇
Tachina bombidiforma (Chao) 拟熊蜂寄蝇，蜂虻型寄蝇
Tachina bombylia (Villeneuve) 拟蜂虻寄蝇
Tachina breviala (Chao) 短翅寄蝇
Tachina breviceps (Zimin) 短头寄蝇
Tachina chaoi Mesnil 见 *Tachina* (*Tachina*) *chaoi*
Tachina cheni (Chao) 见 *Tachina* (*Tachina*) *cheni*
Tachina corsicana (Villeneuve) 见 *Tachina* (*Tachina*) *corsicana*
Tachina fera (Linnaeus) 见 *Tachina* (*Tachina*) *fera*
Tachina flavosquama Chao 黄鳞寄蝇
Tachina furcipennis (Chao *et* Zhou) 权肛寄蝇
Tachina genurufa (Villeneuve) 源寄蝇，红颊寄蝇
Tachina gibbiforceps (Chao) 弯叶寄蝇，膝肛寄蝇
Tachina grossa (Linnaeus) 见 *Tachina* (*Tachina*) *grossa*
Tachina haemorrhoa (Mesnil) 棕红寄蝇
Tachina iota Chao *et* Arnaud 见 *Tachina* (*Tachina*) *iota*
Tachina jakovlevi (Portchinsky) 见 *Tachina* (*Tachina*) *jakovlewii*
Tachina kunmingensis Chao *et* Arnaud 昆明寄蝇
Tachina laterolinea (Chao) 见 *Tachina* (*Tachina*) *laterolinea*
Tachina lateromaculata Chao 见 *Tachina* (*Tachina*) *lateromaculata*
Tachina longiventris (Chao) 筒腹寄蝇
Tachina luteola (Coquillett) 见 *Tachina* (*Tachina*) *luteola*
Tachina macropuchia Chao 见 *Tachina* (*Tachina*) *macropuchia*
Tachina magnicornis (Zetterstedt) 见 *Tachina* (*Tachina*) *magnicornis*
Tachina medogensis (Chao *et* Zhou) 墨脱寄蝇
Tachina* (*Nowickia*) *atripalpis (Robineau-Desvoidy) 肥须寄蝇，肥须诺寄蝇
Tachina* (*Nowickia*) *brevipalpis (Chao *et* Zhou) 短须寄蝇
Tachina* (*Nowickia*) *danilevskyi (Portschinsky) 大尼寄蝇
Tachina* (*Nowickia*) *deludans (Villeneuve) 讽寄蝇
Tachina* (*Nowickia*) *funebris (Villeneuve) 墨黑寄蝇，墨黑诺寄蝇
Tachina* (*Nowickia*) *heifu (Chao *et* Shi) 黑腹寄蝇，黑腹诺寄蝇
Tachina* (*Nowickia*) *hingstoniae (Mesnil) 短腹寄蝇，短跗寄蝇，短跗诺寄蝇
Tachina* (*Nowickia*) *latilinea (Chao *et* Zhou) 宽带寄蝇
Tachina* (*Nowickia*) *marklini Zetterstedt 窄角寄蝇，短角诺寄蝇，窄角诺寄蝇
Tachina* (*Nowickia*) *mongolica (Zimin) 蒙古寄蝇，蒙古诺寄蝇
Tachina* (*Nowickia*) *nigrovillosa (Zimin) 黑角寄蝇，黑角诺寄蝇
Tachina* (*Nowickia*) *polita (Zimin) 光亮寄蝇，亮寄蝇，亮诺寄蝇
Tachina* (*Nowickia*) *rondanii (Giglio-Tos) 筒须寄蝇，筒须诺寄蝇
Tachina* (*Nowickia*) *spectanda (Villeneuve) 望寄蝇
Tachina* (*Nowickia*) *strobelii (Rondani) 芦斑寄蝇，芦斑诺寄蝇
Tachina nupta (Rondani) 见 *Tachina* (*Tachina*) *nupta*
Tachina persica (Portschinsky) 波斯寄蝇
Tachina pingbian Chao *et* Arnaud 屏边寄蝇
Tachina praeceps Meigen 见 *Tachina* (*Tachina*) *praeceps*
Tachina pubiventris (Chao) 毛腹寄蝇
Tachina pulvera (Chao) 鬃颜寄蝇
Tachina punctocincta (Villeneuve) 见 *Tachina* (*Tachina*) *punctocincta*
Tachina qingzangensis (Chao) 青藏寄蝇
Tachina rohdendorfi Zimin 中亚寄蝇
Tachina rohdendorfiana Chao *et* Arnaud 洛灯寄蝇，珞氏寄蝇
Tachina ruficauda (Chao) 红尾寄蝇，红尾茸毛寄蝇
Tachina sinerea (Chao) 缺端鬃寄蝇
Tachina sobria Walker 明寄蝇
Tachina spina (Chao) 刺腹寄蝇
Tachina stackelbergi Zimin 见 *Tachina* (*Tachina*) *stackelbergi*
Tachina subcinerea Walker 亚灰寄蝇
Tachina* (*Tachina*) *amurensis (Zimin) 黑龙江寄蝇，阿穆尔寄蝇
Tachina* (*Tachina*) *anguisipennis (Chao) 蛇肛寄蝇，蛇虹寄蝇
Tachina* (*Tachina*) *ardens (Zimin) 火红寄蝇，火红茸毛寄蝇
Tachina* (*Tachina*) *breiceps (Zimin) 短头寄蝇
Tachina* (*Tachina*) *chaoi Mesnil 赵氏寄蝇
Tachina* (*Tachina*) *cheni (Chao) 陈氏寄蝇
Tachina* (*Tachina*) *corsicana (Villeneuve) 亮腹寄蝇
Tachina* (*Tachina*) *fera (Linnaeus) 黄跗寄蝇
Tachina* (*Tachina*) *grossa (Linnaeus) 大黑寄蝇
Tachina* (*Tachina*) *iota Chao *et* Arnaud 小寄蝇
Tachina* (*Tachina*) *jakovlewii (Portschinsky) 毛肋寄蝇 <此种学名被修订为 *Tachina* (*Tachina*) *jakovlevi* (Portschinsky) 或 *Tachina* (*Tachina*) *jakovlevii* (Portschinsky) 者，原始拼法为正确>
Tachina* (*Tachina*) *laterolinea (Chao) 侧条寄蝇，侧线寄蝇
Tachina* (*Tachina*) *lateromaculata (Chao) 艳斑寄蝇

T

Tachina* (*Tachina*) *liaoningensis Zhang *et* Hao 辽宁寄蝇
Tachina* (*Tachina*) *luteola (Coquillett) 黄寄蝇
Tachina* (*Tachina*) *macropuchia Chao 巨爪寄蝇
Tachina* (*Tachina*) *magnicornis (Zetterstedt) 黑尾寄蝇，粗角寄蝇
Tachina* (*Tachina*) *metatarsa Chao *et* Zhou 黑跗寄蝇
Tachina* (*Tachina*) *nupta (Rondani) 怒寄蝇
Tachina* (*Tachina*) *praeceps Meigen 峭寄蝇
Tachina* (*Tachina*) *punctocincta (Villeneuve) 栗黑寄蝇，点带寄蝇
Tachina* (*Tachina*) *stackelbergi Zimin 什塔寄蝇
Tachina* (*Tachina*) *ursina Meigen 黄白寄蝇
Tachina* (*Tachina*) *ursinoidea (Tothill) 蜂寄蝇
Tachina* (*Tachina*) *zimini (Chao) 济氏寄蝇，济民寄蝇
Tachina tienmushan Chao *et* Arnaud 黄胫寄蝇，天目山寄蝇；天木山寄蝇 < 误 >
Tachina ursina Meigen 见 *Tachina* (*Tachina*) *ursina*
Tachina ursinoidea (Tothill) 见 *Tachina* (*Tachina*) *ursinoidea*
Tachina vernalis Robineau-Desvoidy 黑尾寄蝇
Tachina xizangensis (Chao) 西藏寄蝇
Tachina zaqu Chao *et* Arnaud 扎曲寄蝇
Tachina zimini (Chao) 见 *Tachina* (*Tachina*) *zimini*
tachinid 1. [= tachinid fly, tachina fly] 寄蝇，寄生蝇 < 寄蝇科 Tachinidae 昆虫的通称 >；2. 寄蝇科的
tachinid fly 见 tachina fly
Tachinidae 寄蝇科，寄生蝇科
Tachininae 寄蝇亚科
Tachinini 寄蝇族
Tachiniscidae 拟寄蝇科
Tachinoestrus 狂寄蝇属
Tachinoestrus semenovi Portschinsky 西门狂寄蝇
Tachinomorphus 斑腹隐翅甲属
Tachinomorphus assamensis Cameron 黑翅斑腹隐翅甲
Tachinomorphus fulvipes (Erichson) 红翅斑腹隐翅甲
Tachinus 圆胸隐翅甲属，圆胸隐翅虫属
Tachinus alishanensis Hayashi 阿里山圆胸隐翅甲，阿里山圆胸隐翅虫
Tachinus armatus Feng, Li *et* Schülke 武圆胸隐翅甲
Tachinus asperius Chang, Li *et* Yin 粗点圆胸隐翅甲
Tachinus beckeri Ullrich 贝圆胸隐翅甲，贝圆胸隐翅虫
Tachinus becquarti Bernhauer 黄褐圆胸隐翅甲，倍圆胸隐翅虫
Tachinus biangulatus Chang, Li, Yin *et* Schülke 双角圆胸隐翅甲
Tachinus bicuspidatus Sahlberg 尖圆胸隐翅甲，尖圆胸隐翅虫
Tachinus bilobus Chang, Li *et* Yin 双叶圆胸隐翅甲
Tachinus bimorphus Chang, Li, Yin *et* Schülke 二型圆胸隐翅甲
Tachinus breviculus Chang, Li, Yin *et* Schülke 浅裂圆胸隐翅甲
Tachinus brevicuspis Schülke 短突圆胸隐翅甲，短突圆胸隐翅虫
Tachinus cavazzutii Feng, Li *et* Schülke 卡氏圆胸隐翅甲
Tachinus centralis Chang, Li, Yin *et* Schülke 华中圆胸隐翅甲
Tachinus chengzhifeii Chang, Li, Yin *et* Schülke 程氏圆胸隐翅甲
Tachinus chinensis Bernhauer 中华圆胸隐翅甲，华圆胸隐翅虫
Tachinus coronatus Feng, Li *et* Schülke 冠茎圆胸隐翅甲
Tachinus curvipennis Chang, Li *et* Yin 弯茎圆胸隐翅甲
Tachinus edentulus Urich 具齿圆胸隐翅甲，艾圆胸隐翅虫
Tachinus elongatus Gyllenhal 长圆胸隐翅甲，长圆胸隐翅虫
Tachinus emeiensis Zhang, Li *et* Zhao 峨眉圆胸隐翅甲，峨眉圆胸隐翅虫
Tachinus fortepunctatus Bernhauer 粗点圆胸隐翅甲，粗点圆胸隐翅虫
Tachinus gelidus Eppelsheim 硬圆胸隐翅甲，硬圆胸隐翅虫
Tachinus gigantulus Bernhauer 巨圆胸隐翅甲，巨圆胸隐翅虫
Tachinus grandicollis (Bernhauer) 宽肩圆胸隐翅甲，硕圆胸隐翅甲，硕圆胸隐翅虫
Tachinus granosus Chang, Li, Yin *et* Schülke 头纹圆胸隐翅甲
Tachinus hedini Urich 赫圆胸隐翅甲，赫圆胸隐翅虫
Tachinus hercules Feng, Li *et* Schülke 赫拉圆胸隐翅甲
Tachinus hujiayaoi Feng, Li *et* Schülke 胡氏圆胸隐翅甲
Tachinus humeronotatus Zhao *et* Li 肩斑圆胸隐翅甲
Tachinus insularis Hayashi 岛圆胸隐翅甲，岛圆胸隐翅虫
Tachinus iriomotensis Li 西表圆胸隐翅甲
Tachinus jacuticus Poppius 贾圆胸隐翅甲，贾圆胸隐翅虫
Tachinus japonicus Sharp 日本圆胸隐翅甲，日圆胸隐翅虫
Tachinus jiuzhaigouensis Feng, Li *et* Schülke 九寨沟圆胸隐翅甲
Tachinus kaiseri Bernhauer 卡氏圆胸隐翅甲，卡氏圆胸隐翅虫
Tachinus laosensis Katayama *et* Li 老挝圆胸隐翅甲
Tachinus licenti Bernhauer 李圆胸隐翅甲，李圆胸隐翅虫
Tachinus lii Schülke 李氏圆胸隐翅甲
Tachinus linzhiensis Feng *et* Li 林芝圆胸隐翅甲
Tachinus lobutulus Chang, Li *et* Yin 小叶圆胸隐翅甲
Tachinus lohsei Urich 洛圆胸隐翅甲，洛圆胸隐翅虫
Tachinus longelytratus Ullrich 长翅圆胸隐翅甲，长翅圆胸隐翅虫
Tachinus ludwigbenicki Ullrich 红边圆胸隐翅甲，鲁圆胸隐翅虫
Tachinus maculipennis Cameron 斑翅圆胸隐翅甲，斑翅圆胸隐翅虫
Tachinus maculosus Chang, Li, Yin *et* Schülke 黄斑圆胸隐翅甲
Tachinus maderi Bernhauer 玛圆胸隐翅甲，玛圆胸隐翅虫
Tachinus maderianus Feng *et* Li 奇圆胸隐翅甲
Tachinus marginatus (Fabricius) 缘圆胸隐翅甲，缘圆胸隐翅虫
Tachinus masaohayashii Hayashi 林正夫圆胸隐翅甲，马圆胸隐翅虫
Tachinus mengdaensis Feng, Li *et* Schülke 孟达圆胸隐翅甲
Tachinus meniscus Chang, Li, Yin *et* Schülke 新月圆胸隐翅甲
Tachinus miltoni Schülke 米氏圆胸隐翅甲，米氏圆胸隐翅虫
Tachinus montanellus Bernhauer 山圆胸隐翅甲，山圆胸隐翅虫
Tachinus motuoensis Chang, Li *et* Yin 墨脱圆胸隐翅甲
Tachinus naomii Li 直海圆胸隐翅甲
Tachinus nigriceps Sharp 黑圆胸隐翅甲，黑圆胸隐翅虫
Tachinus nigriceps nigriceps Sharp 黑圆胸隐翅甲指名亚种
Tachinus nigriceps rubricollis Rambousek 黑圆胸隐翅甲黄胸亚种，黄胸圆胸隐翅甲
Tachinus nitouensis Ullrich 尼圆胸隐翅甲，尼圆胸隐翅虫
Tachinus oblongoelytratus Feng *et* Li 长鞘圆胸隐翅甲
Tachinus ohbayashii Li, Zhao *et* Sakai 大林圆胸隐翅甲
Tachinus pallipes Gravenhorst 淡圆胸隐翅甲，淡圆胸隐翅虫
Tachinus parahercules Feng, Li *et* Schülke 拟赫拉圆胸隐翅甲
Tachinus paralinzhiensis Feng *et* Li 拟林芝圆胸隐翅甲
Tachinus parasibiricus Zhang, Li *et* Zhao 东洋圆胸隐翅甲，东洋圆胸隐翅虫
Tachinus potanini Veselova 波氏圆胸隐翅甲，坡圆胸隐翅虫
Tachinus qian Chang, Li *et* Yin 贵州圆胸隐翅甲

Tachinus roborowskyi (Reitter) 罗圆胸隐翅甲，罗圆胸隐翅虫
Tachinus rufipes (Linnaeus) 红足圆胸隐翅甲，红足圆胸隐翅虫
Tachinus schilowi Ullrich 希圆胸隐翅甲，希圆胸隐翅虫
Tachinus sibiricus Sharp 西伯圆胸隐翅甲，西伯圆胸隐翅虫
Tachinus signatus Gravenhorst 同 *Tachinus rufipes*
Tachinus silphoides Schülke 拟葬圆胸隐翅甲
Tachinus songxiaobini Chang, Li *et* Yin 宋氏圆胸隐翅甲
Tachinus sugayai Schülke 菅谷圆胸隐翅甲，菅谷圆胸隐翅虫
Tachinus taichungensis Compbell 台中圆胸隐翅甲，台中圆胸隐翅虫
Tachinus taiwanensis Shibata 见 *Nitidotachinus taiwanensis*
Tachinus tangliangi Chang, Li, Yin *et* Schülke 汤氏圆胸隐翅甲
Tachinus watanabei Shibata 渡边圆胸隐翅甲，渡边圆胸隐翅虫
Tachinus yasutoshii Ito 黄红圆胸隐翅甲，泰利圆胸隐翅虫
Tachinus yini Feng, Li *et* Schülke 殷氏圆胸隐翅甲
Tachinus yunnanensis Chang, Li, Yin *et* Schülke 滇圆胸隐翅甲
Tachinus yushanensis Compbell 玉山圆胸隐翅甲，玉山圆胸隐翅虫
Tachyancistrocerus 塔蜾蠃属
Tachyancistrocerus schmidti (Kokujev) 施氏塔蜾蠃
Tachista bistigma Bezzi 见 *Tachydromia bitstigma*
Tachycellus chinensis Jedlička 见 *Bradycellus chinensis*
Tachycellus laeticolor (Bates) 见 *Bradycellus laeticolor*
Tachycellus yunnanus (Jedlička) 见 *Bradycellus yunnanus*
Tachycines 疾灶螽属，疾灶螽亚属，迅蟋螽属
Tachycines asynamorus Adelung 见 *Tachycines* (*Tachycines*) *asynamorus*
Tachycines berezowskii (Adelung) 见 *Tachycines* (*Gymnaeta*) *berezowskii*
Tachycines brevicauda Karny 见 *Tachycines* (*Gymnaeta*) *brevicauda*
Tachycines chinensis Storozhenko 见 *Tachycines* (*Tachycines*) *chinensis*
Tachycines coreanus Yamasaki 同 *Tachycines* (*Tachycines*) *asynamorus*
Tachycines gansuicus (Adelung) 同 *Tachycines* (*Gymnaeta*) *berezovskii*
Tachycines* (*Gymnaeta*) *aspes (Rampini *et* Di Russo) 栗色疾灶螽，栗色裸灶螽
Tachycines* (*Gymnaeta*) *belousovi (Gorochov) 比氏疾灶螽
Tachycines* (*Gymnaeta*) *berezowskii (Adelung) 贝式疾灶螽，贝式裸灶螽，别氏迅蟋螽 < 此种学名有误写为 *Tachycines* (*Gymnaeta*) *berezovskii* (Adelung) 者 >
Tachycines* (*Gymnaeta*) *bifolius Zhu, Chen *et* Shi 双叶疾灶螽，双叶裸灶螽
Tachycines* (*Gymnaeta*) *bifurcata (Gorochov) 二叉疾灶螽
Tachycines* (*Gymnaeta*) *borutzkyi (Gorochov) 波氏疾灶螽，波氏裸灶螽
Tachycines* (*Gymnaeta*) *brevicauda Karny 短瓣疾灶螽，短瓣裸灶螽，短尾迅蟋螽
Tachycines* (*Gymnaeta*) *bruneri Karny 布氏疾灶螽
Tachycines* (*Gymnaeta*) *caudata (Gorochov, Rampini *et* Di Russo) 尾疾灶螽，尾裸灶螽
Tachycines* (*Gymnaeta*) *caverna (Jaio, Niu, Liu, Lei *et* Bi) 洞穴疾灶螽，洞穴裸灶螽
Tachycines* (*Gymnaeta*) *chenhui (Rampini *et* Di Russo) 陈氏疾灶螽，陈氏裸灶螽
Tachycines* (*Gymnaeta*) *coomani Chopard 考氏疾灶螽，库氏迅蟋螽
Tachycines* (*Gymnaeta*) *crenata (Di Russo *et* Rampini) 见 *Eutachycines crenata*
Tachycines* (*Gymnaeta*) *cuenoti Chopard 库氏疾灶螽
Tachycines* (*Gymnaeta*) *fallax (Zhang *et* Liu) 伪疾灶螽，伪裸灶螽
Tachycines* (*Gymnaeta*) *femorata (Zhang *et* Liu) 短腿疾灶螽，短腿裸灶螽
Tachycines* (*Gymnaeta*) *ferecaeca (Gorochov, Rampini *et* Di Russo) 圣骨疾灶螽，圣骨裸灶螽
Tachycines* (*Gymnaeta*) *gansu (Gorochov) 甘肃疾灶螽
Tachycines* (*Gymnaeta*) *gonggashanica (Zhang *et* Liu) 贡嘎山疾灶螽，贡嘎山裸灶螽
Tachycines* (*Gymnaeta*) *improvisa (Gorochov) 丽疾灶螽
Tachycines* (*Gymnaeta*) *kabaki (Gorochov) 卡巴疾灶螽
Tachycines* (*Gymnaeta*) *lalinus Feng, Huang *et* Luo 拉林疾灶螽，拉林裸灶螽
Tachycines* (*Gymnaeta*) *lata (Zhang *et* Liu) 突变疾灶螽，突变裸灶螽
Tachycines* (*Gymnaeta*) *latellai (Rampini *et* Di Russo) 拉脱疾灶螽，拉脱裸灶螽
Tachycines* (*Gymnaeta*) *latiliconcavus Zhu, Chen *et* Shi 宽凹疾灶螽，宽凹裸灶螽
Tachycines* (*Gymnaeta*) *liboensis Zhu, Chen *et* Shi 荔波疾灶螽，荔波裸灶螽
Tachycines* (*Gymnaeta*) *lii Qin, Liu *et* Li 李氏疾灶螽，李氏裸灶螽
Tachycines* (*Gymnaeta*) *longicauda (Karny) 长瓣疾灶螽，长瓣裸灶螽，长尾迅蟋螽
Tachycines* (*Gymnaeta*) *longilamina (Zhang *et* Liu) 长板疾灶螽，长板裸灶螽
Tachycines* (*Gymnaeta*) *nocturna (Gorochov) 夜疾灶螽
Tachycines* (*Gymnaeta*) *nulliscleritus Zhu, Chen *et* Shi 缺片疾灶螽，缺片裸灶螽
Tachycines* (*Gymnaeta*) *omninocaeca (Gorochov, Rampini *et* Di Russo) 对称疾灶螽，对称裸灶螽
Tachycines* (*Gymnaeta*) *paradoxus Zhu, Chen *et* Shi 奇异疾灶螽，奇异裸灶螽
Tachycines* (*Gymnaeta*) *proximus (Gorochov, Rampini *et* Di Russo) 近疾灶螽，近裸灶螽
Tachycines* (*Gymnaeta*) *racovitzai Chopard 拉氏疾灶螽
Tachycines* (*Gymnaeta*) *roundata (Zhang *et* Liu) 圆疾灶螽，圆裸灶螽
Tachycines* (*Gymnaeta*) *semicrenata (Gorochov, Rampini *et* Di Russo) 拟疾灶螽，拟裸灶螽
Tachycines* (*Gymnaeta*) *shuangcha Feng, Huang *et* Luo 双叉疾灶螽，双叉裸灶螽
Tachycines* (*Gymnaeta*) *sichuana (Gorochov) 四川疾灶螽
Tachycines* (*Gymnaeta*) *solida (Gorochov, Rampini *et* Di Russo) 实心疾灶螽，实心裸灶螽
Tachycines* (*Gymnaeta*) *taenus Zhu, Chen *et* Shi 带状疾灶螽，带状裸灶螽
Tachycines* (*Gymnaeta*) *tianmushanensis Liu *et* Zhang 天目山疾灶螽，天目山裸灶螽
Tachycines* (*Gymnaeta*) *tongrenus Feng, Huang *et* Luo 铜仁疾灶螽，铜仁裸灶螽
Tachycines* (*Gymnaeta*) *tonkinensis Chopard 越南疾灶螽
Tachycines* (*Gymnaeta*) *trapezialis Zhou *et* Yang 梯形疾灶螽，梯

形裸灶螽

Tachycines **(*Gymnaeta*)** ***tuberus*** Zhu, Chen *et* Shi 具突疾灶螽，具突裸灶螽

Tachycines **(*Gymnaeta*)** ***umbellus*** Zhu, Chen *et* Shi 伞状疾灶螽，伞状裸灶螽

Tachycines **(*Gymnaeta*)** ***wuyishanica*** (Zhang *et* Liu) 武夷山疾灶螽，武夷山裸灶螽

Tachycines **(*Gymnaeta*)** ***zaoshu*** Feng, Huang *et* Luo 枣树疾灶螽，枣树裸灶螽

Tachycines **(*Gymnaeta*)** ***zorzini*** (Rampini *et* Di Russo) 卓氏疾灶螽，卓氏裸灶螽

Tachycines hoffmanni Karny 同 *Tachycines* (*Tachycines*) *asynamorus*

Tachycines karnyi Qin, Wang, Liu *et* Li 卡氏疾灶螽

Tachycines longicauda (Karny) 见 *Tachycines* (*Gymnaeta*) *longicauda*

Tachycines meditationis Würmli 见 *Tachycines* (*Tachycines*) *meditationis*

Tachycines rammei Karny 见 *Tachycines* (*Tachycines*) *rammei*

Tachycines svenhedini Karny 见 *Tachycines* (*Tachycines*) *svenhedini*

Tachycines **(*Tachycines*)** ***asynamorus*** Adelung [greenhouse stone cricket, glasshouse camel cricket] 异形疾灶螽，温室沙螽，温室迅蟋螽，温室灶马，庭疾灶螽

Tachycines **(*Tachycines*)** ***baiyunjianensis*** Qin, Wang, Liu *et* Li 白云疾灶螽

Tachycines **(*Tachycines*)** ***bilobatus*** Qin, Wang, Liu *et* Li 二叶疾灶螽

Tachycines **(*Tachycines*)** ***borealis*** (Cui *et* Liu) 北方疾灶螽

Tachycines **(*Tachycines*)** ***chinensis*** Storozhenko 中华疾灶螽，中华迅蟋螽

Tachycines **(*Tachycines*)** ***denticulatus*** (Gorochov) 齿疾灶螽

Tachycines **(*Tachycines*)** ***incisus*** Qin, Wang, Liu *et* Li 凹疾灶螽

Tachycines **(*Tachycines*)** ***maximus*** Qin, Wang, Liu *et* Li 巨疾灶螽

Tachycines **(*Tachycines*)** ***meditationis*** Würmli 浙江疾灶螽，浙江迅蟋螽

Tachycines **(*Tachycines*)** ***multispinosus*** Qin, Wang, Liu *et* Li 多刺疾灶螽

Tachycines **(*Tachycines*)** ***rammei*** Karny 拉梅疾灶螽，拉氏迅蟋螽

Tachycines **(*Tachycines*)** ***sichuanensis*** Qin, Wang, Liu *et* Li 川疾灶螽

Tachycines **(*Tachycines*)** ***svenhedini*** Karny 斯氏疾灶螽，斯氏迅蟋螽

Tachycines **(*Tachycines*)** ***transversus*** Qin, Wang, Liu *et* Li 横疾灶螽

Tachycines **(*Tachycines*)** ***trilobatus*** Qin, Wang, Liu *et* Li 三叶疾灶螽

Tachycines **(*Tachycines*)** ***validus*** Chopard 有效疾灶螽

Tachycines **(*Tachycines*)** ***xiai*** Qin, Wang, Liu *et* Li 夏氏疾灶螽

Tachycines **(*Tachycines*)** ***yanlingensis*** Qin, Wang, Liu *et* Li 炎陵疾灶螽

Tachycixius 捷蜡蝉属

Tachycixius **(*Tachycixius*)** ***pilosus*** (Olivier) 毛捷蜡蝉，毛菱蜡蝉

Tachydromia 合室舞虻属，疾飞舞虻属

Tachydromia basiflava Gu, Zeng, Zhang *et* Yang 基黄合室舞虻

Tachydromia bitstigma (Bezzi) 双斑合室舞虻，双斑舞虻，二点塔舞虻

Tachydromia crassisetosa Gu, Zeng, Zhang *et* Yang 粗鬃合室舞虻

Tachydromia digitiformis Saigusa *et* Yang 指突合室舞虻

Tachydromia guangdongensis Yang *et* Grootaert 广东合室舞虻

Tachydromia henanensis Saigusa *et* Yang 河南合室舞虻

Tachydromia longyuwanensis Saigusa *et* Yang 龙峪湾合室舞虻

Tachydromia menglunensis Grootaert, Yang *et* Shamshev 勐仑合室舞虻

Tachydromia mengyangensis Grootaert, Yang *et* Shamshev 勐养合室舞虻

Tachydromia orientalis Brunetti 东方合室舞虻

Tachydromia shirozui Saigusa 见 *Platypalpus shirozui*

Tachydromia terricoloides Shamshev *et* Grootaert 黄腿合室舞虻

Tachydromia thaica Shamshev *et* Grootaert 泰国合室舞虻

Tachydromia yunnanensis Grootaert, Yang *et* Shamshev 云南合室舞虻

Tachydromiinae 合室舞虻亚科

Tachydromiini 合室舞虻族

tachygenesis 简缩发生，简捷发育 <意为昆虫幼期中较正常者减少一个或若干个虫龄的发育>

Tachygoninae 异足象甲亚科

tachykinin 速激肽

Tachylopha ovatus (Motschulsky) 卵形弛步甲

Tachypeza 显肩舞虻属

Tachypeza nigra Yang *et* Yang 黑腿显肩舞虻

Tachypompilus 捷蛛蜂属

Tachypompilus analis (Fabricius) 红尾捷蛛蜂，臀蛛蜂

Tachyporinae 尖腹隐翅甲亚科，尖腹隐翅虫亚科

Tachyporini 尖腹隐翅甲族

Tachyporus 尖腹隐翅甲属，尖腹隐翅虫属

Tachyporus bernhaueri Luze 贝氏尖腹隐翅甲，贝尖腹隐翅虫

Tachyporus celatus Sharp 隐尖腹隐翅甲，隐尖腹隐翅虫

Tachyporus chrysomelinus (Linnaeus) 红黄尖腹隐翅甲，绿尖腹隐翅虫

Tachyporus evanescens Boheman 萎尖腹隐翅甲，萎尖腹隐翅虫

Tachyporus flavopictus Fauvel 黄斑尖腹隐翅甲，黄斑尖腹隐翅虫

Tachyporus hypnorum (Fabricius) 棕色尖腹隐翅甲，尖腹隐翅虫

Tachyporus kaiseri Bernhauer 凯氏尖腹隐翅甲，凯尖腹隐翅虫

Tachyporus orthogrammus Sharp 直纹尖腹隐翅甲，直纹尖腹隐翅虫

Tachyporus picturatus (Reitter) 丽尖腹隐翅甲，丽尖腹隐翅虫

Tachyporus pusillus Gravenhorst 小尖腹隐翅甲，小尖腹隐翅虫

Tachyporus terminalis Sharp 端尖腹隐翅甲，端尖腹隐翅虫

Tachypterellus collaris Voss 见 *Anthonomus collaris*

Tachypterellus consors cerasi List 同 *Anthonomus quadrigibbus*

Tachypterellus quadrigibbus (Say) 见 *Anthonomus quadrigibbus*

Tachypterellus quadrigibbus magnus List 同 *Anthonomus quadrigibbus*

Tachyptilia subsequella (Hübner) 同 *Anacampsis obscurella*

Tachyris paulina (Cramer) 见 *Appias paulina*

Tachys 小步甲属

Tachys andrewesi Jedlička 见 *Elaphropus* (*Tachyura*) *andrewesi*

Tachys badius Minowa 见 *Elaphropus* (*Tachyura*) *badius*

Tachys bifoveatus MacLeay 同 *Elaphropus latissimus*

Tachys brachys Andrewes 见 *Polyderis brachys*

Tachys chinensis Jedlička 同 *Elaphropus* (*Tachyura*) *gradatus*

Tachys compactus Andrewes 见 *Elaphropus* (*Tachyura*) *compactus*

Tachys exaratus Bates 见 *Tachyura exarata*

Tachys fasciatus (Motschulsky) 带小步甲，带异塔步甲
Tachys formosanus Jedlička 见 *Elaphropus* (*Tachyura*) *formosanus*
Tachys fukiensis Jedlička 见 *Elaphropus* (*Tachyura*) *fukiensis*
Tachys fumicatus Motschulsky 烟小步甲
Tachys fumigatoides Minowa 同 *Tachys fumicatus*
Tachys fuscicauda Bates 见 *Elaphropus* (*Tachyura*) *fuscicaudus*
Tachys fusculus Schaum 见 *Elaphropus* (*Tachyura*) *fusculus*
Tachys gongylus Andrewes 见 *Elaphropus* (*Tachyura*) *gongylus*
Tachys gradatus Bates 见 *Elaphropus* (*Tachyura*) *gradatus*
Tachys impressipennis (Motschulsky) 狭翅小步甲
Tachys klapperichi Jedlička 见 *Elaphropus* (*Tachyura*) *klapperichi*
Tachys laetificus (Bates) 见 *Elaphropus* (*Tachyura*) *laetificus*
Tachys languidus Andrewes 弱小步甲
Tachys marani Jedlička 见 *Elaphropus* (*Tachyura*) *marani*
Tachys marggii Kirschenhoffer 见 *Elaphropus marggii*
Tachys nanophyes Andrewes 见 *Elaphropus nanophyes*
Tachys ochrias Andrewes 见 *Polyderis ochrias*
Tachys olemartini Kirschenhoffer 奥小步甲
Tachys plagiatus Putzeys 纹小步甲
Tachys plagiatus plagiatus Putzeys 纹小步甲指名亚种
Tachys plagiatus sexmaculatus Andrewes 纹小步甲六斑亚种，六斑纹小步甲
Tachys pseudosericeus Kirschenoffer 伪丝小步甲
Tachys prolixus Bates 普小步甲
Tachys quadrillum Schaum 同 *Tachys sexguttatus*
Tachys sericans Bates 丝小步甲，丝异塔步甲
Tachys sexguttatus (Fairmaire) 六斑小步甲，六点异塔步甲
Tachys suensoni Kirschenoffer 苏小步甲
Tachys tienmushaniensis Kirschenoffer 天目山小步甲
Tachys tostus Andrewes 见 *Elaphropus* (*Tachyura*) *tostus*
Tachys triangularis Nietner 同 *Tachys fasciatus*
Tachys uenoianus Habu 上野小步甲，郁小步甲
Tachys yunchengensis Kirschenoffer 运城小步甲
Tachys zouhari Jedlička 见 *Elaphropus zouhari*
Tachysphex 快足小唇泥蜂属
Tachysphex angustatus Pulawski 横唇快足小唇泥蜂
Tachysphex apakensis Tsuneki 阿快足小唇泥蜂
Tachysphex beaumonti Pulawski 鲍氏快足小唇泥蜂
Tachysphex beidzimiao Tsuneki 内蒙快足小唇泥蜂
Tachysphex bengalensis Cameron 孟加拉快足小唇泥蜂
Tachysphex changi Tsuneki 张氏快足小唇泥蜂
Tachysphex clypedentalis Li, Li *et* Cai 齿唇快足小唇泥蜂
Tachysphex costae (De Stefani) 皱腹快足小唇泥蜂
Tachysphex excelsus Turner 举快足小唇泥蜂
Tachysphex formosanus Tsuneki 台湾快足小唇泥蜂
Tachysphex gegen Tsuneki 格快足小唇泥蜂
Tachysphex idzekii Tsuneki 伊氏快足小唇泥蜂
Tachysphex incertus (Radoszkowski) 弓唇快足小唇泥蜂
Tachysphex kodairai Tsuneki 古氏快足小唇泥蜂
Tachysphex latifrons Kohl 侧额快足小唇泥蜂
Tachysphex moczari Tsuneki 木氏快足小唇泥蜂
Tachysphex morosus (Smith) 躁快足小唇泥蜂
Tachysphex nigricolor (Dalla Torre) 黑色快足小唇泥蜂
Tachysphex nigricolor lanhsuensis Tsuneki 黑色快足小唇泥蜂兰屿亚种，兰屿黑色快足小唇泥蜂
Tachysphex nigricolor nigricolor (Dalla Torre) 黑色快足小唇泥蜂指名亚种，指名黑色快足小唇泥蜂
Tachysphex nonakai Tsuneki 野仲快足小唇泥蜂
Tachysphex panzeri (van der Linden) 长口快足小唇泥蜂
Tachysphex pompiliformis (Panzer) 赤腹快足小唇泥蜂
Tachysphex psammobius (Kohl) 沙快足小唇泥蜂
Tachysphex puncticeps Cameron 斑头快足小唇泥蜂
Tachysphex siitanus Tsuneki 北京快足小唇泥蜂
Tachysphex tarsinus (Peletier) 江苏快足小唇泥蜂
Tachysphex unicolor (Panzer) 单色快足小唇泥蜂
Tachyta 捷小步甲属
Tachyta nanus (Gyllenhall) 南捷小步甲，南小步甲
Tachyta taiwanica Terada *et* Wu 台湾捷小步甲
Tachyta umbrosa (Motschulsky) 暗捷小步甲，暗小步甲
Tachytes 捷小唇泥蜂属
Tachytes angustiverticis Wu *et* Li 窄顶捷小唇泥蜂
Tachytes astutus Nurse 狡捷小唇泥蜂
Tachytes distinctus Smith 显带捷小唇泥蜂
Tachytes etruscus (Rossi) 埃捷小唇泥蜂
Tachytes etruscus etruscus (Rossi) 埃捷小唇泥蜂指名亚种
Tachytes etruscus sibiricus Gussakovskij 埃捷小唇泥蜂西伯亚种，西埃捷小唇泥蜂
Tachytes europaeus Kohl 同 *Tachytes panzeri*
Tachytes europaeus orientis Pulawski 见 *Tachytes panzeri orientis*
Tachytes fruticis Tsuneki 福捷小唇泥蜂
Tachytes hengchunensis Tsuneki 台湾捷小唇泥蜂
Tachytes modestus Smith 条胸捷小唇泥蜂
Tachytes nipponicus Tsuneki 东方捷小唇泥蜂
Tachytes panzeri (Dufour) 欧捷小唇泥蜂
Tachytes panzeri orientis Pulawski 欧捷小唇泥蜂东方亚种，东方欧捷小唇泥蜂
Tachytes panzeri panzeri (Dufour) 欧捷小唇泥蜂指名亚种
Tachytes saundersii Bingham 桑氏捷小唇泥蜂
Tachytes shirozui Tsuneki 四带捷小唇泥蜂
Tachytes sinensis Smith 中华捷小唇泥蜂
Tachytes sinensis fundatus Rohwer 中华捷小唇泥蜂台湾亚种
Tachytes sinensis sinensis Smith 中华捷小唇泥蜂指名亚种
Tachytes sinensis yaeyamanus Tsuneki 中华捷小唇泥蜂日本亚种，日中捷小唇泥蜂
Tachytes toyensis Tsuneki 托捷小唇泥蜂
Tachytes vicinus Cameron 邻捷小唇泥蜂
Tachytes xenoferus Rohwer 异捷小唇泥蜂
Tachytrechus 迅长足虻属，疾长足虻属
Tachytrechus genualis Loew 黑脚迅长足虻，黑脚长足虻，劲太长足虻
Tachytrechus guangxiensis Zhang, Yang *et* Masunaga 广西迅长足虻
Tachytrechus indicus Parent 印度迅长足虻
Tachytrechus peruicus Yang *et* Zhang 秘鲁迅长足虻
Tachytrechus picticornis (Bigot) 同 *Tachytrechus tessellatus*
Tachytrechus rubzovi Negrobov 茹氏迅长足虻，鲁氏太长足虻
Tachytrechus simplex Parent 纯迅长足虻，简太长足虻
Tachytrechus sinicus Stackelberg 中华迅长足虻
Tachytrechus tessellatus Macquart 青角迅长足虻
Tachyura 拟小步甲亚属，拟小步甲属

Tachyura andrewesi (Jedlička) 见 *Elaphropus* (*Tachyura*) *andrewesi*
Tachyura badius (Minowa) 见 *Elaphropus* (*Tachyura*) *badius*
Tachyura borealis (Andrewes) 同 *Elaphropus* (*Tachyura*) *compactus*
Tachyura ceylanicus (Nietner) 见 *Elaphropus* (*Tachyura*) *ceylanicus*
Tachyura exarata (Bates) 见 *Elaphropus* (*Tachyura*) *exaratus*
Tachyura fasciatus Motschulsky 见 *Tachys fasciatus*
Tachyura formosana (Jedlička) 见 *Elaphropus* (*Tachyura*) *formosanus*
Tachyura fumigatoides (Minowa) 同 *Tachys fumicatus*
Tachyura fuscicauda (Bates) 见 *Elaphropus* (*Tachyura*) *fuscicaudus*
Tachyura fuscula (Schaum) 见 *Elaphropus* (*Tachyura*) *fusculus*
Tachyura gradata (Bates) 见 *Elaphropus* (*Tachyura*) *gradatus*
Tachyura klugii (Nietner) 见 *Elaphropus* (*Tachyura*) *klugii*
Tachyura lutea (Andrewes) 见 *Elaphropus* (*Tachyura*) *luteus*
Tachyura marani (Jedlička) 见 *Elaphropus* (*Tachyura*) *marani*
Tachyura ovata (Motschulsky) 见 *Elaphropus* (*Tachyura*) *ovatus*
Tachyura poeciloptera (Bates) 见 *Elaphropus* (*Tachyura*) *poecilopterus*
Tachyura tosta (Andrewes) 见 *Elaphropus* (*Tachyura*) *tostus*
Tachyusa 塔隐翅甲属
Tachyusa chinensis Pace 同 *Tachyusa orientis*
Tachyusa hebeiensis Pace 同 *Tachyusa wei*
Tachyusa manchurica Bernhauer 见 *Ischnopoda manchurica*
Tachyusa orientis Bernhauer 东方塔隐翅甲，东方塔隐翅虫
Tachyusa reitteri Bernhauer 同 *Tachyusa orientis*
Tachyusa wei Pace 魏氏塔隐翅甲
Tachyusida 拟塔隐翅甲属
Tachyusida luteipennis Fenyes 黄翅拟塔隐翅甲，黄翅拟塔隐翅虫
Tachyusini 瘦黑隐翅甲族
Tacoraea opalina (Kollar) 见 *Athyma opalina*
Tacoraea punctata (Leech) 见 *Athyma punctata*
Tacoraea recurva (Leech) 见 *Athyma recurva*
Tacoraea zeroca (Moore) 见 *Athyma zeroca*
tactile 触觉的
tactile communication 触觉通讯
tactile hair 触觉毛
tactile organ 触觉器官
tactile papilla 触觉乳头
tactile pit 触觉窝
tactile sense 触觉
tactile sensilla [s. tactile sensillum; = sensilla trichodea, trichoid sensilla] 毛形感器
tactile sensillum [pl. tactile sensilla; = sensillum trichodeum, trichoid sensillum] 毛形感器
tactile seta 触毛
tactochemical 触化感觉的
Tadascarta 托达沫蝉属
Tadascarta formosana (Kato) 台托达沫蝉，台卡洛沫蝉
Tadascarta rubripennis Matsumura 红翅托达沫蝉
Tadzhik mealybug [*Trionymus isfarensis* (Borchsenius)] 塔吉克条粉蚧
Taedia hawleyi (Knight) [hop plant bug] 忽布盲蝽
Taenaris 眼环蝶属
Taenaris alocus (Brooks) 伊眼环蝶
Taenaris artemis (Vollenhoven) [pearl owl] 雅眼环蝶
Taenaris bioculatus (Guérin-Méneville) 双眼环蝶
Taenaris butleri Oberthür 重瞳眼环蝶
Taenaris catops (Westwood) [silky owl] 开眼环蝶
Taenaris chionides (Godman *et* Salvin) 猫眼环蝶
Taenaris cyclops Staudinger 圆眼环蝶
Taenaris diana (Butler) 珍眼环蝶
Taenaris dimona (Hewitson) 带眼环蝶
Taenaris dina (Staudinger) 迪眼环蝶
Taenaris dioptrica (Vollenhoven) 雕眼环蝶
Taenaris domitilla (Hewitson) 多眼环蝶
Taenaris gorgo Kirsch 沟谷眼环蝶
Taenaris honrathi (Staudinger) 宏眼环蝶
Taenaris horsfieldi (Swainson) 霍眼环蝶
Taenaris hyperbolus Kirsch 海眼环蝶
Taenaris macrops Felder *et* Felder 大眼环蝶
Taenaris mailua Grose-Smith 霾眼环蝶
Taenaris montana Stichel 山眼环蝶
Taenaris myops (Felder *et* Felder) 木眼环蝶
Taenaris nivescens Rothschild 雪眼环蝶
Taenaris nysa Hübner 眼环蝶
Taenaris onolaus (Kirsch) 鸥眼环蝶
Taenaris phorcas (Westwood) 福眼环蝶
Taenaris scylla Staudinger 晕眼环蝶
Taenaris selene Westwood 西冷眼环蝶
Taenaris staudingeri Honrath 斯氏眼环蝶
Taenaris urania (Linnaeus) 巨眼环蝶
Taenerema 特纳夜蛾属
Taenerema hoenei Draudt 霍特纳夜蛾
Taeneremina 量夜蛾属
Taeneremina scripta Ronkay *et* Ronkay 红秋量夜蛾
taenia 带 < 指宽纵带 >
Taeniapterinae 华瘦足蝇亚科
taeniate [= taeniatus] 具带纹的 < 指具有宽纵纹的 >
taeniatus 见 taeniate
taenidia [s. taenidium] 螺旋丝
taenidium [pl. taenidia; = spiral fiber, spiral thread] 螺旋丝
Taeniodera 带花金龟甲属
Taeniodera coomani (Bourgoin) 群斑带花金龟甲，群斑带花金龟，库瘦花金龟
Taeniodera flavofasciata (Moser) 横带花金龟甲，横带花金龟，黄带瘦花金龟
Taeniodera flavofasciata flavofasciata (Moser) 横带花金龟甲指名亚种，指名横带花金龟
Taeniodera flavofasciata formosana (Moser) 横带花金龟甲台湾亚种，台横带花金龟，绒毛陷纹金龟
Taeniodera garnieri (Bourgoin) 胫穗带花金龟甲，胫穗带花金龟
Taeniodera idolica Janson 胫刷带花金龟甲，胫刷带花金龟
Taeniodera luteovaria (Bourgoin) 黄卵形带花金龟甲，黄卵形背花金龟
Taeniodera malabariensis (Gory *et* Percheron) 莫带花金龟甲，漠带花金龟
Taeniodera moupinensis Fairmaire 见 *Euselates moupinensis*
Taeniodera nigricollis (Janson) 黑领带花金龟甲，黑背花金龟
Taeniodera nigricollis nigricollis (Janson) 黑领带花金龟甲指名亚种
Taeniodera nigricollis viridula (Niijima *et* Matsumura) 见 *Taeniodera*

viridula

Taeniodera rutilans Ma 铜红带花金龟甲，铜红带花金龟

Taeniodera salvazai (Bourgoin) 尾带花金龟甲，尾带花金龟

Taeniodera viridula (Niijima *et* Matsumura) 黑斑带花金龟甲，黑斑陷纹金龟，绿背花金龟

Taeniodera zebraea Fairmaire 泽带花金龟甲，泽背花金龟

Taenioderini 带花金龟甲族

Taeniogonalos 带钩腹蜂属

Taeniogonalos alticola (Tsuneki) 高山带钩腹蜂

Taeniogonalos bucarinata Chen, Achterberg, He *et* Xu 大脊带钩腹蜂

Taeniogonalos eurysoma Chen *et* van Achterberg 宽腹钩腹蜂

Taeniogonalos fasciata (Strand) 条带钩腹蜂，大纹钩腹蜂，条纹钩腹蜂，条纹钩腹姬蜂

Taeniogonalos flavicincta (Bischoff) 黄带带钩腹蜂，黄来可钩腹姬蜂

Taeniogonalos flavoscutellata (Chen) 黄盾带钩腹蜂，黄盾纹钩腹姬蜂

Taeniogonalos formosana (Bischoff) 台湾带钩腹蜂，台纹钩腹姬蜂

Taeniogonalos pictipennis Strand 斑翅带钩腹蜂

Taeniogonalos rufofasciata (Chen) 红带带钩腹蜂，红带纹钩腹姬蜂

Taeniogonalos sauteri Bischoff 索氏带钩腹蜂，黄盾带钩腹蜂，黄盾纹钩腹姬蜂

Taeniogonalos taihorina (Bischoff) 大甫林带钩腹蜂

Taeniogonalos thwaitesii (Westwood) 特氏带钩腹蜂

Taeniogonalos tricolor (Chen) 三色带钩腹蜂，三色纹钩腹蜂，三色纹钩腹姬蜂

Taeniomastix 泰蜣蝇亚属

Taenioncini 带露尾甲族

Taenioncus 带露尾甲属

Taenioncus cylindricus (Murray) 柱带露尾甲

Taenioncus tenuis (Murray) 尖带露尾甲

Taenioncus tenuis hana (Nakane) 尖带露尾甲日本亚种，汉尖果露尾甲

Taenioncus tenuis tenuis (Murray) 尖带露尾甲指名亚种

Taeniopoda 带足小翅蜢属

Taeniopoda reticulata (Fabricius) [reticulate lubber grasshopper, horse lubber grasshopper] 网翅带足小翅蜢

taeniopterygid 1. [= taeniopterygid stonefly, willowfly, winter stonefly] 带蜻 < 带蜻科 Taeniopterygidae 昆虫的通称 >；2. 带蜻科的

taeniopterygid stonefly [= taeniopterygid, willowfly, winter stonefly] 带蜻

Taeniopterygidae 带蜻科，带翅石蝇科

Taeniostigma 带蛄属

Taeniostigma biconvexa Li 双突带蛄

Taeniostigma cacuminalia Li 端斑带蛄

Taeniostigma campylodroma Li 弧弯带蛄

Taeniostigma conoidalia Li 锥形带蛄

Taeniostigma euneura Li 丽脉带蛄

Taeniostigma exoleta Li 大带蛄

Taeniostigma flavescens Li 淡黄带蛄

Taeniostigma genuflexa Li 膝形带蛄

Taeniostigma guangdongana Li 广东带蛄

Taeniostigma hamata Li 钩突带蛄

Taeniostigma ingens Enderlein 痣带蛄，痣带啮虫

Taeniostigma longicruria Li 长叉带蛄

Taeniostigma platozona Li 宽带带蛄

Taeniostigma pulcha Li *et* Yang 丽带蛄

Taeniostigma pyrrhospila Li 红斑带蛄

Taeniostigma reticularia Li 网茎带蛄

Taeniostigma scariosa Li 杆突带蛄

Taeniostigma scotocaula Li 黑茎带蛄

Taeniostigma stipata Li 密刺带蛄

Taeniostigma straminea Li 黄色带蛄

Taeniostigma strigulosa Li 条突带蛄

Taeniostigma ternidentalia Li 三齿带蛄

Taeniostigma trinotata Li 三斑带蛄

Taeniostigminae 带蛄亚科

Taeniostola 笄实蝇属，塔恩实蝇属

Taeniostola connecta Hendel 连带笄实蝇，台湾塔恩实蝇，连带实蝇，五带实蝇

Taeniostola limbata Hendel 缘带笄实蝇，林巴塔恩实蝇，缘带实蝇

Taeniostola striatipennis Hering 条翅笄实蝇，沙巴塔恩实蝇

Taeniostola vittigera Bezzi 五条笄实蝇，色条塔恩实蝇

Taeniotes 平脸天牛属

Taeniotes scalaris (Fabricius) 同 *Taeniotes scalatus*

Taeniotes scalatus (Gmelin) 黄缝平脸天牛，拉美桑科天牛

Taeniothrips 带蓟马属

Taeniothrips alliorum Priesner 葱带蓟马

Taeniothrips angustiglandus Han *et* Cui 窄腺带蓟马

Taeniothrips bruneus (Bagnall) 见 *Ceratothripoides brunneus*

Taeniothrips canavaliae Moulton 同 *Thrips vitticornis*

Taeniothrips cardamomi Ramakrishnan 见 *Sciothrips cardamomi*

Taeniothrips changbaiensis Cui, Lee *et* Wang 长白带蓟马

Taeniothrips cognaticeps Priesner 蝴蝶草带蓟马

Taeniothrips distalis Karny 见 *Megalurothrips distalis*

Taeniothrips eucharii (Whetzel) 细角带蓟马，油加律带蓟马，尤加律蓟马

Taeniothrips flavidulus (Bagnall) 见 *Thrips flavidulus*

Taeniothrips frontalis Uzel 见 *Pezothrips frantalis*

Taeniothrips glanduculus Han 小腺带蓟马

Taeniothrips grisbrunneus (Feng, Chou *et* Li) 灰褐带蓟马，灰褐大蓟马

Taeniothrips inconsequens (Uzel) [pear thrips] 梨带蓟马，梨蓟马

Taeniothrips konumensis Ishida 同 *Odontothrips biuncus*

Taeniothrips laricivorus (Kratochvil *et* Farsky) 同 *Thrips pini*

Taeniothrips longistylus Karny 长带蓟马

Taeniothrips major Bagnall 大带蓟马，大豆带蓟马

Taeniothrips microglandus Han 微腺带蓟马

Taeniothrips minor Bagnall 小带蓟马

Taeniothrips musae (Zhang *et* Tong) 蕉带蓟马，蕉爪哇蓟马

Taeniothrips oreophilus Priesner 玫瑰带蓟马，蔷薇蓟马

Taeniothrips orionis Treherne 扁豆带蓟马

Taeniothrips pediculae Han 见 *Pezothrips pediculae*

Taeniothrips picipes (Zetterstedt) 鹊带蓟马，青花带蓟马

Taeniothrips pini Uzel 见 *Thrips pini*

Taeniothrips salicis Reuter 柳带蓟马
Taeniothrips setiventris Bagnall 见 *Mycterothrips setiventris*
Taeniothrips simplex (Morison) [gladiolus thrips] 菖蒲带蓟马，菖蒲蓟马
Taeniothrips sjostedti (Trybom) 见 *Megalurothrips sjostedti*
Taeniothrips smithi (Zimmermann) 见 *Dichromothrips smithi*
Taeniothrips tigris Bhatti 底带蓟马
Taeniothrips variegatus (Reyes) 多变带蓟马
Taeniothrips vulgatissimus (Haliday) 见 *Thrips vulgatissimus*
Taeniothrips xanthius Williams 见 *Trichromothrips xanthius*
tagalog scale [= sugarcane scale, white stem scale, cane oval scale, *Aulacaspis tegalensis* (Zehntner)] 东洋甘蔗白轮盾蚧，印度轮盾介壳虫，印度尼西亚轮盾介壳虫，特甘蔗白轮盾蚧，蔗黄雪盾蚧，檬果轮盾介壳虫
Tagalopsocus 塔双蚳属
Tagalopsocus phaeostigmus Li 褐痣塔双蚳，褐痣塔啮虫
Tagalopsocus tricostatus (Li) 三斑塔双蚳
Tagasta 橄蝗属
Tagasta brachyptera Liang 短翅橄蝗
Tagasta indica Bolívar 印度橄蝗
Tagasta marginella Thunberg 长额橄蝗
Tagasta rufomaculata Bi 红点橄蝗
Tagasta tonkinensis Bolívar 越北橄蝗
Tagasta yunnana Bi 云南橄蝗
Tagastinae 橄蝗亚科
tagged element 标记元素
Tagiades 裙弄蝶属
Tagiades atticus (Fabricius) 见 *Tagiades japetus atticus*
Tagiades bowringi Joicey *et* Talbot 见 *Pintara tabrica bowringi*
Tagiades calligana Butler [Malayan snow flat] 美裙弄蝶
Tagiades cohaerens (Mabille) [white-striped snow flat, Evans snow flat] 滚边裙弄蝶
Tagiades cohaerens cohaerens (Mabille) 滚边裙弄蝶指名亚种，指名滚边裙弄蝶
Tagiades cohaerens cynthia Evans [Himalayan white-striped snow flat] 滚边裙弄蝶四川亚种，四川滚边裙弄蝶，白裙弄蝶
Tagiades distans Moore 斯里兰卡裙弄蝶
Tagiades flesus (Fabricius) [clouded forester] 隐斑裙弄蝶
Tagiades gana (Moore) [pied flat, large snow flat, immaculate snow flat, suffused snow flat] 白边裙弄蝶
Tagiades gana athos Plötz 白边裙弄蝶华西亚种，华西白边裙弄蝶
Tagiades gana gana (Moore) 白边裙弄蝶指名亚种
Tagiades gana sangarava Fruhstorfer 白边裙弄蝶华南亚种，华南白边裙弄蝶
Tagiades hybridus Devyatkin 混杂裙弄蝶
Tagiades insularis Mabille 岛国裙弄蝶
Tagiades japetus (Stoll) [common snow flat] 佳裙弄蝶，裙弄蝶，贾裙弄蝶
Tagiades japetus atticus (Fabricius) 佳裙弄蝶印尼亚种，裙弄蝶
Tagiades japetus carnica Evans [Car Nicobar common snow flat] 佳裙弄蝶卡尼亚种
Tagiades japetus japetus (Stoll) 佳裙弄蝶指名亚种
Tagiades japetus nankowra Evans [Central Nicobar common snow flat] 佳裙弄蝶中尼亚种
Tagiades japetus obscurus Mabille [Dravidian common snow flat] 佳裙弄蝶德拉维达亚种
Tagiades japetus ravi Moore [Himalayan common snow flat] 佳裙弄蝶喜马亚种
Tagiades japetus ravina Fruhstorfer [Andaman common snow flat] 佳裙弄蝶安岛亚种
Tagiades lavata Butler [plain snow flat] 浣裙弄蝶
Tagiades litigiosa Möschler [water snow flat] 沾边裙弄蝶，白裙星弄蝶
Tagiades litigiosa litigiosa Möschler 沾边裙弄蝶指名亚种，指名沾边裙弄蝶
Tagiades menaka (Moore) [dark edged snow flat, spotted snow flat] 黑边裙弄蝶
Tagiades menaka gavina Fruhstorfer 同 *Tagiades menaka menaka*
Tagiades menaka mantra Evans 黑边裙弄蝶华西亚种
Tagiades menaka menaka (Moore) 黑边裙弄蝶指名亚种，指名黑边裙弄蝶
Tagiades multipunctatus Crowley 见 *Mooreana trichoneura multipunctata*
Tagiades nestus (Felder) [Papuan snow flat, nestus flat] 巢裙弄蝶
Tagiades obscurus Mabille 盈白裙弄蝶，暗裙弄蝶
Tagiades parra Fruhstorfer [straight snow flat] 帕裙弄蝶
Tagiades pintra Evans 同 *Tagiades cohaerens cynthia*
Tagiades tabrica (Hewitson) 钽裙弄蝶
Tagiades toba de Nicéville [different spotted snow flat] 陶裙弄蝶
Tagiades trebellius (Höpffer) 南洋裙弄蝶，白裙弄蝶
Tagiades trebellius martinus Plötz 南洋裙弄蝶台湾亚种，热带南洋裙弄蝶，热带白裙弄蝶，兰屿白裙弄蝶，南洋白裙弄蝶
Tagiades trebellius trebellius (Höpffer) 南洋裙弄蝶指名亚种
Tagiades trichoneura (Felder *et* Felder) 见 *Mooreana trichoneura*
Tagiades trichoneura multipunctatus Crowley 见 *Mooreana trichoneura multipunctata*
Tagiades ultra Evans [ultra snow flat] 优裙弄蝶
Tagiades waterstradti Elwes *et* Edwards 华特裙弄蝶
Tagiadini 裙弄蝶族
tagma [pl. tagmata] 体段，体区 < 常指昆虫中的体段，如头、胸、腹 >
tagmata [s. tagma] 体段，体区
tagmosis 体段划分，体躯分段
Tagonoides 塔琵甲属
Tagonoides ampliata Fairmaire 大个塔琵甲，壶嘎拟步甲，壶塔拟步甲
Tagonoides belousovi Medvedev 别氏塔琵甲
Tagonoides delavayi Fairmaire 德拉塔琵甲，德嘎拟步甲，德塔拟步甲
Tagonoides kabaki Medvedev 喀氏塔琵甲
Tagonoides skopini Medvedev *et* Merkl 斯科塔琵甲
Tagonoides volkovitshi Medvedev 沃克塔琵甲
Tagonoides yunnana Medvedev 云南塔琵甲
Tagonoides zamotailovi Medvedev 弯胫塔琵甲
Tagosodes 中带飞虱属
Tagosodes assimilis (Yang) 同 *Tagosodes pusanus*
Tagosodes baina (Ding *et* Kuoh) 白中带飞虱，白带背飞虱
Tagosodes cubanus (Crawford) [Cuban white-backed rice planthopper, paddy plant hopper] 古巴中带飞虱，古巴淡背飞虱，古巴稻飞虱，古巴飞虱

Tagosodes incanus (Yang) 淡中带飞虱
Tagosodes pusanus (Distant) 丽中带飞虱，台托飞虱
tagyra hairstreak [*Evenus tagyra* (Hewitson)] 塔丽灰蝶
Tahara 突叶蝉属
Tahara quadrispiculata Nielson 四突突叶蝉
Taharana 无突叶蝉属，刺茎叶蝉属
Taharana acontata Zhang 矛尾无突叶蝉
Taharana acuminata Zhang 尖尾无突叶蝉
Taharana albopunctata Li 见 *Hiatusorus albopunctatus*
Taharana aproboscidea Zhang 见 *Glaberana aproboscidea*
Taharana bicuspidata Zhang *et* Zhang 二刺无突叶蝉
Taharana bifasciata Zhang 双带无突叶蝉
Taharana choui Zhang 周氏无突叶蝉
Taharana concavi Zhang 凹板无突叶蝉
Taharana fasciana Li 见 *Hiatusorus fascianus*
Taharana furca Nielson 见 *Glaberana furca*
Taharana hamulusa Li *et* Du 见 *Glaberana hamulusa*
Taharana heidaina Li *et* Wang 见 *Hiatusorus heidainus*
Taharana lii Zhang 见 *Hiatusorus lii*
Taharana mengshuengensis Zhang 勐宋无突叶蝉
Taharana prionophylla Zhang 见 *Hiatusorus prionophyllus*
Tahara quadrispiculata Nielson 四突突叶蝉
Taharana ruficincta Li 见 *Hiatusorus ruficinctus*
Taharana ruiliensis Zhang 见 *Glaberana ruiliensis*
Taharana schonhorsti Nielson 见 *Hiatusorus schonhorsti*
Taharana serrata Nielson 齿缘无突叶蝉
Taharana sparsa (Stål) 原无突叶蝉，红条刺茎叶蝉
Taharana spiculata Nielson 见 *Hiatusorus spiculatus*
Taharana spinea Zhang 见 *Hiatusorus spineus*
Taharana trackana Li 同 *Taharana serrata*
Taharana uniaristata Zhang 单芒无突叶蝉
Taharana yinggenensis Zhang *et* Zhang 同 *Taharana sparsa*
Tahiti coconut borer [= Tahitian coconut weevil, *Diocalandra taitensis* Guérin-Méneville] 塔岛二点象甲，塔岛可可象甲
Tahitian coconut weevil 见 Tahiti coconut borer
Tahulus caligatus Navás 同 *Pseudoformicaleo nubecula*
Taialia formosana Tsuneki 见 *Spilomena formosana*
Taibai luehdorfia [*Luehdorfia taibai* Chou] 太白虎凤蝶
Taicallimorpha 台丽灯蛾属
Taicallimorpha albipuncta (Wileman) 乌台丽灯蛾，乌丽灯蛾，白点丽灯蛾
Taichius 泰轴甲属
Taichius forticornis (Pic) 大角泰轴甲
Taichius frater Ando 扁脊泰轴甲
Taichius fukudai (Masumoto) 台湾泰轴甲，福田皰胸拟回木虫，福半轴甲
Taicona 露胸步甲属 *Allocota* 的异名
Taicona aurata Bates 见 *Allocota aurata*
Taidelphax chishanensis Yang 见 *Altekon chishanensis*
Taidelphax orchidensis Yang 见 *Altekon orchidensis*
taiga alpine [*Erebia mancinus* Doubleday] 针叶林红眼蝶
Taihorina 巢沫蝉属
Taihorina geisha Schumacher 栗巢沫蝉，楮泰巢沫蝉，火红尖巢沫蝉
Taikona 泰透翅蛾属
Taikona matsumurai Arita *et* Gorbunov 松村泰透翅蛾，松村台透翅蛾
tail 尾，尾部<通常指腹部的细端节；在蚜虫中，指尾片(cauda)；在鳞翅目及脉翅目的若干科中，指后翅的细长突起>
tail fold 尾褶
tailed black-eye [*Leptomyrina hirundo* (Wallengren)] 褐刺尾灰蝶
tailed bush brown [*Bicyclus sambulos* Hewitson] 桑巴蔽眼蝶
tailed caterpillar [= defoliating drepanid, *Epicampoptera marantica* (Tams)] 咖啡曲钩蛾，咖啡钩翅蛾
tailed cecropian [= dashwing, *Historis acheronta* (Fabricius)] 尖尾端突蛱蝶
tailed coffee mealybug [= striped mealybug, cotton scale, grey mealybug, guava mealybug, spotted mealybug, tailed mealybug, white-tailed mealybug, *Ferrisia virgata* (Cockerell)] 双条拂粉蚧，咖啡粉蚧，腺刺粉蚧，丝粉介壳虫
tailed copper [*Tharsalea arota* (Boisduval)] 闪紫灰蝶
tailed cupid [= Indian cupid, orange-tipped pea-blue, *Everes lacturnus* (Godart)] 长尾蓝灰蝶
tailed emperor [= tailed nawab, *Polyura pyrrhus* (Linnaeus)] 尾蛱蝶
tailed green-banded line-blue [= green-banded line-blue, *Nacaduba cyanea* (Cramer)] 青娜灰蝶
tailed green-banded swallowtail [*Papilio charopus* Westwood] 绿石德凤蝶
tailed jay [= green-spotted triangle, *Graphium agamemnon* (Linnaeus)] 统帅青凤蝶，翠斑青凤蝶，绿斑凤蝶，绿斑青凤蝶，短尾樟凤蝶，短尾青凤蝶，小纹青带凤蝶
tailed judy [*Abisara neophron* (Hewitson)] 长尾褐蚬蝶
tailed labyrinth [*Neope bhadra* (Moore)] 帕德拉荫眼蝶
tailed meadow blue [*Cupidopsis jobates* (Höpffer)] 窟灰蝶
tailed mealybug 见 tailed coffee mealybug
tailed nawab 见 tailed emperor
tailed net-winged beetle [*Lycus trabeatus* (Guérin-Méneville)] 尾片宽红萤
tailed orange [= little jaune, *Eurema proterpia* (Fabricius)] 矩黄粉蝶
tailed palmfly [*Elymnias caudata* Butler] 尾锯眼蝶
tailed punch [= punch, *Dodona eugenes* Bates] 银纹尾蚬蝶
tailed red forester [*Lethe sinorix* (Hewitson)] 尖尾黛眼蝶
tailed redbreast [*Papilio bootes* Westwood] 黑美凤蝶，牛郎凤蝶，牛郎美凤蝶
tailed rustic [= vagrant, *Vagrans egista* (Cramer)] 彩蛱蝶，黑缘假尾蛱蝶
tailed sulphur 1. [*Phoebis neocypris* (Hübner)] 尖尾菲粉蝶；2. [*Dercas verhuelli* (Hoeven)] 檀方粉蝶
tailless bushblue [*Arhopala ganesa* (Moore)] 无尾娆灰蝶，俳灰蝶
tailless lineblue [= purple line-blue, *Prosotas dubiosa* (Semper)] 疑波灰蝶，杜娜灰蝶
tailless metallic green hairstreak [*Chrysozephyrus khasia* de Nicéville] 卡莎金灰蝶
tailless plushblue [*Flos areste* (Hewitson)] 爱睐花灰蝶
tailless scrub hairstreak [*Strymon cestri* (Reakirt)] 白纹螯灰蝶
tailless swallowtail [= polydamas swallowtail, gold rim swallowtail, *Battus polydamas* (Linnaeus)] 多点贝凤蝶，多斑贝凤蝶，多点

荆风蝶，多斑凤蝶，金边燕尾蝶
Tailorilygus 泰盲蝽属
Tailorilygus apicalis (Fieber) 泛泰盲蝽
Tailorilygus ornaticollis (Reuter) 斑胸泰盲蝽
Taimyrmosa 太拟蚁蜂属
Taimyrmosa cara Lelej 珍贵太拟蚁蜂
Taimyrmosa mongolica (Suárez) 蒙古太拟蚁蜂，蒙古太蚁蜂
Tainania dispar Masi 同 *Antrocephalus hakonensis*
Tainania hakonensis (Ashmead) 见 *Antrocephalus hakonensis*
Tainania lugubris Masi 见 *Antrocephalus lugubris*
Tainanina 台南蝇属，南蝇属
Tainanina pilisquama (Senior-White) 毛瓣台南蝇，锡兰南蝇
Tainanina sarcophagoides (Malloch) 类麻台南蝇，麻类台南蝇
Tainanina yangchunensis Fan *et* Yao 阳春台南蝇
Tainiterma 带鞘茧蜂属
Tainiterma pachytarsis van Achterberg *et* Shaw 粗跗带鞘茧蜂
taint 1. 传染；2. 污染；3. 染色
Taipinga 太平蝉属
Taipinga nana (Walker) 太平蝉
Taipinus 圆胸叶甲属
Taipinus convexus Daccordi *et* Ge 凸背圆胸叶甲
Taipinus elatus Daccordi *et* Ge 壮圆胸叶甲
Taipinus globosus Daccordi *et* Ge 光亮圆胸叶甲
Taipinus kabaki Lopatin 卡氏圆胸叶甲
Taipinus magnus Lopatin 大圆胸叶甲
Taipinus rotundatus Lopatin 阔圆胸叶甲
Taipoodisma 台秃蝗属
Taipoodisma chowi Yin, Zheng *et* Yin 周氏台秃蝗
Taipoodisma hsiehi Yin, Zheng *et* Yin 谢氏台秃蝗
Taipoodisma nigritibia Yin, Zheng *et* Yin 黑胫台秃蝗
Taipoodisma rufifemora Yin, Zheng *et* Yin 红股台秃蝗
Taipsaphida 台冬夜蛾属
Taipsaphida curiosa Ronkay *et* Ronkay 枯台冬夜蛾，台纷冬夜蛾
Taipsaphida curiosa curiosa Ronkay *et* Ronkay 枯台冬夜蛾指名亚种
Taipsaphida curiosa fujiani Ronkay, Ronkay, Gyulai *et* Hacker 枯台冬夜蛾福建亚种，绮吴夜蛾
Taivaleria 鸢夜蛾属
Taivaleria rubrifasciata Hreblay *et* Ronkay 绿鸢夜蛾，鹿鼟夜蛾
Taiwa 台舟蛾属
Taiwa confusa (Wileman) 康台舟蛾，台娃舟蛾
Taiwagenia taiwana Tsuneki 见 *Poecilagenia taiwana*
Taiwan bamboo mirid [*Mecistoscelis scirtetoides* Reuter] 竹盲蝽，篁盲蝽
Taiwan field cricket [= oriental garden cricket, oriental field cricket, *Teleogryllus mitratus* (Burmeister)] 南方油葫芦，黄褐油葫芦，褐蟋蟀，北京油葫芦，台湾油葫芦，油葫芦，白缘眉纹蟋蟀
Taiwan giant cricket [= big head cricket, large brown cricket, big brown cricket, short-tail cricket, *Tarbinskiellus portentosus* (Liehtenstein)] 花生大蟋，华南大蟋，大蟋蟀，华南蟋蟀，台湾大蟋蟀
Taiwan large crow [= juvia large crow, *Euploea phaenareta juvia* Fruhstorfer] 台南紫斑蝶灭绝亚种，大紫斑蝶，台湾台南紫斑蝶
Taiwan lettuce aphid [= Formosan lettuce aphid, *Uroleucon formosanum* (Takahashi)] 莴苣指网管蚜，莴苣指管蚜，白尾红蚜，莴苣蚜，台湾莴苣长管蚜
Taiwan mole cricket [*Gryllotalpa formosana* Shiraki] 台湾蝼蛄
Taiwan moon moth [*Actias sinensis subaurea* Kishida] 华尾大蚕蛾台湾亚种，台湾长尾水青蛾，雄黄长尾水青蛾
Taiwan rice skipper [*Parnara colaca* Moore] 台湾稻弄蝶，可拉稻弄蝶
Taiwan rice stem borer [= gold-fringed rice stemborer, sugarcane stalk borer, gold-fringed borer, stalk borer, *Chilo auricilius* Dudgeon] 台湾稻螟，台湾禾草螟，亚洲稻螟蛾
Taiwan tussock moth [= Taiwan yellow tussock moth, *Euproctis taiwana* (Shiraki)] 台湾黄毒蛾，台黄毒蛾，台湾盗毒蛾，双线黄毒蛾，黄脊盗毒蛾
Taiwan yellow tussock moth 见 Taiwan tussock moth
Taiwanaenidea 毛翅萤叶甲属，毛翅萤金花虫属，台萤叶甲属
Taiwanaenidea cheni Lee *et* Beenen 红颈毛翅萤叶甲，红颈毛翅萤金花虫
Taiwanaenidea collaris Kimoto 黄颈毛翅萤叶甲，黄颈毛翅萤金花虫，黑翅台萤叶甲
Taiwanaenidea jungchangi Lee *et* Beenen 亮色毛翅萤叶甲，亮色毛翅萤金花虫
Taiwanaenidea strigosa Kimoto 钝色毛翅萤叶甲，钝色毛翅萤金花虫，瘦台萤叶甲
Taiwanajinga 瘤花天牛属，白条锈天牛属
Taiwanajinga albofasciata Hayashi 白带瘤花天牛，莲华白条锈天牛，大白带锈天牛，白带台岛天牛
Taiwanaleyrodes 台粉虱属
Taiwanaleyrodes carpini Takahashi 见 *Aleuroclava carpini*
Taiwanaleyrodes indica (Singh) 见 *Aleuroclava indicus*
Taiwanaleyrodes meliosmae Takahashi 见 *Aleuroclava meliosmae*
Taiwanaleyrodes montanus Takahashi 见 *Aleuroclava montanus*
Taiwanaphidinae 台斑蚜亚科
Taiwanaphis 台斑蚜属，台湾斑蚜属
Taiwanaphis decaspermi Takahashi 子楝台斑蚜，扫帚树斑蚜
Taiwanaspidiotus 台圆盾蚧属，圆盾介壳虫属
Taiwanaspidiotus shakunagi (Takahashi) 杜鹃台圆盾蚧，杜鹃圆盾蚧，台湾圆盾介壳虫
Taiwanaspidiotus yiei Takagi 寡腺台圆盾蚧，栲薄圆盾介壳虫 < 该种学名有误写为 *Taiwanaspidiotus yei* Takagi 者 >
Taiwanastrapometis 台螟属
Taiwanastrapometis kikuchii Shibuya 菊池台螟，基台螟
Taiwanathous 台叩甲属
Taiwanathous arisanus Miwa 阿里山台叩甲，台湾叩甲
Taiwancylis 台卷蛾属
Taiwancylis cladosium Razowski 枝台卷蛾
Taiwanedota 台婀隐翅甲属，台婀隐翅虫属
Taiwanedota minima Pace 小台婀隐翅甲，小台婀隐翅虫
Taiwanedota smetanai Pace 斯氏台婀隐翅甲，斯氏台婀隐翅虫
Taiwanemobius 沙滩蟋蟀属
Taiwanemobius formosanus (Yang *et* Chang) 台湾沙滩蟋蟀
Taiwanese crested turlehopper [*Hedotettix cristatus* Karny] 台湾庭蚱
Taiwanese Journal of Entomological Studies 台湾研虫志 < 期刊名 >
Taiwanhormius 台索茧蜂属

Taiwanhormius affinis Belokobylskij 邻台索茧蜂

Taiwanhormius granulosus Belokobylskij 颗台索茧蜂

Taiwani 台夜蛾属

Taiwani albipuncta (Wileman) 白斑台夜蛾

Taiwani bialbipuncta Fibiger 双斑台夜蛾

Taiwani imperator Fibiger 皇台夜蛾

Taiwani yoshimotoi Fibiger 吉本台夜蛾

Taiwania 台龟甲属 < 该属名有一个属于蛛蜂科 Pompilidae 的次同名，次同名已被新名 *Formosacesa*（台蛛蜂属）取代 >

Taiwania amurensis (Kraatz) 见 *Cassida amurensis*

Taiwania appluda (Spaeth) 见 *Cassida appluda*

Taiwania australica (Boheman) 见 *Cassida australica*

Taiwania basicollis Chen *et* Zia 见 *Cassida basicollis*

Taiwania binorbis Chen *et* Zia 见 *Cassida binorbis*

Taiwania catenata (Boheman) 见 *Cassida catenata*

Taiwania cherrapunjiensis (Maulik) 见 *Cassida cherrapunjiensis*

Taiwania circumdata (Herbst) 见 *Cassida circumdata*

Taiwania conchyliata (Spaeth) 见 *Cassida conchyliata*

Taiwania corbetti (Weise) 见 *Cassida corbetti*

Taiwania culminis Chen *et* Zia 见 *Cassida culminis*

Taiwania desultrix (Spaeth) 见 *Cassida desultrix*

Taiwania diops Chen *et* Zia 见 *Cassida diops*

Taiwania discalis (Gressitt) 见 *Cassida discalis*

Taiwania eoa (Spaeth) 见 *Cassida eoa*

Taiwania expansa (Gressitt) 见 *Cassida expansa*

Taiwania expressa (Spaeth) 见 *Cassida expressa*

Taiwania feae (Spaeth) 见 *Cassida feae*

Taiwania flavoscutata (Spaeth) 见 *Cassida flavoscutata*

Taiwania formosana Tsuneki 见 *Formosacesa formosana*

Taiwania fumida (Spaeth) 见 *Cassida fumida*

Taiwania ginpinica Chen *et* Zia 见 *Cassida ginpinica*

Taiwania hainanensis Yu 见 *Cassida hainanensis*

Taiwania icterica (Boheman) 见 *Cassida icterica*

Taiwania immaculicollis Chen *et* Zia 见 *Cassida immaculicollis*

Taiwania imparata (Gressitt *et* Kimoto) 见 *Cassida imparata*

Taiwania inciens (Spaeth) 见 *Cassida inciens*

Taiwania insulana (Gressitt) 见 *Cassida insulana*

Taiwania juglans (Gressitt) 见 *Cassida juglans*

Taiwania kunminica Chen *et* Zia 见 *Cassida kunminica*

Taiwania manipuria (Maulik) 见 *Cassida manipuria*

Taiwania nigriventris (Boheman) 见 *Cassida nigriventris*

Taiwania nigrocastanea Chen *et* Zia 见 *Cassida nigrocastanea*

Taiwania nigroramosa Chen *et* Zia 见 *Cassida nigroramosa*

Taiwania nucula (Spaeth) 见 *Cassida nucula*

Taiwania obtusata (Boheman) 见 *Cassida obtusata*

Taiwania occursans (Spaeth) 见 *Cassida occursans*

Taiwania perplexa Chen *et* Zia 见 *Cassida perplexa*

Taiwania plausibilis (Boheman) 见 *Cassida plausibilis*

Taiwania plausibilis objecta (Spaeth) 同 *Taiwania plausibilis*

Taiwania postarcuata Chen *et* Zia 见 *Cassida postarcuata*

Taiwania probata (Spaeth) 见 *Cassida probata*

Taiwania purpuricollis (Spaeth) 见 *Cassida purpuricollis*

Taiwania quadriramosa (Gressitt) 见 *Cassida quadriramosa*

Taiwania quinaria Chen *et* Zia 见 *Cassida quinaria*

Taiwania rati (Maulik) 见 *Cassida rati*

Taiwania ratina Chen *et* Zia 见 *Cassida ratina*

Taiwania reticulicosta Chen *et* Zia 见 *Cassida reticulicosta*

Taiwania rufotibialis Tsuneki 见 *Formosacesa rufotibialis*

Taiwania ruralis (Boheman) 见 *Cassida ruralis*

Taiwania sauteri Spaeth 见 *Cassida sauteri*

Taiwania sigillata (Gorham) 见 *Cassida sigillata*

Taiwania simauica Chen *et* Zia 见 *Cassida simauica*

Taiwania sodalis Chen *et* Zia 见 *Cassida sodalis*

Taiwania spaethiana Gressitt 见 *Cassida spaethiana*

Taiwania subprobata Chen *et* Zia 见 *Cassida subprobata*

Taiwania triangulum (Weise) 见 *Cassida triangula*

Taiwania triangulum indochinensis (Spaeth) 见 *Cassida indochinensis*

Taiwania truncatipennis (Spaeth) 见 *Cassida truncatipennis*

Taiwania tumidicollis Chen *et* Zia 见 *Cassida tumidicollis*

Taiwania uniorbis Chen *et* Zia 见 *Cassida uniorbis*

Taiwania variabilis Chen *et* Zia 见 *Cassida variabilis*

Taiwania versicolor (Boheman) 见 *Cassida versicolor*

Taiwania viridiguttata Chen *et* Zia 见 *Cassida viridiguttata*

Taiwania vitalisi (Spaeth) 见 *Cassida vitalisi*

Taiwaniella fulvigenis Poppius 见 *Harpedona fulvigenis*

Taiwanina 台湾枝大蚊属，台大蚊属

Taiwanina pandoxa Alexander 尖弯台湾枝大蚊，展翅尾大蚊，畸台大蚊，展翅台大蚊

Taiwanita 台湾翼大蚊亚属

Taiwanobyctiscus 台金象甲属

Taiwanobyctiscus formosanus (Voss) 蓬莱台金象甲，台虎象甲，台虎象

Taiwanobyctiscus paviei (Aurivillius) 见 *Aspidobyctiscus paviei*

Taiwanobyctiscus separandus (Voss) 离台金象甲，离台虎象，离盾金象甲

Taiwanobyctiscus separandus mariana Voss 离台金象甲玛丽亚种

Taiwanobyctiscus separandus separandus (Voss) 离台金象甲指名亚种

Taiwanocantharis 台花萤属，台菊虎属

Taiwanocantharis drahuska (Švihla) 传氏台花萤，传氏台湾花萤

Taiwanocantharis pallidithorax (Wittmer) 灰胸台花萤，灰胸花萤虎，灰胸台菊虎，淡胸花萤

Taiwanocantharis thibetanomima (Wittmer) 西藏台花萤

Taiwanocantharis tripunctata (Wittmer) 三点台花萤，三点花萤虎，三点台菊虎，三点花萤，三点长角花萤，三点软花萤

Taiwanocarilia 台花天牛属，台湾花天牛属

Taiwanocarilia atra (Tamanuki) 黑台花天牛，红胸台湾花天牛

Taiwanocollyris akiyamai (Mandl) 同 *Protocollyris sauteri*

Taiwanocryphaeus 台毒甲属，台刺拟步行虫属

Taiwanocryphaeus rhinoceros Masumoto 单角台毒甲，弯角台刺拟步行虫

Taiwanohespera 台赫萤叶甲属

Taiwanohespera sasajii Kimoto 见 *Hespera sasajii*

Taiwanolagria 台伪叶甲属，刷脚拟金花虫属

Taiwanolagria merkli Masumoto 梅台伪叶甲，刷脚拟金花虫

Taiwanolepta 台勒萤叶甲属

Taiwanolepta babai Kimoto 见 *Sikkimia babai*

Taiwanoliprus 台长跳甲属

Taiwanoliprus endonis Komiya 岛台长跳甲

Taiwanoliprus wenroni Komiya 文台长跳甲

Taiwanomenephilus 台拟步甲属
Taiwanomenephilus chui Masumoto 朱台拟步甲
Taiwanomyia 台大蚊属，土大蚊属
Taiwanomyia fragilicornis (Riedel) 角台大蚊，脆角土大蚊
Taiwanomyia ritozanensis (Alexander) 峦山台大蚊，峦山土大蚊，莱托特洛沼大蚊，莱托特洛大蚊
Taiwanomyia seticornis (Alexander) 毛角台大蚊，毛角特洛沼大蚊，毛角特洛大蚊
Taiwanomyia szechwanensis (Alexander) 四川台大蚊，四川特洛沼大蚊，川特洛大蚊
Taiwanomyrme 台湾蚁蜂属
Taiwanomyrme basirufus (Chen) 红基台湾蚁蜂，红基台蚁蜂，红基小蚁蜂
Taiwanomyrme cheni Lelej 陈氏台湾蚁蜂
Taiwanomyrme friekae (Zavattari) 弗里台湾蚁蜂，弗台蚁蜂，弗里小蚁蜂
Taiwanomyrme impressoides Tu, Lelej *et* Chen 拟强压台湾蚁蜂
Taiwanomyrme impressus (Chen) 强压台湾蚁蜂，江西台蚁蜂
Taiwanomyrme latisquamula Tu, Lelej *et* Chen 宽鳞台湾蚁蜂
Taiwanomyrme taiwanus (Tsuneki) 同 *Taiwanomyrme friekae*
Taiwanomyzus 台瘤蚜属
Taiwanomyzus montanus (Takahahsi) 山台瘤蚜，虎耳草蚜
Taiwanophodes 长跗蚁甲属，台湾长角蚁甲属，台福隐翅虫属
Taiwanophodes minor Hlaváč 小长跗蚁甲，小台湾长角蚁甲，小台福隐翅虫
Taiwanorestia 台瘤跳甲属
Taiwanorestia nigra Kimoto 黑台瘤跳甲
Taiwanorhynchites 台齿颚象甲属
Taiwanorhynchites impressicollis (Voss) 细颈台齿颚象甲，痕虎象
Taiwanosemia 暗蝉属
Taiwanosemia hoppoensis (Matsumura) 北埔暗蝉，北埔蝉，北埔虹蝉，北埔台岛蝉，暗蝉，台湾暗蝉
Taiwanoserica 台绢金龟甲属，台绢金龟属，台湾绒毛金龟属
Taiwanoserica anmashana Kobayashi 鞍马山台绢金龟甲，鞍马山绒毛金龟，鞍马山台湾绒毛金龟
Taiwanoserica bihluhensis Kobayashi *et* Yu 碧绿台绢金龟甲，碧绿台湾绒毛金龟
Taiwanoserica chunlinlii Ahrens 李春霖台绢金龟甲，李春霖台湾绒毛金龟
Taiwanoserica elongata Nomura 细台绢金龟甲，细台湾绒毛金龟
Taiwanoserica gracilipes Nomura 大禹岭台绢金龟甲，大禹岭绒毛金龟，大禹岭台湾绒毛金龟
Taiwanoserica kubotai Kobayashi 久保田台绢金龟甲，库台绢金龟，久保田绒毛金龟，久保田台湾绒毛金龟
Taiwanoserica lishana Nomura 梨山台绢金龟甲，梨山绒毛金龟，梨山台湾绒毛金龟
Taiwanoserica monticola Kobayashi *et* Yu 深山台绢金龟甲，深山台湾绒毛金龟
Taiwanoserica niitakana (Sawada) 玉山台绢金龟甲，玉山绒毛金龟，玉山台湾绒毛金龟，新高绢金龟
Taiwanoserica nitidipes Nomura 彩虹台绢金龟甲，彩虹台湾绒毛金龟
Taiwanoserica ovata Nomura 圆台绢金龟甲，圆台湾绒毛金龟
Taiwanoserica pubisterna Nomura 胸毛台绢金龟甲，胸毛绒毛金龟，胸毛台湾绒毛金龟
Taiwanoserica shinanshana Kobayashi 桃源台绢金龟甲，桃源绒毛金龟，桃源台湾绒毛金龟
Taiwanoserica simillima Kobayashi 似台绢金龟甲，似台绢金龟，红台湾绒毛金龟
Taiwanoserica sinuosa Kobayashi *et* Yu 曲腿台绢金龟甲，曲腿台湾绒毛金龟
Taiwanoserica suturalis Nomura 条纹台绢金龟甲，条纹台湾绒毛金龟
Taiwanoserica suzukii Kobayashi 铃木台绢金龟甲，苏台绢金龟，铃木绒毛金龟，铃木台湾绒毛金龟
Taiwanoserica taiyal Kobayashi *et* Yu 泰雅台绢金龟甲，泰雅台湾绒毛金龟
Taiwanoserica variegata Nomura 阿里山台绢金龟甲，阿里山绒毛金龟，阿里山台湾绒毛金龟
Taiwanoserica yui Kobayashi 木生台绢金龟甲，木生绒毛金龟，木生台湾绒毛金龟
Taiwanostethus 台胸叩甲属
Taiwanostethus sihleticus (Candèze) 孟加拉台胸叩甲
Taiwanostethus tanidai Kishii 谷田台胸叩甲
Taiwanotagalus 台扁拟步甲属，扁拟步甲属
Taiwanotagalus klapperichi Masumoto 克氏台扁拟步甲，克氏扁拟步甲，克氏扁拟步行虫，克台岛拟步甲
Taiwanotrachyscelis 台潜拟步甲属，台潜沙虫属
Taiwanotrachyscelis chengi Masumoto, Akita *et* Lee 北台潜拟步甲，北台潜沙虫
Taiwanotrechus 台行步甲属
Taiwanotrechus subglobosus Uéno 球台行步甲
Taiwanotrichia 金背金龟甲属，金背金龟属
Taiwanotrichia dorsopilosa Li *et* Yang 细毛金背金龟甲，细毛金背金龟
Taiwanotrichia longicornis Kobayashi 金背金龟甲，金背金龟，长角台毛鳃金龟
Taiwanotrichia similis Li *et* Yang 鞍马山金背金龟甲，鞍马山金背金龟
Taiwansaissetia armata Tao *et* Wong 见 *Platysaissetia armata*
Taiwanusa 短舌隐翅甲属，台萨隐翅虫属
Taiwanusa smetanai Pace 斯氏短舌隐翅甲，斯氏台萨隐翅虫
Taiwatheronia mahasenae Sonan 同 *Apechthis taiwana*
Taiyalia 泰雅蠡属，台蠡斯属
Taiyalia sedequiana Yamasaki 赛德克泰雅蠡，塞台蠡斯
Taiyalia squolyequiana Yamasaki 赛考利克泰雅蠡，岛台蠡斯
Taizonia 台跳甲属
Taizonia bella Chen 见 *Ivalia bella*
Taizonia castanea Gruev 见 *Ivalia castanea*
Taizonia excavata Wang 见 *Ivalia excavata*
Taizonia maculata Gressitt *et* Kimoto 见 *Ivalia maculata*
Taizonia ochracea Gressitt *et* Kimoto 见 *Ivalia ochracea*
Taizonia uenoi Kimoto 见 *Ivalia uenoi*
Tajuria 双尾灰蝶属
Tajuria albiplaga de Nicéville 白苔双尾灰蝶
Tajuria androconia Wang *et* Niu 香鳞双尾灰蝶
Tajuria berensis Druce 百灵双尾灰蝶
Tajuria caerulea Nire 天蓝双尾灰蝶，褐翅青灰蝶，褐底青小灰蝶，青灰蝶，浅黄小灰蝶

Tajuria cippus (Fabricius) [peacock royal] 双尾灰蝶，双丝灰蝶，萤黑顶灰蝶

Tajuria cippus cippus (Fabricius) 双尾灰蝶指名亚种

Tajuria cippus longinus (Fabricius) 双尾灰蝶长体亚种，长双尾灰蝶

Tajuria cippus malcolmi Riley *et* Godfrey 双尾灰蝶麦氏亚种，麦氏双尾灰蝶，绿斑黑灰蝶，萤灰蝶

Tajuria cippus maxentius Fruhstorfer 双尾灰蝶马森亚种，马森双尾灰蝶

Tajuria coelurea Nire 崆双尾灰蝶

Tajuria culta (de Nicéville) 酷双尾灰蝶

Tajuria cyrillus Hewitson 犀利双尾灰蝶

Tajuria deudorix (Hewitson) 玳双尾灰蝶

Tajuria diaeus (Hewitson) [straightline royal] 白日双尾灰蝶

Tajuria diaeus diaeus (Hewitson) 白日双尾灰蝶指名亚种

Tajuria diaeus karenkonis Matsumura 白日双尾灰蝶花莲亚种，白腹青灰蝶，花莲青小灰蝶，花莲青灰蝶，宙斯青灰蝶，白裡青灰蝶，台湾白日双尾灰蝶

Tajuria dominus Druce [influent royal] 多明双尾灰蝶

Tajuria floresica Murayama 花双尾灰蝶

Tajuria gui Chou *et* Wang 顾氏双尾灰蝶

Tajuria iapyx Hewitson 雅朴双尾灰蝶

Tajuria igolotiana Murayama *et* Okamura 旖双尾灰蝶

Tajuria illurgioides de Nicéville 伊双尾灰蝶

Tajuria illurgioides illurgioides de Nicéville 伊双尾灰蝶指名亚种

Tajuria illurgioides minekoae Morita 伊双尾灰蝶峰子亚种，假涟纹青灰蝶

Tajuria illurgis (Hewitson) [white royal] 淡蓝双尾灰蝶

Tajuria illurgis illurgis (Hewitson) 淡蓝双尾灰蝶指名亚种

Tajuria illurgis tattaka (Araki) 淡蓝双尾灰蝶台湾亚种，涟纹青灰蝶，涟纹小灰蝶，台湾涟小灰蝶，台湾涟漪小灰蝶，涟灰蝶

Tajuria inexpectata Eliot 依奈双尾灰蝶

Tajuria isaeus (Hewitson) 依瑟双尾灰蝶

Tajuria ister (Hewitson) [uncertain royal] 伊斯特双尾灰蝶

Tajuria jalajala Felder *et* Felder 佳双尾灰蝶

Tajuria jehana Moore [plains blue royal] 择钠双尾灰蝶

Tajuria luculentus (Leech) [Chinese royal] 灿烂双尾灰蝶，卢约灰蝶

Tajuria luculentus luculentus (Leech) 灿烂双尾灰蝶指名亚种

Tajuria luculentus taorana (Corbet) 灿烂双尾灰蝶海南亚种，海南灿烂双尾灰蝶

Tajuria lucullus Druce 闪光双尾灰蝶

Tajuria maculata (Hewitson) [spotted royal] 豹斑双尾灰蝶

Tajuria mantra (Felder *et* Felder) [Felder's royal] 曼特双尾灰蝶

Tajuria matsutaroi Hayashi 马双尾灰蝶

Tajuria megistia (Hewitson) 大双尾灰蝶

Tajuria melastigma de Nicéville 黑斑双尾灰蝶

Tajuria nanlingana Wang *et* Fan [Nanling royal] 南岭双尾灰蝶

Tajuria ogyges de Nicéville 奥古双尾灰蝶

Tajuria sebonga Tytler 赛双尾灰蝶

Tajuria sunia Moulton 苏妮双尾灰蝶

Tajuria thydia Tytler 悌双尾灰蝶

Tajuria yajna (Doherty) 雅双尾灰蝶

Takadonta 暗大齿舟蛾属

Takadonta coreana (Matsumura) 朝暗大齿舟蛾，暗大齿舟蛾，朝塔舟蛾

Takagia 高圆盾蚧属

Takagia sishanensia Tang 西山高圆盾蚧

Takagiella 狭室叶蝉属

Takagiella tezuyae (Matsumura) 弯茎狭室叶蝉

Takagioma 塔小叶蝉属

Takagioma curvata Kang *et* Zhang 弯塔小叶蝉

Takagioma gladius Kang *et* Zhang 光塔小叶蝉

Takagioma longicuada Qin *et* Huang 长尾塔小叶蝉

Takagioma pagoda Kang *et* Zhang 宝塔小叶蝉

Takagioma rostra Qin *et* Huang 喙塔小叶蝉

Takagioma silvicola Dworakowska 林塔小叶蝉，四塔氏小叶蝉

Takagioma unita Thapa 犹塔小叶蝉

Takahashi lawn mealybug [*Balanococcus takahashii* Mckenzie] 高桥平粉蚧

Takahashi weevil [*Dinorhopala takahashii* (Kôno)] 高桥潜叶象甲，李潜叶象，李潜叶象鼻虫，高桥氏刺象甲

Takahashia 纽绵蚧属，纽绵蜡蚧属

Takahashia citricola Kuwana 见 *Pulvinaria citricola*

Takahashia japonica (Cockerell) [string cottony scale] 日本纽绵蚧，日本纽绵蜡蚧

Takahashia wuchangensis Tseng 武昌纽绵蚧

Takahashiaspis 桥盾蚧属

Takahashiaspis macroporana Takagi 大孔桥盾蚧

Takahashiella 线蛎盾蚧属

Takahashiella vermiformis (Takahashi) 竹线蛎盾蚧

Takama 网眼叶蝉属 *Matsumurina* 的异名

Takama horna Song *et* Li 见 *Matsumurina horna*

Takama jianfenga Song *et* Li 见 *Matsumurina jianfenga*

Takanea 刻缘枯叶蛾属

Takanea excisa (Wilemen) 台湾刻缘枯叶蛾，刻缘枯叶蛾，红枯叶蛾，埃塔枯叶蛾

Takanea excisa excisa (Wilemen) 台湾刻缘枯叶蛾指名亚种

Takanea excisa yangtsei de Lajonquière 台湾刻缘枯叶蛾大陆亚种，大陆刻缘枯叶蛾，刻缘枯叶蛾

Takanea miyakei Wileman [Miyake lasiocampid] 三宅刻缘枯叶蛾，三宅枯叶蛾，三宅氏枯叶蛾，三宅氏塔枯叶蛾

Takanea miyakei miyakei Wileman 三宅刻缘枯叶蛾指名亚种

Takanea miyakei yangtsei Lajongquiere 三宅刻缘枯叶蛾扬子亚种，刻缘塔枯叶蛾

Takanoa 沟猬麻蝇属

Takanoa hakusana (Hori) 斜沟猬麻蝇

Takanoa rugosa Rohdendorf 皱沟猬麻蝇

Takanoella 塔克寄蝇属

Takanoella flava Wang, Zhang *et* Wang 黄腹塔克寄蝇

Takanomyia 高野寄蝇属，塔卡寄蝇属

Takanomyia frontalis Shima 额高野寄蝇

Takanomyia parafacialis (Sun *et* Chao) 侧颜高野寄蝇，侧颜类梳寄蝇

Takanomyia rava Shima 褐高野寄蝇

Takanomyia scutellata Mesnil 小盾高野寄蝇，小盾塔卡寄蝇

Takanomyia takagii Shima 高木高野寄蝇

Takanona 塔长姬蜂属

Takanona alboannulata Uchida 白环塔长姬蜂

Takaomyia 小瓣蚜蝇属，高雄蚜蝇属
Takaomyia caligicrura Cheng 暗腿小瓣蚜蝇
Takaomyia formosana Shiraki 台湾小瓣蚜蝇，高雄蚜蝇
Takaomyia johannis Hervé-Bazin 约小瓣蚜蝇，约翰蚜蝇，约翰尼斯小瓣蚜蝇
Takaomyia sexmaculata (Matsumura) 六斑小瓣蚜蝇
Takapsestis 带波纹蛾属
Takapsestis fascinata Yoshimoto 迷带波纹蛾
Takapsestis wilemaniella Matsumura 威带波纹蛾，带波纹蛾，威塔波纹蛾
Takapsestis wilemaniella continentalis László, Ronkay *et* Ronkay 威带波纹蛾大陆亚种，威带波纹蛾
Takapsestis wilemaniella wilemaniella Matsumura 威带波纹蛾指名亚种
Takashachia maculosa Matsumura 同 Calliteara angulata
Takashia 豹蚬蝶属
Takashia nana (Leech) 豹蚬蝶
Takashia nana nana (Leech) 豹蚬蝶指名亚种
Takashia nana shaanxiensis Hanafusa 豹蚬蝶陕西亚种
Takastenus 塔姬蜂属，达姬蜂属
Takastenus longidentatus Uchida 长齿塔姬蜂，长齿达姬蜂
Takecallis 凸唇斑蚜属
Takecallis affinis Ghosh 印凸唇斑蚜
Takecallis arundicolens (Clarke) [black-tailed bamboo aphid, bamboo long-horned aphid] 黑尾凸唇斑蚜，竹凸唇斑蚜，黑尾纵斑蚜
Takecallis arundinariae (Essig) [black-spotted bamboo aphid, bamboo myzocallis, bamboo marmorated aphid] 桂竹凸唇斑蚜，竹纵斑蚜，桂竹白斑蚜，竹角斑蚜，竹白角斑蚜
Takecallis assumenta Qiao *et* Zhang 斑凸唇斑蚜
Takecallis sasae (Matsumura) 日凸唇斑蚜，若竹纵斑蚜
Takecallis taiwana (Takahashi) 竹梢凸唇斑蚜，竹梢纵斑蚜，桂竹绿斑蚜
Takecallis takahashii (Hsu) 同 *Takecallis arundinariae*
Takei vegetable grasshopper [*Podisma takeii* Matsumura] 武井氏菜秃蝗
Takeuchiella 竹内叶蜂属
Takeuchiella pentagona Malaise [soybean sawfly] 五角竹内叶蜂
Tala 齿唇叶蜂属
Tala bicolor Wei 双色齿唇叶蜂
Talainga 红眼蝉属
Talainga binghami Distant 秉氏红眼蝉
Talainga chinensis Distant 中华红眼蝉
Talainga omeishana Chen 峨眉红眼蝉
Talanga 蓝水螟属
Talanga nympha (Butler) 同 *Talanga sexpunctalis*
Talanga sexpunctalis Moore 六斑蓝水螟
talaud black birdwing [*Troides dohertyi* (Rippon)] 辉黑裳凤蝶
Talbotia 飞龙粉蝶属
Talbotia naganum (Moore) [Naga white] 飞龙粉蝶，娜嘎菜粉蝶，那迦粉蝶，大粉蝶，大白蝶，大纹白粉蝶，钩纹白粉蝶，卡白粉蝶，纳嘎粉蝶
Talbotia naganum karumii (Ikeda) 飞龙粉蝶台湾亚种，轻海纹白蝶，钟萼木白粉蝶，飞龙白粉蝶，大纹白蝶，轻海纹白蝶，娇鸾纹白蝶，那迦粉蝶，台湾飞龙粉蝶，卡西粉蝶
Talbotia naganum naganum (Moore) 飞龙粉蝶指名亚种，指名飞龙粉蝶
Talbot's hairtail [*Anthene talboti* Stempffer] 塔尖角灰蝶
Talbot's law 塔鲍氏定律，塔鲍氏光感受定律
Taleporia 距袋蛾属 < 此属名有误写为 *Talaeporia* 者 >
Taleporia isozopha Meyrick 等距袋蛾
Taleporiidae 距袋蛾科 < 此科名有误写为 Talaeporiidae 者 >
Talicada 塔丽灰蝶属
Talicada nyseus (Guérin-Méneville) [red pierrot] 红塔丽灰蝶，塔丽灰蝶
Talicada nyseus khasiana Swinhoe [Khasi red pierrot] 红塔丽灰蝶卡西亚种
Talicada nyseus nyseus (Guérin-Méneville) 红塔丽灰蝶指名亚种
Talides 斜弄蝶属
Talides alternata Bell [alternate ruby-eye, Bell's ruby-eye] 轮斜弄蝶
Talides cantra Evans [cantra ruby-eye, Evans' ruby-eye] 堪斜弄蝶
Talides segestus (Cramer) [Cramer's ruby-eye, sergestus ruby-eye] 赛格斜弄蝶
Talides sinois Hübner [sinois ruby-eye] 斯斜弄蝶，斜弄蝶
Talis 尖草螟属
Talis afghanella Błeszyński 阿富汗尖草螟
Talis cornutella Wang *et* Sung 角尖草螟
Talis dilatalis Christoph 扩展尖草螟
Talis erenhotica Wang *et* Sung 二连尖草螟
Talis kansualis Caradja 同 *Talis wockei*
Talis menetriesi Hampson 孟氏尖草螟
Talis mongolica Błeszyński 蒙古尖草螟
Talis qinghaiella Wang *et* Sung 青海尖草螟
Talis quercella (Denis *et* Schiffermüller) 栎尖草螟
Talis quercella pallidella Caradja 栎尖草螟淡色亚种，淡栎尖草螟
Talis quercella quercella (Denis *et* Schiffermüller) 栎尖草螟指名亚种
Talis wockei Filipjev 沃克尖草螟，蜗克尖草螟
Talitropsis 洞驼螽属
Talitropsis megatibia Trewick 巨胫洞驼螽
Talliella 三列隐翅甲属
Talliella sinica Bordoni 中华三列隐翅甲
tallow beetle [= dermestid, dermestid beetle, skin beetle, larder beetle] 皮蠹 <皮蠹科 Dermestidae 昆虫的通称>
tallow beetle 皮蠹
talus 踝 < 指胫节末端着生跗节的地方 >
Tamanukia tricolor (Gressitt) 塔花天牛
Tamaonia 达猎蝽属
Tamaonia montana Hsiao 山达猎蝽
Tamaonia penangi (Miller) 槟城达猎蝽
Tamaonia pilosa China 毛达猎蝽
Tamaonia yunnana Hsiao 云南达猎蝽
Tamaphora 塔玛沫蝉属
Tamaphora domonsis Matsumura 东北塔玛沫蝉
Tamaphora kuccharensis Matsumura 日本塔玛沫蝉
Tamaphora magana Matsumura 大塔玛沫蝉
Tamaphora sericella Matsumura 丝塔玛沫蝉
Tamaricella 柽柳叶蝉属

Tamaricella fuscula Cai 褐尾柽柳叶蝉

Tamaricella jaxartensis (Oshanin) 北方柽柳叶蝉

Tamaricella orientalis Mitjaev *et* Zhurawlew 东方柽柳叶蝉

Tamaricella tamaricis (Puton) 二点柽柳叶蝉

tamarind fruit weevil [= tamarind weevil, tamarind seed weevil, *Sitophilus linearis* (Herbst)] 罗望子米象甲，酸豆谷象，罗望子谷象，罗望子象

tamarind seed weevil 见 tamarind fruit weevil

tamarind weevil 见 tamarind fruit weevil

tamarisk manna scale [= manna scale, manna mealybug, *Trabutina mannipara* (Hemprich *et* Ehrenberg)] 圣露柽粉蚧

tamarisk whitefly [= bayberry whitefly, Japanese bayberry whitefly, myrica whitefly, mulberry whitefly, *Parabemisia myricae* (Kuwana)] 杨梅类伯粉虱，杨梅粉虱，杨梅缘粉虱，柽柳粉虱，桑粉虱，桑虱，白虱

tamarix leafhopper [*Opsius stactogalus* Fieber] 柽柳叶蝉

Tamarixia radiata (Waterston) 亮腹釉小蜂，柑橘枫啮小蜂，柑橘木虱啮小蜂

tamaron 甲胺磷

Tamba 坦夜蛾属

Tamba apicata (Hampson) 顶纹坦夜蛾，顶纹坦裳蛾

Tamba cinnamomea (Leech) 白斑坦夜蛾，坦夜蛾

Tamba corealis (Leech) 东方坦夜蛾，朝坦夜蛾

Tamba gensanalis (Leech) 暗斑坦夜蛾，绵坦夜蛾

Tamba lala (Swinhoe) 拉坦夜蛾，拉坦裳蛾

Tamba nagadeboides (Strand) 纳坦夜蛾

Tamba nigrilineata (Wileman) 暗线白斑坦夜蛾，暗线白斑坦裳蛾

Tamba parallela (Wileman) 平带坦夜蛾，平带坦裳蛾

Tamba roseopurpurea Sugi 玫坦夜蛾

Tamba taiwana Yoshimoto 台湾坦夜蛾，台湾坦裳蛾

Tamba venusta (Hampson) 泛紫坦夜蛾，泛紫坦裳蛾

Tambana 踏夜蛾属，类坦夜蛾属，后夜蛾属

Tambana annamica Behounek, Han *et* Kononenko 安南踏夜蛾

Tambana annamica annamica Behounek, Han *et* Kononenko 安南踏夜蛾指名亚种

Tambana annamica stumpfi Behounek, Han *et* Kononenko 安南踏夜蛾斯氏亚种

Tambana bella (Mell) 洁踏夜蛾，洁后夜蛾

Tambana burmana (Berio) 褐踏夜蛾

Tambana calbum Leech 白斑踏夜蛾，白斑后夜蛾 < 此种学名曾写为 *Tambana c-album* Leech >

Tambana entoxantha (Hampson) 内黄踏夜蛾，后夜蛾，内黄后夜蛾

Tambana helmuti Behounek, Han *et* Kononenko 赫氏踏夜蛾

Tambana indeterminata Behounek, Han *et* Kononenko 难鉴踏夜蛾

Tambana klapperichi (Mell) 同 *Tambana entoxantha*

Tambana laura Behounek, Han *et* Kononenko 劳拉踏夜蛾

Tambana mekonga Behounek, Han *et* Kononenko 湄公踏夜蛾

Tambana naumanni Speidel *et* Kononenko 瑙氏踏夜蛾

Tambana nekrasovi Kononenko 涅氏踏夜蛾

Tambana plumbea (Butler) 仆踏夜蛾，仆后夜蛾

Tambana similina Kononenko 类白斑踏夜蛾

Tambana subflava (Wileman) 黄踏夜蛾，黄类坦夜蛾，黄后夜蛾

Tambana tibetica Behounek, Han *et* Kononenko 西藏踏夜蛾

Tambana variegata Moore 异踏夜蛾，异后夜蛾

Tambana xilinga Behounek, Han *et* Kononenko 西林踏夜蛾

Tambinia 鳎扁蜡蝉属

Tambinia bambusana Chang *et* Chen 竹鳎扁蜡蝉

Tambinia bizonata Matsumura 双带鳎扁蜡蝉

Tambinia debilis Stål 娇弱鳎扁蜡蝉

Tambinia macaoana Muir 见 *Kallitaxila macaoana*

Tambinia menglunensis Men *et* Qin 勐仑鳎扁蜡蝉

Tambinia similis Liang 似鳎扁蜡蝉

Tambinia verticalis Distant 顶鳎扁蜡蝉

Tambocerus 齿茎叶蝉属

Tambocerus acutus Viraktamath 尖齿茎叶蝉

Tambocerus chola Viraktamath 黄齿茎叶蝉

Tambocerus daii Viraktamath 戴齿茎叶蝉

Tambocerus dentatus Qu *et* Dai 多齿齿茎叶蝉

Tambocerus elongatus Shen 长齿茎叶蝉，长突齿茎叶蝉

Tambocerus furcellus Shang *et* Zhang 刺突齿茎叶蝉，毛斑齿茎叶蝉

Tambocerus furcostylus Viraktamath 叉突齿茎叶蝉

Tambocerus krameri Viraktamath 珂齿茎叶蝉

Tambocerus longicaudatus Qu *et* Dai 长尾齿茎叶蝉

Tambocerus nilgiris Viraktamath 尼齿茎叶蝉

Tambocerus quadricornis Shang *et* Zhang 四角齿茎叶蝉

Tambocerus robustispinus Qu *et* Dai 粗突齿茎叶蝉

Tambocerus triangulatus Shen 三角齿茎叶蝉

Tambocerus viraktamathi Rao 维齿茎叶蝉

Tambocerus zahniseri Viraktamath 扎齿茎叶蝉

Tambourella 坦博果蝇属

Tamdaopteron 拢螽属

Tamdaopteron major Gorochov 大拢螽

Tamdaora 三岛螽属

Tamdaora curvicerca Wang *et* Liu 弯尾三岛螽

Tamdaora longipennis (Liu *et* Zhang) 长翅三岛螽

Tamdaora magnifica Gorochov 大三岛螽

Tamena 塔鳖甲属

Tamena rugiceps Reitter 皱额塔鳖甲，皱头他拟步甲

Tamil ace [= Nilgiri plain ace, sitala ace, *Thoressa sitala* de Nicéville] 斯陀弄蝶

Tamil catseye [*Zipaetis saitis* Hewitson] 泰米尔绮斑眼蝶，指名绮斑眼蝶

Tamil dartlet [= Sahyadri dartlet, *Oriens concinna* (Elwes)] 南亚偶侣弄蝶

Tamil grass dart [*Taractrocera ceramas* (Hewitson)] 卡黄弄蝶

Tamil lacewing [*Cethosia nietneri* Felder *et* Felder] 霓锯蛱蝶

Tamil long-banded silverline [*Spindasis lohita lazularia* Moore] 捞银线灰蝶印度亚种

Tamil oakblue [*Arhopala bazaloides* (Hewitson)] 拟百娆灰蝶，斑基娆灰蝶，拨娆灰蝶

Tamil spotted flat [*Celaenorrhinus ruficornis* (Mabille)] 红角星弄蝶

Tamil treebrown [*Lethe drypetis* (Hewitson)] 南亚黛眼蝶

Tamil yeoman [*Cirrochroa thais* (Fabricius)] 塔辘蛱蝶

Tamnotettix cyclops (Mulsant *et* Rey) 见 *Thamnotettix cyclops*

Tamnotettix distinctus Motschulsky 见 *Thamnotettix distinctus*

Tamraca 塔螟属

Tamraca torridalis Lederer 日干塔螟，枯叶螟
Tamraca torridalis taiwana Heppner 日干塔螟台湾亚种
Tamraca torridalis torridalis Lederer 日干塔螟指名亚种
Tamuraspis 尼蛎盾蚧属
Tamuraspis malloti Takagi 野桐尼蛎盾蚧
tamyroides skipper [*Marela tamyroides* (Felder *et* Felder)] 茫弄蝶
Tanaecia 玳蛱蝶属
Tanaecia amisa Grose-Smith 阿木玳蛱蝶
Tanaecia aruna (Felder *et* Felder) 阿荣玳蛱蝶
Tanaecia borromeoi Schröder 波罗玳蛱蝶
Tanaecia calliphorus (Felder *et* Felder) 凯丽玳蛱蝶
Tanaecia cibaritis Hewitson 喜波玳蛱蝶
Tanaecia clathrata (Vollenhoven) 克莱玳蛱蝶
Tanaecia cocyta (Fabricius) 见 *Euthalia cocytus*
Tanaecia coelebs Corbet 天青玳蛱蝶
Tanaecia dodong Schröder *et* Treadaway 多纹玳蛱蝶
Tanaecia elone de Nicéville 艾龙玳蛱蝶
Tanaecia flora Butler 花玳蛱蝶
Tanaecia godartii (Gray) 高地玳蛱蝶
Tanaecia howarthi Jumalon 霍氏玳蛱蝶
Tanaecia iapis (Godart) [Horsfield's baron] 白条玳蛱蝶
Tanaecia jahnu (Moore) 褐裙玳蛱蝶
Tanaecia jahnu jahnides Fruhstorfer 褐裙玳蛱蝶中越亚种，中越褐裙玳蛱蝶，嘉贾翠蛱蝶
Tanaecia jahnu jahnu (Moore) 褐裙玳蛱蝶指名亚种
Tanaecia julii (Lesson) [common earl] 绿裙玳蛱蝶，居翠蛱蝶
Tanaecia julii appiades Ménétriés [changeable common earl] 绿裙玳蛱蝶多变亚种
Tanaecia julii aridaya (Fruhstorfer) 绿裙玳蛱蝶海南亚种，海南绿裙玳蛱蝶，阿居翠蛱蝶
Tanaecia julii indochinensis (Fruhstorfer) 绿裙玳蛱蝶越南亚种，越南绿裙玳蛱蝶
Tanaecia julii julii (Lesson) 绿裙玳蛱蝶指名亚种
Tanaecia julii odilina (Fruhstorfer) 绿裙玳蛱蝶奥迪亚种，奥绿裙玳蛱蝶
Tanaecia lepidea Butler [grey count] 白裙玳蛱蝶，白裙翠蛱蝶，勒裙玳蛱蝶
Tanaecia lepidea lepidea Butler 白裙玳蛱蝶指名亚种
Tanaecia lepidea miyana Fruhstorfer [peninsular grey count] 白裙玳蛱蝶半岛亚种
Tanaecia lepidea sthavara Fruhstorfer [Indo-Chinese grey count] 白裙玳蛱蝶中印亚种
Tanaecia leucotaenia Semper 白纹玳蛱蝶
Tanaecia lutala Moore 黄玳蛱蝶
Tanaecia munda Fruhstorfer 梦达玳蛱蝶
Tanaecia orphne Butler 奥芬玳蛱蝶
Tanaecia palguna (Moore) 帕尔玳蛱蝶
Tanaecia pelea (Fabricius) [Malay viscount] 箭纹玳蛱蝶
Tanaecia phlegethon Semper 富丽玳蛱蝶
Tanaecia pulasara Moore 普玳蛱蝶，玳蛱蝶
Tanaecia susoni Jumalon 苏玳蛱蝶
Tanaecia trigerta Moore 梯玳蛱蝶
Tanaecia vikrama Felder 维克玳蛱蝶
tanais hairstreak [*Symbiopsis tanais* (Godman *et* Salvin)] 塔奈合灰蝶
Tanakaius 田中蚊属
Tanakaius togoi (Theobald) 海滨田中蚊，海滨伊蚊，东乡黄蚊，东乡伊蚊
tanaocerid 1. [= tanaocerid grasshopper, desert long-horned grasshopper] 长角蝗 < 长角蝗科 Tanaoceridae 昆虫的通称 >; 2. 长角蝗科的
tanaocerid grasshopper [= tanaocerid, desert long-horned grasshopper] 长角蝗
Tanaoceridae 长角蝗科
Tanaoctenia 叉线青尺蛾属，斑尺蛾属
Tanaoctenia dehaliaria (Wehrli) 叉线青尺蛾，德地尺蛾
Tanaoctenia haliaria (Walker) 焦斑叉线青尺蛾，绿翅茶斑尺蛾
Tanaodema 长头实蝇属
Tanaodema porrecta Hardy 长头实蝇
Tanaorhinus 镰翅绿尺蛾属
Tanaorhinus discolor Warren 见 *Timandromorpha discolor*
Tanaorhinus formosana Okano 台湾镰翅绿尺蛾，单点镰翅青尺蛾
Tanaorhinus kina Swinhoe 斑镰翅绿尺蛾，肯镰翅绿尺蛾，斑镰尺蛾
Tanaorhinus kina embrithes Prout 斑镰翅绿尺蛾锡金亚种
Tanaorhinus kina flavinfra Inoue 斑镰翅绿尺蛾台湾亚种，白月镰翅青尺蛾
Tanaorhinus kina kina Swinhoe 斑镰翅绿尺蛾指名亚种
Tanaorhinus luteivirgatus Yazaki *et* Wang 纹镰翅绿尺蛾，路镰尺蛾
Tanaorhinus rafflesii (Moore) 钩镰翅绿尺蛾
Tanaorhinus rafflesii rafflesi (Moore) 钩镰翅绿尺蛾指名亚种，指名钩镰翅绿尺蛾
Tanaorhinus rafflesii viridiluteata (Walker) 见 *Tanaorhinus viridiluteata*
Tanaorhinus reciprocata (Walker) 镰翅绿尺蛾，镰尺蛾
Tanaorhinus reciprocata confuciaria (Walker) 镰翅绿尺蛾中国亚种，褐镰翅绿尺蛾，镰翅绿尺蛾褐色亚种
Tanaorhinus reciprocata reciprocata (Walker) 镰翅绿尺蛾指名亚种
Tanaorhinus tibeta Chu 藏镰翅绿尺蛾
Tanaorhinus viridiluteata (Walker) 影镰翅绿尺蛾，双点镰翅青尺蛾，伪钩镰翅绿尺蛾，影镰尺蛾
Tanaorhinus vittata Moore 见 *Mixochlora vittata*
tanaostigmatid 1. [= tanaostigmatid wasp] 长痣小蜂 < 长痣小蜂科 Tanaostigmatidae 昆虫的通称 >; 2. 长痣小蜂科的
tanaostigmatid wasp [= tanaostigmatid] 长痣小蜂
Tanaostigmatidae 长痣小蜂科
Tanaostigmodes 长痣小蜂属
Tanaostigmodes lini Chou *et* Huang 林氏长痣小蜂
Tanaostigmodes puerariae Yang 野葛长痣小蜂
Tanaotrichia 锈羽尺蛾属
Tanaotrichia orientis Prout 东方锈羽尺蛾，东方坦尺蛾
Tanaotrichia prasonaria (Swinhoe) 普锈羽尺蛾，锈羽尺蛾，普坦尺蛾
tanbark borer [*Phymatodes testaceus* (Linnaeus)] 黄褐棍腿天牛，黄褐扁天牛
tandem seta 串毛
tandemly repeated DNA 串联重复 DNA
tandemly repeated sequence 串联重复序列

Tangicoccus 汤粉蚧属
Tangicoccus elongatus (Tang) 细长汤粉蚧，长粉蚧
Tangina 坦颖蜡蝉属
Tangina sinensis Fennah 中华坦颖蜡蝉
Tangius 洁蚁甲属
Tangius glabellus Yin *et* Li 光洁蚁甲
tangle-veined fly [= nemestrinid fly, nemestrinid] 网翅虻，网虻，拟长吻虻 < 网翅虻科 Nemestrinidae 昆虫的通称 >
tangoreceptor 触觉感受器，触觉受器
Taniva 针小卷蛾属
Taniva albolinea Kearfott 云杉针小卷蛾
Taniva albolineana (Kearfott) [spruce needleminer] 枞针小卷蛾，云杉潜叶小卷蛾，云杉潜叶小卷叶蛾
tanna longtail [*Urbanus tanna* Evans] 五斑长尾弄蝶
Tanna 螗蝉属，暮蝉属
Tanna abdominalis Kato 腹螗蝉
Tanna apicalis Chen 尖螗蝉
Tanna aquilonia Lee *et* Lei 北方螗蝉
Tanna auripennis Kato 金翅螗蝉，黄羽暮蝉
Tanna chekiangensis Ôuchi 浙江螗蝉，浙塘蝉
Tanna conyla (Chou *et* Lei) 小瘤螗蝉
Tanna herzbergi Schmidt 赫螗蝉
Tanna infuscata Lee *et* Hayashi 南方纹翅螗蝉，阿里山纹翅暮蝉
Tanna japonensis (Distant) [evening cicada] 螗蝉，日本夜蝉，日本暮蝉
Tanna japonensis chekiangensis Ôuchi 见 *Tanna chekiangensis*
Tanna karenkonis Kato 花莲螗蝉，花莲暮蝉
Tanna obliqua Liu 同 *Tanna japonensis*
Tanna ornata Kato 饰螗蝉
Tanna ornatipennis Esaki 纹翅螗蝉，纹翅暮蝉
Tanna pseudocalis Lei *et* Chou 端斑螗蝉
Tanna sayurie Kato 鳖甲螗蝉，鳖甲暮蝉，台湾塘蝉
Tanna shensiensis (Sanborn) 陕西螗蝉
Tanna simultaneous (Chen) 天目螗蝉，天目新塘蝉
Tanna sinensis (Ôuchi) 中华螗蝉，中华新塘蝉
Tanna sozanensis Kato 阳明山螗蝉，阳明山暮蝉，宝山塘蝉
Tanna taikosana Kato 同 *Tanna taipinensis*
Tanna taipinensis (Matsumura) 台北螗蝉，大坪暮蝉
Tanna thalia (Walker) 塔利亚螗蝉
Tanna viridis Kato 绿螗蝉，小暮蝉，绿新塘蝉
Tanna viridis nitakaensis Kato 同 *Tanna viridis*
Tanna yunnanensis (Lei *et* Chou) 云南螗蝉
tanned blue-skipper [*Quadrus lugubris* (Felder)] 伶矩弄蝶
tanned hoary-skipper [= black-spotted skipper, *Carrhenes fuscescens* (Mabille)] 苍弄蝶
tannic acid 鞣酸
tannin 丹宁，鞣酸，鞣酸类物
Tansima butleri (Leech) 见 *Lethe butleri*
Tansima lanaris (Butler) 见 *Lethe lanaris*
Tansima proxima (Leech) 见 *Lethe proxima*
Tanuetheira 绿黑灰蝶属
Tanuetheira timon (Fabricius) [long-tailed sapphire] 绿黑灰蝶
Tanuphis rufifrons Jacobi 见 *Paphnutius rufifrons*
Tanvia 坦刺蛾属
Tanvia zolotuhini Solovyev *et* Witt 越坦刺蛾
Tanyarsus 坦摇蚊属
Tanyarsus formosae Kieffer 台湾坦摇蚊，福摩摇蚊
tanyblastic germ band 长胚带 < 指胚带的长宽与卵的大小相比时是较长的，如在部分鞘翅目、鳞翅目和半翅目中所见 >
Tanycarpa 长痣反颚茧蜂属
Tanycarpa amplipennis (Förster) 白毛长痣反颚茧蜂，白毛反颚茧蜂
Tanycarpa bicolor (Nees) 双色长痣反颚茧蜂，双色反颚茧蜂
Tanycarpa concretus Chen *et* Wu 浓毛长痣反颚茧蜂，浓毛反颚茧蜂
Tanycarpa gladius Chen *et* Wu 光盾长痣反颚茧蜂，光盾反颚茧蜂
Tanycarpa gracilicornis (Nees) 细角长痣反颚茧蜂，细角反颚茧蜂
Tanycarpa mitis Stelfox 柔毛长痣反颚茧蜂，柔毛反颚茧蜂
Tanycarpa punctata Achterberg 斑点长痣反颚茧蜂，斑点反颚茧蜂
Tanycarpa rufinotata (Haliday) 等颊长痣反颚茧蜂，等颊反颚茧蜂
Tanycarpa scabrator Chen *et* Wu 粗皱长痣反颚茧蜂，粗皱反颚茧蜂
tanyderid 1. [= tanyderid fly, primitive crane fly] 颈蠓，伪蚊 < 颈蠓科 Tanyderidae 昆虫的通称 >；2. 颈蠓科的
tanyderid fly [= tanyderid, primitive crane fly] 颈蠓，伪蚊
Tanyderidae 颈蠓科，伪蚊科
Tanygnathinina 长须隐翅甲亚族
Tanymecina 纤毛象甲亚族，纤毛象亚族
Tanymecini 纤毛象甲族，纤毛象族
Tanymecus 纤毛象甲属，纤毛象属
Tanymecus circumdatus Wiedemann 铜光纤毛象甲，铜光纤毛象
Tanymecus excursor Faust 埃纤毛象甲，埃纤毛象
Tanymecus grestis Faust 粗背纤毛象甲，粗脊纤毛象
Tanymecus hercules Desbrochers 长尾纤毛象甲，长尾纤毛象
Tanymecus misellus Heller 见 *Megamecus misellus*
Tanymecus obconicicollis Voss 奥纤毛象甲，奥纤毛象
Tanymecus urbanus Gyllenhyl 黄褐纤毛象甲，黄褐纤毛象
Tanymecus variegatus Gebler 灰斑纤毛象甲，灰斑纤毛象
Tanymetopus 丹尼实蝇属
Tanymetopus claripennis Hardy 克拉里丹尼实蝇
tanypezid 1. [= tanypezid fly] 瘦腹蝇 < 瘦腹蝇科 Tanypezidae 昆虫的通称 >；2. 瘦腹蝇科的
tanypezid fly [= tanypezid] 瘦腹蝇
Tanypezidae 瘦腹蝇科
Tanyphatnidea 尖鞘三节叶蜂属
Tanyphatnidea erythraea (Gussakovskij) 红尖鞘三节叶蜂，红坦三节叶蜂
Tanyphatnidea nualsriae (Togashi) 同 *Tanyphatnidea erythraea*
Tanyphatnidea sinensis (Kirby) 中华尖鞘三节叶蜂，中华坦三节叶蜂
Tanypodinae 长足摇蚊亚科
Tanyproctus 祖鳃金龟甲属，祖尾鳃金龟甲属
Tanyproctus davidis Fairmaire 滇祖鳃金龟甲，滇祖鳃金龟
Tanyproctus parvus Chang *et* Luo 小祖鳃金龟甲，小祖鳃金龟
Tanyproctus xizangensis Zhang 西藏祖鳃金龟甲，西藏祖鳃金龟
Tanyptera 奇栉大蚊属

Tanyptera antica Alexander 见 *Tanyptera* (*Mesodictenidia*) *antica*
Tanyptera antica anticoides Alexander 见 *Tanyptera* (*Mesodictenidia*) *antica anticoides*
Tanyptera atrata (Linnaeus) 亮黑奇栉大蚊
Tanyptera atrata atrata (Linnaeus) 亮黑奇栉大蚊指名亚种
Tanyptera atrata portschinskyi (Enderlein) 亮黑奇栉大蚊泊氏亚种，亮黑奇栉大蚊
Tanyptera chrysophaea Alexander 黄角奇栉大蚊，金奇栉大蚊
Tanyptera cognata Alexander 弯脉奇栉大蚊，亲奇栉大蚊，亲坦大蚊
Tanyptera digitata Yang *et* Yang 指突奇栉大蚊
Tanyptera hebeiensis Yang *et* Yang 河北奇栉大蚊
Tanyptera hubeiensis Yang *et* Yang 湖北奇栉大蚊
Tanyptera jozana (Matsumura) 北海道奇栉大蚊
Tanyptera jozana unilineata Alexander 见 *Tanyptera unilineata*
Tanyptera mediana Yang *et* Yang 中斑奇栉大蚊
Tanyptera (***Mesodictenidia***) ***antica*** Alexander 小黑奇栉大蚊，前奇栉大蚊
Tanyptera (***Mesodictenidia***) ***antica antica*** Alexander 小黑奇栉大蚊指名亚种
Tanyptera (***Mesodictenidia***) ***antica anticoides*** Alexander 小黑奇栉大蚊宽环亚种，拟前奇栉大蚊，宽环奇栉大蚊
Tanyptera shennongana Yang *et* Yang 神农奇栉大蚊
Tanyptera subcognata Alexander 直脉奇栉大蚊，近亲奇栉大蚊
Tanyptera trimaculata Yang *et* Yang 三斑奇栉大蚊
Tanyptera unilineata Alexander 单线奇栉大蚊，单线约奇栉大蚊
Tanypus 长足摇蚊属，长摇蚊属
Tanypus carinatus Sublette 同 *Tanypus punctipennis*
Tanypus chinensis Wang 中华长足摇蚊
Tanypus formosanus (Kieffer) 台湾长足摇蚊，蓬莱摇蚊
Tanypus fusciclava Kieffer 棕棍长足摇蚊，棕棍摇蚊
Tanypus grodhausi Sublette 格长足摇蚊，格坦摇蚊
Tanypus punctipennis Meigen 刺铗长足摇蚊，点翅坦摇蚊
Tanypus stellatus Coquillett 同 *Tanypus punctipennis*
Tanysphyrus 坦象甲属，坦象属
Tanysphyrus brevipennis Voss 短翅坦象甲，短翅坦象
Tanysphyrus lemnae (Fabricius) 勒坦象甲，勒坦象
Tanysphyrus major Roelofs 首坦象甲，首坦象
Tanytarsini 长跗摇蚊族
Tanytarsus 长跗摇蚊属
Tanytarsus ahyoni Ree *et* Jeong 哈尼长跗摇蚊
Tanytarsus biwatrifurcus Sasa *et* Kawai 三叉长跗摇蚊
Tanytarsus brundini Lindeberg 布氏长跗摇蚊
Tanytarsus ejuncidus (Walker) 细长跗摇蚊，瘦长跗摇蚊，瘦坦跗摇蚊
Tanytarsus formosanus Kieffer 台湾长跗摇蚊，台湾美刺摇蚊，台坦跗摇蚊，丽岛摇蚊
Tanytarsus gracilentus (Holmgren) 纤长跗摇蚊
Tanytarsus gregarius Kieffer 簇长跗摇蚊，簇坦跗摇蚊
Tanytarsus holochlorus Edwards 同 *Tanytarsus mendax*
Tanytarsus inaequalis Goetghebuer 不等长跗摇蚊，不等坦跗摇蚊
Tanytarsus inuatus Goetghebuer 波长跗摇蚊
Tanytarsus lestagei Goetghebuer 层叠长跗摇蚊
Tanytarsus lobatifrons Kieffer 同 *Tanytarsus gregarius*
Tanytarsus mendax Kieffer 渐变长跗摇蚊，明长跗摇蚊，明坦跗摇蚊
Tanytarsus motosuensis Kawai 运动长跗摇蚊
Tanytarsus oyamai Sasa 细纹长跗摇蚊，奥长跗摇蚊，奥坦跗摇蚊
Tanytarsus pectus Guha *et* Chaudhuri 果胶长跗摇蚊，胸长跗摇蚊，胸坦跗摇蚊
Tanytarsus pollexus Chaudhuri *et* Datta 拇指长跗摇蚊
Tanytarsus sexdentatus Chernovskij 六齿长跗摇蚊，六齿坦跗摇蚊
Tanytarsus shoudigitatus Sasa 巨指长跗摇蚊
Tanytarsus sinarum Kieffer 缺刻长跗摇蚊，掠坦跗摇蚊
Tanytarsus takahashii Kawai *et* Sasa 舟长跗摇蚊
Tanytarsus tamagotoi Sasa 平行长跗摇蚊
Tanytarsus uraiensis Tokunaga 乌莱长跗摇蚊，优长跗摇蚊，乌来美刺摇蚊，乌莱坦跗摇蚊，乌来摇蚊
Tanytarsus verralli Goetghebuer 锥长跗摇蚊
Tanytingis 短脊网蝽属
Tanytingis takahashii Drake 短脊网蝽
Tanytrichophorus 长毛蚜茧蜂属
Tanzanian fiery acraea [*Acraea utengulensis* Thurau] 雾珍蝶
Tanzaniophasmatidae 坦螳蝻科
Taocantharis 道花萤属
Taocantharis businskae (Wittmer) 布氏道花萤
Taoia 陶斑蚜属
Taoia chuansiensis (Tao) 川西陶斑蚜
Taoia exotica Quednau 同 *Taoia indica*
Taoia indica (Ghosh *et* Raychaudhuri) 桤木陶斑蚜
Taomyla 桃美拉实蝇属
Taomyla pictipennis Hancock 大斑桃美拉实蝇
Taona 孔雀蝉属
Taona immaculata Chen 缺带孔雀蝉
Taona versicolor Distant 孔雀蝉
Taoo grand duchess [*Euthalia patala taooana* Moore] 黄带翠蛱蝶陶娜亚种，陶帕查蛱蝶
Taori skipper [= sandstone ochre, *Trapezites taori* Atkins] 桃氏梯弄蝶
tapayuna skipper [*Thespieus tapayuna* Zikan] 塔帕techno弄蝶
Tapeina 麻螽属
Tapeina hainanensis Liu *et* Xia 海南麻螽
Tapeina quadridens Liu *et* Xia 四齿麻螽
Tapeina simplicis Liu *et* Xia 简麻螽
Tapeina spinicaudata Liu *et* Xia 细齿麻螽
Tapeinus 平腹猎蝽属
Tapeinus fuscipennis Stål 红平腹猎蝽
Tapeinus singularis (Walker) 褐平腹猎蝽
Tapena 锥弄蝶属
Tapena thwaitesi Moore [black angle] 锥弄蝶
Tapena thwaitesi bornea Evans [dark flat] 锥弄蝶婆罗洲亚种
Tapena thwaitesi thwaitesi Moore 锥弄蝶指名亚种
tapered drone fly [*Eristalis pertinax* (Scopoli)] 锥尾管蚜蝇
Taperus 角突叶蝉属
Taperus albivittatus Li *et* Wang 白带角突叶蝉，白斑角突叶蝉
Taperus apicalis Li *et* Wang 端黑角突叶蝉
Taperus bannaensis Zhang, Zhang *et* Wei 版纳角突叶蝉

T

Taperus bimaculatus Cai *et* Shen 见 *Convexana bimaculata*
Taperus daozhenensis Li *et* Li 道真角突叶蝉
Taperus discolor Cai *et* Shen 见 *Bundera discolor*
Taperus fasciatus Li *et* Wang 横带角突叶蝉
Taperus flavifrons (Matsumura) 黄额角突叶蝉，黄缘锥头叶蝉，黄缘大贯叶蝉，黄额锥头叶蝉
Taperus fugongensis Li, Li *et* Xing 福贡角突叶蝉
Taperus lanpingensis Li *et* Wang 见 *Oncusa lanpingensis*
Taperus luchunensis Zhang, Zhang *et* Wei 绿春角突叶蝉
Taperus quadragulatus Zhang, Zhang *et* Wei 方瓣角突叶蝉，方舟角突叶蝉
tapestry moth [= carpet moth, white-tip clothes moth, *Trichophaga tapetzella* (Linnaeus)] 毛毡谷蛾，毛毡衣蛾
tapetum 反光组织 <指眼中的反光面>
Taphaeus 短脉茧蜂属
Taphaeus californicus (Rohwer) 加州短脉茧蜂
Taphaeus neoclyti (Rohwer) 纽氏短脉茧蜂
Taphaeus pseudohiator Yan, van Achterberg *et* Chen 近裂缝短脉茧蜂
Taphaeus rufocephalus (Telenga) 红头短脉茧蜂
Taphes 塔红萤属
Taphes brevicollis Waterhouse 短塔红萤
Taphoxenus 葬步甲属，塔福步甲属
Taphoxenus alatavicus Semenow 阿葬步甲，阿塔福步甲，阿大塔福步甲
Taphoxenus biroi Jedlička 见 *Pseudotaphoxenus parvulus biroi*
Taphoxenus brucei Andrewes 见 *Pseudotaphoxenus brucei*
Taphoxenus csikii Jedlička 见 *Pseudotaphoxenus csikii*
Taphoxenus dauricus Fischer van Waldheim 见 *Pseudotaphoxenus dauricus*
Taphoxenus eugrammus Vereschagina 优塔福步甲
Taphoxenus formosus Semenow 见 *Reflexisphodrus formosus*
Taphoxenus gansuensis Jedlička 见 *Pseudotaphoxenus gansuensis*
Taphoxenus gigas (Fischer van Waldheim) 巨葬步甲，大塔福步甲
Taphoxenus gigas alatavicus Semenow 见 *Taphoxenus alatavicus*
Taphoxenus gracilicornis Frivaldsky 见 *Pseudotaphoxenus gracilicornis*
Taphoxenus graciliusculus Vereschagina 见 *Reflexisphodrus graciliusculus*
Taphoxenus hauserianus Casale 豪氏葬步甲，豪塔福步甲
Taphoxenus jureceki Jedlička 见 *Pseudotaphoxenus jureceki*
Taphoxenus kalganus Jedlička 见 *Pseudotaphoxenus kalganus*
Taphoxenus kryzhanovskii Vereschagina 同 *Pseudotaphoxenus jureceki*
Taphoxenus mihoki Jedlička 见 *Pseudotaphoxenus mihoki*
Taphoxenus originalis Schaufuss 见 *Pseudotaphoxenus originalis*
Taphoxenus pfefferi Jedlička 见 *Pseudotaphoxenus pfefferi*
Taphoxenus potanini (Semenov) 见 *Eosphodrus potanini*
Taphoxenus punctatostriatus Jedlička 同 *Taphoxenus gigas*
Taphoxenus punctulatus Jedlička 同 *Pseudotaphoxenus rugipennis*
Taphoxenus reflexipennis (Semenov) 见 *Reflexisphodrus reflexipennis*
Taphoxenus reichardti Lutshnik 见 *Pseudotaphoxenus reichardti*
Taphoxenus rugipennis Faldermann 见 *Pseudotaphoxenus rugipennis*
Taphoxenus rugipennis punctulatus Jedlička 同 *Pseudotaphoxenus rugipennis*
Taphoxenus staudingeri Jedlička 见 *Pseudotaphoxenus staudingeri*
Taphoxenus sterbai Jedlička 见 *Pseudotaphoxenus sterbai*
Taphoxenus subcostatus Ménétriès 见 *Pseudotaphoxenus subcostatus*
Taphoxenus tianshanicus Semenov 见 *Pseudotaphoxenus tianshanicus*
Taphoxenus transmontanus Semenov 横山葬步甲，横山塔福步甲
Taphromeloe 沟胸短翅芫菁亚属
Taphronota calliparea Schaum 非洲尖蝗
Taphronotinae 沟背蝗亚科
Taphrorychus 细毛小蠹属
Taphrorychus bicolor (Herbst) 两色细毛小蠹
Taphrorychus coffeae (Eggers) 同 *Dryocoetiops moestus*
Tapiena 麻螽属
Tapiena bilobata Liu *et* Kang 双叶麻螽
Tapiena bivittata Liu *et* Xia 双带麻螽
Tapiena hainanensis Liu *et* Xia 海南麻螽
Tapiena longzhouensis Liu 龙州麻螽
Tapiena parapentagona Liu *et* Kang 副七角麻螽
Tapiena quadridens Liu *et* Xia 四齿麻螽
Tapiena simplicis Liu *et* Xia 简麻螽
Tapiena spinicaudata Liu *et* Xia 细刺麻螽
Tapiena stridulous Liu *et* Kang 特擦麻螽
Tapiena yunnana Xia *et* Liu 云南麻螽，云南沓螽
Tapinella 卑蛄属，卑啮虫属
Tapinella africana Badonnel 非洲卑蛄，非洲茶啮虫
Tapinella bannana Li 版纳卑蛄
Tapinella formosana Enderlein 台湾卑蛄，台湾卑啮虫
Tapinella huangi Li 黄氏卑蛄
Tapinella qutangxiana Li 瞿塘峡卑蛄
tapinoma-odor 酸败味 <指真蚁类由肛门腺分泌的特殊发酸的奶油味>
Tapinoma 酸臭蚁属，慌琉璃蚁属
Tapinoma geei Wheeler 吉氏酸臭蚁
Tapinoma indicum Forel 印度酸臭蚁，印度慌蚁，印度慌琉璃蚁
Tapinoma melanocephalum (Fabricius) [ghost ant] 黑头酸臭蚁，黑头慌蚁，黑头慌琉璃蚁
Tapinoma rectinotum Wheeler 直背酸臭蚁
Tapinoma sessile (Say) [odorous house ant, stink ant] 家酸臭蚁，香家蚁
Tapinoma silvestrii Wheeler 西氏酸臭蚁，鼓山塔门蚁
Tapinoma sinense Emery 中华酸臭蚁，北京塔门蚁
tapioca scale [= cassava scale, cassava stem mussel scale, white mussel scale, *Aonidomytilus albus* (Cockerell)] 木薯白蛎盾蚧，木茨白蛎圆盾蚧，白蛎盾介壳虫
Tapirocoris 塔猎蝽属
Tapirocoris annulatus Hsiao *et* Ren 环塔猎蝽
Tapirocoris densa Hsiao et Ren 齿塔猎蝽
Tapirocoris limbatus Miller 边塔猎蝽
Tarache 困夜蛾属，棉铃夜蛾属
Tarache aprica (Hübner) [exposed bird dropping moth, nun] 鸟粪困夜蛾，鸟粪夜蛾
Tarachocelidae 飘翅蛾科
Tarachocelis 飘翅蛾属
Tarachocelis microlepidopterella Mey, Wichard, Müller *et* Wang 小飘翅蛾
Tarachoptera 飘翅目
Taractrocera 黄弄蝶属
Taractrocera anisomorpha (Lower) [large yellow grass-dart, orange

grass dart] 橙黄弄蝶
Taractrocera archias (Felder) 阿奇黄弄蝶
Taractrocera ardonia (Hewitson) 热黄弄蝶
Taractrocera atropunctata Watson 见 *Taractrocera ceramas atropunctata*
Taractrocera ceramas (Hewitson) [Tamil grass dart] 卡黄弄蝶
Taractrocera ceramas atropunctata Watson 卡黄弄蝶黑点亚种，黑点黄弄蝶，黑点塔弄蝶
Taractrocera ceramas ceramas (Hewitson) 卡黄弄蝶指名亚种
Taractrocera ceramas oberthuri Elwes *et* Edwards 卡黄弄蝶奥氏亚种，奥黄弄蝶
Taractrocera ceramas thelma Evans 卡黄弄蝶草色亚种，草黄弄蝶
Taractrocera danna (Moore) [Himalayan grass dart] 喜马拉雅黄弄蝶
Taractrocera dolon (Plötz) [river-sand grass-dart, sandy grass-dart] 暗黄弄蝶，沙色黄弄蝶
Taractrocera flavoides Leech 黄弄蝶
Taractrocera ilia Waterhouse [northern grass-dart, rock grass-dart] 伊丽黄弄蝶，岩黄弄蝶
Taractrocera ina Waterhouse [no-brand grass-dart, ina grassdart] 艾娜黄弄蝶，无带黄弄蝶
Taractrocera luzonensis (Staudinger) 吕宋黄弄蝶
Taractrocera maevius (Fabricius) [common grass dart] 常黄弄蝶，指名黄弄蝶
Taractrocera nigrolimbata (Snellen) 黑缘无黄弄蝶
Taractrocera oberthuri Elwes *et* Edwards 见 *Taractrocera ceramas oberthuri*
Taractrocera papyria (Boisduval) [white-banded grass-dart] 浅黄弄蝶，白带黄弄蝶
Taractrocera tilda Evans 圆翅黄弄蝶，第黄弄蝶
Taragama diplocyma Hampson 见 *Streblote diplocyma*
Taragama dorsalis (Walker) 见 *Streblote dorsalis*
Taragama repanda Hübner 同 *Streblote panda*
Taraka 蚜灰蝶属
Taraka hamada (Druce) [forest pierrot] 蚜灰蝶，蚜小灰蝶
Taraka hamada formosana Matsuura 蚜灰蝶台湾亚种，台湾蚜灰蝶
Taraka hamada hamada (Druce) 蚜灰蝶指名亚种，指名蚜灰蝶
Taraka hamada isona (Fruhstorfer) 蚜灰蝶福建亚种，福建蚜灰蝶
Taraka hamada mendesia Fruhstorfer [mendacious forest pierrot] 蚜灰蝶印度亚种
Taraka hamada thalaba Fruhstorfer 蚜灰蝶棋石亚种，棋石小灰蝶
Taraka mahanetra Doherty 蚂蚜灰蝶，林灰蝶，竹蚜灰蝶，塔蚜灰蝶
Tarakini 蚜灰蝶族
Taraktomora 剑舌隐翅甲属
Taraktomora orientis Pace 东方剑舌隐翅甲
Tarassothrips 胫齿管蓟马属
Tarassothrips akritus Mound *et* Palmer 阿克胫齿管蓟马
Tarassothrips grandis Okajima 大胫齿管蓟马
taraxanthin 蒲公英黄素
Tarbinskiellus 大蟋属
Tarbinskiellus orientalis (Burmeister) 东方大蟋
Tarbinskiellus portentosus (Liehtenstein) [big head cricket, large brown cricket, big brown cricket, short-tail cricket, Taiwan giant cricket] 花生大蟋，华南大蟋，大蟋蟀，华南蟋蟀，台湾大蟋蟀
Tarchius 腹凸象甲属
targal gland 背板腺
Targalla 浮尾夜蛾属
Targalla albiceps (Hampson) 白点浮尾夜蛾
Targalla atripars (Hampson) 赭黄浮尾夜蛾，阿燎尾夜蛾
Targalla delatrix (Guenée) 绿斑浮尾夜蛾，燎尾夜蛾，浅黑缨蛾
Targalla palliatrix (Guenée) 中带浮尾夜蛾，浮尾夜蛾，淡黑燎尾夜蛾
Targalla silvicola Watabiki *et* Yoshimatsu 森林浮尾夜蛾，寺浮尾夜蛾
Targalla subocellata (Walker) 橄榄绿浮尾夜蛾，酥浮尾夜蛾
target cell 靶细胞
target insect 靶标昆虫
target pest 靶标害虫
target resistance 靶标抗性
target tortoise beetle 1. [*Plagiometriona phoebe* (Boheman)] 靶扁龟甲；2. [= golden target tortoise beetle, *Charidotis venusta Spaeth*] 环纹查龟甲
Tarichea 华龟蝽属
Tarichea chinensis (Dallas) 大华龟蝽
Tarika 雀苔蛾属
Tarika varana (Moore) 银雀苔蛾，银雀土苔蛾
Tarisa 藜蝽属
Tarisa camelus Reuter 新疆藜蝽
Tarisa elevata Reuter 内蒙藜蝽
Tarisa fraudatrix Horváth 同 *Tarisa subspinosa*
Tarisa pallescens Jakovlev 宽颊藜蝽
Tarisa subspinosa (Germar) 圆颊藜蝽
Tarnawskianus 高地叩甲属
Tarnawskianus turnai Schimmel *et* Platia 特纳高地叩甲
tarnished plant bug 1. [*Lygus lineolaris* (Palisot de Beauvois)] 美国牧草盲蝽，美洲牧草盲蝽，牧草盲蝽；2. [= common meadow bug, pasture mirid, bishop bug, *Lygus pratensis* (Linnaeus)] 牧草盲蝽
taro caterpillar [= oriental leafworm moth, armyworm,cluster caterpillar, common cutworm, cotton leafworm, cotton worm, Egyptian cotton leafworm, rice cutworm, tobacco budworm, tobacco caterpillar, tobacco leaf caterpillar, tobacco cutworm, tropical armyworm, *Spodoptera litura* (Fabricius)] 斜纹夜蛾，斜纹贪夜蛾，莲纹夜蛾，烟草近尺蠖夜蛾，夜老虎，五花虫，麻麻虫
taro hornworm [= impatiens hawkmoth, whiet-banded hunter hawkmoth, *Theretra oldenlandiae* (Fabricius)] 芋斜纹天蛾，芋双线天蛾，凤仙花天蛾，双线条纹天蛾，双斜纹天蛾
taro root aphid [= lime leaf-nest aphid, *Patchiella reaumuri* (Kaltenbach)] 芋根绵蚜，芋根蚜，来檬树须瘿蚜 <此种学名有误写为 *Patchiella reamuri* Kaltenbach 者>
Taroglophila ritozanensis Alexander 见 *Taiwanomyia ritozanensis*
Tarophagus 芋飞虱属
Tarophagus colocasiae (Matsumura) 野芋飞虱，芋塔飞虱
Tarophagus persephone (Kirkaldy) 等突芋飞虱
Tarophagus proserpina (Kirkaldy) 宝岛芋飞虱，宝岛塔飞虱

Tarophagus proserpina taiwanensis Wilson *et* Tsai 同 *Tarophagus colocasiae*
Tarpela 缩颈拟步甲属，缩颈拟步行虫属，塔谷甲属
Tarpela clypealis Kaszab 见 *Apterotarpela clypealis*
Tarpela dongurii Masumoto, Akita *et* Lee 见 *Nalassus dongurii*
Tarpela elegantula Lewis 见 *Nalassus elegantulus*
Tarpela formosana Masumoto 见 *Nalassus formosanus*
Tarpela merkli Masumoto, Akita *et* Lee 见 *Nalassus merkli*
Tarpela pilushenmua Masumoto, Akita *et* Lee 见 *Nalassus pilushenmuus*
Tarpela subasperipennis Kaszab 见 *Apterotarpela subasperipennis*
Tarpela xiaoxueshana Masumoto, Akita *et* Lee 见 *Nalassus xiaoxueshanus*
Tarpela yuanfenga Masumoto, Akita *et* Lee 见 *Nalassus yuanfengus*
Tarpela zoltani Masumoto 见 *Nalassus zoltani*
Tarpheion 丛林茧蜂亚属
Tarphobregma 塔福实蝇属
Tarphobregma carinatifrons Hardy 额隆线塔福实蝇
Tarphobregma pandani Hardy 潘塔尼塔福实蝇
Tarragoilus 铁鸣螽属
Tarragoilus diuturnus Gorochov 长生铁鸣螽
tarricina longwing [= cream-spotted tigerwing, *Tithorea tarracina* Hewitson] 塔晓绡蝶
tarsal 跗节的
tarsal claw 跗爪
tarsal cluster 跗毛束，跗节毛束
tarsal comb 跗栉 < 指划蝽科 Corixidae 雄虫前足铲状跗节在近上缘里面的一排用以发音的栓或齿 >
tarsal formula 跗式
tarsal lobe 跗叶 < 指鞘翅目昆虫中由跗亚节下面发生的膜质附器 >
tarsal organ 跗节器
tarsal pulvilli [s. tarsal pulvillus; = euplantulae] 跗垫
tarsal pulvillus [pl. tarsal pulvilli; = euplantula] 跗垫
tarsal segment [= tarsite, tarsomere] 跗分节
tarsal sensillum 跗感器
Tarsaraba 塔尔蜂麻蝇亚属
tarsi [s. tarsus] 跗节
tarsite 见 tarsal segment
Tarsocera 泡眼蝶属
Tarsocera cassina (Butler) [sand-dune widow] 泡眼蝶
Tarsocera cassus (Linnaeus) [spring widow] 赭泡眼蝶
Tarsocera dicksoni (van Son) [Dickson's widow] 红斑泡眼蝶
Tarsocera fulvina Vári [Karoo widow] 黄褐泡眼蝶
Tarsocera imitator Vári [deceptive widow] 仿泡眼蝶
Tarsocera namaquensis Vári [Namaqua widow] 纳马泡眼蝶
Tarsocera southeyae Dickson [Southey's widow] 南方泡眼蝶
Tarsoctenus 华弄蝶属
Tarsoctenus corytus (Cramer) [gaudy skipper, corytus skipper] 盔华弄蝶
Tarsoctenus gaudialis (Hewitson) 高华弄蝶
Tarsoctenus papias Hewitson [papias skipper] 帕华弄蝶
Tarsoctenus praecia (Hewitson) [praecia skipper] 华弄蝶
Tarsolepis 银斑舟蛾属
Tarsolepis elephantorum Bänziger 象银斑舟蛾
Tarsolepis fulgurifera (Walker) 亮银斑舟蛾，细银斑舟蛾
Tarsolepis fulgurifera fulgurifera (Walker) 亮银斑舟蛾指名亚种
Tarsolepis fulgurifera takamukuana (Matsumura) 亮银斑舟蛾高向亚种，塔亮银斑舟蛾
Tarsolepis inscius Schintlmeister 俪心银斑舟蛾
Tarsolepis japonica Wileman *et* South 肖剑心银斑舟蛾，日本银斑舟蛾，银斑舟蛾
Tarsolepis kochi Semper 科氏银斑舟蛾
Tarsolepis malayana Nakamura 同 *Tarsolepis rufobrunnea*
Tarsolepis remicauda Butler 类心银斑舟蛾，类银斑舟蛾，剑心银斑舟蛾
Tarsolepis rufobrunnea Rothschild 红褐银斑舟蛾，红棕银斑舟蛾
Tarsolepis sommeri (Hübner) 剑心银斑舟蛾
Tarsolepis taiwana Wileman 台湾银斑舟蛾，银斑断舟蛾，台银斑舟蛾
tarsomere 见 tarsal segment
Tarsopsylla 跗蚤属
Tarsopsylla octodecimdentata (Kolenati) 松鼠跗蚤
Tarsostenus 细郭公甲属，扁茎郭公虫属
Tarsostenus univittatus (Rossi) 玉带细郭公甲，玉带扁茎郭公虫，单条塔郭公虫，玉带郭公虫
Tarsostichus 跗通缘步甲亚属
tarsule [pl. tarsuli; = tarsulus] 趾节
tarsuli [s. tarsule, tarsulus] 趾节
tarsulus [pl. tarsuli; = tarsule] 趾节
tarsungulus 跗爪 < 指鞘翅目幼虫中由跗节和爪愈合而成的爪状构造 >
tarsus [pl. tarsi] 跗节
tartaric acid 酒石酸
Tartarogryllus 悍蟋属
Tartarogryllus bucharicus (Bey-Bienko) 见 *Modicogryllus bucharicus*
Tartarogryllus bordigalensis (Latreille) 见 *Eumodicogryllus bordigalensis*
Tartarogryllus minusculus (Walker) 同 *Eumodicogryllus chinensis*
Tartessus 锥胸叶蝉属
Tartessus ferrugineus (Walker) 黄锥胸叶蝉，褐翅叶蝉，头黑带叶蝉
Tartessus gokaensis Matsumura 橘锥胸叶蝉
Tartessus nigricosta Matsumura 黑缘锥胸叶蝉
tartrate 酒石酸盐、酯或根
Tarucus 藤灰蝶属
Tarucus alteratus (Moore) [rusty pierrot] 缘斑藤灰蝶
Tarucus ananda (de Nicéville) [dark pierrot] 安娜藤灰蝶
Tarucus balkanicus (Freyer) [Balkan pierrot, little tiger blue] 巴尔干藤灰蝶
Tarucus balkanicus balkanicus (Freyer) 巴尔干藤灰蝶指名亚种
Tarucus balkanicus nigra Bethune-Baker [black-spotted pierrot] 巴尔干藤灰蝶黑色亚种
Tarucus bowkeri (Trimen) [Bowker's blue] 三色藤灰蝶
Tarucus callinara Butler [spotted pierrot] 凯丽藤灰蝶
Tarucus dharta (Bethune-Baker) 大塔藤灰蝶
Tarucus extricatus Butler [rounded pierrot] 艾斯藤灰蝶
Tarucus fasciatus Röber 横带藤灰蝶
Tarucus grammicus Grose-Smith [dark pierrot, black pierrot] 格藤灰蝶
Tarucus hazara Evans 褐脉藤灰蝶
Tarucus indica Evans [Indian pierrot] 印度藤灰蝶
Tarucus kiki Larsen [Kiki's pierrot] 柯藤灰蝶

Tarucus kulala Evans [Turkana pierrot] 库藤灰蝶
Tarucus legrasi Stempffer [Le Gras' pierrot] 莱藤灰蝶
Tarucus nara Kollar [striped pierrot] 娜拉藤灰蝶
Tarucus nigra Bethune-Baker 黑藤灰蝶
Tarucus rosacea (Austaut) [Mediterranean pierrot, Mediterranean tiger blue] 多斑藤灰蝶
Tarucus sybaris (Höpffer) [dotted blue] 素藤灰蝶
Tarucus theophrastus (Fabricius) [common tiger blue, pointed pierrot, African pierrot, tiger blue butterfly] 藤灰蝶，西奥塔灰蝶
Tarucus thespis (Linnaeus) [fynbos blue, vivid blue] 苔藤灰蝶
Tarucus ungemachi Stempffer [Ungemach's pierrot] 温藤灰蝶
Tarucus venosus Moore [Himalayan pierrot, veined pierrot] 多脉藤灰蝶，脉塔灰蝶
Tarucus waterstradti Druce 瓦特藤灰蝶
Tarucus waterstradti dharta Bethune-Baker [Assam pierrot] 瓦特藤灰蝶阿萨姆亚种
Tarucus waterstradti waterstradti Druce 瓦特藤灰蝶指名亚种
tasar silk 柞蚕丝
tasar silkworm 1. [= Chinese tussar moth, Chinese oak tussar moth, Chinese tasar moth, temperate tussar moth, perny silk moth, tussah, Chinese tussah, oak tussah, temperate tussah, tussur silkworm, tussore silkworm, tussah silkworm, oak silkworm, *Antheraea pernyi* (Guérin-Méneville)] 柞蚕，槲蚕，姬透目天蚕蛾；2. [= Indian silkworm moth, tassar silkworm, tropical tasar silk moth, Indian tasar silk insect, South India small tussore, *Antheraea paphia* (Linnaeus)] 印度目大蚕蛾，意大利大蚕，意大利大蚕蛾，透纱蚕，塔萨大蚕蛾
tasar ujifly [= tasar uzi fly, uzyfly, uzi fly, *Blepharipa zebina* (Walker)] 蚕饰腹寄蝇
tasar uzi fly 见 tasar ujifly
Tascinidae [= Neocastniidae] 无喙蝶蛾科
Tasema 塔斑蛾属
Tasema maerens Staudinger 玛塔斑蛾
Tasema viridescens Alberti 绿塔斑蛾
Tasgius 长体隐翅甲属，单齿隐翅甲属，斧须隐翅虫属，塔隐翅甲属
Tasgius caspius (Bernhauer) 瘦翅长体隐翅甲
Tasgius congener Smetana 拟匕茎长体隐翅甲，似单齿隐翅甲，似单齿隐翅虫
Tasgius praetorius (Bernhauer) 暗黑长体隐翅甲，前肿单齿隐翅甲，西里斧须隐翅虫，前挞隐翅虫，西里塔隐翅甲
Tasgius pugio Smetana 匕茎长体隐翅甲，匕首单齿隐翅甲，匕首单齿隐翅虫
Tasgius venustus Smetana 红翅长体隐翅甲，丽单齿隐翅甲，丽单齿隐翅虫
Tasiocera 尾大蚊属
Tasiocera **(*Dasymolophilus*)** ***jubata*** (Alexander) 毛尾大蚊，鬃伸大蚊
Tasiocera **(*Dasymolophilus*)** ***kibunensis*** (Alexander) 东京尾大蚊，基伸大蚊
Tasiocera **(*Dasymolophilus*)** ***nokoensis*** (Alexander) 台湾尾大蚊，能高尾大蚊
Tasiocera jubata (Alexander) 见 *Tasiocera* (*Dasymolophilus*) *jubata*
Tasiocera kibunensis (Alexander) 见 *Tasiocera* (*Dasymolophilus*) *kibunensis*
Tasmanian brown [*Argynnina tasmanica* Lyell] 白黄斑阿姬眼蝶
Tasmanian hairstreak [= silky hairstreak, chlorinda hairstreak, Australian hairstreak, Victorian hairstreak, orange tit, *Pseudalmenus chlorinda* (Blanchard)] 丝毛纹灰蝶，毛纹灰蝶
Tasmanian xenica [= delicate xenica, *Nesoxenica leprea* (Hewitson)] 奶眼蝶
Tasmanorites formosanus Jedlička 见 *Epaphiopsis formosana*
Tasmosalpingidae 塔甲科
Tasmosalpingus 塔甲属
Tasmosalpingus quadrispilotus Lea 四斑塔甲
tasar silkworm [= Indian silkworm moth, tasar silkworm, tropical tasar silk moth, Indian tasar silk insect, South India small tussore, *Antheraea paphia* (Linnaeus)] 印度目大蚕蛾，意大利大蚕，意大利大蚕蛾，透纱蚕，塔萨大蚕蛾
Tasta 瞳尺蛾属
Tasta argozana Prout 白银瞳尺蛾，银斑小尺蛾
Tasta epargyra Wehrli 埃瞳尺蛾
Tasta iterans Prout 见 *Lophophelma iterans*
Tasta micaceata Walker 迷瞳尺蛾
Tasta varicoloraria (Moore) 同 *Lophophelma rubroviridata*
taste cup 味觉陷 < 指口器上司味觉的凹陷 >
taste modalities 味觉范畴
taster [= palpus] 须
tatami mat beetle [= pectinate-horned beetle, *Ptilineurus marmoratus* (Reitter)] 大理纹窃蠹，大理窃蠹，石纹龙蕈甲，大理羽脉窃蠹，云斑窃蠹，番死虫
Tatargina 彩灯蛾属
Tatargina formosa Butler 同 *Tatargina picta*
Tatargina picta (Walker) 艳绣彩灯蛾，艳绣斑灯蛾，饰星灯蛾，皮斑灯蛾
Tatargina picta lutea (Rothschild) 同 *Tatargina picta picta*
Tatargina picta picta (Walker) 艳绣彩灯蛾指名亚种
Tathothripa 沓索夜蛾属
Tathothripa continua (Walker) 续沓索夜蛾 < 此学名有误写为 *Tathotripa continua* (Walker) 者 >
Tatianaerhynchites 塔虎象甲属
Tatianaerhynchites aequatus (Linnaeus) [apple fruit rhynchites, apple and thorn fruit weevil, apple fruit weevil] 苹果塔虎象甲，苹果芽虎象甲，苹虎象甲，苹虎象
Tatinga 藏眼蝶属
Tatinga thibetana (Oberthür) [Tibet marbled satyr] 藏眼蝶，西藏带眼蝶，藏塔眼蝶
Tatinga thibetana albicans South 同 *Tatinga thibetana thibetana*
Tatinga thibetana menpa (Yoshino) 藏眼蝶敏芭亚种
Tatinga thibetana thibetana (Oberthür) 藏眼蝶指名亚种
Tatinga thibetana tonpa (Yoshino) 藏眼蝶云南亚种
Tatobotys 塔托螟属
Tatobotys angustalis Caradja *et* Meyrick 角塔托螟，角德克螟
Tatobotys argillacea Butler 同 *Tatobotys janapalis*
Tatobotys depalpalis Strand 德塔托螟，德克螟
Tatobotys janapalis (Walker) 锦塔托螟
Tatochila 唇粉蝶属
Tatochila autodice (Hübner) 唇粉蝶，粗斑唇粉蝶
Tatochila blanchardii Butler 白唇粉蝶
Tatochila demodice (Blanchard) 德唇粉蝶
Tatochila distincta Jörgensen 独特唇粉蝶

Tatochila homoeodice Paravicini 雷同唇粉蝶
Tatochila inversa Hayward 反向唇粉蝶
Tatochila mariae Herrara 玛利亚唇粉蝶
Tatochila menacta (Boisduval) 梦唇粉蝶
Tatochila mercedis (Eschscholtz) 真唇粉蝶
Tatochila microdice Blanchard 美脉唇粉蝶
Tatochila orthodice Weymer 直唇粉蝶
Tatochila pyrrohomma Röber 火唇粉蝶
Tatochila sagittata Röber 镞唇粉蝶
Tatochila sterodice Staudinger 透唇粉蝶
Tatochila stigmadice (Staudinger) 斑点唇粉蝶
Tatochila theodice (Boisduval) 柔唇粉蝶
Tatochila vanvolxemii (Capronnier) 范唇粉蝶
Tatochila volxemi Capronnier 沃尔唇粉蝶
Tatochila xanthodice Lucas 黄网唇粉蝶
tau emerald [*Hemicordulia tau* (Sélys)] 黄斑半伪蜻
tau emperor [*Aglia tau* (Linnaeus)] 丁目大蚕蛾
tau group tau 群 < 为鳞翅目幼虫体节上的一类刚毛群 >
tau ridge T 脊
Tauchira 板突蝗属
Tauchira damingshana Zheng 大明山板突蝗
Tauchira gressitti Tinkham 见 *Sinstauchira gressitti*
Tauchira oreophilas (Tinkham) 爱山板突蝗，爱山华蝗
Taumacera 奇萤叶甲属
Taumacera aureipennis (Laboissière) 云南奇萤叶甲，云南平萤叶甲
Taumacera bicolor Gressitt *et* Kimoto 见 *Hoplosaenidea bicolor*
Taumacera biplagiata (Duvivier) 见 *Cerophysa biplagiata*
Taumacera chinensis (Maulik) 见 *Fleutiauxia chinensis*
Taumacera gracilicornis Gressitt *et* Kimoto 云南奇萤叶甲
Taumacera indica (Jacoby) 印度奇萤叶甲，印度帕叶甲
Taumacera insularis (Gressitt *et* Kimoto) 海南奇萤叶甲，海南平萤叶甲
Taumacera magenta (Gressitt *et* Kimoto) 肿角奇萤叶甲，肿角平萤叶甲
Taumacera occipitalis (Laboissière) 蓝翅奇萤叶甲，蓝翅平萤叶甲
Taumacera pulchella (Laboissière) 见 *Hoplosaenidea pulchella*
Taumacera tibialis (Jacoby) 见 *Hoplosaenidea tibialis*
Taumacera variceps (Laboissière) 变头奇萤叶甲
Taumacera zhenzhuristi (Ogloblin) 见 *Cerophysa zhenzhuristi*
taurine 牛磺酸
Taurodemus 陷截小蠹属
Taurodemus flavipes (Fabricius) 黄足陷截小蠹
Taurodemus sharpi (Blandford) 夏氏陷截小蠹
Tauropola 陶扁蜡蝉属
Tauropola bimaculata Jacobi 福建陶扁蜡蝉
Taurotettix 粗端叶蝉属，长突叶蝉属
Taurotettix elegans (Melichar) 优雅粗端叶蝉，纵带长突叶蝉
Tauscher's alpine ringlet [= Theano alpine, *Erebia theano* (Tauscher)] 酡红眼蝶
Tautocerus 曲板叶蝉属
Tautocerus dworakowskae Anufriev 德氏曲板叶蝉
Tautocerus trivittatus Kuoh *et* Fang 三条曲板叶蝉
Tautocerus serristleus Zhang, Li *et* Qi 齿突曲板叶蝉
Tautocerus wangmoensis Li *et* Song 望谟曲板叶蝉
tautomerism 互变异构，互变异构现象
Tautoneura 斑翅叶蝉属
Tautoneura ahmedi Dworakowska 哈氏斑翅叶蝉
Tautoneura albida Dworakowska 白底斑翅叶蝉
Tautoneura arachisi (Matsumura) 血点斑翅叶蝉，血点斑叶蝉，血点么叶蝉
Tautoneura baiyunshana Song, Li *et* Xiong 白云斑翅叶蝉
Tautoneura caoi Song, Li *et* Xiong 曹氏斑翅叶蝉
Tautoneura choui Ma 周氏斑翅叶蝉，周氏丹小叶蝉
Tautoneura diasonica (Chiang *et* Knight) 双条斑翅叶蝉，关刀溪斑翅叶蝉
Tautoneura elscinta (Chiang *et* Knight) 长面斑翅叶蝉，垦丁斑翅叶蝉
Tautoneura formosa (Dworakowska) 台湾斑翅叶蝉
Tautoneura fusca (Dworakowska) 暗色斑翅叶蝉
Tautoneura hamula Song *et* Li 钩齿斑翅叶蝉
Tautoneura longiprocessa Song *et* Li 长突斑翅叶蝉
Tautoneura misrai Dworakowska 密斯斑翅叶蝉
Tautoneura mori (Matsumura) [red-maculated leafhopper] 桑树斑翅叶蝉，桑斑翅叶蝉，桑叶蝉，桑斑叶蝉，血斑浮尘子
Tautoneura multimaculata Song *et* Li 多斑斑翅叶蝉
Tautoneura prima Dworakowska 中条斑翅叶蝉
Tautoneura puerensis (Song *et* Li) 普洱斑翅叶蝉，普洱克小叶蝉
Tautoneura sanguinalis (Distant) 桑犹斑翅叶蝉
Tautoneura sinica (Dworakowska) 中国斑翅叶蝉
Tautoneura takaonella (Matsumura) 灰棒斑翅叶蝉，高雄斑翅叶蝉，褐角么叶蝉
Tautoneura tengchongna Song *et* Li 腾冲斑翅叶蝉
Tautoneura trimaculata Song *et* Li 三点斑翅叶蝉
Tautoneura tripunctula (Melicher) 尖顶斑翅叶蝉
Tautoneura unicolor Dworakowska 单色斑翅叶蝉
Tautoneura yunnanensis Song, Li *et* Xiong 云南斑翅叶蝉
tautonomy 复名 < 意为种名和属名的重复命名 >
Taveta silverline [*Spindasis tavetensis* Lathy] 塔维银线灰蝶
tavoy sulphur ace [*Halpe flava* Evans] 黄色酣弄蝶
tawny 褐黄色
tawny angle [*Ctenoptilum vasava* (Moore)] 梳翅弄蝶
tawny burrowing bee [*Andrena fulva* (Schrank)] 金黄地蜂，金黄地花蜂
tawny cockroach [= spotted Mediterranean cockroach, ectobid cockroach, *Ectobius pallidus* (Olivier)] 地中海斑椭蠊，茶色椭蠊
tawny coster 1. [*Acraea terpsicore* (Linnaeus)] 赏心珍蝶；2. [*Acraea violae* (Fabricius)] 斑珍蝶
tawny crescent [*Phyciodes batesii* (Reakirt)] 贝茨漆蛱蝶
tawny-edged skipper [*Polites themistocles* (Latreille)] 基黄黑玻弄蝶
tawny emperor 1. [*Asterocampa clyton* (Boisduval *et* LeConte)] 星纹蛱蝶；2. [*Chitoria ulupi* (Doherty)] 武铠蛱蝶
tawny giant-skipper [= orange giant-skipper, Neumogen's giant-skipper, Neumogen's moth-skipper, Neumogen's agave borer, chiso giant-skipper, *Agathymus neumoegeni* (Edwards)] 硕大弄蝶
tawny groundling [*Pseudotelphusa paripunctella* (Thunberg)] 帕伪黑麦蛾

tawny metalmark [= erota metalmark, two-oranges metalmark, *Notheme erota* (Cramer)] 条蚬蝶
tawny mime [*Chilasa agestor* Gray] 褐斑凤蝶
tawny mole cricket [= West Indian mole cricket, changa, *Neoscapteriscus vicinus* (Scudder)] 黄褐新掘蝼蛄，黄褐掘蝼蛄，近邻蝼蛄，黄褐色蝼蛄
tawny palmfly [*Elymnias panthera* (Fabricius)] 黄褐锯眼蝶
tawny pinion [*Lithophane semibrunnea* (Haworth)] 茶色石冬夜蛾
tawny prominent [*Harpyia milhauseri* (Fabricius)] 黄褐枝背舟蛾
tawny rajah [*Charaxes bernardus* (Fabricius)] 白带螯蛱蝶，白斑螯蛱蝶，茶色螯蛱蝶，茶蛱蝶，倍哈瑞蛱蝶，茶褐樟蛱蝶
tawny shoulder [= granulated cutworm, granulate cutworm, subterranean dart moth, big fat moth, *Feltia subterranea* (Fabricius)] 粒肤脏切夜蛾，粒肤地老虎
tawny silverline [= Arab leopard, leopard butterfly, *Apharitis acamas* (Klug)] 阿富丽灰蝶，富丽灰蝶
tawny theope [*Theope acosma* (Stichel)] 爱珂娆蚬蝶
tawny wave [*Scopula rubiginata* (Hübner)] 红岩尺蛾，红丫尺蛾，橘点岩尺蛾，暗红岩尺蛾
taxa [s. taxon] 分类阶元
taxes [s. taxis] 趋性
taxes skipper [*Thoon taxes* Godman] 巴拿马腾弄蝶
Taxicera 粗尾隐翅甲属
Taxicera* (*Taxicera*) *orientalis Smetana 东方粗尾隐翅甲
Taxicera* (*Taxicera*) *sinensis Pace 中华粗尾隐翅甲
Taxicerini 粗尾隐翅甲族
Taxigramma 聚蜂麻蝇属
Taxigramma elegantulum (Zetterstedt) 华丽聚蜂麻蝇，丽帕麻蝇，靓丽小蚜蜂麻蝇
Taxigramma heteroneurum (Meigen) 异聚蜂麻蝇
Taxigramma karakulense (Enderlein) 喀喇聚蜂麻蝇，喀喇库帕麻蝇，卡小蚜蜂麻蝇
Taxigramma multipunctatum (Rondani) 多斑聚蜂麻蝇，多点帕麻蝇，多斑小蚜蜂麻蝇
Taxigrammina 聚蜂麻蝇亚族
Taxila 塔蚬蝶属
Taxila casennica Stichel 卡森塔蚬蝶
Taxila dora (Frahstorfer) 多拉塔蚬蝶
Taxila haquinus (Fabricius) [harlequin, orange harlequin] 塔蚬蝶
taxiles skipper [= golden skipper, *Poanes taxiles* (Edwards)] 黑边袍弄蝶
Taxiplagus 斜角隐翅甲属
Taxiplagus abnormalis Bernhauer 奇斜角隐翅甲
Taxiplagus klapperichi Schillhammer 柯氏斜角隐翅甲
Taxiplagus pecki Schillhammer 茎斜角隐翅甲
taxis [pl. taxes] 趋性
Taxoblenus 申元叶蜂属
Taxoblenus formosus Wei *et* Nie 美丽申元叶蜂
Taxoblenus longicornis Wei *et* Nie 长角申元叶蜂
Taxoblenus longispinosus Haris *et* Roller 长突申元叶蜂
Taxoblenus rufipes Wei *et* Nie 红足申元叶蜂
Taxoblenus wangi Nie *et* Wei 王氏申元叶蜂
Taxocampinae 影裳蛾亚科
taxocline 杂交差型
TaxoDros [Database on Taxonomy of Drosophilidae 的缩写] 果蝇科分类数据库
taxology 分类学
Taxomyia taxi (Inchbald) [yew gall midge] 浆果紫杉梢瘿蚊
taxon [pl. taxa] 分类阶元
Taxonemphytus 塔叶蜂属
Taxonemphytus fulvus Malaise 黄塔叶蜂
taxonomic [= taxonomical] 分类的
taxonomic species 分类种 < 指因形态特征一致而被认为可以分立的种 >
taxonomical 见 taxonomic
taxonomy 分类学
Taxonus 元叶蜂属，墨叶蜂属
Taxonus alboclypea (Wei) 白唇元叶蜂
Taxonus annulicornis Takeuchi 红环元叶蜂，环角墨叶蜂
Taxonus arisanus (Takeuchi) 阿里山元叶蜂，阿里山墨叶蜂，阿里山印叶蜂
Taxonus aterritina Wei 脉黑元叶蜂
Taxonus attenatus (Rohwer) 黑唇元叶蜂，尖印叶蜂
Taxonus chuanshanicus Wei 川陕元叶蜂
Taxonus compressicornis Wei 扁角元叶蜂
Taxonus delumbis Kônow 白纹元叶蜂
Taxonus ferrugatus Wei 锈色元叶蜂
Taxonus formosacolus (Rohwer) 蓬莱元叶蜂，蓬莱墨叶蜂
Taxonus huangleii Wei, Liao *et* Huang 黄氏元叶蜂
Taxonus hunanensis Wei *et* Huang 潇湘元叶蜂
Taxonus immarginervis (Malaise) 开室元叶蜂
Taxonus leucocoxus Wei *et* Nie 白基元叶蜂
Taxonus leucotrochantera (Wei) 白转元叶蜂
Taxonus liui Wei *et* Niu 刘氏元叶蜂
Taxonus major (Malaise) 大元叶蜂，大墨叶蜂
Taxonus octopunctatus (Takeuchi) 八点元叶蜂，八点墨叶蜂
Taxonus punun Takeuchi 布农元叶蜂，布农墨叶蜂
Taxonus qinlinginus Wei 秦岭元叶蜂
Taxonus shanicus (Malaise) 异跗元叶蜂
Taxonus smerinthus Wei 丝角元叶蜂
Taxonus takeuchii Wei 竹内元叶蜂
Taxonus tenuicornis (Takeuchi) 细角元叶蜂
Taxonus tianmunicus Wei *et* Nie 天目元叶蜂
Taxonus unicolor (Malaise) 见 *Indotaxonus unicolor*
Taxonus zhangi (Wei) 张氏元叶蜂，张氏副元叶蜂
Taxonus zhelochovtsevi Viitasaari *et* Zinovjev 热氏元叶蜂
taxus weevil [= black vine weevil, vine weevil, cyclamen grub, strawberry weevil, *Otiorhynchus sulcatus* (Fabricius)] 黑葡萄耳象甲，葡萄黑象甲，藤本象甲
Taygetis 棘眼蝶属
Taygetis albinotata Butler 银带棘眼蝶
Taygetis andromeda (Cramer) 仙女棘眼蝶
Taygetis angulosa Weymer 角棘眼蝶
Taygetis banghassi Weymer 邦氏棘眼蝶
Taygetis celia (Cramer) 红目棘眼蝶
Taygetis chrysogone Doubleday *et* Hewitson 黄边棘眼蝶
Taygetis echo (Cramer) 褐尖黑棘眼蝶
Taygetis erea Butler 可乐棘眼蝶
Taygetis inornata Felder 素棘眼蝶
Taygetis kera Butler 波线棘眼蝶

Taygetis larua Felder 暗边棘眼蝶
Taygetis leuctra Butler 白棘眼蝶
Taygetis lineata (Godman *et* Salvin) 线纹棘眼蝶
Taygetis marpessa Hewitson 玛培棘眼蝶
Taygetis mermeria (Cramer) [mermeria wood nymph] 尖翅棘眼蝶
Taygetis nympha Butler 蛱形棘眼蝶
Taygetis penelea (Cramer) 佩棘眼蝶
Taygetis rectifascia Weymer 直带棘眼蝶
Taygetis salvini Staudinger 索棘眼蝶
Taygetis satyrina Bates 蛇神棘眼蝶
Taygetis sylvia Bates 树白棘眼蝶
Taygetis thamyra (Cramer) [Andromeda satyr] 安棘眼蝶
Taygetis uncinata Weymer 钩棘眼蝶
Taygetis valentina (Cramer) 瓦伦棘眼蝶
Taygetis virgilia (Cramer) [stub-tailed satyr] 棘眼蝶
Taygetis weymeri Draudt 维棘眼蝶
Taygetis xenana Butler 宾棘眼蝶
Taygetis ypthima (Hübner) [ypthima satyr] 矍棘眼蝶
Taygetis zimri Butler 隐带棘眼蝶
Taylorilygus 苔盲蝽属
Taylorilygus apicalis (Fieber) [brokenbacked bug] 白苔盲蝽，淡色泰盲蝽
Taylorilygus ornaticollis (Reuter) 饰领苔盲蝽
Taylorilygus pallidulus (Blanchard) 同 *Taylorilygus apicalis*
Taylorilygus simonyi (Reuter) [coffee capsid] 咖啡苔盲蝽，咖啡盲蝽
Taylorilygus vosseleri (Poppius) [cotton lygu] 棉苔盲蝽
Taylor's checkerspot [*Euphydryas editha taylori* (Edwards)] 艾地堇蛱蝶泰勒亚种
TBIA [tissue blot immunoassay 的缩写] 组织印迹技术，组织印迹杂交免疫测定
TC 1. [total consumption 的缩写] 总消耗；2. [technical material 的缩写] 原药
tea amatid [*Amata germana mandarinia* Butler] 蕾鹿蛾害茶亚种，茶鹿蛾，大陆德辛鹿蛾
tea aphid [= black citrus aphid, camellia aphid, *Aphis aurantii* Boyer de Fonscolombe] 橘二叉蚜，黑橘声蚜，橘声蚜，茶二叉蚜，茶蚜，茶树蚜，小橘蚜，可可蚜
tea bagworm 1. [= white-haired bagmoth, *Eumeta minuscula* Butler] 微大袋蛾，微大蓑蛾，茶蓑蛾，茶克袋蛾，茶袋蛾，茶大蓑蛾，茶避债蛾，茶窠蓑蛾，小袋蛾，小窠蓑蛾，茶避债虫；2. [= small psychid moth, *Acanthopsyche snelleni* Heylaerts] 斯氏桉袋蛾，斯氏茶蓑蛾
tea black scale [= tea scale, *Parlatoria theae* Cockerell] 茶片盾蚧，茶黑星蚧
tea brown longicorn beetle [*Aeolesthes induta* (Newman)] 楝闪光天牛，茶天牛，茶褐天牛，楝树天牛
tea bug [= tea mosquito bug, black marking capsid, *Helopeltis theivora* Waterhouse] 腰果角盲蝽，茶刺盲蝽，茶盲蝽，茶角盲蝽，
tea bunch caterpillar [= cluster caterpillar, tea caterpillar, brown caterpillar, bunch caterpillar, tea cluster caterpillar, *Andraca bipunctata* Walker] 三线茶蚕蛾，茶蚕，茶带蛾，茶客、乌秋虫
tea caterpillar 见 tea bunch caterpillar
tea cluster caterpillar 见 tea bunch caterpillar
tea cochlid [*Phrixolepia sericea* Butler] 茶冠刺蛾，茶锈刺蛾
tea cottony scale [= cottony camellia scale, camellia scale, cushion scale, camellia cottony scale, woolly camellia scale, woolly maple scale, camellia pulvinaria, *Pulvinaria floccifera* (Westwood)] 蜡丝绵蚧，油茶绿绵蚧，茶长绵蚧，山茶绵蚧，茶绿绵蜡蚧，绿绵蜡蚧，茶绵蚧，蜡丝蚧，茶絮蚧
tea flush worm [*Cydia leucostoma* (Meyrick)] 茶小卷蛾，白小卷蛾，茶白点小蠹蛾
tea geometrid [= tea looper, apple geometrid, *Ectropis obliqua* Prout] 茶尺蠖，小埃尺蛾
tea green fly [= smaller green leafhopper, peach green leafhopper, green frogfly, *Edwardsiana flavescens* (Fabricius)] 小绿爱小叶蝉，小绿叶蝉，桃小绿叶蝉，花生小绿叶蝉，茶小绿叶蝉
tea green leafhopper [*Empoasca onukii* Matsuda] 小贯小绿叶蝉，大贯小绿叶蝉，茶绿小叶蝉，茶绿叶蝉
tea green plant bug [*Lygus viridanus* Motschulsky] 茶黄草盲蝽，茶黄绿盲蝽
tea leaf beetle [*Colaspoides femoralis* Lefèvre] 毛股沟臀肖叶甲，毛股沟臀叶甲，茶叶甲
tea leaf maggot [*Agromyza theae* (Bigot)] 茶黄潜蝇
tea leaf roller [= tea leafminer, *Caloptilia theivora* (Walsingham)] 茶丽细蛾，茶细蛾，茶叶细蛾，三角卷叶蛾，三角苞卷叶蛾
tea leaf weevil [*Dicasticus mlanjensis* Marshall] 茶笛卡褐象甲
tea leafminer 1. [*Tropicomyia theae* (Cotes)] 茶热潜蝇，茶南潜蝇；2. [= tea leaf roller, *Caloptilia theivora* (Walsingham)] 茶丽细蛾，茶细蛾，茶叶细蛾，三角卷叶蛾，三角苞卷叶蛾
tea looper 1. [= tea geometrid, apple geometrid, *Ectropis obliqua* Prout] 茶尺蠖，小埃尺蛾；2. [= tung oil tree geometrid, *Biston suppressaria* (Guenée)] 油桐鹰尺蛾，油桐尺蛾，油桐尺蠖
tea mosquito bug 1. [= tea bug, black marking capsid, *Helopeltis theivora* Waterhouse] 腰果角盲蝽，茶刺盲蝽，茶盲蝽，茶角盲蝽；2. [*Helopeltis bergrothi* Reuter] 非洲角盲蝽，非洲刺盲蝽，茶盲蝽；3. [*Helopeltis antonii* Signoret] 安妥角盲蝽，安氏锤刺盲蝽，腰果刺盲蝽，茶红褐盲蝽
tea pyralid [*Pyralis regalis* (Denis *et* Schiffermüller)] 茶野螟，金黄螟
tea root borer [= black timber bark beetle, alnus ambrosia beetle, black stem borer, smaller alnus bark beetle, smaller alder bark beetle, *Xylosandrus germanus* (Blandford)] 光滑足距小蠹，桤材小蠹，桤塞小蠹，光滑材小蠹
tea root weevil [*Aperitmetus brunneus* (Hustache)] 茶根象甲
tea scale 1. [*Fiorinia theae* Green] 茶围盾蚧，茶单蜕盾蚧，茶棕盾蚧，茶围盾介壳虫；2. [= tea black scale, *Parlatoria theae* Cockerell] 茶片盾蚧，茶黑星蚧
tea scurfy scale [= tea white scale, white tea leaf scale, *Pinnaspis theae* (Maskell)] 茶并盾蚧，茶梨蚧，茶并盾介壳虫，茶细蚧，茶细介壳虫，茶褐点盾蚧，茶紫长蚧，茶白盾蚧
tea seed bug [*Poecilocoris latus* Dallas] 油茶宽盾蝽，油茶蝽
tea seed fly [*Adrama determinata* (Walker)] 黄腹狭腹实蝇，茶狭腹阿实蝇
tea shoot borer [*Haplochrois theae* (Kusnezov)] 茶单尖翅蛾，茶副尖翅蛾，茶梢蛀蛾，茶梢蛾，茶尖蛾
tea shot-hole borer [= twig shot-hole borer, *Euwallacea fornicatus* (Eichhoff)] 茶方胸小蠹，小圆胸小蠹，蚁郁小蠹，茶材小蠹，

茶枝小蠹，小圆方胸小蠹

tea silvery geometrid [*Scopula subpunctaria* (Herrich-Schäffer)] 亚点岩尺蛾，亚星岩尺蛾，点线银尺蠖，小白尺蠖，青尺蠖，茶银尺蠖，茶银尺蛾

tea slug-caterpillar [*Cania bilinea* (Walker)] 灰双线刺蛾，茶带纹刺蛾

tea slug moth [*Iragoides fasciata* (Moore)] 茶焰刺蛾，茶奕刺蛾，茶刺蛾，茶角刺蛾

tea stem borer [= shot-hole borer, black coffee borer, black coffee twig borer, black twig borer, castanopsis ambrosia beetle, *Xylosandrus compactus* (Eichhoff)] 小滑足距小蠹，黑色枝小蠹，楝枝小蠹，楝枝塞小蠹，楝枝足距小蠹

tea thyridid 1. [*Striglina glareola* (Felder *et* Rogenhofer)] 茶斜线网蛾，茶网蛾，茶窗蛾，格斜线网蛾；2. [*Striglina suzukii* Matsumura] 褐带斜线网蛾，铃木窗蛾，铃木线网蛾

tea tortrix 1. [= brown tortrix, *Tortrix dinota* Meyrick] 热非棉桉卷蛾；2. [= camellia tortrix, Assam tea tortricid, coffee leaf-roller, *Homona coffearia* (Nietner)] 褐带长卷蛾，茶卷叶蛾，柑橘长卷蛾，茶黄卷叶蛾，茶淡黄卷叶蛾

tea tussock moth [= Japanese browntail moth, *Euproctis pseudoconspersa* (Strand)] 茶黄毒蛾，茶毒蛾，茶毛虫

tea twig caterpillar [*Ectropis bhurmitra* (Walker)] 林埃尺蛾，茶枝霜尺蠖，淡猗尺蛾

tea unmon geometrid [*Jankowskia athleta* Oberthür] 茶用克尺蛾，茶纹云尺蠖，云纹尺蠖，云纹枝尺蛾，用克尺蛾

tea weevil [*Myllocerinus aurolineatus* (Voss)] 茶丽纹象甲，茶丽纹象，茶叶象甲，茶叶小象甲，茶象鼻虫，茶绿象甲虫，茶小绿象甲，小绿象甲虫，黑绿象甲虫，黑绿象虫，小绿象鼻虫，长角青象，长角青象虫，花鸡娘

tea white scale 见 tea scurfy scale

tea yellowish nettle caterpillar [*Darna trima* (Moore)] 窃达刺蛾，茶淡黄刺蛾，油棕刺蛾，白肚皮刺蛾

teak beehole borer [= bee-hole borer, *Xyleutes ceramica* Walker] 柚木斑木蠹蛾，栎大蠹蛾

teak defoliator 1. [= teak skeletonizer, teak leaf skeletonizer, *Eutectona machaeralis* (Walker)] 真柚木野螟，柚木野螟，柚叶野螟；2. [*Hyblaea puera* (Cramer)] 黄带全须夜蛾，柚木驼蛾，驼蛾

teak leaf skeletonizer [= teak skeletonizer, teak defoliator, *Eutectona machaeralis* (Walker)] 真柚木野螟，柚木野螟，柚叶野螟

teak moth [= hyblaeid moth, hyblaeid] 驼蛾 < 驼蛾科 Hyblaeidae 昆虫的通称 >

teak sapling borer [= phassus borer, *Sahyadrassus malabaricus* Moore] 马拉巴萨蝠蛾

teak skeletonizer 见 teak leaf skeletonizer

tear-drop skipper [*Eracon paulinus* (Stoll)] 宝林楚弄蝶

Teara 塔舟蛾属

Teara contraria Walker 同 *Ochrogaster lunifer*

Tearchus 萜轴甲属

Tearchus annulipes Kraatz 环足萜轴甲

Tearchus geniculatus (Pic) 曲膝萜轴甲

Tearchus vitalisi (Pic) 珍贵萜轴甲

Teare's hairstreak [*Hypolycaena tearei* Henning] 特瑞旖灰蝶

Tebalia 蔗跳甲属

Tebalia coeruleata Fairmaire 蔗跳甲

Tebenna 特舞蛾属

Tebenna bjerkandrella (Thunberg) 布特舞蛾，布特雕翅蛾

Tebenna gnaphaliella (Kearfott) [everlasting tebenna moth] 永特舞蛾

Tebenna issikii Matsumura 同 *Tebenna micalis*

Tebenna micalis (Mann) [small thistle moth] 小特舞蛾，一色雕蛾，心点舞蛾

Tebennotoma aciculatus (Belokobylskij) 见 *Eorhyssalus aciculatus*

Tebennotoma occipitalis (Belokobylskij) 见 *Eorhyssalus occipitalis*

tebufenozide 虫酰肼

technatis bush brown [*Bicyclus technatis* Hewitson] 苔克蔽眼蝶

technical concentrate [abb. TK] 母药

technical material [abb. TC] 原药

Technomyrmex 狡臭蚁属，扁琉璃蚁属

Technomyrmex albipes (Smith) 白跗狡臭蚁，白跗节狡臭蚁，白足扁蚁，白足扁琉璃蚁

Technomyrmex albipes albipes (Smith) 白跗狡臭蚁指名亚种

Technomyrmex albipes bruneipes Forel 白跗狡臭蚁褐足亚种，棕白跗狡臭蚁，褐足扁蚁

Technomyrmex angustior Forel 见 *Technomyrmex modiglianii angustior*

Technomyrmex bicolor Emery 二色狡臭蚁，双色狡臭蚁

Technomyrmex brunneus Forel 褐足狡臭蚁，褐足扁琉璃蚁，褐色扁琉璃蚁

Technomyrmex elatior Forel 隆背狡臭蚁，举莫氏狡臭蚁

Technomyrmex horni Forel 荷氏狡臭蚁，荷氏扁蚁，荷氏扁琉璃蚁

Technomyrmex modiglianii Emery 墨氏狡臭蚁

Technomyrmex modiglianii angustior Forel 墨氏狡臭蚁狭长亚种，狭长狡臭蚁，狭长扁蚁，狭长扁琉璃蚁

Technomyrmex modiglianii elatior Forel 见 *Technomyrmex elatior*

Technomyrmex modiglianii modiglianii Emery 墨氏狡臭蚁指名亚种

tectate 1. 复隐的；2. 屋顶形的

tectiform 屋顶形 < 常用以形容如蝉的前翅覆盖似屋顶状者 >

Tectocoris 盖盾蝽属

Tectocoris diophthalmus (Thunberg) [hibiscus harlequin bug, cotton harlequin bug, hibiscus bug, jewel bug] 芙蓉盖盾蝽，盖盾蝽，木槿盾蝽，棉花丑角盾蝽，芙蓉丑角盾蝽

Tectocoris lineola (Fabricius) 同 *Tectocoris diophthalmus*

tectocuticle [= cement layer] 盖表皮，黏质层，护蜡层

tectum 1. 阳茎背片 < 鞘翅目中 >；2. 头盖，头盖突

teddy bear bee [*Amegilla bombiformis* (Smith)] 黄无垫蜂

Tegenocharis 喜祝蛾属

Tegenocharis striatus Wu 条纹喜祝蛾

teges [pl. tegites] 刚毛列 < 用于金龟甲幼虫中 >

Tegeticula 毛丝兰蛾属，丝兰蛾属

Tegeticula yuccasella (Riley) [yucca moth] 毛丝兰蛾

tegilla [s. tegillum] 侧毛斑 < 见于金龟子幼虫中 >

tegillum [pl. tegilla] 侧毛斑

tegites [s. teges] 刚毛列

Tegmelanaspis 尖盾蚧属 *Unaspis* 的异名

Tegmelanaspis mediforma Chen 见 *Unaspis mediforma*

tegmen [pl. tegmina] 1. 复翅；2. [= phallobase] 阳茎基，阳基

tegmina [s. tegmen] 1. 复翅；2. 阳茎基，阳基

Tegosa 苔蛱蝶属

Tegosa anieta (Hewitson) [black-bordered tegosa] 安苔蛱蝶

Tegosa claudina Eschscholtz [Claudina's tegosa, apricot crescent] 苔蛱蝶

Tegosa etia Hewitson [rusty crescent] 隘苔蛱蝶

Tegosa flavida Hewitson 黄苔蛱蝶

Tegosa fragilis Bates 伏苔蛱蝶

Tegosa guatemalena Bates [Guatemalan tegosa] 危地马拉苔蛱蝶

Tegosa infrequens Higgins 阴苔蛱蝶

Tegosa nazaria Felder 娜苔蛱蝶

Tegosa nigrella (Bates) [dark tegosa] 黑苔蛱蝶

Tegosa orobia Hewitson 奥苔蛱蝶

Tegosa pastazena Bates [pastazena crescent] 帕苔蛱蝶

Tegosa serpia Higgins [serpia crescent] 乌苔蛱蝶

Tegosa similis Higgins 似苔蛱蝶

Tegosa tissoides Hall [tissoides crescent] 梯苔蛱蝶

Tegosa ursula Staudinger 尾苔蛱蝶

Tegostoma 额突齿螟属

Tegostoma comparalis (Hübner) 长额突齿螟

Tegostoma disparalis Herrich-Schäffer 异额突齿螟

Tegostoma kabylalis Rebel 钝额突齿螟

Tegra 覆翅螽属

Tegra karnya (Willemse) 同 *Tegra novaehollandiae viridinotata*

Tegra novaehollandiae (Haan) 深褐覆翅螽，深褐拟叶螽

Tegra novaehollandiae novaehollandiae (Haan) 深褐覆翅螽指名亚种

Tegra novaehollandiae viridinotata (Stål) 深褐覆翅螽绿背亚种，绿背覆翅螽，深褐拟叶螽

Tegrolcinia 瘤螽属

Tegrolcinia mirotibialis Xia *et* Liu 胫突瘤螽

tegula [pl. tegulae]1. [= hypopteron, hypoptere] 翅基片；2.[= squama, squamula, calyptron,calypteron, alula, calypter, calyptra, squama thoracalis] 腋瓣

tegula emesis [= bow-winged tanmark, *Emesis tegula* (Godman *et* Salvin)] 苔螟蚬蝶

tegulae [s. tegula] 1. [= hypoptera, hypopteres] 翅基片；2. [= calyptrae, calyptras,squamae, squamulae, calyptra, calyptera, calypters, proxacalyptera, alulae, squamae thoracales] 腋瓣

tegular arm 翅基内臂 < 为支持翅基片 (tegula) 的内部构造 >

tegular plate 负翅基板 < 指鳞翅目昆虫中胸背板具有前翅翅基片的构造 >

Tegulata fimbriata Leech 见 *Eilema fimbriata*

Tegulata tumida (Walker) 见 *Teulisna tumida*

Tegulifera 长肩螟属

Tegulifera angustifascia Caradja 角带长肩螟

Tegulifera bicoloralis (Leech) 双色长肩螟

Tegulifera erythrolepia (Hampson) 艾长肩螟，艾斯佩螟

Tegulifera faviusalis Walker 珐长肩螟

Tegulifera kwangtungialis Caradja 广东长肩螟

Tegulifera lienpingialis Caradja 连平长肩螟

Tegulifera pretiosalis Caradja 前长肩螟

Tegulifera rosealis Hampson 珞长肩螟

Tegulifera rubralis Caradja 卢长肩螟

Tegulifera sinensis Caradja 同 *Fujimacia bicoloralis*

Tegulifera sinensis aestivalis Caradja 同 *Fujimacia bicoloralis*

tegumen 背兜 < 在鳞翅目昆虫中指其背板；在鳞翅目雄性外生殖器中，指由第九腹节背板演变成的、形似头巾或倒立槽的构造 >

tegument 1. 皮 < 指包被在整个身体表面的皮 >；2. 背兜

tegumentary 皮的 < 参阅 tegument>

tegumentary nerve 皮神经 < 指由昆虫后脑背叶发生并通到头顶的一对细长神经 >

Teia 古毒蛾属 *Orgyia* 的异名

Teia convergens (Collenette) 见 *Orgyia convergens*

Teia dubia (Tauscher) 见 *Orgyia dubia*

Teia ericae (Germar) 同 *Orgyia antiquoides*

Teia flavolimbata (Staudinger) 见 *Orgyia flavolimbata*

Teia gonostigma (Scopoli) 同 *Orgyia antiqua*

Teia immaculata (Gaede) 见 *Orgyia immaculkata*

Teia parallela (Gaede) 见 *Orgyia parallela*

Teia prisca (Staudinger) 见 *Orgyia prisca*

Teia turbata (Butler) 见 *Orgyia turbata*

Teinoloba 胆尺蛾属

Teinoloba perspicillata Yazaki 蓝月胆尺蛾，胆尺蛾，蓝月尺蛾

Teinopalpus 喙凤蝶属

Teinopalpus aureus Mell [golden kaiserihind] 金斑喙凤蝶 < 中国国蝶，未确定 >

Teinopalpus aureus aureus Mell 金斑喙凤蝶指名亚种，指名喙凤蝶

Teinopalpus aureus guangxiensis Chou *et* Zhou 金斑喙凤蝶广西亚种

Teinopalpus aureus hainanensis Lee 金斑喙凤蝶海南亚种

Teinopalpus aureus wuyiensis Lee 金斑喙凤蝶武夷亚种

Teinopalpus imperialis Hope [kaiserihind, kaiser] 金带喙凤蝶，喙凤蝶，帝王喙凤蝶，天狗凤蝶 < 印度国蝶 >

Teinopalpus imperialis behludinii (Pen) 金带喙凤蝶白泸定亚种，白泸定凤蝶

Teinopalpus imperialis gillesi Turlin 金带喙凤蝶老挝亚种

Teinopalpus imperialis himalaicus Rothschild 同 *Teinopalpus imperialis imperialis*

Teinopalpus impermlis imperatrix de Nicéville 金带喙凤蝶宽斑亚种，喙凤蝶宽斑亚种

Teinopalpus imperialis imperialis Hope 金带喙凤蝶指名亚种，喙凤蝶指名亚种，指名喙凤蝶

Teinophalera 伸掌舟蛾属

Teinophalera elongata (Rothschild) 伸掌舟蛾

Teinoptila 异巢蛾属

Teinoptila antistatica (Meyrick) 美登异巢蛾，美登木巢蛾，美登木太巢蛾

Teinoptila bolidias (Meyrick) 天则异巢蛾

Teinoptila guttella Moriuti 点异巢蛾，点太巢蛾

Teinotarsina 褐胫透翅蛾属

Teinotarsina flavicincta (Arita *et* Gorbunov) 黄带褐胫透翅蛾，黄带青透翅蛾

Teinotarsina longitarsa Arita *et* Gorbunov 长足褐胫透翅蛾

Teinotarsina sapphirina Eda *et* Arita 萨褐胫透翅蛾，萨特透翅蛾

Teladum 特蜡天牛属

Teladum angustior Holzschuh 狭特蜡天牛

Telamona 特角蝉属

Telamona reclivata Fitch 重弯特角蝉，重弯德角蝉

Telamoptilia 特细蛾属
Telamoptilia cathedraea (Meyrick) 卡特细蛾
Telamoptilia hemistacta (Meyrick) 半特细蛾
Telamoptilia prosacta (Meyrick) 原特细蛾
telassa firetip [*Pyrrhopyge telassa* (Hewitson)] 黑脉褐红臀弄蝶
telata skipper [*Monca telata* (Herrich-Schäffer)] 紫弄蝶属
Telchin 特蝶蛾属
Telchin licus (Drury) [banana stem borer, cane sucker moth, giant sugarcane borer, giant moth borer, sugarcane giant borer] 蔗特蝶蛾，蔗蝶蛾
Teldenia 特钩蛾属
Teldenia vestigiata (Butler) 痕特钩蛾
telea hairstreak [*Chlorostrymon telea* (Hewitson)] 泰来细纹灰蝶
teleaform larva 剑水蚤型幼虫 < 指膜翅目复变态昆虫，如细蜂总科 Serphoidea 等，幼虫形似剑水蚤的原始幼虫 >
Teleclita 远舟蛾属
Teleclita centristicta (Hampson) 中点远舟蛾
Teleclita grisea (Swinhoe) 灰远舟蛾
Teledapalpus 勒特天牛属
Teledapalpus picatus (Holzschuh) 川勒特天牛
Teledapalpus uenoi Ohbayashi *et* Chou 上野勒特天牛
Teledapalpus zamotajlovi Miroshnikov 扎莫勒特天牛
Teledapalpus zolotichini Miroshnikov 佐罗勒特天牛
Teledapini 特勒天牛族
Teledapus 特勒天牛属
Teledapus cremiarius Holzschuh 黑特勒天牛
Teledapus hospes Holzschuh 华西特勒天牛
Teledapus linyejiei Huang, Li *et* Zhang 林业杰特勒天牛
telegeusid 1. [= telegeusid beetle, long-lipped beetle] 邻萤，邻筒蠹 < 邻萤科 Telegeusidae 昆虫的通称 >；2. 邻萤科的
telegeusid beetle [= telegeusid, long-lipped beetle] 邻萤，邻筒蠹
Telegeusidae 邻萤科，邻筒蠹科
Telegeusis 邻萤属
Telegeusis orientalis Zaragoza Caballero 东方邻萤
telegone eyemark [= violet-washed eyed-metalmark, *Mesosemia telegone* (Boisduval)] 端美眼蚬蝶
Teleiodes 特麦蛾属
Teleiodes hortensis Li *et* Zheng 园特麦蛾
Teleiodini 特麦蛾族
teleiophane 成蛹，终蛹
Teleiopsis 类特麦蛾属
Teleiopsis sophistica (Meyrick) 索类特麦蛾，索黑麦蛾
Telmatophilus 沼隐食甲属
Telmatophilus brevicollis Aubé 短胸沼隐食甲
Telmatophilus orientalis Sasaji 东方沼隐食甲
Telmatophilus sparganii (Ahrens) 黑三棱沼隐食甲
Telmatophilus typhae (Fallén) 香蒲沼隐食甲
Telemiades 电弄蝶属
Telemiades amphion Hübner [yellow-spotted telemiades, amphion skipper] 安菲翁电弄蝶
Telemiades antiope (Plötz) [Plötz's telemiades] 安娣电弄蝶
Telemiades avitus (Stoll) [avitus skipper] 电弄蝶
Telemiades ceramina Plötz 陶电弄蝶
Telemiades choricus (Schaus) [Mexican telemiades] 墨电弄蝶
Telemiades delalandei (Latreille) [Delalande skipper] 德氏电弄蝶
Telemiades fides Bell [small telemiades] 小电弄蝶
Telemiades laogonus Hewitson [laogonus skipper] 罗电弄蝶
Telemiades megallus Mabille [orange telemiades] 巨电弄蝶
Telemiades nicomedes Möschler [dark telemiades, nicomedes skipper] 尼电弄蝶
Telemiades squanda Evans [squanda skipper] 斯电弄蝶
telemus hairstreak [*Paiwarria telemus* (Cramer)] 黄衬帕瓦灰蝶
Telenassa 远蛱蝶属
Telenassa abas Hewitson 阿远蛱蝶
Telenassa berenice Felder [narrow-banded crescent, berenice crescent] 贝远蛱蝶
Telenassa burchelli (Moulton) 布远蛱蝶
Telenassa catenarius (Godman *et* Salvin) 卡特远蛱蝶
Telenassa delphia Felder [delphia crescent] 迪远蛱蝶
Telenassa elaphina (Röber) 埃远蛱蝶
Telenassa flavocincta (Dognin) 黄远蛱蝶
Telenassa gaujoni (Dognin) 高远蛱蝶
Telenassa jana Felder [Felder's crescent, jana crescent] 珍远蛱蝶
Telenassa nana (Druce) 娜远蛱蝶
Telenassa notus (Hall) [notus crescent] 背远蛱蝶
Telenassa nussia (Druce) 奴远蛱蝶
Telenassa sepultus (Hall) 森远蛱蝶
Telenassa signata (Hall) 记远蛱蝶
Telenassa teletusa Godart [Burchell's crescent] 黄带远蛱蝶
Telenassa trimaculata Hewitson 三斑远蛱蝶
Teleneura 短绵大蚊亚属
Telenomeinae 黑卵蜂亚科
Telenomeuta 扇尺蛾属
Telenomeuta punctimarginaria (Leech) 星缘扇尺蛾
Telenomus 黑卵蜂属
Telenomus abnormis Crawford 见 *Telenomus* (*Aholcus*) *abnormis*
Telenomus acrobates Giard 细角草蛉黑卵蜂，草蛉黑卵蜂
Telenomus adenyus Nixon 见 *Telenomus* (*Aholcus*) *adenyus*
Telenomus adoxophyae Wu *et* Chen 柑橘卷蛾黑卵蜂
Telenomus* (*Aholcus*) *abnormis Crowford 桑毛虫黑卵蜂，桑毒蛾黑卵蜂
Telenomus* (*Aholcus*) *adenyus Nixon 梧桐毒蛾黑卵蜂
Telenomus* (*Aholcus*) *closterae Wu *et* Chen 杨扇舟蛾黑卵蜂
Telenomus* (*Aholcus*) *dendrolimusi Chu [pine caterpillar egg-parasite] 松毛虫黑卵蜂
Telenomus* (*Aholcus*) *euproctidis Wilcox 茶毛虫黑卵蜂
Telenomus* (*Aholcus*) *parnarae Wu *et* Chen 稻苞虫黑卵蜂
Telenomus* (*Aholcus*) *rondotiae Wu *et* Chen 桑蟥黑卵蜂
Telenomus* (*Aholcus*) *theophilae Wu *et* Chen 野蚕黑卵蜂
Telenomus ampullaceus Johnson *et* Bin 瓶状黑卵蜂
Telenomus angustatus Thomson 黄胸黑卵蜂
Telenomus bambusae Chou, Wong *et* Chou 竹盲蝽黑卵蜂，白螟黑卵蜂，竹黑卵蜂
Telenomus beneficiens (Zehntner) 螟黑卵蜂，益黑卵蜂
Telenomus bipunctata Tseng *et* Chen 茶蚕黑卵蜂
Telenomus buzurae Wu *et* Chen 油桐尺蠖黑卵蜂
Telenomus chilocolus Wu *et* Chen 二化螟黑卵蜂
Telenomus chilotraeae Wu *et* Chen 二点螟黑卵蜂
Telenomus chrysopae Ashmead 草蛉黑卵蜂
Telenomus cirphivorus Liu [armyworm egg-parasite] 黏虫黑卵蜂

T

Telenomus closterae Wu *et* Chen 见 *Telenomus* (*Aholcus*) *closterae*
Telenomus comperei Crawford 康氏黑卵蜂
Telenomus cyrus Nixon 斯黑卵蜂
Telenomus dalmani (Ratzeburg) 达氏黑卵蜂
Telenomus dasychiri Chen *et* Wu 松茸毒蛾黑卵蜂
Telenomus dazhulanensis Chen *et* Wu 大竹岚黑卵蜂
Telenomus dendrolimi (Matsumura) 见 *Trichogramma dendrolimi*
Telenomus dendrolimusi Chu 见 *Telenomus* (*Aholcus*) *dendrolimusi*
Telenomus dignoides Nixon 拟等腹黑卵蜂
Telenomus dignus (Gahan) 等腹黑卵蜂
Telenomus euproctidis Wilcox 见 *Telenomus* (*Aholcus*) *euproctidis*
Telenomus euxoae Wu *et* Chen 地虎黑卵蜂
Telenomus fengningensis Chen *et* Wu 丰宁黑卵蜂
Telenomus funingensis Chen *et* Wu 抚宁黑卵蜂
Telenomus gifuensis Ashmead 稻蝽小黑卵蜂
Telenomus guangdongensis Chen *et* Liao 广东黑卵蜂
Telenomus gynaephorae Chen *et* Wu 黄斑草毒蛾黑卵蜂
Telenomus holcoceri Wu *et* Chen 蠹蛾黑卵蜂
Telenomus kolbei Mayr 舟形毛虫黑卵蜂，毒蛾黑卵蜂
Telenomus laelia Wu *et* Huang 芦毒蛾黑卵蜂
Telenomus lebedae Chen *et* Tong 油茶枯叶蛾黑卵蜂
Telenomus manolus Nixon 四川黑卵蜂
Telenomus megacephalus Ashmead 大头黑卵蜂
Telenomus mitsukurii Ashmead 稻黑蝽黑卵蜂
Telenomus monodactylus Liu 柳扇舟蛾黑卵蜂
Telenomus monticola Kieffer 古毒蛾黑卵蜂
Telenomus nitidulus Thomson 杨毒蛾黑卵蜂
Telenomus ostriniae Chen *et* Wu 玉米螟黑卵蜂
Telenomus othus Haliday 海南舟蛾黑卵蜂
Telenomus parnarae Wu *et* Chen 见 *Telenomus* (*Aholcus*) *parnarae*
Telenomus phalaenarum Nees 欧洲松毛虫黑卵蜂
Telenomus remus Nixon 桨黑卵蜂
Telenomus rondotiae Wu *et* Chen 见 *Telenomus* (*Aholcus*) *rondotiae*
Telenomus rowani (Gahan) 长腹黑卵蜂
Telenomus scirophagae Wu *et* Chen 白螟黑卵蜂
Telenomus sesamiae Wu *et* Chen 大螟黑卵蜂
Telenomus stigis Nixon 天蛾黑卵蜂
Telenomus strelzovi Vasiliev 盲蝽黑卵蜂
Telenomus talaus Nixon 塔黑卵蜂
Telenomus terebrans (Ratzeburg) 天幕毛虫黑卵蜂
Telenomus tetratomus Thomson 落叶松毛虫黑卵蜂
Telenomus theophilae Wu *et* Chen 见 *Telenomus* (*Aholcus*) *theophilae*
Telenomus umbripennis Mayr 暗翅黑卵蜂
Telenomus verticillatus Kieffer 轮环黑卵蜂
Telenomus wengyuanensis Chen *et* Wu 翁源黑卵蜂
teleochrysalis 终蛹
teleodont 大颚型 <指雄性锹甲之具有最大上颚的型>
Teleogryllus 油葫芦属，眉纹蟋蟀属
Teleogryllus albipalpus He 白须油葫芦
Teleogryllus boninensis Matsumura 小笠原油葫芦
Teleogryllus commodus (Walker) [black field cricket, Australian black field cricket] 澳洲油葫芦，澳洲黑蟋蟀
Teleogryllus derelictus Gorochov 污褐油葫芦，黄褐油葫芦
Teleogryllus emma (Ohmachi *et* Matsuura) [emma field cricket, Japanese garden cricket] 北京油葫芦，黄脸油葫芦，油葫芦，日本园蟋
Teleogryllus fallaciosus (Shiraki) 法拉油葫芦，台湾油葫芦
Teleogryllus infernalis (Saussure) 银川油葫芦
Teleogryllus mitratus (Burmeister) [oriental field cricket, Taiwan field cricket, oriental garden cricket] 南方油葫芦，黄褐油葫芦，褐蟋蟀，北京油葫芦，台湾油葫芦，油葫芦，白缘眉纹蟋蟀
Teleogryllus occipitalis (Serville) 黑脸油葫芦，拟京油葫芦，拟台油葫芦，乌头眉纹蟋蟀
Teleogryllus occipitalis occipitalis (Serville) 黑脸油葫芦指名亚种
Teleogryllus oceanicus (Le Guillou) [Australian field cricket, Pacific field cricket, oceanic field cricket, black field crick] 滨海油葫芦，海洋油葫芦
Teleogryllus taiwanemma (Ochmachi *et* Matsuura) 同 *Teleogryllus occipitalis*
Teleogryllus testaceus (Walker) 同 *Teleogryllus mitratus*
Teleogryllus yezoemma Ohmachi *et* Matsuura 日本油葫芦
Teleonemia scrupulosa Stål [lantana lace bug] 马缨丹网蝽
Teleopsis 泰突眼蝇属，完美柄眼蝇属
Teleopsis cheni Yang *et* Chen 陈氏泰突眼蝇
Teleopsis fujianensis Liu, Wu *et* Yang 福建泰突眼蝇
Teleopsis guangxiensis Liu, Wu *et* Yang 广西泰突眼蝇
Teleopsis hainanensis Liu, Wu *et* Yang 海南泰突眼蝇
Teleopsis pseudotruncata Liu, Wu *et* Yang 拟截泰突眼蝇
Teleopsis quadriguttata (Walker) 四斑泰突眼蝇，四斑柄眼蝇
Teleopsis sexguttata Brunetti 六斑泰突眼蝇
Teleopsis similis Liu, Wu *et* Yang 锈色泰突眼蝇
Teleopsis wuzhishanensis Liu, Wu *et* Yang 五指山泰突眼蝇
Teleopsis yangi Liu, Wu *et* Yang 杨氏泰突眼蝇
Teleopsis yunnana Yang *et* Chen 云南泰突眼蝇
Teleopsis zhangae Liu, Wu *et* Yang 张氏泰突眼蝇
Teleopterus 纹翅姬小蜂属
Teleopterus erxias (Walker) 潜蝇纹翅姬小蜂
telephone-pole beetle 1. [= micromalthid beetle, micromalthid] 复变甲，小筒蠹 <复变甲科 Micromalthidae 昆虫的通称>; 2. [*Micromalthus debilis* LeConte] 弱复变甲，复变甲，弱小筒蠹
Telephoridae [= Cantharidae] 花萤科
Telephorops 凹翅丽花萤亚属，凹翅丽菊虎亚属
Telephorops impressipennis Fairmaire 见 *Themus* (*Telephorops*) *impressipennis*
Telephorus araticollis Fairmaire 见 *Lycocerus araticollis*
Telephorus atrifrons Fairmaire 见 *Cantharis atrifrons*
Telephorus bigibbulus Fairmaire 同 *Lycocerus orientalis*
Telephorus confossicollis Fairmaire 见 *Lycocerus confossicollis*
Telephorus confusus Fairmaire 同 *Themus nobilis nobilis*
Telephorus coriaceipennis Fairmaire 见 *Themus coriaceipennis*
Telephorus davidis Fairmaire 见 *Themus davidis*
Telephorus dimidiaticrus Fairmaire 同 *Lycocerus fairmairei*
Telephorus flavicornis Gorham 见 *Fissocantharis flavicornis*
Telephorus fraternus Fairmaire 同 *Themus nobilis nobilis*
Telephorus gibbicollis Fairmaire 见 *Lycocerus gibbicollis*
Telephorus impressiventris Fairmaire 见 *Prothemus impressiventris*
Telephorus limbolarius Fairmaire 见 *Prothemus limbolarius*
Telephorus metallescens Gorham 见 *Lycocerus metallescens*
Telephorus metallicipennis Fairmaire 见 *Lycocerus metallicipennis*

Telephorus monochrous Fairmaire 见 *Prothemus monochrous*
Telephorus nigroventricalis Fairmaire 见 *Lycocerus nigroventricalis*
Telephorus pluricostatus Fairmaire 见 *Lycocerus pluricostatus*
Telephorus sanguinosus Fairmaire 见 *Prothemus sanguinosus*
Telephorus sinensis Gorham 同 *Lycocerus gibbicollis*
Telephorus stigmaticus Fairmaire 见 *Themus stigmaticus*
Telephorus viridipennis Kiesenwetter 见 *Themus viridipennis*
telesilaus kite swallowtail [= yellow-spotted kite-swallowtail, *Eurytides telesilaus* (Felder *et* Felder)] 大白阔凤蝶
telesiphe longwing [*Heliconius telesiphe* Doubleday] 双红袖蝶
Teleterebratus 盾绒跳小蜂属
Teleterebratus perversus Compere *et* Zinna 彼佛盾绒跳小蜂
Telethera 特印麦蛾属
Telethera blepharacma Meyrick 布特印麦蛾
Telethera formosa Moriuti 丽特印麦蛾
teleus longtail [*Urbanus teleus* (Hübner)] 四斑长尾弄蝶
Teleutaea 特姬蜂属
Teleutaea acarinata Kuslitzky 缺脊特姬蜂
Teleutaea arisana Sonan 阿特姬蜂，阿里山特姬蜂
Teleutaea brischkei (Holmgren) 布氏特姬蜂
Teleutaea brischkei flavomaculata (Uchida) 见 *Teleutaea flavomaculata*
Teleutaea convexus Sheng *et* Sun 突特姬蜂
Teleutaea corniculata Momoi 角特姬蜂
Teleutaea diminuta Momoi 小特姬蜂
Teleutaea flavomaculata (Uchida) 黄斑特姬蜂，黄斑布氏特姬蜂
Teleutaea gracilis Cushman 细特姬蜂，丽特姬蜂
Teleutaea minamikawai Momoi 南川特姬蜂，米特姬蜂
Teleutaea nigra Momoi 黑特姬蜂
Teleutaea orientalis Kuslitzky 东方特姬蜂
Teleutaea pleuralis Sheng 侧特姬蜂
Teleutaea rufa Sheng 赤特姬蜂
Teleutaea sachalinensis Uchida 萨哈林特姬蜂
Teleutaea ussuriensis (Golovisnin) 乌苏里特姬蜂
teli corculum 尾节心室 < 即昆虫尾节的心室 >
telianthus 雌雄同体
Telicota 长标弄蝶属，橙斑弄蝶属
Telicota ancilla (Herrich-Schäffer) [dark palm dart, greenish plam dart, green darter] 红翅长标弄蝶
Telicota ancilla ancilla (Herrich-Schäffer) 红翅长标弄蝶指名亚种
Telicota ancilla horisha Evans 见 *Telicota bambusae horisha*
Telicota anisodesma Lower [large darter, southern large darter] 淡色长标弄蝶
Telicota augias (Linnaeus) [bright-orange darter, rice skipper] 紫翅长标弄蝶，褐条特弄蝶，安长标弄蝶
Telicota augias augias (Linnaeus) 紫翅长标弄蝶指名亚种，指名紫翅长标弄蝶
Telicota bambusae (Moore) [dark palm dart] 巴布长标弄蝶，竹长标弄蝶
Telicota bambusae bambusae (Moore) 巴布长标弄蝶指名亚种
Telicota bambusae horisha Evans 巴布长标弄蝶埔里亚种，竹橙斑弄蝶，夏黄斑弄蝶，红翅长标弄蝶，埔里红弄蝶，红弄蝶，台湾红翅长标弄蝶
Telicota besta Evans [Hainan palm dart] 华南长标弄蝶，华南黑脉长标弄蝶
Telicota brachydesma Lower [small darter] 小长标弄蝶
Telicota colon (Fabricius) [pale palm dart, pale-orange darter, pale darter] 长标弄蝶
Telicota colon colon (Fabricius) 长标弄蝶指名亚种
Telicota colon hayashikeii Tsukiyama, Chiba *et* Fujioka 长标弄蝶热带亚种，热带橙斑弄蝶，热带红弄蝶，橙黄斑弄蝶，长标弄蝶 < 此亚种学名有误写为 *Telicota colon bayashikeii* Tsukiyama, Chiba *et* Fujioka 者 >
Telicota colon kala Evans [Andaman pale palm-dart] 长标弄蝶安岛亚种
Telicota colon stinga Evans [Malayan pale palm-dart] 长标弄蝶马来亚种，马来长标弄蝶，热带红弄蝶，橙黄斑弄蝶
Telicota eurotas (Felder) [sedge darter] 黑翅长标弄蝶
Telicota eurychlora Lower [dingy darter, southern sedge-darter] 污长标弄蝶
Telicota hilda Eliot 希尔达长标弄蝶
Telicota kezia Evans 科齐亚长标弄蝶
Telicota kreffitii (MacLeay) 同 *Telicota augias*
Telicota kreffitii horisha Evans 见 *Telicota bambusae horisha*
Telicota linna Evans [linna palm dart] 黑脉长标弄蝶
Telicota linna besta Evans 见 *Telicota besta*
Telicota mesoptis Lower [narrow-brand darter] 麦斯长标弄蝶
Telicota ohara (Plötz) [northern large darter] 黄纹长标弄蝶，竹红弄蝶
Telicota ohara formosana Fruhstorfer 黄纹长标弄蝶台湾亚种，宽边橙斑弄蝶，竹红弄蝶，大黄斑弄蝶，黄纹长标弄蝶，台湾黄纹长标弄蝶
Telicota ohara ohara (Plötz) 黄纹长标弄蝶指名亚种
Telicota paceka Fruhstorfer 派斯长标弄蝶
Telicota palmarum (Moore) 珀长标弄蝶
Telicota palmarum hainanum Sonan 同 *Cephrenes acalle oceanica*
Telicota pythias Mabille 暗长标弄蝶
Telicota subha Fruhstorfer 苏布长标弄蝶
Telingana 负角蝉属
Telingana formosana (Matsumura) 见 *Leptocentrus formosanus*
Telingana maculoptera Yuan 斑翅负角蝉
Telingana scutellata China 等盾负角蝉
Teliophleps mandschurica Hering 见 *Adapsilia mandschurica*
Teliphasa 网丛螟属
Teliphasa albifusa (Hampson) 白带网丛螟
Teliphasa amica (Butler) 阿米网丛螟
Teliphasa baibarana (Shibuya) 台中网丛螟
Teliphasa elegans (Butler) 丽网丛螟，日华美德螟，大豆网丛螟
Teliphasa erythrina Li 褐翅网丛螟
Teliphasa hamata Li 钩网丛螟
Teliphasa nubilosa Moore 努网丛螟
Teliphasa obliquilineata (Shibuya) 斜线网丛螟，斜线锄须丛螟
Teliphasa sakishimensis Inoue *et* Yamanaka 白腹网丛螟
Teliphasa similalbifusa Li 类白带网丛螟
Teliphasa spinosa Li 刺网丛螟
Telipna 袖灰蝶属
Telipna acraea (Westwood) [common telipna] 袖灰蝶
Telipna acraeoides Grose-Smith *et* Kirby 拟袖灰蝶
Telipna albofasciata Aurivillius 白条袖灰蝶
Telipna atrinervis Hulstaert 阿袖灰蝶
Telipna aurivillii Rebel 奥袖灰蝶

Telipna cameroonensis Jackson [Cameroon telipna] 喀麦隆袖灰蝶
Telipna citrimacula Schultze 点袖灰蝶
Telipna erica Suffert 伊利卡袖灰蝶
Telipna hollandi Joicey *et* Talbot 霍氏袖灰蝶
Telipna katangae Stempffer 凯袖灰蝶
Telipna kayonza Jackson 卡袖灰蝶
Telipna kelle Jackson 珂袖灰蝶
Telipna lotti Jackson 洛特袖灰蝶
Telipna maesseni Stempffer [volta telipna] 马森袖灰蝶
Telipna medjensis Holland 美真袖灰蝶
Telipna nyanza Neave 黑缘袖灰蝶
Telipna plagiata Joicey *et* Talbot 斜纹袖灰蝶
Telipna rothi Grose-Smith [Roth's telipna] 罗袖灰蝶
Telipna rufilla Grose-Smith *et* Kirby [Niger delta telipna] 红袖灰蝶
Telipna ruspinoides Schultze *et* Aurivillius [ruspinoid telipna] 拟刺袖灰蝶
Telipna sanguinea Plötz [sanguine telipna] 红血袖灰蝶
Telipna semirufa Grose-Smith *et* Kirby [western telipna] 半红袖灰蝶
Telipna sheffieldi Bethune-Baker 舍袖灰蝶
Telipna sulpitia Hulstaert 素袖灰蝶
Telipna transverstigma Druce 多点袖灰蝶
Telipna villiersi Stempffer 维拉袖灰蝶
Tellervinae 巴布斑蝶亚科
Tellervo 澳绡蝶属
Tellervo aequicinctus Godman *et* Salvin 埃澳绡蝶
Tellervo fallax Staudinger 珐琅澳绡蝶
Tellervo jurriaansei Joicey *et* Talbot 珠丽澳绡蝶
Tellervo lassarica (Stoll) 腊澳绡蝶
Tellervo nedusia Geyer 奈澳绡蝶
Tellervo parvipuncta Joicey *et* Talbot 微点澳绡蝶
Tellervo zoilus (Fabricius) [hamadryad] 澳绡蝶
Telles 特乐弄蝶属
Telles arcalaus (Stoll) [yellow-spotted ruby-eye, arcalaus ruby-eye] 黄斑特乐弄蝶，特乐弄蝶
Tellona 花唐弄蝶属
Tellona variegata (Hewitson) [variegata skipper] 花唐弄蝶
Telmatogeton 海滨摇蚊属
Telmatogeton japonicus Tokunaga 日本海滨摇蚊
Telmatogetoninae 海滨摇蚊亚科
Telmatopelopia 池粗腹摇蚊属
Telmatopelopia nemorum (Goetghebuer) 林池粗腹摇蚊
Telmatophilus 沼隐食甲属
Telmatophilus brevicollis Aubé 短胸沼隐食甲
Telmatophilus orientalis Sasaji 东方沼隐食甲
Telmatophilus sparganii (Ahrens) 黑三棱沼隐食甲
Telmatoscopus 特蛉属，池畔蛾蚋属
Telmatoscopus albipunctatus (Williston) 见 *Clogmia albipunctatus*
Telmatoscopus rivularis Quate 波脉特蛉，波脉大蛾蚋
Telmatotrephes 短尾蝎蝽属
Telmatotrephes chinensis Lansbury 中华短尾蝎蝽，中华全蝎蝽
Telocallis alnifoliae Shinji 同 *Tinocallis ulmicola*
Telocarphurus 特囊花萤属
Telocarphurus taiwanus Wittmer 台湾特囊花萤，台特拟花萤
Teloganodes 晚蜉蝣属
Teloganodes lugens Navás 罗晚蜉蝣，晚蜉
Teloganopsis 天角蜉属
Teloganopsis jinghongensis (Xu, You *et* Hsu) 景洪天角蜉，景洪锯形蜉，景洪小蜉
Teloganopsis punctisetae (Matsumura) 斑毛天角蜉，斑毛小蜉
Teloganopsis setosa Zhou 多毛天角蜉
Telogmometopius 特洛沫蝉属
Telogmometopius angulatus Liang, Jiang *et* Webb 角特洛沫蝉
Telogmometopius bicarinatus Liang, Jiang *et* Webb 双脊特洛沫蝉
Telogmometopius bifasciatus Liang, Jiang *et* Webb 双带特洛沫蝉
Telogmometopius carinilabratus (Chou *et* Wu) 脊唇特洛沫蝉，脊唇巴沫蝉
Telogmometopius himalayensis Liang, Jiang *et* Webb 喜马特洛沫蝉
Telogmometopius obsoletus Jacobi 江西特洛沫蝉
Telogmometopius rangoonensis Liang, Jiang *et* Webb 仰光特洛沫蝉
Telogmometopius sabahensis Liang, Jiang *et* Webb 沙巴特洛沫蝉
Telogmometopius sarawakensis Liang, Jiang *et* Webb 沙捞越特洛沫蝉
Teloleuca 细角跳蝽属
Teloleuca kusnezovi Lindberg 卵圆细角跳蝽
Teloleuca pellucens (Fabricius) 西北细角跳蝽
Telomerina 泽小粪蝇属
Telomerina curvibasata Su, Liu *et* Xu 弯泽小粪蝇
Telomerina flavipes (Meigen) 黄泽小粪蝇
Telomerina laterspinata Su, Liu *et* Xu 侧泽小粪蝇
Telomerina levicana Su, Liu *et* Xu 官山泽小粪蝇
Telomerina tuberculata Su 棒泽小粪蝇
Telopelopia 远粗腹摇蚊属
Telopelopia fascigera (Verneaux) 尖远粗腹摇蚊
telophase 末期
telophragma [= Krause's membrane] 克氏膜
telopodite 端肢节
Telorta 遥冬夜蛾属，遥夜蛾属，特夜蛾属
Telorta acuminata (Butler) 尖遥冬夜蛾，日尖细特夜蛾，尖美冬夜蛾
Telorta acuminata acuminata (Butler) 尖遥冬夜蛾指名亚种
Telorta acuminata mixtificata Fernandez 尖遥冬夜蛾混合亚种，杂日尖细特夜蛾
Telorta atrifusa Hreblay *et* Kobayashi 见 *Agrocholorta atrifusa*
Telorta divergens (Butler) [peach flower moth, peach flower worm] 桃花遥冬夜蛾，遥冬夜蛾，桃花特夜蛾，委美冬夜蛾，德贯夜蛾
Telorta edentata (Leech) 缺齿遥冬夜蛾，缺齿特夜蛾，埃特夜蛾
Telorta falcipennis Boursin 砝遥冬夜蛾，珐遥冬夜蛾，珐特夜蛾
Telorta fibigeri Ronkay, Ronkay, Gyulai *et* Hacker 斐遥冬夜蛾
Telorta mixtificata Fernandez 杂遥冬夜蛾，杂日尖细特夜蛾
Telorta obscura Yoshimoto 暗翅遥冬夜蛾，暗特夜蛾，暗翅遥夜蛾
Telorta shenhornyeni Ronkay *et* Kobayashi 颜氏遥冬夜蛾，颜氏遥夜蛾
Telorta yasakii Yoshimoto 矢崎遥冬夜蛾，雅特夜蛾，矢崎遥夜蛾
telosomal seta 尾毛

telosome 尾体
Telostegus 特洛蛛蜂属
Telostegus esakii Yasumatsu 见 *Telostholus esakii*
Telostholus 拟特洛蛛蜂属
Telostholus esakii (Yasumatsu) 江崎拟特洛蛛蜂，江崎特洛蛛蜂
Telostholus kanoi Yasumatsu 高野拟特洛蛛蜂
Telostholus orientalis (Cameron) 东方拟特洛蛛蜂
Telostylinae 纤指角蝇亚科
Telostylus 纤指角蝇属，特指角蝇属，端长脚蝇属
Telostylus decemnotatus Hendel 十斑纤指角蝇，十点特指角蝇，十斑长脚蝇
telotarsus 端跗节
telotaxis 趋激性
telotrophic [= acrotrophic] 端滋的，端滋式的
telotrophic egg-tube [= acrotrophic egg-tube, acrotrophic ovariole, telotrophic ovariole] 端滋卵巢管，端滋式卵巢管
telotrophic ovariole 见 acrotrophic egg-tube
telotrophic ovary 端滋卵巢
Telphusa 黑麦蛾属
Telphusa chloroderces Meyrick [dark-winged gelechiid moth] 黑星黑麦蛾，黑星麦蛾
Telphusa claustrifera Meyrick 克黑麦蛾
Telphusa comprobata (Meyrick) 康黑麦蛾
Telphusa euryzeucta Meyrick 斑黑麦蛾
Telphusa improvida Meyrick 淡绿黑麦蛾
Telphusa melanozona Meyrick 黑带黑麦蛾
Telphusa myricariella Frey 蜡果黑麦蛾
Telphusa necromantis Meyrick 内黑麦蛾
Telphusa nephomicta Meyrick 斑黑麦蛾
Telphusa platyphracta Meyrick 板黑麦蛾
Telphusa semiusta Meyrick 塞黑麦蛾
Telphusa sophistica Meyrick 见 *Teleiopsis sophistica*
Telphusa syncratopa Meyrick 辛黑麦蛾
Telphusa tetragrapta Meyrick 栎叶黑麦蛾
Telrnomus dasychiri Chen *et* Wu 松茸毒蛾黑卵蜂
Telsimia 寡节瓢虫属
Telsimia chujoi Miyatake 中条寡节瓢虫，朱氏寡节瓢虫
Telsimia emarginata Chapin 整胸寡节瓢虫
Telsimia huiliensis Pang *et* Mao 会理寡节瓢虫
Telsimia jinyangiensis Pang *et* Mao 金阳寡节瓢虫
Telsimia nagasakiensis Miyatake 长崎寡节瓢虫
Telsimia nigra (Weise) 黑寡节瓢虫，黑背寡节瓢虫
Telsimia nigra centralis Pang *et* Mao 黑寡节瓢虫中原亚种，中原寡节瓢虫
Telsimia nigra nigra (Weise) 黑寡节瓢虫指名亚种
Telsimia scymnoides Miyatake 小毛寡节瓢虫
Telsimia shirozui Miyatake 台湾寡节瓢虫
Telsimia sichuanensis Pang *et* Mao 四川寡节瓢虫
Telsimiini 寡节瓢虫族
telson [= telum] 尾节，围肛节
telum 1. 矛突；2. [= telson] 尾节，围肛节
Temburocera 特叶蝉属
Temburocera ignicns (Waker) 火色特叶蝉
Temburocerini 特叶蝉族
Temelucha 抱缘姬蜂属
Temelucha biguttula (Matsumura) 螟黄抱缘姬蜂，二点抱缘姬蜂
Temelucha chinensis (Viereck) 同 *Temelucha biguttula*
Temelucha interruptor (Gravenhorst) 中间抱缘姬蜂
Temelucha japonica Ashmead 日本抱缘姬蜂
Temelucha minima (Uchida) 小抱缘姬蜂
Temelucha nagatomii Kusigemati 长富抱缘姬蜂
Temelucha orientalis Uchida 东方抱缘姬蜂
Temelucha philippinensis Ashmead 菲岛抱缘姬蜂，菲岛瘦姬蜂
Temelucha stangli (Ashmead) 三化螟抱缘姬蜂
Temenis 余蛱蝶属
Temenis laothoe (Cramer) [orange banner, tomato] 黄褐余蛱蝶
Temenis pulchra (Hewitson) [scarlet knight, pulchra banner] 红带余蛱蝶
Temeritas 长角圆姚属
Temeritas sinensis Dallai *et* Fanciulli 中华长角圆姚
temesa hairstreak [*Iaspis temesa* (Hewitson)] 雅斯灰蝶
temesa tmesis [= Ecuadorian tanmark, *Emesis temesa* (Hewitson)] 泰美螟蚬蝶
Temlepis taiwanus Tsuneki 见 *Poecilagenia taiwana*
Temnaspidiotus 梯圆盾蚧属
Temnaspidiotus beilschmiediae (Takagi) 见 *Aspidiotus beilschmiediae*
Temnaspidiotus destructor (Signoret) 见 *Aspidiotus destructor*
Temnaspidiotus excisus (Green) 见 *Aspidiotus excisus*
Temnaspidiotus hoyae (Takagi) 见 *Aspidiotus hoyae*
Temnaspidiotus pothos (Takagi) 见 *Aspidiotus pothos*
Temnaspidiotus sinensis Ferris 见 *Aspidiotus sinensis*
Temnaspidiotus taraxacus Tang 见 *Aspidiotus taraxacus*
Temnaspidiotus transparens (Green) 同 *Aspidiotus destructor*
Temnaspidiotus watanabei (Takagi) 见 *Aspidiotus watanabei*
Temnaspis 突胸距甲属，突距甲属
Temnaspis atrithorax (Pic) 黑胸突胸距甲，黑胸突距甲
Temnaspis bidentata Pic 同 *Temnaspis flavicornis*
Temnaspis bonneuili Pic 博氏突胸距甲
Temnaspis elegans Chûjô 丽突胸距甲
Temnaspis femorata (Gressitt) 四斑突胸距甲，四斑突距甲
Temnaspis flavicornis Jacoby 黄角突胸距甲
Temnaspis flavonigra (Fairmaire) 黄黑突胸距甲，西藏突距甲
Temnaspis formosana (Reineck) 宝岛突胸距甲
Temnaspis fraxini (Komiya) 弗氏突胸距甲，弗突距甲
Temnaspis humeralis Jacoby 肩斑突胸距甲，肩斑距甲，黑肩突距甲
Temnaspis insignis (Baly) 同 *Temnaspis nigriceps*
Temnaspis japanica Baly 日本突胸距甲
Temnaspis kwangtungensis (Gressitt) 粤突胸距甲，粤突距甲
Temnaspis nankinea (Pic) 白蜡梢突胸距甲，白蜡梢距甲，白蜡梢突距甲
Temnaspis nigriceps Baly 黑头突胸距甲
Temnaspis nigroplagiata Jacoby 同 *Temnaspis septemmaculata*
Temnaspis omeiensis (Gressitt) 峨眉突胸距甲，峨眉突距甲
Temnaspis pallida (Gressitt) 黄突胸距甲，黄距甲，黄突距甲
Temnaspis pretiosa (Reineck) 见 *Poecilomorpha pretiosa*
Temnaspis puae Li *et* Liang 蒲氏突胸距甲
Temnaspis pulchra Baly 黑斑突胸距甲，黑斑距甲，黑斑突距甲
Temnaspis regalis (Achard) 同 *Temnaspis septemmaculata*
Temnaspis sanguinicollis Chen *et* Pu 红胸突胸距甲，红胸突距甲

Temnaspis sauteri (Reineck) 索氏突胸距甲

Temnaspis septemmaculata (Hope) 胸斑突胸距甲，胸斑突距甲

Temnaspis shirakii (Chûjô) 素木突胸距甲，素木突距甲，素木广肩金花虫

Temnaspis syringa Li *et* Liang 丁香突胸距甲

Temnaspis testacea (Gressitt *et* Kimoto) 黄褐突胸距甲，黄褐沟胸距甲

Temnaspis vitalisi (Pic) 韦氏突胸距甲，韦突距甲

Temnochila chlorodia (Mannerheim) 拟大谷盗

Temnochila virescens (Fabricius) 茂盛大谷盗

Temnochilidae [= Ostomatidae] 谷盗科

Temnopteryx 截翅蠊属

Temnopteryx hainanensis Liu, Zhu, Dai *et* Wang 海南截翅蠊

Temnorhinus 切锥喙象甲属

Temnorhinus brevirostris Gyllenhal 短喙切锥喙象甲

Temnoschoita delumbata Boheman 巨斑象甲

Temnoschoita nigroplagiata Quedenfeldt [banana weevil] 香蕉蛀根象甲，蛀根象

Temnoschoita quadrimaculata Gyllenhal 四斑象甲

Temnosternus imbilensis McKeown 南洋杉天牛

Temnostethus 截胸花蝽属

Temnostethus* (*Ectemnus*) *paradoxus (Hutchinson) 奇截胸花蝽，埃花蝽

Temnostethus reduvinus (Herrich-Schäffer) 长头截胸花蝽

Temnostoma 拟木蚜蝇属，切口蚜蝇属

Temnostoma albostriatum Huo, Ren *et* Zheng 白纹拟木蚜蝇

Temnostoma apiforme (Fabricius) 淡斑拟木蚜蝇，蜜蜂拟蜂蚜蝇

Temnostoma arciforma He *et* Chu 弓形拟木蚜蝇

Temnostoma bombylans (Fabricius) 熊蜂拟木蚜蝇

Temnostoma flavidistriatum Huo, Ren *et* Zheng 黄色拟木蚜蝇

Temnostoma ningshanensis Huo, Ren *et* Zheng 宁陕拟木蚜蝇

Temnostoma ravicauda He *et* Chu 褐尾拟木蚜蝇

Temnostoma ruptizona Cheng 断带拟木蚜蝇

Temnostoma taiwanum Shiraki 台湾拟木蚜蝇，朝日蚜蝇

Temnostoma vespiforme (Linnaeus) 胡拟木蚜蝇，胡蜂拟蜂蚜蝇

Temnostomina 拟木蚜蝇亚族

Temnothorax 痕胸家蚁属，切胸蚁属

Temnothorax argentipes (Wheeler) 银毛痕胸家蚁，银毛细胸蚁

Temnothorax confucii (Forel) 仲尼痕胸家蚁

Temnothorax congruus (Smith) 相似痕胸家蚁，相似细胸蚁

Temnothorax eburneipes (Wheeler) 江西痕胸家蚁，江西细胸蚁

Temnothorax huatuo Terayama 火德痕胸家蚁

Temnothorax kaszabi (Pisarski) 卡氏痕胸家蚁

Temnothorax koreanus (Teranishi) 韩痕胸家蚁

Temnothorax kuixing Terayama 魁星痕胸家蚁

Temnothorax leigong Terayama 雷公痕胸家蚁

Temnothorax leimu Terayama 雷母痕胸家蚁

Temnothorax longispinosus (Roger) [long-spined acorn ant] 显刺痕胸家蚁

Temnothorax mongolicus (Pisarski) 蒙古痕胸家蚁

Temnothorax nassonovi (Ruzsky) 纳氏痕胸家蚁

Temnothorax rugulatus (Emery) 穴居痕胸家蚁

Temnothorax spinosior (Forel) 长刺痕胸家蚁，长刺细胸蚁

Temnothorax taivanensis (Wheeler) 台湾痕胸家蚁，台湾细胸蚁，台湾窄胸蚁，台湾窄胸家蚁

Temnothorax tianpeng Terayama 天蓬痕胸家蚁

Temnothorax wui (Wheeler) 胡氏痕胸家蚁

Temnothorax yanwan Terayama 阎王痕胸家蚁

temperate tussar moth [= Chinese tussar moth, Chinese oak tussar moth, Chinese tasar moth, tasar silkworm, perny silk moth, tussah, Chinese tussah, oak tussah, temperate tussah, tussur silkworm, tussore silkworm, tussah silkworm, oak silkworm, *Antheraea pernyi* (Guérin-Méneville)] 柞蚕，槲蚕，姬透目天蚕蛾

temperature coefficient 温度系数

temperature factor 温度因素

temperature-humidity coefficient 温湿系数

temperature-humidity graph 温湿曲线

temperature hyperbola 温度抛物线

temperature lag 温滞

temperature organ 测温盒 <为测昆虫适温的设备>

temperature regulation [= thermoregulation] 温度调节

temperature-sensitive 温度敏感的

temperature-sensitive lethal allele 温度敏感性致死等位基因

temperature-sensitive lethal mutation 温度敏感性致死突变

temperature-sum rule 积温规律

temperature-velocity formula 温速公式，温度速度公式

template 模板

temple 下颊，后颊

temple scintillant [= dark calephelis, velutina metalmark, *Calephelis velutina* (Godman *et* Salvin)] 瓦陋细纹蚬蝶

tempora 上颊 <指在复眼上方和后方的头侧部的后部>

temporal margin 上颊缘 <指食毛亚目昆虫后头的侧缘>

temporal seta 颊毛

temporary aggregation 暂时群集

temporary climax 暂时顶极群落

temporary cold stupor 暂时低温昏迷

temporary heat stupor 暂时高温昏迷

temporary host 暂时寄主

temporary memory 暂时性记忆

ten-lined june beetle [*Polyphylla decemlineata* (Say)] 十条云鳃金龟甲，条纹云鳃金龟，十条六月金龟

ten-spotted lady beetle 1. [= ten-spotted ladybird, *Adalia decempunctata* (Linnaeus)] 十星大丽瓢虫；2. [*Epilachna admirabilis* Crotch] 瓜茄瓢虫，瓜茄食植瓢虫，瓜黑斑瓢虫，瓜十星瓢虫

ten-spotted ladybird [= ten-spotted lady beetle, *Adalia decempunctata* (Linnaeus)] 十星大丽瓢虫

ten-spotted lema [*Lema decempunctata* Gebler] 枸杞合爪负泥虫，枸杞负泥虫

ten-spotted longicorn beetle [*Saperda alberti* Plavilstshikov] 光点楔天牛，十星天牛

ten-spotted stink bug [*Lelia decempunctata* (Motschulsky)] 弯角蝽，十点蝽

tenaculum 握弹器 <见于弹尾目昆虫中>

Tenagogonus 淡背黾蝽属

Tenagogonus kuiterti Hungerford *et* Matsuda 侧突淡背黾蝽，奎氏淡背黾蝽

Tenagogonus matsudai Miyamoto 见 *Limnometra matsudai*

Tenagogonus nymphae Esaki 同 *Limnogonus fossarum*

tenant hair [= tenent hair] 黏毛

Tenaphalara 乔木虱属

Tenaphalara acutipennis Kuwayama 尖翅乔木虱，印木棉木虱，木棉乔木虱
Tenaphalara aphanmixis Yang *et* Li 山楝乔木虱
Tenaphalara dimocarpi Yang *et* Li 龙眼乔木虱
Tenaphalara gossampini Yang *et* Li 木棉乔木虱
Tenaphalara hernandiae Fang *et* Yang 见 *Tyora hernandiae*
Tenaphalara mangiferae Yang *et* Li 杧果乔木虱
Tenaphalarinae 乔木虱亚科
Tenaphalarini 乔木虱族
Tenasserim ace [= hill ace, *Halpe kusala* Fruhstorfer] 库萨酣弄蝶
tenathion 乙硫磷
tenderfoot leafhopper [= watercress sharpshooter, sharp-nosed leafhopper, *Draeculacephala mollipes* (Say)] 尖鼻闪叶蝉
tendinous 腱的
Tendipedidae [= Chironomidae] 摇蚊科
Tendipes 廷摇蚊属 <此属学名有误写为 *Tendipus* 者>
Tendipes astenus Kieffer 阿廷摇蚊，奥田摇蚊
Tendipes attenuates Walker 细长廷摇蚊
Tendipes brevilobus Kieffer 短叶廷摇蚊
Tendipes chlorophorus Kieffer 嗜绿廷摇蚊，嗜绿摇蚊
Tendipes chlorostolus Kieffer 绿袍廷摇蚊，绿袍摇蚊
Tendipes formosicola Kieffer 台栖廷摇蚊，台栖摇蚊
Tendipes glauciventris Kieffer 绿腹廷摇蚊，绿腹摇蚊
Tendipes gracilipes Kieffer 细足廷摇蚊，细足摇蚊
Tendipes grandilobus Kieffer 大叶廷摇蚊，粗棍摇蚊
Tendipes pelochloris Kieffer 浅黄廷摇蚊，浅黄摇蚊
Tendipes tainanus Kieffer 台南廷摇蚊，台南摇蚊
tendo 1. 翅臀凹 <指后翅臀域形成接纳腹部的沟>；2. 翅缰；3. 翅基区 <指毛翅目昆虫后翅基部邻近臀脉基部及翅厚基 (trochlea) 后的小椭圆形区>
tendon 1. 腱；2. 翅缰
Tenebrio 拟步甲属，拟步行虫属，粉甲属
Tenebrio atronitens Fairmaire 见 *Ariarathus atronitens*
Tenebrio molitor Linnaeus [yellow mealworm, yellow mealworm beetle, mealworm] 黄粉甲，黄粉虫
Tenebrio obscurus Fabricius [dark mealworm, dark mealworm beetle] 黑粉甲，黑粉虫
***Tenebrio molitor* bait method** 黄粉虫诱集法 <一种分离虫生真菌的方法>
Tenebriocephalon 黑蜡甲属，趋天牛属
Tenebriocephalon piceum Pic 漆黑蜡甲，黑趋天牛
Tenebriocephalon piceum piceum Pic 漆黑蜡甲指名亚种
Tenebriocephalon piceum yunnanus Kaszab 漆黑蜡甲云南亚种，滇黑趋天牛
Tenebriocephalon thoracicum Pic 胸黑蜡甲，胸趋天牛，异胸长角甲
tenebrionid 1. [= tenebrionid beetle, darkling beetle, darkling ground beetle] 拟步甲 <拟步甲科 Tenebrionidae 昆虫的通称>；2. 拟步甲科的
tenebrionid beetle [= tenebrionid, darkling beetle, darkling ground beetle] 拟步甲
Tenebrionidae 拟步甲科，拟步行虫科
Tenebrioninae 拟步甲亚科
Tenebrionini 拟步甲族，粉甲族，粉虫族
Tenebrionoidea 拟步甲总科，拟步行虫总科
Tenebroides 大谷盗属，谷盗属
Tenebroides mauritanicus (Linnaeus) [cadelle, cadelle beetle, bread beetle, bolting cloth beetle, wheat beetle] 大谷盗 <此种学名有误写为 *Tenebrioides mauritanicus* (Linnaeus) 者>
tenedia emesis [= falcate emesis, falcate metalmark, falcate emesia, *Emesis tenedia* Felder *et* Felder] 从螟蚬蝶
tenella eyemark [*Semomesia tenella* Stichel] 泰纹眼蚬蝶
tenent 抱握的
tenent hair 1. [= tenant hair] 黏毛 <常指适于攀登或握持的黏性毛>；2. [= digitule, empodial hair] 趾毛，趾黏毛
teneral stage 成熟前期 <常指成虫从羽化至能起飞的时期，或至能生殖的时期>
Tenerobotys 柔野螟属
Tenerobotys subfumalis Munroe *et* Mutuura 见 *Anania subfumalis*
Tenerobotys subfumalis continentalis Munroe *et* Mutuura 见 *Anania subfumalis continentalis*
Tenerobotys teneralis (Caradja) 见 *Anania teneralis*
Tenerobotys teneralis tsinlingalis Munroe *et* Mutuura 见 *Anania teneralis tsinlingalis*
Teneroides 拟柔郭公甲属
Teneroides maculicollis (Lewis) 斑拟柔郭公甲，斑胸筒郭公虫，斑柔郭公虫
Teneropsis 类柔郭公甲属
Teneropsis formosanus (Schenkling) 台湾类柔郭公甲，台佩郭公虫
Teneropsis lividipennis (Schenkling) 蓝鞘类柔郭公甲，蓝翅佩郭公虫
Teneropsis mundus (Schenkling) 孟类柔郭公甲，孟佩郭公虫
Tenerus 筒郭公甲属，柔郭公虫属
Tenerus formosanus Schenkling 台湾筒郭公甲，台柔郭公虫
Tenerus higonius Lewis 同 *Teneroides maculicollis*
Tenerus hilleri Harold 稀氏筒郭公甲，稀柔郭公虫
Tenerus maulicollis Lewis 见 *Teneroides maculicollis*
Tenerus savioi Pic 萨氏筒郭公甲，萨柔郭公虫
Tenerus signaticollis Laporte 标筒郭公甲，标柔郭公虫
Tenguna 细象蜡蝉属，腾象蜡蝉属
Tenguna kuankuoshuiensis Zheng, Yang, Chen *et* Luo 宽阔水细象蜡蝉
Tenguna medogensis Song *et* Liang 墨脱细象蜡蝉
Tenguna plurijuga Zheng, Yang, Chen *et* Luo 叶茎细象蜡蝉
Tenguna watanabei Matsumura 渡边细象蜡蝉，台湾腾象蜡蝉
Tenguzo 廷居象甲属
Tenguzo bipustulatus Kôno 双丘廷居象甲，双丘廷居象
Teniorhinus 带沃弄蝶属
Teniorhinus harona (Westwood) [arrowhead orange, arrowhead skipper] 混带沃弄蝶
Teniorhinus herilus (Höpffer) [herilus orange, herilus skipper] 赫丽带沃弄蝶
Teniorhinus ignita (Mabille) [fiery small fox] 燃带沃弄蝶
Teniorhinus niger (Druce) 尼日尔带沃弄蝶
Teniorhinus watsoni Holland [Watson's small fox] 带沃弄蝶
Tenodera 大刀螳属
Tenodera acuticauda Yang 尖尾大刀螳，尖尾刀螳
Tenodera angustipennis Saussure [narrow-winged mantid] 狭翅大刀螳，窄翅螳螂，狭翅大螳螂，朝鲜螳螂

Tenodera aridifolia Stoll [Chinese mantid, Chinese mantis, Japanese giant mantis] 枯叶大刀螳，台湾大刀螳，大螳螂
Tenodera aridifolia aridifolia Stoll 枯叶大刀螳指名亚种
Tenodera aridifolia brevicollis Beier 枯叶大刀螳短胸亚种，短胸大刀螳
Tenodera aridifolia japonica (Saussure) 同 *Tenodera aridifolia aridifolia*
Tenodera aridifolia mandarinea (Saussure) 同 *Tenodera aridifolia aridifolia*
Tenodera aridifolia sinensis (Saussure) 见 *Tenodera sinensis*
Tenodera attenuata (Stoll) 瘦大刀螳
Tenodera australasiae (Leach) 澳大刀螳
Tenodera brevicollis Beier 见 *Tenodera aridifolia brevicollis*
Tenodera capitata Saussure 拟大刀螳，薄翅大螳螂
Tenodera caudafissilis Wang 凹尾大刀螳
Tenodera fasciata (Olivier) 条大刀螳
Tenodera nigripectinis Zheng 西藏大刀螳
Tenodera sinensis Saussure [Chinese mantid, Chinese mantis] 中华大刀螳，中华螳螂
Tenodera stotzneri Werner 斯氏大刀螳
Tenodera superstitiosa (Fabricius) 细胸大刀螳
Tenomerga 忒长扁甲属，长扁虫属
Tenomerga angulinota Wang *et* Hájek 角胸忒长扁甲
Tenomerga anguliscutis (Kolbe) 角忒长扁甲，长扁甲
Tenomerga helii Wang *et* Hájek 何力忒长扁甲
Tenomerga sybillae (Klapperich) 西忒长扁甲，西长扁甲
Tenomerga tianmuensis Ge *et* Yang 天目山忒长扁甲
Tenomerga trabecula Neboiss 斑鞘忒长扁甲，斑鞘长扁虫
Tenothrips 梯背蓟马属
Tenothrips discolor (Karny) 变色梯背蓟马
Tensha 腱舟蛾属
Tensha delineivena (Swinhoe) 德腱舟蛾，廷舟蛾
Tensha striatella Matsumura 条纹腱舟蛾，天社舟蛾，纹廷舟蛾
tension 张力
tensor 张肌
tent caterpillar 天幕毛虫 < 幕枯叶蛾属 *Malacosoma* 昆虫幼虫的通称 >
tent caterpillar moth 幕枯叶蛾 < 幕枯叶蛾属 *Malacosoma* 昆虫成虫的通称 >
tentacle [= tentacule, tentaculum (pl. tentaculi)] 触器 < 常指柔软而有弹性的触觉器官 >
tentacular 触手的
tentaculate [= tentaculatus] 具触丝的
tentaculatus 见 tentaculate
tentacule [= tentacle, tentaculum (pl. tentaculi)] 触器
tentaculi [s. tentaculum; = tentacles, tentacules] 触器
tentaculiferous 有触手的
tentaculum [pl. tentaculi; = tentacle, tentacule] 触器
tentative skipper [*Hylephila tentativa* MacNeill] 探火弄蝶
Tenthredella gifui (Marlatt) 见 *Tenthredo gifui*
tenthredinid 1. [= tenthredinid sawfly, sawfly] 叶蜂 < 叶蜂科 Tenthredinidae 昆虫的通称 >；2. 叶蜂科的
tenthredinid sawfly [= tenthredinid, sawfly] 叶蜂
Tenthredinidae 叶蜂科
Tenthredininae 叶蜂亚科
Tenthredinoidea 叶蜂总科
Tenthredo 叶蜂属
Tenthredo abatae (Togashi) 缓叶蜂
Tenthredo abdominalis (Matsumura) 腹叶蜂
Tenthredo abruptifrons Malaise 峭额叶蜂
Tenthredo acutiserrulana Wei 尖刃翠绿叶蜂
Tenthredo ahaina Nie *et* Wei 平刃短角叶蜂
Tenthredo aliana Wei 阿丽突刺叶蜂
Tenthredo alishanica (Shinohara) 阿里山金叶蜂
Tenthredo allocestanella Wei 中斑亚黄叶蜂
Tenthredo analis Andre 黄尾短角叶蜂
Tenthredo angustiannulata Malaise 角环叶蜂
Tenthredo appendicularis Malaise 黑盾黄跗叶蜂，附肢叶蜂
Tenthredo arcuata Förster 黄缘叶蜂
Tenthredo becquarti (Takeuchi) 钩瓣斑黄叶蜂，黑尾黄叶蜂
Tenthredo beryllica Malaise 条细斑叶蜂，尖唇纤叶蜂
Tenthredo bhutanensis Malaise 不丹叶蜂
Tenthredo bicuspis Wei *et* Qi 双峰白端叶蜂
Tenthredo bilineacornis Wei 钩纹平绿叶蜂，钩纹细斑叶蜂
Tenthredo bimacuclypea Wei 双斑断突叶蜂，双斑逆角叶蜂
Tenthredo bomeica Huang *et* Zhou 波密叶蜂
Tenthredo brachycera (Mocsáry) 横带短角叶蜂，点腹短角叶蜂，短角叶蜂
Tenthredo brevipilosila Wei 短毛刻绿叶蜂
Tenthredo brevivertex Kônow 短顶叶蜂
Tenthredo brevivertex brevivertex Kônow 短顶叶蜂指名亚种
Tenthredo brevivertex turkestanica Forsius 短顶叶蜂西域亚种，吐克叶蜂
Tenthredo brevivertexila Nie *et* Wei 短顶短角叶蜂
Tenthredo brunneipennis Malaise 同 *Tenthredo abdominalis*
Tenthredo bullifera Malaise 具泡叶蜂
Tenthredo caii Wei *et* Nie 蔡氏叶蜂
Tenthredo callostigmata Wei 翠痣翠绿叶蜂
Tenthredo calvaria Enslin 宽顶白端叶蜂
Tenthredo campestris Linnaeus [field sawfly] 平原叶蜂
Tenthredo carinomandibularis Wei *et* Nie 脊颚狭突叶蜂，脊颚翠绿叶蜂
Tenthredo cestanella Wei 顶斑亚黄叶蜂
Tenthredo chaharensis Takeuchi 察叶蜂
Tenthredo chanae Taeger *et* Shinohara 詹氏叶蜂
Tenthredo chenghanhuai Wei 程氏大黄叶蜂
Tenthredo chlorogaster Malaise 绿腹叶蜂
Tenthredo cingulifer (Kônow) 带叶蜂 < 该种学名曾写为 *Tenthredo cingulifera* (Kônow) 者 >
Tenthredo coccinocera Wood 烟翅金叶蜂
Tenthredo cockerelli (Rohwer) 寇氏叶蜂
Tenthredo colon Klug 结肠叶蜂
Tenthredo concaviappendix Wei 锚附烟黄叶蜂
Tenthredo concinna Mocsáry 雅致叶蜂
Tenthredo concinnoides Malaise 拟雅致叶蜂
Tenthredo contraria (Malaise) 对叶蜂
Tenthredo contraria contraria (Malaise) 对叶蜂指名亚种
Tenthredo contraria religiosa Malaise 见 *Tenthredo religiosa*
Tenthredo convergenomma Wei 扁长高突叶蜂
Tenthredo cretata Kônow 直立叶蜂
Tenthredo cupreola (Malaise) 铜色金叶蜂

T

Tenthredo cyanata Kônow 青叶蜂
Tenthredo cyanigaster Wei *et* Nie 修长平胸叶蜂
Tenthredo cyanocephala Malaise 蓝头叶蜂
Tenthredo cylindrica (Rohwer) 筒狭腹叶蜂，筒叶蜂
Tenthredo dengi Wei *et* Hu 邓氏槌腹叶蜂
Tenthredo dentipecta Wei *et* Nie 刺胸槌腹叶蜂
Tenthredo dioctrioides (Jakovlev) 见 *Tenthredo maculiger dioctrioides*
Tenthredo djarkentica Forsius 同 *Tenthredo brevivertex turkestanica*
Tenthredo dolichomisca Wei *et* Niu 三斑槌腹叶蜂
Tenthredo dorsivittata (Cameron) 背纹叶蜂
Tenthredo eburata Kônow 角斑叶蜂
Tenthredo eburnea (Mocsáry) 亮翅窝板叶蜂，少斑缢腹叶蜂，埃布叶蜂
Tenthredo eduardi (Enslin) 埃都叶蜂
Tenthredo elegans (Mocsáry) 见 *Tenthredo megacephala elegans*
Tenthredo elegansomatoida Wei *et* Nie 黑胸绿痣叶蜂
Tenthredo elegansomella Wei 细小大眼叶蜂
Tenthredo emphytiformis (Malaise) 光盾横斑叶蜂，恩叶蜂
Tenthredo erasina Malaise 伊拉斯小叶蜂，伊拉斯纳叶蜂
Tenthredo erectonervula Wei *et* Nie 直脉槌腹叶蜂
Tenthredo esakii (Takeuchi) 江崎叶蜂
Tenthredo facigera Kônow 黄盾端白叶蜂，内蒙法叶蜂
Tenthredo fagi facigera Kônow 见 *Tenthredo facigera*
Tenthredo felderi (Radoszkowski) 斑眶刺胸叶蜂，费尔德叶蜂
Tenthredo ferruginea Schrank 红腹叶蜂
Tenthredo finschi Kirby 多环长颚叶蜂，多环黑黄叶蜂，芬什叶蜂
Tenthredo finschi pallidistigma Malaise 见 *Tenthredo pallidistigma*
Tenthredo flatopectalina Wei 平胸长突叶蜂，平胸突绿叶蜂
Tenthredo flatoscutellania Wei *et* Niu 双斑平绿叶蜂
Tenthredo flatoscutellerila Wei *et* Nie 平盾平颜叶蜂
Tenthredo flatotrunca Wei *et* Hu 平突翠绿叶蜂
Tenthredo flavobalteata Cameron 双环斑翅叶蜂，黄带叶蜂
Tenthredo flavobrunneus Malaise 褐黄光柄叶蜂，红腹黄胸叶蜂
Tenthredo formosana (Enslin) 台湾槌腹叶蜂，蓬莱叶蜂
Tenthredo formosula Wei 方斑中带叶蜂
Tenthredo fortunii Kirby 弗氏叶蜂
Tenthredo frontatus Malaise 额叶蜂
Tenthredo fulva Klug 黄角平斑叶蜂，大黄叶蜂
Tenthredo fulva adusta Motschultsky 黄角平斑叶蜂显斑亚种，燃大黄叶蜂
Tenthredo fulva fulva Klug 黄角平斑叶蜂指名亚种
Tenthredo fulviterminata Wei 黄端刺斑叶蜂，黄尾斑黄叶蜂
Tenthredo fulvocinctila Wei 黄腰长角叶蜂
Tenthredo funiushana Wei 伏牛斑黄叶蜂
Tenthredo fuscicornis Eschscholtz 棕黄角叶蜂
Tenthredo fuscoterminata Marlatt 黑端刺斑叶蜂，棕尾黄叶蜂
Tenthredo gifui Marlatt [gifu sawfly] 吉氏叶蜂
Tenthredo glatofrontalina Wei 光额绿斑叶蜂
Tenthredo grahami Malaise 川绿叶蜂
Tenthredo gressitti Malaise 嘉氏叶蜂
Tenthredo haberhaueri Kirby 哈勃叶蜂
Tenthredo hajeki Haris *et* Roller 哈氏白端叶蜂
Tenthredo helveicornis Malaise 半角叶蜂
Tenthredo hengshana Wei *et* Yan 山短角叶蜂
Tenthredo heterostigmata Wei 异痣红环叶蜂
Tenthredo hingstoni Malaise 欣氏叶蜂
Tenthredo hiralis Smith 海瑞里叶蜂
Tenthredo hongchuna Wei 红唇平胸叶蜂
Tenthredo horishana Takeuchi 埔里叶蜂
Tenthredo hummeli Malaise 休默叶蜂
Tenthredo ichneumonia Malaise 姬蜂叶蜂
Tenthredo indica Cameron 印度叶蜂
Tenthredo indigena Malaise 瓦山黄角叶蜂
Tenthredo inermis (Malaise) 无刺金叶蜂
Tenthredo inframaculata Malaise 黄点腹叶蜂
Tenthredo inguinalis Kônow 蓝腹角叶蜂
Tenthredo insulicola (Takeuchi) 岛屿叶蜂
Tenthredo issikii (Takeuchi) 一色叶蜂
Tenthredo japonica (Mocsáry) 大斑短角叶蜂，日本叶蜂
Tenthredo jiuzhaigoua Wei *et* Nie 大齿亚黄叶蜂
Tenthredo jozana (Matsumura) 圆斑纤腹叶蜂，红腹黄角叶蜂
Tenthredo katchinica Malaise 斑胸黄角叶蜂，卡庆叶蜂
Tenthredo katoi Takeuchi 加藤叶蜂
Tenthredo khalka Takeuchi 黑唇短角叶蜂
Tenthredo khasiana Cameron 卡西亚叶蜂
Tenthredo kingdonwardi Malaise 金顿沃德叶蜂
Tenthredo kozlovi Kônow 柯氏叶蜂
Tenthredo kuangtungensis Malaise 广东黄角叶蜂
Tenthredo kurosawai (Shinohara) 黑泽金叶蜂
Tenthredo labrangensis Haris 白鞘红环叶蜂
Tenthredo laevissima Malaise 光滑叶蜂
Tenthredo lagidina Malaise 亮胸端白叶蜂，拉叶蜂
Tenthredo latidentella Wei *et* Zhao 宽齿平绿叶蜂
Tenthredo limiticola Malaise 边斑大黄叶蜂，缘叶蜂
Tenthredo lineimarginata Wei 线缘长颚叶蜂
Tenthredo lini Wei *et* Nie 林氏窝板叶蜂
Tenthredo linjinweii Wei *et* Nie 黄胸窝板叶蜂
Tenthredo lissuana Malaise 平滑叶蜂
Tenthredo livida Linnaeus 铅色叶蜂
Tenthredo longimandibularis Wei 黑胫长颚叶蜂
Tenthredo lui Wei 吕氏棒角叶蜂
Tenthredo lunani Wei *et* Niu 吕氏横斑叶蜂
Tenthredo lushina Malaise 短黑黄角叶蜂，鲁叶蜂
Tenthredo lushinella Niu *et* Wei 暗斑黄角叶蜂
Tenthredo maculiger (Jakovlev) 侧斑叶蜂
Tenthredo maculiger dioctrioides (Jakovlev) 侧斑叶蜂甘肃亚种，甘肃叶蜂
Tenthredo maculiger maculiger (Jakovlev) 侧斑叶蜂指名亚种
Tenthredo maculipennis Malaise 斑翅叶蜂
Tenthredo maculofemoratila Wei 斑股亚黄叶蜂
Tenthredo maculoscapila Wei 斑柄断突叶蜂
Tenthredo magnimaculatia Wei 大斑绿斑叶蜂
Tenthredo mainlingensis Xiao *et* Zhou 米林叶蜂
Tenthredo margaretella (Rohwer) 玛丽环节叶蜂，珍珠叶蜂
Tenthredo maruana Malaise 玛叶蜂
Tenthredo medogensis Xiao *et* Huang 墨脱叶蜂
Tenthredo megacephala Cameron 大头叶蜂
Tenthredo megacephala elegans (Mocsáry) 大头叶蜂美丽亚种，丽叶蜂

Tenthredo megacephala megacephala Cameron 大头叶蜂指名亚种
Tenthredo megamaculata Xiao, Niu *et* Wei 大斑长突叶蜂
Tenthredo melanotarsus Calneron 黑跗斑黄叶蜂，黑跗黄叶蜂
Tenthredo melli Mallach 麦氏斑黄叶蜂，梅尔黄叶蜂，梅尔叶蜂
Tenthredo mesomela Linnaeus [green-legged sawfly, lime green sawfly] 低突叶蜂，中黑叶蜂
Tenthredo mesomela gigas Malaise 低突叶蜂黑顶亚种，黑顶低突叶蜂
Tenthredo mesomela mesomela Linnaeus 低突叶蜂指名亚种
Tenthredo mesomelaena Linnaeus 同 *Tenthredo mesomela*
Tenthredo microexcisa Wei 小凹斑翅叶蜂
Tenthredo microps Kônow 微小叶蜂
Tenthredo microvertexis Wei 小顶大黄叶蜂
Tenthredo minshanica Malaise 岷山叶蜂
Tenthredo miocenica Zhang *et* Zhang 拟迈叶蜂
Tenthredo mioceras (Enslin) 迈叶蜂
Tenthredo mongolica (Jakovlew) 蒙古棒角叶蜂，赤环叶蜂
Tenthredo moniliata Klug 赤环叶蜂
Tenthredo mortivaga Marlatt 侧斑槌腹叶蜂
Tenthredo multidentella Wei 多齿亚黄叶蜂
Tenthredo nephritica Malaise 宽条细斑叶蜂，截唇纤叶蜂，截唇叶蜂
Tenthredo nigricornis Forsiu 黄脂叶蜂
Tenthredo nigricornis Malaise 黑角叶蜂
Tenthredo nigrobasalis Malaise 黑基叶蜂
Tenthredo nigrobrunnea Malaise 红褐短角叶蜂，红褐叶蜂
Tenthredo nigrobullifera Xiao, Niu *et* Wei 黑绿长突叶蜂
Tenthredo nigrocaudata Wei *et* Hu 黑尾槌腹叶蜂
Tenthredo nigrocoronata Malaise 黑冠叶蜂
Tenthredo nigrofrontalina Wei 黑额亚黄叶蜂
Tenthredo nigrometafemorata Wei *et* Chu 黑股平胸叶蜂
Tenthredo nigropicta (Smith) 黑斑槌腹叶蜂，黑斑叶蜂
Tenthredo nigroscalaris Malaise 梯腹叶蜂
Tenthredo nigroscapulatina Wei 黑柄亚黄叶蜂
Tenthredo nimbata Kônow 川藏叶蜂
Tenthredo nitidifrontalia Wei *et* Zhang 光额横带叶蜂
Tenthredo notha Klug 仿叶蜂
Tenthredo nubipennis Malaise 室带槌腹叶蜂，烟翅叶蜂
Tenthredo obsoleta Klug 拟中黑叶蜂
Tenthredo obtusicorninata Wei *et* Nie 钝突刺斑叶蜂
Tenthredo occipitalis Malaise 西方叶蜂
Tenthredo odynerina (Malaise) 双带棒角叶蜂，红肩短角叶蜂，红肩叶蜂
Tenthredo oligoleucomacula Wei 寡斑白端叶蜂
Tenthredo olivacea Klug 橄榄绿叶蜂，榄绿叶蜂
Tenthredo omega Takeuchi 环斑长突叶蜂
Tenthredo omphalica Wei *et* Nie 黑胸窝板叶蜂
Tenthredo pallidistigma Malaise 淡纹叶蜂，淡纹芬什叶蜂
Tenthredo pamyrensis Jakovlev 帕米尔叶蜂
Tenthredo paragrahami Wei *et* Liu 异斑长突叶蜂
Tenthredo paraobsoleta Wei *et* Liu 粗纹窄突叶蜂
Tenthredo parapompilina Wei *et* Nie 窄带横斑叶蜂
Tenthredo pararubiapicilina Wei *et* Niu 黑腰白端叶蜂
Tenthredo parcepilosa Malaise 稀毛叶蜂
Tenthredo parcepilosa parcepilosa Malaise 稀毛叶蜂指名亚种
Tenthredo parcepilosa sinoalpina Malaise 稀毛叶蜂高山亚种，高山稀毛叶蜂
Tenthredo pediculus Jakovlev 瘤突瘤带叶蜂，陇叶蜂
Tenthredo petrae Zhang *et* Zhang 岩叶蜂
Tenthredo pieli Takeuchi 皮尔黑顶叶蜂，皮氏叶蜂
Tenthredo plagiocephalia Wei 黑柄长颚叶蜂
Tenthredo poeciloptera (Enslin) 斑翅大黄叶蜂，彩翅叶蜂
Tenthredo pompilina Malaise 脊盾横斑叶蜂，东方叶蜂
Tenthredo potanini (Jakovlev) 黑柄短角叶蜂，珀塔尼叶蜂，黄环腹叶蜂，珀塔叶蜂
Tenthredo prasina Kônow 波拉碧叶蜂，普拉叶蜂
Tenthredo privus (Kônow) 川滇麻黄叶蜂
Tenthredo pronotalis Malaise 半环环角叶蜂，前盾环角叶蜂，前盾叶蜂
Tenthredo providens Smith 胡萝卜叶蜂
Tenthredo pseudobullifera Wei *et* Liu 短角长突叶蜂
Tenthredo pseudocestanella Wei 弧底亚黄叶蜂
Tenthredo pseudocylindrica Wei *et* He 红盾槌腹叶蜂
Tenthredo pseudoferruginea Malaise 伪红叶蜂
Tenthredo pseudoformorsula Wei *et* Shang 绿柄双带叶蜂，绿柄中带叶蜂
Tenthredo pseudograhami Wei 半环长突叶蜂，半环翠绿叶蜂
Tenthredo pseudolasurea Wei *et* Nie 条斑丽光叶蜂
Tenthredo pseudomelaena Malaise 伪黑叶蜂
Tenthredo pseudomesomela Wei *et* Li 粗纹低突叶蜂
Tenthredo pseudonephritica Wei 痕纹细斑叶蜂
Tenthredo pseudopeues Malaise 伪齿叶蜂
Tenthredo pseudoprasina Malaise 伪普拉叶蜂
Tenthredo pseudopurpureiventris Wei 拟紫腹短角叶蜂
Tenthredo pulchra Jakovlew 黑唇红环叶蜂，黑丽叶蜂
Tenthredo pulchra rufizonata Malaise 见 *Tenthredo rufizonata*
Tenthredo puncticincta Wei 刻颜环角叶蜂
Tenthredo punctimaculiger Wei 黄股短角叶蜂
Tenthredo purpureipennis Malaise 紫翅叶蜂
Tenthredo purpureiventris Malaise 紫腹短角叶蜂，紫腹叶蜂
Tenthredo pusilla (Jakovlev) 弱叶蜂
Tenthredo pusilloides (Malaise) 绿胸短角叶蜂，拟弱叶蜂
Tenthredo qinlingia Wei 秦岭白端叶蜂
Tenthredo regia Malaise 黄突细蓝叶蜂，皇家叶蜂，勒叶蜂
Tenthredo religiosa Malaise 川对叶蜂
Tenthredo renei Wei, Nie *et* Taege 黑壮并叶蜂，黑贯实叶蜂
Tenthredo reversimaculeta Wei 反斑断突叶蜂，反斑长角叶蜂
Tenthredo roborowskyi (Jakovlev) 绕氏叶蜂
Tenthredo rubiapicilina Wei 长角白端叶蜂
Tenthredo rubiginolica Wei 红褐窝板叶蜂
Tenthredo rubiobitava Wei 红眶白端叶蜂
Tenthredo rubitarsalitia Wei *et* Xu 褐跗短角叶蜂
Tenthredo rubritibialina Wei 红胫断突叶蜂，红胫逆角叶蜂
Tenthredo rufiscapata Malaise 红杆叶蜂
Tenthredo rufizonata Malaise 红带叶蜂，红带黑丽叶蜂
Tenthredo rufonotalis Mallach 乌苏里普叶蜂
Tenthredo rufotibianella Wei 红胫环角叶蜂
Tenthredo rufoviridis Malaise 红绿叶蜂
Tenthredo rugiceps Kônow 皱额叶蜂

Tenthredo rugifrontalisa Wei 纹额绿斑叶蜂
Tenthredo ruzickai Haris *et* Roller 短颊短角叶蜂
Tenthredo salvazii Malaise 萨尔瓦芘叶蜂，萨氏叶蜂
Tenthredo sauteri (Rohwer) 黄眶反角叶蜂，邵氏叶蜂
Tenthredo schdifferi Klug 沙夫叶蜂
Tenthredo scintillans Malaise 平胸蓝叶蜂，平胸叶蜂
Tenthredo scrobiculata Kônow 凹坑短角叶蜂，凹坑叶蜂
Tenthredo scrophulariae Linnaeus [figwort sawfly] 玄参叶蜂
Tenthredo sedankiana Malaise 色当卡叶蜂，色当叶蜂
Tenthredo sekidoensis Togashi 窄带横斑叶蜂，浙叶蜂
Tenthredo seminfuscalia Wei 断带窝板叶蜂
Tenthredo semirufiterga Niu *et* Wei 半红顺角叶蜂
Tenthredo semisanguinea Malaise 半红叶蜂
Tenthredo seriata Malaise 花斑白端叶蜂，序叶蜂
Tenthredo seriemaculata Malaise 三斑端白叶蜂，丝斑叶蜂
Tenthredo serraticornis Kônow 齿角叶蜂
Tenthredo serratimacula Malaise 锯斑叶蜂，齿斑叶蜂
Tenthredo sheni Wei 申氏条角叶蜂
Tenthredo shensiensis Malaise 陕西刻绿叶蜂，太白叶蜂
Tenthredo shii Wei 时氏中带叶蜂
Tenthredo sibirica (Kriechbaumer) 西伯叶蜂
Tenthredo simlaensis Cameron 西姆拉叶蜂
Tenthredo sinensis Mallach 华平斑叶蜂，中华烟黄叶蜂，中华黄叶蜂，中华叶蜂
Tenthredo sinica (Wei) 中国宽颊叶蜂
Tenthredo sinoalpina Malaise 陡峭低突叶蜂
Tenthredo sinokrali Haris *et* Roller 黑条白端叶蜂
Tenthredo sinosimplex Haris 方斑白端叶蜂
Tenthredo sinotemula Haris 花腰短角叶蜂
Tenthredo smaragdula Malaise 绿玉叶蜂
Tenthredo sordidezonata Malaise 红腹环角叶蜂，黑胸环角叶蜂，雾带环角叶蜂，雾带叶蜂
Tenthredo sortitor Malaise 蓝腹叶蜂
Tenthredo sortitor brunneicornis Malaise 同 *Tenthredo abdominalis*
Tenthredo sortitor brunneipennis Malaise 同 *Tenthredo abdominalis*
Tenthredo spinigera Kônow 具刺叶蜂
Tenthredo spinigera hedini (Malaise) 具刺叶蜂赫氏亚种，赫氏具刺叶蜂
Tenthredo spinigera spinigera Kônow 具刺叶蜂指名亚种
Tenthredo spinipleuris Malaise 侧刺叶蜂
Tenthredo spinipulchra Wei 刺胸红环叶蜂
Tenthredo splendida (Kônow) 华彩金叶蜂
Tenthredo sporadipunctata Malaise 闽叶蜂
Tenthredo striaticornis Malaise 条斑条角叶蜂，纹角叶蜂
Tenthredo stulta Enslin 绿腹愚叶蜂
Tenthredo subflava Malaise 光额突柄叶蜂，亚黄叶蜂
Tenthredo sublimis Kônow 云顶叶蜂
Tenthredo sulphuripes Kriechbaumer 浅齿叶蜂
Tenthredo suta Kônow 滇缅叶蜂
Tenthredo szechuanica Malaise 黄带刺胸叶蜂，四川角叶蜂，四川叶蜂
Tenthredo taiheizana Takeuchi 太平山叶蜂
Tenthredo tenuisomania Wei 纤弱突柄叶蜂
Tenthredo terratila Wei *et* Nie 东缘平斑叶蜂
Tenthredo tertia Wei, Nie *et* Taeger 三纹叶蜂，中国金叶蜂
Tenthredo tibetana Malaise 西藏黄角叶蜂，藏叶蜂
Tenthredo tibetica Wei, Nie *et* Taege 西藏麻黄叶蜂
Tenthredo tienmushana (Takeuchi) 天目条角叶蜂,天目黄角叶蜂，天目山叶蜂
Tenthredo tombi Mallach 东陵叶蜂
Tenthredo transversa Wei *et* Shang 横带斑翅叶蜂
Tenthredo transversiverticina Wei *et* Shang 短顶中带叶蜂，短顶双带叶蜂
Tenthredo triangulata Mallach 三角叶蜂
Tenthredo triangulifera Malaise 多斑高突叶蜂，角斑黑背叶蜂，角斑甲背叶蜂
Tenthredo triangulimacula Wei *et* Hu 角斑高突叶蜂，角斑长突叶蜂
Tenthredo tridentata Malaise 三齿翠绿叶蜂，三齿叶蜂
Tenthredo tridentoclypeata Wei 三齿狭突叶蜂
Tenthredo trimaculata Cameron 三斑叶蜂
Tenthredo trixanthomacula Wei *et* Yan 三带槌腹叶蜂，三斑槌腹叶蜂
Tenthredo trochanterata (Cameron) 转节叶蜂
Tenthredo trunca Kônow 截叶蜂
Tenthredo trunca trunca Kônow 截叶蜂指名亚种
Tenthredo trunca verticina Malaise 截叶蜂川滇亚种，川滇截叶蜂
Tenthredo tumida (Mocsáry) 胀叶蜂
Tenthredo tumida jugicola Malaise 胀叶蜂四川亚种，川胀叶蜂
Tenthredo tumida tumida (Mocsáry) 胀叶蜂指名亚种
Tenthredo turcosa Huang *et* Zhou 丽蓝叶蜂
Tenthredo turkestanica Forsius 见 *Tenthredo brevivertex turkestanica*
Tenthredo uchidae Takeuchi 高丽叶蜂
Tenthredo uenoi Shinohara 上野叶蜂
Tenthredo ussuriensis (Mocsáry) 黄尾棒角叶蜂，乌苏里叶蜂
Tenthredo ussuriensis unicinctasa Nie *et* Wei 黄尾棒角叶蜂单带亚种
Tenthredo ussuriensis ussuriensis (Mocsáry) 黄尾棒角叶蜂指名亚种
Tenthredo variicolor Malaise 杂色端白叶蜂，变色叶蜂
Tenthredo vespa Retzius 三黄环叶蜂
Tenthredo victoriae Malaise 维多利亚叶蜂
Tenthredo vittipleuris Malaise 短条短角叶蜂，纵纹小叶蜂，纵侧斑叶蜂
Tenthredo vivida Malaise 鲜叶蜂
Tenthredo waltoni Malaise 沃尔顿叶蜂
Tenthredo weni Wei *et* Hu 文氏槌腹叶蜂
Tenthredo wenjuni Wei 文氏斑黄叶蜂，文氏黄角叶蜂
Tenthredo wuzhishana Wei *et* Nie 五指山叶蜂
Tenthredo xanthopleurita Wei 黄胸黄角叶蜂
Tenthredo xanthoptera Cameron 黄翅叶蜂
Tenthredo xanthotarsus Cameron 断突平斑叶蜂
Tenthredo xiaoweii Wei *et* Nie 肖氏槌腹叶蜂
Tenthredo xueshanensis Togashi 雪山叶蜂
Tenthredo xysta Wei 亮黄环腹叶蜂
Tenthredo yinae Wei 尹氏逆角叶蜂
Tenthredo yingdangi Wei 方顶高突叶蜂
Tenthredo yingkehei Wei *et* Niu 黄胸短角叶蜂
Tenthredo zaraxana Malaise 扎拉汉叶蜂

Tenthredo zebra Kônow 条纹叶蜂

Tenthredo zebra indochinensis Malaise 同 *Tenthredo zebra zebra*

Tenthredo zebra zebra Kônow 条纹叶蜂指名亚种

Tenthredo zheminnica Wei *et* Nie 浙闽斑黄叶蜂

Tenthredo zhongi Wei 钟氏条角叶蜂

Tenthredopsis 合叶蜂属，合背叶蜂属，拟叶蜂属

Tenthredopsis birmana (Malaise) 同 *Tenthredopsis birmanica*

Tenthredopsis birmanica (Malaise) 缅甸合叶蜂，缅甸合背叶蜂，缅岛屿拟叶蜂

Tenthredopsis coquebertii Klug 须草合叶蜂，须草合背叶蜂，须草拟叶蜂

Tenthredopsis fuscicornis Malaise 同 *Tenthredopsis insularis*

Tenthredopsis gansuensis Jakovlev 红腹合叶蜂，甘肃岛屿拟叶蜂

Tenthredopsis insularis Takeuchi 环角合叶蜂，宝岛合叶蜂，台岛合叶蜂，宽顶合叶蜂，宽顶合背叶蜂，岛屿拟叶蜂，屿拟叶蜂

Tenthredopsis insularis femorana Wei 环角合叶蜂淡股亚种，台岛合叶蜂黑盾淡股型

Tenthredopsis insularis fuscicornis Malaise 环角合叶蜂褐角亚种，褐角岛屿拟叶蜂，褐角拟叶蜂，黑角合叶蜂

Tenthredopsis insularis insularis Takeuchi 环角合叶蜂指名亚种，宽顶合背叶蜂指名亚种，宝岛合背叶蜂环角亚种，指名岛屿拟叶蜂

Tenthredopsis insularis nigroclypea Wei *et* Niu 环角合叶蜂黑唇亚种

Tenthredopsis insularis oligomacula Wei 环角合叶蜂寡斑亚种，宝岛合叶蜂寡斑亚种

Tenthredopsis insularis ruficornis Malaise 见 *Tenthredopsis ruficornis*

Tenthredopsis nassata (Linnaeus) 鸭茅合叶蜂，鸭茅合拟叶蜂

Tenthredopsis nigrorufa Malaise 异色合叶蜂，异色合背叶蜂，红黑拟叶蜂

Tenthredopsis ruficornis Malaise 红角合叶蜂

Tenthredopsis (Thomsonia) insularis fuscicornis Malaise 见 *Tenthredopsis insularis fuscicornis*

tentiform 幕状的

tentoria [s. tentorium; = endocrania, entocrania] 幕骨

tentorial 幕骨的

tentorial arm 幕骨臂

tentorial bridge 幕骨桥

tentorial fovea [pl. tentorial foveae] 幕骨窝 < 指膜翅目昆虫中位于触角窝和唇基背缘间的陷口 >

tentorial foveae [s. tentorial fovea] 幕骨窝

tentorial macula 幕骨斑 < 指幕骨背臂在触角附近与头壁连联处的暗色点 >

tentorial pit 幕骨陷

tentorium [pl. tentoria; = endocranium, entocranium] 幕骨

Tentyria 鳖甲属

Tentyria asiatica Skopin 亚洲鳖甲

Tentyria gigas Faledermann 大鳖甲

Tentyria vieta Faledermann 威鳖甲

Tentyriini 鳖甲族

Tenuibaetis 细四节蜉属

Tenuibaetis arduus Kang *et* Yang 阿细四节蜉

Tenuibaetis inornatus Kang *et* Yang 无饰细四节蜉

Tenuibaetis pseudofrequentus (Müller-Liebenau) 异细四节蜉，异常四节蜉

Tenuifemurus 狭腿蝗属

Tenuifemurus curticercus Huang 短须狭腿蝗

Tenuifemurus longicercus Huang 长须狭腿蝗

Tenuilongiaphis 细长蚜属

Tenuilongiaphis stata Zhang 静细长蚜

Tenuilongiaphis stata shanxiensis Zhang, Li *et* Zhang 静细长蚜山西亚种

Tenuilongiaphis stata stata Zhang 静细长蚜指名亚种

tenuis 细的 < 指细而长的 >

Tenuistilus teradai Habu 特窄步甲

tephigram 熵温图

Tephrelalis 特若实蝇属

Tephrelalis sexincisa Korneyev 见 *Oxyaciura sexincisa*

Tephrella 特若拉实蝇属

Tephrella australis Malloch 澳特若拉实蝇

Tephrella basalis Hendel 见 *Hendrella basalis*

Tephrella fulvescens Chen 同 *Hendrella basalis*

Tephrella hering Hardy 赫林特若拉实蝇

Tephrella ibis Hendel 见 *Hendrella ibis*

Tephrella sexincisa Malloch 色欣特若拉实蝇

Tephrella trimaculata Wiedemann 三点特若拉实蝇

Tephrella winnertzii Frauenfeld 见 *Hendrella winnertzii*

Tephrellina 花楔实蝇亚族

Tephrellini 楔实蝇族，暗斑翅实蝇族

Tephrilopyrgota 灰蜣蝇属

Tephrilopyrgota miliaria Hendel 栗斑灰蜣蝇

Tephrilopyrgota yunnanensis Shi 云南灰蜣蝇

Tephrina 灰尺蛾属

Tephrina anostilpna Wehrli 安灰尺蛾

Tephrina arenacearia (Denis *et* Schiffermüller) 见 *Isturgia arenacearia*

Tephrina arenacearia stena Wehrli 同 *Isturgia arenacearia*

Tephrina bilineata (Warren) 双线灰尺蛾，双线尺蛾

Tephrina catalaunaria ningwuana Wehrli 同 *Isturgia catalaunaria*

Tephrina disputaria Guenée 裂灰尺蛾

Tephrina hypotaenia Wehrli 下带灰尺蛾

Tephrina mesographa Wehrli 中灰尺蛾

Tephrina plumbarioides Sterneck 羽灰尺蛾

Tephrina trilineata Krüger 三线灰尺蛾，三线尺蛾

Tephrina tschangkubia Wehrli 昌灰尺蛾，昌下带灰尺蛾

Tephrina verecundaria Leech 见 *Semiothisa verecundaria*

Tephris anpingicola (Strand) 安平特弗螟

tephritid 1. [= tephritid fly, tephritid fruit fly, fruit fly, true fruit fly, peacock fly] 实蝇 < 实蝇科 Tephritidae 昆虫的通称 >；2. 实蝇科的

tephritid fly [= tephritid, tephritid fruit fly, fruit fly, true fruit fly, peacock fly] 实蝇

tephritid fruit fly 见 tephritid fly

Tephritidae [= Trypaneidae, Trypetidae] 实蝇科，果实蝇科

Tephritinae 花翅实蝇亚科

Tephritini 花翅实蝇族

Tephritis 花翅实蝇属

Tephritis affinis Chen 同 *Tephritis shansiana*

Tephritis alini Hering 阿氏花翅实蝇，奥莉花翅实蝇，东北花翅实蝇

T

Tephritis angustipennis (Loew) 紫菀花翅实蝇，安古斯花翅实蝇
Tephritis annuliformis Wang 环纹花翅实蝇，内蒙花翅实蝇
Tephritis araneosa (Coquillett) 淡基花翅实蝇
Tephritis bardanae (Schrank) 牛蒡花翅实蝇，巴登花翅实蝇
Tephritis brachyura Loew 中枝花翅实蝇，新疆花翅实蝇
Tephritis calliopsis Wang 佳丽花翅实蝇，克里花翅实蝇
Tephritis cardualis Hardy 巴基斯坦花翅实蝇
Tephritis cingulata Hering 毛领花翅实蝇
Tephritis coei Hardy 同 *Campiglossa misella*
Tephritis collina Wang 丘斑花翅实蝇，阔林花翅实蝇
Tephritis cometa (Loew) 蓟花翅实蝇，康达花翅实蝇
Tephritis connexa Wang 连纹花翅实蝇，康沙花翅实蝇
Tephritis consimilis Chen 浪花翅实蝇，山西花翅实蝇，恰花翅实蝇
Tephritis consuta Wang 钳斑花翅实蝇，康苏花翅实蝇
Tephritis crepidis Hendel 还洋参花翅实蝇，斜斑花翅实蝇
Tephritis dentata Wang 齿纹花翅实蝇，齿斑花翅实蝇，赤纹花翅实蝇
Tephritis dioscurea (Leow) 北海道花翅实蝇
Tephritis femoralis Chen 斑股花翅实蝇，黑腿花翅实蝇，腿花翅实蝇
Tephritis formosa (Loew) 麻点花翅实蝇，台湾花翅实蝇
Tephritis heiseri Franenfeld 同 *Tephritis hyoscyami*
Tephritis hendelina Hering 亨氏花翅实蝇
Tephritis hengduana Wang 横断山花翅实蝇，甘孜花翅实蝇
Tephritis hyoscyami (Linnaeus) 海斯里花翅实蝇
Tephritis impunctata Shiraki 褐痣花翅实蝇，无刻点花翅实蝇，无点花翅实蝇，黑痣斑翅实蝇
Tephritis ismene Hering 伊斯花翅实蝇，东北花翅实蝇
Tephritis jocaste Hering 乔卡花翅实蝇，黑龙江花翅实蝇
Tephritis kogardtauica Hering 中亚花翅实蝇
Tephritis koreacola Kwon 韩国花翅实蝇
Tephritis kukunoria Hendel 明端花翅实蝇，青海湖花翅实蝇，青海花翅实蝇
Tephritis lyncea Bezzi 印度花翅实蝇
Tephritis majuscula Hering *et* Ito 日本花翅实蝇
Tephritis mandschurica Hering 黑龙江花翅实蝇，哈尔滨花翅实蝇
Tephritis monapunctata Wang 歧点花翅实蝇，内蒙花翅实蝇
Tephritis mongolica Hendel 肘斑花翅实蝇，青海花翅实蝇，蒙古花翅实蝇
Tephritis multiguttulata Hering 多点花翅实蝇
Tephritis nebulose (Becker) 云斑花翅实蝇，云影花翅实蝇，暗花翅实蝇，暗郁实蝇
Tephritis nigrofemorata Hendel 黑腿花翅实蝇
Tephritis oedipus Hendel 苜蓿花翅实蝇，中华花翅实蝇，肿花翅实蝇
Tephritis pishanica Wang 同 *Campiglossa misella*
Tephritis postica (Loew) 大翅蓟花翅实蝇，波斯提花翅实蝇
Tephritis pterostigma Chen 翅痣花翅实蝇
Tephritis pulchra (Loew) 鸦葱花翅实蝇，普尔花翅实蝇
Tephritis puncta (Becker) 斜斑花翅实蝇，新疆花翅实蝇，点郁实蝇
Tephritis punctata Shiraki 见 *Campiglossa punctata*
Tephritis pura (Loew) 洁花翅实蝇
Tephritis ramulosa Chen 同 *Tephritis sinensis*
Tephritis sauteri Enderlein 索氏花翅实蝇
Tephritis sauteri Merz 同 *Tephritis sauterina*
Tephritis sauterina Merz 瑞士花翅实蝇
Tephritis separata (Rondant) 分离花翅实蝇
Tephritis shansiana Chen 山西花翅实蝇
Tephritis sinensis (Hendel) 中华花翅实蝇，华花翅实蝇
Tephritis sinica (Wang) 富带花翅实蝇，条斑花翅实蝇，华富带实蝇
Tephritis sonchina Hering 苦苣菜花翅实蝇，双星斑花翅实蝇，松庆花翅实蝇
Tephritis triangular Ito 三角花翅实蝇
Tephritis variata (Becker) 草原花翅实蝇，暗斑花翅实蝇，变郁实蝇
Tephritoidea 实蝇总科
Tephritopyrgota 灰蜣蝇属
Tephritopyrgota miliaria Hendel 粟斑灰蜣蝇
Tephroclystia 特弗尺蛾属
Tephroclystia aggregata (Guenée) 见 *Eupithecia aggregata*
Tephroclystia nobilitata (Staudinger) 见 *Eupithecia nobililata*
Tephroclystia pimpinellata altaicata (Guenée) 见 *Eupithecia pimpinellata altaicata*
Tephromyia 灰折麻蝇属
Tephromyia grisea (Meigen) 稻灰折麻蝇，灰折麻蝇
Tephusa 黑麦蛾属
Tephusa chloroderces Meyrick 柯黑麦蛾
TEPP [tetraethylpyrophosphate 的缩写] 焦磷酸四乙酯，特普，过磷酸酯，六乙四磷，死虫四磷
Tequila giant-skipper [*Aegiale hesperiaris* (Walker)] 美大弄蝶
Teradaia bella Habu 见 *Dasiosoma bellum*
Teragridae [= Metarbelidae, Lepidarbelidae, Arbelidae, Hollandiidae] 拟木蠹蛾科
Terarista 怪芒茎蝇属
Terarista fujiana Yang *et* Wang 福建怪芒茎蝇
Terastia 蛀枝野螟属
Terastia egialealis Walker [dadap twig borer] 刺桐蛀枝野螟
Terastia meticulosalis Guenée 枚蛀枝野螟
Terastia subjectalis Lederer 同 *Terastia meticulosalis*
Terastia vinacealis (Moore) 同 *Tetridia caletoralis*
Terastiommyia 宽狭实蝇属
Terastiommyia clavigera (Hardy) 棒形宽狭实蝇
Terastiommyia distorta (Walker) 长脉宽狭实蝇
Terastiommyia lobifera Bigot 长叶宽狭实蝇
terate 畸形
teratembiid 1. [= teratembiid webspinner] 半脉丝蚁，稀丝蚁 <半脉丝蚁科 Teratembiidae 昆虫的通称>；2. 半脉丝蚁科的
teratembiid webspinner [= teratembiid] 半脉丝蚁，稀丝蚁
Teratembiidae [= Oligembiidae] 半脉丝蚁科，稀丝蚁科
Teratocazira 峰蝽亚属
Teratoclytus 特虎天牛属
Teratoclytus changi Hayashi 张氏特虎天牛，张氏虎天牛
Teratoclytus plavilstshikovi Zaitzev 滨海特虎天牛
Teratoclytus simplicior Holzschuh 陕特虎天牛
Teratocoris 畸角盲蝽属
Teratocoris coriaceus Vinokurov 革翅畸角盲蝽

T

Teratocoris saundersi Douglas *et* Scott 萨氏畸角盲蝽
teratocyte 畸形细胞
teratogenesis 畸形发生
Teratoglaea 曲翼冬夜蛾属
Teratoglaea hohuanshanensis Wu 合欢曲翼冬夜蛾，合欢曲翼夜蛾
Teratoglaea pacifica Sugi 曲翼冬夜蛾
teratology 畸形学
Teratolytta 奇芫菁属
Teratolytta dives (Brullé) 白斑奇芫菁
Teratomyza 奇蝇属
Teratomyza chinica Yang 中国奇蝇
Teratomyza elegans (Papp) 优奇蝇
Teratomyza formosana Papp 丽奇蝇
Teratomyza taiwanica (Papp) 台湾奇蝇
teratomyzid 1. [= teratomyzid fly, fern fly] 奇蝇 < 奇蝇科 Teratomyzidae 昆虫的通称 >；2. 奇蝇科的
teratomyzid fly [= teratomyzid, fern fly] 奇蝇
Teratomyzidae 奇蝇科
Teratoneura 太灰蝶属
Teratoneura congoensis Stempffer [eastern isabella] 东太灰蝶
Teratoneura isabellae Dudgeon [western isabella] 西太灰蝶，太灰蝶
Teratophthalma 彩蚬蝶属
Teratophthalma axilla (Druce) 轴彩蚬蝶
Teratophthalma bacche (Seitz) 酒神彩蚬蝶
Teratophthalma coronata Stichel 科罗彩蚬蝶
Teratophthalma maenades (Hewitson) 霾彩蚬蝶
Teratophthalma marsena (Hewitson) 墨彩蚬蝶
Teratophthalma marsidia (Hewitson) 美彩蚬蝶
Teratophthalma monochrama Stichel 单彩蚬蝶
Teratophthalma phelina (Felder *et* Felder) 彩蚬蝶
Teratozephyrus 铁灰蝶属
Teratozephyrus arisanus (Wileman) 阿里山铁灰蝶，铁灰蝶，阿里山长尾灰蝶，阿里铁灰蝶，阿里山长尾小灰蝶
Teratozephyrus arisanus arisanus (Wileman) 阿里山铁灰蝶指名亚种，指名阿里铁灰蝶
Teratozephyrus arisanus picquenardi (Oberthür) 阿里山铁灰蝶云南亚种
Teratozephyrus chibahideyuki Fujioka 千叶铁灰蝶
Teratozephyrus courvoisieri (Oberthür) 扣铁灰蝶
Teratozephyrus doni (Tytler) [Suroifui hairstreak] 多铁灰蝶
Teratozephyrus elatus Hsu *et* Lu 高山铁灰蝶
Teratozephyrus florianii Bozano 见 *Hayashikeia florianii*
Teratozephyrus hecale (Leech) 黑铁灰蝶
Teratozephyrus hecale hecale (Leech) 黑铁灰蝶指名亚种，指名黑铁灰蝶
Teratozephyrus hecale shirakiana (Matsumura) 同 *Teratozephyrus yugaii*
Teratozephyrus hecale yugaii (Kôno) 见 *Teratozephyrus yugaii*
Teratozephyrus hinomaru Fujioka 亨铁灰蝶
Teratozephyrus nuwai Koiwaya 怒和铁灰蝶
Teratozephyrus picquenardi (Oberthür) 皮铁灰蝶
Teratozephyrus tsangkie (Oberthür) 见 *Fujiokaozephyrus tsangkie*
Teratozephyrus tsukiyamahiroshii Fujioka 促铁灰蝶
Teratozephyrus vallonia (Oberthür) 瓦铁灰蝶
Teratozephyrus yugaii (Kôno) 俞铁灰蝶，台湾铁灰蝶，玉山长尾小灰蝶，华西长尾灰蝶，黑铁灰蝶，玉山铁灰蝶，玉山黑铁灰蝶
Teratozephyrus zhejiangensis Chou *et* Tong 浙江铁灰蝶
Teratura 畸螽属
Teratura (Macroteratura) megafurcula (Tinkham) 见 *Macroteratura (Macroteratura) megafurcula*
Teratura (Macroteratura) thrinaca Qiu *et* Shi 见 *Macroteratura (Macroteratura) thrinaca*
Teratura (Megaconema) geniculata (Bey-Bienko) 见 *Megaconema geniculata*
Teratura (Megaconema) phyllocerca (Tinkham) 同 *Megaconema geniculata*
Teratura (Stenoteratura) bhutanica Ingrisch 见 *Macroteratura (Stenoteratura) bhutanica*
Teratura (Stenoteratura) janetscheki (Bey-Bienko) 见 *Macroteratura (Stenoteratura) janetscheki*
Teratura (Stenoteratura) kryzhanovskii (Bey-Bienko) 见 *Macroteratura (Stenoteratura) kryzhanovskii*
Teratura (Stenoteratura) subtilis Gorochov *et* Kang 同 *Macroteratura (Stenoteratura) yunnanea*
Teratura (Stenoteratura) yunnanea (Bey-Bienko) 见 *Macroteratura (Stenoteratura) yunnanea*
Teratura (Teratura) albidisca Sänger *et* Helfert 中白畸螽
Teratura (Teratura) angusi Gorochov 安氏畸螽
Teratura (Teratura) cincta (Bey-Bienko) 佩带畸螽，带特螽
Teratura (Teratura) darevskyi Gorochov 达氏畸螽
Teratura (Teratura) flexispatha Qiu *et* Shi 翘突畸螽
Teratura (Teratura) hastata Shi, Mao *et* Ou 戟形畸螽，矛畸螽
Teratura (Teratura) lyra Gorochov 丽畸螽
Teratura (Teratura) maculata Ingrisch 斑畸螽
Teratura (Teratura) monstrosa Redtenbacher 畸形畸螽，怪畸螽
Teratura (Teratura) paracincta Gorochov *et* Kang 拟佩畸螽，拟佩带畸螽
Teratura (Teratura) pulchella Gorochov *et* Kang 美丽畸螽
Teraturus 跗突长尾茧蜂亚属
Terauchiana 长头飞虱属
Terauchiana nigripennis Kato 深色长头飞虱
Terauchiana singularis Matsumura 浅色长头飞虱
Terauchiana yasumatsui Esaki *et* Ishihara 见 *Preterkelisia yasumatsui*
terebella 锯形产卵器
terebrant 穿孔的 < 指具有适于穿刺或钻孔的产卵器的 >
Terebrantia 1. 锥尾部 < 在膜翅目昆虫中 >；2. 锯尾亚目 < 在缨翅目昆虫中 >
teredid 1. [= teredid beetle] 筒穴甲 < 筒穴甲科 Teredidae 昆虫的通称 >；2. 筒穴甲科的
teredid beetle [= teredid] 筒穴甲
Teredidae 筒穴甲科
Teredorus 尖顶蚱属
Teredorus albimarginus Zheng *et* Zhou 白边尖顶蚱
Teredorus bashanensis Zheng 巴山尖顶蚱
Teredorus bhattacharyi Shishodia 柏哈尖顶蚱
Teredorus bidentatus Zheng, Huo *et* Zhang 二齿尖顶蚱
Teredorus bipulvillus Zheng 二垫尖顶蚱

Teredorus brachinota Zheng *et* Xu 短背尖顶蚱

Teredorus brachinotoides Zheng, Ou *et* Lin 拟短背尖顶蚱

Teredorus camurimarginus Zheng *et* Jiang 曲缘尖顶蚱，凹缘尖顶蚱

Teredorus carmichaeli Hancock 卡尖顶蚱

Teredorus choui Zheng, Ou *et* Lin 周氏尖顶蚱

Teredorus ebenotus Zheng *et* Li 黑背尖顶蚱

Teredorus eurylobatus Zheng, Shi *et* Mao 宽叶尖顶蚱

Teredorus flatimarginus Zheng *et* Liang 平缘尖顶蚱

Teredorus flavistrial Zheng 黄条尖顶蚱

Teredorus frontalis Hancock 额尖顶蚱

Teredorus fujianensis Zheng *et* Li 福建尖顶蚱

Teredorus graveli (Günther) 格尖顶蚱

Teredorus guangxiensis Zheng, Shi *et* Luo 广西尖顶蚱

Teredorus guizhouensis Zheng 贵州尖顶蚱

Teredorus hainanensis Zheng 海南尖顶蚱

Teredorus hunanensis Deng, Lei *et* Zheng 湖南尖顶蚱

Teredorus longidorsalis Zheng 长背尖顶蚱

Teredorus longipulvillus Zheng 长垫尖顶蚱

Teredorus nigropennis Deng, Zheng *et* Lu 黑翅尖顶蚱

Teredorus parvipulvillus Deng, Lei *et* Zheng 小垫尖顶蚱，细垫尖顶蚱

Teredorus prominemarginis Zheng *et* Jiang 突缘尖顶蚱

Teredorus stenofrons Hancock 狭额尖顶蚱

Teredorus taibeiensis Zheng *et* Xu 太白尖顶蚱

Teredorus wuyishanensis Zheng 武夷山尖顶蚱

Teredorus xishuiensis Zheng, Li *et* Shi 习水尖顶蚱

Teredus 筒穴甲属

Teredus chinensis Liu, Lin *et* Li 中华筒穴甲

Teredus cylindricus (Oliver) 狭筒穴甲

Teredus opacus Habelmann 暗筒穴甲

Terellia 花背实蝇属，带状斑实蝇属

Terellia apicalis (Chen) 端带花背实蝇，端带带状斑实蝇，端美实蝇

Terellia caerulea (Hering) 蓝花背实蝇，蓝带状斑实蝇，蓝奥莱实蝇

Terellia maculicauda (Chen) 黑花背实蝇，淡色带状斑实蝇，斑尾塞实蝇

Terellia megalopyge (Hering) 大板花背实蝇，梅加罗带状斑实蝇，大臀美实蝇，大臀奥莱实蝇

Terellia ruficauda (Fabricius) 点花背实蝇，三斑带状斑实蝇

Terellia serratulae (Linnaeus) 透翅花背实蝇，小齿带状斑实蝇

Terellia tussilaginis (Fabricius) 红端花背实蝇，三带带状斑实蝇

Terellia vicina (Chen) 邻花背实蝇，邻美实蝇

Terellini [=Terelliini] 花背实蝇族，带状斑实蝇族

Terelliini 见 Terellini

Terentius 玳角蝉属

Terentius albofasciarius Tian *et* Yuan 白带玳角蝉

Terentius alboscutarius Tian *et* Yuan 白盾玳角蝉

Terentius orientalis Yuan *et* Xu 东方玳角蝉

teres [= terete] 圆筒形的

Teressa terranea Walker 同 *Brachycerocoris camelus*

terete 见 teres

Teretriini 条阎甲族

Teretriosoma formosum Lewis 见 *Teretrius formosus*

Teretrius 条阎甲属，条阎甲亚属，特闫甲属

Teretrius formosus (Lewis) 台湾条阎甲，台湾特闫甲，台美阎甲

Teretrius pulex Fairmaire 蚤条阎甲，蚤特闫甲，蚤钻阎甲

Teretrius shibatai Ôhara 柴田条阎甲，柴田特闫甲

Teretrius taichii Ôhara 太极条阎甲，山田特闫甲

terga [s. tergum] 背板

tergal 1. 背面的；2. 背板的

tergal suture 1. 背线；2. 蜕裂线

tergiferous 背生的

tergite 背片

tergites ring 背环

tergocervical hair plate 背颈片毛片

tergonta 胸后侧突 < 指后胸后小盾片的后侧角突起，常与第一腹节背板相连 >

tergopleural 背侧的

tergorhabdite 1. 腹瓣 < 指蝗类外生殖器的 >；2. 腹内背板

tergosternal 背腹板的

tergosternal muscle 背腹肌

tergum [pl. terga] 背板

Terinaea rufonigra Gressitt 红胸短翅天牛

Terinos 帖蛱蝶属

Terinos abisares Felder *et* Felder 阿比帖蛱蝶

Terinos alurgis Godman *et* Salvin 黄尾帖蛱蝶

Terinos atlita (Fabricius) 钩翅帖蛱蝶，翅帖蛱蝶

Terinos clarissa Boisduval 蓝蕴帖蛱蝶

Terinos maddelena Grose-Smith 美迪帖蛱蝶

Terinos taxiles Hewitson 苔丝帖蛱蝶

Terinos terpander Hewitson [royal assyrian] 紫彩帖蛱蝶

Terinos tethys Hewitson 黄顶帖蛱蝶

Teriomima 畸灰蝶属

Teriomima micra (Grose-Smith) [minute buff] 小畸灰蝶

Teriomima parva Hawker-Smith [poor buff] 帕瓦畸灰蝶

Teriomima puella Kirby [sweetheart buff] 普韦畸灰蝶

Teriomima puellaris Trimen [two-dotted buff] 菩畸灰蝶

Teriomima subpunctata Kirby [white buff] 白畸灰蝶，畸灰蝶

Teriomima williami Henning *et* Henning [Dondo buff] 威畸灰蝶

Teriomima zuluana van Son [Zulu buff] 祖鲁畸灰蝶

Termatophylini 毛眼齿爪盲蝽族

termatophyllid [= termatophyllid bug] 毛眼盲蝽，准盲蝽

termatophyllid bug 1. [= termatophyllid] 毛眼盲蝽，准盲蝽 < 毛眼盲蝽科 Termatophyllidae 昆虫的通称 >；2. 毛眼盲蝽科的

Termatophyllidae 毛眼盲蝽科，准盲蝽科

Termatophylum 毛眼盲蝽属 < 此属学名有误写为 *Termatophyllum* 者 >

Termatophylum hikosanum Miyamoto 彦山毛眼盲蝽

Termatophylum montanum Ren 山毛眼盲蝽，山准盲蝽

Termatophylum orientale Poppius 东方毛眼盲蝽，东方准盲蝽

Termatophylum yunnanum Ren 云南毛眼盲蝽，云南准盲蝽

termen 外缘 < 指翅的外缘，在翅尖与臀角之间 >

Termes 白蚁属

Termes borneensis Thapa 婆罗白蚁

Termes marjoriae (Snyder) 钳白蚁

Termes panamensis (Snyder) [Panama termite] 巴拿马白蚁

Termes raffrayi Matsumura 同 *Coptotermes formosanus*

terminal 端的 < 为 basal 的反义词 >

terminal anastomosis 端并接层 < 专指昆虫脑视叶网膜后纤维的复合层 >
terminal arborization 末梢分枝 < 指神经元轴突和侧支末端的分枝纤维 >
terminal disease 终结病
terminal fascia 外缘线
terminal filament 端丝 < 见于卵巢中 >
terminal knob 端锤
terminal line 端线
terminal meiosis 终端减数分裂
terminal sensillum 端感器
terminal space 端区
terminal strand 顶丝
terminal taxa [s. terminal taxon] 终端阶元
terminal taxon [pl. terminal taxa] 终端阶元
terminalia 尾器，端节
terminalia borer [= ofram borer, *Doliopygus dubius* (Sampscn)] 榄仁树弓腹长小蠹
Terminalinus 壮材小蠹属
Terminalinus apicalis (Blandford) 端齿壮材小蠹，端钻小蠹
Terminalinus cristatus (Schedl) 冠毛壮材小蠹，冠毛钻小蠹
Terminalinus eggersi (Beeson) 埃氏壮材小蠹，埃钻小蠹
termination codon [= stop codon, nonsense codon] 终止密码子
Termioptycha 棘丛螟属
Termioptycha albifurcalis (Hampson) 白叉棘丛螟
Termioptycha bilineata (Wileman) 双线棘丛螟
Termioptycha conjuncta (Warren) 连棘丛螟
Termioptycha cornutitrifurca Rong, Wang *et* Li 叉棘丛螟
Termioptycha eucarta (Felder *et* Rogenhofer) 优棘丛螟
Termioptycha inimica (Butler) 殷棘丛螟
Termioptycha longiclavata Rong, Wang *et* Li 长棒棘丛螟
Termioptycha longispina Rong, Wang *et* Li 长刺棘丛螟
Termioptycha margarita (Butler) 麻楝棘丛螟
Termioptycha nigrimacularis Rong, Wang *et* Li 黑斑棘丛螟
termitaphidid 1. [= termitaphidid bug, termitaphidid termite bug, termite bug] 螱蝽 < 螱蝽科 Termitaphididae 昆虫的通称 >；2. 螱蝽科的
termitaphidid bug [= termitaphidid, termitaphidid termite bug, termite bug] 螱蝽
termitaphidid termite termite 见 termitaphidid bug
Termitaphididae [= Termitocoridae] 螱蝽科
termitarium 螱巢 < 常指突出于地面的白蚁巢 >
termite [= isopteran, isopteron, isopterous insect, white ant] 白蚁，螱，等翅目昆虫 < 等翅目 Isoptera 昆虫的通称 >
termite bug 见 termitaphidid bug
termiticidal 杀白蚁剂的
termiticidal activity 杀白蚁剂活性
termiticide 杀白蚁剂，灭螱剂
Termitidae [= Metatermitidae] 白蚁科
Termitidiinae 螱鸣螽亚科
Termitidium 螱鸣螽属
Termitidium ignotum Westwood 奇螱鸣螽
termitiform 螱型
termitocole 螱巢动物，栖白蚁塚动物
Termitocoridae [= Termitaphididae] 螱蝽科
Termitohospitini 喜白蚁隐翅甲族
Termitomastinae 螱蚊亚科
Termitopaediini 膨腹隐翅甲族
termitophile 螱客
termitophilous 喜白蚁的
Termitopulex 等侧隐翅甲属
Termitopulex sinensis Song *et* Li 中华等侧隐翅甲
Termitorioxa 帝汶实蝇属
Termitorioxa timorensis Hardy 帝汶实蝇
Termitoxenia 螱蝇属
Termitoxenia formosana Shiraki 台湾螱蝇
termitoxeniid 1. [= termitoxeniid fly] 螱蝇 < 螱蝇科 Termitoxeniidae 昆虫的通称 >；2. 螱蝇科的
termitoxeniid fly [= termitoxeniid] 螱蝇
Termitoxeniidae 螱蝇科
Termitoxeniinae 螱蚤蝇亚科
Termitozyrina 大白蚁隐翅甲亚族
termon skipper [= purplish bent-skipper, *Camptopleura termon* (Hopffer)] 玻利维亚凸翅弄蝶
Termophidoholus 隐头毛背隐翅甲属
Termophidoholus formosanus Naomi *et* Hirono 台湾隐头毛背隐翅甲
termopsid 1. [= termopsid termite, dampwood termite] 原白蚁 < 原白蚁科 Termopsidae 昆虫的通称 >；2. 原白蚁科的
termopsid termite [= termopsid, dampwood termite] 原白蚁
Termopsidae 原白蚁科
ternary name [= trinomial name, trinominal name, trinomen] 三名法学名
terpene 萜，萜烯类
terpenoid 萜类化合物，类萜
terpinene 萜烯，萜品烯
terpineol 萜醇，萜品醇
Terpna amplificata Walker 见 *Pachyodes amplificata*
Terpna amplificata abraxas Oberthür 同 *Pachyodes amplificata*
Terpna apicalis Moore 云南垂缘尺蛾
Terpna calaurops Prout 见 *Lophophelma calaurops*
Terpna costiflavens Wehrli 见 *Dindicodes costiflavens*
Terpna daviaria (Poujade) 见 *Dindicodes davidaria*
Terpna decorata (Warren) 见 *Psilotagma decorata*
Terpna doresocristata Poujade 同 *Psilotagma decorata*
Terpna ectoxantha Wehrli 见 *Dindicodes ectoxantha*
Terpna erionoma imitaria Sterneck 同 *Lophophelma erionoma subnubigosa*
Terpna erionoma kiangsiensis Chu 见 *Lophophelma erionoma kiangsiensis*
Terpna erionoma subnubigosa Prout 见 *Lophophelma erionoma subnubigosa*
Terpna euclidiaria (Oberthür) 见 *Dindicodes euclidiaria*
Terpna funebrosa Warren 见 *Lophophelma funebrosa*
Terpna haemataria Herrich-Schäffer 见 *Pachyodes haemataria*
Terpna iterans Prout 见 *Pachyodes iterans*
Terpna leopardinata (Moore) 见 *Dindicodes leopardinata*
Terpna pingbiana Chu 见 *Lophophelma pingbiana*
Terpna pratti Prout 见 *Pachyodes pratti*
Terpna subtrita Prout 见 *Pachyodes subtrita*
Terpna superans (Butler) 见 *Pachista superans*
Terpna varicoloraria (Moore) 见 *Lophophelma varicoloraria*
Terpnosia 宁蝉属，春蝉属

Terpnosia andersoni Distant 安德宁蝉
Terpnosia clio (Walker) 海贝宁蝉
Terpnosia fuscoapicalis Kato 见 *Yezoterpnosia fuscoapicalis*
Terpnosia fuscolimbata Schumacher 同 *Leptosemia sakaii*
Terpnosia ichangensis Liu 见 *Yezoterpnosia ichangensis*
Terpnosia jinpingensis Lei *et* Chou 金平宁蝉
Terpnosia mawi Distant 九宁蝉，春蝉
Terpnosia neocollina Liu 尼克宁蝉，丘宁蝉
Terpnosia nigella Chou *et* Lei 黑背宁蝉
Terpnosia nigricosta (Motschulsky) 见 *Yezoterpnosia nigricosta*
Terpnosia obscura Kato 见 *Yezoterpnosia obscura*
Terpnosia posidonia Jacobi 波塞宁蝉
Terpnosia pryeri Distant 同 *Yezoterpnosia vacua*
Terpnosia puriticis Lei *et* Chou 绿宁蝉
Terpnosia vacua (Olivier) 见 *Yezoterpnosia vacua*
Terpsimyia 愉悦长足虻属
Terpsimyia semicinctus (Becker) 半带愉悦长足虻，半带长足虻
terramycin 土霉素
terrapin scale [*Mesolecanium nigrofasciatum* (Pergande)] 黑斑中球蚧，黑斑球蚧，泥龟蜡蚧
terrestrial 陆栖的，陆地的
terrestrial animal 陆生动物
terrestrial animal community 陆生动物群落
terrestrial satyr [= Butler's ringlet, *Cissia terrestris* (Butler)] 陆地细眼蝶
terrestrial turtle bug 龟蝽
Terrestribombus fraterculus Skorikov 同 *Bombus* (*Bombus*) *ignitus*
terrible hairy fly [= frightful hairy fly, *Mormotomyia hirsuta* Austen] 毛妖蝇
terricolous 陆栖的
Terricula 黑卷蛾属
Terricula bifurcata Wang *et* Li 二叉黑卷蛾
Terricula major Razowski 大黑卷蛾
Terricula minor Razowski 小黑卷蛾
Terricula violetana (Kawabe) 紫黑卷蛾
Terrilimosina 陆小粪蝇属
Terrilimosina brevipexa Marshall 短毛陆小粪蝇
Terrilimosina capricornis Su *et* Liu 羊角陆小粪蝇
Terrilimosina nana Hayashi 矮陆小粪蝇，短陆小粪蝇
Terrilimosina parabrevipexa Su *et* Liu 类短毛陆小粪蝇
Terrilimosina paralongipexa Hayashi 类长毛陆小粪蝇
Terrilimosina paralongipexa maoershanensis Su 类长毛陆小粪蝇猫儿山亚种，猫儿山陆小粪蝇
Terrilimosina paralongipexa paralongipexa Hayashi 类长毛陆小粪蝇指名亚种，类长毛陆小粪蝇
Terrilimosina parasmetanai Su *et* Liu 类毛突陆小粪蝇
Terrilimosina schmitzi (Duda) 双叶陆小粪蝇
territorial pheromone 领域信息素
territoriality 领域性，地区性，地盘性
territory defence 领域防御
Terrobittacus 地蚊蝎蛉属
Terrobittacus angustus Du *et* Hua 狭地蚊蝎蛉
Terrobittacus echinatus (Hua *et* Huang) 具刺地蚊蝎蛉，具刺蚊蝎蛉
Terrobittacus implicatus (Huang *et* Hua) 缠绕地蚊蝎蛉，缠绕蚊蝎蛉
Terrobittacus longisetus Tan *et* Hua 长毛地蚊蝎蛉
Terrobittacus rostratus Du *et* Hua 钩地蚊蝎蛉
Terrobittacus xiphicus Tan *et* Hua 刀地蚊蝎蛉
Tersilochinae 短须姬蜂亚科
Tersilochus 短须姬蜂属
Tersilochus orientalis (Uchida) 见 *Tersilochus* (*Tersilochus*) *orientalis*
Tersilochus* (*Pectinolochus*) *bulyuki Khalaim 卜短须姬蜂
Tersilochus* (*Tersilochus*) *orientalis (Uchida) 东方短须姬蜂
Tersilochus* (*Tersilochus*) *punctator Khalaim *et* Lee 密点短须姬蜂
Tersilochus* (*Tersilochus*) *spasskensis Khalaim 俄短须姬蜂
Terthreutis 斑卷蛾属 < 此属学名有误写为 *Therthreutis* 者 >
Terthreutis bipunctata Bai 双斑卷蛾
Terthreutis bulligera Meyrick 南斑卷蛾
Terthreutis chiangmaiana Razowski 清迈斑卷蛾
Terthreutis dousticta Wileman *et* Stringer 台斑卷蛾
Terthreutis furcata Razowski 叉斑卷蛾
Terthreutis jiangae Buchsbaum *et* Chen 江氏斑卷蛾，台湾斑卷蛾，江氏斑筒卷蛾
Terthreutis kevini Razowski 珂斑卷蛾
Terthreutis orbicularis Bai 圆斑卷蛾
Terthreutis seris Bai 行斑卷蛾
Terthreutis sphaerocosma Meyrick 球斑卷蛾，斯特尔卷蛾
Terthreutis xanthocycla (Meyrick) 黄斑卷蛾，黄阿谷蛾，黄环特尔卷蛾
Terthron 白条飞虱属
Terthron albovittatum (Matsumura) [white-striped planthopper] 白条飞虱，白纹飞虱 < 此种学名有误写为 *Terthron albovattatum* (Matsumura) 者 >
Terthron denticulatum Yang 同 *Terthron albovittatum*
Terthron inachum (Fennah) 见 *Neuterthron inachum*
Terthron triangulum Yang 同 *Terthron albovittatum*
Terthronella 扁臀飞虱属
Terthronella basalis (Matsumura) 扁臀飞虱，北亚拟白条飞虱
Terthrothrips 胫管蓟马属，凹颊管蓟马属
Terthrothrips ananthakrishnani Kudô 安氏胫管蓟马
Terthrothrips apterus Kudô 无翅胫管蓟马，无翅凹颊管蓟马
Terthrothrips palmatus Wang *et* Tong 掌状胫管蓟马
Terthrothrips parvus Okajima 小胫管蓟马，细微凹颊管蓟马
Terthrothrips strasseni Dang, Mound *et* Qiao 施氏胫管蓟马，施氏凹颊管蓟马
tertian malaria 间日疟
tertiary consumer 三级消费者
tertiary parasite 三重寄生者
tertiary parasitism 三次寄生
Terusa 黑斑秆蝇属
Terusa frontata (Becker) 额黑斑秆蝇，一点突额秆蝇
Tesnus 特隐翅甲亚属
Tessaratoma 荔蝽属
Tessaratoma conspersa Stål 福建荔蝽
Tessaratoma furcifera Walker 云南荔蝽
Tessaratoma javanica (Thunberg) 爪哇荔蝽，单籽紫铆大褐蝽
Tessaratoma nigroscutellata Distant 黑盾荔蝽
Tessaratoma papillosa (Drury) [litchi stink bug, lychee stink bug, lichee stink bug, lychee giant stink bug] 荔蝽，荔枝蝽，荔枝椿象，

石背

Tessaratoma quadrata Distant 方肩荔蝽

tessaratomid 1. [= tessaratomid bug] 荔蝽 < 荔蝽科 Tessaratomidae 昆虫的通称 >；2. 荔蝽科的

tessaratomid bug [= tessaratomid] 荔蝽

Tessaratomidae 荔蝽科

Tessaratominae 荔蝽亚科

Tessaromerus 华异蝽属

Tessaromerus licenti Yang 见 *Urochela licenti*

Tessaromerus licenti stigmatellus Yang 见 *Urochela stigmatella*

Tessaromerus maculatus Hsiao *et* Ching 斑华异蝽

Tessaromerus quadriarticulatus Kirkaldy 四星华异蝽，四节华异蝽

Tessaromerus shaanxiensis Zheng 陕西华异蝽

Tessaromerus tuberlosus Hsiao *et* Ching 宽腹华异蝽

tesselated skipper [*Muschampia tessellum* (Hübner)] 星点弄蝶

tessellate [= tessellated, tessellates] 棋盘格形的

tessellate dart [= striped cutworm, *Euxoa tessellata* (Harris)] 条纹切夜蛾，条纹切根虫

tessellated 见 tessellate

tessellated halisidota [= banded tussock moth, pale tussock moth, pale tiger moth, *Halysidota tessellaris* (Smith)] 槭灰哈灯蛾，棋纹灰灯蛾

tessellated phasmid [= tessellated stick insect, tessulata stick insect, *Anchiale austrotessulata* Brock *et* Hasenpusch] 澳洲桥䗛

tessellated scale [= cochonilha-reticulata, palm scale, *Eucalymnatus tessellatus* (Signoret)] 龟背网纹蚧，世界网蚧，网蜡蚧，红褐网介壳虫

tessellated stick insect 见 tessellated phasmid

tessellates 见 tessellate

tesserae 多角形域 < 见于某些介壳虫中，由深淡带域 (cellulae) 连接构成 >

Tessier's epeolus [*Epeolus tessieris* Onuferko] 泰氏绒斑蜂

Tessmann's forester [*Bebearia tessmanni* (Grünberg)] 特斯舟蛱蝶

tessulata stick insect 见 tessellated phasmid

test 1. [= scale] 介壳；2. 测验 < 如见于生物统计中 >

testa 皮，壳

testaceous [= testaceus] 1. 介壳的；2. 褐黄色

testaceus 见 testaceous

testes [s. testis] 精巢

testicle 1. 睾丸；2. 精巢

testicular 睾丸的

testicular cord 精索

testicular fluid 精液

testicular follicle 精巢管，睾丸管，睾丸包

testicular tube 精巢管，睾丸管

testiculate 睾丸形的

testis [pl. testes] 精巢

testudinarious [= testudinarius] 玳瑁的 < 意为具有红、黑、黄色如玳瑁的 >

testudinarius 见 testudinarious

testudinate [= testudinatus] 龟甲形的

testudinatus 见 testudinate

Testudobracon 拱腹茧蜂属

Testudobracon flavus Wang, Chen *et* He 黄拱腹茧蜂

Testudobracon gibbosa Yang *et* Chen 圆突拱腹茧蜂

Testudobracon grandiventris Wang, Chen *et* He 大腹拱腹茧蜂

Testudobracon guangxiensis Wang, Chen *et* He 广西拱腹茧蜂

Testudobracon longicaudis Maeto 长腹拱腹茧蜂

Testudobracon niger Quicke 黑拱腹茧蜂

Testudobracon pleuralis (Ashmead) 小拱腹茧蜂，侧龟背茧蜂，侧龟茧蜂，侧菲茧蜂

Testudobracon unicolorus Quicke *et* Ingram 单色拱腹茧蜂

Testudobracon watanabei Yang *et* Chen 渡边拱腹茧蜂

Tetanocera 基芒沼蝇属

Tetanocera arrogans (Meigen) 对鬃基芒沼蝇

Tetanocera brevisetosa Frey 短鬃基芒沼蝇

Tetanocera chosenica Steyskal 红条基芒沼蝇

Tetanocera discendens Becker 低基芒沼蝇，低芒沼蝇

Tetanocera elata (Fabricius) 黑缘基芒沼蝇，升芒沼蝇

Tetanocera ferruginea Fallén 锈色基芒沼蝇，红基芒沼蝇

Tetanocera hyalipennis Roser 亮额基芒沼蝇

Tetanocera ignota Becker 小灰基芒沼蝇，疑芒沼蝇

Tetanocera latifibula Frey 宽腿基芒沼蝇，宽额基芒沼蝇

Tetanocera montana Day 蒙大拿基芒沼蝇

Tetanocera nigrostriata Li, Yang *et* Gu 黑条基芒沼蝇

Tetanocera punctifrons Róndani 点额基芒沼蝇

Tetanocera silvatica Meigen 林地基芒沼蝇

Tetanoceratidae [= Sciomyzidae] 沼蝇科

Tetanocerinae 基芒沼蝇亚科

Tetanocerini 基芒沼蝇族

Tetanops 直斑蝇属，根斑蝇属

Tetanops myopaeformis (Röder) [sugarbeet root maggot] 甜菜直斑蝇，美甜菜根斑蝇，甜菜根斑蝇

Tetanops neimonggolica Chen *et* Wang 内蒙古直斑蝇，内蒙直斑蝇

Tetanops sintenisi Becker 斯氏直斑蝇

Tetanurinae 端芒沼蝇亚科

Tetartopeus 细项隐翅甲属，瘦颈隐翅甲属，细项隐翅虫属

Tetartopeus bimaculatus (Li, Tang *et* Zhu) 同 *Tetartopeus gracilentus*

Tetartopeus gracilentus (Kraatz) 斑翅细颈隐翅甲，斑翅狭颈隐翅甲，翅斑细项隐翅虫

Tetartopeus wui (Zheng) 同 *Tetartopeus gracilentus*

Tethea 太波纹蛾属，太波纹蛾亚属

Tethea albicosta (Moore) 见 *Tethea* (*Saronaga*) *albicosta*

Tethea albicostata (Bremer) 白太波纹蛾

Tethea brevis (Leech) 银太波纹蛾，短散波纹蛾

Tethea brunnea (Leech) 棕太波纹蛾，棕散波纹蛾

Tethea commifera (Warren) 见 *Tethea* (*Saronaga*) *consimilis commifera*

Tethea consimilis (Warren) 见 *Tethea* (*Saronaga*) *consimilis*

Tethea intensa Butler 同 *Tethea* (*Tethea*) *octogesima octogesima*

Tethea intensa griseomacula Werny 同 *Tethea* (*Tethea*) *octogesima watanabei*

Tethea ocularis (Linnaeus) 见 *Tethea* (*Tethea*) *ocularis*

Tethea* (*Saronaga*) *albicosta (Moore) 白缘太波纹蛾，白边太波纹蛾，洒波纹蛾

Tethea* (*Saronaga*) *consimilis (Warren) 粉太波纹蛾，似太波纹蛾

Tethea* (*Saronaga*) *consimilis aurisigna (Bryk) 粉太波纹蛾华南亚种

Tethea* (*Saronaga*) *consimilis calbum (Matsumura) 粉太波纹蛾台

湾亚种，两色波纹蛾，洒波纹蛾 <此亚种学名曾写为 *Tethea (Saronaga) consimilis c-album* (Matsumura)>

Tethea* (*Saronaga*) *consimilis commifera (Warren) 粉太波纹蛾四川亚种，粉太波纹蛾印度亚种，阔洒波纹蛾，仿太波纹蛾

Tethea* (*Saronaga*) *consimilis consimilis (Warren) 粉太波纹蛾指名亚种

Tethea* (*Saronaga*) *consimilis flavescens Werny 同 *Tethea* (*Saronaga*) *consimilis consimilis*

Tethea* (*Saronaga*) *consimilis hoenei Werny 同 *Tethea* (*Saronaga*) *consimilis consimilis*

Tethea* (*Saronaga*) *consimilis szechwanensis Werny 同 *Tethea* (*Saronaga*) *consimilis commifera*

Tethea* (*Saronaga*) *oberthueri (Houlbert) 藕太波纹蛾，藕洒波纹蛾

Tethea* (*Saronaga*) *oberthueri chekiangensis Werny 同 *Tethea* (*Saronaga*) *oberthueri oberthueri*

Tethea* (*Saronaga*) *oberthueri fukienensis Werny 同 *Tethea* (*Saronaga*) *oberthueri oberthueri*

Tethea* (*Saronaga*) *oberthueri oberthueri (Houlbert) 藕太波纹蛾指名亚种

Tethea* (*Saronaga*) *oberthueri taiwana (Matsumura) 藕太波纹蛾台湾亚种，台洒波纹蛾

Tethea* (*Saronaga*) *oberthueri wilemani Werny 同 *Tethea* (*Saronaga*) *oberthueri taiwana*

Tethea* (*Tethea*) *albicostata (Bremer) 白太波纹蛾，白缘洒波纹蛾

Tethea* (*Tethea*) *albicostata albicostata (Bremer) 白太波纹蛾指名亚种

Tethea* (*Tethea*) *albicostata contrastata Werny 同 *Tethea* (*Tethea*) *albicostata albicostata*

Tethea* (*Tethea*) *albicostata montana Werny 同 *Tethea* (*Tethea*) *albicostata albicostata*

Tethea* (*Tethea*) *ampliata (Butler) 宽太波纹蛾，阿泊波纹蛾

Tethea* (*Tethea*) *ampliata ampliata (Butler) 宽太波纹蛾指名亚种

Tethea* (*Tethea*) *ampliata grandis Okano 宽太波纹蛾台湾亚种，灰太波纹蛾，大宽太波纹蛾

Tethea* (*Tethea*) *ampliata griseofasciata Werny 同 *Tethea* (*Tethea*) *ampliata shansiensis*

Tethea* (*Tethea*) *ampliata shansiensis Werny 宽太波纹蛾山西亚种，山西宽太波纹蛾

Tethea* (*Tethea*) *fusca Werny 褐太波纹蛾

Tethea* (*Tethea*) *longisigna László, Ronkay, Ronkay *et* Witt 长斑太波纹蛾

Tethea* (*Tethea*) *octogesima (Butler) 点太波纹蛾，奥藕太波纹蛾

Tethea* (*Tethea*) *octogesima octogesima (Butler) 点太波纹蛾指名亚种

Tethea* (*Tethea*) *octogesima watanabei (Matsumura) 点太波纹蛾台湾亚种，双环波纹蛾

Tethea* (*Tethea*) *ocularis (Linnaeus) [figure of eighty] 太波纹蛾，沤太波纹蛾

Tethea* (*Tethea*) *ocularis amurensis (Warren) 太波纹蛾阿穆尔亚种

Tethea* (*Tethea*) *ocularis ocularis (Linnaeus) 太波纹蛾指名亚种

Tethea* (*Tethea*) *ocularis tsinlingensis Werny 同 *Tethea* (*Tethea*) *ocularis amurensis*

Tethea* (*Tethea*) *or (Denis *et* Schiffermüller) [poplar lutestring] 小太波纹蛾

Tethea* (*Tethea*) *or or (Denis *et* Schiffermüller) 小太波纹蛾指名亚种

Tethea* (*Tethea*) *or terrosa (Graeser) 小太波纹蛾东北亚种

Tethea* (*Tethea*) *punctor enalia (Houlbert) 康定太波纹蛾，肾点散波纹蛾

Tethea* (*Tethea*) *subampliata (Houlbert) 亚太波纹蛾，亚安散波纹蛾

Tethea* (*Tethea*) *trifolium (Alphéraky) 三叉太波纹蛾

Tetheella 丽波纹蛾属

Tetheella fluctuosa (Hübner) 丽波纹蛾

Tetheidae [= Thyatiridae, Cymatophoridae] 波纹蛾科，波纹夜蛾科，拟夜蛾科

Tethida 黑头叶蜂属

Tethida cordigera (Palisot de Beauvois) [black-headed ash sawfly] 梣黑头叶蜂

Tethina 岸蝇属，湿蝇属

Tethina ochracea (Hendel) 淡黄岸蝇，淡黄湿蝇

Tethina orientalis (Hendel) 东方岸蝇，东洋湿蝇

Tethina sexseriata (Hendel) 安平岸蝇，安平湿蝇

tethinid 1. [= tethinid fly] 岸蝇，湿蝇 <岸蝇科 Tethinidae 昆虫的通称>; 2. 岸蝇科的

tethinid fly [= tethinid] 岸蝇，湿蝇

Tethinidae 岸蝇科，湿蝇科

Tethininae 岸蝇亚科

Tethys Entomological Research 特提斯海昆虫学研究 <期刊名>

Tetisimulium 特蚋亚属，特蚋属

Tetisimulium alajense (Rubtsov) 见 *Simulium alajense*

Tetisimulium desertorum (Rubtsov) 见 *Simulium desertorum*

Tetrabezzia 双蠓属

Tetrabezzia africana Clastrier 非洲双蠓

Tetrabezzia pictipennis Kieffer 丽翅双蠓

Tetrabothrus 常板隐翅甲属，特隐翅虫属

Tetrabothrus puetzi Assing 漂氏常板隐翅甲

Tetrabothrus rougemonti Pace 劳氏常板隐翅甲，柔氏特隐翅虫

Tetrabothrus semiapterus Pace 半无翅常板隐翅甲，半无特隐翅甲，半无翅特隐翅虫

Tetrabothrus taiwanensis Pace 台湾常板隐翅甲，台湾特隐翅虫

Tetrabrachinae 四节瓢虫亚科

Tetrabrachys 四节瓢虫属

Tetrabrachys kozlovi (Barovsky) 厚缘四节瓢虫

tetracampid 1. [= tetracampid wasp] 四节金小蜂 <四节金小蜂科 Tetracampidae 昆虫的通称>; 2. 四节金小蜂科的

tetracampid wasp [= tetracampid] 四节金小蜂

Tetracampidae 四节金小蜂科

Tetracanthagyna 短痣蜓属，四棘蜓属

Tetracanthagyna waterhousei McLachlan 沃氏短痣蜓，沃氏四棘蜓

Tetracanthella 四刺㚢属

Tetracanthella anommatos Chen *et* Yin 见 *Dimorphacanthella anommatos*

Tetracanthella sylvatica Yosii 林四刺㚢

Tetracha 大头虎甲属

Tetracha carolina (Linnaeus) [Pan American big-headed tiger beetle] 泛美大头虎甲

Tetrachaetae 四口针类

Tetracnemus 四突跳小蜂属

Tetracnemus longipedicellus Xu 长梗四突跳小蜂
tetracycline 四环素
tetracycline antibiotics 四环素抗菌系
tetracycline-controlled transactivator protein 见 tetracycline transactivator
tetracycline-controlled transactivator 见 tetracycline transactivator
tetracycline-controlled transcriptional activator 见 tetracycline transactivator
tetracycline-repressible transcriptional activator 见 tetracycline transactivator
tetracycline-responsive transcriptional activator 见 tetracycline transactivator
tetracycline transactivator [= tetracycline-controlled transactivator, tetracycline-controlled transcriptional activator, tetracycline-repressible transcriptional activator, tetracycline-controlled transactivator protein, tetracycline-responsive transcriptional activator, abb. tTA] 四环素转录激活子
Tetracyphus odontomus Chevrolat 非桉苗象甲
tetrad 四分体
tetradactyle 四指的 < 也包括如指状突起的 >
Tetradacus 大实蝇亚属
Tetradacus citri (Chen) 同 *Bactrocera* (*Tetradacus*) *minax*
Tetradacus tsuneonis (Miyake) 见 *Bactrocera* (*Tetradacus*) *tsuneonis*
tetraethyl pyrophosphate [abb. TEPP] 焦磷酸四乙酯，特普，过磷酸酯，六乙四磷，死虫四磷
Tetraglenes 蝠天牛属
Tetraglenes bacillarius Lameere 棒形蝠天牛
Tetraglenes flavovittata Breuning 黄条蝠天牛
Tetraglenes hirticornis (Fabricius) 毛角蝠天牛
Tetraglenes insignis sublineatus Gressitt 同 *Tetraglenes hirticornis*
tetragonal [= tetragonum, quadrangular] 四角形的
Tetragoneura 四角菌蚊属
Tetragoneura longicauda van Duzee 长尾四角菌蚊
Tetragoneura matsutakei (Sasaki) 松茸四角菌蚊，松竹松蕈蚊
Tetragonoderus 四角步甲属
Tetragonoderus quadrisignatus Quensel 四斑四角步甲
Tetragonomenes 四角拟步甲属，四角拟回木虫属
Tetragonomenes hirasawai Masumoto 平泽四角拟步甲，希四角拟步甲，平泽四角拟回木虫
Tetragonomenes palpalis (Kaszab) 须四角拟步甲，四角拟回木虫，须奥拟步甲
Tetragonomenes pseudorufiventris (Masumoto) 伪红腹四角拟步甲，红腹四角拟回木虫，伪红腹奥拟步甲
Tetragonula 类四无刺蜂属
Tetragonula carbonaria (Smith) [sugarbag bee, bush bee] 黑类四无刺蜂
Tetragonula iridipennis (Smith) 虹类四无刺蜂
Tetragonula laeviceps (Smith) 光足类四无刺蜂
Tetragonula pagdeni (Schwarz) 黑胸类四无刺蜂
tetragonum 见 tetragonal
Tetragonus 纹蛾属
Tetragonus catamitus Geyer 隐锚纹蛾，克锚纹蛾
Tetralanguria apicata Zia 见 *Labidolanguria apicata*
Tetralanguria collaris (Crotch) 见 *Tetraphala collaris*
Tetralanguria elongata (Fabricius) 见 *Tetraphala elongata*
Tetralanguria fraterna Zia 见 *Tetraphala fraterna*
Tetralanguria fryi Fowler 见 *Tetraphala fryi*
Tetralanguria humeralis Arrow 见 *Tetraphala humeralis*
Tetralanguria miles Fowler 见 *Tetraphala miles*
Tetralanguria omeica Zia 见 *Tetraphala omeica*
Tetralanguria oshimana (Miwa) 见 *Paederolanguria oshimana*
Tetralanguria tienmuensis Zia 见 *Tetraphala tienmuensis*
Tetralanguria variventris Kraatz 见 *Tetraphala variventris*
Tetralanguroides sauteri Fowler 见 *Labidolanguria sauteri*
Tetralaucopora 缩颊隐翅甲属
Tetralaucopora hebeiensis (Pace) 河北缩颊隐翅甲
Tetraleurodes 四粉虱属，草粉虱属
Tetraleurodes acaciae (Quaintance) [acacia whitefly] 刺桐四粉虱，刺桐粉虱，刺桐草粉虱
Tetraleurodes aucubae Kuwana 见 *Aleuroclava aucubae*
Tetraleurodes graminis Takahashi 白茅四粉虱，草四粉虱，禾草粉虱
Tetraleurodes malayensis Takahashi 马来四粉虱
Tetraleurodes mori (Quaintance) [mulberry whitefly] 桑四粉虱，桑粉虱
Tetraleurodes neemani Bink-Moenen 纽曼四粉虱，纽曼草粉虱
Tetraleurodes oplismeni Takahashi 求米草四粉虱，求米草粉虱，球米草粉虱
Tetraleurodes semilunaris Corbett 见 *Crescentaleyrodes semilunaris*
Tetraleurodes thenmozhiae Jesudasan *et* David 长四粉虱
Tetralimonius 四叩甲属
Tetralimonius reitteri (Gurjeva) 赖氏四叩甲，赖氏凸胸叩甲
Tetralobini 四叶叩甲族
Tetralobus 四叶叩甲属
Tetralobus perroti Flautiaux 巨四叶叩甲，佩四叶叩甲
Tetralonia acutangula Morawitz 同 *Tetraloniella* (*Tetraloniella*) *fasciata*
Tetralonia basistrigatula Strand 见 *Eucera basistrigatula*
Tetralonia chinensis Smith 见 *Eucera* (*Synhalonia*) *chinensis*
Tetralonia dentata (Germar) 见 *Tetraloniella* (*Tetraloniella*) *dentata*
Tetralonia fasciata Smith 见 *Tetraloniella* (*Tetraloniella*) *fasciata*
Tetralonia floralia Smith 见 *Eucera* (*Synhalonia*) *floralia*
Tetralonia jacoti Cockerell 见 *Eucera* (*Synhalonia*) *jacoti*
Tetralonia macroglossa Illiger 见 *Eucera macroglossa*
Tetralonia mitsukurii Cockerell 见 *Tetraloniella* (*Tetraloniella*) *mitsukurii*
Tetralonia pollinosa Peletier 见 *Tetraloniella* (*Tetraloniella*) *pollinosa*
Tetralonia polychroma Cockerell 见 *Eucera* (*Synhalonia*) *polychrome*
Tetralonia ruficornis (Fabricius) 见 *Tetraloniella* (*Tetraloniella*) *ruficornis*
Tetralonia taihokuensis Strand 见 *Eucera taihokuensis*
Tetralonia taihorensis Strand 见 *Eucera taihorensis*
Tetralonia yunnanensis Wu 见 *Eucera* (*Synhalonia*) *yunnanensis*
Tetraloniella 四条蜂属
Tetraloniella* (*Tetraloniella*) *dentata (Germar) 八齿四条蜂
Tetraloniella* (*Tetraloniella*) *fasciata (Smith) 带四条蜂
Tetraloniella* (*Tetraloniella*) *fulvescens (Giraud) 六齿四条蜂
Tetraloniella* (*Tetraloniella*) *mitsukurii (Cockerell) 小四条蜂，米氏四条蜂
Tetraloniella* (*Tetraloniella*) *pollinosa (Peletier) 二齿四条蜂
Tetraloniella* (*Tetraloniella*) *ruficornis (Fabricius) 红角四条蜂
Tetralonioidella 小四条蜂属
Tetralonioidella fukienensis Lieftinck 福建小四条蜂

Tetralonioidella heinzi Dubitzky 海氏小四条蜂，海因之小四条蜂

Tetralonioidella himalayana (Bingham) 喜马拉雅小四条蜂

Tetralonioidella himalayana formosana (Cockerell) 喜马拉雅小四条蜂台湾亚种

Tetralonioidella himalayana himalayana (Bingham) 喜马拉雅小四条蜂指名亚种

Tetralonioidella hoozana (Strand) 台湾小四条蜂

Tetralopha 丛螟属

Tetralopha asperatella (Clemens) 糙丛螟

Tetralopha robustella Zeller [pine webworm] 松丛螟

Tetralopha scortealis (Lederer) [lespedeza webworm] 胡枝子丛螟

Tetramera 1. 四跗节类<指鞘翅目昆虫之跗节为四亚节者>; 2. [= Raphidioidea, Raphidiodea, Raphidioptera, Rhaphidioptera, Aponeuroptera] 蛇蛉目

Tetrameringophrys 特拉实蝇属

Tetrameringophrys parilis Hardy 帕里特拉实蝇

tetramerous 四跗节的

Tetramesa 泰广肩小蜂属

Tetramesa aequidens (Waterston) 竹茎泰广肩小蜂，竹茎广肩小蜂

Tetramesa bambusae Philips 竹泰广肩小蜂

Tetramesa phyllostachitis (Gahan) [bamboo jointworm] 刚竹泰广肩小蜂，毛竹广肩小蜂

Tetramesa townesi Narendran 汤氏泰广肩小蜂

Tetramesa vadana Narendran 台湾泰广肩小蜂

Tetramoera 蔗小卷蛾属

Tetramoera schistaceana (Snellen) [sugarcane shoot borer, sugarcane gray borer, grey stalk borer, white borer, white stem borer, white sugarcane borer, grey stem borer, grey sugarcane borer] 甘蔗小卷蛾，甘蔗黄螟，甘蔗小卷叶螟，蔗灰小卷蛾，蔗灰小蛾，黄螟

Tetramoriini 铺道蚁族，皱家蚁族

Tetramorium 铺道蚁属，皱家蚁属

Tetramorium amium Forel 角腹铺道蚁，阿美铺道蚁，阿美皱蚁，阿美皱家蚁，台铺道蚁

Tetramorium aptum Bolton 阿普特铺道蚁

Tetramorium atratulum (Schenck) 暗铺道蚁

Tetramorium bicarinatum (Nylander) 双隆骨铺道蚁，双脊皱蚁，双脊皱家蚁

Tetramorium caespitum (Linnaeus) [pavement ant] 铺道蚁

Tetramorium caespinum jacoti Wheeler 同 *Tetramorium tsushimae*

Tetramorium cardiocarenum Xu *et* Zheng 心头铺道蚁

Tetramorium ceylonica (Emery) 锡兰铺道蚁，斯里兰卡铺道蚁

Tetramorium ciliatum Bolton 毛发铺道蚁

Tetramorium crepum Wang *et* Wu 黑色铺道蚁

Tetramorium cuneinode Bolton 楔结铺道蚁

Tetramorium curtulum Emery 短铺道蚁

Tetramorium cyclolobium Xu *et* Zheng 圆叶铺道蚁

Tetramorium dunhuangense Chang *et* He 敦煌铺道蚁

Tetramorium ferox Ruzsky 凶暴铺道蚁

Tetramorium flavum Chang *et* He 黄色铺道蚁

Tetramorium forte Forel 福特铺道蚁

Tetramorium guangxiensis Zhou *et* Zheng 广西铺道蚁

Tetramorium guineense (Fabricius) 蠋铺道蚁

Tetramorium indicum Forel 印度铺道蚁，印度皱蚁

Tetramorium inerme Mayr 无刺铺道蚁

Tetramorium inglebyi Forel 英格来铺道蚁

Tetramorium insolens (Smith) 光颚铺道蚁

Tetramorium jiangxiense Wang *et* Xiao 同 *Tetramorium caespitum*

Tetramorium kraepelini Forel 克氏铺道蚁，拱背皱家蚁

Tetramorium khnum Bolton 克努铺道蚁

Tetramorium lanuginosum Mayr 茸毛铺道蚁，绒毛皱蚁，绒毛皱家蚁

Tetramorium laparum Bolton 拉帕铺道蚁

Tetramorium mai Wang 马氏铺道蚁

Tetramorium nipponense Wheeler 日本铺道蚁，日本皱蚁，日本皱家蚁

Tetramorium nursei Bingham 诺斯氏铺道蚁，乃尔斯铺道蚁

Tetramorium obtudidens Viehmeyer 钝齿铺道蚁

Tetramorium ochrothorax Chang *et* He 黄胸铺道蚁

Tetramorium pacificum Mayr 太平洋铺道蚁，太平洋皱蚁，太平洋皱家蚁

Tetramorium parvispinum (Emery) 小刺铺道蚁，小刺皱蚁，小刺皱家蚁

Tetramorium pilosum Emery 细毛铺道蚁

Tetramorium reduncum Wang *et* Wu 见 *Leptothorax reduncus*

Tetramorium repletum Wang *et* Xiao 全唇铺道蚁

Tetramorium rothneyi Forel 同 *Tetramorium wroughtonii*

Tetramorium schneideri Emery 谢氏铺道蚁，谢氏皱腹铺道蚁

Tetramorium shensiense Bolton 陕西铺道蚁

Tetramorium simileve jacoti Wheeler 同 *Tetramorium tsushimae*

Tetramorium simillimum (Smith) 相似铺道蚁，相似皱蚁，相似皱家蚁

Tetramorium smithi Mayr 史氏铺道蚁

Tetramorium striabdomen Chang *et* He 纹腹铺道蚁

Tetramorium striatidens Emery 同 *Tetramorium lanuginosum*

Tetramorium striativentre schneideri Emery 见 *Tetramorium schneideri*

Tetramorium taurocaucasicum Arnoldi 同 *Tetramorium forte*

Tetramorium tonganum Mayr 汤加铺道蚁，托铺道蚁

Tetramorium turcomanicum Emery 土库曼铺道蚁

Tetramorium tsushimae Emery 津岛铺道蚁

Tetramorium undatium Chang *et* He 波纹铺道蚁

Tetramorium walshi (Forel) 沃尔什氏铺道蚁

Tetramorium wroughtonii (Forel) 骆氏铺道蚁，骆氏皱家蚁

Tetramorium xizangense Zhou 西藏铺道蚁

Tetramorium yerburyi Forel 耶氏铺道蚁

Tetramorium yulongense Xu *et* Zheng 玉龙铺道蚁

tetramo (u) lter 四眠蚕

tetramo (u) lting individual 四眠个体

tetramo (u) lting larva 四眠蚕

tetranactin 四环菌素，杀螨素

Tetraneura 四脉绵蚜属，毛禾根蚜属

Tetraneura akinire Sasaki 同 *Tetraneura* (*Tetraneurella*) *nigriabdominalis*

Tetraneura caerulescens (Passerini) 见 *Tetraneura* (*Tetraneura*) *caerulescens*

Tetraneura* (*Indotetraneura*) *asymmachia Zhang *et* Zhang 异爪四脉绵蚜

Tetraneura nigriabdominalis (Sasaki) 见 *Tetraneura* (*Tetraneurella*) *nigriabdominalis*

Tetraneura radicicola Strand 见 *Tetraneura* (*Tetraneura*) *radicicola*

Tetraneura sorini Hille Ris Lambers 见 *Tetraneura* (*Tetraneurella*) *sorini*

Tetraneura* (*Tetraneura*) *aequiunguis Zhang *et* Zhang 等爪四脉绵蚜
Tetraneura* (*Tetraneura*) *brachytricha Zhang *et* Zhang 短毛四脉绵蚜
Tetraneura* (*Tetraneura*) *caerulescens (Passerini) 暗色四脉绵蚜
Tetraneura* (*Tetraneura*) *chui Zhang *et* Zhang 朱氏四脉绵蚜
Tetraneura* (*Tetraneura*) *persicina Zhang *et* Zhang 桃形四脉绵蚜
Tetraneura* (*Tetraneura*) *polychaeta Hille Ris Lambers 多毛四脉绵蚜
Tetraneura* (*Tetraneura*) *polychorema Zhang 多室四脉绵蚜
Tetraneura* (*Tetraneura*) *radicicola Strand 根四脉绵蚜，细短毛禾根蚜
Tetraneura* (*Tetraneura*) *triangula Zhang *et* Zhang 角四脉绵蚜
Tetraneura* (*Tetraneura*) *ulmi (Linnaeus) [elm sack gall aphid, elm-grass root aphid, elm gall aphid, elm leaf-gall a phid] 榆四脉绵蚜，榆四条绵蚜，秋四脉绵蚜，榆蚜，榆禾蚜，谷榆蚜，高粱根蚜
Tetraneura* (*Tetraneura*) *ulmicema Zhang 食榆四脉绵蚜
Tetraneura* (*Tetraneura*) *yezoensis Matsumura 瑕夷四脉绵蚜，瑕夷脉绵蚜
Tetraneura* (*Tetraneurella*) *akinire Sasaki 同 *Tetraneura* (*Tetraneurella*) *nigriabdominalis*
Tetraneura* (*Tetraneurella*) *akinire shanxiensis Zhang *et* Zhang 见 *Tetraneura* (*Tetraneurella*) *nigriabdominalis shanxiensis*
Tetraneura* (*Tetraneurella*) *capitata Zhang *et* Zhang 钉毛四脉绵蚜
Tetraneura* (*Tetraneurella*) *capitata agropyricena Zhang 钉毛四脉绵蚜冰草亚种
Tetraneura* (*Tetraneurella*) *capitata capitata Zhang *et* Zhang 钉毛四脉绵蚜指名亚种
Tetraneura* (*Tetraneurella*) *chinensis Mordvilko 中国四脉绵蚜
Tetraneura* (*Tetraneurella*) *nigriabdominalis (Sasaki) [root aphid, rice root aphid, Japanese rice root aphid] 黑腹四脉绵蚜，陆稻黑腹绵蚜，粗长毛禾根绵蚜，陆稻根四条绵蚜，秋四脉绵蚜，榆瘿蚜，高粱根蚜，红腹缢管蚜，水稻根蚜，长毛角蚜，阿拟四脉绵蚜，稻根蚜
Tetraneura* (*Tetraneurella*) *nigroabdominalis bispina Hille Ris Lambers 黑腹四脉绵蚜二毛亚种
Tetraneura* (*Tetraneurella*) *nigriabdominalis nigriabdominalis (Ssaki) 黑腹四脉绵蚜指名亚种
Tetraneura* (*Tetraneurella*) *nigriabdominalis shanxiensis Zhang *et* Zhang 黑腹四脉绵蚜山西亚种，秋四脉绵蚜山西亚种
Tetraneura* (*Tetraneurella*) *sorini Hille Ris Lambers 宗林四脉绵蚜
Tetraneura ulmi (Linnaeus) 见 *Tetraneura* (*Tetraneura*) *ulmi*
Tetraneura yezoensis Matsumura 见 *Tetraneura* (*Tetraneura*) *yezoensis*
Tetraneura zelkovisucta Zhang 同 *Paracolopha morrisoni*
Tetranillus 四脊细甲属
Tetranillus longicarinatus Ren *et* Shi 长四脊细甲
Tetranosis 特细甲属
Tetranosis thibetanus (Koch) 西藏特细甲，藏微特拟步甲
tetranucleotide 四核苷酸
Tetraommatus 离眼天牛属
Tetraommatus insignis Gahan 离眼天牛
Tetraommatus kuantaoshanensis (Chang) 郑山离眼天牛，关刀山细颈天牛，关刀山离眼天牛
Tetraommatus taiwanus Hayashi 台湾离眼天牛，淡黄细颈天牛，台湾细姬天牛
Tetraopes 雉天牛属
Tetraopes tetrophthalmus (Förster) [red milkweed beetle] 马利筋雉天牛，马利筋红天牛
Tetraophthalmus 重突天牛属
Tetraophthalmus episcopalis (Chevrolat) 黄荆重突天牛，黄荆眼天牛，大紫天牛
Tetraophthalmus formosanus (Breuning) 台湾重突天牛，蓬莱紫天牛
Tetraophthalmus gibbicollis (Thomson) 红黄重突天牛
Tetraophthalmus gibbicollis baudioni (Breuning) 红黄重突天牛包氏亚种，包氏重突天牛
Tetraophthalmus gibbicollis gibbicollis (Thomson) 红黄重突天牛指名亚种
Tetraophthalmus gibbicollis tenasserimensis (Breuning) 红黄重突天牛紫光亚种，紫光重突天牛
Tetraophthalmus gibbicollis tibialis (Pic) 红黄重突天牛暗胫亚种，暗胫重突天牛
Tetraophthalmus holorufus (Breuning) 红翅重突天牛
Tetraophthalmus janthinipennis (Fairmaire) 紫翅重突天牛
Tetraophthalmus janthinipennis cyanopterus (Gahan) 紫翅重突天牛海南亚种，海南紫翅重突天牛，蓝翅紫天牛
Tetraophthalmus janthinipennis flavus (Chiang) 紫翅重突天牛龙陵亚种，龙柄重突天牛，龙陵紫重突天牛
Tetraophthalmus janthinipennis janthinipennis (Fairmaire) 紫翅重突天牛指名亚种，指名海南重突天牛
Tetraophthalmus janthinipennis yunnanensis (Breuning) 紫翅重突天牛云南亚种，滇紫翅重突天牛
Tetraophthalmus laosensis (Pic) 老挝重突天牛
Tetraophthalmus levis (Newman) 台岛重突天牛
Tetraophthalmus nigrofasciatus (Breuning) 泰国重突天牛
Tetraophthalmus sikanga (Gressitt) 四川重突天牛
Tetraophthalmus splendidus (Fabricius) 丽重突天牛
Tetraophthalmus violaceipennis (Thomson) 蓝翅重突天牛
Tetraphala 特拟叩甲属，特大蕈甲属
Tetraphala collaris (Crotch) 三斑特拟叩甲，领特大蕈甲，领特拟叩甲，领厚拟叩甲
Tetraphala cuprea (Arrow) 腹带特拟叩甲
Tetraphala elongata (Fabricius) 长特拟叩甲，长特大蕈甲，长厚拟叩甲
Tetraphala excisa (Arrow) 方翅特拟叩甲
Tetraphala fraterna (Zia) 兄弟特拟叩甲，亲特拟叩甲
Tetraphala fryi (Fowler) 五节特拟叩甲，弗特拟叩甲，弗厚拟叩甲
Tetraphala humeralis (Arrow) 阔肩特拟叩甲，肩特拟叩甲
Tetraphala miles (Fowler) 弱刻特拟叩甲，米特大蕈甲，迈特拟叩甲
Tetraphala omeica (Zia) 峨眉特拟叩甲，奥特拟叩甲
Tetraphala parallela (Zia) 平侧特拟叩甲，平行厚拟叩甲
Tetraphala sauteri (Fowler) 见 *Labidolanguria sauteri*
Tetraphala simplex (Fowler) 铜绿特拟叩甲，简特大蕈甲
Tetraphala tienmuensis (Zia) 天目山特拟叩甲，天目特拟叩甲
Tetraphala variventris (Kraatz) 黑纹特拟叩甲，异腹特拟叩甲
Tetraphleba 脉刺蛾属，恐刺蛾属
Tetraphleba brevilinea (Walker) 四脉刺蛾，短线恐刺蛾

Tetraphlebia 特眼蝶属
Tetraphlebia germainii Felder *et* Felder 特眼蝶
Tetraphlebia glaucope Felder 银灰特眼蝶
Tetraphleps 肩花蝽属
Tetraphleps alashanensis Tong *et* Nonnaizab 阿拉善肩花蝽
Tetraphleps aterrimus Sahlberg 黑色肩花蝽
Tetraphleps galchanoides Ghauri 斑翅肩花蝽
Tetraphleps maculatus Tong *et* Nonnaizab 五斑肩花蝽
Tetraphleps parallelus Bu *et* Zheng 直长肩花蝽
Tetraphleps pilosulus Bu *et* Zheng 毛肩花蝽
Tetraphleps yulongensis Bu *et* Zheng 玉龙肩花蝽
Tetraphyllus 四叶拟步甲属，彩虹拟步行虫属
Tetraphyllus brunneipes Kaszab 棕四叶拟步甲，褐角彩虹拟步行虫
Tetraphyllus latreillei Castelnau *et* Brullé 拉四叶拟步甲
Tetraphyllus monticolus (Nakakita) 山四叶拟步甲
Tetraphyllus nakanei (Masumoto) 中根四叶拟步甲，中根红艳拟步行虫
Tetraphyllus punctatus (Pic) 点四叶拟步甲
Tetraphyllus punctatus punctatus (Pic) 点四叶拟步甲指名亚种
Tetraphyllus punctatus yunnanus Kaszab 点四叶拟步甲云南亚种，滇点四叶拟步甲
Tetraphyllus satoi Ando 佐藤四叶拟步甲
Tetraphyllus shibatai (Nakakita) 柴田四叶拟步甲
Tetraphyllus tsaii Masumoto 蔡氏四叶拟步甲
Tetrapleurus 四脊隐翅甲属
Tetrapleurus formosae Bernhauer 台湾四脊隐翅甲，台四脊隐翅虫
Tetrapleurus parallelus Bernhauer 平行四脊隐翅甲，平行四脊隐翅虫
Tetrapleurus sauteri Bernhauer 索氏四脊隐翅甲，索四脊隐翅虫
Tetrapoda 四足类 < 指蝶类中的前足萎缩者 >
Tetraponera 细长蚁属，四拟家蚁属，拟家蚁属
Tetraponera aitkeni (Forel) 艾氏细长蚁，艾氏举腹蚁
Tetraponera allaborans (Walker) 飘细长蚁，长腹拟家蚁
Tetraponera amargina Xu *et* Chai 无缘细长蚁
Tetraponera attenuata Smith 狭唇细长蚁，细长拟家蚁
Tetraponera binghami (Forel) 宾氏细长蚁
Tetraponera concava Xu *et* Chai 凹唇细长蚁
Tetraponera convexa Xu *et* Chai 隆背细长蚁
Tetraponera furcata Xu *et* Chai 叉唇细长蚁
Tetraponera microcarpa Wu *et* Wang 榕细长蚁
Tetraponera modesta Smith 谦逊细长蚁，谦逊拟家蚁
Tetraponera nigra (Jerdon) 黑细长蚁
Tetraponera nitida (Smith) 光细长蚁
Tetraponera notabilis Ward 显赫细长蚁
Tetraponera penzigi (Mayr) 盆氏细长蚁
Tetraponera protensa Xu *et* Chai 尖唇细长蚁
Tetraponera rufonigra (Jerdon) 红黑细长蚁
Tetraponera thagatensis (Forel) 泰加细长蚁，泰加拟家蚁，台湾细长蚁
Tetrapriocera 四棒长蠹属
Tetrapriocera defracta Lesne 截面四棒长蠹
Tetrapriocera laevifrons Lesne 光额四棒长蠹
Tetrapriocera longicornis (Olivier) 长角四棒长蠹
Tetrapriocera oceanina Lesne 大洋四棒长蠹
Tetraptera 四翅类 < 为具有四个膜质网翅昆虫的旧称 >
Tetrarhanis 泰灰蝶属
Tetrarhanis baralingam (Larsen) [baralingam on-off] 巴拉泰灰蝶
Tetrarhanis diversa Bethune-Baker [diverse on-off] 多型泰灰蝶
Tetrarhanis etoumbi Stempffer 埃泰灰蝶
Tetrarhanis ilma (Hewitson) 泰灰蝶
Tetrarhanis laminifer Clench 腊泰灰蝶
Tetrarhanis nubifera Druce [white on-off] 奴比泰灰蝶
Tetrarhanis ogojae Stempffer [Ogoja on-off] 奥泰灰蝶
Tetrarhanis okwangwo Larsen [Okwangwo on-off] 奥克泰灰蝶
Tetrarhanis onitshae Stempffer [Onitsha on-off] 奥尼泰灰蝶
Tetrarhanis rougeoti Stempffer 罗泰灰蝶
Tetrarhanis schoutedeni Berger 肖特泰灰蝶
Tetrarhanis simplex Aurivillius [simple on-off] 素朴泰灰蝶
Tetrarhanis souanke Stempffer 索泰灰蝶
Tetrarhanis stempfferi Berger [Stempffer's on-off] 斯蒂泰灰蝶
Tetrarhanis symplocus Clench [Clench's on-off] 苏木泰灰蝶
Tetrarthria 四节盾蝽属
Tetrarthria variegata Dallas 异色四节盾蝽，四节盾蝽，异色四节盾椿象
Tetraschalis 特羽蛾属
Tetraschalis arachnodes Meyrick 阿特羽蛾
Tetraserica 长角绢金龟属
Tetraserica sigulianshanica Liu, Fabrizi, Yang *et* Ahrens 四姑娘山长角绢金龟
tetraspanin [abb. TSP] 四跨膜蛋白
tetrastichid 1. [= tetrastichid wasp] 啮小蜂，无后缘姬小蜂 < 啮小蜂科 Tetrastichidae 昆虫的通称 >；2. 啮小蜂科的
tetrastichid wasp [= tetrastichid] 啮小蜂，无后缘姬小蜂
Tetrastichidae 啮小蜂科，无后缘姬小蜂科
Tetrastichinae 啮小蜂亚科
Tetrastichus 啮小蜂属
Tetrastichus aplanfacis Yang *et* Yao 泡桐叶甲卵啮小蜂
Tetrastichus aponiusi Yang 枫桦小蠹啮小蜂
Tetrastichus armandii Yang 松蠹啮小蜂
Tetrastichus ayyari Rohwer 同 *Tetrastichus howardi*
Tetrastichus brevistigma Gahan 短痣啮小蜂
Tetrastichus brontispae Ferrière 椰心叶甲啮小蜂，椰扁甲啮小蜂
Tetrastichus ceroplasteae (Girault) 蜡蚧啮小蜂
Tetrastichus chara Kostjukov 卡拉啮小蜂
Tetrastichus clavatus Yang 显棒小蠹啮小蜂
Tetrastichus clavicornis Yang 刺角卵腹啮小蜂
Tetrastichus coccinellae Kurdjumov 瓢虫啮小蜂
Tetrastichus convexi Yang *et* Yao 松毛虫凸胸啮小蜂
Tetrastichus cupressi Yang 柏小蠹啮小蜂
Tetrastichus flavipediceli Yang *et* Cao 竹斑蛾黄色啮小蜂
Tetrastichus fuscous Yang *et* Cao 马尾松毛虫暗褐啮小蜂
Tetrastichus hagenowii (Ratzeburg) [cockroach-egg parasitoid] 啊氏啮小蜂，二化螟啮小蜂
Tetrastichus heeringi Delucchi 叶甲蛹啮小蜂
Tetrastichus howardi (Oliff) 霍氏啮小蜂
Tetrastichus inferens Yoshimoto 台湾啮小蜂
Tetrastichus janusi Yang, Yang *et* Yao 梨茎蜂啮小蜂
Tetrastichus jinzhouicus Liao 吉丁虫啮小蜂

T

Tetrastichus juglansi Yang 核桃小蠹啮小蜂
Tetrastichus kodaikanalensis Saraswat 白蜡虫啮小蜂
Tetrastichus litoreus Yang, Qiao *et* Han 白蛾短角啮小蜂
Tetrastichus mimus (Perkins) 小啮小蜂，小新啮小蜂
Tetrastichus murakamii Sugonjaev 蜡蚧褐腰啮小蜂
Tetrastichus nigricoxae Yang 白蛾黑基啮小蜂
Tetrastichus paratemplae Yang *et* Yao 鳞蛹平颊啮小蜂
Tetrastichus piceae Yang 云杉小蠹啮小蜂
Tetrastichus planipennisi Yang 白蜡吉丁啮小蜂
Tetrastichus purpureus Cameron 胶蚧红眼啮小蜂
Tetrastichus schoenobii Ferriére 螟卵啮小蜂
Tetrastichus septentrionalis Yang 白蛾黑棒啮小蜂
Tetrastichus shandongensis Yang 山东白蛾啮小蜂
Tetrastichus shaxianensis Liao 稻纵卷叶螟啮小蜂
Tetrastichus sokolowskii Kurdjumov 菜蛾啮小蜂
Tetrastichus taibaishanensis Yang 太白山小蠹啮小蜂
Tetrastichus telon (Graham) 长腹木蠹啮小蜂，云南松毛虫姬小蜂，球小蠹啮小蜂
Tetrastichus thoracicus Yang 隆胸小蠹啮小蜂
Tetrastichus turionum (Hartig) 鳞根啮小蜂
Tetrasticta 长眼隐翅甲属，四纹隐翅甲属
Tetrasticta bobbii Zheng *et* Zhao 丽长眼隐翅甲
Tetrasticta brevipennis (Bernhauer) 短翅长眼隐翅甲
Tetrasticta laeta Maruyama *et* Sugaya 黄长眼隐翅甲，黄四纹隐翅虫
Tetrasticta polita Kraatz 亮长眼隐翅甲，毛四纹隐翅甲，毛四纹隐翅虫
tetrastigma skipper [*Zera tetrastigma* (Sepp)] 特灵弄蝶
Tetratemnus sculpturatus Wollaston 见 *Dryophthorus sculpturatus*
Tetrathemis 方蜻属
Tetrathemis irregularis Brauer 钩尾方蜻
Tetrathemis platyptera Sélys 宽翅方蜻
tetratomid 1. [= tetratomid beetle, polypore fungus beetle] 斑蕈甲，拟长朽木甲，伪蕈甲 < 斑蕈甲科 Tetratomidae 昆虫的通称 >; 2. 斑蕈甲科的
tetratomid beetle [= tetratomid, polypore fungus beetle] 斑蕈甲，拟长朽木甲，伪蕈甲
Tetratomidae 斑蕈甲科，拟长朽木甲科，伪蕈甲科
Tetratriplax 丁蕈甲属
Tetratriplax inornata (Chûjô) 素丁蕈甲
Tetratritoma 四大蕈甲属
Tetratritoma chui Nakane 岛四大蕈甲，丘四大蕈甲
tetravoltine 四化性
Tetrica 犷瓢蜡蝉属
Tetrica aequa Jacobi 等犷瓢蜡蝉，福建特瓢蜡蝉
Tetrica zephyrus Fennah 云犷瓢蜡蝉，华南特瓢蜡蝉
Tetricodes 瘤额瓢蜡蝉属，额突瓢蜡蝉属
Tetricodes anlongensis Chen, Zhang *et* Chang 安龙瘤额瓢蜡蝉
Tetricodes ansatus Chang *et* Chen 柄突瘤额瓢蜡蝉
Tetricodes fennahi Gnezdilov 芬纳瘤额瓢蜡蝉，费氏额突瓢蜡蝉
Tetricodes parvispinus Chang *et* Chen 小刺瘤额瓢蜡蝉
Tetricodes polyphemus Fennah 瘤额瓢蜡蝉，额突瓢蜡蝉，拟特瓢蜡蝉
Tetricodes similis Chang *et* Chen 类小刺瘤额瓢蜡蝉
Tetricodes songae Zhang *et* Chen 同 *Tetricodes polyphemus*
Tetricodissus 苏额瓢蜡蝉属
Tetricodissus pandlineus Wang, Bourgoin *et* Zhang 环线苏额瓢蜡蝉
Tetridia 长须野螟属
Tetridia caletoralis (Walker) 红褐长须野螟，红褐长角野螟
tetrigid 1. [= tetrigid grasshopper, groundhopper, pygmy grasshopper, pygmy devil, pigmy locust, grouse locust] 蚱，菱蝗 < 蚱科 Tetrigidae 昆虫的通称 >; 2. 蚱科的
tetrigid grasshopper [= tetrigid, groundhopper, pygmy grasshopper, pygmy devil, pigmy locust, grouse locust] 蚱，菱蝗
Tetrigidae [= Tettigidae] 蚱科，菱蝗科，棱蝗科
Tetrigoidea 蚱总科，菱蝗总科
Tetrigona 四无刺蜂属
Tetrigona vidua (Peletier) 暗翅四无刺蜂
Tetrigus 猛叩甲属
Tetrigus babai Kishii 巴猛叩甲，巴特叩甲
Tetrigus flabellatus (Germar) 鞭猛叩甲，鞭特叩甲
Tetrigus lewisi Candèze 莱氏猛叩甲，刘特叩甲
Tetrigus taiwanus Kishii 台湾猛叩甲
Tetrix 蚱属
Tetrix aelytra Deng, Zheng *et* Wei 缺翅蚱
Tetrix albistriata Yao *et* Zheng 白条蚱
Tetrix albomaculatus Zheng *et* Jiang 白斑蚱
Tetrix albomarginis Zheng *et* Nie 白边蚱
Tetrix albonota Zheng 白背蚱
Tetrix baoshanensis Zheng, Wei *et* Liu 保山蚱
Tetrix barbifemura Zheng 毛股蚱
Tetrix beibuwanensis Zheng *et* Jiang 北部湾蚱
Tetrix bipunctata (Linnaeus) 二斑蚱
Tetrix bolivari Saulcy 波氏蚱
Tetrix brachynota Zheng *et* Deng 短背蚱
Tetrix brevicornis Zheng, Lin *et* Shi 短角蚱
Tetrix brevipennis Zheng *et* Ou 短翅蚱
Tetrix cangshanensis Deng, Wang *et* Mao 苍山蚱
Tetrix cavifrontalis Liang 凹额蚱
Tetrix ceperoi (Bolívar) 喀蚱，新疆蚱
Tetrix ceperoi ceperoi (Bolívar) 喀蚱指名亚种
Tetrix ceperoi chinensis Liang 喀蚱中华亚种，中华喀蚱
Tetrix ceperoides Zheng *et* Jiang 拟喀蚱
Tetrix changbaishanensis Ren, Wang *et* Sun 长白山蚱
Tetrix changchunensis Wang, Wang *et* Ren 长春蚱
Tetrix chongqingensis Zheng *et* Shi 重庆蚱
Tetrix cliva Zheng *et* Deng 丘背蚱
Tetrix curvimarginus Zheng *et* Deng 曲缘蚱
Tetrix dentifemura Zheng *et* Shi 锯齿股蚱，锯齿蚱
Tetrix erhaiensis Zheng *et* Mao 洱海蚱
Tetrix fengmanensis Ren, Meng *et* Sun 丰满蚱
Tetrix fuchuanensis Zheng 富川蚱
Tetrix fuhaiensis Zheng, Zhang, Yang *et* Wang 同 *Tetrix tartara*
Tetrix fuliginosaoides Deng 拟断隆蚱
Tetrix fuligunosa (Zetterstedt) 佛蚱
Tetrix glochinota Zhao, Niu *et* Zhang 突背蚱
Tetrix grossifemura Zheng *et* Jiang 粗股蚱
Tetrix grossovalva Zheng 粗瓣蚱
Tetrix grossus Zheng *et* Shi 粗体蚱

Tetrix guangxiensis Zheng et Jiang 广西蚱
Tetrix guibeiensis Zheng, Lu et Li 桂北蚱
Tetrix guibeioides Deng, Zheng et Wei 拟桂北蚱
Tetrix guinanensis Zheng 桂南蚱
Tetrix interrupta Zheng 断隆蚱
Tetrix interrupta Zheng et Xu 同 *Tetrix fuliginosaoides*
Tetrix japonica (Bolívar) [Japanese grouse locust] 日本蚱，小菱蝗，日本菱蝗
Tetrix jiangheensis Liang et Zheng 同 *Tetrix tartara*
Tetrix jigongshanensis Zhao, Niu et Zhang 鸡公山蚱
Tetrix jilinensis Ren, Wang et Men 吉林蚱
Tetrix jinshajiangensis Zheng et Shi 金沙江蚱
Tetrix jiuwanshanensis Zheng 九万山蚱
Tetrix kraussi Saulcy 克氏蚱
Tetrix kunmingensis Zheng et Ou 昆明蚱
Tetrix kunmingoides Zheng 拟昆明蚱
Tetrix latifemuroides Zheng 拟宽股蚱
Tetrix latifemurus Zheng et Xie 宽股蚱
Tetrix latipalpa Zheng et Cao 宽须蚱
Tetrix lativertex Zheng, Li et Wei 宽顶蚱
Tetrix liubaensis Zheng 留坝蚱
Tetrix liuwanshanensis Deng, Zheng et Wei 六万山蚱
Tetrix lochengensis Zheng 罗城蚱
Tetrix longipennioides Zheng et Ou 拟长翅蚱
Tetrix longipennis Zheng 长翅蚱
Tetrix longulus (Shiraki) 同 *Tetrix japonica*
Tetrix longzhouensis Zheng et Jiang 龙州蚱
Tetrix maguanensis Deng, Zheng et Wei 马关蚱
Tetrix mandanensis Zheng et Ou 曼旦蚱
Tetrix nanpanjiangensis Deng, Zheng et Wei 南盘江蚱
Tetrix nigrimaculata Zheng et Shi 黑斑蚱
Tetrix nigrimarginis Zheng et Ou 黑缘蚱
Tetrix nigristriatus Zheng et Nie 黑条蚱
Tetrix nigrotibialis Chen, Zheng et Zeng 黑胫蚱
Tetrix nomaculata Zheng et Ou 无斑蚱
Tetrix ochronotata Zheng 褐背蚱
Tetrix parabarbifemura Zheng et Ou 拟毛股蚱
Tetrix parabipunctata Zheng et Ou 拟二斑蚱
Tetrix parabrachynota Zheng, Wang et Shi 拟短背蚱
Tetrix pseudosimulans Zheng et Shi 假仿蚱
Tetrix qilianshanensis Zheng et Chen 祁连山蚱
Tetrix qinlingensis Zheng, Huo et Zhang 秦岭蚱
Tetrix rectimargina Zheng et Jiang 平缘蚱
Tetrix reducta (Walker) 仰头蚱
Tetrix ruyuanensis Liang 乳源蚱
Tetrix serrifemoralis Zheng 齿股蚱
Tetrix serrifemoroides Zheng et Jiang 拟齿股蚱
Tetrix shaanxiensis Zheng 陕西蚱
Tetrix shengnongjiaensis Zheng, Li et Wei 神农架蚱
Tetrix simulanoides Zheng et Jiang 拟仿蚱
Tetrix simulans (Bey-Bienko) 仿蚱
Tetrix sinufemoralis Liang 波纹股蚱，波纹蚱
Tetrix sipingensis Hao, Wang et Ren 四平蚱
Tetrix sjostedtiana (Bey-Bienko) 同 *Tetrix bipunctata*
Tetrix subulata (Linnaeus) 钻形蚱
Tetrix subulatoides Zheng, Zhang, Yang et Wang 同 *Tetrix subulata*
Tetrix tartara (Bolívar) 隆背蚱
Tetrix tartara subacuta Bey-Bienko 同 *Tetrix tartara tartara*
Tetrix tartara tartara (Bolívar) 隆背蚱指名亚种
Tetrix tenuicornis (Sahlberg) 细角蚱
Tetrix tenuicornoides Wang, Yuan et Ren 拟细角蚱
Tetrix tianeensis Zheng 天峨蚱
Tetrix tinkhami Zheng et Liang 丁氏蚱
Tetrix torulosinota Zheng 瘤背蚱
Tetrix torulosinotoides Zheng et Jiang 拟瘤背蚱
Tetrix totulihumerus Zheng et Nie 瘤肩蚱
Tetrix transimacula Zheng 横斑蚱
Tetrix tubercarina Zheng et Jiang 瘤脊蚱
Tetrix tuerki (Krauss) 土氏蚱
Tetrix undatifemura Zheng, Huo et Zhang 波股蚱
Tetrix undulata (Sowerby) [common ground-hopper] 波背蚱
Tetrix weishanensis Zheng et Mao 巍山蚱
Tetrix xianensis Zheng 西安蚱
Tetrix xiangzhouensis Deng, Zheng et Wei 象州蚱
Tetrix xiaowutaishanensis Zheng et Shi 小五台山蚱
Tetrix xinganensis Zheng et Zhou 兴安蚱
Tetrix xinjiangensis Zheng 同 *Tetrix tartara*
Tetrix yaoshanensis Liang 瑶山蚱
Tetrix yizhouensis Zheng et Deng 宜州蚱
Tetrix yunlongensis Zheng et Mao 云龙蚱
Tetrix yunnanensis Zheng 云南蚱
Tetrix zhengi Jiang 郑氏蚱
Tetrix zhongshanensis Deng, Zheng et Wei 钟山蚱
Tetroda 角胸蝽属
Tetroda denticulifera Bergroth 齿角胸蝽
Tetroda histeroides (Fabricius) [four-spined stink-bug] 角胸蝽，四剑椿象
Tetroda latula Distant 越南角胸蝽
Tetropiini 断眼天牛族
Tetropina 杵蟦属，杵石蝇属
Tetropina cheni Wu 广西杵蟦，杵石蝇
Tetropina hochii Chao 见 *Etrocorema hochii*
Tetropium 断眼天牛属
Tetropium abietis Fall [round-headed fir borer] 冷杉断眼天牛，冷杉圆头天牛
Tetropium aquilonium Plavilstshikov 阿奎断眼天牛
Tetropium castaneum (Linnaeus) [black spruce beetle, black spruce long-horn beetle, European spruce longhorn beetle] 光胸断眼天牛
Tetropium cinnamopterum Kirby [eastern larch borer] 东方落叶松断眼天牛
Tetropium fuscum (Fabricius) [brown spruce longicorn beetle] 暗褐断眼天牛
Tetropium gabrieli Weise [larch longhorn beetle] 落叶松断眼天牛
Tetropium gracilicorne Reitter [fine-horned spruce borer] 云杉断眼天牛
Tetropium gracilicum Hayashi 丽断眼天牛
Tetropium laticolle Podaný 宽断眼天牛
Tetropium orienum Gahan 沟胸断眼天牛
Tetropium parvulum Casey [northern spruce borer] 北方云杉断眼

天牛

Tetropium scabriculum Holzschuh 川断眼天牛

Tetropium staudingeri Pic [Staudinger spruce borer, seven-river spruce borer] 凹胸断眼天牛

Tetropium velutinum LeConte [western larch borer, round-headed hemlock borer] 铁杉断眼天牛

Tetrops 小柱天牛属

Tetrops brunneicornis Pu 棕角小柱天牛

Tetrops formosa Baeckmann 中亚小柱天牛，丽小柱天牛

Tetrops hauseri Reitter 红肩小柱天牛

Tetrops rosarum Tsherepanov 离眼小柱天牛

tetrose 四糖

Tetroxyrhina 四带缟蝇属

Tetroxyrhina brunneicosta (Malloch) 褐缘四带缟蝇，棕缘四带缟蝇，棕缘三牙缟蝇，棕棱缟蝇

Tetroxyrhina dashahensis Shi, Gaimari *et* Yang 大沙河四带缟蝇

Tetroxyrhina dentata Shi, Gaimari *et* Yang 齿四带缟蝇

Tetroxyrhina jinpingensis Shi, Gaimari *et* Yang 金平四带缟蝇

Tetroxyrhina menglunensis Shi, Gaimari *et* Yang 勐仑四带缟蝇

Tetroxyrhina peregovitsi Papp 佩奇四带缟蝇

Tetroxyrhina sauteri (Hendel) 索氏四带缟蝇，索特缟蝇

Tetroxyrhina submaculipennis (Malloch) 斑翅四带缟蝇，斑翅三牙缟蝇，斑翅缟蝇

Tetroxyrhina tengchongensis Shi, Gaimari *et* Yang 腾冲四带缟蝇

Tetrya bipunctata (Herrich-Schäffer) 湿地松球果蝽

Tettigadidae 副蝉科，啼蝉科

Tettigadinae 副蝉亚科

tettigarctid 1. [= tettigarctid cicada, hairy cicada] 螽蝉 < 螽蝉科 Tettigarctidae 昆虫的通称 >；2. 螽蝉科的

tettigarctid cicada [= tettigarctid, hairy cicada] 螽蝉

Tettigarctidae 螽蝉科

Tettigella 肖大叶蝉属

Tettigella alba Metcalf 白肖大叶蝉，白叶蝉

Tettigella bellona Distant 同 *Atkinsoniella opponens*

Tettigella chinensis Metcalf 同 *Atkinsoniella insignata*

Tettigella cornelia (Distant) 同 *Anatkina jocosa*

Tettigella crocatula (Jacobi) 同 *Anatkina vespertinula*

Tettigella formosana Matsumura 台湾肖大叶蝉

Tettigella hoozanensis Schumacher 凤山肖大叶蝉

Tettigella marpessa (Distant) 同 *Atkinsoniella opponens*

Tettigella pallidiola Matsumura 淡肖大叶蝉，淡色伪大叶蝉

Tettigella rubropunctata Kato 红斑肖大叶蝉

Tettigella spectra (Distant) 见 *Cofana spectra*

Tettigella suisharyoensis (Schumacher) 水社寮肖大叶蝉；水社寮灌木螽 < 误 >

Tettigella viridis (Linnaeas) 见 *Cicadella viridis*

Tettigellidae [= Tettigonidae, Tettigoniellidae, Cicadellidae] 大叶蝉科

Tettigetta 蟋蝉属

Tettigetta isshikii (Kato) 韩国蟋蝉，韩国草蟋蝉，江崎姬蝉

Tettigetta prasina (Pallas) 新疆蟋蝉，新疆草蟋蝉，新疆姬蝉

Tettigetta shansiensis (Esaki *et* Ishihara) 山西蟋蝉

Tettigidae [= Tetrigidae] 蚱科，菱蝗科，棱蝗科

Tettigometra 蚁蜡蝉属

Tettigometra fusca (Melichar) 暗蚁蜡蝉，暗真蚁蜡蝉，暗红瓢蜡蝉

Tettigometra grossa Lindberg 同 *Tettigometra fusca*

Tettigometra mongolica (Lindberg) 蒙古蚁蜡蝉，蒙古真蚁蜡蝉

tettigometrid 1. [= tettigometrid planthopper, tettigometrid bug] 蚁蜡蝉 < 蚁蜡蝉科 Tettigometridae 昆虫的通称 >；2. 蚁蜡蝉科的

tettigometrid bug [= tettigometrid planthopper, tettigometrid] 蚁蜡蝉

tettigometrid planthopper 见 tettigometrid bug

Tettigometridae 蚁蜡蝉科

Tettigonia 螽斯属 < 该属有一个叶蝉科昆虫的次同名 >

Tettigonia bistriata (Melichar) 见 *Cicadella bistriata*

Tettigonia cantans (Füssly) 日本螽斯，日本剑尾螽

Tettigonia caudata (Charpentier) 新疆螽斯，新疆剑尾螽

Tettigonia chinensis Willemse 中华螽斯，中华灌木螽

Tettigonia hoozanensis Schumacher 见 *Kolla hoozanensis*

Tettigonia hopponis Matsumura 见 *Anatkina hopponis*

Tettigonia horishana Matsumura 见 *Anatkina horishana*

Tettigonia orientalis Uvarov 东方螽斯，东方灌木螽

Tettigonia rinkihonis Matsumura 见 *Atkinsoniella rinkihonis*

Tettigonia semiglauca Lethierry 同 *Kolla atramentaria*

Tettigonia spectra Distant 见 *Cofana spectra*

Tettigonia spectra nigrilinea Stål 见 *Cofana nigrilinea*

Tettigonia subvirescens Stål 见 *Cofana subvirescens*

Tettigonia suisharyoensis Schumacher 见 *Tettigella suisharyoensis*

Tettigonia verrucivora (Linnaeus) 见 *Decticus verrucivorus*

Tettigonia viridissima (Linnaeus) [great green bush cricket] 绿丛螽斯，绿灌木螽，大绿蚱蜢，极绿螽斯，褐背绿螽斯

Tettigonidae [= Tettigellidae, Tettigoniellidae, Cicadellidae] 大叶蝉科

Tettigoniella bistriata (Melichar) 见 *Tettigonia bistriata*

Tettigoniella ceylonica (Melichar) 见 *Kolla ceylonica*

Tettigoniella grossa Signoret 见 *Sonesimia grossa*

Tettigoniella pallidiola (Matsumura) 见 *Tettigella pallidiola*

Tettigoniella viridis Linnaeus 见 *Cicadella viridis*

Tettigoniellidae [= Tettigellidae, Tettigonidae, Cicadellidae] 大叶蝉科

tettigoniid 1. [= tettigoniid grasshopper, katydid, bush cricket, long-horned grasshopper] 螽斯 < 螽斯科 Tettigoniidae 昆虫的通称 >；2. 螽斯科的

tettigoniid grasshopper [= tettigoniid, katydid, bush cricket, long-horned grasshopper] 螽斯

Tettigoniidae 螽斯科，螽蟴科

Tettigoniidea 螽斯次目

Tettigoniinae 螽斯亚科

Tettigoniodea 螽亚目，螽斯亚目

Tettigonioidea 螽斯总科

Tettohagla 异鸣螽属

Tettohagla problematica Gorochov 存疑异鸣螽

Tettohaglinae 异鸣螽亚科

teucer giant owl [*Caligo teucer* (Linnaeus)] 黄带猫头鹰环蝶，黄带猫头鹰蝶

Teuchestes 特蜉金龟甲属

Teuchestes brachysomus (Solsky) 短特蜉金龟甲，短蜉金龟

Teuchestes sinofraternus (Dellacasa *et* Johnson) 华弗特蜉金龟甲，华弗蜉金龟

Teucholabis 甲大蚊属
Teucholabis aberrans Alexander 晃甲大蚊，游荡甲大蚊
Teucholabis fenestrata Osten Sacken 锡兰甲大蚊
Teucholabis inornata Riedel 素甲大蚊，朴素甲大蚊
Teucholabis kiangsiensis Alexander 江西甲大蚊
Teucholabis nigerrima Edwards 黑甲大蚊，最黑甲大蚊，埔里甲大蚊
Teucholabis scitamenta Alexander 丽甲大蚊，聪甲大蚊
Teucholabis unicolor Riedel 单色甲大蚊
Teuchophorus 脉胝长足虻属
Teuchophorus elongatus Wang, Yang *et* Grootaert 长角脉胝长足虻
Teuchophorus emeiensis Yang *et* Saigusa 峨眉脉胝长足虻
Teuchophorus fluvius Wei 溪脉胝长足虻
Teuchophorus gratiosus (Becker) 奉承脉胝长足虻，奉承长足虻
Teuchophorus guangdongensis Wang, Yang *et* Grootaert 广东脉胝长足虻
Teuchophorus moniasus (Wei) 孤脉胝长足虻
Teuchophorus nigrescus Yang *et* Saigusa 黑足脉胝长足虻
Teuchophorus sinensis Yang *et* Saigusa 中华脉胝长足虻
Teuchophorus taiwanensis Wang, Yang *et* Grootaert 台湾脉胝长足虻
Teuchophorus tianmushanus Yang 天目山脉胝长足虻
Teuchophorus ussurianus Negrobov, Grichanov *et* Shamshev 乌苏里脉胝长足虻
Teuchophorus ventralis Yang *et* Saigusa 腹鬃脉胝长足虻
Teuchophorus yingdensis Wang, Yang *et* Grootaert 英德脉胝长足虻
Teuchophorus yunnanensis Yang *et* Saigusa 云南脉胝长足虻
Teuchophorus zhuae Wang, Yang *et* Grootaert 朱氏脉胝长足虻
Teula sinica Navás 同 *Euroleon coreanus*
Teulisna 图苔蛾属
Teulisna bipectinis Fang 梳角图苔蛾
Teulisna maculata Fang 斑图苔蛾
Teulisna obliquistria (Hampson) 见 *Eilema obliquistria*
Teulisna perdentata (Druce) 齿图苔蛾，齿土苔蛾
Teulisna plagiata Walker 方斑图苔蛾，方斑土苔蛾
Teulisna signata (Walker) 见 *Eilema signata*
Teulisna tumida (Walker) 膨图苔蛾，隆凹缘苔蛾，胀覆苔蛾，膨土苔蛾，胀土苔蛾
Teulisna uniplaga (Hampson) 逗斑图苔蛾，单纹覆苔蛾，单纹土苔蛾
teutas skipper [*Hypocryptothrix teutas* (Hewitson)] 隐秘弄蝶
texa eighty-eight [*Callicore texa* (Hewitson)] 疏星图蛱蝶
Texan crescent [*Anthanassa texana* (Edwards)] 驼花蛱蝶
Texara 旋刺股蝇属，德细翅蝇属
Texara dioctrioides Walker 食虫旋刺股蝇，纠缠细蝇
Texara femorata de Meijere 同 *Texara dioctrioides*
Texara hada Yang 哈达旋刺股蝇
Texara melanopoda Yang 黑足旋刺股蝇
Texara pallitarsula Yang 淡跗旋刺股蝇
Texara rufifemur (Enderlein) 同 *Texara dioctrioides*
Texara shenwuana Yang 神武旋刺股蝇
Texara tricesima Yang 三十旋刺股蝇
Texas angle-wing katydid [*Microcentrum minus* Strohecker] 德州角翅螽
Texas beetle 1. [= brachypsectrid, brachypsectrid beetle] 颈萤 < 颈萤科 Brachypsectridae 昆虫的通称 >; 2. [*Brachypsectra fulva* LeConte] 得州黄颈萤
Texas bow-legged bug [*Hyalymenus tarsatus* (Fabricius)] 褐曲跗缘蝽
Texas crowned epeolus [*Epeolus diadematus* Onuferko] 德州绒斑蜂
Texas leafcutting ant [*Atta texana* (Buckley)] 得州芭切叶蚁，得州切叶蚁，得克萨斯州切叶蚁
Texas powdered skipper [*Systasea pulverulenta* (Felder)] 连带凹翅弄蝶
Texas roadside-skipper [*Amblyscirtes texanae* Bell] 德州缎弄蝶
Texas twig girdler [= twig girdler, hickory twig girdler, oak girdler, banded saperda, pecan twig girdler, *Oncideres cingulata* (Say)] 山核桃旋枝天牛，胡桃绕枝沟胫天牛，橙斑直角天牛
Texola 络蛱蝶属
Texola anomalus (Godman *et* Salvin) [anomalous checkerspot] 无序络蛱蝶
Texola coracara (Dyar) 克莱络蛱蝶
Texola elada (Hewitson) [Elada checkerspot] 络蛱蝶
TF [transcription factor 的缩写] 转录因子
TFBS [transcription factor binding site 的缩写] 转录因子结合位点
Thabena 众瓢蜡蝉属，圆顶瓢蜡蝉属，萨圆飞虱属
Thabena acutula Meng, Qin *et* Wang 尖众瓢蜡蝉
Thabena biplaga (Walker) 双瓣众瓢蜡蝉
Thabena brunnifrons (Bonfils, Attié *et* Reynaud) 黄额众瓢蜡蝉，棕额萨圆飞虱
Thabena convexa Che, Zhang *et* Wang 凸众瓢蜡蝉
Thabena hainanensis Ran *et* Liang 同 *Gelastyrella litaoensis*
Thabena lanpingensis Zhang *et* Chen 兰坪众瓢蜡蝉，兰坪圆顶瓢蜡蝉
Thabena yunnanensis (Ran *et* Liang) 云南众瓢蜡蝉
Thaduka 塔灰蝶属
Thaduka multicaudata Moore [many-tailed oakblue] 塔灰蝶，特莉维灰蝶
Thaduka multicaudata kanara Evans [Karwar many-tailed oakblue] 塔灰蝶加港亚种
Thaduka multicaudata multicaudata Moore 塔灰蝶指名亚种，特莉维灰蝶
Thaegenes 圆湖弄蝶属
Thaegenes aegides Herrich-Schäffer [white-centred bent skipper] 圆湖弄蝶
Thagora figurana Walker 同 *Doloessa viridis*
Thagria 片叶蝉属
Thagria acicularа Li *et* Wang 针尾片叶蝉
Thagria albofascia Fan, Dai *et* Li 白带片叶蝉
Thagria albonotata Li 白斑片叶蝉
Thagria anisota Freytag 异叉片叶蝉
Thagria apiculata Xu *et* Kuoh 端突片叶蝉
Thagria bifida Zhang 同 *Thagria marissae*
Thagria biforckca Fan *et* Li 端叉片叶蝉
Thagria bigemina Zhang 双叉片叶蝉
Thagria biprocessa Fan *et* Dai 双突片叶蝉
Thagria birama Zhang 角顶片叶蝉

Thagria bispina Zhang 二刺片叶蝉
Thagria bitubera Fan *et* Li 双锥片叶蝉
Thagria boulardi Nielson 布氏片叶蝉
Thagria broadeforka Fan *et* Li 宽叉片叶蝉
Thagria capilla Nielson 毛突片叶蝉
Thagria carinata Zhang 齿脊片叶蝉
Thagria caudata Zhang 长尾片叶蝉
Thagria circumcincta (Jacobi) 弯钩片叶蝉
Thagria conica Zhang 锥头片叶蝉
Thagria constricteda Fan *et* Li 缢突片叶蝉
Thagria curvatura Zhang 斜片叶蝉
Thagria curvistyla Li *et* Wang 曲突片叶蝉
Thagria damenglongensis Zhang 大勐龙片叶蝉
Thagria decussata Fan *et* Dai 交叉片叶蝉
Thagria denticosta Wang, Dai *et* Li 齿茎片叶蝉
Thagria digitata Li 指片叶蝉
Thagria elongata Nielson 长突片叶蝉
Thagria emeiensis Zhang 峨眉片叶蝉
Thagria eventusa Fan *et* Li 连突片叶蝉
Thagria falcata Fan *et* Li 镰突片叶蝉
Thagria fimbriata Wang, Dai *et* Li 指突片叶蝉
Thagria fossa Nielson 凹片叶蝉
Thagria furcata Li 叉突片叶蝉，叉拟片叶蝉，叉窄片叶蝉
Thagria fuscoscuta Zhang 同 *Thagria boulardi*
Thagria fuscovenosa (Matsumura) 黄腹片叶蝉
Thagria geniculata Li *et* Wang 同 *Thagria periserrula*
Thagria gladiiformis Zhang 剑突片叶蝉
Thagria huapinga Fan *et* Li 花坪片叶蝉
Thagria incurvata Wang *et* Zhang 弯突片叶蝉
Thagria irregularis Fan *et* Dai 异片叶蝉
Thagria janssoni Nielson 简氏片叶蝉
Thagria jinia Zhang 金氏片叶蝉
Thagria kronestedti Nielson 克氏片叶蝉
Thagria lateralisa Fan *et* Li 侧突片叶蝉
Thagria latertubera Fan *et* Li 次突片叶蝉
Thagria lisa Zhang *et* An 奇片叶蝉
Thagria longiaedeagusa Fan *et* Li 长茎片叶蝉
Thagria marissae Nielson 玛丽片叶蝉
Thagria matsumurai Nielson 松村片叶蝉
Thagria multispars (Walder) 单突片叶蝉
Thagria multispinosa Fan *et* Dai 多齿片叶蝉
Thagria nigrifasicia Fan *et* Li 黑带片叶蝉
Thagria obrienae Nielson 奥氏片叶蝉
Thagria pallistreaka Fan *et* Li 白纹片叶蝉
Thagria paramultipars Fan *et* Li 拟单突片叶蝉
Thagria paratridactyla Fan *et* Li 拟钩片叶蝉
Thagria patruelis Nielson 狭额片叶蝉
Thagria pega Zhang 楔斑片叶蝉
Thagria periserrula Zhang 锯缘片叶蝉
Thagria philagroides (Jacobi) 横纹片叶蝉，长突片叶蝉
Thagria piebalda Fan *et* Li 黄斑片叶蝉
Thagria projecta (Distant) 尖头片叶蝉，叉突片叶蝉，尖头叉突片叶蝉
Thagria rutata (Distant) 斑翅片叶蝉
Thagria smootha Fan *et* Li 无突片叶蝉
Thagria soosi Nielson 齿斑片叶蝉
Thagria stellifera (Distant) 尖顶片叶蝉，尖顶叶蝉
Thagria sticta Zhang 花斑片叶蝉
Thagria tapera Fan *et* Li 锥突片叶蝉
Thagria tenasserimensis (Distant) 特纳片叶蝉
Thagria thailandensis Nielson 泰国片叶蝉
Thagria triangula Fan *et* Li 角突片叶蝉
Thagria tridactyla Zhang 三趾片叶蝉
Thagria triementia Nielson 铗片叶蝉
Thagria trifasciata Fan *et* Li 三带片叶蝉
Thagria trifida Cai *et* Kuoh 三叉片叶蝉
Thagria trifurcata Wang, Dai *et* Li 三支片叶蝉
Thagria trispinosa Freytag 三刺片叶蝉
Thagria uncinata Zhang 钩片叶蝉
Thagria unidentalis Zhang 齿突片叶蝉
Thagria vastestyla Wang *et* Li 阔突片叶蝉
Thagria wangi Zhang 王氏片叶蝉
Thagria webbi Fan *et* Li 韦氏片叶蝉
Thagria xichouensis Fan *et* Li 西畴片叶蝉
Thagria yellowfascia Fan *et* Li 黄纹片叶蝉
Thagria yingianga Fan *et* Li 盈江片叶蝉
Thagria zhengi Zhang *et* An 郑氏片叶蝉
Thagriini 片叶蝉族
Thaia 白翅叶蝉属
Thaia anchora Song *et* Li 锚突白翅叶蝉
Thaia barbata Dworakowska 须泰白翅叶蝉，须白翅叶蝉
Thaia bifurcata (Li *et* Wang) 叉状白翅叶蝉，叉状菱脊叶蝉
Thaia bimaculata (Kuoh) 二点白翅叶蝉，二点菱脊叶蝉
Thaia bithorna Song *et* Li 双刺白翅叶蝉
Thaia formosana (Matsumura) 台湾白翅叶蝉，台湾么叶蝉
Thaia infumata (Kuoh) 烟翅白翅叶蝉，烟翅菱脊叶蝉
Thaia katoi Dworakowska 同 *Thaia oryzivora*
Thaia leishanensis (Song *et* Li) 雷山白翅叶蝉，雷山菱脊叶蝉
Thaia lincanga Song *et* Li 临沧白翅叶蝉
Thaia longipenia Thapa *et* Sohi 锈点白翅叶蝉
Thaia maxima Dworakowska 环状白翅叶蝉，大白翅叶蝉
Thaia mengyanga Song *et* Li 勐养白翅叶蝉
Thaia nigra Dworakowska 深色白翅叶蝉
Thaia oryzivora Ghauri 稻白翅叶蝉，白翅叶蝉，水稻白翅叶蝉
Thaia rubiginosa Kuoh 同 *Thaia oryzivora*
Thaia rustica Kuoh 同 *Thaia longipenia*
Thaia sinuata Chiang *et* Knight 乳黄白翅叶蝉，波白翅叶蝉
Thaia staba Song *et* Li 刺板白翅叶蝉
Thaia subrufa (Motschulsky) [yellow rice leafhopper, rice white-winged leafhopper, orange leafhopper, orange-headed leafhopper] 楔形白翅叶蝉，黄稻白翅叶蝉，白翅微叶蝉，红么叶蝉
Thailocyba 泰小叶蝉属
Thailocyba bilobula Huang, Zhang *et* Fang 二瓣泰小叶蝉
Thailocyba boa Song *et* Li 蟒突泰小叶蝉
Thailocyba longilobula Huang, Zhang *et* Fang 长瓣泰小叶蝉
Thailocyba meigengia Huang, Zhang *et* Fang 梅亘泰小叶蝉
Thailocyba tubercula Huang, Zhang *et* Fang 瘤突泰小叶蝉
Thailus 泰斑叶蝉属
Thailus versicolor Cao et Zhang 多色泰斑叶蝉
Thaiomyia 泰蚊亚属

Thalaina clara Walker 南澳黑荆树尺蛾
Thalassaphorura 滨棘䖴属
Thalassaphorura bapen Sun, Chen *et* Deharveng 岜盆滨棘䖴
Thalassaphorura biquaternata Sun *et* Li 二鬃滨棘䖴
Thalassaphorura dinghuensis (Lin *et* Xia) 鼎湖滨棘䖴，鼎湖棘䖴，鼎湖棘跳虫
Thalassaphorura encarpata (Denis) 德氏滨棘䖴
Thalassaphorura foliatus (Rusek) 叶滨棘䖴，叶棘䖴
Thalassaphorura grandis Sun, Chen *et* Deharveng 大滨棘䖴
Thalassaphorura guangdongensis Sun *et* Li 广东滨棘䖴
Thalassaphorura guangxiensis Sun, Bedos *et* Deharveng 广西滨棘䖴
Thalassaphorura hainanica Sun Gao *et* Potapov 海南滨棘䖴
Thalassaphorura houtanensis Gao *et* Bu 后滩滨棘䖴
Thalassaphorura lifouensis (Thibaud *et* Weiner) 利富滨棘䖴
Thalassaphorura linzhiensis Sun *et* Li 林芝滨棘䖴
Thalassaphorura macrospinata Sun *et* Wu 大刺滨棘䖴
Thalassaphorura microspinata Sun, Bedos *et* Deharveng 小刺滨棘䖴
Thalassaphorura orientalis (Stach) 东方滨棘䖴，东方棘䖴
Thalassaphorura petaloides (Rusek) 瓣型滨棘䖴
Thalassaphorura petiti Sun *et* Wu 佩氏滨棘䖴
Thalassaphorura pomorskii Sun, Chen *et* Deharveng 朴氏滨棘䖴
Thalassaphorura problematica Sun, Deharveng *et* Wu 疑滨棘䖴
Thalassaphorura qinlingensis Sun *et* Wu 秦岭滨棘䖴
Thalassaphorura qixiaensis Yan, Shi *et* Chen 栖霞滨棘䖴
Thalassaphorura reducta Sun, Chen *et* Deharveng 缺滨棘䖴
Thalassaphorura tiani Sun, Chen *et* Deharveng 田氏滨棘䖴
Thalassaphorura tibiotarsalis Sun, Chen *et* Deharveng 七毛滨棘䖴
Thalassaphorura xihuensis Sun *et* Li 西湖滨棘䖴
Thalassaphorura yodai (Yoshii) 日本滨棘䖴，日本棘䖴
thalassium 海群落
Thalassodes 樟翠尺蛾属，翠尺蛾属
Thalassodes antiquadraria Inoue 拟樟翠尺蛾
Thalassodes aucta Prout 见 *Pelagodes aucta*
Thalassodes flaminiaria Oberthür 同 *Neohipparchus hypoleuca*
Thalassodes immissaria Walker 渺樟翠尺蛾，日本渺樟翠尺蛾
Thalassodes immissaria immissaria Walker 渺樟翠尺蛾指名亚种
Thalassodes immissaria intaminata Inoue 渺樟翠尺蛾粗胫亚种，渺樟翠尺蛾，粗胫翠尺蛾，翡樟翠尺蛾
Thalassodes immissaria opalina Butler 见 *Thalassodes opalina*
Thalassodes inconcinnaria Leech 见 *Hemistola inconcinnaria*
Thalassodes intaminata Inoue 见 *Thalassodes immissaria intaminata*
Thalassodes maipoensis Galsworthy 米埔樟翠尺蛾
Thalassodes opalina Butler 篷樟翠尺蛾，淡渺樟翠尺蛾，奥渺樟翠尺蛾
Thalassodes parallelaria Leech 见 *Hemistola parallelaria*
Thalassodes proquadraria Inoue 见 *Pelagodes proquadraria*
Thalassodes quadraria Guenée 樟翠尺蛾，亚樟翠尺蛾
Thalassodes subquadraria Inoue 见 *Pelagodes subquadraria*
Thalassodes veraria Guenée 见 *Pelagodes veraria*
Thalassomya 地中海摇蚊属 < 此属学名有误写为 *Thalassomyia* 者 >
Thalassomya bureni Wirth 布地中海摇蚊
Thalassomya frauenfeldi Schiner 光管地中海摇蚊
Thalassomya maritima Wirth 海岸地中海摇蚊，海萨摇蚊
Thalassosmittia 海施密摇蚊属
Thalassosmittia montana Wang *et* Sæther 山海施密摇蚊
Thalatha 纶夜蛾属
Thalatha miyuna Chen 叔纶夜蛾
Thalatha sinens (Walker) 纶夜蛾
Thalatha xingshana Chen 兴山纶夜蛾
Thalathoides 澄夜蛾属
Thalathoides curtalis Holloway 黑斑澄夜蛾，拟纶夜蛾
Thalera 波翅青尺蛾属
Thalera chlorosaria Graeser 见 *Thalera fimbrialis chlorosaria*
Thalera colataria Leech 同 *Maxates grandificaria*
Thalera fimbrialis (Scopoli) 波翅青尺蛾
Thalera fimbrialis chlorosaria Graeser 波翅青尺蛾东方亚种，灰绿淡尺蛾
Thalera fimbrialis fimbrialis (Scopoli) 波翅青尺蛾指名亚种
Thalera lacerataria Graeser 四点波翅青尺蛾，黄波翅青尺蛾
Thalera lacerataria lacerataria Graeser 四点波翅青尺蛾指名亚种
Thalera lacerataria thibetica Prout 四点波翅青尺蛾西藏亚种，藏黄波翅青尺蛾
Thalera rubrifimbria Inoue 赭缘波翅青尺蛾
Thalera simpliria Han *et* Xue 淡波翅青尺蛾
Thalera suavis (Swinhoe) 绿波翅青尺蛾，苏四眼绿尺蛾
Thaleropis 绒蛱蝶属
Thaleropis ionia (Fischer von Waldheim *et* Eversmann) [ionian emperor] 绒蛱蝶
Thalerosphyrus 短腮蜉属
Thalerosphyrus cingulatus Navás 见 *Compsoneuria cingulata*
Thalerosphyrus melli Ulmer 美丽短腮蜉
thales blackstreak [*Ocaria thales* (Fabricius)] 塔遨灰蝶
Thalessa arisana Sonan 见 *Megarhyssa arisana*
Thalictrophorus 唐松蚜属
Thalictrophorus thalictrophilus Zhang, Qiao *et* Zhao 唐松蚜
Thamala 塔玛灰蝶属
Thamala marciana (Hewitson) 塔玛灰蝶
Thamala moultoni Corbet 穆塔玛灰蝶
Thambemyia 长喙长足虻属
Thambemyia bisetosa Masunaga, Saigusa *et* Grootaert 双刺长喙长足虻
Thambemyia hui Masunaga, Saigusa *et* Grootaert 胡氏长喙长足虻
Thambemyia rectus (Takagi) 直长喙长足虻
Thambemyia shandongensis Zhu, Yang *et* Masunaga 山东长喙长足虻
Thambemyia taivanensis (Takagi) 台湾长喙长足虻
Thamiaraea 基凹隐翅甲属，萨隐翅甲属
Thamiaraea irigaster Pace 黑尾基凹隐翅甲，岛萨隐翅虫
Thamiaraea kochi Bernhauer 柯氏基凹隐翅甲，柯萨隐翅虫
Thamiaraeina 基凹隐翅甲亚族
thamnocolous 栖灌木的
Thamnopalpa 丛须祝蛾属，灌卷麦蛾属
Thamnopalpa argomitra (Meyrick) 阿丛须祝蛾，丛须祝蛾，阿灌卷麦蛾
Thamnopalpa paryphora Wu 黄缘丛须祝蛾
thamnophilous 喜灌木的
Thamnoscelis prisciformis Meyrick 见 *Isothamnis prisciformis*

Thamnosphecia 浸灌透翅蛾属
Thamnosphecia rubrofascia (Edwards) 红褐浸灌透翅蛾
Thamnosphecia sigmoidea (Beutenmüller) 乙状浸灌透翅蛾
Thamnotettix 木叶蝉属 < 该属名有误写为 *Tamnotettix* 者 >
Thamnotettix bambusae Matsumura [bamboo elongate leafhopper] 竹长木叶蝉
Thamnotettix botelensis Matsumura 兰屿木叶蝉
Thamnotettix cyclops Mulsant *et* Rey [black-unispotted leafhopper, one-marked leafhopper] 一星木叶蝉，一点小叶蝉 < 该种名有误拼为 *Tamnotettix cyclops* (Mulsant *et* Rey) 者 >
Thamnotettix distinctus (Motschulsky) 见 *Maiestas distinctus*
Thamnotettix formosanus Matsumura 台湾木叶蝉
Thamnotettix hokutonis Matsumura 霍库木叶蝉
Thamnotettix hopponis Matsumura 八字纹木叶蝉
Thamnotettix koshunensis (Matsumura) 恒春木叶蝉
Thamnotettix kotoshonis Matsumura 红头屿木叶蝉
Thamnotettix maculosus Melichar 黑斑木叶蝉
Thamnotettix okinawanus Matsumura 四斑木叶蝉
Thamnotettix subfusculus Fallén [Japanese alder elongate leafhopper] 赤杨木叶蝉，赤杨长叶蝉
Thamnotettix tobae Matsumura 见 *Alobaldia tobae*
Thamnotettix wanrianus Matsumura 湾里木叶蝉
Thamnurgides 洋柴小蠹属
Thamnurgides myristicae Roepke 见 *Coccotrypes myristicae*
Thampoa 坦小叶蝉属
Thampoa arborella (Zhang *et* Chou) 四斑坦小叶蝉
Thampoa bannaensis Huang *et* Zhang 版纳坦小叶蝉
Thampoa dansaiensis Mahmood 丹赛坦小叶蝉
Thampoa dissimilis Huang *et* Zhang 异茎坦小叶蝉
Thampoa foliacea Huang *et* Zhang 叶突坦小叶蝉
Thampoa guttata Hu *et* Kuoh 褐点坦小叶蝉
Thampoa innotata Huang *et* Zhang 无斑坦小叶蝉
Thampoa rotara Huang *et* Zhang 旋突坦小叶蝉
Thampoa serrata Huang *et* Zhang 齿突坦小叶蝉
Thampoa tiani Huang *et* Zhang 田氏坦小叶蝉
Thampoa triangularis Huang *et* Zhang 三角斑坦小叶蝉
Thampoa trifasciata Huang *et* Zhang 三带坦小叶蝉
Thanaos leechi Elwes *et* Edwards 同 *Erynnis montanus*
Thanaos montanus (Bremer) 见 *Erynnis montanus*
Thanaos montanus nigrescens Leech 见 *Erynnis montanus nigrescens*
Thanaos pelias (Leech) 见 *Erynnis pelias*
Thanaos pelias erebus (Grum-Grshimailo) 见 *Erynnis pelias erebus*
Thanaos tages popoviana (Nordmann) 见 *Erynnis popoviana*
Thanaos tages sinna (Grum-Grshimailo) 同 *Erynnis popoviana*
Thanasimus 劫郭公甲属，山郭公虫属
Thanasimus dubius (Fabricius) 疑劫郭公甲，疑山郭公虫
Thanasimus formicarius (Linnaeus) [European red-bellied clerid] 蚁劫郭公甲，蚁山郭公虫
Thanasimus lewisi (Jakobson) 刘氏劫郭公甲，刘山郭公虫
Thanasimus moutoni Pic 同 *Clerus dealbatus*
Thanasimus nigricollis Lewis 同 *Thanasimus lewisi*
Thanasimus repandus Horn 曲劫郭公甲，曲山郭公虫
Thanasimus substriatus (Gebler) 光劫郭公甲，红胸郭公虫，红胸山郭公虫
Thanasimus undatulus (Say) 波劫郭公甲，波山郭公虫
thanatin 死亡素，死亡肽
Thanatodictya 线象蜡蝉属
Thanatodictya fuscovittata (Stål) 见 *Zedochir fuscovittatus*
Thanatodictya lineata (Donovan) 见 *Zedochir lineatus*
Thanatophilus 亡葬甲属
Thanatophilus auripilosus Portevin 同 *Thanatophilus sinuatus*
Thanatophilus davidi Portevin 同 *Oiceoptoma subrufum*
Thanatophilus dentigerus (Semenov) 齿亡葬甲，齿多波葬甲
Thanatophilus dispar (Herbst) 异亡葬甲
Thanatophilus distinctus Portevin 同 *Thanatophilus rugosus*
Thanatophilus dubius Zhang 同 *Thanatophilus roborowskyi*
Thanatophilus ferrugatus (Slosky) 红缘亡葬甲
Thanatophilus lapponicus (Herbst) 极北亡葬甲
Thanatophilus latericarinatus (Mstschulsky) 侧脊亡葬甲
Thanatophilus minutus Kraatz 小亡葬甲，微小多波葬甲
Thanatophilus pilosus (Jakovlev) 绒亡葬甲
Thanatophilus porrectus (Semenov) 长亡葬甲，伸多波葬甲
Thanatophilus roborowskyi (Jakovlev) 寡肋亡葬甲，罗多波葬甲
Thanatophilus rubripes Portevin 同 *Thanatophilus rugosus*
Thanatophilus rugosus (Linnaeus) 皱亡葬甲，皱多波葬甲，多皱埋葬虫
Thanatophilus sinuatus (Fabricius) 曲亡葬甲，曲多波葬甲
Thanatophilus terminatus (Hummel) 红梢亡葬甲
Thanatophilus trituberculatus (Kirby) 截肋亡葬甲
thanatosis [= death feigning] 假死
thaneroclerid 1. [= thaneroclerid beetle] 蝶角郭公甲，蝶角郭公虫，菌郭公虫 < 蝶角郭公甲科 Thanerocleridae 昆虫的通称 >; 2. 蝶角郭公甲科的
thaneroclerid beetle [= thaneroclerid] 蝶角郭公甲，蝶角郭公虫，菌郭公虫
Thanerocleridae 蝶角郭公甲科，蝶角郭公虫科，菌郭公虫科
Thaneroclerus 蝶角郭公甲属，蝶角郭公虫属
Thaneroclerus buquet (Lefebvre) 暗褐蝶角郭公甲，暗褐菌郭公虫，暗褐郭公虫，布坦郭公虫
Thaneroclerus elongatus Schenkling 见 *Isoclerus elongatus*
Thao 腹穴泥蜂亚属
Thapaia 尼氏叶蝉属
Thapaia multibudna Song *et* Li 多芽尼氏叶蝉
Thapaia plumula Song *et* Li 芽突尼氏叶蝉
Thapaia tina Song *et* Li 尖齿尼氏叶蝉
Thargelia 羚夜蛾属
Thargelia distincta (Christoph) 羚夜蛾，小爪夜蛾
Thargella 黢弄蝶属
Thargella caura (Plötz) [round-winged skipper, caura skipper, chocolate brown-skipper] 黢弄蝶
Tharsalea 闪紫灰蝶属
Tharsalea arota (Boisduval) [tailed copper] 闪紫灰蝶
Tharsalea arota arota (Boisduval) 闪紫灰蝶指名亚种
Tharsalea arota nubila Comstock [clouded copper] 闪紫灰蝶云斑亚种
Tharsalea arota schellbachi Tilden [Schellbach's copper] 闪紫灰蝶施氏亚种
Tharsalea arota virginiensis Edwards 闪紫灰蝶弗吉亚种
Thasea sinensis (Walker) [black dotted eucleid] 黑点扁刺蛾，扁刺蛾，内点刺蛾

T

thasus metalmark [*Cremna thasus* (Stoll)] 彩瑰蚬蝶
Thasus 齿股缘蝽属
Thasus gigas (Klug) 大齿股缘蝽
Thasus neocalifornicus Brailovsky *et* Barrera [giant mesquite bug] 淡纹齿股缘蝽
thatch pearl [*Sclerocona acutellus* (Eversmann)] 尖斯克尔螟
Thaumacecidomyia sinica Yang 见 *Wyattella sinica*
Thaumaglossa 螵蛸皮蠹属，螵蛸鲣节虫属
Thaumaglossa chujoi Ohbayashi 中条螵蛸皮蠹
Thaumaglossa hilleri Reitter 无斑螵蛸皮蠹
Thaumaglossa laeta Arrow 褐色螵蛸皮蠹，红点螵蛸鲣节虫
Thaumaglossa ovalis Arrow 见 *Orphinus ovalis*
Thaumaglossa ovivora (Matsumura *et* Yokoyama) 远东螵蛸皮蠹，螵蛸皮蠹
Thaumaglossa rufocapillata Redtenbacher 三带螵蛸皮蠹，螵蛸皮蠹
Thaumaglossa tonkinea Pic 越南螵蛸皮蠹
Thaumaglossa uninotata (Pic) 一斑螵蛸皮蠹，一斑球棒皮蠹，一斑暗皮蠹
Thaumaina 奇灰蝶属
Thaumaina uranothauma Bethune-Baker 奇灰蝶
Thaumalea 奇蚋属
Thaumalea baminana Yang 见 *Androprosopa baminana*
Thaumalea zhejiangana Yang 见 *Androprosopa zhejiangana*
thaumaleid 1. [= thaumaleid midge, solitary midge, trickle midge] 奇蚋，山蚋 < 奇蚋科 Thaumaleidae 昆虫的通称 >；2. 奇蚋科的
thaumaleid midge [= thaumaleid, solitary midge, trickle midge] 奇蚋，山蚋
Thaumaleidae 奇蚋科，山蚋科
Thaumantis 斑环蝶属
Thaumantis diores (Doubleday) [jungle glory] 紫斑环蝶
Thaumantis diores diores (Doubleday) 紫斑环蝶指名亚种，指名紫斑环蝶
Thaumantis diores hainana Crowley 紫斑环蝶海南亚种，海南紫斑环蝶
Thaumantis klugius (Zinken) [dark blue jungle glory] 闪紫斑环蝶
Thaumantis noureddin Westwood [dark jungle glory] 黑斑环蝶
Thaumantis odana (Godart) [Java jungle glory] 斜白斑环蝶
Thaumapsylla 怪蝠蚤属
Thaumapsylla breviceps Rothschild 短头怪蝠蚤
Thaumapsylla breviceps breviceps Rothschild 短头怪蝠蚤指名亚种
Thaumapsylla breviceps orientalis Smit 短头怪蝠蚤东方亚种，东方短头怪蝠蚤
Thaumapsyllinae 怪蝠蚤亚科
Thaumaspis 杉螽属，梢螽属
Thaumaspis montanus Bey-Bienko 山地杉螽，云南梢螽
thaumastocorid 1. [= thaumastocorid bug, royal palm bug, palm bug] 榈蝽 < 榈蝽科 Thaumastocoridae 昆虫的通称 >；2. 榈蝽科的
thaumastocorid bug [= thaumastocorid, royal palm bug, palm bug] 榈蝽
Thaumastocoridae [= Thaumastotheriidae] 榈蝽科
Thaumastomyia 少节虻属
Thaumastomyia haitiensis (Stone) 海淀少节虻
Thaumastopeus 异花金龟甲属，扁骚金龟属
Thaumastopeus nigritus (Frohlich) 暗蓝异花金龟甲，暗蓝异花金龟
Thaumastopeus pullus Fairmaire 同 *Thaumastopeus nigritus*
Thaumastopeus shangaicus (Poll) 见 *Macronota shangaicus*
Thaumastophila hyalipennis Hendel 见 *Axinota hyalipennis*
Thaumastoptera 翼大蚊属，奇大蚊属
Thaumastoptera issikiana Alexander 见 *Thaumastoptera* (*Taiwanita*) *issikiana*
Thaumastoptera* (*Taiwanita*) *issikiana Alexander 一色翼大蚊，一色奇大蚊，埔里甲大蚊
thaumastoscopid 1. [= thaumastoscopid leafhopper] 广额叶蝉 < 广额叶蝉科 Thaumastoscopidae 昆虫的通称 >；2. 广额叶蝉科的
thaumastoscopid leafhopper [= thaumastoscopid] 广额叶蝉
Thaumastoscopidae 广额叶蝉科
Thaumastotheriidae [= Thaumastocoridae] 榈蝽科
Thaumatoblaps 异琵甲属
Thaumatoblaps zhengi Ren *et* Luo 郑氏异琵甲
Thaumatodryinus 毛角螯蜂属
Thaumatodryinus carinatus Xu *et* He 脊毛角螯蜂
Thaumatodryinus moganensis Xu, He *et* Olmi 莫干山毛角螯蜂
Thaumatoleon 大弯爪蚁蛉属
Thaumatoleon splendidus Esben-Petersen 台湾大弯爪蚁蛉
Thaumatomyia 近鬃秆蝇属，毛盾秆蝇属
Thaumatomyia glabra (Meigen) 裸近鬃秆蝇，裸毛盾秆蝇，裸近鬃盾秆蝇
Thaumatomyia glabrina (Becker) 光近鬃秆蝇，光毛盾秆蝇，光奥秆蝇
Thaumatomyia longicollis Becker 长颈近鬃秆蝇，长颈毛盾秆蝇，长颈秆蝇
Thaumatomyia notata (Meigen) [yellow swarming fly] 窄颊近鬃秆蝇，黑条毛盾秆蝇，窄颜近鬃秆蝇，标志秆蝇，点拟秆蝇
Thaumatomyia rufa (Macquart) 普通近鬃秆蝇，普通毛盾秆蝇
Thaumatomyia ruficornis (Becker) 具角近鬃秆蝇，红角毛盾秆蝇
Thaumatomyia sulcifrons (Becker) 沟额近鬃秆蝇，沟额毛盾秆蝇
Thaumatomyia trifasciata (Zetterstedt) 三斑近鬃秆蝇，沟额毛盾秆蝇，三带近鬃秆蝇
Thaumatomyrmex 异蚁属
Thaumatomyrmex atrox Weber 黑异蚁
Thaumatomyrmex paludis Weber 沼异蚁
Thaumatoneura inopinata McLachlan [cascade damselfly, giant waterfall damsel] 奇脉丽蟌
Thaumatosmylus 虹溪蛉属
Thaumatosmylus hainanus Yang 海南虹溪蛉
Thaumatosmylus ornatus Nakahara 饰虹溪蛉，饰奇溪蛉，大斑翼蛉
Thaumatosmylus punctulosus Yang 小点虹溪蛉
Thaumatosmylus zheanus Yang 浙虹溪蛉
Thaumatotibia leucotreta (Meyrick) [false codling moth, orange moth, citrus codling moth, orange codling moth, peach marble moth] 苹果异胫小卷蛾，伪苹条小卷蛾，伪苹果蠹蛾，桃异形小卷蛾
Thaumatoxenidae 大头蜚蝇科，图马蝇科

T

Thaumetopoea 异舟蛾属
Thaumetopoea pityocampa (Denis *et* Schiffermüller) [pine processionary moth, pine processionary caterpillar] 松异舟蛾
Thaumetopoea processionea (Linnaeus) [oak processionary moth] 栎异舟蛾
Thaumetopoea wilkinsoni Tams [Cyprus processionary caterpillar] 塞异舟蛾，异舟蛾
thaumetopoeid 1. [= thaumetopoeid moth, processionary moth] 异舟蛾 < 异舟蛾科 Thaumetopoeidae 昆虫的通称 >；2. 异舟蛾科的
thaumetopoeid moth [= thaumetopoeid, processionary moth] 异舟蛾
Thaumetopoeidae 异舟蛾科，带蛾科 < 有时误拼写为 Thaumatopoeidae>
thaumetopoein 异舟蛾素，异舟蛾蛋白
Thaumetopoeinae 异舟蛾亚科
Thauria 带环蝶属
Thauria aliris (Westwood) [tufted jungleking] 带环蝶
Thauria aliris aliris (Westwood) 带环蝶指名亚种
Thauria aliris amplifascia Rothschild 带环蝶宽带亚种，宽斜带环蝶
Thauria aliris siamensis Rothschild 带环蝶泰国亚种
Thauria lathyi Fruhstorfer [jungleking] 斜带环蝶
Thauria lathyi amplifascia Rothschild 见 *Thauria aliris amplifascia*
Thaxter's pinion [*Lithophane thaxteri* Grote] 纹石冬夜蛾
The Coleopterist 鞘翅学家 < 期刊名 >
The Coleopterists Bulletin 鞘翅学家通报 < 期刊名 >
The Entomological Review of Japan 昆虫学评论 < 期刊名 >
The Entomologist 昆虫学家 < 期刊名 >
The Entomologist's Record and Journal of Variation 昆虫变化记录杂志 < 期刊名 >
The European Entomologist 欧洲昆虫学家 < 期刊名 >
The Nature and Insects 自然与昆虫 < 期刊名 >
The Simuliid Bulletin 蚋研通报 < 期刊名 >
The Victorian Entomologist 维多利亚昆虫学家 < 期刊名 >
Thea 黑斑菌瓢虫属
Thea vigintiduopunctata (Linnaeus) 见 *Psyllobora vigintiduopunctata*
Theagenes 双色弄蝶属
Theagenes albiplaga (Felder *et* Felder) [mercurial skipper] 双色弄蝶
Theagenes dichrous (Mabille) [dichrous skipper] 阿根廷双色弄蝶
Theano alpine 1. [= Tauscher's alpine ringlet, *Erebia theano* (Tauscher)] 酡红眼蝶；2. [= yellow-dotted alpine, *Erebia pawlowskii* Ménétriés] 黄点红眼蝶
Thebanus 赛长蝽属
Thebanus politus Distant 赛长蝽
theca 1. 鞘；2. 壳；3. 囊
Thecabius 伪卷叶绵蚜属，伪卷绵蚜属，伪卷叶绵蚜亚属
Thecabius kelloggi (Takahashi) 见 *Thecabius* (*Oothecabius*) *kelloggi*
Thecabius* (*Oothecabius*) *brachychaetus Zhang 短伪卷叶绵蚜
Thecabius* (*Oothecabius*) *kelloggi (Takahashi) 凯氏伪卷叶绵蚜，凯氏伪卷绵蚜
Thecabius* (*Oothecabius*) *nanjingensis Zhang 南京伪卷叶绵蚜
Thecabius* (*Oothecabius*) *populi (Tao) 杨伪卷叶绵蚜，杨伪卷绵蚜
Thecabius* (*Oothecabius*) *sequelus Zhang 次毛伪卷叶绵蚜
Thecabius* (*Parathecabius*) *emeishanus Zhang 峨眉山伪卷叶绵蚜
Thecabius* (*Parathecabius*) *zhongi Zhang 钟伪卷叶绵蚜
Thecabius populi (Tao) 见 *Thecabius* (*Oothecabius*) *populi*
Thecabius* (*Thecabius*) *affinis (Kaltenbach) [poplar buttercup aphid, poplar leaf-gall aphid] 杨伪卷叶绵蚜，杨伪卷端绵蚜
Thecabius* (*Thecabius*) *beijingensis Zhang 北京伪卷叶绵蚜
Thecabius* (*Thecabius*) *minensis Zhang 岷伪卷叶绵蚜
Thecabius* (*Thecabius*) *orientalis Mordvilko 同 *Thecabius* (*Thecabius*) *affinis*
Thecabius* (*Thecabius*) *orientalis minensis Zhang 见 *Thecabius* (*Thecabius*) *minensis*
Thecabius* (*Thecabius*) *orientalis orientalis Mordvilko 同 *Thecabius* (*Thecabius*) *affinis*
Thecabius* (*Thecabius*) *populisuctus Zhang *et* Zhong 吸杨伪卷叶绵蚜
thecal 鞘的
Thecatiphyta 长鞘叶蜂属
Thecatiphyta bella (Wei) 美丽长鞘叶蜂
Thecesterninae 叶胸象甲亚科
thecla banner [*Ectima thecla* (Fabricius)] 鞘拟眼蛱蝶
Thecla 线灰蝶属
Thecla adamsi Druce 阿达线灰蝶
Thecla adenostomatis Edwards 阿德线灰蝶
Thecla aegides Felder 皑线灰蝶
Thecla agricolor Butler *et* Druce 见 *Cyanophrys agricolor*
Thecla aphaca Hewitson 阿线灰蝶
Thecla aruma Hewitson 艾线灰蝶
Thecla atesa Hewitson 阿特飒线灰蝶，阿特线灰蝶
Thecla auda Hewitson 波线灰蝶
Thecla bagrada Hewitson 坝线灰蝶
Thecla barajo Reakirt 巴线灰蝶
Thecla basilides Geyer 同 *Strymon megarus*
Thecla betulae (Linnaeus) [brown hairstreak] 线灰蝶
Thecla betulae betulae (Linnaeus) 线灰蝶指名亚种，指名线灰蝶
Thecla betulae coreana (Nire) 线灰蝶朝鲜亚种，朝鲜线灰蝶
Thecla betulae elwesi (Leech) 线灰蝶华东亚种，华东线灰蝶
Thecla betulae yiliguozigounae Huang *et* Murayama 线灰蝶伊犁亚种
Thecla betulina Staudinger 见 *Iozephyrus betulina*
Thecla brescia Hewitson 喜花线灰蝶
Thecla busa Godman *et* Salvin 布线灰蝶
Thecla cadmus Felder 卡线灰蝶
Thecla caesaries Druce 凯沙线灰蝶
Thecla calesia Hewitson 丽线灰蝶
Thecla calus Godart 美线灰蝶
Thecla canacha Hewitson 卡娜线灰蝶
Thecla carnica Hewitson 卡尔线灰蝶
Thecla celida Lucas 瑟蝶线灰蝶
Thecla chalybeia Leech [plumbeous hairstreak] 暗色线灰蝶，恰萨楚灰蝶
Thecla cockaynei Goodson 柯线灰蝶
Thecla collucia Hewitson 科鲁线灰蝶
Thecla comae Druce 阔线灰蝶
Thecla commodus Felder 科摩线灰蝶

Thecla conchylium Druce 康奇线灰蝶
Thecla conoveria Schaus 鲲线灰蝶
Thecla coruscans dubernardi Corbet 见 *Neozephyrus dubernardi*
Thecla cupentus (Stoll) 枯线灰蝶
Thecla cyda Godman *et* Felder 素线灰蝶
Thecla denarius (Butler *et* Druce) 带线灰蝶
Thecla dindymus (Cramer) 鼎线灰蝶
Thecla elika Hewitson 爱丽卡线灰蝶
Thecla elongata Hewitson 细长线灰蝶
Thecla empusa Hewitson 艾木线灰蝶
Thecla erema Hewitson 隘线灰蝶
Thecla ergina Hewitson 埃吉纳线灰蝶
Thecla erybathis Hewitson 艾鲁线灰蝶
Thecla eunus Godman *et* Salvin 峪线灰蝶
Thecla falerina Hewitson 乏线灰蝶
Thecla farmina Schaus 繁线灰蝶
Thecla favonius (Smith *et* Abbot) 见 *Euristrymon favonius*
Thecla forsteri Esaki *et* Shirôzu 见 *Euaspa forsteri*
Thecla gadira Hewitson 轧线灰蝶
Thecla galliena Hewitson 夹线灰蝶
Thecla gemma Druce 隔线灰蝶
Thecla guzanta Schaus 古线灰蝶
Thecla hemon (Cramer) 海线灰蝶
Thecla hesperitis (Butler *et* Druce) 黄昏线灰蝶
Thecla hicetas Godman *et* Salvin 旖线灰蝶
Thecla hisbon Godman *et* Salvin 疑线灰蝶
Thecla icana setschuanica Riley 见 *Esakiozephyrus icana setschuanica*
Thecla ilicis latior Fixsen 见 *Satyrium latior*
Thecla imma Prittwitz 见 *Contrafacia imma*
Thecla inflammata Alphéraky 殷线灰蝶
Thecla ion Druce 雅线灰蝶
Thecla keila Hewitson 锴线灰蝶
Thecla leadea Hewitson 蜡线灰蝶
Thecla leechii de Nicéville [ferruginous hairstreak] 里奇线灰蝶
Thecla letha (Watson) [Watson's hairstreak] 莱线灰蝶
Thecla lisus (Stoll) 蓝地线灰蝶
Thecla lucagus Godman *et* Salvin 萤线灰蝶
Thecla lycabas (Cramer) 鹿线灰蝶
Thecla maculata Lathy 多斑线灰蝶
Thecla madie Weeks 玛线灰蝶
Thecla marmoris Druce 大理石线灰蝶
Thecla mera Janson 枚线灰蝶
Thecla mushana Matsumura 见 *Satyrium eximium mushanum*
Thecla nautes Cramer 见 *Mithras nautes*
Thecla oceia Godman *et* Salvin 坳线灰蝶
Thecla odinus Godman *et* Salvin 奥迪线灰蝶
Thecla oenone (Leech) 见 *Satyrium oenone*
Thecla ohyai Fujioka 噢线灰蝶
Thecla ornata Leech 见 *Satyrium ornata*
Thecla ouvrardi Corbet 同 *Teratozephyrus arisanus picquenardi*
Thecla pavo (de Nicéville) [peacock hairstreak] 帕线灰蝶
Thecla pedusa Hewitson 金条线灰蝶
Thecla percomis Leech 见 *Satyrium percomis*
Thecla phaleros (Linnaeus) 黑心线灰蝶
Thecla phegeus Hewitson 帅线灰蝶
Thecla philinna Hewitson 菲利纳线灰蝶
Thecla politus Druce 灰线灰蝶
Thecla proba Godman *et* Salvin 普罗巴线灰蝶
Thecla pruni jezoensis Matsumura 见 *Satyrium pruni jezoensis*
Thecla purpuriticus Druce 紫线灰蝶
Thecla sanctissima Jörgensen 同 *Tmolus echion*
Thecla sassanides Kollar 见 *Satyrium sassanides*
Thecla seudiga Hewitson 秀线灰蝶
Thecla sinensis (Alphéraky) 见 *Neolycaena sinensis*
Thecla sinensis pretiosa (Lang) 见 *Neolycaena pretiosa*
Thecla strephon (Fabricius) 绞线灰蝶
Thecla tarania Hewitson 塔琏线灰蝶
Thecla tarpa (Godman *et* Salvin) 田谷线灰蝶，塔线灰蝶
Thecla tayai Esaki *et* Shirôzu 塔线灰蝶
Thecla tengstroemi tangutica Grum-Grshimailo 见 *Neolycaena tangutica*
Thecla teresina Hewitson 红黑线灰蝶
Thecla thabena Hewitson 台线灰蝶
Thecla theia Hewitson 拓线灰蝶
Thecla theocritus (Fabricius) 陶线灰蝶
Thecla timaeus Felder 梯线灰蝶
Thecla tucumana Druce 图线灰蝶
Thecla viridicans Felder 绿线灰蝶
Thecla vittata Tytler 见 *Chrysozephyrus vittatus*
Thecla w-album fentoni (Bremer) 见 *Satyrium walbum fentoni*
Thecla zava Hewitson 赞瓦线灰蝶
Thecla ziha (Hewitson) [white-spotted hairstreak] 白斑线灰蝶
Theclinae 线灰蝶亚科
Theclinesthes 小灰蝶属
Theclinesthes albocincta (Waterhouse) [bitter-bush blue] 白小灰蝶
Theclinesthes eremicola (Röber) 小灰蝶
Theclinesthes hesperia Sibatani *et* Grund [western bitter-bush blue] 黄昏小灰蝶
Theclinesthes miskini (Lucas) [wattle blue] 美小灰蝶
Theclinesthes onycha (Hewitson) [cycad blue, onycha blue] 澳小灰蝶
Theclinesthes serpentata (Herrich-Schäffer) [saltbush blue] 紫小灰蝶
Theclinesthes sulpitius (Miskin) [Samphire blue] 素小灰蝶
Theclini 线灰蝶族，翠灰蝶族
Theclopsis 鞘灰蝶属
Theclopsis curtira Schaus 酷儿鞘灰蝶
Theclopsis demea Hewitson [demea hairstreak] 带鞘灰蝶
Theclopsis eryx (Cramer) 艾睐鞘灰蝶
Theclopsis lebena (Hewitson) 鞘灰蝶
Theclopsis lydus (Hübner) 露鞘灰蝶
Theclopsis mycon (Godman *et* Salvin) [mycon hairstreak] 菌鞘灰蝶
Thecobathra 小白巢蛾属
Thecobathra acrivalvata Fan, Jin *et* Li 尖瓣小白巢蛾
Thecobathra albana Liu 海南小白巢蛾
Thecobathra anas (Stringer) 青冈栎小白巢蛾，安小白巢蛾
Thecobathra argophenes (Meyrick) 明亮小白巢蛾
Thecobathra badagongshana Fan, Jin *et* Li 八大公山小白巢蛾
Thecobathra basilobata Fan, Jin *et* Li 基叶小白巢蛾，毛瓣小白巢蛾
Thecobathra bidentata Liu 双齿小白巢蛾

Thecobathra chiona Liu 渡口小白巢蛾
Thecobathra delias (Meyrick) 宽孔小白巢蛾
Thecobathra eta (Moriuti) 伊小白巢蛾
Thecobathra flavida Yu *et* Li 淡黄小白巢蛾
Thecobathra kappa (Moriuti) 台湾小白巢蛾，卡小白巢蛾
Thecobathra lambda (Moriuti) 枫香小白巢蛾
Thecobathra latibasis Fan, Jin *et* Li 宽瓣小白巢蛾
Thecobathra longisaccata Fan, Jin *et* Li 长腹小白巢蛾
Thecobathra microsignata Liu 丽江小白巢蛾
Thecobathra nakaoi (Moriuti) 纳氏小白巢蛾
Thecobathra nivalis Moriuti 尼小白巢蛾
Thecobathra ovata Liu 大余小白巢蛾
Thecobathra paranas Fan, Jin *et* Li 拟青冈枥小白巢蛾
Thecobathra partinuda Fan, Jin *et* Li 裸腹小白巢蛾，裸瓣小白巢蛾
Thecobathra sororiata Moriuti 庐山小白巢蛾，索小白巢蛾
Thecobathra tetragona Liu 四棱小白巢蛾
Thecobathra yasudai (Moriuti) 圆腹小白巢蛾
Thecobathra yunnana Liu 云南小白巢蛾
Thecocarcelia 鞘寄蝇属
Thecocarcelia apta (Walker) 见 *Argyrophylax aptus*
Thecocarcelia hainanensis Chao 海南鞘寄蝇
Thecocarcelia hirtmacula Liang *et* Chao 见 *Drino hirtmacula*
Thecocarcelia laticornis Chao 同 *Thecocarcelia sumatrana*
Thecocarcelia linearifrons (van der Wulp) 狭额鞘寄蝇，线额鞘寄蝇
Thecocarcelia melanohalterata Chao *et* Jin 暗棒鞘寄蝇
Thecocarcelia nigrotibialis (Baranov) 见 *Argyrophylax nigrotibialis*
Thecocarcelia oculata (Baranov) 孔鞘寄蝇，眼鞘寄蝇，明显寄蝇，眼玛寄蝇
Thecocarcelia parnarae Chao 稻苞虫鞘寄蝇
Thecocarcelia phoeda (Townsend) 见 *Argyrophylax phoedus*
Thecocarcelia setula Liang *et* Chao 见 *Isosturmia setula*
Thecocarcelia sumatrana (Baranov) 苏门鞘寄蝇，黄角鞘寄蝇，苏门答腊鞘寄蝇
Thecocarcelia thrix (Townsend) 同 *Thecocarcelia sumatrana*
Thecocarcelia tianpingensis Sun *et* Chao 同 *Isosturmia japonica*
Thecocarcelia trichops Herting 毛眼鞘寄蝇
Thecodiplosis 鞘瘿蚊属，松盒瘿蚊属
Thecodiplosis brachyntera (Schwagrichen) [needle-shortening pine gall midge] 中欧松鞘瘿蚊，中欧松盒瘿蚊
Thecodiplosis japonensis Uchida *et* Inouye [pine-needle gall midge] 日本鞘瘿蚊，日本松盒瘿蚊，松针瘿蚊
Thecodiplosis piniradiatae (Snow *et* Mills) [Monterey pine midge] 西黄松鞘瘿蚊，西黄松盒瘿蚊
Thecodiplosis piniresinosae Kearby *et* Benjamin [red pine gall midge, red-pine needle midge] 美加松鞘瘿蚊，美加松盒瘿蚊
Thecophora 微蜂眼蝇属，生囊眼蝇属
Thecophora abdominalis (Chen) 腹微蜂眼蝇
Thecophora atra (Fabricius) 黑尾微蜂眼蝇
Thecophora caevovalva (Kröber) 达邦微蜂眼蝇，达邦眼蝇
Thecophora distincta (Wiedemann) 蛛微蜂眼蝇
Thecophora fulvipes (Robineau-Desvoidy) [orange-thighed beegrabber] 黄微蜂眼蝇，黄足蜂眼蝇
Thecophora obscuripes (Chen) 暗昏微蜂眼蝇，暗微蜂眼蝇
Thecophora pusilla (Meigen) 小微蜂眼蝇
Thecophora sauteri (Kröber) 索氏微蜂眼蝇，国姓眼蝇
Thecophora testaceipes (Chen) 壳微蜂眼蝇，黄褐耙眼蝇
Thecosemidalis 匣粉蛉属
Thecosemidalis yangi Liu 杨氏匣粉蛉
Thecostomata [= Calyptera] 有翅瓣类
Theganopteryx perspicillaris Karny 见 *Margattea perspicillaris*
Theganopteryx ruficollis Karny 见 *Anaplectella ruficollis*
Theganosilpha perspicillaris (Karny) 见 *Margattea perspicillaris*
Theiatitan 光明泰坦虫属
Theiatitan azari Schubnel, Roques *et* Nel 阿氏光明泰坦虫
theileriasis 泰勒虫病
Thektogaster 尖腹金小蜂属
Thektogaster accrescens Huang 粗梗尖腹金小蜂
Thektogaster baxoiensis (Liao) 巴宿尖腹金小蜂，巴宿柄优腹金小蜂
Thektogaster lasiochlamis Huang 毛触尖腹金小蜂
Thektogaster mirabilis Huang 奇异尖腹金小蜂
Thektogaster planifrons Huang 平额尖腹金小蜂
Thektogaster plica Huang 皱柄尖腹金小蜂
Thektogaster rubens Huang 微红尖腹金小蜂
Thektogaster simplex Huang 简单尖腹金小蜂
Thelaira 柔寄蝇属，柔毛寄蝇属
Thelaira chrysopruinosa Chao *et* Shi 金粉柔寄蝇，金粉柔毛寄蝇
Thelaira claritriangla Chao *et* Zhou 亮三角柔寄蝇
Thelaira ghanii Mesnil 格氏柔寄蝇，宽体柔寄蝇
Thelaira hohxilica Chao *et* Zhou 可可西里柔寄蝇
Thelaira leucozona (Panzer) 白带柔寄蝇，白带柔毛寄蝇
Thelaira macropus (Wiedemann) 巨型柔寄蝇，巨型柔毛寄蝇
Thelaira nigripes (Fabricius) 暗黑柔寄蝇，暗黑柔毛寄蝇
Thelaira occelaris Chao *et* Shi 单眼鬃柔寄蝇
Thelaira solivaga (Harris) 撒立柔寄蝇，撒拉柔毛寄蝇
Thelaxes 群蚜属
Thelaxes dryophila Schrank [common oak thelaxid] 栎旱群蚜
thelaxid 1. [= thelaxid aphid] 群蚜 < 群蚜科 Thelaxidae 昆虫的通称 >; 2. 群蚜科的
thelaxid aphid [= thelaxid] 群蚜
Thelaxidae 群蚜科
Thelazacallis 伪卷叶绵蚜属 *Thecabius* 的异名
Thelazacallis ranunculicola Qiao *et* Zhang 同 *Thecabius* (*Thecabius*) *affinis*
Thelicentrus 基齿角蝉属
Thelicentrus xizangensis Yuan *et* Cui 西藏基齿角蝉
Thelocaecilius 突叉蛄属
Thelocaecilius mecokeratus Li 长角突叉蛄
Thelocaecilius papillatus (Li) 乳突突叉蛄
Thelyconychia 色寄蝇属
Thelyconychia aplomyiodes (Villeneuve) 阿波罗色寄蝇，单小雌型色寄蝇，单小雌型寄蝇
Thelyconychia discalis Mesnil 心鬃色寄蝇
Thelyconychia solivaga Róndani 孤色寄蝇，圆头色寄蝇，圆头泰寄蝇
Thelymia saltuum (Meigen) 见 *Thelymyia saltuum*
Thelymorpha 雌型寄蝇属
Thelymorpha marmorata (Fabricius) 脉纹雌型寄蝇，理纹雌型寄

蝇
Thelymyia 荫寄蝇属 < 此属学名有误写为 *Thelymia* 者 >
Thelymyia saltuum (Meigen) 飞舞荫寄蝇
thelyotoky 产雌孤雌生殖，产雌单性生殖
Themara 宽头实蝇属，德马拉实蝇属
Themara alkestis (Osten Sacken) 阿宽头实蝇，阿尔德马拉实蝇
Themara ampla Walker 阔宽头实蝇，安帕德马拉实蝇
Themara extraria Hering 埃宽头实蝇，埃克斯德马拉实蝇
Themara hirsuta (Perkins) 毛宽头实蝇，沙巴德马拉实蝇
Themara hirtipes Róndani 四纹宽头实蝇，长柄眼德马拉实蝇
Themara jacobsoni de Meijere 雅氏宽头实蝇，短柄眼德马拉实蝇
Themara lunifera Hering 月宽头实蝇，路尼德马拉实蝇
Themara maculipennis (Westwood) 五纹宽头实蝇，马库里德马拉实蝇
Themara ostensackeni Hardy 奥氏宽头实蝇，奥斯坦德马拉实蝇
Themara yunnana Zia 同 *Themara hirtipes*
Themarohystrix 德马罗实蝇属
Themarohystrix alpina Hardy 高山德马罗实蝇
Themarohystrix bivittata Hardy 双色条德马罗实蝇
Themarohystrix flaviceps Malloch 五色条德马罗实蝇
Themarohystrix helomyzoides (Walker) 赫隆德马罗实蝇
Themarohystrix hyalina Hardy 透翅德马罗实蝇
Themarohystrix nigrifacies Hardy 黑颜德马罗实蝇
Themarohystrix perkinsi Hardy 珀金斯德马罗实蝇
Themarohystrix suttoni Malloch 萨顿德马罗实蝇
Themarohystrix variabilis Hardy 异斑德马罗实蝇
Themaroides 德马罗伊实蝇属
Themaroides abbreviata (Walker) 短缩德马罗伊实蝇
Themaroides quadrifera (Walker) 方斑德马罗伊实蝇
Themaroides robertsi Hardy 罗伯德马罗伊实蝇
Themaroides vittata Hardy 色条德马罗伊实蝇
Themaroides xanthosoma Hardy 锈黄德马罗伊实蝇
Themaroidopsis 德马实蝇属
Themaroidopsis insignis (de Meijere) 横透斑德马实蝇
Themaroidopsis quinquvittata Hardy 五色条德马实蝇
Themaroidopsis rufescens Hardy 锈胸德马实蝇
Themaroidopsis tetraspilota Hardy 四斑德马实蝇
Themira 温热鼓翅蝇属
Themira annulipes (Meigen) 轮环温热鼓翅蝇
Themira bifida Zuska 双裂温热鼓翅蝇
Themira przewalskii Ozerov 甘肃温热鼓翅蝇
Themira putris (Linnaeus) 朽木温热鼓翅蝇
Themira seticrus Duda 鬃胫温热鼓翅蝇
Themone 鹅蚬蝶属
Themone carveri (Weeks) 卡弗鹅蚬蝶
Themone inornata Rebillard 伊诺鹅蚬蝶
Themone pais (Hübner) [pais metalmark] 鹅蚬蝶
Themone poecila Bates [poecila metalmark] 彩鹅蚬蝶
Themone sablimata Stichel 黑伞鹅蚬蝶
Themone trivittata Lathy 三维鹅蚬蝶
Themus 丽花萤属，丽菊虎属
Themus atripes Pic 黑足丽花萤，黑特姆花萤
Themus bicoloricornis Wittmer 见 *Themus* (*Telephorops*) *bicoloricornis*
Themus bieti (Gorham) 比氏丽花萤，比特姆花萤
Themus bimaculiceps Wittmer 二斑丽花萤，二斑特姆花萤
Themus bitinctus uniformis Wittmer 见 *Themus* (*Telephorops*) *uniformis*
Themus cavalerieri (Pic) 卡氏丽花萤，卡特姆花萤，达花萤
Themus chaoi Wittmer 赵氏丽花萤，赵特姆花萤
Themus chrysocephalus Champion 同 *Themus tumlonganus*
Themus chumbiensis (Champion) 春丕丽花萤，楚花萤
Themus coelestis (Gorham) 见 *Themus* (*Telephorops*) *coelestis*
Themus confusus (Fairmaire) 同 *Themus nobilis nobilis*
Themus coomani (Pic) 库氏丽花萤，库特姆花萤
Themus corayi Wittmer 考氏丽花萤，科特姆花萤
Themus coriaceipennis (Fairmaire) 革翅丽花萤，革翅特姆花萤，革翅特花萤，革翅花萤，柯花萤
Themus crassipes Pic 粗腿丽花萤，粗特姆花萤
Themus cribripennis Wittmer 同 *Themus* (*Telephorops*) *uniformis*
Themus cyanipennis Motschulsky 青翅丽花萤，青翅特姆花萤
Themus davidis (Fairmaire) 达丽花萤，达特姆花萤，达特花萤
Themus elongatior Pic 长丽花萤，长特姆花萤
Themus explanaticollis (Pic) 见 *Themus* (*Themus*) *explanaticollis*
Themus formosanus Wittmer 见 *Themus* (*Themus*) *formosanus*
Themus foveicollis (Fairmaire) 窝丽花萤，窝特姆花萤
Themus fraternus (Fairmaire) 同 *Themus nobilis nobilis*
Themus generosus Pic 同 *Themus nobilis nobilis*
Themus gracilis Wittmer 美丽花萤，丽特姆花萤
Themus granulipennis Pic 粒翅丽花萤，粒翅特姆花萤
Themus (***Haplothemus***) ***hackeli*** Švihla 哈氏丽花萤
Themus (***Haplothemus***) ***hedini*** Pic 荷氏丽花萤，赫特姆花萤，赫氏丽花萤
Themus (***Haplothemus***) ***hedini hedini*** Pic 荷氏丽花萤指名亚种
Themus (***Haplothemus***) ***hedini szechwanensis*** Wittmer 荷氏丽花萤四川亚种，川赫特姆花萤
Themus (***Haplothemus***) ***licenti*** Pic 李氏丽花萤，李桑特姆花萤
Themus (***Haplothemus***) ***schneideri*** Švihla 施氏丽花萤
Themus hedini Pic 见 *Themus* (*Haplothemus*) *hedini*
Themus hedini szechwanensis Wittmer 见 *Themus* (*Haplothemus*) *hedini szechwanensis*
Themus hemixanthus (Fairmaire) 同 *Themus leechianus*
Themus hickeri Pic 同 *Lycocerus fainanus*
Themus hmong Kazantsev 同 *Themus scutulatus*
Themus hobsoni Champion 贺氏丽花萤，贺特姆花萤
Themus hypopelinus (Fairmaire) 亥丽花萤，亥特姆花萤
Themus hypopelinus formosanus Wittmer 见 *Themus* (*Themus*) *formosanus*
Themus imperator Pic 同 *Themus imperialis*
Themus imperialis (Gorham) 帝丽花萤，帝特姆花萤，荫花萤
Themus impressipennis (Fairmaire) 见 *Themus* (*Telephorops*) *impressipennis*
Themus inequalithroax Pic 歧胸丽花萤，歧胸特姆花萤
Themus inframetallicus Pic 内闪丽花萤，内闪特姆花萤
Themus inimpressipennis (Pic) 荫平翅丽花萤，荫平翅特姆花萤
Themus kingsiensis Wittmer 金丽花萤，金特姆花萤
Themus kuatunensis Wittmer 挂墩丽花萤，挂墩特姆花萤
Themus laboissierei (Pic) 见 *Themus* (*Telephorops*) *laboissierei*
Themus larrygrayi Wittmer 拉氏丽花萤，拉莱特姆花萤
Themus leechianus (Gorham) 利氏丽花萤，李特姆花萤，翠花萤
Themus licenti Pic 见 *Themus* (*Haplothemus*) *licenti*

T

Themus limbatus Wittmer 缘丽花萤，缘特姆花萤
Themus luteipes Pic 黄足丽花萤，黄特姆花萤
Themus lycoceriformis (Pic) 莱丽花萤，莱战花萤
Themus mediofasciatus Pic 中带丽花萤，中带特姆花萤
Themus metallescens (Gorham) 见 *Lycocerus metallescens*
Themus metallicipennis Fairmaire 见 *Lycocerus metallicipennis*
Themus monstrosipennis (Pic) 怪丽花萤，畸特姆花萤
Themus montanus Wittmer 山丽花萤，山特姆花萤
Themus niger Wittmer 黑丽花萤，黑特姆花萤
Themus nobilis (Gorham) 显丽花萤
Themus nobilis nobilis (Gorham) 显丽花萤指名亚种
Themus nobilis reitteri Hecker 显丽花萤雷氏亚种
Themus omeiensis Wittmer 峨眉丽花萤，峨眉特姆花萤
Themus pallidipes Wittmer 见 *Themus* (*Themus*) *pallidipes*
Themus pallidobrunneus Wittmer 淡棕丽花萤，淡棕特姆花萤
Themus pallidocincticollis (Pic) 淡带丽花萤，淡带特姆花萤，淡带花萤
Themus parallelus Wittmer 平行丽花萤，平行特姆花萤
Themus particularis Pic 帕丽花萤，帕特姆花萤
Themus purpuratus Wittmer 见 *Themus* (*Themus*) *purpuratus*
Themus quadratus Wittmer 方丽花萤，方特姆花萤
Themus reductus Wittmer 少丽花萤，少特姆花萤
Themus regalis (Gorham) 同 *Themus imperialis*
Themus rufoscutus Pic 同 *Themus scutulatus*
Themus rufoscutus (Pic) 红盾丽花萤，红盾特姆花萤
Themus rugosocyaneus (Fairmaire) 皱青丽花萤，皱青特姆花萤
Themus rugosus Pic 同 *Themus* (*Telephorops*) *coelestis*
Themus satoi Wittmer 见 *Themus* (*Themus*) *satoi*
Themus sauteri (Pic) 见 *Themus* (*Telephorops*) *sauteri*
Themus scutulatus Wittmer 盾丽花萤，盾特姆花萤
Themus senensis (Pic) 华丽花萤，华特姆花萤
Themus separandus Wittmer 同 *Themus* (*Telephorops*) *laboissierei*
Themus shensianus Wittmer 陕西丽花萤，陕西特姆花萤
Themus sikkimensis (Pic) 锡金丽花萤，锡金特姆花萤
Themus stigmaticus (Fairmaire) 黑斑丽花萤，痣特姆花萤，痣特花萤
Themus subcaeruleus (Pic) 见 *Themus* (*Telephorops*) *subcaeruleus*
Themus subopacipennis (Pic) 见 *Themus* (*Themus*) *subopacipennis*
Themus subrufolineatus Wittmer 见 *Cyrebion subrufolineatus*
Themus taiwanus Wittmer 见 *Themus* (*Themus*) *taiwanus*
Themus talianus (Pic) 大理丽花萤，大理特姆花萤，獭理花萤
Themus (**Telephorops**) **bicoloricornis** Wittmer 双色凹翅丽花萤，双色凹翅丽菊虎，二色角特姆花萤
Themus (**Telephorops**) **cavipennis** (Fairmaire) 凹翅丽花萤
Themus (**Telephorops**) **coelestis** (Gorham) 青丽花萤，柯特姆花萤，青花萤
Themus (**Telephorops**) **crassimargo** Champion 粗缘丽花萤
Themus (**Telephorops**) **impressipennis** (Fairmaire) 糙翅丽花萤，压印凹翅丽花萤，压印凹翅丽菊虎，平翅特姆花萤
Themus (**Telephorops**) **laboissierei** (Pic) 拉氏丽花萤，拉特姆花萤
Themus (**Telephorops**) **masatakai** Okushima 正孝丽花萤
Themus (**Telephorops**) **minor** Wittmer 小丽花萤
Themus (**Telephorops**) **nepalensis** (Hope) 尼泊尔丽花萤
Themus (**Telephorops**) **sauteri** (Pic) 索氏凹翅丽花萤，梭德凹翅丽菊虎，索特姆花萤
Themus (**Telephorops**) **subcaeruleiformis** Wittmer 同 *Themus* (*Telephorops*) *crassimargo*
Themus (**Telephorops**) **subcaeruleus** (Pic) 淡黑丽花萤，淡黑特姆花萤
Themus (**Telephorops**) **uncinatus** Wittmer 无带丽花萤
Themus (**Telephorops**) **uniformis** Wittmer 纯色凹翅丽花萤，纯色凹翅丽菊虎，同二带特姆花萤
Themus testaceicollis Wittmer 砖胸丽花萤，黄褐特姆花萤
Themus testaceithorax Pic 同 *Themus foveicollis*
Themus (**Themus**) **explanaticollis** (Pic) 大丽花萤，大丽菊虎，扁特姆花萤，扁花萤
Themus (**Themus**) **formosanus** Wittmer 蓬莱丽花萤，蓬莱丽菊虎，台岛特姆花萤，台亥特姆花萤
Themus (**Themus**) **milosi** Švihla 米氏丽花萤
Themus (**Themus**) **nobuoi** Okushima *et* Satô 大林氏丽花萤，大林氏丽菊虎
Themus (**Themus**) **pallidipes** Wittmer 黛青丽花萤，黛青丽菊虎，淡特姆花萤
Themus (**Themus**) **purpuratus** Wittmer 紫翅丽花萤，紫翅丽菊虎，紫特姆花萤
Themus (**Themus**) **satoi** Wittmer 佐藤丽花萤，佐藤丽菊虎，萨特姆花萤
Themus (**Themus**) **subopacipennis** (Pic) 翠莹丽花萤，翠莹丽菊虎，暗翅特姆花萤，暗翅花萤
Themus (**Themus**) **taiwanus** Wittmer 台湾丽花萤，台湾丽菊虎，台特姆花萤
Themus tumlonganus (Pic) 金头丽花萤
Themus vastiorum Wittmer 荒丽花萤，荒特姆花萤
Themus violaceipennis (Gorham) 同 *Themus* (*Telephorops*) *impressipennis*
Themus violetipennis Wang *et* Yang 同 *Themus* (*Telephorops*) *coelestis*
Themus viridipennis (Kiesenwetter) 绿翅丽花萤，绿翅特花萤
Themus viridissimus (Pic) 绿丽花萤，绿特姆花萤
Themus viridissimus unistigmaticus Pic 绿丽花萤一痣亚种，一痣绿特姆花萤
Themus viridissimus viridissimus (Pic) 绿丽花萤指名亚种
Themus yunnanus Wittmer 云南丽花萤，滇特姆花萤
Theobaldia sinensis Meng *et* Wu 同 *Culiseta niveitaeniata*
Theoborus 缺刻小蠹属 *Coptoborus* 的异名
Theoborus theobromae Hopkins 同 *Coptoborus villosulus*
Theocolax 蚁形金小蜂属
Theocolax elegans (Westwood) 精美蚁形金小蜂，米象毛金小蜂
Theocolax ingens Xiao *et* Huang 巨蚁形金小蜂
Theocolax phloeosini Yang 小蠹蚁形金小蜂
theodora metalmark [= aqua-banded scintillant, *Chalodeta theodora* (Felder *et* Felder)] 露蚬蝶
theogenis skipper [*Cymaenes theogenis* (Capronnier)] 色鹿弄蝶
theona checkerspot [*Thessalia theona* (Ménétriés)] 草怡蛱蝶
Theone 纹萤叶甲属
Theone octocostata (Weise) 粗点纹萤叶甲
Theone silphoides (Dalman) 脊纹萤叶甲
Theope 娆蚬蝶属
Theope acosma (Stichel) [tawny theope] 爱珂娆蚬蝶
Theope apholes Bates 阿福娆蚬蝶
Theope archimedas (Fabricius) 原娆蚬蝶

Theope atime Bates 阿提娆蚬蝶
Theope aureonitents Bates 金娆蚬蝶
Theope azurea Bates 苍娆蚬蝶
Theope bacenia Schaus [curve-lined theope] 巴赛娆蚬蝶
Theope bahimanai Fassl 巴赫娆蚬蝶
Theope barea (Godman *et* Salvin) [brown-posted theope, Panamanian theope] 拜娆蚬蝶
Theope basilea (Bates) [straight-lined theope, basilea metalmark] 巴娆蚬蝶
Theope cacnina Godman *et* Salvin 卡娆蚬蝶
Theope comosa Stichal 蚬蝶
Theope cratylus (Godman *et* Salvin) [scallop-patched theope] 彩娆蚬蝶
Theope decorata Godman *et* Salvin [painted theope] 艳娆蚬蝶
Theope devriesi [De Vries' theope] 德弗娆蚬蝶
Theope diores Godman *et* Salvin 迪娆蚬蝶
Theope drepana Bates 德娆蚬蝶
Theope eleutho (Godman *et* Salvin) 艾丽娆蚬蝶
Theope eudocia Westwood [orange theope] 黑端娆蚬蝶
Theope eupolis (Schaus) [Guatemalan theope, Veracruzan theope] 优波娆蚬蝶
Theope eurygonina Bates 宽角娆蚬蝶
Theope excelsa (Bates) 爱斯娆蚬蝶
Theope foliorum Bates 叶娆蚬蝶
Theope guillaumei Bates [yellow-dusted theope] 鬼兰娆蚬蝶
Theope herta (Godman *et* Salvin) 海塔娆蚬蝶
Theope hypoleuca Bates 白下娆蚬蝶
Theope hypoxanthe Bates 黄下娆蚬蝶
Theope janus Bates 双娆蚬蝶
Theope lampropteryx Bates 灯娆蚬蝶
Theope leucanthe Bates 白花娆蚬蝶
Theope lycaenina (Bates) [gray theope] 利凯娆蚬蝶
Theope mania Godman *et* Salvin 美纳娆蚬蝶
Theope matuta (Godman *et* Salvin) [giant theope] 美图娆蚬蝶
Theope metemona Bates 麦娆蚬蝶
Theope mundala Sticael 梦娆蚬蝶
Theope nycteis (Westwood) [eyed theope] 眼斑娆蚬蝶
Theope pedias (Herrich-Schäffer) [extroverted theope, yellow-bottomed theope] 佩娆蚬蝶
Theope phaeo Prittwitz [falcate theope] 黑娆蚬蝶
Theope phineus Schaus 菲娆蚬蝶
Theope pieridoides (Felder) [white theope] 俳娆蚬蝶
Theope pseudopedias Hall [confused theope, Hall's theope] 褐缘娆蚬蝶
Theope publius (Felder *et* Felder) [bell-banded theope, shaded theope, publius theope] 柔毛娆蚬蝶
Theope sericea (Bates) 丝娆蚬蝶
Theope simplicia (Bates) 素朴娆蚬蝶
Theope sobrina Bates 锁娆蚬蝶
Theope speciosa (Godman *et* Salvin) [glazed theope] 斯娆蚬蝶
Theope symgenes Bates 舒娆蚬蝶
Theope talna (Godman *et* Salvin) 苔娆蚬蝶
Theope terambus (Godart) 娆蚬蝶
Theope tetrastigma Bates 四点娆蚬蝶
Theope thebais (Hewitson) 蓝裙娆蚬蝶
Theope theritas (Hewitson) 泰丽娆蚬蝶
Theope thestias Hewitson 台斯娆蚬蝶
Theope theutis (Godman *et* Salvin) 美衫娆蚬蝶
Theope thootes (Hewitson) 图特娆蚬蝶
Theope villai Beutelspacher [West-Mexican theope] 墨娆蚬蝶
Theope virgilius (Fabricius) [common theope, blue-based theope] 维尔娆蚬蝶
Theope zostera Bates 舟娆蚬蝶
Theopea 显脊萤叶甲属，沟翅萤金花虫属
Theopea aeneipennis Gressitt *et* Kimoto 红腹显脊萤叶甲
Theopea azurea Gressitt *et* Kimoto 蓝绿显脊萤叶甲
Theopea cheni Lee *et* Bezděk 陈氏显脊萤叶甲
Theopea coerulea Gressitt *et* Kimoto 凹胸显脊萤叶甲
Theopea collaris Kimoto 领显脊萤叶甲，黄颈沟翅萤金花虫
Theopea geiseri Lee *et* Bezděk 格氏显脊萤叶甲
Theopea hainanensis Lee *et* Bezděk 海南显脊萤叶甲
Theopea irregularis (Takizawa) 杂显脊萤叶甲，杂平翅萤叶甲，杂梯萤叶甲
Theopea kanmiyai (Kimoto) 黄翅显脊萤叶甲，黄翅平翅萤叶甲，黄翅梯萤叶甲
Theopea laosensis Lee *et* Bezděk 老挝显脊萤叶甲
Theopea sauteri Chûjô 绍德显脊萤叶甲，绍德沟翅萤金花虫
Theopea sekerkai Lee *et* Bezděk 斯氏显脊萤叶甲
Theopea smaragdina Gressitt *et* Kimoto 钩突显脊萤叶甲
Theophila 家蚕蛾属 *Bombyx* 的异名
Theophila albicurva Chu *et* Wang 同 *Bombyx lemeepauli*
Theophila mandarina Moore 见 *Bombyx mandarina*
Theophila mandarina formosana Matsumura 见 *Bombyx mandarina formosana*
Theophila ostruma Chu *et* Wang 同 *Gunda sesostris*
Theophila religiosa Helfer 同 *Bombyx huttoni*
theophylline 茶碱，1，3– 二甲基黄嘌呤
Theopompa 广缘螳属
Theopompa maculosa Yang 多斑广缘螳
Theopompa ophthalmica (Olivier) 短胸广缘螳，树皮螳，短胸螳
Theopompula 方背螳属
Theopompula ocularis (Saussure) 见 *Humbertiella ocularis*
Theopropus 弧纹螳属
Theopropus borneensis Beier 婆罗洲弧纹螳
Theopropus cattulus (Westwood) 浅色弧纹螳
Theopropus elegans (Westwood) 华丽弧纹螳
Theopropus rubrobrunneus Beier 瑰色弧纹螳
Theopropus sinecus Yang 中华弧纹螳
Theopropus sinecus qiongae Wu *et* Liu 中华弧纹螳琼崖亚种，琼崖弧纹螳
Theopropus sinecus sinecus Yang 中华弧纹螳指名亚种
Theopropus xishiae Wu *et* Liu 倾城弧纹螳
Theorema 枣灰蝶属
Theorema eumenia Hewitson 枣灰蝶
theoretical control efficacy 理论防效，理论防治效果
theoretical growth curve 理论生长曲线
theoretical maximum predacious number 理论最大捕食量
theoretical zero 理论发育零点，理论发育起点
Thera 黑带尺蛾属
Thera cyphoschema Prout 小黑带尺蛾

Thera distracta (Sterneck) 离黑带尺蛾
Thera etes Prout 邻黑带尺蛾
Thera kashghara Moore 见 *Povilasia kashghara*
Thera phaiosata (Staudinger) 费黑带尺蛾，费巾尺蛾
Thera sororcula Bastelberger 见 *Heterothera sororcula*
Thera subcomis Inoue 见 *Pennithera subcomis*
Thera tabulata (Püngeler) 层黑带尺蛾
Thera variata (Denis *et* Schiffermüller) [spruce carpet, yellow-spotted looper] 黑带尺蛾，黄星尺蠖
theramenes skipper [= Mabille's bent-skipper, *Camptopleura theramenes* Mabille] 凸翅弄蝶
therapeutic effect 治疗效果，疗效
therapeutics 治疗学
Theraptus devastans Distant [rubber coreid] 见 *Pseudotheraptus devastans*
Therates 球胸虎甲属
Therates alboobliquatus Horn 白斜球胸虎甲
Therates alboobliquatus albbobliquatus Horn 白斜球胸虎甲指名亚种，白斑突眼虎甲虫
Therates alboobliquatus kotoshonis Kôno 白斜球胸虎甲兰屿亚种，兰屿突眼虎甲虫，红头屿球胸虎甲
Therates fruhstorferi Horn 弗氏球胸虎甲
Therates fruhstorferi fruhstorferi Horn 弗氏球胸虎甲指名亚种
Therates fruhstorferi ida Mandl 同 *Therates fruhstorferi vitalisi*
Therates fruhstorferi sauteri Horn 弗氏球胸虎甲索氏亚种，索球胸虎甲，琉璃突眼虎甲虫
Therates fruhstorferi vitalisi Horn 弗氏球胸虎甲蓝色亚种，蓝亮球胸虎甲
Therates ida Mandl 同 *Therates fruhstorferi vitalisi*
Therates klapperichi Mandl 克球胸虎甲
Therates kotoshonis Kôno 见 *Therates alboobliquatus kotoshonis*
Therates labiatus (Fabricius) 唇球胸虎甲
Therates mandli Probst 曼氏球胸虎甲
Therates motoensis Tan 同 *Therates fruhstorferi vitalisi*
Therates obliquefasciatus Horn 斜带球胸虎甲，斜纹突眼虎甲虫
Therates obliquus Fleutiaux 云南球胸虎甲
Therates pseudomandli Probst *et* Wiesner 类曼球胸虎甲
Therates pseudorugifer Sawada *et* Wiesner 类罗球胸虎甲
Therates pseudorugifer pentalabiodentatus Matalin 类罗球胸虎甲云南亚种
Therates pseudorugifer pseudorugifer Sawada *et* Wiesner 类罗球胸虎甲指名亚种
Therates rogeri Probst *et* Wiesner 罗氏球胸虎甲
Therea 鳖蠊属
Therea olegrandjeani Fritzsche *et* Zompro 问号鳖蠊
Therea petiveriana (Linnaeus) [desert cockroach, seven-spotted cockroach, Indian domino cockroach] 七斑鳖蠊
Therebus 猎象甲属
Therebus orthocnemis Heller 直猎象甲，直猎象
Thereselia 特蕾莎天牛属
Thereselia modesta Pic 特蕾莎天牛
Theresia's blue [*Polyommatus theresiae* Schurian, van Oorschot *et* van den Brink] 兽眼灰蝶
Theresimima ampelophaga Bayle [grapevine smoky moth, vine zygaenid, vine bud moth] 剑角锦斑蛾
Theresina 特瓜天牛属
Theresina grossepunctata Breuning 粗刻特瓜天牛
Theresina punctata (Pic) 刻特瓜天牛，特瓜天牛
Theretra 斜纹天蛾属
Theretra alecto (Linnaeus) [Levant hawk moth] 阿斜纹天蛾，后红斜纹天蛾，斜纹后红天蛾，红里斜纹天蛾
Theretra alecto alecto (Linnaeus) 阿斜纹天蛾指名亚种，指名阿斜纹天蛾
Theretra alecto cretica (Boisduval) 阿斜纹天蛾后红亚种，斜纹后红天蛾
Theretra boisduvalii (Bugnion) 波斜纹天蛾，间断斜纹天蛾，黑星斜纹天蛾
Theretra clotho (Drury) 斜纹天蛾，萨摩天蛾，芋叶天蛾
Theretra clotho clotho (Drury) 斜纹天蛾指名亚种，指名斜纹天蛾
Theretra fukienensis Meng 同 *Dahira rubiginosa*
Theretra japonica (Boisduval) [olive-green hawk moth, small hawk moth] 日本斜纹天蛾，雀斜纹天蛾，日斜纹天蛾，雀纹天蛾，爬山虎天蛾，葡萄叶绿褐天蛾，葡萄绿褐天蛾，黄胸斜纹天蛾
Theretra latreillei (Macleay) 土色斜纹天蛾
Theretra latreillei distincta Mell 同 *Theretra latreillei lucasi*
Theretra latreillei latreillei (Macleay) 土色斜纹天蛾指名亚种
Theretra latreillei lucasi (Walker) 土色斜纹天蛾浙江亚种，直翅斜纹天蛾，浙江土色斜纹天蛾，星点多斜纹天蛾，浙土色斜纹天蛾
Theretra latreillei montana Mell 同 *Theretra latreillei lucasi*
Theretra nessus (Drury) [yam hawk moth] 青背斜纹天蛾，绿背斜纹天蛾，黄腹斜纹天蛾
Theretra oldenlandiae (Fabricius) [impatiens hawkmoth, taro hornworm, white-banded hunter hawkmoth] 芋斜纹天蛾，芋双线天蛾，凤仙花天蛾，双线条纹天蛾，双斜纹天蛾
Theretra oldenlandiae oldenlandiae (Fabricius) 芋双线天蛾指名亚种，指名芋双线天蛾
Theretra pallicosta (Walker) 赭斜纹天蛾
Theretra pinastrina (Martyn) 同 *Theretra silhetensis*
Theretra pinastrina pinastrina (Martyn) 芋单线天蛾指名亚种，指名芋单线天蛾
Theretra rhesus (Boisduval) 背带斜纹天蛾
Theretra silhetensis (Walker) [brown-banded hunter hawkmoth, dasheen horn worm] 单线斜纹天蛾，西斜纹天蛾，条纹天蛾，芋单线天蛾，单斜纹天蛾
Theretra silhetensis intersecta (Butler) 单线斜纹天蛾居间亚种
Theretra silhetensis silhetensis (Walker) 单线斜纹天蛾指名亚种，指名西斜纹天蛾
Theretra suffusa (Walker) [suffused hunter hawkmoth] 白眉斜纹天蛾，背带后红斜纹天蛾，红里白斜纹天蛾
Theretra tibetiana Vaglia *et* Haxaire 藏斜纹天蛾
Thereus 圣灰蝶属
Thereus cithonius (Godart) [pale-lobed hairstreak] 喜圣灰蝶
Thereus lausus (Cramer) [lausus hairstreak] 圣灰蝶
Thereus oppia (Godman *et* Salvin) [oppia hairstreak] 奥圣灰蝶
Thereus orasus (Godman *et* Salvin) [crimson-spot hairstreak] 奥莱圣灰蝶
Thereus ortalus (Godman *et* Salvin) [ortalus hairstreak] 奥塔圣灰蝶

Thereus spurina (Hewitson) [spurina hairstreak] 斯普圣灰蝶

Thereva 剑虻属

Thereva aurantiaca Becker 橘色剑虻

Thereva manchoulensis Ôuchi 满洲里剑虻

Thereva nervosa Loew 同 *Tabuda varia*

Thereva plebeia (Linnaeus) [crochet-hooked stiletto] 剑虻

Thereva polychaeta Yang, Liu *et* Dong 多鬃剑虻

Thereva splendida Yang, Liu *et* Dong 明亮剑虻

Thereva suifenensis Ôuchi 绥芬剑虻

therevid 1. [= therevid fly, stiletto fly] 剑虻 < 剑虻科 Therevidae 昆虫的通称 >；2. 剑虻科的

therevid fly [= therevid, stiletto fly] 剑虻

Therevidae 剑虻科

Therevinae 剑虻亚科

Therevoidea 剑虻总科

thericleid 1. [= thericleid orthopteran, thericleid hopper, thericleid grasshopper] 特蜢 < 特蜢科 Thericleidae 昆虫的通称 >；2. 特蜢科的

thericleid grasshopper [= thericleid orthopteran, thericleid, thericleid hopper] 特蜢

thericleid hopper 见 thericleid grasshopper

thericleid orthopteran 见 thericleid grasshopper

Thericleidae 特蜢科，短枝蝗科

Thericleinae 特蜢亚科

Thericleini 特蜢族

Thericles 特蜢属

Thericles flavoangulatus Descamps 黄角特蜢

Thericles maculipes Descamps 斑腿特蜢

Thericles miserabilis Descamps 迷特蜢

Therioaphis 彩斑蚜属

Therioaphis beijingensis Zhang 北京彩斑蚜

Therioaphis cana Zhang, Chen, Qiao *et* Zhong 同 *Therioaphis trifolii*

Therioaphis luteola (Börner) 浅黄彩斑蚜

Therioaphis maculata (Buckton) 同 *Therioaphis trifolii*

Therioaphis riehmi (Börner) [sweetclover aphid] 来氏彩斑蚜，草木樨斑翅蚜

Therioaphis shinae Shinji 见 *Tiliaphis shinae*

Therioaphis tilicola Shinji 见 *Eucallipterus tilicola*

Therioaphis trifolii (Monell) [spotted alfalfa aphid, yellow clover aphid, spotted clover aphid] 三叶草彩斑蚜，苜蓿斑蚜，苜蓿斑翅蚜，车轴草彩斑蚜，苜蓿彩斑蚜

Therioaphis trifolii maculata (Buckton) 同 *Therioaphis trifolii*

Therion 棘领姬蜂属

Therion circumflexum (Linnaeus) 黏虫棘领姬蜂，棘领姬蜂

Therion giganteum Gravenhorst 硕棘领姬蜂

Therion rufomaculatum (Uchida) 红斑棘领姬蜂

Theritas 野灰蝶属

Theritas drucei (Lathy) [drucei hairstreak] 德野灰蝶

Theritas hemon Cramer [pale-clubbed hairstreak, hemon blue hairstreak, hemon hairstreak] 淡野灰蝶

Theritas lisus (Stoll) [lisus hairstreak] 丽野灰蝶

Theritas mavors Hübner [deep-green hairstreak, mavors hairstreak] 深绿野灰蝶，野灰蝶

Theritas monica (Hewitson) [monica hairstreak] 模野灰蝶

Theritas phegeus (Hewitson) [phegeus hairstreak] 菲野灰蝶

Theritas tagyra Hewitson 黑条蓝野灰蝶

Theritas theocritus (Fabricius) [pearly hairstreak] 珍野灰蝶

Theritas triquetra (Hewitson) 淡蓝野灰蝶

Theritas viresco (Druce) [viresco hairstreak] 韦野灰蝶

therium 动物起因的演替

Therius jaspideus Fairmaire 见 *Dascillus jaspideus*

thermal adaptation 温度适应，热适应

thermal capacity 热容量

thermal constant 温度常数

thermal death 热致死，热死亡

thermal hysteresis protein 热滞蛋白

thermal resistance 耐热性

thermal sense 温度感觉

thermal stability 温度稳定性

thermal sum 温度总和

thermal threshold [= development zero, developmental zero, developmental threshold temperature, biological zero, threshold temperature] 发育起点温度，发育零点，发育起点

Thermesia mandarina Leech 见 *Hamodes mandarina*

Thermesia orientalis Leech 同 *Hypospila bolinoides*

Thermistis 刺楔天牛属，黄带天牛属

Thermistis cheni Lin *et* Chou 陈氏刺楔天牛

Thermistis croceocincta (Saunders) 黄带刺楔天牛

Thermistis croceocincta conjunctesignatus Breuning 黄带刺楔天牛并斑亚种，并斑刺楔天牛

Thermistis croceocincta croceocincta (Saunders) 黄带刺楔天牛指名亚种

Thermistis hainanensis Lin *et* Yang 海南刺楔天牛

Thermistis kaiyuni Chou *et* Kurihara 开运刺楔天牛，开运黄带天牛

Thermistis nigromacula Hua 黑斑刺楔天牛

Thermistis rubromaculata Pu 红斑刺楔天牛

Thermistis sulphureonotata Pu 黄斑刺楔天牛

Thermistis taiwanensis Nara *et* Yu 台湾刺楔天牛，台湾黄带天牛

thermistor-based method 热敏电阻阻值法 < 一种测定昆虫过冷却能力的方法 >

thermium 温泉群落

thermo-hygrogram 温湿曲线，温湿图

Thermobia 家衣鱼属

Thermobia domestica (Packard) [firebrat] 家衣鱼

thermochemical reaction 热化学反应

thermocline 温变层

thermoduric race 耐热品种

thermodynamics 热力学

thermograph 温度记录器，记温器

thermokinesis 趋温性

thermolabile race 不耐热品种

thermolability 1. 不耐热性；2. 热不稳定性

thermolysis 热分解；散热

thermometabolism 热代谢

thermometer 温度计

thermometer cricket [= snowy tree cricket, *Oecanthus fultoni* Walker] 雪白树蟋

Thermonectus 温龙虱属

Thermonectus marmoratus (Gray) [sunburst diving beetle, spotted

diving beetle, marbled diving beetle] 多斑温龙虱
Thermoniphas 温灰蝶属
Thermoniphas alberici Dufrane [Alberic's chalk blue] 艾温灰蝶
Thermoniphas albocaerulea Stempffer 白卡温灰蝶
Thermoniphas bibundana Grünberg [Cameroon chalk blue] 毕温灰蝶
Thermoniphas caerulea Stempffer 卡温灰蝶
Thermoniphas distincta Talbot 涤温灰蝶
Thermoniphas fumosa Stempffer [smoky chalk blue] 富温灰蝶
Thermoniphas kigezi Stempffer 克温灰蝶
Thermoniphas leucocyanea Clench 白青温灰蝶
Thermoniphas micylus (Cramer) [tinted blue, common chalk blue] 弥温灰蝶
Thermoniphas plurilimbata Karsch 温灰蝶
Thermoniphas stempfferi Clench 斯温灰蝶
Thermoniphas togora Plötz [bright chalk blue] 拓温灰蝶
Thermonotus 齿胸天牛属
Thermonotus nigripes Gahan 齿胸天牛
Thermonotus ruber Pic 红齿胸天牛
thermoperiod 温周期，温变周期
thermoperiodism 温周期现象
thermophilus 适温的，喜温的
thermophone 传声温度计
thermophylactic race 热敏感品种
thermoregulation [= temperature regulation] 温度调节
thermoregulator 温度调节器
thermostability 1. 耐热性；2. 热稳定性
thermostable race 耐热品种
thermostat 恒温器
thermotactic 趋温性的
thermotaxis 趋温性
thermotolerance 耐热性
thermotolerant 耐热的
thermotonus 温度反应
thermotropism 向温性
Thermozephyrus 铁金灰蝶属
Thermozephyrus ataxus (Westwood) [wonderful hairstreak] 白底铁金灰蝶，白底金灰蝶，衬白金灰蝶，蓬莱绿小灰蝶
Thermozephyrus ataxus ataxus (Westwood) 白底铁金灰蝶指名亚种
Thermozephyrus ataxus kirishimaensis (Okajima) 白底铁金灰蝶雾岛亚种，基亚泽灰蝶

Thermozephyrus ataxus lingi (Okano *et* Okura) 见 *Thermozephyrus lingi*
Thermozephyrus ataxus motohiroi (Fujioka) 白底铁金灰蝶中岛亚种
Thermozephyrus ataxus tsukiyamai (Fujioka) 白底铁金灰蝶筑山亚种
Thermozephyrus ataxus yakushimaensis (Yazaki) 白底铁金灰蝶屋久岛亚种，雅亚泽灰蝶
Thermozephyrus ataxus zulla (Tytler) 白底铁金灰蝶大陆亚种，大陆金灰蝶
Thermozephyrus lingi (Okano *et* Okura) 衬白铁金灰蝶，衬白金灰蝶，白芒翠灰蝶，衬白翠灰蝶，蓬莱绿小灰蝶，白底绿灰蝶
Therobia 野寄蝇属
Therobia composita (Séguy) 文净野寄蝇
Therobia vesiculifera Bezzi 气囊野寄蝇
Therobia vulpes (Séguy) 狡野寄蝇，狡普洛寄蝇
Theronia 囊爪姬蜂属
Theronia atalantae (Poda) 脊腿囊爪姬蜂
Theronia atalantae atalantae (Poda) 脊腿囊爪姬蜂指名亚种，脊腿囊爪姬蜂
Theronia atalantae gestator (Thunberg) 脊腿囊爪姬蜂腹斑亚种，腹斑脊腿囊爪姬蜂
Theronia brachyura Gupta 短管囊爪姬蜂
Theronia brevicauda Cushman 见 *Augerella brevicauda*
Theronia clathrata Krieger 细格囊爪姬蜂
Theronia clathrata clathrata Krieger 细格囊爪姬蜂指名亚种，指名细格囊爪姬蜂
Theronia depressa Gupta 平背囊爪姬蜂
Theronia formosana (Cushman) 见 *Theronia nigrobalteata formosana*
Theronia laevigata (Tschek) 光囊爪姬蜂
Theronia laevigata laevigata (Tschek) 光囊爪姬蜂指名亚种
Theronia laevigata nigra Uchida 光囊爪姬蜂黑足亚种
Theronia maskeliyae Cameron 马斯囊爪姬蜂
Theronia maskeliyae flavifemorata Gupta 马斯囊爪姬蜂黄股亚种，黄腿马斯囊爪姬蜂
Theronia maskeliyae maskeliyae Cameron 马斯囊爪姬蜂指名亚种，马斯囊爪姬蜂
Theronia maskeliyae schmiedeknichti Krieger 马斯囊爪姬蜂黄侧亚种，黄侧马斯囊爪姬蜂
Theronia nigrobalteata Gupta 黑柄囊爪姬蜂
Theronia nigrobalteata formosana (Cushman) 黑柄囊爪姬蜂台湾亚种，台岛囊爪姬蜂
Theronia nigrobalteata nigrobalteata Gupta 黑柄囊爪姬蜂指名亚种
Theronia porphyreus Sheng *et* Sun 褐囊爪姬蜂
Theronia pseudozebra Gupta 缺脊囊爪姬蜂
Theronia pseudozebra pseudozebra Gupta 缺脊囊爪姬蜂指名亚种，指名缺脊囊爪姬蜂
Theronia zebra (Vollenhoven) 黑纹囊爪姬蜂
Theronia zebra diluta Gupta 黑纹囊爪姬蜂黄瘤亚种，黄瘤黑纹囊爪姬蜂
Theronia zebra zebra (Vollenhoven) 黑纹囊爪姬蜂指名亚种
Theroniini 囊爪姬蜂族
Therophilus 下腔茧蜂属
Therophilus cingulipes (Nees von Esenbeck) 曲径下腔茧蜂，曲径闭腔茧蜂
Therophilus conspicuus (Wesmael) 显下腔茧蜂
Thersamonia dispar (Howarth) 见 *Lycaena dispar*
Thersamonia dispar aurata (Leech) 见 *Lycaena dispar auratus*
Thersamonia dispar borodowskyi (Grum-Grshimailo) 见 *Lycaena dispar borodowskyi*
Thersamonia splendens (Staudinger) 见 *Lycaena splendens*
thersites swallowtail [= false androgeus swallowtail, *Papilio thersites* Fabricius] 黄宽芷凤蝶
Theryola 圈吉丁甲属，特吉丁甲属
Theryola touzalini (Théry) 托氏圈吉丁甲，托氏圈吉丁，托氏特吉丁甲，托朵吉丁

Thes 行薪甲属，蕈甲属

Thes bergrothi (Reitter) [ridge-winged fungus beetle] 四行薪甲，脊翅蕈甲，隆翅薪甲

Thescelostrophus 奇异伪蕈甲属

Thescelostrophus cretaceus Yu, Hsiao, Ślipiński, Jin, Ren *et* Pang 白垩奇异伪蕈甲

Thescelosynchroa 奇异齿胫甲属

Thescelosynchroa pangu (Hsiao, Li, Liu *et* Pang) 盘古奇异齿胫甲，盘谷齿胫甲

theseus morpho [*Morpho theseus* Deyrolle] 花冠闪蝶

Thespea 青刺蛾属，特刺蛾属

Thespea bicolor (Walker) [green rice moth] 两色青刺蛾，两色绿刺蛾，竹刺蛾

Thespea bicolor bicolor (Walker) 两色青刺蛾指名亚种

Thespea bicolor virescens (Matsumura) 见 *Thespea virescens*

Thespea virescens (Matsumura) 褐点青刺蛾，褐点特刺蛾，褐点绿刺蛾，两色绿刺蛾，绿两色绿刺蛾

thespid 1. [= thespid mantis, thespid praying mantis] 细足螳 < 细足螳科 Thespidae 昆虫的通称 >；2. 细足螳科的

thespid mantis [= thespid, thespid praying mantis] 细足螳

thespid praying mantis 见 thespid mantis

Thespidae 细足螳科

Thespieus 臬弄蝶属

Thespieus aspernatus Draudt [aspernatus skipper] 阿臬弄蝶

Thespieus catochra (Plötz) [catochra skipper] 凯臬弄蝶

Thespieus dalmani (Latreille) [chalk-marked skipper] 臬弄蝶

Thespieus ethemides (Burmeister) [ethemides skipper] 苍臬弄蝶

Thespieus fassli (Draudt) [Fassl's skipper] 法氏臬弄蝶

Thespieus haywardi Evans [Hayward's skipper] 华氏臬弄蝶

Thespieus himella Hewitson [himella skipper] 喜臬弄蝶

Thespieus jora Evans [jora skipper] 乔臬弄蝶

Thespieus macareus (Herrich-Schäffer) [chestnut-marked skipper] 白斑臬弄蝶

Thespieus opigena Hewitson [opigena skipper] 厄臬弄蝶

Thespieus othna Butler [othna skipper] 讴臬弄蝶

Thespieus tapayuna Zikan [tapayuna skipper] 塔帕臬弄蝶

Thespieus tithonita (Weeks) 提臬弄蝶

thesprotia sister [*Adelpha thesprotia* (Felder *et* Felder)] 塞斯悌蛱蝶

thessalia sister [*Adelpha thessalia* (Felder *et* Felder)] 色萨利悌蛱蝶

Thessalia 怡蛱蝶属

Thessalia chinatiensis (Tinkham) [Chinati checkerspot] 茶怡蛱蝶

Thessalia cyneas (Godman *et* Salvin) [cyneas checkerspot, black checkerspot] 西纳怡蛱蝶

Thessalia ezra (Hewitson) 艾怡蛱蝶

Thessalia fulvia (Edwards) [fulvia checkerspot] 黄怡蛱蝶

Thessalia kendallorum Opler [Kendall's checkerspot, Nuevo Leon checkerspot] 肯怡蛱蝶

Thessalia leanira (Felder *et* Felder) [leanira checkerspot] 怡蛱蝶

Thessalia theona (Ménétriés) [theona checkerspot] 草怡蛱蝶

Thessia 茸弄蝶属

Thessia jalapus (Plötz) [jalapus cloudywing] 佳茸弄蝶，茸弄蝶

Thessitus 特颜蜡蝉属

Thessitus cremeri Jacobi 见 *Klapperibrachys cremeri*

Thessitus tibetanus Lallemand 藏特颜蜡蝉

theste skipper [*Turesis theste* Godman] 特托弄蝶

thestia skipper [*Potamanaxas thestia* Hewitson] 苔河衬弄蝶

Thestius 环灰蝶属

Thestius auda Hewitson 奥达环灰蝶

Thestius bitias Cramer 见 *Panthiades bitias*

Thestius cyllarus Cramer 黑端环灰蝶

Thestius gabatha Hewitson 黑框环灰蝶

Thestius lisus Stoll 见 *Theritas lisus*

Thestius loxurina Felder 橙红环灰蝶

Thestius meridionalis (Draudt) [common thestius, meridionalis hairstreak] 美环灰蝶

Thestius pholeus (Cramer) [dotted thestius] 点环灰蝶，环灰蝶

Thestius selina (Hewitson) [selina hairstreak, selina tiger-stripe] 西冷环灰蝶

Thestor 秀灰蝶属

Thestor barbatus Henning *et* Henning [bearded skolly] 毛秀灰蝶

Thestor basutus (Wallengren) [Basuto skolly, Basuto magpie] 巴秀灰蝶

Thestor brachycera (Trimen) [Knysna skolly] 短尾秀灰蝶

Thestor braunsi van Son [Braun's skolly] 布朗秀灰蝶

Thestor calviniae Riley [Hantamsberg skolly] 卡尔秀灰蝶

Thestor camdeboo Dickson *et* Wykeham [Camdeboo skolly] 卡姆秀灰蝶

Thestor claassensi Heath *et* Pringle [Claassen's skolly] 卡拉秀灰蝶

Thestor compassbergae Quickelberge *et* McMaster [Compassberg skolly] 嵌秀灰蝶

Thestor dicksoni Riley [Dickson's skolly] 狄秀灰蝶

Thestor dryburghi van Son [Dryburgh's skolly] 仙女秀灰蝶

Thestor dukei van Son 杜秀灰蝶

Thestor holmesi van Son [Holmes's skolly] 霍秀灰蝶

Thestor kaplani Dickson *et* Stephen [Kaplan's thestor] 凯秀灰蝶

Thestor montanus van Son [mountain skolly] 高山秀灰蝶

Thestor murrayi Swanepoel [Murray's skolly] 穆秀灰蝶

Thestor obscurus van Son 暗秀灰蝶

Thestor overbergensis Heath *et* Pringle [Overberg skolly] 欧弗秀灰蝶

Thestor penningtoni van Son [Pennington's skolly] 彭氏秀灰蝶

Thestor petra Pennington [rock skolly] 蓝褐秀灰蝶

Thestor pictus van Son [Langeberg skolly] 丽秀灰蝶

Thestor pringlei Dickson [Pringle's skolly] 卜仁莱秀灰蝶

Thestor protumnus (Linnaeus) [Boland skolly] 普秀灰蝶

Thestor rileyi Pennington [Riley's skolly] 赖利秀灰蝶

Thestor rooibergensis Heath [Rooiberg skolly] 柔秀灰蝶

Thestor rossouwi Dickson [Rossouw's skolly] 开普省秀灰蝶

Thestor stepheni Swanepoel [Stephen's skolly] 斯蒂芬秀灰蝶

Thestor strutti van Son [Strutt's skolly] 斯特拉特秀灰蝶

Thestor swanepoeli Pennington 斯氏秀灰蝶

Thestor tempe Pennington 迅秀灰蝶

Thestor vansoni Pennington [van Son's skolly] 范森秀灰蝶

Thestor yildizae Koçak [Peninsula skolly, Peninsula thestor] 亦秀灰蝶

Thetidia 二线绿尺蛾属

Thetidia albocostaria (Bremer) [chrysanthemum greenish geometrid] 菊四目二线绿尺蛾，菊四目绿尺蛾，菊绿尺蠖，白缘忧尺蛾

Thetidia atyche (Prout) 清二线绿尺蛾，阿忧尺蛾
Thetidia chlorophyllaria (Hedemann) 肖二线绿尺蛾，绿叶忧尺蛾
Thetidia kansuensis (Djakonov) 甘肃二线绿尺蛾，甘肃忧尺蛾
Thetidia pekingensis (Chu) 同 *Thetidia chlorophyllaria*
Thetidia radiata Walker 辐二线绿尺蛾，辐雅尺蛾
Thetidia smaragdaria (Fabricius) 白点二线绿尺蛾，绿二线绿尺蛾，绿忧尺蛾
Thetidia smaragdaria amurensis (Prout) 白点二线绿尺蛾阿穆尔亚种，阿绿二线绿尺蛾
Thetidia smaragdaria smaragdaria (Fabricius) 白点二线绿尺蛾指名亚种
Thetidia volgaria (Guenée) 凡二线绿尺蛾
Thevenetimyia 剑蜂虻属
Thevenetimyia cingulata Yao, Li *et* Yang 黄带剑蜂虻
Thiacidas 短喙夜蛾属
Thiacidas egregia (Staudinger) 短喙夜蛾
Thiacidas postica Walker 印短喙夜蛾，印金合欢夜蛾
thiacloprid 噻虫啉
thiamethoxam 噻虫嗪
thiamin [= thiamine] 硫胺素；维生素 B_1
thiamine 见 thiamin
thiamine hydrochloride 盐酸硫胺素
thiazole 噻唑
Thibetia niphaphylla Joicey *et* Kaye 尼藏斜纹天蛾
thick barklouse [= pachytroctid barklouse, pachytroctid] 厚蛄，粗啮虫 <厚蛄科 Pachytroctidae 昆虫的通称>
thick-bordered kite-swallowtail [= dioxippus swallowtail, *Eurytides dioxippus* (Hewitson)] 地奥阔凤蝶
thick-edged kite swallowtail [*Eurytides orabilis* (Butler)] 奥比阔凤蝶
thick-edged longwing [*Eueides lineata* Salvin] 线佳袖蝶
thick-headed fly [= conopid, conopid fly] 眼蝇 <眼蝇科 Conopidae 昆虫的通称>
thick-legged hoverfly [*Syritta pipiens* (Linnaeus)] 黄环粗股蚜蝇，棕环瘦食蚜蝇
thick-legged plant bug [= sweetpotato flea hopper, oriental garden fleahopper, garden fleahopper, black garden fleahopper, *Halticus minutus* Reuter] 甘薯跳盲蝽，微小跳盲蝽，黑跳盲蝽，花生黑盲蝽，花生跳盲蝽
thick-rimmed sailor [= chryseis sailor, *Dynamine chryseis* Bates] 金权蛱蝶
thick shell cocoon 厚皮茧
thick-tailed hairstreak [*Paiwarria umbratus* (Geyer)] 阴帕瓦灰蝶
thick-tipped greta [= morgane clearwing, rusty clearwing, *Greta morgane* (Geyer)] 莫尔黑脉绡蝶
thickened lateral margin [= lateris] 臀厚侧缘
thicket hairstreak [*Mitoura spinetorum* (Hewitson)] 针敏灰蝶
thief ant [*Solenopsis molesta* (Say)] 窃叶火蚁，窃叶蚁
Thiemeia 帖眼蝶属
Thiemeia phoronea (Doubleday) 帖眼蝶
Thieme's satyr [*Pedaliodes asconia* Thieme] 阿鄱眼蝶
Thienemanniella 提尼曼摇蚊属
Thienemanniella absens Fu, Sæther *et* Wang 简单提尼曼摇蚊
Thienemanniella acuticornis (Kieffer) 尖角提尼曼摇蚊
Thienemanniella akagiquarta Kikuchi *et* Sasa 阿卡提尼曼摇蚊
Thienemanniella chuzeduodecima Sasa 中禅寺提尼曼摇蚊
Thienemanniella clavicornis (Kieffer) 深角提尼曼摇蚊，棒角田氏摇蚊
Thienemanniella curvare Fu, Fang *et* Wang 弯附提尼曼摇蚊
Thienemanniella flaviforceps Kieffer 黄叉提尼曼摇蚊
Thienemanniella flaviscutella (Tokunaga) 弗拉提尼曼摇蚊
Thienemanniella ginzanquerea Sasa *et* Suzuki 银座提尼曼摇蚊
Thienemanniella ginzanquinta (Sasa *et* Suzuki) 银塔提尼曼摇蚊
Thienemanniella gotopallida Sasa *et* Suzuki 瓦尼提尼曼摇蚊
Thienemanniella hainanensis Fu, Sæther *et* Wang 海南提尼曼摇蚊
Thienemanniella lutea (Edwards) 黄提尼曼摇蚊
Thienemanniella majuscula (Edwards) 大提尼曼摇蚊
Thienemanniella nagaramaculata Sasa 那噶提尼曼摇蚊
Thienemanniella nipponica (Tokunaga) 尼珀提尼曼摇蚊
Thienemanniella obscura Brundin 浓提尼曼摇蚊
Thienemanniella ogasaquardecima Sasa *et* Suzuki 欧夸提尼曼摇蚊
Thienemanniella ogasaquindecima Sasa *et* Suzuki 欧葵提尼曼摇蚊
Thienemanniella okigrata Sasa 欧科提尼曼摇蚊
Thienemanniella oyabedilata Sasa, Kawai *et* Uéno 欧亚提尼曼摇蚊
Thienemanniella sichuana Fu, Sæther *et* Wang 川提尼曼摇蚊
Thienemanniella tiunovae Makarchenko *et* Makarchenko 替哇提尼曼摇蚊
Thienemanniella togamijika Sasa *et* Okazawa 图噶提尼曼摇蚊
Thienemanniella tonewquerea Sasa, Sumita *et* Tanaka 吐呢提尼曼摇蚊
Thienemanniella triangula Fu, Sæther *et* Wang 三角提尼曼摇蚊
Thienemanniella tusimuefea Sasa *et* Suzuki 土木提尼曼摇蚊
Thienemanniella tusimufegea Sasa *et* Suzuki 土司提尼曼摇蚊
Thienemanniella vittata (Edwards) 带提尼曼摇蚊
Thienemanniella wuyiensis Fu, Sæther *et* Wang 武夷提尼曼摇蚊
Thienemanniella xena (Roback) 西纳提尼曼摇蚊
Thienemanniella yakysetea Sasa *et* Suzuki 雅浦提尼曼摇蚊，亚毛提尼曼摇蚊
Thienemannimyia 特长足摇蚊属
Thienemannimyia barberi (Coquillett) 巴特长足摇蚊
Thienemannimyia carnea (Fabricius) 肉质特长足摇蚊，脊特长足摇蚊
Thienemannimyia choumara Dowling 舒特长足摇蚊
Thienemannimyia dimorpha Cheng *et* Wang 二型特长足摇蚊
Thienemannimyia festiva (Meigen) 节特长足摇蚊
Thienemannimyia fusciceps (Edwards) 法氏特长足摇蚊
Thienemannimyia geijskesi (Goetghebuer) 角特长足摇蚊，格氏田氏摇蚊
Thienemannimyia (***Hayesomyia***) ***aquila*** (Cheng *et* Wang) 黑特长足摇蚊，黑哈伊摇蚊
Thienemannimyia (***Hayesomyia***) ***cinctuma*** (Cheng *et* Wang) 斑特长足摇蚊，斑哈伊摇蚊
Thienemannimyia (***Hayesomyia***) ***fengkainica*** (Cheng *et* Wang) 封开特长足摇蚊，封开哈伊摇蚊
Thienemannimyia (***Hayesomyia***) ***galbina*** (Cheng *et* Wang) 黄特长足摇蚊，黄开特长足摇蚊，黄哈伊摇蚊

Thienemannimyia* (*Hayesomyia*) *rotunda (Cheng *et* Wang) 圆斑特长足摇蚊，圆斑哈伊摇蚊
Thienemannimyia* (*Hayesomyia*) *senata (Walley) 新北特长足摇蚊，新北哈伊摇蚊
Thienemannimyia* (*Hayesomyia*) *triangula (Cheng *et* Wang) 三角特长足摇蚊，三角哈伊摇蚊
Thienemannimyia* (*Hayesomyia*) *trina (Cheng *et* Wang) 三斑特长足摇蚊，三斑哈伊摇蚊
Thienemannimyia* (*Hayesomyia*) *tripunctata (Goetghebuer) 古氏特长足摇蚊，古氏哈伊摇蚊
Thienemannimyia* (*Hayesomyia*) *zayunica (Cheng *et* Wang) 察隅特长足摇蚊，察隅哈伊摇蚊
Thienemannimyia laeta (Meigen) 亮特长足摇蚊
Thienemannimyia lentiginosa (Fries) 灵特长足摇蚊
Thienemannimyia norena Roback 诺特长足摇蚊
Thienemannimyia northumbrica (Edwards) 北特长足摇蚊
Thienemannimyia pseudocarnea Murray 拟脊特长足摇蚊
Thienemannimyia sinogalbina Lin *et* Wang 中华黄特长足摇蚊
Thienemannimyia tinctoria Freeman 灿特长足摇蚊
Thienemannimyia woodi (Edwards) 伍德特长足摇蚊
Thienemanniola 蒂内曼摇蚊属
Thienemanniola ploenensis Kieffer 普隆蒂内曼摇蚊
thievery 蚁贼
thigh [= femur] 股节，腿节
thigmorheotypic 趋流型的
thigmotactic 趋触性的
thigmotaxis 趋触性
thigmotropism 向触性
Thilakothrips babuli Ramakrishna 印白韧金合欢蓟马
thimbleberry aphid [*Illinoia maxima* (Mason)] 嵌环伊长管蚜，嵌环牡蚜
thimet 甲拌磷，3911，西梅脱，赛美特
thin end cocoon 薄头茧 < 家蚕的 >
thin-layer chromatography 薄层层析，薄层色谱法
thin-plate spline 薄板样条分析
thin rearing 薄饲 < 家蚕的 >
thin-rimmed sailor [*Dynamine sosthenes* Hewitson] 篆纹权蛱蝶
thin shelled cocoon 薄皮茧 < 家蚕的 >
thin strawberry weevil [*Rhadinosomus lacordairei* Pascoe] 草莓突鞘象甲，草莓树象甲
thin-tailed kite-swallowtail [= dolicaon kite swallowtail, *Eurytides dolicaon* (Cramer)] 竖阔凤蝶
thinic 沙丘群落的
thinicolous 栖沙丘的
thinium 沙丘群落
Thinobiini 薄隐翅甲族，丘隐翅甲族
Thinobius 薄隐翅甲属，薄隐翅虫属
Thinobius brevipennis Kiesenwetter 短薄隐翅甲，短薄隐翅虫
Thinobius longipennis (Heer) 长柄薄隐翅甲，长柄薄隐翅虫
Thinocharis 辛隐翅甲属
Thinocharis orientalis Cameron 东方辛隐翅甲，东方辛隐翅虫
Thinocharis pygmaea Kraatz 卵头辛隐翅甲，卵头辛隐翅虫
Thinodromus 奔沙隐翅甲属 < 此属学名有误写为 *Tinodromus* 者 >
Thinodromus anhuiensis Li 安徽奔沙隐翅甲，安徽奔沙隐翅虫
Thinodromus crinitus Makranczy 毵奔沙隐翅甲，毵奔沙隐翅虫
Thinodromus daxueus Gildenkov 蜀奔沙隐翅甲，蜀奔沙隐翅虫
Thinodromus deceptor (Sharp) 诈奔沙隐翅甲，诈奔沙隐翅虫
Thinodromus inmolatus Makranczy 龙奔沙隐翅甲，龙奔沙隐翅虫
Thinodromus kochi (Bernhauer) 科赫奔沙隐翅甲，柯拟凹舌隐翅虫
Thinodromus lotus Gildenkov 宽奔沙隐翅甲，宽奔沙隐翅虫
Thinodromus reitterianus (Bernhauer) 赖氏奔沙隐翅甲，来拟凹舌隐翅虫
Thinodromus schillhammeri Makranczy 施氏奔沙隐翅甲，施氏奔沙隐翅虫
Thinodromus schuelkei Gildenkov 舒氏奔沙隐翅甲，舒氏奔沙隐翅虫
Thinodytes 底诺金小蜂属
Thinodytes cyzicus (Walker) 潜蝇底诺金小蜂，底诺金小蜂
Thinophilinae 涯长足虻亚科
thinophilus 适沙丘的，喜沙丘的
Thinophilus 滨长足虻属，涯长足虻属，海滨长足虻属
Thinophilus clavatus Zhu, Yang *et* Masunaga 棒状滨长足虻
Thinophilus diminuatus Becker 小滨长足虻，递涯长足虻，趋小长足虻
Thinophilus flavipalpis Zetterstedt 黄须滨长足虻
Thinophilus formosinus Becker 台湾滨长足虻，台涯长足虻，台生长足虻
Thinophilus hilaris Parent 长鬃滨长足虻，毛涯长足虻，和悦长足虻
Thinophilus indigenus Becker 普通滨长足虻，土产长足虻
Thinophilus insertus Becker 灰白滨长足虻，英涯长足虻，串珠长足虻
Thinophilus integer Becker 全缘滨长足虻，全涯长足虻，原始长足虻
Thinophilus lamellaris Zhu, Yang *et* Masunaga 薄叶滨长足虻
Thinophilus nitens Grootaert *et* Meuffels 光亮滨长足虻
Thinophilus penichrotes (Wei *et* Zheng) 乏滨长足虻
Thinophilus pollinosus Loew 多粉滨长足虻
Thinophilus ruficornis (Haliday) 红角滨长足虻
Thinophilus seticolis Becker 多刺滨长足虻，恒春长足虻，毛基涯长足虻
Thinophilus sinensis Yang *et* Li 中华滨长足虻
Thinophilus spinitarsis Becker 刺跗滨长足虻
Thinophilus tesselatus Becker 方形滨长足虻，棋斑涯长足虻，镂雕长足虻
Thinopteryx 黄蝶尺蛾属
Thinopteryx citrina Warren 橘黄蝶尺蛾
Thinopteryx crocoptera (Kollar) 黄蝶尺蛾
Thinopteryx crocoptera assamensis Swinhoe 同 *Thinopteryx crocoptera crocoptera*
Thinopteryx crocoptera crocoptera (Kollar) 黄蝶尺蛾指名亚种
Thinopteryx crocoptera erythrosticta Wehrli 同 *Thinopteryx crocoptera crocoptera*
Thinopteryx crocoptera striolata Butler 黄蝶尺蛾阿具纹亚种，纹黄蝶尺蛾
Thinopteryx delectans (Butler) 灰沙黄蝶尺蛾
Thinopteryx nebulosa Butler 灰斑黄蝶尺蛾，暗黄蝶尺蛾
Thinoscatella 沙水蝇属

Thinoscatella tibetensis Zhang *et* Yang 西藏沙水蝇

thioester bond 硫酯键

thiokinase 硫激酶

thiolase 硫解酶

thiolysis 硫解

thiometon 甲基乙拌磷，二甲硫吸磷

Thioniinae 希瓢蜡蝉亚科

Thioniini 希瓢蜡蝉族

thiophanate 托布津，统扑净，土布散

thiophos 对硫磷，一六〇五

thioredoxin [abb. Trx] 硫氧还蛋白，硫氧还原蛋白

thioredoxin reductase [abb. TrxR] 硫氧还蛋白还原酶

Thiotricha 纹麦蛾属

Thiotricha acrophantis Meyrick 阿纹麦蛾

Thiotricha dissobola Meyrick 双纹麦蛾

Thiotricha microrrhoda Meyrick 微纹麦蛾

Thiotricha obliquata (Matsumura) 斜纹麦蛾

Thiotricha operaria Meyrick 见 *Palumbina operaria*

Thiotricha pancratiastis Meyrick 拼纹麦蛾，拼坡麦蛾

Thiotricha pontifera Meyrick 狭纹麦蛾，吕坡麦蛾

Thiotricha subocellea (Stephens) 香草纹麦蛾

Thiotricha trapezoidella Caradja 斜狭翅麦蛾

Thiotricha tylephora Meyrick 泰纹麦蛾

thiourea 硫脲

thiram 福美双，双硫胺甲酰，秋兰姆，赛欧散，阿锐生

third anal vein 第三臀脉

third axillary 第三腋片

third copulation 三交

third instar larva 三龄幼虫，三龄蚕

third longitudinal vein 第三纵脉 <在双翅目昆虫中，为康氏脉系的 R_5>

third moult 三眠

third moulting larva 三眠蚕

third ovipositor valvula [pl. third ovipositor valvulae; = third valve, dorsal valve, dorsal valvula, third valvula, gonoplac] 背产卵瓣，第三产卵瓣

third ovipositor valvulae [s. third ovipositor valvula; = third valves, dorsal valves, dorsal valvulae, third valvulae, gonoplacs] 背产卵瓣，第三产卵瓣

third posterior cell 第三后室

third submarginal cross-nervure 第三亚横脉 <在膜翅目中，为康氏脉系的 R_4 脉>

third valve 见 third ovipositor valvula

third valvula [pl. third valvulae; =third valve, dorsal valve, dorsal valvula, third ovipositor valvula, gonoplac] 背产卵瓣，第三产卵瓣

third valvulae [s. third valvula; = third valves, dorsal valves, dorsal valvulae, third ovipositor valvulae, gonoplacs] 背产卵瓣，第三产卵瓣

thirteen-spot ladybeetle [*Hippodamia tredecimpunctata* (Linnaeus)] 十三星长足瓢虫，十三星瓢虫

thirteen-spotted lady beetle [*Hippodamia tredecimpunctata tibialis* (Say)] 十三星长足瓢虫褐胫亚种，十三星瓢虫

Thisbe 洁蚬蝶属

Thisbe irenea (Stoll) [irenea metalmark, Sailor's lemmark] 洁蚬蝶

Thisbe lycorias (Hewitson) [banner metalmark, fox-face lemmark, lycorias metalmark] 多白洁蚬蝶

Thisbe molela (Hewitson) 摩莱洁蚬蝶

Thisbe penestrella Lathy 俳洁蚬蝶

Thisoicetrus littoralis (Rambur) 见 *Heteracris littoralis*

thistle aphid 1. [= plum-thistle aphid, *Brachycaudus cardui* (Linnaeus)] 飞廉短尾蚜，蓟短尾蚜，李蓟圆尾蚜；2. [= artichoke aphid, silverberry capitophorus, oleaster thistle aphid, *Capitophorus elaeagni* (del Guercio)] 胡颓子钉毛蚜，蓟钉毛蚜，北美龙须钉毛蚜，龙须菜钉毛蚜

thistle ermine [= burdock pyralid, *Myelois circumvoluta* (Hübner)] 克髓斑螟，牛蒡筛螟

thistle lady beetle [*Henosepilachna pustulosa* (Kôno)] 蓟裂臀瓢虫，蓟大二十星瓢虫

thistle tortoise beetle [*Cassida rubiginosa* Müller] 密点龟甲

Thitarodes 钩蝠蛾属，山蝠蛾属

Thitarodes albipictus (Yang) 白纹钩蝠蛾，白纹蝠蛾

Thitarodes arizana (Matsumura) 阿里山钩蝠蛾，阿里山蝠蛾

Thitarodes armoricanus (Oberthür) 虫草钩蝠蛾，虫草蝠蛾，虫草西蝠蛾

Thitarodes baimaensis (Liang) 白马钩蝠蛾，白马蝠蛾

Thitarodes baqingensis (Yang *et* Jiang) 巴青钩蝠蛾，巴青蝠蛾

Thitarodes bibelteus (Shen *et* Zhou) 双带钩蝠蛾，双带蝠蛾

Thitarodes biruensis (Fu) 比如钩蝠蛾，比如蝠蛾

Thitarodes callinivalis (Liang) 美丽钩蝠蛾，美丽蝠蛾

Thitarodes cingulatus (Yang *et* Zhang) 白带钩蝠蛾，白带蝠蛾

Thitarodes damxungensis (Yang) 当雄钩蝠蛾，当雄蝠蛾

Thitarodes davidi (Poujade) 德氏钩蝠蛾，德氏蝠蛾

Thitarodes deqinensis (Liang) 德钦钩蝠蛾，德钦蝠蛾

Thitarodes dinggyeensis (Chu *et* Wang) 定结钩蝠蛾，定结蝠蛾

Thitarodes ferrugineus (Li, Yang *et* Shen) 锈色钩蝠蛾，锈色蝠蛾

Thitarodes fusconebulosa (De Geer) 见 *Pharmacis fusconebulosa*

Thitarodes gallicus (Lederer) 同 *Pharmacis fusconebulosa*

Thitarodes gonggaensis (Fu *et* Huang) 贡嘎钩蝠蛾，贡嘎蝠蛾

Thitarodes hainanensis (Chu *et* Wang) 海南钩蝠蛾，海南蝠蛾

Thitarodes jialangensis (Yang) 甲郎钩蝠蛾，甲郎蝠蛾

Thitarodes jinshaensis (Yang) 金沙钩蝠蛾，金沙蝠蛾

Thitarodes kangdingensis (Chu *et* Wang) 康定钩蝠蛾，康定蝠蛾

Thitarodes kangdingroides (Chu *et* Wang) 康姬钩蝠蛾，康姬蝠蛾

Thitarodes latitegumenus (Shen *et* Zhou) 宽兜钩蝠蛾，宽兜蝠蛾

Thitarodes litangensis (Liang) 理塘钩蝠蛾，理塘蝠蛾，里塘蝠蛾

Thitarodes markamensis (Yang, Li *et* Shen) 芒康钩蝠蛾，芒康蝠蛾

Thitarodes meiliensis (Liang) 梅里钩蝠蛾，梅里蝠蛾

Thitarodes namensis (Chu *et* Wang) 纳木钩蝠蛾，纳木蝠蛾

Thitarodes namlinensis (Chu *et* Wang) 南木林钩蝠蛾，南木林蝠蛾

Thitarodes nipponensis Ueda 日本钩蝠蛾

Thitarodes nubifer (Lederer) 白线钩蝠蛾，白线蝠蛾

Thitarodes oblifurcus (Chu *et* Wang) 斜脉钩蝠蛾，斜脉蝠蛾

Thitarodes pratensis (Yang, Li *et* Shen) 草地钩蝠蛾，草地蝠蛾

Thitarodes pui (Zhang, Gu *et* Liu) 蒲氏钩蝠蛾，蒲氏蝠蛾

Thitarodes renzhiensis (Yang) 人支钩蝠蛾，人支蝠蛾

Thitarodes variabilis (Bremer) 变异钩蝠蛾，变异柯蝙蛾

Thitarodes xiaojinensis (Tu, Ma *et* Zhang) 小金蝠蛾
Thitarodes xigazeensis (Chu *et* Wang) 日喀则钩蝠蛾，日喀则蝠蛾
Thitarodes xunhuaensis (Yang *et* Yang) 循化钩蝠蛾，循化蝠蛾
Thitarodes yadongensis (Chu *et* Wang) 亚东钩蝠蛾，亚东蝠蛾
Thitarodes yeriensis (Liang) 叶日钩蝠蛾，叶日蝠蛾
Thitarodes yongshengensis (Chu *et* Wang) 永胜钩蝠蛾，永胜蝠蛾
Thitarodes zaliensis (Yang) 察里钩蝠蛾，察里蝠蛾
Thitarodes zhangmoensis (Chu *et* Wang) 樟木钩蝠蛾，樟木蝠蛾
Thitarodes zhongzhiensis (Liang) 中支钩蝠蛾，中支蝠蛾
thixotropy 1. 触变；2. 摇溶
Thlasia 鳃片叶蝉属
Thlasia borealis Jacobi 东北鳃片叶蝉，东北钝角叶蝉
Thlasia cingulata Jacobi 褐带鳃片叶蝉，劳钝角叶蝉
Thlasia emmrichi Zhang *et* Yang 伊米克鳃片叶蝉
Thlasia funebris Jacobi 暗褐鳃片叶蝉，钝角叶蝉
Thlasia jacobii Zhang *et* Yang 杰考博鳃片叶蝉
Thlasia longicornis Zhang *et* Yang 长突鳃片叶蝉
Thlasia symmetrica Jacobi 大鳃片叶蝉，对称钝角叶蝉
Thlaspida 尾龟甲属，毛缘龟金花虫属
Thlaspida biramosa (Boheman) 双枝尾龟甲，二星龟金花虫
Thlaspida biramosa biramosa (Boheman) 双枝尾龟甲指名亚种，指名双枝尾龟甲
Thlaspida biramosa omeia Chen *et* Zia 双枝尾龟甲峨眉亚种，峨眉双枝尾龟甲
Thlaspida cribrosa (Boheman) 淡边尾龟甲
Thlaspida formosae Spaeth 同 *Thlaspida biramosa*
Thlaspida lewisi (Baly) 四斑尾龟甲
Thlaspida pygmaea Medvedev 小尾龟甲
Thlaspida tsaoi Borowiec *et* Lee 曹氏尾龟甲
Thlaspidosoma 阔龟甲属
Thlaspidosoma brevis Chen *et* Zia 长角阔龟甲
Thlipsomerus glebosus Marshall 西藏长叶松扁象甲
Thliptoceras 果蛀野螟属
Thliptoceras amamiale Munroe *et* Mutuura 脊翅果蛀野螟
Thliptoceras anthropophilum Bänziger 锯突果蛀野螟
Thliptoceras artatale (Caradja) 阿果蛀野螟，金黄绒野螟，金黄绒螟
Thliptoceras bicuspidatum Zhang 二突果蛀野螟
Thliptoceras bisulciforme Zhang 二槽果蛀野螟
Thliptoceras caradjai Munroe *et* Mutuura 卡果蛀野螟
Thliptoceras cascale (Swinhoe) 喀果蛀野螟
Thliptoceras filamentosum Zhang 丝膜果蛀野螟，线果蛀野螟
Thliptoceras fimbriata (Swinhoe) 缨果蛀野螟，帕路狄螟
Thliptoceras formosanum Munroe *et* Mutuura 台果蛀野螟
Thliptoceras fulvimargo (Warren) 黄缘果蛀野螟
Thliptoceras gladiale (Leech) 格果蛀野螟，格绒野螟，格绒螟
Thliptoceras impube Zhang 光突果蛀野螟，裸突果蛀野螟
Thliptoceras octoguttale Felder *et* Rogenhoffer 咖啡果蛀野螟
Thliptoceras semicirculare Zhang 半圆果蛀野螟
Thliptoceras shafferi Bänziger 沙弗尔果蛀野螟
Thliptoceras sinense (Caradja) 中国果蛀野螟，华德锥额野螟
Thliptoceras stygiale Hampson 斯果蛀野螟
Thliptoceras variabilis Swinhoe 异果蛀野螟
thoas swallowtail [= king swallowtail, *Papilio thoas* Linnaeus] 草凤蝶，敏芷凤蝶
thoasa sister [*Adelpha thoasa* (Hewitson)] 草捷悌蛱蝶
Thodelmus 敏猎蝽属
Thodelmus falleni Stål 法氏敏猎蝽，敏猎蝽
Tholagmus 穹蝽属
Tholagmus flavolineatus (Fabricius) 黄纹穹蝽，黄穹蝽
Tholera 浊夜蛾属
Tholera cespitis (Denis *et* Schiffermüller) 浊夜蛾
Tholera decimalis (Poda) 芸浊夜蛾，德浊夜蛾
Tholeria reversalis (Guenée) 见 *Uresiphita reversalis*
Tholymis 云斑蜻属
Tholymis tillarga (Fabricius) [coral-tailed cloud wing, evening skimmer, Old World twister, crepuscular darter, foggy-winged twister] 云斑蜻，夜游蜻蜓
Thomasiniana oculiperda (Ruebsaamen) 见 *Resseliella oculiperda*
Thomasomyia 多开麻蝇亚属
Thomassetini 托吉丁甲族，托吉丁族
Thomsonea 汤麻蝇亚属
Thomsonia albomaculata Distant 同 *Hecalus porrectus*
Thomsonia porrecta (Walker) 见 *Hecalus porrectus*
Thomsonisca 汤氏跳小蜂属
Thomsonisca amathua (Walker) 盾蚧汤氏跳小蜂，汤氏跳小蜂
Thomsonisca indica Hsyat 印度汤氏跳小蜂
Thomsonisca shutovae (Trjapitzin) 梨圆蚧汤氏跳小蜂，梨圆蚧朝鲜跳小蜂
Thoodzata botelensis Kato 见 *Kotozata botelensis*
Thoon 腾弄蝶属
Thoon aethus (Hayward) [disjunct skipper, aethus skipper] 断腾弄蝶
Thoon canta Evans [canta skipper] 堪腾弄蝶
Thoon dubia (Bell) [dubia skipper] 疑腾弄蝶
Thoon maritza Nicolay [maritza skipper] 玛腾弄蝶
Thoon modius (Mabille) [moody skipper, modius skipper, model thoon] 模腾弄蝶，腾弄蝶
Thoon ponka Evans [ponka skipper] 帕腾弄蝶
Thoon ranka Evans [ranka skipper] 阶腾弄蝶
Thoon taxes Godman [taxes skipper] 巴拿马腾弄蝶
Thoon yesta Evans [yesta skipper] 晔腾弄蝶
Thopeutica 淘虎甲属
Thopeutica conspicua (Schaum) 显著淘虎甲，显著虎甲
Thopeutica gloriosa (Schaum) 辉淘虎甲
Thopha 啕蝉属
Thopha saccata (Fabricius) [double drummer] 双鼓啕蝉
Thoracaphis 胸蚜属
Thoracaphis cuspidatae (Essig *et* Kuwana) 见 *Metanipponaphis cuspidatae*
Thoracaphis kashifoliae (Uye) [evergreen oak woolly aphid] 克什胸蚜，槲胸蚜，隐足虱蚜，栎叶异胸蚜
Thoracaphis linderae Shinji 钓樟胸蚜
Thoracaphis quercifoliae Ghosh 居栎胸蚜
thoraces [s. thorax] 胸，胸部
thoracic 胸的，胸部的
thoracic appendage 胸部附肢
thoracic calypter 下腋瓣
thoracic dorsal bristle 胸背鬃 < 指双翅目目昆虫的 >

thoracic feet [s. thoracic foot; = thoracic legs] 胸足
thoracic foot [pl. thoracic feet; = thoracic leg] 胸足
thoracic ganglia [s. thoracic ganglion] 胸神经节
thoracic ganglion [pl. thoracic ganglia] 胸神经节
thoracic gland 见 thoracic salivary gland
thoracic horn 胸角
thoracic leg [= thoracic foot] 胸足
thoracic pleural bristle 胸侧鬃 < 见于双翅目昆虫中 >
thoracic region [= thorax] 胸部
thoracic salivary gland 见 thoracic gland
thoracic segment 胸节
thoracico-abdominal segment [= propodeum] 并胸腹节
Thoracobombus 胸熊蜂亚属
Thoracochaeta 胸刺小粪蝇属
Thoracochaeta acinaces Roháček *et* Marshall 波斯胸刺小粪蝇
Thoracochaeta brachystoma (Stenhammar) 短腹胸刺小粪蝇
Thoracochaeta johnsoni (Spuler) 弯胫胸刺小粪蝇
Thoracochaeta recta Su 直胸刺小粪蝇
Thoracochaeta seticosta (Spuler) 异缘胸刺小粪蝇
Thoracochirus 疣隐翅甲属
Thoracochirus arcuatus Wu *et* Zhou 耳齿疣隐翅甲，耳突疣隐翅虫
Thoracochirus formosae Cameron 台湾疣隐翅甲，台凹颚隐翅虫
Thoracochirus protumidus Wu *et* Zhou 突疣隐翅甲，突疣隐翅虫
Thoracochirus variolosus (Fauvel) 黑褐疣隐翅甲，长疣隐翅甲，横点凹颚隐翅虫
Thoracochirus yingjiangensis Wu *et* Zhou 红褐疣隐翅甲，盈江疣隐翅虫
Thoracostrongylus 钝胸隐翅甲属，长颚隐翅甲属
Thoracostrongylus formosanus Shibata 台湾钝胸隐翅甲，台湾长颚隐翅甲，台长颚隐翅虫
Thoracostrongylus miyakei Bernhauer 三宅钝胸隐翅甲，三宅长颚隐翅甲，迷长颚隐翅虫
Thoradonta 瘤蚱属
Thoradonta apiculata Hancock 尖瘤蚱
Thoradonta butlini Blackith *et* Blackith 布瘤蚱
Thoradonta dentata Hancock 齿瘤蚱
Thoradonta dianguiensis Deng, Zheng *et* Wei 滇桂瘤蚱
Thoradonta lancangensis Zheng 澜沧瘤蚱
Thoradonta lativertex Günther 宽顶瘤蚱
Thoradonta longipenna Zheng *et* Liang 长翅瘤蚱
Thoradonta longispina Zheng *et* Xie 长刺瘤蚱
Thoradonta nigridorsalis Zheng *et* Liang 黑背瘤蚱
Thoradonta nodulosa (Stål) 瘤蚱，节瘤蚱
Thoradonta obtusilobata Zheng 钝叶瘤蚱
Thoradonta pruthii Günther 普鲁思瘤蚱
Thoradonta spiculoba Hancock 侧刺瘤蚱
Thoradonta transpicula Zheng 横刺瘤蚱
Thoradonta yunnana Zheng 云南瘤蚱
thorax [pl. thoraces] 胸，胸部
thorax transpanant larva 空头蚕
thordesa hairstreak [*Michaelus thordesa* (Hewitson)] 鞘米奇灰蝶
Thoressa 陀弄蝶属
Thoressa abprojecta Yuan *et* Wang 无突陀弄蝶
Thoressa aina de Nicéville [Garhwal ace] 艾娜陀弄蝶
Thoressa astigmata (Swinhoe) [southern spotted ace, unbranded ace] 阿陀弄蝶
Thoressa bivitta (Oberthür) 银条陀弄蝶，双条陀弄蝶，双条酣弄蝶
Thoressa breviprojecta Yuan *et* Wang 短突陀弄蝶
Thoressa cerata (Hewitson) [northern spotted ace, northern ace] 角陀弄蝶
Thoressa decorata Moore [decorated ace] 饰陀弄蝶
Thoressa dianohaina Murayama 滇陀弄蝶
Thoressa evershedi [Evershed's ace] 伊陀弄蝶
Thoressa formosa Seitz 同 *Thoressa varia horishana*
Thoressa fucsa (Elwes) [small-spot plain ace] 赭陀弄蝶
Thoressa fusca caenis (Leech) 赭陀弄蝶双中斑亚种，客棕陀弄蝶，客酣弄蝶
Thoressa fucsa fucsa (Elwes) 赭陀弄蝶指名亚种
Thoressa fusca senna (Evans) 赭陀弄蝶无中斑亚种，森棕陀弄蝶
Thoressa fusca strona Evans 赭陀弄蝶暗色亚种，斯棕陀弄蝶
Thoressa gupta (de Nicéville) [olive ace] 灰陀弄蝶，故陀弄蝶，故酣弄蝶
Thoressa gupta gupta (de Nicéville) 灰陀弄蝶指名亚种
Thoressa gupta leechii (Evans) 灰陀弄蝶黎氏亚种
Thoressa gupta nujiangensis Huang 灰陀弄蝶怒江亚种
Thoressa honorei de Nicéville [Madras ace, Sahyadri orange ace] 印度陀弄蝶
Thoressa horishana (Matsumura) 见 *Thoressa varia horishana*
Thoressa hyrie (de Nicéville) [large-spot plain ace] 花角陀弄蝶
Thoressa kuata (Evans) 三点陀弄蝶，夸陀弄蝶
Thoressa latris (Leech) 徕陀弄蝶
Thoressa luanchuanensis (Wang *et* Niu) 栾川陀弄蝶
Thoressa masoni (Moore) [golden ace, Mason's ace] 陀弄蝶
Thoressa nanshaona Murayama 腾冲陀弄蝶，南陀弄蝶
Thoressa serena (Evans) 见 *Pedesta serena*
Thoressa similissima Devyatkin 似陀弄蝶
Thoressa sitala de Nicéville [Nilgiri plain ace, Tamil ace, sitala ace] 斯陀弄蝶
Thoressa subhyalina (Bremer *et* Grey) 见 *Ochlodes subhyalina*
Thoressa submacula (Leech) 花裙陀弄蝶
Thoressa thandaunga (Evans) [Karen Hills ace] 山陀弄蝶
Thoressa varia (Murray) [smaller brown skipper] 日本陀弄蝶，小褐弄蝶
Thoressa varia horishana (Matsumura) 日本陀弄蝶黄条亚种，黄条陀弄蝶，台湾脉弄蝶，黄条褐弄蝶
Thoressa varia varia (Murray) 日本陀弄蝶指名亚种
Thoressa xiaoqingae Huang *et* Zhan 南岭陀弄蝶
Thoressa zinnia (Evans) 阴陀弄蝶，齐陀弄蝶
thorictid 1. [= thorictid beetle] 黄胸皮蠹，黄胸甲 < 黄胸皮蠹科 Thorictidae 昆虫的通称 >；2. 黄胸皮蠹科的
thorictid beetle [= thorictid] 黄胸皮蠹，黄胸甲
Thorictidae 黄胸皮蠹科，黄胸甲科
Thorictodes 圆胸皮蠹属
Thorictodes brevipennis Zhang *et* Liu 短鞘圆胸皮蠹，圆胸皮蠹，云南圆胸皮蠹
Thorictodes dartevellei John 翼圆胸皮蠹，达圆胸皮蠹
Thorictodes erraticus Champion 迷圆胸皮蠹
Thorictodes heydeni Reitter 小圆胸皮蠹

thorn-limb borer [*Saperda fayi* Bland] 北美刺楔天牛
thorn-scrub emesis [= poeas emesis, *Emesis poeas* Godman *et* Salvin] 波螟蚬蝶
Thornburghiella 桑蛉属，桑氏蛾蚋属
Thornburghiella spinicornis (Brunetti) 刺角桑蛉，刺角桑蛾蚋，刺角培蛉，刺角毛缘蛾蠓
Thornburghiella tokunagai Duckhouse 德永桑蛉
Thorne's hairstreak [*Callophrys thornei* (Brown)] 索恩卡灰蝶
thorny devil stick insect [= giant spiny stick insect, New Guinea spiny stick insect, *Eurycantha calcarata* Lucas] 魔巨棘蛸，巨棘竹节虫，恶魔竹节虫，巨棘鬼竹节虫，魔鬼竹节虫
Thor's fritillary [*Clossiana thore* (Hübner)] 通珍蛱蝶
Thorybes 褐弄蝶属
Thorybes bathyllus (Smith) [southern cloudywing] 褐弄蝶
Thorybes confusis Bell [confused cloudywing] 浑似褐弄蝶
Thorybes diversus Bell [western cloudywing] 暗褐弄蝶
Thorybes drusius (Edwards) [drusius cloudywing] 黑褐弄蝶
Thorybes dunus (Cramer) 白点褐弄蝶
Thorybes mexicanus (Herrich-Schäffer) [Mexican cloudywing, mountain cloudy wing] 墨西哥褐弄蝶
Thorybes mexicanus mexicanus (Herrich-Schäffer) 墨西哥褐弄蝶指名亚种
Thorybes mexicanus nevada Scudder [Nevada cloudy wing] 墨西哥褐弄蝶内华达亚种
Thorybes pylades (Scudder) [northern cloudywing] 微红褐弄蝶
Thorybes valerianus (Plötz) 缬草褐弄蝶
Thosea 扁刺蛾属
Thosea aperiens (Walker) 见 *Aphendala aperiens*
Thosea asigna Eecke [leaf-feeding nettle grub] 明脉扁刺蛾，一带一点刺蛾
Thosea baibarana Matsumura 见 *Setora baibarana*
Thosea bicolor Shiraki 双色扁刺蛾，二色扁刺蛾
Thosea biguttata (Walker) 同 *Thosea vetusta*
Thosea cana (Walker) 见 *Aphendala cana*
Thosea castanea Wileman 见 *Aphendala castanea*
Thosea cheesmanae Holloway 祺扁刺蛾
Thosea conspersa (Butler) 见 *Aphendala conspersa*
Thosea curvistriga Hering 同 *Thosea obliquistriga*
Thosea grandis Hering 见 *Aphendala grandis*
Thosea loesa (Moore) 暗扁刺蛾
Thosea magna Hering 玛扁刺蛾
Thosea mixta Snellen 杂纹扁刺蛾
Thosea obliquistriga Hering 斜扁刺蛾，暗扁刺蛾
Thosea plethoneura Hering 丰扁刺蛾，普扁刺蛾
Thosea postornata Hampson 见 *Setora postornata*
Thosea rara Swinhoe 稀扁刺蛾
Thosea rufa Wileman 见 *Aphendala rufa*
Thosea separata Hering 塞扁刺蛾
Thosea siamica Holloway 泰扁刺蛾
Thosea sinensis (Walker) [white-striped yellowish green nettle grub, flattened eucleid] 中国扁刺蛾，扁刺蛾，黑点刺蛾，内点刺蛾
Thosea styx Holloway 叉瓣扁刺蛾
Thosea sythoffi Snellen 明脉扁刺蛾
Thosea tripartita Moore 三裂扁刺蛾
Thosea vetusinua Holloway 棕扁刺蛾
Thosea vetusta (Walker) 两点扁刺蛾，二点扁刺蛾
Thr [threonine 的缩写] 苏氨酸
Thracides 獭弄蝶属
Thracides aepitus Geyer 埃獭弄蝶
Thracides cilissa Hewitson [cilissa skipper] 兹獭弄蝶
Thracides cleanthes (Latreille) [cleanthes skipper] 珂獭弄蝶
Thracides molion (Godman) 莫龙獭弄蝶
Thracides nanea Hewitson [nanea skipper] 娜獭弄蝶
Thracides phidon (Cramer) [common false fasher, common mimic-skipper, jewel-studded skipper] 常獭弄蝶，獭弄蝶
Thracides thrasea (Hewitson) [thrasea skipper] 缇獭弄蝶
Thrangalia 修花天牛属
Thrangalia diaboliella Holzschuh 奇形修花天牛
Thraniini 锥背天牛族
Thranius 锥背天牛属，细翅天牛属
Thranius formosanus Schwarzer 台湾锥背天牛，蓬莱黑细翅天牛，高砂细翅天牛
Thranius formosanus atripennis Pic 台湾锥背天牛黑翅亚种，黑翅锥背天牛
Thranius formosanus formosanus Schwarzer 台湾锥背天牛指名亚种
Thranius fryanus Gahan 缅甸锥背天牛
Thranius granulatus Pic 粒翅锥背天牛
Thranius infernalis Matsushita 黑锥背天牛，条纹细翅天牛
Thranius irregularis Pic 越南锥背天牛
Thranius multinotatus Pic 多斑锥背天牛
Thranius multinotatus multinotatus Pic 多斑锥背天牛指名亚种
Thranius multinotatus signatus Schwarzer 多斑锥背天牛黄斑亚种，黄斑多斑锥背天牛，黄纹细翅天牛
Thranius obliquefasciatus Pu 斜纹锥背天牛
Thranius ornatus Gressitt *et* Rondon 老挝锥背天牛
Thranius rufescens (Bates) 红锥背天牛
Thranius signatus Schwarzer 黄斑锥背天牛，黄纹细翅天牛
Thranius simplex Gahan 单锥背天牛
Thranius simplex fulvus Pu 单锥背天牛棕黄亚种，棕黄单锥背天牛
Thranius simplex simplex Gahan 单锥背天牛指名亚种
Thranius variegatus Bates 变异锥背天牛
thrasea skipper [*Thracides thrasea* (Hewitson)] 缇獭弄蝶
Thraulus 雅细裳蜉属
Thraulus fatuus Kang *et* Yang 珐雅细裳蜉
Thraulus macilentus Kang *et* Yang 瘦雅细裳蜉
Thraulus semicastaneus (Gillies) 广布雅细裳蜉，广布蜉
Thraulus umbrosus Kang *et* Yang 狭雅细裳蜉
thread-legged bug 蚊猎蝽，蚊蝽
thread plate 端丝板 < 指胚胎中将来产生卵巢管端丝的上皮板 >
thread press 压丝器 < 指鳞翅目幼虫纺丝器后部位于吐丝器内的 >
thread-tailed stonefly [= nemourid stonefly, spring stonefly, brown stonefly, nemourid] 叉蜻 < 叉蜻科 Nemouridae 昆虫的通称 >
thread-waisted wasp [= sphecid wasp, mud dauber, sand wasp, sphecid] 泥蜂，细腰蜂 < 泥蜂科 Sphecidae 昆虫的通称 >
thread-winged lacewing [= nemopterid fly, nemopterid, spoon-wing lacewing, spoon-winged lacewing] 旌蛉 < 旌蛉科 Nemopteridae 昆虫的通称 >
threadtail [= protoneurid damselfly, protoneurid, bambootail] 原蟌，

朴蟌 < 原蟌科 Protoneuridae 昆虫的通称 >
three-banded crescent 1. [*Eresia alsina* Hewitson] 雅新袖蛱蝶；2. [= ithomioides crescent, *Eresia ithomioides* Hewitson] 仪袖蛱蝶；3. [*Eresia casiphia* Hewitson] 卡袖蛱蝶
three-banded leafhopper [*Erythroneura tricincta* Fitch] 三带斑叶蝉，三带顶斑叶蝉
three-cornered alfalfa hopper [*Spissistilus festinus* (Say)] 苜蓿膜翅角蝉，苜蓿角蝉
three-dotted skipper [*Papias trimacula* Nicolay] 三点笆弄蝶
three epimeral group 三基节板群
three-lined fig tree borer [= fig tree borer, *Neoptychodes trilineatus* (Linnaeus)] 榕三线新褶天牛
three-lined leafroller [*Pandemis limitata* (Robinson)] 三带褐卷蛾，三线褐卷蛾，三带卷蛾，三带卷叶蛾
three-lined potato beetle [*Lema daturaphila* Kogan *et* Goeden] 三带合爪负泥虫，三带负泥虫
three-moulter 三眠蚕
three-part sister [= naxia sister, *Adelpha naxia* Felder] 那克斯悌蛱蝶
three pip policeman [= western policeman, *Coeliades hanno* Plötz] 笔黄竖翅弄蝶
three spot crimson tip [= desert orange tip, small orange tip, tiny orange tip, *Colotis evagore* (Klug)] 漫游珂粉蝶
three-spot grass yellow [*Eurema blanda* (Boisduval)] 檗黄粉蝶
three spot skipper [= large brown skipper, *Motasingha trimaculata* (Tepper)] 三斑猫弄蝶
three-spot sylph [*Metisella trisignatus* Neave] 三斑糜弄蝶
three-spotted back-swimmer [*Notonecta triguttata* Motschulsky] 三点仰蝽，三点大仰蝽
three-spotted flea beetle [*Disonycha triangularis* (Say)] 三斑跳甲，三星叶甲
three-spotted grayler [= three-spotted metalmark, *Menander laobotas* (Hewitson)] 老媚蚬蝶
three-spotted leaf beetle [*Diabrotica significata* Jacoby] 三斑根萤叶甲
three-spotted leaf bug [*Adelphocoris taeniophorus* Reuter] 带纹苜蓿盲蝽，三点盲蝽
three-spotted metalmark 见 three-spotted grayler
three-spotted nicon [= vista skipper, *Niconiades viridis vista* Evans] 翠绿黄涅弄蝶三斑亚种
three-spotted phytometra [= three-spotted plusia, mentha semilooper, *Ctenoplusia agnata* (Staudinger)] 银纹梳夜蛾，银纹夜蛾，阿刺瓣夜蛾，三斑点金翅夜蛾，银纹弧翅夜蛾，豆银纹夜蛾，黑点银纹夜蛾，菜步曲，豆尺蠖
three-spotted plusia 见 three-spotted phytometra
three-spotted skipper [= tripunctus skipper, *Cymaenes tripunctus* (Herrich-Schäffer)] 三点鹿弄蝶，鹿弄蝶
three-striped blister beetle [*Epicauta lemniscata* (Fabricius)] 三带豆芫菁，三带芫菁
three-striped pyralid [*Dichocrocis chlorophanta* Butler] 三条蛀野螟，三带野螟
three-tailed tiger swallowtail [*Papilio pilumnus* Boisduval] 三尾虎纹凤蝶
three-toned prepona [= meander prepona, *Archaeoprepona meander* (Cramer)] 美古靴蛱蝶
Thremma 牛石蛾属
Thremma martynovi Malicky 马氏牛石蛾
thremmatid 1. [= thremmatid caddisfly, thremmatid stonecase maker] 牛石蛾 < 牛石蛾科 Thremmatidae 昆虫的通称 >；2. 牛石蛾科的
thremmatid caddisfly [= thremmatid, thremmatid stonecase maker] 牛石蛾
thremmatid stonecase maker 见 thremmatid caddisfly
Thremmatidae 牛石蛾科
Threnetica lacrymans (Thomson) 南亚天牛
threonine [abb. Thr] 苏氨酸
threshold 阈值，阈限，临界值，临界
threshold limit value 容许浓度
threshold of development 发育临界，发育阈
threshold temperature [= development zero, developmental threshold temperature, biological zero, thermal threshold] 发育起点温度，发育零点，发育起点
threshold value 阈值，临界值
Thressa 羽芒秆蝇属
Thressa beckeri (de Meijere) 贝氏羽芒秆蝇，培氏秆蝇
Thressa bimaculata Liu, Yang *et* Nartshuk 双斑羽芒秆蝇
Thressa cyanescens (Becker) 蔚蓝羽芒秆蝇，青羽芒秆蝇，蔚蓝秆蝇
Thressa daiyunshanesis Liu, Yang *et* Nartshuk 戴云山羽芒秆蝇
Thressa flavior (Duda) 黄纹羽芒秆蝇
Thressa foliacea Liu, Yang *et* Nartshuk 叶突羽芒秆蝇
Thressa guizhouensis Yang 贵州羽芒秆蝇
Thressa hainanensis Liu *et* Yang 海南羽芒秆蝇
Thressa longimaculata Liu, Yang *et* Nartshuk 长斑羽芒秆蝇
Thressa maculata Yang 翅斑羽芒秆蝇，斑翅羽芒秆蝇
Thressa nartshuka Liu *et* Yang 纳氏羽芒秆蝇
Thressa spuria (Thomson) 距突羽芒秆蝇，伪穹寡脉蝇
Thricolepis inornata Horn 美栎褐灰象甲
Thricops 毛基蝇属
Thricops coquilletti (Malloch) 拉普兰毛基蝇，柯毛花蝇
Thricops coronaedeagus Feng 冠阳毛基蝇
Thricops curvitibia Ma, Xing *et* Deng 曲胫毛基蝇
Thricops diaphanus (Wiedemann) 明黄毛基蝇
Thricops fengi (Fan) 见 *Azelia fengi*
Thricops flavidus Hsue 同 *Piezura graminicola*
Thricops genarum (Zetterstedt) 毛脉毛基蝇
Thricops himalayensis Pont 喜马毛基蝇
Thricops hirsutula (Zetterstedt) 毛足毛基蝇
Thricops innocuus (Zetterstedt) 平安毛基蝇
Thricops jiyaoi Feng 继尧毛基蝇
Thricops lividiventris (Zetterstedt) 铅腹毛基蝇，铅黄毛基蝇
Thricops lividiventris lividiventris (Zetterstedt) 铅腹毛基蝇指名亚种
Thricops lividiventris plumbeus (Hennig) 铅腹毛基蝇铅灰毛亚种，铅灰毛基蝇，灰毛基蝇
Thricops nigritellus (Zetterstedt) 小黑毛基蝇
Thricops plumbeus (Hennig) 灰毛基蝇
Thricops rufisquamus (Schnabl) 绯瓣毛基蝇
Thricops semicinereus (Wiedemann) 半灰毛基蝇，灰毛基蝇，半灰毛花蝇

T

Thricops tuberculatus Deng, Mou *et* Feng 小瘤毛基蝇

Thridopteryx ephemeraeformis (Haworth) [evergreen bagworm, eastern bagworm, common bagworm, common basket worm, North American bagworm, shade tree bagworm] 常绿树袋蛾，林荫树袋蛾，常绿蓑蛾

Thrinax 窗胸叶蜂属，狭鞘叶蜂属

Thrinax alboorolis (Malaise) 白窗胸叶蜂，白尖叶蜂

Thrinax cheni (Wei) 陈氏窗胸叶蜂

Thrinax formosana (Takeuchi) 峦大窗胸叶蜂，峦大尖叶蜂，台斯叶蜂

Thrinax goniata (Wei) 角突窗胸叶蜂

Thrinax liui (Wei) 刘氏窗胸叶蜂

Thrinax minomensis (Takeuchi) 纹腹窗胸叶蜂

Thrinax nigroorolis (Malaise) 黑窗胸叶蜂，黑尖叶蜂

Thrinax rufoclypeus (Wei) 黄唇窗胸叶蜂

Thrinax takeuchii Naito 竹内窗胸叶蜂，竹内狭鞘叶蜂，日本斯叶蜂

Thrinax weni (Wei) 文氏窗胸叶蜂

Thrinchinae 蠢蝗亚科

Thrinchostoma 篱隧蜂属，篱隧蜂亚属

Thrinchostoma (Thrinchostoma) sladeni Cockerell 斯氏篱隧蜂

Thrinchus 蠢蝗属

Thrinchus schrenkii Fischer von Waldheim 宽纹蠢蝗

Thrincophora rudisana Walker 澳松卷蛾

Thrincopyginae 扁足吉丁甲亚科，扁足吉丁亚科

thripid 1. 蓟马 < 蓟马科 Thripidae 昆虫的通称 >；2. 蓟马科的

Thripidae 蓟马科

Thripina 蓟马亚族

Thripinae 蓟马亚科

Thripini 蓟马族

Thripoidea 蓟马总科

Thripomorpha 瑞粪蚊属

Thripomorpha formosana (Duda) 台湾瑞粪蚊，台湾热毛蚊，台湾伪毛蚋，台阿毛蚊

thrips[=thysanopteran, thysanopteran insect, thysanopteron, thysanopterous insect] 蓟马 < 缨翅目 Thysanoptera 昆虫的通称 >

Thrips 蓟马属

Thrips addendus Priesner 同 *Thrips malloti*

Thrips alliorum (Priesner) 葱韭蓟马，葱蓟马，青葱蓟马

Thrips andrewsi (Bagnall) 杜鹃蓟马，菊蓟马

Thrips angusticeps (Uezl) [cabbage thrips, field thrips] 甘蓝蓟马

Thrips apicatus Priesner 暗端蓟马

Thrips atratus Haliday 黑蓟马

Thrips brevicornis Priesner 短角蓟马

Thrips brunneus Ananthakrishnan *et* Jagadish 暗褐蓟马

Thrips carthami Shumsher 苹果蓟马

Thrips coloratus Schmutz 色蓟马，花色蓟马

Thrips decens Palmer 玉叶金花蓟马

Thrips extensicornis Priesner 常山蓟马，腹毛缺蓟马

Thrips flavidulus (Bagnall) [wheat thrips] 八节黄蓟马，麦蓟马

Thrips flavus Schrank [honeysuckle thrips] 黄蓟马，淡色蓟马，亮蓟马，菜田黄蓟马，棉蓟马，忍冬蓟马，瓜亮蓟马，节瓜亮蓟马

Thrips floreus Kurosawa 闪黄蓟马

Thrips florum Schmutz [banana flower thrips, oriental flower thrips, flower thrips] 花蓟马，褐花蓟马

Thrips formosanus Priesner 台湾蓟马，蓬莱蓟马

Thrips fuscipennis Haliday 褐翅蓟马

Thrips hawaiiensis (Morgan) 黄胸蓟马，花蓟马

Thrips himalayanus (Pelikán) 喜马拉雅蓟马

Thrips hukkineni Priesner 哈克蓟马

Thrips imaginis Bagnall [plague thrips, apple blossom thrips] 苹花蓟马

Thrips immsi Bagnall 伊氏蓟马

Thrips inferus Chen 类花色蓟马

Thrips kotoshoi (Moulton) 兰屿蓟马，柯氏蓟马

Thrips madronii Moulton 麦氏蓟马

Thrips major Uzel 大蓟马

Thrips malloti Priesner 网纹蓟马，野桐蓟马

Thrips moundi Tyagi *et* Kumar 孟氏蓟马

Thrips nigropilosus Uzel [chrysanthemum thrips, pyrethrum thrips] 黑毛蓟马，菊蓟马，菊褐斑蓟马，莉黑蓟马，豆黄蓟马

Thrips orientalis (Bagnall) 东方蓟马，东方花蓟马

Thrips oryzae Williams 同 *Stenchaetothrips biformis*

Thrips pallidulus Bagnall 苍白蓟马

Thrips palmi Karny [melon thrips, palm thrips, southern yellow thrips] 棕榈蓟马，瓜蓟马，棕黄蓟马，南黄蓟马，节瓜蓟马

Thrips parvispinus (Karny) 台湾蓟马

Thrips pillichi Priesner 双附鬃蓟马

Thrips pini (Uzel) [European larch thrips, larch thrips] 落叶松带蓟马，松带蓟马

Thrips sacchari Krüger 见 *Stenchaetothrips sacchari*

Thrips saccharoni Moulton 同 *Stenchaetothrips minutus*

Thrips serratus Kobus 见 *Fulmekiola serrata*

Thrips setipennis (Bagnall) 毛翅蓟马

Thrips setosus Moulton 粗毛蓟马

Thrips simplex (Morison) 唐菖蒲筒蓟马，菖蒲蓟马，唐菖蒲蓟马

Thrips tabaci Lindeman [onion thrips, cotton seedling thrips] 烟蓟马，棉蓟马，葱蓟马

Thrips taiwanus Takahashi 同 *Thrips parvispinus*

Thrips trehernei Priesner 蒲公英蓟马

Thrips vitticornis (Karny) 带角蓟马，点角蓟马，刀豆蓟马

Thrips vulgatissimus Haliday 普通蓟马，苜蓿带蓟马

Thrips wedeliae Priesner 疏端蓟马，蟛蜞菊蓟马

Thrips xenos Bhatti 宾蓟马

Thripsaphis 蓟马蚜属

Thripsaphis ballii (Gillette) 泊蓟马蚜

Thripsaphis caricicola (Mordvilko) 同 *Allaphis producta*

Thripsaphis cyperi wulingshanensis Zhang, Zhang, Zhong *et* Tian 同 *Allaphis producta*

Thripsaphis ossiannilssoni hebeiensis Zhang, Zhang, Zhong *et* Tian 同 *Allaphis ossiannilssoni*

Thrix 缇灰蝶属

Thrix scopula (Druce) 缇灰蝶

throat bot fly [*Gasterophilus nasalis* (Linnaeus)] 鼻胃蝇，马鼻胃蝇，喉胃蝇，烦扰胃蝇

throb 1. 脉搏；2. 跳动

thrombin 凝血酶

throscid 1. [= throscid beetle, small false click beetle, false metallic wood-boring beetle] 粗角叩甲，粗角叩头虫 < 粗角叩甲科 Throscidae 昆虫的通称 >；2. 粗角叩甲科的

throscid beetle [= throscid, small false click beetle, false metallic wood-boring beetle] 粗角叩甲，粗角叩头虫

Throscidae [= Trixagidae] 粗角叩甲科，粗角叩头虫科，大角叩头虫科

Throscoryssa 潜叶跳甲属

Throscoryssa citri Maulik [black and red leaf miner, red and black citrus leafminer] 橘潜叶跳甲，橘斯洛跳甲，黑胸柑橘金花虫

Throscus chinensis Cobos 见 *Trixagus chinensis*

Throscus maai Cobos 见 *Trixagus maai*

Thrybius 芦苇姬蜂属

Thrybius togashi Kusigemati 陶芦苇姬蜂

Thrypticomyia 白爪大蚊属

Thrypticomyia apicalis (Wiedemann) 顶生白爪大蚊，端草大蚊

Thrypticomyia apicalis apicalis (Wiedemann) 顶生白爪大蚊指名亚种

Thrypticomyia apicalis majuscula (Alexander) 顶生白爪大蚊大型亚种，大顶生白爪大蚊，大端草大蚊，略大亮大蚊

Thrypticomyia unisetosa (Alexander) 单毛白爪大蚊，单毛拟草大蚊，单鬃亮大蚊

Thrypticus 潜长足虻属，弱长足虻属

Thrypticus abditus Becker 隐潜长足虻，隐匿长足虻

Thrypticus bellus Loew 丽潜长足虻

Thrypticus pollinosus Verrall 粉潜长足虻

Thubana 白斑祝蛾属，宿卷麦蛾属

Thubana albinulla Wu 无白斑祝蛾，无白祝蛾

Thubana albiprata Wu 草白斑祝蛾，草白祝蛾

Thubana albisignis (Meyrick) 台白斑祝蛾，台白祝蛾，白宿卷麦蛾，白卷麦蛾

Thubana bathrocera Wu 基白斑祝蛾，基白祝蛾

Thubana deltaspis Meyrick 盾白斑祝蛾，盾白祝蛾，德宿卷麦蛾，盾白斑折角蛾

Thubana dialeukos Park 泰白斑祝蛾，泰白祝蛾

Thubana felinaurita Li 猫耳白斑祝蛾，猫耳白祝蛾

Thubana leucosphena Meyrick 楔白斑祝蛾，白楔宿卷麦蛾，楔白祝蛾，微白祝蛾

Thubana microcera Gozmány 微须白斑祝蛾，微须宿卷麦蛾

Thubana reniforma Wu 肾白斑祝蛾，肾白祝蛾

Thubana spinula Park 刺白斑祝蛾

Thubana xanthoteles (Meyrick) 黄白斑祝蛾，黄白祝蛾

thuja aphid [= cypress pine aphid, Chinese arborvitae aphid, arborvitae aphid, *Cinara tujafilina* (del Guercio)] 柏长足大蚜，柏大蚜，中华柏长足大蚜

thula sulphur [*Colias thula* Hovanitz] 苏拉豆粉蝶

Thumatha 羽苔蛾属

Thumatha fuscescens Walker 棕羽苔蛾

thumb 指状突

Thunbergia 拟新长蝽属

Thunbergia marginata (Thunberg) 红缘拟新长蝽，红缘新长蝽

Thunbergia pontifex (Bergroth) 大拟新长蝽

Thunbergia sanguinarius (Stål) 红拟新长蝽，红新长蝽

Thunberg's pine aphid [*Eulachnus thunbergii* (Wilson)] 黑松长大蚜，松瘦长大蚜，长毛松针蚜

thurberia weevil [*Anthonomus grandis thurberiae* Pierce] 棉铃象甲野生亚种，野棉象甲

Thuria davidi (Oberthür) 见 *Parabraxas davidi*

thuricide 1. 苏云金杆菌杀虫剂；2. 苏云金杆菌商品制剂；3. 苏云金杆菌，苏力菌

thuya aphid [= cypress aphid, *Cinara cupressi* (Bucktton)] 松柏长足大蚜，大果柏大蚜，麝香草长足大蚜

Thy [thymine 的缩写] 胸腺嘧啶

Thyanta custator (Fabricius) [red-shouldered stink bug] 红肩蝽

Thyas 肖毛翅夜蛾属

Thyas coronata (Fabricius) 枯肖毛翅夜蛾，枯肖毛翅裳蛾

Thyas honesta Hübner 窝肖毛翅夜蛾，肖毛翅夜蛾，庸毛翅裳蛾

Thyas juno (Dalman) 庸肖毛翅夜蛾，肖毛翅夜蛾，庸肖金毛翅裳蛾，庸肖金毛翅夜蛾，庸肖毛翅裳蛾

Thyatira 波纹蛾属

Thyatira apicalis Leech 见 *Psidopala apicalis*

Thyatira arizana Wileman 见 *Macrothyatira arizana*

Thyatira batis (Linnaeus) 波纹蛾

Thyatira batis batis (Linnaeus) 波纹蛾指名亚种

Thyatira batis formosicola Matsumura 波纹蛾台湾亚种，大斑波纹蛾，台波纹蛾

Thyatira batis mandschurica Werny 同 *Thyatira batis batis*

Thyatira batis rubrescens Werny 同 *Thyatira batis batis*

Thyatira conspicua Leech 见 *Macrothyatira conspicua*

Thyatira decorata Moore 见 *Horithyatira decorata*

Thyatira diminuta Houlbert 见 *Macrothyatira arizana diminuta*

Thyatira flavida Butler 见 *Macrothyatira flavida*

Thyatira flavimargo Leech 见 *Macrothyatira flavimargo*

Thyatira hoenei Sick 同 *Macrothyatira oblonga*

Thyatira likiangensis Sick 同 *Macrothyatira stramineata*

Thyatira oblonga Poujade 见 *Macrothyatira oblonga*

Thyatira opalescens Alphéraky 见 *Psidopala opalescens*

Thyatira ornata Leech 见 *Psidopala ornata*

Thyatira rubrescens Werny 同 *Thyatira batis*

Thyatira rubrescens kwangtungensis Werny 同 *Thyatira batis*

Thyatira rubrescens orientalis Werny 同 *Thyatira batis rubrescens*

Thyatira rubrescens szechwana Werny 同 *Thyatira batis rubrescens*

Thyatira rubrescens tienmushana Werny 同 *Thyatira batis rubrescens*

Thyatira rubrescens wilemani Werny 同 *Thyatira batis formosicola*

Thyatira stramineata Warren 见 *Macrothyatira stramineata*

Thyatira trimaculata Bremer 见 *Cymatophoropsis trimaculata*

Thyatira trimaculata albomaculata Leech 同 *Cymatophoropsis trimaculata*

Thyatira trimaculata chinensis Leech 同 *Cymatophoropsis trimaculata*

Thyatira trimaculata formosana Matsumura 同 *Cymatophoropsis trimaculata*

Thyatira violacea Fixsen 见 *Habrosyne violacea*

thyatirid 1. [= thyatirid moth, false owlet moth] 波纹蛾，波纹夜蛾 < 波纹蛾科 Thyatiridae 昆虫的通称 >；2. 波纹蛾科的

thyatirid moth [= thyatirid, false owlet moth] 波纹蛾，波纹夜蛾

Thyatiridae [= Tetheidae, Cymatophoridae] 波纹蛾科，波纹夜蛾科，拟夜蛾科

Thyatirinae 波纹蛾亚科

Thyestilla 竖毛天牛属，麻天牛属

Thyestilla coerulea Breuning 四川竖毛天牛

Thyestilla gebleri (Faldermann) [hemp longicorn beetle] 麻竖毛天牛，竖毛天牛，麻天牛，大麻天牛

Thylacellidae 无鳞蛄科

Thylacelloidea 无鳞蛄总科

Thylacites incanus (Linnaeus) 见 *Brachyderes incanus*

thylacium 寄生瘤 < 因螯蜂科 Dryinidae 幼虫寄生而在寄主腹部产生的瘤状胞囊 >

Thylacoptila 囊斑螟属

Thylacoptila paurosema (Meyrick) [apple and nut borer] 圆囊斑螟；印腰果赛卷蛾 < 误 >

Thylacosceles 袋展足蛾属

Thylacosceles radians Philpott 辐袋展足蛾

Thylacosceloides 凹展足蛾属

Thylacosceloides luxuriosa (Meyrick) 华丽凹展足蛾

Thylacosceloides miniata Sinev 小凹展足蛾

Thylactus 毡天牛属

Thylactus analis Franz 非洲毡天牛

Thylactus angularis Pascoe 截尾毡天牛

Thylactus chinensis Kriesche 黑条毡天牛

Thylactus densepunctus Chiang *et* Li 密点毡天牛

Thylactus pulawskii Hua 普氏毡天牛

Thylactus simulans Gahan 刺胸毡天牛

Thylactus uniformis Pic 灰毛毡天牛

Thylodrias 百怪皮蠹属

Thylodrias contractus Motschulsky [odd beetle] 百怪皮蠹，奇异皮蠹，短圆胸皮蠹

Thylodriini 百怪皮蠹族

Thymalops 锡玛飞虱属

Thymalops anderida (Kirkaldy) 锡玛飞虱，台中赛飞虱

Thymalops taiwana Yang 台湾锡玛飞虱，单齿赛飞虱

Thymalus 赛谷盗属

Thymalus chinensis Fairmaire 华赛谷盗

Thymaris 差齿姬蜂属

Thymaris clotho Morley 纺差齿姬蜂

Thymaris flavipedalis Sheng *et* Sun 黄足差齿姬蜂

Thymaris ruficollaris Sheng *et* Sun 红颈差齿姬蜂

Thymaris sulcatus Sheng *et* Sun 沟差齿姬蜂

Thymaris taiwanensis Uchida 台湾差齿姬蜂

Thymbreus 扁盗猎蝽属

Thymbreus crocinopterus Stål 黄扁盗猎蝽

Thymbreus ocellatus (Signoret) 亮蓝扁盗猎蝽

Thymbreus pyrrhopterus Stål 红革扁盗猎蝽

thyme moth 1. [*Scrobipalpa artemisiella* (Treitschke)] 麝香草沟须麦蛾，麝香草麦蛾；2. [*Scrobipalpula artemisiella* (Kearfott)] 麝香草拟须麦蛾，麝香草黑显麦蛾

thyme pit scale [*Cerococcus intermedius* Balachowsky] 欧洲雪链蚧

Thymelicus 豹弄蝶属

Thymelicus acteon (Rottemburg) [Lulworth skipper] 指名豹弄蝶

Thymelicus alaica (Filipjev) 中亚豹弄蝶

Thymelicus hamza (Oberthür) [Moroccan small skipper] 摩洛哥豹弄蝶

Thymelicus hyrax (Lederer) [Levantine skipper] 西亚豹弄蝶

Thymelicus leoninus (Butler) [Essex skipper] 豹弄蝶

Thymelicus leoninus leoninus (Butelr) 豹弄蝶指名亚种，指名豹弄蝶

Thymelicus leoninus tatsius Evans 豹弄蝶华西亚种，华西豹弄蝶

Thymelicus lineola (Ochsenheimer) [European skipper] 线豹弄蝶，无斑豹弄蝶

Thymelicus lineola kushana Wyatt 线豹弄蝶阿富汗亚种

Thymelicus lineola lineola (Ochsenheimer) 线豹弄蝶指名亚种，指名线豹弄蝶

Thymelicus nervulata Mabille 脉纹豹弄蝶，脉豹弄蝶

Thymelicus novus (Reverdin) 新星豹弄蝶

Thymelicus stigma Staudinger 污斑豹弄蝶

Thymelicus sylvaticus (Bremer) 黑豹弄蝶

Thymelicus sylvaticus astigmatus (Leech) 黑豹弄蝶湖北亚种，湖北黑豹弄蝶

Thymelicus sylvaticus nervulatus (Mabille) 黑豹弄蝶西藏亚种

Thymelicus sylvaticus occidentalis (Leech) 黑豹弄蝶华西亚种，华西黑豹弄蝶

Thymelicus sylvaticus sylvaticus (Bremer) 黑豹弄蝶指名亚种，指名黑豹弄蝶

Thymelicus sylvaticus tenebrosus (Leech) 黑豹弄蝶华中亚种，华中黑豹弄蝶

Thymelicus sylvestris (Poda) [small skipper] 有斑豹弄蝶

Thymiatris 截翅木蛾

Thymiatris loureiriicola Liu 肉桂截翅木蛾，肉桂木蛾，肉桂蠹蛾，堆砂柱蛾

thymidine [abb. dT；T] 胸腺嘧啶脱氧核苷

thymine [abb. Thy] 胸腺嘧啶

Thymistadopsis 麝钩蛾属

Thymistadopsis trilinearia (Moore) 三线麝钩蛾

Thymistadopsis trilinearia pulvis (Oberthür) 三线麝钩蛾四川亚种，粉三线麝钩蛾

Thymistadopsis trilinearia trilinearia (Moore) 三线麝钩蛾指名亚种

Thymistadopsis undulifera (Hampson) 西藏麝钩蛾，波麝钩蛾

Thymistida 尾钩蛾属

Thymistida nigritincta Warren 尾钩蛾

Thymistida tripunctata Walker 长栉尾钩蛾

thymocyte 胸腺细胞

thymol 麝香草酚

thymus 胸腺

thynnid 1. [= thynnid wasp, flower wasp] 膨腹土蜂 < 膨腹土蜂科 Thynnidae 昆虫的通称 >；2. 膨腹土蜂科的

thynnid wasp [= thynnid, flower wasp] 膨腹土蜂

Thynnidae 膨腹土蜂科

Thyrassia 赛斑蛾属

Thyrassia penangae Moore 槟赛斑蛾

Thyrassia subcordata Walker 亚赛斑蛾

Thyreocephalus 无眼沟隐翅甲属，明斑隐翅甲属

Thyreocephalus anachoreta (Erichson) 安无眼沟隐翅甲，安明斑隐翅甲，安优隐翅虫

Thyreocephalus annulatus (Fauvel) 丽无眼沟隐翅甲

Thyreocephalus depressus Bordoni 扁无眼沟隐翅甲

Thyreocephalus formosanus Bordoni 蓬莱无眼沟隐翅甲，明斑隐翅甲，蓬莱明斑隐翅虫

Thyreocephalus gestroi Fauvel 见 *Achmonia gestroi*

Thyreocephalus hongkongensis (Redtenbacher) 香港无眼沟隐翅甲

Thyreocephalus menglaensis (Zheng) 勐腊无眼沟隐翅甲，勐腊印度隐翅甲

Thyreocephalus nigerrimus (Kraatz) 最黑无眼沟隐翅甲，最黑明斑隐翅甲，最黑明斑隐翅虫

Thyreocephalus taiwanensis Bordoni 台湾无眼沟隐翅甲，台湾明斑隐翅甲，台湾明斑隐翅虫

Thyreocephalus yunnanus Bordoni 云南无眼沟隐翅甲

thyreocorid [= thyreocorid bug, negro bug, ebony bug] 甲土蝽 < 甲土蝽科 Thyreocoridae 昆虫的通称 >

thyreocorid bug 见 thyreocorid

Thyreocoridae [= Corimelaenidae] 甲土蝽科，黑蝽科

Thyreocorinae 甲土蝽亚科

Thyreocoris 甲土蝽属

Thyreocoris pulicaria (Germar) 见 *Corimelaena pulicaria*

Thyreomelecta 盾毛斑蜂属

Thyreomelecta propinqua (Lieftinck) 相邻盾毛斑蜂

Thyreomelecta sibirica (Radoszkowski) 西伯利亚盾毛斑蜂，西伯利亚盾斑蜂

thyreophorid 1. [= thyreophorid fly] 尸蝇 < 尸蝇科 Thyreophoridae 昆虫的通称 >；2. 尸蝇科的

thyreophorid fly [= thyreophorid] 尸蝇

Thyreophoridae 尸蝇科

Thyreopterus schenklingi Dupuis 见 *Serrimargo schenklingi*

Thyreopterus tetrasemus Dejan 同 *Mochtherus tetraspilotus*

Thyreus 盾斑蜂属，岩条蜂属，琉璃纹花蜂属

Thyreus abdominalis (Friese) 腹盾斑蜂

Thyreus altaicus (Radoszkowski) 阿尔泰盾斑蜂

Thyreus bimaculatus (Radoszkowski) 双斑盾斑蜂，二斑盾斑蜂

Thyreus callurus (Cockerell) 美洁盾斑蜂

Thyreus centrimaculus (Pérez) 点斑盾斑蜂，中斑岩条蜂

Thyreus ceylonicus (Friese) 斯盾斑蜂

Thyreus chinensis (Radoszkowski) 中国盾斑蜂

Thyreus decorus (Smith) 华美盾斑蜂，美岩条蜂，波琉璃纹花蜂，蓝蜜蜂，美盾斑蜂

Thyreus emarginatus (Peletier) 同 *Thyreus nitidulus*

Thyreus formosanus (Meyer) 台湾盾斑蜂，台湾岩条蜂，台湾琉璃纹花蜂，台盾斑蜂

Thyreus himalayensis (Radoszkowski) 喜马盾斑蜂，喜马拉雅盾斑蜂，喜马岩条蜂，喜马拉雅琉璃纹花蜂

Thyreus histrionicus (Illiger) 演员盾斑蜂

Thyreus illudens Lieftinck 欺骗盾斑蜂

Thyreus impexus Lieftinck 寡毛盾斑蜂

Thyreus incultus Lieftinck 纹盾斑蜂

Thyreus laevicrus (Morawitz) 滑盾斑蜂

Thyreus massuri (Radoszkowski) 玛氏盾斑蜂

Thyreus nitidulus (Fabricius) [neon cuckoo bee] 霓虹盾斑蜂，霓虹岩条蜂

Thyreus picicornis (Morawitz) 黑角盾斑蜂

Thyreus ramosus (Peletier) 枝盾斑蜂，近盾斑蜂

Thyreus scutellaris (Fabricius) 盘盾斑蜂

Thyreus sphenophorus Lieftinck 楔盾斑蜂

Thyreus takaonis (Cockerell) 高雄盾斑蜂，高雄岩条蜂，塔岩条蜂，高雄琉璃纹花蜂

Thyreus unicinctus (Hedicle) 单节盾斑蜂

Thyrgorina 晒灯蛾亚属，晒灯蛾属

Thyrgorina costimacula Leech 见 *Lemyra costimacula*

Thyrgorina phasma Leech 见 *Lemyra phasma*

Thyridanthrax 陶岩蜂虻属

Thyridanthrax albosegmentatus Engel 白节陶岩蜂虻

Thyridanthrax atriventris Hesse 黑脉陶岩蜂虻

Thyridanthrax brevifacies Hesse 短带陶岩蜂虻

Thyridanthrax elegans (Wiedemann) 美陶岩蜂虻

Thyridanthrax fenestratus (Fallén) 窗陶岩蜂虻

Thyridanthrax fulvifacies Austen 黄颜陶岩蜂虻

Thyridanthrax insularis Baez 岛陶岩蜂虻

Thyridanthrax kozlovi Zaitzev 考氏陶岩蜂虻

Thyridanthrax mongolicus Zaitzev 蒙古陶岩蜂虻

Thyridanthrax montanorum Austen 见 *Hemipenthes montanorum*

Thyridanthrax noscibilis Austen 见 *Hemipenthes noscibilis*

Thyridanthrax svenhedini Paramonov 宅陶岩蜂虻

Thyridanthrax triangularis Bezzi 三角陶岩蜂虻

thyridia [s. thyridium] 明斑 < 指翅上的透明斑 >

Thyridia 窗绡蝶属

Thyridia aedesia Doubleday *et* Hewitson 彩窗绡蝶

Thyridia confusa (Butler) 拟窗绡蝶，歧窗绡蝶

Thyridia menophilus Hewitson 明窗绡蝶

Thyridia psidii (Linnaeus) [Melantho tigerwing] 窗绡蝶

thyridial cell 明斑后室，明斑室 < 即毛翅目昆虫的中脉第一分叉形成的翅室，或明斑后的翅室 >

thyridiate [= thyridiatus] 断折的

thyridiatus 见 thyridiate

thyridid 1. [= thyridid moth, picture-winged leaf moth, window-winged moth] 网蛾，窗蛾 < 网蛾科 Thyrididae 昆虫的通称 >；2. 网蛾科的

thyridid moth [= thyridid, picture-winged leaf moth, window-winged moth] 网蛾，窗蛾

Thyrididae [= Siculidae, Siculodidae] 网蛾科，窗蛾科

thyridium [pl. thyridia] 明斑 < 指翅上的透明斑 >

Thyridoidea 网蛾总科

Thyridomyia 腺蠓亚属，窗蠓亚属

Thyridopteryx 顿袋蛾属

Thyridopteryx ephemeraeformis (Haworth) 顿袋蛾

Thyridosmylus 窗溪蛉属

Thyridosmylus fuscus Yang 棕色窗溪蛉

Thyridosmylus laetus Yang 同 *Thyridosmylus langii*

Thyridosmylus langii (McLachlan) 朗氏窗溪蛉

Thyridosmylus maolanus Yang 茂兰窗溪蛉

Thyridosmylus medoganus Yang 墨脱窗溪蛉

Thyridosmylus minor (Kimmins) 见 *Thyridosmylus perspicillaris minor*

Thyridosmylus minoroides Yang 同 *Thyridosmylus pulchrus*

Thyridosmylus pallidius Yang 淡斑窗溪蛉，淡窗溪蛉

Thyridosmylus paralangii Wang Winterton *et* Liu 近朗氏窗溪蛉

Thyridosmylus perspicillaris (Gerstaecker) 显窗溪蛉

Thyridosmylus perspicillaris minor Kimmins 显窗溪蛉细小亚种，小窗溪蛉，细窗溪蛉

Thyridosmylus perspicillaris perspicillaris (Gerstaecker) 显窗溪蛉指名亚种

Thyridosmylus polyacanthus Wang Du *et* Liu 多刺窗溪蛉

Thyridosmylus pulchrus Yang 丽窗溪蛉，窗溪蛉

Thyridosmylus qianus Yang 黔窗溪蛉

Thyridosmylus similaminor Yang 同 *Thyridosmylus perspicillaris minor*

Thyridosmylus trifasciatus Yang 三带窗溪蛉

Thyridosmylus trimaculatus Wang Du *et* Liu 三斑窗溪蛉

Thyridosmylus triypsiloneurus Yang 三丫窗溪蛉

Thyridosmylus vulgatus Yang 同 *Thyridosmylus qianus*

Thyrina 晒斑蛾属

Thyrina elegans Poujade 埃晒斑蛾

Thyris 尖尾网蛾属，网蛾属

Thyris alex Buchsbaum, Chen *et* Zolotuhin 白点尖尾网蛾，白点小窗蛾

Thyris fenestrella (Scopli) [pygmy] 尖尾网蛾

Thyris fenestrella fenestrella (Scopli) 尖尾网蛾指名亚种

Thyris fenestrella ussuriensis Zagulajev 尖尾网蛾乌苏里亚种

Thyris usitata Butler 亲尖尾网蛾

thyroid 喙板 < 指双翅目昆虫喙后壁上的突出板 >

Thyrostipa 窗夜蛾属

Thyrostipa chekiana Draudt 浙窗夜蛾

Thyrostipa sphaeriophora (Moore) 窗夜蛾

thyrrhus skipper [= dusky grass-skipper, *Toxidia thyrrhus* Mabille] 窗陶弄蝶

Thyrsocnema 特麻蝇亚属，特麻蝇属

Thyrsocnema kentejana Rohdendorf 见 *Sarcophaga* (*Thyrsocnema*) *kentejana*

Thyrsophoridae 花蛄科，花啮虫科

Thyrsostoma 晒麦蛾属

Thyrsostoma albilustra Walia *et* Wadhawan 同 *Palumbina oxyprora*

Thyrsostoma glaucitis Meyrick 见 *Palumbina glaucitis*

Thyrsostoma macrodelta Meyrick 见 *Palumbina macrodelta*

Thyrsostoma nesoclera Meyrick 见 *Palumbina nesoclera*

Thyrsostoma oxyprora Meyrick 见 *Palumbina oxyprora*

Thyrsostoma pylartis Meyrick 见 *Palumbina pylartis*

thyrsus 丛

Thysanarthria 刻纹牙甲属

Thysanarthria atriceps (Régimbart) 黑头刻纹牙甲

Thysanarthria bengalensis Hebauer 孟刻纹牙甲

Thysanarthria bifida Fikáček *et* Liu 凹刻纹牙甲

Thysanarthria brincki Hebauer 布氏刻纹牙甲

Thysanarthria brittoni Balfour-Browne 也门刻纹牙甲

Thysanarthria cardamona Fikáček *et* Liu 印度刻纹牙甲

Thysanarthria ceylonensis Hebauer 斯刻纹牙甲

Thysanarthria championi (Knisch) 查氏刻纹牙甲

Thysanarthria chui Fikáček *et* Liu 楚氏刻纹牙甲

Thysanarthria hongsonensis Hebauer 丰颂刻纹牙甲

Thysanarthria madurensis Hebauer 黄鞘刻纹牙甲

Thysanarthria persica Fikáček *et* Liu 波斯刻纹牙甲

Thysanarthria rara Jia, Jiang *et* Yang 罕刻纹牙甲

Thysanarthria saurahana Fikáček *et* Liu 尼泊尔刻纹牙甲

Thysanarthria siamensis Hebauer 泰国刻纹牙甲

Thysanarthria trifida Fikáček *et* Liu 三叶刻纹牙甲

Thysanarthria wadicola Fikáček *et* Liu 阿曼刻纹牙甲

Thysanaspis 缨片盾蚧属

Thysanaspis acalyptus Ferris 广东缨片盾蚧

Thysanaspis perkinsi Takagi 台湾缨片盾蚧，缨片盾介壳虫

Thysanidae [= Signiphoridae] 棒小蜂科，横盾小蜂科

Thysanococcus 藤战蚧属

Thysanococcus chinensis Stickney 中华藤战蚧

Thysanococcus squamulatus Stickney 鳞藤战蚧

Thysanocrepis 缨小卷蛾属

Thysanocrepis crossota (Meyrick) 云缨小卷蛾，晒森卷蛾

Thysanofiorinia 缨蜕盾蚧属

Thysanofiorinia leei Williams 香港缨蜕盾蚧

Thysanofiorinia nephelii (Maskell) [longan scale] 荔枝缨蜕盾蚧，缨围盾介壳虫

Thysanogyna 裂头木虱属

Thysanogyna limbata Enderlein 见 *Carsidara limbata*

Thysanoidma 缨螟属

Thysanoidma octalis Hampson 八点缨螟，八点缨翅水螟，奥缨螟

Thysanoidma stellata (Warren) 斯缨螟

Thysanoplusia 金杂翅夜蛾属，中金弧夜蛾属

Thysanoplusia daubei (Boisduval) 瑰金杂翅夜蛾，瑰金翅夜蛾，岛带夜蛾

Thysanoplusia intermixta (Warren) [chrysanthemum golden plusia] 中金杂翅夜蛾，中金弧夜蛾，中金翅夜蛾，除虫菊金弧翅夜蛾，间杂粉斑夜蛾

Thysanoplusia lectula (Walker) 长纹金杂翅夜蛾，长纹夜蛾

Thysanoplusia orichalcea (Fabricius) [slender burnished-brass moth, soybean looper, pea semilooper] 弧金杂翅夜蛾，弧金翅夜蛾，金弧弧翅夜蛾，奥粉斑夜蛾

Thysanoplusia reticulata (Moore) 网纹金杂翅夜蛾，网纹金翅夜蛾

Thysanoptera [=Physopoda] 缨翅目，泡脚目

thysanopteran 1. [= thrips, thysanopteran insect, thysanopteron, thysanopterous insect] 蓟马 < 缨翅目 Thysanoptera 昆虫的通称 >; 2. 缨翅目的，缨翅目昆虫的

thysanopteraninsect[= thrips, thysanopteran, thysanopteron, thysanopterous insect] 蓟马

thysanopterist [= thysanopterologist] 缨翅学家，缨翅目昆虫工作者

thysanopterological 缨翅学的

thysanopterologist 见 thysanopterist

thysanopterology 缨翅学

thysanopteron 见 thysanopteran insect

thysanopterous insect 见 thysanopteran insect

Thysanoptyx 苏苔蛾属

Thysanoptyx brevimacula (Alphéraky) 线斑苏苔蛾，短斑标土苔蛾

Thysanoptyx directa Leech 同 *Thysanoptyx signata*

Thysanoptyx fimbriata (Leech) 流苏苔蛾

Thysanoptyx incurvata (Wileman *et* West) 黑苏苔蛾，黑长斑苔蛾，盈苏苔蛾

Thysanoptyx signata (Walker) 圆斑苏苔蛾，圆斑土苔蛾

Thysanoptyx sordida (Butler) 污苏苔蛾，污长斑土苔蛾

Thysanoptyx tetragona (Walker) 长斑苏苔蛾，长斑土苔蛾，四角黄苔蛾

Thysanota 疏蚬蝶属

Thysanota galena (Bates) 疏蚬蝶

Thysanura [= Synaptera, Ectognatha, Ectotrophi] 缨尾目

thysanuran 1. [= thysanuron, thysanuran insect] 缨尾虫，缨尾目昆虫；2. 缨尾目的，缨尾目昆虫的

thysanuran insect [= thysanuran, thysanuron] 缨尾虫，缨尾目昆虫

thysanuriform 蛃型

thysanuron 见 thysanuran insect

Thysia 簇角天牛属

Thysia wallichii (Hope) 木棉簇角天牛，木棉丛角天牛

Thysia wallichii dalatensis (Breuning) 木棉簇角天牛金毛亚种，金毛丛角天牛

Thysia wallichii tonkinensis (Kriesche) 木棉簇角天牛连带亚种，连带木棉丛角天牛，连带丛角天牛

Thysia wallichii tricincta (Duncan) 木棉簇角天牛三带亚种

Thysia wallichii wallichii (Hope) 木棉簇角天牛指名亚种，指名木棉丛角天牛

Tiacellia 台弄蝶属

Tiacellia tiacellia (Hewitson) 台弄蝶

Tianeotrechus 天峨盲步甲属

Tianeotrechus trisetosus Tian *et* Tang 三毛天峨盲步甲

Tianmuthredo 天目叶蜂属

Tianmuthredo nigrodorsata Wei 黑背天目叶蜂

Tianschanella 天山网蚊属

Tianschanella monstruosa Brodsky 畸天山网蚊

Tianzhuaphaenops 天柱盲步甲属

Tianzhuaphaenops jinshanensis Zhao *et* Tian 金山天柱盲步甲

Tiaobeinia 条背叶蝉属

Tiaobeinia bisubula Chen *et* Li 双锥条背叶蝉

Tiaobeinia emeiensis Chen *et* Yang 峨眉条背叶蝉

Tiaobeinia wantuia Chen, Yang *et* Li 弯突条背叶蝉

tiarate [= tiaratus] 头巾状的

tiaratus 见 tiarate

Tiarocoris 巾龟蝽属

Tiarocoris consertus Distant 台巾龟蝽

Tiarodes 滑猎蝽属

Tiarodes pictus Cai *et* Tomokuni 彩滑猎蝽

Tiarodes salvazai Miller 红滑猎蝽

Tiarodes venenatus Cai *et* Sun 毒滑猎蝽

Tiarodurganda 间猎蝽属

Tiarodurganda pedestris (Distant) 常间猎蝽，蓝光杜猎蝽

tiassale liptena [*Liptena tiassale* Stempffer] 媞琳灰蝶

Tibet blackvein [*Mesapia peloria* (Hewitson)] 妹粉蝶

Tibet marbled satyr [*Tatinga thibetana* (Oberthür)] 藏眼蝶，西藏带眼蝶，藏塔眼蝶

Tibeta 藏蝉属

Tibeta zenobia (Distant) 赤藏蝉，赤西蝉

Tibetacris 藏蝗属

Tibetacris changtunensis Chen 昌都藏蝗

Tibetajanus 藏茎蜂属

Tibetajanus fulvus Wei 黄褐藏茎蜂

Tibetajanus stigmata Wei 黄痣藏茎蜂

Tibetan common copper [*Lycaena phlaeas flavens* (Ford)] 红灰蝶西藏亚种

Tibetan cupid [*Tongeia zuthus* (Leech)] 竹都玄灰蝶

Tibetan epeolus [*Epeolus tibetanus* Meade-Waldo] 藏绒斑蜂

Tibetan migratory locust [*Locusta migratoria tibetensis* Chen] 西藏飞蝗，飞蝗西藏亚种

Tibetiellus 藏象甲属

Tibetiellus winnipooh Korotyaev 温藏象甲，温藏象

Tibetochrysa 藏草蛉属

Tibetochrysa sinica Yang 华藏草蛉

Tibetococcus 藏粉蚧属

Tibetococcus dingriensis (Tang) 定日藏粉蚧

Tibetococcus nyalamiensis (Tang) 聂拉木藏粉蚧

Tibetococcus triticola (Tang) 小麦藏粉蚧

Tibetocoris 藏盲蝽属 *Agraprocoris* 的异名

Tibetocoris nargaretae Hutschibson 见 *Agraprocoris nargaretae*

Tibetocoris spiniferus Zheng *et* Liu 见 *Zhengius spiniferus*

Tibetocoris zhangmuensis Zhang *et* Lin 见 *Zhengius zhangmuensis*

Tibetopenetretus 藏隘步甲属

Tibetopenetretus heinzi (Zamotajlov *et* Wrase) 亨氏藏隘步甲指名亚种

Tibetxya 藏蚤蝼属

Tibetxya motuoensis Cao,Yang *et* Yin 墨脱藏蚤蝼

tibia [pl. tibiae] 胫节

tibiae [s. tibia] 胫节

tibiaflexis 胫曲

tibial 胫节的

tibial epiphysis 前胫距

tibial membrane 胫膜，胫发音膜

tibial seta 胫毛

tibial spine 胫刺，胫节刺

tibial spur 胫距，胫节距

tibial thumb 胫指 < 指虱类 *Pediculus* 胫节末端内面的延伸物，与爪相对，用以攀握 >

tibiala 胫毛

tibiarolium 1. 胫垫 < 指胫节末端下面的透明褥垫，形似中垫，密被有毛突 >；2. [= spongy furrow, fossula spongiosa] 海绵窝，海绵沟

Tibicen 蛾蝉属，虾夷蝉属

Tibicen canicularis (Harris) [dog-day harvestfly, dog-day cicada, annual cicada] 齿蛾蝉

Tibicen chujoi Esaki 见 *Auritibicen chujoi*

Tibicen esakii Kato 见 *Auritibicen esakii*

Tibicen flavomarginatus Hayashi 见 *Auritibicen flavomarginatus*

Tibicen kyushyuensis (Kato) 见 *Auritibicen kyushyuensis*

Tibicen orientalis Ôuchi 同 *Auritibicen jai*

Tibicen pieris (Kirkaldy) 菜蛾蝉，菜僚蝉

Tibicen sinensis Distant 同 *Auritibicen atrofasciatus*

Tibicen slocumi Chen 见 *Auritibicen slocumi*

Tibicen tsaopaonensis Chen 见 *Auritibicen tsaopaonensis*

Tibicen wui Kato 同 *Auritibicen jai*

Tibicinae 棵蝉亚科

Tibiodrepanus 胫蜣螂属

Tibiodrepanus sinicus (Harold) 华胫蜣螂，华镰蜣螂

tibiofemoral 胫腿节的

tibiotarsal organ 胫跗器 < 指某些圆蛛后足胫跗节里面的囊状膨胀及膨大毛 >

tibiotarsal segment [= tibiotarsus] 胫跗节

tibiotarsus 见 tibiotarsal segment

Tibiotrichius 长腿花金龟甲属

Tibiotrichius anoguttatus (Fairmaire) 臀长腿花金龟甲，臀格斑金龟

Tibiotrichius flavitarsis (Fairmaire) 黄跗长腿花金龟甲，黄跗格斑金龟

Tibiotrichius klapperichi (Tesař) 克氏长腿花金龟甲，克斑金龟

Tibiotrichius miwai (Chûjô) 三轮长腿花金龟甲，三轮长脚花金龟，三轮格斑金龟，三轮斑金龟

Tibiotrichius sinensis (Pouilladue) 中华长腿花金龟甲，华斑金龟

Ticera castanea Swinhoe 见 *Streblote castanea*

Ticherra 三滴灰蝶属

Ticherra acte (Moore) [blue imperial, Himalayan blue imperial] 三滴灰蝶

Ticherra acte acte (Moore) 三滴灰蝶指名亚种，指名三滴灰蝶

Ticherra acte liviana Fruhstorfer 三滴灰蝶苏门亚种，里三滴灰蝶

Ticherra acte retracta Fruhstorfer 三滴灰蝶缩胫亚种，缩胫三滴灰蝶

Tichostephanus 墙冠蜂属

Tichostephanus hui Engel 胡氏墙冠蜂

ticidas skipperling [*Dalla ticidas* (Mabille)] 蒂茜达弄蝶

ticlear 虎纹绡蝶 < 虎纹绡蝶的通称，来自 tiger clearwing>

Ticoplinae 矮蚁蜂亚科

Tien Shan blue [*Agriades pheretiades* (Eversmann)] 费灿灰蝶，灿灰蝶

Tienmutrechus 天目行步甲属

Tienmutrechus dispersipunctis Suenson 散点天目行步甲

Tigasis 恬弄蝶属

Tigasis fusca (Hayward) 褐恬弄蝶

Tigasis garima (Schaus) [garima skipper] 噶恬弄蝶

Tigasis nausiphanes (Schaus) [cloud-forest skipper] 云恬弄蝶

Tigasis simplex (Bell) [simple skipper, simplex skipper] 简恬弄蝶

Tigasis zalates Godman [zalates skipper] 扎恬弄蝶，恬弄蝶

tiger 1. 绢斑蝶 < 绢斑蝶属 *Parantica* 昆虫的通称 >；2. 灯蛾；3. 虎蛾

tiger beauty [= northern segregate, zebra sapseeker, *Tigridia acesta* (Linnaeus)] 美域蛱蝶

tiger beetle [= cicindelid beetle, cicindelid] 虎甲 < 虎甲科 Cicindelidae 昆虫的通称 >

tiger blue butterfly [= pointed pierrot, African pierrot, common tiger blue, *Tarucus theophrastus* (Fabricius)] 藤灰蝶，西奥塔灰蝶

tiger crescent [= Eunice crescent, *Eresia eunice* (Hübner)] 袖蛱蝶

tiger hairstreak [= Japanese flash, bush-clover lycaenid, *Rapala arata* (Bremer)] 宽带燕灰蝶，胡枝子灰蝶

tiger helconian [= ismenuis tiger, tiger longwing, ismenius longwing, tiger-striped longwing, tiger-passionsfalter, *Heliconius ismenius* Latreille] 黄裙袖蝶

tiger hopper [*Ochus subvittatus* (Moore)] 虎奥弄蝶，奥弄蝶

tiger leafwing [*Consul fabius* (Cramer)] 虎纹鹞蛱蝶，鹞蛱蝶

tiger lily aphid [*Amphorophora lilicola* Shinji] 百合虎膨管蚜

tiger longicorn beetle [= mulberry borer, mulberry cerambycid, *Xylotrechus chinensis* (Chevrolat)] 桑脊虎天牛，中华虎天牛，桑虎，桑虎天牛

tiger longwing 1. [= hecale longwing, golden longwing, golden heliconian, *Heliconius hecale* (Fabricius)] 幽袖蝶；2. [*Podotricha judith* (Guérin-Méneville)] 虎纹带袖蝶；3. [= ismenius tiger, tiger helconian, tiger-striped longwing, ismenuis longwing, tiger-passionsfalter, *Heliconius ismenius* Latreille] 黄裙袖蝶

tiger mimic queen 1. [= tropical milkweed butterfly, *Lycorea halia* Hübner] 虎纹袖斑蝶；2. [*Lycorea cleobaea* (Godart)] 珂袖斑蝶

tiger mimic white [= tiger pierid, *Dismorphia amphiona* (Cramer)] 长袖粉蝶

tiger mosquito [= Asian tiger mosquito, forest mosquito, *Aedes albopictus* (Skuse)] 白纹伊蚊，白线斑蚊，白条伊蚊，亚洲虎蚊

tiger moth 1. 虎蛾；2. [= arctiid moth, woolly bear, tussock moth, arctiid, woolly worm] 灯蛾 <灯蛾科 Arctiidae 昆虫的通称>

tiger palmfly [*Elymnias nesaea* (Linnaeus)] 龙女锯眼蝶

tiger-passionsfalter 见 tiger helconian

tiger pear cochineal [= jointed cactus cochineal, *Dactylopius austrinus* De Lotto] 澳洲胭蚧

tiger pierid 见 tiger mimic white

tiger-striped longwing 见 tiger helconian

tiger swallowtail [= eastern tiger swallowtail, *Papilio glaucus* Linnaeus] 美洲虎纹凤蝶，北美黑条黄凤蝶，北美大金凤蝶，虎凤蝶

tigerbrown [*Orinoma damaris* Gray] 达岳眼蝶，岳眼蝶

tigertail [= synthemistid dragonfly, southern emerald, synthemistid] 综蜻，聚蜻 < 综蜻科 Synthemistidae 昆虫的通称 >

tignum 殖弧梁

Tigridemyia 叉茎管蚜蝇属

Tigridemyia acanthofemorilis Li *et* Liu 刺腿叉茎管蚜蝇

Tigridemyia curvigaster (Macquart) 弯腹叉茎管蚜蝇，弯腹毛管蚜蝇，弯腹蚜蝇，弯腹绵蚜蝇

Tigridia 美域蛱蝶属

Tigridia acesta (Linnaeus) [northern segregate, tiger beauty, zebra sapseeker] 美域蛱蝶

Tigrioides 纹苔蛾属

Tigrioides aureolata (Daniel) 金纹苔蛾

Tigrioides dimidiata Matsumura 分纹苔蛾

Tigrioides euchana (Swinhoe) 黑点纹苔蛾

Tigrioides fulveola (Hampson) 黄纹苔蛾

Tigrioides immaculata (Butler) 无斑纹苔蛾，无斑泥苔蛾

Tigrioides leucanioides (Walker) 脉黑纹苔蛾，黑脉纹苔蛾

Tigrioides phaeola (Hampson) 费纹苔蛾

tik-tik fly [= glossinid fly, tsetse fly, tzetze fly, glossinid] 采采蝇，舌蝇，刺蝇 < 舌蝇科 Glossinidae 昆虫的通称 >

Tikal calephelis [*Calephelis tikal* Austin] 蒂卡尔细纹蚬蝶

tile-horned prionus [*Prionus imbricornis* (Linnaeus)] 叠角锯天牛，瓦角天牛

tilia aphid [*Eucallipterus tilicola* (Shinji)] 居椴真斑蚜，椴彩斑蚜

Tiliacea 秋冬夜蛾属，尖冬夜蛾属

Tiliacea auragides (Draudt) 棕秋冬夜蛾，棕尖冬夜蛾

Tiliacea changsha Benedek *et* Ronkay 长沙秋冬夜蛾，长沙美冬夜蛾

Tiliacea japonago (Wileman *et* West) 日本秋冬夜蛾，日美尖冬夜蛾，日美冬夜蛾

Tiliacea japonago japonago (Wileman *et* West) 日本秋冬夜蛾指名亚种

Tiliacea japonago likianago (Draudt) 日本秋冬夜蛾丽江亚种，丽江日美冬夜蛾

Tiliacea opipara (Chang) 优美秋冬夜蛾，优美夜蛾
Tiliacea sulphurago (Denis *et* Schiffermuller) 柳秋冬夜蛾，柳美冬夜蛾，褐美冬夜蛾
Tiliacea tatachana (Chang) 塔塔加秋冬夜蛾，塔塔加美夜蛾
Tiliaphis 椴斑蚜属
Tiliaphis coreana Quednau 朝鲜半岛椴斑蚜，朝鲜椴斑蚜
Tiliaphis shinae (Shinji) [Japanese linden aphid] 小椴斑蚜，菩提彩斑蚜
Tillinae 第郭公甲亚科，猛郭公甲亚科
Tilloidea 猛郭公甲属，拟第郭公虫属
Tilloidea birmanics (Gorham) 缅猛郭公甲，缅第郭公虫
Tilloidea notata (Klug) 条斑猛郭公甲，斑拟第郭公虫，二带赤颈郭公甲，二带赤颈郭公虫
Tillus 第郭公甲属，第郭公虫属
Tillus concolor Nakane 同色第郭公甲，同色第郭公虫
Tillus birmanicus Gorham 见 *Tilloidea birmanicus*
Tillus discoidalis Fairmaire 狄第郭公甲，狄第郭公虫
Tillus nakamurai Nakane 中村第郭公甲，中村第郭公虫
Tillus nitidus (Schenkling) 滑第郭公甲，滑嘎郭公甲，滑嘎郭公虫
Tillus unifasciatus Fabricius 单带第郭公甲，单带郭公虫
Tillyard's skipper [= chequered grass-skipper, *Anisynta tillyardi* Waterhouse *et* Lyell] 狄氏锯弄蝶
Tilodi copper [= Waterberg copper, *Erikssonia edgei* Gardiner *et* Terblanche] 埃氏艾丽灰蝶，艾丽灰蝶
Timandra 紫线尺蛾属
Timandra accumulata Cui, Xue *et* Jiang 密紫线尺蛾
Timandra adunca Cui, Xue *et* Jiang 钩紫线尺蛾
Timandra amata (Linnaeus) 同 *Timandra comae*
Timandra apicirosea (Prout) 玫端紫线尺蛾，端玫蚕豆尺蛾，玫尖紫线尺蛾
Timandra comae Schmidt [blood-vein] 阿紫线尺蛾
Timandra comptaria Walker 赤缘紫线尺蛾，赤缘线尺蛾，康紫线尺蛾，紫蚕豆尺蛾，紫线尺蛾，曲紫线尺蛾
Timandra convectaria Walker 尖角紫线尺蛾，亢紫线尺蛾，尖角线尺蛾，康蚕豆尺蛾，同紫线尺蛾
Timandra correspondens Hampson 直紫线尺蛾，考紫线尺蛾
Timandra dichela (Prout) 黄缘紫线尺蛾，狄紫线尺蛾，黄缘线尺蛾，分紫线尺蛾
Timandra distorta Cui, Xue *et* Jiang 迪紫线尺蛾
Timandra extremaria Walker 褐紫线尺蛾，褐线尺蛾，极紫线尺蛾，埃蚕豆尺蛾
Timandra extremaria extremaria Walker 褐紫线尺蛾指名亚种，指名极紫线尺蛾
Timandra griseata Petersen 灰紫线尺蛾，紫线尺蛾
Timandra griseata griseata Petersen 灰紫线尺蛾指名亚种
Timandra griseata prouti (Inoue) 灰紫线尺蛾普氏亚种，普灰紫线尺蛾
Timandra majuscula Cheng *et* Jiang 广紫线尺蛾
Timandra oligoscia Prout 稀紫线尺蛾
Timandra orhanti Cheng *et* Jiang 欧氏紫线尺蛾
Timandra paralias (Prout) 海紫线尺蛾
Timandra quadrata Cui, Xue *et* Jiang 缺紫线尺蛾
Timandra recompta (Prout) 霞边紫线尺蛾
Timandra recompta recompta (Prout) 霞边紫线尺蛾指名亚种
Timandra robusta Cui, Xue *et* Jiang 钝紫线尺蛾
Timandra ruptilinea Warren 断线紫线尺蛾
Timandra stueningi Cui, Xue *et* Jiang 斯氏紫线尺蛾
Timandra synthaca (Prout) 拟黄缘紫线尺蛾，拟黄缘线尺蛾，辛蚕豆尺蛾，紫线尺蛾
Timandra viminea Cui, Xue *et* Jiang 修紫线尺蛾
Timandrini 紫线尺蛾族
Timandromorpha 缺口青尺蛾属
Timandromorpha discolor (Warren) 缺口青尺蛾，缺口镰翅青尺蛾，素镰翅绿尺蛾
Timandromorpha discolor discolor (Warren) 缺口青尺蛾指名亚种，指名缺口青尺蛾
Timandromorpha enervata Inoue 小缺口青尺蛾，小缺口镰翅青尺蛾，恩缺口青尺蛾，易缺口青尺蛾
Timandromorpha olivaria Han *et* Xue 橄缺口青尺蛾
Timandromorphini 缺口青尺蛾族
Timarcha 鼻血叶甲属
Timarcha tenebricosa (Fabricius) [bloody-nosed beetle] 蓝黑鼻血叶甲
Timasius 丽膜蝽属
Timasius distanti Miyamoto 大丽膜蝽
Timasius gracilis Zettel 细丽膜蝽
Timasius himalayensis Andersen 喜马丽膜蝽
Timasius indicus Zettel 印丽膜蝽
Timasius jaechi Zettel *et* Chen 佳丽膜蝽
Timasius lundbladi Miyamoto 平腹丽膜蝽
Timasius major Andersen 巨丽膜蝽
Timasius malayensis Zettel 马来丽膜蝽
Timasius minamikawai Miyamoto 黑胸丽膜蝽
Timasius minor Andersen 小丽膜蝽
Timasius miyamotoi Andersen 宫本丽膜蝽，扁腹丽膜蝽
Timasius montanus Zettel 山丽膜蝽
Timasius nilsi Chen, Nieser *et* Lekprayoon 尼丽膜蝽
Timasius schuhi Zettel 秀丽膜蝽
Timasius schwendingeri Zettel 施丽膜蝽
Timasius spinifer Andersen 刺丽膜蝽
Timasius splendens Distant 辉丽膜蝽
Timasius ventralis Andersen 腹丽膜蝽
Timasius wangi Zettel 王氏丽膜蝽
Timasius yangae Zettel 杨氏丽膜蝽
Timasius yunnanensis Zettel 云南丽膜蝽
Timavia winthemioides (Mesnil) 见 *Smidtia winthemioides*
timbal 鼓膜 < 见于蝉科 Cicadidae，或称 tympanum>
timber fly [= pantophthalmid fly, pantophthalmid] 大虻 < 大虻科 Pantophthalmidae 昆虫的通称 >
timberworm [= ponderous borer, pine sawyer beetle, spiny wood borer beetle, ponderous pine borer beetle, spine-necked longhorn beetle, *Ergates spiculatus* (LeConte)] 西黄松埃天牛
time-concentration-mortality model 时间–浓度–死亡率模型
time-dose-mortality model 时间–剂量–死亡率模型
time economic threshold 时间经济阈值
time factor 时间因素
time gradient 时间梯度
time lag 时滞
time-specific economic threshold 时间特异性经济阈值

time-specific life table 特定时间生命表，时间特征生命表
Timelaea 猫蛱蝶属
Timelaea aformis Chou 异型猫蛱蝶
Timelaea albescens (Oberthür) 白裳猫蛱蝶
Timelaea albescens albescens (Oberthür) 白裳猫蛱蝶指名亚种，指名白裳猫蛱蝶
Timelaea albescens formosana Fruhstorfer 白裳猫蛱蝶台湾亚种，豹纹蝶，豹斑蛱蝶，白斑蛱蝶，白斑蛱，豹纹蛱蝶，台湾白裳猫蛱蝶
Timelaea albescens orientalis (Belter) 白裳猫蛱蝶东方亚种，东方白网蛱蝶
Timelaea maculata (Bremer *et* Grey) 斑猫蛱蝶，猫蛱蝶
Timelaea maculata kansuensis Bang-Haas 斑猫蛱蝶甘肃亚种，甘肃猫蛱蝶
Timelaea maculata maculata (Bremer *et* Grey) 斑猫蛱蝶指名亚种
Timelaea nana Leech 娜猫蛱蝶，南猫蛱蝶
Timelaea nana nana Leech 娜猫蛱蝶指名亚种
Timelaea nana sihoensis Bang-Haas 娜猫蛱蝶北方亚种，甸南猫蛱蝶
Timelaea radiata Chou *et* Wang 放射纹猫蛱蝶
Timema 新蝻属
Timema cristinae Vickery [Cristina's timema] 克氏新蝻
Timema genevievae Rentz [Genevieve's timema] 吉氏新蝻
Timema tahoe Vickery 黄足新蝻
timemid 1. [= timemid stick] 新蝻 < 新蝻科 Timemidae 昆虫的通称 >；2. 新蝻科的
timemid stick [= timemid] 新蝻
Timemidae 新蝻科
Timia 誉斑蝇属，惕小金蝇属
Timia alini Hering 海誉斑蝇，东北惕小金蝇
Timia anomala Becker 离誉斑蝇，恩惕小金蝇
Timia canaliculata Becker 管誉斑蝇，管惕小金蝇
Timia dimidiata Becker 半誉斑蝇
Timia klugi Hendel 蒙古誉斑蝇
Timia komarowii Mik 塔克拉玛誉斑蝇
Timia nitida (Hendel) 亮誉斑蝇
Timia protuberans Becker 突誉斑蝇，原管惕小金蝇
Timia punctulata Becker 具点誉斑蝇，点惕小金蝇
Timia testacea Portschinsky 壳誉斑蝇
Timia turgida Becker 膨誉斑蝇，藏惕小金蝇
Timia xanthostoma (Becker) 黄口誉斑蝇，黄惕小金蝇
Timmermanniceps phalaropi (Denny) 见 *Quadraceps phalaropi*
Timochares 汀弄蝶属
Timochares ruptifasciatus (Plötz) [brown-banded skipper] 波纹汀弄蝶
Timochares trifasciata (Hewitson) [many-banded skipper] 三带汀弄蝶，汀弄蝶
Timochreon 惕弄蝶属
Timochreon satyrus (Felder *et* Felder) [satyrus skipper] 惕弄蝶
Timomenus 乔球螋属
Timomenus aeris (Shiraki) 空乔球螋，姬螋
Timomenus aesculapius (Burr) 堂乔球螋，净乔球螋
Timomenus amblyotus Ma *et* Chen 耳乔球螋
Timomenus inermis Borelli 净乔球螋，净乔螋，无刺蠼螋，无齿乔球螋
Timomenus iteratus Steinmann 引乔球螋，复刺蠼螋，台乔球螋
Timomenus komarovi (Semenov) 克乔球螋，科氏乔螋，柯乔球螋，科氏蠼螋
Timomenus lugens (Bormans) 素乔球螋
Timomenus morsus Steinmann 摩乔球螋，躁乔球螋，锚蠼螋
Timomenus nevilli (Burr) 奈乔球螋
Timomenus oannes (Burr) 乔球螋，南亚乔球螋
Timomenus paradoxa Bey-Bienko 脊角乔球螋，脊角敬蠼螋，奇异乔球螋
Timomenus pieli Hincks 皮乔球螋，皮氏乔球螋
Timomenus shelfordi (Burr) 社乔球螋，顺铗蠼螋
Timomenus taboensis Shiraki 同 *Timomenus aeris*
Timomenus unidentatus Borelli 齿乔球螋，单齿乔球螋
Timor gull [*Cepora laeta* Hewitson] 红缘园粉蝶
Timor yellow tiger [*Parantica timorica* (Grose-Smith)] 惊恐绢斑蝶，帝汶岛绢斑蝶
Timora 短胫夜蛾属
Timora bivittata (Walker) 双纹短胫夜蛾
Timora taishana Chen 泰短胫夜蛾
timothy billbug [*Calendra zeae* (Walsh)] 牛草长喙象甲
timothy plant bug [= two-spotted grass bug, *Stenotus binotatus* (Fabricius)] 二斑纤盲蝽，梯牧草二斑盲蝽
timothy thrips [*Chirothrips manicatus* (Haliday)] 袖指蓟马，芒蓟马
Timulla 梯蚁蜂属
Timulla rufogastra (Peletier) 东北梯蚁蜂
Timyridae 见 Lecithoceridae
Tinaeoidea 见 Tineoidea
Tinda 带芒水虻属
Tinda indica (Walker) 印度带芒水虻，印廷水虻
Tinda javana (Macquart) 爪哇带芒水虻
Tinda longispina Chen, Liang *et* Yang 见 *Rosapha longispina*
Tinda maxima Kertész 大带芒水虻
Tinda nigra (Macquart) 黑带芒水虻
Tinea 谷蛾 < 期刊名 >
Tinea 谷蛾属，蕈蛾属
Tinea argyrocentra Meyrick 中银谷蛾
Tinea columbariella Wocke 鸽谷蛾
Tinea cramerella Fabricius 同 *Phyllonorycter harrisella*
Tinea croniopa Meyrick 克谷蛾
Tinea defluescens Meyrick 德谷蛾
Tinea despecta Meyrick 同 *Praeacedes atomosella*
Tinea fictrix Meyrick 无花果谷蛾，费谷蛾
Tinea granella Linnaeus 见 *Nemapogon granella*
Tinea irrita Meyrick 伊谷蛾
Tinea limenitis Meyrick 丽谷蛾
Tinea malthacopis Meyrick 玛谷蛾
Tinea metathyris Meyrick 后谷蛾
Tinea metonella Pierce 毛皮谷蛾
Tinea nigrofasciata Shiraki 丝毛谷蛾
Tinea omichlopis Meyrick 螺谷蛾，奥谷蛾
Tinea pallescentella Stainton [large pale clothes moth] 大青谷蛾，大青衣蛾
Tinea parasitella Hübner 寄谷蛾
Tinea pellionella Linnaeus [casemaking clothes moth, case-bearing

clothes moth] 袋谷蛾，网衣蛾，带壳谷蛾，衣蛾

Tinea translucens Meyrick 灰谷蛾，横亮谷蛾

Tinea triangulimaculella Caradja 见 *Autosticha triangulimaculella*

Tinea tugurialis Meyrick 四点谷蛾

Tinearia 廷蛉属

Tinearia acanthostyla (Tokunaga) 尖刺廷蛉

Tinearia alternata (Say) 交替廷蛉

tined apotele 叉状趾

tineid 1. [= tineid moth, fungus moth, clothes moth] 谷蛾 < 谷蛾科 Tineidae 昆虫的通称 >；2. 谷蛾科的

tineid moth [= tineid, fungus moth, clothes moth] 谷蛾

Tineidae 谷蛾科，蕈蛾科

tineodid 1. [= tineodid moth, false plume moth] 窄翅蛾，尖翼蛾 < 窄翅蛾科 Tineodidae 昆虫的通称 >；2. 窄翅蛾科的

tineodid moth [= tineodid, false plume moth] 窄翅蛾，尖翼蛾

Tineodidae 窄翅蛾科，尖翼蛾科，四翼蛾科

Tineoidea 谷蛾总科 < 该总科学名有误写为 Tianaeoidea 者 >

Tineola 幕谷蛾属

Tineola bisselliella (Hummel) [webbing clothes moth, common clothes moth, clothing moth] 幕谷蛾，袋衣蛾，衣蛾

Tineovertex 顶谷蛾属

Tineovertex gladiata Huang, Hirowatari *et* Wang 剑顶谷蛾，剑锯谷蛾

Tineovertex melanochrysa (Meyrick) 黑金顶谷蛾

Tineria 蛆蛉属，蛆蛾蚋属

Tineria alternata (Say) 星斑蛆蛉，星斑蛾蚋

tingid 1. [= tingid bug, lace bug] 网蝽，花边蝽，军配虫 < 网蝽科 Tingidae 昆虫的通称 >；2. 网蝽科的

tingid bug [= tingid, lace bug] 网蝽，花边蝽，军配虫

Tingidae [= Tingididae] 网蝽科

Tingididae 见 Tingidae

Tingidoidea 网蝽总科

Tinginae 网蝽亚科

Tinginotopsis 瘤猬盲蝽属

Tinginotopsis dromedarius Poppius 同 *Tinginotopsis oryzae*

Tinginotopsis formosanum Poppius 台湾瘤猬盲蝽

Tinginotopsis oryzae (Matsumura) 稻瘤猬盲蝽，瘤猬盲蝽，水稻草盲蝽

Tinginotum 猬盲蝽属

Tinginotum bilineatum Zheng 双纹猬盲蝽

Tinginotum formosanum Poppius 台湾猬盲蝽，台猬盲蝽

Tinginotum perlatum Linnavuori 带胸猬盲蝽

Tinginotum pini Kulik 松猬盲蝽

Tingis 菊网蝽属

Tingis ampliata (Herrich-Schäffer) 宽点裸菊网蝽

Tingis amplicosta (Montandon) 见 *Tingis pilosa amplicosta*

Tingis beesoni Drake 毕氏菊网蝽

Tingis buddlieae Drake 卷宽菊网蝽，卷刺菊网蝽

Tingis cardui (Linnaeus) 广布裸菊网蝽

Tingis comosa (Takeya) 窄翅裸菊网蝽

Tingis crispata (Herrich-Schäffer) 卷毛裸菊网蝽

Tingis deserta Qi *et* Nonnaizab 沙地裸菊网蝽

Tingis lasiocera Matsumura 广翅裸菊网蝽

Tingis longicurvipilis Nonnaizab 长卷毛裸菊网蝽，内蒙菊网蝽

Tingis lusitanica Rodrigues 锦鸡儿裸菊网蝽

Tingis miyamotoi Lee 米氏裸菊网蝽

Tingis modosa Drake 同 *Tingis crispata*

Tingis pauperata (Puron) 寡菊网蝽

Tingis pilosa Hummel 长毛菊网蝽

Tingis pilosa amplicosta (Montandon) 长毛菊网蝽宽缘亚种，宽缘毛菊网蝽

Tingis pilosa pilosa Hummel 长毛菊网蝽指名亚种

Tingis platynota Golub 黑斑菊网蝽

Tingis populi Takeya 见 *Metasalis populi*

Tingis pusilla (Jakovlev) 短毛菊网蝽

Tingis reuteri Horvath 细缘菊网蝽

Tingis robusta Golub 强裸菊网蝽

Tingis scutigerula Golub 盾菊网蝽

Tingis shaowuana Drake *et* Maa 贫刺菊网蝽

Tingis similis (Douglas *et* Scott) 相似菊网蝽

Tingis stepposa Golub 草地裸菊网蝽

Tingis veteris Drake 硕裸菊网蝽

Tinkhamia 拱翅天牛属

Tinkhamia hamulata Gressitt 江西拱翅天牛

Tinkhamia hamulata hamulata Gressitt 江西拱翅天牛指名亚种，指名江西拱翅天牛

Tinkhamia hamulata lantauana Gressitt 江西拱翅天牛三带亚种，三带江西拱翅天牛，港三带拱翅天牛

Tinkhamia validicornis Gressitt 红翅拱翅天牛

tinktinkie blue [*Brephidium metophis* (Wallengren)] 脉褐小灰蝶

Tinocallis 长斑蚜属

Tinocallis allozelkowae Zhang 同 *Tinocallis viridis*

Tinocallis caryaefoliae (Davis) [black pecan aphid] 见 *Melanocallis caryaefoliae*

Tinocallis dalbergiae Zhang 同 *Tinocallis nigropunctatus*

Tinocallis dalbergicola Quednau 居黄檀长斑蚜

Tinocallis hemipteleae Zhang 同 *Tinocallis takachihoensis*

Tinocallis insularis (Takahashi) 无患子长斑蚜，无患子斑蚜

Tinocallis kahawaluokalani (Kirkaldy) 见 *Sarucallis kahawaluokalani*

Tinocallis magnoliae Ghosh *et* Raychaudhuri 同 *Tinocallis insularis*

Tinocallis microtylodes Qiao *et* Zhang 短节长斑蚜

Tinocallis mushensis (Takahashi) 穆希长斑蚜

Tinocallis nevskyi Remaudiere, Quednau *et* Heie 聂长斑蚜

Tinocallis nevskyi lianchengensis Qiao *et* Zhang 同 *Tinocallis takachihoensis*

Tinocallis nevskyi nevskyi Remaudiere, Quednau *et* Heie 聂长斑蚜指名亚种

Tinocallis nigropunctatus (Tao) 黄檀长斑蚜，黑点蜥蜴斑蚜

Tinocallis platani (Kaltenbach) 斑长斑蚜

Tinocallis saltans (Nevsky) 榆长斑蚜

Tinocallis sophorae Zhang 槐长斑蚜

Tinocallis suzhouensis Zhang 苏州长斑蚜

Tinocallis takachihoensis Higuchi 刺榆长斑蚜

Tinocallis ulmicola (Matsumura) [ulmus Sapporo aphid, Japanese alder telocallis] 居榆长斑蚜，榆札幌斑蚜，榆扎斑蚜

Tinocallis ulmifolii (Monell) [elm leaf aphid, American elm leaf aphid] 美洲榆长斑蚜，榆角斑蚜

Tinocallis ulmiparvifoliae Matsumura 榆叶长斑蚜

Tinocallis viridis (Takahashi) 异榉长斑蚜，榉榆斑蚜

Tinocallis yichuanensis Remaudière *et* Remaudière 同 *Tinocallis saltans*

Tinocallis yinchuanensis Zhang 同 *Tinocallis saltans*
Tinocallis zelkowae (Takahashi) [zelkova aphid] 榉长斑蚜，日长斑蚜，榉树斑蚜，榉斑角蚜
Tinodemus 宽姬花甲属
Tinodemus polygrammus (Flach) 多纹宽姬花甲，多纹斯姬花甲
Tinoderus singularis Bates 长头步甲
Tinodes 齿叉蝶石蛾属，齿叉石蛾属
Tinodes chinchina Mosely 方背齿叉蝶石蛾
Tinodes cryptophallicata Li *et* Morse 隐茎齿叉蝶石蛾
Tinodes formosae Iwata 台湾齿叉蝶石蛾
Tinodes furcata Li *et* Morse 叉形齿叉蝶石蛾，叉齿叉蝶石蛾
Tinodes gamsiel Malicky 格齿叉蝶石蛾
Tinodes harael Malicky 小枝齿叉蝶石蛾
Tinodes higashiyamanus Tsuda 东山齿叉蝶石蛾，东山齿叉石蛾
Tinodes retorta Ulmer 扭齿叉蝶石蛾，倒弯齿叉石蛾
Tinodes sartael Malicky 桨形齿叉蝶石蛾
Tinodes stamens Qiu 蕊形齿叉蝶石蛾
Tinodes ventralis Li *et* Morse 腹齿叉蝶石蛾
Tinodes wuyuanensis Li *et* Morse 婺源齿叉蝶石蛾
Tinodinae 齿叉蝶石蛾亚科
Tinolius 亭夜蛾属
Tinolius eburneigutta Walker 埃亭夜蛾，亭夜蛾
Tinolius quadrimaculatus Walker 四星亭夜蛾
Tinotus globicollis Bernhauer 见 *Aleochara globicollis*
tinted blue [= common chalk blue, *Thermoniphas micylus* (Cramer)] 弥温灰蝶
Tinthia 线透翅蛾属，廷透翅蛾属
Tinthia beijingana Yang 京线透翅蛾，京廷透翅蛾，北京透翅蛾
Tinthia cuprealis (Moore) 铜线透翅蛾，铜廷透翅蛾
Tinthia varipes Walker 异线透翅蛾，变异廷透翅蛾
Tinthiinae 线透翅蛾亚科
tiny acraea [*Acraea uvui* Grose-Smith] 麻黄珍蝶
tiny black ant [= little black ant, *Monomorium minimum* (Buckley)] 小黑家蚁，小黑蚁
tiny checkerspot [= Dyman checkerspot, *Dymasia dymas* (Edwards)] 杜蛱蝶
tiny cocoon 微小茧
tiny flat [*Sarangesa sati* de Nicéville] 小刷胫弄蝶
tiny gem [*Chloroselas minima* Jackson] 小黄绿灰蝶
tiny glasswing [*Ornipholidotos bakotae* Stempffer] 小耳灰蝶
tiny grass blue [= gaika blue, dainty grass-blue, *Zizula hylax* (Fabricius)] 长腹灰蝶，迷你毛眼灰蝶，迷你蓝灰蝶，迷你小灰蝶，爵床灰蝶，小埔里小灰蝶，埔里小型小灰蝶
tiny hedge blue [*Lycaenopsis minima* Evans] 小利灰蝶
tiny metalmark [*Adelotypa eudocia* (Godman *et* Salvin)] 优多悌蚬蝶
tiny moth 麦蛾 < 麦蛾科 Gelechiidae 昆虫的通称 >
tiny orange tip [= desert orange tip, small orange tip, three spot crimson tip, *Colotis evagore* (Klug)] 漫游珂粉蝶
tiny sailer [*Neptis nina* Staudinger] 尼纳环蛱蝶
tiny silkworm 细小蚕
tiny yellowmark [*Baeotis barce* Hewitson] 小苞蚬蝶
Tipasa 滴夜蛾属
Tipasa renalis (Moore) 肾滴夜蛾，肾滴裳蛾
Tiphia 钩土蜂属，小土蜂属
Tiphia agilis Smith 活跃钩土蜂
Tiphia alishana Ishikawa 阿里山钩土蜂
Tiphia ami Tsuneki 阿美钩土蜂
Tiphia antigenata Allen *et* Jaynes 对颊钩土蜂
Tiphia asericae Allen *et* Jaynes 同 *Tiphia agilis*
Tiphia bicarinata Cameron 双脊钩土蜂
Tiphia borealis Chen *et* Yang 北方钩土蜂
Tiphia brachypoda Yang *et* Chen 短足钩土蜂，短柄钩土蜂
Tiphia brevicarinata Allen *et* Jaynes 短脊钩土蜂
Tiphia brevilineata Allen *et* Jaynes 短线钩土蜂
Tiphia brevilineata brevilineata Allen *et* Jaynes 短线钩土蜂指名亚种
Tiphia brevilineata formosana Tsuneki 短线钩土蜂台湾亚种，台短线钩土蜂
Tiphia bunun Tsuneki 布农钩土蜂
Tiphia changi Tsuneki 张氏钩土蜂
Tiphia chihpenchia Tsuneki 溪钩土蜂
Tiphia choui Chen *et* Yang 周氏钩土蜂
Tiphia chungshani Tsuneki 中山钩土蜂
Tiphia cilicincta Allen *et* Jaynes 围毛钩土蜂
Tiphia communis Allen *et* Jaynes 普通钩土蜂
Tiphia compressa Smith 扁体钩土蜂
Tiphia decorosa Yang *et* Chen 华美钩土蜂，丽钩土蜂
Tiphia fenchihuensis Tsuneki 奋起湖钩土蜂
Tiphia flavipes Tsuneki 同 *Palarus rufipes*
Tiphia formosensis Tsuneki 台钩土蜂
Tiphia fortidentata Tsuneki 强刺钩土蜂
Tiphia frater Parker 弟兄钩土蜂，亲钩土蜂
Tiphia fukiensis Allen *et* Jaynes 福建钩土蜂
Tiphia fukuii Tsuneki 福井钩土蜂
Tiphia hohrai Tsuneki 贺钩土蜂
Tiphia hokkien Tsuneki 岛钩土蜂
Tiphia horiana Tsuneki 嘉义钩土蜂
Tiphia humoncularis Parker 台岛钩土蜂
Tiphia ilanensis Tsuneki 宜兰钩土蜂
Tiphia incompicua Allen *et* Jaynes 隐齿钩土蜂
Tiphia inornata Say 丑钩土蜂
Tiphia jinana Yang *et* Chen 济南钩土蜂
Tiphia komaii Tsuneki 柯氏钩土蜂
Tiphia kotoshensis Tsuneki 兰屿钩土蜂
Tiphia latistriata Allen *et* Jaynes 宽纹钩土蜂
Tiphia lhasana Yang *et* Chen 拉萨钩土蜂
Tiphia lifashengi Yang *et* Chen 李氏钩土蜂
Tiphia lihyuehtana Tsuneki 日月潭钩土蜂
Tiphia longitegulata Allen *et* Jaynes 长肩片钩土蜂
Tiphia lyrata Magretti 琴如钩土蜂
Tiphia malayana Cameron 马来钩土蜂
Tiphia minutopunctata Allen *et* Jaynes 微刻钩土蜂
Tiphia minutostriata Ma 细条钩土蜂，微纹钩土蜂
Tiphia mutata Chen 多变钩土蜂
Tiphia nana Allen *et* Jyanes 小钩土蜂
Tiphia nervidirecta Allen *et* Jaynes 直脉钩土蜂，浙江钩土蜂
Tiphia notopolita Allen *et* Jaynes 光背钩土蜂
Tiphia ordinaria Smith 直顺钩土蜂
Tiphia ordinaria atayal Tsuneki 直顺钩土蜂泰雅亚种，台直顺钩

土蜂
Tiphia ordinaria ordinaria Smith 直顺钩土蜂指名亚种
Tiphia ovidorsalis Allen *et* Jaynes 圆背钩土蜂
Tiphia oxycera Chen *et* Yang 尖须钩土蜂
Tiphia pempuchiensis Tsuneki 本部溪钩土蜂
Tiphia phyllophagae Allen *et* Jaynes 鳃金龟钩土蜂，食植钩土蜂
Tiphia pigmentata Allen *et* Jaynes 着色钩土蜂，色钩土蜂
Tiphia piqua Tsuneki 壮钩土蜂
Tiphia popilliarmra Rohwer 丽跋钩土蜂
Tiphia porata Chen *et* Yang 坡钩土蜂
Tiphia puliensis Tsuneki 埔里钩土蜂
Tiphia retincisura Chen *et* Yang 网纹钩土蜂
Tiphia rufomandibulata Smith 红颚钩土蜂
Tiphia rufomandibulata rufomandibulata Smith 红颚钩土蜂指名亚种
Tiphia rufomandibulata taipeiana Tsuneki 红颚钩土蜂台北亚种
Tiphia singularis Allen *et* Jaynes 单列钩土蜂
Tiphia sternocarinata Allen *et* Jaynes 腹脊钩土蜂
Tiphia taiwana Ishikawa 台湾钩土蜂，台湾小土蜂
Tiphia takasago Tsuneki 日钩土蜂
Tiphia totopunctata Allen *et* Jaynes 全点钩土蜂
Tiphia triangulata Tsuneki 三角钩土蜂
Tiphia tsukengensis Tsuneki 粗坑钩土蜂
Tiphia vallicola Tsuneki 河谷钩土蜂
Tiphia vernalis Rohwer 春钩土蜂，春黑钩土蜂，春发钩土蜂
Tiphia wangpeisunana Ma 王氏钩土蜂，安徽钩土蜂
Tiphia wushensis Tsuneki 雾社钩土蜂
Tiphia yangi Chen 杨氏钩土蜂
Tiphia yanoi Tsuneki 矢野钩土蜂，八野钩土蜂，杨氏钩土蜂
Tiphia yushana Tsuneki 玉山钩土蜂
tiphic 池塘群落的
tiphicolous 栖池塘的
tiphiid 1. [= tiphiid wasp] 钩土蜂 < 钩土蜂科 Tiphiidae 昆虫的通称 >；2. 钩土蜂科的
tiphiid wasp [= tiphiid] 钩土蜂
Tiphiidae 钩土蜂科，臀钩土蜂科，小土蜂科
tiphium 池塘群落
tiphophilus 适池沼的，喜池沼的
tipped oak case-bearer [*Coleophora flavipennella* (Duponchel)] 淡黄鞘蛾
Tipula 大蚊属
Tipula absconsa Alexander 见 *Tipula* (*Lunatipula*) *absconsa*
Tipula (*Acutipula*) *acanthophora* Alexander 宽端尖大蚊
Tipula (*Acutipula*) *alboplagiata* Alexander 妙手尖大蚊，白纹大蚊，妙手大蚊
Tipula (*Acutipula*) *apicidenticulata* Yang *et* Yang 齿端尖大蚊
Tipula (*Acutipula*) *atuntzuensis* Edwards 德钦尖大蚊，滇大蚊
Tipula (*Acutipula*) *barbigera* Young *et* Li 胡须尖大蚊
Tipula (*Acutipula*) *bihastata* Alexander 双戟尖大蚊，双矛大蚊
Tipula (*Acutipula*) *biramosa* Alexander 双矛尖大蚊，川大蚊
Tipula (*Acutipula*) *bistyligera* Alexander 双刺尖大蚊，双刺大蚊
Tipula (*Acutipula*) *brunnirostris* Edwards 褐喙尖大蚊，棕喙大蚊
Tipula (*Acutipula*) *bubada* Yang *et* Yang 同 *Tipula* (*Acutipula*) *bubo*
Tipula (*Acutipula*) *bubo* Alexander 宽突尖大蚊
Tipula (*Acutipula*) *captiosa* Alexander 双齿尖大蚊
Tipula (*Acutipula*) *cockerelliana* Alexander 细头尖大蚊
Tipula (*Acutipula*) *cranicornuta* Yang *et* Yang 角冠尖大蚊
Tipula (*Acutipula*) *desidiosa* Alexander 扭突尖大蚊，懒大蚊
Tipula (*Acutipula*) *dicladura* Alexander 双钩尖大蚊，递大蚊
Tipula (*Acutipula*) *forticauda* Alexander 膨尾尖大蚊，粗尾大蚊
Tipula (*Acutipula*) *furcifera* Young *et* Li 分叉尖大蚊
Tipula (*Acutipula*) *furvimarginata* Yang *et* Yang 同 *Tipula* (*Acutipula*) *shirakii*
Tipula (*Acutipula*) *gansuensis* Yang *et* Yang 甘肃尖大蚊
Tipula (*Acutipula*) *grahamiana* Alexander 格尖大蚊，格大蚊
Tipula (*Acutipula*) *graphiptera* Alexander 花翅尖大蚊，川藏大蚊
Tipula (*Acutipula*) *guizhouensis* Yang, Gao *et* Young 贵州尖大蚊
Tipula (*Acutipula*) *henanensis* Li *et* Yang 河南尖大蚊
Tipula (*Acutipula*) *hubeiana* Yang *et* Yang 湖北尖大蚊
Tipula (*Acutipula*) *incorrupta* Alexander 断纹尖大蚊，洁大蚊
Tipula (*Acutipula*) *intacta* Alexander 凹缘尖大蚊，贞大蚊
Tipula (*Acutipula*) *kuzuensis* Alexander 纹翅尖大蚊
Tipula (*Acutipula*) *latifasciata* Alexander 宽斑尖大蚊，宽带大蚊
Tipula (*Acutipula*) *longispina* Yang, Gao *et* Young 长刺尖大蚊
Tipula (*Acutipula*) *luteinotalis* Alexander 黄背尖大蚊，黄斑大蚊
Tipula (*Acutipula*) *medivittata* Yang *et* Yang 暗缝尖大蚊
Tipula (*Acutipula*) *megaleuca* Alexander 联斑尖大蚊，大白大蚊
Tipula (*Acutipula*) *melampodia* Alexander 黑足尖大蚊，黑足大蚊
Tipula (*Acutipula*) *obtusiloba* Alexander 太平尖大蚊，钝叶大蚊，太平大蚊
Tipula (*Acutipula*) *omeiensis* Alexander 峨眉尖大蚊，峨眉大蚊
Tipula (*Acutipula*) *oncerodes* Alexander 指突尖大蚊，昂大蚊
Tipula (*Acutipula*) *persegnis* Alexander 安宁尖大蚊
Tipula (*Acutipula*) *pertinax* Alexander 交齿尖大蚊
Tipula (*Acutipula*) *platycantha* Alexander 宽刺尖大蚊，平大蚊
Tipula (*Acutipula*) *pseudacanthophora* Yang *et* Yang 同 *Tipula* (*Acutipula*) *acanthophora*
Tipula (*Acutipula*) *pseudocockerelliana* Yang *et* Yang 同 *Tipula* (*Acutipula*) *cockerelliana*
Tipula (*Acutipula*) *quadrifulva* Edwards 雾社尖大蚊，雾社大蚊
Tipula (*Acutipula*) *quadrinotata* Brunetti 乌鲁尖大蚊，乌鲁大蚊
Tipula (*Acutipula*) *radha* Alexander 拉达尖大蚊
Tipula (*Acutipula*) *shirakii* Edwards 暗缘尖大蚊
Tipula (*Acutipula*) *sichuanensis* Yang *et* Yang 四川尖大蚊
Tipula (*Acutipula*) *sinarctica* Yang *et* Yang 北方尖大蚊
Tipula (*Acutipula*) *stenoterga* Alexander 雉形尖大蚊，狭背大蚊
Tipula (*Acutipula*) *subturbida* Alexander 长穗尖大蚊，锥大蚊
Tipula (*Acutipula*) *subvernalis* Alexander 宽喙尖大蚊，春大蚊
Tipula (*Acutipula*) *yunnanica* Edwards 云南尖大蚊，滇大蚊
Tipula (*Acutipula*) *zhaojuensis* Yang *et* Yang 昭觉尖大蚊
Tipula aestiva Savchenko 见 *Tipula* (*Vestiplex*) *aestiva*
Tipula aino Alexander [rice crane fly] 稻大蚊
Tipula alboplagiata Alexander 见 *Tipula* (*Acutipula*) *alboplagiata*
Tipula amabilis Alexander 美大蚊
Tipula amytis Alexander 异脉大蚊，草大蚊
Tipula angustiligula Alexander 见 *Tipula* (*Platytipula*) *angustiligula*
Tipula angustiligula angustiligula Alexander 见 *Tipula* (*Platytipula*) *angustiligula angustiligula*
Tipula angustiligula mokanensis Alexander 见 *Tipula* (*Platytipula*)

angustiligula mokanensis
Tipula* (*Arctotipula*) *conjuncta Alexander 中纹大蚊
Tipula* (*Arctotipula*) *conjuncta conjuncta Alexander 中纹大蚊指名亚种
Tipula* (*Arctotipula*) *conjuncta conjunctoides Alexander 中纹大蚊东北亚种，中纹大蚊
Tipula argyrospila Alexander 见 *Brithura argyrospila*
Tipula arisanensis Edwards 见 *Tipula* (*Vestiplex*) *arisanensis*
Tipula atuntzuensis Edwards 见 *Tipula* (*Acutipula*) *atuntzuensis*
Tipula avicularia Edwards 见 *Tipula* (*Vestiplex*) *avicularia*
Tipula avicularoides Alexander 见 *Tipula* (*Vestiplex*) *avicularoides*
Tipula baileyi Alexander 贝氏大蚊
Tipula biaciculifera Alexander 见 *Tipula* (*Pterelachisus*) *biaciculifera*
Tipula biaculeata Alexander 见 *Tipula* (*Lunatipula*) *biaculeata*
Tipula bicornigera Alexander 见 *Tipula* (*Vestiplex*) *bicornigera*
Tipula bicornuta Alexander 二长角大蚊
Tipula bifida Alexander 同 *Tipula* (*Vestiplex*) *subbifida*
Tipula bihastata Alexander 见 *Tipula* (*Acutipula*) *bihastata*
Tipula bipendula Alexander 双鳍大蚊，二垂大蚊
Tipula biramosa Alexander 见 *Tipula* (*Acutipula*) *biramosa*
Tipula biserra Edwards 见 *Tipula* (*Vestiplex*) *biserra*
Tipula bispathifera Savchenko 双剑大蚊，双叶大蚊
Tipula bistyligera Alexander 见 *Tipula* (*Acutipula*) *bistyligera*
Tipula bodpa Edwards 见 *Tipula* (*Sinotipula*) *bodpa*
Tipula brevifusa Alexander 见 *Tipula* (*Nippotipula*) *brevifusa*
Tipula brevifusa nephele Alexander 见 *Tipula* (*Nippotipula*) *brevifusa nephele*
Tipula* (*Brithura*) *imperfecta Brunetti 见 *Brithura imperfecta*
Tipula brunnirostris Edwards 见 *Tipula* (*Acutipula*) *brunnirostris*
Tipula cantonensis Alexander 见 *Tipulodina cantonensis*
Tipula capitosa Alexander 大头大蚊
Tipula cladomera Alexander 同 *Tipula reposita*
Tipula clinata Alexander 见 *Tipula* (*Pterelachisus*) *clinata*
Tipula compressiloba Alexander 扁突大蚊，窄叶大蚊
Tipula coquilletti Enderlein 见 *Tipula* (*Nippotipula*) *coquilletti*
Tipula coxitalis Alexander 长臂大蚊，铃瘤大蚊，腰大蚊
Tipula crastina Alexander 见 *Tipula* (*Schummelia*) *crastina*
Tipula cremeri Alexander 见 *Tipula* (*Vestiplex*) *cremeri*
Tipula cruciata Edwards 见 *Tipula* (*Pterelachisus*) *cruciata*
Tipula cumulata Alexander 见 *Tipula* (*Platytipula*) *cumulata*
Tipula cylindrostylata Alexander 见 *Tipula* (*Platytipula*) *cylindrostylata*
Tipula decembris Alexander 见 *Tipula* (*Schummelia*) *decembris*
Tipula* (*Dendrotipula*) *hoi Alexander 何氏树大蚊，何氏大蚊
Tipula deserrata Alexander 见 *Tipula* (*Vestiplex*) *deserrata*
Tipula desidiosa Alexander 见 *Tipula* (*Acutipula*) *desidiosa*
Tipula dicladura Alexander 见 *Tipula* (*Acutipula*) *dicladura*
Tipula dissociata Alexander 见 *Tipula* (*Platytipula*) *dissociata*
Tipula dissociata timenda Alexander 见 *Tipula* (*Platytipula*) *timenda*
Tipula divisotergata Alexander 见 *Tipula* (*Vestiplex*) *divisotergata*
Tipula dolosa Alexander 见 *Tipula* (*Lunatipula*) *dolosa*
Tipula edentata Alexander 同 *Tipula* (*Vestiplex*) *virgatula*
Tipula edwardsella Alexander 见 *Tipula* (*Pterelachisus*) *edwardsella*
Tipula* (*Emodotipula*) *alexanderi Men 同 *Tipula* (*Emodotipula*) *yangi*
Tipula* (*Emodotipula*) *holoteles Alexander 全斑喜马大蚊
Tipula* (*Emodotipula*) *lishanensis Young 梨山豹大蚊，骊山大蚊
Tipula* (*Emodotipula*) *multisetosa Alexander 多毛豹大蚊，多刚毛大蚊
Tipula* (*Emodotipula*) *obscuriventris Strobl 褐腹大蚊
Tipula* (*Emodotipula*) *yangi Men 杨氏喜马大蚊
Tipula* (*Emodotipula*) *yaoluopingensis Men 鹞落坪豹大蚊
Tipula erectiloba Alexander 见 *Tipula* (*Vestiplex*) *erectiloba*
Tipula excetra Alexander 见 *Tipula* (*Pterelachisus*) *excetra*
Tipula exquisita Alexander 见 *Tipula* (*Sinotipula*) *exquisita*
Tipula exusta Alexander 见 *Tipula* (*Formotipula*) *exusta*
Tipula factiosa Alexander 见 *Tipula* (*Vestiplex*) *factiosa*
Tipula famula Alexander 见 *Tipula* (*Pterelachisus*) *famula*
Tipula fanjingshana Yang *et* Yang 梵净山大蚊
Tipula finitima Alexander 见 *Tipula* (*Lunatipula*) *finitima*
Tipula flavicosta Edwards 同 *Tipula* (*Pterelachisus*) *edwardsella*
Tipula formosicola Alexander 台湾大蚊，恒春大蚊，台大蚊
Tipula* (*Formotipula*) *argentea Young 银背丽大蚊，银背型大蚊
Tipula* (*Formotipula*) *decurvans Alexander 二叉弯尾丽大蚊
Tipula* (*Formotipula*) *dikchuensis Edwards 指突丽大蚊
Tipula* (*Formotipula*) *exusta Alexander 赭丽大蚊，烤大蚊
Tipula* (*Formotipula*) *friedrichi Alexander 弗氏丽大蚊，弗氏大蚊
Tipula* (*Formotipula*) *gongshanensis Men 贡山丽大蚊
Tipula* (*Formotipula*) *holoserica (Matsumura) 嫘祖丽大蚊，中红大蚊，嫘祖大蚊
Tipula* (*Formotipula*) *hypopygialis Alexander 锥突丽大蚊，海大蚊
Tipula* (*Formotipula*) *kiangsuensis Alexander 江苏丽大蚊，江苏大蚊
Tipula* (*Formotipula*) *ludingana Li, Yang *et* Chen 泸定丽大蚊
Tipula* (*Formotipula*) *luteicorporis Alexander 土黄丽大蚊，黄体大蚊
Tipula* (*Formotipula*) *maolana Li, Yang *et* Chen 茂兰丽大蚊
Tipula* (*Formotipula*) *medogensis Men 墨脱丽大蚊
Tipula* (*Formotipula*) *melanomera Walker 黑体丽大蚊
Tipula* (*Formotipula*) *melanomera melanomera Walker 黑体丽大蚊指名亚种
Tipula* (*Formotipula*) *melanomera gracilispina Savchenko 黑体丽大蚊细刺亚种，丽刺黑大蚊
Tipula* (*Formotipula*) *melanopyga Edwards 黑尾丽大蚊
Tipula* (*Formotipula*) *nigrorubra Riedel 同 *Tipula* (*Formotipula*) *holoserica*
Tipula* (*Formotipula*) *obliterata Alexander 缺脉丽大蚊，涂大蚊
Tipula* (*Formotipula*) *omeicola Alexander 峨眉丽大蚊，拟峨眉大蚊
Tipula* (*Formotipula*) *rufizona Edwards 红环丽大蚊
Tipula* (*Formotipula*) *ruformedia Edwards 红中大蚊
Tipula* (*Formotipula*) *spoliatrix Alexander 黑角丽大蚊，掠大蚊
Tipula* (*Formotipula*) *stoneana Alexander 斯氏丽大蚊，斯氏大蚊
Tipula* (*Formotipula*) *unirubra Alexander 单红丽大蚊，纯红大蚊
Tipula* (*Formotipula*) *vindex Alexander 温氏丽大蚊，卫大蚊
Tipula forticauda Alexander 见 *Tipula* (*Acutipula*) *forticauda*
Tipula fracticosta Alexander 见 *Brithura fracticosta*
Tipula fractistigma (Alexander) 见 *Brithura fractistigma*
Tipula friedrichi Alexander 见 *Tipula* (*Formotipula*) *friedrichi*
Tipula fuiana Alexander 见 *Tipula* (*Nobilotipula*) *fuiana*

Tipula fumifasciata Brunetti 同 *Tipula* (*Yamatotipula*) *nova*
Tipula furiosa Alexander 见 *Tipula* (*Lunatipula*) *furiosa*
Tipula gemula Alexander 见 *Tipula* (*Pterelachisus*) *gemula*
Tipula gloriosa Alexander 见 *Tipula* (*Sinotipula*) *gloriosa*
Tipula gracilirostris Alexander 见 *Tipula* (*Sinotipula*) *gracilirostris*
Tipula grahami Alexander, 1933 见 *Tipula* (*Vestiplex*) *grahami*
Tipula grahami Alexander, 1956 同 *Tipula* (*Acutipula*) *grahamiana*
Tipula graphiptera Alexander 见 *Tipula* (*Acutipula*) *graphiptera*
Tipula gregoryi Edwards 见 *Tipula* (*Sinotipula*) *gregoryi*
Tipula gressitti Alexander 简单大蚊，嘉氏大蚊，葛氏大蚊
Tipula haplorhabda Alexander 见 *Tipula* (*Pterelachisus*) *haplorhabda*
Tipula haplotricha Alexander 见 *Tipula* (*Trichotipula*) *haplotricha*
Tipula hedini Alexander 同 *Tipula* (*Vestiplex*) *leucoprocta*
Tipula hingstoni Edwards 见 *Tipula* (*Sinotipula*) *hingstoni*
Tipula hobsoni Edwards 见 *Tipula* (*Sinotipula*) *hobsoni*
Tipula hoi Alexander 见 *Tipula* (*Dendrotipula*) *hoi*
Tipula honorifica Alexander 见 *Tipula* (*Platytipula*) *honorifica*
Tipula hopeiensis Alexander 见 *Tipulodina hopeiensis*
Tipula hummeli Alexander 同 *Tipula* (*Vestiplex*) *mediovittata*
Tipula hypopygialis Alexander 见 *Tipula* (*Formotipula*) *hypopygialis*
Tipula idiopyga Alexander 短须大蚊，伊大蚊
Tipula ignoscens Alexander 见 *Tipula* (*Pterelachisus*) *ignoscens*
Tipula immota Alexander 见 *Tipula* (*Vestiplex*) *immota*
Tipula imperfecta Brunneti 见 *Brithura imperfecta*
Tipula inaequifurca Alexander 见 *Tipula* (*Vestiplex*) *inaequifurca*
Tipula incana Savchenko 见 *Tipula* (*Yamatotipula*) *incana*
Tipula incisurata Alexander 劈背大蚊，纹大蚊
Tipula incorrupta Alexander 见 *Tipula* (*Acutipula*) *incorrupta*
Tipula* (*Indotipula*) *demoarcata Brunetti 锡兰大蚊
Tipula* (*Indotipula*) *yamata Alexander 山田大蚊，日大蚊
Tipula ingenua Alexander 见 *Tipula* (*Pterelachisus*) *ingenua*
Tipula inquinata Alexander 见 *Tipula* (*Vestiplex*) *inquinata*
Tipula intacta Alexander 见 *Tipula* (*Acutipula*) *intacta*
Tipula interrita Alexander 见 *Tipula* (*Lunatipula*) *interrita*
Tipula jedoensis Alexander 见 *Tipula* (*Pterelachisus*) *jedoensis*
Tipula justa Alexander 见 *Tipula* (*Triplicitipula*) *justa*
Tipula kiangsuensis Alexander 见 *Tipula* (*Formotipula*) *kiangsuensis*
Tipula klapperichi Alexander 见 *Tipula* (*Nippotipula*) *klapperichi*
Tipula kozlovi Savchenko 见 *Tipula* (*Vestiplex*) *kozlovi*
Tipula kuatunensis Alexander 见 *Tipula* (*Pterelachisus*) *kuatunensis*
Tipula kwanhsienana Alexander 见 *Tipula* (*Vestiplex*) *kwanhsienana*
Tipula lackschewitziana Alexander 见 *Tipula* (*Sivatipula*) *lackschewitziana*
Tipula lacunosa Alexander 见 *Tipula* (*Pterelachisus*) *lacunosa*
Tipula laetissima Alexander 见 *Tipula* (*Pterelachisus*) *laetissima*
Tipula latemarginata Alexander 见 *Tipula* (*Yamatotipula*) *latemarginata*
Tipula latifasciata Alexander 见 *Tipula* (*Acutipula*) *latifasciata*
Tipula latiflava Alexander 见 *Tipula* (*Pterelachisus*) *latiflava*
Tipula legalis Alexander 见 *Tipula* (*Pterelachisus*) *legalis*
Tipula leucosema Edwards 见 *Tipula* (*Pterelachisus*) *leucosema*
Tipula liui Alexander 刘氏大蚊，柳氏大蚊
Tipula longicauda Matsumura [larger rice crane fly] 大稻大蚊
Tipula longifimbriata Alexander 见 *Tipula* (*Trichotipula*) *longifimbriata*
Tipula* (*Lunatipula*) *absconsa Alexander 裸月大蚊，隐大蚊
Tipula* (*Lunatipula*) *adusta Savchenko 焦月大蚊
Tipula* (*Lunatipula*) *biaculeata Alexander 刺月大蚊，二尖大蚊
Tipula* (*Lunatipula*) *corollata Yang *et* Yang 冠月大蚊
Tipula* (*Lunatipula*) *dolosa Alexander 多月大蚊，狡大蚊
Tipula* (*Lunatipula*) *finitima Alexander 钝角月大蚊，边大蚊
Tipula* (*Lunatipula*) *furiosa Alexander 三刺月大蚊，狂大蚊
Tipula* (*Lunatipula*) *interrita Alexander 狭月大蚊，无畏大蚊
Tipula* (*Lunatipula*) *manca Alexander 曼月大蚊
Tipula* (*Lunatipula*) *nigrobasalis Alexander 黑基月大蚊，黑基大蚊
Tipula* (*Lunatipula*) *oreada Alexander 长月大蚊，山神大蚊
Tipula* (*Lunatipula*) *rudis Alexander 粗月大蚊，野大蚊
Tipula* (*Lunatipula*) *transfixa Alexander 小月大蚊，横系大蚊
Tipula* (*Lunatipula*) *validicornis Alexander 角月大蚊
Tipula luteicorporis Alexander 见 *Tipula* (*Formotipula*) *luteicorporis*
Tipula luteinotalis Alexander 见 *Tipula* (*Acutipula*) *luteinotalis*
Tipula maaiana Alexander 见 *Tipula* (*Pterelachisus*) *maaiana*
Tipula mallophora Alexander 见 *Tipula* (*Trichotipula*) *mallophora*
Tipula megaleuca Alexander 见 *Tipula* (*Acutipula*) *megaleuca*
Tipula melampodia Alexander 见 *Tipula* (*Acutipula*) *melampodia*
Tipula melanomera gracilispina Savchenko 见 *Tipula* (*Formotipula*) *melanomera gracilispina*
Tipula membranifera Alexander 见 *Tipula* (*Platytipula*) *membranifera*
Tipula microcellula Alexander 小室大蚊
Tipula minensis Alexander 见 *Tipula* (*Triplicitipula*) *minensis*
Tipula mongolica Alexander 同 *Tipula* (*Yamatotipula*) *pierrei*
Tipula multisetosa Alexander 见 *Tipula* (*Emodotipula*) *multisetosa*
Tipula multistrigata Alexander 多纹大蚊
Tipula mupinensis Alexander 见 *Tipula* (*Pterelachisus*) *mupinensis*
Tipula mutiloides Alexander 见 *Tipula* (*Pterelachisus*) *mutiloides*
Tipula nestor Alexander 见 *Tipula* (*Vestiplex*) *nestor*
Tipula nigroapicalis Brunnetti 见 *Tipula* (*Vestiplex*) *nigroapicalis*
Tipula nigrobasalis Alexander 见 *Tipula* (*Lunatipula*) *nigrobasalis*
Tipula nigrorubra Riedel 同 *Tipula* (*Formotipula*) *holoserica*
Tipula niitakensis Alexander 见 *Tipula* (*Pterelachisus*) *niitakensis*
Tipula* (*Nippotipula*) *brevifusa Alexander 黄边日大蚊，短锤日大蚊，短锤大蚊
Tipula* (*Nippotipula*) *brevifusa brevifusa Alexander 黄边日大蚊指名亚种
Tipula* (*Nippotipula*) *brevifusa nephele Alexander 黄边日大蚊喙突亚种，喙突日大蚊，云斑短锤大蚊
Tipula* (*Nippotipula*) *champasakensis Zhang, Ren, Li *et* Yang 占巴塞日大蚊
Tipula* (*Nippotipula*) *coquilletti Enderlein 克氏日大蚊，柯氏大蚊，克氏大蚊
Tipula* (*Nippotipula*) *fanjingshana Yang *et* Yang 梵净山日大蚊
Tipula* (*Nippotipula*) *klapperichi Alexander 克拉日大蚊，克拉大蚊
Tipula* (*Nippotipula*) *phaedina (Alexander) 翘尾日大蚊，翘尾大蚊，暗勃大蚊
Tipula* (*Nippotipula*) *pseudophaedina Yang *et* Yang 长斑日大蚊
Tipula* (*Nippotipula*) *sinica Alexander 中华日大蚊，中国大蚊
Tipula* (*Nobilotipula*) *fuiana Alexander 胡氏朗大蚊，富大蚊
Tipula nokonis Alexander 见 *Tipula* (*Vestiplex*) *nokonis*
Tipula nova Walker 见 *Tipula* (*Yamatotipula*) *nova*
Tipula nubila Savchenko 见 *Tipula* (*Vestiplex*) *nubila*
Tipula nymphica (Alexander) 见 *Brithura nymphica*

Tipula obliterata Alexander 见 *Tipula* (*Formotipula*) *obliterata*
Tipula obtusiloba Alexander 见 *Tipula* (*Acutipula*) *obtusiloba*
Tipula (**Odonatisca**) **platyglossa** Alexander 阔叶蜻大蚊
Tipula omeicola Alexander 见 *Tipula* (*Formotipula*) *omeicola*
Tipula omeiensis Alexander 见 *Tipula* (*Acutipula*) *omeiensis*
Tipula oncerodes Alexander 见 *Tipula* (*Acutipula*) *oncerodes*
Tipula opinata Alexander 对刺大蚊，幻大蚊
Tipula optanda Alexander 见 *Tipula* (*Vestiplex*) *optanda*
Tipula oreada Alexander 见 *Tipula* (*Lunatipula*) *oreada*
Tipula ornata Alexander 饰大蚊
Tipula palesoides Alexander 镰刀大蚊，淡大蚊
Tipula paludosa Meigen [European crane fly, common European crane fly] 欧洲大蚊
Tipula parvapiculata Alexander 见 *Tipula* (*Vestiplex*) *paravapiculata*
Tipula parvauricula Alexander 见 *Tipula* (*Sivatipula*) *parvauricula*
Tipula parvincisa Alexander 同 *Tipula* (*Yamatotipula*) *latemarginata*
Tipula pauxilla Savchenko 见 *Tipula* (*Vestiplex*) *pauxilla*
Tipula pedicellaris Alexander 见 *Tipula* (*Pterelachisus*) *pedicellaris*
Tipula percara Alexander 见 *Tipula* (*Pterelachisus*) *percara*
Tipula percommoda Alexander 黄斑大蚊，美饰大蚊
Tipula perlata Alexander 宽翅大蚊，近大蚊
Tipula persegnis Alexander 云南泼大蚊
Tipula persplendens Alexander 见 *Tipula* (*Sinotipula*) *persplendens*
Tipula pertenuis Alexander 见 *Tipula* (*Pterelachisus*) *pertenuis*
Tipula pertinax Alexander 甘大蚊
Tipula phaedina Alexander 见 *Tipula* (*Nippotipula*) *phaedina*
Tipula phaeoleuca Alexander 月白大蚊，浙大蚊
Tipula pieli Alexander 见 *Tipula* (*Pterelachisus*) *pieli*
Tipula pingi Alexander 见 *Tipula* (*Pterelachisus*) *pingi*
Tipula platycantha Alexander 见 *Tipula* (*Acutipula*) *platycantha*
Tipula (**Platytipula**) **angustiligula** Alexander 窄叶阔大蚊，尖舌大蚊
Tipula (**Platytipula**) **angustiligula angustiligula** Alexander 窄叶阔大蚊指名亚种
Tipula (**Platytipula**) **angustiligula mokanensis** Alexander 窄叶阔大蚊莫干亚种，莫干阔大蚊，莫干尖舌大蚊
Tipula (**Platytipula**) **chumbiensis** Edwards 春丕阔大蚊
Tipula (**Platytipula**) **cumulata** Alexander 尖喙阔大蚊，堆大蚊
Tipula (**Platytipula**) **cylindrostylata** Alexander 棍突阔大蚊，柱刺大蚊
Tipula (**Platytipula**) **dissociata** Alexander 离散阔大蚊，离大蚊
Tipula (**Platytipula**) **haplostyla** Oosterbroek *et* Theowald 单突阔大蚊
Tipula (**Platytipula**) **hebeiensis** Yang *et* Yang 河北阔大蚊
Tipula (**Platytipula**) **honorifica** Alexander 长脉阔大蚊，誉大蚊
Tipula (**Platytipula**) **membranifera** Alexander 腹膜阔大蚊，膜大蚊
Tipula (**Platytipula**) **moiwana** (Matsumura) 顿斑阔大蚊
Tipula (**Platytipula**) **nicothoe** Alexander 隆脊阔大蚊
Tipula (**Platytipula**) **sessilis** Edwards 无柄阔大蚊，黄侧大蚊
Tipula (**Platytipula**) **sparsiseta** Alexander 疏毛阔大蚊
Tipula (**Platytipula**) **timenda** Alexander 黄胸阔大蚊，袪离大蚊
Tipula (**Platytipula**) **xanthodes** Yang *et* Yang 炎黄阔大蚊
Tipula pluriguttata Alexander 褐星大蚊，多斑大蚊
Tipula poliocephala (Alexander) 见 *Tipula* (*Yamatotipula*) *poliocephala*
Tipula polytricha Alexander 见 *Tipula* (*Trichotipula*) *polytricha*
Tipula praepotens Wiedemann 见 *Holorusia praepotens*
Tipula procliva Alexander 见 *Tipula* (*Pterelachisus*) *procliva*
Tipula prolongata Alexander 长笏大蚊，长大蚊
Tipula (**Pterelachisus**) **biaciculifera** Alexander 双尾普大蚊，拟二尖大蚊
Tipula (**Pterelachisus**) **clinata** Alexander 罗浮普大蚊，斜大蚊
Tipula (**Pterelachisus**) **cruciata** Edwards 十字普大蚊，锡金大蚊
Tipula (**Pterelachisus**) **digesta** Alexander 长头普大蚊
Tipula (**Pterelachisus**) **edwardsella** Alexander 爱氏普大蚊，黄缘普大蚊，艾氏大蚊
Tipula (**Pterelachisus**) **excetra** Alexander 分纵普大蚊，泌大蚊
Tipula (**Pterelachisus**) **famula** Alexander 三齿普大蚊，乏大蚊
Tipula (**Pterelachisus**) **gemula** Alexander 黑痣普大蚊，桤大蚊
Tipula (**Pterelachisus**) **haplorhabda** Alexander 宽白普大蚊，单棒大蚊
Tipula (**Pterelachisus**) **hispida** Savchenko 厚毛普大蚊
Tipula (**Pterelachisus**) **ignoscens** Alexander 黑缘普大蚊，恕大蚊
Tipula (**Pterelachisus**) **ingenua** Alexander 透翅普大蚊，爽大蚊
Tipula (**Pterelachisus**) **jedoensis** Alexander 折多普大蚊，叶大蚊
Tipula (**Pterelachisus**) **kaulbackiana** Alexander 考氏普大蚊
Tipula (**Pterelachisus**) **kuatunensis** Alexander 挂墩普大蚊，挂墩大蚊
Tipula (**Pterelachisus**) **lacunosa** Alexander 凹缘普大蚊，坑大蚊
Tipula (**Pterelachisus**) **laetissima** Alexander 石纹普大蚊，愉大蚊
Tipula (**Pterelachisus**) **latiflava** Alexander 宽黄普大蚊，宽黄大蚊
Tipula (**Pterelachisus**) **legalis** Alexander 阔齿普大蚊，法大蚊
Tipula (**Pterelachisus**) **leucosema** Edwards 滇西普大蚊，白大蚊
Tipula (**Pterelachisus**) **maaiana** Alexander 马氏普大蚊，马氏大蚊
Tipula (**Pterelachisus**) **macarta** Alexander 小齿普大蚊
Tipula (**Pterelachisus**) **mcdonaldi** Alexander 麦氏普大蚊
Tipula (**Pterelachisus**) **mupinensis** Alexander 穆坪普大蚊，松潘大蚊
Tipula (**Pterelachisus**) **mutiloides** Alexander 锹尾普大蚊，缩大蚊
Tipula (**Pterelachisus**) **niitakensis** Alexander 玉山普大蚊，玉山大蚊，新氏大蚊
Tipula (**Pterelachisus**) **obnata** Alexander 褐纵普大蚊，八仙大蚊
Tipula (**Pterelachisus**) **pedicellaris** Alexander 黄梗普大蚊，棘大蚊
Tipula (**Pterelachisus**) **percara** Alexander 黔地普大蚊，暗色大蚊
Tipula (**Pterelachisus**) **pertenuis** Alexander 细突普大蚊，拟甘大蚊
Tipula (**Pterelachisus**) **pieli** Alexander 比氏普大蚊，皮氏大蚊
Tipula (**Pterelachisus**) **pingi** Alexander 端白普大蚊，秉氏大蚊
Tipula (**Pterelachisus**) **procliva** Alexander 月星普大蚊，长坡大蚊
Tipula (**Pterelachisus**) **resupina** Alexander 淡翅普大蚊，弯大蚊
Tipula (**Pterelachisus**) **savionis** Alexander 萨氏普大蚊，萨氏大蚊
Tipula (**Pterelachisus**) **sibiriensis** Alexander 中俄普大蚊
Tipula (**Pterelachisus**) **strictura** Alexander 疏斑普大蚊，缚大蚊
Tipula (**Pterelachisus**) **submutila** Alexander 淡喙普大蚊，近截大蚊
Tipula (**Pterelachisus**) **tetramelania** Alexander 四黑普大蚊，四黑大蚊
Tipula (**Pterelachisus**) **tridentata** Alexander 三凸普大蚊，三齿大

蚊
Tipula* (*Pterelachisus*) *vermiculata Savchenko 西北普大蚊
Tipula* (*Pterelachisus*) *vitiosa Alexander 宽鼻普大蚊，误大蚊
Tipula* (*Pterelachisus*) *vivax Alexander 短鼻普大蚊，速大蚊
Tipula* (*Pterelachisus*) *yasumatsuana Alexander 安氏普大蚊，安松大蚊，暗氏大蚊
Tipula quadrinotata Brunnetti 四点大蚊
Tipula quiris Alexander 见 *Tipula* (*Schummelia*) *quiris*
Tipula rantaicola Alexander 见 *Tipula* (*Schummelia*) *rantaicola*
Tipula reposita Walker 枝大蚊
Tipula repugnans Alexander 黑喙大蚊，浙江大蚊
Tipula reservata Alexander 灰头大蚊，槽大蚊
Tipula resupina Alexander 见 *Tipula* (*Pterelachisus*) *resupina*
Tipula rudis Alexander 见 *Tipula* (*Lunatipula*) *rudis*
Tipula rufizona Edwards 红带大蚊
Tipula rufomedia Edwards 同 *Tipula* (*Formotipula*) *holoserica*
Tipula savionis Alexander 见 *Tipula* (*Pterelachisus*) *savionis*
Tipula* (*Savtshenkia*) *letifera Alexander 蟹钳萨大蚊
Tipula* (*Savtshenkia*) *postposita Riedel 鸥喙萨大蚊
Tipula* (*Savtshenkia*) *tetragramma Edwards 四线萨大蚊，四线大蚊
Tipula* (*Savtshenkia*) *wulingshana Yang *et* Yang 雾灵萨大蚊
Tipula* (*Schummelia*) *crastina Alexander 双色毛脉大蚊，杂大蚊
Tipula* (*Schummelia*) *decembris Alexander 黑鞭毛脉大蚊，德大蚊
Tipula* (*Schummelia*) *quiris Alexander 中突毛脉大蚊，奎大蚊
Tipula* (*Schummelia*) *rantaicola Alexander 弯突毛脉大蚊，峦大大蚊，伦大蚊
Tipula* (*Schummelia*) *sophista Alexander 白斑毛脉大蚊，诡大蚊
Tipula* (*Schummelia*) *sparsissima Alexander 碎纹毛脉大蚊，疏大蚊，罕见大蚊
Tipula* (*Schummelia*) *strictiva Alexander 晦胸毛脉大蚊，缢大蚊，短缩大蚊
Tipula setigera Savchenko 见 *Tipula* (*Vestiplex*) *setigera*
Tipula sexlobata Alexander 六突大蚊，六叶大蚊
Tipula shirakii Edwards 同 *Tipula* (*Acutipula*) *quadrinotata*
Tipula simplex Doane [range crane fly] 牧场大蚊
Tipula sinica Alexander 见 *Tipula* (*Nippotipula*) *sinica*
Tipula* (*Sinotipula*) *bodpa Edwards 博巴华大蚊，波大蚊
Tipula* (*Sinotipula*) *exquisita Alexander 精美华大蚊，优大蚊
Tipula* (*Sinotipula*) *gloriosa Alexander 绚丽华大蚊，荣大蚊
Tipula* (*Sinotipula*) *gracilirostris Alexander 纤喙华大蚊，丽喙大蚊
Tipula* (*Sinotipula*) *gregoryi Edwards 褐胸华大蚊，葛氏大蚊
Tipula* (*Sinotipula*) *griseipennis Brunetti 灰翅华大蚊
Tipula* (*Sinotipula*) *hingstoni Edwards 亨氏华大蚊，亨氏大蚊
Tipula* (*Sinotipula*) *hobsoni Edwards 白眉华大蚊，霍氏大蚊
Tipula* (*Sinotipula*) *persplendens Alexander 斑斓华大蚊，灿大蚊
Tipula* (*Sinotipula*) *shennongana Yang *et* Yang 神农华大蚊
Tipula* (*Sinotipula*) *thibetana de Meijere 康巴华大蚊，藏大蚊
Tipula* (*Sinotipula*) *trilobata Edwards 三叶华大蚊，三叶大蚊
Tipula* (*Sinotipula*) *waltoni Edwards 沃顿华大蚊，沃氏大蚊
Tipula* (*Sinotipula*) *wardi Edwards 白背华大蚊，瓦氏大蚊
Tipula* (*Sivatipula*) *lackschewitziana Alexander 莱氏长角大蚊，拉氏大蚊，乐许大蚊
Tipula* (*Sivatipula*) *suensoniana Alexander 苏氏长角大蚊，拟苏氏大蚊
Tipula* (*Sivatipula*) *parvauricula Alexander 耳突长角大蚊，小垂大蚊
Tipula* (*Sivatipula*) *yigongensis Yang, Pan *et* Yang 易贡长角大蚊
Tipula sophista Alexander 见 *Tipula* (*Schummelia*) *sophista*
Tipula sparsissima Alexander 见 *Tipula* (*Schummelia*) *sparsissima*
Tipula spectata Alexander 联脉大蚊，杰大蚊
Tipula spoliatrix Alexander 见 *Tipula* (*Formotipula*) *spoliatrix*
Tipula stenacantha Alexander 窄棘大蚊
Tipula stenoterga Alexander 见 *Tipula* (*Acutipula*) *stenoterga*
Tipula sternosetosa Alexander 腹毛大蚊，胸毛大蚊
Tipula sternotuberculata Alexander 腹突大蚊，胸突大蚊，瘤胸大蚊
Tipula stoneana Alexander 见 *Tipula* (*Formotipula*) *stoneana*
Tipula strictiva Alexander 见 *Tipula* (*Schummelia*) *strictiva*
Tipula strictura Alexander 见 *Tipula* (*Pterelachisus*) *strictura*
Tipula subapterogyne Alexander 见 *Tipula* (*Vestiplex*) *subapterogyne*
Tipula subcarinata Alexander 拟脊大蚊
Tipula subcentralis Alexander 近中大蚊
Tipula subcunctans Alexander 见 *Tipula* (*Tipula*) *subcunctans*
Tipula subintacta Alexander 多变大蚊
Tipula submutila Alexander 见 *Tipula* (*Pterelachisus*) *submutila*
Tipula subnata Alexander 黄翅大蚊，泳大蚊
Tipula subnova Alexander 见 *Tipula* (*Yamatotipula*) *subnova*
Tipula subscripta Edwards 见 *Tipula* (*Vestiplex*) *subscripta*
Tipula subtestata Alexander 见 *Tipula* (*Vestiplex*) *subtestata*
Tipula subturbida Alexander 见 *Tipula* (*Acutipula*) *subturbida*
Tipula subvernalis Alexander 见 *Tipula* (*Acutipula*) *subvernalis*
Tipula subyamata Alexander 山大蚊
Tipula suensoni Alexander 苏氏大蚊
Tipula suensoniana Alexander 见 *Tipula* (*Sivatipula*) *suensoniana*
Tipula taiwanica (Alexander) 见 *Tipula* (*Tipulodina*) *taiwanica*
Tipula takahashiana Alexander 见 *Tipula* (*Vestiplex*) *takahashiana*
Tipula tardigrada Edwards 见 *Tipula* (*Vestiplex*) *tardigrada*
Tipula terebrata Edwards 光尾大蚊，特勒大蚊，穿孔大蚊
Tipula testata Alexander 见 *Tipula* (*Vestiplex*) *testata*
Tipula tetragramma Edwards 见 *Tipula* (*Savtshenkia*) *tetragramma*
Tipula tetramelania Alexander 见 *Tipula* (*Pterelachisus*) *tetramelania*
Tipula thibetana de Meijere 见 *Tipula* (*Sinotipula*) *thibetana*
Tipula* (*Tipula*) *subcunctans Alexander 黑色大蚊，亚稻大蚊
Tipula* (*Tipulodina*) *taiwanica (Alexander) 见 *Tipulodina taiwanica*
Tipula transfixa Alexander 见 *Tipula* (*Lunatipula*) *transfixa*
Tipula* (*Trichotipula*) *haplotricha Alexander 寡毛绒大蚊，单毛大蚊
Tipula* (*Trichotipula*) *longifimbriata Alexander 长缨绒大蚊，长缨大蚊
Tipula* (*Trichotipula*) *mallophora Alexander 长叶绒大蚊，玛大蚊
Tipula* (*Trichotipula*) *polytricha Alexander 多毛绒大蚊，多毛大蚊
Tipula tridenatata Alexander 三齿大蚊
Tipula trilobata Edwards 见 *Tipula* (*Sinotipula*) *trilobata*
Tipula* (*Triplicitipula*) *barnesiana Alexander 舌中突大蚊
Tipula* (*Triplicitipula*) *justa Alexander 尖中突大蚊，特大蚊
Tipula* (*Triplicitipula*) *minensis Alexander 岷中突大蚊，岷大蚊

Tipula (***Triplicitipula***) ***nastjasta*** Yang *et* Yang 鼻中突大蚊
Tipula (***Triplicitipula***) ***variipetiolaris*** Alexander 异柄中突大蚊，异柄大蚊
Tipula tumulta Alexander 见 *Tipula* (*Vestiplex*) *tumulta*
Tipula unirubra Alexander 见 *Tipula* (*Formotipula*) *unirubra*
Tipula validicornis Alexander 见 *Tipula* (*Lunatipula*) *validicornis*
Tipula variipetiolaris Alexander 见 *Tipula* (*Triplicitipula*) *variipetiolaris*
Tipula (***Vestiplex***) ***adungensis*** Alexander 缅北蜚大蚊
Tipula (***Vestiplex***) ***aestiva*** Savchenko 弧脊蜚大蚊，焰大蚊
Tipula (***Vestiplex***) ***alyxis*** Alexander 腹刺蜚大蚊
Tipula (***Vestiplex***) ***apicifurcata*** Yang *et* Yang 叉端蜚大蚊
Tipula (***Vestiplex***) ***aptera*** Savchenko 缺翅蜚大蚊
Tipula (***Vestiplex***) ***arisanensis*** Edwards 阿里山蜚大蚊，阿里山大蚊
Tipula (***Vestiplex***) ***avicularia*** Edwards 鸟头蜚大蚊，乌大蚊
Tipula (***Vestiplex***) ***avicularoides*** Alexander 锐刺蜚大蚊，拟乌大蚊
Tipula (***Vestiplex***) ***bicalcarata*** Savchenko 双灰蜚大蚊
Tipula (***Vestiplex***) ***bicornigera*** Alexander 钝刺蜚大蚊，双角大蚊
Tipula (***Vestiplex***) ***bicorunta*** Alexander 双角蜚大蚊，奋起湖大蚊
Tipula (***Vestiplex***) ***biserra*** Edwards 锯缘蜚大蚊，双锯齿大蚊，双锯大蚊
Tipula (***Vestiplex***) ***coronifera*** Savchenko 环脊蜚大蚊
Tipula (***Vestiplex***) ***cremeri*** Alexander 黑柄蜚大蚊，克氏大蚊
Tipula (***Vestiplex***) ***dashahensis*** Yang, Zhu *et* Liu 大沙河蜚大蚊
Tipula (***Vestiplex***) ***deserrata*** Alexander 滑尾蜚大蚊，无锯大蚊
Tipula (***Vestiplex***) ***distifurca*** Alexander 叉突蜚大蚊
Tipula (***Vestiplex***) ***divisotergata*** Alexander 裂背蜚大蚊，离背大蚊
Tipula (***Vestiplex***) ***erectiloba*** Alexander 立背蜚大蚊，直叶大蚊
Tipula (***Vestiplex***) ***eurydice*** Alexander 黄膝蜚大蚊
Tipula (***Vestiplex***) ***factiosa*** Alexander 狭翅蜚大蚊，捷大蚊
Tipula (***Vestiplex***) ***foliacea*** Alexander 叶尾蜚大蚊，叶状大蚊
Tipula (***Vestiplex***) ***grahami*** Alexander 格雷蜚大蚊
Tipula (***Vestiplex***) ***guibifida*** Yang *et* Yang 钩突蜚大蚊
Tipula (***Vestiplex***) ***himalayensis*** Brunetti 喜马拉雅蜚大蚊
Tipula (***Vestiplex***) ***immota*** Alexander 窄突蜚大蚊，静大蚊
Tipula (***Vestiplex***) ***inaequifurca*** Alexander 黄环蜚大蚊，不等叉大蚊
Tipula (***Vestiplex***) ***inquinata*** Alexander 艳翅蜚大蚊，绥大蚊
Tipula (***Vestiplex***) ***jiangi*** Yang *et* Yang 蒋氏蜚大蚊
Tipula (***Vestiplex***) ***kashkarovi*** Stackelberg 楔口蜚大蚊
Tipula (***Vestiplex***) ***kozlovi*** Savchenko 拐突蜚大蚊，科氏大蚊
Tipula (***Vestiplex***) ***kuwayamai*** Alexander 桑山蜚大蚊
Tipula (***Vestiplex***) ***kwanhsienana*** Alexander 灌县蜚大蚊，灌县大蚊
Tipula (***Vestiplex***) ***leigongshanensis*** Men *et* Young 雷公山大蚊
Tipula (***Vestiplex***) ***leucoprocta*** Mik 天山蜚大蚊，淡肛大蚊
Tipula (***Vestiplex***) ***longarmata*** Yang *et* Yang 长臂蜚大蚊
Tipula (***Vestiplex***) ***maofai*** Yang, Zhu *et* Liu 茂发蜚大蚊
Tipula (***Vestiplex***) ***maoershanensis*** Men *et* Young 猫儿山蜚大蚊，猫儿山大蚊
Tipula (***Vestiplex***) ***medioflava*** Yang *et* Yang 中黄蜚大蚊
Tipula (***Vestiplex***) ***mediovittata*** Mik 中线蜚大蚊，中纹大蚊
Tipula (***Vestiplex***) ***nestor*** Alexander 钝突蜚大蚊，帝王大蚊，内大蚊
Tipula (***Vestiplex***) ***nigroapicalis*** Brunetti 黑膝蜚大蚊，黑端大蚊
Tipula (***Vestiplex***) ***nokonis*** Alexander 腹锥蜚大蚊，能高大蚊，诺大蚊
Tipula (***Vestiplex***) ***nubila*** Savchenko 分水蜚大蚊，暗大蚊
Tipula (***Vestiplex***) ***opilionimorpha*** Savchenko 拟蛛蜚大蚊
Tipula (***Vestiplex***) ***optanda*** Alexander 指角蜚大蚊，适大蚊
Tipula (***Vestiplex***) ***pallitergata*** Alexander 淡背蜚大蚊
Tipula (***Vestiplex***) ***parvapiculata*** Alexander 小刺蜚大蚊，微刺大蚊，小端大蚊 < 此种学名有误写为 *Tipula* (*Vestiplex*) *paravapiculata* Alexander 者 >
Tipula (***Vestiplex***) ***pauxilla*** Savchenko 黑腹蜚大蚊，渐大蚊
Tipula (***Vestiplex***) ***proboscelongata*** Yang *et* Yang 鼻突蜚大蚊
Tipula (***Vestiplex***) ***rongtoensis*** Alexander 针突蜚大蚊
Tipula (***Vestiplex***) ***scandens*** Edwards 高山蜚大蚊
Tipula (***Vestiplex***) ***serricauda*** Alexander 锯尾蜚大蚊
Tipula (***Vestiplex***) ***setigera*** Savchenko 毛尾蜚大蚊，鬃毛大蚊
Tipula (***Vestiplex***) ***subapterogyne*** Alexander 短翅蜚大蚊，南投大蚊，弱翅大蚊
Tipula (***Vestiplex***) ***subbifida*** Alexander 黑端蜚大蚊
Tipula (***Vestiplex***) ***subscripta*** Edwards 黑齿蜚大蚊，稿大蚊
Tipula (***Vestiplex***) ***subtestata*** Alexander 弯刺蜚大蚊，拟壳大蚊
Tipula (***Vestiplex***) ***takahashiana*** Alexander 高桥蜚大蚊，高桥大蚊，拟素木大蚊
Tipula (***Vestiplex***) ***tardigrada*** Edwards 缓步蜚大蚊，懒步大蚊
Tipula (***Vestiplex***) ***testata*** Alexander 长刺蜚大蚊，显大蚊
Tipula (***Vestiplex***) ***tumulta*** Alexander 尖刺蜚大蚊，杂大蚊
Tipula (***Vestiplex***) ***verecunda*** Alexander 长毛蜚大蚊
Tipula (***Vestiplex***) ***virgatula*** Riedel 肋脊蜚大蚊，缺齿大蚊
Tipula (***Vestiplex***) ***virgatula montivaga*** Savchenko 肋脊蜚大蚊山地亚种，山地蜚大蚊
Tipula (***Vestiplex***) ***virgatula virgatula*** Riedel 肋脊蜚大蚊指名亚种
Tipula (***Vestiplex***) ***xanthocephala*** Yang *et* Yang 黄头蜚大蚊
Tipula (***Vestiplex***) ***xingshana*** Yang *et* Yang 兴山蜚大蚊
Tipula (***Vestiplex***) ***yunnanensis*** Alexander 云南蜚大蚊，云南大蚊
Tipula (***Vestiplex***) ***zayulensis*** Alexander 察隅蜚大蚊
Tipula vindex Alexander 见 *Tipula* (*Formotipula*) *vindex*
Tipula vitiosa Alexander 见 *Tipula* (*Pterelachisus*) *vitiosa*
Tipula vivax Alexandra 见 *Tipula* (*Pterelachisus*) *vivax*
Tipula waltoni Edwards 见 *Tipula* (*Sinotipula*) *waltoni*
Tipula wardi Edwards 见 *Tipula* (*Sinotipula*) *wardi*
Tipula xanthopleura Edwards 同 *Tipula* (*Platytipula*) *sessilis*
Tipula xyris Alexander 见 *Tipulodina xyris*
Tipula yamata Alexander 见 *Tipula* (*Indotipula*) *yamata*
Tipula (***Yamatotipula***) ***aino*** Alexander 见 *Tipula aino*
Tipula (***Yamatotipula***) ***aviceniana*** Savchenko 月雅大蚊
Tipula (***Yamatotipula***) ***incana*** Savchenko 灰白雅大蚊，苍大蚊
Tipula (***Yamatotipula***) ***latemarginata*** Aexander [smaller rice crane fly] 小稻大蚊
Tipula (***Yamatotipula***) ***nova*** Walker 新雅大蚊，新大蚊，香港大蚊
Tipula (***Yamatotipula***) ***pierrei*** Tonnoir 黄脊雅大蚊，皮氏雅大蚊
Tipula (***Yamatotipula***) ***poliocephala*** Alexander 灰头雅大蚊，亮头大蚊
Tipula (***Yamatotipula***) ***pruinosa*** Wiedemann 尖角雅大蚊
Tipula (***Yamatotipula***) ***pruinosa pruinosa*** Wiedemann 尖角雅大蚊

指名亚种

Tipula* (*Yamatotipula*) *pruinosa sinapruinosa Yang *et* Yang 尖角雅大蚊中华亚种，华尖角雅大蚊

Tipula* (*Yamatotipula*) *subnova Alexander 亚新雅大蚊，拟新大蚊

Tipula* (*Yamatotipula*) *subprotrusa Savchenko 亚尖雅大蚊

Tipula yasumatsuana Alexander 见 *Tipula* (*Pterelachisus*) *yasumatsuana*

Tipula yunnanensis Alexander 见 *Tipula* (*Vestiplex*) *yunnanensis*

Tipula yunnanica Edwards 见 *Tipula* (*Acutipula*) *yunnanica*

tipulid 1. [= crane fly, tipulid fly, mosquito hawk, daddy long-leg] 大蚊 < 大蚊科 Tipulidae 昆虫的通称 >；2. 大蚊科的；3. 大蚊状的

tipulid fly [= crane fly, tipulid, mosquito hawk, daddy long-leg] 大蚊

Tipulidae 大蚊科

Tipulinae 大蚊亚科

Tipulodina 白环大蚊属

Tipulodina cantonensis (Alexander) 广州白环大蚊，广东白环大蚊，广州大蚊

Tipulodina hopeiensis (Alexander) 河北白环大蚊，河北大蚊

Tipulodina jigongshana Yang 鸡公山白环大蚊

Tipulodina simianshanensis Men 四面山白环大蚊

Tipulodina taiwanica Alexander 台湾白环大蚊，台湾大蚊，台岛大蚊

Tipulodina xyris (Alexander) 刀突白环大蚊，晒白环大蚊，晒大蚊

Tipuloidea 大蚊总科

TIR [topical/inject toxicity ratio 的缩写] 点滴 / 注射毒性比率

Tirachoidea 巨树蛸属

Tirachoidea jianfenglingensis (Bi) 尖峰岭巨树蛸，尖峰岭彪蛸

Tirachoidea siamensis Henneman *et* Conle 泰巨树蛸

Tirachoidea westwoodi (Wood-Mason) 金平巨树蛸，金平彪蛸

Tiracola 掌夜蛾属

Tiracola aureata Holloway 金掌夜蛾，耳掌夜蛾

Tiracola magusina Draudt 玛掌夜蛾

Tiracola plagiata (Walker) 斑掌夜蛾，掌夜蛾

Tiradelphe 拓斑蝶属

Tiradelphe schneideri Ackery *et* Vane-Wright [Schneider's surprise] 拓斑蝶

Tirathaba 椰穗螟属

Tirathaba aperta (Strand) 阿椰穗螟

Tirathaba mundella Walker 穆椰穗螟

Tirathaba rufivena Walker [greater coconut spike moth, coconut spike moth, oil palm bunch moth] 红脉椰穗螟，椰红脉穗螟

Tirathaba semifoedalis (Walker) 塞椰穗螟

Tirchanarta 翼夜蛾属

Tirchanarta picteti (Standinger) 绣翼夜蛾

tircis metalmark [*Chamaelimnas tircis* Felder *et* Felder] 茶蚬蝶

Tirumala 青斑蝶属

Tirumala alba Chou *et* Gu 白色青斑蝶

Tirumala choaspes (Butler) 白纹青斑蝶

Tirumala euploeomorpha (Howarth, Kawazoé *et* Sibatani) [crow tiger] 乌青斑蝶

Tirumala formosa (Godman) [forest monarch, beautiful tiger] 美青斑蝶

Tirumala gautama (Moore) [scarce blue tiger] 骈纹青斑蝶

Tirumala gautama gautama (Moore) 骈纹青斑蝶指名亚种，指名骈纹青斑蝶

Tirumala hamata (MacLeay) [dark blue tiger, blue tiger, blue wanderer] 蓝虎青斑蝶，淡纹青斑蝶，钩青斑蝶

Tirumala hamata hamata (MacLeay) 蓝虎青斑蝶指名亚种

Tirumala hamata orientalis (Semper) 蓝虎青斑蝶东方亚种，东方淡纹青斑蝶，东方钩青斑蝶

Tirumala ishmoides Moore 爱神青斑蝶

Tirumala limniace (Cramer) [blue tiger] 青斑蝶，淡纹青斑蝶，粗纹青斑蝶，叉斑蝶，淡色小纹青斑蝶，淡小纹淡青斑蝶，淡小纹青斑蝶

Tirumala limniace limniace (Cramer) 青斑蝶指名亚种，指名青斑蝶

Tirumala limniace orestilla (Fruhstorfer) 青斑蝶菲律宾亚种，淡纹青斑蝶菲律宾亚种

Tirumala petiverana (Doubleday) [African blue tiger] 泛青斑蝶

Tirumala septentrionis (Butler) [dark blue tiger] 啬青斑蝶，小纹青斑蝶，小纹淡青斑蝶，细纹青斑蝶

Tirumala septentrionis septentrionis (Butler) 啬青斑蝶指名亚种，指名啬青斑蝶

Tirynthia 颓弄蝶属

Tirynthia conflua (Herrich-Schäffer) [confluent skipper, conflua skipper] 颓弄蝶

Tisamenus 角胸蛸属，角胸竹节虫属

Tisamenus draconina (Westwood) 龙脊角胸蛸，龙脊角胸竹节虫

Tischeria 冠潜蛾属

Tischeria complanella Hübner [red-feather carl] 红皮冠潜蛾

Tischeria compta Meyrick 曲冠潜蛾

Tischeria decidua Wocke 栎冠潜蛾

Tischeria dodonaea Heyden [small carl] 小冠潜蛾

Tischeria ganuacella Duponchel 李冠潜蛾

Tischeria malifoliella Clemens [appleleaf trumpet miner] 苹叶冠潜蛾

Tischeria ptarmica Meyrick 痉冠潜蛾

tischeriid 1. [= tischeriid moth, trumpet leafminer moth] 冠潜蛾 < 冠潜蛾科 Tischeriidae 昆虫的通称 >；2. 冠潜蛾科的

tischeriid moth [= tischeriid, trumpet leafminer moth] 冠潜蛾

Tischeriidae 冠潜蛾科

tisias bent skipper [*Cycloglypha tisias* Godman *et* Salvin] 笛西轮弄蝶

Tisias 迪喜弄蝶属

Tisias caesena (Hewitson) 卡迪喜弄蝶

Tisias carystoides Nicolay 淡缘迪喜弄蝶

Tisias lesueur Latreille [lesueur skipper] 莱氏迪喜弄蝶

Tisias myna (Mabille) [myna ruby-eye] 米娜迪喜弄蝶，迪喜弄蝶

Tisias quadrata (Herrich-Schäffer) [quadrata skipper] 方形迪喜弄蝶

Tisias rinda Evans 韵达迪喜弄蝶

Tisiphone 勺眼蝶属

Tisiphone abeona (Donovan) [swordgrass brown] 勺眼蝶

Tisiphone helena (Olliff) [Helena brown, northern sword-grass brown] 白勺眼蝶

Tisis 彩祝蛾属，第卷麦蛾属

Tisis mesozosta Meyrick 中带彩祝蛾，中带第卷麦蛾，中第卷麦蛾，中带彩折角蛾

Tisona 缇蛱蝶属

Tisona saladillensis (Giacomelli) 缇蛱蝶

tissoides crescent [*Tegosa tissoides* Hall] 梯苔蛱蝶

tissue 1. 组织；2. [*Triphosa dubitata* (Linnaeus)] 双齿光尺蛾，杜光尺蛾

tissue-blood ion difference 组织血液离子差

tissue blot immunoassay [abb. TBIA] 组织印迹技术，组织印迹杂交免疫测定

tissue culture 组织培养

tissue differentiation 组织分化

tissue fluid 组织液

tissue formation 组织形成

tissue homogenate 组织匀浆

tissue immunity 组织免疫性

tissue necrosis 组织坏死

tissue respiration 组织呼吸

tissue slice 组织切片

tissue-specific gene expression 组织特异基因表达

tissue water 组织水

titan beetle [= titan longhorn, titan longhorn beetle, giant jawed sawyer, *Titanus giganteus* (Linnaeus)] 大泰坦天牛，泰坦天牛，泰坦甲虫

titan longhorn 见 titan beetle

titan longhorn beetle 见 titan beetle

Titanacris 泰坦小翅蜢属

Titanacris albipes (De Geer) 淡足泰坦小翅蜢

Titanacris picticrus (Descamps) 丽泰坦小翅蜢

Titania's fritillary [= purple bog fritillary, *Clossiana titania* (Esper)] 提珍蛱蝶

Titanio basalis Caradja 基梯坦螟

Titanolabis 巨螋属

Titanolabis colossea (Dohrn) 褐巨螋

Titanoptera 巨翅目

Titanopteryx 梯蚋属，铁蚋属

Titanopteryx koidzumii Takahashi 小泉梯蚋，柯氏铁蚋

Titanopteryx maculata (Meigen) 斑梯蚋，斑大蚋，斑铁蚋

Titanopteryx maculata maculata (Meigen) 斑梯蚋指名亚种，指名斑铁蚋

Titanosiphon 泰无网蚜属

Titanosiphon baichengense Zhang 同 *Titanosiphon dracunculi*

Titanosiphon dracunculi Nevsky 拜城泰无网蚜，拜城梯管蚜

Titanosiphon neoartemisiae (Takahashi) 蒿新泰无网蚜，蒿新梯管蚜，艾长管蚜

Titanus 泰坦天牛属

Titanus giganteus (Linnaeus) [titan beetle, titan longhorn, titan longhorn beetle, giant jawed sawyer] 大泰坦天牛，泰坦天牛，泰坦甲虫

titer 滴度，滴定度

Tite's blue [*Lepidochrysops titei* Dickson] 娣美鳞灰蝶

Tite's liptena [*Liptena titei* Stempffer, Bennett *et* May] 蒂特琳灰蝶

Tite's zebra blue [*Leptotes brevidentatus* (Tite)] 短齿细灰蝶

tithia sailor [= blue sailor, *Dynamine tithia* (Hübner)] 朗星权蛱蝶

Tithonus birdwing [*Ornithoptera tithonus* (de Haan)] 悌鸟翼凤蝶

Tithorea 晓绡蝶属

Tithorea furia (Staudinger) 多彩晓绡蝶

Tithorea harmonia (Cramer) [harmonia tiger, harmonia tigerwing] 红裙晓绡蝶

Tithorea hermias (Godman *et* Salvin) 花晓绡蝶

Tithorea irene (Drury) 艳晓绡蝶

Tithorea tarracina Hewitson [tarricina longwing, cream-spotted tigerwing] 塔晓绡蝶

titillator 阳茎端突，阳端突 < 有些直翅目昆虫中阳茎下面的小突起 >

titration curve 滴定曲线

Tituacia 替谷蛾属

Tituacia deviella Walker 戴替谷蛾

Tituboea 长跗叶甲属，湾梯叶甲属

Tituboea fasciaticeps (Pic) 黄额长跗叶甲

Tituboea ohbayashii Kimoto 大林长跗叶甲，台湾梯叶甲

Tituboea tonkinea (Pic) 越南长跗叶甲

Titulcia 表夜蛾属

Titulcia argyroplaga Hampson 银表夜蛾

Titulcia confictella Walker 斑表夜蛾，斑表瘤蛾

Titulcia eximia Walker 表夜蛾

Tituria 角胸叶蝉属

Tituria acutangulata Distant 栗带角胸叶蝉

Tituria angulata (Matsumura) 角突角胸叶蝉，替角蝉，角片头叶蝉，绿软耳叶蝉

Tituria chinensis Distant 中国角胸叶蝉，中华角胸叶蝉

Tituria clypeata Cai 盾冠角胸叶蝉

Tituria colorata Jacobi 双色角胸叶蝉，黑斑角胸叶蝉

Tituria costalis Jacobi 肋斑角胸叶蝉，黑缘角胸叶蝉

Tituria crinita Cai 褐尾角胸叶蝉

Tituria cuneata Distant 楔形角胸叶蝉

Tituria flavimacula Cai *et* Shen 黄斑角胸叶蝉

Tituria flavomarginata Kuoh *et* Cai 见 *Macrotrichia flavomarginata*

Tituria flavomarginata (Melichar) 见 *Cicadella flavomarginata*

Tituria fusca Cai *et* Li 暗褐角胸叶蝉

Tituria fuscipennis Kato 褐角胸叶蝉，棕羽角胸叶蝉，褐翅角胸叶蝉

Tituria hyaline Cai *et* Kouh 明角胸叶蝉

Tituria innotata Cai *et* Li 缺斑角胸叶蝉

Tituria kaihuana Yang *et* Zhang 开化角胸叶蝉

Tituria kongosana (Matsumura) 见 *Neotituria kongosana*

Tituria laticotonata Cai 同 *Tituria hyaline*

Tituria maculata Ge 斑翅角胸叶蝉

Tituria nigricarinata Ge 黑脊角胸叶蝉

Tituria nigrivena Cai 黑脉角胸叶蝉

Tituria obtusa Kato 圆头角胸叶蝉，钝角胸叶蝉

Tituria plagiata Ge 红纹角胸叶蝉

Tituria planata (Fabricius) 黑缘角胸叶蝉，红缘角胸叶蝉

Tituria pyramidata Cai 锥冠角胸叶蝉

Tituria recta Cai *et* Mo 直缘角胸叶蝉

Tituria sagittata Cai *et* Shen 矢茎角胸叶蝉

Tituria sativa Cai *et* Shen 大麻角胸叶蝉

Tituria virescens Kouh 绿角胸叶蝉

Tjederina gracilis (Schneider) 见 *Peyerimhoffina gracilis*

Tjederina platypa Yang *et* Yang 见 *Chrysopidia platypa*

TK [technical concentrate 的缩写] 母药

Tlephusa 四鬃寄蝇属

Tlephusa cincinna (Rondani) 双带四鬃寄蝇

Tlephusa diligens Zettertedt 同 *Tlephusa cincinna*

TLM [median tolerated limit的缩写] 半数耐受限量,中间耐药量,中间存活剂量

Tmesiphodimerus 断沟蚁甲属

Tmesiphodimerus sinensis Yin *et* Coulon 中华断沟蚁甲

Tmesiphorini 沟额蚁甲族

Tmesiphoromimus 特蚁甲属

Tmesiphoromimus samsinaki Löbl 散特蚁甲

Tmetopis 泰蟒属

Tmetopis chinensis Kiritchenko 中华泰蟒，泰蟒，中华特昧蟒

Tmolus 驼灰蝶属，美洲菠萝小灰蝶属

Tmolus azia (Hewitson) 见 *Ministrymon azia*

Tmolus caninius (Druce) 卡尼驼灰蝶

Tmolus crolinus (Butler *et* Druce) [red-streaked hairstreak] 克罗驼灰蝶

Tmolus cydrara (Hewitson) [cydrara hairstreak] 喜达驼灰蝶

Tmolus echion (Linnaeus) [red-spotted hairstreak, larger lantana butterfly, pineapple caterpillar] 驼灰蝶，美洲菠萝小灰蝶

Tmolus mutina (Hewitson) [mutina hairstreak] 木琴驼灰蝶

Tmolus philinna (Hewitson) 菲利娜驼灰蝶

TnGV [*Trichoplusia ni granulosis virus* 的缩写] 粉纹夜蛾颗粒体病毒

Toacris 杜蝗属

Toacris nanlingensis Liu *et* Yin 南岭杜蝗

Toacris shaloshanensis Tinkham 沙洛山杜蝗

Toacris ymshanensis Tinkham 瑶山杜蝗

toad bug 1. [= gelastocorid bug, toad bug] 蟾蝽 < 蟾蝽科 Gelastocoridae 昆虫的通称 >；2. [= big-eyed toad bug, *Gelastocoris oculatus* (Fabricius)] 大眼蟾蝽，蟾蝽

toad weevil 蟾象甲，蟾象

toadlet beetle [= lepicerid beetle, lepicerid] 单跗甲 < 单跗甲科 Lepiceridae 昆虫的通称 >

Toana 拟螟夜蛾属

Toana caustipennis Hampson 拟螟夜蛾，拟螟裳蛾

toba bamboo scale [*Serrolecanium tobai* (Kuwana)] 苦竹锯粉蚧，苦竹锯尾粉蚧，竹锯尾粉蚧，锯尾粉蚧

tobacco aphid [= green peach aphid, peach-potato aphid, spinach aphid, *Myzus persicae* (Sulzer)] 桃蚜，桃赤蚜，烟蚜，菜蚜

tobacco beetle [= cigarette beetle, cigar beetle, *Lasioderma serricorne* (Fabricius)] 烟草甲，苦丁茶蛀虫，烟草窃蠹，烟草标本虫，番死虫，锯角毛窃蠹

tobacco budworm 1. [*Heliothis virescens* (Fabricius)] 烟芽夜蛾，绿棉铃虫，美洲烟夜蛾，烟草夜蛾，美洲烟青虫；2. [= tobacco caterpillar oriental tobacco budworm, cape gooseberry budworm, *Helicoverpa assulta* (Guenée)] 烟青虫，烟实夜蛾，烟谷实夜蛾；3. [= taro caterpillar, oriental leafworm moth, armyworm, cluster caterpillar, common cutworm, cotton leafworm, cotton worm, Egyptian cotton leafworm, rice cutworm, tobacco caterpillar, tobacco leaf caterpillar, tobacco cutworm, tropical armyworm, *Spodoptera litura* (Fabricius)] 斜纹夜蛾，斜纹贪夜蛾，莲纹夜蛾，烟草近尺蠖夜蛾，夜老虎，五花虫，麻麻虫

tobacco capsid [= tobacco leaf bug, tomato mirid, tomato suck bug, Rhodesian tobacco capsid, *Nesidiocoris tenuis* (Reuter)] 烟盲蝽，烟草盲蝽

tobacco caterpillar 1. [= taro caterpillar, oriental leafworm moth, armyworm, cluster caterpillar, common cutworm, cotton leafworm, cotton worm, Egyptian cotton leafworm, rice cutworm, tobacco budworm, tobacco leaf caterpillar, tobacco cutworm, tropical armyworm, *Spodoptera litura* (Fabricius)] 斜纹夜蛾，斜纹贪夜蛾，莲纹夜蛾，烟草近尺蠖夜蛾，夜老虎，五花虫，麻麻虫；2. [= oriental tobacco budworm, Cape gooseberry budworm, tobacco budworm, *Helicoverpa assulta* (Guenée)] 烟青虫，烟实夜蛾，烟谷实夜蛾

tobacco cricket [= giant burrowing cricket, giant tobacco cricket, giant ground cricket, *Brachytrupes membranaceus* (Drury)] 烟草促蟋，烟草大蟋，烟草大蟋蟀

tobacco cutworm 1.[= taro caterpillar, oriental leafworm moth, armyworm, cluster caterpillar, common cutworm, cotton leafworm, cotton worm, Egyptian cotton leafworm, rice cutworm, tobacco budworm, tobacco caterpillar, tobacco leaf caterpillar, tropical armyworm, *Spodoptera litura* (Fabricius)] 斜纹夜蛾，斜纹贪夜蛾，莲纹夜蛾，烟草近尺蠖夜蛾，夜老虎，五花虫，麻麻虫；2. [= turnip moth, bark feeding cutworm, yellow cutworm, black cutworm, common cutworm, cutworm, dark moth, dart moth, xanthous cutworm, turnip dart moth, *Agrotis segetum* (Denis *et* Schiffermüller)] 黄地老虎

tobacco elephant-beetle [= vegetable weevil, Australian tomato weevil, brown vegetable weevil, buff-colored tomato weevil, carrot weevil, dirt-colored weevil, turnip weevil, *Listroderes costirostris* Schönherr] 蔬菜里斯象甲，蔬菜象甲，蔬菜象，菜里斯象甲，菜里斯象，番茄象甲，菜象甲

tobacco flea beetle [*Epitrix hirtipennis* (Melsheimer)] 烟草毛跳甲，烟草跳甲

tobacco hornworm [= Carolina sphinx, six spotted hawk moth, six-spotted sphinx moth, *Manduca sexta* (Linnaeus)] 烟草天蛾，烟草曼天蛾

tobacco leaf bug 见 tobacco capsid

tobacco leaf caterpillar 见 tobacco caterpillar

tobacco leaf miner [= potato moth, potato tuber moth, potato tuberworm, potato tubermoth, tobacco splitworm, *Phthorimaea operculella* (Zeller)] 马铃薯茎麦蛾，马铃薯块茎蛾，马铃薯麦蛾，烟草潜叶蛾，烟潜叶蛾，番茄潜叶蛾，马铃薯蛀虫

tobacco leaf worm [= grey tortrix, *Cnephasia stephensiana* (Doubleday)] 青云卷蛾，烟草云卷蛾，八斑云卷蛾

tobacco leafhopper 1. [*Alobaldia tobae* (Matsumura)] 烟草嘎叶蝉，烟草木叶蝉，烟草叶蝉，烟草阿洛叶蝉，乌羽纹叶蝉，头氏纹叶蝉；2. [*Empoasca tabaci* Singh-Pruthi] 烟草小绿叶蝉，烟草微叶蝉

tobacco moth 1. [= warehouse moth, cacao moth, *Ephestia elutella* (Hübner)] 烟草粉斑螟，烟草粉螟；2. [*Dausara talliusalis* Walker] 烟草灰绿斑螟；3. [*Platysceptra tineoides* (Walsingham)] 烟平透窝蛾，烟透窝蛾，干烟透窝蛾；4. [= tropical tobacco moth, *Setomorpha rutella* Zeller] 烟草叶谷蛾，烟透窝蛾，干烟透窝蛾，红透窝蛾，红篱谷蛾，热带烟草蛾，热带烟草螟，热带烟蛾

tobacco splitworm [= potato moth, potato tuber moth, potato tuberworm, potato tubermoth, tobacco leaf miner, *Phthorimaea operculella* (Zeller)] 马铃薯茎麦蛾，马铃薯块茎蛾，马铃薯麦蛾，烟草潜叶蛾，烟潜叶蛾，番茄潜叶蛾，马铃薯蛀虫

tobacco stalk borer [*Trichobaris mucorea* (LeConte)] 烟茎船象甲，

烟茎象甲

tobacco stem borer [*Scrobipalpa heliopa* (Lower)] 烟草沟须麦蛾，烟草蛀茎麦蛾，赫块茎麦蛾，烟草蛀茎蛾，烟草麦蛾，烟草瘦蛾，烟草茎蛾

tobacco striped caterpillar [= bordered sallow, rose budworm, Japanese tobacco striped caterpillar, *Pyrrhia umbra* (Hüfnagel)] 烟焰夜蛾，焰夜蛾，豆黄夜蛾，烟火焰夜蛾

tobacco thrips [*Frankliniella fusca* (Hinds)] 褐花蓟马，烟草褐蓟马

tobacco whitefly 1. [= cotton whitefly, sweetpotato whitefly, *Bemisia tabaci* (Gennadius)] 烟粉虱，烟草粉虱，棉粉虱，甘薯粉虱，烟草伯粉虱，印度棉粉虱，一品红粉虱，木薯粉虱；2. [*Trialeurodes tabaci* Bondar] 烟草蜡粉虱，烟草粉虱

tobacco wireworm [*Conoderus vespertinus* (Fabricius)] 烟草单叶叩甲，烟草叩甲，烟草金针虫

Tocama 突鳃金龟甲属

Tocama formosana (Yu, Kobayashi *et* Chu) 台湾突鳃金龟甲

Tocama laevipennis (Blanchard) 光翅突鳃金龟甲，光翅胸突鳃金龟

Tocama rubiginosa (Fairmaire) 锈褐突鳃金龟甲，红褐鳃金龟

Toccolosida 硕螟属

Toccolosida rubriceps Walker 朱硕螟

tocopherol [= vitamin E] 维生素 E；生育酚

tocospermic type 纳精型

tocotropism 向生育性

Todd's skipper [*Ridens toddi* Steinhauser] 图丽弄蝶

todo fir aphid [= giant sakhalin fir aphid, *Cinara todocola* (Inouye)] 杉长足大蚜，椴松瘤大蚜

Todolachnus 杉大蚜属

Todolachnus abietis Matsumura 同 *Cinara matsumurana*

toe biter 1. [= belostomatid, belostomatid bug, belostomatid water bug, giant water bug, giant fish killer, fish killer, Indian toe biter, electric light bug, alligator flea, alligator tick] 负蝽，负子蝽，田鳖 < 负蝽科 Belostomatidae 昆虫的通称 >；2. [= naucorid bug, naucorid, creeping water bug, water creeper, saucer bug] 潜蝽，潜水蝽 < 潜蝽科 Naucoridae 昆虫的通称 >

toe-winged beetle [= ptilodactylid beetle, ptilodactylid] 毛泥甲，长花蚤 < 毛泥甲科 Ptilodactylidae 昆虫的通称 >

Toelgyfaloca 橡波纹蛾属

Toelgyfaloca albogrisea (Mell) 灰白橡波纹蛾，灰白托波纹蛾，白毛基波纹蛾

Toelgyfaloca circumdata (Houlbert) 环橡波纹蛾，湿渺波纹蛾，环毛基波纹蛾

Togacephalus 托叶蝉属

Togacephalus botelensis Matsumura 双斑托叶蝉

Togacephalus distinctus (Motschulsky) 见 *Maiestas distinctus*

Togacephalus dorsalis Matsumura 背托叶蝉

Togacephalus formosiellus Matsumura 台托叶蝉，太托叶蝉

Togacephalus jamiensis Matsumura 甲米托叶蝉

Togaphora hokuryonis Matsumura 同 *Dictyophara koreana*

Togaria tancrei (Graeser) 坦托波纹蛾

Togaricrania 锥头小叶蝉属

Togaricrania huanglongensis Ma 黄龙锥头小叶蝉

Togaricrania rubrovitta Matsumura 香港锥头小叶蝉

Togaricrania rubrovittata Ishihara 同 *Togaricrania rubrovitta*

Togaricrania wui (Chiang, Hsu *et* Knight) 吴氏锥头小叶蝉

Togarishachia albistriga (Moore) 见 *Ramesa albistriga*

Togarishachia albistriga kanshireiensis (Wileman) 同 *Ramesa albistriga*

Togaritensha 曲线舟蛾属

Togaritensha curvilinea (Wileman) 曲线舟蛾，黄斑舟蛾，曲线托舟蛾

togarna hairstreak [= togarna stripestreak, *Arawacus togarna* (Hewitson)] 白裙崖灰蝶

togarna stripestreak 见 togarna hairstreak

Togashia 富槛叶蜂属

Togashia brevitarsus Wei 短跗富槛叶蜂

Togeciphus 棘鬃秆蝇属

Togeciphus katoi (Nishijima) 加藤棘鬃秆蝇，棘鬃秆蝇

Togeciphus truncatus Liu *et* Yang 平须棘鬃秆蝇

Togeella 毛姬蜂属

Togeella melli Heinrich 梅氏毛姬蜂

Togepsylla 棘木虱属

Togepsylla matsumurai Kuwayama 同 *Togepsylla matsumurana*

Togepsylla matsumurana Kuwayama 木姜子多棘木虱

Togepsylla minana Yang *et* Li 闽多棘木虱

Togepsylla takahashii Kuwayama 香叶树棘木虱，台多棘木虱

Togepteryx 土舟蛾属

Togepteryx dorsoalbida Schintlmeister 背白土舟蛾，白背土舟蛾

Togepteryx dorsoflavida (Kiriakoff) 背黄土舟蛾

Togepteryx incongruens Schintlmeister 拟土舟蛾，异土舟蛾

Togepteryx meyi Schintlmeister 梅氏土舟蛾

Togepteryx velutina (Oberthür) 土舟蛾

Togezo takahashii Kôno 见 *Dinorhopala takahashii*

Togo hemipterus Scott 短翅球胸长蝽

Togona curvicauda (Bey-Bienko) 见 *Phyllomimus* (*Phyllomimus*) *curvicauda*

Togona unicolor Matsumura *et* Shiraki 同 *Phyllomimus* (*Phyllomimus*) *sinicus*

Togoperla 襟蜻属，襟石蝇属

Togoperla aequalis Banks 见 *Agnetina aequalis*

Togoperla caii Mo, Wang, Yang *et* Li 彩氏襟蜻

Togoperla canilimbata (Enderlein) 中华襟蜻

Togoperla chekiangensis (Chu) 同 *Togoperla tricolor*

Togoperla condyla Li *et* DeWalt 巨囊襟蜻

Togoperla elongata (Wu *et* Claassen) 同 *Togoperla perpicta*

Togoperla fortunati (Navás) 佛氏襟蜻，福氏襟蜻

Togoperla grahami Banks 同 *Togoperla fortunati*

Togoperla hippata Mo, Wang, Yang *et* Li 河马襟蜻

Togoperla noncoloris Du *et* Zhou 无色襟蜻

Togoperla perpicta Klapálek 长形襟蜻，香港襟蜻

Togoperla pichoni Navás 同 *Togoperla perpicta*

Togoperla sinensis Banks 同 *Togoperla canilimbata*

Togoperla totanigra Du *et* Chou 全黑襟蜻

Togoperla triangulata Du *et* Chou 三角襟蜻

Togoperla tricolor Klapálek 三色襟蜻

Togoperla valvulata Wu 同 *Togoperla tricolor*

Tohlezkus 托扁股花甲属

Tohlezkus orientalis Vit 东方托扁股花甲

token stimulus 信号刺激

Tokhtamysch blue [*Cyaniris persephatta* (Alphéraky)] 沛酷灰蝶

Tokinula 越南吉丁甲属

Tokinula aurofasciata Saunders 金纹越南吉丁甲，金纹越南吉丁
Tokunagaia 雅明摇蚊属
Tokunagaia ambigua Makarchenko *et* Makarchenko 未决雅明摇蚊
Tokunagaia asamaquinta (Sasa *et* Hirabayashi) 浅间雅明摇蚊
Tokunagaia biconvexa Makarchenko *et* Makarchenko 双叶雅明摇蚊
Tokunagaia chuzenona (Sasa) 中禅雅明摇蚊
Tokunagaia fasciata Liu *et* Wang 条带雅明摇蚊
Tokunagaia fujisexta (Sasa) 富士雅明摇蚊
Tokunagaia gotoijea (Sasa *et* Suzuki) 日本雅明摇蚊
Tokunagaia ikiopea (Sasa *et* Suzuki) 伊奇雅明摇蚊
Tokunagaia ikip Makarchenko *et* Makarchenko 千岛雅明摇蚊
Tokunagaia jintuquinta (Sasa) 金坤雅明摇蚊
Tokunagaia jintuseptidecima (Sasa) 金塞雅明摇蚊
Tokunagaia juntunonadecima (Sasa) 金诺雅明摇蚊
Tokunagaia kamiarata (Sasa *et* Hirabayashi) 卡拉雅明摇蚊
Tokunagaia kamicedea (Sasa *et* Hirabayashi) 卡米雅明摇蚊
Tokunagaia kibunensis (Tokunaga) 贵船雅明摇蚊
Tokunagaia kinkaensis (Sasa) 金卡雅明摇蚊
Tokunagaia kurobedilata (Sasa *et* Okazawa) 黑底雅明摇蚊
Tokunagaia kurobespeciosa Sasa *et* Okazawa 黑特雅明摇蚊
Tokunagaia kurodeea (Sasa) 黑部雅明摇蚊
Tokunagaia kuroefea (Sasa) 库罗雅明摇蚊
Tokunagaia kurofegea (Sasa) 库福雅明摇蚊
Tokunagaia moribrevis (Sasa) 穆里雅明摇蚊
Tokunagaia morigrandis (Sasa) 穆格雅明摇蚊
Tokunagaia oleantoni Makarchenko *et* Makarchenko 奥列雅明摇蚊
Tokunagaia oyabebrevicosta (Sasa, Kawai *et* Uéno) 矢部雅明摇蚊
Tokunagaia parexcellens Tuiskunen 拟优雅明摇蚊
Tokunagaia pseudorowensis Makarchenko *et* Makarchenko 伪娄雅明摇蚊
Tokunagaia quadrulata Liu *et* Wang 方雅明摇蚊
Tokunagaia rectangularis (Goetghebuer) 矩形雅明摇蚊
Tokunagaia rowensis (Saether) 娄梧雅明摇蚊
Tokunagaia shoufukudecimus (Sasa) 正福雅明摇蚊
Tokunagaia sikimiensis (Sasa *et* Suzuki) 水户雅明摇蚊
Tokunagaia spinosa Liu *et* Wang 多刺雅明摇蚊
Tokunagaia subulata Liu *et* Wang 尖雅明摇蚊
Tokunagaia togaduodecima Sasa *et* Okazawa 利都雅明摇蚊
Tokunagaia togaeudecima Sasa *et* Okazawa 利贺雅明摇蚊
Tokunagaia togaeunona Sasa *et* Okazawa 利诺雅明摇蚊
Tokunagaia togaeuoctava Sasa *et* Okazawa 利欧雅明摇蚊
Tokunagaia togaeuprima (Sasa *et* Okazawa) 利普雅明摇蚊
Tokunagaia togaeuseptima Sasa *et* Okazawa 利塞雅明摇蚊
Tokunagaia togaquardecima Sasa *et* Okazawa 利德雅明摇蚊
Tokunagaia togatridecima Sasa *et* Okazawa 利特雅明摇蚊
Tokunagaia togaundecima Sasa *et* Okazawa 利安雅明摇蚊
Tokunagaia togauvea (Sasa *et* Okazawa) 利幽雅明摇蚊
Tokunagaia tonefegea (Sasa *et* Okazawa) 利根雅明摇蚊
Tokunagaia tonollii (Rossaro) 托诺雅明摇蚊
Tokunagaia tusimolemea (Sasa *et* Suzuki) 图西雅明摇蚊
Tokunagaia tusimomemea (Sasa *et* Suzuki) 图莫雅明摇蚊
Tokunagaia unicentrata Liu *et* Wang 单距雅明摇蚊
Tokunagayusurika 德永摇蚊属
Tokunagayusurika akamusi Tokunaga 见 *Propsilocerus akamusi*
Tokunagayusurika taihuensis Wen, Zhou *et* Rong 见 *Propsilocerus taihuensis*
Tokyo scale [= croton scale, croton mussel scale, *Lepidosaphes tokionis* (Kuwana)] 东京蛎盾蚧，东京牡蛎蚧，东京长蛎盾蚧，东京牡蛎盾蚧
Tokyobrillia 东京布摇蚊属
Tokyobrillia tamamegaseta Kobayashi *et* Sasa 多摩东京布摇蚊，多摩长棘东京布摇蚊
tolerance 耐性
tolerance ability 抵抗力
toleration ecology 耐力生态学
Toleria 容透翅蛾属，托透翅蛾属，耐透翅蛾属
Toleria abiaeformis Walker 申容透翅蛾，冷杉托透翅蛾
Toleria aegerides (Strand) 奇容透翅蛾，奇透翅蛾
Toleria colochelyna (Bryk) 柯容透翅蛾，柯奇透翅蛾
Toleria ilana Arita *et* Gorbunov 宜兰容透翅蛾，宜兰耐透翅蛾
Toleria sinensis (Walker) 中华容透翅蛾，港容透翅蛾，中华托透翅蛾
Toleria vietnamica Gorbunov *et* Arita 越南容透翅蛾
tolfenpyrad 唑虫酰胺
Tolidopalpus 托花蚤属
Tolidopalpus castaneicolor Ermisch 栗托花蚤
Tolidopalpus galloisi (Kôno) 甲托花蚤
Tolidostena 图花蚤属
Tolidostena atripennis Nakane 黑翅图花蚤
Tolidostena hayashii Kiyoyama 林氏图花蚤
Tolidostena montana Kiyoyama 山图花蚤
Tolidostena similator Kiyoyama 类图花蚤
Tolidostena taiwana (Kiyoyama) 台湾图花蚤，台异花蚤
Tolidostena tarsalis Ermisch 跗图花蚤，跗拖花蚤
tolima eighty-eight [= blue-and-orange eighty-eight, *Callicore tolima* (Hewitson)] 小黄带图蛱蝶
tolimus duskywing [*Anastrus tolimus* (Plötz)] 陶黄安弄蝶
Tolliella 拓尖蛾属
Tolliella truncatula Zhang *et* Li 直拓尖蛾
Tolmerinus 勇隐翅甲属，托隐翅甲属
Tolmerinus frutrumelliotorum Rougemont 短翅勇隐翅甲
Tolmerus 蛮虫虻属，蛮食虫虻属
Tolmerus asiaticus Becker 见 *Machimus asiaticus*
Tolmerus aurimystax Bromley 见 *Machimus aurimystax*
Tolmerus cingulatus (Fabricius) 带蛮虫虻，带虫虻
Tolmerus impeditus Becker 见 *Machimus impeditus*
Tolmerus rufescens Lehr 红蛮虫虻，红蛮食虫虻
Tolongia 刻爪盲蝽属
Tolongia pilosa (Yasunaga) 长毛刻爪盲蝽
tolosa tigerwing [*Napeogenes tolosa* (Hewitson)] 花娜绡蝶
toltec emesis [*Emesis toltec* Reakirt] 扭螟蚬蝶
toltec roadside-skipper [*Amblyscirtes tolteca* Scudder] 多点缎弄蝶
toluene 甲苯
Tolumnia 点蝽属
Tolumnia basalis (Dallas) 横带点蝽
Tolumnia gutta Dallas 单星点蝽，单星蝽
Tolumnia latipes (Dallas) 阔足点蝽，点蝽，点椿象

Tolumnia trinotata Westwood 三星点蝽，三星蝽
Tolype 驼枯叶蛾属
Tolype velleda (Stoll) [large tolype moth, velleda lappet moth] 灰驼枯叶蛾
Tomaloides 小乌叶蝉属
Tomaloides shepherdi Evans 师小乌叶蝉
Tomapoderus 锐卷象甲属，锐卷象属
Tomapoderus coeruleipennis (Schilsky) 暗翅锐卷象甲，暗翅锐卷象，黑跗锐卷象
Tomapoderus flaviceps (Desbrochers) 黄头锐卷象甲
Tomapoderus melli Voss 枚锐卷象甲，枚锐卷象
Tomapoderus ruficollis (Fabricius) [elm leaf-roller weevil] 榆锐卷象甲，榆锐卷象，榆锐卷叶象虫，榆锐卷叶象甲，红锐卷象甲，红锐卷象
Tomapoderus serrirostris (Lund) 锯锐卷象甲
Tomapoderus subconicollis Voss 似锥锐卷象甲，似锥锐卷象
Tomares 托灰蝶属
Tomares ballus (Fabricius) [Provence hairstreak] 巴托灰蝶，托灰蝶
Tomares callimachus (Eversmann) [Caucasian spring copper] 美托灰蝶
Tomares fedtschenkoi Erschoff 费托灰蝶
Tomares mauretanicus (Lucas) [Moroccan hairstreak] 斑托灰蝶
Tomares nesimachus (Oberthür) [Akbes hairstreak, Mediterranean hairstreak] 奈斯托灰蝶
Tomares nogelii (Herrich-Schäffer) [Nogel's hairstreak, Levantine vernal copper, Anatolian vernal copper] 点托灰蝶
Tomares romanovi (Christoph) 罗曼托灰蝶
Tomarus 陶隐食甲属
Tomarus formosianus Grouvelle 台湾陶隐食甲
Tomaspididae 广胸沫蝉科
Tomaspis 广胸沫蝉属
Tomaspis albifascia (Walker) 白带广胸沫蝉
Tomaspis bicolor (Signoret) 二色广胸沫蝉
Tomaspis fasciatipennis (Stål) 褐翅广胸沫蝉
Tomaspis pudens Walker 见 *Phymatostetha pudens*
Tomaspis saccharina Distant 同 *Aeneolamia varia*
Tomaspis varia (Fabricius) 见 *Aeneolamia varia*
tomatidine 1. 番茄碱；2. 番茄苷配基
tomatine 番茄碱糖苷，番茄苷
tomato [= orange banner, *Temenis laothoe* (Cramer)] 黄褐余蛱蝶
tomato aphid [= potato aphid, potato plant louse, *Macrosiphum euphorbiae* (Thomas)] 大戟长管蚜，马铃薯长管蚜，马铃薯蚜
tomato fruit fly [= pepper fruit fly, *Acritochaeta orientalis* (Schiner)] 东方茸芒蝇，东方芒蝇，东方斑芒蝇，刺股芒蝇
tomato furit worm [= American cotton bollworm, cotton bollworm, corn earworm, *Helicoverpa zea* (Boddie)] 谷实夜蛾，美洲棉铃虫，玉米穗夜蛾
tomato hornworm [= five-spotted hawk moth, large green white-striped hawkmoth, *Manduca quinquemaculata* (Haworth)] 五点曼天蛾，番茄天蛾
tomato leafminer 1. [= bryony leafminer, potato leaf miner, *Liriomyza bryoniae* (Kaltenbach)] 番茄斑潜蝇，瓜斑潜蝇，西红柿斑潜蝇；2. [= South American tomato moth, South American tomato leaf miner, South American tomato pinworm, *Phthorimaea absoluta* Meyrick] 番茄茎麦蛾，番茄潜麦蛾，番茄潜叶蛾，番茄麦蛾
tomato looper [= golden twin spot, golden twin spot moth, *Chrysodeixis chalcites* (Esper)] 裸纹夜蛾，银辉夜蛾，金纹弧翅夜蛾
tomato mirid [= tobacco capsid, tobacco leaf bug, tomato suck bug, Rhodesian tobacco capsid, *Nesidiocoris tenuis* (Reuter)] 烟盲蝽，烟草盲蝽
tomato moth [*Lacanobia oleracea* (Linnaeus)] 草安夜蛾，浊异灰夜蛾，蕃茄夜蛾
tomato pinworm [*Keiferia lycopersicella* (Walsingham)] 番茄茎麦蛾，番茄蠹蛾
tomato-potato psyllid [= tomato psyllid, potato psyllid, *Bactericera cockerelli* (Šulc)] 马铃薯线角木虱，马铃薯木虱，番茄副木虱，番茄木虱，马铃薯尖翅木虱
tomato psyllid 见 tomato-potato psyllid
tomato-studded skipper [= red-studded skipper, *Noctuana haematospila* (Felder *et* Felder)] 血点瑙弄蝶
tomato suck bug 见 tomato mirid
tomato thrips 1. [= cotton bud thrips, cotton thrips, common blossom thrips, yellow flower thrips, *Frankliniella schultzei* (Trybom)] 棉花蓟马，棉芽花蓟马，梳缺花蓟马；2. [*Ceratothripoides brunneus* Bagnall] 棕异角蓟马，褐角蓟马，棕带蓟马
Tomentaromia 毛颈天牛属
Tomentaromia gregoryi Podany 格氏毛颈天牛
tomentose [= tomentosus] 绵毛的
tomentose gall midge [*Schizomyia acaciae* Mani] 白韧金合欢瘿蚊，相思树瘿蚊
tomentosus 见 tomentose
tomentum 绵毛
Tomicobia 截尾金小蜂属
Tomicobia liaoi Yang 廖氏截尾金小蜂
Tomicobia longitemporum Yang 长颊截尾金小蜂
Tomicobia seitneri (Ruschka) 暗绿截尾金小蜂，谢氏截尾金小蜂
Tomicobia xinganensis Yang 兴安截尾金小蜂
Tomicus 切梢小蠹属，梢小蠹属
Tomicus brevipilosus (Eggers) 短毛切梢小蠹，短毛梢小蠹
Tomicus destruens (Wollaston) [Mediterranean pine shoot beetle, pine shoot beetle] 欧洲纵坑切梢小蠹
Tomicus fukiensis (Eggers) 闽切梢小蠹，闽梢小蠹
Tomicus khasianus Murayama 同 *Tomicus piniperda*
Tomicus minor (Hartig) [lesser pine shoot beetle] 横坑切梢小蠹
Tomicus pilifer (Spessivtsev) [Korean pine shoot beetle] 多毛切梢小蠹
Tomicus piniperda (Linnaeus) [common pine shoot beetle, pine shoot beetle, pine beetle, pine engraver, Japanese pith borer, larger pine shoot beetle, larger pith borer, Japanese pine engraver] 纵坑切梢小蠹，大松小蠹
Tomicus tristis (Blandford) 见 *Hylesinus tristis*
Tomicus yunnanensis Kirkendall *et* Faccoli [Yunnan shoot borer] 云南切梢小蠹
Tomlini's mealybug [*Euripersia tomlini* (Newstead)] 古北草粉蚧
Tomocarabus chinensis Li 同 *Carabus fraterculus*
Tomocarabus gaixianensis Li 同 *Carabus fraterculus*
Tomocarabus yonghongi Li 同 *Carabus fraterculus*
Tomocera ceroplastis Perkins 同 *Moranila californica*

tomocerid 1. [= tomocerid springtail] 鳞䖴 < 鳞䖴科 Tomoceridae 昆虫的通称 >；2. 鳞䖴科的

tomocerid springtail [= tomocerid] 鳞䖴

Tomoceridae 鳞䖴科，鳞跳虫科

Tomoceroidea 鳞䖴总科

Tomocerus 鳞䖴属，鳞跳虫属

Tomocerus asoka Yosii *et* Ashraf 巴地鳞䖴

Tomocerus baibungensis Sun, Liang *et* Huang 背崩鳞䖴

Tomocerus bimaculatus Sun, Liang *et* Huang 二斑鳞䖴

Tomocerus calceus Liu, Hou *et* Li 白鳞䖴

Tomocerus caputiviolaceus Lee 紫头鳞䖴

Tomocerus changbaishanensis Wang 长白山鳞䖴

Tomocerus cheni Ma *et* Christiansen 陈氏鳞䖴

Tomocerus conagensis Sun, Liang *et* Huang 错那鳞䖴

Tomocerus cthulhu Yu *et* Li 克苏鲁鳞䖴

Tomocerus cuspidatus Börner 台湾鳞䖴

Tomocerus deharvengi Yu *et* Li 德氏鳞䖴

Tomocerus deongyuensis Lee 韩国鳞䖴

Tomocerus disimilis Yu, Ding *et* Ma 异鳞䖴

Tomocerus dong Yu *et* Li 董鳞䖴

Tomocerus emeicus Liu, Hou *et* Li 小鳞䖴

Tomocerus folsomi Denis 云南鳞䖴

Tomocerus fopingensis Sun *et* Liang 佛坪鳞䖴

Tomocerus fuxi Yu, Pan *et* Shi 伏羲鳞䖴 < 此种学名有修订为 *Tomocerus fuxii* Yu, Pan *et* Shi 者 >

Tomocerus hexipunctatus Sun, Liang *et* Huang 六斑鳞䖴

Tomocerus huangi Yu 黄氏鳞䖴

Tomocerus huoensis Sun, Liang *et* Huang 霍县鳞䖴

Tomocerus jesonicus Yosii 杰氏鳞䖴，吉林鳞䖴

Tomocerus jilinensis Ma 吉林鳞䖴

Tomocerus jinyunensis Liu 缙云鳞䖴

Tomocerus jiuzhaiensis Liu, Zhou *et* Zhang 九寨鳞䖴

Tomocerus jordanai Sun, Liang *et* Huang 乔氏鳞䖴

Tomocerus kindoshitai Yosii 树下氏鳞䖴

Tomocerus leyensis Yu *et* Deharveng 乐业鳞䖴

Tomocerus maculatus Sun, Liang *et* Huang 斑点鳞䖴

Tomocerus magnus Sun *et* Liang 大鳞䖴

Tomocerus maximus Liu, Hou *et* Li 巨鳞䖴

Tomocerus minor (Lubbock) 微鳞姚

Tomocerus minutus Tullberg 微小鳞䖴

Tomocerus monticolus Huang *et* Yin 高山鳞䖴，高山鳞跳虫

Tomocerus multisetus Sun, Liang *et* Huang 多毛鳞䖴

Tomocerus nabanensis Yu, Yang *et* Liu 纳板鳞䖴

Tomocerus nan Yu, Yang *et* Liu 南鳞䖴 < 此种学名有修订为 *Tomocerus nanus* Yu, Yang *et* Liu 者 >

Tomocerus nigrofasciatus Sun, Liang *et* Huang 黑带鳞䖴

Tomocerus nigromaculatus Sun, Liang *et* Huang 黑斑鳞䖴

Tomocerus nigrus Sun, Liang *et* Huang 黑鳞䖴

Tomocerus nuwae Yu, Pan *et* Shi 女娲鳞䖴

Tomocerus obscurus Huang *et* Yin 暗黑鳞䖴，黑鳞跳虫

Tomocerus ocreatus Denis 鞘鳞䖴

Tomocerus paraspinulus Gong, Qin *et* Yu 副刺鳞䖴

Tomocerus parvus Huang *et* Yin 小鳞䖴，小鳞跳虫

Tomocerus persimilis Yu, Ding *et* Ma 近似鳞䖴

Tomocerus postantennalis Yu, Zhang *et* Deharveng 后角鳞䖴

Tomocerus pseudocreatus Yu 伪鞘鳞䖴

Tomocerus pseudospinulus Gong, Qin *et* Yu 伪刺鳞䖴

Tomocerus punctatus Yosii 刻点鳞䖴

Tomocerus purpuratus Sun, Liang *et* Huang 泛紫鳞䖴

Tomocerus purpurithorus Liu, Hou *et* Li 紫胸鳞䖴

Tomocerus qinae Yu, Yao *et* Hu 秦氏鳞䖴

Tomocerus qixiaensis Yu, Yao *et* Hu 栖霞鳞䖴

Tomocerus shuense Liu 蜀鳞䖴

Tomocerus similis Chen *et* Ma 似鳞䖴

Tomocerus spinulus Chen *et* Christiansen 刺鳞䖴

Tomocerus tiani Yu 田氏鳞䖴

Tomocerus tridentatus Sun, Liang *et* Huang 三齿鳞䖴

Tomocerus troglodytes Yu *et* Deharveng 穴居鳞䖴

Tomocerus tropicus Yu, Yang *et* Liu 热带鳞䖴

Tomocerus varius Folsom 多变鳞䖴

Tomocerus violaceus Yosii 紫鳞䖴

Tomocerus virgatus Yu 纹鳞䖴

Tomocerus viridis Yosii 绿鳞䖴

Tomocerus vulgaris (Tullberg) 普通鳞䖴

Tomocerus wanglangensis Liu *et* Li 王朗鳞䖴

Tomocerus wushanensis Sun, Liang *et* Huang 巫山鳞䖴

Tomocerus yueluensis Yu 岳麓鳞䖴

Tomocerus zayuensis Huang *et* Yin 察隅鳞䖴，察隅鳞跳虫

Tomocerus zhuque Yu 朱雀鳞䖴

Tomoglossa 微筒隐翅甲属

Tomoglossa fuliginosa Pace 黄褐微筒隐翅甲

Tomomima 脊螽亚属

Tomomima spinosa Bey-Bienko 见 *Hemigyrus* (*Tomomima*) *spinosus*

Tomomyzinae 垂颜蜂虻亚科

Tomostethus 片胸叶蜂属，长脉叶蜂属

Tomostethus formosanus Enslin 长脉片胸叶蜂，长脉叶蜂

Tomostethus katonis Takeuchi 加藤长脉片胸叶蜂，加藤长脉叶蜂

Tomostethus lividus Takeuchi 蓝长脉片胸叶蜂，蓝长脉叶蜂

Tomostethus multicinctus (Rohwer) [brown-headed ash sawfly] 梣棕头片胸叶蜂，梣褐头叶蜂

Tomostethus nigratus (Fabricius) [ash sawfly] 黑色片胸叶蜂，梣黑片胸叶蜂，黑片胸叶蜂

Tomostethus sauteri Enslin 邵氏长脉片胸叶蜂，邵氏长脉叶蜂

Tomosvaryella 佗头蝇属，刀蝇属

Tomosvaryella aeneiventris (Kertész) 铜腹佗头蝇，铜腹头蝇

Tomosvaryella concavifronta Yang *et* Xu 凹额佗头蝇

Tomosvaryella coquilletti (Kertész) 柯氏佗头蝇，柯氏头蝇

Tomosvaryella dongyue Yang *et* Xu 东岳佗头蝇

Tomosvaryella epichalca (Perkins) 靓佗头蝇，美丽头蝇

Tomosvaryella forter Yang *et* Xu 壮管佗头蝇，状管佗头蝇

Tomosvaryella oryzaetora Koizumi 叶蝉佗头蝇，黑尾叶蝉头蝇，稻佗头蝇，叶蝉头蝇

Tomosvaryella pernitida (Becker) 光亮佗头蝇，圆山头蝇

Tomosvaryella scalprata Yang *et* Xu 刀币佗头蝇

Tomosvaryella shaoshanensis Yang *et* Xu 韶山佗头蝇

Tomosvaryella spiculata Hardy 小穗佗头蝇，锋芒头蝇

Tomosvaryella subvirescens (Loew) 淡绿佗头蝇，美洲头蝇

Tomosvaryella sylvatica (Meigen) 森林佗头蝇，欧洲头蝇

Tomoxia 陀花蚤属

Tomoxia formosana Chûjô 台陀花蚤

T

Tomoxia laticornis Scegoleva-Barovskaja 同 *Hoshihananomia perlata*

Tomoxioda 类陀花蚤属

Tomoxioda truncatoptera (Nomura) 截翅类陀花蚤，截翅花蚤

Tonga 汤瓢蜡蝉属，尖头瓢蜡蝉属

Tonga botelensis Kato 同 *Tonga formosana*

Tonga formosana Matsumura 台湾汤瓢蜡蝉，台湾尖头瓢蜡蝉

Tonga fusiformis (Walker) 豆汤瓢蜡蝉，豆尖头瓢蜡蝉，绿瓢蜡蝉

Tonga westwoodi (Signoret) 韦汤瓢蜡蝉，韦氏尖头瓢蜡蝉

Tongeia 玄灰蝶属

Tongeia amplifascia Huang 双带玄灰蝶

Tongeia arcana (Leech) 弧玄灰蝶，阿蓝灰蝶

Tongeia bella Huang 艳妇玄灰蝶

Tongeia davidi Poujade 大卫玄灰蝶

Tongeia filicaudis (Pryer) 点玄灰蝶

Tongeia filicaudis filicaudis (Pryer) 点玄灰蝶指名亚种，指名点玄灰蝶

Tongeia filicaudis mushanus (Tanikawa) 点玄灰蝶雾社亚种，密点玄灰蝶，雾社黑燕蝶，点玄灰蝶，雾社黑燕小灰蝶，多点玄灰蝶，台湾点玄灰蝶

Tongeia fischeri (Eversmann) [Fischer's blue] 玄灰蝶

Tongeia hainani (Bethune-Baker) 海南玄灰蝶，台湾玄灰蝶，台湾黑燕蝶，景天点玄灰蝶，台湾黑燕小灰蝶

Tongeia ion (Leech) [black spotted cupid] 淡纹玄灰蝶

Tongeia ion cratylus (Fruhstorfer) 淡纹玄灰蝶四川亚种，克淡纹玄灰蝶

Tongeia ion ion (Leech) 淡纹玄灰蝶指名亚种

Tongeia menpae Huang 西藏玄灰蝶

Tongeia minima Shou *et* Yuan 小玄灰蝶

Tongeia potanini (Alphéraky) [dark cupid] 波太玄灰蝶

Tongeia potanini potanini (Alphéraky) 波太玄灰蝶指名亚种，指名波太玄灰蝶

Tongeia pseudozuthus Huang [false Tibetan cupid] 伪竹都玄灰蝶

Tongeia shaolinensis Wang *et* Niu 少林玄灰蝶

Tongeia zuthus (Leech) [Tibetan cupid] 竹都玄灰蝶

Tonginae 汤瓢蜡蝉亚科

tongue-and-groove mechanism 舌槽机制 < 甲虫鞘翅的 >

tongue bone [= os hyoideum] 舌骨 < 即舌的角质部分 >

tonic immobility 强直静止

tonic receptor 紧张感受器

Tonica 棉织蛾属，棉织叶蛾属

Tonica niviferana Walker [semul shoot borer] 木棉宽蛾，木棉织叶蛾，木棉织蛾

Tonkaephora 东卡沫蝉属

Tonkaephora nigriventralis Matsumura 黑腹东卡沫蝉

Tonkaephora oshodenella Matsumura 东北东卡沫蝉

Tonkaephora tonkana Matsumura 东堪东卡沫蝉

Tonkin black prince [*Rohana tonkiniana* Fruhstorfer] 越罗蛱蝶

Tonkin sugarcane grasshopper [*Hieroglyphus tonkinensis* Bolívar] 异歧蔗蝗

Tonkinacris 越北蝗属

Tonkinacris damingshanus Li, Lu, Jiang *et* Meng 大明山越北蝗

Tonkinacris decoratus Carl 方尾越北蝗

Tonkinacris meridionalis Li 桂南越北蝗

Tonkinacris omei Rehn 同 *Tonkinacris sinensis*

Tonkinacris sinensis Chang 中华越北蝗

Tonkinaphaenops 东京盲步甲属

Tonkinaphaenops anthonyi Faille *et* Tian 安氏东京盲步甲

Tonkinaphaenops impunctatus Faille *et* Huang 无斑东京盲步甲

Tonkinaphaenops jingxicus Huang *et* Tian 靖西东京盲步甲

Tonkinaphaenops marinae Deuve 马林东京盲步甲

Tonkinaphaenops yinquanicus Huang *et* Tian 阴泉东京盲步甲

Tonkinius 越拟步甲属

Tonkinius sculptilis Fairmaire 刻纹越拟步甲

Tonkinius thibetanus Kaszab 藏越拟步甲

Tonkinula 越吉丁甲属

Tonkinula aurofasciata (Saunders) 金带越吉丁甲，金带越吉丁

tonofibrilla [pl. tonofibrillae] 皮肌纤维

tonofibrillae [s. tonofibrilla] 皮肌纤维

tonotaxis 趋渗压性

tonotropism 向声性

tonus 强直收缩

tonus reservoir 强直库 < 指头部神经节中的 >

toosendanin 川楝素

tooth 齿 < 常指附器或边缘上的短尖突起 >

tooth-necked fungus beetle [= derodontid beetle, toothneck fungus beetle, derodontid] 伪郭公甲，伪郭公虫 < 伪郭公甲科 Derodontidae 昆虫的通称 >

tooth-nosed snout weevil [= rhynchitid beetle, rhynchitid weevil, rhynchitid] 齿颚象甲，锯齿象鼻虫 < 齿颚象甲科 Rhynchitidae 昆虫的通称 >

toothed bush brown [*Bicyclus xeneoides* Condamin] 拟客蔽眼蝶

toothed flea beetle [*Chaetocnema denticulata* (Illiger)] 具齿凹胫跳甲，具齿跳甲

toothed phigalia [*Apocheima denticulata* (Hulst)] 齿春尺蛾

toothed snout moth [= dimorphic bomolocha moth, dimorphic hypena moth, *Hypena bijugalis* Walker] 二型髯须夜蛾

toothed sunbeam [*Curetis dentata* Moore] 齿银灰蝶

toothed white woolly legs [*Lachnocnema disrupta* Talbot] 齿毛足灰蝶

toothneck fungus beetle 见 tooth-necked fungus beetle

top borer [= sugarcane top borer, white rice borer, white top borer, rice white borer, yellow-tipped pyralid, yellow-tipped white sugarcane borer, *Scirpophaga nivella* (Fabricius)] 黄尾白禾螟，甘蔗白禾螟，蔗白螟，橙尾白禾螟

top-down effect 下行效应

top-shoot borer [= white top borer, white sugarcane borer, white sugarcane top borer, sugarcane top borer, sugarcane tip borer, sugarcane stem borer, sugarcane top moth borer, scirpus pyralid, *Scirpophaga excerptalis* (Walker)] 红尾白禾螟，蔗草白禾螟，蔗草野螟，甘蔗红尾白螟，白螟

top textured yellow thrips [= bean thrips, pear thrips, cymbidium thrips, yellow top reticulated thrips, *Helionothrips errans* (Williams)] 游领针蓟马，黄顶网纹蓟马

Topadesa 陶瘤蛾属

Topadesa sanguinea Moore 红陶瘤蛾，陶瘤蛾

topaz Arab [= small salmon Arab, *Colotis amata* (Fabricius)] 珂粉蝶

topaz-spotted blue [= African babul blue, *Azanus jesous* (Guérin-Méneville)] 捷素灰蝶

topazine [= topazinus] 黄玉色
topazinus 见 topazine
toper 赤蜻，蜻 < 赤蜻属 *Sympetrum* 昆虫的通称 >
topical application 点滴法，局部使用
topical/inject toxicity ratio [abb. TIR] 点滴注射毒性比率
topical inoculation 体表接种
topiary grass-veneer moth [= subterranean sod webworm, cranberry girdler, *Chrysoteuchia topiaria* (Zeller)] 越蔓橘金草螟，越蔓橘草螟，酸果蔓苞螟
topo fiestamark [= red-tailed fiestamark, *Symmachia busbyi* Hall *et* Willmott] 曲缘树蚬蝶
topochemical sense 化源感觉
topochemotaxis 趋化源性
topographic factor 地形因素
topolevaya shitovka [= willow scale, poplar scale, poplar armored scale, *Diaspidiotus gigas* (Thiem *et* Gerneck)] 杨灰圆盾蚧，杨圆盾蚧，月杨灰圆盾蚧，杨笠圆盾蚧
topological criterion 拓扑判据
Topomesoides 明毒蛾属
Topomesoides jonasi (Butler) 明毒蛾，瞳毒蛾，接骨木毒蛾
topomorph 地理型
topomorphic 地理型的
Topomyia 局限蚊属，土蚊属
Topomyia apsarae Klein 埃普局限蚊
Topomyia bambusaihole Dong, Zhou *et* Dong 竹穴局限蚊
Topomyia bannaensis Gong *et* Lu 版纳局限蚊
Topomyia baolini Gong 宝麟局限蚊
Topomyia bifurcata Dong, Wang *et* Lu 双叉局限蚊
Topomyia cristata Thurman 嵴突局限蚊
Topomyia dulongensis Gong *et* Lu 独龙局限蚊
Topomyia hirtusa Gong 丛鬃局限蚊
Topomyia houghtoni Feng 胡氏局限蚊
Topomyia inclinata Thurman 屈端局限蚊
Topomyia linlsayi Thurman 林氏局限蚊
Topomyia longisetosa Gong 长鬃局限蚊
Topomyia margina Gong *et* Lu 边缘局限蚊
Topomyia mengi Dong, Wang *et* Lu 孟氏局限蚊
Topomyia nemorosa Gong 林野局限蚊
Topomyia spathulirostris Edwards 匙喙局限蚊
Topomyia spinophallus Zhou, Zhu *et* Lu 刺阳局限蚊
Topomyia svastii Thurman 斯瓦局限蚊，斯娃局限蚊，瓦局限蚊
Topomyia sylvatica Lu, Dong *et* Wang 森林局限蚊
Topomyia tumetarsalis Chen *et* Chang 胀跗局限蚊
Topomyia winter Dong, Wu *et* Mao 冬季局限蚊
Topomyia yanbarensis Miyagi 细竹局限蚊，细竹土蚊
Topomyia yanbareroides Dong *et* Miyagi 类细竹局限蚊
Topomyia zhangi Gong 张氏局限蚊
topophototaxis 趋光源性
topotaxis [= tropotaxis] 趋位性，趋激性
topotropism 向激性
topotype [= ortotype] 地模标本，地模 < 从模式标本原采地采得的，可为原模式标本同模标本者 >
Toramus 托大蕈甲属，托隐食甲属
Toramus formosianus Grouvelle 台湾托大蕈甲，台托隐食甲
torax skipper [*Phlebodes torax* Evans] 陶管弄蝶
Torbda 斗姬蜂属
Torbda albivittatus Sheng *et* Sun 白纹斗姬蜂
Torbda geniculata Cameron 膝斗姬蜂
Torbda maculipennis Cameron 斑翅斗姬蜂
Torbda nigra Sheng *et* Sun 黑斗姬蜂
Torbda obscula Sheng *et* Sun 暗斗姬蜂
Torbda rubescens Sheng *et* Sun 红斗姬蜂
Torbda sauteri Uchida 索氏斗姬蜂，萨斗姬蜂
Torbda striata Uchida 兰屿斗姬蜂
Torbda unicolor Uchida 见 *Eurycryptus unicolor*
torfaceous 沼生的
Torigea 角瓣舟蛾属
Torigea argentea Schintlmeister 银纹角瓣舟蛾
Torigea aristion Schintlmeister 见 *Saliocleta aristion*
Torigea astrae Schintlmeister *et* Fang 短纹角瓣舟蛾
Torigea belosa Wu *et* Fangspnov 刺角瓣舟蛾
Torigea beta Schintlmeister 仲角瓣舟蛾，托舟蛾
Torigea dorsisuffusa (Kiriakoff) 见 *Saliocleta dorsisuffusa*
Torigea ereptor Schintlmeister 冕角瓣舟蛾，埃托舟蛾
Torigea form Kobayashi *et* Kishida 福角瓣舟蛾
Torigea formosana Nakamura 台湾角瓣舟蛾，台托舟蛾
Torigea junctura (Moore) 多斑角瓣舟蛾，绦舟蛾，缰托舟蛾
Torigea ortharga Wu *et* Fangspnov 匀纹角瓣舟蛾
Torigea sinensis (Kiriakoff) 中国角瓣舟蛾，华托舟蛾
Torigea straminea (Moore) 蒿角瓣舟蛾，草托舟蛾，草洒舟蛾
Torigea triangularis (Kiriakoff) 三角瓣舟蛾
torirostratid 1. [= torirostratid bug] 喙蝽 < 喙蝽科 Torirostratidae 昆虫的通称 >；2. 喙蝽科的
torirostratid bug [= torirostratid] 喙蝽
Torirostratidae 古喙蝽科，喙蝽科
Torirostratus 古喙蝽属，喙蝽属
Torirostratus pilosus Yao, Shih *et* Engel 密毛古喙蝽，密毛喙蝽
Torleya 大鳃蜉属
Torleya grandipennis Zhou, Su *et* Gui 宽茎大鳃蜉
Torleya longforceps (Gui, Zhou *et* Su) 长铗大鳃蜉
Torleya lutosa Kang *et* Yang 褐大鳃蜉
Torleya nepalica (Allen *et* Edmunds) 尼大鳃蜉
Torleya tumiforceps (Zhou *et* Su) 同 *Torleya nepalica*
torma [pl. tormae] 上唇根
tormae [s. torma] 上唇根
tormogen [= tormogen cell] 膜原细胞
tormogen cell 见 tormogen
tornal 臀角的
Tornodoxa 托麦蛾属
Tornodoxa tholochorda Meyrick 圆托麦蛾
tornus [= anal angle] 臀角
Torocca 刺须寄蝇属
Torocca munda (Walker) 亮胸刺须寄蝇
Torodora 瘤祝蛾属，瘤折角蛾属，托卷麦蛾属
Torodora aenoptera Gozmány 铜翅瘤祝蛾，依托卷麦蛾
Torodora albicruris Park *et* Heppner 淡足瘤祝蛾
Torodora angulata Wu *et* Liu 角环瘤祝蛾
Torodora antisema (Meyrick) 基斑瘤祝蛾，安托卷麦蛾，恩卷麦蛾
Torodora bacillaris Wang *et* Xiong 小棒瘤祝蛾

Torodora capillaris Park *et* Heppner 绒瘤祝蛾
Torodora cerascara Wu *et* Liu 尖角瘤祝蛾
Torodora chinanensis Park 华瘤祝蛾，溪南山瘤折角蛾
Torodora dentijuxta Gozmány 齿环瘤祝蛾，齿托卷麦蛾
Torodora diceba Wu *et* Liu 双尾瘤祝蛾
Torodora digna (Meyrick) 中瘤祝蛾，递托卷麦蛾
Torodora durabila Wu *et* Liu 长瘤祝蛾
Torodora flavescens Gozmány 黄褐瘤祝蛾，黄托卷麦蛾
Torodora foraminis Wu 孔管瘤祝蛾
Torodora galera Wu *et* Liu 盔环瘤祝蛾
Torodora glyptosema (Meyrick) 雕瘤祝蛾，刻卷麦蛾，雕托卷麦蛾
Torodora granata Wu *et* Liu 粒瘤祝蛾
Torodora hoenei Gozmány 贺氏瘤祝蛾，禾瘤祝蛾，贺托卷麦蛾
Torodora iresina Wu *et* Liu 冠瘤祝蛾
Torodora lirata Wu 纹瘤祝蛾
Torodora loncheloba Wu *et* Liu 矛叶瘤祝蛾
Torodora malthodesa Wu *et* Liu 软突瘤祝蛾
Torodora manoconta Wu *et* Liu 短瘤祝蛾
Torodora materata Wu *et* Liu 木瘤祝蛾
Torodora micrognatha Wu 小颚瘤祝蛾
Torodora milichina Wu *et* Liu 疏瘤祝蛾
Torodora netrosema Wu 纺瘤祝蛾
Torodora notacma Wu 甲瘤祝蛾
Torodora ocreatana Wu *et* Liu 鞘管瘤祝蛾
Torodora octavana (Meyrick) 八瘤祝蛾，八瘤折角蛾，奥托卷麦蛾
Torodora oncisacca Wu 指腹瘤祝蛾
Torodora ortilege (Meyrick) 柔瘤祝蛾
Torodora parthenopis (Meyrick) 成盲瘤祝蛾，弧托卷麦蛾
Torodora pedipesis Wu 足瓣瘤祝蛾
Torodora pegasana Wu *et* Liu 海瘤祝蛾
Torodora pennunca Wu *et* Liu 羽突瘤祝蛾
Torodora phaselosa Wu 肾瘤祝蛾
Torodora phoberopis (Meyrick) 恐瘤祝蛾，惧托卷麦蛾
Torodora pseudogalera Park 类盔环瘤祝蛾
Torodora rectilinea Park 直线瘤祝蛾，直线卷麦蛾
Torodora roesleri Gozmány 玫瑰瘤祝蛾，罗托卷麦蛾
Torodora sciadosa Wang *et* Liu 菇环瘤祝蛾
Torodora sirtalis Wu 带瘤祝蛾
Torodora tenebrata Gozmány 暗瘤祝蛾，暗托卷麦蛾
Torodora torrifacta Gozmány 炬瘤祝蛾，火托卷麦蛾
Torodora vietnamensis Park 越南瘤祝蛾
Torodora virginopis Gozmány 幼盲瘤祝蛾，威托卷麦蛾
Torodora walsinghami Wu 华氏瘤祝蛾
Torodorinae 瘤祝蛾亚科
Toroptyelus arisanus Matsumura 见 *Ariptyelus arisanus*
torose [= torosus, torous] 多瘤的
torosus 见 torose
torous 见 torose
torpedo bug [= green planthopper, *Siphanta acuta* (Walker)] 锐丝蛾蜡蝉
torpid 蛰伏
torqueate 具环的
torquillus [= rotula] 小圆节
torrent beetle [= torridincolid beetle, torridincolid] 淘甲 < 淘甲科 Torridincolidae 昆虫的通称 >
torrential 急流生物的
Torridapis 长臀裸眼尖腹蜂亚属
torridincolid 1. [= torridincolid beetle, torrent beetle] 淘甲；2. 淘甲科的
torridincolid beetle 见 torrent beetle
Torridincolidae 淘甲科
torsalo [= human bot fly, torsalo botfly, berne, ura, American warble fly, *Dermatobia hominis* (Linnaeus)] 人肤蝇，人疽蝇
torsalo botfly 见 torsalo
torsion 扭转
tortilis 扭曲的
tortoise beetle [= cassidid beetle, cassidid] 龟甲 < 龟甲科 Cassididae 昆虫的通称 >
tortoise scale 1. [= coccid insect, coccid scale, scale, scale insect, soft scale, coccid, wax scale] 蚧，介壳虫 < 蚧科 Coccidae 昆虫的通称 >；2. 龟蚧
tortoiseshell [= anglewing] 1. 蛱蝶 < 蛱蝶属 *Nymphalis* 昆虫的通称 >；2. 龟背蛱蝶
tortricid 1. [= tortricid moth, tortrix moth, leafroller moth] 卷蛾，卷叶蛾 < 卷蛾科 Tortricidae 昆虫的通称 >；2. 卷蛾科的
tortricid moth [= tortricid, tortrix moth, leafroller moth] 卷蛾，卷叶蛾
Tortricidae [= Agapetidae, Carpocapsidae, Cnephasiidae, Cochylidae, Epiblemidae, Eucosmidae, Graptolithidae, Olethreutidae, Sparganothidae] 卷蛾科，卷叶蛾科
Tortricidia 扣刺蛾属
Tortricidia flexuosa (Grote) [abbreviated button slug moth] 短扣刺蛾
Tortriciforma 钟丽夜蛾属
Tortriciforma viridipuncta Hampson 钟丽夜蛾
Tortricinae 卷蛾亚科
Tortricini 卷蛾族
Tortricodes 冬卷蛾属
Tortricodes tortricella (Denis *et* Schiffermüller) [clouded white shade, winter shade, clouded winter shade moth] 云杉冬卷蛾
Tortricoidea 卷蛾总科，卷叶蛾总科
Tortricopsis semijunctella Walker 澳刺柏辐射松织蛾
tortrix moth [= tortricid moth, tortricid, leafroller moth] 卷蛾，卷叶蛾
Tortrix 卷蛾属
Tortrix conchyloides Walsingham 见 *Acleris conchyloides*
Tortrix dinota Meyrick [brown tortrix, tea tortrix] 热非棉桉卷蛾
Tortrix excessana (Walker) 见 *Planotortrix excessana*
Tortrix flavescens (Butler) 新西兰落叶松卷蛾
Tortrix hyperptycha Meyrick 海卷蛾
Tortrix imperita Meyrick 见 *Lumaria imperita*
Tortrix leechi Walsingham 见 *Acleris leechi*
Tortrix liotoma Meyrick 同 *Clepsis rurinana*
Tortrix myrrhophanes Meyrick 见 *Acleris myrrhophanes*
Tortrix perdicoptera Wileman *et* Stringer 见 *Olethreutes perdicoptera*
Tortrix rhythmologa Meyrick 见 *Lumaria rhythmologa*
Tortrix sinapina (Butler) [Japanese oak leafroller] 针卷蛾，日橡卷蛾

Tortrix striatulana Walsingham 见 *Eucosma striatulana*
Tortrix viburnana Denis *et* Schiffermüller 见 *Aphelia viburnana*
Tortrix viridana (Linnaeus) [European oak leafroller, green oak moth, green oak tortrix, green oak leafroller moth, pea-green oak curl moth, oak leaf-roller, green tortrix] 栎绿卷蛾，栎绿卷叶蛾
tortulose [= tortulosus, tortulous] 1. 隆起的；2. 念珠形的
tortulosus 见 tortulose
tortulous 见 tortulose
tortuose [= tortuosus, tortuous] 扭曲的 < 指不规则弯曲的 >
tortuosus 见 tortuose
tortuous 见 tortuose
tortus skipper [*Drephalys tortus* Austin] 卷卓弄蝶
Tortyra angustistriata Issiki 见 *Saptha angustistriata*
Tortyra beryllitis formosana Matsumura 同 *Saptha pretiosa*
Torulisquama 窗野螟属
Torulisquama ceratophora Zhang *et* Li 角窗野螟
Torulisquama evenoralis (Walker) 竹窗野螟，竹绒野螟
Torulisquama obliquilinealis (Inoue) 斜纹窗野螟
Torulisquama ovata Zhang *et* Li 椭圆窗野螟
torulose [= torulosus, torulous] 多瘤的
torulose antenna 球节触角 < 意为触角的分节有膨大 >
torulosus 见 torulose
torulous 见 torulose
torulus 触角窝
Torulus 丛毛个木虱属
Torulus sinicus Li 中国丛毛个木虱
torus skipper [= rounded palm-redeye, Sikkim palm red-eye, Sikkim palm dart, banana skipper, banana leafroller, giant skipper, *Erionota torus* Evans] 黄斑蕉弄蝶，香蕉弄蝶，巨弄蝶，芭蕉弄蝶，蕉弄蝶
torymid 1. [= torymid wasp] 长尾小蜂 < 长尾小蜂科 Torymidae 的通称 >；2. 长尾小蜂科的
torymid wasp [= torymid] 长尾小蜂
Torymidae 长尾小蜂科
Torymoides 环双长尾小蜂属
Torymoides affinis (Masi) 邻环双长尾小蜂，邻荻长尾小蜂
Torymoides kiesenwetteri (Mayr) 基氏环双长尾小蜂
Torymus 长尾小蜂属
Torymus aiolomorphi (Kamijo) 竹歹长尾小蜂
Torymus armatus Boheman 阿长尾小蜂
Torymus bedeguaris (Linnaeus) 玫瑰瘿长尾小蜂
Torymus calcaratus Nees 丽长尾小蜂
Torymus flavigastris Matsuo 黄腹长尾小蜂
Torymus gansuensis Lin *et* Xu 甘肃长尾小蜂
Torymus latialatus Lin *et* Xu 宽翅长尾小蜂
Torymus maculatus Lin *et* Xu 斑翅长尾小蜂
Torymus microcerus (Walker) 松毛虫长尾小蜂
Torymus orientalis (Masi) 东方长尾小蜂，东方歹长尾小蜂
Torymus rugglesi Milliron 茹氏长尾小蜂
Torymus saliciperdae Rusch 同 *Torymus microcerus*
Torymus sinensis Kamijo 中华长尾小蜂，栗瘿长尾小蜂
Torymus spinosus (Kamijo) 刺长尾小蜂
Torymus varians (Walker) [apple seed chalcid] 苹籽长尾小蜂，苹籽蜂
Torymus zhejiangensis Lin *et* Xu 浙江长尾小蜂
Torynesis 突眼蝶属
Torynesis hawequas Dickson [hawequas widow] 黑影突眼蝶
Torynesis magna (van Son) [large widow] 大突眼蝶
Torynesis mintha (Geyer) [mintha widow] 突眼蝶
Torynesis orangica Vári [golden gate widow] 奥突眼蝶
Torynesis pringlei Dickson [Pringle's widow] 普氏突眼蝶
Torynorrhina 阔花金龟甲属，阔花金龟属
Torynorrhina distincta (Hope) 赤阔花金龟甲，显罗花金龟
Torynorrhina flammea (Gestro) 红阔花金龟甲
Torynorrhina fulvopilosa (Moser) 黄毛阔花金龟甲，黄毛阔花金龟
Torynorrhina hyacinthina (Hope) 靛蓝阔花金龟甲
Torynorrhina opalina (Hope) 奥阔花金龟甲，奥罗花金龟
Torynorrhina pilifera (Moser) 旭阔花金龟甲，旭阔花金龟，毛翅骚金龟，皮罗花金龟
Tosale 陶螟属
Tosale oviplagalis (Walker) [dimorphic tosale moth] 二型陶螟
Tosena 笃蝉属
Tosena albata Distant 白笃蝉
Tosena melanoptera (White) 同 *Tosena melanopteryx*
Tosena melanopteryx (Kirkaldy) 黑翅笃蝉，白带笃蝉
Tosena paviei (Noualhier) 帕维笃蝉
Tosena splendida Distant 见 *Distantalna splendida*
Tosenina 笃蝉亚族
Toshiaphaenops 湖盲步甲属
Toshiaphaenops globipennis Uéno 圆鞘湖盲步甲
Toshiaphaenops ovicollis Uéno 卵颈湖盲步甲
Tosirips 特卷蛾属
Tosirips perpulchranus (Kennel) 紫特卷蛾，紫综卷蛾
Tossinola 陶姬蜂属
Tossinola ryukyuensis Watanabe, Ishikawa *et* Konishi 琉球陶姬蜂
tosta skipper [*Tosta tosta* Evans] 涂弄蝶
Tosta 涂弄蝶属
Tosta tosta Evans [tosta skipper] 涂弄蝶
totacoria 腹侧膜
totaglossa 全舌 < 指中唇舌和侧唇舌合并，且其间无裂线者 >
total consumption [abb. TC] 总消耗
total developmental duration 总发育历期
total effective temperature 有效温度总和，有效积温
total heterozygosity 群体遗传多样性均值
totalizer 累积计算器
totasulcus 腹侧沟 < 指分隔基腹片和前侧片的沟 >
Tothillia 托蒂寄蝇属
Tothillia sinensis Chao *et* Zhou 中华托蒂寄蝇
Totonaca katydid [*Microcentrum totonacum* Saussure] 托托角翅螽
Totta 瘦树盲蝽属，狭树盲蝽属
Totta puspae Yasunaga *et* Duwal 普氏瘦树盲蝽，瘦树盲蝽
Totta rufercorna Lin *et* Yang 红角瘦树盲蝽，红角狭树盲蝽，红角树蝽
touffe 热害的
touffe flacherie 热软瘫 < 指蜜蜂中的 >
Toumeyella 龟纹蜡蚧属
Toumeyella liriodendri (Gmelin) [tuliptree scale] 百合龟纹蜡蚧，鹅掌楸黑蚧
Toumeyella numismaticum (Pettit *et* McDaniel) [pine tortoise scale]

松银松龟纹蜡蚧，龟纹蜡蚧
Toumeyella pinicola Ferris [irregular pine scale] 蒙地松龟纹蜡蚧
Toura 悦象甲属
Toussaint's scrub-hairstreak [*Strymon toussainti* (Comstock *et* Huntington)] 图氏螯灰蝶
Touzalinia 奥吉丁甲属，托吉丁甲属
Touzalinia psilopteroides Théry 泰奥吉丁甲，泰奥吉丁，裸翅托吉丁甲，裸翅托吉丁
Touzalinia psilopteroides psilopteroides Théry 泰奥吉丁甲指名亚种
Touzalinia psilopteroides siamensis Descarpentries *et* Villiers 泰奥吉丁甲泰国亚种，泰裸翅托吉丁
tovaria white [*Leptophobia tovaria* (Felder *et* Felder)] 锚纹黎粉蝶
Tovlinius 隆蜂虻属
Tovlinius albissimus (Zaitzev) 白隆蜂虻
Tovlinius pyramidatus Yao, Yang *et* Evenhuis 壮隆蜂虻
Tovlinius turriformis Yao, Yang *et* Evenhuis 癞隆蜂虻
Townesia 汤姬蜂属
Townesia cheni Liu *et* He 陈氏汤姬蜂
Townesia qinghaiensis He 同 *Liotryphon strobilellae*
Townesia sulcata Sheng *et* Li 沟汤姬蜂
Townesia tenuiventris (Holmgren) 细腹汤姬蜂
Townesilitini 汤氏茧蜂族
Townesilitus 汤氏茧蜂属
Townesilitus deceptor (Wesmael) 骗汤氏茧蜂
Townesilitus mellinus Chen *et* van Achterberg 蜜汤氏茧蜂
Townesilitus pallidistigmus Chen *et* van Achterberg 淡痣汤氏茧蜂
Townesoma 汤广肩小蜂属
Townesoma taiwanicus Narendran 台湾汤广肩小蜂
Townostilpnus 汤须姬蜂属
Townostilpnus chagrinator Aubert 革汤须姬蜂
Townostilpnus melanius Sheng *et* Sun 黑汤须姬蜂
Townostilpnus rufinator Aubert 赤汤须姬蜂
Townsendiellomyia nidicola (Townsend) 棕尾蛾汤逊寄蝇
Toxala 曲缘蝉属
Toxala verna (Distant) 土著曲缘蝉，土著曲蝉
Toxares 弓蚜茧蜂属
Toxares shigai Takada 史氏弓蚜茧蜂
toxemia 毒血病
toxic 毒的，有毒的
toxic crystal 结晶性毒素
toxic dose 中毒剂量
toxic regression equation [= toxicity regression equation] 毒力回归方程
toxic residue 残毒
toxic smoke 毒气
toxic symptom 中毒症状
toxicant 毒素，毒药，有毒物
toxicated larva 1. 中毒幼虫；2. 中毒蚕
toxication 中毒
toxicide 解毒剂
toxicity 毒性，毒力
toxicity bioassays 毒力生物测定，毒力生物检测
toxicity determination 毒力测定
toxicity grade 毒性等级
toxicity morphology 毒性形态学
toxicity ratio 毒力比值，毒力倍数
toxicity regression equation 见 toxic regression equation
toxicity symptom 中毒症状
toxicognath 毒颚 <指蜈蚣类中的毒爪>
toxicology 毒理学
toxicosis 中毒
Toxicum 毒甲属，角拟步甲属
Toxicum angustatum Pic 狭长毒甲，狭角拟步甲
Toxicum angustatum angustatum Pic 狭长毒甲指名亚种
Toxicum angustatum kulzeri Kaszab 狭长毒甲越北亚种
Toxicum angustum Ren *et* Wu 尖角毒甲
Toxicum assamensis Pic 阿萨姆毒甲，印角拟步甲
Toxicum bicornutum Pic 见 *Cryphaeus bicornutus*
Toxicum boleti (Lewis) 见 *Cryphaeus boleti*
Toxicum cavifrons Pic 同 *Toxicum funginum*
Toxicum digitatum Ren *et* Wu 扁指毒甲
Toxicum fanjingshanana Ren *et* Hua 梵净山毒甲
Toxicum flavofemoratum Redtenbacher 黄股毒甲
Toxicum formosanum Kulzer 台湾毒甲，台角拟步甲，三刺拟步行虫
Toxicum funginum Lewis 菌毒甲，菌角拟步甲，巨刺拟步行虫
Toxicum gazellae Schaffuss 嘎毒甲，嘎角拟步甲
Toxicum gladicornus Ren *et* Wu 刀角毒甲
Toxicum grandis Carter 大毒甲，大角拟步甲
Toxicum horridus Ren *et* Wu 突角毒甲
Toxicum mussardi Kaszab 穆氏毒甲
Toxicum obliqucornum Ren *et* Wu 斜角毒甲
Toxicum planicornus Ren *et* Wu 扁角毒甲
Toxicum quadricorne (Fabricius) 椰毒甲，椰角拟步甲
Toxicum tricornutum Waterhouse 三角毒甲，三角角拟步甲
Toxidia 陶弄蝶属
Toxidia andersoni (Kirby) [Anderson's skipper, southern grass-skipper] 长斑陶弄蝶
Toxidia doubledayi (Felder) [Doubleday's skipper, lilac grass-skipper] 圆斑陶弄蝶
Toxidia inornatus (Butler) [spotless grass-skipper, inornata skipper] 素陶弄蝶
Toxidia melania (Waterhouse) [black skipper, dark grass-skipper] 黑陶弄蝶
Toxidia parvulus (Plötz) [parvula skipper, banded grass-skipper] 小陶弄蝶
Toxidia peron (Latreille) [large dingy skipper, dingy grass-skipper, dingy skipper] 陶弄蝶
Toxidia rietmanni (Semper) [white-brand skipper, whitebranded grass-skipper] 砾乌陶弄蝶
Toxidia thyrrhus Mabille [dusky grass-skipper, thyrrhus skipper] 窗陶弄蝶
Toxidium 常缘出尾蕈甲属，毒物隐翅甲属
Toxidium villosum Löbl 绒常缘出尾蕈甲，毛毒物隐翅甲，毛毒物隐翅虫
toxigen [= toxigene, toxogen] 毒原
toxigene 见 toxigen
toxin [= toxine] 毒素
toxin immunity 抗毒性

toxine 见 toxin
toxinfection 毒性感染
toxinosis 毒素病
toxipathy 中毒病
Toxobotys 横突野螟属
Toxobotys nea (Strand) 妮横突野螟
Toxobotys praestans Munroe *et* Mutuura 卓越横突野螟
Toxocampa 紫脖夜蛾属
Toxocampa nigricostata Graeser 黑缘紫脖夜蛾
Toxocampa viciae Hübner 蚕豆紫脖夜蛾
Toxocampinae 影夜蛾亚科
Toxocerus chalcochrysea (Fairmaire) 同 *Amphicoma rothschildii*
Toxocerus dololosa (Fairmaire) 见 *Amphicoma dololosa*
Toxocerus dubia Semenov 同 *Amphicoma dololosa*
Toxocerus fairmairei Semenov 见 *Amphicoma fairmairei*
Toxocerus florentini Fairmaire 见 *Amphicoma florentini*
Toxocerus formosana (Miyake) 见 *Amphicoma formosana*
Toxocerus klapperichi (Endrödi) 见 *Amphicoma klapperichi*
Toxocerus latouchei Fairmaire 见 *Amphicoma latouchei*
Toxocerus rothschildii Fairmaire 见 *Amphicoma rothschildii*
Toxochitona 佗灰蝶属
Toxochitona ankole Stempffer 安佗灰蝶
Toxochitona gerda (Kirby) [Gerda's buff] 佗灰蝶
Toxochitona sankuru Stempffer 伞佗灰蝶
Toxochitona vansomereni Stempffer 范氏佗灰蝶
Toxodera 箭螳属
Toxodera hauseri Roy 赫氏箭螳
Toxodera maculata Beier 杂斑箭螳
Toxodera vana Yang 同 *Toxodera maculata*
toxoderid 1. [= toxoderid mantis] 箭螳，扁尾螳 <箭螳科 Toxoderidae 昆虫的通称>；2. 箭螳科的
toxoderid mantis [= toxoderid] 箭螳，扁尾螳
Toxoderidae 箭螳科，扁尾螳科
toxogen 见 toxigen
Toxognathus 箭颚叩甲属
Toxognathus beauchenei Fleutiaux 比箭颚叩甲
Toxognathus fairmairei Fleutiaux 费箭颚叩甲
toxoid 类毒素
Toxoides 滇波纹蛾属
Toxoides undulatus (Moore) 滇波纹蛾
toxoinfection 毒性传染，毒性感染
Toxomantis 扁螳属
Toxomantis sinensis Giglio-Tos 中华扁螳，中华锥眼螳
Toxomantis westwoodi Giglio-Tos 韦氏扁螳
toxone 减力毒素，减弱毒素
Toxoneura 脉草蝇属
Toxoneura kukunorensis (Czerny) 甘肃脉草蝇
Toxoneura striata Merz *et* Sueyoshi 条斑脉草蝇
toxonoid 无毒类毒素，缓解毒素
toxonosis 中毒病
Toxopeus' yellow tiger [*Parantica toxopei* (Nieuwenhuis)] 图绢斑蝶
Toxophora 弧蜂虻属
Toxophora albivittata Bowden 白纹弧蜂虻
Toxophora deserta Paramonov 沙地弧蜂虻
Toxophora iavana Wiedemann 炫弧蜂虻
Toxophora indica Grover 印度弧蜂虻
Toxophora javana Wiedemann 爪哇弧蜂虻
Toxophora quadricellulata Hesse 四室弧蜂虻
Toxophora zilpa Walker 同 *Toxophora iavana*
toxophore 带毒体
Toxophorinae 弧蜂虻亚科，棘胸蜂虻亚科
Toxopoda 箭叶鼓翅蝇属，弯足鼓翅蝇属，弯足艳细蝇属
Toxopoda bifurcata Iwasa 二叉箭叶鼓翅蝇
Toxopoda mordax Iwasa, Zuska *et* Ozerov 螯齿箭叶鼓翅蝇
Toxopoda simplex Iwasa 简单箭叶鼓翅蝇
Toxopoda viduata (Thomson) 白头箭叶鼓翅蝇，香港弯足鼓翅蝇，香港艳细蝇，寡鼓翅蝇
Toxoptera 声蚜亚属，声蚜属，橘蚜属
Toxoptera acori Theobald 同 *Schizaphis rotundiventris*
Toxoptera aurantii (Boyer de Fonscolombe) 见 *Aphis aurantii*
Toxoptera citricida (Kirkaldy) 见 *Aphis citricidus*
Toxoptera graminum (Rondani) 见 *Schizaphis graminum*
Toxoptera odinae (van der Goot) 见 *Aphis odinae*
Toxoptera piricola Matsumura 见 *Schizaphis piricola*
Toxoptera rotundiventris Signoret 见 *Schizaphis rotundiventris*
Toxoptera schlingeri Tao 同 *Aphis aurantii*
Toxorhina 箭大蚊属
Toxorhina* (*Ceratocheilus*) *formosensis (Alexander) 宝岛箭大蚊，台湾角唇大蚊，蓬莱桅大蚊
Toxorhina* (*Ceratocheilus*) *fulvicolor Alexander 金黄箭大蚊
Toxorhina* (*Ceratocheilus*) *fuscolimbata Alexander 棕缘箭大蚊
Toxorhina* (*Ceratocheilus*) *huanglica Zhang, Li *et* Yang 黄连山箭大蚊
Toxorhina* (*Ceratocheilus*) *omnifusca Zhang, Li *et* Yang 棕箭大蚊
Toxorhina* (*Ceratocheilus*) *taiwanicola (Alexander) 台湾箭大蚊，台湾桅大蚊，台托大蚊
Toxorhina* (*Ceratocheilus*) *tinctipennis (Alexander) 棕翅箭大蚊，色翅角唇大蚊，彩羽桅大蚊
Toxorhina* (*Ceratocheilus*) *univirgata Zhang, Li *et* Yang 单纹箭大蚊
Toxorhina taiwanicola (Alexander) 见 *Toxorhina* (*Ceratocheilus*) *taiwanicola*
Toxorhynchites 巨蚊属
Toxorhynchites aurifluus (Edwards) 金毛巨蚊，金腹巨蚊
Toxorhynchites aurifluus aurifluus (Edwards) 金毛巨蚊指名亚种
Toxorhynchites aurifluus formosensis (Ogasawara) 同 *Toxorhynchites aurifluus aurifluus*
Toxorhynchites changbaiensis Su *et* Wang 长白巨蚊
Toxorhynchites christophi (Portschinsky) 克氏巨蚊
Toxorhynchites edwardsi (Barraud) 黄边巨蚊
Toxorhynchites gravelyi (Edwards) 紫腹巨蚊
Toxorhynchites kempi (Edwards) 肯普巨蚊，阚氏巨蚊
Toxorhynchites manicatus (Edwards) 台湾巨蚊，紫色巨蚊
Toxorhynchites nigerrmus Dong, Zhou *et* Gong 黑色巨蚊
Toxorhynchites splendenroides Dong, Zhou *et* Gong 类华丽巨蚊
Toxorhynchites splendens (Wiedemann) 华丽巨蚊，金腹巨蚊
Toxorhynchites towadensis (Matsumura) 托巨蚊
Toxorhynchitini 巨蚊族
Toxorhynchitinae 巨蚊亚科

Toxoscelus 弓胫吉丁甲属，弓胫吉丁属，弓吉丁甲属，栗吉丁虫属
Toxoscelus angustimaculatus Hattori 鬼脸弓胫吉丁甲，鬼脸弓胫吉丁
Toxoscelus auriceps (Saunders) [chestnut twig borer] 蔷薇弓胫吉丁甲，栗弓吉丁甲，栗吉丁，蔷薇弓胫吉丁
Toxoscelus auriceps auriceps (Saunders) 蔷薇弓胫吉丁甲指名亚种，指名金弓吉丁
Toxoscelus auriceps tokarensis Kurosawa 蔷薇弓胫吉丁甲托卡亚种
Toxoscelus carbonarius Obenberger 拟蔷薇弓胫吉丁甲，拟蔷薇弓胫吉丁，炭弓吉丁甲，炭弓吉丁
Toxoscelus gracilis (Schönfeldt) 同 *Toxoscelus auriceps*
Toxoscelus gracilitibialis Hattori 短绒弓胫吉丁甲，短绒弓胫吉丁
Toxoscelus japonicus Obenberger 同 *Toxoscelus auriceps*
Toxoscelus kurosawai Hattori 见 *Neotoxoscelus kurosawai*
Toxoscelus mandarinus (Obenberge) 圈纹弓胫吉丁甲，圈纹弓胫吉丁，大陆弓吉丁甲，大陆扩胫吉丁
Toxoscelus nigrogracilis Hattori 黑褐弓胫吉丁甲，黑褐弓胫吉丁
Toxoscelus purpureihumeralis Hattori 铜盾弓胫吉丁甲，铜盾弓胫吉丁
Toxoscelus reticulimaculatus Hattori 网纹弓胫吉丁甲，网纹弓胫吉丁
Toxoscelus similis Gebhardt 粗胸弓胫吉丁甲，粗胸弓胫吉丁
Toxoscelus sterbai Obenberger 斯德弓胫吉丁甲，斯德弓胫吉丁，斯氏弓吉丁甲，斯弓吉丁
Toxoscelus sugiurai Hattori 多色弓胫吉丁甲，多色弓胫吉丁
Toxoscelus yokoyamai Kurosawa 横山氏弓胫吉丁甲，横山氏弓胫吉丁，台湾弓吉丁甲，台湾栗吉丁虫
Toxospathius 弓角鳃金龟甲属
Toxospathius auriventris Bates 丽腹弓角鳃金龟甲，丽腹弓角鳃金龟
Toxospathius brevicollis Arrow 短弓角鳃金龟甲，短弓角鳃金龟
Toxospathius inconstans Fairmaire 变弓角鳃金龟甲，变弓角鳃金龟
Toxotarca 箭祝蛾属
Toxotarca crassidigitata (Li) 粗环箭祝蛾
Toxotarca parotidosa Wu 箭祝蛾
Toxotinus 拟花天牛属
Toxotinus minutus Gebl 小拟花天牛
Toxotinus reini (Heyden) 瑞氏拟花天牛，瑞氏拟突花天牛
Toxotrypana 驮实蝇属
Toxotrypana curvicauda Gerstaecker [papaya fruit fly] 木瓜驮实蝇，番木瓜实蝇
Toxotus 突花天牛属
Toxotus meridianus (Linnaeus) 突花天牛
Toxurinae 尖角蜣蝇亚科
Toya 黄脊飞虱属，托亚飞虱属
Toya attenuata Distant 黄脊飞虱，黑胸托亚飞虱
Toya bridwelli (Muir) 非洲黄脊飞虱
Toya fulva (Yang) 同 *Toya terryi*
Toya larymna Fennah 黑颊黄脊飞虱，黑颜托亚飞虱
Toya lima (Yang) 同 *Toya terryi*
Toya lyraeformis (Matsumura) 见 *Falcotoya lyraeformis*
Toya propinqua (Fieber) 见 *Metadelphax propinqua*
Toya propinqua neopropinqua (Muir) 见 *Metadelphax propinqua neopropinqua*
Toya terryi (Muir) 黑面黄脊飞虱，黑面托亚飞虱
Toya tuberculosa (Distant) 瘤黄脊飞虱，瘤托亚飞虱，黑面黄脊飞虱
Toyoides 长角飞虱属
Toyoides albipennis Matsumura 绿长角飞虱，白翅长跗飞虱
Toyoides mira (Yang) 奇妙长角飞虱，甲仙长跗飞虱
TP [transmembrane protein 的缩写] 跨膜蛋白
TPI [trypsin proteinase inhibitor 的缩写] 胰蛋白酶抑制剂
TPP [triphenyl phosphate 的缩写] 磷酸三苯酯，三苯基磷酸酯
Trabala 黄枯叶蛾属
Trabala lambaurni Bethune-Baker 拉氏黄枯叶蛾，拉氏柱枯叶蛾
Trabala mandarina Roepke 同 *Trabala vishnou*
Trabala pallida (Walker) 赤黄枯叶蛾
Trabala vishnou (Lefèbvre) [rose myrtle lappet moth] 栗黄枯叶蛾，青柱枯叶蛾，绿黄枯叶蛾，蓖麻黄枯叶蛾，绿黄毛虫，栗黄毛虫，栎黄枯叶蛾，黄枯叶蛾
Trabala vishnou gigantina Yang 栗黄枯叶蛾栎黄亚种，大黄枯叶蛾，栎黄枯叶蛾，黄绿枯叶蛾
Trabala vishnou guttata (Matsumura) 栗黄枯叶蛾青黄亚种，台黄枯叶蛾，青黄枯叶蛾，青枯叶蛾
Trabala vishnou vishnou (Lefèbvre) 栗黄枯叶蛾指名亚种
Trabala vitellina (Oberthür) 褐黄枯叶蛾
trabecula 1. [s. trabeculum] 蕈体柄，角前突；2. [pl. trabeculae] 气门栅
trabeculae [s. trabecula] 气门栅
trabeculated 具角前突的
trabeculum [pl. trabecula] 蕈体柄，角前突
Trabutina 柽粉蚧属
Trabutina bogdanovi-katjkovi Borchsenius 同 *Trabutina mannipara*
Trabutina crassispinosa Borchsenius 矛刺柽粉蚧
Trabutina mannipara (Hemprich *et* Ehrenberg) [manna scale, manna mealybug, tamarisk manna scale] 圣露柽粉蚧
Trabutina serpentina (Green) 中亚柽粉蚧，中亚蛇粉蚧
Trabutinella 露粉蚧属
Trabutinella tenax Borchsenius 红柳露粉蚧
Trabutinininae 柽粉蚧亚科
trace analysis 微量分析
tracer isotope 示踪同位素
trachea [pl. tracheae] 气管
trachea cephalica dorsails 背头气管
trachea cephalica ventralis 腹头气管
Trachea 陌夜蛾属
Trachea atriplicis (Linnaeus) 陌夜蛾，白戟铜翅夜蛾
Trachea aurigera (Walker) 黄尘陌夜蛾
Trachea auriplena (Walker) 白斑陌夜蛾
Trachea bella (Butler) 见 *Chandata bella*
Trachea conjuncta Wileman 连陌夜蛾
Trachea consummata (Walker) 聚陌夜蛾
Trachea delica Kovács *et* Ronkay 德陌夜蛾，得力卡陌夜蛾
Trachea hastata (Moore) 矛陌夜蛾，哈陌夜蛾
Trachea leucochlora Boursin 白绿陌夜蛾
Trachea literata (Moore) 文陌夜蛾
Trachea mandschurica (Graeser) 贺陌夜蛾，贺夜蛾

Trachea melanospila Kollar 黑环陌夜蛾，黑点陌夜蛾
Trachea microspila Hampson 白点陌夜蛾
Trachea prasinatra Draudt 韭绿陌夜蛾，韭铜绿夜蛾
Trachea punkikonis Matsumura 暗斑陌夜蛾，彭陌夜蛾，明陌夜蛾
Trachea stoliczkae (Felder *et* Rogenhofer) 铜色陌夜蛾，铜翅夜蛾
Trachea tokiensis (Butler) 纷陌夜蛾
tracheae [s. trachea] 气管
tracheal 气管的
tracheal bush 气管丛
tracheal camera 气管龛
tracheal capillary [= tracheole] 微气管，毛细气管
tracheal cell 气管细胞
tracheal commissure 气管连锁
tracheal end cell [= tracheoblast, stellate cell] 端细胞，气管端细胞
tracheal gill 气管鳃
tracheal gill theory 气管鳃翅源说
tracheal gland 气管腺
tracheal orifice 气管口
tracheal recess 气管龛
tracheal system 气管系统
tracheal termination 气管末梢
tracheal trunk 气管干
tracheary 气管的
tracheate 具气管的
tracheation 气管分布
Tracheina 潜吉丁甲亚族，潜吉丁亚族
Tracheini 潜吉丁甲族，潜吉丁族
Tracheliodes 转长泥蜂属
Tracheliodes labitubercutus Li *et* Li 瘤唇转长泥蜂
Tracheliodes pygidialis Li *et* He 狭臀转长泥蜂
Tracheliodes rhysopleuralis Li 皱胸转长泥蜂
Trachelizus 细喙锥象甲属
Trachelizus bisulcatus Fabricius 窄颈细喙锥象甲，窄颈细喙象
Trachelobrachys pictipennis Fairmaire 见 *Ptilineurus pictipennis*
Trachelolagria 特郭公甲属
Trachelolagria angustata Pic 窄特郭公甲，窄特伪叶步甲
Trachelophorus 长颈卷象甲属
Trachelophorus giraffa Jekel [giraffe weevil, giraffe-necked weevil] 鹿长颈卷象甲，鹿长颈卷象，长颈卷象
Trachelus 黑足茎蜂属
Trachelus tabidus Fabricius 麦黑足茎蜂
tracheoblast 见 tracheal end cell
tracheole 见 tracheal capillary
Trachotrioza 粗角个木虱属
Trachotrioza apicinigra Li 端黑粗角个木虱
Trachotrioza beijingensis Li 北京粗角个木虱
Trachusa 弯尾黄斑蜂属，宽腹蜂属
Trachusa formosanum (Friese) 见 *Trachusa* (*Orthanthidium*) *formosanum*
Trachusa* (*Orthanthidium*) *formosanum (Friese) 台湾直黄斑蜂，台湾黄斑蜂
Trachusa* (*Paraanthidium*) *barkamensis (Wu) 马尔康准黄斑蜂
Trachusa* (*Paraanthidium*) *carinatum (Wu) 脊跗准黄斑蜂，脊准黄斑蜂
Trachusa* (*Paraanthidium*) *concavum (Wu) 凹准黄斑蜂
Trachusa* (*Paraanthidium*) *cornopes Wu 角足准黄斑蜂
Trachusa* (*Paraanthidium*) *coronum Wu 皇冠准黄斑蜂
Trachusa* (*Paraanthidium*) *kashgarense (Cockerell) 中亚准黄斑蜂
Trachusa* (*Paraanthidium*) *latipes (Bingham) 扁足准黄斑蜂，滇准黄斑蜂
Trachusa* (*Paraanthidium*) *longicorne (Friese) 长须准黄斑蜂
Trachusa* (*Paraanthidium*) *ludingensis (Wu) 泸定准黄斑蜂
Trachusa* (*Paraanthidium*) *maai (Mavromoustakis) 马氏准黄斑蜂
Trachusa* (*Paraanthidium*) *muiri (Mavromoustakis) 莫准黄斑蜂
Trachusa* (*Paraanthidium*) *popovii (Wu) 波氏准黄斑蜂
Trachusa* (*Paraanthidium*) *rubopunctatum (Wu) 橘色准黄斑蜂
Trachusa* (*Paraanthidium*) *xylocopiforme (Mavrovstakis) 木准黄斑蜂
Trachusa* (*Paraanthidium*) *yunnanensis (Wu) 云南准黄斑蜂
Trachyaphthona 长瘤跳甲属
Trachyaphthona bidentata Chen *et* Wang 见 *Trachytetra bidentata*
Trachyaphthona brevicornis Takizawa 见 *Trachytetra brevicornis*
Trachyaphthona buddlejae Wang 见 *Trachytetra buddlejae*
Trachyaphthona collaris Kimoto 见 *Trachytetra collaris*
Trachyaphthona cyanea (Chen) 见 *Trachytetra cyanea*
Trachyaphthona formosana Takizawa 见 *Trachytetra formosana*
Trachyaphthona fulva Wang 见 *Trachytetra fulva*
Trachyaphthona hammoni (Gruev) 见 *Trachytetra hammoni*
Trachyaphthona latispina Wang 见 *Trachytetra latispina*
Trachyaphthona lewisi (Jacoby) 见 *Trachytetra lewisi*
Trachyaphthona nigrita Ohno 见 *Trachytetra nigrita*
Trachyaphthona nigrosterna Wang 见 *Trachytetra nigrosterna*
Trachyaphthona obscura (Jacoby) 见 *Trachytetra obscura*
Trachyaphthona ornata Medvedev 见 *Trachytetra ornata*
Trachyaphthona punctata Kimoto 见 *Trachytetra punctata*
Trachyaphthona recticollis (Takizawa) 见 *Trachytetra recticollis*
Trachyaphthona rugicollis Wang 见 *Trachytetra rugicollis*
Trachyaphthona sakishimana (Kimoto *et* Gressitt) 见 *Zipangia sakishimana*
Trachyaphthona sordida (Baly) 见 *Trachytetra sordida*
Trachyaphthona suturalis (Chen) 见 *Trachytetra suturalis*
Trachycera 茸斑螟属
Trachycera curvella (Ragonot) 黄小茸斑螟
Trachycera dichromella (Ragonot) 见 *Furcata dichromella*
Trachycera hollandella (Ragonot) 果茸斑螟，果网斑螟，果黄斑螟
Trachycoccus 柽链蚧属
Trachycoccus tenax (Bodenheimer) 中亚柽链蚧
Trachyderina 紫天牛亚族
Trachyderini 紫天牛族
Trachydora musaea Meyrick 澳桉瘿尖翅蛾
Trachykele 柏吉丁甲属，柏吉丁属
Trachykele blondeli Marseul [western cedar borer] 西部柏吉丁甲，雪松吉丁
Trachykele hartmani Burke 中加扁柏吉丁甲，中加扁柏吉丁
Trachylepidia fructicassiella Ragonot 粗鳞蜡螟，决明荚螟
Trachylophus 粗脊天牛属
Trachylophus rugicollis Gressitt 四川粗脊天牛，皱粗脊天牛
Trachylophus sinensis Gahan 华粗脊天牛，粗脊天牛，四脊茶天

牛，金毛山天牛，金毛深山天牛
Trachymesopus darwinii (Forel) 见 *Pachycondyla darwinii*
Trachymesopus sharpi (Forel) 见 *Pachycondyla sharpi*
Trachymesopus stigma (Fabricius) 见 *Pachycondyla stigma*
Trachyodes marshalli Heller 见 *Myosides marshalli*
Trachyopella 粗小粪蝇属
Trachyopella formosa (Duda) 台湾粗小粪蝇，台湾大附蝇
Trachyostus 长小蠹属
Trachyostus aterrimus (Schaufuss) 深黑长小蠹
Trachyostus ghanaensis Schaufuss [wawa borer] 梧桐长小蠹
Trachyostus schaufussi Schedl 察氏长小蠹
trachypachid 1. [= trachypachid beetle, false ground beetle] 粗水甲 < 粗水甲科 Trachypachidae 昆虫的通称 >；2. 粗水甲科的
trachypachid beetle [= trachypachid, false ground beetle] 粗水甲
Trachypachidae 粗水甲科
Trachypachus 粗水甲属
Trachypachus inermis Motschulsky [unarmed temporal false ground beetle] 无刺粗水甲
Trachypeplus 糙皮网蝽属
Trachypeplus chinensis Drake *et* Poor 华糙皮网蝽
Trachypeplus jacobsoni Horváth 糙皮网蝽
Trachypeplus magnus Jing 大糙皮网蝽
Trachypeplus malloti Drake *et* Poor 毛糙皮网蝽
Trachypeplus yunnanus Jing 滇糙皮网蝽
Trachypholis 糙坚甲属
Trachypholis chinensis Šlipinski 华糙坚甲
Trachypholis ornatus Grouvelle 饰糙坚甲
Trachypteris 斜边吉丁甲属，斜边吉丁属
Trachypteris picta (Pallas) 杨斜边吉丁甲，杨十斑吉丁甲，杨十斑吉丁，皮黑吉丁
Trachypteris picta decastigma (Fabricius) 杨斜边吉丁甲具纹亚种，杨十斑黑吉丁
Trachypteris picta picta (Pallas) 杨斜边吉丁甲指名亚种
Trachys 潜吉丁甲属，潜吉丁属，矮吉丁虫属
Trachys abeillei Obenberger 阿贝潜吉丁甲，阿贝潜吉丁，阿潜吉丁甲，阿潜吉丁
Trachys acuminatus Peng 尖潜吉丁甲
Trachys aeneiceps Obenberger 铜紫潜吉丁甲，铜紫潜吉丁，铜色潜吉丁甲，铜色潜吉丁
Trachys aequalipennis Obenberger 等翅潜吉丁甲，等翅潜吉丁
Trachys albopilosus Peng 白毛潜吉丁甲
Trachys alphaxia Obenberger 见 *Habroloma alphaxia*
Trachys anchiale Obenberger 见 *Habroloma anchiale*
Trachys arhemus Obenberger 硕潜吉丁甲，硕潜吉丁，亚潜吉丁甲，亚潜吉丁
Trachys aureolus Peng 金色潜吉丁甲
Trachys auricollis Saunders 葛藤潜吉丁甲，葛藤潜吉丁，野葛潜吉丁甲，野葛潜吉丁，樟矮吉丁虫
Trachys aurifluus Solsky 金紫潜吉丁甲，金紫潜吉丁
Trachys auriflus Solsky 奥潜吉丁甲，奥潜吉丁
Trachys bali Guérin-Méneville 合欢潜吉丁甲，大叶合欢潜吉丁
Trachys bicolor Kerremans 紫铆潜吉丁甲，单籽紫铆潜吉丁
Trachys brachycephala Gebhardt 见 *Habroloma brachycephalum*
Trachys broussonetiae Kurosawa 棕绒潜吉丁甲，棕绒潜吉丁，布潜吉丁甲，布潜吉丁
Trachys chalingensis Peng 茶陵潜吉丁甲
Trachys chinensis Kerremans 中华潜吉丁甲，华潜吉丁
Trachys cupricolor Saunders 紫红潜吉丁甲，紫红潜吉丁，铜色潜吉丁甲，铜色矮吉丁虫
Trachys cylindricus Peng 筒状潜吉丁甲
Trachys davidis Fairmaire 达潜吉丁甲，达潜吉丁
Trachys dilaticeps Gebhardt 膨体潜吉丁甲，膨体潜吉丁，硕潜吉丁甲，硕潜吉丁，大斑矮吉丁虫
Trachys duplofasciatus Gebhardt 白斑潜吉丁甲，白斑潜吉丁，双带潜吉丁甲，双带潜吉丁
Trachys elvira Obenberger 长卵潜吉丁甲，长卵潜吉丁，埃潜吉丁甲，埃潜吉丁
Trachys euchariessa Gebhardt 见 *Habroloma euchariessum*
Trachys falcatae Kurosawa 同 *Trachys reitteri*
Trachys flaviceps Kerremans 棕斑潜吉丁甲，棕斑潜吉丁，黄头潜吉丁甲，桓潜吉丁
Trachys fleutiauxi van de Poll 弗氏潜吉丁甲，弗潜吉丁
Trachys formosana Kerremans 宝岛潜吉丁甲，宝岛潜吉丁，台湾潜吉丁甲，台岛潜吉丁
Trachys freyi Théry 同 *Trachys auricollis*
Trachys fusiformis Peng 梭形潜吉丁甲
Trachys griseofasciatus Saunders 灰带潜吉丁甲，灰带潜吉丁
Trachys hauseri Obenberger 同 *Trachys vavrai*
Trachys hornianus Obenberger 橘斑潜吉丁甲，橘斑潜吉丁，贺氏潜吉丁甲，贺潜吉丁
Trachys impressus Boheman 痕潜吉丁甲，痕潜吉丁
Trachys inconspicuus Saunders [prunus leafminer beetle] 白纹潜吉丁甲，白纹潜吉丁，梅潜吉丁甲，梅潜吉丁，梅矮吉丁虫，樱桃小吉丁
Trachys ineditus Saunders 平边潜吉丁甲，平边潜吉丁，樱潜吉丁甲，樱潜叶吉丁甲，阴潜吉丁
Trachys jakobsoni Obenberger 杰克森潜吉丁甲，杰克森潜吉丁，贾氏潜吉丁甲，贾潜吉丁
Trachys jakovlevi Obenberger 同 *Trachys saundersi*
Trachys latiquadratus Peng 方宽潜吉丁甲
Trachys klapaleki Obenberger 克氏潜吉丁甲，克潜吉丁
Trachys koshunensis Obenberger 湖春潜吉丁甲，湖春潜吉丁，高雄潜吉丁甲，高雄潜吉丁
Trachys kurosawai Bellamy 黑泽潜吉丁甲，黑泽矮吉丁虫，黑泽潜吉丁
Trachys latipennis Peng 宽翅潜吉丁甲
Trachys latus Peng 宽潜吉丁甲
Trachys lushanensis Peng 庐山潜吉丁甲
Trachys mandarinus Obenberger 杂绒潜吉丁甲，杂绒潜吉丁，大陆潜吉丁甲，大陆潜吉丁
Trachys marginicollis Fairmaire 见 *Habroloma marginicolle*
Trachys mariola Obenberger 同 *Trachys saundersi*
Trachys meilingensis Peng 梅岭潜吉丁甲
Trachys minutus (Linnaeus) 广布潜吉丁甲，广布潜吉丁，柳树潜吉丁甲，柳树潜吉丁
Trachys minutus minutus (Linnaeus) 广布潜吉丁甲指名亚种
Trachys minutus salicis (Lewis) 广布潜吉丁甲喜柳亚种，柳潜吉丁
Trachys nodulipennis Obenberger 毛簇潜吉丁甲，毛簇潜吉丁，结翅潜吉丁甲，结翅潜吉丁

T

Trachys ohbayashii Kurosawa 块斑潜吉丁甲，块斑潜吉丁，大林潜吉丁甲

Trachys ovalis Peng 卵形潜吉丁甲

Trachys pecirkai Obenberger 黑紫潜吉丁甲，黑紫潜吉丁，佩氏潜吉丁甲，佩潜吉丁

Trachys phlyctaenoides Kolenati 泡形潜吉丁甲，泡形矮吉丁

Trachys pseudoscrobiculatus Obenberger 粗孔潜吉丁甲，伪潜吉丁

Trachys pseudoscrobiculatus pseudoscrobiculatus Obenberger 粗孔潜吉丁甲指名亚种

Trachys pseudoscrobiculatus shirozui Kurosawa 粗孔潜吉丁甲白氏亚种

Trachys purpuratus Peng 紫色潜吉丁甲

Trachys quadripennis Peng 方翅潜吉丁甲

Trachys reitteri Obenberger [bean leafminer beetle] 雷氏潜吉丁甲，雷氏潜吉丁，豆潜吉丁甲，豆潜吉丁

Trachys robustus Saunders 壮潜吉丁甲，壮潜吉丁

Trachys rufopubens Fairmaire 红绒潜吉丁甲，红绒潜吉丁

Trachys salicis (Lewis) 见 *Trachys minutus salicis*

Trachys saundersi Lewis 莎氏潜吉丁甲，莎氏潜吉丁，桑氏潜吉丁甲，桑德潜吉丁，桑德氏矮吉丁虫 <此种学名有误写为 *Trachys saunderi* Lewis 者>

Trachys sauteri Kerremans 同 *Trachys auricollis*

Trachys scapuliformis Peng 突肩潜吉丁甲

Trachys semenovi Obenberger 同 *Trachys pecirkai*

Trachys sinicus Obenberger 中国潜吉丁甲，中国潜吉丁

Trachys sinna Obenberger 同 *Habroloma nixillum*

Trachys sororculus Obenberger 曲纹潜吉丁甲，曲纹潜吉丁，梭潜吉丁甲，梭潜吉丁

Trachys subbicornis Motschulsky 同 *Trachys griseofasciatus*

Trachys suichuanensis Peng 遂川潜吉丁甲

Trachys taiwanensis Obenberger 台湾潜吉丁甲，台湾潜吉丁，宝岛潜吉丁甲，台潜吉丁，台湾矮吉丁虫 <此种学名有误写为 *Trachys taiwania* Obenberger 者>

Trachys toringoi Kurosawa 楔形潜吉丁甲，楔形潜吉丁，托氏潜吉丁甲，托潜吉丁

Trachys tristis Abeille de Perrin 银纹潜吉丁甲，银纹潜吉丁，特潜吉丁甲，特潜吉丁

Trachys tsushimae Obenberger 圆斑潜吉丁甲，圆斑潜吉丁，对马潜吉丁甲，楚潜吉丁

Trachys variolaris Saunders 宽绒潜吉丁甲，宽绒潜吉丁，块斑潜吉丁甲，块斑潜吉丁

Trachys vavrai Obenberger 三角潜吉丁甲，三角潜吉丁，豪潜吉丁甲，豪潜吉丁甲

Trachys wagneri Gebhardt 见 *Habroloma wagneri*

Trachys yanoi Kurosawa 矢野潜吉丁甲，矢野潜吉丁，雅氏潜吉丁

Trachys yunnanus Obenberger 同 *Trachys saundersi*

Trachyscelis 糙拟步甲属，卵潜沙虫属

Trachyscelis chinensis Champion 华糙拟步甲，中华卵潜沙虫

Trachysiphonella 潜管秆蝇属

Trachysiphonella ruficeps (Macquart) 红头潜管秆蝇

Trachysphyrus 拉美姬蜂属

Trachysphyrus caesitius (Kokujev) 见 *Cryptus caesitius*

Trachysphyrus clavipennis (Kokujev) 见 *Cryptus clavipennis*

Trachysphyrus evidens (Kokujev) 见 *Cryptus evidens*

Trachysphyrus horishanus (Uchida) 埔里拉美姬蜂

Trachysphyrus obscurus Gravenhorst 见 *Cryptus obscurus*

Trachysphyrus piliceps (Kokujev) 见 *Cryptus piliceps*

Trachysphyrus tibetanus (Kokujev) 见 *Cryptus tibetanus*

Trachysphyrus triguttatus (Gravenhorst) 见 *Cryptus triguttatus*

Trachysphyrus unicarinatus (Kokujev) 见 *Cryptus unicarinatus*

Trachystola 糙皮天牛属

Trachystola scabripennis Pascoe 糙翅糙皮天牛

Trachystolodes 糙天牛属

Trachystolodes huangjianbini Huang, Guo *et* Liu 黄剑斌糙天牛

Trachystolodes tonkinensis Breuning 双斑糙天牛，双脊糙天牛

Trachytetra 长瘤跳甲属

Trachytetra bidentata (Chen *et* Wang) 双齿长瘤跳甲

Trachytetra binotata (Baly) 见 *Aphthona binotata*

Trachytetra brevicornis (Takizawa) 短角长瘤跳甲

Trachytetra buddlejae (Wang) 醉鱼草长瘤跳甲

Trachytetra collaris (Kimoto) 领长瘤跳甲

Trachytetra cyanea (Chen) 金绿长瘤跳甲，蓝齐跳甲

Trachytetra formosana (Takizawa) 台湾长瘤跳甲

Trachytetra fulva (Wang) 全黄长瘤跳甲

Trachytetra hammondi (Gruev) 哈氏长瘤跳甲

Trachytetra latispina (Wang) 宽刺长瘤跳甲

Trachytetra lewisi (Jacoby) 纯黄长瘤跳甲，柳齐跳甲

Trachytetra nigrita (Ohno) 黑长瘤跳甲

Trachytetra nigrosterna (Wang) 黑腹长瘤跳甲

Trachytetra obscura (Jacoby) 暗棕长瘤跳甲

Trachytetra okinawana (Takizawa) 冲绳长瘤跳甲

Trachytetra ornata (Medvedev) 饰长瘤跳甲

Trachytetra punctata (Kimoto) 点长瘤跳甲

Trachytetra recticollis (Takizawa) 直长瘤跳甲，直齐跳甲

Trachytetra rugicollis (Wang) 皱胸长瘤跳甲

Trachytetra sordida (Baly) 污褐长瘤跳甲

Trachytetra suturalis (Chen) 黑缝长瘤跳甲

Trachytetra takizawai (Kimoto) 泷泽齐跳甲

Trachythorax 瘤胸蝻属，瘤胸竹节虫属

Trachythorax atrosignatus (Brunner von Wattenwyl) 同 *Trachythorax maculicollis*

Trachythorax chinensis (Redtenbacher) 中华瘤胸蝻，中华玛异蝻，中华玛棒蝻

Trachythorax fuscocarinatus Chen *et* He 褐脊瘤胸蝻

Trachythorax longialatus Cai 长翅瘤胸蝻

Trachythorax maculicollis (Westwood) 暗斑瘤胸蝻

Trachythorax maculicollis maculicollis (Westwood) 暗斑瘤胸蝻指名亚种

Trachythorax maculicollis yunnanensis Gao *et* Liang 暗斑瘤胸蝻云南亚种

Trachythorax sexpunctatus (Shiraki) 六斑瘤胸蝻，六点瘤胸竹节虫

Trachythorax sparaxes (Westwood) 印度瘤胸蝻

Trachythorax yunnanensis Gao *et* Liang 云南瘤胸蝻

Trachyzulpha 棘卒螽属，棘露螽属

Trachyzulpha bhutanica Gorochov 不丹棘卒螽

Trachyzulpha formosana Shiraki 台湾棘卒螽，台湾糙螽，蓬莱棘露螽

Trachyzulpha fruhstorferi Dohrn 傅氏棘卒螽，弗氏糙螽
Trachyzulpha fruhstorferi borneo Gorochov 傅氏棘卒螽婆罗洲亚种
Trachyzulpha fruhstorferi fruhstorferi Dohrn 傅氏棘卒螽指名亚种
Trachyzulpha fruhstorferi varia Gorochov 傅氏棘卒螽暗翅亚种
Trachyzulpha siamica Gorochov 泰国棘卒螽
Trachyzulpha sinuosa Liu 波缘棘卒螽
tracta sister [*Adelpha tracta* (Butler)] 收缩悌蛱蝶
Trägardh's organ 特氏器
Traginops 寡树创蝇属
Traginops orientalis de Meijere 东方寡树创蝇
Tragiscoschema 带纹天牛属
Tragiscoschema bertolonii Thomson 咖啡带纹天牛
Tragiscoschema nigroscriptum (Fairmaire) [kapok long-horned borer] 爪哇木棉带纹天牛
Tragocephala nobilis Fabricius 环刺黑天牛
Tragocephala variegata Bertol 异环刺黑天牛
Tragopinae 甲角蝉亚科
Tragosoma depsarius (Linnaeus) [hairy pine borer] 北美接地木材天牛
trail parapheromone 类踪迹信息素，拟示踪信息素
trail pheromone [= trails] 踪迹信息素，标迹外激素
trails 见 trail pheromone
trailside skipper [= dimorphic grass skipper, *Anthoptus epictetus* (Fabricius)] 二型花柔弄蝶，花柔弄蝶
Trajan's forest queen [*Euxanthe trajanus* (Ward)] 珠润圆蛱蝶
trajectory 轨道
Trama 长跗蚜属
Trama troglodytes von Heyden [artichoke tuber aphid] 洋蓟长跗蚜
Tramea 斜痣蜻属
Tramea abdominalis (Rambur) [vermillion saddlebags] 朱红斜痣蜻
Tramea basilaris (Palisot de Beauvois) [keyhole glider, wheeling glider, red marsh trotter] 基斜痣蜻，旋斜痣蜻
Tramea basilaris basilaris (Palisot de Beauvois) 基斜痣蜻指名亚种
Tramea basilaris burmeisteri Kirby 基斜痣蜻浅色亚种，浅色斜痣蜻
Tramea binotata (Rambur) [sooty saddlebags] 乌黑斜痣蜻
Tramea calverti Muttkowski [striped saddlebags] 具带斜痣蜻
Tramea carolina (Linnaeus) [Carolina saddlebags] 卡罗斜痣蜻
Tramea chinensis De Geer 华斜痣蜻
Tramea insularis Hagen [Antillean saddlebags] 安斜痣蜻
Tramea lacerata Hagen [black saddlebags] 黑斜痣蜻
Tramea limbata (Desjardins) [ferruginous glider, voyaging glider, black marsh trotter] 褐斜痣蜻
Tramea limbata limbata (Desjardins) 褐斜痣蜻指名亚种
Tramea limbata similata Rambur 褐斜痣蜻缘环亚种，缘环斜痣蜻
Tramea loewii (Kaup) [common glider, common glider dragonfly, common flatwing, common Australian flatwing, brown saddlebags] 澳洲斜痣蜻
Tramea onusta Hagen [red saddlebags, red-mantled saddlebags] 红斜痣蜻
Tramea transmarina Brauer [red glider] 海神斜痣蜻，海霸蜻蜓
Tramea transmarina euryale Sélys 海神斜痣蜻微斑亚种，海霸蜻蜓微斑亚种
Tramea transmarina intersecta Lieftinck 海神斜痣蜻中间亚种
Tramea transmarina propinqua Lieftinck 海神斜痣蜻粗斑亚种，海霸蜻蜓粗斑亚种，邻赤蜻
Tramea transmarina transmarina Brauer 海神斜痣蜻指名亚种
Tramea transmarina yayeyamana Asahina 海神斜痣蜻冲绳亚种
Tramea virginia (Rambur) 华斜痣蜻，中华斜痣蜻，大华蜻蜓，枝赤蜻
Traminda 纺尺蛾属，姬尺蛾属，决明尺蛾属
Traminda aventiaria (Guenée) 巾纺尺蛾，缺口姬尺蛾，阿决明尺蛾，阿格纳尺蛾
Traminda mundissima (Walker) 双线纺尺蛾，印巴姬尺蛾，印巴决明尺蛾
tramosericeous [= tramosericeus] 似缎的
tramosericeus 见 tramosericeous
Transactions of the American Entomological Society 美国昆虫学会会刊 < 期刊名 >
Transactions of the Entomological Society of London 伦敦昆虫学会会刊 < 期刊名，1834—1933 年间伦敦皇家昆虫学会会刊 (Transactions of the Royal Entomological Society of London) 之名 >
Transactions of the Kansai Entomological Society 关西昆虫学会会刊 < 期刊名 >
Transactions of the Lepidopterological Society of Japan 日本鳞翅目学会会刊（蝶与蛾）< 期刊名 >
Transactions of the Royal Entomological Society of London 伦敦皇家昆虫学会会刊 < 期刊名 >
Transactions of the Shikoku Entomological Society 四国昆虫学会会刊 < 期刊名 >
transactivator 反式作用子
transaminase 氨基移转酶，转氨酶
transamination 转氨作用
Transandean cattleheart [*Parides iphidamas* (Fabricius)] 红绿番凤蝶
transcribed spacer 转录间隔区
transcriptase 转录酶
transcript 转录本
transcription 转录
transcription factor [abb. TF] 转录因子
transcription factor binding site [abb. TFBS] 转录因子结合位点
transcriptome 转录组，转录体
transcriptome map 转录图谱
transcriptomics 转录组学
transcripton [= scripton] 转录子
transduction 转导作用
transductory cascade 转导级联
transect 狭样区
transection 1. 横断；2. 横断面
transfaunation 动物区系转移 < 指共生关系中的 >
transfer RNA [abb. t-RNA] 转移 RNA
transferrin 转铁蛋白，运铁蛋白
transferring basket 移茧器
transferring silkworm 移蚕
transformation 1. 变形；2. 转化；3. 蜕变

transformational mimicry 变形拟态
transfrontal bristle 下额鬃 < 见于双翅目昆虫中 >
transgene 转基因，输异基因
transgenerational 跨代的，代间的
transgenerational epigenetic effect 跨代表观遗传影响
transgenerational epigenetic inheritance 跨代表观遗传
transgenerational inheritance 跨代遗传
transgenesis 转基因，转基因技术
transgenic expression 转基因表达
transgenic insect 转基因昆虫
transgenic plant 转基因植物
transiens 转变型 <飞蝗类中群居与散居二型转变期间的中间型，其向群居型转变者为转群型 (congregans)，向散居型转变者为转散型 (dissocians)>
transient dynamics 瞬时动态
transient repression 瞬时阻遏
transient state [= transition state] 过渡状态，过渡态
Transita 锤瓣卷蛾属
Transita exaesia Diakonoff 灰锤瓣卷蛾
transition 转换
transition state 见 transient state
Transition Zone 转移带 < 专指横穿新大陆、南方与北方地区相重叠的地带 >
transitional microsculpture 过渡区微饰纹 < 蜻类臭腺的 >
translamella 横叶
translation 1. 转译；2. 翻译
translocation 移位
translucent [= semitransparent,semi-translucent, semi-transparent, semihyaline,semi-opaque] 半透明的
translucent acraea [*Acraea translucida* Eltringham] 透珍蝶
translucent silkworm 油蚕
translucent skin 半透明肤皮
translucid 透明的
transmembrane protein [abb. TP] 跨膜蛋白
transmissibility 遗传性
transmission 1. 传染；2. 遗传；3. 传递
transmittancy 透光率
transmutation 蜕变
transovarian transmission [= transovarial transmission] 经卵巢传递，卵巢转卵传布，经卵传染，母体传染
transovarial transmission 见 transovarian transmission
transovum transmission 经卵表传递，卵表传递
transparency 透明度，透明
transparent burnet [*Zygaena purpuralis* (Brünnich)] 紫斑蛾
transparent head disease 空头病 < 家蚕的 >
transparent scale [= coconut scale, coconut palm scale, bourbon aspidiotus, bourbon scale, *Aspidiotus destructor* Signoret] 椰圆盾蚧，椰圆蚧，黄薄椰圆蚧，木瓜蚧，恶性圆蚧，黄薄轮心蚧，椰梯圆盾蚧，淡薄圆盾介壳虫
transparent six-line blue [= white-banded line-blue, *Nacaduba kurava* (Moore)] 古楼娜灰蝶
transpiration 蒸发作用
transport host 传递寄主
transporter activity 转运活性
transposon 转座子
transposon tagging 转座子标签法，转座子标记技术
transscutal articulation 盾间沟
transscutal sulcus 横盾沟 < 指将盾片分成前区与后区的横沟，常见于一些膜翅目昆虫中 >
transscutellar sulcus 横小盾沟 < 指高等双翅目昆虫中横贯在盾间沟二侧端之间的沟 >
transstadial transmission 跨龄传递，跨龄传布，经发育期传递
transtarsus 横跗节 < 指弹尾目昆虫中的小端趾节 >
transtilla [pl. transtillae] 1. 横带片；2. 抱器背基突 < 在鳞翅目雄性外生殖器中，由抱钩的背基角发生的突起 >
transtillae [s. transtilla] 1. 横带片；2. 抱器背基突
Transtympanacris 横鼓蝗属
Transtympanacris acutalula Zheng *et* Xin 尖翅横鼓蝗
Transtympanacris neipopennis (Xia *et* Jin) 幼翅横鼓蝗
Transtympanacris xueshanensis Zheng *et* Lian 雪山横鼓蝗
Transtympanacris yajiangensis Zheng 雅江横鼓蝗
transvaal copper [*Aloeides dryas* Tite *et* Dickson] 枯乐灰蝶
Transvenosus 横脉叶蝉属
Transvenosus albovenosus (Li *et* Webb) 白脉横脉叶蝉，白脉片脊叶蝉
Transvenosus emarginatus (Li *et* Wang) 凹斑横脉叶蝉，凹斑片脊叶蝉，凹斑锥头叶蝉
Transvenosus expansinus Li, Li *et* Xing 扩茎横脉叶蝉
Transvenosus sacculuses Li, Li *et* Xing 囊茎横脉叶蝉
Transvenosus signumus (Li *et* Webb) 端斑横脉叶蝉，端斑片脊叶蝉 < 此种学名有误写为 *Transvenosus signumes* (Li *et* Webb) 者 >
transversa 前胸盖突 < 指半翅目昆虫的前胸背板盖过中胸背板的突起 >
transverse [= transverses] 1. 横的；2. 横切的
transverse anterior line [abb. t. a. line] 横前线 < 指一些蛾类中横过前翅基部约 1/3 处的线纹 >
transverse band of crochets 横带 < 指鳞翅目幼虫趾钩的排列成横带者 >
transverse basal trachea 横基气管 < 为连接前缘径脉及肘臀脉气管群的气管 >
transverse cord 横脉列 < 指襀翅目昆虫翅中部外的近乎连续的横脉列 >
transverse impression 颊沟 < 见于双翅目昆虫中，同 cheek grooves>
transverse incision [= transverse sulcus] 横沟
transverse lady beetle [*Coccinella transversoguttata* Faldermann] 横斑瓢虫
transverse muscle 横肌
transverse nerve 横神经 < 即呼吸神经 (respiratory nerves)>
transverse orientation 横向定位
transverse pilacerore 横柱蜡孔 < 指介壳虫卵囊中分泌横板 (transverse plate) 的柱蜡孔带 >
transverse plate 横板 < 指介壳虫卵囊的横前部分 >
transverse posterior line [abb. t. p. line; = postmedial line] 后横线
transverse sulci [s. transverse sulcus] 横沟
transverse sulcus [pl. transverse sulci; = transverse incision] 横沟
transverse suture 横沟 < 常指双翅目昆虫的中胸前盾片与盾片间的横沟。此处 suture 为 sulcus 的旧称 >
transverse trachea 横走气管
transverses 见 transverse

transversion 颠换
trap 诱捕器
trap plant 诱集植物
trapeze moth [= maize leaf caterpillar, maize webworm, *Cnaphalocrocis trapezalis* (Guenée)] 玉米卷叶野螟，杂粮刷须野螟
Trapeziderus 甲壳隐翅甲属
Trapeziderus coomani (Li *et* Zhou) 库氏甲壳隐翅甲，库氏锐胸隐翅甲
Trapeziderus grandiceps (Kraatz) 大头甲壳隐翅甲，大头锐胸隐翅甲
Trapeziderus imitator (Cameron) 仿甲壳隐翅甲，仿锐胸隐翅甲
Trapeziderus macrocephalus (Sharp) 大甲壳隐翅甲
Trapeziderus rufoniger (Fauvel) 暗红甲壳隐翅甲，黄足锐胸隐翅甲
trapeziform 梯形的，不等四边形
Trapezites 梯弄蝶属
Trapezites argenteoornatus (Hewitson) [silver spotted skipper, silver-spotted ochre] 阿根梯弄蝶
Trapezites atkinsi Williams, Williams *et* Hay [speckled orchre skipper, speckled ochre] 赭梯弄蝶
Trapezites eliena (Hewitson) [orange ochre, eliena skipper] 艾连梯弄蝶
Trapezites genevieveae Atkins [ornate orchre skipper, ornate ochre] 美梯弄蝶
Trapezites heteromacula Meyrick *et* Lower [orange white-spot skipper, small orange ochre] 橙点梯弄蝶
Trapezites iacchoides Waterhouse [iacchoides skipper, silver-studded ochre] 山形梯弄蝶
Trapezites iacchus (Fabricius) [iacchus skipper, brown ochre] 雅梯弄蝶
Trapezites lutea (Tepper) [rare white spot skipper, yellow ochre] 白点梯弄蝶
Trapezites macqueeni Kerr *et* Sands [Macqueen's skipper, bronze ochre] 马克梯弄蝶
Trapezites maheta (Hewitson) [maheta skipper, northern silver ochre] 马哈梯弄蝶
Trapezites petalia (Hewitson) [common white spot skipper, black-ringed ochre] 皮塔梯弄蝶
Trapezites phigalia (Hewitson) [heath ochre skipper, heath ochre] 菲格梯弄蝶
Trapezites phigalioides Waterhouse [montane ochre skipper, montane ochre] 拟菲格梯弄蝶
Trapezites praxedes (Plötz) [southern silver ochre] 方斑梯弄蝶
Trapezites sciron Waterhouse *et* Lyell [sciron skipper, sciron ochre] 稀斑梯弄蝶
Trapezites symmomus Hübner [splendid ochre] 丽梯弄蝶，梯弄蝶
Trapezites taori Atkins [Taori skipper, sandstone ochre] 桃氏梯弄蝶
Trapezites waterhousei Mayo *et* Atkins [laterite ochre] 瓦氏梯弄蝶
Trapezitinae 梯弄蝶亚科，澳弄蝶亚科
trapezoid [= trapezoidal] 梯形的
trapezoidal 见 trapezoid
Trapezonotus 梯背长蝽属
Trapezonotus aeneiventris Kiritschenko 西藏梯背长蝽
Trapezonotus alticolus Zheng 高山梯背长蝽
Trapezonotus arenarius (Linnaeus) 沙地梯背长蝽
Trapezonotus subtilis Jakovlev 青海梯背长蝽
Trapherinae 窄广口蝇亚科，凸唇扁口蝇亚科
Trathala 离缘姬蜂属
Trathala brevis Sheng *et* Sun 短离缘姬蜂
Trathala coreana Uchida 同 *Trathala flavoorbitalis*
Trathala flavoorbitalis (Cameron) 黄眶离缘姬蜂
Trathala flavopedes Shiraki 同 *Eriborus sinicus*
Trathala matsumuraeana (Uchida) 松村离缘姬蜂
Traulia 凸额蝗属
Traulia angustipennis Bi 狭翅凸额蝗
Traulia aurora Willemse 长翅凸额蝗
Traulia brachypeza Bi 短胫凸额蝗
Traulia brevipennis Zheng, Ma *et* Li 短翅凸额蝗
Traulia hainanensis Liu *et* Li 海南凸额蝗
Traulia lofaoshana Tinkham 罗浮山凸额蝗
Traulia melli Ramme 梅氏凸额蝗
Traulia minuta Huang *et* Xia 小凸额蝗
Traulia nigritibialis Bi 黑胫凸额蝗
Traulia orchotibialis Liang *et* Zheng 黄胫凸额蝗
Traulia orientalis Ramme 东方凸额蝗
Traulia orientalis orientalis Ramme 东方凸额蝗指名亚种
Traulia orientalis szetschuanensis Ramme 见 *Traulia szetschuanensis*
Traulia ornata Shiraki 饰凸额蝗，林蝗
Traulia ornata amamiensis Yamasaki 饰凸额蝗奄美亚种
Traulia ornata chui Yamasaki 饰凸额蝗朱氏亚种
Traulia ornata iriomotensis Yamasaki 饰凸额蝗西表岛亚种
Traulia ornata ishigakiensis Yamasaki 饰凸额蝗石垣亚种
Traulia ornata okinawensis Yamasaki 饰凸额蝗那霸亚种
Traulia ornata ornata Shiraki 饰凸额蝗指名亚种
Traulia ornata yonaguniensis Yamasaki 饰凸额蝗与那国亚种
Traulia szetschuanensis Ramme 四川凸额蝗
Traulia tonkinensis Bolívar 越北凸额蝗，越凸额蝗
Traulia tonkinensis elongata Ramme 越北凸额蝗体长亚种
Traulia tonkinensis fruhstorferi Bolívar 越北凸额蝗福氏亚种
Traulia tonkinensis tonkinensis Bolívar 越北凸额蝗指名亚种
Traulitonkinacris 凸越蝗属
Traulitonkinacris bifurcatus You *et* Bi 叉尾凸越蝗
trauma 损伤
traumatic insemination 创伤性授精
traumatic mating 创伤性交配
Travancore evening brown [*Parantirrhoea marshalli* Wood-Mason] 翘尾眼蝶
tray 蚕匾
treatment 1. 处理；2. 治疗
Trebania 长须螟属，长须短颚螟属
Trebania flavifrontalis (Leech) 黄头长须螟，黄头长须短颚螟，黄额厚须螟
Trebania glaucinalis Hampson 青长须螟
Trebania glaucinalis postalbalis Caradja 见 *Trebania postalbalis*
Trebania muricolor Hampson 鼠灰长须螟
Trebania postalbalis Caradja 后白长须螟，后白青长须螟
treble silverstripe [*Lethe baladeva* (Moore)] 西藏黛眼蝶
trebula groundstreak [*Calycopis trebula* (Hewitson)] 特瑞俏灰蝶
Trechiama 特雷行步甲属
Trechiama alatus Uéno 阿特雷行步甲

Trechiama chui Uéno 朱特雷行步甲
Trechiama hamatus Uéno 钩特雷行步甲
Trechiama longissimus Uéno 长特雷行步甲
trechid 1. [= trechid beetle] 行步甲 < 行步甲科 Trechidae 昆虫的通称 >；2. 行步甲科的
trechid beetle [= trechid] 行步甲
Trechidae 行步甲科
Trechinae 行步甲亚科，疾步甲亚科
Trechiotes 拟行步甲属
Trechiotes embersoni Deuve 埃氏拟行步甲
Trechiotes perroti Jeannel 裴氏拟行步甲
Trechiotes qiannanicus Deuve *et* Tian 黔南拟行步甲，黔南行步甲
Trechnites 微索跳小蜂属
Trechnites manaliensis Hayat, Alam *et* Agarwal 马那里微索跳小蜂
Trechnites psyllae (Ruschka) 梨黄木虱微索跳小蜂
Trechoblemus 异行步甲属
Trechoblemus lindrothi Suenson 林异行步甲
Trechoblemus valentinei Suenson 瓦异行步甲
Trechus 行步甲属
Trechus alexandrovi Lutshnik 见 *Blemus alexandrovi*
Trechus bodemeyeri Reitter 波行步甲
Trechus chinensis Jeannel 见 *Epaphius chinensis*
Trechus dichrous Reitter 狄行步甲
Trechus ephippiatus Bates 见 *Epaphius ephippiatus*
Trechus hauseri Jeannel 豪行步甲
Trechus indicus Putzeys 印行步甲
Trechus kaznakovi Jeannel 卡行步甲
Trechus kozlovi Jeannel 柯行步甲
Trechus liochrous Jeannel 利行步甲
Trechus micrangulus Reitter 同 *Duvalius budae dioszeghyi*
Trechus suensoni Jeannel 苏帕行步甲
Trechus suensoni suensoni Jeannel 苏帕行步甲指名亚种，指名苏帕行步甲
Trechus suensoni wanghaifengensis (Deuve) 苏帕行步甲望海峰亚种，旺苏帕行步甲
Trechus thibetanus Jeannel 藏行步甲
Trechus tuxeni Jeannel 塔帕行步甲
Trechus wutaicola (Deuve) 五台行步甲，五台禽步甲，五台帕行步甲
Trechus xiei Deuve 谢氏行步甲
Trechus xinjiangensis Deuve 新疆行步甲
Trechus xiwuensis Deuve 西武行步甲
Trechus zhangi Deuve 张氏行步甲
Trechus zoigensis Deuve 佐行步甲
tree asp [= southern flannel moth, asp, Italian asp, woolly slug, opossum bug, puss caterpillar, puss moth, asp caterpillar, *Megalopyge opercularis* (Smith)] 美绒蛾，具盖绒蛾
tree bumblebee [= new garden bumblebee, *Bombus* (*Pyrobombus*) *hypnorus* (Linnaeus)] 眠熊蜂，亥熊蜂，鹃眠熊蜂，护巢熊蜂 < 此种学名有误写为 *Bombus hypnorum* (Linnaeus) 或 *Bombus* (*Pyrobombus*) *hypnorum* (Linnaeus) 者 >
tree cricket [= oecanthid cricket, oecanthid] 树蟋 < 树蟋科 Oecanthidae 昆虫的通称 >

T

tree flitter [*Hyarotis adrastus* (Stoll)] 树希弄蝶，希弄蝶
tree grayling [*Hipparchia statilinus* (Hüfnagel)] 细带仁眼蝶
tree length 树长
tree lobster [= Lord Howe Island stick insect, *Dryococelus australis* (Montrouzier)] 澳岛蛸，豪勋爵岛竹节虫
tree locust [= Sahelian tree locust, *Anacridium melanorhodon* (Walker)] 撒哈拉树刺胸蝗，树蝗
tree nymph [= paper kite, large tree nymph, rice paper, wood nymph, white tree nymph, *Idea leuconoe* (Erichson)] 大帛斑蝶，大白斑蝶
tree of heaven silkmoth [= cynthia moth, cynthia silkmoth, ailanthus silkmoth, *Samia cynthia* (Drury)] 樗蚕，小柏天蚕蛾，小柏天蚕
tree-top acraea [*Acraea cerasa* Hewitson] 树梢珍蝶
tree yellow [*Gandaca harina* (Horsfield)] 玕粉蝶，玕黄粉蝶，柠檬黄粉蝶
treehole predatory mosquito [=elephant mosquito, moustique rutilant, *Toxorhynchites rutilus* (Coquillet)] 象巨蚊
treehopper [= membracid treehopper, membracid bug, devilhopper, membracid] 角蝉 < 角蝉科 Membracidae 昆虫的通称 >
trefoil seed chalcid 1. [*Bruchophagus kolobovae* Fedoseeva] 苏车轴草广肩小蜂；2. [= clover seed chalcid, red clover chalcid, *Bruchophagus platypterus* (Walker)] 三叶草种子广肩小蜂，苜蓿籽蜂，车轴草广肩小蜂，红苜蓿种子广肩小蜂
trehalase 海藻糖酶
trehalose 海藻糖
Treiodous 细刻短翅芫菁亚属
Treitschkendia 芊须夜蛾属，芊须裳蛾属
Treitschkendia helva (Butler) 弧芊须夜蛾，弧佩须裳蛾
Treitschkendia insipidalis (Wileman) 白褐芊须夜蛾，白褐芊须裳蛾
Treitschkendia tarsipennalis (Treitschke) 棕芊须夜蛾，棕芊须裳蛾
Trelleora 啼蟋属
Trelleora fumosa Gorochov 褐啼蟋
Trelleora kryszhanovskiji Gorochov 柯氏啼蟋
Trellius 亮蟋属
Trellius (***Neotrellius***) ***yunnanensis*** Ma *et* Jing 云南亮蟋
Trellius (***Trellius***) ***guangdongensis*** Ma *et* Jing 广东亮蟋
Trellius vitalisi (Chopard) 丽思亮蟋，丽思镰亮蟋
Trematocoris 特缘蝽属
Trematocoris calcar (Dallas) 见 *Petillopsis calcar*
Trematocoris insignis (Hsiao) 无斑特缘蝽
Trematocoris lobipes (Westwood) 斑足特缘蝽
Trematocoris patulicollis (Walker) 见 *Petillopsis patulicollis*
Trematocoris tragus (Fabricius) 叶足特缘蝽
Trematodes 皱鳃金甲属，皱鳃金龟属，无翅鳃金龟甲属
Trematodes grandis Semenov 大皱鳃金龟甲，大皱鳃金龟
Trematodes potanini Semenov 波氏皱鳃金龟甲，波皱鳃金龟，爬皱鳃金龟
Trematodes tenebrioides (Pallas) [wingless cockchafer] 黑皱鳃金龟甲，无翅金龟子，黑皱鳃金龟，无翅黑金龟，无后翅金龟子，无翅金龟
Trematopygus 凹足姬蜂属
Trematopygus apertor Hinz 敞凹足姬蜂，开孔尾姬蜂

Trematopygus hemikrikos Sheng *et* Sun 半圆凹足姬蜂
trembling-wing fly [= pallopterid fly, flutter fly, flutter-wing fly, waving-wing fly, pallopterid] 草蝇 < 草蝇科 Pallopteridae 昆虫的通称 >
Tremecinae 扁角树蜂亚科
Tremex 扁角树蜂属，扁足树蜂属
Tremex abei Togashi 安部扁角树蜂
Tremex apicalis Matsumura 黑顶扁角树蜂
Tremex chujoi Sonan 中条扁角树蜂，中条扁足树蜂
Tremex columba (Linnaeus) [pigeon horntail, pigeon tremex, pigeon tremex horntail] 鸽扁角树蜂
Tremex contractus Maa 淡色扁角树蜂
Tremex fuscicornis (Fabricius) 烟扁角树蜂
Tremex gongliuensis Xiao *et* Wu 巩留扁角树蜂
Tremex guangchenii Xiao *et* Wu 广琛扁角树蜂
Tremex homorus Xiao *et* Wu 拟褐扁角树蜂
Tremex kojimai Togashi 湖岛扁角树蜂，小岛扁足树蜂
Tremex latipes Maa 褐痣扁角树蜂
Tremex longicollis Kônow [flat-legged horntail] 朴树扁角树蜂，扁足树蜂
Tremex niger Sonan 暗黑扁角树蜂，黑尾扁足树蜂
Tremex pandora Westwood 浙江扁角树蜂
Tremex propheta Semenov 普罗扁角树蜂
Tremex sepulcris Maa 黄斑扁角树蜂
Tremex serraticostatus Xiao *et* Wu 缘齿扁角树蜂
Tremex simplicissimus Maa 单齿扁角树蜂
Tremex simulacrum Semenov 窄胸扁角树蜂
Tremex temporalis Maa 黑胸扁角树蜂
Tremex violaceus Maa 褐翅扁角树蜂
Tremulicerus 凹唇叶蝉属
Tremulicerus amplificatus Kuoh *et* Fang 宽突凹唇叶蝉
Tremulicerus constrictus Kuoh *et* Fang 缢斑凹唇叶蝉
Tremulicerus destitutus Cai *et* Shen 无突凹唇叶蝉
Tremulicerus dilatatus Kuoh *et* Fang 膨突凹唇叶蝉
Tremulicerus nigritus Kuoh *et* Fang 黑面凹唇叶蝉
Trentepohlia 弯脉大蚊属，弯脉大蚊亚属，全大蚊属
Trentepohlia bifascigera Alexander 见 *Trentepohlia* (*Trentepohlia*) *bifascigera*
Trentepohlia enervata Alexander 见 *Trentepohlia* (*Mongoma*) *enervata*
Trentepohlia esakii Alexander 见 *Trentepohlia* (*Mongoma*) *esakii*
Trentepohlia fuscobasalis Alexander 见 *Trentepohlia* (*Trentepohlia*) *fuscobasalis*
Trentepohlia hainanica Alexander 见 *Trentepohlia* (*Mongoma*) *hainanica*
Trentepohlia (***Mongoma***) ***atayal*** Alexander 泰雅弯脉大蚊，员山全大蚊
Trentepohlia (***Mongoma***) ***enervata*** Alexander 无脉弯脉大蚊，恩弯脉大蚊，恩特伦大蚊
Trentepohlia (***Mongoma***) ***esakii*** Alexander 江崎弯脉大蚊，江崎全大蚊，江崎特伦大蚊，艾氏弯脉大蚊
Trentepohlia (***Mongoma***) ***hainanica*** Alexander 海南弯脉大蚊，海南特伦大蚊
Trentepohlia (***Mongoma***) ***montina*** Alexander 山弯脉大蚊，高山全大蚊，山特伦大蚊
Trentepohlia (***Mongoma***) ***pennipes*** (Osten Sacken) 翼弯脉大蚊，羽脚全大蚊，琼特伦大蚊
Trentepohlia (***Mongoma***) ***platyleuca*** Alexander 阔弯脉大蚊，平白全大蚊，平白特伦大蚊
Trentepohlia (***Mongoma***) ***tarsalba*** Alexander 白跗弯脉大蚊，宜兰全大蚊
Trentepohlia montina Alexander 见 *Trentepohlia* (*Mongoma*) *montina*
Trentepohlia pennipes (Osten-Sacken) 见 *Trentepohlia* (*Mongoma*) *pennipes*
Trentepohlia pictipennis Bezzi 见 *Trentepohlia* (*Trentepohlia*) *pictipennis*
Trentepohlia platyleuca Alexander 见 *Trentepohlia* (*Mongoma*) *platyleuca*
Trentepohlia proba Alexander 见 *Trentepohlia* (*Trentepohlia*) *proba*
Trentepohlia pulchripennis Alexander 见 *Trentepohlia* (*Trentepohlia*) *pulchripennis*
Trentepohlia (***Trentepohlia***) ***albogeniculata*** (Brunetti) 白膝弯脉大蚊，白膝全大蚊
Trentepohlia (***Trentepohlia***) ***bifascigera*** Alexander 双束弯脉大蚊，双带弯脉大蚊，双带特伦大蚊
Trentepohlia (***Trentepohlia***) ***fuscobasalis*** Alexander 基棕弯脉大蚊，淡水全大蚊，棕基特伦大蚊
Trentepohlia (***Trentepohlia***) ***pictipennis*** Bezzi 彩弯脉大蚊，纹翅特伦大蚊，丽翅特伦大蚊
Trentepohlia (***Trentepohlia***) ***proba*** Alexander 佳弯脉大蚊，乌来全大蚊，台特伦大蚊
Trentepohlia (***Trentepohlia***) ***pulchripennis*** Alexander 丽弯脉大蚊，华丽全大蚊
Trentepohlia (***Trentepohlia***) ***trentepohlii*** (Wiedemann) 春氏弯脉大蚊，闽特伦大蚊
Trentepohlia trentepohlii Wiedemann 见 *Trentepohlia* (*Trentepohlia*) *trentepohlii*
Trephionus 地步甲属
Trephionus nikkoensis Bates 卷缘地步甲，尼特累步甲
trephocyte 营养血细胞
Trephotomas 密实蚤蝽属
Trephotomas compactus Papáček, Štys *et* Tonner 密实蚤蝽
Trephotomasinae 密实蚤蝽亚科
Trepidaria cyanea Hendel 见 *Cothornobata cyanea*
Trepidariinae 躁蝇亚科
Trepsichrois linnaei Moore 同 *Euploea mulciber*
Treptoplatypus 徨长小蠹属
Treptoplatypus quadriporus Schedl 方徨长小蠹，方特小蠹
Treptoplatypus severini (Blandford) 灾徨长小蠹
Treptoplatypus solidus (Walker) 斜纹徨纹徨长小蠹，斜纹徨小蠹，锥长小蠹
Treptoplatypus xylographus (Schedl) 松徨长小蠹
tres cruces skipper [*Serdis viridicans* Felder] 绿香弄蝶
Tretoserphus 洼缝细蜂属
Tretoserphus ellipsocicatrix He *et* Xu 圆疤洼缝细蜂
Tretoserphus guangdongensis He *et* Xu 广东洼缝细蜂
Tretoserphus laricis (Haliday) 落叶松洼缝细蜂，浙江孔细蜂
Tretoserphus lini He *et* Xu 林氏洼缝细蜂
Tretoserphus tenuiterebrans He *et* Xu 瘦鞘洼缝细蜂
Tretoserphus tianmushanensis He *et* Xu 天目山洼缝细蜂
Triacanus 三突露尾甲属
Triacanus sauteri Grouvelle 同 *Triacanus* (*Triacanus*) *nigripennis*
Triacanus (***Triacanus***) ***apicalis*** (Erichson) 端三突露尾甲
Triacanus (***Triacanus***) ***conformis*** Kirejtshuk 同形三突露尾甲

Triacanus* (*Triacanus*) *japonicus Hisamatsu 日本三突露尾甲
Triacanus* (*Triacanus*) *nigripennis Reitter 黑翅三突露尾甲
Triacanus* (*Triacanus*) *pullus Kirejtshuk 暗三突露尾甲
Triacanus* (*Triacanus*) *ruficolor Kirejtshuk 红三突露尾甲
Triacanus* (*Triacanus*) *unicolor Kirejtshuk 同色三突露尾甲
triad 三叉脉
Triaena 齿剑纹夜蛾亚属，特利夜蛾属
Triaena intermedia (Warren) 见 *Acronicta intermedia*
Triaena sugii Kinoshita 见 *Acronicta sugii*
Triaenodella rufescens (Martynov) 见 *Triaenodes rufescens*
Triaenodes 叉长角石蛾属
Triaenodes bicolor (Curtis) 二色叉长角石蛾
Triaenodes fulva Navás 褐叉长角石蛾，褐歧长角石蛾
Triaenodes hoenei Schmid 贺氏叉长角石蛾，贺歧长角石蛾
Triaenodes medius (Navás) 庸三叉长角石蛾，庸三歧长角石蛾
Triaenodes pellectus Ulmer 美叉长角石蛾
Triaenodes qinglingensis Yang *et* Morse 秦岭叉长角石蛾
Triaenodes rufescens Martynov 锈色叉长角石蛾，红棕叉长角石蛾
Triaenodes sericeus Navás 丝叉长角石蛾，丝歧长角石蛾
Triaenodes unanimis MacLachlan 广三叉长角石蛾
Trialeurodes 蜡粉虱属，棘粉虱属
Trialeurodes abutiloneus (Haldeman) [bandedwing whitefly, bandedwinged whitefly] 纹翅蜡粉虱，纹翅粉虱，结翅粉虱
Trialeurodes bicolor Singh 见 *Singhiella bicolor*
Trialeurodes chinensis Takahashi 中国蜡粉虱，中华三粉虱
Trialeurodes elatostemae Takahashi 见 *Pealius elatostemae*
Trialeurodes floridensis (Quaintance) [avocado whitefly] 鳄梨蜡粉虱，鳄梨粉虱
Trialeurodes ishigakiensis Takahashi 石垣蜡粉虱
Trialeurodes lauri (Signoret) 樟蜡粉虱
Trialeurodes mori Takahashi 见 *Pealius mori*
Trialeurodes packardi (Morrill) [strawberry whitefly] 草莓蜡粉虱，草莓粉虱
Trialeurodes ricini (Misra) [castor bean whitefly] 蓖麻蜡粉虱，蓖麻粉虱
Trialeurodes tabaci Bondar [tobacco whitefly] 烟草蜡粉虱，烟草粉虱
Trialeurodes vaporariorum (Westwood) [greenhouse whitefly, glasshouse whitefly] 温室粉虱，温室白粉虱，白粉虱
Trialeurodes vittatas (Quaintance) [grape whitefly] 葡萄蜡粉虱，葡萄粉虱
trialysin 锥猎蝽细胞溶解素
Triancyra 三钩姬蜂属
Triancyra brevilatibasis Wang *et* Hu 短基三钩姬蜂
Triancyra diversa (Cushman) 分三钩姬蜂
Triancyra galloisi (Uchida) 黑脸三钩姬蜂
Triancyra kanoi (Uchida) 鹿野三钩姬蜂
Triancyra maculata Sheng 斑三钩姬蜂
Triancyra maculicornis (Cameron) 斑角三钩姬蜂
Triancyra minuta (Cushman) 小三钩姬蜂，小拟皱背姬蜂
Triancyra prolata Kamath *et* Gupta 长体三钩姬蜂
triangle 三角室 < 专指蜻蜓目近翅基部的三角形翅室 >
triangle birdwing [= Palawan birdwing, *Trogonoptera trojana* (Honrath)] 特洛伊红颈凤蝶，大翠叶红颈凤蝶
triangle gait 三角步法
triangle kite-swallowtail [*Eurytides leucaspis* (Godart)] 银阔凤蝶
triangular-marked longhorn beetle [*Uracanthus triangularis* Hope] 角斑双刺天牛
triangular plate 三角片
triangular polyhedron 三角形多角体
triangular saliana [= Kaye's saliana, *Saliana triangularis* Kaye] 三角颁弄蝶
triangular sclerotized plate 三角骨化板
triangular skipper [= triangularis skipper, *Vettius triangularis* (Hübner)] 三角铂弄蝶
triangularis skipper 见 triangular skipper
triangulate 呈三角状的，呈三角的
Triangulomias 骨板象甲属，骨板象属
Triangulomias foveocollis Chen *et* Lan 坑胸骨板象甲，坑胸骨板象
Triangulomias linopennis Chen *et* Lan 纹翅骨板象甲，纹翅骨板象
Triangulomias rotundus (Chen) 圆眼骨板象甲，圆眼骨板象
Triangulomias trianguloplatus (Chao) 三角骨板象甲，骨板象，骨板喜马象
Triaplatarthris 狭胸萤叶甲属
Triaplatarthris brevithorax (Pic) 见 *Atysa brevithorax*
Triaplatarthris collaris Gressitt *et* Kimoto 见 *Atysa collaris*
Triaplatarthris marginata (Hope) 见 *Atysa marginata*
Triaplatarthris porphyrea (Fairmaire) 见 *Atysa porphyrea*
Triaplatarthris pyrochroides Fairmaire 见 *Atysa pyrochroides*
triarticular [= triarticulate, triarticulatus] 三节的
triarticulate 见 triarticular
triarticulatus 见 triarticular
Triartiger 特里蚁甲属
Triartiger klapperichorum Nomura 克氏特里蚁甲
Triartiger urceus Kubota 乌特里蚁甲
Triaspidinae 三盾茧蜂亚科
Triaspidini 三盾茧蜂族
Triaspis 三盾茧蜂属
Triaspis caledonica (Marshall) 窃蠹三盾茧蜂，卡莱敦三盾茧蜂
Triaspis concava Chou *et* Hsu 凹唇三盾茧蜂
Triaspis nanchaensis Ma, Yang *et* Yao 木蠹三盾茧蜂
Triaspis pallipes (Nees) 白足三盾茧蜂
Triaspis rimulosus (Thomson) 裂缝三盾茧蜂
Triaspis* (*Schizoprymnus*) *beitun Chou *et* Hsu 见 *Schizoprymnus beitun*
Triaspis* (*Schizoprymnus*) *bicolor Chou *et* Hsu 见 *Schizoprymnus bicolor*
Triaspis* (*Schizoprymnus*) *borpian Chou *et* Hsu 见 *Schizoprymnus borpian*
Triaspis* (*Schizoprymnus*) *calvus Chou *et* Hsu 见 *Schizoprymnus calvus*
Triaspis* (*Schizoprymnus*) *chiu Chou *et* Hsu 见 *Schizoprymnus chiu*
Triaspis* (*Schizoprymnus*) *chouwen Chou *et* Hsu 见 *Schizoprymnus chouwen*
Triaspis* (*Schizoprymnus*) *chunji Chou *et* Hsu 见 *Schizoprymnus chunji*
Triaspis* (*Schizoprymnus*) *curvatus Chou *et* Hsu 见 *Schizoprymnus curvatus*
Triaspis* (*Schizoprymnus*) *distinctus Chou *et* Hsu 见 *Schizoprymnus distinctus*
Triaspis* (*Schizoprymnus*) *fessus Chou *et* Hsu 见 *Schizoprymnus fessus*
Triaspis* (*Schizoprymnus*) *hui Chou *et* Hsu 见 *Schizoprymnus hui*

Triaspis* (*Schizoprymnus*) *imitatus Papp 见 *Schizoprymnus imitatus*
Triaspis* (*Schizoprymnus*) *ketiao Chou *et* Hsu 见 *Schizoprymnus ketiao*
Triaspis* (*Schizoprymnus*) *kueichia Chou *et* Hsu 见 *Schizoprymnus kueichia*
Triaspis* (*Schizoprymnus*) *lienhuachihensis Chou *et* Hsu 见 *Schizoprymnus lienhuachihensis*
Triaspis* (*Schizoprymnus*) *loi Chou *et* Hsu 见 *Schizoprymnus loi*
Triaspis* (*Schizoprymnus*) *ovatus Chou *et* Hsu 见 *Schizoprymnus ovatus*
Triaspis* (*Schizoprymnus*) *plenus Chou *et* Hsu 见 *Schizoprymnus plenus*
Triaspis* (*Schizoprymnus*) *robustus Chou *et* Hsu 见 *Schizoprymnus robustus*
Triaspis* (*Schizoprymnus*) *shan Chou *et* Hsu 见 *Schizoprymnus shan*
Triaspis* (*Schizoprymnus*) *tungpuensis Chou *et* Hsu 见 *Schizoprymnus tungpuensis*
Triaspis shangchia Chou *et* Hsu 上颊三盾茧蜂
Triaspis thoracica Curtis 胸三盾茧蜂
Triaspis vestiticida Viereck 花象甲三盾茧蜂
Triatoma 锥猎蝽属
Triatoma amicitiae Lent 阿氏锥猎蝽
Triatoma arthurneivai Lent *et* Martins 阿图尔锥猎蝽
Triatoma baratai Carcavallo *et* Jurberg 巴拉塔锥猎蝽
Triatoma bahiensis Sherlock *et* Serafim 巴伊亚锥猎蝽
Triatoma barberi Usinger 巴伯锥猎蝽
Triatoma bassolsae Aguilar, Torres, Jiménez, Jurberg, Galvão *et* Carcavallo 巴索尔斯锥猎蝽
Triatoma bolivari Carcavallo, Martínez *et* Pelaez 玻利瓦尔锥猎蝽
Triatoma boliviana Martínez, Chávez, Sossa, Aranda, Vargas *et* Vidaurre 玻锥猎蝽
Triatoma bouvieri Larrousse 布氏锥猎蝽
Triatoma brailovskyi Martínez, Carcavallo *et* Pelaez 布莱锥猎蝽
Triatoma brasiliensis Neiva 巴西锥猎蝽
Triatoma breyeri Del Ponte 布雷耶锥猎蝽
Triatoma carcavalloi Jurberg, Rocha *et* Lent 卡尔锥猎蝽
Triatoma carrioni Larrousse 卡里翁锥猎蝽
Triatoma cavernicola Else *et* Cheong 穴锥猎蝽
Triatoma circummaculata (Stål) 环斑锥猎蝽
Triatoma confusa (Oliveira, Ayala, Justi, Rosa *et* Galvão) 迷惑锥猎蝽
Triatoma costalimai Verano *et* Galvão 边锥猎蝽
Triatoma deaneorum Galvão, Souza *et* Lima 迪恩锥猎蝽
Triatoma delpontei Romaña *et* Abalos 德氏锥猎蝽
Triatoma dimidiata (Latreille) 半锥猎蝽，分析锥猎蝽，二分锥蝽
Triatoma dispar Lent 异锥猎蝽
Triatoma dominicana Poinar 多米尼加锥猎蝽
Triatoma eratyrusiformis Del Ponte 埃锥猎蝽
Triatoma flavida Neiva 黄锥猎蝽
Triatoma gajardoi (Frias, Henry *et* Gonzalez) 加氏锥猎蝽
Triatoma garciabesi Carcavallo, Cichero, Martínez, Prosen *et* Ronderos 加西亚锥猎蝽
Triatoma gerstaeckeri (Stål) 格氏锥猎蝽
Triatoma gomeznunezi Martínez, Carcavallo *et* Jurberg 戈氏锥猎蝽
Triatoma guasayana Wygodzinsky *et* Abalos 瓜塞亚锥猎蝽
Triatoma guazu Lent *et* Wygodzinsky 大锥猎蝽
Triatoma hegneri Mazzotti 赫氏锥猎蝽
Triatoma huehuetenanguensis Lima-Cordón *et* Justi 黄腹锥猎蝽
Triatoma incrassate Usinger 厚锥猎蝽
Triatoma indictiva (Neiva) 众锥猎蝽
Triatoma infestans (Klug) [barber bug] 染锥猎蝽，侵扰锥猎蝽，骚扰锥蝽
Triatoma jatai Gonçalves, Teves-Neves, Santos-Mallet, Carbajal-de-la-Fuente *et* Lopes 佳氏锥猎蝽
Triatoma juazeirensis Costa *et* Felix 茹锥猎蝽
Triatoma jurbergi Carcavallo, Galvão *et* Lent 朱氏锥猎蝽
Triatoma klugi Carcavallo, Jurberg, Lent *et* Galvão 克氏锥猎蝽
Triatoma lenti Sherlock *et* Serafim 伦氏锥猎蝽
Triatoma leopoldi (Schouteden) 利氏锥猎蝽
Triatoma limai Del Ponte 利马锥猎蝽
Triatoma longipennis Usinger 长锥猎蝽
Triatoma maculate Erichson 斑点锥猎蝽
Triatoma matogrossensis Leite *et* Barbosa 马托格罗索锥猎蝽
Triatoma mazzottii Usinger 马氏锥猎蝽
Triatoma melanica Neiva *et* Lent 黑锥猎蝽
Triatoma melanocephala Neiva *et* Pinto 黑额锥猎蝽
Triatoma mexicana (Herrich-Schaeffer) 墨西哥锥猎蝽
Triatoma migrans Breddin 迁锥猎蝽
Triatoma mopan Dorn, Justi, Dale, Stevens, Galvão, Lima-Cordon *et* Monroy 莫潘锥猎蝽
Triatoma neotomae Neivav 纽氏锥猎蝽
Triatoma nigromaculata (Stål) 黑斑锥猎蝽
Triatoma nitida Usinger 光锥猎蝽
Triatoma obscura (Maldonado-Capriles *et* Farr) 暗锥猎蝽
Triatoma oliveirai (Neiva, Pinto *et* Lent) 奥氏锥猎蝽
Triatoma pallidipennis (Stål) 淡翅锥猎蝽
Triatoma parapatrica (Frías-Lasserre) 邻锥猎蝽
Triatoma patagonicaa (Del Ponte) 巴塔哥尼亚锥猎蝽
Triatoma peninsularis Usinger 半岛锥猎蝽
Triatoma petrochii Pinto *et* Barreto 彼氏锥猎蝽
Triatoma phyllosoma (Burmeister) 叶锥猎蝽
Triatoma picturata Usinger 图纹锥猎蝽
Triatoma pintodiasi Jurberg, Cunha *et* Rocha 平氏锥猎蝽
Triatoma platensis Neiva 平锥猎蝽
Triatoma protracta (Uhler) [western bloodsucking conenose, California kissing bug] 黑褐锥猎蝽，黑褐锥蝽，中国吸血猎蝽，中国猎蝽
Triatoma pseudomaculata Corrêa *et* Espínola 伪斑锥猎蝽
Triatoma pugasi Lent 朴氏锥猎蝽
Triatoma recurva (Stål) 曲锥猎蝽
Triatoma rosai Alevi, Oliveira, Garcia, Cristal, Delgado, Bittinelli, Reis, Ravazi, Oliveira, Galvão, Azeredo-Oliveira *et* Madeira 罗氏锥猎蝽
Triatoma rubida (Uhler) 红锥猎蝽
Triatoma rubrofasciata (De Geer) 广锥猎蝽，广锥蝽，红带锥蝽
Triatoma rubrovaria (Blanchard) 杂红锥猎蝽
Triatoma ryckmani Zeledón *et* Ponce 里氏锥猎蝽
Triatoma sanguisuga (LeConte) [eastern bloodsucking conenose] 红斑锥猎蝽，吸血锥猎蝽，吸血猎蝽，蛭形锥蝽
Triatoma sherlocki Papa, Jurberg, Carcavallo, Cerqueira *et* Barata 夏氏锥猎蝽
Triatoma sinaloensis Ryckman 西纳罗亚锥猎蝽
Triatoma sinica Hsiao 华锥猎蝽，华锥蝽
Triatoma sordida (Stål) 污锥猎蝽

Triatoma spinolai Porter 斯氏锥猎蝽
Triatoma tibiamaculata (Pinto) 胫斑锥猎蝽
Triatoma vandae Carcavallo, Jurberg, Rocha, Galvão, Noireau *et* Lent 万氏锥猎蝽
Triatoma venosa (Stål) 脉锥猎蝽
Triatoma vitticeps (Stål) 纹头锥猎蝽
Triatoma williami Galvão, Souza *et* Lima 威廉锥猎蝽
Triatoma wygodzinskyi Lent 维氏锥猎蝽
triatome 锥猎蝽 < 锥猎蝽属 *Triatoma* 昆虫的通称 >
triatomid [= kissing bug, Mexican bed bug, conenose bug, triatomine] 锥猎蝽 < 锥猎蝽亚科 Triatominae 昆虫的通称 >
Triatominae 锥猎蝽亚科
triatomine 见 triatomid
Triatomini 锥猎蝽族
triazophos 三唑磷
Tribalinae 小阎甲亚科，齿胫阎甲亚科
Tribalus 小阎甲属，小阎甲亚属，齿胫阎甲属
Tribalus colombius Marseul 鸽小阎甲，科齿胫阎甲
Tribalus koenigius Marseul 柯氏小阎甲
Tribalus minimus (Rossi) 最小阎甲，最小齿胫阎甲
Tribalus ogieri Marseul 欧氏小阎甲，奥齿胫阎甲
Tribalus punctillatus Bickhardt 点小阎甲，点齿胫阎甲
Tribasodes 刺胸蚁甲属
Tribasodes chinensis Yin, Zhao *et* Li 中华刺胸蚁甲
Tribasodites 脊胸蚁甲属，穴蚁甲属
Tribasodites abnormalis Yin, Nomura *et* Li 异形脊胸蚁甲，奇穴蚁甲
Tribasodites antennalis Jeannel 触角脊胸蚁甲，触角穴蚁甲
Tribasodites bama Yin, Nomura *et* Li 巴马脊胸蚁甲，巴马穴蚁甲
Tribasodites bari Yin 巴日脊胸蚁甲
Tribasodites bedosae Yin *et* Li 贝氏脊胸蚁甲，贝氏穴蚁甲
Tribasodites cehengensis Yin, Nomura *et* Li 册亨脊胸蚁甲，册亨穴蚁甲
Tribasodites cellulanus Yin 隐士脊胸蚁甲
Tribasodites coiffaiti (Jeannel) 考氏脊胸蚁甲，考氏穴蚁甲
Tribasodites constrictus Yin 束翅脊胸蚁甲
Tribasodites deharvengi Yin *et* Li 德氏脊胸蚁甲，德氏穴蚁甲
Tribasodites dilophus Yin 排刺脊胸蚁甲
Tribasodites elongatus Yin 狭躯脊胸蚁甲
Tribasodites frontalis Jeannel 额脊胸蚁甲，额穴蚁甲
Tribasodites grandiceps Yin 巨首脊胸蚁甲
Tribasodites gyirong Yin 吉隆脊胸蚁甲
Tribasodites hubeiensis Yin, Nomura *et* Li 湖北脊胸蚁甲，湖北穴蚁甲
Tribasodites kawadai Yin, Nomura *et* Li 河田脊胸蚁甲，川田穴蚁甲
Tribasodites kiypu Yin 吉普脊胸蚁甲
Tribasodites liboensis Yin, Nomura *et* Li 荔波脊胸蚁甲，荔波穴蚁甲
Tribasodites mirabilis Yin 绚足脊胸蚁甲
Tribasodites pengzhouensis Yin *et* He 彭州脊胸蚁甲，彭州穴蚁甲
Tribasodites picticornis Nomura 斑角脊胸蚁甲，斑角穴蚁甲
Tribasodites prolixicornis Yin 长角脊胸蚁甲
Tribasodites pugiunculus Yin 匕胫脊胸蚁甲
Tribasodites semipunctatus (Raffray) 半点脊胸蚁甲，半点穴蚁甲，半点巴索蚁甲
Tribasodites setosiventris Yin, Nomura *et* Li 毛腹脊胸蚁甲，毛腹穴蚁甲
Tribasodites spinacaritus Yin, Li *et* Zhao 缺刺脊胸蚁甲，光转穴蚁甲
Tribasodites thailandicus Yin, Nomura *et* Li 泰国脊胸蚁甲，泰国穴蚁甲
Tribasodites tiani Yin *et* Li 田氏脊胸蚁甲，田氏穴蚁甲
Tribasodites tianmuensis Yin, Zhao *et* Li 天目脊胸蚁甲
Tribasodites uenoi Yin, Nomura *et* Li 上野脊胸蚁甲，上野穴蚁甲
Tribasodites vertexalis Yin 奇首脊胸蚁甲
Tribasodites xingyiensis Yin, Nomura *et* Li 兴义脊胸蚁甲，兴义穴蚁甲
Tribasodites yatung Yin 亚东脊胸蚁甲
tribe 族 < 为生物分类中的一阶元 >
Tribelocephala 绒猎蝽属
Tribelocephala pullata Villiers 小绒猎蝽
Tribelocephala walkeri China 瓦绒猎蝽
Tribelocephalinae 绒猎蝽亚科
Triboliini 拟粉甲族
Tribolium 拟粉甲属，拟谷盗属
Tribolium anaphe Hinton 欧洲拟粉甲，欧洲拟谷盗
Tribolium audax Halstead [black flour beetle] 美洲拟粉甲，美洲黑拟谷盗，黑粉甲
Tribolium brevicornis (LeConte) 短角拟粉甲，短角拟谷盗
Tribolium castaneum (Herbst) [red flour beetle, bran bug, red grain beetle, red meal beetle, rust red flour beetle] 赤拟粉甲，赤拟谷盗，拟谷盗
Tribolium confusum Jacquelin du Val [confused flour beetle] 杂拟粉甲，杂拟谷盗，拟谷盗，扁拟谷盗
Tribolium destructor Uyttenboogaart [dark flour beetle] 褐拟粉甲，褐拟谷盗，黑拟谷盗
Tribolium ferrugineum Fabricius 同 *Tribolium castaneum*
Tribolium freemani Hinton 弗氏拟粉甲，弗氏拟谷盗，弗拟谷盗
Tribolium madens (Charpentier) 黑拟粉甲，欧洲黑拟谷盗
Tribolium parallelus (Casey) 平行拟粉甲，平行拟谷盗
Tribolium thusa Hinton 南非拟粉甲，南非拟谷盗
Tribulocentrus 蒺刺角蝉属
Tribulocentrus zhenbaensis Chou *et* Yuan 镇巴蒺刺角蝉
Tricampa 毛虮属
tricarinate 具三隆线的
Tricentrini 三刺角蝉族
Tricentrus 三刺角蝉属
Tricentrus acuticornis Funkhouser 尖三刺角蝉
Tricentrus albescens Funkhouser 拟白胸三刺角蝉
Tricentrus albipennis Kato 白翅三刺角蝉
Tricentrus albomaculatus Distant 白斑三刺角蝉
Tricentrus aleuritis Chou [tung-oil-tree membracid] 油桐三刺角蝉
Tricentrus allabens Distant 白胸三刺角蝉
Tricentrus altidorsus Funkhouser 高峭三刺角蝉
Tricentrus amplicornis Funkhouser 扩三刺角蝉，宽角三刺角蝉
Tricentrus assamensis Distant 阿萨姆三刺角蝉
Tricentrus auriculatus Yuan *et* Fan 耳三刺角蝉
Tricentrus baiyunshanensis Yuan *et* Fan 白云山三刺角蝉

Tricentrus bakeri Funkhouser 贝克三刺角蝉
Tricentrus basalis (Walker) 基三刺角蝉
Tricentrus bibrunneifasciatus Yuan *et* Fan 二褐带三刺角蝉
Tricentrus bicolor Distant 二色三刺角蝉
Tricentrus bifasciatus Jacobi 双带三刺角蝉
Tricentrus biformis Kato 二型三刺角蝉
Tricentrus bovillus Distant 黄盘三刺角蝉
Tricentrus breviceps Yuan *et* Tian 短唇三刺角蝉
Tricentrus brunneimarginis Yuan *et* Fan 褐缘三刺角蝉
Tricentrus brunneus Funkhouser 褐三刺角蝉
Tricentrus camelliae Yuan *et* Fan 茶树三刺角蝉
Tricentrus camelloleifer Yuan *et* Cui 油茶三刺角蝉
Tricentrus capreolus (Walker) 同 *Tricentrus walkeri*
Tricentrus carinatus Funkhouser 嵴三刺角蝉
Tricentrus cassiae Yuan *et* Xu 铁刀木三刺角蝉
Tricentrus castaneipes Kato 栗色三刺角蝉
Tricentrus colligatoclypei Yuan *et* Cui 融瓣三刺角蝉
Tricentrus colligatoclypeides Yuan *et* Cui 肖融瓣三刺角蝉
Tricentrus congestus (Walker) 三刺角蝉
Tricentrus coriariae Yuan *et* Fan 马桑三刺角蝉
Tricentrus crassispinatus Yuan *et* Cui 粗三刺角蝉
Tricentrus curvicornis Funkhouser 弯三刺角蝉，弯角三刺角蝉
Tricentrus curvispinatus Yuan *et* Cui 弯突三刺角蝉
Tricentrus davidi (Fallou) 达氏三刺角蝉，达氏秃角蝉，达氏圆角蝉
Tricentrus depressicornis Funkhouser 扁三刺角蝉，浙三刺角蝉
Tricentrus dinghushanensis Yuan *et* Fan 鼎湖山三刺角蝉
Tricentrus dorsocameloideus Yuan *et* Xu 驼背三刺角蝉
Tricentrus dubius Ananthasubramanian 疑三刺角蝉
Tricentrus elaeagni Yuan *et* Fan 胡颓子三刺角蝉
Tricentrus elevotidorsalis Yuan *et* Fan 隆背三刺角蝉
Tricentrus elongatus Kato 长三刺角蝉
Tricentrus fairmairei (Stål) 费氏三刺角蝉
Tricentrus fasciatus Kato 横带三刺角蝉，带三刺角蝉
Tricentrus ferrugineus Walker 暗红三刺角蝉
Tricentrus ferruginosus Funkhouser 锈三刺角蝉
Tricentrus finitimus (Walker) 棕三刺角蝉
Tricentrus flava Kato 黄三刺角蝉，黄森角蝉
Tricentrus flavidopennae Yuan *et* Fan 黄翅三刺角蝉
Tricentrus floripinnae Yuan *et* Cui 花翅三刺角蝉
Tricentrus foliocornatus Yuan *et* Fan 叶三刺角蝉
Tricentrus forticornis Funkhouser 强三刺角蝉，粗角三刺角蝉
Tricentrus fukienensis Funkhouser 福建三刺角蝉
Tricentrus fulgidus Funkhouser 耀光三刺角蝉，耀三刺角蝉
Tricentrus fulgiformis Yuan *et* Fan 拟耀三刺角蝉
Tricentrus fuscoapicalis Kato 暗端三刺角蝉
Tricentrus fuscolimbatus Kato 暗膜三刺角蝉
Tricentrus fuscovenationis Yuan *et* Fan 暗脉三刺角蝉
Tricentrus gammamaculatus Yuan *et* Cui 丫纹三刺角蝉
Tricentrus gargaraformae Chou *et* Yuan 圆耀三刺角蝉
Tricentrus gargaraformis Kato 圆三刺角蝉，台三刺角蝉
Tricentrus gibbosulus (Walker) 四川三刺角蝉
Tricentrus glochidionae Kato 格罗三刺角蝉
Tricentrus gracilicornis Kato 丽角三刺角蝉
Tricentrus gracilis Kato 丽三刺角蝉，丽森角蝉
Tricentrus gyirongensis Yuan *et* Cui 吉隆三刺角蝉
Tricentrus hangzhouensis Yuan *et* Fan 杭州三刺角蝉
Tricentrus hekouensis Yuan *et* Fan 河口三刺角蝉
Tricentrus hyalinipennis Kato 明翅三刺角蝉，透翅三刺角蝉
Tricentrus hyalopterus Yuan *et* Cui 透翅三刺角蝉
Tricentrus koshunensis Matsumura 恒春三刺角蝉，恒春森角蝉
Tricentrus kotoinsulanus Kato 台岛三刺角蝉
Tricentrus kotonis Funkhouser 中国三刺角蝉
Tricentrus lanpingensis Yuan *et* Fan 兰坪三刺角蝉
Tricentrus laticornis Lindberg 宽角三刺角蝉
Tricentrus lindbergi Hua 林氏三刺角蝉
Tricentrus longimarginis Yuan *et* Cui 宽缘三刺角蝉
Tricentrus longivalvulatus Yuan *et* Fan 长瓣三刺角蝉
Tricentrus ludingensis Yuan *et* Cui 泸定三刺角蝉
Tricentrus lui Yuan *et* Fan 路氏三刺角蝉
Tricentrus maacki Funkhouser 玛克三刺角蝉，马氏三刺角蝉
Tricentrus maculatus Funkhouser 端褐三刺角蝉
Tricentrus maculopennae Yuan *et* Fan 斑翅三刺角蝉
Tricentrus maculus Funkhouser 黑三刺角蝉
Tricentrus manilaensis Funkhouser 马尼拉三刺角蝉
Tricentrus marginatus Kato 缘三刺角蝉，缘森角蝉
Tricentrus medogensis Yuan *et* Cui 墨脱三刺角蝉
Tricentrus megaloplasius Chou *et* Yuan 巨三刺角蝉
Tricentrus minicornis Yasmeen 细角三刺角蝉
Tricentrus minor Lindberg 小三刺角蝉
Tricentrus minuticornis Kato 纤角三刺角蝉
Tricentrus mushaensis Kato 雾社三刺角蝉
Tricentrus naifunpoensis Kato 内芳铺三刺角蝉
Tricentrus neofulgidus Yuan *et* Cui 新耀三刺角蝉
Tricentrus neokamaonensis Yasmeen *et* Ahmad 新卡三刺角蝉
Tricentrus neoplanicornis Yuan 平三刺角蝉
Tricentrus nigrifrons Kato 黑额三刺角蝉，黑额森角蝉
Tricentrus nigriapiculus Yuan *et* Fan 端黑三刺角蝉
Tricentrus nigrus Kato 黑色三刺角蝉，黑森角蝉
Tricentrus nitidus Kato 亮三刺角蝉，亮森角蝉
Tricentrus nivis Funkhouser 雪三刺角蝉
Tricentrus obesus Funkhouser 胖三刺角蝉
Tricentrus oedothorectoidis Yuan *et* Fan 拟壮三刺角蝉
Tricentrus oedothorectus Yuan *et* Cui 壮三刺角蝉，肿三刺角蝉
Tricentrus orientalis Funkhouser 东方三刺角蝉
Tricentrus ornatus Funkhouser 黄胸三刺角蝉
Tricentrus pallipes Kato 淡色三刺角蝉
Tricentrus panayensis Funkhouser 班乃岛三刺角蝉
Tricentrus pieli Funkhouser 皮氏三刺角蝉
Tricentrus pilinervosus Funkhouser 毛脉三刺角蝉
Tricentrus projectus Distant 前三刺角蝉
Tricentrus pronus Distant 倾胸三刺角蝉
Tricentrus pseudobasalis Yuan *et* Fan 拟基三刺角蝉
Tricentrus punctatus Kato 同 *Maurya paradoxa*
Tricentrus purpureus Funkhouser 紫黑三刺角蝉，紫三刺角蝉
Tricentrus qinlingensis Yuan *et* Fan 秦岭三刺角蝉
Tricentrus quernales Chou *et* Yuan 栎三刺角蝉
Tricentrus repandus Distant 上卷三刺角蝉
Tricentrus robustus Funkhouser 绕三刺角蝉，壮三刺角蝉
Tricentrus samai Funkhouser 萨三刺角蝉，三亚三刺角蝉

Tricentrus semipellucidus Yuan *et* Cui 半透翅三刺角蝉
Tricentrus shinchicunus Kato 新地三刺角蝉，台森角蝉
Tricentrus sophorae Yuan *et* Yan 槐树三刺角蝉
Tricentrus spinicornis Funkhouser 刺状三刺角蝉
Tricentrus strumpeli Ahmad *et* Yasmeen 斯氏三刺角蝉
Tricentrus tabulatus Yuan *et* Fan 片三刺角蝉
Tricentrus taipinensis Kato 太平三刺角蝉
Tricentrus takaoensis Kato 高雄三刺角蝉
Tricentrus taurus Funkhouser 陶三刺角蝉
Tricentrus tenuispinatus Yuan *et* Cui 细三刺角蝉
Tricentrus tubulaticornis Yuan *et* Fan 板三刺角蝉
Tricentrus viridipronoti Yuan *et* Tian 绿背三刺角蝉
Tricentrus walkeri Metcalf *et* Wade 沃克三刺角蝉，窝氏三刺角蝉
Tricentrus xanthopezus Yuan *et* Fan 黄足三刺角蝉
Tricentrus xiphistes Kato 剑三刺角蝉
Tricentrus xizangensis Yuan *et* Fan 西藏三刺角蝉
Tricentrus yunnanensis Yuan *et* Fan 云南三刺角蝉
Tricentrus zhouzhiensis Yuan *et* Fan 周至三刺角蝉
tricerate elfin [*Sarangesa tricerata* Mabille] 三角刷胫弄蝶
Triceratopyga 叉丽蝇属
Triceratopyga calliphoroides Rohdendorf 叉丽蝇
tricerore [= cerarus] 三角蜡孔，三角形蜡孔 <见于介壳虫中>
Trichacanthocinus 毛长角天牛属
Trichacanthocinus rondoni Breuning 郎氏毛长角天牛，毛长角天牛
Trichadenopsocus 斑麻蛄属
Trichadenopsocus aduncatus Li 钩突斑麻蛄
Trichadenopsocus alternatus Li 叉突斑麻蛄
Trichadenopsocus ampullaceus Li 瓶突斑麻蛄
Trichadenopsocus biternatus Li 二出斑麻蛄
Trichadenopsocus bucciniformis Li 叭形斑麻蛄
Trichadenopsocus dactylinus Li 指突斑麻蛄
Trichadenopsocus digitatus Li 趾状斑麻蛄
Trichadenopsocus himalayensis (Li *et* Yang) 喜马斑麻蛄
Trichadenopsocus jaculatorus Li 矛突斑麻蛄
Trichadenopsocus jinxiuensis Li 金秀斑麻蛄
Trichadenopsocus multangularis Li 多角斑麻蛄
Trichadenopsocus multicuspidatus Li 多突斑麻蛄
Trichadenopsocus opiparipardalis Li 丽豹斑斑麻蛄
Trichadenopsocus paululum Li 小斑斑麻蛄
Trichadenopsocus quadruplex Li 四斑斑麻蛄
Trichadenopsocus resupinus Li 弯瓣斑麻蛄
Trichadenopsocus scoparius Li 帚状斑麻蛄
Trichadenopsocus spiniserrulus (Datta) 刺锯斑麻蛄
Trichadenopsocus stipulatus Li 小柄斑麻蛄
Trichadenopsocus subrotundus Li 亚圆斑麻蛄
Trichadenopsocus subscalaris Li 近梯斑麻蛄
Trichadenopsocus sufflatus (Li) 膨突斑麻蛄
Trichadenopsocus trichotomus Li 三歧斑麻蛄
Trichadenopsocus uncornis Li 一角斑麻蛄
Trichadenopsocus uniformis Li 一字斑麻蛄
Trichadenotecnini 麻蛄族
Trichadenotecnum 带麻蛄属，特啮虫属
Trichadenotecnum apertum Thornton 横室带麻蛄，横室斑麻蛄
Trichadenotecnum arciforme Thornton 弧带麻蛄
Trichadenotecnum baishanzuicum Li 百山祖带麻蛄
Trichadenotecnum bidens Thornton 二齿带麻蛄，二齿麻蛄
Trichadenotecnum calycoideum Li 萼突带麻蛄
Trichadenotecnum chinense Li 中国带麻蛄
Trichadenotecnum diplodurum Li 二突带麻蛄
Trichadenotecnum emeishananse Li 峨眉山带麻蛄
Trichadenotecnum felix Thornton 乐斑带麻蛄，乐斑麻蛄
Trichadenotecnum gutianum Li 古田带麻蛄
Trichadenotecnum himalayensis Li *et* Yang 见 *Trichadenopsocus himalayensis*
Trichadenotecnum imperatorium Li 皇冠带麻蛄
Trichadenotecnum isocaulum Li 等茎带麻蛄
Trichadenotecnum kunmingicum Li 昆明带麻蛄
Trichadenotecnum majum (Kolbe) 大带麻蛄
Trichadenotecnum mamillatum Li 柄突带麻蛄
Trichadenotecnum minsexmaculatum Li *et* Yang 闽带麻蛄，小六斑麻蛄
Trichadenotecnum nudum Thornton 见 *Atrichadenotecnum nudum*
Trichadenotecnum obsitum (Enderlein) 环围带麻蛄，环围特啮虫
Trichadenotecnum obsubulatum Li 锥形带麻蛄
Trichadenotecnum pardidum Thornton 豹斑带麻蛄，豹斑麻蛄
Trichadenotecnum percussum Li 锐尖带麻蛄
Trichadenotecnum pergracilum Li 细突带麻蛄
Trichadenotecnum qingshuicum Li 清水带麻蛄
Trichadenotecnum rhomboides Li 菱茎带麻蛄
Trichadenotecnum sexpunctatum (Linnaeus) 六点带麻蛄，六点麻蛄，六点特啮虫
Trichadenotecnum spuristipiatum Li 拟枝突带麻蛄
Trichadenotecnum stipiatum Li 枝突带麻蛄
Trichadenotecnum tenuispinum Li 刺肛带麻蛄
Trichadenotecnum thallodialum Li 拟叶带麻蛄
Trichadenotecnum trigonophyllum Li 三叉带麻蛄
Trichadenotecnum univittatum Li 单突带麻蛄
Trichadenotecnum wuxiacum Li 巫峡带麻蛄
Trichadenotecnum xizangicum Li 西藏带麻蛄
Trichagalma 毛瘿蜂属
Trichagalma acutissimae (Monzen) [oak gall wasp] 栎空腔毛瘿蜂，栎空腔瘿蜂
Trichagalma formosana Melika *et* Tang 台湾毛瘿蜂
Trichagalma glabrosa Pujade-Villar 同 *Trichagalma acutissimae*
Trichagalma serratae (Ashmead) 栎毛瘿蜂，栎轮瘿蜂，东亚毛瘿蜂
Trichaitophorus 三毛蚜属，毛蚜属
Trichaitophorus aceris Takahashi 槭三毛蚜，槭发毛蚜，毛头圆尾蚜
Trichaitophorus ginnalarus Qiao, Zhang *et* Zhang 茶条槭三毛蚜
Trichaitophorus japonicus Sorin 日本三毛蚜
Trichaitophorus koyaensis Takahashi 高野三毛蚜
Trichaitophorus recurvispinus Hille Ris Lambers *et* Basu 弯刺三毛蚜
Trichalophus 多毛象甲属，多毛象属
Trichalophus albonotatus (Motschulsky) 白胸多毛象甲
Trichalophus caudiculatus (Fairmaire) 尾多毛象甲，尾多毛象
Trichalophus compressicauda Fairmaire 同 *Trichalophus caudiculatus*

Trichalophus juldusanus Reitter 贾多毛象甲，贾多毛象
Trichalophus kashgarensis Faust 喀多毛象甲，喀多毛象
Trichalophus maeklini Faust 麦氏多毛象甲，麦多毛象
Trichalophus marginatus Faust 缘多毛象甲，缘多毛象
Trichalophus multivittatus Reitter 多条多毛象甲，多条多毛象
Trichalophus pacatus Faust 帕多毛象甲，帕多毛象
Trichalophus quadrinotatus (Motschulsky) 同 *Trichalophus albonotatus*
Trichalophus rudis (Boheman) 糙多毛象甲，糙多毛象
Trichalophus scylla Grebennikov 斯多毛象甲
Trichalophus tibetanus (Suvorov) 西藏多毛象甲，藏伪洛象
Trichanarta 翼夜蛾属
Trichanarta picteti (Staudinger) 绣翼夜蛾，皮毛垦夜蛾
Trichanarta pretiosa (Alphéraky) 珍翼夜蛾，普毛垦夜蛾
Trichanomala 肩丽金龟甲属
Trichanomala dentipennis (Fairmaire) 尖齿肩丽金龟甲，齿翅肩丽金龟
Trichanomala rugicollis Lin 粗点肩丽金龟甲
Trichaphodius 尾斑蜉金龟亚属
Trichardis 凸颜虫虻属
Trichardis leucocoma (van der Wulp) 白毛凸颜虫虻
Tricheurois tibetica Boursin 藏毛裘夜蛾
trichiid 1. [= trichiid beetle] 斑金龟甲，斑金龟 <斑金龟甲科 Trichiidae 昆虫的通称>；2. 斑金龟甲科的
trichiid beetle [= trichiid] 斑金龟甲，斑金龟
Trichiidae 斑金龟甲科，斑金龟科
Trichiina 斑金龟甲亚族，斑金龟亚族
Trichiini 斑金龟甲族，斑金龟族
Trichiocampus 简栉叶蜂属，毛怪叶蜂属
Trichiocampus cannabis Xiao *et* Huang 黑头简栉叶蜂，大麻毛怪叶蜂，大麻叶蜂
Trichiocampus femoratinus Nie *et* Wei 白股简栉叶蜂，白股毛怪叶蜂，淡足简栉叶蜂
Trichiocampus infumatunus Nie *et* Wei 烟翅简栉叶蜂，烟翅毛怪叶蜂
Trichiocampus irregularis (Dyar) 无则简栉叶蜂，无则毛怪叶蜂
Trichiocampus popli Okamoto 日本杨简栉叶蜂，日本杨毛怪叶蜂
Trichiocampus pruni Takeuchi [cherry sawfly] 集刃简栉叶蜂，樱桃毛怪叶蜂，李毛怪叶蜂
Trichiocampus pseudoviminalis Huang *et* Wong 同 *Trichiocampus rufus*
Trichiocampus rufus (Verzhutskii) 黄腹简栉叶蜂
Trichiocampus viminalis (Fallén) [poplar sawfly, hairy poplar sawfly] 青杨简栉叶蜂，青杨毛怪叶蜂
Trichiocampus yunanensis Haris *et* Roller 见 *Anhoplocampa yunanensis*
Trichionotus 弧脊姬蜂属
Trichionotus anxius Wesmael 见 *Agrypon anxium*
Trichionotus facetus (Enderlein) 美弧脊姬蜂，小眼弧脊姬蜂
Trichionotus japonicus (Uchida) 稻苞虫弧脊姬蜂，日本弧脊姬蜂
Trichionotus kikuchii Uchida 见 *Agrypon kikuchii*
Trichionotus suzukii (Matsumura) 见 *Agrypon suzukii*
Trichionotus turgidulus Kusigemati 见 *Agrypon turgidulus*
Trichiorhyssemus 毛沙蜉金龟甲属，毛沙蜉金龟属
Trichiorhyssemus hauseri Balthasar 豪氏毛沙蜉金龟甲，豪氏毛沙蜉金龟，颗胸微马粪金龟
Trichiorhyssemus kitayamai Ochi, Kawahara *et* Kawai 北山毛沙蜉金龟甲，北山毛沙蜉金龟
Trichiorhyssemus lasionotus Clouet 毛沙蜉金龟甲，毛沙蜉金龟，颗胸微马粪金龟甲
Trichiorhyssemus taiwanus Ochi, Masumoto *et* Lee 台湾毛沙蜉金龟甲，台湾毛沙蜉金龟
Trichiorhyssemus yumikoae Pittino *et* Kawai 由美子毛沙蜉金龟甲，由美子毛沙蜉金龟
Trichiosoma 毛锤角叶蜂属
Trichiosoma anthracinum Forsius 炭色毛锤角叶蜂，煤色毛锤角叶蜂
Trichiosoma bombiforme Takeuchi 熊毛锤角叶蜂
Trichiosoma himalayanum Malaise 喜马锤角叶蜂
Trichiosoma latreillei Leach 拉氏毛锤角叶蜂
Trichiosoma lucorum (Linnaeus) 狼毛锤角叶蜂
Trichiosoma pseudosorbi Huang 拟花楸毛锤角叶蜂
Trichiosoma scalesii Leach 斯氏毛锤角叶蜂
Trichiosoma sericeum Kônow 丝毛锤角叶蜂
Trichiosoma sibiricum Gussakovskij 西伯毛锤角叶蜂
Trichiosoma triangulum Kirby 棱角毛锤角叶蜂
Trichiosoma villosum (Motschulsky) 多毛毛锤角叶蜂
Trichiosoma vitellinae (Linnaeus) 卵黄毛锤角叶蜂
Trichisia 毛步甲属
Trichisia chinensis Csiki 同 *Trichisia cyanea*
Trichisia cyanea Schaum 青毛步甲，青色青毛步甲
Trichisia insularis (Schönfeldt) 岛青毛步甲
Trichisia violacea Jedlička 紫青毛步甲
Trichispa 毛铁甲属
Trichispa sericea (Guérin-Méneville) [rice hispid] 非洲毛铁甲，非洲铁甲
Trichiura sanwenensis Hou *et* Wang 同 *Baodera khasiana*
Trichius 斑金龟甲属，斑花金龟属
Trichius bifasciatus Moser 双斑金龟甲
Trichius bowringi Thomson 绿绒斑金龟甲，绿绒斑金龟
Trichius cupreipes Bourgoin 铜色斑金龟，黄肩长脚花金龟
Trichius diversicolor Bourgoin 见 *Paratrichius diversicolor*
Trichius dubernardi Pouillaude 十点绿斑金龟甲，十点斑金龟
Trichius elegans Kôno 金绿斑金龟甲，金绿斑金龟
Trichius fasciatus (Linnaeus) [Eurasian bee beetle, bee beetle] 束带斑金龟甲，带斑金龟，虎皮斑金龟
Trichius klapperichi Tesař 见 *Tibiotrichius klapperichi*
Trichius kuatunensis Tesař 挂墩斑金龟甲，紫黑斑金龟甲，挂墩斑金龟，紫黑斑金龟
Trichius mandarinus Redtenbacher 同 *Epitrichius bowringi*
Trichius miwai Chûjô 见 *Tibiotrichius miwai*
Trichius oberthuri Moser 见 *Paratrichius oberthuri*
Trichius orientalis Reitter 东方斑金龟甲
Trichius signatus Chûjô 见 *Gnorimus signatus*
Trichius sinensis Pouilladue 见 *Tibiotrichius sinensis*
Trichius succinctus Fabricius 同 *Trichius fasciatus*
Trichius succinctus formosanus (Sawada) 同 *Lasiotrichius succinctus shirozui*
Trichius succinctus shirozui (Sawada) 见 *Lasiotrichius succinctus shirozui*
Trichius taiheisanus Kôno 同 *Epitrichius elegans*

Trichius thibetanus Pouillaude 见 *Paratrichius thibetanus*

Trichius trilineatus Ma 三带斑金龟甲

Trichius uraiensis Kôno 同 *Epitrichius cupreipes*

trichlorfon [= trichlorphon] 敌百虫，三氯磷酸酯

trichlorphon 见 trichlorfon

Trichoacanthocinus rondoni Breuning 毛长角天牛

Trichobalya 厚毛萤叶甲属

Trichobalya bowringi (Baly) 博氏厚毛萤叶甲，厚毛萤叶甲

Trichobalya melanocephala (Jacoby) 黑头厚毛萤叶甲

Trichobaris 茎船象甲属

Trichobaris mucorea (LeConte) [tobacco stalk borer] 烟茎船象甲，烟茎象甲

Trichobaris trinotata (Say) [potato stalk borer] 马铃薯茎船象甲，马铃薯茎象甲

Trichobius 毛蝠蝇属

Trichoblatta 龟蠊属 *Corydidarum* 的异名

Trichoblatta aenea (Brunner von Wattenwyl) 见 *Eucorydia aenea*

Trichoblatta aerea (Bey-Bienko) 见 *Corydidarum aerea*

Trichoblatta fallax Bey-Bienko 见 *Corydidarum fallax*

Trichoblatta magnifica (Shelford) 见 *Corydidarum magnifica*

Trichoblatta montshadskii Bey-Bienko 见 *Corydidarum montshadskii*

Trichoblatta nigra (Shiraki) 见 *Corydidarum nigra*

Trichoblatta pygmaea (Karny) 见 *Corydidarum pygmaea*

Trichoblatta sculpta (Bey-Bienko) 见 *Corydidarum sculpta*

Trichoblatta semisulcata Hanitsch 见 *Corydidarum semisulcata*

Trichoblatta tarsalis (Walker) 见 *Corydidarum tarsalis*

Trichoblatta valida (Bey-Bienko) 见 *Corydidarum valida*

Trichoblatta valida moderata Bey-Bienko 见 *Corydidarum valida moderata*

Trichoblatta valida valida (Bey-Bienko) 见 *Corydidarum valida valida*

Trichoboscis 毛喙祝蛾属

Trichoboscis crocosema (Meyrick) 藏红毛喙祝蛾，克毛卷麦蛾

trichobothria [s. trichobothrium] 毛点毛，点毛，盅毛 < 指部分半翅目昆虫腹部下面或触角上的纤细、直立长毛 >

trichobothrium [pl. trichobothria] 毛点毛，点毛，盅毛

Trichocaeciliinae 毛叉蛄亚科

Trichocaecilius 毛叉蛄属

Trichocaecilius brachypterus (Li) 短翅毛叉蛄

Trichocaecilius dayaoshanicus Li 大瑶山毛叉蛄

Trichocaecilius octodontus Li 八齿毛叉蛄

Trichocaecilius sanxiaicus (Li) 三峡毛叉蛄

Trichocaecilius tianmushanicus Li 天目山毛叉蛄

Trichocanace 鬃滨蝇属，毛滨蝇属

Trichocanace atra Wirth 黑鬃滨蝇，黑滨蝇

Trichocanace sinensis Wirth 中华鬃滨蝇，中国毛滨蝇

trichocard 赤眼蜂卵卡

Trichoceble 毛拟花萤属

Trichoceble heydeni Schilsky 赫毛拟花萤

Trichoceble pallidipes (Pic) 淡足毛拟花萤，淡居拟花萤

Trichoceble unicolor Pic 一色毛拟花萤

Trichocellus 毛室步甲属

Trichocellus amplipennis Bates 扩翅毛室步甲

Trichocellus externepunctatus Reitter 外点毛室步甲

Trichocellus grumi Tschitschérine 格毛室步甲

Trichocellus potanini Tschitschérine 坡毛室步甲

Trichocellus semenowi Tschitscherin 西毛室步甲

Trichocera 毫蚊属，毛毫蚊属，毛冬大蚊属，冬大蚊属

Trichocera appendiculata Alexander 具附毫蚊，附肢毛毫蚊，附肢毛冬大蚊

Trichocera arisanensis Alexander 阿里山毫蚊，阿里毛毫蚊，阿里毛冬大蚊，阿里冬大蚊

Trichocera maculipennis Meigen 斑翅毫蚊

Trichocera pictipennis Alexander 彩翅毫蚊，华丽毛毫蚊，华丽毛冬大蚊，华丽冬大蚊

Trichocera reticulata Alexander 网状毫蚊，网毛毫蚊，网毛冬大蚊

Trichocera szechwanensis Alexander 四川毫蚊，川毛毫蚊，川毛冬大蚊

Trichocera unimaculata Yang *et* Yang 单斑毫蚊，单斑毛毫蚊，单斑冬大蚊

Trichoceratidae 见 Trichoceridae

trichocerid 1. [= trichocerid fly, winter crane fly, winter fly] 毫蚊，冬大蚊 < 毫蚊科 Trichoceridae 昆虫的通称 >; 2. 毫蚊科的

trichocerid fly [= trichocerid, winter crane fly, winter fly] 毫蚊，冬大蚊

Trichoceridae [= Trichoceratidae] 毫蚊科，冬大蚊科

Trichocerinae 毫蚊亚科

Trichocerophysa hainana Gressitt *et* Kimoto 同 *Anadimonia latifascia*

Trichocerophysa latifascia Gressitt *et* Kimoto 见 *Anadimonia latifascia*

Trichocerota 绒透翅蛾属，特透翅蛾属

Trichocerota brachythyra Hampson 短柄绒透翅蛾，短特透翅蛾

Trichocerota cupreipennis (Walker) 铜栉绒透翅蛾，铜翅特透翅蛾

Trichocerota dizona Hampson 双带绒透翅蛾，二带特透翅蛾

Trichocerota formosana Arita *et* Gorbunov 台湾绒透翅蛾，黄宽带透翅蛾

Trichocerota leiaeformis (Walker) 平绒透翅蛾，来特透翅蛾

Trichocerota melli Kallies *et* Arita 蜜绒透翅蛾，蜜透翅蛾

Trichocerota proxima Le Cerf 近绒透翅蛾

Trichochermes 毛个木虱属，毛叉木虱属

Trichochermes bicolor Kuwayama 见 *Petalolyma bicolor*

Trichochermes gemellus Loginova 蒙古毛个木虱，蒙毛个木虱

Trichochermes grandis Loginova 大毛个木虱

Trichochermes huabeianus Yang *et* Li 华北毛个木虱

Trichochermes hyalina Kuwayama 透明毛个木虱

Trichochermes jilinanus Yang *et* Li 吉林毛个木虱

Trichochermes laricis Yang *et* Li 落叶松毛个木虱

Trichochermes mukwanensis (Fang *et* Yang) 栎毛个木虱，栎毛叉木虱

Trichochermes sanxiaicus Li 三峡毛个木虱

Trichochermes sinicus Yang *et* Li 中华毛个木虱

Trichochermes tzuensis Yang 见 *Cecidotrioza tzuensis*

Trichochermes utilis Yang *et* Li 冻绿毛个木虱

Trichochrysea 毛肖叶甲属，毛叶甲属，金毛猿金花虫属

Trichochrysea aeneipennis (Lefèvre) 铜鞘毛肖叶甲

Trichochrysea annamita (Lefèvre) 南毛肖叶甲，白毛叶甲

Trichochrysea bidens (Lefèvre) 白毛肖叶甲

Trichochrysea cephalotes (Lefèvre) 细角毛肖叶甲，头毛叶甲

Trichochrysea chihtuana Komiya 台北毛肖叶甲，台湾毛叶甲，池端金毛猿金花虫

Trichochrysea clypeata (Jacoby) 基齿毛肖叶甲，唇毛叶甲
Trichochrysea formosana Komiya 粗糙毛肖叶甲，台毛叶甲，蓬莱金毛猿金花虫
Trichochrysea gloriosa (Lefèvre) 同 *Trichochrysea aeneipennis*
Trichochrysea hebe (Baly) 灿丽毛肖叶甲，丽毛叶甲
Trichochrysea hirta (Fabricius) 多毛肖叶甲，光瘤毛叶甲
Trichochrysea imperialis (Baly) 大毛肖叶甲，大毛叶甲
Trichochrysea japana (Motschulsky) 银纹毛肖叶甲，银纹毛叶甲
Trichochrysea japana japana (Motschulsky) 银纹毛肖叶甲指名亚种，指名银纹毛叶甲
Trichochrysea japana okinawana Nakane 见 *Trichochrysea okinawana*
Trichochrysea lameyi (Lefèvre) 多彩毛肖叶甲，拉毛叶甲
Trichochrysea lesnei (Berlioz) 斑驳毛肖叶甲，莱氏沟顶肖叶甲，中国沟顶叶甲
Trichochrysea mandarina (Lefèvre) 亮毛肖叶甲，短柱毛叶甲
Trichochrysea marmorata Tan 闪烁毛肖叶甲，闪烁毛叶甲
Trichochrysea mouhoti Baly 多色毛肖叶甲，莫毛叶甲
Trichochrysea nitidissima (Jacoby) 合欢毛肖叶甲，合欢毛叶甲
Trichochrysea okinawana Nakane 冲绳毛肖叶甲
Trichochrysea okinawana okinawana Nakane 冲绳毛肖叶甲指名亚种
Trichochrysea okinawana taiwana Komiya 冲绳毛肖叶甲台湾亚种，台湾金毛猿金花虫，台琉毛叶甲
Trichochrysea purpureonotata Pic 紫纹毛肖叶甲，金绿毛叶甲
Trichochrysea robusta Pic 粗壮毛肖叶甲
Trichochrysea sericea Pic 青铜毛肖叶甲，铜色毛叶甲
Trichochrysea similis Chen 扁角毛肖叶甲，扁角毛叶甲
Trichochrysea sinensis Chen 中华毛肖叶甲，中华毛叶甲
Trichochrysea splendida Achard 同 *Trichochrysea hebe*
Trichochrysea tarsata Achard 阔节毛肖叶甲，跗毛叶甲
Trichochrysea undulata Pic 西藏毛肖叶甲，西藏毛叶甲
Trichochrysea viridilabris Heller 绿唇毛肖叶甲
Trichochrysea viridis (Jacoby) 白绒毛肖叶甲，绿毛叶甲
Trichocladius 刚毛突摇蚊属
Trichocladius bicinctus (Meigen) 见 *Cricotopus* (*Cricotopus*) *bicinctus*
Trichocladius effusus (Walker) 散布刚毛突摇蚊
Trichocladius exilis (Johannsen) 同 *Cricotopus* (*Cricotopus*) *triannulatus*
Trichocladius fugax (Johannsen) 见 *Cricotopus fugax*
Trichocladius glabricollis (Meigen) 光颈刚毛突摇蚊
Trichocladius tibialis (Meigen) 胫刚毛突摇蚊
Trichoclinocera 毛脉溪舞虻属
Trichoclinocera fluviatilis (Brunetti) 短突毛脉溪舞虻
Trichoclinocera naumanni Sinclair *et* Saigusa 弯须毛脉溪舞虻
Trichoclinocera stackelbergi Collin 斯氏毛脉溪舞虻
Trichoclinocera taiwanensis Sinclair *et* Saigusa 台湾毛脉溪舞虻
Trichoclinocera yixianensis Li *et* Yang 易县毛脉溪舞虻
Trichoclinocera yunnana Sinclair *et* Saigusa 云南毛脉溪舞虻
Trichococcus 轮毡蚧属
Trichococcus filifer Borchsenius 刚毛轮毡蚧
Trichocoedomea rondoni Breuning 斑翅天牛
Tricholaspis 毛条肖叶甲属
Trichocolaspis pubescens Medvedev 多毛条肖叶甲
Trichocoris wallengreni (Stål) 同 *Sigara fossarum*
Trichocoscinesthes 毛豹枝天牛属
Trichocoscinesthes szetschuanica Breuning 川毛豹枝天牛
Trichocosmetes 窄胫隐翅甲属，短唇隐翅甲属
Trichocosmetes fascipennis Schillhammer 带翅窄胫隐翅甲
Trichocosmetes leucomus (Erichson) 白斑窄胫隐翅甲
Trichocosmetes minor Schillhammer 小窄胫隐翅甲
Trichocosmetes norae Schillhammer 诺拉窄胫隐翅甲
Trichocosmetes reitteri Bernhauer 莱氏窄胫隐翅甲，雷氏短唇隐翅甲，来短唇隐翅虫
Trichodagmia 杵蚋亚属
trichode [= trichome] 香毛簇 < 蚁客用以散发芳香分泌物以供蚁舐食的毛簇 >
Trichodectes 兽鸟虱属，嚼虱属
Trichodectes bovis Linnaeus 见 *Bovicola bovis*
Trichodectes canis (De Geer) [canine chewing louse, dog biting louse, dog chewing louse] 狗兽鸟虱，狗鸟虱，狗嚼虱，狗羽虱
Trichodectes cervi Linnaeus 同 *Bovicola longicornis*
Trichodectes emeryi Emerson *et* Price 见 *Stachiella emeryi*
Trichodectes equi Denny 见 *Bovicola equi*
Trichodectes melis Fabricius 獾兽鸟虱，獾嚼虱
Trichodectes ovis (Schrank) 见 *Bovicola ovis*
Trichodectes pilosus Giebel 同 *Bovicola crassipes*
Trichodectes pinguis Burmeister 熊兽鸟虱，熊嚼虱，棕熊嚼虱
Trichodectes pinguis pinguis Burmeister 熊兽鸟虱指名亚种
Trichodectes subrostratus Burmeister 见 *Felicola subrostrata*
trichodectid 1. [= trichodectid louse, trichodectid chewing louse, mammal chewing louse] 兽鸟虱，嚼虱 < 兽鸟虱科 Trichodectidae 昆虫的通称 >; 2. 兽鸟虱科的
trichodectid chewing louse [= trichodectid louse, trichodectid, mammal chewing louse] 兽鸟虱，嚼虱
trichodectid louse 见 trichodectid chewing louse
Trichodectidae 兽鸟虱科，嚼虱科 < 此科学名有误写为 Trychodectidae 者 >
Trichodelphax 特里飞虱属
Trichodelphax lukjanovitshi (Kusnezov) 卢氏特里飞虱
Trichodes 毛郭公甲属，毛郭公虫属，食蜂郭公虫属
Trichodes apiarius (Linnaeus) 蜂形毛郭公甲，蜂形郭公虫，欧洲毛郭公虫
Trichodes axillaris Fischer de Waldheim 腋毛郭公甲，腋食蜂郭公虫
Trichodes davidis Fairmaire 达毛郭公甲，达食蜂郭公虫
Trichodes inapicipennis Pic 殷毛郭公甲，殷食蜂郭公虫
Trichodes ircutensis (Laxmann) 伊毛郭公甲，伊食蜂郭公虫
Trichodes sinae Chevrolat 中华毛郭公甲，中华毛郭公虫，中华食蜂郭公虫，青带郭公虫，华食蜂郭公虫，伪斑蠹
Trichodesma 黑毛窃蠹属，毛龙蕈甲属
Trichodesma cristata (Casey) 白褐黑毛窃蠹
Trichodesma gibbosa (Say) 囊黑毛窃蠹
Trichodesma kurosawai Sakai 黑泽黑毛窃蠹，黑泽毛龙蕈甲
Trichodestes scalaris Nitzsch 同 *Bovicola bovis*
Trichodezia 毛漆尺蛾属
Trichodezia albovittata (Guenée)[white-striped black moth] 白纹毛漆尺蛾
Trichodezia kindermanni (Bremer) 双白毛漆尺蛾，肯虎斑尺蛾
Trichodezia kindermanni kindermanni (Bremer) 双白毛漆尺蛾指

名亚种，指名双白毛漆尺蛾
Trichodezia kindermanni latifasciaria Matsumura 双白毛漆尺蛾宽带亚种，宽带毛漆尺蛾
Trichodezia kindermanni leucocratia Prout 双白毛漆尺蛾四川亚种，白双白毛漆尺蛾
Trichodolichopeza 多毛纤足大蚊亚属
Trichodrymus 披毛长蝽属
Trichodrymus majusculus (Distant) 披毛长蝽
Trichodrymus pameroides Lindberg 东北披毛长蝽
Trichoduchus 毛扁蜡蝉属
Trichoduchus biermani Dammerman 见 *Trypetimorpha biermani*
Trichoduchus china Wu 同 *Trypetimorpha biermani*
Trichoferus 茸天牛属
Trichoferus basalis (White) 喜马茸天牛
Trichoferus campestris (Faldermann) [velvet longhorned beetle] 家茸天牛
Trichoferus flavopubescens (Kobe) 短角茸天牛
Trichoferus guerryi (Pic) 灰黄茸天牛
Trichoferus maculatus Pu 棕斑茸天牛
Trichoferus robustipes Holzschuh 壮茸天牛
Trichoferus semipunctatus Holzschuh 甘肃茸天牛
Trichofoenus sinicola Kieffer 见 *Gasteruption sinicola*
Trichoformosomyia 美毛寄蝇属，毛台寄蝇属
Trichoformosomyia sauteri Baranov 苏特美毛寄蝇，索氏毛台寄蝇
trichogen [= trichogenous cell] 毛原细胞
trichogenous cell 见 trichogen
Trichoglossina 饰毛隐翅甲属
Trichoglossina emeimontis Pace 峨眉饰毛隐翅甲
Trichoglossina glaciei Pace 格氏饰毛隐翅甲
Trichoglossina parasmetanai Pace 拟斯氏饰毛隐翅甲
Trichoglossina sinuatolatera Pace 波茎饰毛隐翅甲
Trichoglossina taibaiensis Pace 太白饰毛隐翅甲
Trichoglossina zhongdianensis Pace 中甸饰毛隐翅甲
Trichognoma 毛纹天牛属
Trichognoma chinensis Breuning 中华毛纹天牛
Trichogomphus 瘤犀金龟甲属
Trichogomphus martabani (Guérin-Méneville) 马瘤犀金龟甲，马瘤犀金龟
Trichogomphus mongol Arrow 蒙瘤犀金龟甲，蒙瘤犀金龟
Trichogomphus robustus Arrow 壮瘤犀金龟甲
Trichogramma 赤眼蜂属
Trichogramma achaeae Nagaraja *et* Nagarkatti 暖突赤眼蜂，眼突赤眼蜂
Trichogramma agriae Nagaraja 旋花天蛾赤眼蜂
Trichogramma agrotidis Voegele *et* Pintureau 地老虎赤眼蜂
Trichogramma artonae Chen *et* Pang 斑蛾赤眼蜂
Trichogramma aurosum Sugonjaev *et* Sorokina 金色赤眼蜂
Trichogramma australicum Girault 澳洲赤眼蜂
Trichogramma bennetti Nagaraja *et* Nagarkatii 宽突赤眼蜂
Trichogramma bilingensis He *et* Pang 碧岭赤眼蜂
Trichogramma brasiliensis (Ashmead) 巴西利亚赤眼蜂
Trichogramma brassicae Voegele 甘蓝夜蛾赤眼蜂
Trichogramma brevicapillum Pinto *et* Platner 短毛赤眼蜂
Trichogramma cacoeciae Marchall 卷蛾赤眼蜂
Trichogramma californicum Nagaraja *et* Nagarkatti 加州赤眼蜂
Trichogramma cephalciae Hochmut *et* Martinek 扁叶蜂赤眼蜂
Trichogramma chilonis Ishii 螟黄赤眼蜂
Trichogramma chilotraeae Nagaraja *et* Nagarkatti 小蔗螟赤眼蜂
Trichogramma choui Chan *et* Chou 周氏赤眼蜂
Trichogramma closterae Pang *et* Chen 舟蛾赤眼蜂
Trichogramma confusum Viggiani 同 *Trichogramma chilonis*
Trichogramma cordubensis Vargas *et* Cabello 科尔多瓦赤眼蜂
Trichogramma dendrolimi Matsumura [pine caterpillar miunte egg parasite] 松毛虫赤眼蜂
Trichogramma dendrolimi dendrolimi Matsumura 松毛虫赤眼蜂指名亚种
Trichogramma dendrolimi liliyingae Voegelé *et* Pintureau 同 *Trichogramma dendrolimi dendrolimi*
Trichogramma embryophagum (Hartig) 食胚赤眼蜂
Trichogramma euproctidis (Girault) 拟暗黑赤眼蜂，暗黑赤眼蜂
Trichogramma evanescens Westwood [Palaearctic minute egg parasite] 广赤眼蜂
Trichogramma exiguum Pinto *et* Platner 拟暗褐赤眼蜂
Trichogramma fasciatum (Perkins) 暗褐赤眼蜂
Trichogramma flandersi Nagaraja *et* Nagarkatti 钩突赤眼蜂，范氏赤眼蜂
Trichogramma forcipiformis Zhang *et* Wang 铗突赤眼蜂
Trichogramma fuzhouense Lin 福州赤眼蜂
Trichogramma galloi Zucchi 加氏赤眼蜂
Trichogramma hesperidis Nagaraja *et* Nagarkatti 弄蝶赤眼蜂
Trichogramma ivalae Pang *et* Chen 毒蛾赤眼蜂
Trichogramma japonicum Ashmead [Japanese minute egg parasite] 稻螟赤眼蜂
Trichogramma jezoensis Ishii 札幌赤眼蜂
Trichogramma leucaniae Pang *et* Chen 黏虫赤眼蜂
Trichogramma lingulatum Pang *et* Chen 舌突赤眼蜂
Trichogramma longxishanense Lin 龙栖山赤眼蜂
Trichogramma maltbyi Nagaraja *et* Nagarkatti 负泥虫赤眼蜂
Trichogramma marylandense Thorpe 马里兰赤眼蜂
Trichogramma minutum Riley [minute egg parasite] 微小赤眼蜂，小纹翅卵蜂
Trichogramma mwanzai Schulten *et* Feijen 姆万扎赤眼蜂
Trichogramma nagarkattii Voegele *et* Pintureau 纳氏赤眼蜂
Trichogramma neuropterae Chan *et* Chou 草蛉赤眼蜂
Trichogramma nubilale Ertle *et* Davis 欧洲玉米螟赤眼蜂
Trichogramma ostriniae Pang *et* Chen 亚洲玉米螟赤眼蜂，玉米螟赤眼蜂
Trichogramma pallidiventris Nagaraja 腹白赤眼蜂
Trichogramma pangi Lin 庞氏赤眼蜂
Trichogramma papilionis Nagarkatti 凤蝶赤眼蜂
Trichogramma parkeri Nagarkatti 帕克赤眼蜂
Trichogramma parnarae Huo 稻苞虫赤眼蜂
Trichogramma perkinsi Girault 伯氏赤眼蜂
Trichogramma pintoi Voegele 暗黑赤眼蜂，品氏赤眼蜂
Trichogramma plasseyensis Nagaraja 印度赤眼蜂
Trichogramma poliae Nagaraja 蔗二点螟赤眼蜂
Trichogramma polychrosis Chen *et* Pang 杉卷蛾赤眼蜂
Trichogramma pretiosum Riley 短管赤眼蜂
Trichogramma principium Sugonjaev *et* Sorokina 基突赤眼蜂

T

Trichogramma psocopterae Chan *et* Chou 啮虫赤眼蜂
Trichogramma raoi Nagaraja 微突赤眼蜂
Trichogramma retorridum (Girault) 窄突赤眼蜂
Trichogramma semblidis (Aurivillius) 显棒赤眼蜂
Trichogramma semifumatum (Perkins) 疏毛赤眼蜂
Trichogramma sericini Pang *et* Chen 凤蝶赤眼蜂，中国凤蝶赤眼蜂
Trichogramma shaanxiensis Huo 陕西赤眼蜂
Trichogramma sibiricum Sorokina 西伯利亚赤眼蜂
Trichogramma sorokinae Kostadinov 索氏赤眼蜂
Trichogramma taiwanense Chan *et* Chou 台湾赤眼蜂
Trichogramma tielingensis Zhang *et* Wang 铁岭赤眼蜂
Trichogramma turkeiensis Kostadinov 土耳其赤眼蜂
trichogrammatid 1. [= trichogrammatid wasp, minute egg parasite] 赤眼蜂，纹翅小蜂 < 赤眼蜂科 Trichogrammatidae 昆虫的通称 >; 2. 赤眼蜂科的
trichogrammatid wasp [= trichogrammatid, minute egg parasite] 赤眼蜂，纹翅小蜂
Trichogrammatidae 赤眼蜂科，纹翅卵蜂科
Trichogrammatoidea 分索赤眼蜂属
Trichogrammatoidea armigera Nagaraja 棉虫分索赤眼蜂
Trichogrammatoidea bactrae Nagaraja 卷蛾分索赤眼蜂
Trichogrammatoidea cojuangcoi Nagaraja 细蛾分索赤眼蜂
Trichogrammatoidea nana (Zehntner) 爪哇分索赤眼蜂，二点螟分索赤眼蜂
Trichogrammatoidea tenuigonadium Tian *et* Lin 窄基分索赤眼蜂
Trichogyia 特刺蛾属
Trichogyia brunnescens Hering 棕特刺蛾
Trichogyia circulifera Hering 环特刺蛾，环蹄刺蛾
Trichogyia nigrimargo Hering 黑特刺蛾
Trichohammus 毛天牛属
Trichohammus granulosus Breuning 粒毛天牛
Trichohelea 骚蠓亚属
trichoid 毛状的
trichoid sensilla [s. trichoid sensillum; = sensillum trichodeum, tactile sensilla] 毛形感器
trichoid sensillum [pl. trichoid sensilla; = sensillum trichodeum, tactile sensillum] 毛形感器
Tricholeipopleura 小双刺甲亚属
Tricholioproctia antilope (Bottcher) 见 *Sarcophaga* (*Sarcorohdendorfia*) *antilope*
Tricholochmaea semifulva Jacoby 日半红黄豆象甲
tricholyga fly 多化性蝇蛆
Trichoplasta 长盾匙胸瘿蜂属
Trichoplasta amamiensis (Yoshimoto et Yasumatsu) 庵美长盾匙胸瘿蜂
Trichoplastini 长盾匙胸瘿蜂族
Trichomachimus 三叉虫虻属，三叉食虫虻属
Trichomachimus angustus Shi 狭三叉虫虻，狭三叉食虫虻
Trichomachimus basalis Oldroyd 泛三叉食虻，基三叉虫虻，泛三叉食虫虻，基三叉食虫虻，基毛叉虫虻
Trichomachimus conjugus Shi 联三叉虫虻，联三叉食虫虻
Trichomachimus dontus Shi 齿三叉虫虻，齿三叉食虫虻
Trichomachimus elongatus Shi 长三叉虫虻，长三叉食虫虻
Trichomachimus excelsus (Ricardo) 纤三叉虫虻，纤三叉食虫虻，高五叉虫虻
Trichomachimus grandis Shi 大三叉虫虻，大三叉食虫虻
Trichomachimus kashmirensis Oldroyd 克氏三叉虫虻，克氏三叉食虫虻，克什毛叉虫虻
Trichomachimus lobus Shi 突叶三叉虫虻，突叶三叉食虫虻
Trichomachimus nigricornis Shi 黑角三叉虫虻，黑角三叉食虫虻
Trichomachimus nigritarsus Shi 黑跗三叉虫虻，黑跗三叉食虫虻
Trichomachimus nigrus Shi 黑三叉虫虻，黑三叉食虫虻
Trichomachimus obliquus Shi 斜三叉虫虻，斜三叉食虫虻
Trichomachimus pubescens (Ricardo) 毛三叉虫虻，毛三叉食虫虻，毛五叉虫虻
Trichomachimus rubisetosus Oldroyd 红毛三叉食虫虻，红毛毛叉虫虻
Trichomachimus rufus Shi 红三叉虫虻，红三叉食虫虻
Trichomachimus scutellaris (Coquillett) 盾三叉虫虻，盾三叉食虫虻，盾毛叉虫虻
Trichomachimus tenuis Shi 细三叉虫虻，细三叉食虫虻
Trichomachimus tubus Shi 管三叉虫虻，管三叉食虫虻
Trichomaladera 毛玛绢金龟甲属，纤绒毛金龟属
Trichomaladera elongata Nomura 长毛玛绢金龟甲，长毛玛绢金龟，长脚纤绒毛金龟
Trichomaladera infortunata Ahrens 阴毛玛绢金龟甲
Trichomaladera rufofusca Kobayashi *et* Nomura 红褐毛玛绢金龟甲，红褐毛玛绢金龟，赤褐纤绒毛金龟
Trichomaladera yasutoshii Kobayashi 黑头毛玛绢金龟甲，黑头纤绒毛金龟
Trichomaladera yui Kobayashi 余氏毛玛绢金龟甲，余氏纤绒毛金龟
Trichomalopsis 克氏金小蜂属，灿金小蜂属
Trichomalopsis acarinata Sureshan *et* Narendran 脊克氏金小蜂
Trichomalopsis acuminata (Graham) 尖克氏金小蜂
Trichomalopsis americanaus (Gahan) 美洲克氏金小蜂，梨星毛虫灿金小蜂
Trichomalopsis apanteloctena (Crawford) 绒茧克氏金小蜂，绒茧灿金小蜂，绒茧金小蜂
Trichomalopsis caricicola (Graham) 苔克氏金小蜂
Trichomalopsis cotesiae Yang 绒茧蜂克氏金小蜂，绒茧蜂金小蜂
Trichomalopsis deplanata Kamijo *et* Grissell 平背克氏金小蜂，平背灿金小蜂
Trichomalopsis dubia (Ashmead) 伊克氏金小蜂
Trichomalopsis exigua (Walker) 沃克氏金小蜂
Trichomalopsis genalis (Graham) 棉铃虫克氏金小蜂，舞毒蛾灿金小蜂
Trichomalopsis laticeps (Graham) 蜡克氏金小蜂
Trichomalopsis leguminis (Gahan) 豆荚克氏金小蜂
Trichomalopsis maura (Graham) 茂克氏金小蜂
Trichomalopsis microptera (Lindeman) 小翅克氏金小蜂
Trichomalopsis nigra Sureshan *et* Narendran 黑克氏金小蜂
Trichomalopsis oryzae Kamijo *et* Grissell 稻克氏金小蜂，稻灿金小蜂
Trichomalopsis ovigastra Sureshan *et* Narendran 卵克氏金小蜂
Trichomalopsis pappi Kamijo 帕克氏金小蜂
Trichomalopsis peregrina (Graham) 佩克氏金小蜂
Trichomalopsis pompilicola (Graham) 泊克氏金小蜂

T

Trichomalopsis sarcophagae (Gahan) 萨克氏金小蜂
Trichomalopsis shirakii Crawford 素木克氏金小蜂，负泥虫灿金小蜂，素木灿金小蜂
Trichomalopsis subaptera (Riley) 亚克氏金小蜂
Trichomalopsis tachinae (Gahan) 达克氏金小蜂
Trichomalopsis tranvancorensis Sureshan *et* Narendran 横克氏金小蜂
Trichomalopsis viridescens (Walsh) 萤克氏金小蜂
Trichomalopsis zhaoi Huang 历寄克氏金小蜂，历寄灿金小蜂，赵氏灿金小蜂
Trichomalus 毛体金小蜂属
Trichomalus maurigaster (Liao) 见 *Pezilepsis maurigaster*
Trichomalus posticus (Walker) 毛体金小蜂
Trichomasthus 毛胸跳小蜂属，毛盾跳小蜂属
Trichomasthus funiculus Xu 长索毛胸跳小蜂
Trichomasthus quadraspidiotus Dang *et* Wang 盾蚧毛胸跳小蜂，盾蚧毛鞭跳小蜂
Trichomatid 1. 毛蛉 <毛蛉科 Trichomatidae 昆虫的通称>; 2. 毛蛉科的
Trichomatidae 毛蛉科
trichome [= trichode] 香毛簇
Trichometallea 毛丽蝇属
Trichometallea pollinosa Townsend 粉毛丽蝇
Trichomimastra 毛米萤叶甲属
Trichomimastra attenuata Gressitt *et* Kimoto 黑腹毛米萤叶甲
Trichomimastra attenuata albida Gressitt *et* Kimoto 黑腹毛米萤叶甲淡色亚种
Trichomimastra attenuata attenuata Gressitt *et* Kimoto 黑腹毛米萤叶甲指名亚种，指名黑腹毛米萤叶甲
Trichomimastra gracilipes Gressitt *et* Kimoto 软鞘毛米萤叶甲
Trichomimastra hirsuta (Jacoby) 多毛毛米萤叶甲
Trichomimastra jejuna (Weise) 黑毛米萤叶甲
Trichomimastra pellucida (Ogloblin) 梯胸毛米萤叶甲
Trichomma 毛眼姬蜂属
Trichomma cnaphalocrocis Uchida 纵卷叶螟毛眼姬蜂，纵卷叶螟小毛眼姬蜂
Trichomma conjuncta Wang 连毛眼姬蜂
Trichomma cornula Wang 角状毛眼姬蜂
Trichomma enecator (Rossi) 梨毛眼姬蜂，梨小毛眼姬蜂
Trichomma fujianense Wang 福建毛眼姬蜂
Trichomma guilinense Wang 桂林毛眼姬蜂
Trichomma insulare (Szépligeti) 岛毛眼姬蜂

Trichomma koreanum Lee *et* Kim 朝鲜毛眼姬蜂
Trichomma lepidum Wang 丽毛眼姬蜂
Trichomma minutum Bridgman 小毛眼姬蜂
Trichomma nigricans Cameron 黑毛眼姬蜂，黑小毛眼姬蜂
Trichomma shennongica Wang 神农架毛眼姬蜂
Trichomma subnigricans Wang 拟黑毛眼姬蜂
Trichomma uniguttata Gravenhorst 单斑毛眼姬蜂
Trichomma yunnanica Wang 云南毛眼姬蜂
Trichomyiinae 真毛蠓亚科
Trichoneura 羽大蚊属，毛大蚊属
Trichoneura (Xipholimnobia) formosensis (Alexander) 台湾羽大蚊，台湾毛大蚊，台塞大蚊
Trichonta 毛菌蚊属
Trichonta aureola Wu *et* Zheng 华丽毛菌蚊
Trichonta chinensis Yang *et* Wu 中国毛菌蚊
Trichonta fuliginosa Wu *et* Yang 乌黑毛菌蚊
Trichonta orientalia Wu *et* Yang 东方毛菌蚊
Trichonychini 裂尾蚁甲族
Trichoparia 毛颜寄蝇属
Trichoparia blanda Fallén 裸额毛颜寄蝇
Trichoparia cepelaki Mesnil 黑色毛颜寄蝇
Trichoparia continuans Strobl 筒腹毛颜寄蝇
Trichoparia gracilipes Mesnil 长角毛颜寄蝇
Trichoparia maculisquama Zetterstedt 黄瓣毛颜寄蝇
Trichopeza 毛舞虻属
Trichopeza liliae Yang, Grootaert *et* Horvat 莉莉毛舞虻
Trichopezinae 毛舞虻亚科
Trichophaga 毡谷蛾属，囊衣蛾属
Trichophaga bipartitella (Ragonot) 拟地中海毡谷蛾
Trichophaga tapetzella (Linnaeus) [carpet moth, white-tip clothes moth, tapestry moth] 毛毡谷蛾，毛毡衣蛾
Trichophilopteridae 嚼羽虱科，猿鸟虱科
Trichophora 毛点类
trichophore 毛腔 <指刚毛的>
Trichophoroncus 苜蓿盲蝽属 *Adelphocoris* 的异名
Trichophoroncus albonotatus Jakovlev 见 *Adelphocoris albonotatus*
Trichophya 毛角隐翅甲属
Trichophya kursowai Shibata 岛毛角隐翅甲，岛毛角隐翅虫
Trichophya piankou Zheng *et* Wang 片口毛角隐翅甲，片口毛角隐翅虫
Trichophya rudis Cameron 粗点毛角隐翅甲，粗点毛角隐翅虫
Trichophya tenuis Zheng 细点毛角隐翅甲，细点毛角隐翅虫
Trichophyinae 毛角隐翅甲亚科，毛角隐翅虫亚科
Trichophysetis 须歧野螟属
Trichophysetis aurantidiscalis Caradja *et* Meyrick 橘须歧野螟
Trichophysetis bipunctalis Caradja 二点须歧野螟
Trichophysetis cretacea (Butler) [jasmine bud borer] 双纹须歧野螟
Trichophysetis exquisitalis Caradja 见 *Leechia exquisitalis*
Trichophysetis gracilentalis Swinhoe 丽须歧野螟
Trichophysetis hampsoni South 帚须歧野螟，酣须歧角螟
Trichophysetis rufoterminalis (Christoph) 红缘须歧野螟
Trichopleura achrolopha Püngeler 见 *Photoscotosia achrolopha*
Trichopleura dejeani Oberthür 见 *Photoscotosia dejeani*
Trichopleura leechi Alphéraky 见 *Photoscotosia leechi*
Trichopleura palaearctica Staudinger 见 *Photoscotosia palaearctica*
Trichopleura penguionaria Oberthür 见 *Photoscotosia penguionaria*
Trichopleura undulosa Alphéraky 见 *Photoscotosia undulosa*
Trichoplites 脊尺蛾属
Trichoplites albimaculosa Inoue 珠脊尺蛾
Trichoplites cuprearia (Moore) 铜脊尺蛾
Trichoplites ingressa Prout 台湾脊尺蛾
Trichoplites intermedia Xue 间脊尺蛾
Trichoplites latifasciaria (Leech) 侧带脊尺蛾
Trichoplites moupinata (Poujade) 松潘脊尺蛾，松潘巾尺蛾
Trichoplites tryphema Prout 雅脊尺蛾
Trichoplusia 粉斑夜蛾属，粉夜蛾属，斑金翅夜蛾属
Trichoplusia brassicae (Riley) 同 *Trichoplusia ni*
Trichoplusia intermixta (Warren) 见 *Thysanoplusia intermixta*

Trichoplusia lectula (Walker) 勒粉斑夜蛾
Trichoplusia ni (Hübner) [cabbage looper, ni moth] 粉斑夜蛾，粉纹夜蛾，银纹夜蛾，粉斑金翅夜蛾，尼金翅夜蛾
Trichoplusia ni granulosis virus [abb. TnGV] 粉纹夜蛾颗粒体病毒
Trichoplusia nigriluna (Walker) 见 *Scriptoplusia nigriluna*
Trichoplusia orichalcea (Fabricius) 见 *Thysanoplusia orichalcea*
Trichoplusia reticulata (Moore) 网粉夜蛾
Trichoplusia scelionis Chou *et* Lu 同 *Ctenoplusia mutans*
Trichopoda 毛足寄蝇属
Trichopoda pennipes (Fabricius) [feather-legged fly] 黄腹毛足寄蝇
trichopore 毛窝口 <指毛原细胞的成毛突起穿过表皮的开口>
Trichopothyne rondoni Breuning 老挝毛驴天牛
Trichopsideinae 缺吻网虻亚科
Trichopsomyia 黑毛蚜蝇属
Trichopsomyia flavitarsis Meigen 黄跗黑毛蚜蝇
Trichopsychoda 多毛蛉属，多毛蛾蚋属
Trichopsychoda coreanica Wagner 朝鲜多毛蛉，朝鲜多毛蛾蚋
Trichoptera [= Plicipenna] 毛翅目
Trichoptera Newsletter 毛翅目通讯 <期刊名>
trichopteran 1. [= caddis fly, caddisfly, caddicefly, rail-fly, cadises, casefly, sedge-fly, trichopteron, trichopterous insect] 石蛾 <毛翅目 Trichoptera 昆虫的通称>；2. [= trichopterous] 毛翅目昆虫的；毛翅目的
Trichopterigia 洱尺蛾属
Trichopterigia adorabilis Yazaki 花莲洱尺蛾
Trichopterigia amoena Yazaki *et* Huang 阿洱尺蛾
Trichopterigia cerinaria Xue 蜡黄洱尺蛾
Trichopterigia consobrinaria (Leech) 联洱尺蛾
Trichopterigia dejeani Prout 迪洱尺蛾
Trichopterigia hagna Prout 哈洱尺蛾
Trichopterigia illumina Prout 暗绯洱尺蛾
Trichopterigia kichidai Yazaki 缘点洱尺蛾
Trichopterigia miantosticta Prout 红星洱尺蛾，红闲星洱尺蛾
Trichopterigia nivocellata (Bastelberger) 白点洱尺蛾
Trichopterigia pulcherrima (Swinhoe) 美洱尺蛾
Trichopterigia rivularis (Warren) 沟洱尺蛾
Trichopterigia rivularis acidnias Prout 沟洱尺蛾云南亚种，沟洱尺蛾滇亚种，埃沟洱尺蛾
Trichopterigia rivularis rivularis (Warren) 沟洱尺蛾指名亚种
Trichopterigia rubripuncta Wileman 红点洱尺蛾
Trichopterigia rubripuncta miantosticta Prout 见 *Trichopterigia miantosticta*
Trichopterigia rufinotata (Butler) 绯洱尺蛾
Trichopterigia rufinotata illumina Prout 见 *Trichopterigia illumina*
Trichopterigia sanguinipunctata (Warren) 散洱尺蛾
Trichopterigia tianchii Wu, Fu *et* Shih 天池洱尺蛾
Trichopterigia yazakii Wu, Fu *et* Nakajima 矢崎洱尺蛾，矢崎氏洱尺蛾
Trichopterigia yoshimotoi Yazaki 妖洱尺蛾，吉本洱尺蛾
trichopterist [= trichopterologist] 毛翅学家；毛翅目工作者
trichopterological 毛翅学的
trichopterologist 见 trichopterist
trichopterology 毛翅学
Trichopteromyia 毛翅瘿蚊属
Trichopteromyia magnifica Mamaev 钝毛翅瘿蚊
Trichopteromyia modesta Williston 皱毛翅瘿蚊
trichopteron 见 trichopteran
trichopterous [= trichopteran] 1. 毛翅目昆虫的；2. 毛翅目的
trichopterous insect 见 trichopteran
Trichopterygidae [= Ptiliidae] 缨甲科
Trichopteryx 毛翅尺蛾属
Trichopteryx carpinata (Borkhausen) 柳毛翅尺蛾，卡黑线白尺蛾
Trichopteryx faceta Yazaki *et* Wang 砝毛翅尺蛾
Trichopteryx fastuosa Inoue 傲毛翅尺蛾，淡 Y 纹波尺蛾
Trichopteryx firma Yazaki *et* Wang 佛毛翅尺蛾
Trichopteryx fui Yazaki 傅氏毛翅尺蛾
Trichopteryx fusconotata Hashimoto 明毛翅尺蛾
Trichopteryx germinata (Püngeler) 蕾毛翅尺蛾
Trichopteryx grisearia (Leech) 灰毛翅尺蛾
Trichopteryx hemana (Butler) 双斑毛翅尺蛾
Trichopteryx polycommata (Denis *et* Schiffermüller) [barred tooth-striped] 饰毛翅尺蛾
Trichopteryx polycommata anna Inoue 饰毛翅尺蛾日本亚种，安饰毛翅尺蛾
Trichopteryx polycommata polycommata (Denis *et* Schiffermüller) 饰毛翅尺蛾指名亚种
Trichopteryx polystictaria Hampson 见 *Nothocasis polystictaria*
Trichopteryx rivularia (Leech) 溪毛翅尺蛾，利克莱尺蛾
Trichopteryx rufonotata illumina (Prout) 见 *Trichopterigia illumina*
Trichopteryx terranea (Butler) 陆毛翅尺蛾，暗 Y 纹波尺蛾
Trichopteryx ustata (Christoph) [black-banded white geometrid] 栎毛翅尺蛾，黑线白尺蛾
Trichopteryx volitans (Butler) 见 *Esakiopteryx volitans*
Trichoptilus 锐羽蛾属
Trichoptilus eochrodes Caradja 约锐羽蛾
Trichoptilus regalis (Fletcher) 瑞锐羽蛾
Trichoregma 毛角蚜属
Trichoregma bambusifoliae Takahashi [bamboo woolly aphid] 竹毛角蚜，竹花绵蚜
Trichoridia 耻冬夜蛾属
Trichoridia albiluna Hampson 月耻冬夜蛾
Trichoridia cuprea (Warren) 铜耻冬夜蛾
Trichoridia cuprescens Hampson 光耻冬夜蛾
Trichoridia dentata (Hampson) 锯耻冬夜蛾
Trichoridia endroma (Swinhoe) 恩耻冬夜蛾
Trichoridia flavicans Draudt 黄耻冬夜蛾
Trichoridia fulminea (Leech) 富耻冬夜蛾
Trichoridia hampsoni (Leech) 汉耻冬夜蛾
Trichoridia herchatra (Swinhoe) 耻冬夜蛾
Trichoridia junctura (Hampson) 连耻冬夜蛾
Trichoridia leuconephra Draudt 白耻冬夜蛾
Trichoridia sikkimensis (Moore) 锡金耻冬夜蛾
Trichorondibilis laosica Breuning 缨方额天牛
Trichorondonia 毛郎天牛属
Trichorondonia hybolasioides Breuning 毛郎天牛，毛郎氏天牛
Trichoscapa 鳞毛蚁属，柄瘤家蚁属
Trichoscapa membranifera (Emery) 节膜鳞毛蚁，节膜柄瘤蚁
Trichoscelidae [=Trixoscelidae] 锯翅蝇科
Trichosea 镶夜蛾属

Trichosea champa (Moore) 镶夜蛾，缤夜蛾
Trichosea diffusa Sugi 瓶镶夜蛾
Trichosea funebris Berio 阴镶夜蛾，灭镶夜蛾
Trichosea ludifica (Linnaeus) 淡镶夜蛾
Trichosea taikoshonis (Matsumura) 泰镶夜蛾
Trichosea zhangi Chen 见 *Chrisotea zhangi*
Trichoserica 绢金龟甲属 *Serica* 的异名
Trichoserica excisa Frey 见 *Serica excisa*
Trichoserica heydeni Reitter 见 *Serica heydeni*
Trichoserica klapperichi Frey 见 *Serica klapperichi*
Trichoserica polita (Gebler) 见 *Serica polita*
Trichoserixia rondoni Breuning 毛小楔天牛
Trichoserphus 毛眼细蜂属
Trichoserphus carinicornis He *et* Xu 脊角毛眼细蜂
Trichoserphus sinensis He *et* Xu 中华毛眼细蜂
Trichosetodes 毛姬长角石蛾属
Trichosetodes falcatus Yang *et* Morse 镰毛姬长角石蛾
Trichosetodes insularis Schmid 岛毛姬长角石蛾
Trichosetodes lasiophyllus Yang *et* Morse 叶毛姬长角石蛾
Trichosetodes serratus Yang *et* Morse 锯毛姬长角石蛾
Trichosia 毛眼蕈蚊属
Trichosia abliquicapilli Yang *et* Zhang 歪毛眼蕈蚊
Trichosia bispinata Yang, Zhang *et* Yang 双刺毛眼蕈蚊
Trichosia conglobata Rudzinski 团毛眼蕈蚊，五刺毛眼蕈蚊
Trichosia controversa Rudzinski 南投毛眼蕈蚊，控刺毛眼蕈蚊
Trichosia fanjingshana Yang *et* Zhang 梵净毛眼蕈蚊
Trichosia gravitata Rudzinski 重毛眼蕈蚊，球尾毛眼蕈蚊，纹毛眼蕈蚊
Trichosia latissima Yang, Zhang *et* Yang 宽桥毛眼蕈蚊
Trichosia longisetosa Yang, Zhang *et* Yang 长鬃毛眼蕈蚊
Trichosia morosa Rudzinski 孤毛眼蕈蚊，中刺毛眼蕈蚊
Trichosia pumila Yang, Zhang *et* Yang 小毛眼蕈蚊
Trichosia rufithorax van der Wulp 蜂毛眼蕈蚊
Trichosia trapezia Yang, Zhang *et* Yang 梯鞭毛眼蕈蚊
Trichosilia 发夜蛾亚属
Trichosillana 毫眼蕈蚊属，类毛眼蕈蚊属
Trichosillana imperiosa Rudzinski 帝毫眼蕈蚊，傲毫眼蕈蚊，帝类毛眼蕈蚊
Trichosiopsis sinica Yang *et* Zhang 见 *Leptosciarella sinica*
Trichosiphonaphis 皱背蚜属，毛腹管蚜属
Trichosiphonaphis forsythiae Zhang, Zhong *et* Zhang 同 *Trichosiphonaphis* (*Xenomyzus*) *polygonifoliae*
Trichosiphonaphis horri Miyazaki 同 *Trichosiphonaphis* (*Xenomyzus*) *polygonifoliae*
Trichosiphonaphis ishimikawae (Shinji) 同 *Trichosiphonaphis polygoni*
Trichosiphonaphis lonicerae (Uye) 忍冬皱背蚜
Trichosiphonaphis polygoni (van der Goot) [willow gibbose aphid] 蓼皱背蚜，柳瘤额蚜
Trichosiphonaphis polygonifoliae (Shinji) 见 *Trichosiphonaphis* (*Xenomyzus*) *polygonifoliae*
Trichosiphonaphis polygoniformosanus (Takahashi) 见 *Trichosiphonaphis* (*Trichosiphonaphis*) *polygoniformosanus*
Trichosiphonaphis tade (Shinji) 见 *Trichosiphonaphis* (*Xenomyzus*) *tade*
Trichosiphonaphis (***Trichosiphonaphis***) ***polygoniformosanus*** (Takahashi) [lonicera long-horned aphid] 银花皱背蚜，金银花毛管蚜，毛平口管蚜
Trichosiphonaphis (***Xenomyzus***) ***polygonifoliae*** (Shinji) 蓼叶皱背蚜
Trichosiphonaphis (***Xenomyzus***) ***tade*** (Shinji) 日本蓼皱背蚜
Trichosiphum kashicole Kurisaki 见 *Allotrichosiphum kashicola*
Trichosiphum tenuicorpus Okajima 见 *Mollitrichosiphum tenuicorpum*
Trichosphaena 楔毛甲属
Trichosphaena chotanica (Semenov) 南疆楔毛甲，柯楔毛甲，柯史拟步甲
Trichosphaena dunhuangensis Ren *et* Zheng 敦煌楔毛甲
Trichosphaena quadrate Ren *et* Zheng 方胸楔毛甲
Trichosphaena reitteri (Semenov) 莱氏楔毛甲，雷楔毛甲
Trichosphaena ulanbuhensis Ren *et* Zheng 乌兰楔毛甲
Trichosphaena vestita (Reitter) 威楔毛甲，威史拟步甲
Trichospilus 突额姬小蜂属
Trichospilus albiflagellatus Yang *et* Wang 白蛾白角突额姬小蜂
Trichospilus diatraeae Cherian *et* Margabandhu 螟蛾突额姬小蜂
Trichospilus pupivorus Ferrière 蛹突额姬小蜂
trichostichal bristle [= metapleura bristle] 后侧鬃 < 见于双翅目昆虫中 >
Trichotanypus 毛坦摇蚊属
Trichotanypus iris Kieffer 虹毛坦摇蚊，虹毛摇蚊
Trichotheca 齿股肖叶甲属，齿股叶甲属
Trichotheca annularis Tan 斑腿齿股肖叶甲，斑腿齿股叶甲
Trichotheca apicalis Pic 黑端齿股肖叶甲，端齿股叶甲
Trichotheca attenuata Tan 狭胸齿股肖叶甲
Trichotheca bicolor Tan 双色齿股肖叶甲，二色齿股叶甲
Trichotheca dentata Tan 大齿股肖叶甲，大齿股叶甲
Trichotheca elongata Tan 长角齿股肖叶甲，长齿股叶甲
Trichotheca flavinotata Tan 顶斑齿股肖叶甲，顶斑齿股叶甲
Trichotheca fulvopilosa Chen *et* Wang 西藏齿股肖叶甲，西藏齿股叶甲
Trichotheca fuscicornis Chen 褐角齿股肖叶甲，褐角齿股叶甲
Trichotheca hirta Baly 毛齿股肖叶甲
Trichotheca nodicollis Chen *et* Wang 瘤胸齿股肖叶甲，瘤胸齿股叶甲
Trichotheca parva Chen *et* Wang 小齿股肖叶甲，小齿股叶甲
Trichotheca rufofrontalis Tan 红额齿股肖叶甲
Trichotheca similis Tan 似红额齿股肖叶甲
Trichotheca unicolor Chen *et* Wang 一色齿股肖叶甲，一色齿股叶甲
Trichotheca variabilis Gressitt *et* Kimoto 纹鞘齿股肖叶甲，纹鞘齿股叶甲
Trichotheca ventralis Chen 华西齿股肖叶甲，华西齿股叶甲
Trichotichnus 列毛步甲属
Trichotichnus agilis Tschitschérine 同 *Trichotichnus longitarsis*
Trichotichnus (***Amaroschesis***) ***bicolor*** Tschitschérine 二色列毛步甲，二色拟沟步甲
Trichotichnus (***Amaroschesis***) ***chinensis*** (Fairmaire) 华列毛步甲，华拟沟步甲，华距步甲
Trichotichnus (***Amaroschesis***) ***curtus*** Tschitschérine 短列毛步甲，短拟沟步甲
Trichotichnus (***Amaroschesis***) ***davidi*** Tschitschérine 达列毛步甲，

T

达拟沟步甲
Trichotichnus* (*Amaroschesis*) *delavayi Tschitschérine 德列毛步甲，德拟沟步甲
Trichotichnus* (*Amaroschesis*) *flavipes Tschitschérine 黄足列毛步甲，黄拟沟步甲
Trichotichnus* (*Amaroschesis*) *hayashii Ito 林氏列毛步甲
Trichotichnus* (*Amaroschesis*) *modestus Tschitschérine 适列毛步甲，适拟沟步甲
Trichotichnus* (*Amaroschesis*) *oreas (Bates) 奥列毛步甲，奥拟沟步甲
Trichotichnus* (*Amaroschesis*) *robustus Ito 壮列毛步甲
Trichotichnus batesi Csiki 贝氏列毛步甲
Trichotichnus bicolor Tschitschérine 同 *Trichotichnus* (*Amaroschesis*) *chinensis*
Trichotichnus birmanicus Bates 同 *Trichotichnus batesi*
Trichotichnus bouvieri Tschitschérine 播列毛步甲
Trichotichnus chinensis Fairmaire 见 *Trichotichnus* (*Amaroschesis*) *chinensis*
Trichotichnus chuji Jedlička 中条列毛步甲
Trichotichnus consors Tschitschérine 康列毛步甲
Trichotichnus cordaticollis Schauberger 心列毛步甲
Trichotichnus curtipennis Schauberger 短翅列毛步甲
Trichotichnus curtus Tschitschérine 见 *Trichotichnus* (*Amaroschesis*) *curtus*
Trichotichnus cyrtops Tschitschérine 弯列毛步甲
Trichotichnus davidi Tschitschérine 见 *Trichotichnus* (*Amaroschesis*) *davidi*
Trichotichnus delavayi Tschitschérine 见 *Trichotichnus* (*Amaroschesis*) *delavayi*
Trichotichnus denticollis Schauberger 齿列毛步甲
Trichotichnus flavipes (Tschitschérine) 黄列毛步甲
Trichotichnus formosanus Jedlička 台岛列毛步甲
Trichotichnus fukiensis Jedlička 见 *Pseudorhysopus fukiensis*
Trichotichnus fukuharai Habu 等跗列毛步甲，福列毛步甲
Trichotichnus glabellus Andrewes 光列毛步甲
Trichotichnus hedini Schauberger 赫列毛步甲
Trichotichnus klapperichi Jedlička 克氏列毛步甲
Trichotichnus longitarsis Morawitz 长跗列毛步甲
Trichotichnus lulinensis Habu 卢列毛步甲
Trichotichnus miser Tschitschérine 迷列毛步甲
Trichotichnus miwai Jedlička 三轮列毛步甲
Trichotichnus miyakei Habu 宫宅列毛步甲，弥列毛步甲
Trichotichnus modestus Tschitschérine 见 *Trichotichnus* (*Amaroschesis*) *modestus*
Trichotichnus nenkaoshanensis Ito 能高山列毛步甲
Trichotichnus nipponicus Habu 日本列毛步甲
Trichotichnus noctuabundus Habu 胫沟列毛步甲，夜列毛步甲
Trichotichnus oblongus Tschitschérine 长方列毛步甲
Trichotichnus obtusicollis Schauberger 钝列毛步甲
Trichotichnus oreas Bates 见 *Trichotichnus* (*Amaroschesis*) *oreas*
Trichotichnus orientalis (Hope) 东方列毛步甲，东方虹步甲
Trichotichnus pauper Tschitschérine 寡列毛步甲
Trichotichnus sataensis Habu *et* Nakane 萨列毛步甲
Trichotichnus septemtrionalis (Habu) 短跗列毛步甲，北方列毛步甲
Trichotichnus sugimotoi Habu 苏列毛步甲
Trichotichnus szekessyi (Jedlička) 司列毛步甲，史泽科步甲，史虹步甲
Trichotichnus taiwanus Habu 台列毛步甲
Trichotichnus taiwanus splendens Ito 台列毛步甲美丽亚种
Trichotichnus taiwanus taiwanus Habu 台列毛步甲指名亚种
Trichotichnus teradai Habu 奇列毛步甲
Trichotichnus tschitscherini Schauberger 岑氏列毛步甲
Trichotichnus uenoi Habu 郁列毛步甲
Trichotichnus vicinus Tschitschérine 同 *Trichotichnus tschitscherini*
Trichotichnus vulgaris Tschitschérine 常列毛步甲
Trichotichnus wansuiensis Habu 万列毛步甲
Trichotichnus yunnanus Fairmaire 滇列毛步甲
Trichotichnus yushanensis Habu 玉山列毛步甲
Trichotichnus zabriformis Schauberger 察列毛步甲
Trichotipula 绒大蚊亚属
trichotomous 三分的
Trichotophysa 窝丛螟属
Trichotophysa jucundalis (Walker) 金翅窝丛螟，居毛托螟
trichroism 三色型
Trichromothrips 异色蓟马属
Trichromothrips elegans Masumoto *et* Okajima 丽异色蓟马
Trichromothrips formosus Masumoto *et* Okajima 福尔摩斯异色蓟马，双异色蓟马
Trichromothrips fragilis Masumoto *et* Okajima 弱异色蓟马
Trichromothrips obscuriceps (Girault) 褐头异色蓟马
Trichromothrips priesneri (Bhatti) 褐腹异色蓟马
Trichromothrips taiwanus Masumoto *et* Okajima 台湾异色蓟马，单毛异色蓟马
Trichromothrips trachelospemi Zhang *et* Tong 络石异色蓟马
Trichromothrips xanthius (Williams) 黄异色蓟马，黄羚异色蓟马，黄羚蓟马，苍耳带蓟马
Trichrysis 异色青蜂属
Trichrysis coeruleamaculata Rosa, Wei *et* Xu 蓝斑异色青蜂
Trichrysis cyanea (Linnaeus) 青异色青蜂
Trichrysis formosana (Mocsáry) 同 *Trichrysis triacantha*
Trichrysis imperiosus (Smith) 帝异色青蜂
Trichrysis lusca (Fabricius) 独异色青蜂，独青蜂
Trichrysis luzonica (Mocsáry) 吕宋异色青蜂
Trichrysis pellucida (du Buysson) 透异色青蜂，透青蜂
Trichrysis sauteri (Mocsáry) 同 *Trichrysis triacantha*
Trichrysis secernenda (Mocsáry) 黑斑异色青蜂
Trichrysis taial (Tsuneki) 同 *Trichrysis luzonica*
Trichrysis tonkinensis (Mocsáry) 同 *Trichrysis triacantha*
Trichrysis triacantha (Mocsáry) 三刺异色青蜂，台可青蜂
Trichrysis tridensnotata Rosa, Wei *et* Xu 三齿异色青蜂
Trichrysis trigona (Mocsáry) 三角异色青蜂
Trichrysis yuani Rosa, Feng *et* Xu 袁氏异色青蜂
Trichulus 毛大蕈甲属
Trichulus pubescens (Crotch) 绒毛大蕈甲
Tricimba 沟背秆蝇属
Tricimba aequiseta Nartshuk 黄条沟背秆蝇
Tricimba cincta (Meigen) 双色沟背秆蝇
Tricimba fascipes (Becker) 带足沟背秆蝇，带足秆蝇
Tricimba humeralis (Loew) 中黑沟背秆蝇

Tricimba marina (Becker) 海洋沟背秆蝇，海洋秆蝇

trickle midge [= thaumaleid midge, solitary midge, thaumaleid] 山蛃 < 山蛃科 Thaumaleidae 昆虫的通称 >

Tricliona 大眼肖叶甲属

Tricliona consobrina Chen 黑绿大眼肖叶甲，黑凹眼叶甲

Tricliona costipennis Chen 见 *Platycorynus costipennis*

Tricliona megalops Chen 粗刻大眼肖叶甲，华南凹眼叶甲

Triclistus 弓脊姬蜂属

Triclistus aitkini (Cameron) 黄足弓脊姬蜂

Triclistus dimidiatus Morley 减弓脊姬蜂

Triclistus globulipes (Desvignes) 球弓脊姬蜂

Triclistus lewi Chiu 刘氏弓脊姬蜂

Triclistus pallipes Holmgren 淡色弓脊姬蜂

Triclistus parallelus Uchida 平行弓脊姬蜂

Triclistus planus Momoi *et* Kusigemati 平坦弓脊姬蜂

Triclistus pygmaeus (Cresson) 小弓脊姬蜂

Triclistus sonani Chiu 楚南弓脊姬蜂

Triclistus strobilius Sun, Luan *et* Sheng 球果弓脊姬蜂

Triclistus taiwanensis Uchida 同 *Triclistus pygmaeus*

Triclistus tuberculus Sheng *et* Sun 瘤弓脊姬蜂

Tricogena 毛颊寄蝇属

Tricogena sinensis (Villeneuve) 中国毛颊寄蝇，中国弗短角寄蝇

tricolor pied flat [= tricolour flat, tricoloured pied flat, *Coladenia indrani* (Moore)] 三色窗弄蝶，指名窗弄蝶

tricolored bumble bee [= orange-belted bumble bee, *Bombus ternarius* Say] 三色熊蜂

tricolored fiestamark [= tricolored metalmark, *Symmachia tricolor* (Hewitson)] 三色树蚬蝶

tricolored metalmark 见 tricolored fiestamark

tricolour flat 见 tricolor pied flat

tricoloured leafwing [*Consul panariste* (Hewitson)] 黄肩鹞蛱蝶

tricoloured pied flat 见 tricolor pied flat

Tricondyla 缺翅虎甲属

Tricondyla aptera (Olivier) 广缺翅虎甲，缺翅虎甲

Tricondyla gestroi Fleutiaux 驼缺翅虎甲

Tricondyla gestroi gestroi Fleutiaux 驼缺翅虎甲指名亚种

Tricondyla gestroi scabra Fleutiaux 驼缺翅虎甲南亚亚种，南亚缺翅虎甲，南亚瘦虎甲

Tricondyla macrodera Chaudoir 光端缺翅虎甲

Tricondyla macrodera abruptesculpta Horn 光端缺翅虎甲半皱亚种，半皱光端缺翅虎甲

Tricondyla macrodera macrodera Chaudoir 光端缺翅虎甲指名亚种，指名光端缺翅虎甲

Tricondyla macrodera stricticeps Chaudoir 见 *Tricondyla stricticeps*

Tricondyla mellyi Chaudoir 梅氏缺翅虎甲，梅氏瘦虎甲

Tricondyla mellyi Gestro 同 *Tricondyla gestroi*

Tricondyla pulchripes White 长胸缺翅虎甲，丽瘦虎甲

Tricondyla stricticeps Chaudoir 纹光端缺翅虎甲

Tricondylomimus 虎甲螳属

Tricondylomimus coomani Chopard 虎甲螳

tricorythid 1. [= tricorythid mayfly] 毛蜉 < 毛蜉科 Tricorythidae 昆虫的通称 >；2. 毛蜉科的

tricorythid mayfly [= tricorythid] 毛蜉

Tricorythidae 毛蜉科

Tricosa 魔小蠹属

Tricosa cattienensis Cognato, Smith *et* Beaver 吉仙魔小蠹

Tricosa indochinensis Cognato, Smith *et* Beaver 东南亚魔小蠹

Tricosa jacula Cognato, Smith *et* Beaver 尖鞘魔小蠹

Tricosa mangoensis (Schedl) 马来魔小蠹

Tricosa metacuneolus (Eggers) 红褐魔小蠹，后材小蠹

Trictena argentata Herrich-Schäffer 南澳根蝙蝠蛾

Trictenoma burmana Sohn 同 *Trictenotoma childreni*

Trictenotoma 拟锹甲属，三栉牛属

Trictenotoma childreni Gray [log-boring beetle, brown steampunk beetle] 柴氏拟锹甲，柴尔三栉牛，缅三栉牛

Trictenotoma davidi Deyrolle 达氏拟锹甲，达氏三栉牛

Trictenotoma formosana Kriesche 台湾拟锹甲，台三栉牛，蓬莱拟锹形虫，台湾拟锹形虫

trictenotomid 1. [= trictenotomid beetle] 拟锹甲，三栉牛 < 拟锹甲科 Trictenotomidae 昆虫的通称 >；2. 拟锹甲科的

trictenotomid beetle [= trictenotomid] 拟锹甲，三栉牛

Trictenotomidae 拟锹甲科，三栉牛科

tricuspid [= tricuspidate, tricuspidatus] 三尖的

tricuspid cap 三角冠

tricuspidate 见 tricuspid

tricuspidatus 见 tricuspid

Tricycleopsis 鬃腹丽蝇属

Tricycleopsis paradoxa Villeneuve 投撞鬃腹丽蝇，恒春三蝇

Tricycleopsis pilantenna Feng 毛角鬃腹丽蝇

Tricyphistis 特麦蛾属

Tricyphistis cyanorma Meyrick 青特麦蛾

Tricyphona 平大蚊属，三大蚊属

Tricyphona arisana Alexander 阿里平大蚊，阿里山平大蚊

Tricyphona formosana Alexander 台湾平大蚊，台湾三大蚊

Tricyphona margipunctata (Alexander) 缘斑平大蚊

Tricyphona omeiana (Alexander) 峨眉平大蚊

Tricyphona orophila Alexander 喙平大蚊，能高平大蚊

Tricyphona tachulanica (Alexander) 福建平大蚊，大竹岚三大蚊，大竹岚索大蚊

tridactyle [= tridactylous, tridactylus] 1. 三趾的；2. 三爪的

tridactylid 1. [= tridactylid grasshopper, pigmy mole cricket] 蚤蝼 < 蚤蝼科 Tridactylidae 昆虫的通称 >；2. 蚤蝼科的

tridactylid grasshopper [= tridactylid, pigmy mole cricket] 蚤蝼

Tridactylidae 蚤蝼科，蚤蝗科

Tridactyloidea 蚤蝼总科

Tridactylophaginae 蚤蝼蝙亚科

Tridactylophagus 蚤蝼蝙属，蚤蝼捻翅虫属

Tridactylophagus buttonensis Kathirithamby 蚤蝼蝙

Tridactylophagus ceylonensis Kifune *et* Hirashima 斯蚤蝼蝙

Tridactylophagus coniferus (Yang) 突蚤蝼蝙，拟蚤蝼蝙，拟蚤蝼捻翅虫

Tridactylophagus maculatus Chaudhuri, Ghosh *et* Das Gupta 斑蚤蝼蝙

Tridactylophagus sinensis Yang 中华蚤蝼蝙，中华蚤蝼捻翅虫

tridactylous 见 tridactyle

Tridactyloxenos 拟蚤蝼蝙属，拟蚤蝼捻翅虫属

Tridactyloxenos coniferus Yang 见 *Tridactylophagus coniferus*

tridactylus 见 tridactyle

Tridactylus 蚤蝼属

Tridactylus australicus Mjöberg 澳洲蚤蝼

Tridactylus berlandi Chopard 贝氏蚤蝼

Tridactylus fasciatus Guérin-Méneville 见 *Asiotridactylus fasciatus*

Tridactylus formosanus Shiraki 见 *Bruntridactylus formosanus*

Tridactylus japonicus (de Haan) 见 *Xya japonica*

Tridactylus major Scudder 大蚤蝼

Tridactylus nigroaeneus Walker 见 *Xya nigroaenea*

Tridactylus nitobei Shiraki 见 *Xya nitobei*

Tridactylus variegatus (Latreille) 见 *Xya variegata*

Tridencopsylla 三齿木虱属 < 该属名有误写为 *Tridentipsylla* 者 >

Tridencopsylla hungtouensis (Fang *et* Yang) 四条三齿木虱，红头木虱

trident 1. 三齿的；2. 三岔型

trident pencil-blue [= Margarita's blue, *Candalides margarita* (Semper)] 珍珠坎灰蝶

Tridesmodes ramiculata Warren [Emire shoot borer] 榄仁树窗蛾

Tridiscus 脐粉蚧属

Tridiscus achnatherus Wu 醉马草脐粉蚧

Tridiscus connectens (Bazarov) 帕米尔脐粉蚧

Tridiscus distichlii (Ferris) 碱草脐粉蚧

Tridrepana 黄钩蛾属

Tridrepana adelpha Swinhoe 双斑黄钩蛾

Tridrepana albonotata (Moore) 淡斑黄钩蛾

Tridrepana argentistriga Warren 银文黄钩蛾

Tridrepana arikana (Matsumura) 弯黑黄钩蛾，阿黄钩蛾，俄黄钩蛾

Tridrepana arikana arikana (Matsumura) 弯黑黄钩蛾指名亚种，指名阿黄钩蛾

Tridrepana arikana emina Chu *et* Wang 弯黑黄钩蛾暗月亚种，暗月黄钩蛾

Tridrepana arikana falcipennis Warren 弯黑黄钩蛾镰斑亚种，镰阿黄钩蛾

Tridrepana bicuspidata Song, Xue *et* Han 双尖黄钩蛾

Tridrepana bifrcata Chen 双臂黄钩蛾

Tridrepana crocea (Leech) 仲黑缘黄钩蛾，仲黑黄钩蛾，黄钩蛾，黄钩翅蛾

Tridrepana emina Chu *et* Wang 见 *Tridrepana arikana emina*

Tridrepana finita Watson 楠三黄钩蛾

Tridrepana flava (Moore) 双斜线黄钩蛾，黄钩蛾，斜线黄钩蛾

Tridrepana flava contracta Watson 双斜线黄钩蛾康特亚种，康双斜线黄钩蛾

Tridrepana flava flava (Moore) 双斜线黄钩蛾指名亚种，指名双斜线黄钩蛾

Tridrepana flava sinica Chu *et* Wang 同 *Tridrepana flava flava*

Tridrepana fulvata (Snellen) 褐黄钩蛾

Tridrepana hainana Chu *et* Wang 叔黑缘黄钩蛾

Tridrepana hypha Chu *et* Wang 波纹黄钩蛾

Tridrepana leva Chu *et* Wang 同 *Tridrepana crocea*

Tridrepana maculosa Watson 斑黄钩蛾

Tridrepana marginata Watson 白斑黄钩蛾，褐缘黄钩蛾

Tridrepana rubromarginata (Leech) 肾斑黄钩蛾

Tridrepana rubromarginata indica Watson 肾斑黄钩蛾印度亚种

Tridrepana rubromarginata rubromarginata (Leech) 肾斑黄钩蛾指名亚种

Tridrepana rubromaryinta Leech 网斑黄钩蛾

Tridrepana subadelpha Song, Xue *et* Han 类双斑黄钩蛾

Tridrepana subunispina Song, Xue *et* Han 类伯黄钩蛾

Tridrepana thermopasta (Hampson) 热黄钩蛾

Tridrepana unispina Watson 伯黑缘黄钩蛾，双斜线黄钩蛾，银斑黄钩蛾，白点黄钩蛾

Tridymidae 长盾金小蜂科

Trienopa 盲瓢蜡蝉属

Trienopinae 盲瓢蜡蝉亚科

Triepeolus 三绒斑蜂属

Triepeolus signatus Hedicke 同 *Triepeolus ventralis*

Triepeolus tristis (Smith) 暗色三绒斑蜂

Triepeolus ventralis (Meade-Waldo) 腹三绒斑蜂，白绒斑蜂

trifasciatus skipper [= inky-patched skipper, *Paches trifasciatus* Lindsey] 三带巴夏弄蝶

trifid 三裂

Trifidaphis 三根蚜属

Trifidaphis phaseoli Passerini 菜豆三根蚜

trifurcate [= trifurcates] 三叉的

trifurcates 见 trifurcate

Trifurcula 三微蛾属

Trifurcula oishiella Matsumura 见 *Glaucolepis oishiella*

trigamma 三叉脉 < 指鳞翅目昆虫翅中的三股叉，其分叉为 M_3、Cu_{1a} 和 Cu_{1b}>

Triglyphus 寡节蚜蝇属，寡节食蚜蝇属，乌鱼蚜蝇属

Triglyphus cyanea (Brunetti) 蓝色寡节蚜蝇，青寡节蚜蝇

Triglyphus formosanus Shiraki 台湾寡节蚜蝇，务社蚜蝇

Triglyphus primus Loew 长翅寡节蚜蝇，长翅寡节食蚜蝇

Triglyphus sichuanicus Cheng, Huang, Duan *et* Li 四川寡节蚜蝇

Trigomphus 棘尾春蜓属，棘尾箭蜓属

Trigomphus agricola (Ris) 野居棘尾春蜓

Trigomphus beatus Chao 黄唇棘尾春蜓

Trigomphus carus Chao 亲棘尾春蜓

Trigomphus citimus (Needham) 吉林棘尾春蜓

Trigomphus hainanensis Zhang *et* Tong 海南棘尾春蜓

Trigomphus lautus (Needham) 净棘尾春蜓

Trigomphus nigripes (Sélys) 黑足棘尾春蜓

Trigomphus succumbens (Needham) 斜纹棘尾春蜓

Trigomphus svenhedini (Sjöstedt) 斯氏棘尾春蜓

Trigomphus yunnanensis Zhou *et* Wu 云南棘尾春蜓

Trigona 无刺蜂属

Trigona fulviventris Guérin-Méneville [red-tailed stingless bee] 黄腹无刺蜂

Trigona* (*Heterotrigona*) *iridipennis Smith 虹无刺蜂

Trigona* (*Heterotrigona*) *laeviceps Smith 光足无刺蜂

Trigona* (*Heterotrigona*) *lutea Bingham 蜜色无刺蜂

Trigona* (*Heterotrigona*) *pagdeni Schwarz 黑胸无刺蜂

Trigona* (*Heterotrigona*) *vidua Peletier 暗翅无刺蜂

Trigona laeviceps Smith 见 *Trigona* (*Heterotrigona*) *laeviceps*

Trigona* (*Lepidotrigona*) *terminata Smith 见 *Lepidotrigona terminata*

Trigona* (*Lepidotrigona*) *ventralis Smith 见 *Lepidotrigona ventralis*

Trigona lutea Bingham 见 *Trigona* (*Heterotrigona*) *lutea*

Trigona pagdeni Schwarz 见 *Trigona* (*Heterotrigona*) *pagdeni*

Trigona spinipes (Fabricius) [spiny-legged stingless bee] 刺足无刺蜂

Trigona terminata Smith 见 *Lepidotrigona terminata*

Trigona ventralis Smith 见 *Lepidotrigona ventralis*

Trigona vidua Peletier 见 *Trigona* (*Heterotrigona*) *vidua*

trigonal 1. 三角的；2. 三角区

trigonalid 1. [= trigonalid wasp] 钩腹蜂 < 钩腹蜂科 Trigonalidae 昆虫的通称 >；2. 钩腹蜂科的

trigonalid wasp [= trigonalid] 钩腹蜂

Trigonalidae [= Trigonalyidae] 钩腹蜂科，钩腹姬蜂科

Trigonalioidea [= Trigonalyoidea] 钩腹蜂总科

Trigonalyidae 见 Trigonalidae

Trigonalyoidea 见 Trigonalioidea

Trigonaspis 大翅瘿蜂属

Trigonaspis megaptera (Panzer) [kidney gall wasp, pink wax gall wasp] 牡蛎大翅瘿蜂

trigonate [= trigonatus, trigonous] 三角的

trigonatus 见 trigonate

trigoneutism 三化性

trigonidiid 1. [= trigonidiid cricket] 蛉蟋，吉蛉，草蟋 < 蛉蟋科 Trigonidiidae 昆虫的通称 >；2. 蛉蟋科的

trigonidiid cricket [= trigonidiid] 蛉蟋，吉蛉，草蟋

Trigonidiidae 蛉蟋科，吉蛉科，草蟋科

Trigonidiinae 蛉蟋亚科

Trigonidium 蛉蟋属，草蟋属 < 该属学名有与 *Trigonium* 相混者 >

Trigonidium bicolor Stål 双色斜蛉蟋

Trigonidium bifasciatum (Shiraki) [grass cricket] 双带唧蛉蟋，双带拟蛉蟋，草蟋蟀

Trigonidium cicindeloides Rambur 虎甲蛉蟋，黑胫草蟋蟀

Trigonidium flavipes Saussure 黄足斜蛉蟋

Trigonidium haani Saussure 见 *Metioche haani*

Trigonidium humbertianum (Saussure) 长翼蛉蟋

Trigonidium pallicornis Stål 淡角斜蛉蟋

Trigonidium pallipes Stål 见 *Metioche pallipes*

Trigonidium vittaticollis Stål 见 *Metioche vittaticollis*

Trigonidium vittatum (Brunner von Wattenwyl) 同 *Paratrigonidium venustulum*

Trigoniinae 蛉蟋亚科

Trigoniini 蛉蟋族

Trigonocera 三角长足虻属

Trigonocera guizhouensis Wang, Yang *et* Grootaert 贵州三角长足虻

Trigonocera lucidiventris Becker 晶莹三角长足虻，晶莹长足虻，亮腹特长足虻

Trigonocera rivosa Becker 小溪三角长足虻，小溪长足虻

Trigonocera shuensis Liu *et* Yang 蜀三角长足虻

Trigonocera tongshiensis (Yang) 通什三角长足虻

Trigonocnera 角漠甲属

Trigonocnera granulata Ba *et* Ren 粒角漠甲

Trigonocnera pseudopimelia (Reitter) 突角漠甲

Trigonocnera pseudopimelia pseudopimelia (Reitter) 突角漠甲指名亚种

Trigonocnera pseudopimelia reitteri (Csiki) 突角漠甲雷氏亚种，雷突角漠甲

Trigonocolus 菱象甲属，菱象属

Trigonocolus alternans (Heller) 交替菱象甲，交替菱象

Trigonocolus brachmanae Faust 紫檀菱象甲，紫檀菱象

Trigonocolus carinatus Voss 脊菱象甲，脊菱象

Trigonocolus elegans (Kôno) 丽菱象甲，丽菱象

Trigonocolus niger Voss 黑菱象甲，黑菱象

Trigonocolus sulcatus Roelofs 沟菱象甲，沟菱象

Trigonocolus tibialis (Kôno) 胫菱象甲，胫菱象

Trigonocorypha 棱螽属

Trigonocorypha abnormis Brunner von Wattenwyl 畸形棱螽

Trigonocorypha maxima Carl 短瓣棱螽

Trigonocorypha unicolor (Stoll) 单色棱螽

Trigonocyttara clandestina Turner 金合欢桉松木蠹蛾

Trigonodemus 伪步隐翅甲属，三角隐翅甲属

Trigonodemus audax Smetana 斑翅伪步隐翅甲，岛三角隐翅甲，岛三角隐翅虫

Trigonodemus fungicola Smetana 淡色伪步隐翅甲

Trigonodemus lebioides Kraatz 乌顶伪步隐翅甲，勒三角隐翅甲，勒三角隐翅虫

Trigonodemus mirabilis (Hlisnikovský) 同 *Trigonodemus pallidipennis*

Trigonodemus modestus Smetana 节伪步隐翅甲

Trigonodemus montanus Smetana 山伪步隐翅甲

Trigonodemus pallidipennis (Pic) 淡翅伪步隐翅甲，淡翅三角隐翅甲，淡翅三角隐翅虫

Trigonodemus pictus Smetana 条斑伪步隐翅甲

Trigonodemus puetzi Smetana 漂氏伪步隐翅甲

Trigonodemus puncticollis Smetana 点伪步隐翅甲

Trigonodemus schuelkei Smetana 叙氏伪步隐翅甲

Trigonodera 锯角大花蚤属

Trigonodera japonica Pic 见 *Micropelecotoides japonicus*

Trigonodera tokejii (Nomura *et* Nakane) 台湾锯角大花蚤，锯角大花蚤，托拟佩大花蚤

Trigonoderus 长体金小蜂属

Trigonoderus fraxini Yang 水曲柳长体金小蜂

Trigonoderus longipilis Yang 松小蠹长体金小蜂

Trigonodes 分夜蛾属

Trigonodes hyppasia (Cramer) [semi-looper] 短带分夜蛾，分夜蛾，分裳蛾，短带三角夜蛾

Trigonodiplosis fraxini Rübsaamen 花梣三籽瘿蚊

Trigonogenius 竖毛蛛甲属

Trigonogenius globulum Solier [globular spider beetle] 圆竖毛蛛甲，圆蛛甲

Trigonognatha 毛颚步甲亚属，艳步甲属，毛颚步甲属

Trigonognatha andrewesi Jedlička 见 *Myas* (*Trigonognatha*) *andrewesi*

Trigonognatha becvari Sciaky 见 *Myas* (*Trigonognatha*) *becvari*

Trigonognatha bicolor Lassalle 见 *Myas* (*Trigonognatha*) *bicolor*

Trigonognatha birmanica Lassalle 见 *Myas* (*Trigonognatha*) *birmanicus*

Trigonognatha brancuccii Sciaky 见 *Myas* (*Trigonognatha*) *brancuccii*

Trigonognatha cordicollis Sciaky *et* Wrase 见 *Myas* (*Trigonognatha*) *cordicollis*

Trigonognatha coreana (Tschitschérine) 见 *Myas* (*Trigonognatha*) *coreanus*

Trigonognatha delavayi (Fairmaire) 见 *Myas* (*Trigonognatha*) *delavayi*

Trigonognatha echarouxi Lassalle 见 *Myas* (*Trigonognatha*) *echarouxi*

Trigonognatha eoa (Tschitschérine) 见 *Aristochroa eoa*

Trigonognatha fairmairei Sciaky 见 *Myas* (*Trigonognatha*) *fairmairei*

Trigonognatha ferreroi Straneo 见 *Myas* (*Trigonognatha*) *ferreroi*

Trigonognatha formosana Jedlička 见 *Myas* (*Trigonognatha*) *formosanus*

Trigonognatha hauseri Jedlička 见 *Myas* (*Trigonognatha*) *hauseri*

Trigonognatha hubeica Facchini *et* Sciaky 见 *Myas* (*Trigonognatha*)

hubeicus

Trigonognatha jaechi Sciaky 见 *Myas* (*Trigonognatha*) *jaechi*

Trigonognatha kutsherai Sciaky *et* Wrase 见 *Myas* (*Trigonognatha*) *kutsherai*

Trigonognatha latibasis Sciaky *et* Wrase 见 *Myas* (*Trigonognatha*) *latibasis*

Trigonognatha princeps Bates 见 *Myas* (*Trigonognatha*) *princeps*

Trigonognatha prunieri Lassalle 见 *Myas* (*Trigonognatha*) *prunieri*

Trigonognatha robusta (Fairmaire) 见 *Myas* (*Trigonognatha*) *robustus*

Trigonognatha saueri Sciaky 见 *Myas* (*Trigonognatha*) *saueri*

Trigonognatha schuetzei Sciaky *et* Wrase 见 *Myas* (*Trigonognatha*) *schuetzei*

Trigonognatha smetanai Sciaky 见 *Myas* (*Trigonognatha*) *smetanai*

Trigonognatha straneoi Sciaky *et* Wrase 见 *Myas* (*Trigonognatha*) *straneoi*

Trigonognatha uenoi (Habu) 见 *Myas* (*Trigonognatha*) *uenoi*

Trigonognatha vignai Casale *et* Sciaky 见 *Myas* (*Trigonognatha*) *vignai*

Trigonognatha viridis Tschitschérine 见 *Myas* (*Trigonognatha*) *viridis*

Trigonognatha xichangensis Lassalle 见 *Myas* (*Trigonognatha*) *xichangensis*

Trigonognatha yunnana Straneo 见 *Myas* (*Trigonognatha*) *yunnanus*

Trigonognathina 艳步甲亚族

Trigonometopini 三突缟蝇族

Trigonometopus 三牙缟蝇属

Trigonometopus deceptor (Malloch) 白贼三牙缟蝇，白贼缟蝇

Trigonometopus sauteri Hendel 见 *Tetroxyrhina sauteri*

Trigonometopus* (*Tetroxyrhina*) *brunneicosta Malloch 见 *Tetroxyrhina brunneicosta*

Trigonometopus* (*Tetroxyrhina*) *submaculipennis Malloch 见 *Tetroxyrhina submaculipennis*

Trigonomima 三管虫虻属，三管食虫虻属，三踝食虫虻属

Trigonomima argentea Shi 银三管虫虻，银三管食虫虻

Trigonomima gibbera Shi 驼三管虫虻，驼三管食虫虻

Trigonomima nigra Shi 黑三管虫虻，黑三管食虫虻

Trigonomima pennipes (Hermann) 台湾三管虫虻，台湾三管食虫虻，台短喙虫虻，毛足食虫虻

Trigonomiminae 三管虫虻亚科，三管食虫虻亚科

Trigonophora 红衫夜蛾属

Trigonophora clava Wileamn 黄红衫夜蛾

Trigonophora crassicornis (Oberthür) 粗角红衫夜蛾

Trigonophorinus 拟唇花金龟甲属

Trigonophorinus riaulti (Fairmaire) 铜绿拟唇花金龟甲，雷唇花金龟

Trigonophorus 唇花金龟甲属，唇花金龟属，扇角金龟属

Trigonophorus dilutus Bourgoin 稀唇花金龟甲，稀唇花金龟，小台湾扇角金龟，稀异花金龟

Trigonophorus gracilipes Westwood 短体唇花金龟甲，短体唇花金龟，丽异花金龟

Trigonophorus hookeri White 钩唇花金龟甲，钩唇花金龟

Trigonophorus ligularis Ma 舌唇花金龟甲，舌唇花金龟

Trigonophorus nepalensis Hope 墨绿唇花金龟甲，墨绿唇花金龟

Trigonophorus politus Medvedev 同 *Trigonophorus rothschildi*

Trigonophorus riaulti Fairmaire 见 *Trigonophorinus riaulti*

Trigonophorus rothschildi Fairmaire 绿唇花金龟甲，绿唇花金龟

Trigonophorus rothschildi rothschildi Fairmaire 绿唇花金龟甲指名亚种

Trigonophorus rothschildi varians Bourgoin 绿唇花金龟甲变异亚种，苹绿唇花金龟甲，苹绿唇花金龟，变异唇花金龟，台湾扇角金龟，变异花金龟

Trigonophorus saundersi Westwood 草绿唇花金龟甲，草绿唇花金龟

Trigonophorus scintillans Arrow 荫唇花金龟甲，荫唇花金龟

Trigonophorus varians Bourgoin 见 *Trigonophorus rothschildi varians*

Trigonophorus xisana Ma 西双唇花金龟甲，西双唇花金龟

Trigonophorus xizangensis Zhang *et* Ma 藏唇花金龟甲，藏唇花金龟

Trigonophorus yunnanus Schurhoff 滇唇花金龟甲，滇唇花金龟

Trigonopoda 角土甲属

Trigonopoda crassipes Gebien 阔胫角土甲，棱脚拟步行虫

Trigonopoda ovalipennis Shibata 卵圆角土甲，卵翅拟步行虫

trigonopterygid 1. [= trigonopterygid grasshopper] 角翅蜢 < 角翅蜢科 Trigonopterygidae 昆虫的通称 >；2. 角翅蜢科的

trigonopterygid grasshopper [= trigonopterygid] 角翅蜢

Trigonopterygidae 角翅蜢科，角翅蝗科，叶蝗科，三角翅蜢科

Trigonopteryx 角翅蜢属

Trigonopteryx hopei (Westwood) 霍氏角翅蜢，霍氏角翅蝗

Trigonoptila 三角尺蛾属

Trigonoptila latimarginaria (Leech) 三角尺蛾，宽缘赫尺蛾，三角璃尺蛾，三角枝尺蛾，樟三角尺蛾

Trigonoptila postexcisa Wehrli 后三角尺蛾

Trigonoptila straminearia (Leech) 蒿秆三角尺蛾，草茸毛尺蛾

Trigonorhinini 三角长角象甲族，三角长角象族

Trigonoscelis 胖漠甲属

Trigonoscelis holdereri Reitter 何氏胖漠甲

Trigonoscelis kraatzi Frivaldsky 见 *Sternotrigon kraatzi*

Trigonoscelis lacerta Bates 见 *Sternoplax* (*Pseudosternoplax*) *lacerta*

Trigonoscelis nodosa schrenki Gebler 见 *Trigonoscelis schrenki*

Trigonoscelis schrenki Gebler 兴氏胖漠甲，兴诺胖漠甲

Trigonoscelis setosa Bates 见 *Sternotrigon setosa*

Trigonoscelis sublaevigata Reitter 光滑胖漠甲，光胸胖漠甲

Trigonosoma 三角广口蝇属，特扁口蝇属

Trigonosoma tropida (Hendel) 台湾三角广口蝇，台特扁口蝇

Trigonospila 三角寄蝇属

Trigonospila ludio (Zetterstedt) 芦地三角寄蝇

Trigonospila medinoides (Townsend) 同 *Trigonospila transvittata*

Trigonospila transvittata (Pandellé) 横带三角寄蝇，头饰寄蝇

Trigonotoma 短角步甲属，三角步甲属

Trigonotoma bhamoensis Bates 同 *Trigonotoma lewisii*

Trigonotoma chalecola Bates 见 *Pareuryaptus chalceolus*

Trigonotoma dohrnii Chaudoir 多恩短角步甲，朵短角步甲

Trigonotoma formosana Jedlička 见 *Pareuryaptus chalceolus formosanus*

Trigonotoma indica Bmllé 印度短角步甲

Trigonotoma lewisii Bates 铜绿短角步甲，铜胸短角步甲

Trigonotomina 短角步甲亚族

Trigonotylus 赤须盲蝽属

Trigonotylus bianchii Kiritshenko 同 *Trigonotylus viridis*

Trigonotylus caelestialium (Kirkaldy) [rice leaf bug, red-antennaed green bug] 条赤须盲蝽，稻叶赤须盲蝽 < 此种学名有误写为 *Trigonotylus coelestialium* (Kirkaldy) 者 >

Trigonotylus cremeus Golub 乳黄赤须盲蝽，内蒙赤须盲蝽

Trigonotylus doddi (Distant) 同 *Trigonotylus tenuis*

Trigonotylus fuscitarsis Lammes 棕跗赤须盲蝽

Trigonotylus longitarsis Golub 长跗赤须盲蝽

Trigonotylus major Zheng 大赤须盲蝽

Trigonotylus pallescens Golub 黄赤须盲蝽

Trigonotylus pilipes Golub 短角赤须盲蝽

Trigonotylus procerus Jorigtoo *et* Nonnaizab 同 *Trigonotylus caelestialium*

Trigonotylus pulchellus (Hahn) 丽角赤须盲蝽

Trigonotylus ruficornis (Geoffroy) [red corner bug, red corner blind bug] 赤须盲蝽

Trigonotylus tenuis Reuter 小赤须盲蝽

Trigonotylus viridis (Provancher) 暗赤须盲蝽，绿赤须盲蝽

Trigonotylus yangi Tang 杨氏赤须盲蝽

trigonous [= trigonate, trigonatus] 三角的

trigonulum 三角室 < 在蜻蜓目中，同 triangle>

Trigonura 锥腹小蜂属

Trigonura chrysobathra Yang 吉丁锥腹小蜂

Trigonurella 微三角小蜂属

Trigonurella leptepipygium Liu 长拱微三角小蜂

Trigonurinae 长翅隐翅甲亚科

Trigonurus 长翅隐翅甲属

Trigonurus sichuanicus Kishimoto 棕色长翅隐翅甲

Trigophora 三角沫蝉属

Trigophora lushanensis Matsumura 庐山三角沫蝉

Trigophora obliqua (Ulmer) 小白带三角沫蝉

Trigophora oshodensis Matsumura 东北三角沫蝉

Trijuba 三鬃蜡蚧属

Trijuba oculata (Brain) 眼三鬃蜡蚧

trilateral 三边的

trilinear hybrid 三系杂种

trilineate [= trilineatus] 三线的

trilineatus 见 trilineate

trilobate [= trilobed, trilobitus, trilobe] 三叶的

trilobe 1. 三叶；2. [= trilobate, trilobitus, trilobed] 三叶的

trilobed 见 trilobate

trilobite 三叶虫

trilobite scale [= cashew scale, gingging scale, *Pseudaonidia trilobitiformis* (Green)] 三叶网盾蚧，三叶网纹圆盾蚧，蛇目网盾蚧，蚌臀网盾蚧，三叶网背盾介壳虫

Trilobitella 三叶小粪蝇属

Trilobitella taiwanica Papp 台湾三叶小粪蝇

trilobitus 见 trilobed

Trilocha 灰白蚕蛾属，斑白蚕蛾属，特野蚕蛾属

Trilocha friedeli Dierl 费氏灰白蚕蛾，费氏斑白蚕蛾

Trilocha sinica Dierl 见 *Valvaribifidum sinica*

Trilocha varians (Walker) 三角灰白蚕蛾，三角斑白蚕蛾，三角斑褐蚕蛾，角斑特野蚕蛾，灰白蚕蛾

Trilocha velata (Walker) 同 *Trilocha varians*

Trilochana 土蜂透翅蛾属

Trilochana caseariae Yang *et* Wang 红花土蜂透翅蛾

Trilochana scolioides Moore 暗土蜂透翅蛾，土蜂透翅蛾

Trilophidia 疣蝗属

Trilophidia annulata (Thunberg) 环疣蝗，疣蝗

Trilophidia japonica de Saussure 同 *Trilophidia annulata*

Trilophyrobata 三斑瘦足蝇亚属

trimedlure 地中海实蝇性诱剂

Trimenia 曙灰蝶属

Trimenia argyroplaga (Dickson) [large silver-spotted copper] 银斜曙灰蝶

Trimenia macmasteri (Dickson) [McMaster's silver-spotted copper] 马克曙灰蝶

Trimenia malagrida (Wallengren) 见 *Argyrocupha malagrida*

Trimenia wallengreni (Trimen) [Wallengren's copper, Wallengren's silver-spotted copper] 曙灰蝶

Trimenia wykehami (Dickson) [Wykeham's silver-spotted copper] 怀曙灰蝶

trimenoponid 1. [= trimenoponid louse, marsupial louse] 毛羽虱 < 毛羽虱科 Trimenoponidae 昆虫的通称 >；2. 毛羽虱科的

trimenoponid louse [= trimenoponid, marsupial louse] 毛羽虱

Trimenoponidae 毛羽虱科

Trimen's blue [*Lepidochrysops trimeni* (Bethune-Baker)] 蒂鳞灰蝶

Trimen's brown [*Pseudonympha trimenii* Butler] 白脉仙眼蝶

Trimen's ciliate blue [= otacillia hairtail, *Anthene otacilia* (Trimen)] 奥塔尖角灰蝶

Trimen's copper [*Aloeides trimeni* Tite *et* Dickson] 蒂乐灰蝶

Trimen's dotted border [*Mylothris trimenia* Butler] 点缘黄白迷粉蝶

Trimen's opal [*Poecilmitis trimeni* Riley] 三色幻灰蝶

Trimenus 毛露尾甲属

Trimenus adpressus Murray 同 *Trimenus parallelopipedus*

Trimenus parallelopipedus (Motschulsy) 平行毛露尾甲

trimer 三聚体

Trimera 1. 三跗节类 < 指鞘翅目及蛄目中的跗节分三亚节者 >；2. [= Dermaptera, Dermapteroida, Dermatoptera, Dermoptera, Brachydermaptera, Euplekoptera, Euplexoptera, Euplectoptera, Harmoptera, Labidoura, Placoda] 革翅目

Trimerogastra 尖颊水蝇属

Trimerogastra cincta Hendel 围绕尖颊水蝇

Trimerogastra fumipennis Hendel 烟翅尖颊水蝇

Trimerotropis 拟地衣蝗属

Trimerotropis saxatilis McNeill [lichen grasshopper, rock grasshopper] 岩拟地衣蝗

trimerous 1. 三部的；2. 三节的；3. 三跗节的

Trimiina 接窝蚁甲亚族

trimorphism 三型现象，三态现象 < 常指蚁、蜚等的分态昆虫 >

trimo(u)lter 三眠蚕

trimo(u)lter individual 三眠个体

trimo(u)ltine strain 三眠蚕品系

trimo(u)lting larva 三眠蚕

Trina 智弄蝶属

Trina geometrina (Felder *et* Felder) [geometrina skipper] 曲智弄蝶，智弄蝶

Trinervitermes 获鼻白蚁属

Trinervitermes biformis (Wasmann) 叶获鼻白蚁，杧果幼树叶鼻白蚁

Trinervitermes trinervoides (Sjöstedt) 草获鼻白蚁

trinka skipper [*Orthos trinka* Evans] 白斑直弄蝶

Trinodes 多毛皮蠹属

Trinodes hirtus (Fabricius) [minute pubescent skin beetle] 小多毛

皮蠹，小软毛皮蠹
Trinodes koenigi (Pic) 见 *Trogoderma koenigi*
Trinodes niger Matsumura *et* Yokoyama 黑多毛皮蠹
Trinodes rufescens Reitter 淡红多毛皮蠹，棕长毛皮蠹
Trinodes sinensis Fairmaire 华多毛皮蠹
Trinodinae 多毛皮蠹亚科，怪皮蠹亚科，鬃皮蠹亚科
trinomen [pl. trinomina; = trinomial name, trinominal name, ternary name] 三名法学名
trinomial 三名的
trinomial name 见 trinomen
trinomial nomenclature [= trinominal nomenclature] 三名法
trinomina [s. trinomen] 三名法学名
trinominal name 见 trinomen
trinominal nomenclature 见 trinomial nomenclature
Trinophylum cribratum Bates 栎特里天牛
Trinophylum descarpentriesi Gressitt *et* Rondon 老挝直胫天牛
Trinoton 巨羽虱属
Trinoton alpochen Tendeiro 埃及雁巨羽虱
Trinoton anserinum (Fabricius) [goose body louse] 鹅巨毛虱，灰雁巨羽虱
Trinoton cygni Eichler 同 *Trinoton anserinum*
Trinoton emersoni Clay 树鸭巨羽虱
Trinoton gracile Middendorff 同 *Trinoton querquedulae*
Trinoton lituratum Burmeister 同 *Trinoton querquedulae*
Trinoton luridum Burmeister 同 *Trinoton querquedulae*
Trinoton mergi Eichler 同 *Trinoton querquedulae*
Trinoton nyrocae Eichler 同 *Trinoton querquedulae*
Trinoton querquedulae (Linnaeus) [large duck louse] 绿翅鸭巨羽虱，鸭巨毛虱
Trinoton querquetulae ludwigfreundi Eichler 同 *Trinoton querquedulae*
Trinoton spinosum Piaget 同 *Trinoton querquedulae*
Trinoton squalidum Denny 同 *Trinoton anserinum*
Trinoton verakopskeae Eichler 同 *Trinoton querquedulae*
trinucleotide 三核苷酸
Triogma 多孔烛大蚊属，特利大蚊属
Triogma nimbipennis Alexander 叉端多孔烛大蚊，浙闽特利大蚊
Triolla 狭紫枯叶蛾亚属
Triomicrus 鞭须蚁甲属，特迷蚁甲属
Triomicrus abhorridus Shen *et* Yin 粗点鞭须蚁甲
Triomicrus aculeus Shen *et* Yin 细刺鞭须蚁甲
Triomicrus acutus Shen *et* Yin 锐鞭须蚁甲
Triomicrus adnexus Löbl, Kurbatov *et* Nomura 腹毛鞭须蚁甲
Triomicrus algon Löbl, Kurbatov *et* Nomura 圆锥鞭须蚁甲
Triomicrus anfractus Shen *et* Yin 弯鞭须蚁甲
Triomicrus cavernosus Raffray 凹鞭须蚁甲，卡特迷蚁甲
Triomicrus cavus Shen *et* Yin 陷鞭须蚁甲
Triomicrus cochlis Shen *et* Yin 壳鞭须蚁甲
Triomicrus contus Shen *et* Yin 矛鞭须蚁甲
Triomicrus damingensis Shen *et* Yin 大明山鞭须蚁甲
Triomicrus factitatus Löbl, Kurbatov *et* Nomura 短角鞭须蚁甲
Triomicrus frondosus Shen *et* Yin 片鞭须蚁甲
Triomicrus gutianensis Shen *et* Yin 古田山鞭须蚁甲
Triomicrus hamus Shen *et* Yin 钩鞭须蚁甲
Triomicrus humilis Raffray 小鞭须蚁甲，休特迷蚁甲
Triomicrus inaequalis Shen *et* Yin 歪鞭须蚁甲，刺鞭须蚁甲
Triomicrus longus Shen *et* Yin 长叶鞭须蚁甲
Triomicrus ludificator Löbl, Kurbatov *et* Nomura 焰鞭须蚁甲
Triomicrus mangshanensis Shen *et* Yin 莽山鞭须蚁甲
Triomicrus mirus Shen *et* Yin 奇鞭须蚁甲
Triomicrus nabanhensis Shen *et* Yin 纳板河鞭须蚁甲
Triomicrus nanlingensis Shen *et* Yin 南岭鞭须蚁甲
Triomicrus onerosus Löbl, Kurbatov *et* Nomura 台湾鞭须蚁甲
Triomicrus pinnatus Shen *et* Yin 翼鞭须蚁甲
Triomicrus punctifrons Löbl, Kurbatov *et* Nomura 点额鞭须蚁甲，尖叶鞭须蚁甲
Triomicrus rougemonti Löbl, Kurbatov *et* Nomura 劳氏鞭须蚁甲，鲁氏鞭须蚁甲
Triomicrus secutor Löbl, Kurbatov *et* Nomura 太鲁阁鞭须蚁甲
Triomicrus tibialis Shen *et* Yin 突胫鞭须蚁甲
Trionymus 条粉蚧属，葵粉蚧属，长粉蚧属，长粉介壳虫属
Trionymus aberranoides Tang 变异条粉蚧
Trionymus aberrans Goux [aberrant mealybug] 黑麦条粉蚧
Trionymus agrestis Wang *et* Zhang 玉米条粉蚧，玉米耕葵粉蚧，耕葵粉蚧
Trionymus angustifrons Hall 苦苣条粉蚧
Trionymus artemisiarum (Borchsenius) 蒿类条粉蚧
Trionymus bambusae (Green) 刺竹条粉蚧，竹条粉蚧
Trionymus calamagrostidis (Borchsenius) 吉斯条粉蚧
Trionymus cambodiensis Takahashi 柬埔寨条粉蚧
Trionymus ceres Williams 马来亚条粉蚧
Trionymus chalepus Williams 榕树条粉蚧
Trionymus chifengensis Tang 同 *Trionymus aberrans*
Trionymus circulus Tang 白草条粉蚧
Trionymus copiosus (Borchsenius) 看麦娘条粉蚧
Trionymus danzigae (Kozár *et* Kosztarab) [Danzig's mealybug] 匈牙利条粉蚧，匈牙利佳粉蚧
Trionymus dilatatus Danzig 羊茅条粉蚧
Trionymus diminutus (Leonardi) 兰麻条粉蚧，甘蔗小长粉蚧
Trionymus elymi (Borchsenius) [Borchsenius's mealybug] 欧洲条粉蚧
Trionymus esakii Kanda 日本条粉蚧
Trionymus ferganensis (Borchsenius) 拂子茅条粉蚧
Trionymus formosanus Takahashi 台湾条粉蚧，台湾长粉蚧，台湾葵粉蚧，笋长粉介壳虫
Trionymus gracilipes (Borchsenius) 草茎条粉蚧
Trionymus graminellus (Borchsenius) 禾茎条粉蚧
Trionymus hamberdi (Borchsenius) [Hamberd's mealybug] 苏联条粉蚧
Trionymus implicatus (Borchsenius) 哈萨克条粉蚧
Trionymus isfarensis (Borchsenius) [Tadzhik mealybug] 塔吉克条粉蚧
Trionymus kayashimai Takahashi 马来条粉蚧
Trionymus kirgisicus (Borchsenius) 野麦条粉蚧
Trionymus kobotokensis Kanda 狗尾草条粉蚧
Trionymus kurilensis Danzig 邓氏条粉蚧，拂子茅条粉蚧
Trionymus latus Takahashi 芒蒿条粉蚧，芒葵粉蚧，芒长粉蚧，芒粉葵蚧，芒长粉介壳虫
Trionymus levis Borchsenius 高加索条粉蚧
Trionymus lumpurensis Takahashi 见 *Palmicultor lumpurensis*
Trionymus luzensis Komosinska [Komsinska's mealybug] 波兰条

粉蚧
Trionymus mongolicus (Danzig) 蒙古条粉蚧，内蒙古草粉蚧
Trionymus multisetiger (Borchsenius) 多毛条粉蚧
Trionymus orientalis (Maskell) 东方条粉蚧，东方小粉蚧
Trionymus palauensis Beardsley 帕劳岛条粉蚧
Trionymus parvaster Danzig 乌苏里条粉蚧
Trionymus perrisii (Signoret) [Perris' grass mealybug] 古北条粉蚧
Trionymus phalaridis (Green) [canarygrass mealybug] 虉草条粉蚧
Trionymus phragmitis (Hall) [Hall's reed mealybug] 芦苇条粉蚧
Trionymus placatus (Borchsenius) [pleasant grass mealybug] 乌克兰条粉蚧
Trionymus sacchari (Cockerell) 见 *Saccharicoccus sacchari*
Trionymus sasae (Kanda) 箬竹条粉蚧，箬竹灰粉蚧
Trionymus singularis Schmutterer [solitary mealybug] 孤独条粉蚧
Trionymus subradicum Danzig 薹草条粉蚧
Trionymus swelanae (Bazarov) 巴氏条粉蚧，拂子茅条粉蚧
Trionymus thulensis Green [northern mealybug] 北方条粉蚧，北葵粉蚧
Trionymus tomlini Green [guernsey grass mealybug] 短柄草条粉蚧
Trionymus townsesi Beardsley 雀稗条粉蚧
Trionymus turgidus (Borchsenius) 芦叶条粉蚧
Trionymus vaginatus Matesova 菊类条粉蚧
Trionymus williamsi Ezzat 威廉氏条粉蚧
triordinal 三序 < 指鳞翅目幼虫的趾钩列方式 >
triose 丙糖
triose phosphate 磷酸丙糖
Trioserica 豆绒毛金龟甲属，豆绒毛金龟属
Trioserica alternata (Nomura) 巨豆绒毛金龟甲，巨豆绒毛金龟，交替塞绢金龟
Trioserica antennalis (Nomura) 长角豆绒毛金龟甲，长角豆绒毛金龟，触角塞绢金龟
Trioserica macrophthalma (Moser) 大眼豆绒毛金龟甲，大新绢金龟
Trioserica taipeiensis Kobayashi 台北豆绒毛金龟甲，台北豆绒毛金龟
Trioxys 三叉蚜茧蜂属，叉蚜茧蜂属
Trioxys asiaticus Telenga 亚洲三叉蚜茧蜂
Trioxys auctus (Haliday) 加大三叉蚜茧蜂，增加三叉蚜茧蜂
Trioxys betulae Marshall 桦三叉蚜茧蜂
Trioxys (Binodoxys) carinatus Starý *et* Schlinger 脊三叉蚜茧蜂
Trioxys (Binodoxys) communis Gahan 广三叉蚜茧蜂
Trioxys (Binodoxys) indicus Subba Rao *et* Sharma 印三叉蚜茧蜂，印度三叉蚜茧蜂，印度蚜茧蜂
Trioxys (Binodoxys) struma Gahan 小长管蚜三叉蚜茧蜂
Trioxys (Binodoxys) toxopterae Takada 声蚜三叉蚜茧蜂
Trioxys carinatus Starý *et* Schlinger 见 *Trioxys* (*Binodoxys*) *carinatus*
Trioxys communis Gahan 见 *Trioxys* (*Binodoxys*) *communis*
Trioxys complanatus Quilis 扁平三叉蚜茧蜂
Trioxys euceraphis Takada 四川三叉蚜茧蜂
Trioxys flavus Chou *et* Xiang 黄色三叉蚜茧蜂，浅黄三叉蚜茧蜂
Trioxys indicus Subbo Rao *et* Sharma 见 *Trioxys* (*Binodoxys*) *indicus*
Trioxys liui Chou *et* Chou 刘氏三叉蚜茧蜂
Trioxys luteolus Starý *et* Schlinger 浅黄三叉蚜茧蜂，黄三叉蚜茧蜂
Trioxys orientalis Starý *et* Schlinger 东方三叉蚜茧蜂
Trioxys pallidus (Haliday) 榆三叉蚜茧蜂，白三叉蚜茧蜂
Trioxys populi Gu *et* Zhao 杨三叉蚜茧蜂
Trioxys robiniae Dong *et* Wang 刺槐三叉蚜茧蜂，洋槐三叉蚜茧蜂
Trioxys shivaphis Takada 绵叶三叉蚜茧蜂
Trioxys sinensis Mackauer 中华三叉蚜茧蜂
Trioxys struma Gahan 见 *Trioxys* (*Binodoxys*) *struma*
Trioxys tenuicaudus Starý 瘦三叉蚜茧蜂
Trioza 个木虱属，叉木虱属
Trioza acuminatissima Liao, Huang *et* Yang 棱果花个木虱
Trioza alniphylli Fang *et* Yang 赤杨叶个木虱，假赤杨叉木虱
Trioza apicalis Förster [carrot psyllid] 胡萝卜个木虱，胡萝卜木虱
Trioza auratilateris Li 黄边个木虱
Trioza beilschmiediae Yang 同 *Trioza parabeilschmiediae*
Trioza bimaculata Li 见 *Bactericera bimaculata*
Trioza brevifrons Kuwayama 短额个木虱
Trioza camphorae Sasaki [camphor sucker] 樟个木虱，樟叉木虱，樟尖翅木虱，樟木虱，樟叶后个木虱
Trioza camplurigra Li 弯尾个木虱
Trioza caseariae Yang 脚骨脆个木虱，嘉赐叉木虱
Trioza celtisae Yang 朴个木虱，朴树叉木虱
Trioza chenopodii fausta Fang 见 *Trioza fausta*
Trioza cinnamomi (Boselli) 肖樟个木虱，樟稀个木虱
Trioza citroimpura Yang *et* Li 柑橘个木虱
Trioza diospyri (Ashmead) [persimmon psylla] 柿个木虱，柿木虱
Trioza elaeocarpi Yang 杜英个木虱，杜英叉木虱
Trioza erythrina Li *et* Yang 黑头个木虱
Trioza erytreae (Del Guercio) [African citrus psyllid] 柑个木虱，非洲柑橘木虱
Trioza eugeniae (Froggatt) 尤真个木虱
Trioza euginioides Crawford 巨胸个木虱
Trioza euryae Yang 柃木个木虱，柃木叉木虱
Trioza exoterica Yang 厚壳桂个木虱，厚壳桂木虱
Trioza fausta Fang 小叶藜个木虱，小叶藜木虱，幸个木虱
Trioza fletcheri Crawford 番氏个木虱
Trioza formosana Kuwayama 蓬莱个木虱
Trioza frangulae Li 荨麻皮个木虱
Trioza galii Förster 嘎个木虱
Trioza gardneri Laing 卡德个木虱
Trioza ignota Fang *et* Yang 见 *Cecidotrioza ignota*
Trioza inoptata Fang *et* Yang 润楠个木虱，香楠叉木虱
Trioza jambolanae Crawford 海南蒲桃个木虱
Trioza kuwayamai Enderlein 桃榄个木虱，山榄叉木虱
Trioza lanhsuensis Yang 兰屿个木虱，兰屿叉木虱 < 此种学名有误写为 *Trioza lanshuensis* 者 >
Trioza larga Fang *et* Yang 同 *Trioza outeiensis*
Trioza lineata Yang 细长个木虱，线叉木虱
Trioza maculata (Yang) 斑个木虱，斑叉木虱，茨豆同个木虱
Trioza magnicauda (Crawford) 见 *Baeoalitriozus magnicauda*
Trioza magnoliae (Ashmead) 木兰个木虱
Trioza malloticola Crawford (Crawford) 野桐个木虱，野桐巨胸个木虱
Trioza neolitseae Miyatake 粗糠柴个木虱，粗糠柴叶个木虱 < 此种学名有误写为 *Trioza neolitsae* Miyatake 者 >

Trioza neolitseacola Yang 新木姜子个木虱，新木姜子叉木虱，粗糠柴叉木虱
Trioza nigra Kuwayama 同 *Bactericera minuta*
Trioza nigriceps Kuwayama 见 *Bactericera nigriceps*
Trioza obunca Fang *et* Yang 钩个木虱，小叶赤楠木虱
Trioza outeiensis Yang 番樱桃个木虱，细脉赤楠木虱
Trioza parabeilschmiediae Yang, Burckhardt *et* Fang 近琼个木虱，近琼楠叉木虱
Trioza parthenoxyli Li *et* Yang 黄樟个木虱
Trioza pearonigra Li *et* Yang 黑斑个木虱
Trioza pitformis Mathur 印度个木虱，穴瘿叉木虱
Trioza quadrimaculata Yang 四斑个木虱，方斑叉木虱
Trioza quercicola Shinji [quercus sucker] 栎个木虱
Trioza remota Förster [oak leaf sucker, evergreen oak psylla, oak sucker] 橡个木虱，栎木虱
Trioza resupina Li *et* Yang 弯茎个木虱
Trioza rhabdoclada Li 棒突个木虱
Trioza salicivora Reuter 见 *Bactericera salicivora*
Trioza sambuci Li *et* Yang 臭梧桐个木虱
Trioza schimae Li *et* Yang 柯树个木虱
Trioza sola Fang *et* Yang 冬青个木虱，乌来冬青木虱
Trioza sozanica (Boselli) 虎皮楠个木虱，虎皮楠木虱，虎皮楠瘿个木虱
Trioza syzygii Li *et* Yang 蒲桃个木虱，蒲桃叉木虱
Trioza taiwanica (Boselli) 台湾个木虱，台湾稀个木虱
Trioza tripunctata Fitch 三点个木虱
Trioza turouguei Tung, Liao, Burckhardt *et* Yang 土肉桂个木虱
Trioza urticae (Linnaeus) 荨麻个木虱
Trioza urticicola Li 焮麻叶个木虱
Trioza valida Yang 山矾个木虱，玉山灰木虱
Trioza vitiensis Kirkaldy 香港个木虱，香港巨胸木虱
Trioza xizangana Li *et* Yang 见 *Hippophaetrioza xizangana*
Trioza zayuensis Li 见 *Triozopsis zayuensis*
triozid 1. [= triozid jumping plant louse] 个木虱，叉木虱 <个木虱科 Triozidae 昆虫的通称>；2. 个木虱科的
triozid jumping plant louse [= triozid] 个木虱，叉木虱
Triozidae 个木虱科，叉木虱科
Triozinae 尖翅木虱亚科，个木虱亚科
Triozocera 土蝽蝙属
Triozocera macroscyti Esaki *et* Miyamoto 日本土蝽蝙，土蝽蝙，土蝽捻翅虫，青革土蝽蝙
Triozocera siamensis Kifune *et* Hirashima 泰国土蝽蝙
Triozocerinae 土蝽蝙亚科
Triozoidea 个木虱总科
Triozopsinae 邻个木虱亚科
Triozopsis 邻个木虱属
Triozopsis alniphylli (Fang *et* Yang) 安息香邻个木虱
Triozopsis ateridorsaus Li 黑背邻个木虱
Triozopsis berchemiae (Shinji) 缘斑邻个木虱
Triozopsis bicoloratus (Li) 两色邻个木虱
Triozopsis bipunctatus (Li) 二点邻个木虱
Triozopsis brevianus Li 短肛邻个木虱
Triozopsis caii Li 彩氏邻个木虱
Triozopsis caseariae (Yang) 嘉赐邻个木虱
Triozopsis celastrae (Li) 南蛇藤邻个木虱
Triozopsis coelolomus Li 缘凹邻个木虱
Triozopsis coniconicus Li 合锥邻个木虱
Triozopsis dolichoconicus Li 长锥邻个木虱
Triozopsis elaeocarpi (Yang) 山杜英邻个木虱
Triozopsis euryae (Yang) 柃木邻个木虱
Triozopsis exotericus (Yang) 黄樟邻个木虱
Triozopsis flaticoncavus Li 平凹邻个木虱
Triozopsis fracholomus Li 糙边邻个木虱
Triozopsis huai Li 花氏邻个木虱
Triozopsis huashanicus Li 华山邻个木虱
Triozopsis ignotus (Fang *et* Yang) 非知邻个木虱
Triozopsis intrans Li 深凹邻个木虱
Triozopsis jugongshanicus Li 九宫山邻个木虱
Triozopsis lanhsuensis (Yang) 兰屿邻个木虱
Triozopsis lophophorus Li 冠茎邻个木虱
Triozopsis luminiaterus Li 黑亮邻个木虱
Triozopsis luteus Li 黄色邻个木虱
Triozopsis macrosiphonus Li 长肛邻个木虱
Triozopsis maculatus (Yang) 斑邻个木虱
Triozopsis margipunctatus Li 缘斑邻个木虱
Triozopsis massonianus Li 马尾松邻个木虱
Triozopsis nigra Kuwayama 黑色邻个木虱
Triozopsis nigranigrus Li 光黑邻个木虱
Triozopsis nigricamphorae (Li) 樟黑邻个木虱
Triozopsis nigricapitus Li 黑头邻个木虱
Triozopsis obunca (Fang *et* Yang) 赤楠邻个木虱
Triozopsis outeiensis (Yang) 番樱桃邻个木虱
Triozopsis pearonigrus (Yang *et* Li) 黑斑邻个木虱
Triozopsis pelorocephalus Li 大头邻个木虱
Triozopsis phaeospilus Li 褐斑邻个木虱
Triozopsis pulverata (Li) 粉绿邻个木虱
Triozopsis resupina (Li *et* Yang) 蒲桃邻个木虱
Triozopsis rhabdoclada (Li) 棒突邻个木虱
Triozopsis rhamnisuga (Li) 鼠李邻个木虱
Triozopsis ruiliensis Li 瑞丽邻个木虱
Triozopsis scrobiverticus (Li) 凹顶邻个木虱
Triozopsis sinuatus Li 多弯邻个木虱
Triozopsis sozanica (Boselli) 虎皮楠邻个木虱
Triozopsis tabulaeformis Li 油松邻个木虱
Triozopsis taenianus Li 带突邻个木虱
Triozopsis tigris Li 虎斑邻个木虱
Triozopsis tzuensis (Yang) 慈恩邻个木虱
Triozopsis valida (Yang) 山矾邻个木虱
Triozopsis xiaochuni Li 晓春邻个木虱
Triozopsis zayuensis (Li) 察隅邻个木虱，察隅个木虱
Tripartita 三分蚜属
Tripartita formosana Yeh 台湾三分蚜
tripartite 三分的
tripectinate 三栉形的 <指触角的每分节有三枝的>
Tripedilum 三足摇蚊亚属
tripeptidase 三肽酶
Tripesidia 三刺叶蝉属
Tripesidia longibrancha Li *et* Fan 长突三刺叶蝉
Tripesidia warei (Nielson) 刺突三刺叶蝉
Tripetalocera 三棱角蚱属

T

Tripetalocera tonkinensis Günther 见 *Tripetaloceroides tonkinensis*
Tripetaloceridae 三棱角蚱科
Tripetaloceroides 拟三棱角蚱属
Tripetaloceroides tonkinensis (Günther) 越南拟三棱角蚱，越南三棱角蚱
Triphaena 彩夜蛾属，彩地虎属
Triphaena pronuba (Linnaeus) 见 *Noctua pronuba*
Triphaena semiherbida Walker 见 *Xestia semiherbida*
Triphaenopsis 带夜蛾属，毛裙夜蛾属
Triphaenopsis confecta (Walker) 联带夜蛾，康毛裙夜蛾
Triphaenopsis ella Strand 艾带夜蛾，艾毛裙夜蛾
Triphaenopsis jezoensis Sugi 札幌带夜蛾，虾夷带夜蛾，虾夷锦夜蛾
Triphaenopsis lucilla Butler 明带夜蛾，亮毛裙夜蛾
Triphaenopsis pulcherrima (Moore) 美带夜蛾，美毛裙夜蛾，美剑裙夜蛾
Triphassa 毛玹螟属
Triphassa proboscidalis Strand 原毛玹螟
triphenyl phosphate [abb. TPP] 磷酸三苯酯，三苯基磷酸酯
Triphleba 寒蚤蝇属
Triphleba conchiformis Liu *et* Liu 壳叶寒蚤蝇
Triphleba coniformis Liu 锥角寒蚤蝇
Triphleps sauteri Poppius 见 *Orius sauteri*
Triphosa 光尺蛾属
Triphosa aequivalens Prout 海光尺蛾，等光尺蛾
Triphosa albirama Prout 结光尺蛾，白光尺蛾
Triphosa amdoensis Alphéraky 安多光尺蛾，阿光尺蛾
Triphosa amdoensis fasciata Prout 见 *Triphosa fasciata*
Triphosa atrifascia Inoue 细黑带光尺蛾
Triphosa confusaria Leech 康光尺蛾
Triphosa dubitata (Linnaeus) [tissue] 双齿光尺蛾杜光尺蛾
Triphosa dubitata amblychiles Prout 双齿光尺蛾东方亚种
Triphosa dubitata dubitata (Linnaeus) 双齿光尺蛾指名亚种
Triphosa expansa (Moore) 展光尺蛾，胀光尺蛾
Triphosa fasciata Prout 带光尺蛾，带阿光尺蛾
Triphosa hydatoplex Prout 海光尺蛾
Triphosa largeteauaria (Oberthür) 盛光尺蛾，大光尺蛾
Triphosa lugens Bastelberger 庐光尺蛾，路光尺蛾，黑带节脉波尺蛾
Triphosa luteimedia Prout 杂光尺蛾，中黄光尺蛾
Triphosa pallescens Warren 颠光尺蛾，淡光尺蛾
Triphosa praesumtiosa Prout 暗光尺蛾，普光尺蛾，条纹节脉波尺蛾
Triphosa rantaizanensis Wileman 归光尺蛾，伦光尺蛾，峦大山光尺蛾，隐带节脉波尺蛾
Triphosa ravulata Staudinger 垃光尺蛾
Triphosa rotundata Inoue 圆满光尺蛾
Triphosa rubrifusa Bastelberger 赭光尺蛾
Triphosa rubrodotara (Walker) 霓光尺蛾，红点光尺蛾，红带光尺蛾，红带节脉波尺蛾
Triphosa salebrosa Prout 凸光尺蛾，萨光尺蛾
Triphosa scelerata Xue 污光尺蛾
Triphosa sericata (Butler) 丝光尺蛾，红缎灰光尺蛾
Triphosa sericata decolor Prout 丝光尺蛾贵州亚种，贵州丝光尺蛾
Triphosa sericata sericata (Butler) 丝光尺蛾指名亚种
Triphosa seseraria Oberthür 塔光尺蛾，塞司柯尺蛾
Triphosa taiwana Wu *et* Chang 台湾光尺蛾，台湾节脉波尺蛾
Triphosa tersa Xue 净斑光尺蛾
Triphosa tumidula Xue 膨光尺蛾
Triphosa umbraria (Leech) 长须光尺蛾，长须夸尺蛾，遮光尺蛾
Triphosa vashti (Butler) 波纹光尺蛾，波纹夸尺蛾，哇光尺蛾
Triphosa vashti basilis (Prout) 同 *Triphosa vashti vashti*
Triphosa vashti vashti (Butler) 波纹光尺蛾指名亚种
Triphosa venimaculata (Moore) 维光尺蛾，纹光尺蛾
Triphysa 蟾眼蝶属
Triphysa albovenosa Erschoff 银脉蟾眼蝶
Triphysa dohrnii Zeller 同 *Triphysa phryne phryne*
Triphysa nervosa Motschulsky 兴安蟾眼蝶，腱蟾眼蝶
Triphysa nervosa gartoki Bang-Haas 兴安蟾眼蝶西藏亚种，嘎蟾眼蝶
Triphysa nervosa mongolaltaica Dubatolov, Korb *et* Yakovlev 兴安蟾眼蝶蒙古亚种
Triphysa nervosa nervosa (Motschulsky) 兴安蟾眼蝶指名亚种，指名腱蟾眼蝶
Triphysa phryne (Pallas) [Siberian brown] 蟾眼蝶
Triphysa phryne dohrni Zeller 同 *Triphysa phryne phryne*
Triphysa phryne kasikoporana Dubatolov, Korb *et* Yakovlev 蟾眼蝶土耳其亚种
Triphysa phryne gartoki Bang-Haas 见 *Triphysa nervosa gartoki*
Triphysa phryne phryne (Pallas) 蟾眼蝶指名亚种
Tripidobeleses 横脊叶蜂属
Tripidobeleses albicornis Wei 白角横脊叶蜂
Triplacinae 宽蕈甲亚科
Triplatoma 缺翅蕈甲属，特利大蕈甲属
Triplatoma davidi Fairmaire 达氏缺翅蕈甲，达特利大蕈甲
Triplatoma macleayi Lacordaire 马氏缺翅蕈甲，马特利大蕈甲
Triplax 垂蕈甲属，毛普大蕈甲属
Triplax ainonia Lewis 艾诺垂蕈甲
Triplax apicata Crotch 见 *Dactylotritoma apicata*
Triplax atroguttata (Araki) 多斑垂蕈甲，黑斑毛普大蕈甲
Triplax bicolorata (Chûjô) 双色垂蕈甲，二色毛普大蕈甲
Triplax elongatoides Mader 长形垂蕈甲，拟长毛普大蕈甲
Triplax horni (Chûjô) 贺氏垂蕈甲，贺毛普大蕈甲
Triplax hurusyoi (Chûjô) 黑角垂蕈甲，古庄毛普大蕈甲，黑角细大蕈
Triplax japonica Crotch 日本垂蕈甲，日毛普大蕈甲
Triplax longior Mader 同 *Triplax signaticollis*
Triplax quadrinotata (Araki) 四斑垂蕈甲，四斑毛普大蕈甲
Triplax rufiventris Gebler 红腹垂蕈甲，红腹毛普大蕈甲
Triplax scutellaris Charpentier 红盾垂蕈甲
Triplax sibirica (Crotch) 西伯利亚垂蕈甲
Triplax signaticollis Reitter 淡黑垂蕈甲
Triplax sinica Chûjô 中国垂蕈甲，华毛普大蕈甲
Triplax subtilissima Reitter 眼斑垂蕈甲，细毛普大蕈甲
Triplax taiwana (Chûjô) 见 *Tritoma taiwana*
Triplax takabayashii Nakane 高林垂蕈甲，高林毛普大蕈甲
Triplax takashii Nakane 同 *Triplax takabayashii*
Triplax trimaculata (Chûjô) 三斑垂蕈甲，三斑毛普大蕈甲
Triplax yakushimana Nakane 屋久垂蕈甲

triple hybrid 三交杂种，三元杂种
Triplectides 岐长角石蛾属，畸肢石蛾属
Triplectides acutobeccatus Yang *et* Morse 尖岐长角石蛾，尖普姬长角石蛾
Triplectides deceptimagnus Yang *et* Morse 伪马氏岐长角石蛾
Triplectides fulvescens Navás 黄岐长角石蛾，褐普姬长娇石蛾
Triplectides magnus (Walker) 大岐长角石蛾，大普姬长娇石蛾，巨大畸肢石蛾
Triplectides medius (Navás) 中岐长角石蛾，中普姬长娇石蛾
Triplectides rhinoceratitis Chen *et* Morce 犀角岐长角石蛾，犀角畸肢石蛾
Triplectidinae 岐长角石蛾亚科
tripletgonal polyhedron 三角形多角体
Triplicitipula 中突大蚊亚属
Triplispa 叉趾铁甲亚属
triploblastic 三胚层的 < 指包括内、中、外三胚层的 >
triploidy 三倍态 < 指染色体的 >
triploparasitism 三重寄生现象，三重寄生
tripod gait 三足步态
Tripodura 三突多足摇蚊亚属
Tripteroides 杵蚊属，翠蚊属，翠蚊亚属
Tripteroides aranoideoides Dong, Zhou *et* Gong 类蛛形杵蚊
Tripteroides aranoides (Theobald) 蛛形杵蚊，蛛形翠蚊
Tripteroides bambusa (Yamada) 竹生杵蚊，竹生翠蚊
Tripteroides cheni Lien 兰屿杵蚊，陈氏翠蚊
Tripteroides indicus (Barraud) 印度杵蚊
Tripteroides latispinus Gong *et* Ji 宽刺杵蚊
Tripteroides longipalpis Dong, Zhou *et* Dong 长须杵蚊，长须形杵蚊
Tripteroides longisiphonus Dong, Zhou *et* Dong 长管杵蚊
Tripteroides pallidothorax Dong, Dong *et* Wu 白胸杵蚊 < 此种学名有误写为 *Tripteroides palldothorax* Dong, Zhou *et* Dong 者 >
Tripteroides powelli (Ludlow) 鲍氏杵蚊
Tripteroides similis (Leicester) 拟同杵蚊，似同杵蚊
Tripteroides szechuanensis Hsu 四川杵蚊
Tripteroides tarsalis Delfinado *et* Hodges 毛跗杵蚊
Triptognathus 损齿姬蜂属
Triptognathus amatoria (Müller) 松毛虫损齿姬蜂，恋损齿姬蜂
Triptognathus nipponica (Uchida) 日本损齿姬蜂
Triptognathus nitidiventris (Kokujev) 同 *Diphyus pedatus*
Triptognathus pedata Berthoumieu 见 *Diphyus pedatus*
Triptognathus szechenyii Mocsáry 斯氏损齿姬蜂
tripunctus skipper [= three-spotted skipper, *Cymaenes tripunctus* (Herrich-Schäffer)] 三点鹿弄蝶，鹿弄蝶
tripupillate 三瞳的
triquetral [= triquetrous, triquetrum] 三角柱的
triquetrous 见 triquetral
triquetrum 见 triquetral
Trirachys 刺角天牛属
Trirachys bilobulartus Gressitt *et* Rondon 老挝刺角天牛
Trirachys gloriosus Aurivillius 齿胸刺角天牛
Trirachys orientalis Hope 东方刺角天牛，刺角天牛，刺胸山天牛，刺胸深山天牛
Trirachys sphaericothorax Gressitt *et* Rondon 皱胸刺角天牛
triradiate 三射的 < 指有三放射线的 >
Triraphis 三缝茧蜂属
Triraphis achterbergi Chen *et* He 阿氏三缝茧蜂
Triraphis bicolor Chen *et* He 两色三缝茧蜂
Triraphis brevis Chen *et* He 窄颊三缝茧蜂
Triraphis flavobasalis Chen *et* He 黄基三缝茧蜂
Triraphis flavus Chen *et* He 黄三缝茧蜂
Triraphis fuscipennis Chen *et* He 暗翅三缝茧蜂
Triraphis hunanensis Chen *et* He 湖南三缝茧蜂
Triraphis longitergum Chen *et* He 长背三缝茧蜂
Triraphis longwangensis Chen *et* He 龙王三缝茧蜂
Triraphis melanus Chen *et* He 黑三缝茧蜂
Triraphis rectus Chen *et* He 直三缝茧蜂
Triraphis rufithorax Chen *et* He 红胸三缝茧蜂
Triraphis terebrans Chen *et* He 长管三缝茧蜂
Triraphis tibetensis Chen *et* He 西藏三缝茧蜂
Triraphis sichuanensis Chen *et* He 四川三缝茧蜂
triregional 三部的
Trirhacus 三轴菱蜡蝉属
Trirhacus helenae Hoch 三轴菱蜡蝉
Trirhithromyia 三纹翅实蝇属
Trirhithromyia efflatouni (Hendel) 沙特三纹翅实蝇
Trirhithromyia lycii (Coquillett) 枸杞三纹翅实蝇
Trirhithrum 特里实蝇属
Trirhithrum coffeae Bezzi 见 *Ceratitis coffeae*
Trirhithrum inscriptum (Graham) [coffee fruit fly] 咖啡特里实蝇，咖啡浆果蝇
Trirogma 额叶蠊蜂属，三节长背泥蜂属，长背泥蜂属 < 此属学名有误写为 *Trirhogma* 者 >
Trirogma balaensis Pu *et* Zhou 八腊额叶蠊蜂
Trirogma caerulea Westwood 蓝额叶蠊蜂，蓝三节长背泥蜂，蓝额叶长背泥蜂
Trirogma pingsheensis Pu *et* Zhou 平社额叶蠊蜂
trisaccharide 三糖
Trisateles 三线夜蛾属
Trisateles emortualis (Denis *et* Schiffermüller) 三线夜蛾
Trisatelini 三线夜蛾族
Trischalis 晦苔蛾属
Trischalis subaurana (Walker) 耳晦苔蛾
Trischidocera 鞭角寄蝇属
Trischidocera sauteri Villeneuve 索特鞭角寄蝇，索氏鞭角寄蝇，趋黑寄蝇
Trischidocera yunnanensis Chao *et* Zhou 云南鞭角寄蝇
Triscolia rubiginosa (Fabricius) 见 *Scolia rubiginosa*
Trisetipsylla 三毛木虱属
Trisetipsylla sinica Yang *et* Li 中华三毛木虱，红椿三毛木虱
Trisetitrioza 三毛个木虱属，三毛叉木虱属
Trisetitrioza clavellata Li 棒突三毛个木虱
Trisetitrioza taibaishanana (Li) 太白山三毛个木虱
Trisetitrioza takahashii (Boselli) 黄菀三毛个木虱，黄菀三毛叉木虱
trisetose 三毛的
Trishormomyia crataegifolia (Felt) 北美山楂叶瘿蚊
Trisides 槌须斑螟属
Trisides bisignata Walker 双突槌须斑螟
Trisinus 幻角蚁甲属

Trisinus pharelarus Yin *et* Nomura 钩幻角蚁甲
Trisinus quadrilobus Yin 脊胸蚁甲
Trisinus shaolingiger Yin *et* Nomura 戈幻角蚁甲
Trispila dubernardi Houlbert 见 *Cymatophoropsis dubernardi*
Trispila expansa Houlbert 见 *Cymatophoropsis expansa*
Trispila tripunctata Bang-Haas 同 *Cymatophoropsis trimaculata*
Trispila unca Houlbert 见 *Cymatophoropsis unca*
Trispinaria 三刺茧蜂属
Trispinaria chinensis Wang, Chen *et* He 中华三刺茧蜂
Trispinaria maculata van Achterberg 斑腹三刺茧蜂
Trissemus 阎蚁甲属，特丽隐翅甲属
Trissemus implicitus (Raffray) 阴阎蚁甲，阴特丽隐翅甲，殷特塞蚁甲，阴来蚁甲
Trissemus mamilla (Schauffuss) 马阎蚁甲，马特丽隐翅甲，马特塞蚁甲，马来蚁甲
Trissemus (***Trissemus***) ***clavatus*** (Motschulsky) 小锤阎蚁甲
Trissemus (***Trissemus***) ***crassipes*** (Sharp) 杂阎蚁甲
Trissolcus 沟卵蜂属
Trissolcus alpestris Kieffer 阿沟卵蜂
Trissolcus basalis (Wollaston) 绿蝽沟卵蜂，绿椿象卵寄生蜂
Trissolcus cultratus Mayr 刀形沟卵蜂
Trissolcus flavipes (Thomson) 黄足沟卵蜂，黄沟卵蜂
Trissolcus halyomorphae Yang 同 *Trissolcus japonicus*
Trissolcus japonicus (Ashmead) 茶翅蝽沟卵蜂
Trissolcus latisulcus (Crawford) 宽沟沟卵蜂
Trissolcus mitsukurii (Ashmead) [stink bug egg parasite] 稻蝽沟卵蜂，蝽沟卵蜂
Trissolcus nigripedius (Nakagawa) 黑足蝽沟卵蜂
Trissolcus semistriatus Nees 麦蝽沟卵蜂
Trissolcus vassilievi (Mayr) 瓦沟卵蜂
Trissonca mienshani Caradja 见 *Euzophera mienshani*
Trissopelopia 三叉粗腹摇蚊属
Trissopelopia dimorpha Cheng *et* Wang 二型三叉粗腹摇蚊
Trissopelopia flavida Kieffer 黄三叉粗腹摇蚊
Trissopelopia lanceolata Cheng *et* Wang 柳毛三叉粗腹摇蚊
Trissopelopia longimana (Stæger) 高沟三叉粗腹摇蚊，高三叉粗腹摇蚊
Trissopelopia montivaga Harrison 山三叉粗腹摇蚊
Trissopelopia ogemawi Roback 欧三叉粗腹摇蚊
Trissopelopia oyabetrispinosa Sasa, Kitami *et* Uéno 刺三叉粗腹摇蚊
Tristega [= Ichneumonoidea] 姬蜂总科
Tristeirometa 妒尺蛾属
Tristeirometa decussata (Moore) 华丽妒尺蛾，华丽特尺蛾
Tristeirometa decussata decussata (Moore) 华丽妒尺蛾指名亚种
Tristeirometa decussata moltrechti (Prout) 华丽妒尺蛾台湾亚种，华丽特尺蛾台湾亚种，绿波尺蛾，台湾妒尺蛾
tri-stigma remella [= cryptic remella, *Remella vopiscusc* Herrich-Schäffer] 三斑染弄蝶
tristissimus skipper [*Papias tristissimus* Schaus] 特笆弄蝶
Tristria 梭蝗属
Tristria guangxiensis Li, Lu, Jiang *et* Meng 广西梭蝗
Tristria pisciforme (Serville) 鱼形梭蝗，梭蝗
Tristria pulvinata (Uvaurov) 细尾梭蝗
tristrigosa perisama [= Butler's perisama, *Perisama tristrigosa* Batler] 三条美蛱蝶
Tristrinae 梭蝗亚科
Tristrophis 扭尾尺蛾属，刺尾尺蛾属
Tristrophis cupido Oberthür 库扭尾尺蛾
Tristrophis opisthommata Wehrli 见 *Tristrophis rectifascia opisthommata*
Tristrophis ramosa Wileman 见 *Ourapteryx ramose*
Tristrophis rectifascia (Wileman) 粗带扭尾尺蛾，扭尾尺蛾，粗带刺尾尺蛾
Tristrophis rectifascia asymetricaria (Oberthür) 粗带扭尾尺蛾不对称亚种，阿尤拉尺蛾
Tristrophis rectifascia opisthommata Wehrli 粗带扭尾尺蛾中华亚种，华扭尾尺蛾，奥扭尾尺蛾
Tristrophis rectifascia rectifascia (Wileman) 粗带扭尾尺蛾指名亚种
Tristrophis siaolouaria Oberthür 肖扭尾尺蛾
Tristrophis subpunctaria Leech 点扭尾尺蛾
Tristrophis veneris (Butler) 郁扭尾尺蛾
Trisuloides 后夜蛾属
Trisuloides becheri Behounek, Han *et* Kononenko 贝氏后夜蛾
Trisuloides bella Mell 见 *Tambana bella*
Trisuloides caerulea Butler 见 *Disepholcia caerulea*
Trisuloides calbum (Leech) 见 *Tambana calbum*
Trisuloides caliginea (Butler) 见 *Anacronicta caliginea*
Trisuloides catocalina (Moore) 淡色后夜蛾
Trisuloides chekiana Draudt 同 *Tambana bella*
Trisuloides contaminata Draudt 见 *Xanthomantis contaminata*
Trisuloides cornelia (Staudinger) 见 *Xanthomantis cornelia*
Trisuloides entoxantha (Hampson) 见 *Tambana entoxantha*
Trisuloides klapperichi Mell 同 *Tambana entoxantha*
Trisuloides luteifascia Hampson 同 *Trisuloides catocalina*
Trisuloides prosericea Behounek, Han *et* Kononenko 类丝后夜蛾
Trisuloides sericea Butler 丝后夜蛾，后夜蛾，屉夜蛾
Trisuloides subflava Wileman 见 *Tambana subflava*
Trisuloides taiwana Sugi 台湾后夜蛾
Trisuloides tamsi Park *et* Lee 同 *Xanthomantis contaminata*
Trisuloides variegata (Moore) 见 *Tambana variegata*
Trisuloides xizanga Behounek, Han *et* Kononenko 西藏后夜蛾
Trisuloides zhangi Chen 张后夜蛾
Tritaeniopteron 三带实蝇属，特里塔实蝇属，三线实蝇属
Tritaeniopteron eburneum de Meijere 淡三带实蝇，埃布特里塔实蝇
Tritaeniopteron elachispilotum Hardy 小斑三带实蝇，埃拉特里塔实蝇
Tritaeniopteron excellens (Hendel) 黄颜三带实蝇，台湾特里塔实蝇，淡色三线实蝇，超智实蝇
Tritaeniopteron flavifacies Hardy 黄脸三带实蝇，黄颜特里塔实蝇
Tritaeniopteron tetraspilotum Hardy 四斑三带实蝇，特拉特里塔实蝇
Tritaxys 三鬃寄蝇属
Tritaxys braueri (de Meijere) 长芒三鬃寄蝇
triterpene 三萜
Trithecoides 三囊蠓亚属，三囊库蠓亚属
Trithemis 褐蜻属
Trithemis aurora (Burmeister) 晓褐蜻，紫红蜻蜓

Trithemis festiva (Rambur) 庆褐蜻，乐仙蜻蜓
Trithemis pallidinervis (Kirby) 灰脉褐蜻，灰脉蜻蜓，淡脉褐蜻
Trithemis trivialis Rambur 见 *Diplacodes trivialis*
Trithicomyia 三叉蠓亚属，三叉亚属，三囊蠓亚属，三囊亚属
Tritneptis 翠金小蜂属
Tritneptis affinis (Nees) 叶蜂翠金小蜂
Tritneptis liupanshanensis Yang 六盘山翠金小蜂，六盘山叶蜂翠金小蜂
Tritneptis macrocentri Liao 长距茧蜂翠金小蜂，长距茧蜂金小蜂
Tritneptis pristiphorae Yang 落叶松叶蜂翠金小蜂
Tritneptis riwoqensis Jiao *et* Xiao 类乌齐翠金小蜂
Tritobrachia 厚唇叶蜂属
Tritobrachia tenuicornis Enderlein 长角厚唇叶蜂
tritocerebral 后脑的
tritocerebral segment [= intercalary segment] 闰节，后脑节
tritocerebrum [= oesophageal lobe, labrofrontal lobe] 后脑
Tritoma 宽蕈甲属，毛托大蕈甲属
Tritoma acuminata Mader 二斑宽蕈甲，尖毛托大蕈甲
Tritoma atripennis Kuhnt 同 *Tritoma taiwana*
Tritoma fasciata Chûjô 黄带宽蕈甲，带毛托大蕈甲
Tritoma gressitti (Chûjô) 嘉氏宽蕈甲，嘉氏毛托大蕈甲，嘉曲大蕈甲，红纹迷你大蕈虫
Tritoma kanekoi Araki 金氏宽蕈甲，金子毛托大蕈甲
Tritoma lateripunctata Mader 侧点宽蕈甲，侧点毛托大蕈甲
Tritoma lobisternum Arrow 叶胸宽蕈甲
Tritoma metasobrina Chûjô 红折宽蕈甲，后毛托大蕈甲
Tritoma nanshanchica Nakane 同 *Tritoma yamazii*
Tritoma nigripes Heller 黑色宽蕈甲，黑毛托大蕈甲
Tritoma otaitoensis Nakane 奥宽蕈甲，奥毛托大蕈甲
Tritoma quinquemaculata Mader 五斑宽蕈甲，五斑毛托大蕈甲
Tritoma rufipennis Lewis 红翅宽蕈甲
Tritoma scheerpeltzi Mader 希氏宽蕈甲，喜毛托大蕈甲
Tritoma shirakii Chûjô 素木宽蕈甲，素木毛托大蕈甲
Tritoma sobrina Crotch 黑折宽蕈甲
Tritoma subbasalis Reitter 断带宽蕈甲，西亚毛托大蕈甲
Tritoma subbasalis sibirica Semenow 同 *Tritoma subbasalis*
Tritoma sungkangensis Nakane 松岗宽蕈甲，松岗毛托大蕈甲，松毛托大蕈甲
Tritoma taiwana Chûjô 台湾宽蕈甲，台毛托大蕈甲，台毛普大蕈甲
Tritoma takasagona Chûjô 高砂宽蕈甲，高砂毛托大蕈甲
Tritoma yamazii Chûjô 山崎宽蕈甲，山崎毛托大蕈甲
Tritoma yiei Nakane 易氏宽蕈甲，易氏毛托大蕈甲，叶毛托大蕈甲
Tritomidae [= Mycetophagidae] 小蕈甲科，小蕈虫科，食蕈甲科
Tritominae 异大蕈甲亚科
triton dagger moth [*Acronicta tritona* Hübner] 神剑纹夜蛾
tritosternal base 胸叉基，第三胸板基
tritosternal lacinia 第三胸板内叶
tritosternum 胸叉，第三胸板
Tritoxa 斑蝇属
Tritoxa flexa (Wiedemann) [black onion fly] 洋葱斑蝇
tritrophic 三级营养的
tritrophic association 三级营养联系
tritrophic food chain 三级营养食物链
tritrophic interaction 三级营养关系
tritrophic metacommunity 三级营养集合群落
tritrophic signalling 三级营养信号
tritrophic system 三级营养系统
Triuncina 赭蚕蛾属
Triuncina brunnea (Wileman) 褐斑赭蚕蛾，褐斑白蚕蛾，黑点白蚕蛾，黑点褐白蚕蛾
Triuncina daii Xing, Wang *et* Zolotuhin 戴赭蚕蛾
Triuncina diaphragma (Mell) 类赭蚕蛾，歹白蚕蛾
Triuncina nitida (Chu *et* Wang) 闪赭蚕蛾，闪褐白蚕蛾
Triuncina xiongi Wang *et* Zolotuhin 熊氏赭蚕蛾
triundulate 三波曲的
triungulid 拟三爪蚴 < 指捻翅目昆虫的活泼蛃型幼虫 >
triungulin 三爪蚴 < 指芫菁或捻翅目等昆虫的第一龄幼虫 >
triturating 咀嚼的
trivial flight 琐飞
trivittate [= trivittatus] 具三线条的
trivittatus 见 trivittate
trivoltine 1. 三化的；2. 三化性
trivoltinism 三化性
Trixa 特西寄蝇属
Trixa alpina Meigen 高山特西寄蝇
Trixa chaoi Zhang *et* Shima 赵氏特西寄蝇
Trixa chinensis Zhang *et* Shima 中华特西寄蝇，中国特西寄蝇
Trixa conspersa (Harris) 斑特西寄蝇，点特西寄蝇
Trixa longipennis (Villeneuve) 长翅特西寄蝇，长翅德克寄蝇
Trixa nox (Shima) 暗特西寄蝇，诺茅寄蝇
Trixa pellucens (Mesnil) 透特西寄蝇，透特里寄蝇
Trixa pubiseta (Mesnil) 翅鬃特西寄蝇，柔毛特里寄蝇
Trixa pyrenaica Villeneuve 比利特西寄蝇，青海特西寄蝇
Trixa rufiventris (Mesnil) 红腹特西寄蝇，红腹特里寄蝇
Trixagidae [= Throscidae] 粗角叩甲科，粗角叩头虫科，大角叩头虫科
Trixagus 粗角叩甲属
Trixagus chinensis (Cobos) 华粗角叩甲
Trixagus maai (Cobos) 马粗角叩甲
Trixella pellucens (Mesnil) 见 *Trixa pellucens*
Trixella pubiseta (Mesnil) 见 *Trixa pubiseta*
Trixella rufiventris (Mesnil) 见 *Trixa rufiventris*
trixeny 三主寄生现象，三主寄生
Trixomorpha 三色寄蝇属
Trixomorpha indica Brauer-Bergenstamm 印度三色寄蝇
Trixoscelidae [= Trichoscelidae] 锯翅蝇科
Trixoscelidinae 锯翅蝇亚科
trocacoila 转节髁
trocasuture [= trochasuture] 转节缝
trochacoria 转节膜
trochalopoda 球窝基类 < 指半翅目昆虫之后足基节为似球形及关节为球窝式者 >
trochantellus 转分节 < 指姬蜂类的第二转节 >
trochanter 转节
trochanter seta 转节毛
trochanter spur 转节距
trochanteral 转节的
trochanterellus [= apophysis] 表皮突

trochanterofemoral 转腿节的

trochantin [= trochantine] 1. 基转节 < 指转节分两节时的基部 >; 2. 腹基连片 < 指鞘翅目昆虫中常存在于基节外边或依之转动的骨片 >; 3. 基节后片 < 指脉翅目与毛翅目昆虫中基节的后分离部分 >; 4. 颚颊间片 < 指直翅目昆虫的上颚与颊之间的狭纵骨片 >

trochantin of the mandible 颚颊间片 < 上颚旁的一小骨片，见于某些直翅目昆虫 >

trochantinal 基外片的

trochantine 见 trochantin

trochantinopleura [= coxopleurite, eutrochantin] 基侧片

trochasuture 见 trocasuture

trochella 转节膜片 < 指在转节膜背部的硬化小骨片 >

trochiformis 圆锥状的

trochilia metalmark [*Argyrogrammana trochilia* (Westwood)] 圆银蚬蝶

trochilus metalmark [= Erichson's greenmark, *Caria trochilus* Eriehson] 圆咖蚬蝶

trochlea [pl. trochleae] 翅厚基 < 指蝉类前翅的厚基部；或指毛翅目昆虫后翅基部中脉起源处后方的小椭圆形区域 >

trochleae [s. trochlea] 翅厚基

trochlearis 滑车形的

Trochoideus 滑车伪瓢虫属

Trochoideus desjardinsi Guérin-Méneville 德氏滑车伪瓢虫，德特微蕈甲，棒角伪瓢甲

Trochorhopalus 细平象甲属

Trochorhopalus humeralis Chevrolat 甘蔗细平象甲，细平象甲，肩特利象

trochus 小闰节 < 指在分节构造中，加插于正常节间的小节 >

troclia [pl. trocliae] 扩大节 < 指足的端节扩大者 >

trocliae [s. troclia] 扩大节

Trocnadella 缺突叶蝉属，曲突叶蝉属

Trocnadella arisana (Matsumura) 锈盾缺突叶蝉，褐缘缺突叶蝉，褐缘短头叶蝉

Trocnadella fasciana Li 带纹缺突叶蝉

Trocnadella furculata Cai *et* He 端叉缺突叶蝉，端叉曲突叶蝉

Trocnadella fuscipennis Li 褐翅缺突叶蝉

Trocnadella melichari (Oshanin) 梅氏缺突叶蝉，梅氏尖头叶蝉，梅氏广头叶蝉

Trocnadella pianmaensis Li *et* Li 片马缺突叶蝉

Trocnadella rubiginosa (Kuoh) 同 *Trocnadella arisana*

Trocnadella testacea Li 褐盾缺突叶蝉

Troctidae [= Liposcelidae, Liposcelididae] 虱蛄科，书虱科，粉蛄科，粉啮虫科，土虱科

Troctomorpha 粉蛄亚目，书虱亚目，书虱型

Troctopsocidae 粉蛄科

Troctopsocoidea 粉蛄总科

Trogaspidia 驼盾蚁蜂属

Trogaspidia albibrunnea Chen 白棕驼盾蚁蜂

Trogaspidia arciformis Chen 弓形驼盾蚁蜂

Trogaspidia auroguttata (Smith) 见 *Eotrogaspidia auroguttata*

Trogaspidia auroguttata repraesentoides (Mickel) 同 *Eotrogaspidia auroguttata*

Trogaspidia chiaiensis Tsuneki 竹崎驼盾蚁蜂

Trogaspidia circumcincta (Andre) 围带驼盾蚁蜂

Trogaspidia disparilis (Mickel) 异驼盾蚁蜂

Trogaspidia formosana (Matsumura) 台湾驼盾蚁蜂，台驼盾蚁蜂

Trogaspidia fuscipennis (Fabricius) 烟翅驼盾蚁蜂

Trogaspidia fuscipennis concava (Mickel) 烟翅驼盾蚁蜂台湾亚种，凹烟翅驼盾蚁蜂

Trogaspidia fuscipennis fuscipennis (Fabricius) 烟翅驼盾蚁蜂指名亚种，指名烟翅驼盾蚁蜂

Trogaspidia hoffmanni (Mickel) 霍夫驼盾蚁蜂，贺夫驼盾蚁蜂

Trogaspidia kolthoffi Hammer 柯氏驼盾蚁蜂

Trogaspidia lanceolata Chen 矛驼盾蚁蜂

Trogaspidia lindstromi Hammar 林氏驼盾蚁蜂

Trogaspidia maritime Chen 海驼盾蚁蜂

Trogaspidia morna (Cameron) 女神驼盾蚁蜂，女神小蚁蜂

Trogaspidia oculata (Fabricius) 见 *Radoszkowskius oculatus*

Trogaspidia oculata oculata Fabricius 见 *Radoszkowskius oculatus oculatus*

Trogaspidia pacifica Tsuneki 太平驼盾蚁蜂

Trogaspidia pagdeni (Mickel) 帕氏驼盾蚁蜂

Trogaspidia pagdeni nodoa (Mickel) 帕氏驼盾蚁蜂具结亚种，节帕驼盾蚁蜂

Trogaspidia pagdeni pagdeni (Mickel) 帕氏驼盾蚁蜂指名亚种

Trogaspidia pustulata (Smith) 丘疹驼盾蚁蜂

Trogaspidia recticarinata Chen 闽驼盾蚁蜂

Trogaspidia rhea (Mickel) 神女驼盾蚁蜂

Trogaspidia rhea gaea Chen 神女驼盾蚁蜂土地亚种，土神驼盾蚁蜂

Trogaspidia rhea rhea (Mickel) 神女驼盾蚁蜂指名亚种，指名神驼盾蚁蜂

Trogaspidia sibylla (Smith) 斯驼盾蚁蜂

Trogaspidia sibylla lingnani (Mickel) 斯驼盾蚁蜂岭南亚种

Trogaspidia sibylla minae (Zavattari) 斯驼盾蚁蜂台湾亚种，台巫驼盾蚁蜂

Trogaspidia sibylla sibylla (Smith) 斯驼盾蚁蜂指名亚种

Trogaspidia subzonalis Chen 带驼盾蚁蜂

Trogaspidia suspiciosa (Smith) 同 *Trogaspidia sibylla*

Trogaspidia suspiciosa lingnani (Mickel) 见 *Trogaspidia sibylla lingnani*

Trogaspidia suspiciosa minae (Zavattari) 见 *Trogaspidia sibylla minae*

Trogaspidia takasago Tsuneki 高砂驼盾蚁蜂

Trogaspidia tethys (Mickel) 特驼盾蚁蜂，台驼盾蚁蜂

Trogaspidia tethys melanesia (Mickel) 特驼盾蚁蜂黑色亚种

Trogaspidia tethys tethys (Mickel) 特驼盾蚁蜂指名亚种，指名台驼盾蚁蜂

Trogaspidia vallicola Tsuneki 谷驼盾蚁蜂

Trogaspidia yuliensis Tsuneki 玉里驼盾蚁蜂

Trogaspidiini 驼盾蚁蜂族

trogid 1. [= trogid beetle, hide beetle] 皮金龟甲，皮金龟 < 皮金龟甲科 Trogidae 昆虫的通称 >; 2. 皮金龟甲科的

trogid beetle [= trogid, hide beetle] 皮金龟甲，皮金龟

Trogidae 皮金龟甲科，皮金龟科

trogiid 1. [= trogiid booklouse, granary booklouse] 窃蛄 < 窃蛄科 Trogiidae 昆虫的通称 >; 2. 窃蛄科的

trogiid booklouse [= trogiid, granary booklouse] 窃蛄

Trogiidae [= Atropidae] 书蛄科，书啮虫科，窃虫科，窃蛄科，节啮虫科

Troginae 皮金龟亚科

Trogini 深沟姬蜂族

Trogioidea 窃蛄总科

Trogiomorpha 窃蛄亚目，窃啮虫亚目

Trogium 窃蛄属，书虱属，节啮虫属

Trogium pulsatorium (Linnaeus) [larger pale booklouse, book louse] 淡色窃蛄，书虱，粉茶蛀虫，大淡色窃啮虫，弹窃蛄

troglobiotic 洞居的，洞生的

troglocolous 洞栖的

Troglopatrobus 穴缢步甲属

Troglopatrobus zhouchaoi Deuve, He *et* Tian 周超穴隘步甲

Troglophila 台大蚊属 *Taiwanomyia* 的异名

Troglophila ritozanensis Alexander 见 *Taiwanomyia ritozanensis*

Troglophila seticornis Alexander 见 *Taiwanomyia seticornis*

Troglophila szechwanensis Alexander 见 *Taiwanomyia szechwanensis*

troglophilous 适洞的，喜洞的

trogloxenous 偶来洞的

Trogoderma 斑皮蠹属

Trogoderma amoenula Reitter 见 *Phradonoma amoenulum*

Trogoderma glabrum (Herbst) 黑斑皮蠹

Trogoderma granarium Everts [Khapra beetle, cabinet beetle] 谷斑皮蠹，小红鲣节虫

Trogoderma inclusum LeConte [larger cabinet beetle, mottled dermestid beetle] 肾斑皮蠹

Trogoderma koenigi Pic 克氏斑皮蠹，柯多毛皮蠹

Trogoderma laticorne Chao *et* Lee 同 *Trogoderma varium*

Trogoderma longicorne Chao *et* Lee 长角斑皮蠹

Trogoderma longisetosum Chao *et* Lee 长毛斑皮蠹

Trogoderma persicum Pic 同 *Trogoderma variabile*

Trogoderma teukton Beal 条斑皮蠹

Trogoderma variabile Ballion [warehouse beetle] 花斑皮蠹

Trogoderma varium Matsumura *et* Yokoyama 红斑皮蠹，日本斑皮蠹

Trogoderma versicolor (Creutzer) [Khapra beetle] 拟肾斑皮蠹

Trogoderma yunnaeunsis Zhang *et* Liu 云南斑皮蠹

trogon skipper [*Artines trogon* Evans] 褐鹰弄蝶

Trogonoptera 红颈凤蝶属

Trogonoptera brookiana (Wallace) [Rajah Brooke's birdwing] 翠叶红颈凤蝶，翠叶凤蝶，红颈鸟翼凤蝶

Trogonoptera trojana (Honrath) [Palawan birdwing, triangle birdwing] 特洛伊红颈凤蝶，大翠叶红颈凤蝶

Trogosita mauritanicus (Linnaeus) 见 *Tenebroides mauritanicus*

trogossitid 1. [= trogossitid beetle, bark-gnawing beetle] 谷盗 < 谷盗科 Trogossitidae 昆虫的通称 >；2. 谷盗科的

trogossitid beetle [= trogossitid, bark-gnawing beetle] 谷盗

Trogossitidae [= Ostomatidae] 谷盗科，谷盗虫科 < 此科学名有误写为 Trogositidae 者 >

Trogossitinae 谷盗亚科

Trogossitini 谷盗族

Trogoxylon impressum Comolli 方胸粉蠹

Trogoxylon parallelopipedum (Melsheimer) 平胸粉蠹

Trogus 深沟姬蜂属 < 该属名有一龙虱科 Dytiscidae 昆虫的次同名，见 *Cybister*>

Trogus bicolor Radoszkowski 两色深沟姬蜂

Trogus chinensis Morley 中华深沟姬蜂

Trogus chinensis (Motschulsky) 见 *Cybister chinensis*

Trogus chinensis chinensis Morley 中华深沟姬蜂指名亚种

Trogus chinensis nigriabdominalis Uchida 见 *Trogus nigriabdominalis*

Trogus formosanus (Matsumura) 台湾深沟姬蜂

Trogus formosanus Uchida 同 *Callajoppa taiwana*

Trogus formosanus koreanus Kim 见 *Trogus koreanus*

Trogus heinrichi Uchida 亨氏深沟姬蜂

Trogus koreanus Kim 朝鲜深沟姬蜂，朝鲜台湾深沟姬蜂

Trogus lapidator (Fabricius) 黑深沟姬蜂

Trogus lapidator coerulator Fabricius 同 *Trogus lapidator lapidator*

Trogus lapidator lapidator (Fabricius) 黑深沟姬蜂指名亚种，指名黑深沟姬蜂

Trogus lapidator romani Uchida 同 *Trogus lapidator lapidator*

Trogus mactator (Fosquinet) 凤蝶深沟姬蜂

Trogus matsumurai Uchida 同 *Holcojoppa heinrichi*

Trogus nigriabdominalis Uchida 黑腹深沟姬蜂，黑腹中华深沟姬蜂

Trogus tricephalus Uchida 三深沟姬蜂

Troides 裳凤蝶属

Troides aeacus (Felder *et* Felder) [golden birdwing] 金裳凤蝶

Troides aeacus aeacus (Felder *et* Felder) 金裳凤蝶指名亚种，指名金裳凤蝶

Troides aeacus formosanus Rothschild 金裳凤蝶台湾亚种，黄裳凤蝶，黄裙凤蝶，恒春金凤蝶，金裳翼凤蝶，台湾金裳凤蝶

Troides aeacus kaguya (Nakahara *et* Esaki) 同 *Troides aeacus formosanus*

Troides amphrysus (Cramer) [Malay birdwing] 乌翼裳凤蝶

Troides andromache (Staudinger) [Borneo birdwing] 加里曼丹裳凤蝶

Troides criton (Felder *et* Felder) [criton birdwing] 珂裳凤蝶，马鲁古裳凤蝶

Troides cuneifer (Oberthür) 楔纹裳凤蝶

Troides darsius (Gray) [common birdwing, Ceylon birdwing, Sri Lankan birdwing] 锡兰裳凤蝶，斯里兰卡裳凤蝶〈该蝶为斯里兰卡国蝶〉

Troides dohertyi (Rippon) [talaud black birdwing] 辉黑裳凤蝶

Troides haliphron (Boisduval) [haliphron birdwing] 小斑裳凤蝶

Troides helena (Linnaeus) [common birdwing] 裳凤蝶

Troides helena cerberus (Felder *et* Felder) 裳凤蝶希神亚种，希神裳凤蝶，瑟裳凤蝶

Troides helena helena (Linnaeus) 裳凤蝶指名亚种

Troides helena spilotia Rothschild 裳凤蝶污斑亚种，污斑裳凤蝶

Troides hypolitus (Cramer) [Rippon's birdwing] 海滨裳凤蝶，鹂裳凤蝶

Troides magellanus (Felder *et* Felder) [magellan birdwing] 荧光裳凤蝶

Troides magellanus magellanus (Felder *et* Felder) 荧光裳凤蝶指名亚种

Troides magellanus sonani Matsumura 荧光裳凤蝶珠光亚种，珠光裳凤蝶，珠光凤蝶，珠光黄裳凤蝶，兰屿黄裙凤蝶，兰屿金凤蝶，荧光翼凤蝶

Troides minos (Cramer) [southern birdwing] 印度裳凤蝶

Troides miranda (Butler) [Miranda birdwing] 马来荧光裳凤蝶，紫裳凤蝶

Troides oblongomaculatus (Goeze) [oblong-spotted birdwing] 长斑裳凤蝶

Troides plateni (Staudinger) [Platen's birdwing, Dr. Platen's birdwing] 巴拉望裳凤蝶，蒲氏黄裳凤蝶，蒲氏凤蝶，普裳凤蝶

Troides plato Wallace [silver birdwing] 帝纹岛裳凤蝶，银纹裳凤蝶

Troides prattorum (Joicey *et* Talbot) [Buru Opalescent birdwing] 布鲁岛裳凤蝶

Troides rhadamantus (Lucas) [golden birdwing] 菲律宾裳凤蝶，纹奥诺凤蝶 < 此种学名有误写为 *Troides rhadamanthus* (Lucas) 者 >

Troides riedeli Kirsch 瑞氏裳凤蝶

Troides staudingeri (Röber) 斯氏裳凤蝶，红颈鸟翼凤蝶

Troides vandepolli (Snellen) [van de Poll's birdwing] 范氏裳凤蝶

Troilus 耳蝽属

Troilus luridus (Fabricius) [bronze shieldbug] 耳蝽

Troilus testaceus Zheng *et* Liu 褐耳蝽

Tromatobia 聚蛛姬蜂属

Tromatobia argiopei Uchida 金蛛聚蛛姬蜂

Tromatobia flavistellata Uchida *et* Momoi 黄星聚蛛姬蜂

Tromatobia lineatoria (Villers) 线聚蛛姬蜂

Tromatobia maculata Momoi 斑胸聚蛛姬蜂

Tromatobia ornata (Gravenhorst) 饰聚蛛姬蜂

Tromatobia taiwana Kusigemati 台湾聚蛛姬蜂

Tromatobia variabilis (Holmgren) 变聚蛛姬蜂

tromba skipper [*Tromba tromba* Evans] 湍弄蝶

Tromba 湍弄蝶属

Tromba tromba Evans [tromba skipper] 湍弄蝶

Tromba xanthura (Godman) [yellow-washed ruby-eye, yellow-washed skipper] 黄湍弄蝶

Tropacme 转苔蛾属

Tropacme cupreimargo Hampson 铜转苔蛾

Tropaea dubernardi Oberthür 见 *Actias dubernardi*

Tropaea luna (Linnaeus) 见 *Actias luna*

Tropaea maasseni (Kirby) 同 *Actias luna*

Tropeopeltis 刺尾吉丁甲亚属

trophallactic gland 交哺腺

trophallaxis 交哺现象，交哺

trophamnion 滋养羊膜 < 在膜翅目寄生性昆虫中，为卵的单一包被物；在行多胚生殖的卵中，则指围绕胚胎团的原生质鞘 >

trophi [= instrumenta cibaria, mouth parts] 口器

trophic 1. 口器的；2. 食物的

trophic level 营养级，食性层次

trophic plasticity 食性可塑性

trophic relation 食物关系

trophic symbiosis 滋养共生 < 如蚁类与蚜虫类的共生关系：蚁照料并保护蚜虫，蚜虫以蜜露供蚁食 >

trophifer 后颊

Trophithauma 喙蚤蝇属

Trophithauma gastroflavidum Liu 黄腰喙蚤蝇

Trophithauma sinuatum Liu *et* Chou 曲脉喙蚤蝇

trophobia 食遗共生

trophobiont 食客

trophobiosis 取食共生 < 与滋养共生 (trophic symbiosis) 同义 >

Trophocosta 丽翅卷蛾属

Trophocosta cyanoxantha (Meyrick) 蓝丽翅卷蛾

trophocyte [= nurse cell] 滋养细胞，滋卵细胞 < 包括一切制成营养物质的细胞，脂肪体中具有营养作用的细胞，卵巢或睾丸中供生殖细胞营养物的滋养细胞等 >

trophogeny 食物异级

trophonuclei [s. trophonucleus] 滋养细胞核，滋养核 < 即指胚胎中的消黄细胞 (vitellophags)>

trophonucleus [pl. trophonuclei] 滋养细胞核，滋养核

trophopathy 营养失调

trophophase 营养期

trophoroite 营养体

trophothylax 滋养袋 < 指蚁类 Pseudomyrminae 亚科幼虫第一腹节中的食袋 >

trophserosa 滋养浆膜 < 指作为营养器官的浆膜，见于一些寄生性膜翅目昆虫中 >

tropic 1. [= tropical] 热带的；2. 向性的

tropic behavio (u) **r** 向性行为

tropic dart [= Chinese dart, confucian dart, *Potanthus confucius* (Felder *et* Felder)] 孔子黄室弄蝶

tropical [= tropic] 热带的

tropical American silkworm moth [= Costa Rica leaf moth, dead-leaf moth, *Oxytenis modestia* (Cramer)] 枯叶角蛾

tropical anomis [= cotton semilooper, white-pupiled scallop moth, orange cotton moth, okra semilooper, cotton measuringworm, green semilooper, cotton leaf caterpillar, small cotton measuring worm, cotton looper, yellow cotton moth, *Anomis flava* (Fabricius)] 棉小造桥虫，小桥夜蛾，小造桥夜蛾，小造桥虫，红麻小造桥虫，棉夜蛾

tropical armyworm [= taro caterpillar, oriental leafworm moth, armyworm, cluster caterpillar, common cutworm, cotton leafworm, cotton worm, Egyptian cotton leafworm, rice cutworm, tobacco budworm, tobacco caterpillar, tobacco cutworm, tobacco leaf caterpillar, *Spodoptera litura* (Fabricius)] 斜纹夜蛾，斜纹贪夜蛾，莲纹夜蛾，烟草近尺蠖夜蛾，夜老虎，五花虫，麻麻虫

Tropical Atlantic Province 热带大西洋部

tropical bed bug [*Cimex hemipterus* Fabricius] 热带臭虫，热带床虱

tropical blue wave [= blue-banded purplewing, blue wave, whitened bluewing, royal blue, *Myscelia cyaniris* Doubleday] 青鼠蛱蝶

tropical buckeye [= mangrove buckeye, *Junonia genoveva* (Cramer)] 育龄眼蛱蝶

tropical carpenterworm moth [= metarbelid moth, metarbelid] 拟木蠹蛾 < 拟木蠹蛾科 Metarbelidae 昆虫的通称 >

tropical checkered skipper [*Pyrgus oileus* (Linnaeus)] 满天星花弄蝶

tropical citrus aphid [= brown citrus aphid, black citrus aphid, oriental citrus aphid, *Aphis citricidus* (Kirkaldy)] 褐色橘蚜，褐橘声蚜，大橘蚜，橘蚜

tropical dotted border [= rhodope, common dotted border, *Mylothris rhodope* (Fabricius)] 玫瑰迷粉蝶，白黄迷粉蝶

tropical duskywing [= common bluevent, common anastrus, *Anastrus sempiternus* (Butler *et* Druce)] 色安弄蝶

tropical fig borer [= mango stem borer, mango tree borer, jackfruit trunk borer, capricorn beetle, fig tree borer, *Batocera rufomaculata* (De Geer)] 赤斑白条天牛

tropical fire ant [= fire ant, brown ant, red ant, stinging ant,

Solenopsis geminata (Fabricius)] 火蚁，热带火家蚁，热带火蚁

tropical fruitworm moth [= copromorphid moth, copromorphid] 粪蛾 < 粪蛾科 Copromorphidae 昆虫的通称 >

tropical green hairstreak [= tropical greenstreak, *Cyanophrys herodotus* (Fabricius)] 海螺穹灰蝶

tropical greenstreak 见 tropical green hairstreak

tropical house cricket [= decorated cricket, brown cricket, banded cricket, *Gryllodes sigillatus* (Walker)] 短翅灶蟋，灶马蟋，家蟋蟀

Tropical Indopacific Deep Sea Province 热带印度太平洋深海部

tropical leafwing [*Anaea aidea* (Guérin-Méneville)] 艾地安蛱蝶

tropical least skipper [*Ancyloxypha arene* (Edwards)] 黑边橙弄蝶

tropical log beetle [= discolomatid beetle, discolomatid] 盘甲 < 盘甲科 Discolomatidae 昆虫的通称 >

tropical migratory locust [= African migratory locust, *Locusta migratoria migratorioides* (Reiche *et* Fairmaire)] 非洲飞蝗，飞蝗非洲亚种，热带飞蝗

tropical milkweed butterfly [= tiger mimic queen, *Lycorea halia* Hübner] 虎纹袖斑蝶

tropical palm scale [= palm scale, *Hemiberlesia palmae* (Cockerell)] 棕突栉圆盾蚧，棕突圆盾蚧，长棘炎盾蚧，棕榈鲍圆盾蚧，苏铁黯圆盾蚧

tropical pentila [= spotted buff, spotted pentila, *Pentila tropicalis* (Boisduval)] 热带盆灰蝶

Tropical Pest Management 热带害虫管理 < 期刊名 >

tropical plume moth [= oxychirotid moth, oxychirotid] 八羽蛾 < 八羽蛾科 Oxychirotidae 昆虫的通称 >

tropical queen [= soldier, *Danaus eresimus* (Cramer)] 热带女王斑蝶

tropical rat louse 1. [*Hoplopleura oenomydis* Ferris] 热带甲胁虱，沟鼠虱；2. [*Hoplopleura pacifica* Ewing] 太平洋甲胁虱，热带鼠虱

Tropical Region 热带区

tropical rice bug [= rice seed bug, rice sapper, paddy fly, Asian rice bug, narrow rice bug, rice bug, rice green coreid, paddy bug, *Leptocorisa acuta* (Thunberg)] 异稻缘蝽，大稻缘蝽，稻蛛缘蝽

tropical rough-headed drywood termite [= powderpost termite, dry wood termite, furniture termite, tropical rough-headed powder-post termite, West Indian drywood termite, *Cryptotermes brevis* (Walker)] 麻头堆沙白蚁，麻头沙白蚁

tropical rough-headed powder-post termite 见 tropical rough-headed drywood termite

tropical striped blue [= cassius blue, *Leptotes cassius* (Cramer)] 雌白细灰蝶

tropical tasar silk moth [= tasar silkworm, tassar silkworm, Indian silkworm moth, Indian tasar silk insect, South India small tussore, *Antheraea paphia* (Linnaeus)] 印度目大蚕蛾，意大利大蚕，意大利大蚕蛾，透纱蛾，塔萨大蚕蛾

tropical tiger moth [*Asota caricae* (Fabricius)] 一点拟灯蛾，一点乌灯蛾，阿拟灯蛾，一点灯夜蛾

tropical tobacco moth [= tobacco moth, *Setomorpha rutella* Zeller] 烟草叶谷蛾，烟透窝蛾，干烟透窝蛾，红透窝蛾，红篱谷蛾，热带烟草蛾，热带烟草螟，热带烟蛾

tropical warehouse moth [= fig moth, dried currant moth, currant moth, almond moth, *Cadra cautella* Walker] 干果斑螟，粉斑螟，干果粉斑螟

tropical white [= Florida white, *Appias drusilla* (Cramer)] 黄基白翅尖粉蝶

tropical yellow [*Eurema xanthochlora* (Kollar)] 金绿黄粉蝶

Tropicomyia 热潜蝇属

Tropicomyia alocasiae Shiao *et* Wu 海芋热潜蝇，婆芋热潜蝇

Tropicomyia angioptericola Shiao 莲座蕨热潜蝇

Tropicomyia atomella (Malloch) 微小热潜蝇

Tropicomyia passiflorella Shiao *et* Wu 西番莲热潜蝇，百香果热潜蝇

Tropicomyia pilosa Spencer 具毛热潜蝇，寡触毛热潜蝇

Tropicomyia theae (Cotes) [tea leafminer] 茶热潜蝇，茶南潜蝇

Tropicomyia yunnanensis Chen *et* Wang 云南热潜蝇

Tropiconabis 窄姬蝽亚属

tropicopolitan 热带遍生的

Tropidacris 排点褐蜢属

Tropidacris collaris (Stoll) [blue-winged grasshopper, violet-winged grasshopper] 蓝翅排点褐蜢

Tropidacris cristata (Linnaeus) [giant red-winged grasshopper, dotty row grasshopper] 橙斑排点褐蜢，鸡冠花巨蝗，橙斑翅巨蝗，巴西排点褐蜢

Tropidacris cristata cristata (Linnaeus) 橙斑排点褐蜢指名亚种

Tropidacris cristata dux (Drury) [giant grasshopper] 橙斑排点褐蜢褐色亚种

Tropidacris descampsi Carbonell 德氏排点褐蜢

Tropidacris latreillei (Perty) 同 *Tropidacris cristata*

Tropideres 三纹长角象甲属，三纹长角象属，长鞭象甲属

Tropideres japonicus (Roelofs) 日本三纹长角象甲，日长鞭长角象甲，日长鞭长角象

Tropideres japonicus japonicus (Roelofs) 日本三纹长角象甲指名亚种

Tropideres japonicus odai Morimoto 日本三纹长角象甲小田亚种

Tropideres lacteocaudatus Fairmaire 乳尾三纹长角象甲，乳尾长鞭长角象甲，乳尾长鞭长角象

Tropideres naevulus Faust 小斑三纹长角象甲，小斑三纹长角象

Tropideres nanus Shibata 矮三纹长角象甲，矮长鞭长角象甲

Tropideres nodulosus Sharp [smallest longhorned weevil] 微小三纹长角象甲，微小长鞭象甲

Tropideres paviei Lesne 帕氏三纹长角象甲，帕长鞭长角象甲，帕长鞭长角象

Tropideres roelofsi (Lewis) 洛氏三纹长角象甲，洛长鞭长角象甲，洛长鞭长角象，洛茎长足象，洛枚塞象

Tropideres roelofsi poecilus Jordan 洛氏三纹长角象甲台湾亚种，坡洛长鞭长角象

Tropideres roelofsi roelofsi (Lewis) 洛氏三纹长角象甲指名亚种

Tropideres securus (Boheman) 斧三纹长角象甲，斧长鞭长角象甲，枚塞象甲

Tropideres signellus Jordan 辛三纹长角象甲，辛长鞭长角象甲，辛长鞭长角象

Tropiderini 三纹长角象甲族，三纹长角象族

Tropidiina 齿腿蚜蝇亚族

Tropidocephala 匙顶飞虱属

Tropidocephala andunna Kuoh 暗盾匙顶飞虱

Tropidocephala atrata (Distant) 墨匙顶飞虱

Tropidocephala breviceps Matsumura 短头匙顶飞虱

Tropidocephala brunnipennis Signoret 二刺匙顶飞虱
Tropidocephala dimidia Yang *et* Yang 对半匙顶飞虱
Tropidocephala festiva (Distant) 额斑匙顶飞虱
Tropidocephala flavovittata Matsumura 翅斑匙顶飞虱
Tropidocephala formosana Matsumura 台湾匙顶飞虱
Tropidocephala grata Yang *et* Yang 喜悦匙顶飞虱，南投匙顶飞虱
Tropidocephala insperata Yang 黑颊匙顶飞虱，花莲匙顶飞虱
Tropidocephala jiawenna Kuoh 肩纹匙顶飞虱
Tropidocephala longispina Ding 长刺匙顶飞虱
Tropidocephala maculosa Matsumura 斑刺匙顶飞虱
Tropidocephala nigra (Matsumura) 黑匙顶飞虱
Tropidocephala orientalis Ding 东方匙顶飞虱
Tropidocephala russa Ding 锈色匙顶飞虱
Tropidocephala saccharivorella Matsumura 甘蔗匙顶飞虱
Tropidocephala serendiba (Melichar) 锈黄匙顶飞虱
Tropidocephala simaoensis Ding 思茅匙顶飞虱
Tropidocephala sinica Ding 中华匙顶飞虱
Tropidocephala sinuosa Yang *et* Yang 波突匙顶飞虱，白茅匙顶飞虱
Tropidocephala speciosa Ding 美丽匙顶飞虱
Tropidocephala touchi Kuoh 透翅匙顶飞虱
Tropidocephala yichangensis Ding 宜昌匙顶飞虱
Tropidocephalini 凹距飞虱族
Tropidodynerus 弯触蜾蠃属
Tropidodynerus concavus Li *et* Chen 凹弯触蜾蠃
Tropidodynerus liupanshanensis Li *et* Chen 六盘山弯触蜾蠃
Tropidogastrella tropida Hendel 见 *Trigonosoma tropida*
Tropidomantis 透翅螳属
Tropidomantis gressitti Tinkham 海南透翅螳
Tropidomantis tenera Stål 柔嫩透翅螳
Tropidomyia 类叉芒眼蝇属
Tropidomyia aureifacies Kröber 金面类叉芒眼蝇，金脸类叉芒眼蝇
Tropidophryne melvillei Compere 葡粉蚧巨角跳小蜂，葡粉蚧巨角蟾形跳小蜂
Tropidosteptes amoenus Reuter [ash plant bug, ash leaf bug] 梣盲蝽，梣蝽
Tropidothorax 脊长蝽属
Tropidothorax autolycus (Distant) 半脊长蝽
Tropidothorax belogolowi (Jakovlev) 同 *Tropidothorax sinensis*
Tropidothorax cruciger (Motschulsky) 斑脊长蝽，大斑脊长蝽
Tropidothorax elegans (Distant) 红脊长蝽
Tropidothorax fimbriatus (Dallas) 同 *Lygaeus concisus*
Tropidothorax sinensis (Reuter) 中国脊长蝽，红脊长蝽
tropiduchid 1. [= tropiduchid planthopper] 扁蜡蝉，军配飞虱 < 扁蜡蝉科 Tropiduchidae 昆虫的通称 >；2. 扁蜡蝉科的
tropiduchid planthopper [= tropiduchid] 扁蜡蝉，军配飞虱
Tropiduchidae 扁蜡蝉科，军配飞虱科
Tropihypnus 钟胸叩甲属
Tropihypnus lueangensis Schimmel *et* Tarnawski 略阳钟胸叩甲
Tropihypnus petrae Schimmel *et* Tarnawski 秦岭钟胸叩甲
Tropimenelytron 脊翅隐翅甲属
Tropimenelytron formosae (Cameron) 台湾脊翅隐翅甲
Tropimenelytron lii (Pace) 李氏脊翅隐翅甲
Tropinota 脊花金龟甲属
Tropinota hirta (Poda) 毛脊花金龟甲，毛特花金龟
tropism 向性
tropism concept 趋性学说
Tropobracon 热茧蜂属
Tropobracon infuscatus van Achterberg 烟褐热茧蜂
Tropobracon jokohamensis (Cameron) 蔗螟热茧蜂
Tropobracon luteus Cameron 三化螟热茧蜂，三化螟茧蜂
Tropobracon niger Yang, Chen *et* Liu 黑热茧蜂
Tropobracon schoenobii (Viereck) 同 *Tropobracon luteus*
tropomyosin 原肌球蛋白
tropotaxis [= topotaxis] 趋位性，趋激性
Trotocraspeda divaricata (Moore) 金黄歧带尺蛾
trout-stream beetle [= amphizoid beetle, amphizoid] 两栖甲 < 两栖甲科 Amphizoidae 昆虫的通称 >
Trox 皮金龟甲属，皮金龟属
Trox alpigenus Zhang 同 *Trox lama*
Trox boucomonti Paullian 波皮金龟甲，波皮金龟
Trox cadaverinus Illiger 尸体皮金龟甲，尸体皮金龟
Trox cadaverinus cadaverinus Illiger 尸体皮金龟甲指名亚种
Trox cadaverinus komareki Balthasar 尸体皮金龟甲柯氏亚种，柯皮金龟
Trox camberforti Pittino 肯皮金龟甲，肯皮金龟
Trox chinensis Boheman 见 *Afromorgus chinensis*
Trox costatus Wiedemann 见 *Omorgus costatus*
Trox eximius Faldermann 大瘤皮金龟甲，埃皮金龟
Trox formosanus Nomura 蓬莱皮金龟甲，台皮金龟，蓬莱皮金龟
Trox gansuensis Ren 甘肃皮金龟甲，甘肃皮金龟
Trox inclusus Walker 见 *Omorgus inclusus*
Trox komareki Balthasar 见 *Trox cadaverinus komareki*
Trox lama Pittino 拉皮金龟甲，拉皮金龟
Trox mitis Balthasar 迷皮金龟甲，迷皮金龟
Trox morticinii Pallas 莫皮金龟甲，莫皮金龟
Trox obscurus Waterhouse 同 *Omorgus chinensis*
Trox opacotuberculatus Motschulsky 暗突皮金龟甲，暗突皮金龟
Trox placosalinus Ren 扁瘤皮金龟甲，扁瘤皮金龟
Trox scaber Linnaeus 粗皮金龟甲，粗皮金龟
Trox setifer Waterhouse 毛皮金龟甲
Trox setifer horiguchii Ochi *et* Kawahara 毛皮金龟甲堀口亚种，堀口氏皮金龟
Trox setifer setifer Waterhouse 毛皮金龟甲指名亚种
Trox taiwanus Masumoto, Ochi *et* Li 台湾皮金龟甲，台湾皮金龟
Trox tibialis Masumoto, Ochi *et* Li 胫皮金龟甲
Trox ussuriensis Balthasar 乌皮金龟甲，乌皮金龟
Trox vimmeri Balthasar 威氏皮金龟甲，威皮金龟
Trox yangi Masumoto, Ochi *et* Li 杨氏皮金龟甲，杨氏皮金龟
Trox zoufali Balthasar 祖氏皮金龟甲，祖氏皮金龟，佐皮金龟，佐氏皮金龟
Trp [tryptophan 与 tryptophane 的缩写] 色氨酸
true apple red bug [= apple red bug, apple red leaf bug, dark apple red bug, *Heterocordylus malinus* Reuter] 红苹盲蝽
true army ant 行军蚁 < 行军蚁亚科 Dorylinae 昆虫的通称 >
true armyworm 1. [= nutgrass armyworm, African armyworm, mystery armyworm, rain worm, hail worm, black armyworm,

Spodoptera exempta (Walker)] 非洲贪夜蛾，非洲黏虫，莎草黏虫；2. [= common armyworm, rice cutworm, armyworm moth, ear-cutting caterpillar, armyworm, paddy cutworm, rice-climbing cutworm, white-speck, white-specked wainscot moth, wheat armyworm, aka common armyworm, American armyworm, Amcrican wainscot, *Mythimna unipuncta* (Haworth)] 白点黏虫，一点黏虫，一星黏虫，美洲黏虫；3. [= army cutworm, army noctuid moth, *Euxoa auxiliaris* (Grote)] 行军切夜蛾，行军切根夜蛾，行军切根虫，美国行军虫，原节根虫

true bug [= heteropteran, heteropterous insect,heteropteron] 蝽，蝽类昆虫，异翅亚目昆虫，异翅目昆虫

true chinch bug [= common chinch bug, chinch bug, corn chinch bug, *Blissus leucopterus* (Say)] 白翅土长蝽，玉米长蝽，麦长蝽

true claw 真爪

true cricket [= gryllid cricket, gryllid, cricket] 蟋蟀 < 蟋蟀科 Gryllidae 昆虫的通称 >

true fruit fly [= tephritid fly, tephritid fruit fly, fruit fly, peacock fly, tephritid] 实蝇 < 实蝇科 Tephritidae 昆虫的通称 >

true host 真寄主 < 常指蚜虫类能赖以生活并繁殖的寄主 >

true hotrod ant [= bearded ant, bearded hotrod ant, *Ocymyrmex barbiger* Emery] 须蚁

true katydid 叶螽

true lice [s. true louse] 虱

true louse [pl. true lice] 虱

true scorpionfly [= panorpid scorpionfly, panorpid, common scorpionfly] 蝎蛉 < 蝎蛉科 Panorpidae 昆虫的通称 >

true toxin 真毒素 < 与外毒素同义 >

true water beetle [= dytiscid beetle, predaceous diving beetle, diving beetle, water tiger, dytiscid] 龙虱 < 龙虱科 Dytiscidae 昆虫的通称 >

Truljalia 片蟋属，片吉蛉属

Truljalia bispinosa Wang *et* Woo 双刺片蟋，双刺片吉蛉

Truljalia citri (Bey-Bienko) 橙柑片蟋，橙柑橘片蟋

Truljalia forceps (Saussure) 尾铗片蟋

Truljalia formosa He 蓬莱片蟋

Truljalia hibinonis (Matsumura) [green tree criket, pear criket] 梨片蟋，梨片吉蛉，绿树蟋，日本穴蟋

Truljalia hofmanni (Saussure) 霍氏片蟋，霍氏片吉蛉

Truljalia prolongata Wang *et* Woo 长突片蟋，长突片吉蛉

Truljalia tylacantha Wang *et* Woo 瘤突片蟋，瘤突片吉蛉

trulla [pl. trullae] 叶突 < 见于介壳虫中，同 lobe>

trullae [s. trulla] 叶突

trumpet 呼吸角 < 指蚊蛹的角状或管状呼吸管 >

trumpet leafminer moth [= tischeriid moth, tischeriid] 冠潜蛾 < 冠潜蛾科 Tischeriidae 昆虫的通称 >

trumpet-net caddisfly [= psychomyiid caddisfly, tube-making caddisfly, psychomyiid] 蝶石蛾，管石蛾 < 蝶石蛾科 Psychomyiidae 昆虫的通称 >

truncate [= truncates] 平截的

truncate imperial [*Cheritrella truncipennis* de Nicéville] 截灰蝶

truncate lappet moth [= *Braura truncata* (Walker)] 杜叶蛾

truncate wing 平截翅 < 见于果蝇 *Drosophila* 的遗传突变型，其翅呈横断截短状 >

truncates 见 truncate

truncation [= truncature] 平截

Truncatocornum 截角蝉属

Truncatocornum nigrum Yuan *et* Tian 黑截角蝉

Truncatocornum parvum Yuan *et* Tian 小截角蝉

truncature 见 truncation

Truncaudum 截材小蠹属

Truncaudum agnatum (Eggers) 合生截材小蠹

Truncaudum bullatum Smith, Beaver *et* Cognato 截鞘截材小蠹

Truncaudum impexum (Schedl) 齿缘截材小蠹

Truncaudum longior (Eggers) 细长截材小蠹

Truncaudum tuberculifer (Egegers) 齿瘤截材小蠹

truncus [= trunk] 1. 体躯；2. 胸部

trunk 见 truncus

trunk borer [= shot-hole borer, girdler, cashew wood borer, *Apate terebrans* (Pallas)] 钻孔奸狡长蠹，烟洋椿长蠹

trunk painting 树干涂药

trunk translucent flacherie 空头性软化病

Trupanea 星斑实蝇属，特鲁实蝇属，踹实蝇属 < 此属学名有误写为 *Trypanea* 者 >

Trupanea ambigua Shiraki 透点星斑实蝇，迷特鲁实蝇，迷端星斑实蝇，疑踹实蝇

Trupanea amoena Frauenfeld [lettuce fruit fly] 莴苣星斑实蝇，异斑特鲁实蝇，斜端星斑实蝇，莴苣踹实蝇

Trupanea asteria Schiner 印度星斑实蝇，印度特鲁实蝇

Trupanea brunneipennis Hardy 褐翅星斑实蝇，褐翅特鲁实蝇

Trupanea collina Ito 异翅星斑实蝇，异翅特鲁实蝇

Trupanea convergens Hering 会聚星斑实蝇，聚斑特鲁实蝇，合端星斑实蝇，东北踹实蝇，中华踹实蝇

Trupanea cosmina Hendel 彩星斑实蝇，彩特鲁实蝇，彩踹实蝇

Trupanea decepta Hardy 缘斑星斑实蝇，缘斑特鲁实蝇

Trupanea distincta Shiraki 二带星斑实蝇，清晰特鲁实蝇，异端星斑实蝇，显踹实蝇

Trupanea formosae Hendel 台湾星斑实蝇，台湾特鲁实蝇，宝岛端星斑实蝇，台踹实蝇

Trupanea glauca (Thomson) 独斑星斑实蝇，独斑特鲁实蝇

Trupanea gratiosa Ito 本州星斑实蝇，本州特鲁实蝇

Trupanea guttistella Hering 端纹星斑实蝇，长斑特鲁实蝇，点踹实蝇

Trupanea isolata Hardy 离斑星斑实蝇，离斑特鲁实蝇

Trupanea jonesi Curran 琼氏星斑实蝇

Trupanea latinota Hardy 花斑星斑实蝇，花斑特鲁实蝇

Trupanea lyneborgi Hardy 新爱尔兰星斑实蝇，新爱尔兰特鲁实蝇

Trupanea mutabilis Hering 木塔星斑实蝇，木塔特鲁实蝇

Trupanea opprinata Hering 欧星斑实蝇，欧普林特鲁实蝇

Trupanea pterostigma Wang 褐痣星斑实蝇，玉树异翅特鲁实蝇

Trupanea renschi Hering 伦氏星斑实蝇，伦斯特鲁实蝇

Trupanea rufa Hardy 红星斑实蝇，鲁花特鲁实蝇

Trupanea sarangana Curran 长翅星斑实蝇，长翅特鲁实蝇

Trupanea separata Zia 同 *Actinoptera montana*

Trupanea sinensis Zia 同 *Trupanea convergens*

Trupanea stellata (Füssly) 春黄菊星斑实蝇，斯特尔特鲁实蝇

Trupanea stulta Hering 斯星斑实蝇，努沙特鲁实蝇

Trupanea teryi Hardy 特氏星斑实蝇，哑铃特鲁实蝇

Trupanea tianmushana Wang 天目山星斑实蝇，天目山特鲁实蝇

Trupanea vernoniae Hardy 维星斑实蝇，维农特鲁实蝇

Truplaya 图菌蚊属
Truplaya flavioralis (Speiser) 黄嘴图菌蚊
truss cell 长翅室 <指蚁蛉科 Myrmeleonidae 昆虫翅在紧连亚前缘脉和径脉愈合点的长翅室>
Truxalinae 荒地蝗亚科
Truxalis 荒地蝗属
Truxalis guangzhouensis Liang 广州荒地蝗
Truxalis huangliuensis Liu *et* Li 黄流荒地蝗
Truxalis nasuta (Linnaeus) [slant-faced grasshopper] 印巴荒地蝗，印巴乔松蝗，蟹蝗
Trx [thioredoxin 的缩写] 硫氧还蛋白，硫氧还原蛋白
TrxR [thioredoxin reductase 的缩写] 硫氧还蛋白还原酶
Trybliographa 杯瘿蜂属
Trybliographa formosana (Hedicke) 台湾杯瘿蜂
Trybliographa limbata Belizin 缘杯瘿蜂
Trybliographa sauteri (Hedicke) 索氏杯瘿蜂
Trychodectidae 见 Trichodectidae
Trychopeplus 拟苔蛸属
Trychopeplus laciniatus (Westwood) [moss mimic walking stick] 锯齿拟苔蛸
Trychosis 耗姬蜂属
Trychosis indigna Kokujev 青海耗姬蜂
Trychosis yezoensis (Uchida) 野耗姬蜂
Trygodes 绿斑尺蛾属
Trygodes agrata Felder *et* Rogenhofer 见 *Antitrygodes agrata*
Trygodes divisaria (Walker) 见 *Antitrygodes divisaria*
Trymatoderus 毛玛象甲属 <此属学名有误写为 *Trimatoderus* 者>
Trymatoderus carinicollis Günther 脊毛玛象甲，脊毛玛象
Trymatoderus spongiicollis Fairmaire 海绵毛玛象甲，海绵毛玛象
Trypanaeinae 蛀阎甲亚科
Trypaneidae [= Trypetidae, Tephritidae, Euribiidae] 实蝇科，果实蝇科
Trypanocentra 特赖实蝇属
Trypanocentra atrifacies Hardy 黑颜特赖实蝇
Trypanocentra atripennis Malloch 暗色特赖实蝇
Trypanocentra bipectinata Hardy 双栉特赖实蝇
Trypanocentra funebris (Hering) 侧黄特赖实蝇
Trypanocentra gressitti Hardy 格雷斯特赖实蝇
Trypanocentra longicornis Hardy 长角特赖实蝇
Trypanocentra mallochi Hardy 马洛特赖实蝇
Trypanocentra nigridorsalis (Hering) 黑背特赖实蝇
Trypanocentra nigripennis (de Meijere) 足栉特赖实蝇
Trypanocentra nigrithorax Malloch 黑胸特赖实蝇
Trypanocentra tricuneata Hardy 三楔状特赖实蝇
Trypanoides fulviventris Becker 见 *Promachus fulviventris*
Trypanoides indigenus Becker 见 *Promachus indigenus*
Trypanoides nigribarbatus Becker 见 *Promachus nigriobarbatus*
Trypanoides testaceipes (Macquart) 见 *Promachus testaceipes*
Trypanophora 黑斑蛾属
Trypanophora arguropsila Walker 同 *Trypanophora semihyalina*
Trypanophora semihyalina Kollar 鹿黑斑蛾，鹿斑蛾，沙罗双透点黑斑蛾，网锦斑蛾
Trypeta 实蝇属
Trypeta aberrans Hardy 越南实蝇
Trypeta accola Hardy 阿科拉实蝇
Trypeta amanda Hering 肘叶实蝇，阿曼达实蝇
Trypeta apicalis (Shinji) 三带实蝇
Trypeta artemisiae (Fabricius) 蒿实蝇，阿特米斯实蝇，艾提米实蝇
Trypeta basifasciata Richter *et* Kandybina 颜基实蝇
Trypeta beatifica Ito 比特实蝇
Trypeta binotata Zia 纹背实蝇，比摩塔塔实蝇，二点钻实蝇
Trypeta bomiensis Wang 波密实蝇，西藏实蝇
Trypeta canadensis Loew 见 *Euphranta canadensis*
Trypeta choui Chen 周氏实蝇，乔伊实蝇，周氏钻实蝇
Trypeta digesta Ito 迪格斯实蝇
Trypeta dorsocentralis Richter *et* Kandybina 背中鬃实蝇，背中实蝇
Trypeta flavida Zia 同 *Trypeta artemisiae*
Trypeta fujianica Wang 斑腹实蝇，福建实蝇
Trypeta immaculata (Macquart) 具斑实蝇
Trypeta indica (Hendel) 印度实蝇
Trypeta itoi Wang 伊藤氏实蝇，伊藤实蝇
Trypeta longiseta Wang 常股鬃实蝇，长鬃实蝇
Trypeta luteonota Shiraki 臀斑实蝇，卢特诺实蝇，黄点钻实蝇，黄背实蝇
Trypeta mainlingensis Wang 小斑实蝇，梅岭实蝇
Trypeta oze Ito 奥泽实蝇
Trypeta pictiventris Chen 宽额实蝇，康定实蝇，纹腹钻实蝇
Trypeta quaesita Ito 日本实蝇
Trypeta quinaria Coquillett 见 *Acrotaeniostola quinaria*
Trypeta quinquemaculata Wang 五斑实蝇，基克实蝇
Trypeta semipicta (Zia) 三斑实蝇，塞米皮克塔实蝇，川貌实蝇
Trypeta seticauda Wang 鬃尾实蝇，塞蒂科达实蝇
Trypeta sexincisa Thomson 同 *Sphaeniscus atilius*
Trypeta sinensis Thomson 见 *Sphenella sinensis*
Trypeta sinica Walker 同 *Hexachaeta eximia*
Trypeta submicans Zia 甘川实蝇，甘肃实蝇，跃钻实蝇
Trypeta thoracalis Hendel 胸钻实蝇
Trypeta trifasciata Shiraki [chrysanthemum fruit fly] 三横带实蝇，菊花实蝇
Trypeta tubifera Walker 见 *Anastrepha tubifera*
Trypeta xinshana Wang 宽条实蝇，星山实蝇
Trypeta yushunica Wang 玉树实蝇
Trypeta zayuensis Wang 西藏实蝇，扎玉实蝇
Trypeta zoe Meigen 祖埃实蝇
Trypeticinae 柱阎甲亚科，拟阎甲亚科
Trypeticus 柱阎甲属，拟阎甲属，毛梳阎甲属 <此属学名有误写为 *Tripeticus* 者>
Trypeticus canalifrons Bickhardt 沟额柱阎甲，沟额拟阎甲，沟额毛梳阎甲
Trypeticus cinctipygus (Marseul) 束臀柱阎甲，束臀拟阎甲，束臀柱阎甲
Trypeticus fissirostrum Zhang *et* Zhou 裂吻柱阎甲，片喙拟阎甲
Trypeticus nemorivagus Lewis 森柱阎甲
Trypeticus sauteri Bickhardt 索氏柱阎甲，索氏拟阎甲，索毛梳阎甲
Trypeticus venator (Lewis) 猎柱阎甲，脉拟阎甲，脉毛梳阎甲
Trypeticus yunnanensis Zhang *et* Zhou 云南柱阎甲，云南拟阎甲
Trypetidae [= Trypaneidae, Tephritidae, Euribiidae] 实蝇科，果实

蝇科

Trypetimorpha 笠扁蜡蝉属

Trypetimorpha biermani (Dammerman) 比笠扁蜡蝉，杧果笠扁蜡蝉

Trypetimorpha japonica Ishihara 日本笠扁蜡蝉

Trypetimorpha sizhengi Huang *et* Burgoin 思政笠扁蜡蝉

Trypetina 实蝇亚族

Trypetinae 实蝇亚科

Trypetini 实蝇族

Trypetolimnia 颜斑沼蝇属

Trypetolimnia rossica Mayer 罗西颜斑沼蝇

Trypetomima 余脉水蝇属，特水蝇属

Trypetomima formosina (Becker) 台湾余脉水蝇，台湾特水蝇，台湾渚蝇

Tryphactothripini 精针蓟马族

Trypheromera plagifera (Walker) 同 *Nyctemera adversata*

Trypherus 小翅花萤属，短翅菊虎属 <此属学名有误写为 *Tripherus* 者>

Trypherus charbinensis Brancucci 哈尔滨小翅花萤，哈尔滨雅花萤

Trypherus chujoi Brancucci 中条氏小翅花萤，中条氏短翅菊虎，中条雅花萤

Trypherus fenchihuensis Brancucci 奋起湖小翅花萤，奋起湖短翅菊虎，奋起湖雅花萤

Trypherus kanoi Brancucci 鹿野氏小翅花萤，鹿野氏短翅菊虎，卡雅花萤

Trypherus msignatus Pic M 纹小翅花萤，M 纹短翅菊虎，M 斑特利拟花萤 <此种学名曾写为 *Trypherus m-signatus* Pic>

Trypherus nakanei Brancucci 中根小翅花萤，中根氏短翅菊虎

Trypherus nankineus Pic 南京小翅花萤，南京雅花萤

Trypherus nantouensis Brancucci 南投小翅花萤，南投短翅菊虎，南投雅花萤

Trypherus niponicus (Lewis) 黄缘小翅花萤，日雅花萤

Trypherus ohbayashii Brancucci 大林小翅花萤，大林氏短翅菊虎，奥雅花萤

Trypherus parilis Brancucci 近斓小翅花萤，近斓短翅菊虎，帕雅花萤

Trypherus perplexus Brancucci 混惑小翅花萤，泼雅花萤，混惑短翅菊虎

Trypherus plagiocephalus Brancucci 宽首小翅花萤，宽首短翅菊虎，纹头雅花萤

Trypherus pseudoparilis Brancucci 伪近斓小翅花萤，伪近斓短翅菊虎，伪帕雅花萤

Trypherus rossicus (Barovsky) 俄小翅花萤

Trypherus sauteri (Gestro) 梭德氏小翅花萤，梭德氏短翅菊虎

Trypherus similis Brancucci 似形小翅花萤，似形短翅菊虎，似雅花萤

Trypherus simulator Brancucci 仿态小翅花萤，仿态短翅菊虎，仿雅花萤

Trypherus taihorinensis Brancucci 南华小翅花萤，南华短翅菊虎，嘉义雅花萤

Trypherus taiwanensis Brancucci 台湾小翅花萤，台湾短翅菊虎，台雅花萤

Tryphetus 特来象甲属，特来象属

Tryphetus nigromaculatus Voss 黑斑特来象甲，黑斑特来象

Tryphocaria 壳天牛属

Tryphocaria acanthocera Macleay [bullseye borer] 布氏壳天牛

Tryphocaria mastersi Pascoe [eucalypt ring-barker, eucalypt ringbarker longicorn] 桉壳天牛，桉天牛

Tryphocaria solida Blackburn [eucalypt longhorn beetle] 桉树壳天牛

Tryphon 柄卵姬蜂属

Tryphon americanus Cresson 美洲柄卵姬蜂

Tryphon asiaticus Telenga 亚洲柄卵姬蜂

Tryphon atriceps Stephens 黑头柄卵姬蜂

Tryphon bidentatus Stephens 二齿柄卵姬蜂

Tryphon brevipetiolaris Uchida 短柄卵姬蜂

Tryphon californicus Cresson 加州柄卵姬蜂

Tryphon elegans Stephens 丽柄卵姬蜂

Tryphon flavescens Fonscolombe 黄柄卵姬蜂

Tryphon flavoclypeatus Kasparyan 黄唇基柄卵姬蜂

Tryphon himalayensis Gupta 喜马柄卵姬蜂

Tryphon nigripes Holmgren 黑足柄卵姬蜂

Tryphon nigritarsus Gravenhorst 黑跗柄卵姬蜂

Tryphon obscurus Stephens 褐柄卵姬蜂

Tryphon punctatus Kasparyan 刻点柄卵姬蜂

Tryphon rufigaster Provancher 红腹柄卵姬蜂

Tryphon rufipes (Gravenhorst) 红足柄卵姬蜂

Tryphon rufithorax Cresson 红胸柄卵姬蜂

Tryphon rufonotatus Fonscolombe 红背柄卵姬蜂

Tryphon satoi Uchida 麦叶蜂柄卵姬蜂

Tryphon sexpunctatus Gravenhorst 六斑柄卵姬蜂

Tryphon sibiricus Kasparyan 西伯柄卵姬蜂

Tryphon* (*Stenocrotaphon*) *subsulcatus Holmgren 亚纹柄卵姬蜂

Tryphon* (*Stenocrotaphon*) *subsulcatus manshuricus Kasparyan 亚纹柄卵姬蜂东北亚种

Tryphon* (*Stenocrotaphon*) *subsulcatus subsulcatus Holmgren 亚纹柄卵姬蜂指名亚种

Tryphon tricolor Rudow 三色柄卵姬蜂

Tryphon ussuriensis Kasparyan 乌苏里柄卵姬蜂

Tryphon variabilis Ratzeburg 多变柄卵姬蜂

Tryphoninae 柄卵姬蜂亚科

Tryphonini 柄卵姬蜂族

Trypodendron 条木小蠹属，木小蠹属

Trypodendron aceris Niijima 见 *Indocryphalus aceris*

Trypodendron bivittatum Kirby 同 *Trypodendron lineatum*

Trypodendron lineatum (Olivier) [striped ambrosia beetle, black-striped bark beetle, spruce timher beetle, conifer ambrosia beetle] 黑条木小蠹，黑条小蠹，豚草条棘胫小蠹

Trypodendron proximum (Niijima) 近条木小蠹，光亮木小蠹

Trypodendron retusum (LeConte) 凹端条木小蠹

Trypodendron scabricollis (LeConte) 细皱条木小蠹

Trypodendron signatum (Fabricius) 纹条木小蠹，纹材小蠹，黄条木小蠹

Trypodendron sinense Eggers 同 *Trypodendron sordidus*

Trypodendron sordidus Blandford 坚条木小蠹

Trypodryas 皱胸瘦天牛属

Trypodryas brunnicollis Chiang *et* Wu 棕色皱胸瘦天牛

Trypodryas callichromoides Thomson 绿矛皱胸瘦天牛

Trypogeus 锥花天牛属，畸颚花天牛属

Trypogeus aureopubens (Pic) 金毛锥花天牛，金毛畸颚花天牛
Trypogeus guangxiensis Miroshnikov *et* Liu 广西锥花天牛
Trypogeus sericeus (Gressitt) 斑胸锥花天牛，斑胸畸颚花天牛
Trypophloeus 长角小蠹属
Trypophloeus alni Lindemann 长角小蠹
Trypophloeus populi (Hopkins) 杨长角小蠹
Trypophloeus salicis (Hopkins) 柳长角小蠹
Trypophloeus striatulus (Mannerheim) 条纹长角小蠹
Trypophloeus thatcheri Wood 宽肩长角小蠹
Tryporyza 蛀禾螟属
Tryporyza incertulas (Walker) 见 *Scirpophaga incertulas*
Tryporyza innotata (Walker) 见 *Scirpophaga innotata*
Tryporyza intacta (Snellen) 同 *Scirpophaga excerptalis*
Tryporyza nivella (Fabricius) 见 *Scirpophaga nivella*
Trypoxylidae [= Trypoxylonidae] 短翅泥蜂科
Trypoxylon 短翅泥蜂属
Trypoxylon bicolor Smith 双色短翅泥蜂
Trypoxylon chingi Tsuneki 台岛短翅泥蜂
Trypoxylon clavicerum suifuense Tsuneki 见 *Trypoxylon* (*Trypoxylon*) *clavicerum suifuense*
Trypoxylon elongatum Smith 长短翅泥蜂
Trypoxylon errans Saussure 黄跗短翅泥蜂
Trypoxylon fenchihuense Tsuneki 奋起湖短翅泥蜂
Trypoxylon fletcheri Turner 弗氏短翅泥蜂
Trypoxylon formosicola Strand 蓬莱短翅泥蜂
Trypoxylon fronticorne Gussakovskij 见 *Trypoxylon* (*Trypoxylon*) *fronticorne*
Trypoxylon fronticorne obliquum Tsuneki 见 *Trypoxylon* (*Trypoxylon*) *fronticorne obliquum*
Trypoxylon fronticorne shirozui Tsuneki 见 *Trypoxylon* (*Trypoxylon*) *fronticorne shirozui*
Trypoxylon hyperorientale Strand 外东方短翅泥蜂
Trypoxylon kansitakum Tsuneki 堪西短翅泥蜂
Trypoxylon kolthoffi Gussakovskij 柯氏短翅泥蜂
Trypoxylon koreanum Tsuneki 朝鲜短翅泥蜂
Trypoxylon koshunicon Strand 高雄短翅泥蜂
Trypoxylon kunzui Tsuneki 孔氏短翅泥蜂
Trypoxylon lobatifrons Tsuneki 叶额短翅泥蜂
Trypoxylon nipponicum Tsuneki 日本短翅泥蜂
Trypoxylon nipponicum nipponicum Tsuneki 日本短翅泥蜂指名亚种
Trypoxylon nipponicum puliense Tsuneki 日本短翅泥蜂埔里亚种，埔里日短翅泥蜂
Trypoxylon orientale Cameron 东方短翅泥蜂
Trypoxylon petiolatum Smith 见 *Trypoxylon* (*Trypoxylon*) *petiolatum*
Trypoxylon petioloides Strand 类柄短翅泥蜂
Trypoxylon pileatum Smith 帽斑短翅泥蜂
Trypoxylon planifrons Tsuneki 平额短翅泥蜂
Trypoxylon quadriceps Tsuneki 见 *Trypoxylon* (*Trypoxylon*) *quadriceps*
Trypoxylon regium taiwanum (Tsuneki) 见 *Trypoxylon taiwanum*
Trypoxylon sauteri Tsuneki 见 *Trypoxylon* (*Trypoxylon*) *sauteri*
Trypoxylon schmiedeknechtii Kohl 施氏短翅泥蜂
Trypoxylon schmiedeknechtii hungtouense Tsuneki 施氏短翅泥蜂红头亚种，洪楼帕短翅泥蜂
Trypoxylon schmiedeknechtii schmiedeknechtii Kohl 施氏短翅泥蜂指名亚种
Trypoxylon subpileatum hungtouensis Tsuneki 见 *Trypoxylon schmiedeknechtii hungtouense*
Trypoxylon szechuen Tsuneki 四川短翅泥蜂
Trypoxylon tainanense Strand 台南短翅泥蜂
Trypoxylon taiwanum (Tsuneki) 台湾短翅泥蜂
Trypoxylon takasago Tsuneki 黑腹短翅泥蜂
Trypoxylon takasago hongkongense Tsuneki 黑腹短翅泥蜂香港亚种，香港黑腹短翅泥蜂
Trypoxylon takasago takasago Tsuneki 黑腹短翅泥蜂指名亚种
Trypoxylon tengmen Tsuneki 迁短翅泥蜂
Trypoxylon* (*Trypoxylon*) *bishopi Tsuneki 短脊短翅泥蜂
Trypoxylon* (*Trypoxylon*) *clavicerum Peletier *et* Serville 棒角短翅泥蜂
Trypoxylon* (*Trypoxylon*) *clavicerum clavicerum Peletier *et* Serville 棒角短翅泥蜂指名亚种
Trypoxylon* (*Trypoxylon*) *clavicerum suifuense Tsuneki 棒角短翅泥蜂绥芬亚种，四川棒须短翅泥蜂
Trypoxylon* (*Trypoxylon*) *figulus (Linnaeus) 横唇短翅泥蜂
Trypoxylon* (*Trypoxylon*) *fronticorne Gussakowskij 突额短翅泥蜂
Trypoxylon* (*Trypoxylon*) *fronticorne fronticorne Gussakowskij 突额短翅泥蜂指名亚种
Trypoxylon* (*Trypoxylon*) *fronticorne japonense Tsuneki 突额短翅泥蜂日本亚种，角额短翅泥蜂日本亚种
Trypoxylon* (*Trypoxylon*) *fronticorne obliquum Tsuneki 突额短翅泥蜂斜纹亚种，斜突额短翅泥蜂
Trypoxylon* (*Trypoxylon*) *fronticorne shirozui Tsuneki 突额短翅泥蜂台湾亚种，台突额短翅泥蜂
Trypoxylon* (*Trypoxylon*) *petiolatum Smith 黑角短翅泥蜂，柄短翅泥蜂，帽短翅泥蜂
Trypoxylon* (*Trypoxylon*) *quadriceps Tsuneki 方头短翅泥蜂，矩短翅泥蜂
Trypoxylon* (*Trypoxylon*) *sauteri Tsuneki 索氏短翅泥蜂，苏氏短翅泥蜂
Trypoxylon* (*Trypoxylon*) *schmiedeknechtii Kohl 中华短翅泥蜂
Trypoxylon* (*Trypoxylon*) *simpliceincrassatum Li *et* Li 微凹短翅泥蜂
Trypoxylon varipes Perez 异短翅泥蜂
Trypoxylon yoshimotoi Tsuneki 吉本短翅泥蜂，约氏短翅泥蜂
Trypoxylonidae [= Trypoxylidae] 短翅泥蜂科
Trypoxylonini 短翅泥蜂族
Trypoxylus dichotomus (Linnaeus) 见 *Allomyrina dichotoma*
Trypoxylus tunobosonis Kôno 见 *Allomyrina dichotoma tunobosonis*
trypsin 胰蛋白酶
trypsin proteinase inhibitor [abb. TPI] 胰蛋白酶抑制剂
tryptase 类胰蛋白酶
tryptophan [= tryptophane; abb. Trp] 色氨酸
tryptophane 见 tryptophan
Tsaitermes 蔡白蚁属
Tsaitermes ampliceps (Wang *et* Li) 扩头蔡白蚁
Tsaitermes hunanensis Li *et* Ping 湖南蔡白蚁
Tsaitermes mangshanensis Li *et* Ping 莽山蔡白蚁
Tsaitermes oocephalus (Ping *et* Li) 蛋头蔡白蚁
Tsaitermes oreophilus Ping *et* Li 喜山蔡白蚁
Tsaitermes yingdeensis (Tsai *et* Li) 英德蔡白蚁

Tsaurus 齿突飞虱属

Tsaurus dentatus Yang 齿突飞虱，齿尾曹氏飞虱

Tschitscherinea 琴通缘步甲亚属

Tsengothrips plumosa Chen 同 *Craspedothrips minor*

tsetse fly [= glossinid fly, tzetze fly, tik-tik fly, glossinid] 采采蝇，舌蝇，刺蝇 < 舌蝇科 Glossinidae 昆虫的通称 >

Tsitana 绮弄蝶属

Tsitana dicksoni Evans [Dickson's sylph] 小绮弄蝶

Tsitana tsita (Trimen) [dismal sylph] 绮弄蝶

Tsitana tulbagha Evans [Tulbagh sylph] 海角绮弄蝶

Tsitana uitenhaga Evans [uitenhage sylph] 乌绮弄蝶

Tsitana wallacei Neave [Wallace's sylph] 华莱士绮弄蝶

Tsomo blue [*Harpendyreus tsomo* (Trimen)] 闪翅泉灰蝶

Tsomo River copper [= Tsomo River opal, *Poecilmitis lyncurium* (Trimen)] 特哨姆河幻灰蝶

Tsomo River opal 见 Tsomo River copper

TSP [tetraspanin 的缩写] 四跨膜蛋白

Tsuchingothauma 祖卿原蝎蛉属

Tsuchingothauma shihi Ren *et* Shih 史氏祖卿原蝎蛉

Tsudayusurika 津田摇蚊属，楚摇蚊属

Tsudayusurika cladochaita Wang 叉毛津田摇蚊

Tsudayusurika multiannulata (Tokunaga) 多鞭节津田摇蚊，多环津田摇蚊，多环楚摇蚊，复环摇蚊

Tsugaphis 铁杉扁蚜属

Tsugaphis sorini Takahashi 宗林铁杉扁蚜

Tsugaspidiotus 等角圆盾蚧属 *Dynaspidiotus* 的异名

Tsugaspidiotus piceae Tang, Hao, Shi *et* Tang 见 *Dynaspidiotus piceae*

Tsugaspidiotus pseudomeyeri (Kuwana) 见 *Dynaspidiotus pseudomeyeri*

Tsugaspidiotus tsugae (Marlatt) 见 *Dynaspidiotus tsugae*

Tsukushiaspis hikosani Kuwana 见 *Kuwanaspis hikosani*

tsumacide 速灭威

Tsunozemia mojiensis (Matsumura) 同 *Maurya paradoxa*

Tsunozemia paradoxa (Lethierry) 见 *Maurya paradoxa*

Tsushima epeolus [*Epeolus tsushimensis* Cockerell] 对马绒斑蜂

Tuarega 土尔蝗属

Tuarega ouarzazatensiss Yin, Husemmann *et* Li 瓦尔扎扎特土尔蝗

Tubaphis 管蚜属

Tubaphis clematophila (Takahashi) 铁线莲管蚜

tube 1. 管；2. 尾虹管 < 常用以指蚊类幼虫的尾虹吸管或呼吸管 >

tube-making caddisfly [= psychomyiid caddisfly, trumpet-net caddisfly, psychomyiid] 蝶石蛾，管石蛾 < 蝶石蛾科 Psychomyiidae 昆虫的通称 >

tube-making spittlebug [= machaerotid spittle bug, machaerotid plant hopper, machaerotid froghopper, tube spittle bug, machaerotid] 巢沫蝉，棘沫蝉 < 巢沫蝉科 Machaerotidae 昆虫的通称 >

tube membrane mehod 管测药膜法 < 一种农药毒力测定方法 >

tube moth [= acrolophid moth, burrowing webworm moth, acrolophid] 毛蛾 < 毛蛾科 Acrolophidae 昆虫的通称 >

tube scale [= dark oystershell scale, *Lepidosaphes tubulorum* Ferris] 乌桕蛎盾蚧，瘤额蛎盾蚧，东方蛎盾蚧，乌桕癞蛎盾蚧，乌桕癞蛎蚧，柿蛎蚧，茶牡蛎蚧，茶牡蛎盾蚧，瘤额牡蛎蚧，额瘤副蛎盾介壳虫

tube spittle bug [= machaerotid spittle bug, machaerotid plant hopper, machaerotid froghopper, tube-making spittlebug, machaerotid] 巢沫蝉，棘沫蝉

tube-tailed thrips [= phlaeothripid thrips, tubular thrips, phlaeothripid] 管蓟马 < 管蓟马科 Phlaeothripidae 昆虫的通称 >

tuber flea beetle [*Epitrix tuberis* Gentner] 块茎毛跳甲，块茎跳甲

tuber mealybug [= obscure mealybug, *Pseudococcus viburni* (Signoret)] 拟葡萄粉蚧，暗色粉蚧

Tuberaleyrodes 管粉虱属，瘤粉虱属

Tuberaleyrodes bobuae Takahashi 羊舌树管粉虱，结粉虱，灰木瘤粉虱

Tuberaleyrodes lauri Dubey *et* Wang 月桂管粉虱

Tuberaleyrodes machili Takahashi 黄肉楠管粉虱，润楠结粉虱，楠瘤粉虱

Tuberaleyrodes neolitseae Young 新木姜子管粉虱

Tuberaphis 管扁蚜属

Tuberaphis coreana Takahashi 朝鲜管扁蚜，韩国管扁蚜

Tuberaphis cymigalla (Qiao *et* Zhang) 枝瘿管扁蚜

Tuberaphis dendrotrophe Qiao, Jiang *et* Chen 寄生藤管扁蚜

Tuberaphis leeuweni (Takahashi) 列文管扁蚜

Tuberaphis loranthi (Tseng *et* Tao) 同 *Tuberaphis loranthicola*

Tuberaphis loranthi (van der Goot) 桑寄生管扁蚜

Tuberaphis loranthicola Ghosh 居桑寄生管扁蚜

Tuberaphis owadai Kurosu *et* Aoki 和田氏管扁蚜

Tuberaphis scurrulae (Noordam) 梨果寄生管扁蚜

Tuberaphis styraci (Matsumura) [Japanese spring orange gall-aphid] 安息香管扁蚜，齐墩果舞瘿蚜

Tuberaphis sumatrana (Hille Ris Lambers) 苏门管扁蚜

Tuberaphis takenouchii (Takahashi) 竹之内管扁蚜，塔肯氏管扁蚜

Tuberaphis viscisucta (Zhang) 槲寄生管扁蚜，角瘿绵蚜

Tuberaphis xinglongensis (Zhang) 兴隆管扁蚜，兴隆舞蚜

tubercle [= tubercule, tuberculus (pl. tuberculi)] 瘤，瘤状突起

tubercle-bearing louse [= little blue cattle louse, small blue cattle louse, hairy cattle louse, *Solenopotes capillatus* Enderlein] 侧管管虱，牛管虱，小短鼻牛虱，水牛盲虱

tubercula [pl. tuberculae] 1. 跗端疣 < 为跗节端亚节的内褶或加厚的背边，与爪和跗背片相联系 >；2. 三角突 < 特指膜翅目昆虫胸部前角的三角形突起 >

tuberculae [s. tubercula] 1. 跗端疣；2. 三角突

Tuberculanostoma 瘤墨蚜蝇属

Tuberculanostoma solitarium Doesburg 厚跗瘤墨蚜蝇，索瘤蚜蝇

tuberculate [= tuberculose, tuberculous] 具瘤的

tuberculate pit 具瘤陷 < 指大蚊科 Tipulidae 昆虫的中胸背后的成对发亮点 >

tuberculate plain assassin bug [*Epidaus tuberosus* Yang] 瘤突素猎蝽，突素猎蝽

Tuberculatus 侧棘斑蚜属

Tuberculatus (Acanthocallis) acuminatus Zhang, Zhang *et* Zhong 长尖侧棘斑蚜

Tuberculatus (Acanthocallis) grisipunctatus Zhang, Zhang *et* Zhong 灰点侧棘斑蚜

Tuberculatus (Acanthocallis) macrotuberculatus (Essig *et* Kuwana) [oak large-spined aphid] 栎大侧棘斑蚜，栎大棘棘斑蚜

Tuberculatus (Acanthocallis) nigrosiphonaceus (Zhang *et* Zhang) 黑管侧棘斑蚜，黑管角斑蚜

Tuberculatus (Acanthocallis) pappus Zhang, Zhang *et* Zhong 柔毛

侧棘斑蚜

Tuberculatus* (*Acanthocallis*) *quercicola (Matsumura) [quercus spined aphid, oak aphid] 居栎侧棘斑蚜，栎大侧棘斑蚜，栎角斑蚜

Tuberculatus* (*Acanthotuberculatus*) *indicus Ghosh 印度侧棘斑蚜

Tuberculatus* (*Acanthotuberculatus*) *japonicus Higuchi 日本侧棘斑蚜

Tuberculatus* (*Acanthotuberculatus*) *radisectuae Zhang, Zhang *et* Zhong 径脉侧棘斑蚜

Tuberculatus acuminatus Zhang *et* Zhong 见 *Tuberculatus* (*Acanthocallis*) *acuminatus*

Tuberculatus* (*Arakawana*) *stigmatus (Matsumura) [arakawa oak aphid] 痣侧棘斑蚜，台湾钉头斑蚜，槲瘤大蚜

Tuberculatus capitatus (Essig *et* Kuwana) 见 *Tuberculatus* (*Orientuberculoides*) *capitatus*

Tuberculatus fangi (Tseng *et* Tao) 见 *Tuberculatus* (*Orientuberculoides*) *fangi*

Tuberculatus fulviabdominalis (Shinji) 黄腹侧棘斑蚜，黄红腹侧棘斑蚜

Tuberculatus fuscotuberculatus Zhang *et* Zhong 见 *Tuberculatus* (*Orientuberculoides*) *fuscotuberculatus*

Tuberculatus grisipunctatus Zhang, Zhang *et* Zhong 见 *Tuberculatus* (*Acanthocallis*) *grisipunctatus*

Tuberculatus japonicus Higuchi 见 *Tuberculatus* (*Acanthotuberculatus*) *japonicus*

Tuberculatus kashiwae (Matsumura) 见 *Tuberculatus* (*Orientuberculoides*) *kashiwae*

Tuberculatus konaracola gansuensis Zhang, Zhang *et* Zhong 同 *Tuberculatus* (*Orientuberculoides*) *fuscotuberculatus*

Tuberculatus konaracola hangzhouensis Zhang, Zhang *et* Zhong 同 *Tuberculatus* (*Orientuberculoides*) *yokoyamai*

Tuberculatus nigrus (Okamoto *et* Takahashi) 同 *Tuberculatus* (*Arakawana*) *stigmatus*

Tuberculatus* (*Nippocallis*) *castanocallis (Zhang *et* Zhong) 栗侧棘斑蚜，栗斑蚜

Tuberculatus* (*Nippocallis*) *cereus (Zhang *et* Zhong) 粉侧棘斑蚜，粉栗斑蚜

Tuberculatus* (*Nippocallis*) *ceroerythros Qiao *et* Zhang 红粉侧棘斑蚜，栗斑蚜

Tuberculatus* (*Nippocallis*) *kuricola (Matsumura) [chestnut aphid] 库侧棘斑蚜，库栗斑蚜，日库利蚜，库利日蚜，栗斑蚜，栗角斑蚜

Tuberculatus* (*Nippocallis*) *margituberculatus (Zhang *et* Zhong) 缘瘤侧棘斑蚜，缘瘤栗斑蚜

Tuberculatus* (*Nippotuberculatus*) *pilosus (Takahashi) 毛侧棘斑蚜，钉毛斑蚜

Tuberculatus* (*Orientuberculoides*) *capitatus (Essig *et* Kuwana) 钉侧棘斑蚜，钉头斑蚜

Tuberculatus* (*Orientuberculoides*) *capitatus capitatus (Essig *et* Kuwana) 钉侧棘斑蚜指名亚种

Tuberculatus* (*Orientuberculoides*) *capitatus intermedius Hille Ris Lambers 钉侧棘斑蚜居间亚种，居间侧棘斑蚜

Tuberculatus* (*Orientuberculoides*) *fangi (Tseng *et* Tao) 方氏侧棘斑蚜

Tuberculatus* (*Orientuberculoides*) *fuscotuberculatus Zhang, Zhang *et* Zhong 褐瘤侧棘斑蚜

Tuberculatus* (*Orientuberculoides*) *kashiwae (Matsumura) [oak spined aphid, daimyo oak aphid] 卡希侧棘斑蚜，日本栎棘斑蚜，槲角斑蚜

Tuberculatus* (*Orientuberculoides*) *paiki Hille Ris Lambers 白云侧棘斑蚜

Tuberculatus* (*Orientuberculoides*) *paranaracola Hille Ris Lambers 蒙古栎侧棘斑蚜

Tuberculatus* (*Orientuberculoides*) *paranaracola hemitrichus Hille Ris Lambers 蒙古栎侧棘斑蚜半毛亚种，半毛侧棘斑蚜

Tuberculatus* (*Orientuberculoides*) *paranaracola paranaracola Hille Ris Lambers 蒙古栎侧棘斑蚜指名亚种

Tuberculatus* (*Orientuberculoides*) *querciformosanus (Takahashi) 台栎侧棘斑蚜，台湾钉头斑蚜

Tuberculatus* (*Orientuberculoides*) *yokoyamai (Takahashi) [Yokoyama marmorated aphid] 横山侧棘斑蚜，横侧棘斑蚜，横山氏角斑蚜

Tuberculatus pappus Zhang, Zhang *et* Zhong 见 *Tuberculatus* (*Acanthocallis*) *pappus*

Tuberculatus paranaracola Hille Ris Lambers 见 *Tuberculatus* (*Orientuberculoides*) *paranaracola*

Tuberculatus paranaracola hemitrichus Hille Ris Lambers 见 *Tuberculatus* (*Orientuberculoides*) *paranaracola hemitrichus*

Tuberculatus pilosus (Takahashi) 见 *Tuberculatus* (*Nippotuberculatus*) *pilosus*

Tuberculatus quercicola (Matsumura) 见 *Tuberculatus* (*Acanthocallis*) *quercicola*

Tuberculatus querciformosanus (Takahashi) 见 *Tuberculatus* (*Orientuberculoides*) *querciformosanus*

Tuberculatus stigmatus (Matsumura) 见 *Tuberculatus* (*Arakawana*) *stigmatus*

Tuberculatus* (*Tuberculoides*) *annulatus (Hartig) 环肖棘斑蚜，栎环棘斑蚜

Tuberculatus yokoyamai (Takahashi) 见 *Tuberculatus* (*Orientuberculoides*) *yokoyamai*

tubercule [= tubercle, tuberculus (pl. tuberculi)] 瘤，瘤状突起

tuberculi [s. tuberculus; = tubercles, tubercules] 瘤，瘤状突起

tuberculiform 瘤状的

Tuberculiformia 瘤突缘蝽属

Tuberculiformia subinermis (Blöte) 贫瘤突缘蝽，贫刺锤缘蝽

Tuberculoides 肖棘斑蚜亚属，棘斑蚜属

Tuberculoides kashiwae Matsumura 见 *Tuberculatus* (*Orientuberculoides*) *kashiwae*

Tuberculoides macrotuberculatus Essig *et* Kuwana 见 *Tuberculatus* (*Acanthocallis*) *macrotuberculatus*

Tuberculoides naracola Matsumura 同 *Tuberculatus* (*Orientuberculoides*) *kashiwae*

Tuberculoides stigmata Matsumura 见 *Tuberculatus* (*Arakawana*) *stigmatus*

tuberculose 见 tuberculate

Tuberculosodus transversefasciatus Breuning 绒带突象天牛

tuberculous 见 tuberculate

tuberculus [pl. tuberculi; = tubercle, tubercule] 瘤，瘤状突起

Tuberenes 瘤体天牛属

Tuberenes robustipes (Pic) 粗腿瘤体天牛，甘肃集天牛

Tuberfemurus 瘤股蚱属
Tuberfemurus laminatus Zheng 叶瘤股蚱
Tuberfemurus liboensis Deng, Zheng *et* Wei 荔波瘤股蚱
Tuberfemurus zhengi Xu *et* Mao 郑氏瘤股蚱
tuberiferous 具瘤的
Tuberocephalus 瘤头蚜属，锥尾蚜属
Tuberocephalus artemisiae Shinji 青蒿瘤头蚜
Tuberocephalus higansakurae (Monzen) 樱桃瘿瘤头蚜
Tuberocephalus jinxiensis Chang *et* Zhong 欧李瘤头蚜
Tuberocephalus lazikouensis Zhang, Chen, Zhong *et* Li 腊子口瘤头蚜
Tuberocephalus liaoningensis Zhang *et* Zhong 辽宁瘤头蚜，樱桃卷叶蚜
Tuberocephalus longqishanensis Zhang *et* Qiao 龙栖山瘤头蚜
Tuberocephalus misakurae Moritsu *et* Hamasaki 见樱瘤头蚜
Tuberocephalus momonis (Matsumura) 桃瘤头蚜，桃瘤蚜，桃锥尾蚜
Tuberocephalus prunisucta (Zhang *et* Zhang) 山樱桃瘤头蚜
Tuberocephalus sakurae (Matsumura) [cherry myzus] 樱桃瘤头蚜，樱锥尾蚜，樱桃瘤额蚜
Tuberocephalus sasakii (Matsumura) [Sasaki cherry aphid] 佐佐木瘤头蚜，莎氏瘤头蚜，萨氏瘤头蚜，佐佐木樱桃瘤额蚜，艾瘤头蚜，艾锥尾蚜
Tuberocephalus tianmushanensis Zhang 天目山瘤头蚜
Tuberocephalus tuberculus Su, Jiang *et* Qiao 毛突瘤头蚜
Tuberocorpus 轮管刺蚜属
Tuberocorpus juglandicola Takahashi [Juglans aphid] 胡桃轮管刺蚜
Tuberolachnus 瘤大蚜属
Tuberolachnus salignus (Gmelin) [giant willow aphid, large willow aphid] 柳瘤大蚜，柳大蚜，巨柳大蚜
Tuberolachnus todocola Inouye 见 *Cinara todocola*
Tuberomembrana 疣麻蝇属
Tuberomembrana xizangensis Fan 西藏疣麻蝇
Tuberonotha 瘤螳蛉属
Tuberonotha sinica (Yang) 华瘤螳蛉，华安螳蛉
Tubiferinae 管蚜蝇亚科
tubo scale [= cane leaf scale, *Duplachionaspis saccharifolii* (Zehntner)] 甘蔗覆盾蚧，甘蔗重圆盾蚧，甘蔗兜盾蚧，蔗雪盾蚧
tubular black thrips [*Haplothrips victoriensis* Bagnall] 维简管蓟马
tubular dermal gland 管状皮腺 < 同管状腺 (tubular gland)>
tubular gland 管状腺
tubular spinneret 管状蜡器 < 见于介壳虫中，以背蜡孔 (dorsal pores) 为开口 >
tubular thrips 见 tube-tailed thrips
tubularis 吸管 < 特指虱目的内缩吸管 >
tubuli [s. tubulus] 管状孔 < 见于介壳虫中，参阅 dorsal pore>
tubuli annulati [s. tubulus annulatus] 环管
Tubulifera 管尾亚目，管尾类
Tubuliphallus 管通缘步甲亚属
tubulose [= tubulosus, tubulous, fistulous] 管状的
tubulosus 见 tubulose
tubulous 见 tubulose
tubulus [pl. tubuli; = uropygium] 1. 产卵管 < 指双翅目昆虫以腹部后部形成能伸缩的细长管 >；2. 管状孔
tubulus annulatus [pl. tubuli annulati] 环管
tubus 舌鞘；唇舌基 < 指舌的角质基部 >
tucuti flasher [*Astraptes tucuti* (Williams)] 图氏蓝闪弄蝶
tuft [= tufted setae] 毛簇
tuft moth [= nolid moth, nolid] 瘤蛾 < 瘤蛾科 Nolidae 昆虫的通称 >
tufted ace [*Sebastonyma dolopia* (Hewitson)] 异弄蝶
tufted bush brown [*Bicyclus trilophus* Rebel] 三重眶蔽眼蝶
tufted button [= rufous-margined button moth, *Acleris cristana* (Denis *et* Schiffermüller)] 鹅耳枥长翅卷蛾
tufted forest sylph [*Ceratrichia semilutea* Mabille] 半嵌粉弄蝶
tufted jungleking [*Thauria aliris* (Westwood)] 带环蝶
tufted marbled skipper [= tufted skipper, *Carcharodus flocciferus* (Zeller)] 花卡弄蝶，浅带卡弄蝶
tufted nosodendron [*Nosodendron fasciculare* (Olivier)] 欧洲小丸甲
tufted setae 见 tuft
tufted skipper 见 tufted marbled skipper
tufted swift [*Caltoris plebeia* (de Nicéville)] 普雷珂弄蝶
tuftwing moth 缨翅蛾
Tukaphora sinalca Matsumura 中国土卡沫蝉
Tulbagh sylph [*Tsitana tulbagha* Evans] 海角绮弄蝶
tule beetle [= grease bug, overflow bug, *Agonum maculicolle* Dejean] 斑细胫步甲，斑颈步甲
tulip aphid [= tulip bulb aphid, *Dysaphis tulipae* (Boyer de Fonscolombe)] 百合西圆尾蚜，郁金香圆尾蚜
tulip bulb aphid 见 tulip aphid
tulip tree aphid [*Illinoia liriodendri* (Monell)] 鹅掌楸伊长管蚜，鹅掌楸长管蚜
tulip-tree leaftier moth [*Paralobesia liriodendrana* (Kearfott)] 黄杨副叶新卷蛾
tuliptree scale [*Toumeyella liriodendri* (Gmelin)] 百合龟纹蜡蚧，鹅掌楸黑蚧
Tullbergia 土𬠶属
Tullbergia mediantarctica Wise 土𬠶
Tullbergia yosiii Rusek 见 *Mesaphorura yosiii*
tullbergiid 1. [= tullbergiid springtail] 土𬠶 < 土𬠶科 Tullbergiidae 昆虫的通称 >；2. 土𬠶科的
tullbergiid springtail [= tullbergiid] 土𬠶
Tullbergiidae 土𬠶科
tullili [s. tullilus; = pulvilli] 爪垫
tullilus [pl. tullili; = pulvillus] 爪垫
tullius eyemark [*Perophthalma tullius* (Fabricius)] 帕蚬蝶
tumble bug 金龟子
tumbling flower beetle [= mordellid beetle, mordellid] 花蚤 < 花蚤科 Mordellidae 昆虫的通称 >
tumbre blue [*Pseudolucia oligocyanea* (Ureta)] 青蓝莹灰蝶
tumefaction 1. 肿胀；2. 肿瘤
Tumeochrysa 多阶草蛉属
Tumeochrysa hui Yang 胡氏多阶草蛉
Tumeochrysa immaculata (Navás) 无斑多阶草蛉
Tumeochrysa issikii (Kuwayama) 台湾多阶草蛉，组脉草蛉
Tumeochrysa longiscape Yang 长柄多阶草蛉
Tumeochrysa nyingchiana Yang 林芝多阶草蛉

Tumeochrysa sinica Yang 华多阶草蛉
Tumeochrysa tibetana Yang 西藏多阶草蛉
Tumeochrysa yunica Yang 云多阶草蛉
Tumerepedes 涂灰蝶属
Tumerepedes flava Bethune-Baker 黄涂灰蝶，涂灰蝶
tumeric grasshopper [= valanga grasshopper, Javanese grasshopper, Malaysian locust, black horn grasshopper, *Valanga nigricornis* (Burmeister)] 黑角瓦蝗，黑角刺胸蝗，东洋黑角蝗
tumescence 膨胀
tumescent 膨胀的
tumid [= tumidus] 肿起的，胀起的
Tumidiclava 肿棒赤眼蜂属
Tumidiclava bimaculata (Blood) 双斑肿棒赤眼蜂
Tumidiclava buerjinica Triapitsyn *et* Aishan 布尔津肿棒赤眼蜂
Tumidiclava minoripenis Lin 小茎肿棒赤眼蜂
Tumidiclava simplicis Lin 简基肿棒赤眼蜂
Tumidiclava subcaudata Nowicki 波兰肿棒赤眼蜂
Tumidiclava tamariska Hu *et* Aishan 柽柳肿棒赤眼蜂
Tumidiclava tenuipenis Lin 细茎肿棒赤眼蜂
Tumidifemur 肿腿赤眼蜂属
Tumidifemur ramispinum Lin 枝刺肿腿赤眼蜂
Tumidorus 囊茎叶蝉属
Tumidorus combsius Li *et* Fan 梳突囊茎叶蝉
Tumidorus nielsoni (Zhang) 尼氏囊茎叶蝉，尼氏单突叶蝉
tumidus 见 tumid
tumor 肿瘤
Tumor 胀须金小蜂属
Tumor longicornis Huang 长角胀须金小蜂
Tumoranuraphis 膨管圆尾蚜属
Tumoranuraphis cerasophila Zhang, Chen, Zhong *et* Li 同 *Tumoranuraphis indica*
Tumoranuraphis indica (Chakrabarti *et* Maity) 印度膨管圆尾蚜
Tumorofrontus 瘤瓢蜡蝉属
Tumorofrontus parallelicus Che, Zhang *et* Wang 平脉瘤瓢蜡蝉
tundra 冻原
tung oil tree geometrid [= tea looper, *Biston suppressaria* (Guenée)] 油桐鹰尺蛾，油桐尺蛾，油桐尺蠖
tung-oil-tree long-horned membracid [*Hypsauchenia chinensis* Chou] 中华高冠角蝉
tung-oil-tree membracid [*Tricentrus aleuritis* Chou] 油桐三刺角蝉
Tunga 潜蚤属
Tunga caecigena Jordan *et* Rothschild 盲潜蚤
Tunga callida Li *et* Chin 俊潜蚤
Tunga penetrans (Linnaeus) [chigoe] 穿皮潜蚤
tungid 1. [= tungid flea] 潜蚤，钻蚤 < 潜蚤科 Tungidae 昆虫的通称 >；2. 潜蚤科的
tungid flea [= tungid] 潜蚤，钻蚤
Tungidae [= Echidnophagidae] 潜蚤科，钻蚤科
Tunginae 潜蚤亚科
tunica externa 外膜
tunica interna 内膜
tunica intima 内层 < 指丝腺的内层 >；内膜 < 指内衬的膜 >
tunica propria 固有膜 < 指卵巢管外的无结构薄膜；衬子后肠内部的膜；包于中丝腺外的被膜 >
tunicate [= tunicatus] 叠套的
tunicatus 见 tunicate
Tuomueria 角叶萤叶甲属 *Scelolyperus* 的异名
Tuomueria tibialis Chen *et* Jiang 见 *Scelolyperus tibialis*
Tuomuria tibilais Chen *et* Jiang 见 *Scelolyperus tibialis*
tupelo leafminer [*Antispila nysaefoliella* Clemens] 茱萸安日蛾，茱萸日蛾，紫树日蛾
Tupiocoris 图盲蝽属
Tupiocoris annulifer (Lindberg) 环图盲蝽
Tupiocoris notatus (Distant) [suckfly] 烟草图盲蝽，烟草黑斑盲蝽，小迪盲蝽，烟草小盲蝽
Tuponia 柽盲蝽属
Tuponia albescens Zheng *et* Li 淡色柽盲蝽
Tuponia arcufera Reuter 多网柽盲蝽
Tuponia brevicula Qi *et* Normaizab 小柽盲蝽
Tuponia chinensis Zheng *et* Li 中华柽盲蝽
Tuponia elegans (Jokovlev) 丽柽盲蝽
Tuponia gracilipedis Li *et* Liu 纤柽盲蝽
Tuponia guttula Matsumura 同 *Orthotylus* (*Melanotrichus*) *flavosparsus*
Tuponia hippophaes (Fieber) 一色柽盲蝽
Tuponia mongolica Drapolyuk 蒙古柽盲蝽
Tuponia ordosica Lü *et* Cui 同 *Tuponia arcufera*
Tuponia paraseladonicus (Qi *et* Nonnaizab) 膜突柽盲蝽
Tuponia roseipennis Reuter 条斑柽盲蝽
Tuponia tamaricicola Hsiao 棉柽盲蝽，棉突盲蝽
Tuponia uincolor (Scott) 同 *Tuponia hippophaes*
Tuponia virentis Li *et* Liu 绿色柽盲蝽
Tuponia zhenyuanensis Li *et* Liu 镇原柽盲蝽
Turanana 图兰灰蝶属
Turanana anisophthalma Kollar 图兰灰蝶
Turanana cytis (Christoph) [Persian odd-spot blue] 脉图兰灰蝶
Turanana endymion (Freyer) [odd-spot blue, Anatolian odd-spot blue] 月神图兰灰蝶
Turanium 沟跗天牛属
Turanium johannis Baeckmann 绿沟跗天牛
Turanium juglandis Jankovskii 假胡桃沟跗天牛
Turanium pilosum (Reitter) 毛沟跗天牛
Turanium scabrum (Kraatz) 中亚沟跗天牛
Turanogonia 土蓝寄蝇属
Turanogonia chinensis Wiedemann 夜蛾土蓝寄蝇
Turanogonia klapperichi Mesnil 黄毛土蓝寄蝇
Turanogryllini 特蟋族
Turanogryllus 特蟋属
Turanogryllus aelleni (Chopard) 埃氏特蟋
Turanogryllus babaulti (Chopard) 芭氏特蟋
Turanogryllus cephalomaculatus Pajni *et* Madhu 斑头特蟋
Turanogryllus eous Bei-Bienko 东方特蟋，白面纺锤蟋
Turanogryllus fascifrons (Chopard) 带额特蟋
Turanogryllus flavolateralis (Chopard) 黄边特蟋
Turanogryllus indicus Gorochov 印特蟋
Turanogryllus koshunensis (Shiraki) 恒春特蟋，恒春斗蟋
Turanogryllus lateralis (Fieber) 侧斑特蟋，边特蟋
Turanogryllus lindbergi (Chopard) 琳氏特蟋
Turanogryllus maculithorax (Chopard) 斑胸特蟋
Turanogryllus melasinotus Li *et* Zheng 同 *Turanogryllus eous*

Turanogryllus mitrai Bhowmik 侏氏特蟋
Turanogryllus pakistanus Ghouri *et* Ahmad 巴特蟋
Turanogryllus rufoniger (Chopard) 红背特蟋
Turanogryllus vicinus Chopard 类特蟋
turanose 松二糖
turbidimeter 浊度计
turbidity 浊度
turbinate [= turbinatus] 陀螺状的
turbinate eye [= pillared eye] 柱眼
turbinatus 见 turbinate
Turbinococcus 陀粉蚧属
Turbinococcus pandanicola (Takahashi) 伯劳陀粉蚧
turbulent phosphila [*Phosphila turbulenta* (Hübner)] 乱磷夜蛾
Turcmenigena warentzowi Melgunov 吐克曼天牛
Turesis 托弄蝶属
Turesis basta Evans [basta skipper] 巴托弄蝶
Turesis complanula (Herrich-Schäffer) [complanula skipper] 槁托弄蝶
Turesis lucasi (Fabricius) 璐托弄蝶，托弄蝶
Turesis tabascoensis Freeman [Tabasco skipper] 塔托弄蝶
Turesis theste Godman [theste skipper] 特托弄蝶
turgid [= turgidus] 坚胀的
turgidus 见 turgid
Turkana pierrot [*Tarucus kulala* Evans] 库藤灰蝶
Turkestan brown-tail moth [*Euproctis karghalica* Moore] 缀黄毒蛾，斑翅棕尾毒蛾，杏毛虫
Turkey gnat [= simuliid blackfly, simuliid fly, black fly, blackfly, buffalo gnat, white sock, simuliid] 蚋，墨蚊 < 蚋科 Simuliidae 昆虫的通称 >
Turkey wing louse [= slender Turkey louse, *Oxylipeurus polytrapezius* (Burmeister)] 土耳其长角羽虱，火鸡翅虱
Turkish meadow brown [*Maniola telmessia* (Zeller)] 土耳其莽眼蝶
Turkish red damsel [*Ceriagrion georgifreyi* Schmidt] 土耳其尾黄蟌
Turk's-cap white-skipper [= macaira skipper, *Heliopetes macaira* (Reakirt)] 矢纹白翅弄蝶
Turnaca 拓舟蛾属
Turnaca ernestina (Swinhoe) 营拓舟蛾，蕾拓舟蛾，埃吐舟蛾
Turnaca indica (Moore) 印度拓舟蛾，印吐舟蛾
Turnaia 修胸花天牛属
Turnaia opaca Holzschuh 暗红修胸花天牛
Turnebiella 土花蝽属
Turnebiella pallipes Poppius 淡色土花蝽；淡色土盲蝽 < 误 >
Turner's opal [*Poecilmitis turneri* Riley] 图幻灰蝶
Turnicola 鹑鸟虱属
Turnicola angustissimus (Giebel) 棕三趾鹑鹑鸟虱
Turnicola nigrolineatus (Piaget) 黑线鹑鹑鸟虱
Turnicola platyclypeatus (Piaget) 林三趾鹑鹑鸟虱
turnip aphid 1. [= mustard aphid, false cabbage aphid, India mustard aphid, *Lipaphis pseudobrassicae* (Davis)] 萝卜蚜，萝卜十蚜，菜缢管蚜；2. [= safflower aphid, mustard-turnip aphid, wild crucifer aphid, mustard aphid, *Lipaphis erysimi* (Kaltenbach)] 芥十蚜，萝卜蚜，菜缢管蚜，菜蚜，伪菜蚜，芜菁明蚜
turnip dart moth [= turnip moth, bark feeding cutworm, yellow cutworm, black cutworm, common cutworm, cutworm, dark moth, dart moth, xanthous cutworm, tobacco cutworm, *Agrotis segetum* (Denis *et* Schiffermüller)] 黄地老虎
turnip flea beetle 1. [= black flea beetle, cabbage flea beetle, *Phyllotreta atra* (Fabricius)] 芜菁黑菜跳甲，芜菁黑跳甲；2. [*Phyllotreta consobrina* (Curtis)] 芜菁菜跳甲，芜菁跳甲；3. [= crucifer flea beetle, *Phyllotreta cruciferae* (Goeze)] 十字花菜跳甲，芜菁黄条跳甲；4. [= small striped flea beetle, cabbage flea beetle, yellow-striped flea beetle, *Phyllotreta nemorum* (Linnaeus)] 绿胸菜跳甲，芜菁淡足跳甲；5. [*Phyllotreta nigripes* (Fabricius)] 芜菁蓝菜跳甲，芜菁蓝跳甲；6. [= lesser striped flea beetle, small striped flea beetle, *Phyllotreta undulata* Kutschera] 波条菜跳甲，芜菁细条跳甲；7. [= cabbage flea beetle, striped flea beetle, *Phyllotreta striolata* (Fabricius)] 黄曲条菜跳甲，黄曲条跳甲，黄条叶蚤
turnip fly [= cabbage fly, cabbage root fly, root maggot, root fly, cabbage maggot, *Delia radicum* (Linnaeus)] 甘蓝地种蝇，甘蓝种蝇
turnip moth 见 turnip dart moth
turnip root fly [= summer cabbage fly, *Delia floralis* (Fallén)] 萝卜地种蝇，萝卜蝇，白菜蝇
turnip sawfly [= cabbage sawfly, cabbage leaf sawfly, *Athalia rosae* (Linnaeus)] 玫瑰残青叶蜂，玫瑰菜叶蜂，新疆菜叶蜂
turnip seed weevil [= cabbage seed pod weevil, cabbage seed weevil, cabbage shoot weevil, *Ceutorhynchus obstrictus* (Marsham)] 甘蓝龟象甲，甘蓝荚象甲，甘蓝角果象
turnip weevil [= vegetable weevil, Australian tomato weevil, brown vegetable weevil, buff-colored tomato weevil, carrot weevil, dirt-colored weevil, tobacco elephant-beetle, *Listroderes costirostris* Schönherr] 蔬菜里斯象甲，蔬菜象甲，蔬菜象，菜里斯象甲，菜里斯象，番茄象甲，菜象甲
turnover rate 1. 转换率；2. 周转率
turnover time 转换时
turpentine borer [*Buprestis apricans* Herbst] 松脂吉丁甲，松脂吉丁
turquoise emperor 1. [= Cherubina emperor, *Doxocopa laurentia* (Godart)] 烙印荣蛱蝶；2. [*Apaturina erminea* (Cramer)] 绿幻蛱蝶
turquoise eyed-metalmark [*Mesosemia gemina* Maza *et* Maza] 双美眼蚬蝶
turquoise hairstreak [*Jalmenus clementi* Druce] 克莱佳灰蝶
turquoise jewel [= western jewel, *Hypochrysops halyaetus* Hewitson] 海链灰蝶
turquoise longtail [*Urbanus evona* Evans] 埃沃娜长尾弄蝶
turreted 尖伸的 < 指头部前方伸出，上方成一三角尖的 >
Turriger apicalis Hendel 见 *Cestrotus apicalis*
Turriperipsocus 塔围蛄属
Turriperipsocus cunninghamius Li 杉塔围蛄
Turriperipsocus cupressisugus Li 柏塔围蛄
Turriperipsocus decimidentatus (Li) 十齿塔围蛄
Turriperipsocus hypsodontus Li 冠齿塔围蛄
Turriperipsocus leshanensis Li 乐山塔围蛄
turritus 塔形的
turtle beetle [= chelonariid, chelonariid beetle] 缩头甲 < 缩头甲科 Chelonariidae 昆虫的通称 >
Turturicola 拟鹑鸟虱属
Turturicola cruzesilvai Tendeiro 棕斑鸠拟鹑鸟虱

Turturicola salimalii Clay *et* Meinnertzhagen 灰斑鸠拟鹑鸟虱
tusam pitch moth [= pine shoot moth, *Dioryctria rubella* Hampson] 微红梢斑螟，松梢斑螟
Tusothrips 尾突蓟马属
Tusothrips aureus (Moulton) 同 *Tusothrips sumatrensis*
Tusothrips calopgomi (Zhang) 同 *Tusothrips sumatrensis*
Tusothrips immaculatus Reyes 无斑尾突蓟马
Tusothrips sumatrensis (Karny) 苏门答腊尾突蓟马，翼果长吻蓟马
tussah 1. [= Chinese tussar moth, Chinese oak tussar moth, Chinese tasar moth, temperate tussar moth, perny silk moth, Chinese tussah, oak tussah, temperate tussah, tasar silkworm, tussur silkworm, tussore silkworm, tussah silkworm, oak silkworm, *Antheraea pernyi* (Guérin-Méneville)] 柞蚕，槲蚕，姬透目天蚕蛾；2. 柞蚕丝
tussah cocoon 柞蚕茧
tussah fabric 柞丝织物
tussah silk 柞蚕丝
tussah silkworm [= Chinese tussar moth, Chinese oak tussar moth, Chinese tasar moth, temperate tussar moth, perny silk moth, tussah, Chinese tussah, oak tussah, temperate tussah, tasar silkworm, tussur silkworm, tussore silkworm, tussah, oak silkworm, *Antheraea pernyi* (Guérin-Méneville)] 柞蚕，槲蚕，姬透目天蚕蛾
tussah silkworm nursery 柞蚕场
tussah silkworm race 柞蚕品种
tussah silkworm rearmg yard 柞蚕场
tussur silkworm 见 tussah silkworm
tussock [= lymantriid moth, tussock moth, lymantriid] 毒蛾 < 毒蛾科 Lymantriidae 昆虫的通称 >
tussock moth 1. [= lymantriid moth, tussock, lymantriid] 毒蛾 < 毒蛾科 Lymantriidae 昆虫的通称 >；2. [= nun moth, spruce moth, black arches moth, black arched tussock moth, *Lymantria monacha* (Linnaeus)] 模毒蛾，松针毒蛾，僧尼毒蛾，油杉毒蛾，细纹络毒蛾；3. [= arctiid moth, tiger moth, arctiid, woolly bear, woolly worm] 灯蛾 <灯蛾科 Arctiidae 昆虫的通称>
tussore silkworm 见 tussah silkworm
tussur silkworm 见 tussah silkworm
Tuta absoluta (Meyrick) 见 *Phthorimaea absoluta*
Tutelina daggerwing [*Marpesia tutelina* (Hewitson)] 图特凤蛱蝶
tutia clearwing [= yellow-tipped ticlear, *Ceratinia tutia* (Hewitson)] 图蜡绡蝶
tuttle mealybug [= rice mealybug, rice mealy scale, *Brevennia rehi* (Lindinger)] 稻轮粉蚧，稻异粉蚧，稻峰粉蚧，水稻粉红粉介壳虫，云南绣粉蚧，伪土粉蚧，碎粉蚧，景东禾鞘粉蚧
Tuvia 图蛛属
Tuvia chinensis Chen 中国图蛛
Tuvia liupanensis Huang, Potapov *et* Gao 六盘山图蛛
Tuvia prima Grinbergs 原图蛛
Tuxenentulinae 屠蚖亚科
Tuxenentulus 屠蚖属
Tuxenentulus jilinensis Yin 吉林屠蚖
Tuxenentulus ohbai Imadaté 短腺屠蚖
Tuxentius 图灰蝶属
Tuxentius calice (Höpffer) [white pie] 白图灰蝶，图灰蝶
Tuxentius carana (Hewitson) [forest pied pierrot] 凯图灰蝶
Tuxentius cretosus (Butler) [savanna pied pierrot] 克莱图灰蝶
Tuxentius ertli (Talbot) [Ertli's pierrot] 埃图灰蝶
Tuxentius hesperis (Vári) [western pie] 黄昏图灰蝶
Tuxentius interruptus (Gabriel) 岩图灰蝶
Tuxentius isis Drury 伊斯图灰蝶
Tuxentius kaffano (Aurivillius) 卡图灰蝶
Tuxentius margaritaceus (Sharpe) [Margarita's pierrot, mountain pied pierrot] 珍珠图灰蝶
Tuxentius melaena (Trimen) [black pie, dark pied pierrot] 黑图灰蝶
Tuxentius stempfferi (Kielland) [Stempffer's pierrot] 斯图灰蝶
Tvetenia 特维摇蚊属，特摇蚊属
Tvetenia bavarica (Goetghebuer) 巴特维摇蚊
Tvetenia calvescens (Edwards) 秃特维摇蚊，秃特摇蚊
Tvetenia discoloripes (Goetghebuer *et* Thienemann) 杂色特维摇蚊，杂特维摇蚊，杂特摇蚊
Tvetenia verralli (Edwards) 韦尔特维摇蚊，勿特摇蚊
twelve-spotted lady beetle [= spotted lady beetle, pink spotted lady beetle, *Coleomegilla maculata* (De Geer)] 斑点瓢虫，粉红色斑点瓢虫，十二斑点瓢虫
twelve-spotted melon beetle [= 12-spotted ladybird beetle, 12 spotted lady bird beetle, *Henosepilachna indica* (Mulsant)] 刀叶裂臀瓢虫
twelve-spotted skimmer [*Libellula pulchella* Drury] 多斑蜻
twenty-eight-spot ladybird [= twenty-eight spotted potato ladybird beetle, twenty-eight-spotted lady beetle, 28-spot ladybird, 28-spotted potato ladybird, hudda beetle, 28-spotted ladybird, 28-spotted lady beetle, 28-spotted hadda beetle, potato epilachnid, epilachnine beetle, *Henosepilachna vigintioctopunctata* (Fabricius)] 茄二十八星瓢虫，茄廿八星瓢虫，酸浆瓢虫
twenty-eight-spotted lady beetle 见 twenty-eight-spot ladybird
twenty-eight-spotted ladybird [= larger potato lady beetle, *Henosepilachna vigintioctomaculata* (Motschulsky)] 马铃薯瓢虫
twenty-eight spotted potato ladybird 见 twenty-eight-spot ladybird
twenty-four-pointed ladybird beetle [= twenty-four-spot ladybird, 24-spot, 24-spotted lady beetle, 24-spot ladybird, *Subcoccinella vigintiquattuorpunctata* (Linnaeus)] 苜蓿豆形瓢虫，苜蓿瓢虫
twenty-four-spot ladybird 见 twenty-four-pointed ladybird beetle
twenty-six-spotted potato ladybird [= 26 spotted potato ladybird, *Henosepilachna vigintisexpunctata* (Boisduval)] 二十六星裂臀瓢虫
twenty-spotted lady beetle [*Psyllobora vigintimaculata* (Say)] 二十星食菌瓢虫，二十星菌瓢虫
twenty-spotted moth [*Yponomeuta sedella* Treitschke] 二十点巢蛾，廿点巢蛾
twenty-two-spot ladybird [= 22-spot ladybird, *Psyllobora vigintiduopunctata* (Linnaeus)] 二十二星食菌瓢虫，二十二星菌瓢虫，二十二星瓢虫
twice-stabbed lady beetle [*Chilocorus stigma* (Say)] 具痣唇瓢虫，双刺瓢虫，双刺盔唇瓢虫
twig borer 1. 长蠹；2. [= black borer, date palm bostrichid, *Apate monachus* (Fabricius)] 咖啡黑长蠹，咖啡奸狡长蠹
twig girdler [= hickory twig girdler, oak girdler, pecan twig girdler, banded saperda, Texas twig girdler, *Oncideres cingulata* (Say)] 山

核桃旋枝天牛，胡桃绕枝沟胫天牛，橙斑直角天牛

twig pruner [= oak pruner, oak twig-pruner, southeastern gray twig pruner, maple tree pruner, apple-tree pruner, *Anelaphus villosus* (Fabricius)] 栎剪枝牡鹿天牛，多毛天牛

twig shot-hole borer [= tea shot-hole borer, *Euwallacea fornicatus* (Eichhoff)] 茶方胸小蠹，小圆胸小蠹，蚁郁小蠹，茶材小蠹，茶枝小蠹，小圆方胸小囊

twilight migration 晨昏迁移

twin dotted border [= Rüppell's dotted border, *Mylothris rueppelli* (Koch)] 橙基迷粉蝶

twin dusky-blue [= geminus blue, *Candalides geminus* Edwards *et* Kerr] 双坎灰蝶

twin ocellus 孪眼点 < 指两个连于一起的眼点 >

twin-spot banded skipper [= two-spotted banded-skipper, *Autochton bipunctatus* (Gmelin)] 双斑幽弄蝶

twin-spot blue [*Lepidochrysops plebeja* (Butler)] 疑鳞灰蝶

twin-spot duke [= brown-and-white raymark, alectryo metalmark, *Siseme alectryo* Westwood] 阿莱溪蚬蝶，溪蚬蝶

twin-spot fritillary [*Brenthis hecate* (Denis *et* Schiffermüller)] 欧洲小豹蛱蝶

twin-spot girdle [= gray spruce looper, gray forest looper, *Caripeta divisata* Walker] 云杉灰尺蛾

twin-spot honey [*Aphomia zelleri* (Joannis)] 二点织螟，二点缀螟，柴谷螟

twin spot longhorn beetle [= eyed longhorn beetle, orange-necked willow borer, willow borer, willow longicorn, willow longhorn beetle, *Oberea oculata* (Linnaeus)] 柳筒天牛，灰翅筒天牛，柳红颈天牛，筒天牛

twin-spot skipper [*Oligoria maculata* (Edwards)] 黑袄弄蝶

twin-spot swift [= fanta swift, *Borbo fanta* Evans] 芳籼弄蝶

twin spotted wainscot [*Archanara eminipuncta* (Haworth)] 二点锹额夜蛾

twin swift [*Borbo gemella* (Mabille)] 链籼弄蝶

Twinnia 吞蚋属

Twinnia changbaiensis Sun 长白吞蚋

twirler moth [= gelechiid moth, gelechiid] 麦蛾 < 麦蛾科 Gelechiidae 昆虫的通称 >

twisted-wing insect [= strepsipteran,strepsipteron,strepsipterous insect] 蝙，捻翅虫，捻翅目昆虫 < 捻翅目 Strepsiptera 昆虫的通称 >

two-banded checkered skipper [*Pyrgus ruralis* (Boisduval)] 双带花弄蝶

two-banded cellophane-cuckoo bee [= two-banded epeolus, *Epeolus bifasciatus* Cresson] 二带绒斑蜂

two-banded epeolus 见 two-banded cellophane-cuckoo bee

two-banded fruit weevil [*Anthonomus bifasciatus* Matsumura] 二带花象甲，二带花象

two-banded fungus beetle [= waste grain beetle, *Alphitophagus bifasciatus* (Say)] 二带粉菌甲，二带黑菌虫

two-banded hairstreak [*Bithys phoenissa* Hewitson] 紫芘灰蝶

two-banded Japanese weevil [= gooseberry weevil, *Pseudocneorhinus bifasciatus* Roelofs] 二带遮眼象甲，双带伪锉象甲，双横带伪麻象甲，二带遮眼象

two-banded satyr [= banded white ringlet, *Pareuptychia ocirrhoe* (Fabricius)] 双带帕眼蝶

two-banded tortrix [*Peronea platynotana* Walshingham] 二带桃卷蛾，二带卷蛾，二带卷叶蛾

two-barred flasher [= flashing astraptes, blue flasher, *Astraptes fulgerator* (Walch)] 双带蓝闪弄蝶

two-black-banded tiger moth [*Spilarctia bifasciata* Butler] 二黑带污灯蛾，二黑带灯蛾

two-brand crow [= double-branded crow, *Euploea sylvester* (Fabricius)] 双标紫斑蝶

two-brand grass skipper [= dominula skipper, *Anisynta dominula* (Plötz)] 帝锯弄蝶

two-clawed mole cricket 掘蝼蛄 < 掘蝼蛄属 *Scapteriscus* 昆虫的统称 >

two-coloured bell [*Eucosma obumbratana* (Lienig *et* Zeller)] 二色花小卷蛾

two-coloured coconut leaf beetle 1. [= coconut hispine beetle, coconut leaf beetle, palm leaf beetle, new hebrides coconut hispid, coconut hispid, coconut leaf hispid, *Brontispa longissima* (Gestro)] 椰心叶甲，椰棕扁叶甲，红胸长金花虫，红胸长扁铁甲虫，红胸叶虫，长布铁甲，椰叶甲；2. [= coconut palm hispid, coconut hispid, *Plesispa reichei* Chapius] 椰二色长叶甲

two-dimensional paper chromatography 双向纸色谱法；双向纸层析

two-dotted buff [*Teriomima puellaris* Trimen] 菩畸灰蝶

two-eyed eighty-eight [= pitheas eighty-eight, *Callicore pitheas* (Latreille)] 双睛图蛱蝶

two-horned black fly [*Simulium bicorne* Dorogostaisky, Rubtsov *et* Vlasenko] 双角纺蚋，双角真蚋

two-horned wasp [*Cerceris bicornuta* Guérin-Méneville] 二突节腹泥蜂，铁色节腹泥蜂

two-lined chestnut borer [*Agrilus bilineatus* (Weber)] 栗双线窄吉丁甲，栗双线窄吉丁，双纹长吉丁

two-lined gum-treehopper [*Eurymeloides bicincta* (Erichson)] 双纹宽头叶蝉

two-lined spittlebug [*Prosapia bicincta* (Say)] 双斑前附沫蝉，双线沫蝉

two-marked treehopper [*Enchenopa binotata* (Say)] 二斑角蝉，双斑角蝉

two-oranges metalmark [= erota metalmark, tawny metalmark, *Notheme erota* (Cramer)] 条蚬蝶

two pip policeman [*Coeliades pisistratus* (Fabricius)] 庇神竖翅弄蝶

two-pronged bristletail [= dipluran, dipluron, forktail, entotrophian] 虮，双尾虫，双尾目昆虫

two-ribbed arctiid [*Palaeosia bicosta* (Walker)] 双缘古澳灯蛾

two-sex life table 两性生命表

two-spot blue charaxes [*Charaxes bipunctatus* Rothschild] 双点螯蛱蝶

two-spot jewel beetle [= cocoa tree borer, metallic wood boring jewel beetle, *Megaloxantha bicolor* (Fabricius)] 二色硕黄吉丁甲，二色硕黄吉丁，双色硕黄吉丁，双色金吉丁甲，可可蠹吉丁，二色卡托吉丁，可可吉丁

two-spot ladybird [= two-spotted ladybug, two-spotted lady beetle, 2 spot ladybird, *Adalia bipunctata* (Linnaeus)] 二星大丽瓢虫，二星瓢虫，二点瓢虫

two-spot wood-borer [= oak splendour beetle, oak buprestid beetle, two spotted oak buprestid, two spotted oak borer, two spotted wood borer, *Agrilus biguttatus* (Fabricius)] 栎双点窄吉丁甲，栎双点窄吉丁，栎二点窄吉丁

two-spotted banded-skipper 见 twin-spot banded skipper

two-spotted bean weevil [*Bruchidius japonicus* (Harold)] 横斑锥胸豆象甲，横斑锥胸豆象，横斑豆象甲，二星豆象

two-spotted bumble bee [*Bombus bimaculatus* Cresson] 双斑熊蜂

two-spotted cricket [= Mediterranean field cricket, southern field cricket, Vietnamese fighting cricket, black cricket, African field cricket, *Gryllus bimaculatus* De Geer] 双斑大蟋，双斑蟋，地中海蟋蟀，黄斑黑蟋蟀，咖啡两点蟋，甘蔗蟋

two-spotted globular stink bug [= smaller globular stink bug, *Coptosoma biguttulum* Motschulsky] 双痣圆龟蝽 < 此种学名有误写为 *Coptosoma biguttula* Motschulsky 者 >

two-spotted grass bug [= timothy plant bug, *Stenotus binotatus* (Fabricius)] 二斑纤盲蝽，梯牧草二斑盲蝽

two-spotted grass-skipper [*Pasma tasmanicus* (Miskin)] 二斑琶弄蝶，琶弄蝶

two-spotted herpetogramma [= southern beet webworm, *Herpetogramma bipunctale* (Fabricius)] 二星切叶野螟，南方甜菜网螟，甜菜二星瘤蛾

two-spotted lady beetle 见 two-spot ladybird

two-spotted ladybug 见 two-spot ladybird

two-spotted leaf beetle [= double-spotted leaf beetle, *Monolepta hieroglyphica* (Motschulsky)] 双斑长跗萤叶甲，双斑萤叶甲，豆类双斑萤叶甲

two-spotted leaf bug [*Adelphocoris variabilis* (Uhler)] 变苜蓿盲蝽，变异苜蓿盲蝽，小灰盲蝽

two-spotted leafhopper [= aster leafhopper, *Macrosteles fascifrons* (Stål)] 二点二叉叶蝉，二点叶蝉，紫菀叶蝉，二点浮尘子

two-spotted line blue [= double-spotted line-blue, *Nacaduba biocellata* (Felder *et* Felder)] 毕娜灰蝶

two spotted oak borer 见 two-spot wood-borer

two spotted oak buprestid 见 two-spot wood-borer

two-spotted prepona [= Hübner's shoemaker, banded king shoemaker, silver king shoemaker, *Archaeoprepona demophoon* (Hübner)] 大古靴蛱蝶

two spotted pumpkin fly [= greater pumpkin fly, pumpkin fly, African pumpkin fly, pumpkin fruit fly, *Dacus bivittatus* (Bigot)] 葫芦寡鬃实蝇

two-spotted rice bug [*Cletus rusticus* Stål] 拟宽棘缘蝽，二星缘蝽

two-spotted sedge-skipper [= malindeva skipper, *Hesperilla malindeva* Lower] 麻帆弄蝶

two-spotted sesame bug [= white-spotted globular stink-bug, white-spotted globular bug, *Eysarcoris guttigerus* (Thunberg)] 二星蝽，二星椿象，圆白星椿象

two-spotted skipper [*Euphyes bimacula* (Grote *et* Robinson)] 双斑鼬弄蝶

two-spotted stink bug [= double-eyed soldier bug, *Perillus bioculatus* (Fabricius)] 二点兵蝽，二点蝽

two spotted weevil [*Rhinotia bidentata* (Donovan)] 二点箭矛象甲，二点箭矛象

two-spotted willow sucker [*Cacopsylla saliceti* (Förster)] 柳二星喀木虱，柳二星木虱

two spotted wood borer 见 two-spot wood-borer

two stage sampling 两级抽样法

two-state character 二态性状

two-striped grasshopper [*Melanoplus bivittatus* (Say)] 双带黑蝗，双纹黑蝗，双带蚱蜢

two-striped green buprestid [= Japanese jewel beetle, *Chrysochroa fulgidissima* (Schönherr)] 桃金吉丁甲，桃金吉丁，桃紫条吉丁，桃紫条卡托吉丁，彩虹吉丁虫，五彩吉丁虫，彩艳吉丁虫，超艳吉丁虫，橡树金吉丁虫，玉虫

two-striped leaf beetle [*Medythia nigrobilineata* (Motschulsky)] 黑条麦萤叶甲，豆二条叶甲，大豆二条叶甲，二条金花虫，二条叶甲，二黑条叶甲，二条黄叶甲

two-striped sweetpotato beetle [= two-striped tortoise beetle, *Cassida bivittata* Say] 甘薯龟甲

two-striped tortoise beetle 见 two-striped sweetpotato beetle

two-striped walkingstick [*Anisomorpha buprestoides* (Stoll)] 双带缺翅䗛，二纹竹节虫，双纹竹节虫

two-tailed pasha [= foxy emperor, *Charaxes jasius* (Linnaeus)] 黄缘螯蛱蝶

two-tailed swallowtail [*Papilio multicaudata* Kirby] 二尾虎纹凤蝶

two-toned fantastic-skipper [= two-toned skipper, pica skipper, *Vettius lafrenayei pica* (Herrich-Schäffer)] 拉氏铂弄蝶美丽亚种，鹊铂弄蝶

two-toned groundstreak [*Lamprospilus collucia* (Hewitson)] 聚光灯栏灰蝶

two-toned skipper 见 two-toned fantastic-skipper

two-toothed longhorn beetle 见 two-toothed longicorn

two-toothed longhorn borer 见 two-toothed longicorn

two-toothed longicorn [= two-tooth longhorn borer, two-toothed longhorn beetle, *Ambeodontus tristis* (Fabricius)] 柏锯齿天牛

two-toothed pine beetle [*Pityogenes bidentatus* (Herbst)] 二齿星坑小蠹

two-wavy-lined geom trid [*Pylargosceles steganioides* (Butler)] 双珠严尺蛾，双波尺蛾

two-winged elm leafminer [*Agromyza ulmi* Frost] 榆叶潜蝇

two-year budworm [= two-year-cycle budworm moth, *Choristoneura biennis* Freeman] 双年色卷蛾

two-year-cycle budworm moth 见 two-year budworm

twolined larch sawfly [*Anoplonyx laricivorus* (Robwer *et* Middleton)] 双条落叶松叶蜂

Tyana 角翅夜蛾属，翅夜蛾属

Tyana callichlora Walker 角翅夜蛾

Tyana chloroleuca Walker 碧角翅夜蛾

Tyana falcata (Walker) 绿角翅夜蛾，绿角翅瘤蛾

Tyana maculata Chen 大斑角翅夜蛾

Tyana marina Warren 漫角翅夜蛾

Tyana monosticta Hampson 一点角翅夜蛾

Tyana pustulifera (Walker) 疹角翅夜蛾

Tychiini 籽象甲族，籽象族

Tychius 籽象甲属，籽象属

Tychius albolineatus Motschulsky 白纹籽象甲

Tychius aureolus Kiesenwetter 金黄籽象甲

Tychius bajtenovi Caldara 巴氏籽象甲

Tychius breviusculus Desbrochers des Loges 宽沟籽象甲

Tychius crassifemoris (Bajtenov) 粗股籽象甲

Tychius crassirostris Kirsch 草木樨籽象甲，草木樨籽象
Tychius femoralis Brisout de Barneville 苜蓿红褐籽象甲，苜蓿红褐籽象
Tychius flavus Becker 苜蓿黄籽象甲，苜蓿黄籽象
Tychius freudei Hoffmann 弗氏籽象甲，弗氏籽象
Tychius gigas Faust 大籽象甲
Tychius gracilitubus (Bajtenov) 间纹籽象甲
Tychius haematopus Herbst 黄金籽象甲，黄金籽象
Tychius hauseri Faust 豪氏籽象甲
Tychius hedysaricus Karasyov 窄籽象甲
Tychius herculeanus Reitter 褐籽象甲
Tychius kaszabi (Bajtenov) 卡氏籽象甲
Tychius kerulensis (Bajtenov) 克鲁籽象甲
Tychius junceus (Reich) 淡股籽象甲
Tychius longulus Desbrochers des Loges 长籽象甲
Tychius medicaginis Brisout de Barneville 苜蓿籽象甲，苜蓿籽象
Tychius meliloti Stephens 梅氏籽象甲，梅氏籽象
Tychius morawitzi Becker 默氏籽象甲
Tychius obrieni Jiang *et* Caldara 奥氏籽象甲
Tychius oriens Hoffmann 东方籽象甲，东方籽象
Tychius ovalis Roelofs 卵形籽象甲，卵形籽象
Tychius perrinae Caldara 棕籽象甲
Tychius picirostris (Fabricius) [clover seed weevil] 暗喙籽象甲，苜蓿黑喙象甲
Tychius praescutellaris (Pic) 淡籽象甲
Tychius quinquepunctatus (Linnaeus) 五点籽象甲，五点籽象
Tychius rufirostris Schoenherr 红喙籽象甲
Tychius squamulatus Gyllenhal 灰黄籽象甲
Tychius stephensi Schoenherr [red clover seed weevil] 红三叶草籽象甲，红苜蓿籽象甲
Tychius sulphureus Faust 浅黄籽象甲
Tychius tachengicus Jiang *et* Caldara 塔城籽象甲
Tychius tectus LeConte 纹缝籽象甲
Tychius thompsoni Caldara 汤氏籽象甲
Tychius tomentosus Herbst 车轴籽象甲，车轴籽象
Tychius uralensis Pic 白缝籽象甲
Tychius urbanus Faust 黄褐籽象甲
Tychius vossi Caldara 沃氏籽象甲
Tychius winkleri (Franz) 温氏籽象甲
Tychius zhangi Jiang *et* Caldara 张氏籽象甲
Tychobythinus 福蚁甲属
Tychobythinus formosanus Löbl *et* Kurbatov 台湾福蚁甲
Tychobythinus mica Löbl *et* Kurbatov 谷福蚁甲
Tychus 常蚁甲属
Tychus crassicornis Raffray 粗角常蚁甲
Tycracona 泰夜蛾属
Tycracona obliqua Moore 斜泰夜蛾，泰夜蛾，斜梯夜蛾
Tydeotyrius 泰德象甲属，泰德象属
Tydeotyrius basimaculatus Voss 基斑泰德象甲，基斑泰德象
Tydides 提盗猎蝽属
Tydides digramma (Walker) 双斑提盗猎蝽
Tydides obscurus Lent 晦提盗猎蝽
Tydides quatuor Lent *et* Jurberg 四斑提盗猎蝽
Tydides rufus (Serville) 红提盗猎蝽
Tylidae 1. [= Micropezidae, Calobatidae] 瘦足蝇科，微脚蝇科，长瘦足蝇科；2. 海球鼠妇科 <甲壳纲 Crustacea>
Tylocentra 杞龟甲亚属
Tylococcus 瘤粉蚧属
Tylococcus fici (Takahashi) 榕树瘤粉蚧
Tylococcus formicarii Green 蚁窝瘤粉蚧
Tyloderma 环根颈象甲属
Tyloderma fragariae (Riley) [strawberry crown borer] 草莓环根颈象甲，草莓冠象甲
tyloide 角下瘤 <指雄蜂触角下面的长形瘤>
Tylonotus 瘤突天牛属
Tylonotus bimaculatus Haldeman [ash and privet borer] 梣褐瘤突天牛，梣褐瘤天牛
Tylopaedia 蒂灰蝶属
Tylopaedia sardonyx (Trimen) [king copper] 蒂灰蝶
Tyloperla 瘤蜻属，瘤石蝇属
Tyloperla attenuata (Wu *et* Claassen) 尖突瘤蜻，尖瘤蜻
Tyloperla bihypodroma Du 双凹瘤蜻
Tyloperla courtneyi Stark *et* Sivec 康氏瘤蜻
Tyloperla formosana (Okamoto) 台湾瘤蜻，蓬莱瘤石蝇
Tyloperla planistyla (Wu) 扁突瘤蜻，扁突瘤石蝇
Tyloperla sauteri (Navás) 邵氏瘤蜻，邵氏瘤石蝇，索氏钩蜻
Tyloperla sinensis Yang *et* Yang 中华瘤蜻
Tyloperla transversa (Wu) 横形瘤蜻，横形纯蜻，横形瘤石蝇
Tyloptera 洁尺蛾属
Tyloptera bella (Butler) 洁尺蛾，倍微叶尺蛾
Tyloptera bella bella (Butler) 洁尺蛾指名亚种，指名洁尺蛾
Tyloptera bella diecena (Prout) 洁尺蛾缅甸亚种，缅洁尺蛾
Tyloptera bella ogatai (Inoue) 洁尺蛾楤木亚种，奥洁尺蛾，楤木波尺蛾，奥倍微叶尺蛾
Tylopyge attenuata Wu *et* Claassen 见 *Tyloperla attenuata*
Tylopyge klapaleki Wu *et* Claassen 见 *Kamimuria klapaleki*
Tylopyge planistyla Wu 见 *Tyloperla planistyla*
Tylopyge signata Banks 同 *Tyloperla formosana*
Tylopyge transversa Wu 见 *Paragnetina transversa*
Tylostega 栉野螟属
Tylostega chrysanthes Meyrick 黄栉野螟
Tylostega lata Du *et* Li 阔角栉野螟
Tylostega longicornuta Liu *et* Wang 长角栉野螟
Tylostega luniformis Du *et* Li 月角栉野螟
Tylostega mesodora Meyrick 中栉野螟
Tylostega pectinata Du *et* Li 梳角栉野螟
Tylostega photias Meyrick 福栉野螟，福佩林螟
Tylostega serrata Du *et* Li 锯角栉野螟
Tylostega tylostegalis (Hampson) 淡黄栉野螟
Tylostega valvata Warren 瓣栉野螟
Tylostega vittiformis Liu *et* Wang 带突栉野螟
Tylotropidius 棒腿蝗属
Tylotropidius rufipennis Yin *et* You 红翅棒腿蝗
Tylotropidius varicornis (Walker) 异角棒腿蝗
Tylotropidius yunnanensis Zheng *et* Liang 云南棒腿蝗
Tylotrypes 突蜣蝇属
Tylotrypes breviventris (Shi) 短腹突蜣蝇
Tylotrypes fura (Shi) 浅黑突蜣蝇
Tylotrypes jiangleensis (Shi) 将乐突蜣蝇
Tylotrypes longa (Shi) 长突蜣蝇

Tylotrypes longipilosa Wang *et* Yang 长毛突蜣蝇
tylus 1. 唇基端 < 指半翅目昆虫唇基或前唇基的端部，其边具有与头侧叶相分隔的深裂 >；2. 内唇环突 < 指金龟甲幼虫中向内唇中区 (pedium) 突出的骨环 >
Tymbarcha 泰姆卷蛾属
Tymbarcha cerinopa Meyrick 泰姆卷蛾，特姆卷蛾
tympana [s. tympanum] 鼓膜 < 即鼓膜听器鼓面之膜 >
tympanal 鼓膜的
tympanal air-chamber 鼓膜气室
tympanal frame 鼓膜架 < 指鳞翅目昆虫胸鼓膜的背后及腹面的支架 >
tympanal lobe 鼓膜叶
tympanal organ [= tympanic organ] 鼓膜听器，听器，鼓膜器 < 如在蝗虫第一腹节、螽斯前足胫节、蝉第二腹节所见者 >
tympanal pocket 鼓膜囊 < 鳞翅目昆虫鼓膜架 (tympanal frame) 中的囊 >
tympanic organ 见 tympanal organ
tympanic spiracle 鼓膜气门 < 指双翅目昆虫翅基部的胸气门 >
Tympanistes 膜夜蛾属
Tympanistes fusimargo Prout 展膜夜蛾，展膜瘤蛾，锤膜夜蛾
Tympanistes pallida Moore 素膜夜蛾，淡膜夜蛾
Tympanistes rubidorsalis Moore 红点膜夜蛾，红点展膜瘤蛾，露膜夜蛾
Tympanistes yuennana Draudt 云膜夜蛾
Tympanoblissus 鼓杆长蝽属
Tympanoblissus ecuatorianus Dellapé *et* Minghetti 厄鼓杆长蝽
Tympanococcus 鼓粉蚧属
Tympanococcus gardeniae Williams 栀子鼓粉蚧
Tympanophorinae 鼓螽亚科
Tympanophorus 脐点隐翅甲属，皱隐翅甲属
Tympanophorus hayashidai Shibata 林田脐点隐翅甲
Tympanophorus sauteri Bernhauer 索氏脐点隐翅甲，索氏皱隐翅虫
Tympanophorus sauteri sauteri Bernhauer 索氏脐点隐翅甲指名亚种
Tympanophorus sauteri taiwanensis Shibata 索氏脐点隐翅甲台湾亚种，台索皱隐翅虫
Tympanota 鼓尺蛾属
Tympanota patefacta (Prout) 径鼓尺蛾，帕三叶尺蛾
tympanule 小鼓膜 < 为覆有膜的小孔，内有听石 >
tympanum [pl. tympana] 鼓膜
Tyndarichus 角缘跳小蜂属
Tyndarichus navae Howard 苹毒蛾角缘跳小蜂，苹毒蛾跳小蜂
Tyndarichus scaurus (Walker) 山槐卷蛾角缘跳小蜂，山槐卷蛾跳小蜂
Tyndis 廷迪螟属
Tyndis hypotialis Swinhoe 下廷迪螟
Tyora 矫木虱属，台乔木虱属
Tyora guangdongana Yang *et* Li 广东矫木虱
Tyora hernandiae (Fang *et* Yang) 莲叶桐矫木虱，莲叶桐木虱，莲叶桐乔木虱
type 模式标本
type by absolute tautonomy 绝对复名模式标本
type by elimination 余选模式标本
type by original designation 原定模式标本
type by virtual tautonomy 实际复名模式标本
type genus 模式属
type locality 模式产地
type species 模式种
type species of genus 属模
type specimen 模式标本
Typhaea 疹小蕈甲属，毛小蕈甲属
Typhaea haagi Reitter 哈氏疹小蕈甲，哈毛小蕈甲，哈毛蕈甲
Typhaea pallidula Reitter 淡疹小蕈甲，淡毛蕈甲，黄色小蕈甲
Typhaea stercorea (Linnaeus) [hairy fungus beetle] 毛疹小蕈甲，毛蕈甲，牦蕈甲
Typhaeini 疹小蕈甲族
Typhedanus 雀尾弄蝶属
Typhedanus ampyx (Godman *et* Salvin) [gold-tufted skipper] 安倍雀尾弄蝶
Typhedanus galbula Plötz 球果雀尾弄蝶
Typhedanus orion (Cramer) 猎人雀尾弄蝶
Typhedanus umber (Herrich-Schäffer) 雀尾弄蝶
Typhedanus undulatus (Hewitson) [mottled longtail] 斑驳雀尾弄蝶
typhla satyr [*Oressinoma typhla* Doubleday] 银柱眼蝶
Typhlocyba 小叶蝉属
Typhlocyba aglaie (Anufriev) 安小叶蝉，斑小叶蝉
Typhlocyba akashiensis (Takahashi) 见 *Paracyba akashiensis*
Typhlocyba arborella Zhang *et* Chou 四斑小叶蝉
Typhlocyba babai Ishihara 贝小叶蝉，贝斑小叶蝉
Typhlocyba choui Huang *et* Zhang 周氏小叶蝉
Typhlocyba daliensis Huang *et* Zhang 大理小叶蝉
Typhlocyba fumapicata (Dlabola) 褐小叶蝉，陕西斑小叶蝉
Typhlocyba giranna Matsumura 见 *Agnesiella giranna*
Typhlocyba indra Distant 见 *Paivanana indra*
Typhlocyba jucunda Herrich-Schäffer 见 *Eupterycyba jucunda*
Typhlocyba lyraeformis Matsumura 见 *Agnesiella lyraeformis*
Typhlocyba nitobella Matsumura 见 *Agnesiella nitobella*
Typhlocyba parababai Cai *et* Shen 拟贝小叶蝉
Typhlocyba pomaria McAtee [white apple leafhopper] 苹白小叶蝉
Typhlocyba quercus (Fabricius) 栎小叶蝉
Typhlocyba quercussimilis Dworakowska 斑纹栎小叶蝉，斑纹栎斑小叶蝉
Typhlocyba rosae (Linnaeus) 见 *Edwardsiana rosae*
Typhlocyba trimaculata Huang *et* Zhang 三斑小叶蝉
typhlocybid 1. [= typhlocybid leafhopper] 小叶蝉 < 小叶蝉科 Typhlocybidae 昆虫的通称 >；2. 小叶蝉科的
typhlocybid leafhopper [= typhlocybid] 小叶蝉
Typhlocybidae 小叶蝉科
Typhlocybinae 小叶蝉亚科
Typhlocybini 小叶蝉族
Typhlomyophthirus 盲鼠虱属
Typhlomyophthirus bifoliatus Chin 双叶盲鼠虱
Typhlomyophthirus lithosis Chin 结石盲鼠虱
Typhlomyopsyllus 盲鼠蚤属
Typhlomyopsyllus bashanensis Liu *et* Wang 巴山盲鼠蚤
Typhlomyopsyllus cavaticus Li *et* Huang 洞居盲鼠蚤
Typhlomyopsyllus esinus Liu, Shi *et* Liu 无窦盲鼠蚤
Typhlomyopsyllus liui Wu *et* Liu 刘氏盲鼠蚤

Typhlomyopsyllus wuxiaensis Liu 巫峡盲鼠蚤
Typhon brown-skipper [= typhon skipper, *Methionopsis typhon* Godman] 堤丰乌弄蝶
Typhon skipper 见 typhon brown-skipper
Typhon sphinx [*Eumorpha typhon* (Klug)] 提丰优天蛾
Typhonia 小袋蛾属
Typhonia energa (Meyrick) 木麻小袋蛾；木麻黄谷蛾
Typhonomyia 塌蠓亚属
Typhoptera 疹翅螽属，泰螽属
Typhoptera quadrituberculata (Westwood) 四突疹翅螽，四疣泰螽
Typhothauma 云状原蝎蛉属
Typhothauma excelsa Zhang, Shi *et* Ren 优秀云状原蝎蛉
Typhothauma yixianensis Ren *et* Shih 义县云状原蝎蛉
typical host 典型寄主
typical symptom 典型症状
Typodryas 皱胸瘦天牛属
Typodryas brunicollis Chiang *et* Wu 棕色皱胸瘦天牛
Typodryas callichromoides Thomson 皱胸瘦天牛
Typophorus canellus Fabricius 见 *Paria canella*
Typophorus nigritus (Fabricius) [black sweet potato beetle] 甘薯黑叶甲
Typophorus nigritus viridicyaneus (Crotch) [sweetpotato leaf beetle] 甘薯蓝绿叶甲
Typophyllum 小叶螽属
Typophyllum bolivari Vignon 博氏小叶螽
Typophyllum erosifolium Walker 深刻小叶螽
Typophyllum inflatum Vignon 膨小叶螽
Typophyllum morrisi Braun 莫氏小叶螽
Typophyllum siccifolium Bolívar 缘斑小叶螽
Typopsilopa 亮水蝇属，替水蝇属
Typopsilopa chinensis (Wiedemann) 中华亮水蝇，中国替水蝇
Tyr [tyrosin(e) 的缩写] 酪氨酸
Tyrannophasma 暴螳蝓属
Tyrannophasma gladiator Zompro 斗暴螳蝓
Tyraquellus brunneus Poppius 见 *Hallodapus brunneus*
Tyria 红棒球灯蛾属
Tyria jacobaeae (Linnaeus) [cinnabar moth] 红棒球灯蛾，红棒球蝶灯蛾
Tyrina 苔蚁甲亚族
Tyrinasius 短翅蚁甲属，鼻苔蚁甲属
Tyrinasius nomurai Yin *et* Yang 野村短翅蚁甲，野村鼻苔蚁甲，野村氏鼻苔蚁甲
Tyrinasius sexpunctatus Nomura 微点短翅蚁甲，毛斑鼻苔蚁甲
Tyrinasius sichanus Nomura 四川短翅蚁甲，四川鼻苔蚁甲
Tyrinasius uenoianus Nomura 上野短翅蚁甲，上野鼻苔蚁甲
Tyrinasius yinae Nomura 殷氏短翅蚁甲，尹氏鼻苔蚁甲
Tyrini 苔蚁甲族
Tyrodes 小沟胸蚁甲属，拟苔蚁甲属
Tyrodes jenisi Yin *et* Li 杰氏小沟胸蚁甲，杰氏拟苔蚁甲
Tyrolimnas 酪织蛾属
Tyrolimnas anthraconesa Meyrick 黑缘酪织蛾，安梯织蛾
tyrosin(e) [abb. Tyr] 酪氨酸
tyrosinase 酪氨酸酶
tyrosine phenol-lyase 酪氨酸酚溶酶
Tyrrhenoleuctra 意卷䗛属
Tyrrhenoleuctra minuta (Klapálek) 小意卷䗛
Tyrus 沟胸蚁甲属，苔蚁甲属
Tyrus sichuanicus Yin *et* Nomura 四川沟胸蚁甲，四川苔蚁甲
Tyrus sinensis Raffray 中华沟胸蚁甲，中华苔蚁甲
Tyrus yajiangensis Yin *et* Li 雅江沟胸蚁甲，雅江苔蚁甲
Tyspanodes 黑纹野螟属
Tyspanodes creaghi Hampson 克黑纹野螟
Tyspanodes hypsalis Warren 黄黑纹野螟
Tyspanodes linealis Moore 线黑纹野螟
Tyspanodes obscuralis Caradja 暗黑纹野螟
Tyspanodes striata (Butler) 橙黑纹野螟
Tyta 倭夜蛾属
Tyta luctuosa (Denis *et* Schiffermüller) 倭夜蛾，太达夜蛾
Tytler's apollo [*Parnassius dongalaica* Tytler] 同罗绢蝶
Tytler's bob [*Scobura tytleri* (Evans)] 泰须弄蝶
Tytler's bushbrown [*Mycalesis evansii* Tytler] 埃文眉眼蝶
Tytler's emperor [*Eulaceura manipuriensis* Tytler] 马尼耳蛱蝶
Tytler's hairstreak [*Chrysozephyrus vittatus* (Tytler)] 条纹金灰蝶
Tytler's jester [*Symbrenthia doni* (Tytler)] 德盛蛱蝶
Tytler's lascar [*Pantoporia bieti* (Oberthür)] 苾蟠蛱蝶，比拉蛱蝶
Tytler's oakblue [*Arhopala ace* de Nicéville] 尖娆灰蝶
Tytler's treebrown [*Lethe gemina* Leech] 孪斑黛眼蝶
Tytthalictus 小隧蜂亚属
Tytthaspini 小盾瓢虫族
Tytthaspis 小盾瓢虫属，纵带瓢虫属
Tytthaspis gebleri (Mulsant) 纵条小盾瓢虫，戈壁小盾瓢虫
Tytthaspis lateralis Fleischer 侧条小盾瓢虫，串斑小瓢虫
Tytthaspis sedecimpunctata (Linnaeus) 十六斑小盾瓢虫
Tytthaspis trilineata (Weise) 同 *Coccinella longifasciata*
Tytthus 淡翅盲蝽属
Tytthus chinensis (Stål) 中华淡翅盲蝽，中华幼盲蝽
Tytthus koreanus Josifov *et* Kerzhner 朝鲜淡翅盲蝽
Tytthus parviceps (Reuter) 小头淡翅盲蝽
Tytthus zwaluwenburgi (Usinger) 广州淡翅盲蝽，广州肩绿盲蝽
tzetze fly [= glossinid fly, tsetse fly, tik-tik fly, glossinid] 采采蝇，舌蝇，刺蝇 < 舌蝇科 Glossinidae 昆虫的通称 >
Tzustigmus 始痣短柄泥蜂属
Tzustigmus caputipunctatus Ma *et* Li 头点始痣短柄泥蜂
Tzustigmus denserectus Ma *et* Chen 翘齿始痣短柄泥蜂

U

U [= Urd; uridine 的缩写] 尿嘧啶核苷，尿苷
U-tube olfactometer U 型嗅觉仪
ubi scale [= yam scale, *Aspidiella hartii* (Cockerell)] 热带小圆盾蚧
ubiquitous skipper [= saturnus skipper, *Callimormus saturnus* (Herrich-Schäffer)] 黄斑美睦弄蝶
Uchidella 乌姬蜂属
Uchidella suishariensis Uchida 嘉义乌姬蜂
Uclesia 幽克寄蝇属
Uclesia excavata Herting 窝幽克寄蝇
Udamolobium 乌达实蝇属
Udamolobium pictulum Hardy 皮克乌达实蝇
Udamoselinae 原脉粉虱亚科
Udara 妩灰蝶属
Udara akasa (Horsfield) [white hedge blue] 阿卡妩灰蝶
Udara albocaerulea (Moore) [albocerulean] 白斑妩灰蝶，白斑妩琉灰蝶，白斑琉璃小灰蝶，白青琉璃灰蝶
Udara albocaerulea albocaerulea (Moore) 白斑妩灰蝶指名亚种，指名白斑妩灰蝶
Udara albocaerulea sauteri (Fruhstorfer) 白斑妩灰蝶邵氏亚种，索白绿璃灰蝶，台湾白斑妩灰蝶，索白蓝灰蝶
Udara aristinus (Fruhstorfer) 阿里妩灰蝶
Udara blackburnii (Tuely) [Hawaiian blue, Blackburn's blue, green Hawaiian blue, Koa butterfly] 黑妩灰蝶
Udara camenae (de Nicéville) 卡满妩灰蝶
Udara cardia (Felder) [pale hedge blue] 卡娅妩灰蝶，心纹利灰蝶
Udara cardia cardia (Felder) 卡娅妩灰蝶指名亚种
Udara cardia lombokensis (Fruhstorfer) 卡娅妩灰蝶龙目岛亚种
Udara coalita (de Nicéville) 秀丽妩灰蝶
Udara cyma (Toxopeus) 波缘妩灰蝶
Udara dilecta (Moore) [pale hedge blue] 珍贵妩灰蝶，妩琉灰蝶，达邦琉璃小灰蝶，锥栗琉璃灰蝶，埔里琉璃小灰蝶，妩灰蝶
Udara dilecta dilecta (Moore) 珍贵妩灰蝶指名亚种，指名妩灰蝶
Udara dilecta neodilecta (Corbet) 珍贵妩灰蝶新珍亚种
Udara drucei Bethune-Baker 杜妩灰蝶
Udara folus Gramar 青妩灰蝶
Udara idamis (Fruhstorfer) 伊达妩灰蝶
Udara lanka Moore [Ceylon hedge blue] 斯里兰卡妩灰蝶
Udara manokwariensis Joicey *et* Talbot 玛妩灰蝶
Udara meeki Bethune-Baker 麦克妩灰蝶
Udara nearcha (Fruhstorfer) 奈妩灰蝶
Udara oviana (Fruhstorfer) 欧娃妩灰蝶
Udara owgarra Bethune-Baker 奥妩灰蝶
Udara placidula (Druce) 圆斑妩灰蝶
Udara pullus Joicey *et* Talbot 普妩灰蝶
Udara rona (Grose-Smith) 罗娜妩灰蝶
Udara selma (Druce) 赛尔玛妩灰蝶
Udara tenella (Miskin) 泰妩灰蝶
Udara toxopeusi (Corbet) 托妩灰蝶
Udaspes 姜弄蝶属
Udaspes folus (Cramer) [grass demon] 姜弄蝶，大白纹弄蝶，银斑姜蝶，羌弄蝶
Udaspes folus cicero (Fabricius) 同 *Udaspes folus*
Udaspes stellata (Oberthür) 小星姜弄蝶
Udaya 尤蚊属，优蚊属
Udaya argyrurus (Edwards) 银尾尤蚊，银优蚊
Udaya lucaris Macdonald *et* Mattingly 卢卡尤蚊
Udaya subsimilis (Barraud) 亚同尤蚊
Udea 缨突野螟属
Udea aksualis (Caradja) 阿缨突野螟
Udea albostriata Zhang *et* Li 白纹缨突野螟
Udea auratalis (Warren) 金缨突野螟，金帕野螟
Udea austriacalis (Herrich-Schäffer) 奥缨突野螟
Udea conubialis Yamanaka 亢缨突野螟
Udea costalis (Eversmann) 缘缨突野螟
Udea curvata Zhang *et* Li 曲叶缨突野螟
Udea defectalis (Sauber) 德缨突野螟，德脂野螟
Udea endotrichialis (Hampson) 恩缨突野螟
Udea exigua (Butler) 短小缨突野螟
Udea ferrugalis (Hübner) [rusty dot pearl] 锈黄缨突野螟，萝卜黄野螟，壳缨突野螟
Udea flavofimbriata (Moore) 黄缘缨突野螟，黄缘脂野螟
Udea fulcrialis (Sauber) 福缨突野螟，福脂野螟
Udea incertalis (Caradja) 殷缨突野螟，殷黑翅野螟，疑脂野螟
Udea lototialis (Caradja) 同 *Udea suisharyonensis*
Udea lugubralis (Leech) 粗缨突野螟，暗缨突野螟
Udea martialis (Guenée) 玛缨突野螟
Udea minnehaha (Pryer) 明缨突野螟，明帕野螟，明野螟
Udea montensis Mutuura 莽缨突野螟
Udea nea (Strand) 尼缨突野螟
Udea nigrostigmalis Warren 黑痣缨突野螟，黑痣脂野螟
Udea orbicentralis (Christoph) 中眶缨突野螟，阿缨突野螟
Udea pandalis Hübner [hollyhock pyralid] 蜀葵缨突野螟，蜀葵螟
Udea planalis (South) 平缨突野螟，平脂野螟
Udea poliostolalis (Hampson) 坡利缨突野螟
Udea profundalis (Packard) [false celery leaftier] 伪芹菜缨突野螟，伪芹菜缀叶螟，拟芹菜螟
Udea prunalis (Denis *et* Schiffermüller) 北方缨突野螟
Udea rubigalis (Guenée) [celery leaftier, greenhouse leaftier] 温室缨突野螟，温室野螟，温室结网野螟，芹菜网螟，芹菜螟
Udea russispersalis (Zerny) 新疆缨突野螟
Udea schaeferi (Caradja) 夏氏缨突野螟，夏脂野螟
Udea stigmatalis (Wileman) 红痣缨突野螟，痣缨突野螟
Udea stigmatalis stigmatalis (Wileman) 红痣缨突野螟指名亚种
Udea stigmatalis tayulingensis Heppner 红痣缨突野螟大禹岭亚种，大禹岭红痣缨突野螟
Udea suisharyonensis (Strand) 水社寮缨突野螟
Udea testacea Butler 同 *Udea ferrugalis*
Udea thyalis (Walker) 晒缨突野螟，晒脂野螟

Udea tritalis (Christoph) 特缨突野螟，特脂野螟
Udinia 乌盔蚧属
Udinia psidii (Green) 南亚乌盔蚧
udo aphid [= mango aphid, *Aphis odinae* van der Goot] 杧果蚜，杧果声蚜，乌桕蚜
Udonga 突蝽属
Udonga smaragdina Walker 见 *Dalpada smaragdina*
Udonga spinidens Distant 突蝽
Udonomeiga 弯环野螟属
Udonomeiga vicinalis (South) 见 *Anania vicinalis*
Udranomia 乌苔弄蝶属
Udranomia kikkawai (Weeks) [nervous skipper] 凹纹乌苔弄蝶
Udranomia orcinus (Felder *et* Felder) [orcinus skipper] 乌苔弄蝶
Udranomia spitzi Hayward [Spitz's skipper] 斯皮乌苔弄蝶
Udugama splendens (Germar) 见 *Orthopagus splendens*
Ueana 威蝉属
Ueana rosacea (Distant) 点细威蝉，点细蛁蝉
Uenoa 乌石蛾属，黑管石蛾属
Uenoa lobata (Hwang) 双叶乌石蛾，叶曙鳞石蛾
Uenoa taiwanensis Hsu *et* Chen 台湾乌石蛾，台湾黑管石蛾
Uenoaphaenops 上野盲步甲属
Uenoaphaenops fani (Uéno) 范氏上野盲步甲
Uenobrium 棕天牛属
Uenobrium piceorubrum Hayashi 松冈棕天牛，焦茶饴色天牛
uenoid [= uenoid caddisfly, uenoid case-maker caddisfly, stonecase caddisfly] 乌石蛾 < 乌石蛾科 Uenoidae 昆虫的通称 >
uenoid caddisfly 见 uenoid
uenoid case-maker caddisfly 见 uenoid
Uenoidae 乌石蛾科，黑管石蛾科
Uenoites 上野步甲属
Uenoites gregoryi (Jeannel) 格氏上野步甲，格柯茨行步甲，格史提步甲
Uenostrongylium 优树甲属
Uenostrongylium gaoi Lin *et* Yuan 高氏优树甲
Uenostrongylium scaber Yuan *et* Ren 粗皱优树甲
Uenotrechus 上野行步甲属，上野盲步甲属
Uenotrechus hybridiformis Uéno 杂上野行步甲
Uenotrechus liboensis Deuve *et* Tian 荔波上野行步甲，荔上野盲步甲
Uenotrechus nandanensis Deuve *et* Tian 南丹上野行步甲，南丹上野盲步甲
Ufens 宽翅赤眼蜂属
Ufens acuminatus Lin 细突宽翅赤眼蜂
Ufens anomalus Lin 同 *Ufens similis*
Ufens cupuliformis Lin 杯状宽翅赤眼蜂
Ufens foersteri (Kryger) 弗氏宽翅赤眼蜂
Ufens mezentius Owen 以色列宽翅赤眼蜂
Ufens pallidus Owen 淡脉宽翅赤眼蜂
Ufens rimatus Lin 折脉宽翅赤眼蜂
Ufens similis (Kryger) 相似宽翅赤眼蜂
Ufens xinjiangensis Hu *et* Lin 同 *Ufens foersteri*
Ufeus 弧纹夜蛾属
Ufeus faunus Strecker 淡弧纹夜蛾
Ufo 方胸瘿蜂属
Ufo cerroneuroteri Melika, Tang *et* Yang 似凹方胸瘿蜂
Ufo nipponicus Melika *et* Pujade-Villar 日本方胸瘿蜂
Ufo rufiventris Wang, Guo, Wang, Pujade-Villar *et* Chen 锈腹方胸瘿蜂
Uga 膨胸小蜂属
Uga digitata Qian *et* He 指突膨胸小蜂
Uga hemicarinata Qian *et* Li 半脊膨胸小蜂
Uga sinensis Kerrich 中华膨胸小蜂
Ugandatrichia 乌小石蛾属，乌干达小石蛾属，乌姬石蛾属
Ugandatrichia navicularis Xue *et* Yang 舟形乌小石蛾，舟形乌干达小石蛾
Ugandatrichia taiwanensis Hsu *et* Chen 台湾乌小石蛾，台湾乌姬石蛾
Ugia 优夜蛾属
Ugia mediorufa (Hampson) 墨优夜蛾
Ugia purpurea Galsworthy 紫优夜蛾
Ugia sundana Hampson 阳优夜蛾
ugly-nest caterpillar [= cherry tree tortrix, *Archips cerasivoranus* (Fitch)] 樱桃树黄卷蛾，樱桃丑巢卷蛾，樱桃丑巢卷叶蛾，丑巢黄卷蛾，巢黄卷蛾
Ugyopini 五脊飞虱族
Ugyops 五脊飞虱属
Ugyops tripunctatus (Kato) 三点五脊飞虱
Ugyops vittatus (Matsumura) 斑点五脊飞虱
Ugyops zoe Fennah 条纹五脊飞虱
Uhleria 尤毡蚧属
Uhleria araucariae (Maskell) [araucaria mealybug, araucaria scale, felted pine coccid, Norfolk Island pine eriococcin, Norfolk Island pine scale] 南美杉尤毡蚧，南美杉球毡蚧
Uhlerites 角肩网蝽属
Uhlerites debilis (Uhler) [chestnut lace bug] 褐角肩网蝽
Uhlerites latius Takeya 黄角肩网蝽
Uhlerites orientalis Li 东亚角肩网蝽
Uhlerites piceus Jing 黑角肩网蝽
Uhler's arctic [*Oeneis uhleri* (Reakirt)] 波纹酒眼蝶
Uhler's stink bug [*Chlorochroa uhleri* (Stål)] 尤氏楚蝽，邬氏刺柏松蝽
uitenhage sylph [*Tsitana uitenhaga* Evans] 乌绮弄蝶
Ujna 淡翅叶蝉属
Ujna harpa (Yang *et* Li) 钩茎淡翅叶蝉，钩茎窗翅叶蝉
Ujna liangae Yang, Meng *et* He 梁氏淡翅叶蝉
Ujna maolanana Yang *et* Li 茂兰淡翅叶蝉
Ujna nigrimaculata (Yang *et* Li) 黑斑淡翅叶蝉，黑斑窗翅叶蝉
Ujna puerana (Yang *et* Meng) 普洱淡翅叶蝉，普洱窗翅叶蝉
Ujna zhengi Yang, Meng *et* Li 郑氏淡翅叶蝉
Ukrainska Entomofaunistyka 乌克兰昆虫分类学报 < 期刊名 >
Ukrainskyi Entomologichnyi Zhurnal 乌克兰昆虫学报 < 期刊名 >
Ula 胶大蚊属，尤拉大蚊属
Ula cincta Alexander 带胶大蚊，系带尤拉大蚊
Ula comes Alexander 合胶大蚊，川尤拉大蚊
Ula flavidibasis Alexander 黄基胶大蚊，黄基尤拉大蚊，全黄胶大蚊
Ula fungicola Nobuchi 松带菌胶大蚊，松带菌尤拉大蚊
Ula fuscistigma Alexander 褐斑胶大蚊，褐斑尤拉大蚊
Ula provecta Alexander 峨眉胶大蚊，离尤拉大蚊
Ula shiitakea Nobuchi [shiitake crane fly] 香菇胶大蚊，稀他克尤

拉大蚊

Ula superelegans Alexander 松岭胶大蚊，松岭尤拉大蚊

Ulanar 姬飞虱属

Ulanar centesima Yang 同 *Ulanar muiri*

Ulanar muiri (Metcalf) 姬飞虱，福建巫飞虱

Ulesta 武姬蜂属

Ulesta agitata (Matsumura *et* Uchida) 弄蝶武姬蜂

Ulesta formosana (Uchida) 台湾武姬蜂，台岛武姬蜂

Ulesta perspicua (Wesmael) 显武姬蜂

Ulesta pieli Uchida 枇武姬蜂，皮氏武姬蜂

Ulidia 金斑蝇属

Ulidia gongjuensis Chen *et* Kameneva 贡觉金斑蝇

Ulidia kandybinae Zaitzev 蒙古金斑蝇

Ulidia xizangensis Chen *et* Kameneva 西藏金斑蝇

ulidiid 1. [= ulidiid fly, picture-winged fly, ortalidian, ortalidid, ortalidid fly] 斑蝇，小金蝇 < 斑蝇科 Ulidiidae 昆虫的通称 >; 2. 斑蝇科的

ulidiid fly [= ulidiid, picture-winged fly, ortalidian, ortalidid, ortalidid fly] 斑蝇，小金蝇科

Ulidiidae [= Ortalidae, Ortalididae, Otitidae] 斑蝇科，小金蝇科

Ulidiinae 金斑蝇亚科

Uliocnemis 乌尺蛾属

Uliocnemis castalaria Oberthür 卡乌尺蛾

Uliura 阢尺蛾属

Uliura albidentata (Moore) 斑阢尺蛾

Uliura infausta (Prout) 点阢尺蛾，缘白斑尺蛾

Ulmia 联兜夜蛾亚属

Ulmocyllus 榆盲蝽属

Ulmocyllus virens Seidenstücker 绿榆盲蝽，绿食榆盲蝽，榆盲蝽，绿尤盲蝽

ulmus Sapporo aphid [= Japanese alder telocallis, *Tinocallis ulmicola* (Matsumura)] 居榆长斑蚜，榆札幌斑蚜，榆扎斑蚜

ulnar area 中域 < 见于直翅目昆虫中，同 median area>

ulnar vein 1. 肘脉 < 在半翅目昆虫中，为径脉与爪片缝间的翅脉，同 cubitus>; 2. [= inframedian vein] 下中脉 < 见于直翅目昆虫中 >

Ulobaris 尤洛象甲属，尤洛象属

Ulobaris kuchenbeisseri Hartmann 库尤洛象甲，库尤洛象，库船象甲，库船象

Ulochaetes 蜂花天牛属，狮天牛属

Ulochaetes fulvus Pu 黄腹蜂花天牛

Ulochaetes leoninus LeConte [lion beetle] 狮蜂花天牛，蜂花天牛，狮天牛，猛天牛

Ulochaetes vacca Holzschuh 黄腹蜂花天牛

Ulodemis 齿卷蛾属

Ulodemis tridentata Liu *et* Bai 三齿卷蛾

Ulodemis trigrapha Meyrick 多齿卷蛾，三线三齿卷蛾

Uloma 齿甲属，匏胸拟步行虫属

Uloma acrodonta Liu *et* Ren 尖突齿甲

Uloma bonzica Marseul 波兹齿甲

Uloma castanea Ren *et* Liu 栗色齿甲

Uloma compressa Liu *et* Ren 扁平齿甲

Uloma contortimargina Liu *et* Ren 卷边齿甲

Uloma contracta Fairmaire 窄齿甲

Uloma excisa Gebien 四突齿甲，残齿胫甲

Uloma excisa excisa Gebien 四突齿甲指名亚种，黑匏胸拟步行虫

Uloma excisa tsungseni Kaszab 四突齿甲崇氏亚种，崇埃齿胫甲

Uloma fengyangensis Liu *et* Ren 凤阳齿甲

Uloma formosana Kaszab 台湾齿甲，台齿胫甲，台湾匏胸拟步行虫

Uloma fukiensis Kaszab 福建齿甲，闽齿胫甲

Uloma gongshanica Ren *et* Liu 贡山齿甲

Uloma integrimargina Liu *et* Ren 全边齿甲

Uloma intricornicula Liu, Ren *et* Wang 歪角齿甲

Uloma javana Gebien 爪哇齿甲

Uloma kondoi Nakane 钝突齿甲

Uloma liangi Ren *et* Liu 梁氏齿甲

Uloma longolineata Liu *et* Ren 长凹齿甲

Uloma meifengensis Masumoto 梅峰齿甲，梅峰齿胫甲，梅峰匏胸拟步行虫

Uloma minuta Liu, Ren *et* Wang 小齿甲

Uloma miyakei Masumoto *et* Nishikawa 宫宅齿甲，宫宅齿胫甲

Uloma mulidenta Ren *et* Liu 多齿齿甲

Uloma nakanei Masumoto *et* Nishikawa 中根齿甲，仲成齿胫甲，中根匏胸拟步行虫

Uloma nanshanchica Masumoto *et* Nishikawa 南山溪齿甲，南山齿胫甲

Uloma nomurai Masumoto 野村齿甲，诺齿胫甲，野村匏胸拟步行虫

Uloma orientalis Laporte de Castelnau 同 *Uloma rubripes*

Uloma polita (Wiedemann) 瘤齿甲，光滑齿胫甲，瘤拟步行虫

Uloma quadratithoraca Liu *et* Ren 方胸齿甲

Uloma recurva Gebien 弯齿甲，弯齿胫甲

Uloma reitteri Kaszab 雷氏齿甲，雷齿胫甲

Uloma reticulata Liu, Ren *et* Wang 网纹齿甲

Uloma rubripes (Hope) 红足齿甲，红齿胫甲，红脚匏胸拟步行虫

Uloma sauteri Kaszab 索氏齿甲，索齿胫甲，曹氏匏胸拟步行虫

Uloma splendida Ren *et* Liu 亮黑齿甲

Uloma takagii Masumoto *et* Nishikawa 高木齿甲，塔齿胫甲

Uloma tsugeae Masumoto 津贺齿甲，津贺齿胫步甲，奋起湖匏胸拟步行虫

Uloma valgipes Liu *et* Ren 弯胫齿甲

Uloma versicolor Ren *et* Liu 杂色齿甲

Uloma zhengi Liu *et* Ren 郑氏齿甲

Ulomini 齿甲族，谷盗族

Ulomoides dermestoides (Chevrolat) 洋虫，九龙虫，皮角斗拟步甲，革帕勒拟步甲，九龙拟步行虫

ulona 厚口器 < 指直翅目昆虫的厚而肉质的口器 >

Ulonata 厚口类 < 曾用于直翅类口器较厚者 >

Ulonemia 狭网蝽属

Ulonemia assamensis (Distant) 狭网蝽

ulopid 1. [= ulopid leafhopper] 窄颊叶蝉 < 窄颊叶蝉科 Ulopidae 昆虫的通称 >; 2. 窄颊叶蝉科的

ulopid leafhopper [= ulopid] 窄颊叶蝉

Ulopidae 窄颊叶蝉科

Ulopinae 窄颊叶蝉亚科

Ulotomotethus 刻片叶蜂属

Ulotomotethus gribodoi Forsius 格氏刻片叶蜂

Ulotrichopus 蜗夜蛾属
Ulotrichopus macula (Hampson) 斑蜗夜蛾
ulphila skipper [*Poanes ulphila* (Plötz)] 舞袍弄蝶
ulrica eyemark [*Mesosemia ulrica* (Cramer)] 曲美眼蚬蝶
ultra low volume 超低容量，超低量
ultra low volume concentrate [abb. ULV] 超低容量剂
ultra low volume spray 超低容量喷雾法，超低容量喷雾
ultra low volume sprayer 超低容量喷雾器，超低容量喷雾机
ultra-morphology [= ultramorphology] 超微形态学
ultra snow flat [*Tagiades ultra* Evans] 优裙弄蝶
ultracentrifugation 超速离心法
ultracentrifuge 超速离心机
ultramarine flash [*Hypophytala ultramarina* Libert *et* Collins] 超赫灰蝶
ultramarine 绀青色 < 即深浓蓝色 >
ultramicrostructure 超微结构
ultramorphology 见 ultra-morphology
ultranodal sector [= postnodal sector] 结后分脉 < 见于蜻蜓目中 >
ultraspiracle protein [abb. USP] 超螺旋蛋白
ultrastructure 超微结构
ultrastrucutral 超微结构的
ultrathin section 超薄切片
ultraviolet absorption 紫外线吸收
ultraviolet light 紫外线
ultraviolet microscope 紫外线显微镜
ultraviolet ray 紫外线
ultraviolet rhodopsin [abb. UVRh] 紫外线视蛋白
ultraviolet spectrophototry 紫外分光光度测定
ultraviolet sulfur [= Queen Alexandra's sulphur, Alexandra sulfur, *Colias alexandra* Edwards] 艳黄豆粉蝶
ultravirus 超微病原，超病毒
ULV [ultra low volume concentrate 的缩写] 超低容量剂
ulysses [= ulysses swallowtail, mountain blue, blue emperor, blue mountain swallowtail, blue mountain butterfly, *Papilio ulysses* Linnaeus] 英雄翠凤蝶，天堂凤蝶
ulysses swallowtail 见 ulysses
umbellate pteromorpha 伞状翅形体
Umbelligerus 伞背角蝉属
Umbelligerus peruviensis Deitz 秘鲁伞背角蝉
Umbelligerus woldai Sakakibara 沃氏伞背角蝉
umber 赭土色
umber skipper 1. [*Poanes melane* (Edwards)] 棕袍弄蝶；2. [*Vertica umber* (Herrich-Schäffer)] 污顶弄蝶
umbilicate [= umbilicatus] 脐状的
umbilicatus 见 umbilicate
umbilicus 脐，脐状陷
umbo [pl. umbones] 1. 凸结；2. 肩刺 < 复数时，指鞘翅目有些昆虫前胸两旁的二可动刺 >
umbonate [= umbonatus] 具凸结的
umbonatus 见 umbonate
umbone 肩瘤 < 位于鞘翅肩角上的浮凸结节 >
umbones [s. umbo] 1. 凸结；2. 肩刺
Umbonia 弓背角蝉属
Umbonia crassicornis (Amyot *et* Serville) 粗角弓背角蝉
Umbonia spinosa (Fabricius) 刺弓背角蝉
umbraticolous 栖荫的
umbrella organ [= sensillum campaniformium (pl. sensilla campaniformia), bell organ, sense dome] 钟形感器
umbrellalike cocooning frame 伞形蔟 < 养蚕的 >
ume bark beetle [*Scolytus aratus* Blandford] 梅小蠹
ume bud moth [= prunus bud moth, peach bud moth, *Illiberis nigra* Leech] 桃鹿斑蛾，桃叶斑蛾，桃斑蛾，黑星毛虫，黑叶斑蛾，杏星毛虫，梅熏蛾
ume globose scale [= Kuno scale, apricot globose scale, Japanese apricot scale, *Eulecanium kunoense* (Kuwana)] 日本球坚蚧，日本准球蚧，日本球蜡蚧，日本球蚧，梅圆蚧
una [*Una usta* (Distant)] 纯灰蝶
una ministreak [*Ministrymon una* (Hewitson)] 纯迷灰蝶
Una 纯灰蝶属
Una pontis rovorea Fruhstorfer 见 *Orthomiella rantaizana rovorea*
Una pontis sinensis (Elwes) 见 *Orthomiella sinensis*
Una purpurea Druce 紫纯灰蝶
Una rantaizana Wileman 见 *Orthomiella rantaizana*
Una usta (Distant) [una] 纯灰蝶
Una usta usta (Distant) 纯灰蝶指名亚种，指名乌纯灰蝶
Unachionaspis 釉盾蚧属
Unachionaspis bambusae (Cockerell) 毛竹釉盾蚧
Unachionaspis signata (Maskell) 箬竹釉盾蚧
Unachionaspis tenuis (Maskell) 紫竹釉盾蚧
unacoria 第一腹节膜
unadorned mylon [*Mylon simplex* Austin] 素朴霾弄蝶
unapectinae 偏齿状突 < 见于介壳虫中 >
unarmed 无突的
unarmed temporal false ground beetle [*Trachypachus inermis* Motschulsky] 无刺粗水甲
unarticulate 无关节的
Unaspidiotus 变圆盾蚧属
Unaspidiotus corticispini (Lindinger) 松杉变圆盾蚧
unaspiracle 第一腹节气门
Unaspis 尖盾蚧属，矢盾介壳虫属
Unaspis acuminata (Green) 苏铁尖盾蚧，锐矢尖蚧
Unaspis aei Takagi 台湾尖盾蚧，台湾卫矛矢尖蚧，卫矛矢盾介壳虫
Unaspis aesculi Takahashi 七叶树尖盾蚧
Unaspis citri (Comstock) [citrus snow scale, orange snow scale, orange chionaspis] 柑橘尖盾蚧，橘盾蚧，柑橘矢尖蚧
Unaspis emei Tang 峨眉尖盾蚧，峨眉矢尖蚧
Unaspis euonymi (Camstock) [euonymus scale] 卫矛矢尖盾蚧，卫矛长蚧，卫矛矢尖蚧，卫矛蜕盾蚧，卫茅尖盾蚧
Unaspis kanoi (Takahashi) 鹿野尖盾蚧，台湾并盾蚧
Unaspis mediforma (Chen) 云南尖盾蚧，间型黑盖长盾蚧
Unaspis nanningensis Zeng 南宁矢尖蚧
Unaspis pseudaesculus Tang 拟七叶尖盾蚧，拟七叶树矢尖蚧，拟七叶树尖盾蚧
Unaspis turpiniae Takahashi 香圆尖盾蚧，山香圆矢尖蚧，山香圆矢盾介壳虫
Unaspis yanonensis (Kuwana) [arrowhead scale, arrowhead snow scale, Yanon scale, Japanese citrus scale, oriental citrus scale] 矢尖盾蚧，矢尖蚧，箭头蚧，矢根蚧，矢根介壳虫，箭头介壳虫

unasuture 第一腹节缝
unbranded ace [= southern spotted ace, *Thoressa astigmata* (Swinhoe)] 阿陀弄蝶
unbranded recluse [*Caenides xychus* (Mabille)] 无印勘弄蝶
unbroken sergeant [*Athyma pravara* Moore] 畸带蛱蝶
uncas skipper [= white-vein skipper, *Hesperia uncas* Edwards] 温卡斯弄蝶
uncertain moth [*Hoplodrina octogenaria* (Goeze)] 北筱夜蛾，奥筱夜蛾
uncertain nymph [*Euriphene incerta* Aurivillius] 印色幽蛱蝶
uncertain owlet [= bia owl, actorion owlet, *Bia actorion* (Linnaeus)] 尖尾褐环蝶
uncertain royal [*Tajuria ister* (Hewitson)] 伊斯特双尾灰蝶
unci [s. uncus] 爪形突 < 见于鳞翅目、双翅目等昆虫的雄性外生殖器中 >
Uncifer 钩长角象甲属
unciform 钩形
uncinate [= uncinatus] 钩状的
uncinatus 见 uncinate
unclear dagger moth [*Acronicta inclara* Smith] 脏剑纹夜蛾
Uncobracon 颚钩茧蜂亚属
uncolored clearwing-satyr [*Dulcedo polita* (Hewitson)] 镀眼蝶
uncompahgre fritillary [*Clossiana acrocnema* (Gall *et* Sperling)] 殊胫珍蛱蝶
unconditioned reflex 无条件反射
uncus [pl. unci] 爪形突
Undabracon 亚奇翅茧蜂属
Undabracon cariniventris Wang, Chen *et* He 腹脊亚奇翅茧蜂
undate [= undatus, undulated, undulatus] 波状的
undatergum [= telson] 尾节
undatus 见 undate
under wing [= hind wing, hindwing, metathoracic wing, secondary wing, second wing, secundarie wing, inferior wing, posterior wing, metala, ala inferior, ala postica, ala posterior] 后翅
undercooking of cocoon 未煮熟茧，轻茧，生煮
undercooling 低冷却
undercooling point 低冷却点
undercrowding 欠拥挤度
underdrying cocoon 未干茧，嫩烘茧
underground insect pest 地下害虫
underground pest 地下有害生物
undergrown larva 迟眠蚕
undernourishment 营养不良
undernutrition disturbance 营养失调
underpopulation 不足量种群
undertaking 搬尸行为 < 见于蚂蚁、白蚁等类群 >
underwing 银纹夜蛾
undose [= undosus] 波曲的
undosus 见 undose
undried cocoon 鲜茧
undulated 见 undate
undulatus 见 undate
unexpected tiger blue [*Hewitsonia inexpectata* Bouyer] 奇海灰蝶
unfertilized egg 不受精卵
Ungemach's pierrot [*Tarucus ungemachi* Stempffer] 温藤灰蝶
ungual 爪的
ungual digitule 爪毛 < 见于介壳虫中 >
ungues [s. unguis] 爪
unguiculate [= unguiculatus] 有爪的
unguiculatus 见 unguiculate
unguiculi [s. unguiculus] 小爪
unguiculus [pl. unguiculi] 小爪
unguifer 负爪片 < 指跗节端部的中背突起，上连趾爪 >
unguiflexor 爪屈肌
unguiform 爪形
unguis [pl. ungues] 爪
unguitractor 掣爪肌
unguitractor plate 掣爪片
unguitractor tendon 掣爪腱
ungula 爪
Ungulaspis 爪蛎盾蚧属
Ungulaspis ficicola (Takahashi) 无花果爪蛎盾蚧，爪蛎盾介壳虫
Ungulaspis pinicolous (Chen) 松爪蛎盾蚧
ungulate 1. 有爪的；2. 蹄状的
ungulate louse [= haematopinid louse, wrinkled sucking louse, haematopinid] 血虱 < 血虱科 Haematopinidae 昆虫的通称 >
Ungulia 单齿叶蜂属
Ungulia fasciativentris Malaise 斑腹单齿叶蜂，带腹爪叶蜂
unhibernate silkworm eggs 不越年种
unibanded leafhopper [*Euscelis striola* (Fallén)] 一字纹殃叶蝉，一字纹叶蝉，黑带田叶蝉
unicapsular 单囊的
unicellular 单细胞的
unicolorate [= unicolorous, unicoloratus] 单色的
unicoloratus 见 unicolorate
unicolored darkie [= lesser darkie, *Allotinus unicolor* Felder *et* Felder] 单色锉灰蝶
unicolorous 见 unicolorate
unicorn 单岔型
unicorn beetle [= rhinoceros beetle, American rhinoceros beetle, *Xyloryctes jamaicensis* (Drury)] 牙买加犀金龟甲，牙买加犀金龟
unicorn caterpillar moth [= unicorn prominent, variegated prominent, *Schizura unicornis* (Smith)] 独角山背舟蛾，独角天社蛾
unicorn prominent 见 unicorn caterpillar moth
unicornous 单角的
unidentate 单齿的
unifollicular 单泡的
uniform bush brown [*Bicyclus uniformis* (Bethune Baker)] 同形蔽眼蝶
uniform distribution [= uniformity distribution] 均匀分布
uniformity 均匀度，整齐度
uniformity distribution 见 uniform distribution
unigene 单基因，非冗余独立基因
unilabiate 单唇的
Unilaprionus 单叶锯天牛属
Unilaprionus unilamellatus (Pu) 单叶锯天牛
unilateral 一侧的
Unilepidotricha 合腺地谷蛾属

Unilepidotricha gracilicurva Xiao *et* Li 细弯合腺地谷蛾
unilocular 单室的
unimodal distribution 单峰分布
uninominal [= monomial] 单名的
union jack [= red-banded jezebel, *Delias mysis* (Fabricius)] 红带斑粉蝶，糠虾斑粉蝶
uniordinal crochets 单序趾钩
uniplicate 单褶的
unipolar 单极的
unipolar cell 单极细胞
unique-headed bug [= enicocephalid bug, enicocephalid, gnat bug, clear-winged bug] 奇蝽，长头蝽 < 奇蝽科 Enicocephalidae 昆虫的通称 >
unique ranger [*Kedestes lenis* Riley] 雷尼肯弄蝶
uniserial 单行 < 指鳞翅目幼虫趾钩排列成一行 >
uniserial circle 单行环
unisetose 单毛的
unisexual 单性的
Unisitobion 单网管蚜亚属，单网管蚜属
Unisitobion cirsiariston Zhang, Chen, Zhong *et* Li 同 *Chitinosiphum cirsorhizum*
Unisitobion sorbi (Matsumura) 见 *Macrosiphum sorbi*
unitary taxonomy 统一分类
Unitrichus 娄通缘步甲亚属
univalent 单价的
universal primer 通用引物
univoltine 1. 一化的；2. 一化性
univoltine race 一化性品种
univoltine silkworm 一化性蚕
univoltinism 一化性，一抱性，一化性现象
Unkana 雾弄蝶属
Unkana ambasa (Moore) [hoary palmer] 雾弄蝶
Unkana eupheme (Esper) [yellow palmer] 尤雾弄蝶
Unkana flava 同 *Unkana eupheme*
Unkana mindanensis Fruhstorfer 菲雾弄蝶
Unkana mytheca (Hewitson) [silver-and-yellow palmer] 鞘雾弄蝶
Unkanodella 瘤突飞虱属
Unkanodella ussuriensis Vilbaste 乌苏里瘤突飞虱
Unkanodes 白脊飞虱属
Unkanodes albifascia (Matsumura) [black rice planthopper] 白带白脊飞虱，稻黑飞虱
Unkanodes sapporona (Matsumura) 白脊飞虱
unmarked ceres forester [*Euphaedra inanum* (Butler)] 茵栎蛱蝶
unmarked costus skipper [*Hypoleucis tripunctata* Mabille] 白衬弄蝶
unmarked dagger moth [*Acronicta innotata* Guenée] 无斑剑纹夜蛾
unmarked pink forester [*Euphaedra diffusa* Gaede] 无斑栎蛱蝶
unparasitized 未被寄生的
unpupated larva 1. 未化蛹幼虫；2. 未化蛹蚕
unreelable cocoon 汤茧
unrooted binary tree 无根二叉树
unrooted network 无根网络
unrooted tree 无根树 < 一类系统发育关系树 >
unsclerotized 非硬化的
unseasonal hatching of silkworm-egg 再出卵
unsilvered fritillary [= adiaste fritillary, *Speyeria adiaste* (Edwards)] 阿迪斑豹蛱蝶
unspecialized 普通的，非特化的
unspotted aspen leaf beetle [= poplar leaf beetle, *Chrysomela tremulae* Fabricius] 白杨叶甲
unspotted bluemark [= pseudomeris metalmark, *Lasaia pseudomeris* (Clench)] 伪腊蚬蝶
unspotted leaf miner [*Parornix geminatella* (Packard)] 无斑帕潜蛾，无斑丽细蛾
unspotted pixie [*Melanis cinaron* (Felder *et* Felder)] 辛娜黑蚬蝶
unspotted spider beetle [= Australian spider beetle, *Ptinus ocellus* Brown] 澳洲蛛甲
unstable inheritance 不稳定遗传性
unsuitable habitat 非适生区
untailed ginger white [*Athysanota ornata* Mabille] 装饰灰蝶
untailed playboy [*Deudorix ecaudata* Gifford] 艾考玳灰蝶
untidy liptena [*Liptena eukrines* (Druce)] 优琳灰蝶
unweighted pair-group mean average [abb. UPGMA] 非加权算术平均聚类
unwinding of cocoon 茧解舒 < 家蚕茧的 >
unwinding ratio 解舒率 < 家蚕茧的 >
unxia eurybia [= azure-winged eurybia, *Eurybia unxia* (Godman *et* Salvin)] 温海蚬蝶
UPGMA [unweighted pair-group mean average 的缩写] 非加权算术平均聚类
upland plain forester [*Bebearia subtentyris* (Strand)] 高地舟蛱蝶
Upolampes 灯灰蝶属
Upolampes evena (Hewitson) 灯灰蝶
upper field 臀区
upper lance-shaped plate 上柳叶板
upper margin 上缘
upper median area 中区
upper radial 上径脉 < 指鳞翅目中康氏脉系中的 M_1 脉；数字序列的第五脉 >
upper sector of triangle 三角室上段脉 < 指蜻蜓目康氏脉系的 Cu_1>
upper squama 上腋瓣
upregulation 上调
upsilon [= furca] 叉骨
uptake rate 摄入率
Upupicola 乌鸟虱属
Upupicola upupae (Schrank) 戴胜乌鸟虱，戴胜鸟虱
Upupicola melanophrys (Nitzsch) 暗额乌鸟虱
Ura [uracil 的缩写] 尿嘧啶
ura [= human bot fly, torsalo botfly, berne, torsalo, American warble fly, *Dermatobia hominis* (Linnaeus)] 人肤蝇，人疽蝇
Uraba 冠瘤蛾属
Uraba lugens Walker [gum-leaf skeletoniser] 橡胶冠瘤蛾
Uracanthella 天角蜉属
Uracanthella punctisetae (Matsumura) 红天角蜉
Uracanthella rufa (Imanishi) 赤天角蜉
Uracanthus 双刺天牛属
Uracanthus cryptophagus Olliff [orange-stem wood borer] 橘黄双刺天牛，隐尖胸天牛

Uracanthus pallens Hope 苍白双刺天牛

Uracanthus triangularis Hope [triangular-marked longhorn beetle] 角斑双刺天牛

uracil [abb. Ura] 尿嘧啶

Uraecha 泥色天牛属

Uraecha albovittata Breuning 白条泥色天牛

Uraecha angusta (Pascoe) 樟泥色天牛，西藏细角长天牛，台湾矢尾天牛

Uraecha bimaculata Thomson 二斑泥色天牛

Uraecha chinensis Breuning 中华泥色天牛

Uraecha longzhouensis Wang *et* Chiang 同 *Annamanum lunulatum*

Uraecha obliquefasciata Chiang 斜纹泥色天牛

Uraecha ochreomarmorata Breuning 大理纹泥色天牛

Uraecha perplexa Gressitt 杂纹泥色天牛

Uraecha punctata Gahan 白斑泥色天牛

Uraecha yunnana Breuning 云南泥色天牛

Uraechoides 长须天牛属

Uraechoides taomeiae Hayashi, Nara *et* Yu 桃妹长须天牛

Urakawa leafhopper [*Idiocerus urakawensis* Matsumura] 黑河片角叶蝉

Uralaphorura 乌拉姚属

Uralaphorura tunguzica Babenko 通古斯乌拉姚

Uraneis 圆蚬蝶属

Uraneis hyalina (Butler) 圆蚬蝶

Uraneis ucubis (Hewitson) 白条圆蚬蝶

Uraneis zamuro (Thieme) 札圆蚬蝶

urania skipper [*Phocides urania* (Westwood)] 乌拉蓝条弄蝶

uranid 1. [= uranid moth, swallowtail moth] 燕蛾 < 燕蛾科 Uraniidae 昆虫的通称 >; 2. 燕蛾科的

uranid moth [= uranid, swallowtail moth] 燕蛾

Uraniidae 燕蛾科

Uraniinae 燕蛾亚科

Uranioidea 燕蛾总科

Uranobothria 天蓝蚬蝶属

Uranobothria celebica (Fruhstorfer) 天蓝蚬蝶

Uranobothria tsukadai Eliot *et* Kawazoé 秋天蓝蚬蝶

Uranotaenia 蓝带蚊属，蓝带蚊亚属，小蚊属，小蚊亚属

Uranotaenia abdita Peyton 迭名蓝带蚊

Uranotaenia alboannulata (Theobald) 白环蓝带蚊

Uranotaenia annandalei Barraud 安氏蓝带蚊，安氏小蚊

Uranotaenia bicolor Leicester 双色蓝带蚊

Uranotaenia edwardsi Barraud 爱氏蓝带蚊，爱德蓝带蚊

Uranotaenia enigmatica Peyton 迷洞蓝带蚊

Uranotaenia hebes Barraud 罕培蓝带蚊，淡色小蚊

Uranotaenia jacksoni Edwards 香港蓝带蚊

Uranotaenia jinhongensis Dong, Dong *et* Zhou 景洪蓝带蚊

Uranotaenia koli Peyton *et* Klein 科利蓝带蚊

Uranotaenia leiboensis Chu 雷波蓝带蚊

Uranotaenia loshanensis Wang *et* Fang 同 *Uranotaenia nivipleura*

Uranotaenia lui Lien 吕氏蓝带蚊，吕氏小蚊

Uranotaenia lutescens Leicester 贫毛蓝带蚊

Uranotaenia macfarlanei Edwards 麦氏蓝带蚊，麦氏小蚊

Uranotaenia maxima Leicester 巨型蓝带蚊，特大小蚊

Uranotaenia mengi Chen, Wang *et* Zhao 孟氏蓝带蚊

Uranotaenia nivipleura Leicester 白胸蓝带蚊，白肋小蚊

Uranotaenia novobscura Barraud 新糊蓝带蚊，新黑小蚊

Uranotaenia obscura Edwards 暗糊蓝带蚊

Uranotaenia qui Dong, Dong *et* Zhou 瞿氏蓝带蚊

Uranotaenia smudges Dong, Zhou *et* Gong 污色蓝带蚊

Uranotaenia sombooni Peyton *et* Klein 素蓬蓝带蚊，宋氏小蚊

Uranotaenia spiculosa Peyton *et* Rattanarithikul 细刺蓝带蚊，多刺小蚊

Uranotaenia stricklandi Barraud 斯氏蓝带蚊

Uranotaenia testacea Theobald 钻石蓝带蚊，钻色蓝带蚊

Uranotaenia unguiculata Edwards 长爪蓝带蚊

Uranotaenia yaeyamana Tanaka, Mizusawa *et* Saugstad 八重山蓝带蚊，八重山小蚊

Uranotaenia yunnanensis Dong, Dong *et* Wu 云南蓝带蚊

Uranotaeniini 蓝带蚊族

Uranothauma 天奇灰蝶属

Uranothauma antinorii (Oberthür) [blue heart, Antinori's branded blue] 安天奇灰蝶

Uranothauma belcastroi Larsen [Belcastro's branded blue] 苾天奇灰蝶

Uranothauma cordatus Sharpe 珂天奇灰蝶

Uranothauma crawshayi Butler 天奇灰蝶

Uranothauma delatorum Heron 带天奇灰蝶

Uranothauma falkensteini Dewitz [lowland branded blue] 福天奇灰蝶

Uranothauma frederikkae Libert [Cameroon branded blue] 喀天奇灰蝶

Uranothauma heritsia Hewitson [light branded blue] 海天奇灰蝶

Uranothauma nubifer (Trimen) [black heart, black-heart branded blue] 弄天奇灰蝶

Uranothauma poggei (Dewitz) [striped heart] 波天奇灰蝶

Uranothauma vansomereni Stempffer [pale heart] 范天奇灰蝶

Uranucha spuria (Thomson) 见 *Thressa spuria*

uranus opal [*Poecilmitis uranus* Pennington] 圆幻灰蝶

Urapteroides 尤燕蛾属

Urapteroides astheniata (Guenée) 阿尤燕蛾

Urapteryx 尾尺蛾属 *Ourapteryx* 的异名

Urapteryx asymetricaria (Oberthür) 见 *Tristrophis rectifascia asymetricaria*

Urapteryx imitans Bastelberger 见 *Ourapteryx imitans*

Urapteryx kernaria (Oberthür) 见 *Ourapteryx kernaria*

Urapteryx nigrociliaris Leech 见 *Ourapteryx nigrociliaris*

Urapteryx parallelaria Leech 见 *Ourapteryx parallelaria*

urate cell 尿酸盐细胞

urban entomology 城市昆虫学

urban insect 城市昆虫

urban silverfish [= silverfish, fishmoth, *Lepisma saccharina* Linnaeus] 台湾衣鱼，普通衣鱼，西洋衣鱼，衣鱼

Urbanus 长尾弄蝶属

Urbanus albimargo (Mabille) [albimargo longtail] 白缘长尾弄蝶

Urbanus belli (Hayward) [Bell's longtail] 棘缘长尾弄蝶

Urbanus brachius Hübner 臂长尾弄蝶

Urbanus cenis Herrich-Schäffer 塞尼斯长尾弄蝶

Urbanus chalco (Hübner) [chalco longtail] 铜长尾弄蝶

Urbanus dorantes (Stoll) [dorantes longtail] 剑长尾弄蝶

Urbanus doryssus (Swainson) [white-tailed longtail] 白尾长尾弄蝶

Urbanus dubius Steinhauser 疑长尾弄蝶

U

Urbanus elmina Evans [Andean longtail] 埃米长尾弄蝶
Urbanus esma Evans [esma longtail] 依斯马长尾弄蝶
Urbanus esmeraldus (Butler) [esmeraldas longtail] 蓝绿长尾弄蝶
Urbanus esta Evans [esta longtail] 东部长尾弄蝶
Urbanus evona Evans [turquoise longtail] 埃沃娜长尾弄蝶
Urbanus harpagus Felder 见 *Ridens harpagus*
Urbanus longicaudus Austin 龙长尾弄蝶
Urbanus lucida Plötz 明长尾弄蝶
Urbanus metophis Latreille 美长尾弄蝶
Urbanus miltas Godman *et* Salvin 米尔长尾弄蝶
Urbanus parvus Austin 小长尾弄蝶
Urbanus procne (Plötz) 棕色长尾弄蝶
Urbanus prodicus Bell 浪长尾弄蝶
Urbanus pronta Evans [pronta longtail] 皮罗长尾弄蝶
Urbanus pronus Evans 绿背长尾弄蝶
Urbanus proteus (Linnaeus) [long-tailed skipper, bean leafroller] 长尾弄蝶 < 此种的中文名称曾误称为豆变形卷蛾与豆变形卷叶蛾 >
Urbanus simplicius (Stoll) [plain longtail] 隐斑长尾弄蝶
Urbanus tanna Evans [tanna longtail] 五斑长尾弄蝶
Urbanus teleus (Hübner) [teleus longtail] 四斑长尾弄蝶
Urbanus velinus (Plötz) [velinus longtail] 罩长尾弄蝶
Urbanus villus Austin 茸长尾弄蝶
Urbanus viterboana (Ehrmann) 维特长尾弄蝶
Urbona 厄瘤蛾属，厄夜蛾属
Urbona leucophaea (Walker) 淡厄瘤蛾，淡厄夜蛾
urceolate 壶状的
Urd [= U; uridine 的缩写] 尿嘧啶核苷，尿苷
Urellia cribrata Becker 同 *Tephritis oedipus*
Urellia nebulosa Becker 见 *Tephritis nebulose*
Urellia punctum Becker 见 *Tephritis puncta*
Urellia variata Becker 见 *Tephritis variata*
Urelliosoma 厄实蝇属，乌雷利实蝇属
Urelliosoma triste Chen 端斑厄实蝇，特里斯乌雷利实蝇，晦拟郁实蝇
Urentius 毛网蝽属
Urentius hystricellus (Richter) [eggplant lace bug] 茄毛网蝽
Uresipedilum 内突多足摇蚊亚属
Uresiphita 长角野螟属
Uresiphita dissipatalis (Lederer) 双斑长角野螟
Uresiphita gilvata (Fabricius) 黄长角野螟
Uresiphita gracilis (Butler) 贯众长角野螟
Uresiphita prunipennis (Butler) 普长角野螟
Uresiphita quinquigera (Moore) 五斑长角野螟，五斑伸喙野螟
Uresiphita reversalis (Guenée) [genista caterpillar] 金雀花长角野螟，金雀花螟，黄花洸木螟
Uresiphita topa (Strand) 托帕长角野螟
Uresiphita tricolor (Butler) 杨芦长角野螟
uresis 排尿
ureter 尿管柄 < 指连接马氏管与肠的柄 >
Urganus 歪茎叶蝉属
Urganus chosenensis (Matsumura) 朝鲜歪茎叶蝉
uria euselasia [*Euselasia uria* (Hewitson)] 尾优蚬蝶
uric acid 尿酸
uricase 尿酸酶
uricogenesis 尿酸生成
uricolysis 尿酸分解
uridine [abb. U, Urd] 尿嘧啶核苷，尿苷
urinary vessel 尿管 < 即马氏管 (Malpighing tube)>
urination 排尿
urite 腹节
Uroceridae [= Siricidae] 树蜂科
Urocerus 大树蜂属，角树蜂属
Urocerus albicornis (Fabricius) [white-horned horntail] 白角大树蜂
Urocerus antennatus (Marlatt) 异角大树蜂
Urocerus brachyrus Maa 短胫大树蜂，短角树蜂
Urocerus californicus Norton 加州大树蜂
Urocerus cressoni Norton [black and red horntail] 克森大树蜂
Urocerus dongchuanensis Xiao *et* Wu 东川大树蜂
Urocerus flavicornis (Fabricius) [yellow-horned horntail, yellow-horned urocerus] 黄角大树蜂
Urocerus fushengi Xiao *et* Wu 复生大树蜂
Urocerus gigas (Linnaeus) [giant horntail, giant woodwasp, banded horntail, greater horntail] 云杉大树蜂，枞大树蜂
Urocerus gigas flavicornis (Fabricius) 见 *Urocerus flavicornis*
Urocerus gigas gigas (Linnaeus) 云杉大树蜂指名亚种
Urocerus gigas orientalis Maa 云杉大树蜂东方亚种
Urocerus gigas taiganus Benson 云杉大树蜂泰加亚种，泰加大树蜂，泰加巨大树蜂
Urocerus gigas tibetanus Benson 云杉大树蜂西藏亚种，西藏大树蜂，西藏巨大树蜂
Urocerus helvolus Xiao *et* Wu 黄翅大树蜂
Urocerus japonicus Smith [Japanese horntail] 日本大树蜂
Urocerus koshunus (Sonan) 高雄大树蜂，恒春角树蜂
Urocerus lijiangensis Xiao *et* Wu 丽江大树蜂
Urocerus linitus Xiao *et* Wu 暗腹大树蜂
Urocerus multifasciatus Takeuchi 扁柏大树蜂，桧角树蜂
Urocerus niger Benson 黑色大树蜂
Urocerus niitakanus (Sonan) 长胫大树蜂，玉山角树蜂
Urocerus serricornis Xiao *et* Wu 多刺大树蜂
Urocerus sicieni Maa 陈氏大树蜂
Urocerus similis Xiao *et* Wu 类台大树蜂
Urocerus tsutsujiyamanus (Sonan) 翠山大树蜂，翠山角树蜂
Urocerus tumidus Maa 顶胀大树蜂，瘤角树蜂
Urocerus xanthus (Cameron) 藏黄大树蜂
Urocerus yasushii (Yano) 安士大树蜂
Urochela 壮异蝽属
Urochela albosignata Ren *et* Bu 白点壮异蝽
Urochela caudatus (Yang) 拟壮异蝽
Urochela distincta Distant 亮壮异蝽
Urochela elongata Blöte 窄壮异蝽
Urochela emeia Yang 峨眉壮异蝽
Urochela falloui Reuter 短壮异蝽
Urochela flavoannulata (Stål) 黄壮异蝽
Urochela furca Lin 见 *Urostylis furca*
Urochela guttulata Stål 扩壮异蝽
Urochela hamata Ren 钩壮异蝽
Urochela himalayaensis Yang 喜马壮异蝽
Urochela intermedia Yang 居间壮异蝽

Urochela licenti (Yang) 光壮异蝽，光华异蝽
Urochela lobata Ren 叶壮异蝽
Urochela longmenensis Chen 龙门壮异蝽
Urochela luteovaria Distant [pear stink-bug] 花壮异蝽，梨蝽，梨椿象
Urochela montana Ren 山壮异蝽
Urochela musiva (Jakovlev) 艺壮异蝽
Urochela neoluteovaria Yang 同 *Urochela luteovaria*
Urochela notata Ren 黑痣壮异蝽
Urochela nubila Ren 云壮异蝽
Urochela obscura Zhang *et* Xue 同 *Urochela paraobscura*
Urochela paraobscura Zhang *et* Xue 暗点壮异蝽
Urochela parvinotata Yang 小点壮异蝽
Urochela picta Ren 绣壮异蝽
Urochela pollescens (Jakovlev) 无斑壮异蝽
Urochela punctata Hsiao *et* Ching 褐壮异蝽
Urochela quadrinotata (Reuter) [four-spotted shield-bug, four-patched stink bug] 红足壮异蝽
Urochela ramifer Blote 越南壮异蝽
Urochela rubra Yang 黑足壮异蝽
Urochela rufiventris Hsiao *et* Ching 膜斑壮异蝽
Urochela scutellata Yang 同 *Urochela quadrinotata*
Urochela siamensis Yang 见 *Chelurotropella siamensis*
Urochela sichuanensis Yang 四川壮异蝽
Urochela sordida Li 污壮异蝽
Urochela stigmatella (Yang) 山西壮异蝽，山西华异蝽
Urochela strandi Esaki 斯氏壮异蝽
Urochela tunglingensis Yang 黄脊壮异蝽
Urochela verrucosa Ren 瘤壮异蝽
Urochela wui Yang 同 *Urochela luteovaria*
Urochela yunnanana Ren 云南壮异蝽
Urochelellus 肩异蝽属
Urochelellus acutihumeralis Yang 锐肩异蝽
urocyte 尿酸盐细胞
Urodexia 柄尾寄蝇属
Urodexia penicillum Osten-Sacken 簇毛柄尾寄蝇
Urodexia uramyoides (Townsend) 尾柄尾寄蝇
urodid 1. [= urodid moth, false burnet moth] 尾蛾 < 尾蛾科 Urodidae 昆虫的通称 >；2. 尾蛾科的
urodid moth [= urodid, false burnet moth] 尾蛾
Urodidae 尾蛾科
Urodoidea 尾蛾总科
Urodonta 娓舟蛾属 *Ellida* 的异名
Urodonta arcuata Alphéraky 见 *Ellida arcuata*
Urodonta viridimixta (Bremer) 见 *Ellida viridimixta*
urogomphi [s. urogomphus] 尾突
urogomphus [pl. urogomphi] 尾突
Urolabida 盲异蝽属
Urolabida aipysa Ren 陡盲异蝽
Urolabida baoshanana Ren 保山盲异蝽
Urolabida bimaculata Ren 双斑盲异蝽
Urolabida bipunctata Stål 二点盲异蝽
Urolabida callosa Hsiao *et* Ching 奇突盲异蝽
Urolabida calycis Ren 萼突盲异蝽
Urolabida concolor Hsiao *et* Ching 乳突盲异蝽
Urolabida cuneata Ren 楔突盲异蝽
Urolabida diaoluoensis Ren 吊罗盲异蝽
Urolabida grayii (White) 扩边盲异蝽
Urolabida guangxiensis Ren 广西盲异蝽
Urolabida hainanana Ren 海南盲异蝽
Urolabida histrionica (Westwood) 橘盾盲异蝽
Urolabida huangi Ren 黄氏盲异蝽
Urolabida intacta Maa 福建盲异蝽
Urolabida khasiana Distant 黑角盲异蝽
Urolabida lineata Hsiao *et* Ching 棕带盲异蝽
Urolabida lobopleuralis (Maa) 叶侧盲异蝽
Urolabida luchunana Ren 绿春盲异蝽
Urolabida maculata Zhang *et* Xue 盾斑盲异蝽
Urolabida marginata Hsiao *et* Ching 淡边盲异蝽
Urolabida menghaiensis Ren 勐海盲异蝽
Urolabida menglongana Ren 勐龙盲异蝽
Urolabida miyamotoi Ren 宫本盲异蝽
Urolabida montana Ren 山盲异蝽
Urolabida napoensis Ren 那坡盲异蝽
Urolabida nigra Zhang *et* Xue 黑盲异蝽
Urolabida nigromarginalis (Reuter) 黑边盲异蝽，广东娇异蝽
Urolabida pseudaipysa Lin 同 *Urolabida aipysa*
Urolabida pulchra Blöte 美盲异蝽
Urolabida recurvata (Maa) 双曲盲异蝽
Urolabida scutellata Ren 盾突盲异蝽
Urolabida scutellata Zhang *et* Xue 同 *Urolabida maculata*
Urolabida septemdentata Maa 七齿盲异蝽
Urolabida sinensis (Walker) 中国盲异蝽，中国娇异蝽
Urolabida sinica Ren *et* Liu 华夏盲异蝽
Urolabida spathulata Ren 匙突盲异蝽
Urolabida spathulifera Blöte 剑突盲异蝽
Urolabida subspatulata Lin *et* Zhang 小匙突盲异蝽
Urolabida subtruncata Maa 带盲异蝽
Urolabida suppressa (Maa) 显褐脉盲异蝽
Urolabida taiwanensis Ren *et* Lin 台湾盲异蝽
Urolabida tenera Westwood 柔盲异蝽
Urolabida triramalis Ren *et* Lin 枝抱盲异蝽
Urolabida wufengana Ren *et* Bu 五峰盲异蝽
Urolabida zhamogana Ren 藏盲异蝽
Urolaguna 兔尾祝蛾属
Urolaguna heosa Wu 兔尾祝蛾
Uroleucon 指网管蚜属，黑尾蚜属
Uroleucon aquaviride Zhang, Chen, Zhong *et* Li 同 *Macrosiphum euphorbiae*
Uroleucon asteromyzon Zhang, Chen, Zhong *et* Li 菀指网管蚜
Uroleucon cephalonopli (Takahashi) 头指网管蚜，头指管蚜
Uroleucon debile (Takahashi) 软莴苣指网管蚜，软莴苣指管蚜，黑尾蚜
Uroleucon erigeronense (Thomas) 飞蓬指网管蚜
Uroleucon formosanum (Takahashi) [Taiwan lettuce aphid, Formosan lettuce aphid] 莴苣指网管蚜，莴苣指管蚜，白尾红蚜，莴苣蚜，台湾莴苣长管蚜
Uroleucon giganteum (Matsumura) 巨指网管蚜，巨指管蚜
Uroleucon gobonis (Matsumura) [burdock long-horned aphid] 红花指网管蚜，红花指管蚜，牛蒡蚜，牛蒡长管蚜

Uroleucon kikioense (Shinji) 基较指网管蚜，基较指管蚜

Uroleucon lactucicola (Strand) 居莴苣指网管蚜，居莴苣指管蚜，中华黑尾蚜，居苦荬指管蚜

Uroleucon lactucicola lactucicola (Strand) 居莴苣指网管蚜指名亚种

Uroleucon lactucicola yiningense Zhang, Chen, Zhong *et* Li 居莴苣指网管蚜伊宁亚种

Uroleucon macgillivrayae (Olivier) 马氏指网管蚜，马克氏指管蚜

Uroleucon monticola (Takahashi) 山指网管蚜，山指管蚜，白尾褐蚜

Uroleucon nigrocampanulae (Theobald) 乳白风铃草指网管蚜，乳白风铃草指管蚜

Uroleucon nilkaense Zhang, Chen, Zhong *et* Li 见 *Obtusicauda nilkaense*

Uroleucon omeishanense (Tao) 峨眉山指网管蚜，峨眉山指管蚜

Uroleucon picridis (Fabricius) 马醉木指网管蚜，马醉木指管蚜，毛连菜指管蚜

Uroleucon quinghaiense Zhang, Chen, Zhong *et* Li 见 *Sitobion quinghaiense*

Uroleucon rudbeckiae (Fitch) [goldenglow aphid] 金光菊指网管蚜，金红长管蚜

Uroleucon solidaginis (Fabricius) [goldenrod aphid] 黄胫指网管蚜，黄胫黑尾蚜，福建长管蚜

Uroleucon sonchi (Linnaeus) [large sowthistle aphid] 苣荬指网管蚜，苣荬指管蚜，苦苣指网管蚜

Uroleucon yiliense Zhang, Chen, Zhong *et* Li 同 *Sitobion miscanthi*

uroleuconaphin 指管蚜色素

Uromedina 尾寄蝇属

Uromedina atrata (Townsend) 暗尾寄蝇，黑尾寄蝇，黑务寄蝇，乌黑寄蝇

Uromedina caudata Townsend 后尾寄蝇，尾务寄蝇

uromere 腹节

uropatagia 基片

Urophora 筒尾实蝇属，乌罗实蝇属，U 纹实蝇属

Urophora bicoloricornis (Zia) 同 *Urophora hoenei*

Urophora canpestris Ito 坎佩筒尾实蝇，坎佩乌罗实蝇

Urophora egestata Hering 麻花头筒尾实蝇，埃格乌罗实蝇

Urophora formosana (Shiraki) 黑股筒尾实蝇，台湾乌罗实蝇，宝岛 U 纹实蝇

Urophora hoenei (Hering) 二色筒尾实蝇，霍氏乌罗实蝇，二色角尤洛实蝇，二色角优利实蝇

Urophora japonica (Shiraki) 日本筒尾实蝇，日本乌罗实蝇

Urophora mandschurica (Hering) 明翅筒尾实蝇，曼德乌罗实蝇，东北优利实蝇

Urophora misakiana (Matsumura) 蓟筒尾实蝇，米萨乌罗实蝇

Urophora sachalinensis (Shiraki) 萨哈林筒尾实蝇，萨哈林乌罗实蝇

Urophora shatalkini Korneyev *et* White 沙氏筒尾实蝇，沙乌罗实蝇

Urophora shirakii (Munro) 见 *Myopites shirakii*

Urophora sinica (Zia) 中华筒尾实蝇，中华乌罗实蝇，中国尤洛实蝇

Urophora stylata (Fabricius) 三纹筒尾实蝇，斯蒂乌罗实蝇

Urophora tenuis Becker 风毛菊筒尾实蝇，腾努乌罗实蝇，新疆尤洛实蝇

Urophora tsoii Korneyev *et* White 左氏筒尾实蝇，左乌罗实蝇

Urophorus 尾露尾甲属，优露尾甲属

Urophorus adumbratus (Murray) 暗彩尾露尾甲

Urophorus feai (Grouvelle) 毛边尾露尾甲

Urophorus foveicollis (Murray) 凹窝尾露尾甲，窝优露尾甲

Urophorus heros (Grouvelle) 多变尾露尾甲

Urophorus humeralis (Fabricius) [pineapple sap beetle, pineapple beetle, yellow shouldered souring beetle, maize blossom beetle] 隆肩尾露尾甲，肩优露尾甲，肩露尾甲，玉米花露尾甲，肩果露尾甲，隆肩露尾甲

Urophorus prodicus Hinton 首判尾露尾甲

Urophorus rubiginosus (Murray) 锈色尾露尾甲

uropod [pl. uropoda] 尾足；腹足

uropoda [s. uropod] 尾足；腹足

uroporphyrin 尿卟啉

Uroprosodes 圆侧琵甲亚属

uropygium 尾产卵管

Uropyia 美舟蛾属

Uropyia arcuata Alphéraky 见 *Ellida arcuata*

Uropyia branickii (Oberthür) 见 *Ellida branickii*

Uropyia melli Schintlmeister 梅氏美舟蛾，美丽美舟蛾

Uropyia meticulodina (Oberthür) 核桃美舟蛾，核桃天社蛾，双色美舟蛾，核桃娓舟蛾

urosome [= abdomen, abdominal region, pleon] 腹部，腹

urosternite 腹节腹片

Urostylidae [= Urostylididae] 异蝽科，异尾蝽科 < 该名曾被用于半翅目昆虫的异蝽科 Urostylidae Dallas, 1851 和纤毛门 Phylum liliata 原生动物的尾柱纤毛虫科 Urostylidae Bütschli, 1889，即构成了同名关系；用于昆虫类的科名虽早，但构词欠妥，现在异蝽科科名改用 Urostylididae >

urostylidid 1. [= urostylidid bug, urostylidid stinkbug] 异蝽 < 异蝽科 Urostylididae 昆虫的通称 >；2. 异蝽科的

urostylidid bug [= urostylidid, urostylidid stinkbug] 异蝽

urostylidid stinkbug 见 urostylidid bug

Urostylididae [= Urostylidae] 异蝽科，异尾蝽科

Urostylidinae 异蝽亚科

Urostylinae 见 Urostylidinae

Urostylis 娇异蝽属

Urostylis acuminate Ren 尖娇异蝽

Urostylis adiai Nonnaizab 阿氏娇异蝽

Urostylis annulicornis Scott 环角娇异蝽

Urostylis atrostigma Maa 同 *Urostylis westwoodi*

Urostylis blattiformis Bergroth 蠊形娇异蝽，福建娇异蝽

Urostylis chinai Maa 角突娇异蝽

Urostylis cletoformis Ren 瘦娇异蝽

Urostylis connectens Hsiao *et* Ching 过渡娇异蝽

Urostylis denticollis Ren 齿娇异蝽

Urostylis fici Ren 榕娇异蝽

Urostylis forcipatis Ren 钳突娇异蝽

Urostylis furca (Lin) 叉娇异蝽

Urostylis furcatis Ren 芒突娇异蝽

Urostylis furcifer Blöte 云南娇异蝽

Urostylis genevae Maa 绿娇异蝽

Urostylis gladiatis Ren 剑突娇异蝽

Urostylis guangdongensis Chen 同 *Urolabida nigromarginalis*

Urostylis hummeli Lindberg 同 *Urochela pollescens*

Urostylis immaculatus Yang 刺突娇异蝽
Urostylis insignis Hsiao *et* Ching 无斑娇异蝽
Urostylis lateralis Walker 侧点娇异蝽
Urostylis limbatus Hsiao *et* Ching 双突娇异蝽
Urostylis linguiformis Ren 舌突娇异蝽
Urostylis lobopleuralis Maa 见 *Urolabida lobopleuralis*
Urostylis maoershanensis Ren 猫儿山娇异蝽
Urostylis minuta Ren 小娇异蝽
Urostylis montana Ren 高山娇异蝽
Urostylis musivus Jakovlev 见 *Urochela musiva*
Urostylis obscura Xue *et* Zhang 暗娇异蝽
Urostylis pallida Dallas 苍白娇异蝽
Urostylis paratrifida Ren *et* Lin 腹岔娇异蝽
Urostylis punctigera Westwood [champ bug] 具点娇异蝽
Urostylis qinlingensis Zheng 秦岭娇异蝽
Urostylis quadrinotata Reuter 见 *Urochela quadrinotata*
Urostylis recurvata Maa 见 *Urolabida recurvata*
Urostylis ruficornis Ren 红突娇异蝽
Urostylis rugosa Blöte 皱娇异蝽
Urostylis similinsignis Ren 类无斑娇异蝽
Urostylis sinensis Walker 见 *Urolabida sinensis*
Urostylis smaragdina Ren 浅绿娇异蝽
Urostylis spectabilis Distant 橘边娇异蝽
Urostylis stipulata Ren 柄娇异蝽
Urostylis striicornis Scott 匙突娇异蝽
Urostylis suppressa Maa 见 *Urolabida suppressa*
Urostylis taiwanensis Ren *et* Lin 台湾娇异蝽
Urostylis tricarinata Maa 斑娇异蝽
Urostylis trifida Ren 三娇异蝽
Urostylis trullata Kerzhner 杓娇异蝽
Urostylis venulosa Hsiao *et* Ching 褐脉娇异蝽
Urostylis verticalis Maa 闽娇异蝽
Urostylis westwoodi Scott [quercus stink bug] 黑门娇异蝽
Urostylis xingshanensis Ren 兴山娇异蝽
Urostylis xizangensis Zheng *et* Xue 西藏娇异蝽
Urostylis yangi Maa 淡娇异蝽
Urostylis zhengi Ren 郑氏娇异蝽
Urosyrista 尾茎蜂属
Urosyrista mencioyana Maa 三加尾茎蜂，民西尾茎蜂
Urosyrista montana Maa 淡基尾茎蜂，蒙岱尾茎蜂
urotergite 腹节背片
Urothemis 曲钩脉蜻属
Urothemis signata (Rambur) 赤斑曲钩脉蜻，曲钩脉蜻
Urothemis signata insignata (Sélys) 赤斑曲钩脉蜻微斑亚种
Urothemis signata signata (Rambur) 赤斑曲钩脉蜻指名亚种
Urothemis signata yiei Asahina 赤斑曲钩脉蜻台湾亚种，褐基蜻蜓
urothripid 1. [= urothripid thrips] 尾蓟马 < 尾蓟马科 Urothripidae 昆虫的通称 >；2. 尾蓟马科的
urothripid thrips [= urothripid] 尾蓟马
Urothripidae 尾蓟马科
Urothripini 尾管蓟马族
Urothripoidea 尾蓟马总科
Urothrips 尾管蓟马属
Urothrips gibberosa (Kudô) 驼峰尾管蓟马
Urothrips junctus (Okajima *et* Urushihara) 连接尾管蓟马
Urothrips minor Faure 小尾管蓟马
Urothrips tarai (Stannard) 塔来尾管蓟马
Uroxiphini 单刺角蝉族
urqua skipper [*Conga urqua* (Schaus)] 乌康弄蝶
ursa silkworm 熊蚕
Ursine giant-skipper [*Megathymus ursus* Poling] 熊大弄蝶
urstigma 拟气门
urtica leaf roller [*Orthotaenia undulana* (Denis *et* Schiffermüller)] 直带小卷蛾，荨麻卷蛾，荨麻卷叶蛾
urticating 螫刺的
urticating hair 螫毛
urticating substance 螫刺物质
urtication 刺疹
uruba skipper [*Cymaenes uruba* (Plötz)] 乌鹿弄蝶
Urytalpa 乌菌蚊属
Urytalpa bartata Cao et Zhou 簇毛乌菌蚊
usambara diadem [= red spot diadem, *Hypolimnas usambara* Ward] 雾洒斑蛱蝶
Usambaromyiinae 乌桑巴摇蚊亚科
Usana 尤颖蜡蝉属
Usana yanonis Matsumura 日本尤颖蜡蝉
Uscana 尤氏赤眼蜂属
Uscana callosobruchi Lin 豆象尤氏赤眼蜂
Uscana changbaiensis Lou *et* Cao 见 *Pseuduscana changbaiensis*
Uscana femoralis Lou 同 *Uscana callosobruchi*
Uscana latipenis Lin 宽茎尤氏赤眼蜂
Uscana rugatus Lin 纹胸尤氏赤眼蜂
Uscana senex (Grese) 赛内尤氏赤眼蜂
Uscana setifera Lin 见 *Pseuduscana setifera*
Uscanoidea 异角赤眼蜂属
Uscanoidea apiclavata Lin 尖棒异角赤眼蜂
Uscanoidea ovata Lin 卵棒异角赤眼蜂
Usharia 芜小叶蝉属
Usharia ancora Zhang *et* Qin 锚突芜小叶蝉，锚端芜小叶蝉
Usharia atma Dworakowska 阿芜小叶蝉
Usharia cassiae Dworakowska 卡赛芜小叶蝉
Usharia constricta Zhang *et* Qin 缢瓣芜小叶蝉
Usharia denticulata Zhang *et* Qin 齿缘芜小叶蝉，齿芜小叶蝉
Usharia excurrens Zhang *et* Qin 塔突芜小叶蝉
Usharia glabra Dworakowska 光芜小叶蝉
Usharia hyzha Dworakowska 亥芜小叶蝉
Usharia marginata Zhang *et* Qin 缘突芜小叶蝉
Usharia mata Dworakowska 马它芜小叶蝉
Usharia obtusa Thapa 钝突芜小叶蝉
Usharia spinosa Zhang *et* Qin 棘突芜小叶蝉
Usharia tama Dworakowska 塔玛芜小叶蝉
Usia 乌蜂虻属
Usia angustifrons Becker 尖额乌蜂虻
Usia xizangensis Yang *et* Yang 见 *Parageron xizangensis*
Usiinae 乌蜂虻亚科
Usilanus 凹颊长蝽属
Usilanus burmanicus Distant 缅甸凹颊长蝽
Usilanus pictus (Distant) 斑驳凹颊长蝽

Usingerida 尤扁蝽属

Usingerida carinata Hsiao 脊尤扁蝽

Usingerida hubeiensis Liu 湖北尤扁蝽

Usingerida pingbiena Hsiao 长头尤扁蝽

Usingerida tuberosa Hsiao 大尤扁蝽

Usingerida verrucigera (Bergroth) 疣尤扁蝽

USP [ultraspiracle protein 的缩写] 超螺旋蛋白

Ussher's palla [*Palla ussheri* (Butler)] 黄草蛱蝶

Ussuraridelus 网胸茧蜂属

Ussuraridelus yaoae Chen *et* van Achterberg 姚氏网胸茧蜂

Ussuriana 赭灰蝶属

Ussuriana choui Wang *et* Fan 周氏赭灰蝶

Ussuriana fani Koiwaya 范赭灰蝶

Ussuriana michaelis (Oberthür) 赭灰蝶

Ussuriana michaelis gabrielis (Leech) 赭灰蝶西部亚种，西部赭灰蝶

Ussuriana michaelis michaelis (Oberthür) 赭灰蝶指名亚种，指名迷赭灰蝶

Ussuriana michaelis takarana (Araki *et* Hirayama) 赭灰蝶宝岛亚种，宝岛灰蝶，宝岛小灰蝶，赭灰蝶，藏宝赭灰蝶

Ussuriana plania Wang *et* Ren 平赭灰蝶

Ussuriana stygiana (Butler) 斯赭灰蝶

Ussuriana takarana (Araki *et* Hirayama) 见 *Ussuriana michaelis takarana*

Ussuriana takarana pseudibara Mizoguchi, Hura *et* Mizoguchi 同 *Ussuriana michaelis takarana*

Ussurohelcon 弯脊茧蜂属

Ussurohelcon koshunensis (Watanabe) 恒春弯脊茧蜂，高雄高腹茧蜂

Ussurohelconini 弯脊茧蜂族

Usta wallengreni Felder 肯尼亚肖乳香大蚕蛾

ustulate [= ustulatus] 焦褐色的

ustulatus 见 ustulate

Usuironus 利叶蝉亚属，利叶蝉属，宽额叶蝉属

Usuironus limbicosta (Jacobi) 见 *Handianus* (*Usuironus*) *limbicosta*

Usuironus limbifer (Matsumura) 见 *Handianus* (*Usuironus*) *limbifer*

Usuironus ogikubonis (Matsumura) 见 *Handianus* (*Usuironus*) *ogikubonis*

Usuironus quadrimaculatus Cai *et* Shen 同 *Handianus* (*Usuironus*) *limbifer*

Utah stella orange tip [*Anthocharis stella browningi* (Edwards)] 星襟粉蝶犹他亚种

Utamphorophora 长膨管蚜属，台瘤蚜属

Utamphorophora montanus (Takahashi) 见 *Taiwanomyzus montanus*

Utaperla 犹绿蟦属

Utaperla orientalis Nelson *et* Hanson 东方犹绿蟦

uterine 子宫的

uterine tube 输卵管

uterus 子宫

Utetes 纵脊茧蜂属

Utetes acustratus Fischer 条纹纵脊茧蜂，条纹潜蝇茧蜂

Utetes antennbrevis Weng *et* Chen 短角纵脊茧蜂，短角潜蝇茧蜂

Utetes breviculus Chen *et* Geng 隆胸纵脊茧蜂，隆胸潜蝇茧蜂

Utetes dimidiruga Chen *et* Weng 半皱纵脊茧蜂，半皱潜蝇茧蜂

Utetes fulvifacies Fischer 红头纵脊茧蜂，红头潜蝇茧蜂

Utetes laevigatus Weng *et* Chen 光背纵脊茧蜂，光背潜蝇茧蜂

Utetes pratense Weng *et* Chen 宽颚纵脊茧蜂，宽颚潜蝇茧蜂

Utetes punctata Chen *et* Weng 粒皱纵脊茧蜂，粒皱潜蝇茧蜂

Utetes saltator Telenga 林地纵脊茧蜂，林地潜蝇茧蜂

Utetes sauteri Fischer 邵氏纵脊茧蜂，邵氏潜蝇茧蜂

Utetheisa 星灯蛾属

Utetheisa fractifascia (Wileman) 小花斑星灯蛾，小花斑蝶星灯蛾，小花斑蝶灯蛾，弗伪蝶灯蛾

Utetheisa inconstans (Butler) 大花斑星灯蛾，大花斑蝶星灯蛾，大花斑蝶灯蛾，帕异伪蝶灯蛾，阴蝶灯蛾，阴皮拟灯蛾

Utetheisa lotrix (Cramer) [salt-and-pepper moth] 拟三色星灯蛾

Utetheisa lotrix lotrix (Cramer) 拟三色星灯蛾指名亚种，指名拟三色星灯蛾

Utetheisa lotrix stigmata Rothschild 拟三色星灯蛾具痣亚种

Utetheisa ornatrix (Linnaeus) [bella moth, ornate bella moth, ornate moth, rattlebox moth] 美丽星灯蛾，美丽灯蛾，雅星灯蛾，响盒蛾，响盒灯蛾

Utetheisa ornatrix bella (Linnaeus) 美丽星灯蛾贝拉亚种

Utetheisa ornatrix ornatrix (Linnaeus) 美丽星灯蛾指名亚种

Utetheisa pulchella (Linnaeus) [crimson-speckled flunkey, crimson-speckled moth] 丽星灯蛾，二色饰星灯蛾，三色星灯蛾

Utetheisa pulchella antennata (Swinhoe) 丽星灯蛾显角亚种

Utetheisa pulchella pulchella (Linnaeus) 丽星灯蛾指名亚种

Utetheisa pulchella thyter Butler 见 *Utetheisa thyter*

Utetheisa pulchelloides Hampson [heliotrope moth] 美星灯蛾，拟丽星灯蛾

Utetheisa pulchelloides pectinata Hampson 美星灯蛾梳角亚种

Utetheisa pulchelloides pulchelloides Hampson 美星灯蛾指名亚种

Utetheisa pulchelloides vaga Jordan 美星灯蛾锯角亚种，普三色星灯蛾，洼拟丽星灯蛾

Utetheisa thyter Butler 塞星灯蛾，塞丽星灯蛾

Uthinia 尤苔螟

Uthinia albisignalis (Hampson) 白纹尤苔螟，白纹苔螟

Utobium marmoratum Fall 宿干松材窃蠹

utricle [pl. utriculi; = utriculus] 小囊

utricular [= utriculate, utriculatus] 有小囊的

utriculate 见 utricular

utriculatus 见 utricular

utriculi [s. utriculus; = utricles] 小囊

utriculi breviores 小胞囊 < 在蟋蟀等昆虫中，与贮精囊相连接的小胞囊 >

utriculi majores 大胞囊 < 在蟋蟀等昆虫中，与贮精囊相连接的大胞囊 >

utriculus [pl. utriculi; = utricle] 小囊

utrimque 两侧同位的 < 意为两边位置相似的 >

Uvarovina 尤螽属

Uvarovina chinensis Ramme 中华尤螽

Uvarovina daurica (Uvarov) 达乌里尤螽

Uvaroviola 尤蝗属

Uvaroviola multispinosa Bey-Bienko 多刺尤蝗，多刺尤氏蝗

Uvarovites 鸣蝈螽属

Uvarovites inflatus (Uvarov) 鼓翅鸣蝈螽

UVRh [ultraviolet rhodopsin 的缩写] 紫外线视蛋白
uza skipper [*Enosis uza* (Hewitson)] 猷并弄蝶
Uzeldikra 乌小叶蝉属
Uzeldikra citrina (Melichar) 柠檬乌小叶蝉，柠檬拟乌小叶蝉
Uzeldikra grisea Dworakowska 灰乌小叶蝉
Uzeldikra longiprocessa Zhang *et* Kang 长突乌小叶蝉
Uzelothripidae 膜蓟马科
Uzelothrips 膜蓟马属
Uzelothrips scabrosus Hood 粗膜蓟马
uzi fly 1. [*Exorista sorbillans* (Wiedemann)] 家蚕追寄蝇；2. [= tasar uzi fly, tasar ujifly, uzyfly, *Blepharipa zebina* (Walker)] 蚕饰腹寄蝇
Uzucha 皮木蛾属
Uzucha borealis Turner 皮木蛾
Uzucha humeralis Walker 肩皮木蛾
Uzuchidae [= Cryptophasidae, Xyloryctidae] 木蛾科，堆砂蛀蛾科
uzyfly [= tasar uzi fly, tasar ujifly, uzi fly, *Blepharipa zebina* (Walker)] 蚕饰腹寄蝇

v. et [vide etiam 的缩写] 并见
v-shaped notal ridge V– 形背脊 < 指胸部盾间沟内的内脊 >
Vacciniina 娲灰蝶属
Vacciniina optilete (Knoch) [cranberry blue] 娲灰蝶，酸果蔓豆灰蝶
Vacciniina optilete kingana (Matsumura) 娲灰蝶日本亚种，肯奥灰蝶
Vacciniina optilete optilete (Knoch) 娲灰蝶指名亚种
Vacciniina optilete shonis (Matsumura) 娲灰蝶韩国亚种，项奥灰蝶
Vacciniina optilete sibirica (Staudinger) 娲灰蝶西伯亚种，西伯娲灰蝶
Vacerra 婉弄蝶属
Vacerra bonfilius (Latreille) [common therra, bonfilius skipper] 常婉弄蝶，婉弄蝶
Vacerra caniola (Herrich-Schäffer) [caniola skipper] 卡婉弄蝶
Vacerra cervara Steinhauser [Steinhauser's therra, cervara skipper] 斯氏婉弄蝶
Vacerra egla (Hewitson) [egla skipper] 埃婉弄蝶
Vacerra evansi Hayward 伊婉弄蝶
Vacerra gayra (Dyar) [Guatemalan therra, gayra skipper] 盖拉婉弄蝶
Vacerra hermesia (Hewitson) [hermesia skipper] 秘鲁婉弄蝶
Vacerra lachares Godman [Godman's therra] 拉婉弄蝶
Vacerra litana (Hewitson) [litana skipper] 利婉弄蝶
Vacerra molla Bell [molla skipper] 模婉弄蝶
Vachiria 枯猎蝽属
Vachiria clavicornis Hsiao *et* Ren 同 *Vachiria prolixa*
Vachiria deserta (Becker) 沙地枯猎蝽，沙漠枯猎蝽
Vachiria prolixa Kiritshenko 普枯猎蝽
Vachiria przevalskii (Jakovlev) 新疆枯猎蝽
vacuolar ATPase 液泡 ATP 酶
vacuolar-type proton ATPase 液泡型 ATP 酶
vacuolared [= vacuolate] 有泡的
vacuolate 见 vacuolared
vacuole 液泡
Vadana 曲柄锤角细蜂属
Vadana rugose Liu *et* Xu 皱胸曲柄锤角细蜂
Vadonia 滨花天牛属
Vadonia bipunctata (Fabricius) 二斑滨花天牛
vagabond crambus [= vagabond sod webworm, *Agriphila vulgivagella* (Clemens)] 北美田草螟，徘徊苞螟
vagabond sod webworm 见 vagabond crambus
vagina [pl. vaginae] 阴道，生殖腔
vaginae [s. vagina] 阴道，生殖腔
vaginal 1. 鞘状的；2. 阴道的
vaginal areole [= discaloca, vaginal disc, mesodiscaloca, ventral scar, subcircular scar] 盘突域，中盘突域 ＜见于介壳虫中＞
vaginal disc 见 vaginal areole
Vaginata 鞘翅目 < 已成废名 >
vaginate [= vaginatus] 有鞘的
vaginatus 见 vaginate
vaginula [pl. vaginulae] 产卵器鞘 < 指产卵器 (terebra) 的鞘 >
vaginulae [s. vaginula] 产卵器鞘
Vagitanus terminalis (Matsumura) 见 *Nipponosemia terminalis*
Vagitanus virescens (Kato) 见 *Nipponosemia virescens*
Vagrans 彩蛱蝶属
Vagrans egista (Cramer) [vagrant, tailed rustic] 彩蛱蝶，黑缘假尾蛱蝶
Vagrans egista brixia (Fruhstorfer) 彩蛱蝶中型亚种，中印彩蛱蝶
Vagrans egista egista (Cramer) 彩蛱蝶指名亚种
Vagrans egista macromalayana Fruhstorfer 彩蛱蝶大型亚种，大彩蛱蝶
Vagrans egista sinha Kollar [Himalayan vagrant] 彩蛱蝶喜马亚种，辛彩蛱蝶
vagrant 1. 扩散蚜 < 常指有翅孤雌胎生蚜在第二寄主间的扩散 >; 2. [= tailed rustic, *Vagrans egista* (Cramer)] 彩蛱蝶，黑缘假尾蛱蝶
vagrant grasshopper [= gray bird grasshopper, *Schistocerca nitens* (Thunberg)] 灰沙漠蝗
vagus [= sympathetic nervous system, vagus nervous system, vagus nerve system] 交感神经系统
vagus nerve 交感神经
vagus nerve system 见 vagus
vagus nervous system 见 vagus
Val [valine 的缩写] 缬氨酸
valanga grasshopper [= Javanese grasshopper, Malaysian locust, tumeric grasshopper, black horn grasshopper, *Valanga nigricornis* (Burmeister)] 黑角瓦蝗，黑角刺胸蝗，东洋黑角蝗
Valanga 瓦蝗属
Valanga irregularis Walker 杉瓦蝗，昆士兰南洋杉蝗
Valanga nigricornis (Burmeister) [valanga grasshopper, Javanese grasshopper, Malaysian locust, tumeric grasshopper, black horn grasshopper] 黑角瓦蝗，黑角刺胸蝗，东洋黑角蝗
valda skipper [*Morys valda* Evans] 瓦尔达颉弄蝶
Valenfriesia 伟长角象甲属
Valenfriesia deropygoides (Senoh) 德伟长角象甲，德凸唇毛象
Valentia 锤胫猎蝽属
Valentia compressipes Stål 锤胫猎蝽
Valentia hoffmanni China 小锤胫猎蝽
Valentia insulanus (Miller) 南海锤胫猎蝽
Valentinia glandulella (Riley) 见 *Blastobasis glandulella*
Valenzuela 梵蛄属，梵啮虫属
Valenzuela aridus (Hagen) 见 *Caecilius aridus*
Valenzuela flavidorsalis (Okamoto) 见 *Caecilius flavidorsalis*
Valenzuela fraternus (Banks) 见 *Caecilius fraternus*
Valenzuela gonostigma (Enderlein) 见 *Caecilius gonostigma*
Valenzuela muggenbergi (Enderlein) 见 *Caecilius muggenbergi*
Valenzuela okamotoi (Banks) 见 *Caecilius okamotoi*

Valenzuela oyamai (Enderlein) 见 *Caecilius oyamai*
Valenzuela podacromelas (Enderlein) 见 *Caecilius podacromelas*
Valenzuela stigmatus (Okamoto) 见 *Caecilius stigmatus*
Valeria 鹰冬夜蛾属 < 该属名有一粉蝶科 Pteridae 昆虫的次同名 >
Valeria anais (Lesson) 见 *Pareronia anais*
Valeria anais hainanensis (Fruhstorfer) 见 *Pareronia valeria hainanensis*
Valeria avatar (Moore) 见 *Pareronia avatar*
Valeria dilutiapicata Filipjev 北鹰冬夜蛾
Valeria euplexina Draudt 尤鹰冬夜蛾
Valeria exanthema (Boursin) 巨肾鹰冬夜蛾
Valeria heterocampa (Moore) 高鹰冬夜蛾
Valeria mienshani Draudt 绵鹰冬夜蛾
Valeria muscosula Draudt 刚鹰冬夜蛾
Valeria tricristata Draudt 碧鹰冬夜蛾
Valeria viridimacula (Graeser) 绿鹰冬夜蛾，褐绿鹰冬夜蛾
Valeria viridingra Hampson 见 *Valeriodes viridinigra*
valeriana cloudywing [*Codatractus valeriana* (Plötz)] 云翅铐弄蝶
valeric acid 戊酸
Valeriodes 准鹰冬夜蛾属
Valeriodes cyanelinea (Hampson) 绿准鹰冬夜蛾，青线准鹰冬夜蛾
Valeriodes heterocampa (Moore) 高准鹰冬夜蛾
Valeriodes icamba (Swinhoe) 青准鹰冬夜蛾，伊准鹰冬夜蛾
Valeriodes viridinigra (Hampson) 褐绿准鹰冬夜蛾，褐绿鹰冬夜蛾，黑绿准鹰冬夜蛾
Valescus 烟蝽属
Valescus jianhenansis Chen 剑河烟蝽
Valescus omeiensis Hsiao *et* Cheng 峨眉烟蝽
valgate [= valgatus] 1. 底大的；2. 短足的
valgatus 见 valgate
valgid 1. [= valgid beetle] 胖金龟甲，胖金龟 < 胖金龟甲科 Valgidae 昆虫的通称 >；2. 胖金龟甲科的
valgid beetle [= valgid] 胖金龟甲，胖金龟
Valgidae 胖金龟甲科，胖金龟科，弯腿金龟科
Valgus 胖金龟甲属，胖金龟属
Valgus hemipterus (Linnaeus) 短翅胖金龟甲，短翅胖金龟
Valgus heydeni Semenow 赫胖金龟甲，赫胖金龟
Valgus okajimai Kobayashi 冈岛胖金龟甲，冈岛扁花金龟
Valgus parvicollis Fairmaire 小胖金龟甲，小胖金龟
Valgus pubicollis Pic 同 *Hybovalgus thibetanus*
Valgus savioi Pic 同 *Hybovalgus thibetanus*
Valgus thibetanus Nonfried 见 *Hybovalgus thibetanus*
Valiatrella 维蟋属
Valiatrella laminaria Liu *et* Shi 片维蟋
Valiatrella multiprotubera Liu *et* Shi 多突维蟋
Valiatrella pulchra (Gorochov) 丽维蟋
Valiatrella sororia (Gorochov) 姊妹维蟋

valid name 有效名
validamycin 井冈霉素，有效霉素
Validentia 强齿姬蜂属
Validentia horishana (Uchida) 埔里强齿姬蜂，埔里阿嘎姬蜂
Validentia kankoensis (Uchida) 台湾强齿姬蜂
Validentia muscula Heinrich 强齿姬蜂
valine [abb. Val] 缬氨酸
Valleriola 大细蝽属
Valleriola buenoi (Usinger) 布氏大细蝽，布氏大细足蝽
valley carpenter bee [*Xylocopa varipuncta* Patton] 山谷木蜂
valley elderberry longhorn beetle [*Desmocerus californicus dimorphus* Ślipiński] 加州青带天牛四点亚种，加州德花天牛四点亚种，山谷接骨木天牛
valley grasshopper [*Oedaleonotus enigmus* (Scudder)] 美山谷蝗
valva [pl. valvae] 1. 抱器瓣，抱握瓣；2. 瓣
valvae [s. valva] 1. 抱器瓣，抱握瓣；2. 瓣
Valvaribifidum 叉瓣蚕蛾属
Valvaribifidum huananense Wang, Huang *et* Wang 湖南叉瓣蚕蛾
Valvaribifidum sinica (Dierl) 华叉瓣蚕蛾，华灰白蚕蛾，华特野蚕蛾
valvate 1. 有瓣的；2. 瓣状的
valve 瓣 < 可作为广义的通称，也可专用于产卵器中产卵瓣及膜翅目昆虫口器中的外颚叶 >
valve of operculum 盖瓣 < 见于介壳虫中，参阅 operculum>
valve of the heart 心瓣
Valvepipsocus 瓣上蛄属
Valvepipsocus diodematus Li 纵带瓣上蛄
valverde giant skipper [= coahuila giant-skipper, *Agathymus remingtoni* Stallings *et* Turner] 酪斑硕大弄蝶
valvifer 负瓣片，载瓣片
Valvifulgoria 瓣蜡蝉属
Valvifulgoria pingkuiensis Lin 平桂瓣蜡蝉
Valvifulgoria tiantungensis Lin 天堂瓣蜡蝉
valvula [pl. valvulae; = valvule] 1. 小瓣；2. 产卵瓣
valvula vulvae 阴门瓣
valvulae [s. valvula] 1. 小瓣；2. 产卵瓣
valvular 1. 有瓣的；2. 瓣的
valvular process 瓣端突 < 常指蜻蜓目中产卵瓣顶的不分节突起 >
vampire moth 1. [*Calyptra thalictri* (Borkhausen)] 广壶夜蛾，壶夜蛾，广壶裳蛾；2. 壶夜蛾 < 壶夜蛾属 *Calyptra* 昆虫的通称 >
Vamuna 瓦苔蛾属，维黄华苔蛾属 < 此属学名有误写为 *Vamura* 者 >
Vamuna alboluteola (Rothschild) 黄黑瓦苔蛾，黄黑华苔蛾，黄黑苔蛾，黄白华苔蛾，维黄华苔蛾，中带白苔蛾 < 此种学名有误写为 *Vamuna alboluteora* (Rothschild) 者 >
Vamuna albulata (Fang) 肖黄黑瓦苔蛾，肖黄黑华苔蛾
Vamuna bipars Moore 两部瓦苔蛾，两部华苔蛾
Vamuna fusca (Fang) 褐瓦苔蛾，褐华苔蛾
Vamuna maculata Moore 斑瓦苔蛾，斑驳华苔蛾，斑华苔蛾
Vamuna postalba (Fang) 后白瓦苔蛾，后华瓦苔蛾
Vamuna remelana (Moore) 白黑瓦苔蛾，白黑华苔蛾，拉瓦苔蛾
Vamuna sinensis (Leech) 中华瓦苔蛾，中华苔蛾
Vamuna stoutzneri (Draeseke) 峭瓦苔蛾，峭华苔蛾
van de Poll's birdwing [*Troides vandepolli* (Snellen)] 范氏裳凤蝶
van Dyke's bumble bee [*Bombus vandykei* (Frison)] 范氏熊蜂
van Someren's buff [*Cnodontes vansomereni* Stempffer *et* Bennett] 范氏康灰蝶
van Someren's gem [*Chloroselas vansomere* Jackson] 婉黄绿灰蝶
van Someren's green-banded swallowtail [*Papilio interjecta* van Someren] 樱花芷凤蝶
van Someren's playboy [*Deudorix vansomereni* Stempffer] 范氏玳灰蝶
van Son's blue [*Lepidochrysops vansoni* (Swanepoel)] 范森鳞灰蝶

van Son's copper [*Aloeides vansoni* Tite *et* Dickson] 范乐灰蝶
van Son's emperor [*Charaxes vansoni* van Someren] 范森螯蛱蝶
van Son's playboy [*Deudorix vansoni* Pennington] 范森玳灰蝶
van Son's skolly [*Thestor vansoni* Pennington] 范森秀灰蝶
Vanapa oberthuri Pouillaude [hoop pine weevil] 南美杉象甲
vanda orchid scale [= vanda scale, mango grey scale, *Genaparlatoria pseudaspidiotus* (Lindinger)] 大戟齿片盾蚧
vanda scale 见 vanda orchid scale
Vandicidae 脊鞘螋科，梵蒂螋科
Vane-Wright's glasswing [*Ornipholidotos irwini* Collins *et* Larsen] 莱特耳灰蝶
Vaneeckeia 空舟蛾属
Vaneeckeia pallidifascia (Hampson) 木荷空舟蛾，淡带范舟蛾
Vaneeckeia pallidifascia centrobrunnea Matsumura 木荷空舟蛾中棕亚种，中棕淡带范舟蛾，褐丸舟蛾，褐丸胯舟蛾
Vaneeckeia pallidifascia pallidifascia (Hampson) 木荷空舟蛾指名亚种
vanella [pl. vanellae] 翅基域
vanellae [s. vanella] 翅基域
Vanessa 红蛱蝶属
Vanessa altissima (Rosenberg *et* Talbot) [Andean lady] 居高红蛱蝶
Vanessa annabella (Field) [West Coast lady] 安娜红蛱蝶
Vanessa atalanta (Linnaeus) [red admiral] 优红蛱蝶，红纹丽蛱蝶
Vanessa aureum Smith *et* Abbot 同 *Polygonia interrogationis*
Vanessa braziliensis Moore [Brazilian lady] 布雷红蛱蝶
Vanessa buana (Fruhstorer) [Lompobatang lady] 布红蛱蝶
Vanessa cardui (Linnaeus) [painted lady, cosmopolitan] 小红蛱蝶，姬红蛱蝶，小苎麻赤蛱蝶，苎麻赫蛱蝶，全球赫蛱蝶，苎胥，大红蛱蝶，苎麻赤蛱蝶
Vanessa cardui cardui (Linnaeus) 小红蛱蝶指名亚种，指名小红蛱蝶
Vanessa cardui japonica Stichel 同 *Vanessa cardui cardui*
Vanessa carye (Hübner) [western painted lady] 珂玉红蛱蝶
Vanessa caschmirensis (Kollar) 见 *Aglais caschmirensis*
Vanessa dejeani Godart 褐红蛱蝶
Vanessa gonerilla (Fabricius) [New Zealand red admiral] 眉红蛱蝶
Vanessa indica (Herbst) [Asian admiral, Indian red admiral, Indian painted lady] 大红蛱蝶，红蛱蝶，苎麻蛱蝶，苎麻赤蛱蝶，橙蛱蝶，印度赤蛱蝶
Vanessa indica indica (Herbst) 大红蛱蝶指名亚种，指名大红蛱蝶
Vanessa indica nubicola (Fruhstorfer) 大红蛱蝶云斑亚种
Vanessa io geisha Stichel 见 *Inachis io geisha*
Vanessa itea (Fabricius) [Australian admiral, yellow admiral] 黄眉红蛱蝶
Vanessa kershawi (McCoy) [Australian painted lady] 恺撒红蛱蝶
Vanessa myrinna Doubleday [banded lady] 多红蛱蝶
Vanessa polychloros Linnaeus 见 *Nymphalis polychloros*
Vanessa pulchra Chou, Yuan *et* Zhang 艳丽红蛱蝶
Vanessa samani (Hagen) 萨红蛱蝶
Vanessa tameamea (Eschscholtz) [kamehameha] 特美红蛱蝶，夏威夷红蛱蝶
Vanessa terpsichore Philipi [Chilean lady] 特红蛱蝶
Vanessa urticae connex Butler 见 *Aglais urticae connexa*
Vanessa virginiensis (Drury) [American lady, American painted lady, painted beauty, Virginia lady] 北美红蛱蝶，黄斑红蛱蝶，费州蛱蝶
Vanessa vulcania (Godart) [canary red admiral] 淡黄红蛱蝶
Vanessa xanthomelas Denis *et* Schiffermüller 见 *Nymphalis xanthomelas*
Vanessa xanthomelas japonica Stichel 见 *Nymphalis xanthomelas japonica*
vanessoides hairstreak [*Aubergina vanessoides* (Prittwitz)] 奥拜灰蝶
Vanessula 侏蛱蝶属
Vanessula milca (Hewitson) [Lady's maid] 侏蛱蝶
Vangama 弯头叶蝉属
Vangama albiveina Li 见 *Riseveinus albiveinus*
Vangama picea Wang *et* Li 黑色弯头叶蝉
Vangama steneosaura Distant 枝叉弯头叶蝉
Vanhornia 离颚细蜂属
Vanhornia guizhouensis (He *et* Chu) 贵州离颚细蜂
vanhorniid 1. [= vanhorniid wasp] 离颚细蜂 <离颚细蜂科 Vanhorniidae 昆虫的通称>；2. 离颚细蜂科的
vanhorniid wasp [= vanhorniid] 离颚细蜂
Vanhorniidae 离颚细蜂科
Vanhorniinae 离颚细蜂亚科
vanillefalter [= gulf fritillary, passion butterfly, *Agraulis vanillae* (Linnaeus)] 银纹红袖蝶，香子蓝袖蝶
vannal fold [= plica vannalis, plica analis, anal fold] 臀褶，扇褶，翅扇褶
vannal region [= vannus] 扇域
vannal vein 扇脉
vannus 见 vannal region
vanya silk 非家蚕丝
vapona [= vaponite] 敌敌畏
vaponite 见 vapona
vapourer [= rusty tussock moth, common vapourer, common vapourer moth, vapourer moth, *Orgyia antiqua* (Linnaeus)] 古毒蛾，缨尾毛虫，落叶松毒蛾，角斑台毒蛾，杨白纹毒蛾，囊尾毒蛾，角斑古毒蛾，白刺古毒蛾
vapourer moth 见 vapourer
Varagua katydid [*Microcentrum veraguae* Hebard] 绿角翅螽
Vareuptychia 娲眼蝶属
Vareuptychia divergens Butler 娲眼蝶
Vareuptychia themis (Butler) 法神娲眼蝶
Vareuptychia undina (Butler) 波娲眼蝶
variability 变异性
variable banner [= crinkled banner, *Bolboneura sylphis* (Bates)] 彩苞蛱蝶
variable beautymark [= periander metalmark, *Rhetus periander* (Cramer)] 白条松蚬蝶
variable blue [*Lepidochrysops variabilis* Cottrell] 红幻鳞灰蝶
variable blue-skipper [= jovianus blue skipper, *Pythonides jovianus* (Stoll)] 牌弄蝶
variable bolla [*Bolla giselus* (Mabille)] 变杂弄蝶
variable cattleheart [*Parides erithalion* (Boisduval)] 红裙番凤蝶
variable checkerspot [= Chalcedon checkerspot, *Euphydryas chalcedona* (Doubleday)] 铜斑堇蛱蝶
variable colotis [= blue-spotted Arab, *Colotis phisadia* (Godart)] 黑衫珂粉蝶

variable cracker [*Hamadryas feronia* (Linnaeus)] 菲蛤蟆蛱蝶
variable cuckoo bumble bee [*Bombus variabilis* (Cresson)] 多变熊蜂
variable dancer [*Argia fumipennis* (Burmeister)] 烟翅阿蟌
variable emesis [= great emesis, great tanmark, Mandana emesis, *Emesis mandana* (Cramer)] 红螟蚬蝶
variable euselasia [= mys euselasia, *Euselasia mys* (Herrich-Schäffer)] 木优蚬蝶
variable false acraea [*Pseudacraea dolomena* Hewitson] 狡伪珍蛱蝶
variable firetip [*Elbella intersecta* (Herrich-Schäffer)] 叉礁弄蝶
variable hairstreak [*Parrhasius orgia* Nicolay] 傲葩灰蝶
variable harlequin [*Pseuderesia eleaza* (Hewitson)] 仆灰蝶
variable indigo flash [*Rapala varuna orseis* Hewitson] 燕灰蝶多变亚种，海南燕灰蝶
variable ladybird [= common Australian lady beetle, *Coelophora inaequalis* (Fabricius)] 变斑盘耳瓢虫，变斑盘瓢虫，九星瓢虫
variable lenmark [= rusty metalmark, mycone metalmark, *Synargis mycone* (Hewitson)] 木拟螟蚬蝶
variable Malayan [*Megisba malaya sikkima* Moore] 美姬灰蝶锡金亚种，黑星灰蝶，台湾黑星小灰蝶，血桐黑星灰蝶，暗灰蝶，马来灰蝶，锡金美姬灰蝶
variable mottled-skipper [*Codatractus uvydixa* (Dyar)] 优铐弄蝶
variable oakleaf caterpillar [*Heterocampa manteo* (Doubleday)] 栎美洲舟蛾，栎叶杂色天社蛾
variable plain palm-dart [*Cephrenes acalle oceanica* (Mabille)] 阿卡金斑弄蝶多变亚种，大洋金斑弄蝶
variable raymark [*Siseme aristoteles* (Latreille)] 白纹溪蚬蝶
variable region 可变区
variable sailer [*Neptis nysiades* Hewitson] 间环蛱蝶
variable satyr [*Pindis squamistriga* Felder] 品眼蝶
variable skipperling [*Piruna gyrans* Plötz] 盖璧弄蝶
variable swallowtail [*Eurytides phaon* (Boisduval)] 黄带阔凤蝶
variable swift [*Borbo holtzii* (Plötz)] 变籼弄蝶
variable tigerwing [= menapis tigerwing, *Mechanitis menapis* Hewitson] 美纳裙绡蝶
variable white flat [= dusky yellow breasted flat, white-banded flat, *Gerosis phisara* (Moore)] 匪夷捷弄蝶，费飒弄蝶
variance 变异量，变量，方差
variation 变异
Varicopsella 扁体叶蝉属，合板叶蝉属
Varicopsella breakeyi (Merino) 裂索扁体叶蝉
Varicopsella elegans Viraktamath 优雅扁体叶蝉
Varicopsella (***Multispinulosa***) ***hamiltoni*** Li, Dai *et* Li 见 *Pedionis* (*Pedionis*) *hamiltoni*
Varicopsella obtusa Hamilton 钝扁体叶蝉
Varicopsella odontoida Yang *et* Dietrich 齿茎扁体叶蝉

varicose [= varicosus] 肿胀的
varicosus 见 varicose
varied carpet beetle [= variegated carpet beetle, small cabinet beetle, *Anthrenus verbasci* (Linnaeus)] 小圆皮蠹，红斑皮蠹，花圆皮蠹
varied dusky-blue [*Candalides hyacinthina* (Semper)] 紫青坎灰蝶
varied hairstreak [= inous blue, *Jalmenus inous* Hewitson] 伊诺佳灰蝶
varied sedge skipper [= donnysa skipper, *Hesperilla donnysa* Hewitson] 祷帆弄蝶
variegata skipper [*Tellona variegata* (Hewitson)] 花唐弄蝶
variegated 1. [= marbled, marmoraceous, marmorate, marmorated, marmoratus] 似大理石的，大理石状的；2. 杂色的
variegated acraea hopper [= variegated acraea skipper, *Fresna nyassae* (Hewitson)] 杂色菲弄蝶
variegated acraea skipper 见 variegated acraea hopper
variegated bluemark [= variegated lasaia, meris metalmark, *Lasaia meris* (Stoll)] 腊蚬蝶
variegated carpet beetle 见 varied carpet beetle
variegated crepuscular skipper [*Gretna zaremba* Plötz] 杂楞巴礤弄蝶
variegated cutworm [= pearly underwing, *Peridroma saucia* (Hübner)] 疆夜蛾，豆杂色夜蛾，杂色地老虎，绛色地老虎
variegated flutterer [= common picture wing, *Rhyothemis variegata* (Linnaeus)] 斑丽翅蜻，彩裳蜻蜓，彩裳丽翅蜻
variegated fritillary [*Euptoieta claudia* (Cramer)] 翩蛱蝶
variegated golden tortrix [= brown oak tortrix, apple leafroller, pear leaf roller, *Archips xylosteanus* (Linnaeus)] 梣黄卷蛾，梨喀小卷蛾，梨卷蛾，梨卷叶蛾，木喀小卷蛾
variegated grape leafhopper [= variegated leafhopper, grape leafhopper, *Erasmoneura variabilis* (Beamer)] 杂色锦斑叶蝉，杂色斑叶蝉
variegated grasshopper [= stink locust, stinking grasshopper, *Zonocerus variegatus* (Linnaeus)] 臭腹腺蝗，臭蝗
variegated hairstreak [*Michaelus jebus* (Godart)] 珍米奇灰蝶
variegated hummingbird hawkmoth [*Macroglossum variegatum* Rothschild *et* Jordan] 斑腹长喙天蛾
variegated ladybird [= white collared ladybird, Adonis' ladybird, Russian wheat-aphid lady beetle, spotted amber ladybird, *Hippodamia variegata* (Goeze)] 多异长足瓢虫，多异瓢虫
variegated lasaia 见 variegated bluemark
variegated leafhopper 见 variegated grape leafhopper
variegated mottlemark [*Calydna charila* (Hewitson)] 垂点蚬蝶
variegated mud-loving beetle [= heterocerid beetle, heterocerid] 长泥甲，四节泥虫 < 长泥甲科 Heteroceridae 昆虫的通称 >
variegated oak aphid [*Lachnus roboris* (Linnaeus)] 栎大蚜
variegated oil beetle [= speckled oil beetle, *Meloe variegatus* Donovan] 斑驳短翅芫菁，斑杂短翅芫菁，杂亮短翅芫菁
variegated prominent [= unicorn caterpillar moth, unicorn prominent, *Schizura unicornis* (Smith)] 独角山背舟蛾，独角天社蛾
variegated rajah [*Charaxes kahruba* (Moore)] 花斑螯蛱蝶
variegated sailer [*Neptis antilope* Leech] 羚环蛱蝶
variegated skipper [= pyralina skipper, *Gorgythion begga* (Prittwitz)] 斑驳弄蝶
variegated snout moth [= mottled bomolocha moth, *Hypena palparia* Walker] 杂色髯须夜蛾
variegated tanmark [*Emesis brimo* (Godman *et* Salvin)] 布螟蚬蝶
varietal character 品种性状
varietal deterioration 品种退化
varietal purity 品种纯度
varietas 变种
variety 1. 品种；2. 变种

variety degeneration 品种退化
variety rejuvenation 品种提纯复壮
variety renovation 品种更换
Variimorda 阻花蚤属
Variimorda flavimana (Marseul) 黄斑阻花蚤，黄斑花蚤，黄瓦花蚤
Variimorda ishiharai Kiyoyama 石原阻花蚤
Variimorda miyarabi Nomura 调布阻花蚤
Variimorda miyarabi chujoi Tsuri *et* Takakuwa 调布阻花蚤中条亚种
Variimorda miyarabi miyarabi Nomura 调布阻花蚤指名亚种
Variimorda truncatopyga (Pic) 结臀阻花蚤，截臀瓦花蚤
variola [= variole] 痘斑
variolate [= variolose, variolosus, variolous] 有痘斑的
variole 见 variola
Variolosa 凹窝叶蝉属
Variolosa meni Cao *et* Zhang 门氏凹窝叶蝉
variolose 见 variolate
variolosus 见 variolate
variolous 见 variolate
Varirosellea 异板麻蝇亚属
Varirosellea uliginosa (Kramer) 见 *Sarcophaga* (*Varirosellea*) *uliginosa*
Vari's brown [*Pseudonympha varii* van Son] 凡仙眼蝶
varnished apollo [*Parnassius acco* Gray] 爱珂绢蝶
Varta 狭顶叶蝉属，锥冠叶蝉属
Varta bifida Viraktamath 叉狭顶叶蝉
Varta japonica Viraktamath 日狭顶叶蝉
Varta longula Viraktamath 长狭顶叶蝉
Varta moshiensis Ramachandra Rao 莫狭顶叶蝉
Varta rubrofasciata Distant 红带狭顶叶蝉，红颜锥冠叶蝉
Varta rubrolineatus (Motschulsky) 红纹狭顶叶蝉
Varta rubrovittata (Matsumura) 红条狭顶叶蝉，红条普叶蝉，红带狭顶叶蝉
Varta sympatrica Viraktamath 同域狭顶叶蝉
Vartalapa 拟狭额叶蝉属
Vartalapa curvata Viraktamath 弯茎拟狭额叶蝉
vas deferens [pl. vasa deferentia] 输精管
vas efferens [pl. vasa efferentia] 输出管 < 为睾丸管输精子入输精管的短管 >
vasa deferentia [s. vas deferens] 输精管
vasa efferentia [s. vas efferens] 输出管
vasa mucosa 马氏管
vascular 血管的
Vasdavidius 卫粉虱属，戴维粉虱属
Vasdavidius concursus (Ko) 聚集卫粉虱，聚集粉虱
Vasdavidius iudicus (David *et* Subramamiam) [rice whitefly] 稻卫粉虱，稻粉虱，稻白粉虱，稻立粉虱，禾粉虱，白背粉虱
Vasdavidius miscanthus (Ko) 白背卫粉虱，白背芒粉虱
Vasdavidius setiferus (Quaintance *et* Baker) 刚毛卫粉虱，白茅立粉虱，栉毛狭粉虱，刚毛粉虱
vasiform 管形
vasiform orifice 瓶形孔 < 见于粉虱科 Aleurodidae 中，为最后腹节背面的卵形、三角形或半圆形孔 >
vasoblast 成管细胞 < 指从触角节到下颚节有一类较小的、分化较不明显的、将来形成大血管的细胞 >
Vates 长颈螳属
Vates phoenix Rivera, Herculano, Lanna, Cavalcante *et* Teixeira 凤凰长颈螳，凤凰先知螳
Vatidae 长颈螳科
Vatinae 长颈螳亚科
Vatini 长颈螳族
vatinius skipper [*Orphe vatinius* Godman *et* Salvin] 瓦孤弄蝶
Vaucher's heath [*Coenonympha vaucheri* Blachier] 双瞳珍眼蝶
Vecella 缺室菌蚊属
Vecella guadunana Wu *et* Yang 挂墩缺室菌蚊
vector 1. 传病媒介，介体，带菌体；2. 昆虫媒介
VectorBase 人类传病无脊椎动物生物信息数据库
vedalia [= vedalia beetle, vedalia lady beetle, vedalia lady bird beetle, cardinal ladybird, *Novius cardinalis* (Mulsant)] 澳洲瓢虫
vedalia beetle 见 vedalia
vedalia lady beetle 见 vedalia
vedalia lady bird beetle 见 vedalia
Veerabahuthrips 短胫管蓟马属
Veerabahuthrips bambusae Ramakrishna Ayyar 竹短胫管蓟马
Veerabahuthrips clarus Okajima 亮短胫管蓟马
Veerabahuthrips crassipes (Okajima) 重短胫管蓟马
Veerabahuthrips exilis Okajima 细短胫管蓟马
Veerabahuthrips longicornis Okajima 长角短胫管蓟马，长角竹管蓟马
Veerabahuthrips simplex Okajima 简短胫管蓟马
Veerabahuthrips tridentatus Okajima 三齿短胫管蓟马
VEG [ventral eversible gland 的缩写] 腹侧可外翻腺
vegetable ecdysone 植物性蜕皮素
vegetable grasshopper [*Podisma mikado* Bolívar] 菜秃蝗，深山欵冬蝗
vegetable leafminer 1. [*Liriomyza sativae* Blanchard] 美洲斑潜蝇，蔬菜斑潜蝇，苜蓿斑潜蝇；2. [*Phytomyza nigricornis* Macquart] 豌豆植潜蝇，豌豆黑角潜叶蝇
vegetable weevil [= Australian tomato weevil, brown vegetable weevil, buff-colored tomato weevil, turnip weevil, carrot weevil, dirt-colored weevil, tobacco elephant-beetle, *Listroderes costirostris* Schönherr] 蔬菜里斯象甲，蔬菜象甲，蔬菜象，菜里斯象甲，菜里斯象，番茄象甲，菜象甲
vegetation 植被，植物
vegetative cell 营养细胞
vegetative cell phase 营养体时期
vegetative growth 营养生长
vegetative insecticidal protein [abb. Vip] 营养期杀虫蛋白
vegetative organ 营养器官
Vehilius 帏罩弄蝶属
Vehilius celeus (Mabille) [celeus skipper] 塞帏罩弄蝶
Vehilius clavicula (Plötz) 琐帏罩弄蝶
Vehilius illudens (Mabille) 伊帏罩弄蝶，帏罩弄蝶
Vehilius inca (Scudder) [inca skipper, inca brown-skipper] 印加帏罩弄蝶
Vehilius labdacus Godman *et* Salvin 拉达帏罩弄蝶
Vehilius madius Bell [madius skipper] 玛帏罩弄蝶
Vehilius putus Bell [putus skipper] 璞帏罩弄蝶
Vehilius stictomenes (Butler) [pasture skipper, pasture brown-skipper] 斑点帏罩弄蝶

Vehilius venosus Plötz 脉帏罩弄蝶
Vehilius vetula Mabille [vetula skipper] 维图拉帏罩弄蝶
vein [= vena, nervure, nervule] 翅脉
veined blue [= orange-veined blue, *Aricia neurona* (Skinner)] 脉纹爱灰蝶
veined dart [*Actinor radians* (Moore)] 弧弄蝶
veined golden Arab [= veined orange, veined tip, *Colotis vesta* (Reiche)] 黄带珂粉蝶
veined jay [*Graphium bathycles* (Zinken)] 深深青凤蝶，巴青凤蝶
veined orange 见 veined golden Arab
veined paradise skipper [= veined skipper, *Abantis venosa* Trimen] 脉斑弄蝶
veined pierrot [= Himalayan pierrot, *Tarucus venosus* Moore] 多脉藤灰蝶，脉塔灰蝶
veined scrub hopper [*Aeromachus stigmatus* (Moore)] 标锷弄蝶，锷弄蝶
veined skipper 见 veined paradise skipper
veined swallowtail [= veined swordtail, common graphium, *Graphium leonidas* (Fabricius)] 豹纹青凤蝶
veined swordtail 见 veined swallowtail
veined tip 见 veined golden Arab
veined white [= green veined white, *Pieris napi* (Linnaeus)] 暗脉菜粉蝶，绿脉菜粉蝶，暗脉粉蝶
veined white skipper [*Heliopetes arsalte* (Linnaeus)] 白翅弄蝶
veinlet 小脉，细脉
Vekunta 寡室袖蜡蝉属
Vekunta albipennis Matsumura 白翅寡室袖蜡蝉
Vekunta angusta Wu *et* Liang 狭突寡室袖蜡蝉
Vekunta asymmetrica Wu *et* Liang 异突寡室袖蜡蝉
Vekunta atripennis Matsumura 黑翅寡室袖蜡蝉，黑翅韦袖蜡蝉
Vekunta botelensis Matsumura 台岛寡室袖蜡蝉，栗褐韦袖蜡蝉
Vekunta commendata Yang *et* Wu 嘉寡室袖蜡蝉，高雄韦袖蜡蝉
Vekunta diluta Yang *et* Wu 迪寡室袖蜡蝉，黑缘韦袖蜡蝉
Vekunta extima Yang *et* Wu 艾寡室袖蜡蝉，缘斑韦袖蜡蝉
Vekunta fera Yang *et* Wu 拟寡室袖蜡蝉，猛韦袖蜡蝉
Vekunta gracilenta Yang *et* Wu 纤寡室袖蜡蝉，瘦韦袖蜡蝉
Vekunta hyalina Muir 透明寡室袖蜡蝉
Vekunta intermedia Yang *et* Wu 间寡室袖蜡蝉，居间韦袖蜡蝉
Vekunta ishidae Muir 同 *Vekunta stigmata*
Vekunta kotoshonis Matsumura 兰屿寡室袖蜡蝉，兰屿韦袖蜡蝉
Vekunta lyricen Fennah 莱寡室袖蜡蝉，无脉韦袖蜡蝉
Vekunta maculata Matsumura 斑痣寡室袖蜡蝉，斑翅韦袖蜡蝉
Vekunta makii Muir 马克寡室袖蜡蝉，马氏韦袖蜡蝉
Vekunta malloti Matsumura 毛氏寡室袖蜡蝉
Vekunta memoranda Yang *et* Wu 迈寡室袖蜡蝉，白痣韦袖蜡蝉
Vekunta nigra Yang *et* Wu 墨寡室袖蜡蝉，花莲韦袖蜡蝉
Vekunta nigrolineata Muir 黑线寡室袖蜡蝉，黑带寡室袖蜡蝉，黑线韦袖蜡蝉

Vekunta nivea Fennah 雪白寡室袖蜡蝉，华南韦袖蜡蝉
Vekunta novensilis Yeh *et* Yang 寡室袖蜡蝉
Vekunta nutabunda Yang *et* Wu 奴寡室袖蜡蝉，黄韦袖蜡蝉
Vekunta obaerata Yang *et* Wu 欧寡室袖蜡蝉，南投韦袖蜡蝉
Vekunta obliqua Yang *et* Wu 斜寡室袖蜡蝉，双突韦袖蜡蝉
Vekunta okadae Muir 同 *Vekunta malloti*
Vekunta parca Yang *et* Wu 疏寡室袖蜡蝉，白腿韦袖蜡蝉
Vekunta shirakii Matsumura 素木寡室袖蜡蝉，素木韦袖蜡蝉
Vekunta stigmata Matsumura 翅痣寡室袖蜡蝉，痣韦袖蜡蝉
Vekunta triprotrusa Wu *et* Liang 三突寡室袖蜡蝉
Vekunta umbripennis Muir 暗翅寡室袖蜡蝉，暗翅韦袖蜡蝉
vela [s. velum] 1. 膜；2. 膜突；3. 膜垂
Veladyris 纹绡蝶属
Veladyris pardalis (Salvin) 纹绡蝶
Velamysta 帷绡蝶属
Velamysta cruxifera (Hewitson) 帷绡蝶
Velamysta cyricilla (Hewitson) 谷帷绡蝶
Velamysta torquatilla (Hewitson) 突帷绡蝶
Velarifictorus 斗蟋属
Velarifictorus agitatus Ma 灵斗蟋
Velarifictorus agitatus agitatus Ma 灵斗蟋指名亚种
Velarifictorus agitatus minutus Ma 灵斗蟋云南亚种
Velarifictorus agitatus shaanxiensis Ma 同 *Velarifictorus agitatus agitatus*
Velarifictorus agitatus yunnanensis Ma 同 *Velarifictorus agitatus minutus*
Velarifictorus arisanicus (Shiraki) 阿里山斗蟋，中阿里山斗蟋
Velarifictorus aspersus (Walker) [smaller okame cricket] 长颚斗蟋，长颚蟋，小油葫芦
Velarifictorus aspersus aspersus (Walker) 长颚斗蟋指名亚种
Velarifictorus aspersus borealis Gorochov 同 *Velarifictorus aspersus aspersus*
Velarifictorus bannaensis Zhang, Liu *et* Shi 版纳斗蟋
Velarifictorus beybienkoi Gorochov 贝氏斗蟋
Velarifictorus curvinervis Xie 弧脉斗蟋
Velarifictorus dianxiensis He 滇西斗蟋
Velarifictorus flavifrons Chopard 黄额斗蟋，云南斗蟋
Velarifictorus grylloides (Chopard) 梅斗蟋，梅蟋
Velarifictorus hemelytrus (Saussure) 半翅斗蟋
Velarifictorus khasiensis Vasanth, Lahiri, Biswas *et* Ghosh 卡西斗蟋，拟斗蟋
Velarifictorus koshunensis (Shiraki) 见 *Turanogryllus koshunensis*
Velarifictorus landrevus Ma, Qiao *et* Zhang 兰斗蟋
Velarifictorus latefasciatus (Chopard) 见 *Modicogryllus latefasciatus*
Velarifictorus mandibularis (Saussure) 同 *Velarifictorus aspersus*
Velarifictorus micado (Saussure) [Japanese burrowing cricket, eastern striped cricket] 迷卡斗蟋，斗蟋，中华斗蟋，宽纹斗蟋，一纹蟋蟀，蛐蛐，促织
Velarifictorus ornatus (Shiraki) 丽斗蟋
Velarifictorus ornatus caudatus (Shiraki) 同 *Velarifictorus ornatus ornatus*
Velarifictorus ornatus ornatus (Shiraki) 丽斗蟋指名亚种
Velarifictorus parvus (Chopard) 小斗蟋
Velarifictorus ryukyuensis Oshiro 南斗蟋，琉球斗蟋
Velarifictorus stultus Ma 愚斗蟋
Velarifictorus sukhadae (Bhowmik) 苏氏斗蟋
Velarifictorus yunnanensis Liu *et* Yin 同 *Velarifictorus flavifrons*
Velarifictorus zhengi Zheng *et* Ma 郑氏斗蟋
veleda skipper [= bee-palped brown-skipper, *Eprius veleda* (Godman)] 伊猬弄蝶
Velia 宽肩蝽属，宽黾蝽属
Velia longiconnexiva Tran, Zettel *et* Buzzetti 长角宽肩蝽
Velia sinensis Andersen 中华宽肩蝽，中华宽黾蝽，中华膜宽黾蝽
Velia steelei Tamanini 黄缘宽肩蝽

Velia tomokunii Polhemus *et* Polhemus 友国宽肩蝽，友国宽黾蝽
Velia tonkina Polhemus *et* Polhemus 北部湾宽肩蝽，北部湾宽黾蝽
Velia yunnana Tran, Zettel *et* Buzzetti 长角宽肩蝽
velica crescent [*Ortilia velica* (Hewitson)] 罩柔蛱蝶
veliid 1. [= veliid bug, water cricket, riffle bug, ripple bug, small water strider, broad-shouldered water strider] 宽肩蝽，宽黾蝽，宽肩水黾 < 宽肩蝽科 Veliidae 昆虫的通称 >；2. 宽肩蝽科的
veliid bug [= veliid, water cricket, riffle bug, ripple bug, small water strider, broad-shouldered water strider] 宽肩蝽，宽黾蝽，宽肩水黾
Veliidae 宽肩蝽科，宽黾蝽科，宽肩黾科，宽蝽科
velinus longtail [*Urbanus velinus* (Plötz)] 罩长尾弄蝶
Velinus 脂猎蝽属
Velinus annulatus Distant 革红脂猎蝽
Velinus apicalis Hsiao 小脂猎蝽
Velinus malayus Stål 黄背脂猎蝽
Velinus marginatus Hsiao 赭翅脂猎蝽
Velinus nodipes Uhler 黑脂猎蝽
Velinus rufiventris Hsiao 红腹脂猎蝽
Velitra 委猎蝽属
Velitra incontaminata Bergroth 黑翅委猎蝽
Velitra melanomeris Distant 斑翅委猎蝽
Velitra rubropicta (Amyot *et* Serville) 红斑委猎蝽，红委猎蝽
Velitra scrobicalara Wang 同 *Velitra melanomeris*
Velitra sinensis (Walker) 华委猎蝽，黑胫委猎蝽
Velitra xantusi Horváth 见 *Reduvius xantusi*
velleda lappet moth [= large tolype moth, *Tolype velleda* (Stoll)] 灰驼枯叶蛾
Velleius 锯角隐翅甲属
Velleius dilatatus (Fabricius) 巢锯角隐翅甲，巢锯角隐翅虫
Velleius pectinatus Sharp 栉锯角隐翅甲，栉锯角隐翅虫
Velleius simillimus Fairmaire 似锯角隐翅甲，似锯角隐翅虫
Vellonifer 艳卷蛾属
Vellonifer doncasteri Razowski 唐氏艳卷蛾，艳卷蛾
velocipedid 1. [= velocipedid bug] 捷蝽 < 捷蝽科 Velocipedidae 昆虫的通称 >；2. 捷蝽科的
velocipedid bug [= velocipedid] 捷蝽
Velocipedidae 捷蝽科
velocity temperature curve 温度速度曲线
Velu 兜小叶蝉属
Velu antelopus Sohi *et* Mann 安兜小叶蝉
Velu caricae Ghauri 喀兜小叶蝉
Velu furcatum Zhang *et* Qin 叉突兜小叶蝉
Velu longiprojectum Zhang *et* Qin 长突兜小叶蝉
Velu pleuroprominens Zhang *et* Qin 侧突兜小叶蝉
Velu pruthii Dworakowska 普兜小叶蝉
velum [pl. vela] 1. 膜；2. 膜突；3. 膜垂
velum penis 阳茎鞘 < 指雄性交配器的薄膜鞘 >
velutina cracker [*Hamadryas velutina* (Bates)] 天鹅绒蛤蟆蛱蝶
velutina metalmark 1. [= dark calephelis, temple scintillant, *Calephelis velutina* (Godman *et* Salvin)] 瓦陋细纹蚬蝶；2. [*Setabis velutina* (Butler)] 维拉瑟蚬蝶
velutinous 天鹅绒状的
velvet ant [= mutillid wasp, mutillid] 蚁蜂 < 蚁蜂科 Mutillidae 昆虫的通称 >
velvet bush brown [*Bicyclus istaris* Plötz] 依斯蔽眼蝶
velvet ceres forester [*Euphaedra velutina* Hecq] 绒栎蛱蝶
velvet longhorned beetle [*Trichoferus campestris* (Faldermann)] 家茸天牛
velvet-spotted blue [= bright babul blue, desert babul blue, *Azanus ubaldus* (Stoll)] 亮素灰蝶，素灰蝶
velvet-streaked brown-skipper [= yellow-veined skipper, decora skipper, *Parphorus decora* (Herrich-Schäffer)] 金黄脉弄蝶
velvet water bug [= hebrid bug, hebrid] 膜蝽，膜翅蝽 < 膜蝽科 Hebridae 昆虫的通称 >
velvetbean caterpillar [= velvetbean moth, soybean caterpillar, *Anticarsia gemmatalis* (Hübner)] 豆干煞夜蛾，大豆夜蛾，黎豆夜蛾
velvetbean moth 见 velvetbean caterpillar
velvety shore bug [= ochterid bug, ochterid] 蜍蝽，拟蟾蝽 < 蜍蝽科 Ochteridae 昆虫的通称 >
vena 见 vein
vena arcuata 弓脉 < 即第一轭脉 (first jugal vein) >
vena cardinalis [= second jugal vein] 第二轭脉
vena dividens 分脉 < 在直翅目中为臀前域与扇域间的褶内的次生脉；在蜚蠊目中为分隔爪片与翅的其余部分的褶内的 Cu_2 脉；后翅纵脉标志臀域开始的 1A 脉 >
vena media [abb. M] 中脉
vena plicata 褶脉 < 指革翅目昆虫翅上发生折叠的翅脉 >
vena spuria[= spurious vein] 伪脉，假脉，赝脉
Venada 纹脉弄蝶属
Venada advena (Mabille) [advena scarlet-eye] 纹脉弄蝶
Venanides 麦蛾茧蜂属
Venanides plancina (Nixon) 扁足麦蛾茧蜂
Venas 脉络弄蝶属
Venas caerulans (Mabille) [caerulans skipper] 凯脉络弄蝶
Venas evans (Butler) [Evans skipper] 脉络弄蝶 < 此种学名有误写为 *Venas evansi* (Butler) 者 >
venation [= nervuration, neuration, nervulation] 脉序，脉相
Venezuelan serdis [*Serdis venezulae* (Westwood)] 委内瑞拉香弄蝶
venias skipper [*Cobalopsis venias* (Bell)] 维古弄蝶
Venicoridae 脉蝽科
Venicoris 脉蝽属
Venilia disparata Staudinger 同 *Devenilia corearia*
Venilia rumiformis Hampson 见 *Opisthograptis rumiformis*
venome 毒液，毒物
venome gland 毒腺
venose [= venosus, venous] 1. 具脉的；2. 翅脉的
venosus 见 venose
venous 见 venose
venplica [pl. venplicae] 腹板褶
venplicae [s. venplica] 腹板褶
vent [= anus, anal opening, anal orifice] 肛门
venter 腹部腹面
ventilation control 通风控制
ventilation trachea [pl. ventilation tracheae] 换气气管，通风气管
ventilation tracheae [s. ventilation trachea] 换气气管，通风气管
Ventocoris 风蝽属
Ventocoris armeniacus (Kiritshenko) 阿风蝽，腹蝽
Ventocoris balassogloi (Horváth) 巴氏风蝽

Ventocoris halophilum (Jakovlev) 平角风蝽
ventose 膨胀的，鼓起的
ventrad 腹向
ventral 腹面的
ventral apodeme 腹内突
ventral brush 腹刷 < 指孑孓第九腹节腹面中央的一系列长刚毛 >
ventral chain [= ventral nerve cord] 腹神经索
ventral chitinous process 腹厚条 < 见于介壳虫中，同 ventral thickening>
ventral comb 腹栉 < 指毛翅目昆虫腹面的细齿横列 >
ventral compartment 腹膈间 < 翅成虫盘的 >
ventral connectives 腹神经连锁
ventral diaphragm [= ventral heart] 腹膈
ventral eversible gland [abb. VEG] 腹侧可外翻腺
ventral furrow 腹沟 < 指某些类型的昆虫胚胎中，被认为相当于囊胚内陷的胚带构造 >
ventral gland 1. 头背腺 < 指蜉蝣目、蜻蜓目、襀翅目、直翅目、革翅目和等翅目幼虫在头部两侧所具有的腺体 >；2. 臀蜡孔 < 指某些盾蚧在臀板腹面近中线的一种蜡腺开口，同 genacerore>
ventral groove 腹面沟 < 指蝽科 Pentatomidae 昆虫腹部的中纵沟；或指弹尾目昆虫通至体中线的表皮沟 >
ventral grouped gland 臀蜡孔 < 见于盾蚧中，同 genacerore>
ventral heart 见 ventral diaphragm
ventral hook 腹钩
ventral line 腹线
ventral longitudinal trunk [= ventral tracheal trunk] 腹气管干，腹气管纵干，腹纵干
ventral muscle 腹肌，腹面肌
ventral muscle mark 腹肌痕
ventral nerve cord 见 ventral chain
ventral O seta 腹前缘毛
ventral pharyngeal gland 腹咽腺 < 指蜜蜂开口于侧咽腺管之间的咽底部的腺体 >
ventral pilacerore 腹柱蜡孔 < 在介壳虫中，位于腹部腹面侧部的柱蜡孔 >
ventral plate 1. 腹板；2. 胚腹板 < 指胚盘中将来形成胚带的卵腹面细胞层 >；3. 卵囊板 < 指介壳虫卵囊的柱蜡孔连带所分泌的卵囊板 >
ventral platelet 腹片
ventral ridge 腹脊
ventral scar [= discaloca, vaginal areole, mesodiscaloca, vaginal disc, subcircular scar] 盘突域，中盘突域 < 见于介壳虫中 >
ventral seta 腹毛，腹刚毛
ventral setation formula 腹毛式，腹毛列
ventral shield 腹板
ventral side 腹面

ventral sinus 腹窦 < 即围神经窦 (perineural sinus) >
ventral spine 腹刺 < 指某些蝽科昆虫第一、二腹节前部指向头端的刺状突起 >
ventral stylet 腹口针 < 指虱目昆虫下面的一对口针 >
ventral sympathetic nervous system 腹交感神经系统
ventral thickening 腹厚条 < 指介壳虫中，在每一盖的腹面侧部的明显纵厚条 >
ventral tibial seta 胫腹毛
ventral trachea 腹气管
ventral tracheal commissure 腹气管接索
ventral tracheal trunk 见 ventral longitudinal trunk
ventral tube 黏管，腹管突 < 指弹尾目昆虫第一腹节腹面的管 >
ventral valvula [pl. ventrovalvulae; = ventrovalvula, first valvula, anterior valve, first gonapophysis, octavalva] 腹产卵瓣，第一产卵瓣，腹瓣
ventral valvulae [s. ventrovalvula; = ventrovalvulae, first valvulae, anterior valves, first gonapophyses, octavalvae] 腹产卵瓣，第一产卵瓣，腹瓣
ventral view 腹面观
ventral wing process [abb. VWP] 腹翅突
ventralabia 腹唇状片 < 指介壳虫腹部腹面第二与第三节间的唇状片 (labia)>
ventralia 腹片
Ventralprocess 腹突叶蝉属
Ventralprocess muchdensa Li *et* Fan 多齿腹突叶蝉
ventrals 腹毛
ventricle 心室
ventricose [= ventricosus] 膨大的
ventricosus 见 ventricose
ventricular 心室的
ventricular ganglion [= stomachic ganglion] 嗉囊神经节，胃神经节
ventricular valve 胃瓣 < 指中肠后端的环状褶 >
ventriculus [= midgut, mid-intestine, mesenteron, chylostomach, duodenum, chylific ventricle, stomach] 中肠，胃
ventrimeson 腹中线
ventrite 节腹面
ventro-anal plate 腹肛板
ventrocephalad 下前向
ventrodorsad 腹背向
ventrogladularia 腹腺毛
ventrolateral 腹侧的
Ventroprojecta 腹突叶蝉属
Ventroprojecta luteina Li, Li *et* Xing 黄斑腹突叶蝉
Ventroprojecta nigriguttata Li, Li *et* Xing 黑斑腹突叶蝉
ventrosejugal enantiophysis 腹颈沟突
ventrovalvula [pl. ventrovalvulae; = ventral valvula, first valvula, anterior valve, first gonapophysis, octavalva] 腹产卵瓣，第一产卵瓣，腹瓣
ventrovalvulae [s. ventrovalvula; = ventral valvulae, first valvulae, anterior valves, first gonapophyses, octavalvae] 腹产卵瓣，第一产卵瓣，腹瓣
Venturia 圆柄姬蜂属
Venturia canescens (Gravenhorst) 仓圆柄姬蜂，仓蛾姬蜂，仓蛾圆柄姬蜂，玉米螟波瑞姬蜂
Venturia gelachiae Sonan 同 *Venturia oditesi*
Venturia hexados Maheshwary 六圆柄姬蜂
Venturia longipropodeum (Uchida) 长并圆柄姬蜂
Venturia minuta Maheshwary 小圆柄姬蜂
Venturia oditesi (Sonan) 木蛾圆柄姬蜂
Venturia quadrata Maheshwary 方圆柄姬蜂
Venturia taiwana (Sonan) 台湾圆柄姬蜂
venule 支脉
venulius hairstreak [*Paiwarria venulius* (Cramer)] 帕瓦灰蝶

Venusia 维尺蛾属，纹尺蛾属
Venusia apicistrigaria (Djakonov) 小双角维尺蛾，端纹尺蛾，端纹波尺蛾
Venusia balausta Xue 石榴维尺蛾
Venusia biangulata (Sterneck) 双角维尺蛾，二角纹尺蛾，双角波尺蛾
Venusia blomeri (Curtis) 博维尺蛾，布纹尺蛾
Venusia cambrica Curtis 康维尺蛾，肯纹尺蛾
Venusia conisaria Hampson 灰波维尺蛾，康纹尺蛾，康波尺蛾
Venusia eucosma (Prout) 饰维尺蛾，尤纹尺蛾
Venusia kioudjrouaria Oberthür 克维尺蛾，基纹尺蛾
Venusia laria Oberthür 拉维尺蛾，拉纹尺蛾
Venusia laria ilara (Prout) 拉维尺蛾日本亚种
Venusia laria laria Oberthür 拉维尺蛾指名亚种，指名拉纹尺蛾
Venusia lilacina (Warren) 丽维尺蛾，利纹尺蛾
Venusia lilacina lilacina (Warren) 丽维尺蛾指名亚种，指名利纹尺蛾
Venusia lilacina melanogramma Wehrli 丽维尺蛾黑线亚种，黑利纹尺蛾
Venusia lineata Wileman 威白维尺蛾，美白波尺蛾，线纹尺蛾
Venusia maniata Xue 狂维尺蛾
Venusia marmoraria (Leech) 石纹维尺蛾，石纹尺蛾
Venusia naparia Oberthür 幽维尺蛾，那纹尺蛾
Venusia nigrifurca (Prout) 红黑维尺蛾，黑褐纹尺蛾
Venusia obliquisigna (Moore) 斜维尺蛾，方斑纹尺蛾
Venusia paradoxa Xue 奇维尺蛾
Venusia planicaput Inoue 平额维尺蛾，平纹尺蛾
Venusia punctiuncula Prout 点维尺蛾，点纹尺蛾
Venusia scitula Xue 纤维尺蛾
Venusia sikkimensis (Elwes) 锡金维尺蛾，锡金纹尺蛾
Venusia syngenes Wileman 辛纹尺蛾
Venusia szechuanensis Wehrli 四川维尺蛾，川纹尺蛾
Venusia tchraria Oberthür 查维尺蛾，恰纹尺蛾
Venusia undularia Leech 见 *Hydrelia undularia*
Venusia violettaria Wehrli 紫维尺蛾，紫纹尺蛾
Venusia violettaria kukunoora Wehrli 紫维尺蛾青海亚种，库紫纹尺蛾
Venusia violettaria violettaria Wehrli 紫维尺蛾指名亚种，指名紫纹尺蛾
venusta metalmark [*Calydna venusta* (Godman *et* Salvin)] 维纳点蚬蝶
venustus skipper [*Hylephila venustus* (Hayward)] 维纳斯火弄蝶
Veracruz bolla [*Bolla cybele* Evans] 韦杂弄蝶
Veracruz brown-skipper [= Clench's skipper, *Virga clenchi* Miller] 牢棍弄蝶
Veracruz sister [*Adelpha leucerioides* Boeutelspacher] 拟爱悌蛱蝶
Veracruz skipperling [*Piruna ceracates* (Hewitson)] 韦璧弄蝶
Veracruz tanmark [= vulpina emesis, pale emesis, *Emesis vulpina* Godman *et* Salvin] 雾螟蚬蝶
Veracruzan sarota [*Sarota craspediodonta* (Dyar)] 克拉小尾蚬蝶
Veracruzan skipper [*Oeonus pyste* Godman] 毕弄蝶
Veracruzan theope [= Guatemalan theope, *Theope eupolis* (Schaus)] 优波娆蚬蝶
Verania 春红瓢虫属
Verania discolor (Fabricius) 稻春红瓢虫
Veraphis 狭脊甲属
Veraphis assingi Jaloszyński 角狭脊苔甲
Veraphis gansuanus Jaloszyński 甘肃狭脊苔甲
veratrine 藜芦碱；藜芦碱类
verbena bud moth [*Endothenia hebesana* (Walker)] 马鞭草黑小卷蛾，马鞭草小卷叶蛾，马鞭草小卷蛾
vermian 似蠕虫的
vermicular [= vermiculate, vermiculatus] 蠕虫状的
vermiculate 见 vermicular
vermiculatus 见 vermicular
vermicule 1. 小蠕虫；2. 小蛴螬
vermiform 蛆型
vermiform cell 虫形血细胞
vermileonid 1. [= vermileonid fly, wormlion] 穴虻 < 穴虻科 Vermileonidae 昆虫的通称 >；2. 穴虻科的
vermileonid fly [= vermileonid, wormlion] 穴虻
Vermileonidae 穴虻科
vermillion saddlebags [*Tramea abdominalis* (Rambur)] 朱红斜痣蜻
vermin 1. 害虫；2. 害鸟
Vermiophis 潜穴虻属
Vermiophis ganquanensis Yang 甘泉潜穴虻
Vermiophis minshanensis Yang *et* Chen 岷山潜穴虻
Vermiophis taihangensis Yang *et* Chen 太行潜穴虻
Vermiophis taishanensis Yang *et* Chen 泰山潜穴虻
Vermiophis tibetensis Yang *et* Chen 西藏潜穴虻
Vermiophis wudangensis Yang *et* Chen 武当潜穴虻
Vermiophis yanshanensis Yang *et* Chen 燕山潜穴虻
Vermipsylla 蠕形蚤属
Vermipsylla alakurt Schimkewitsch 花蠕形蚤
Vermipsylla asymmetrica Liu, Wu *et* Wu 不齐蠕形蚤指名亚种，不齐蠕形蚤
Vermipsylla asymmetrica asymmetrica Liu, Wu *et* Wu 不齐蠕形蚤指名亚种，指名不齐蠕形蚤
Vermipsylla asymmetrica lunata Liu, Tsai *et* Wu 不齐蠕形蚤新月亚种，新月不齐蠕形蚤
Vermipsylla ibexa Zhang *et* Yu 北山羊蠕形蚤
Vermipsylla lunata Liu, Tsai *et* Wu 见 *Vermipsylla asymmetrica lunata*
Vermipsylla minuta Liu, Chang *et* Chen 微小蠕形蚤
Vermipsylla parallela Liu, Wu *et* Wu 平行蠕形蚤
Vermipsylla parallela parallela Liu, Wu *et* Wu 平行蠕形蚤指名亚种
Vermipsylla parallela rhinopitheca Li 平行蠕形蚤金丝猴亚种，金丝猴平行蠕形蚤
Vermipsylla perplexa Smit 似花蠕形蚤
Vermipsylla perplexa centrolasia Liu, Wu *et* Wu 似花蠕形蚤中亚亚种，中亚似花蠕形蚤
Vermipsylla perplexa perplexa Smit 似花蠕形蚤指名亚种
Vermipsylla qilianensis Wu, Tsai *et* Liu 祁连蠕形蚤
Vermipsylla yeae Yu *et* Li 叶氏蠕形蚤
vermipsyllid 1. [= vermipsyllid flea] 蠕形蚤 < 蠕形蚤科 Vermipsyllidae 昆虫的通称 >；2. 蠕形蚤科的
vermipsyllid flea [= vermipsyllid] 蠕形蚤
Vermipsyllidae 蠕形蚤科
Vermitigris 印穴虻属

Vermitigris sinensis Yang 中国印穴虻
vernacular name [= common name] 俗名
vernal 春的 < 指春季的或出现于春季的 >
vernal aspect 春季相，春相
vernal colletes [= spring mining bee, vernal mining bee, early colletes, *Colletes cunicularius* (Linnaeus)] 春分舌蜂
vernal mining bee 见 vernal colletes
vernal shieldbug [*Peribalus* (*Peribalus*) *strictus* (Fabricius)] 春草蝽
vernalization 1. 春化作用；2. 春化处理
vernantia [pl.exuviae； = exuvia] 蜕
Veronica nymph [*Euriphene veronica* (Stoll)] 卫幽蛱蝶
Verrallina 奇阳蚊亚属
verriculate [= verriculatus] 有毛簇的
verriculatus 见 verriculate
verricule [= verriculus] 竖毛簇
verriculus 见 verricule
verruca 毛瘤
Verrucoentominae 花腺蚖亚科
Verrucoentomon 花腺蚖属
Verrucoentomon anatoli Shrubovych *et* Bernard 安纳托利花腺蚖
Verrucoentomon louisanne Shrubovych *et* Bernard 路易安妮花腺蚖
Verrucoentomon xinjiangense Yin 新疆花腺蚖
Verrucoentomon yushuensis Yin 玉树花腺蚖
verrucose [= verrucous, verruculose, verruculosus] 具疣的
verrucous 见 verrucose
verruculose 见 verrucose
verruculosus 见 verrucose
versatile 转动的
versicolor [= versicolorate, versicoloratus, versicolorous] 杂色的；变色的
versicolor skipper [*Mimoniades versicolor* (Latreille)] 杂色伶弄蝶
versicolorate 见 versicolor
versicoloratus 见 versicolor
versicolorous 见 versicolor
Versonian cell 见 Verson's cell
Verson's cell [= Versonian cell] 弗氏细胞，先端细胞，顶端细胞 < 即端细胞 (apical cell)，常指睾丸顶端的特有端细胞 >
Verson's gland 弗氏腺 < 为鳞翅目幼虫的一种皮细胞腺，曾被认为分泌蜕皮液 >
vertex 头顶
vertexal 头顶的，向头顶的
Vertica 顶弄蝶属
Vertica ibis Evans [ibis skipper] 伊顶弄蝶
Vertica subrufescens (Schaus) [subrufescens skipper] 斑顶弄蝶
Vertica umber (Herrich-Schäffer) [umber skipper] 污顶弄蝶

Vertica verticalis (Plötz) [vertical skipper, verticalis skipper] 棕顶弄蝶，顶弄蝶
vertical 1. 头顶的；2. 顶鬃
vertical bristle [= vertical cephalic bristle] 顶鬃 < 见于双翅目昆虫中 >
vertical cephalic bristle 见 vertical bristle
vertical distribution 垂直分布
vertical furrow 顶沟 < 指膜翅目昆虫触角沟的位于头部背面的部分 >
vertical margin 垂直缘 < 常指双翅目昆虫额与后头之间的界线 >
vertical migration 垂直迁移
vertical orbit 顶眶 < 指邻近复眼背面的边缘 >
vertical range 垂直幅度
vertical search-light tarp 垂直光诱虫器，高空测报灯
vertical seta 顶毛
vertical skipper [= verticalis skipper, *Vertica verticalis* (Plötz)] 棕顶弄蝶，顶弄蝶
vertical transmission 垂直传递
vertical triangle 1. [= ocellar triangle, ocellar plate] 单眼三角区，单眼板 < 见于双翅目昆虫中 >；2. [= cervical triangle] 颈三角
verticalis skipper 见 vertical skipper
Verticia 螺盂蝇属
Verticia fasciventris Malloch 斑腹螺盂蝇
verticil 触角毛轮
verticillate [= verticillatus] 具毛轮的，轮生的 < 专指毛 >
verticillate antenna 毛环触角 < 指触角节上有细长毛圈的，如瘿蚊科 Cecidomyiidae 昆虫的触角 >
verticillatus 见 verticillate
Vertomannus 细颈长蝽属
Vertomannus brevicollum Zheng 短头细颈长蝽
Vertomannus crassus Zheng 肿股细颈长蝽
Vertomannus emeia Zheng 峨眉细颈长蝽
Vertomannus ophiocephalus Zheng 广西细颈长蝽
Vertomannus parvus Li *et* Bu 小细颈长蝽
Vertomannus tibetanus Li *et* Bu 西藏细颈长蝽
Vertomannus validus Zheng 巨股细颈长蝽
Vesbius 小猎蝽属
Vesbius hainanensis China 海南小猎蝽
Vesbius purpureus (Thunberg) 红小猎蝽
Vesbius sanguinosus Stål 红股小猎蝽，红腹小猎蝽
Vescelia 拟亮蟋属
Vescelia dulcis He 悦鸣拟亮蟋
Vescelia liangi (Xie *et* Zheng) 梁氏拟亮蟋，梁氏亮蟋
Vescelia pieli (Chopard) 比尔拟亮蟋，比尔亮蟋
Vescelia pieli monotonia He 比尔拟亮蟋单音亚种
Vescelia pieli pieli (Chopard) 比尔拟亮蟋指名亚种
Vesciinae 曲胫猎蝽亚科
vesica 1.[= preputial membrane] 阳茎端膜；2. [= praeputium,preputium, preputial membrane,prepuce] 阳茎端膜
vesicant 发疱剂；糜烂剂
vesicating [= vesicatory] 起疱的
vesicatory 见 vesicating
vesicle 胞，囊
vesicle-bearing type 具胞型（幼虫）< 指肛道可以伸缩形成一个膨大胞的幼虫，如见于小茧蜂如 *Apanteles* 和 *Microgaster* 者 >
vesicle of penis 阳茎囊 < 见于蜻蜓目中，附着于阳茎后腹板的骨化壁囊 >
vesicula seminalis [= seminal vesicle] 贮精囊
Vesiculaphis 烟管蚜属，角下蚜属
Vesiculaphis caricis (Fullaway) [vesicular azalea-sedge aphid] 番木瓜烟管蚜，苔烟管蚜，细口管蚜
Vesiculaphis pieridis Basu 马醉木烟管蚜
vesicular [= vesiculous] 有囊的

vesicular azalea-sedge aphid [*Vesiculaphis caricis* (Fullaway)] 番木瓜烟管蚜，苔烟管蚜，细口管蚜
vesicular seta 囊毛
vesiculate 囊状的
vesiculous 见 vesicular
Vespa 胡蜂属
Vespa affinis (Linnaeus) [lesser banded hornet] 黄腰胡蜂，黄腰虎头蜂，大黄腰，黑尾虎头蜂，黄腰仔，三节仔，台湾虎头蜂，黄尾虎头蜂
Vespa analis Fabricius [yellow-vented hornet] 三齿胡蜂，安胡蜂，拟大虎头蜂，正虎头蜂，小型虎头蜂，拟大胡蜂
Vespa analis analis Fabricius 三齿胡蜂指名亚种，指名安胡蜂
Vespa analis barbouri Bequaert 三齿胡蜂巴氏亚种
Vespa analis insularis Dalla Torre 三齿胡蜂岛屿亚种
Vespa analis kuangsiana du Bequaert 三齿胡蜂广西亚种，广西安胡蜂
Vespa analis nigrans Buysson 三齿胡蜂黑色亚种，拟大胡蜂，黑安胡蜂
Vespa analis parallela Andr 三齿胡蜂平行亚种，三齿胡蜂，平行安胡蜂
Vespa arisana (Sonan) 阿里山胡蜂，阿里山黄胡蜂
Vespa basalis Smith [black-bellied hornet] 基胡蜂，黑腹虎头蜂，黑绒虎头蜂，黑尾仔，鸡笼蜂，黑腹天鹅绒虎头蜂，绒毛胡蜂，黑虎头蜂
Vespa bicolor Fabricius [black shield wasp] 黑盾胡蜂，双色胡蜂，双色虎头蜂，假双色胡蜂
Vespa bicolor bicolor Fabricius 双色胡蜂指名亚种，指名黑盾胡蜂
Vespa binghami du Buysson 褐胡蜂
Vespa chinensis Birula 中华胡蜂
Vespa cincta Fabricius 同 *Vespa tropica*
Vespa crabro Linnaeus [European hornet, hornet, bell hornet] 黄边胡蜂，大胡蜂，欧洲黄蜂，欧洲胡蜂
Vespa crabro crabroniformis Smith [spotted giant hornet] 黄边胡蜂具斑亚种，具斑大胡蜂
Vespa crabro crabro Linnaeus 黄边胡蜂指名亚种
Vespa crabro germana (Christ) [giant hornet] 黄边胡蜂德国亚种，德国黄边胡蜂，德国大胡蜂
Vespa ducalis Smith 黑尾胡蜂，姬虎头蜂，双金环虎头蜂
Vespa dybowskii André 笛胡蜂，迪胡蜂
Vespa flavitarsus Sonan 见 *Vespa velutina flavitarsus*
Vespa formosana Sonan 同 *Vespa affinis*
Vespa fumida van der Vecht 变胡蜂
Vespa germanica (Fabricius) 见 *Vespula germanica*
Vespa hekouensis Dong *et* Wang 同 *Vespa analis*
Vespa japonica Radoszkowski 见 *Vespa mandarinia japonica*
Vespa japonica du Saussure 同 *Vespula flaviceps*
Vespa kuangsiana Bequaert 广西胡蜂
Vespa magnifica Smith 大胡蜂
Vespa maguanensis Dong 同 *Vespa analis*
Vespa mandarinia Smith [Asian giant hornet, yak-killer hornet] 金环胡蜂，中华大虎头蜂，中国大虎头蜂，台湾大虎头蜂，大虎头蜂，土蜂仔，大土蜂
Vespa mandarinia japonica Radoszkowski [Japanese giant hornet] 金环胡蜂日本亚种，日环胡蜂，日金环胡蜂，日本大黄蜂，日本胡蜂
Vespa mandarinia mandarinia Smith 金环胡蜂指名亚种，指名金环胡蜂
Vespa mocsaryana du Buysson 茅胡蜂，莫氏胡蜂
Vespa orbata (du Buysson) 见 *Vespula orbata*
Vespa orientalis Linnaeus [oriental hornet, Levantine hornet] 东方胡蜂
Vespa quadrimaculata (Fabricius) 见 *Crossocerus quadrimaculatus*
Vespa quadrimaculata Sonan 同 *Vespula flaviceps*
Vespa rufa Linnaeus 见 *Vespula rufa*
Vespa rufa sibirica Andrè 同 *Vespula rufa*
Vespa sibirica Andrè 同 *Vespula rufa*
Vespa simillima Smith 相似胡蜂
Vespa simillima mongolica André [Mongolian hornet] 相似胡蜂蒙古亚种，蒙古大胡蜂
Vespa simillima simillima Smith 相似胡蜂指名亚种
Vespa soror du Buysson 黄纹胡蜂，亲胡蜂
Vespa tropica (Linnaeus) [greater banded hornet] 金箍胡蜂，热带胡蜂
Vespa tropica ducalis Smith 见 *Vespa ducalis*
Vespa tropica haematodes Bequaert 热带胡蜂小金箍亚种，小金箍胡蜂，小金箍热带胡蜂
Vespa tropica leefmansi van der Vecht 热带胡蜂大金箍亚种，大金箍胡蜂，大金箍热带胡蜂
Vespa tropica tropica (Linnaeus) 热带胡蜂指名亚种，指名热带胡蜂
Vespa variabilis du Buysson 变胡蜂
Vespa velutina Peletier [Asian hornet, yellow-legged hornet] 黄脚胡蜂，黄脚虎头蜂，黄跗虎头蜂，赤尾虎头蜂，黄脚仔，花脚仔，凹纹胡蜂
Vespa velutina auraria Smith 黄脚胡蜂凹纹亚种，凹纹胡蜂，橘绒胡蜂
Vespa velutina flavitarsus Sonan 黄脚胡蜂黄跗亚种，黄跗胡蜂
Vespa velutina nigrithorax du Buysson 黄脚胡蜂墨胸亚种，墨胸胡蜂，墨胸绒胡蜂
Vespa velutina variana van der Vecht 黄脚胡蜂多变亚种，变绒胡蜂
Vespa velutina velutina Peletier 黄脚胡蜂指名亚种，指名绒胡蜂
Vespa vivax Smith 寿胡蜂，长命胡蜂，威氏虎头蜂
Vespa walkeri du Buysson 沃胡蜂
Vespa xanthoptera Cameron 黄翅胡蜂
Vespaexenos matsumarai Szekessy 同 *Xenos moutoni*
Vespaexenos moutoni du Buysson 见 *Xenos moutoni*
Vespamantoida 蜂螳属
Vespamantoida wherleyi Rodrigues *et* Svenson 韦氏蜂螳
Vespamima 拟蜂透翅蛾属
Vespamima pini (Kellicott) 见 *Synanthedon pini*
Vespamima sequoiae (Edwards) 见 *Synanthedon sequoiae*
vesperid 1. [= vesperid beetle, vesperid longicorn beetle] 暗天牛 < 暗天牛科 Vesperidae 昆虫的通称 >；2. 暗天牛科的
vesperid beetle [= vesperid, vesperid longicorn beetle] 暗天牛
vesperid longicorn beetle 见 vesperid beetle
Vesperidae 暗天牛科
Vesperus 暗天牛属
Vesperus luridus (Rossi) 南欧暗天牛

vespid 1. [= vespid wasp, hornet, yellow jacket] 胡蜂 < 胡蜂科 Vespidae 昆虫的通称 >；2. 胡蜂科的

vespid wasp [= vespid, hornet, yellow jacket] 胡蜂

Vespidae 胡蜂科

vespiform thrips [*Franklinothrips vespiformis* (Crawford)] 拟蜂长角蓟马，细腰凶蓟马，细咬长角蓟马

Vespinae 胡蜂亚科

Vespiodea 胡蜂总科

Vespula 黄胡蜂属

Vespula adulterina du Buysson 见 *Dolichovespula adulterina*

Vespula arenaria (Fabricius) 沙黄胡蜂

Vespula arisana (Sonan) 阿里山黄胡蜂

Vespula austriaca (Panzer) 澳黄胡蜂，奥地利胡蜂

Vespula flaviceps (Smith) [common Asian yellowjacket] 细黄胡蜂，黄须黄胡蜂

Vespula flaviceps flaviceps (Smith) 细黄胡蜂指名亚种

Vespula flaviceps karenkona Sonan 细黄胡蜂花莲亚种，卡黄黄胡蜂

Vespula flavicpes lewisii (Cameron) 同 *Vespula flaviceps flaviceps*

Vespula flavopilosa Jacobson 黄绒黄胡蜂

Vespula germanica (Fabricius) [German wasp] 德国黄胡蜂，德国黄蜂，德黄胡蜂，德国胡蜂

Vespula gongshanensis Dong 同 *Vespula rufa*

Vespula gracilia Lee 瘦黄胡蜂，丽黄胡蜂

Vespula hainanensis Lee 同 *Vespula koreensis*

Vespula hirsuta Lee 同 *Vespula kingdonwardi*

Vespula kingdonwardi Archer 金氏黄胡蜂，高原黄胡蜂

Vespula koreensis (Radoszkowski) [Korean yellowjacket] 朝鲜黄胡蜂

Vespula koreensis koreensis (Radoszkowski) 朝鲜黄胡蜂指名亚种，指名朝黄胡蜂

Vespula koreensis orbata (du Buysson) 见 *Vespula orbata*

Vespula koreensis stizoides (du Buysson) 同 *Vespula koreensis koreensis*

Vespula maculata (Linnaeus) [bald-faced hornet, eastern yellow jacket, North American hornet, white-faced hornet] 白斑脸黄胡蜂，白斑脸胡蜂

Vespula maculifrons (du Buysson) 额斑黄胡蜂，斑额黄胡蜂

Vespula media (Retzius) 见 *Dolichovespula media*

Vespula minuta Dover 微黄胡蜂

Vespula minuta arisana (Sonan) 微黄胡蜂台湾亚种，台湾黄胡蜂，阿里山微黄胡蜂

Vespula minuta minuta Dover 微黄胡蜂指名亚种，指名微黄胡蜂

Vespula nujiangensis Dong *et* Wang 同 *Vespula orbata*

Vespula nursei Archer 那氏黄胡蜂，纳黄胡蜂

Vespula obscura Lee 同 *Vespula rufa*

Vespula orbata (du Buysson) 环黄胡蜂，圆胡蜂，环朝黄胡蜂

Vespula pensylvanica (de Saussure) [western yellow jacket] 宾州黄胡蜂，宾州小胡蜂

Vespula rufa (Linnaeus) [red wasp, Siberian hornet] 红环黄胡蜂，北方黄胡蜂，红黄胡蜂

Vespula rufa grahami Archer 同 *Vespula rufa rufa*

Vespula rufa intermedia (du Buysson) 同 *Vespula rufa rufa*

Vespula rufa rufa (Linnaeus) 红环黄胡蜂指名亚种，指名红黄胡蜂

Vespula rufa schrenckii (Radoszkowski) 红环黄胡蜂施氏亚种，施黄胡蜂，史红黄胡蜂

Vespula shidai Ishikawa, Yamane *et* Wagner 施氏黄胡蜂，思黄胡蜂

Vespula structor (Smith) 锈黄胡蜂，锈腹黄胡蜂，锈色黄胡蜂，锈腹侧黄胡蜂

Vespula vulgaris (Linnaeus) 普通黄胡蜂，常见黄胡蜂

Vespula yichunensis Lee 伊春黄胡蜂

Vespula yulongensis Dong *et* Wang 同 *Vespula flaviceps*

vespulakinin 蜂舒缓激糖肽

Vesta 负萤属，栉角萤属

Vesta chevrolati Laporte 黑腹负萤，奢负萤，黑腹栉角萤

Vesta davidis Fairmaire 达负萤

Vesta flaviventris (Fairmaire) 黄腹负萤，黄腹鲁萤，黄腹派花萤

Vesta formosana Pic 同 *Vesta scutellonigra*

Vesta impressicollis Fairmaire 赤腹负萤，痕负萤，赤腹栉角萤

Vesta rufiventris (Motschulsky) 卵翅负萤，卵翅栉角萤，红腹来萤

Vesta saturnalis Gorham 萨负萤

Vesta scutellonigra Olivier 黑盾负萤

vestal cuckoo bumble bee [= southern cuckoo bumblebee, *Bombus vestalis* (Geoffroy)] 贞熊蜂

Vestalaria 黄细色蟌属

Vestalaria miao (Wilson *et* Reels) 苗黄细色蟌，苗家细色蟌，吊罗山细色蟌

Vestalaria smaragdina (Sélys) 透翅黄细色蟌，黑角细色蟌

Vestalaria velata (Ris) 褐翅黄细色蟌，盖细色蟌，褐翅细色蟌

Vestalaria venusta (Hämäläinen) 黑角黄细色蟌，丽细色蟌，媚丽细色蟌

vestalis eyemark [= vestalis metalmark, *Leucochimona vestalis* (Bates)] 维环眼蚬蝶

vestalis metalmark 见 vestalis eyemark

Vestalis 细色蟌属

Vestalis amethystina Lieftinck [common flashwing] 闪翅细色蟌

Vestalis gracilis (Rambur) 多横细色蟌

Vestalis miao Wilson *et* Reels 见 *Vestalaria miao*

Vestalis smaragdina Sélys 见 *Vestalaria smaragdina*

Vestalis tristis Navás 同 *Atrocalopteryx atrata*

Vestalis velata Ris 见 *Vestalaria velata*

Vestalis venusta Hämäläinen 见 *Vestalaria venusta*

Vestalis virens Needham 同 *Vestalaria velata*

vestibular scar 前庭瘢

vestibule 1. [= vestibulum] 外生殖腔，前庭 < 由第七腹节腹板伸过第八腹节所形成的在腹板上方的外生殖腔 >；2. [= atrium] 气门室

vestibulum [= vestibule] 外生殖腔，前庭

vestigial 废退的，残留的

vestilla clearwing [*Pteronymia vestilla* (Hewitson)] 衣美绡蝶

Vestiplex 蜚大蚊亚属

Vestitohalictus 绒毛隧蜂亚属

vestiture [= vesture] 表被 < 指体表的被物，如鳞片、毛等 >

Vestria 虹螽属

Vestria punctata (Redtenbacher) 斑虹螽

Vestura 簇须夜蛾属

Vestura minereusalis (Walker) 簇须夜蛾，明韦夜蛾

vesture 见 vestiture

vetch aphid 1. [*Megoura viciae* Backton] 巢菜修尾蚜，蚕豆修尾蚜；2. [= bean aphid, *Megoura crassicauda* Mordvilko] 豌豆修尾蚜，蚕豆修尾蚜，粗尾修尾蚜，瘤突修尾蚜

vetch bruchid [= hairy-vetch bruchid, *Bruchus brachialis* Fåhraeus] 长毛野豌豆象甲，长毛野豌豆象，毛苕豆象，野豌豆象

veterinary entomology 兽医昆虫学

Vettius 铂弄蝶属

Vettius argentus Freeman [gold-rayed fantastic-skipper, Chiapan silver-plated skipper] 黄纹铂弄蝶

Vettius artona (Hewitson) [white-veined skipper, artona skipper] 阿屯铂弄蝶

Vettius aurelius (Plötz) [aurelius skipper] 奥铂弄蝶

Vettius chagres Nicolay [chagres skipper] 查铂弄蝶

Vettius coryna (Hewitson) [cloud-forest fantastic-skipper, silver-plated skipper] 银铂弄蝶

Vettius crispa Evans 明铂弄蝶

Vettius diversa Herrich-Schäffer [diversa skipper] 黄铂弄蝶

Vettius fantasos (Stoll) [fantastic skipper] 梦幻铂弄蝶

Vettius fuldai (Bell) [Fulda's skipper] 福铂弄蝶

Vettius jabesa (Butler) [jabesa skipper] 佳铂弄蝶

Vettius lafrenaye (Lattreille) 拉氏铂弄蝶

Vettius lafrenaye lafrenaye (Lattreille) 拉氏铂弄蝶指名亚种

Vettius lafrenaye pica (Herrich-Schäffer) [two-toned fantastic-skipper, two-toned skipper, pica skipper] 拉氏铂弄蝶美丽亚种，鹊铂弄蝶

Vettius maeon (Mabille) 美铂弄蝶

Vettius marcus (Fabricius) [yellow fantastic-skipper, peaceful fantastic-skipper, marcus skipper] 锤铂弄蝶

Vettius monacha (Plötz) [monacha skipper] 模铂弄蝶

Vettius onaca Evans [black-spotted fantastic-skipper, onaca skipper] 粉铂弄蝶

Vettius phyllus (Cramer) [Cramer's fantastic-skipper, phyllus skipper] 菲铂弄蝶，铂弄蝶

Vettius richardi (Weeks) [Richard's skipper] 理铂弄蝶

Vettius tertianus (Herrich-Schäffer) [blurry fantastic-skipper, blurry skipper] 污铂弄蝶

Vettius triangularis (Hübner) [triangular skipper, triangularis skipper] 三角铂弄蝶

vetula skipper [*Vehilius vetula* Mabille] 维图拉帏罩弄蝶

vetulus skipper [*Eutocus vetulus* (Mabille)] 褐优弄蝶

vexillary 诱虫标识的

vexillum 膨大跗端 < 指膜翅目昆虫中某些穴居类跗节端部上的扩张 >

VFB [Virtual Fly Brain 的缩写] 果蝇神经系统图谱

VGIC [voltage-gated ion channel 的缩写] 电压门控离子通道

VGSC [voltage-gated sodium channel 的缩写] 电压门控钠通道

viability 1. 生存性；2. 生活能力

vianaidid 1. [= vianaidid bug, vianaidid lace bug] 甲蝽 < 甲蝽科 Vianaididae 昆虫的通称 >；2. 甲蝽科的

vianaidid bug [= vianaidid, vianaidid lace bug] 甲蝽

vianaidid lace bug 见 vianaidid bug

Vianaididae 甲蝽科

Vibidia 褐菌瓢虫属

Vibidia duodecimguttata (Poda) 十二斑褐菌瓢虫，白瓢虫

Vibidia huiliensis Pang *et* Mao 会理褐菌瓢虫

Vibidia korschefskyi (Mader) 哥氏褐菌瓢虫，柯氏褐菌瓢虫

Vibidia luliangensis Cao *et* Xiao 陆良褐菌瓢虫

Vibidia xichangiensis Pang *et* Mao 西昌褐菌瓢虫

Vibidia zhongdianensis Jing 中甸褐菌瓢虫

vibilia longwing [*Eueides vibilia* Godart] 黄佳袖蝶

vibius orange [= vibius skipper, *Xanthodisca vibius* (Hewitson)] 黄瑕弄蝶

vibius skipper 见 vibius orange

vibrant sulpher [*Hebomoia leucippe* (Cramer)] 红翅鹤顶粉蝶，金鹤顶粉蝶

vibration response 震动反应

vibrissa [pl. vibrissae] 髭 < 指双翅目一些昆虫中位于口鬃与触角之间的弯鬃；旧称口鬃 (mystax)>

vibrissae [s. vibrissa] 髭

vibrissal angle 髭角 < 指双翅目昆虫中在口缘上由颜脊形成呈圆形的角 >

vibrissal ridge [= facialium, facial ridge] 颜脊，鬣脊

Vibrissina 髭寄蝇属

Vibrissina angustifrons Shima 狭额髭寄蝇，锐额髭寄蝇，窄额寄蝇

Vibrissina debilitata (Pandellé) 软髭寄蝇

Vibrissina inthanon Shima 因他髭寄蝇，樱杉寄蝇

Vibrissina turrita (Meigen) 长角髭寄蝇

viburnum aphid [*Aphis viburniphila* Patch] 荚蒾蚜

viburnum button [= Schaller's acleris moth, *Acleris schalleriana* (Linnaeus)] 忍冬长翅卷蛾，司长翅卷蛾

viburnum cottony scale [= viburnum scale, *Phenacoccus viburnae* Kanda] 荚蒾绵粉蚧

viburnum scale 见 viburnum cottony scale

viburnum shoot sawfly [*Janus japonicus* Satô] 日本简脉茎蜂，荚蒾铗茎蜂，双斑简脉茎蜂，荚蒾茎蜂

viceroy [*Basilarchia archippus* (Cramer)] 黑条拟斑蛱蝶，副王蛱蝶

Vicroy's ministreak [*Ministrymon janevicroy* Glassberg] 简迷灰蝶

Victoria dots [*Micropentila victoriae* Stempffer *et* Bennett] 维多利亚晓灰蝶

Victoria silverline [= Victoria's bar, *Spindasis victoriae* (Butler)] 维多利亚银线灰蝶

Victoria white [*Belenois victoriae* Dixey] 维多利亚贝粉蝶

Victorian hairstreak [= silky hairstreak, chlorinda hairstreak, Australian hairstreak, Tasmanian hairstreak, orange tit, *Pseudalmenus chlorinda* (Blanchard)] 丝毛纹灰蝶，毛纹灰蝶

Victoria's bar 见 Victoria silverline

Victorina 维蛱蝶属

Victorina elissa Hübner 小绿窗维蛱蝶

Victorina stelenes (Linnaeus) [malachite] 绿帘维蛱蝶

Victorine clearwing [*Oleria victorine* (Guérin-Méneville)] 维多油绡蝶

Victorine swallowtail [*Papilio menatius* (Hübner)] 芒须豹凤蝶

Victor's blue [*Lepidochrysops victori* (Karsch)] 维多利美鳞灰蝶

victrix metalmark [= purple-sheened metalmark, *Metacharis victrix* (Hewitson)] 微克黑纹蚬蝶

Vidalia 瘤额实蝇属，维达实蝇属，突额实蝇属

Vidalia accola (Hardy) 中住瘤额实蝇，阿科拉维达实蝇

Vidalia appendiculata Hendel 见 *Paratrypeta appendiculata*
Vidalia armifrons (Portschinsky) 二剑瘤额实蝇，俄罗斯维达实蝇
Vidalia bicolor Hardy 双色瘤额实蝇，双色维达实蝇
Vidalia bidens Hendel 双楔瘤额实蝇，双齿维达实蝇，二齿威实蝇，比登突额实蝇
Vidalia bipunctata Zia 见 *Stemonocera bipunctata*
Vidalia buloloue (Malloch) 布罗瘤额实蝇，布罗维达实蝇
Vidalia cervicornis Hendel 同 *Stemonocera hendeli*
Vidalia duplicata (Han *et* Wang) 二斑瘤额实蝇，杜普里维达实蝇
Vidalia eritrma (Han *et* Wang) 异鬃瘤额实蝇，埃里特维达实蝇
Vidalia quadricornis de Meijere 四角瘤额实蝇，四角维达实蝇
Vidalia rohdendorfi Richter 大鬃瘤额实蝇，大鬃维达实蝇
Vidalia spadix Chen 栗褐瘤额实蝇，斯帕迪维达实蝇，闽威实蝇
Vidalia thailandica Hancock *et* Drew 泰国瘤额实蝇，泰国维达实蝇
Vidalia tuberculata Hardy 具瘤瘤额实蝇，具瘤维达实蝇
vide 见，参阅
vide etiam [abb. *v. et*] 并见
Vidius 射弄蝶属
Vidius fido Evans 艳射弄蝶
Vidius perigenes (Godman) [pale-rayed skipper] 白纹射弄蝶
Vidius vidius (Mabille) 射弄蝶
Vidler's alpine [= northwest alpine, *Erebia vidleri* Elwes] 橙带红眼蝶
Viennese emperor [= giant peacock moth, giant emperor moth, great peacock moth, *Saturnia pyri* (Denis *et* Schiffermüller)] 大目大蚕蛾，巨型孔雀蛾，大孔雀蛾
Viennese pit scale [*Asterodiaspis viennae* (Russell)] 维也纳栎链蚧
Viennotaleyrodes 维粉虱属
Viennotaleyrodes megapapillae (Singh) 巨疣维粉虱，巨疣粉虱
Viereck's skipper [*Atrytonopsis vierecki* (Skinner)] 棕灰墨弄蝶
Vietacheta 南蟋属
Vietacheta harpophylla Ma, Liu *et* Xu 钩叶南蟋
Vietacheta picea Gorochov 黑南蟋
Vietetropis 韦小柱天牛属
Vietetropis viridis Komiya 绿韦小柱天牛，韦小柱天牛
Vietnamella 越南蜉属
Vietnamella dabieshanensis You *et* Su 同 *Vietnamella sinensis*
Vietnamella guadunensis Zhou *et* Su 同 *Vietnamella sinensis*
Vietnamella ornata (Tshernova) 饰越南蜉，云南小蜉
Vietnamella qingyuanensis Zhou *et* Su 同 *Vietnamella sinensis*
Vietnamella sinensis (Hsu) 中华越南蜉，中华微蜉
Vietnamella thani Tshernova 申氏越南蜉
vietnamellid 1. [= vietnamellid mayfly] 越南蜉 < 越南蜉科 Vietnamellidae 昆虫的通称 >; 2. 越南蜉科的

vietnamellid mayfly [= vietnamellid] 越南蜉
Vietnamellidae 越南蜉科
Vietnamese fighting cricket [= Mediterranean field cricket, two-spotted cricket, southern field cricket, black cricket, African field cricket, *Gryllus bimaculatus* De Geer] 双斑大蟋，双斑蟋，地中海蟋蟀，黄斑黑蟋蟀，咖啡两点蟋，甘蔗蟋
Vietnamese walking stick [= Annam walking stick, *Medauroidea extradentata* (Brunner von Wattenwyl)] 二突类梅蝻，两角竹节虫

Vietomartyria 越小翅蛾属
Vietomartyria nankunshana Hirowatari *et* Hashimoto 南昆山越小翅蛾
Vietomartyria nanlingana Hirowatari *et* Jinbo 南岭越小翅蛾，南岭小翅蛾
Viidaleppia 俄带尺蛾属
Viidaleppia incerta Inoue 疑俄带尺蛾
Viidaleppia serrataria (Prout) 锯俄带尺蛾
Vila 围蛱蝶属
Vila azeca (Doubleday) [Azeca banner] 围蛱蝶
Vila cacica Staudinger 彩围蛱蝶
Vila emilia (Cramer) 艾围蛱蝶
Vila semistalachtis Hall 细围蛱蝶
Vilius 爪盾猎蝽属
Vilius corallines Miller 领爪盾猎蝽
Vilius lateralis Miller 侧爪盾猎蝽
Vilius macrops (Walker) 大爪盾猎蝽
Vilius melanopterus Stål 爪盾猎蝽
Vilius mjoebergi Miller 莫氏爪盾猎蝽
Vilius monoceros Breddin 麒麟爪盾猎蝽
Vilius rubronigers Distant 涠公爪盾猎蝽
Villa 绒蜂虻属
Villa albicollaris Cole 白领绒蜂虻
Villa albula (Loew) 白绒蜂虻
Villa andamanensis Bhalla, Grewal *et* Kapoor 安岛绒蜂虻
Villa aquila Yao, Yang *et* Evenhuis 斑翅绒蜂虻
Villa argentipennis White 银翅绒蜂虻
Villa aspros Yao, Yang *et* Evenhuis 皎鳞绒蜂虻
Villa aurepilosa Du *et* Yang 金毛绒蜂虻
Villa bryht Yang, Yao *et* Cui 明亮绒蜂虻
Villa cerussata Yang, Yao *et* Cui 白毛绒蜂虻
Villa chilensis Philippi 智利绒蜂虻
Villa cingulata (Meigen) 有带绒蜂虻
Villa colombiana Evenhuis *et* Greathead 哥绒蜂虻
Villa dimidiata Wiedemann 半绒蜂虻
Villa discolor Hall 无色绒蜂虻
Villa dissimilis Hesse 异绒蜂虻
Villa fasciata (Meigen) 条纹绒蜂虻
Villa flavida Yao, Yang *et* Evenhuis 黄胸绒蜂虻
Villa flavipilosa Cole 黄毛绒蜂虻
Villa flavocostalis Painter 黄缘绒蜂虻
Villa furcata Du *et* Yang 叉状绒蜂虻
Villa hottentota (Linnaeus) 黄背绒蜂虻
Villa hyalinipennis Blanchard 透翅绒蜂虻
Villa lepidopyga Evenhuis *et* Arakaki 蜂鸟绒蜂虻
Villa limbata (Coquillett) 缘绒蜂虻
Villa longicornis Lyneborg 长角绒蜂虻
Villa macula Cole *et* Lovett 斑绒蜂虻
Villa melanoptera Hall 黑翅绒蜂虻
Villa minor Frey 小绒蜂虻
Villa multicolor Bigot 多色绒蜂虻
Villa nigra Cresson 黑绒蜂虻
Villa nigriceps (Macquart) 黑头绒蜂虻
Villa nigrifrons (Macquart) 黑颜绒蜂虻
Villa obscuripes Bigot 褐足绒蜂虻

Villa obtusa Yao, Yang *et* Evenhuis 红卫绒蜂虻
Villa orientalis Zaitsev 东方绒蜂虻
Villa ovata (Loew) 卵形绒蜂虻
Villa pallipes Bigot 淡足绒蜂虻
Villa panisca (Rossi) 巴兹绒蜂虻
Villa ruficeps Macquart 红足绒蜂虻
Villa ruficollis Bigot 红领绒蜂虻
Villa rufiventris Blanchard 红脉绒蜂虻
Villa rufula Yang, Yao *et* Cui 赤缘绒蜂虻
Villa sexfasciata (Wiedemann) 六带绒蜂虻
Villa sulfurea Yang, Yao *et* Cui 黄磷绒蜂虻
Villa tricellula Cole 三室绒蜂虻
Villa xinjiangana Du, Yang, Yao *et* Yang 新疆绒蜂虻
Villanovanus 文猎蝽属
Villanovanus nigrorufus Hsiao 黑文猎蝽
villi [s. villus] 绒毛
villi form 绒毛状
Villiers' ceres forester [*Euphaedra villiersi* Condamin] 威利栎蛱蝶
Villigera frauenfeldi Karsck 见 *Drosicha frauenfeldi*
Villocera 绒脸茧蜂亚属
villosate [= villose, villosus, villous] 被有软毛的
villose 见 villosate
villosus 见 villosate
villous 见 villosate
villus [pl. villi] 绒毛
Viminia 梨剑纹夜蛾亚属，末夜蛾属
Viminia digna (Butler) 见 *Acronicta digna*
Viminia rumicis (Linnaeus) 见 *Acronicta rumicis*
Vinata 薇袖蜡蝉属
Vinata nigricornis (Stål) 黑角薇袖蜡蝉
Vinata quattumaculata Wang, Chou *et* Chou 四斑薇袖蜡蝉
Vinata trimaculata Wang, Chou *et* Chou 三斑薇袖蜡蝉
vinculum 基腹弧 < 指鳞翅目昆虫雄性外生殖器中由第九腹节腹板形成的弧形骨片 >
Vindhyan bob [*Arnetta vindhiana* (Moore)] 维突须弄蝶
Vindula 文蛱蝶属
Vindula arsinoe (Cramer) [Cramer's cruiser, cruiser] 阿文蛱蝶，指名文蛱蝶
Vindula dejone (Erichson) [Malay cruiser] 台文蛱蝶，迪氏文蛱蝶，大红蛱蝶，长尾亮黄蛱蝶，木生红蛱蝶，文蛱蝶
Vindula dejone dejone (Erichson) 台文蛱蝶指名亚种，指名台文蛱蝶
Vindula erota (Fabricius) [cruiser] 文蛱蝶，亮黄蛱蝶
Vindula erota erota (Fabricius) 文蛱蝶指名亚种，指名文蛱蝶
Vindula erota hainana Holland 文蛱蝶海南亚种，琼文蛱蝶
Vindula erota pallida Staudinger [Andaman cruiser] 文蛱蝶安岛亚种
Vindula erota saloma de Nicéville [Sahyadri cruiser] 文蛱蝶萨亚德里亚种
Vindula sapor (Godman *et* Salvin) 白斑文蛱蝶
Vindusara 雁尺蛾属
Vindusara metachromata (Walker) 金纹雁尺蛾
Vindusara moorei (Thierry-Mieg) 莫雁尺蛾，豹纹大尺蛾
vine bud moth [= grapevine smoky moth, vine zygaenid, *Theresimima ampelophaga* Bayle] 剑角锦斑蛾
vine calandra [= banded fruit weevil, garden weevil, grapevine beetle, banded snout beetle, *Phlyctinus callosus* Schönherr] 庭园斑象甲，庭园象甲
vine cane weevil [= vine weevil, vine curculio, immigrant acacia weevil, *Orthorhinus klugi* Boheman] 葡萄茎正鼻象甲
vine curculio 见 vine cane weevil
vine leaf flea beetle [*Altica ampelophaga* Guérin-Méneville] 葡萄跳甲
vine-leaf vagrant [*Eronia cleodora* Hübner] 角粉蝶
vine louse [= grape phylloxera, grapevine phylloxera, *Daktulosphaira vitifoliae* (Fitch)] 葡萄根瘤蚜
vine mealybug [*Planococcus ficus* (Signoret)] 无花果臀纹粉蚧，无花果刺粉蚧
vine moth 1. [= European grape berry moth, grape berry moth, grape bud moth, grape moth, *Eupoecilia ambiguella* (Hübner)] 环针单纹卷蛾，女贞细卷蛾，葡萄果蠹蛾；2. [= European grapevine moth, grape fruit moth, *Lobesia botrana* (Denis *et* Schiffermüller)] 葡萄花翅小卷蛾，葡萄小卷蛾，葡萄小卷叶蛾，葡萄缀穗蛾；3. [= Australian grapevine moth，*Phalaenoides glycine* Lewin] 澳洲葡萄藤夜蛾
vine mussel scale [= oystershell scale, apple oystershell scale, mussel scale, apple mussel scale, appletree bark louse, butternut bark-louse, fig scale, fig oystershell scale, greater fig mussel scale, linden oystershell scale, Mediterranean fig scale, oyster-shell scale, oyster-shell bark-louse, pear oystershell scale, poplar oystershell scale, red oystershell scale, *Lepidosaphes ulmi* (Linnaeus)] 榆蛎盾蚧，榆蛎蚧，苹蛎蚧，榆牡蛎蚧
vine thrips [= grape thrips, *Drepanothrips reuteri* Uzel] 葡萄镰蓟马，葡萄蓟马
vine tortrix moth [= grape leafroller, long-palpi tortrix, leaf-rolling tortrix, *Sparganothis pilleriana* (Denis *et* Schiffermüller)] 葡萄长须卷蛾，葡萄长须卷叶蛾
vine weevil 1. [= black vine weevil, cyclamen grub, taxus weevil, strawberry weevil, *Otiorhynchus sulcatus* (Fabricius)] 黑葡萄耳象甲，葡萄黑象甲，藤本象甲；2. [= vine cane weevil, vine curculio, immigrant acacia weevil, *Orthorhinus klugi* Boheman] 葡萄茎正鼻象甲
vine zygaenid 见 vine bud moth
vinegar fly 1. [= drosophilid fly, drosophilid, fruit fly, drosophilid fruit fly, pomace fly] 果蝇 < 果蝇科 Drosophilidae 昆虫的通称 >；2. [= common vinegar fly, common fruit fly, *Drosophila melanogaster* Meigen] 黑腹果蝇，黄猩猩果蝇，黄果蝇
vineyard mole-cricket [*Gryllotalpa vineae* Bennet-Clark] 果园蝼蛄
Vinius 翁弄蝶属
Vinius arginote Draudt 翁弄蝶
Vinius exilis (Plötz) [dogface skipper] 流浪翁弄蝶
Vinius nicomedes Mabille 尼科翁弄蝶
Vinius sagitta (Mabille) [sagitta skipper] 多斑翁弄蝶
Vinius tryhana (Kaye) [gold-washed skipper] 帅翁弄蝶
vinous 酒色的 < 指如红葡萄酒色的 >
Vinsonia 星蜡蚧属
Vinsonia stellifera (Westwood) 见 *Ceroplastes stellifer*
Viola 维弄蝶属

Viola alicus (Schaus) 维弄蝶
violaceous [= violaceus] 堇菜色 < 如蓝紫色的 >
violaceus 见 violaceous
violapterin 紫蝶呤
Viola's wood satyr [*Megisto viola* Maynard] 紫堇蒙眼蝶
violaxanthin 紫黄素，紫黄质
violet 紫红色
violet aphid 1. [*Neotoxoptera violae* (Perhande)] 堇新弓翅蚜，紫罗兰小瘤额蚜，堇菜蚜，芹菜新弓蚜；2. [= ornate aphid, *Myzus ornatus* Laing] 堇菜瘤蚜，紫罗兰瘤蚜，紫罗兰瘤额蚜
violet-banded palla [*Palla violinitens* (Crowley)] 紫草蛱蝶
violet-banded skipper [= nyctelius skipper, *Nyctelius nyctelius* (Latreille)] 绀弄蝶
violet carpenter bee [*Xylocopa violacea* (Linnaeus)] 紫蓝木蜂
violet-clouded skipper [*Lerodea arabus* (Edwards)] 灰鼠弄蝶
violet copper [*Helleia helle* (Denis *et* Schiffermüller)] 罕莱灰蝶
violet crepuscular skipper [*Gretna carmen* Evans] 卡门礤弄蝶
violet dancer [*Argia fumipennis violacea* (Hagen)] 烟翅阿螅紫色亚种
violet-dusted skipperling [*Piruna dampfi* (Bell)] 紫粉璧弄蝶
violet-eyed evening brown [*Melanitis libya* Distant] 蓝眶暮眼蝶
violet fritillary [= Weaver's fritillary, *Clossiana dia* (Linnaeus)] 女神珍蛱蝶
violet-frosted skipper [= frosted brown-skipper, *Mnasicles geta* Godman] 紫莽弄蝶，莽弄蝶
violet gall midge [*Contarinia violicola* (Coquillet)] 紫浆瘿蚊，紫康瘿蚊，紫枝生瘿蚊
violet ground beetle [*Carabus violaceus* Linnaeus] 紫步甲，紫罗兰步甲
violet lacewing [*Cethosia myrina* Felder *et* Felder] 蓝裙锯蛱蝶
violet leaf midge [*Dasyneura affinis* (Kieffer)] 紫罗兰叶瘿蚊
violet metalic praying mantis [*Metallyticus violaceus* Burmeister] 紫色金螳
violet onyx [*Horaga albimacula* (Wood-Mason *et* de Nicéville)] 白斑灰蝶
violet opal [*Poecilmitis violescens* Dickson] 纬幻灰蝶
violet-patched skipper [*Monca crispinus* (Plötz)] 紫斑紫弄蝶
violet sawfly 1. [*Ametastegia pallipes* (Spinola)] 紫罗兰狭背叶蜂，紫罗兰巨顶叶蜂，紫罗兰叶蜂；2. [*Lagidina platycera* (Marlatt)] 紫隐斑叶蜂，短足叶蜂，平短足叶蜂
violet seed midge [*Dasineura semenivora* (Beutenmüller)] 堇菜种叶瘿蚊
violet silverline [*Cigaritis crustaria* (Holland)] 紫席灰蝶
violet-spotted charaxes [= violet-spotted emperor, *Charaxes violetta* Grose-Smith] 白环螯蛱蝶
violet-spotted emperor 见 violet-spotted charaxes
violet-studded skipper [*Morys lyde* Godman] 星斑颉弄蝶
violet tip 1. [= common purple tip, Bushveld purple tip, purple tip, *Colotis ione* (Godart)] 紫袖珂粉蝶；2. [*Colotis zoe* (Grandidier)] 红晕珂粉蝶，烟红彩粉蝶
violet-tipped crow [= common Indian crow, *Euploea core godarti* Lucas] 幻紫斑蝶柯氏亚种，柯氏紫斑蝶，云南幻紫斑蝶
violet-tipped saliana [= saladin saliana, *Saliana saladin* Evans] 紫端颂弄蝶
violet-washed charaxes [= common red charaxes, *Charaxes lucretius* (Cramer)] 璐螯蛱蝶，网螯蛱蝶
violet-washed eyed-metalmark [= telegone eyemark, *Mesosemia telegone* (Boisduval)] 端美眼蚬蝶
violet-washed skipper [*Damas clavus* (Herrich-Schäffer)] 疸弄蝶
violet-winged grasshopper [= blue-winged grasshopper, *Tropidacris collaris* (Stoll)] 蓝翅排点褐蜢
violin beetle [= banjo beetle] 琴步甲，琴甲，琴步行虫，小提琴甲虫，班卓琴甲虫 < 琴步甲属 *Mormolyce* 昆虫的通称 >
Vip [vegetative insecticidal protein 的缩写] 营养期杀虫蛋白
Vipaka 果刺蛾属
Vipaka niveipennis (Hering) 尼维果刺蛾
Vipio 簇毛茧蜂属，韦茧蜂属
Vipio abnormis Li, He *et* Chen 缺区簇毛茧蜂
Vipio appellator (Nees von Esenbeck) 欧亚簇毛茧蜂
Vipio bellator Kokujev 见 *Iphiaulax bellator*
Vipio elector Kokujev 见 *Glyptomorpha elector*
Vipio intermedius Szépligeti 媒簇毛茧蜂
Vipio jakowlewi Kokujev 见 *Iphiaulax jakowlewi*
Vipio mongolicus Telenga 蒙古簇毛茧蜂
Vipio roborowskii Kokujev 见 *Glyptomorpha roborowskii*
Vipio sareptanus Kawall 黑足簇毛茧蜂，内蒙韦茧蜂
Vipio teliger Kokujev 见 *Glyptomorpha teliger*
Vipiomorpha 副簇毛茧蜂属
Vipiomorpha sulcata Li, van Achterberg *et* Chen 腹沟副簇毛茧蜂
Vipiomorpha ypsilon Tobias 异形副簇毛茧蜂
Vipiomorpha yunnanensis Li, van Achterberg *et* Chen 云南副簇毛茧蜂
vipionid 1. [= vipionid wasp] 长足茧蜂 < 长足茧蜂科 Vipionidae 昆虫的通称 >；2. 长足茧蜂科的
vipionid wasp [= vipionid] 长足茧蜂
Vipionidae 长足茧蜂科
vira skipper [*Phlebodes vira* (Butler)] 白斑管弄蝶
Virachola 浆果灰蝶属
Virachola bimaculata (Hewitson) [coffee berry butterfly, coffee berry lycaenid] 咖啡浆果灰蝶
Virachola isocrates (Fabricius) [Anar butterfly, common guava blue] 青浆果灰蝶
viral 病毒的，病毒引起的
viral disease 病毒病
viral enhancin 病毒增强素
viral flacherie [= viral flachery] 病毒性软化病，病毒性软瘫
viral flachery 见 viral flacherie
viral infection 病毒感染
viral-infectious flacherie 病毒性软化病
viral nucleic acid 病毒核酸
Virbia aurantiaca (Hübner) [orange holomelina] 橘灯蛾
virbius skipper [= white-edged ruby-eye, *Cobalus virbius* (Cramer)] 涡弄蝶
viremia 病毒败血症
virescent [= viridescent] 微绿的
viresco hairstreak [*Theritas viresco* (Druce)] 韦野灰蝶
virga 阳茎端刺
Virga 棍弄蝶属
Virga clenchi Miller [Clench's skipper, Veracruz brown-skipper] 牢棍弄蝶

Virga cometho Godman *et* Salvin 同 *Virga virginius*
Virga salvanus (Hayward) [salvanus skipper] 飒棍弄蝶
Virga virginius (Möschler) [yellow-veined brown-skipper, virginius skipper] 黄脉棍弄蝶，棍弄蝶
Virgichneumon 初姬蜂属
Virgichneumon albilineatus (Gravenhorst) 纹初姬蜂
Virgichneumon albosignatus (Gravenhorst) 白记初姬蜂，白记重姬蜂
virgin pigmy [= large aspen pigmy moth, *Ectoedemia argyropeza* (Zeller)] 青杨大外微蛾，青杨大微蛾
Virginia carpenter bee [= eastern carpenter bee, carpenter bee, *Xylocopa virginica* (Linnaeus)] 弗州木蜂，童女木蜂，大木蜂
Virginia creeper leafhopper [*Erythroneura ziczac* (Walsh)] 蛇葡萄斑叶蝉，蛇葡萄顶斑叶蝉
Virginia creeper sphinx [*Darapsa myron* (Cramer)] 弗州达拉天蛾，弗州达天蛾，弗吉尼亚蔓天蛾，蛇葡萄天蛾
Virginia lady [= American lady, American painted lady, painted beauty, *Vanessa virginiensis* (Drury)] 北美红蛱蝶，黄斑红蛱蝶，费州蛱蝶
Virginia pine borer [= large flat-headed pine heartwood borer, sculptured pine borer, large flat-head pine heartwood borer, larger flat-headed pine borer, western pine borer, *Chalcophora virginiensis* (Drury)] 大松吉丁甲，大脊吉丁甲，金大吉丁，大扁头星吉丁
Virginia pine sawfly [*Neodiprion pratti* Dyar] 松黑头新松叶蜂
Virginian tiger moth [= yellow woollybear, *Spilosoma virginicum* (Fabricius)] 黄毛雪灯蛾，黄毛灯蛾
virginius skipper [= yellow-veined brown-skipper, *Virga virginius* (Möschler)] 黄脉棍弄蝶，棍弄蝶
virginogenia [pl. virginogeniae; = exsule] 孤雌胎生蚜，无翅孤雌蚜
virginogeniae [s. virginogenia; = exsules] 孤雌胎生蚜，无翅孤雌蚜
virginopara [pl. virginoparae] 孤雌蚜
virginoparae [s. virginopara] 孤雌蚜
virgo skipper [*Phlebodes virgo* Evans] 黄缘管弄蝶
Virgo 条夜蛾属
Virgo datanidia (Butler) 达条夜蛾，条夜蛾，达枝夜蛾
Virgo major Kishida *et* Yoshimoto 四棱条夜蛾，迈条夜蛾
viricide [= virucide, viruscide] 杀病毒剂
viridescent 见 virescent
Viridifentonia 绿拟纷舟蛾亚属
Viridifentonia plagiviridis (Moore) 见 *Pseudofeneonia* (*Viridifentonia*) *plagiviridis*
viridis 翠绿色
Viridistria 褐碧夜蛾属
Viridistria striatovirens (Moore) 纹褐碧夜蛾，崴夜蛾
Viridistria viridipicta (Hampson) 绿褐碧夜蛾
Viridomarus 角冠叶蝉属
Viridomarus brevialatus Xing, Dai *et* Li 见 *Stirellus brevialatus*
Viridomarus capitatus Distant 头状角冠叶蝉，角冠叶蝉
Viridomarus laticellus Xing, Dai *et* Li 见 *Stirellus laticellus*
virion 1. 病毒粒子；2. 壳包核酸
virogenic 病毒发生基质
viroid 1. 类病毒；2. 无壳病毒
virology 病毒学
viroplasm 病毒发生基质
virosis 病毒病
virosis of silkworm 家蚕病毒病
Virtual Fly Brain [abb. VFB] 果蝇神经系统图谱
virucide 见 viricide
virulence 1. 致病力，致病性；2. 毒力，毒性
virulence test 毒力试验
viruliferous 带病毒的
viruliferous aphid 带病毒蚜虫
viruliferous insect vector 传毒媒介昆虫
viruliferous percent 带病毒率
virus 病毒
virus bundle 病毒束
virus crystal 病毒结晶
virus-parasitoid symbiosis 病毒与寄生蜂共生现象
viruscide 见 viricide
virusin 杀病毒素
virusology 病毒学
viscera 内脏
visceral 内脏的
visceral muscle 脏肌
visceral nervous system 脏神经系统，内脏神经系统
visceral segment [= pregenital segment] 生殖前节，脏节
visceral sinus 围脏窦
visceral trachea 脏气管
visceral tracheal trunk 脏气管干
viscid 黏性的
viscosimeter 黏度计
viscosity 黏度
viscous 黏稠的
visible spectrum 可见光谱
vista skipper [= three-spotted nicon, *Niconiades viridis vista* Evans] 翠绿黄涅弄蝶三斑亚种
visual 视觉的
visual acuity 视敏度
visual cell 视细胞
visual communication 视觉通信
visual discrimination 目测鉴别
visual evaluation 目光鉴定
visual examination 目测检验
visual guidance 视觉制导
visual induced response 视觉诱发反应
visual inspection 肉眼检定
visual organ 视器
visual sense 视觉
visuomotor system 视动系统
Vitacea polistiformis (Harris) [grape root borer] 葡萄蠹根透翅蛾
vital capacity 生活力
vital index 生命指数
vital optimum 生命最适度
vital staining 活体染色
vitality 生活力
vitamer 同效维生素
vitamin [= vitamine] 维生素
vitamin A [= axerophthol] 维生素 A；抗干眼醇

vitamin B complex 复合维生素 B
vitamin B_1 [= thiamine] 维生素 B_1；硫胺素；抗神经炎维生素
vitamin B_{12} [= cyanocobalamine] 维生素 B_{12}；(氰) 钴胺素
vitamin B_{12a} [= hydroxocobalamine] 维生素 B_{12a}；羟钴胺素
vitamin B_{13} [= orotic acid] 维生素 B_{13}；乳清酸
vitamin B_2 [= riboflavin] 维生素 B_2；核黄素
vitamin B_6 [= pyridoxine, pyridoxal, pyridoxamine] 维生素 B_6；抗皮肤炎维生素 (吡哆醇，吡哆醛及吡哆胺的总称)
vitamin B_c [= folic acid, pteroylglutamic acid] 维生素 B_c；叶酸
vitamin B_T [= carnitine] 维生素 B_T；肉碱，肉毒碱，肉毒素，卡尼汀
vitamin C [= ascorbic acid] 维生素 C；抗坏血酸，抗坏血素
vitamin D palmitate 维生素 D 棕榈酸酯
vitamin D sulfate 维生素 D 硫酸酯
vitamin D_2 [= ergocalciferol, calciferol] 维生素 D_2；(麦角) 钙化醇
vitamin D_3 [= cholecalciferol] 维生素 D_3；胆钙化醇
vitamin E [= tocopherol] 维生素 E；生育酚
vitamin K [= coagulation vitamin] 维生素 K；凝血维生素
vitamin K_1 [= phylloquinone, 2-methyl-3-phytyl-1, 4-naphthoquinone] 维生素 K_1；叶绿醌；2– 甲基 –3– 植基 –1,4– 萘醌
vitamin K_2 [= 2-methyl-3-difarnesyl-1, 4-naphthoquinone] 维生素 K_2；2– 甲基 –3– 二法呢基 –1，4– 萘醌
vitamin PP [= nicotinic acid, nicotinamide] 维生素 PP，烟酸，尼克酸，烟酰胺，抗糙皮病维生素
vitamine 见 vitamin
vitellaria [s. vitellarium] 生长区，生长带
vitellarium [pl. vitellaria; = zone of growth] 生长区，生长带
vitelligenous 产卵黄的
vitellin 卵黄蛋白，卵黄磷蛋白
vitelline 1. 卵黄的，蛋黄的；2. 卵黄，蛋黄
vitelline membrane 卵黄膜
vitellinus 卵黄色
Vitellius skipper [*Choranthus vitellius* (Fabricius)] 黄潮弄蝶
vitellogenesis 卵黄发生
vitellogenin 卵黄原蛋白
vitellophag [= vitellophage] 消黄细胞
vitellophage 见 vitellophag
vitellus [= yolk] 卵黄
Vitellus 芸蝽属
Vitellus orientalis Distant 芸蝽
Vitessa 黄螟属
Vitessa suradeva Moore 黄螟
Viteus vitifoliae (Fitch) 见 *Daktulosphaira vitifoliae*
vitrella [pl. vitrellae] 晶体细胞 < 指各小眼中分泌晶锥的细胞 >
vitrellae [s. vitrella] 晶体细胞
vitreous [= vitreus] 透明的

vitreous body [= crystalline body] 晶体 < 指眼中的 >
vitreous layer 角膜层
vitreus 见 vitreous
vitreus ghost skipper [= widespread phanus, *Phanus vitreus* (Stoll)] 芳弄蝶
Vitronura 维特疣蛛属，玻蛛属
Vitronura acuta Deharveng *et* Weiner 尖维特疣蛛
Vitronura ciliata Wang, Wang *et* Jiang 长毛维特疣蛛
Vitronura dentata Deharveng *et* Weiner 齿维特疣蛛
Vitronura giselae (Gisin) 大陆维特疣蛛
Vitronura latior (Rusek) 宽维特疣蛛
Vitronura luzonica Yosii 吕宋维特疣蛛
Vitronura macgillivrayi (Denis) 马氏维特疣蛛
Vitronura mandarina (Yosii) 同 *Vitronura giselae*
Vitronura paraacuta Wang, Wang *et* Jiang 类尖维特疣蛛
Vitronura pygmaea (Yoshii) 台湾维特疣蛛，台湾亮蛛
Vitronura qingchengensis Jiang *et* Yin 青城维特疣蛛
Vitronura quartadecima Gao, Bu *et* Palacios-Vargas 十四突维特疣蛛
Vitronura setaebarbulata Gao, Bu *et* Palacios-Vargas 毛臀维特疣蛛
Vitronura shaanxiensis Jiang *et* Yin 陕西维特疣蛛，陕西玻蛛
Vitronura singaporiensis (Yoshii) 新维特疣蛛，新加坡亮蛛
Vitronura sinica Yosii 中国维特疣蛛，香港亮蛛
Vitronura tubercula Lee *et* Kim 瘤维特疣蛛
Vitruvius 伟蝽属
Vitruvius insignis Distant 伟蝽
vitta [pl. vittae] 色条
vitta frontalis [= frontal stripe] 额条
Vittabotys 黄翅野螟属
Vittabotys mediomaculalis Munroe *et* Mutuura 黑斑黄翅野螟
Vittacoccus 维他蚧属
Vittacoccus longicornis (Green) 莎草维他蚧
vittae [s. vitta] 色条
vittate [= vittatus] 具条的
vittatus 见 vittate
vitula metalmark [*Cartea vitula* (Hewitson)] 卡特蚬蝶
Vitula 条蜡螟属
Vitula edmandsae serratilineella Ragonot 见 *Vitula serratilineella*
Vitula edmandsii Packard [= American wax moth, dried-fruit moth] 美洲条蜡螟
Vitula serratilineella Ragonot [beehive honey moth] 蜂箱条蜡螟，干果螟
Vivaha 颜袖蜡蝉属
Vivaha dispersa Wu, Liang *et* Jiang 散颜袖蜡蝉
Vivaha rectificata Wang, Wang *et* Liu 洁颜袖蜡蝉
vivid blue [= fynbos blue, *Tarucus thespis* (Linnaeus)] 苔藤灰蝶
vivipara [pl. viviparae] 胎生蚜
viviparae [s. vivipara] 胎生蚜
viviparity 胎生
Viviparomusca 胎家蝇亚属
viviparous 胎生的
viviparous female 胎生雌蚜
vivisection 活体解剖
vocal cord 声带 < 指双翅目昆虫胸气门上的特殊器官，能发出嗡嗡声 >
Vogel's blue [*Plebejus vogelii* (Oberthür)] 沃豆灰蝶
void 排泄，排除废物
volant 飞行的
volatile 挥发的
volcano plot 火山图
Vollenhovia 扁胸切叶蚁属，网家蚁属
Vollenhovia acanthinus Karavaiev 棘棱扁胸切叶蚁，棘棱网家蚁

Vollenhovia donisthorpei Smith 方结扁胸切叶蚁，东氏扁胸叶切蚁
Vollenhovia emeryi Wheeler 埃氏扁胸切叶蚁，爱默网蚁，爱默网家蚁
Vollenhovia lucimandibula Wang, Zhou *et* Huang 亮颚扁胸切叶蚁
Vollenhovia pyrrhoria Wu *et* Xiao 褐红扁胸切叶蚁
Vollenhovia satoi Santschi 佐藤扁胸切叶蚁，佐藤网蚁，佐藤网家蚁，台湾扁胸叶切蚁
Volobilis 窝络螟属
Volobilis biplaga Walker 双纹窝络螟
Volobilis biplaga biplaga Walker 双纹窝络螟指名亚种
Volobilis biplaga taiwanella Shibuya 双纹窝络螟台湾亚种，台双纹窝络螟
Volobilis chloropterella (Hampson) 绿窝络螟
Volobilis ochridorselis (Wileman *et* South) 赭背窝络螟
volsella [pl. volsellae] 阳茎基腹铗，阳基腹铗 < 指膜翅目昆虫雄性外生殖器中，阳茎基的腹侧突起 >
volsellae [s. volsella] 阳茎基腹铗，阳基腹铗
volta pansy [*Junonia hadrope* Doubleday *et* Hewitson] 哈眼蛱蝶
volta protea playboy [*Capys vorgasi* Larsen *et* Collins] 沃锯缘灰蝶
volta telipna [*Telipna maesseni* Stempffer] 马森袖灰蝶
voltage clamp 电压钳
voltage-gated ion channel [abb. VGIC] 电压门控离子通道
voltage-gated sodium channel [abb. VGSC] 电压门控钠通道
voltine 化性的，化性
Voltinia 沃蚬蝶属
Voltinia danforthi (Warren *et* Opler) [ancient metalmark] 祖沃蚬蝶
Voltinia radiata (Godman *et* Salvin) [white-rayed metalmark] 沃蚬蝶
Voltinia theata (Stichel) [blue-banded metalmark] 热带沃蚬蝶
voltinism 化性
Volucella 蜂蚜蝇属，飞蚜蝇属
Volucella bivitta Huo, Ren *et* Zheng 双带蜂蚜蝇
Volucella bombylans (Linnaeus) [bumblebee hoverfly] 熊蜂蚜蝇，熊蜂飞蚜蝇
Volucella coreana Shiraki 拟胡蜂蚜蝇
Volucella dimidiata Sack 离蜂蚜蝇，分离蚜蝇，离飞蚜蝇
Volucella flavizona Cheng 黄腰蜂蚜蝇
Volucella flavogaster Hull 黄腹蜂蚜蝇，黄腹飞蚜蝇
Volucella galbicorpus Cheng 黄色蜂蚜蝇
Volucella inanis (Linnaeus) 黑鬃蜂蚜蝇，空飞蚜蝇
Volucella inanoides Hervé-Bazin 凹角蜂蚜蝇，拟空飞蚜蝇
Volucella inflata (Fabricius) 黄膝蜂蚜蝇，胀蜂蚜蝇，胀飞蚜蝇
Volucella jeddona Bigot 短腹蜂蚜蝇，短腹飞蚜蝇
Volucella laojunshanana Qiao *et* Qin 老君山蜂蚜蝇
Volucella latifasciata Cheng 宽带蜂蚜蝇
Volucella linearis Walker 亮丽蜂蚜蝇
Volucella liupanshanensis Huo, Yu *et* Wang 六盘山蜂蚜蝇
Volucella lividiventris Brunetti 蓝腹蜂蚜蝇，白腹飞蚜蝇
Volucella nigricans Coquillett 黑蜂蚜蝇，黑色蚜蝇，黑飞蚜蝇
Volucella nigropicta Portschinsky 六斑蜂蚜蝇，六斑飞蚜蝇
Volucella nigropictoides Curran 拟黑蜂蚜蝇，拟六斑飞蚜蝇
Volucella nitobei Matsumura 亮丽蜂蚜蝇
Volucella pellucens (Linnaeus) 黄盾蜂蚜蝇，指名黄盾飞蚜蝇
Volucella pellucens pellucens (Linnaeus) 黄盾蜂蚜蝇指名亚种，指名黄盾飞蚜蝇
Volucella pellucens tabanoides Motschulsky 见 *Volucella tabanoides*
Volucella plumatoides Hervé-Bazin 柔毛蜂蚜蝇，柔毛飞蚜蝇
Volucella rotundata Edwards 圆蜂蚜蝇
Volucella rufimargina Huo, Ren *et* Zheng 红缘蜂蚜蝇
Volucella sichuanensis Huo *et* Ren 四川蜂蚜蝇
Volucella suzukii Matsumura 褐蜂蚜蝇
Volucella tabanoides Motschulsky 虻状蜂蚜蝇，黄盾蜂蚜蝇，虻黄盾飞蚜蝇
Volucella taiwana Shiraki 台湾蜂蚜蝇，花莲蚜蝇，台湾飞蚜蝇
Volucella terauchii Matsumura 蜡黄蜂蚜蝇，寺内蚜蝇，寺内飞蚜蝇
Volucella trifasciata Wiedemann 三带蜂蚜蝇，三带蚜蝇，三带飞蚜蝇
Volucella vespimima Shiraki 胡蜂蚜蝇，拟蜂蚜蝇，胡蜂飞蚜蝇
Volucella violacea (Peletier *et* Serville) 紫蜂蚜蝇，紫飞蚜蝇
Volucella zibaiensis Huo, Ren *et* Zheng 紫柏蜂蚜蝇
Volucella zonaria (Poda) 黑带蜂蚜蝇，黑带飞蚜蝇
Volucellini 蜂蚜蝇族
volumna purplewing [*Eunica volumna* Godart] 曲带神蛱蝶
Volusia grasshopper [= St. Johns short-wing grasshopper, *Melanoplus adelogyrus* Hubbell] 沃卢斯亚黑蝗
Volvicoccus 窄粉蚧属
Volvicoccus stipae (Borchsenius) [needlegrass mealybug] 针茅窄粉蚧，针茅小粉蚧
Vombisidris 犁沟蚁属
Vombisidris umbrabdomina Huang *et* Zhou 暗腹犁沟蚁
vomer 犁状片 < 竹节虫的雄虫第十腹节有的分化为前部的骨化部（即称犁状片）和后部的膜化部分 >
vomer subanalis 肛下犁突
vomit drop [= vomit spot] 吐滴
vomit spot 见 vomit drop
vomiting 呕吐
vomiting gut fluid 吐胃液
voracious stage 盛食期
Voria 蜗寄蝇属
Voria ciliata d'Aguilar 多鬃蜗寄蝇
Voria micronychia Chao *et* Zhou 短爪蜗寄蝇
Voria ruralis (Fallén) 茹蜗寄蝇，乡蜗寄蝇，乡下寄蝇
Voriini 蜗寄蝇族
Vosnesensky bumble bee [= yellow-faced bumble bee, *Bombus vosnesenskii* Radoszkowski] 黄脸熊蜂
Vovapamea 沃秀夜蛾亚属
voyaging glider [= ferruginous glider, black marsh trotter, *Tramea limbata* (Desjardins)] 褐斜痣蜻
Vrestovia 乌金小蜂属
Vrestovia querci Yang 栎乌金小蜂
Vryburgia 弗粉蚧属
Vryburgia rimariae (Tranfaglia) 意大利弗粉蚧，意大利草粉蚧
Vuilletus 短角叩甲属
Vuilletus babai Kishii 马场短角叩甲
Vuilletus candezei Platia 坎短角叩甲
Vuilletus gemmula (Candèze) 金绿短角叩甲，金绿尖须叩甲
Vuilletus gurjevae Platia 谷短角叩甲

Vuilletus himalayanus Platia 喜马短角叩甲
Vuilletus maoxianus Platia 茂县短角叩甲
Vuilletus murzini Platia 穆短角叩甲
Vuilletus mushanus (Miwa) 雾社短角叩甲，雾社珠角叩甲
Vuilletus potanini Gurjeva 波氏短角叩甲，波氏珠角叩甲
Vuilletus schimmeliorum Platia 施短角叩甲
Vuilletus sinensis Platia 中华短角叩甲
Vuilletus viridis (Lewis) 绿短角叩甲，绿珠角叩甲
Vuilletus yagii Kishii 八木短角叩甲
vulgar bush brown [*Bicyclus vulgaris* Butler] 粗俗蔽眼蝶
Vulgatothrips 普通蓟马属
Vulgatothrips shennongjiaensis Han 神农架普通蓟马
Vulgichneumon 白星姬蜂属，俗姬蜂属
Vulgichneumon diminutus (Matsumura) 稻纵卷叶螟白星姬蜂
Vulgichneumon leucaniae (Uchida) 黏虫白星姬蜂
Vulgichneumon leucanioides (Iwata) 类黏虫白星姬蜂
Vulgichneumon siremps (Kokujev) 西白星姬蜂
Vulgichneumon taiwanensis (Uchida) 台湾白星姬蜂
Vulgichneumon takagii (Uchida) 高木白星姬蜂
Vulgichneumon uchidai Momoi 内田白星姬蜂
vulnerability 易损性 < 每种猎物所对应消耗者的平均数量 >
Vulpechola 志田冬夜蛾属
Vulpechola vulpecula (Lederer) 狐志田冬夜蛾
vulpecula skipper [*Porphyrogenes vulpecula* Plötz] 狐顺弄蝶
vulpina emesis [= Veracruz tanmark, pale emesis, *Emesis vulpina* Godman *et* Salvin] 雾螟蚬蝶
vultus [= face] 颜 < 指头部在额下与眼间的部分 >
vulva 阴门
vulvar lamina [= vulvar scale] 下生殖板 < 指蜻蜓目昆虫中第八腹节腹板的后缘 >
vulvar scale 见 vulvar lamina
vulvar spine 阴门刺 < 指蜻蜓目昆虫腹部腹面即在产卵器或下生殖板前的刺 >
Vumba acraea [*Acraea vumbui* Stevenson] 温巴珍蝶
Vumba glider [*Cymothoe vumbui* Bethune-Baker] 文巴漪蛱蝶
VWP [ventral wing process 的缩写] 腹翅突

W-chromosome W 染色体
w-marked cutworm [*Spaelotis clandestina* (Harris)] 双钩纹矛夜蛾，双钩纹切根虫
Waaihoek opal [*Chrysoritis blencathrae* (Heath *et* Ball)] 瓦金闪灰蝶
Wachsmannia hedini Fahringer 见 *Doryctes hedini*
Wachtiella 万叶瘿蚊属
Wachtiella rosarum (Hardy) 同 *Dasineura rosae*
wadding of pupa 蛹衬
waggle dance [= wagtail dance] 摆尾舞
Wagimo 华灰蝶属，线灰蝶属
Wagimo asanoi Koiwaya 朝野华灰蝶
Wagimo insularis Shirôzu 宝岛华灰蝶，线灰蝶，翅底三线小灰蝶，华灰蝶，台湾背三线小灰蝶，台湾三线小灰蝶，三线灰蝶，宝岛萨灰蝶
Wagimo signata (Butler) 黑带华灰蝶，晰灰蝶
Wagimo signata quercivora (Staudinger) 黑带华灰蝶大陆亚种，大陆晰灰蝶
Wagimo signata signata (Butler) 黑带华灰蝶指名亚种
Wagimo sulgeri (Oberthür) 华灰蝶，萨灰蝶
Wagimo sulgeri insularis Shirôzu 见 *Wagimo insularis*
Wagimo sulgeri sulgeri (Oberthür) 华灰蝶指名亚种，指名萨灰蝶
Wagneria 瓦根寄蝇属
Wagneria compressa (Mesnil) �瓦根寄蝇
Wagneria depressa Herting 迪瓦根寄蝇
Wagneria gagatea Robineau-Desvoidy 黑瓦根寄蝇
Wagneriala 瓦格叶蝉属
Wagneriala nigra Dworakowska 黑瓦格叶蝉
Wagneriala palustris (Ribaut) 沼瓦格叶蝉，沼窄背叶蝉
Wagnerina 杆突蚤属
Wagnerina antiqua Scalon 古杆突蚤
Wagnerina changi Wu, Zhao *et* Li 常氏杆突蚤
Wagnerina inferiospiniformis Ye, Xue *et* Xu 低刺鬃杆突蚤
Wagnerina liui Yu 柳氏杆突蚤
Wagnerina sichuanna Wu, Chen *et* Zhai 四川杆突蚤
Wagnerina subulispina Cai, Wu *et* Li 锥鬃杆突蚤
Wagnerina tecta Ioff 檐杆突蚤
Wagnerina tecta biseta Ioff 檐杆突蚤双鬃亚种
Wagnerina tecta tecta Ioff 檐杆突蚤指名亚种
wagtail dance 见 waggle dance
Wahlgreniella 瓦无网蚜属
Wahlgreniella viburni (Takahashi) 探春瓦无网蚜
Waigara 瓦叶蝉属
Waigara boninensis (Matsumura) 博宁瓦叶蝉
wainscot hooktip [= wainscot smudge, *Ypsolopha scabrella* (Linnaeus)] 粗翅冠翅蛾
wainscot smudge 见 wainscot hooktip
waiter daggerwing [*Marpesia zerynthia* (Hübner)] 召龙凤蛱蝶
Wakkerstroom copper [*Aloeides merces* Henning *et* Henning] 南非乐灰蝶
Wakkerstroom widow [*Dingana alaedeus* Henning *et* Henning] 红带玎眼蝶
Walaphyllium 舞叶䗛亚属
Waldtracht disease (蜜蜂的) 杉毒病
Walkeraitia 沃尔实蝇属
Walkeraitia nivistriga (Walker) 尼维沃尔实蝇
Walkerella 沃榕小蜂属
Walkerella kurandensis Boucek 印度沃榕小蜂
Walkeriana 花绵蚧属
Walkeriana compacta Green 锡兰花绵蚧
Walkeriana floriger (Walker) 木姜花绵蚧
Walkeriana ovilla Green 含笑花绵蚧
Walker's euonymus twist moth [= light brown apple moth, *Epiphyas postvittana* (Walker)] 苹淡褐卷蛾
Walker's mealybug [*Dysmicoccus walkeri* (Newstead)] 古北灰粉蚧
Walker's metalmark [*Apodemia walkeri* Godman *et* Salvin] 沃克花蚬蝶
Walker's owl [*Eupatula macrops* Linnaeus] 卷裳目夜蛾，卷裳魔目夜蛾，巨目裳蛾
walking flower mantis [= Malaysian orchid mantis, orchid mantis, pink orchid mantis, *Hymenopus coronatus* (Olivier)] 兰花螳
walking leaf [= phylliid, phylliid leaf insect, leaf insect, leaf bug, bug leaf] 叶䗛 < 叶䗛科 Phylliidae 昆虫的通称 >
walking stick [= stick insect, stick-bug, bug stick] 杆䗛，棒䗛，杖䗛，竹节虫
wall brown [*Lasiommata megera* (Linnaeus)] 毛眼蝶
wallaby louse [*Heterodoxus macropus* Le Souëf *et* Bullen] 袋鼠异虱，袋鼠虱
Wallacea 扁铁甲属，扁铁甲虫属 < 该属名有一个水虻科 Stratiomyidae 的次同名 >
Wallacea abscisa (Uhmann) 淡扁铁甲，淡扁潜甲
Wallacea albiseta de Meijere 见 *Gabaza albiseta*
Wallacea argentea Doleschall 见 *Gabaza argentea*
Wallacea dactyliferae Maulik 山棕扁铁甲，山棕扁铁甲虫，枣椰扁潜甲
Wallacea tibialis Kertész 见 *Gabaza tibialis*
Wallacea tsudai (Ôuchi) 见 *Gabaza tsudai*
Wallacellum 洼蚋亚属，蛙蚋亚属，华氏蚋亚属
Wallace's golden birdwing [*Ornithoptera croesus* (Wallace)] 红鸟翼凤蝶
Wallace's longhorn beetle [*Batocera wallacei* Thomson] 华莱氏白条天牛
Wallace's longwing [*Heliconius wallacei* Reakirt] 华莱士袖蝶，瓦氏袖蝶
Wallace's rule 华莱士律 < 关于世界动物分区的 >
Wallace's sylph [*Tsitana wallacei* Neave] 华莱士绮弄蝶
Wallaceus 华叩甲属

Wallaceus ronkayi Platia *et* Schimmel 郎氏华叩甲
Wallacidia 华蚁蜂属
Wallacidia conversus (Chen) 换华蚁蜂
Wallacidia oculatus (Fabricius) 眼斑华蚁蜂
Wallacidia retinulus (Chen) 留华蚁蜂
Wallengrenia 瓦弄蝶属
Wallengrenia druryi (Latreille) [Drury's broken-dash] 特鲁里瓦弄蝶
Wallengrenia egeremet (Scudder) [northern broken dash] 土瓦弄蝶
Wallengrenia gemma Plötz 芽瓦弄蝶
Wallengrenia misera Lucas [Cuban broken-dash] 迷财瓦弄蝶
Wallengrenia otho (Smith) [southern broken-dash] 暗瓦弄蝶
Wallengrenia otho clavus (Erichson) [pale southern broken-dash] 暗瓦弄蝶淡色亚种
Wallengrenia otho otho (Smith) 暗瓦弄蝶指名亚种
Wallengrenia premnas (Wallengren) [premnas skipper] 瓦弄蝶
Wallengrenia vesuria (Plötz) [Jamaican broken-dash] 牙买加瓦弄蝶
wallengrenii satyr [*Neomaenas wallengrenii* (Butler)] 斜带奴眼蝶
Wallengren's copper [= Wallengren's silver-spotted copper, *Trimenia wallengreni* (Trimen)] 曙灰蝶
Wallengren's ranger [= Wallengren's skipper, *Kedestes wallengrenii* (Trimen)] 瓦氏肯弄蝶
Wallengren's silver-spotted copper 见 Wallengren's copper
Wallengren's skipper 见 Wallengren's ranger
Wallich's owl moth [= privet moth, *Brahmaea wallichii* (Gray)] 枯球箩纹蛾，枯球水蜡蛾
walnut aphid 1. [*Chromaphis juglandicola* (Kaltenbach)] 胡桃黑斑蚜；2. [= large walnut aphid, *Calaphis juglandis* (Goeze)] 核桃长角斑蚜，核桃大斑蚜
walnut bark beetle [= giant walnut bark beetle, *Cryphalus jugalnsi* Niijima] 胡桃梢小蠹，大胡桃小蠹
walnut blue [*Chaetoprocta odata* (Hewitson)] 柴灰蝶，奥鬃灰蝶
walnut blue beetle [*Monolepta erythrocephala* (Baly)] 红头长跗萤叶甲，胡桃蓝叶甲，红头长刺萤叶甲
walnut broad-headed leafhopper [= walnut leafhopper, *Oncopsis juglans* Matsumura] 核桃阔头叶蝉，胡桃宽头叶蝉
walnut caterpillar [*Datana integerrima* Grote *et* Robinson] 核桃配片舟蛾，胡桃天社蛾
walnut husk fly [= husk maggot, *Rhagoletis completa* Cresson] 核桃绕实蝇，核桃壳实蝇，胡桃实蝇
walnut husk maggot [*Rhagoletis suavis* Loew] 美国核桃绕实蝇，美国核桃实蝇，胡桃实蝇
walnut lace bug [*Corythucha juglandis* (Fitch)] 核桃方翅网蝽，核桃网蝽
walnut leaf beetle 1. [*Gastrolina depressa* Baly] 核桃扁叶甲；2. [*Gastrolina thoracica* Baly] 黑胸扁叶甲，胡桃叶甲
walnut leafhopper 见 walnut broad-headed leafhopper
walnut pinhole borer [*Diapus pusillimus* Chapuis] 东方阔头长小蠹，东方细小长小蠹
walnut scale [= English walnut scale, gopher scale, *Diaspidiotus juglansregiae* (Comstock)] 核桃灰圆盾蚧，核桃笠圆盾蚧，胡桃圆蚧
walnut sphinx [*Cressonia juglandis* (Smith)] 胡桃天蛾
walnut twig beetle [*Pityophthorus juglandis* Blackman] 胡桃木细小蠹
Walshia 簇尖蛾属
Walshia miscecolorella (Chambers) [sweetclover root borer] 草木樨簇尖蛾，草木樨瓦耳希蛾
Walshiidae [=Cosmopterygidae, Cosmopterigidae,Diplosaridae, Hyposmocomidae] 尖蛾科，尖翅蛾科，纹翅蛾科
Walsingham's grass tubeworm moth [*Acrolophus propinquus* (Walsingham)] 细纹毛蛾
Walteria taiwana Kasantsev 见 *Walteriella taiwana*
Walteriella 华花萤属，华尔特菊虎属
Walteriella brunnea (Wittmer) 褐艳华花萤，褐艳华尔特菊虎，棕足花萤
Walteriella sanguinea (Wittmer) 红华花萤，短边华尔特菊虎
Walteriella sanguinea brevemarginata (Wittmer) 红华花萤短边亚种，短边华特花萤，短缘血红阿特花萤，短边华尔特菊虎
Walteriella sanguinea sanguinea (Wittmer) 红华花萤指名亚种
Walteriella taiwana (Kasantsev) 台湾华花萤，台湾华尔特菊虎
wanderer 1. [*Bematistes aganice* (Hewitson)] 带纹线珍蝶；2. [= monarch, monarch butterfly, *Danaus plexippus* (Linnaeus)] 君主斑蝶，黑脉金斑蝶，帝王斑蝶，帝王蝶，普累克西普斑蝶，大桦斑蝶，褐脉棕斑蝶 < 该蝶为美国国蝶 >；3. 斑蝶
wandering donkey [= wandering donkey acraea, *Acraea neobule* Doubleday] 纽珍蝶
wandering donkey acraea 见 wandering donkey
wandering glider [= globe skimmer, *Pantala flavescens* (Fabricius)] 黄蜻，黄衣，薄翅蜻蜓，薄翅黄蜻蜓，小黄，马冷，黄毛子
wandering phase 游移期
wandering sandman [drprived grizzled skipper，*Spialia depauperata* Strand] 贫困饰弄蝶
wandering skipper [*Panoquina errans* (Skinner)] 逛盘弄蝶
wandering violin mantis [= ornate mantis, Indian rose mantis, *Gongylus gongylodes* (Linnaeus)] 圆头螳，印琴锥螳，游荡小提琴螳螂
waney edge borer [= pine bark anobiid, pine knot borer, bark borer beetle, *Ernobius mollis* (Linnaeus)] 松芽枝窃蠹
Wanhuaphaenops 万华盲步甲属
Wanhuaphaenops zhangi Tian *et* Wang 张氏万华盲步甲
Wania membracioidea Liu 同 *Balala fulviventris*
Wannohelea 皖蠓属
Wannohelea huoqiuensis Yu 霍邱皖蠓
Wanoblemus 皖穴步甲属
Wanoblemus huangshanicus Tian *et* Li 黄山皖穴步甲
wanton pinion [*Lithophane petulca* Grote] 暴石冬夜蛾
Wanyucallis 万玉斑蚜属
Wanyucallis amblyopappos (Zhang *et* Zhang) 钝毛万玉斑蚜，钝毛角斑蚜
Warajicoccus corpulentus Kuwana 见 *Drosicha corpulenta*
Warajicoccus pinicola Kuwana 见 *Drosicha pinicola*
warble fly 1. [= hypodermatid fly, heel fly, hypodermatid, bomb fly] 皮蝇 < 皮蝇科 Hypodermatidae 昆虫的通称 >；2. [= oestrid fly, botfly, heel fly, gadfly, oestrid] 狂蝇 < 狂蝇科 Oestridae 昆虫的通称 >
Warburg manometric apparatus [= Warburg' s respirometer] 瓦氏呼吸器，瓦勃氏呼吸器
Warburg's respirometer 见 Warburg manometric apparatus

Ward's skipperling [*Dalla wardi* Steinhauser] 沃德达弄蝶
warehouse beetle [*Trogoderma variabile* Ballion] 花斑皮蠹
warehouse moth [= tobacco moth, cacao moth, *Ephestia elutella* (Hübner)] 烟草粉斑螟，烟草粉螟
warm sienna eresina [*Eresina pseudofusca* Stempffer] 拟棕厄灰蝶
warming cocoons 暖茧
Warmkea 瓦蠓亚属
warning coloration [=revealing coloration] 警戒色
warning mark 警戒斑
Warodia 沃小叶蝉属，蜿小叶蝉属
Warodia biguttata Hu *et* Kuoh 赭点沃小叶蝉
Warodia euryaedeaga Zhang *et* Xiao 阔茎沃小叶蝉，阔茎蜿小叶蝉
Warodia hoso (Matsumura) 本州沃小叶蝉，箭纹蜿小叶蝉
Warren-Gash's forester [*Bebearia warrengashi* Hecq] 瓦舟蛱蝶
Warren rootcollar weevil [= Warren's rootcollar weevil, *Hylobius warreni* Wood] 沃氏根颈树皮象甲
Warreniplema 瓦燕蛾属
Warreniplema fumicosta (Warren) 纹瓦燕蛾，L 纹双尾蛾
Warren's rootcollar weevil 见 Warren rootcollar weevil
Warren's shoot moth [= dark pine shoot, *Pseudococcyx posticana* (Zetterstedt)] 瓦氏伪仁卷蛾，华氏梢卷蛾
Warren's skipper [*Pyrgus warrenensis* (Verity)] 沃伦花弄蝶
warrior silver-spotted copper [*Argyraspodes argyraspis* (Trimen)] 银盾灰蝶
wart 疣突
wart-biter [= wart biter bush cricket, *Decticus verrucivorus* (Linnaeus)] 疣谷盾螽，疣盾螽，德克螽，北亚灌木螽
wart biter bush cricket 见 wart-biter
wart-headed bug [= dragon-headed bug, *Phrictus quinquepartitus* Distant] 瘤头翘鼻蜡蝉
warted knot-horn moth [*Acrobasis repandana* (Fabricius)] 疣峰斑螟
warty glowspot cockroach [*Lucihormetica verrucosa* (Brunner von Wattenwyl)] 瘤荧光蠊
washed purple [*Eriocrania cicatricella* (Zetterstedt)] 痕毛顶蛾
Wasmannellus 片齿隐翅甲属
Wasmannellus chinensis Smetana 中华片齿隐翅甲
Wasmannia 瓦火蚁属
Wasmannia auropunctata (Roger) [little fire ant, electric ant] 小瓦火蚁，小火蚁
Wasmannian mimicry 瓦氏拟态，瓦斯曼拟态，华斯曼拟态
wasp 蜂
wasp beetle [*Clytus arietis* (Linnaeus)] 蜂形虎天牛，蜂形天牛
wasp fly 眼蝇
wasp mantidfly [= brown mantidfly, *Climaciella brunnea* (Say)] 褐蜂螳蛉
wasp mimic treehopper [= wasp mimicking treehopper, *Heteronotus vespiformis* Haviland] 拟蜂异胸角蝉
wasp mimicking treehopper 见 wasp mimic treehopper
wasp moth [= ctenuchid moth, scape moth, ctenuchid, amatid, amatid moth] 鹿蛾 < 鹿蛾科 Ctenuchidae 昆虫的通称 >
WaspBase 寄生蜂基因组数据库
waste cocoon 疵茧，下脚茧 < 家蚕的 >
waste grain beetle [= two-banded fungus beetle, *Alphitophagus bifasciatus* (Say)] 二带粉菌甲，二带黑菌虫
wata 沙螽
Watanabella 端叉叶蝉属
Watanabella curvatua Zhang *et* Xing 弯突端叉叶蝉
Watanabella graminea Choe 腹突端叉叶蝉
Watanabeopetalia 楔尾裂唇蜓属，尾裂唇蜓属
Watanabeopetalia* (*Matsumotopetalia*) *soarer (Wilson) 高翔楔尾裂唇蜓，高翔绿裂唇蜓，高翔裂唇蜓
Watanabeopetalia* (*Matsumotopetalia*) *usignata (Chao) U 纹楔尾裂唇蜓，U 纹裂唇蜓，纹尾裂唇蜓
Watara 拟赛叶蝉属，瓦叶蝉属
Watara cordata Zhang *et* Yang 心斑拟赛叶蝉
Watara sudra (Distant) [peach leafhopper] 桃拟赛叶蝉，桃一点瓦叶蝉，桃一点斑叶蝉，台湾拟赛叶蝉
water balance 水分平衡
water blue [= water bronze, *Cacyreus palemon* (Stoll)] 帕丁字灰蝶
water boatman [= corixid bug, corixid] 划蝽 < 划蝽科 Corixidae 昆虫的通称 >
water bronze 见 water blue
water buffalo louse [= buffalo louse, *Haematopinus tuberculatus* (Burmeister)] 瘤突血虱，水牛血虱
water bug [= water strider, pond skater, water skipper, jesus bug, gerrid, gerrid bug] 黾蝽，水黾，水马 < 黾蝽科 Gerridae 昆虫的通称 >
water carpet [*Lampropteryx suffumata* (Denis *et* Schiffermüller)] 肃丽翅尺蛾，肃巾尺蛾
water channel protein [= aquaporin, abb. AQP] 水通道蛋白
water charaxes [= manx charaxes, *Charaxes nichetes* Grose-Smith] 巢螯蛱蝶
water chestnut beetle [*Galerucella birmanica* (Jacoby)] 菱角小萤叶甲，菱角叶甲
water content 含水量
water creeper [= naucorid bug, naucorid, creeping water bug, saucer bug, toe biter] 潜蝽，潜水蝽 < 潜蝽科 Naucoridae 昆虫的通称 >
water cricket [= veliid bug, veliid, small water strider, riffle bug, ripple bug, broad-shouldered water strider] 宽肩蝽，宽黾蝽，宽肩水黾 < 宽肩蝽科 Veliidae 昆虫的通称 >
water dispersible granule [abb. WG；= water soluble granule] 水分散粒剂，水分散性粒剂 < 其缩写也有用 WDG 者 >
water dispersible powder [abb. WDP; =wettable powder (abb. WP)，water powder (abb. WP)] 可湿性粉剂，可分散性粉剂，水和剂
water dropwort aphid [*Cavariella oenanthi* (Shinji)] 水芹二尾蚜，水芹龟蚜
water dropwort long-tailed aphid [= columbine aphid, *Longicaudus trirhodus* (Walker)] 月季长尾蚜
water equilibrum 水分平衡
water evaporation 水分蒸发
water extract 水浸提液，水溶物
water hairstreak [*Euaspa milionia* (Hewitson)] 轭灰蝶
water ladybird [= 19-spot ladybird, nineteen spotted ladybird, *Anisosticta novemdecimpunctata* (Linnaeus)] 十九星异点瓢虫，十九星瓢虫
water-lily beetle [= waterlily leaf beetle, *Galerucella nymphaeae*

(Linnaeus)] 睡莲小萤叶甲，莲守瓜

water measurer [= hydrometrid bug, marsh treader, hydrometrid] 尺蝽 < 尺蝽科 Hydrometridae 昆虫的通称 >

water moth 石蛾

water opal [*Poecilmitis palmus* (Cramer)] 手掌幻灰蝶

water-penny beetle [= psephenid beetle, psephenid] 扁泥甲 < 扁泥甲科 Psephenidae 昆虫的通称 >

water powder [abb. WP; = wettable powder (abb. WP), water dispersible powder（abb. WDP）] 可湿性粉剂，可分散性粉剂，水和剂

water requirement 需水量

water ringlet [*Erebia pronoe* (Esper)] 普红眼蝶

water scavenger beetle 1. [= hydrophilid beetle, hydrophilid] 牙甲，水龟甲，水龟虫 < 牙甲科 Hydrophilidae 昆虫的通称 >; 2. [= hydrochid beetle, hydrochid] 条脊牙甲 < 条脊牙甲科 Hydrochidae 昆虫的通称 >

water scorpion [= nepid bug, nepid] 蝎蝽 < 蝎蝽科 Nepidae 昆虫的通称 >

water skipper 1. [= water strider, pond skater, water bug, jesus bug, gerrid, gerrid bug] 黾蝽，水黾，水马 < 黾蝽科 Gerridae 昆虫的通称 >; 2. [= water watchman, *Parnara monasi* (Trimen)] 摩稻弄蝶

water snow flat [*Tagiades litigiosa* Möschler] 沾边裙弄蝶，白裙星弄蝶

water soluble granule [abb. WG; = water dispersible granule] 水分散粒剂，水分散性粒剂

water springtail [*Podura aquatica* Linnaeus] 水原䖴，水跳虫

water stick insect [= needle bug] 螳蝎蝽 < 螳蝎蝽属 *Ranatra* 昆虫的通称 >

water strider 见 water bug

water tiger [= dytiscid beetle, predaceous diving beetle, diving beetle, true water beetle, dytiscid] 龙虱 < 龙虱科 Dytiscidae 昆虫的通称 >

water treader [= mesoveliid bug, mesoveliid] 水蝽 < 水蝽科 Mesoveliidae 昆虫的通称 >

water veneer [= watermilfoil moth, milfoil moth, *Acentria ephemerella* (Denis *et* Schiffermüller)] 蓍草水草螟

water watchman [= water skipper, *Parnara monasi* (Trimen)] 摩稻弄蝶

Waterberg copper [= Tilodi copper, *Erikssonia edgei* Gardiner *et* Terblanche] 埃氏艾丽灰蝶，艾丽灰蝶

waterbug 1. [= oriental cockroach, oriental roach, Asiatic cockroach, black beetle, *Blatta orientalis* Linnaeus] 东方蜚蠊，东方大蠊; 2. [= Bombay canary, ship cockroach, American cockroach, kakerlac, *Periplaneta americana* (Linnaeus)] 美洲大蠊，美洲家蠊，美洲蟑螂

watercress leaf beetle [*Phaedon viridus* (Melsheimer)] 水田芹猿叶甲，水田芹猿叶虫

watercress sharpshooter [= sharp-nosed leafhopper, tenderfoot leafhopper, *Draeculacephala mollipes* (Say)] 尖鼻闪叶蝉

Waterhouse's hairstreak [= lithochroa blue, *Jalmenus lithochroa* Waterhouse] 赭石佳灰蝶

waterlily aphid [= plum aphid, reddish brown plum aphid, *Rhopalosiphum nymphaeae* (Linnaeus)] 莲缢管蚜，睡莲蚜，李蚜

waterlily leaf beetle 见 water-lily beetle

waterlily leafcutter [*Elophila obliteralis* (Walker)] 莲塘水螟，莲切叶水螟

waterlily nymphula [*Elophila interruptalis* (Pryer)] 棉塘水螟，棉水螟，睡莲水螟，断艾乐螟

watermilfoil moth 见 water veneer

watershed system 水域系统

Waterstonia sapporoensis Compere *et* Annecke 见 *Aphycus sapporoensis*

watery disintegration 水样崩解 < 一种鳃角金龟甲幼虫的病毒病 >

Watkins' brown morpho [*Antirrhea watkinsi* Rosenberg *et* Talbot] 无尾暗环蝶，无尾飞鸟眼蝶

Watshamia 沃式金小蜂属

Watshamia versicolor Bouček 异色沃式金小蜂

Watson big aphid [*Cinara watsoni* Tissot] 瓦氏长足大蚜

Watsonalla 沃钩翅蛾属

Watsonalla binaria (Hufnagel)[oak hook-tip] 橡沃钩翅蛾，橡木钩翅蛾

Watsonarctia 瓦灯蛾属

Watsonarctia deserta (Bartel) 沙漠瓦灯蛾

Watson's bushbrown [*Mycalesis adamsoni* Watson] 阿达眉眼蝶

Watson's demon [= rich brown coon, pale demon, *Stimula swinhoei* (Elwes *et* Edwards)] 斯帅弄蝶，帅弄蝶

Watson's hairstreak [*Thecla letha* (Watson)] 莱线灰蝶

Watson's small fox [*Teniorhinus watsoni* Holland] 带沃弄蝶

Watson's wight [*Iton watsonii* (de Nicéville)] 沃森妖弄蝶

wattle bagworm [*Cryptothelea junodi* Heylaerts] 非金合欢大袋蛾

wattle blue [*Theclinesthes miskini* (Lucas)] 美小灰蝶

wattle looper [*Achaea lienardi* (Boisduval)] 杧果阿夜蛾

wattle pig weevil [*Leptopius tribulus* (Fabricius)] 黑刺宽背象甲

wattle tick scale [*Cryptes baccatus* Maskell] 黑荆树蜡蚧

wave moth 小尺蛾

waving-wing fly [= pallopterid fly, flutter fly, flutter-wing fly, trembling-wing fly, pallopterid] 草蝇 < 草蝇科 Pallopteridae 昆虫的通称 >

wavy-edged leafwing [*Memphis niedhoeferi* (Rotger, Escalante *et* Corodnado)] 尼东尖蛱蝶

wavy huge-comma moth [*Speiredonia retorta* (Linnaeus)] 旋目夜蛾

wavy-lined emerald moth [= camouflaged looper, *Synchlora aerata* (Fabricius)] 曲线合绿尺蛾

wavy-lined heterocampa [*Heterocampa biundata* Walker] 绿美洲舟蛾

wavy-lined Mexican sunstreak [= Mexican arcas, wavy-lined sunstreak, *Arcas cypria* (Geyer)] 彩虹灰蝶

wavy-lined sunstreak 见 wavy-lined Mexican sunstreak

wavy-marked looper moth [*Heterarmia charon* (Butler)] 查冥尺蛾，波形霜尺蛾，恰冥尺蛾

wawa borer [*Trachyostus ghanaensis* Schauffuss] 梧桐长小蠹

Wawu 瓦屋缟蝇属

Wawu cornutus (Hendel) 具角瓦屋缟蝇

wax 蜡

wax beetle [*Platybolium alvearium* Blair] 蜂箱宽齿甲，阿扁拟步甲

wax cannal 蜡道

wax-cutter [= wax pincer] 切蜡器 < 指蜜蜂后足的钳状构造 >

wax dart [= waxy dart, *Cupitha purreea* (Moore)] 蜡线丘比特弄

蝶，丘比特弄蝶
wax filament 蜡丝
wax gland 蜡腺
wax mirror（蜜蜂的）蜡镜
wax moth 蜡螟
wax-pincer 见 wax-cutter
wax pore [= cerore] 蜡孔 < 指介壳虫分泌蜡的表皮孔 >
wax scale 1. [= coccid insect, coccid scale, scale, scale insect, soft scale, tortoise scale coccid, coccid] 蚧，介壳虫 < 蚧科 Coccidae 昆虫的通称 >；2. 蜡蚧；3. 蜡片 < 指工蜂蜡囊或腺体所分泌的蜡片 >
waxen 蜡的
waxiness 蜡质
waxwing lacewing [= coniopterygid lacewing, coniopterygid neuropteran, dusty lacewing, dustywing lacewing, waxy lacewing, dustywing, coniopterygid] 粉蛉 < 泛指粉蛉科 Coniopterygidae 昆虫 >
waxworm 蜡螟（幼虫）
waxy brown pine needle aphid [*Schizolachnus obscurus* Börner] 褐钝喙大蚜
waxy dart 见 wax dart
waxy grey pine aphid [= grey waxy pine needle aphid, pine mealy aphid, *Schizolachnus pineti* (Fabricius)] 松针钝喙大蚜，欧松钝缘大蚜，欧松针蚜
waxy lacewing 见 waxwing lacewing
WDP [water dispersible powder 的缩写；= wettable powder (abb. WP), water podwer (abb.WP)] 可湿性粉剂，可分散性粉剂，水和剂
weak-banded crescent [*Anthanassa drymaea* (Godman *et* Salvin)] 冬花蛱蝶
weaver ant [=Asian weaver ant, green ant, weaver red ant, green tree ant, orange gaster, yellow citrus ant, *Oecophylla smaragdina* (Fabricius)] 黄猄蚁，黄柑蚁，织叶蚁，柑橘蚁，红树蚁，柑蚁
weaver red ant 见 weaver ant
Weaver's fritillary [= violet fritillary, *Clossiana dia* (Linnaeus)] 女神珍蛱蝶
web-spinning sawfly [= pamphiliid sawfly, leaf-rolling sawfly, pamphiliid] 扁蜂，卷叶锯蜂，扁叶蜂 < 扁蜂科 Pamphiliidae 昆虫的通称 >
Webbia 桩截小蠹属
Webbia biformis Browne 鱼尾桩截小蠹
Webbia cornuta Schedl 角尾桩截小蠹
Webbia dasyura Browne 截尾桩截小蠹
Webbia dipterocarpi Hopkins 齿尾桩截小蠹
Webbia diversicauda Browne 叉尾桩截小蠹
Webbia duodecimspinata Schedl 十二刺桩截小蠹
Webbia mucronatus Eggers 同 *Webbia trigintispinata*
Webbia pabo Sampson 刺尾桩截小蠹
Webbia quatuordecimspinata Sampson 十四刺桩截小蠹
Webbia trigintispinata Sampson 三十刺桩截小蠹
Webbia turbinata Maiti *et* Saha 柱形桩截小蠹
Webbia vigintisexspinata Sampson 同 *Webbia trigntispinata*
webbing clothes moth [= common clothes moth, clothing moth, *Tineola bisselliella* (Hummel)] 幕谷蛾，袋衣蛾，衣蛾
webbing coneworm [= rusty pine cone moth, *Dioryctria disclusa* Heinrich] 松开球果梢斑螟
Webbolidia 韦氏叶蝉属
Webbolidia acutistyla (Li *et* Wang) 尖板韦氏叶蝉
Webbolidia dentana Li *et* Fan 端齿韦氏叶蝉
Webbolidia menglunensis Li *et* Fan 勐仑韦氏叶蝉
Webbolidia obliqua (Nielson) 三刺韦氏叶蝉
Webbolidia obliquasimilaris (Zhang) 二刺韦氏叶蝉
Webbolidia quadrispinea Li *et* Fan 四刺韦氏叶蝉
Webbolidia webbi (Nielson) 韦氏叶蝉
Weber-Fechner law 韦勃 – 弗希纳定律 < 昆虫判别光强度的 >
webspinner 1. [= embiid, embiopteran, embiopteron, embiopterous insect] 足丝蚁，蝥 < 纺足目 Embioptera 昆虫的通称 >；2. 紫草蛾 < 属紫草蛾科 Ethmiidae>
Webster's wheat strawworm [= rye strawworm, *Harmolita websteri* (Howard)] 裸麦茎广肩小蜂
wedge grass-skipper [= wedge skipper, *Anisynta sphenosema* (Meyrick *et* Lower)] 楔锯弄蝶
wedge-shaped beetle [= ripiphorid, ripiphoridbeetle, rhipiphorid beetle] 大花蚤 < 大花蚤科 Ripiphoridae 的通称 >
wedge-shaped plate [= mesal plate] 中蜡板，楔形板
wedge skipper 见 wedge grass-skipper
wedge-spotted cattleheart [*Parides panares* (Gray)] 楔斑番凤蝶
weeping fig thrips [*Gynaikothrips uzeli* Zimmerman] 榕管蓟马，榕点瘿雌蓟马，榕树蓟马
weevil [= curculionid beetle, curculionid] 象甲，象鼻虫 < 象甲科 Curculionidae 昆虫的通称 >
weevil moth [= Indian meal moth, mealworm moth, cloaked knot-horn moth, grain moth, flour moth, pantry moth, *Plodia interpunctella* (Hübner)] 印度谷螟，印度谷斑螟，印度谷蛾，印度粉蛾，枣蚀心虫，封顶虫
Wegneria 威谷蛾属
Wegneria cerodelta (Meyrick) 瑟威谷蛾，塞威格扁蛾，斑褐辉蛾
Weidemeyer's admiral [*Basilarchia weidemeyerii* (Edwards)] 微点拟斑蛱蝶
weight comparison method 对比称重法
weight of bave [=weight of cocoon filament] 茧丝重量
weight of cocoon filament 见 weight of bave
weight of cocoons per liter 每升茧重量
weight of cocoons per pail 每桶茧重量
weight of egg produced 产卵重量
Weingaertneriella 魏寄蝇属，外寄蝇属
Weingaertneriella longiseta (van der Wulp) 长鬃魏寄蝇，长毛外寄蝇，长毛寄蝇
Weir's piercer moth [= little beech piercer, *Strophedra weirana* Douglas] 韦氏曲小卷蛾
Weiske's tiger [*Parantica weiskei* (Rothschild)] 黑翅绢斑蝶
Weismann's ring [= ring gland] 环腺，魏司曼环 < 见于双翅目环裂亚目昆虫幼虫中 >
weitability 可湿性
Weiwoboa 西王母蜡蝉属
Weiwoboa meridiana Lin, Szwedo, Huang *et* Stroiński 南部西王母蜡蝉
Weiwoboidae 西王母蜡蝉科
well-spotted recluse [*Caenides soritia* (Hewitson)] 诡勘弄蝶
Welling's calephelis [*Calephelis wellingi* McAlpine] 威灵细纹蚬蝶
Welling's leafwing [*Memphis wellingi* Miller *et* Miller] 蓝绿尖蛱蝶

Wellington tree weta [*Hemideina crassidens* (Blanchard)] 粗齿半齿丑螽

welsh chafer [*Hoplia philanthus* (Füssly)] 菲单爪丽金龟甲，长足金龟

Werneckiella 韦嚼虱亚属，韦嚼虱属

Werneckiella equi (Denny) 见 *Bovicola equi*

Werneckiella fulva (Emerson *et* Price) 见 *Bovicola* (*Werneckiella*) *fulva*

Werneckiella neglecta (Kéler) 见 *Bovicola* (*Werneckiella*) *neglecta*

Werneckiella zuluensis (Werneck) 见 *Bovicola* (*Werneckiella*) *zuluensis*

Wernya 线波纹蛾属

Wernya cyrtoma Xue, Yang *et* Han 曲线波纹蛾

Wernya griseochrysa László, Ronkay *et* Ronkay 灰褐线波纹蛾，越线波纹蛾

Wernya griseochrysa griseochrysa László, Ronkay *et* Ronkay 灰褐线波纹蛾指名亚种

Wernya griseochrysa hainanensis Xue, Yang *et* Han 灰褐线波纹蛾海南亚种

Wernya hamigigantea Xue, Yang *et* Han 巨钩线波纹蛾

Wernya lineofracta (Houlbert) 线波纹蛾

Wernya punctata Yoshimoto 点线波纹蛾

Wernya rufifasciata Yoshimoto 淡红线波纹蛾，红带外钩蛾

Wernya sechuana László, Ronkay *et* Ronkay 川线波纹蛾

Wernya solena (Swinhoe) 管线波纹蛾，索外钩蛾

Wernya thailandica Yoshimoto 纽线波纹蛾

Wernya thailandica pallescens László, Ronkay *et* Ronkay 纽线波纹蛾越南亚种

Wernya thailandica thailandica Yoshimoto 纽线波纹蛾指名亚种

Wesmaelia 魏斯茧蜂属

Wesmaelia decurta Papp *et* Chou 开室魏斯茧蜂

Wesmaelia lepos Belokobylskij 莱魏斯茧蜂

Wesmaelia longia Li 长角魏斯茧蜂

Wesmaelia petiolata (Wollaston) 柄魏斯茧蜂，垂魏斯茧蜂

Wesmaelius 丛褐蛉属

Wesmaelius acuminatus (Yang) 同 *Wesmaelius nervosus*

Wesmaelius asiaticus Yang 亚洲丛褐蛉

Wesmaelius baikalensis (Navás) 贝加尔丛褐蛉，贝加尔齐褐蛉

Wesmaelius bihamitus (Yang) 双钩丛褐蛉，双钩齐褐蛉

Wesmaelius conspurcatus (McLachlan) 北丛褐蛉，北齐褐蛉

Wesmaelius dissectus Zhao, Tian *et* Liu 深裂丛褐蛉

Wesmaelius hani (Yang) 韩氏丛褐蛉，韩氏齐褐蛉

Wesmaelius helanensis Tian *et* Liu 贺兰丛褐蛉

Wesmaelius navasi (Andréu) 那氏丛褐蛉，内蒙丛褐蛉，内蒙齐褐蛉，那氏齐褐蛉

Wesmaelius neimenicus (Yang) 同 *Wesmaelius navasi*

Wesmaelius nervosus (Fabricius) 尖顶丛褐蛉，尖顶齐褐蛉

Wesmaelius quettanus (Navás) 中华丛褐蛉，中国丛褐蛉，中华齐褐蛉，奎塔齐褐蛉

Wesmaelius ravus (Withycombe) 黄褐丛褐蛉

Wesmaelius sinicus (Tjeder) 同 *Wesmaelius quettanus*

Wesmaelius subnebulosus (Stephensm) 广钩丛褐蛉，广钩齐褐蛉

Wesmaelius sufuensis Tjeder 疏附丛褐蛉，疏附齐褐蛉

Wesmaelius trivenulatus (Yang) 异脉丛褐蛉

Wesmaelius tuofenganus (Yang) 托峰丛褐蛉，托峰齐褐蛉

Wesmaelius ulingensis (Yang) 雾灵丛褐蛉，雾灵齐褐蛉

Wesmaelius vaillanti (Navás) 环丛褐蛉，外褐蛉

West African cocoa mealybug [= cacao mealybug, *Formicococcus njalensis* (Laing)] 加纳蚁粉蚧，加纳牦粉蚧

West African coffee borer [= coffee stemborer, *Bixadus sierricola* (White)] 咖啡角胸天牛

West African fantasy [*Pseudaletis leonis* Staud] 狮埔灰蝶

West African fig-tree blue [= small fig blue, *Myrina subornata* Lathy] 苏宽尾灰蝶

West African pink borer [*Sesamia botanephaga* Toms *et* Bowden] 西非蛀茎夜蛾

West African Province 西非部

West African Subregion 西非亚区

West Coast lady [*Vanessa annabella* (Field)] 安娜红蛱蝶

West Himalayan clear sailer [= Yerbury's sailer, *Neptis nata yerburii* Butler] 娜环蛱蝶西喜马亚种，耶环蛱蝶

West Himalayan dusky labyrinth [*Neope yama buckleyi* Talbot] 丝链荫眼蝶西喜马亚种

West Himalayan marbled flat [*Lobocla liliana ignatius* Plötz] 黄带弄蝶西喜马亚种

West Himalayan narrow broad [*Sinthusa nasaka pallidior* Fruhstorfer] 娜生灰蝶西喜马亚种

West Himalayan yellow orange tip [*Ixias pyrene kausala* Moore] 橙粉蝶西喜马亚种

West Indian buckeye [= mangrove buckeye, smokey buckeye, *Junonia evarete* (Cramer)] 烟色眼蛱蝶

West Indian cane fly [= sugarcane fly, West Indian sugarcane leafhopper, black blight, *Saccharosydne saccharivora* (Westwood)] 稻长飞虱，长稻虱，稻长绿飞虱

West Indian cane weevil [= West Indian sugarcane root borer, West Indian sugarcane root weevil, rotten cane stalk borer, *Metamasius hemipterus* (Linnaeus)] 西印度蔗象甲，西印度蔗象

West Indian drywood termite [= powderpost termite, dry wood termite, furniture termite, tropical rough-headed powder-post termite, tropical rough-headed drywood termite, *Cryptotermes brevis* (Walker)] 麻头堆沙白蚁，麻头沙白蚁

West Indian fruit fly [= Antillean fruit fly, *Anastrepha obliqua* (Macquart)] 西印度按实蝇，西印度实蝇

West Indian mole cricket 1. [= changa, changa mole cricket, Puerto Rico mole cricket, *Neoscapteriscus didactylus* (Latreille)] 西印新掘蝼蛄，西印地安掘蝼蛄；2. [= tawny mole cricket, changa, *Neoscapteriscus vicinus* (Scudder)] 黄褐新掘蝼蛄，黄褐掘蝼蛄，近邻蝼蛄，黄褐色蝼蛄

West Indian peach scale [= white peach scale, mulberry scale, mulberry white scale, papaya scale, white mulberry scale, *Pseudaulacaspis pentagona* (Tagioni-Tozzetti)] 桑白盾蚧，桑盾蚧，桃介壳虫，桑白蚧，桑介壳虫，桑拟轮蚧，桑拟白轮盾介壳虫，桃白介壳虫，桑蚧，梓白边蚧

West Indian sugarcane leafhopper 见 West Indian cane fly

West Indian sugarcane root borer 1. [= West Indian cane weevil, West Indian sugarcane root weevil, rotten cane stalk borer, *Metamasius hemipterus* (Linnaeus)] 西印度蔗象甲，西印度蔗象；2. [= citrus weevil, citrus root weevil, cane root borer,sugarcane root weevil, sugarcane rootstalk borer, sugarcane rootstalk borer weevil, diaprepes root weevil, West Indian weevil, apopka weevil, *Diaprepes abbreviatus* (Linnaeus)] 蔗根非耳象甲

West Indian sugarcane root weevil [= West Indian sugarcane root borer, West Indian cane weevil, rotten cane stalk borer, *Metamasius hemipterus* (Linnaeus)] 西印度蔗象甲，西印度蔗象

West Indian sweetpotato weevil [*Euscepes postfasciatus* (Fairmaire)] 西印度甘薯象甲

West Indian weevil [= citrus weevil, citrus root weevil, cane root borer, sugarcane root weevil, sugarcane rootstalk borer, sugarcane rootstalk borer weevil, diaprepes root weevil, West Indian sugarcane root borer, apopka weevil, *Diaprepes abbreviatus* (Linnaeus)] 蔗根非耳象甲

West-Mexican catone [*Catonephele cortesi* de la Maza] 润黑蛱蝶

West-Mexican ipidecla [*Ipidecla miadora* Dyar] 伊普灰蝶

West-Mexican phanus [*Phanus rilma* Evans] 墨西芳弄蝶

West-Mexican scallopwing [*Staphylus tierra* Evans] 铁贝弄蝶

West-Mexican skipperling [*Dalla faula* (Godman)] 弗拉达弄蝶

West-Mexican spurwing [*Antigonus funebris* (Felder)] 阿根廷铁锈弄蝶

West-Mexican swallowtail [= Colima swallowtail, *Battus eracon* (Godman *et* Salvin)] 丽贝凤蝶

West-Mexican theope [*Theope villai* Beutelspacher] 墨娆蚬蝶

West-Texas streaky-skipper [= scarce streaky-skipper, *Celotes limpia* Burns] 大脊弄蝶

West Virginia white [*Pieris virginiensis* Edwards] 弗州粉蝶

Westermannia 俊夜蛾属

Westermannia antaplagica Draudt 前俊夜蛾，安俊夜蛾，奥俊夜蛾

Westermannia coelisigna Hampson 印榄仁俊夜蛾

Westermannia cuprea Hampson 榄仁苗俊夜蛾

Westermannia elliptica Bryk 椭俊夜蛾，圆俊瘤蛾

Westermannia jucunda Draudt 适俊夜蛾

Westermannia nobilis Draudt 佳俊夜蛾

Westermannia obscura Wileman 同 *Westermannia elliptica*

Westermannia superba Hübner 使君子俊夜蛾，俊夜蛾，仗君子俊夜蛾

Westermannia triangularis Moore 斧斑俊夜蛾，三角俊夜蛾

Westermanninae 俊夜蛾亚科，俊瘤蛾亚科

western ash bark beetle [= olive bark beetle, *Leperisinus californicus* Swaine] 加州梣小蠹

western ash borer [*Neoclytus conjunctus* (LeConte)] 西部梣新荣天牛

western aslauga [*Aslauga marginalis* Kirby] 缘维灰蝶

western balsam bark beetle [*Dryocoetes confusus* Swaine] 混点毛小蠹，西部香脂冷杉毛小蠹，凤仙花棘胫小蠹

western bamboo binglet [= western painted ringlet, scapulate bamboo binglet, *Aphysoneura scapulifascia* Joicey *et* Talbot] 带纹淡眼蝶

western bean cutworm [*Striacosta albicosta* (Smith)] 豆纹缘夜蛾，豆白缘切根虫

western big-eyed bug [*Geocoris pallens* Stål] 西部大眼长蝽，大眼长蝽

western bitter-bush blue [*Theclinesthes hesperia* Sibatani *et* Grund] 黄昏小灰蝶

western black flea beetle [*Phyllotreta pusilla* Horn] 柔弱菜跳甲，柔弱黑跳甲

western black-headed budworm [*Acleris gloverana* (Walsingham)] 西黑头长翅卷蛾，黑头芽卷蛾，黑头芽卷叶蛾

western bloodsucking conenose [= California kissing bug, *Triatoma protracta* (Uhler)] 黑褐锥猎蝽，黑褐锥蝽，中国吸血猎蝽，中国猎蝽

western blotched leopard [*Lachnoptera anticlia* (Hübner)] 安茸翅蛱蝶

western blue-banded forester [*Euphaedra eupalus* (Fabricius)] 大褐栎蛱蝶

western blue charaxes [*Charaxes smaragdalis* Butler] 绿宝石螯蛱蝶

western blue sapphire [*Heliophorus bakeri* Evans] 贝克彩灰蝶

western boxelder bug [*Leptocoris rubrolineatus* Barber] 西方稻缘蝽，羽叶槭蛛缘蝽

western branded skipper [*Hesperia colorado* (Scudder)] 尖角橙翅弄蝶

western brown [= common brown, *Heteronympha merope* (Fabricius)] 浓框眼蝶

western brown-edged cupid [*Euchrysops sahelianus* Libert] 西棕灰蝶

western brown skipper [= dirphia skipper, *Motasingha dirphia* (Hewitson)] 西猫弄蝶，猫弄蝶

western brown stink bug [= brown cotton bug, *Euschistus impictiventris* Stål] 棉幽褐蝽，棉褐蝽，棉蝽

western carpet [= green-striped forest looper, *Melanolophia imitata* (Walker)] 绿条森林尺蛾

western cedar bark beetle [= big-tree bark beetle, *Phloeosinus punctatus* LeConte] 刻点肤小蠹，雪松小蠹

western cedar borer [*Trachykele blondeli* Marseul] 西部柏吉丁甲，雪松吉丁

western cherry fruit fly 1. [*Rhagoletis indifferens* Curran] 西美绕实蝇，樱桃细实蝇；2. [= cherry fruit fly, eastern cherry fruit fly, white-banded cherry fruit fly, cherry maggot, *Rhagoletis cingulata* (Loew)] 白带绕实蝇，樱桃白带实蝇，东部樱桃实蝇

western chicken flea [= black hen flea, *Ceratophyllus niger* Fox] 鸡角叶蚤

western chinch bug [*Blissus occiduus* Barber] 西美土长蝽，西美麦长蝽

western Chinese moon moth [*Actias parasinensis* Brechlin] 喜尾大蚕蛾

western cicada killer [*Sphecius grandis* (Say)] 东部蝉泥蜂

western cloudywing [*Thorybes diversus* Bell] 暗褐弄蝶

western conifer seed bug [*Leptoglossus occidentalis* Heidemann] 西针喙缘蝽

western corn rootworm [*Diabrotica virgifera* LeConte] 玉米根萤叶甲，玉米根叶甲，玉米根虫，西部玉米根虫

western courtier [*Sephisa dichroa* (Kollar)] 西帅蛱蝶，狄帅蛱蝶

western covadonga skipper [*Pheraeus covadonga loxicha* Steinhauser] 刻傅弄蝶西部亚种

western cream pentila [*Pentila picena* Hewitson] 淡黑盆灰蝶

western damsel bug [*Nabis alternatus* Parshley] 西部姬蝽，西部拟猎蝽

western dappled white [*Euchloe crameri* Butler] 淡纹端粉蝶

western dotted border [= common dotted border, *Mylothris chloris* (Fabricius)] 黑裙边迷粉蝶，黄绿迷粉蝶

western drywood termite [*Incisitermes minor* (Hagen)] 小楹白蚁，

干木切白蚁
western dusky dart [*Paracleros placidus* (Plötz)] 静拟白牙弄蝶
western dwarf skipper [*Prosopalpus debilis* (Plötz)] 虚弄蝶
western egumbia [*Egumbia ernesti* (Karsch)] 伊古灰蝶
western emperor swallowtail [*Papilio menestheus* (Drury)] 好逑翠凤蝶
western eretes [*Eretes sticticus* (Linnaeus)] 西部缘浆龙虱，齿缘龙虱，齿缘浆龙虱，灰龙虱，灰色龙虱
western false hemlock looper [*Nepytia freemani* Munroe] 西部冷杉伪尺蛾
western fantasia [*Bebearia phantasina* (Staudinger)] 西舟蛱蝶
western field wireworm [*Limonius infuscatus* Motschulsky] 烟褐凸胸叩甲，烟褐叩甲，田野暗金针虫
western flash [*Hypophytala hyettina* (Aurivillius)] 靓赫灰蝶
western flat [*Exometoeca nycteris* Meyrick] 黑褐弄蝶
western flower thrips [*Frankliniella occidentalis* (Pergande)] 西花蓟马，苜蓿蓟马，西方花蓟马
western fragile glasswing [*Ornipholidotos nympha* Libert] 脆耳灰蝶
western fruit scale [= nut scale, European fruit lecanium, brown gooseberry scale, brown nut soft scale, *Eulecanium tiliae* (Linnaeus)] 椴树球坚蚧
western glasswing [*Ornipholidotos tiassale* Stempffer] 西耳灰蝶
western glider [*Cymothoe althea* Cramer] 埃漪蛱蝶
western grape rootworm [= California grape rootworm, *Bromius obscurus* (Linnaeus)] 葡萄肖叶甲，葡萄叶甲，葡萄根叶甲
western grapeleaf skeletonizer [*Harrisina brillians* Barnes *et* McDunnough] 西方葡萄叶烟翅斑蛾，葡萄烟翅蛾
western green hairstreak [= immaculate green hairstreak, *Callophrys affinis* (Edwards)] 阿菲卡灰蝶
western hallelesis [*Hallelesis halyma* (Fabricius)] 纵带哈雷眼蝶
western harvester ant [*Pogonomyrmex occidentalis* (Cresson)] 西方收获切叶蚁，西方农蚁
western hemlock bark-beetle [*Pseudohylesinus tsugae* Swaine] 铁杉平海小蠹
western hemlock looper 1. [= eastern hemlock looper, hemlock looper, hemlock spanworm, mournful thorn, oak looper, oakworm, western oak looper, *Lambdina fiscellaria* (Guenée)] 铁杉兰布达尺蛾，铁杉尺蠖；2. [*Lambdina fiscellaria lugubrosa* (Hulst)] 铁杉兰布达尺蠖西方亚种，西部铁杉尺蠖，西方铁杉尺蛾
western hemlock wood stainer [*Gnathotrichus sulcatus* (LeConte)] 美西部云杉小蠹
western hillside brown [*Stygionympha vigilans* (Trimen)] 魃眼蝶
western honey bee [= European honey bee, *Apis mellifera* Linnaeus] 西方蜜蜂，欧洲蜜蜂
western horntail [*Sirex areolatus* (Cresson)] 西方树蜂
western incipient false acraea [*Pseudacraea hostilia* Drury] 豹纹伪珍蛱蝶
western isabella [*Teratoneura isabellae* Dudgeon] 西太灰蝶，太灰蝶
W
western jewel [= turquoise jewel, *Hypochrysops halyaetus* Hewitson] 海链灰蝶
western larch borer [= round-headed hemlock borer, *Tetropium velutinum* LeConte] 铁杉断眼天牛
western larch case-bearer [= larch case-bearer, larch casebearer, larch leaf-miner, *Coleophora laricella* (Hübner)] 欧洲落叶松鞘蛾，落叶松鞘蛾
western larch gall aphid [= western larch woolly aphid, *Adelges oregonensis* Annand] 西方落叶松球蚜
western larch sawfly [*Anoplonyx occidens* Ross] 美西落叶松叶蜂
western larch woolly aphid 见 western larch gall aphid
western large bush brown [*Bicyclus zinebi* Butler] 欣蔽眼蝶
western leaf [= blue leaf butterfly, *Kallima cymodoce* (Cramer)] 红弧枯叶蛱蝶
western lily aphid [*Ericaphis scoliopi* (Essig)] 百合埃长管蚜，百合长管蚜
western lubber [= plains lubber, western lubber grasshopper, plains lubber grasshopper, lubber grasshopper, homesteader, *Brachystola magna* (Girard)] 魔蝗
western lubber grasshopper 见 western lubber
western lyctus beetle [*Lyctus cavicollis* LeConte] 美西粉蠹
western marble [*Falcuna leonensis* Stempffer *et* Bennett] 莱昂福灰蝶
western marbled white [*Melanargia occitanica* (Esper)] 西方白眼蝶
western midget [*Phyllonorycter muelleriella* (Zeller)] 栎小潜细蛾
western mimic forester [*Euphaedra eusemoides* (Grose-Smith)] 双带栎蛱蝶
western mole cricket [*Gryllotalpa cultriger* Uhler] 西方蝼蛄
western moth butterfly [*Euliphyra hewitsoni* Aurivillius] 西尤里灰蝶
western musanga acraea [*Acraea polis* Pierre] 西珍蝶
western Nevada skipper [*Hesperia nevada sierra* Austin, Emmel, Emmel *et* Mattoon] 内华达弄蝶西部亚种
western nymph [*Euriphene coerulea* Boisduval] 幽蛱蝶
western oak bark beetle [= western oak beetle, *Pseudopityophthorus pubipennis* (LeConte)] 西栎髭额小蠹
western oak beetle 见 western oak bark beetle
western oak duskywing [= propertius duskywing, *Erynnis propertius* Scudder *et* Burgess] 大橡暗珠弄蝶
western oak looper 1. [= eastern hemlock looper, hemlock looper, hemlock spanworm, mournful thorn, western hemlock looper, oak looper, oakworm, *Lambdina fiscellaria* (Guenée)] 铁杉兰布达尺蛾，铁杉尺蠖；2. [= Garry oak looper, *Lambdina fiscellaria somniaria* (Hulst)] 铁杉兰布达尺蛾美西亚种，美西栎尺蛾，西部栎尺蠖，栎兰布达尺蛾
western painted lady [*Vanessa carye* (Hübner)] 珂玉红蛱蝶
western painted ringlet 见 western bamboo binglet
western palm nightfighter [*Zophopetes quaternata* (Mabille)] 快白边弄蝶
western parsley caterpillar [= Anise swallowtail, western swallowtail, *Papilio zelicaon* Lucas] 择丽金凤蝶，美洲芹凤蝶
western peach borer [= western peach-tree borer, wild cherry borer, *Sanninoidea exitiosa graefi* (Edwards)] 桃透翅蛾西部亚种
western peach-tree borer 见 western peach borer
western pie [*Tuxentius hesperis* (Vári)] 黄昏图灰蝶
western pierid blue [*Larinopoda eurema* Plötz] 优腊灰蝶
western pine beetle [*Dendroctonus brevicomis* LeConte] 西松大小蠹，西部松大小蠹
western pine borer [= large flat-headed pine heartwood borer, sculptured pine borer, large flat-head pine heartwood borer, larger

flat-headed pine borer, Virginia pine borer, *Chalcophora virginiensis* (Drury)] 大松吉丁甲，大脊吉丁甲，金大吉丁，大扁头星吉丁
western pine elfin [*Incisalia eryphon* (Boisduval)] 艾盈灰蝶
western pine moth [*Dioryctria cambiicola* (Dyar)] 加拿大红松球果梢斑螟
western pine shoot borer [= pine shoot moth, jack-pine shoot moth, *Eucosma sonomana* Kearfott] 美松梢花小卷蛾
western pine spittle-bug [= Douglas-fir spittlebug, *Aphrophora permutata* Uhler] 大黄尖胸沫蝉
western pine tip moth [*Rhyacionia bushnelli* (Busck)] 西方松梢小卷蛾，布氏美松梢小卷蛾
western pine wood stainer [*Gnathotrichus retusus* (LeConte)] 钝贯云杉小蠹，脊沟缝锤小蠹
western policeman [= three pip policeman, *Coeliades hanno* Plötz] 笔黄竖翅弄蝶
western poplar clearwing [= locust clearwing, *Paranthrene robiniae* (Edwards)] 刺槐准透翅蛾
western potato flea beetle [*Epitrix subcrinita* (LeConte)] 西部马铃薯毛跳甲，西部马铃薯跳甲，美国马铃薯跳甲
western potato leafhopper [*Empoasca abrupta* DeLong] 马铃薯小绿叶蝉，西部马铃薯微叶蝉
western pygmy blue [*Brephidium exilis* (Boisduval)] 褐小灰蝶
western radish maggot [= smaller turnip maggot, *Delia planipalpis* (Stein)] 毛尾地种蝇，小萝卜蝇
western ragged skipper [*Caprona adelica* Karsch] 非洲彩弄蝶
western raspberry fruitworm [*Byturus bakeri* Barber] 西部小花甲，西方树莓小花甲，西部悬钩子小花甲
western red charaxes [*Charaxes cynthia* Butler] 粉带螯蛱蝶，犬牙螯蛱蝶
western red glider [= Mabille's red cymothoe, *Cymothoe mabillei* Overlaet] 马贝雷漪蛱蝶
western red scale [= dictyospermum scale, Morgan's scale, Spainish red scale, palm scale, *Chrysomphalus dictyospermi* (Morgan)] 橙褐圆盾蚧，蔷薇轮蚧，橙圆金顶盾蚧，橙褐圆盾介壳虫
western sand-skipper [*Antipodia dactyliota* (Meyrick)] 达安提弄蝶
western scalloped bush brown [*Bicyclus dekeyseri* Condamin] 白雾蔽眼蝶
western scalloped epitola [*Epitola leonina* Staudinger] 狮蛱灰蝶
western sculptured pine borer [*Chalcophora angulicollis* (LeConte)] 松雕脊吉丁甲，松雕脊吉丁
western sheep moth [= sheep moth, common sheep moth, brown day moth, *Hemileuca eglanterina* (Boisduval)] 鲜黄半白大蚕蛾
western six-spined engraver [= six-spined engraver beetle, coarse writing engraver, six-spined ips, *Ips calligraphus* (Germar)] 粗齿小蠹，北美乔松齿小蠹，美雕齿小蠹
western sorrel copper [*Lycaena orus* (Cramer)] 小红灰蝶
western spotted cucumber beetle [= spotted cucumber beetle, southern corn rootworm, *Diabrotica undecimpunctata* Mannerheim] 十一星根萤叶甲，南部玉米根虫，黄瓜点叶甲，黄瓜十一星叶甲，十一星黄瓜甲虫，十一星瓜叶甲
western spruce budworm [*Choristoneura freemani* Razowski] 西部云杉色卷蛾，西方云杉卷蛾，西方云杉卷叶蛾
western striped cucumber beetle [*Acalymma trivittatum* (Mannerheim)] 三条瓜叶甲，西部黄瓜条叶甲
western striped flea beetle [*Phyllotreta ramosa* (Crotch)] 西部菜跳甲，西部条跳甲，西部具条跳甲
western striped forester [*Euphaedra gausape* (Butler)] 瑰带栎蛱蝶
western subterranean termite [*Reticulitermes hesperus* Banks] 美国散白蚁，西方犀白蚁
western sulphur [= golden sulfur, *Colias occidentalis* Scudder] 宽边靓豆粉蝶
western sulphur dotted border [*Mylothris dimidiata* Aurivillius] 秘迪迷粉蝶
western swallowtail 见 western parsley caterpillar
western sycamore borer [= sycamore borer, *Synanthedon resplendens* (Edwards)] 埃及榕兴透翅蛾
western sycamore lace bug [*Corythucha confraterna* Gibson] 美国梧桐方翅网蝽，美国梧桐网蝽
western tailed blue [*Everes amyntula* (Boisduval)] 雅蓝灰蝶
western tarnished bug [=western tarnished plant bug, legume bug, *Lygus hesperus* Knight] 豆荚草盲蝽，西部牧草盲蝽，豆荚盲蝽
western tarnished plant bug 见 western tarnished bug
western telipna [*Telipna semirufa* Grose-Smith *et* Kirby] 半红袖灰蝶
western tent caterpillar [*Malacosoma californicum* (Packard)] 加州幕枯叶蛾，加州天幕毛虫
western tentiform leafminer [*Phyllonorycter elmaella* Doganlar *et* Mutuura] 西幕小潜细蛾
western thatching ant [*Formica obscuripes* Forel] 红暗褐林蚁
western thyme plume [*Merrifieldia tridactyla* (Linnaeus)] 百里香三裂羽蛾，三裂羽蛾
western tiger blue [*Hewitsonia occidentalis* Bouyer] 西海灰蝶
western tiger flat [*Eagris tigris* Evans] 底格里斯大弄蝶
western tiger swallowtail [*Papilio rutulus* Lucas] 单尾虎纹凤蝶
western treehole mosquito [*Aedes sierrensis* (Ludlow)] 锡耶尔伊蚊
western tussock moth [*Orgyia vetusta* Boisduval] 西古毒蛾，西方橡合毒蛾，西合毒蛾，老年毒蛾
western w-marked cutworm [*Spaelotis havilae* (Grote)] 山纹矛夜蛾，山纹切根虫
western wheat aphid [*Diuraphis* (*Holcaphis*) *tritici* (Gillette)] 西麦双尾蚜，小麦短体蚜
western white [*Pontia occidentalis* (Reakirt)] 西云粉蝶
western white pine cone beetle [= ponderosa-pine cone beele, mountain pine cone beetle, *Conophthorus ponderosae* Hopkins] 黄松果小蠹，重松齿小蠹
western white-tipped bush brown [*Bicyclus abnormis* Dudgeon] 异形蔽眼蝶
western willow lacebug [*Corythucha salicata* Gibson] 西部柳方翅网蝽，西部柳网蝽
western willow leaf beetle [= grey willow leaf beetle, *Galerucella decora* Say] 灰柳小萤叶甲
western winter moth [*Operophtera occidentalis* (Hulst)] 桤木秋尺蛾
western woolly legs 1. [= common woolly legs, *Lachnocnema emperamus* (Snellen)] 帝毛足灰蝶；2. [*Lachnocnema vuattouxi* Libert] 西毛足灰蝶

western xenica [*Geitoneura minyas* (Waterhouse *et* Lyell)] 西结眼蝶

western yellow-banded bumble bee [*Bombus occidentalis* Greene] 西部熊蜂

western yellow jacket [*Vespula pensylvanica* (de Saussure)] 宾州黄胡蜂，宾州小胡蜂

western yellow-striped armyworm [*Spodoptera praefica* (Grote)] 西部黄条灰翅夜蛾，西部黄条黏虫

western zobera [*Zobera marginata* Freeman] 西白昭弄蝶

Westwood's mottled satyr [*Steroma bega* Westwood] 齿轮眼蝶

Westwood's satyr [*Euptychia westwoodi* Butler] 韦氏釉眼蝶

Westwood's white-lady [= glassy graphium, *Graphium agamedes* (Westwood)] 蜥青凤蝶

wetapunga [= Little Barrier giant weta, wetapunga giant weta, *Deinacrida heteracantha* White] 异刺巨沙螽

wetapunga giant weta 见 wetapunga

wettable powder [abb. WP; = water powder (abb. WP), water dispersible powder (abb. WDP)] 可湿性粉剂，可分散性粉剂，水和剂

Weymer's crow [*Euploea latifasciata* Weymer] 边带紫斑蝶

Weymer's glasswing [*Hyalyris latilimbata* (Weymer)] 阔带透绡蝶

Weymer's glider [*Cymothoe weymeri* Suffert] 韦茂漪蛱蝶

Weymer's high-redeye [*Zalomes biforis* (Weymer)] 皂弄蝶

Weymer's ringlet [*Cissia proba* (Weymer)] 普罗细眼蝶

weymouth pine chermes [= pine bark adelgid, pine bark aphid, *Pineus strobi* (Hartig)] 松皮球蚜，松皮松球蚜

WG [water dispersible granule 与 water soluble granule 的缩写] 水分散粒剂，水分散性粒剂

wharf borer [*Nacerdes* (*Nacerdes*) *melanura* (Linnaeus)] 黑股短毛拟天牛，码头拟天牛，码头蛀虫，黑尾拟天牛

wheat aphid [= spring-grain aphid, greenbug, *Schizaphis graminum* (Rondani)] 麦二叉蚜

wheat armyworm 1. [= *Mythimna sequax* (Franclemont)] 小麦黏虫；2. [= true armyworm, rice cutworm, common armyworm, armyworm, armyworm moth, ear-cutting caterpillar, paddy cutworm, rice-climbing cutworm, white-speck, white-specked wainscot moth, aka common armyworm, American armyworm, American wainscot, *Mythimna unipuncta* (Haworth)] 白点黏虫，一点黏虫，一星黏虫，美洲黏虫

wheat beetle [= cadelle, cadelle beetle, bread beetle, bolting cloth beetle, *Tenebroides mauritanicus* (Linnaeus)] 大谷盗

wheat blossom midge 1. [= red wheat blossom midge, orange wheat blossom midge, wheat midge, *Sitodiplosis mosellana* (Géhin)] 麦红吸浆虫；2. [= wheat yellow blossom midge, yellow wheat blossom midge, lemon wheat blossom midge, grain gall midge, wheat midge, yellow wheat gall midge, *Contarinia tritici* (Kirby)] 麦黄吸浆虫，麦黄康瘿蚊

wheat bulb fly [*Delia coarctata* (Fallén)] 麦地种蝇，冬作种蝇

wheat chafer [= wheat grain beetle, wheat cockchafer, *Anisoplia austriaca* (Herbst)] 奥地利塞丽金龟甲，奥国金龟

wheat chloropid fly [= barley stem maggot, European wheat stem maggot, barley leaf maggot, *Meromyza saltatrix* (Linnaeus)] 麦秆蝇，黄麦秆蝇，绿麦秆蝇，麦钻心虫，麦蛆

wheat cockchafer 见 wheat chafer

wheat cutworm 1. [= rustic shoulder-knot, bordered apamea, wheat earworm, *Apamea sordens* (Hüfnagel)] 秀夜蛾，麦穗夜蛾；2. [= fall armyworm, fall armyworm moth, southern grass worm, southern grassworm, alfalfa worm, buckworm, budworm, corn budworm, corn leafworm, cotton leaf worm, daggy's corn worm, grass caterpillar, grass worm, maize budworm, overflow worm, rice caterpillar, southern armyworm, whorlworm, *Spodoptera frugiperda* (Smith)] 草地贪夜蛾，草地夜蛾，秋黏虫，草地黏虫，甜菜贪夜蛾

wheat earworm [= rustic shoulder-knot, bordered apamea, wheat cutworm, *Apamea sordens* (Hüfnagel)] 秀夜蛾，麦穗夜蛾

wheat grain beetle 见 wheat chafer

wheat ground beetle [= corn ground beetle, cereal ground beetle, *Zabrus tenebrioides* (Goeze)] 麦距步甲，麦步甲，玉米步甲，暗黑距步甲

wheat head armyworm [*Dargida diffusa* (Walker)] 麦穗黛夜蛾，麦穗黏虫

wheat jointworm [*Harmolita tritici* (Fitch)] 麦节茎广肩小蜂，麦茎小蜂

wheat leaf beetle [*Oulema erichsoni sapporensis* Matsumura] 小麦禾谷负泥虫札晃亚种，小麦负泥虫札晃亚种

wheat leaf bug [*Stenodema* (*Brachystira*) *calcaratum* (Fallén)] 二刺狭盲蝽

wheat leaf miner [*Phytomyza nigra* Meigen] 麦植潜蝇，麦潜叶蝇，绒眼彩潜蝇，小麦潜叶蝇

wheat leaf sheath miner [= barley leafminer, barley yellow leafminer fly, *Cerodontha denticornis* (Panzer)] 齿角潜蝇，大麦齿角黄潜蝇，麦鞘齿角潜蝇，锯角潜蝇

wheat leafhopper [= Yano leafhopper, *Sorhoanus tritici* (Matsumura)] 麦绿草叶蝉，小麦角顶叶蝉，小麦叶蝉

wheat mealybug [*Heterococcus tritici* (Kiritchenko)] 小麦异粉蚧

wheat midge 1. [= red wheat blossom midge, orange wheat blossom midge, wheat blossom midge, *Sitodiplosis mosellana* (Géhin)] 麦红吸浆虫；2. [= wheat yellow blossom midge, yellow wheat blossom midge, lemon wheat blossom midge, grain gall midge, wheat blossom midge, yellow wheat gall midge,*Contarinia tritici* (Kirby)] 麦黄吸浆虫，麦黄康瘿蚊

wheat phloeothrips [= wheat thrips, *Haplothrips tritici* (Kurdjumov)] 麦筒管蓟马，麦单管蓟马，小麦皮蓟马

wheat planthopper [*Javesella pellucida* (Fabricius)] 古北飞虱

wheat sawfly 1. [*Dolerus tritici* Chu] 小麦叶蜂，麦叶蜂；2. [= large red-back sawfly, *Dolerus ephippiatus* Smith] 大红麦叶蜂，大红背叶蜂；3. [*Dolerus lewisi* Cameron] 刘易斯麦叶蜂

wheat spotted noctuid [= common rustic moth, *Mesapamea secalis* (Linnaeus)] 麦中秀夜蛾

wheat stem leafbeetle [*Apophylia thalassina* (Faldermann)] 麦茎异跗萤叶甲，麦茎叶甲，小麦金花虫

wheat stem maggot 1. 麦秆蝇 <麦秆蝇属 *Meromyza* 昆虫的通称>；2. [*Meromyza americana* Fitch] 美洲麦秆蝇；3. [*Atherigona falcata* (Thomson)] 大叶芒蝇，裸跖芒蝇，大叶裸跖芒蝇，大叶斑芒蝇，镰刀芒蝇，镰稃蝇；4. [*Chlorops mugivorus* Nishijima *et* Kanmiya] 麦秆黄潜蝇，麦秆蝇

wheat stem sawfly [*Cephus cinctus* Norton] 麦茎蜂

wheat stink-bug [= Bishop's mitre shieldbug, pointed wheat shield bug, Bishop's mitre, *Aelia acuminata* (Linnaeus)] 尖头麦蝽，麦椿象

wheat strawworm [*Harmolita grandis* (Riley)] 麦茎广肩小蜂，麦节小蜂

wheat thrips 1. [= wheat phloeothrips, *Haplothrips tritici* (Kurdjumov)] 麦简管蓟马，麦单管蓟马，小麦皮蓟马；2. [*Thrips flavidulus* (Bagnall)] 八节黄蓟马，麦蓟马

wheat weevil [= grain weevil, granary weevil, *Sitophilus granarius* (Linnaeus)] 谷象，谷米象甲

wheat wireworm [*Agriotes mancus* (Say)] 小麦锥尾叩甲，小麦叩甲，麦金针虫

wheat yellow blossom midge [= yellow wheat blossom midge, lemon wheat blossom midge, grain gall midge, yellow wheat gall midge, wheat blossom midge, wheat midge, *Contarinia tritici* (Kirby)] 麦黄吸浆虫，麦黄康瘿蚊

wheel bug [*Arilus cristatus* (Linnaeus)] 褐轮背猎蝽

wheeling glider [= keyhole glider, red marsh trotter, *Tramea basilaris* (Palisot de Beauvois)] 基斜痣蜻，旋斜痣蜻

whirlabout [*Polites vibex* (Geyer)] 火玻弄蝶

whirligig beetle [= gyrinid beetle, gyrinid] 豉甲 < 豉甲科 Gyrinidae 昆虫的通称 >

white 白粉蝶 < 属粉蝶科 Pieridae>

white admiral 1. [= Eurasian white admiral, *Limenitis camilla* (Linnaeus)] 隐线蛱蝶；2. [= American white admiral, red-spotted purple, *Basilarchia arthemis* (Drury)] 拟斑蛱蝶

white albatross [= common albatross, *Appias albina* (Boisduval)] 白翅尖粉蝶，尖翅粉蝶

white and orange halimede [= white orange patch white, yellow patch, dappled white, *Colotis halimede* (Klug)] 黄斑珂粉蝶

white angled sulphur [*Anteos clorinde* (Godart)] 大粉蝶

white ant [= termite, isopteran, isopterous insect, isopteron] 白蚁，螱，等翅目昆虫 < 等翅目 Isoptera 昆虫的通称 >

white apple leafhopper [*Typhlocyba pomaria* McAtee] 苹白小叶蝉

white Arab [*Colotis vestalis* (Butler)] 白珂粉蝶

white-backed rice planthopper [*Sogatella furcifera* (Horváth)] 白背飞虱

white bamboo scale [= white round bamboo scale, *Odonaspis secreta* (Cockerell)] 竹绵盾蚧，丝绵盾蚧，齿盾介壳虫

white-banded awl [*Hasora taminata* (Hübner)] 银针趾弄蝶

white-banded awlet [*Burara tuckeri* (Elwes *et* Edwards)] 大黑斑暮弄蝶

white-banded bark beetle [*Hylesinus cingulatus* Blandford] 白带海小蠹

white-banded blue [= small green banded blue, *Psychonotis caelius* (Felder)] 白带灵灰蝶，灵灰蝶

white-banded bush brown [= Saussure's bush brown, *Bicyclus saussurei* (Dewitz)] 直带蔽眼蝶

white-banded castor [*Ariadne albifascia* (Joicey *et* Talbot)] 白带波蛱蝶

white-banded cerulean [*Jamides aleuas* (Felder *et* Felder)] 阿娄雅灰蝶

white-banded cherry fruit fly [= cherry fruit fly, eastern cherry fruit fly, western cherry fruit fly, cherry maggot, *Rhagoletis cingulata* (Loew)] 白带绕实蝇，樱桃白带实蝇，东部樱桃实蝇

white-banded elm leafhopper [*Scaphoideus luteolus* van Duzee] 榆白带叶蝉

white-banded eucosmid [*Ancylis biarcuana* Stephens] 白带镰翅小卷蛾，白带小卷蛾，白带小卷叶蛾

white-banded firetip [*Pyrrhopyge crida* (Hewitson)] 克里达红臀弄蝶

white-banded flat 1. [= dusky yellow breasted flat, variable white flat, *Gerosis phisara* (Moore)] 匪夷捷弄蝶，费飒弄蝶；2. [*Celaenorrhinus asmara* (Butler)] 阿斯星弄蝶，阿星弄蝶

white-banded grass-dart [*Taractrocera papyria* (Boisduval)] 浅黄弄蝶，白带黄弄蝶

white banded grayling [*Pseudochazara anthelea* (Hübner)] 白斑寿眼蝶

white-banded hedge blue [*Lestranicus transpectus* (Moore)] 白带赖灰蝶，赖灰蝶

white-banded hunter hawkmoth[= impatiens hawkmoth, taro hornworm, *Theretra oldenlandiae* (Fabricius)] 芋斜纹天蛾，芋双线天蛾，凤仙花天蛾，双线条纹天蛾，双斜纹天蛾

white-banded line-blue [= transparent six-line blue, *Nacaduba kurava* (Moore)] 古楼娜灰蝶

white-banded metalmark [= sudias metalmark, *Hypophylla sudias* (Hewitson)] 素叶蚬蝶

white-banded mountain satyr [*Lymanopoda albocincta* Hewitson] 白带徕眼蝶

white-banded noctuid [*Cosmia camptostigma* (Ménétriès)] 曲纹兜夜蛾

white-banded nymph [*Manerebia inderena* (Adams)] 白带赖眼蝶

white-banded palla [*Palla decius* (Cramer)] 草蛱蝶

white-banded plane [= common aeroplane, *Phaedyma shepherdi* (Moore)] 带菲蛱蝶

white-banded red epeolus [*Epeolus zonatus* Smith] 白带绒斑蜂

white-banded red-eye [*Pteroteinon caenira* (Hewitson)] 普佬弄蝶

white-banded royal [*Dacalana cotys* Hewitson] 考达灰蝶，白带达灰蝶

white-banded setabis [*Setabis pythioides* Butler] 拟皮瑟蚬蝶

white-banded swallowtail [*Papilio echerioides* Trimen] 白带德凤蝶

white-bar bushbrown [*Mycalesis anaxias* Hewitson] 君主眉眼蝶

white-barred acraea [= common acraea, encedon acraea, *Acraea encedon* (Linnaeus)] 黑点褐珍蝶

white-barred alder pigmy [= scarce alder pigmy, *Stigmella glutinosae* (Stainton)] 桦痣微蛾，桦微蛾

white-barred beech pigmy moth [= small beech pigmy, *Stigmella tityrella* (Stainton)] 山毛榉白条痣微蛾，山毛榉白条微蛾

white-barred charaxes [= white-barred emperor, *Charaxes brutus* (Cramer)] 宽带螯蛱蝶

white-barred emperor 见 white-barred charaxes

white-barred knot-horn [*Elegia similella* (Zincken)] 栎缢毛螟，栎云斑螟，栎云翅斑螟

white-barred lady slipper [*Pierella hortona* (Hewitson)] 蓝白斑柔眼蝶

white-barred sister [*Adelpha epione* Godart] 斜带悌蛱蝶

white-barred skipper [*Atrytonopsis pittacus* (Edwards)] 灰绿墨弄蝶

white blotch oak leaf miner [= solitary oak leaf-miner, *Cameraria hamadryadella* (Clemens)] 栎橡细蛾，栎独潜叶细蛾

white-blotched heterocampa [*Heterocampa umbrata* Walker] 灰美

洲舟蛾

white-bodied grass skipper [*Monza cretacea* (Snellen)] 白茎弄蝶

white-bordered copper [*Athamanthia pavana* (Kollar)] 帕呃灰蝶

white borer [= sugarcane shoot borer, sugarcane gray borer, grey stalk borer, white stem borer, white sugarcane borer, grey stem borer, grey sugarcane borer, *Tetramoera schistaceana* (Snellen)] 甘蔗小卷蛾，甘蔗黄螟，甘蔗小卷叶螟，蔗灰小卷蛾，蔗灰小蛾，黄螟

white-brand skipper [= white branded grass-skipper, *Toxidia rietmanni* (Semper)] 砾乌陶弄蝶

white-branded ace [= bicolour ace, *Sovia hyrtacus* de Nicéville] 海尔索弄蝶

white branded grass-skipper 见 white-brand skipper

white branded swift [= millet skipper, pale small-branded swift, *Pelopidas thrax* (Hübner)] 谷弄蝶

white-brow hawkmoth [*Gnathothlibus erotus* (Cramer)] 后黄颚天蛾，后黄白眉天蛾

white buff [*Teriomima subpunctata* Kirby] 白畸灰蝶，畸灰蝶

white cedar moth [*Leptocneria reducta* Walker] 白雪松细毒蛾，澳洲白雪松毒蛾

white-centered ruby-eye [*Cobalus fidicula* Hewitson] 飞地涡弄蝶

white-centred bent skipper [*Thaegenes aegides* Herrich-Schäffer] 圆湖弄蝶

white cerulean 1.[*Jamides cleodus* Felder *et* Felder] 珂雅灰蝶，闪雅波灰蝶，涓溪小灰蝶，闪白波灰蝶；2. [*Jamides pura* (Moore)] 净雅灰蝶

white-checked jewelmark [= Godman's sarota, *Sarota myrtea* (Godman *et* Salvin)] 木小尾蚬蝶

white-checked longicorn [*Ancita marginicollis* (Boisduval)] 边金合欢天牛

white checkered skipper [*Pyrgus albescens* Plötz] 白带花弄蝶

white-cherry gibbose aphid [*Myzus physaliae* (Shinji)] 酸浆瘤蚜，酸浆瘤额蚜

white citrus wax scale [= white wax scale, white waxy scale, white scale, citrus waxy scale, soft wax scale, African white wax scale, *Ceroplastes destructor* Newstead] 非洲龟蜡蚧，橘白龟蜡蚧

white cloaked shoot [*Gypsonoma sociana* (Haworth)] 伴柳小卷蛾，青柳小卷蛾

white-club yellow palmer [*Zela excellens* (Staudinger)] 优禅弄蝶

white-clubbed swift [= black and white swift, *Sabera caesina* (Hewitson)] 条弄蝶

white cocoon 白茧

white collared ladybird [= variegated ladybird, Adonis' ladybird, Russian wheat-aphid lady beetle, spotted amber ladybird, *Hippodamia variegata* (Goeze)] 多异长足瓢虫，多异瓢虫

white colon [*Sideridis turbida* (Esper)] 灰褐寡夜蛾

white commodore [*Parasarpa dudu* (Doubleday)] 丫纹俳蛱蝶

white-crescent longtail [*Codatractus alcaeus* (Hewitson)] 长尾铐弄蝶

white-crescent swallowtail [*Eurytides thymbraeus* (Boisduval)] 褐阔凤蝶

white cutworm [*Euxoa scandens* (Riley)] 白切夜蛾，白切根虫，白地蚕

white-dappled swallowtail [= eastern graphium, eastern white-lady swordtail, *Graphium philonoe* (Ward)] 飞天青凤蝶

white dart [= common dart, *Andronymus caesar* (Fabricius)] 白昂弄蝶，昂弄蝶

white-dashed metalmark [= duellona metalmark, *Necyria duellona* Westwood] 红斑绿带蚬蝶

white dawnfly [*Capila pieridoides* (Moore)] 白粉大弄蝶，倍卡利弄蝶

white-disc hedge blue [*Celatoxia albidisca* Moore] 白斑韫玉灰蝶，指名韫玉灰蝶

white dot skipper [*Eutychide physcella* (Hewitson)] 白点优迪弄蝶，优迪弄蝶

white-dotted cattleheart [*Parides alopius* (Godman *et* Salvin)] 黑褐番凤蝶

white-dotted crescent [*Castilia ofella* (Hewitson)] 傲群蛱蝶

white-dotted prominent [= rough prominent, green oak caterpillar, *Nadata gibbosa* Abbott *et* Smith] 北美栎绿舟蛾

white dragontail [*Lamproptera curia* (Fabricius)] 白燕凤蝶，燕凤蝶，燕青凤蝶

white dryad [*Aemona lena* Atkinson] 尖翅纹环蝶，尖翅环蝶

white-dusted mountain satyr [= obsoleta satyr, *Lymanopoda obsoleta* (Westwood)] 古色徕眼蝶

white-edged blue baron [*Euthalia phemius* (Doubleday)] 尖翅翠蛱蝶，斜纹绿蛱蝶

white-edged bushbrown [*Mycalesis mestra* Hewitson] 白缘眉眼蝶，中眉眼蝶，枚眉眼蝶

white-edged roadside-skipper [*Amblyscirtes fimbriata pallida* Freeman] 黄头缎弄蝶淡色亚种

white-edged rock brown [*Hipparchia parisatis* (Kollar)] 白边仁眼蝶，白边眼蝶

white-edged ruby-eye [= virbius skipper, *Cobalus virbius* (Cramer)] 涡弄蝶

white-edged wingless cockroach [= white-margined cockroach, *Melanozosteria soror* (Brunner von Wattenwyl)] 黄边黑泽蠊，姐妹腰蠊，相似库蠊

white-edged woodbrown [*Lethe visrava* (Moore)] 白裙黛眼蝶

white egg 白卵

white egg scale [= gum-tree scale, blue gum scale, common gum scale, rice bubble scale, eucalyptus scale, *Eriococcus coriaceus* Maskell] 桉树毡蚧

white elm tussock moth [= willow moth, *Leucoma candida* (Staudinger)] 杨雪毒蛾，柳毒蛾

white emperor [*Helcyra heminea* Hewitson] 偶点白蛱蝶

white ermine [= yellow-belly black-dotted arctiid, buff ermine, European white ermine moth, *Spilosoma lubricipedum* (Linnaeus)] 黄星雪灯蛾，黄腹污灯蛾，黄腹斑灯蛾，黄腹斑雪灯蛾，星白雪灯蛾，星白灯蛾

white-etched hairstreak [*Contrafacia bassania* (Hewitson)] 昆塔灰蝶

white eyecap moth [= opostegid moth, opostegid] 茎潜蛾，遮颜蛾 <茎潜蛾科 Opostegidae 昆虫的通称>

white-eyed tanmark [*Emesis condigna* Stichel] 白眼螟蚬蝶

white-faced bush cricket [= white-frons katydid, southern wartbiter, Mediterranean wart-biter, *Decticus albifrons* (Fabricius)] 白额盾螽，白额德克螽，白额螽

white-faced darter [= small whiteface, *Leucorrhinia dubia* (Vander Linden)] 短斑白颜蜻，白面蜻

white-faced hornet [= bald-faced hornet, eastern yellow jacket, North American hornet, *Vespula maculata* (Linnaeus)] 白斑脸黄胡蜂，白斑脸胡蜂

white-faced mason bee [= European orchard bee, horned mason bee, *Osmia cornuta* (Latreille)] 欧洲果园壁蜂，欧洲果园蜜蜂，拉氏壁蜂

white fir needleminer [*Epinotia meritana* Heinrich] 白冷杉叶小卷蛾，冷杉潜叶小卷蛾，冷杉潜叶小卷叶蛾

white flannel moth [= black-waved flannel moth, crinkled flannel moth, *Megalopyge crispata* (Packard)] 皱绒蛾，皱缩绒蛾，果树绒蛾

white fourring [*Ypthima ceylonica* (Hewitson)] 雪白矍眼蝶

white-fringed ace [*Halpe insignis* (Distant)] 徽斑酣弄蝶

white-fringed beetle [= white-fringed weevil, *Graphognathus leucoloma* (Boheman)] 白缘象甲

white-fringed recluse [*Caenides dacena* Hewitson] 达塞纳勘弄蝶

white-fringed swift 1. [= Himalayan swift, *Polytremis discreta* (Elwes et Edwards)] 融纹孔弄蝶；2. [*Sabera fuliginosa* (Miskin)] 白缘条弄蝶

white-fringed weevil 见 white-fringed beetle

white-frons katydid 见 white-faced bush cricket

white fruit moth [= apple white fruit moth, larger apple fruit moth, eye-spotted bud moth, *Spilonota albicana* (Motschulsky)] 桃白小卷蛾，苹白小食心虫，苹果白小食心虫，白小食心虫，苹果白蠹蛾

white furcula moth [*Furcula borealis* (Guérin-Méneville)] 白斑燕尾舟蛾

white ground mealybug [*Rhizoecus leucosomus* Cockerell] 白根粉蚧

white grub 1. [= chafer beetle, cock chafer, leaf chafer, May beetle, June beetle, *Holotrichia serrata* (Fabricius)] 庭园蔗齿爪鳃金龟甲，庭园蔗齿爪鳃金龟；2. [= white grub cockchafer, common European cockchafer, May bug, common cockchafer, European cockchfer, June bug, May beetle, *Melolontha melolontha* (Linnaeus)] 五月鳃金龟甲，五月金龟甲，五月金龟子，欧洲鳃金龟

white grub cockchafer [= white grub, common European cockchafer, May bug, common cockchafer, European cockchfer, June bug, May beetle, *Melolontha melolontha* (Linnaeus)] 五月鳃金龟甲，五月金龟甲，五月金龟子，欧洲鳃金龟

white grub parasite 蛴螬土蜂，臀钩土蜂 <属臀钩土蜂科 Tiphiidae>

white-haired bagmoth [= tea bagworm, *Eumeta minuscula* Butler] 微大袋蛾，微大蓑蛾，茶蓑蛾，茶克袋蛾，茶袋蛾，茶大蓑蛾，茶避债蛾，茶窠蓑蛾，小袋蛾，小窠蓑蛾，茶避债虫

white head 白头病 <见于蜜蜂中>

white-headed leafhopper [*Idiocerus ishiyamae* Matsumura] 白头片角叶蝉，白头叶蝉

white-headed prominent [= white-headed prominent caterpillar, white-headed prominent moth, *Symmerista albifrons* Abbott et Smith] 栎红瘤舟蛾

white-headed prominent caterpillar 见 white-headed prominent

white-headed prominent moth 见 white-headed prominent

white hedge blue [*Udara akasa* (Horsfield)] 阿卡妩灰蝶

white-hindwinged geometrid [*Pachyligia dolosa* Butler] 白厚尺蛾，厚带尺蛾

white-horned horntail [*Urocerus albicornis* (Fabricius)] 白角大树蜂

white imperial butterfly [*Neomyrina nivea* (Godman et Salvin)] 长尾白翅灰蝶

white jassid [= rice leafhopper, white paddy cicadellid, white rice leafhopper, paddy white jassid, *Cofana spectra* (Distant)] 白可大叶蝉，白大叶蝉，白翅褐脉叶蝉，稻大白叶蝉

white lady [= white lady swallowtail, small white-lady swordtail, *Graphium morania* (Angas)] 墨蓝青凤蝶

white lady swallowtail 见 white lady

white-legged damselfly [= platycnemidid, platycnemid damselfly, platycnemidid dragonfly, platycnemidid damselfly, platycnemid] 扇蟌 <扇蟌科 Platycnemididae 昆虫的通称>

white-legged geomark [= white-legged metalmark, *Mesene leucopus* Godman et Salvin] 白迷蚬蝶

white-legged metalmark 见 white-legged geomark

white legionnaire [*Acraea circeis* (Drury)] 犀利珍蝶

white-line bush brown 1. [*Bicyclus medontias* (Hewitson)] 蓝带蔽眼蝶；2. [*Bicyclus mesogena* Karsch] 居中蔽眼蝶

white-line dart moth [= buckwheat moth, *Euxoa tritici* (Linnaeus)] 黑麦切夜蛾

white-line hairstreak [*Satyrium sassanides* (Kollar)] 沙森洒灰蝶，萨线灰蝶

white lineblue [*Nacaduba angusta* (Druce)] 安娜灰蝶

white-lined bird grasshopper [*Schistocerca albolineata* (Thomas)] 白纹沙漠蝗

white-lined bomolocha moth [= white-lined hypena moth, *Hypena abalienalis* Walker] 白线髯须夜蛾

white-lined green hairstreak [= Sheridan's hairstreak, *Callophrys sheridanii* (Carpenter)] 谢里丹卡灰蝶，白线卡灰蝶

white-lined hypena moth 见 white-lined bomolocha moth

white-lined silk moth [= sakhalin silk moth, Japanese hemlock caterpillar, Yesso spruce lasiocampid, *Dendrolimus superans* (Butler)] 落叶松毛虫

white-lined sphinx [= hummingbird moth, *Hyles lineata* (Fabricius)] 白条白眉天蛾，白条天蛾

white M hairstreak [*Parrhasius malbum* (Boisduval et Leconte)] 白 M 纹葩灰蝶

white-margined cockroach 见 white-edged wingless cockroach

white-margined grass-dart [= pale drange dart, *Ocybadistes hypomeloma* Lower] 淡丫纹弄蝶

white-margined leafhopper [*Ishidaella albomarginata* (Signoret)] 白边拟大叶蝉

white-margined moonbeam [*Philiris ziska* (Grose-Smith)] 齐菲灰蝶

white-marked acleris [= golden leafroller moth, white-triangle button, *Acleris holmiana* (Linnaeus)] 白斑长翅卷蛾

white-marked fleahopper [= black fleahopper, *Spanagonicus albofasciatus* (Reuter)] 白纹黑盲蝽

white-marked spider beetle [*Ptinus fur* (Linnaeus)] 白纹蛛甲，白斑蛛甲

white-marked tussock moth [*Orgyia leucostigma* (Smith)] 白斑古毒蛾，白斑毒蛾，白斑合毒蛾

white-marmorated broad longicorn [*Mesosa japonica* Bates] 日本

象天牛，日本胡麻斑天牛

white migrant [= mottled emigrant, *Catopsilia pyranthe* (Linnaeus)] 梨花迁粉蝶，细波迁粉蝶，水青粉蝶，决明粉蝶，江南粉蝶，波纹粉蝶，里波白蝶

white mimic [= large glasswing, *Ornipholidotos peucetia* (Hewitson)] 耳灰蝶

white mimic-white [= lina mimic-white, *Enantia lina* (Herbst)] 白茵粉蝶

white morpho [= polyphemus white morpho, *Morpho polyphemus* Doubleday *et* Hewitson] 多音白闪蝶

white mulberry scale [= white peach scale, mulberry scale, mulberry white scale, papaya scale, West Indian peach scale, *Pseudaulacaspis pentagona* (Tagioni-Tozzetti)] 桑白盾蚧，桑盾蚧，桃介壳虫，桑白蚧，桑介壳虫，桑拟轮蚧，桑拟白轮盾介壳虫，桃白介壳虫，桑蚧，梓白边蚧

white muscardine 白僵病

white mussel scale [= cassava scale, cassava stem mussel scale, tapioca scale, *Aonidomytilus albus* (Cockerell)] 木薯白蛎盾蚧，木茨白蛎圆盾蚧，白蛎盾介壳虫

white nymph [= jezebel nymph, *Mynes geoffroyi* (Guérin-Méneville)] 红斑拟蛱蝶

white oak-blue [= small oakblue, *Arhopala wildei* Miskin] 维尔娆灰蝶

white oak borer [= white oak longicorn beetle, *Goes tigrinus* (De Geer)] 白栎戈天牛，栎白天牛

white oak case-bearer [*Coleophora kuehnella* (Goeze)] 飘鞘蛾

white oak longicorn beetle 见 white oak borer

white oak midget [*Phyllonorycter harrisella* (Linnaeus)] 克氏小潜细蛾，克氏潜叶细蛾，小潜细蛾

white on-off [*Tetrarhanis nubifera* Druce] 奴比泰灰蝶

white orange patch white 见 white and orange halimede

white orange tip [*Ixias marianne* (Cramer)] 白雾橙粉蝶，橙斑襟粉蝶

white owl [*Neorina patria* Leech] 凤眼蝶

white paddy cicadellid 见 white jassid

white paddy stem borer 1. [= yellow stem borer, rice yellow stem borer, yellow paddy stem borer, yellow rice borer, paddy borer, paddy stem borer, *Scirpophaga incertulas* (Walker)] 三化螟，白禾螟；2. [= white stem borer, rice white stem borer, white rice stem borer, white rice borer, yellow paddy stem borer, *Scirpophaga innotata* (Walker)] 稻白禾螟，稻白螟，淡尾蛀禾螟

white palmer [*Acerbas anthea* (Hewitson)] 圣弄蝶

white partridge pea bug [= soybean scale, Genista's giant scale insect, *Crypticerya genistae* (Hempel)] 豆隐绵蚧

white patch [= white-patched skipper, *Chiomara asychis* (Stoll)] 白旗弄蝶

white-patch forest swift [*Melphina malthina* Hewitson] 玛美尔弄蝶

white-patched eighty-eight [*Cyclogramma bacchis* Doubleday] 巴圆纹蛱蝶

white-patched emesis [= lucinda metalmark, lucinda emesis, slaty tanmark, *Emesis lucinda* (Cramer)] 亮褐螟蚬蝶

white-patched leafwing [*Memphis artacaena* (Hewitson)] 白斑尖蛱蝶

white-patched metalmark [*Cyrenia martia* Westwood] 白鱼蚬蝶

white-patched mottlemark [= catana metalmark, *Calydna catana* (Hewitson)] 卡特点蚬蝶

white-patched skipper 1. [= white patch, *Chiomara asychis* (Stoll)] 白旗弄蝶；2. [*Chiomara georgina* (Reakirt)] 乔治娜旗弄蝶

white patch [= white-patched skipper, *Chiomara asychis* (Stoll)] 白旗弄蝶

white peach scale 见 white mulberry scale

white peacock [= masote, *Anartia jatrophae* (Linnaeus)] 褐纹蛱蝶，素条蛱蝶

white petticoat [= mourning cloak, mourning cloak butterfly, mourningcloak, mourningcloak butterfly, camberwell beauty, grand surprise, spiny elm caterpillar, willow butterfly, *Nymphalis antiopa* (Linnaeus)] 黄缘蛱蝶，安弟奥培杨榆红蛱蝶，柳长吻蛱蝶，红边酱蛱蝶

white pie [*Tuxentius calice* (Höpffer)] 白图灰蝶，图灰蝶

white pierid blue [*Larinopoda lagyra* Hewitson] 雷腊灰蝶

white pine aphid [*Cinara strobi* (Fitch)] 白松长足大蚜，白松大蚜

white pine barkminer [= white pine barkminer moth, *Marmara fasciella* Chambers] 横带晶岩细蛾

white pine barkminer moth 见 white pine barkminer

white pine bast scale [= white pine fungus scale, white pine scale, *Matsucoccus macrocicatrices* Richards] 美国白松松干蚧

white pine cone beetle [*Conophthorus coniperda* (Schwarz)] 白松果小蠹，白松齿小蠹

white pine ermine [= mute pine argent moth, European pine leaf miner, *Ocnerostoma piniariellum* Zeller] 油松巢蛾，吕奥巢蛾

white pine fungus scale 见 white pine bast scale

white pine needle-miner [*Ocnerostoma strobivorum* Freeman] 美国白松巢蛾

white pine sawfly [*Neodiprion pinerum* (Norton)] 北美乔松新松叶蜂，白松锯角叶蜂

white pine scale 见 white pine bast scale

white pine shoot borer [= eastern pine shoot borer, white pine tip moth, American pine shoot moth, *Eucosma gloriola* Heinrich] 白松梢花小卷蛾，白松小卷蛾，白松小卷叶蛾

white pine tip moth 见 white pine shoot borer

white pine weevil [= Sitka spruce weevil, *Pissodes strobi* (Peck)] 白松木蠹象甲，西特卡云杉象甲，白松木蠹象，乔松木蠹象

white pinion spotted [*Lomographa bimaculata* (Fabricius)] 二斑褶尺蛾，二斑巴尺蛾

white plume moth 1. [= bottle gourd plume moth, lablab plume-moth, *Sphenarches caffer* Zeller] 桃蝶羽蛾，桃羽蛾，卡萼羽蛾；2. [*Pterophorus pentadactyla* (Linnaeus)] 五指羽蛾

white-posted metalmark [*Calociasma lilina* (Butler)] 美洛蚬蝶

white prominent [*Leucodonta bicoloria* (Denis *et* Schiffermüller)] 白齿舟蛾

white punch [*Dodona hoenei* Förster] 霍尾蚬蝶，亨尾蚬蝶

white-pupiled scallop moth [= cotton semilooper, tropical anomis, orange cotton moth, okra semilooper, cotton measuringworm, green semilooper, cotton leaf caterpillar, small cotton measuring worm, cotton looper, yellow cotton moth, *Anomis flava* (Fabricius)] 棉小造桥虫，小桥夜蛾，小造桥夜蛾，小造桥虫，红麻小造桥虫，棉夜蛾

white rat springtail [*Folsomia candida* Willem] 白符䖴

white raw silk 白色丝

white-rayed checkerspot [= white-rayed patch, *Chlosyne ehrenbergi* (Geyer)] 埃巢蛱蝶

white-rayed metalmark 1. [= white-rayed pixie, white-tipped pixie, white-tipped metalmark, *Melanis cephise* (Ménétriès)] 红斑黑蚬蝶；2. [= noctual metalmark, *Hades noctula* Westwood] 雅蚬蝶；3. [*Voltinia radiata* (Godman *et* Salvin)] 沃蚬蝶；4. [= esthema metalmark, *Brachyglenis esthema* Felder *et* Felder] 艾斯短尾蚬蝶

white-rayed patch 见 white-rayed checkerspot

white-rayed pixie [= white-rayed metalmark, white-tipped pixie, white-tipped metalmark, *Melanis cephise* (Ménétriès)] 红斑黑蚬蝶

white-rayed ruby-eye [= calvina skipper, *Cobalus calvina* (Hewitson)] 加尔文涡弄蝶

white ribbed case moth [*Animula herrichii* Westwood] 白条袋蛾

white rice borer 1. [= white paddy stem borer, rice white stem borer, white stem borer, white rice stem borer, yellow paddy stem borer, *Scirpophaga innotata* (Walker)] 稻白禾螟，稻白螟，淡尾蛀禾螟；2. [= African white stem borer, African white rice stem borer, white stem borer, *Maliarpha separatella* Ragonot] 稻三突斑螟，稻粗角螟；3. [= sugarcane top borer, top borer, white top borer, rice white borer, yellow-tipped pyralid, yellow-tipped white sugarcane borer, *Scirpophaga nivella* (Fabricius)] 黄尾白禾螟，甘蔗白禾螟，蔗白螟，橙尾白禾螟

white rice leafhopper 见 white jassid

white rice stem borer [= white paddy stem borer, rice white stem borer, white stem borer, white rice borer, yellow paddy stem borer, *Scirpophaga innotata* (Walker)] 稻白禾螟，稻白螟，淡尾蛀禾螟

white-ringed meadow brown [*Hyponephele davendra* (Moore)] 黄翅云眼蝶，达表内眼蝶

white root mealybug [*Rhizoecus albidus* Goux] 古北根粉蚧

white rot egg 白死卵，灰白卵 < 家蚕的 >

white round bamboo scale 见 white bamboo scale

white royal [*Tajuria illurgis* (Hewitson)] 淡蓝双尾灰蝶

white sailor [*Dynamine theseus* Felder] 弧月权蛱蝶

white sapphire [*Iolaus ismenias* (Klug)] 伊斯瑶灰蝶

white satin moth [= satin moth, *Leucoma salicis* (Linnaeus)] 雪毒蛾，柳叶毒蛾，柳毒蛾，杨毒蛾

white scale 1. [= oleander scale, ivy scale, aucuba scale, lemon peel scale, orchid scale, *Aspidiotus nerii* Bouché] 常春藤圆盾蚧，夹竹桃圆盾蚧，夹竹桃圆蚧；2. [= white wax scale, white citrus wax scale, white waxy scale, citrus waxy scale, soft wax scale, African white wax scale, *Ceroplastes destructor* Newstead] 非洲龟蜡蚧，橘白龟蜡蚧

white scarab beetle [*Cyphochilus insulanus* Moser] 岛歪鳃金龟甲，岛歪鳃金龟，白粉翅鳃金龟，大白金龟

white scrub hairstreak [*Strymon albata* (Felder *et* Felder)] 白螯灰蝶

white-shouldered bumblebee [= mountain bumblebee, *Bombus appositus* Cresson] 山地熊蜂

white shouldered house moth [*Endrosis sarcitrella* (Linnaeus)] 白肩恩织蛾，白肩织叶蛾

white-shouldered smudge [= oak moth, *Ypsolopha parenthesella* (Linnaeus)] 异冠翅蛾，栎黄菜蛾，栎淡色突吻菜蛾

white sock [= simuliid blackfly, simuliid fly, black fly, blackfly, buffalo gnat, Turkey gnat, simuliid] 蚋，墨蚊 < 蚋科 Simuliidae 昆虫的通称 >

white-speck [= true armyworm, rice cutworm, common armyworm, armyworm, armyworm moth, ear-cutting caterpillar, paddy cutworm, rice-climbing cutworm, white-specked wainscot moth, wheat armyworm, aka common armyworm, American armyworm, Amcrican wainscot, *Mythimna unipuncta* (Haworth)] 白点黏虫，一点黏虫，一星黏虫，美洲黏虫

white speck ringlet [*Erebia claudina* (Borkhausen)] 白斑红眼蝶

white-specked wainscot moth 见 white-speck

white-speckled elfin [*Sarangesa astrigera* Butler] 阿斯刷胫弄蝶

white-spot forester [*Bebearia phranza* Hewitson] 玹泠舟蛱蝶

white spot palmer [= white-spotted palmer, *Eetion elia* (Hewitson)] 爱迪弄蝶

white-spot purple moth [*Eriocrania unimaculella* Zetterstedt] 白斑毛顶蛾，桦吸小翅蛾

white-spot red glider [*Cymothoe anitorgis* Hewitson] 安尼漪蛱蝶

white-spotted agrias [= amydon agrias, *Agrias amydon* Hewitson] 回纹彩袄蛱蝶

white-spotted beak [*Libythea narina* Godart] 花喙蝶

white spotted bug [= white spotted stink-bug, *Eysarcoris ventralis* (Westwood)] 广二星蝽，黑腹蝽，黑腹椿象

white-spotted clearwing [*Greta annette* (Guérin-Méneville)] 安尼黑脉绡蝶

white-spotted emesis [= cream-tipped metalmark, white-spotted tanmark, *Emesis aurella* Bates] 金螟蚬蝶

white spotted eucosmid [*Hedya dimidiana* (Clerck)] 半圆广翅小卷蛾，李广翅小卷蛾

white-spotted eyed-metalmark [*Mesosemia albipuncta* (Schaus)] 白斑美眼蚬蝶

white-spotted flash [*Deudorix democles* Miskin] 大漠玳灰蝶

white-spotted flasher [*Astraptes enotrus* (Stoll)] 伊诺蓝闪弄蝶

white-spotted flower chafer [= Far East marble beetle, *Protaetia brevitarsis* (Lewis)] 白星滑花金龟甲，白星花金龟，白斑花金龟，白斑金龟甲，白纹铜花金龟甲，向日葵白星花金龟，白星花潜，白星金龟子，铜色白纹金龟子，白纹铜花金龟，短跗星花金龟，铜色金龟子，铜克螂，白星滑花金龟

white-spotted forest swift [*Melphina statira* (Mabille)] 斯美尔弄蝶

white-spotted globular bug [= white-spotted globular stink-bug, two-spotted sesame bug, *Eysarcoris guttigerus* (Thunberg)] 二星蝽，二星椿象，圆白星椿象

white-spotted globular stink-bug 见 white-spotted globular bug

white-spotted greatstreak [*Atlides carpasia* (Hewitson)] 卡尔宝绿灰蝶

white-spotted hairstreak [*Thecla ziha* (Hewitson)] 白斑线灰蝶

white-spotted leafroller [*Argyrotaenia alisellana* (Robinson)] 白斑带卷蛾

white-spotted longicorn beetle [= Japanese white-spotted longicorn, *Anoplophora malasiaca* (Thomson)] 胸斑星天牛，斑星天牛，白斑星天牛，马拉白星天牛，星天牛，胡麻星天牛，马库白星天牛

white-spotted metalmark [*Napaea theages* (Godman *et* Salvin)] 草

纳蚬蝶

white-spotted palmer 见 white spot palmer

white-spotted prepona [*Archaeoprepona amphimachus* (Fabricius)] 双点古靴蛱蝶

white-spotted rose beetle [Mediterranean spotted chafer, *Oxythyrea funesta* (Poda)] 臭杂花金龟甲，臭杂花金龟，斑尖孔花金龟

white spotted sapphire [*Iolaus lulua* (Riley)] 白斑瑶灰蝶

white-spotted sapyga [= five-spotted club-horned wasp, *Sapyga quinquepunctata* (Fabricius)] 白斑斑寡毛土蜂

white-spotted satyr [*Manataria hercyna* (Hübner)] 熳眼蝶

white-spotted sawyer [spruce sawyer, *Monochamus scutellatus* (Say)] 白点墨天牛，黑松天牛

white-spotted sister [*Adelpha demialba* (Butler)] 砌白悌蛱蝶

white-spotted stink-bug 见 white spotted bug

white-spotted tanmark 见 white-spotted emesis

white-spotted tussock moth [= Japanese tussock moth, *Orgyia thyellina* Butler] 旋古毒蛾，樱桃白纹毒蛾

white spurwing [*Antigonus emorsa* Felder] 黑边铁锈弄蝶

white-stained oakblue [*Arhopala aida* de Nicéville] 婀伊娆灰蝶

white stem borer 1. [= sugarcane shoot borer, sugarcane gray borer, grey stalk borer, white borer, white sugarcane borer, grey stem borer, grey sugarcane borer, *Tetramoera schistaceana* (Snellen)] 甘蔗小卷蛾，甘蔗黄螟，甘蔗小卷叶螟，蔗灰小卷蛾，蔗灰小蛾，黄螟；2. [= white paddy stem borer, rice white stem borer, white rice stem borer, white rice borer, yellow paddy stem borer, *Scirpophaga innotata* (Walker)] 稻白禾螟，稻白螟，淡尾蛀禾螟；3. [= South American white rice borer, South American white stem borer, South American white borer, *Rupela albinella* (Cramer)] 南美稻白螟；4. [= African white stem borer, African white rice stem borer, white rice borer, *Maliarpha separatella* Ragonot] 稻三突斑螟，稻粗角螟

white stem scale [= sugarcane scale, tagalog scale, cane oval scale, *Aulacaspis tegalensis* (Zehntner)] 东洋甘蔗白轮盾蚧，印度轮盾介壳虫，印度尼西亚轮盾介壳虫，特甘蔗白轮盾蚧，蔗黄雪盾蚧，檬果轮盾介壳虫

white-stiched metalmark [= eucharila metalmark, *Napaea eucharila* (Bates)] 纳蚬蝶

white straited planthopper [*Nisia atrovenosa* (Lethierry)] 雪白粒脉蜡蝉，雪白脉蜡蝉，莎草花虱；粉白飞虱 <误称>

white-streaked prominent moth [= lacecapped caterpillar, *Oligocentria lignicolor* (Walker)] 二色寡中舟蛾

white-striped banner [= epicaste banner, *Epiphile epicaste* Hewitson] 无瑕蒟蛱蝶

white-striped black moth [*Trichodezia albovittata* (Guenée)] 白纹毛漆尺蛾

white striped fruit fly [*Bactrocera* (*Bactrocera*) *albistrigata* (de Meijere)] 蒲桃果实蝇，蒲桃实蝇

white-striped longicorn beetle [*Batocera lineolata* Chevrolat] 密点白条天牛，白条天牛，云斑天牛

white-striped longtail [= blurry-striped longtail, white-striped longtail skipper, *Chioides catillus* (Cramer)] 凤尾弄蝶

white-striped longtail skipper 见 white-striped longtail

white-striped planthopper [*Terthron albovittatum* (Matsumura)] 白条飞虱，白纹飞虱

white-striped snow flat [= Evans snow flat, *Tagiades cohaerens* (Mabille)] 滚边裙弄蝶

white-striped yellowish green nettle grub [= flattened eucleid, *Thosea sinensis* (Walker)] 中国扁刺蛾，扁刺蛾，黑点刺蛾，内点刺蛾

white sugarcane borer 1. [= sugarcane shoot borer, sugarcane gray borer, grey stalk borer, white borer, white stem borer, grey stem borer, grey sugarcane borer, *Tetramoera schistaceana* (Snellen)] 甘蔗小卷蛾，甘蔗黄螟，甘蔗小卷叶螟，蔗灰小卷蛾，蔗灰小蛾，黄螟；2. [= white top borer, sugarcane tip borer, white sugarcane top borer, sugarcane top borer, sugarcane top moth borer, sugarcane stem borer, top-shoot borer, scirpus pyralid, *Scirpophaga excerptalis* Walker] 红尾白禾螟，蔗草白禾螟，蔗草野螟，甘蔗红尾白螟，白螟

white sugarcane top borer [= white top borer, sugarcane tip borer, white sugarcane borer, sugarcane top borer, sugarcane top moth borer, sugarcane stem borer, top-shoot borer, scirpus pyralid, *Scirpophaga excerptalis* Walker] 红尾白禾螟，蔗草白禾螟，蔗草野螟，甘蔗红尾白螟，白螟

white swan louse [*Ornithobius cygni* (Linnaeus)] 天鹅鸿虱，大天鹅奥鸟虱

white-tail hopper [= black hopper, *Platylesches galesa* (Hewitson)] 佳乐扁弄蝶

white-tailed bamboo scale [= cottony bamboo scale, bamboo scale, *Antonina crawii* Cockerell] 白尾安粉蚧，鞘竹粉蚧，竹白尾粉蚧

white-tailed bumblebee [*Bombus* (*Bombus*) *lucorus* (Linnaeus)] 明亮熊蜂 <此种学名有误写为 *Bombus lucorum* (Linnaeus) 或 *Bombus* (*Bombus*) *lucorum* (Linnaeus) 者>

white-tailed longtail [*Urbanus doryssus* (Swainson)] 白尾长尾弄蝶

white-tailed mealybug [= striped mealybug, cotton scale, grey mealybug, guava mealybug, spotted mealybug, tailed coffee mealybug, tailed mealybug, *Ferrisia virgata* (Cockerell)] 双条拂粉蚧，咖啡粉蚧，腺刺粉蚧，丝粉介壳虫

white-tailed ridens [*Ridens mercedes* Steinhauser] 白尾丽弄蝶

white-tailed zygaenid moth [*Elcysma westwoodi* (Snellen van Vollenhoven)] 李拖尾锦斑蛾，威埃克斑蛾

white tea leaf scale [= tea white scale, tea scurfy scale, *Pinnaspis theae* (Maskell)] 茶并盾蚧，茶梨蚧，茶并盾介壳虫，茶细蚧，茶细介壳虫，茶褐点盾蚧，茶紫长蚧，茶白盾蚧

white theope [*Theope pieridoides* (Felder)] 俳娆蚬蝶

white tiger [= eastern common tiger, *Danaus melanippus* (Cramer)] 黑虎斑蝶

white tiger moth [*Spilarctia subcarnea* (Walker)] 人纹污灯蛾，人纹雪灯蛾，赤腹通灯蛾，红腹白灯蛾，人字纹灯蛾，桑红腹灯蛾

white-tip clothes moth [= carpet moth, tapestry moth, *Trichophaga tapetzella* (Linnaeus)] 毛毡谷蛾，毛毡衣蛾

white tipped banana skipper [= white-tipped skipper, Andaman redeye, *Erionota hiraca* (Moore)] 希拉蕉弄蝶

white-tipped baron [*Euthalia merta* (Moore)] 美翠蛱蝶，茂翠蛱蝶

white-tipped blue [*Eicochrysops hippocrates* (Fabricius)] 和烟灰蝶

white-tipped bush brown [*Bicyclus sylvicolus* Condamin] 银顶蔽眼蝶

white-tipped cycadian [*Eumaeus godartii* (Boisduval)] 端白美灰蝶

white-tipped metalmark 见 white-rayed pixie

white-tipped palmer [*Lotongus calathus* (Hewitson)] 白端珞弄蝶，指名珞弄蝶

white-tipped phanus [*Phanus albiapicalis* Austin] 白端芳弄蝶

white-tipped pixie 见 white-rayed pixie

white-tipped skipper 1. [= pied piper, *Spioniades abbreviata* (Mabille)] 短缩斯弄蝶；2. [= Andaman redeye, white tipped banana skipper, *Erionota hiraca* (Moore)] 希拉蕉弄蝶；3. [*Erionota acroleuca* (Wood-Mason *et* de Nicéville)] 白端蕉弄蝶，白梢蕉弄蝶

white-tipped tailwing [*Syrmatia aethiops* (Staudinger)] 艾燕尾蚬蝶

white top borer 1. [= sugarcane top borer, top borer, white rice borer, rice white borer, yellow-tipped pyralid, yellow-tipped white sugarcane borer, *Scirpophaga nivella* (Fabricius)] 黄尾白禾螟，甘蔗白禾螟，蔗白螟，橙尾白禾螟；2. [= white sugarcane top borer, sugarcane tip borer, white sugarcane borer, sugarcane top borer, sugarcane top moth borer, sugarcane stem borer, top-shoot borer, scirpus pyralid, *Scirpophaga excerptalis* Walker] 红尾白禾螟，蔗草白禾螟，蔗草野螟，甘蔗红尾白螟，白螟

white-trailed metalmark [= agave metalmark, *Pseudonymphidia agave* (Godman *et* Salvin)] 白尾伪蛱蚬蝶

white tree nymph [= paper kite, large tree nymph, rice paper, wood nymph, tree nymph, *Idea leuconoe* (Erichson)] 大帛斑蝶，大白斑蝶

white-triangle button 见 white-marked acleris

white-triangle slender moth [= poplar gracilarid, *Caloptilia stigmatella* (Fabricius)] 具痣丽细蛾，具痣花细蛾，丽细蛾，杨细蛾

white-tufted leaf sitter [*Gorgyra heterochrus* (Mabille)] 白丛槁弄蝶

white tufted royal [*Pratapa deva* (Moore)] 珀灰蝶

white vein armyworm [*Leucania venalba* (Moore)] 白脉黏虫，白脉黏夜蛾，白脉秘夜蛾

white-veined arctic [= Arctic grayling, *Oeneis bore* (Schneider)] 白脉酒眼蝶

white-veined leafhopper [*Euscelis albinervosus* Matsumura] 白脉殃叶蝉，白脉叶蝉，白纹一字纹叶蝉

white-veined rice noctuid [= reed dagger, *Simyra albovenosa* (Goeze)] 辉刀夜蛾，稻白脉夜蛾

white-veined sand-skipper [= white-veined skipper, *Herimosa albovenata* (Waterhouse)] 白脉弄蝶

white-veined skipper 1. [= artona skipper, *Vettius artona* (Hewitson)] 阿屯铂弄蝶；2. [= white-veined sand-skipper, *Herimosa albovenata* (Waterhouse)] 白脉弄蝶；3. [= uncas skipper, *Hesperia uncas* Edwards] 温卡斯弄蝶

white-ventered euselasia [*Euselasia matuta* (Schaus)] 美图优蚬蝶

white wax scale 1. [= pela insect, Chinese white wax scale insect, Chinese wax insect, Chinese white wax insect, Chinese white wax bug, *Ericerus pela* (Chavannes)] 白蜡蚧，白蜡虫，中国白蜡蚧；2. [= white waxy scale, white citrus wax scale, white scale, citrus waxy scale, soft wax scale, African white wax scale, *Ceroplastes destructor* Newstead] 非洲龟蜡蚧，橘白龟蜡蚧

white waxy scale 见 white citrus wax scale

white-winged forest sylph [*Ceratrichia nothus* (Fabricius)] 白翅粉弄蝶，粉弄蝶

white-winged yellowmark [*Baeotis fellix* Hewitson] 菲利苞蚬蝶

white woolly legs [*Lachnocnema exiguus* Holland] 小毛足灰蝶

white yellow-breasted flat [= extensive white flat, *Gerosis sinica* (Felder *et* Felder)] 中华捷弄蝶，中华黑弄蝶，华飒弄蝶

whitefly [= aleyrodid] 粉虱 < 粉虱科 Aleyrodidae 昆虫的通称 >

whitelined looper [*Epirrita pulchraria* (Taylor)] 白线秋白尺蛾

whitened bluewing [= blue-banded purplewing, tropical blue wave, blue wave, royal blue, *Myscelia cyaniris* Doubleday] 青鼠蛱蝶

whitened crescent [*Janatella leucodesma* (Felder *et* Felder)] 白择蛱蝶

whitened eyed-metalmark [= zonalis eyemark, *Mesosemia zonalis* (Godman *et* Salvin)] 带美眼蚬蝶

whitened flasher [*Astraptes creteus* (Cramer)] 克乐蓝闪弄蝶

whitened metron [= leucogaster skipper, *Metron leucogaster* (Godman)] 白纹金腹弄蝶

whitened remella [= black-spot remella, *Remella remus* (Fabricius)] 黑点染弄蝶，染弄蝶

whitewashed euselasia [*Euselasia onorata* (Hewitson)] 奥娜优蚬蝶

whitlow [= paronychium] 爪间鬃

whole body dissection 整体解剖

whole cocoon weight 全茧量

whorl 毛轮

whorlworm [= fall armyworm, fall armyworm moth, southern grass worm, southern grassworm, alfalfa worm, buckworm, budworm, corn budworm, corn leafworm, cotton leaf worm, daggy's corn worm, grass caterpillar, grass worm, maize budworm, overflow worm, rice caterpillar, southern armyworm, wheat cutworm, *Spodoptera frugiperda* (Smith)] 草地贪夜蛾，草地夜蛾，秋黏虫，草地黏虫，甜菜贪夜蛾

Wichgraf's brown [*Stygionympha wichgrafi* van Son] 威克魆眼蝶

wide-area control 区域防治，区域防控

wide-banded palm forester [*Bebearia guineensis* (Felder *et* Felder)] 宽带舟蛱蝶

wide-brand grass-dart [*Suniana sunias* (Felder)] 亮隼弄蝶

wide-brand sedge-skipper [= small dingy skipper, *Hesperilla crypsigramma* (Meyrick *et* Lower)] 黑褐帆弄蝶

widespread bent skipper [*Cycloglypha thrasibulus* (Fabricius)] 轮弄蝶

widespread dwarf skipper [*Prosopalpus styla* Evans] 尖虚弄蝶

widespread forester [*Euphaedra medon* (Linnaeus)] 黄眉栎蛱蝶，双点栎蛱蝶

widespread peacock-skipper [= aepitus skipper, *Artines aepitus* (Geyer)] 埃鹰弄蝶

widespread phanus [= vitreus ghost skipper, *Phanus vitreus* (Stoll)] 芳弄蝶

widow skimmer [*Libellula luctuosa* Burmeister] 窗蜻

width of cocoon 茧幅

Wiggins' acraea [*Acraea wigginsi* Neave] 威金斯珍蝶

wild-bamboo charaxes [= red coast charaxes, *Charaxes macclouni* Butler] 美新螯蛱蝶

wild cherry borer [= western peach borer, western peach-tree borer, *Sanninoidea exitiosa graefi* (Edwards)] 桃透翅蛾西部亚种

wild cocoon 野蚕茧

wild crucifer aphid [= turnip aphid, safflower aphid, mustard-turnip aphid, mustard aphid, *Lipaphis erysimi* (Kaltenbach)] 芥十蚜，萝卜蚜，菜缢管蚜，菜蚜，伪菜蚜，芜菁明蚜

wild indigo duskywing [*Erynnis baptisiae* (Forbes)] 靛黑珠弄蝶

wild silk yarn 野蚕丝

wild silkworm 1. [= mulberry wild silkmoth, *Bombyx mandarina* (Moore)] 野蚕，野蚕蛾；2. 天蚕 <属天蚕蛾科 Saturniidae>

Wilemania 波缘尺蛾属

Wilemania nitobei (Nitobe) 双色波缘尺蛾；尼威舟蛾 <误称>

Wilemaniella distincta (Wileman) 见 *Cosmotriche discitincta*

Wilemanus 威舟蛾属

Wilemanus bidentatus (Wileman) 梨威舟蛾，黑纹银天社蛾，亚梨威舟蛾

Wilemanus bidentatus bidentatus (Wileman) 梨威舟蛾指名亚种，指名梨威舟蛾

Wilemanus bidentatus pira (Druce) 梨威舟蛾乌苏里亚种

Wilemanus bidentatus ussuriensis (Püngeler) 同 *Wilemanus bidentatus pira*

Wilemanus duli Yang *et* Lee 同 *Wilemanus bidentatus pira*

Wilemanus hamatus (Cai) 赣闽威舟蛾，赣闽舟蛾，钩威舟蛾

Wilhelmia 维蚋亚属

Wilhelmia equina (Linnaeus) 见 *Simulium equinum*

Wilhelmia takahasii Rubtsov 见 *Simulium takahasii*

Wilhelmia veltistshevi (Rubtsov) 见 *Simulium veltistshevi*

Wilkinsonellus 威氏茧蜂属

Wilkinsonellus iphitus (Nixon) 硕威氏茧蜂

Willemia 威姚属

Willemia koreana Thibaud *et* Lee 朝鲜威姚

Willemia shanghaiensis Yue 上海威姚

Willemia wandae Tamura *et* Zhao 旺达威姚

Willemia zhaoi Tamura, Yin *et* Weiner 赵氏威姚

William's grass mealybug [*Saccharicoccus penium* Williams] 旧北蔗粉蚧，旧北糖粉蚧

William's skipper [*Hesperia pahaska williamsi* (Lindsey, 1938)] 黑边黄翅弄蝶威廉亚种

willow aphid 1. [= small willow aphid, *Aphis farinosa* Gmelin] 柳蚜，小柳蚜；2. [= sallow leaf-vein aphid, *Chaitophorus salicti* (Schrank)] 灰毛柳毛蚜，柳树毛蚜，柳毛蚜

willow armored scale [= willow scale, black willow scale, black willow bark louse, California willow scale, cottonwood scale, willow scurfy scale, *Chionaspis salicis* (Linnaeus)] 柳雪盾蚧，柳长蚧，乌柳雪盾蚧，黑柳雪盾蚧

willow beaked gall midge [*Mayetiola rigidae* (Osten-Sacken)] 柳喙瘿蚊，柳硬瘿蚊

willow beetle [= mottled willow borer, poplar and willow borer, osier weevil, *Cryptorrhynchus lapathi* (Linnaeus)] 杨干隐喙象甲，杨干隐喙象，杨干象，柳小隐喙象甲，拉隐喙象

willow bent-wing [*Phyllocnistis saligna* (Zeller)] 银叶潜蛾

willow blue leaf beetle [*Plagiodera versicolora distincta* Baly] 柳圆叶甲显著亚种，显柳圆叶甲，柳兰叶甲

willow bog fritillary [= frigga fritillary, *Clossiana frigga* (Thunberg)] 长毛珍蛱蝶，冷珍蛱蝶

willow borer [= eyed longhorn beetle, orange-necked willow borer, willow longhorn beetle, willow longicorn, twin spot longhorn beetle, *Oberea oculata* (Linnaeus)] 柳筒天牛，灰翅筒天牛，柳红颈天牛，筒天牛

willow bud sawfly [*Euura mucronata* Hartig] 柳芽瘿叶蜂

willow butterfly 见 white petticoat

willow cambium fly [= cambium mining fly, poplar cambium mining fly, willow cambium miner, *Phytobia cambii* Hendel] 柳枝菲潜蝇，柳枝潜蝇

willow cambium miner 见 willow cambium fly

willow-carrot aphid [= carrot-willow aphid, carrot aphid, parsnip and willow aphid, *Cavariella aegopodii* (Scopoli)] 埃二尾蚜，肿管双尾蚜，伞形花二尾蚜

willow clytra [*Clytra laeviuscula* Ratzeburg] 光背锯角肖叶甲，光背锯角叶甲

willow cottony scale [*Pulvinaria oyamae* Kuwana] 日本柳绵蚧，柳绵蚧

willow curculio [*Neocoenorrhinus interruptus* (Voss)] 柳新钳颚象甲，柳象甲，柳象，离钳颚象

willow emperor moth [*Angelica tyrrhea* Cramer] 柳大蚕蛾

willow ermine moth [= few-spotted ermel moth, *Yponomeuta rorella* (Hübner)] 柳黑斑巢蛾，柳巢蛾

willow flea weevil [*Rhynchaenus rufipes* (LeConte)] 柳跳象甲，柳跳象

willow froghopper [*Aphrophora salicis* De Geer] 柳尖胸沫蝉

willow gall sawfly [= willow redgall sawfly, *Pontania proxima* (Peletier)] 柳咖啡豆瘿叶蜂，柳梢瘿叶蜂

willow gibbose aphid [*Trichosiphonaphis polygoni* (van der Goot)] 蓼皱背蚜，柳瘤额蚜

willow goat moth [= goat moth, *Cossus cossus* Linnaeus] 芳香木蠹蛾，柳木蠹蛾

willow hairy aphid [= aspen-spruce aphid, aspen aphid, spruce root aphid, coniferous root aphid, conifer root aphid, *Pachypappa tremulae* (Linnaeus)] 山杨粗毛绵蚜，山杨多毛绵蚜，杨多毛绵蚜，杨钉毛蚜，西北欧山杨蚜

willow lace bug 1. [*Corythucha elegans* Drake] 杨方翅网蝽，杨网蝽；2. [*Metasalis populi* (Takeya)] 杨柳网蝽，柳后缢网蝽，杨后缢网蝽，杨裸菊网蝽，檫树网蝽，娇膜肩网蝽

willow leaf beetle 1. [= imported willow leaf beetle, *Plagiodera versicolora* (Laicharting)] 柳圆叶甲，柳叶甲，柳瓢金花虫；2. [*Chrysomela interrupta* Fabricius] 欧洲杨柳叶甲；3. [*Calligrapha multipunctata bigsbyana* (Kirby)] 多斑卡丽叶甲喜柳亚种，美加柳卡丽叶甲；4. [*Lochmaea capreae* (Linnaeus)] 钟形绿萤叶甲，绿萤叶甲

willow leaf blotch miner moth [= aspen blotch miner, aspen blotch leafminer, *Phyllonorycter salicifoliella* (Chambers)] 杨斑小潜细蛾，杨斑潜叶细蛾

willow leaf-mining sawfly [*Heterarthrus microcephalus* Klug] 欧洲柳潜叶小黑叶蜂

willow leaf-rolling gall midge [= osier leaf-folding midge, *Rabdophaga marginemtorquens* (Bremi)] 卷叶柳瘿蚊，柳卷叶瘿蚊

willow leaf-rolling sawfly [*Pamphilius gyllenhali* Dahlbom] 柳扁蜂，柳扁叶蜂

willow longhorn beetle 见 willow borer

willow longicorn 见 willow borer

willow looper [= common marbled carpet, marbled carpet moth,

Dysstroma truncata (Hüfnagel)] 茎涤尺蛾，柳白腹尺蛾

willow mason-wasp [*Symmorphus bifasciatus* (Linnaeus)] 二带同蜾蠃

willow moth [= white elm tussock moth, *Leucoma candida* (Staudinger)] 杨雪毒蛾，柳毒蛾

willow nymphalid [*Nymphalis xanthomelas japonica* (Stichel)] 朱蛱蝶日本亚种，日朱蛱蝶，榉蛱蝶

willow pea-gall sawfly [*Pontania viminalis* (Linnaeus)] 柳豌豆瘿叶蜂

willow prominent [= puss moth, *Cerura vinula* (Linnaeus)] 二尾舟蛾，银色天社蛾

willow psylla [*Cacopsylla ambigua* (Foerster)] 柳喀木虱，柳木虱

willow redgall sawfly 见 willow gall sawfly

willow-rosette gall midge [= rosette willow gall midge, European rosette willow gall midge, *Rabdophaga rosaria* (Loew)] 玫柳瘿蚊，玫叶瘿蚊，柳梢瘿蚊，柳梢棒瘿蚊

willow sawfly 1. [= large willow sawfly, *Nematus salicis* (Linnaeus)] 白柳突瓣叶蜂，白柳大丝角叶蜂；2. [= yellow-spotted willow slug, *Nematus ventralis* Say] 黄点突瓣叶蜂，柳黄点丝角叶蜂，柳叶蜂

willow scale 1. [= willow scurfy scale, black willow scale, black willow bark louse, California willow scale, cottonwood scale, willow armored scale, *Chionaspis salicis* (Linnaeus)] 柳雪盾蚧，柳长蚧，乌柳雪盾蚧，黑柳雪盾蚧；2. [= poplar scale, poplar armored scale, topolevaya shitovka, *Diaspidiotus gigas* (Thiem *et* Gerneck)] 杨灰圆盾蚧，杨圆盾蚧，月杨灰圆盾蚧，杨笠圆盾蚧

willow scurfy scale 见 willow armored scale

willow shoot sawfly [*Janus abbreviatus* (Say)] 柳梢简脉茎蜂，柳梢铗茎蜂，柳梢茎蜂

willow shot hole midge [= willow wood midge, shot-hole gall midge, *Helicomyia saliciperda* (Dufour)] 中西欧柳木瘿蚊，拟柳叶瘿蚊

willow stem sawfly [*Janus luteipes* (Peletier)] 柳杨简脉茎蜂，柳杨铗茎蜂，柳茎蜂

willow sulphur [*Colias scudderii* Reakirt] 草地豆粉蝶

willow tortrix moth [*Epinotia cruciana* (Linnaeus)] 柳叶小卷蛾

willow twig gall midge [= salix gall-midge, *Rhabdophaga salicis* (Schrank)] 食柳瘿蚊，柳梢瘿蚊，柳瘿蚊，柳棒瘿蚊，柳叶瘿蚊

willow two-tailed aphid [*Cavariella salicicola* (Matsumura)] 柳二尾蚜，柳双尾蚜，芹菜二尾蚜

willow weevil [*Stamoderes uniformis* Casey] 柳象甲

willow wood midge 见 willow shot hole midge

willowfly [= winter stonefly, taeniopterygid stonefly, taeniopterygid] 带䗛 < 带䗛科 Taeniopterygidae 昆虫的通称 >

Willowsia 柳䖴属，威洛长䖴属

Willowsia abrupta Schött 截柳䖴

Willowsia australica (Schött) 澳柳䖴

Willowsia baoshanensis Chai *et* Ma 保山柳䖴

Willowsia bartkei Stach 巴氏柳䖴

Willowsia bimaculata (Börner) 双斑柳䖴

Willowsia brahma (Imms) 梵柳䖴

Willowsia christianseni Chang *et* Ma 查氏柳䖴

Willowsia fascia Zhang *et* Pan 暗带柳䖴

Willowsia formosana (Denis) 台湾柳䖴，台湾威洛长䖴，台链长䖴

Willowsia fuscana Uchida 褐柳䖴

Willowsia guangdongensis Zhang, Xu *et* Chen 广东柳䖴

Willowsia guangxiensis Shi *et* Chen 广西柳䖴，广西威洛长䖴

Willowsia hyalina (Handschin) 透柳䖴

Willowsia intermedia Schött 间柳䖴

Willowsia jacobsoni (Börner) 贾氏柳䖴，贾氏威洛长䖴

Willowsia japonica (Folsom) 日本柳䖴，日本紫斑䖴，日本紫斑跳虫

Willowsia kahlertae Christiansen *et* Bellinger 同 *Willowsia japonica*

Willowsia mekila Christiansen *et* Bellinger 美柳䖴

Willowsia mesothoraxa Nguyen 中胸柳䖴

Willowsia nigromaculata (Lubbock) 黑斑柳䖴，黑斑威洛长䖴

Willowsia nivalis Yosii 尼柳䖴

Willowsia platani (Nicolet) 普氏柳䖴

Willowsia potapovi Zhang, Chen *et* Deharveng 波氏柳䖴

Willowsia pseudobuskii Pan *et* Zhang 拟布柳䖴

Willowsia pseudoplatani Zhang *et* Pan 拟普柳䖴

Willowsia qui Zhang, Chen *et* Deharveng 曲氏柳䖴

Willowsia samarcandica Martynova 撒柳䖴

Willowsia sexachaeta Chang *et* Ma 六毛柳䖴

Willowsia shiae Pan, Zhang *et* Chen 石氏柳䖴

Willowsia similis Pan *et* Zhang 类暗带柳䖴

Willowsia tanae Chang *et* Ma 谭氏柳䖴

Willowsia trifascia Zhou *et* Ma 三带柳䖴

Willowsia yiningensis Zhang, Chen *et* Deharveng 伊宁柳䖴

Willowsia zhaotongensis Chai *et* Ma 昭通柳䖴

Wilson's sphinx [*Hyles wilsoni* (Rothschild)] 威氏白眉天蛾

wilt disease 萎缩病 < 指鳞翅目幼虫的核多角体病 >

wind tunnel 风洞

Windia 风弄蝶属

Windia windi Freeman [Wind's skipper] 风弄蝶

window acraea [= window legionnaire, *Acraea oncaea* Höpffer] 窗珍蝶

window fly 1. [= scenopinid fly, scenopinid, windowfly] 窗虻 < 窗虻科 Scenopinidae 昆虫的通称 >；2. [= house windowfly, *Scenopinus fenestralis* (Linnaeus)] 家窗虻，窗虻，奥窗虻

window-gnat [= anisopodid fly, wood gnat, window midge, anisopodid] 殊蠓，伪大蚊，蚊蚋 < 殊蠓科 Anisopodidae 昆虫的通称 >

window legionnaire 见 window acraea

window midge 见 window-gnat

window-winged moth [= thyridid moth, picture-winged leaf moth, thyridid] 网蛾，窗蛾 < 网蛾科 Thyrididae 昆虫的通称 >

windowfly 见 window fly

Wind's skipper [*Windia windi* Freeman] 风弄蝶

Wineland blue [*Lepidochrysops bacchus* Riley] 蓝美鳞灰蝶

wing 翅

wing base 翅基

wing bone 翅骨 < 为翅脉的旧称 >

wing bud 翅芽

wing case [pl.elytron； = elytra] 鞘翅

wing cell 翅室

wing cover 1. 翅盖 < 若虫或蛹的硬化表皮覆盖成虫翅芽的部分 >；2. 鞘翅

wing disc 翅盘，翅芽
wing germ 翅芽，翅原基
wing louse [= chicken wing louse, poultry wing louse, *Lipeurus caponis* (Linnaeus)] 鸡长鸟虱，鸡翅长圆虱，原鸡长鸟虱
wing membrane 翅膜
wing muscle 翅肌
wing muscles of the heart [= alary muscles] 心翼肌
wing pad 翅芽
wing polymorphism 翅多型
wing region 翅域
wing scale 翅基板 < 即膜翅目昆虫的翅基片 (tegula)>
wing sheath 翅鞘
wing teeth 翅状齿 < 指弹尾目的一些种类所具有的大型跗节齿 >
wing tracheae 翅气管
wing vein [=pterygostium（pl.pterygostia）, pterigostium] 翅脉
wing venation 脉序
WingBank 蚊翅图像数据库
wingbeat [= wingstroke] 振翅
wingbeat amplitude 翅振幅
wingbeat behavio (u) r 翅振行为
wingbeat cycle 翅振周期
wingbeat frequency [= wingstroke frequency] 振翅频率
wingbeat sound 翅振音
winged insect 1. 具翅昆虫；2. 飞虫
winged spiracle 翼气门 < 指臭虫科 Cimicidae 昆虫的气门，位于一个 Λ 形有色泽的区域内 >
Wingia aurata Walker 桉织蛾
wingless 无翅的
wingless cockchafer [*Trematodes tenebrioides* (Pallas)] 黑皱鳃金龟甲，无翅金龟子，黑皱鳃金龟，无翅黑金龟，无后翅金龟子，无翅金龟
wingless grasshopper [*Phaulacridium vittatum* (Sjöstedt)] 庶小无翅蝗
wingless insect 无翅昆虫
winglet 小翅 < 指不发达的翅；或指龙虱科 Dytiscidae 昆虫鞘翅基下方端部常有缘毛的小凹凸鳞 >
wingstroke 见 wingbeat
wingstroke frequency 见 wingbeat frequency
Winifred's forester [*Bebearia osyris* (Schultze)] 欧斯舟蛱蝶
Winnertzia 威瘿蚊属
Winnertzia hudsonici Felt 缨威瘿蚊，缨杯瘿蚊
Winnertzia solidaginis Felt 黄花威瘿蚊
Winnertziinae 威瘿蚊亚科
winter-cherry aphid [*Acyrthosiphon physaliae* Shinji] 酸浆无网长管蚜
winter cherry bug [*Acanthocoris sordidus* (Thunberg)] 樱桃瘤缘蝽
winter crane fly [= trichocerid fly, winter fly, trichocerid] 毫蚊，冬大蚊 < 毫蚊科 Trichoceridae 昆虫的通称 >

winter dormancy 冬季休眠
winter egg 1. 冬卵；2. 休眠卵
winter fly 见 winter crane fly
winter hardiness 耐冬性，耐寒性，抗寒性
winter moth 1. [*Operophtera brumata* (Linnaeus)] 果园秋尺蛾，冬尺蠖；2. [= linden looper, basswood looper, *Erannis tiliaria* (Harris)] 菩提松尺蛾，菩提尺蠖
winter poplar midget [*Phyllonorycter comparella* (Duponchel)] 白杨小潜细蛾，白杨潜叶细蛾
winter resistance 抗冬性，抗寒性
winter shade [= clouded winter shade moth, clouded white shade, *Tortricodes tortricella* (Denis *et* Schiffermüller)] 云杉冬卷蛾
winter stagnation 冬季停滞，冬季停滞期
winter stonefly 见 willowfly
Winthemia 温寄蝇属
Winthemia angusta Shima, Chao *et* Zhang 狭肛温寄蝇
Winthemia aquilonalis Chao 北方温寄蝇
Winthemia aurea Shima, Chao *et* Zhang 黄粉温寄蝇
Winthemia beijingensis Chao *et* Liang 北京温寄蝇
Winthemia brevicornis Shima, Chao *et* Zhang 短角温寄蝇
Winthemia cruentata (Rondani) 凶猛温寄蝇
Winthemia diversitica Chao 多型温寄蝇
Winthemia diversoides Baranov 巨角温寄蝇，分歧寄蝇
Winthemia emeiensis Chao *et* Liang 峨眉温寄蝇
Winthemia javana (Bigot) 爪哇温寄蝇
Winthemia mallochi Baranov 迈洛温寄蝇，马氏寄蝇
Winthemia marginalis Shima, Chao *et* Zhang 缘鬃温寄蝇
Winthemia neowinthemioides (Townsend) 变异温寄蝇
Winthemia parafacialis Chao *et* Liang 裸颜温寄蝇
Winthemia parallela Chao *et* Liang 平眼温寄蝇
Winthemia pilosa (Villeneuve) 毛温寄蝇
Winthemia prima (Brauer *et* Bergenstamm) 首温寄蝇
Winthemia proclinata Shima, Chao *et* Zhang 前鬃温寄蝇
Winthemia quadripustulata (Fabricius) [red-tailed tachina] 四点温寄蝇，红尾寄蝇
Winthemia remittens (Walker) 蕊米温寄蝇
Winthemia shimai Chao 岛洪温寄蝇
Winthemia speciosa (Egger) 华丽温寄蝇
Winthemia sumatrana (Townsend) 苏门温寄蝇，苏门答腊温寄蝇
Winthemia trichopareia (Schiner) 翠口温寄蝇，翠口寄蝇
Winthemia venusta (Meigen) 灿烂温寄蝇
Winthemia venustoides Mesnil 掌舟蛾温寄蝇
Winthemia verticillata Shima, Chao *et* Zhang 宽顶温寄蝇
Winthemia zhoui Chao 周氏温寄蝇
Winthemiini 温寄蝇族
wireworm [= elaterid beetle, elater, elaterid, snapping beetle, spring beetle, skipjack, click beetle] 叩甲，叩头虫，金针虫 < 叩甲科 Elateridae 昆虫的通称 >
wisteria bud miner [*Hexomyza websteri* Malloch] 韦氏瘿潜蝇
wistaria flower-bud midge [*Dasineura wistariae* Mani] 紫藤花叶瘿蚊
wistaria leafminer [*Agromyza wistariae* Sasakawa] 威潜蝇
wisteria scale [= excrescent scale, pear globose scale, *Eulecanium excrescens* (Ferris)] 梨大球坚蚧，梨大球蚧，大球蚧，苹球蜡蚧
wistaria scurfy scale [= fujicola scale, *Chionaspis wistariae* Cooley] 紫藤雪盾蚧
witch [*Araotes lapithis* (Moore)] 热带灰蝶
witch hazel dagger moth [*Acronicta hamamelis* Guenée] 金缕梅剑纹夜蛾
With's organ 威瑟器

Wittia 唯苔蛾属

Wittia klapperichi (Daniel) 克唯苔蛾，克颚苔蛾，克雪苔蛾，卡卷苔蛾

Wittia yazakii Dubatolov, Kishida *et* Wang 矢崎维苔蛾

Wittstrotia 伟夜蛾属，维特夜蛾属

Wittstrotia flavannamica Behounek *et* Speidel 黄伟夜蛾

Wittstrotia taroko Speidel *et* Behounek 太鲁阁伟夜蛾，太鲁阁维特夜蛾，太鲁阁维夜蛾

wizard [*Rhinopalpa polynice* (Cramer)] 黑缘蛱蝶

woadwaxen treehopper [= globular treehopper, *Gargara genistae* (Fabricius)] 黑圆角蝉，黑角蝉

Wockia 竖尾蛾属

Wockia koreana Sohn 韩国竖尾蛾

Wockia magna Sohn 金瓣竖尾蛾

Wockia mexicana Adamski, Boege, Landry *et* Sohn 墨西哥竖尾蛾

Wohlfahrtia 污蝇属

Wohlfahrtia atra Aldrich 黑污蝇，黑污麻蝇

Wohlfahrtia balassogloi (Portschinsky) 巴彦污蝇，巴颜污麻蝇

Wohlfahrtia bella (Macquart) 毛足污蝇，毛足污麻蝇

Wohlfahrtia brevicornis Chao *et* Zhang 同 *Wohlfahrtia grunini*

Wohlfahrtia cheni Rohdendorf 陈氏污蝇，陈氏污麻蝇

Wohlfahrtia fedtschenkoi Rohdendorf 阿拉善污蝇，阿拉善污麻蝇

Wohlfahrtia grunini Rohdendorf 格鲁宁污蝇，短角污蝇

Wohlfahrtia hirtiparafacialis Chao *et* Zhang 同 *Wohlfahrtia magnifica*

Wohlfahrtia intermedia (Portschinsky) 介污蝇，中介污麻蝇

Wohlfahrtia magnifica (Schiner) 黑须污蝇，黑须污麻蝇

Wohlfahrtia pavlovskyi Rohdendorf 钝叶污蝇，钝叶污麻蝇

Wohlfahrtia rneigeni (Schiner) 亚西污蝇

Wohlfahrtia stackelbergi Rohdendorf 斯氏污蝇，斯塔污麻蝇

Wohlfahrtia vigil (Walker) 警污麻蝇

Wohlfahrtiina 污麻蝇亚族

Wohlfahrtiodes 拟污蝇属

Wohlfahrtiodes marzinowskyi Rohdendorf 马氏拟污蝇

Wohlfahrtiodes mongolicus Chao *et* Zhang 同 *Asiosarcophila kaszabi*

Wojtusiak's ceres forester [*Euphaedra wojtusiaki* Hecq] 沃栎蛱蝶

Wolbachia 沃氏体，沃尔巴克氏体 < 存在于节肢动物体内的一类母系遗传的胞内共生菌 >

Wolbachia 沃氏细菌属，沃尔巴克氏体属

wolf cricket [= gryllacridid cricket, leaf-rolling cricket, raspy cricket, gryllacridid] 蟋螽 < 蟋螽科 Gryllacrididae 昆虫的通称 >

Wolfella sinensis Zhang *et* Shen 华犀角杆蝉

Wolkberg sandman [*Spialia secessus* (Trimen)] 塞瑟饰弄蝶

Wolkberg zulu [*Alaena margaritacea* Eltringham] 哥伦比亚翼灰蝶

Wollastoniella 乌花蝽属

Wollastoniella brunnea Bu *et* Zheng 褐乌花蝽

Wollastoniella marginalla Bu *et* Zheng 宽边乌花蝽

Wollastoniella yunnanensis Bu *et* Zheng 云南乌花蝽

Womersleya hongkongensis Yoshii 见 *Cassagnaua hongkongensis*

wonder brown [*Heteronympha mirifica* (Butler)] 异型框眼蝶

wonderful hairstreak [*Chrysozephyrus ataxus* (Westwood)] 白底铁金灰蝶，白底金灰蝶，衬白金灰蝶，蓬莱绿小灰蝶

wood bee 木蜂 < 泛指木蜂科 Xylocopidae 昆虫 >

wood cockroache [= ectobiid cockroache, ectobiid roache, ectobiid] 椭蠊 < 椭蠊科 Ectobiidae 昆虫的通称 >

wood gnat 见 window-gnat

Wood-Mason's bushbrown [*Mycalesis suaveolens* Wood-Mason] 圆翅眉眼蝶，苏眉眼蝶

wood moth 木蠹蛾 < 属木蠹蛾科 Cossidae>；虎蛾 < 属虎蛾科 Agaristidae>

wood nymph 1. [= gray glassy tiger, *Ideopsis juventa* (Cramer)] 珠旖斑蝶；2. [= paper kite, large tree nymph, rice paper, white tree nymph, tree nymph, *Idea leuconoe* (Erichson)] 大帛斑蝶，大白斑蝶；3. 眼蝶 (类)

wood smudge [*Ypsolopha sylvella* (Linnaeus)] 林冠翅蛾

wood soldier fly [= xylomyid fly, xylomyid] 木虻 < 木虻科 Xylomyidae 昆虫的通称 >

wood tiger [= wood tiger moth, small tiger moth, black-and-white tiger moth, *Parasemia plantaginis* (Linnaeus)] 车前灯蛾

wood tiger moth 见 wood tiger

wood wasp 1. [= siricid woodwasp, siricid wasp, horntail, siricid] 树蜂 < 树蜂科 Siricidae 昆虫的通称 >；2. 尾蜂 < 属尾蜂总科 Orussoidea>

wood white 1. [*Leptidea sinapis* (Linnaeus)] 条纹小粉蝶，小粉蝶，辛小粉蝶，辛白模粉蝶；2. [= red-spotted jezebel, *Delias aganippe* (Donovan)] 澳洲斑粉蝶

Woodford's swallowtail [*Papilio woodfordi* Godman *et* Salvin] 白环美凤蝶

Woodiphora 乌蚤蝇属，木蚤蝇属

Woodiphora capsicularis Liu 囊片乌蚤蝇

Woodiphora chaoi Disney 赵氏乌蚤蝇

Woodiphora dentifemur Borgmeier 齿足乌蚤蝇，刺腿乌蚤蝇

Woodiphora dilacuna Liu 双凹乌蚤蝇

Woodiphora fasciaria Liu *et* Zhu 明带乌蚤蝇

Woodiphora grandipalpis Liu 巨须乌蚤蝇

Woodiphora harveyi Disney 哈氏乌蚤蝇

Woodiphora lageniformis Liu *et* Zhu 葫片乌蚤蝇

Woodiphora linguiformis Liu 舌叶乌蚤蝇

Woodiphora orientalis Schmitz 东洋乌蚤蝇，东方乌蚤蝇，东洋蚤蝇

Woodiphora parvula Schmitz 微体乌蚤蝇，小乌蚤蝇

Woodiphora quadrata Liu 方背乌蚤蝇

Woodiphora setosa Liu 鬃额乌蚤蝇

Woodiphora verticalis Liu 垂脉乌蚤蝇

woodland brown [*Lopinga achine* (Scopoli)] 黄环链眼蝶

woodland grayling [*Hipparchia fagi* (Scopoli)] 林地仁眼蝶，指名仁眼蝶

woodland ringlet [*Erebia medusa* (Denis *et* Schiffermüller)] 森林红眼蝶，小红眼蝶，枚红眼蝶

woodland skipper [*Ochlodes sylvanoides* (Boisduval)] 森林赭弄蝶，拟林赭弄蝶

woodland white [= albatross, *Appias sylvia* (Fabricius)] 树尖粉蝶

woodlouse fly [= rhinophorid fly, rhinophorid] 短角寄蝇 < 短角寄蝇科 Rhinophoridae 昆虫的通称 >

woodrush soft scale [*Luzulaspis luzulae* (Dufour)] 地梅鲁丝蚧

Wood's bell moth [= Woods bell moth, *Epinotia nigricans* Herrich-Schäffer] 白冷杉黑叶小卷蛾

Woods bell moth 见 Wood's bell moth

Woods eyed brown [Appalachian brown, *Satyrodes appalachia*

Chermock] 森林纱眼蝶

woods weevil [*Nemocestes incomptus* (Horn)] 林木细带象甲，粗野木象甲

Woodward's sailer [*Neptis woodwardi* Sharpe] 细环蛱蝶

woodworm [= common furniture beetle, common house borer, furniture beetle, *Anobium punctatum* (De Geer)] 家具窃蠹，具斑窃蠹

Woollett's bob [*Scobura woolletti* (Riley)] 无斑须弄蝶，伍来须弄蝶，务须弄蝶

woolly alder aphid [= maple blight aphid, *Prociphilus tessellatus* (Fitch)] 赤杨卷叶绵蚜，美赤杨卷绵蚜，赤杨副卷叶绵蚜

woolly aphid [= eriosomatid aphid, eriosomatid] 绵蚜 < 绵蚜科 Eriosomatidae 昆虫的通称 >

woolly aphid parasite [*Aphelinus mali* (Haldeman)] 苹果绵蚜蚜小蜂，日光蜂，日光小蜂，苹绵蚜蚜小蜂

woolly apple aphid [= American blight, apple woolly aphid, apple root aphid, elm rosette aphid, *Eriosoma lanigerum* (Hausmann)] 苹果绵蚜，苹绵蚜，苹果高蚜

woolly ash aphid [= leafcurl ash aphid, *Prociphilus fraxinifolii* (Riley)] 洋白蜡卷叶绵蚜

woolly bamboo scale [= bamboo white scale, *Kuwanaspis howardi* (Cooley)] 霍须盾蚧，霍氏线盾蚧，贺氏线盾蚧

woolly bear [= arctiid moth, tiger moth, tussock moth, arctiid, woolly worm] 灯蛾 < 灯蛾科 Arctiidae 昆虫的通称 >

woolly beech aphid [= beech cottony aphid, beech aphid, *Phyllaphis fagi* (Linnaeus)] 山毛榉叶蚜

woolly beech scale [= beech scale, *Cryptococcus fagisuga* Lindinger] 榉树隐蚧，榉树隐毡蚧，山毛榉隐蚧

woolly cactus scale [= cactus spine scale, cactus eriococcin, cactus mealybug, spine mealybug, felt scale, cactus felt scale, *Eriococcus coccineus* Cockerell] 仙人掌毡蚧，仙人掌根毡蚧

woolly camellia scale [= cottony camellia scale, camellia scale, cushion scale, camellia pulvinaria, woolly maple scale, camellia cottony scale, tea cottony scale, *Pulvinaria floccifera* (Westwood)] 蜡丝绵蚧，油茶绿绵蚧，茶长绵蚧，山茶绵蚧，茶绿绵蜡蚧，绿绵蜡蚧，茶绵蚧，蜡丝蚧，茶絮蚧

woolly conifer aphid [= adelgid aphid, pine aphid, spruce aphid, adelgid] 球蚜 < 球蚜科 Adelgidae 昆虫的通称 >

woolly currant scale [= cottony grape scale, grape-vine scale, horse chestnut scale insect, woolly vine scale, woolly vine scale insect, *Pulvinaria vitis* (Linnaeus)] 桦绵蚧，葡萄绵蜡蚧，葡萄绵蚧

woolly elm aphid [*Eriosoma americanum* (Riley)] 美洲榆绵蚜，美国高蚜

woolly elm bark aphid [*Eriosoma rileyi* Thomas] 榆皮绵蚜，榆皮高蚜

woolly felt scale [*Eriococcus erinaceus* Kiritchenko] 轮叶蓍毡蚧

woolly larch aphid [= larch wooly adelgid, larch adelgid, *Adelges laricis* Vallot] 落叶松球蚜

woolly maple scale 1. [= maple phenacoccus, maple false scale, *Phenacoccus acericola* King] 槭绵粉蚧；2. [= cottony camellia scale, camellia scale, cushion scale, camellia pulvinaria, woolly camellia scale, camellia cottony scale, tea cottony scale, *Pulvinaria floccifera* (Westwood)] 蜡丝绵蚧，油茶绿绵蚧，茶长绵蚧，山茶绵蚧，茶绿绵蜡蚧，绿绵蜡蚧，茶绵蚧，蜡丝蚧，茶絮蚧

woolly pear aphid 1. [= pear root aphid, *Eriosoma pyricola* Baker et Davidson] 梨根绵蚜，梨高蚜；2. [= elm balloon-gall aphid, elm woolly aphid, pear root aphid, pear root woolly aphid, pear woolly aphid, *Eriosoma lanuginosum* (Hartig)] 梨绵蚜，榆梨绵蚜，榆瘿绵蚜

woolly pine needle aphid [*Schizolachnus piniradiatae* (Davidson)] 美松钝缘大蚜，美松针蚜，松针毛蚜

woolly pine scale [*Pseudophilippia quaintancii* Cockerell] 松拟菲绵蚧，松绵蚧

woolly poplar aphid [= poplar woolly aphid, *Phloeomyzus passerinii* Signoret] 杨平翅绵蚜

woolly slug [= southern flannel moth, asp, Italian asp, tree asp, opossum bug, puss caterpillar, puss moth, asp caterpillar, *Megalopyge opercularis* (Smith)] 美绒蛾，具盖绒蛾

woolly-tailed marsh fly [= marsh tiger hoverfly, woolly-tailed sun fly, *Helophilus hybridus* Loew] 杂色条胸蚜蝇，杂条胸蚜蝇

woolly-tailed sun fly 见 woolly-tailed marsh fly

woolly vine scale 见 woolly currant scale

woolly vine scale insect 见 woolly currant scale

woolly whitefly [*Aleurothrixus floccosus* (Maskell)] 绵粉虱，软毛粉虱

woolly worm 1. [= arctiid moth, tiger moth, tussock moth, arctiid, woolly worm] 灯蛾 < 灯蛾科 Arctiidae 昆虫的通称 >；2. [= Isabella tiger moth, banded woolly bear, woollybear, *Pyrrharctia isabella* (Smith)] 伊赤目夜蛾，具带灯蛾

woollybear [= Isabella tiger moth, banded woolly bear, woolly worm, *Pyrrharctia isabella* (Smith)] 伊赤目夜蛾，具带灯蛾

wooly darkling beetle [*Eleodes osculans* LeConte] 毛原脂亮甲

worcester copper [*Aloeides lutescens* Tite et Dickson] 暗黄乐灰蝶

worker 职虫，工蜂，工蚁，工蛩

World Bee Day 世界蜜蜂日 < 每年 5 月 20 日 >

World Butterfly Day 世界蝴蝶日 < 每年 3 月 14 日 >

World Hemiptera Day 世界半翅目日 < 每年 4 月 21 日 >

World Malaria Day 世界疟疾日 < 每年 4 月 25 日 >

World Mosquito Day 世界蚊子日 < 每年 8 月 20 日 >

World Pest Awareness Day [= World Pest Day] 世界害虫日 < 每年 6 月 6 日 >

World Pest Day 见 World Pest Awareness Day

World Pesticides 世界农药 < 期刊名 >

worm 1. 蛆；2. 蠕虫

worm hole 虫眼，蛀孔

worm-wood mealybug [*Coccidohystrix artemisiae* (Kiritchenko)] 北方疣粉蚧

Wormaldia 蠕形等翅石蛾属，同须石蛾属

Wormaldia amyda Ross 龟形蠕形等翅石蛾，阿蠕形等翅石蛾，龟蠕等翅石蛾，龟形同须石蛾

Wormaldia bicornis Sun et Malicky 双角蠕形等翅石蛾

Wormaldia bilamellata Sun 双片蠕形等翅石蛾

Wormaldia cheni (Hsu et Chen) 陈氏蠕形等翅石蛾，陈氏短室等翅石蛾，陈氏角室石蛾

Wormaldia chinensis (Ulmer) 中华蠕形等翅石蛾，中华蠕等翅石蛾，中华等翅石蛾，中华拟短室石蛾

Wormaldia conjungens (Mey) 共纽蠕形等翅石蛾

Wormaldia dentata (Gui et Yang) 齿肢蠕形等翅石蛾，齿肢闭室等翅石蛾

Wormaldia dissecta Sun *et* Malicky 深凹蠕形等翅石蛾，深凹蠕等翅石蛾

Wormaldia gressitti (Ross) 嘉氏蠕形等翅石蛾，格氏蠕形等翅石蛾，嘉氏蠕等翅石蛾，格氏短室等翅石蛾

Wormaldia longispina Tian *et* Li 见 *Kisaura longispina*

Wormaldia quadrata Sun *et* Malicky 方尾蠕形等翅石蛾，方肢蠕等翅石蛾

Wormaldia quadriphylla Sun 四刺蠕形等翅石蛾

Wormaldia rhynchophysa (Sun *et* Gui) 喙突蠕形等翅石蛾，喙突闭室等翅石蛾

Wormaldia scalaris Sun *et* Malicky 梯节蠕形等翅石蛾，梯形蠕等翅石蛾，梯形蠕形等翅石蛾

Wormaldia spinifera Hwang 粗刺蠕形等翅石蛾，粗刺蠕等翅石蛾，长刺等翅石蛾，粗刺蠕形石蛾

Wormaldia spinosa Ross 具刺蠕形等翅石蛾，棘刺同须石蛾，刺闭室等翅石蛾，刺朵等翅石蛾，具刺等翅石蛾，棘刺蠕形等翅石蛾

Wormaldia triacanthophora Sun 三刺蠕形等翅石蛾

Wormaldia tricuspis Sun *et* Malicky 三齿蠕形等翅石蛾，三齿蠕等翅石蛾

Wormaldia ulmeri Ross 伍氏蠕形等翅石蛾，伍氏同须石蛾，阿朵闭室等翅石蛾，阿朵等翅石蛾

Wormaldia unispina Sun 刺茎蠕形等翅石蛾，刺茎蠕等翅石蛾

Wormaldia zhejiangensis Sun *et* Malicky 浙江蠕形等翅石蛾，浙江蠕等翅石蛾

wormhole 虫洞，蛀洞

wormhole density 虫洞密度，蛀洞密度

wormlion [= vermileonid fly, vermileonid] 穴虻 < 穴虻科 Vermileonidae 昆虫的通称 >

wormwood pug [*Eupithecia absinthiata* (Clerck)] 阿布小花尺蛾

wounded-tree beetle [= nosodendrid beetle, nosodendrid] 小丸甲 < 小丸甲科 Nosodendridae 昆虫的通称 >

Woznessenskia 沃蟋螽属

Woznessenskia arcoida Guo *et* Shi 弧突沃蟋螽

Woznessenskia bimacula Guo *et* Shi 双斑沃蟋螽

Woznessenskia brevisa Guo *et* Shi 短突沃蟋螽

Woznessenskia curvicauda (Bey-Bienko) 弯瓣沃蟋螽，弯尾婆蟋螽

Woznessenskia finitima Gorochov 越北沃蟋螽

WP [wettable powder 或 water powder 的缩写；= water dispersible powder (abb. WDP)] 可湿性粉剂，可分散性粉剂，水和剂

Wraseicellus 弗通缘步甲亚属

Wreford's grizzled skipper [*Spialia wrefordi* Evans] 雷弗德饰弄蝶

wriggler 孑孓

Wright's calephelis [*Calephelis wrighti* Holland] 黄褐细纹蚬蝶

Wright's yellow skipper [*Copaeodes wrightii* Edwards] 赖氏金弄蝶

wrinkled bark beetle [= rhysodid beetle, rhysodid] 条脊甲，背条虫 < 条脊甲科 Rhysodidae 昆虫的通称 >

wrinkled egg 缩皱卵

wrinkled sucking louse [= haematopinid louse, ungulate louse, haematopinid] 血虱 < 血虱科 Haematopinidae 昆虫的通称 >

Wroughtonia 齿腿茧蜂属

Wroughtonia albobasalis Yan, van Achterberg, He *et* Chen 白基齿腿茧蜂

Wroughtonia albus (Chou *et* Hsu) 淡齿腿茧蜂，淡长茧蜂

Wroughtonia anastasiae (Belokobylskij) 安齿腿茧蜂

Wroughtonia areolata Yan, van Achterberg, He *et* Chen 室齿腿茧蜂

Wroughtonia bifurcata Yan, van Achterberg, He *et* Chen 二叉齿腿茧蜂

Wroughtonia brachygena Yan, van Achterberg, He *et* Chen 短颊齿腿茧蜂

Wroughtonia brevicarinata (Yan *et* Chen) 短脊齿腿茧蜂

Wroughtonia chui Yan, van Achterberg, He *et* Chen 祝氏齿腿茧蜂

Wroughtonia claviventris (Wesmael) 棒腹齿腿茧蜂，棒腹长茧蜂

Wroughtonia dentator (Fabricius) 见 *Helconidea dentator*

Wroughtonia eurygenys Yan, van Achterberg, He *et* Chen 宽颊齿腿茧蜂

Wroughtonia hei Yan, van Achterberg, He *et* Chen 何氏齿腿茧蜂

Wroughtonia indica (Singh, Belokobylskij *et* Chauhan) 印度齿腿茧蜂，印度壳茧蜂

Wroughtonia jiangliae Yan, van Achterberg, He *et* Chen 江丽齿腿茧蜂

Wroughtonia nigra (Tobias) 黑齿腿茧蜂

Wroughtonia nigrifemoralis Yan, van Achterberg, He *et* Chen 黑足齿腿茧蜂

Wroughtonia obtusa Yan, van Achterberg, He *et* Chen 壮齿腿茧蜂

Wroughtonia orientalis (Shestakov) 东方齿腿茧蜂

Wroughtonia petila Chou *et* Hsu 细齿腿茧蜂

Wroughtonia planidorsum Watanabe 平背齿腿茧蜂

Wroughtonia pterolophiae Chou *et* Hsu 桑坡天牛齿腿茧蜂

Wroughtonia rugosa Yan, van Achterberg, He *et* Chen 皱纹齿腿茧蜂

Wroughtonia sibirica (Tobias) 西伯齿腿茧蜂

Wroughtonia spinator (Peletier) 刺齿腿茧蜂

Wroughtonia unicornis (Turner) 独角齿腿茧蜂

Wroughtonia varifemora Yan, van Achterberg, He *et* Chen 异足齿腿茧蜂

Wroughtonia yaanensis Yan, van Achterberg, He *et* Chen 雅安齿腿茧蜂

Wroughtonia zhejiangensis Yan, van Achterberg, He *et* Chen 浙江齿腿茧蜂

Wuhongia 吴氏叶蜂属

Wuhongia albipes Wei *et* Nie 淡足吴氏叶蜂

Wuia 胡蟦属

Wuia qinlinga Li *et* Murányi 秦岭胡蟦

Wuiessa 胡扁蝽属

Wuiessa brachyptera Kormilev 短翅胡扁蝽

Wuiessa spinosa Liu 刺颊胡扁蝽

Wuiessa tianmuana Liu *et* Zheng 天目胡扁蝽

Wuiessa truncata Liu 平截胡扁蝽

Wuiessa unica Hsiao 原胡扁蝽

Wulongoblemus 乌龙穴步甲属

Wulongoblemus tsuiblemoides Uéno 浙江乌龙穴步甲

Wushenia 雾社茧蜂属

Wushenia nana Zettel 台湾雾社茧蜂

Wutingia 妩大叶蝉属

Wutingia nigronervosa Melichar 黑脉妩大叶蝉

Wuyia 武夷飞虱属
Wuyia miaowensis Ding 庙湾武夷飞虱
Wyattella 乌瘿蚊属，外瘿蚊属
Wyattella lobata Yukawa 瓣乌瘿蚊，叶外瘿蚊
Wyattella sinica (Yang) 中华乌瘿蚊，中华奇瘿蚊
Wyeomyia smithii (Coquillett) [pitcher-plant mosquito, purple pitcher-plant mosquito] 猪笼草长足蚊
Wygomiris 宽敖盲蝽属
Wygomiris dumaguete Schuh 杜马宽敖盲蝽
Wygomiris indochinensis Schuh 中南宽敖盲蝽
Wygomiris mingorum Schuh 棕黄宽敖盲蝽，歪盲蝽
Wygomiris taipohau Schuh 大眼宽敖盲蝽，大埔歪盲蝽
Wykeham's blue [*Lepidochrysops wykehami* Tite] 威科哈姆鳞灰蝶
Wykeham's grey [*Crudaria wykehami* Dickson] 威科灰蝶
Wykeham's silver-spotted copper [*Trimenia wykehami* (Dickson)] 怀曙灰蝶
Wyoming ringlet [= Hayden's ringlet, Yellowstone ringlet, *Coenonympha haydenii* (Edwards)] 银瞳珍眼蝶
Wyushinamia 武夷叶蝉属
Wyushinamia bifurcata Zhang *et* Duan 双叉武夷叶蝉

W

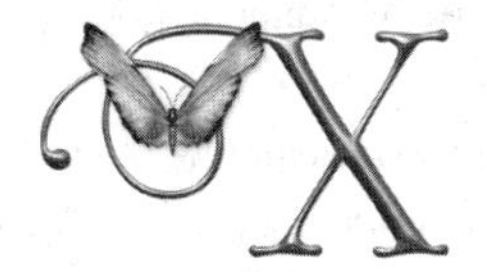

X-chromosome X 染色体，性染色体
Xabea 丽树蟋属，莎蟋属
Xabea levissima Gorochov 小丽树蟋，小莎蟋
Xabea zonata Chopard 环带丽树蟋，赤带莎蟋，环带短尾树蟋
xami hairstreak [*Xamia xami* (Reakirt)] 夏灰蝶
Xamia 夏灰蝶属
Xamia xami (Reakirt) [xami hairstreak] 夏灰蝶
Xan [xanthine 的缩写] 黄嘌呤
Xandrames 玉臂尺蛾属，黑尺蛾属
Xandrames albofasciata Moore 细玉臂尺蛾
Xandrames albofasciata albofasciata Moore 细玉臂尺蛾指名亚种，指名细玉臂尺蛾
Xandrames albofasciata tromodes Wehrli 细玉臂尺蛾特茹亚种，特细玉臂尺蛾
Xandrames dholaria Moore 黑玉臂尺蛾，玉臂尺蛾，玉臂黑尺蛾
Xandrames dholaria dholaria Moore 黑玉臂尺蛾指名亚种
Xandrames dholaria sericea Butler 同 *Xandrames dholaria dholaria*
Xandrames latiferaria (Walker) 折玉臂尺蛾
Xandrames latiferaria curvistriga Warren 折玉臂尺蛾刮纹亚种，刮纹玉臂尺蛾
Xandrames latiferaria latiferaria (Walker) 折玉臂尺蛾指名亚种
Xandrames xanthomelanaria Poujade 黄黑玉臂尺蛾
Xangelina 弓背缟蝇属
Xangelina formosana Sasakawa 台湾弓背缟蝇
Xaniona 梳端小叶蝉属
Xaniona falcata Yan *et* Yang 镰刀梳端小叶蝉
xantha skipperling [*Dalla xantha* Steinhauser] 黄达弄蝶
Xanthabraxas 虎尺蛾属
Xanthabraxas hemionata (Guenée) 中国虎尺蛾
Xanthadalia 黄壮瓢虫属
Xanthadalia hiekei Iablokoff-Khnzorian 滇黄壮瓢虫，黄丽瓢虫
Xanthadalia medogensis Jing 墨脱黄壮瓢虫，墨脱巧瓢虫
Xanthadalia xiangchengensis Jing 乡城黄壮瓢虫
Xanthalia 差伪叶甲属
Xanthalia nigrovittata (Pic) 黑带差伪叶甲，黑条拟伪叶甲
Xanthalia reducta (Pic) 回差伪叶甲，缩垫甲
Xanthalia rouyeri (Pic) 鲁氏差伪叶甲
Xanthalia serrifera (Borchmann) 锯角差伪叶甲，锯似伪叶甲
Xanthalia sinensis (Pic) 中华差伪叶甲，华垫甲
Xanthalia spinosa Kaszab 多刺差伪叶甲
Xanthampulex pernix (Bingham) 见 *Irenangelus pernix*
Xanthandrus 宽扁蚜蝇属，黄毛蚜蝇属
Xanthandrus callidus Curran 敏宽扁蚜蝇
Xanthandrus comtus (Harris) 圆斑宽扁蚜蝇，斑宽扁蚜蝇，同食蚜蝇，雅致蚜蝇
Xanthandrus talamaui (de Meijere) 短角宽扁蚜蝇
xanthaphes skipper [= stub-tailed skipper, *Niconiades xanthaphes* Hübner] 突尾黄涅弄蝶
Xantheremia 肩吉丁甲属
Xantheremia brancsiki (Obenberger) 突翅肩吉丁甲，突翅肩吉丁
Xanthia 美冬夜蛾属
Xanthia auragides (Draudt) 金美冬夜蛾
Xanthia aurantiago (Draudt) 橙美冬夜蛾
Xanthia cirphidiago (Draudt) 西美冬夜蛾
Xanthia fulvago (Clerck) 同 *Tiliacea sulphurago*
Xanthia gilvago (Denis *et* Schiffermüller) 褐黄美冬夜蛾，基美冬夜蛾
Xanthia icteritia (Hüfnagel) 见 *Cirrhia icteritia*
Xanthia japonago (Wileman *et* West) 见 *Tiliacea japonago*
Xanthia japonago likianago Draudt 见 *Tiliacea japonago likianago*
Xanthia ocellaris (Borkhausen) 白点美冬夜蛾
Xanthia togata (Esper) 黄紫美冬夜蛾
Xanthia tunicata Graeser 见 *Cirrhia tunicata*
Xanthia yunnana Chen 云美冬夜蛾
xanthic 带黄色的
xanthicles owl [*Catoblepia xanthus* (Linnaeus)] 咯环蝶
xanthina skipper [*Lento xanthina* (Mabille)] 黄斑缓柔弄蝶
xanthine [abb. Xan] 黄嘌呤
xanthippe firetip [*Sarbia xanthippe* (Latreille)] 悍弄蝶
Xanthisthisa tarsispina (Warren) [pine looper] 辐射松尺蛾
xanthoaphin 蚜黄素
xanthocamp tussok moth [= mulberry yellow tail moth, *Sphrageidus similis xanthocampa* Dyar] 桑毒蛾，桑毛虫，黄尾白毒蛾，桑褐斑盗毒蛾，桑金毛虫，狗毛虫，黄毛黄毒蛾，桑褐斑毒蛾，金毛虫
Xanthocampoplex 黄缝姬蜂属
Xanthocampoplex chinensis Gupta 中华黄缝姬蜂
Xanthocampoplex hunanensis He *et* Chen 湖南黄缝姬蜂
Xanthocampoplex taiwanensis Gupta 台湾黄缝姬蜂
Xanthocanace 黄滨蝇属
Xanthocanace magna (Hendel) 大黄滨蝇，巨型包蝇，大滨蝇
Xanthocanace orientalis (Hendel) 东方黄滨蝇，东洋包蝇，东方滨蝇
Xanthoceratina 黄芦蜂亚属
Xanthochelus 大肚象甲属
Xanthochelus faunus (Olivier) 大肚象甲，大肚象
Xanthochelus major (Herbst) 大大肚象甲
Xanthochelus perlatus (Fabricius) 峻大肚象甲
Xanthochlorinae 黄长足虻亚科
Xanthochlorus 黄长足虻属
Xanthochlorus chinensis Yang *et* Saigusa 中华黄长足虻
Xanthochlorus henanensis Wang, Yang *et* Grootaert 河南黄长足虻
Xanthochlorus nigricilius Olejnícek 黑鬃黄长足虻
Xanthochroa 黄拟天牛亚属
Xanthochroa apicalis Kôno 同 *Nacerdes* (*Xanthochroa*) *hiromichii*
Xanthochroa atripennis Pic 见 *Nacerdes* (*Xanthochroa*) *atripennis*
Xanthochroa baibarana Kôno 见 *Nacerdes* (*Xanthochroa*) *baibarana*

Xanthochroa davidis (Fairmaire) 见 *Anogcodes davidis*

Xanthochroa fulvicrus Fairmaire 见 *Nacerdes* (*Xanthochroa*) *fulvicrus*

Xanthochroa katoi Kôno 见 *Nacerdes* (*Xanthochroa*) *katoi*

Xanthochroa metallipennis Fairmaire 同 *Nacerdes* (*Xanthochroa*) *waterhousei*

Xanthochroa potanini Ganglbauer 见 *Nacerdes* (*Xanthochroa*) *potanini*

Xanthochroa strangulata (Fairmaire) 见 *Indasclera strangulata*

Xanthochroa taiwana Kôno 见 *Nacerdes* (*Xanthochroa*) *taiwana*

Xanthochroa waterhousei Harold 见 *Nacerdes* (*Xanthochroa*) *waterhousei*

Xanthochroa yunnana Pic 同 *Nacerdes* (*Xanthochroa*) *subviolacea*

Xanthochroina 拟黄拟天牛属

Xanthochroina tarsalis (Kôno) 跗拟黄拟天牛

Xanthochrysa 黄草蛉属

Xanthochrysa hainana Yang *et* Yang 海南黄草蛉

Xanthocorus 黑缘光瓢虫属

Xanthocorus mucronatus Li *et* Ren 尖头黑缘光瓢虫，尖头光瓢虫

Xanthocorus nigromarginatus (Miyatake) 黑缘光瓢虫，黑缘光缘瓢虫

Xanthocorus nigrosuturarius Li *et* Ren 黑缝黑缘光瓢虫，黑缝光瓢虫

Xanthocosmia 番夜蛾属

Xanthocosmia jankowskii (Oberthür) 番夜蛾，锦黄饰夜蛾

Xanthocrambus 黄纹草螟属

Xanthocrambus argentarius (Staudinger) 银翅黄纹草螟，银黄草螟

Xanthocrambus lucellus (Herrich-Schäffer) 褐翅黄纹草螟，耀黄草螟，路草螟

Xanthoderopygus 黄臀长角象甲属，黄臀长角象属

Xanthoderopygus didymus (Jordan) 双黄臀长角象甲，双黄臀长角象

Xanthoderopygus jacosus (Sharp) 贾黄臀长角象甲，贾黄臀长角象

Xanthodes 黄夜蛾属

Xanthodes albago Fabricius 白黄夜蛾，黄夜蛾，圈纹黄夜蛾

Xanthodes graellsii (Feisthamel) 焦条黄夜蛾

Xanthodes intersepta Guenée 翅果麻黄夜蛾，纵纹黄夜蛾

Xanthodes transversa Guenée [hibiscus caterpillar] 犁纹黄夜蛾

Xanthodisca 黄瑕弄蝶属

Xanthodisca astrape Holland [false pathfinder skipper] 闪黄瑕弄蝶

Xanthodisca rega (Mabille) [yellow-disk skipper] 瑞黄瑕弄蝶

Xanthodisca vibius (Hewitson) [vibius orange, vibius skipper] 黄瑕弄蝶

Xanthodule semiochrea Butler 见 *Anestia semiochrea*

Xanthogaleruca 黄萤叶甲亚属

Xanthogaleruca yuae Lee *et* Bezděk 见 *Pyrrhalta yuae*

Xanthogramma 黄斑蚜蝇属，黄斑食蚜蝇属，黄蚜蝇属

Xanthogramma anisomorphum Huo, Ren *et* Zheng 异带黄斑蚜蝇

Xanthogramma arisanica Shiraki 见 *Citrogramma arisanicum*

Xanthogramma citrofasciatum (De Geer) 等宽黄斑蚜蝇，等宽黄斑食蚜蝇

Xanthogramma coreanum Shiraki 褐线黄斑蚜蝇，褐线黄斑食蚜蝇

Xanthogramma fasciata Shiraki 同 *Citrogramma clarum*

Xanthogramma fumipenne Matsumura 见 *Citrogramma fumipenne*

Xanthogramma laetum (Fabricius) 亮黄斑蚜蝇，愉黄斑蚜蝇

Xanthogramma qinlingense Huo, Ren *et* Zheng 秦岭黄斑蚜蝇

Xanthogramma sapporense Matsumura 札幌黄斑蚜蝇，札幌黄斑食蚜蝇

Xanthogramma scutellare (Fabricius) 见 *Ischiodon scutellaris*

Xanthogramma seximaculatum Huo, Ren *et* Zheng 六斑黄斑蚜蝇

Xantholininae 黄隐翅甲亚科，黄隐翅虫亚科

Xantholinini 黄隐翅甲族

Xantholinus 黄隐翅甲属，腹片隐翅虫属

Xantholinus densicephalus Bernhauer 密毛黄隐翅甲，黄隐翅甲，密毛腹片隐翅虫

Xantholinus densiceps Bernhauer 密头黄隐翅甲，密头腹片隐翅虫

Xantholinus densipennis Bernhauer 见 *Nepalinus densipennis*

Xantholinus humerosus Bernhauer 肩腹黄隐翅甲，肩腹片隐翅虫

Xantholinus kochi Bernhauer 柯氏黄隐翅甲，柯腹片隐翅虫

Xantholinus mandschuricus Bernhauer 见 *Neohypnus mandschuricus*

Xantholinus metallicus Fauvel 见 *Megalinus metallicus*

Xantholinus parcipennis Bernhauer 见 *Nepalinus parcipennis*

Xantholinus semipallidus Bernhauer 半淡黄隐翅甲，半淡腹片隐翅虫

Xanthomantis 角后夜蛾属 <该属有一个螳螂目的次同名，见 *Malayamantis*（彩螳属）>

Xanthomantis bimaculata Wang 见 *Malayamantis bimaculata*

Xanthomantis contaminata (Draudt) 污角后夜蛾，污后夜蛾，亢后夜蛾

Xanthomantis cornelia (Staudinger) 角后夜蛾

Xanthomantis flava (Giglio-Tos) 见 *Malayamantis flava*

xanthomera skipper [= yellow grass-skipper, *Neohesperilla xanthomera* (Meyrick *et* Lower)] 黄新弄蝶

xanthommatin 眼黄素，眼黄质

Xanthomyia 网斑实蝇属，山通实蝇属

Xanthomyia alpestris (Pokorny) 古北网斑实蝇，网翅山通实蝇，黑盾星斑实蝇

Xanthoneura 黄显弄蝶属

Xanthoneura corissa (Hewitson) [plain yellow lancer] 黄显弄蝶

Xanthonia 黄肖叶甲属，黄叶甲属

Xanthonia collaris Chen 杉针黄肖叶甲，杉针黄叶甲

Xanthonia flavescens Tan 淡黄肖叶甲，淡黄叶甲

Xanthonia foveata Tan 额窝黄肖叶甲

Xanthonia glabrata Tan 光亮黄肖叶甲

Xanthonia minuta (Pic) 小黄肖叶甲，白毛黄叶甲

Xanthonia placida Baly 圆滑黄肖叶甲，圆滑黄叶甲

Xanthonia signata Chen 斑鞘黄肖叶甲，斑鞘黄叶甲

Xanthonia similis Tan 似光亮黄肖叶甲

Xanthonia sinica Chen 中国黄肖叶甲，中华黄叶甲

Xanthonia striatipennis Kimoto 行刻黄肖叶甲，宜兰黄叶甲

Xanthonia taiwana Chûjô 台湾黄肖叶甲，台湾黄叶甲

Xanthonia varipennis Chen 黑鞘黄肖叶甲，广西黄叶甲

Xanthooestrus 黄寄蝇属

Xanthooestrus fastuosus Villeneuve 迅黄寄蝇，鹰扬黄寄蝇，鹰扬寄蝇

Xanthooestrus formosus Townsend 台湾黄寄蝇，美丽黄寄蝇，美丽寄蝇

Xanthopan 黄斑天蛾属

Xanthopan morganii (Walker) [Morgan's hawkmoth, Morgan's sphinx moth] 长喙黄斑天蛾，马岛长喙天蛾，非洲长喙天蛾，马达加斯加长喙天蛾

Xanthopan morgani praedicta Rothschild *et* Jordan 见 *Xanthopan praedicta*

Xanthopan praedicta Rothschild *et* Jordan [Darwin's hawkmoth] 短喙黄斑天蛾

Xanthopastis 黄斑夜蛾属

Xanthopastis timais (Cramer) [Spanish moth, convict caterpillar] 西黄斑夜蛾

Xanthopenthes 土叩甲属，黄饰叩甲属

Xanthopenthes bicarinatus (Lewis) 双脊土叩甲，双脊黄饰叩甲

Xanthopenthes granulipennis (Miwa) 粒翅土叩甲，粒翅黄饰叩甲

Xanthopenthes lugubris (Candèze) 暗土叩甲，暗黄饰叩甲

Xanthopenthes obscurus (Fleutiaux) 昏土叩甲，昏黄饰叩甲

Xanthopenthes robustus (Miwa) 粗体土叩甲，壮黄饰叩甲

Xanthophius 黄隐翅甲属

Xanthophius angustus Sharp 角黄隐翅甲，角黄隐翅虫

xanthophyll 叶黄素；胡萝卜醇

Xanthopimpla 黑点瘤姬蜂属

Xanthopimpla aequabilis Krieger 等黑点瘤姬蜂

Xanthopimpla alternans Krieger 交替黑点瘤姬蜂

Xanthopimpla annulata Cushman 环黑点瘤姬蜂

Xanthopimpla appendicularis (Cameron) 被囊黑点瘤姬蜂

Xanthopimpla appendicularis appendicularis (Cameron) 被囊黑点瘤姬蜂指名亚种

Xanthopimpla appendicularis sonani Townes *et* Chiu 被囊黑点瘤姬蜂楚南亚种，被囊黑点瘤姬蜂

Xanthopimpla brachycentra Krieger 短刺黑点瘤姬蜂

Xanthopimpla brachycentra brachycentra Krieger 短刺黑点瘤姬蜂指名亚种

Xanthopimpla brachyparea Krieger 短尾黑点瘤姬蜂

Xanthopimpla brevicarina Wang 短脊黑点瘤姬蜂

Xanthopimpla brevicauda Cushman 短鞘黑点瘤姬蜂

Xanthopimpla brevicauda brevicauda Cushman 短鞘黑点瘤姬蜂指名亚种

Xanthopimpla brevicauda nathani Townes *et* Chin 短鞘黑点瘤姬蜂那氏亚种

Xanthopimpla brevis Sheng *et* Sun 短黑点瘤姬蜂

Xanthopimpla calva Townes *et* Chiu 光腰黑点瘤姬蜂

Xanthopimpla calva calcis Townes *et* Chiu 光腰黑点瘤姬蜂端黑亚种

Xanthopimpla calva calva Townes *et* Chiu 光腰黑点瘤姬蜂指名亚种

Xanthopimpla clavata Krieger 棒黑点瘤姬蜂

Xanthopimpla conica Cushman 锥盾黑点瘤姬蜂

Xanthopimpla curvimaculata (Cameron) 曲纹黑点瘤姬蜂

Xanthopimpla curvimaculata curvimaculata (Cameron) 曲纹黑点瘤姬蜂指名亚种

Xanthopimpla curvimaculata pendleburyi Townes *et* Chiu 同 *Xanthopimpla curvimaculata curvimaculata*

Xanthopimpla decurtata Krieger 切黑点瘤姬蜂，截黑点瘤姬蜂

Xanthopimpla decurtata decurtata Krieger 切黑点瘤姬蜂指名亚种

Xanthopimpla decurtata detruncata Krieger 切黑点瘤姬蜂截短亚种，截短截黑点瘤姬蜂

Xanthopimpla decurtata leipepheles Townes *et* Chiu 同 *Xanthopimpla decurtata decurtata*

Xanthopimpla densa Townes *et* Chiu 密点黑点瘤姬蜂

Xanthopimpla elegans (Vollenhoven) 华美黑点瘤姬蜂

Xanthopimpla elegans apicipennis (Cameron) 同 *Xanthopimpla elegans elegans*

Xanthopimpla elegans elegans (Vollenhoven) 华美黑点瘤姬蜂指名亚种

Xanthopimpla elegans insulana Krieger 华美黑点瘤姬蜂海岛亚种，海岛华美黑点瘤姬蜂

Xanthopimpla enderleini Krieger 黑痣黑点瘤姬蜂

Xanthopimpla erythroceros Krieger 同 *Xanthopimpla honorata*

Xanthopimpla exigutubula Wang 短管黑点瘤姬蜂

Xanthopimpla fastigiata Krieger 顶黑点瘤姬蜂

Xanthopimpla fastigiata fastigiata Krieger 顶黑点瘤姬蜂指名亚种

Xanthopimpla flavicorpora Wang 黄体黑点瘤姬蜂

Xanthopimpla flavolineata Cameron 无斑黑点瘤姬蜂，光黑点瘤姬蜂

Xanthopimpla formosensis Krieger 同 *Xanthopimpla konowi*

Xanthopimpla glaberrima Roman 光缝黑点瘤姬蜂

Xanthopimpla guptai Townes *et* Chiu 古氏黑点瘤姬蜂

Xanthopimpla guptai guptai Townes *et* Chiu 古氏黑点瘤姬蜂指名亚种

Xanthopimpla guptai maculibasis Townes *et* Chiu 古氏黑点瘤姬蜂斑基亚种，斑基古氏黑点瘤姬蜂

Xanthopimpla honorata (Cameron) 优黑点瘤姬蜂

Xanthopimpla honorata honorata (Cameron) 优黑点瘤姬蜂指名亚种

Xanthopimpla iaponica Krieger 同 *Xanthopimpla konowi*

Xanthopimpla imperfecta Krieger 同 *Xanthopimpla naenia*

Xanthopimpla ischnoceros Krieger 同 *Xanthopimpla minuta*

Xanthopimpla konowi Krieger 樗蚕黑点瘤姬蜂

Xanthopimpla latifacialis Huang *et* Wang 宽脸黑点瘤姬蜂

Xanthopimpla lepcha (Cameron) 利普黑点瘤姬蜂

Xanthopimpla leviuscula Krieger 光盾黑点瘤姬蜂

Xanthopimpla melanacantha Krieger 黑尾黑点瘤姬蜂

Xanthopimpla melanacantha melanacantha Krieger 黑尾黑点瘤姬蜂指名亚种

Xanthopimpla melanacantha oblongata Chao 同 *Xanthopimpla melanacantha melanacantha*

Xanthopimpla melanacantha subtriangulata Chao 同 *Xanthopimpla melanacantha melanacantha*

Xanthopimpla minuta Cameron 微黑点瘤姬蜂

Xanthopimpla minuta minuta Cameron 微黑点瘤姬蜂指名亚种

Xanthopimpla modesta (Smith) 黑顶黑点瘤姬蜂

Xanthopimpla modesta modesta (Smith) 黑顶黑点瘤姬蜂指名亚种

Xanthopimpla naenia Morley 蓑蛾黑点瘤姬蜂

Xanthopimpla nana Schiz 小黑点瘤姬蜂

Xanthopimpla nana aequabilis Krieger 同 *Xanthopimpla nana nana*

Xanthopimpla nana brevisulcus Wang 同 *Xanthopimpla nana nana*

Xanthopimpla nana nana Schiz 小黑点瘤姬蜂指名亚种，指名小黑点瘤姬蜂
Xanthopimpla nanfenginus Wang 南峰黑点瘤姬蜂
Xanthopimpla novemmacularis Huang *et* Wang 九斑黑点瘤姬蜂
Xanthopimpla ochracea (Smith) 浅黄黑点瘤姬蜂
Xanthopimpla ochracea axis Roman 浅黄黑点瘤姬蜂轴亚种，轴浅黄黑点瘤姬蜂
Xanthopimpla ochracea kriegeri Ashmead 浅黄黑点瘤姬蜂克里亚种，克里浅黄黑点瘤姬蜂
Xanthopimpla ochracea ochracea (Smith) 浅黄黑点瘤姬蜂指名亚种
Xanthopimpla ochracea simillima Zhao *et* Zhao 浅黄黑点瘤姬蜂相似亚种，相似浅黄黑点瘤姬蜂
Xanthopimpla ochracea valga Krieger 浅黄黑点瘤姬蜂短足亚种，浅黄黑点瘤姬蜂
Xanthopimpla ochracea yami Uchida 浅黄黑点瘤姬蜂山亚种，山浅黄黑点瘤姬蜂
Xanthopimpla pedator (Fabricius) 松毛虫黑点瘤姬蜂
Xanthopimpla pleuralis Cushman 侧黑点瘤姬蜂
Xanthopimpla pleuralis pleuralis Cushman 侧黑点瘤姬蜂指名亚种，指名侧黑点瘤姬蜂
Xanthopimpla polyspila Cameron 多斑黑点瘤姬蜂
Xanthopimpla pulvinaris Townes *et* Chiu 堤盾黑点瘤姬蜂
Xanthopimpla punctata (Fabricius) 广黑点瘤姬蜂
Xanthopimpla regina Morley 女王黑点瘤姬蜂
Xanthopimpla reicherti Krieger 瑞氏黑点瘤姬蜂，瑞黑点瘤姬蜂
Xanthopimpla reicherti agricola Zhao *et* Zhao 瑞氏黑点瘤姬蜂田野亚种，田野瑞黑点瘤姬蜂，稻田黑点瘤姬蜂
Xanthopimpla reicherti reicherti Krieger 瑞氏黑点瘤姬蜂指名亚种，指名瑞黑点瘤姬蜂
Xanthopimpla reicherti separata Townes *et* Chiu 瑞氏黑点瘤姬蜂离斑亚种，离斑瑞黑点瘤姬蜂
Xanthopimpla seorsicarina Wang 离脊黑点瘤姬蜂
Xanthopimpla stemmator (Thunberg) 螟黑点瘤姬蜂
Xanthopimpla trias Townes *et* Chiu 三带黑点瘤姬蜂
Xanthopimpla trunca Krieger 截黑点瘤姬蜂
Xanthopimpla trunca pallipes Townes *et* Chiu 截黑点瘤姬蜂浅足亚种，浅足截黑点瘤姬蜂
Xanthopimpla trunca trunca Krieger 截黑点瘤姬蜂指名亚种
Xanthopimpla varimaculata Cameron 异斑黑点瘤姬蜂
Xanthopimpla xystra Townes *et* Chiu 棘胫黑点瘤姬蜂
Xanthopimpla zhejiangensis Chao 浙江黑点瘤姬蜂
Xanthopsamma aurantialis Munroe *et* Mutuura 见 *Aglaops aurantialis*
Xanthopsamma genialis (Leech) 见 *Aglaops genialis*
Xanthopsamma youboialis Munroe *et* Mutuura 见 *Aglaops youboialis*
xanthopsin [= zanthopsin] 眼黄素，视黄质
Xanthoptera 黄翅夜蛾属
Xanthoptera apoda Strand 阿黄翅夜蛾
xanthopterin [= xanthopterine] 黄蝶呤；2- 氨基 -4，6- 二羟基蝶呤
xanthopterine 见 xanthopterin

Xanthorhoe 潢尺蛾属，瑟波尺蛾属
Xanthorhoe abraxina (Butler) 金星潢尺蛾
Xanthorhoe abraxina abraxina (Butler) 金星潢尺蛾指名亚种
Xanthorhoe abraxina pudicata (Christoph) 金星潢尺蛾东北亚种，普阿潢尺蛾
Xanthorhoe aemyla (Prout) 伊潢尺蛾，伊巾尺蛾
Xanthorhoe aridaria (Leech) 亚潢尺蛾，亚巾尺蛾
Xanthorhoe aridela (Prout) 阿愚潢尺蛾
Xanthorhoe biriviata (Borhausen) 双流潢尺蛾
Xanthorhoe biriviata angularia (Leech) 双流潢尺蛾具角亚种，角双流潢尺蛾
Xanthorhoe biriviata biriviata (Borhausen) 双流潢尺蛾指名亚种
Xanthorhoe curcumata (Moore) 姜潢尺蛾，平塞瑟波尺蛾
Xanthorhoe cybele Prout 弗潢尺蛾，突塞瑟波尺蛾
Xanthorhoe decoloraria (Esper) 淡潢尺蛾
Xanthorhoe deflorata (Erschoff) 雅潢尺蛾
Xanthorhoe designata (Hüfnagel) 无标潢尺蛾，无标巾尺蛾
Xanthorhoe elusa Prout 叉带潢尺蛾
Xanthorhoe hampsoni Prout 汉潢尺蛾
Xanthorhoe hortensiaria (Graeser) 花园潢尺蛾
Xanthorhoe hummeli (Djakonov) 胡潢尺蛾，哈巾尺蛾
Xanthorhoe kezonmetaria (Oberthür) 小眼潢尺蛾，科巾尺蛾
Xanthorhoe mediofascia (Wileman) 直纹潢尺蛾，直带瑟波尺蛾
Xanthorhoe muscicapata (Christoph) 乌云潢尺蛾
Xanthorhoe obfuscata Warren 黑尖潢尺蛾
Xanthorhoe quadrifasciata (Clerck) 暗褐潢尺蛾
Xanthorhoe saturata (Guenée) [cruciferous looper, crucifer looper] 盈潢尺蛾，皱纹瑟波尺蛾
Xanthorhoe stupida (Alphéraky) 愚潢尺蛾
Xanthorhoe stupida aridela (Prout) 见 *Xanthorhoe aridela*
Xanthorhoe taiwana (Wileman) 台湾潢尺蛾，台湾瑟波尺蛾
Xanthorhoe tauaria (Staudinger) 陶潢尺蛾
Xanthorhoe tristis (Djakonov) 郁潢尺蛾，忧巾尺蛾
Xanthorhoe ulingensis Yang 雾灵潢尺蛾
Xanthorhoiini 潢尺蛾族
Xanthorrachis 黄条实蝇属，黄刺实蝇属，山多拉实蝇属，下恩托实蝇属
Xanthorrachis annandalei Bezzi 四点黄条实蝇，竹笋山多拉实蝇，白毛巨竹下恩托实蝇，安氏咕吨实蝇
Xanthorrachis assamensis Hardy 阿萨姆黄条实蝇，阿萨姆黄刺实蝇，阿萨姆山多拉实蝇，脉斑下恩托实蝇
Xanthorrachis sabahensis Hardy 沙巴黄条实蝇，沙巴山多拉实蝇，东马下恩托实蝇
xanthos [= xanthous] 黄色
Xanthosaurus 黄足切叶蜂亚属
Xanthosticta akonis (Matsumura) 同 *Tricentrus davidi*
Xanthostigma 黄痣蛇蛉属
Xanthostigma gobicola Aspöck *et* Aspöck 戈壁黄痣蛇蛉
Xanthostigma xanthostigma (Schummel) 黄痣蛇蛉
Xanthotaenia 黄带环蝶属
Xanthotaenia busiris (Westwood) [yellow-banded nymph, yellow band nymph] 黄带环蝶
Xanthoteras forticorne (Osten-Sacken) [oak fig gall wasp] 栎无花果瘿蜂
Xanthotrogus sieversi (Reitter) 塞氏鳃金龟甲，塞氏鳃金龟
Xanthotryxus 金粉蝇属
Xanthotryxus auratus (Séguy) 金斑金粉蝇，茂坪粉蝇
Xanthotryxus bazini (Séguy) 巴氏金粉蝇，牯岭粉蝇
Xanthotryxus draco Aldrich 宽叶金粉蝇

Xanthotryxus ludingensis Fan 泸定金粉蝇
Xanthotryxus melanurus Fan 黑尾金粉蝇
Xanthotryxus mongol Aldrich 反曲金粉蝇
Xanthotryxus pseudomelanurus Feng 伪黑尾金粉蝇
Xanthotryxus uniapicalis Fan 单尾金粉蝇
xanthous 见 xanthos
xanthous cutworm [= turnip moth, bark feeding cutworm, yellow cutworm, black cutworm, common cutworm, cutworm, dark moth, dart moth, tobacco cutworm, turnip dart moth, *Agrotis segetum* (Denis *et* Schiffermüller)] 黄地老虎
Xarnuta 盾鬃实蝇属，沙努实蝇属，沙努塔实蝇属
Xarnuta confusa Malloch 混盾鬃实蝇，康富沙努实蝇
Xarnuta cribralis Hering 筛盾鬃实蝇，克里沙努实蝇
Xarnuta lativenrtis Walker 阔腹盾鬃实蝇，拉蒂沙努实蝇
Xarnuta leucotelus Walker 褐翅盾鬃实蝇，莱科沙努实蝇，伦科沙努塔实蝇
Xarnuta obsoleta (Wiedemann) 晦盾鬃实蝇，奥布沙努实蝇
Xarnuta sabahensis Hardy 沙巴盾鬃实蝇，沙巴沙努实蝇
Xarnuta stellaris Hardy 星斑盾鬃实蝇，斯特尔沙努实蝇，斯特尔沙努塔实蝇
Xenacanthippus 等跗蝗属
Xenacanthippus hainanensis Tinkham 海南等跗蝗
Xenandra 丛蚬蝶属
Xenandra agria Hewitson 田野丛蚬蝶
Xenandra caeruleata (Godman *et* Salvin) 卡鲁丛蚬蝶
Xenandra desora (Schaus) [red-patched metalmark] 带束丛蚬蝶
Xenandra heliodes Felder *et* Felder 太阳丛蚬蝶
Xenandra helius (Cramer) [red-striped metalmark] 丛蚬蝶
Xenandra nigrivenata Schaus [black-veined metalmark] 黑脉丛蚬蝶
Xenandra pelopia (Druce) 帕罗丛蚬蝶
Xenandra poliotactis (Stichel) [orange-ruffed xenandra, orange-collared metalmark] 黄领丛蚬蝶
Xenandra prasinata (Thieme) 披星丛蚬蝶
Xenandra vulcanalis Stichel 舞丛蚬蝶
Xenapates 异脉叶蜂属
Xenapates incerta Cameron 红胸异脉叶蜂
Xenapatidea 纵脊叶蜂属
Xenapatidea procincta (Kônow) 斑胸纵脊叶蜂，寡毛纵脊叶蜂，原带拟异脉叶蜂
Xenapatidea reticulata Wei 方顶纵脊叶蜂
Xenapatidea tricolor Malaise 三色纵脊叶蜂
Xenaphalara 异斑木虱属
Xenaphalara signata (Löw) 角果藜异斑木虱
Xenaphalarini 异斑木虱族
Xenaspis 大广口蝇属，森扁口蝇属
Xenaspis flavipes Enderlein 黄足大广口蝇，黄森扁口蝇，黄足广口蝇
Xenaspis formosae Hendel 台湾大广口蝇，甲仙森扁口蝇，甲仙广口蝇
Xenaspis maculipennis Wang *et* Chen 斑翅大广口蝇
Xenaspis pictipennis (Walker) 硕大广口蝇
Xenasteia 萤蝇属，异星蝇属
Xenasteia chinensis Papp 中华萤蝇，华异星蝇
xenasteiid 1. [= xenasteiid fly] 萤蝇，异星蝇 < 萤蝇科 Xenasteiidae 昆虫的通称 >；2. 萤蝇科的
xenasteiid fly [= xenasteiid] 萤蝇，异星蝇
Xenasteiidae 萤蝇科，异星蝇科
Xeniades 客弄蝶属
Xeniades chalestra Hewitson [band-spotted skipper, smiling skipper, chalestra skipper] 查客弄蝶
Xeniades ethoda (Hewitson) [ethoda skipper] 埃托客弄蝶
Xeniades orchamus (Cramer) [smear-spotted skipper, Aladdin's skipper] 客弄蝶
Xeniades pteras Godman 毛翅客弄蝶
Xenicotela distincta (Gahan) 南亚殷天牛，柿殷天牛
Xenidae 胡蜂蝙科，蝙科，捻翅虫科，捻翅科
Xenobates 湾宽肩蝽属
Xenobates murphyi Andersen 墨氏湾宽肩蝽
Xenobates singaporensis Andersen 新加坡湾宽肩蝽
xenobiosis 宾主共栖 < 常指一种蚂蚁栖居于另一种蚂蚁巢内，并各保持自己的组合，而彼此相安 >
Xenocatantops 外斑腿蝗属，异斑腿蝗属
Xenocatantops acanthracus Zheng, Li *et* Wang 刺胸外斑腿蝗
Xenocatantops brachycerus (Willemse) 短角外斑腿蝗，短角斑腿蝗
Xenocatantops humilis (Serville) 大斑外斑腿蝗，大斑异斑腿蝗
Xenocatantops humilis brachycerus (Willemse) 见 *Xenocatantops brachycerus*
Xenocatantops humilis humilis (Serville) 大斑外斑腿蝗指名亚种
Xenocatantops karnyi (Kirby) 卡氏外斑腿蝗
Xenocatantops liaoningensis Lu, Wang *et* Ren 辽宁外斑腿蝗
Xenocatantops longipennis Cao *et* Yin 长翅外斑腿蝗
Xenocatantops luteitibia Zheng *et* Jiang 黄胫外斑腿蝗
Xenocatantops sauteri (Ramme) 短翅外斑腿蝗，台湾斑腿蝗
Xenocatantops taiwanensis Cao *et* Yin 台湾外斑腿蝗
Xenocera 1. 辛窃蠹属；2. 辛伪叶甲属 *Xenocerogria* 的异名 < 该属 *Xenocera* 之名曾被窃蠹科辛窃蠹属占先 >
Xenocera feai Borchmann 见 *Xenocerogria feai*
Xenocera ignota Borchmann 见 *Xenocerogria ignota*
Xenocera pulla Broun 黑辛窃蠹
Xenocera ruficollis (Borchmann) 见 *Xenocerogria ruficollis*
Xenocera xanthisma Chen 同 *Xenocerogria ruficollis*
Xenoceraspis 胫鳃金龟甲属，胫鳃金龟属
Xenoceraspis calcaratus Zhang 距胫鳃金龟甲，距胫鳃金龟
Xenoceraspis longimacularius Zhang 长斑胫鳃金龟甲，长斑胫鳃金龟
Xenocerogria 辛伪叶甲属
Xenocerogria feai (Borchmann) 费氏辛伪叶甲
Xenocerogria ignota (Borchmann) 短毛辛伪叶甲
Xenocerogria ruficollis (Borchmann) 红胸辛伪叶甲，红颈巨角拟金花虫，红拟伪叶甲
Xenocerus 横沟长角象甲属
Xenochalepus dorsalis (Thunberg) 见 *Odontota dorsalis*
Xenochironomus 异摇蚊属
Xenochironomus canterburyensis (Freeman) 坎脉异摇蚊
Xenochironomus glaber Yu *et* Wang 裸脉异摇蚊
Xenochironomus tuberosus Wang 额瘤异摇蚊，突脉异摇蚊
Xenochroa 外瘤蛾属
Xenochroa careoides (Warren) 卡外瘤蛾，卡槽夜蛾

Xenochroa internifusca (Hampson) 间外瘤蛾，间褐槽夜蛾，间路瘤蛾
Xenochroa leucocraspis (Hampson) 白缘外瘤蛾，白缘槽夜蛾
Xenoclystia 孔尺蛾属
Xenoclystia nigroviridata (Warren) 墨绿孔尺蛾
Xenoclystia unijuga Prout 淡黄孔尺蛾
xenococcid 1. [= xenococcid scale] 宾蚧 < 宾蚧科 Xenococcidae 昆虫的通称 >；2. 宾蚧科的
xenococcid scale [= xenococcid] 宾蚧
Xenococcidae 宾蚧科
Xenococcinae 宾蚧亚科
Xenococcus 宾粉蚧属
Xenococcus annandalei Silvestri 印度宾粉蚧，榕根旌蚧
Xenocorixa 希划蝽属
Xenocorixa vittipennis (Horváth) 纹翅希划蝽，希划蝽
xenocrates leafwing [*Polygrapha xenocrates* (Westwood)] 蓝缘多蛱蝶，柳安蛱蝶
Xenodaeria 厉蚤属
Xenodaeria angustiproceria Wu, Guo *et* Liu 窄突厉蚤
Xenodaeria laxipreceria Wu, Guo *et* Liu 宽突厉蚤
Xenodaeria telios Jordan 后厉蚤
Xenodaeria telios bijiangensis Li, Hsieh *et* Yang 同 *Xenodaeria telios telios*
Xenodaeria telios telios Jordan 后厉蚤指名亚种
Xenodus eichingeri Jedlička 同 *Harpalus ganssuensis*
Xenoencyrtus 赛诺跳小蜂属
Xenoencyrtus brevimalarus Xu 短颊赛诺跳小蜂
xenogeneic 异种的
Xenoglena 辛谷盗属
Xenoglena quadrisignata Mannerheim 四斑辛谷盗
Xenoglena yunnanensis Leveille 滇辛谷盗
Xenographia 纫尺蛾属
Xenographia lignataria Warren 木纫尺蛾
Xenographia semifusca Hampson 半纫尺蛾，半垦尺蛾
Xenogryllini 金蟋族
Xenogryllus 金蟋属
Xenogryllus carmichaeli (Chopard) 卡米金蟋
Xenogryllus maichauensis Gorochov 梅州金蟋
Xenogryllus marmoratus (Haan) [southern golden bell, pagoda bell cricket] 云斑金蟋，云斑金吉蟋，金蛣蛉，金吉蛉，金琵琶，宝塔蛉，铜琵琶
Xenogryllus marmoratus marmoratus (Haan) 云斑金蟋指名亚种
Xenogryllus marmoratus unipartitus (Karny) 云斑金蟋台湾亚种，台湾异蟋
Xenogryllus transversus (Walker) 大金蟋
Xenogryllus ululiu Gorochov 悠悠金蟋
Xenohammus 肖墨天牛属
Xenohammus albomaculata Wang *et* Jiang 白斑肖墨天牛
Xenohammus bimaculatus Schwarzer 二斑肖墨天牛，埔里双纹细角长天牛，双纹长须天牛
Xenohammus flavoguttatus Pu 黄斑肖墨天牛

Xenohammus griseomarmoratus Breuning 福建肖墨天牛
Xenohammus nebulosus Schwarzer 台湾肖墨天牛，云纹细角长天牛，云长须天牛
Xenohammus quadriplagiatus Breuning 四斑肖墨天牛
Xenohelea 奇蠓属
Xenohelea ciliaticra (Kieffer) 多毛奇蠓，纤毛奇蠓，纤毛胜蠓，纤毛杂细蠓
Xenohelea spinosa Liu, Ge *et* Liu 多刺奇蠓
Xenoidea 蝙总科
Xenokeroplatus 角菌蚊属，奇角蕈蚊属，长角蕈蚊属
Xenokeroplatus gozmanyi Papp 歌氏角菌蚊，高氏奇角蕈蚊，高氏长角蕈蚊
Xenolea 小枝天牛属
Xenolea asiatica (Pic) 桑小枝天牛，亚洲长角天牛，降霜长须天牛
Xenolea collaris Thomson 颈小枝天牛
Xenolea collaris collaris Thomson 颈小枝天牛指名亚种，指名颈小枝天牛
Xenolea collaris formosanus Breuning 颈小枝天牛台湾亚种，台颈小枝天牛，蓬莱长角天牛
Xenolea obliqua Gressitt 斜纹小枝天牛
Xenolecanium 圆片蚧属
Xenolecanium mangiferae Takahashi 泰国圆片蚧
Xenolecanium rotundum Takahashi 盘形圆片蚧
Xenoleini 小枝天牛族
Xenoleptura hecate (Reitter) 新疆克花天牛
Xenolispa 客溜蝇属
Xenolispa binotata (Becker) 双点客溜蝇
Xenolispa kowarzi (Becker) 黄跖客溜蝇，柯辛诺蝇
Xenolytus 信姬蜂属
Xenolytus reflexus Townes 反光信姬蜂
xenom [= xenoma, xenoma tumor] 共生瘤
xenoma 见 xenom
xenoma tumor 见 xenom
Xenomela 喜旱叶甲属
Xenomela marginicollis (Ballion) 缘喜旱叶甲，绿中亚萤叶甲
Xenomilia 弓缘残翅螟属
Xenomilia humeralis (Warren) 弓缘残翅螟
Xenomimetes 延翅象甲属
Xenomimetes destructor Wollaston 损延翅象甲，损延翅象
Xenomyza 异乡虫虻属，异乡食虫虻属，凸眼虫虻属
Xenomyza andron (Walker) 见 *Damalis andron*
Xenomyza artigasi Joseph *et* Parui 见 *Damalis artigasi*
Xenomyza formosana Frey 见 *Damalis formosana*
Xenomyza grossa (Schiner) 见 *Damalis grossa*
Xenomyza hirtalula Shi 见 *Damalis hirtalula*
Xenomyza hirtidorsalis Shi 见 *Damalis hirtidorsalis*
Xenomyza immerita (Osten Sacken) 见 *Damalis immerita*
Xenomyza maculata (Wiedemann) 见 *Damalis maculatus*
Xenomyza nigrabdomina Shi 见 *Damalis nigrabdomina*
Xenomyza nigriscans Shi 见 *Damalis nigriscans*
Xenomyza planiceps (Fabricius) 见 *Damalis planiceps*
Xenomyza speculiventris (de Meijere) 见 *Damalis speculiventris*
Xenomyza spinifemurata Shi 见 *Damalis spinifemurata*
Xenomyza vitripennis (Osten Sacken) 见 *Damalis vitripennis*
Xenophanes 透翅弄蝶属
Xenophanes trixus (Stoll) [glassy-winged skipper] 透翅弄蝶 < 此种名有误拼写为 *Xenophanes tryxus* (Stoll) 者 >
Xenophysa junctimacula (Christoph) 萃夜蛾

Xenoplatyura 栖菌蚊属
Xenoplatyura bifida Cao *et* Xu 二裂栖菌蚊
Xenoplatyura lata Cao *et* Xu 宽栖菌蚊
Xenoplatyura octosegmentata Brunetti 无斑栖菌蚊
Xenoplatyura sichuanensis Cao *et* Xu 四川栖菌蚊
Xenoplia 斑星尺蛾属
Xenoplia trivialis (Yazaki) 胡麻斑星尺蛾
Xenopseina 圈筒吉丁甲亚族，圈筒吉丁亚族
Xenopsylla 客蚤属
Xenopsylla astia Rothschild 亚洲客蚤，亚洲鼠蚤
Xenopsylla brasiliensis (Baker) 巴西客蚤
Xenopsylla cheopis (Rothschild) [oriental rat flea] 印鼠客蚤，开皇客蚤，印度鼠蚤，东方鼠蚤
Xenopsylla conformis (Wagner) 同形客蚤
Xenopsylla conformis conformis (Wagner) 同形客蚤指名亚种，指名同形客蚤
Xenopsylla hirtipes Rothschild 粗鬃客蚤
Xenopsylla magdalinae Ioff 短头客蚤
Xenopsylla minax Jordan 臀突客蚤
Xenopsylla skrjabini Ioff 簇鬃客蚤
Xenopsylla tarimensis Yu *et* Wang 塔里木客蚤
Xenopsylla vexabilis Jordan 骚扰客蚤
Xenopsylla vexabilis hawiiensis Jordan 骚扰客蚤夏威夷亚种
Xenopsylla vexabilis vexabilis Jordan 骚扰客蚤指名亚种
Xenorhyncocoris 坦猎蝽属
Xenorhyncocoris caraboides Miller 爬坦猎蝽
Xenortholitha 黑点尺蛾属
Xenortholitha ambustaria (Leech) 焦黑点尺蛾
Xenortholitha corioidea (Bastelberger) 革黑点尺蛾，可直里尺蛾
Xenortholitha dicaea (Prout) 啄黑点尺蛾，狄直里尺蛾
Xenortholitha euthygramma (Wehrli) 直线黑点尺蛾，真巾尺蛾
Xenortholitha exacra (Wehrli) 凸黑点尺蛾，埃狄直里尺蛾
Xenortholitha extrastrenua (Wehrli) 折黑点尺蛾，埃直里尺蛾
Xenortholitha ignotata (Staudinger) 迷黑点尺蛾
Xenortholitha ignotata ignotata (Staudinger) 迷黑点尺蛾指名亚种，指名迷黑点尺蛾
Xenortholitha ignotata indecisa (Prout) 迷黑点尺蛾贡嘎亚种，荫迷黑点尺蛾
Xenortholitha latifusata (Walker) 侧黑点尺蛾，宽直里尺蛾
Xenortholitha propinguata (Kollar) 甜黑点尺蛾
Xenortholitha propinguata epigrypa (Prout) 甜黑点尺蛾印度亚种
Xenortholitha propinguata propinguata (Kollar) 甜黑点尺蛾指名亚种
Xenortholitha propinquata suavata (Christoph) 甜黑点尺蛾北方亚种，苏刮黑点尺蛾
Xenorthrius 番郭公甲属，番郭公虫属
Xenorthrius abruptepunctatus (Schenkling) 裂点番郭公甲，裂点曙郭公虫
Xenorthrius discoidalis (Fairmaire) 盘斑番郭公甲，盘斑番郭公虫
Xenorthrius disjunctus (Pic) 离番郭公甲，离曙郭公虫
Xenorthrius furcalis Gerstmeier *et* Eberle 叉番郭公甲，叉番郭公虫
Xenorthrius impressicollis Pic 同 *Xenorthrius pieli*
Xenorthrius incarinipes Miyatake 殷番郭公甲，殷辛郭公虫
Xenorthrius pieli (Pic) 皮氏番郭公甲，皮曙郭公虫
Xenorthrius prolongatus (Schenkling) 长番郭公甲，近曙郭公虫
Xenorthrius simplex Schenkling 简番郭公甲，简辛郭公虫
Xenorthrius umbratus Schenkling 荫番郭公甲，荫辛郭公虫
Xenos 胡蜂蝙属
Xenos circularis Kifune *et* Maeta 圆形胡蜂蝙
Xenos dianshuiwengi Yang 点水翁胡蜂蝙
Xenos fromosanus Kifune *et* Maeta 台湾胡蜂蝙
Xenos minor Kinzelbach 小胡蜂蝙
Xenos moutoni (du Buysson) 莫氏胡蜂蝙，贸氏蝙
Xenos vesparum Rossius 暗胡蜂蝙
Xenos yamaneorum Kifune *et* Maeta 山根胡蜂蝙
Xenos yangi Dong, Liu *et* Li 杨氏胡蜂蝙
Xenoschesis 跃姬蜂属
Xenoschesis (Polycinetis) inareolata Sheng *et* Sun 无室跃姬蜂
Xenoschesis (Polycinetis) melana Sheng, Sun *et* Li 黑跃姬蜂
Xenoschesis (Polycinetis) truncata Sheng *et* Sun 截尾跃姬蜂
Xenoschesis (Polycinetis) ustulata (Desvignes) 乌跃姬蜂
Xenoschesis (Xenoschesis) crassicornis Uchida 厚角跃姬蜂
Xenoschesis (Xenoschesis) fulvipes (Gravenhorst) 黄跃姬蜂
Xenosepsis 洋鼓翅蝇属，洋艳细蝇属
Xenosepsis sydneyensis Malloch 悉尼洋鼓翅蝇，悉尼艳细蝇
Xenosophira 异索菲实蝇属
Xenosophira invibrissata Hardy 无鬣异索菲实蝇
Xenosophira vibrissata Hardy 具鬣异索菲实蝇
Xenostrongylus 莘露尾甲属
Xenostrongylus variegatus Fairmaire 变莘露尾甲
Xenotachina 客夜蝇属
Xenotachina angustigena Fan 狭颊客夜蝇
Xenotachina armata Malloch 峨眉客夜蝇，饰客寄蝇
Xenotachina basisternita Fan 毛腹客夜蝇
Xenotachina bicoloridorsalis Fan *et* Feng 彩背客夜蝇
Xenotachina brunneispiracula Fan *et* Feng 棕孔客夜蝇
Xenotachina busenensis Fan 赴战客夜蝇
Xenotachina chongqingensis Fan 重庆客夜蝇
Xenotachina dictenata Fan 双栉客夜蝇
Xenotachina disternopleuralis Fan *et* Feng 双鬃客夜蝇
Xenotachina flaviventris Fan 黄腹客夜蝇
Xenotachina fumifemoralis Fan 烟股客夜蝇
Xenotachina fuscicoxae Fan *et* Feng 暗基客夜蝇
Xenotachina huangshanensis Fan 黄山客夜蝇
Xenotachina latifrons (Séguy) 短栉客夜蝇
Xenotachina nigricaudalis Fan *et* Feng 黑尾客夜蝇
Xenotachina profemoralis Fan 前股客夜蝇
Xenotachina pulchellifrons Fan 彩额客夜蝇
Xenotachina subfemoralis Fan 亚股客夜蝇
Xenotachina yaanensis Feng 雅安客夜蝇
Xenotachina yunnanensis Fan 云南客夜蝇
Xenotachina zhibenensis Fan 知本客夜蝇
Xenotemna 宽卷蛾属
Xenotemna pallorana (Robinson) [pallid leafroller moth] 淡黄宽卷蛾，针叶树苗嫩梢卷蛾

Xenothoracaphis kashifoliae (Uye) 见 *Thoracaphis kashifoliae*
Xenotingis 怪网蝽属
Xenotingis horni Drake 怪网蝽

Xenotrachea 路夜蛾属
Xenotrachea albidisca (Moore) 中白路夜蛾，路夜蛾，白新诺夜蛾
Xenotrachea albidisca albidisca (Moore) 中白路夜蛾指名亚种
Xenotrachea albidisca pseudodisca Hreblay *et* Ronkay 中白路夜蛾白肾亚种，白肾绿路夜蛾，白肾陌夜蛾
Xenotrachea irrorata Yoshimoto 曲带绿路夜蛾
Xenotrachea niphonica Kishida *et* Yoshimoto 北路夜蛾
Xenotrachea tsinlinga (Draudt) 秦路夜蛾，秦岭新诺夜蛾
Xenovarta 颜脊叶蝉属
Xenovarta acuta Viraktamath 二点颜脊叶蝉
Xenovarta falcata Xing *et* Li 镰突颜脊叶蝉
Xenovarta lii Xing 李氏颜脊叶蝉
Xenovarta longicornis Duan *et* Zhang 长角颜脊叶蝉
Xenovarta subulata Xing, Dai *et* Li 锥尾颜脊叶蝉
Xenozancla 赞青尺蛾属
Xenozancla versicolor Warren 赞青尺蛾
Xenozorotypus 异缺翅虫属
Xenozorotypus burmiticus Engel *et* Grimaldi 缅甸异缺翅虫
Xenylla 奇姚属
Xenylla boerneri Axelson 勃氏奇姚
Xenylla brevispina Kinoshita 短刺奇姚
Xenylla changchunensis Wu *et* Yin 长春奇姚
Xenylla stepposa Stebaeva 草原奇姚
Xenylla taihangensis Jia, Wang *et* Skarżyński 太行奇姚
Xenylla weinerae Jia *et* Skarżyński 韦纳奇姚
Xenylla welchi Folsom 韦氏奇姚
Xenysmoderes 长喙象甲属，长喙象属
Xenysmoderes consularis (Pascoe) 康长喙象甲，康伸长象甲，康伸长象
xerarch 旱生演替
Xerasia 拟花甲属，花斑拟吸木虫属
Xerasia variegata Lewis 多变拟花甲，花斑拟吸木虫
xerces blue [*Glaucopsyche xerces* (Boisduval)] 加州甜灰蝶，加利福尼亚甜灰蝶
xeric 旱生的
Xeris 长尾树蜂属，黑树蜂属
Xeris morrisoni (Cresson) 莫氏长尾树蜂
Xeris spectrum (Linnaeus) 黄肩长尾树蜂，长尾黑树蜂
Xeris spectrum himalayensis (Bradley) 黄肩长尾树蜂喜马亚种，喜马拉雅长尾树蜂，喜马黄肩长尾树蜂
Xeris spectrum malaisei Maa 黄肩长尾树蜂玛氏亚种，玛氏长尾树蜂，玛氏黄肩长尾树蜂，麦氏黑树蜂
Xeris spectrum spectrum (Linnaeus) 黄肩长尾树蜂指名亚种，指名黄肩长尾树蜂
Xeris tarsalis Cresson 跗长尾树蜂
Xerobion 旱蚜属
Xerobion eriosomatinum Nevsky 地肤旱蚜
Xerocnephasia 巨云卷蛾属
Xerocnephasia rigana (Sodoffsky) 齿巨云卷蛾
xerocole 旱生动物
Xerodes 截角尺蛾属
Xerodes albonotaria (Bremer) 淡斑截角尺蛾
Xerodes albonotaria albonotaria (Bremer) 淡斑截角尺蛾指名亚种
Xerodes albonotaria aritai (Inoue) 淡斑截角尺蛾有田亚种，有田氏截角尺蛾
Xerodes contiguaria (Leech) 白点截角尺蛾
Xerodes crenulata (Wileman) 截角尺蛾
Xerodes obscura (Warren) 小污截角尺蛾
xeromorphosis 适旱变态
Xerophilomyia 眷旱蜂麻蝇属
Xerophilomyia dichaeta (Rohdendorf) 分眷旱蜂麻蝇，双鬃柄蜂麻蝇
Xerophilomyia melanothorax (Rohdendorf) 黑胸眷旱蜂麻蝇，黑胸柄蜂麻蝇
Xerophilomyia pachymetopa (Rohdendorf) 厚眉眷旱蜂麻蝇，厚柄蜂麻蝇
Xerophilomyia stenometopa (Rohdendorf) 狭眉眷旱蜂麻蝇，狭柄蜂麻蝇
xerophilous [= xerophytic] 喜旱的
xerophobous 避旱的，嫌旱的
Xerophygus 润隐翅甲属
Xerophygus pallipes (Motschulsky) 白脚润隐翅甲，白脚润隐翅虫
Xerophygus rougemonti Makranczy 鲁氏润隐翅甲，鲁日蒙润隐翅虫
Xerophylaphis 干蚜属
Xerophylaphis plotnikovi Nevsky 拐枣干蚜
Xerophylla 旱矮蚜属
Xerophylla devastatrix (Pergande) 见 *Phylloxera devastatrix*
xerophylophilous 适旱林的
xerophytic 见 xerophilous
xeroplastic 适旱变态的
Xeropteryx 灰尾尺蛾属，灰蝶尺蛾属
Xeropteryx columbicola (Walker) 灰尾尺蛾，灰蝶尺蛾
xerosere 旱生演替系列
Xerostygnus binodulus Broun 黄杉根象甲
Xestagonum 光胫步甲属
Xestagonum yanfoueri Morvan 颜氏光胫步甲
Xestia 鲁夜蛾属
Xestia agalma (Püngeler) 饰鲁夜蛾
Xestia agnorista Boursin 阿鲁夜蛾
Xestia albonigra (Kononenko) 花鲁夜蛾
Xestia albuncula (Eversmann) 漂鲁夜蛾
Xestia alpina (Chen) 高山鲁夜蛾，高山瑞夜蛾
Xestia amydra Boursin 安鲁夜蛾
Xestia anaxia (Boursin) 安娜鲁夜蛾，安瑞夜蛾
Xestia ashworthii (Doubleday) [Ashworth's rustic] 亚鲁夜蛾
Xestia ashworthii ashworthii (Doubleday) 亚鲁夜蛾指名亚种
Xestia ashworthii candelara (Staudinger) 亚鲁夜蛾垦德亚种，垦鲁夜蛾
Xestia baja (Denis *et* Schiffermüller) 劳鲁夜蛾，鲁夜蛾
Xestia bdelygma (Boursin) 丑鲁夜蛾
Xestia boursini (Bryk) 博氏鲁夜蛾，播瑞夜蛾
Xestia brunneago (Staudinger) 色鲁夜蛾
Xestia bryocharis (Boursin) 外鲁夜蛾
Xestia candelarum (Staudinger) 垦鲁夜蛾
Xestia carriei (Boursin) 狭环鲁夜蛾，狭环瑞夜蛾
Xestia castanea (Esper) 栗红鲁夜蛾，栗鲁夜蛾
Xestia cervina (Moore) 紫褐鲁夜蛾

Xestia cfuscum (Boursin) 槽鲁夜蛾，褐鲁夜蛾 < 该种学名以前曾拼写为 *Xestia c-fuscum* (Boursin) >
Xestia clavis (Hüfnagel) 见 *Agrotis clavis*
Xestia cnigrum (Linnaeus) [spotted cutworm, black c-moth, setaceous hebrew character, lesser black-letter dart moth] 八字地老虎 < 该种学名以前曾拼写为 *Xestia c-nigrum* (Linnaeus) >
Xestia collina (Boisduval) 污鲁夜蛾
Xestia colorata (Corti) 见 *Xestioplexia colorata*
Xestia consanguinea (Moore) 暗鲁夜蛾
Xestia costaestriga (Staudinger) 缘斑鲁夜蛾
Xestia crassa (Hübner) 见 *Agrotis crassa*
Xestia csoevarii Hreblay *et* Ronkay 克氏鲁夜蛾，褐纹鲁夜蛾
Xestia descripta (Bremer) 杂绿鲁夜蛾
Xestia destituta (Leech) 贫鲁夜蛾，贫绿鲁夜蛾
Xestia diagrapha (Boursin) 内灰鲁夜蛾
Xestia dianthoecioides Boursin 垫鲁夜蛾
Xestia digna (Alphéraky) 适鲁夜蛾，适瑞夜蛾，瑞夜蛾
Xestia dilatata (Butler) 润鲁夜蛾，胀鲁夜蛾
Xestia ditrapezium (Denis *et* Schiffermüller) 兀鲁夜蛾
Xestia ditrapezium ditrapezium (Denis *et* Schiffermüller) 兀鲁夜蛾指名亚种
Xestia ditrapezium orientalis Boursin 兀鲁夜蛾东方亚种，东方兀鲁夜蛾
Xestia draesekei (Boursin) 拙鲁夜蛾，德鲁夜蛾
Xestia efflorescens (Butler) 彩鲁夜蛾，彩色鲁夜蛾
Xestia effundens Corti 展鲁夜蛾
Xestia enyachangae Wu, Fu, Ronkay *et* Ronkay 台彩鲁夜蛾
Xestia erythraeca (Corti *et* Draudt) 红鲁夜蛾
Xestia erythroxantha Boursin 红黄鲁夜蛾
Xestia eugnorista Boursin 尤鲁夜蛾
Xestia exoleta (Leech) 冠鲁夜蛾
Xestia flavicans (Chen) 淡黄鲁夜蛾
Xestia flavilinea (Wileman) 黄线鲁夜蛾，淡黄鲁夜蛾
Xestia fuscostigma (Bremer) 褐纹鲁夜蛾
Xestia gansuensis Wang *et* Chen 甘鲁夜蛾
Xestia hoeferi (Corti) 贺鲁夜蛾，嵌瑞夜蛾
Xestia hoenei (Boursin) 盗鲁夜蛾，翰瑞夜蛾
Xestia homochroma (Hampson) 同鲁夜蛾
Xestia iners tibetica (Draudt) 同 *Parastichtis suspecta*
Xestia infantilis (Staudinger) 婴鲁夜蛾
Xestia isochroma (Hampson) 清鲁夜蛾，等鲁夜蛾
Xestia junctura (Moore) 连鲁夜蛾，联鲁夜蛾
Xestia kangdingensis (Chen) 康定鲁夜蛾，康定瑞夜蛾
Xestia khadoma Boursin 接鲁夜蛾，连鲁夜蛾
Xestia kollari (Lederer) 大三角鲁夜蛾
Xestia kolymae (Herz) 晕鲁夜蛾
Xestia kuangi (Chen) 旷鲁夜蛾，旷瑞夜蛾
Xestia leptophysa (Boursin) 居鲁夜蛾，瘦鲁夜蛾
Xestia mandarina (Leech) 镶边鲁夜蛾
Xestia metagrapha (Boursin) 文鲁夜蛾，后鲁夜蛾
Xestia murtea (Corti *et* Draudt) 牧鲁夜蛾
Xestia mysarops Boursin 迈鲁夜蛾
Xestia olivascens (Hampson) 霉鲁夜蛾
Xestia ottonis (Alphéraky) 奥鲁夜蛾
Xestia pachyceras (Boursin) 左鲁夜蛾，厚鲁夜蛾
Xestia panda (Leech) 吕鲁夜蛾，吕瑞夜蛾
Xestia patricia (Staudinger) 袭鲁夜蛾
Xestia patricioides (Chen) 眉斑鲁夜蛾
Xestia penthima (Erschoff) 阴鲁夜蛾
Xestia perornata (Boursin) 表鲁夜蛾
Xestia propitia (Püngeler) 和鲁夜蛾
Xestia pseudaccipiter (Boursin) 效鹰鲁夜蛾
Xestia pyrrhothrix Boursin 红胸鲁夜蛾
Xestia renalis (Moore) 棕肾鲁夜蛾
Xestia rhaetica (Staudinger) 拉鲁夜蛾
Xestia richthofeni (Boursin) 利鲁夜蛾，利瑞夜蛾
Xestia roseicosta Boursin 玫缘鲁夜蛾
Xestia semiherbida (Walker) [greyish yellow-hindwinged noctuid] 绿鲁夜蛾，桑绿毛夜蛾
Xestia semiherbida decrata (Butler) 同 *Xestia semiherbida*
Xestia sincera (Herrich-Schäffer) 真鲁夜蛾
Xestia speciosa (Hübner) 暗花鲁夜蛾，特鲁夜蛾
Xestia spilosata (Warren) 斑鲁夜蛾
Xestia sternecki (Boursin) 斯鲁夜蛾
Xestia stupenda (Butler) 前黄鲁夜蛾
Xestia subgrisea (Staudinger) 灰鲁夜蛾
Xestia supravidua Ronkay, Ronkay, Fu *et* Wu 黛紫鲁夜蛾
Xestia tabida (Butler) 消鲁夜蛾
Xestia tamsi (Wileman *et* West) 塔鲁夜蛾，繁缕鲁夜蛾
Xestia tenera (Hampson) 藏鲁夜蛾，藏夜蛾
Xestia triangulum (Hüfnagel) 三角鲁夜蛾
Xestia triphaenoides (Boursin) 察鲁夜蛾，亮鲁夜蛾
Xestia umbrosa (Hübner) 褐脉鲁夜蛾，荫鲁夜蛾
Xestia undosa (Leech) 波鲁夜蛾，波模夜蛾，波纹模夜蛾
Xestia versuta (Püngeler) 见 *Eugraphe versuta*
Xestia vidua (Staudinger) 单鲁夜蛾，寡鲁夜蛾
Xestia xanthographa (Denis *et* Schiffermüller) 淡纹鲁夜蛾，黄鲁夜蛾
Xestia yamanei Chang 山根鲁夜蛾
Xestioplexia 鲁激夜蛾属
Xestioplexia albicollis Gyulai, Ronkay *et* Saldaitis 白领鲁激夜蛾
Xestioplexia colorata (Corti) 色鲁激夜蛾，色鲁夜蛾
Xestobium 材窃蠹属
Xestobium rufovillosum (De Geer) [death watch beetle] 报死材窃蠹，报死窃蠹
Xestocephalinae 小眼叶蝉亚科，扩额叶蝉亚科
Xestocephalini 小眼叶蝉族
Xestocephalus 小眼叶蝉属，扩额叶蝉属
Xestocephalus apicalis Melichar 斑翅小眼叶蝉
Xestocephalus bicolor Matsumura 双色小眼叶蝉，二色小眼叶蝉
Xestocephalus binatus Cai *et* He 四刺小眼叶蝉
Xestocephalus biprocessus Li *et* Zhang 双突小眼叶蝉
Xestocephalus botelensis Matsumura 台小眼叶蝉
Xestocephalus chibianus Matsumura 台岛小眼叶蝉
Xestocephalus guttatus Matsumura 背斑小眼叶蝉
Xestocephalus iguchii Matsumura 褐翅小眼叶蝉，褐翅扩额叶蝉
Xestocephalus japonicus Ishihara 日本小眼叶蝉
Xestocephalus koshunensis Matsumura 恒春小眼叶蝉
Xestocephalus kuyanianus Matsumura 嘉义小眼叶蝉，斑缘小眼叶蝉

X

Xestocephalus montanus Matsumura 纵带小眼叶蝉
Xestocephalus nikkoensis Matsumura 四点小眼叶蝉，四点扩额叶蝉
Xestocephalus pianmaensis Li *et* Dai 片马小眼叶蝉
Xestocephalus sjaolinus Dlabola 东北小眼叶蝉
Xestocephalus spinestyleus Li *et* Dai 刺突小眼叶蝉
Xestocephalus toroensis Matsumura 黑斑小眼叶蝉
Xestocephalus trimaculateus Peters 三斑小眼叶蝉
Xestoleptura 谢花天牛属
Xestoleptura baeckmanni (Plavilstshikov) 贝氏谢花天牛
Xestomnaster 凹缘金小蜂属
Xestomnaster brevis Huang 短柄凹缘金小蜂
Xestomnaster eucallus Huang 丽凹缘金小蜂
Xestomnaster lanifer Huang 毛室凹缘金小蜂
Xestomnaster obliquus Huang 斜缝凹缘金小蜂
Xestomyia 亮黑蝇属
Xestomyia fimbrimana Fan *et* Wu 缨跗亮黑蝇
Xestomyia hirtifemur Stein 毛股亮黑蝇
Xestomyia hirtitarsis (Stein) 毛跗亮黑蝇
Xestomyia longibarbata (Xue *et* Xiang) 长胡亮黑蝇
Xestomyia pamirensis Hennig 帕米尔亮黑蝇
Xestopelta 可姬蜂属
Xestopelta gracillima (Schmiedeknecht) 亮可姬蜂
Xestophanopsis 类脊瘿蜂属
Xestophanopsis distinctus (Wang, Liu *et* Chen) 显类脊瘿蜂，显脊瘿蜂
Xestophrys 光额螽属
Xestophrys horvathi Bolívar [Horváth katydid] 霍氏光额螽，霍瓦斯光额螽，甘蔗滑螽
Xestophrys indicus Karny 印度光额螽，印度滑螽
Xiaitettix 夏蚱属
Xiaitettix emeishanensis Deng, Zheng *et* Yang 峨眉山夏蚱
Xiaitettix guangxiensis Zheng *et* Liang 广西夏蚱
Xiaitettix yunnanensis Zheng *et* Mao 云南夏蚱
Xiangelilacris 香格里拉蝗属
Xiangelilacris zhongdianensis Zheng, Huang *et* Zhou 中甸香格里拉蝗
Xiaobabinskaia 晓纤蛉属
Xiaobabinskaia lepidotricha Lu, Wang *et* Liu 蕊翅晓纤蛉
Xiaomyia 夏摇蚊属
Xiaomyia aequipedes Sæther *et* Wang 似足夏摇蚊
xidizer [= oxidant] 氧化剂
Xiengia 翔蜡属
Xiengia elongata Distant 长翔蜡
Xinchloriona 新绿飞虱属
Xinchloriona hainanica Ding 海南新绿飞虱
Xingeina 新脊萤叶甲属
Xingeina femoralis Chen, Jiang *et* Wang 粗腿新脊萤叶甲
Xingeina nigra Chen, Wang *et* Jiang 亮黑新脊萤叶甲
Xingeina nigrolucens Lopatin 暗黑新脊萤叶甲
Xingeina vittata Chen *et* Jiang 直斑新脊萤叶甲
Xinjiangacris 新疆蝗属
Xinjiangacris flavitibis Dong, Zheng *et* Xu 黄胫新疆蝗
Xinjiangacris rufitibis Zheng 红胫新疆蝗
Xinjiangia kumukuleensis Huang *et* Murayama 见 *Agriades kumukuleensis*
Xiphdria 长颈树蜂属
Xiphdria antennata Maa 离角长颈树蜂
Xiphdria insularis Rohwer 海岛长颈树蜂
Xiphdria kawakamii Matsumura 川上长颈树蜂
Xiphdria limi Maa 泥长颈树蜂
Xiphdria sauteri Mocsáry 邵氏长颈树蜂
Xiphdria sulcata Maa 畦长颈树蜂
Xiphdria tegulata Maa 瓦长颈树蜂
Xiphidion dimidiatum Matsumura *et* Shiraki 同 *Conocephalus maculatus*
Xiphidiopsis 剑螽属
Xiphidiopsis abnormalis (Gorochov *et* Kang) 奇异旋剑螽
Xiphidiopsis anisolobula Han, Chang *et* Shi 异裂剑螽
Xiphidiopsis appendiculata Tinkham 附叶剑螽，附叶原栖螽，附叶栖螽
Xiphidiopsis bifoliata Shi *et* Zheng 双叶剑螽
Xiphidiopsis bifurcata Liu *et* Bi 见 *Nefateratura bifurcata*
Xiphidiopsis biloba Bey-Bienko 见 *Xizicus* (*Furcixizicus*) *bilobus*
Xiphidiopsis biprocera Shi *et* Zheng 双突剑螽
Xiphidiopsis birmanica Bey-Bienko 见 *Decma* (*Idiodecma*) *birmanica*
Xiphidiopsis bituberculata Ebner 双瘤剑螽
Xiphidiopsis bivittata Bey-Bienko 见 *Chandozhinskia bivittata*
Xiphidiopsis capricercus Tinkham 见 *Euxiphidiopsis capricerca*
Xiphidiopsis cervicercus Tinkham 浙江剑螽
Xiphidiopsis cheni Bey-Bineko 见 *Grigoriora cheni*
Xiphidiopsis clavata Uvarov 甘肃剑螽
Xiphidiopsis convexis Shi *et* Zheng 凸顶剑螽
Xiphidiopsis denticulata Karny 见 *Kuzicus* (*Kuzicus*) *denticulatus*
Xiphidiopsis divida Shi *et* Zheng 叉尾剑螽
Xiphidiopsis emarginata Tinkham 见 *Alloxiphidiopsis emarginata*
Xiphidiopsis excavala Xia *et* Liu 基凹剑螽
Xiphidiopsis exemptum (Walker) 见 *Conocephalus exemptus*
Xiphidiopsis expressa Wang, Liu *et* Li 显凸旋剑螽
Xiphidiopsis fanjingshanensis Shi *et* Du 梵净山剑螽
Xiphidiopsis fascipes Bey-Bienko 见 *Xizicus* (*Xizicus*) *fascipes*
Xiphidiopsis furcicauda Mu, He *et* Wang 见 *Pseudokuzicus* (*Pseudokuzicus*) *furcicauda*
Xiphidiopsis geniculata Bey-Bienko 见 *Teratura* (*Megaconema*) *geniculata*
Xiphidiopsis gladiatus (Redtenbacher) 同 *Conocephalus exemptus*
Xiphidiopsis grahami Tinkham 见 *Phlugiolopsis grahami*
Xiphidiopsis gurneyi Tinkham 够尼剑螽
Xiphidiopsis howardi Tinkham 贺氏剑螽
Xiphidiopsis hwangi Bey-Bienko 黄氏剑螽
Xiphidiopsis ikonnikovi (Gorochov) 伊氏旋剑螽
Xiphidiopsis impressa Bey-Bienko 印剑螽
Xiphidiopsis incisa Xia *et* Liu 见 *Xizicus* (*Haploxizicus*) *incisus*
Xiphidiopsis inflata Shi *et* Zheng 膨基剑螽
Xiphidiopsis irregularis Bey-Bienko 见 *Alloxiphidiopsis irregularis*
Xiphidiopsis jacobsoni Gorochov 贾氏旋剑螽
Xiphidiopsis jinxiuensis Xia *et* Liu 金秀剑螽
Xiphidiopsis juxtafurca Xia *et* Liu 见 *Xizicus* (*Xizicus*) *juxtafurcus*
Xiphidiopsis kryzhanovskii Bey-Bienko 见 *Teratura* (*Stenoteratura*) *kryzhanovskii*
Xiphidiopsis kulingensis Tinkham 见 *Eoxizicus* (*Eoxizicus*) *kulingensis*

Xiphidiopsis kweichowensis Tinkham 见 *Grigoriora kweichowensis*
Xiphidiopsis lata Bey-Bienko 宽剑螽
Xiphidiopsis latilamella Mu, He *et* Wang 宽板剑螽
Xiphidiopsis megafurcula Tinkham 见 *Teratura* (*Macroteratura*) *megafurcula*
Xiphidiopsis megalobata Xia *et* Liu 见 *Eoxizicus* (*Eoxizicus*) *megalobatus*
Xiphidiopsis minorincisa Han, Chang *et* Shi 缺刻剑螽
Xiphidiopsis nigrovittata Bey-Bienko 见 *Euxiphidiopsis nigrovittata*
Xiphidiopsis parallela Bey-Bienko 平行剑螽
Xiphidiopsis phyllocerca Tinkham 见 *Teratura* (*Megaconema*) *phyllocerca*
Xiphidiopsis pieli Tinkham 见 *Pseudokuzicus* (*Pseudokuzicus*) *pieli*
Xiphidiopsis platycerca Bey-Bienko 见 *Euxiphidiopsis platycerca*
Xiphidiopsis quadrinotata Bey-Bienko 见 *Nigrimacula quadrinotata*
Xiphidiopsis rehni Tinkham 见 *Eoxizicus* (*Eoxizicus*) *rehni*
Xiphidiopsis sinensis Tinkham 见 *Euxiphidiopsis sinensis*
Xiphidiopsis spathulata Tinkham 见 *Xizicus* (*Haploxizicus*) *spathulatus*
Xiphidiopsis sulcata Xia *et* Liu 沟剑螽
Xiphidiopsis suzukii (Matsumura *et* Shiraki) 见 *Kuzicus* (*Kuzicus*) *suzukii*
Xiphidiopsis szechwanensis Tinkham 见 *Xizicus* (*Haploxizicus*) *szechwanensis*
Xiphidiopsis tinkhami Bey-Bienko 见 *Xizicus* (*Eoxizicus*) *tinkhami*
Xiphidiopsis transversa Tinkham 见 *Xizicus* (*Eoxizicus*) *transversus*
Xiphidiopsis yunnanea Bey-Bienko 见 *Teratura* (*Stenoteratura*) *yunnanea*
xiphiphora skipper [= sword-brand grass-skipper, *Neohesperilla xiphiphora* (Lower)] 希菲新弄蝶
xiphocentronid 1. [= xiphocentronid caddisfly] 剑石蛾 < 剑石蛾科 Xiphocentronidae 昆虫的通称 >; 2. 剑石蛾科的
xiphocentronid caddisfly [= xiphocentronid] 剑石蛾
Xiphocentronidae 剑石蛾科
Xiphogramma 刀管赤眼蜂属
Xiphogramma indicum Hayat 印度刀管赤眼蜂
Xipholeucania simillima (Walker) 见 *Leucania simillima*
Xipholimnobia 剑羽大蚊亚属，剑毛大蚊亚属，剑毛大蚊属，塞大蚊属
Xipholimnobia formosensis Alexander 见 *Trichoneura* (*Xipholimnobia*) *formosensis*
Xiphovelia 剑宽肩蝽属，剑宽黾蝽属
Xiphovelia boninensis Esaki *et* Miyamoto 岛剑宽肩蝽
Xiphovelia curvifemur Esaki *et* Miyamoto 曲股剑宽肩蝽
Xiphovelia denigrata Ye *et* Bu 黑足剑宽肩蝽
Xiphovelia fulva Ye *et* Bu 黄褐剑宽肩蝽
Xiphovelia glauca Esaki *et* Miyamoto 淡色剑宽肩蝽，淡色剑宽黾蝽，剑宽肩蝽
Xiphovelia japonica Esaki *et* Miyamoto 日本剑宽肩蝽
Xiphovelia reflexa Ye *et* Bu 折剑宽肩蝽
Xiphozele 刀腹茧蜂属
Xiphozele achterbergi He *et* Ma 阿氏刀腹茧蜂
Xiphozele bicoloratus He *et* Ma 两色刀腹茧蜂
Xiphozele burmensis Sharma 缅甸刀腹茧蜂
Xiphozele compressiventris Cameron 窄腹刀腹茧蜂
Xiphozele fumipennsis He *et* Ma 烟翅刀腹茧蜂
Xiphozele guangxiensis He *et* Ma 广西刀腹茧蜂
Xiphozele guizhouensis He *et* Ma 贵州刀腹茧蜂
Xiphozele hunanensis He *et* Ma 湖南刀腹茧蜂
Xiphozele obscuripenum You *et* Zhou 暗翅刀腹茧蜂
Xiphozele sangangensis He *et* Ma 三港刀腹茧蜂
Xiphozele wuyiensis He *et* Ma 武夷刀腹茧蜂
Xiphozele yunnanensis He *et* Ma 云南刀腹茧蜂
Xiphozelinae 刀腹茧蜂亚科
Xiphydria 项蜂属，长颈树蜂属
Xiphydria alnivora Matsumura 同 *Xiphydria ogasawarai*
Xiphydria atriceps (Maa) 黑头项蜂，黑头长颈树蜂
Xiphydria camelus (Linnaeus) [alder woodwasp, kawakami horntail] 赤杨项蜂，赤杨长颈树蜂，驼长颈树蜂，赤杨树蜂
Xiphydria limi Maa 林氏项蜂，林氏长颈树蜂，浙长颈树蜂
Xiphydria ogasawarai Matsumura [Japanese alder horntail] 日本项蜂，日本赤杨树蜂
Xiphydria palaeanarctica Semenov 古北项蜂，古北长颈树蜂
Xiphydria plurimaculata Xiao *et* Wu 多斑项蜂，多斑长颈树蜂
Xiphydria popovi Semenov *et* Gussakovskij 波氏项蜂，波氏长颈树蜂
Xiphydria tegulata Maa 闽项蜂，闽长颈树蜂
Xiphydria tianmunica Wei 天目项蜂
xiphydriid 1. [= xiphydriid wood wasp] 项蜂，长颈树蜂 < 项蜂科 Xiphydriidae 昆虫的通称 >; 2. 项蜂科的
xiphydriid wood wasp [= xiphydriid] 项蜂，长颈树蜂
Xiphydriidae 项蜂科，长颈树蜂科
Xiphydriinae 项蜂亚科，长颈树蜂亚科
Xiphyropronia 刀腹细蜂属
Xiphyropronia tianmushanensis He *et* Chen 天目山刀腹细蜂
Xispia 匣弄蝶属
Xispia quadrata (Mabille) 匣弄蝶
Xistra 狭蚱属
Xistra angusta Ingrisch 角狭蚱
Xistra brachynota Li, Deng *et* Zheng 短背狭蚱
Xistra foliolata Liang 小叶狭蚱
Xistra gogorzae Bolívar 歌哥狭蚱
Xistra klinnema Zheng *et* Zeng 斜线狭蚱
Xistra laticorna Zheng 宽角狭蚱，侧角狭蚱
Xistra lativertex Zheng *et* Mao 宽顶狭蚱
Xistra longicornis Ingrisch 长角狭蚱
Xistra longidorsalis Liang *et* Jiang 长背狭蚱
Xistra longzhouensis Zheng *et* Jiang 龙州狭蚱
Xistra medogensis Zheng 墨脱狭蚱
Xistra nigrinota Zheng et Xu 黑背狭蚱
Xistra nigritibialis Zheng *et* Jiang 黑胫狭蚱
Xistra oculata Li, Deng *et* Zheng 突眼狭蚱，眼狭蚱
Xistra parvula Liang *et* Chen 小狭蚱
Xistra shilinensis Zheng 石林狭蚱
Xistra strictvertex Zheng *et* Ou 狭顶狭蚱
Xistra wuyishanensis Zheng *et* Zeng 武夷山狭蚱
Xistra yaanensis Zheng 雅安狭蚱
Xistrella 希蚱属
Xistrella cliva Zheng *et* Liang 隆背希蚱
Xistrella hunanensis Wang 湖南希蚱
Xistrella motuoensis (Yin) 墨脱希蚱
Xistrella wuyishana Zheng *et* Liang 武夷山希蚱
Xistrellula 拟希蚱属
Xistrellula kankauensis (Karny) 台湾拟希蚱

Xiushan's large blue [*Phengaris xiushani* Wang *et* Settele] 秀山白灰蝶
Xixia 西夏螽属
Xixia huban Gu, Béthoux *et* Ren 虎斑西夏螽
Xizangia cryptonychus Zhang 见 *Penichrolucanus cryptonychus*
Xizanomias 西藏象甲属，西藏象属
Xizanomias acutiangulus Chao 尖角西藏象甲，尖角西藏象
Xizanomias altus Chao 高原西藏象甲，高原西藏象
Xianomias hohxilensis Zhang 可可西里西藏象甲
Xizanomias latifrons Chao 宽额西藏象甲，高原西藏象
Xizanomias magnus Chao 大西藏象甲，大西藏象
Xizanomias nyalamensis Chao 聂拉木西藏象甲，聂拉木大西藏象
Xizicus 栖螽属
Xizicus* (*Axizicus*) *appendiculatus (Tinkham) 见 *Xiphidiopsis appendiculata*
Xizicus* (*Eoxizicus*) *bimaculus Liu, Chen, Wang *et* Chang 见 *Eoxizicus* (*Eoxizicus*) *bimaculus*
Xizicus* (*Eoxizicus*) *dentatus Liu, Chen, Wang *et* Chang 见 *Eoxizicus* (*Eoxizicus*) *dentatus*
Xizicus* (*Eoxizicus*) *hsiehi Liu, Chen, Wang *et* Chang 见 *Eoxizicus* (*Eoxizicus*) *hsiehi*
Xizicus* (*Eoxizicus*) *kulingensis (Tinkham) 见 *Eoxizicus* (*Eoxizicus*) *kulingensis*
Xizicus* (*Eoxizicus*) *kweichowensis (Tinkham) 见 *Grigoriora kweichowensis*
Xizicus* (*Eoxizicus*) *megalobatus (Xia *et* Liu) 见 *Eoxizicus* (*Eoxizicus*) *megalobatus*
Xizicus* (*Eoxizicus*) *rehni (Tinkham) 见 *Eoxizicus* (*Eoxizicus*) *rehni*
Xizicus* (*Eoxizicus*) *tinkhami (Bey-Bienko) 见 *Eoxizicus* (*Eoxizicus*) *tinkhami*
Xizicus* (*Eoxizicus*) *transversus (Tinkham) 见 *Eoxizicus* (*Eoxizicus*) *transversus*
Xizicus* (*Furcixizicus*) *bilobus (Bey-Bienko) 二叶栖螽，二叶剑螽
Xizicus* (*Haploxizicus*) *hunanensis (Xia *et* Liu) 湖南简栖螽
Xizicus* (*Haploxizicus*) *incisus (Xia *et* Liu) 显凹简栖螽，江西栖螽，江西剑螽
Xizicus* (*Haploxizicus*) *maculatus (Xia *et* Liu) 斑翅简栖螽
Xizicus* (*Haploxizicus*) *spathulatus (Tinkham) 匙尾简栖螽，匙尾剑螽
Xizicus* (*Haploxizicus*) *szechwanensis (Tinkham) 四川简栖螽，四川栖螽，四川剑螽
Xizicus* (*Paraxizicus*) *aniscercus Liu 异尾副栖螽
Xizicus* (*Paraxizicus*) *biprocenus (Shi *et* Zheng) 双突副栖螽
Xizicus* (*Paraxizicus*) *fallax Wang, Jing, Liu *et* Li 近似副栖螽
Xizicus* (*Paraxizicus*) *furcistylus Feng, Chang *et* Shi 叉突副栖螽
Xizicus* (*Paraxizicus*) *tonicosus (Shi *et* Chen) 扩板副栖螽
Xizicus* (*Xizicus*) *fascipes (Bey-Bienko) 斑腿栖螽，斑腿剑螽
Xizicus* (*Xizicus*) *juxtafurcus (Xia *et* Liu) 广东栖螽，广东剑螽
Xizicus* (*Xizicus*) *spinicaudus (Sänger *et* Helfert) 刺臀栖螽
Xizicus* (*Xizicus*) *tricercus Feng, Shi *et* Mao 三须栖螽
Xizicus* (*Zangxizicus*) *curvus Chang *et* Shi 弯尾藏栖螽

Xizicus* (*Zangxizicus*) *quadrifascipes Wang, Jing, Liu *et* Li 四带藏栖螽
Xizicus* (*Zangxizicus*) *tibetieus Wang, Jing, Liu *et* Li 西藏藏栖螽
Xoanodera 棱天牛属
Xoanodera grossepunctata Gressitt *et* Rondon 粗点棱天牛
Xoanodera maculata Schwarzer 黄点棱天牛，黄星姬山天牛，黄星姬深山天牛
Xoanodera marmorata Gressitt *et* Rondon 老挝棱天牛
Xoanodera regularis Gahan 橡胶棱天牛
Xoanodera striata Gressitt *et* Rondon 回纹棱天牛
Xoanodera vitticollis Gahan 淡纹棱天牛
Xoanon 斑树蜂属
Xoanon matsumurae (Rohwer) 松村氏斑树蜂
Xoanon praelongum Maa 浙江斑树蜂
Xorides 凿姬蜂属
Xorides aculeatus Liu *et* Sheng 棘凿姬蜂
Xorides benxicus Sheng 本溪凿姬蜂
Xorides centromaculatus (Cushman) 中斑凿姬蜂
Xorides formosanus (Sonan) 台湾凿姬蜂
Xorides furcatus Liu *et* Sheng 叉凿姬蜂
Xorides hirtus Liu *et* Sheng 毛凿姬蜂
Xorides immaculatus (Cushman) 无斑凿姬蜂
Xorides jakovlevi (Kokujev) 加齿凿姬蜂
Xorides longicaudus Sheng *et* Wen 长尾凿姬蜂
Xorides mushana Sonan 见 *Podoschistus mushanus*
Xorides nigricaeruleus Wang *et* Gupta 黑蓝凿姬蜂，黑上凿姬蜂
Xorides nigrimaculatus Zong *et* Sheng 黑斑凿姬蜂
Xorides propodeum (Cushman) 腰蓝凿姬蜂
Xorides rufipes (Gravenhorst) 褐齿凿姬蜂
Xorides rufipleuralis (Cushman) 红侧蓝凿姬蜂
Xorides rusticus (Desvignes) 赤齿凿姬蜂
Xorides sapporensis (Uchida) 北海道凿姬蜂
Xorides sepulchralis (Holmgren) 隐凿姬蜂
Xorides tumidus Sheng *et* Wen 瘤凿姬蜂
Xoridesopus 褚姬蜂属 < 此属学名有误写为 *Xoridescopus* 者 >
Xoridesopus kosemponis (Uchida) 高雄褚姬蜂，库褚姬蜂
Xoridesopus maculifacialis Sheng 斑颜褚姬蜂
Xoridesopus nigricoxatus Sheng 黑基褚姬蜂
Xoridesopus propodeus Sheng *et* Sun 胸褚姬蜂
Xoridesopus taihokensis (Uchida) 白颜褚姬蜂，嘉义褚姬蜂
Xoridesopus taihorinus (Uchida) 台褚姬蜂，台北褚姬蜂
Xoridesopus tumulus Wang 山褚姬蜂
Xoridinae 凿姬蜂亚科
Xuanwua 玄武蟋属
Xuanwua motuoensis He *et* Gorochov 墨脱玄武蟋
Xuedytes 穴盲步甲属
Xuedytes bellus Tian *et* Huang 丽穴盲步甲
Xuella 薛麻蝇属
Xuella lageniharpes (Xue *et* Feng) 见 *Sarcophaga* (*Myorhina*) *lageniharpes*
Xuthea 沟顶跳甲属，沟顶叶蚤属
Xuthea geminalis Wang 同 *Xuthea yunnanensis*
Xuthea laticollis Chen *et* Wang 阔胸沟顶跳甲，阔胸沟顶跳甲
Xuthea orientalis Baly 东方沟顶跳甲
Xuthea sinuata Gressitt *et* Kimoto 弯凹沟顶跳甲
Xuthea yunnanensis Heikertinger 云南沟顶跳甲，云南沟顶叶蚤
xuthus swallowtail [= Asian swallowtail, smaller citrus dog, small citrus dog, Chinese yellow swallowtail, *Papilio xuthus* Linnaeus] 柑橘凤蝶，花椒凤蝶，橘金凤蝶

Xya 溪蚤蝼属，赛蚤蝼属
Xya apicicornis (Chopard) 白角溪蚤蝼
Xya fujianensis Cao, Chen *et* Yin 福建溪蚤蝼
Xya japonica (de Haan) [Japanese flea cricket] 日本溪蚤蝼，日本赛蚤蝼，日本蚤蝼
Xya leshanensis Cao, Shi *et* Hu 乐山溪蚤蝼
Xya manchurei Shiraki 东北溪蚤蝼，东北赛蚤蝼
Xya nigroaenea (Walker) 黑溪蚤蝼，甘肃蚤蝼
Xya nitobei (Shiraki) 新渡溪蚤蝼，新赛蚤蝼，新渡蚤蝼
Xya riparia (Saussure) 岸溪蚤蝼，岸赛蚤蝼
Xya shandongensis Zhang, Yin *et* Yin 山东溪蚤蝼
Xya sichuanensis Cao, Shi *et* Yin 四川溪蚤蝼
Xya unicolor Baehr 一色溪蚤蝼，赛蚤蝼
Xya variegata (Latreille) 变异溪蚤蝼，变异赛蚤蝼，变异蚤蝼
Xya xishangbanna Cao, Rong *et* Naveed 西双版纳溪蚤蝼
Xya yunnanensis Cao, Rong *et* Naveed 云南溪蚤蝼
Xyela 棒蜂属，长节叶蜂属，鞘蜂属
Xyela alberta (Curran) 扭叶松棒蜂，扭叶松长节叶蜂
Xyela cheloma Burdick 美西黄松棒蜂，美西黄松长节叶蜂
Xyela concava Burdick 单叶松棒蜂，单叶松长节叶蜂
Xyela exilicornis Maa 细角棒蜂，细角长节叶蜂
Xyela julii (Brébisson) 褐鞘棒蜂
Xyela lii Xiao 同 *Xyela sinicola*
Xyela linsleyi Burdick 林氏棒蜂，林氏长节叶蜂
Xyela meridionalis Shinohara 南方松棒蜂，南方长节叶蜂，南方鞘蜂
Xyela minor Norton 大果松棒蜂，大果松长节叶蜂
Xyela radiatae Burdick 辐射松棒蜂，辐射松长节叶蜂
Xyela serrata Burdick 粗糙棒蜂，粗糙松长节叶蜂
Xyela sinicola Maa 中华棒蜂，中华长节叶蜂，中华长节蜂
Xyela zhaoae Wei *et* Niu 赵氏棒蜂
Xyela zhengi Wei *et* Niu 郑氏棒蜂
Xyela zhui Wei *et* Niu 朱氏棒蜂
xyelid 1. [= xyelid sawfly] 棒蜂，长节叶蜂，长节锯蜂 < 棒蜂科 Xyelidae 昆虫的通称 >; 2. 棒蜂科的
xyelid sawfly [= xyelid] 棒蜂，长节叶蜂，长节锯蜂
Xyelidae 棒蜂科，长节叶蜂科，长节蜂科，长节锯蜂科，鞘蜂科
Xyeloblacus 长节蜂蚕茧蜂属
Xyeloblacus longithecus Huangfu, Chai *et* Chen 长鞘长节蜂蚕茧蜂
Xyeloidea 棒蜂总科，长节叶蜂总科，长节蜂总科
xyelotomid 1. [= xyelotomid wasp, xyelotomid woodwasp] 短鞭叶蜂 < 短鞭叶蜂科 Xyelotomidae 昆虫的通称 >; 2. 短鞭叶蜂科的
xyelotomid wasp [= xyelotomid, xyelotomid woodwasp] 短鞭叶蜂
xyelotomid woodwasp 见 xyelotomid wasp
Xyelotomidae 短鞭叶蜂科
xyelydid 1. [= xyelydid sawfly] 切锯蜂 < 切锯蜂科 Xyelydidae 昆虫的通称 >; 2. 切锯蜂科的
xyelydid sawfly [= xyelydid] 切锯蜂
Xyelydidae 切锯蜂科
xylan 树胶
xylanase 木聚糖酶
Xylaplothrips 木管蓟马属，称管蓟马属
Xylaplothrips fungicola (Priesner) 食菌木管蓟马，食菌单管蓟马
Xylaplothrips inquilinus (Priesner) 寄居木管蓟马，奇称管蓟马，共居称管蓟马
Xylaplothrips palmerae Chen 帕默木管蓟马，棕榈称管蓟马
Xylaplothrips pictipes (Bagnall) 绣纹木管蓟马，三维称管蓟马，南方滑蓟马
Xylaplothrips subterraneus Crawford 隐木管蓟马，隐称管蓟马
Xylariopsis 木天牛属，白领天牛属
Xylariopsis albofasciata Wang *et* Chiang 白带木天牛
Xylariopsis esakii Mitono 台湾木天牛，江崎氏白领天牛，江崎白颈天牛
Xylariopsis fujiwarai Hayashi 藤原木天牛，藤原氏白领天牛
Xylariopsis iriei Hayashi 伊瑞木天牛
Xylariopsis mimica Bates 拟态木天牛，木天牛
Xylariopsis uenoi Hayashi 上野氏木天牛，上野氏白领天牛
Xyleborini 材小蠹族
Xyleborinus 绒盾小蠹属，盾材小蠹属
Xyleborinus andrewesi (Blandford) 尖尾绒盾小蠹，尖尾材小蠹，尖尾盾材小蠹
Xyleborinus artestriatus (Eichhoff) 纹盾绒盾小蠹，纹盾材小蠹
Xyleborinus attenuatus (Blandford) 狭绒盾小蠹，狭材小蠹
Xyleborinus cuneatus Smith, Beaver *et* Cognato 楔绒盾小蠹
Xyleborinus disgregus Smith, Beaver *et* Cognato 异绒盾小蠹
Xyleborinus echinopterus Smith, Beaver *et* Cognato 棘鞘绒盾小蠹
Xyleborinus ephialtodes Smith, Beaver *et* Cognato 猬形绒盾小蠹
Xyleborinus exiguus (Walker) 小绒盾小蠹，小盾材小蠹
Xyleborinus huifenyinae Smith, Beaver *et* Cognato 殷氏绒盾小蠹
Xyleborinus jianghuasuni Smith, Beaver *et* Cognato 孙氏绒盾小蠹
Xyleborinus octiesdentatus (Murayama) 穴齿绒盾小蠹，穴齿材小蠹
Xyleborinus perpusillus (Eggers) 短绒盾小蠹
Xyleborinus saxesenii (Ratzeburg) [fruit-tree pinhole borer, Saxesen ambrosia beetle, keyhole ambrosia beetle, lesser shothole borer, cosmopolitan ambrosia beetle, common Eurasian ambrosia beetle, Asian ambrosia beetle] 小粒绒盾小蠹，小粒材小蠹，小沥材小蠹，小粒盾材小蠹
Xyleborinus schaufussi (Blandford) 绍绒盾小蠹，绍材小蠹
Xyleborinus sculptilis (Schedl) 弧缘绒盾小蠹
Xyleborinus sharpae (Hopkins) 非洲楝绒盾小蠹，非洲楝材小蠹
Xyleborinus speciosus (Schedl) 列刺绒盾小蠹
Xyleborinus spinipennis (Eggers) 刺鞘绒盾小蠹
Xyleborinus subgranulatus (Eggers) 粒绒盾小蠹
Xyleborinus subspinosus (Eggers) 小刺绒盾小蠹
Xyleborinus thaiphami Smith, Beaver *et* Cognato 松绒盾小蠹
Xyleborinus tritus Smith, Beaver *et* Cognato 常绒盾小蠹
Xyleborus 材小蠹属
Xyleborus adumbratus Blandford 同 *Xyleborus pfeilii*
Xyleborus affinis Eichhoff [sugarcane shot-hole borer, oak ambrosia beetle] 橡胶材小蠹
Xyleborus alluaudi Schaufuss 高林带桉材小蠹
Xyleborus alni Niijima 同 *Xyleborinus attenuatus*
Xyleborus ambasius Hagedorn 铁锈合欢材小蠹
Xyleborus amorphus Eggers 同 *Hadrodemius comans*
Xyleborus amputatus Blandford 见 *Xylosandrus amputatus*
Xyleborus andrewesi Blandford 见 *Xyleborinus andrewesi*

X

Xyleborus apicalis Blandford 见 *Anisandrus apicalis*
Xyleborus aquilus Blandford 狭面材小蠹，利郁小蠹
Xyleborus armiger Schedl 见 *Cyclorhipidion armiger*
Xyleborus armipennis Schedl 同 *Cyclorhipidion miyazakiense*
Xyleborus artecomans Schedl 同 *Hadrodemius pseudocomans*
Xyleborus asperatus Blandford 见 *Ambrosiodmus asperatus*
Xyleborus ater Eggers 见 *Cnestus ater*
Xyleborus atratus Eichhoff 见 *Ambrosiophilus atratus*
Xyleborus attenuatus Blandford 见 *Xyleborinus attenuatus*
Xyleborus beaveri Browne 同 *Xyleborinus artestriatus*
Xyleborus bicolor Blandford 见 *Planiculus bicolor*
Xyleborus bidentatus (Motschulsky) 二齿材小蠹
Xyleborus bispinatus Eichhoff 双齿材小蠹
Xyleborus brevis Eichhoff 见 *Xylosandrus brevis*
Xyleborus camphorae Hagedorn 单坑一面合欢材小蠹
Xyleborus canus Niijima 同 *Xyleborinus attenuatus*
Xyleborus celsus Eichhoff 高贵材小蠹
Xyleborus cognatus Blandford 端暗材小蠹
Xyleborus collarti Eggers 鹧鸪花材小蠹
Xyleborus collis Niijima 同 *Ambrosiophilus atratus*
Xyleborus concisus Brandford 同 *Leptoxyleborus sordicaudus*
Xyleborus confusus Eichhoff 同 *Xyleborus ferrugineus*
Xyleborus conradti Hagedorn 高林带材小蠹
Xyleborus crassiusculus (Motschulsky) 见 *Xylosandrus crassiusculus*
Xyleborus cuneiformis Schedl 见 *Fraudatrix cuneiformis*
Xyleborus denseseriatus Eggers 同 *Microperus kadoyamaensis*
Xyleborus destruens Blandford 见 *Euwallacea destruens*
Xyleborus dispar (Fabricius) [European shot-hole borer, pear blight beetle] 北方材小蠹
Xyleborus diversepilosus Eggers 见 *Xylosandrus diversepilosus*
Xyleborus ebriosus Niijima 同 *Xylosandrus crassiusculus*
Xyleborus eichhoffi Schaufuss 同 *Xyleborus eichhoffianus*
Xyleborus eichhoffianus Schedl 埃氏材小蠹
Xyleborus emarginatus Eichhoff 见 *Debus emarginatus*
Xyleborus exesus Blandford 同 *Debus emarginatus*
Xyleborus fallax Eichhoff 同 *Debus quadrispinus*
Xyleborus ferrugineus (Fabricius) [black twig borer, bark locette] 栎白蜡材小蠹，赤材小蠹
Xyleborus festivus Eichhoff 松材小蠹
Xyleborus fijianus Schedl 大叶桃花心木材小蠹
Xyleborus formosanus Browne 见 *Xylosandrus formosae*
Xyleborus fornicatus Eichhoff 见 *Euwallacea fornicatus*
Xyleborus fukiensis Eggers 同 *Cyclorhipidion distinguendum*
Xyleborus germanus Blandford 见 *Xylosandrus germanus*
Xyleborus glabratus Eichhoff 光材小蠹
Xyleborus globus Blandford 见 *Hadrodemius globus*
Xyleborus gravidus Blandford 见 *Cnestus gravidus*
Xyleborus hirtuosus Beeson 同 *Anisandrus hirtus*
Xyleborus hirtus Hagedorn 见 *Anisandrus hirtus*
Xyleborus huangi Browne 同 *Microperus kadoyamaensis*
Xyleborus hunanensis Browne 同 *Ambrosiophilus osumiensis*

Xyleborus indicus Eichhoff 同 *Euwallacea piceus*
Xyleborus insidiosus Cognato *et* Smith 截鞘材小蠹
Xyleborus interjectus Blandford 见 *Euwallacea interjectus*
Xyleborus intrusus Blandford 嵌入材小蠹
Xyleborus kadoyamaensis Murayama 见 *Microperus kadoyamaensis*
Xyleborus khinganensis Murayama 同 *Anisandrus dispar*
Xyleborus kirishimanus Murayama 见 *Microperus kirishimanus*
Xyleborus klapperichi Schedl 见 *Anisandrus klapperichi*
Xyleborus lewisi Blandford 见 *Ambrosiodmus lewisi*
Xyleborus lignographus Schedl 同 *Xyleborus muticus*
Xyleborus lineatus Olivier 见 *Trypodendron lineatum*
Xyleborus mancus Blandford 见 *Xylosandrus mancus*
Xyleborus mancus formosanus Eggers 同 *Xylosandrus mancus mancus*
Xyleborus mancus mancus Blandford 见 *Xylosandrus mancus mancus*
Xyleborus mascarensis Eichhoff 同 *Xyleborus affinis*
Xyleborus melli Schedl 同 *Xylosandrus amputatus*
Xyleborus metacomans Eggers 同 *Hadrodemius comans*
Xyleborus metacuneolus Eggers 见 *Tricosa metacuneolus*
Xyleborus metanepotulus Eggers 同 *Ambrosiophilus osumiensis*
Xyleborus minutus Blandford 见 *Planiculus minutus*
Xyleborus monographus (Fabricius) [Mediterranean oak borer] 单刻材小蠹
Xyleborus morigerus Blandford 见 *Xylosandrus morigerus*
Xyleborus morstatti Hagedorn 同 *Xylosandrus compactus*
Xyleborus muticus Blandford 喜木材小蠹
Xyleborus mutilatus Blandford 见 *Cnestus mutilatus*
Xyleborus mysticulus Cognato *et* Smith 斜鞘材小蠹
Xyleborus nagaoensis Murayama [Nagao xyleborus] 长尾材小蠹，长尾小蠹
Xyleborus nodulosus Eggers 同 *Ambrosiophilus osumiensis*
Xyleborus obliquecauda (Motschulsky) 见 *Ambrosiodmus obliquecauda*
Xyleborus octiesdentatus Murayama 见 *Xyleborinus octiesdentatus*
Xyleborus ohnoi Browne 见 *Cyclorhipidion ohnoi*
Xyleborus okinosenensis Murayama 见 *Cyclorhipidion okinosenensis*
Xyleborus opacus Smith, Beaver *et* Cognato 暗材小蠹
Xyleborus parvulus Eichhoff 同 *Euwallacea similis*
Xyleborus pelliculosus Eichhoff 见 *Cyclorhipidion pelliculosum*
Xyleborus percristatus Eggers 见 *Anisandrus percristatus*
Xyleborus perforans (Wollaston) [island pinhole borer, sugarcane ambrosia beetle, shot-hole borer] 对粒材小蠹，蔗小蠹
Xyleborus perforans philippinsis Eichhoff 同 *Xyleborus perforans*
Xyleborus pfeilii (Ratzeburg) 桤木材小蠹，法伊尔材小蠹
Xyleborus pinicola Eggers 同 *Xyleborus festivus*
Xyleborus pinivorus Browne 同 *Xyleborus festivus*
Xyleborus posticestriatus Eggers 同 *Xylosandrus discolor*
Xyleborus praevius Blandford 见 *Euwallacea praevius*
Xyleborus proximus Niijima 同 *Xyleborus affinis*
Xyleborus pseudocomans Eggers 见 *Hadrodemius pseudocomans*
Xyleborus ricini Eggers 见 *Coptoborus ricini*
Xyleborus rubricollis Eichhoff 见 *Ambrosiodmus rubricollis*
Xyleborus satoi Schedl 见 *Ambrosiophilus satoi*
Xyleborus saxesenii (Ratzeburg) 见 *Xyleborinus saxesenii*
Xyleborus schaufussi Blandford 见 *Xyleborinus schaufussi*
Xyleborus seiryorensis Murayama 同 *Cyclorhipidion pelliculosum*
Xyleborus semiopacus Eichhoff 同 *Xylosandrus crassiusculus*
Xyleborus seriatus Blandford 见 *Heteroborips seriatus*
Xyleborus sexspinosus (Motschulsky) 同 *Eccoptopterus spinosus*
Xyleborus sharpae Hopkins 见 *Xyleborinus sharpae*
Xyleborus signatus (Fabricius) 见 *Trypodendron signatum*

Xyleborus signatus Schedl 同 *Euwallacea funereus*
Xyleborus similis Ferrari 见 *Euwallacea similis*
Xyleborus sinensis Eggers 同 *Ambrosiophilus sulcatus*
Xyleborus singhi Park *et* Smith 辛氏材小蠹
Xyleborus sobrinus Eichhoff 同 *Xyleborinus saxesenii*
Xyleborus subnepotulus Eggers 见 *Ambrosiophilus subnepotulus*
Xyleborus sulcatus Eggers 见 *Ambrosiophilus sulcatus*
Xyleborus sunisae Smith, Beaver *et* Cognato 窄材小蠹
Xyleborus taboensis Schedl 同 *Ambrosiodmus rubricollis*
Xyleborus taichuensis Schedl 同 *Diuncus haberkorni*
Xyleborus taitonus Eggers 同 *Cnestus mutilatus*
Xyleborus taiwanensis Browne 同 *Anisandrus hirtus*
Xyleborus takinoyensis Murayama 见 *Cyclorhipidion takinoyense*
Xyleborus tenuigraphus Schedl 同 *Cyclorhipidion distinguendum*
Xyleborus testudo Eggers 见 *Cnestus testudo*
Xyleborus tomentosus Eggers 同 *Hadrodemius globus*
Xyleborus tropicus Hagedorn 见 *Ambrosiodmus tropicus*
Xyleborus truncatus Erichson 见 *Amasa truncata*
Xyleborus umbratus Eggers 见 *Cyclorhipidion umbratum*
Xyleborus validus Eichhoff 见 *Euwallacea validus*
Xyleborus volvulus (Fabricius) 强材小蠹，可可材小蠹
Xyleborus xylographus (Say) 木材小蠹，木刻材小蠹
Xyleborus xyloteroides Eggers 见 *Cyclorhipidion xyloteroides*
Xyleborus yakushimanus Murayama 见 *Arixyleborus yakushimanus*
Xyleborus yunnanensis Smith, Beaver *et* Cognato 云南材小蠹
Xyleborus zimmermani (Hopkins) 见 *Xylosandrus zimmermani*
Xylechinus 鳞小蠹属
Xylechinus arisanus Eggers 阿里山鳞小蠹
Xylechinus montanus Blackman 高山鳞小蠹，蒙大拿鳞小蠹
Xylechinus obscurus Eggers 暗鳞小蠹
Xylechinus pilosus Ratzeburg 云杉鳞小蠹
Xylena 木冬夜蛾属
Xylena changi Horie 张氏木冬夜蛾，张木冬夜蛾，张氏木夜蛾
Xylena confusa Kononenko *et* Ronkay 远东木冬夜蛾
Xylena consimilis Sugi 类木冬夜蛾
Xylena exoleta (Linnaeus) 木冬夜蛾
Xylena formosa (Butler) 丽木冬夜蛾，台木冬夜蛾
Xylena griseithorax Sugi 灰胸木冬夜蛾
Xylena lignipennis Sugi 淡翅木冬夜蛾
Xylena (Lithomoia) solidaginis (Hübner) [golden-rod brindle] 珂木冬夜蛾，珂冬夜蛾，结夜蛾
Xylena plumbeopaca Hreblay *et* Ronkay 台丽木冬夜蛾，台丽木夜蛾，绣丽木夜蛾
Xylena sugii Kobayashi 杉氏木冬夜蛾，杉氏木冬裳蛾，杉木氏夜蛾，森木冬夜蛾
Xylena tanabei Owada 田部木冬夜蛾，田部木夜蛾
Xylena tatajiana Chang 塔木冬夜蛾，塔塔加木夜蛾，塌木冬夜蛾
Xylena vetusta (Hübner) 老木冬夜蛾
xylene [= xylol, dimethylbenzene] 二甲苯
Xylenina 木冬夜蛾亚族
Xylenini 木冬夜蛾族，木夜蛾族
Xyletinus 树窃蠹属
Xyletinus angustatus Pic 见 *Neoxyletinus angustatus*
Xyletinus asiaticus Reitter 亚洲树窃蠹
Xyletinus fucatus LeConte 李树窃蠹
Xyletinus japonicus Pic 见 *Holcobius japonicus*
Xyletinus kozlovi Emets 柯树窃蠹
Xyletinus ocularis Reitter 眶树窃蠹
Xyletinus peltatus (Harris) 屋仓树窃蠹，屋仓窃蠹
Xyletinus tibetanus Gottwald 见 *Neoxyletinus tibetanus*
Xyleutes 斑木蠹蛾属
Xyleutes boisduvali Rothschild [giant wood moth] 桉大斑木蠹蛾
Xyleutes capensis (Walker) [castor stem borer, castor bean borer] 决明小茎斑木蠹蛾
Xyleutes ceramica Walker [teak beehole borer, bee-hole borer] 柚木斑木蠹蛾，栎大蠹蛾
Xyleutes mineus (Cramer) 闪蓝斑木蠹蛾
Xyleutes nebulosa Donovan 决明斑木蠹蛾
Xyleutes persona (Le Guillou) 白背斑木蠹蛾，白背斑蠹蛾
Xyleutes sjoestedti (Aurivillius) 决明小枝斑木蠹蛾
Xyleutes strix (Linnaeus) 枭斑木蠹蛾，枭斑蠹蛾
Xyleutes unimaculosa (Matsumura) 褐斑木蠹蛾，褐斑豹蠹蛾
Xyleutes xanthitarsus Hua *et* Chou 黄跗斑木蠹蛾
Xylinada 粗角长角象甲属
Xylinada annulipes (Jordan) 环足粗角长角象甲
Xylinada chinesis Wolfrum 中华粗角长角象甲
Xylinada japonica (Sharp) 日本粗角长角象甲，日粗角长角象
Xylinada maculipes (Fåhraeus) 斑足粗角长角象甲，斑赛长角象
Xylinada phycus (Jordan) 饰粗角长角象甲，饰赛长角象
Xylinada striatifrons (Jordan) 纹额粗角长角象甲，纹额粗角长角象
Xylinades 赛长角象甲属，赛长角象属
Xylinades impressus stibinus Jordan 见 *Stiboderes impressus stibinus*
Xylinades maculipes Fåhraeus 见 *Xylinada maculipes*
Xylinades phycus Jordan 见 *Xylinada phycus*
Xylinophorus 土象甲属
Xylinophorus foveicollis Voss 见 *Leptomias foveicollis*
Xylinophorus guentheri Zumpt 宽领土象甲，宽领土象
Xylinophorus laetus Faust 富土象甲，富土象
Xylinophorus mongolicus Faust 蒙古土象甲，蒙古灰象，蒙古土象
Xylinophorus opalescens Faust 帕米尔土象甲，帕米尔土象
Xylinophorus pallidosparsus Fairmaire 北京土象甲，淡毛土象
Xylinophorus subaenus (Redtenbacher) 铜色土象甲，铜色土象
Xylion 叉尾长蠹属
Xylion adustus (Fåhraeus) 细齿叉尾长蠹
Xylion falcifer Lesne 镰叉尾长蠹
Xylion plurispinis Lesne 多齿叉尾长蠹
Xylion securifer Lesne 斧叉尾长蠹
Xylionulus 小木长蠹属
Xylionulus pusillus Fåhraeus 细小木长蠹
Xylionulus transvena (Lesne) 横小木长蠹
Xylobanus 木红萤属
Xylobanus leechi Nakane 利曲木红萤
Xylobanus macrolycoides Kazantsev 巨木红萤
Xylobanus nigrimembris Pic 软黑木红萤，黑膜木红萤
Xylobanus noacki Kleine 诺木红萤
Xylobiops 刺瘤木长蠹属，红肩长蠹属
Xylobiops basilaris (Say) [red-shouldered bostrichid, red-shouldered

hickory borer beetle] 基刺瘤木长蠹，山核桃刺瘤木长蠹，山核桃红肩长蠹

Xylobiops concisus Lesne 藤刺瘤木长蠹

Xylobiops parilis Lesne 拟基刺瘤木长蠹

Xylobiops sextuberculatus (LeConte) 六齿刺瘤木长蠹

Xylobiops texanus Horn 德州刺瘤木长蠹

Xyloblaptus 损木长蠹属

Xyloblaptus prosopides Fisher 刺瘤损木长蠹

Xyloblaptus quadrispinosus (LeConte) 四瘤损木长蠹

Xylocis 边木长蠹属

Xylocis tortilicornis Lesne 扭边木长蠹

Xylocleptes 木窃小蠹属

Xylocleptes bispinus (Duftschmid) [clematis bark beetle] 双刺木窃小蠹

xylococcid 1. [= xylococcid scale] 木珠蚧 < 木珠蚧科 Xylococcidae 昆虫的通称 >；2. 木珠蚧科的

xylococcid scale [= xylococcid] 木珠蚧

Xylococcidae 木珠蚧科

Xylococcinae 木珠蚧亚科

Xylococcus 木珠蚧属

Xylococcus castanopsis Wu *et* Huang 藜蒴木珠蚧

Xylococcus filiferus Lôw [linden pearl scale] 椴树木珠蚧

Xylococcus japonicus Oguma 日本木珠蚧

Xylococcus napiformis Kuwana 见 *Beesonia napiformis*

Xylocopa 木蜂属，绒木蜂属

Xylocopa acutipennis Smith 见 *Xylocopa* (*Mesotrichia*) *acutipennis*

Xylocopa (***Alloxylocopa***) ***appendiculata*** Smith 黄胸木蜂

Xylocopa (***Alloxylocopa***) ***phalothorax*** Peletier 灰胸木蜂

Xylocopa amamensis Sonan 台木蜂

Xylocopa appendiculata Smith 见 *Xylocopa* (*Alloxylocopa*) *appendiculata*

Xylocopa attenuata Pérez 同 *Xylocopa* (*Biluna*) *tranquabarorum*

Xylocopa auripennis Peletier 见 *Xylocopa* (*Biluna*) *auripennis*

Xylocopa (***Biluna***) ***auripennis*** Peletier 金翅木蜂

Xylocopa (***Biluna***) ***nasalis*** Westwood [oriental carpenter bee] 竹木蜂

Xylocopa (***Biluna***) ***tranquabarorum*** (Swederus) 长木蜂

Xylocopa bomboides Smith 见 *Xylocopa* (*Bomboixylocopa*) *bomboides*

Xylocopa (***Bomboixylocopa***) ***bomboides*** Smith 台湾绒木蜂

Xylocopa (***Bomboixylocopa***) ***chinensis*** Friese 中华绒木蜂

Xylocopa (***Bomboixylocopa***) ***frieseana*** Maa 茀氏绒木蜂，弗氏木蜂

Xylocopa (***Bomboixylocopa***) ***inconspicua*** Maa 平庸绒木蜂

Xylocopa (***Bomboixylocopa***) ***rufipes*** Smith 赤足绒木蜂

Xylocopa brasilianorum (Linnaeus) 准巴西木蜂

Xylocopa caerulea (Fabricius) 见 *Xylocopa* (*Koptortosoma*) *caerulea*

Xylocopa chinensis Friese 见 *Xylocopa* (*Bomboixylocopa*) *chinensis*

Xylocopa chloroptera Peletier 绿翅木蜂

Xylocopa collaris Peletier 见 *Xylocopa* (*Zonohirsuta*) *collaris*

Xylocopa collaris alboxantha Maa 见 *Xylocopa* (*Zonohirsuta*) *collaris alboxantha*

Xylocopa collaris binghami Cockerell 见 *Xylocopa* (*Zonohirsuta*) *collaris binghami*

Xylocopa collaris collaris Peletier 见 *Xylocopa* (*Zonohirsuta*) *collaris collaris*

Xylocopa collaris sauteri (Friese) 见 *Xylocopa* (*Zonohirsuta*) *collaris sauteri*

Xylocopa collaris yangweilla Maa 见 *Xylocopa* (*Zonohirsuta*) *collaris yangweilla*

Xylocopa confusa Perez 见 *Xylocopa* (*Koptortosoma*) *confusa*

Xylocopa (***Ctenoxylocopa***) ***fenestrata*** (Fabricius) 窗木蜂，栉木蜂

Xylocopa (***Cyaneoderes***) ***caerulea*** (Fabricius) 见 *Xylocopa* (*Koptortosoma*) *caerulea*

Xylocopa (***Cyaneoderes***) ***tumida*** Friese 见 *Xylocopa* (*Koptortosoma*) *tumida*

Xylocopa dissimilis Peletier 同 *Xylocopa* (*Biluna*) *nasalis*

Xylocopa fenestrata (Fabricius) 见 *Xylocopa* (*Ctenoxylocopa*) *fenestrata*

Xylocopa flavonigresens Smith 见 *Xylocopa* (*Koptortosoma*) *flavonigrescens*

Xylocopa frieseana Maa 见 *Xylocopa* (*Bombioxylocopa*) *frieseana*

Xylocopa (***Hoploxylocopa***) ***acutipennis*** Smith 见 *Xylocopa* (*Mesotrichia*) *acutipennis*

Xylocopa (***Koptortosoma***) ***aestuans*** (Linnaeus) 怒木蜂

Xylocopa (***Koptortosoma***) ***caerulea*** (Fabricius) 蓝胸木蜂

Xylocopa (***Koptortosoma***) ***confusa*** Perez 杂木蜂

Xylocopa (***Koptortosoma***) ***flavonigrescens*** Smith 黄黑木蜂

Xylocopa (***Koptortosoma***) ***ruficeps*** Friese 朱胸木蜂

Xylocopa (***Koptortosoma***) ***shelfordi*** Cameron 莎木蜂

Xylocopa (***Koptortosoma***) ***sinensis*** Smith 中华木蜂

Xylocopa (***Koptortosoma***) ***tumida*** Friese 小蓝木蜂

Xylocopa latipes (Drury) 见 *Xylocopa* (*Mesotrichia*) *latipes*

Xylocopa magnifica Cockerell 见 *Xylocopa* (*Platynopoda*) *magnifica*

Xylocopa melli Hedicke 见 *Xylocopa* (*Zonohirsuta*) *melli*

Xylocopa (***Mesotrichia***) ***acutipennis*** Smith 尖足木蜂

Xylocopa (***Mesotrichia***) ***latipes*** (Drury) 扁柄木蜂

Xylocopa (***Mesotrichia***) ***magnifica*** (Cockerell) 大木蜂

Xylocopa (***Mesotrichia***) ***perforator*** Smith 穿孔木蜂

Xylocopa (***Mesotrichia***) ***tenuiscapa*** Westwood 圆柄木蜂

Xylocopa (***Mesotrichia***) ***yunnanensis*** Wu 云南木蜂

Xylocopa (***Mimoxylocopa***) ***rufipes*** Smith 赤足木蜂

Xylocopa nasalis Westwood 见 *Xylocopa* (*Biluna*) *nasalis*

Xylocopa nitidiventris Smith 亮腹木蜂

Xylocopa (***Nyctomelitta***) ***tranquabarica*** (Fabricius) 夜木蜂

Xylocopa orichalcea Peletier 同 *Xylocopa* (*Biluna*) *tranquabarorum*

Xylocopa parviceps Morawitz 小头木蜂

Xylocopa perforator Smith 见 *Xylocopa* (*Platynopoda*) *perforator*

Xylocopa phalothorax Peletier 灰胸木蜂

Xylocopa (***Platynopoda***) ***latipes*** (Drury) 见 *Xylocopa* (*Mesotrichia*) *latipes*

Xylocopa (***Platynopoda***) ***magnifica*** Cockerell 见 *Xylocopa* (*Mesotrichia*) *magnifica*

Xylocopa (***Platynopoda***) ***perforator*** Smith 见 *Xylocopa* (*Mesotrichia*) *perforator*

Xylocopa (***Platynopoda***) ***tenuiscapa*** Westwood 见 *Xylocopa* (*Mesotrichia*) *tenuiscapa*

Xylocopa (***Platynopoda***) ***yunnanensis*** Wu 见 *Xylocopa* (*Mesotrichia*) *yunnanensis*

Xylocopa (***Proxylocopa***) ***andarabana*** Hedicke 烟背木蜂，烟背原木蜂

Xylocopa (***Proxylocopa***) ***mongolicus*** (Wu) 蒙古突眼木蜂，蒙古原木蜂

Xylocopa* (*Proxylocopa*) *nitidiventris Smith 光腹木蜂，光腹原木蜂

Xylocopa* (*Proxylocopa*) *nix (Maa) 浅背木蜂，浅背原木蜂

Xylocopa* (*Proxylocopa*) *parviceps Morawitz 褐背木蜂，褐背原木蜂

Xylocopa* (*Proxylocopa*) *przewalskyi Morawitz 褐足木蜂，褐足原木蜂

Xylocopa* (*Proxylocopa*) *rufa Friese 红突眼木蜂，红原木蜂

Xylocopa* (*Proxylocopa*) *wui Özdikmen 吴氏突眼木蜂

Xylocopa ruficeps Friese 见 *Xylocopa* (*Koptortosoma*) *ruficeps*

Xylocopa rufipes Smith 见 *Xylocopa* (*Mimoxylocopa*) *rufipes*

Xylocopa shelfordi Cameron 见 *Xylocopa* (*Koptortosoma*) *shelfordi*

Xylocopa sinensis Smith 中华木蜂，中国木蜂

Xylocopa tenuiscapa Westwood 见 *Xylocopa* (*Platynopoda*) *tenuiscapa*

Xylocopa tranquabarica (Fabricius) 见 *Xylocopa* (*Nyctomelitta*) *tranquabarica*

Xylocopa tranquebarorum (Swederus) 铜翼毗木蜂，拟夜木蜂

Xylocopa tumida Friese 见 *Xylocopa* (*Koptortosoma*) *tumida*

Xylocopa valga Gerstäcker 见 *Xylocopa* (*Xylocopa*) *valga*

Xylocopa varipuncta Patton [valley carpenter bee] 山谷木蜂

Xylocopa violacea (Linnaeus) [violet carpenter bee] 紫蓝木蜂

Xylocopa virginica (Linnaeus) [eastern carpenter bee, Virginia carpenter bee, carpenter bee] 弗州木蜂，童女木蜂，大木蜂

Xylocopa* (*Xylocopa*) *valga Gerstäcker 紫木蜂，瓦尔加紫木蜂

Xylocopa yunnanensis Wu 见 *Xylocopa* (*Platynopoda*) *yunnanensis*

Xylocopa zonata Alfken 宽条木蜂

Xylocopa* (*Zonohirsuta*) *collaris Peletier 领木蜂，白领带木蜂

Xylocopa* (*Zonohirsuta*) *collaris alboxantha Maa 领木蜂黧白亚种，黄白领木蜂

Xylocopa* (*Zonohirsuta*) *collaris binghami Cockerell 领木蜂萍氏亚种，丙氏领木蜂

Xylocopa* (*Zonohirsuta*) *collaris collaris Peletier 领木蜂指名亚种，指名领木蜂

Xylocopa* (*Zonohirsuta*) *collaris sauteri (Friese) 领木蜂萨氏亚种，梭德白领带木蜂，白领带木蜂绍德亚种，索氏领木蜂

Xylocopa* (*Zonohirsuta*) *collaris yangweilla Maa 领木蜂杨氏亚种，海南领木蜂

Xylocopa* (*Zonohirsuta*) *dejeanii Peletier 德氏木蜂

Xylocopa* (*Zonohirsuta*) *melli Hedicke 曼氏木蜂，梅氏木蜂

xylocopid 1.[= xylocopid bee, carpenter bee] 木蜂 < 木蜂科 Xylocopidae 昆虫的通称 >; 2. 木蜂科的

xylocopid bee [= xylocopid, carpenter bee] 木蜂

Xylocopidae 木蜂科

Xylocopinae 木蜂亚科

Xylocopini 木蜂族

Xylocorini 仓花蝽族

Xylocoris 仓花蝽属

Xylocoris carayoni Kerzhner *et* Elov 卡氏仓花蝽

Xylocoris cursitans (Fallén) 仓花蝽

Xylocoris flavipes Reuter 黄色仓花蝽，仓花蝽

Xylocoris galactinus (Fieber) 乳白仓花蝽

Xylocoris hiurai Kerzhner *et* Elov 日浦仓花蝽

Xylocoris mongolicus Kerzhner *et* Elov 蒙古仓花蝽

Xyloctonini 切木小蠹族

Xylodectes 咬木长蠹属，木长蠹属

Xylodectes ornatus (Lesne) 褐斑咬木长蠹，褐斑木长蠹，双齿长蠹

Xylodeleis 毁木长蠹属

Xylodeleis obsipa (Germar) 凹尾毁木长蠹

Xylodrepa sexcarinata (Motschulsky) 见 *Dendroxena sexcarinata*

Xylodrypta 撕木长蠹属

Xylodrypta bostrychoides Lesne 三齿撕木长蠹

Xylogenes 种木长蠹属

Xylogenes dilatatus Reitter 阔种木长蠹

xyloid 似木的

xylol [= xylene, dimethylbenzene] 二甲苯

Xylolestes 木姬扁甲属

Xylolestes laevior (Reitter) 滑木姬扁甲，滑木扁甲

Xylomeira 钝瘤木长蠹属

Xylomeira torquata (Fabricius) 扭钝瘤木长蠹

Xylomoia 纹夜蛾属

Xylomoia didonea (Smith) 迪纹夜蛾

Xylomoia fusei Sugi 高岭纹夜蛾

Xylomoia graminea (Graeser) 纵纹夜蛾，草木模夜蛾

Xylomya 木虻属

Xylomya alamaculata Yang *et* Nagatomi 斑翅木虻

Xylomya chekiangensis (Ôuchi) 浙江木虻

Xylomya decora Yang *et* Nagatomi 褐颜木虻

Xylomya gracilicorpus Yang *et* Nagatomi 雅木虻

Xylomya longicornis Matsumura 长角木虻

Xylomya maculata (Meigen) 斑木虻，斑索木虻

Xylomya matsumurai Nagatomi *et* Tanaka 松村木虻

Xylomya moiwana Matsumura 黄基木虻，莫木虻

Xylomya sauteri (James) 邵氏木虻，索氏索木虻，邵氏拟树虻

Xylomya sichuanensis Yang *et* Nagatomi 四川木虻

Xylomya sinica Yang *et* Nagatomi 中华木虻

Xylomya wenxiana Yang, Gao *et* An 文县木虻

Xylomya xixiana Yang, Gao *et* An 西峡木虻

xylomyid 1. [= xylomyid fly, wood soldier fly] 木虻 < 木虻科 Xylomyidae 昆虫的通称 >; 2. 木虻科的

xylomyid fly [= xylomyid, wood soldier fly] 木虻

Xylomyidae 木虻科 < 该科学名有误写为 Xylomyiidae 者 >

Xylomyinae 木虻亚科

Xylonites 光木长蠹属

Xylonites praeustus Germar 棕光木长蠹

Xylonites retusus Olivier 钝光木长蠹

Xylopertha 碎木长蠹属

Xylopertha crinitarsia Imhoff 见 *Xyloperthella crinitarsis*

Xylopertha elegans Liu *et* Beaver 丽碎木长蠹

Xylopertha picea (Olivier) 见 *Xyloperthella picea*

Xylopertha reflexicauda (Lesne) 端翘碎木长蠹

Xyloperthella 类碎木长蠹属，碎木长蠹属

Xyloperthella crinitarsis (Imhoff) 多毛类碎木长蠹，多毛碎木长蠹，合欢长蠹

Xyloperthella guineensis Roberts 几类碎木长蠹，几内亚碎木长蠹

Xyloperthella picea (Olivier) 脂松类碎木长蠹，脂松碎木长蠹，云杉碎木长蠹，非洲箭毒木长蠹

Xyloperthella scutula (Lesne) 棋盘类碎木长蠹，棋盘碎木长蠹

Xyloperthini 碎木长蠹族

Xyloperthodes 缝棘长蠹属
Xyloperthodes nitidipennis Murray 光翅缝棘长蠹
Xyloperthodes orthogonius Lesne 草原缝棘长蠹，稀树草原长蠹
Xylophaga 食木类
xylophagid 1. [= xylophagid fly, awl fly] 食木虻 <食木虻科 Xylophagidae 昆虫的通称>；2. 食木虻科的
xylophagid fly [= xylophagid, awl fly] 食木虻
Xylophagidae [= Erinnidae] 食木虻科
xylophagous 食木的
Xylophagus 食木虻属
Xylophagus cinctus (De Geer) 普通食木虻，带埃食木虻
Xylophanes 晒斜纹天蛾属
Xylophanes thyelia (Linnaeus) 特晒斜纹天蛾
Xylophilidae [= Aderidae] 木甲科，伪细颈虫科，伪蚁形甲科
xylophilous 适木的，喜木的
Xylophrurus 木卫姬蜂属
Xylophrurus coreensis Uchida 朝鲜木卫姬蜂
Xylophrurus lancifer (Gravenhorst) 矛木卫姬蜂
Xylophylla 木叶夜蛾属
Xylophylla punctifascia (Leech) 木叶夜蛾，斑木叶夜蛾
Xylopolia 木夜蛾属，息栖夜蛾属
Xylopolia bella (Butler) 丽栖木夜蛾，亮息栖夜蛾，亮栖夜蛾，贝埃基夜蛾
Xylopolia bella bella (Butler) 丽栖木夜蛾指名亚种
Xylopolia bella taiwanicola Hreblay *et* Ronkay 丽栖木夜蛾台湾亚种，亮栖夜蛾
Xylopolia fulvireniforma Chang 茶息栖夜蛾，茶肾栖夜蛾
Xyloprista 锯木长蠹属
Xyloprista arcellata (Lesne) 弯齿锯木长蠹
Xyloprista fisheri Rai 菲希锯木长蠹
Xyloprista hexacantha (Fairmaire) 尖齿锯木长蠹
Xyloprista praemorsa (Erichson) 钝齿锯木长蠹
Xylopsocus 噬木长蠹属，斜坡长蠹属
Xylopsocus acutispinosus Lesne 尖棘噬木长蠹，尖棘斜坡长蠹
Xylopsocus bicuspis Lesne 双齿噬木长蠹，双尖斜坡长蠹
Xylopsocus capucinus (Fabricius) 截面噬木长蠹，电缆斜坡长蠹，秣槽长蠹
Xylopsocus castanopterus (Fairmaire) 锥栗噬木长蠹，褐翅斜坡长蠹
Xylopsocus ebeninocollis Lesne 乌木噬木长蠹
Xylopsocus edentatus Montrouzier 平滑噬木长蠹
Xylopsocus gibbicollis (MaeLeay) 驼背噬木长蠹
Xylopsocus intermedius Damoiseau 间噬木长蠹，间斜坡长蠹
Xylopsocus radula Lesne 齿舌噬木长蠹
Xylopsocus rubidus Lesne 红翅噬木长蠹
Xylopsocus sellatus (Fåhraeus) 具鞍噬木长蠹，鞍斜坡长蠹
Xylorhiza 蓑天牛属
Xylorhiza adusta (Wiedemann) 石梓蓑天牛，纵条天牛
Xylorhiza pilosipennis Breuning 竖毛蓑天牛
Xylorycta 木蛾属
Xylorycta bipunctella (Walker) 二斑木蛾
Xyloryctes jamaicensis (Drury) [rhinoceros beetle, American rhinoceros beetle, unicorn beetle] 牙买加犀金龟甲，牙买加犀金龟
xyloryctid 1. [=xyloryctid moth] 木蛾，堆砂蛀蛾 <木蛾科 Xyloryctidae 昆虫的通称>；2. 木蛾科的
xyloryctid moth [= xyloryctid] 木蛾，堆砂蛀蛾
Xyloryctidae [= Cryptophasidae, Uzuchidae] 木蛾科，堆砂蛀蛾科 <此科学名有误写为 Xylorictidae 者>
Xylosandrus 足距小蠹属，塞小蠹属
Xylosandrus abruptoides (Schedl) 同 *Xylosandrus morigerus*
Xylosandrus adherescens Schedl 圆尾足距小蠹，艾塞小蠹
Xylosandrus amputatus (Blandford) 秃尾足距小蠹，安塞小蠹，秃尾材小蠹
Xylosandrus arquatus (Sampson) 樟足距小蠹，樟材小蠹
Xylosandrus beesoni Saha, Maiti *et* Chakraborti 比氏足距小蠹
Xylosandrus bellinsulanus Smith, Beaver *et* Cognato 美岛足距小蠹
Xylosandrus borealis Nobuchi 北方足距小蠹
Xylosandrus brevis (Eichhoff) [short-winged bark beetle] 短翅足距小蠹，短材小蠹，短翅材小蠹，短翅棘胫小蠹
Xylosandrus compactus (Eichhoff) [shot-hole borer, black coffee borer, black coffee twig borer, black twig borer, tea stem borer, castanopsis ambrosia beetle] 小滑足距小蠹，黑色枝小蠹，楝枝小蠹，楝枝塞小蠹，楝枝足距小蠹
Xylosandrus crassiusculus (Motschulsky) [Asian ambrosia beetle, granulate ambrosia beetle] 暗翅足距小蠹，粗塞小蠹，暗翅材小蠹
Xylosandrus dentipennis Park *et* Smith 齿鞘足距小蠹
Xylosandrus derupteterminatus (Schedl) 毛端足距小蠹
Xylosandrus discolor (Blandford) 双色足距小蠹，两色足距小蠹，杂色材小蠹，杂色基塞小蠹
Xylosandrus diversepilosus (Eggers) 杂毛足距小蠹，杂毛材小蠹，裂毛材小蠹
Xylosandrus eupatorii (Eggers) 壮足距小蠹
Xylosandrus formosae (Wood) 台湾足距小蠹，台湾材小蠹
Xylosandrus germanus (Blandford) [black timber bark beetle, alnus ambrosia beetle, black stem borer, smaller alnus bark beetle, tea root borer, smaller alder bark beetle] 光滑足距小蠹，桤材小蠹，桤塞小蠹，光滑材小蠹
Xylosandrus inarmatus Eggers 见 *Cyclorhipidion inarmatus*
Xylosandrus jaintianus (Schedl) 红褐足距小蠹
Xylosandrus klapperichi Schedl 见 *Cnestus klapperichi*
Xylosandrus mancus (Blandford) 截尾足距小蠹，截翅材小蠹，截翅小蠹，剪尾材小蠹虫，截尾材小蠹
Xylosandrus mancus formosanus (Eggers) 同 *Xylosandrus mancus mancus*
Xylosandrus mancus mancus (Blandford) 截尾足距小蠹指名亚种
Xylosandrus mesuae (Eggers) 淡胸足距小蠹，米素足距小蠹
Xylosandrus metagermanus (Schedl) 宽足距小蠹
Xylosandrus morigerus (Blandford) [brown twig beetle, brown coffee borer, brown coffee twig borer, coffee shot-hole borer, coffee beetle] 小粒足距小蠹，印茄材小蠹，咖啡木小蠹
Xylosandrus multilatus (Blandford) 削尾足距小蠹，牧塞小蠹
Xylosandrus queenslandi Dole *et* Beaver 昆士兰足距小蠹
Xylosandrus semiopacus (Eichhoff) 同 *Xylosandrus crassiusculus*
Xylosandrus spinifer Smith, Beaver *et* Cognato 刺鞘足距小蠹
Xylosandrus subsimiliformis (Eggers) 凸端足距小蠹
Xylosandrus subsimilis (Eggers) 垂截足距小蠹
Xylosandrus zimmermani (Hopkins) 齐氏足距小蠹，齐氏材小蠹
Xyloscia 木尺蛾属

Xyloscia biangularia Leech 二角木尺蛾
Xyloscia dentifera Inoue 缺角木尺蛾，缺角尺蛾
Xylosciara 木眼蕈蚊属
Xylosciara lignicola (Winnertz) 嗜木眼蕈蚊，黑龙江木眼蕈蚊
Xylosciara sensillata Rudzinski 感光木眼蕈蚊，敏感木眼蕈蚊，感木眼蕈蚊
xylose 木糖
Xylosteini 木花天牛族
Xylostola 木纹夜蛾属
Xylostola indistincta (Moore) 蒙木纹夜蛾，蒙纹夜蛾
Xylota 木蚜蝇属，齿转食蚜蝇属
Xylota abiens Meigen 离木蚜蝇
Xylota aeneimaculata de Meijere 铜斑木蚜蝇，铜斑蚜蝇
Xylota amaculata Yang *et* Cheng 无斑木蚜蝇
Xylota amamiensis Shiraki 奄美木蚜蝇
Xylota amylostigma Yang *et* Cheng 粉斑木蚜蝇
Xylota angustiventris Loew 角脉木蚜蝇
Xylota annulata Brunetti 环斑木蚜蝇
Xylota annulata annulata Brunetti 环斑木蚜蝇指名亚种
Xylota annulata ornatipes (Sack) 环斑木蚜蝇彩足亚种，彩足蚜蝇
Xylota annulifera Bigot 具环木蚜蝇
Xylota arboris He *et* Chu 树木蚜蝇
Xylota armipes (Sack) 黑颜木蚜蝇，肩足蚜蝇，阿木蚜蝇
Xylota aurionitens Brunetti 金色木蚜蝇
Xylota bicolor Loew 二色木蚜蝇
Xylota bimaculata (Shiraki) 双斑木蚜蝇，二斑木蚜蝇，二斑蚜蝇
Xylota brachypalpoides (Shiraki) 木木蚜蝇，短须蚜蝇
Xylota confusa Shannon 混木蚜蝇
Xylota coquilletti Hervé-Bazin 黑腹木蚜蝇，苛氏蚜蝇
Xylota crepera He *et* Chu 暗木蚜蝇
Xylota cupripurpura Huo, Zhang *et* Zheng 紫色木蚜蝇
Xylota filipjevi (Stackelberg) 非木蚜蝇
Xylota flavifrons Walker 黄额木蚜蝇
Xylota flavipes (Sack) 黄足木蚜蝇，黄脚蚜蝇，黄木蚜蝇
Xylota flavitibia Bigot 黄胫木蚜蝇
Xylota florum (Fabricius) 黄斑木蚜蝇，黑颜齿转食蚜蝇，弗木蚜蝇
Xylota flukei (Curran) 福氏木蚜蝇
Xylota fo Hull 云南木蚜蝇，云南食蚜蝇
Xylota formosana (Matsumura) 台湾木蚜蝇，宝岛蚜蝇
Xylota honghe Huo, Zhang *et* Zheng 红河木蚜蝇
Xylota huangshanensis He *et* Chu 黄山斑木蚜蝇
Xylota ignava (Panzer) 黄颜木蚜蝇，黄颜齿转食蚜蝇
Xylota impensa He, Zhang *et* Sun 壮木蚜蝇
Xylota maculabstrusa Yang *et* Cheng 隐斑木蚜蝇
Xylota makiana (Shiraki) 马卡木蚜蝇，茅埔木蚜蝇，茅埔蚜蝇
Xylota nebulosa Johnson 暗木蚜蝇
Xylota penicillata Brunetti 刷足木蚜蝇
Xylota quadrimaculata Loew 四斑木蚜蝇
Xylota segnis (Linnaeus) 缓木蚜蝇
Xylota sibirica Loew 西伯利亚木蚜蝇，西伯木蚜蝇
Xylota spurivulgaris Yang *et* Cheng 肖普通木蚜蝇
Xylota steyskali Thomson 刺木蚜蝇，史迪木蚜蝇，史迪蚜蝇，斯氏木蚜蝇
Xylota stigmatipennis Lovett 斑翅木蚜蝇
Xylota subfasciata Loew 具带木蚜蝇
Xylota sylvarum (Linnaeus) 金毛木蚜蝇
Xylota taibaishanensis He *et* Chu 太白山木蚜蝇
Xylota tarda Meigen 懒木蚜蝇，缓木蚜蝇
Xylota tenulonga Yang *et* Cheng 细长木蚜蝇
Xylota triangularis Zetterstedt 三角木蚜蝇
Xylota tuberculata (Curran) 瘤突木蚜蝇
Xylota vulgaris Yang *et* Cheng 普通木蚜蝇，普通食蚜蝇
Xylotachina 蠹蛾寄蝇属，木蠹蛾寄蝇属
Xylotachina diluta (Meigen) 带柳蠹蛾寄蝇，带柳木蠹蛾寄蝇
Xylotachina vulnerans Mesnil 害蠹蛾寄蝇，损木蠹蛾寄蝇
Xyloterini 木小蠹族
Xyloterinus 类木小蠹属
Xyloterinus politus (Say) 毛类木小蠹
Xyloterus 木小蠹属
Xyloterus aceris Niijima [maple bark beetle] 槭木小蠹，槭小蠹
Xyloterus proximus Niijima 光亮木小蠹
Xyloterus signatus Fabricius 黄条木小蠹
Xylothrips 长棒长蠹属，长蠹属
Xylothrips cathaicus Reichardt 同 *Calophagus pekinensis*
Xylothrips flavipes (Illiger) 黄足长棒长蠹，黄足艳红长蠹
Xylothrips religiosus (Boisduval) 黄槿长棒长蠹，红艳长蠹
Xylotina 木蚜蝇亚族
Xylotinae 木蚜蝇亚科
Xylotini 木蚜蝇族
Xylotopus 木栖摇蚊属
Xylotopus amamiapiatus (Sasa) 天麻木栖摇蚊
Xylotopus burmanesis Oliver 缅甸木栖摇蚊
Xylotopus par (Coquillett) 由木栖摇蚊，巴洒摇蚊
Xylotrechus 脊虎天牛属，虎天牛属
Xylotrechus aceris Fisher [gall-making maple borer] 槭瘿脊虎天牛，枫瘿天牛
Xylotrechus adspersus (Gebler) 黄纹脊虎天牛
Xylotrechus albonotatus Casey 白斑脊虎天牛
Xylotrechus altaicus (Gebler) 松脊虎天牛
Xylotrechus annosus (Say) 长命脊虎天牛
Xylotrechus apiceinnotatus Pic 端纯脊虎天牛
Xylotrechus atronotatus Pic 北字脊虎天牛，胸纹青铜虎天牛，胸纹赤虎天牛
Xylotrechus atronotatus angulithorax (Gressitt) 北字脊虎天牛细带亚种，细带北字脊虎天牛
Xylotrechus atronotatus atronotatus Pic 北字脊虎天牛指名亚种，指名北字脊虎天牛
Xylotrechus atronotatus bandaishanus Mitono 北字脊虎天牛台北亚种，台北字脊虎天牛，万大青铜虎天牛，胸纹青铜虎天牛
Xylotrechus atronotatus draconiceps Gressitt 北字脊虎天牛隆额亚种，隆额北字脊虎天牛，隆额脊虎天牛
Xylotrechus atronotatus subscalaris Pic 北字脊虎天牛朝鲜亚种，朝鲜北字脊虎天牛
Xylotrechus bifenestratus Pic 双带脊虎天牛
Xylotrechus binotaticollis Gressitt 罗浮山脊虎天牛
Xylotrechus borneosinicus Gressitt 秦岭脊虎天牛
Xylotrechus brevicillus Chevrolat 糙胸脊虎天牛
Xylotrechus brixi Gressitt *et* Rondon 布氏脊虎天牛

Xylotrechus buqueti (Castelnau *et* Gory) 叉脊虎天牛

Xylotrechus carinicollils Jordan 脊胸脊虎天牛

Xylotrechus chatterjeei (Gardner) 查氏脊虎天牛

Xylotrechus chinensis (Chevrolat) [mulberry borer, mulberry cerambycid, tiger longicorn beetle] 桑脊虎天牛，中华虎天牛，桑虎，桑虎天牛

Xylotrechus chujoi Hayashi T 纹脊虎天牛

Xylotrechus cinerascens Matsushita 无纹脊虎天牛，欠纹绿虎天牛

Xylotrechus clabauti Gressitt *et* Rondon 克氏脊虎天牛

Xylotrechus clarinus Bates 桦脊虎天牛

Xylotrechus clavicornis Pic 粗角脊虎天牛

Xylotrechus colonus (Fabricius) [rustic borer] 粗脊虎天牛，乡村虎天牛

Xylotrechus contortus Gahan 核桃脊虎天牛

Xylotrechus cuneipennis (Kraatz) [paler tiger longicorn] 冷杉脊虎天牛，苍翅虎天牛

Xylotrechus cuneipennis cuneipennis (Kraatz) 冷杉脊虎天牛指名亚种

Xylotrechus cuneipennis jilinensis Wang 冷杉脊虎天牛吉林亚种，吉林冷杉脊虎天牛

Xylotrechus curtithorax Pic 短胸脊虎天牛

Xylotrechus dalatensis Pic 并点脊虎天牛

Xylotrechus daoi Gressitt *et* Rondon 道氏脊虎天牛

Xylotrechus deletus Lameere 印支脊虎天牛

Xylotrechus diversenotatus Pic 越南脊虎天牛

Xylotrechus diversenotatus diversenotatus Pic 越南脊虎天牛指名亚种

Xylotrechus diversenotatus magdelainei Pic 越南脊虎天牛麦氏亚种，麦氏脊虎天牛

Xylotrechus diversepubens Pic 粒胸脊虎天牛

Xylotrechus diversesignatus Pic 连纹脊虎天牛

Xylotrechus djoukoulanus Pic 红角脊虎天牛

Xylotrechus dominulus (White) 四斑脊虎天牛

Xylotrechus emaciatus Bates 胸带脊虎天牛，八字纹脊虎天牛

Xylotrechus formosanus Schwarzer 台湾脊虎天牛，胸纹黑虎天牛

Xylotrechus gestroi Gahan 米纹脊虎天牛

Xylotrechus gestroi gestroi Gahan 米纹脊虎天牛指名亚种

Xylotrechus gestroi laosensis Gressitt *et* Rondon 米纹脊虎天牛老挝亚种，米纹脊虎天牛

Xylotrechus globosa (Olivier) 东北脊虎天牛

Xylotrechus goetzi Heyrovský 哥氏脊虎天牛

Xylotrechus gratus Viktora 可喜脊虎天牛

Xylotrechus grayii (White) [grey tiger longicorn] 咖啡脊虎天牛，胸斑虎天牛，榆虎天牛

Xylotrechus grayii bisiniapicalis Takakuwa 咖啡脊虎天牛先岛亚种，先岛咖啡脊虎天牛

Xylotrechus grayii grayii (White) 咖啡脊虎天牛指名亚种，指名咖啡脊虎天牛

Xylotrechus grumi Semenov 中亚脊虎天牛，六斑脊虎天牛

Xylotrechus hampsoni Gahan 哈氏脊虎天牛

Xylotrechus hircus (Gebler) 弧纹脊虎天牛

Xylotrechus ibex (Gebler) 显纹脊虎天牛

Xylotrechus imperfectus Chevrolat 长纹脊虎天牛

Xylotrechus incurvatus (Chevrolat) 曲纹脊虎天牛，胡桃脊虎天牛，侧纹黄虎天牛

Xylotrechus incurvatus contortus Gahan 曲纹脊虎天牛核桃亚种，核桃曲纹脊虎天牛，桃曲纹脊虎天牛

Xylotrechus incurvatus incurvatus (Chevrolat) 曲纹脊虎天牛指名亚种

Xylotrechus inflexus Viktora *et* Liu 内折脊虎天牛

Xylotrechus innotatithorax Pic 无斑脊虎天牛

Xylotrechus javanicus Laporte *et* Gory 灭字脊虎天牛

Xylotrechus kayoensis Mitono *et* Kira 八点脊虎天牛，佳阳虎天牛

Xylotrechus khampaseuthi Holzschuh 卡姆脊虎天牛

Xylotrechus khampaseuthi khampaseuthi Holzschuh 卡姆脊虎天牛指名亚种

Xylotrechus khampaseuthi shibatai Niisato *et* Wakejima 卡姆脊虎天牛柴田亚种，柴田卡姆脊虎天牛

Xylotrechus klapperichi Gressitt 光泽脊虎天牛

Xylotrechus kosempoensis Heyrovský 台岛脊虎天牛，甲仙虎天牛

Xylotrechus kuatunensis Gressitt 挂墩脊虎天牛

Xylotrechus latefasciatus Pic 黑头脊虎天牛，锯角虎天牛

Xylotrechus latefasciatus latefasciatus Pic 黑头脊虎天牛指名亚种，指名黑头脊虎天牛

Xylotrechus latefasciatus ochroceps Gressitt 黑头脊虎天牛红头亚种，红头脊虎天牛，红黑头脊虎天牛

Xylotrechus lateralis Gahan 侧线脊虎天牛，窄额脊虎天牛

Xylotrechus lateralis fracturis Guo *et* Chen 同 *Xylotrechus lateralis lateralis*

Xylotrechus lateralis lateralis Gahan 侧线脊虎天牛指名亚种

Xylotrechus longithorax Pic 长胸脊虎天牛

Xylotrechus magnicollis (Fairmaire) 巨胸脊虎天牛，红领虎天牛

Xylotrechus magnificus Pic 大脊虎天牛

Xylotrechus marketae Viktora *et* Liu 玛氏脊虎天牛

Xylotrechus mixtus Piavilstshikov 乌苏里脊虎天牛

Xylotrechus multiimpressus Pic 沟胸脊虎天牛

Xylotrechus multimaculatus Pic 多斑脊虎天牛

Xylotrechus multinotatus Pic 黄点脊虎天牛

Xylotrechus multisignatus Heller 四脊脊虎天牛

Xylotrechus namanganensis (Heyden) 柳脊虎天牛

Xylotrechus nauticus (Mannerheim) [oak cordwood borer, nautical borer] 栎捆材脊虎天牛

Xylotrechus nigrosulphureus Gressitt 疏纹脊虎天牛

Xylotrechus nodieri Pic 诺氏脊虎天牛

Xylotrechus obliteratus LeConte [poplar butt borer] 杨脊虎天牛

Xylotrechus pallidipennis Matsumura 同 *Xylotrechus cuneipennis*

Xylotrechus pantherinus Savenius 四纹脊虎天牛，欧亚脊虎天牛

Xylotrechus paulocerinatus Pic 寡脊虎天牛

Xylotrechus pavlovskii Plavilstshikov 滨海脊虎天牛

Xylotrechus pekingensis Pic 北京脊虎天牛

Xylotrechus petrae Viktora 佩特脊虎天牛

Xylotrechus pici Heyrovský 黑脊虎天牛

Xylotrechus polyzonus (Fairmaire) 四带脊虎天牛

Xylotrechus pyrrhoderus Bates [grape borer, grape tiger longicorn] 葡萄脊虎天牛，葡萄虎天牛，葡脊虎天牛，葡萄枝天牛，葡萄钻心虫，枝条天牛，葡萄虎斑天牛，葡萄天牛，葡萄枝条

哈虫
Xylotrechus pyrrhoderus nigrosternus Gressitt 葡萄脊虎天牛黑色亚种，黑葡萄脊虎天牛，黑腹葡脊虎天牛
Xylotrechus pyrrhoderus pyrrhoderus Bates 葡萄脊虎天牛指名亚种，指名葡脊虎天牛
Xylotrechus quadrimaculatus (Haldeman) [beech limb borer, birch and beech girdler] 山毛榉脊虎天牛
Xylotrechus quadripes Chevrolat 灭字脊虎天牛
Xylotrechus quattuordecimmaculatus Guo *et* Chen 十四斑脊虎天牛
Xylotrechus retractus Holzschuh 陕脊虎天牛
Xylotrechus robusticollis (Pic) 黑胸脊虎天牛
Xylotrechus rufilius Bates [red-necked tiger longicorn] 白蜡脊虎天牛，红颈虎天牛，巨胸脊虎天牛
Xylotrechus rufoapicalis Pic 红尾脊虎天牛
Xylotrechus rufobasalis Pic 红肩脊虎天牛
Xylotrechus rufonotatus Gressitt 红点脊虎天牛，红纹虎天牛，红胸脊虎天牛
Xylotrechus rusticus (Linnaeus) [grey tiger longicorn] 青杨脊虎天牛，青杨虎天牛
Xylotrechus sagittatus (Germar) 箭脊虎天牛
Xylotrechus salicis Takakuwa *et* Oda 北亚脊虎天牛
Xylotrechus savioi Pic 浙江脊虎天牛
Xylotrechus sciamai Gressitt *et* Rondon 西氏脊虎天牛
Xylotrechus securus Holzschuh 忧郁脊虎天牛
Xylotrechus semimarginatus Pic 西贡脊虎天牛
Xylotrechus serraticornis Mitono 宽胸脊虎天牛，锯角虎天牛
Xylotrechus signaticollis Pic 河内脊虎天牛
Xylotrechus sikangensis Gressitt 灵关脊虎天牛
Xylotrechus stebbingi Gahan 栎脊虎天牛，斯氏脊虎天牛
Xylotrechus subdepressus (Chevrolat) 一斑脊虎天牛
Xylotrechus suzukii Holzschuh 铃木脊虎天牛，铃木氏虎天牛
Xylotrechus tanoni Gressitt *et* Rondon 塔氏脊虎天牛
Xylotrechus triangulifer Pesarini *et* Sabbadini 同 *Xylotrechus lateralis*
Xylotrechus trimaculatus Pic 三点脊虎天牛
Xylotrechus tristisfacies Yang *et* Yang 同 *Xylotrechus securus*
Xylotrechus uniannulatus Pic 单环脊虎天牛
Xylotrechus unicarinatus Pic 勾纹脊虎天牛
Xylotrechus variegatus Gressitt *et* Rondon 老挝脊虎天牛
Xylotrechus villioni Villard 维氏脊虎天牛
Xylotrechus vitalisi Pic 红胸脊虎天牛
Xylotrechus vomeroi Pesarini *et* Sabbadini 同 *Xylotrechus apiceinnotatus*
Xylotrechus wauthieri Gressitt *et* Rondon 窝氏脊虎天牛
Xylotrechus wenii Han *et* Niisato 文一脊虎天牛，文一氏虎天牛
Xylotrechus yanoi Gressitt 宽带脊虎天牛
Xylotrechus zaisanicus Plavilstshikov 中脊虎天牛
Xylotrechus zanonianus Gressitt *et* Rondon 赞氏脊虎天牛
Xylotrechus zhouchaoi Viktora *et* Liu 周超脊虎天牛
Xylotrogidae [= Lyctidae] 粉蠹科
Xylotrupes 木犀金龟甲属，姬独角仙属
Xylotrupes dichotomus Linnaeus 见 *Allomyrina dichotoma*
Xylotrupes gideon (Linnaeus) [brown rhinoceros beetle, Siamese rhinoceros beetle, Gideon kever] 橡胶木犀金龟甲，橡胶木犀金龟，奇木犀金龟
Xylotrupes gideon gideon (Linnaeus) 橡胶木犀金龟甲指名亚种，指名胶木犀金龟
Xylotrupes gideon kaszabi Endrödi 同 *Xylotrupes mniszechi tonkinensis*
Xylotrupes gideon mniszechi Thomson 见 *Xylotrupes mniszechi*
Xylotrupes gideon tonkinensis Minck 见 *Xylotrupes mniszechi tonkinensis*
Xylotrupes mniszechi Thomson 木氏木犀金龟甲
Xylotrupes mniszechi hainaniana Rowland 木氏木犀金龟甲海南亚种
Xylotrupes mniszechi mniszechi Thomson 木氏木犀金龟甲指名亚种
Xylotrupes mniszechi tonkinensis Minck 木氏木犀金龟甲越南亚种，姬独角仙，兰屿双角仙，姬兜虫
Xynias 肃蚬蝶属
Xynias cristalla Grose-Smith 克里肃蚬蝶
Xynias cynosema Hewitson 肃蚬蝶
Xynias lilacina Lath 淡紫肃蚬蝶
Xynias potaronus Kaye 波肃蚬蝶
Xynoraphidia 普蛇蛉属
Xyphon 尖头叶蝉属
Xyphon flaviceps (Riley) [yellow-headed leafhopper] 黄头尖头叶蝉，黄头大叶蝉，黄头叶蝉
Xyphon reticulatum (Signoret) 网翅尖头叶蝉
Xyphosia 彩实蝇属，网斑实蝇属，乳突实蝇属
Xyphosia malaisei (Hering) 黑彩实蝇，马来网斑实蝇
Xyphosia miliaria Schrank 黄彩实蝇，北方异翅网斑实蝇
Xyphosia miliaria miliaria Schrank 黄彩实蝇指名亚种
Xyphosia miliaria orientalis Hering 见 *Xyphosia orientalis*
Xyphosia miliaria punctipennis Hendel 黄彩实蝇刻纹亚种，刻纹网斑实蝇
Xyphosia orientalis Hering 东方彩实蝇，东方网斑实蝇，东方军晒实蝇
Xyphosia punctigera (Coquillett) [yellow fruit fly] 大纹彩实蝇，大纹网斑实蝇，黄乳突实蝇，黄实蝇
Xyphosiini 彩实蝇族，斯普斯实蝇族
xyphus 中胸腹板刺 < 指半翅目昆虫等中胸腹板上的刺或三角形突起 >
Xyroptila 长臂羽蛾属
Xyroptila siami Kovtunovich *et* Ustjuzhanin 波动长臂羽蛾
Xyrosaris 喜巢蛾属
Xyrosaris lichneuta Meyrick 李喜巢蛾
Xyrosaris lirinopa Meyrick 利喜巢蛾
Xyrosaris luchneuta Meyrick 台湾喜巢蛾
Xystophora 齿茎麦蛾属
Xystophora carchariella (Zeller) 蚕豆齿茎麦蛾
Xystophora chengchengensis Li *et* Zheng 澄城齿茎麦蛾
Xystophora ingentidentalis Li *et* Zheng 巨齿茎麦蛾
Xystophora novipsammitella Li *et* Zheng 新齿茎麦蛾
Xystophora parvisaccula Li *et* Zheng 小腹齿茎麦蛾
Xystophora psammitella (Snellen) 胡枝子齿茎麦蛾
Xystrocera 双条天牛属
Xystrocera alcyonea Pascoe 台湾双条天牛
Xystrocera festiva Thomson 咖啡双条天牛
Xystrocera globosa (Olivier) 合欢双条天牛，双条天牛，青带天牛，青条天牛
Xystrocera globosa globosa (Olivier) 合欢双条天牛指名亚种
Xystrocera globosa mediovitticollis Breuning 合欢双条天牛纹领亚种，中合欢双条天牛，中条合欢双条天牛
Xystrocerini 双条天牛族

Y-chromosome Y 染色体，性染色体
Y-olfactometer [= Y-tube olfactometer] Y 型嗅觉仪
Y-tube olfactometer 见 Y-olfactometer
yak-killer hornet [= Asian giant hornet, *Vespa mandarinia* Smith] 金环胡蜂，中华大虎头蜂，中国大虎头蜂，台湾大虎头蜂，大虎头蜂，土蜂仔，大土蜂
Yakudza 雅木蠹蛾属
Yakudza vicarius (Walker) [oriental carpenter moth] 东方雅木蠹蛾，东方木蠹蛾，榆木蠹蛾，柳干木蠹蛾，柳乌木蠹蛾，大褐木蠹蛾
Yakuhananomia 雅花蚤属
Yakuhananomia bidentata (Say) 二齿雅花蚤
Yakuhananomia ermischi Franciscolo 埃氏雅花蚤
Yakuhananomia fulviceps (Champion) 黄头雅花蚤
Yakuhananomia polyspila (Fairmaire) 多斑雅花蚤
Yakuhananomia tsuyukii Takakuwa 津行雅花蚤
Yakuhananomia tui (Horák) 涂氏雅花蚤
Yakuhananomia uenoi Takakuwa 上野雅花蚤
Yakuza 雅库叶蝉属
Yakuza centralis Dworakowska 中斑雅库叶蝉
Yakuza obscura Dworakowska 暗盾雅库叶蝉
Yakuza sumatrana Dworakowska 苏门雅库叶蝉
Yakuza taiwana Dworakowska 台湾雅库叶蝉
Yala pyricola Chu 同 *Apocheima cinerarius pyri*
Yalia 雅丽飞虱属
Yalia jiangxiensis Ding 江西雅丽飞虱
yam hawk moth [*Theretra nessus* (Drury)] 青背斜纹天蛾，绿背斜纹天蛾，黄腹斜纹天蛾
yam leafminer [*Acrolepiopsis suzukiella* (Matsumura)] 铃木阿邻菜蛾，铃木潜叶蛾，铃木伪菜蛾
yam scale [= ubi scale, *Aspidiella hartii* (Cockerell)] 热带小圆盾蚧
Yamamotozephyrus 虎灰蝶属
Yamamotozephyrus kwangtungensis (Förster) 虎灰蝶
Yamamotozephyrus kwangtungensis kwangtungensis (Förster) 虎灰蝶指名亚种，指名虎灰蝶
Yamamotozephyrus kwangtungensis mayhkaensis Watanabe 虎灰蝶缅甸亚种
Yamanetilla 山根蚁蜂属
Yamanetilla quadruplex (Chen) 倍山根蚁蜂，江苏雅蚁蜂
Yamanetilla taiwaniana (Zavattari) 台湾山根蚁蜂，台雅蚁蜂
Yamataphis oryzae Matsumura 同 *Tetraneura* (*Tetraneurella*) *nigriabdominalis*
Yamatarotes 辅齿姬蜂属
Yamatarotes aequoris Momoi 腔辅齿姬蜂
Yamatarotes bicolor Uchida 色辅齿姬蜂，双色辅齿姬蜂
Yamatarotes chishimensis (Uchida) 千岛辅齿姬蜂
Yamatarotes chishimensis chishimensis (Uchida) 千岛辅齿姬蜂指名亚种
Yamatarotes chishimensis grahami Momoi 千岛辅齿姬蜂格氏亚种，格氏千岛辅齿姬蜂，格四川辅齿姬蜂
Yamatarotes convexus Chiu 凸辅齿姬蜂
Yamatarotes evanidus Momoi 软弱辅齿姬蜂
Yamatarotes nigrimaculans Wang 黑斑辅齿姬蜂
Yamatarotes obtusus Momoi 钝辅齿姬蜂
Yamatarotes qianensis Sheng *et* Sun 千山辅齿姬蜂
Yamatarotes undentalis Wang 无齿辅齿姬蜂
Yamatarotes yunnanensis Wang 云南辅齿姬蜂
Yamatentomon 大和蚖属
Yamatentomon yamato (Imadaté *et* Yosii) 大和蚖
Yamatocallis 桠镰管蚜属，桠斑蚜属
Yamatocallis acerisucta Qiao *et* Zhang 吸槭桠镰管蚜
Yamatocallis hirayamae Matsumura 枫桠镰管蚜，枫桠斑蚜，日本桠斑蚜
Yamatocallis obscura (Ghosh, Ghosh *et* Raychaudhuri) 浑桠镰管蚜
Yamatocallis sauteri (Takahashi) 长大桠镰管蚜，槭桠斑蚜，长大管斑蚜
Yamatochaitophorus 桠毛蚜属
Yamatochaitophorus albus (Takahashi) 日本桠毛蚜
Yamatochaitophorus yichunensis Jiang, Chen *et* Qiao 伊春桠毛蚜
Yamatosa 雅条脊甲属
Yamatosa reuteri Hovorka 雷氏雅条脊甲
Yamatosa sinensis Bell *et* Bell 华雅条脊甲
Yamatotettix 阔颜叶蝉属
Yamatotettix flavovittatus Matsumura 黄带阔颜叶蝉，条纹阔颜叶蝉，黄条雅小叶蝉
Yamatotettix hongsaprugi Webb 洪阔颜叶蝉
Yamatotettix nigrilineus Li *et* Dai 黑线阔颜叶蝉
Yamatotettix nigromaculata Ishihara 黑斑阔颜叶蝉
Yamatotettix remanei Knight *et* Webb 雷阔颜叶蝉
Yamatotettix sexnotatus (Izzard) 白头阔颜叶蝉
Yamatotipula 雅大蚊亚属
yamfly [*Loxura atymnus* (Stoll)] 鹿灰蝶
Yanducixius 燕都菱蜡蝉属
Yanducixius pardalinus Ren, Lu *et* Guo 豹斑燕都菱蜡蝉
Yanducixius yihi Ren, Lu *et* Guo 叶氏燕都菱蜡蝉
Yangida 杨塔叶蝉属
Yangida basnetti Dworakowska 巴氏杨塔叶蝉
Yangida fasciata Zhang, Gao *et* Huang 饰带杨塔叶蝉
Yangicoris 杨猎蝽属
Yangicoris geniculatus Cai 粒杨猎蝽
Yangiella 杨扁蝽属
Yangiella mimetica Hsiao 原杨扁蝽
Yangissus 杨氏瓢蜡蝉属
Yangissus maolanensis Chen, Zhang *et* Chang 茂兰杨氏瓢蜡蝉
Yangisunda 杨小叶蝉属
Yangisunda apicibicruris Zhang, Gao *et* Huang 端枝杨小叶蝉
Yangisunda bisbifudusa Zhang, Gao *et* Huang 复叉杨小叶蝉

Yangisunda choui Zhang, Huang *et* Shen 周氏杨小叶蝉
Yangisunda dworakowskaia Zhang, Huang *et* Shen 德氏杨小叶蝉
Yangisunda parachoui Zhang, Huang *et* Shen 拟周氏杨小叶蝉
Yangisunda ramosa Zhang 多枝杨小叶蝉
Yangisunda tiani Zhang, Huang *et* Shen 田氏杨小叶蝉
Yangna stem borer [*Celosterna pollinosa sulphurea* Heller] 多点腹瘤天牛黄毛亚种，黄毛腹瘤天牛
Yangochorista 杨蝎蛉属
Yangochorista hejiafanensis Hong 何家坊杨蝎蛉
Yangsinolacme 杨氏飞虱属
Yangsinolacme terrea (Yang) 淡棕杨氏飞虱，高雄阳刺飞虱
Yangus 蓬木虱属
Yangus chiasiensis Fang 白格蓬木虱，杨个木虱
Yangus pennatae Li 臭菜藤蓬木虱
Yania 川弄蝶属
Yania sinica Huang 川弄蝶
Yano aphid [*Stomaphis yanonis* Takahashi] 朴长喙大蚜，朴树长吻蚜，矢野长喙大蚜
Yano Chinese sumac gall aphid [= Chinese sumac rosy gall aphid, *Nurudea yanoniella* (Matsumura)] 红圆角倍蚜，红倍花蚜，盐肤木红仿倍蚜，条孔倍花蚜，矢倍样蚜
Yano distylium gall aphid [*Neothoracaphis yanonis* (Matsumura)] 蚊母新胸蚜，日亚新胸蚜，矢日本扁蚜，矢野二节棓蚜
Yano leafhopper [= wheat leafhopper, *Sorhoanus tritici* (Matsumura)] 麦绿草叶蝉，小麦角顶叶蝉，小麦叶蝉
Yanocephalus 尖头叶蝉属
Yanocephalus yanonis (Matsumura) 纵带尖头叶蝉
Yanon scale [= arrowhead snow scale, arrowhead scale, Japanese citrus scale, oriental citrus scale, *Unaspis yanonensis* (Kuwana)] 矢尖盾蚧，矢尖蚧，箭头蚧，矢根蚧，矢根介壳虫，箭头介壳虫
Yanunka 锥翅飞虱属
Yanunka incerta Yang 拟锥翅飞虱，双脊雅飞虱
Yanunka miscanthi Ishihara 大芒锥翅飞虱，日本雅飞虱
Yanzaphaenops 燕盲步甲属
Yanzaphaenops hirundinis (Uéno) 湖北燕盲步甲
Yaothrips 足蓟马属 *Pezothrips* 的异名
Yaothrips pediculae (Han) 见 *Pezothrips pediculae*
Yaothrips shii Mirab-balou, Wei, Lu *et* Chen 同 *Pezothrips pediculae*
yarrow mealybug [*Atrococcus achilleae* (Kiritchenko)] 蓍草黑粉蚧
Yashmakia suffusa (Warren) 乌涂花尺蛾
Yasoda 桠灰蝶属
Yasoda androconifera Fruhstorfer 雄球桠灰蝶
Yasoda atrinotata Fruhstorfer 黑点桠灰蝶
Yasoda pita (Horsfield) 桠灰蝶，丕桠灰蝶
Yasoda pita dohertyi Fruhstorfer 桠灰蝶多氏亚种，朵丕桠灰蝶
Yasoda pita pita (Horsfield) 桠灰蝶指名亚种
Yasoda pitane de Nicéville 皮塔桠灰蝶
Yasoda robinsoni Holloway 罗宾桠灰蝶
Yasoda tripunctata (Hewitson) [branded yamfly] 三点桠灰蝶
Yasumatsua 安松三节叶蜂属
Yasumatsua albitibia Togashi 白胫安松三节叶蜂，白腰安松三节叶蜂
yatta ringlet [= yatta three-ring, *Ypthima yatta* Kielland] 雅塔矍眼蝶
yatta three-ring 见 yatta ringlet
Yavanna 雅娃蚖属
Yavanna sinensis (Bu *et* Yin) 中华雅娃蚖，中华诺蚖
year succession 年度演替
Yehiella aequosetos Chen 同 *Parabaliothrips takahashii*
yehl skipper [*Poanes yehl* (Skinner)] 橙色袍弄蝶
Yelicones 阔跗茧蜂属
Yelicones belokobyskiji Quicke, Chishti *et* Chen 贝氏阔跗茧蜂
Yelicones flavus Chen *et* Quicke 黄褐阔跗茧蜂
Yelicones koreanus Papp 朝鲜阔跗茧蜂
Yelicones longineva Quicke, Chishti *et* Chen 长脉阔跗茧蜂
Yelicones maculatus Papp 斑阔跗茧蜂
Yelicones nipponensis Togashi 日本阔跗茧蜂
Yelicones wui Chen *et* He 吴氏阔跗茧蜂
Yeliconini 阔跗茧蜂族
yellow 黄粉蝶
yellow admiral [= Australian admiral, *Vanessa itea* (Fabricius)] 黄眉红蛱蝶
yellow albatross [= common albatross, Christmas Island white, Ceylon lesser albatross, *Appias paulina* (Cramer)] 宝玲尖粉蝶，鲍斑粉蝶
yellow and black dart [*Potanthus sita* Evans] 谷黄室弄蝶
yellow angled-sulphur [= angled sulphur, *Anteos maerula* (Fabricius)] 中美角翅大粉蝶
yellow apple scale [= European fruit scale, oystershell scale, pear-tree oyster scale, pear oyster scale, yellow oyster scale, yellow plum scale, green oyster scale, ostreaeform scale, false San Jose scale, Curtis scale, *Diaspidiotus ostreaeformis* (Curtis)] 桦灰圆盾蚧，桦笠圆盾蚧，欧洲果圆蚧，杨笠圆盾蚧，蛎形齿盾介壳虫
yellow apricot [= orange-barred giant sulphur, orange-barred sulphur, *Phoebis philea* (Linnaeus)] 黄纹菲粉蝶，菲莉纯粉蝶
yellow argus [*Paralasa mani* (de Nicéville)] 黄襟山眼蝶，曼山眼蝶，蔓红眼蝶
yellow band dart [= pava dart, *Potanthus pava* (Fruhstorfer)] 宽纹黄室弄蝶，淡黄斑弄蝶，淡黄弄蝶，黄弄蝶，淡色黄斑弄蝶
yellow band nymph [= yellow-banded nymph, *Xanthotaenia busiris* (Westwood)] 黄带环蝶
yellow-band palmer [= Malay yellowband palmer, *Lotongus avesta* (Hewitson)] 阿维珞弄蝶
yellow-banded acraea [*Acraea cabira* Höpffer] 黄带珍蝶
yellow-banded bematistes [*Bematistes obliqua* Aurivillius] 奥博线珍蝶
yellow-banded bumble bee [*Bombus terricola* Kirby] 黄带熊蜂
yellow-banded bush brown [*Bicyclus cottrelli* (van Son)] 科特蔽眼蝶
yellow-banded dart [= green grass-dart, greenish grass-dart, southern dart, *Ocybadistes walkeri* Heron] 绿丫纹弄蝶，丫纹弄蝶
yellow-banded eighty-eight [*Callicore atacama* (Hewitson)] 黄带图蛱蝶
yellow-banded epeolus [*Epeolus flavofasciatus* Smith] 黄带绒斑蜂
yellow-banded evening brown [= banded evening brown, *Gnophodes betsimena* (Boisduval)] 白带钩眼蝶
yellow-banded jezebel [*Delias ennia* (Wallace)] 红箭纹斑粉蝶

yellow-banded mealybug [= golden mealybug, *Nipaecoccus aurilanatus* (Maskell)] 黄条堆粉蚧，黄条粉蚧

yellow-banded nymph 见 yellow band nymph

yellow-banded palmer [= broken-band palmer, *Lotongus saralus* (de Nicéville)] 珞弄蝶

yellow-banded raymark [*Siseme pallas* (Latreille)] 泊溪蚬蝶

yellow-banded ringlet [*Erebia flavofasciata* Heyne] 黄带红眼蝶

yellow-banded skipper 1. [*Pyrgus sidae* (Esper)] 黄带花弄蝶；2. [= yellow-striped potam, *Potamanaxas flavofasciata* (Hewitson)] 河衬弄蝶

yellow-banded timber beetle [*Monarthrum fasciatum* (Say)] 黄斑芳小蠹，黑带芳小蠹

yellow bands underwing [*Catocala fulminea* (Scopoli)] 光裳夜蛾

yellow-barred brindle [*Acasis viretata* (Hübner)] 沼尺蛾

yellow-barred long-horn [*Nemophora degeerella* (Linnaeus)] 黄斑带长角蛾

yellow-barred shade moth [*Eulia ministrana* (Linnaeus)] 桦棕卷蛾

yellow-base flitter [= golden tree flitter, golden flitter, *Quedara basiflava* de Nicéville] 黄基奎弄蝶

yellow-base sailer [*Neptis metella* (Doubleday)] 麦环蛱蝶

yellow-based lancer [= small yellowvein lancer, *Pyroneura natuna* (Fruhstorfer)] 纳图火脉弄蝶

yellow-based metalmark [*Isapis agyrtus* (Cramer)] 艾莎蚬蝶

yellow-based tussock moth [= dark tussock moth, *Dasychira basiflava* (Packard)] 深茸毒蛾

yellow-belly black-dotted arctiid [= white ermine, buff ermine, European white ermine moth, *Spilosoma lubricipedum* (Linnaeus)] 黄星雪灯蛾，黄腹污灯蛾，黄腹斑灯蛾，黄腹斑雪灯蛾，星白雪灯蛾，星白灯蛾

yellow birch leaf-folder [*Anchylopera discigerana* Walker] 桦锯缘卷蛾属，桦叶卷蛾

yellow blood silkworm 黄血蚕

yellow-bodied clubtail [= yellow clubtail, *Losaria neptunus* (Guérin-Méneville)] 镎锤尾凤蝶，红斑锤尾凤蝶

yellow body 黄体 < 指某些幼虫化蛹时留在肠腔内的一种无定形团状物 >

yellow-bordered owl [*Caligo uranus* (Herrich-Schäffer)] 黄缘猫头鹰环蝶

yellow-bottomed theope [= extroverted theope, *Theope pedias* (Herrich-Schäffer)] 佩娆蚬蝶

yellow-brown marmorated stink bug [= brown marmorated stink bug (abb. BMSB), yellow-brown stink bug, interstate bug,Asian stink bug, *Halyomorpha halys* (Stål)] 茶翅蝽

yellow-brown stink bug 见 yellow-brown marmorated stink bug

yellow bumble bee [= golden northern bumble bee, *Bombus fervidus* (Fabricius)] 金黄熊蜂

yellow bush dart [*Copera marginipes* (Rambur)] 黄狭扇蟌，胫蹼琵蟌

yellow-centered metalmark [*Mesenopsis bryaxis* (Hewitson)] 密蚬蝶

yellow chequered lancer [= yellow lancer, *Plastingia pellonia* Fruhstorfer] 玻串弄蝶

yellow citrus ant [= Asian weaver ant, weaver ant, green ant, weaver red ant, green tree ant, orange gaster, *Oecophylla smaragdina* (Fabricius)] 黄猄蚁，黄柑蚁，织叶蚁，柑橘蚁，红树蚁，柑蚁

yellow clover aphid [= spotted alfalfa aphid, spotted clover aphid, *Therioaphis trifolii* (Monell)] 三叶草彩斑蚜，苜蓿斑蚜，苜蓿斑翅蚜，车轴草彩斑蚜，苜蓿彩斑蚜

yellow clubtail 见 yellow-bodied clubtail

yellow cocoon 黄茧 < 家蚕的 >

yellow cocoon race 黄茧种 < 家蚕的 >

yellow coster [*Acraea issoria* (Hübner)] 苎麻珍蝶，苎麻黄蛱蝶，苎麻斑蛱蝶

yellow cotton moth [= cotton looper, tropical anomis, white-pupiled scallop moth, orange cotton moth, okra semilooper, cotton semilooper, green semilooper, cotton measuringworm, small cotton measuring worm, cotton leaf caterpillar, *Anomis flava* (Fabricius)] 棉小造桥虫，小桥夜蛾，小造桥夜蛾，小造桥虫，红麻小造桥虫，棉夜蛾

yellow cottony cushion scale [= seychlles scale, seychlles fluted scale, Okada cottony-cushion scale, silvery cushion scale, *Icerya seychellarum* (Westwood)] 银毛吹绵蚧，黄毛吹绵蚧，黄吹绵介壳虫，冈田吹绵介壳虫

yellow-crested spangle [*Papilio elephenor* Doubleday] 黄绿翠凤蝶

yellow currant fly [= currant fruit fly, currant and gooseberry maggot, yellow currant fruit fly, *Euphranta canadensis* (Loew)] 醋栗光沟实蝇，醋栗优实蝇，茶藨果蝇

yellow currant fruit fly 见 yellow currant fly

yellow cutworm [= turnip moth, bark feeding cutworm, dart moth, black cutworm, common cutworm, cutworm, dark moth, turnip dart moth, xanthous cutworm, tobacco cutworm, *Agrotis segetum* (Denis *et* Schiffermüller)] 黄地老虎

yellow-disk oakblue [*Arhopala singla* de Nicéville] 兴娆灰蝶

yellow-disk skipper [*Xanthodisca rega* (Mabille)] 瑞黄瑕弄蝶

yellow-disk tailless oakblue [*Arhopala perimuta* (Moore)] 佩娆灰蝶

yellow-dotted alpine [= Theano alpine, *Erebia pawlowskii* Ménétriés] 黄点红眼蝶

yellow dotted border [*Mylothris flaviana* Grose-Smith] 黄迷粉蝶

yellow dryad [*Aemona amathusia* (Hewitson)] 纹环蝶

yellow dung fly [= golden dung fly, dung fly, *Scathophaga stercoraria* (Linnaeus)] 小黄粪蝇，稀粪蝇，黄粪蝇

yellow-dusted theope [*Theope guillaumei* Bates] 鬼兰娆蚬蝶

yellow-edged giant owl [*Caligo atreus* (Kollar)] 黑猫头鹰环蝶

yellow-edged ruby-eye [= cynisca skipper, *Orses cynisca* (Swainson)] 奥骚弄蝶

yellow egg shell 黄卵壳

yellow enzyme 黄酶

yellow-eyed plane [*Neptis praslini* (Boisduval)] 普莱环蛱蝶

yellow-faced bee 黄颜蜂 < 属分舌花蜂科 Colletidae 及叶舌花蜂科 Prosopididae>

yellow-faced blowfly [= dead dog fly, *Cynomya mortuorum* (Linnaeus)] 尸蓝蝇

yellow-faced bumble bee [= Vosnešensky bumble bee, *Bombus vosnesenskii* Radoszkowski] 黄脸熊蜂

yellow fantastic-skipper [= peaceful fantastic-skipper, marcus skipper, *Vettius marcus* (Fabricius)] 锤铂弄蝶

yellow fever mosquito [= Egyptian tiger mosquito, dengue mosquito, *Aedes aegypti* (Linnaeus)] 埃及伊蚊，黄热病伊蚊，

埃及斑蚊

yellow flash [*Rapala domitia* (Hewitson)] 多米提燕灰蝶

yellow flat [*Mooreana trichoneura* (Felder *et* Felder)] 毛脉弄蝶，毛脉裙弄蝶

yellow flower thrips [= cotton bud thrips, cotton thrips, common blossom thrips, tomato thrips, *Frankliniella schultzei* (Trybom)] 棉花蓟马，棉芽花蓟马，梳缺花蓟马

yellow forest swift [*Melphina flavina* Lindsey *et* Miller] 黄美尔弄蝶

yellow forest sylph [*Ceratrichia flava* (Hewitson)] 黄粉弄蝶

yellow fringed scale [= fringed coffee scale, *Asterolecanium coffeae* Newstead] 咖啡树链蚧

yellow-fringed swift [*Caltoris aurociliata* (Elwes *et* Edwards)] 金毛珂弄蝶

yellow-fronted bumble bee [*Bombus flavifrons* Cresson] 黄额熊蜂

yellow-fronted owl [*Caligo telamonius* (Felder *et* Felder)] 特拉猫头鹰环蝶

yellow-fronted threadtail [*Elattoneura dorsalis* Kimmins] 背伊原蟌

yellow fruit fly [*Xyphosia punctigera* (Coquillett)] 大纹彩实蝇，大纹网斑实蝇，黄乳突实蝇，黄实蝇

yellow geomark [= yellow metalmark, *Mesene silaris* (Godman *et* Salvin)] 细纹迷蚬蝶

yellow glassy tiger [*Parantica aspasia* (Fabricius)] 黄绢斑蝶

yellow goat louse [= Angora goat biting louse, pilose biting horse louse, European horse biting louse, *Bovicola crassipes* (Rudow)] 壮牛嚼虱，欧洲马羽虱，欧洲马嚼虱，欧洲马啮毛虱，少毛啮毛虱

yellow gorgon [*Meandrusa payeni* (Boisduval)] 钩凤蝶

yellow grass-skipper [= xanthomera skipper, *Neohesperilla xanthomera* (Meyrick *et* Lower)] 黄新弄蝶

yellow-haired dagger moth [*Acronicta impleta* Walker] 黄毛剑纹夜蛾

yellow-haired skipper [*Cogia cajeta* Herrich-Schäffer] 卡耶塔枯弄蝶

yellow hairy caterpillar [= rice hairy caterpillar, *Psalis pennatula* (Fabricius)] 翼剪毒蛾，钩毒蛾，钩茸毒蛾，甘蔗毒蛾

yellow-headed borer [= coffee yellow-headed borer, yellow-headed stem borer, yellow stem borer, orange coffee longhorn, orange coffee longhorn beetle, *Dirphya nigricornis* (Olivier)] 狭体黑角天牛

yellow-headed coffee borer [= coffee yellow-headed stem borer, flute-holing yellow-headed borer, *Neonitocris princeps* (Jordon)] 咖啡黄头细腰天牛，咖啡尾蛀甲

yellow-headed cutworm [*Apamea amputatrix* (Fitch)] 黄头秀夜蛾

yellow-headed fireworm [*Acleris minuta* (Robinson)] 黄头长翅卷蛾，黄头卷蛾，黄头卷叶蛾

yellow-headed leaf-rolling sawfly [*Pamphilius betulae* (Linnaeus)] 黄翅扁蜂，黄翅扁叶蜂

yellow-headed leafhopper [*Xyphon flaviceps* (Riley)] 黄头尖头叶蝉，黄头大叶蝉，黄头叶蝉

yellow-headed spruce sawfly [*Pikonema alaskensis* (Rohwer)] 云杉黄头叶蜂，云杉黄头叶胸丝角叶蜂

yellow-headed stem borer 见 yellow-headed borer

yellow-headed tussock moth [= definite tussock moth, definite-marked tussock moth, *Orgyia definita* Packard] 美古毒蛾，黑合毒蛾

yellow helen [*Papilio nephelus* Boisduval] 宽带凤蝶，宽带美凤蝶

yellow hopper [*Astictopterus anomaeus* Plötz] 畸腌翅弄蝶

yellow horned [*Achlya flavicornis* (Linnaeus)] 雾波纹蛾

yellow-horned horntail [= yellow-horned urocerus, *Urocerus flavicornis* (Fabricius)] 黄角大树蜂

yellow-horned urocerus 见 yellow-horned horntail

yellow jack pine tip borer [= yellow jack pine tip moth, *Rhyacionia sonia* Miller] 黄松梢小卷蛾

yellow jack pine tip moth 见 yellow jack pine tip borer

yellow jacket [= vespid wasp, hornet, vespid] 胡蜂 < 胡蜂科 Vespidae 昆虫的通称 >

yellow jewel [= yellow-spot jewel, *Hypochrysops byzos* (Boisduval)] 布链灰蝶

yellow jezebel [*Delias agostina* (Hewitson)] 奥古斑粉蝶，后黄斑粉蝶

yellow kaiser [*Penthema lisarda* (Doubleday)] 黄斑眼蝶，斑眼蝶

yellow kite swallowtail 1. [*Eurytides iphitas* Hübner] 壮阔凤蝶; 2. [*Eurytides calliste* (Bates)] 卡里阔凤蝶

yellow lancer 见 yellow chequered lancer

yellow largest dart [*Paronymus xanthias* (Mabille)] 黄印弄蝶

yellow-lead fiestamark [*Symmachia hazelana* Hall *et* Willmott] 黄斑树蚬蝶

yellow-legged cynea [= sucova skipper, *Sucova sucova* (Schaus)] 裟弄蝶

yellow-legged glasswing [*Episcada clausina* (Hewitson)] 封神绡蝶

yellow-legged hornet [= Asian hornet, *Vespa velutina* Peletier] 黄脚胡蜂，黄脚虎头蜂，黄跗虎头蜂，赤尾虎头蜂，黄脚仔，花脚仔，凹纹胡蜂

yellow-legged larch sawfly [*Anoplonyx luteipes* Cresson] 黄足落叶松叶蜂

yellow-legged lema [*Oulema tristis* (Herbst)] 谷子禾谷负泥虫，谷子负泥虫，粟合爪负泥虫，粟负泥虫

yellow-legged tortoiseshell [= scarce tortoiseshell, *Nymphalis xanthomelas* (Denis *et* Schiffermüller)] 朱蛱蝶，东部大龟壳红蛱蝶，榆蛱蝶

yellow-lined conifer looper [= green-lined forest looper, *Cladara limitaria* (Walker)] 香脂冷杉绿线尺蛾

yellow liptena [*Liptena xanthostola* (Holland)] 黄波琳灰蝶

yellow longicorn beetle [= eucalyptus longhorned borer, lesser eucalyptus longhorn, eucalyptus borer, yellow phoracantha borer, *Phoracantha recurva* Newman] 桉黄嗜木天牛

yellow-margined leaf beetle [*Microtheca ochroloma* Stål] 黄缘小鞘叶甲，黄缘叶甲

yellow-marked blue leaf beetle [*Dactylispa angulosa* (Solsky)] 锯齿叉趾铁甲，黄星蓝铁甲，夏枯草趾铁甲

yellow-marked skipper [= grass skipper, *Potanthus flavus* (Murray)] 曲纹黄室弄蝶，黄斑弄蝶

yellow marked swift [= bush hopper, common bush hopper, *Ampittia dioscorides* (Fabricius)] 黄斑弄蝶，黑带黄斑弄蝶，小黄斑稻苞虫

yellow-marmorated stink bug [= yellow stink bug, yellow spotted stink bug, *Erthesina fullo* (Thunberg)] 麻皮蝽，黄斑蝽，黄斑椿象，黄斑黑蝽，麻椿象，麻纹蝽，黄胡麻斑蝽

yellow meadow ant [= mound ant, *Lasius flavus* (Fabricius)] 黄毛蚁，黄土蚁
yellow mealworm [= mealworm, yellow mealworm beetle, *Tenebrio molitor* Linnaeus] 黄粉甲，黄粉虫
yellow mealworm beetle 见 yellow mealworm
yellow metalmark 见 yellow geomark
yellow migrant [*Catopsilia gorgophone* (Boisduval)] 槁黄迁粉蝶
yellow minute leaf beetle [*Longitarsus scutellaris* (Rey)] 盾长跗跳甲，黄小跳甲，车前长跗跳甲
yellow moulting 黄起蚕
yellow mountain sailer [*Neptis ochracea* Neave] 赭环蛱蝶
yellow mulberry leafhopper [*Pagaronia guttigera* (Uhler)] 桑黄无脊叶蝉，桑黄葩叶蝉，桑黄叶蝉，冠脊叶蝉
yellow muscardine 黄僵病
yellow-necked caterpillar [= prominent moth, *Datana ministra* (Drury)] 苹黄颈配片舟蛾，苹黄颈天社蛾
yellow oak scale [*Asterolecanium luteolum* Russell] 黄栎链蚧
yellow ochre [= rare white spot skipper, *Trapezites lutea* (Tepper)] 白点梯弄蝶
yellow onyx [*Horaga syrinx* (Felder)] 锡斑灰蝶
yellow orange tip 1. [*Ixias pyrene* (Linnaeus)] 橙粉蝶；2. [= sulphur orange tip, *Colotis auxo* (Lucas)] 黄角珂粉蝶
yellow owl [*Neorina hilda* Westwood] 黄凤眼蝶，指名凤眼蝶，希凤眼蝶
yellow oyster scale 见 yellow apple scale
yellow paddy stem borer 1. [= yellow rice borer, rice yellow stem borer, yellow stem borer, white paddy stem borer, paddy borer, paddy stem borer, *Scirpophaga incertulas* (Walker)] 三化螟，白禾螟；2. [= white stem borer, rice white stem borer, white rice stem borer, white rice borer, white paddy stem borer, *Scirpophaga innotata* (Walker)] 稻白禾螟，稻白螟，淡尾蛀禾螟
yellow palm dart [*Cephrenes trichopepla* (Lower)] 黄金斑弄蝶
yellow palmer [*Unkana eupheme* (Esper)] 尤雾弄蝶
yellow pansy [*Junonia hierta* (Fabricius)] 黄裳眼蛱蝶
yellow patch [= white orange patch white, white and orange halimede, dappled white, *Colotis halimede* (Klug)] 黄斑珂粉蝶
yellow-patch recluse [*Caenides benga* Holland] 本佳勘弄蝶
yellow patch skipper [= Peck's skipper, yellow-spotted skipper, yellow spot skipper, *Polites coras* (Cramer)] 玻弄蝶
yellow-patched bent-skipper [= great bentwing, *Ebrietas osyris* (Staudinger)] 酒弄蝶
yellow-patched satyr [= starred oxeo, *Oxeoschistus tauropolis* (Westwood)] 黄斑牛眼蝶
yellow peach borer [= yellow peach moth, durian fruit borer, castor capsule borer, cone moth, castor seed caterpillar, castor borer, maize moth, peach pyralid moth, Queensland bollworm, smaller maize borer, *Conogethes punctiferalis* (Guenée)] 桃蛀螟，桃多斑野螟，桃蛀野螟，桃蠹螟，桃实螟蛾，豹纹蛾，豹纹斑螟，桃斑螟，桃斑蛀螟
yellow peach moth 见 yellow peach borer
yellow phoracantha borer 见 yellow longicorn beetle
yellow pigment 黄色素
yellow plum scale 见 yellow apple scale
yellow rajah [*Charaxes marmax* Westwood] 大螯蛱蝶，螯蛱蝶
yellow raw silk 黄丝
yellow rice borer [= yellow stem borer, rice yellow stem borer, yellow paddy stem borer, white paddy stem borer, paddy borer, paddy stem borer, *Scirpophaga incertulas* (Walker)] 三化螟，白禾螟
yellow rice leafhopper [= rice white-winged leafhopper, orange leafhopper, orange-headed leafhopper, *Thaia subrufa* (Motschulsky)] 楔形白翅叶蝉，黄稻白翅叶蝉，白翅微叶蝉，红么叶蝉
yellow-rimmed skipper [*Aethilla lavochrea* Butler] 内黄裙穹弄蝶
yellow-ringed skipper [= orius skipper, *Naevolus orius* (Mabille)] 痣弄蝶
yellow ripening 青熟 <家蚕的>
yellow rose aphid 1. [*Rhodobium porosum* (Sanderson)] 黄玫瑰蚜，黄蔷薇蚜，玫瑰蚜，蔷薇黄无网长管蚜；2. [*Acyrthosiphon kerriae* Shinji] 蔷薇无网长管蚜
yellow rose button moth [*Acleris bergmanniana* (Linnaeus)] 黄玫长翅卷蛾
yellow sailer [*Neptis ananta* Moore] 阿环蛱蝶
yellow sand-skipper [= croites skipper, *Croitana croites* (Hewitson)] 黄草弄蝶，草弄蝶
yellow scale 1. [= California red scale, *Aonidiella citrina* (Coquillett)] 黄肾圆盾蚧，黄圆蚧，橘黄肾圆盾介壳虫；2. [= papaya red scale, *Aonidiella inornata* McKenzie] 苏铁肾圆盾蚧，椆肾圆盾蚧，木瓜肾圆盾介壳虫
yellow sedge-skipper [= yellowish skipper, *Hesperilla flavescens* Waterhouse] 黄斑帆弄蝶
yellow shouldered souring beetle [= pineapple sap beetle, pineapple beetle, maize blossom beetle, *Urophorus humeralis* (Fabricius)] 隆肩尾露尾甲，肩优露尾甲，肩露尾甲，玉米花露尾甲，肩果露尾甲，隆肩露尾甲
yellow-sided skimmer [*Libellula flavida* Rambur] 黄侧蜻
yellow spider beetle [= golden spider beetle, *Niptus hololeucus* (Faldermann)] 金黄蛛甲，黄蛛甲
yellow-spined bamboo locust [*Ceracris kiangsu* Tsai] 黄脊竹蝗，黄脊阮蝗
yellow splendour [*Colotis protomedia* (Klug)] 黄珂粉蝶
yellow-spot blue [*Candalides xanthospilos* (Hübner)] 黄斑坎灰蝶
yellow-spot jewel 见 yellow jewel
yellow spot skipper 见 yellow patch skipper
yellow-spot swift [*Polytremis eltola* (Hewitson)] 台湾孔弄蝶
yellow-spotted angle [*Caprona alida* (de Nicéville)] 阿彩弄蝶，斑彩弄蝶，斑弄蝶
yellow spotted cocoon 黄斑茧
yellow-spotted froghopper [*Yezophora flavomaculata* (Matsumura)] 黄星夜沫蝉，黄斑尖胸沫蝉
yellow-spotted jezebel [*Delias nysa* (Fabricius)] 黄点列斑粉蝶
yellow-spotted kite-swallowtail [= telesilaus kite swallowtail, *Eurytides telesilaus* (Felder *et* Felder)] 大白阔凤蝶
yellow-spotted longicorn beetle [= Asiatic yellow-spotted longicorn beetle, *Psacothea hilaris* (Pascoe)] 桑黄星天牛，黄星天牛，黄星桑天牛，黄星长角天牛
yellow-spotted looper [= spruce carpet, *Thera variata* (Denis *et* Schiffermüller)] 黑带尺蛾，黄星尺蠖
yellow-spotted recluse [*Caenides kangvensis* Holland] 黄点勘弄蝶
yellow-spotted ringlet [*Erebia manto* (Denis *et* Schiffermüller)] 黄斑红眼蝶

yellow-spotted ruby-eye 1. [= sicania ruby-eye, *Carystoides sicania* Hewitson] 黄斑白梢弄蝶；2. [= arcalaus ruby-eye, *Telles arcalaus* (Stoll)] 黄斑特乐弄蝶，特乐弄蝶

yellow-spotted skipper 1. [= Peck's skipper, yellow patch skipper, yellow spot skipper, *Polites coras* (Cramer)] 玻弄蝶；2. [*Hesperia florinda* (Butler)] 福红弄蝶，红弄蝶，美黄斑弄蝶，晋鲁弄蝶

yellow-spotted small noctuid [= spotted sulphur, *Emmelia trabealis* (Scopoli)] 甘薯谐夜蛾，甘薯绮夜蛾，谐绮夜蛾，谐夜蛾，甘薯小绮夜蛾，白薯绮夜蛾

yellow spotted stink bug 见 yellow-marmorated stink bug

yellow-spotted swallowtail [= green-patch swallowtail, *Battus laodamas* (Felder *et* Felder)] 老贝凤蝶

yellow-spotted telemiades [= amphion skipper, *Telemiades amphion* Hübner] 安菲翁电弄蝶

yellow-spotted willow slug [= willow sawfly, *Nematus ventralis* Say] 黄点突瓣叶蜂，柳黄点丝角叶蜂，柳叶蜂

yellow spruce budworm [*Zeiraphera fortunana* (Kearfort)] 黄线小卷蛾

yellow spruce gall aphid [= eastern spruce gall aphid, spruce pineapple gall adelges, pineapple gall adelgid, yellow spruce pineapple-gall adelges, *Adelges* (*Sacchiphantes*) *abietis* (Linnaeus)] 云杉瘿球蚜，黄球蚜

yellow spruce pineapple-gall adelges 见 yellow spruce gall aphid

yellow-stained skipper [*Poanes inimica* (Butler *et* Druce)] 伊尼袍弄蝶

yellow starthistle flower weevil [*Larinus curtus* (Hochhut)] 黄毛菊花象甲，黄毛菊花象

yellow stem borer 1. [= yellow rice borer, rice yellow stem borer, yellow paddy stem borer, white paddy stem borer, paddy borer, paddy stem borer, *Scirpophaga incertulas* (Walker)] 三化螟，白禾螟；2. [= coffee yellow-headed borer, yellow-headed borer, yellow-headed stem borer, orange coffee longhorn, orange coffee longhorn beetle, *Dirphya nigricornis* (Olivier)] 狭体黑角天牛

yellow sticky card trapping 黄板诱集

yellow stink bug 见 yellow-marmorated stink bug

yellow-streaked lancer [*Salanoemia tavoyana* (Evans)] 塔沃劭弄蝶

yellow-streaked swift [= Miskin's swift, *Sabera dobboe* (Plötz)] 金条弄蝶

yellow-striped armyworm [*Spodoptera ornithogalli* (Guenée)] 黄条灰翅夜蛾，黄条黏虫

yellow-striped dark noctuid [*Hydrillodes morosa* (Butler)] 黄纹亥夜蛾，阴亥夜蛾，范亥夜蛾

yellow-striped flea beetle [= small striped flea beetle, cabbage flea beetle, turnip flea beetle, *Phyllotreta nemorum* (Linnaeus)] 绿胸菜跳甲，芜菁淡足跳甲

yellow-striped leafhopper [= hop leafhopper, hop jumper, *Evacanthus interruptus* (Linnaeus)] 黄面横脊叶蝉，忽布叶蝉 < 此种学名有误写为 *Euacanthus interruptus* (Linnaeus) 者 >

yellow-striped nicon [= comitana skipper, *Niconiades comitana* Freeman] 黄带黄涅弄蝶

yellow-striped potam [= yellow-banded skipper, *Potamanaxas flavofasciata* (Hewitson)] 河衬弄蝶

yellow-striped ruby-eye [= fiscella skipper, *Dubiella fiscella* Hewitson] 费思杜疑弄蝶

yellow sugarcane aphid 1. [= sorghum aphid, dura asyl fly, sugarcane aphid, green sugarcane aphid, cane aphid, grey aphid, *Melanaphis sacchari* (Zehntner)] 高粱蚜，甘蔗蚜，甘蔗黄蚜，蔗蚜，高粱黍蚜，长鞭蚜；2. [*Sipha flava* (Forbes)] 黄伪毛蚜，美甘蔗伪毛蚜，蔗黄伪毛蚜，黄蔗蚜，甘蔗伪毛蚜，牛鞭草蚜，甘蔗黄蚜虫，甘蔗蚜，甘蔗黄蚜

yellow sugarcane borer [= yellow top borer, sugarcane shoot borer, sugarcane stem borer, millet borer, early shoot borer, gela top borer, gele top borer, shoot borer, *Chilo infuscatellus* Snellen] 粟灰螟，二点螟，甘蔗二点螟，谷子钻心虫

yellow swallowtail [= Old World swallowtail, common yellow swallowtail, artemisia swallowtail, giant swallowtail, swallowtail, *Papilio machaon* Linnaeus] 金凤蝶，黄凤蝶 < 本种色斑等变化较大，曾被分为近 40 个亚种 >

yellow swarming fly [*Thaumatomyia notata* (Meigen)] 窄颊近鬃秆蝇，黑条毛盾秆蝇，窄颜近鬃秆蝇，标志秆蝇，点拟秆蝇

yellow swift [*Borbo impar* (Mabille)] 黄籼弄蝶

yellow-tail [= mulberry tussock moth, gold-tail moth, brown-tail moth, *Sphrageidus similis* (Füssly)] 黄尾环毒蛾，黄尾黄毒蛾，盗毒蛾，桑毒蛾，黄尾毒蛾，桑毛虫

yellow tail tussock moth [= castor tussock moth, *Somena scintillans* Walker] 黑翅黄毒蛾，缘黄毒蛾，双线盗毒蛾，棕衣黄毒蛾，闪黄毒蛾

yellow tea thrips [= chilli thrips, chillie thrips, strawberry thrips, Assam thrips, castor thrips, *Scirtothrips dorsalis* Hood] 茶黄硬蓟马，小黄蓟马，脊丝蓟马，茶黄蓟马

yellow-thorax termite [*Reticulitermes flaviceps* (Oshima)] 黄肢散白蚁，黄胸散白蚁，黄胸白蚁，台湾长头散白蚁，大和白蚁，黄脚网白蚁

yellow three stipe [*Symbrenthia lilaea formosanus* Fruhstorfer] 散纹盛蛱蝶台湾亚种，黄三线蝶，金带蝶，爪哇黄条褐蛱蝶，台湾散纹盛蛱蝶

yellow tiger longicorn [*Chlorophorus notabilis* (Pascoe)] 愈斑绿虎天牛，黄虎天牛

yellow tiger moth [*Arctia flavia* (Füssly)] 砌石灯蛾，砌篱石灯蛾，黄篱灯蛾

yellow tinsel [*Catapaecilma subochrea* (Elwes)] 赭下三尾灰蝶

yellow tip [*Anthocharis scolymus* Butler] 黄尖襟粉蝶

yellow-tipped flasher [= dull astraptes, *Astraptes anaphus* (Cramer)] 黄尖尾蓝闪弄蝶

yellow-tipped prominent moth [= quercus caterpillar, narrow yellow-tipped prominent, *Phalera assimilis* (Bremer *et* Grey)] 栎掌舟蛾，栎黄斑天社蛾，黄斑天社蛾，榆天社蛾，彩节天社蛾，麻栎毛虫，肖黄掌舟蛾，栎黄掌舟蛾，榆掌舟蛾，细黄端天社蛾，台掌舟蛾

yellow-tipped pyralid [= sugarcane top borer, top borer, white rice borer, white top borer, rice white borer, yellow-tipped white sugarcane borer, *Scirpophaga nivella* (Fabricius)] 黄尾白禾螟，甘蔗白禾螟，蔗白螟，橙尾白禾螟

yellow-tipped ticlear [= tutia clearwing, *Ceratinia tutia* (Hewitson)] 图蜡绡蝶

yellow-tipped white sugarcane borer 见 yellow-tipped pyralid

yellow top borer 见 yellow sugarcane borer

yellow top reticulated thrips [= bean thrips, pear thrips, cymbidium thrips, top textured yellow thrips, *Helionothrips errans*

(Williams)] 游领针蓟马，黄顶网纹蓟马
yellow tortrix moth [= golden apple budmoth, *Acleris fimbriana* (Thunberg)] 黄斑长翅卷蛾，黄斑卷叶蛾
yellow-trailed swallowtail [= Cramer's swallowtail, *Battus lycidas* (Cramer)] 黄腹绿贝凤蝶
yellow-triangle slender [= Sweder's slender moth, *Caloptilia alchimiella* (Scopoli)] 无柄丽细蛾，无柄花细蛾
yellow tussock moth [= pale tussock moth, red-tail moth, hop dog, *Calliteara pudibunda* (Linnaeus)] 丽毒蛾，茸毒蛾，苹叶纵纹毒蛾，苹毒蛾，苹红尾毒蛾，苹果红尾毒蛾，苹果古毒蛾
yellow v moth [*Oinophila vflava* (Haworth)] 黄钩纹扁蛾
yellow vein lancer 1. [= short-streaked lancer, *Pyroneura latoia* (Hewitson)] 黄脉火脉弄蝶；2.[=Indian yellow-veined lancer, *Pyroneura margherita* (Doherty)] 火脉弄蝶
yellow-veined brown-skipper [= virginius skipper, *Virga virginius* (Möschler)] 黄脉棍弄蝶，棍弄蝶
yellow-veined legionnaire [*Acraea parrhasia* (Fabricius)] 培沙珍蝶
yellow-veined skipper [= velvet-streaked brown-skipper, decora skipper, *Parphorus decora* (Herrich-Schäffer)] 金黄脉弄蝶
yellow-vented hornet [*Vespa analis* Fabricius] 三齿胡蜂，安胡蜂，拟大虎头蜂，正虎头蜂，小型虎头蜂，拟大胡蜂
yellow wall [*Lasiommata eversmanni* (Eversmann)] 黄翅毛眼蝶
yellow-washed ruby-eye [= yellow-washed skipper, *Tromba xanthura* (Godman)] 黄湍弄蝶
yellow-washed skipper 见 yellow-washed ruby-eye
yellow wheat blossom midge [= wheat yellow blossom midge, wheat midge, lemon wheat blossom midge, grain gall midge, wheat blossom midge, yellow wheat gall midge, *Contarinia tritici* (Kirby)] 麦黄吸浆虫，麦黄康瘿蚊
yellow wheat gall midge 见 yellow wheat blossom midge
yellow-winged cabbage sawfly [*Athalia rosae ruficornis* Jakovlev] 玫瑰残青叶蜂黄翅亚种，黄翅菜叶蜂，黄翅新疆菜叶蜂，短斑残青叶蜂，黄翅残青叶蜂，红角菜叶蜂
yellow-winged digging grasshopper [*Acrotylus longipes* (Charpentier)] 长足圆顶蝗
yellow-winged grasshopper [= yellow-winged locust, *Gastrimargus musicus* (Fabricius)] 澳洲黄翅车蝗
yellow-winged locust 见 yellow-winged grasshopper
yellow-winged oak leafroller moth [= oak leaf-roller, *Argyrotaenia quercifoliana* (Fitch)] 栎带卷蛾
yellow woodbrown [*Lethe nicetas* Hewitson] 泥黄黛眼蝶
yellow woollybear [= Virginian tiger moth, *Spilosoma virginicum* (Fabricius)] 黄毛雪灯蛾，黄毛灯蛾
yellow zebra [*Paranticopsis deucalion* Boisduval] 黛纹凤蝶
yellow zulu [*Alaena amazoula* Boisduval] 翼灰蝶
yellowback sailer [*Lasippa viraja* (Moore)] 味蜡蛱蝶
yellowbelly tiger moth [*Arctinia caesarea* Goeze] 黄腹虎蛾
yellowish green cocoon 竹青色茧 <家蚕的>
yellowish mo(u)lter 黄起蚕
yellowish mulberry cerambycid [*Oberea fuscipennis* (Chevrolat)] 暗翅筒天牛，黑缘苹果天牛，褐翅细苹果天牛，黄天牛
yellowish nymphalid [= Asian comma, *Polygonia c-aureum* (Linnaeus)] 黄钩蛱蝶，狸黄蛱蝶，C-字蝶，狸黄蝶，多角蛱蝶，弧纹蛱蝶
yellowish skipper 见 yellow sedge-skipper
Yellowstone ringlet [= Hayden's ringlet, Wyoming ringlet, *Coenonympha haydenii* (Edwards)] 银瞳珍眼蝶
yemane defoliator [= gamar defoliator, yemane leaf beetle, yemane tortioise beetle, *Craspedonta leayana* (Latreille)] 石梓翠龟甲，东方丽袍叶甲
yemane leaf beetle 见 yemane defoliator
yemane tortioise beetle 见 yemane defoliator
Yemma 锤胁跷蝽属
Yemma exilis Horváth 小锤胁跷蝽
Yemma signatus (Hsiao) 锤胁跷蝽
Yemmalysus 刺胁跷蝽属
Yemmalysus parallelus Stusak 刺胁跷蝽
yenna ruby-eye [*Carystoides yenna* Evans] 印白梢弄蝶
Yepcalphis 花夜蛾属
Yepcalphis dilectissima (Walker) 花夜蛾
Yerbury's sailer [= West Himalayan clear sailer, *Neptis nata yerburii* Butler] 娜环蛱蝶西喜马亚种，耶环蛱蝶
Yesso spruce aphid [*Cinara pruinosa ezoana* Inouye] 杉枝长足大蚜北海道亚种，北海道云杉长足大蚜，阿泽长足大蚜
Yesso spruce bark beetle [*Cladoborus arakii* Sawada] 云杉芽小蠹
Yesso spruce lasiocampid [= white-lined silk moth, sakhalin silk moth, Japanese hemlock caterpillar, *Dendrolimus superans* (Butler)] 落叶松毛虫
yesta skipper [*Thoon yesta* Evans] 晔腾弄蝶
Yetkhata 神蜡蝉属
Yetkhata jiangershii Song, Szwedo *et* Bourgoin 江二师神蜡蝉
Yetkhatidae 神蜡蝉科
yew gall midge [*Taxomyia taxi* (Inchbald)] 浆果紫杉梢瘿蚊
Yezo red-hindwinged catocala [= red underwing, *Catocala nupta* (Linnaeus)] 杨裳夜蛾，裳夜蛾，北海道红勋绶夜蛾，柏裳夜蛾，红条夜蛾，梨红裳夜蛾，后红裳蛾
Yezo rice grasshopper [*Oxya yezoensis* Shiraki] 北海道稻蝗，小翅稻蝗
Yezo spruce gall aphid [= Japanese larch aphid, *Adelges japonicus* (Monzen)] 鱼鳞云杉球蚜，鱼鳞松球蚜，日本落叶松球蚜
Yezoceryx 野姬蜂属
Yezoceryx albimaculatus Sheng *et* Sun 白斑野姬蜂
Yezoceryx angustus Chiu 角野姬蜂
Yezoceryx breviclypeus Wang 短唇野姬蜂
Yezoceryx breviculus Wang 短管野姬蜂
Yezoceryx carinatus Sheng *et* Sun 脊野姬蜂
Yezoceryx choui Chiu 周氏野姬蜂
Yezoceryx continuus Chiu 连野姬蜂
Yezoceryx corporalis Wang 小体野姬蜂
Yezoceryx cristaexcels Wang 脊突野姬蜂
Yezoceryx daqingshanensis Wang 大青山野姬蜂
Yezoceryx elatus Wang 隆面野姬蜂
Yezoceryx emeiensis Wang 峨眉野姬蜂
Yezoceryx eurysternites Wang 宽板野姬蜂
Yezoceryx flavidus Chiu 黄野姬蜂
Yezoceryx fui Zhao 傅氏野姬蜂
Yezoceryx fulvus Wang 黄褐野姬蜂
Yezoceryx intermedia (Sonan) 间野姬蜂，间息姬蜂
Yezoceryx isshikii (Uchida) 一色野姬蜂

Yezoceryx jinpingensis Wang 金平野姬蜂
Yezoceryx lii Sheng *et* Sun 李氏野姬蜂
Yezoceryx longiareolus Wang 长室野姬蜂
Yezoceryx maculatus Chao 多斑野姬蜂
Yezoceryx montanus Chiu 岳野姬蜂
Yezoceryx monticola Zhao 山居野姬蜂
Yezoceryx nebulosus Wang 暗斑野姬蜂
Yezoceryx niger (Cushman) 同 *Yezoceryx nigricans*
Yezoceryx nigricans (Cameron) 黑野姬蜂
Yezoceryx nigricephala (Sonan) 黑头野姬蜂，黑头息姬蜂
Yezoceryx punctatus Chiu 刻点野姬蜂
Yezoceryx purpurata (Sonan) 紫野姬蜂，紫息姬蜂
Yezoceryx sonani Townes 楚南野姬蜂
Yezoceryx townesi Chiu 汤氏野姬蜂
Yezoceryx umaculosus Wang 优斑野姬蜂，U- 斑野姬蜂
Yezoceryx varicolor (Cushman) 多色野姬蜂，多色息姬蜂
Yezoceryx walkleyae Momoi 四川野姬蜂
Yezoceryx wuyiensis Chao 武夷野姬蜂
Yezophora 夜沫蝉属
Yezophora flavomaculata (Matsumura) [yellow-spotted froghopper] 黄星夜沫蝉，黄斑尖胸沫蝉
Yezoterpnosia 日宁蝉属
Yezoterpnosia fuscoapicalis (Kato) 端晕日宁蝉，端晕宁蝉
Yezoterpnosia ichangensis (Liu) 宜昌日宁蝉，宜昌宁蝉
Yezoterpnosia nigricosta (Motschulsky) 黑瓣日宁蝉，黑瓣宁蝉
Yezoterpnosia obscura (Kato) 小黑日宁蝉，小黑宁蝉
Yezoterpnosia shaanxiensis (Sanborn) 陕西日宁蝉
Yezoterpnosia vacua (Olivier) [spring cicada] 黑日宁蝉，雨春蝉，黑宁蝉
Yiacris 彝蝗属
Yiacris cyaniptera Zheng *et* Chen 蓝翅彝蝗
Yichunentulus 伊春蚖属
Yichunentulus yichunensis Yin 伊春蚖
Yichunus 宜春飞虱属
Yichunus brachyspinosus Ding 短刺宜春飞虱
Yimnashana 钩突天牛属
Yimnashana denticulata Gressitt 短颊钩突天牛
Yimnashana lungtauensis Gressitt 曲江钩突天牛
Yimnashana theae Gressitt 崇安钩突天牛
Yimnashaniana 肖钩突天牛属
Yimnashaniana jianfenglingensis Hua 尖峰肖钩突天牛
Yinchie 银尺蛾属
Yinchie zaohui Yang 枣灰银尺蛾
Yingpingia 银屏螽属
Yingpingia caesio Lin 灰色银屏螽
Yinia 尹氏蜻属
Yinia capitinigra Li 黑头尹氏蜻
Yisiona 异小叶蝉属
Yisiona maculata Kuoh 斑异小叶蝉
Yisiona ziheina Kuoh 紫黑异小叶蝉
yojoa scrub hairstreak [*Strymon yojoa* (Reakirt)] 尧螯灰蝶
yoka skipper [*Niconiades yoka* Evans] 曜喀黄涅弄蝶
Yokoyama marmorated aphid [*Tuberculatus* (*Orientuberculoides*) *yokoyamai* (Takahashi)] 横山侧棘斑蚜，横侧棘斑蚜，横山氏角斑蚜
Yolinus 裙猎蝽属
Yolinus albopustulatus China 淡裙猎蝽
Yolinus annulicornis Hsiao 环角裙猎蝽
Yolinus cospicuus Distant 印度裙猎蝽，裙猎蝽
yolk [= vitellus] 卵黄
yolk cell 卵黄细胞
yolk cleavage 卵黄分裂
yolk colo(u)r 卵黄色，卵黄色素
yolk granule 卵黄粒
yolk membrane 卵黄膜
yolk nucleus 卵黄核
yolk-poor egg [= hydropic egg] 寡黄卵
yolk protein 卵黄蛋白
yolk-rich egg [= anhydropic egg] 富黄卵
Yoma 瑶蛱蝶属
Yoma algina (Boisduval) 阿瑶蛱蝶
Yoma sabina (Cramer) [Australian lurcher, lurcher] 瑶蛱蝶，黄带约蛱蝶
Yoma sabina podium Tsukada 瑶蛱蝶台湾亚种，黄带隐蛱蝶，黄带枯叶蝶，黄纵带蛱蝶，坡瑶蛱蝶
Yoma sabina sabina (Cramer) 瑶蛱蝶指名亚种
Yoma sabina vasuki Doherty 瑶蛱蝶中缅亚种，中缅瑶蛱蝶，黄斑约蛱蝶
Yomena aphid [= hollyhock aphid, *Macrosiphoniella yomenae* (Shinji)] 鸡儿肠姬长管蚜，艾小长管蚜，妖小长管蚜，蜀葵姬长管蚜，马兰小长管蚜，大艾草蚜
Yosemite bark weevil [= Schwarz's pine weevil, *Pissodes schwarzi* Hopkins] 施氏松木蠹象甲，尤塞米提松脂象甲
Yoshiakioclytus 义虎天牛属
Yoshiakioclytus qiaoi Huang *et* Chen 乔氏义虎天牛
Yoshiakioclytus stigmosus (Holzschuh) 陕义虎天牛
Yoshiakioclytus taiwanus (Chang) 台湾义虎天牛，台湾虎天牛
Yoshinothrips 吉野蓟马属
Yoshinothrips pasekamui Kudô 大主吉野蓟马
Yoshinothrips ponkamui Kudô 小主吉野蓟马
Yoshinothrips thailandicus Nonaka *et* Jangvitaya 泰吉野蓟马
Yoshinothrips tianmushanensis Mirab-balou *et* Chen 天目山吉野蓟马
Yosiides 吉井氏圆蛛属
Yosiides chinensis Itoh *et* Zhao 中国吉井氏圆蛛
young silkworm 稚蚕，小蚕
young silkworm just hatched 蚁蚕，毛蚕
younger instar [= younger period] 稚蚕期
younger period 见 younger instar
Youngus 滇盾蚧属
Youngus rubus (Young) 悬钩子滇盾蚧
Yphthimoides 矍形眼蝶属
Yphthimoides maepius (Godart) 美矍形眼蝶，美釉眼蝶
Ypogymnadichosia 拟裸变丽蝇属
Ypogymnadichosia yunnanensis Xue *et* Fei 云南拟裸变丽蝇
Yponomeuta 巢蛾属
Yponomeuta anatolicus Stringer 东方巢蛾
Yponomeuta bipunctellus Matsumura 双点巢蛾
Yponomeuta catharotis (Meyrick) 光亮巢蛾
Yponomeuta chalcocoma (Meyrick) 恰巢蛾

Yponomeuta cinefactus Meyrick 灰巢蛾
Yponomeuta cognatella (Hübner) [spindle ermine moth] 寡斑卫矛巢蛾，卫矛巢蛾
Yponomeuta eurinellus Zagulajev 索巢蛾
Yponomeuta evonymella (Linnaeus) [bird-cherry ermine, full-spotted ermel moth] 稠李巢蛾
Yponomeuta griseatus Moriuti 冬青卫矛巢蛾
Yponomeuta kanaiellus Matsumura 瘤枝卫矛巢蛾
Yponomeuta leucotoma Meyrick 淡巢蛾
Yponomeuta malinella (Zeller) [apple ermine moth, small ermine moth, apple hyponomeut] 小苹果巢蛾，苹叶巢蛾，苹果巢蛾
Yponomeuta meguronis Matsumura [euonymus ermine moth] 黑巢蛾
Yponomeuta orientalis Zagulajev 东方巢蛾
Yponomeuta padella (Linnaeus) [orchard ermine, cherry ermine moth, small ermine moth, plum small ermine, few-spotted ermine moth, ermine moth] 苹果巢蛾，苹巢蛾，樱桃巢蛾
Yponomeuta polystictus Butler 多斑巢蛾，苹果点巢蛾
Yponomeuta polystigmellus (Felder *et* Felder) 卫矛巢蛾
Yponomeuta rorella (Hübner) [willow ermine moth, few-spotted ermel moth] 柳黑斑巢蛾，柳巢蛾
Yponomeuta sedella Treitschke [twenty-spotted moth] 二十点巢蛾，廿点巢蛾
Yponomeuta sociatus Moriuti 同伴巢蛾，社巢蛾
Yponomeuta solitariellus Moriuti 同 *Yponomeuta eurinellus*
Yponomeuta spodocrossus Meyrick 大翼卫矛巢蛾
Yponomeuta tokyonellus Matsumura 东京巢蛾
Yponomeuta vigintipunctatus (Retzius) 同 *Yponomeuta sedella*
Yponomeuta zagulajevi Gershenson 匝氏巢蛾
Yponomeuta zebra Sohn *et* Wu 斑马纹巢蛾
yponomeutid 1. [= yponomeutid moth, ermine moth, ermel, beautiful mining moth] 巢蛾，貂蛾 < 巢蛾科 Yponomeutidae 昆虫的通称 >; 2. 巢蛾科的
yponomeutid moth [= yponomeutid, ermine moth, ermel, beautiful mining moth] 巢蛾，貂蛾
Yponomeutidae [= Hyponomeutidae, Hyponotidae] 巢蛾科
Yponomeutinae 巢蛾亚科
Yponomeutoidea 巢蛾总科
Ypselogonia guttata Kleine 见 *Blysmia guttata*
Ypsiloncyphon 伊沼甲属
Ypsiloncyphon bicolor Yoshitomi 二色伊沼甲
Ypsiloncyphon bicornutus Yoshitomi 二角伊沼甲
Ypsiloncyphon bifurcatus Yoshitomi 双叉伊沼甲
Ypsiloncyphon borneensis Yoshitomi 婆伊沼甲
Ypsiloncyphon boukali Yoshitomi 鲍氏伊沼甲
Ypsiloncyphon brachytrigonium Yoshitomi 短三角伊沼甲
Ypsiloncyphon chiangmaiensis Yoshitomi 清迈伊沼甲
Ypsiloncyphon chlorizanoides Yoshitomi 淡褐伊沼甲
Ypsiloncyphon flexus Yoshitomi 弯伊沼甲
Ypsiloncyphon garoensis Yoshitomi 加罗伊沼甲
Ypsiloncyphon guamensis Yoshitomi 关岛伊沼甲
Ypsiloncyphon javanicus Yoshitomi 爪哇伊沼甲
Ypsiloncyphon kedahensis Yoshitomi 吉打伊沼甲
Ypsiloncyphon laosensis Yoshitomi 老挝伊沼甲
Ypsiloncyphon luteoapicalis (Ruta) 黄端伊沼甲
Ypsiloncyphon mendosus (Klausnitzer) 暗伊沼甲
Ypsiloncyphon micans (Klausnitzer) 闪伊沼甲
Ypsiloncyphon myanmarnus Yoshitomi 缅甸伊沼甲
Ypsiloncyphon nepalensis Yoshitomi 尼伊沼甲
Ypsiloncyphon nokrekensis Yoshitomi 诺伊沼甲
Ypsiloncyphon nomurai Yoshitomi 野村伊沼甲
Ypsiloncyphon panayensis Yoshitomi 班乃伊沼甲
Ypsiloncyphon philippinensis Yoshitomi 菲伊沼甲
Ypsiloncyphon prolongatus Yoshitomi 长伊沼甲
Ypsiloncyphon sumatranus Yoshitomi 苏门伊沼甲
Ypsiloncyphon teruhisai Yoshitomi 照久伊沼甲
Ypsiloncyphon wallacei Yoshitomi 威氏伊沼甲
Ypsolopha 冠翅蛾属 < 此属学名有误写为 *Ypsolophus* 者 >
Ypsolopha acuminata (Butler) 尖冠翅蛾
Ypsolopha albiramella (Mann) 麻黄冠翅蛾
Ypsolopha albistriatus (Issiki) 细囊冠翅蛾
Ypsolopha albula Qi, Wang *et* Li 白室冠翅蛾
Ypsolopha allochroa Qi, Wang *et* Li 异色冠翅蛾
Ypsolopha altissimella (Chrétien) 刺冠翅蛾
Ypsolopha amoenella (Christoph) 黑背冠翅蛾
Ypsolopha asperella (Linnaeus) 蔷薇冠翅蛾
Ypsolopha aurea Qi, Wang *et* Li 金黄冠翅蛾
Ypsolopha bicostata Qi, Wang *et* Li 双带冠翅蛾
Ypsolopha bisticta Qi, Wang *et* Li 双点冠翅蛾
Ypsolopha blandella (Christoph) 白脉冠翅蛾，布钩菜蛾，黄菜蛾
Ypsolopha brevivalva Qi, Wang *et* Li 短瓣冠翅蛾
Ypsolopha buscki Heppner 布氏冠翅蛾
Ypsolopha capitalba Qi, Wang *et* Li 白顶冠翅蛾
Ypsolopha chlorina Qi, Wang *et* Li 淡绿冠翅蛾
Ypsolopha contractella (Caradja) 阔瓣冠翅蛾
Ypsolopha costibasella (Caradja) 柯冠翅蛾，柯黄菜蛾
Ypsolopha dentella (Fabricius) 忍冬冠翅蛾
Ypsolopha dentiferella (Walsingham) 具齿冠翅蛾
Ypsolopha diana (Caradja) 端斑冠翅蛾，滇黄菜蛾
Ypsolopha distinctata Moriuti 显冠翅蛾
Ypsolopha divisella (Chrétien) 分冠翅蛾
Ypsolopha dorsimaculella (Kearfott) 背斑冠翅蛾
Ypsolopha elongata (Braun) 细长冠翅蛾
Ypsolopha excisella (Lederer) 褐冠翅蛾
Ypsolopha falcella (Denis *et* Schiffermüller) 镰冠翅蛾，玹黄菜蛾
Ypsolopha fascimaculata Qi, Wang *et* Li 褐点冠翅蛾
Ypsolopha flava (Issiki) 黄色冠翅蛾
Ypsolopha flavida Qi, Wang *et* Li 淡黄冠翅蛾
Ypsolopha flavistrigella (Busck) 黄纹冠翅蛾
Ypsolopha flaviterminata Qi, Wang *et* Li 黄尾冠翅蛾
Ypsolopha fujimotoi Moriuti 藤本冠翅蛾
Ypsolopha hebeiensis Yang 河北冠翅蛾，河北钩菜蛾
Ypsolopha helva Sohn *et* Wu 新疆冠翅蛾
Ypsolopha horridella (Tritschke) 褐纹冠翅蛾
Ypsolopha japonica Moriuti 日本冠翅蛾
Ypsolopha kristalleniae Rebel 克氏冠翅蛾
Ypsolopha latiuscula Qi, Wang *et* Li 宽翅冠翅蛾
Ypsolopha leuconotella (Snellen) 白背冠翅蛾
Ypsolopha longa Moriuti 长冠翅蛾
Ypsolopha longifloccosa Qi, Wang *et* Li 长簇冠翅蛾

Ypsolopha longisaccata Qi, Wang *et* Li 长囊冠翅蛾
Ypsolopha lucella (Fabricius) [plain smudge] 淡斑冠翅蛾，冠翅蛾
Ypsolopha lutisplendida Sohn *et* Wu 丽冠翅蛾
Ypsolopha maculatella (Busck) 斑冠翅蛾
Ypsolopha melanofuscella Ponomarenko *et* Zinchenko 黑带冠翅蛾
Ypsolopha mienshani (Caradja) 岷山冠翅蛾，岷山黄菜蛾
Ypsolopha minuta Qi, Wang *et* Li 小冠翅蛾
Ypsolopha mucronulata Qi, Wang *et* Li 尖突冠翅蛾
Ypsolopha nebulella (Staudinger) 暗冠翅蛾
Ypsolopha nemorella (Linnaeus) [hooked smudge] 褐脉冠翅蛾
Ypsolopha nigrimaculata Byun *et* Park 黑斑冠翅蛾
Ypsolopha nigrofasciata Yang 黑条冠翅蛾，黑条钩菜蛾
Ypsolopha parallela (Caradja) 双斜冠翅蛾，平行卢黄菜蛾
Ypsolopha parenthesella (Linnaeus) [white-shouldered smudge, oak moth] 异冠翅蛾，栎黄菜蛾，栎淡色突吻菜蛾
Ypsolopha paristrigosa Qi, Wang *et* Li 拟白条冠翅蛾
Ypsolopha persicella (Fabricius) 波斯冠翅蛾
Ypsolopha pseudoparallela Sohn *et* Wu 伪双斜冠翅蛾
Ypsolopha purpurata Qi, Wang *et* Li 紫光冠翅蛾
Ypsolopha saitoi Moriuti 前白冠翅蛾
Ypsolopha sarmaticella (Rebel) 锦鸡儿冠翅蛾
Ypsolopha sasayamanus (Matsumura) 筱山冠翅蛾
Ypsolopha scabrella (Linnaeus) [wainscot hooktip, wainscot smudge] 粗翅冠翅蛾
Ypsolopha schwarziella (Busck) 施氏冠翅蛾
Ypsolopha sculpturella (Herrich-Schäffer) 纹冠翅蛾
Ypsolopha semitessella (Mann) 半褐冠翅蛾
Ypsolopha sordida Sohn *et* Wu 污冠翅蛾
Ypsolopha sordidella Sohn *et* Wu 同 *Ypsolopha sordida*
Ypsolopha strigosa (Butler) 白条冠翅蛾，瘦钩菜蛾
Ypsolopha sylvella (Linnaeus) [wood smudge] 林冠翅蛾
Ypsolopha triangula Qi, Wang *et* Li 三角冠翅蛾
Ypsolopha trichonella (Mann) 三色冠翅蛾
Ypsolopha tsugae Moriuti 铁杉冠翅蛾
Ypsolopha ulingensis Yang 雾灵冠翅蛾，雾灵钩菜蛾
Ypsolopha umbrina Qi, Wang *et* Li 赭黄冠翅蛾
Ypsolopha uniformis (Filipjev) 同形冠翅蛾
Ypsolopha varidentella Qi, Wang *et* Li 冠翅蛾
Ypsolopha vintrella (Busck) 圆冠翅蛾
Ypsolopha vittella (Linnaeus) [elm autumn moth] 榆冠翅蛾，黑榆菜蛾
Ypsolopha walsinghamiella (Busck) 瓦冠翅蛾
Ypsolopha yangi Ponomerenko *et* Sohn 杨氏冠翅蛾
Ypsolopha yasudai Moriuti 田中冠翅蛾
ypsolophid 1. [= ypsolophid moth] 冠翅蛾 < 冠翅蛾科 Ypsolophidae 昆虫的通称 >；2. 冠翅蛾科的
ypsolophid moth [= ypsolophid] 冠翅蛾
Ypsolophidae 冠翅蛾科
Ypsolophus costibasellus (Caradja) 见 *Ypsolopha costibasella*
Ypsolophus hebeiensis Yang 见 *Ypsolopha hebeiensis*
Ypsolophus nigrofasciatus Yang 见 *Ypsolopha nigrofasciata*
Ypsolophus ulingensis Yang 同 *Ypsolopha costibasella*
Ypsydocha formosensis (Tokunaga) 见 *Psychoda formosensis*
ypthima satyr [*Taygetis ypthima* (Hübner)] 矍棘眼蝶
Ypthima 矍眼蝶属，波眼蝶属
Ypthima abnormis Shelford 非常矍眼蝶
Ypthima affectata Elwes *et* Edwards 阿非矍眼蝶
Ypthima akragas Fruhstorfer 斐矍眼蝶，白带波眼蝶，台湾小波纹蛇目蝶，高山波纹蛇目蝶，台湾小波眼蝶
Ypthima albescens Poujade 同 *Ypthima zodia*
Ypthima albida Butler [silver ringlet, silvery ringlet] 银灰矍眼蝶
Ypthima albipuncta Lee 白斑矍眼蝶
Ypthima amphithea (Ménétriés) 浅矍眼蝶，安矍眼蝶
Ypthima ancus Fruhstorfer 安库矍眼蝶
Ypthima angustipennis Takahashi 狭翅矍眼蝶，狭翅波眼蝶
Ypthima antennata van Son [clubbed ringlet] 前角矍眼蝶
Ypthima aphnius Godart 白波矍眼蝶
Ypthima arctous (Fabricius) [dusky knight] 暗矍眼蝶
Ypthima argillosa Snellen 阿基矍眼蝶
Ypthima argus Butler 同 *Ypthima balda*
Ypthima argus argus Butler 同 *Ypthima balda balda*
Ypthima argus hyampeia Fruhstorfer 见 *Ypthima balda hyampeia*
Ypthima argus okurai Okano 见 *Ypthima okurai*
Ypthima argus pratti Elwes *et* Edwards 同 *Ypthima balda balda*
Ypthima asterope (Klug) [common threering, African ringlet] 三星矍眼蝶，星矍眼蝶
Ypthima avanta Moore [jewel fourring] 宝石矍眼蝶，阿万矍眼蝶
Ypthima baileyi South 拜矍眼蝶
Ypthima balda (Fabricius) [common fivering] 矍眼蝶
Ypthima balda balda (Fabricius) 矍眼蝶指名亚种，指名矍眼蝶
Ypthima balda hyampeia Fruhstorfer 矍眼蝶东北亚种，亥阿矍眼蝶
Ypthima balda luoi Huang 矍眼蝶罗氏亚种
Ypthima balda marshalli Butler 同 *Ypthima balda newboldi*
Ypthima balda newboldi Distant 矍眼蝶马来亚种
Ypthima balda okurai Okano 见 *Ypthima okurai*
Ypthima balda zodina (Fruhstorfer) 矍眼蝶台湾亚种，小波眼蝶，小波纹蛇目蝶，链纹眼蝶，拟六目蝶，矍蝶，普通邻眼蝶，台湾佐矍眼蝶
Ypthima batesi Felder 贝茨矍眼蝶
Ypthima beautei Oberthür 美丽矍眼蝶，比矍眼蝶
Ypthima beautei beautei Oberthür 美丽矍眼蝶指名亚种
Ypthima beautei qinghaiensis Huang *et* Wu 美丽矍眼蝶青海亚种
Ypthima bolanica Marshall [desert fourring] 沙漠矍眼蝶
Ypthima cantlei Norman 肯特矍眼蝶
Ypthima cataractae van Son 卡他矍眼蝶
Ypthima ceylonica (Hewitson) [white fourring] 雪白矍眼蝶
Ypthima chenui (Guérin-Méneville) [Nilgiri fourring] 彻奴矍眼蝶
Ypthima chinensis Leech [Chinese fourring] 中华矍眼蝶，华内矍眼蝶
Ypthima ciris Leech 鹭矍眼蝶，瑟矍眼蝶
Ypthima condamini Kielland [Condamin's ringlet] 非洲矍眼蝶
Ypthima confusa Shirôzu *et* Shima 混同矍眼蝶
Ypthima conjuncta Leech 幽矍眼蝶
Ypthima conjuncta conjuncta Leech 幽矍眼蝶指名亚种，指名幽矍眼蝶
Ypthima conjuncta monticola Uemura *et* Koiwaya 幽矍眼蝶山地亚种
Ypthima conjuncta yamanakai Sonan 幽矍眼蝶山中亚种，白漪波眼蝶，山中波纹蛇目蝶，山中矍眼蝶，大波纹蛇目蝶，联环

邻眼蝶，白纹波眼蝶，雅矍眼蝶
Ypthima dengae Huang 登嘎矍眼蝶
Ypthima dohertyi (Moore) 缅矍眼蝶，多尔蒂矍眼蝶
Ypthima doleta Butler [common ringlet] 道乐矍眼蝶
Ypthima dromon Oberthür 重光矍眼蝶
Ypthima dromonides Oberthür 同 *Ypthima iris*
Ypthima esakii (Shirôzu) 江崎矍眼蝶，江崎波眼蝶，江崎波纹蛇目蝶，埔里波纹蛇目蝶，江崎邻眼蝶
Ypthima esakii esakii (Shirôzu) 江崎矍眼蝶指名亚种
Ypthima esakii wangi Lee 江崎矍眼蝶王氏亚种，王氏波眼蝶，王氏波纹蛇目蝶
Ypthima fasciata (Hewitson) 带矍眼蝶
Ypthima florensis Snellen 佛罗勒斯岛矍眼蝶
Ypthima formosana Fruhstorfer 台湾矍眼蝶，宝岛波眼蝶，大波纹蛇目蝶，台湾邻眼蝶
Ypthima frontierii Uémura *et* Monastyrskii 福氏矍眼蝶
Ypthima fulvida Butler 枯色矍眼蝶
Ypthima fusca Elwes *et* Edwards 棕色矍眼蝶
Ypthima gadames Fruhstorfer 邦加岛矍眼蝶
Ypthima gavalisi Martin 加娃矍眼蝶
Ypthima gazana van Son 加赞矍眼蝶
Ypthima granulosa Butler [granular ringlet] 东非矍眼蝶
Ypthima hanburyi Holloway 罕布矍眼蝶
Ypthima horsfieldii Moore 郝氏矍眼蝶
Ypthima horsfieldii horsfieldii Moore 郝氏矍眼蝶指名亚种
Ypthima horsfieldii humei Elwes *et* Edwards [Malayan five ring] 郝氏矍眼蝶马来亚种
Ypthima huebneri Kirby [common fourring] 指名矍眼蝶，胡矍眼蝶
Ypthima humei Elwes *et* Edwards 海南矍眼蝶
Ypthima hyagriva Moore 棕褐矍眼蝶
Ypthima iarba de Nicéville 伊阿矍眼蝶
Ypthima imitans (Elwes *et* Edwards) [false fourring] 拟四眼矍眼蝶，仿东亚矍眼蝶
Ypthima impura Elwes *et* Edwards [impure ringlet] 不纯矍眼蝶
Ypthima indecora Moore 西印度矍眼蝶
Ypthima inica Hewitson 小三眼矍眼蝶
Ypthima insolita Leech 不孤矍眼蝶，殊矍眼蝶
Ypthima iris Leech 虹矍眼蝶
Ypthima iris hygrophilus Mell 同 *Ypthima iris iris*
Ypthima iris iris Leech 虹矍眼蝶指名亚种
Ypthima iris microiris Uémura *et* Koiwaya 虹矍眼蝶西藏亚种
Ypthima iris naqialoa Huang 虹矍眼蝶怒江亚种
Ypthima iris paradromon Uémura *et* Koiwaya 虹矍眼蝶云南亚种
Ypthima jacksoni Kielland [Jackson's ringlet] 杰克逊矍眼蝶
Ypthima kalelonda Westwood 卡乐矍眼蝶
Ypthima lihongxingi Huang *et* Wu 李氏矍眼蝶
Ypthima lisandra (Cramer) 黎桑矍眼蝶，圆翅波眼蝶，黎矍眼蝶
Ypthima lisandra bara Evans 黎桑矍眼蝶泰国亚种
Ypthima lisandra lisandra (Cramer) 黎桑矍眼蝶指名亚种
Ypthima lisandra micrommatus Holland 同 *Ypthima lisandra lisandra*
Ypthima loryma Hewitson 劳丽矍眼蝶
Ypthima lycus de Nicéville 平原矍眼蝶，来矍眼蝶
Ypthima masakii Ito 正木矍眼蝶
Ypthima medusa Leech 魔女矍眼蝶
Ypthima megalia de Nicéville 见 *Ypthima megalomma megalia*
Ypthima megalomma Butler 乱云矍眼蝶
Ypthima megalomma megalia de Nicéville 乱云矍眼蝶大型亚种，大矍眼蝶
Ypthima megalomma megalomma Butler 乱云矍眼蝶指名亚种
Ypthima melli Förster 同 *Ypthima zodia zodia*
Ypthima methora Hewitson 滇矍眼蝶，连矍眼蝶
Ypthima methora formosana Fruhstorfer 见 *Ypthima formosana*
Ypthima methora microphthalma Förster 见 *Ypthima microphthalma*
Ypthima methorina Oberthür 米垛矍眼蝶，拟连矍眼蝶
Ypthima methorina completa Oberthür 同 *Ypthima methorina*
Ypthima microphthalma Förster 小环矍眼蝶，微连矍眼蝶
Ypthima minuta Matsumura 同 *Ypthima posticalis*
Ypthima motschulskyi (Bremer *et* Grey) [bamboo ypthima] 东亚矍眼蝶，莫氏波眼蝶，莫氏波纹蛇目蝶，竹里波纹眼蝶，竹星波纹眼蝶
Ypthima motschulskyi formosicola Matsumura 同 *Ypthima motschulskyi motschulskyi*
Ypthima motschulskyi ganus Fruhstorfer 见 *Ypthima multistriata ganus*
Ypthima motschulskyi imitans (Elwes *et* Edwards) 见 *Ypthima imitans*
Ypthima motschulskyi motschulskyi (Bremer *et* Grey) 东亚矍眼蝶指名亚种，指名东亚矍眼蝶
Ypthima multistriata Butler 密纹矍眼蝶，密纹波眼蝶，台湾波纹蛇目蝶，三眼蝶，多条邻眼蝶
Ypthima multistriata ganus Fruhstorfer 密纹矍眼蝶青岛亚种，甘东亚矍眼蝶
Ypthima multistriata multistriata Butler 密纹矍眼蝶指名亚种，指名密纹矍眼蝶
Ypthima muotuoensis Huang 墨脱矍眼蝶
Ypthima muotuoensis dulongae Huang 墨脱矍眼蝶独龙亚种
Ypthima muotuoensis muotuoensis Huang 墨脱矍眼蝶指名亚种
Ypthima nareda (Kollar) [large three-ring] 小矍眼蝶
Ypthima nareda motschulskyi (Bremer *et* Grey) 见 *Ypthima motschulskyi*
Ypthima nareda nareda (Kollar) 小矍眼蝶指名亚种
Ypthima nareda sarcaposa Fruhstorfer 小矍眼蝶云南亚种，云南小矍眼蝶
Ypthima nebulosa Aoki *et* Uémura 星云矍眼蝶
Ypthima newara Moore 尼矍眼蝶，内矍眼蝶
Ypthima newara chinensis Leech 见 *Ypthima chinensis*
Ypthima newara newara Moore 尼矍眼蝶指名亚种
Ypthima newara yaluzangbui Huang 尼矍眼蝶雅鲁藏布亚种
Ypthima nigricans Snellen 黑矍眼蝶
Ypthima nikaea (Moore) 融斑矍眼蝶
Ypthima norma Westwood [small three ring] 无斑矍眼蝶
Ypthima norma norma Westwood 无斑矍眼蝶指名亚种
Ypthima norma posticalis Matsumura 无斑矍眼蝶台湾亚种，罕波眼蝶，无斑波纹蛇目蝶，小眼蝶，小三目蝶，无纹波纹蛇目蝶，微小邻眼蝶，无斑波眼蝶，后诺矍眼蝶
Ypthima okurai Okano 大藏矍眼蝶，大藏波眼蝶，大藏波纹蛇目蝶，矍眼蝶，深山波纹蛇目蝶，奥阿矍眼蝶
Ypthima ordinata Butler 同 *Ypthima avanta*
Ypthima pandocus Moore 潘多矍眼蝶
Ypthima parasakra Eliot 侧斑矍眼蝶
Ypthima pemakoi Huang 佩玛矍眼蝶
Ypthima perfecta Leech 完壁矍眼蝶

Ypthima perfecta akragas Fruhstorfer 同 *Ypthima motschulskyi*
Ypthima perfecta perfecta Leech 完璧矍眼蝶指名亚种，指名完璧矍眼蝶
Ypthima persimilis Elwes *et* Edwards 多似矍眼蝶
Ypthima phania (Oberthür) 法尼矍眼蝶，范表内眼蝶
Ypthima philomela (Linnaeus) [baby fivering] 爱婴矍眼蝶
Ypthima posticalis Matsumura 丽裙矍眼蝶，后矍眼蝶
Ypthima posticalis posticalis Matsumura 丽裙矍眼蝶指名亚种，指名后矍眼蝶
Ypthima praenubila Leech 前雾矍眼蝶，巨波眼蝶
Ypthima praenubila kanonis Matsumura 前雾矍眼蝶北台湾亚种，巨波眼蝶北台湾亚种，鹿野波纹蛇目蝶，飘矍眼蝶，四目蝶，巨型邻眼蝶，巨波眼蝶北部亚种，台湾前雾矍眼蝶
Ypthima praenubila neobilia Murayama 前雾矍眼蝶中台湾亚种，巨波眼蝶中台湾亚种，四目蝶，鹿野波纹蛇目蝶，巨型邻眼蝶，巨波眼蝶南部亚种，尼前雾矍眼蝶
Ypthima praenubila praenubila Leech 前雾矍眼蝶指名亚种，指名前雾瞿眼蝶
Ypthima praestans Overlaet 玻莱矍眼蝶
Ypthima pratti Elwes *et* Edwards 同 *Ypthima balda balda*
Ypthima pseudobalda Shou *et* Yuan 拟矍眼蝶，平等矍眼蝶
Ypthima pseudodromon Förster 同 *Ypthima zodia*
Ypthima pulchra Overlaet 中非矍眼蝶
Ypthima pupillaris Butler [eyed ringlet] 银赭矍眼蝶
Ypthima pusilla Fruhstorfer 普西矍眼蝶
Ypthima putamdui South 普坦矍眼蝶
Ypthima recta Overlaet 直矍眼蝶
Ypthima rhodesiana Carcasson [pale ringlet, Zambian ringlet] 罗得矍眼蝶
Ypthima riukiuana Matsumura 琉球矍眼蝶
Ypthima sakra Moore 连斑矍眼蝶
Ypthima sakra leechi Förster 连斑矍眼蝶李氏亚种，李连斑矍眼蝶
Ypthima sakra nujiangensis Huang 连斑矍眼蝶怒江亚种
Ypthima sakra sakra Moore 连斑矍眼蝶指名亚种
Ypthima savara Grose-Smith 灰白矍眼蝶，萨矍眼蝶
Ypthima selinuntioides Mell 塞矍眼蝶
Ypthima sensilis Kashiwai 森矍眼蝶
Ypthima sesara (Hewitson) 橙白矍眼蝶
Ypthima similis Elwes *et* Edwards 东印度矍眼蝶
Ypthima simplicia Butler 简矍眼蝶
Ypthima singala Felder 曲矍眼蝶
Ypthima sinica Uémura *et* Koiwaya [Chinese ringlet] 神州矍眼蝶
Ypthima sobrina Elwes *et* Edwards 索玻矍眼蝶
Ypthima sordida Elwes *et* Edwards 污矍眼蝶
Ypthima sordida tsinlingi Förster 同 *Ypthima sordida*
Ypthima stellera Eschscholtz 星斑矍眼蝶
Ypthima striata Hampson 条纹矍眼蝶
Ypthima sufferti Aurivillius 苏菲矍眼蝶
Ypthima tamatare Boisduval 塔玛矍眼蝶
Ypthima tamatevae Boisduval 红框矍眼蝶
Ypthima tappana Matsumura 大波矍眼蝶，达邦波眼蝶，达邦波纹蛇目蝶，达邦矍眼蝶，达邦邻眼蝶
Ypthima tappana continentalis Murayama 大波矍眼蝶大陆亚种，大陆大波矍眼蝶
Ypthima tappana tappana Matsumura 大波矍眼蝶指名亚种，指名大波矍眼蝶
Ypthima tiani Huang *et* Liu 田氏矍眼蝶
Ypthima triopthalma Mabille 翠矍眼蝶
Ypthima wangi Lee 见 *Ypthima esakii wangi*
Ypthima watsoni (Moore) 瓦矍眼蝶
Ypthima wenlungi Takahashi 文龙矍眼蝶，文龙波眼蝶
Ypthima yamanakai Sonan 见 *Ypthima conjuncta yamanakai*
Ypthima yangjiahei Huang 杨家河矍眼蝶
Ypthima yatta Kielland [yatta ringlet, yatta three-ring] 雅塔矍眼蝶
Ypthima yayeyamana Nire 八重山矍眼蝶
Ypthima yoshinobui Huang *et* Wu 青海矍眼蝶
Ypthima ypthimoides Moore [Palni fourring] 南印度矍眼蝶
Ypthima zanjuga Mabille 瓒矍眼蝶
Ypthima zodia Butler 卓矍眼蝶
Ypthima zodia septentrionis Förster 同 *Ypthima zodia zodia*
Ypthima zodia taibaishani Förster 同 *Ypthima zodia zodia*
Ypthima zodia zodia Butler 卓矍眼蝶指名亚种，指名卓矍眼蝶
Ypthima zyzzomacula Chou *et* Li 曲斑矍眼蝶
Ypthimoides 矍形眼蝶属
Ypthimoides angularis Butler 角翅矍形眼蝶
Ypthimoides castrensis Schaus 卡斯矍形眼蝶
Ypthimoides celmis Godart [celmis satyr] 塞尔米矍形眼蝶
Ypthimoides erigone Butler 埃利矍形眼蝶
Ypthimoides modesta Butler 优雅矍形眼蝶
Ypthimoides phineus Butler 菲尼矍形眼蝶
Ypthimomorpha 烁眼蝶属
Ypthimomorpha itonia (Hewitson) [marsh ringlet, swamp ringlet] 烁眼蝶
Yuanaspis 云盾蚧属
Yuanaspis ficus Young 榕云盾蚧
Yuanchia 圆翅飞虱属
Yuanchia maculata Chen *et* Tsai 翅斑圆翅飞虱
Yucatan calephelis [*Calephelis yucatana* McApine] 尤卡细纹蚬蝶
yucca giant-skipper [*Megathymus yuccae* (Boisduval *et* LeConte)] 大弄蝶
yucca moth 1. [= prodoxid moth, prodoxid] 丝兰蛾 < 丝兰蛾科 Prodoxidae 昆虫的通称 >; 2. [*Tegeticula yuccasella* (Riley)] 毛丝兰蛾
yucca plant bug [*Halticotoma valida* Reuter] 丝兰盲蝽，丝兰蝽
Yuccacia 狭唇叶蜂属
Yuccacia albipes Wei 淡足狭唇叶蜂
Yucilix 玉钩蛾属
Yucilix xia Yang 瑕玉钩蛾
Yukoana 光鞘叩甲属
Yukoana elliptica (Candèze) 椭光鞘叩甲
Yukoana formosana Ôhira 台湾光鞘叩甲
Yukoana housaiana Kishii 山地光鞘叩甲
Yukoana taiwana Ôhira 宝岛光鞘叩甲
Yukoana takasago Kishii 高砂光鞘叩甲
Yukon alpine [= four-dotted alpine, *Erebia youngi* Holland] 杨氏红眼蝶
Yula 灿绿夜蛾属
Yula muscosa (Hampson) 灿绿夜蛾
Yule's dotted border [*Mylothris yulei* Butler] 尤氏迷粉蝶

Yulongedon 玉龙叶甲属，玉龙猿叶甲属
Yulongedon formosus Lopatin 靓玉龙叶甲，靓玉龙猿叶甲
Yulongedon jambhalai Daccordi *et* Ge 宝藏神玉龙叶甲，宝藏神玉龙猿叶甲
yuma skipper [= giant-reed skipper, *Ochlodes yuma* (Edwards)] 尤马赭弄蝶
Yunacantha nigrolimbata Chen *et* Zia 见 *Acanthonevra nigrolimbata*
Yunaspes 云萤叶甲属
Yunaspes modogensis Jiang 墨脱云萤叶甲
Yunaspes nigritarsis Chen 黑跗云萤叶甲
Yunchrysopa 云草蛉属
Yunchrysopa tropica Yang *et* Wang 热带云草蛉
Yunientomia 云重蚳属
Yunientomia ditaenia Li 双带云重蚳
Yunleon 云蚁蛉属
Yunleon fluctosus Yang 纹腹云蚁蛉
Yunleon longicorpus Yang 长腹云蚁蛉
Yunna 小点隐翅甲属
Yunna rubens Bordoni 赤翅小点隐翅甲
Yunnaedon 云叶甲属
Yunnaedon belousovi Lopatin 贝氏云叶甲
Yunnaedon foveatus Lopatin 凹云叶甲
Yunnaedon pankui Daccordi *et* Medvedev 盘古云叶甲
Yunnan chequered blue [*Sinia lanty* (Oberthür)] 烂僖灰蝶，蓝珞灰蝶
Yunnan pine moth [*Dendrolimus grisea* (Moore)] 云南松毛虫，柳杉毛虫，狗毛虫
Yunnan sailer [*Neptis yunnana* Oberthür] 云南环蛱蝶
Yunnan shoot borer [*Tomicus yunnanensis* Kirkendall *et* Faccoli] 云南切梢小蠹
Yunnana 云沫蝉属
Yunnana vera China 威拉云沫蝉
Yunnanacris 云秃蝗属
Yunnanacris wenshanensis Wang *et* Xiangyu 文山云秃蝗
Yunnanacris yunnaneus (Ramme) 云南云秃蝗，云南云蝗
Yunnanaspis rubus Young 见 *Youngus rubus*
Yunnaniata 滇萤叶甲属
Yunnaniata konstantinovi Lopatin 康氏滇萤叶甲
Yunnanisca 云南麻蝇属
Yunnanisca fani (Li *et* Ye) 见 *Sarcophaga* (*Myorhina*) *fani*
Yunnanites 云南蝗属
Yunnanites albomargina Mao *et* Zheng 白边云南蝗
Yunnanites coriacea Uvarov 云南蝗
Yunnanites zhengi Mao *et* Yang 郑氏云南蝗
Yunnanitinae 云南蝗亚科
Yunnanitis mansfieldi Riley 见 *Bhutanitis mansfieldi*
Yunnanosticta 云扁蟌属
Yunnanosticta cyaneocollaris Dow *et* Zhang 蓝颈云扁蟌
Yunnanosticta wilsoni Dow *et* Zhang 韦氏云扁蟌
Yunnantettix 云南蚱属
Yunnantettix bannaensis Zheng 版纳云南蚱
Yunnella 稀点隐翅甲属
Yunnella spinosa Bordoni 毛茎稀点隐翅甲
Yunocassis 云龟甲亚属
Yunohespera 云丝跳甲属
Yunohespera sulcicollis Chen *et* Wang 沟胸云丝跳甲
Yunomela rufa Chen 见 *Sikkimia rufa*
Yunotrechus 云盲步甲属
Yunotrechus diannanensis Tian *et* Huang 滇南云盲步甲
Yunotrichia 云毛跳甲属
Yunotrichia mediovittata Chen *et* Wang 黑条云毛跳甲
Yupodisma 豫蝗属
Yupodisma qingyuana Ren, Zheng *et* Cao 清原豫蝗
Yupodisma rufipennis Zhang *et* Xia 红翅豫蝗
Yuripopovina 尤里缘蝽属
Yuripopovina magnifica Du, Yao *et* Ren 大尤里缘蝽
Yuripopovinidae 尤里缘蝽科
Yushengliua 美叶蜂属
Yushengliua formosa Wei *et* Niu 美叶蜂
Yushengliua microcula Wei *et* Nie 小眼美叶蜂

Z-chromosome Z 染色体
Zabrachypus 大食姬蜂属
Zabrachypus albifacialis Kusigemati 白带大食姬蜂
Zabrachypus unicarinatus (Uchida *et* Momoi) 单脊大食姬蜂
Zabrina 距步甲亚族
Zabrini 距步甲族
Zabroideus 杂拟步甲属
Zabroideus pinguis Fairmaire 壮杂拟步甲
Zabromorphus 大食阎甲属，糙阎甲属
Zabromorphus punctulatus (Wiedmann) 同 *Hister salebrosus*
Zabromorphus salebrosus (Schleicher) 见 *Hister salebrosus*
Zabromorphus salebrosus salebrosus(Schleicher) 见 *Hister salebrosus salebrosus*
Zabromorphus salebrosus subsolanus Newton 见 *Hister salebrosus subsolanus*
Zabrotes 宽颈豆象甲属
Zabrotes subfasciatus (Boheman) [Mexican bean weevil, Mexican bean bruchid] 巴西宽颈豆象甲，巴西宽颈豆象，巴西豆象，亚带广颈豆象
Zabrus 距步甲属
Zabrus chinensis Fairmaire 见 *Trichotichnus* (*Amaroschesis*) *chinensis*
Zabrus molloryi Andrewes 模距步甲，马距步甲
Zabrus potanini Semenow 波氏距步甲，坡距步甲
Zabrus przewalskii Semenow 普氏距步甲，普距步甲
Zabrus przewalskii ganssuensis Semenov 普氏距步甲甘肃亚种
Zabrus przewalskii przewalskii Semenow 普氏距步甲指名亚种
Zabrus tenebrioides (Goeze) [corn ground beetle, wheat ground beetle, cereal ground beetle] 麦距步甲，麦步甲，玉米步甲，暗黑距步甲
Zabuella 沼蚬蝶属
Zabuella tenella (Burmeister) 沼蚬蝶
zabulon skipper [*Poanes zabulon* (Boisduval *et* LeConte)] 杂色袍弄蝶
Zachaeus skipper [*Poanes zachaeus* (Plötz)] 黄斑袍弄蝶
Zachobiella 寡脉褐蛉属
Zachobiella hainanensis Banks 海南寡脉褐蛉
Zachobiella striata Nakahara 条斑寡脉褐蛉，纹岛褐蛉
Zachobiella submatginata Esben-Petersen 亚缘寡脉褐蛉
Zachobiella yunnanica Zhao, Yan *et* Liu 云南寡脉褐蛉
Zacladus 扎克象甲属
Zacladus thomsoni Schultze 汤扎克象甲，汤扎克象
Zadadra 扎苔蛾属
Zadadra costalis (Moore) 缘扎苔蛾，肋土苔蛾，缘土苔蛾
Zadadra distorta (Moore) 褐鳞扎苔蛾，褐鳞土苔蛾，狄土苔蛾
Zadadra fuscistriga (Hampson) 烟纹扎苔蛾，烟纹土苔蛾，褐纹土苔蛾
Zadadra plumbeomicans (Hampson) 羽扎苔蛾，铅土苔蛾，羽土苔蛾
Zaddach's mimic forester [*Euphaedra zaddachi* Dewitz] 红裙栎蛱蝶
zaela mimic white [*Dismorphia zaela* (Hewitson)] 窄纹袖粉蝶
Zagella 广翅赤眼蜂属
Zagella chrysomeliphila Lin 叶甲广翅赤眼蜂
Zagella sinadoneura Hu *et* Lin 断脉广翅赤眼蜂
Zaglyptogastra 折尾茧蜂属
Zaglyptogastra exilis Li, van Achterberg *et* Chen 细长折尾茧蜂
Zaglyptogastra tricolor Li, van Achterberg *et* Chen 三色折尾茧蜂
Zaglyptus 盛雕姬蜂属
Zaglyptus divaricatus Baltazar 宽叉盛雕姬蜂
Zaglyptus divaricatus divaricatus Baltazar 宽叉盛雕姬蜂指名亚种，指名宽叉盛雕姬蜂
Zaglyptus formosus Cushman 台湾盛雕姬蜂，台盛雕姬蜂
Zaglyptus glaber Gupta 光盛雕姬蜂
Zaglyptus glaber glaber Gupta 光盛雕姬蜂指名亚种
Zaglyptus iwatai (Uchida) 黑尾盛雕姬蜂
Zaglyptus multicolor (Gravenhorst) 多色盛雕姬蜂
Zaglyptus varipes (Gravenhorst) 斑足盛雕姬蜂
Zaglyptus varipes varipes (Gravenhorst) 斑足盛雕姬蜂指名亚种，指名斑足盛雕姬蜂
Zaglyptus wuyiensis He 武夷盛雕姬蜂
Zahradnikia 杂皮蠹属
Zahradnikia taiwanica Hava 台湾杂皮蠹
Zaira 灾寄蝇属，萎寄蝇属
Zaira cinerea (Fallén) 步甲灾寄蝇，步行虫萎寄蝇，步行虫灾寄蝇
Zaischnopsis 三齿旋小蜂属
Zaischnopsis candetibia Peng 亮胫三齿旋小蜂
Zaischnopsis fumosa Peng *et* Xiang 暗三齿旋小蜂
Zaischnopsis nivalinota Peng *et* Xiang 白线三齿旋小蜂
Zaischnopsis tubatius (Walker) 吐三齿旋小蜂，吐巴旋小蜂
Zaitzevia 细溪泥甲属，细身长角泥虫属
Zaitzevia babai Nomura 细溪泥甲，马场氏细身长角泥虫
Zaitzevia formosana Nomura 蓬莱细溪泥甲，蓬莱细身长角泥虫
Zaitzevia parallele Nomura 平行细溪泥甲，平行细身长角泥虫
Zalapia lubentina indica (Fruhstorfer) 见 *Euthalia lubentina indica*
Zalapia neoterica (Lee) 同 *Euthalia thibetana yunnana*
Zalapia patala taooana (Moore) 见 *Euthalia patala taooana*
Zalapia thibetana yunnana (Oberthür) 见 *Euthalia thibetana yunnana*
Zalarnaca 杂蜡蟋螽属
Zalarnaca (***Glolarnaca***) ***hainanica*** (Li, Liu *et* Li) 海南杂蜡蟋螽，海南蜡蟋螽
Zalarnaca (***Glolarnaca***) ***pulcherrima*** Gorochov 丽杂蜡蟋螽
Zalarnaca (***Glolarnaca***) ***sinica*** (Li, Liu *et* Li) 中华杂蜡蟋螽，中华蜡蟋螽
zalates skipper [*Tigasis zalates* Godman] 扎恬弄蝶，恬弄蝶
Zale duplicata Bethune-Baker 斑克松夜蛾
Zalissa catocalina (Walker) 同 *Sarbanissa insocia*
Zalomes 皂弄蝶属
Zalomes biforis (Weymer) [Weymer's high-redeye] 皂弄蝶

Zalomes naco Steinhauser [naco high-redeye] 黄斑皂弄蝶
Zalutschia mucronata (Brundin) 尖查摇蚊
Zama 暗斑蛾属
Zama arisana (Matsumura) 阿里山暗斑蛾，阿里山透翅斑蛾，阿里山毛斑蛾
Zama horni (Strand) 荷氏暗斑蛾，荷氏透翅斑蛾，贺氏毛斑蛾
Zamacra 褶翅尺蛾属
Zamacra excavata (Dyar) 见 *Apochima excavata*
Zamacra juglansiaria Graeser 见 *Apochima juglansiaria*
Zamarada 泽尺蛾属
Zamarada excisa Hampson 超泽尺蛾
Zambesa 扎寄蝇属，斩寄蝇属
Zambesa claripalpis Villeneuve 亮须扎寄蝇，亮须斩寄蝇，亮须差寄蝇，亮须寄蝇
Zambesomima 赞寄蝇属
Zambesomima flava Wang, Zhang *et* Wang 黄赞寄蝇
Zambesomima hirsuta Mesnil 毛赞寄蝇
Zambezi charaxes [*Charaxes zambeziensis* Henning *et* Henning] 螯蛱蝶
Zambezi paradise skipper [*Abantis zambesiaca* (Westwood)] 蓝带天堂斑弄蝶
Zambian ringlet [= pale ringlet, *Ypthima rhodesiana* Carcasson] 罗得矍眼蝶
Zamunda 咋美蟋属
Zamunda fuscirostris (Chopard) 褐额咋美蟋，褐额长须蟋
Zanchius 平盲蝽属
Zanchius apicalis Poppius 高雄平盲蝽，台平盲蝽
Zanchius formosanus Lin 台湾平盲蝽
Zanchius innotatus Liu *et* Zheng 无斑平盲蝽
Zanchius iranicus Zheng *et* Liu 伊朗平盲蝽
Zanchius marmoratus Zou 绿斑平盲蝽
Zanchius mosaicus Zheng *et* Liang 斑驳平盲蝽，碎斑平盲蝽
Zanchius quinquemaculatus Zou 五斑平盲蝽
Zanchius rubidus Liu *et* Zheng 红平盲蝽
Zanchius shaanxiensis Liu *et* Zheng 陕平盲蝽
Zanchius tarasovi Kerzhner 红点平盲蝽
Zanchius tibetanus Liu *et* Zheng 藏平盲蝽
Zanchius vitellinus Zou 黄平盲蝽
Zanchius zoui Zheng *et* Liu 邹氏平盲蝽
Zanclognatha 镰须夜蛾属
Zanclognatha angulina (Leech) 角镰须夜蛾，角拟镰须夜蛾
Zanclognatha curvilinea (Wileman *et* South) 曲线镰须夜蛾
Zanclognatha fumosa (Butler) 窄肾镰须夜蛾，烟拟镰须夜蛾
Zanclognatha germana (Leech) 暗影镰须夜蛾，德镰须夜蛾，德拟镰须夜蛾
Zanclognatha griselda (Butler) 杉镰须夜蛾，彩镰须夜蛾，灰拟镰须夜蛾
Zanclognatha helva (Butler) 黄镰须夜蛾，黄拟镰须夜蛾
Zanclognatha incerta (Leech) 犹镰须夜蛾，插镰须夜蛾，疑拟镰须夜蛾
Zanclognatha lilacina (Butler) 常镰须夜蛾，利镰须夜蛾，利拟镰须夜蛾
Zanclognatha lui Han *et* Park 吕镰须夜蛾
Zanclognatha lunalis (Scopoli) 朽镰须夜蛾，镰须夜蛾，月镰须夜蛾，朽拟镰须夜蛾
Zanclognatha meifengensis Wu, Fu *et* Owada 梅峰镰须夜蛾，梅峰镰须裳蛾
Zanclognatha nakatomii Owada 灰褐镰须夜蛾，棕镰须裳蛾，那镰须夜蛾
Zanclognatha nigrisigna (Wileman) 黑点镰须夜蛾，黑点镰须裳蛾，黑点拟镰须夜蛾
Zanclognatha obliqua Staudinger 斜镰须夜蛾
Zanclognatha paupercula (Leech) 困镰须夜蛾，贫镰须夜蛾，寡拟镰须夜蛾
Zanclognatha perfractalis Bryk 全镰须夜蛾
Zanclognatha reticulatls (Leech) 白斑镰须夜蛾，网镰须夜蛾
Zanclognatha robiginosa Staudinger 见 *Herminia robiginosa*
Zanclognatha sinensis (Leech) 华镰须夜蛾，华拟镰须夜蛾
Zanclognatha stramentacealis (Bremer) 见 *Herminia stramentacealis*
Zanclognatha subgriselda Sugi 叔灰镰须夜蛾，近灰镰须夜蛾，叔灰拟镰须夜蛾
Zanclognatha subtriplex Strand 亚三角镰须夜蛾，亚三角镰须裳蛾，亚三重拟镰须夜蛾
Zanclognatha tarsipennalis (Treitschke) 扁镰须夜蛾
Zanclognatha triplex (Leech) 长阳镰须夜蛾，三重拟镰须夜蛾
Zanclognatha umbrosalis Staudinger 暗镰须夜蛾
Zanclognatha vermiculata (Leech) 蠕镰须夜蛾，蠕纹镰须夜蛾，蠕拟镰须夜蛾，柔波长须夜蛾，柔波箪须裳蛾，伟长须夜蛾
Zanclognatha violacealis Staudinger 紫灰镰须夜蛾，紫镰须夜蛾
Zanclognatha yaeyamalis Owada 八重山镰须夜蛾，八重山镰须裳蛾
Zanclopera 三角尺蛾属
Zanclopera calidata Warren 同 *Zanclopera falcata*
Zanclopera falcata Warren 鹰三角尺蛾
Zanclopera straminearia Leech 草色三角尺蛾，草赞尺蛾
Zangaltica 藏跳甲属
Zangaltica multicostata Chen *et* Jiang 脊翅藏跳甲
Zangastra 瘤萤叶甲属
Zangastra angusta Jiang 突角瘤萤叶甲
Zangastra nitidicollis Chen *et* Jiang 光胸瘤萤叶甲
Zangastra pallidicollis Chen *et* Jiang 黄胸瘤萤叶甲
Zangastra picea Jiang 酱色瘤萤叶甲
Zangastra sichuanica Lopatin 四川瘤萤叶甲
Zangastra tuberosa Chen *et* Jiang 粗胸瘤萤叶甲
Zangentulus 藏蚖属
Zangentulus sinensis Yin 中华藏蚖
Zangia 藏萤叶甲属
Zangia coerulea Jiang 蓝藏萤叶甲
Zangia latispina Chen 宽刺藏萤叶甲
Zangia nigricollis Jiang 黑藏萤叶甲
Zangia pallidula Jiang 淡藏萤叶甲
Zangia signata Jiang 黄斑藏萤叶甲
Zangilachesilla 藏分蛄属
Zangilachesilla apterostigma Li 无痣藏分蛄
Zangoharpalus 藏婪步甲亚属
Zangphasma 藏蝤属
Zangphasma nyingchiense Chen *et* He 林芝藏蝤
Zangxizicus 藏栖螽亚属
Zaniothrips 胸鬃针蓟马属
Zaniothrips ricini Bhatti 蓖麻胸鬃针蓟马

Zanna 鼻蜡蝉属
Zanna affinis (Westwood) 邻鼻蜡蝉
Zanna chinensis (Distant) 中华鼻蜡蝉，中华派蜡蝉
Zanna nobilis (Westwood) 多突鼻蜡蝉
zanthopsin [= xanthopsin] 眼黄素
Zaomma 皂马跳小蜂属
Zaomma eriococci (Tachikawa) 绒蚧皂马跳小蜂，白胫短缘跳小蜂
Zaomma lambinus (Walker) 微食皂马跳小蜂，盾蚧皂马跳小蜂
zapala skipper [*Hylephila zapala* Evans] 杂火弄蝶
Zaparaphylax perinae Viereck 同 *Diatora lissonota*
Zapater's ringlet [*Erebia zapateri* (Oberthür)] 扎红眼蝶
Zaphne 鞭隰蝇属，查花蝇属
Zaphne ambigua (Fallén) 迷鞭隰蝇，迷隰蝇，疑查花蝇
Zaphne divisa (Meigen) 粉腹鞭隰蝇，粉腹隰蝇，离查花蝇
Zaphne fasciculata (Schnabl) 腹束鞭隰蝇，腹束隰蝇，带查花蝇
Zaphne hyalipennis (Zetterstedt) 同 *Zaphne inuncta*
Zaphne ignobilis (Zetterstedt) 卑鞭隰蝇，卑隰蝇，伊查花蝇
Zaphne inuncta (Zetterstedt) 涂鞭隰蝇，长毛鞭隰蝇，长毛查花蝇
Zaphne laxibarbiventris Xue *et* Dong 宽须腹鞭隰蝇
Zaphne lineatocollis (Zetterstedt) 长针鞭隰蝇，长针隰蝇，线查花蝇
Zaphne maculipennis (Stein) 斑翅鞭隰蝇，斑翅隰蝇
Zaphne melaena (Stein) 暗胸鞭隰蝇，暗胸隰蝇，黑查花蝇
Zaphne nuda (Schnabl) 裸鞭隰蝇，裸隰蝇，裸查花蝇
Zaphne pullata (Wu, Liu *et* Wei) 黑鞭隰蝇，暗黑鞭隰蝇，黑隰蝇
Zaphne tundrica (Schnabl) 冰沼鞭隰蝇，新疆鞭隰蝇
Zaphne venatifurca (Zhong) 猎叉鞭隰蝇，叉鞭隰蝇，猎叉隰蝇
Zaphne ventribarbata (Hsue) 鬃腹鞭隰蝇，鬃腹隰蝇
Zaphne verticina (Zetterstedt) 旋叶鞭隰蝇，旋叶隰蝇，顶查花蝇
Zaphne wierzejskii (Mik) 瘦足鞭隰蝇，瘦足隰蝇，魏氏查花蝇
Zaphne zetterstedtii (Ringdahl) 矩突鞭隰蝇，矩突隰蝇，柴氏查花蝇
Zaprionus 线果蝇属，白线果蝇属
Zaprionus aungsani Wynn *et* Toda 苏貌氏线果蝇
Zaprionus bogoriensis Mainx 茂物线果蝇
Zaprionus grandis (Kikkawa *et* Peng) 大线果蝇
Zaprionus lineosus (Walker) 纹带线果蝇，纹带白线果蝇
Zaprionus multistriatus (Duda) 条带线果蝇，多纹带线果蝇，条带白线果蝇
Zaprionus obscuricornis (de Meijere) 黑角纹线果蝇，黑角纹白线果蝇
Zaprionus pyinoolwinensis Wynn *et* Toda 平奥温线果蝇
Zaprochilinae 澳螽亚科
Zaraea 丑锤角叶蜂属，查锤角叶蜂属
Zaraea akebiae Takeuchi 见 *Abia akebiae*
Zaraea alutacea Malaise 见 *Abia alutacea*
Zaraea fasciata (Linnaeus) 见 *Abia fasciata*
Zaraea inflata Norton [honeysuckle sawfly] 忍冬丑锤角叶蜂，忍冬查锤角叶蜂，忍冬叶蜂
Zaraea markamensis Xiao *et* Huang 见 *Abia markamensis*
Zaraea mengmeng Yan，Li *et* Wei 萌萌丑锤角叶蜂
Zaraea metallica (Mocsáry) 见 *Abia metallica*
Zaraea zhui Yan *et* Wei 朱氏丑锤角叶蜂
Zaranga 窦舟蛾属
Zaranga citrinaria Gaede 点窦舟蛾，橘窦舟蛾
Zaranga pannosa Moore 窦舟蛾
Zaranga pannosa necopinatus Schintlmeister 窦舟蛾台湾亚种
Zaranga pannosa pannosa Moore 窦舟蛾指名亚种
Zaranga tukuringra Streltzov *et* Yhkovlev 图库窦舟蛾
Zaretis 缺翅蛱蝶属
Zaretis callidryas (Felder) [ghost leafwing] 枯叶缺翅蛱蝶
Zaretis ellops (Felder) [holey leafwing] 艾洛缺翅蛱蝶
Zaretis isidora (Cramer) [Cramer's leafwing, Isidora leafwing] 伊斯缺翅蛱蝶
Zaretis itys (Cramer) [skeletomized leafwing, itys leafwing] 缺翅蛱蝶
Zaretis syene (Hewitson) 橙红缺翅蛱蝶
Zariaspes 彰弄蝶属
Zariaspes mys (Hübner) [spade-marked underskipper, mys skipper] 铲斑彰弄蝶，彰弄蝶
Zariaspes mythecus (Godman) [Godman's skipper, Mexican underskipper] 鞘彰弄蝶
zarucco duskywing [*Erynnis zarucco* (Lucas)] 黑色珠弄蝶
Zathauma metasequoiae Fennah 同 *Magadha fennahi*
zathoe mimic-white [*Dismorphia zathoe* (Hewitson)] 新潮袖粉蝶
Zatrephus longicornis Pic 球角胸突天牛
Zatypota 多印姬蜂属
Zatypota albicoxa (Walker) 白基多印姬蜂
Zatypota anomala (Holmgren) 毛盾多印姬蜂
Zatypota picticollis (Thomson) 花领多印姬蜂
zavaleta glasswing [*Godyris zavaletta* (Hewitson)] 黑缘鲛绡蝶，曲纹绡蝶
Zavatilla 扎蚁蜂属，察蚁蜂属
Zavatilla flavotegulata (Chen) 黄基扎蚁蜂，黄基拉扎蚁蜂
Zavatilla gutrunae (Zavattari) 古特拉扎蚁蜂，古特拉小蚁蜂
Zavatilla gutrunae flavotegulata (Chen) 见 *Zavatilla flavotegulata*
Zavatilla gutrunae gutrunae (Zavattari) 古特拉扎蚁蜂指名亚种，指名故察蚁蜂
Zavatilla logei (Zavattari) 同 *Zavatilla gutrunae*
Zavatilla nepalensis Zhou *et* Lelej 尼泊尔扎蚁蜂
Zavatilla recessa (Chen) 退扎蚁蜂，退察蚁蜂，倒东方蚁蜂
Zavatilla xuzaifui Zhou, Lelej *et* Williams 许再福扎蚁蜂
Zavrelia 扎氏摇蚊属
Zavrelia bragremia Guo *et* Wang 光裸扎氏摇蚊
Zavrelia clinovolsella Guo *et* Wang 弯附器扎氏摇蚊
Zavreliella 刷毛摇蚊属，搽摇蚊属
Zavreliella marmorata (van der Wulp) 纹理刷毛摇蚊，大理纹搽摇蚊
Zavrelimyia 扎长足摇蚊属，查雷摇蚊属
Zavrelimyia* (*Paramerina*) *cingulata (Walker) 细扎长足摇蚊，带拟麦氏摇蚊
Zavrelimyia* (*Paramerina*) *divisa (Walker) 迪扎长足摇蚊，迪拟麦氏摇蚊
Zavrelimyia* (*Paramerina*) *dolosa (Johannsen) 多毛扎长足摇蚊，多毛拟麦氏摇蚊
Zavrelimyia* (*Paramerina*) *fasciata (Sublette *et* Sasa) 尖扎长足摇蚊，尖拟麦氏摇蚊
Zavrelimyia* (*Paramerina*) *kurobekogata Sasa *et* Okazawa 库扎长

足摇蚊，库拟麦氏摇蚊
Zavrelimyia* (*Paramerina*) *vaillanti Fittkau 瓦氏扎长足摇蚊
Zavrelimyia pleuralis (Tokunaga) 恒春扎长足摇蚊，恒春摇蚊
Zavrelimyia* (*Zavrelimyia*) *barbatipes (Kieffer) 髯丝扎长足摇蚊
Zavrelimyia* (*Zavrelimyia*) *punctatissima (Goetghebuer) 斑纹扎长足摇蚊
Zavrelimyia* (*Zavrelimyia*) *sinuosa (Coquillett) 凹扎长足摇蚊，凹拟搽摇蚊
Zdenekiana 扁平金小蜂属
Zdenekiana yui Yang 松扁平金小蜂
zea sister [*Adelpha zea* Hewitson] 玉米悌蛱蝶
Zeadiatraea grandiosella (Dyar) 见 *Diatraea grandiosella*
Zeadiatraea lineolata (Walker) 见 *Diatraea lineolata*
Zeadolopus 泽球蕈甲属
Zeadolopus sinensis (Portevin) 华泽球蕈甲
zeaxanthin 玉米黄素
zebina hairstreak [*Rekoa zebina* (Hewitson)] 择碧余灰蝶
zebra 虎斑 < 家蚕的 >
zebra blue [= plumbago blue, *Leptotes plinius* (Fabricius)] 细灰蝶，角灰蝶，角纹灰蝶，角纹小灰蝶
zebra caterpillar [*Melanchra picta* (Harris)] 斑条乌夜蛾，斑条夜蛾，斑马纹夜蛾
zebra-costa fiestamark [*Symmachia suevia* Hewitson] 苏树蚬蝶
zebra cross-streak [= zebra-striped hairstreak, zebra-crossing hairstreak, zebra hairstreak, *Panthiades bathildis* (Felder *et* Felder)] 巴潘灰蝶
zebra-crossing hairstreak 见 zebra cross-streak
zebra fantasy [*Pseudaletis zebra* Holland] 斑马纹埔灰蝶
zebra grizzled skipper [*Spialia zebra* Plötz] 斑马饰弄蝶
zebra hairstreak 见 zebra cross-streak
zebra longwing [*Heliconius charithonia* (Linnaeus)] 黄条袖蝶
zebra mosaic [= dirce beauty, mosaic, *Colobura dirce* (Linnaeus)] 黄肱蛱蝶
zebra sapseeker [= northern segregate, tiger beauty, *Tigridia acesta* (Linnaeus)] 美域蛱蝶
zebra silkworm 虎斑蚕
zebra-striped hairstreak 见 zebra cross-streak
zebra swallowtail [*Protographium marcellus* (Cramer)] 马赛指凤蝶，马赛阔凤蝶，淡黄阔凤蝶
zebra teaser [= separata stripestreak, *Arawacus separata* (Lathy)] 赛崖灰蝶
zebra-tipped metalmark [= Margaretta metalmark, *Mesene margaretta* (White)] 珠迷蚬蝶
zebra white [*Pinacopteryx eriphia* (Godart)] 白屏粉蝶
Zebramegilla 斑马无垫蜂亚属
Zedochir 细象蜡蝉属
Zedochir fuscovittatus (Stål) 台湾细象蜡蝉
Zedochir lineatus (Donovan) 纵带细象蜡蝉，双线象蜡蝉；二纹斑大叶蝉
Zegriades 切缘天牛属，山天牛属
Zegriades aurovirgatus Gressitt 黄条切缘天牛
Zegriades gracilicornis Gressitt 挂墩切缘天牛
Zegriades maculicollis (Matsushita) 台湾切缘天牛，一色氏山天牛，一色深山天牛
Zegriades subargenteus Gressitt *et* Rondon 老挝切缘天牛
Zegris 眉粉蝶属
Zegris eupheme (Esper) [sooty orange tip] 欧眉粉蝶，眉粉蝶
Zegris eupheme eupheme (Esper) 欧眉粉蝶指名亚种
Zegris eupheme sulphurea Bang-Haas 欧眉粉蝶黄色亚种，琉优眉粉蝶
Zegris fausti (Christoph) 细眉粉蝶
Zegris pyrothoe (Eversmann) 赤眉粉蝶
Zegris zhungelensis Huang *et* Murayama 珠眉粉蝶
Zeheba lucidata (Walker) 泽尺蛾
Zeiraphera 线小卷蛾属
Zeiraphera argutana (Christoph) 明暗线小卷蛾
Zeiraphera atra Falkovitsh 黑线小卷蛾
Zeiraphera bicolora Kawabe 二色线小卷蛾
Zeiraphera canadensis Mutuura *et* Freeman [spruce bud moth] 云杉线小卷蛾
Zeiraphera corpulentana (Kennel) 丁香线小卷蛾
Zeiraphera demutana (Walsingham) 白色线小卷蛾
Zeiraphera destitutana (Walker) 同 *Zeiraphera improbana*
Zeiraphera diffiniana (Walker) 同 *Zeiraphera improbana*
Zeiraphera diniana (Guenée) 同 *Zeiraphera griseana*
Zeiraphera fortunana (Kearfort) [yellow spruce budworm] 黄线小卷蛾
Zeiraphera fulvomixtana Kawabe 丽线小卷蛾
Zeiraphera gansuensis Liu *et* Nasu 甘肃线小卷蛾，油松线小卷蛾
Zeiraphera griseana (Hübner) [Douglas fir cone moth, dingy larch bell moth, grey larch tortrix, gray larch moth, larch bud moth, spruce tip moth, larch tortrix moth, European grey larch moth, Japanese Douglas-fir cone moth] 松线小卷蛾，灰线小卷蛾，落叶松卷蛾，落叶松卷叶蛾
Zeiraphera hesperiana Mutuura *et* Freeman 西国线小卷蛾
Zeiraphera hiroshii Kawabe 浩线小卷蛾
Zeiraphera hohuanshana Kawabe 合欢山线小卷蛾，皇山线小卷蛾，贺线小卷蛾
Zeiraphera improbana (Walker) [larch needleworm moth, larch bud moth] 角斑线小卷蛾，落叶松线小卷蛾
Zeiraphera indivisana (Walker) 同 *Zeiraphera improbana*
Zeiraphera isertana (Fabricius) [Cock's-head bell] 栎线小卷蛾，伊线小卷蛾
Zeiraphera lariciana Kawabe 落叶松线小卷蛾
Zeiraphera pacifica Freeman 和平线小卷蛾
Zeiraphera pseudotsugana (Kearfott) 同 *Zeiraphera improbana*
Zeiraphera ratzeburgiana (Saxesen) [Ratzeburg tortricid, Ratzeburg's bell moth, spruce bud moth, spruce aphid moth, spruce tip tortrix] 阿氏云杉线小卷蛾
Zeiraphera rufimitrana (Herrich-Schäffer) [red-headed fir tortricid, red-headed bell, cantab bell moth, cantab leaf roller] 冷杉线小卷蛾
Zeiraphera subcorticana (Snellen) 绿色线小卷蛾
Zeiraphera subvirinea Byun *et* Shin 近维线小卷蛾
Zeiraphera taiwana Kawabe 台湾线小卷蛾，台线小卷蛾
Zeiraphera thymelopa (Meyrick) 香线小卷蛾
Zeiraphera truncata Oku 干线小卷蛾
Zeiraphera unfortunana Ferris *et* Kruse [purple-striped shoot worm] 紫带线小卷蛾
Zeiraphera virinea Falkovitsh 维线小卷蛾

Zekelita 齿口夜蛾属
Zekelita plusioides (Butler) 丑齿口夜蛾
zela emesis [= zela metalmark, *Emesis zela* Butler] 泽螟蚬蝶
zela metalmark 见 zela emesis
zela skipper [*Conga zela* Plötz] 阿根廷康弄蝶
Zela 禅弄蝶属
Zela cowani Evans 克万禅弄蝶
Zela elioti Evans [brown-tufted palmer] 伊莱禅弄蝶
Zela excellens (Staudinger) [white-club yellow palmer] 优禅弄蝶
Zela onara (Butler) [dark-club yellow palmer] 盎禅弄蝶
Zela smaragdinus (Druce) [black-tufted palmer] 绿禅弄蝶
Zela zenon (de Nicéville) 宗禅弄蝶
Zela zero Evans [zero plamer] 无禅弄蝶
Zela zeus de Nicéville [redeye palmer, orange-ciliate palmer] 禅弄蝶
Zele 赛茧蜂属
Zele admirabilis Maetô 惊赛茧蜂
Zele albiditarsus Curtis 白跗赛茧蜂
Zele caligatus (Haliday) 暗褐赛茧蜂，暗赛茧蜂
Zele chinensis Chen *et* He 中华赛茧蜂
Zele chlorophthalmus (Spinola) 绿眼赛茧蜂
Zele deceptor (Wesmael) 骗赛茧蜂
***Zele deceptor* f. rufulus** (Thomson) 红骗赛茧蜂
Zele niveitarsis (Cresson) 雪跗赛茧蜂
Zele ruricola Maetô 乡赛茧蜂
zelica untailed charaxes [*Charaxes zelica* Butler] 胜螯蛱蝶，泽螯蛱蝶
Zeliminae 细腹蚜蝇亚科
zelkova aphid [*Tinocallis zelkowae* (Takahashi)] 榉长斑蚜，日长斑蚜，榉树斑蚜，榉斑角蚜
zelkova bag scale [= zelkova scale, *Eriococcus abeliceae* Kuwana] 榆树枝毡蚧，榉树枝毡蚧，黄杨绒蚧
zelkova sawfly [*Caliroa zelkovae* Oishi] 榉黏叶蜂，榉蛞蝓叶蜂
zelkova scale 见 zelkova bag scale
Zelleria 鞘巢蛾属
Zelleria coniostrepta Meyrick 康鞘巢蛾
Zelleria haimbachi Busck [pine needle sheathminer] 松鞘巢蛾，松针巢蛾
Zelleria hepariella Stainton [brown ash ermine] 银鞘巢蛾
Zelleria japonicella Moriuti 日本鞘巢蛾
Zelleria nivosa Meyrick 见 *Kessleria nivosa*
Zeller's midget [= European oak leaf-miner, oak leaf-miner, *Phyllonorycter messaniella* (Zeller)] 橡小潜细蛾，季氏栎潜叶细蛾
Zeller's skipper [= Borbo skipper, olive haired swift, *Borbo borbonica* (Boisduval)] 黄毛籼弄蝶，指名籼弄蝶
Zelmicidae [= Keroplatidae, Platyuridae, Ceroplatidae, Zelmiridae] 扁角菌蚊科，角菌蚊科，扁角蚊科
Zelmira 泽扁角菌蚊属
Zelmira annadanlei formosana Okada 见 *Isoneuromyia formosana*
Zelmira flavioralis Speiser 黄口泽扁角菌蚊，黄口泽扁脚蚊
Zelmiridae 见 Zelmicidae
Zelotaea 泽蚬蝶属
Zelotaea lyra Rebillard 琴泽蚬蝶
Zelotaea phasma Bates [phasma metalmark] 泽蚬蝶
zelotes skipper [= Hewitson's clito, *Clito zelotes* (Hewitson)] 泽帜弄蝶
Zelotothrips 狂管蓟马属
Zelotothrips fuscipennis (Karny) 褐翅狂管蓟马
Zelotypia 弯翅蝠蛾属
Zelotypia staceyi Scott [bent-wing ghost moth, bent winged swift moth, bent-wing moth] 斯氏弯翅蝠蛾，达桉蝙蝠蛾
Zeltus 珍灰蝶属
Zeltus amasa (Hewitson) [fluffy tit] 珍灰蝶
Zeltus amasa amasa (Hewitson) 珍灰蝶指名亚种
Zeltus amasa miyatakei Hayashi 珍灰蝶菲律宾亚种
Zeltus etolus (Fabricius) 同 *Zeltus amasa miyatakei*
Zelurus 刺肩猎蝽属
Zelurus albispinus (Erichson) 白缘刺肩猎蝽
Zelus 择猎蝽属
Zelus armillatus (Peletier *et* Serville) 黑斑择猎蝽
Zelus exsanguis Stål 舞毒蛾择猎蝽
Zelus longipes (Linnaeus) [milkweed assassin bug] 长足择猎蝽
Zelus renardii Kolenati [leafhopper assassin bug] 叶蝉择猎蝽
Zema 斧扁蜡蝉属
Zema gressitti Fennah 嘉氏斧扁蜡蝉，斧扁蜡蝉，嘉氏泽扁蜡蝉
Zema montana Wang *et* Liang 高山斧扁蜡蝉
Zemeros 波蚬蝶属
Zemeros emesoides Felder *et* Felder 伊妹波蚬蝶
Zemeros flegyas (Cramer) [punchinello] 波蚬蝶，密点蚬蝶，麻型蚬蝶
Zemeros flegyas annamensis Fruhstorfer 波蚬蝶安南亚种，安南波蚬蝶
Zemeros flegyas confucius (Moore) 波蚬蝶海南亚种，孔波蚬蝶
Zemeros flegyas flegyas (Cramer) 波蚬蝶指名亚种，指名孔波蚬蝶
Zemeros lushanensis Chou *et* Yuan 庐山波蚬蝶
zena euselasia [*Euselasia zena* (Hewitson)] 赞娜优蚬蝶
Zenarge turneri Rohwer [cypress pine sawfly] 大果柏木三节叶蜂
Zenillia 彩寄蝇属，刀尾寄蝇属
Zenillia anomala (Villeneuve) 金龟彩寄蝇，金龟阿尔寄蝇，崎曲寄蝇，多棘寄蝇
Zenillia dolosa (Meigen) 黄粉彩寄蝇，黄粉刀尾寄蝇
Zenillia libatrix (Panzer) 疣肛彩寄蝇，瘤肛刀尾寄蝇
Zenillia oculata (Baranov) 眼斑彩寄蝇，眼斑丛毛寄蝇，府城寄蝇，闭寄蝇
Zenillia phrynoides (Baranov) 黄足彩寄蝇，黄足刀尾寄蝇
Zenillia pulchra Baranov 见 *Zenilliana pulchra*
Zenillia roseanae (Brauer *et* Bertemberg) 同 *Pseudoperichaeta nigrolineata*
Zenillia terrosa Mesnil 恐彩寄蝇
Zenilliana 拟刀尾寄蝇属
Zenilliana longicornis Sun *et* Chao 见 *Gynandromyia longicornis*
Zenilliana pulchra Mesnil 丽拟刀尾寄蝇，华美寄蝇，佳美寄蝇
Zenis 憎弄蝶属
Zenis jebus (Plötz) [purple-stained skipper] 紫憎弄蝶，憎弄蝶
Zenis minos Latreille [Dyar's skipper, minos skipper] 小憎弄蝶
Zenker's glider [*Cymothoe zenkeri* Richelmann] 岑克漪蛱蝶
Zenoa 锯齿羽角甲属，锯齿栉角虫属
zenobia swallowtail [*Papilio zenobia* (Fabricius)] 天顶德凤蝶，非

洲青凤蝶
Zenodoxus 珍透翅蛾属
Zenodoxus flavus Xu *et* Liu 黄珍透翅蛾
Zenodoxus fuscus Xu *et* Liu 褐珍透翅蛾
Zenodoxus issikii Yano 黑褐珍透翅蛾
Zenodoxus meilinensis Xu *et* Liu 梅岭珍透翅蛾，梅岭透翅蛾
Zenodoxus rubripectus Xu *et* Liu 红胸珍透翅蛾，红胸透翅蛾
Zenodoxus simifuscus Xu *et* Liu 拟褐珍透翅蛾
Zenodoxus taiwanellus Matsumura 台珍透翅蛾
Zenodoxus tianpingensis Xu *et* Liu 天平珍透翅蛾，天平透翅蛾
Zenodoxus trifasciatus Yano 三带珍透翅蛾
Zenonia 齐诺弄蝶属
Zenonia anax Evans 阿娜齐诺弄蝶
Zenonia zeno (Trimen) [orange-spotted skipper, orange-spotted bellboy, common bellboy] 齐诺弄蝶
zenotropism 背地性
zephodes duskywing [*Ephyriades zephodes* (Hübner)] 褐文弄蝶
zephyr comma [*Polygonia zephyrus* (Edwards)] 黄斑钩蛱蝶
zephyritis morpho [*Morpho zephyritis* Butler] 西风闪蝶
Zephyrus aino Matsumura 见 *Chrysozephyrus brillantinus aino*
Zephyrus ataxus kirishimaensis Okajima 见 *Thermozephyrus ataxus kirishimaensis*
Zephyrus ataxus yakushimaensis Yazaki 见 *Thermozephyrus ataxus yakushimaensis*
Zephyrus butleri onomichiana Matsumura 同 *Antigius butleri*
Zephyrus coelistis nigricans (Leech) 见 *Howarthia nigricans*
Zephyrus entheoides Oberthür 见 *Araragi enthea entheoides*
Zephyrus jezoensis Matsumura 见 *Favonius jezoensis*
Zephyrus kanonis Matsumura 同 *Chrysozephyrus kabrua niitakanus*
Zephyrus niitakanus Kano 见 *Chrysozephyrus kabrua niitakanus*
Zephyrus saphirinus (Staudinger) 见 *Favonius saphirinus*
Zephyrus syla (Kollar) 见 *Chrysozephyrus syla*
Zephyrus taiheizana Nomura 同 *Kawazoeozephyrus mushaellus*
Zephyrus tattakana Matsumura 同 *Neozephyrus taiwanus*
Zephyrus taxila (Bremer) 见 *Favonius taxila*
Zera 灵弄蝶属
Zeraikia 泽盗猎蝽属
Zeraikia novafriburguensis Gil-Santana *et* Costa 巴西泽盗猎蝽
Zeraikia zeraikae Gil-Santana 双泽盗猎蝽
Zera belti Godman *et* Salvin [belti skipper] 贝灵弄蝶
Zera difficilis Weeks [difficult skipper] 碎斑灵弄蝶
Zera eboneus (Bell) [eboneus skipper] 褐灵弄蝶
Zera erisichton Plötz 艾灵弄蝶
Zera hosta Evans [hosta skipper, hosta spreadwing] 半灵弄蝶
Zera hyacinthinus (Mabille) [bruised skipper] 混灵弄蝶
Zera menedemus Godman *et* Salvin 美月灵弄蝶
Zera nolckeni (Mabille) [Nolcken's spreadwing] 棕褐灵弄蝶
Zera pelopea Godman *et* Salvin 泥灵弄蝶
Zera phila Godman *et* Salvin 喜灵弄蝶
Zera scybis Godman *et* Salvin 斯灵弄蝶
Zera tetrastigma (Sepp) [tetrastigma skipper] 特灵弄蝶
Zera zera (Butler) 灵弄蝶
zerene fritillary [*Speyeria zerene* (Boisduval)] 泽斑豹蛱蝶
Zerene 花粉蝶属
Zerene cesonia (Stoll) [southern dogface] 菊黄花粉蝶
Zerene eurydice Boisduval [California dogface] 桃色花粉蝶，狗脸粉蝶
Zerene philippa (Fabricius) 黄花粉蝶，黄鸭头粉蝶
Zerene therapis Felder 白花粉蝶
Zeritis 蜘灰蝶属
Zeritis aurivillii Schultze 奥蜘灰蝶
Zeritis fontainei Stempffer 丰蜘灰蝶
Zeritis krystyna d'Abrera 克里蜘灰蝶
Zeritis neriene Boisduval [checkered gem] 蜘灰蝶
Zeritis pulcherrima Aurivillius 最美蜘灰蝶
Zeritis sorhagenii (Dewitz) [scarce gem] 索来蜘灰蝶
Zermizinga 苜蓿尺蛾属
Zermizinga indocilisaria Walker [lucerne looper] 荒地苜蓿尺蛾
Zermizinga sinuata (Warren) [lucerne looper] 澳苜蓿尺蛾
zero plamer [*Zela zero* Evans] 无禅弄蝶
zero point 温度临界点
Zeros 等脉水蝇属
Zeros maculosus Zhang, Yang *et* Mathis 多斑等脉水蝇
Zerynthia 锯凤蝶属
Zerynthia polyxena (Denis *et* Schiffermüller) [southern festoon] 锯凤蝶
Zerynthia rumina (Linnaeus) [Spanish festoon] 缘锯凤蝶
Zerynthiinae 锯凤蝶亚科
Zesius 泽灰蝶属
Zesius chrysomallus Hübner [redspot] 泽灰蝶
Zesius phaeomallus Hübner 黑毛泽灰蝶
zestos skipper [*Epargyreus zestos* (Geyer)] 金带饴弄蝶
Zestusa 赜弄蝶属
Zestusa dorus (Edwards) [short-tailed skipper] 短尾赜弄蝶
Zestusa elwesi Godman *et* Salvin [Mexican zestusa] 艾氏赜弄蝶
Zestusa staudingeri (Mabille) [cloud-forest zesty-skipper, southern zestusa] 赜弄蝶
Zeteticonus 寻小蜂属
Zeteticonus koenigsmanni Tryapitsyn 柯氏寻小蜂
Zethenia 绶尺蛾属
Zethenia albonotaria Bermer 白斑绶尺蛾
Zethenia albonotaria albonotaria Bermer 白斑绶尺蛾指名亚种
Zethenia albonotaria nesiotis Wehrli 白斑绶尺蛾内埽亚种，内白斑绶尺蛾
Zethenia contiguaria Leech 邻绶尺蛾
Zethenia contiguaria cathara Wehrli 邻绶尺蛾卡塔亚种，卡邻绶尺蛾
Zethenia contiguaria contiguaria Leech 邻绶尺蛾指名亚种
Zethenia crenulata Wielman 痕绶尺蛾
Zethenia didyma Wehrli 狄绶尺蛾
Zethenia florida Bastelberger 弗绶尺蛾
Zethenia inaccepta Prout 阴绶尺蛾
Zethenia rufescentaria Motschulsky 三线绶尺蛾，中红绶尺蛾
Zethera 帻眼蝶属
Zethera hestioides Felder *et* Felder 白帻眼蝶
Zethera incerta (Hewitson) 丫黄帻眼蝶
Zethera musa Felder *et* Felder 鼠帻眼蝶
Zethera musides Semper 拟鼠帻眼蝶
Zethera pimplea (Erichson) 帻眼蝶
Zethera sagitta Leech 见 *Callarge sagitta*

Zethera thermaea Hewitson 黄绿带帻眼蝶
Zethes 策夜蛾属
Zethes dentilineata Leech 见 *Pangrapta dentilineata*
Zethes fuhoshona Strand 天策夜蛾
Zethes nagadeboides Strand 纳策夜蛾
Zethes pericymatis Strand 围策夜蛾
Zethes perturbans Walker 见 *Pangrapta perturbans*
Zethidae 长腹胡蜂科
Zethinae 长腹胡蜂亚科
Zethopsus nitidulus Reitter 同 *Euplectomorphus pygmaeus*
Zethus 长腹胡蜂属
Zethus albopilosus Giordani Soika 白毛长腹胡蜂
Zethus angulatus Nguyen *et* Carpenter 钝腹长腹胡蜂
Zethus asperipunctatus Wang, Chen *et* Li 糙点长腹胡蜂
Zethus ceylonicus de Saussure 锡兰长腹胡蜂
Zethus dolosus Bingham 虚长腹胡蜂，狡长腹胡蜂
Zethus indicus Giordani Soika 印度长腹胡蜂
Zethus luzonensis Giordani Soika 吕宋长腹胡蜂
Zethus malayanus Gusenleitner 马来亚长腹胡蜂
Zethus nanlingensis Nguyen *et* Xu 南岭长腹胡蜂
Zethus nigerrimus Gusenleitner 黑长腹胡蜂
Zethus nullimarginatus Wang, Chen *et* Li 无边长腹胡蜂
Zethus quadridentatus Cameron 四齿长腹胡蜂
Zethus striatus Wang, Chen *et* Li 脊长腹胡蜂
Zethus taiwanus Yeh *et* Lu 台湾长腹胡蜂
Zethus trimaculatus Cameron 三斑长腹胡蜂
Zethus tumidus Nguyen *et* Carpenter 宽柄长腹胡蜂
zetides swallowtail [*Battus zetides* (Munroe)] 金绿贝凤蝶
Zetoborinae 螺蠊亚科
Zetona 指灰蝶属
Zetona delospila (Waterhouse) [clear-spotted blue, satin blue] 指灰蝶
Zeugloptera 轭翅亚目，钩翅亚目
Zeugma 带袖蜡蝉属
Zeugma maesta Yang *et* Wu 黄带袖蜡蝉
Zeugma makii Muir 突额带袖蜡蝉
Zeugodacus 镞果实蝇亚属，镞实蝇亚属，镞实蝇属
Zeugodacus caudatus (Fabricius) 见 *Bactrocera* (*Zeugodacus*) *caudata*
Zeugodacus cucurbitae (Coquillett) 见 *Bactrocera* (*Zeugodacus*) *cucurbitae*
Zeugodacus depressus (Shiraki) 见 *Bactrocera* (*Paradacus*) *depressa*
Zeugodacus nubilus (Hendel) 见 *Bactrocera* (*Zeugodacus*) *nubila*
Zeugodacus okunii (Shiraki) 见 *Bactrocera* (*Zeugodacus*) *okunii*
Zeugodacus scutellatus (Hendel) 见 *Bactrocera* (*Zeugodacus*) *scutellata*
Zeugodacus synnephes (Hendel) 见 *Bactrocera* (*Zeugodacus*) *synnephes*
Zeugodacus tibialis Shiraki 见 *Bactrocera* (*Zeugodacus*) *tibialis*
Zeugomutilla 轭蚁蜂属
Zeugomutilla pycnopyga Chen 坚臀轭蚁蜂
Zeugomutilla saepes (Chen) 栖轭蚁蜂
Zeugophora 小距甲属，瘤胸叶甲属，盾胸金花虫属
Zeugophora abnormis (LeConte) 杨小距甲，杨瘤胸叶甲
Zeugophora africana Bryant 非洲小距甲，非洲瘤胸叶甲
Zeugophora ancora Reitter 锚小距甲，锚瘤胸叶甲
Zeugophora andrewesi Jacoby 安氏小距甲，安氏瘤胸叶甲
Zeugophora annulata (Baly) 环小距甲，环瘤胸叶甲，环毛瘤胸叶甲，环耳距甲
Zeugophora apicalis Motschulsky 端小距甲，端瘤胸叶甲
Zeugophora atropicta Crowson 暗斑小距甲，暗斑瘤胸叶甲
Zeugophora belokobylskii Lopatin 贝氏小距甲，贝氏瘤胸叶甲
Zeugophora bicolor (Kraatz) 二色小距甲，二色瘤胸叶甲
Zeugophora bicoloriventris (Pic) 同 *Zeugophora longicornis*
Zeugophora bifasciata Gressitt *et* Kimoto 双带小距甲，双带瘤胸叶甲
Zeugophora biguttata Kraatz 二斑小距甲，二斑瘤胸叶甲
Zeugophora bimaculata Kraatz 双斑小距甲，双斑瘤胸叶甲
Zeugophora californica Crotch 加州小距甲，加州瘤胸叶甲
Zeugophora camerunica Medvedev 喀麦隆小距甲，喀麦隆瘤胸叶甲
Zeugophora chinensis Medvedev 中华小距甲，华瘤胸叶甲
Zeugophora crassicornis Medvedev 角小距甲，角瘤胸叶甲
Zeugophora cribrata Chen 棕小距甲，棕瘤胸叶甲
Zeugophora cyanea Chen 蓝小距甲，蓝瘤胸叶甲
Zeugophora decorata (Chûjô) 黄斑小距甲，德小距甲，黄斑瘤胸叶甲，黄斑盾胸金花虫
Zeugophora dimorpha Gressitt 异型小距甲，二型瘤胸叶甲
Zeugophora elongata Medvedev 长小距甲，长瘤胸叶甲
Zeugophora emeica Li *et* Liang 峨眉小距甲
Zeugophora fasciata Medvedev 带小距甲，带瘤胸叶甲
Zeugophora flavicollis (Marsham) 黄领小距甲，黄领瘤胸叶甲
Zeugophora flavitarsis Medvedev 黄跗小距甲，黄跗瘤胸叶甲
Zeugophora flavonotata (Chûjô) 黄胸小距甲，黄胸瘤胸叶甲，台湾小距甲，白斑盾胸金花虫
Zeugophora formosana (Gressitt) 蓬莱小距甲，蓬莱瘤胸叶甲，蓬莱盾胸金花虫
Zeugophora frontalis Suffrian 额小距甲，额瘤胸叶甲
Zeugophora gracilis (Chûjô) 丽小距甲，丽瘤胸叶甲，小褐盾胸金花虫
Zeugophora gracilis gracilis (Chûjô) 丽小距叶甲指名亚种
Zeugophora gracilis unicolor Chûjô 丽小距叶甲单色亚种，素丽小距甲
Zeugophora grandis (Chûjô) 同 *Zeugophora ruficollis*
Zeugophora himalayana Medvedev 喜马小距甲，喜马瘤胸叶甲
Zeugophora humeralis Achard 肩小距甲，肩瘤胸叶甲
Zeugophora impressa (Chen *et* Pu) 扁小距甲，小距甲
Zeugophora indica Jacoby 印度小距甲，印度瘤胸叶甲，黄色瘤胸叶甲
Zeugophora japonica Chûjô 日本小距甲，日本瘤胸叶甲
Zeugophora javana Reid 爪哇小距甲，爪哇瘤胸叶甲
Zeugophora kirbyi Baly 凯氏小距甲，凯氏瘤胸叶甲
Zeugophora longicornis (Westwood) 长角小距甲，长角瘤胸叶甲
Zeugophora maai Kimoto *et* Gressitt 马氏小距甲，马氏瘤胸叶甲
Zeugophora maculata (Chûjô) 斑小距甲，斑瘤胸叶甲
Zeugophora madagascariensis Jacoby 马岛小距甲，马岛瘤胸叶甲
Zeugophora medvedevi Lopatin 梅氏小距甲，梅氏瘤胸叶甲
Zeugophora multisignata Pic 多斑小距甲，多斑瘤胸叶甲
Zeugophora murrayi Clark 穆氏小距甲，穆氏瘤胸叶甲
Zeugophora neomexicana Schaeffer 新墨小距甲，新墨瘤胸叶甲
Zeugophora nepalica Medvedev 尼泊尔小距甲，尼泊尔瘤胸叶甲
Zeugophora nigroaerea Lopatin 黑小距甲，黑瘤胸叶甲
Zeugophora nigroapica Li *et* Liang 黑端小距甲

Zeugophora nitida (Chûjô) 亮小距甲，亮瘤胸叶甲

Zeugophora ornata (Achard) 黄翅小距甲，黄翅瘤胸叶甲

Zeugophora ruficollis (Chûjô) 大褐小距甲，大褐瘤胸叶甲，大褐盾胸金花虫

Zeugophora rufotestacea Kraatz 红褐小距甲，红褐瘤胸叶甲

Zeugophora scutellaris Suffrian [poplar blackmine beetle, cottonwood leaf-miner, cottonwood leaf-mining beetle] 盾小距甲，盾瘤胸叶甲，杨潜叶甲，杨潜叶金花虫，黑腹杨叶甲

Zeugophora subspinosa (Fabricius) 短刺小距甲，短刺瘤胸叶甲

Zeugophora testaceipes Pic 褐足小距甲，褐足瘤胸叶甲

Zeugophora tetraspilota Medvedev 四斑小距甲，四斑瘤胸叶甲

Zeugophora tricolor Chen *et* Pu 三色小距甲

Zeugophora trisignata An *et* Kwon 三斑小距甲，三斑瘤胸叶甲

Zeugophora turneri Power 图氏小距甲，图氏瘤胸叶甲

Zeugophora unifasciata Pic 单带小距甲，单带瘤胸叶甲

Zeugophora variabilis Achard 变小距甲，变瘤胸叶甲

Zeugophora varians Crotch 多色小距甲，多色瘤胸叶甲

Zeugophora varipes Jacoby 足变小距甲，足变瘤胸叶甲

Zeugophora weisei Reitter 威氏小距甲，威氏瘤胸叶甲

Zeugophora williamsi Reid 威廉小距甲，威廉瘤胸叶甲

Zeugophora xanthopoda Bezděk *et* Silfverberg 黄足小距甲，黄足瘤胸叶甲

Zeugophora yunnanica (Chen *et* Pu) 云南小距甲，云南瘤胸叶甲

Zeugophorinae 小距甲亚科，瘤胸叶甲亚科

zeurippa metalmark [*Hypophylla zeurippa* (Boisduval)] 叶蚬蝶

zeutus banded-skipper [= zeutus skipper, *Calliades zeutus* (Möschler)] 白带靓弄蝶

zeutus skipper 见 zeutus banded-skipper

Zeuxevania 阻旗腹蜂属

Zeuxevania laeviceps (Enderlein) 滑阻旗腹蜂，滑旗腹蜂，滑头副旗腹蜂

Zeuxia 阻寄蝇属

Zeuxia erythraea (Egger) 赤斑阻寄蝇

Zeuxia zejana Kolomiets 神阻寄蝇，北方阻寄蝇

Zeuxidia 尖翅环蝶属

Zeuxidia amethystus Butler [saturn] 蓝带尖翅环蝶

Zeuxidia aurelius (Cramer) [giant saturn] 金丽尖翅环蝶

Zeuxidia dohrni Fruhstorfer 多赫尖翅环蝶

Zeuxidia doubledayi Westwood 杜比尖翅环蝶

Zeuxidia luxerii Hübner 尖翅环蝶

Zeuxidia masoni Moore 马孙尖翅环蝶

Zeuxidia mesilauensis Barlow, Banks *et* Holloway 蓝斑尖翅环蝶

Zeuxidia mindanaica Staudinger 蒙丹尖翅环蝶

Zeuxidia semperi Stichel 森伯尖翅环蝶

Zeuxidia sibulana Honrath 性斑尖翅环蝶

Zeuzera 豹蠹蛾属

Zeuzera asylas (Cramer) 阿豹蠹蛾

Zeuzera coffeae Nietner 见 *Polyphagozerra coffeae*

Zeuzera flavicera Hua *et* Chou 黄角豹蠹蛾

Zeuzera indica Herrich-Schäffer 斑点豹蠹蛾

Zeuzera leuconotum Butler [oriental leopard moth] 六星黑点豹蠹蛾，栎豹斑蛾，白点多斑豹蠹蛾

Zeuzera multistrigata Moore 多斑豹蠹蛾，大斑点豹蠹蛾，木麻黄豹蠹蛾，多纹豹蠹蛾

Zeuzera multistrigata leuconota Butler 见 *Zeuzera leuconotum*

Zeuzera nubila Staudinger 云纹豹蠹蛾

Zeuzera postexcisa Hampson 凹翅豹蠹蛾

Zeuzera pyrina (Linnaeus) [leopard moth] 梨豹蠹蛾，豹斑蠹蛾

Zeuzera qinensis Hna *et* Chou 秦豹蠹蛾

Zeuzera yuennani Daniel 云南豹蠹蛾

zeuzerid 1. [= zeuzerid moth] 豹蠹蛾 < 豹蠹蛾科 Zeuzeridae 昆虫的通称 >；2. 豹蠹蛾科的

zeuzerid moth [= zeuzerid] 豹蠹蛾

Zeuzeridae 豹蠹蛾科，豹斑蛾科

Zeuzerinae 豹蠹蛾亚科

Zhanghuaus 张华叶蜂属

Zhanghuaus apicimacula Niu *et* Wei 端斑张华叶蜂

Zhangia margaritae Bunalski 同 *Melolontha maculata*

Zhangolidia 张氏叶蝉属

Zhangolidia polyspinata (Zhang) 多刺张氏叶蝉，多刺单突叶蝉

Zhangolidia spiculata (Nielson) 棒张氏叶蝉，棒单突叶蝉

Zhengina 郑潜叶蜂属

Zhengina megomma Wei 大眼郑潜叶蜂

Zhengitettix 郑蚱属

Zhengitettix curvispinus Liang, Jiang *et* Liu 弯刺郑蚱

Zhengitettix hainanensis Liang 海南郑蚱

Zhengitettix nigrofemurus Deng, Zheng *et* Wei 黑股郑蚱

Zhengitettix obliquspicula Zheng *et* Jiang 斜刺郑蚱

Zhengitettix transpicula Zheng *et* Jiang 横刺郑蚱

Zhengitettix triangularis Zheng, Zeng *et* Ou 三角郑蚱

Zhengitettix zhengi Deng 郑氏拟大磨蚱

Zhengius 藏蜻属

Zhengius spiniferus (Zheng *et* Liu) 刺缘藏蜻

Zhengius zhangmuensis (Zhang *et* Lin) 樟木藏蜻

Zherikhinia 嗻橘象甲属

Zherikhinia distylia Kantoh *et* Kojima 岛嗻橘象甲

Zherikhinia formosensis (Kôno) 台湾嗻橘象甲，台橘梨象

Zhichihuo 栉尺蛾属

Zhichihuo yuanjiao Yang 圆角栉尺蛾

Zhijinaphaenops 织盲步甲属

Zhijinaphaenops gravidulus Uéno *et* Ran 粗织盲步甲

Zhijinaphaenops jingliae Deuve *et* Tian 景丽织盲步甲

Zhijinaphaenops lii Uéno *et* Ran 李氏织盲步甲

Zhijinaphaenops liuae Deuve *et* Tian 刘氏织盲步甲

Zhijinaphaenops pubescens Uéno *et* Ran 毛织盲步甲

Zhijinaphaenops zhaofeii Tian, Cheng *et* Huang 赵飞织盲步甲，赵飞盲步甲

Zhongguohentomon 中国蚖属

Zhongguohentomon magnum Yin 大中国蚖

Zhongguohentomon piligeroum Zhang *et* Yin 多毛中国蚖

Zhongqi index 忠岐指数 < 为寄生蜂品质评价体系中的一个综合指标，用 *Y* 表示 >

Zhouomyia 周摇蚊属

Zhouomyia plauta Sæther *et* Wang 扁足周摇蚊

Zhuana 朱氏叶蜂属

Zhuana nigrotarsis Wei 黑跗朱氏叶蜂

Zhuangella 壮飞虱属

Zhuangella nanningensis Ding 南宁壮飞虱

Zhudelphax 珠飞虱属

Zhudelphax qiongensis Ding 琼珠飞虱

Zhuosesia 涿透翅蛾属
Zhuosesia zhuoxiana Yang 涿透翅蛾，周至周透翅蛾
Ziaelas 拟烁甲属
Ziaelas formosanus Hozawa 台湾拟烁甲，拟背条虫
Ziaelas insolitus Fairmaire 老挝拟烁甲
ziba groundstreak [= ziba hairstreak, *Strymon ziba* (Hewitson)] 蓝紫螯灰蝶
ziba hairstreak 见 ziba groundstreak
zibia clearwing [*Scada zibia* (Hewitson)] 针洒绡蝶
Zichya 懒螽属
Zichya alashanica Bey-Bienko 内蒙懒螽
Zichya baranovi Bey-Bienko 巴氏懒螽
Zichya baranovi baranovi Bey-Bienko 巴氏懒螽指名亚种
Zichya baranovi gobica Bey-Bienko 巴氏懒螽戈壁亚种，戈壁懒螽
Zichya baranovi mongolica Uvarov 巴氏懒螽蒙古亚种，蒙古懒螽
Zichya crassicerca Bey-Bienko 粗须懒螽
Zichya gobica Bey-Bienko 见 *Zichya baranovi gobica*
Zichya odonticerca Zheng 齿须懒螽
Zichya piechockii Cejchan 皮氏懒螽
Zichya tenggerensis Zheng 腾格里懒螽
Zicrona 蓝蝽属
Zicrona caerulea (Linnaeus) [blue shield bug] 蓝蝽，纯蓝蝽，蓝盾蝽，蓝益蝽，琉璃椿象
Ziczacella 苏小叶蝉属
Ziczacella dworakowskae (Anufriev) 德氏苏小叶蝉
Ziczacella heptapotamica (Kusnezov) 双刺苏小叶蝉，东北苏小叶蝉
Ziczacella hexaramficatia Song *et* Li 六枝苏小叶蝉
Ziczacella hirayamella (Matsumura) 黑胸苏小叶蝉，葡萄苏小叶蝉，葡萄斑叶蝉，齿纹小叶蝉，黑胸斑叶蝉
Ziczacella steggerdai (Ross) 之字苏小叶蝉，斯氏苏小叶蝉
zig-zagged winged leafhopper [= zigzag leafhopper, zigzag rice leafhopper, zigzag-striped leafhopper, brown-banded rice leafhopper, *Maiestas dorsalis* (Motschulsky)] 电光愈叶蝉，电光纹叶蝉，电光叶蝉
zigzag flat [*Odina decoratus* (Hewitson)] 饰欧丁弄蝶
zigzag flight 锯齿形飞行
zigzag fritillary [= Freya's fritillary, freija fritillary, *Clossiana freija* (Thunberg)] 佛珍蛱蝶
zigzag leafhopper 见 zig-zagged winged leafhopper
zigzag rice leafhopper 见 zig-zagged winged leafhopper
zigzag-striped leafhopper 见 zig-zagged winged leafhopper
Zigzagicentrus 褶角蝉属
Zigzagicentrus bannaensis Chou 褶角蝉
zilda ministreak [= square-spotted ministreak, *Ministrymon zilda* Hewitson] 方斑迷灰蝶
zilpa longtail [*Chioides zilpa* (Butler)] 悉帕凤尾弄蝶
Zimbabwe purple [*Aslauga atrophifurca* Cottrell] 赞比亚维灰蝶
Zimbabwe yellow-banded sapphire [= nasisi sapphire, *Iolaus nasisii* (Riley)] 纳瑶灰蝶
Zimbabwean fruit fly [= five spotted fruit fly, Rhodesian fruit fly, *Ceratitis quinaria* (Bezzi)] 五点小条实蝇
Ziminisca semenovi (Rohdendorf) 见 *Sarcophaga* (*Ziminisca*) *semenovi*
Zimmerman pine moth [*Dioryctria zimmermani* (Grotè)] 美洲松梢斑螟，津氏松螟，齐默尔曼梢斑螟
zimra skipper [= olive metron, *Metron zimra* (Hewitson)] 黄褐金腹弄蝶
zina sister [*Adelpha zina* (Hewitson)] 珍悌蛱蝶
Zinaida 资弄蝶属
Zinaida caerulescens (Mabille) 紫斑资弄蝶，紫斑孔弄蝶，灰孔弄蝶，淡黑稻弄蝶
Zinaida fukia Evans 福资弄蝶，福齐弄蝶
Zinaida fukia fukia Evans 福资弄蝶指名亚种，盒纹孔弄蝶指名白缨亚种，白缨盒纹孔弄蝶
Zinaida fukia macrotheca (Huang) 福资弄蝶云南亚种，盒纹孔弄蝶云南亚种
Zinaida gigantea (Tsukiyama, Chiba *et* Fujioka) 硕资弄蝶，硕孔弄蝶
Zinaida gotama (Sugiyama) 银条资弄蝶，银条孔弄蝶，皋孔弄蝶
Zinaida kiraizana (Sonan) 奇莱资弄蝶，奇莱孔弄蝶，奇莱褐弄蝶，奇莱谷弄蝶，奇莱山褐翅弄蝶，奇莱山褐弄蝶，黑标孔弄蝶，基来孔弄蝶，基来稻弄蝶
Zinaida matsuii (Sugiyama) 都江堰资弄蝶，都江堰孔弄蝶，松井孔弄蝶
Zinaida mencia (Moore) 黑标资弄蝶，黑标孔弄蝶，四稻弄蝶
Zinaida micropunctata (Huang) 小斑资弄蝶，小斑孔弄蝶
Zinaida nascens (Leech) 华西资弄蝶，华西孔弄蝶，纳斯稻弄蝶
Zinaida pellucida (Murray) [larger brown skipper] 透纹资弄蝶，透纹孔弄蝶，曲纹弄蝶
Zinaida pellucida inexpecta (Tsukiyama, Chiba *et* Fujioka) 透纹资弄蝶奇异亚种
Zinaida pellucida pellucida (Murray) 透纹资弄蝶指名亚种，指名透明孔弄蝶
Zinaida pellucida quanta (Evans) 透纹资弄蝶挂墩亚种，昆佩孔弄蝶
Zinaida suprema (Sugiyama) 大瑶山资弄蝶，大瑶山孔弄蝶，首长孔弄蝶
Zinaida theca Evans 盒纹资弄蝶，特齐弄蝶，盒纹孔弄蝶
Zinaida zina (Evans) 刺纹资弄蝶，刺纹孔弄蝶，齐刺胫弄蝶
Zinaida zina asahinai (Shiroôzu) 刺纹资弄蝶台湾亚种，长纹孔弄蝶，台湾刺纹孔，盒纹孔弄蝶短纹亚种，短纹孔弄蝶，大褐弄蝶，曲纹多孔弄蝶，盒纹孔弄蝶，透纹孔弄蝶
Zinaida zina zina (Evans) 刺纹资弄蝶指名亚种，指名刺纹孔弄蝶
Zinaida zina zinoides (Evans) 同 *Zinaida zina zina*
Zinaspa 陶灰蝶属
Zinaspa distorta (de Nicéville) [Himalayan silver-streaked acacia blue] 畸陶灰蝶
Zinaspa isshiki Koiwaya 伊陶灰蝶，依陶灰蝶
Zinaspa todara (Moore) [silver-streaked acacia blue, silver-streak acacia blue] 银带陶灰蝶，陶灰蝶
Zinaspa todara distorta (de Nicéville) 见 *Zinaspa distorta*
Zinaspa todara neglecta South 银带陶灰蝶忽略亚种，内陶灰蝶
Zinaspa todara todara (Moore) 银带陶灰蝶指名亚种
Zinaspa yangi Hsu *et* Johnson 杨陶灰蝶
Zinaspa zana de Nicéville 扎陶灰蝶，灿陶灰蝶
Zinken's tiger [*Parantica albata* (Zinken)] 白色绢斑蝶

Zintha 赞灰蝶属
Zintha hintza (Trimen) [blue-eyed pierrot, blue pied pierrot, hintza blue] 蓝赞灰蝶
Zioelas 齐拟步甲属
Zioelas formosanus Hozawa 台齐拟步甲
Zipaetis 绮斑眼蝶属
Zipaetis saitis Hewitson [Tamil catseye] 泰米尔绮斑眼蝶，指名绮斑眼蝶
Zipaetis scylax Hewitson [dark catseye] 暗绮斑眼蝶，绮斑眼蝶
Zipaetis scylax scylax Hewitson 暗绮斑眼蝶指名亚种
Zipaetis scyllax yunnanensis Chou, Yuan *et* Zhang 暗绮斑眼蝶云南亚种，绮斑眼蝶云南亚种
Zipaetis unipupillata Lee 平瞳绮斑眼蝶，单瞳齐眼蝶
Zipangia 齐跳甲属
Zipangia cyanea Chen 见 *Trachytetra cyanea*
Zipangia hammondi Gruev 见 *Trachytetra hammondi*
Zipangia lewisi (Jacoby) 见 *Trachytetra lewisi*
Zipangia obscura (Jacoby) 见 *Trachytetra obscura*
Zipangia recticollis Takizawa 见 *Trachytetra recticollis*
Zipangia sakishimana Kimoto *et* Gressitt 先岛齐跳甲，先岛长瘤跳甲
Zipangia takizawai Kimoto 见 *Trachytetra takizawai*
Ziridava 渡尺蛾属
Ziridava kanshireiensis Prout 台湾渡尺蛾，扳手波尺蛾，堪济瑞尺蛾
Zizeeria 吉灰蝶属
Zizeeria alsulus eggletoni Corbet 见 *Famegana alsulus eggletoni*
Zizeeria karsandra (Moore) [spotted grass-blue] 吉灰蝶，苋蓝灰蝶，台湾小灰蝶，卡酢浆灰蝶
Zizeeria karsandra karsandra (Moore) 吉灰蝶指名亚种，指名吉灰蝶
Zizeeria knysna (Trimen) [dark grass blue, African grass blue] 珂吉灰蝶
Zizeeria lysimon (Hübner) 同 *Zizeeria knysna*
Zizeeria maha serica (Felder) 见 *Pseudozizeeria maha serica*
Zizera christophi (Staudinger) 见 *Carterocephalus christophi*
Zizera draesekei Schwerda 见 *Cupido draesekei*
Zizera indica Murray 见 *Zizina otis indica*
Zizera lorquinii buddhista (Alphéraky) 见 *Cupido buddhista*
Zizera lysimon (Hübner) 同 *Zizeeria knysna*
Zizera prosecusa duplex (Alphéraky) 见 *Cupido prosecusa duplex*
Zizera prosecusa korlana (Staudinger) 见 *Cupido prosecusa korlana*
Zizina 毛眼灰蝶属
Zizina antanossa (Mabille) [dark grass blue, clover blue] 安毛眼灰蝶
Zizina emelina (de l'Orza) 埃毛眼灰蝶
Zizina emelina emelina (de l'Orza) 埃毛眼灰蝶指名亚种
Zizina emelina thibetensis (Poujade) 埃毛眼灰蝶西藏亚种，藏毛眼灰蝶
Zizina labradus (Godart) [common grass-blue, grass blue, clover blue] 拉毛眼灰蝶，指名毛眼灰蝶
Zizina otis (Fabricius) [lesser grass blue, common grass blue, lucerne blue, clover blue, bean blue] 毛眼灰蝶
Zizina otis indica (Murray) 毛眼灰蝶印度亚种，印毛眼灰蝶，印齐灰蝶
Zizina otis otis (Fabricius) 毛眼灰蝶指名亚种，指名毛眼灰蝶
Zizina otis riukuensis (Matsumura) 毛眼灰蝶琉球亚种，折列蓝灰蝶，小小灰蝶，山马蝗灰蝶，灰草幻蝶，台湾小小灰蝶，台湾小型小灰蝶，微小灰蝶，宽边小紫灰蝶，冲绳小灰蝶，台湾毛眼灰蝶
Zizina otis sangra (Moore) 毛眼灰蝶孟加拉亚种，散毛眼灰蝶
Zizina otis thibetensis (Poujade) 见 *Zizina emelina thibetensis*
Zizina oxleyi Felder *et* Felder 奥毛眼灰蝶
Zizonia 紫萤叶甲属
Zizonia tibetana Chen 西藏紫萤叶甲，西藏紫叶甲
Zizula 长腹灰蝶属
Zizula cyna (Edwards) [cyna blue] 西纳长腹灰蝶
Zizula gaika (Trimen) 同 *Zizula hylax*
Zizula hylax (Fabricius) [gaika blue, tiny grass blue, dainty grass-blue] 长腹灰蝶，迷你毛眼灰蝶，迷你蓝灰蝶，迷你小灰蝶，爵床灰蝶，小埔里小灰蝶，埔里小型小灰蝶
Zobera 白昭弄蝶属
Zobera albopunctata Freeman [Coliman zobera] 白昭弄蝶
Zobera marginata Freeman [western zobera] 西白昭弄蝶
Zobera oaxaquena Steinhauser [Oaxacan zobera] 瓦白昭弄蝶
Zodion 佐眼蝇属
Zodion asiaticum Becker 亚洲佐眼蝇
Zodion cinereum (Fabricius) 灰佐眼蝇
Zodion intermedium Kröber 中间佐眼蝇
Zodion longirostre Chen 长佐眼蝇，长喙佐眼蝇
Zodion montanum Brunetti 高山佐眼蝇
Zodion nigricorne Chen 黑角佐眼蝇
Zodion pilosum Chen 毛佐眼蝇
Zodion rufipes Chen 红足佐眼蝇
Zographetus 肿脉弄蝶属
Zographetus abima (Hewitson) 阿比肿脉弄蝶
Zographetus doxus Eliot [prominentspot flitter] 光荣肿脉弄蝶
Zographetus hainanensis Fan *et* Wang [Hainan flitter] 海南肿脉弄蝶
Zographetus hainaus Gu *et* Wang 同 *Scobura cephaloides kinka*
Zographetus kutu Eliot 库图肿脉弄蝶
Zographetus ogygia (Hewitson) [purple-spotted flitter] 海神岛肿脉弄蝶，奥肿脉弄蝶
Zographetus ogygia andamana Evans [Andaman purple-spotted flitter] 海神岛肿脉弄蝶安岛亚种
Zographetus ogygia ogygia (Hewitson) 海神岛肿脉弄蝶指名亚种
Zographetus ogygioides Elwes *et* Edwards [red flitter] 龙宫肿脉弄蝶
Zographetus pangi Fan *et* Wang [Pang's flitter] 庞氏肿脉弄蝶
Zographetus rama (Mabille) [small flitter] 罗摩肿脉弄蝶
Zographetus satwa (de Nicéville) [purple-and-gold flitter] 黄裳肿脉弄蝶
Zographetus sewa Plötz 塞瓦肿脉弄蝶
zohra scarlet-eye [= zohra skipper, *Porphyrogenes zohra* Möschler] 左拉顺弄蝶
zohra skipper 见 zohra scarlet-eye
zoidiophilous 动物媒的
Zolotarewskya 消颊齿腿金小蜂属
Zolotarewskya longicostalia Yang 桑消颊齿腿金小蜂
Zolotarewskya robusta Yang 核桃消颊齿腿金小蜂

Zomariae 湖小卷蛾亚族
zombie fly [*Apocephalus borealis* Brues] 蜂斩首蚤蝇
Zombrus 刺足茧蜂属
Zombrus bicolor (Enderlein) 两色刺足茧蜂，双色刺足茧蜂
Zombrus sjostedti (Fahringer) 酱色刺足茧蜂
Zomeutis praealbescens Meyrick 见 *Dichomeris praealbescens*
zona 带，地带
zona intermedia 中间带
zona occludens 封闭区
zona pellucida 明带
zonal 成带的
zonal centrifuge 区带离心
zonalis eyemark [= whitened eyed-metalmark, *Mesosemia zonalis* (Godman *et* Salvin)] 带美眼蚬蝶
Zonamegilla 带无垫蜂亚属
zonata metalmark [= bumblebee metalmark, square-spotted yellowmark, *Baeotis zonata* Felder] 珠带苞蚬蝶
zonate armoured scale [*Diaspidiotus zonatus* (Frauenfeldt)] 栎灰圆盾蚧，栎笠圆盾蚧
zonation 1. 成带现象；2. 地理分布带
zone 带，地带，区域
zone electrophoresis 区带电泳
zone of dormancy 蛰伏带
zone of effective temperature 有效温区
zone of eventual death 最后致死区
zone of growth [= vitellarium] 生长区，生长带
zone of high fatal temperature 致死高温区
zone of immediate death 立即致死区
zone of inactivity 不活动区
zone of increasingly favorable humidities 渐进适宜湿度区
zone of increasingly favorable temperatures 渐进适宜温度区
zone of low fatal temperature 致死低温区
zone of normal distribution 正常分布带
zone of ocassional distribution 偶然分布带
zone of optimum condition 最适带，最适区
zone of possible distribution 可能分布带
zone of transformation 转化区，转化带 < 指睾丸管内精母细胞发育成精子细胞的区域 >
zonite 体节 < 与 segment、somite 同义 >
Zonitis 带芫菁属，带芫菁亚属，带栉芫菁属，黄芫菁属
Zonitis ballionis Escherich 巴利带芫菁，拔带栉芫菁，田带栉芫菁
Zonitis bomiensis Tan 波密带栉芫菁
Zonitis cothurnata Marseul 见 *Zonitoschema cothurnata*
Zonitis elongatipennis Pic 见 *Zonitoschema elongatipennis*
Zonitis flava Fabricius 变色带芫菁，黄栉芫菁
Zonitis fortuccii Fairmaire 福氏带芫菁，异色带栉芫菁，福带栉芫菁
Zonitis fuscimembris Fairmaire 见 *Zonitoschema fuscimembris*
Zonitis geniculata Borchmann 同 *Zonitoschema japonica*
Zonitis geniculata Fairmaire 膝带栉芫菁
Zonitis japonica Pic 见 *Zonitoschema japonica*
Zonitis kozlowi Semenow 科氏带芫菁，科带栉芫菁，克栉芫菁，柯土栉芫菁
Zonitis miwai Kôno 见 *Zonitomorpha miwai*
Zonitis pallida Fabricius 同 *Zonitoschema japonica*
Zonitis semirubra Pic 见 *Longizonitis semirubra*
Zonitis sinensis Pic 中华带芫菁，中华带栉芫菁，华带栉芫菁
Zonitis straminea Fairmaire 见 *Zonitoschema straminea*
Zonitis turkestanica kozlowi Semenow 见 *Zonitis kozlowi*
Zonitomorpha 带形芫菁属，宽栉芫菁属，佐芫菁属
Zonitomorpha angustithorax Pic 见 *Zonitoschema angustithorax*
Zonitomorpha davidis (Fairmaire) 大卫带形芫菁，戴氏宽栉芫菁，达佐芫菁
Zonitomorpha melanarthra Fairmaire 见 *Zonitoschema melanarthra*
Zonitomorpha miwai (Kôno) 三轮带形芫菁，三轮窄栉芫菁，三轮带栉芫菁，三轮黄芫菁
Zonitoschema 黄带芫菁属，窄栉芫菁属，佐尼芫菁属
Zonitoschema angustithorax (Pic) 狭胸黄带芫菁，狭胸宽栉芫菁，狭胸佐芫菁
Zonitoschema cothurnata (Marseul) 端黑黄带芫菁，端黑窄栉芫菁，柯带栉芫菁，端黑黄芫菁
Zonitoschema elongatipennis (Pic) 长茎黄带芫菁，长茎窄栉芫菁，长翅带栉芫菁
Zonitoschema fuscimembris (Fairmaire) 棕黄带芫菁，棕带栉芫菁，福栉芫菁
Zonitoschema japonica (Pic) 日本黄带芫菁，日本窄栉芫菁，日带栉芫菁，黄芫菁
Zonitoschema klapperichi Borchmann 克氏黄带芫菁，克氏窄栉芫菁，克佐尼芫菁
Zonitoschema macroxantha (Fairmaire) 大黄带芫菁，大窄栉芫菁
Zonitoschema macroxantha macroxantha (Fairmaire) 大黄带芫菁指名亚种
Zonitoschema macroxantha yunnana Kaszab 见 *Zonitoschema yunnana*
Zonitoschema melanarthra (Fairmaire) 黑端黄带芫菁
Zonitoschema miwai (Kôno) 见 *Zonitomorpha miwai*
Zonitoschema straminea (Fairmaire) 草黄带芫菁，禾黄带栉芫菁，草佐尼芫菁
Zonitoschema yunnana Kaszab 云南黄带芫菁，云南大窄栉芫菁，滇大黄佐尼芫菁
Zonocerus 腺蝗属
Zonocerus elegans Thunberg [elegant grasshopper] 丽腹腺蝗
Zonocerus variegatus (Linnaeus) [stink locust, stinking grasshopper, variegated grasshopper] 臭腹腺蝗，臭蝗
Zonodorellus lateralis Poppius 见 *Pseudoloxops lateralis*
Zonodoropsis 拟带盲蝽属
Zonodoropsis pallens Poppius 淡拟带盲蝽
Zonohirsuta 毛带木蜂亚属，领木蜂亚属
Zonolachesillus 带分蛄属
Zonolachesillus ambipullus Li 黑缘带分蛄
Zonolachesillus aterilienus Li 黑线带分蛄
Zonolachesillus bicornis Li 双角带分蛄
Zonolachesillus crassibasius Li 基厚带分蛄
Zonolachesillus exilicellus Li 小眼带分蛄
Zonolachesillus lomatomelus Li 黑边带分蛄
Zonolachesillus microplatycladae (Li) 侧柏小带分蛄
Zonolachesillus oxyurus Li 尖尾带分蛄
Zonolachesillus parvus Li 小带分蛄
Zonolachesillus platycladae (Li) 侧柏带分蛄

Zonolachesillus preductifascus Li 横带带分蛄

Zonolachesillus retimaculus Li 网纹带分蛄

Zonolachesillus spadiceilabius Li 褐唇带分蛄

Zonolachesillus wenxianensis Li 文县带分蛄

Zonoplusia 带夜蛾属

Zonoplusia albostriata (Bremer *et* Grey) 见 *Ctenoplusia albostriata*

Zonoplusia brevistriata (Chou *et* Lu) 同 *Trichoplusia reticulata*

Zonoplusia daubei (Boisduval) 见 *Thysanoplusia daubei*

Zonoplusia longisigma (Chou *et* Lu) 同 *Trichoplusia lectula*

Zonoplusia ochreata (Walker) 赭带夜蛾，带錶夜蛾，隐银纹夜蛾，隐纹夜蛾，赭肖银纹夜蛾

Zonopterus 显带天牛属 < 此属学名有误写为 *Zonoptereus* 者 >

Zonopterus consanguineus Ritsema 红显带天牛

Zonopterus corbetti Gahan 柯氏显带天牛

Zonopterus flavitarsis Hope 黄跗显带天牛

Zonosemata 带实蝇属

Zonosemata electa (Say) [pepper maggot, chili pepper maggot] 胡椒带实蝇，胡椒实蝇，辣椒棕实蝇 < 此种学名有误写为 *Zonosema taelecta* (Say) 者 >

zoobiocenose [= zoocoenosis] 动物群落

zoocecida 1. 动物瘿；2. 虫瘿

zoocoenosis 见 zoobiocenose

Zoodes 锐天牛属

Zoodes formosanus Niisato 台湾锐天牛，狭胸姬山天牛，台湾黄色家天牛

Zoodes fulguratus Gahan 锯纹锐天牛

Zoodes maculates White 黑斑锐天牛

Zoodes quadridentatus Gahan 四斑锐天牛

zoogamy 有性生殖

zoogeographical 动物地理学的

zoogeographical zonation 动物地理分布带

zoogeography 动物地理学

Zoolrecordia 泰吉丁甲属

Zoolrecordia cupreomaculata Saunders 金绿泰吉丁甲，金绿泰吉丁

zoometer 动物数计法 < 指以某一动物种群数量及其存活、个体大小等来表示环境情况的方法 >

zoomorphosis 动物诱起变态

zoonite [= zoonule] 体节 < 专指动物的 >

zoonule 见 zoonite

zoophagous 食动物的

zoophilous 喜动物的

zoophobous 抗虫的，抗动物的

zooplankton 浮游动物

zoosaporphagous 食虫液的

zoosaprophagus 食腐尸的

zoosterol 动物甾醇

zoosuccivorous 吮动物液的

Zootermopsis 动白蚁属，湿木白蚁属，古白蚁属

Zootermopsis angusticollis (Hagen) [Pacific dampwood termite] 美动白蚁，美古白蚁，太平洋古白蚁

Zootermopsis laticeps (Banks) 宽头动白蚁，宽头古白蚁

Zootermopsis nevadensis (Hagen) 内华达动白蚁，内华达古白蚁

zootope 动物生境

zopherid 1. [= zopherid beetle, ironclad beetle] 幽甲，瘤拟步甲，瘤拟步行虫 < 幽甲科 Zopheridae 昆虫的通称 >；2. 幽甲科的

zopherid beetle [= zopherid, ironclad beetle] 幽甲，瘤拟步甲，瘤拟步行虫

Zopheridae 幽甲科，瘤拟步甲科，瘤拟步行虫科

Zopherinae 幽甲亚科

Zopherobatrus 幽蚁甲属

Zopherobatrus liyuani Yin *et* He 李氏幽蚁甲

Zopherobatrus tianmingyii Yin *et* Li 田氏幽蚁甲

Zopheromantis 窄螳属

Zopheromantis loripes (Tindale) 长足窄螳，三斑斧螳

Zopheromantis trimaculata Tindale 同 *Zopheromantis loripes*

Zopherus 幽甲属

Zopherus chilensis Gray [maquech] 智利幽甲

zophobas [= superworm, king worm, morio worm, giant mealworm, *Zophobas atratus* (Fabricius)] 大麦甲，大麦虫，麦皮虫，大黑甲

Zophobas 麦甲属

Zophobas atratus (Fabricius) [superworm, king worm, morio worm, giant mealworm, zophobas] 大麦甲，大麦虫，麦皮虫，大黑甲

Zophobas costatus Pic 缘麦甲

Zophobas diversicolor Pic 异色麦甲

Zophobas klingelhoefferi Kraatz 克氏麦甲

Zophobas maculicollis Kirsch 斑颈麦甲

Zophobas morio (Fabricius) 同 *Zophobas atratus*

Zophobas opacus (Sahlberg) 暗麦甲，大黑甲

Zophobas signatus Champion 纹麦甲

Zophobas tridentatus Kraatz 三齿麦甲

Zophodia convolutella (Hübner) 同 *Zophodia grossulariella*

Zophodia grossulariella (Hübner) [gooseberry fruitworm, currant borer, gooseberry moth, gooseberry pyralid] 醋栗螟

Zophoessa albolineata (Poujade) 见 *Lethe albolineata*

Zophoessa argentata Leech 见 *Lethe argentata*

Zophoessa armandina (Oberthür) 见 *Lethe armandina*

Zophoessa baoshana Huang, Wu *et* Yuan 见 *Lethe baoshana*

Zophoessa dura Marshall 见 *Lethe dura*

Zophoessa dura neoclides (Fruhstorfer) 见 *Lethe dura neoclides*

Zophoessa goalpara (Moore) 见 *Lethe goalpara*

Zophoessa gracilis (Oberthür) 见 *Lethe gracilis*

Zophoessa helle Leech 见 *Lethe helle*

Zophoessa jalaurida de Nicéville 见 *Lethe jalaurida*

Zophoessa lisuae Huang 见 *Lethe lisuae*

Zophoessa luteofasciata (Poujade) 见 *Lethe luteofasciata*

Zophoessa niitakana (Matsumura) 见 *Lethe niitakana*

Zophoessa procne Leech 见 *Lethe procne*

Zophoessa siderea kanoi (Esaki *et* Nomura) 见 *Lethe siderea kanoi*

Zophoessa zhangi Huang, Wu *et* Yuan 同 *Lethe leei*

Zophomyia 暗寄蝇属

Zophomyia temula (Scopoli) 醉暗寄蝇

Zophopetes 白边弄蝶属

Zophopetes cerymica (Hewitson) [common palm nightfighter] 西非白边弄蝶

Zophopetes dysmephila (Trimen) [palm-tree night-fighter] 白边弄蝶

Zophopetes haifa Evans [scarce palm nightfighter] 海法白边弄蝶

Zophopetes nobilior Holland 东非白边弄蝶

Zophopetes quaternata (Mabille) [western palm nightfighter] 快白边弄蝶
Zophosini 黑甲族
Zophosis 黑甲属
Zophosis (Oculosis) punctata Brulle 点刻黑甲
Zopyrion 佐弄蝶属
Zopyrion sandace Godman *et* Salvin [sandy skipper] 佐弄蝶
Zopyrion satyrina Felder 森林佐弄蝶
Zoraida 长袖蜡蝉属
Zoraida confusa Yang *et* Wu 长角长袖蜡蝉
Zoraida curta Yang *et* Wu 台中长袖蜡蝉
Zoraida dubia Yang *et* Wu 点翅长袖蜡蝉
Zoraida flava Yang *et* Wu 黄长袖蜡蝉
Zoraida freta Yang *et* Wu 曲尾长袖蜡蝉
Zoraida furcata Yang *et* Wu 裂尾长袖蜡蝉，棕长袖蜡蝉
Zoraida gravida Yang *et* Wu 粒胸长袖蜡蝉
Zoraida horishana Matsumura 红尾长袖蜡蝉
Zoraida hubeiensis Chou *et* Huang 湖北长袖蜡蝉
Zoraida insignata Yang *et* Wu 桃园长袖蜡蝉
Zoraida insolita Yang *et* Wu 短角长袖蜡蝉
Zoraida kirkaldyi Muir 寇氏长袖蜡蝉
Zoraida koannania Matsumura 苛长袖蜡蝉
Zoraida kotoshoensis Matsumura 兰屿长袖蜡蝉
Zoraida longa Yang *et* Wu 浅黄长袖蜡蝉
Zoraida lusca Yang *et* Wu 芒角长袖蜡蝉
Zoraida nitobii Muir 斑翅长袖蜡蝉
Zoraida propria Yang *et* Wu 宜兰长袖蜡蝉
Zoraida pterophoroides (Westwood) 甘蔗长袖蜡蝉，蔗长袖蜡蝉
Zoraida separata Yang *et* Wu 黄白长袖蜡蝉
Zoraida venusta Yang *et* Wu 南投长袖蜡蝉
Zoraidini 长袖蜡蝉族
Zoraidoides 肖长袖蜡蝉属
Zoraidoides malabarensis Distant 玛肖长袖蜡蝉
Zoraptera 缺翅目
zorapteran 1. [= angel insect, zorapteron] 缺翅虫 < 缺翅目 Zoraptera 昆虫的通称 >；2. 缺翅目的，缺翅目昆虫的
zorapterist 缺翅学家，缺翅目昆虫工作者
zorapteron [= angel insect, zorapteran] 缺翅虫
Zorilispe 长柱天牛属
Zorilispe seriepunctata Breuning 点列长柱天牛
Zorka 斫小叶蝉属
Zorka agnesae Dworakowska 核桃斫小叶蝉，洁点小叶蝉
Zorka ariadnae Dworakowska 阿氏斫小叶蝉，安丽娜点小叶蝉
Zorka maculata Chiang, Hsu *et* Knight 斑斫小叶蝉
Zorka multimaculata (Kuoh *et* Hu) 多斑斫小叶蝉，多斑肖榉叶蝉
Zorochros 玲珑叩甲属 < 此属名称有误写为 *Zorochrus* 者 >
Zorochros ahrensi Schimmel *et* Tarnawski 阿氏玲珑叩甲
Zorochros bingkorensis Schimmel *et* Tarnawski 冰谷玲珑叩甲
Zorochros curatus Candèze 护玲珑叩甲，护佐叩甲
Zorochros dabieshanensis Schimmel *et* Tarnawski 大别山玲珑叩甲
Zorochros dolini Schimmel *et* Tarnawski 多氏玲珑叩甲
Zorochros flavosignatus (Heller) 黄纹玲珑叩甲
Zorochros hartmanni Schimmel *et* Tarnawski 哈氏玲珑叩甲
Zorochros housaianus Kishii 台湾玲珑叩甲
Zorochros hubeiensis Schimmel *et* Tarnawski 玲珑叩甲
Zorochros hummeli Fleutiaux 胡氏玲珑叩甲，哈佐叩甲
Zorochros karnaliensis Schimmel *et* Tarnawski 尼泊尔玲珑叩甲
Zorochros magnificus Schimmel *et* Tarnawski 大玲珑叩甲
Zorochros naniensis Schimmel *et* Tarnawski 泰国玲珑叩甲
Zorochros nigredos Schimmel *et* Tarnawski 黑玲珑叩甲
Zorochros nitobei Miwa 新渡户玲珑叩甲，尼佐叩甲
Zorochros platiai Schimmel *et* Tarnawski 普氏玲珑叩甲
Zorochros rufescens (Gebler) 淡红玲珑叩甲，淡红佐叩甲
Zorochros schawalleri Schimmel *et* Tarnawski 沙氏玲珑叩甲
Zorochros schmidti Schimmel *et* Tarnawski 施氏玲珑叩甲
Zorochros senaroensis Schimmel *et* Tarnawski 印尼玲珑叩甲
Zorochros sinensis Fleutiaux 华玲珑叩甲，华佐叩甲
Zorochros theodori Schimmel *et* Tarnawski 西氏玲珑叩甲
Zorochros tongshanensis Schimmel *et* Tarnawski 通山玲珑叩甲
Zorochros wrasei (Dolin) 周至玲珑叩甲
Zorochros yunnanus (Fleutiaux) 云南玲珑叩甲，滇佐叩甲
Zorochrus curatus Candèze 见 *Zorochros curatus*
Zorochrus hummeli Fleutiaux 见 *Zorochros hummeli*
Zorochrus nitobei Miwa 见 *Zorochros nitobei*
Zorochrus rufescens (Gebler) 见 *Zorochros rufescens*
Zorochrus sinensis Fleutiaux 见 *Zorochros sinensis*
Zorochrus yunnanus (Fleutiaux) 见 *Zorochros yunnanus*
zorotypid 1. [= zorotypid zorapteran, zorotypid angel insect] 缺翅虫 < 缺翅虫科 Zorotypidae 昆虫的通称 >；2. 缺翅虫科的
zorotypid angel insect [= zorotypid zorapteran, zorotypid] 缺翅虫
zorotypid zorapteran 见 zorotypid angel insect
Zorotypidae 缺翅虫科
Zorotypus 缺翅虫属
Zorotypus absonus Engel 阿缺翅虫
Zorotypus acanthothorax Engel *et* Grimaldi 刺胸缺翅虫
Zorotypus amazonensis Rafael *et* Engel 亚马孙缺翅虫
Zorotypus asymmetricus Kočárek 不对称缺翅虫
Zorotypus barberi Gurney 南美缺翅虫
Zorotypus brasiliensis Silvestri 巴西缺翅虫
Zorotypus buxtoni Karny 布缺翅虫
Zorotypus caudelli Karny 考缺翅虫
Zorotypus caxiuana Rafael, Godoi *et* Engel 卡缺翅虫
Zorotypus cenomanianus Yin, Cai *et* Huang 森诺曼缺翅虫
Zorotypus cervicornis Mashimo, Yoshizawa *et* Engel 具角缺翅虫
Zorotypus ceylonicus Silvestri 斯缺翅虫
Zorotypus congensis van Ryn-Tournel 刚果缺翅虫
Zorotypus cramptoni Gurney 克缺翅虫
Zorotypus cretatus Engel *et* Grimaldi 白垩缺翅虫
Zorotypus delamarei Paulian 德缺翅虫
Zorotypus denticulatus Yin, Cai *et* Huang 刺胫缺翅虫
Zorotypus goeleti Engel *et* Grimaldi 戈缺翅虫
Zorotypus guineensis Silvestri 非洲缺翅虫
Zorotypus gurneyi Choe 格尼缺翅虫
Zorotypus hainanensis Yin *et* Li 海南缺翅虫
Zorotypus hamiltoni New 汉缺翅虫
Zorotypus huangi Yin *et* Li 黄氏缺翅虫
Zorotypus hubbardi Caudell 哈缺翅虫
Zorotypus hudae Kaddumi 赫达缺翅虫
Zorotypus hukawngi Chen *et* Su 胡冈缺翅虫
Zorotypus huxleyi Bolívary Pieltain *et* Coronado 赫胥黎缺翅虫
Zorotypus impolitus Mashimo, Engel, Dallai, Beutel *et* Machida 马

来缺翅虫

Zorotypus javanicus Silvestri 爪哇缺翅虫

Zorotypus juninensis Engel 秘鲁缺翅虫

Zorotypus lawrencei New 劳缺翅虫

Zorotypus leleupi Weidner 勒缺翅虫

Zorotypus longicercatus Caudell 长须缺翅虫

Zorotypus magnicaudelli Mashimo, Engel, Dallai, Beutel *et* Machida 玛缺翅虫

Zorotypus manni Caudell 曼氏缺翅虫

Zorotypus medoensis Huang 墨脱缺翅虫

Zorotypus mexicanus Bolívary Pieltain 墨西哥缺翅虫

Zorotypus mnemosyne Engel 摩缺翅虫

Zorotypus nascimbenei Engel *et* Grimaldi 纳缺翅虫

Zorotypus neotropicus Silvestri 新热带缺翅虫

Zorotypus newi (Chao *et* Chen) 纽氏缺翅虫，纽氏台湾缺翅虫 < 存疑种名，实为一种革翅目昆虫的 1 龄若虫，很可能是弯尾异姬苔螋 *Paralabella curvicauda* (Motschulsky) 的异名 >

Zorotypus novobritannicus Terry *et* Whiting 巴布亚缺翅虫

Zorotypus palaeus Poinar 珀缺翅虫

Zorotypus philippinensis Gurney 菲缺翅虫

Zorotypus sechellensis Zompro 塞缺翅虫

Zorotypus shannoni Gurney 香农缺翅虫

Zorotypus silvestrii Karny 希缺翅虫

Zorotypus sinensis Huang 中华缺翅虫

Zorotypus snyderi Caudell 斯奈德缺翅虫

Zorotypus swezeyi Caudell 夏威夷缺翅虫

Zorotypus vinsoni Paulian 文森缺翅虫

Zorotypus weidneri New 韦缺翅虫

Zorotypus weiweii Wang, Li *et* Cai 巍巍缺翅虫

Zorotypus zimmermani Gurney 齐缺翅虫

Zotalemimon 突天牛属

Zotalemimon bhutanum (Breuning) 不丹突天牛

Zotalemimon biplagiatum (Breuning) 双纹突天牛

Zotalemimon borneoticum (Breuning) 婆罗洲突天牛

Zotalemimon chapaense (Breuning) 沙巴突天牛

Zotalemimon ciliatum (Gressitt) 柞突天牛

Zotalemimon costatum (Matsushita) 脊胸突天牛，琉球锈天牛

Zotalemimon flavolineatum (Breuning) 黄纹突天牛

Zotalemimon formosanum (Breuning) 台湾突天牛

Zotalemimon fossulatum (Breuning) 环斑突天牛

Zotalemimon malinum (Gressitt) 梨突天牛

Zotalemimon obscurior (Breuning) 暗突天牛

Zotalemimon posticatum (Gahan) 老挝突天牛

Zotalemimon procerum (Pascoe) 突天牛

Zotalemimon ropicoides (Gressitt) 斜尾突天牛

Zotalemimon strandi (Breuning) 斯氏突天牛

Zotalemimon subglabratum (Gressitt) 光突天牛

Zotalemimon subpuncticollis (Breuning) 尖尾突天牛

Zotalemimon vitalisi (Pic) 威氏突天牛

Zouicoris 邹蝽属

Zouicoris elegans Zheng 秀丽邹蝽

zoysia billbug [= hunting billbug, *Sphenophorus venatus vestitus* Chittenden] 台湾尖隐喙象甲多毛亚种，猎象

Zozoros sinemarginis Noes *et* Hayat 香港佐跳小蜂

Zubovskya 无翅蝗属 < 此属学名有误写为 *Zubovskia* 者 >

Zubovskya brachycercata Huang 短尾无翅蝗

Zubovskya dolichocercata Huang 长尾无翅蝗

Zubovskya koeppeni (Zubovsky) 柯无翅蝗，柯氏无翅蝗

Zubovskya koeppeni koeppeni (Zubovsky) 柯无翅蝗指名亚种

Zubovskya koeppeni parvula (Ikonnikov) 柯无翅蝗体小亚种，小无翅蝗

Zubovskya parvula (Ikonnikov) 见 *Zubovskya koeppeni parvula*

Zubovskya parvula mandschuria Ramme 同 *Zubovskya koeppeni parvula*

Zubovskya planicaudata Zhang *et* Jin 平尾无翅蝗

Zubovskya striata Huang 条纹无翅蝗

Zubovskya weishanensis Zheng, Zhang *et* Ren 尾山无翅蝗

Zuleica 凹额飞虱属

Zuleica nipponica Matsumura *et* Ishihara 茭白凹额飞虱，茭白飞虱

Zulpha 卒螽属

Zulpha perlaria (Westwood) 短须灰卒螽

Zulu blue [*Lepidochrysops ignota* (Trimen)] 依鳞灰蝶

Zulu buff [*Teriomima zuluana* van Son] 祖鲁畸灰蝶

Zulu hud bug [= Picasso bug, *Sphaerocoris annulus* (Fabricius)] 毕加索球盾蝽，毕加索盾蝽，毕加索蝽

Zulu shadefly [*Coenyra hebe* (Trimen)] 纹眼蝶

Zuphium 族步甲属

Zuphium olens Rossi 奥族步甲

Zuphium siamense Chaudoir 泰族步甲

Zurobata 筑夜蛾属

Zurobata decorata (Swiahoe) 饰筑夜蛾，饰巧夜蛾

Zurobata fissifascia Hampson 裂纹筑夜蛾，裂带巧夜蛾

Zurobata vacillans (Walker) 漾筑夜蛾，漾巧夜蛾，披肩裳蛾

Zusidava 簇钩蛾属，白钩蛾属

Zusidava serratilinea (Wileman *et* South) 齿线簇钩蛾，波带白钩蛾，齿线白镰钩蛾

Zvenella 茨尾蟋属

Zvenella acutangulata Hsia, Liu *et* Yin 尖角茨尾蟋

Zvenella geniculata (Chopard) 黑胫茨尾蟋

Zvenella yunnana (Gorochov) 云南茨尾蟋

Zweifel's skipper [*Atrytonopsis zaovinia* Dyar] 皂墨弄蝶

zyga [s. zygum] 感前片 < 指金龟甲幼虫端感区 (haptomerum) 的环片 >

Zygaena 斑蛾属

Zygaena achilleae Esper 阿斑蛾

Zygaena acrospila Felder 见 *Amata acrospila*

Zygaena andersoni (Moore) 同 *Caeneressa diaphana diaphana*

Zygaena atkinsoni (Moore) 见 *Amata atkinsoni*

Zygaena blanchardi (Poujade) 同 *Eressa multigutta*

Zygaena carniolica (Scopoli) 卡斑蛾

Zygaena cingulata Weber 见 *Amata cingulata*

Zygaena cocandica Erschoff 柯斑蛾

Zygaena cocandica cocandica Erschoff 柯斑蛾指名亚种

Zygaena cocandica minor Erschoff 柯斑蛾体小亚种，小柯斑蛾

Zygaena davidi (Poujade) 见 *Amata davidi*

Zygaena edwardsii (Butler) 见 *Amata edwardsii*

Zygaena emma (Butler) 见 *Amata emma*

Zygaena exulans (Hohenwarth) [mountain burnet, Scotch burnet] 爱斑蛾

Zygaena exulans exsiliens Staudinger 爱斑蛾东方亚种，艾爱斑蛾

Zygaena exulans exulans (Hohenwarth) 爱斑蛾指名亚种

Zygaena filipendulae (Linnaeus) 珍珠梅斑蛾
Zygaena formosae (Butler) 同 *Amata edwardsii*
Zygaena fraxini Ménétriès 弗斑蛾
Zygaena germana (Felder) 见 *Amata germana*
Zygaena grotei (Moore) 见 *Amata grotei*
Zygaena lonicerae Scheven 长须斑蛾
Zygaena meliloti (Esper) 同 *Zygaena viciae*
Zygaena merzbacheri Reiss 茂氏斑蛾
Zygaena niphona Butler 红五点斑蛾，尼斑蛾
Zygaena nuratanya Bogdanoff 努斑蛾
Zygaena osterodensis Reiss 奥斑蛾
Zygaena pasca (Leech) 见 *Amata pasca*
Zygaena polymita (Sparrmann) 同 *Amata fenestrata*
Zygaena pratti (Leech) 见 *Caeneressa pratti*
Zygaena purpuralis (Brünnich) [transparent burnet] 紫斑蛾
Zygaena purpuralis purpuralis (Brünnich) 紫斑蛾指名亚种
Zygaena purpuralis tianshanica Burgeff 紫斑蛾天山亚种，天山紫斑蛾
Zygaena scabiosae Scheven 同 *Zygaena osterodensis*
Zygaena sladeni (Moore) 见 *Amata sladeni*
Zygaena trifolii Esper 特斑蛾
Zygaena viciae (Denis *et* Schiffermüller) 韦氏斑蛾
zygaenid 1. [= zygaenid moth, leaf skeletonizer moth, smoky moth, burnet moth, forester moth] 斑蛾 < 斑蛾科 Zygaenidae 昆虫的通称 >; 2. 斑蛾科的
zygaenid moth [= zygaenid, leaf skeletonizer moth, smoky moth, burnet moth, forester moth] 斑蛾
Zygaenidae 斑蛾科
Zygaenodes 柄眼长角象甲属
Zygaenodes discoidalis Wolfrum 见 *Exechesops discoidalis*
Zygaenodes frontalis Wolfrum 见 *Exechesops frontalis*
Zygaenodes leucopis Jordan 见 *Exechesops leucopis*
Zygaenoidea 斑蛾总科
zygia metalmark [*Lemonias zygia* Hübner] 林蚬蝶
Zygina 么叶蝉属，斑叶蝉属
Zygina albisoma Matsumura 见 *Lectotypella albisoma*
Zygina alneti (Dahlbom) 见 *Alnetoidia alneti*
Zygina apicalis Nawa 见 *Arboridia apicalis*
Zygina arachisi (Matsumura) 见 *Tautoneura arachisi*
Zygina atrifrons (Distant) 见 *Niedoida atrifrons*
Zygina basiflava Matsumura 同 *Alnetoidia alneti*
Zygina biprocessa Song *et* Li 双突么叶蝉
Zygina bipunctata (Melichar) 同 *Tamaricella tamaricis*
Zygina bisignatella Matsumura 见 *Empoascanara bisignatella*
Zygina bokotonis Matsumura 同 *Diomma taiwana*
Zygina botolensis Matsumura 同 *Empoascanara kotoshonis*
Zygina circumscripta Matsumura 见 *Empoascanara circumscripta*
Zygina discolor Horváth 林木么叶蝉，林木斑叶蝉
Zygina flammena Song *et* Li 火焰么叶蝉
Zygina formosana Matsumura 见 *Thaia formosana*
Zygina fumigata Melichar 见 *Empoascanara fumigata*
Zygina fumosa (de Motschulsky) 同 *Empoascanara nigrobimaculata*
Zygina hazatrnsis Ahmed 黑纹么叶蝉
Zygina hirayamella Matsumura 见 *Ziczacella hirayamella*
Zygina inazuma Kato 同 *Ziczacella heptapotamica*
Zygina kagina Matsumura 见 *Matsumurina kagina*
Zygina kotoshonis Matsumura 见 *Empoascanara kotoshonis*
Zygina nigricans Matsumura 见 *Salka nigricans*
Zygina nivea (Mulsant *et* Rey) 长毛么叶蝉
Zygina pallidifrons Edwards 同 *Hauptidia maroccana*
Zygina salina Mitjaev 同 *Zyginidia eremita*
Zygina scutuma Song *et* Li 盾板么叶蝉
Zygina shinshana Matsumura 见 *Singapora shinshana*
Zygina shokensis Matsumura 同 *Lectotypella albisoma*
Zygina subrufa Melichar 见 *Thaia subrufa*
Zygina takaonella Matsumura 见 *Tautoneura takaonella*
Zygina takasagonis Matsumura 高砂么叶蝉，高砂斑叶蝉
Zygina yamashiroensis Matsumura 日么叶蝉，日本斑叶蝉
Zyginella 塔叶蝉属
Zyginella citri (Matsumura) [smaller citrus leafhopper] 柑橘塔叶蝉，小橘塔叶蝉
Zyginella dworakowskae Zhang, Gao *et* Huang 德氏塔叶蝉
Zyginella mali (Yang) 苹果塔叶蝉，黄斑小叶蝉，黄斑叶蝉
Zyginella manghaiensis Song *et* Li 勐海塔叶蝉
Zyginella minuta (Yang) 苹小塔叶蝉
Zyginella orla Dworakowska 见 *Parathailocyba orla*
Zyginella petala Zhang, Gao *et* Huang 花茎塔叶蝉，扁塔叶蝉
Zyginella processa Zhang, Gao *et* Huang 四突塔叶蝉
Zyginella punctata Zhang 中斑塔叶蝉
Zyginella sichuanensis Zhang, Gao *et* Huang 四川塔叶蝉
Zyginella taiwana Chiang, Lee *et* Knight 台湾塔叶蝉
Zyginella tsauri Chiang, Hsu *et* Knight 曹氏塔叶蝉，邵氏塔叶蝉
Zyginellini 塔小叶蝉族
Zyginidia 三点叶蝉属
Zyginidia eremita Zachvatkin 玉米三点叶蝉，玉米三点斑叶蝉
Zyginoides 丽小叶蝉属
Zyginoides taiwana (Shiraki) 见 *Diomma taiwana*
Zygiobia carpini (Foew) 卡氏瘿蚊
Zygobothria 颧寄蝇亚属
Zygobothria ciliata (van der Wulp) 见 *Drino ciliata*
Zygoglypta 在姬蜂属
Zygoglypta lota (Chiu) 台湾在姬蜂
Zygogramma exclamationis (Fabricius) [sunflower beetle] 向日葵叶甲
zygomatic adductors 合颚收肌
Zygomyia 束菌蚊属，柴菌蚊属
Zygomyia calvusa Wu 光滑束菌蚊
Zygomyia setosa Barendrecht 多毛束菌蚊，毛柴菌蚊
Zygoneura 轭眼蕈蚊属
Zygoneura bidens (Mamaev) 短轭眼蕈蚊，二齿轭眼蕈蚊
Zygoneura disparilis Zhang *et* Wu 异轭眼蕈蚊
Zygoneura longa Zhang *et* Wu 狭轭眼蕈蚊
Zygoneura occidens Zhang *et* Wu 西轭眼蕈蚊
Zygoneura sajanica Mamaev 萨轭眼蕈蚊
Zygoneura sciarina Meigen 斯轭眼蕈蚊
Zygoneura sinica Zhang *et* Yang 同 *Zygoneura bidens*
Zygoneura transferata Rudzinski 移轭眼蕈蚊
Zygonyx 虹蜻属
Zygonyx asahinai Matsuki *et* Saito 朝比奈虹蜻
Zygonyx insignis Kirby 同 *Zygonyx iris*
Zygonyx iris Sélys [emerald cascader, iridescent stream glider] 彩虹蜻

Zygonyx iris insignis (Kirby) 彩虹蜻海南亚种，彩虹蜻，勋章轭蜻，彩眼蜻蜓
Zygonyx iris iris Sélys 彩虹蜻指名亚种，虹彩轭蜻
Zygonyx iris mildredae Fraser 彩虹蜻云南亚种，云南轭蜻
Zygonyx takasago Asahina 高砂虹蜻，塔卡虹蜻，高砂蜻蜓，台湾轭蜻
Zygophyxia relictata (Walker) 狭翅灰尺蛾
Zygoptera 束翅亚目，均翅亚目
zygopteroid 束翅的，均翅的，豆娘的
zygopterous 束翅亚目的，均翅亚目的，豆娘类的
zygote 1. 合子；2. 受精卵
zygotene 合线期
Zygothrica 嗜真菌果蝇属
Zygothrica flavofinira Takada 黄嗜真菌果蝇
Zygothrica pimacula Prigent *et* Toda 派嗜真菌果蝇
zygotic meiosis 合子减数分裂
zygotic toxin 合子毒素
zygum [pl. zyga] 感前片 < 指金龟甲幼虫端感区 (haptomerum) 的环片 >
zymase 酿酶
zyme 酶
zymogen 酶原
zymogen granule 酶原粒
zymogram 酶谱
zymology 酶学
zymoprotein 酶蛋白
Zyras 蚁巢隐翅甲属，塞隐翅甲属
Zyras abbreviatus Fenyes 短蚁巢隐翅甲，短塞隐翅虫
Zyras alboantennatus Pace 白角蚁巢隐翅甲，白角塞隐翅甲
Zyras athetoides Assing 四川蚁巢隐翅甲，四川塞隐翅甲
Zyras atrapicalis Assing 黑尾蚁巢隐翅甲，黑尾塞隐翅甲
Zyras atronitens Assing 暗黑蚁巢隐翅甲，暗黑塞隐翅甲
Zyras bangmaicus Assing 邦迈蚁巢隐翅甲，邦迈塞隐翅甲
Zyras beijingensis Pace 见 *Zyras* (*Zyras*) *beijingensis*
Zyras benenensis Pace 同 *Zyras hongkongensis*
Zyras bicoloricollis Assing 二色蚁巢隐翅甲，二色塞隐翅甲
Zyras birmanus Scheerpeltz 缅甸蚁巢隐翅甲，缅甸塞隐翅甲
Zyras bisinuatus Assing 二曲蚁巢隐翅甲，二曲塞隐翅甲
Zyras caloderoides Assing 云南蚁巢隐翅甲，云南塞隐翅甲
Zyras chinkiangensis Bernhauer 镇江蚁巢隐翅甲，镇江塞隐翅虫，澄江塞隐翅虫
Zyras compressicornis Fauvel 扁角蚁巢隐翅甲，扁角塞隐翅虫
Zyras condignus Last 宜蚁巢隐翅甲，宜塞隐翅虫
Zyras dabanicus Assing 青海蚁巢隐翅甲，青海塞隐翅甲
Zyras* (*Diaulaconia*) *orientalis Bernhauer 东方蚁巢隐翅甲，东方塞隐翅虫
Zyras discolor Assing 淡色蚁巢隐翅甲，淡色塞隐翅甲
Zyras exspoliatus Assing 广西蚁巢隐翅甲，广西塞隐翅甲
Zyras extensus Assing 宽蚁巢隐翅甲，宽塞隐翅甲
Zyras ferrugineiventris Scheerpeltz 同 *Zyras kambaitiensis*
Zyras firmicornis Assing 坚角蚁巢隐翅甲，坚角塞隐翅甲
Zyras flexus Assing 翘蚁巢隐翅甲，翘塞隐翅甲
Zyras formosae Bernhauer 台湾蚁巢隐翅甲，台塞隐翅虫
Zyras formosanus Assing 蓬莱蚁巢隐翅甲，蓬莱塞隐翅虫
Zyras gibbus Pace 隆蚁巢隐翅甲，隆塞隐翅虫
Zyras gilvipalpis Assing 黄端蚁巢隐翅甲，黄端塞隐翅甲
Zyras* (*Glossacantha*) *hospes Smetana 橘黄蚁巢隐翅甲，贺塞隐翅虫
Zyras granapicalis Assing 大端蚁巢隐翅甲，大端塞隐翅甲
Zyras hauserianus Bernhauer 豪蚁巢隐翅甲，豪塞隐翅虫
Zyras hebes Assing 草蚁巢隐翅甲，草塞隐翅虫
Zyras hirtus Kraatz 毛蚁巢隐翅甲，毛塞隐翅虫
Zyras hongkongensis Pace 香港蚁巢隐翅甲，香港塞隐翅虫
Zyras hospes Smetana 见 *Zyras* (*Glossacantha*) *hospes*
Zyras implorans Pace 岛蚁巢隐翅甲，岛塞隐翅虫
Zyras inexcisus Assing 西北蚁巢隐翅甲，西北塞隐翅甲
Zyras kambaitiensis Scheerpeltz 甘拜迪蚁巢隐翅甲
Zyras lativentris Assing 宽腹蚁巢隐翅甲，宽腹塞隐翅甲
Zyras macrothorax Bernhauer 大胸蚁巢隐翅甲，大胸塞隐翅虫
Zyras maculicollis Assing 斑胸蚁巢隐翅甲，斑胸塞隐翅甲
Zyras nigrapicalis Assing 黑端蚁巢隐翅甲，黑端塞隐翅虫
Zyras nigrescens (Motschulsky) 黑蚁巢隐翅甲，黑塞隐翅虫
Zyras nigricornis Assing 黑角蚁巢隐翅甲，黑角塞隐翅甲
Zyras nigronitens Assing 黑亮蚁巢隐翅甲，黑亮塞隐翅甲
Zyras orientalis Bernhauer 见 *Zyras* (*Diaulaconia*) *orientalis*
Zyras poseidon Bernhauer 坡蚁巢隐翅甲，坡塞隐翅虫
Zyras pseudobirmanus Scheerpeltz 同 *Zyras birmanus*
Zyras pulcher Assing 美蚁巢隐翅甲，美塞隐翅甲
Zyras qingchengensis Pace 同 *Zyras wei*
Zyras rectus Assing 直蚁巢隐翅甲，直塞隐翅甲
Zyras restitutus Pace 同 *Zyras beijingensis*
Zyras rufapicalis Assing 红端蚁巢隐翅甲，红端塞隐翅虫
Zyras rufoterminalis Assing 红尾蚁巢隐翅甲，红尾塞隐翅甲
Zyras schuelkei Assing 见 *Zyras* (*Zyras*) *schuelkei*
Zyras semiasperatus Scheerpeltz 同 *Zyras kambaitiensis*
Zyras seminigerrimus Bernhauer 半黑蚁巢隐翅甲，半黑塞隐翅虫
Zyras sichuanorum Pace 同 *Zyras alboantennatus*
Zyras* (*Sinozyras*) *pygmaeus Pace 小眼蚁巢隐翅甲
Zyras subobsoletus Assing 褐蚁巢隐翅甲，褐塞隐翅甲
Zyras tenebricosus Assing 暗蚁巢隐翅甲，暗塞隐翅甲
Zyras tenuicornis Assing 细角蚁巢隐翅甲，细角塞隐翅虫
Zyras* (*Termidonia*) *longwangmontis Pace 龙王山蚁巢隐翅甲
Zyras* (*Termidonia*) *viti Assing 威氏蚁巢隐翅甲
Zyras tumidicornis Assing 粗角蚁巢隐翅甲，粗角塞隐翅甲
Zyras volans Assing 山蚁巢隐翅甲，山塞隐翅虫
Zyras wei Pace 魏氏蚁巢隐翅甲，魏氏塞隐翅甲
Zyras yangi Bernhauer 杨氏蚁巢隐翅甲，杨塞隐翅虫
Zyras* (*Zyras*) *beijingensis Pace 北京蚁巢隐翅甲，北京塞隐翅甲
Zyras* (*Zyras*) *schuelkei Assing 叙氏蚁巢隐翅甲，舒氏塞隐翅甲
Zyras* (*Zyras*) *song Pace 宋氏蚁巢隐翅甲
Zyras* (*Zyras*) *songanus Pace 松潘蚁巢隐翅甲
Zyrastilbus 均点隐翅甲属
Zyrastilbus adesi (Pace) 阿氏均点隐翅甲
Zythos 烤焦尺蛾属
Zythos avellanea (Prout) 烤焦尺蛾，阿诺比尺蛾
Zyxaphis 轭蚜亚属
Zyxomma 开臀蜻属，细腰蜻属
Zyxomma obtusum Albarda 霜白开臀蜻，霜白细腰蜻，灰影蜻蜓
Zyxomma petiolatum Rambur [long-tailed duskdarter, brown dusk hawk, dingy duskflyer] 细腹开臀蜻，绿眼细腰蜻，纤腰蜻蜓，柄彩蜻